英汉机电工程词典

AN ENGLISH-CHINESE DICTIONARY OF MECHANICAL AND ELECTRICAL ENGINEERING

第3版

王锡麟　主编

机械工业出版社

微信扫描二维码，输入下方验证码

注意事项：

1.手机需要在联网状态下扫描学习

2.如有疑问，请将问题发送至客服邮箱：cmpmachine@163.com

图书在版编目（CIP）数据

英汉机电工程词典 / 王锡麟主编 . —3 版 . —北京：机械工业出版社，2022.6
ISBN 978-7-111-71287-9

Ⅰ. ①英…　Ⅱ. ①王…　Ⅲ. ①机电工程 – 词典 – 英、汉　Ⅳ. ① TH-61

中国版本图书馆 CIP 数据核字（2022）第 133729 号

机械工业出版社（北京市百万庄大街 22 号　邮政编码 100037）
策划编辑：沈　红　贺　怡　王春雨　责任编辑：贺　怡　王春雨　刘本明
责任校对：王永新　封面设计：鞠　杨
责任印制：刘　媛
北京联兴盛业印刷股份有限公司印刷
2023 年 1 月第 3 版第 1 次印刷
148mm × 210mm · 75 印张 · 2 插页 · 4602 千字
标准书号：ISBN 978-7-111-71287-9
定价：349.00 元

电话服务　网络服务
客服电话：010-88361066　机 工 官 网：www.cmpbook.com
010-88379833　机 工 官 博：weibo.com/cmp1952
010-68326294　金 书 网：www.golden-book.com

机工教育服务网：www.cmpedu.com

英汉机电工程词典

（第3版）

主　　　编　王锡麟

参编人员　郑　铉　朱芳菲　郑亚越
　　　　　吕潮立　常希如　张旭姜
　　　　　孙金辰

责任编辑　贺　怡　王春雨　刘本明

英汉机电工程词典

（第2版）

主　　编	林栋梁
常务副主编	王锡麟
副 主 编	林益耀　林明邦　张美敦　冯玉柱　王豪行
主要编写人员	林栋梁　王锡麟　林益耀　林明邦　张美敦 冯玉柱　王豪行　郑　铉　谢宝昌　毛翠莹 李思恩　刘炽堂　荣雪华　庄天戈　苏德洋 罗忠生　陈晗颖　刘国良
参编人员	修长宽　王士先　王　敏　林　凌　林　凡 尚巧翔　丁家义　金顺发　褚虎儿　钱浙滨 朱芳菲
责任编辑	郑　铉

英汉机电工程词典

（第1版）

主　　编	林栋梁
副　主　编	林益耀　张美敦　林明邦　冯玉柱　王锡麟
主要编写人员	王豪行　修长宽　吴炳荣　刘炽棠　荣雪华 何大镛　顾永清　林学文　张炳钰　庄天戈 李思恩　苏德洋
	金孟浩　童钧芳　姬树森　戴载之　潘德豫 单雄豪　于　俊　孙光中　林　凡　顾斯美 沈义良　谢式绚　陈培翼　宋永明
责任编辑	郑　铉

前　言

《英汉机电工程词典》是一部机电类综合性双语词典，主要供从事机电专业的科研、工程技术人员在阅读和翻译有关书刊、文献资料时查阅。收词范围主要包括机械、电力与电子、仪表三大部分，涉及设计、制造、工艺、使用、维修、材料、产品、方法、信息、管理和部分基础理论等。收词以名词术语为主，兼收少量专业性较强的动词、形容词、副词及相应的词组。

随着近些年机电领域高新技术的发展，为了进一步满足广大读者在使用中解惑释疑的要求，本词典对第 2 版中的词条进行了修订。全书共收词汇 20 万余条，其中新增词汇约 2.6 万条。本版词典的修订得到了北京航空航天大学赵龙飞老师团队的大力支持，在此一并致谢。

限于修订的人力和水平，词典中难免存在不足和疏漏之处，望读者提出宝贵意见。

目 录

使 用 说 明

一、词序

1. 本词典按单词的英文字母排序。

2. 两个以上的词组成的术语，按主题词排序。同一主题词的各个词条，先排主题词在前的术语，再排主题词在后的术语，并按修饰语的字母顺序排序；若拼写中出现数字、符号，则在其同一字母位置优先排列，如：

compile-time…

complement…

~ of nine's …

~ of one's …

…

algebraic ~ …

b-l's ~ …

b's ~ …

二、异体词

1. 有英美两种拼写形式的异体词，凡能用圆括号同时表示的，则只列出这种共同形式，如“**colo(u)r**”=**colour**〈英〉和 **color**〈美〉，书中只列出“**colo(u)r**”，不再列出“**colour**”或“**color**”。凡不能用这种共同形式表示的，以美国拼写为主，如以“**center**”〈美〉为主，以“**centre**”〈英〉为次。

2. 在单词（主题词）条中，两种拼写形式异体词都列出的，中文释义放在主形式词条后，次形式词条后以“=”表示与主形式词条释义相同，如：

center（有中文释义）

centre =center

3. 起修饰语作用，与其他主题词组成术语时，只列出主形式条，如列出"colo(u)r adaption"，不列"color adaption"；列出"center angle"，不列"centre angle"。

三、单复数

1. 本词典一般只列出单数词条。若复数有特殊含义，则在该条释义前加注"(pl.)"或"(常用 pl.)"。

2. 当复数有特殊意义，并以此为主题词有一连串术语时，则单独列条，如：

bellow ①吼叫，怒吼，轰鸣 ②波纹管

bellows ①手用吹风器，皮老虎，风箱 ② …

adjustable ~ …

chest ~ …

⋮

3. 某些词只列出复数形式，如**"scissors"**。

四、连字符"-"

1. 连字符用于部分修饰语中，如：

one-to-one assembler 一对一汇编程序

因英语中连字符的使用不很严格，读者可能见到"one to one assembler"，其意义与"one-to-one assembler"相同。

2. 连字符用于某些主题词中，如：

air-bed 气床，气垫

读者如遇到"air bed"，可以先查"**bed**"条，如无"air bed"这一词条，再查"**air-bed**"条。

3. "**pick(-)up**"表示该条可以写成"**pickup**"也可写成"**pick-up**"，并按"**pickup**"排序。

五、括号

1. "〔 〕"内的词或字母表示可以替代前面对应的词或字母，如：

real-time address　实时〔直接，零级〕地址

其释义等于“实时地址，直接地址，零级地址”。

2. “(　　)”内的词或字母表示可以省略的词、字或字母，如：

output area　输出（存储）区

其释义等于“输出区”或“输出存储区”。

“(　　)”内也可能是注释性词语，如：

one-pip area　（荧光屏上的）单脉冲区

3. “〈　〉”内注外来语的国别，如：〈法〉、〈德〉等。

六、其他

书中列有一些物理量非法定计量单位的英语词，其常用物理量的非法定计量单位与法定计量单位的换算见附录 **B** 中的表 11。

A

A-alloy 铝合金
abac ①列线图，诺谟图，坐标网②图解法用图，计算图表
abacus ①算盘②列〔曲〕线图③（陈列杯瓶用的）有孔板
abampere CGS 电磁单位制安培，绝对安培（电磁制电流单位，1 绝对安培 =10 A）
A-band A 波段（157 ~ 187 MHz），A 频段
abandonment 放〔废、抛〕弃，投保（险）
normal ~ 正常报废
abas 列线图，诺谟图
abate ①削弱，降低②作废③倒钝，磨钝
abatement ①减少，减退，中断，除退，失效，抑制②废料
noise ~ 噪声抑制，噪声减除
A-battery A〔甲，灯丝〕电池（组）
abat-vent ①通气帽②转向装置，折转板，致偏板③挡〔障〕风装置
abatvoix 吸声板（防止声波反射）
abaxial 离开轴心的，远轴的
abbertite 黑沥青
abbreviate ①简略，简写，缩写②约分
abbreviation ①省略，简化，缩短，缩写，略语②约分
service ~ 业务缩略语
ABC ①初步，入门②基本要素，基础知识
abcoulomb CGS 电磁单位制库仑，绝对库仑（电磁制电量单位，1 绝对库仑 =10 C）
abdication 放弃，辞职
abecedarian ①（按）字母（顺序排列）的②初学的，入门的，基础的③初学者，启蒙老师
abelite 阿贝立特炸药（一种硝酸铵炸药）
abend 异常终止〔结束〕
aberration ①离开轨道，脱离常规②失常，变形，畸变③像差，色差④误差，偏差⑤光行差⑥不顺行（高炉）
alate ~ 翅形像差〔色散〕
axial ~ 轴向像差
chromatic ~ 色〔像〕差，色散
colo(u)r ~ 色〔像〕差
coma ~ 彗形像差，彗形失真
comatic ~ 彗形像差
field ~ 像场弯曲
higher ~ 高次像差
hologram ~ 全息像差
lateral ~ 横向像差
lens ~ 透镜像差
longitudinal ~ 纵向像差
off-axis ~ 轴外像差，离轴像差
primary ~ 第一级像差
ray ~ 光线像〔行〕差
spherical ~ 球面像差
wavefront ~ 波像差
zonal ~ 带〔域〕像差
aberration-free 无像差的
aberrationless 无像差的
abeyance ①暂缓，暂时无效，中止，停顿，未定②潜态
abfarad CGS 电磁单位制法拉，绝对法拉（电磁制电容单位，1 绝对法拉 =10^9 F）
abhenry CGS 电磁单位制亨利，绝对亨利（电磁制电感单位，1 绝对亨利 =10^{-9} H）
abide ①持续，保留②坚持，遵守③容忍④等待⑤居住
abietin 松香脂〔烯〕
abietyl 松香
ability 能力，性能，效率，（pl.）才〔技〕能
abiochemistrytracing ~ 追随性
accelerating ~ 加速性能，（汽车）加速运动能力
bond ~ 结合性能，黏结性能，砌合性能，可黏合性
commutation ~ 换向性能
cornering ~ 转弯能力，转向性能
cushioning ~ 减振能力
emissing ~ 发射率，发〔放〕射能力
erasing ~ 抹去能力，（录音磁带的）可抹性
grade ~ （汽车）爬坡能力
lasing ~ 光激射率，光激射能力
legal stop（ping） ~ 法定制动能力〔距离〕
load-carrying ~ ①承载能力，容量②起重量，载重量
mo(u)ldfilling ~ 铸型充填性
overloading ~ 超载能力
range ~ ①（被调制的）幅度变化范围，量程范围②航程，飞行距离

resolving ~ 分辨〔鉴别，解算〕能力
running ~ 运转能力，使用性能
running-in ~ 磨合性
service ~ 可使用性，适用性，耐用性
signal ~ 信号监测能力
tractive ~ 牵引力，拉力
turning ~ 车削性能

abiochemistry 无生化学

abiogenesis =abiogeny

abiogeny 自然发生，偶发，无生源说

abjoule 电磁焦耳

ablate ①烧蚀，消融，溶〔熔，蒸发，腐蚀〕掉，剥落②切去，脱离

ablation ①烧蚀，消融（作用）②冲洗，切除③磨削④脱离
flame ~ 熔化烧蚀，火焰烧蚀
laser ~ 激光烧蚀

ablatograph 融化测量仪(测量冰川融化速度用)

ablator 烧蚀剂〔体〕，烧蚀材料

abluent ①洗涤剂，清洗剂②洗涤的，清洗的

ablution ①吹除，清洗，洗净②洗净液

abmho CGS电磁单位制电导，绝对姆欧（电磁制电导单位，1 绝对姆欧 =10^9 S）（姆欧现为西门子代替）

abnormal 反常的，不正规的，异常的

abnormality ①异常，反常，变态②反常性③破坏，违反④紊乱，错乱

abnormity 异常，异形，不规则

aboard ①在船〔舰，火车，飞机，飞行器，卫星，火箭〕上②上船〔飞机，火车〕

A-boat 核潜艇

abohm CGS电磁单位制欧姆，绝对欧姆（电磁制电阻单位，1 绝对欧姆 =10^{-9} Ω）

abolishment 废〔消〕除，取消

abolition 废除，撤〔取〕消，放弃

A-bomb 原子弹

abonement （电话的）用户

abort ①截止，放弃②失事，失灵，故障③紧急停车④使不能达到预期效果

abortoscope 波状热凝集试验器

aboutsledge ①大〔铁〕锤②强力锻造

above 高于，在…之上，超过
bounded ~ 有上限〔界〕的

above-critical 临界以上的，超临界的

above-norm ①超定额的②超标准的

above-thermal 超热的

above-threshold 超阈值的

A-bracket 人字架，推进器架

abradability 磨蚀性，磨损性〔度〕

abradant ①（研）磨（材）料，磨蚀剂，金刚砂②磨蚀的③（用喷砂机）清除

abrade ①磨损〔光，蚀〕，研磨 ②剥去（壳），擦去，切除

abrader 磨光机，磨蚀试验机，磨损试验机，砂轮机，研磨机〔器，工具〕

Abradum 一种抛光用的氧化铝粉

abrase =abrade

abrasimeter 耐磨试验仪

abrasion ①擦伤，刮掉②磨损〔蚀，耗，光〕，研磨③冲蚀
gouging ~ 碰撞磨损（如碎石机中），凿削磨损
scouring ~ ①冲擦，冲刷②用砂粒摩擦
thermal ~ 热蚀
wear ~ 磨损，磨耗

abrasion-proof 耐磨的

abrasion-resistance ①抗磨蚀能力，抗磨性，抗磨力，耐磨性②耐冲刷性

abrasive ①磨料，磨蚀剂②摩擦力③磨损的，磨蚀的
aluminous ~ 铝土磨料
coated ~ 砂布〔纸，带〕
fine ~ 研料，细粉磨料
fine flour ~ 研料，细粉磨料
vitrified ~ 陶瓷（结合剂）砂轮

abrasive-containing 含有磨料的

abrasive-laden 含有磨料的

abrasiveness ①磨耗，磨蚀②磨损〔磨蚀，耐磨〕性

abrator 抛〔喷〕丸清理机
hanger ~ 悬挂式抛丸清理机
swing table ~ 抛丸清理转台，转台式抛丸清理机
wheel ~ 喷丸器，抛丸清理装置

abreast 并排〔联，列〕，平行，等速前进

abreuvage 机械粘砂（金属渗入砂型）

abridge ①摘要，缩短，删节，省略②剥夺

abridgement 删节，摘要，节略，缩编

Abros 阿布罗斯镍铬锰耐蚀合金，镍基耐蚀合金

abrupt ①突然〔意外，急剧〕的②陡的③切割的，截形的

abruption ①拉〔隔，割，中〕断②破坏，损坏③断路④离地，离开

abruptness 陡〔梯，缓急〕度，陡峭性

abs 在程序设计语言中的专门功能，以产生自

变量的绝对值或模数

abscess （铸造的）缩孔，砂眼，金属中的泡孔〔气泡〕，气孔

abscissa 横坐标

abscopal 界外的，离位的，远位的

absence 缺少〔乏，席〕，没有，不存在

absorption ~ of offset 无偏置，零偏移

deadlock ~ 死锁消除

absolute ①绝对的，完全的②确定的，一定的③无条件的，无限制的

absorb ①吸收②减振，缓冲③承担（费用）

absorbability ①吸收性〔能力，量〕②被吸收性

absorbable 可吸收的，易吸收的

absorbance 吸收率〔比〕，吸收系数（常用对数表示）

absorbate （被）吸收物

absorbefacient ①吸收剂②吸收性的

absorbency ①吸收能力②吸墨性

absorbent ①吸收质〔体，剂，管〕②中和剂③吸收的，能吸收的，有吸收能力的

~ of polymer 聚合物吸附剂

acoustic(al) ~ 吸声材料，吸声剂

carbon dioxide ~ 二氧化碳吸收剂

non-selective ~ 中性滤光片，非选择性滤光片

absorber ①吸收器〔体，剂，电路〕，过滤〔滤波〕器②缓冲〔减振，阻尼〕器

accumulator data ~ 数据累加器

arc ~ 电弧吸收装置

chemical ~ 化学吸收剂

colo(u)r ~ 滤光片〔器，镜〕

composite ~ 复〔组〕合式滤光片

degrading ~ 降低能量用吸收体（如降低粒子能量）

digit ~ 数字吸收器，消位器

direct-acting shock ~ 套筒式减振器，直接作用式减振器

double-acting shock ~ 双向减振器

dynamic vibration ~ 动力吸振器

electronic ~ 电子吸声器

energy ~ 减能器，能量吸收器

flash ~ 消焰器

front shock ~ 波前减振器

functional ~ 空间吸声体

hydraulic ~ 液压缓冲器

interference ~ 干扰吸收器，干涉滤光片

key ~ 键控火花吸收器

liquid air ~ 液空吸附器

load-leveler shock ~ 车身调平减振器

moisture ~ 吸湿器，呼吸器，（变压器的）空气过滤器

multiband ~ 多频段吸波材料

nonhydroscopic ~ 非吸水性吸收体

non-selective ~ 中〔非选择〕性滤光片

oil shock ~ 油压缓冲器

oleo shock ~ 油（压）减振器

panel ~ 板式吸声器

power ~ 吸能器

radiation ~ 辐射吸收器

recoil ~ 制退机

resonance ~ 共振吸收器〔剂〕

resonant ~ ①共鸣吸声体②共振吸收体

selective ~ 选择性滤光片

shock ~ 减振〔缓冲，阻尼〕器

skid shock ~ 滑橇〔制动〕减振器

sound ~ 吸声器，吸声材料

spark ~ 火花吸收器，消弧器

spray ~ 喷淋吸收器

static harmonic ~ 静电谐波滤除〔吸收〕器

surge ~ ①冲击压力〔过压，电涌〕吸收器②避雷器

suspended ~ 空间吸声体

telescopic shock ~ （汽车底盘的）筒式减振器

vibration ~ 减振〔消振，振动阻尼〕器

wave ~ 消波器，电波吸收体

absorbility 吸收能力，吸收率

absorbit 微晶型活性炭

absorbite 活性炭

absorptance 吸收比〔率，系数，能力〕

radiant ~ 辐（射）吸收比

screen ~ 屏幕吸收系数，屏蔽吸收系数

absorptiometer ①吸收比色计，吸收量表，吸收瓦斯计量器，（液体）溶〔吸〕气计②调稠器

Spekker ~ 粉末比表面〔斯佩克吸收〕测定仪

absorptiometry 吸收测量（学）

differential X-ray ~ 示差X射线吸收法，X射线吸收限光谱法

absorption 吸收（作用），吸附（作用），吸水性，吸液性，吸水井，（挡水试验用的）抽水井

~ of shocks 缓冲，减振，吸振

actinic ~ 光化吸收

band ~ 光〔谱〕带吸收

braking ~ 阻尼吸收
critical ~ 临界吸收
deviation ~ 偏移吸收，近临界频率吸收
dielectric ~ 介质吸收
digit ~ 数字吸收，消位，号位吸收
discrete ~ 选择吸收，离散吸收
dust ~ 吸尘
energy ~ 能量吸收
epithermal ~ 超热中子吸收
excess ~ 过剩吸收
exponential ~ 指数吸收（按指数规律吸收）
line ~ 线吸收，一定能级的离散吸收
luminous ~ 光吸收（比）
marginal ~ 临界吸收，边缘吸收
mass ~ 质量吸收
maximum ~ 最大吸收，吸收峰
moisture ~ 吸湿，吸湿性
net ~ 净吸收量
neutral ~ 中性吸收，非选择吸收
nondeviate ~ 无折射吸收，非偏向吸收
photoelectric ~ 光电吸收
power ~ 功率吸收
resonance ~ 谐振吸收，共振吸收
saturated ~ 饱和吸收
selective ~ 选择性吸收，优先吸附
shock ~ 减振，缓冲
sound ~ 吸声，声（的）吸收
specific ~ 吸收比〔系数，率〕
thermal ~ ①热吸收②热中子吸收
water ~ 吸水率，吸水性

absorptive 吸收的，减振的，有吸收力的

absorptivity ①吸收能力，吸收性②吸收率，吸收系数
acoustic(al) ~ 吸声系数，声吸收率
gaseous ~ 气体吸收性
molar ~ 摩尔吸光系数，摩尔消光系数
radiation ~ 辐射（热）吸收率

abstergent 去垢剂，洗涤剂，去污粉

abstract ①抽象(的)②摘〔提〕要，简介③抽取，提取，提炼，萃取
advance ~ 会前论文摘要，预印文摘
descriptive ~ 说明摘要，说明提要
indicative ~ 要点抄录，指示简介
information ~ 报道性文摘
informative ~ 内容提要
patent ~ 专利文摘
skeleton ~ 简易文摘，电报式文摘
tailored ~ 简明文摘

abstraction ①抽象（概念）②抽出，提取，萃取③除去④（将热或水）引出⑤分离
data base ~ 抽象数据库，数据库抽象化
heat ~ 排热，散热

abstractor ①提取器，萃取器②摘录者
heat ~ 散热装置，散热器

abstruse 深奥的，难懂的

abundance 丰富，丰度，盈余，分布量
isotope ~ 同位素的丰度〔分布量〕
mass ~ （定）质量产额
percent ~ 百分率中相对分布（量）

abundant 丰富的，大量的

abunits CGS 电磁制单位

abusage 误〔滥，乱〕用

abuse ①违反操作规程，不遵守运行规程②滥用，误用
computer ~ 计算机滥用

abut ①拱座，支墩，端部，支点②止动（点），制动器③连〔平，邻〕接④贴合

abutment ①支柱〔墩，座〕，桥台，支承面②邻近，靠近③接合点，接界
dead ~ ①推力轴承②固定支座③隐蔽式桥台
straight ~ 无翼桥台
support ~ 支座

abutting ①毗连的，相邻的②对抵的，端接的③凸出的

abvolt CGS 电磁单位制伏特，绝对伏特（电磁制电压单位，1 绝对伏特 $=10^{-8}$ V）

abwatt CGS 电磁单位制瓦特，绝对瓦特（电磁制电功率单位，1 绝对瓦特 $= 10^{-7}$ W）

academia 学术界，学术生活〔环境〕

academic ①学生，大学教师②学会会员③学究式人物④高等〔专科〕院校的，研究院的，学院的，学会的，学术的

academician 院士，学会会员

academy ①高等〔专科〕院校，（科）学院，研究院〔所〕②（学术）协会，学会
~ of Sciences 科学院

acalculia 计算力缺失

acanthus(leaf) 叶板

acataphasia 言语失调，联字缺陷

acatastasia 反〔异〕常，失规

accelerant ①催速〔催化，促凝，捕集〕剂②加速器

accelerate 催〔加，变〕速

acceleration ①加速度②加速，增速③催速（作用），促进（作用）④（火箭的）起飞
after ~ （偏转）后加速（电子束）

areal ~ 掠面加速度
axial ~ 轴〔纵〕向加速度
brief ~ 瞬时加速度
casual ~ 随机加速度
caudad ~ 向尾〔后〕加速度
cephalad ~ 向首〔前〕加速度
constant ~ 等加速度
Coriolis ~ 互补加速度，复合向心加速度，科氏加速度
current limit ~ 电动机转子电流控制加速(度)
drag ~ 负加速度，减速（度）
firm ~ 稳定加速
fluctuating ~ 变加速度
four ~ 四元加速度
free-fall ~ 自由落体加速度
gravity ~ 重力加速度
image ~ 图像转移加速器
individual axis ~ 单轴加速度
individual joint ~ 单关节加速度
inductive ~ 感应加速（度）
initial ~ 初始加速度，发射瞬间加速度
long ~ 持续加速度
multiple-frequency ~ 随机〔多频〕加速
natural ~ 固有加速度
negative ~ 负加速度，减速度
nondimensional ~ 无因次加速度
normal ~ 法向〔正交，标准〕加速度
path ~ 轨迹加速度，路径加速度
pitch ~ 俯仰加速度
positive ~ （正）加速度
post deflection ~ 倾斜〔偏转〕后的加速度
radial ~ 径向〔向心〕加速度
rated ~ 额定加速度
relative ~ 相对加速度
roll ~ 侧倾加速度
shock ~ 冲击加速度
side ~ 侧向加速度
steady ~ 等加速度
steady-state ~ 定常加速度
tangential ~ 切向加速度，切线加速度
threshold ~ 阈加速度
timed ~ 定时加速度，时延可调的加速度
transverse ~ 侧向加速度，侧向分加速度，横向加速度
uniform ~ 匀〔等〕加速度
variable ~ 可变加速度

accelerative 加速的，促进的

accelerator ①加速器，加速装置，加速泵，加速电极，催速〔速滤〕剂②加速剂③（汽车）加速器（踏板），油门踏板
~ of Ohkawa type 大川型加速器
AG ~ 交变梯度聚焦加速器，强聚焦加速器
AG-focused ~ 交变梯度聚焦加速器，强聚焦加速器
AGS ~ 交变梯度〔聚焦〕同步加速器（强聚焦同步加速器）
air-core ~ 无铁心加速器
Alvarez ~ 阿尔瓦雷兹型直线加速器
autophasing ~ 自动稳相加速器
axially-symmetric（al） ~ 轴对称加速器
bunching ~ 聚束加速器
burning-rate ~ 助燃剂
catalyst ~ 助催化剂，催化加速剂，催化促进剂
circular ~ 回旋〔圆形，环形〕（粒子）加速器
Cockcroft-Walton ~ 科克罗夫 - 瓦耳顿加速器，高压倍增器
collective ~ 集团加速器
concrete ~ 混凝土速凝剂
constant-potential ~ 直流恒压加速器
D-D ~ 氘氘中子源加速器
eight-shaped ~ “8”字形（级联）加速器
electron ~ 电子加速器，电子加速踏板，电子油门
first ~ 第一加速电极，第一阳极
helix ~ 螺旋波导直线加速器
high-duty cycle ~ 高（束流脉冲）工作比加速器
ignition ~ 缩短柴油滞燃期添加剂，柴油着火加速剂
linear (electron) ~ （电子）直线加速器
linear multiple ~ 直线倍增加速器，复式直线加速〔高压〕器
low-n ~ 低磁场指数加速器
particle ~ 粒子加速器
pedal ~ 脚踏加速器，加速踏板
pelletron ~ 珠链式静电加速器
plasma ~ 等离子体加速器
polymerization ~ 聚合加速剂
post-deflection ~ 偏转后加速电极
powerful ~ 高能加速器
recirculating linear ~ 回注式直线加速器，返航直线加速器
scaling ~ 有相似轨道的加速器
separated function ~ （磁铁系统）分别作用加速器

setting ~ 凝结加速剂，凝固催速剂，促凝剂
single terminal ~ 单电极（静电）加速器
source ~ 源加速器（作注入器的加速器）
standing-wave ~ 驻波加速器
step-by-step ~ 级联加速器
stochastic ~ 随机加速器
tandem ~ 串列式（静电）加速器
ultra ~ ①超催速剂，超促进剂②超加速器
Van de Graaff ~ 范德格拉夫加速器，静电加速器
vertical ~ 直立式（静电）加速器
weak-flutter ~ 弱颤（场）加速器
WS ~ 弱螺旋（扇）加速器

accelerograph 自动加速度仪，自动加速度记录仪
normal ~ 法向过荷自记器，法向加速度自记器
pitch sensing ~ 俯仰（运动）过荷自记器，俯仰（运动）加速度自记器
three-component ~ 三分量自记加速度表

accelerometer ①加速度计，加速度表②过载传感器，过载指示器，过荷传感器
capacitance ~ 电容式加速度计
crash ~ 应急加速度表
diaphragm ~ 膜式〔膜盒〕加速度计
electromechanical ~ 机电式加速度计
fluidic ~ 射流加速度计
force balance ~ 力平衡式加速度计
integrating ~ 综合加速度测量仪，积分加速度表，积分仪
laser ~ 激光加速度计
linear ~ 线性加速度计，过荷传感器
normal ~ 法向加速度计
pendulous ~ 摆式加速度计
piezoelectricity ~ 压电式加速度（传感）器
pitch sensing ~ 俯仰（运动）（过载）加速度计
range ~ 二重积分加速度计
servo ~ 伺服加速度计
shock ~ 冲击加速度计
strainga(u)ge ~ 应变仪式加速度计
three-axial ~ 三轴向加速度计
three-dimensional ~ 三维加速度（传感）器

accent ①重音（符号），音调②加重，强调

accentuation ①加重，强调②音频强化，音频加重
contour ~ 提高（图像中物体）轮廓的明显性

accentuator ①加重器，音频强化器，加重电路②振幅加强线路③频率校正电路

accept ①接受，验收②答应，承认，认可③承兑，认付

acceptability 可接受性，合格

acceptable 可接受的，容许的，验收的，合格的

acceptance ①接受，接收②合格，验收③答应，承认，认可④承兑

accepter =acceptor

acceptor ①（接）受体，接收器，受主②通波器，接受电器③带通电路，谐振电路④被诱物⑤受票人，承兑人⑥验收人
double ~ 双重受主
ionized ~ 离子化受主
thermal ~ 受热器，热受主

access ①接近，达到，进入，入口，通道，通路，调整孔②存取，取数，（在存储器中信息的）抽取，访问，（数据，信息）选取，查索（情报，文献，资料）
~ control 存取控制（器）
~ node 存取节点，访问节点
~ to catalogs 查索目录
~ to store 存储器存取
accumulatortime division control ~ 时间分隔控制存取
arbitrary ~ 随机〔任意〕存取
assisted ~ 加速存取
basic ~ 基本的访问
bit-slice ~ 位片访问
block ~ ①分组存取，成组〔字组，字区〕存取②程序块访问
broadband wireless ~ 宽（频）带无线接入
channel ~ 通道存取，通道访问；信道存取，信道访问
code division multiple ~ 码分多址
collision-free multiple ~ 无争用多路存取
concurrent ~ 并行存取〔访问〕
control ~ 控制通路
data ~ 数据存取
database file ~ 数据库文件存取
direct ~ 直接存取，直接〔随机〕取数
direct memory ~ 存储器直接存取
disk ~ 磁盘存取
display ~ 显示访问
dual ~ 双臂存取（磁盘上用）
evolved universal terrestrial radio ~ （通信）衍生通用地面无线接入
file ~ 文件存取

fixed radio ~ 固定无线接入
high-speed downlink packet ~ （通信）高速下行链路分组存取
high-speed packet ~ （通信）高速分组交换存取
high-speed uplink packet ~ （通信）高速上行链路分组存取
immediate ~ 即时〔快速〕存取
indexed ~ 变址存取〔访问〕
instant ~ 快速检索
instantaneous ~ 立即存取〔访问〕
interleaved frequency division multiple ~ 交替频分多址
interleaving ~ 交叉存取〔访问〕
key ~ 键存取，关键字组存取
magnetic drum ~ 磁鼓存取〔访问〕
memory ~ ①（存储器的）存取，存储访问②存取器
minimal ~ 最快存取〔访问〕
minimum ~ 最快存取
multiple ~ ①多路存取〔访问〕②多址联接，多路通信（多个地面站用一个卫星进行通信）
nonrandom ~ 有序〔有向，非随机〕存取
on-line ~ 联机检索〔存取〕
parallel ~ 并行取数〔存取〕
physical sequential ~ 实际顺序存取
primary rate ~ 一次群速率接入
queued ~ 排队〔顺序〕存取
quick ~ 快速存取
random ~ 随机存取〔查询〕
remote ~ 远程访问
remote batch ~ 远程成批存取，链式〔远控〕信息存取
sequence division multiple ~ 序分多址，顺序分割多重存取
serial ~ 串行存取〔取数〕
shovel ~ 挖土机工作半径
simultaneous ~ 并行存取
spatial division multiple ~ 空分多址
table ~ 表存取，表访问
terminal ~ 终端访问，终端存取，终端接入
time division multiple ~ 时分多址
triple ~ 三重存取
universal terrestrial radio ~ （通信）通用地面无线接入
variable address mutiple ~ 可变地址多重存取
wide band code division multiple ~ 宽带码分多址
zero ~ 快速存取，立即访问

access-address 存取地址
second level ~ 二次存取地址，间接地址

accessibility ①可达〔接近〕性②（新仪表使用前的）检查〔查看，操作〕步骤〔方法〕

accessible 可接近〔达到，通过〕的，允许的

accession ①接近，增加②新到资料③同意

accessor 存取者，存取器

accessories 附件程序组
orthogonal frequency division multiple ~ （通信）正交频分多址联接

accessory ①辅助设备，（pl.）附件②附属的，辅助的，次要的，配连的
electric ~ 电气设备
machine tool ~ 机床附件
plastics extrusion blow laminate film ~ 塑料挤出复合膜辅机

accident ①故障，（意外）事故②偶然性③凸凹不平，褶皱
electrical ~ 电气故障
human element ~ 责任事故
loss-of-coolant ~ 冷却剂流失事故，失水事故
melt-through ~ （堆芯）全部熔化事故
motor vehicle ~ 汽车事故

accidental ①偶然（的），意外（的）②附属（的）③随机（的）

acclimatization 适应能力

acclive 倾斜的，有坡度的

acclivity ①倾斜，（向上的）斜坡②斜度，节距

acclivous 倾斜的，（向上）斜坡的

Accoloy 镍铬铁耐热合金（*w*（Cr）12%～18%，*w*（Ni）38%～68%，少量Mo及Ti，其余Fe）

accommodate ①适应，调节②供应③收容，容纳

accommodation ①调节，调准（透镜），适应，配合，调视②设备，用具，装置，夹具③供应④容纳⑤贷款
adjacent ~ 附属建筑物，附属设备
astigmatic ~ 像散调视，像散调节
beaching ~ 登陆设备
berthing ~ 系船〔锚泊〕设备
binocular ~ 双目调视，像散调节
docking ~ 入坞设备
ocular ~ 目镜〔视觉〕调节

stress ~ 拉紧装置，张紧夹具

accommodator ①适配器，调节器，调节者②贷款人

accommodometer 调节仪

accompaniment ①伴随（物），附属（物）②跟踪

accompany 伴随，伴生，与…同时发生

accomplish 完成，达到（目的）

accomplishment ①完成（量，进度），实行〔施〕②成就③（pl.）本领，技能

Accord 雅阁（日本本田生产车型）

accordance ①一致，调和，相适应，匹配②给予

accordant 一致的，相合的，调和的，匹配的

accordion ①手风琴②（印制电路的）Z形插孔③可折叠的，褶状的

accotement 〈法〉（钟、表）两部分（零件与零件）之间的摩擦

account ①理由②重要性，价值，利益③账务，账目，账单④计算，估计，考虑，认为⑤说明，解释，叙述

centralize automatic massage ~ （车辆）长途计费设备

cost ~ 成本计算〔账目〕

heat ~ 热平衡计算

individual ~ ①个体计算②分户账目

on ~ （暂）记账（上），作为分期付款

user ~ 用户记事

accountability ①可计量〔说明〕性②（有）责任

accountant 会计（员），出纳（员）

mechanized ~ 机械计算装置

accounting 会计（学，制度），统计，计算，账，报表

automatic message ~ 自动付费计算

business ~ 商业计算〔簿记〕

cost ~ 成本会计

accouplement ①匹配，配合，联合②连接，拼凑（在一起的木材）③圆柱成对密立式④木条，系材

accoutrements 装备，配备

accretion ①生长（量，部分），添加物，增长作用②长〔连，结〕合，粘连③炉结，炉瘤

furnace ~ 炉瘤

hearth ~ 烧结块，炉缸冷结，炉瘤

sulfide ~ 硫化物炉瘤，矿化物结块

wall ~ 炉结，炉（壁结）瘤

accretive 增生的，增殖的

accumulate 蓄积，聚集，累积，堆集，存储，蓄能

accumulating 累积，累加

round-off ~ 舍入误差的累加〔积累〕

accumulation 累积（过程），累加，积聚，收集，存储，蓄能，聚集（物，作用），堆积（物）

carrier ~ 载流子累积

double-length ~ 双倍长累加，双字长累加

liquid ~ 液态储存

product ~ ①乘积存储②产品存储

accumulative 累计的，累积的，聚集的，堆集的

accumulator ①累积〔累加，加法，存储，收集，储蓄〕器，蓄能〔力，压，势，气，热，液，水，油〕器，蓄电池②储能电路③记忆装置④贮料塔，贮料坑，光栅（套印）存储器，储墨器

Accupinacid ~ 酸（性）蓄电池

air ~ ①空气蓄电池，空气蓄压器②空气箱，气柜，气罐

air-loaded ~ 储气器

alkali(ne) ~ 碱（性）蓄电池

Andre-Venner ~ 银锌蓄电池，安德烈维内尔蓄电池

automobile ~ 汽车蓄电池

binary ~ 二进位累加器

block ~ 条形极板蓄电池

by(-)pass ~ 浮充蓄电池（组），副电池

chloride ~ 氯化（铅）蓄电池

constant displacement ~ 等容蓄压器

dancing roller ~ 升降辊储布器

data ~ 数据存储器

decimal ~ 十进制累加器

Drumm ~ 德鲁姆蓄电池，高放电率碱性蓄电池

dry ~ 干〔蓄〕电池

dust ~ 集尘器

Edison ~ 爱迪生蓄电池，铁镍碱性蓄电池

Edison-Junger ~ 铁镍蓄电池

electrostatic ~ 静电累加器

enclosed ~ 封闭式蓄电池

exide ~ （牵引设备用的）碱（性）蓄电池

floating ~ ①浮点累加器②浮充〔置〕蓄电池（组）

grid ~ 栅条蓄电池

heat ~ 蓄热器

ignition ~ 点火蓄电池

imaginary ~ 虚数累加器

impulse ~ 脉冲累加装置

iron ~ 碱铁蓄电池

Jungner ~ 琼格纳蓄电池，铁镍蓄电池
lead ~ 铅蓄电池
line ~ 线路蓄电池，浮充蓄电池
lower ~ 下限累加器
low-pressure ~ 低压蓄力〔能〕器
parallel ~ 并行累加器
piston ~ 活塞式蓄能器
pneumatic ~ 气力蓄能器
power ~ 储能器
pressure ~ ①蓄压器②压缩空气箱〔瓶〕
primary ~ 主累加器
product ~ 乘积累加器
pulse ~ 脉冲累加器，脉冲存储器
real ~ 实数累加器，累加计数器的实数部分
regenerative ~ 回热〔回授，反馈〕储蓄器
relay-operated ~ 继电器累加器
reverse ~ 反向电流电池组
ring ~ 环形加法器
round-off ~ 舍入误差累加器
running ~ 连续累加器，后进先出存储器
separated ~ 隔离式蓄能器
serial ~ 串行累加器，串行加法器
steam ~ 蓄汽器，储汽箱，蒸汽收集器
store ~ 存储累加器
sum ~ 和数累加器
upper ~ 上限累加器
water-head ~ 液压蓄力〔能〕器
weighted ~ 重锤式蓄能器
weight-loaded ~ 重力〔锤〕蓄力〔能〕器

Accupin 阿库品（位置检测器）

accuracy ①准确〔精确，精密〕性②准确度，精（确）度
acidsurvey ~ 测量精度
angular ~ （测）角精（确）度
available ~ 实际精度
bearing ~ 定位精度
cut-out ~ 熄火准确度
distance ~ 距离准确度
dynamic ~ 动力精度，动态准确度
elevation ~ 高度准确度，仰角精度
graduating ~ 刻线精度
guidance ~ 引导精度
intersection ~ 拦截〔相交点〕精度
long range ~ 远程精确导航系统
manufacturing ~ 制造精度
measuring ~ 测量精度
path ~ 路径准确度
path velocity ~ 路径速度准确度
pinpoint ~ 高准确度，高度精确性
playback ~ 再现精度
pointing ~ 目标指示精度，瞄准精度
pose ~ 位姿准确度
positioning ~ 定位精度
precision ~ 精度
ranging ~ 测距准确度
rate ~ 测速精度
rated ~ 额定准确度
reading ~ 读数精度
registration ~ ①重合精度，配准精度②记录精度
repetitive ~ 重复精度
running ~ 旋转精度
setting ~ 定位精度，调整精度
spacing ~ 间隔精度，间〔螺〕距准确度
stepping ~ 步位准确度，步距精度
terminal ~ 末端引导精度
three-place ~ 三位（数字）准确度
tracking ~ 跟踪精度
transmission ~ 传动精度
（unidirectional）pose ~ （单方向）位姿准确度

accuracy - before 先准度

accurate 精〔准〕确的，精密的，已校准的

accustomed 习惯的，通常的，惯例的

accutron 电子手表，电子计时计

ace ①少许，毫厘②能手，专家③最高〔优秀，第一流〕的④爱斯（假设的基本粒子）

acenaphthene 苊

acenaphthylene 苊烯

acentric 无〔离开〕中心的，偏心的

acerbity 涩度，涩味，酸

acerose 针叶树的，针状〔形〕的

acerous 针状〔形〕的

acetal 乙缩醛，二乙醇，醛缩醇
vinyl ~ 聚乙烯醇缩（乙）醛

acetaldehyde 乙醛，醋醛

acetanilid(e) 乙酰（替）苯胺，退热水

acetate 醋酸盐，乙酸盐〔酯，根，基〕
amyl ~ 醋酸戊脂
butyl ~ 醋酸丁酯
cellulose ~ 醋酸纤维（素）
cholesteryl ~ 芥酸胆甾基酯
polyvinyl ~ 聚醋酸乙烯酯
production ~ 原版胶片

acetification 醋化作用

acetifier 醋化器

acetoacetate 乙酰醋酸盐〔酯〕
ethyl ~ 乙酰醋酸乙酯
acetometer 醋酸密度计
acetomorphine 海洛因
acetonaphthone 萘乙酮
acetone 丙酮
anisylidene ~ 亚大茴香基（代）丙酮
acetonformaldehyde 甲醛丙酮
acetonitrile 乙腈，氰甲烷
acetophenone 苯乙酮
acetylation 乙酰化（作用）
acetylene 乙炔，炔烃，电石气
dissolved ~ 溶解乙炔
vinyl ~ 乙烯基乙炔
acetylenogen 碳化钙，电石
acetylide 乙炔化合物
AC-galvanometer 交流电流计
AC-generator 交流发电机
achromat 消色差透〔物〕镜
achromatic 消色（差）〔无色，非彩色〕的
achromaticity 消色差（性），无色，非彩色
photovisual ~ 光化视觉消色差性
achromatism =achromaticity
achromatization 消色差化，色差消除
achromatize 消色差
achromatopsia （全）色盲
achromatopsy =achromatopsia
acicular 针状（的）
acid ①酸性物②酸性的
acetic ~ 醋酸，乙酸
acrylic ~ 丙烯酸
adipic ~ 己二酸
algin ~ （海）藻酸
arsenic ~ 砷酸
azotic ~ 硝酸
battery ~ 蓄电池酸液
body ~ 主分酸
boric ~ 硼酸
carbonic ~ 碳酸
chlorhydric ~ 盐酸，氢氯酸
chromic ~ 铬酸
commercial ~ 工业用酸
fatty ~ 油脂酸
fluorhydric ~ 氟化氢，氢氟酸
formic ~ 甲酸
free ~ 游离酸
hyaluronic ~ 透明质酸
hydrochloric ~ 盐酸
hydrocyanic ~ 氢氰酸，氰化氢
hydrofluoric ~ 氢氟酸
hypochlorous ~ 次氯酸
killed muriatic ~ 用锌浸过的氯化氢溶液（盐酸，钎焊用）
lauric ~ 月桂酸
mineral ~ 无机酸，矿物酸
nitric ~ 硝酸
nitro-hydrochloric ~ 王水
nitro-muriatic ~ 王水
normal ~ 正酸（无机）
nucleic ~ 核酸
oxalic ~ 草酸
phosphoric ~ 磷酸
picric ~ 苦味酸
salizyle ~ 水杨酸
sebacic ~ 皮脂酸，癸二酸
silicic ~ 硅酸
solder（ing）~ 氯化锌水溶液，焊酸
stearic ~ 硬脂酸
sulfuric ~ 硫酸
sulfurous ~ 亚硫酸
terephthal ~ 对苯二（甲）酸
acidate 酸化
acid-etched 酸浸蚀〔蚀刻〕的
acid-fast 耐酸的，抗酸性的
acidic ①酸性的②酸式
acidiferous 含酸的
acidifiable 可酸化的
acidification 酸化，氧化
acidifier 酸化器，酸化剂
acidify 酸化，氧化
acidimeter 酸（液）密度计，酸度计，pH 计
acidity 酸性，酸度
acidize 酸化（处理）
acidness 酸性〔度〕
acidoid ①似酸的，变酸的②可变酸物质③酸性胶体，酸胶基
acidometer =acidimeter
acidometry 酸液定量法
acidosis 酸中毒
acidproof 防酸（的），耐酸（的）
acid-refined 酸洗的，酸处理的
acid-resistance 防〔耐〕酸性
acid-resistant 耐〔抗〕酸（的）
acid-resisting ①抗酸性②耐酸的
acid-resistivity 耐酸性
acid-treated 酸化的，酸处理过的

acidulate 酸化
acidulous 微酸的，带酸味的
acidum 酸
acidur 阿西杜尔铁硅合金（*w*（Si）16% ~ 17%，其余 Fe）
acid-washing 酸洗
acierage 表面钢化，渗碳
acieral 铝基合金（*w*（Cu）3% ~ 6%，*w*（Fe）0.1% ~ 1.4%，*w*（Mn）0 ~ 1.5%，*w*（Mg）0.5% ~ 0.9%，*w*（Si）0 ~ 0.4%）
acieration ①碳化，渗碳（法），增碳②金属镀铁硬化
aciform 针状的
acinose 或 **acinous** 细粒状的
ack-ack 高射炮（的），防空炮火（的）
Ackey 硝（酸）硫（酸）混合酸浸渍液
acknowledge ①确认，肯定，证实，承认，应答，告知收到，电（收）悉②感谢
 device ~ 设备应答
 interrupt ~ 中断应答
 negative ~ 否定（信号）
 positive ~ 肯定（信号）
acknowledg(e)ment ①认可，承认②回单，收条③感谢
 hybrid auto repeat request acknowledgement/negative ~ （通信）混合式自动重发请求确认 / 否认
 negative ~ （通信）未通过认证
 on-line delivery ~ 联机传递确认
acknowledger 了望装置〔器具〕，认收开关
aclinal 无倾角的，水平的
aclinic 无倾角的，水平的
acme 顶，顶〔最高，极〕点
acnode 孤（立）点，顶点，极点
acolite 低熔合金
acorn ①橡实管②整流罩
acoubuoy 声监听仪
acouesthesia 听觉
acoumeter 测听计，测声器
acoumetry 测听术
acouphone 助听器
acousimeter =acoumeter
acoustic(al) 声学的，听觉的，传音的，音响的
 wave ~ 波动音响
acoustician 声学工作者，声学家
acousticon 助听器
acoustics ①声学②音质，传音性③音响装置〔效果〕
 adaptable ~ 适配声学条件
 architectural ~ 建筑声学
 aviation ~ 航空声学
 engineering ~ 工程声学
 geometrical ~ 几何声学
 marine ~ 水声学
 physical ~ 物理声学
 ray ~ 几何声学
 television ~ 电视伴音
 underwater ~ 水声学
acoustimeter 声强（度）测量器，测音计，比声计
acoustmeter =acoumeter
acoustoelectric 电声（学）的
acousto-imaging 声光成像
acoustometer =acoustimeter
acousto-optic 声 - 光的
acquire 获得，取得，达到，带来
acquiring 发现，探测，捕获，瞄准
acquisition ①获得，取得，采集②发现，探测③捕获，拦截④目标显示⑤获得〔添加〕物⑥兼并，收买
 cycle stealing data ~ 周期挪用的数据采集
 data ~ 获得数据，数据采〔收〕集，资料收集
 infrared ~ ①红外探测②红外捕获
 low-frequency ~ 低频探测
 simultaneous ~ 同时采集
 synchronization ~ 同步捕获
 visual ~ 目视识别
acre ①英亩（1 英亩 =6.07 亩 =4 046.86 m^2）②（pl.）土地，大量
 Alexander's ~ s 回声深水散射层
Acrobat Acrobat 格式
acrobatics 奇〔特，杂〕技
acrolein 丙烯醛
acrometer 油类密度计
Acron 铝基铜硅合金（*w*（Al）95%，*w*（Cu）4%，*w*（Si）1%）
acronym 缩略词（词首字母）
across ①横穿，横过，横切②跨接，并联，加分路③交叉，成十字形
across-the-grain 横过纤维，横断面
across-the-line 跨接在线路上，并行线路
acrotorque 最大转矩
Acrowax （=Acrawax）阿克罗蜡（浸渍材料）
acryl 丙烯
acrylaldehyde 丙烯醛

acrylamide 丙烯酰胺
acrylic 丙烯酸（衍生物）的，聚丙烯的，丙醛烯的
acrylics 有机玻璃，丙烯酸树脂
acryloid 丙烯酸（树脂溶）剂
acrylonitrile 丙烯腈，氰乙烯
act ①行为，动作，行动②证书，报告（书）③条例，法令④起作用
safety responsibility ~ 安全责任条例
Actanium 镍铬钴低膨胀合金（w（Co）40%，w（Cr）20%，w（Ni）15.5%，w（Fe）15%，w（Mo）7%，w（Mn）2%，w（C）0.15%，w（Be）0.03%）
actification 再生〔复活〕作用
acting ①动作的，有效的，作用的②动作③代理
quick ~ 速〔快〕动（的）
self ~ 自动的
actinic 光化（性）的，光化学的
actinicity 光化性〔度〕
actinides 锕类，锕化物，锕系元素
actinism 光化性〔度，作用〕，感光度，射线作用〔化学〕
actinity 光化性〔度〕
actinium 锕（Ac）
actinium-uranium 锕铀 AcU（铀同位素 U^{235}）
actinodielectric 光敏介电的
actinoelectricity 光化电
actinogram 日射曲线图
actinograph （日光）光化力测定器，光能测定仪，日光强度自动记录器，日射计
actinography 光量测定（法），光化力测定术
actinoid 放〔辐〕射线状的
actinology 光〔射线〕化学，放射线学
actinometer 感光计，曝光表，光能强度计，日光辐射计，日光能量测定器
differential ~ 差示曝光表，微差曝光计
actinometry ①光能强度测定（学）②露光测定（术）③光能测定（术）
actinon ①（=acton）②锕射气 An（氡的同位素，Em^{219}）
actinoscope 光能测定器〔仪〕
actinouran =actinouranium
actinouranium 锕铀 AcU（铀同位素 U^{235}）
action ①作用，动作，反应，影响，机能，运算，战斗②作用〔主动〕力，作用量，行程③机械④起诉
admissible ~ 允许的作用力
anti-balance ~ 反平衡作用
antihunt ~ 防振〔阻尼〕作用
area assist ~ 区域供电临时改进措施
back ~ ①反作用②倒档〔转〕，逆转
ball ~ （球磨机的）球磨作用
bang-bang ~ 开关〔继电器式，双位〕动作，砰砰作用
buffer ~ 缓冲〔减振，阻尼〕作用
cementing ~ 黏结作用
centrifugal ~ 离心作用〔沉降〕
clamp(ing) ~ 钳位作用
cleaning ~ ①清除②阴极雾化作用
complexing ~ 络合作用
conjugate cutting ~ 共轭切削（作用）
consecutive ~ 连续动作
converging ~ 聚合作用〔过程〕，会聚〔收敛〕作用
coplanar grid ~ 共面栅控作用，栅极同面效应
correcting ~ 修正，校准，校正偏差，返回初始位置
current-limiting ~ 限流作用
dam ~ 阻塞作用
damping ~ 阻尼作用
debunching ~ 电子离散作用，散束作用
differential ~ 差动〔微分〕作用
endogenetic ~ 内力〔生〕作用
exogenic ~ 外力〔生〕作用
finding ~ 寻线〔选择〕动作
fission ~ 核分裂，裂变
floating ~ 无定位作用，浮动〔无静差〕作用
focusing ~ 聚焦作用，调焦
freezing ~ 凝固作用
full recess ~ 节点后啮合
fuze ~ 起爆，引信开始动作
gate ~ 选通〔开关〕作用
getter ~ 消〔吸〕气作用
gyroscopic ~ 回转效应〔作用〕
heterodyne ~ 外差作用
holding ~ 保持作用
homing ~ 还原动作，导归作用，膜片作用
hunting ~ ①寻线动作②（电机的）振动
inhibitory ~ 抑制作用
integral ~ 积分演算〔动作〕
interactive ~ 人机交互动作
iris ~ 膜片〔可变光阑，阻隔〕作用
joint ~ 接合动作〔作用〕，接头〔协同〕作用
knee ~ （前轮）膝（形）杆（上下）动

作，（汽车）断开轴的摆动，分开式前桥的摆动
least ~ 最少作用量
leveling ~ 均涂作用，整平作用
local ~ 局部腐蚀，局部作用，局部反应，（电池的）自放电
logic(al) ~ 逻辑作用〔操作，运算〕
maintenance ~ 维修工作
maser ~ 微波激射作用
mass ~ 质〔分〕量作用
memory ~ 存储作用
milling ~ 磨石作用
modulating ~ 调节作用
multiposition ~ 多位置动作
mutual ~ 交互〔相互〕作用
nick ~ （钢丝绳股中钢丝的）交咬作用
nip ~ （钢丝绳股中钢丝的）交咬作用
nodding ~ 摆动
nonpolar ~ 非极性作用〔效应〕
on-off ~ 通断作用，开闭动作，开关作用
overlapping tooth ~ 重合轮齿啮合
panting ~ 脉动作用
parallel cascade ~ 并联串级动作，并行级联作用
photoactinic ~ 光化作用
photochemical ~ 光化作用
plane of ~ 啮合平面
poising ~ 平衡作用
polar ~ 极性效应
progressive ~ 连续〔均匀，无分步〕作用
proportional control ~ 线性控制动作
proportional-position ~ 比例调节作用
pumping ~ ①增压泵动作，抽吸作用②脉动，振动
pyritic ~ 自热脱硫作用
rectifying ~ 整流〔精馏〕作用
reducing ~ 还原作用
retarding ~ 迟延动作
reverse ~ 反作用，反动作
rimming ~ 沸腾作用〔反应〕
rubbing ~ 摩擦作用
safety ~ 屏蔽效应，防护作用，安全措施
sampling ~ ①取样动作，选〔取，抽，采〕样②脉冲作用
screw ~ （钢丝绳的）捻旋作用
self-healing ~ 自复作用，自回作用
series cascade ~ 串行级联作用
shim ~ 粗调整〔节〕
shunting ~ 分流作用
slabbing ~ 板坯的垂直压下或侧（水平）压下
slag ~ 炉渣作用，熔渣腐蚀
snap ~ 迅速，速动
sparing ~ 防护作用
splitting ~ 分裂〔裂解〕作用
squeegee ~ （制动时）轮胎变形
stepless ~ 连续〔均匀，无分步〕作用
surface ~ 表面作用〔效应〕，集〔趋〕肤效应
thermoelectric ~ 热电作用
time ~ 定时作用，定期动作
time selective ~ 选择性延时动作
toggle ~ 肘杆〔曲柄〕动作
trigger ~ 触发作用，脉冲触发
valve ~ 整流〔阀〕作用
wall ~ 壁面作用
wave ~ 波动作用，波现象
wiping ~ （电接触面的）接帚作用，擦拭作用
wobbler ~ ①偏心作用②摆动，振动
wobbling ~ （驱动斜盘）摆动动作，（汽车，列车）甩摆动作
zone of ~ 啮合区域
actireleg 活性元件
activate ①活化产物②使放射化③激活，激化④活〔起，开〕动，触发
activated 激活的，活化的
light ~ 光敏的，光激发的
activating 激活，显影，接通
activation ①激活，活性（化），敏化，活化（作用）②开〔驱，起，启〕动，触发
acid ~ （用）酸激活
cathode ~ 阴极激活
coating ~ 敷层激活
collisional ~ 碰撞激活
heat ~ 加热激活
in-place ~ 就地激活
multiple ~ 多激励，多起动
neutron ~ 中子激活〔活化〕，以中子使…产生放射性
polar ~ 极性活化（作用）
thermal ~ 热激活
activator ①活化剂，激活剂，激励器②提高灵敏度装置
dominant ~ 主激活剂
active ①主动的，活动的，积极的，敏捷的，

快速的②活性的，活化的，放射的③有功的，有效的，有源的，现用的，在用的，运行的④旋性的，有旋光性的

~ aeroelastic control　主动气动弹性控制

optically ~　旋光〔起偏振〕作用的

active-surface　表面活性的

ActiveX　ActiveX 框架

activity　①活动〔性〕，活力，活度，激活度，放射强度，放射性，作用②功率，效率，占空系数③（pl.）工作，作业④（pl.）组织，机构

~ for defocus　散焦灵敏度

access ~　存取活动

adsorption ~　吸附活度〔性〕

alpha ~　α 放射性

alternation ~　择一活动

background ~　本底放射性

carbon ~　碳活度

cathode ~　阴极活动性

concurrent ~　并行动作

co-ordinative ~　配位活性

debugging ~　调试活动

delayed ~　缓发放射性

double ~　双重活度，双重活动性

dummy ~　虚活动，虚作业

epithermal ~　超热（中子激发的）活性

filament ~　丝极放射性

fringe ~　干扰带放射性

gross ~　总放射性，总活度

hydraulic ~　水凝性

induced ~　感应放射性

ionic ~　离子活度

microseismic ~　微振动

optical ~　旋光性〔度〕

photochemical ~　光化活性

piezoelectric ~　压电作用

reclamation ~　修复作业〔措施〕

sample ~　试件放射性

saturated ~　饱和放射性

sintering ~　烧结活性

specific ~　活度，放射性比度（单位为居里 / 克，1 居里 $=3.7\times10^{10}$Bq）

thermal ~　热中子激发的放射性

thermionic ~　热电〔离〕子激活性，热放射效率

trace-level ~　微量放射性

tracer ~　示踪物的放射性

Activol　艾克蒂沃尔彩色显影剂

acton　①锕射气②三乙氧基甲烷

actor　操作者

actual　实际的，现实的，有效的

actuality　现〔真〕实，实在〔际〕，（pl.）现状，实际情况

actually-semicomputation　实际半计算

actuate　开动，操纵，驱使，使动作，激动，激励

actuation　冲动，激动，动作（继电器或开关），接通，执行，激励

electromagnetic valve ~　（汽车）电磁气门结构（无需凸轮轴）

solenoid ~　螺线管调节〔驱动〕

actuator　驱动件〔器〕，激励〔致动，促动，调节〕器，传动装置，拖动装置，执行机构〔元件〕，螺线管，调速控制器，液压缸

aileron ~　副翼促动〔调整〕器

airdraulic ~　气液（压力转换）缸

air-oil ~　气液（压力转换）缸

automatic door ~　自动式门调节器（色谱仪内加热箱的门因温度变化可自动开关）

auxiliary ~　辅助驱动件

brake propeller shaft interlock ~　制动传动轴互锁促动器

control-rod ~　调节棒的执行机构

dielectric barrier discharge ~　介质阻挡放电驱动器

digital electric ~　数字式电动执行机构

display ~　显示激励器

downhole on-off ~　井下开关器

echo-box ~　回波空腔谐振器，回波谐振腔装置

electric ~　电力传动装置，电动执行元件

electro-hydraulic ~　水电传动装置，电动液压执行机构

electromagnetic ~　电磁调节器

electropneumatic ~　电动气压传动（装置）

electrostatic ~　静电激励器

fast idle ~　（汽车）快怠速执行器

fuel ~　燃料泵

governor ~　调节器的传动装置

idle speed ~　（汽车）怠速执行器

integral electric ~　积分式电动执行机构

lateral central control ~　横向中央操纵作动筒（器）

leaf ~　刀形断路器，刀开关

line motion ~　直线〔音圈式〕电动机

linear ~　①往复缸，直线运动液压缸②线性

操作机构
linear electric ~ 直行程电动执行机构
machine ~ 机器驱动器
micro ~ 微执行器
micro-displacement ~ 微位移驱动器
multiturn electric ~ 多转式电动执行机构
part-turn electric ~ 角行程电动执行机构
piston ~ 活塞执行机构
pneumatic ~ 气压传动装置，气动执行机构
pneumatic rotary ~ 角行程气动执行机构
proportional electric ~ 比例式电动执行机构
push button ~ 按钮起动器
regenerative ~ 快速回程缸，快速执行机构
relay ~ 继电器起动装置，继电器操作机构
remote function ~ 遥控功能执行器
rocker ~ 摇杆，摇臂
roller ~ 转子开关
roller lever ~ 转子 - 杠杆开关
rotary ~ 转动装置，旋转式激励器，摆动液压缸
semi-rotary ~ 摆动马达
servo ~ 伺服执行机构
sleeve ~ 滑阀联杆
solenoid ~ 螺线管〔电磁阀〕执行器
throttle ~ 节气门调节器
toggle ~ 拨转开关
torque ~ 转矩液动机
valve ~ 阀门驱动装置

acuity ①尖锐，锋利，剧烈②锐度，分辨能力，鉴别力
~ for defocus 散焦灵敏度，散焦敏锐度
auditory ~ 听力，听觉敏锐度
brightness ~ 亮度敏锐性
chromaticity ~ 色彩敏感度
colo(u)r difference ~ 色差〔视觉〕敏锐度，色差视力
contour ~ 轮廓锐度
grating ~ 光栅锐度
hearing ~ 听力
notch ~ 缺口裂度，锐度
visual ~ 视觉灵敏度

acumeter 听力计，听力测验器，听音器
acumination 尖锐，锋利，尖头
acusector 电针刀
acutance 锐度（曲线）
acute ①锐，尖②尖〔敏〕锐的，锐角的③剧烈的，厉害的
acuteness 锐度，锐利，敏锐，剧烈
acyclic ①非周期（性）的，非循环的，无环的②单极的
acyl 酰（基）
acylation 酰化（作用）
A/D encoder 模拟数字编码器
Adaline =adaptive linear element
adamant ①金刚石，刚玉，硬石②坚硬无比的
adamantine ①金刚（合金），冷铸钢粒②金刚石制的，坚硬无比的
adamas 金刚石
adamite 人造刚玉（$w(Al_2O_3)80\%$），水砷锌矿，（高碳）镍铬耐磨铸铁（$w(C)1.25\% \sim 3.5\%$，$w(Si)0.2\% \sim 0.5\%$，$w(Mn)0.45\% \sim 0.7\%$，$w(Ni)0.25\% \sim 1.0\%$，$w(Cr)0.5\% \sim 1.0\%$，$w(P)0 \sim 0.12\%$，$w(S)0 \sim 0.05\%$）
adapt ①适应，适合②改，修改，改编③采用，采纳
adaptability 适应性，可用性，灵活性，适应能力
adaptable ①自适应的，可适应的，适应的，适合的，通用的，适应性强的②可改编的
Adaptaloy 阿达普塔洛伊铝基铸造合金
adaptation ①适应，适合②匹配，配合③改进，修正，改编④采用（新技术等）
block ~ ①部件适配②程序块适配
chromatic ~ 彩色适应
colo(u)r ~ 色彩适应
dark ~ ①暗适应②夜视训练
light ~ 亮适应
luminance ~ 亮度适应
multiplex section ~ 多路复用转换部适配
radio ~ 无线电操作〔训练〕

adapter ①适配〔配用，接合，接续，转接，衔接，附加〕器②（管）接头，承〔应〕接管，联轴套管，连接装置，衬套，应接板③插座，附件④拾波〔音〕器⑤控制阀⑥改编者
~ control block 衔接器控制块，自适应控制器
antenna ~ 天线适配〔转接〕器
asynchronous-to-synchronous transmission ~ 异步到同步的传输适配器
ball ~ 电子管适配器，转接器，球形连接器
blade ~ 刀架
bottom ~ （反应堆）（燃料组件）底部插头
casing ~ 套管异径接头，管柱接头
change over ~ 切换接头
channel ~ 信道适配器，通道适配器，通道转接器

channel to channel ~ 通道 - 通道适配器；通道间适配器
colo(u)r ~ 接收彩色附加器，黑白彩色电视转换器
colo(u)r graphics ~ 彩色图形适配器
communication ~ 通信转接器
communication ~ 通信适配器
communication interface ~ 通信接口适配器
console file ~ 控制台（与主机）文件衔接器
console keyboard ~ 控制键盘（与主机）衔接器
console printer ~ 控制打字机（与主机）衔接器
data ~ 数据转接器，数据适配器
die ~ 模接头
display ~ 显示转接器
drill ~ ①钻杆卡头②夹钎器
duplex ~ 双口接头，双口接合器
electrical ~ 接插元件
fiber optic ~ 光纤转接器，光纤适配器
finder ~ 前附透镜，瞄准镜
floating ~ 浮动刀柄
fraise ~ 〔铰〕铣刀附件
gramophone ~ （唱机）拾音器
gun ~ 油枪嘴
headphone ~ 耳机塞孔
holder ~ 电极卡头衬套
homing ~ 归航〔测向〕附加器
human-machine ~ 人机对话
ingot ~ 移锭装置连接器，锭料转接装置
input ~ 输入衔接器
ISDN terminal ~ ISDN 终端适配器，网间连接器
lamp ~ 灯头
lens mount ~ 透镜接头，透镜框架连接器
line ~ 线路转接器
male ~ 支撑环
multicolor graphics ~ 计算机多色图形显示卡，多色图形适配器
network ~ 网络适配器
network interface ~ 网络接口适配器
on-line ~ 联机转接器，联机连线器
output ~ 输出衔接器
panoramic ~ ①全景适配器②（搜索接收机的）扫调附加器
phase ~ 相位变换器
phono ~ 唱机拾音器
phonograph ~ 唱机拾音器
plug ~ 插头，接合器
puller ~ 拆卸工具接头
punch ~ 冲杆连接器，凸模接合器〔接头〕
quick-change ~ （铣刀的）快速调换器
ram ~ 滑块结合器
reducing ~ 变径接头
rf ~ 射频适应器
short-wave ~ 短波〔变频〕附加器，短波适配器
socket ~ 灯〔管〕座接合器
spline ~ 键槽接头
swing ~ 活接头
tachometer ~ 转速表传感器
terminal ~ 终端适配器
thermocouples ~ 热（电）偶适应〔匹配〕器
tube ~ 电子管适配器
valve ~ 电子管转接〔适配〕器
video graphics ~ 视频图形适配器
adapter-connector 连接器，接合器
adapter-converter 附加变频器
adapterization 拾音，换接
adapter-sleeve 接头套筒
tapered ~ 锥形接头套筒，紧定套
adaption 适应，配合，匹配
light ~ 明〔光〕适应
adaptive 适合〔配〕的，自适应的，应〔适〕用的
adaptivity 自适应性
adaptometer 自适应计，自适应计算器，黑暗适应性测量计，匹配测量计
adaptor =adapter
add ①加，附加，增加②加法，加算
~ in-place 原位加
~ up 合计
block ~ 块相加
Boolean ~ 逻辑加，布尔加，“或”
false ~ 假加，无进位加
reset and ~ 清加
special ~ 双精度加法
addaverter 加法转换器
addend ①加数，（第一）被加数②被加物，附加物
addendum ①补充，附录，追加，附加物②齿顶高，齿顶
angular ~ （锥齿轮）角齿顶高（外径至节圆直径之差）
chordal ~ （固定）弦（线）齿（顶）高，测量齿高

corrected ~ 修正齿顶高
long ~ 长齿顶高，径向正变位的齿顶高
normal chordal ~ 法向齿顶高
outer ~ 大端齿顶高
reference ~ 分度圆齿顶高
short ~ 短齿顶高，径向负变位的齿顶高
tool ~ 刀具齿顶高
tooth ~ 齿顶高
working ~ 节圆齿顶高

adder ①加法器，相加器，加法电路（在电子计算机内）②求和部分〔组件，装置，寄存器〕③混频器，信号合并电路
anticipated carry ~ 先行〔预先〕进位加法器
binary ~ 二进制加法器
bit-by-bit ~ 逐位加法器
bit-serial ~ 位串行加法器
caption ~ 字幕叠加器
carry lookahead ~ 先行〔超前〕进位加法器
carry save ~ 进位存储加法器
coincidence ~ 重〔组〕合加法器
colo(u)r ~ 彩色混合器
counter-type ~ 累加型加法器
decimal ~ 十进制加法器
full ~ 全加器
hard ~ 硬加法器（和数不变号的加法器）
latching full ~ 闩锁全加器
modulo-n ~ 模 n 加法器
Neumann ~ 纽曼加法器
one-column ~ 一位加法器
one-digit ~ 半加法器
one-position ~ 全加器
parallel ~ 并行加法器
pitch ~ 俯仰角加法器
pulse-bucking ~ 脉冲补偿加法器
relay ~ 继电器（式）加法器
righthand ~ 右侧数〔低位〕加法器
ring-type ~ 环式加法器
ripple ~ 逐位进位加法器
ripple carry ~ 脉动进位加法器
serial ~ 串行加法器
single-digit ~ 一位加法器
soft ~ 软〔反号〕加法器
three-input ~ 三输入加法器，全加器
two-input ~ 半加（法）器，双输入加法器

adder-accumulator 加法累加器
adder-subtracter 加减器〔装置〕
adder-subtractor =adder-subtracter
additament 附加物
addition ①加法，加成②增加，附加，添加，补充，追加③附加物，添加剂④结合，组合
~ by subtraction 采用减法运算的加法
age-inhibiting ~ 防老化添加剂
alloy ~ 添加合金，合金加成〔添加〕剂
alloying ~ 合金加成〔添加〕剂
carbanion ~ 负〔阴〕碳离子加成作用
cross ~ 交叉相加
destructive ~ 破坏式加法
furnace ~ 熔剂，焊剂，炉内加入物
heat ~ 供〔加，预〕热
interground ~ 研磨（碾碎时的）添加料
ladle ~ 桶〔罐〕内加料，炉前料（加入包内的料）
mo(u)ld ~ 钢锭模添加剂
over-and-over ~ 重复〔逐次〕相加
portion-wise ~ 分批添加
pour-depressant ~ （机油）抗凝添加剂
raw metal ~ （平炉的）含铁添加物
reactivity ~ 反应性增加
repeated ~ 叠加，重复相加
setting-point ~ （机油）抗凝添加剂
smoke-suppressant ~ 抑制（柴油机）烟度添加剂
stage ~ 分批加入
zero-access ~ 立即取数加

additional 附加的，追加的，额外的，补充的，辅助的
additive ①附加，附加物，添加剂，掺和剂②(相)加的，附加的，辅助的，累计的
anti-wear ~ 抗磨损添加剂
cationic ~ 阳离子掺合剂
detergent ~ 清净添加剂
extreme-pressure ~ （机油）超高压添加剂
fuel ~ 燃料添加剂
grease ~ 润滑脂添加剂
multifunction ~ 多效添加剂
oiliness ~ 油性添加剂，润滑性添加剂（为达到需要的润滑性，在润滑油中加入的添加剂）

additive-primaries 加色法基色
additivity 相加〔叠加，加成，加和〕性
additron 加法管，开关管
addometer 加算器
add-on 增加，提高，外接式附件，扩充装置
add-recording 具有编辑功能的录像
address ①住址，称呼，委托②地址，寻址，定址，编址，选址，访问
~ adder 地址加法器

abbreviated ~ 短缩地址
access ~ 存取地址
actual ~ 有效〔实际，绝对〕地址
ahbreviated ~ 缩位（短缩，简略）地址
associated ~ 相联地址
base ~ 基〔基数，基本，基准，假定〕地址
binary ~ 二进制地址
binary-coded ~ 二进制编码地址
bit ~ 位地址
block ~ 程序块地址
branch ~ 转移地址
cable ~ 电报挂号
calculated ~ 计算〔合成〕地址
call ~ 调入〔引入、传呼〕地址
card ~ 插件〔插入〕地址
chain ~ 链式地址
channel ~ 通道地址
coded ~ 编码地址
command ~ 命令地址
complement ~ 补码地址
core memory ~ 磁心存储器地址
current ~ 现地址
data ~ 数据地址
deferred ~ 延迟地址
destination ~ 目的地址，终点地址
device ~ 外围设备地址（为识别用的代码）
direct ~ 直接〔一级〕地址
display ~ 区头向量地址
dot ~ 点分地址
dummy ~ 伪地址
effective ~ 有效地址
enabling ~ 起动地址
encode ~ 编码地址
entry ~ 入口地址
explicit ~ 显式地址
extra ~ 附加地址
file ~ 文件地址
first level ~ 直接〔一级〕地址
floating ~ 浮动〔可变〕地址
flying-spot store ~ 飞点存储地址
formal ~ 形式地址
full ~ 全地址
functional instruction ~ 操作指令地址
generated ~ 形〔生〕成地址
global ~ 全局地址
group ~ 组地址
hash ~ 散列地址
home ~ 标识〔内部〕地址
immediate ~ 立即〔零级〕地址
implicit ~ 隐地址
increment ~ 加 1〔增量〕地址
indexed ~ 变址地址
initial ~ 起始地址
instruction ~ 指令地址
internet ~ 互联网地址
line ~ 行地址
link ~ 链接地址
machine ~ 机器地址
map（ping）~ 变换地址
memonic ~ 助记地址
memory ~ 存储（器）地址
network logic ~ 网络逻辑地址
nth-level ~ n 级地址
one-over-one ~ 一加一地址
operand ~ 操作数地址，运算数地址
page ~ 页面地址
physical ~ 实际〔物理〕地址
presumptive ~ 假定〔基本，基准〕地址
public ~ 扩声，扩音
Q ~ 传送数据地址，源地址
quadruple ~ 四地址
real-time ~ 实时〔直接，零级〕地址
reference ~ 参考〔转换，基本〕地址
relative ~ 相对地址
relocatable ~ 浮动〔可再定位〕地址
relocated ~ 置换地址
return ~ 返回地址
sector ~ （磁盘的）扇面地址，（磁带的）段地址
self-relative ~ 自相对地址
single-level ~ 直接〔单级〕地址
source ~ 源地址
specific ~ 绝对〔专用〕地址
stack ~ 栈地址
storage ~ 存储器地址
successor ~ 后继指令地址
symbolic ~ 符号地址，浮动地址
synthetic ~ 合成〔计算〕地址
track ~ （磁）道地址
transfer ~ 转移〔接〕地址
trap ~ 陷阱地址
valid ~ 有效地址
variable ~ 可变地址
virtual ~ 虚拟〔零级〕地址
zero ~ 零地址

addressability 寻址能力

chapter ~　章（节）可寻址〔编址〕性
addressable　可访问〔寻址，编址〕的
addressee　①被访地址②被寻址者，收信〔件〕人
implied ~　隐含地址
message ~　报文地址
one-level ~　直接地址，一级地址
source ~　源地址
virtual ~　虚拟地址
Web ~　网址
addressing　访问，寻〔编，定〕址
abbreviated ~　缩短〔写〕寻址
chain ~　链式访问
cyclic ~　循环寻址
deferred ~　延迟寻址
direct ~　直接寻址，一级定址
extended ~　扩充访问〔编址〕
file ~　文件编址
group ~　成组访问
hash ~　散列编址
immediate ~　直接选〔编〕址，快速寻址，零级定址
implied ~　隐含选址，重复选〔定〕址
indexed ~　变址访问〔寻址〕
machine ~　机器编址
memory ~　存储器编址
one-ahead ~　重复寻址
random ~　随机寻〔选〕址
real-time ~　实时选〔定〕址，直接选址
roaming ~　移像寻址
selective ~　选择定址
specific ~　具体〔特殊〕编址
stack ~　堆栈编址，栈访问
stepped ~　多次〔重复，分段〕选址
virtual ~　虚拟寻址，零级定址
zero-level ~　零级地址（操作码和操作数在同一存储单元中）
addressograph　地址印刷机
adduct　①加合物②引证
adduction　①引用，引证②加合〔氧化〕（作用）
add-without-carry　不〔无〕进位加算，按位加算
adele　赋值矢量
adequate　足够的，充分的，相〔适〕当的，满足要求的
adequation　足够，适合〔当〕，修〔调〕整
A-derrick　A 型构架〔转臂，桅杆〕起重机
adglutinate　①（使）凝集，烧结②胶结物
adhere　①黏〔附，固〕着，黏附②固持，坚持③追随，依附
adherence　①黏附，附着（力），固着，连接②流〔注〕入③坚持，遵守
electrostatic ~　静电附着〔吸附〕
adherend　被黏物，黏附体
adherent　黏附的，附着的，黏着的，焊接住的
adhere-o-scope　润滑油黏附性试验装置，润滑油油性试验装置 adherent
adherography　胶印法
adherometer　黏附计，涂黏计，（胶带用）附着力试验仪
adheroscope　黏附计
adhesiometer　黏附计
adhesion　①附着（力，作用，性，现象），黏着力，黏附力，胶黏②（电线）接头③支持
clinker ~　渣瘤
electrostatic ~　静电附着
tin ~　镀锡层的黏附（强度）
track ~　磁迹附着
true ~　实际黏着系数
adhesive　①黏〔附〕着力②黏着剂，黏结剂，胶黏剂③黏着的，胶黏的
all-purpose ~　万能胶
anaerobic ~　厌气性黏结剂
anisotropic conductive ~　（ACAs）各向异性导电胶
cellulose ~　纤维素胶黏剂
cold-setting ~　冷固化黏结剂
contact ~　接触黏结剂，压敏胶
core ~　型芯黏结剂
dielectric conductive ~　绝缘黏结剂
epoxy ~　环氧树脂黏结剂
epoxy novolac ~　线型酚醛环氧黏结剂
flexible ~　柔性黏结剂
foaming ~　发泡黏结剂
laminating ~　层合黏结剂
latex ~　胶乳黏结剂
rapid cure ~　速（变）定黏结剂
resin base ~　树脂基黏结剂
room-temperature setting ~　室温固化黏结剂
silicone ~　硅酮黏结剂
surface mount ~　表面安装黏结剂
synthetic resin ~　合成树脂黏结剂
tape-supported ~　带式载体黏结剂，胶带
thermosetting ~　热固性黏结剂
trowel ~　高黏度黏结剂
warm setting ~　中温硬化黏结剂
water-soluble ~　水溶型黏结剂

adhesiveness ①黏性，附着性，胶黏性②黏附度，胶黏度
adhesivity 黏着性，胶黏性
adhint 黏结接头
adiabat 绝热线
adiabatic(al) 绝热的
adiabaticity 绝热性
adiabatics 绝热（曲）线
adiabator 保温材料，绝热材料
adiactinic 绝光化（性）的（物质），不透过光化学上的活性辐射（的）物质
adiathermal 绝热的
adiathermancy 绝热性，不透红外线性
adicity 化合价，原子价
adion 吸附离子
adipamide 己二酰二胺
polyhexamethylene ~ ①聚己二酰己二胺②尼龙 -66
A-display A 型〔距离〕显示器
adit ①坑道，平洞②入口
adjacency 邻接，接近，邻近，相邻性，邻近间距
adjacent 邻接的，接近的，附近的，交界的，相邻的
adjoin 邻接，接，连接，加，附加
adjoiner 邻接处，接合部
adjoining 相邻的，交界的，毗连的，伴随的
adjoint 伴随（的），相结合（的），共轭（的）
adjoint - based 基于伴随的
adjunct ①附属物，附加物，添加剂，配件，附（加零）件②助手，副手③辅助的，附加的
adjunction 附益，附加
adjust ①调准〔节，整，谐〕，校正，修正，微调，匹配②校〔对，配〕准③控制，安排，检查④拉平
electric seat ~ （汽车）座椅电动调节
half ~ 四舍五入
zero ~ 调零，零调节
adjustability 调整性能，可调性
adjustable 可调整〔校准，调节，移动〕的
adjustable-bed 可调〔升降〕台面，可调工作台
adjustable-speed 可调速度
adjustable-tap 可调丝锥
adjustage 辅助〔精整〕设备
adjuster ①调节〔校准〕器，调整〔精调〕装置②调整〔装配，安装〕工
base ~ 基值整定器，底座调整装置
butt ~ 齐根器，整捆器
chain ~ 链调整器
compass ~ 罗盘（偏向）调整器，罗盘（误差）校准器
cord ~ 塞绳调节器
frequency ~ 频率调整器
idle ~ （发动机）怠速调整器
no-load voltage ratio ~ 加载电压调整装置
notch ~ 标记调整器
phase ~ ①相位调整器②（换向器式）进相机
ram ~ （牛头刨）滑块冲程调整器，滑枕调节螺栓
ratio ~ 匝比调节器（变压器），比率调整器，分接头转接开关
shutter ~ （风选机的）进风门调节器
slack ~ 空隙〔松紧〕调整器，拉紧装置〔接头，螺钉〕
stroke ~ 冲程调整器
tail ~ 尾翼调整器
tap ~ （变压器的）分接头调整装置〔切换开关〕
valve ~ 气门调整螺钉
volume ~ 音量调节器
wedge ~ 调整楔
adjustment ①调整〔准，节，谐〕，适应，校正，校准，定心②调节机构，调节器③控制，装配，配制，安排④平差⑤理算
~ in phases 逐级平差
automatic step ~ 自动步长〔进〕调整
azimuth ~ 方位角调整
balance ~ 平衡〔对称〕（度）调整
beat ~ 差拍〔拍频〕调整
block ~ 分区〔区域网〕平差
centering ~ 中心〔合轴〕调整，对准中心
chrominance ~ 色度〔品〕调整
coarse ~ 粗调（节）
coincidence ~ 焦点距离修正〔调整〕
compensation ~ 补偿度的装定
compound ~ 多级调整
coordinate ~ 坐标平差
coupling ~ 耦合调整
cut-off ~ 截断〔限界电平，断路〕调整
dash ~ 缓冲调节
delicate ~ 精调，微调
differential ~ 微差平差法
end ~ 端面调整
eyesight ~ （检景器目镜的）调焦
feed ~ 进刀调整，馈电调整
figure ~ 图形校正〔平差〕

fine ~ 精〔细，微〕调
gain ~ 增益调整
gang ~ 同轴调整，统调
gap ~ 间隙调整
ga(u)ging ~ 校准〔计测〕调整
hand ~ 手调整，手调节
hum ~ 交流声调整，哼鸣调整
idle speed ~ 空转调整，空转速度调节
idling ~ （汽化器的）慢速喷嘴〔量孔〕调节装置，空转调节装置
lag ~ 滞相调整
light load ~ （在计算机内）摩擦补偿调节
load ratio ~ 有载电压调整装置
local ~ ①局部调整②测站平差
manual ~ 手调，人工调整
marginal ~ 边界〔限〕调整
minute ~ 精调，微调
notch ~ 刻痕〔标记〕调整
null ~ ①零位调整②零核准装置
pedestal ~ 消隐脉冲电平调整
phasing ~ 相位调整
play ~ 隙缝调整
precision ~ 精（密）调（整）
preliminary ~ 预调
preset ~ 预调谐〔整，准〕
quality ~ 音质调整
range ~ 距离〔量程〕调整
recorder ~ 自动记录仪校准
reference ~ 基准〔给定值，参考值〕调整
reference clock ~ 基准时钟调整
reset ~ 复位调整
rotary erase ~ 旋转消磁调整
rough ~ 粗调
routine ~ 定期〔例行〕调整
sag ~ 挠〔垂〕度调节
sensitive ~ 精（确）调（整）
shading ~ 噪声信号补偿，噪声电平调整
still ~ 静像调整
switch ~ ①转辙器的调整②开关调整
threshold ~ 临界〔限界，阈〕调整
timing ~ 定时调整
velocity ~ 速度调整，初速修正量
vernier ~ 微调，游标调整，游尺调节
width ~ （图像）宽度调整
zero ~ 零点〔位〕调整，归零（仪器校准）

adjustomatic 自动快慢调整仪

adjustor 调节器，调整器
track ~ 履带张紧器

adjutage ①排水筒，放水管，喷射管②伸长臂，接长臂③调节管

adjutant ①辅助剂②辅助的

admeasure ①测量，测定②分配③确定（界线）

admeasurement ①测〔度，计〕量，尺度②分配，配给

administer ①管理，支配，操纵，控制②执行，施行，给予

administration ①管理（机构），行政（机关），管理局，政府②执行，施行，用法，给予
storage ~ 存储管理

administrator 管理〔行政〕人员，官员

admiralty 海军部
~ brass 海军铜（*w*（Cu）71%，*w*（Zn）28%，*w*（Sn）1%，耐腐蚀合金）

Admiro 阿德密拉铜锌镍合金

admissibility 可采纳性，许入，准许

admissible 允许的，可容纳的，可承认的，许用的

admission ①进〔供〕给，输〔喷〕入，进〔给〕气②公差，允差③许可，承认
air ~ 吸气，进气
full ~ 全开进〔吸〕气
single ~ 单向进给〔入口，进气，供给〕
steam ~ 进汽

admit ①接纳②承认，允许③进气

admittance ①许可进入，通道，进气，输入（端）②流（通），导（纳），电导性〔率〕③加工余量，公差，允差④动柔度
acoustic(al) ~ 声导纳
angle ~ 角导纳
aperture ~ 孔径透射力
bunching ~ 聚束导纳
clamped ~ 钳持〔夹〕导纳
complex ~ 复数导纳，导纳复量
complexor ~ 复量导纳
cyclic ~ 相序导纳
driving-point ~ 驱〔策〕动点导纳
effective ~ 有效导纳
equivalent ~ 等效导纳
feedback ~ 回授导纳
four-pole ~ 四端网络的导纳
gap ~ 间隙导纳
generalized ~ 广义导纳
grid ~ 栅（极）导纳
indicial ~ 过渡导纳，单位阶跃导纳
input ~ 输入导纳
intrinsic ~ 固有导纳，内在导纳

line ~ 线路导纳
load ~ 负载导纳
mechanical ~ 机械导纳，力导纳
motional ~ 动生〔态〕导纳
mutual ~ 互导（率）
natural ~ 特性导纳，固有导纳
normalized ~ 归一〔标准〕化导纳
reduced ~ 归一〔正规〕化导纳
resultant ~ 合成导纳，总导纳
short feedback ~ 短路反馈导纳
shunt ~ 并联导纳，分路导纳
surge ~ 特性〔电涌〕导纳
transfer ~ 转移导纳，传递导纳
vector ~ 矢量导纳，复（数）导纳

admittor （仪表的）复导纳

admix 混合，混杂，掺和

admixer 混合器

admixture 混合（物），掺和（料），杂质，外加物，掺和剂
hydraulic ~ 水硬性掺料
waterproofing ~ 防水剂
workability ~ 增和（易性）剂

Adnic 铜镍（系）合金，海军镍（*w*（Cu）69.12%，*w*（Ni）28.3%，*w*（Zn）1.03%，*w*（Fe）0.18%，*w*（Mn）0.94%，*w*（S）0.01%，*w*（C）0.06%，*w*（Zn）0.043%）

adobe ①灰质〔多孔〕黏土②（黏土）砖坯

adonic （冷凝器等用）铜镍锡合金

adopt 采取，采纳，接受，通过

adopter （蒸馏用）接受管

adoption 采用，选用，接受，通过

adorn 装饰，修饰

adpedance 导抗（导纳和阻抗的总称）

adretto 阳坡

adsel 选择寻址系统

adsorb 吸附〔收，取，引〕

adsorbability 吸附性，吸附能力

adsorbable 可吸附的

adsorbate 被吸附物，吸附体

adsorbent ①吸附剂，吸附物质②吸附的

adsorber 吸附器

adsorbility 吸附性

adsorption 吸收〔附〕作用，表面吸收〔附着〕
activation ~ 活化吸附（作用）

adsorptivity 吸附性〔度〕

adular 冰长石（低温钾长石）

adulterant ①混杂料，掺杂剂〔物〕②加重剂

adulterate 掺杂，伪造，低劣

adumbration ①轮廓，阴影，草图②预示，暗示

aduncate 渐曲的，钩状的，具钩的

adurol 氯（代）对苯二酚（显影剂）

adustion 可燃性

advance ①前〔推，掘，促〕进②提〔抬〕高，提出③预付〔支〕，提前（量，角，点火）④送进，进给⑤回转〔旋回〕纵距
~ in cash 垫款
~ of tool 刀具进给
aerialphase ~ 相位超前
electronic ignition spark ~ （发动机）电子控制点火提前（角）
face ~ ①（斜齿轮）螺旋量，扭曲量②（弧齿锥齿轮）齿面接触提前量
full ~ 完全提前点火
hysteresis ~ 磁滞超前
intake ~ 进气提前
item ~ 项目转移
modifier spark ~ 发火提早装置
propeller ~ 螺旋桨进程
punch ~ 冲杆冲程
spark ~ 点火提前，提前点火，（发动机）点火提前角
timing ~ （通信）定时推进升级
tool ~ 刀具切入深度增量（直齿锥齿轮展成双刀机床刀具切深增量）
wavefront ~ 波前行进

advanced ①前进的，先进的，增进的，高级的，进步的②提前的，前置的，预先的③改进的，现代的

advanced-class 高级的

advancement ①前进运动，进步，提升②刀具进给
sliding ~ 刀具滑动进给

advance(metal) 高比阻铜镍合金，阿范斯电阻合金（*w*（Cu）56%，*w*（Mn）1.5%，其余Ni）

advancer 进相机，相位超前补偿器
commutator phase ~ 换向器式进相机
expedor phase ~ 进相感受器
ignition ~ 点火提前角装置
Kapp phase ~ ①卡普进相机，卡普相位超前补偿器②卡普振荡器
phase ~ 相位超前补偿器，进相机
spark ~ 点火提前角装置
vacuum ~ 真空提前器〔装置〕

advantage ①利益，效益②优点，有利条件③方便，便利

mechanical ~ 机械效益，机械利益，机械增益
staggering ~ 参差（调谐）效果
advantageous 有利的
advection ①对流，平流（热效）②转〔平〕移
advective 对流的
advent 到来，出现
adventitious ①外来的②不定的，偶然（产生）的，非典型的
adversarial 对抗
adverse ①逆的，（相）反的②不利的，有害的
advertise =advertize
advertiser =advertizer
advertising 广告
Web ~ 网络广告，Web 广告
advertize 登广告，宣传
advertizer ①信号装置，信号器②登广告者
advice-note 通知单
advisable 适当的，合理的，可取的
advisory ①劝告的②顾问的，咨询的③报告（气象）
advocate 拥护（者），提倡（者），辩护，主张
adze ①扁斧，横口斧，刮刀，锛子②用锛子锛
aegis 保护，掩护
A-eliminator 灯丝电源整流器，代甲电池
A-end （液压传动机构的）A 端，主动部分
A-energy 原子能
aeolight （录音用）辉光管，充气冷阴极辉光管
aeolotropic 各向异性的，非均质的，偏等性的
aeolotropism 各向异性，偏等性
aeolotropy 各向异性，偏等性
aeradio 航空无线电台
Aeral 阿拉尔铝合金（w（Cu）3.5%，w（Mg）1.8%，w（Si）0.6%，w（Cd）2.2%，其余 Al）
aerate ①充〔打，通，透，曝，吹，换〕气，通风，暴露在空气中②分解③打松（型砂）
aerated 含气的
aeration ①充〔通，换，透，吹，曝〕气②充气法③松砂（铸造），松散，分解
aeration-cooling 通风降温，通风冷却
aeration-drying 通风干燥
aerator 松砂〔破砂，鼓风，充气，通风〕机，曝气设备
belt type ~ 带式松砂机
comb type ~ 梳式松砂机
grain ~ 谷物通风器，谷物通风探杆〔通风装置，熏烟装置〕
sand ~ 松砂机，破砂机
two-wheel ~ 双轮松砂机
aeratron 自平衡电子交流电位计
aerdentalloy 银铝合金
aerial ①架空线，天线（系数）②空气的，气体的，稀薄的③空中的，悬空的，航空的
achromatic ~ 在一特定频带内特性均匀的天线，消色差天线
aperiodic ~ 非调谐〔谐振〕天线
artificial ~ 仿真天线，等效天线
batwing ~ 蝙蝠翼天线，超绕杆天线
built-in telescopic ~ 机内（拉杆）天线
center-fed ~ 中点馈电天线
closed ~ 闭路天线，环形天线
coil ~ 环〔线圈〕形天线
core ~ 铁淦氧磁心天线
directional ~ 定向天线
doublet ~ 偶极天线，对称振子天线
dragless ~ 无风压天线
dumb ~ 失谐天线
dummy ~ 仿真天线，假天线
end-fed ~ 底端馈电天线
end-on directional ~ 端射天线
frame ~ 线圈〔框形〕天线
helical ~ 螺旋形天线
image ~ 电视天线，镜像天线
indoor ~ 室内天线
Marconi beam ~ 马可尼定向天线
monitoring ~ 监听〔控〕天线
multiple ~ 复合天线，多单元天线
omnidirectional ~ 全向天线
open ~ 室外天线，露天天线
plate ~ 平板天线
polyrod ~ 介质天线
quadrant ~ 正方形天线
radio-relay ~ 无线电中继天线
receiving ~ 接收天线
recessed loop ~ 隐藏式环形天线
resonant ~ 谐振〔驻波〕天线
steerable ~ 可控天线
top loaded ~ 顶负载天线，电容负载天线，加电容缩短的天线
window frame ~ 车窗天线
aerification 掺（入空）气，充气，气化
aerify 充气，掺气，气化
aeriotron 收信放大管
aeriscope 超光电摄〔移〕像管
aero ①气体②飞机，飞船，飞行③飞行体航空的，飞行（器）的

aeroastromedicine 航空航天医学
aeroballistics 航空弹道学
aerobat ①飞行器②特技飞机师
aerobiology 航空生物学
aerobioscope 空气细菌测定器
aeroboat 水上飞机，飞艇
aerobronze （航空发动机用）铝青钢（w（Al）4.5%，w（Ni）4.5%，w（Si）1.7%，w（Ti）0.2%，w（Zn）1%，其余 Cu）
aerobus 客机，班机
aerocamera 航空照相机，空中摄影机
aerocar 气垫车，飞行车
aero-carburetor 航空汽化器
aerocartograph 空中照片制图仪，航空测图仪
aerochart 航空图
aerochronometer 航空精密时计
aeroclinoscope 气候信号器
aerocraft 飞机
aerocrete 泡沫混凝土
aerocurve 曲翼（飞机），弯曲支持面
aerodiesel 狄塞尔航空发动机
aerodist 航空微波测距仪
aerodone 滑翔机
aerodonetics 滑翔（力）学，飞行安定学
aerodreadnaught 巨型飞机，无畏式〔特大〕飞行器
aerodrome 飞机场，航空站
floating ~ 航空母舰
aerodromics 滑翔（力）学
aerodromometer 气速计，气流速度表
aeroduct 冲压式空气喷气发动机
aeroductor 防胎儿窒息器
aeroduster 飞机〔航空〕喷粉器
aerodux 酚醛树脂黏合剂
aerodynamic(al) 空气动力（学）的
~ characteristic 气动特性
aerodynamics 气体〔空气〕动力学
compressible ~ 可压缩流体动力学，气体动力学
internal ~ 内〔管〕流空气动力学
aerodyne 重航空器，重飞行器（升力大部由空气动力而来）
aeroelastic 气动（力）弹性的
aeroelasticity 气动（力）弹性（力）学
aeroelectromagnetic 航空电磁的
aeroembolism 气压病，气栓症
aeroengine 航空发动机
radial ~ 星形航空发动机
rotary ~ 转缸式航空发动机
aerofilter 空气过滤器，加气滤池
aerofloat ①二硫代磷酸型浮选剂②（水上）飞机浮筒
Aerofloc 聚丙烯腈絮凝剂
Aeroflocs 絮凝剂
Aeroflox =Aerofloc
aerofluxus 排气，泄气
aerofoil ①翼型，翼（剖）面②机翼
aeroform 爆炸成形
aerogel 气凝〔溶〕胶
aero-generator 风力〔航空〕发电机
aerogram(me) ①无线电报〔信〕，航空信件②高空图解
aerograph ①无线电报机②航〔高〕空气象记录仪③喷（气）染（色）器④发无线电报
aerography ①（高空）气象学，大气（状况）图（表）②喷（射）染（色）术
aerogun 高射炮，航空机关枪
aerogun-sights 高射炮瞄准器
aerohydrodynamics 空气流体动力学
aerohydroplane 水上飞机
aerohydrous 含有空气与水的
aerohypsometer 测高计
aerojet ①空气喷射②喷气发动机，喷气式飞机
aerolevel(l)ing 航空水准测量，航空抄平
aerolog ①飞行模拟装置②航行记录簿
aerological （航空，高空）气象的，大气学的
aerothermodynamics
aerologist 大气〔气象〕学家
aerology 航〔高〕空气象学，大气学
Aerolube 阿洛鲁普润滑油（商品名），抗氧化剂，清净剂
aeromagnetic 空中探测地磁的
aeromagnetics 航空磁学
aeromagnetometer 航空地磁仪〔磁强计〕
aeromancy 天气预测〔报〕
aeromap 航空地图
aeromarine ①水上飞机②海上航空的
aeromechanical 航空力学的，空气动力学的
aeromechanics 航空力学，空气（动）力学
aeromedicine 航空医学
aerometal 航空铝合金（w（Cu）0.2% ~ 4%，w（Fe）0.3% ~ 1.3%，w（Zn）0 ~ 3%，w（Mn）0 ~ 0.2%，w（Si）0.5% ~ 1%，w（Mg）0 ~ 3%，其余 Al）
aerometeorograph 高空气象计，航空气象记录仪

aerometer 气体计，量气计，气体密度计
aerometry 量气学，气体测量（学）
aeromobile 气垫汽车
aeromotor 航空发动机
aeronautic(al) 航空〔导航〕的
aeronautics 航空学，飞行学和飞行艺术，飞行器制造科学和技术
aeronavigation 空中导航
aeronavigator 领航（飞行）员
aeronef 飞机，重航空器
aeronomy （超）高层〔星体〕大气物理学
aeron 埃隆铝合金（w（Cu）1.5% ~ 2%，w（Si）1.0%，w（Mn）0.75%，其余 Al）
aerooverprint 图上加印的空中领航数据
aeropause 大气航空边界，大气层外限（飞机能飞达的区域与外部空间之间的边界线）
aerophare （空中导航用的）无线电信标，航空用信标
aerophenology 航空生物气候学
aerophone 无线电话（机），扩音器，探音机
aerophore 防毒面具呼吸器，通风面具，输气机，氧气吸入器
aerophoto 空中摄影
aerophotogeodesy 航空摄影（大地）测量
aerophotogrammetry 航空摄影测量（学）
aerophotograph 航空〔摄〕像片
aerophotography 航空摄影学，空中照相〔摄影〕（术）
aerophototopography 航空摄影测图，航空摄影地形测量
aeroplane 飞机
jet ~ 喷气飞机
launch ~ 火箭运载机
light ~ 小型飞机
observation ~ 观测机
open sea ~ 海上飞机
prototype ~ 样机
robot ~ 无人驾驶飞机
soaring ~ 滑翔机
aeroplex 航空用安全玻璃
aeropolygon 空中导线测量
aero-projector 航测制图仪，航空投影仪
aero-propeller 飞机螺旋桨，空气推进器
aeropulse 脉动式空气喷气发动机
aeropulverizer 吹气磨粉机，喷磨机
aero-radiator 航空散热器
aeroresonator 脉动式（空气）喷气发动机
aeroscloscope 空气电子检查器
aeroscope 空间观测器
aeroscopy 空中观测术
aeroseal 空气密封
aeroshed 飞机库
aerosil 汽相二氧化硅
aerosimplex 简单投影测图仪
aero-sketchmaster 航空像片转绘仪
aerosol ①气溶胶，湿润剂，烟雾剂②空悬微尘③按钮式喷雾器
aerosoloscope 空气（中）微粒测量表〔器〕
aerospace ①航空和航天②宇宙空间③大气，空气圈
aerospaceplane 航天飞机
aerospatial 宇航空间的
aerosphere 大气层，气圈，气界
aerosprayer 飞机〔航空〕喷雾器
aerostat ①航空器，高空气球②气球驾驶员
aerostatics 空气〔气体〕静力学
aerostructure 飞机结构（学），升面构造
aerosurvey 航空测量
aerosurveying 航空摄影测量学
aerotaxis 趋氧性，趋气性
aerotechnics 航空技术
aero-thermoacoustics 气热〔湍流〕声学
aerothermochemistry 空气热力化学，气动热化学
aero-thermo-dynamic-duct 冲压式空气喷气发动机
aerothermodynamics 气动〔空气〕热力学
aerothermoelasticity 空气热弹性力学〔理论〕，气动热弹性
aerothermopressor 气动热力压缩器
aerotopography 航空摄影测图，航空地形测量学
aerotow 空中牵引飞机
aerotrack （简易）飞机场
aero-train 气垫列车，飞行式无轨列车，悬浮列车
aerotraversing 空中导线测量
aerotriangulate 空中三角测量
aerotriangulation 空中三角测量
aerotriangulator 空中三角仪
aerotron 晶体管
aeroturbine 航空涡轮机
aerovane ①风向计，风速仪②风车，旋翼
aerovelox 小型投影测图仪
aeroview 鸟瞰图
aero-vision 航空摄影防振座
aerugo 氧化铜，铜锈，金属氧化物，腐锈斑

aesthesiometer 触觉计
aesthetic 美学的，美术的
AFC （=automatic frequency control）自动频率控制
affair ①事（情，件），业务，工业①东西，物件③（pl.）事态
current ~ 时事，新闻
affect ①影响，起作用，起反应，改变，损害，使…感光②感动③假装④倾向⑤偏差
affiliate ①联号，分支机构②（pl.）联（合广）播（电）台
affinage 精炼
affinant 亲和物
affine 仿射的，远交的
affine-plotter 仿射测图仪
affinitize ①后腐蚀，亲和腐蚀②整面
affinity ①亲和能〔势，力，性〕②仿射性，相似（性）③类似
adsorption ~ 吸附力
chemical ~ 化学亲和力
cohesive ~ 内聚亲和力，附着力
combining ~ 化合亲和势
elective ~ 有择亲和势
electron ~ 电子亲和性
affinor （反对称）张量
affirm 肯定，确信，断言，证实，批准
affix ①附件，附加物，添加剂②使固定，结牢③附加上，贴上，粘上
affixation 添加，附加
affixion =affixation
affixture 添加（产物），连接（物），结合（物），加成物
afflight ①近月飞行（靠近月球背面轨道）②靠近〔并排〕飞行
affluence 流〔涌〕入，集流，富〔汇〕集，丰富
affluent ①支流②流入的，汇流的，丰富的
afflux 集〔汇〕流，流注，富〔群〕集
affluxion =afflux
afford ①给予，提供②能够，经受得起
afire 着火（的），燃烧（的）
aflame 着火（的），燃烧（的），冒烟（的），发亮，红似火的
aflat 平面的，（水）平的
afloat ①（漂）浮（的），（能）航行的，顺流②在海〔船〕上③浸在水中，泛滥④传播的⑤流通，新开张的
A-float ①A形平地器②(用)A形耪(平整土地)
afocal 远焦的，焦外的
A-frame A型构架，A型杆塔
aft 在〔从〕后面（的），在尾部，尾部（的）
afte-injection 过后喷油（发动机故障）
after （以，滞）后（的），后期的
after generation （焊接）延迟发生
after-acceleration 后加速
after-admission 补充进气
after-bake 后期烘烤，二次焙烧
afterblow ①过吹，后吹（碱性转炉）②后吹周期（托马斯过程）
afterbody ①物体后部②弹体尾部，机身尾部，机尾，后体，后部船体
afterburner 补热器,加力燃烧室(喷气发动机)，复燃室，后燃室
afterburning ①燃尽，烧完②迟〔补，复〕燃③加力〔后期，二次，脉动〕燃烧
aftercarriage 后车体
afterchine 后舭脊
after-combustion 复燃，烧尽，再次燃烧，补充燃烧
after-condensation 后缩合
after-condenser 再〔二次〕冷凝器
after(-)contraction 残余收缩，附加收缩
aftercooler ①末端冷却器，后〔二次〕冷却器②减热去湿器（压缩空气）
aftercooling 再（次）冷（却）
aftercure 后硫化〔固化，处理〕
aftercurrent 余〔残余，后效〕电流
after-deadwood 船尾加固件
after-dripping 喷油后的燃烧
afterdrying 再次干燥
after-edge 后沿〔缘〕
aftereffect ①后效应②余功③副作用
agencydielectric ~ 电介（质）后效（应）
after-etching 残余腐蚀，最后腐蚀
after-expansion 残余膨胀，残存膨胀
after-filter 二次〔补充〕过滤器
after-filtration 后（过）滤
afterfire 消声器内爆炸
after-fixing 后固定
afterflaming 完全燃烧，烧尽，补充燃烧
afterflow 残余塑性变形，蠕变
afterframe 后框（架）
afterglow 余辉，（荧光屏的）光惰性
long ~ 长余辉
medium ~ 中余辉
phosphorescence ~ 磷〔荧〕光余辉
screen ~ 荧光屏余辉

afterheat ①余热②焊后加热
afterheater 后热器
afterhold 后部船舱，船后舱
afterimage 余像，残像
long-term ~ 长期保留残像，（靶面）烙上图像
afterpeak （船）尾尖舱，后尖舱
after-poppet 船尾垫架，后支架
afterpower 剩余功率，滞后功率
afterprecipitation 后（二次）沉淀（作用）
afterproduct 后产物，二次产品，副产物
afterpulse 剩余〔残留〕脉冲
afterpulsing 跟在主要脉冲后面的寄生〔残留〕脉冲
after-purification （最）后净化，补充净化
aftersection 尾部，后部
after-sensation 余像，残留影象，余觉，余感
aftershock 余震
after-shrinkage 残余收缩，（成型）后收缩
after-sound 余音，残音
afterstain 互补色，对比色
after-stretch 后拉伸
afterteeming 补浇（注）（液体金属）
aftertime 余辉时间
aftertossing 船尾波动
aftertreatment 后处理，补充〔二次〕处理
afterword 跋，书后，后记
after-worker 补充搅拌机（糖膏用）
after-working 后效
elastic ~ 弹性后效
aft-fan 后风扇（喷气发动机）
aftpeak 尾尖舱
against ①对着，反对，以防，克服，阻止②靠近，倚③对照，对比，以…为背景
agalite 纤维滑石
agar(-agar) 琼脂
agate ①玛瑙②〈美〉玛瑙体活字
AGC （=automatic gain control）自动增益控制
gate ~ 选通〔闸门〕式自动增益控制电路
keyed ~ ①键控自动增益调整②定时自动增益控制
mean-level ~ 平均电平式自动增益控制
negative ~ 反向自动增益控制
peak ~ 峰值自动增益控制
positive ~ 正向〔极性〕自动增益控制
age ①年龄，时期，世纪②使用期限，寿命③老〔陈，熟〕化，时效④老练
data ~ 取数据时间
Fermi ~ 费米中子龄
strain ~ 应变时效
working ~ 工龄
aged ①老化的，熟化的，被冷却的，时效过的②衰变的，分裂的，分解的③稳定的，均匀的
age-harden 时效硬化
quench ~ 淬火时效
age-hardening 沉淀硬化，时效〔扩散〕硬化，老化
ageing 老化，陈化，熟化，时化，时效，迟滞，裂变，分裂，冷却（作用），变质
accelerated ~ 加速〔人工〕时效〔老化〕
artificial ~ 人工时效
combating ~ 反老化，防老化
corona discharge ~ 辉光放电老化
direct quench ~ 热浴时效处理
frequency ~ 频率陈〔老〕化
hardness ~ 硬度老化，加工时效，硬化时效
insulation ~ 绝缘老化
light ~ 光致老化
magnetic ~ 磁（性）老化〔陈化，时效〕
martensite ~ 马氏体时效
natural ~ 自然时效
non ~ 未失效的，未过时的
over ~ 过时效
overstrain ~ 冷作时效，过应变时效
preliminary ~ （橡胶）预先老化
progressive ~ 连续升温时效，分段时效
shelf ~ 搁置老化
split ~ 分级时效，（常温 - 高温）两段时效
step ~ 阶段时效，中断时效
strain ~ ①应变时效，机械时效②弥散硬化
stress ~ 消除应力时效
thermal air ~ 热空气老化
agency ①代理，代办（机构），经售处，社，所，机构，局，处②动作，行为，作用，介质，手段，因素
agendumcooling ~ 冷却剂，切削液
heating ~ 载热体，燃料
agenda 运行程序语言，操作规程
EP ~ 极压添加剂
agendum ①会议议程，议事日程，备忘录，记事簿，待办事项（表）②执行规程，操作规程③运行程序语言
agent ①介质，试剂，作用剂，附加剂，媒介物，（作用）因素，力量，作用力，工具②代理人，代理商
~ addition 添加合金元素，合金加成〔添加〕剂

acidating ~ 酸化剂
acidulating ~ 酸化剂
activating ~ 放射化物质，激活物质，激活剂，活化剂
active ~ 活化〔有效〕剂
addition ~ ①添加剂，附加剂②合金元素
adhesion ~ 黏着剂，增黏剂
agglomerating ~ 烧结因素，凝结剂，胶凝剂
aggressive ~ 侵蚀剂
alloy(ing)（addition）~ 添加合金元素，合金加成剂，合金添加剂
anti-bonding ~ 防黏剂
antipitting ~ 麻面防止剂（镀镍槽附加剂）
antiruning ~ 抗流动剂
antisagging ~ 抗流动剂
antistatic ~ 抗静电剂
antisticking ~ 防黏剂，脱模剂
antitack ~ 抗黏着〔附，合〕剂
binding ~ 黏合〔载色，接合〕剂
bodying ~ 基础剂（制造润滑脂用的油类）
bonding ~ 键合剂
bulking ~ 填充剂，膨胀剂
carbonizing ~ 增碳剂
causticizing ~ 苛化剂
cementation ~ 渗碳剂
cementing ~ 黏合剂，胶结料
chelating ~ 螯合剂
chromogenic ~ 显色剂
clearing ~ ①澄清器②澄清剂
coagulating ~ 凝结剂
colloidizing ~ 胶化剂
colo(u)r-developing ~ 显色剂
colo(u)ring ~ 染料，颜料，着色剂
complexing ~ 络合剂
condensating ~ 缩合剂
condensing ~ 冷凝剂，缩合剂
conserving ~ 防腐剂
contact ~ 触媒
control ~ 调节体，控制剂
cooling ~ 冷却介质，冷却剂
creaming ~ 成乳油剂
cryoprotective ~ 防冷剂
curing ~ 固〔硬〕化剂
defoamer ~ 去〔消〕沫剂
defoaming ~ 消泡剂
degasifying ~ 除气剂
dehydrating ~ 脱水剂
derivating ~ 衍生剂
desiccating ~ 干燥剂
developing ~ 显影剂
discharging ~ 脱色〔漂白〕剂
displacement ~ 顶替剂
doping ~ 掺杂剂
drying ~ 干燥剂
electronating ~ 增电子剂，还原剂
emulsifying ~ 乳化剂
exclusive ~ 特约总代理商
firming ~ 固化剂
fixing ~ 定影剂
flame ~ 燃烧剂
flocculating ~ 凝聚剂
flotation ~ 浮选剂
fluxing ~ ①助熔剂②焊药
foaming ~ 发泡剂
fusing ~ ①焊剂②助熔剂
gas-forming ~ 造〔加〕气剂
glazing ~ 光泽剂
hardening ~ ①硬化〔淬火，强化〕剂②淬火介质
head transfer ~ 热转移媒质
intelligent ~ 智能代理程序，智能工具
killing ~ 脱氧剂，镇静剂
lapping ~ 研磨剂，磨料
modifying ~ 质量改善剂，改良剂
needling ~ 针状组织促进元素
nodulizing ~ 球化剂
nucleating ~ 孕育剂，成核剂
oxidizing ~ 氧化剂
packing ~ ①渗碳剂②填料，密封剂
parting ~ 分型剂
passivating ~ 钝化剂
peptizing ~ 胶溶〔化〕剂
pickling ~ 酸洗剂
plasticizing ~ 增塑剂，塑化剂
poising ~ （氧化还原作用的）平衡剂
preservative ~ 防腐剂
protective ~ 防护剂，抗氧化剂
purifying ~ 纯化剂，提纯剂，净化剂
quenching ~ 淬火介质
reducing ~ 还原剂，脱氧剂
reductive ~ 还原剂
reinforcing ~ 增强剂
releasing ~ 防黏剂，分型剂
riserexothermic ~ 冒口发热剂
sanding ~ 研磨剂
saponifying ~ 皂化剂

scrub ~ 磨洗剂
setting ~ 硬化剂
short stopping ~ ①速止剂②链锁终止剂
silicone release ~ 有机硅分型剂
solubilizing ~ 增溶剂
spheroidal ~ 球化剂
spray ~ 喷显剂
stabilizing ~ 稳定剂
stopping ~ 终止剂
stripping ~ 分型剂
suspending ~ 悬浮剂
tackiness ~ 胶黏剂
tempering ~ 回火介质
termination ~ （链）终止剂
thickening ~ 增稠剂，印花浆料
thinning ~ 稀释剂
transmission ~ 传动系统
volatile spacing ~ 挥发增孔剂
wear reducing ~ 缓蚀剂
wedding ~ 乳化剂，结合剂，吸附表面活性剂
workability ~ 增塑剂，塑化剂

ager 老化器，熟化器，蒸化机，蒸箱
acid ~ 酸气蒸化机
Mather Platt ~ 马瑟泼拉特布匹连续蒸化机
vat ~ 还原蒸化机

aggiornamento 现代化

agglomerant ①黏〔凝〕结剂②烧结工③附聚的，烧结的

agglomerate ①集块岩②团矿，烧结块③烧结，凝结，胶结，附聚
metal-ceramic ~ 金属陶瓷烧结制品

agglomeration 附聚〔烧结，胶凝〕作用，黏结，烧结，团矿，结块

agglomerative 附聚的，烧结的，凝结的，胶凝的

agglomerator 团结剂，沉降电极（电气除尘器的）

agglutinant 烧结剂，凝集剂，凝结剂

agglutinate ①烧结，胶结，凝集②黏合物，块岩，胶结物③附着的，凝集的

agglutination 烧结〔凝集，黏结，胶结〕（作用）

agglutinin 凝集素

aggravate 使…恶化，加重，加剧

aggregate ①聚集，集结②集合（体），集料③总数，共计④机组，成套设备
choker ~ 填隙集料，嵌缝集料
clinker ~ 熟料，烧结料，溶渣
coarse ~ 粗集料，粗骨料，粗聚集体，最大颗粒不超过 0.25 in（6.35 mm）的聚集体
comparable ~ 可比集
crystal ~ 结晶集合体
data ~ 数据聚合
ensemble ~ 集结合
finite ~ 有限〔穷〕集
manufactured ~ 人造骨料
member ~ 元结合
polycrystalline ~ 多晶聚合体
pumped-storage ~ 抽水蓄能机组

aggregation 聚集（体，作用），聚合，凝聚
data ~ 数据收集

aggregative 聚集的

agility 敏捷性，灵活性，频率快变

aging =ageing

agitate ①搅动，搅拌，扰〔摇，骚〕动②激发，励磁③倡仪，辩论

agitation ①搅拌（作用），搅动，湍流，拨火②激发，激励，励磁
countercurrent ~ 逆流搅拌
hydraulic ~ 液力搅拌
impact ~ 碰撞激励
pneumatic ~ 气力搅拌
prolonged ~ 持续搅动，延时搅拌
thermal ~ 热扰动，热激发

agitator 搅拌机，搅拌器，翻动器，搅拌翼，抖动装置
air lift ~ 空气〔气升式〕搅拌器，气动提升搅拌机
anchor and frame type ~ 锚式及框式搅拌器
balance ~ 摆式抖动〔撞击〕器
batch ~ 间歇式拨火板
blade ~ 叶片式搅拌器
butterfly ~ 蝶形搅拌器
cocoon ~ 索绪器
electric ~ 电动振荡〔搅拌〕器
feed ~ 饲料搅拌器
jet ~ （液力）喷射式搅拌器
lift ~ 提〔气〕升搅拌器
Pachuca ~ 帕卡（空气）搅拌槽，气升式搅拌器
paddle ~ 叶片式搅拌器
planet ~ 回绕式搅拌器
screw land type ~ 螺带式搅拌器（专用于高黏度液体的混合）
truck ~ （混凝土）搅拌器汽车
turbine ~ 涡轮式搅拌器
vortex ~ 涡动搅动器

agitator-conveyor 搅拌送料器
aglet 柱螺栓，金属箍
agmen 集合，聚集，集合物 agitator-conveyor
Ag-O-Cs(s-1) 银 - 氧 - 铯光电发射体
agone 无（磁）偏线
agonic 无偏差的，不成角的
agravic 无重力的，无重力状态
agree 符合，相同，一致，同意，赞成
agree-life 模拟寿命
agreement ①符合，一致，吻合，同意②协定，协议，合同
formal ~ 正式协定
provisional ~ 临时协议
written ~ 协议书
communication ~ 通信协议
key ~ （通信）密钥约定
agricultural 农业（上）的
Agrilite 阿格利莱特轴承合金（*w*（Cu）70.49%，*w*（Sn）5.39%，*w*（Pb）24.0%，*w*（Ni）0.09%，*w*（P）0.005%）
agrimotor 农用动力机（指拖拉机，汽车等）
agri-robot 自动犁（自动单轴拖拉机）
agroatomizer 农用喷雾器
agrosprayer 农用喷雾〔水〕机
agrotechnical 农业技术的
agrotechny 农产品加工学
A-harrow A 形（钉齿）耙
ahead 在前（面），前头，向前，前进，提前，领先
ai-blaster 压气爆破筒（落煤用），空气鼓风机，压气喷水器，压气喷砂机
aid ①辅助手段〔设备，装置〕②辅助，援助③工具，仪器，器件
antiplastering ~ 抗黏剂
approach ~ 着陆导航设备
audio-visual ~ 视听辅助设备〔装置〕
body ~ 助体〔剂〕
briefing ~ 说明书，规程
deaf ~ 助听器
debug（ging）~ 调试辅助程序，调试工具
design ~ 设计辅助
directional ~ 定向器材
driver ~ 行驶监视仪
filter ~ 助滤器
filtration ~ 助滤剂
Gee navigation ~ “奇异”无线电导航系统
grinding ~ 助磨剂
hearing ~ 助听器
hill start ~ 坡道起步辅助装置
infrared acquisition ~ 利用红外线探测
laser ~ 激光装置
long-distance ~ （无线电）远程导航设备
marine radio ~ 船用无线电设备（通信和导航用）
navigation ~ 导航设备，导航系统
precision ~ 精密测试仪
professional ~ 专业性参考工具书
radio ~ 无线电设备
radio navigation ~ 无线电导航设备
safety ~ 安全设备
self-contained navigation ~ 自足式〔设备齐全的〕导航设备
short-range ~ 近程导航设备
terminal ~ 终端导航设备
trouble shooting ~ 故障检测设备
visual ~ 直观教具
aided 辅助的，半自动的
aide-memoire 〈法〉节录，摘要，手册，备忘录
aid-hearing 助听器
aiding 帮助
series ~ 串联同向
aiguille 尖顶，钻头（钻炮眼），钻孔器，油石镗刀
aile =aisle
aileron 副翼，飞机辅助翼
aimant 磁铁石
aimer 校准器（辅助计测器）
aim(ing) ①目标，方针，计划②瞄准，对准③引导，导航④感应
~ off 修正瞄准，提前量
aimless 无目的的，无目标的，无瞄准的，无引导的，没有准则的
air ①大气，空气，气流②空中③航空④空气的，气动的，风动的⑤通气，充气，通风
~ bag system diagnostic module 气囊系统诊断模块
~ fuel control 空（气）燃（油）比调节装置
~ in the core 型芯（里的通）气道
~ jet attrition （化油器）空气量孔磨损
~ /fuel distribution （多缸发动机中）空 / 燃比分配情况
~ -fuel equivalence ratio 空气 - 燃油当量比
actuating ~ 工作空气，推进空气
auxiliary ~ 二次〔补加，辅助〕空气，二次风
bleed ~ 排气
carburetted ~ 富化〔汽化〕气

compressed ~ 压缩空气，压风
dead ~ ①静〔闭塞〕空气，气流中的死区②二氧化碳含量高的空气
deflected ~ 偏流空气
diluent ~ 二次空气（如燃气轮机中进入燃烧室的空气），加稀空气
dilution ~ 掺混空气
entrapped ~ 夹带的空气
excess ~ 过剩空气，空气裕量
exhaust ~ 废气，排气
false ~ 漏风
fixed ~ ①不流动的空气②二氧化碳
fluidizing ~ ①流态化空气②沸腾层中的干燥空气
force-in ~ 强制通风
free ~ 大气
heavy 压缩空气，重空气
hot ~ 热气，热风
humid ~ 湿空气
hydro ~ 液压气压联动（装置）
inflammable ~ 氢气，可燃空气（旧称）
input ~ 风量
insertion ~ 压缩空气
make-up ~ 补偿空气
natural ~ 自然〔常温，未预热〕空气
normal ~ 标准大气
on ~ 送风期
open ~ 野外，露天
outside ~ 外界空气
overfire ~ 二次空气，二次风（炉排风）
overgrate ~ 二次风
parasitical ~ 窑炉（各处）缝隙吸入（炉内）的空气
pillow ~ 气垫（气垫造型机中起弹簧作用）
pilot ~ 先导〔控制〕气流
plant ~ 工厂用压缩空气
pressed ~ 压缩空气
primary ~ 一次（燃烧）空气，一次风
reduced ~ ①还原性空气②再循环风
return ~ 回风，废风
rolled-in ~ 轧入空气
saturated ~ 饱和空气
scavenging ~ 清除空气，清洗（积垢用）空气
secondary ~ 二次（进）风，二次空气，次级空气
shop ~ 厂用压缩空气
stagnant ~ 停滞空气，滞止气流
standard ~ 标准大气
surface ~ 大气底层，地面大气
tempering ~ 调温空气，调温风
tertiary ~ 三次风，三次空气
under-fire ~ 从燃料层下面供入的空气，一次空气，一次风
under-grate ~ 从炉排下面供入的空气
upper ~ 高空
zoned ~ 分区送风

air-acetylene 空气乙炔焊
air-actuated （空）气（驱）动的
Airacuda 双引擎战斗机（美国）
air-atomizing 气力喷雾
airator 冷却松砂机
airbag （汽车）安全气囊
driver ~ 驾驶员安全气囊
dual stage driver ~ 双级式驾驶员安全气囊
dual stage passenger ~ 双级式乘客安全气囊
head side ~ （驾驶员，乘客）头部侧面安全气囊
side impact ~ （驾驶员，乘客）侧碰撞安全气囊
thorax side ~ （驾驶员，乘客）胸部安全气囊
air-bath 空气浴（装置），空气干燥器
air-bed 气床，气垫
airbell （显影时乳剂层表面上产生的）气泡
airblast ①鼓风，送风②鼓风机，通风机③风车④气喷净法⑤（强）气流，空气射流
air-bleed 放〔抽〕气（口）
antisiphon ~ 反虹吸作用的通气孔（如化油器怠速空气量孔）
air-blower 鼓风机，风扇
airboat （用空气螺旋桨或喷气式推进器的）空气推进艇
airbond ①型芯砂结合剂（有常温自硬性的高分子材料）②气障
airborne ①空中的，航空的，空运的，机载的②完全由空气支持（起来）的③通过无线电〔电视〕播送的
airbound 气隔的，被气体阻塞的
air-brake 空气制动器，气闸，减速板，气动力制动装置
air-brasive （用压缩空气）喷砂磨光，喷气研磨
air-break 空气断路器（触点在空气中）
air-breaker 空气（自动）断路器
air-breather 空气吸潮器，（变压器的）换气器，通风孔，通气孔，通气装置，通风装置
airbrush ①喷枪（涂装用）②用喷枪喷射
air-buffer 气垫

airbus 大〔重〕型客机
air-chamber 气泡腔
air-choke 空心扼流圈
air-condition （装以）空气调节（器）
air-cool 用空气冷却
air-cooling 空气冷却（式，的）
air-cored 空心的，无铁心的
aircourse （通）风巷（道），风道
aircraft 航空器，飞行器，飞机〔艇，船〕
~ with nose wheel 前三点飞机
~ with tail wheel 后三点飞机
all-wing ~ 飞翼式飞机
approach sequence ~ 近场待令飞机
cargo ~ 货机
carrier-based ~ 舰载飞机，航空母舰飞机
carrier-borne ~ 舰载飞机，航空母舰飞机
civil ~ 民用飞机
deflected slipstream ~ 螺旋桨后气流转向式飞机
delta-wing ~ 三角翼飞机
drone ~ 靶（飞）机，无人驾驶飞机
gliding ~ 滑翔机
ground-attack ~ 强击机
guiding ~ 导航机
gyrodine ~ 直升机
jet ~ 喷气（式）飞机
kerosene fuelled ~ 煤油飞行器
marine ~ 海军飞机
more electrical ~ 多飞行器
mother ~ 运载飞机，母机
operational ~ 作战飞机
pertical-lift ~ 垂直起飞飞机
pilotless ~ 无人驾驶飞机
receiving ~ 空中受油飞机
seaborne ~ 舰载飞机
ship-based ~ 舰载飞机
swept-wing ~ 后掠翼飞机
tail-first 前尾式飞机
tailless ~ 无尾飞机
tanker ~ 空中加油飞机
tilt rotor ~ 倾转旋翼机
tiltwing ~ 倾斜翼飞机
transport ~ 运输机
turbojet ~ 涡轮喷气发动机飞机
water ~ 水上飞机
aircured 晾干的，用空气处理的
air-damping 空气制动〔阻尼，减振〕
airdent 喷砂磨齿机
airdox 压气爆破筒
air-drain 气眼，通风道
airdraulic 气动 - 液压的
airdraulics 气动 - 液压技术
air-driven 风动的，空气驱动的
airdrome 飞机场，航空站
air-dry 风干，晾干
air-entrapping 加气的
air-equivalent 空气等价〔当量〕的
airfan 风扇
blast ~ 鼓风机
airfast 不透风的，不透气的
airfilter 空气过滤（器）
air-filtering 空气过滤的
air-floated 空气浮动的
airfoil 翼型，翼剖面，机翼，翼面
backward curved ~ 后弯机翼
airfone 传话筒
airforce 空气动力，空军
airframe 飞机机架，骨架，弹体构架，机体，结构
airframe-inlet 机身进气道
air-free 无空气的，被抽空的，空气稀薄的
airfreighter （大型）运输机，运货飞机
air-furnace 反射炉
oil-fired ~ 烧油反射炉，火焰炉
air-gap （电机的）空气隙，火花放电隙
graded ~ 不对称〔不均匀〕空气隙，（电机的）阶梯形气隙
smooth ~ 均匀空气隙
air-gauge 气压计，气压量仪，气动测微仪，空气量规〔压力表〕
airglow 大气辉光，大气夜间发光的现象
air-gun 气〔喷〕枪，喷雾器
airheater 空气加热器，热风炉
platen ~ 板式空气预热器
recuperative ~ 间壁〔管，板〕式空气预热器
airhood 空气室，空气罩
air-hydraulic 气动 - 液压的
air-in 进气，供给空气，空气输入口
airiness 空气流通，通风
airing ①通风，通气②晾干，风干，曝气，空气干燥法③起沫④无线电或电视广播，发表
air-jack 气压千斤顶，气压起重机
air-lance ①空气枪②借助钎子用空气清理锅炉管子积灰
airless ①无空气的，真空的②不通风的，空气不流通的③无风的

airlift ①空运②（空）气举，（空）气（提）升③气动提升机，空气升液（器），气力升降〔起重〕机④空中补给线
airlight 空气光（悬浮物散射光）
airliner 班〔客〕机
jet ~ 喷气式班〔客〕机
airload 气动力负荷，气压负荷
airlock 锁气阀，气塞
air-locked 气封的，密封的，不透气的
airmail 移动邮件
airmanship 飞行技术，导航技术
air-melted 空气熔炼的
airmeter 气流表，空气流速计，小风速计，空气流量计，量气计
air-motor ①航空发动机②（压缩）空气发动机
air-o-line 气动调节器
airometer 空气流速计，风速计，空气流量计
air-operated 空气操作的，风动的，气动的
airosol 气溶胶
air-out 排气，放气，出气，空气输出（口）
airphoto 航空像片，航摄影片
air-placed 喷注的
airplane =aeroplane
small civil ~ 小型民用飞机
tailless ~ 无尾飞机
airplane-altimeter 机载高度计
airplot 空中描绘〔测位〕
airpoise 空气质量计
airport ①（民航）飞机场，航空站②空气孔，风孔
~ -CDM 机场协同决策
hub ~ 枢纽机场
air-powered 气动的
airproof 不透气的，密封的，气密的
airpump 抽〔排〕气机，排气泵
mercury ~ 汞（气）泵
air-purification 空气净化
air-release 放气的
air-resistance 不漏气，气阻
airscoop 进气口，进气道
airscrew （飞机）螺旋桨
clockwise ~ 顺时针螺旋桨
constant pitch ~ 定距螺旋桨
controlled pitch ~ 双〔变〕距螺旋桨
lifting ~ 上升螺旋桨，直升机的旋翼
pusher ~ 推进式螺旋桨
tractor ~ 拉进式（航空）螺旋
air-seasoning （通）风干（燥）
airsecond （分析扰动时的）时间标度
air-setting 自硬，常温凝固
air-shaft （通）风（竖）井
airship 飞艇
air-shower 空气吹淋器（超净室）
airslide 气力输送（机）
airslusher 气动刮板卷扬机，气动扒煤机
airspace ①空域，大气层，空间②（空）气隙，空隙③气塞
airspeed 空速，（迎面）气流速度，飞行速度
airspeedometer 空速计，气流速度计，风速计
air-spray ①空气射流，气流膨胀②喷嘴，喷雾器
air-spring 气垫
air-stove 热风炉
airstrainer 空气粗滤器〔过滤网〕
airstream 气流，空气射流，迎面空气流
air-strength 自然干燥强度
air-take 进气口
airtight 气密的，密封的，不透气的
airtightness 密封性，气密性，密封度
air-tool 气动工具（的）
airtow 飞机〔机场用〕牵引车
air-train 空中列车
airvane 空气舵，风标
air-vent 通风孔，换气孔，气眼，通风管
airveyor 气动输送机，气流式输送机
airview 鸟瞰图
airvoid 真空
airwave 无线电波
airway ①航线，航路②(pl.)航空公司③通气孔，通风孔，风眼，气眼，气道④波长
aisle ①通道，走廊②跨，跨间，工段
casting ~ 铸锭工段
charging ~ （平炉）炉子跨，（转炉）装料跨
teeming ~ 铸锭跨
ajutage 放水管，喷射管，承接管，送风管
akin 同族的，同类的，类似的
Akrit 钴铬钨工具合金，特硬耐磨合金（*w*（Co）30% ~ 50%，*w*（Cr）15% ~ 35%，*w*（W）10% ~ 20%，*w*（Fe）0 ~ 5%），钴铬钨系刀具用铸造合金（*w*（Co）37.5% ~ 38%，*w*（Cr）30%，*w*（W）16%，*w*（Ni）10%，*w*（Mo）4%，*w*（C）2.0%）
Akron 阿克隆黄铜（*w*（Cu）63%，*w*（Zn）36%，*w*（Sn）1%）
Al （=alumin（i）um）铝
Alabamine （Ab）（85 号元素的旧名，今改名为砹，At）

alabaster 雪花石膏，蜡石
Aladdin 阿拉丁铝铜锌合金
alader 硅铝合金（w（Si）12%）
alambique 立式蒸馏釜
alamosite 铅辉石
alanine 丙氨酸
Alar 铝硅系合金
alarm 报警装置，警报（器），信号（铃）
anti-theft ~ （车辆）防盗报警（装置）
audible ~ 音响报警设备，音频报警器
automatic control ~ 自动控制报警
back up ~ 倒车报警装置
bearing temperature ~ 轴承温度报警器
bilge water ~ 船漏报警器
boiler ~ 缺水报警器（在锅炉中），锅炉最低水位报警器
burglar ~ 防盗报警器，防盗报警信号设备
current failure ~ 电流中断报警，停电报警信号
deterrent warning ~ （车辆）防盗报警装置
deviation ~ 偏差报警器
electric ~ 电动报警器
false ~ ①错误警告②虚警，误警
fire ~ 火警信号〔装置〕
flag ~ 报警信号器
heat ~ 热警报信号，高温警报器
high ~ 上限信号器，高位报警
high-low water ~ 高低水位报警
level ~ 液位报警（器）
light-triggered ~ 光通报警器，光触发报警器
low ~ 下限信号器，低位报警
miscellaneous ~ （附属设备）事故信号器
on-line ~ 在线报警，联机报警
pilot ~ 导频告警器
release ~ 释放报警
remote ~ 遥控报警
robbery protection ~ 防盗报警器
safety ~ 安全警报器
signal ~ 报警器
surface ~ 上浮警报，上浮信号
temperature ~ 温升〔过热〕报警信号
time ~ 时间警告信号
vehicle theft ~ 车辆防盗报警（器）
visual ~ 可见信号设备，光报警信号
voltage ~ 电压信号，过压报警
alarum =alarm
alazimuth 地平经纬仪
alba 白陶土
bolus ~ 高岭土
terra ~ 石膏粉
Albaloy 电解沉淀用合金，铜锡锌合金（w（Cu）55%，w（Sn）30%，w（Zn）15%）
albanite 地沥青
albedo 反照率，反射率，漫〔扩散〕反射系数
albedometer 反照〔射〕仪，反照〔射〕率测定器
albedowave （地球的）反照波
albertite 黑沥青
Albertol 酚甲醛型人造塑料，人工〔油溶性酚醛〕树脂
albertype 珂罗版
albery 壁橱
albite 钠长石
albitization 钠长石化作用
albond 黏土（一种高岭土）
albondur 纯铝包皮超硬铝板
Albrac 铝砷高强度黄铜，耐腐蚀铜合金（w（Al）2%，w（Si）0.3%，w（As）0.05%，微量Zn，其余Cu）
albronze 铝（青）铜，铜铝合金
albuminoscope （尿）白蛋白测定器
albumoscope （尿）白蛋白测定器
alburn =alburnum
alburnum 边材，边料
alcali =alkali
alcaline-earth 碱土金属
alcatron 圆片式场效应晶体管
alchemy 炼丹术，炼金术
Alchrome 铁铬铝合金电炉丝（w（Fe）79.5%，w（Cr）15.5%，w（Al）5%）
Alchrotal 阿库罗他铁铬铝电阻合金
alclad ①铝衣合金，包（纯）铝的硬铝合金（w（Fe）14%，w（Si）2%，其余Al）②用铝作覆盖层的，镀铝的
dural ~ 包〔硬，杜拉〕铝
Alcoa 耐蚀铝合金
alcogas 乙醇汽油混合物
alcogel 醇凝胶
alcoh =alcohol
alcohol ①酒精，乙醇②醇
absolute ~ 无水酒精，纯酒精
allyl ~ 丙烯醇
aqueous ~ 含水酒精
denatured ~ 变性酒精，工业用酒精
ethyl ~ 乙醇，普通酒精
fatty ~ 脂肪族醇
grain ~ 酒精，乙醇

methyl ~ 甲醇
phenylethyl ~ 苯基（化）乙醇
polyvinyl ~ 聚乙烯醇
propyl ~ 丙醇
vinyl ~ 乙烯醇
wood ~ 甲醇，木醇

alcoholate （乙）醇化物，烃氧基金属，醇淦

alcoholic （乙）醇的，（含）酒精的，（pl.）酒类

alcoholimeter 酒精密度计

alcoholization 醇化（作用），精馏，酒精饱和

alcoholometer 酒精密度计，醇密度计，酒精表

alcoholysis 醇解

alcomax 无碳铝镍钴磁铁（*w*（Al）10%，*w*（Ni）15%，*w*（Co）20% ~ 25%，其余 Fe，常添加少量 Ti，Nb，Cu）

Alcor 艾尔柯相干测量雷达

alcosol 醇溶液

alcove 凹室，凹处，附室

alcoxides （酒精）烃氧基金属

Alcres 铁铬铝耐蚀耐热合金（*w*（Cr）12%，*w*（Al）5%，*w*（Fe）83%）

Alcumite 金色氧化膜铝合金，铜铝铁镍耐蚀合金，铝青铜（*w*（Cu）88.92%，*w*（Al）7.65%，*w*（Fe）2.02%，*w*（Ni）1.41%）

Alcunic 艾尔科尼克铝黄铜

Alda 艾尔达钢

Aldal 铝达尔合金（*w*（Cu）4%，*w*（Mn）0.5%，*w*（Mg）0.5%，*w*（Si）0.6%，其余 Al，与硬铝很相似）

aldary 铜合金

Aldecor 高强度低合金钢（*w*（C）0 ~ 0.15%，*w*（S）0 ~ 0.05%，*w*（Cu）0.25% ~ 1.3%，*w*（Ni）0 ~ 2%，*w*（Cr）0.5% ~ 1.25%，*w*（Mo）0.08% ~ 0.28%）

aldehyde 醛，乙醛
phenol ~ 酚醛
propionic ~ 丙醛

aldehydene 乙炔的别名

aldoform 艾朵封（甲醛的商品名）

aldol 2- 羟（基）丁醛，醇醛

Aldrey 铝镁硅合金，无铜硬铝（*w*（Mg）0.3% ~ 0.5%，*w*（Si）0.4% ~ 0.7%，*w*（Fe）0.3%，其余 Al）

aldural 包纯铝的硬铝合金，高强度铝合金

Aldurbra 铝黄铜（*w*（Cu）76%，*w*（Zn）22%，*w*（Al）2%）

alembic 蒸馏器〔罐，釜〕，净化器具

aleph-null 阿列夫零（可数无限集的基数，最小的无穷基数）

alert ①警戒（状态，期间），警报（期间），警惕，报警信号②报警（处于待机状态）③留心的，警觉的，灵活的

alertor 警报器

aleuron(e) 糊粉

alex 三氧化二铝为主的耐火材料

alfameter （用光线反射法测量拉丝模模孔锥角用的）阿尔法仪

Alfenide 镍黄铜（耐稀酸），铜锌镍合金（*w*（Cu）60%，*w*（Zn）30%，*w*（Ni）10%），德〔假〕银，锌白铜

Alfenol 铝铁高导磁合金（抗氧化）（*w*（Al）14% ~ 18%，其余 Fe）

Alferium 阿弗里姆铝合金（*w*（Cu）2.5%，*w*（Mg）0.6%，*w*（Mn）0.5%，*w*（Si）0.3%，其余 Al）

Alferon 阿尔费隆耐酸合金

Alfero 铝铁合金（磁致伸缩材料，*w*（Al）13% ~ 14%，其余 Fe）

alferric 含铝铁的，含有铝氧及铁氧的

Alfer α 铁素体合金，铝铁合金（磁致伸缩材料，*w*（Al）13% ~ 14%）

Alfoil 铝箔密封

algam 锡，铁皮

algebra 代数（学）
advanced ~ 大〔高等〕代数
Boolean ~ 逻辑代数，布尔代数
circuit ~ 线路代数
division ~ 可除代数
enveloping ~ 封裹代数
group ~ 群代数
Lie ~ 李代数
linear ~ 线性代数
logic(al) ~ 逻辑代数
matric ~ 矩阵代数
measure ~ 测度代数
modular ~ 模数代数
non-associative ~ 非结合代数
primary ~ 准素代数
reciprocal ~ 反代数
tensor ~ 张量代数
universal ~ 泛代数
vector ~ 矢〔向〕量代数

algebraic 代数的

algesi(o)meter 痛觉计

algoflon 聚四氟乙烯（商品名）

ALGOL ①（=algebraic oriented language）代数排列语言②（=algorithmic language）算法〔ALGOL，代数符号〕语言

algometer 痛觉计

algorism ①阿拉伯数（系统），十进位记数法②算法，算术规则系统

algoristic 算法的

algorithm 算法，规则系统，演段

allocation ~ 分配算法

backtracking ~ 回溯算法

branch-bound ~ 分支界限算法

branching ~ 转移算法，分支算法

column sweep ~ 列扫描算法

deterministic ~ 确定性算法

diakoptic ~ 网络分割算法

dispatching ~ 调度算法

distance vector ~ 距离矢量算法

division ~ 辗转相除法，带余除法

dual simplex ~ 对偶单纯形算法

evolutionary ~ 进化算法

evolved packet system encryption ~ （通信）衍生包系统加密算法

evolved packet system integrity ~ （通信）衍生包系统完整算法

FFT ~ 快速傅里叶算法

filter ~ 筛选算法

Floyd–Warshall ~ 传递闭包算法

game playing ~ 博奕算法，对策算法

garbage collection ~ 不用单元收集算法

generalized ~ 广义算法

genetic(al) ~ 遗传（优化设计）算法

geofencing ~ 地理围栏算法（用于控制无人机的轨迹安全性）

gridless ~ 无网格算法

heuristic ~ 探试算法

iterative ~ 迭代算法

Kalman filter ~ 卡尔曼滤波算法

knapsack ~ 渐缩算法

majority-rule decoding ~ 择多解〔译〕码算法

meshless ~ 无网格算法

mouse ~ 窥视算法

normal ~ 正规算法

parsing ~ 分析算法

partan ~ 平行切线（算）法

placement ~ 布局算法

preemptive ~ 抢先算法

primal dual ~ 原有对偶算法，原始对偶算法

primary ~ 初等算法

queue ~ 排队控制计算法

quotient-difference ~ 商 - 差算法

recursive ~ 递归算法

replacement ~ 置换算法

restructing ~ 重构算法

routing ~ 路径选择算法

scanline oriented ~ 面向扫描线的算法

scanning ~ 扫描算法

simplex ~ 单纯形算法

simulated annealing ~ 模拟退火算法

translation ~ 平移算法

universal ~ 通用算法

algorithmic 算法的

algorithms 算法（algorithm 的复数）

algraphy 铝（平）版制版（法）

alias(ing) ①同义名，别名②换接口，交换点③混淆，（计算机图形中的）阶梯，锯齿，（信号处理中的）混叠

alidade 照准仪，指示规，游标盘，测高仪，（经纬仪的）方位底盘，指方规

peep-sight ~ 测斜照准仪

sectional ~ 断面照准仪

sight ~ 照准仪，视准仪

sight vane ~ 测斜照准仪

alien ①外国的②异样的，不同性质的③不合格的，格格不入的④无关的，局外的

alienate ①疏远②转移〔让〕，移交

align ①找平，校列，调直，校直，（直线）对准（使成一直线），使水平②定线〔位，中心〕，对中③调准，调整，匹配，配比④均压，补偿

alignability 可调准性，可对准性

aligned 排列好的，对准的，校直的，均衡的

alignement =alignment

aligner ①直线对准器，校准〔整齐，整平〕器，准直仪②（汽车的）转向轮安装角测定仪，前轴定位器③光刻机

bale ~ 整捆器

contact ~ 接触式光刻机

mask ~ 掩模套准机〔对准机，光刻机〕

wheel ~ 车轮对准器

alignment ①准直，找平，排列成行，（印字电报机）整字，顺序②调整〔准，节，直〕，微〔统〕调，共轴调整

auto ~ 自动对准〔定位〕，自准直

beam ~ 射线校直，射束对中

bit ~ 位同步

camera ~ 暗箱校直，摄像机的调准

clutch ~ 离合器（摩擦片安装时的）对中，离合器（分离杠杆高度）调节
contact ~ 触点对〔校，调〕准
critical ~ 临界调整，临界对准
data ~ 数据调整
decimal point ~ 十进制对位
document ~ 文件定位（文字识别用）
field ~ 场对中，场调整
frame ~ 帧定位，帧同步
homeotropic ~ 垂直（于基板）排列
homogeneous ~ 平行（于基板）排列
mask ~ 掩模重合〔对位，调整〕
mutual ~ 相互定线，相互位置
nematic ~ 向列调整
optical ~ 光学装校〔调准，准直〕
positive ~ 正对准
proper ~ 同心性，同轴度
reticule ~ 十字线〔标度线，网线〕对准
running ~ 磨合对中
tight ~ 精确调谐
time ~ （通信）定时调整
visual ~ 目视调整
wheel ~ 轮位对准，车轮定位

alimentation ①补给②电源
aline =align
alinement =alignment
aliquant 除不尽的（数）
aliquation ①偏析，熔析②层化，起层
aliquot ①除得尽的数，整除数②等分（试样），矿样，试验③等分部分的
aliting 渗铝
alitizing 表面渗铝，镀铝，铝化（处理）
alive ①活的，活跃的②通有电流的，加有电压的，带电的③作用着的，运行着的④发觉，对…敏感，明白
alkalescent （弱）碱性的
alkali-fast 耐碱的
alkaliferous 含碱的
alkali-free 无碱的，不含碱的
alkalimeter 碱量计，碳酸定量计
alkaline ①碱性，碱度②碱性的
alkaline-earth 碱土的
alkalinity 碱性，碱度，含碱量
alkalinous 碱性的，含碱的
alkali ①碱，强碱②（pl.）碱金属
aqueous ~ 碱溶液
caustic ~ 苛性碱
alkaliproof 耐碱性（的）
alkali-resistant 耐碱的，抗碱的
alkality 碱性〔度〕
alkalize 加碱，碱化（作用）
alkaloid ①（含）碱的②生物碱，有机含氮碱
alkane 烷（属）烃，（链）烷
alkene 烯（属）烃，（链）烯
alki （掺水）酒精
alkide 烷化物，烃基化物
alkine 炔（属）烃，（链）炔
alkoxide 醇盐，酚盐
alky 酒精（的），乙醇（的）allotropy
alkyd 醇酸（树脂）
alkyl 烷基，烃基
alkali ~ 烷基碱金属
alkylcellulose 烷基纤维素
alkylchlorosilane 烷基氯硅烷
alkylide 烷化物，烃基化物
alkylsilanol 烷基硅醇
alkymer 烷化（汽）油
alkyne 炔（属）烃
all 全部的
select ~ 全选
all-around 综合性的，全向的，通用的，全能的，万向的
allasing （图像）毛刺
Allautal 纯铝包皮铝合金板
allayer 抑制器，捕集器
dust ~ 捕〔收，集〕尘器
allege ①声称，借口，辩解②断定，主张，引证，陈述
allegiance ①结合，耦合②通信，联系
all-electric 全部电气化的
allelism 对偶〔等位〕性，等位效应
allene 丙二烯
alleviate 减轻，缓和
alleviator 缓和物，减轻〔缓和〕装置
alley 通道，小巷，胡同，弄
blind ~ 死胡同（软件名词）
pipe ~ 管道
all-function 通用，多用，全能（的）
allglass 全玻璃的
alliage 合金术，混合法
alligation ①（金属的）熔合，合金②混合法，和均性
alligator ①鳄口工具，颚式破碎〔压轧〕机②辊式压渣机，鳄口形挤渣机③一种印刷机④陆军平面战车，水陆两用坦克⑤起重机，输送带扣〔钩〕⑥自翻吊桶

alligatoring 鳄嘴裂口（板坯纵向劈裂缺陷），（轧制表面）裂痕，龟〔皱〕裂
alligator-skin 鳄鱼皮状表面，粒状表面
all-in-one-piece 整（个）的，不可拆（式）
all-jet 全部喷气（发动机）的
all-magnetic 全磁的
all-mains 万能供电的
all-mark 全穿孔，全标记
all-metal 全金属的
allobar ①异组分体（同位素组分与天然元素不同的元素），同素异重体②气压等变线，气压变化区，气压变压区
allocate ①指〔规〕定，分派②配置，分配，定地址
allocation ①分配，配置，部署，分布②定位，地址分配
adaptive channel ~ 自适应信道分配
array ~ 数组分配
automatic storage ~ 自动存储分配
bandwidth ~ 带宽分配
buffer ~ 缓冲器分配
channel ~ 通〔波，信〕道分配
core ~ 磁心存储区分配
dynamic ~ 动态存储分配
dynamic resource ~ 动态资源分配
file space ~ 文件空间分配
frequency ~ 频率配置，频段分配
library ~ 库分配
linked memory ~ 耦合存储器分配
memory ~ 存储器配置〔分配〕
multichannel common bit ~ 多声道共同比特分配
optimal ~ 最优配置
resource ~ （通信）资源分配
runtime storage ~ 运行存储分配
storage ~ 存储分配，存储器配置
allocator 分配器，分配程序
bus ~ 总线分配器
dynamic ~ 动态分配〔连接编辑〕程序
library ~ 程序库分配程序
memory ~ 存储分配程序
storage ~ 存储器分配程序
time-sharing ~ 分时分配程序
allochroic =allochromatic
allochromatic 羼质色的，变色的，别色的，非本色的，带假色的
allochromy 磷光效应，（由入射光造成的）荧光再放射
allocs 艾洛陶瓷
allomer 异质〔分〕同晶质
allomeric （异质）同晶体
allomerism 异质同晶（现象），异分同晶性
allomorph 同质异晶
allomorphism 同质异晶（现象）
allophone 音位〔素〕变体，异常噪声
alloprene 氯化橡胶
allotment ①调〔分〕配，配给②区〔矿〕段③拨款
allotopia 异位的，错位的
allotrope 同素异形体
allotropicity 同素异形体
allotropism 同素异形〔构〕（性，化，现象）
allotropy 同素异形（性，现象），同素异构（晶，性）
allot(t)er 分配器
allow ①允许，让②给，提供③计算④承认⑤酌留余裕
allowable 容〔允〕许的，许用〔可〕的
allowance ①允许（量）②考虑③容差，允许误差，公差，（加工）余量④间〔孔〕隙，紧度⑤修正量⑥津贴⑦让折
~ for camber 反挠度（预变形曲率）
~ for depreciation 折旧率，折旧提成
~ for finish 加工余量
~ for shrinkage 收缩余量，容许收缩量
all-in ~ 全部公〔容〕差
backlash ~ 侧隙公差
chipping ~ 切削余量
contraction ~ 收缩余量
corrosion ~ 允许磨蚀度
depreciation ~ 折旧金
distortion ~ 反扭曲量，变形余量
draft ~ 起模余量
finish(ing) ~ 加工余量
fitting ~ 装配余量，配合公差，调整余量
grinding ~ 磨削加工余量
impact ~ 冲击留量，允许冲击负荷值
initial ~ 机械加工余量
insulation ~ 绝缘容〔公〕差
joint ~ 分型负数
lapping ~ 研磨加工留量
machining ~ 机械加工余量
metal ~ 加工余量
mo(u)lding ~ （锻件）工艺补正量
negative ~ 负公差，过盈
over ~ 尺寸上偏差
pattern ~ 模样余量〔公差〕

positive ~ 正公差，间隙
process ~ 工艺流量
rapping ~ 铸型尺寸增量，（起模）松动量
remedy ~ 公差
safety ~ 安全补偿
sending ~ 传输衰耗
shaving ~ 整修余量
shrinkage ~ 收缩允许量，收缩余量
stock ~ 机械加工余量
torque ~ 转矩容许误差
under ~ 尺寸下偏差
upset ~ 顶段余量
wear ~ 磨损余量〔公差〕
zero ~ 零公差，无公差，无容差

alloy ①合金②齐，成色，纯度③杂质，混合物④熔（成）合（金），合铸，加进合金成分，降低…成色

~ for amalgam 银合金粉
~ 97 97号合金（在 *w*（Cu）70%，*w*（Zn）30% 的合金中加入 *w*（Hg）0.05%）
acid bronze ~ 铜基合金（*w*（Zn）2%，*w*（Sn）10%，其余 Cu）
admiralty brass ~ 海军黄铜合金（*w*（Sn）0.9% ~ 1.2%，*w*（Pb）0.075%，*w*（Fe）≤ 0.06%，其余 Cu）
Adnic ~ 白铜，阿德尼克铜镍合金（*w*（Cu）69.05%，*w*（Ni）28.3%，*w*（Sn）1.03%，*w*（Fe）0.18%，*w*（Mn）0.94%，*w*（S）0.01%，*w*（C）0.06%，*w*（Zn）0.43%）
ADR ~ ADR 合金（一种热膨胀系数极小的镍铁合金）
AI ~ 银铟合金
Alba ~ 钯银系合金
Alfin ~ 阿尔芬（轴承）合金（*w*（Sn）6% ~ 10%，其余 Al）
alger ~ 锡锑（闪光）合金（*w*（Sn）90%，*w*（Sb）10%），锡锑系轴承合金（*w*（Sb）10%，*w*（Cu）0 ~ 0.3%，其余 Sn）
Allan ~ 艾兰（活塞环）合金，艾兰铜铅合金，艾兰无锡青铜（*w*（Cu）55%，*w*（Pb）45%）
Almag ~ 阿尔马格硬质合金
Almasil ~ 阿尔马赛（高硬度）合金，铝镁硅合金（*w*（Mg）1%，*w*（Si）2%，其余 Al）
Almelec ~ 阿尔梅莱克输电铝镁合金，阿尔梅莱克硬质合金
alnico ~ 铝镍钴（永磁）合金（*w*（Al）12% ~ 20%，*w*（Ni）20%，*w*（Co）5% ~ 10%；或 *w*（Al）1% ~ 2%，*w*（Ni）10% ~ 20%，*w*（Co）0.5% ~ 4%，*w*（Fe）60% ~ 70%）
alpax ~ 铝硅合金（*w*（Si）13%，其余 Al），硅铝明（合金）
alpha brass ~ α 黄铜合金（*w*（Cu）≤ 64%，*w*（Zn）约 38%）
alphameric（al）ZRE ~ ZRE 镁锌锆合金
Alsithermic ~ 阿尔西塞迈克合金（*w*（Al）50%，*w*（Si）35%，*w*（Fe）10%，*w*（Ti）3%，其余 C，Ca，P，S）
alumel ~ 镍铝合金（高温热电偶材料，*w*（Ni）94%，*w*（Al）2%，*w*（Mn）2.5%，*w*（Si）1%，*w*（Fe）0.5%）
alumin(i)um die cast ~ 模铸铝合金（*w*（Cu）3.5%，*w*（Si）5%，其余 Al）
alumin(i)um bearing ~ 铝轴承合金（*w*（Sn）5.5% ~ 7.5%，*w*（Cu）0.7% ~ 1.3%，*w*（Si）0.35% ~ 0.85%，*w*（Ni）0.7% ~ 1.8%，*w*（Mg）0.75% ~ 12.25%，*w*（Fe）0.6% ~ 0.7%，其余 Al）
alumin(i)um silicon ~ 铝硅合金
alumin(i)um zinc ~ 铝锌合金
alusil ~ 铝硅合金
ambrose ~ 白铜，镍铜，德国银（*w*（Ni）15% ~ 20%，*w*（Zn）15% ~ 25%，*w*（Cu）50% ~ 70%）
American brass ~ 硒铜合金
AMF ~ AMF 镍铁耐蚀合金（*w*（Ni）46% ~ 50%，*w*（C）0.1% ~ 0.2%，*w*（Mn）1% ~ 2%，其余 Fe）
amorphous magnetic ~ 非晶态磁性合金
Anatomical ~ 阿纳多易熔合金（*w*（Bi）53.5%，*w*（Pb）17%，*w*（Sn）19%，*w*（Hg）10.5%）
anticorodal alumin（i）um ~ 抗腐蚀铝合金（*w*（Mg）0.6%，*w*（Si）1.0%，其余 Al）
AR ~ 耐酸铜合金（*w*（Si）3%，*w*（Sn）1%，*w*（Cd）0.1%，其余 Cu）
argofil ~ 铜锰硅合金（*w*（Mn）0.25%，*w*（Si）0.25%，其余 Cu）
Asarco-loy ~ 镉镍合金（*w*（Ni）1% ~ 1.5%，*w*（Cd）98.5%）
Atlas ~ 阿特拉斯铜合金（*w*（Al）9%，*w*（Fe）1%，其余 Cu）
Avional ~ 阿维纳尔硬质铝合金（*w*（Cu）4%，*w*（Mg）0.5% ~ 1.0%，*w*（Mn）0.5% ~ 0.7%，*w*（Si）0.3% ~ 0.7%，其余 Al）

batnickoin ~ 亚铜镍铁合金（w（Ni）5%，w（Fe）1.2%，w（Mn）0.5%，其余 Cu）
batterium ~ 铜铝镍合金（w（Cu）89%，w（Al）9%，w（Ni）2%）
Baudoin's ~ 鲍多英合金（w（Cu）72%，w（Ni）16.6%，w（Co）1.8%，w（Sn）2.5%，w（Zn）7.1%）
Bearium bearing ~ 比昂姆轴承合金（w（Cu）70%，w（Pb）30%，或 w（Cu）65%，w（Pb）35%）
bend ~ 易熔弯管合金
Bermax bearing ~ 伯马克斯轴承合金
berylco ~ 铜基合金（w（Be）2% ~ 2.25%，w（Ni 或 Co）≤ 0.5%，w（Fe）≤ 0.25%，其余 Cu），铍铜合金
beryllium alumin（i）um ~ 铍铝合金
beryllium-silver-copper ~ 铍银铜合金（w（Ag）70.23%，w（Cu）28.9%，w（Be）0.87%）
Bibra ~ 比布拉铋锡铅合金
binary ~ 二元合金
Birmalite ~ 伯马利特合金
Birmingham platinum ~ 伯明翰铂合金（w（Zn）57%，w（Cu）43%）
boiler plug ~ 易熔锅炉塞合金（熔点在 225℃以下）
Boveall Babbitt ~ 博维尔巴比特合金
brass ~ 黄铜合金（w（Cu）80% ~ 95%，其余 Zn）
brazing ~ 钎焊合金，钎料
Bristol ~ 白铜（w（Zn）37%，w（Cu）58%，w（Sn）5%）
bronze ~ 青铜合金（w（Cu）70% ~ 90%，w（Sn）1% ~ 18%，w（Zn）1% ~ 25%，适量 Ni，Mn，P，Al，Pb）
BTG ~ 奥氏体钢（w（Cr）10%，w（Ni）60%，w（W）2% ~ 5%，w（Mo）1%，w（Mn）1% ~ 3%）
bullets ~ 子弹合金（w（Pb）94%，w（Sb）6%）
cadmium solder ~ 镉焊条合金（w（Cd）82%，w（Zn）18%）
calcium-aluminium-silicon ~ 钙铝硅合金（w（Ca）10% ~ 14%，w（Al）8% ~ 12%，w（Si）50% ~ 53%）
calcium-manganese-silicon ~ 硅锰钙合金（w（Ca）17% ~ 19%，w（Si）50% ~ 60%，w（Fe）≤ 10% ~ 14%，w（Mn）10% ~ 16%）
Calomic ~ 卡劳密克镍铬铁合金（可作为温度达 1000℃的加热元件，w（Ni）65%，w（Cr）15%，w（Fe）20%）
Camelia ~ 卡梅利亚合金（w（Cu）70.2%，w（Pb）14.75%，w（Zn）10.2%，w（Sn）4.25%，w（Fe）0.05%）
carbide ~ 碳化物合金，硬质合金
carbon ~ 碳青铜（减摩轴承合金，w（Cu）75.47%，w（Sn）9.72%，w（Pb）14.57%，w（C）0.1%）
casting copper ~ 铸铜合金（w（Cu）88%，w（Sn）8%，w（Zn）4%）
Ceralumin ~ 塞拉卢明合金（w（Cu）1.5% ~ 3.0%，w（Ni）0.5% ~ 2.0%，w（Mg）0.15% ~ 1.25%，其余 Al）
cero ~ 钍铈合金（电子管收气剂，w（Th）80%，w（Ce）20%）
cerrobase ~ 铋铅合金（w（Bi）55.5%，w（Pb）44.5%）
Cerrobend ~ 塞罗本德合金（w（Bi）50%，w（Sn）26.7%，w（Pb）13.3%，w（Cd）10%）
Cerromatrix ~ 塞罗马特里克斯合金（w（Bi）52%，w（Pb）28%，w（Sn）12%，w（Sb）8%）
Charpy's ~ 贾皮锡锑铜合金
China silver ~ 中国银合金（w（Cu）65.24%，w（Sn）19.52%，w（Ni）13%，w（Ag）2.05%）
Chroman ~ 克罗曼铁镍铬锰合金
chrysochalk ~ 铜锌合金（w（Cu）90.5%，w（Zn）7.9%，w（Pb）1.6%）
Clamer's ~ 克莱默合金
Clark's ~ 克拉克合金
climax ~ 铁镍整磁合金
Co-base wrought ~ 钴基变形高温合金
compensator ~ 补偿线合金
complex ~ 多元合金
constant elasticity ~ 恒弹性合金
constant permeability ~ 恒（定）磁导率合金
constant-expansion ~ 恒定膨胀合金
contact ~ 接点〔接触器，电触头〕合金
Cooper's pen ~ 古珀笔尖合金（w（Pt）50%，w（Ag）36%，w（Cu）13%）
copper magnet ~ 磁性铜合金（w（Cu）60%，w（Ni）20%，w（Fe）20%；或 w（Cu）50%，w（Ni）21%，w（Co）29%）
copper master ~ 铜基合金，高铜合金
copper-lead-bronze ~ 铜铅合金
copper-manganese-nickel ~ 铜锰镍合金
copper-nickel-zinc ~ 铜镍锌合金

Corson ~ 科耳生合金，铜镍硅合金
cothias ~ 铜锌合金（w（Cu）66%，w（Zn）34%）
cryogenic austenitic ~ 低温奥氏体合金
CTB ~ 钛铜合金（w（Ti）4%，w（Be）0.5%，w（Co）0.5%，w（Fe）1%，其余 Cu）
cunico ~ 铜镍钴（永）磁合金（w（Cu）50%，w（Ni）21%，w（Co）29%；或 w（Cu）20% ~ 50%，w（Ni）20% ~ 30%，w（Co）20% ~ 50%）
cunife magnet ~ 坎尼夫磁合金，铜镍铁永磁合金
Cutlasta ~ 卡特拉斯塔合金（w（Sn）10% ~ 20%，w（Sb）12.5% ~ 15%，w（Pb）63.5% ~ 75%，w（Cu）0.2% ~ 1.5%）
Delact's ~ 德拉格特合金
delta ~ 铜锌合金（w（Cu）60%，w（Zn）40%）
dental ~ 补齿合金（w（Ag）66% ~ 69%，w（Cu）5%，w（Zn）0.5% ~ 1.7%，w（Sn）26% ~ 26.5%）
Devarda ~ 迪氏铝铜锌合金（w（Al）45%，w（Cu）50%，w（Zn）5%）
Dewrance's ~ 迪尤兰斯合金
diamagnetic ~ 抗磁合金
Discaloy ~ 迪斯卡洛伊合金，涡轮叶片用钢（w（C）0.05%，w（Mn）0.7%，w（Si）0.7%，w（Cr）13%，w（Ni）25%，w（Ti）2%，w（Al）0.5%，其余 Fe）
dispersion-hardened ~ 弥散硬化合金
Doler brass ~ 多莱黄铜合金（w（Cu）65% ~ 83%，w（Zn）10% ~ 34%，w（Si）1% ~ 5%）
Dowmetal ~ 道米塔尔合金（w（Al）9%，w（Zn）2%，w（Mn）0.1%，其余 Mg）
duplex ~ 二相合金
Duppler's ~ 杜普勒合金（w（Ag）80%，w（Zn）20%）
Durana ~ 杜兰纳合金（w（Cu）64.78%，w（Zn）29.5%，w（Sn）2.22%，w（Fe）1.7%，w（Al）1.7%）
Durex bearing ~ 杜里克斯铅基铜镍烧结轴承合金
E ~ E 合金（英国铝合金，w（Cu）2.5%，w（Zn）20%，w（Mg）0.5%，w（Mn）0.5%，其余 Al）
Easy-Flo ~ 银焊料合金
electrical conductivity ~ 导电合金（w（Cu）98.2% ~ 99.2%，w（Cd）0.8% ~ 1%，w（Sn）0.5% ~ 1.8%）
electron ~ 镁铝合金
electron-rich ~ 富电子合金
elinvar ~ 弹性不变合金（w（Ni）33% ~ 35%，w（Fe）53% ~ 61%，w（Cr）4% ~ 5%，w（W）1% ~ 3%，w（Si）0.5% ~ 2%，w（C）0.5% ~ 2%，w（Mn）0.5% ~ 2%）
emerald brass ~ 翡翠黄铜合金（w（Cu）50%，w（Zn）49%，w（Al）0.5% ~ 1.0%）
epoxide ~ 环氧树脂金属
eutectic ~ 易熔合金，共晶合金
evanohm resistance ~ 镍铬铝铜电阻合金
Everdur ~ 艾弗德合金（w（Cu）95% ~ 97%，w（Si）3%，w（Zn，Sm 或 Mn）1%）
extra-high-leaded brass ~ 超高铅黄铜合金（w（Cu）63%，w（Zn）3.5%，w（Pb）2.5%）
F ~ F 含锌硬铝（w（Cu）2% ~ 3%，w（Mg）0.25% ~ 0.5%，w（Mn）0.25% ~ 0.5%，w（Zn）15% ~ 20%，w（Si）0.2%，其余 Al）
facing ~ 表面加硬用硬合金
Fahry ~ 锡铜轴承合金（w（Sn）90%，w（Cu）10%）
fancy ~ 装饰合金
Fecraloy ~ 费克拉洛伊合金
Fernico ~ 非尔尼可铁镍钴合金（w（Fe）54%，w（Ni）28%，w（Co）18%）
ferromagnetic ~ 铁磁性合金
ferrous ~ 铁基合金
Ferrule ~ 费鲁尔合金
forging brass ~ 易锻黄铜合金（w（Cu）59%，w（Zn）39%，w（Pb）2%）
foundry metal ~ 活字合金
four-component ~ 四元合金
four-part ~ 四元合金
Frick ~ 铜锌镍合金
fuse ~ 易熔合金
fusible ~ 易熔合金
G ~ G 铝合金（w（Zn）18%，w（Cu）2.5%，w（Mg）0.35%，w（Mn）0.35%，w（Fe）0.02%，w（Si）0.75%，其余 Al）
gearing bronze ~ 齿轮青铜合金（w（Cu）88% ~ 91%，w（Sn）9% ~ 12%）
Gedge's ~ 格迪奇合金（w（Cu）60%，w（Zn）38%，w（Fe）1.5%）
Geisler ~ 盖斯勒合金（铜，锰，铝强磁性合金）

Genarco ~ 吉纳科合金（约 w（Sn）89%，w（Sb）7.5%，w（Cu）3.5%；或 w（Sn）5%，w（Sb）9% ~ 15%，w（Pb）80% ~ 86%，w（Cu）≤ 0.5%）
gilding ~ 装饰用铜合金（w（Cu）85%，w（Zn）15%）
Gliever bearing ~ 铅（锌）基轴承合金（w（Pb）76.5%，w（Sn）8%，w（Sb）14%，w（Fe）1.5%；或 w（Zn）73.3%，w（Sn）7%，w（Cu）4.2%，w（Sb）9%，w（Pb）5%，w（Cd）1.5%）
gold ~ 金基合金
gold-vanadium ~ 金钒电阻合金
grain-oriented ~ 晶粒取向合金，粒子定向排列合金
graphite ~ 石墨合金（减摩金属，w（Pb）68%，w（Sb）17%，w（Sn）15%）
G.S. ~ 金银合金（电器接点用合金 w（Au）10%，w（Ag）90%）
guillaume ~ 铁镍低膨胀系数合金
H355 ~ H355 铬镍钴耐热钢（w（C）0.3%，w（Si）0.6%，w（Mn）1.5%，w（Cr）20%，w（Ni）25%，w（Co）25%，w（Mo）3%）
H439 ~ H439 铬镍钴耐热钢（w（C）0.4%，w（Si）0.6%，w（Mn）1.5%，w（Cr）20%，w（Ni）30%，w（Mo）5%，w（Co）30%，w（Ta）2%）
H418 ~ H418 铬镍钴耐热钢（w（C）0.4%，w（Si）0.6%，w（Mn）1.5%，w（Cr）16%，w（Ni）25%，w（Mo）3%，w（W）2%，w（Co）25%）
hard ~ 硬（质）合金，高强度合金
hard genuine babbitt ~ 巴比特硬合金（w（Sn）65% ~ 75%，w（Sb）12% ~ 15%，w（Pb）10% ~ 18%，w（Cu）2% ~ 3%）
hard metal ~ 硬质合金，高强度合金
hard tin ~ 硬锡合金（w（Sn）99.6%，w（Cu）0.4%）
hard-lead ~ 硬铅合金
Harrington bronze ~ 哈林顿青铜合金（w（Cu）55.73%，w（Zn）42.67%，w（Sn）0.97%）
Hauser's ~ 郝氏易熔合金（w（Pb）50%，w（Bi）33.3%，w（Cd）16.7%）
Haynes 25 ~ 海纳 25 钴铬钨镍（超级）耐热合金（w（Co）50%，w（Cr）25%，w（W）15%，w（Ni）10%）
HE ~ 硅镁铝青铜
heating ~ 合金电热丝
heavy ~ 重〔钨基，高密度〕合金
Heusler ~ 霍斯勒合金，锰铅铜强磁性合金（w（Mn）18% ~ 26%，w（Al）10% ~ 25%，w（Cu）50% ~ 72%）
Heusler's magnetic ~ 铜基锰铝磁性合金（w（Mn）18% ~ 25%，w（Al）10% ~ 20%，其余 Cu）
Hewitt's fine ~ 休伊特精合金
high-density tungsten ~ 高密度钨合金，重合金
high-permeability ~ 高导磁率合金
high-temperature ~ 耐热合金，高温合金
homogeneous ~ 均质合金
homogenized ~ 均质合金
honda ~ 本田磁钢
Hoyle's ~ 侯氏合金（轴承合金，w（Pb）42%，w（Sn）46%，w（Sb）12%）
Hoyt ~ 锡锑铜合金（w（Sn）91%，w（Sb）6.8%，w（Cu）2.2%）
hydrogen storage ~ 储氢合金
Hydronamium ~ 海得罗镁铝合金
Hyman ~ 海曼铝合金（w（Si）0.8%，w（Cu）3%，w（Mg）0.5%，w（Ni）0.5%，其余 Al）
Inco cathode ~ 铟钴阴极合金
inert ~ 惰性合金（中子散射可以忽略的合金）
Invar ~ 低膨胀合金（因瓦合金）
iron-nickel-copper-molybdenum ~ 铁镍铜钼合金（w（Ni）77%，w（Fe）14%，w（Cu）5%，w（Mo）4%）
J ~ J 耐热合金（w（Co）60%，w（Cr）23%，w（Mo）6%，w（Ti）2%，w（Mn）1%，w（C）2%）
Jackson ~ 铜锌锡合金，杰克逊青铜（w（Cu）63% ~ 63.9%，w（Zn）35.6% ~ 50.3%，其余 Sn）
Jacob ~ 铜硅锰合金（w（Cu）94.9%，w（Si）4%，w（Mn）1.1%）
Jacobi ~ 雅各比合金（w（Sn）85%，w（Sb）10%，w（Cu）5%；或 w（Pb）85%，w（Sn）5%，w（Sb）10%；或 w（Pb）63%，w（Sn）27%，w（Sb）10%）
jet ~ 火箭合金
jewelry ~ 装饰合金
journal brass ~ 轴承黄铜合金（w（Cu）70%，w（Sn）5.5%，w（Pb）24.5%）
Kanthal ~ 坎瑟尔合金（w（Cr）2%，w（Pb）5%，w（Co）1.5% ~ 3%，其余 Fe）
Karma ~ 卡马镍铬电阻丝（w（Ni）73%，w（Cr）21%，w（Al）2%，w（Fe）2%），

高电阻镍铬合金（w（Cr）20%，w（Fe）3%，w（Al）3%，w（Si）0.3%，w（Mn）0.15%，w（C）0.06%，其余Ni）

keen ～　铜基合金（w（Cu）75%，w（Ni）16%，w（Zn）2.3%，w（Sn）2.8%，w（Co）2%，w（Al）0.5%）

Kingston's ～　金斯合金（w（Sn）88%，w（Cu）6%，w（Hg）6%）

Kneiss's ～　尼斯合金（w（Sn）42%，w（Zn）40%，w（Pb）15%，w（Cu）3%）

Konal ～　康纳尔镍钴合金（w（Ni）73%，w（Co）17%，w（Fe）7.5%，w（Ti）2.5%）

konstantan resistance ～　康铜电阻合金

Kovar ～　科瓦铁镍钴合金（w（Co）15% ~ 19%，w（Ni）28% ~ 30%，其余Fe）

Kufil ～　铜银合金（w（Cu）99%，w（Ag）1%）

Kumanal ～　库曼纳尔合金，铜锰铝标准电阻合金（w（Cu）88%，w（Mn）10%，w（Al）2%）

kumanic ～　库马铜锰镍合金（w（Cu）60%，w（Mn）20%，w（Ni）20%）

kumium ～　库米昂姆合金，高电（热）导率铜铬合金（w（Cr）0 ~ 0.8%，其余Cu）

Kunial brass ～　库尼尔黄铜合金（w（Cu）70%，w（Ni）30%）

Kuprodur ～　库普罗德合金（w（Cu）98.75%，w（Ni）0.75%，w（Si）0.5%）

kuzil ～　铜银合金

lead ～　铅合金（w（Cu）59.2%，w（Zn）39.0%，w（Pb）1.7%）

lead babbit ～　铅基轴承〔巴比特〕合金

lead-antimony ～　铅锑合金，硬铅

lead-antimony-tin ～　铅锑锡合金，铅字合金

leaded ～　（加）铅合金（钢中加w（Pb）0.3%，青铜和黄铜中加w（Pb）1% ~ 2%，可改善机加工性能而不影响其力学性能）

leaded babbitt ～　巴比特铅合金（w（Sn）65% ~ 75%，w（Sb）12% ~ 15%，w（Pb）10% ~ 18%，w（Cu）2% ~ 3%）

Lechesen ～　雷切森铜镍合金

Leddel ～　莱登锌合金

Ledebur bearing ～　锌基轴承合金

leval ～　铜银共晶合金

Lichtenberg's ～　李庭博铅锡铋易熔合金（w（Bi）50%，w（Pb）30%，w（Sn）20%）

lining ～　（轴承）衬合金

Lion bearing ～　莱昂轴承合金（w（Sn）70% ~ 89%，w（Cu）8% ~ 3%，余量其他金属元素）

Lipowitz ～　利玻维兹（低温易熔）合金（作熔丝用，w（Pb）35.5%，w（Bi）44.6%，w（Sn）10.2%，w（Cd）9.7%）

Little's ～　利特尔合金（w（Cu）67%，w（Sn）29%，w（Zn）2.45%，w（As）1.5%）

lohm ～　铜镍合金（w（Ni）7% ~ 7.5%，其余Cu）

lotus ～　洛特斯（铅锑锡轴承）合金（w（Sn）10% ~ 20%，w（Sb）12.5% ~ 15%，w（Pb）63.5% ~ 75%，w（Cu）0.2% ~ 1.5%）

low expansion ～　低膨胀合金

lower melting ～　易熔合金

lumen ～　流明合金（w（Cu）70% ~ 85%，w（Sn）5% ~ 10%，w（Pb）5% ~ 25%）

Lurgimetal ～　勒金米塔尔〔铅基钙钡轴承〕合金（w（Ca）0.5% ~ 1.0%，w（Ba）2% ~ 4%，其余Pb）

magnetic shunt ～　调磁（器）合金，磁分流器合金

magnetostriction ～　磁致伸缩合金

magnuminium ～　马格努镁合金，镁基合金（w（Al）10%，w（Mn）0 ~ 2%，w（Si）0.1% ~ 0.15%，其余Mg）

Mahle ～　马鲁铝硅合金（w（Al）83% ~ 85%，w（Si）11% ~ 13%，w（Cu）1%，w（Mg）1.2%，w（Ni）1%，w（Fe）0.5%，w（Mn）0.08%）

majestic babbitt ～　高级巴比特合金

Mallet ～　马雷特合金〔黄铜〕（w（Cu）25.4%，w（Zn）74.6%）

Mallory sharton ～　钛铝锆合金

manganin ～　锰（镍）铜（合金）（w（Ni）4%，w（Mn）12%，w（Cu）84%）

Marlie's ～　马里耐氧化合金

Martino ～　伪铂（一种镍铜锌电阻合金）

master ～　母〔主，中间〕合金

matrix ～　字模合金（w（Sb）14.5%，w（Bi）48%，w（Pb）28.5%，w（Sn）9%）

Mazak ～　梅扎克锌合金（w（Al）4.1%，w（Mg）0.04%，其余Zn），压铸锌合金

Mazlo ～　镁合金

Melni ～　梅尔尼合金（w（Co）13% ~ 25%，w（Cr）20% ~ 25%，w（Al）1.76% ~ 3.5%，w（Ti）2% ~ 4.64%，其余Ni）

Meral ～　梅拉铝合金

mercury ～　汞合金，汞齐

midohm ～　铜镍合金（w（Ni）22% ~ 23%，其余Cu）

Minargent ～ 明纳金特合金（w（Cu）56%，w（Ni）40%，w（W）3%，w（Al）1%），铜镍合金
Minofor ～ 明诺福合金（w（Sn）68.5%，w（Sb）18.2%，w（Cu）3.3%，w（Zn）10%）
modified ～ 变质合金，改良合金
Mohawk babbitt ～ 莫霍克巴比特合金（w（Sn）5%，w（Sb）9% ～ 15%，w（Pb）80% ～ 86%，w（Cu）0.5%）
monotectic ～ 偏共晶合金
Mo-RE ～ 钼稀土合金
motor brass ～ 电动机黄铜合金（w（Cu）62% ～ 65%，w（Zn）31% ～ 36%，w（Pb）2% ～ 4%）
Mousset's silver ～ 穆塞特银合金
movokonstantan resistance ～ 新康铜电阻合金
Musily silver ～ 穆西利银合金（w（Sn）40%，w（Bi）40%，w（Hg）20%）
Na-K ～ 钠钾（共晶）合金（w（Na）56%，w（K）44%，7 ℃时为液体）
National A ～ 耐蚀铝合金（w（Cu）0 ～ 4%，w（Mg）0 ～ 4%，w（Si）0 ～ 7.5%，w（Mn）0 ～ 0.6%，w（Ni）0 ～ 1.5%，其余Al）
newton ～ 铋铅锡易熔合金（w（Bi）50%，w（Pb）31.2%，w（Sn）18.8%）
nichrome ～ 镍铬合金（w（Ni）60%，w（Cr）12%，w（Mn）2%，w（Fe）26%）
nickel bronze ～ 镍青铜合金（w（Ni）5.0% ～ 5.5%，w（Sn）5.0% ～ 5.5%，w（Zn）1% ～ 2%，w（P）0.03% ～ 0.05%，其余Cu）
nickel tungsten ～ 镍钨合金（w（W）8% ～ 25%，w（Ni）75% ～ 90%）
nickel-antimony-lead bronze ～ 镍锑铅青铜合金
nickel-barium ～ 镍钡合金（Ni中w（Ba）0.1% ～ 0.2%）
nickel-tin ～ 镍锡合金
Nico ～ 尼科耐蚀铜镍合金（w（Cu）90%，w（Ni）10%）
Nimonic ～ 镍铬钛（耐热）合金（w（Ni）75%，w（Cr）20%，w（Ti）3%）
Ni-Span ～ 尼斯盘铁合金（w（Ni）42%，w（Cr）5% ～ 6%，w（Ti）2% ～ 3%，其余Fe）
Nivco ～ 尼维哥钴镍合金（汽轮机和压缩机用新合金，可以减小振动应力）
Nongro ～ 农格洛合金（w（Ni）36%，其余Fe）
non-retentive ～ 软磁性合金
Ohmax ～ 奥马格斯合金（w（Cr）20%，w（Al）5% ～ 8.8%，w（Co）0 ～ 5%，其余Fe）
Oilite ～ 奥利特合金（w（Cu）89%，w（Sn）10%，w（C）1%）
Olympic bronze ～ 奥林匹克青铜合金（w（Cu）95% ～ 97%，w（Si）3%，w（Zn）或w（Mn）1%）
onions ～ 铅锡铋易融合金（w（Pb）30%，w（Sn）20%，w（Bi）50%）
Ornamental brass ～ 奥纳门托尔铜合金
ornamental copper ～ 装饰铜合金
orthonik ～ 铁镍合金（w（Ni）50%，w（Fe）50%）
pack ～ 压铸铝合金（w（Cu）4%，w（Ni）4%，w（Si）10%，其余Al）
palau ～ 钯金合金（w（Pd）80%，w（Au）20%）
palladium-copper ～ 钯铜合金（w（Pd）60%，w（Cu）40%）
palladium-ruthenium ～ 钯钌合金（w（Pd）95.5%，w（Ru）4.5%）
palladium-silver ～ 钯银合金（w（Pd）1%，3%，10%，40%，50%，60%，其余Ag）
Panseri ～ 盘斯里铝硅合金（w（Al）82% ～ 83%，w（Si）11.5%，w（Ni）4% ～ 5%，w（Mg）0.4%，其余Cu）
pantal ～ 耐蚀铝基合金（w（Si）0.7%，w（Mg）1.4%，w（Mn）0.9%，w（Ti）0.2%，其余Al）
Parisian ～ 帕里赛恩合金（w（Cu）69%，w（Ni）19.5%，w（Zn）6.5%，w（Cd）5%）
Parker's ～ 派克合金，派克镍铬黄铜（w（Cu）60%，w（Zn）20%，w（Ni）10%，w（Cr）10%）
Parson's ～ 派森锰青铜
Partinium ～ 帕蒂昂门合金（w（Al）88.5%，w（Cu）7.4%，w（Zn）1.7%，w（Si）1.1%，w（Fe）1.3%）
passive ～ 钝化合金，惰性合金
peerless ～ 无敌合金（镍铬合金，w（Ni）78.5%，w（Cr）16.5%，w（Mn）2%）
permanent magnetic ～ 永磁合金
permeability ～ 透磁合金
Permendur ～ 帕门德合金（w（Co）50%，w（Fe）50%）
perminvar ～ 磁性合金（w（Ni）45%，w（Co）25%，w（Fe）30%）
permite aluminium ～ 耐蚀铝硅合金（w（Cu）0 ～ 5%，w（Si）1.5% ～ 7.5%，w（Fe）0 ～ 1%，w（Mg）0 ～ 0.4%，其余Al）

PGS ~ 铂金银合金（继电器触点用合金）
Phoenix ~ 菲尼克斯合金
Pholin's ~ 菲林合金
phos-copper braze ~ 磷铜合金硬焊料
Phosnic bronze ~ 菲斯奈斯青铜合金（约 *w*（Te）5%，*w*（Ni）1.1%，*w*（P）0.22%，其余 Cu）
phos-silver braze ~ 磷银合金硬焊料，磷银合金钎焊料
plain iron-copper ~ 纯铁铜合金
platinite ~ 铁镍〔代铂〕合金，代镍钢，高镍合金钢（*w*（Ni）40% ~ 50%，其余 Fe）
platinum bronze ~ 铂青铜合金（*w*（Ni）90%，*w*（Sn）9%，*w*（Pt）0.99%）
platinum-nickel ~ 铂镍合金（铂基，*w*（Ni）5% ~ 20%）
platinum-palladium ~ 铂钯合金（*w*（Pd）20% ~ 90%，其余 Pt）
platinum-ruthenium ~ 铂钌合金
platinum-tungsten ~ 铂钨合金（铂基，*w*（W）2% ~ 8%）
powdered ~ 合金粉末
precious ~ 精密合金，贵金属合金
Prince's ~ 一种锡锑合金（*w*（Sb）15.25%，*w*（Sn）84.75%）
processing ~ 待熔合金
promethium ~ 钷合金（*w*（Cu）67%，*w*（Zn）30%，*w*（Al）3%）
pyrograph ~ 热解石墨合金
pyrolic ~ 镍铬合金（*w*（Ni）80%，*w*（Cr）20%）
pyrophoric ~ 米氏合金，火石合金，打火石
Q ~ 镍铬合金（*w*（Cr）15% ~ 19%，*w*（Ni）66% ~ 68%，其余 Fe）
qua（r）ternary ~ 四元合金
qua（r）ternary eutectic ~ 四元易熔合金（*w*（Sn）13.1%，*w*（Bi）49.5%，*w*（Pb）27.3%，*w*（Cd）10.1%，熔点 70℃）
quinary ~ 五元合金
radiohm ~ 铁铬铝电阻合金（*w*（Cr）12% ~ 13%，*w*（Al）4% ~ 5%，其余 Fe）
Rake ~ 雷克铜镍合金
Ramet ~ 碳化钽硬质合金（商品名）
Raney's ~ 拉尼镍铝合金（*w*（Ni）30% 的镍铝合金）
rare earth ~ 稀土合金
Reaumur ~ 瑞奥锑铁合金（*w*（Sb）70%）
rectimagnetic ~ 整磁合金
red brass ~ 红铜合金（*w*（Cu）85%，*w*（Zn）15%）
red fox ~ 不锈钢
red gold ~ 红金合金（*w*（Au）50% ~ 75%，*w*（Cu）25% ~ 50%）
Redford's ~ 红福特铅锡青铜，红福特合金（*w*（Cu）85.7%，*w*（Sn）10%，*w*（Pb）2.5%，*w*（Zn）1.8%）
Refractoloy ~ 赖弗拉托洛伊合金（镍基耐热合金）
refractory ~ 难熔〔高温，耐热〕合金
regulus metal ~ 抗酸金属合金（*w*（Sb）4% ~ 12%，其余 Pb）
Reith's ~ 莱斯〔锡锑〕铅青铜（轴承合金，*w*（Cu）75%，*w*（Sn）11%，*w*（Sb）5%，*w*（Pb）9%）
Rely ~ 锡锑系轴承合金
Remalloy permanent magnet ~ 勒马罗伊永磁性合金（*w*（Co）12%，*w*（Mo）20%，其余 Fe）
remelted ~ 再熔（化的）合金
resin ~ 树脂合金
Resisco ~ 铜铝合金（*w*（Cu）90.5% ~ 91%，*w*（Al）7% ~ 7.5%，*w*（Ni）2%，*w*（Mn）0 ~ 0.1%）
resistance ~ 电阻合金
retentive ~ 硬磁性合金
Retz ~ 铅锡锑青铜（*w*（Cu）75%，*w*（Sn）10%，*w*（Pb）10%，*w*（Sb）5%）
Rex ~ 钴铬钨合金
Reynolds ~ 雷诺压铸铝合金
rhenium ~ 铼合金（*w*（W）50% ~ 75%，其余 Re）
rheostat ~ 变阻器合金
rhodio-platinum ~ 铑铂合金（*w*（Pt）90%，*w*（Rh）10%）
rich ~ 中间合金，硬化合金（有色），富合金
Richardson's ~ 锡砷银锌合金（*w*（Sn）30%，*w*（As）2%，*w*（Ag）2%，*w*（Zn）0.7%，其余 Cu）
Rogers special engine ~ 罗杰斯发动机（轴承）专用合金
rolled zinc ~ 易轧制锌合金（*w*（Cu）0.75% ~ 1.25%，*w*（Mg）0.007% ~ 0.2%，*w*（Pb）0.05% ~ 0.12%，*w*（Fe）$<$ 0.015%，*w*（Cd）$<$ 0.005%，其余 Zn）
Rose ~ 低温可熔合金
R.R. ~ 铝铜镍合金

rubber-resin ~ 橡胶 - 树脂共混物〔并用胶〕，耐冲击塑料
Ruolz ~ 鲁尔茨合金（w（Cu）35% ~ 50%，w（Ni）25% ~ 30%，w（Ag）20% ~ 30%）
Satco ~ 萨特科铅合金（高速重载减摩轴承合金，w（Sn）1%，w（Ca）0.5%，w（Hg）0.25%，w（Al）0.05%，w（Mg）0.04%，w（K）0.04%，w（Li）0.04%，其余为 Pb）
SB ~ 低温电阻合金
Schromberg ~ （施罗莫伯格）锌基合金
Schulz ~ （舒尔茨）锌基轴承合金（w（Zn）91%，w（Cu）6%，w（Al）3%）
secondary ~ 再生合金，再熔合金
Sen ~ 森铜铁镍合金
service D babbitt ~ D 级代巴比特合金（w（Sn）65% ~ 75%，w（Sb）12% ~ 15%，w（Pb）10% ~ 18%，w（Cu）2% ~ 3%）
shape memory ~ 形状记忆合金
shotted fused ~ 粒化合金
Sibley ~ 铝锌合金（w（Al）67%，w（Zn）33%）
Siemens ~ （西门子）锌基轴承合金（w（Zn）48%，w（Cd）47%，w（Sb）5%）
Sigmalium ~ 西格玛铝基合金
Silcaz ~ 硅钙钛锌硼合金（w（Si）35% ~ 40%，w（Ca）10%，w（Ti）10%，w（Zn）4%，w（B）0.5%，其余 Fe）
silicon bronze ~ 硅青铜合金（w（Cu）87%，w（Si）4%，w（Sn）1%，w（Zn）4%，w（Fe）2%，w（Al）1%，w（Mn）1%）
silver-cadmium ~ 银镉合金（w（Cd）97.6%，w（Ag）0.5%，w（Cu）1.9%）
Simanal ~ 西曼纳合金（w（Ag）86.75%，w（Mn）8.8%，w（Al）4.45%）
sintered ~ 粉末冶金合金，烧结合金
Smith ~ 史密斯高温电热线合金，史密斯铁基合金（w（Fe）55%，w（Cr）37.5%，w（Al）7.5%）
Smz ~ 斯木兹硅锰锆铁合金（w（Si）60% ~ 65%，w（Mn）5% ~ 7%，w（Zr）5% ~ 7%，其余 Fe）
solder ~ 合金焊料
Sollit's ~ 索利特合金（w（Zn）4.1%，w（Cu）64.6%，w（Sn）31.3%）
Sorel ~ 索瑞尔锌合金
sparking ~ 发火合金
speculum ~ 反射镜合金
spelter soldering ~ 锌铜焊接合金
Star ~ 星合金，轴承合金（w（Sb）17% ~ 19%，w（Sn）9% ~ 10.5%，w（Cu）1%，其余 Pb）
Stay ~ 斯泰铝铜合金，含铜钛压铸铝合金
Stellite ~ 斯特莱特硬质合金，钴基铬钨合金
Stephenson's ~ 斯蒂芬逊减摩轴承合金（w（Sn）31%，w（Cu）19%，w（Zn）19%，w（Fe）31%）
stereotype ~ 铅版合金（印刷用）
Sterro ~ 斯特罗黄铜合金
Stewart ~ 斯图尔特铸造铝合金
strong ~ 硬合金
styrene ~ 苯乙烯合金（树脂）
Sulzer ~ 苏尔泽锌基轴承合金（w（Sn）10%，w（Cu）4%，w（Pb）1% ~ 2%，其余 Zn）
super-dural ~ 超硬铝合金
supermumetal ~ 超镍钢合金
supernickel ~ 超级镍合金（w（Cu）70%，w（Ni）30%）
Sylvania ~ 西尔凡尼亚合金（与软玻璃封接的金属）
Tam ~ 塔姆铁钛合金（w（Ti）15% ~ 21%，其余 Fe）
tantalum tool ~ 钽镍铬合金工具钢
Telectal ~ 泰雷铝硅合金（w（Si）13%，其余 Al）
Temperite ~ 坦普莱特铅锡铋镉易熔合金
tempil ~ 定熔点测温合金（系）（温度范围 55 ~ 1400℃，间差约 8℃）
ternary ~ 三元合金
terne ~ 铅锡合金（w（Sn）10% ~ 15%，w（Pb）85% ~ 90%）
therlo ~ 西罗合金（与硬玻璃封接的金属）
thermal compensation ~ 热补偿合金
Thermoperm ~ 铁镍合金（w（Ni）30%，其余 Fe）
thermosensitive resistance ~ 热敏电阻合金
three-component ~ 三元合金
three-part ~ 三元合金
thin film shape memory ~ 薄膜形状记忆合金
Thurston ~ 瑟斯顿铸造锌（基）合金（w（Zn）80%，w（Sn）14%，w（Cu）6%）
tin babbitt ~ 一号巴比特锡合金（w（Sn）91%，w（Sb）4.5%，w（Cu）4.5%），二号巴比特锡合金（w（Sn）89%，w（Sb）7.5%，w（Cu）3.5%）
tinbase ~ 锡基巴氏合金

tin-bronze ~ 锡青铜合金（w（Sn）20%，其余 Cu）
Tinicosil ~ 蒂尼科西尔合金（w（Cu）42%，w（Zn）41%，w（Ni）16%，w（Pb）1%）
tinman's solder ~ 铅锡焊料合金
Tisco ~ （蒂斯科）镍铬硅耐磨耐蚀铁合金（w（Ni）1.0% ~ 1.5%，w（Cr）28% ~ 32%，w（Si）2%，w（C）2.5% ~ 3%，其余 Fe）
Tissier's ~ 蒂塞西合金（w（Cu）97%，w（Zn）2%，w（As）1%）
titanium master ~ 高钛合金，钛钼合金
titanium-aluminium ~ 钛铝合金（w（Al）6%，w（V）4%，其余 Ti）
titanium-aluminium-molybdenum ~ 钛铝钼合金
titanium-aluminium-tin ~ 钛铝锡合金
Tom ~ 托姆铝合金（w（Zn）10%，w（Cu）1.5%，w（Mg）2%，w（Mn）0.5%，其余 Al）
Tombac ~ 顿巴克黄铜，铜锌合金（w（Cu）80% ~ 90%，w（Zn）10% ~ 20%，w（Pb）0 ~ 1%）
tophet ~ 托飞特合金（镍钴和镍钴铁电阻合金）
Trabuk ~ 特拉布克锡镍合金（w（Sn）84.5%，w（Sb）5%，w（Bi）5%，w（Ni）5.5%）
tungsten carbide-titanium carbidecobalt ~ 钨钛〔碳化钨 - 碳化钛 - 钴〕硬质合金
Tutania ~ 锡锑铋铜合金（w（Sn）25%，w（Sb）25%，w（Bi）25%，w（Zn）12.5%，w（Cu）12.5%）
two-component ~ 二元合金
Tyseley ~ 泰泽利饰用铸锌合金（w（Al）8.7%，w（Cu）3.5%，w（Si）0.3%，其余 Zn）
Ullmal ~ 厄马尔合金
ultra-micro hard ~ 超微粒硬质合金
uniloy ~ 铬镍合金（w（Cr）50%，w（Ni）50%）
vacuum flowability tester of casting ~ 铸造合金真空流动性测试仪
vaucher ~ 锌基轴承合金（w（Zn）75%，w（Sn）18%，w（Pb）4.5%，w（Sb）2.5%）
Vienna metallic-Cement amalgam ~ 维也纳金属接合剂汞合金（w（Cu）86%，w（Hg）14%）
virgin ~ 原始合金
Vital ~ 活性合金，维特精炼铝系合金（w（Zn）1.15%，w（Si）0.9%，w（Cu）1%，其余 Al）
Vival ~ 维瓦尔合金（w（Mg）1.0%，w（Si）0.5%，w（Mn）0.5%，其余 Al）
W 306 ~ 铜锡锰标准电阻丝合金
Wagner's ~ 瓦格纳锡基凝壳铸造合金
Waspaloy ~ 沃斯帕洛伊合金（w（Cr）19%，w（Co）14%，w（Mo）4%，w（Ti）3%，w（Al）1.3%，w（Fe）1%，w（C）0.1%，其余 Ni）耐高热镍基合金
wear-resistant ~ 耐磨合金
Welch's ~ 威氏锡银合金
Wessel ~ 韦塞尔铜镍锌合金（w（Ni）19% ~ 32%，w（Zn）12% ~ 17%，w（Ag）0 ~ 2%，其余 Cu）
whitemetal ~ 巴比特合金，白金属合金
Woods ~ 铋基低熔点合金（w（Bi）50%，w（Pb）25%，w（Cd）12.5%，w（Sn）12.5%）
wrought aluminium ~ 锻〔熟〕铝合金
WZ ~ 碳化钛烧结合金
X ~ 铜铝合金（w（Cu）3.5%，w（Fe）1.25%，w（Mg）0.6%，w（Ni）0.6%，w（Si）0.6%，其余 Al）
Y ~ Y 合金，铅基合金（铝合金）
yellow brass ~ 黄铜合金（w（Cu）65%，w（Zn）35%），黄铜
Yorcoron ~ 约科罗铜镍合金（w（Ni）30%，w（Fe）2%，w（Mn）2%，其余 Cu）
Zeppelin ~ 齐伯林合金（w（Zn）7.8%，w（Fe）0.45%，w（Si）0.37%，w（Cu）0.72%，w（Sn）0.11%，w（Mn）0.27%，其余 Al）
Zilloy ~ 齐洛伊锌合金（w（Cu）0.75% ~ 1.25%，w（Mg）0.007% ~ 0.02%，w（Pb）0.05% ~ 0.12%，w（Fe）≤ 0.015%，w（Cd）≤ 0.005%，其余 Zn）
zinc ~ for antifriction metal 电动机电枢用合金，锌基轴承合金（w（Zn）95%，w（Pb）4%，w（Cu）1%）
zinc-base slush casting ~ 锌基糊状铸造合金（w（Al）4.75%，w（Cu）0.25%，其余 Zn）
zinc-copper-titanium ~ 锌铜钛合金（w（Cu）0.8%，w（Ti）0.15%，其余 Zn）
zinc-magnesium galvanizing ~ 锌镁电镀合金（锌基，w（Mg）0.04%）

alloyage 炼制合金，合金法

alloying 合金（化，的），加合金元素，熔合，熔结
friction ~ 摩擦合金法
fusion ~ 熔配合金（用熔化法配制合金）
gas ~ 气体合金化处理

alloy-junction 合金结

all-pass 全通的

all-print 全印制（电路）
all-purpose 通用的，万能的，全能的
all-relay 全继电器式的
all-round ①全面的，全能的②全向的，圆周的
all-rubber 全用橡胶制成的
all-steel 全钢的
all-supersonic 超声速的
all-time ①空前的，创纪录的②全部时间的，全时工作的
all-transistor 全晶体管的
all-transistorised =all-transistorized
all-transistorized 完全晶体管化的
allude 提到，引证，暗示
allumage 点火
allumen 锌铝合金
all-up 总重，最大重量，全重，满载重量
all-up-weight 最大载荷，总载荷
allusion 引文〔证，喻〕
alluvium 冲积层〔物〕
all-wave 全波（段）的
all-way 多路的，多跑道的，从所有方向和向所有方向运动的
all-weather 全天候（性的），耐风雨的
all-welded 全焊接的
allyl 烯丙基
allylene 丙炔
Almag 阿尔马格铝镁合金（*w*（Mg）2% ~ 6%，*w*（Mn）0.2% ~ 0.6%，其余 Al）
almanac 历书，年历，年鉴
Almasilium 阿尔马赛（高硬度）合金，铝镁硅合金（*w*（Mg）1%，*w*（Si）2%，其余 Al）
Almelec 阿尔梅列克输电铝镁（硬质）合金（*w*（Mg）0.4% ~ 1.2%，*w*（Si）0.5% ~ 1.2%，*w*（Fe）0 ~ 0.3%，其余 Al）
almighty 全能的
Alminal 铝硅系合金
Almit 铝钎料（*w*（Al）4% ~ 4.3%，*w*（Cu）4.8% ~ 5%，杂质< 0.06%，其余 Zn）
almost-linear 准线性
almucantar 地平纬圈，高度方位仪
Alneon 锌铜铝合金（*w*（Zn）7% ~ 22%，*w*（Cu）2% ~ 3%，*w*（Fe+Si 及其他元素）0.5% ~ 1%，其余 Al）
Alnico 铝镍钴（永磁）合金，（铝镍钴）磁钢（*w*（Fe）60% ~ 70%，*w*（Ni）10% ~ 20%，*w*（Al）1% ~ 2%，*w*（Co）0.5% ~ 4%）
Alnic 铁镍铝系磁（铁）合金（*w*（Fe）60% ~ 70%，*w*（Ni）10% ~ 20%，*w*（Al）1% ~ 20%）
Alni 铝镍（磁铁，水磁）合金（*w*（Fe）51%，*w*（Ni）32%，*w*（Al）13%，*w*（Cu）4%）
Aloxite 铝砂，（美国）刚玉磨料
Aloyco 镍铬铁系耐蚀合金
Alpaka 镍白铜（*w*（Cu）50%，*w*（Zn）25%，*w*（Ni）25%）
Alpakka 白铜（*w*（Cu）50% ~ 97%，*w*（Ni）40% ~ 3%，*w*（Al）< 10%）
Alpax 铝硅合金，硅铝明（合金），硬铝（*w*（Si）10% ~ 13.5% 的铝合金）
Al-Pellionex-WAX 薄膜弱阴离子交换树脂
Alperm 高导磁合金（*w*（Al）16%，其余 Fe，磁致伸缩材料）
alpha ①晶体管的共基极短路电流放大系数②表示射线、质点、粒子等的希腊字母③第一位的东西
alpha-active α 放射性的
alpha-alloy α（单相）合金，铬基和钼基耐热合金
alpha-alumina α 型氧化铝（α-Al_2O_3）
alphabet 字母表，初步
~ of state 状态字母表
binary ~ 二进制字母表
code ~ 码符号集
one-symbol ~ 单符号字母表
push-down ~ 下推字母表
ranked ~ 有阶〔序〕字母表
source ~ 信源字母〔符号〕集
alphabetic(al) （按）字母（顺序）的
alphabetic-numeric 字母数字的
alpha-code 字母代码
alpha-counted 测定过 α 放射性的
alpha-cup α 杯（用于探测氡及其子体的放射性活度）
alphageometric 字母几何图形
alpha-iron α 铁
alpha-lattice α 晶格〔点阵〕
alpha-martensite α 马氏体
alphameric(al) 字母数字的
alphamosaic 字嵌镶
alphanumeric(al) 字母数字（混合编制）的
alphaphotographic 字母照相
alphascope 字母显示器
alphatizing 钢材表面镀铬，渗铬
alphatron ①α 管（电离真空计）②α 粒子电离压力计
alphax 在电场中会变色的特种试纸

alramenting 表面磷化（保护钢铁表面）
Alray 镍铬铁耐热合金（w（Cr）35%，w（Ni）15%，其余 Fe）
Alsex 铝赛克斯合金（w（Si）0.5%，w（Mg）0.5%，其余 Al）
Alsia 阿尔西阿铝硅合金（w（Si）20%，w（Cu）1%，w（Fe）0.7%，其余 Al）
Alsifer 阿尔西菲铁硅铝（磁性）合金
alsi-film 铝硅片（防油防热材料）
Alsimag 铝硅镁合金（高频绝缘材料）
Alsimin 硅铝铁合金（w（Si）45%，w（Al）15%，其余 Fe，代替铝作脱氧剂用）
Alsiron 耐热耐酸铝铸铁（w（Al）9%，w（Si）1%，其余 Fe，C）
Altam 阿尔旦姆钛合金
altar （炉子的）火桥
altazimuth 高度方位仪，地平经纬仪
alter 改变，改动，变更
alterability 可变性
alterant 变质剂
alteration 改变〔造，建〕，变更〔形〕，蚀变（作用）
physical ~ 物理变更
alterative ①变质剂②改变的
alternant 交错行列式，交替函数
alternate ①交变〔换，替〕②换件〔物〕③交替〔变，流〕的④间歇的，断续的，备用的，补充的
alternate-engine 代用发动机，正在研制的第二代发动机，未来发动机，异种发动机
alternating 更迭的，交替〔变〕的，振荡的，交流的
alternating-current ①交流电流②交流的，交变的
alternation ①改变，变更，变换②（交流）半周期，交变，循环，交流③区别，种类
colo（u）r phase ~ 彩色（信号）相位交变（相位以彩色副载波为基准）
complete ~ 整周期，全循环
free ~ 自由振荡〔交变〕
hydrothermal ~ 热液蚀变
stress ~ 交变载荷，交变应力，应力循环
alternative ①（两者取一的）选择，方案，可能性②选择元③替换装置，后备机组④交〔互，替〕换的⑤另一个（以供选择）的，可能的
cell ~ 单组选择元
alternator 交流〔同步〕发电机，振荡器
Bethenod-Latour ~ 贝斯诺德-拉图尔同步发电机（高频发电机，定子内交流电可在转子内产生 100kHz 的高频电流）
booster ~ 增压〔速〕交流发电机
compound ~ 复激交流发电机
constant current ~ 直流同步发电机
cyclic-duty ~ 周期性工作的同步发电机
double-unit ~ 定子绕组具有中心抽头的交流发电机
double-winding ~ 双绕组同步发电机
engine ~ （发动）机（驱）动（的）同步发电机，油机同步发电机
exciter ~ 同步〔交流〕励磁机
external armature ~ 外电枢式同步发电机，（旋）转（磁）场式同步发电机
high-frequency ~ 高频发电机〔振荡器，发生器〕
homopolar ~ 单极同步发电机
house ~ 厂用发电机
induction ~ 感应式同步发电机
inner-pole type ~ 内极式同步发电机，（旋）转（磁）场式同步发电机
internal field ~ 内极式同步发电机，（旋）转（磁）场式同步发电机
inverted ~ （旋）转（电）枢式同步发电机
magneto ~ 永磁同步发电机，磁石发电机
non-salient pole ~ 隐极同步发电机，非凸极式交流发电机
phase-reference ~ 基准〔参考〕相位（同步）发电机
polyphase ~ 多相交流发电机
radio-frequency ~ ①高频（同步）发电机②高频振荡器〔发生器〕，射频发生器
reaction ~ 反应〔无功〕交流发电机
self-excited ~ 自激交流发电机
sequence ~ 序列改变器
subcarrier ~ 副载波振荡器
synchronous ~ 同步交流发电机
traction ~ 牵引发电机
altichamber 高空模拟室，气压〔高空〕试验室
altielectrograph 高空电位计
altierfen （铁表面的）渗铝法
altigraph 高度记录器，自记高度仪，气压计
altimeter 高度计，测高计，高度表，高程计
above ground ~ 对地高度计
acoustic（al）~ 声学测高计
airborne ~ 航空高度计
aircraft ~ 航空高度计
alexanderson ~ 反射高度计，回波测高计

barometric ~ 气压测高计
cabin ~ 航空测高计
capacitance ~ 电容式测高计
electric(al) ~ 电测高度计
Gunn ~ 电容式测高计
landing ~ 降落高度计
master ~ 校正用高度计
pressure ~ 气压高度表
radio ~ 无线电测高计
radioactive ~ 放射性测高计
recording ~ 自记测高计
sensitive ~ 气压高程计
sonic ~ 声测高度计
surveying ~ 空盒气压计，测高计
altimetry 测高法〔学〕
alti(peri)scope 对空潜望镜，隔（物）望（远）镜
altitude ①（飞行）高度〔空，程〕②海拔，标高，水位，地平纬度③高（线），顶垂线
absolute ~ 绝对高度〔标高，海拔〕
calibrated ~ 核准高度
emergency ~ 极限高度（飞机）
ex-meridian ~ 外子午线高度
high ~ 高空，高海拔
meridian ~ 子午线高度
operating ~ ①有效高度②操作水平
rated ~ 计算高度（按额定功率）
Altmag 艾特马格铝镁合金（w（Mg）5% ~ 8%，w（Mn）0.5% ~ 1%，w（Ti）0.1% ~ 0.5%，其余 Al）
alto-cumulus 高积云
altometer 经纬仪
altostratus 高层云
aludip 热镀铝钢板，钢板热渗铝
Aludirome 铁铬铝合金，铁铬铝系电炉丝
Aludur 阿鲁杜合金，铝镁合金（w（Mg）0.5%，w（Si）0.7%，w（Fe）0.45%，其余 Al）
alufer 包铝钢板，铝合金
aluflex 锰铝合金（电缆，电线用）
alum 明矾，硫酸铝
chrome ~ 铬（明）矾
potassium ~ 钾明矾，铝钾矾
white ~ 明矾，白矾
Alumag 阿留马格铝镁合金（w（Mg）4.5%，w（Al）95.5%）
Aluman 阿留曼铝合金
Aluma 阿留马铝锰合金（w（Mn）1.5%，其余 Al）
Alumel-chromel 镍铝 - 镍铬合金（耐酸抗氧化的热偶材料）
Alumel 镍铝合金（w（Ni）94%，w（Al）2%，w(Mn)2.5% ~ 3%，w(Si)1%，w(Fe)0 ~ 0.5%）
alumetizing 渗铝
alumina 矾土，铝（氧）土，氧化铝，刚玉
activated ~ 氧化铝，活性铝土
fused ~ 电熔刚玉
molten ~ 熔融〔液态〕氧化铝
aluminate 铝酸盐
alumincoat 耐热渗铝法
alumine 矾土，氧化铝
aluminiferous ①铝铁岩②含铝（土）的，含矾的
aluminise =aluminize
alumin(i)um copper 铝铜合金
alumin(i)um 铝（Al）
~ for wire drawing 铝线锭
Alcan ~ 加拿大铝
Alzak ~ 铝制金属反射镜
beaten ~ 铝板〔箔〕
cast ~ 铸铝，生铝
commercial-purity ~ 工业纯铝
cond ~ 导电铝合金
crude ~ 粗铝
fasten ~ 铝连接件
fine ~ 纯铝
flake ~ 片装铝粉
metal(l)ized ~ 包覆铝
molten ~ 熔融铝，液态铝
nascent ~ 新〔初〕生态铝
primary ~ 原（生）铝
refined ~ 精（炼）铝
secondary ~ 再生铝，二级铝，次铝
sheet ~ 铝板〔片〕
wrought ~ 锻压〔锻造，轧制〕铝
alumin(i)um-bronze 铝青铜
alumin(i)um-copper-iron 铝铜铁合金
aluminiumdeoxidized 用铝脱氧的
alumin(i)um-silicon 铝硅合金
aluminize 铝化（处理），表面渗〔镀〕铝
aluminizing 渗〔镀〕铝（法）
hot-dip ~ 浸〔热〕镀铝
alumino-ferric 铝铁剂
aluminography 铝版印刷术
alumino-nickel 铝镍合金
aluminosilicate 铝硅酸盐，硅酸铝
aluminothermics 铝热法〔剂〕
aluminothermy 铝热（法）

aluminous （含有）铝土的，（多）铝的，矾的
aluminum =aluminium
hard-anodized ~ 硬质氧化铝
alumiseal 铝密封
alumite （表面有电解氧化膜的）防蚀〔耐酸〕铝，耐热（绝缘性）铝，氧化铝膜（处理法），铝阳极化处理
alumize 渗铝，镀铝，铝化处理
alumo-silicate 铝硅酸盐，硅酸铝
alundum （人造，电熔）刚玉，氧化铝，铝氧粉
single ~ 单晶刚玉
white ~ 白刚玉
Aluneon 镍铝锌铜合金（一种铸造用轻合金，供发动机室用）
alunite （钠）明矾石
Alusil 阿鲁西尔铝硅〔活塞〕合金（*w*（Si）21%，*w*（Cu）1.5%，*w*（Fe）0.7%，*w*（Ni）0.7%，其余 Al）
Alusiron 阿尔西隆高铝耐热铸铁
Alutite 镀铝薄钢板
Alvar 乙烯树脂
alveolar 气泡的，齿龈的，牙槽的
alveolation 泡化
alveolusity 蜂窝
alychn(e) 零亮度平面，零发光线
Alzen305 铝铜锌合金（*w*（Al）30% ~ 40%，*w*（Cu）5% ~ 10%，其余 Zn）
Alzen 阿尔琴铝锌合金（*w*（Al）66.6%，*w*（Zn）33.4%）
Alzin 阿尔晋铝锌合金（*w*（Zn）20%，*w*（Al）80%）
amagat 阿码（加脱）（在 0℃、1 个大气压下气体的密度单位，1 阿码 =（1/22.4） mol/dm^3）
amalgam 汞齐〔剂，合金，膏〕，混汞
alloy ~ 合金汞齐
cadmium ~ 镉汞合金（*w*（Hg）78.26%，*w*（Cd）21.74%）
copper ~ 铜汞齐，铜汞合金
Kienmayer's ~ 基尼迈耶汞合金
lead ~ 铅汞合金（*w*（Pb）50%，*w*（Hg）50%）
nickel ~ 镍汞合金（*w*（Hg）99%，*w*（Ni）1%，在浓氯化镍中浸湿，可制成金属接合剂）
amalgamate ①汞齐化〔作用〕，混汞②混合（物）
amalgamation ①汞合，汞齐化（作用），汞齐作用，混〔和〕汞（法）②合并③混合物
plate ~ 板上混汞法，混汞析金法
amalgamator 混汞（提金）器
grinding ~ 研磨〔粉碎〕式混汞器
Amalog 在钨铬钴合金中，以镍置换钴的合金
amass 蓄，聚〔堆〕积
amateur 业余爱好〔工作〕者
radio ~ 业余无线电爱好者
amber ①琥珀色（的），淡黄色（的）②线状无烟火药（弹）
amberlite 离子交换树脂
amberplex 离子交换膜
ambiance =ambience
ambience 环境，气氛，周围
ambient ①环境，环绕空间，保护条件②周围的，环境的，外界的③包围的，绕流的
ambiguity ①模糊（点），含糊（度），（意义）不明确，分歧②多义〔二重〕性，不定性，非单值性③双原子价，双化合价
noise ~ 噪声不定性
phase ~ 相位模糊
pulse ~ 脉冲二重〔模糊〕性
signal ~ 信号不定性
ambiguous 二义的，多义的，歧义的，模糊的，模棱两可的，含糊的，分歧的
inherently ~ 固有二义的
ambiophony 立体混响，环境立体声
ambiphony 立体混响
ambiplasma 双极性等离子体
ambipolar 二极的，双极性的
ambipolarity 双极性
ambit 境界，范〔周〕围，界线，轮廓，外形，回路
ambitty 晶粒玻璃
amblyoscope 弱视镜
Ambrac 阿莫布拉克铜镍锌合金（*w*（Cu）75%，*w*（Ni）20%，*w*（Zn）5%，另两种成分分别是：*w*（Cu）65%，*w*（Ni）30%，*w*（Zn）5% 和 *w*（Cu）70%，*w*（Ni）30%）
ambrain 人造琥珀
Ambraloy 铜合金，铜铝系耐蚀合金
ambrite 灰黄琥珀
ambroid 人造〔合成〕琥珀
ambroin 假琥珀，绝缘塑料
Ambro 安布洛铜合金（*w*（Al）12%，*w*（Zn）22%，其余 Cu）
ambulance 救护车〔船，飞机〕
field ~ 救护车
ambulator 测距仪，测距计

amelioration 改善，改正，修正
amenable ①有义务的，应负责的②顺从的，可依照〔控制，处理，测验〕的，经得起检验的
amend 修正，更正，订正
amendment ①校正（数），修正（值），变更，更改（图样等），调准②调理剂
amercement 罚款，罚金
americium 镅（Am）
ameripol 人造橡胶
amesdial 测微仪
lever ~ 杠杆式测微仪，米尼表
lever gear ~ 奥氏测微仪，杠杆齿轮式测微仪
pneumatic ~ 气动测微仪
torsion spring ~ 扭簧式测微仪
amethyst 紫（水）晶，紫石英
ametrometer 屈光不正〔变常眼〕测量器
ametropia 折射异常
amianite 阿米奈特(一种用石棉作垫料的塑料）
amiant 石棉〔绒，麻〕，细丝石棉
amianth(ine) =amiant
amianthinite =amiant
amiant(h)us =amiant
amiantos =amiant
amicron 次微（胶）粒，超微粒（超倍显微镜不可见的，直径小于 10^{-7} cm）
amide 酰胺，氨化物
alkali ~ 氨基碱金属
amido(gen) 氨基，（酰）胺基
amidol 二氨酚显影剂
amidships 在（船的）中部，在纵中线上
amilan 聚酰胺（树脂，纤维）
amine 胺
aminizing 胺化作用
amino 氨基的
aminophenylacetate 氨基苯基乙〔醋〕酸盐
anisylidene ~ 醋酸茴香叉对氨基苯基酯
aminoplast(ics) 聚酰胺塑料，氨基塑料
ammeter 电流表，安培计
Ayrton ~ 亚尔登电磁式安培计（即扭绞磷铜片安培计）
clip-on ~ 钳形电流表
commutate ~ 多档安培计，多量程安培计
commutator ~ 换向器式安培计
crest ~ 巅〔峰〕值安培计
curve-drawing ~ 曲线记录式电流表
depressed-zero ~ 无零刻度安培计
differential ~ 差动安培计
digital ~ 数字电流表
graphic ~ （自动）记录式安培计
Harber's earth current ~ 哈勃接地电流表
high-tension ~ 高压电流计〔安培计〕
hot-strip ~ 热片（式）安培计
illuminated dial ~ 光度盘式安培计
McCollum terrestrial ~ 麦克隆姆大地电流指示计
moving-coil ~ 动圈〔磁电〕式安培计
ohm ~ 欧安计
platform scale ~ 刻度延伸的安培计
polarized ~ 极化（直流）安培计
radiation ~ 天线〔辐射〕安培计
solenoid ~ 螺线管〔电磁式〕安培计
surge-crest ~ 电涌峰值安培计，冲击峰值电流表（利用余磁测量）
thermal ~ 热线式安培计
tong-test ~ 钳式安培计，夹线式电流表
universal test ~ 交直流试验安培计
ammine 氨络（物），氨（络）合物
cuprous ~ 氨基亚铜
nickel ~ 镍氨络合物
nickelous ~ 低镍氨络合物
ammon =ammonia
ammon(ia) 氨（水），阿摩尼亚
aqua ~ 氨水
aqueous ~ 氨水
chlor ~ 氯化铵，卤砂，盐卤
ammoniacum 氨（树）脂，氨草胶
ammonium 铵（基）
~ dihydrogen phosphate 磷酸二氢铵
ammunition ①军火，弹药（量）②供给弹药，装弹药（于）
amnesia 失去记忆，失去存储
amorce 点火药，起爆剂，引爆药
amorphism 非晶性〔形〕，不结晶（性），无定形（现象）
amorphous 非晶质的，不结晶的，无定形的
amortisation =amortization
amortise =amortize
amortisseur 阻尼〔缓冲减振，消声〕器，阻尼线圈〔组〕
closed ~ 闭路阻尼绕组
open ~ 开路阻尼绕组（极间不连接）
starting ~ （同步电机的）起动阻尼绕组
amortization ①阻尼，缓冲，减振，消声②熄灭，消灭③折旧④摊销
amortize 缓冲，减振，阻尼，熄灭
amosite 铁石棉，长纤维石棉

amount ①总值，总数，数量②效果，结果③等于，相当于④总计
~ of crowning 鼓形度〔量〕
~ of deflection 挠〔垂，弯，变位〕度
~ of feed 进给量
~ of modulation 调制率
~ of protuberance 突角高度
~ of tip relief 修缘〔顶〕厚度
~ of tooth-thining 减薄量
fractional ~ 零数
insurance ~ 保险金额
net ~ 净总值，净数
relieving ~ 让刀量
trace ~ 微量，痕量
amp （=amplifier）放大器 amp
op ~ 运算放大器
ampacity 安培容量，载流量
Ampco 铝铁青铜
Ampcoloy 耐蚀耐热铜合金（*w*（Al）9.7% ~ 10.9%，*w*（Fe）2% ~ 3.5%，*w*（Ni）4.5% ~ 5.5%，*w*（Mn）1.5%，其余 Cu）
amperage 安培数，电流，额定电流值
opening ~ 开路电流
ampere 安培（电流单位）
absolute ~ 绝对安培（电流的标准 MKS 单位，1 绝对安培 =10 A）
international ~ 国际安培（1 国际安培 = 0.999 835 A）
legal ~ 法定安培
meter ~ 米安（架空线的实际高度与电流之积）
virtual ~ 有效安培
ampere-balance 安培平衡，安培秤
ampere-conductors 安培导体（数）
ampere-hour 安（培小）时
amperemeter 安培表，电流表
millivolt ~ 毫伏安培计
ampere-turn 安（培）匝（数）
back ~ 逆向〔反作用〕安匝（数）
cross ~ 正交安匝，交磁安匝
cross-magnetizing ~ 横轴磁化安匝，交轴磁势
excess ~ 多余安匝，过剩安匝
field ~ 磁场安匝
ampere-volt 伏安
ampere-voltage-ohm 万用表
ampere-winding 安匝（数）
amperite ①镇流管，镇流（电阻）器，限流器②平稳灯
amperometric 测量电流的
amperometry 电流分析（法）
amperostat 稳流器
Ampex 阿恩派克斯磁带录像机
amphibian ①水陆两用的（飞机，坦克，车辆）②两栖的
amphibious 两栖的，水陆〔水空〕两用的，具有双重性的
amphibology （意义上的）模棱两可，意义不清的语句
amphimorphic 二重的
amphion 两性离子
amphiprotic 两性的，有可以失质子也可以得质子的能力的
amphitheater 圆形凹地，圆形露天剧场
ampholite 两性电解质
ampholyte 两性电解质
amphoteric 两性的，同时有酸碱性或正负电荷的
amphtrac 水陆履带牵引车
ample 广大的，丰富的，宽敞的，充分的，足够的，有余裕的，强大的
amplidyne 交磁放大机，（微场）电机放大器，放大电机，（旋转式）磁场放大机（伺服机构用）
amplification 放大（率，倍数，系数），加强（系数），增强，扩大，增益
absolute ~ 固有〔绝对〕放大系数
cascade ~ 级联放大
class A ~ 甲〔A〕类放大
contrast ~ （音频）对比度放大
current ~ 电流放大（倍数）
direct coupled ~ 直接耦合放大
energy ~ 功率放大
feedback ~ 回输放大，反馈放大
fluid ~ 射流放大
gas ~ ①气体放大，（充气光电管的）电离放大②气体电离放大（充气辐射计数管的特性）
holographic ~ 全息放大
infrared ~ of stimulated emission of radiation 感红外激光（器）（受激辐射式红外放大器），红外线量子放大器
intermediate frequency ~ 中频放大器
light ~ by stimulated emission of radiation （=laser）激光（器），莱塞（受激辐射式光波频率放大器），光波段量子振荡〔放大〕器
microwave ~ by stimulated emission of radiation 脉泽，受激辐射式微波放大器，微波〔量子〕放大器，微波激射器

mixer ~ by variable reactance 可变电抗混频放大，低噪声微波放大
multiple ~ 多级放大
overall ~ 总放大系数
power ~ 功率放大（系数）
push-pull power ~ 推挽功率放大
reflex ~ 来复放大
retroactive ~ 再生放大，反馈放大
RF ~ 无线电频率放大，高频放大
unit ~ 单级放大

amplifier 放大器〔镜，机，杆〕，扩音〔增幅，增强，扩大〕器，声频放大器，增强剂
~ for dodging 匀光装置，扫描光点放大器（电子印像机）
acoustic ~ 声放大器，扩音器
adapter ~ 匹配放大器
adder ~ 加法〔混合〕放大器
AF ~ 声〔音〕频放大器
analogue ~ 模拟放大器
antenna ~ 天线放大器
audio ~ 声〔音〕频放大器
audio fader ~ 声频〔音量〕控制放大器
audio frequency ~ 声频放大器，音频放大器，音响放大器
audio power ~ 音频功率放大器
audio-frequency ~ 声〔音〕频放大器
backward wave ~ 回波〔逆行〕放大器
balanced valve ~ （电子管）推挽放大器
band ~ 带通放大器
bandpass ~ 带通放大器
bandwidth ~ 频带〔带宽〕放大器
beam power ~ 集射管功率放大器
beat frequency ~ 拍频放大器
bilateral ~ 双向放大器（兼用于收发的放大器）
blanking ~ 熄灭〔消隐〕脉冲放大器
booster ~ 升压〔辅助，高频前级〕放大器
bootstrap ~ 阴极输出〔辅助程序，自益〕放大器
branch ~ 分路放大器
bridge ~ 桥式放大器
broad-band ~ 宽带放大器
broadband microwave power ~ 宽（频）带微波功率放大器
buffer ~ 缓冲〔隔离〕放大器
burst ~ 彩色同步脉冲放大器
B-Y ~ B-Y（色差信号）放大器，黑白亮度放大器
camera ~ ①视频前置放大器②摄像机放大器
cancellation ~ 补偿放大器
capstan ~ 转矩放大器
carrier ~ 载频放大器
carrier-frequency ~ 载频放大器
cascade ~ 多级〔串级，级联〕放大器
cascode ~ 栅（地）阴（地）放大器，共射共基放大器
cathode-base ~ 阴极接地放大器
cathode-input ~ 阴〔栅〕极输入〔接地〕放大器
centering ~ 中心（调节）放大器
channel ~ 信道〔分路〕放大器
checking ~ 监听用放大器
choke coupled ~ 扼〔抗〕流圈耦合放大器
choke-capacitance coupled ~ 扼流圈电容耦合放大器
chopper ~ 斩波〔断续〕放大器
chopper-stabilized ~ 斩波器漂移补偿放大器
chopping ~ 斩波放大器
chroma ~ 彩色信号放大器
chrominance ~ 色度放大器
clamped ~ 钳位放大器
class A ~ 甲〔A〕类放大器
clipping ~ 削波〔限幅〕放大器
clock ~ 同步〔时钟〕脉冲放大器
Coanda effect ~ 附壁型放大器
coincidence ~ 重合放大器
colo(u)r light ~ 微光全色像放大器
colo(u)r phasing ~ 彩色定相放大器
colo(u)r-video ~ 彩色视频信号放大器
common-anode ~ 共板〔阳〕极放大器
commonbase ~ 共基极放大器
commoncollector ~ 共集电极放大器
commonemitter ~ 共发射极放大器
complementary(DC) ~ 与补（直流）放大器
complementary symmetrical ~ 与补放大器
compressor ~ （频）带（压）缩放大器
condenser-coupled ~ 电容器耦合放大器
contact servo ~ 有触点伺服放大器
contactless servo ~ 无触点伺服放大器
control ~ 调整〔控制〕放大器
coupling ~ 耦合放大器
crossed field ~ 正交场放大器
crystal ~ 晶体管放大器
current ~ 电流放大器
data ~ 数据放大器
DC ~ 直流放大器

deflection ~ 偏转放大器
degenerate ~ 简并放大器，负反馈放大器
degenerative ~ 负反馈放大器
demondulator ~ 反调制放大器
DG synchro ~ 自动同步差绕放大器
difference ~ 差频信号放大器
differential ~ 差动〔差分，推挽式，微分〕放大器，差动放大电路
differentiating ~ 微分〔差动〕放大器
dirft-corrected ~ 漂移补偿放大器
distributed ~ 分布放大器
distribution ~ 信号分配放大器（具有多个输出回路）
double note ~ 双（级）音（频）放大器
double-stream ~ 双线行波管放大器
double-tuned ~ 双调谐放大器
driving ~ 激励放大器
dual ~ 双重放大器
dual sense ~ 双重读数放大器
ECG ~ 心电图放大器
echo ~ 回波〔反射〕信号放大器
EEG ~ 脑电图放大器
elbow ~ 双弯流型放大器
electronic ~ 电子（管）式放大器
electronic instrument ~ 电子仪表放大器
emitter follower ~ 发射极输出〔射极跟随〕放大器
equalizing ~ 平衡放大器
erase ~ 消声〔迹〕放大器
erbium doped fiber ~ 掺铒光纤放大器
error ~ 误差信号放大器
expander ~ 频带伸展放大器
fade ~ 慢转换放大器
fader ~ 自动音量控制用放大器
fading ~ 抗衰落放大器，输出电平自动调节放大器
fast ~ 快速放大器，宽频带放大器
feedback ~ 反馈放大器
ferroelectric ~ 铁电放大器
ferromagnetic ~ 铁磁放大器
fiber ~ 光纤放大器
field ~ 励磁电流放大器
filter ~ 滤波放大器
final ~ 末级〔终端〕放大器
fixed-tuned ~ 固定调谐放大器
flat ~ 平直放大器
flat-channel ~ 平直特性放大器
flat-staggered ~ 宽频带放大器
fluid ~ 射流放大器
fork ~ 音叉放大器
frame ~ 帧信号放大器
frequency selective ~ 选频放大器
gain ~ 小功率放大器，增益放大器
gain-programmed ~ 程控增益放大器
gamma ~ 伽马〔灰度〕放大器
gamma control ~ 非线性调节放大器
gate(d) ~ 选通（脉冲）放大器，门信号放大器
Gaussian ~ 高斯（频率）特性放大器
gizmo montage ~ 特技用混合放大器
grounded plate ~ 阳〔屏〕极接地放大器
grounded-grid ~ 栅极接地放大器
group ~ 组合放大器，群放大器
Hapug ~ 浮动载频放大器
harmonic ~ 谐频放大器
head ~ 前置〔前级〕（视频）放大器
high frequency ~ 高频放大器
high power ~ 大功率放大器
image ~ 图像放大器，荧光增强管
impedance-capacity coupled ~ 阻抗电容耦合放大器
inductance coupled ~ 电感耦合放大器
induction fluid ~ 引流型放大元件
injection ~ 注入式放大器
integrating ~ 积分〔累计〕放大器
intermediate ~ 中频放大器
interphone ~ （内部对讲）电话增音机
inverted ~ 倒相器，逆相〔栅极接地〕放大器
inverting ~ 反〔倒〕相放大器
isolating ~ 缓冲放大器
isolation ~ 缓冲放大器
J ~ J信道放大器
jet interaction ~ 射流管式放大器
keyed ~ 键控放大器
klystron vision ~ 速调管图像放大器
lack-out ~ 消隐放大器
laser ~ 激光放大器
last ~ 后置放大器
launch ~ 发射放大器
light ~ 光放大器
limiting ~ 限幅放大器
line ~ 线路〔行信号〕放大器
linear ~ 线性放大器
line-gated burst ~ 色同步行脉冲选通放大器
local ~ 本机放大器
Loftin-White ~ 罗夫亭 - 怀特放大器（直接耦合的直流放大器）

log(arithmic) ~ 对数放大器
low frequency ~ 低频放大器
low-level parametric ~ 低电平〔小功率信号〕参量放大器
low-noise ~ 低噪声放大器
magnetic instrument ~ 磁仪表放大器
magnetic ~ 磁放大器
marginal ~ 边频〔带〕放大器
masking ~ （彩色信号比）校正放大器
matrix ~ 换算〔矩阵〕放大器
memory sense ~ 存储（器的）读出放大器
meter ~ 计量放大器
microphone ~ 微音器〔传声器，话筒〕放大器
microwave lownoise parametric ~ 微波低噪声参量放大器
microwave transistor power ~ 微波晶体管功率放大器
mixing ~ 混频〔合〕放大器
modulated ~ 调制放大器
montage ~ （图像）剪辑放大器
motional feedback ~ 动反馈放大器
motor ~ 电动机放大器
multiplexing ~ 倍增〔多路〕放大器
multiplier ~ 倍增放大器
multistage ~ 多级〔级联〕放大器
narrow-gate ~ 窄选〔短时选择〕脉冲放大器
noninverting ~ 同向放大器
non-linear ~ 非线性放大器
notch ~ 标记〔度〕信号放大器
note ~ 音〔低〕频放大器
null ~ 指零仪表用〔零位指示器〕放大器
octamonic ~ 倍频放大器
operational ~ 运算放大器
optical fiber ~ 光纤放大器
optical quantum ~ 光量子放大器
out ~ 输出放大器
orifice ~ 节流放大器
OTL ~ 无输出变压器（功率）放大器
panoramic ~ 扫频放大器，全景放大器
parallel-tube ~ 电子管并联放大器
parametric ~ 参量放大器
paraphase ~ 倒〔对，分〕相放大器
peaked ~ 尖峰放大器（特性曲线高频部分）
peaking ~ 峰化放大器
peak-pass ~ 高峰信号放大器
pedestal-processing ~ 基准脉冲处理放大器
pencil tube ~ 笔形管〔超小型管〕放大器
phase-splitting ~ 分相放大器
phono ~ 音频〔电唱机〕放大器
photo ~ 光电放大器
photograph ~ 照片放大器
phototransistor ~ 光电晶体管放大器
pick-up ~ 拾音〔转接，选接〕器放大器
pilot ~ 导频放大器
pip ~ 脉尖放大器
playback ~ 重放〔放音〕放大器
plug-in ~ 插入式放大器
polarity inverting ~ 倒相〔极性反转〕放大器
post ~ 后置放大器
potentiometric ~ 电位〔势〕放大器
power ~ 功率放大器
pre-IF ~ 前置中频放大器
prime ~ ①前级〔前置〕放大器②主放大器
processing ~ 程序放大器，（信号）处理放大器
program(me) ~ （广播）节目放大器
public-address ~ 扩音机
pulse ~ 脉冲放大器
push pull ~ 推挽放大器
Q ~ Q信号放大器
quadrature ~ （相位）正交放大器
quality ~ 高品质放大器
quantum ~ 量子放大器
radio ~ 无线电〔高频〕放大器
radio-frequency ~ 射频放大器
rail-to-rail ~ 电源正负限运算放大器
range ~ 测距放大器
reactance ~ 电抗耦合放大器
read ~ 读出放大器
read-write ~ 读出 - 记录放大器
receiver ~ 接收〔收音〕机放大器
receiving ~ 收信放大器
record(ing) ~ 录音〔记录〕放大器
reference ~ 参考〔标准〕放大器
reflex ~ 来复式放大器
regenerative ~ 再生式〔正反馈〕放大器
regulated ~ 稳定〔控制〕放大器
rejection ~ 带阻放大器
rejective ~ 带阻放大器
relay ~ 中继放大器，继电器的放大器
repeating ~ 增音机放大器
reproducing ~ 重现〔放音〕放大器
resistance(-coupled) ~ 电阻耦合放大器
resonance ~ 调谐放大器
restriction ~ 节流放大器
reversed feedback ~ 负反馈放大器

reversing ~ 倒相放大器
ripple 脉动〔波纹〕放大器
rotary ~ 旋转扩大机，电机放大机〔器〕
rotating ~ 旋转〔电机〕放大器
R.C.coupled ~ 阻容耦合放大器
seesaw ~ 单位增益电压倒相放大器，输出输入电压相等符号相反的放大器，反相放大器
self-balancing ~ 零电平自动稳定放大器，自平衡放大器
self-feedback ~ 内回授〔反馈〕放大器
sense ~ 读出放大器
sensor ~ 读出放大器
servo ~ 伺服放大器
shading ~ “黑点”〔寄生信号〕放大器
shaping ~ （脉冲）整形放大器
sharpener ~ 锐化放大器
side pincushion correction ~ 边缘枕校放大器
sign-reversing ~ 反向放大器
single ~ 单端放大器
special effect ~ 特殊效果放大器
speech ~ 语〔声，音〕频放大器
spiraling-beam ~ 旋束放大管
squaring ~ 矩形波形成放大器
stagger ~ 参差调谐〔宽带中频〕放大器
station ~ 功率放大器
stereo(phonic) ~ 立体声放大器
summing ~ 加法放大器
suppressor-modulated ~ 抑制栅调制放大器
surface acoustic wave ~ 声表面波放大器
sweep ~ 扫描（输出）放大器
the last ~ 末级〔终端〕放大器
torque ~ 转矩放大器，电力传动装置增强器
transformer ~ 变压器耦合放大器
transmit ~ 发送〔输出〕放大器
travel(l)ing-wave tube ~ 行波（管）放大器
trigger ~ 触发脉冲放大器
trip ~ （事故保护）停堆放大器
triple-grid ~ 三栅管放大器
tube ~ 电子管放大器
tuned ~ 调谐放大器
two-path ~ 双路放大器
two-resonator klystron ~ 双腔速调管放大器
two-way ~ 双向放大器
two-wire ~ 二线制放大器
UHF ~ 超高频放大器
ultra-low drift ~ 超线性放大器
unit ~ 组合放大器
universal ~ 通用放大器
variable gain ~ 可变增益放大器
variable-gain ~ 增益可调放大器
vertical ~ 帧〔垂直扫描〕信号放大器
video ~ 视频放大器
video distributing ~ 视频分配放大器
video frequency ~ 视频放大器
video IF ~ 图像信号〔视频信道〕中频放大器
video pulse ~ 视频脉冲放大器
video-audio distribution ~ 视 - 音频分配放大器
voice ~ 音〔声〕频放大器
voice power ~ 扩音机
volume ~ 音量放大器
vortex ~ 涡流（型）放大器
wall-attachment ~ 附壁型放大元件
Wallman ~ 渥尔曼放大器，阴地 - 栅地式级联放大器
wide band ~ 宽带放大器
Williamson ~ 威廉逊型〔高保真度〕放大器
window ~ 上下限幅放大器，“窗”放大器
Z-axis ~ Z 轴〔调辉〕放大器
amplifier-inverter 倒相放大器
amplifier-rectifier 放大器整流器
amplifilter 放大（器输出端的）滤波器
amplify 扩大，放大，增幅，增强
ampligraf 摆幅记录仪
amplimeter 指针式摆幅仪
ampliscope 示波式摆幅仪
ampliscript 摆幅记录仪
amplistat 自〔内〕反馈式磁放大器
amplitrans 特高频功率放大器（磁放大器）
amplitron 特高频功率放大管，增幅管（超高频放大管）
amplitude ①幅值，波幅，幅度，振幅，摆幅 ②射程，距离，范围，作用半径
~ of beat 拍频（跳动）振幅
~ of first harmonic 基波振幅
~ of the burst-key pulse 色同步选通脉冲幅度
basic ~ 基本振幅
constant ~ 等幅
double ~ （正负峰间的）全幅值
fixed ~ 稳幅
flutter ~ 颤幅，（磁场的）调变幅度
frame ~ 帧扫描振幅
Gudermannian ~ 古德曼函数〔曲线〕振幅
initial ~ 初（振）幅
lobe ~ 波瓣幅度
magnetic ~ 磁化曲线幅值

magnetic-scattering ~ 磁性散射振幅
mean square ~ 均方振幅（值）
net ~ 合成振幅，净幅度
oscillation ~ 振（荡）幅（度），摆幅
peak ~ 振幅，峰值
peak-to-peak ~ 双（振）幅，正负峰间幅值
pulse ~ 脉冲幅度
R/G tilt ~ R/G 倾斜幅度
scan ~ 扫描幅度
sweep ~ 扫描幅度
total ~ 全振幅，（正负峰间）总振幅，总幅值
uniform ~ 恒定振幅，等幅
unit ~ 单位振幅
video ~ 视频信号振幅

amplitude-distortion 波幅畸变
amplitude-modulated 调幅的
amplitude-modulation 波幅调制，调幅
amp(o)ul(e) 安瓿，细颈瓶
quartz ~ 石英管
amtank 水陆两用坦克
amtec 黑白时基校正器
amtrack 履带式登陆车，水陆两用车辆
amyl 戊（烷）基
amylene 戊烯
anabatic 上升（气流）的，上滑的
anabiosis 回生，复苏
anachronism 记时〔年代，时代〕错误，弄错年代
anacom 分析计算机，模拟计算机
anacoustic 隔〔弱，微〕声的
anactomosing 网状的，交织的
anafront 上升峰（面），上滑峰
anaglyph 补色立体图，立体彩色照片
anaglyphic 互补色立体的
anaglyphoscope 互补色镜，红绿眼镜
anaglyptic 浮雕装饰术，浮雕的
anallatic 光学测远机
anallatism 准距性，（视距测量的）消加常数，（水准仪的）准高度
anallobar 增压区，气压上升区
Analmatic 自动检查和分析装置
analogic(al) 类〔相〕似的，模拟的，比拟的，类推的
analogism 类比推理，类比法
analogize （用）类推（法说明），比喻
analogon ①模拟②类似物③同源语
analogous 类〔相〕似的，模〔比〕拟的，同功的
analog-to-digital 模拟变数字（的），模拟信息变数字信息的
analog(ue) 相似（物），类似〔比〕，模拟装置〔系统，计算机，量〕
~ II 模拟 II（美国橡树岭 810MeV 等时性回旋加速器的电子模拟）
analysisconductive liquid ~ 导电液模拟(设备)
conductive sheet ~ 导电板模拟（设备）
contact ~ 接触模拟器（引导宇宙飞行器正确着陆的显示装置）
discrete ~ 离散模拟
dynamic ~ 动态模拟（设备）
Electron ~ 电子模拟装置（美国布鲁克海文静电交变梯度聚焦同步加速器）
house ~ 计算热平衡的模拟装置
indirect ~ 非直接模拟型，函数模拟型
network ~ 网格模拟
water-wave ~ 流体动力学类似
analogy 类似，相似（性），模拟，类推，类比
circuit ~ 电路模拟
direct ~ 正相似（法）
electric(al) ~ 电模拟
electromechanical ~ 机电模拟
hydraulic ~ 液压模拟
hydrodynamic ~ 流体动力学模拟，液动模拟
impedance-type ~ 阻抗型类比
mobility-type ~ 导纳型模拟，电声机械动态模拟
analyse =analyze
analyser =analyzer
analysing 分析研究，分解图像
analysis 分析（法，学），分解，解析（学，法），研究，验定
~ of mechanism 机构分析
~ of variance 变〔方〕差分析
acidimetric ~ 酸量滴定分析
acoustic wave ~ 声波分析
activation ~ 放射化〔活化，激活〕分析
activity ~ 活性〔放射性〕分析
aerodynamical ~ 空气动力计算
ash ~ 灰分析
automatic intelligent defect ~ 自动智能缺陷分析
bath ~ 炉中〔熔池〕分析，炉前快速分析
block ~ 分程序分析，块分析
broken-line ~ 线段近似法，折线（分析）法
bulk ~ 总分析
burden ~ 炉料分析
canonical ~ 正则分析
cast ~ 铸件〔铸造〕分析

check ~ 检验〔验证，校核，成品〕分析
chromatographic ~ 色层分析
circuit ~ 电路分析，网络理论
cluster ~ 聚合分析
combinatorial ~ 组合分析
combinatory ~ 组合分析
conductometric ~ 溶液导电性定碳分析，电导（定量）分析
conformation ~ 构象分析
correlation ~ 相关分析
cost-benefit ~ 成本〔费用〕效益分析
cost-effectiveness ~ 技术经济〔成本效果，工程经济〕分析
coulometric ~ 电量分析
covariance ~ 协方差分析，程差分析
cross impact ~ 交叉影响分析（法）
crystal ~ 晶体（结构）分析，结晶分析
data ~ 数据分析
data envelopment ~ 数据包络分析
decision ~ 决策分析
differential ~ 示差分析
differential thermal ~ （DTA）差热分析
dimension ~ 量纲分析
dimensional ~ 因次〔量纲〕分析
dry ~ 干法试验，光谱分析
dynamic ~ 动态分析
edge ~ （图像）边缘〔轮廓〕分析
electron microprobe ~ 电子微探针分析
end group ~ 端基分析
endpoint ~ 最后结果分析
factor ~ 因式分解
fail-safe ~ 可靠性分析
failure ~ 失效分析
failure tree ~ 失效树分析
fast Fourier ~ 快速傅里叶分析
fault ~ 故障〔事故〕分析
film ~ 薄膜分析
finite element ~ 有限元分析
flue gases ~ 烟气分析
flux ~ 流束分析
Fourier ~ 傅里叶分析，谐量分析
frequency ~ 频谱〔谐波〕分析
frontal ~ 前沿〔缘〕分析法，迎头法
functional ~ 泛函分析
grading ~ 粒度分析
gradual case ~ 渐次分析法
granularmetric ~ 粒径〔颗粒〕分析
graphic ~ of three dimensional data 三维数据图形分析
graphic(al) ~ 图解分析
graphic(al)-statistic(al) ~ 图解统计分析
gravimetric ~ 重量定量分析
harmonic ~ 谐波分析
headspace ~ 液（面）上（部）气体分析，顶空分析
heat ~ 熔炼分析
image ~ 图像分析，析像
impedance ~ 阻抗分析
incremental ~ 阶段增量分析
infinitesimal ~ 微元解〔分〕析，无穷小分析，微积分
influencing factor ~ 影响因素分析
input-output ~ 投入 - 产出分析
ladle ~ 桶样〔包样〕分析
liquor ~ 溶液分析
loop ~ 回路分析法
macro qualitative ~ 常量定性分析
magnetic ~ 磁（力）分析（法）
marginal ~ 边际分析
matrix ~ 矩阵分析〔运算，计算法〕
mechanical ~ 机械分析，粒度分析
mesh ~ 筛（分）析，筛分试验
micro ~ 微量分析
model ~ 模拟分析法
modulation ~ 调制分析
Monte Carlo ~ 蒙特卡罗分析法，随机搜索分析法
multivariate ~ 多元分析
nodal ~ 节点法，节点分析法
node ~ 结点法，节点法，结点分析
nondispersive ~ 非色散分析，X射线能谱分析
normal mode ~ 简正波分析法
numerical ~ 数值分析
operation ~ ①运筹学②工序分析
phase ~ 相位分析
picture ~ 图像分析，析像
pipet ~ 吸管分析法
pit ~ 铸坑样品分析
polarographic ~ 极谱分析（法）
polling ~ 轮询分析
precipitation ~ 沉淀分析〔滴定〕（法）
primary component ~ 主成分分析（统计模式人工智能识别）
principal component ~ 主分量（人工智能识别特征）分析

proton-induced X-ray ~ 质子感生 X 射线分析
proximate ~ 近似〔组分，构分，实用〕分析
pyrotitration ~ 热滴定分析
qualitative ~ 定性〔品质〕分析
quanlified system ~ 定量系统分析
quantitative ~ 定量分析
quasi-statimary ~ 准平稳分析
radioactivation ~ 辐射激活〔活化〕分析
radiometric ~ 射量〔放射〕分析（法），辐射度分析
range ~ 极差分析
rational ~ 有理〔示构〕分析
real-time ~ 实时〔快速〕分析
regression ~ 回归分析
reprocessing ~ 后处理分析
retention ~ 保留分析法
screen ~ 筛分析（粗筛），筛分试验，粒度分析
sequential ~ 逐次〔按序，顺序〕分析
sieve ~ （过）筛（分）析，筛选
size ~ 筛分析，粒度分析
spectral ~ 光〔频〕谱分析
spectroscopic ~ 频〔光〕谱分析，分光镜分析
spectrum ~ 光谱分析
stackgas ~ 烟气分析
statistico-thermodynamical ~ 统计热力学分析
surface ~ 故障面〔范围〕分析
system ~ 系统分析
tapping ~ （出钢时）钢液分析
texture ~ 纹理分析
thermogravimetric ~ 热解重量分析
thermoparticulate ~ 热粒子分析，热微粒分析
time-series ~ 时间序列分析
torsional braid ~ 扭瓣分析
trace ~ 痕量分析，微量分析
tracer ~ 示踪分析
transient ~ 瞬〔暂〕态分析
trend impact ~ 趋势影响分析（法）
turbofan engine cycle ~ 涡扇发动机循环分析
ultimate ~ 元素〔化学，最后〕分析
utility ~ 效用分析
value ~ 价值分析
variance ~ 方差分析
vector ~ 矢〔向〕量分析
voiceprint ~ 声纹分析，声谱分析
volumetric ~ 容积〔滴定，体积〕分析
washed-sieve ~ 水冲筛分析
wet ~ 湿分析（法）
X-ray spectroscopic ~ X 射线光谱分析
zoom ~ 细化分析

analyst 化验员，分析员

analyst-programmer 程序分析员

analyt 解析几何（学），分析化学

analyte （被）分析物

analytic(al) 分析的，解析的，分解的

analytic(al)-function 解析函数

analyticity 可分析性，解析性

analytics 分〔解〕析学，逻辑分析的方法

analyze 分析，解析，（分析）研究，分解

analyzer ①分析器〔仪，镜，程序〕，测定器②试验装置，试验资料处理仪③检偏（振）器④模拟装置⑤分析程序的程序⑥分析员〔者〕
aerosol ~ 气溶胶分析器
agricultural ~ 农用分析仪
air ~ 空气分〔淘〕析器
amino acid ~ 赖氨酸分析仪
amylase-lipase ~ 淀粉酶及脂肪酶分析仪
anchorcoincidence ~ 重合分析器
automatic vertical biochemistry ~ 分立式自动生化分析仪
band ~ 频带分析器
beam ~ 波束分析器，分束器
bichromatic ~ 双色〔血液化学〕分析仪
biochemistry ~ 生化分析仪
casting ~ （可锻铸铁组织）铸件成品检查仪
colo(u)r ~ 分色器，彩色分析仪
complex plane ~ 矢量分析计算器，矢量分析计算装置
continuous flow automatic biochemistry ~ 连续流动式自动生化分析仪
creatinine ~ 肌酸酐分析仪
dead-reckoning ~ 位置计算分析器
differential ~ 微分分析器
differential thermal ~ 差热分析仪
digital signal ~ 数字信号分析仪
discharge ~ 放电分析器
dust ~ 尘量分析仪
dynamic ~ 动态分析器
electrical network ~ 电模拟机，计算台，电路〔网络〕分析器
electroencephalograph ~ 脑电图分析器
electronic engine ~ 发动机故障电子探测仪
electronic engine performance ~ 发动机性能电子分析
emission ~ 排气污染成分分析仪
engine ~ 发动机（工作过程）分析器，发动

机综合试验机
engine fuel ~ 发动机燃烧分析仪器
environmental gas ~ 环境气体分析仪
exhaust ~ 废气分析器
exhaust-emission ~ （发动机）排气排放物分析仪
exhaust-gas ~ （发动机）排气分析仪
food ~ 食品分析仪
Fourier ~ 傅里叶分析器，频谱仪
gas ~ 气体分析仪〔器〕
Geiger steel ~ 盖格 X 射线（的）钢分析仪
hand-coded ~ 手（工）编（制的）分析程序
height ~ 波高〔振幅〕分析器
hemoglobin ~ 血红蛋白分析仪
heterodyne ~ 外差式分析仪
image ~ 图像分析器
infrared ~ 红外线分析仪器
infrared ray exhaust gas ~ 红外线废气分析仪
intelligent data ~ 智能数据分析仪
ionmicroprobe ~ 离子微探针分析仪
laser microspectral ~ 激光显微光谱分析仪，激光微区光谱仪
lexical ~ 词法分析程序
mass ~ 质谱（分析）仪
micropolar ~ 测微偏振棱晶
mixture ~ 混合物成分分析器
motion ~ 动态分析仪
near infrared spectrum ~ 近红外光谱分析仪
network ~ 网络分析〔程序〕器
nitrogen-oxide ~ 氮氧化分析仪
noise level ~ 噪声级分析仪
non-dispersive ultraviolet ~ 不分光紫外线分析仪（检测 NO_x 用）
nuclear magnetic resonance chemical ~ 核磁共振波谱仪
oestrogen ~ 雌性激素分析仪
optical ~ 光学式分析仪器，光检偏振器，光学检偏镜
ozone ~ 臭氧分析仪
physical character ~ 物理特性分析仪器
picture ~ 图像分析器，析像器
polarization ~ 光偏振分析器，检偏振光镜
polaroid ~ 偏振片式检偏振器
production ~ 产品缺陷记录仪
program ~ 程序分析仪
quantitative differential thermal ~ 定量差热分析仪
radial ~ 射线式分析仪器
real-time ~ 实时分析仪
routine ~ 分析程序，例（行）程（序）分析程序
scale type thermal ~ 天平式热机械分析仪
set ~ 接收〔通信〕机试〔检〕验器
slave ~ 伺服分析器
sonic ~ 声发射检测系统，声波探伤〔分析〕仪
sound ~ 声分析器
sound intensity ~ 声强分析仪
spectrometer/ray ~ 能谱 / 射线分析仪器
spectroscopic ~ 光〔频〕谱分析器
spectrum ~ 频〔光〕谱分析器
subroutine ~ 子程序用分析程序
sulphur-dioxide ~ 二氧化硫分析仪
surface ~ 表面粗糙度检查仪，显微光波干涉仪（检查测定表面粗糙度用）
syntactic ~ 语法分析程序
synthesis soil ~ 综合型土壤分析仪
tail-gas ~ 尾〔废〕气分析器
thermal conductivity gas ~ 热导式气体分析器
thermal magnetic oxygen ~ 热磁式氧分析器
top-down ~ 自顶向下分析（程序）（算法）
ultrasonic ~ 超声探伤仪
ultraviolet radiation ~ 紫外线分析仪器
united ~ 联用分析仪器
universal electronic engine performance ~ 通用型发动机性能电子分析仪
vibration spectrum ~ 振动频谱分析器
wave ~ 谐波〔波形〕分析器
X-ray ~ X 射线分析器
X-ray micro ~ X 射线显微分析仪
anamorphic ①变形光学系统②单向倍率改变的，变形的
anamorphoser 失真透镜
anamorphosis （图像）变形，失真，歪像，畸形
anaphoresis 阴离子电泳（法）
anapnograph 肺活量描记仪
anascope 正像镜
anastigmat 消〔去〕像散（透）镜（组）
corrected ~ 已校正的消像散镜组
double ~ 双消像散透镜
anastigmatic 消〔去〕像散的，正像的
anastigmatism 消像散性
anastigmator 消像散器
anastomose 吻合，接通，交叉合流
anatase 锐钛矿
anaxial 无轴的
ancestor 原始粒子，祖系体，原始现象

anchor ①船首（主）锚，铰钉，拉桩〔线〕，固定（器）②电枢，衔铁③簧片，动片④吊钩⑤紧急器⑥抛锚
administration（pattern）~ 海军式锚
admiral ~ 海军锚
base ~ 地脚板
bearing ~ 轴瓦固定螺钉
bolster ~ （车架）承梁支承装置
boring ~ 钻座
brake ~ 闸瓦支持销
brake plate ~ 闸瓦固定板
breast ~ 船舷锚
bustle main ~ （高炉）环风管吊挂锚栓
cathode ~ 阴极锚（电子管阴极零件），阴极支架
check chain ~ （悬挂装置的）限位链，保险链
earth ~ 根络，地锚（指觇标拉桩）
guy ~ 拉线盘，（拉线）地锚
ice ~ 冰锚
lewis ~ 吊楔
lower ~ （悬挂装置的）下连接卡子
mine ~ 雷锚
rail ~ 钢轨防爬〔锁定〕器，轨卡
ram ~ 油缸连接销
resilient ~ 弹簧防爬器
reverse ~ 反向锁闭（装置）
sea ~ 浮锚
tubing ~ 油管锚
waist ~ 备用主锚
water ~ 浮锚
weigh ~ 起锚

anchorage ①抛锚（地），停泊（所）②锚具〔头〕③锚定，（铰钉）固定④固定支座
brake ~ 制动块支座
end ~ 端锚固
end ~ of bars 曲拐弯头
magnetic coating ~ 磁层粘牢度（磁带）

anchor-bill 锚式擒纵叉爪

anchoring 锚（定），抛锚，锚定的，锚固的，稳定（特指燃烧室中的火焰），装拉线，拉线装置

anchorite 带状闪长石

ancillaries 辅助设备

ancillary ①辅助设备，辅机②辅助的，副的，附属的

ancon 肘托，悬臂托梁

ancre 〈法〉擒纵叉

AND 逻辑乘法，“与”（门）
dot ~ 点“与”
logical ~ 逻辑“与”〔“和”〕

andalusite 红柱石

andanite 硅藻土

AND-circuit “与”电路

AND-connection “与”连接

AND-element “与”元件〔门〕

AND-function “与”作用〔功能〕

AND-gate “与”门

ANDing 进行“与”操作，“与”作用

AND-NAND-OR-NOR 与-非与-或-非或

AND-NOT “与非”（门）

AND-operation “与”操作

AND-operator （计算机的）“与”算子

AND-OR “与/或”

AND-output “与”输出

android （科学幻想小说中的）机器人，人形机器人，似人自动机

AND-tube “与”门管

anechoic 消声的，无回声的

anelastic ①弹性后效②滞弹性的

anelasticity ①无〔滞〕弹性（体）②内摩擦力

anelectric ①非电化体，不能摩擦起电的物体②导线，导体

anelectrotonus 抑激态

anemobarometer 风速风压计

anemobiagraph 风速风压记录器，（自记）风压表，风速图

anemocinemograph 电动风速计

anemoclinograph 风斜计，风速风向仪〔表〕

anemoclinometer 铅〔垂〕直风速表，风斜表

anemodispersibility 风力分散率

anemogram 自记风力计，风力记录表，风速图，风力自记曲线

anemograph 风速计，风力记录仪，自记风速表，风力自记曲线

anemology 风学

anemometer 风速计〔表〕，风压计，流速表
anchor ~ 固〔锚〕定风速表
bridled ~ 制动风速表
cup ~ 风杯风速表，杯状〔转杯式〕风速计
cup-cross ~ 转杯风速表，杯形风力计
helicoidal ~ 螺旋桨式风速表
ionflow ~ 离子流风速表
laser ~ 激光风速表
pressure ~ 压力风速计
suction ~ 吸管式风速表
three-cup ~ 三杯风速表

ultrasonic ~ 超声波风速表
vane ~ 叶片式风速计
windmill ~ 风车式风速表
anemometrograph 风向风速风压记录仪
anemometry 测风法
laser Doppler ~ 激光多普勒风速测量法
anemorumbometer 风向风速表
anemoscope 风向仪，测风计
anemostart 风动起动器
anemostat （暖气或通风系统管路中的）稳〔恒〕流管，扩散管
anemovane （接触式）风向风速器
aneroid ①空盒〔无液〕气压表，无液膜盒气压计②空〔膜〕盒③无液的，不用液体的，不装水银的
aneroidograph 无液气压记录器，膜盒气压计
anesthesimeter 感觉消失测量器，麻醉度计
angel ①寄生目标，假目标②异常回波，杂散反射，雷达反响
angiocheloscope 唇血管镜
angiography 血管造影术
magnetic resonance ~ 磁共振血管造影(MRA)
angiostratix 血管断层摄影机
angle ①角（度，钢，铁），隅②观点，情况③转变角度④歪曲⑤倾斜（的），角的
~ at center 中心角
~ back to back 角背间距，背靠背组合的角钢
~ lap 磨角
~ of aberration 像差角
~ of altitude 仰角
~ of ascent 螺旋角
~ of aspect 方向〔方位，搜索，扫描，视界〕角
~ of azimuth 方位角（测绘仪器）
~ of balance 平冲角，均衡角
~ of bottom 齿根〔夹〕角
~ of chamfer 斜切角，坡口〔边缘〕斜角
~ of chord 弦角
~ of contact 接触角，包围角
~ of contingence 切线角
~ of dead rise 死起角（龙骨与舷连接线与水平的夹角）
~ of departure 发射〔掷，偏离，出（射）〕角
~ of depression 俯角
~ of diffraction 衍射角
~ of ejection （受）碰出（射）角
~ of flap （副）襟翼角
~ of flare 扩张角，扩散角，外倾角
~ of flexure 挠曲角
~ of incidence 入射角（光学）
~ of overlap 重叠角
~ of polarization 起偏振角
~ of preparation 坡口面角度
~ of pulley groove 槽角
~ of repose 休止角，静止角，堆角
~ of rest 休止角，静止角，堆角
~ of retard 减速角(电真空),(电力整流器的)滞后角，落后角
~ of ricochet 反跃角
~ of rifling 车槽角，（车）螺纹角
~ of rise 上升〔螺旋，偏向，仰〕角
~ of rotation 旋转〔转动，旋光〕角
~ of run-off 铲背角
~ of sight 俯仰角
~ of squint 偏向角（超声波）
~ of stall(ing) 失速角
~ of tooth point 齿楔角
~ of transmission 啮合角
~ of yaw 偏航角
acceptance ~ 接近角，进入角
acute ~ 锐角
addendum ~ （锥齿轮的）齿顶角
adjacent ~ 邻角
advance ~ 提前角，导程角
alternate ~ （交）错角
anisotropytop ~ 顶刃后面
antenna beam ~ ①天线波束方向角②射束宽度角
aperture ~ 孔径角
apex ~ 尖角，顶角
apical ~ 顶角
apparent ~ 视角
approach ~ ①前进〔接近，渐近〕角②刀具余偏角
apsidal ~ 拱心角，毗拱角距
arrival ~ （电波的）到达角，入射角
aspect ~ 视界〔线〕角
attitude ~ 方位角，（飞行）姿态角，俯仰角
auxiliary ~ （刀具的）副偏角
axial ~ 轴向角，光轴角
back ~ （切削）后角，后隙〔视〕角
back rake ~ （车刀的）纵向前角
backing ~ 垫板〔衬垫〕角铁
back-off ~ 后角，补角
bank(ing) ~ 滚转〔倾斜，横倾，横动〕角
base cone ~ 基（圆）锥角

base helix ~ 基圆螺旋角，基圆柱螺旋角
beam ~ 射束孔径角
bearing ~ 方位角
bending ~ 挠〔弯〕曲角
bevel ~ 斜角，坡口角度
bias ~ 裁断角度
bipartition ~ 对分角
blade ~ 桨叶角，（无心磨的）托板叶片安装角，刃口角度
blade rotating ~ 叶片转角
bond ~ 键角
boom ~ ①翼缘角钢②起重机吊杆的斜角度
bosh ~ 炉腹角
bottom ~ ①齿根〔夹〕角②包角
brace ~ 撑杆角铁
bracket ~ 托架角铁
Brewster ~ 布儒斯特角，极化〔偏振〕角
brush ~ 电刷倾斜角
bulb ~ ①圆头〔球缘〕角钢〔铁〕②（显像管）玻壳的偏转角
burble ~ 失速角
butt(ing) ~ 平接角钢
cam ~ 凸轮包角，凸轮工作角
camber ~ 中心线弯曲角，汽车前轮的外倾角
camera ~ 照相镜头视角，摄像机物镜视角，摄像角度
caster ~ （主销）后倾角
center ~ 圆心角
chip ~ 刀尖角
chisel edge ~ 横刃斜角，凿尖角
circuit ~ 变流器相位角，电路角
clearance ~ 后角
clip ~ 扣角钢
closed ~ 锐角，尖角
commutation ~ 换向（重叠）角，安全角
complement(ary) ~ 余角，（pl.）互余角
(commutation) margin ~ 裕度角
conduction ~ （晶闸管的）导通角
cone ~ 锥角，扩散角（如扩散器）
cone-apex ~ 锥顶角
connecting ~ ①结合角钢②连接角
connection ~ ①结合角钢②连接角
contact ~ 接触〔啮合，交会〕角
contiguous ~ 邻角
continuous ~ （万向节）持续工作夹角
convergence ~ 会聚角，收敛角
corner ~ 顶角，棱角
course ~ 航向角
coverage ~ 像场角
crab ~ 偏航〔流，斜〕角，洗流角
cradle ~ （摇架的）摇角
crank ~ 曲柄角，曲轴转角
crankpin ~ 曲柄销配置角度
critical ~ （光、声的）临界角
crossing ~ 交叉角
crossing ~ of wires 钢丝的交咬角（钢丝股内相邻层内）
cup ~ （圆锥滚子轴承）外圆滚道面锥角
cut ~ 交角
cut-off ~ ①截止角②遮光角
cutting ~ 切割角，录音刻纹角
cutting edge ~ 刃口角，偏角
dead ~ 死角
decay ~ 衰变（发射）角
declination ~ （磁）偏角
decrement ~ （齿轮的）齿根角
dedendum ~ （齿轮的）齿根角
deflection ~ 偏转〔偏离，致偏〕角
delay ~ 延迟角，滞后角
departure ~ ①掷角②（火箭）主动端末端弹道倾斜角③（电波）出射角
deviation ~ 落后角，偏移角
die ~ 模口角度
die approach ~ 模孔变形锥（模孔第二部分）
die entrance ~ 模孔入口锥（模孔第一部分），润滑锥
die exit ~ 模孔出口锥（模孔最后部分）
die reduction ~ 模孔压缩锥
die relief ~ 模孔出口锥
dielectric phase ~ 介质相角，损耗角
diffraction ~ 衍〔绕〕射角
dig-in ~ 划纹角（录音），起动角
dihedral ~ 两面角，上反角，V形横向角
dip ~ （磁）倾角
direct ~ （导线中的）直接（观测）角，正镜角
dish ~ 凹入角
disk ~ 圆盘〔耙片〕安装角
dispersion ~ 散射角
displacement ~ 失配角，位移角
divergence ~ 扩张角，发散角
draft ~ 模锻斜角，脱模角，起模斜度
drag ~ 制动〔截止，阻尼〕角
drawing ~ （拉拔模）模口角度
drift ~ 偏航角，漂移角

dwell ~ （断电器上触点间的）凸轮回转角度
edge ~ 边缘角，偏角，棱角
edge clearance ~ （刀）刃后角
electrode ~ 焊条（或电极与焊件的）夹角
elevation ~ 升运〔倾斜，仰〕角
emergence ~ 出射角
end clearance ~ 端刃后角
end cutting edge ~ 副偏角，离角
end relief ~ 副后角
engage ~ 啮合角，压力角，（铣刀）接触角
entering ~ （切削刀具的）主偏角，咬入角
entrance ~ 进入角，切入角，入射角
entry ~ 切入角
equal ~ 等边角钢
error ~ 失调角，错位角
escape ~ 擒纵角
exit ~ （模孔）出口锥，出射角，切出角
exit blade ~ 叶片出口角
explementary ~ 共辅角（两角之和等于 360°）
exterior ~ 外角
exterior interior ~ 同位角
extinction ~ 熄灭角，消弧角
extrude ~ 挤压的角钢
face ~ 齿面角
face clearance ~ 铣刀端面后角，表面留隙角
face relief ~ 端面后角
fall(ing) ~ 落角
fastening ~ 连接角铁
field ~ 张角，波束角
firing ~ 引燃〔点弧，点火〕角
flange ~ 凸缘角铁
flanging ~ 卷边角
flank ~ 压力角，啮合角，螺纹半角
flare ~ 展开角，张角
flaring ~ 喇叭锥顶角
fleet ~ （钢丝绳的）移角，偏角
flow ~ 气流角
friction(al) ~ 摩擦角
frog ~ 岔心角
front ~ （锥齿轮的）前（锥）角
front clearance ~ 副后角
front rake ~ 主前角
front relief ~ 副偏角
front top rake ~ 副前角
gash ~ 齿缝角（铣刀），齿隙角
gating advance ~ 触发超前角
gating delay ~ 触发延迟角
generating ~ 啮合角，模孔喇叭角，（齿轮）压力角
glancing ~ 掠射角
grazing ~ 擦地〔掠射，切线〕角，入射余角
groove ~ （齿）槽角，坡口角，轧槽边斜角
guide ~ 导向角
half-value ~ 半亮度角
heeling ~ 横〔侧〕倾角
helical ~ 螺旋角
helical rake ~ （铣刀的）轴向刀面角，螺旋前角
helix ~ 螺旋（升）角，（锥齿轮的）节面角
hitch ~ 套钩角铁
hob end ~ 滚刀导程角
hook ~ （前面为曲面时的）前角
hour ~ 时角，相位角
hue ~ 色彩角（NTSC 彩色电视制）
hunting ~ 振荡角，摆动角
hysteretic ~ 磁滞〔磁后，滞后相移〕角
ignition ~ 点火（提前）角
image ~ （图）像角
impedance ~ 阻抗相角
impingement ~ 入射角
incidence ~ 入射角，迎角，冲角
incident ~ 临界角，入射角
included ~ ①夹角②总和角度（主销内倾角与转向轮外倾角之和）③坡口角度
increment ~ （圆锥齿轮）齿端角
inferior ~ 下线角
inflection ~ 拐角，偏转角
inherent delay ~ 固有延迟角
inner ~ 内角
inner cutting ~ 内刃角，内导角之余角（枪孔钻之钻尖为准）
inner spiral ~ 小端螺旋角，内螺旋角
inscribed ~ 内接角
interfacial ~ 面交角
interior ~ 内角
interlocking ~ 锁角（三镜摄影机）
internal ~ 内角（同步机的同步电势和端电压之间的相位差）
involute polar ~ 渐开线角
jib ~ 起重机倾角
keel ~ 龙骨角铁
kingpin ~ 主销倾角
lag ~ 滞〔移〕后角
lagging phase ~ 滞后功率因数
lead ~ （螺旋）升角，导（程）角，导〔超〕前角

lead cutting edge ~ 外锋导缘角（面铣刀），主偏角（面铣刀）
leaning ~ 摆动角
lens ~ 物镜像场角
lift ~ 升（力）角
lip ~ 楔角，钻缘角，唇角
load ~ 负荷〔负载，功率〕角
locking ~ 楔角，啮合角
loss ~ 损耗角，损失〔衰减〕角
lug ~ 辅角钢，节点极上的短角钢
machine root ~ 齿坯〔机床〕安装角，回转板角
mean spiral ~ （曲线齿锥齿轮）中心螺旋角
milling ~ 分度头心轴偏角，铣角
miter ~ 45° 角
nearest dwell ~ 近休止角
negative side rake ~ 负旁锋刀面角，负刃倾角，负侧斜角
neutral ~ 中性角，临界角
nip ~ 咬入角
normal ~ 法（向，面）角
nose ~ （刀的）鼻角，前端角
no-slip ~ 临界角，前滑角
nozzle ~ 喷嘴（装置）角
nozzle-stream ~ 气流（由喷嘴叶栅流出的）出口角
null ~ 零位偏角
nutation ~ （雷达）盘旋角
object ~ 物角
oblique ~ 斜角（包括锐角和钝角）
obtuse ~ 钝角
off-axis ~ 偏轴角
offset ~ 偏（斜）角
opening ~ 开度角，孔径角
opposite ~ 对（顶）角
optic（al） ~ 光轴角
outer cutting ~ 外导角的余角
outer spiral ~ 大端螺旋角，外端螺旋角
outer strut ~ 外撑角
outset ~ 偏（斜）角
outside lead ~ （外齿轮）齿顶圆导程角
over lap ~ 纵向作用角
panning ~ （摄像机镜头）摇头角度
parallax ~ 视差角
passing ~ 通过角
peel-off ~ 最佳漂移角
peripheral ~ （铣刀）外周角
phase ~ 相（移）角
picture ~ 像角
pilot ~ ①排障器角铁②引导〔控制，导向，辅助〕角
pipe ~ 管子弯头
pitch ~ 螺旋（升）角，（锥齿轮的）节锥半角，倾（斜）角，俯仰角
plan（approach） ~ （刀具）主偏角
plane ~ 晶面角
plus ~ 仰角
ply ~ 铺层角
point ~ 顶角（钻头，锥尖）
polar ~ 极角
polarizing ~ （起）偏振角
polyhedral ~ 多面角（立体）
power ~ 功率角
pressure ~ 压力角
profile ~ 齿形〔廓〕角
projecting ~ 投射角
punch-nose ~ 凸模圆角
quadrant(al) ~ 象限角
radio ~ 无线电方位角
radius ~ 圆心角
rake ~ 前〔倾，翘，刀面〕角
recess ~ （齿轮的）渐远角
reentrant ~ 凹角，重入角
reference ~ 入射〔参考，基准〕角
reflection ~ 反射角
reflex ~ 优角（大于 180° 小于 360° 的角）
refraction ~ 折射角
relief ~ 后（隙）角
retardation ~ 延迟〔滞后〕角
reverse lever ~ 反推手柄角度
right ~ 直角
rim ~ 边界角
roll ~ 横摇角
rolled ~ （轧制）角钢
roll-setting ~ 转动安装角
root ~ 锥齿轮底角，齿根锥角，回转板回转角（锥齿轮机床）
rotor ~ （发电机）转子角
round ~ 周角
runner ~ 承辊角钢
Russell's ~ 拉塞尔角（球体平均光度角）
salient ~ 凸角
scarfing ~ 边缘斜角
seat ~ ①阀座锥角，钢板弹簧座角②座角钢
separation ~ ①释放角②夹角
setting ~ 加工面与刀杆间（在平面上）装置

角，安装角
shadow ～ 阴影角（调谐指示器中）
shaft ～ 轴（交）角，轴夹角
shank ～ 刀柄（与弯刀头间）夹角
sharp ～ 锐角
shear ～ 剪切角
shelf ～ 座角钢
shift ～ 位差角
shoulder ～ 凹模台肩角度，凹模台阶的倒角
side ～ 侧角
skew ～ 斜拱〔相交，斜交，歪扭〕角
sliding ～ 摩擦角
slip ～ （汽车轮胎）偏离角，侧滑角
slope ～ 倾斜角
slotted ～ 槽角钢
solid ～ 立体角
spacewidth semi- ～ 槽宽半角
specular ～ 镜面角，反射角
spiral ～ 螺旋角，捻角（钢丝绳的）
stagger ～ 斜罩角，叶栅安装角
standard pressure ～ 齿形角，齿廓角
steel ～ 角钢
stepping ～ 步位〔进，距〕角
stiffener ～ 加劲〔筋〕角铁〔钢〕
stiffening ～ 加劲〔筋〕角铁〔钢〕
straight ～ 平角
striking ～ （机车的）转角，（传动带的）转动角
subtense ～ 弦角，视差角
supplementary ～ 补角
sweep ～ 扫描角
taking ～ 物镜视角（摄像机）
taper ～ （过盈）楔角，锥角
thread ～ 螺纹断面角，牙型角
throat ～ 喉〔刃，楔〕角
tilt ～ 倾角，摆角
timing ～ 定〔计〕时角，点火超前角
tine ～ 齿尖倾角
tip ～ 顶（圆）锥角
toe-in ～ 针尖向内角
tool ～ 刀尖〔具〕角
tool cutting edge inclination ～ 刃倾角
tool included ～ 刀尖角
tool lead ～ 余偏角
tooth ～ 齿角
tooth-face ～ 齿（侧）面角
tooth-spacing ～ 齿间角
transition ～ 过渡角
trihedral ～ 三面角
trim ～ 纵倾角，平衡角
true rake ～ （实际）前角
truing ～ 修整角
vertex ～ 顶角
vertical ～ 仰〔垂直，顶〕角
viewing ～ 视（场）角
visual ～ 视角
walk-off ～ 离散角
wave ～ 电波仰角，波程角
wedge ～ 楔角，尖角（刀具）
wetting ～ 润湿角
wheel ～ （导向）轮偏转角
wide ～ 广角
width ～ 齿宽角
working ～ 切削过程〔刀具〕角，工作角度
working pressure ～ 啮合角
wrap ～ （传动带）包角
zenith ～ 天顶角
angle-bar ①（脱粒滚筒的）角钢脱粒杆②角铁，角钢
angledozer 侧铲〔斜板，斜角〕推土机，铲土机
angle-iron 角铁
angle-offset (method) 夹〔差〕角法
angle-pedestal 角形支座，角形轴架
angle-shot 摄（镜）头
reverse ～ 侧角倒摄（镜）头
anglesite 铅矾，硫酸铅矿
angle-to-code 角度 - 电码
anglicize ①（将程序语言）译成英文②英语化
ångström 〈德〉埃，Å（光线或辐射线的波长单位，1 Å $=10^{-10}$ m）
international ～ 国际埃，Å（光或辐射线的波长单位）
angular 有（尖，棱，斜）角的，角（形）的，斜（角，面）的，倾斜的，多角的，尖锐的，用角度量的
angularity 尖，棱角，成角度，有角性，曲线〔弯曲，翘曲〕度，斜〔倾〕度，曲率
pass ～ （菱形）孔型的顶角
angulateration 边长 - 角度测量，边角同测
angulation ①形成角度②测（量）角（度）
angulator 变角器，角投影器，角度转换仪
angulometer 量角仪，测〔量〕角器
anharmonic 非调和的，非谐（振）的
anharmonicity 非（简）谐性
anhedral ①（机翼的，水平安定面的）正上反角②下反角的，劣〔他〕形的

anhydration 干化，脱水
anhydride ①（酸）酐②脱水物
chromic ~ 铬酐，铬酸，三氧化铬
anhydrite 硬石膏，无水石膏
anhydrous 无水的
anhysteretic 无磁滞（的），无磁滞（效应的）磁化
Anhyster 铁镍磁性合金（*w*（Ni）35% ~ 50%，其余 Fe）
anianthus 白色细纤维石棉
aniline 苯胺，阿尼林，生色精，靛油〔青〕
anilioplast 苯胺塑料
animate ①使有生气，激励②有生命的，有生气的
animation ①有生气，活泼，生动②假动作，活动性（电视中的特技）③动画制作，直观显示
automated ~ 动画片自动制片
computer ~ 计算机动画
animation-computerize 计算机控制的动画片摄制法
anime 硬〔芳香，矿〕树脂
anion 阴〔负，阳向〕离子
anion-exchange 阴离子交换
anion-exchanger 阴离子交换剂
weak-base ~ 弱碱性阴离子交换剂
anionite 阴离子交换剂
anionotropy 阴离子移变（现象）
aniseikon （侦察物质缺陷、裂缝、变形的）侦疵光电装置，目标移动电子显示器，电子照相〔显微〕仪
aniseikonia （两眼）物像不等
anisentropic 非等熵的
anisobaric 不等压的
anisochronism 非等时性
anisoelastic 非等弹性的
anisomeric 非异构的
anisometer 各向异性测量仪
anisometric 非〔不〕等轴的，不等容〔角，周〕的
anisothermal 非等温的
anisotonic 非等渗的，异渗的
anisotropic 各向异性〔不匀〕的，非均质的
anisotropism 各向异性，非均质性
anisotropy 各向异性（现象），非均质性（现象），有向性
~ of conductivity 各向导电异性
birefringence ~ 双折射各向异性
crystal ~ 晶体各向异性
crystalline ~ 晶态各向异性
dielectric ~ 介电各向异性
induced ~ 感生各向异性
roll magnetic ~ 压延磁各向异性
texture ~ 织构各向异性
uniaxial ~ 单轴各向异性
aniwriter 仿真书写装置，模拟打字机
ank 横向倾斜，偏向倾角，横坡度
anka 恩卡（不锈钢）
ankerite 铁白云石
annalistic 编年史的，年表的，按年代编辑的
annals 编年史，历史记载，年鉴〔表，刊〕
anneal （使）退〔焖〕火，韧化，使坚韧，煅烧，焙烧，热处理，（加热）缓冷
degasifying ~ 除气退火
malleable ~ 可锻化退火
reduced ~ 还原退火
strand ~ 分股退火，带〔线〕材退火
annealed 退（过）火的，韧（化）的，煨过的，经过煅烧的
annealer 退火炉
annealing （低温）退火，焖火，煅烧，韧化，热处理，（加热）缓冷，转色（试金）
batch ~ 分批退火，箱式炉（中）退火
black ~ 黑退火，（热轧钢板镀锡前）初退火，无保护介质退火
blue ~ （热轧钢板）黑退火，（线材）发蓝退火，（钢板）软化退火
box ~ （板材）闭〔装〕箱内退火
bright ~ ①非氧化退火（封闭退火）②光亮退火
chill removing ~ 消除白口退火
clean ~ 光亮退火
close(d) ~ 密闭〔箱中，闷罐〕退火
coffin ~ （钢板的）装箱退火
continuous strand ~ （线材的）多根连续退火
cover ~ 罩式炉退火
dead ~ 全退火
dead-soft ~ （完）全退火，极软退火
differential ~ 局部退火
diffusion ~ 均匀化退火
double ~ 二次退火
field ~ 磁致退火，磁致热处理
flame strand ~ 喷焰连续退火
flash ~ 表面退火
flask ~ （铸件）箱内退火
full ~ 完全退火，再结晶退火（指 *w*（C）0.3% ~ 0.6% 的钢）
furnace ~ 炉内退火

hydrogen-relief ~ 预防白点退火
intermediate ~ 中间退火，工序间退火
inter-process ~ 中间退火，工序间退火
inverse ~ ①反退火②沉淀硬化
isochronal ~ 均时退火，等时退火
isothermal ~ 等温退火
laser ~ 激光退火
lead ~ 铅浴退火
light ~ 光亮退火，光洁退火
liquid ~ 盐浴退火
machinability ~ 改善加工性能的退火
malleablizing ~ 可锻化退火，韧铁退火，脱碳
mouth ~ 浇口退火，（炮弹的）铜壳口部退火
normalizing ~ 常化退火
open ~ 敞开退火，空气（中）退火，黑退火
open coil ~ 松卷退火
pack ~ 叠式〔成捆，（闭）箱〕退火
partial ~ 不完全退火
post ~ （焊缝的）焊后退火
pot ~ 箱内退火，罐内退火，罐退〔焖〕火
process ~ 工序间〔再结晶，低温，临界温度〕退火，中间退火
quarter-hard ~ 低硬度退火
recrystallization ~ 再结晶退火
relief ~ 消除残余应力退火
seam ~ 焊缝退火
selective ~ 选择退火，局部退火
short ~ 快速退火
simulated ~ 模拟退火
slack ~ 不完全退火
solution ~ 固溶退火，溶体化退火
spheroidal ~ 球化退火
spontaneous ~ 自行退火，自身退火
spot ~ 局部退火
step ~ 逐步冷却退火
stepped ~ 分段退火
stress ~ 消除应力退火
three-quarter hard ~ 增硬退火
true ~ 全退火
under ~ 不完全退火
white ~ 光亮〔二次，白热〕退火
workability ~ 改善加工性的退火

annexation ①附加（物）②合并，归并，并吞

annex(e) ①附加，附带，合并②附加物，附加建筑，附属建筑物，附件，附录

annexment 附加物，并吞物

annihilation ①湮没，湮没现象②消失，消除，熄灭③消灭，摧毁

pick-off ~ 撞击湮没

annihilator ①吸收〔减振，灭火，阻尼〕器②消去者，零化子（数学名词）

Antfire ~ 灭火器

annotate 注解，注释

annotation 注解，注释

announce 宣布〔告〕，通告〔知〕，发表，广播，通报，预告

announcement 宣布〔告〕，通〔布，预〕告，告示

spot ~ 预定广播节目外的即席通知
station ~ 电台呼号

announcer ①长途电话叫号员，（无线电广播）播音员，报幕员②表示器

call ~ 呼叫指示器
automatic time ~ 自动报时机

announcerbooth 广播（员）室

announciator 报警器，信号器

annual ①每〔周〕年的②年报〔刊，鉴〕，年金〔租〕

annuity 年（积）金，养老金

annular 环状的，轮状的，有环纹的

annulation 环，环形物

annulet ①小环〔轮〕②轮缘，轮状平缘③圆箍线

annulment 取消，注销，废除

annulus ①环（带，节，体，形）物，环状空间〔孔道〕，内齿轮，（齿）圈②圆（环域）（数学名词）

collecting ~ 集水槽（叶片上去湿用）
fixed ~ 齿圈
inlet ~ 进汽环室
primary ~ 初级齿圈
rotating ~ 齿圈
secondary ~ 第二内齿轮
tooth ~ 环状齿圈
turbulent ~ 湍流圈

annunciator 信号〔示号，报警，呼铃〕器，信号装置，指示仪器〔装置〕，回转号码机，号码箱

alarm ~ 事故指示装置，报警器
anti-icing pressure ~ 防冰压力信号器
drop ~ 掉牌通报器，号牌式交换器，色盘降落信号指示器
lift car ~ 电梯位置指示器

anodal 阳〔正，板〕极的

anode 阳〔正，板，屏，氧化〕极

auxiliary ~ 辅助阳极

collecting ~ 集电极
coped-lug type ~ 挂耳式阳极
double ~ 双阳极
excitation ~ 励弧阳极，激励阳极
green ~ 生阳极（未级焙烧的阳极坯）
heavy ~ 实心阳极
holding ~ 保持阳极，维持电弧阳极（维护汞弧整流器电弧的辅助直流阳极）
ignition ~ 点火〔触发〕阳极
keep-alive ~ 保〔维〕弧阳极
massive ~ 实心阳极
orificed ~ 环状阳极，带孔阳极
preponderating ~ 主优阳极（姆考夫线圈第二回路阳极）
pressed-powder ~ 粉末压制阳极
relieving ~ 辅助阳极
scan ~ 扫描阳极（自扫描等离子体显示）
slab ~ 板式阳极
solid ~ 实心阳极
split ~ 双〔分〕瓣阳极
wall ~ 内壁阳极

anodic 阳〔正，板〕极的
anodise =anodize
anodising 阳极氧化处理，阳极防腐法，阳极透明氧化薄膜法
anodization 阳极（氧）化，电镀〔处理，防腐〕
anodize 阳极（氧）化，电镀〔处理，防腐〕
anodizing 阳极处理〔氧化，作用，防腐〕，电化学氧化
anolyte 阳极（电解）液
basic ~ 碱性阳极液
anomaloscope 色盲镜
anomalous ①反常的，异常的，不规则的②例外的，特殊的
anomaly 异〔反〕常，不规则，变〔异〕态，畸形物，破例
eddy current ~ 涡流损耗异常
geothermal ~ 地热异常（情况）
thermosteric ~ 比容异常
anomers 正位（差向）异构体
anonizing 阳极透明氧化被膜法
anorganic 无机的
anormaly 反常，异常
anorthic （晶体）三斜的
anorthoscope 弱视镜，眼轴矫正器
anorthosite 斜长岩
anotron 冷阴极充气整流管，（冷阴极）辉光放电（二极）管
anoxia-photometer 光电血氧计
anoxybiotic 厌〔缺，乏，绝〕氧的
anoxycausis 无氧燃烧
anoxyscope 实示需氧器
anoxytropic 不与氧发生作用的
anrac 导航辅助设备，无线电操纵导航设备
answer ①回答，答案，应答②符合③响〔反〕应，补偿
analog ~ 模拟应答
auto ~ 自动应答
answer-back 回报，应答，响应，回答信号
voice ~ 话音应答装置
answering 应答，回答过程（微型计算机中央处理器中的一步操作）
intelligent questing and ~ 智能问答（机器人功能）
answerphone 自动录话机，自动应答电话，电话答录机
ant =antenna
Antaciron 硅铁合金（*w*（Si）14.5%，其余 Fe）
antagonism 对抗性，对立性，对抗作用
antagonist 对抗物〔者〕，对〔敌〕手
antagonistic(al) 对抗的，相反的，对立的，反作用的，互相抵制的，不相容的
antecedent ①（比例）前项，前件〔提，事〕，先例〔前〕②（pl.）履历，经历③前述〔提〕
antechamber ①前厅，接待室②预燃室，前室③沉淀〔积〕室
antenna ①天线②触角〔须，毛〕
active ~ 辐射〔有源，激励〕天线
adaptive ~ 自适应天线
Adcock ~ 爱德考克天线
aerodiscone ~ 飞机〔机载〕盘锥天线
aft ~ 后部天线，船尾天线
airborne ~ 飞机天线
alerting ~ 警戒天线
Alford ~ 爱福特天线
Alford loop ~ 爱福特环形天线
all channel ~ 宽频带〔全频道〕天线
all-round looking ~ 环视天线
annular slot ~ 环形隙缝天线
antialiasingresonant ~ 谐振天线（驻波天线）
anti-fading ~ 抗衰落天线
anti-static ~ 抗静电干扰天线
aperture ~ 开口〔孔径〕天线
array ~ 天线阵
arrow ~ 箭形天线（Γ 形定向天线）
artificial ~ 仿真天线，假天线

artillery radar ~ 炮瞄雷达天线
backfire ~ 背射天线
balanced ~ 平衡天线，对称天线
ball ~ 球形天线
bar ~ 磁棒天线，棒状天线
barrel ~ 桶形天线
base-driven ~ 底部馈电天线
base-loaded ~ 底部负载天线
beacon ~ （无线电）指向标天线
beam ~ 定向天线
bent ~ 曲折天线
Beverage ~ 贝佛莱日天线，行波天线
bilateral ~ 双向天线
billboard ~ 横列定向天线
block ~ 共用天线，集合天线
body-type ~ 弹力天线，外壳天线
bow-tie ~ 蝴蝶结天线
box ~ 箱形天线（抛物柱面天线）
broadband ~ 宽（频）带天线
broadcasting satellite ~ 卫星广播天线
broadcast-tower ~ 铁塔广播天线
broadside (directional) ~ 垂射〔边射，同相〕天线
Bruce ~ 倒 V 形天线
built-in ~ 机内天线，内部天线
buried ~ 埋地天线，地下天线
cage ~ 笼形天线
capacity plate ~ 平板电容（式）天线
Cassegrain ~ 卡塞格伦天线（双反射器天线）
Cass-horn ~ 卡塞格伦喇叭形天线（一种低噪声天线）
cavity ~ 谐振腔天线
cavity-backed radiator ~ 空腔反射式天线，背腔式天线
center-driven ~ 中心激励〔中点馈电〕天线
cheese(-box) ~ 盒〔饼〕形天线，抛物柱面天线
Chireix-Mesny ~ 其列克斯 - 麦斯尼天线，锯齿形天线
Christmastree ~ 枞树形〔雪松形〕天线
Cindy ~ 辛代天线
circular polarized ~ 圆极化天线，圆偏振天线
closed ~ 闭路天线
clover-leaf ~ 多瓣形特性天线，苜蓿叶形天线
coil ~ 线圈形天线，环形天线
collapsible-whip ~ （可折叠）鞭状天线
comb ~ 梳形天线
common ~ 公用天线，共用天线
community- ~ 共用天线，电视共用（接收）天线
condenser ~ 容性天线
cone ~ 锥形天线
control ~ 控制天线，监听天线
cophasded horizontal ~ 同相水平天线
corkscrew ~ 螺旋形天线
corner(-reflector) ~ 角反射器天线
cosecant ~ 余割天线
cosecant-squared ~ 平方余割天线
coupled ~ 耦合天线
crossed-coil ~ 交叉环形天线
cubical ~ 立方体天线
current-fed ~ 电流馈电天线
curtain ~ 幛形天线，天线幛（由有源和无源两个平面天线组成的定向天线）
decimeter wave ~ 分米波天线
delay lens ~ 延迟透镜天线
delta matching ~ 三角形匹配天线
delta-type ~ 三角形天线（电阻接在中间的三角形偶极天线）
despun ~ （通信卫星的）消旋天线，反旋〔自〕转天线
diamond ~ 菱形天线
dioptric ~ 折光天线
dipole ~ 偶极天线，半波振子天线
directive ~ 定向天线
directly-fed ~ 直馈式天线
discone ~ 盘锥形（超高频）天线
dish ~ 截抛物面天线
disk ~ 盘形天线
dismountable ~ 可拆式〔活动式〕天线
diversity ~ 分集式天线
domestic ~ 家用接收天线
double ~ 复合天线（由天线和地网组成）
doublet ~ 偶极天线，对称天线
double-Zepp ~ 双齐伯林天线
doughnut ~ 绕杆式天线
drag ~ （飞机用）拖曳天线，下垂天线
driven ~ 有源天线
dual ~ 双重特性天线
dumb ~ 失〔解〕谐天线
dummy ~ 假〔仿真〕天线
duplex polarization ~ 双极化波共用天线
E waves ~ E 型波天线
eagle ~ 摆动射束天线
earth ~ 地下〔接地〕天线
echelon ~ 梯形天线

echelon lens ~ 梯形〔多振子〕透镜式天线
electronic omnidirectional satellite communication ~ 电子全向卫星通信天线
element ~ 振子天线，单元天线
elementary ~ 基元天线，单元天线
elevated ~ 架空天线
elevation-position-finding ~ 仰角测位天线
emergency ~ 备用天线
end-fire directional ~ 端射定向天线
end-fire helical ~ 端射式螺旋天线
end-on directional ~ 端射〔轴向辐射〕定向天线
end-on-fire ~ 端射天线，轴向辐射天线
equivalent ~ 等效天线
exploring ~ 探测天线
extended ~ 加长天线
exterior ~ 室外天线
fan ~ 扇形天线
fanned-beam ~ 扇形定向〔测高〕天线
feeder ~ 馈线（式）天线
fence ~ 多普勒雷达天线
ferrite-bar ~ 铁氧体棒形天线
ferrite-rod ~ 铁氧体棒形天线
fin ~ 鳍形天线
fishbone ~ 鱼骨形天线
fish-pole ~ 钓竿式天线
fixed loop ~ 固定环形天线
flagpole ~ 桅杆式〔金属杆〕天线
flat-top ~ 平顶天线
folded ~ 折叠天线
folded dipole ~ 折合振子天线
folded top ~ 折顶天线
forward ~ 前置天线，船头天线
frequency independent ~ 定阻抗天线（输入阻抗与频率无关的天线）
funnel-shaped ~ 漏斗形天线，喇叭天线
global beam ~ （卫星通信的）全球覆盖天线
Grecian type ~ 倒V形天线
ground ~ 地面天线
grounded ~ 接地天线
ground-plane ~ 水平极化天线，地面天线
group ~ 群〔分组，多振子〕天线
gyro stabilized ~ 陀螺天线
half cheese ~ 半盒形〔半饼形〕天线
half-wave ~ 半波天线
harp ~ 扇形天线
helical-beam ~ 螺旋束天线
herring-bone ~ 鱼骨形天线
Hertz ~ 赫兹天线（理论上的偶极天线），基本振子
HF doublet ~ 高频偶极〔对称〕天线
high channel ~ 高频信道天线
high-gain ~ 高增益天线
highly directional ~ 强〔锐〕方向性天线
holographic ~ 全息天线
homing ~ 方位天线，航向（接收）天线，自引导（寻的）天线
hoop ~ 圆柱形天线
horizontal double ~ 水平对称天线
horizontally-polarized 水平偏振〔极化〕天线
horn ~ 号角天线，喇叭形天线
horn feed ~ 喇叭形天线
horn reflector ~ 喇叭形反射器天线，喇叭抛物面天线
image ~ 镜像天线
infrared ~ 红外天线
inline ~ 并行馈电双环形（宽频率）天线
inverted pyramid ~ 倒角锥天线，漏斗形天线
isotropic ~ 各向同性天线，全向天线
kingpost ~ 主轴式天线
laminated ~ 叠层天线
lamp socket ~ 灯座天线
laser ~ 激光天线
leaky wave ~ 漏波天线
leaky-pipe ~ 波导隙缝〔开缝〕天线
lens ~ 透镜天线
light ~ 光天线，光束导向天线
linear ~ 线性天线
loaded ~ 加载天线，加感天线
lobing ~ 等信号区转换天线，波束可控天线
lodge-Muirhead ~ 伞状迭量天线
loft ~ 屋顶天线
log periodic ~ 对数周期天线
long wave ~ 长波天线
loop ~ 环形天线，框形天线
loop sense ~ 环形辨向天线
lounge ~ 室内垂直偶极（子）天线
lower ~ 下触线
low-noise ~ 低噪声天线
magnet-core ~ 磁心天线
magnetic ~ 磁性天线
magnetic-current ~ 磁流天线，磁性天线
mains ~ 电源天线，主干天线
Marconi ~ 马可尼天线
marker ~ 指示天线，信标天线
mast ~ 桅杆式天线，铁塔天线

master ~ 电视（接收）主天线，共用天线
master community ~ 电视共用（接收）天线
mat type artificial ~ 编绕式仿真天线
microstrip ~ 微带天线
microwave ~ 微波天线
mobile ~ 移动式天线
mock ~ 假天线，仿真天线
moderate directivity ~ 弱方向性天线
modulated ~ 调谐驻波天线
monitoring ~ 监听天线，监控天线
multibeam ~ 多波束天线
multiple ~ 复合天线
multiple rhombic ~ 菱形天线网
multiple tuned ~ 复调天线
multiple-stage ~ 多级天线
multi-unit ~ 多元天线，多振子天线
multi-unit-steerable ~ 多元可转天线，可变方向的多菱形天线
multiwire ~ 多束天线
multiwire-triatic ~ 三角形多束天线
musa ~ 复合菱形〔多元方向图可控菱形，多元可转〕天线
mushroom ~ 伞状天线，蘑菇形天线
mute ~ 仿真天线
noise reducing ~ 减噪天线，降噪天线
non-directional ~ 非定向天线，无方向性天线
non-polarized ~ 非偏振天线，非极化天线
nonresonant ~ 非谐振天线
non-scanning ~ 固定天线，不转动天线
omnidirectional ~ 全向辐射天线
omnidirectional vehicle ~ 全向宇宙飞船天线
omniguide ~ 全向辐射槽缝式天线
open end ~ 开端天线
optical ~ 光学天线，光波段天线
orthogonal dipole ~ 正交振子天线
outdoor ~ 室外天线
outside ~ 室外天线
over-car ~ 车上天线，通信车天线
parabola ~ 抛物面天线
parasitic ~ 无源天线
parasitically excited ~ 寄生振子天线
passive ~ 无源天线，天线无源振子
path-length ~ 行程天线
pencil-beam ~ 锐锥形射束天线，锐方向性波束天线
periodic ~ 调谐驻波天线，周期性天线
periscopic ~ 潜望镜天线
phantom ~ 假天线，仿真天线
phantom-target ~ 瞄准（用）天线，假目标天线
phase array ~ 相控阵天线
phasing ~ 定相天线
pick-up ~ 接收天线，拾取信号天线
pillbox ~ 抛物柱面天线
pinetree ~ 松树形天线
plain ~ 直接耦合式天线，简单天线
plane ~ 平顶天线，平面形天线
plane concave ~ 平凹形天线
polyrod ~ 介质天线（聚苯乙烯棒状辐射元）
potato masher ~ 干扰天线
printed ~ 印制天线
printed array ~ 印制阵列天线
prism ~ 棱柱形天线
progressive-wave ~ 行波天线
pylon ~ 铁塔天线
quarter-wave ~ 四分之一波长天线
quiescent ~ 沉静天线
rabbit ~ 兔耳形天线
radar ~ 雷达天线
radiating ~ 辐射天线
radio complex ~ 无线电系统天线
random ~ 代用天线
receiver ~ 接收机天线
receiving ~ 接收天线
reclining radio ~ 折倒天线
reflector ~ 反射器天线，无源天线
retractable radio ~ 无线电升降天线
rhombic ~ 菱形天线
ribbon ~ 带形天线
rockinghorse ~ 摆动天线
rod ~ 棒状天线
room ~ 室内天线
rotary-beam ~ 射束旋转天线
satellite track ~ 卫星跟踪天线
sausage ~ 圆柱形天线
scanning ~ 扫掠天线
screened ~ 屏蔽天线
search ~ 搜索天线，探测天线
sending ~ 发射天线
sense ~ 辨向〔测定真方向的辅助〕天线
serchlighting ~ 搜索天线
sheet ~ 平顶天线
short-wave ~ 短波天线
short-wave beam ~ 短波定向天线
short-wave directional ~ 短波定向天线
short-wave receiving ~ 短波接收天线
shunt excited ~ 并（联）馈（电）天线

shunt-feed ~ 并（联）馈（电）天线
side fire helical ~ 侧向辐射式螺旋形天线
signal-processing ~ 信号处理天线
skew ~ 斜向辐射天线
skid-fin ~ 机翼〔翅形〕天线
skirt dipole ~ （四分之一波长）套筒偶极天线
sleeve ~ （装在）同轴（管中的）偶极天线
slit ~ 缝隙天线，槽馈偶极子天线
slot ~ 槽〔隙〕缝天线
socket ~ 插座天线
spaced ~ 分布式天线
spider-web ~ 蛛网式天线
split ~ 隙缝天线
spot beam ~ 区域覆盖天线，点波束天线
stacked ~ 多层天线
stagger ~ 多层天线，叠排天线
stick ~ 棒形天线，条形天线
strut ~ 支杆天线，飞机用支柱式天线
stub ~ 短截线天线
submerged ~ 水下天线
superconducting ~ 超导天线
superdirective ~ 超锐定向天线
superturnstile ~ 三层绕杆式（电视）天线，超绕杆式〔蝙蝠翼〕天线，宽频带甚高频电视发射天线
suppressing ~ 抑制天线
surface-wave ~ 表面波天线
Tacan ~ 塔康导航天线
Telefunken beam ~ 德律风根定向天线
telemetry ~ 遥测天线
tier ~ 分层天线
time domain ~ 时域天线
top ~ 车顶天线
tracking ~ 跟踪（目标）天线
trailing ~ 拖曳〔下垂〕天线
transmitting ~ 发射天线
tuned ~ （已）调谐（的）天线
tuning-stub ~ 带调谐短截线的天线
two-element ~ 二元天线(有源振子和反射器）
unilateral ~ 单向天线
unipole ~ 无方向性〔各向等（辐）射〕天线
unit ~ 单位天线，半波天线
upper ~ 上触线
wave ~ 行波天线
weakly directional ~ 弱方向性天线
whip ~ 鞭状天线
Windom ~ 单线馈电水平天线
wing ~ 机翼天线
Y ~ 对称馈电偶极子天线
Yagi ~ 波道式天线，八木天线，引向反射天线
Yagi-Uda ~ 八木 - 宇田天线
Zeppelin ~ 齐伯林天线（一端馈电的双馈线水平半波天线）
zigzag ~ 曲折天线

antenna-feed 天线馈电的
antennafier 天线放大器
antennaverter 天线变频器
antepenult 倒数第三（位，的）
anthoinite 水钨铝矿
anthracene ①（闪烁晶体）蒽②并三苯
anthracite 无烟煤，硬〔白，红〕煤
anthracometer 二氧化碳计
anthrafilt 过滤无烟煤
anthrafine 无烟煤末
anthragenesis 煤化作用，炭化作用
anthraxolite 炭沥青
anthromobile 人力驱动车
anthropometer 人体测定器，身长计
anthropometry 人体测量学
anti-abrasive 耐磨损的
anti-acid 抗酸的
anti-activator 阻活剂，活化阻止剂
antiager 防〔抗〕老化剂
antialiasing （计算机图形中的）去阶梯，（信号处理中的）防混叠
anti-attrition 减（少）磨（损），抗磨损
anti-automorphism 反自同构 anti-attrition
involutorial ~ 对合反自同构
antibarreling 桶形失真校正〔补偿〕，反〔抗〕桶形畸变
antiblocking 抗阻塞〔封锁〕
antibouncer ①减振器②防跳装置
antibugging 防错法（一种在编程时防止错误的方法）
antibunch 反聚束，反群聚
antiburst 抗破裂，抗挣断，抗装破
anticancer 抗癌剂
anti-carbon 防〔抗〕积炭的
anti-carburizer 渗碳防止剂
anti-carrier 反载体
anticatalyst 反〔抗〕催化剂，缓化剂
anticathode 对阴〔负〕极（X射线管中的靶子）
anti-cement 防止渗碳
anticentripetal 离心的
anti-chain 反链
antichamber 预燃室

antichlor 去氯剂，脱氯剂
anticipant ①预期者②预期的，期望的，占先的
anticipate ①预先考虑〔处理〕，预料〔期〕②超前，使提前发生
anticipater ①预感〔测〕器，超前预防器②期望者
anticipation ①预先考虑〔处理〕②预测〔料，言，防，支〕③期望④超前作用
anticipator =anticipater
anticlastic 抗裂面，鞍形面的，一面凸一面凹的，互反曲（面）的
anticlockwise 逆〔反〕时针（方向）的，左旋的
anticlutter 反干扰（线路），抗地物干扰系统
anti-coagulant 防凝剂，阻凝剂
anti-coherer 散屑器，反检波粉屑黏合装置，防黏合器
anticoincidence 反〔舛〕符合，反重合
anti-collineation 反直射（变换）
anticollision 防撞击
anticolodal 金属防腐剂
anti-comet-tail 抗彗尾电子枪
anticorodal 铝基硅镁合金（铸造用：*w*（Si）4% ~ 6%，*w*（Mg）0.4% ~ 1%，*w*（Mn）0.5% ~ 1%，其余Al；锻造用：*w*（Si）0.5% ~ 1.5%，*w*（Mg）0.5% ~ 1%，*w*（Mn）0.2% ~ 1%，其余Al），高强耐蚀铝合金
anticorona 防电晕
anticorrosion 防腐，缓蚀
anticorrosive ①防蚀〔腐〕剂②船底缓蚀涂料③缓蚀的，防腐的
anticoupling 反耦（合）
loose ~ 弱反耦（合）
anticreep 防蠕动，防爬，防漏电
anticreeper （钢轨）防爬器，防潜动装置，防爬行装置，防漏电设备
anticrustator ①防垢剂②表面硬化防止剂，表面沉垢防止剂
anticyclone 反气旋，反〔逆〕旋风，高（气）压
antidamping 抗阻尼，抗衰减
antidazzle 防眩
antidegradant 防变质剂，抗变质剂，抗降解剂
antiderivative ①反导数，反微商②反式衍生物
antideteriorant 防坏剂，防老剂
antidetonant 抗爆（振）剂
antidetonation 抗爆（振）
antidetonator 抗爆（振）剂，防爆（振）剂
anti-drag 减阻（的），反〔灭〕阻（的）
antidrip 防滴，防漏
antidrop 防滴，防漏
antidrum 防振消声板，防振消声筒
antidumping 抗倾覆（作用），抗翻倒（作用）
antidusting ①抗尘（作用）②抗尘性的
antielectron 反〔阳〕电子，正（电）子
antielement 反元素
antienemion 肜
antifatigue 抗（疲）劳剂，耐疲劳
antiferroelectric 反铁电的
antiferroelectricity 反铁电现象
antiferromagnet 反铁磁体
antiferromagnetic 反铁磁（性）的
antiferromagnetism 反铁磁现象
antiflashing 防溶化，防汽化
anti-fluctuator 缓冲器
antifluorite 反萤石
antifoam 阻〔防〕沫（的）
antifoamer 防泡沫剂
complex ~ 复合型消泡剂
antifog 防雾
antifoulant 防污剂
antifouling 防塞〔污，垢〕
antifraying 抗磨损
antifreeze 防冻（剂，液），不冻（剂，液），抗冻（剂），阻凝（剂）
antifreezer 防〔阻〕冻剂
antifriction 减〔防，耐〕摩，减摩剂
antifrost 防霜〔冻〕（的）
antifrother 防起泡添加剂
anti-fuse 熔通
antiglare 防闪光的，遮光的
antigradient 逆〔负〕梯度
antigraph 抄本
antigravitation 耐〔防，抗〕重力
antigravity 耐〔反，防〕重力，抗重（力）
anti-ground 消除地面影响的，防接地的
anti-G-valve 抗重力阀
antihalation 消晕作用
antihalo 防光晕
antihum ①噪声抑制器，交流声消除，静噪器②消声的
antihunt ①阻尼（器）②阻尼（的），防振（的），缓冲（的），反振荡（的），防摆动（的），稳定（的）③反搜索（的），反寻觅（的）
azimuth ~ 方位阻尼
elevation ~ 天线仰角阻尼
gyro ~ 回转稳定器
antihunting 防止摆动，防振

antihypo 高碳酸钾
anti-icer 防冰器，防冰〔冻〕装置
propeller ~ 螺旋桨防冰器
anti-incrustator 锅炉防垢剂
anti-induction 防感应
anti-interference 抗干扰（的），无线电干扰障碍，防无线电干扰设备
antijamming 抗〔反〕干扰（的），反阻塞干扰
antiklystron 反速调管
antiknock ①抗爆（的），抗振（的），防爆（的）②防爆燃剂
anti-leakage 抗漏液
antilinear 反线性（的）
antilogarithm 反对数，真数
antimagnetic 抗磁性作用的，反〔防〕磁性的
antimagnetized 消磁的
antimatter 反物质
antimer 对映体
optical ~ 旋光对映体
antimicrophonic 抗噪声的，反颤噪声的
antimigration 防蠕爬，防迁移
anti-mildew 防霉的，抗霉的
antimissile 反导弹（的）
antimold 防霉剂
antimonide 锑化物
alumin(i)um ~ 锑化铝
antimonium =antimony
antimony 锑（Sb）
cesium ~ 锑铯
needle ~ 粗锑
regulus ~ 锑块，金属锑
star ~ 纯锑，精炼锑，星形锑锭
antineutrino 反中微子
antineutron 反中子
antinodal 波腹的
antinode （波）腹，腹点，反波节
current ~ 电流波腹
oscillation ~ 振荡波腹
potential ~ 电压波腹
antinoise 抗〔防〕噪声的
antinucleon 反核子
anti-offset 防粘脏的，防蹭脏的
anti-overloading 防止过载的
anti-overshoot 反过冲，防过冲
antioxidant 阻〔抗〕氧化剂，防老（化）剂
antioxygen =antioxidant
antiozonant 反干扰阻力，抗干扰性
anti-parallax 反视差
antiparallel ①逆〔反，不〕平行（的，线），反并联（的）②逆流的
ordered ~ 有序反平行
antiparasitic 防寄生振荡的
antiparticle 反粒子，反质点
anti-percolator 防渗装置
antiperiodic 反周期的
antiphase 反相（的），逆相
antipinking 抗爆燃（的）
antipit 防点蚀（剂）
antiplasticization 反增塑作用
antiplasticizer 反增塑剂
antipleion 负偏差中心，欠准区
antipode ①正反对，逆②（pl.）（相）对极，对蹠点，对映体③恰恰相反的事物
antipole ①（相）反极，对映体②相反事物
antipriming 挡水装置，止水装置
antiprojectivity 反射影变换
antiproton 反质子，负质子
antiputrefactive 防腐的
antipyrogenous 防热的
anti-quark 反夸克
antique ①黑体字②粗糙面③古代的，过时的
antirad 防辐射材料
antiradar 防雷达的
antirattler ①消声器②防振器③防噪振涂层
antireaction 反馈消除，回授消除
anti-reflecting 减〔消〕反射的
anti-regeneration 抗〔防〕再生
antiresonance 反〔并联〕谐振，反〔电流〕共振
antirheoscope 视觉性眩晕检查器
anti-roll(ing) 防滚动〔侧滚〕（的），抗横摇（的）
anti-room 前室
antirot 防腐的
anti-rumble 消声器（的），防闹
antirust(ing) 缓蚀性，缓蚀的，耐蚀的
antisatellite 反卫星（的）
antisaturation 抗饱和
antiscale 防垢，（锅炉）防垢剂
antiscaling 防垢
antiscorch(ing) ①抗焦（作用）②抗焦剂
antiseep 防渗漏
anti-seepage 防渗
antiseize 防卡塞，防粘
antiseizing 防抱死，防卡滞，防粘
antiseptic 防腐〔消毒，杀菌〕剂，防腐〔消毒，杀菌〕的
antiseptics 防腐材料，防腐剂

antiseptin 防腐粉
anti-shrink 抗〔耐〕缩的
anti-sidetone 消侧声的
anti-sine 反正弦
antiskid ①防〔抗〕滑（的）②防滑轮胎纹
antislip 防滑（转）
anti-softener 防软剂
anti-spark 消火花的
antisplash 防溅污的，挡泥的
antispray 防喷溅（的），防沫的
antisqueak 消声器，减声器
antistall 防止失速
antistatic ①抗静电的②（pl.）防电剂
antisticking 抗黏着
anti-strip(ping) 抗剥落
antistructure 反结构
antisub(marine) 防〔反〕潜（艇）（的）
antisubstance 抗体
antisun 防止日光照射的，抗日光的
antisurging 抗喘振
antisweat(ing) 防露
anti-swelling 抗溶胀性
antiswing 防摆动
antisymmetric(al) 反〔非〕对称的
antisymmetry 反对称（性）
antisynchronism 异步（性）
anti-system 反火箭防御系统
antitank 防〔反〕坦克的
antitheft 防盗装置
antithesis 对立（面），对照〔偶〕，（正）相反
antithetic(al) 对立的，（正）相反的，对偶（性）的，正反对的
anti-thrust 止推的
antitone 反序
anti-torque 反作用转矩，反向转矩
anti-TR 反“收 - 发”
antitracking ①反〔防〕跟踪②防爬电（绝缘表面）
antitype 模型所代表的实物，对型，反式
antivacuum 反压力，非真空
antivibration 抗〔防〕振，阻尼
antivibrator 防振器，阻尼器
antiwear 防磨（损）的，耐磨的
antiweatherability 耐气候性
antiwhip （轴承的）稳定性
antiwind 防缠绕
anti-wind 抗风
anti-wiretap 反搭线窃听
anvil ①（锤，铁）砧，砧座，测砧②平台，基准面③电键下的接点，支点④（锤碎机）碎矿板
bottom ~ 底砧
brake drum ~ 制动鼓砧
cage ~ 锤碎机格筛碎矿板
die ~ 型砧（一种有模槽的砧子）
horn ~ 角砧
impact ~ 冲砧
rising ~ 活动台砧
single arm ~ 丁字砧
smith ~ 锻砧，铁工砧
stock ~ 台砧
tetrahedral ~ 四面顶锤，四面加压式砧模
anvil-block 砧座
anvil-chisel 砧凿
anvil-dross 锻渣
anx =annex
Aode 瞬轴面
aoditron 语言识别机
Apa 爱帕牌钟表润滑油（商品名）
apastron 远星点
apatite 磷灰石
aperiodic(al) 非周期的，非调谐的
aperiodicity 非周期性，非调谐性
apertometer 数值孔〔口〕径计，孔径仪〔计〕，开角计
Abbe ~ 阿贝数值孔径计
aperture ①开口，口，窗口，嘴②开发，缝隙，孔径，口径③采样④小孔〔眼〕⑤照门（枪）⑥（透镜）焦距对径比
abscured ~ 遮拦孔径
adjustable ~ 可调光圈
angular ~ ①孔径张角，天线角开度，像角②方向图的宽度
antenna ~ 天线孔径，天线散角
beam ~ 梁口，梁的隙缝
beam-defining ~ 限束孔径〔小孔〕
cage ~ 锤碎机格筛孔
camera ~ 摄影机片门，摄像机孔阑，取景框
cathode ~ 阴极孔，阴极插入孔
clear ~ 通光孔径
collecting ~ 集光孔径
condenser ~ 聚光镜孔径
coupling ~ 耦合孔（谐振腔中用来从外电路或向外电路转移能量用）
curtain ~ 调光孔径
diaphragm ~ 孔板（工业电热设备）

dirty ~ 脏片窗，堵光门
discrete field-stop ~ 分立（视）场（光）阑孔径
effective ~ 有效孔径
effective numerical ~ 有效数值孔径
equilibrium numerical ~ 稳态数值孔径
filling ~ 注入孔，加油孔
focal ~ 聚焦孔径
grid ~ 控制极膜片
guard ~ （保）护孔
iris ~ 光阑孔径
lens ~ 透镜孔径
limiting ~ 极限孔径，限制孔径，通光孔径
masking ~ 限制孔径，遮蔽孔，通光孔径
material numerical ~ 材料数值孔径
maximum theoretical numerical ~ 最大理论数值孔径
measuring ~ 测量孔径
numbering ~ 计数口径
numerical ~ 数值口径（孔径）
objective ~ 物镜孔
object numerical ~ 物空间的数值孔径
object space numerical ~ 物空间数值孔径，物方数值孔径
optical numerical ~ ①光学鼠标②光数值孔径③光学记忆卡
picture ~ （电影放映机）图像孔径
quantizing ~ 发射管射束孔，电视摄像管电子束孔
range ~ ①距离孔径②沿距离射角
rectangular ~ 矩形孔径
relative ~ 口径比，相对孔径
sample time ~ 抽样时间截口
sampling ~ 取样孔（径）
screen ~ 筛径〔孔，眼〕
sieve ~ 筛径〔孔，眼〕
slag notch ~ 碴口
sound ~ 声孔径
step ~ 插片式光圈，分步光圈
synthesis ~ 综合孔径
synthesizing ~ ①综合孔径②电视显像管电子束孔
theoretical numerical ~ 理论数值孔径
usable ~ 有效孔径
wide ~ 大孔径（天线）
working ~ 有效孔径

apertured 带口的，有（多）孔的

apex ①尖，顶点，顶尖，（顶）峰，脊，（电波由电离层反射时的）反射点，最大值②（轮胎沿口）填充胶条
~ to back 顶轮距，（圆锥齿轮的）安装距
blue ~ （色度图上）蓝基色点
common ~ （节锥副的）公共锥顶
cone ~ 锥顶
green ~ （色度图上）绿基色点
pitch ~ 分锥顶
pitch ~ to crown 冠顶距，锥顶齿尖距
red ~ （色度图上）红基色点
root ~ 根锥顶
solar ~ 太阳向点

apexcardiogram 顶点心动描记曲线（图）

aphanitic 非显晶（质）的，隐晶（质）的

aphelion 远日点，远核点

aphlogistic ①不能燃烧的②无焰燃烧的

aphrizite 泡沸电气石，黑电气石

Aphtit 阿夫蒂特铁镍合金（*w*（Fe）66%，*w*（Ni）23%，*w*（Cu）5%，*w*（W）4%）

apical 顶（点，上）的，尖的

Apiezon 阿皮松油（真空泵用油）

apiquage （航空器的）横轴回转

aplanat 消球差（透）镜，齐明〔不晕〕镜

aplanatic 消球差的，齐明的，非晕的，等光程的

aplanatism 消球差（性），齐明，不晕，等光程

A-plane 原子飞机

APL APL 语言，程序设计语言

aplastic 非塑性的

aplite 半花岗岩，细晶岩

apochromat ①复消色差透镜②复消色差的

apochromatic 复消色差的

apochromatism 复消色差（性），消多色差（性）

apodization 衍射控像法，变迹法，切趾法

apogee ①远地点②（弹道）最高点，最远点，远核点③椭圆与其长半轴之交点

A-pole A 型杆

Apollo 太阳神，阿波罗（美宇宙飞船）

apomecometer 测距仪

apostilb 阿熙提（asb）（亮度单位，$1asb=10^{-4}\pi^{-1}sb=\pi^{-1}cd\cdot m^{-2}$）

apostrophe 省字符号，撇号

apothem 边心距

apotheosis 极点，顶峰

apotype 补型

A-power 原子能，核能

apparatus ①器具，器械②仪器③装置，设备
~ for butt welding 平接〔熔〕压焊夹具
~ for taping coil 线圈包带机

~ with several arm wippers 多弧刷旋转选择器
absorption ~ 吸收器
admeasuring ~ 测量仪，度量仪，测像仪
Aerencheon ~ 安伦金液态式空气呼吸器
aerophotographic ~ 航空摄影仪器
alarm ~ 报警器
alignment ~ 对准装置，校正装置
Andreasen pipette ~ 安德烈森沉降管装置
approved ~ 合格〔安全，防爆〕设备
arc-suppressing ~ 灭弧装置
arsenic ~ 试砷装备，试砷仪器
audio frequency ~ 音频设备
auto clipping ~ 自动清丝装置，自动轧糙器
auto-distress signal ~ 自动报警〔呼救〕信号接收机
auto enlarging ~ 自动放大器〔机〕
auto graphic ~ 自动图示记录器
auto track ~ 自动跟踪仪器
batching ~ 卷取装置，配料装置
block ~ （电话的）区截机，闭塞机
block bending ~ 弯版机
blue print ~ 晒图机，晒图设备
boring ~ 镗孔刀具
bouncing pin ~ 跳针指示仪
buoyant ~ 救生器，救生器材
Burrel-Orsat ~ 白瑞 - 奥塞特（式）气体分析器
calibrating ~ 校准装置，检定装置
can doffing ~ 换条筒装置
capillary electrophoresis ~ 毛细管电泳仪
centering ~ 定圆心器
charging ~ 装料设备
chirurgicum ~ 外科器械
chlorine dezincing ~ 氯气除锌设备（炼铅）
chromatographic ~ 色谱仪器
clamp ~ 夹具，卡具
coil assembling ~ 下线装置，嵌线机
coil inserting ~ 下线设备，嵌线机
color facsimile ~ 彩色传真机
combustion flue gas ~ 燃烧排气测定器
communication ~ 通信设备
compliance test ~ （肺）弹性测定器
composite ~ 组合电器
contour tracing ~ 仿形装置
control ~ 调节器，调整器，控制装置，控制电器
coordinate measuring ~ 坐标测量仪
copying ~ ①仿形装置，靠模装置②复制机
counting ~ 计数管
diazo printing ~ 重氮晒图装置，重氮复印机
dispensing ~ 剂量器
distance ~ 远距离测量仪器，遥测仪
distributing ~ 配电电器
dividing ~ 分度装置
document facsimile ~ 文件传真机，真迹传真机
draft ~ 通风设备
drawing ~ 绘图仪器〔设备〕
drenching ~ 灌水机
drip melting ~ 滴熔设备，吊熔设备（在真空中将料锭吊在高频感应圈中的熔炼设备）
dust exhaust ~ ①吸尘装置②（磨床的）气泵
dynamic thermomechanical analysis ~ 动态热机械分析仪
electric acupuncture ~ 电针仪
electric（al） ~ 电气设备〔装置〕，电机，电器
electrophonic ~ 电声器械
electrophoretic ~ 电泳装置
elutriating ~ 分粒装置，淘析器
emanation thermal analysis ~ 放射热分析仪
enlarge measurement ~ 扩大量限装置
Epstein ~ 安普斯坦装置
evolved-gas detection ~ 逸出气检测仪
explosion ~ “弹”（用于可燃混合物试验的爆炸装置）
explosion-proof electric ~ 防爆电器
extension ~ 牵伸器
extraction ~ 萃取器
facsimile ~ 传真机
fiber optics code ~ 光纤编码器
field ~ 现场〔外出〕设备
fire ~ 灭火器
flame test ~ 火焰瓦斯检验器
flash point ~ 闪（燃）点测定仪
flashing ~ 闪蒸设备
gamma ray detection ~ γ 射线探伤机
gate ~ ①导向器，换向器②叶片式调节阀门
gravity ~ 重力仪器，重力式装置
grinding ~ 磨具
group 4 facsimile ~ 四类传真机
grouting ~ 水泥枪
guide ~ ①换向器，导向器②导轨
guide-vane ~ ①导向器②叶片式调节阀门
Haldane's ~ 哈尔丹空气分析器
Hare's ~ 黑尔仪器（测液体比密度）
heating ~ 加热器，取暖器
heating cure determination ~ 升温曲线测定仪

Hele-Shaw ~ 研究黏性流体运动的仪器
high-voltage electrical ~ 高压电器
holding ~ 压紧装置，防护装置，断绳防坠器
incandescent light ~ 电热治疗器
ion implantation ~ 离子注入机
isotacho-electrophoresis ~ 等速电泳仪
Landsberger ~ 兰兹伯格（溶液沸点）测定器
lap changing ~ 换卷装置
layer radiography ~ 断层摄影器
leak-testing ~ 密封性检验仪
leviating melting ~ 悬熔设备（料锭靠电磁作用的支承而悬空的高频感应熔炼设备）
Linde's ~ 林德液化器
liquating ~ 熔析设备，熔析锅
local battery ~ 磁石电话机
low-voltage ~ 低压电器
low-voltage electric ~ 低压电器
magnetizing ~ 充磁器
matrixing ~ 矩阵仪器
McCaa ~ 麦凯式自调呼吸器
melt point ~ 熔点测定仪
metal-enclosed ~ 金属封闭型电路
milking ~ 挤奶器〔机〕
mo(u)lding ~ 造型设备
newspaper page facsimile ~ 报纸传真机
OB ~ 实况广〔转〕播设备
operating ~ 操作器械
optical orbital rendezvous ~ 轨道会合用光学装置
Orsat ~ 奥萨特气体分析器
oxygen breathing ~ 隔绝式氧气面具
oxygen point ~ 氧点仪（测温学）
Pajari ~ 帕亚里（钻孔测斜）仪
partially enclosed ~ 半封闭型电器
pathfinding ~ 引导装置
pendulum ~ 摆仪
permeability ~ 透气计，透气率测定仪
photogrammetric ~ 摄影测量仪器
photograph facsimile ~ 照片传真机
phototelegraphic ~ 传真电报机
picture facsimile ~ 图像传真机
plaiting ~ 落布装置，甩布架
plate copying ~ 晒版机
plotting ~ 绘图仪
porosity ~ 气孔测定仪，孔率仪
portable X-ray detection ~ 携带式X射线探伤机
pressure jet ~ 机械喷嘴，压力喷嘴
printed ~ 印制设备
projecting ~ 投影仪
proxylin ~ 生氧防毒器
purifying ~ 净化〔提纯〕设备〔仪器〕，提纯器〔装置〕
quick-motion ~ 降速拍摄装置（用以将慢动作变快，以示花木生长等情况）
recorder ~ 记录器，录音机
registering ~ 计数器，寄存器，自动记录器
resuscitation ~ 复苏器
ring-back ~ 振铃装置
Rockwell ~ 洛氏硬度计
roller casting ~ （墨）辊浇铸机
rolling beam ~ 旋转杆（动态）仪
routine ~ 例行过程测试器
sand-aerating ~ 吹砂装置，松砂机
sanding ~ ①喷砂装置，抛砂机，砂打机具 ②砂箱，砂包
schlieren ~ 纹影仪
scraping ~ 铲刮器械，刮管器
shrinkage ~ （收）缩性试验器
Smialowski ~ 斯米尔洛夫斯基夹杂物检测仪
sole leather abrasion ~ 底革耐磨测定仪
solid plotting ~ 立体测图仪
sound-track engraving ~ 声迹刻纹机
spectrum ~ 分光仪
splicing ~ 接纸装置，拼接装置
steering ~ 转向装置，操舵机械
stereo lithogaphy ~ 光固化成形装置
stretching ~ 拉尺器
stripping ~ 解吸〔分离，洗提〕设备
studio ~ 演奏机器，演播室设备
subsieve size ~ 亚筛粒度分析仪
suction ~ 吸引器
Sutcliffe's sounding ~ 舍特克利夫式（机械）测深仪
tap changing ~ 分接头切换装置，（变压器的）分接开关
target-sighting ~ 目标瞄准器
telerecording ~ 电视屏幕录像机，遥测记录设备
tension ~ 拉紧装置，基线拉尺器，（锯床的）均压器
thermoacoustimetry ~ 热传声仪
thermoelectrometry ~ 热电〔分析〕仪
thermorefractometry ~ 热折射仪
thermosonimetry ~ 热发声仪
thermospectrometry ~ 热光谱仪
tipping ~ 翻车机，倾卸机

transition ~ 换接装置，换接组合开关
turbidimetric ~ 浊度测量仪
ultrasonic tomographic ~ 超声断层摄影诊断仪
underwater acoustic communication ~ 水（下）声通信机
vane-shear ~ 十字板剪刀仪
Vicat ~ 维卡仪
vision electronic recording ~ 视频电子记录装置，电子录像机
weather-chart facsimile ~ 气象传真机
winding ~ （钢丝）打轴机
X-ray ~ X 射线装置，X 光机
X-ray detection ~ X 射线探伤机

apparent ①视在的，表观的，表面上的②近似的③明白的，明显的④肤浅的

apparqtus 器具，设备
medical ~ 医疗器械

appeal ①吸引力，（有）感染（力）②要求③吸引
three-dimensional ~ 立体感

appear ①出现，呈现②好像（是），似乎

appearance ①外貌，外形，形状，外观，状态②出现
~ of weld 焊缝成形
buff-patched ~ 抛光〔磨光〕不均匀
multiple ~ 复现

appendage ①附属部分，附件②备用仪器〔仪表〕
bit count ~ 位计数附件

appendant ①附属物②附加（上）的，附属的
signal ~ 信号附属品

appendent =appendant

appendix ①附录，附言，补遗，附属物②输气管

applauseograph 噪声录音机（判定演出效果用）

applet 用 JAVA 编写的应用程序

appliance ①设备，用〔器，工〕具，器械，仪表，附件②适用，应用
air-conditioning ~ 空调电器
anchoring ~ 锚泊设备
audio ~ 音响电器
casing ~ 装〔下〕套管用具
charging ~ 装载〔进料，装料〕设备
chucking ~ 夹具，卡具
complete ~ 整机，整个装置
domestic ~ 家用电器
electric ~ 电器（用具），耗电器具
electric heating shower ~ 家用电热淋浴器
electric household ~ 家用电器
electromechanical ~ 机电式器具
electronic household ~ 家用电器
expansion ~ （膨胀）补偿器
galvanothermal heating ~ 电热取暖器
gripping ~ 夹紧装置
home ~ 家用电器
household ~ 家用电器
household electrical ~ 日用电器
lifting ~ 起重机械
measuring ~ 测量器具〔设备〕
portable ~ 携带式电具〔仪表〕
pumping ~ 排水设备
pure water ~ 净水器
ship propulsion ~ 船舶推进器
warming ~ 取暖器
warping ~ 系缆装置

applicability ①适用性，适用范围②可贴（合）性

applicable ①可适用的，能应用的，适当的②可贴（合）的

applicant 申请人，请求者，报名〔应征〕者
point-to-point ~ 点对点应用
rich internet ~ 富网络应用系统

application ①用途，应用，适用②点样，施加，操作（包括贴、涂、浇、洒、撒、镀、敷等）③请求，申请（书）④贴合⑤应用程序，应用系统，应用软件
band ~ 带状点样
cryogenic ~ 低温应用（通常低于 −100℃）
hot ~ 热泼，热敷
inquiry ~ （计算机的）咨询应用
laser adjoint ~ 激光组合应用
mail-enable ~ 具有邮件功能的应用程序
mission-critical ~ 关键应用
off-line ~ 脱机应用
oil ~ 泼油
part-time ~ 短时使用，部分时间使用
patent ~ 专利申请
sample ~ 点样
service ~ 使用〔装机〕申请书
slave ~ 从属应用（计算机算题时，使用了从属计算机）
slow ~ 慢制动
stand-by ~ 备份应用（具有备份计算机的计算机应用）
stress ~ 加力，加负荷
surface ~ 敷面
vertical ~ 纵向应用程序（专门为市场或行业开发的程序）

weight ~ 施加重力
wet ~ 湿式摩擦
applicator ①敷贴〔料〕器，洒施器，撒药机，挤泥器（往砖缝里挤泥），施肥机②高频发热电极（电热或电疗用）
adhesive ~ 涂胶机，上胶机
chemical ~ 化肥洒施机，化学农药洒施机
coating ~ 涂布机，涂布器
cue patch ~ 指令跳光带黏合器
dribble ~ 滴洒机（指洒液肥或农药）
fog ~ 烟雾发生器
glue ~ 上胶机（器）
GM ~ 梯度混合涂板器
liquid ~ 液肥洒施机，液药洒施机
piston-type ~ 活塞式挤泥器
row ~ 行间追肥机，行间撒药机
sample ~ 点样器
spring-tine ~ 弹齿施肥〔撒药〕开沟器
surface ~ 表土施肥机
suspension ~ 悬浊液体肥料〔农药〕洒施机
water ~ 灌溉装置
applied ①应用的，实用的②外加的，施加的
g-with ~ 有过载
applier 灌肠器，填充器
casing ~ （灌肠机上的）套肠衣装置，灌肠嘴
compound ~ （罐底盖）注胶机
applique ①附饰物，贴花织物②消色差透镜组③（为装饰的目的）缝上，镶上
apply ①应用，适用②施加，敷，涂，撒③作用（力，载荷）④申请
appoint ①指定，约定②任命③装备
appointment ①指〔约〕定②任用〔命〕③职位④（pl.）设备，车身内部装饰
apposite 适当的，合适的，附着的，并生的
appraisal 评价，估价，鉴定
appraisement 评价，估价，鉴定
appreciable ①看得出的，感觉到的②明显的，可观的③可估价的
appreciate ①（正确）评价，估价，鉴定②理解③重〔珍〕视④欣赏⑤增值
appreciation ①（正确）评价，估价〔计〕，鉴定②理解，判断，欣赏③增值
approach ①接〔渐，趋〕近，行近，逼近②近似法，近似值③途径，方法④引路〔桥〕，进场，临场，入门，入口⑤切入量⑥探讨，研究，处理
ad hoc ~ 〈拉〉特定设计法，局限性设计
all-or-nothing ~ “有”或“无”研究方法
analog(ue) ~ 模拟法（求解）
conformal mapping ~ 保角映射单元法
contingency ~ 随机制宜（权变法，应变法）
continuous disk ~ 衔接圆盘方式（磁泡存储器用）
decision-making ~ 决策方法
decision-theoretic ~ 判别推理方法，决策理论方法
deductive ~ 演绎法
die ~ 拉拔模入口
heuristic ~ 探试法
hierarchical level ~ 分级结构法
instrument ~ 盲目降落临场，仪表临场
lead pursuit ~ 沿追踪曲线接近
macro ~ 总体法
mapped element ~ 映射单元法
mathematical ~ 数学近似
morphological ~ 形态学的方法
polycell ~ 多单元法，多元近似法
project ~ 设计程序
random ~ 随机法
road ~ 桥梁引路
standard beam ~ 标准波束引导进场装置
stochastic ~ 随机（逼近）法
system ~ 系统分析法
top-down ~ 自上而下的方法
total energy ~ 能量综合利用（法）
undirectional ~ 不定向逼近法，双向逼近法
Approach 逼近（在进行数控加工过程中，UG软件创建的运动形式）
approbation ①许可，批准②感到满意
appropriate 适当的，合理的，相当的
approval 赞成，同意，认可，批准
type ~ 产品定型
approve ①赞成②批准，审定，通过③证明
approved ①已验收的，批准的②良好的，有效的
approver （协议）验证程序
approximability 可逼近性
approximant 近似值〔式，结果〕
approximate ①接近，逼近，近似表示，近似等于②近似的，大约的
approximation 近似，近似法〔值，化〕，逼近
best ~ 最佳逼近
block circulant ~ 分组循环近似法
consistent ~ 相容逼近
continued-fraction ~ 连分数近似，连分式逼近
digital ~ 数值逼近〔近似〕，近似值
discontinuous ~ 不连续函数的近似解

discrete ~ 离散逼近
engineering ~ 工程近似（法）
exact ~ 正合逼近，恰当逼近
finite-difference ~ （有限）差分逼近
first ~ 一次近似值，初步近似
formal ~ 形式逼近，形式近似
functional ~ 泛函逼近
gradual ~ 逐次近似法
infinite-range ~ 无穷范围逼近
least square ~ 最小二乘逼近
minimax ~ 极大极小逼近
nearest neighbour ~ 最近邻近似法
Newton's ~ 牛顿近似法
numerical ~ 数值近似，近似数值
one body ~ 单体近似（法）
optimal ~ 最佳逼近
piecewise ~ 分段近似，分段逼近
point ~ 单点近似法
quadratic ~ 二次近似
second ~ 第二近似值，二次近似
simplicial ~ 单纯逼近，单纯近似
spline ~ 仿样〔样条〕逼近
spline fit ~ 仿样〔样条〕逼近，试配逼近法
Tredgold's ~ 背锥近似法
uniform ~ 一致近似法
weighted ~ 加权近似（值）
WKB ~ 温克布三氏近似法

appulse ①表观接近②冲撞，冲着

appurtenance （常用 pl.）附（属部）件，附属品，辅助工具〔机组〕，附属设备〔建筑，装置〕

appurtenant ①附属物②附〔从〕属的，贴切的，恰当的

a priori ①〈拉〉，先验的，不根据经验的②演绎（的），从原因〔假定〕推出结果（的）

A-process A 法，自硬砂法

apron ①（围）裙，（防护）挡板，裙（跳，挡，盖，护，垫，滑）板②保护盖③（车床）溜板箱④（传动带）运输机，输送带⑤防冲铺砌⑥石帷裙，海幔⑦停机坪
cab ~ （司机室的）渡板
canvas ~ 帆布输送带
carriage ~ 车床溜板箱
check ~ 挡帘，挡板
conveyer ~ 输送带，传送带
deflector ~ 导向挡板
endless ~ 循环输送带
feed ~ ①进料板，送料器，输送带②裙板进料机
fender ~ 保护板，挡泥板
hinged ~ 平板〔翻板〕运输机
movable ~ 移动式输送带，活动输送带
mud ~ 挡泥板
protective （放射线）防护围裙
radiator shell ~ 散热器壳挡板
roller（guide） ~ 导辊装置，辊式导卫装置，夹辊区（连铸）
slatted ~ 板条式输送器
solid ~ （轧机工作机座周围和车间地面上的）强固〔重型〕铺板
splash ~ 挡溅板，挡泥板
tool ~ 刀座
windshield ~ 玻璃风挡

apse 半圆（形）室，拱点

apsidal 半圆室的，拱点的

apsis =apse

apstron 远星点

apt ①适〔恰〕当的，贴切的，合式的②有…倾向的，易于…的③可能

aptitude ①（自然）倾向，趋向，适应性②性能，能力
~ to rolling 可轧性
migratory ~ 移动（倾向）性

APTTYPER 自动编程装置（商品名）

apyrexia 无热（期），热歇期

apyrite 红电气石

apyrous ①耐〔抗〕火性②耐火的，防火的

aqua 〈拉〉水，液体，溶液
~ communis 〈拉〉普通水
~ fortis 〈拉〉（浓）硝酸
~ frigida 〈拉〉冷水
~ marina 〈拉〉海水
~ regia 〈拉〉王水

aquadag ①炭末润滑剂②胶体石墨，石墨滑水〔悬胶〕③导电敷层

aquadraw 充水拉延

aquafer 蓄水层，含水层

aquage 水路

aquagel 水凝胶

aquagraph 导电敷层

aqualung 水肺，水中呼吸器（潜水员背的氧气瓶及戴的面罩），轻型的水下勘探装置

aquamarine 海蓝宝石，蓝晶

aquametry 滴定测水法

aquaphone 漏水探知器

aquaplaning 浮滑现象，漂浮现象，水（面打）滑现象，在水面滑动（车轮）

aqua-regia 王水
aquarium ①混频室，混合室②水族馆
aquaseal ①（电缆绝缘涂敷用）密封剂，水封②密封的
aquasol 磺化蓖麻油
aquastat 水温自动调节器
aquatint 凹版腐蚀制版法，腐蚀制版术
aquation 水化〔合〕作用
aquatone 照相平版，胶印版
aqueduct （沟，高架）渠，（输）水道，（导）水管
aqueous ①（含）水的②水成〔化，样，多〕的
aquifer 蓄〔含〕水层，含水地带
aquiline 弯曲的，钩状的，（似）鹰的
aquogel 水凝胶
aquolysis 水解（作用）
aquometer 蒸汽吸水机
araeometer （液体）密度计，比浮计
aragotite 黄沥青
Araldite 阿拉代胶（用于黏合、封灌电气元件方面的环氧树脂），合成树脂黏结剂
arbiter ①仲裁人②判优器，判优电路
bus ~ 总线判优器
centralized ~ 集中判优器
decentralized ~ 分散判优器
microprocessor ~ 微处理器判优器
arbitrarily 武断地，反复无常地
arbitrary ①任意的，任选的，随机的，不定的②独立的，自主的③适宜的④武断的
arbitration ①仲裁，公断〔判〕，调解〔停〕，解决②判优（法）
~ of conflicting transmission 争用传输判优（法）
daisy chain bus ~ 菊花链总线判优（法）
labo（u）r ~ 劳工争议仲裁
arbitron 电视节目观看状况报告设备
arbor ①主〔心，柄〕轴②（组合式轧辊的）辊轴③加强筋，泥芯骨④刀杆，杆⑤边框⑥螺（钉）孔刮（平）面⑦顶头
barrel ~ 卷筒轴
bit ~ 钻套
carriage ~ 铣刀架
core ~ （大砂芯用）芯骨架
cutter ~ 刀杆，刀轴，刀具心轴，铣刀杆
expanding ~ ①（扩锅炉管用）胀杆，扩管器②胀开心轴
fraise ~ 铣刀心轴，铣刀杆
full back ~ 强力刀柄
hob ~ 滚刀心轴，滚刀刀杆
knife ~ 圆盘刀片的心轴，圆盘剪的刀杆
main ~ 主轴
milling ~ 铣刀轴〔杆〕
saw ~ 花键铣刀刀杆，槽铣刀刀杆，铣槽刀轴，圆锯柄轴
screw ~ 螺杆
set hands ~ 走时心轴
shaving ~ 剃齿心轴
shell end mill ~ 套式立铣刀刀柄
arboring 装在心轴上加工
arborless 无中心孔（的）
arc ①弧（线，形，度，拱），圆弧，扇形物②弓形（滑接器，板，物）③做弧线运动④电弧，击穿
~ of approach 渐近弧
~ of motion ①平衡弧（钟表机构）②回转圆弧
~ of oscillation ①振动弧②摆动幅度
~ of recess 渐远弧
argon ~ 氩弧
bearing ~ 象限弧，测角弧（海洋测角仪器）
break（ing）~ 掉闸电弧，切断电弧
brush ~ 刷弧，电刷弧度
buried ~ 潜弧
contact ~ ①（轧件同轧辊的）接触弧②接触弧片
crackling ~ 响弧
Duddell ~ 杜德耳电弧（直流电弧）
elevating ~ （升降机构的）扇形齿轮
eranquil ~ 平稳电弧
flaming ~ 发光电弧
flash ~ 火花弧，闪光电弧
flex ~ 高频电流稳弧焊变压器，叠加高频电流的电弧焊变压器
forceful ~ （原子氢焊的）响弧，强电弧
graduated ~ 分度弧
grip hold ~ 夹弧，（闸带的）包围弧
ground ~ 接地电弧
hard ~ 强电弧
helium ~ 氦气电弧
hissing ~ 响弧，啸声电弧，（石墨弧光灯的）嘶声弧光
humming ~ 哼弧
hyper ~ 超弧
immersed ~ 埋弧
inferior ~ 劣弧
interruption ~ 断弧

long ~ 高振〔大振，大摆〕幅
luminous ~ 发光弧
magnetic ~ 磁吹
major ~ 主〔大，优〕弧
mercury ~ 汞弧
minor ~ 副〔小，劣〕弧
mirror ~ 反射镜弧光灯
open-circuit ~ 开路电弧
pilot ~ 导引电弧，维（持电）弧
pitch ~ ①弧线②（齿的）相同齿距弧
plasma transferred ~ 等离子弧焊（粉末等离子弧喷焊）
polar ~ （磁）极弧（度）
pole ~ 极弧
Poulsen ~ 浦耳生电弧
power ~ 电弧
quiet ~ 静弧
regular ~ 正则弧
scale ~ 标度弧
self stabilizing ~ 自生调节电弧
shielded ~ 屏蔽电弧，覆罩电弧
short ~ ①短弧②低振幅，小摆幅
silent ~ 无声电弧，静弧
singing ~ 声弧，歌弧
slewing ~ 转向扇形齿板
sonar search ~ 声呐搜索扇面
speaking ~ 发音弧
spray ~ 喷射电弧
stadia ~ 视距弧
starting ~ 引弧，引发〔起动〕电弧
strike ~ 打火
sunken ~ 潜弧
superior ~ 优弧
sustained ~ 持续弧
switching ~ 开关电弧，切换电弧
traversing ~ 方向齿弧
tungsten ~ 钨电极弧（高强度）
turbulent ~ 漂移电弧
visible ~ 明弧
voltaic ~ （伏打）电弧

arc-arrester 熄弧器，放电器
arcatron 冷阴极管（控制功率用）
arc-back （整流器的）逆弧
arc-damping 熄弧的
arc-furnace 电弧炉
electrode-hearth ~ 底极电弧炉
arch ①拱，弓架结构，弓形，半圆形，拱廓，拱门，拱形架②穹窿，圆顶③背斜，穹起④中耕机⑤电炉盖⑥主要的，最重要的
caterpillar logging ~ ①超长货物用的履带式拱钩②履带式拱形车
combustion ~ 后拱，燃烧拱
cycloidal ~ （扁）圆滚线拱
flat ~ 平拱，平式炉顶
Gothic ~ （尖）拱形〔双弧线〕（沟道）
hance ~ 平圆拱，三心拱
hanging ~ 吊拱，（炉顶）悬拱，悬顶
haunched ~ 加腋拱
hyster ~ （超长货物用的）履带式拱钩
inverted ~ 倒拱，仰拱
jet ~ 喷雾器拱形喷杆
logging ~ 跨拱式运木车
masonry ~ 砖砌炉顶
port ~ （平炉）喷出口拱顶
pot ~ 加温炉
Queen Anne ~ 半圆拱与双平拱的组合拱，威尼斯拱
relieving ~ 辅助〔载重〕拱
Roman ~ 半圆拱
spraying ~ （喷雾器的）拱形喷杆
sprung ~ 正〔弓形〕拱，拱式炉顶，起拱点
trimmer ~ 炉前拱
tuyere ~ 风口拱墙
wheel ~ 轮罩拱
yielding ~ 让压性拱形支架，缓冲式拱架

arched 拱形的，半圆形，弓形（结构）的
archie ①高射炮②信息查询
archine 阿尔申（俄尺，1 俄尺 = 71.12 cm）
architect 建筑师，设计师
naval ~ 造船技师
architectonic(al) ①地质构造（的）②成体系（的）③建筑（学，师）的
architectural 建筑（学，上）的
architecturally-definite 总体定义的
architecture ①建筑（学，物，式样，风格）②构造，（体系）结构，组织，设计
ALU ~ 运算器结构
bus-mastering ~ 总线主占结构
CD-ROM extended ~ 扩充结构的 CD-ROM
client/server ~ 客户机 / 服务器结构
computer ~ 计算机体系〔功能〕结构
database ~ 数据库体系结构
digital network ~ 数字网络体系
I ~ 输入设备结构
micro-channel ~ 微通道结构
MIMD ~ 多指令多数据结构

modular ~ 模块〔积木〕结构
multiple bus ~ 多总线体系
naval ~ 造船学
network ~ 网络体系结构
O ~ 输出设备结构
pitch ~ 弧线，（齿的）相同节距弧
ROM-oriented ~ 面向 ROM 的结构
SIMD ~ 单指令多数据体系
static ~ 不变的体系结构
supercomputer ~ 巨型计算机体系结构
system ~ （计算机的）体系结构
virtual tree ~ 虚树结构

architrave 框缘，线脚

archival 档案中的，关于档案的

archive 归档，编档保存

archives ①档案室，案卷，文件②（计算机的）档案库存储器
film ~ 影片资料库，影片库
magnetic tape ~ 磁带库
sound ~ 音响资料库

archiving 档案，归档

archway 拱门，牌楼

archy 拱形的，曲线形的

arciform 拱形的，成弓形的

arcing 飞弧，形成电〔逆〕弧，发弧光，严重打火，跳火，击穿
rf ~ 射频击穿

arclamp 弧光（灯）

arcograph 圆弧规

arcola 小锅炉

Arcolite 酚醛树脂（商品名）

arconograph 电弧稳定性测定仪

arcoscillator 电弧振荡器

arcotron 显光管

arc-over ①闪络，飞弧，电弧放电，击穿，跳火②火箭动力上升后的改变方向
insulator ~ 绝缘子放电〔闪络〕

arc-proof 耐（电）弧的

arc-resistant 耐电弧（的）

arcsine 反正弦

arcticization 低温准备

arc-tight 耐弧的

arcwaller 弧形掏槽截煤机

arc-weld 电弧焊，电弧熔接

Ardal 阿达铝合金（*w*（Cu）2%，*w*（Fe）1.5%，*w*（Ni）0.6%，其余 Al）

ardometer 光测〔辐射〕高温计

ardorit 绝缘材料

are 公亩（=100 m^2）

area ①面积②地区，区域，领域，范围，场地
~ in storage 存储区
~ of base 基底面积
~ of beam （电子）束截面，（电子）注截面
~ of contour 投影面积
~ of cup 压痕面积（试验硬度用）
~ of indentation 压痕面积（试验硬度用）
~ of passage 通路面积，有效截面（如阀门）
active ~ ①有效〔工作，有源〕面积②放射性区域，活性区③现役区
active data ~ 现役数据区
active furnace ~ 炉膛有效面积
actual chart ~ （雷达图像的）实际地形图
actual gap ~ （电机的）磁极下气隙计算面积，实际气隙面积
admittance ~ 流导面积，通导截面
alignment ~ 对准区，排列区
antenna capture ~ 天线收集面，天线有效面积
apparent ~ 标称面积
apparent gap ~ 空隙表面面积
bad bearing ~ 无线电空位中的错误方位区
beam ~ 射束横截面〔区〕
bearing （surface） ~ 支承面积，承压面积
BET surface ~ BET 法测比表面积
blackout ~ 盲区
blanket ~ ①敷层面积②难听区域（靠近强电台，妨碍其他电台接收的区域）
blind ~ 死〔盲，无信号，不灵敏〕区
bore ~ 管道面积
bosh ~ （高炉）炉腹区
bucket ~ 相（位）稳定区
buildup ~ 增厚区
capture ~ 吸收面
carrier serving ~ 载波服务区
carrying ~ 承压面积，支承面，升力面
catchment ~ 流域面积，集水区域，汇〔受〕水面积
caution ~ 警戒（空中）区
cell ~ ①单元面积，面积元②像素
charge make-up ~ 备料场
charging ~ ①装料台〔场〕，装燃料区②反应堆活性区
chill ~ 激冷面积
chip ~ ①排屑槽，切屑通道②基片面积
choke ~ 节流口面积（浇注系统）
chromatographic peak ~ 色谱峰面积
class A signal ~ A 类信号区，强电视信号区

clear ~ ①有效截面（积），（符号识别）空白区，无字区②消除〔零〕区
close-range fading ~ 邻近衰落区
coding ~ 编码区
control ~ ①（空中或海上）禁区②泄洪区，分洪区
core resident ~ 磁心存储器常驻区
data ~ 数据区，数据范围
dead ~ 遮蔽面积，死滞区，死角
detector ~ 探测器灵敏面积
discharge ~ 出口（截）面积
disengagement ~ 蒸发面积，蒸发镜面面积
distribution ~ 配线区
effective ~ 有效面积（空气弹簧）
effective confusion ~ 有效迷惑〔干扰〕面积
effective sampling ~ ①有效取样面积②扫描孔的有效面积（扩展散射角）
elemental ~ ①元面积②像素面积③图像单元
elementary ~ 微分面积，（电视）像点面积，像素面积，图像单元
emitting ~ ①发射面积〔区域，面〕②辐射表面面积
enclosed ~ 有界区域，有限区域
ensonified ~ 水声仪器监听海区
exchange ~ 通话区，电话交换区
excited ~ 激发面积
exclusion ~ 禁止区（域）
exit ~ 喷管出口截面
extended ~ 展开面积
fade ~ 衰落区，（电波）盲区，雷达盲区
filling-up ~ 加油点，加水点
fixed-product ~ （存储器中的）固定乘积区
floor ~ （设备的）占地面积
focal ~ 聚焦面积，聚焦区，焦点区，焦点范围
frame ~ 帧面积
free ~ 有效截面
fringe ~ 电视接收边缘区，线条区，散乱边纹区，干扰区域
front face ~ 正面面积，迎风面积
frontal ~ ①正面，前面②最大截面
fuel-burning ~ 炉排工作面积，燃烧层面积
furnace plan ~ 炉膛横截面积
get ~ 占用区
grain-boundary ~ 晶界区
grate ~ 烧结〔炉箅〕面积
ground ~ 支承面
ground clutter ~ 地面反射区，地面杂乱回波区
hot ~ ①受热面，加热段，加热区②高度放射性区域
image ~ 图像面积
input ~ 输入（存储）区
instruction ~ 指令（存储）区
jet ~ 喷嘴出口截面，射流截面
keep-out ~ 禁用区
label ~ （唱片）片心区，标签区
lasing ~ 激光面
leaving ~ 排汽面积
legal service ~ 广播区域
lifting ~ 升〔受〕力面积
link pack ~ 连接装配（存储）区
loading ~ 负荷区，码头装卸区
location ~ （通信）定位区
masking ~ 光刻区
menu ~ 菜单区，选单区
moment ~ 挠矩面积
multi-office ~ 多局制电话区
mush ~ 不良接收区，干扰区
net sectional ~ 有效截面面积
non-exposed ~ 航摄死角
nonpageable ~ 不可分页区
nozzle throat ~ 喷嘴横截面
nuisance ~ （无线电接收）干扰区域
octagon ingot ~ 八角形钢锭浇注台
one-pip ~ （荧光屏上的）单脉冲区
open ~ 有效筛孔面积
open grate ~ 活动炉箅面积，炉排的有效面积
operating ~ 有效面积，工作面积
operations ~ 工作〔操作〕台
orifice ~ 节流孔口面积
output ~ 输出（存储）区
overflow file ~ 备存文件区
passage ~ 通路面积
patch ~ （存储器中的）插入区
peak-white ~ （目标或电视图像内）最白面积
phase-contact ~ 相界面
photosensitive ~ 光敏面
picture ~ 图像面积，帧面积
playing ~ 演播区域
prefix ~ 前置区
primary service ~ 主播送区
process ~ 工艺台
projected ~ 投影面积，印痕面积
propeller disk ~ 螺旋桨旋转面积
quench ~ 挤流面积，挤气面积（活塞达到上止点时，与气缸盖间的狭窄空隙）

reference ~ ①基准〔起始，参考〕面②计算〔比较〕面积
releasing ~ （透平）排气管截面积
relieved ~ 缓和区
relieving ~ 排放面积
reserved ~ （磁盘的）保留区
restriction ~ 节流面积
routing ~ （通信）路由区域
save ~ 保存区
scanned ~ 扫描场，扫描范围
scavenging port ~ 气阀开度
seed ~ （反应堆）点火区
service ~ 服务区域，有效作用区，广播〔播送〕区，可收听区域，供电区
shaded ~ 阴影面积〔区域，地区〕
shadow ~ ①静区②投影面积
shielded ~ 阴影面积
skip ~ 死区，空区，跳越区域
solid ~ 普染面积，实底面积
speed-change ~ （道路）加宽的超车区
spill ~ 溢出区
squish ~ 挤气面积
steel ~ 钢筋截面积
storage ~ 存储区（存储器的一部分，大于存储块）
supporting ~ 支承面积
swept ~ ①扫及区，射及区②摆动面
target ~ 目标区域，靶面积
temporary ~ 数据暂时存储区
terminal ~ 焊〔连接〕盘，接点
throat ~ （喷管）临界截面积，喉面积
throat opening ~ （喷管）喉部面积
tracking ~ （通信）跟踪区
transfer ~ 接触面
transformed ~ 换算面积
transient ~ 暂驻存储区，转存区
transmitting ~ 发射机作用区域
trim ~ 加工余量区
unfinished ~ 黑皮
used ~ 占用区
user ~ （磁盘上的）用户区
vector ~ （矢）性面积
weld metal ~ 焊缝区
wind ~ 风压面积
working ~ ①暂（时）存储区，中间结果存储区②工作区

areal 面积的，表面的，区〔地〕域的

arealometer 纤维细度气流测定仪

areflexia 无反射，反射消失

A-register 运算寄存器

areometer （液体）密度计，比浮计，浮秤

areometry 液体密度测定法

areopycnometer 稠液〔液体〕密度计

argent ①银②银（色，似，制）的
tiers ~ 铝银饰用合金（w(Al)66.7%，w(Ag)33.3%）

argentalium 银铅

argentic （高价）银的

argentiferous 含〔产〕银的

argentimetry 银液滴定（法）

argentine ①银器，包银之物，银色金属②珠光石③银色的，银制的

argentometer ①测银比重计，银盐定量计②电量计

argentum 银（Ag）

argil 陶〔白〕土，矾〔酒〕石

argillaceous 泥质的，含陶土的，含黏土的

argon 氩（Ar）
welding-grade ~ 焊接级〔用〕氩

argostron 频闪观测放电管

argosy 大商船

argument ①幅角，幅度，位相②宗数，宗量③自变数，自变量④辩论，理论，论证⑤概要，主题
actual ~ 实在变元
armfan-in ~ 扇入变元
calling ~ 调用变元
complex ~ ①复自变量〔数〕②复宗量数
dummy ~ 哑〔虚拟〕变元，伪自变数
empty ~ 空变元
fan-out ~ 扇出变元
input ~ 输入变元
phasor ~ 相量的幅角
real ~ 实（变）元
table ~ 表列自变量
zero ~ 零变数

argumentation 论证（逻辑学），议〔辩〕论

aridextor （产生）侧〔横〕向力（的）操纵机构

aridity 干燥（度）

Ariron 耐酸（高硅）铸铁

ariscope 移像光电摄像管

arithmetic ①算术（的）②运算（的）③运算（器）
binary ~ 二进制运算〔算术〕
decimal ~ 十进制运算〔算术〕
double-length ~ 双字长运算，双倍位运算

double-precision ~ 双（倍）精确度运算，双字长运算
exponent ~ 阶运算
external ~ 外部〔机外〕运算
fast parallel ~ 快速平行运算（器）
fast-carry lookahead ~ 快速超前进位算术运算
fixed-point ~ 定点运算
floating-decimal ~ 浮点（十进）计算法
floating-point ~ 浮点运算
internal ~ 内部〔机内，运算器〕运算
interval ~ 区间（算术）运算
interword ~ 字间运算
mixed mode ~ 混合运算
modulo-n ~ 模 n 运算
multilength ~ 多倍长度运算
multiple ~ 多重运算，多次运算，复式运算
recursive ~ 递归算术
signed magnitude ~ 绝对值运算，加减法运算
single length ~ 单倍长运算
word ~ 字运算

arithmetical =arithmetic
binary floating point ~ 二进制浮点运算

arithmograph 运算图

arithmometer 四则计算机〔运算机〕，计数器

arm ①手臂，摇臂（钻床），柄，摇杆（阀门），辐②支〔托〕架，线担，桨叶，扶〔靠〕手③指针④支路〔架〕，分路⑤港〔海〕湾⑥武器，兵种
~ of couple 力偶臂
access ~ 磁头〔访问，存取〕臂
actuating ~ （杠杆）力臂，操作杆
agitator ~ 搅拌机杆，搅动机叶轮
aligning ~ （集装箱的）吊具框架
ally ~ ①架，支架，托架②支臂，悬臂
alternate ~ 相邻臂
anchor ~ 锚臂，锚杆
arrangement wiper ~ ①弧制臂②接帚臂
auxiliary ~ 辅助臂
axle ~ 驱动桥定位臂
balance ~ 秤杆，天平臂，平衡臂，均衡梁
beat-up ~ 筘座脚
bogie ~ 地轮臂，转向架臂
box-like ~ 盒形支臂（电机）
bracket ~ 托架臂，单臂线担，托柄扁担
breaker ~ 断电臂，断路器可动杆
bridge ~ 电桥臂
brush ~ （电）刷臂
bucket ~ （挖掘机的）斗柄
burner ~ 燃烧室支架
by-pass ~ 旁通（阀桥）臂，旁路臂
cantilever ~ 悬〔伸出，挑出〕臂，悬臂距
clutch ~ 离合器杆，离合器弯爪
column ~ （风钻的）钻架杆臂
control ~ 驾驶杆，操纵杆
converter ~ 交流臂，换流器桥臂
counter ~ 计数器指针〔指标〕
coupler guard ~ 自动车钩，自动连接曲柄
crane ~ 起重臂
crank ~ ①曲柄（臂），连杆②起动手柄
cross ~ 横臂〔担，撑〕，线担
crosshead ~ 十字头臂，炮的托架座
curved ~ 弯（曲）辐
dancer ~ 磁带拉力自动调整装置
decanting ~ 泄水管
disk ~ 磁盘移动臂，磁盘取数臂
dither ~ （高频）颤动臂
draw ~ 漏模架，起模架
drop ~ 转向（垂）臂
electrode ~ ①电极握臂②焊条夹③电极
engine ~ 发动机起动摇把
epicyclic ~ 周转臂
facing ~ 横旋转刀架
feed ~ ①馈电臂，波导②喂入杆
flyball ~ （离心调节器）承重球杆
flywheel ~ 飞轮轮辐
forepoling ~ 托梁
four-wire ~ 四线横担
free-wheeling ~ 续流臂
front-suspension ~ （汽车）前悬架连杆
gallows ~ 聚光灯吊架
gib ~ 起重机臂
hold-off ~ 定位器
index ~ ①指标，指臂②象限仪的照准部
inflexible spider ~ （水轮发电机）刚性支臂
jack ~ 起重平衡臂
jib ~ 旋〔摇，悬〕臂
kick-in ~ （冷床的）进料拨杆
kick-off ~ （冷床的）出料推杆
kick-out ~ （冷床的）出料推杆
knuckle ~ ①关节杆臂②（汽车）羊角臂，方向臂，转向节臂
lazy ~ 小型传声器支架
lining-up ~ 定心卡规
loader ~ 装料机起重臂
looper ~ 撑套杆，活塞挑撑杆

manipulator ~ ①操作〔控制〕器机械手②翻料挺杆
marine ~ 船用装卸机
marker ~ 划行器杆
mechanical ~ （操作器）机械手
microphone ~ 传声器架
mixing ~ 搅拌轮叶，搅拌臂
moment ~ 力矩臂
motion ~ 操作臂（锻锤），（马）刀形（杠）杆，马刀拐（蒸汽 - 空气锤）
over ~ 横杆
pair of ~ 臂对
pair of antiparallel ~ 反并联臂对
pen ~ 记录笔杆
pendulum ~ 摆杆
pick-up ~ 拾取臂，拾音器臂
pipe ~ 弯管，肘管
pitman ~ ①连杆臂②（汽车的）转向（垂）臂
pivoted ~ 枢杆，转臂（如钻床）
planimetric ~ 求积仪描迹臂
plumbing ~ 垂臂
plunger ~ 调节臂
pole ~ 横担，线担
principal ~ 主臂
propulsion ~ 顶推杆
quadrant ~ 象限仪水准器臂
radial ~ 旋臂，摇臂
ram ~ （悬挂装置的）液压缸杠杆
ramming ~ 抛砂头横臂
range ~ （仪器上的）距离尺
ratio ~ ①比例臂，比率臂②电桥臂
reactance ~ 电抗臂，电抗支路
rectifier stack ~ 整充堆臂
regenerative ~ 再生臂
registration ~ 定位杆
resonance ~ 谐振（电桥）臂
rheostat(ic) ~ 变阻器的活动臂
righting ~ 回复力臂，稳定力臂
rock ~ 摇臂
sag ~ 风车的翼板
scale ~ 天平杆
semitrailing ~ （驱动桥的）前置斜定位臂
series ~ 串联支路
side ~ ①单面线担，单面横臂②侧臂，前架
skipper ~ 挖土机斗柄
spider ~ 星形臂
spring carrier ~ ①弹簧挂钩②弹簧吊架
steady ~ ①定位器，定位销②钻杆定向器③支持杆
steering ~ 转向臂，转向操纵杆
stripper ~ （打结器的）绕扣拉紧杆
stub ~ 短（截）线，支路，回线
suspension ~ ①吊杆，悬架系统定位臂②弹簧吊架
sweep ~ 导向杆，（大型轧机推床的）车板横臂
swing（ing）~ 摆动杆，活动旋钮（开关滑动臂）
switch ~ 开关臂
symmetrical idler ~ 对称空转臂
table ~ 台臂，工作台支架（如铣床）
tail ~ 斜支柱，角拉条，挺杆，伸梁
tangent ~ 微动臂
tappet ~ （阀门的）挺杆
tie-rod ~ 转向臂，系杆臂
toggle-lever ~ 曲杆臂
tone ~ 唱臂，拾音器臂
topside ~ 车顶侧柱
torque ~ 反力矩杆
trailing ~ （驱动桥）前置定位臂
train ~ 系杆
transfer ~ 机械手，自动操纵器
transposition ~ 交叉臂
travel ~ 方向测量尺
turn-off ~ 关断臂
unloading ~ 卸料〔刀〕臂
upper control ~ （独立悬架的）上摆臂，上置定位臂
valve ~ 阀臂
waffle ~ 张力调整臂，牵引杆，拨杆
washing ~ 吹洗枪
waveguide ~ 波导支路
wheel ~ ①轮辐②（犁）轮弯臂
wind ~ 操纵杆，操纵舵
wishbone ~ （前独立悬架）叉形定位臂

armada ①舰队②（飞机）机群

armament ①军队，武装力量②武装〔器〕，军备〔械〕，（武器）装备③（导弹的）战斗部
aerial ~ 航空军械
main ~ 主炮，主要武器

armamentarium （一套）设备

armarium 医疗设备

armature ①电枢，衔铁，转子，引铁②（电缆的）铠装，装甲③电容器板④附件⑤加强料，钢筋
bar-wound ~ 条绕电枢，杆式绕组电枢
clapper-type ~ 拍板式衔铁

commutator ~ 带换向器的电枢
coreless ~ 无铁心（空心）电枢，空心衔铁
cylinder ~ 鼓形电枢
disc(oidal) ~ ①（圆）盘形电枢②圆盘形}衔铁
double ~ ①双电枢，双衔铁②双铠装的
double winding ~ 双绕组电枢
drum ~ 鼓形电枢
end-on ~ 端头相对衔铁
end-on relay ~ 端对动作式继电器衔铁
exciter ~ 励磁机电枢
flat ~ 扁平衔铁，边衔铁
grooved ~ 有槽电枢
H ~ H形电枢〔衔铁〕
hinge ~ 枢轴衔铁
holding ~ 吸持衔铁，保持衔铁
hole ~ 带通风槽的电枢
intensity ~ 高欧姆电枢
ironless ~ 无（铁）心电枢
isthmus ~ 细颈形衔铁
laminated ~ 叠片电枢
lap wound ~ 叠绕电枢
loop ~ 环形电枢
magnet ~ 衔铁
moving ~ 拾音头传动件
multiple-wound ~ 多绕组电枢，简单并联绕组电枢
multisection ~ 多级电枢
needle ~ 指针枢纽
negative ~ 反极性衔铁
open-coil ~ 开路电枢，开路线圈电枢
pivoted ~ 枢轴衔铁
plunger ~ 活塞衔铁
polarized ~ 极化（继电器）衔铁
pole ~ 凸极电枢
radial ~ 凸极电枢
reverse ~ 反极性磁铁
seated ~ 入位衔铁，已闭合的衔铁
short-circuit(ed) ~ 短路电枢，笼型电枢
shuttle ~ 梭形电枢，H形截面电枢，工字形电枢
side ~ 边衔铁
Siemens ~ H形截面电枢，西门子电枢
smooth(-wound) ~ 光滑无槽电枢
soft iron ~ 低碳钢电枢
solenoid ~ ①螺线管衔铁②螺线管式电枢
starter ~ 起动机转子
surface-wound ~ 平滑电抠，无槽电枢
universal test ~ 交直流电通用试验机
vane ~ 叶片式电抠
armilla （车耳轴的）环
armillary 环（形）的
armlak 电枢用亮漆
armlet 臂，杆
trip ~ （打捆机、割捆机的）定捆杆，（犁安全器的）接合杆，松放杆
vernier ~ 游标臂
mechanical ~ 机械手臂
motion ~ 操作臂（锻锤）
radial ~ 旋臂
rear-suspension ~ （汽车）后悬架臂
selective compliance assembly robot ~ 选择性柔度的装配机械手
sweep ~ 导向杆，中板横臂（大型轧机堆床的）
trailing ~ （汽车悬架）纵臂，拖臂
armo(u)r ①装甲，（电缆的覆盖金属编织层）铠装，甲〔铠〕板②防具，护身具③装甲的，铠装的
bar ~ 线棒保护层〔带〕
plate ~ 装甲板
slot ~ 槽衬，槽内（线圈）主绝缘
steel tape ~ 钢带铠装
stock line ~ 料线保护板
throat ~ 炉喉护板，护喉板，炉喉钢砖
armo(u)rclad ①装甲舰②装甲的，铠装的
armo(u)red 铠装的，装甲的
single-wire ~ 单线铠装的
steel ~ 铠装的，包钢的
armo(u)ring ①套，壳②护板，装甲，铠装
cable ~ 电缆铠装，电缆铠甲
closed ~ 叠盖铠装
double ~ 加双重钢筋，加复筋
flexible ~ 软铠装，柔性铠装
heavy ~ 重铠装
iron-wire ~ 铁丝铠装
rigid ~ 刚性布筋
armo(u)ry ①军械库，兵工厂②整套武器
arms 臂对
arm-stretcher 唱臂伸缩器
arm-tie 斜撑，交叉撑，横臂拉条
Armydata （美国）陆军信息编码系统
arnica 山金车油，山菊油
Aromator 混合巧克力浆的自动机
Arpanet 阿帕网
arrange ①排列，设置，布置，安排②整理，处理，计划，准备，改编③商定〔妥〕，办妥

arrangement ①排列，布置，配置，排列法②设备，装置，安装，装配③方案，改编，整理，排梓④电路，接（线）法
~ in parallel 并列
anchor ~ 锚设备
automatic trouble locating ~ 故障自动定位装置
back-fire ~ 回火装置
baffle ~ 挡板〔折流板〕排列法
beam-forming ~ 成束装置
beam-optics ~ ①束流光学装置②束流运输系统
block-type ~ 组式布置
catch ~ ①移动限制器②锁定装置
circuit ~ 电路布置
coincidence ~ 重合装置
conductor ~ 配线，布线，导线排列
confounded ~ 混同排列
cordwood ~ 积木式排列
cross-compound ~ 双轴布置，双轴结构
cup-and-cone ~ 钟头式装料装置
cut-up ~ 分散布置，分配配置
cycle ~ 热力设备或热电站的热力系统
diagrammatic ~ 原则性布置，图式布置
die ~ 模具，压模装置
double-stopper ~ 双棒浇注装置
duplicate clamping ~ 双联式夹紧装置
electromechanical ~ 电力排列
end(-to-end) ~ 纵向排列，纵向配置
fitting ~ 装配系统图
functional ~ ①函数图，功能图②操作〔逻辑〕线路
general ~ 总体布置（图），总图
gland-leakoff ~ 轴封的抽汽系统
grain ~ 晶体方位，晶粒结构
inline ~ 顺列布置
keying ~ 键控装置
machinery ~ 机械〔发动机〕布置
mooring ~ 系泊设备，系缆设备
packing ~ 存储排列
parallel ~ 并联（装置），并联电路
percussion ~ ①冲击机构②（弹的）击发装置
pin-lift（ing）~ 顶杆装置
pipe ~ 管系，管道布置
porting ~ （气门）进排气口的排列，（二冲程发动机）气口布置
private line ~ 专线连线
push ~ 顶推设备
push-pull ~ 推挽装置，推挽电路
queue ~ 停车站台设备
reactor ~ 反应堆装置，反应堆外形轮廓
reflex circuit ~ 反射线路，来复电路装置
registration ~ 配准系统，重合系统
sandwich ~ 交错重叠布置
screening ~ 屏蔽方式
self-poking ~ 自动搅拌装置
series ~ 串联（装置），串联电路
stagger ~ 错列
steering ~ 操舵装置，转向装置
super bundle ~ 多股分裂导线的排列
suspension ~ 吊架，吊钩，（汽车的）弹簧架吊件
switching ~ 配电〔开关〕装置，电路布置
tandem ~ 串联配置
tapping ~ ①排出孔，放液孔②出铁口
three-high ~ （轧辊的）三辊式配置
tipping ~ 翻转设备
towing ~ 拖曳设备
transfer ~ 输送装置
vernier ~ 微动装置
wiping ~ 挤干装置，擦拭装置
wrap-around ~ （喷嘴）环形配置

arranger 传动装置

array ①列，阵，组，系，族，排列，布置，配置②矩阵，阵列，天线阵，数组，级数，系统
~ of difference 差分格式
~ of source 光源阵列
acoustic transducer ~ 声波换能器组〔阵列〕
address ~ 地址阵列
aerial ~ 多振子天线，天线阵
antenna ~ 阵列天线，天线阵
arithmetic processor ~ 运算处理器阵列
beam ~ 定向天线阵
billboard ~ 横列定向天线阵
binary ~ 二进制阵列〔点阵，数组〕
binomial ~ 双向天线阵
binomial antenna ~ 双正交天线阵
bow ~ 艏基阵
broadside ~ 垂射〔端射〕天线阵列，多列同相天线阵列〔系统〕
broadside dipole ~ 多列同相天线阵列〔系统〕
CCI ~ 电荷耦合图像阵列
cellular ~ 单元阵列
circuit ~ 电路阵列
circular ~ 圆形天线阵
closed ~ 闭合数组，闭阵列，闭型排列

closely spaced ~ 密排天线阵
coincidence ~ 重合电路列，符合阵列
conformal ~ 共形阵
coordinate access ~ 协同存取数组
cophased ~ 同相天线阵
core ~ 磁心阵列，磁心矩阵
cryopanel ~ 低温板抽气装置
cryoplate ~ 低温板组，深冷板抽气装置
cryopumping ~ 低温抽气装置
cube corner ~ 立体角反射器阵列
custom ~ 非标准（集成电路）阵列
data ~ ①数据组②数据阵列
detector ~ 检测器阵列
diode ~ 二极管阵列
dipole ~ 多（偶极）振子天线阵
dislocation ~ 位错阵列
double six ~ 双六单元天线阵
drive ~ 驱动器阵列
dual Darlington ~ 双达林顿阵列
dynamic ~ 动态数组
end-fire (aerial) ~ 端射〔轴向辐射〕天线阵
end-on directional ~ 端射定向〔轴向辐射〕天线阵
foil ~ 箔片束
four-over-four ~ 八〔二排四层〕振子天线阵
gate ~ 门阵列
hydrophone ~ 水听器基阵
IC ~ 集成电路阵列
instruction ~ 指令阵列
light-emitting ~ 发光阵
linear ~ 直线式天线阵，平面天线阵，直线组列
mattress ~ 多列天线阵
microelectronic radar ~ 微电子学雷达相控阵，微电子电路的雷达阵列
modular ~ 微型组件阵列
moored ~ 锚系基阵
MOS ~ 金（属）氧（化物）半导体存储阵列
multielement ~ 多元天线阵
multiplicative ~ 乘积阵
multispot ~ 多元基阵
optical phased ~ 光学相控阵列，光频整相阵列
orthogonal ~ 正交排列阵
packed ~ 合并数组
parasitic ~ 无源天线阵
passive ~ 无源天线阵
phased ~ 相控阵
phosphor dot ~ 荧光点阵，嵌镶荧光屏
photomask ~ 光掩膜阵列
random ~ 无规则排列
rectangular ~ 矩阵列，长方阵列
retrodirective ~ 反向天线阵
Roolean ~ 布尔〔逻辑〕数组
Routh ~ 劳斯阵列
self-scanned ~ 自扫描阵列
slot ~ 隙〔裂〕缝天线阵
slotted antenna ~ 隙〔裂〕缝天线阵
solar cell ~ 太阳（能）电池阵列
space-dipole ~ 双分集偶极天线阵
stacked ~ 多层天线阵
synthetic ~ 合成天线阵
tier ~ 单排〔排列〕天线阵
weighted ~ 加权组合

arrest ①停止，阻止，制动（器，装置）②延迟，延滞③吸引④抓住
teeming ~ 停注冷结，冷折叠，冷结疤（锭面缺陷）

arrested 锁定的，制动的

arrester ①制动器，制止器，限动器，限程器，锁定装置，停机装置②避雷器，放电器，过压熔丝③捕集器
aluminium-cell ~ 铝（管）避雷器
arc ~ 消弧器，火花熄灭器
back-fire ~ 回火制止器
Bendman ~ 本德曼避雷器
car ~ 阻车器
carbon ~ 炭精〔碳质〕避雷器
cathode ~ 阴极放电器
crack ~ 止裂铆
cupola dust ~ 冲天炉灭火集尘器
discharge ~ 放电避雷器
dust ~ 集〔捕，挡，吸〕尘器，吸尘机（用气流吸除粮油仓库中的灰尘）
earth ~ （一端接地的）火花隙避雷器，接地放电器
electronic surge ~ 电子浪涌放电器
expulsion type ~ 吹弧型避雷器
film lightning ~ 膜片避雷器
flame ~ 灭火器，火焰消除装置
gap ~ 火花避雷器，气隙放电器
grit ~ （工业炉的）捕尘器，除尘器
horn-gap ~ 角隙避雷器
lightning ~ 避雷器，避雷装置
magnetic flow lightning ~ 磁吹阀式避雷器
metal oxide surge ~ 金属氧化物避雷器

mist ~ 吸雾器
multipath ~ 多火花隙避雷管
pinpoint ~ 针尖放电避雷器
resist-valve ~ 阀型避雷器
SAW ~ SAW 避雷器，阀电阻避雷器
shock ~ 消振器，振动吸收装置，缓冲器
silicon carbide surge ~ 碳化硅（阀式）避雷器
sound ~ 隔声〔音〕装置
spray ~ 喷射避雷器（消除静电荷）
spark ~ ①火花制止器，火花避雷器②（冲天炉的）灭火集尘器
surge ~ 避雷器，电涌〔防止过载〕放电器
teeming ~ 停注冷却，冷折叠，冷结疤（钢锭面缺陷）
Thyrite ~ 泰利（压变电阻）避雷器，压敏电阻避雷器
valve ~ 阀型避雷器
valve-type surge ~ 阀式避雷器

arrestment ①阻(停)止,制动,刹车②停止设备,停止器
safety ~ 安全制动（装置）

arrestor =arrester

arris 棱（角），边棱，尖脊
eased ~ 小圆棱

arrises-gutter V 形出料槽

arrosion 磨损，磨耗溃蚀

arrow ①箭（头），指针②标以箭头
dotted ~ 虚线箭头
flashing ~ 闪光指示箭头

arrow-head ①箭头，镞②楔形符号“<”

arrow-headed 箭头形的，楔形的，后掠的

arsenal 武器库，兵工厂，军械库

arsenate ①砷酸盐〔酯〕②（pl.）砷酸盐类

arsenic ①砷（As）②信石，砒霜

arsenide 砷化物
aluminium ~ 砷化铝
gallium ~ 砷化镓
indium ~ 砷化铟

arsenite 亚砷酸盐，砷华
nickel ~ 镍华

arsenium 砷（As）

arsenopyrite 毒砂

arsine 砷化氢，胂

arsonvalization 高频电疗法

art （艺，美，技）术，工艺，技艺〔巧〕，人工，手段，权术
decoration ~ 装饰艺术
generic ~ 通用技术
industrial ~ 工艺
video ~ 视频艺术

artbond 黏氯乙烯薄膜钢板

Artemis （美国）“月女神”主动声呐系统

arterial 主干的，干线的，动脉的

arteriotome 动脉刀

artery ①干线，大路，运输线②动脉

arthiconoscope 增加灵敏度的光电（显）像管

arthrotome 关节刀

artic 带半挂车的牵引车，汽车列车

article ①物品〔件〕，制〔产，成，商〕品②论文③项目，条款〔文〕，章程
bimetallic ~ 双金属制品
bulk ~ 大量生产的制品，标准产品
conforming ~ 合格品
dipped ~ 浸渍制品，无缝制品
finished ~ （制）成品
made-up ~ 坯品

articulate ①联〔环〕接，铰〔链〕接，活动连接②铰接的，有关节的，曲柄的③清晰的，明白的

articulated 有关节的，铰链〔接〕的

articulation ①连接，联接，铰接②铰（链轴），关节，转动中心，活接头③清晰度
~ by ball and socket 球窝关节
band ~ 频带清晰度
percent ~ （传声）清晰度（百分比）
relative ~ 相对清晰度
syllable ~ 音节可懂度

articulator （电话）扩音器，咬合架

artifact ①人工制品，制造物②石器③后生现象，后生物

artificer ①技师，技术员②技工③发明家，设计者

artificial ①人工〔造，为〕的②模拟的，仿真的

artificially-aged 人工老化的

artillery ①大〔火〕炮，炮兵〔队〕②炮术〔学〕
cannon ~ 身管炮，加农炮
rocket ~ 火箭炮

artisan ①技工，工匠②（手工业）工人

artotype 阿〔明〕胶版（照相制版）

arts ①（=articles）条款，项目② art 的复数③艺术
computers ~ 计算机艺术
formative ~ 造型艺术
plastic ~ 造型艺术

art-title 美术字幕

artwork ①图形，原图，布线图②工艺（品），艺术作品
composite ~ 合成原图
mask ~ 掩模原图
original ~ 工艺美术花样，原图
AR-wire 地址读出线
asbest 石棉
asbestic 石棉（性）的，不燃性的
asbestiform 似石棉的，石棉构造的
asbestine ①滑石棉②不燃性的，石棉（性）的
asbestoid 类石棉的，石棉状的
asbeston 防火布
sheet ~ 石棉片〔板〕
asbestonite 石棉制绝热材料
asbestos 石棉，石绒
assaultamosa ~ 铁石棉
platinized ~ 披铂石棉，载铂石棉
sheet ~ 石棉板〔片〕
as-brazed 硬钎焊态
Ascalloy 铁素体系耐热钢（w(Cr) 12%，w(Mo) 0.4% ~ 1%，w(V) 0.2% ~ 0.4%，w(Mn) 0.6% ~ 1%，少量 Nb，其余 Fe）
A-scan A 型扫描，A 型扫掠
Ascarite （炉气分析用）二氧化碳吸收剂（商品名）
as-cast ①铸造（的），铸态（的）②铸出后不加工保留黑皮（的），铸出后加工但不进行热处理（的）
ascend 上升，升高，（攀）登
ascending 上升〔浮〕的，向上的，增长的
reduction ~ 向上折算
ascension 上升，升起，升高
right ~ 赤经
ascent ①爬高，上升②坡度，斜度
stochastic gradient ~ 随机梯度上升
ascertain 确定，调查，查明
ascertainment 确定，调查
ASCII 美国信息交换中用的标准编码
as-cold 冷却（时，状态）（的）
Ascoloy 镍铬铁（缓蚀）合金
asdic ①潜艇〔水下〕探测器，防潜仪②声呐（站）
dipping ~ 吊放式声呐
as-drawn 冷拔（成，状态）的
aseismatic 耐〔抗〕地震的，不受震动的
asepsis 防腐法，无菌（法，操作）
aseptic ①防腐剂②防腐的，无菌的，起净化作用的
aser 量子放大器，受激辐射放大器
as-forged 锻后的，锻造状态的
ash ①灰（分，粉，烬，色，堆），粉尘，尘埃，煤渣②槐木③消失，幻灭
caustic ~ 苛性苏打灰
difficult ~ 难熔灰
dry ~ 固态渣，干灰
engine ~ 炉渣
fixed ~ 固定灰分
fly ~ 飞灰，煤灰
granular ~ 粒状灰
soda ~ 苏打粉，碳酸钠，纯碱
white ~ 碳酸钠
ashbin ①灰坑②垃圾桶③深水炸弹
ashing ①灰化②用灰〔砂〕磨光，抛光
A-ship 核动力船
ashlar 琢石，（细）方石
rubble ~ 粗料石
ashless 无灰的，无尘的
ash-pan 灰盆，灰盘
ashpit ①灰仓〔坑，池，斗〕②除渣井
ashy 灰（色，白，烬）的，似灰的
Askania 一种液压自动控制装置
Askarel 多氯联苯电解液，爱斯开勒电解液体，不燃性绝缘油，氯化润滑油
Asklepitron 瑞士 31 MeV 电子感应加速器
aslope 倾斜的，有坡度的
Asp 活动服务器页面文件名后缀
asparagine 氨羰丙氨酸，（天）门冬酰胺
aspect ①方向，方位②形态，形势③缩图④观点⑤样子，平面形状
~ of approach 目标缩影，目标投影比
image ~ 像方位
numerical ~ 数字示像，数字显示
optic（al）~ 光学观测装置
signal ~ 信号形态，信号显示
asperities 粗糙，表面微凸体
asperity ①（表面上的）粗糙（度），凹凸不平②（声音的）清晰度，嘎声③（pl.）艰苦的条件
surface ~ 表面凹凸，表面不平
tape ~ 磁带不平度
asphalt ①沥青，柏油②涂柏油
oil ~ 石油沥青
straight ~ 纯沥青
asphaltene 沥青烯
asphaltos 地沥青
asphalt-spreader （石油）沥青摊铺机
asphaltum （溶剂，地）沥青

asphericity 非球面性
asphyxiator ①窒息性〔二氧化碳〕灭火器，下水管漏泄试验器②窒息装置
aspirail 通风孔
aspirate 吸引〔气，入〕，抽出（空气等）
aspirating 吸气
aspiration 吸气〔入，出，引〕，抽出，气吸
aspirator ①抽风器〔扇，机〕，吸气器，吸尘器②水流抽气管③气吸管道
centrifugal ~ 离心式吸气〔尘〕器
chimney ~ 烟囱抽风罩
closed-air ~ 空气封闭（循环）式吸气器（除尘用）
water jet ~ 吸水泵
as-quenched 淬火状态的
as-reduced 已还原的
as-rolled 轧制的
assault 冲〔突，袭〕击
amphibious ~ 登陆艇
assay ①试〔化〕验，分析，干分析，定量分析，验〔鉴〕定②试金〔样，料〕，样品
average ~ 平均成分
blank ~ 空白试验〔检定〕
blowpipe ~ 吹管分析，吹管鉴定
crucible ~ 坩埚试验
fire ~ 试金分析，（燃油）燃点试验
high ~ 高指标样品
assaying ①试〔化〕验，分析，验〔鉴〕定②试金
assemblage ①集合，总成②安装，装配③装置，总〔装配〕体，组合，族④（统计力学的）系综
unit ~ 总成，机组，流动单位全套装备
assemble ①集合，集中②安装，装配，组合③汇编
semiconductor ~ 半导体组件
assembled 装配的，装配好的
assembler ①装配工②装配器，收集器③（计算机）汇编程序
absolute ~ 绝对地址汇编程序
basic ~ 基本汇编程序
cell ~ 字组单元组合器
common ~ 公用汇编程序
cross ~ 交叉汇编程序
inverse ~ 逆汇编程序
kit ~ 成套汇编程序
machine ~ 机器装配工
macro ~ 宏汇编程序
one-to-one ~ 一对一汇编程序
resident ~ 常驻汇编程序
reverse ~ 反汇编程序
single-pass ~ 单遍汇编程序
symbolic ~ 符号汇编程序
tape ~ 带收集器，带盘
time-sharing ~ 分时汇编程序
assemblies 集合，装配
UG/Advanced ~ 高级装配（UG 的主要功能模块，CAD 模块，计算机辅助设计模块）
assembling ①装配（的），组合（的）②收集，集合③装备，结构④汇编，编制程序
fitting ~ 装配
mo(u)ld ~ 合〔扣〕型
principal unit ~ 主要总成装配
set ~ 总成装配
assembly ①组装，集〔组〕合，安装，装配，总成②组件，部件，装置，设备，机组③装配图④汇编，系集
adapter ~ 紧定套组件（包括套、锁母和锁紧片）
antenna exchanging ~ 天线交换闸
auxiliary ~ 辅助装配，辅助总成（指汽车水泵，汽油泵等）
axle drive ~ 轴传动总成
balance ~ 摆轮（全摆）
ball and cage ~ 球和保持架组件
ball and inner ring ~ 球（保持架）和内圈组件，无外圈球轴承
ball and outer ring ~ 球（保持架）和外圈组件，无内圈球轴承
bare ~ （反应堆）裸（链式反应）装置，无反射层（链式反应）装置
block ~ 分组装配作业
blower air inlet ~ （汽车）增压器进气管总成
brush ~ 电刷组
cage ~ 升降台（拉单晶装置）
cage and rolling element ~ 无套圈轴承
calorimeter ~ 量热装置，热量计
cannon pin and cam ~ 报时控制凸轮组件
cathode ~ 阴极组（组合阴极）
cluster control ~ 仪表板控制总成
coil ~ 线圈组
collapsible die ~ 可拆模（具），组合模（具）
combined guidance ~ 复合导引装置
cone ~ 锥体接合〔装配〕，圆锥配合
connector ~ 接插件，插头座，插头连接
contact ~ 接触簧片组

convertor ~ 变流装置
core ~ 组芯
counting ~ 计算装置
crankcase ~ 曲轴箱组合
deplexing ~ =duplexing ~
design ~ 设计装配图
differential ~ 差动总成，差动组合件
discrete ~ 分立组件
duplexing ~ 天线收发转换开关〔装置〕
electric penetration ~ （原子能电站的）电导体穿入装置
end-shield ~ ①端罩装配（包括端及罩轴承圈）②端部屏蔽装配
exhaust cone ~ 反动式喷嘴
exponential ~ （反应堆的）指数（实验）装置
eyepiece ~ 目镜管，目镜总成
feeder ~ 馈线组件
field ~ 现场装配
final ~ ①输出装置②最后装配，总装
floating die ~ 浮动模具，弹簧模具
focus-coil ~ 聚焦线圈系统
fuel stringer ~ 燃料棒组件
functional ~ 功能汇编
gear ~ 齿轮传动装置，减速器
general ~ 总装配
hand-headset ~ 手持头戴送受话器
harness 捆束组件
head ~ 磁头组件
header ~ 管座装置
high density ~ 高密度装配
hoisting ~ 吊装
image-orthicon ~ 超正析像管装置〔摄像机〕
injection ~ 喷嘴组合（液体燃料火箭推力室头部）
inline ~ 插入组装，（元件的）成行装配
instantaneous ~ 瞬时临界系统
interchangeable ~ 互换性装配
joint ~ 接合汇编
knuckle ~ 转向节总成
lateral blue convergence ~ 蓝侧位会聚装置
launching ~ 发射设备
machine ~ 机器装配
main ~ 总体组成
mast ~ （叉车）门架系统
matching ~ 选择装配
membrane electrode ~ （燃料电池）膜电极组
microphone ~ 传声器组件
mixed model ~ 混合式装配
moderator ~ 慢化剂组件
modular ~ 微型组件装置
motor wheel brake ~ 车轮制动器总成
mo(u)ld ~ 铸型装配，合型
mo(u)ld core ~ 型芯造型
nozzle junction ~ 导向器（火箭发射等）
package ~ 组装结构
pattern ~ 模组（熔模铸造）
pin-and-plug ~ 管脚 - 插头装置，引线 - 插头装置
pinch ~ 管脚（电子管）
pin-stem ~ 管脚 - 心柱装置，引线 - 心柱装置
plug-in ~ 插入部件
point-stem-sleeve ~ 针尖 - 心柱 - 套垫装置
power ~ 动力装置，功率装备
print-wheel ~ 字轮机构
progressive ~ 流水线装配法，传送带（式）装配
pulley ~ ①滑轮总成②带轮和轴的组合(体)
reactor ~ 反应堆装置，反应堆组合体
relay ~ ①继电器组合②继电器组件
reliability ~ 可靠性评估汇编
reverse shaft ~ 倒档轴组合
roller ~ 无座圈滚子轴承
roller and cage ~ 滚子及保持架组件，无套圈滚子轴承
roller inner race ~ 无外座圈滚子轴承
roller outer race ~ 无内座圈滚子轴承
rotor ~ 转子装配，转子组（合件）
rotor plate ~ 转子叠片组，动片组
rotor-core ~ 转子铁心装配
rubber cushion ~ 橡胶阻尼器
seal ~ 密封组件
selective ~ 选择装配，选择总成
sensor ~ 传感器组件
shift mechanism ~ 变档操纵组合
stabilizer link ~ 稳定器固定柱
stack ~ 叠层〔片〕组件
stator-plate ~ （电容器的）定片组
sub ~ 分总成
subcritical ~ 次临界装置
symbolic ~ 符号汇编
tab ~ 翼片安装，翼片组合
terminal ~ ①接线板②接头装配
toolbar ~ 通用机架总成
top-roll ~ 上轧辊组合部件
torch-igniter ~ 起动喷嘴，点火装置

track ~ 履带推进器
transmission ~ 变速箱总成
trial ~ 试装
trumpet ~ 中心浇道，中心注管
unit ~ 机组，总成
valve device ~ 阀器件装置
Wabcopac brake ~ 韦氏（转向架）轻型制动装置
wellhead ~ 采油井口装置
wheel-drive ~ 车轮驱动总成，最终传动装置总成
wiper ~ 弧刷组
yoke ~ 偏转线圈组件，偏转系统组件

assertion ①推断，断定，主张②确定〔立〕③格式

assess 估价，估计，评定，评价，确定

assessment 估价，估计，评定，评价（法），估计数
commonality ~ 性质评估
environmental impact ~ 环境影响评价
matrix ~ 矩阵评价法
safety ~ 安全评估
technology ~ 技术（性）评价

assessor ①鉴定器〔管〕②鉴定者
securith ~ 可靠性鉴定器

asset ①优点，好处②贵重器材，有价值的贡献

assets 资产，财产，财富
capital ~ 资本资产，固定资产
current ~ 流动资产
fixed ~ 固定资产
intangible ~ 无形资产
liquid ~ 流动资产

assign ①分配②指定，赋予〔值〕，给定（数值等）③转让

assignation ①指定，委托②转让③归因

assignment ①分配，分派②指定，给定③（工作）任务，课题，赋值④委托，转让
address ~ 地址分配
analog ~ of variable 模拟变量指定
array ~ 数组赋值
buffer ~ 缓冲器赋值，缓冲器分配
channel ~ 信道分配
dead ~ 无用赋值
frequency ~ 频率分配
function ~ 功能分配
indirect ~ 间接地址分配
intermediate ~ 中间赋值
mass ~ 质量数测定
multimachine ~ （单人）多机操作任务
real-time ~ 实时指定
scalar ~ 标量赋值
state ~ 状态分配
string ~ （信息）串赋值
time slot ~ 时隙分配
value ~ 赋值

assimilation 同化（作用），吸收（作用）

assimilator 同化者，吸收者
ROM ~ ROM 程序调试编写器

assist ①帮助，辅助，促使，推动，加速，增加推力②助推（器），加速（器）③出席，列席，参加
jet ~ ①喷气助推器②喷射加速
magnetic ~ 磁性助推装置，（单稳整极化继电器）助磁

assistance ①帮助，辅助②辅助设备

assistant ①助理〔手，教〕②辅助物③辅〔补〕助的，副的
magnetic steering variable ~ （汽车）可变助力磁力转向机构
personal digital ~ 个人数字助理

assistor ①加速器，助推器，加力器②辅助装置③帮助④援助者，助手
brake ~ 制动增力装置

associate ①联〔缔，结〕合，参加②联想③同事，伙伴④通信院士，副总编辑，（学会的）准会员⑤连带的，副的

associated 联〔缔，组〕合的，关联的，连带的，毗连的，辅助的，伴生的，协同的

association ①联〔缔，结〕合，连带，联想②共生体③协会，团体，学会，公司
~ in time 时间关联
American Communication ~ 美国通信协会
argument ~ 变元结合
boring and trepanning ~ （=BTA）深孔加工（用高压切削液使切屑从空心钻杆孔内排出）
China Communications Standards ~ 中国通信标准协会
common ~ 公用结合
implicit type ~ 隐式类型结合
input-output ~ 出入联锁
mineral ~ 矿物共生（体）
molecular ~ 分子缔合（现象）
Telecommunications Technology ~ 电信技术协会
type ~ 类型结合

associative 联〔结，组〕合的，相关〔联〕的，

协会的
associativity 结合性，缔合性
assonance 谐音
assortiment 〈法〉擒纵机构各部件
assorting 分类
assortment ①分级〔类，发〕②品种，种类
assume ①假定，假设②采取，承担③假装，呈现（形式，姿态，位置等）
assumed ①假定的，设想的②计算的，理论的③采用的
assumption ①假设，假定②采取③承担
assurance ①确信，把握②保证，保险
computer aided quality ~ 计算机辅助质量保证
quality ~ 质量保证
assure 保证〔障，险〕，使确信
assy =assembly
astable 不稳定的，非稳态的
A-stage 初期状态
astatic(al) ①无定向〔位〕的，无静差的②不稳〔安〕定的，非静止的
astaticity 无定向性
astatine 砹（At）
astatism 无定向性，无差性
asterisk ①星号〔标〕，星状物②注上星号
asterism 星状图形〔光彩〕，三星标，（七光点的，X 射线）星芒，星点〔群，座〕
astern 向〔在〕后的，倒车（的），后退的，向〔在〕船尾（的），向〔在〕飞机尾部（的）
asteroid ①星形曲线，小行星②星状的
oblique ~ 斜星形线
regular ~ 正（则）星形线
astigmatic(al) 像散的，散光的
astigmation 像散，像差
oblique ~ 斜像散，斜散光
astigmatism 像散（性，现象），散光，乱视
anisotropic ~ 各向异性像散现象
electron-optical ~ 电子光学像散
latent ~ 潜在像散
astigmatizer 像散器，像散装置，夜间测距仪
astigmatometer 像散计，散光计
astigmatoscope 像散镜，散光镜
astigmometer =astigmatometer
astimia 散光
astracon 穿透式薄膜二次倍增（图）像增强器〔管〕
Astrafoil ①阿斯特拉富尔塑料片②透明箔
astragal 门上护盖条
astral ①观测天窗，（飞机的）星窗②星形的，星际的
Astralon 阿斯特拉隆塑料片
astringency ①黏着性，收敛收②涩味 atmosphere
astringent ①结合剂，收敛剂②黏结〔黏合，收敛〕的
astrionics 航天〔宇航，天文〕电子学
astroballistics 天文弹道学
astrobiology 天体生物学
astrocompass 天文〔星象〕罗盘
astrodynamics 天文〔航天〕动力学，星际航行动力学
astrofix 天文定位，天文定位点
astrogeodesy 大地天文学
astrograph 天体摄影〔照相〕仪，天文定位器
meniscus ~ 弯月形（透镜）天体摄影仪
normal ~ 标准天体照相仪
astrogravimetric 天文重力测量的
astroid 星形线，星状的
projective ~ 射影星形线
astrolabe 星盘（天文用），观象〔等高〕仪
impersonal ~ 超人差等高仪
prismatic ~ 棱镜，测高仪
astrolite 航天（耐热）塑料
Astroloy 超耐热镍合金
Astron 天体器（美国利弗莫尔电子感应加速器，美国的热核反应器）
astronaut 宇（宙）航（行）员，宇航〔天文〕工作者
astronautic(al) 航天的，宇宙航行（员）的
astronautics 宇（宙）航（行）学
astronavigation 天文导航（学，法），宇宙航行（学）
astronics 天文电子学
astronomer 天文学家
astronomic(al) 天文（学）的，天体的，宇航学的
astronomy 天文学
radio ~ 射电〔无线电〕天文学
astrophotometer 天文光度计
astrophotometry 天体光度学
astrophysics 天文〔体〕物理学
astroscope 天文仪
astrotracker 星象跟踪仪（天文导航装置），星跟踪式定位器
astrovehicle 宇宙飞行器，航天器
A-submarine 核潜艇
as-welded 焊（后状）态的
asymeter 非对称计

asymmetric(al) 非〔反，不〕对称（的），不平衡的
asymmetry ①不〔反，非〕对称（性，现象），不平衡（度）②不齐（化学名词）
asymptote 渐近线
curvilinear ~ 渐近曲线
loop ~ 回环渐近线
rectilinear ~ 渐近直线
asymptotic(al) 渐近（线）的
asynchronism ①异步②时间不同，不同时
asynchronization =asynchronism
asynchronous 异步的，非同期的，不协调的
line ~ 电源异步，行异步
asyndetic 省略
ATA 绝对气压
atacticity 无规立构度
ataxy 运动失调，不协调，混乱
atelene 不完全晶形
atelier 〈法〉摄影棚，工作室，制动车间
Aterite （阿特利特）铜镍锌合金
athenium （An）（Es 元素的旧名）
athermal ①冷却变态〔相变〕②无热的
athermancy 不透（辐射）热（性），不透红外线性质
athermanous 不辐射热的，不透红外线的，不导热的，绝热的
athermic =athermanous
athermous =athermanous
athodyd 冲压式〔脉动式〕空气喷气发动机
athwartships （航海名词）与龙骨线直交，垂直于纵轴
atlapulgite 活性白土
atlas （地）图集〔册〕，图谱集
colo(u)r ~ 色谱
atled 哈密尔顿算子
atmolysis 微孔〔透壁〕分气法
atmometer 汽化计，（测定水的蒸发速度用）蒸发计〔器〕
atmometry 水蒸气测定法
atmophile 亲气元素
atmos 大气压
atmoseal 气封（法）
atmosphere ①大气压（力），大气（层，圈）②气氛，环境
arc ~ 电弧（炉内）气氛
argon ~ 氩（保护）气氛
carbonaceous ~ 碳质气氛，含碳保护气氛
cell ~ 电解槽气氛，电解保护气氛
controlled ~ 可控气氛，受控气氛，受控大气
Cottrell ~ 科垂耳气团
electron ~ 电子云，电子大气
endothermic ~ 吸热气氛（光亮退火用的中性无二氧化碳炉气）
exothermic ~ 放热型保护气氛
hazy ~ 被烟雾污染的大气
inert ~ 惰性气体
liter ~ 升大气压（功能单位，1 升大气压 = 101.325 J）
neutral ~ （工业电炉的）中性气氛
nitrogen ~ 氮（保护）气氛
normal ~ 标准大气压，常压
prepared ~ 制备气氛
protective ~ 保护气氛
radio ~ 电离层
reducing ~ 还原气氛〔气层〕
salt-laden ~ 含盐大气
shielding gas ~ 保护大气
solute ~ 溶质气团
standard ~ 标准（大）气压，常压
technic(al) ~ 工业大气压
turbulent ~ 涡流大气
upper ~ 上层大气（E 层和 F 层领域）
working ~ 工作环境
atmospheric(al) 大气（中，压）的，空气的，常压的
atmospherics 大气干扰，天电（干扰），引起天电干扰的电磁现象，自然产生的离散电磁波
precipitation static ~ 雨滴天电
atmos-valve 大〔空，放〕气阀
atoleine 液体石蜡
atolin =atoleine
atom ①原子②微粒〔量〕，微小部分，极微小的东西
activated ~ 激活原子
artificial ~ 人工原子
Bohr ~ 波尔原子
closed-shell ~ 闭壳（层）原子
compound ~ 复合原子
D ~ 氘〔重氢〕原子
dark ~ 暗原子（无放射性原子）
daughter ~ 子系原子
destroyed ~ 分离〔被破坏〕的原子
donor ~ 供电子原子，施主原子
foreign ~ 杂质〔掺杂，异类，外来〕原子
hyperonic ~ 超（子）原子
interstitial ~ 间充〔结点间，填隙〕原子

ionized ~ （电）离（原）子
key ~ 钥原子
labelled ~ 标记〔示踪，显踪〕原子
marker ~ 标记原子
misplaced ~ 失位原子
nuclear ~ 核型原子
nude ~ 裸(体)原子(高温下失掉电子的原子)
stripped ~ 剥离〔无外围〕电子的原子，核原子
struck ~ 反跳原子，被击原子
tagged ~ 标记原子，示踪原子
tracer ~ 示踪原子，追踪原子
atomic(al) ①原子（能，武器）的，极微的②强大的，全力以赴的
jet ~ 原子喷气的
atomichron 原子小时，原子钟
atomicity ①原子性〔价，数〕②可分性
atomic-powered 核动力的
atomics 原子（工艺）学，核工艺学，原子论
atomiser =atomizer
atomism 原子学说，原子论
atomister 喷雾
atomistic 原子的，原子（论）的
atomization ①喷雾，雾化，雾化法②喷〔溅〕射，洒水，扩散③原子化④粉化（作用）
air ~ 气动力喷射，气压雾化
flame ~ 火焰原子化法
pressure ~ 液压弥雾，液压喷雾，加压喷雾
vacuum ~ 真空雾化
atomize ①使雾化，喷雾②使分裂成原子③吹制（硅铁）珠粒④把…粉碎⑤彻底摧毁，用原子弹轰炸
atomizer ①喷雾器，雾化器，喷嘴②粉碎机
airblast ~ 空气喷嘴
attachment tractor-drawn ~ 拖拉机牵引式弥雾机
carbon filament ~ 碳丝原子化器
carbon rod ~ 碳棒原子化器
disk ~ 离心式喷雾圆盘
double-acting ~ 双动式喷雾机（活塞往复两个行程都起压液作用）
expanding-slot ~ 可调缝隙喷雾器，可调缝隙式喷嘴
fuel ~ 喷油嘴
jet ~ （蒸汽或空气）喷射雾化器
motor ~ 动力喷雾机
oil ~ 油喷雾器，喷油器
pintle ~ 针形喷雾器
single-acting ~ 单动式喷雾机（活塞只有一个行程起压液作用）
slot ~ 缝隙喷雾器，缝隙式喷嘴
spill ~ 回油式雾化器
spray ~ 喷雾器
steam ~ 蒸汽喷（油）嘴
swirl ~ 旋流式雾化器，旋涡式喷燃器，旋涡式喷（油）嘴
tantalum plate ~ 钽片原子化器
water ~ 水雾化器，喷水〔雾〕器
atomizing 雾化(的，作用)，粉化(的，作用)，吹制（铁）珠粒
atomotron 高压发生器
atomsmasher 核粒子加速器
ato-muffler 减声器，消声器
A-trasduser A 转换器
atropisomerism 旋转对映异构（现象）
A-truss A 形桁架，三角形桁架
at-symbol "位于"符号
attach ①附〔贴，加〕上，相连②连接，附着③固定，悬挂④扣留
ball ~ 球贴焊
knife-line ~ 刀切状腐蚀
attachable 可连接〔装〕的，可附〔接〕上的
attachment ①（附属）装置，附件，配件②连接（法），附着（物），固定，焊接③查封，扣留
~ line 附着线
acetate roll ~ 醋酸酯胶卷卷轴
acute-angle ~ （测）锐角附件，辅助测量刀
afocal ~ 远焦附加镜
air leg ~ 风动钻架，风动钻附件
ancillary ~ 特殊附件
anti-kickback ~ 防反向安全装置，防倒转装置
backing-off ~ 铲齿附件，铲磨附件
bagging ~ 装袋装置
ball ~ 球形端，球形头
ball-and-socket ~ 球窝连接，球铰连接
boom ~ （线卷收集用）轴头装置
bulldozer ~ 推土机附件
buncher ~ （割草机的）集堆附加装置
cambering ~ 球状研磨装置
chasing ~ 车螺纹附件（自动定程装置）
coarse threading ~ 大螺距螺纹切削装置（在车床上）
Conway ~ 康威型连接器（装在拉紧器上，拉紧带式运输机用）
copying ~ 仿形装置，靠模附件

crawler ~ 履带装置
creeper ~ 缓行器，减速器
cross drilling ~ 横向钻孔附件
crown shaving ~ 鼓形剃齿工作台
crowning ~ 鼓形齿附件
cutting ~ 割炬附件
depth ~ （游标高度尺的）测深附件
die ~ 小片连接，模片固定
differential ~ ①差动〔分〕装置，差动机构②分速器十字头销
draw-in ~ ①铲齿装置，磨后刃装置②卡套，弹簧夹头
electronic ~ 电子附件
floating ~ 浮动悬挂装置
forklift ~ 叉形抓爪
forming ~ 仿形〔靠模〕附件
gearing ~ 联动附件
grinding ~ 磨削附件〔装置〕
hold clear ~ 路线开通附件
indexing ~ 分度夹具
knife-grinding ~ 磨刀附加装置
knockout ~ 压出装置，弹射器
lead ~ 引线焊接〔连接法〕，导向附件
lifting ~ ①提升〔起重〕附加装置②挖掘铲
liftout ~ 顶出〔推出〕装置
magazine feed ~ 自动储存送料附件
mole ~ 暗沟塑孔附加装置
motor mower wit binder ~ 机动青草割捆机
pick-up ~ 拾禾器，捡拾器
planter ~ 排种〔移植〕附加装置
portrait ~ 人像附加镜，近镜头
power scythe ~ 动力割刀附加装置
premilling ~ 预铣装置
profiling ~ 仿形附件，靠模附件
quartering ~ 车削曲柄轴装置
radius ~ 圆角磨削装置，刀尖圆弧半径磨削装置
receiver ~ ①接收机附件②收音机附件
relieving ~ ①铲齿装置〔附件〕②拆卸装置
reproduction ~ 仿形附件
reset ~ 再调附件，复位装置
screw-on ~ 螺旋（连接）装置
shunt-trip ~ 分路跳闸机构
single indexing ~ 单齿分度机构
slipping ~ 滑动附件，副发条
slotting ~ 铣槽附件，铣槽装置，插削装置
spring ~ 弹簧固定，弹簧压紧装置
straddle ~ ①跨装法②跨装附件
stripping ~ 拆卸器，退料器，（压力机上的）夹紧装置
strut ~ 支柱附件，支承装置
subsoiling ~ 心土铲，心土松土附加装置
tacheometric prism ~ 视距光楔（经纬仪）
taper ~ 车锥度附件，锥度靠模尺
tapping ~ 攻螺纹夹头，攻螺纹装置
tow ~ 牵引装置
tracing ~ 描图附件
undercut forming ~ 用成形车刀加工的横刀架
universal ~ 万能附件〔部件，铣头〕
verifying ~ 检验用的附件
weed ~ 除草附加装置
yielding ~ 曲让连接（主发条外端与发条盒连接法）

attack ①攻击，进攻，冲击，侵袭，破坏②腐蚀，起化学反应，化学浸蚀③着手（解决），投入，开始（工作）④迎〔冲，攻〕角
ash ~ 灰渣侵蚀
chemical ~ 化学侵蚀，化学作用
grain ~ 晶粒腐蚀，晶粒结构
hydrogen ~ 氢脆
impingement ~ 侵〔腐，滴〕蚀
inlet ~ 进口侵蚀
interdendritic ~ 枝晶间腐蚀，电化学腐蚀
intergranular ~ 晶间腐蚀
pitting ~ 点蚀
preferential ~ 优先腐蚀，择优侵蚀
pyrogenic ~ 火法处理
sulfur ~ 硫腐蚀，低温腐蚀

attemper ①调温，温度控制，减温，调和，调节②锻炼，使（金属）回火

attemperation 温度控制，温度调节（作用），减温

attemperator 温度调节计，恒温箱〔器〕，过热调节器，减热〔温〕器，保温水管
condenser type ~ 冷凝器式减温器
contact ~ 混合式减温器
downstream ~ 出口减温器，后置减温器
header type ~ 卧式面式减温器
interstage ~ 级间减温器（过热器）
non-contact ~ 表面式减温器
shell type ~ 管壳式减温器，表面式减温器
spray ~ 喷水减温器

attempt ①尝试，试图，努力，试验②攻击，袭击

attendance ①出席，参加②维护，看管③值班④（一次）出席人数，人次

machine ~ 机器保养，机床保养

attendant ①维护〔修〕人员②附属品，附属物

engine ~ 司机，机工

furnace ~ 炉工

gearhead ~ 机工

hearth ~ 炉前工

line ~ 巡线员

night ~ 值班分机

attention ①注意，留〔关，费〕心②维护，保养

routine ~ 日常维护

running ~ 运行维护

attenuance 衰减率，稀释

attenuant 稀释剂

attenuate ①减弱，减少，削弱②衰减，（使）变稀薄③散布，扩散，散射④稀薄的，弱的，细的

attenuater =attenuator

attenuation ①衰减，衰弱，减少，削弱②稀薄〔释〕③阻尼，熄灭，渐止，钝化，电波消散

balance ~ 平衡衰减，对称衰减

dissipative ~ 损耗〔散射〕性衰减

echo ~ 回波衰减，反射衰减

four-terminal ~ 四端网络衰减器

frequency ~ 频率（特性曲线）衰减

image ~ 图像衰减，镜频衰减

iterative ~ 累接衰减，迭接衰减

natural ~ 固有衰减

net ~ 净〔实际〕衰减量

non-reflection ~ 固有衰减，非反射衰减

operative ~ 工作衰减

overall ~ 总衰减，净衰减

plane earth ~ 地平面损耗

range ~ 途程衰减，距离衰减

receiving ~ 接收衰减，净衰减

residual ~ 总〔剩余，净〕衰减

shadow ~ 阴影区衰减

shock wave ~ 激波（强度）衰减

sideband ~ 边频带抑制

sound ~ 噪声衰减

transmission ~ 传输衰减，发射衰减

attenuator 衰减〔减压，阻尼，消声〕器，增益调整〔控制〕器

absorptive ~ 吸收式衰减器

audio ~ 音频衰减器

BFO ~ 拍频振荡器衰减器

bilaterally matched ~ 双向匹配衰减器

broadband dissipative ~ 宽带耗散衰减器

buffer ~ 缓冲衰减器

cut-off ~ 截止衰减器，极限衰减器

double-vane ~ 双片衰减器

ferrite ~ 铁氧体衰减器

flap(-type) ~ （波导中的）刀型衰减器

guillotine ~ 刀型衰减器

H-section ~ H 节衰减器

ladder ~ 链式〔梯形〕衰减器

level adjusting ~ 电平调整衰减器

lumped ~ 集总衰减器

optical ~ 光衰减器

panoramic ~ （单声道录音重录为有立体声感的）全景衰减器

power ~ 功率衰减器

programmable ~ 程（序可）控衰减器

pulsed ~ 脉冲衰减器，脉冲分压器

quarter-wave ~ 四分之一波长衰减器

rotary-vane ~ 回转片衰减器

single-vane ~ 单片衰减器

step ~ 分级〔步进〕衰减器

strip ~ 条带形衰减器

variable loss ~ 可变损耗衰减器

variable optical ~ 可调光衰减器

video ~ 视频衰减器

attitude ①状态，姿态，位置，体位，样子，空间方位角②态度，看法

horizontal ~ 水平姿态

lateral ~ 横向姿态，横向位置

attle 矿渣，废屑

attorney 代理〔辩护〕人，律师

patent ~ 专利代理人

attosecond 阿（托）秒（10^{-18} s）

attraction 吸引，吸力，引力，吸引人的事物

adhesive 附着引力，粘吸作用

adsorptive ~ 吸附力

capillary ~ 毛细管吸引，毛细管引力

chemical ~ 亲和力

electrostatic ~ 静电引力

gravitative ~ 引力，重力

molecular ~ 分子引力

attribute ①属性，性质，事件②标志，记号，象征③归因，归于…原因

access ~ 存取属性

aligned ~ 列线属性

alternation file ~ 择一文件属性

area ~ 区域属性

backward ~ 反向属性

bit ~ 位属性

character ~ 字符属性
complex ~ 复数属性
convergence ~ 收敛（属）性
decimal ~ 十进制属性
defined ~ 定义属性
dimension ~ 维属性
entity ~ 实体属性
entry ~ 表目属性
exclusive ~ 排斥属性
generic ~ 类属性
identifier ~ 识别符属性
integer ~ 整数属性
keyed ~ 信息标号属性
light-pen ~ 光笔类设备，光笔属性
like ~ 相似属性
normal ~ 正规属性
pointer ~ 指示字属性
quantative ~ 数量特征〔符号〕
scope ~ 作用域属性
secondary ~ 辅助属性
stream ~ 流属性
string ~ （信息）串属性
use ~ 使用属性

attribution 归属〔因〕，属性
position ~ 位置属性

attrite ①摩擦，磨耗，磨碎②擦去，消除

attrition 摩擦，磨损，磨〔损，消〕耗，互〔研〕磨

attrition-resistant 耐磨的

attritor 磨碎机，碾磨机

attune 调（谐，音，节），使调和，使一致

auctioneer ①拍卖商②最大值选择器③发出最大脉冲

Audi 奥迪

audibility 可听〔可闻，清晰〕度
minimum ~ 最小可闻度，最小可听度

audible 可听〔闻〕的，听得见的，成声的，音响的

audible-alarm 音响报警设备

audibleness 可听度，可闻度

audience ①听众，观众，读者，用户，使用范围②接〔会〕见

audifier 声〔音〕频放大器

audiga(u)ge 携带式超声波测厚仪

audile 听觉的，听得到的

audimeter 自动播音记录装置（检查收音和电视收音状况）

audio 声〔音〕频（的），声音的，听觉的
digitized ~ 数字化音频
recovered ~ 恢复的音频

audioamplifier 声频放大器

audiocard 音频卡

audiocast 声频点播，音频点播

audioformer 声〔音〕频变压器

audiofrequence 声〔音〕频（30 Hz ~ 20 kHz）

audiogram 声波图，听力图
mask(ing) ~ 声掩蔽闻阈图〔听力图〕
noise ~ ①噪声波形图②噪声听力图
threshold ~ 听阈图

audiograph 闻阈〔听力，声波〕图

audiography 测听术

audiohead 录〔拾，放〕音头

audiohowler 嗥声发生器

audioindicator 声频指示器，音频指示器

Audiolloy 铁镍透磁合金（*w*（Ni）48%，*w*（Fe）52%）

audiolocator 声波定位器

audiology 听觉学

audiometer 测听〔听力，听度〕计，声音测量器，自动式播音记录装置
gramophone ~ 快速听力测试仪
live-voice ~ 语言测听计
noise ~ 噪声听度计
pure tone ~ 纯音听力计
screening ~ 筛式听力计

audiometry 测听术，听力测定（法）
simple air-conduction ~ 人耳法测听术
supra-liminal ~ 阈上测听术
threshold ~ 听阈测听术

audiomonitor 监听设备，监听器

audion 三极（检波，真空）管
oscillating ~ 振荡三极管
retroactive ~ 再生检波管

audiopage 音频页

audiorange 音频范围

audiotape 音频磁带

audiotex 语音传信，可听数据

audio-video 音像
digital ~ 数字视听（技术，方法），数字音像

audiovisuals 视听器材

audiphone 助〔利〕听器

audit ①检〔审，监〕查，审计，查账，核算②旁听
procedural ~ 程序审计
quality ~ 质量监督

audit-in-depth 分层检查

audition ①播音试验，试听，音量检查②听觉〔感，力〕
auditive 听力的，耳的
auditor ①（旁）听者，听众（之一）②审计员
auditoria 大礼〔会〕堂，讲堂，大会厅
vacant ~ 空场
auditory ①听众（席），礼堂②听觉的，耳的
auditron 语言识别机
Audomac 奥多麦克精纺自动落纱机
augend 被加数，加数
auger （螺旋，麻花）钻，麻花钻钎子，（土壤采样用）螺旋土钻，钻孔机〔器〕，螺旋，螺旋推运器，搅龙
~ with valve 阀式抽泥器
agitating ~ 搅拌螺旋推进器，搅拌螺旋
angle ~ 挠性转角螺旋钻
annular ~ 环孔钻
bagging ~ 装袋螺旋推运器
coil-type ~ 弹簧圈式推运螺旋
continuous flight ~ 连续旋翼式（动力）螺钻
conveyer ~ 输送螺旋，螺旋输送器
crank ~ 曲柄（螺旋）钻，手摇钻
cutting ~ 切割螺旋，切碎螺旋
deairing ~ 脱气挤泥机
disappearing finger ~ 偏心扒杆式输送螺旋，带伸缩指的螺旋
drag ~ 喂入螺旋，敞式自动装料螺旋
earth ~ 地〔土〕螺钻，挖穴机
expanding ~ 扩孔钻
feathering ~ 带偏心扒杆的螺旋
feed（ing） ~ 喂入螺旋，输送螺旋
filling ~ 装载螺旋
full-pitch ~ 全螺距螺旋（螺距等于直径）
gauge ~ 匙形钻，规准螺旋钻
ground ~ 土钻
half-twisted ~ 半螺旋钻
left-hand ~ 左旋螺旋
level（l）ing ~ 分配螺旋，均布螺旋
loading ~ 装料螺旋
long ~ 槽钻头，长钻
long eye ~ 深孔钻
metering ~ 计量螺旋，配量螺旋
open-end ~ 悬臂式螺旋
opposed flight ~ 对送式螺旋
pit ~ 贮料坑螺旋
power ~ 机钻
receiving ~ 接受螺旋，喂入螺旋
riser ~ 上运螺旋，立式螺旋
rock ~ 岩石麻花钻
sacker ~ 装袋螺旋推运器
screw ~ 麻花钻（木工用），推运螺旋
shell ~ 壳钻
slotting ~ ①榫孔钻，长孔钻②槽沟
slurry ~ 泥浆〔浆状物〕搅拌输送螺旋
soft ~ 土壤螺旋钻
stepped diameter ~ 梯级异径螺旋
stump ~ 挖根螺旋钻
table ~ （联合收获机的）收割台运禾卸料螺旋
tapered ~ ①圆锥形螺旋，圆锥（螺旋）钻头②圆锥螺旋推进器，圆锥推进加料器
triple-flight ~ 三头螺线螺旋
unloading ~ 卸载螺旋运输机，螺旋卸载机
worm ~ 螺旋钻
auger-lever 螺旋操纵杆
Auger-transition 俄歇跃迁〔渡越〕，无发射跃迁
auger-type 螺旋式
augetron 高真空电子倍增管
augment 增大〔加，长〕，扩〔添〕增
augmentation ①扩张，增大，增加，加强②增加物，增加率
augmented 增广的，增音的，扩张的
augmenter =augmentor
augmentor ①增强〔压〕器，增量，增量器②替身机器人③加力燃烧室，增加推力的装置
autochangertailpipe ~ 加力燃烧室，推力增加器，尾喷管
thrust ~ 加力燃烧室，推力增加器，尾喷管
aura 电风（尖端放电所激起的气流），辉光
blue ~ 蓝辉，电子管中的辉光
aural ①听觉〔到〕的，耳的，音响（式）的②（电视）伴音③电风的，辉光的④先兆的，预感的
visual ~ 可见可听式，声影显示的
aural-null ①无〔消〕声②可听度为零的，不可听的
aureoline 钴黄
auric 含〔正，三价〕金的
auricle ①心耳，心房②外耳，耳壳，耳郭③耳状部
auriferous 含〔产〕金的
auriphone 助听器
auriscope 检耳镜
aurora 晨曦，极光
aurum 〈拉〉金（Au）
auryl 氧金根（AuO）
ausaging 奥氏体时效处理

ausannealing 奥氏体等温退火
auscultoscope 电听诊器
ausdrawing 奥氏形变拔丝法，拉拔形变热处理（用于线材）
ausforging 奥氏体锻造，锻压〔中温锻造〕形变热处理，锻造淬火
ausform 奥氏（体）形变，形变热处理
ausform-annealing 奥氏体形变退火
ausforming 奥氏体形变，形变热处理，奥氏体轧制成形法
auspuller 吸根，引出电极
ausrolling 奥氏体等温轧制淬火〔成形〕，压延形变热处理
ausrolltempering 奥氏体等温轧制及等温淬火
austemper(ing) 奥氏体等温淬火，奥氏体回火
progressive ~ 奥氏体不完全等温退火，分级等温（热）处理，分级等温淬火
step-up ~ 升温等温淬火
austenaging 奥氏体等温时效
austenite 奥氏体，碳丙铁
metastable ~ 过冷奥氏体，介稳奥氏体
primary ~ 初生奥氏体
pro-eutectic ~ 先共晶奥氏体
retained ~ 残余奥氏体
undercooled ~ 过冷奥氏体
austenitizing 奥氏体化
austenization 奥氏体化
austenize 奥氏体化
austenomartensite 奥氏体 - 马氏体
austosyn 自同步机，自整角机
auswittering 铸件自然时效
autag （英国用名）燃气轮机用煤油，航空煤油
authenticate 证实，证明，鉴定，认证
authentication 证实，鉴定，（文电）鉴别
message ~ 消息验证，报文验证
authenticator ①密码证明信〔暗〕号，文电鉴明码②确定〔认证〕者
authenticity 确实性，可靠性
author ①作者〔家〕，程序设计者②创始者③写（作），编辑，创造〔始〕
authority ①管理局②（pl.）当局③权力〔限，威〕，特许④根〔凭〕据，代理权
academic ~ 学术权威
administrative ~ （美国）电气安全监管局
certificate ~ （电子商务的）认证授权中心
certifying ~ 证明权限
data ~ 数据权限
internet assigned number ~ 因特网指定编号权限
authorization 授权，委任，核准，审定，认可
~ for release 公开发行审批手续（技术报告等）
access ~ 存取（访问）授权
program(me) ~ 程序审定
authorize 授权，核准，允许，审定，认可，委任〔托〕
authorized 核准的，委任的，规〔指〕定的，公认的
authorship 原作者，著述，来源
autisludge 抗淤沉，抗沉淀，去垢
auto ①汽车②自动的，自动装置，自动机，自动器③乘汽车
autoabstract 自动摘要〔抽样，抽取〕
auto-alarm 自动报警（器，接收器）
auto-analyser 自动分析器
auto-answer 自动回答
autoattendant 自动值守
autoauthentication 自动验证
autobahn 〈德〉高速公路，快车道
autobalance 自动平衡（器）
autobar 棒料自动送进装置
autobias 自（动）偏压，自动偏置
autobicycle 摩托车，机器脚踏车
autoboat 机动艇，汽艇，摩托艇
autobond 自动结合〔焊接，键接〕，（变压器）阻抗结合，自耦合
autobrake 自动制动器
autobulb 汽车灯泡
autobus 公共汽车
AutoCAD AutoCAD 软件（一种计算机辅助软件）
autocall 自动呼叫
autocap 变容二极管
auto-capacity 本身〔固有，分布〕电容
autocar 汽车，机动车
autocartograph 自动测图〔制图〕仪
autocatalytic 自（动）催化的
autochangeover （备用系统）自动接通机构
autochanger 自动变换器，（电唱机的）自动换片器
record ~ 自动换片的唱机
autochart 自动图表（程序）
autochrome 彩色照相（片），奥托克罗姆（微粒彩屏干版），彩色底片
autoclave ①高压锅，耐〔热〕压罐，压力罐，

压力加热器，高压釜，压热器（制造晶体用），压力（加镁）室②蒸汽脱蜡罐，蒸汽脱水罐③用高压锅〔蒸压器〕蒸〔消毒〕④真空罐
steam-agitated ~ 蒸汽搅拌高压釜
autoclaving 热压处理
autoclino 自动壳型机
autocode 自动编码〔代码〕
autocoder 自动编码器
autocoding 自动编码
autocoherer 自动粉末〔凝屑〕检波器
autocollimatic 自动对准的，自准的
autocollimating 自准直
autocollimation 自动（准）直，自动视〔对，照〕准
autocollimator 自动瞄准〔照准，准直〕仪，自动平行光管，光学测角仪，（自）准直望远镜
autocombustion 自动燃烧
autocommand 自动指令
autocompensation 自动补偿
autocompensation 自动补偿
auto(-)compounded 自复绕式
autocondensation 自缩聚
autoconduction 自动传导，自感（应）
autoconnection 自耦变压器的接线
autocontrol 自动控制，自动调整
autoconverter 自动变换器，自耦变压器
autocook 自动烹调
Autocopser 奥托科珀自动卷纬机
autocorrection 自动校正
autocorrelation 自相关（作用），自动校正，自动交互作用
constant amplitude zero ~ （通信）恒幅零自动相关
autocorrelator 自相关器
autocorrelogram 自相关图
autocovariance 自协方差，自协变
autocrack 热裂纹
autocrane 汽车（式）起重机，汽车吊
auto-cross 高速汽车竞赛
autocue 自动提示器
auto-cut-out 自动断路〔截止〕（器）
autocycle ①自动循环②机器脚踏车，摩托车
autocylinder 小型凸版滚筒印刷机
auto-decrement 自动减数〔减，递减〕
auto-design 自动设计
autodetector 自动（粉末，凝屑）检波器，自动探测仪
autodial 自动标〔刻〕度盘，自动拨号盘
autodiaphragm 自动光圈
autodin 自动数字网（络）
auto-dodge 自动匀光印像机
autodoffer 自动落纱机
mobile ~ （电动或手推的）小车式自动落纱机，移动式自动落纱机
auto-dope 自掺杂
auto-doping （集成电路工艺用）自掺杂（作用）
auto-draft 自动制图
autodrinker 自动饮水器
autodynamograph （纱线）强力自动记录计
autodyne ①自差收音机，自激振荡电路，自差接收器②自差，自拍
autoelectronic 场致（电子）发射的，自动电子发射的
autoemission 自动发〔辐〕射，冷发射，场发射
autoencoder 自编码器
denoising ~ 降噪自动编码器
variational ~ 变分自动编码器
autoexcitation 自激励，自激振荡
autoexciting 自激的
autoexec 自动执行
auto-exhaust 汽车排气
autofeed 自动进给（刀具）
auto-feeder 自动送料器，自动进给装置
autofisher 自动钓机
autoflow 自动流程图，自动画框图
auto-focus 自（动）聚焦
autofocus 自动聚焦
autoformer 自耦变压器
autofrettage 冷作预应力法（增加咬蚀抗力的处理，主要用于厚壁缸体、管子和炮筒等），挤压硬化内表面的压力容器制造法，（炮筒）内膛挤压硬化法，冷拉
autogardener 手扶园艺拖拉机
autogenic =autogenous
autogenor 自动生氧器
autogenous ①锻接的，自热的，自〔气〕焊的②自〔偶〕生的，自动的
autogiration 自（动旋）转
autogiro ①直升（飞）机，（自转）旋翼机②自动陀螺仪
autograph ①自动绘图仪②手稿，手笔，亲笔（签名）③真迹石印版④亲笔写，署名
radio ~ ①无线电传真，自动射线照相术②放射（同位素）显迹，放射性同位素示踪
torpedo ~ 鱼雷绘迹仪
autographic 自记的，亲笔的

autographometer 地形自动记录仪，自动图示仪
autography 亲笔（签名，书写），真迹石印版，石版复制术
radio ~ 无线电传真术，自动射线照相术
autogravure 照相版雕刻法
auto-guider 自动导向器，自动导星装置
autogyration 自旋转
autogyro =autogiro
auto-hand 机械手，自动手
autoheader 自走式联合收获机
autohesion 自黏力，自黏作用
autoheterodyne 自差线路（收音机），自拍
autohoist 自动挂钩
autohoist 汽车起重机
autoignite 自动点火，自燃
autoigniter 自动点火器
autoignition 自动点火，自燃，（柴油机）压缩点燃，压燃
auto-increment 自动加数〔加 1，递增〕
autoindent 自动缩进
autoindex 自动变址，自动编索引
autoindexing 自动索引
auto-induction 自（动）感（应）
autoinflation 自动充气，自动膨胀
auto-inhibition 自动阻化〔抑制，阻尼〕（作用）
autojig 自动卷染机
auto-jigger 自耦变压器
autokerning 自动靠拢，自动毗连，自紧排，自动调整字距
autokey 自动关键字，自动键
autokeyer 自动键控器
auto-klean-filter 缝〔线〕隙式过滤器
autolaryngoscope 自检喉镜
auto-latch 自锁锭钩
autolay 自动开关〔敷设，扭绞〕
autolayout 自动布图程序
auto-level 自动安平水准仪
autolift 汽车〔自动〕升降机
autoline 自动线，（高速）道路，高速公路
autolink 自动连接程序
autoloader 自动装卸机〔车〕，自动装填器〔送料机〕
autoloading 自动上料〔送料，装卸〕
autologon 自动登录
autologout 自动退出登录
automaker 汽车制造者〔厂，商〕
auto-man 自动 - 手动（转换开关）
automanual 半自动的，自动 - 手动的
auto-mask 自动彩色校正
automat ①自动机，自动装置，自动控制器②自动枪，冲锋枪
digital ~ 数字自动机，数字自动装置
discrete ~ 离散自动机
finite ~ 有限自动〔时序〕机
infinite ~ 无穷自动机
intelligent ~ 智能自动机
linear bounded ~ 线性有界自动机
microprocessor ~ 微处理自动机
probabilistic ~ 概率〔随机〕自动机
push-down ~ 下推自动机
stack ~ 堆栈自动机
automatable 可自动化的
automatch 自动转换程序，自动匹配程序
automated 自动化的，自动操纵的
automath 自动数学程序
automatic ①自动装置〔机械，手表，手枪，火炮〕②自动（机，化，操作，作用）的，自记的，自然的
~ check-out（and control）system 自动检查（和控制）系统
~ circuit tester 自动电路测试机
~ classification and interpretation of data 数据自动分类与整理
~ colour killer 自动消色器
~ contrast limiter 自动对比度限制器
~ control gear 自动控制〔换档〕装置
~ control transportation 交通自动控制系统，自动化控制运输系统
ease ~ 简易自动式
load ~ 随负载变化自动作用的
partial ~ 部分自动的，半自动的
shuttle changing ~ 自动换梭织机
Swiss-type ~ 单轴纵切自动机床
soft close ~ （汽车行李箱）自动关紧装置
automaticity ①自动性，自动化程度，灵巧度②反射运动
automatic-manual 自动 - 手动的，半自动的，自动 - 人工（的）
automatics 自动学，自动装置〔车床，机械〕
automaticsize 自动测量
automatic-sizing 自动尺寸测量
automation 自动化，自动操作；自动机，自动装置；自动开关，自动监控器
~ of broadcast continuity 广播自动化
bus ~ 高速缩微胶卷系统
design ~ 设计自动化

digital ~　①数字式自动装置②数字式自动化
feedback ~　反馈自动化
flexible ~　柔性自动化
home ~　家庭自动化
house ~　家庭自动化，家务自动化
integrated ~　集成〔综合〕自动化
integrated office ~　综合办公自动化
process ~　工序自动化，生产过程自动化
programmable ~　可编程序自动化
sectional ~　分段自动化
smart home ~　智能家居自动管理
smart ~　智慧工厂
store ~　（SA）仓储自动化
automatism　自动性，自动作用
automatization　自动化
digital ~　数字计算机自动化
automatograph　自动记录器，点火检查示波器
automaton　=automat
automatous　自动的
autometer　汽车速度表〔计〕
automicrometer　自动千分尺〔测微计〕
automixer　自动混合器
automizer
pressure ~　压力弥雾机
automobile　①(小)汽车，自动〔机动〕车②车辆，发动机③自动的④开〔乘〕汽车
~ noise creteria number　汽车噪声判断的标准〔规范〕值
amphibian ~　水陆两用汽车
armo(u)red ~　装甲汽车
crude oil ~　柴油汽车
electric ~　电动汽车
automobilism　汽车驾驶，汽车运行
automobilist　驾驶〔使用〕汽车者
auto-Mod　自调制重入式 M 型管
automodulation　自调制
automoment　自（相关）矩
automonitor　自动（程序）监控器
automorphism　自同构
dual ~　对偶自同构
automotive　①汽车的，机动（车）的②自动的
~ energy efficiency program(me)　汽车能效计算程序
~ gas oil　汽车用柴油
computerized ~ maintenance system　计算机化汽车维护系统
automotor-generator　自电动发电机（两个电枢串联的直流 - 直流变换机）
automount　自动安装
autonavigator　自动导航仪
autonomics　①自调系统程序控制研究②自主学
autonomous　自备〔给〕的，自主操纵的，独立的
autonomy　自主（权）
autooscillation　自激振动
parasitic ~　寄生自振荡
autoparity　自动奇偶校验
auto-parts　汽车零件，汽车配件
autopatching　自动插接，自动修补
autoped　小型摩托车
autophasing　自动稳相
autopiler　自动化编译程序装置，自动编译程序
autopiling　自动传送
autopilot　自动操舵仪，自动驾驶仪，自动导航，自动驾驶装置
adaptive ~　自适应自动驾驶仪
electronic ~　电子自动驾驶装置
autoplane　自动（控制）飞机，有翼汽车
autoplant　自动装置〔设备，工厂〕
Autoplate　（新闻印刷机用)自动制版机(商品名）
autoplotter　自动绘图机
autopneumatolysis　自气化（作用）
autopoll　自动探询（通信控制器在处理对探询的否定应答时，不中断处理机）
autopolymerization　自（动）聚合（作用）
autopositive　直接正片
autopour　自动开塞机，自动塞棒机，液压开塞器
liquimetric ~　定量自动浇注
Autopress　小型凸版印刷机（商品名）
autoprinter　自动印片机
autoprompting　自动提示
autopulse　①自动脉冲〔动〕②独立驱动的液压泵③振动式电压调节器
auto-punch　自动冲压硬度试验机
autopush　自动压入（UNIX 系统中的一种操作步骤）
autoradar　自动跟踪雷达
auto-radio　汽车收音机
autoradiogram　①自动射线照相，放射自显影谱②收音电唱两用机
autoradiograph　自动射线照相，射线(自)显迹，放射自显影
autoradiography　射线显迹法，自动射线照相（法），放射自显影（术）
electron microscopic ~　电（子显微）镜放射自摄影术
gamma ~　γ 射线照相（术）

autorail 轨路两用车
auto-ranging 自动调量程的，自动调范围的
autoranging 自动限界（中小型计算机制图技术中，利用系统设定值确定图表间隔的方法）
auto-reclosing 自动重合
autorecorder 自动记录器
autoreduction 自动归算
autorefresh 自动更新（一种数据库自动处理步骤）
autoregistration 自动登记〔读数，对准〕
autoregression 自回归
autoregulation 自动调节
auto-relay 自动继电器
auto-repeater 自动重发器，自动替续增音器
autorestart 自动再启动
auto-return 自动复位，自动返回
autorhythm 自动节律
selecting an ~ 选择自动节奏
autorotation 自转
autorouting 自动布线
autosampler 自动取样器，自动纤维长度试验仪
autosave 自动存储，自动保存
autoscaler 自动定标器〔检尺机，换算装置〕
autoscaling 自动缩放
autoscan 自动扫描
autoscooter 坐式〔双轮〕摩托车
autoscope （检查发动机点火系统故障用）点火检查示波器
autoscore 自动划线
autoscutch 自动开幅机
autosensing 自动感应
smart ~ 智能自适应
auto-setter 自调定形机
autoshaver （圆铅版）自动刨板机
autosizing 自动尺寸监控，自动上胶
autosledge 自卸式拖运器
autoslot 自动缝隙〔翼缝〕
auto-sorter 自动分类机
autospectrum 自（乘）谱
autospotter 着弹自报机
autostability 自稳定性
autostabilizer 自动稳定装置
autostable 自动稳定的
autostairs 自〔活〕动梯
autostarter 自动起动器，自耦（变压器式）起动器，自动发射架，自动发射装置
autosteerer 自动操舵装置，自动转向装置
autostop 自动停止（器），自动停机
autostopper 自动停止装置，自动制动器
autostrada 〈意〉汽车公路，（高速）公路干线
autostrobe 小型电子闪光器
auto-switch 自动开关
autosyn 自动同步机，自整角机，自动整步器，远距传动器，交流同步器
autosynchronous 自（动）同步的 averager
autosynthesis 自动合成
auto-take 自动执行
autotask 自动任务
autotelegraph 电写，书画电传机，电传真机
auto-tempering 自发〔身〕回火
autotest ①自动测试②自动测试程序
autothermic 热自动（补偿）的，自（供）热的
autothermoregulator 自动温度调节器
autothreading 自动引带
autothrottle 自动节流阀门
autotimer 自动计时器，接触式自动定时器
autotrace 电气液压仿形铣床
autotracker 自动跟踪装置
autotracking 自动跟踪〔调谐、统调〕
autotransductor ①自控饱和电抗器②自耦磁放大器
autotransformer 自耦〔单卷〕变压器
earthing ~ 中性点接地补偿器〔自耦变压器〕
electrical-zero ~ 有电气零点的自耦变压器，电零位自耦变压器
exciting ~ 励磁自耦变压器
hexagon ~ 三角形联结自耦变压器
neutral ~ 中性点接地自耦变压器
phase-shifting ~ 移相用自耦变压器
power ~ 电力自耦变压器
starting ~ 起动（用）自耦变压器
tuned ~ 调谐自耦变压器
autotransmitter 自动传送机，自动发报机
autotrembler 自动断续器，自动振动器
Autotron 卷筒纸自动套准装置（商品名）
autotruck 运货汽车，货车
autotune 自动调谐，自动统调
autotype ①影印术，照相印刷术②复印〔制〕品③感光树脂制版④影印，复印
auto-up 自动上升
autovac 真空箱，真空装置
autovalve 自动阀，自动阀门
autovariance 自方差
autoverify 自动检验
autowarehouse 自动化仓库
autowasher 自动洗衣机

auto-wrench 自动扳手
autowriter 自动写出程序
autoxidation 自动氧化
autrometer 自动多元素摄谱仪
autunite 钙铀云母
autur 燃气轮机燃料
auxanometer 生长计
auxiliaries 辅助设备，附属设备，辅件，辅机
auxiliary ①（常用 pl.）辅件，辅助设备，附属人员②次要的，附加的，从属的
mill ~ 轧机附属设备
Molyneux's ~ 莫利纽克斯辅助件（连接在补偿摆轮上，用于减少中间温度误差的装置）
auxinotron 辅助加速器（强流电子回旋加速器的参考名称）
auxiometer 廓度计，透镜放大计，测量透镜放大率的装置
auxograph 体积变化自动记录器
aux-view 辅助视图
availability ①有效性，（有效）利用率，工作效率，有效工作时间②存在，具备③可达性，采用价值
boiler operating ~ 锅炉可用率
data base ~ 数据库有效率
device ~ 设备利用率，设备效率
full ~ （电话交换）全利用率
instantaneous ~ 瞬时有效度
limited ~ 有限利用率
operating ~ 可能利用率
pointwise ~ 逐点可应用度
system ~ 系统利用度
available ①现有的，可以得到的②有效的，可用的，存在的③适用于
commercially ~ 市场上可买到的，能大批供应的
currently ~ 现用的，现行的
avalanche ①（离子）雪崩②拥至，大量拥进
dislocation ~ 位错雪崩
electron ~ 电子雪崩
phonon ~ 声子雪崩
photon ~ 光子雪崩
avalite （钾）铬云母
avasite 硅铁矿
avatar 化身(虚拟环境中用户选择的虚拟身份）
average ①平均（数，值，标准）②海损（航海中造成船舶或货物的损失）③平均的，普通的④均分，平均（是，为）
arithmetical ~ 算术中项
assembly ~ 统计平均值，汇集平均值，数学期望，数学预算
efficiency ~ 平均生产率，平均效率
ensemble ~ 集平均，系统平均值，总体均值
general ~ 一般平均值，共同海损
grand ~ 总平均
moving ~ 滑动平均值，流动平均数
progressive ~ 累加平均
sample ~ 样本均值
time ~ （对）时间（的）平均值
weighted ~ 加权中数，加权平均（值）
averager 平均〔均衡，中和〕器，中和剂
average-to-good 中上等的，中等以上（质量）的
average-weighted 加权平均的
averaging ①求（平）均值②平均（的），中和（的），混匀（的）
neighbo（u）rhood ~ 相邻点平均化
avertence 偏转，背转
right ~ 右偏
avgas 航空汽油，活塞式飞机发动机的燃料
Aviar Aviar 型镜头（物镜）
aviation ①航空（兵，学，术），飞行术②飞机制造业③军用飞机
aviator 飞行员，飞机驾驶员
avicel 微晶（粉末）纤维素
avigation 航空术，空中导航
radio ~ 无线电航空导航
avigator 领航员
avigraph ①导航仪，自动领航仪，航行计算仪②速度三角形机械计算器
Aviomap （采用空气轴承的）立体测图仪
Avional 阿维昂铝合金（w（Cu）4%，w（Mg）0.5% ~ 1.0%，w（Mn）0.5% ~ 0.7%，w（Si）0.3% ~ 0.7%，其余 Al）
avionic 航空电子学的
avionics ①航空电子学②（航空，导弹，宇航用）电子设备，控制系统
aviotronics 航空电子学
aviphot 航空摄影
aviso ①通知〔报〕②侦察通信船，通报舰，送信船
avoidance ①避免，回避②取消，作废
collision ~ （航空）防撞，（汽车）碰撞回避系统，防撞系统
obstacle ~ 排除故障
obstacle detection and ~ 障碍物检测与规避（机器人智能）
avoirdupois ①（英国）常衡（制）（1 lb=16 oz=453.592 g）②重（量），体重

avometer 安伏欧计，万用电表，三用电表
Avtag 航空涡轮用汽油
Avtur 飞机用煤油
award ①决断〔定〕，裁决，奖（品）②授予，颁发③给予
arbitration ~ 仲裁鉴定
awareness 认〔意〕识，了解，知道
network ~ 网络识别
aweigh 悬着的，直立的，垂直的
A-wire A线（电话），正线，甲线
awl 钻子，锥子
brad ~ 锥钻
marking ~ 划线盘，划针
scratch ~ ①画针，划针，划线针②划线台
awner 除芒器
ax(e) ①斧（子）②削减
broad ~ 阔斧，宽斧，木工（用）斧
mortise ~ 榫孔斧
pick ~ 丁字斧
pitch ~ 鹤嘴斧
axes axis 的复数
primary ~ 主关节轴
secondary ~ 副关节轴
axhammer 斧锤
axial ①轴线②轴向的，轴的
absorb ~ 减振轴
axiality 同轴度
axially-compressed 轴向受压的
axial-mode 轴向波形，轴线模式
axiator 轴向量
axi-compressor 轴流式压缩机
axicon 轴棱镜，展像镜，旋转三棱镜
axiom 原〔定，公〕理，原则，规律
multiplicative ~ 乘法〔选择〕公理
reducibility ~ 可约性公理
axiomatic(al) 公理的，自明的，理所当然的
axiomatics ①公理学②公理系统
axiotron （加热电流的磁场控制型）磁控管
axipetal 向心的
axis ①轴，轴线，中心线②晶〔中〕轴（化学名词）
~ of freedom 自由度轴
~ of precession 进动轴
~ of torque 转矩轴，力矩轴
~ of twist 扭转轴
~ of weld 焊缝轴线
abscissa ~ 横坐标轴，横轴
anisotropic ~ 各向异性轴
anticlinal ~ 背斜轴
beam ~ 射束轴
blue colo(u)r difference ~ 蓝色差信号轴，B-Y 轴
body ~ 物体（的）轴线，固定轴，联系轴，机体轴线
brachy ~ （晶体的）短轴
B-Y ~ 蓝色差信号轴，B-Y 轴
cardan ~ 万向联轴器轴，万向节轴，卡登轴
Cartesian ~ 直角〔笛卡儿〕坐标轴
celestial ~ 天轴
central ~ 中央〔中和，中心〕轴
centroidal ~ 质（量中）心轴线
chief ~ 主轴
chord ~ ①联系轴，固定轴②（翼）弦轴
collimation ~ 照准线
colo(u)r ~ 色轴
common ~ 公共轴线
concurrent ~ 相交轴，交叉轴
crossed ~ 交错轴
datum ~ 基准轴线
diad ~ 二重轴
digonal ~ 二角轴，双角线轴
easy (magnetization) ~ 易磁化轴
elastic ~ 减振轴，缓冲轴，弹性轴
electric(al) ~ （石英晶体）电轴
elevation ~ 仰角轴
fabric ~ 组构轴，焊接轴
fiber ~ 丝缕轴
field ~ 磁极轴线，（电机的）真轴
focal ~ 焦轴
focus-coil ~ 聚焦线圈轴
fore-and-aft ~ 纵轴（从机头到机尾）
gimbal ~ 常平架轴，（陀螺）框架轴
green colo（u）r difference ~ 绿色差信号轴，G-Y 轴
green-magenta ~ 绿 - 品红轴线
guidance ~ 瞄准轴，导引〔向〕轴
G-Y ~ 绿色差信号轴，G-Y 轴
hard ~ 难（磁化）轴
hexad ~ 六次对称轴
I ~ I（信号）轴，I 色差信号轴（NTSC 彩色电视）
imaginary ~ 虚（数）轴
inertia ~ 惯性轴
input ~ ①输入轴②（陀螺）内框架轴
instantaneous ~ 瞬时轴（齿轮传动），瞬轴
interpolar ~ 极间轴线，横轴（线）
intersecting ~ 交叉轴线

isometric ~ 等角轴线
lateral ~ 横轴线
lateral body ~ 联系坐标系横轴
lateral wind ~ 气流坐标系侧轴
lens ~ 透镜光轴（线）
librational ~ 天平动轴
macro ~ 长轴，斜方晶体或三斜晶体中的长轴
magnetic ~ 磁轴
main ~ 主轴线
major ~ （椭圆）长轴
mass ~ 重心轴线
mean ~ （椭球的）中轴，（椭球的）平均轴
mechanical ~ ①力轴（晶体的 Y 轴）②机械轴
minor ~ （椭圆）短轴
moment ~ 挠矩轴，弯矩轴
narrow-band ~ ①窄通带轴，狭通带轴②窄带色度轴（Q 轴）
neutral ~ 中性层，中性轴，中和轴线
no-feathering ~ 结构轴（线）
normal ~ 垂直轴线，法向轴
null ~ 零位轴
offset ~ 偏移轴
optic(al) ~ 光轴
orange-cyan ~ 橙 - 青轴（I 轴）
orthohexagonal ~ 六角正交轴（线）
output ~ ①输出轴②（陀螺仪）外框架轴
photometric ~ 测光轴
pitch(ing) ~ ①俯仰轴线②飞机横轴架轴
pole ~ （磁）极轴（线）
precession ~ 进动轴
principal ~ 主轴（线）
Q ~ Q 轴（色坐标）
quadrature ~ （正）交轴（线），横轴
radical ~ 幂线，根轴
railway ~ 铁路中线
ray ~ 光轴
real ~ 实（数）轴
reciprocal ~ 倒易轴
rectangular ~ ①直交轴②直角坐标系（轴）
red colo(u)r difference ~ 红色差信号轴，R-Y 轴
reference ~ 参考轴，读数〔坐标，基准，相关，依据，计算〕轴
refraction ~ 折射（线）轴
reticle ~ （红外）调制盘轴
roll(ing) ~ 滚动（摇摆）轴线
R-Y ~ 红色差信号轴，R-Y 轴
scalar ~ 无向量轴，标量轴
screw ~ 旋量轴
secondary ~ 副轴，次轴
semimajor ~ 半长轴
semimean ~ 半中轴
semiminor ~ 半短轴
semi-transverse ~ 半贯轴
sensitive ~ 量测轴（线）
skew ~ 相错轴
spin ~ 旋转轴线，（陀螺仪的）转轴
symmetry ~ 对称轴
synclinal ~ 向斜轴（线），顺斜轴
time ~ ①时轴②极轴
transverse ~ 水平轴，横轴（线），贯轴
trunnion ~ 水平轴，枢轴（线）
twin ~ 双晶轴，共轭轴
vertical ~ 竖〔立，纵坐标，垂直〕轴
visual ~ 视轴，光轴
yaw(ing) ~ 偏转轴线，偏航轴
zone ~ （晶）带轴（线）

axisymmetric(al) （与）轴（线）对称的
~ with dropped center 曲轴

axle 车轴，轮轴，心棒，驱动桥（汽车的前后桥）
articulated ~ 活动关节式车桥，铰接轴
back ~ 后车轴，（汽车）后桥
banjo ~ 班卓（琵琶）轴
bearing ~ 负载轴，支承车轴，承压车轴
bent ~ 弯臂轴，弯轴，曲轴
black collar ~ 带内凸肩车轴
blind ~ 静〔侧，游〕轴
cardan ~ 万向轴，铰接轴
couple ~ 连动轴
cross ~ 横轴
dead ~ ①静轴②从动轴③非驱动桥
differential ~ 半轴
divided ~ 分离轴，分开式前桥，分轴
drive ~ 驱动桥
driving ~ 驱动轴，主动轴
dummy ~ 伪轴，防冲轴
elliot ~ 端叉前轴（末端有转向节的叉的前轴）
fixed ~ 非驱动桥，支重桥
flexible ~ 挠性轴
front ~ 前轴，前桥
half rear ~ 半轴
hind ~ 后（轮）轴
lagging half ~ （拖拉机转弯时）横半轴
land ~ 地轮轴

leading ~ 导〔前，副〕轴
leading half ~ （拖拉机转弯时）前进半轴
live ~ 传动力的轴，转动轴
rear ~ （汽车）后车桥
rigid ~ （汽车）刚性车轴，整体式车桥
rigid drive ~ 非独立悬架式驱动桥
split ~ 分轴
steering ~ 转向轴，（汽车）前轴
stub ~ （汽车的）转向节，短轴，丁字轴
swing ~ （汽车）摆动臂式车桥
tandem ~ 串列轮轴，双轴
trailing ~ 尾轴，后轮轴，从动轴

axlebox 轴箱

axletree 车轴，轮轴，心棒

axode 瞬轴面
moving ~ 动瞬轴面

Axometer 测轴计，调轴器

axon 轴索，轴突

axonometric 正轴测图，不等角（投影），轴线测定，轴测，两向投影的，不等角投影的

azel 方位 - 高度

azeotrope 共沸（点）混合物〔冷剂〕，共沸曲线

azimuth 方位角（的），（地）平经（度）

azimuth-elevation 方位 - 高度

azimuth-range 方位 - 距离

azote 氮（N）

azotize 渗氮

azotometer 氮气测定仪

B

Babbit(metal) 巴比特合金，巴氏合金
babbitting 浇铸巴氏合金
babble 多路感应的复杂失真，(电话)串线杂音，混串音，多路串音
babbling 串扰
babingtonite 硅铁灰石
baby ①小型聚光灯②小型三脚架③小〔微〕型（的），低功率的
baby-car 小型汽车
bacillary 杆状的
back ①背（面，部），后端，后沿②（基）座，靠板，底座，底板，片基，垫板，垫片，衬垫③岭，脊，山脊，书脊，锯背④顶板，顶头盖⑤拖动端（电机的）⑥背后（的），后部（的），后面（的），相反（的），反向（的）⑦支持，作后盾，加里衬⑧裱，涂⑨后退，走向
automatic answer ~ 自动应答
broken ~ （钢丝的）横裂纹带
brush ~ 后刷边
busy ~ 忙回（信号），占线信号
carbon ~ （送话器）炭精座
die ~ 模孔出口锥
digital inquiry-voice answer ~ 数字询问 - 话音应答
double ~ 反向运行
fast ~ （汽车车身）直背式的
fish ~ 锯齿板，梳齿隔板
flange ~ 凸缘衬圈
flash ~ 回火
hog ~ ①拱起物，拱背②等倾线之顶点
holding ~ 逆止器，防退装置，防偏装置
knife ~ ①（切割器动刀上的）刀杆②刀背
locating ~ 压平板
pressure ~ 压平板
safe ~ （平锉的）背面，（扁三角锉的）侧面
skip ~ 跳跃式回绕
spring ~ 回弹
stamping ~ 模印（抖涂料后）
strong ~ 护板，夹板
title ~ 字幕背景
vacuum ~ 真空压平板，抽气压平板
wired ~ 布线背面
backacter 反向铲，倒铲，反铲挖土机
back-angle 反向角，后视角
backbar 支承梁，托梁
back-bearer 织机后梁
backblow 后坐（力）
backboard 底〔后，背〕板，背靠，后部挡板
back-bombardment 回轰，反轰击
zero ~ 最小回轰，零回轰
backbone ①支柱，骨干，构架②主要成分③脊背④主轴
~ network 骨干网
multicast ~ 多路广播骨干网
backcloth 背景幕，天幕
back-diffusion 反行〔反向，逆，背面〕扩散
backdigger 反向铲，倒铲
backdraft ①倒转②回程③反风流，逆通风
backdraught =backdraft
backdrop ①交流声②背景③干扰
backedge ①后脊②裂缝③夹层，轧疤（缺陷）④（轧件）舌尖，（轧制中金属反向流动形成的）压折
back-emf 反电动势
back-end ①后头，尾端②未采部分
backer ①垫座，（打字机的）垫纸，衬垫②支持者③支持物，补强物
die ~ ①模座②（挤压用）凹模支撑圈
stem ~ 挤压杆支撑垫
backfall ①向后倒②下坡，下降③山坡
backfeed 反馈
backfiller ①回填机，填土机②充填机③复土机
backfill(ing) ①反填充，回填②回填料③再充气
backfin =backedge
back(-)fire ①逆火，逆弧，反燃，回火（内燃机进气管）②过早点火③发生意外④结果适得其反
backfit ①不大的改形，变形不大②修合，磨合
backflash 火焰反冲，回闪〔燃，火〕，逆火，逆向火焰
backflow 返〔逆，回，反〕流
backflush ①回洗，逆流洗涤②反冲，反吹
back-folding ①背褶皱作用②延搁③折合的
backgear ①背〔后，慢盘〕齿轮②倒档（齿轮

装置）

back-geared （有）后齿轮的，减速的

backgouging ①（焊缝）铲根②背刨

background ①背景，本底，底色②基本情况，环境③基础，基底④后台⑤（广播，电视的）配乐

backguynoise ~ 声底数值，噪声背景，本底噪声

extended ~ 大面积背景，展宽背景

hands-on ~ ①实际工作能力，动手基本功，（操作计算机的）工作经验②积累经验

hot ~ 加强背景照明

inelastic ~ 非弹性本底

mural ~ 墙壁背景

backguy 拉索，拉条，支撑

backhaul ①回程，返程②载货返航，铁路空车运输

backheating ①反加热，逆热，回热②阴极受电子轰击过热

backhoe 反向铲，反铲

backing ①背衬，衬（板，垫，里，底），轴瓦〔衬〕，敷层，（拱）里壁②底板〔座〕，基底，（砂布）基材，垫片〔板〕，支架，反面支承，窝托横梁③充填，后面充填物④后台，背景布景⑤反向，反接，逆转，倒转，后退，回程⑥补强，增强⑦反接的，前级的（真空的）

~ off ①反馈②卸下，退下

aluminium ~ ①铝敷层②复铝的，铝化的

composition ~ 焊接垫板，焊剂垫

film ~ 防光晕层

flux ~ 焊剂〔药〕垫

liner ~ 轴承衬支座

melt ~ 焊剂托板，（焊接）垫板，焊剂垫

metal ~ 金属敷层〔壳背，壳衬垫，垫板〕

sheet ~ ①背板②钢板衬背

shot ~ 填丸加固，硬丸衬垫

weld ~ 焊缝衬垫，垫板

backing-off ①铲②凿③铲齿④后凹槽⑤（应力的）消除⑥（走锭细纱机的）退绕，反转⑦反馈，补偿

backing-out ①退火②返回③逆序操作④取消，脱出，放弃⑤列车退行⑥拧出（如螺栓等）

backing-up ①倒车②反撑③封底焊

back-kick 回〔逆，倒〕转

backlash ①间隙，齿间隙，后移间隙（鼓风炉风嘴），侧隙，余隙，空隙，无效行程〔运动〕②后退〔冲〕，木材反跳（锯木时）③矿井爆炸后的反风，（机械的）返回行程，离子反流④频率牵引效应，曳调效应⑤反向栅流⑥对抗⑦敌对性反应⑧空转，松动，空回，打滑⑨反向爆炸

circumferential ~ 圆周侧隙

gear ~ 齿隙，齿轮侧隙，回差

lift ~ （汽车）后举升门

loop ~ 环回

meshing ~ 啮合侧隙（谐波齿轮）

normal ~ 法面（向）侧隙

radial ~ 径向侧隙（与侧隙值相当的径向位移值）

torsional ~ 背隙

working ~ 啮合侧隙

backlog ①积累，储备②积压待办事项，积压的工作，未整理〔编目〕书刊

back-migration 返迁移，反向移动，逆迁

back-mixing 回混，返混

back-off ①铲背，倒转后解松②凹进，去锐边③退刀，让刀④退下，卸下，逆转，退避，拧松，拆开，解开⑤补偿⑥抽出，撤离

cutter ~ 让刀，抬刀

back(-)out ①退火②返回③逆序操作④旋出，拧出⑤取消，退出，撤销，放弃⑥烘焙

play ~ 重播放

backpack （携带式摄像设备的）背包

backpass 尾部烟道，后部

backpitch ①背齿距，反螺旋②焊接或铆接行距

backplan 底视图

backplane 底板

bus-oriented ~ 总线用底板

card address ~ 插件地址底板

backplate ①信号板②背（面）板，后（挡）板，后墙③护板④底板

backpressure 反压力，回压，背压，吸入压力

backprojection 幕后投影，背景放映（利用银幕做背景进行合成）

back-resistance 反向电阻

backrest ①后刀架②（座位）靠背

back-roll ①回原地再起动，复动，再运行，重算②反绕，倒卷

backrun ①反转，倒车②背面焊缝，封底焊（缝）③逆向的，反转的

backscatter(ing) 反向散射，向后散射，背反射，背散射

backscrolling 后向滚动

semi fast ~ 半直背式乘用车

backseat 后座
backset ①止动装置，固定装置②逆流，涡流③后退
backshaft 后轴
backshank 针尾
backshot ①消声射击②排气管〔消声器〕内爆音
backside 后部
backsight ①凹槽，切口②后视，表尺（缺口），瞄准口〔孔〕
backslash 反斜线（\）
backslope ①摆轴锥台部分的斜面②内坡，后坡
back(-)space ①倒带，反绕②后移③返回，退格〔位，回〕④退格键，回退键；退格（符）
backspacing ①反绕②返回，回退③后移
backspin 回旋，倒旋
backspring 反向弹簧，回程弹簧
backstand ①（带式抛光机调整抛光带张力的）后座，张紧座②支承，构架，支撑结构
backstay ①（帆船的）后支索②后撑条，后支撑
back-steam 回汽
backstop ①止挡，止回器，挡铁②后退挡块，后障③托架（限制继电器衔铁行程的结构），支撑④棘爪⑤阻尼器，吸收器⑥挡住，支持
backstroke 返回行程，返回冲程
back-substitution 回代
double ~ 双重回代
backswept ①后掠②后掠角③后掠角的
backswing ①反冲②回摆，反向摆动③倒转
backtab 退回一个制表符位置
backtension ①反张力②反电压
back-to-back 背靠背
backtrack(ing) ①返程，回程，回路，回溯，追踪②反馈，反射，返回③回溯法，追踪法
back(-)up ①备用设备〔元件，方案〕，后备保险装置，后援设备，备品②支援〔撑，持〕，后备，后援，备份③垫板④封炉（高炉）⑤备用的，预备的，辅助的，后援的，备份的⑥倒档
analog(ue) ~ 模拟备用设备，模拟备份，模拟后援
breaker ~ 断路后备装置，备用断路器
digit ~ 数字后备电路
digital ~ 数字回溯（法）
file ~ 文件备份〔补救，后援，支持，备用〕
gas ~ 保护气垫
local ~ 局部后备（保护）
manual ~ 手动后备调节装置，人工接替
relay ~ 继电器后备保护（装置），后备继电器
weld ~ 焊缝的背垫
welding robot play ~ 焊接机器人示教
backventing 背部通气
backwall ①后膜，后墙②后墙水冷壁③（斜井井筒的）工作面
backward 向后的，反向的，倒行的，落后的，迟钝的
backwash ①（汽车后的）尾旋，尾流②（喷气发动机的）喷流③后洗④翻松⑤反溅，反洗，回冲
backwater ①壅水，回水②循环水，再用水③停滞（状态）
backway 后退距离
backwind 倒片，倒带，回绕
bacteriorhodopsin 细菌视紫红质（简称 BR，重要的生物光子学材料）
baddeckite ①含有铁质的白云母②赤铁黏土
baddeleyite 锆矿石，二氧化锆矿
badge ①符号，表象，徽章，标记，表征②剂量计
film ~ ①胶片剂量计②测辐射的软片③胶片式射线报警器④胶片式射线计量器⑤独立层
badger ①排水管清扫器②刷（子）③斜（口）阔边刨
baffle ①挡圈，挡〔隔，障，缓冲，折流〕板②障体，阻遏体，反射体，导流，扰流器，阻尼器③栅板，百叶式挡光板，屏（蔽），定向屏蔽（板，面）④砥柱⑤炉门槛⑥助〔吸〕声板⑦阻塞〔遏，挡〕，进行干扰，反射，反抗
acoustic ~ 助声板，声障板
box ~ 扬声器助音箱
chevron ~ 百叶障板，迷宫式障板，V 形挡板，人字形挡板
cryo ~ 低温障板
cylinder ~ 气缸外壳（导流片）
dam ~ 液封挡板
diaphragm ~ 挡气膜，阻流膜片
electrothermal ~ 半导体障板
fire-proof ~ 回火挡板
freon ~ 氟利昂冷阱
gas segregating ~ （汽轮发电机的）气隙隔板
grease ~ 遮油物，遮油板，挡油片
Howe-box ~ 豪氏喇叭箱
infinite ~ （扬声器的）无限反射板
piston ~ 活塞导流顶

plane ~ 声障板，声反射板，平面障板
reflex ~ 倒相式扬声器匣，反音匣
refrigerated ~ 冷却挡板，（使用制冷机的）冷阱
roof ~ 反射炉障板
scrubber ~ 分离器（锅筒内），洗汽挡板
shell-type ~ 迷宫式障板，同心环形障板
skimming ~ 分离挡板
splash ~ （汞弧管中防止水银溅到阳极上用的）防溅挡板
stabilizing ~ 火焰稳定器
swirl reducing ~ 减小（气流）偏扭度的隔板，防旋流挡板
thermal ~ 绝热隔板

baffler ①挡板，隔板，（汽轮发电机的）气隙隔板②阻尼器，消声器，减音器，隔音板，阻风门，节制板③节流阀，泵的加润滑油控制器④折流器，导流板
flue ~ 烟气折流器

baffle-type 挡板式的，百叶窗式的

baffling ①阻遏，节流②挡板③（炉）门槛④节流阀调节
air ~ ①空气囊，空气室②内胎③辅助约束系统（安全气囊）
air ~ restraint system （汽车）安全气囊式乘员保护系统
baggagedust ~ 集尘〔过滤，抖粉〕袋
blind ~ 盲袋（被堵塞的过滤袋）
bump(ing) ~ 缓冲袋
cure ~ 蒸煮室，硫化室
curing ~ 水胎
expellant ~ 弹性箱
Faraday's ~ 法拉第（圆锥）袋
mo(u)lder's blacking ~ 型面粉袋（铸造），铅粉袋
water ~ ①水袋，水囊②硫化室③蒸汽滚筒

baggage 行李，辎重，多余的东西

bagger ①泥斗，杓斗，铲②挖泥机，挖泥船，掘沟机，多斗电铲③装袋器

baghouse 集尘袋室，沉渣室，袋滤室

bagpipe ①人为干扰发射机②风笛

Ba-grease 钡基润滑脂

baguette ①叶片②小圆凸线

Bahnalumin(i)um 巴恩铝铜合金（w（Cu）6%，w（Al）94%）

bail ①（手）杓，（吊）桶吊包（架），戽斗②吊环，耳，（捞砂筒的）钩环，绳套，卡轨〔钉，圈〕③天平（翻箱用）④（凿井时的）排水⑤提捞，吊取，抽汲⑥用泥浆泵清理钻孔⑦（打字机上把纸压在圆筒上的）夹紧箍
ladle ~ （铸钢）盛钢桶挂钩

bailer ①钻泥提取器〔管〕②提水工，捞砂工③提水筒，（凿井时的）排水吊桶④捞砂筒⑤带底阀的抽泥浆筒或提水箕斗，抽泥筒，泥浆泵

bailiff 测量员

bailing 排水，捞沙，提捞，用泥浆泵清理钻孔，抽汲

bainite 贝氏体
granular ~ 粒状贝氏体
high ~ 上贝氏体
inverse ~ 反常贝氏体
low ~ 下贝氏体
upper ~ 上贝氏体

baiting 下料

bak 后备文件名，扩展名

bake 烘，焙，烤干，烧固

baked 烘过的，烤干了的，烧固了的

bakehouse 烘干机，烘干装置

bakelite 酚醛塑料，酚醛电木，绝缘电木，胶木

bake(-)out ①烘烤〔干〕，退火②预热除气（真空元件抽气过程）

baker 烘干器，干燥机

Baker 通信中用以代表字母 b 的词

baking 烘烤，退火，低温干燥处理
after ~ 二次焙烧，后期焙烧，后焙
flash ~ 快速烘焙，快速烤干

balance ①天平，秤②平衡，均衡，对称，比较③配重平衡块，平衡重量④摆，摆轮⑤资产负债表，对照表，平衡表⑥差额，存欠余额，（蒸汽，水的）残渣⑦补偿，抵消，中和⑧称量，调节
~ of power 动力平衡，功率平衡，力量对比，均势
~ out ①衡消，平衡掉②中和③使平衡
aerial ~ 天线调谐，天线匹配
aerodynamic ~ ①（空气）动力天平，风洞天平②气体动力平衡
affix ~ 补偿摆轮
alloy ~ 合金天平
ampere ~ 安培秤
analytical ~ 分析天平
assay ~ 化验天平，试金天平
back ~ ①平衡锤〔重，块〕，配重②后平衡③平衡器④地网⑤拉紧装置
beam ~ 杠杆式天平〔秤〕

bimetal ~ 双金属摆（轮）
bridge ~ 电桥平衡
bullion ~ 贵金属秤，金银秤
candle ~ ①光度计②照度平衡
capacitance ~ 电容平衡
carat ~ 克拉天平
carbon iron ~ （高炉料中）铁碳平衡，矿石平衡
carrier ~ 载频平衡
chainomatic ~ 链码天平，链条天平
closed-loop electronic ~ 闭环式电子天平
colo(u)r ~ 彩色平衡，色度调谐
Cotton ~ 科顿平衡仪（测量磁场的仪器）
counter ~ ①抗衡，平衡力，平衡块②均衡，抵消，补偿
counterweight ~ 重锤式平衡
current ~ ①电流平衡②电流秤
cut ~ 开口〔修正，补偿〕摆轮
deci-ampere ~ 十分之一安培秤
deka-ampere ~ 十进安培秤（1 ~ 100 A）
denier ~ 登尼尔天平
differential ~ 窝列摆，微分摆，不开口的双金属补偿摆轮
direct-method heat ~ 正（热）平衡（法）
Donnan ~ 道南平衡
door counter ~ 炉门平衡机构
double-disc ~ 双盘天平
drag ~ 流阻平衡（空气）
Dubois ~ 杜波依斯天平秤（测量磁导率用）
duplex ~ 双工平衡（电路），双方向平衡的
dynamic ~ 动态平衡，动力平衡，动力均衡
electric ~ 电平衡，平衡电路，电桥电路，惠斯通电桥平衡
electrodynamic ~ ①电动平衡②电流秤
electronic ~ 电子天平
energy ~ 能量平衡，热平衡
faired contour ~ 流线型减阻平衡
Felici ~ 电感测量电桥
fine ~ ①精密调节，细平衡②精密天平
float counter ~ 浮筒杠杆
flo(a)tation ~ 浮力秤
floating ~ 悬浮摆轮（被圆柱游丝吊着以减少下支承摩擦）
gas density ~ 气体密度计〔天平〕
Glucydur ~ 用铍青铜制造的摆轮，格露赛得摆轮
gravity ~ ①重力秤②重力平衡
Guillaume ~ 居罗姆摆轮（二次误差很小的开口双金属补偿摆轮），积分摆轮
Gyromax ~ 基隆麦克斯摆轮（在轮缘端面埋有八个荷重的特殊结构摆轮）
half ~ 半平衡，不完全平衡
heat ~ ①热（量）平衡②热平衡表，热量对照表③热力系统，回热系统
horn ~ 突角补偿
hydraulic ~ ①测功水力秤②液压式平衡，水力平衡
hydrostatic ~ 流体静力学平衡
indirect-method heat ~ 反（热）平衡
inertia ~ 惯性平衡，动平衡
inset hinge ~ 鸠尾式平衡
Jolly ~ 测密实度天秤（德国物理学家 Jolly 发明）
Kelvin ~ 开尔文（电）秤
Kullberg's ~ 库尔伯格摆（补偿摆轮）
Langmuir surface ~ （兰米尔）表面膜测定秤
loudness ~ 响度平衡，响度对称
mass ~ ①质量平衡②配重，平衡重
Molyneux ~ 莫利纽克斯摆轮（二次补偿摆）
monometallic ~ 单金属摆轮
MRS ~ 计划差额
multicomponent ~ 多分力天平
multiplying lever ~ 倍数杠杆天平
neutral ~ 随遇平衡
oil ~ （油耗测量装置）燃油天平
open-loop electronic ~ 开环式电子天平
over ~ 超（出）平衡，附加配重
pendulum ~ 摆锤天平，单纱强力试验机
phantom ~ 幻象电路平衡
piezoelectric ~ 压电天平
plasma ~ 等离子区平衡
platform ~ 台秤，磅秤
power ~ 动力平衡，功率平衡
Rayleigh current ~ 雷利电流天平(一种安培秤)
Roberval's ~ 架盘天平
Roman ~ （提）秤
rotary ~ 转动平衡，动平衡
running ~ 动（态）平衡
Sartorius sedimentation ~ 电笔记录沉积秤
single-disc ~ 单盘天平
sort ~ 平衡分类法(使用磁带进行分类的方法)
special ~ 专用天平
spring ~ 弹簧秤
static ~ 静（力）平衡，静力均衡
Sucksmith ~ 塞克斯密秤
surface tension ~ 表面张力测定杆，表面张力

天平
table ~ ①托盘天平②收割台平衡机构
three-component ~ 三分力天平
timed annular ~ 定长游丝光摆轮
top-loading ~ 上皿式天平
top-loading electronic ~ 上皿式电子天平机
top-loading mechanical ~ 机械式上皿天平
torque ~ ①扭力计，扭力天平②转矩平衡
torsion ~ 扭力天平
trial ~ 试算表，试算对照表，试凑平衡表
trip ~ 配盘天平
ultramicro ~ 超微量天平
uncut ~ 温度补偿摆轮
viscosity ~ 黏度天平
Volet ~ 沃莱特式摆轮（微分摆轮，不开口的双金属补偿摆轮）
wagon ~ 地磅，车辆秤，过车秤
wind tunnel ~ 风洞平衡
Wyler ~ 威勒摆轮（具有蛇形弹性摆梁的摆轮）
zero ~ ①零点平衡，零位调整②平衡

balanced-to-ground 对地平衡的

balance-motor 电摆轮
timed ~ 定长游丝电摆轮

balance-out 衡消，平衡掉，中和

balance-overbanked 翻摆（摆动倾斜过大）

balancer ①均衡器，平衡器，平衡锤，平衡杆，平衡装置，配重，均压器②补偿器，稳定器③平衡发电机
AC ~ 交流电压平衡装置
brake ~ 精确调整制动器的仪器
compensator ~ 自耦调压器，（自耦）均压器，补偿平衡器
direct-current ~ 直流平衡器，直流平衡（发电）机
dynamic ~ 动平衡机构
hum ~ 哼〔交流〕声平衡器
kinetic wheel ~ 车轮动平衡机
micro ~ （转子）精密平衡机
static ~ 静（力）平衡器，静电平衡器
torsion ~ 扭转防振器

balancer transformer 平衡变压器，均压变压器
balancer-booster
voltage ~ 均压器

balancer-booster 均压机 - 增压机（同轴）

balance-weight 摆锤，平衡锤，配重
eccentric ~ 偏心配重，偏心平衡锤

balancing ①配平，均衡，平衡（法），补偿，定零装置②平差③平衡的，均衡的
~ out 补偿，中和，衡消，平衡掉
assembly line ~ 装配线平衡（计划），生产线最佳编制
counter ~ 对重平衡
cross ~ 十字平衡
detailed ~ 细致平衡
dynetric ~ 〈法〉电子平衡
field ~ 现场平衡
line ~ 生产线平衡（计划），生产线最佳编制
load ~ （通信）负载平衡
overall ~ 综合平衡
zero ~ 零比较，零差法

balas 浅红晶石

balata 巴拉塔树胶

balayage ①扫描，扫掠②脉冲电流发送键控

balcony 杆上工作台

Balco 巴尔可镍铁合金（*w*（Ni）70%，*w*（Fe）30%）

bald ①无法兰的②无螺栓的③秃的，露骨的

bale ①包，捆②包（重量单位。在美国：1 包 =226.8 kg，在印度：1 包 =181.4 kg，在巴西和秘鲁：1 包 =113.4 kg）③框④铁环⑤卡规，卡板⑥打包，成捆
~ of wire 线束

baleout 勺取（金属液），戽出

baler ①打包机，压捆机②打包工
cylindrical ~ 卷压式捡拾压捆机
ejector ~ 带抛捆器的捡拾压捆机
field ~ 捡拾压捆机
hay ~ 牧草压捆机
pick(-)up ~ 捡拾压捆机
trailed ~ 牵引式压捆机

baling ①打包〔捆〕②（板材）堆垛
scrap ~ 废金属堆，废铁堆，切屑堆

balitron 稳定负阻特性电子管

balk ①大木〔梁〕，梁木，桥跨，横向系杆，顶板支架〔梁〕，舷材②障〔阻〕碍，妨害，故障，错误，挫折③地界，田埂④（突然）停止，卡住

balking 停顿

ball ①球，（滚）珠，丸，弹，（线）团，球状（物），球端，球核②海岸沙洲③（气象）风球④海绵铁球⑤磨球⑥耐火土块⑦（压，绕，滚，形，使）成球（形）
advance ~ （录音机）滑动滚珠
alternate ~ 隔离球（放于承载球之间的球）
Brinell ~ 布氏硬度试验球

discharge check ~ 出口止回球
drop ~ 落锤（破碎废金属用）
eight ~ 球形全向传声器
friction ~ 摩擦球，钢珠
ga(u)ge ~ 球规，标准球
governor ~ 离心调速器的飞锤
intake check ~ 进口止回球
iron ~ 铁球，粒状还原铁
link ~ （悬挂装置的）拉杆球端
locking ~ （拨叉的）定位钢球
master ~ 标准球
mill ~ 研磨球，磨煤机钢球
mirror ~ 小型球面反射镜
mole ~ 暗沟塑孔球，暗沟球形塑孔器
puddle ~ ①搅炼铁块②搅拌铁球
punkin ~ 合乎枪膛口径的铸造铅丸
refill check ~ 进口止回球
separating ~ 隔离〔间隔〕球（置于承载球之间）
time ~ 报时球
tracker ~ 跟踪球
wrecking ~ 破碎球

ball-and-socket ①球和承窝②球窝式的

ball-and-spigot 球塞〔销〕式的

ball-and-sunk 铰链球形（接头）

ballas 巴拉斯金刚石（工业用金刚石），半刚石

ballast(ing) ①道砟，石碴，路基②配重，压重，压载物，镇压荷重，镇定物，平稳器，平衡器③镇流电阻，镇流器④镇定的，镇流的，稳定的⑤镇流，气镇
air ~ 气镇，掺气
gravel ~ 砾石道砟
water ~ 水压载，水荷载（镇船）

ballasting-up 压载调整

ballastron 稳流器，镇流管

ball-bearing 球轴承

baller ①切边卷取机②成圆器，搓球机③面团搓机
scrap ~ ①切边卷取机，废线卷取机②废料压块压力机

ballhead 球形头

balling ①造球作用②熟铁成球（搅炼炉操作），成球

balling-up ①（切边）卷取，收集②（氧化皮）积聚③成球，球化④团聚

ballistic ①弹道（学）的，弹道式的②冲击的③射击的

ballistics 弹道学，发射学，发射特性

ball-joint 球承，球形连接 band
Birfield ~ 球笼式等速万向节

ballmill(ing) 球磨（机），用球磨机磨碎

ballometer 雾粒电荷计，雾电计

balloon ①气球②球形瓶，气瓶③箱，室④低压轮胎
gas ~ 称气瓶
sounding ~ 探空气球

ballooning 气球的操纵

ballotini ①微球体②小玻璃球

ball-race 球轴承座圈

ballscrew 滚珠丝杠

ball-shooting 喷丸清理

Balmer 巴尔莫（波数单位，即每厘米内的波数，用 1/cm 来表示）

balometer 辐射热测定器

balop 反射式放映机

balopticon 投影放大器

balsam 香脂〔液，胶，膏〕

balter 筛，筛分机

balun （=balanced-to-unbalanced（transformer））①平衡 - 不平衡变压器②平衡 - 不平衡转换器③对称 - 不对称转换器
bazooka ~ 平衡 - 不平衡转换器

baluster ①栏杆小柱②（pl.）栏杆

B-amplifier B 类放大器，乙类放大器

band ①条，（传送）带，套，（包，卡）箍，环，圈②波段，波〔能，光谱，频，光〕带③扁钢，带钢④夹层，条纹，多重铁丝网，扁带饰⑤磁记录带，磁鼓上的组槽⑥区域，范围⑦用带绑，绑扎，打箍，箍上
~ of regulated voltage 调整电压范围（以 % 表示）
~ of rotation 转动光谱带
A ~ A 波段，A 频段（157 ~ 187 MHz）
abrasive ~ 砂带
absorption ~ ①吸收带，吸收（光）谱带②吸收频带
acceptor ~ 受主能带
all ~ 全波段
allowed ~ 容许能带
amateur ~ 业余波段
armature ~ 电枢绑带
baling ~ 打包窄钢带，打包铁皮带
bearing ~ 弹带
black ~ 黑带，无火花换向区（直流电动机）
bosh ~ （用插入式冷却板的）炉腹钢带

boundary ~ 境界线色带，境界彩色晕带
broad ~ 宽（频，谱）带，宽波段
burner ~ 燃烧带
C ~ C 波段，C 频段（4.0 ~ 6.2 GHz）
cable ~ 缆绳卡箍
check ~ 制动带
citizen ~ 民用频段，民用波段
citizens'radio ~ 民用频段
clamping ~ 卡箍
clear ~ 清除（零）段，（文字识别）空白区
clip ~ 夹条带
combination ~ ①组合带②组频谱带
communication ~ 通信频带
communication ~ 通信频带
conduction ~ （传）导带
control ~ 控制带〔区域，波段〕
conveyer ~ 输送带，运输带
core ~ 内层带
cover ~ 围带
dead ~ 失控区
dead ~ 静带，不工作区域，死〔非灵敏，输出不变〕区，死谱带，失效范围，失控区，迟缓率
demagnetizing ~ 去磁线匝
donor ~ 施主能带
double-cutting ~ 双刃带锯
driving ~ 传动带
EHF ~ 极高频（带）（30 ~ 300 GHz）
electronic ~ 电子调谐频带
emission ~ ①发射频带②发射光谱带
empty ~ 空带，非填充区域
excitation ~ 激发带
excition ~ 激子能带，受激能带
exposure control ~ 曝光控制带，光号控制带
F ~ F 波段，F 频段（90 ~ 140 GHz）
felloe ~ 钢带，载重带
filament ~ ①射流②丝带
filled ~ 满带（半导体）
filter attenuation ~ 滤波(器)衰减带，滤波(器)阻带
filter pass ~ 滤波器通带
filter rejection ~ 滤波器阻带
filter stop ~ 滤波（器）阻带
filter transmission ~ 滤波（器）通带
forbidden ~ 禁带
frequency ~ 频带，波段
friction ~ 摩擦闸瓦
fuel ~ 燃料品种
G ~ G 波段，G 频段（140 ~ 220 GHz）
gear ~ （汽车）档位
Gershogrim ~ 条带
glide ~ 滑移带
gliding ~ of random noise 散杂噪声滑移带
government ~ 政府通信波段
greatest lower ~ 下限
guard ~ ①防护频带（两信路间），防护波段②（两磁迹间）保护间距
H ~ ①淬透性带②H 波段，H 频段（3.95 ~ 5.85 GHz）
hardenability ~ 淬透性带，硬锻带，（钢的）（可）淬硬性带
Hartley ~ 哈特利吸收光带（在 2×10^{-7} ~ 2.5×10^{-7}m 之间）
high frequency broadcast ~ 短波广播波段
hybrid guard ~ 混合色纯保护环（带）
impurity ~ 杂质能带
infrared ~ 红外频带，红外波段
inside ~ ①砂型加固圈（无箱造型加固砂型用）②活动内托条
instantaneous ~ 瞬时带宽
interference ~ ①干扰频带②干涉条纹
interference guard ~ 防扰〔护〕频带，抗干扰保护频带
internationally allocated ~ 国际分配频段
inverted ~ 逆带
iron ~ 铁箍
K ~ K 波段，K 频段（11 ~ 33 GHz，18 ~ 26.5 GHz）
key ~ 特征谱带
Ku ~ Ku 波段，Ku 频段（12.4 ~ 18 GHz）
L ~ L 波段，L 频段（390 ~ 1550 MHz，1.12 ~ 1.70 GHz）
line ~ 行信号频段
link expansion ~ 弹性钢表带
locking ~ 同步带
lower ~ ①下边②低频带③下带
LS ~ LS 波段，LS 频段（1.70 ~ 2.60 GHz）
luminance ~ 亮度信息频带
Lyman ~ 赖曼谱线带
metal "P" ~ "P" 金属镶边
metering ~ 计量卷尺，皮尺
microwave ~ 微波段
monochrome ~ ①单色波段②黑白（电视）波段
multiphonon ~ 多声子频带
negative guard ~ 负色纯保护环（带）

Neumann ~　纽曼带（铁素体中的机械孪晶）
noise ~　噪声频带
nonpass ~　阻带
normal ~　基带，额定带
occupied ~　占有能带，满带
octave ~　倍频带
orthodontic ~　正畸带
overlapping ~　交叠能带
overtone ~　泛频谱带，倍频谱带
P ~　P 波段，P 频段（225 ~ 390 MHz）
partially occupied ~　不满带
pass(ing) ~　传输频带，通（频）带
phase ~　相位区
phonon ~　声子带
pile ~　桩箍
Piobert's ~　滑移线（毕奥勃滑移带）
pipe ~　管夹带
positive guard ~　正色纯保护环（带）
power ~　功率（频）带
proportional ~　①比例区，比例（频）带②线性〔比例尺，成比例的〕范围
pseudooptical ~　准〔伪〕光学波段（毫米波）
pulse ~　脉冲频带
Q ~　Q 波段，Q 频段（33 ~ 50 GHz）
R ~　R 波段，R 频段（1.7 ~ 2.6 GHz）
rectangular ~　矩形（频）带
reinforcing ~　加强带
rejection ~　拒斥频带，阻带，抑制频带
reststrahlen ~　剩余射线带，余辉带
retaining ~　①外罩②绑线，绑带
reverse ~　反向带
rotary ~　弹带
rotating ~　转动带，驱动带（挖泥船）
runner ~　（涡轮的）轮缘
S ~　S 波段，S 频段（1550 ~ 5200 MHz，2.60 ~ 3.95 GHz）
sand wheel ~　（适于砂地行驶的）加宽轮辋
satellite ~　卫星通信频〔波〕段
scatter(ed) ~　①散布范围②散射能带③散射频带宽度
seal ~　密封环带
segregated ~　偏析带
service ~　公〔业〕务波段
SHF ~　超高频（带）（3 ~ 30 GHz）
shroud ~　围带
side ~　①副波束②旁〔副〕瓣③边带
skip ~　①空白带②越程波段（短波波段）
slip ~　滑脱带，滑移带，滑移线
snapflask ~　套箱（无箱造型用）
spanner ~　束带
spectral ~　光谱带，频谱带
spur ~　分路频带
spurious side ~　乱真〔寄生〕边（频）带
steering ~　转向（离合器）制动带
stop ~　阻〔抑制，衰减〕带
stripper ~　（捡拾器的）集电环，钢皮环
sulfur ~　硫偏析带
superhigh frequency ~　厘米波段（3 ~ 30 GHz），超高频波段
synchronizing ~　同步区
taut ~　紧带（仪表的游丝），发条
tire ~　（无内胎轮胎）密封用衬垫
transmission ~　传输频带，通带
tread ~　车轮触轨面
twin ~　（金属中的）双晶带
UHF ~　特高频（带）（300 ~ 3000 MHz）
ultraviolet ~　紫外区，紫外波段
unoccupied ~　自由能带，未占频带，空带
upper ~　上（能）带
V ~　V 频段，V 波段（46 ~ 56 GHz，2.65 ~ 40.0 GHz）
valence ~　价（电子）带
VHF ~　甚高频（带）（30 ~ 300 MHz）
vibration ~　振动带
video ~　视频波段
voice ~　音频
vortex ~　涡流层，涡区
W ~　W 波段，W 频段（7.05 ~ 10.0 GHz）
wave ~　波带，波段，频带，频段
window ~　最佳频段
X ~　X 波段，X 频段（5.2 ~ 11 GHz，8.2 ~ 12.4 GHz）

bandage　①绑箍〔带，线〕，绷〔包，皮〕带②轮缘，轮箍③绑扎
rubber ~　防潮胶带

banded　①系起来的，箍的，连接的，结合的②带状的，有条纹的

band(e)let　扁带，细带

bandelette　小绷带

bander　（线盘或带卷的）打捆机，打捆工

band-gap　带隙，禁带

banding　①绑扎，打捆，箍紧②绑线，绑带③层理，岩理④夹层⑤光谱中出现束⑥磁头条带效应，（图像上的）磁头痕迹⑦带状（化），条状化⑧聚集成带，聚束，包箍，（线盘或带卷）用铁条打捆

cross ~ ①交叉排列，交叉结合②频率交联
ferrite ~ 条状铁素体，脱碳层
head ~ 磁头条带效应
phosphorus ~ 磷（光）带
roll ~ （氧化皮）粘辊
rotor ~ ①转子护环装配（包括护环及中心环）②转子绑扎
rubber ~ 弹性拖动
saturation ~ 饱和条带效应
segregation ~ 分凝条带

bandknife 带形刀（制革用）

bandlet 扁带

band-limited 限带，（频）带宽受限的
out of ~ 频带外

band(-)pass ①带通②传送带
runner ~ （涡轮的）轮缘

bandsaw 带锯（机）

bandspread 频带〔波段，调谐范围〕扩展
electrical ~ 电气频带扩展
mechanical ~ 机械波段扩展

bandspreader ①频带扩展微调电容〔感〕器②带状撒肥机

bandwidth 频〔能〕带宽（度）
~ allocation threshold 带宽分配阈
~ expanding 带宽扩展
channel ~ 信道带宽
chromaticity ~ 色度信号带宽
frequency diversity ~ 频率间隔宽度，频率分集带宽
gain ~ 增益带宽
half ~ 谱带半宽度，有效带宽
inverse ~ ①带宽倒数②逆带宽，反向带宽
main ~ 领示〔探索，放射〕脉冲，主脉冲信号
maser ~ ①脉塞带宽②微波量子放大器带宽
monochrome ~ 黑白电视信号带宽
occupied ~ （通信）占用频带宽度
octave ~ 倍频程带宽
open-loop ~ 开环带宽
pulse ~ 脉冲频带宽度
reserved ~ 预约带宽，保留带宽
responsive ~ 响应带宽
sonic ~ ①（激波）轰声②声速冲响③波前冲击
spectral ~ 频谱带宽，光谱带宽
unity-gain ~ 均一增益带宽
video ~ 视频信号带宽

bandwith 带宽，主流中一般用 bandwidth 但是 bandwith 的说法在文章中亦很常见，其复数为 bandwiths

bandy ①曲线②有带的，带状的③向外弯曲的，曲折的

bang ①冲击声，噼啪声，喀喀声②轰声，爆炸声③（回声探测仪的）脉冲④冲击，打击，（超声速飞行器的）波前冲击，声击

bang-bang （伺服系统的）砰砰控制机构

banger （内燃机）气缸数

banging ①爆炸声（发动机不正常时，未燃气体在消声器内爆炸现象）②后燃（点火开关切断后由表面点火发生的燃烧爆炸声）

banjo ①箱，盒，套，机匣②轴箱，油箱，齿轮箱，变速箱③钻车，凿岩机
banksingle ~ 铰接弯头

bank ①组（合），排，列，组件，机组，分组，分类，（一）系列，（聚）束②存储单元，贮料器，贮备（品），存储体③边坡，倾斜，坡度，堤，工作面，井口区④银行，库，堆⑤线弧，触排⑥台架，冷床⑦沙洲
~ of condensers ①电容器组②冷凝器组
~ of contacts 接点排，触头排，选择器线弧
bar ~ （熟铁轧制的）棒材冷却台
baseband ~ 基带组合
capacitor ~ 电容器组（合）
central data ~ 中央数据库
chain skid ~ （带导向梁的）链式冷床
channel ~ ①信道排②信道处理单元，通道存储单元
charge ~ 料层，料坡
connector ~ 终接器线弧（触排）
convection ~ 对流管束
cooling ~ 冷床
core ~ 磁心体
cut ~ （视频）切换台
data ~ ①数据组〔库，总库〕②资料库
economizer ~ （空气）预热管，节热器排管
effects ~ （音响）效果切换单元
end ~ 端部炉坡
exciting ~ 激励装置
feeding ~ 供油箱，送油槽
hot ~ 压火，热备用
information ~ 信息库，资料库
inlet valve ~ 进气阀门栅
in-line ~ 顺列布置管束
lamp ~ 变阻灯排，电灯组排
line ~ 接线排
master group ~ 主群排

member ~ 成员银行（属于 ATM 公用网络的任何一个银行）
multiple ~ 复接排
phase ~ 相组
private ~ ①试线用触排（线弧）②辅〔补〕助触排（线弧）③专线触排④选择器的 C 线弧
skid ~ （带拨钢爪的）冷床，台架
steam-generating ~ 蒸发管束
stock ~ 坯料库
switch ~ 转换触排
technological data ~ 工艺数据库
transfer ~ （轧件横向）移送台架
transformer ~ 变压器组
tube ~ 管束，管簇，管线组
world data ~ 世界数据库

banked ①侧倾的，倾斜的②筑有堤的，堆成堤状的③积起的，堆积的④储蓄的⑤被连接的，连在一起的，排成一行的，成组的

banker ①造型台②筑埂器，筑埂机③工作台

banking ①封炉，焖炉，焖火，压火，长时间停止送风，降低燃烧强度，封火②组合③超高④侧倾，斜度⑤填土，筑堤⑥银行业务，金融⑦工作的中止（或停止）⑧定位的，限制的，制动的⑨使锅炉处于热备用状态
automated ~ 自动化银行业务
dead ~ 长期封炉（封炉至炉料完全冷却）
electronic home ~ 电子家庭银行业务
home ~ 家庭银行事务
program ~ 程序库
self ~ 自助银行业务
telephone ~ 电话银行（业务）

bankruptcy 破产，倒闭

bank-winding 叠绕（线圈），简单绕组
~ coil 叠绕（线圈），简单绕组

banner ①标签②旗帜③报头大字标题，通栏标题④标志（区），标识

bantam ①短小精干②小型设备③降落伞降下的携带式无线电信标

baotite 包头矿

bar ①条，棒，杆，尺，规②阻碍（物），障碍（物），横杠，梁，闩，拉〔挡〕杆，挡〔隔〕板，撑条，栅门③棒材，钢筋，型〔条〕钢，条铁④光〔色〕带，线，纹，线条，短划⑤汇流条，导条，线棒⑥（气压单位）巴（1 巴 =10^5 Pa），（声压单位）巴（1 微巴 =0.1 Pa）⑦铀块（反应堆），燃料块
~ of flat 板片，窄厚扁钢，扁平棒
adhesive ~ 棒状胶黏剂，胶棒
adjustable bending ~ 活动扳手
Airy's ~ 爱利杆（用于补偿摆轮的温度调节）
aligning ~ 定心棒，调心棒，调心销钉
anti-roll ~ 车体角位移横向平衡杆
antisway ~ （拖拉机悬挂装置下拉杆间的）稳定杆，防偏横杆
arch ~ 拱板，（车轴的）拱杆
auxiliary ~ 辅助杆件
back（ing） ~ ①水平吊杆②后扶手③衬垫板条
backstop porter ~ 后定位送料杆
balance ~ ①平衡杆②秤杆
base ~ 杆状基线尺
bass ~ 低音拍，低音梁
bearing ~ ①承重杆，承受杆②支撑，钢筋③指南针④方位角
beater ~ ①脱粒滚筒纹杆，脱粒滚筒脱粒杆②（花生收获机摘取机构的）脱荚击杆③击肥轮叶片
bedding ~ ①做垄器②安装梁
bedplate ~ ①底刀②滚刀板
bend ~ 挠钢，元宝钢，弯曲钢筋
best puddled ~ 精制熟铁棒材（经过三次加工精制的熟铁）
bimetallic ~ 双金属杆件
blanking ~ 熄灭脉冲的黑带（光栅上的黑带）
bolt ~ 螺栓，插销
boring ~ 镗杆
bottom ~ ①下端导杆②下截盘（联合采煤机）③下层线棒④（双笼型电机的）下笼条
brace ~ （拖车）斜牵引杆，斜拉杆，撑杆
brake ~ 闸杆，制动杆
breaker ~ （直接制条机）刀轮啮合深度
bright steel ~ （高级精整表面的）光亮钢棒〔型钢〕
bright-drawn ~ 冷拉光条，光亮冷拔钢条
bucking ~ 打钉杆，铆钉顶棒
bulb angle ~ 圆头角料
bulling ~ 塞泥棒
bullion ~ ①粗金属锭②金锭，金条
bus ~ ①汇流排，汇流条②母线③导（电）条
cage ~ 框形保持架立框（过梁）
calibration ~ ①指标杆②卡钳，测径规
carrier ~ 承载梁，耙架梁
carry-over ~ （冷床的）动齿条
cast-on test ~ ①附铸试棒②主体铸造试棒（和铸件连在一起）
channel ~ ①（小尺寸的）槽铁②（支架的）

槽钢顶梁
charge ~ 料锭〔棒〕
chasing ~ 攻螺纹装置（不用丝锥），切制螺纹装置（用细纹梳刀）
check ~ ①试验杆，校验棒②试件，试样
chill ~ ①激冷试棒，三角试块②导热衬垫
chopper ~ 落弓
claw ~ 撬棍，爪杆
code ~ 代码条，电码梗
collecting ~ 汇流排，母线
column ~ 竖条
commutator ~ ①换向片②换向器铜条，整流条，换向器片
compensating ~ 均力〔补偿〕杆，等制器
compound torsion ~ （汽车悬架）复合式扭杆
concrete (reinforcing) ~ （混凝土用）钢筋
connecting ~ 连杆
core ~ ①芯杆（压挤金属管用）②泥芯骨，型芯铁
corrugated ~ 竹节钢筋，波纹钢筋
counter ~ 定位尺
coupling ~ 连接〔拉，牵引〕杆
cramp ~ ①支承杆②（轧机牌坊的）横梁③夹紧杆
cross ~ ①箱带②十字杆件③纵横开关
crown ~ ①顶杆②炉顶支柱
curved ~ ①（截煤机的）弯曲截盘②弯铁棒，曲杆
cutter ~ ①刀杆，镗杆，刀轴②截煤机截盘
cutting-out ~ 扁头钎
dam ~ 浇道料头
damping ~ 扒渣钩
dead ~ 固定炉条
deep ~ （电机的）深笼条
deflecting ~ ①带钩杆，传动带挂杆（移动传动带用）②转向杆
deformed ~ 变钢筋（常指竹节钢筋），异型棒钢
diagonal ~ ①斜筋②斜拉杆
diamond ~ ①菱形钢肋构件②多角形肋条
distance ~ ①横杆，限程杆②牵条，肋板③轨道撑④轴架
distribution ~ 配力钢筋，分布钢筋
dolly ~ ①支架，底座②把手③錾子，夹紧器④调节〔控制，调整〕杆⑤铆顶棍
dowel ~ ①销钉②接缝条（混凝土路面）
draft ~ 拉杆，牵引杆
drag ~ 牵引〔连接，拉〕杆
drop ~ ①（带式烧结机的）密封滑板，密封滑块②接地棒，短路棒
drum ~ ①脱粒滚筒纹杆②脱粒滚筒，脱粒板条
dummy ~ 引锭杆（连铸用）
earth ~ 接地棒，地线棒
electrode ~ 电极（棒）
emery ~ 棒状抛光膏（氧化铁和氧化铝熔融混合物或天然刚玉粉用牛油粘固成的）
enlarging ~ 扩锻马杠，扩孔马架
extension ~ （扳手等的）接长杆，加长杆，伸出杆
eye ~ 眼杆，带环（拉）杆
fabricated ~ ①网格钢筋②装配钢筋
ferrite ~ 铁氧体磁棒
field-control ~ 场控制棒，等位棒
finger ~ ①伸缩杆②铲齿附属工具
fish ~ 夹杆
fishplate ~ （钢轨连接用）鱼尾板，接板
flask ~ ①砂箱箱肋②箱带
flat ~ 扁钢，板片
flux ~ 磁通量条
fly ~ 辗齿，刀片，飞刀
foot ~ 踏杆
forge ~ 锻制棒材
former ~ ①仿形尺，仿形板②导板
frame ~ ①（电视）分帧线②（电影）分格线
"frozen" dowel ~ "冻结"拉力杆，不能自由伸缩的传力杆
fulcrum ~ 支杆
furnace ~ 炉条
ga(u)ge ~ 规杆，轨距尺
grate ~ （烧结）台车炉条（箅）
grizzly ~ 格筛条，栅条
ground ~ 接地棒
grouser ~ 履带销
guard ~ ①护刃器梁，导杆②护栏
guide ~ 导向杆，导向板，（导向装置的）支承梁，（轧机牌坊的）横梁
H ~ 工字梁（宽缘）
hairpin tuning ~ U形调谐棒，发夹形（金属）调谐棒
Hannover ~ 汉诺威条纹
hexagonal ~ 六角钢
hinge ~ 铰接杆
hinged-hinged ~ 两端铰接杆
Holdcroft thermoscope ~ 霍耳德克罗夫特测温棒

hold(ing) ~ 吸持棒
hooked ~ ①钩筋②曲柄
horizontal ~ ①水平棒②横条
hospital bus ~ （备用）旁路母线
hum ~ 图像波纹横条（交流声干扰所致），哼声〔干扰〕条
idle ~ ①死（元件）导条〔线棒〕，闲导条（绕组）②起动笼条，无载导条
index ~ ①指标②指臂（六分仪）
ingot ~ 铸块，锭块
inner ~ 隔板，挡板
insulating ~ 绝缘杆，绝缘棒
interchangeable type ~ 可换字锤
jam ~ 操作铁钩（搅炼炉补炉、熔碳及氧化期用）
jiggle ~ 摇杆，摇手柄
jumper boring ~ ①冲击钻孔器，冲击式钎子②冲击式凿岩器
Kelly ~ 方钻杆
key ~ ①桁架锁闭杆②键棒③定位键，（电机的）定位筋
knife ~ ①切割器②（切割器的）刀杆
knockout ~ 钎子
lace ~ ①格条，缀条②炉栅③系杆
latticed ~ 缀合杆
length ~ 量棒
level ~ 水平仪，水平尺
line boring ~ 同轴多孔镗杆
lining ~ （无心磨床导板平行度调整用）垫杆，样棒
linked roof ~ （金属支架的）组合顶梁
load ~ 载重梁
loop ~ 环头杆，套杆
loosening ~ （起模用）敲棒
lower ~ ①下杆②（截煤机的）下截盘③下层线棒（电机）④（笼型异步电机的）下笼条
lug ~ 棘尾杆
mandrel ~ 心棒，心棒杆
marginal ~ 边缘钢筋，护栏
master ~ 校对棒，标准棒，母条
member ~ ①构件②杆件
merchant ~ 小型轧材，小型型钢，再制熟铁棒料
micro ~ 微巴（气压单位，1 微巴 =0.1 Pa）
microphonic ~ 颤噪效应（引起图像上的）条纹
mixed-strand ~ 换位线棒，交叉股线棒（电机）
model(l)ing ~ （缩放仪）比例杆
muck ~ ①熟铁粗轧坯，压〔碾〕条②搅炼炉锻造灰铸铁
needle ~ ①针床，针座②（缝纫机的）针天心③喷电针（支撑）杆
nodal ~ 刚性棒
nose ~ 压尺，压铁（旋切机零件）
notch ~ ①带凹（缺）口小锭②切口的试棒
notched ~ ①（冷床）齿条②缺口试棒
omnibus ~ ①母线②汇流条，汇流排
peel ~ 出料拉杆
piling ~ 钢桩
pilot ~ ①排障杆②导向杆
pin ~ 渗碳细钢丝（制特殊针用）
pinch ~ 尖头长杆，撬杆，爪棍
plain ~ 无节钢筋，扁钢
plated ~ 熟铁条
plugging ~ ①捣砂锤②打夯机，捣实机
plumbing ~ 垂杆
poker ~ ①搅拌杆，火钳②钎（清理风口棒）
porter ~ ①套筒（大型自由锻中用来夹持与平衡锻件）②换辊套筒
position ~ 定位尺
pressure ~ 夹紧棒，压板〔梁，杆〕
print ~ 印刷杆，印字棒，打印杆
profiled ~ 异形钢材
profiling ~ 仿形杆，靠模杆
pry ~ 杠杆，撬杆
puddled ~ 熟铁棒材，扁熟铁条，搅条
pull-back ~ 拉杆
pusher ~ 推杆，压料销
push-out ~ （推钢机的）推杆
quarry ~ 机钻架
rack ~ 齿条，齿杆
radius ~ 半径杆，曲拐臂
ramming ~ 捣棒，夯棍
rapping ~ 起模棒，敲模棒，拍杆
rasp ~ 纹杆
recessing ~ 内槽镗杆，切端面车刀刀杆
reel ~ ①搂草滚轮的搂齿板②（偏心）拨禾轮扶禾齿横板〔梁〕
reinforced ~ ①（螺纹）钢筋②加筋杆
release ~ 释放闩，解锁条
resolution ~ 分解力测试条，清晰度测试条
rest ~ （轧机牌坊的）横梁，（导卫装置的）支承梁
retaining ring ~ 扣环挡条，挡杆
return ~ 返回杆，离合杆
ribbed ~ 竹节钢筋，带筋钢条
rider ~ 游〔骑〕码标尺

rifling ~ 切螺旋槽刀杆
ripping ~ 撬棍
riser ~ 换向器片
rocking ~ 摇杆，摇动枢杆
Roebel ~ 罗贝尔〔换位〕线棒
roll ~ ①辗杆②（活顶乘用车）翻车保护杆
rotor ~ 转子线棒〔（笼型电机的）导条，铜条〕
round ~ ①圆杆，圆棒②圆钢，棒材③脱荚击杆
saddle ~ 撑棍
safety ~ 安全棒（压铸机维修用）
scaling ~ 清顶（铁）棍
set ~ ①锁栓②连接板，盖板③联动销
shackle ~ ①车钩，钩杆②拔钉钩③铸销
shaped ~ ①小尺寸的异形钢材②成形杆
shear ~ 底〔剪切，定〕刀片
shearing ~ 立截盘
sheet ~ ①薄板坯②薄钢片
shift ~ ①转辙轨②换档杆，变速杆③开关柄
short（ing）~ 短路棒，短接棒
shredder ~ 切碎机定刀，切碎刀
shrinkage ~ 收缩钢筋
shuffle ~ 活动板〔杆〕，冷床的拨料杆
sill ~ 底杆
sine ~ 正弦杆，正弦曲线板，正弦规
single-crystal-silicon ~ 单晶硅
skid ~ 横道，（滑道或台架的）轨条
skimmer ~ 清除熔渣通条，撇渣棒，扒渣棒
slide ~ ①滑条，滑杆，导杆②搅拨杆，拨火棒，长把火铲
slot ~ 槽内导条，槽部线棒
smooth ~ 普通圆钢，平圆钢（有别于带纹钢）
snapping ~ （玉米收获机的）摘穗辊
sole ~ ①底杆，底杠②车身，（车厢）外侧纵梁
solid ~ 实心型钢，实心棒材
solid boring ~ 深孔钻杆
sound ~ 声频干扰条
space ~ ①间隔键，（打字机的）空格键②隔条
spacer ~ ①间布钢筋，定位钢筋②间隔条③定位棒（电机）
splice ~ ①鱼尾板（型钢）②制造连接板用的异形钢材③拼接板
spreader ~ ①扩杆②平压机③纵向撑杆
spring ~ 表带环，表耳簧
sprinkling ~ 泼油管，洒水管
square ~ ①方杆②方筛条③方铁条，方钢
stand ~ 支脚，支撑杆
standard ~ ①标准杆，标准轴②检验杆，检验轴
stay ~ 撑杆
steadying ~ ①支柱，支撑杆②轴架③稳定拉杆
steel ~ 棒材，条钢，型钢，钢筋
stem ~ （铁液包的）流嘴
stepped ~ 阶梯形杆
stiff dowel ~ 劲性接缝条
stopping ~ 渣口塞杆，止杆，坭塞杆（堵出铁口）
strip ~ 窄扁钢
stripper ~ ①摘穗器颊板，摘棉铃板②脱棉杆，清理杆
stub ~ 料头，剩余的材料
subtense ~ 横测尺
surface ~ 测平杆
swaged ~ 旋〔环〕锻金属条
sway ~ ①（悬挂装置的）锁定斜杆②摆〔稳定〕杆③（汽车车身）横向稳定器
swing ~ 吊〔摇，回转〕杆
switch ~ 转辙杆
tabbed tool ~ 贴标记的工具条
tamping ~ ①捣棒，捣实锤②夯棍，砸道棍③填塞杆④炮棍⑤塞药棍
tapping ~ ①向顶棍，敲顶棍②出渣通条的手柄③捅（出铁口）杆
tee ~ T 形钢，丁字钢
tension ~ 拉（力）杆
thermoscopic ~ 示温棒
thin-kerf ~ （截煤机的）薄截盘
tie ~ 横梁（齿轮加工机床）
tin ~ ①锡条，锡棒②白铁皮原板
tommy ~ ①螺旋头部用（活动）杆（如台虎钳口）② T 形套筒扳手的旋转棒③挠棒
toothed ~ ①齿条〔杆，板〕②搂齿梁，钉齿耙的钉齿座杆
top ~ ①上层线棒②（双笼型电机的）上笼条
torsion ~ ①扭杆②扭力轴
train ~ ①轮系夹板②传动杆
transverse torsion ~ （汽车悬架）横置扭（力）杆
travel(l)ing ~ 推料机的推杆
tread ~ 轮胎花纹，轮胎抓地齿
trigger ~ ①（放泄）扳机②放松拉杆〔手〕③扳机连杆
trip（ping）~ 起动条，脱扣条，脱钩〔跳闸，跳动〕杆

truss ~ 构架杆，桁架杆
tuning ~ 音片
twisted ~ ①扭杆，螺旋杆（凿岩机）②螺旋钢筋
type ~ ①活字印刷棒，活字杆，装有铅字的联动杆（打字机上），打印杆②活〔铅〕字版
unnotched ~ 无槽杆件，光面钢筋
upper ~ ①上层线棒②（笼型电机的）上笼条
water ~ 水冷炉排片，水冷炉条
wrecking ~ 拔钉撬棍，铁棒
zee ~ Z 字钢
zores ~ 波纹钢板，瓦楞铁
Z-piling ~ Z 字钢板桩

baraesthesiometer 压力感觉计
barb ①倒刺（钩），毛刺（边）②装上倒钩，去毛刺
barbed ①有缺口的②有刺的
barbering （在机床上按靠模加工后进行的）手工修饰工序
barberite 铜镍锡硅合金
barbette 炮座，炮塔，炮架
barbotage 起泡（作用）
barbwire 制网铁丝，刺钢丝，有刺铁丝
bard 马的铠甲
bar-drawing 棒材拉拔
bare ①（赤）裸的，（暴）露的，无屏蔽〔掩护，外壳，反射层〕的②（几乎）空的，无设备〔装饰〕的③仅有的，稀少的，微小的，最起码的，勉勉强强的④揭〔暴〕露，揭〔掘〕开，剥去，露出，解冻，除去…的覆盖物
bareback 无鞍的
barette 短光带
baretter 热敏电阻，热变阻器
bare-turbine 开式涡轮机
barffing 蒸汽发蓝，蒸汽处理
bargain(ing) ①契约，合同，交易②便宜货，廉价品，成交的商品③谈判，订约，磋商④议价⑤成交⑥提出条件〔要求〕
labo(u)r ~ 劳资协议
barge ①（煤的重量单位，1=23.5 t）②驳船，平底船，趸船③座艇，游船④闯，撞，干扰
accommodating ~ 住宿船
anchor ~ 锚缆驳船
derrick ~ 起重驳船，浮式起重机
diving ~ 潜水工作驳船
drilling ~ 钻井驳船
elbow ~ 吸管驳船
elevator ~ 封底泥驳船
hopper dump ~ 开底泥驳船
hopper ~ 开底泥驳船
integrated ~ 分节驳船
landing ~ 登陆艇
launching ~ 下水驳船
pile driving ~ 打桩船
pontoon ~ 工程驳船
pusher ~ 推驳
salvage ~ 救捞驳船
side hopper ~ 侧开泥驳船
split hopper ~ 对开泥驳船
spoil ~ 泥驳船
tank ~ 油驳船

baric ①（含）钡的②气压（计）的
barie =barye
baring ①扒砂（明浇平板件后，将上面对角线处的散砂扒开）②剥〔揭〕开，暴露，解冻
barion 激（发核）子，重子
barite 重晶石
baritite 重晶石（硫酸钡）
barium 钡（Ba）
barium-titanate 钛酸钡（一种铁电材料）
bark ①脱碳薄层②擦，磋，鞣（皮）
barker ①剥皮机，去皮机②大炮③鞣皮工
Astron ~ 阿斯特朗链式剥皮机
Hosmer ~ 链式剥皮机
Thorne ~ Thorne 袋式剥皮机
barley 大麦级无烟煤（2.5 ~ 5 mm）
barmatic 棒料自动送进装置
barmodotron 毫米波振荡管
barn ①谷仓，堆房，车库②靶恩（核子有效截面单位，1 靶恩 =10^{-24} cm^2）
barndoor ①挡光板，遮光罩②仓库门
barney ①（翻车机上的）拉曳器，上坡牵引车②斜井推车机③平衡锤
barnstore 仓库
baroceptor 气压传感器，气压敏感元件
barocyclonometer 气压风暴表，回旋气压计，风暴位置测定仪
barogram 气压图，气压自记曲线
barograph ①气压计，气压记录器，自记气压计②棒状色谱图
barretterpocket ~ 小型气压计，袖珍气压计，小型气压记录器
float ~ 浮子气压计
barogyroscope 气压回转仪，气压陀螺仪

barokinesis 压力动态
barometer 气压计〔表〕，晴雨计
aneroid ~ 空盒气压计
banjo ~ 斑卓琴式气压表
box ~ 膜盒气压仪
cistern ~ ①杯式气压计②水银槽气压计
dial ~ 气压指示计，气压（刻度）表，空盒气压表，槽式气压计
elastic ~ 变形气压表，弹性气压表
holosteric ~ 固体气压表（即空盒气压表）
mercurial ~ 水银气压计
silicon resistance effect ~ 硅压阻效应气压表
siphon ~ 弯管气压计，虹吸气压计
vibrating ~ 振动筒式气压计
barometrograph 气压自动记录器
barometry 气压测定法
baromil 毫巴（测气压的单位，mbar，1mbar = 100 Pa）
barophoresis 压泳（现象）
baroreceptor 气压感受器
baroresistor 气压电阻器
baroscope 验压器，气压测验器，气压计，大气浮力计
barostat 恒压器，气压调节器，气压计
baroswitch 气压转换开关
barothermogram 气压温度图
barothermograph 气压温度计，气压温度记录器，气压温度自动记录仪
barothermohygrograph 气压温度湿度记录器
barothermohygrometer 气压温度湿度表
barotor 高温高压卷染机
barpoint （犁铧的）棒钢铧尖（由耐磨棒钢嵌入犁体左下方，构成铧尖，磨钝后可前伸）
barrage ①阻塞，遮断②堤，堰③被抑制
barrage-jamming 阻塞干扰
barrate 转鼓
barratron 非稳定波型磁控管（用以产生噪声干扰）
barrel ①（容量单位）桶（液体：英桶为36UKgal〔英加仑〕，合163.65L，美桶为31.5USgal〔美加仑〕，合119L）②圆〔滚，料，油缸〕筒，鼓轮，（照相机）镜头筒，（自来水笔）吸水管③枪管④（光栅的）桶形失真⑤圆筒滚筒，转筒，轧辊辊身，滚光筒，压光筒⑥（发动机的）缸，锅筒，泵室⑦柱塞套
beam ~ 轴辊，轴筒
boiler ~ 锅炉圆筒
burnishing ~ ①抛光滚筒②碾米机
chiming ~ 乐钟条盒
churn ~ 黄油分离搅拌桶
clean-up ~ 清理滚筒
core ~ ①芯管，钻管②型芯轴③岩芯管④管状芯骨
crowned ~ 弧面辊身（凹形或凸形）
die ~ 压模衬筒
double ~ ①双筒枪②双筒望远镜③双层岩芯管，复式岩芯管
drum ~ ①鼓筒②线盘，绕线架
finishing ~ 清理滚筒
going ~ ①（旋转）条盒②旋转鼓
gun ~ 枪〔炮〕筒
hanging ~ 浮动条盒（仅靠条轴一端固定的无盖条盒，多用于无钻表机心内）
hoisting ~ 绞车滚筒
laminated ~ 薄片卷成的枪管
lens ~ 透镜镜筒
load ~ （缠）索筒
lock ~ 锁芯柱，（弹子锁）锁芯
mill ~ ①磨碎机筒②磨矿机滚筒
polishing ~ 抛光筒，串筒
pressure core ~ 保压取芯筒
rattle ~ ①清理滚筒②滚光筒，滚磨筒
resting ~ 固定滚筒
ringed ~ 环形胀膛的枪管
roll(ing) ~ ①轧辊筒，辊身②滚光筒，清理滚筒
rotary shot-blast ~ 滚筒抛丸清理机
rotoblast ~ 喷丸清理滚筒
rumbling ~ ①清理滚筒②转磨滚筒
safety ~ 定筒（时钟机械）
seed ~ 排种槽轮
slack ~ ①渣屑桶②非液体用桶，装石蜡用桶（容量110kg）
sleeve ~ 套筒
spoke ~ 辐轮毂
straight ~ 平辊身
tailstock ~ 顶针套，床尾轴，尾架轴
trembling ~ 磨光滚筒
tumbling ~ 串（滚光）筒，清理（铸件用）滚筒
twist ~ 金属缠制的枪管
valve ~ 滑阀套筒
winch ~ 绞车卷筒
winding ~ ①提升绞筒②绞车，提升机
barrelling ①滚〔研〕磨，齿面修整，辊身做出凸变②装桶③转桶清砂法，滚筒清理

barretter ①稳流灯，稳流管②镇流电阻器，镇流器，铁氢镇流电阻③热线检流器④热变电阻，辐射热测量器电阻

barricade ①隔板，防栅，栅栏，防御墙，障碍物，缓冲盘②屏蔽墙，屏蔽板③阻塞 barricade

barrier ①势垒，位垒，壁垒②阻挡层，障碍物③挡板，隔板，拦栅④围栅，矿柱⑤岩粉栅⑥航空母舰飞行甲板上的可折叠铁栏⑦绝缘套

arming ~ 枪、炮、弹药的保险器，引信保险器

back-biased ~ （有）反向偏压的阻挡层

collector ~ 集电极势〔位〕垒

coulomb ~ 库仑势垒

diode safety ~ 二极管安全栅

flash ~ ①瞬时屏蔽〔遮光板，隔板，隔离罩〕②隔弧板③闪光屏蔽

gap ~ （汽轮发电机的）气隙隔板

heterogeneous ~ 不均匀阻挡层

hydraulic ~ （汽水）折流挡板

insulating ~ 绝缘隔板

junction ~ 结势垒

light ~ 挡光板，光垒

moisture ~ 防湿层

noise ~ 噪声障

potential ~ 势垒，位垒

potential-energy ~ （电）势垒

protective ~ （放射线）防护屏

radiation ~ 辐射屏蔽

rectifying ~ 整流势垒

segregation ~ 隔离板

sliding ~ 滑栅门

sonic ~ 音障，声垒，隔音物

sound ~ 音障，声垒，隔音物

stationary ~ 固定支架，固定挡块

surface ~ 表面势垫〔位垒，阻挡层〕

thermal ~ ①热障，热垒②热绝缘

vapo(u)r ~ ①阻凝（蒸汽）层②防潮层

voltage ~ 势垒

Zener ~ 齐纳防爆栅，齐纳阻挡层

barring ①盘车，起动②阻碍，挡住

Barronia 高温耐蚀铅锡黄铜（*w*（Cu）83%，*w*（Pb）0.5%，*w*（Sn）4%，*w*（Zn）12.5%）

barrow ①小车，手推车②担架③放线

break ~ 碎土机

drill ~ 手推滚筒式条播机（筒周有孔，转动时筒内种子由孔口播出）

hurl ~ 双轮手推车

ladle ~ 铸锭车，浇包（运载）小车，铸钢桶手推车

navvy ~ ①土车②运土手推车

spray ~ 手推式喷雾车

tip ~ 倾卸手车

bar-type 单匝式，汇流条式，棒形的

barycenter 重心，质（量中）心，引力中心

barycentric 重〔质〕心的

barye ①（气压单位）巴列（1 巴列 =1 微巴）②（声压）微巴（声音的压强单位，1 微巴 $=10^{-6}$ 巴（bar）= 0.1Pa）

baryon 重子（核子或超子），重粒子，激（发核）子

barysphere 重圈，地核，地心圈，（地球）重核层

baryta 氧化钡

baryt(in)e 重晶石

baryt(r)on 重电子，介子

baryum 钡（Ba）

bas BASIC 文件名，扩展名

basal ①基础〔部，本，层〕的，底部的②基板（地质）

basan 书面羊皮

basber ①散光灯，泛光灯②小型照明灯

bascule ①开合桥扇，开启桥的平衡装置②离合杆③摇臂

base ①基（点，线，面，准，数，本，础，座，极，区，距，体，地，址）②底（线，面，座，图），山脚③灯〔机，管，插〕座，带基（磁带的），管基④碱，盐基⑤（数据）库⑥载体

~ of a case 管壳的管座；管壳的底座

acetate ~ （磁带的）醋酸纤维片基

air ~ ①空中基线②航空基地

antenna mast ~ 天线杆座

anvil ~ （锻锤）砧座

application data ~ 应用数据库

asynchronous communication data ~ 异步通信数据库

axie ~ 轴间距离，（车）轴距

bandunified ~ 单一机座，联合机座（开炼机、减速机和电动机同一机座）

bayonet ~ ①卡口灯座，插座②刺刀座

binary ~ 二进（计数）制

broken ~ ①轨底破裂②断折基线

cabinet ~ 床脚，台座，（机床的）底部

candelabrum ~ 蜡台形灯座，小形灯座

card ~ 卡片库

cathode ~ 阴极芯，阴基芯，阴极基底〔体〕

celluloid ~ 电影胶片基

chassis ~ 底板

code ~ 编码基数
coil ~ （带卷退火用的）固定式炉底，炉台
colo(u)r ~ 发色母体
common ~ ①（晶体管）共基极②共用基座
common ~（arrangement） 共基极（配置）
comparison ~ 控制基线
compass ~ 罗盘校正台
connector ~ 接线柱，接线座
cradle ~ 定子移动框架（电机）
cylinder ~ ①气缸座②筒座
data ~ ①基本数据，基础数据②基本资料③数据库，数据栈，资料库④信息基
delay ~ ①迟缓制②挂号制（长途电话）
decimal ~ ①十进（计数）制②以十为底的
diffused ~ 扩散基极
diheptal ~ （阴极射线管的）十四脚管座
distributed data ~ 分布式数据库
double ~ 双元，双料，双支承
drift ~ 漂移基板
duodecimal ~ 十二脚管座
Edison ~ ①爱迪生灯座②螺旋灯头
elliptical time ~ 椭圆时基（扫描）线
emitter ~ 发射极 - 基极的
exchangeable ~ ①可互换基础②换算单位
exponential time ~ 指数式时基，指数式扫描
film ~ 片基
firing ~ 发射台
flexible wheel ~ 变轮距
floating ~ ①弹簧模座②悬空基极
floating-point ~ 浮点基数
flywheel time ~ ①惯性同步时基，惯性同步扫描电路②飞轮效应时基
foundation ~ 基底
four-pin ~ 四脚管底，四针管基
frame time ~ ①图像扫描电路②帧扫描，帧扫描时基
gear shift ~ 变速箱座
goliath ~ 大型管底〔座〕
graded ~ （晶体管的）缓变基区，坡度基区
graphic ~ 图形库
grounded ~ 共基极，基极接地
heterogeneous data ~ 多机种数据库
inflexible wheel ~ 固定轴〔轮〕距
information ~ 信息库
information data ~ 信息数据库
insulating ~ 绝缘（底）板
intermediate ~ 中型管座
jack ~ 插孔板
jumbo ~ 大号（管）基
knowledge ~ 知识库
lamp ~ ①灯座，管座②灯头③（电子管）管基
launching ~ ①发射基地②发射台
level(l)ing ~ 水准基点，基准面
loctal ~ 锁式管座
loktal ~ 锁式管座
long time ~ 长时基（扫描）
long wheel ~ （汽车）长轴距
lubricant ~ 润滑油基油，润滑剂基础组分
magnal ~ 十一脚管底〔管座〕（阴极射线管用）
magneto ~ 磁电机座
main ~ 底板，地脚底
manuscript ~ 稿图
mast ~ ①电杆底座②天线杆座
mat ~ 垫层
metal ~ ①金属基体②金属管基
miniature ~ ①小型管底②小型灯座
mogul ~ 大型（电子）管底〔座〕
Napierian ~ 奈氏底（自然对数的底）
natural ~ ①固有基点〔线〕，自然数基②生物碱
no-delay ~ 立即接通制
non-decimal ~ 非十进制基数
non-hangup ~ 立即接通制
number (system) ~ 数基
octal ~ 八角管底，八脚管底
package ~ 外壳基座
paint ~ 底漆，打底
paper ~ 纸带盘座
pilot ~ 排障底板
pitch ~ 齿轮的基圆节距
plug ~ 插座
pole ~ 电杆底板
precoated ~ 预涂基层
pulse ~ 脉冲基线，脉冲底
rack ~ 底架
rail ~ 轨底〔座〕
relay ~ （无线电）中继站，（无线电）转播站
reregistered ~ （再）对位基级
rest ~ 刀架基面，架底
riser ~ 冒口窝
scale ~ 刻度单位
shank ~ 支撑面
short ~ 短轴距（汽车前后车轴的距离）
silicone ~ 硅酮基

sliding ~ 导向轨座（机座可沿其移动）
soft ~ 软基地，（无原子防护的）软发射场
software ~ 软件库
sound-ranging ~ 声波测距基线
sprue ~ 直浇道窝，直浇道压痕
supporting ~ 衬底
swan ~ 卡口接头〔灯座〕，插口式灯头，卡口灯头
swinging ~ 回转板
swivel(ing) ~ 旋转底座，旋转支承基面
table ~ 工作台底座
tailstock ~ 顶尖座板
tape ~ 带基
three-pedestal ~ 三垛式炉
through ~ 带槽底板（流油用）
time ~ ①时基，时标，时轴②扫描
traversing ~ 横行底座
triggered-time ~ 等待式扫描电路，触发式时基
UG/CAM ~ 基础（UG的主要功能模块，CAM模块，计算机辅助制造模块，加工基础模块，提供综合的功能组去管理制造数据和刀具位置源文件，提供全相关的刀轨变换）
valve ~ ①（电子管）管座，管底②阀座
virtual ~ 有效基线
water-cooled ~ 水冷炉底，水冷底板
weak ~ 弱碱
wheel ~ 轴距，轮距

base width 基区宽度
wing ~ 侧底座

baseband 基（本频）带

base-bar 杆状基线尺，基线杆尺

baseless ①没有基础的，没有根据的②无管座的

baselevel 基准面

baseline ①基线②时基线③扫描行④原始资料⑤原始的，开始的

basement 底座，基脚，基础，地下室，底层
ash ~ 出灰间
cable ~ 地下电缆室，电缆底室

base-out 基线向外（立体测图）

baseplate ①支承板②底〔垫，座〕板③基板〔座〕
fishing ~ 鱼尾〔连接，搭〕板

base-ship 基地船舶，浮动基地

basetone 基音，低音

baseware 基层（功能）

base-wash 碱洗

basic ①基本的，基础的②碱（性，式）的

basifier 碱化剂

basil 斜刃面，刃角，刀口，磨刃口

basilar 基底〔本，部，础〕的

basilyst 碎颅器

basin ①盆，皿，容器②承盘③水槽，盆槽，浴槽④基地⑤炉缸，炉底，熔池，锻工炉⑥盆地，洼地⑦（铸）浇口盆⑧船坞，水池（船模试验用）⑨水区，内湾
catch ~ ①集盘，盛盘②集水槽③截留井④滤污器
compensating ~ 补偿区
influence ~ 浸没面积
lead ~ （炼铅膛式炉的）炉膛
model ~ ①模型试验池②试验基地
oil ~ 油箱，油罐，油池，贮油器
pouring ~ 浇注槽，浇口杯，浇口盆，转包
Puddling ~ 搅炼炉膛，普德林炉膛
runner ~ 浇口杯，池形浇口盆
slag ~ 渣池〔桶，罐〕
stilling ~ 消力池
stoppered pouring ~ 带塞棒的盛钢桶，拔塞浇口盆

basing 固结于基座

basiotribe 碎颅器

basiotriptor 碎颅器

basis ①基（础，准，线，底，数，地）②根据，基本原理，算法③主要成分
~ of integers 整数基（底）
dry ~ ①干燥质，折干计算②干组分
hole ~ 基孔制
integral ~ 整基〔底〕
matrix ~ 矩阵（的）基底
measurement ~ 按体积计价
measuring ~ 测量基准
moisture-free ~ 干燥基
orthonormal ~ 规范〔规格化，标准〕正交基
time-shared ~ 分时制
volume ~ 容积基位
wet ~ 按湿量（计算），连湿计算

basket ①篮，筐，笼②斗③容器④箱⑤吊筐，吊桶，吊舵⑥中间罐，中间包⑦篮〔笼〕形线圈⑧铲斗，挖泥机，岩芯管⑨篮形的，笼形的
centrifugal ~ 离心机转筒〔吊篮〕
charging ~ ①料桶，料筐，加料桶②（电炉的）顶装料桶
coke ~ 焙烧炉，烤炉
fire ~ ①烘篮，火盆〔篮〕②焊炉
pouring ~ 中间包

weight ~ 配重箱，压载箱
basograph 步态描记器
bason =basin
basque 炭粉黏土炉衬，炉缸〔体〕内衬，内衬
bass 低声（部），低频
extra ~ 超重低音（音响）
super ~ 重低音（音响）
bass-drum 大鼓
basso （男）低音，低声部
bassy 低音加重
bast ①劣质煤，炭质黏土，炭质页岩②韧皮（部，纤维），内皮
bastard ①坚硬巨砾，硬石②假冒品，劣等货③畸形的，非〔不合〕标准的，异常尺码的④粗（纹，齿，牙）的⑤假的，不纯的，劣质的
bastcity ①碱度，碱性②容碱量③盐基度
bastion 堡垒，阵地工事
bat ①半砖，碎砖②泥质页岩，油页岩沉积③耐火砖片④海上导弹⑤批（处理）文件名，扩展名
batch ①分配〔类，批，组，段〕，一批〔束，份，炉，群〕②配〔装，送〕料③定量（混合物）④程序组⑤批量，批料，装炉量⑥分批法，间歇法⑦成批⑧分批的，间歇（式）的
batterdough ~ 打面机
remote ~ 远程成批
trial ~ 试拌台
batcher ①定〔计，配〕量器，定量斗②给料机，进料斗，配料箱，进料计量器，分批加料器③混凝土分批搅拌机④卷布机
agro-cement ~ 农业联合配料器
volume ~ 按体积比配料器
weigh ~ 按质量配料斗，分批称料机
batching ①定〔计，剂〕量②分类〔组，批〕③投配④调制混合物，配料⑤石油产品的连续输送⑥软麻工艺⑦卷布⑧卷成，卷取
batchmeter ①（混合料）分批计，定量器②混凝土配料计量器
batch-type 分批式，间歇式，周期型
batchwise 分批地，中断的，断续（的）
batea ①（硝酸钠）晶体收集器②尖底淘金盘
bath ①浸，泡，浴，蒸浴，洗澡②浴器〔池，场，盘〕③电镀槽，电解（热处理）槽④熔池（铸造），电镀溶液，定影液，电解液，（浸泡）卤水，浴液
~ of cell 电解槽熔体，电解槽电解液
acid ~ ①酸浴②酸性熔池
acidic ~ ①酸性（电解）液〔质〕②酸（洗）槽
air ~ 空气浴，气锅
alkali ~ 淬火碱浴
carburizing ~ 加碳（液）池
coagulating ~ 凝结槽，沉淀槽
cross ~ 十字形槽，交错槽
descaling ~ 酸洗槽
dipping ~ 浸浴
dye ~ 着色浴
electric ~ 电浴
electrolytic ~ 电解槽，电解池
electroplating ~ 电镀浴〔槽，液〕
electrosmelting ~ 电炉熔炼池
embedded-electrode salt ~ 埋入式电极盐浴炉
fixing ~ 定影槽
fused ~ 熔池，熔浴
hard ~ 硬性显影液
hardening ~ ①硬化浴，淬火浴②淬火槽，淬火池
hypo ~ ①海波浴槽，硫代硫酸钠〔大苏打〕浴槽②海波定影液
impregnating ~ 浸渍池，浸渍槽
lead ~ ①镀铅槽，铅浴槽，铅淬火槽，铅浴②镀铅（铅淬火）
lime ~ 石灰处理槽，石灰溶槽
melting ~ 熔池，熔浴
metal ~ ①金属熔池，金属浴②焊接熔池
molten ~ 熔池〔浴，体〕
nickel ~ 镀镍槽
oil ~ 油池〔浴，槽〕
organic ~ 有机电解质
pickling ~ 酸洗槽
plating ~ 电镀槽，镀浴，电镀电解液
platinizing ~ 镀铂浴
quench(ing) ~ 淬火池，淬火槽
quick ~ 快冷槽
salt ~ 盐浴（池，槽）
silver-plating ~ 镀银槽
spelter ~ 镀锌槽
stop ~ 停显液
tempering ~ 回火槽
thermostatic ~ 恒温槽
tight flux ~ 浓溶剂槽
water ~ ①水浴（器），水槽②恒温槽
zinc ~ 镀锌槽
bathmometry 拐点法
bathometer 测深计，水深测量计，深海测深仪

bathtub ①摩托车的边车②机下浴缸形突出物
bathyconductograph 深度电导仪，海水电导仪
bathymeter =bathometer
bathymetry 海洋测深学，海深测量，测深法
bathyphotometer 深水光度计
bathyscaph(e) 探海艇，深海潜水器，深潜器
bathysphere 深海球形潜水器（能载人和仪器，供研究深海动物）
bathythermogram 深海温度记录图
bathythermograph 海水深度温度自动记录仪，电测深温计，投弃式深温计，温（度）深（度）仪
bathyvessel 深海潜水器
baton ①（乐队）指挥棒②钟表盘棒状数字码③棍，棒
batonet 系索棍，接棍，小鞭杆
batten ①板〔撑，护，压〕条，狭〔夹，扣〕板②小圆〔方〕材③警戒孔④（一组卡片的）相同位置穿孔⑤万能曲线尺⑥以板钉封
~ and button 木板接合（法）
nose ~ 头部支肋
overhead lighting ~ 灯吊架
batter ①倾斜度，斜坡，坡度②糊状物，软泥③连（续猛）击，乱敲，冲击④敲碎，锤薄，打坏，磨损，（用炮火）摧毁⑤揉捏，混合，（拉丝模）收孔，倾斜，（使）内倾
outward ~ 外斜斜度（炉身斜度）
top ~ ①最高点，顶峰〔点〕，凸顶②空前繁荣
Venturi ~ 文氏管斜度
battered ①磨损的②倾斜的
battering ①倾斜②收孔（拉丝板用旧后加热锤打模孔四周使模孔缩小再用）
battery ①组，排，套②电池（组），蓄电池③炮台④捣矿机，捣槽⑤电解槽
~ check button 电池检验按钮
~ in quantity 并联电池组
~ of lenses 透镜组
~ to electromobile 电动汽车电池
A ~ 甲电池
accumulator ~ 蓄电池组
acid-proof stationary lead ~ 固定型防酸式铅酸蓄电池
actuating ~ 操作电池
alkaline secondary ~ 碱性蓄电池
aneroid ~ 干电池，无液电池
anode ~ 屏极〔乙，B，阳极〕电池（组）
assembled ~ 电池组
automatically actuated ~ 自动激活电池
B ~ 乙〔屏极，阳极〕电池（组）
backup ~ 备用电源，备份电源
balancing ~ 缓冲电池组，补偿电池，浮充电池组
banked ~ 并联电池组，数路供电用电池组
beacontripping ~ 断路器用蓄电池，脱扣用电源蓄电池
bias ~ 偏压电池，偏流电池
booster ~ 升压电池组
boosting ~ 补充〔浮充，加压〕电池
buffer ~ 浮充〔缓冲〕电池（组）
bug ~ 细菌电池
built-in ~ 固定电池，（仪器）内装电池
by(-)pass ~ 缓冲〔补偿〕电池组
C ~ 丙〔栅偏压，栅极〕电池（组）
calibration ~ 校〔标〕准电池
cascade ~ ①阶式蒸浓装置②级联电池组
central ~ （共电制）中央电池组
Clark ~ 克拉克电池（汞锌标准电池）
closed-circuit ~ 闭路〔持续作用，常流〕电池组
common ~ 中央电池组，共电制电池组
compact ~ 简装干电池组，小型电池，紧装电池
cooling ~ 冷却管组，制冷管组
dry ~ 干电池（组）
dry-charged ~ 干充电电池
Edison ~ 爱迪生电池，镍铁碱（性）蓄电池
emergency ~ 应急用电池，备用电池
energy storage lead-acid ~ 储能用铅酸蓄电池
excide ~ 铅电池（组），糊制极板蓄电池
extra ~ 备用电池
Faure ~ 福氏电池
floating ~ 浮充〔置〕电池（组），浮动蓄电池，（船，筏上）流动炮台
frozen ~ 不充电电池
fuel ~ 燃料电池
galvanic ~ ①原〔蓄〕电池（组）②电池作用（电位差腐蚀作用）
gravity ~ 重力电池
grid-bias ~ 栅极偏压电池组，C 电池组（美国名）
20-head ~ 捣杵捣碎机
heat-activated ~ 热激活电池
high energy ~ 高能电池
hydrogen eliminated ~ 消氢电池
idle ~ 无载电池，闲置电池

ingot ~ 钢锭跨，钢锭仓库
junction ~ 结型电池
Jungner ~ 铁镍蓄电池，琼格纳蓄电池
lead ~ 铅电池组，酸性蓄电池组
lead-acid ~ 铅酸电池（组）
line ~ 线路电池（组）
lithium ~ 锂电池
lithium-polymer ~ 锂聚合物电池
local ~ 本机〔自给〕电池
magnetic ~ 复合磁铁
maintenance-free ~ 免维护蓄电池
mercury ~ 汞电池，水银电池
methanol air ~ 甲醇空气燃料电池
microphone ~ 微音〔传声〕器电池
monobloc ~ 整体蓄电池
motorcycle lead-acid ~ 摩托车用铅酸蓄电池
multicell ~ 并联蓄电池组
multiple-connected ~ 并联蓄电池组
navigation mark lead-acid ~ 航标用铅酸蓄电池
nickel iron ~ 镍铁电池，爱迪生电池
nickel-cadmium ~ 镉镍蓄电池
non-explosive lead-acid ~ （煤矿特殊型电源装置用）防爆铅酸蓄电池
nuclear ~ 核电池
nuclear battery atomic ~ 核电池
one-shot ~ 一次电池
plant ~ 厂用电池
plate ~ 屏板〔板极，B〕电池（组）
plunge ~ 浸液电池
polarization ~ 极化电池组
primary ~ 原电池，一次电池
railway lead-acid ~ 铁道用铅酸蓄电池
rechargeable ~ 可再充电电池
reserve ~ 储备电池
ringing ~ 振铃用电池
rundown ~ 已放电电池
SAFT ~ 石墨粉阳极蓄电池
seawater ~ 海水（活化）电池
secondary ~ ①二次电池，蓄电池组②副炮
self-contained ~ 固定〔自备〕电池
solar ~ 太阳（能）电池
spare ~ 备用电池
stamp ~ ①连续重击杵②捣矿杵，捣矿机组
station ~ 厂用电池
storage ~ 蓄电池（组），蓄电瓶
thermoelectric ~ 热偶电池
torpedo ~ 鱼雷电池
traction ~ 车用蓄电池
voltaic ~ 原电池，伏打电池
Volta's ~ 伏打电池
weak ~ 电压不足的电池
wet ~ 湿电池
Zn-Mn dry ~ 锌锰干电池

battery-operated 电池供电的，用电池做电源的

battery-powered 电池供电的

batting 打〔冲〕击，打球

battledore 初级论文

baud 波特（发报速率单位，等于1（脉冲/秒））

baudot （多路通报用）博多机

bauxite 铁铝氧石，铝土矿

B-Axis B坐标轴

bay ①间，场，仓，（闸）室②间距，跨度，隔间，架间，露天间隔（配电站），凹室（阅览室中依书架隔成的小室）③（海）湾，堤，凹槽④台，（机）架，盘，框，座，（底）板，支柱

boiler ~ ①锅炉房②锅炉跨度
bunker ~ 煤仓间
cant ~ 切口，缺口
case ~ 梁间距，桁间
channel terminal ~ 电路终端架
charging ~ 装料跨
coil stocking ~ 带卷储存跨
combined ~ 组合架
dumping bridge ~ 翻转式桥节
equalizer ~ 均衡器架
erection ~ 装配场，装配间
folding bridge ~ 折叠式桥节
fore ~ （水电站的）前池
loading ~ ①进料台，进料场，安装现场②（成品）发运跨，装车跨
marking ~ 钢材打印跨
mill ~ 轧机跨
mo（u）ld preparation ~ 钢锭模准备跨
patch ~ 接线架，插头安装板，接线板
pickling ~ 酸洗工段
pouring ~ 铸锭间，浇铸间（平炉）
power ~ ①电源架，电源间隔②动力舱
pump ~ 给水泵区
relay ~ 继电器台（架）
ringer ~ 振铃器架
scalping ~ 清理跨，修整跨
supply ~ 电源间，电源架
T ~ （=terminal ~）通路架，终端架〔盘〕
terminating ~ 接头座
test ~ ①试验间②试车台

baylanizing 钢丝连续电镀法

bayonet ①接合销钉，卡口②刺刀③销钉连接

saber ~ 刺刀

baz baz 伪变量

bazooka ①平衡到不平衡的变换装置，超高频转接变换器，导线平衡转接器②活动螺旋运送器③反坦克火箭，火箭筒④照明灯架

B2B 企业与企业之间的电子商务

B-battery ①乙〔板（屏），极，阳极〕电池（组）②高压电池组

B-box 变址数寄存器

B2C 企业与消费者之间的电子商务

B-digit B 数（字）码

B-disintegration B 蜕变

B-disk B 盘（操作系统中的一种可选择的用户盘）

B-display B 型显示（距离方位显示）

beach-phonograph 轻便留声机

beacon ①标志〔灯，桩〕，〔灯，浮，信号，指向〕标，标向波，定向无线电波②灯塔，信号台〔所，灯〕③指南，警告，烽火④立标，设信号，为…设置信标，信标导航⑤照亮，鼓励

aerodrome ~ 机场信标

aeronautic（al）~ 航空灯标，航空信号灯

airborne ~ 机载信标，飞机应答信号

aural radio ~ 音响无线电信标

BABS ~ 无线电指向标

circular radio ~ 全向无线电信标

code ~ 电码信标，闪光灯标

Consol ~ 康索尔信标（辐射许多个按时序旋转的等强信号，使驾驶员可以确定方位的信标），多区无线电信标，电子方位仪

course ~ 航向信标

crash ~ 带降落伞的紧急自动发报机

crash-locator ~ 失事飞机定位信标

crossband ~ 交叉频率问答器，交叉频带信标（双频率应答器）

directive radio ~ 定向无线电指向标

DME ~ 测距器信标

flashing ~ 闪光信号标灯

hazard ~ 危险警告信标，濒危标志

homing ~ ①（无线电）归航信标②进〔临〕场指标，导航着陆无线电指标

identification ~ 识别信标

light ~ 光信标，灯塔

localizer ~ 定位信标

marine ~ 航路信标

marker ~ ①标志信标，无线电指点标②示标电台，无线电信标台

mouse ~ 可控指向标，控制信标

omnidirectional ~ 全向无线电信标

operational ~ 工作信标

oscillating ~ 闪光信标，闪烁信标

parachute ~ 降落伞式指向标

radar ~ 雷达信标

radio ~ 无线电（航空）信标

radio-range ~ 无线电航向信标

range ~ 航线（导航）无线电信标

relay ~ 中继信标

respond ~ 应答信标

ship ~ 船舰（导航用）信标

sonne ~ 桑尼无线电信标

splash ~ 闪光指向标，闪光灯塔

surface ~ 地面信标

talking radio ~ 音响无线电信标

tracking ~ 航线信标，跟踪（问答）信标，雷达应答器，曳光管

transponder ~ 无线电应答信标

two-course ~ 双向信标

underwater acoustic ~ 水声信标

visual ~ 能见信标，视觉标志

YG ~ YG 无线电信标

beaconing 发出信标

bead ①（小）珠，（空）泡，玻璃球〔粉，碎粒〕，磁珠〔环〕，绝缘珠，金属珠②焊珠〔蚕，道，缝〕，焊缝金属，叠珠焊缝，熔敷焊道③（车）轮缘，撑轮圈，卷边，波纹，梗，垫圈④凸肋，拉延肋⑤凸圆（线脚），压（玻璃）条⑥珠承，算盘，枪的准星

~ and butt 平圆接合

angle ~ ①护角②角条

axial wire ~ （同轴电缆心线的）绝缘垫珠

back ~ ①背面焊道〔缝〕②封底焊道，填角焊缝

backing ~ 打底焊道

brake ~ 制动肋，阻力肋，拉延肋

circular ~ 圆角，台肩

cover ~ 外胎唇

crush ~ 防跑火沟（模板上）

dielectric ~ 绝缘垫圈，电介质小球

drake ~ 拉深肋

draw ~ 拉深压边肋，拉深肋，拉延肋

expansion ~ ①伸缩垫圈②补偿环〔圈〕

ferrite ~ 铁氧体小珠

metallic ~ 金属夹砂（铸件缺陷），金属粒

nonreflecting ~ 无反射垫圈

pellicular micro ~ 薄壳型微珠载体
penetration ~ 根部焊道，熔透焊道
quoin ~ 隅限隔条
rebate ~ 转角圆线
return ~ 曲角线
sealing ~ 封口焊道〔珠〕，密封焊蚕〔道〕，封底焊道
sight ~ （瞄准用）准星
stiffening ~ 助强波纹，加强梗
string(er) ~ 焊蚕，窄焊道（焊条不横摆），直线焊道
structural ~ 结构加强肋
supporting ~ ①支承垫圈②支承珠（支承同轴输电线的陶瓷或塑料细珠）
thermistor ~ 球状热敏电阻
tyre ~ 胎边，轮胎缘
wash ~ （多道焊缝的）盖面焊道
weave ~ ①交织缝②摆动焊道
weld ~ 熔敷焊道，焊珠〔缝〕
wire ~ 钢丝（橡皮）撑轮圈

beaded （串）珠状的，粒状的，带珠的

beader ①弯边装置，卷边工具，卷边机②罐身滚压加强圈机

beading ①做成细粒〔玻璃球〕，形成球状，烧珠，起泡（金属板面）②直接焊接，叠置焊道，玻璃熔接③弯边，卷边，压肋，压出凸缘，滚槽，滚压波纹，波纹片④串球状缘饰
open ~ 波纹板冲压法
string ~ ①线状焊②挺进叠置焊道（不运条），窄焊道
weave ~ 摆动焊
welding ~ 焊瘤

beagle 自动搜索干扰站

beak ①棘爪，定位杆等的端部②鸟嘴，鸟嘴状物
anvil ~ 铁砧嘴，砧角
share ~ 铧尖

beaker 烧杯，量杯
Bunsen ~ 烧杯，平底烧瓶

beakiron 台〔小角，铁角，丁字〕砧
little ~ （小）台砧

Beallon 铍铜合金

Bealloy 铍铜合金的母合金，铜铍中间合金（w（Be）4%，w（Si）0.12% ~ 0.18%，w（Fe）0.02% ~ 0.05%，w（Al）0.02% ~ 0.05%，其余Cu）

beam ①道，束，柱（光学用）②声束，光线，射线，射束，波束，光束，电子束，电子注③梁，横杆，桁架④束选址存储器⑤机〔船〕身最大宽度，（扩音器）最大有效范围⑥发出波束，发射光，辐射，用波束引导，定向
~ with central prop 三托梁
~ with compression steel 双〔复〕筋梁（有受压钢筋）
angle ~ 角钢檩条，对角支撑（杆）
annular ~ 环形注
approach ~ 临场引导波束
arched ~ 拱副梁，拱形梁，拱形辕杆
articulated ~ 连接梁
astigmatic ~ 像散光束
available ~ 可用束，有效束
axle ~ （汽车）前轴梁
balance ~ ①天平梁②平衡杆
bearing ~ 受力梁，支撑梁
bearingsweep(ing) ~ 扫描射束，扫描电子束
beavertail ~ 扇形波束
Bethlehem ~ 宽缘工字钢梁
blade ~ 螺距测量器
blue ~ 蓝色信号射束，“蓝色”射线（激励蓝辉发光物质的电子射线）
breast ~ 船首横梁，（机床的）前横梁
built-in ~ 固定〔内部，嵌入〕梁
built-up ~ 组合梁
bulb ~ 球头工字钢梁，圆缘梁
bunched ~ 群聚束
camber ~ 曲线〔上弯，弓背〕梁
cantilever(ed) ~ 悬臂梁，翅梁
cased ~ ①匣形梁②箱形梁
cathode ~ 阴极射线束，电子束，阴极射线
channel ~ ①（大型）槽钢②槽形梁
charge-particle ~ 荷电粒子束
check ~ 导航射线，导航波束
chopped ~ ①间歇射束，间断束②切割束
chopped infrared ~ 红外调制光束
circulating ~ 回旋〔环流〕电子注
clamped ~ 固支梁，夹紧梁
clashing ~ 交叉束
coherent ~ 相干光束
collapsible ~ 装配〔可拆〕式梁
collimated ~ 准直束，准直注，平行束
compensating ~ 平衡梁
constrained ~ 约束梁
continuous ~ ①连续射束②连续梁
convergent ~ 收敛射束，会聚光束，收敛注
coped ~ 切口梁（以备连接于其他构件）
cosecant squared ~ 平方余割包线型射束

cross ~　横梁（工业搬运车辆）
crossover ~　过交叉束
cutoff ~　截止电子注
debunched ~　散聚束，去聚束
deck ~　上承梁
deepened ~　加厚〔深〕梁
deflected ~　偏转光束
defocus(s)ed ~　散焦射束，散焦电子注
degraded ~　慢化束，减速束
differflange ~　宽缘工字梁，不等缘工字梁
diffracted ~　衍射射束，绕射射束
directional ~　定向波束
divergent ~　发散射〔光〕束
double cantilever ~　双悬臂梁
dragon ~　枪式小梁，支承脊缘梁
E ~　电子束
electronic ~　电子束
electrooptic light ~　电光光束（偏转器）
elementary ~　基本光束，原光束
emery-coated ~　金刚砂卷〔导〕布辊
extensional ~　外伸梁
false ~　不承压的梁，不受载梁
fan ~　扇形波射束
finger ~　护刃器梁
fished ~　①鱼腹（式）梁②接合梁
flange ~　①工字钢②工字梁
focused ~　聚焦声束
focused ion ~　聚焦离子束
frame ~　①机座肋条②机架横梁③构架梁，肋梁
free ~　简支梁
freely supported ~　简支梁
full ~　最大强度束
gantry ~　刚（性）架横梁
gate ~　横肋梁，辅助横梁
ga(u)ge ~　（量仪的）测量臂
global ~　全球波束
green ~　绿色电子束，绿光束
Grey ~　格雷式梁（宽缘工字梁）
haunched ~　托臂梁，加腋梁
head ~　顶梁，露梁
high ~　汽车前照灯的远距离光束，高光束，上方光束
holding ~　固定射束，稳定射束，保持电子束
hollow ~　①空心梁，管梁②空心射束，环状射束③空心电子注
homocentric ~　同心光束
homogeneous ~　均匀射束，均匀电子束
illuminating laser ~　照明激光束，（目标）照射激光束
incident ~　入射线，入射光束
incoming laser ~　入射激光束
index ~　引示射束，指引射束
initially twisted ~　扭曲线型梁
intensity-modulated ~　强度调制光束
ion ~　离子束，离子注
isolated ~　独立梁
jacking ~　顶〔反作用〕梁
joggle(d) ~　拼接〔镶合〕梁
junior ~　①轻型钢梁，次梁②小〔轻型〕钢坯
laced ~　缀合〔花格，空腹〕梁
landing ~　①着陆电子束②着陆信标射束
laser ~　激光（光）束
lattice ~　格构〔花格〕梁
launching ~　①起动杆②发射波束
lenticular ~　组合梁，鱼形〔扁豆〕梁
lentiform ~　组合梁，鱼形〔扁豆〕梁
lifting ~　（安装机座用的）起重横梁，起重天平，（吊车）天秤
linear polarized ~　线性偏转光束
low ~　（汽车前照灯）近光
low-density ~　①弱流束②低密度粒子束
low-intensity ~　弱束，低流强束
luminous ~　光线，光束
main ~　①主声束，主射束②主梁
molecular ~　分子束
multispan ~　多跨梁
needle ~　针梁，簪梁
neutron ~　中子束
non-uniform ~　①变截面梁②非均匀激光束
notched ~　开槽梁
object ~　物体光束
offset ~　偏移射束
on-course ~　航线无线电波束
oppositely directed ~　对碰束
oscillating ~　摇臂
outgoing laser ~　射出激光束
over ~　悬梁，过梁
overhanging ~　伸出〔臂〕梁，悬臂梁
panting ~　①补强梁②抗拍击梁，强胸横梁
parallel ~　平行光束，平行（射线）束
paraxial ~　近〔旁〕轴光束，近〔旁〕轴电子束
pencil ~　锐方向性射束，尖向束，铅笔状射束
photon ~　光子束

piling ~ 钢板桩
pilot ~ ①缓冲梁②领示电子束，导向射束
pilot ~ 缓冲梁
plated ~ 叠板梁
play-off ~ 回扫射束，抹迹射束
point ~ 点波束
preflex ~ 预弯梁
primary ~ 原射线束〔注〕，原〔一次〕电子束
profile ~ 型钢梁
projecting ~ 投影光束
propped ~ 加撑梁
queen-trussed ~ 双柱桁构加强梁
radar ~ 雷达射束
radio ~ 无线电射束
radio-bearing ~ 定向无线电射束
radio-range ~ 无线电测距波束
reading ~ 读出〔显示〕电子束
red ~ 红色信号光束，红色电子束，红光束
reentrant ~ 重入注
reference ~ 基准光束，参考光束
restrained ~ 约束梁，钳制梁
return ~ 返回射束
return scanning ~ 逆程电子束，回扫电子束
ribbon ~ 带状注
ridge ~ 栋梁，屋脊梁
rocker ~ 平衡梁（起重机）
rood ~ 十字梁
rotating ~ 回旋〔旋转〕射束（天线）
safety trip ~ 带安全器的犁镜
sampled ~ 脉冲调制射束，抽样射束
sandwich ~ 层结梁，多层组合梁
scalloping ~ 沿弯曲轨道振动束
scanning ~ 扫描电子束，扫描波束，扫描射束
scan-off ~ 扫描〔描绘，消抹〕射束
scattered ~ 散射光线〔束〕
secondary ~ ①副梁，次梁②次级射束，次级电子注
shallow ~ 浅梁
sharp ~ 锐光〔窄光，尖波〕束
shear ~ 剪切梁
side ~ ①侧梁②副波束③旁瓣，副瓣
simple ~ ①简支梁②单波束，单靶射束
single ~ 单跨梁
single-working ~ 单臂平衡杆
sleeper ~ 枕梁
soldier ~ 立桩
solid square ~ 实心方钢犁镜
sommer ~ ①大梁②檩条
spent ~ 互作用后的电子注
spill ~ ①再生法引出束②寄生束（在加速过程中沿加速器损失的部分束）
spreader ~ 三角形支索提升梁
spring ~ 弹性梁，弹簧杆，系梁
stablizing ~ 梭梁
stacked ~ 聚积束
statically determinate ~ 静定梁
statically indeterminate ~ 超静定梁
steel ~ 钢梁，工字钢
stiffening ~ 加强梁
straining ~ 横系梁，跨腰梁
strut ~ 支梁
test pattern ~ 测视图电子束
thermal ~ 热中子束
through ~ 下承〔连续〕梁
trip ~ 带安全器的犁镜
trough ~ 槽形〔双山形〕梁
ultraviolet laser ~ 紫外线激光束
uniform ~ 等截面梁，均匀梁
unwanted ~ ①不需要（的）束②（使）加速室活化（的）束
Van de Graaff ~ 范德格拉夫加速器束
video ~ 像束
walking ~ ①步进式炉底，步进式冷床②摇〔步进，平衡〕梁
weight ~ 弹簧测力计，弹簧秤，杠杆秤
well-collimated ~ 直线状注流
well-defined ~ 带明显边缘的线束，边界清晰的注流
well-focus(s)ed ~ 强聚焦注流，高聚焦束
writing ~ 记录〔写入〕电子束

beam-and-rail 轨梁
beam-column 梁柱（同时承受弯曲力矩及压缩力的构件）
beam-confining 聚束，聚束的
beam-current-lag 注（电）流残像
beamer ①轴经整经机，卷轴机②卷轴机操作工
beam-focusing ①对光，焦点相合②射束聚焦的
beam-forming 电子束形成的，聚束的
beam-guidance 波束制导
beaming ①辐〔照〕射，聚〔焦〕束②放光的③整经，（整经后的）倒轴，并轴
energy ~ 能量聚束，能量辐射
beam-of-light-transistor 光束晶体管
beam-rider 驾束式导弹

beam-riding 驾束〔波束〕制导
beamsplitter 分束〔光〕镜
beam-spreading 电子注扩散〔展〕
beam-tetrode 集射四极管
beamwidth （波，光，电子）束宽（度）
bean ①碎煤，豆级煤（小于 1.9 cm）②油嘴，喷油嘴（控制油井的流出量），短管油嘴③管接头④阻流器
flow ~ 自喷油嘴
bear ①结块，底结，残铁（在炉子或浇包中残留的凝固金属）②打孔器，小型冲（孔）机③带有，有（着）④显示，标绘⑤支持，负担，承受，忍受⑥给（出），提供，（产）生，传播⑦推（动），挤，压⑧开动，转向⑨跌价
punching ~ ①打孔器②小型冲孔机
beard ①凹槽②板张锐边③（机器上的）齿〔爪，钩〕，倒钩，针钩
bearder ①除芒器②去骨机
bearding （胡）须状效应
bearer ①托架，支架，支座②承木，垫块，筒枕，滚枕③载体④持票人，持有人
blade ~ 刀面式支承，刀口支撑，棱形支撑
carrier ~ 承载器架
data radio ~ 数字无线电荷载（电路）
intermediate ~ ①中间托梁②桩间板壁
radio access ~ （通信）无线接入承载电路
radio ~ （通信）无线承载电路
rail ~ 轨托纵梁，轨托
signaling radio ~ 信令无线电承载电路
bearing ①轴承②方位，方向，方位角，象限角③支座，支承面，支撑点，支承，轴耳④承受⑤定方位，定向，无线电探向，矿脉走向
~ of die 模具的成形部分
~ with filling slot 有装球缺口的轴承
acoustic ~ 声定向
adapter ~ 带固接套的轴承，镗圈球轴承
addendum ~ 齿顶承载〔接触〕区
aero dynamic ~ 空气〔气体〕动压轴承
aerostatic ~ 空气〔气体〕静压轴承
air ~ 空气轴承
air cushion ~ 气垫轴承
aligning ~ （直线）对位轴承
angular ball ~ 角接触球轴承
angular contact ball ~ 角接触球轴承，向心推力球轴承
annular ~ 环形轴承，径向轴承
annular ball ~ 深沟球轴承
annular tapered roller ~ （向心）圆锥滚子轴承
antifriction ~ 减摩轴承，滚动轴承
antithrust ~ 推力轴承
arm ~ （音，唱）臂轴承
armature ~ 电枢轴承
arrival ~ （电波）到达方位
articulated ~ 关节轴承
auxiliary ~ 辅助轴承
axial ~ 支撑轴承，推力轴承
axial contact ball ~ 推力球轴承
axial thrust ~ 轴向推力轴承
axle outer ~ 半轴外端轴承
azimuth ~ ①方位②定位
babbitt ~ 巴氏合金轴承
back ~ ①反象限角②后轴承③反方位
back-to-back duplex ~ 成对双联轴承（外圈宽端面相对）
ball ~ 球轴承
ball socket ~ 球铰轴承，耳轴轴承
ball thrust ~ 推力球轴承
base ~ 主〔底，基〕轴承
bell ~ ①钟杆推力轴承②小钟杆平球架，炉钟杠杆
bias ~ 对角接触区
big-end ~ 大端轴承，连杆下端轴承
bimetallic ~ 双金属轴承（衬）
blade ~ 刃型支承
block ~ 支承轴承，推力轴承
bolster ~ 轴颈，罗拉颈
bottom-end ~ 连杆大头〔下端〕轴承
bronze-backed ~ 青铜背轴承
bush(ing) ~ 衬套轴承，（径向）滑动轴承
cageless ~ 无座圈〔无保持架〕轴承
capped（rolling）~ 闭型轴承
carbon thrust ~ 含碳的推力轴承（如离合器分离轴承）
Carsor target ~ 卡素尔目标方位
central toe ~ 中间偏内接触区
ceramic ~ 陶瓷轴承
circular plain ~ 圆滑动轴承
circumferential ~ ①圆环支承面②（机床的）圆柱形导架
clearing ~ 安全方位
collar ~ 环形推力轴承
collar step ~ 环形阶式〔推力〕轴承
collar thrust ~ 环形推力轴承
combined ~ 组合轴承
compass ~ 罗盘方位

composite ~ 多层轴瓦，复合轴承
composition ~ （胶木，夹布胶木等）组合轴承
compound ~ 多层合金轴瓦
compressed air ~ 压缩空气轴承，压气轴承
cone ~ 锥形轴承
conical ~ 锥形支承
conical roller ~ 圆锥滚子轴承
Conrad ~ 无装球缺口深沟球轴承（康拉德轴承）
corrosive-proof ~ 耐腐蚀轴承
corrugated ~ 梳状轴承，槽形轴承
counterbored ball ~ 外圈有锥口球轴承
course ~ 航向方位
crankcase ~ 曲轴轴承，主轴承
cross ~ 交叉定位，交叉方位
cup ~ 盲孔宝石支承
cup-and-cone ~ 对开径向推力轴承
cylindrical ~ 圆筒轴承，滚子轴承
cylindrical roller ~ 圆柱滚子轴承
declutch(ing) ~ 离合器轴承
dedendum ~ 齿根接触
deep grove ball ~ 深沟球轴承
diamond ~ 宝石支承
die ~ 拉模孔定径带（圆柱形部分），模口部分（挤压或拔丝模等），模口支承面
differential ~ 三套圈〔差动〕深沟球轴承
direct ~ ①导向轴承②直接引导方位
direction ~ 探向方位，测向方位
discolo(u)red ~ 变色轴承（因劣质润滑油或过热使轴承发黑）
divided ~ 分离式轴承，对开轴承
double ~ 双列轴承
double-cup ~ 双排外夹环滚动轴承
double-direction thrust（rolling）~ 双向推力轴承
dovetail slide ~ 燕尾式导轨
dry ~ 干轴承
duplex ball ~ （成对）双联向心推力球轴承
edge ~ 刀承
elastic ~ 弹性轴承
electromagnetic ~ 电磁轴承（电场力、磁场力悬浮）
electrostatic ~ 静电轴承
elevation ~ 仰角方位
elliptic way rolling ~ 椭圆滚道滚子轴承
end ~ 端轴承
even ~ 表面压力均布的轴承
expansion ~ ①活动支承②（温度）伸胀支承
fabric ~ 夹布胶木轴承
false ~ 虚假向位
Ferro-porit ~ 渗硫铁系含油轴承
film lubrication ~ 油膜轴承，液体摩擦轴承
filmatic ~ （多轴瓦）油膜轴承
fitted ~ （刮）配合轴承
fixed ~ （轴向）固定安装轴承
fixed-land ~ 固定瓦块轴承
flanged (rolling) ~ 凸缘轴承，有挡边推力轴承
flat ~ 平支座，平导板，双脚支柱，扁柱
flexible rolling ~ 柔性滚子轴承
floating-ring ~ 带活动中挡圈的轴承
flood-lubricated ~ 液体摩擦轴承，油膜轴承，浸油润滑轴承
fluid ~ 液压轴承
fluid dynamic ~ 液态轴承，流体动压轴承
fluted ~ 多槽轴承
foil ~ 箔带轴承
footstep ~ 立轴承，臼形轴承
free ~ 球形支座，铰座
friction ~ 滑动轴承
friction-free molecular ~ 无摩擦分子轴承
fulcrum ~ 支承
full-journal ~ 全围式滑动轴承
gas ~ 空气轴承，气体轴承
gas-lubricated ~ 气润滑轴承，气体轴承
globe ~ 调心轴承
graphite ~ ①（离合器分离的）石墨板②石墨轴承
grid ~ 坐标（网）方位
guide ~ 导向〔导引，定向〕轴承
gyro ~ 旋转方位，陀螺仪方位，回转器方向
head ~ 止端轴承
herringbone ~ 人字形油槽轴承
high temperature ~ 高温轴承
hinged ~ 铰承座
Hyatt roller ~ 海厄特（挠性）圆柱滚子轴承，弹簧圆柱滚子轴承
hybrid ~ 动静压混合轴承
hydrodynamic ~ （液体）动压轴承
hydromagnetic ~ 磁流体轴承
hydrostatic ~ （液体）静压轴承
inseparable ~ 不可分离型轴承
insert ~ ①镶嵌式轴瓦，互换式轴瓦②精密轴承③带箱体的轴承
instrument ~ 仪表支承
integral ~ 浇铸轴承

iron-base ~ 铁基粉末冶金轴承
jewel ~ 宝石轴承
journal ~ 径向轴承，滑动轴承，轴颈轴承
kingpin ~ ①凸轮推力回转轴承②推力销轴承，推力枢轴承，中心（转向节）轴承
Kingsbury-type thrust ~ 金斯伯里〔倾斜瓦块式，楔块式〕推力轴承
knife-edge ~ 刃（形）支承，刀口承
knuckle ~ 铰式支座，球形支座，关节轴承
ladder ~ 梯形（直线运动）轴承
lame ~ （轮齿的）跛足状接触区，顶根接触
laminated ~ 夹布胶木轴承，层压轴承
large-end ~ （连杆）大端轴承，下端轴承，曲柄销轴承
lignumvitae ~ ①层压胶木轴承②铁梨木轴承
line shaft ~ ①天轴轴承②中间轴承③船舶传动轴轴承
linear ~ 直线运动轴承
linear roll ~ 直线运动滚动支承
lip type ~ 带挡边的轴承
little-end ~ （连杆）小端轴承
load ~ 承载〔量〕
lobed ~ 多楔轴承
locating ~ 定位轴承
long ~ （轮齿的）全长接触区
low ~ （轮齿的）靠齿根部的接触区
low temperature ~ 低温轴承
lubed-for-life ~ 一次润滑轴承
Mackensen ~ 麦肯森式三油楔动压（滑动）轴承
magnetic ~ ①磁向位，磁方位②磁性（力）轴承
main ~ 主轴承
maintenance-free ~ 自润滑轴承
matched ~ 成对（安装）轴承
Mesta ~ 梅斯塔油膜轴承
Michell thrust ~ 密切尔〔倾斜瓦块式，楔块式〕推力轴承
miniature ~ 微型轴承，超小型轴承
Morgoil ~ 液体摩擦轴承，油膜轴承，铝锡合金（w（Sn）6.5%，w（Si）2.5%，w（Cu）1%，其余 Al）轴承
movable ~ 活动支承
multilayer ~ 多层轴承
multi-oil wedge ~ 多油楔轴承
multipart ~ 弓形轴承，扇形轴承
multi-roll ~ 滚针轴承
multirow ~ 多列轴承
nail ~ 针形轴承
neck ~ 中间轴承，轴颈轴承
needle ~ 滚针轴承
noise-free ~ 低噪声轴承
non-locating ~ 浮动轴承，不定位轴承
nylon ~ 尼龙轴承
oil ~ 含油轴承
oil-impregnated ~ 含油轴承
oilite ~ 含油轴承
oilless ~ 不加油〔自动润滑，石墨润滑，含油〕轴承
oil-retaining ~ 含油轴承
open ~ 开式轴承，对开轴承
oscillating ~ 关节轴承
outboard ~ 外置轴承，辅助轴承
overhung ~ 悬吊轴承
packaged ~ 箱〔盒，封〕装轴承
pad ~ 衬垫〔带油垫，瓦块〕轴承
parallel ~ 滑动轴承
parallel roller ~ 圆柱滚子轴承
partial ~ 半轴承
partial journal ~ 半围轴承（轴瓦在 180° 范围内包围着轴颈的滑动轴承）
pedestal ~ 座式轴承，托架轴承
pendulum ~ 摆动轴承
phenolic ~ 酚醛树脂轴承
pilot ~ 导向轴承
pin ~ ①销轴承②圆柱滚子轴承
pivoted ~ 自位轴承，自动调节轴承
pivoted-pad ~ 活支瓦轴承
pivot(ing) ~ 枢轴承，摆动支座，中心（轴尖）支承，立式推力轴承
plain ~ 滑动轴承，普通轴承
plain thrust ~ 止推滑动轴承
plain-friction ~ 滑动轴承
pneumatic ~ 空气轴承
pocket ~ 油盘轴承
post ~ 墙托架轴承
pot ~ 锅状轴承
powder metallurgy ~ 粉末冶金轴承
powdiron ~ 多孔〔粉末〕铁轴承
precise micro ~ 精密微型轴承
prelubricated ~ 预（加）润滑（油密封）轴承，一次润滑轴承
prepacked ~ 预加润滑脂的轴承
profile bridged ~ 齿廓间断接触
quadrantal ~ 罗盘方位，象限方位
quill ~ 滚针轴承

radial ~ 径向轴承
radial arm ~ 旋臂支承
radial journal ~ 径向〔支持，轴颈〕轴承
radial roller ~ 向心滚子轴承
radial-thrust ~ 径向推力轴承
radio ~ ①无线电方位②无线电测向方位角
rail ~ 轨枕，轨承，轨底支承面
Rayleigh-step ~ 瑞利台阶轴承
reciprocal ~ 反方位，倒方位
reference ~ 基准方位，参考方向
release ~ （分离器）分离轴承
replacement ~ 替换〔备用〕轴承
reverse ~ 后象限角，反方位
rigid-type ~ ①刚性支承点〔面〕②非自位滚动轴承
rim ~ 轮缘座，环承
ring-oiled ~ 油环（润滑）轴承
rocker ~ 伸缩支座，摇臂轴支座，摇杆（轴）承
roller ~ ①圆柱滚子轴承，滚针轴承②轧辊轴承
rolling ~ ①滚动轴承②辊道
rotor ~ 转子轴承
rubbing ~ 干摩擦轴承
saddle ~ 鞍状支承
sand ~ ①砂包，砂袋②型芯撑
sapphire ~ 蓝宝石轴承
sealed ~ 密封轴承，封油轴承
segmental ~ 弓形〔弧形，分片瓦，轴瓦块〕轴承
self-aligning ~ 调心〔自位〕轴承
self-aligning roller ~ 调心滚子轴承
self-contained ~ 不可分离型轴承
self-lubricating ~ 自动润滑轴承，含油轴承
self-setting ~ 多向调整轴承
shaft(ing) ~ 轴承
shield(ed) ~ 有护圈轴承，防尘轴承
shifting ~ 活动支座
short ~ （轮齿的）窄短承载〔接触〕区
single-row ~ 单列轴承
sintered metal powder ~ 粉末冶金轴承
sleeve ~ 套筒轴承，滑动轴承
slewing ~ 旋转枢轴轴承
sliding ~ 滑动轴承
slip-in ~ 镶套（滑动）轴承
snapring ~ 开口环轴承
solid ~ 整体轴承
sonie ~ 音响方位
sound ~ 声音方位，声源方位
spherical ~ 调心轴承，球形支座，球面支承
spherical plain ~ 关节轴承
spherical roller ~ 调心〔鼓形〕滚子轴承
spherical-seated ~ 调心座轴承
spigot ~ ①导向轴承，套筒轴承②小载荷轴承，轻载轴承③插口轴承
split ~ 对开式滑动轴承，可调〔可卸，剖分〕轴承
spot contact ~ 球轴承
spun ~ 离心浇铸轴承
squeeze film ~ （挤）压（油）膜轴承
static ~ 静压轴承
stationary ~ 固定轴承〔支承〕
stay ~ 支撑座
steady ~ 支撑轴承（防止长轴摆动）
step ~ 立式推力轴承，踏板轴承，阶式推力轴承
stern ~ 船尾轴承
straight roller ~ 普通滚柱轴承
superconducting ~ 超导轴承
supplementary ~ 副轴承
supporting ~ 径向〔推力〕轴承
suspension ~ 吊轴承
swing ~ 摆动支座，摆锤支座
tandem duplex ~ 成对串联安装轴承（外圈宽窄端面相对）
tapered ~ 斜面（瓦）轴承
tapered pad thrust ~ 楔形瓦推力轴承
taper-roller ~ 圆锥滚子轴承
textolite ~ 夹布胶木轴承
thin-wall（ed）~ 薄壁轴瓦
three-lobe ~ 三叶轴承
three-row ~ 三列轴承
throw-out ~ （离合器）分离轴承
thrust ~ ①推力〔止推〕轴承②推力〔止推〕座
thrust angular-contact ball ~ 推力角接触球轴承
thrust ball ~ 推力球轴承
thrust roller ~ 推力滚子轴承
tilting ~ 斜垫〔自调，自位〕轴承
tilting-pad ~ 可倾瓦块轴承，倾斜轴瓦轴承，斜瓦式轴承
timken ~ 铁姆肯（圆锥滚子）轴承
tip ~ ①枢轴承，枢支座②调心轴承③关节轴承
toe ~ 推力轴承
tooth ~ 轮齿的接触面

Torrington needle ~ （无内座圈的）冲压外座圈滚针轴承
transverse ~ 径向轴承
truck side ~ （机车的）下旁承，底板，镶板，闸瓦托
true ~ 真象限角，真方位
tumbler ~ 铰式支座，摆动支座（轴承）
two-part ~ 分轴承，对开轴承
two-piece ~ 对开〔拼合，可调〕轴承
underslung ~ 吊挂轴承（如曲轴主轴承）
unflanged ~ 无止推挡边轴承
unlubricated ~ 无润滑轴承
vacuum ~ 真空轴承
water-sealed ~ 防水轴承
way ~ 滚动导轨
wheel ~ 轮轴轴承
white metal ~ 巴氏合金轴承
wick-lubricated ~ 油绳润滑轴承
wide ~ （齿轮的）宽阔承载〔接触〕区
wing ~ 铧翼
worm ~ 蜗杆轴承
worn ~ 废旧轴承，使用过的轴承
wound roller-type ~ 螺旋滚子轴承
wrist-pin ~ 十字头销衬套，活塞销衬套
wye ~ Y 形架

beast 导弹，大型火箭，人造卫星，飞行器

beat ①（节）拍，差拍，拍音，拍频，音差，时间间隔，频差②搏〔脉，跳〕动，脉冲③取字时间④偏摆〔置，幅〕⑤搅打，敲打，拍打
bias ~ 偏拍频
brightness ~ 亮度跳动，亮度差拍
carrier ~ 载波差拍
composite triple ~ 复合三阶差拍项
cross ~ ①交叉脉动②交叉差拍
dead ~ 非周期性
fork ~ 音叉拍
in ~ ①（无偏振，无瘸步）摆轮正振②拾音③推进
intercarrier ~ 载波差拍干扰
light ~ s 光差拍
odd ~ 古怪的节拍数
optical ~ 光学拍频
parting ~ 隔片
sound-chrominance ~ 伴音 - 色度（副载波）拍频干扰
subcarrier ~ 副载波差拍

beater ①捣轮〔棒〕，击碎轮，锤，夯具，拍打器，逐稿轮，夯实机②搅拌器，搅松轮，打浆机，搅动轮，胶乳打泡机③脱粒滚筒④冲击式破碎机⑤炮棍⑥筘座脚
auger ~ （联合收获机收割台的）整体运禾螺旋拨禾筒
breaker ~ 梳解机
broke ~ ①打浆机，损纸打浆机②废物磨粉机
check ~ 反转逐稿轮
cocoon ~ 索绪机，索绪装置，打茧机
combing ~ ①梳刷轮②钉齿逐稿轮
concave ~ 逐稿轮
cylinder ~ 逐稿轮
duplex ~ 双盘打浆机
egg ~ 搅蛋器
Emerson ~ 爱默生打浆机
experimental ~ 实验室打浆机
finishing ~ 成浆机
flail-type ~ 连枷式击碎轮
Fondant ~ 方旦基料搅打机
Horne ~ 霍恩打浆机
Jones-Bertrams ~ 琼斯帛特兰斯（多组底刀）打浆机
paving ~ 打夯机
rear ~ 逐稿轮
reel ~ 拨禾轮，拨禾板
rotary ~ 旋转式切茎器
scattering ~ 撒布轮
spiked ~ ①钉齿式逐稿〔击肥〕轮②齿式开棉机
star-wheel 星轮式击肥轮
strawwalker ~ 逐稿器，逐稿轮
stripper ~ ①逐稿轮②喂入轮③梳刷轮，梳刷滚筒
toothed ~ ①钉齿式逐稿轮②钉齿式打浆机
trash ~ 杂质清除轮，茎叶清除轮
Valley ~ （实验室用）Valley 打浆机
Valley-Niagara ~ （实验室用）Valley-Niagara 打浆机
Vargo ~ Vargo（圆筒式）高浓压力打浆机
Voith ~ 伏特式打浆机

beater-refiner 打浆精研机
multiroll ~ 多刀辊打浆精研机

beating ①（节）拍，差拍②锻伸，锻长，锤击展薄③避风横驶④脉动，搏动，跳动⑤打，拍，打浆〔落，制，扁〕

beating-in 合拍，进入同步

Beatmatic 自动校正偏振仪

beaumantage 填孔料（填木孔用的树脂胶泥），铁腻子
beautification 美化，装饰
beaver 干扰雷达电台
beaverette 轻型装甲车
beavertail 扇形雷达束，（方向图的水平面宽，垂直面窄的）测高天线
Be-bronze 铍青铜
beckern 台〔小角，铁角，丁字〕砧
becket ①吊绳，定深索②绳套
becking （轮箍坯）辗轧，（圆环零件在心轴上）扩孔锻造
becquerel 贝可勒尔（放射性活度单位，符号Bq，$1Bq=1 s^{-1}$）
bed ①床，基，底，垫，衬，层，台，架，座②机床床身，试验台，冷床，机架，装置，台架③底盘〔脚，座〕④基础〔座，脚〕⑤垫层，薄层，填充物⑥安装场地
anvil ~ 砧座
ball stanchion ~ （中厚板剪切机旁的）鹅头床，鹅头台
boiling ~ 流化层
bull-nose ~ 地毯托架（地毯整理机）
casting ~ ①铸造场，浇铸台，铸床②铸型
chipping ~ （锭，坯缺陷）铲凿清理台
cinder ~ （地坑造型的）炉渣（通气）床，煤渣床
clinker ~ 熔结块层
coarse ~ ①粗填料基层②厚层
coke ~ ①底焦（冲天炉）②焦床（地坑造型）
contorted ~ 褶皱层，拐曲层
cutter ~ 截煤机底座
die ~ 底模，模座，垫座
engine ~ 发动机座
erecting ~ 安装现场，装配平台，安装台
filter ~ ①滤垫，过滤层②沉沙池，滤沙池（水力发电站）
flat ~ 平板车厢
fluid ~ ①流化床②沸腾层，沸腾床
fuel ~ 燃料床（层）
gap (ped) ~ 马鞍形床身，凹口床身，中断床面（车床），槽形机座
grid ~ 造芯铁床
grinding ~ 砂轮清理（修整）台
initial ~ 底料层
intercalated ~ 夹层
key ~ 键座〔槽〕，标准〔分界〕层
lathe ~ 车床床身
locking ~ （火车车架上的）锁紧座，锁床
locomotive ~ 机车试验台
looping ~ 活套台
louver ~ （干燥机的）鱼鳞片式托板
mo(u)ld ~ 砂床
mo(u)lding ~ 胎模
movable ~ 床台（车床）
notched-bar cooling ~ 齿条式冷床
open ~ 开式床身
packed ~ 填充层，填充床
panel ~ 面板座，控制盘底座
pig ~ 生铁槽，铸床，生铁场
piler ~ 堆垛机，垛板机
powder ~ 粉末层
press ~ 压机座，压机工作台，水压机下横梁
prestressing ~ （钢筋）预加应力台
register ~ 记录牌，记录板
resin ~ 树脂层
roller ~ 辊道
sand ~ ①砂床②砂（型）铸（造）场
scarfing ~ 火焰清理台
shaker ~ 分离筛，抖动筛
sinter ~ 烧结（料）层
skid ~ 装料架，台架，轨条，铺棚
slant ~ 斜床身，斜基座
sponge ~ 海绵金属层
stacking ~ 带收集装置的冷床
stratified ~ 分层床
stretching ~ （预应力）张拉台
superincumbent ~ 覆层，叠层
superjacent ~ ①上层②顶板
tilting ~ 倾翻平台
travel(l)ing ~ 活动底，纵向输送带
zeolite ~ 沸石层
bedded ①配好的，调节好的，啮合的②成层的，分层的③搁置的
bedding ①基础〔座，床〕，底层，底座②敷设（管子），埋藏③卧模④研磨，刮研，（零件的）修配⑤衬垫，垫层
false ~ 假层理，交错层
graded ~ 粒级层，渐变层
bedding-in ①配合②研配，（拉模的）研磨，刮研
bedframe 底座框架，支承结构
bed-in 卧型（地坑造型）
bed-motion 活字盘传送（印刷）
bedpiece ①底座板，台〔座，床，底〕板②底刀（板）③炉底

bed(-)plate ①台〔座，床，底〕板，底座板②底刀（板）③炉底
bellcrankunsplit ~ 整体底座〔板〕
motor ~ 电动机机座〔底板〕
bedrock ①基岩②最低〔底〕点，最少量
bedstand 试验台
bedstead ①试验台，试验装置②骨架，壳体，构架
bedstone ①基石②（磨粉机的）下磨盘
bedye ①着色，施彩色②染（色）③涂装
bee 蜜蜂
Queen ~ 无线电操纵的靶机，飞行靶标
beechnut 地空通信系统
beehive 蜂房式的，蜂巢式的，蜂窝状的
Beehive 分离轨道回旋加速器
beep ①小型侦察车，吉普车②簧音，高频笛音（报时信号，汽车喇叭），嘟嘟声③导弹遥控指令④发嘟嘟声
beep-box 遥控装置，控制部件
beeper ①导弹或无人飞机遥控员②雷达遥控装置
beeswax 蜂蜡，黄蜡
beetle ①木夯，木槌②搅打机，槌布机③脲醛树脂④突出的，外伸的⑤搅打
begin 开始（ALGOL 中的一个过程定义符），动手，着手，创建
beginning 开始
message ~ 报头，文电头
beginning-of-tape 磁带始端
begohm 吉〔咖〕欧姆（10^9 Ω）
behave ①举止，行为，表现②运转，开动，工作
behavio(u)r ①状态，工况，动态②特性，性能，品质，特点，功效③动作，行为
absorption ~ 吸收性能
ag(e)ing ~ 时效效应
arbitrary time ~ 任意的时间规范
brittle ~ 脆性
dynamic ~ ①动态特性，动力性能②动态行为
fail-soft ~ 故障弱化特性
frictional ~ 摩擦特性
kinematic ~ 运动特性
multimode ~ 多模性能
offset ~ 偏移特性
post-buckling ~ 后期压曲特性
post-elastic ~ 弹性后效
program(me) ~ 程序功效
pseudoplastic ~ 假塑性
pyrophoric ~ 火花现象
rational ~ ①合理性能②理性动作
refractory ~ 耐火性，难熔性
rheologic ~ 流变学性能
spiking ~ 尖峰性能
textural ~ 织构行为
transient ~ 瞬时特性，过渡特性
behemoth 大型车，巨型车
beidellite 拜来石，贝得石
bel 贝（耳）（B，音量、音强和电平单位）
belch ①火〔烟〕柱，火焰柱②冒火，冒烟③猛烈喷射〔爆发〕④喷〔冒〕出
belfried 有钟楼〔塔〕的
belfry 钟楼，望楼，（钟）塔
B-eliminator 乙电源整流器，代乙电器，阳极电源整流器
bell ①铃，钟②钟盖，钟罩，漏斗，(圆)锥体(状)，钟形物，喇叭口，（管子）承口③（高炉的）炉盖，料钟④圆屋顶⑤起落架轮⑥伞衣（降落伞）⑦（pl.）排钟
~ of pipe 管子承口
air ~ ①（压制光学玻璃时产生的不规则）气泡②气钟（浮选时入矿浆的小气囊）③气流罩
alarm ~ 警铃，警钟
annunciator ~ （来车）信号铃
bias ~ 偏动电铃
bottom ~ （鼓风炉）底料钟
die ~ 拉模入口锥
differential-wound ~ 差绕电铃
distributing ~ （高炉的）布料钟
diving ~ 潜水钟
end ~ ①端承口（管子）②端框③（电缆）终端盒④端箍，绑环⑤端盖⑥钟形端板⑦护环（汽轮发电机）
extension ~ 分铃，分设钟
forming ~ 拉焊管模
gas-seal ~ 气封钟形盖，料钟
immersion ~ 钟罩（球化处理用）
magneto ~ 永磁电铃，磁石（式）电铃
muzzle ~ 承口，套口
picture in picture ~ 画中画钟形滤波器
pilot ~ ①监视铃②监听铃
polarized ~ 极化（电）铃
rescue ~ 救生钟
tenor ~ 中音钟
time ~ 时钟，船钟

top ~ 顶料钟（鼓风炉）
trembling ~ （震颤式）电铃
trumpet ~ 漏斗形浇道
underdome ~ 机内式电铃
welding ~ （焊管用的）碗模，拔管模，喇叭模

bellboy 随身电话装置，无线电话机

bellcrank 直角形杠杆，（双臂）曲柄，曲拐
engine throttle ~ 发动机节气门操纵臂，发动机油门杠杆

belled 套接的，钟形口的，承口的

bellend 承插端，扩大端 belled

bellied 膨胀，鼓起

belling ①压凸②制管子的喇叭口

bell-jar ①钟（形）罩，钟形烧结炉②防尘罩

bell-mouthed 漏斗口的，钟形口的，承口的

bellow ①吼叫，怒吼，轰鸣②波纹管

bellows ①手用吹风器，皮老虎，风箱②（真空）膜盒，膜盒组件③波纹管，皱纹管，伸缩软管④真空管⑤凸面式胀圈⑥带阀橡胶球⑦皮腔，蛇腹（照相机）
adjustable ~ 可调膜盒〔波纹管，伸缩软管〕
chest ~ 箱形锻造风箱
flexible ~ ①伸缩膜盒②波纹管
formed ~ 沉积波纹管
hand ~ ①手用吹风器②皮老虎
hydraulic ~ 鼓液皮老虎
hydraulic-formed ~ 液压波纹管
integrating ~ 积分膜盒
leather ~ ①皮腔，蛇腹（照相机）②风箱，皮老虎
metal ~ 金属膜盒〔波纹管，伸缩软管〕
multi-ply ~ 多层波纹管
operating ~ 控制膜盒，操纵膜盒
spring-opposed ~ 弹簧承力波纹管
sylphon ~ 薄壁金属圆筒风箱（用于调压）

bellows-type 风箱式的，波纹管式，膜盒式

bell-shaped 圆锥形的，钟形的

belly ①隆腹形②钟腰，琴腹，炉腰，机身腹部③（孔型底边的）凹度

bellybrace 曲柄钻

bellying 鼓出部，凸起部，膨胀

belly-landing 腹式着陆

belongings ①附件，附属物②性质

belt ①带状物，引〔运输〕带②区，区域，腰带区（域），地带③层，界④环形铁路⑤带式输送机
abrasive ~ ①砂（布）带②砂带式抛光机
ascending ~ 上行（输电）带
back(-)up ~ 倒车〔背撑，支承，后盾〕带
Balata ~ 巴拉塔胶带
bendsafety ~ 保险带，安全带
bleed-off ~ 抽气的环形室
cell ~ 隔板式输送带，滚筒脱出物输送带
charge-carrying ~ 输电带，充电带
charging ~ ①上料带②充电带，输电带③装料带机
cog ~ 楔形齿同步带
cone ~ V 带
confidence ~ 置信带（统计数学）
continuous ~ 传动带
conveyer ~ 输送带
cord ~ 纤维〔钢丝〕径线（胶）带
crawler ~ 履带
cross(ed) ~ 交叉带，十字带
cross-stitched ~ 交叉接头带
descending ~ 下行〔输电〕带
discharge ~ 卸载输送带
driving ~ 传动带
electrostatic ~ 静电带（静电加速器的输电带或充电带）
elevating ~ 提升输送带
emery ~ 金刚砂抛光带
endless ~ ①环形〔无极输送，无接头输送〕带②带式输送机
feed ~ 进给带，传送带
finger ~ 钉齿同步带
flight ~ ①抛掷式充填机②抛掷机带
green ~ 带坯
grinding ~ 磨削砂带
gripping ~ 夹送带
gum ~ 树胶带
half-crossed ~ 半交带，直角交换齿轮带
halved ~ 交叉带
hex ~ 双面 V 带，六角形带
hoist ~ 斜井带式提升机
hydraulic ~ 扬水带
laced ~ 接头带
laminated ~ 多层带
life ~ 安全〔保险，救生〕带
link ~ 链带
made-up ~ 带坯，胶带坯品
multiple ~ 多层带
notched ~ 同步带
open ~ 开口带，开式传动带
phase ~ 相带

photoconductor ~ 光电导体带
pin ~ 带齿定位钢带
plck-up ~ ①拔取带②捡拾器帆布带
ply-constructed ~ 分层棉织胶带
positive ~ 正电输送带
proportioning ~ 配料带
pulling ~ ①拔取带②拔麻带
quarter-turn ~ 直角交换齿轮带，直角回转带，半交（叉）带
reinforced ~ 高强度输送带
resin ~ 树脂结合剂砂带
retainer ~ （带式排种装置的）夹送带，保持带
ring ~ 活塞环带（活塞环分布带）
rubber ~ 橡胶带，胶带，橡胶输送带
sand ~ 砂〔抛光，研磨〕带
scraping ~ 带刮板的运输带，（刮板运输机的）链板
sorting ~ 分选输送带，分级输送带
speed ~ 调速带，变速带
stepped-ply ~ 厚边（输送）带
thrower(ing) ~ 抛掷式充填机带
time ~ 时区
timing ~ 同步带，定时带，齿带（打印机用）
trapezoidal-shaped ~ （梯形）V 带
travel(l)ing ~ ①运输带②移动式输送机
trough ~ 槽（形）带
tuyere ~ 风口带钢箍，风口区炉壳，风口带
Van Allen ~ 范艾伦（辐射）带
vee ~ V 形带
voltage ~ 电压带，电位区
V-type ~ V（形）带
wedge ~ V 形带
weigh(ing) ~ ①称量带②带称
white-finish ~ 无味输送带
wind ~ 风箱（化铁炉），风带

belt-conveyer 带式输送机
belt-driven 带传动的
belted ①束带的，钢带铠装的②带传动的
belting ①带〔传动带〕装置②包带，扎线，捆
angular ~ 转角带运输机构，转角调带装置
canvas ~ 帆布带传动装置
belt-line （车身的）带线，装饰带线，流水线，环形路
sand ~ 砂带，抛光带，研磨带
timing ~ （发动机）正时（齿）带
ben 宽频带雷达发射机
bench ①座，架，（工作，钳工，实验）台②组③长凳④底层平台，基准点⑤阶段，台阶⑥拉丝机，拉拔机，拉床⑦管道的温度膨胀指示器
belt ~ 带式测长台，带式定长器
breast ~ 台锯机
circle ~ 环形补偿器
clean ~ 净化台
cold-drawing ~ 拉拔机，拉丝机，冷拉床
core ~ 制芯台
cutting ~ （温室苗床垫料切碎用的）铡料台，切碎台
draw ~ 拉丝机
drawing ~ ①拉床②制图桌，绘图桌
dual-chain ~ 双链拔丝机
electrooptical ~ 电光具座
experimental ~ 试验台
file ~ 钳工台
filling ~ 装模台
laying-out ~ 划线台
optical ~ 光具座
photometer ~ 光度计工作台，测光导轨
Pira test ~ 庇拉试验台
preheating ~ 预热台（电子管热试验）
push ~ 推拔钢管机，顶管机
reaming ~ 铰孔机
reeling ~ 缫丝机
rewind ~ 倒片台
saw ~ 锯台
snap ~ 小工作台（造型工作用）
super-clean ~ 超净台
test ~ 测试台
turn ~ 台用小车，钟表车床
vice ~ 钳工台，虎钳台
wire-drawing ~ 拉丝机，拔丝机
benched 陡坎的，梯段的，台阶形的
benching 钳工加工
benchmark ①水准（标）点，基准点②基准标记；标高标志③试射点④标准检查程序，基准测试程序，基准程序；测试标准，基准（专用的测试计算机程序的标准）
bend ①弯头，曲管，弯管，弯曲物②可曲波导管③板料加强筋（凹，凸脊）④弯曲，偏转
angle ~ （角形）弯管，角形接头
card ~ 梳棉机曲轨
channel ~ 管道弯头
circle ~ 圆曲管
cold ~ 冷弯
conduit ~ 导管弯头
connector ~ 弯头（管子）

corner ~ 角形弯曲（波导管）
crossover ~ 转辙弯曲
eight ~ 45° 弯头
elbow ~ 直角弯头，弯管
E-plane ~ （长方形波导管的）E 面弯头
expansion ~ （温度）胀缩弯头，伸缩节，补偿伸长弯曲，补偿器
female ~ 包管弯头
flatwise ~ （波导管的）平直弯曲
frame ~ 帧图像变形，抛物线形场弯曲校正信号
H ~ H 平面弯曲
hair-pin ~ U 形弯，回头弯，发针形弯
half-normal ~ 半标准弯头
knee ~ ①弯头，弯管接头②肘形弯管
line ~ 行弯曲，图像行畸变
long ~ ①长弯头②大的弯度
minor ~ 微弯波导
normal ~ 法向弯管，法线弯管，直角弯头
offset ~ ①弯管，迂回管② Z 形弯管
quarter ~ 直角弯头，矩管
racecourse ~ 导向弯管
raking ~ 对角砌合，斜纹接合
reducing ~ 缩径弯头
rest ~ ①直角弯管接头②托座弯头
return ~ ①半环形管，回转管② U 形弯头③ 180° 弯头
reverse ~ 反向弯曲
sharp ~ 突转弯头
sixteenth ~ 22.5° 弯头
snake ~ 蛇形弯头
socket ~ 管节弯头
square ~ 直角弯头
street ~ 内外接弯头
suction ~ 吸筒弯头，吸管弯头
swan neck ~ 鹅颈弯（头），S 形弯（头）
toroidal ~ 螺旋线形弯曲
trough ~ 拗槽，向斜，溜槽转弯

bendability 可弯性

bendalloy 弯管用易熔合金

bender ①挠曲〔弯曲，折弯〕机，弯管〔板，杆〕机②（模锻）折弯模
~ and cutter （钢筋）弯切两用机
angle ~ 钢筋弯曲机，角度折弯机，弯角机
bar ~ 钢筋弯具，弯钢筋机，弯条机
beam ~ 压（弯）梁机
contour ~ 成形弯曲装置
curved ~ 弧形顶弯器（连铸）
electric pipe ~ 电动弯管机
eye ~ 弯套管机，弯套环机
plate ~ 弯板机
rail ~ 弯轨机，钢轨弯曲压力机
roll ~ 轧辊弯曲压力机，辊式弯板机
rotary ~ 回转弯曲机，转模折弯（缘）机，转台式弯曲机
steel ~ ①钢筋弯具，弯钢筋机②钢筋工
stretch ~ 拉弯机
tire ~ 弯胎机
tube ~ 弯管器，弯管机
universal ~ 万能弯管机

bending ①弯（曲），挠（曲），挠度，弯曲度②弯头③卷刃，卷刀口④波束曲折，磁头条带效应⑤偏移，偏差
alternating ~ 反复〔交替，交变〕弯曲
antielastic ~ 反弹性变形弯曲（弯曲时防止侧向变形）
band ~ 频带偏移
edgewise ~ 扁弯，（线圈的）扁绕
laser ~ 激光弯曲
lens ~ 透镜配曲调整
nip ~ 弯小圆弧（卷边前工序）
non-uniplanar ~ 异面弯曲
one-eighth ~ 弧形弯管
ram ~ ①滑块挠度②压力机压弯
roll ~ ①轧辊挠度②滚弯③滚板，卷板
stretch ~ 拉伸弯曲，拉弯
uniplanar ~ 同面弯曲，平面弯曲
wrinkle ~ （管子）有皱纹的弯曲

beneficial 有利（益）的

beneficiation ①矿石品位的提高（选矿和造块）②富集

benefit ①利益，益〔好〕处②保险赔偿费，津贴

Benito （连续波）飞机导航装置

bentonite 膨润土
activated ~ 活化膨润土
sodium ~ 钠基膨润土

bent ①排架，横向构架，柱脚，支架② V 形凿③弯头④曲轴（的）⑤弯曲，倾向
expansion ~ 伸缩弯管
wind ~ 抗风排架

bentwing 后掠翼飞机

benzene 苯（C_6H_6）
ethyl ~ 乙苯，苯乙烷（$C_6H_5C_2H_5$）
propyl ~ 丙苯

benzhydrylcellulose 二苯甲基纤维素

benzin(e) 轻〔石〕油精，（轻质）汽油，石脑油，挥发油
benzine-resistant 抗汽油的
benzoate 苯甲酸酯
benzol(e) （粗）苯，安息油
benzoline ①苯汽油，轻〔石〕油精，（轻质）汽油，石脑油，挥发油②不纯苯
benzonitrile 腈，苯基氰（C_6H_5CN）
B-equalization B 均衡（B 为反馈放大器的反馈系数）
Beraloy 铍青铜合金（*w*（Be）1.9%，*w*（Co）< 0.5%，*w*（Ni）< 0.5%，其余 Cu）
berillium 铍（Be）
berkelium 锫（Bk）
berlin(e) 大四轮车
berm(e) 护坡道，（公路两旁的）路肩，小平台
berth ①船台②投锚处，停泊处，船〔泊〕位③架床，舱位（客运）
building ~ 滑道，船架，造船台
Berthollide 贝汃立合金
beryl 绿（柱）玉，绿柱〔宝〕石
beryllia 氧化铍（耐火材料）bias
beryllium 铍（Be）
berylliumizing 渗铍
besel ①屏，荧光屏，（仪器的）玻璃框②监视窗〔孔〕
bespeak ①预约〔定〕，订（货）②证明，表示③请求
Bessemer ①贝氏转炉，酸性转炉②酸性转炉钢
bessemerizing （酸性）转炉吹〔冶炼〕法
best-fitting 最佳拟〔配〕合
beta-activity β 放射性
beta-fluorography β 射线荧光摄影
Beta-gamma-radiometer β、γ 射线探测仪
betalight 氚发光器件
betatopic 失〔差〕电子的
betatron 电子感应〔电磁感应，电子回旋〕加速器
air-cored ~ 空〔无磁〕心电子感应加速器
biased ~ 附加励磁电子感应加速器
dual-beam ~ 双束电子感应加速器
field-biased ~ 主磁场附加励磁电子感应加速器
flux-biased ~ 加偏场附加磁通的电子感应加速器
beta ①希腊字母 β，表示射线质点、粒子等类型的希腊字母②晶体管的共发射极短路电流放大系数③第 2 位的，β 位的
bethanise =bethanize
bethanize 钢丝电解镀锌法（用不溶解阳极）
bethanizing 电镀，（金属线的，电线的）镀锌
beton 混凝土
betonac 金属混凝土（混凝土内含有细粒金属骨料者）
betweencenters 中心间（距），轴间（距）
Bev （美，法）吉电子伏，十亿电子伏（10^9 eV）
Bevalac 贝伐拉克（美国加利福尼亚大学劳伦斯伯克利实验室的超级重离子直线加速器和“贝伐特朗”的组合系统）
bevatron 高能质子同步稳相加速器，高功率质子回旋加速器
Bevatron 贝伐特朗（美国加利福尼亚大学劳伦斯伯克利实验室的 62 亿电子伏质子同步加速器）
bevel ①斜角，斜面，（焊管坯的）斜边，坡口②斜角规，万能角尺，斜角曲尺③锥齿轮④圆锥的，倾斜的，斜削的，斜角的⑤倾斜，斜削，斜截，开坡口，切成锐角，使成斜角
closed ~ ①弯 90° 以上的法兰②钝角翻边
combination ~ 组合〔通用〕斜角规
hypoid ~ 偏轴〔准双曲面〕锥齿轮传动
open ~ 锐角翻边
pole-face ~ 极（靴表）面削斜（为了加大气隙），极面斜角
single ~ 单斜式
universal ~ 通用斜角规，组合斜角规
bevel(l)ed ①有斜面的②圆锥体的
beveller 坡口机
electric weld joint ~ 电动焊缝坡口机
hand-held electric ~ 手持式电动坡口机
bevel(l)ing 做成斜边，倒斜角，斜切〔削，视〕，倾斜，偏斜，（焊接）坡口
~ of the edge ①（擒纵轮的）减轻角②坡口加工，开坡口
corner ~ 圆弯（波导管）
bevelment 斜〔对〕切，削平
bewel 挠曲，预留曲度（抵消铸型的挠曲）
bezel ①仪表前盖，表壳前圈，（仪器的）玻璃框②荧光屏，挡板③聚光圈，遮光板④凿的刃角⑤企口，嵌玻璃的沟缘⑥宝石的斜面
decorative ~ 装饰手表嵌玻璃的沟缘
instrument ~ ①（仪器的）玻璃框②（荧光）屏
B2G 企业与政府方面的电子商务
biabsorption 双吸收

biacetyl 双乙酰
bialite 镁磷钙铝石
bialkali 双碱
bias ①偏，偏移〔差，离，置，倚〕，位移②偏压〔流，磁〕③使…有偏差，加偏压
~ in 内对角接触
~ off 偏置截止，加偏压使截止
~ out 外对角接触
automatic ~ 自（动）偏压
automatic kinescope ~ 自动显像管偏置
back ~ ①反馈〔回授〕偏压②（摄像管）背景光
base ~ 基极偏压
blocking ~ 截止偏压
built-in ~ 内建偏压
C ~ 栅偏压，C 偏压
clamp ~ 固定偏压，钳位偏压
colo(u)r ~ （颜）色偏差
critical ~ 临界偏压
cross-field ~ 交叉场偏磁
current ~ 偏流
cut-off ~ 截止偏压
DC ~ 直流偏置〔压，磁〕
drain ~ 漏偏置
electrical ~ 电偏置
electrode ~ 电极偏压
fixed ~ 固定偏压
gate ~ 栅偏置，（场效应晶体管的）栅偏压
grid ~ 栅偏电压，栅极偏压
grid-leak ~ 栅漏偏压
harmonic ~ 谐波偏流，偏置谐波电流（变压器差动保护）
heater ~ 灯丝偏压
HF ~ 高频偏磁
~ in affine function 仿射函数中的偏差
instrumental ~ 仪器偏差
internal ~ 内部偏移（电传打字机用）
kine ~ （彩色电视）像偏
light ~ ①光偏置，光偏移②点亮，照明③光线背景④轻微漏光
long-range ~ 大范围偏压
magnetic ~ 磁偏置，偏磁
marking ~ 标记偏置
miss-distance ~ 系统距离〔引导〕偏差
nagative ~ 负偏压
natural ~ 正常对角接触
negative-grid ~ 负栅偏置〔流，压〕
operating ~ 工作偏压
ordering ~ ①排序偏差②顺序拉开检验，顺序准确性检验
peaking-strip ~ （脉冲）信号电极偏压
positive ~ 正偏置〔流，压〕
reference ~ 基准偏磁
reverse ~ 反偏压，反向偏置
signal ~ 信号偏压
spacing ~ 间隔偏差，空号偏压，空格偏移，间隔拉开
supersonic ~ （录音）超声偏振，超声偏压
time ~ 时偏，时间补偿（电力系统）
voltage ~ 偏压
zero-initial ~ 零始偏压
zinc ~ 负偏压
biasing （加）偏压，偏置
alternating current magnetic ~ 交流磁偏置
alternative ~ 交替偏压
bias-off 偏置截止，加偏压使截止
biatomic 二〔双〕原子的，双酸的
biax 双轴的
~ magnetic element 双轴磁心元件
biaxial 双轴的，二轴的，二向的
bibasic 二元的，二代的，二盐基性的，二碱（价）的
bib(b) 阀门，活塞，闸板，弯管，旋塞阀，龙头
bibbley-rock 砾石
bibcock 弯管旋塞阀，龙头，弯嘴，旋塞阀
bibelot 微型书，特小开本图书
bibliofilm 拍摄书页用显微胶片，图书显微软片
bibliognost 书籍行家，通晓书籍和书目的人
bibliographer 目录学家，书目编纂者
bibliography ①书目（提要），文献目录，参考书目〔资料〕②文献志，书志学，目录学
bibliology 图书学，版本学
bicamera 双镜头摄影机
bicarb 碳酸氢钠，小苏打
bicarbonate 碳酸氢盐，重碳酸盐
sodium ~ 碳酸氢钠，小苏打
bicharacteristics 双特征〔性〕
bichloride 二氯化（合）物
bichromate 重铬酸盐
bicircular 二〔重〕圆的
bicirculating ①双重循环的，偶环流的②偶极流
bicirculation 偶环流
bickern 双嘴砧，丁字砧

bick(-)iron 双嘴〔丁字〕砧，铁砧
smith's ~ 锻工台砧
bicolorimeter 双色比色计
bicommutant 对换位阵
bicomponent 双分支
biconcave 双凹面的，两面凹的
biconic 比康连接器（一种光缆连接器件）
biconical 双（圆）锥的
biconjugate ①双共轭的②双对的
bicontinuous 双连续的
biconvex 双凸面的，两面凸的
bicorn 双角的，新月形的
bicornate 双角的，有两角的
bicornuate =bicornate
bicoudate 双曲的
bicrofarad 纳（诺）法（拉）（10^{-9} F）
bicron 纳（诺）米（10^{-9} m）
bicrystal 双晶（体）
bicubic 双三次的
bicurved 双弯曲的，二曲线式的
bicycle 自行车
bicylindrical 双圆柱的，双柱面的
bid ①出价，报价②投标③努力，尝试，企图④（计算机）指令
bidding 出〔喊〕价，（计算机）指令
bidematron （=beam injection distri-buted emission magnetron amplifier）电子束注入分配放射磁控管放大器，毕代玛管
bidigraph 有向偶图
bidimensional 二元〔维，因次〕的，两度空间的
bidirectional 双向（作用）的
bieberite 赤矾，钴矾
bielectrolysis 双极电解
bielliptic(al) 双椭圆的
biellipticity 双椭圆率
biface 双界面 bimetal
bifacial 双面的，两面相同的
bifarious 二重的，两列的
bifet 双极 - 场化（混合）晶体管
bifid 叉形的，裂成两半的
bifilar 双丝〔线，绕，股〕的
bifilargravimeter 双丝重力仪
biflaker 高速开卷机
biflecnode 双拐结点
biflux 汽 - 汽热交换器
bifocal ①双焦点透镜②（pl.）双筒望远镜，双光眼镜③远近两用的（望远镜），两〔双〕焦点的
bifocus 双焦点
bifolium 双叶，双薄层片
biforate 双孔的
biform 有两形的，两体的，把两种不同物质的性质、特征合在一起的
bifrequency 双频（率）
bifunction 双叉，双态
bifurcate(d) 分路，分叉（的），分为二支（的）
bifurcation ①分歧（点），分叉（点），分支，分路②两歧〔异〕状态，（计算机的）双态③分流（现象），喷嘴支管，双叉口〔管〕
bigeminal 成对的，双重的，二联的，孪生的
bigeminy 二联（律），成对出现
big-end 大端（的）
big-end-down 上小下大的
big-end-up 上大下小的
bight ①盘索②回线，曲线，弯曲，线束③绳环，索眼
bigit 二进位，位
bigram 双字母组
bigrid 双栅极（的）
biharmonic ①双调和的②双谐（波）的③重调的
bihole 双空穴
bijection 双射
bike 自行车
motor ~ 电动自行车
mountain ~ 山地自行车
bilamellar 两片的
bilaminar 二层的
bilanz 平衡
bilateral ①双侧〔向，边，通〕的，对向的②双向作用的
bilateralism 两侧对称性
bilayer 双分子层
bilevel 双电平的
bilge ①船的水下部分，舱底，船底（弯曲部），舭②桶鼓出部分，凸起③挠〔拱，弯，垂，凸〕度，矢高
bilge-pump 舱底污水泵
bilinear 双直线的，双线性的，双一次性的
bilinearity 双线性
bilingual 两种文字（对照）的，两种语言的
bill ①清〔账，报，节目〕单，报表②票据，支〔汇，发〕票③通〔广〕告④斧，鹤嘴锄镰刀，锚爪
~ of lading 提货单

~ of materials　材料〔零件〕清单，物料单
anchor ~　锚爪尖（部）
block ~　宽刃斧
collection ~　托收票据
freight ~　运费清单
matured ~　到期票据
term ~　期票
billboard　①告示牌，广告牌②置锚板，锚床
billet　①错齿饰②金属短条③坯料，（金属的）坯段，钢坯，铁坯（宽度、厚度在 3.81cm 以下，截面积限在 $232cm^2$ 以下）
conditional ~　清理过表面（缺陷）的坯料
continuously casting square ~　连铸方坯
hollow ~　①毛管②空心坯，空心钢坯
pierced ~　穿轧，过孔的坯料，荒管
puddled ~　搅炼炉坯铁
rolling ~　轧制用钢坯
sheet ~　钢板坯，薄板坯
slab ~　板条，厚板坯
tilt-mo(u)ld ~　可倾模锭坯
billeteer　①粗加工机床②钢坯剥皮机
bill-hook　钩镰
billibit　十亿位，吉（咖）位，G 位，10^9 位
billicapacitor　管状微调电容器
billi(-)condenser　管状微调电容器
billicycle　吉（咖）周，10^9 周
billi　十亿分之一，纳（诺）位，n 位，10^{-9} 位
billing　编制账单，记账
billion　①美国或法国单位表示十亿（10^9）②英国或德国单位表示万亿（10^{12}）
billisecond　纳秒，十亿分之一秒（10^{-9} s）
billon　金〔银〕与其他金属的合金
billy　①锅②棒③石英岩层④毛纺粗纱机（英国名称）
slubbing ~　头道粗纱机
bilocal　双定域的
bilogical　双逻辑的
bimag　双〔带绕〕磁心
bimanualness　双手操作
bimatron　（=beam injection magnetron）毕玛管，电子束注入磁控放大管
bimetal　双金属（片），复合钢材
thermometal ~　双〔热〕金属
thermostatic ~　温度元件双金属，恒温双金属
bimetallic　双金属的 bimetallic
bimirror　双镜
bimodal　双模态的，双峰的
bimolecular　双分子的
bimoment　双力矩，（弯曲 - 扭曲）复合力矩
bimonthly　①双月刊②两月一次的，隔月的
bimorph　双压电晶片（压敏电阻器件），双晶
torque ~　转矩双压电晶片
twister ~　扭转双层元件
bimotor　双发动机
bin　①货架，仓库，谷库，料仓〔箱，柜〕，（料）斗②接收〔贮存〕器，集料台③活套坑，斜坡道
ambulatory ~　移动式料仓，移动式贮存器
batch ~　①量斗，分批箱②小批（干燥）箱③货架，料槽④配料仓
bulk ~　散粒贮存箱，散堆贮存仓
drying ~　干燥箱，通风粮箱
easy-flow ~　易流式箱（带消除架空装置）
feed ~　给料斗，装料斗，料仓
furnace ~　炉前煤斗
investment ~　翻斗（制造薄壳铸型时用）
larry ~　装煤车煤斗
loading ~　装载器（装箕斗用），装料斗
measuring ~　（计）量斗，定量装矿器
net ~　网台
ore ~　储矿槽
piling ~　堆放架，堆放台
proportioning ~　配料仓
range ~　距离筐
sand ~　（贮）砂斗
stock ~　（配）料仓
storage ~　料仓，贮料斗〔仓〕，贮存箱
tape ~　磁带盒
tipping ~　翻斗
work ~　料箱，零件盒
bina　坚硬黏土岩
binariants　双变式
binaries　双星
binarite　白铁矿
binary　①二，双，复②双体，双〔联〕星③二元（素）的，二成分的，二变量的，双（态）的，二进制〔位〕（的），有二自由度的④二值（图像）
Chinese ~　中（国）式二进制，直列二进制
column ~　竖式二进制数〔码〕
half-adder ~　二进制半加制〔器〕
natural ~　自然二进制（的）
normal ~　标准〔普通〕二进制
ordinary ~　普通〔标准〕二进制
pure ~　纯〔普通〕二进制
reflected ~　反射二进制
regular ~　普通二进制

row ~ 横式二进码，二进制行
straight ~ 标准〔普通〕二进制
binary-condition 双值条件
binary-decimal 二 - 十进制（的）
binate ①成对的，双生的②二分取样
binaural （有，用）两耳的，双声道立体声
bind ①捆绳，带子②系杆，撑条，横撑③硬结④约束，键联⑤捆，扎，绑⑥结合，黏合，连接，（使）凝固⑦置值，赋值⑧联编，汇集
homopolar ~ 同极键联
binder ①黏合剂，胶着剂，结合料，漆基，黏结材料②小梁③装订工④夹子，散页本（或丛刊）的硬书夹⑤割捆机
abrasive ~ 磨料黏结剂
air setting ~ 自凝黏结剂
armature ~ 电枢束带，电枢扎线
biomedicinewire ~ 铁丝扎捆机
cable core ~ 电缆缆芯包带
carbon ~ 碳质黏结剂
clear ~ 透明黏结剂
close ~ ①结合层，密合层②密结合料，密级配合料
core ~ 型芯黏结剂
ethyl silicate ~ 硅酸乙酯黏结剂
fugitive ~ 短效黏结剂
gas ~ 气体（硬化）黏结剂，CO_2水玻璃黏结剂
inorganic ~ 无机黏结剂
load ~ 吊运链环，捆装吊链
no bake ~ 自〔冷〕硬黏结剂
oil ~ 油类黏结剂
organic ~ 有机黏结剂
pedestal ~ 轴架夹板
pitch ~ 沥青黏结剂
resin core ~ 树脂型芯黏结剂
row ~ 中耕作物割捆机，玉米割捆机
sand ~ 型砂黏结剂
self-curing ~ 自硬黏结剂
self-set ~ 自硬化黏结剂
sheaf ~ 割捆机
slide ~ 幻灯片夹
sulfite ~ 亚硫酸盐（废液）黏结剂
thermosetting resin ~ 热固树脂黏结剂
tractor-drawn PTO driven ~ 拖拉机牵引，动力输出轴驱动的缚〔割〕捆机
vertical corn ~ 立捆式玉米割捆机（指玉米茎秆垂直捆扎）
bindery 模拟装订库
binding ①结〔黏，胶，耦〕合②紧固，约束，联编，联接，装配，汇集③链联，键联④打捆，捆扎，包带，绑扎，扎线，包箍⑤装订，蒙皮⑥外壳，复板⑦条盒内部不清洁，机件运动不灵活⑧捆扎的，黏合的，有约束力的，有束缚力的
accordion ~ 折子式装订本（如我国的碑帖）
adhesive ~ 胶黏〔热塑〕装订
atomic ~ 原子键联
costly ~ 精美装订
crystal ~ 晶体键联
low ~ 弱耦合，弱结合，松弛耦合，松弛结合
molecular ~ 分子键联
polar ~ 极性键联
pretensioned ~ 预张绑线（电机）
rich ~ 精装
thermoplastic ~ 热塑装订
binegative 二阴（电荷）的
binenten-electrometer 二象限静电计
bineutron 双中子
bing-bang 双响冲击
binglun 丙纶
binistor 四层半导体开关器件（pnpn 晶闸管开关）
binit 二进制符号，二进制数位
binnacle 罗盘箱，罗盘座
binocular ①双筒望远镜，双筒显微镜②双目〔筒，孔〕的
prismatic ~ 棱镜双目〔筒〕望远镜
prism type ~ 棱镜式双筒望远镜
binodal 双节的，双结点的
binode ①双结〔节〕（点）②双阳极（的），双阳极电子管
binomial 二项式，双名法
binormal 副〔仲，次〕法线
binsearch 对分检索
binuclear 两〔双〕核的
bioacoustics 生物声学
bioactivity 生物活性
bioadhesion 生物粘连
bioastronautic 生物宇航的，生物航天的
bioastronautics 生物宇宙航行学，生物航天学
bioastrophysics 生物宇宙物理学
bioattachment 生物附着
bioautography 微生物显影，生物自显影法
biobattery 生物电池
biocell 生物电池

bioceramics 生物陶瓷
alumina ~ 氧化铝生物陶瓷
piezoelectric ~ 压电生物陶瓷
biochemistry 生物化学
bioclimatics =bioclimatology
bioclimatology 生物气候学
biocodes 生命信息数据库
biocompatibility 生物相容性
biocomposites 生物材料
biocomputer 仿生计算机，生物计算机
biocontrol 生物（电）控制
biocosmonautics 生物宇宙航行学
biocurrent 生物电流
biocybernetics 生物控制论
biodegradation 生物降解
biodeterioration 生物腐蚀〔退化〕
biodiesel 生物柴油
biodynamics 生物动力学，生活机能学，活力学
bioelectrical 生物电的
bioelectricity 生物电（流）
bioelectrode 生物电极
bioelectrogenesis 生物电源学
bioelectronics 生物电子学
bioenergetics 生物能学
bioengineering 生物工程（学），仿生学，仿生工程学
bioergonomics 生物功效学
biofunctionability 生物功能性
biogas 沼气
biogeography 生物地理学
biograph 生物运动描记器，呼吸描记器
bioinert 生物惰性
bio-instruments 生物仪器
biolite 红外线辐射器
biologic(al) 生物（学）的
biologics 生物制品〔药品〕
biology 生物学，生态学
radiation ~ 放射生物学，辐射生物学
bioluminescence 生物（体，性）发光，生物荧光
biomass 生物量
biomaterials 生物材料
hybrid ~ 生物杂化材料
metallic ~ 医用金属材料
biomathematics 生物数学
bio-measurement 生物测量
biomechanics 生物力学
biomechanism 仿生机构，生物机制
biomedical 生物医学的
biomedicine 生物医学
biometeorology 生物气象学
biometer 活组织二氧化碳测定计 biometeorology
biometrics 生物统计学，生物测量学，寿命测定
biometry 生物统计学
biomicroscope 活组织显微镜
biomotor 人工呼吸器
bionavigation 生物导航
bionics 仿生（电子）学
bionucleonics 生物原子核工程学
biooptics 生物光子学
biopack ①生物遥测器②生物舱，生物容器
biophotoelement 生物光电元件
biophotometer 光度适应计
biophysics 生物物理学
biopolymerization 生物聚合
biopotential 生物电势
biopower 生物电源
bioptix 电流式色温（度）计
bioreactor 生物反应器
bioresorption 生物吸收
bio-robot 仿生自动机
biorobot 生物机器人，仿生机器人
biorthogonal 双正交的
biosafety 生物安全性
biosatellite 生物卫星
bio-science 生物科学
bioscope ①电影放映机②生死检定器
biosenser 生物传感器
biosensor 生物传感器，生物传感装置
biosimulation 生物仿真
biospecific 生物特（异）性的
biospectroscope 活组织分光镜
biosphere 生物界，生物圈
biostability 生物稳定性
biostatics 生物静力学
biostatistics 生物统计学
biostereometrics 生物立体测量学
biosteritron 紫外线辐射仪
biosystem 生物系统
Biot ①毕奥（CGS 电磁制中电流的单位，1 毕奥 =10 A）②测量圆振二向色性物质转动强度的单位
biotechnology 生物工艺学
biotelemeter 生物遥测仪器
biotelemetering 生物遥测
biotelemetry 生物遥测术

marine ~ 海洋生物遥测术
biotelescanner 生物遥测扫描器
biotite 黑云母
biotron 高跨导〔提高互导的〕孪生管
bipack 双重胶片（不同感光度的两种软片重叠曝光），彩色胶片
bipartite ①两部分构成的②双向的
bipartition 对分，分为两部分
bi-pass 双通
bipatch 双螺旋〔线〕的，双节距的
biphase 双相（的）
biphone 双耳受话机，耳机
bipitch 双螺旋的，双螺线的，双节距的，双头的
biplanar 双平面的，二面的
biplane ①双平面②双翼飞机
biplate 双片
bipod ①两脚架②双腿式起重机③安装用人字架
bipolar 双极（性）（的），双向（的）
bipolarity 双极性
bipolar-memory 双极存储器
bipotential 双电位（的）
bippel 每个像素的比特数
biprism ①双棱镜②复柱，双柱③双棱柱体
Fresnels ~ （菲涅耳）双棱镜
bipropellant 双组元推进剂，双组元燃料，双基火药
liquid ~ 双组元液体推进剂
bipyramid 双（角）锥
hexagonal ~ 六方双锥
trigonal ~ 三方双锥
biquadratic ①四次幂，四次方程式②四次（方）的，双二次的
biquartz 双石英片
biquaternion 复四元数，八元数
biquinary 二元五进制〔位〕的
biradial 双径向
bird ①飞机，火箭，导弹，飞行器具②吊舱（航磁测量）③鸟，禽类
birdcage ①鸟笼（式）②航向陀螺
Birdcall 单边带长途通信设备
bird-dogging ①摆动②无线电测向
birdie （一万赫左右的差拍引起的）尖叫声，哨音
bird's-eye ①无烟煤的粒级（6 ~ 8 mm）②俯视的，鸟瞰的
birdsmouth 承接（角）口
bireactant 双组分燃料，双元推进剂
birectifier 双（重）精馏器
bireflectance 双反射率
bireflection 双反射
birefraction 双折射
birefringence ①复折射，双折射，二次折射②重折率
bitstructural ~ ①结构双折射②形状双折射
ionic ~ 离子致双折射
birefringencemeter 双折射检查仪
birefringent 双折射的
biregular 双正则的
Birmabright 伯马布赖特合金（*w*（Mg）3% ~ 6%，*w*（Mn）0.25% ~ 0.75%，其余 Al）
Birmasil 铸造铝合金，伯马硅铝（特种）合金（*w*（Si）10% ~ 13%，*w*（Ni）2.5% ~ 3.5%，少量 Cu、Fe、Mn，其余 Al）
Birmastic 耐热铸造铝合金，伯马斯蒂克铝合金（*w*（Si）12%，*w*（Ni）2.5% ~ 3.5%，少量 Cu、Fe、Mn，其余 Al）
Birmidium 伯密迪铝合金
birotational 双向的，能反转的
birotor 双转子
birr ①冲量，冲力②机械传动噪声，（车轮的）辚辚声
biscard 余料
bischofite 水氯镁石
biscuit ①外壳铸型②本色陶器③素坯④拍扁的锻坯，饼料⑤（制品）连缀毛坯⑥录音盘⑦块，片，盘状模制品
metal ~ 金属块，小块金属
bisecant 二度割线
bisect ①二等分，平分②剖面样条
bisection 二等分
parallel ~ 并联中剖
series ~ 串联中剖
bisector 平分线，（二）等分线
perpendicular ~ 中垂线
bisectrix =bisector
bisegment 线的平分部分之一
biserial 双列
biserrate 二重锯齿
bisheptyloxyazobenzene 两个庚氧基苯
bishop 手锤，手（工）夯（具）
bismanal 毕斯曼诺尔（铋锰磁性合金）
bismanol =bismanal
bis-motor ①自行车用发动机②带发动机的自行车

bismuth 铋（Bi）
bismuthinite 辉铋矿
bispectrum 双频谱
bispin 双旋
bispinor 双旋量
bistability 双稳定性
bistable 双稳（态）的，双稳定的
master ~ 主控双稳态
slave ~ ①他激双稳态②从触发器
SR ~ 置位复位双稳器件，置“1”置“0”双稳触发器
bister ①天线罩②取自木煤的褐色颜料
bistrimethylsilyacetamide 光刻胶增附剂
bistrique （磨钻模针用的）磨头
bisulphate 硫酸氢盐
bisulphite 亚硫酸氢盐，酸式亚硫酸盐
molybdenum ~ 二硫化钼
biswitch 双向硅对称开关
bisymmetric 双对称的
bit ①钻，锥，凿②刀片，车刀，刀头③钻头，钎头④（截煤机的）截齿⑤比特（表示信息的单位），（二进制数）位，二进制数〔码，数字〕，存储单元，（计算机）环节⑥一点，少量⑦烙铁头
~ of information 信息量子〔单位〕
active video ~ 有效图像码（比特）
alloy ~ ①合金钻头，合金钎头②合金截齿
all-purpose ~ 通用刀头，通用钻头
alumina ceramic ~ 矾土陶瓷车刀〔刀具〕
angular ~ 角钻
annular ~ 环孔锥
auger ~ ①木螺锥②麻花钻
bank ~ 存储位
binary ~ 二进（制）位
bore ~ ①镗孔钻头②勘探钻头
bort ~ （细粒）金刚石钻头
bottoming ~ 活钻头，可卸钻头
brace ~ ①钻孔器②摇钻
broaching ~ 扩孔钻头，铰刀，扩孔器，拉刀
bull ~ 一字形头，凿钻头
burr ~ 倒角钻头
button ~ 球头钻
cam ~ 凸轮片，凸轮块
carbide ~ 碳化物刀头，硬质合金刀头
carbon ~ 金刚石钻头
carr ~ 冲击式（一字形）钻头
carry ~ 进位，移位
center ~ 中心钻
ceramet ~ 金属陶瓷车刀〔刀头〕
chamfering ~ 埋头钻
check ~ 校验比特，校验位
chisel ~ ①冲击式（一字形）钻头②取样钻头③单刃钻冠
circular ~ ①圆形车刀②旋形钻孔器
chopping ~ 顿钻钻头，（碎岩心用）冲击钻头
clamp ~ 装夹式车刀
code ~ 代码（信息）单位
cogged ~ ①齿形钻头②冲击式凿岩器
common ~ 带尖钻
compact ~ 烧结压制刀头
conventional rock ~ 普通牙轮钻头
copper ~ 铜焊头，（紫铜）烙铁，焊接器
core ~ 取芯钻具，取芯钻头
cornish ~ 扩孔刀，镗刀
counter ~ 钻
countersinking ~ 平头钻头，埋头钻
coupling ~ 耦合位
cross-edged ~ 十字形钻头
crowned ~ 塔形钻头
data ~ 数据（数）位
detachable ~ 活钻头，可卸钻头
detail ~ 细目〔说明〕位
diamond ~ ①金刚（石）钻头〔车刀〕②V形凿，尖凿
don't-care ~ 自由位，无关位
dowel ~ 杓形钻，半圆形木钻
drag ~ 刮刀〔切削型〕钻头
drill ~ （凿岩机的）钎头，扁钻，钻头尖
dummy ~ 空白比特，虚比特
eccentric ~ 偏心钻头
expanding ~ 扩孔钻
expansion ~ 伸缩式钻头（钻井用）
eye ~ 钩环扁钻，环眼钻头
fetch ~ 按位取数
finishing ~ 精加工钻头，光削刀具
fir-tree ~ 多刃式扩孔旋转钻头
flag ~ 标记位，特征位
flat ~ 扁钻，平钻
four-point ~ ①十字扁铲②十字钻探钻头
framing ~ 分割位
gallows ~ 双柱吊架
ga(u)ge ~ 成形车刀
gouge ~ 槽钻头
groove ~ 槽形钻
hard-faced ~ 镶硬质合金钻头
heal ~ 弹簧车刀

hollow ~ 岩〔取〕心钻头
ignore ~ 忽略位
index ~ 变址位，索引比特
information ~ 信息位
insert ~ 镶刃刀头
interchangeable ~ 活钻头，可更换钻头
jagged ~ 锯齿形钻头
jet ~ 喷射式〔带下水眼〕钻头
jump ~ 钎子，冲击钻
lead ~ 定向钻头
least significant ~ 最低（有效）位，最低有效字
link ~ 链接位
lip ~ 荚形钻头
mask ~ 屏蔽位
match ~ 符合位
milled tooth ~ 铣齿钻头
mode ~ 方式位
mortising ~ 榫眼钻头
most significant ~ ①最高（二进制数）位②最高（有效）位，最高有效字
multiplier ~ 乘数位
mushroom ~ 杯形车刀
natural ~ 自然比特
necking ~ 车（退刀）槽车刀
nose ~ 手摇扁钻，曲柄钻钻头
off-balance ~ 偏心钻头
opening ~ 开眼〔孔〕钻头
overhead ~ 附加位，辅助位
padding ~ 填充位
paraffin ~ 清蜡钻头
parity ~ 奇偶检验位
phase ~ 定相位（用二制位记录 0° 或 180°）
pilot ~ 定向钻头
pin ~ 手摇钻头，曲柄钻头
plane ~ 刨刀
pod ~ 荚形钻，有纵槽的钻头
polycrystalline diamond compact ~ 聚晶金刚石复合片钻头
presence ~ 存在位（指示所访问的信息是否存在内存）
punctuation ~ 标点位
ratchet brace ~ 棘轮摇钻钻头
reamer ~ ①铰刀②扩孔钻
recessing ~ 车槽刀
redrill ~ 扩孔钻头
redundancy ~ 冗余位，多余位
regrind ~ 重磨钻头
relocation ~ 再定位，重新分配位
removable ~ 活钻头，再拆卸钻头
rip ~ 可卸钻头，活络钻头
rock ~ 凿岩〔牙轮〕钻头，凿岩钎头
roll ~ ①轧辊咬入轧件，辊缝②咬入，轧入
roller turner ~ 滚压车刀，滚花刀
roller-type ~ 齿轮钻头
rosette ~ 星形钻头，菊花状钻头
rotary disk ~ 圆盘形扁钻
round ~ 镐形截齿
routing ~ 刳钻（木工用）
segment-invalid ~ 段无效位
sense ~ 读出位
service ~ 辅助位，附加位（起 / 停位）
shell ~ 筒形钻（头）
shot ~ 冲击钻
shovel ~ 宽头车刀
sign ~ ①符号位②符号数字③代数符号
sintered ~ 烧结钻头
soldering ~ ①钎焊，（焊接器的）焊铁②（焊）烙铁
space ~ 空白位
spade ~ 铲形钻头
spiral ~ 螺旋钻头，麻花钻头
spoon ~ 匙头钻
sprocket ~ 定位符号
spudding ~ 开眼顿钻钻头，亚层土钻进钻头
start ~ 起始位，起始数字，起动位
stencil ~ （操作码中的）特征位
stick ~ 切断刀，车槽刀，割刀，插刀
stop ~ 停止位，终止位，结束位
storage ~ 存储位
straight ~ 钻，冲击钻头，一字形钻头
submask ~ 子屏蔽位
tangential ~ 切向车刀，切线车刀
taper ~ 锥形铰刀
three-cone ~ 牙轮钻
three-wing ~ 三翼钻头，三刃钻头
throw-away ~ 不重磨车刀，多刃刀片车刀
tipped ~ 镶刃刀头〔车刀，钻头〕，镶硬质合金刀头〔车刀，钻头〕
trap ~ 陷阱位
tricone ~ 三锥齿轮钻头，三牙轮钻头
tricorn ~ 三角钻头
trigger ~ 带钩钻头
twist ~ 螺旋钻，麻花钻头
two-point ~ 双刃钻头
underreaming ~ 扩孔钻头

worm ~ 螺旋钻头
zone ~ ①区域位，分区位②标志位

BIT （=binary digit）①比特（二进位制信息单位）②环节

bitangent ①双切线②双切的，二重切的

bitbrace 手摇钻，钻孔器

bit-count 显示数据位数，位计数

bite ①吃刀，切入量②切削刀，车刀，刨刀，刀头，刀刃③锯〔锉〕齿④字节，位组，二进位组，信息组⑤间隔⑥辊缝⑦酸洗，腐蚀⑧夹住，咬紧，咬入，卡住，夹紧，俘获

bitelephone 耳机，双耳受话器，头戴式耳机

bitermitron 双端管（M型非重入返波正交场放大管）

biternary 双三进

biting 轧辊咬入轧件

bit-jitter 比特跳动

bit-manipulation 二进制处理

bit-oriented 按位（存取）的

bit-point-forming 钻尖形

bitrope 二点重切面

bitropic 两向性的

bitsharpener ①钻头修整机，钻头磨刃装置②截齿修整机③锻〔修〕钎机

bitstock 手摇钻，钻柄

bit-string 字位行

bitt 单柱带缆桩

bittern 盐卤，卤水，天然盐水

bit-time 一位时间，二进时间

bitts 双系柱

bitty 粒

bit-type 位型

bitumen 沥青

bituminize 沥青处理

bituminous 沥青质的，树脂的

bitumite 烟煤

bitwise 逐位的，按位的

bitwrite 数位记录的

bivacancy （在原子外壳中的）双空位

bivalence 双化合价，双原子价

bivalent 二价的

bivalve ①双阀②双瓣的，双壳的

bivariants 双变式

bivariate 二变量的，双变（量）的

bivectorial 双矢的

bivibrator 双稳态多谐振荡器

bivicon 双（电子）枪光导摄像管，双（电子）枪视像管

blabbermouth 喋喋不休的人
baby ~ 无线电信标电码发送机

black ①黑色，炭黑，黑颜〔染〕料②软质黑色页岩，煤③黑（色，暗）的④吸收全部辐射能的⑤不镀锌的，无镀层的
~ after 黑拖黑（正拖影）
~ after white 白拖黑（负拖影）
animal ~ 兽炭黑，兽炭，骨炭
apparent ~ 视在黑色
carbide ~ 炭化黑
carbon ~ 炭黑，炭炱，烟黑
chassis ~ 底盘缓蚀用黑色涂料
cobalt ~ 一氧化钴，钴黑
deposited ~ 淀积变黑，发黑处理
evaporated ~ 蒸镀变黑，蒸镀发黑处理
gas ~ 炭〔烟，气〕黑
hard ~ ①硬质炭黑②补强炭黑
hydrocarbon ~ 烃黑，（石油）炭黑
image ~ 黑色电平
impingement ~ 燃气炭黑，黑烟末，烟道炭黑
iron ~ 铁黑，黑锑粉
jet ~ ①烟〔炭〕黑②煤玉似的，漆黑的，乌黑发亮的
lamp ~ 炭黑，烟炱，黑烟，灯黑（型芯和砂型用涂料）
leading ~ 超前黑色，（在信号之前的）黑尖头信号
magnetite ~ 磁性铁黑，四氧化三铁
mineral ~ 石墨
noisy ~ 黑杂波（随机杂波造成的黑电平起伏）
palladium ~ 钯黑
peak ~ 黑色电平峰值
picture ~ 图像黑色电平
purple ~ 紫黑色
smoke ~ 煤烟，烟黑，烟炱

blackboarding 黑板化

blackbody 黑体，全部吸收辐射能的物体

black-bulb 黑球温度表

blacken 变〔弄，涂〕黑，黑化

blackening ①炭粉②黑度③涂〔烧，发，变，使〕黑，黑化，发黑处理，涂炭粉④烧坏（换向器）
bulb ~ 管壳涂黑，管壳变黑
oil ~ ①油发黑处理②蓝化（钢）

blacking 黑色涂料，造型涂料，粉磨石墨
charcoal ~ 炭黑涂料
coke ~ ①焦炭粉②涂焦炭粉
mo(u)ld ~ 铸型涂料，砂型涂料
wet ~ ①炭粉浆②涂炭粉浆

black-lead 石墨，黑铅，炭精
black-level 黑色（信号）电平（的）
black-light 黑光的，不可见光的
blackness 毛面，黑色，黑度
relative ~ 相对黑度，比较黑度
blackout ①熄灭，消隐②匿影③关闭，封锁④遮蔽，截止
black-out-signal 消隐〔匿影〕信号
blackplate 未镀锡的黑钢板，黑钢皮
black-sample 黑试样
blacksmith 锻工
blacksmithing 锻造
blackspot ①黑斑，（光电显像管的）黑点，盲点②黑点失真
blackwash 黑色〔造型，碳素〕涂料
blackwork 软钢锻件，铁锻件
bladder ①水泡，气泡②皮囊
rubber ~ 橡胶胀形模
blade ①(刀)刃，剑，犁片，锯条②叶〔刮刀〕片，桨叶，刀（身，口），（推进器的）翼，推土机刮板，平铲③刀开关，刀开关盒④卫板（轧机），（无心磨床的）托板⑤（快门和光圈的）薄片
~ of T-square 丁字尺身
adjustable ~ 可调整叶片，可调整刀片，变〔活〕距桨叶
agitating ~ 搅拌桨
A-hoe ~ 箭形锄铲
air doctor ~ 气体刮墨刀
airfoil ~ 翼型叶片
backfiller ~ 填沟机平铲，回填铲
backward curved ~ 后向叶片
backward inclined ~ 后倾叶片
bearer ~ 刃形支承
beater ~ 轮叶，击轮叶片
bent ~ 弯刀，弯形旋耕刀
blancherflail-type ~ 甩板式刀片
boring ~ 镗刀刀片
bottom-cutting ~ 顶切〔中间〕刀齿
bulldozer ~ 推土机刮〔推〕土铲
buttress ~ 不对称梯形齿锯带
cambered ~ 曲面桨叶，弯曲叶片
carbide ~ 硬质合金刀片，（无心磨床的）硬质合金托板
cascade ~ 叶栅的叶片
chopper ~ 调制盘叶片
coned ~ 锥形打麻刀
constant chord ~ 等截面叶片
constant reaction ~ 等反应度叶片
cover ~ （旋转快门的）遮光叶片
cutter ~ 丝锥刃瓣，刀齿
cutting ~ ①切削片，动〔铰〕刀片②平地机刮刀③（旋转快门的）遮光叶片
deburring ~ （精梳机的）除草压刀，去毛刺刀片
diamond-impregnated ~ 金刚砂刀片
disc ~ 耙片
doctor ~ 刮浆刀，刮片
earthing ~ 培土铲
exhaust stage ~ 末级叶片
final ~ 末（级）叶片
finishing ~ 精切刀齿，校准刀齿
fixed ~ 静刀片，固定叶片，固定剪刃
forward-curved ~ 前向〔前弯式〕叶片
free ~ 自由叶片
gapping ~ 间苗锄铲，疏苗锄铲
gate ~ 锁紧叶片
guide ~ 导叶（片），导向叶片
hollow ~ 空心叶片
impeller ~ 轮叶，抛斗
impulse ~ 冲击〔动〕式叶片
inclined ~ 倾斜叶片
inserted ~ ①镶嵌刀块，插入式叶片②镶齿刀头
inside ~ 内切齿刀，内侧刀齿
integral ~ 整体叶片，带叶冠叶片，带围带叶片
jet ~ 喷气发动机叶片，涡轮导向器叶片，喷嘴环叶片
kneading ~ 捏合桨
L-hoe ~ 单刃平切锄铲，L 形锄铲
lifting ~ 提升夹，提升件，掘起铲，挖掘铲
masking ~ 遮光叶片
master ~ 基准刀齿
mole ~ ①塑孔器，开沟器②开排水沟刀具
moving ~ ①动叶（片）②可动剪刃
multi purpose steel ~ 多用刀
nozzle ~ 涡轮导向器叶片，喷嘴环叶片
outside ~ 外切刀齿
planing ~ 刨刀
plate ~ 平板叶片
plough ~ （混砂机的）刮板
plunger ~ 活塞上的切刀（捡拾压捆机）
prismatic ~ 直叶片
profile ~ （涡轮）定形叶
pullback ~ 反（向）铲
rabble ~ 耙齿（多镗焙烧炉）

radial ~ 径向叶片
reactance ~ 反作用叶片，反击式叶片
reaction ~ 反作用叶片，反击式叶片
reversible ~ 翻换式锄铲
reversing ~ 转向导向片
rotary ~ 旋耕刀，动叶
rotating ~ 回转叶片，旋转切刀
rotor ~ ①旋转机翼，转动叶片②转子叶片，转轮叶片（水轮机）
runner ~ 主动轮叶
saw ~ 锯条，锯片
scraper ~ ①刮土铲，平土铲②刮板③刮刀片
screw ~ ①螺旋刀片②螺旋式叶片，螺旋桨叶
scythe ~ 钐刀刀片，割草器刀片
separate ~ 分离叶片，薄根叶片
shear ~ 剪切刀片，定刀片，底刃
shrouded ~ 有围带的叶片
sintered ~ 粉末冶金的叶片
skimmer ~ 刮刀，刮板
ski-shaped ~ 雪橇形刀
sliding ~ 滑（动叶）片
spinning ~ 旋转刀，转动圆盘刀
split ~ 分流叶片
split-digger ~ 开口〔组合〕式挖掘铲
stalled ~ 失速叶片
stationary ~ 固定叶片，静叶片
stator ~ 静叶片，定子叶片
stirring ~ 搅拌桨叶
straightener ~ 整流叶片
striking ~ 簧舌
sweep ~ ①平铲②平垄锄铲
swingback ~ ①连枷式刀片②摆动式间苗铲
switch ~ ①刀开关铜片②开关刀③辙尖，岔尖，尖轨
tandem ~ 串列式叶片
tapered ~ 变截面叶片
thermostat ~ 恒温器断流计，温变断流计
three-dimensional ~ 三元叶片
Toprem ~ 修根刀齿
transpiration-cooled ~ 蒸发冷却式叶片
turbine ~ 水〔涡，汽〕轮机叶片
twisted ~ 扭（曲）叶片
uniform-section ~ 等截面叶片
untuned ~ 不调频叶片
untwisted ~ 非扭（曲）叶片
variable chord ~ 变截面叶片
warped ~ 扭（曲）叶片
3-way sharp cutting ~ 三叉型刀片
wiper ~ 刮水片
work rest ~ ①刀形支承②导向尺，导板

bladed 有叶片的，有刀口的，叶片状的

blademan 平地机手，铲刮工

blader ①平路机，推土机②叶片安装工
power ~ 机刨

blade-to-jet-speed 叶片圆周速度与射流速度的比值（涡轮）

blading ①装置叶片，叶片〔栅〕②（用平路机）平路，刮路
back ~ 倒车叶片
half vortex ~ 半涡流型叶片

blanch ①漂白，使白②镀锡

blancher ①烫漂机，热烫机，预煮机②烫泡工，漂白工

blank ①空白〔号，格，位，区〕，（空）表（格），（数字间的）间隔②毛坯，坯料，坯件，半成品，粗制材③录音盘④熄灭〔消隐〕脉冲⑤（阴极射线管的）底，（电解用的）种板⑥切断件，落料件⑦空（白）的，单调的⑧取消，断开，熄灭⑨冲切，下料
address ~ 空地址
advice ~ 读者荐书单
barrel ~ 枪〔炮〕管半成品（只镗过或拔过来复线）
beam ~ 轧制工字梁用的异形坯
bloom ~ （轧制轨梁等钢材用的）大异形坯
bolt ~ 螺栓毛坯〔坯件〕
cathode ~ 阴极种板（电解用）
composite glass ~ 复合材料玻璃镜坯
continuously casting ~ 连铸坯
glass-ceramics ~ 微晶玻璃镜坯
half-finished ~ 半成品坯
header ~ 镦锻坯料
ingot ~ 锭坯
insert ~ 镶刃刀坯
master ~ 样板毛坯
mo(u)lded ~ 成型坯件
operation ~ 空操作，操作空格
option ~ 任选空白
push-back ~ ①向上顶出坯料②重压入条料的坯料
recording ~ 录声片
sintered ~ 粉末烧结毛坯
sketch ~ ①坯料草图②异形板坯
tube ~ 管坯

blanker ①熄灭装置，消隐装置②制坯工，下料工③照明（雷达）

beam ~ 电子束熄灭装置
interference ~ 干扰清除器，干扰抑制器
noise ~ 噪声熄灭装置

blanket ①毡，毯②（防护，表面，敷，覆盖）层，垫，膜，铺面③外壳，套，管，包皮④（反应堆）再生区⑤熄火装置，（空气动力的）阴影⑥一般的，综合的，一揽子的⑦覆盖，掩盖
asbestos ~ （隔声用的）石棉毡
axial ~ 端面〔轴向〕再生区
baffle ~ 吸声毡
electic over ~ 电热被
electic under ~ 电热褥
electric ~ 电热毯
extra-low voltage ~ 特低压电热毯
flexible ~ 柔韧毡
gas ~ 气垫〔膜，层〕
inner ~ （反应堆的）内部再生区
insulation ~ 隔热衬垫
preheating ~ 预热电毯
radial ~ （反应堆）径向再生区
slag ~ 渣层，渣覆盖层（连铸）

blanketed ①封了的，覆盖了（膜）的，包上（外壳）的②（反应堆）有再生区的

blanketing ①毛毡②铺面，覆盖，包〔封，镀〕上③（电视的）匿影，熄灭，消隐，闭塞〔锁〕④核燃料的再生⑤强信号噪扰

blanking ①熄灭，闭塞（电视信号），闭锁，堵塞，消隐，匿影，逆程消除②照明（雷达）③冲切〔裁，割，压〕④切〔下，落〕料⑤坯料
~ with opposed dies 对向凹模冲裁
angle ~ （雷达）角向照明，角坐标照明
antijamming ~ 抗干扰遮隐，反人为干扰堵塞
asymmetric ~ 不对称消隐
azimuth ~ 方位（角）照明
beam ~ 电子注熄灭，束消隐
burst ~ 色同步消隐
camera ~ 摄像机逆程〔回描〕消隐
caption ~ （电视文字广播中）标题消隐
cut-in ~ 场逆程切换
electromagnetic ~ 电磁冲裁
field ~ 场（扫描回程）熄灭
fine-edge ~ 精（密）冲（裁），精密落料
finish ~ 光洁冲裁，（小间隙圆角凹模或冲头）刃口冲裁模
frame ~ 帧回扫消隐〔熄灭〕
horizontal ~ 水平〔行〕（回扫）消隐〔熄灭〕
line ~ 回程电子束熄灭，行（回归）消隐
mixed ~ 复合消隐
multiple ~ 多排落料
negative clearance ~ 负间隙冲裁
polyurethane pad ~ 聚氨酯冲裁
push-back ~ 向上顶出坯料
range ~ 距离照明（雷达）
retrace ~ 回扫消隐，逆程消隐
return-trace ~ 回程消隐
reversed ~ 反向落料
rubber pad ~ 橡胶冲裁
scrap-free ~ 无废料冲裁
stagger ~ 锯齿形冲裁
vertical ~ 垂直〔帧〕（回扫）消隐〔熄灭〕

blankoff ①消隐，熄灭，断开，压低②空白，盲③极限压强④抽净

blas 微型栅极干电池

blast ①鼓风机，喷砂〔喷气，压缩〕器②爆炸气浪③变晶④鼓风，送风⑤喷丸，喷砂，吹砂，消除⑥爆破，爆炸
air ~ ①喷丸器，（鼓）风冷（却）装置②气吹，气流，鼓风，喷气
bleed-outball ~ 喷丸，抛丸
centrifugal ~ 离心式喷〔抛〕丸
dry ~ 干燥送风，低湿度送风，干式鼓风
enriched ~ 富氧鼓风
grit ~ ①喷丸器②喷砂，喷射清理
hot ~ ①热（鼓）风②（炽）热空气射流③气动力加热④预热送风
hot-air ~ 热鼓风
humidified ~ 加湿鼓风
hydraulic ~ 水力喷砂器
oxy-boosted ~ 富氧鼓风
oxygen enrichment ~ 富氧送风
rocker ~ 火箭发动机的火舌
short ~ 短声（汽笛）
shot hanger ~ ①悬链式连续抛丸清理机，吊钩式抛丸清理机②连续喷丸清砂
steam ~ ①蒸汽喷净装置〔法〕②蒸汽鼓风
submarine ~ 水下爆破
top ~ 顶吹，面吹
vacuum ~ 真空吸入喷砂清理
wet ~ ①湿鼓风，蒸汽空气鼓风②水砂抛光处理，含有磨料的水流喷净（处理）
working ~ 有效鼓风

blastability 可爆性，引爆性

blastard 飞弹，（V-1 型）飞航式导弹

blast-burner 喷灯

blast-cold 吹冷

blaster ①放炮工，爆破工②放炮器，起爆器，导火线③爆破机〔筒〕④喷砂机，喷丸装置
carbon ~ 积炭喷净装置
sand ~ 喷砂器
sound ~ 声霸卡或声霸卡软件
video ~ 视霸卡
blastic 再结晶的
blasting ①鼓风②吹洗③喷射处理，喷抛清理（喷砂，喷丸，抛丸）④爆破，爆炸，放炮⑤风洞试验⑥（扬声器的）震声，过载失真
abrasion ~ 喷砂（加工）
ball ~ 喷丸清理
bank ~ 阶段爆破
dry ~ 干喷射处理
glass bead ~ 喷玻璃丸处理
grit ~ 喷砂清除法，吹砂，喷砂处理，喷丸处理
nonerosive ~ 无损喷砂，软粒喷砂
sand ~ 喷砂清理
seed ~ 无损喷砂，软粒喷砂，喷硬壳粒清理（用硬果壳、种子等代替砂子）
short-delay ~ 微差延发爆炸
shot ~ 抛丸清理
vapo(u)r ~ 汽磨，液磨，气水砂清理（细磨料浮悬在水中并以空气或蒸汽搅拌，来清理金属表面）
water jet shot ~ 水射流喷丸
wet ~ ①湿鼓风，蒸汽空气鼓风②湿喷射处理，水砂抛光处理，含有磨料的水流喷净（处理）
blastpipe 鼓风〔放气〕管
blast-produced 吹制的
blast-supply 充（空）气管
Blatthaller 〈德〉平坦活塞式薄膜扬声器
blattnerphone 磁带录音机，钢丝录音机
blaze ①火焰，火光②燃烧③激发
blazing off （油中弹簧）回火
bleacher ①漂白器②漂白剂③漂白工人
bleach(ing) 漂白，脱色
radiation photo ~ 辐射光退色
blear 眼花的，（轮廓）模糊的
bleb ①水泡②气泡，气孔（铸件）
blebby ①有水泡的②有气孔的
bleed ①冒〔泛〕油，放出的液〔气〕体②泄放孔③喷嘴④抽气，（锅炉）排污⑤放〔渗，流，漏〕出⑥流失
~ off 泄放，漏泄，放出，排出，溢流调节（液压系统），除去，取消
compressor ~ 从压气机中抽气
cross ~ 交叉排气
bleeder ①放出阀，放出管，泄油器，泄放器，放水装置，放油装置，放油开关，安全门，疏水阀，泄流②分压器，泄放〔旁路，降压，稳定负载，附加〕电阻③浇不足（铸造），缺肉（浇满后抬型跑火所致）
air ~ ①放气阀〔管，口〕②气泡管③通风罩
bias ~ 偏压分泄电阻
brake ~ 制动液路排气装置〔螺纹接头〕
high-voltage ~ 高压旁漏〔分泄〕电阻
bleeding ①出〔放〕血②放出，（黏合剂）渗出〔色，析〕，流失（物），放气，抽气③放油，析水，印流，浸渍透过，印映〔色料〕扩散，洇色，凝胶收缩④分级加热（法）⑤空心铸造，未浇定的铸件⑥跑火，型漏，回涨（冒口或钢锭表面）
badly ~ 冒顶（钢锭），渗漏（钢锭缺陷），跑钢液
bleedoff ①放出过多液体，溢流调节（指液压系统的调节）②放〔排，流〕出③抽汽
bleed-out 漏钢，跑钢，拉漏（连铸）
blemish ①表面缺陷，瑕疵，斑点②损伤〔坏，害〕③沾污
blend ①掺〔混，融〕合物，配料，共混物②合金③溶合，掺和〔杂，混〕
polymer ~ 聚合物的混合物
blende 闪锌矿，褐色闪光矿物
mercuric ~ 汞砂
blender 混合器，搅拌器，搅拌机，搀和器，掺加机
~ for plastics 塑料混合机
auger type mixer ~ 螺旋式混合机
cement ~ 水泥搅拌器
compound ~ 复式混合器
cooler ~ （热砂）冷却松砂机
fluidized bed mixer ~ 流化床混合器
mixer ~ 混合机
mixing tank type mixer ~ 搅拌槽式混合机
outside pump ~ 泵外加砂装置
sand ~ ①混砂设备②松砂机
sandwich ~ 夹层式混棉机，夹层混合机
static mixer ~ 静态混合器，无运动混合器
tape mixer ~ 锥形混合机
tuft ~ 棉丛混棉机
weigh-pan ~ 称量混棉机
blending ①混合，掺和②配料，配煤③倒圆④松砂（铸造）
dribble ~ 一滴一滴地混合

uniform ~ 拼配匀摊
blenometer 弹力计，弹簧弹力（测量）仪
blik 镀锡铁皮，镀锡钢皮，白铁皮
blimp ①小型飞船，软式小飞艇②隔声罩
blind ①挡板，防护板，屏风，幕，罩，百叶窗，（快门的）卷帘，隐蔽（处）②塞子，尽端，螺旋帽，膜片③盲点，瞎点④空的，未占用的⑤盲（目）的，封闭的，不通的⑥不着墨的，未磨光的，不清晰的，隐蔽的
blinder 遮光装置，遮阳装置，遮光罩，遮阳板
blinding ①堵塞，筛堵，挡住②眩目的
bridge ~ 桥堵
blindness 盲（目，区），静区，失明
blue ~ 色盲
colo(u)r ~ 色盲
blindspot 盲斑，盲点，静区，收音机不清楚的地方
B-line ①变址（数）寄存器②B线
blink ①缩凹，（表面）缩陷②闪烁，闪光③瞬间④瞥见⑤（使）发火花
brightness ~ 亮度闪烁
blinker ①移带叉②遮眼革③闪光灯，闪光警戒标，闪光信号④吊牌（继电器）
blinking 闪烁，闪示
trouble ~ 事故指示信号
blip ①标记，标志，记号，尖头〔尖峰，雷达可视〕信号②反射脉冲③光〔回〕波
blister ①泡疤，气泡，砂眼，气孔，结疤，水泡②天线罩，天线屏蔽器，防雷护体③折叠，发泡，起泡
peripheric ~ 皮下气孔，蜂窝状气孔
pickling ~ 酸洗泡
pinhead ~ 微（气）孔，针孔（铸造缺陷）
process ~ 轧制泡疤表面
sand ~ ①砂泡，砂眼②轮胎起泡
slag ~ 渣眼，夹渣
blistering ①起泡，爆皮（表面或皮下缺陷）②形成气孔③压凸，起凸（模具上有异物而引起压制件上的小凸起）
blit 位块传输
blitter 位块传输器
blitting 位闪（移动大量图形数据到视频板的技术）
bloating （炉衬）膨胀，炉渣起泡
blob ①一滴，一小圆块②点子，斑点③（pl.）光泡，气泡④（水下摄影中的）模糊点⑤凝块
slag ~ 渣瘤
bloc 〈法〉集团
order ~ 指令群
block ①块（体，锭，料），区段，区组，字块，字〔信息〕组，数据块，程序块，分程序，分组，（存储器的）存储块②（一）套，（一）组，（一）批③部分，部件，单元，装置，设备，组合，底托④闭锁，闭塞，阻塞，断路，断流，自保⑤滑车，滑轮⑥（气缸）体，铁砧，拉丝卷筒，轧机⑦毛坯，粗料，均温块，铸造板坯⑧停振
~ and falls 滑车，滑车组
~ and tackle 滑车组
~ out 拟计划，画草图，规划，提大纲
~ up 阻塞，隔断，封锁
absolute ~ 绝对断路〔区截，闭塞，阻遏〕
accessstanding ~ 定滑轮，固定滑车
accuracy ~ 精确块，（枪管上的）加强块
active ~ 有源组件
adjustable interconnection ~ 选接单元
all-ports ~ 中立关闭（阀）（滑阀在中立位置上，全部通路关闭）
alternate ~ 交变部件
alternate black and white ~ 黑白格图案
amplifier ~ 放大器功能块，放大器组件
anchor ~ 地锚，地下横木，锚枕，锚墩，镇墩
angle ~ 角铁，弯板
angle ga(u)ge ~ 角度量块
antifriction ~ 减摩滑车
anvil ~ 砧座，砧块，铁砧台
application program ~ 应用程序块
application specific functional ~ 专用功能块
apron ~ ①镇块②护木③挡板座
armo(u)r ~ （炉喉）保护板
articulation ~ 铰块
autonomous ~ 独立块
back(ing) ~ 靠枕，衬板，垫板
backrest ~ 后立柱移动块（镗床）
bale ~ （干草压捆机的）分捆架
beam ~ 镶杆垫板
bearing ~ ①轴承座②承重块③矿柱，煤柱
begin(ning) ~ 开始分程序
bench ~ ①（用来打出定位销的带各种孔径的）圆板②校正平台
bit control ~ 位控制（程序）块
bonded ~ 结合部件，过渡组件
bottom ~ ①（盛钢桶）桶底大块砖②下滑车③底座
bracket ~ 托架垫块
brake ~ 制动闸瓦，刹车片〔块〕，制动片
breaker ~ ①过负载廉价易损件，碎石机②安

全臼，安全盒
buffer control ~ 缓冲器控制块
building ~ ①标准部件，结构单元，积木式元件，组件，构件，组成部件，标准组件，组件块②龙骨墩，船台墩垫③墙壁（建筑）砌块④装配用滑车
bull ~ ①草模大拉机，拉丝模，拉丝机②起模板
bumper ~ ①弹性垫座，缓冲块②限位块（上模），限位装置
bypass ~ 旁路字组，辅助字组，辅助程序块
cam ~ 三角滑块
camber ~ 反挠垫块
canonical ~ 典型块，正则块
carbon resistor ~ 碳素电阻体，碳素格子（氯化炉）
casing ~ 下套管滑车
cast-in ~ 整体铸造
cat ~ 吊锚滑车，大型起锚滑车
cavity ~ 阴〔凹〕模
ceiling ~ 灯线盒，天花板接线盒
chain ~ ①链动滑轮②链条滑车③链条〔手拉〕葫芦
character control ~ 字符控制块
chill ~ ①三角〔激冷〕试块②冷铁
choke ~ 节流板
chuck ~ 吸盘用工件垫块
cinder ~ 煤渣砌块
circuit ~ ①回路中间油路板②电路块，电路部件
clamping ~ 压板垫铁，可调节压块
clapper ~ 抬刀滑块，（刨床的）摆动刀架滑块
closed ~ 闭锁部件
clump ~ 粗笨滑车，强厚滑车
clutch ~ （离合器）摩擦块
collapsible spinning ~ 拼成〔组合〕的旋压模
command control ~ 命令控制块
comparator ~ 比色座，比色块
comparator test ~ 比较试块（渗透探伤）
connector ~ 连接器〔件〕插头块
control ~ 控制程序块，控制组合〔单元，部件〕
controlled ~ 受控闭锁
count ~ 计数区
crank ~ 曲柄滑块，（机车的）月牙板滑块
cross-over ~ （交叉线之间的）绝缘垫块
crown ~ ①起重定滑轮②天车，冠轮③拱顶石
crust ~ 凝渣，渣（壳）块
cupola ~ 化铁炉异型耐火砖
cushion ~ 垫块
cut-off ~ （槽轮排种器的）排种量调节套，阻塞套
cutter ~ 组合铣刀
cutting ~ 錾锉砧
cylinder ~ 气缸组〔体，排〕，液压缸体〔组〕
cylinder port ~ 中立液压缸口关闭（中立位置时，一个液压缸口关闭，其他各口相通）
data ~ 数据组〔块，段〕
data management ~ 数据管理程序块
dead ~ ①（拉丝机的）固定卷筒②缓冲板〔块，器〕
decision ~ 判定块
dichroic ~ 分色镜
die ~ ①滑块②板牙③凹模固定板，模板〔块，座〕，模具坯料，胎模
digital ~ 数字块
disk ~ 磁盘存储块
distributed ~ 分布式信息块
distribution ~ 接线板，配电盘
distributor ~ 配电盘，分电器
double-deck ~ 二次拉丝机
draw(ing) ~ 拉（丝）模板，拉丝卷筒
dummy ~ 挤压垫（在挤压活塞与热金属之间）
edge ~ 端部线匝间的垫块（电机）
electric ~ 电动葫芦
end ~ ①端块②引线端子
end-of-text ~ 正文结束块
engine ~ 机身（内燃机），气缸体
engineering ~ 施工用葫芦
entry ~ 项目块，表目块
equalizer ~ 平衡器功能块
expansion ~ ①膨胀垫②顶压滑块
extension hand wheel ~ 滑车组
fanlike die ~ 扇形模块
feed ~ 给油套管，夹钳式送料机构
feeler ~ 对刀块
file control ~ 文件控制（存储）块〔区〕
file system control ~ 文件系统控制块
fill ~ 垫块，填块
filler ~ 衬块，止水塞
final spinning ~ 旋压成形模
finishing ~ ①拉细丝机②成品线卷筒
fixed ~ ①固定滑车②等长字组
fixture ~ 夹块
flare ~ 护轨斜垫块

flat lapping ~ 精研平台
floor ~ 地板预制块
Foke ~ 福克块规
follow ~ （用于旋压的）抵板
foot ~ 顶尖座，尾座
forging die ~ 锻模模块
former ~ ①阴模，下模②冲模，冲头
fourfold ~ 四轮滑车
four-way tool ~ 四向刀架
fuller ~ 圆底模
function(al) ~ 功能块〔框〕，功能器件
functional electronic ~ 电子功能块
fuse ~ 熔丝装置，熔丝盒
gap ~ 轴瓦，间隙嵌板
gate control ~ 门（电路）控制块
ga(u)ge ~ 定位块，量块
gib ~ ①导轨，导向条②榫，扁栓
gin ~ 单轮滑车
glass ~ ①玻璃垫块，玻璃条②镜片
graphite ~ 石墨块〔砖，堆〕
grey iron ~ 铁砖（冲天炉中）
grip ~ ①夹绳防坠器②罐座，罐托③停止块，停止凸耳④夹持块，夹持板
gudgeon ~ 轴承
guide ~ 导块，导瓦
heading ~ 起始字组
heel ~ ①垫块，垫板②（转辙器）跟部垫块③背靠块
high voltage ~ 高压堆，高压单元
hoist（ing） ~ 起重滑车，起重动滑轮
hollow sliding ~ 联轴器型滑块
hook ~ 带钩滑车，吊具
horn ~ ①角度量块②轴箱架，（机车的）轴箱夹板
housing ~ 轴承箱组（包括轴承和箱体）
immobile ~ 定滑车
impression ~ 印模
inactive ~ （PL/I 用）静态分析程序
inclined cylinder ~ 斜轴式柱塞泵缸体
induction ~ 感应器
inductor ~ 感应器，感应淬火线圈
input ~ ①输入部件，输入信息块〔组〕，输入存储〔缓冲〕区②输入分程序
integrating ~ 积算部件
intermediate ~ ①中间锤座②砧面托
internal ~ 内分程序
interruption request ~ 中断请求分程序
invoked ~ 已调（用）分程序
item ~ 明细栏
jacking ~ 千斤顶木垫块
jeer ~ 桁索滑车
jewel ~ ①（船的）信号吊绳滑车②球滑车
job control ~ 作业控制分程序
Johnson ga（u）ge ~ （约翰逊）量块
joint ~ ①连接砌块②接块③接头凸爪
junction ~ 接线块，连接段
keel ~ ①龙骨形小铸锭（试样用），铸锭〔钢〕，试样锭，基尔试块（做力学试验样品用）②龙骨墩，艇架，底座
kick-up ~ 阻车器
knife ~ （剪切机的）刀片滑块，滑动刀架
landing ~ 座木，承接梁
layout ~ 划线平台
lead ~ ①导向滑轮②铅块（测量炸药工作能力用）
level(l)ing ~ ①水平压块②校准垫块，水平校正块③划线平台
lever ~ 手扳葫芦，闭塞杆
lever latch ~ ①握柄锤块②杆形刷扣
lift(ing) ~ ①起重滑车②提升滑轮组
link ~ 连接滑块，复接塞孔排，连接分程序
lip ~ 支撑垫块
lock ~ 闩块
logical ~ 逻辑部件〔单元，块〕
lower ~ ①下滑车②底座
macro ~ 宏功能（定义）块，宏模块
magneto ~ ①磁电机座②磁性千分表座
management information ~ 管理信息模块
mandrel ~ 轴心垫座
manual ~ 人工闭锁，手动闭锁
master ~ 模座
master information ~ 主信息块
measuring ~ 量块
memory ~ 存储区，存储块
message ~ 信息块，信息组
message control ~ 消息控制块，报文控制块
metering ~ 配量阀组
mobile ~ 动滑车
monkey ~ ①凸轮式固定阻车器②转环滑车
mortise ~ 链滑轮
mosaic building ~ 镶嵌块件，拼件
mould ~ 型砧
movable ~ 动滑轮，移动滑车
multihole ~ （反应堆）蜂窝煤状（燃料）块，多孔型（燃料）块
multirecord ~ 多记录块

nested ~ 嵌套分程序
noninterlocked ~ 非联锁闭塞，人工闭塞
notch ~ 凹槽滑车
nozzle ~ 喷嘴组
occupied ~ 占用区段
order ~ 指令块
output ~ ①输出部件，输出信息块〔组〕，输出存储〔缓冲〕区②输出分程序
oven ~ 炉组
packing ~ 衬层，垫板，垫块，填料
packing up ~ 衬层，垫板，垫块，填料
parallel ~ 并行分程序
passive ~ 无源组件
peen ~ 触头（高压造型机）
physical resource ~ （通信）物理资源块
pillow ~ 轴台
pitch ~ 节圆柱
pitman-type reel ~ 连杆式卷筒
plug-in switching ~ 插件，插入式切换组件
plummer ~ 带座〔推力〕轴承，轴架，轴台，轴承箱
pocket ~ （水口）座砖
port ~ 喷口块（平炉）
position ~ 固定块
positive ~ 绝对闭锁〔塞〕
predecessor ~ 先行块，前驱块
pressure ~ 承压块（模具下部承受压力的垫块），压下垫块，安全臼
primary ~ 一次群，基群
printed circuit ~ 印制电路板
printing ~ 凸印版
processing ~ ①程序方块图②彩〔套〕色凸版
program ~ 程序块
program structure ~ 程序结构块
protector ~ 保安器组（预防雷击）
pull-and-out ~ 牵引复滑车，拖曳复滑车
pulley ~ 滑车
punch ~ ①凸模坯料②（凿孔机）针架
push-up ~ 立式推线拉丝卷筒
quarter ~ 转角滑轮，转弯滑轮
radiator ~ 散热器组
radius ~ 半径杆滑
raiser ~ 垫块
raising ~ 垫块
ram ~ ①冲头垫块②滑块③锤头，锤砧
reactor ~ 反应堆室〔舱，区，体〕
reel ~ 卷取机卷筒
reference ~ ①标准（试）块，比较〔对比〕试块②基准程序段
regular shackle ~ 带卸扣滑车，带钩环滑车
relieving ~ 减阻块
request ~ 请求分程序，请求块
resolution ~ 分解力楔，清晰度楔
return ~ 导回滑轮
rising ~ 上升式闭锁机
rope ~ 滑轮，滑车
rope lever ~ 钢丝绳手扳葫芦
running ~ 传动滑车
scotch ~ 制转楔，止车楔，制动块
screw ~ 千斤顶，螺旋顶高器
scribing ~ 划线架，划线盘
secondary ~ 二次群（脉码调制）
self-lube bearing ~ 自润滑轴承箱组（带箱体的轴承）
set ~ 块规（定工具尺寸用）
sheave ~ 有槽滑车，滑轮，滑车组
shim ~ 垫片，垫块，楔块
shoe ~ 制动块，闸瓦，刹车块
shutoff ~ ①开关组②排种量调节套，（槽轮排种器的）阻塞套
silent ~ 橡胶金属铰节〔衬套〕
silicon ~ 硅块
single ~ ①单程序段②单轮（滑）车③整块的
sister ~ 复滑车，双（动）滑车
size ~ 量块
slack adjuster ~ 缓冲调整块
slide ~ 滑块，（剪切机的）滑架
slipper ~ ①滑板，滑块②滑动支座
snatch ~ ①向工作面运坑木的滑车②扒矿机钢丝绳的导轮③扣线滑轮④开口〔凹口〕滑车
solid ~ 支柱，基线三脚架
sow ~ ①卡盘，夹盘，夹头②模座（锻造用）③（连接锻模的）燕尾槽砧④防磨块，护砧板⑤砧枕，二砧子（锻模与砧座间的垫座）
spacer ~ ①垫块，衬垫片②模具定位块
spacing ~ 隔离片〔子，块〕
spinning ~ 旋压模
split pillow ~ 对开滑动轴承
spring ~ 拱座
standard ga(u)ge ~ 标准量块
stand-by ~ ①备用（缓存）单元，备用程序〔信息块，数据块〕②备用部件③交换器（为提高输入输出数据速度用的缓存器）

starting ~　起熔块，种块
steam-generator ~　锅炉机组
step ~　①阶梯形垫铁②阶状量块③多级滑轮
stop ~　止轮楔
storage ~　存储器部件，存储块（存储器的一部分，小于存储区）
store ~　存储块
sub ~　①子程序段②字群③数字组
sub-sow ~　下砧中间接板
successor ~　后继块
supporting ~　①支柱，支座，垫板②（弯管机的）支持凸轮
surrounding ~　外层分程序
swage ~　（延伸锻造用的）花板砧，型砧，花砧，型模块
swivel(l)ing ~　转环滑车，转枕
system function ~　（数控机床）系统功能块
system information ~　系统信息块
table ~　数据表块（数据表的一部分）
tackle ~　①复滑车②钢绳滑车
tag ~　标记端子排，标签接线板
tail ~　①后顶尖座②末端滑轮
tank ~　（玻璃熔池）耐火砖砌块，箱〔罐〕座
tape ~　控带程序段
tap-hole ~　出铁口成形砖
tap-out ~　出铁口成形砖
task control ~　①任务控制块②任务控制程序段
telegraph ~　电报系统
tension pulley ~　张紧滑轮
terminal ~　①端〔接〕线板，接线盒，端子板，接头排②线夹③线弧④用户接线
termination control ~　终端控制块
test ~　试块，试片（磁粉检测）
thick film circuit ~　厚膜电路块
three-sheave ~　三轮滑车
thrust ~　①轨撑，斜撑底座②推力（承）座，推力轴承
tilting ~　摆动箱体
title ~　①标题栏，（工程图）明细表②图廓外整饰，图边（资料），注记空白位置
toe ~　驾驶台地板
tool ~　刀架
tooth ~　齿形样板（齿间）
torch ~　割炬组
touch ~　接线盒，接线板
track ~　①自动闭锁②履带蹄块
trailer ~　随附信息组
transport ~　（通信）传输块
transposition ~　换位接线板
travelling ~　游车（钻井设备）
tread ~　胎面花纹块
tri-gear chain ~　行星齿轮链葫芦
trip ~　自动停止进刀挡块
trunnion ~　万向接头滑块，万向接头销，万向节十字架总成，活节销
tuning ~　调谐组件
turning ~　转动（滑）块
turret ~　六角刀架
tuyére ~　风口冷却器（高炉），风眼砖（转炉中）
uncommitted core ~　自由磁心块
unirecord ~　单记录块
upset ~　镦粗垫板
valve ~　给油阀组，给水阀组
variable ~　①（可）变长（度）字组②可变块
vee ~　三角槽铁，V 槽块，V 形座〔块，滑块〕
virtual resource ~　（通信）可视资源块
volume control ~　音量控制块
water ~　水箱，水封
way ~　导轨块，支承块
wedge ~　楔座，楔块
wiper ~　滑动压块（转台成形时压住工件）
wiring ~　接线板
wooden ~　木滑车
work supporting ~　工件托架
block-access　成组〔字组，字区〕存取
blockage　①堵塞，封闭，封锁，充塞②联锁，锁定
blockboard　细木工板
block-building　积木式
block-condenser　①隔直流电容器②级间耦合电容器③电解电容器组
blockdata　数据块
block-diagram　（方）框图，方块图，简图，草图
blocked　①闭塞了的，闭锁了的，封锁的，阻碍不通的②用型模成型的
blocker　①雏形锻模，预锻模②把钩工
lane ~　通道阻塞器
blockette　①数字组，子群，子块②分程序块，分区块，数据小区组，小信息块
blockgang　船上的车间
block-handling　块处理
blockhouse　①碉堡，掩体②盒，箱，框架，砌块间
blocking　①阻塞，闭〔封，联〕锁，截断〔止〕，

中断，闭合，在截槽内打楔子②旁路，分段〔块〕，划分采区③字组〔单元，模块〕化④合组，合〔成，并〕块⑤屏蔽，保护⑥（安装汽轮机用的）垫片⑦止炭（平炉）⑧粗型〔模〕锻⑨中断〔间歇〕振荡

~ of microphone 传声器碳粒结

~ of oscillator 振荡器停振

aperture ~ 孔径遮光

blower DC ~ 直流（分量）阻塞，隔直流

converter ~ 换流器闭锁，换流器关断

gold ~ 烫金

mechanical ~ 机动区截制〔闭塞〕

records ~ 记录封锁

reverse ~ 反向阻断

valve ~ ①（换流）阀闭锁②阀阻断，阀堵塞

blocking-lever ①停秒杠杆②止动杆

blocklatch 炮闩保险机

block-press 模压机

blockship ①阻塞船，封锁用船②囤船

block-signal 截止〔阻塞，分段〕信号

blocky ①块状结构的②短而粗的

Blondel 勃朗德尔（光亮度单位，1 勃朗德尔 =（1/π）cd/m^2）

blondin （架空）索道，索道起重机

blood ①红棕色氧化层②血（液），气质③使出血，抽血④用血处理（皮革）

bloodstone 赤铁矿，血滴石

bloom ①花（朵），茂盛时期②（果实等的）粉（衣），霜，起霜（作用）③光圈，晕（光斑浮散），图像发晕〔浮散〕，模糊现象④钢坯〔锭〕，大〔初轧〕方坯⑤华（金属氧化物的水合物）⑥初轧⑦（给透镜）涂层

cogged ~ 大钢坯，初轧方坯

copper ~ 铜华

nickel ~ 镍华

rerolling quality ~ 优质方坯（无需修整表面即可直接再轧）

seamless ~ 无缝钢管坯

shaped ~ 异形初轧坯，异形方坯

unreheated ~ 不再热的初轧方坯

weathering ~ 风化霜斑

bloomary 土法熟铁吹炼炉，精炼炉床

bloom-base 支柱座

bloomed 无反射的，模糊的，起霜的，发晕的

bloomer 初轧机，开坯机

intermediate ~ ①中间初轧机②中间开坯机座

three-high ~ 三辊（式）开坯机

two-high ~ 二辊式初轧机

bloomery 熟铁吹炼炉（从矿石直接制取熟铁的小木炭炉）

blooming ①敷霜（减少镜面反射的一种处理）②图像散乱〔浮散〕，图像发晕（电视），模糊现象③加膜，光学膜，光学涂层，镀膜④初轧机⑤开坯，初轧，开花效应

bloomy 浊音

bloop ①杂音，噪声，（磁带）接头噪声②接头消声（遮住声迹），防杂音设备，防噪声设备

blooper ①有发射的〔发出射频电流的〕接收机（其本身的天线能发出电波以使附近的接收机发生杂音），接收机辐射信号②大错

blossom ①色彩②花③开花时期④开花，繁荣⑤发展⑥（降落伞）展开

blot 墨迹〔污〕，污斑，缺陷

blotter ①吸墨纸〔具〕，吸油（集料）②（砂轮）缓冲用纸（垫）③流水账，记事簿

blotting 吸出〔墨，油，去，干〕，涂〔抹〕去

blout 块状石英

blow ①吹，（填料压盖或法兰）吹漏，吹响（喇叭等），吹炼②瓦斯喷出③冲〔打，攻〕击④自喷，喷水⑤熔解，熔化，（熔丝）烧断⑥跑掉，传播，浪费

~ down ①（发动机试验后）吹净，吹风②泄放阀门③吹除，吹下

~ out ①喷气发动机（火）渐熄②吹熄〔出，灭〕，吹风，把…吹扫（干净），烧〔熔〕断，打穿，停炉

after ~ （转炉）后吹，二次吹风

air ~ 气排屑，鼓风，吹气

arc ~ 弧变形（受磁力影响），电弧偏吹〔偏斜〕，磁致灭弧

Bessemer ~ （酸性）转炉吹炼

carbon ~ （转炉）碳气化期，吹碳期

core ~ 泥芯气孔，砂芯气孔

hammer ~ 锤击

magnetic ~ 磁偏吹，磁性熄弧

side ~ ①侧冲，侧击，侧吹②旁击

silicon ~ 脱硅吹炼

soft ~ （转炉的）软吹

young ~ ①初期鼓风，稚吹②吹炼不足，欠吹

blowability （型砂的）吹成性

blowback ①后坐（力）②回火〔闪，放〕③过多后坐力之破裂子弹〔不良雷管〕④喷出（气体）

blow-by ①窜气，渗漏，漏气，不密封②吹气，瓦斯喷出

compression ~ 从活塞上部空间漏气
blow-cock 排气栓
blowdown ①放水②送风③排气〔污，泄〕，放气(气力制动系统),放空④泄放阀门⑤扰动，搅拌⑥回座压差，增压⑦加热的，增热的
~ of a safety valve 启闭压差
intermittent ~ 定期排污
blower ①鼓〔吹，送，扇〕风机，吹风管，风冷装置，吹灰器②自喷井③增压器 ④螺旋桨⑤开清棉机，（缝纫机的）推布送料器
agitating ~ 搅动鼓风机
axial ~ 轴流鼓风机
booster ~ 升压鼓风机
cased-in ~ 盒形鼓风机
cavings ~ 颖糖吹送器，颖糖气力输送器
centrifugal ~ 离心鼓风机
concrete ~ 混凝土风力输送机
core ~ ①型芯吹砂机②吹芯机
discharge ~ 风力吹送卸载器
displacement ~ ①容积式鼓风机，回转(活塞)式鼓风机，容积式增压器②活塞泵③活塞式压缩机
edge ~ （从连续加热炉中出来的焊管坯，焊前的）空气吹熔装置（熔化管坯边缘）
electric ~ 电动鼓风机
engine ~ ①发动机风扇②发动机增压器
exhaust ~ 抽风〔排风，排气〕机
fan ~ ①扇〔吹，送，鼓〕风机②风扇式增压器③鼓轮风箱
geared ~ 齿轮〔机械〕传动式鼓风机
glass ~ ①吹玻璃机②吹玻璃工
grain ~ 谷粒吹送器，谷粒风力装载器，扬谷机，扬场机
handle air ~ ①手用吹风器②皮老虎
helical ~ 螺旋〔轴向，叶轮式〕鼓风机
hot-air ~ 热鼓风机，空气加热器
knotter ~ 打结器清理风扇
mist ~ 鼓风弥雾器〔机〕
mo(u)ld ~ 吹型〔壳〕机
paint ~ 压缩空气喷涂器，喷漆枪
positive ~ 增压〔离心，旋转〕鼓风机
positive displacement ~ 容积式鼓风机
powder ~ 喷〔吹〕粉器
pressure ~ 压力鼓风机
regenerative ~ 旋涡鼓风机
Roots ~ 罗茨鼓风机
rotary ~ 回转鼓风机
sand ~ 喷砂器，喷砂机
scavenging ~ 清除鼓风机
slag ~ 吹灰器
slotted-blade ~ 刮板式鼓风机
snow ~ 旋转式清雪机，吹雪机
soot ~ 除烟垢器，吹灰机，吹灰器
spiral ~ ①叶轮鼓风机②螺旋鼓风机
steam jet ~ ①喷汽鼓风机②喷射器,(机车的)注水器③蒸汽喷嘴
suction ~ 吸风机
telescopic ~ 伸缩式吹灰器
three-stage ~ 三级增压〔压缩〕机
tube ~ 冲灰器
vacuum ~ 吸入式输运器，真空式吸送器
blowhole ①烧损②气孔，砂眼
deep-seated ~ 内部气孔
slag ~ 砂眼，渣孔（铸造缺陷）
blow-in ①开炉②自喷③鼓风，吹入
blowing ①吹，吹气，喷吹，鼓风②（过滤机滤饼的）吹落③崩〔喷，涌〕出，渗漏（汽，气）④发火，着火
converter ~ 转炉吹炼
glass ~ 玻璃吹制
sheet ~ 薄膜吹制
blowing-down ①休风，停风②停炉或封炉的操作
blowing-off 吹净
blowing-out ①停炉，停风②熄灭，吹灭
blowlamp ①喷灯②吹管
blow-magnet 熄弧磁铁，灭弧电磁线圈，灭火花线圈
blow-moulding 吹张造型，吹气造型
blown ①吹气的，喷出的，吹制的②多孔的，海绵状的
blown-film 多孔膜，吹塑薄膜
blown-sponge 海绵胶
blow(-)off ①喷出，放气②脱火，吹除，停炉
blow-on 开炉
blowout ①鼓风，放气，吹出②断裂，烧断，裂口③熄火〔灭，弧〕，停炉〔风〕，火花消灭④熔解⑤崩出，自喷⑥烟管扫除⑦吹卸⑧漏壳，跑火（熔模铸造）
air ~ ①空气灭弧②吹气，喷气
electromagnetic ~ 电磁熄弧
magnetic ~ 磁吹，磁性灭弧
blowpipe ①喷焊器，喷割器，焊炬，喷灯②风管吹管，直吹管③气焊枪
brazing ~ 钎炬
cutting ~ 割炬，切割吹管

electric ~ 电弧喷焊器
hand ~ 手动焊〔割〕炬
injector ~ 低压喷焊器
low-pressure ~ 低压焊炬
mechanical ~ 自动焊〔割〕炬
oxyacetylene ~ 氧乙炔焊〔割〕炬
rivet cutting ~ 铆钉割炬

blow-run 鼓风渗气（过程）

blowtank 卸料槽

blow-test 冲击试验

blow(-)up ①突起，胀起，鼓泡②爆破〔炸，散〕，炸毁③打气④放大（照片），扩大⑤混合室

blucite 含镍黄铁矿 board

blue ①蓝色，青色（其波长短于绿色而长于紫色的波长，为0.47μm）②蓝（铅）油③发青
baby ~ 淡蓝色
bearing ~ 蓝（铅）油，普鲁士蓝
cobalt ~ 氧化钴，钴蓝，瓷蓝
cornflower ~ 矢车菊色的，浅蓝色的（回火色）
electric ~ 钢青色，铁蓝色
powder ~ ①氧化钴（蓝色粉状）②浅蓝色
steel ~ 钢青色

Bluebird 蓝鸟（日本日产生产车型）

blue-finished 蓝色回火的（回火到金属变蓝色）

blueing =bluing

blue-key 蓝图

blueline 蓝图，蓝色印样

blueprinter 晒图机（晒蓝图用）

blue-ribbon 第一流的

bluetooth 蓝牙技术

bluff ①非流线（型物）体，不良流线体②陡峭的

bluffing 褶边装置

bluing ①模温过高引起的绿色氧化膜，蓝化，烧蓝②涂蓝，着色（检验）③发蓝处理

blunder 故障，误差，失策，做错

blunger 黏土和水搅拌器，圆筒掺和机，黏土混合机，搅拌机

blunging ①揉软泥条②掺和

blunt ①钝器②钝（头）的，无峰的，圆头的③弄钝，变钝，减弱

blunt-edged 钝边〔刃〕的，去锐边的

bluntness 钝（度）

blunt-nosed 钝头的

blur ①（电视图像）模糊②斑点，污点

blurring 模糊，（图像的）混乱，斑点多（的）

blush （使）呈现红色

blymetal 胶合金属板

bmp 位图文件名

BMW 宝马（德国巴伐利亚汽车制造厂生产车型）

board ①板，牌，盘，纸〔挡，护，模，木，仪表〕板，书壳，配电盘，控制盘，插件〔接线，印刷〕板，屏②部，局，厅，司，理事〔委员〕会③暗冒口④台，架，转换器，交换台，操纵台⑤（船的）甲板，舷，侧舷⑥船〔舱，车〕内⑦管理，支配⑧上〔乘〕（船，车，机）
~ information terminal 车载信息终端
~ of directors 董事会
~ of Trade Unit （英国商用）电能单位（相当于1kW·h），“电度”单位
access ~ 搭板，跳板
accordion ~ 手风琴纸板
acoustic ~ ①共鸣板②吸声板
acoustic form ~ 声衬板
agitator ~ 抖动机板，搅拌器板
alkaline-proof ~ 碱性商品包装纸板
ammunition ~ 弹药包装纸板
apron ~ 裙板
artificial decorative ~ 人造装饰板
attendant ~ 转接台（专用中继台）
auger ~ 钻架
automatic plotting ~ 自动标图板
automatic telephone switching ~ 自动电话交换机
back(ing) ~ 垫〔载模，裱糊纸，底托，背纸〕板
baffle ~ ①反射〔隔（声），折流，声障〕板②烟道风帽③炮口制退器
balk ~ 隔〔障碍，防护〕板
barrier ~ 防护纸板
base ~ 基线板，踢脚板
batten ~ 板条芯胶合板
bench ~ ①斜（操纵）台，控制斜台，（斜面）控制台，操纵台〔盘〕②台式配电盘
blueline ~ 蓝图板
bluff ~ ①挡泥板②（联合收割机的）挡帘
boning ~ 测杆，（T形）测平板，测（水）平杆
bottom ~ ①底板②砂箱垫板③载型板④翻箱板⑤下压板⑥斜滑板，抖动板
branching switch ~ 复式交换机
bread ~ ①样机②试验板，手提式电子实验线路板，模拟板③控制台
breast ~ 栏板，犁壁
Bristol ~ （绘图用）上等板纸，细料纸板
bus mother ~ 总线母板

calcium silicate ~ 硅酸钙板
calcium-plastics ~ 钙塑板
calculating ~ （电力系统的）计算台，计算板，计算盘
calibration ~ （仪表）校验台
cellular switch ~ 分区开关板
celotex ~ 隔声板，纤维板，隔声材料
charging ~ 充电盘
chrome ~ 彩色石印纸板
chromo ~ 铜版卡
chute ~ 滑板，斜（槽）板
circuit ~ （实验用）电路板
clip ~ 夹纸（垫）板，记录板夹
cloven ~ 削边板
coated ~ 涂料纸板
collecting ~ 收集板，滑板
combination ~ 合成纸板
combined distributing ~ 组合配线盘
common battery telephone switch ~ 共电电话交换机
computer ~ 计算台，计算板
concealed running ~ （汽车）隐式踏脚板，内藏踏脚板
connection ~ 接线板
container ~ 盒纸板
control ~ 控制台，操纵台，控制（仪表）盘，控制屏
conversion ~ （坐标）变换测绘板
cordless ~ ①无塞绳交换器②无塞绳 B 台
core ~ 型〔刮〕芯板
corrugated ~ 波面纸板，瓦垄纸
cotton yarn ~ 棉纱纸板
couch ~ 多层纸板
cowl ~ 仪表板
cross ~ ①配电开关板②转换（配电）箱③交叉板
cut-out ~ 断流板，装有保险丝的板〔台〕
dash ~ 仪表〔控制〕板，挡泥〔遮水〕板
daughter ~ 子插件
destination ~ 指路〔示〕牌，模〔号杆，刷字〕板
dial service “A” ~ 自动电话“A”台
diaphragm ~ 隔膜纸板
digital display ~ 数字显示仪表板
digitizing ~ 数字化器
direct finishing ~ 直接涂饰装饰板
dish ~ 器皿纸板
dispatcher’s supervision ~ 控制板，调度盘
display ~ 显示板，显示线路板
distribution ~ 配电盘，配电屏
divider ~ 分压板
double-clad ~ 双面（印制电路）板
double-sided ~ 双面（印制电路）板
drain(ing) ~ 滴水板
earth ~ 犁板
echo ~ 回声屏
electronic ~ 电子黑板
electronic bulletin ~ 电子公告板
elevation ~ 射角计算板
elonite ~ 胶木板
embossed fiber ~ 浮饰纤维板
expansion ~ 扩展卡
fascia ~ （汽车）仪表板
fiber ~ 纤维板，木丝板
filtration ~ 过滤纸板
finger ~ 键盘，键板，指板
flask ~ 托模板，底板
flexible circuit ~ 柔性电路板
flight progress ~ 飞行情况监控板
fluorescent keys toke ~ 荧光显示按键板
follow ~ 模底板，模型托板，（带浇道、冒口的）造型底板，样板（量具）
foot ~ ①上杆钉②踏板
form ~ 模板
free ~ ①干舷高度，相对高度（水面与陆地）②余幅
fuller ~ 填隙压板，压制板
fulling ~ 压榨机
fuse ~ 熔丝盘
gasket ~ 垫圈纸板
ga(u)ge ~ ①仪表盘〔板〕②样板，模板，混凝土拌和盘
glued ~ 胶合板
grain(ing) ~ ①压纹板②谷粒滑板③规准尺
grinding ~ 磨盘
guard ~ 护板，挡（边）板
guide ~ 导板，路标
gypsum particle ~ 石膏刨花板
hollow acrylic ~ 中空有机玻璃板
imitation leather ~ 仿革纸板
impregnated ~ 浸渍纸板
instrument ~ 仪表盘，仪表屏
insulation ~ 隔声〔绝热〕板
interconnection ~ 底板
jack ~ 插孔〔口〕板
junction ~ 连接台，接线台

lacing ~ ①绳索模板，电缆模板②系紧〔布缆〕板
laminated ~ 层压板
layout ~ 放样〔（模样）设计〕板
leather ~ ①皮纸板②革制书皮
ledger ~ ①栏顶板②脚手板③木架隔层横木
line-switch ~ 寻线机架
lining ~ 衬板
load dispatching ~ 配电盘
loam ~ 刮板
local switch ~ 市内交换机
louver(ed) ~ ①百叶板，条板②散热片
luffer ~ 条板，窗板，百叶窗
management ~ 管理〔控制，操纵〕台
manger ~ 挡水板
map ~ 图板
match ~ 模〔拼花，企口〕板
memory expansion ~ 存储扩充卡
mildew-proof ~ 防霉纸板
mill ~ 麻丝板，封面纸板
moisture-proof ~ 防潮纸板
mo(u)ld(ing) ~ ①造型底板模板，样板②犁壁
monocord system trunk ~ 单塞绳式中继台
mother ~ 母插件
motor ~ 电动机配电盘
multilayer ~ 多层印制板
multilayer printed ~ 多层印制电路板
multilayer printed circuit ~ 多层印制电路板
notch ~ ①凹板②梯形槽口板
operating ~ ①操纵台，工作台②作业测绘板，控制仪表板
option ~ 选配电路板
package ~ ①插件板②组件板
panel ~ ①镶板②配电盘，仪表板，面板
panel type automatic switch ~ 面板型自动交换机
paratined ~ 石蜡纸板
partition ~ 隔板
paste ~ （胶）纸板
patch(ing) ~ 接线板，转接板，转接插件
pattern ~ 模底板
pay station ~ 公用电话台
perforated module ~ 有孔模件板
pin wheel hosiery ~ 直升式袜子定形机
plotting ~ ①图形显示板〔面〕②曲线板
plug-in ~ 插件，插接板
poling ~ 撑板
power ~ 电源〔接线，配电〕板
primary test ~ 主测试台，基本测试台
printed wiring ~ 印制线路板
printing decorative ~ 印制装饰板
problem ~ 解题插接板
profile ~ ①剖面样板，剖面模板，样板规②轨距规③侧板，模板
program ~ 程序控制盘〔台〕
pull-out ~ 可抽出的机盘
radar ~ 雷达测绘板〔图表〕
rammer ~ 压榨板
ramming ~ 压榨板
recording ~ 记录台
relay ~ 继电器屏〔盘〕
remote-control ~ 遥控盘，遥控台
repeater test ~ 中继〔增音〕机测试台
repelling ~ 挡板
riffle ~ （管路上的）缓冲器
roofing ~ 屋顶瓦面纸板
rubbing ~ 刮板（造型工具）
run(ning) ~ ①机车两侧的平台②（汽车的）登车板，踏板③布线板
scale ~ ①（玻璃框、镜子等的）背板②胶合板
scratch ~ 刮板
screed ~ ①修平板，平泥板②样板
series ~ 串列交换台
servo ~ 伺服机构试验台
shadow ~ 防反射板〔屏〕
shaped pressure squeeze ~ 异形压实板
shuttle ~ 抖动板
sight(ing) ~ 觇板
signal ~ 信号板
single-clad ~ 单面（印制电路，敷箔）板
single-sided ~ 单面（敷箔，印制电路）板
skirt(ing) ~ ①踢脚板，壁脚板②挡板，（平带式运输机的）侧壁
smoothing ~ ①压平器，平锤②平滑台③粉光板
sound(ing) ~ ①共鸣板，共振板②响板，测深板
splash ~ 挡板，（车辆的）挡泥板
squeeze ~ 压实板（压实造型机上）
stamping ~ 托模板，垫模板
station distribution ~ 厂用配电盘〔屏〕
stitching ~ 切榫导板
story ~ 记事板
straw ~ ①茎稿（输送）板②草纸板，马粪纸

strickle ~ 造型刮板
strike ~ ①样板，规②刮平板
stripper ~ （搂草器）清草板
supporting ~ 支承板，底板，垫板
swath ~ 拔草板，（割草机的）集条板
sweep(ing) ~ 刮型板
tail ~ （货车）后拦板
tandem ~ 汇接台
tarred ~ 柏〔焦〕油纸（板）
telltale ~ 控制〔操作〕信号盘
terminal ~ 接线（端子）板，接线盒
test ~ ①试验板，测试仪表板，测试板②（电话）测量台，测试台③试用配电盘
thistle ~ 轻质板，（纸面）石膏板
toe ~ 趾板，搁脚板，脚踏板
toll ~ 长途（交换）台
top ~ 上压板，压头（压实造型机上）
transposition ~ 交叉线板
trim ~ 装饰板
turning-over ~ ①翻箱板，造型平板②底板
veneer ~ 胶合板
verge ~ 挡风板，（山头）封檐板
walking ~ ①脚踏板②摇动（供给）板
warning ~ 警告牌，危险标示牌
water ~ 水闸板
weather ~ 挡风板，防浪板，护墙板
wiring ~ 接线板，装配底板，插接板
yellow press ~ 黄层压纸板（弹性纸板）
boarder 定形机
boarding ①隔〔围，镶，铺，背，地〕板，木板，板条②起纹③上车〔船〕，上飞机
match ~ ①舌槽企口板②铺假型板
wedge ~ 楔镶板
board-rule 量木尺
boart 圆粒金刚石，金刚石屑〔砂〕
boat ①船，艇，舟②船形器皿，蒸发皿〔盘〕③汽车
aerofoil ~ 气翼艇（装有带浮体的三角形翼艇）
air cushion ~ 气垫艇，腾空艇
anchor ~ 抛锚船
assault ~ 强击登陆艇
beacon ~ ①灯标艇②警标艇
bowser ~ ①加油艇②水槽〔柜〕艇
bulk ~ 石油驳船，散装船
captured air bubble ~ 侧壁式气垫船
cold-storage ~ 冷藏运输船
customs ~ 海关船
derrick ~ 浮吊，起重船
duty row(ing) ~ 值勤艇
excursion ~ 游览船
ferry ~ 渡船
fire ~ 消防船
flying ~ ①飞船②水上飞机
gas ~ 灯标艇，（无船员的）照明灯艇
grab ~ 抓斗挖泥船
ground-effect ~ 冲翼艇
gun ~ 炮艇
life ~ 救生艇
light ~ 灯标船
light ~ 灯船
metal ~ 金属（烧）盘
minelaying ~ 布雷艇
mooring ~ 绞滩接头船，带缆艇
mosquito ~ （鱼雷）快艇，驱潜艇
motor ~ 机动〔汽，摩托〕艇
nickel ~ 镍（烧）盘
planing ~ 滑行艇
platinum ~ 铂（烧）盘
pneumatic ~ 充气快艇，橡皮艇
purse ~ 围网渔船
pusher ~ （顶）推轮
quartz ~ 石英烧盘
river ~ 内河船
runner ~ 赛艇
sailing ~ 帆船
sampling ~ 取样舟
seaward defence ~ 护卫艇
skimming ~ 滑行艇
speed ~ 快艇
speedy rescue ~ 快速救生艇
stake ~ （航）标艇
submersible ~ 可潜小艇，深潜器
target ~ （无线电遥控）靶艇
torpedo recovery ~ 捞雷船
traffic ~ 交通艇，工作艇
trawl ~ 拖网渔船
undersea ~ 潜水艇
utility ~ 工作艇
wager ~ 竞赛艇
watch ~ 巡逻艇，警戒艇
welding ~ 电焊船
boat-house 船〔艇〕库
boattail 船形尾部
bob ①振子坠，秤〔摆，测〕锤，配重，浮子，探测锤，示波仪振子②擦光毡，抛光轮，抛光

细毡③暗冒口④摆（动），上下〔来回〕急动，敲，轻打，撬
balance ~ ①平衡臂，平衡器②带平衡重的杆（用于钻杆泵）③摆锤
false ~ 模拟摆，假摆
ga(u)ge ~ 测深锤
lenticular ~ 两凸面摆动，摆动水晶体
pendulum ~ 摆锤
plumb ~ ①铅锤②水砣
riser ~ 补缩包
shrink ~ 补缩包，暗侧冒口
skim ~ 集渣包，集渣暗冒口
sounding ~ 测深锤
bobbin ①（点火）线圈，绕线管〔筒，架，圈〕②线圈架③胚体（干电池）④（纺）线轴，转轴，轴心⑤细绳
field ~ ①磁场线圈座，磁极线圈架②绕线管
plug-in ~ 插入式线圈管
ribbon ~ 色带盘
soaked ~ 浸卷机
steatite ~ （块）滑石线圈骨架
bobbiner 粗纱机
bobbing ①振〔摆，摇，浮〕动，（屏幕上）标记的干扰性移动②截短③抛光
bobrovkite 高镍铁矿
bobtail （未带半挂车的）鞍式牵引车
bobweight 配重，秤锤
bocca ①小锥体②喷火口
bod 黏土封口，泥封，泥堵，砂塞，塞子
bodkin ①钻，锥②粗针，簪
body ①（本，刀，阀，实，人，物，壳，弹，插座）体，（机，船，床，车）身，机壳，车辆②支柱〔架〕，基础，底盘③正文，主体，主要部分④基质，浓〔密，黏，稠〕度⑤团体
~ of oil 油基，润滑油的底质
~ of punch 凸模体
~ of roll 辊身
~ of the work 正文，本文
academic ~ 学术团体
aerodynamic ~ 空气动力绕流体，流线型体
aft ~ （机身，弹体）尾部
all-hypersonic ~ 绝对高超声速机身
automotive ~ 汽车车身
bit ~ 钻头体
black ~ 黑体，黑皮（锻）
block ~ 分程序体
blunt(-nosed) ~ 非流线型物体，钝头物体
bowl ~ 转鼓体
cab ~ 舱身
canard-wing ~ 鸭翼机身
capacitor ~ 电容器器身
car ~ 车身
carbon ~ 电刷
charged ~ 带电体
chuck ~ 盘体
closed ~ 轿〔闭〕式车身
cloverleaf ~ 三座（汽车）车身
collector ~ 集电极本体
combination ~ 活顶车（车顶可拆卸），组合车身
composite ~ 钢木组合车身，铁木混合结构的车身，合成车身
compound ~ ①混合体，合成体②复质
concave ridging ~ 短凹面起垄犁体（使起垄前的肥料集中在垄顶，然后耙在沟内）
conducting ~ 导体
conical inner ~ （冲压式喷气发动机进气道中的）中心锥体
connector ~ 连接器基体
convertible ~ 活顶车（车顶可打开）
cutter ~ ①切碎装置外壳②刀体（盘）
cylinder ~ （气）缸体
deformable ~ 柔体，变形体
die ~ 凹模体
dielectric ~ 介电体，绝缘体
drill pipe ~ 钻杆管体
ducted ~ ①中空体，螺形体②导管，输送管
elastic-perfectly palstic ~ 理想弹塑性体
electrified ~ 带电体
end-dump ~ 后倾卸车身（自动倾卸车）
engine ~ 发动机机体
falling ~ 落体
false ~ ①假稠性②假黏度
fleetline ~ 流线型车身
fluid ~ 流体
foreign ~ 异体物，杂质，不纯物质，外来物体
freely-falling ~ 自由落体
front ~ 驾驶室
full ~ 黑体
gray ~ 灰（色）体
green ~ 未烧试样，生坯
grey ~ 灰（色）体
guide ~ 导向架
igniter ~ 点火装置，点火器体
illuminated ~ 受照体
inclosed ~ 箱形车体

integral ~ 无骨架〔单壳，整体〕车身
intermediate ~ 中间体
intersecting ~ 相贯体
isotropic ~ 各向同性体
lifting ~ 宇宙飞行及高空飞行两用机（具有重返大气层、自行着陆等性能）
loop ~ 循环本体〔部分，节〕
low-drag ~ 低阻力体
luminous ~ 发光体
magnetic ~ 磁体
main ~ 主〔本〕体，机身，主要部分
master ~ 标准样件
mine ~ 水雷雷体〔阵〕
monocoque ~ 无骨架式车身，单壳体车身
multiply-connected ~ 多连体
neutral ~ 中立体，中性体
nonindividual ~ 连续体
nonpressurized ~ 非密封壳体〔舱〕
oil ~ 润滑油的黏度
open-dump ~ 敞倾车身
panel ~ 带棚车身，厢式车身
parallel middle ~ 平行舯体
pedstal ~ 轴架，支座
~ periphery 身体外围
pincers ~ 夹钳体
plasma ~ 等离子体
plough ~ 犁体
pole ~ 极身
procedure ~ 过程体
racing ~ 流线型车体
reference ~ 基准物件
refrigerated ~ 冷藏车身
revolving ~ 回转体
rigid ~ 刚体
rigid-perfectly plastic ~ 理想刚塑性体
rotor ~ 转子（本）体
solid ~ 固体
stake ~ （四周有插孔可装栅柱的）平板车身
streamline ~ 流线体，流线形车身〔体〕
suction ~ 吸入部分，吸入阀体
tank ~ 油槽车身，液罐车身
tear-drop ~ 流线型车体
triple ~ 三通阀体
union ~ 管接头
unitary ~ 整壳体〔全承载，无骨架式〕车身
valve ~ 阀体
van ~ 厢式货箱
vice ~ 钳身

body-cent(e)red 体心的
bodying 稠化
body-type 车身式样
bodywork 车身制造
flexible ~ 挠性车厢，铰接式车厢
Boeing 波音（飞机）
Boeman 波音机器人（波音公司研制的仿生机）
Boffle 助声箱，箱式反射体
bogey =bogie
bogie ①承轮梁，转向架，（汽车）双驱动桥，履带支重轮架，（吊车的）行走机构，悬架〔平衡〕装置，挖土机车架②台车，小〔矿，手推〕车，台床③定额，指标
casting ~ 浇铸小车，铸锭车
compensated ~ （行走机构）平衡架
crawler ~ 履带台车
driven ~ 从动台车
driving ~ 驱动台车（起重机械）
leading ~ 前转向架
motor ~ 自动转向架
steering ~ （操舵）转向架
trailing ~ 后转向架
travelling ~ 运输小车
wheel-base ~ 转向架轴距
bohler 银亮钢（w（C）1% ~ 1.25%，w（Mn）0.25% ~ 0.45%，w(S)< 0.35%，w(P)< 0.35%）
boil ①煮沸，沸腾，汽化，冒泡②沸点③（唱片正片前空白处的）附加声
~ down ①蒸煮，煮浓〔干，稠〕②浓缩③缩短，简化，精简
carbon ~ 脱碳沸腾，碳沸腾期
boiler ①锅炉，汽锅，蒸发器，蒸煮器，热水贮槽，（反应堆）蒸汽发生器②沸化物，沸腾物③废弃的飞机〔发动机〕④导弹
air ~ 空气加热器
atomic ~ 原子锅炉，沸腾反应堆
back-flame ~ 回焰锅炉
banked ~ 热备用锅炉
battery ~ 并列锅筒式锅炉
Benson ~ 本生式锅炉，直流锅炉
bicirculating ~ 双（工质）循环锅炉
bi-drum ~ 双锅筒锅炉
binary cycle ~ 双工质锅炉
bottom supported ~ 自承式锅炉
box type ~ 箱式锅炉
center ~ 水管式锅炉
coal ~ 燃煤锅炉
Cochran ~ 立式横烟管锅炉，考克兰锅炉

coil ~ 盘管锅炉
cold ~ 冷却沸腾器，真空蒸发器
column ~ 蒸馏锅
combination ~ 分节锅炉
combined circulation ~ 复合循环锅炉
concurrent ~ 顺〔直〕流锅炉
convection ~ 对流式锅炉
corner tube ~ 角管〔架〕式锅炉
corner-fired ~ 四角燃烧锅炉
Cornish ~ 单炉筒〔烟道〕锅炉，卧式锅炉，克尼茨锅炉
corrugated furnace ~ 波形炉胆锅炉，波纹火筒锅炉
cross drum ~ 横锅筒锅炉
diphenyl ~ 联苯锅炉
dished end plate ~ 碟形底板式锅炉，凸底锅炉
double fired ~ 双燃烧管锅炉
double furnace ~ 双燃烧管锅炉，双炉膛锅炉
double-flue ~ 双炉胆锅炉，双烟道锅炉
double-header ~ 双联箱横水管锅炉
dowtherm ~ 热传导锅炉，导执姆热媒锅炉
drum ~ 锅筒锅炉
dry bottom ~ 固态排渣锅炉
economic ~ 经济式锅炉，回火管锅炉
electric ~ 电热锅炉
equipressure ~ 等压锅炉
exhaust ~ 废热锅炉
exhaust-heat ~ 余热锅炉，废汽锅炉
express ~ 快升温锅炉
field-erected ~ 工地安装的锅炉，散装式锅炉
film-type ~ 薄膜式汽化器
fire-box ~ 火室式锅炉
firetube-watertube ~ 水管 - 火管合并式锅炉
flash ~ ①速发气锅炉②闪蒸锅炉
flue ~ 燃烧管锅炉
fluidized bed combustion ~ 沸腾燃烧锅炉
forced circulation ~ 强制循环锅炉
forced-flow ~ 压力循环锅炉
hand-fired ~ 手烧锅炉
header ~ 分联箱式锅炉
heating ~ 采暖锅炉，暖气锅炉
heat recovery ~ 发热锅炉
high-duty ~ ①高压锅炉②高能率锅炉
high-pressure ~ 高压锅炉
hot water ~ 热水锅炉
house-service ~ 电站自备锅炉
industrial ~ 工业锅炉
instant starting ~ 快速起动锅炉
Kewance ~ 凯威尼锅炉（内燃式烟管锅炉）
kornish ~ 水平单火管锅炉
land ~ 固定式锅炉
longitudinal drum ~ 纵锅筒锅炉
low circulation-ratio ~ 低循环倍率锅炉
low-pressure ~ 低压锅炉
marine ~ 船用锅炉
mechanically fired ~ 机械化燃烧锅炉
medium-pressure ~ 中压锅炉
mercury vapo(u)r ~ 汞蒸汽锅炉
monotube ~ 直流锅炉，单管锅炉
multi-fuel fired ~ 混烧锅炉
multipass ~ 多回程锅炉
natural circulaton ~ 自然循环锅炉
nuclear ~ 核锅炉，核蒸汽发生器
oil fired ~ 燃油锅炉
oil ~ 燃油锅炉
once through ~ 直流锅炉
one flue ~ 单燃烧管锅炉
package ~ 小型〔可移式〕燃烧锅炉，组〔快〕装锅炉
partial package ~ 部分组装锅炉，半快装锅炉
pilot ~ 试验锅炉
pod ~ （反应堆）荚式蒸汽发生器（放入预应力混凝土压力容器中一排彼此隔开的孔里的立式蒸汽发生器）
portable ~ 轻便〔移动式，便运〕锅炉
power ~ 电站锅炉
power water ~ 动力水锅炉（均匀反应堆）
power-plant ~ 电站锅炉
pressure ~ （微）正压锅炉
pulverized-fuel ~ 煤粉锅炉
radiant ~ 辐射式锅炉
Ramzin ~ 拉姆辛直流锅炉
recovery ~ 废热锅炉
reheat ~ （中间）再热锅炉
return flame ~ 回焰锅炉
return tube ~ 回焰锅炉
revoling ~ 旋转锅炉，煮（纸）浆锅炉
Schmidt-Hartmand ~ 施密特 - 哈尔托曼间接加热锅炉
Scotch ~ 苏格兰锅炉，旋转式锅炉
section(al) ~ 分段锅炉，分节锅炉
self-contained ~ 整装锅炉
Serpollet ~ 快速发汽锅炉（蒸汽机车用）
service ~ 自用锅炉
shell ~ 火管锅炉，筒式锅炉
shop-fabricated ~ 快装锅炉

simple header ~ 整联箱式锅炉
single-pass ~ 一次通过锅炉，单烟道锅炉
spherical ~ 球形蒸煮器
stationary ~ 陆用锅炉，固定式锅炉
steam ~ 蒸汽锅炉，蒸汽发生器，汽锅
straight ~ 平顶锅炉
subcritical pressure ~ 亚临界压力锅炉
sulfur ~ 硫浴炉
super high pressure ~ 超高压锅炉
supercharged ~ 增压锅炉
tank ~ 柜形〔火管，箱式〕锅炉
thimble-tube ~ 套管锅炉，热回收锅炉
three-drum ~ 三锅筒锅炉
three-pass ~ 三回程锅炉
tower ~ 塔式锅炉
transportable ~ 便运式锅炉，列车电站锅炉
trunk ~ 筒状火管锅炉
tubulous ~ 水管锅炉
twin-furnace ~ 双炉膛锅炉
two-pass ~ 双回程锅炉
unattended ~ 自动化锅炉
uniflow ~ 单流锅炉，强压给水式锅炉（高压炉锅筒），直流式锅炉
updraft ~ 塔式锅炉
utility ~ 电站锅炉
Velox ~ 维潞克斯〔增压〕锅炉（强制水循环和强制燃烧的锅炉）
vertical ~ 立式锅炉
waste heat ~ 余热锅炉
water ~ ①（两气循环中）产生水蒸气的凝结-蒸发器②热水锅炉③沸水器
water tube ~ 水管锅炉
wet bottom ~ 液态排渣锅炉
~ with slag-tap 液态排渣锅炉
Yarrow ~ A 型〔三锅筒，船用水管，亚罗型〕锅炉

boilermaker 锅炉工

boilerplate ①火箭〔导弹〕的模拟体，模拟舱②公式化的，陈腐的

boiling ①蒸煮，煮沸，沸腾②沸腾的，起泡的
~ up 沸腾，起泡
bulk ~ 容积沸腾
film ~ 薄膜状沸腾，膜态沸腾
forced-convection ~ 强迫对流沸腾
free-convection ~ 自由对流沸腾
nucleate ~ 泡核沸腾，核态沸腾
pseudo ~ 似沸腾
transient ~ 过渡工况沸腾（不稳定膜态沸腾）

boiloff 蒸发，汽化，沸腾，煮掉，精炼，脱胶

boldface 粗体字，黑体字
bitt ~ 带缆桩

bollard 系船〔绳〕桩，（双）系缆柱 boldface
retractable ~ 收缩式系缆柱

bolograph （电阻）辐射热测量记录器，辐射计

bolometer （热敏）电阻式辐射热测量计〔器〕
hyperimmersed ~ 超浸辐射热测定器
little-fuse ~ 熔丝式（电阻）测辐射热计〔器〕
negative-α ~ 负电阻温度系数测辐射热计〔器〕，半导体测辐射热计〔器〕
positive-α ~ 正电阻温度系数测辐射热计〔器〕，金属测辐射热计〔器〕
sensitive ~ 灵敏（电阻）测辐射热计〔器〕
superconducting ~ 超导体测辐射热计〔器〕，超导体电阻测温计〔器〕
thermistor ~ 热敏电阻测（辐射）热计

bolometry 辐射热测量学

boloscope 金属探测器

bolster ①承枕，垫木〔板，块〕，软〔枕，砧〕垫②车架承梁，横（木支）撑，支持物，托木③台面，穿孔台④夹圈，套管，套板⑤（细纱机）锭脚〔胆〕，（粗纱机）锭管⑥下模板⑦模板框
backup ~ （凸焊用）电极台板
bogie ~ 转向架承梁
check ~ 防松承梁，防松横梁
die ~ 模套
moving ~ （压力机）移动工作台〔板〕
press ~ 冲床台面
sliding ~ （压力机的）移动工作台，活动垫板
swing ~ 摆动承梁，摇枕
upper ~ 上模座，上模板框

bolt ①螺栓，螺钉，螺杆②插销③锁（紧）件④杆柱，锚杆⑤弩，矢，枪机〔栓〕，制旋机⑥筛，筛粉器⑦栓接，拧紧
~ with feather 带鼻螺栓，带滑键螺栓
acorn hexagon head ~ 六角头盖形螺栓
adjusting ~ 调节螺套
anchor ~ 系紧〔地脚，锚定，基础〕螺栓
anchorage ~ 系紧螺栓，地脚螺栓
antisplitting ~ （龙骨垫木）防裂螺栓
attachment ~ 连接螺栓
barb ~ ①棘螺栓②地脚〔基础，双端〕螺栓
barrel ~ 圆形插销，管销
bay ~ 基础螺栓，地脚螺栓
belting ~ 传动带螺栓
black ~ 粗制螺栓

blank ~ 非切制螺栓，粗制螺栓
body shear ~ 车身保险螺栓
bonnet ~ 盖螺栓
boss ~ 轮毂螺栓
bottom fastening ~ 底螺栓
brass wire ~ （轧制或拉拔用的）小直径黄铜螺栓
breaker ~ 安全螺栓
bright ~ 精制螺栓，光（制）螺栓
burnished ~ 精制螺栓
butt ~ 铰链筒
butterfly ~ 翼形〔双叶，元宝〕螺栓
button-headed ~ 半圆头螺栓
cap ~ 倒角〔（端部带头的）紧固，系紧〕螺栓
carriage ~ 车身〔方颈〕螺栓
catch ~ 止动螺栓
cellar ~ 用品箱螺栓
centrifugal stop ~ 离心式止动螺栓（危急时保安用），危急保安器的重锤
chain ~ ①链螺栓②带链销
check ~ 防松螺栓
clamping ~ 卡紧〔固定〕螺栓
clevis ~ 套环〔插销，U 形〕螺栓
clinch ~ 铆钉
clip ~ 卡箍〔夹箍，夹紧〕螺栓
coach ~ 方头螺栓
collar ~ 环螺栓
construction ~ 安装螺栓
convergence ~ 会聚螺栓，聚焦螺栓
cotter ~ ①带销螺栓，带开尾销螺栓②地脚螺栓③锚栓④牵条螺栓
countersunk ~ 埋头螺栓
coupling ~ 联轴〔连接〕螺栓
crab ~ ①板螺栓，板座栓②锚栓
cup oval neck ~ 圆头椭圆颈螺栓
cylinder ~ （气）缸盖螺栓
deck ~ 平圆柱头螺栓，甲板螺栓
distance ~ 定距螺栓
distance sink ~ 定位螺栓，牵条螺栓
dormant ~ ①埋头螺栓②暗闩，暗门销
dowel ~ 精确配合的螺栓，磨制螺栓
draw ~ 牵引螺栓，接合螺栓
draw-in ~ 拉紧螺栓
dray ~ 联钉
drift ~ （贯）穿（螺）钉，锚栓
elevator ~ 提升螺栓，大平头螺栓
erection ~ 装配螺栓
espagnolette ~ 长插销
expansion ~ 伸缩栓，扩开螺栓
expansion sleeve ~ 撑帽式杆柱〔锚栓〕，胀壳式锚杆
eye ~ 吊环螺栓，有眼螺栓
eyelet ~ 活节螺栓
fang ~ ①地脚螺栓，锚栓②棘螺栓
fastening ~ ①（固定在墙上的）螺栓标志②固定螺栓，扣轨螺栓
fillister head ~ 槽头螺栓
fish ~ 对接螺栓，鱼尾板螺栓
fitted ~ 定位螺栓
flat countersunk square neck ~ 沉头方颈螺栓
flexible stay ~ 伸缩撑螺栓
flush ~ ①平头插销②平头螺栓
fork expander ~ 车前叉调整螺钉
foundation ~ 地脚螺栓，基础螺栓
fox ~ 端缝螺栓
gib-headed ~ 钩〔扁〕头螺栓
hacked ~ 棘螺栓
hanger ~ ①吊挂螺栓②吊架螺栓
header ~ 冷锻螺栓，冷镦螺栓
hex ~ 六角头螺栓
hexagonal ~ 六角头螺栓
hinged ~ 铰链螺栓，可拆卸螺栓
holding-down ~ 地脚螺栓
hook(ed) ~ ①钩（头）螺栓②起吊螺栓
jack ~ 定位〔起重，调整〕螺栓
jaw ~ 叉头螺柱
joint ~ 接合〔插销〕螺栓
king ~ 主栓，中枢销
lag ~ 方头螺栓，木螺钉
latch ~ 碰簧销
Lewis ~ 路易斯〔吊楔，棘〕螺栓
lift(ing) ~ 提升〔环首，吊环〕螺栓
liftout ~ 顶出螺栓
link ~ 铰接螺栓，活节螺栓
live ~ 活螺栓
lock(ing) ~ ①防松螺栓，锁定螺栓②退弹杆控制器（转轮手枪）③枪机
lug ~ 扁尾螺栓，长平头螺栓
machine ~ 机制螺栓
masonry ~ 开叉地脚螺栓
mechanical ~ 螺钉
milled ~ 铣制螺栓
multiple-threaded ~ 多头螺栓
mushroom head anchor ~ 扁圆头固定螺栓
nut ~ 带螺母螺栓，螺钉

octagon ~ 八角头螺栓
packing ~ 填密螺栓
panic ~ 紧急保险螺栓
patch ~ 补件螺栓
pin ~ 销钉，带开口销螺栓
pinch ~ 系〔夹〕紧螺栓
plow ~ 农机用短螺栓，防松螺栓，皿头方颈螺栓
pole ~ （磁）极螺栓
puller ~ 顶紧螺栓，预开螺栓
pyramid ~ 锥形螺栓
queen ~ 辅助螺栓
rag ~ 棘螺栓，地脚螺栓
raised head ~ 凸头螺栓
Rawl ~ （机台固定用的）地基张紧螺栓
reamer ~ ①铰〔镶嵌〕螺栓②密配合螺栓，轻迫（配）合螺栓
retainer ~ 止动螺栓
riveted ~ 铆螺栓，压光螺栓
rock ~ 岩栓，地脚螺栓
safety ~ 安全螺栓，保险螺栓
saucer-headed ~ 菌〔碟〕头螺栓
screw ~ 螺钉〔栓，杆〕
set ~ 固定螺栓，防松螺栓
shackle ~ 连钩螺栓，钩环螺栓
shear ~ 保险螺栓
sling ~ 活节〔回转，连钩〕螺栓
slip ~ 门闩，插销，伸缩螺栓
snap-head ~ 圆头螺栓，圆头铆钉
splice ~ 拼接螺栓
split ~ 带（开尾）销螺栓，开口螺栓
staple ~ 卡钉，夹线（压）板，夹子，箍，杆（套）环
stay ~ ①拉杆螺栓，撑螺栓，长螺栓②拉杆，系杆③（机车的）拉撑
step ~ 半圆头方颈螺栓，阶梯形螺栓，踏板螺栓，上杆螺钉
stirrup ~ 镫式夹螺栓
stone ~ 棘〔锚定，地脚〕螺栓
stove ~ ①炉用螺栓②（螺纹到根的）短螺栓③粗制螺栓，毛螺栓
strap ~ ①U形钉，蚂蟥钉②带栓③长平头螺栓
stress ~ 拉力螺栓
stretching ~ 拉紧螺栓
stud ~ 双头螺柱，柱螺栓，地脚螺栓
supply ~ 支螺栓
support ~ 支螺柱
swing ~ 活节螺栓，铰链螺栓
swivel ~ 活节螺栓
tack ~ 装配螺栓
tap ~ （带头）螺栓，紧固螺栓
template ~ 精配螺栓
threaded ~ 螺栓
through ~ 贯穿螺栓，穿钉
tie ~ 系紧〔连接，地脚〕螺栓
toggle ~ 系墙螺栓，中环螺栓
tommyhead ~ T形头螺栓
track-rod ~ 横联杆螺栓
trip ~ 紧固螺钉
truss ~ 桁架螺栓
turned ~ 精制螺栓
upset ~ 膨胀螺钉
window ~ 窗插销
wingheaded ~ 翼形螺栓
yoke ~ 离合器分离叉调整螺栓

bolter ①筛，分离筛，细筛②筛选机，筛分机③纵切圆锯机
knee ~ （具有小型跑车的）圆锯机
sieve ~ 筛分机，筛选机

bolt-head ①螺栓头②（蒸馏用）长颈烧瓶

bolting ①螺栓连接②锚杆支护③筛分，筛选
back ~ 顶板杆柱〔锚杆〕支护

bolting-silk 筛绢

bolt-lock ①螺栓保险②枪机闭锁（器）

bolt-on 螺栓紧固

bolt-up 螺栓紧固

boltway 枪机运动槽

bomb ①弹，炸弹②氧气瓶，高压容器，储气瓶③还原钢弹（金属热还原用）④燃烧弹（量热计的一部分）
anti-submarine ~ 反潜弹，深水炸弹
atomic ~ 原子弹
bacteriological ~ 细菌炸弹
calorimetric ~ ①量热器，量热弹②测热弹
chemical (gas) ~ 毒气炸弹
cobalt ~ 钴炮
depth ~ 反潜航空炮弹，深水炸弹
fission ~ 原子弹，裂变弹
fission-fusion-fission ~ ①裂变 - 聚变 - 裂变弹② 3F 弹
fusion ~ 氢弹
gas ~ ①储气瓶②氧气瓶，氧气筒③毒气炸弹
ground ~ 应用地雷
guided ~ 导弹

hydrogen ~ 氢弹
Little Boy ~ 小男孩弹（美国第一颗铀 -235 原子弹的代号）
logical ~ 逻辑炸弹（信息战的软件工具）
manometric ~ 密闭爆发器
mortar ~ 迫击炮弹
neutron ~ 中子弹
nuclear ~ 核弹
oxygen ~ 氧弹，氧气瓶
photoflash ~ 照相炸弹
pitot ~ 皮氏弹，动压管容器
pressure ~ 火花塞试验器
radium ~ 镭炮
robot ~ 导弹
rocket ~ 火箭（助推炸）弹
smart ~ 灵敏〔激光制导〕炸弹
steel ~ 钢制反应釜
superatomic ~ 超级原子弹（氢弹早期称呼）
television ~ 电视〔远程〕控制炸弹
time ~ 定时炸弹

bombard ①轰〔射，炮〕击，碰撞②粒子辐射

bombarding ①轰〔射〕击，碰撞，炮击②照射，辐照，曝光③爆炸的，碰撞的④急袭的（粒子），施轰的

bombardment ①轰〔冲，撞〕击②照射，辐射，曝光
beam ~ 电子注〔束〕轰击
electron back ~ 电子反轰（击），电子回轰
fast atom ~ 快速原子轰击

bomber ①轰炸机②投弹手
bomb-gear ~ 投弹器
robot ~ ①无人驾驶轰炸机②自动操纵的飞弹

bombsight 轰炸瞄准器

bona fide 〈拉〉真正，真实，诚实

bond ①结〔耦，砌，胶，熔，化，键〕合，黏合〔结〕，连〔搭，焊〕接，耦合，连接②键，束，链，捆③连接器，接头④黏结料，黏合剂⑤（释热元件的）扩散层⑥条约，合同，票据，证券，债券，契约
adhesive ~ 胶黏剂
alternating ~ 更迭键
ball ~ 球压焊，球焊接头
bearing ~ 轴承黏结剂（连接耐磨合金和钢基薄轴瓦）
binder ~ 黏结剂，结合剂
bird-head ~ 喙形接头
cable ~ 电缆接头，电缆连接器
cementing ~ 黏结力
chain ~ 链式〔横直〕砌合
chemical ~ 化学键
chisel ~ 凿形焊接
clay ~ ①（造型）黏土②（黏土质）黏结剂
conductor ~ 对（头）接
contact ~ 电阻焊接
continuity cable ~ 电缆铠甲的纵向连接器
contract ~ 合同保证书
coordinate ~ 配（价）键
coordination ~ 配价键
copper ~ 黄铜（焊料）焊接
covalent ~ 共价键
cross ~ ①交叉扎线，十字形捆扎②交叉砌合③交联键
cross cable ~ 电缆铠甲的横向连接器
die ~ 芯片焊接，小片接合
double ~ 双键
earthing cable ~ 电缆铠甲的接地连接器
face ~ 面接（法）
fire ~ 耐火材料的黏结剂
fuel-element ~ 使释热元件和外壳结合的合金
green ~ 湿（黏结）强度
grounding cable ~ 电缆铠甲的接地连接器
gun-mix ~ 喷浆黏合料
herringbone ~ 人字（形）砌合
heteropolar ~ ①电价〔有极，异极〕键②离子〔极性〕结合
impedance ~ ①阻抗轨隙连接器②轨端抗流线圈③阻抗结合④阻抗连接变压器
inductive ~ 电感结合，阻抗结合
ionic ~ ①离子键②离子结合
mechanical ~ 机械结合
metallurgical ~ 冶金结合
mineral binder ~ 无机黏结剂
ordinary ~ 单价键
physical ~ 物理结合
pinned ~ 轨端接头，压入式轨隙连接器
pin-type ~ 压入式轨隙连接器，轨端接头
plug ~ 插头接线
plug-in ~ 插入接头
pressed type ~ 压入式轨隙连接器
primary ~ 主价键
rail ~ ①轨端电气连接（电气轨道为减小连接电阻而用焊接连接的导体接头）②轨端接续线③轨隙连接器，导轨夹紧器
rail-web ~ 轨腹接续线
rake ~ 对角接合，斜纹接合

reactance ~ 电抗耦合，接合扼流圈，阻抗连接器
resinoid ~ 树脂黏结〔合〕剂
sand ~ 型砂强度
shared electron ~ 共价键
single ~ 单键
steel ~ 铁粉结合剂
strand wire ~ 多股绞线连接，扎线
track ~ 钢轨对接
track rail ~ 道轨导电接头，铁轨连接器
ultrasonic ~ 超声焊，超声键合
valence ~ 价键（耦合）
vitrified ~ 陶瓷结合剂，黏土烧结
weld ~ 熔合线，焊口
welded ~ 焊接轨隙连接器，焊接导接线
Bondacust 吸声毡垫（商品名）
bondage 约束，束缚
bondbeam 结合梁
bonded （被）连接的，（被）耦〔化，结，砌〕合的，黏着的
bonded-carrier 键合势垒
bonder ①黏结剂，结合物②连结〔接合，耦合〕器③压焊机
beam-lead ~ 梁式引线焊接机
die ~ 芯片焊接机
die attach ~ 芯片粘接机
face-down ~ 倒装焊接机
flip-chip ~ 倒装式接合器，倒装焊接器
minute ~ 制动蹄摩擦片快速粘接器
pellet ~ 球式接合器
sonic ~ 声波接合器
wafer ~ 薄膜片接合器
wire ~ 丝焊器，引线接合器
bonderite 磷酸盐（薄膜防锈）处理层，磷化剂
bonderization 磷化（处理），磷酸盐处理
bonderizing 磷化（处理），磷酸盐处理
bonderlube 一种挤压润滑剂
bonding ①结〔耦，砌〕合，黏合〔结〕，连〔搭，焊〕接②压焊③键（合）④电缆铠甲的连结，加固和接地，屏蔽，黏结料（剂）⑤线束
adhesive ~ （微连接与纳米连接加工）黏结键合
beam-lead ~ 梁式引线连接（法），梁式引线键合（法）
bond-metergraded-powder ~ 递级粉末封接
ceramic/metal ~ （微连接与纳米连接加工）陶瓷 / 金属键合
chemical ~ （微连接与纳米连接加工）化学键合
chip ~ 片接合，片焊接，（微连接与纳米连接加工）芯片键合
conventional diffusion ~ （CDB）常规扩散键合（微连接与纳米连接加工）
die ~ ①模长键合，小片接合②小片焊接，管芯焊接
diffusion ~ 扩散结合，扩散粘结（金属在真空中加压，相互扩散而黏结），（微连接与纳米连接加工）扩散键合
direct copper ~ （DCB）直接铜键合（微连接与纳米连接加工）
direct diffusion ~ （DDB）直接扩散键合（微连接与纳米连接加工）
electron beam ~ 电子束焊
electrostatic ~ 致电结合，致电粘结，离子结合
explosive ~ 爆炸熔粘〔焊接，黏合〕
face ~ 面接合，平面焊接
face-down ~ 倒装焊接（法），面朝下焊接〔接合〕（法）
face-up ~ 正面焊接（法），面朝上焊接〔接合〕（法）
fine pitch ball ~ （微连接与纳米连接加工）细间距球键合
flip-chip ~ 倒装式接合(法),倒装焊接(法)，叩焊
high frequency ~ 高频胶接
infrared ~ 红外焊
interatomic ~ （微连接与纳米连接加工）原子间键合
laser（ray） ~ 激光束焊接
laser solder ball ~ （微连接加工）钎料球激光键合
laser-assisted ultrasonic wire ~ （微连接加工）激光辅助超声丝线键合
lead ~ 引线接合（法）
liquid phase-assisted diffusion ~ （微连接加工）液相辅助扩散键合
low temperature wafer anodic ~ （微连接加工）低温圆片阳极键合
metal/ceramic ~ （微连接加工）金属陶瓷键合
multirow ~ （微连接加工）多排键合
pellet ~ 球式接合，球焊
postcure ~ 二次硬化粘接
sealants adhesive ~ （微连接加工）密封剂黏结键合
sheath ~ 覆壳结合

silver nanoparticle ~ 银纳米颗粒键合
solid-state diffusion ~ （微连接加工）固相扩散键合
solid-state ~ （微连接加工）固相键合
spider ~ ①辐式键合，辐射形结合②蛛网焊
spot ~ 局部胶接
stitch ~ 自动点焊，跳焊，针脚式接合（法）
superplastic forming-diffusion ~ 超塑成形 / 扩散连接
tailless ~ 无尾压焊
tape automated ~ 自动键合带
thermosonic ~ （微连接加工）热超声键合
tin-lead ~ 锡焊
vacuum diffusion ~ （微连接加工）真空扩散键合
vacuum wafer ~ （微连接加工）真空圆片键合
wafer ~ （微连接加工）圆片键合
weld ~ 胶接点焊
wire ~ 电缆接合

bond-line 结合缝，搭接缝，黏结缝

bond-meter 胶接检验仪

bondu 耐蚀铝合金（*w*（Cu）2% ~ 4%，*w*（Mn）0.3% ~ 0.6%，及 *w*（Mg）0.5% ~ 0.9%）

bone 骨架，骨状物
dog ~ 轧制型钢用的粗成形毛坯

bone-dry 完全干燥（无水）的，干透了的

bonkote 镀镍（的）软钎焊烙铁

bonnet ①上阀盖，阀帽，烟囱罩，机罩，枢帽，矿工帽，安全罩②加罩
bellows seal ~ 波纹管密封型上阀盖
extension ~ 伸长型上阀盖
radiation fin ~ 散热片型上阀盖

bont 提升设备（提升用的钢丝索及其附件）

bonus 奖金，红利
accident reduction ~ 安全奖
attendance ~ 出勤奖

boo(-)boo ①错误，误差，故障②碰〔擦〕伤

boobytrap 诡雷，铅笔雷

book ①书，书籍②账簿，摺子③说明书④预定，预约，售〔买〕票⑤登记，注册，登账
audio-visual ~ 直感图书，视听图书
bijou ~ 袖珍本
charge ~ 装料〔作业，熔炼〕记录
closed ~ 完全不懂的学科
code ~ 电〔译〕码本，代码簿
cradle ~ 初创刊本，古版本
data ~ 数据手册，参考资料手册
day ~ 日记账，流水账
engine ~ 发动机记录簿
guide ~ ①入门书，指南②指导书，参考手册
instruction ~ 说明书
manual ~ 手册，便览，指南
paper-free ~ 无纸图书
reference ~ 参考（用工具）书，手册
run ~ 操作说明书，使用说明书，运行资料
sample ~ 货样本
source ~ 原始资料，源卷，源本；源语句，源程序
talking ~ 有声图书（正面印刷，反面录音的书本）

booking ①（单面）叠型造型（法）②登记，预约

bookkeeping ①管理操作②簿记

booklet 小册子，目录单

bookmark 书签

Boolean ①布尔型，布尔符号②布尔的，逻辑的

boom ①吊〔喷，管形，起重〕杆，（吊车，起重机的）悬臂，起重臂，（横）梁②构架，叉架，桁③轰声（增加低频混响）④景气，繁荣，暴涨
~ with fly jib 组合式起重臂
camera ~ 摄影机升降臂
crane ~ 起重机吊架，起重架，吊杆
defoliation ~ 除叶喷杆（喷射除叶剂用）
fixed ~ 固定式悬臂
fly ~ 顶臂，飞臂，辅助臂架
hand ~ ①喷枪，手动喷水器②升高传声器的机架
hinged ~ 铰接式悬臂
jib ~ 副吊臂，挺杆（起重机）
jumbo ~ 重型吊杆
lance ~ 喷杆，喷枪
lattice ~ 桁架臂架
lift(ing) ~ 起重转臂
loader ~ ①起重转臂，装载机转臂②横梁式装料机（装入坯料用）
microphone ~ 传声器架，送话器架
mike ~ 传声器柱
pipe ~ （转臂起重机）起重臂，伸臂
riding ~ 吊艇杆
row ~ 中耕作物（带状）喷杆
sectional ~ 分节起重臂，（起重机的）分段吊杆
sonic ~ 声震，声爆
spar ~ 主梁
spray(ing) ~ 喷杆

strut ~ 受压伸臂，柱式伸臂
swinging ~ 起重机回转臂，吊车旋转杆
top ~ 上弦杆
trol(l)ey ~ 无轨电车吊杆
underwing ~ （飞机喷雾器的）翼下喷杆
boomheader 悬臂式掘进机
boominess ①箱（的）谐振②轰声
boom-out 最大伸距，（起重机的）最大臂距
boort 圆粒金刚石
boost ①助推发动机，助推器，加速器，辅助发动机②附加电压③加强，提高，升高，提升（频率特性曲线的），增加，推进，加速，助推④增（加电）压，（气缸中）升压，（发动机）加大功率
bootbass ~ 低音频放大，低音增强（将较高的声频衰减）
high ~ （频率特性曲线的）高频部分升高
high-tension ~ 高压提升
low-band ~ 低频段响应提升
phaseless ~ 无相移提升，无相移能量恢复（电路）
tandem ~ 轴向助推器，串联助推器
wrap-round ~ 侧置助推器
booster ①助力器②升压器〔机〕，增压器〔机，泵〕，（压力）放大器，增强器，升压线圈，升压电阻③附加装置，辅助装置，机车辅助机，起动磁电机④局部通风机⑤（导弹）助推器，快中子倍增装置，多级火箭的第一级，（反应堆）增益元件，增益棒⑥（传）爆管，增〔传，引〕爆剂⑦辅助的，附加的
air over hydraulic ~ 气液增力器
arc ~ 起弧稳定器（焊接）
battery ~ 电池充电机
capacity ~ 电容性升压电机
control ~ 操纵系统助力〔增压〕器
differential ~ 差动升压机，具有差接励磁绕组的（可逆）升压电机
Entz ~ 恩兹升压器（自动蓄电池电压升压器）
exhaust-turbo ~ 废气涡轮增压器
fluidic ~ 射流放大器
frequency ~ 倍频器
gas ~ 压气设备，压气机（输送气体用），气体升压器，气体输送压缩设备
Habbord type ~ 哈邦尔德式升降压机
heat ~ ①加〔预，升，助，增〕热器，热力增强器②热丝
high-field ~ 高磁场蓄电池升压器（利用平衡励磁电压自动调节）
ignition ~ 发火升压器
in(-)line ~ ①串联式助推器②轴向加速器③序列式增压器
Lancashire ~ 兰开夏式（电池）升压器（市内地下铁道用的升降电压装置）
long-burning time ~ 长期工作助推器
mechanical ~ 机械升压器（指罗茨泵）
milking ~ 补充充电的升压电机
negative ~ 减压机，减压器
oil-to-oil ~ 全液压增压器
orbital ~ 轨道助推器
overlapping ~ 侧置助推器
Pirani type ~ 皮拉尼式增压机
positive ~ 升压器
propelling ~ 助推器
quadrature ~ 正交增压器（增加电压与基本电压在相位上相差 90°）
quality ~ 质量改善剂（改善柴油自燃质量的添加剂）
rear wrap-round ~ 后置环列助推器
retarder ~ 减速辅助器
roll ~ （绕纵轴）回转加速器，（使火箭绕纵轴）回转助推器，滚动助力器
single-shot ~ 单作用增压器
solid-propellant ~ 固体燃料起飞发动机，固体推进剂的助推器
sucking ~ 馈（电）线升压器
synchronous frequency ~ 同步频率放大器
tail-end ~ 线路终端升压器
tandem ~ 轴向助推器，串联助推器
temperature ~ 加热器
track ~ 轨道降压器
traction ~ 驱动轮增荷装置
triple-headed ~ 三活塞增压器
two-wheel trailer ~ 双轮后推助力器
video-line ~ 视频线路辅助放大器
volume ~ （大容量）定比减压阀
wrapped ~ 侧置助推器
boosting ①助推，增加，增压②电压升高③加大推力，加大功率，加速（发动机）④局部通风
~ of furnace 炉膛强化，提高炉膛热强度
supercharging ~ 增压
boost-phase 主动〔助推，加速〕段
boot ①引导②罩，引出罩，（插头座的）保护罩，引出线罩，管帽，引出帽③护套，橡胶套，套管④开沟器（体），滑脚，（开沟器的）靴筒式排种管⑤进料斗，接受器，料仓⑥小客车行李箱

applicator ~ 施肥开沟器
cast-iron ~ 铸铁开沟器
checkrow ~ 方形穴播开沟器
check-type ~ 方形穴播开沟器
closed-delivery ~ 闭式输种开沟器
divided ~ 双行开沟器，双行播种开沟器
elevator ~ 升运器底滑脚〔板〕，提升机底罩
grain ~ 谷物播种开沟器
insulating ~ 绝缘靴，绝缘罩
open-delivery ~ 开式输种开沟器
opener ~ 开沟器（体）
remote ~ 远程引导
runner ~ 滑刀式开沟器
runner-attached ~ 装有滑脚的开沟器
seed ~ 播种开沟器
single-disk ~ 单盘开沟器
single-row ~ 单行开沟器
sowing ~ 播种开沟器
split ~ 带分种管的开沟器
split-row ~ 分叉导种双行（播种）开沟器
washer ~ 洗涤槽下料筒
cold ~ 冷启动，冷自举，冷引导

booth ①（小）室，箱，舱，亭，棚②司机室，通话室，公用电话亭，暗箱③工作间，工段，（涂漆）间④槽，容器
exhaust ~ 抽风罩
isolation ~ 隔音室
monitoring ~ （轻便式）监听箱
projection ~ 放映室
sound ~ ①隔音室，隔音箱②监听室
spray ~ 喷漆室
telephone ~ 公用电话间，电话亭

booting 引导（一种把计算机外部存储器中的操作系统程序输送到计算机内存的过程）

bootleg ①未爆炮眼，拒爆炮眼②护线槽（信号）③弯头，风口小弯管④靴筒（钢锭缺陷）

bootstrap ①人工〔仿真，模拟〕线路②辅助程序，引导（输入）程序，引导指令③自举〔益〕电路，自持系统④搭扣，自展（系统程序设计方法）⑤输入引导

bootstraping 自举

bo-peep （低空投弹用）投弹瞄准附加器

B-operator 乙台话务员

boracic 硼的，含硼的

boracium （=boron）硼（B）

boral 碳化硼铝

borate 硼酸盐
barium ~ 偏硼酸钡

borax 硼砂，硼酸钠

borax-bead 硼砂珠

borazon 氮化硼（结晶体），人造亚硝酸硼（硬度接近金刚石，研磨材料）

borazone 氮化硼半导体

bordeaux 枣红

border ①边界，边缘②图框，沟埂轮廓，界限，榫槽③接界，邻接，接近
black ~ 黑色边缘（电视图像不正常现象）
bright ~ 白圈（可锻铸铁退火缺陷或铁棒断口），亮轮缘
brightness contrast ~ 亮度反衬边界，亮度对比界限
channel ~ 管〔风洞〕壁
coexistence ~ （双相）分界线
map ~ 图廓
maximum material ~ 最大实体边界
milled ~ 研磨边缘
pit ~ 有纹孔缘

bordereaux 业务报表，分保明细表

borderline 边界，边缘，分界线，轮廓线

bore ①内〔孔，口，膛〕径②孔，腔③气缸筒④砂芯⑤炮眼⑥扩孔器⑦镗头⑧锥⑨镗孔，钻孔，推开
bearing ~ 轴承内孔
big ~ 大口径枪（英国：口径超过 0.45in（合 11.43 mm）的；美国：口径超过 0.30in（合 7.62mm）的）
cylinder ~ （气）缸（内）径
cylindrical ~ 圆柱形内孔
frame ~ 定子铁心内径（电机）
nominal ~ 标称管径
pioneer ~ 隧道导洞
plain bearing housing ~ 滑动轴承座孔
rough ~ 粗镗（孔）
Siamese ~ 萨米迟缸体（两个气缸中间无冷却液通道的缸体结构）
spindle ~ 主轴孔径
taper ~ （镗）圆锥孔
tool ~ 刀孔
valve ~ 阀套
wheel ~ 轮毂孔，轴座
wind ~ （泵）进气管

bored 镗孔的，空心的

borehole ①镗出的孔，镗孔②炮眼③钻孔
advance ~ 超前钻孔

cased ~ 套管钻孔
shot ~ 钻粒钻进钻孔

bore-out-of-round （孔）圆度

borer ①镗床，镗孔刀具②钻（头，机），钻孔器，风钻③钻〔镗〕工，打眼工④钎子
annular ~ 环孔镗床，环孔镗刀，环形钻头
boshrail ~ 轨条钻
breast ~ （胸压）手摇钻
cylinder ~ 镗缸机
diamond ~ 金刚石钻头〔钻机，镗床〕
earth ~ 挖穴机
hold ~ 挖穴机（器）
horizontal ~ 卧式镗床
increment ~ 探木钻，取木钻
jig ~ 坐标镗床
knot ~ 去节机
line ~ （单镗杆多刀镗同心孔）直线镗床
long ~ 槽钻
multiple ~ 多轴穿孔机
percussion ~ ①风钻，凿岩机②冲击式钎子③冲击式钻机
planting ~ 栽植挖坑机
rock ~ 岩石钻，钻岩机
self-emptying ~ 自动出屑钻
solid ~ 钻头
sounding ~ 钻探机，触探钻，探土钻
strip ~ 露天矿穿孔机
tap ~ 螺孔钻，螺纹底孔钻，开塞锥
thrust ~ 冲击式钎子，冲击式钻机
tunnel ~ 隧道掘进机，隧道钻进〔挖凿〕机
vane ~ 涡轮（式）钻（土）机，（钻探用）轮转机

boresafe 膛内保险〔安全〕

borescope 光学孔径测试仪，内孔（探测）〔管道〕镜
fiber ~ 光纤管道镜
~ inspection 孔探仪检查

boresight ①瞄准线，视轴，瞄准点②炮膛觇视器，枪筒瞄准，平行对准
electronic ~ 电轴

boresighting 轴线校准

boride 硼化物
calcium ~ 硼化钙（脱氧剂）

boriding 渗硼
electrolytic ~ 电解渗硼
gas ~ 气体渗硼
pack ~ 固体渗硼

boring ①镗削，镗〔钻，穿〕孔②钻探，打眼，凿岩③风眼损坏（转炉）④（pl.）金属切屑，镗屑
~ to predetermined accurate depth 镗止口
align ~ ①镗同心孔（系）②中心钻空
auger ~ 螺旋钻探，钻孔
back ~ 回（程）镗（削）
counter ~ ①镗（阶梯）孔②孔
fan ~ 扩孔
fine ~ 精镗
floating ~ 浮动镗削
free-fall ~ （钢绳）冲击钻孔
gun ~ ①炮管镗削②（内螺纹）去（牙）顶
heavy ~ 粗镗
jig ~ 坐标镗削
laser ~ 激光打孔
line ~ ①同轴孔②一次装夹成叠镗孔（即一次装夹一根镗杆同时镗数孔以保证同心度），直线〔成行〕镗孔
percussion ~ ①撞钻，顿钻②冲击式钻进〔钻探，凿岩〕
pilot ~ 先行试钻
probe ~ 试钻，钻探
pull ~ 拉式镗孔（镗杆向主轴方向进给）
punch ~ 冲击钻孔
push ~ 推式镗孔（镗杆背主轴方向进给）
reverse ~ 调头镗削
right ~ 精镗
rough ~ 粗镗
shot ~ 钻粒钻进
solid ~ 钻孔
straight ~ 镗圆柱形孔
taking ~ 试钻
thermic ~ 热钻孔
trepan ~ 套孔
trial ~ ①探坑，探穴②试钻
tube sample ~ 取（土）样钻孔
wash ~ 冲洗钻孔〔掘〕，水冲（式）钻探
water flush ~ 水冲钻探

borizing （金刚石）镗孔

Borland C++ Borland C++ 语言（美国 Borland 公司的一种面向目标的程序设计语言）

bornite 斑铜矿

boroaluminizing 铝硼共渗

borochromizing 铬硼共渗

Borod 博罗德焊条

borolon 人造〔合成〕氧化铝（用作磨料、耐火料或助滤物）

boron 硼（B）

manganese ~ 锰硼合金（w（B）20% ~ 25%，w（Mn）60% ~ 65%）
boron-doping 渗硼
boronization 渗硼，硼化
boronizing 渗硼，硼化
boroscope 内径表面检查仪，光学缺陷探测仪，光学孔径检查仪
borosilicate 硼硅酸盐
borosiliconizing 渗硼渗硅处理，渗硼硅法
borosil 硼 - 硅 - 铁（中间）合金（w（B）3% ~ 4%，w（Si）40% ~ 50%）
borovanadizing 钒硼共渗
borrow ①取，借②借位（数学）③模仿
end-around ~ 循环借位
incoming ~ 输入借位
borrow-pit 取土坑，采料场
Borsic 镀硅硼
bort 圆粒〔球聚，不纯〕金刚石，钻石粒，（研磨拉模用的）金刚石粉
short ~ 劣等金刚石
bortam 硅硼钛铝锰合金
bortz =bort
bosh ①浴，槽，桶②（鼓风）炉腹，炉腰③水笔，水刷
bosheswater ~ ①冷水槽（酸洗后用）②水封
saucer ~ （高炉的）炉腰
water-sprinkled ~ 喷水式炉腹
boshes 炉膛高温带（冷却部分）
boshing ①浸水使冷却，浸冷（加热的薄板坯）②浸水除鳞
boshplate （鼓风炉）炉腹冷却板
bosom ①对缝连接角钢②角撑，角板，连接板
bosom-piece 对缝连接角钢，角撑
boson 玻色子
boss ①工长，老板，经理，领班，机务员②轮毂，（铸锻件表面）凸起部，凸台，浮凸饰，灰泥桶③夹持器，止挡，支柱，四角螺纹套④轴盘〔衬，套〕，轴孔座，销孔座⑤阻钻
~ of wheel 轮毂
airscrew ~ 飞机螺旋桨壳
bolt ~ （机体上）螺栓凸台
continuous ~ 穿透轴套，通孔套管
false ~ 工艺凸台
key ~ 键槽轮毂
loose ~ ①自由（轮）毂②自由套筒
lug ~ ①凸起部，凸台，凸耳②摇把③支柱，托架
nave ~ 车毂
nozzle ~ 喷头座，安装喷嘴用突出部，喷杆突出部
pin ~ （活塞销的）销毂，（活塞）销座
piston ~ 活塞销壳
plunged ~ 孔口凸缘
pressed-out ~ 压制毂
propeller ~ 螺旋桨壳
sheave ~ 滑轮毂
wheel ~ 轮毂，轮芯
bossing ①（轧辊表面的）刻痕和堆焊，用粗面轧辊轧制②轴包套，导流罩③锤碾金属，金属片加工④凸起部分
shaft ~ 轴包套
bossoon 巴松管，大管
boster 熟铁板
bot ①泥塞②（=robot）拟人机，机器人，网上机器人；自动程序，机器人程序
slag ~ 渣口塞
both-way 双向的
bott(ing) 堵塞，黏土泥塞（化铁炉出铁口）
bottle ①瓶，罐，罩②外壳，蓄压器壳③砂箱，型箱④压力容器
bailout ~ 备用气瓶〔氧气〕
carbon-dioxide ~ 二氧化碳灭火器
density ~ 密度测定瓶，密度瓶
Dewar ~ 真空瓶，杜瓦瓶，保温瓶
drift ~ 漂流瓶
glass-stoppered ~ 玻璃塞瓶
holding ~ 存储瓶
jato ~ 喷气起飞助推器
magnetic ~ 磁瓶，磁捕集器
Nansen ~ 南森采水器，颠倒采水器，南森瓶
propellant ~ ①燃烧筒②固体火箭发动机壳体
rato ~ 火箭起飞助推器
shock ~ 瓶状激波系
squeeze ~ 塑料挤瓶（挤压时能排出所装之物）
suction ~ 吸滤瓶
bottleneck ①瓶颈（现象），缩颈处，隘道，狭道，节流处②涌塞（现象），影响生产流程的因素（如缺乏原料等），关键，难关③梗塞，阻塞，卡住
production ~ 生产过程中的涌塞〔瓶颈〕现象
bottler ①灌注机，灌瓶机②装瓶工人③装瓶物
bottling ①（拉伸）缩颈，缩口②装瓶，灌注
bottom-dump 车底卸载，底卸式
bottom-grab （水底）挖泥抓斗

bottoming ①石块铺底，（压机于下死点时）模具对制件适当挤压②输出下限（电子器件）③校形，校正弯曲④从下面切断信号，将五极管的工作点定在伏安特性曲线的弯曲部以下，以使阳极在低电压状态工作⑤触底感
finish ~ 整形加工
bottommost 最下（面）的，最低的，最基本的
bottom ①底，下部，深处，末端，底板，炉底，炉床②基础，根基，原因，底细③（pl.）底部沉积物，残留物，残渣，脚子，沉渣④低频声音⑤犁体⑥最低的⑦使电子管在截止点附近工作，（使达到）饱和，（电）通导⑧根据
~ of gullet 槽底
~ of hole 钻孔底，井底
~ of tooth space 齿槽底（面）
~ of vee V形槽底，（焊缝）裂口角顶
acid ~ 酸性炉底
all ~ 低频声
barpoint ~ 棒钢铧尖犁体
basic ~ 碱性炉底
bedding ~ 作垄犁体
breaker ~ 破土犁体（用于草地和熟荒地）
carbon ~ 碳块炉底
carbon hearth ~ 碳质打结炉底
carding ~ （花生收获机的）梳荚凹板
chilled ~ 冷硬铸铁犁体
clay sod ~ 黏土草地犁体（带延长犁壁，近似半螺旋形犁体）
clipper ~ 草地用熟地型犁体
concave ~ 凹板分组，凹板块
conducting ~ 传导炉底（导电或导热），导电炉底
digger ~ 翻耕犁体（近似熟地型犁体）
drop ~ 活底，（锅炉锅筒的）可开底，（冲天炉）活动炉底板
dry ~ 冷灰斗，固态排渣炉底
dump ~ （排种装置等的）活动底
false ~ 活底，假底，双层底
flap ~ 活底，下放底
furrow ~ 开沟犁体
general（-purpose）~ ①通用犁体（介于草原犁体与茬地犁体之间）②螺旋形犁体
general（-purpose）middle breaker ~ 通用双壁开沟犁体
hole ~ ①炮眼底②钻孔底
hopper ~ 锥形底
intermediate ~ 中间隔板
left-hand(ed) ~ 左翻犁体
light-draft ~ 低阻力犁体，阻力小的犁体
middlebreaker sweep ~ 双壁开沟铲式犁体
middlebuster ~ 双壁开沟犁体
mo(u)ldboard plow ~ 铧式犁体
no ~ 低音缺陷
oil cell ~ 油箱底渣
oldland ~ 熟地型犁体
opening ~ 开沟犁体
quick-turn ~ 快翻式犁体（近似圆柱形碎土犁体）
rammed ~ 捣筑炉底，无缝炉底，捣固〔电解〕槽底
return ~ 滑板
riceland ~ 稻田犁体（带延长犁壁，近似半螺旋形犁体）
ridging ~ ①起垄犁体②培土犁体
right-hand(ed) ~ 右翻犁体
rod breaker ~ 杆条式破土犁体
sand ~ （冲天炉的）炉底
sloping ~ 倾斜炉底（炉膛），冷灰斗
sounded ~ 测定的水深
subsoil ~ 心土深耕犁体
tamped ~ 打结炉底，捣筑炉底
trip ~ 弹返犁体（带安全装置）
uncambered ~ （活塞）平底部
water ~ （油罐，油船）水垫
bottom-poured 底注的，下铸的
bottoms 残留物，残渣，底部沉积物
bottom-set 底层
bottom-up （头脚）倒置，颠倒，自底向上
left corner ~ 左角自底向上
selective ~ 自底向上选择，倒选
bottoning 圆钮定位法
bottstick 泥塞杆
bott-up 堵出铁口
bouche （枪炮）口，钻孔
boucherizing 用硫酸铜浸渍（木质电杆防腐用）
bouchon ①衬套②轴瓦，轴衬③布歇钻孔器④塞头⑤手榴弹信管，点火机
boudle 布多（英国钢铁厂用质量单位，1 布多=56lb=25.4 kg）
boudwire 邦定线
bougie ①瓷制的多孔滤筒②栓剂③探条〔子〕
boule ①台基，球②刚玉③毛坯④制造宝石用的梨形模，金刚钻嵌饰品
ruby ~ 红宝石梨晶，梨状深红宝石
bounce ①跳〔振，摇，摆〕动②（快门）回弹，反跳〔冲，弹〕③标志跳动（示波器）

bottom ~ 海底反射
contact ~ 触点颤〔跳〕动
noise ~ 噪声跳动，噪声起伏
thermal ~ 热反弹（跳）

bouncer 弹跳装置

bouncing ①图像跳动（示波器同步不良引起），振动②大的，重的，活跃的
contact ~ 触点回跳

bound ①界，边界，界限，边缘，极限②结〔耦，黏，联〕合的，受约束的③约束，限制，束缚④跳起，跃进，弹跳
air ~ 气隔
array ~ 数组界
compute ~ 计算限度
confidence ~ 置信界限
dimension ~ 维数界
expurgated ~ 修正限
input-output ~ （受）输入输出限制的
rail ~ 有轨的
sphere-packing ~ 球包界
tape ~ 受带限制的
union ~ 一致界（限）

boundary ①边〔境，间〕界，界限，范围，极限②轮廓，外形③隔墙
antiphase domain ~ 反相畴界
beam ~ 注流边界
branch and ~ 分支和定界（算法）
bucket ~ 相（位）稳定区〔边界〕
character ~ ①字符大小，字界，字符边界②符号识别
coherent ~ 共格界面
compartment ~ （数据）分区界
domain ~ 磁畴界壁，畴壁，畴界运动
grain ~ 晶粒边界，晶界，颗粒间界
incoherent ~ 非共格界面
large angle ~ 大角晶界
map ~ 图廓线，图框
medium-angle ~ 中等角晶界
model ~ 模型边线
moving ~ 移动边界
multiple block ~ 多分程序边界
phase ~ 相界
PN ~ ①PN结②（半导体）PN间界
potential ~ ①电位极限②势界，电势边界，电位边界
procedure ~ 过程边界
segment ~ 段边界
small-angle ~ 小角晶界
straight edge ~ 直线晶界
switching ~ 交换界
theoretical ~ ①理论极限值②理论边界
thermal ~ 热障
twin ~ 孪晶面边界，孪晶间界
wake ~ 尾流边界

boundary-layer 边界层

bounded 有界的

boundedness 局限性，有界性，限度

boundscript 界标

Bourdon 布尔登（管式压力）计

bourrelet （炮弹下）定心凸缘，炮弹箍

bouse 用滑车吊起

bow ①弓，弧（形物）②弓形（部分），锯框，锯弓，蝴蝶结，滑板弓架，（电车的）受电弓③弯曲（成弓形），拱，舷④凸线辊型，端包架⑤怀表环，眼镜框，眼镜脚⑥头部，船头，艏
~ of head （车身的）拱顶
bending ~ 顶弯段（连铸）
bulb ~ 球鼻艏
collecting ~ 弓形集电器
drill ~ 手钻弓柄
end ~ 尾弓
flat ~ 平板艏
horizontal ~ 横弓
magnetic ~ 磁性熄弧
natural ~ 静挠度，自然挠度
pusher ~ 推船艏
roof ~ 车篷弓
rotor ~ 转子弯曲，转子挠度
sound ~ 声唇
top ~ 顶弯梁
vertical ~ 立弓

bowdrill 弓〔三叉〕钻

bowel ①端包②（最）内部，中〔核〕心

bower 艏锚，主锚
best ~ 右舷艏锚
port ~ 左舷锚

bowing ①弧状弯曲，平板弓弯度（在厚度方向的平行度偏差）②弯成弓形

bow-knot 活〔滑〕结

bowl ①碗，盆，盘，皿，杯，衡器，杓，槽②转鼓，球形物，滚球，滚珠，（辊，浮）筒，离心机转筒，转子③（钢板弹簧）箍④（挖掘机）斗⑤浮子室⑥滚（动），荡（动）
annular ~ 环形贮料筒
automatic water ~ 自动饮水器

cam ~ 凸轮滚子，踏盘转子
caulking ~ 刺条包卷滚刀
clarifier ~ 澄清型转鼓
clutch ~ 离合器筒，离合器壳
combined ~ 复合转鼓
concentrator ~ 离心筒，离心套
filler ~ 滤杯
fluid ~ 溶槽
fuel ~ 汽化器浮子室
grooved ~ 压型辊
ladle ~ 桶壳
perforated ~ （离心机）带孔转鼓，过滤转鼓
pressure ~ 承压滚筒，压布滚筒
punch ~ 成卷机,成球机(圆精梳机的准备机)
purifier ~ 分离转鼓
rust ~ 生锈地区
scraper ~ （铲运机的）铲斗
sediment ~ 沉淀池，沉淀器，澄清器
self-filling drinking ~ 自动添水式饮水器
solid ~ （离心机的）无孔转鼓
star ~ 精锑块材
valve ~ 阀箱

bowl-in-piston 活塞顶凹腔

bowser 加油艇，加油车，水槽车

bow-wave （头）激波，弓形波，艏〔顶头，弹道，脱体〕波
conical ~ 锥形头波
main ~ 主艏波

box ①箱，柜，书柜，盒，匣，（窗）框，接线盒②外壳，包皮，套，罩③内螺纹④部分，组件，逻辑框（程序中的）逻辑单元⑤公用电话亭，岗亭，信号器⑥车厢⑦图廓花边⑧电视（机）⑨装箱，装盒
~ and needle 罗盘
~ of tricks 差速机构
~ up ①将钟表机心装入盒内②装入盒内
about ~ 告示框
access ~ 存取（访问）箱
accessories storage ~ 器材箱
accumulator ~ 蓄电池容器，蓄电池箱
acoustic ~ 助声箱
adapter junction ~ 分线盒
adding ~ 加法器
aerial spur ~ 天线分线盒
air ~ ①风箱（吹炉，转炉）②气箱③木风筒④风带
alarm ~ 警报信号器
annular ~ 环形给料盘
anti-clinker ~ 防焦箱
antifriction ~ 减摩轴箱
antitransmit-receive ~ 天线〔收发〕开关盒
application ~ 点样匣
array ~ 数组块
auger conveyor ~ 螺旋输送器外罩
autolevel(l)er draw ~ 自调匀整链条机
autolevel(l)er gill ~ 自调匀整针梳机
axle ~ 轴箱，轴套
baffle ~ 音箱
ballast ~ 配重箱，压载箱
basis ~ （英国）基准箱
batch ~ ①计量桶，计量盒，配料量斗②分批箱
Baum wash ~ 包姆洗煤机洗槽
bed ~ 台座，机床脚
beep ~ 操纵台（喷气技术）
belt ~ 机枪弹带箱
bias ~ 偏压器，偏磁器
bifurcating ~ 双芯线终端套管，双叉分接盒，分路（电缆）套
black ~ ①黑箱（电学及电子仪器），黑盒，黑匣子，绝对黑体，未知框（指其内部特性未给出的框图、设备等），四端网络②快速调换部分③整体装拆自动控制电子元件，特种操作用器件，电子积分器件④模块，功能块
boshplate ~ （鼓风炉）炉腹冷却箱
boardthree-point starting ~ 三端起动电阻箱
branch ~ 分支器，定向耦合器，分线箱，分线盒
bridge ~ 电桥箱
build-up mo(u)lding ~ 组合砂箱
built-up ~ 过渡电阻箱
burner ~ 喷燃器壳，喷燃器风箱
butt ~ 大块氧化皮收集箱
cable ~ 电缆分线盒〔接续箱〕
cable distribution ~ 电缆交接箱〔分线盒，终端盒〕
cable set-top ~ 有线电视机顶盒
call ~ 电话室，公用电话亭
cam ~ 三角座，三角箱
can ~ 条筒针梳机
casting ~ 砂箱，型箱
cast-iron ~ 铸铁方垫箱
change gear ~ 交换〔变速〕齿轮箱
charging ~ ①加料箱，加料槽，（平炉的）装料箱②铸型

chill ~ 冷藏箱，冰箱
chlorinity titration ~ 氯度滴定箱
clack ~ 阀箱
clapper ~ ①抬刀座，抬刀装置②（刨床的）摆动刀架③拍板座
climate-machinery testing ~ 气候 - 机械综合环境试验箱
compensating ~ 补偿器（热电偶）
compensating stuffing ~ 调整填料函
compound ~ ①传动箱②进给箱③变速箱
conductor ~ （圆梳机的）喂条盒
conductor support ~ （垂直敷设的）导线支撑盒
conduit ~ ①管道入孔②电缆管道分岔箱③导管接头盒
connection ~ 接线箱〔盒〕，电缆接头箱，分线箱
control ~ ①操纵台，控制箱，操作箱②控制部件
cope ~ 上（铸）型
copper fire ~ 铜板火箱
core ~ ①型〔砂〕芯盒②岩芯箱
corrugated ~ 瓦楞纸箱
coupling ~ ①分线箱，电缆连接套管，联接箱，联轴器箱②接线箱
cross ~ 转换箱，交叉分线箱
cure ~ 高温烘焙机
cut-out ~ 熔断器匣
cutter ~ （齿条形插齿刀的）箱形刀架
damp heat test ~ 湿热试验箱
damper ~ 风挡箱
decade ~ 十进（电阻）箱
decision ~ 判定框（图）
descaling ~ 氧化皮（水力）冲除箱
diagnostic readout ~ 故障诊断仪
die ~ （钢丝绳机的）拉膜盒，压线模座
difference ~ 差动齿轮箱
digital set-top ~ 数字机顶盒
disaster ~ 熔体盒，安全阀，安全线路
distribution ~ ①配电箱（电力），电缆交接箱，分线盒，分配箱②交接箱③配水箱
distributor ~ 配电〔配水，分线〕箱
divider ~ 间隔箱（纸或薄层色谱用）
dividing ~ ①终端套管（电缆）②分块机③分度箱，分割箱④电缆头，电缆分箱
draft distributing ~ 分风箱
drag ~ 下（铸）型
drawing-in ~ 引（入）线盒
drilling fluid cushion ~ 钻井液缓冲盒
drip ~ 承油盘
drive-gear ~ 传动齿轮箱
driving ~ 主动轴箱
driving wheel ~ 传动齿轮箱
dry ~ ①干燥吸收剂〔器〕②干燥箱（保持低湿度的密封箱）
echo ~ ①回波谐振器②回波箱
ejector ~ 顶杆框（压铸机），喷射器箱，推顶器箱
electric switch ~ 配电箱
expansion ~ 储气〔伸缩，膨胀〕箱
extended fire ~ 下涨（式）火箱
feed ~ 进给箱，料箱，浇口盆
feeder ~ 分线〔馈电，电源〕箱
fire ~ 炉膛，火室〔箱〕，燃烧室
firing ~ 燃烧室
fishing ~ 联接箱
flameproof terminal ~ 隔爆式接线盒
flash ~ 膨胀箱，扩容器
floor ~ 地板插座
four-way ~ 十字接头，四通接头
ga(u)ge ~ 规准箱，量料箱
gear shifting ~ 变速箱
gill ~ 针梳机
gland ~ 填料函
glove ~ 手套式操作箱（真空设备用），手套箱，（汽车）杂物箱
grouser ~ 履带节盖板
guide ~ 导板箱
half ~ 无盖轴箱
half-part mo(u)lding ~ 半分（铸）型
hanger ~ 悬挂轴承盒
haulage ~ 装车漏口，装煤口
head ~ ①压力盒②保温帽，发热帽，绝热帽
hearth ~ （炼铅膛式炉的）炉膛
heat ~ ①热跑箱②加热室
heavy slubbing ~ 头道粗纱机
high & low temperature test ~ 高低温试验箱
hoisting ~ 起重机驾驶室
hot ~ ①隔热箱②（火车上的）热轴，过热的轴颈箱③热芯盒
house connecting ~ 用户分线箱
housing ~ 轴箱，壳箱
idiot ~ 电视机
inlet rose ~ 过滤器
inserted stuffing ~ 衬垫压盖
jack ~ ①配电箱②飞机内通信转换开关盒

jigging ~　跳汰选槽
joint ~　①（电缆）接线箱②连接套筒
journal ~　轴（颈）箱，轴颈轴承，轴承座
juke ~　（光子）自动控盘机
junction ~　①分线〔接线，集管〕箱，套管，联轴器②（使馈电线与配电干线相联的）汇接室③电缆套④矿用分支馈路箱
Kelley ~　盛（压制成块的）润滑油杯
key ~　①键槽，键联锁机构②电键匣，电键式交换机
knockout ~　气体分离箱
labyrinth ~　曲径式密封箱，迷宫式密封箱
lead ~　出线盒
leading-in ~　进线闸，进线盒
level(l)ing ~　悬挂装置斜拉杆调节器
lever ~　①联动柄箱②转辙传动机构
light-tight ~　（不透光）暗箱
link ~　活节联接器
long ~　长车厢
loop ~　①循环专用单元②环形缓冲装置③变址寄存器④积带箱⑤环路箱
magazine ~　盒，箱
main ~　主轴承瓦
main junction ~　主配电箱
main-gear ~　主变速箱，主齿轮箱
manual climatic ~　人工气候箱
matte ~　遮光罩
metal ~　轴承架
microcomputer ~　微型计算机箱（一套完整的微型计算机系统）
middle ~　中（间铸）型
miter ~　辅锯箱
mo(u)ld（ing） ~　型箱
nailed wooden ~　钉板箱
net TV set-top ~　网络电视机顶盒
nozzle ~　喷嘴室
oil ~　油室〔箱，杯，壶〕，润滑油器
oliller ~　注入口
on-top ~　顶置盒，机顶盒
operator-held control ~　遥控板，遥控盘
optical aging testing ~　光老化试验箱
optical filter ~　滤光片组件
outlet ~　①引出箱②接线盒〔匣〕
outside axle ~　轴颈箱
paint ~　色彩调制箱
pallet ~　箱形托盘，集装箱
panel ~　分线〔配电，控制〕箱，配电盘
pendant ~　悬吊按钮站，悬吊开关盒
Petrie ~　皮特里式密闭装车漏口
phase segregated terminal ~　隔相接线盒
phase separated terminal ~　分相接线盒
pick ~　截齿座
pipe ~　管套
pitman ~　连杆轴承〔瓦〕
plant growing cultivating ~　植物生长培养箱
planter ~　播种筒
plenum ~　充气箱
plug ~　塞绳式交换机，插塞盒
plywood ~　胶合板箱
PO ~　①箱式惠斯通电桥②电桥用电阻箱
post office ~　①电桥用电阻箱②邮政信箱
pouring ~　浇口盆（砂）型，中间包，中间罐，冒口保温砂型
power ~　机力卸载车厢
press ~　压捆室
pressure containing terminal ~　储压式接线盒
pressure relief terminal ~　释压式接线盒
prime piling ~　优质板垛箱
proof ~　试验箱，保险箱
pull ~　（无配电板的）分线箱〔盒〕，拉线箱〔盒〕
pull-in ~　引入箱
radiator ~　散热器罩
ratio-arm ~　比例臂（电阻）箱，电桥电阻箱
reduction ~　减速箱
re-ended fire ~　（机车的）内火箱
respiratory ~　呼吸箱，滤毒箱
retarder ~　减速器，缓动装置，延时器
reverse ~　换向齿轮箱，换向机构箱
rewash ~　再洗跳汰机
ringer ~　电铃盖
roller ~　轮箱，轮架
run-down ~　①观察器②（蒸馏设备上的）观察用灯
runner ~　浇口盆砂型，浇注箱，分叉浇口盆砂型，冒口保温箱砂型
safe deposit ~　保险箱
scouring ~　磨光卷筒
screen ~　筛箱，筛身
seal ~　密封盒，沉淀箱
sealing ~　①密封箱②电缆终端套管
seat ~　①（机车的）座箱②座支架
section ~　电缆交接箱
self-loading forage ~　自装式饲料拖车
self-unloading forage ~　自卸式饲料分送车
send ~　进料箱

service ~ 接线盒，配电箱，引入线箱
set top ~ 机顶盒
set-off ~ 上箱搁框
shaker ~ 逐稿器键体〔箱〕
Shannon's black ~ 香农未知框
shot ~ 摄影箱
shuffle ~ 换气箱
shunt ~ 分流器箱
sidewall ~ 防焦箱（炉排）
signal ~ 信号箱〔室，房，所，塔〕
simple-frame core ~ 敞开式芯盒
slide ~ 滑阀箱，分汽阀箱
solid ~ 整体（式）轴承
sound ~ 共鸣器〔箱〕，吸声箱
speed (gear) ~ 变速齿轮箱
spider ~ 多联照明灯，网照明灯匣
spindle ~ 主轴箱
splice ~ ①分歧套管②电缆与明线的联接箱③电缆套管
splicing ~ 电缆分线箱，电缆套管
split ~ ①对开〔拼合〕式（滑动）轴承②分线箱
splitter ~ ①分离沟，分流槽，分样箱②分线盒，分线箱
spool ~ ①箱，盒②轴瓦盒③接头④胶卷盒
sprinkler ~ 喷灌机控制箱
squawk ~ （供内部联系用的通信系统）扩音器，扬声器，通话盒
stage ~ 盒式插头
stamp ~ 捣臼，捣矿机
standard sized ~ （多件轴承用）标准尺寸包装盒
standardizing ~ 标准箱，标准负荷测定仪
star ~ 星形联结电阻箱
starting ~ 起动箱，起动器，起动用电阻箱
steam ~ 汽柜，蒸汽箱，汽蒸器
steam stuffing ~ 气缸填密函
steering ~ 转向器
step ~ 轴箱
straining ~ 筛箱
stuffing ~ ①填料函〔盒，箱，槽〕②密气箱，密封箱〔圈，垫〕③软垫箱
stunt ~ ①阻打器（电传机中控制非打印功能的装置），停印装置②解读机构，限定机构，限定器
suction ~ 吸（水）箱
sum light cultivating ~ 光照培养箱
surface ~ 地面操纵器
sweat ~ 湿度箱
switch ~ 电闸盒，转换器，转换开关盒〔柜〕，配电箱，道岔箱
talk ~ 讲话箱（防止噪声的设备）
telephone ~ （公用）电话间
tender journal ~ 煤水车轴箱
terminal ~ 拉〔出，接〕线盒，终端盒，分线箱，端子箱
test ~ 检验（仪表）板，验电箱
thermal aging testing ~ 空气热老化试验箱
thrust ~ 推力轴承箱
timber mo(u)lding ~ 木砂型箱
timer ~ 定时〔计时，时间继电〕器箱
timing ~ 计时箱
tip ~ 倾卸箱
T-junction ~ T形套筒
top ~ 上（铸）型
tophan ~ 离心罐
tote ~ 搬运箱，装运箱，（剪切机旁的）边角料箱，运输斗
toyset ~ 机顶盒，顶置盒
trailing ~ 拖车
transfer ~ 无配电板的分线箱，中间电缆分线箱
transmission-gear ~ ①传动齿轮箱②变速器〔箱〕
transmit-receive ~ 收发转换开关
transport ~ ①输送容器②悬挂输送车箱，吊运车箱
transposition changeover ~ 交叉转换盒
trifurcating ~ 三芯分支盒，三芯线终端套管（电缆）
troughed core ~ 脱落式芯盒
truck journal ~ 转向架轴箱
TV set-top ~ 电视机顶盒
twine ~ 捆绳箱
volt ~ ①分压器，自耦变压器②分压（电阻）箱
volume ~ 套筒扳手（别名）
wall ~ 暗线箱
wash ~ 跳汰机
water stuffing ~ 水阀帽
Web TV set-top ~ 网络电视机顶盒
weigh ~ 计重箱，计重链条机
wheel ~ 齿轮箱，变速箱
whistle ~ 消声箱
wide fire ~ 下涨（式）火箱
work piece ~ 工件箱

Y ~　星形电阻起动器箱，Y 形电阻箱
boxboard　大型字体（用于印制纸箱、纸盒）
boxcar　①（铁路）棚车（车辆），厢〔带篷，有盖货，闷罐〕车②料斗车（平炉）③矩形波串
insulated ~　保温车厢
box-compound　浇注电缆套管的混合物
boxed-off　隔成小间的
box-frame　箱框
box-hat　钢壳，钢锭帽，靴筒（钢锭浇铸后因收缩而生的缺陷）
boxing　①装箱②包装材料，制箱用料③环焊，绕焊（绕过拐角外的填角焊缝），端部周边焊，周围焊接④拳击〔术〕
~ in　装入钟表壳的，机心装入壳内，装入箱内
runner ~　分流浇注（两个以上直浇道）
box-whisker　框线图
boxwood　黄杨木（料）
Boyer　Boyer 基准测试程序
B-pillar　中间立柱（小客车车身）
B-plus　阳极电源的正极，B 电的正极
B-power　乙〔阳极，板极〕电源
brace　①支撑杆，斜杆，支柱，拉条，撑臂，撑条，拉杆②钻孔器，手摇（曲柄）钻③伸张，张力④大〔花〕括弧⑤发条外钩⑥支持物⑦拉簧，簧片
angle ~　隅撑，角铁撑，角撑
arm ~　附加支柱，补充支架，臂形拉条撑臂
beam ~　犁辕斜拉杆
belly ~　胸压手摇钻
bit ~　曲柄钻，摇钻
boom ~　吊臂斜杆
breast ~　胸压钻孔器，手摇钻
buttress ~　支撑刚性梁，加劲〔强〕梁，垛间支撑梁
coil ~　线圈支架，线圈梯形楔（凸极电机用），（凸极间的）线圈撑条
corner ~　角撑，齿轮传动的手摇钻
counter ~　副撑臂
crank ~　曲柄钻，手摇钻，钻孔器
cross ~　①牵条，横拉条，肋板②轴架③十字撑条，交叉支撑
crossarm ~　①横臂拉条，交叉撑②紧固物，固定件
diamond ~　十字形拉条
expansion ~　伸缩拉条
form ~　装配支柱，模板支撑
knee ~　斜撑，角撑，膝形拉条
lever ~　挺穿孔器
over ~　横杆支架
overarm ~　横梁支架（卧铣）
pedestal ~　轴架拉条
pillar ~　①立柱牵索②主柱撑杆
pilot ~　排障器拉条
pivoted ~　钩（住）发条（一端）支柱
push ~　推力系杆，桁架压杆，推撑
ratchet（bit）~　棘轮摇钻，扳钻
reel ~　拨禾轮拉杆〔筋〕
steady ~　固定销，定位销
straight pole ~　①撑杆②钻孔器
sway ~　抗摇〔摆〕系杆，横向系杆
throat ~　掌状系杆，扼喉系杆，喉撑
transverse ~　横向竖联，横向联杆
wheel ~　快速杆
wind ~　拉条，牵条
braced　拉牢的，撑牢的，加撑的
bracer　索，带，支持物
field coil ~　磁极线圈撑块
brachistochrone　①最速落径〔降线〕②捷线
brachy-axis　短轴
brachypyramid　短轴棱锥
bracing　①拉条，撑条，支柱，加强肋，系杆，张线②拉紧③联结，加固，交搭
flange ~　纵向联杆
ground ~　杆底加固
ladder ~　桁架格条
lattice ~　格构撑架
longitudinal ~　纵向竖联（结系）
lower lateral ~　纵向下平联（结系）
stringer ~　纵梁联结系，纵梁斜撑
strut ~　支柱，受压联系件，压杆
sway ~　抗摇〔竖向〕支撑
top lateral ~　侧向上平联（结系）
traction ~　牵力顺联
upper lateral ~　①上部横向支撑②纵向上平联（结系）
vertical ~　垂直支撑，垂直剪刀撑
bracket　①悬臂（电力牵引设备），托座，支座，隅撑，支〔（三角）托，轴承〕架，丁字支架②夹子，卡钉，固定夹，夹线板，肘板③（铸件）加强肋，肋条④摇框⑤波段，音域⑥摆杆⑦括号⑧分〔归〕类
all-angle ~　可调支架
angle ~　角铁（托架），角形撑铁
angular ~　尖括号
axle box ~　轴箱托板

bearer supporting ~ 垫块，托座
bell crank ~ 角杆托架
body (hold-down) ~ 车身托架
body shear bolt ~ 车身保险螺栓架
body truss rod ~ 车身内柱架
camshaft follower ~ 凸轮从动件支架
centering ~ 垂球定中夹，移点器
curly ~ 波形括号，大括弧
double ~ 双括号
end ~ 端盖，尾座，尾轴承架
expansion ~ 伸缩架
fixing ~ 底架固定件
guide bearing ~ 导（轴）承托架
knee-braced ~ 拐弯托座，膝形悬臂托架
knife ~ 压刃板
knockout ~ 打料横杆的撞击架
leading-in ~ 进线架
load ~ 载物架
lower bearing ~ （水轮发电机的）下（轴承）机架
magneto ~ 磁电机（固定）架
mo(u)ldboard ~ 犁壁翼撑杆
offset spring ~ 支出弹簧托架
pilot ~ 指示灯插座
pivot ~ ①转环，轴头，横销②万向吊环
pole ~ ①悬臂，撑架，支架，支臂②磁极支臂〔架〕③电杆角尺，横担
post ~ 角（交叉）柱托架
power ~ 功率范围
propeller ~ 艉轴架
quadrant ~ 扇形托架
radial-arm ~ 辐射式机架
radiator support ~ 散热器托架
retaining ~ 固定座
reverse ~ 带一个或两个跨轮的摆动托架
rocker arm ~ 摇臂座
round ~ 圆括号
shaft ~ 人字架
signal ~ 振铃机架
slide ~ （钢液包升降机构的）滑块
spectacle shaft ~ 双环尾轴座
sping pivot ~ （钢板）弹簧销支架
spring anchorage ~ 弹簧固定架
stay ~ ①（铣床的）柱身②悬臂轴承，悬臂托架
straight-beam ~ （水轮发电机的）桥形机架
swan neck ~ 弯脚
swinging ~ ①可转支架，（托架）摇臂，交换齿轮架②扇形齿轮
towing bracket ~ 牵引架
tripping ~ 防颠肘板

bracketing 撑托

brad 销〔无头，角〕钉，（平头）型钉
floor ~ （扁头的）地板钉
mo(u)lder's ~ 砂型钉，造型通气针

braid ①条带，绳索②编织层，编织物③包装④编织
wire ~ 金属丝编织物

braider 编织〔结，带〕机
carrier round ~ 支锤编带机
elastic ~ 橡筋带编织机
hose ~ 橡胶管编结机，水龙带编结机

braiding ①编织，编包②（电缆的）纤维编织保护层③（磁心板的）穿线

brail 斜撑，角拉杆

brailer 大型抄网的起网机，盲文书写机

brain ①（头）脑②电子计算机，电脑③（导弹的）制导系统，计算装置，自动电子仪④智力，智能
artificial ~ 人工脑，电脑，仿真脑
electronic ~ 电脑（电子计算机）
giant ~ ①大型电子计算机②大脑
mechanical ~ 人工脑
robot ~ 自动计算机〔装置〕

brainpower ①科学工作者，科技人员〔干部〕②科技界

brainstorming 出谋献策

brainware 脑件（一种使得系统中信息交换和处理共享的软件处理方式）

brait 非研磨用（的）金刚石，粗金刚石

braize 焦屑，煤粉

brake ①制动器，制动机，闸②（闸式）测功器③（金属板）压弯成形机④重型耙，揉碎机⑤加载装置⑥制动
~ mean effective pressure 平均制动有效压力
~ on/off 制动通断
~ skid number 制动路面摩擦系统数值
~ through 过冲（冲裁时凸模深入凹模超过板厚）
accident ~ 救急用制动器
air ~ 气闸，风闸，气力制动器
air ~ proportioning valves 空气制动比例分配阀
air cushion ~ 风闸，气闸，气制动，空气制动器
air-over-hydraulic ~ 气 - 液制动器

Alden power ~ 奥尔登动力制动器，奥尔登测功器（测量发电机功率用）
anti-blocking ~ system 防抱死制动系统
anti-lock ~ control module 防抱死制动控制模块
anti-skid ~ （汽车）防滑制动器
arc furnace electrode mast ~ 电弧炉电极立柱制动器
automatic ~ ①自动〔自行，超速〕制动②自动制动器，超速制动器
automatic load sustaining ~ 棘轮制动器
auxiliary ~ 辅助制动
back pedal ~ 反踏制动器，倒踏脚闸
band ~ 带式制动器，带闸，抱闸
bending ~ 压弯机
block ~ 闸〔瓦，滑〕块式制动器，块闸
booster ~ 真空加力制动，增压制动器
caliper-type ~ 盘式制动器
carpenter ~ 双箱制动器
center ~ （停车及紧急制动用）中央制动闸
checking ~ 减速制动器
cheek ~ 块式制动器，闸颊板
circuit ~ ①电路保护器（仪表过载即自动切断电路）②电路制动器
clamshell ~ 钳夹制动器
clawshell ~ 专用双闸瓦制动器
coaster ~ （自行车）倒轮（式）制动，脚制动，倒轮制动
coil ~ 盘簧闸
contracting ~ 抱〔带，收缩式〕闸
contracting band ~ （汽车）外带式制动器
controller anti-lock ~ 防抱死制动控制器
counterpressure ~ 均压制动器
damper ~ 制动器
dead man ~ 自动停车装置
disk ~ 盘式制动器
diving ~ 俯冲减速器
drop ~ 自动下落制动器
drum ~ 鼓式制动器，主制动
duo two leading shoe ~ （汽车）双向双领蹄式制动器
duo two trailing shoe ~ 双向双从蹄式制动器
duo-servo ~ 双力作用制动器，自行增力双蹄式制动器，双瓦自动（加力）闸
easamatic power ~ 真空闸，简易自动制动闸
eddy-current ~ ①涡流制动（器）②涡电流测功机
eddy-current rail ~ 涡流缓行器
electric ~ 电制动
electrohydraulic ~ 电力液压制动器
electromagnetic ~ 电磁式制动器
electro-mechanical ~ 电子 - 机械制动器
electronic ~ 电子式制动器
expander tube wheel ~ 软管式机轮制动
expanding ~ 胀闸
external cheek ~ 外缩制动器
fan ~ 叶片式空气制动器
field flax ~ 亚麻捡拾揉碎机
foot ~ 脚制动，脚踏闸，脚踏式制动器
Foucault current ~ 傅科电流制动器，涡流制动器
front-wheel ~ （汽车）前轮制动器
geared ~ 齿轮传动手制动机
grip ~ 夹紧制动器，驻车制动
gripper ~ 夹紧制动器
half-serve ~ 半继动闸（带制动加力器的闸）
hand ~ 驻车制动器，手制动器
holding ~ ①止动〔固定，防松〕闸②恒速制动
hydromagnetic ~ 液压电磁制动器
hydromatic ~ 液压制动器
inertia ~ 惯性制动
jaw-type rail ~ 钳式减速器，钳式缓行器
key-operated ~ 楔形制动器
knee ~ 曲柄〔带式〕制动器
leading and trailing shoe ~ 领从蹄式制动器，简单不平衡制动器
lining ~ 衬面闸
link ~ 木质闸瓦的带式制动器
load ~ 提升机构制动器，超重制动器，重锤闸
load operated ~ 负荷自制式制动器
lockhead hydraulic ~ 洛克法液压制动器
low ~ 低速制动器，低速闸
magnetic ~ 电磁制动器
magnetic track ~ ①磁性轨道制动器②电磁减速器
Maley ~ 机电制动器
manual ~ 手动制动器
motor wheel ~ assembly 汽车车轮制动器总成
muzzle ~ 炮口制退器
needle ~ ①打捆针②缓冲器
one shoe ~ 单蹄制动器
overrun ~ 超速自行控制器
parking ~ 驻车制动器
plunger-type ~ 插棒式电磁铁制动器

pneumatic ~ 气制动
positive ~ 压力制动
power ~ 动力制动器，机动闸，伺服制动阀，带助力器的制动器
power disc ~ 盘式助力制动器
power hand ~ 手制动机
press ~ 压弯机，弯板机，板料折弯机
prong ~ 夹子制动器，抓钩制动器
Prony ~ ①波朗尼测功器，摩擦式测功器②波朗尼制动动力计
pump ~ 唧筒的把手，液压制动器
rail ~ 轨制动装置，轨闸，轨条减速器
recoil ~ 驻退机
self-energizing ~ 自动制动闸〔器〕，自行加力制动器
servant ~ 伺服闸，随动闸
service ~ ①（汽车的）脚踏闸②运行制动③常用闸
servo-assisted ~ ①继动闸②带有加力装置的制动器
shoe ~ 块闸，瓦闸，闸瓦制动器，蹄式闸，块式制动器
shooting ~ 电视车
single-type ~ 单闸瓦制动
skate ~ 制动块
solenoid ~ 电磁制动器
spacing rail ~ 区间制动器
speed ~ ①气动力减速装置，减速板②离心式制动器，离心闸
spindle ~ 螺杆制动器，螺杆闸锭子制动器，锭子制动
spiral-band ~ 多往复带制动器
spoon ~ 凹入工作面制动器
steering ~ （汽车）转向制动器
thrust ~ 轴向压力，圆盘制动器，止推装置
toe ~ 脚踏闸
toggle ~ 套环制动器，带伸缩元件的制动器，肘节
two lending shoe ~ 简单平衡式制动器
tying mechanism ~ 打捆机构制动器
unserviceable ~ 失灵制动器
unservo ~ 单向自增力式制动器
vacuum servo ~ 真空补充制动器
vacuum-hydraulic ~ 液压和负压联合制动
vane ~ 叶片式空气制动器
V-groove ~ 楔形制动器
water ~ ①水力闸，水力制动器②水力测功机
weight ~ 平衡重制动器
weight-operated ~ 重力作用制动器
wing ~ 叶轮制动器

brakeage 制动器的动作，制动力

brake-fade 制动器热衰退

brake-press 闸压床，压弯机

brake-rod 制动杆

brakestaff 制动器，制动系统

brake-van 司闸车，缓急车

braking ①刹车，制动②耙地，耙碎，捣碎
anti-lock ~ system 防抱死制动系统
anti-slip ~ system 防滑制动系统
ant-skid ~ system 防滑制动系统
composite ~ 混合制动
DC injection ~ 直流制动
dynamic ~ 能耗制动，动力制动，发电制动（电动机切断电流后利用短路涡流阻尼）
electro-magnetic solenoid ~ 电磁螺线管制动
electro-magnetic track ~ 电磁轨制动
hard ~ 紧急制动，急刹车
holding ~ 恒速制动
oversynchronous ~ 过同步制动，再生制动，（异步电机的）反馈制动
plug ~ 反接制动，反相序制动（电机），反相制动（通常利用改变电枢出线的办法，使电枢绕组中的感应电势反相而制动）
regenerative ~ （电力）再生制动，反馈制动
resonance ~ 变阻器制动
retarding ~ 减速制动
rheostatic ~ 电阻制动
service ~ 常用制动
supersynchronous ~ 超同步制动，制动不同步

brakpan 无极绳运输用特殊连接装置

brale （洛式硬度计的）圆锥形金刚石压头

brancart 效果照明装置

branch ①支流〔线，管，路〕，分支〔接，路，流〕，枝②斜接三通管③喷枪④（计算机的）转移，转移〔分支〕指令⑤部门
~ on count 计数转移
~ on equality 相等转移
~ on false 假条件转移
~ on index high 变址数大转移
~ on switch-setting 按预置开关转移
~ on true 真条件转移
~ on zero （计算机的）零转移
acoustic ~ 声支路，声频支
adjoint ~ 毗连支路
air-foam fire ~ 空气泡沫消防枪

angle ~ 弯管，肘管
assigned ~ 赋值转移，赋值分支
blow-off ~ 放水支管，排汽支管
bridge ~ 桥接旁路
condition(al) (transfer) ~ 条件转移
core ~ 支芯（组合芯中的一部分）
directed ~ 定向分支（网络分析）
end ~ 末端分支
exclusive ~ 排斥转移
forced ~ 强制转移
house ~ 入户管线
linear ~ 一次支线
mechanical ~ 力学支路（等效线路）
meter ~ 仪表支线（图论）
ordered ~ 有序分支
pipe ~ 管子分支，支管，管接头，斜叉三通管
program（me）relative ~ 程序相对转移
reducing ~ 异径支管
root ~ 根分支
series ~ 串联支路
switch ~ 分路（的）分岔
unconditional ~ 无条件转移

branching ①分支〔路，接〕，支线〔管，脉〕②支化（作用）③分支放射④转移⑤叉形接头，叉子，插销头
automatic ~ 自动转移，自动分支
line ~ 管路分支
passive ~ 无源分支（网）

branch-off 分支，分接，分路

branchpoint 分支〔分歧，节，转移，支化〕点

brand ①商标，印记，钢〔厂，烙，火〕印，标牌号，牌子，打印用的烙铁②品种③打印，铭刻，铭记
cement ~ 水泥牌号
house ~ 工厂商标，工厂标号
listed ~ 注册商标，上市商品
name ~ 名牌货
national ~ 全国闻〔驰，有〕名商标
top-of-the-line ~ 高档牌号

brander 烫烙机

branner ①清净机，抛光机②（pl.）绒布轮，绒布磨轮（镀锡钢皮用）

branning 抛光

brasq(ue) ①（惰性材料）炉衬，填料②捣实工具（铸工）③耐火封口材料，耐火堵泥

brass ①黄铜（铜锌合金），黄铜制品，黄铜轴衬②（pl.）煤层内的黄铁矿③黄铜色的，黄铜制的，含黄铜的
admiralty ~ 海军黄铜（*w*（Cu）70%，*w*（Zn）29%，*w*（Sn）1%）
alpha ~ α 黄铜（铜锌固溶体），单相黄铜
alpha-beta ~ α+β 黄铜，两相黄铜
aluminium ~ 铝黄铜（*w*（Cu）76%，*w*（Zn）22%，*w*（Al）2%）
aluminium yellow ~ 铝黄铜合金（*w*（Cu）55.25%，*w*（Zn）41.25%，*w*（Pb）3%，*w*（Al）0.5%）
architectural ~ 建筑（用）黄铜，装饰黄铜（*w*（Cu）58%，*w*（Zn）39%，*w*（Pb）3%）
axle ~ 铜轴衬
basis ~ 铜基合金（*w*（Cu）63%，*w*（Zn）37%）
beta ~ beta 黄铜
bob ~ 垂铊黄铜（*w*（Cu）54%，*w*（Zn）40%，*w*（Pb）5%，*w*（Al）1%）
cartridge ~ 弹壳黄铜，铜锌合金（*w*（Cu）70%，*w*（Zn）30%）
commercial red ~ 商品红铜合金（*w*（Cu）83%，*w*（Sn）4%，*w*（Pb）6%，*w*（Zn）7%）
common high ~ 通用高铜合金（*w*（Cu）66%，*w*（Zn）34%）
composition ~ 杂铜
crown ~ 轮轴铜衬
delta ~ δ 黄铜（含镍黄铜）
Engravers ~ 雕刻黄铜，易切削铅黄铜合金（*w*（Cu）62.5%，*w*（Zn）35.75%，*w*（Pb）1.75%）
free cutting ~ 易切削黄铜合金（*w*（Cu）61.5%，*w*（Zn）35.5%，*w*（Pb）3%）
high ~ ①硬黄铜②优质黄铜，高级黄铜，高锌黄铜（*w*（Zn）＞33%）
hot stamping ~ 热压黄铜合金（*w*（Cu）58%，*w*（Zn）40.5%，*w*（Pb）1.5%）
inhibited ~ 耐蚀黄铜
leaded ~ 加铅黄铜（Cu-Zn-Pb 特种黄铜）
leaded screen wire ~ 筛网铅黄铜
low ~ ①软黄铜，低锌黄铜（一般 *w*（Cu）80%，*w*（Zn）20%）②下轴瓦
main ~ 主轴承轴瓦
market ~ ①商品黄铜②高铜黄铜（*w*（Cu）65%，冷加工用）
matrix ~ 模样黄铜
medium leaded ~ 中铅铜合金（*w*（Cu）65%，*w*（Zn）34%，*w*（Pb）1%）
naval ~ 海军黄铜合金（*w*（Cu）60%，*w*（Zn）39.25%，*w*（Sn）0.75%）

nickel ~ 镍铜锌合金，德国银
one-ton ~ 锡黄铜（w（Zn）38%，w（Cu）61%，w（Sn）1%）
Parson's ~ 派森黄铜，锡基锑铅铜合金（含锑的铅青铜，w（Sn）74% ~ 76%，w（Cu）3% ~ 4.5%，w（Pb）14% ~ 15%，w（Sb）2% ~ 8%）
Perking ~ 波京黄铜，铸造用锡青铜（w（Cu）76% ~ 80%，w（Sn）20% ~ 24%）
Plaster ~ 普拉斯特黄铜（w（Cu）80% ~ 90%，其余 Zn）
plate ~ 黄铜板
Plater ~ 布拉特黄铜（w（Cu）80% ~ 90%，w（Sn）2%，其余 Zn）
red ~ 红（色黄）铜，低锌黄铜，高铜黄铜，锡锌合金（w（Zn）< 20%）
reed ~ 簧片黄铜（w（Cu）69%，w（Zn）30%，w（Sn）1%）
reversed ~ 高锌黄铜，锌基压铸合金
rolled section ~ 异型黄铜条
Roman ~ 罗曼黄铜（w（Cu）60%，w（Zn）39%，w（Sn）1%）
Rule ~ 铅黄铜（w（Cu）62.5%，w（Zn）35%，w（Pb）2.5%）
sceptre ~ 王笏黄铜（w（Cu）61.5% ~ 64.5%，w（Zn）33% ~ 35.9%，w（Al）1%，w(Fe)1% ~ 1.5%，w(Pb)0 ~ 0.07%，w(Sn) 0 ~ 0.45%）
sheet ~ 黄铜薄板
simple ~ 纯铜
step ~ 黄铜轴瓦
Sterling ~ 货币黄铜
Thurston's ~ 瑟斯顿高锌黄铜（w（Sn）0.5%，w（Cu）55%，w（Zn）44.5%）
Tobin ~ 托宾〔铜锌锡〕青铜
Tournay ~ 陶奈黄铜（红黄铜，w（Cu）82.5%，w（Zn）17.5%）
trunnion ~ 耳轴铜衬
white ~ 白铜，高锌黄铜
wolfram ~ 钨黄铜（w（Cu）60%，w（Zn）22%，w（Ni）14%，w（W）4%）
wrist-pin ~ 肘节销铜衬。
yale ~ 低锡黄铜（w（Zn）7.5% ~ 8%，w（Sn）0.5% ~ 1.5%，其余 Cu）

brassboard ①试〔实〕验用铜板②中间试验（装置）③试验的，实验（性）的，模型的
brassbound 包黄铜的
brassing 镀黄铜，黄铜铸件
brassy 黄铜色的，似黄铜的
brastil 压铸黄铜
brat 未洗净的煤，原煤
brattice 风障〔帘，墙〕，隔板
braunite ①勃氏体，珠光体式的铁氮共析体，共析氮化铁②褐锰矿
brayer 印刷版上涂油墨用的滚筒
ink ~ 轧墨机
brazability 钎焊性
braze ①用黄铜制造，饰以黄铜②铜〔钎，硬〕焊，（用铜锌合金）钎〔焊〕接
sandwich ~ 夹心焊接，夹层焊接
brazen 黄铜制的，黄铜色的
brazier ①焊〔烤〕炉②黄铜工匠
braziery 黄铜细工（厂）
brazing 硬〔铜，钎〕焊
capillary ~ 紧隙铜焊法
dip ~ 浸渍硬钎焊，沉浸钎焊，硬浸焊
electric ~ 硬质合金电焊，电热铜焊
electron beam ~ 电子束钎焊
face-fed ~ 外加钎料的钎焊
flow ~ 铸焊，熔焊
furnace ~ 炉中钎焊
gas ~ 气体火焰硬〔钎〕焊，火焰铜〔钎〕焊，煤气硬〔钎〕焊
hard ~ 硬焊（用硬焊料）
induction ~ 感应钎焊
infra-red ~ 红外线钎焊
laser ~ 激光钎焊
light ~ 光束钎焊
metal dip ~ 熔化金属中浸钎焊
nickel ~ 镍铜钎焊
preplaced ~ 预加钎料的钎焊
reactive ~ 反应硬钎焊
resistance ~ 接触〔电阻加热〕钎焊
solder ~ 硬钎焊
step ~ 层次钎焊，分段钎焊
tip ~ 刀片铜焊
torch ~ ①吹管硬焊，火焰硬焊②钎焊
twin-carbon arc ~ 间接碳弧钎焊
ultrasonic ~ 超声波钎焊
vacuum ~ 真空钎焊
brazzil 黄铁矿
brea 沥青（砂），焦油
breach ①裂纹，裂口，破口②断裂，断开③违犯，不履行
~ of contract 违约，违反合同
bread 底座，垫，平面

breadboard　①试验〔模拟，线路〕板，手提式电子实验线路板②试验结构或模型③处于试验室阶段的功能试验④实验性的，模型的，模拟的
operating ~　工作台
breadcutter　切面包机
breadcutterelectric ~　电动切面包机
bread-out　起动
breadth　①宽度，幅度②幅员③跨距④横幅
Doppler ~　多普勒展宽
hand ~　一手宽
line ~　谱线宽度
tonnage ~　量吨宽度
tooth ~　齿宽
breadth-first　宽度优先
break　①破裂，断开〔裂，线，路，电，流，口〕，损坏②间断，间歇，中断③断开距离（断路器动静触头间）④断路器，断续器⑤（特性曲线的）转折⑥荧光屏上的脉冲光影⑦凸冲
~ through　①击穿，穿透，贯穿，突破②重要技术成就，重大科学发展
body ~　辊身折断
chain ~　①通道中断②连锁中断
circuit loop ~　（在靠近一对绝缘子处的）线路断开
clean ~　无火花断路
coil ~　卷裂，板卷折纹
cold ~　冷淀物，冷却残渣
control ~　（计算机的）控制改变，控制中断
corner ~　隅裂（钢锭缺陷）
crown ~　外胎顺轮周破裂
curve ~　曲线转折点
edge ~　边折（带钢缺陷）
fatigue ~　疲劳裂口
glass ~　玻璃状断口
loop ~　①连接导线②末端的钩环
motor ~　电动机驱动的断续器
neck ~　辊颈折断
percent ~　脉冲断开时间百分率
sequence ~　序列断点
station ~　节目之间播放的呼号，电台间歇，联播结束信号
sticker ~　粘结条痕（带钢热处理缺陷）
string ~　字串断开，断串，串断点，字串段落
water ~　不连续水膜
breakable　脆的，易碎的
breakage　①破裂，损坏，断裂，（材料）破断片②损耗（量），破损赔偿额③击穿，断线，中断（线路）④失事⑤损坏处，折断处
electrode ~　电极折损
fatigue ~　疲劳折断
overload ~　过载折断
skin ~　表皮裂纹，（钢锭的）表面破碎
breakaway　①破裂，剥裂，中断，分离，脱离，断脱②断开力，折断力③脱钩安全器④起步，起动⑤气体分离，气流分裂区域⑥逃走，飞逸，消散
breakback　①反击穿，发射极倍增②（工作部件的）弹回安全器
break-before-make　先开后合（接点）
BREAK　BREAK 命令（DOS 中用于终止一个程序运行的命令）
breakdown　①破坏，损坏，断裂，分裂，崩溃②分析，分解，衰〔蜕〕变，离解，气流分离③故障，事故④击穿（电介质）⑤减低，下降，制动⑥（闸流管）导电，开启，导通⑦开坯机座，粗轧机座⑧（pl.）粗轧板坯
~ (of a reverse biased PN junction)　（反向偏置 PN 结的）击穿
~ (of a valve or arm)　（阀或臂的）击穿
~ of grease　润滑脂劣化（分油）
~ of oil　油的澄清
avalanche ~（of a semiconductor PN junction）（半导体 PN 结的）雪崩击穿
channel-substrate ~　沟道衬底击穿
coil-to-coil ~　线圈间击穿
cold ~　冷滚
dielectric ~　绝缘（强度）击穿，介质击穿，介质破坏
forward ~　正向击穿
frequency ~　频率急降，频率崩溃
gap ~　空隙击穿，绝缘击穿
hard ~　硬击穿，刚性击穿，刚性破坏
initial ~　初次压轧，毛坯轧件
level ~　电平损失，电平失落
multiplicative ~　倍增击穿
picture ~　图像干扰，图像破坏
pulse-power ~　脉冲击穿功率
reverse ~　反向击穿
rupture ~　断裂崩溃
spark ~　发生火花放电的击穿
station ~　电（视）台播出中断，停播
strip ~　板坯，扁坯
thermal ~（of a semiconductor PN junction）（半导体 PN 结的）热击穿
voltage ~　电压急降，电压崩溃，击穿

Zener ~ 齐纳击穿（由于载流子通过过渡层发生的击穿）

breaker ①破碎机，碎矿机，破冰船②（自动）断路器，遮断器，开关③断屑台，断屑槽，缓冲衬套④碎茎〔裂碎，揉布，头道梳毛〕机⑤破土犁，开荒犁⑥离解机⑦预锻模镗

air blast circuit ~ 压缩空气断路器

air circuit- ~ 空气断路器

air-blast circuit ~ （空）气吹（弧）式断路器，空气（灭弧）断路器

air-break circuit ~ 空气断路器

arc control ~ 有灭弧设备的断路器

automatic circuit ~ 自动开关

autopneumatic circuit ~ 自动压缩空气传动〔自动气动〕断路器

bale ~ 拆包器，拆捆器

ball ~ 重锤（破碎大块用），吊锤破碎机

ballistic ~ 快速作用断路器

barrier ~ 障碍突破舰船

bit ~ 钻头装卸器

Blake ~ 布莱克〔下动〕型颚式破碎机

Bradford ~ 勃莱福〔滚筒〕型破碎机

brush ~ ①灌木犁②灌木切除器

bulk-oil ~ 多油断路器

bush ~ ①灌木犁②灌木切除器

cake ~ 油饼碎裂机，滤饼破碎机

capacitor for ~ 断路器电容器

cascade ~ 顺序启闭断路器组

chip ~ 木片破碎机，断屑槽，分屑沟

choke ~ （发动机）阻风门开度限制器

chunk ~ 大块破碎机，粘结块破碎机（安装在球团焙烧竖炉排矿口）

circuit ~ 断路器

clinker ~ 碎渣机

clod ~ 土块压碎器，土块击碎器（如马铃薯联合收获机的）

coal ~ 碎煤机，无烟煤选煤厂

coke ~ 轧焦〔炭〕机，碎焦机

cone ~ 碎纸机

contact ~ 触点电门

cord ~ （轮胎的）缓冲层

core ~ （铸造的）除芯机，砂芯破碎机

cotton ~ 棉包松包机

cross-jet ~ 横向喷油（灭弧）断路器，横吹灭弧油断路器

crust ~ ①板结层碎土钉齿耙，表层碎土耙②打壳机

current-limiting automatic circuit ~ 限流自动开关

definite purpose circuit ~ 专用断路器（电容电流断路器）

discriminating ~ 逆流自动断路器，方向性（自动）断路器

Dodge ~ 道奇型〔上动型〕颚式破碎机

dual current automatic circuit ~ 漏电自动开关

duplex ~ 二重破碎机

earth leakage ~ 漏电切断器

eccentric ~ 偏心轧碎机

electric ~ 电镐

emulsion ~ 乳胶分解剂，去乳化剂

exciter field ~ （励磁机）磁场〔励磁〕电流断路器

expansion circuit ~ （气体）膨胀（灭弧）断路器

field discharge circuit ~ 灭磁断路器

fixed trip circuit ~ 非自动〔手动〕跳闸断路器

free-handle ~ （具有自由释放机构的）自动断路器

froth ~ 消泡器

grooved roll ~ 环槽滚筒揉布机

gyratory ~ 圆锥破碎机，回转破碎机

hard waste ~ 开回丝机，开纱头机

high speed automatic circuit ~ 快速自动开关

high-voltage circuit ~ 高压断路器

hydraulic ~ 液压破碎机

ice ~ 破冰船

impact ~ 反击式破碎机，锤式破碎机

impulse ~ 脉冲开关，冲击开关

jaw ~ 颚式破碎机

knife ~ 刮刀式揉布机（用于丝绸或人造丝织物）

line ~ （电流）断路器

low-voltage circuit ~ 低压断路器

magnetic blow circuit ~ 磁吹断路器

maximum ~ 最高限〔电压或电流〕断路器

multipole common frame ~ 共架多极开关

oil ~ 油断路器

oil circuit ~ 油断路器

oil-minimum ~ 贫油断路器，少油断路器

pavement ~ 路面破碎机

paving ~ 路面破碎机

pedal bale ~ 天平式松包机

phase controlled circuit ~ 断电相位控制器

pick ~ 锤〔齿〕式破碎机，针碎机

pig ~ 生铁打碎机，铁块〔铸锭，锭料〕破碎机，碎铁机

pin ~ 齿碎机，针碎机
plain-break ~ 直接熄弧断路器
power circuit ~ 电力断路器
primary ~ ①初碎机②总电路断路器
rail ~ 钢轨落锤试验机
reactance ~ 有电抗线圈的分段开关
reclosing-type circuit ~ 复合断路器
resistance ~ 配有电阻的断路器
rock ~ 碎石机，碎石船
roll ~ 辊式破碎机，辊碎机
sand ~ 松砂机
scale ~ ①破鳞机，除鳞机，氧化皮清理机②锅垢清除器
scrap ~ 废钢铁破碎机
second ~ 二道梳毛机
secondary ~ 二级粉碎机
self-return circuit ~ 自复位电路断路器
SF_6 circuit ~ 六氟化硫断路器
sinter ~ 烧结矿破碎机
slug ~ ①废料切断刀②断屑器
snow ~ 除雪机，雪犁
spiral ~ 螺旋辊揉布机
stretch ~ （丝束）牵切机，控断法直接制条机
thermal ~ 配有热继电器的自动开关
thermal-magnetic ~ 配有热继电器和电磁继电器的自动开关
tree ~ 伐树机
turbine-centrifugal foam ~ 涡轮式消沫离心机
tyre ~ 轮胎隔层
vacuum circuit ~ 真空断路器
viscosity ~ 减黏裂化炉
wafer ~ 分片器

breakeven ①无亏损（性）②无损失的，得失相当的，无盈亏的，平滑的，不曲折的③一致的，平衡的，均等的④偶数的

breakhead 船头破冰装置

break-in ①插〔接，嵌〕入，挤，打断，打碎，轧碎②试车，试运转，磨合③滚动，碾平④截断（功能），破坏

breaking ①破裂，破碎，打碎，断开〔路，线，裂〕，打壳（铝电解）②压碎，轧碎③打开，分开，分割④裂缝，剥层⑤断刀，崩刃⑥克服，驯服
~ of contact 断接，断电路
~ of pigs 破碎金属块
intensity ~ 断裂应力
rated ~ 额定遮断功率
scale ~ 破鳞
sparkless ~ 无火花断路
stage ~ 分段破碎，分级压碎
stamp ~ 捣碎
viscosity ~ 减黏裂化

breaking-down ①破坏，打碎，击穿，断电，失灵②分解③粗轧④降低，制动

breaking-in ①试车，试运转②磨合③开始生产，开始使用④带肉（铸件缺肉）

breaking-off 剥落，剥蚀（螺纹）

breaking-out ①跑火②烧穿（炉衬）③喷火（转炉吹炼时所见火）④破裂，打箱

breakneck （极）危险的

break-off 打断，折断，断开，拆掉，脱落，断绝，（突然）停顿，暂停工作
inertia ~ 惯性折断（挤压缺陷）

breakout ①爆发，打开，发生②烧穿炉衬，金属冲出，炉渣穿出③崩落④炉衬破裂⑤漏钢，跑钢⑥跑火⑦提升钻杆⑧分开接头
bosh ~ 炉腹破裂，烧穿炉腹
metal ~ ①漏箱，跑水，漏铁液②铸型裂口

breakover ①穿通，导通，转折②转向架

breakpoint 断〔拐，停止，弯折，转折〕点

breakthrough ①贯穿，穿透，横贯，突破，涌出②（光学文字识别中连续笔画的）断缺③技术革新，重要发明，重大科技成就，重大（科学）发现④炉衬破裂，炉底跑钢，漏金属⑤临界点，转折点⑥（离子交换过滤器）漏过，渗漏⑦串扰信号
key ~ 主要突破

break-time 分断时间

breakup ①破〔崩，分〕裂，解〔消，分〕散，分离，中断，断开，缺口②分〔瓦〕解，溶化，蜕〔裂〕变③馏分组成④停止，完结
beam ~ 束流消失
colo(u)r ~ （彩色电视）色乱，光闪，颜色分层
picture ~ 图像撕裂

breast ①胸（部，膛）②掌子面，梁底，（栏杆，梁等的）下侧，（物体的）侧面，炉胸，炉腹，炉腰③（高炉）风口铁套，出铁口泥塞，（出铁口）底部炉衬④套筒⑤工作面⑥犁壁
burr ~ 预梳机，粗梳机
tapping ~ 放流口泥塞，放流口冷却套

breasting （水轮的）中部冲水

breastplate ①挡风板（如收割机的）②胸板③胸挂式送受话器

breast-wheel 腰部进水水轮，中射式水轮〔车〕

breath analyzer 检查司机呼气中酒精量的仪器

breather ①呼吸〔换气〕装置，通气器〔阀，孔〕，呼吸阀门，通风孔，（变压器的）吸湿气装置，（变压器的）呼吸器②透气材料③（充油电缆的）给油箱

air ~ ①吸潮器，（变压器的）呼吸器②通气孔，通气装置③吸气式飞行器（飞机）④用吸气助燃

cyclone ~ 旋流通气器

dehydrating ~ 吸湿器

drying ~ 密封式呼吸器，（变压器的）干式呼吸器

graphite ~ 石墨通气器

oil ~ ①（变压器的）吸潮器②油枕，（充油电缆用的）油箱

transfer-case ~ 传动箱通气管

breather-hole 通气孔，呼吸孔

breather-pipe 通气孔〔管〕

breather-tube 通气孔〔管〕

breathing ①供氧，通气②（变压器）受潮③（画面）呼吸效应，（画面）胀缩④切断，隔断⑤间歇的缓变（动）

~ of microphone 炭精送话器电阻的周期性小变化

~ of picture 图像的胀缩

~ of transmitter 送话器电阻的周期性小变化

ram air ~ 速压吸气

breathometer 呼吸计

breech （水平）烟道，（枪，炮）后膛，尾部，炮栓〔闩〕

breech-block 闩体，炮闩，枪机，闭锁机，（炮的）尾栓，（枪机柄的）螺体

breechblock-stop 枪机阻铁

breeching ①烟管，烟道，叉管②（炮的）驻退索

breech-sight 瞄准器，瞄准具

breeder 增殖反应堆

fast ~ 快中子增殖反应堆

internal ~ 内部再生区，（内）增殖反应堆

breeding （核燃料，反应堆）增殖

breeding-fire 自燃

breeze ①煤尘〔粉，渣，屑〕②焦屑〔末，炭粉〕③矿末④微风⑤风波⑥刮微风⑦闯入，冲进

coke ~ 焦炭屑

breezeway （行同步脉冲后沿与色同步信号前沿之间的）过渡肩

breezing 不清晰，（图像）模糊

B-register 变址寄存器，B 寄存器

B-register B〔加法，变址〕寄存器

bremsstrahlen 〈德〉韧致辐射，制动射流

bremsstrahlung 〈德〉韧致辐射，制动射流

Bren 布朗式轻机枪

brennschluss 〈德〉断火，停止燃烧，燃烧终结

brenstone 硫黄

brevium 铀 X_2（镤的同位素）

Brewster 布鲁斯特（表示材料引力的光学系统单位）

brick ①砖（块）②方木材，块料，方油石，磨块③程序块

abrasive ~ 油石，光锉，磨块，耐磨砖

air ~ 空心砖，干砖坯，透气砖

baffle ~ 隔墙砖

bath ~ （用于磨刀或打磨金属面的）砂砖

bauxite ~ 铝土〔高铝，矾土〕砖

cell ~ 空心砖

chamber ~ 火泥砖

circle ~ 弧形〔扇形，化铁炉用〕砖

corundum-chrome ~ 铬刚玉砖

diatomite ~ 硅藻土砖

dinas ~ （耐火）硅砖

dolomite ~ 白云石砖

Dutch ~ 高温烧结砖

emery ~ 金刚砂石，磨石，油石

featheredge ~ 楔形砖

fire ~ 耐火砖

fireclay ~ 耐火〔水泥〕砖

foamed alumina ~ 泡沫氧化铝砖

furnace ~ 火砖

fusion cast ~ 熔铸砖

gitter ~ （热风炉蓄热室的）蓄热砖

grog ~ 耐火砖

hard stock ~ 耐火砖

header ~ ①露头砖②顶（头）砖

heater ~ 加热器格子砖

high alumina-cordierite ~ 高铝堇青石砖

hot ~ （钢锭模上的）保温帽砖

insulating ~ 隔热砖

internal firing ~ 内燃砖

jamb ~ 炉头砖

Jersey fireclay ~ 高硅黏土砖

king ~ 中心流钢砖，中心汤道砖

ladle ~ 盛钢桶〔铁液罐〕衬砖

lateral outlet ~ 出口流钢砖

lining ~ 炉衬砖

magnesite ~ 镁砖

medium burned ~ 中温烧成砖

medium-duty fireclay ~ 中级耐火砖

metal-cased ~ 铁壳砖，铁皮砖
mullite ~ 高铝红柱石砖，莫来石砖
neck ~ 锁砖
notched ~ 开槽砖
nozzle ~ 注口砖
radial ~ 中心砖
radius ~ 半圆砖
runner ~ 流钢砖
salt glazed ~ 瓷砖
sillimanite ~ 硅线石砖
spider ~ 中心流钢砖
spinel ~ 镁尖晶石砖
steel-clad ~ 钢皮砖，铁皮砖
tar-dolomite ~ 焦油白云石砖
tundish lining ~ 中间盛钢桶衬砖，中间罐衬砖
unfired ~ 不烧砖
universal ladle ~ 万能弧形衬砖，通用盛钢桶衬砖
vermiculite ~ 蛭石砖
zircon ~ 锆英石砖
zirconia-carbon ~ 锆碳砖

bricking ①砌砖，砌体②炉衬
bricking-up ①砌砖（炉），砌体②炉衬
bricklayer 砌砖工，泥（瓦）工
bricklaying 砌砖，砖工，泥水业
brickmason 砌砖工
brick-set 用砖饰面的，砖衬的，用砖围起的
brickwork ①炉墙，砖房，砖砌（体）②砖工③砌砖工程

bonded ~ 咬合砌砖，咬合砌体
herringbone ~ 错缝砌体，人字形砌砖，交叉缝砌砖
stack ~ 炉身衬砖
wharf ~ 焦台衬砖

bridge 网桥，桥接器，电桥

direct current electric ~ 直流电桥
dynamic weigh ~ 动态电子轨道衡
megohm ~ 高阻电桥，兆欧电桥
routing ~ 路由网桥
static weigh ~ 静态轨道衡

bridge-cut-off 断桥，桥式断路
bridgeware 桥件
bridgework ①桥梁工程②（牙）桥托
bridge ①桥，（反射炉）火桥，网桥，连接梁，舰桥，桥楼②电桥，桥路，短路，（两端有支承面的）夹板③天车④桥架，桥接器，桥接线，桥接条，网桥，桥型网络，X型网络⑤桥式吊车，桥式起重机⑥冲压搭边料⑦桥〔跳，跨〕接，渡过，分路〔流〕

~ in furnace 火坝，炉坝
air ~ 风桥
amplification-factor ~ （测量）放大系数（的）电桥
AND ~ “与”型桥接
Anderson ~ 安德森电桥（测量电感）
balance ~ 平衡桥，升开桥，摆夹板，（衡重式）仰开桥，开启桥
barretter ~ 镇流电阻器电桥
battery supply ~ 馈电电桥，馈电桥路（用于电话线路内）
boiler ~ 火坝，炉坝
box ~ 匣式电桥，电阻箱电桥
bridged-T ~ 桥（接）T（形）电桥
calibration ~ 标定电桥
Campbell ~ 坎贝尔电桥（测互感的交流电桥）
Carey-Foster ~ 凯雷福斯特电桥，（测静电电容用）交流电桥
center ~ （孔划线时用）定心孔塞，定心块，中夹板（过桥式）
Christie ~ 直读式电阻电桥
combined ~ ①组合夹板，混合式夹板②铁路公路两用桥
comparison ~ 惠斯通电桥，比较电桥
compensated ~ 补偿式电桥
component ~ 三用电桥（测量电容、电阻和电感）
conducting ~ 电阻电桥，导电分路
conductivity ~ 电导电桥（测小电阻的电桥）
container ~ 集装箱装卸桥
control ~ 控制台，舵楼
converter ~ 换流器桥
crystal ~ 晶体检波器电桥
current ~ 分流器
deck cantilever ~ 上承式悬臂桥
detection-plate-resistance ~ 检波板阻电桥
dial ~ 有圆盘转换器的电桥
dial pattern ~ 插塞式电阻电桥
differential ~ 差接电桥
distortion ~ 测畸变〔失真〕用电桥
double ~ 双臂电桥（开尔文电桥）
double girder ~ 双梁桥架
Ewing permeability ~ 尤因磁导率（对比测量）电桥
farad ~ 电容电桥
feed ~ 送料搭边，送进搭边

fire ~ （锅炉）火坝，火砖拱
flutter ~ 抖动测试电桥
flying ~ ①浮船坞飞桥②渡船③船上的驾驶台
folding ~ 开合桥
frequency ~ 频率测量电桥
gangway ~ 舷桥
gap ~ 过桥，马鞍
handling ~ 桥形装卸机
hanging ~ 吊桥
Hartshone ~ 哈特肖恩电桥（测定互感用）
Hay ~ 海氏电桥（四臂测自感的交流电桥）
heat ~ 热桥，热量外流通道
Heaviside ~ 海维赛互感电桥
heavy moblie ~ 重型机械化桥（在货车上）
hoist ~ 升降〔绞车，（卷扬）斜〕桥
Holden permeability ~ 磁导率测量电桥（利用标准棒）
jack-knife ~ 折叠桥
Kohlraush's ~ 柯尔劳希（电阻）电桥（测定避雷针或变压器接地电阻的电桥）
leaf ~ 开合桥
lever draw ~ 升降桥
light ~ 灯光调整电桥
limit ~ ①窄量程电桥，测速电桥②“通 - 断”桥式指示器
loading ~ ①起重机桥架②装载桥式吊车③桥式起重机④装卸桥
magnetic ~ （测量）磁导率电桥
material transporting ~ 桥形装卸机
measuring ~ 测量电桥
meter ~ 滑线电桥，米线电桥
mobile ~ 机械化桥
mobile assault ~ 机械化桥
mobile treadway ~ 轻型机械化桥
monogirder ~ 单主梁桥架
multiple ~ 多档电桥
multisession ~ 多次对话的沟通
navigation ~ 驾驶台
Nernst ~ 能斯特电桥（测量电容的电桥）
network ~ 网桥
open ~ 敞式桥
opening ~ 开合桥
OR ~ “或”型桥接
ore ~ 桥式起重机
ore handling ~ 高脚吊车
ore stocking ~ 桥式起重机
overhead counterweight bascule ~ 衡重式开合桥
Owen ~ 欧文电桥（测电感用的四臂交流电桥）
percentage ~ 百分法电桥
permeability ~ （测量）磁导率（的）电桥
pilot ~ 驾驶台
pipe ~ 管道吊架
plate-resistance ~ 测量电子管内阻的电桥，板阻电桥
platform ~ 天桥
PO ~ 箱式惠斯通电桥
post office ~ 邮局式（电阻箱）电桥，插塞式惠斯通电桥，箱式电桥
power ~ 电力桥，功率桥
quadrature ~ 正交电桥，90° 相移电桥
radiovisor ~ 光电管
RC ~ RC 电桥，阻容电桥
resistance limit ~ 车间用的电阻电桥
reverberation ~ 混响（时间）电桥
Robinson ~ 罗宾逊电桥（频率测量及控制电桥）
rolling ~ ①轻型机械化桥②滚轮式活动桥
salford magnetic sorting ~ 电磁鉴别仪
skeleton-type ~ 阻抗电桥
skip ~ 箕斗提升机
slag ~ 挡渣器（盛钢桶零件）
slide ~ 滑线电桥，惠斯通电桥
split fire ~ 空冷火桥
Stone transmission ~ 抗流圈式馈电电路
swing ~ （平）旋〔平转，旋开〕桥
tandem ~ 串桥（前后短路桥）
thermal ~ 热电桥（测无线电干扰用）
top-running ~ 沿轨道上翼缘行走的桥架（起重机）
torque ~ 电桥转矩（测量）计
transconductance ~ 测量电子管互导的电桥，跨导电桥
transformer ~ 变压器电桥
transition ~ 天桥，渡桥
travel(l)ing ~ 龙门式〔高架，桥式〕起重机
truck-mounted heavy mobile ~ 重型机械化桥（在货车上）
Tuttle tube-factor ~ 塔特尔电子管参数测量电桥
underrunning ~ 沿轨道下翼缘行走的桥架（起重机）
unit construction ~ 标准构件桥，元件组合桥
valve ~ 横臂
weighing ~ 地秤，称量台

weighting ~ 轨道衡，台秤
Wheatstone ~ 惠斯通电桥
wire ~ 缆式悬桥，悬索桥，钢索吊桥
work head ~ 工作台搭板

bridging ①搭桥，架桥，桥键〔连，接〕，跨连〔接〕，分路，分流②搁栅撑③ 未焊透，未焊满，（焊接故障的）搭接④收缩孔上架桥（钢锭）⑤棚料，搭棚，挂料⑥加密（控制点），悬料⑦拥塞
core ~ 关闭中心电极（发火栓）
densification ~ 加〔致〕密
gap ~ （火花塞的）（火花）隙闭合，间隙“跨连”
herringbone ~ 人字撑
scaffold ~ 悬料，搭棚

bridle ①缰绳，鞍桥②马笼头，束带，系船索，短索，拖绳，悬吊接触导线的纵向吊索③限动器，限动杆，板簧夹，辊式张紧装置，托梁，承接梁，（钢板弹簧）卡箍④跨接线，跳线⑤风口拉杆⑥副发条⑦拘束，抑〔控〕制
back tension ~ （机组作业线上的）带材张紧装置
delivery ~ （机组作业线尾段上的）出口张紧装置
detent ~ 拉档限动杆
drag ~ （机组作业线上的）带材张紧装置
strip ~ 带材活套的（辊式）张紧装置
tension ~ （辊式）张紧装置

brief ①提要，摘要，短文②简短的，简洁的，短暂的

briefcase 公文包

Brig 布里格（用对称法表示两量比值的单位）

brigade 队，组，簇
bucket ~ ①斗链式移位寄存器②相（位）稳定区簇

bright 光亮（的），光制（的）
finished ~ 抛光
lime ~ 通过石灰处理得到的光亮钢丝
stone ~ 一种为宝石抛光用的泥浆

bright-drawing 光亮拉拔，光亮拉丝

bright-drawn 光（亮冷）拔的，精拔的

brighten （使）发光，发亮，抛光，使净化

brightener 抛光剂，光亮剂（电镀添加剂），增白剂，上光蜡
brighteningpicture tube ~ 显像管荧光剂
liquid ~ （镀镍）光亮水

brightening ①发〔擦〕亮，增亮②抛光③光亮化，澄清，纯化
anode ~ 阳极电抛光
chemical ~ 化学光亮化
electrolytic ~ 电解抛光
flow ~ 软纤焊涂层
limb ~ 临边增亮
retrace ~ 在回扫过程中的增亮

brightness ①亮度，照度，辉度②光泽，光辉
apparent ~ 视在亮度，表观亮度
beam ~ 束亮度（相位空间内的束密度）
equilibrium ~ ①（观察屏幕的）平衡亮度②平均亮度
high ~ 大亮度
high-light ~ 最大亮度（电视）
normal ~ 正射亮度
photometric ~ =luminance
red green blue ~ 红绿蓝三基色亮度
relative ~ 相对亮度，明亮度
spot ~ 光点亮度
subjective ~ 视亮度
teletext ~ 图文电视亮度
tonal ~ 色调亮度
white ~ 白场亮度

Brightray 布赖特瑞镍铬合金（耐热合金，*w*（Ni）80%，*w*（Cr）20%）

brightwork ①光亮零件，光亮器具②五金器具③精加工

brill 辉度，亮度

brilliance ①光彩〔泽，辉〕②亮〔辉，耀〕度③高音重发逼真度，嘹亮度
acoustic ~ 声亮度（高频重放逼真度）
point ~ 光点亮度，光点耀度

brilliancy =brilliance

brilliant ①明亮的，辉煌的，灿烂的，华丽的，（高音重放）逼真的，将晶体表面磨成很漂亮的②宝石，（多角形）钻石

brim 边，缘
Fermi ~ 费米能级，费米边缘

brimstone 硫黄（石）

brine ①盐水，卤水②加盐处理
strong ~ 浓盐水

Brinell-hardness 布氏（压球）硬度

brinelling ①测布氏硬度②变硬，渗碳，硬淬③布氏压痕，（钢渗碳后的）表面变形现象，（轴承滚道上的）压痕，剥蚀〔落〕
false ~ 伪布氏压痕，摩擦腐蚀压痕
true ~ 击蚀，撞痕

bring-up 结转（操作），培养
crystal ~ 晶体的培育〔养〕

brining 盐作用
brinishness 含盐度
brink 边缘
briolette 表面由三角形组成为葫芦形的钻石
briquettability 压制〔压塑，成型〕性
briquet(te) 块，团〔压，坯，标准试〕块，煤砖
EM ~ 电磁铁合金块
green ~ 生团块
iron ~ 铁屑团块
briquetter 压球机
briquetting ①制团，压团②团块，团矿
scrap ~ 切屑堆
bristle 鬃，硬〔刚〕毛
britonite 脆通炸药，硝酸甘油，硝酸钾，草酸铵炸药
brittle 易碎的，脆的，易折断的
blue (heat) ~ 蓝脆（性）的（金属加热至蓝色变脆的）
short red ~ 热脆的
brittlement 脆性
brittleness 脆性，易碎性
acid ~ 氢化脆性，酸脆（性）（酸洗引起的脆性）
black ~ 冷脆
blue ~ 蓝脆
cleavage ~ 晶间脆裂
corroding ~ 酸洗（后的）脆性，腐蚀脆性
creep ~ 蠕变脆性
grain boundary ~ 晶界脆性
hot ~ 热脆
hydrogen ~ 氢（蚀致）脆
irreversible temper ~ 第一类回火脆性
pickle ~ 氢脆，浸蚀脆性
reversible temper ~ 第二类回火脆性
rheotropic ~ 冷脆
tension ~ 内〔拉〕应力脆性
cold ~ 冷脆
high velocity ~ 高速脆性
briviskop 布维两用硬度计
broach ①拉削，推削②扩孔，铰孔③拉〔推，剥，铰〕刀，拉削刀具，扩孔刀具④（卷取机的）卷筒⑤（带有锥度用以扩孔的）钢锥⑥倒刺针⑦髓针⑧（水翼）划水
~ out 穿孔
angular spline ~ 三角齿花键拉刀
brokenflattened round ~ 扁圆拉刀
built-up ~ 组合拉刀
burnish ~ ①挤压推刀〔拉刀〕，熨光刀②挤拉内孔
burnishing pull ~ 挤压拉刀
burnishing push ~ 挤压推刀
carbide ~ 硬质合金拉刀
external surface ~ 外拉刀
finishing ~ 精拉刀
fir-tree disk ~ 针齿圆盘拉刀
generating ~ 逐步成形拉刀
helical spline ~ 螺旋花键拉刀
helical toothed round ~ 斜齿圆拉刀
hexagonal ~ 六方拉刀
inserted blade ~ 镶齿拉刀
involute spline ~ 渐开线花键拉刀
keyway ~ 键槽拉刀
polygonal ~ 多边形拉刀
pot ~ 筒形拉刀
profile ~ 成〔定〕形拉刀
pull ~ 拉刀
pull-type ~ 拉刀
push-type ~ 推刀，压刀
ratchet ~ 棘齿拉刀
rifle ~ 来复线拉刀
round and spline ~ 圆孔花键复合拉刀
shape ~ 成形拉刀，定形拉刀
shell ~ 套式拉刀
sizing ~ 校准拉刀，准削拉刀
slab ~ 阔面拉刀
solid ~ 整体拉刀
spiral spline ~ 螺旋花键拉刀
spline ~ 花键〔键槽，多键形〕拉刀
straight spline ~ 矩形花键拉刀
surface ~ 平面拉刀，扁拉刀
tipped ~ 焊齿拉刀
broacher 剥〔铰〕孔机，拉床
internal ~ 内拉床
broaching 拉削，推削，铰孔，扩孔，拉孔（机）
burnish ~ 挤压推削，挤光拉削，（内孔）精拉削
hole ~ 拉孔
hole push ~ 推孔
push ~ 推削
rough ~ 粗拉
surface ~ 表〔平〕面拉削
broad ①宽处，宽的部分②散光灯，宽频带响应（调谐电路）③扩孔刀具④灯槽⑤宽（广，阔）的⑥充足的⑦主要的，概括的
double ~ 双排灯丝散光灯

broad-band 宽（频）带，宽波段
input output ~ 宽（频）带输入输出
broad-bottomed 平底的
broadcast ①广播②广播〔装置，员〕③撒播
air ~ 飞机播种
flooding ~ 泛广播方式
live ~ 现场广播，直播
original ~ ①原文播送，原文广播②原版播出
outside ~ 室外广播，实况广播，实况转播
packet ~ （信息）包广播
prerecorded ~ （预）录（广）播，重播
remote ~ 实况广播
simile ~ 电视（传真）广播
standard ~ 标准广播（550 ~ 1 600 kHz 的无线电广播）
stereo ~ 立体声广播
stereophonic ~ 立体声广播
studio ~ 室内广播
broadcaster ①无线电广播机，无线电广播装置，广播电台②广播员③撒播机（播种或播肥用），撒播器
aerial ~ 飞机播种机，飞机撒播机
drop-type ~ 下排（种）式撒播器
seed ~ 撒播机，撒播器
spinner ~ 旋转式撒播机，离心式撒播机
trailing ~ 牵引式撒播机〔器〕
broadcasting 广播，撒播
binaural ~ 立体声广播
chain ~ 联播
class B ~ 二级广播（地方台广播）
digital audio ~ 数字广播接收机
public ~ 公营广播（与私营广播相对而言）
relay ~ 转播，中继广播
satellite ~ 卫星广播，卫星播送
simultaneous ~ 联播
wire ~ 有线广播
broadening 加宽，展宽，增宽，扩展
band ~ 谱带扩张
collision ~ 碰撞展宽
Holtsmark ~ 赫鲁兹马克变宽，共振变宽
homogeneous (line) ~ 均匀（谱线）展宽
line ~ ①谱线展宽〔加宽，变宽，放宽〕②行展宽
Lorentz ~ 洛伦兹变宽，碰撞变宽
broadloom （飞机用）磁控管波段干扰发射机
broadness 广度，宽度，广阔，明白
broad-nosed 宽刀刃的
broad-screen 宽银〔屏〕幕
broadsheet 单〔双〕面印刷品
broadside ①宽边，宽面②（机身，船身）侧部③漫射聚光灯
single ~ 小型聚光灯
broadwise 沿宽度方向，横向
brob ①弯头道钉②弯头支撑杆
brochure 〈法〉说明书，简介材料小册子
brod （棒形铸铁）型芯骨
brog 曲柄（手摇）钻
broggerite 〈德〉钍铀矿
broken ①断开的，断路的②破坏的，破裂的
broken-down ①受损（害的）事故，损毁②临时出事故的，坏了的
broker 中介器
broker 经纪人，代理人，中间人 broken-down
bromation =bromination
bromellite 铍石
bromide 溴化物（乳剂）
Bromide （德国）隔云轰炸无线电系统
bromination 溴化（作用），溴处理
bromine 溴（Br）
brontograph 雷雨表，雷暴自记器
brontometer 雷雨表，雷暴计
bronze ①青〔古〕铜（铜锡合金）②青铜制品③古铜〔青铜，赤褐〕色④镀青铜
acid ~ 耐酸青铜（*w*（Ni）1.5%，*w*（Pb）17%，*w*（Sn）8%，*w*（Cu）73.5%）
admiralty ~ 海军青铜（*w*（Cu）86%，*w*（Sn）8%，*w*（Pb）2%，*w*（Zn）4%）
alpha ~ α 青铜（铜锡固溶体）
aluminium ~ 铝青铜合金（*w*（Al）5% ~ 10.5%，最大 *w*（Fe）4%，*w*（Ni）9%，*w*（Mn）10%，其余 Cu）
architectural ~ 建筑青铜合金，铜锌铅合金（*w*（Cu）57%，*w*（Zn）40%，*w*（Pb）3%）
Arms ~ 特殊铝青铜，军械青铜（*w*（Al）8% ~ 12%，*w*（Fe）2% ~ 5%，*w*（Mn）0.5% ~ 2%，*w*（Ni）0.5% ~ 2%，其余 Cu）
Atlas ~ 青铜（*w*（Al）9%，*w*（Pb）9%，其余 Cu）
beryllium ~ 铍青铜（*w*（Be）2% ~ 2.5%，其余 Cu）
bismuth ~ 铋青铜合金（*w*（Cu）52%，*w*（Ni）30%，*w*（Zn）12%，*w*（Pb）5%，*w*（Bi）1%）
cadmium ~ 镉青铜（*w*（Cd）0.5% ~ 1.5%，其余 Cu）

carbon ~ 碳青铜（减摩轴承合金，w（Cu）75.47%，w（Sn）9.72%，w（Pb）14.57%，w（C）0.1%）

caro ~ 卡洛磷青铜（w（Sn）7.5% ~ 9%，w（P）0.11% ~ 0.4%，其余 Cu）

chamet ~ 贾梅特青铜（w（Cu）60%，w（Zn）39%，w（Sn）1%）

Chinese ~ 铸钟青铜，锡青铜，中国青铜（w（Cu）78%，w（Sn）22%）

Chinese Shaku-do ~ 中国谢库多铜合金（w（Cu）94.61% ~ 94.72%，w（Ag）0.08% ~ 1.55%，w（Pb）0% ~ 0.11%，w（Au）3.73% ~ 4.15%）

chromax ~ 克罗马青铜（w（Cu）67%，w（Ni）15%，w（Zn）12%，w（Cr）3%，w（Al）3%）

coinage ~ 货币青铜（w（Cu）95%，w（Sn）4%，w（Zn）1%）

commercial ~ 商用青铜合金（w（Cu）90%，w（Zn）10%）

compo ~ 粉冶青铜，烧结青铜（w（Cu）88.5%，w（Sn）10%）

conductivity ~ 导电青铜合金（w（Cu）98.3% ~ 98.2%，w（Cd）0.8% ~ 1.0%，w（Sn）0.5% ~ 1.8%）

copper-nickel-antimony-lead ~ 铜镍锑铅合金（w（Cu）78%，w（Ni）8%，w（Pb）10%，w（Sb）1%，w（Zn）1%，w（Sn）2%）

Dairy ~ 戴利黄铜（w（Cu）64%，w（Zn）8%，w（Sn）4%，w（Ni）20%，w（Pb）4%）

Damascus ~ 大马士革铅锡青铜（w（Pb）13%，w（Sn）10%，w（Cu）77%）

Davis ~ 镍青铜（w（Cu）65%，w（Ni）30%，w（Fe）4%，w（Mn）1%）

Dawson's ~ 道氏青铜（w（Cu）84%，w（Sn）15.9%，w（Pb）0.1%）

delta ~ δ 青铜（可切削黄铜，w（Cu）54% ~ 56%，w（Mn）1% ~ 3%，w（Pb）1% ~ 2%，其余 Zn）

dense ~ 密致青铜

diamond ~ 赛金刚青铜（铝铜合金，w（Cu）88%，w（Al）10%，w（Si）2%）

Dixoil ~ 迪克索尔青铜（w（Sn）10%，w（Zn）2%，其余 Cu）

Durex ~ 多孔石墨青铜（w（Sn）10%，w（石墨）4% ~ 5%，其余 Cu）

gold ~ 金青铜（w（Al）3% ~ 5% 的铜铝合金）

government ~ 炮铜合金（w（Cu）87% ~ 89%，w（Sn）9.5% ~ 10.5%，w（Zn）1.5% ~ 2.5%）

Graney ~ 哥瑞内青铜（减摩轴承合金，w（Cu）75.8%，w（Sn）9.2%，w（Pp）15%）

Hercules ~ 耐蚀青铜（w（Al）2.5%，w（Zn）2%，w（Cu）85.5%，w（Sn）10%）

higher ~ 铝铁镍锰高级青铜（w（Al）9% ~ 12.5%，w（Ni）2.5% ~ 7%，w（Fe）3% ~ 7%，w（Mn）1% ~ 5%，w（Zn）1% ~ 2%）

Holfos ~ 高强度青铜（w（Sn）11% ~ 12%，w（P）0.1% ~ 0.2%，w（Pb）0.25%，其余 Cu）

hydraulic ~ 耐蚀铅锡黄铜（w（Cu）82% ~ 83.75%，w（Sn）3.25% ~ 4.25%，w（Pb）5% ~ 7%，w（Zn）5% ~ 8%）

Hytensyl ~ 海坦西尔黄铜（w（Zn）23%，w（Mn）3%，w（Fe）3%，w（Al）4%，其余 Cu）

Jewelry ~ 装饰青铜（w（Cu）87.5%，w（Zn）12.5%）

Johnson's ~ （约翰逊）轴承青铜（w（Cu）90%，w（Zn）9.5%，w（Sn）0.5%）

journal ~ 减摩青铜，轴颈青铜

Kelmet ~ 油膜轴承合金，铅青铜（w（Cu）67.7% ~ 70.5%，w（Sn）6.5%，w（Pb）22.5% ~ 25.5%）

leaded ~ 加铅青铜（w（Sn）5% ~ 10%，w（Pb）5% ~ 30%，其余 Cu）

leaded manganese ~ 铅锰青铜合金（w（Cu）61%，w（Sn）0.75%，w（Mn）0.25%，w（Al）0.75%，w（Fe）1.0%，w（Pb）0.72%，其余 Zn）

leaded tin ~ 低铅锡青铜（w（Pb）< 0.5%）

low-silicon ~ 低硅青铜合金（w（Cu）97.7%，w（Si）1.5%）

lumen ~ 流明青铜合金（w（Zn）85% ~ 88%，w（Cu）4% ~ 10%，w（Al）2% ~ 8%）

Merco ~ 默科青铜（w（Cu）88%，w（Sn）10%，w（Pb）2%）

Morrison ~ 青铜（w（Cu）91%，w（Sn）9%）

navy ~ 海军青铜（w（Cu）88%，w（Sn）6%，w（Pb）1.5%，w（Zn）4.5%）

needle ~ 针青铜（含铅青铜，w（Cu）84.5%，w（Sn）8%，w（Zn）5.5%，w（Pb）2%）

nickel aluminum ~ 镍铝青铜（合金）（w（Ni）4.5% ~ 5.5%，w（Al）9% ~ 10.3%，w（Mn）0.5% ~ 1%，w（Fe）5.5%，w（Pb）0.01%）

oil ~ （含油轴承用的）油青铜

Oilite ~ 多孔青铜（w（Cu）90%，w（Sn）10%）
oranium ~ 铝青铜（w（Al）3% ~ 11.5%，其余 Cu）
Parson ~ 锰黄铜
plastic ~ 塑性青铜（高铅轴承青铜，w（Cu）63.6% ~ 67.7%，w（Pb）26.6% ~ 30.1%，w（Sn）4% ~ 5.6%，w（Ni）0 ~ 1%，w（Zn）0 ~ 1%）
Reich's ~ 铝青铜（w（Cu）85.2%，w（C）7.5%，w（Al）7%，w（Pb）0.2%，w（Mn）0.6%）
Roman ~ 改良型锡青铜（w（Cu）58% ~ 60%，w（Mn）0 ~ 2%，w（Fe）1%，w（Al）1.1%，其余 Sn）
seawater ~ 耐蚀青铜（w（Ni）32.5%，w（Sn）16%，w（Zn）5.5%，w（Bi）1%，其余 Cu）
sheathing ~ 镶饰青铜（耐蚀合金）
signal ~ 铜锡合金（w（Cu）98.5%，w（Sn）1.5%）
silicon ~ 坚铜
Silliman ~ 铝铁青铜（w（Cu）86.5%，w（Al）9.5%，w（Fe）4%）
special ~ 特殊〔无锡〕青铜
spelter ~ 青铜焊料（w（Zn）45%，w（Sn）3% ~ 5%，其余 Cu）
statuary ~ 雕像铜，法青铜
steam ~ 汽阀青铜
steel ~ 钢青铜（强度高，在海水中耐腐蚀的专用高锌黄铜）
Sumet ~ 萨米特轴承青铜
Sun ~ 铜钴铝合金，森氏青铜（w（Co）50% ~ 60%，w（Cu）30% ~ 40%，w（Al）10%）
super ~ 超级青铜（含铝、锰和铁的黄铜）
tantalum ~ 钽铝青铜（w（Ta）0.2%，w（Al）10%，w（Mo）1.2%，其余 Cu）
Telnic ~ 特尔尼克耐蚀青铜（w（Cu）98.3%，w（Ni）1%，w（P）0.2%，w（Te）0.5%）
tin-free ~ 无锡青铜（铜铅轴承合金）
Tobin ~ 托宾青铜（w（Cu）60%，w（Sn）0.75%，其余 Zn）
tungsten ~ 钨青铜（w（Cu）90% ~ 95%，w（Sn）0 ~ 3%，w（W）2% ~ 10%）
Uchatins ~ 锡青铜（w（Cu）92%，w（Sn）8%）
valve ~ 阀青铜（w（Sn）2% ~ 10%，w（Pb）3% ~ 6%，w（Zn）3% ~ 6%，其余 Cu）
white ~ 白青铜（w（Ni）4% 的铜锡镍合金）
Winn ~ 一种含铅黄铜（w（Cu）62% ~ 68%，w（Zn）28% ~ 35%，w（Ni）2% ~ 2.3%，w（Pb）0.5% ~ 1%，w（Fe）0 ~ 0.5%）
wolfram ~ 钨青铜（w（Cu）90% ~ 95%，w（Sn）0 ~ 3%，w（W）2% ~ 10%）
yale ~ 低锡青铜（w（Zn）7.5% ~ 8%，w（Sn）0.5% ~ 1.5%，w（Pb）1%，其余 Cu）

bronzing ①青铜化，镀青铜②（钢表面的）青铜色氧化
brooder 育雏器
battery ~ 笼架式育雏器
brookite 板钛矿
broom ①扫帚②自动搜索干扰振荡器③扫路机
drag ~ 刮路刷
power ~ 机械刷，动力清扫器
spray ~ 多嘴喷枪〔头〕
brooming 扫除
space ~ （文件存储器中产生的空白）间隔的清除
broomstick 干扰抑制器
brougham 四轮车，（前排座上方无顶盖的）华贵轿式小客车
brouter 网桥路由器，桥路器
brow ①边缘②凸缘③搭板，跳板④（木板缺陷）眉棱
eye ~ （喷燃器的）眉状结焦
brown 褐〔棕，咖啡〕色（的）
brownie 便携式雷达装置
browning ①褐色氧化处理（用氧化铁、酒精和硝酸溶液对钢表面进行的缓蚀氧化处理）②致黑，褐变③白朗宁手枪，轻机关枪
brownness 焦黄度，褐色
brownout 节约用电，灯火管制，（为了节约用电而）降低电压
brownprint 棕图，晒棕图
browsability （随机）索得率（检索文献的效能）
browser 浏览器；浏览程序
intelligent ~ 智能浏览器
Web ~ 万维网浏览器，Web 浏览器
browsing 浏览（法）
brucite 含水氧化镁矿石，水〔氢氧〕镁石，天然氢氧化镁
bruiachite 萤石
bruise ①压扁，压碎②凹陷
bruiser 压碎机，压扁机
bruising ①硬伤，碰伤②压扁
true brinelling ~ 击蚀，撞痕
B-rule B 规则，反向规则

brunofix 发黑氧化处理（碱性溶液中的氧化处理）
brunorizing （钢轨）特别常化法
brunt ①撞击②动载荷，主要的压力
brush ①刷子，电刷②刷，刷洗，刷掉③擦，擦掉④掠过
air ~ ①喷雾刷色器，喷笔，喷枪②气刷
angular ~ 倾斜电刷（电刷与换向器表面相切）
arc(ing) ~ 发弧（电）刷，跳火（电）刷
bevel(l)ed ~ 削角电刷
bore ~ 炮刷，枪刷
burnishing ~ 磨光辊，抛光辊
cantilever ~ 带突出压板电刷
carbon-graphite ~ 碳石墨电刷
collecting ~ ①刮泡刷②（电机的）集流〔集电，汇流〕刷
collector ~ 集流刷，集电刷
commutating ~ 换向电刷
commutator ~ 换向器电刷
compare check ~ （穿孔卡）检验刷
compound ~ 复合〔铜碳，金属碳混合〕电刷
copper leaf ~ 铜（叠）片电刷
cored ~ 填柱电刷
cross ~ 正交电刷
diagonal ~ 斜向电刷
dynamo ~ 电刷
electrographite ~ 人造石墨电刷
electrographitic ~ 电化石墨电刷，人造石墨电刷
energy ~ 主电刷
exploring ~ 测试〔辅助〕弧电刷
gauze ~ 铜丝布电刷，网刷
hard carbon ~ 硬碳质电刷
industrial ~ 工业用电刷（截面大于 3.225 8 cm^2，高度大于 38.1 mm）
laminated ~ 叠片电刷，分层电刷
leading ~ 引前电刷（电刷移动位置以克服电枢反应）
line drawing ~ 划线笔刷
metal gauze insert ~ 带金属网夹层电刷
metallized ~ 金属（石墨）电刷
non-dusting ~ 耐磨电刷，不成灰电刷
pick-up ~ 集电刷，集流刷
pilot ~ ①控制刷②测试〔副电，辅助〕刷③选择器电刷
reaction ~ 前倾式电刷
return ~ 回流电刷
round ~ 滚刷
scaling ~ 除锈钢丝刷
scratch(ing) ~ 钢丝刷，金属丝刷子
screen ~ 清筛刷
scrub(bing) ~ 硬毛刷，板刷
secondary ~ 副电刷
split ~ 分瓣〔分裂式，分块〕电刷
staggered ~ 参差安置的电刷组
Tampico ~ 坦比哥抛光刷
tandem ~ 前后电刷，串联电刷
tangential ~ 切向配置电刷
trailing ~ 后倾式电刷
triple split ~ 三瓣电刷
brusher ①机械刷②刷式清理机，清刷机③扫路〔刷毛，刷鳞〕机④采煤工
brushing ①刷尖放电，火花束放电②刷去，刷光，刷亮
hand wire ~ 用钢丝刷手工清理〔刷亮〕
scratch ~ （钢丝刷）刷光
wire ~ 用钢丝刷清理〔刷亮〕
brush-lead ①电刷引线②碳刷导线
backward ~ 电刷后引线
negative ~ 电刷的后退
brushless 无（电）刷的
brutonizing 钢丝（热）镀锌法 bucket
bryanizing 钢丝连续电镀法
B-scan ①B 型扫描（纵坐标为距离，横坐标为方位角，目标为亮点）②B 型扫掠
B-scope B 型显示器，距离方位显示器
B-source 阳极电源，板极电源，B 电源
B-spline B 样条
B-store 变址（数）寄存器
B-strain （=back strain）后〔B〕张力
B-supply B 电源
B-switch board B 台，B 交换台
BT-cut （晶片的）BT 切割
B-tube 变址（数）寄存器
bubble ①（水，玻，气）泡，泡沫，磁泡（存储元件），（塑体的）隐匿气泡，气囊，水准器气泡，圆体②压力沿翼型的分布③前缘吸力式压力分布，气流离体〔分离〕区④缩孔⑤白炽灯泡⑥起泡，发泡，沸腾
air ~ （铸件的）气泡
box ~ 球形水准器
circular ~ 圆水准器
floopy ~ 软磁泡
leve(l)ing ~ 水准气泡
magnetic ~ 磁泡
open ~ 开口气泡

separation ~ 气流分离（区），离体〔分离〕气流（区）
spirit ~ 水平泡
transversal ~ 横向水准器，照准部水准器
tube ~ 管状水准泡

bubble-domain 泡畴，磁泡

bubblejet 喷墨式打印机

bubblemeter 气泡检查仪

bubbler ①喷水〔喷液，扩散〕器②起泡器，鼓泡器③水浴瓶

bubble-tight 气密性的

bubble-top （汽车后部的）透明防弹罩

bubble-tube 吹气管

bubbling ①冒泡，起泡②沸腾③冒气（蓄电池），析出气体

buck ①公鹿〔羊〕②大模型架，锯架，大装配架③反向，反极性④灰〔碱〕水⑤顶撞，冲，推，猛然开动⑥轧碎，锯开⑦消除，补偿，抵消⑧飞弧，闪络，（换向器上的）环火
chaining ~ 拉力架，尺架（基线测量用）

bucker ①破碎〔碾压，粉碎，压碎〕机②碎矿锤③碎矿工，溜槽推煤工
rivet ~ 碾压机

bucket ①水桶，料罐，吊桶，吊篮，勺〔戽，水，抓，挖〕斗，（挖土机）铲斗②（往复泵的）活塞，（冲击式水轮机的）叶片，（往复泵活塞的）止回阀，（疏出凝结水的）浮子，槽，容器，（空气压缩机的）杯形件③消力戽，反弧段④（速调管的）桶形电极⑤（计算机的）存储桶，地址散列表元⑥“提斗”（指相位稳定区）
acceleration ~ 加速相（位）稳定区
air-operated ~ 气动（卸料）斗
backhoe ~ 反铲
bailing ~ 捞砂筒
bell-hole ~ 钟式穴坑挖掘铲斗
bottom-dump ~ 活底铲斗，底卸式铲斗
cableway ~ 缆道运载斗，缆索起重设备槽
chain ~ ①提料斗②（铸造的）料斗提升机
charging ~ 装料罐，加料桶
chip ~ 切屑桶，切屑箱
clam ~ 夹〔抓，蛤〕斗
clamshell ~ 蛤戽，合瓣，夹斗，蛤壳形抓斗，蛤壳式料桶
clay ~ 黏土挖掘铲斗
collecting ~ 电铲勺斗
constant-frequency ~ 恒频相（位）稳定区
crab ~ ①（抓岩机）抓斗②滑车戽斗
crib ~ 栅条式挖掘铲斗
dirt ~ 装土斗，挖土铲斗
dump ~ 卸料斗，倾倒式加料桶
empty ~ 未充满的相（位）稳定区
entrance ~ 导叶
grease ~ （带手动泵的）油脂桶
hash table ~ 散列表元
hoist(ing) ~ （高炉）料罐，（高炉）吊罐，提升吊桶
leather ~ 皮碗（活塞）
moisture extracting ~ 去湿叶片
nozzle ~ 喷嘴叶片
orange peel ~ 多爪式抓斗，多瓣底开式（加）料桶，橘瓣式抓斗
outlet ~ （虹吸管的）出口（唇），出口消力戽，出口反弧段
plankton ~ 浮游生物网底管
pump ~ 泵（的）活塞
radius ~ 圆底铲斗
reversible ~ 翻转铲斗
scale ~ 贮鳞箱
side dump skip ~ 爬式翻斗加料桶
skip ~ ①翻倒铸罐，翻倒铲斗②翻转式吊桶③料车车体④倾卸车
steam-jacketed ~ 蒸汽套桶
turbine ~ 汽轮机叶片
utility ~ 散装物铲斗，通用铲斗
weigh ~ 称料斗
windlass ~ 水吊桶，绞盘吊桶

bucking ①顶撞，反作用②抵消电压
hum ~ 抵消交流声

buckle ①扣环，箍，弹簧箍，堵片，卡子，拉紧结合器，螺纹，拉紧套筒，紧系，拉杆②沟槽（铸件表面），严重鼠尾（铸造缺陷）③皱曲，翘曲，（纵向）弯曲，变形④胀砂，膨胀，变形
canvas ~ 帆布输送器结扣
coupling ~ 车钩环舌
ridge ~ （辊型设计不正确的）带材皱纹
sand ~ 砂斑，严重鼠尾，（铸件）起皮，夹砂，结疤
slide valve ~ 滑阀套
spring ~ ①弹簧箍，弹簧扣②U形销，骑马螺钉
turn ~ （松紧）螺纹，松紧螺套，紧线螺钉，螺纹接头，拉线〔花篮〕螺钉
valve ~ 阀套，阀柜
wedge ~ 楔形系杆，楔形拉杆

buckled 弯曲的，波纹的

buckler 锚链孔盖，防水罩

buckling ①扣住②皱缩，纵向弯曲，翘〔屈，扭，压〕曲，弯折③曲率，挠度④粗糙度（铸造中）⑤体积 - 形状系数⑥在大负荷（如炉料）作用下炉底破坏⑦曲度参数 B^2（表示中子密度空间分布的参数），拉普拉斯参数〔算符〕⑧波状变形，产生皱折⑨膨胀

coil ~ 拧纹，（线材或轧件的）扭结，（钢丝绳使用不当造成的）死扣，边部浪（薄板缺陷）

dry ~ 干（栅格）曲率，干（栅格）拉氏参数，无冷却剂（栅格）拉氏参数

elastic ~ 弹性屈服，弹性挤曲

geometric(al) ~ 几何曲率，几何曲度常数

local ~ 局部弯曲，局部纵弯（失稳）

shear ~ 剪切造成材料压弯

buckover 发生环火，（换向器的）环火闪烁

buckplate 磨矿板，凹凸板

buckrake 集堆机，集草器

buckram ①硬垫，生硬（的）②防雨胶布

buck-saw 架〔框，弓，大木〕锯

buckstaves 夹炉板

buckstay 刚性梁，（拱边）支柱，拉杆

buck-up 用铆钉撑锤顶住铆钉头

buddle ①洗矿槽，淘汰盘，摇床②斜槽式洗矿台③用洗矿槽洗选

concave ~ 凹面圆形淘汰盘（周边给料）

sperry ~ 圆形精选台

budget ①预算②堆积，聚集③一束〔捆〕④作〔做〕预算

additional ~ 追加预算

adverse ~ 赤字预算

distribution ~ 销售预算，供销成本预算

operating ~ 营业预算

optical power ~ 光功率分配

packet delay ~ （通信）包延迟预算

skeleton ~ 概算

timing ~ 时序预算

buff ①软皮②抛光轮，擦光轮③深黄色④缓冲，减振⑤磨光，打磨，抛光

basil ~ 鲨皮布抛光轮（用于黄铜及镀铬件的抛光）

bias ~ 斜裁布抛光轮

center ~ （中）心孔抛光轮，抛光轮轮毂

double ~ 双折布抛光轮

finger ~ 指形折布抛光轮

folded ~ 折叠布轮（抛光）

full-disk ~ 布抛光轮

machine ~ 布上用线扎有同心圆状的抛光轮

sisal ~ 麻制抛光轮

space ~ 隔层抛光轮

triple ~ 三折布抛光轮

wire ~ 金属丝刷抛光轮，钢丝刷磨光轮

buffalo ①水牛②水陆两用拖拉机，水陆两用坦克

buffer ①缓冲例程，缓冲电路，缓冲区，缓冲器〔垫〕，阻尼器，消振器，保险杆②缓冲剂〔级，液〕，缓和剂③消声器④缓冲寄存器，缓冲存储器，缓冲记忆装置⑤过渡（层）（集成电路工艺用），挡风板，（边界层中的）中间层⑥（削弱电路之间影响的）去耦元件，隔离部件⑦减速剂⑧驻退机⑨缓冲，阻尼，隔离

built-uprotation ~ 循环缓冲器

butt ~ 枪托缓冲器

carrier ~ 载频缓冲器

chained segment ~ 链接分段数据存储区，链接段缓冲区

channel ~ 通道缓冲区，通道缓冲器

character ~ 字符缓冲器，字符缓冲区

circular ~ （通信）循环缓冲器

colo(u)r bar Y ~ 彩条亮度缓冲器

command input ~ 命令输入缓冲器

controller ~ 控制缓冲器

data communication input ~ 数据通信输入缓冲器

digital data ~ 数字数据缓冲器

disk ~ 磁盘缓冲器

friction ~ 耐磨缓冲器

gated ~ 门控缓冲器（低阻抗反转驱动电路）

high-speed ~ 高速缓冲器

index ~ 变址〔引导，指导〕缓冲器

inverter ~ 反相器缓冲器

ionization ~ 消电离剂

kick-down ~ 高低机缓冲器

line alternation ~ 行交替缓冲器

neutralized ~ 中和缓冲器

radial ~ 球形缓冲器

rubber-spring ~ 橡胶 - 弹簧减振器

stop ~ 停车〔弹性〕缓冲器

video ~ 视频缓冲器

virtual circular ~ 虚拟电路缓冲器

virtual earth ~ ①虚接地隔离〔退耦〕器②有效接地隔离器

weed ~ 水缓冲器

buffering ①中间转换〔寄存〕，缓冲记忆装置②缓冲，减振，阻尼

buffet(ing) ①振动，震动，颤振，抖振②叶片颤动（压缩机或涡轮机）
~ test 抖振试验
buffing 抛光，磨光，擦光，抛光屑，抛光尘
colo(u)r ~ （镜面）抛光，消色，减色
cutdown ~ 切削力很弱的抛光
bug ①缺陷，（人工产生的）错误，程序中的小毛病②损坏，故障，干扰③雷达位置测定器，窃听器，（双向）半自动发报键，快速发报键，电报键④清除管子内部表面的刮器⑤沿管线递信的自动电报⑥双座小型汽车⑦动标，可移标
bombing ~ 活动靶
spade ~ （联合收割机轮上的）铲行爬地齿
tumble ~ 滚动刮土器
bugduster 除尘器，清除煤粉工
buggy ①料车，手推（小）车，矿车②汽车，小客车
coil ~ （开卷机和卷取机旁接送带卷用的）升降运输车，带卷自动〔万能〕装卸车
hand ~ 手拉车
ingot ~ 运锭车
irish ~ 手推车，独轮车
mo(u)ld ~ 钢锭模车
pot-type ingot ~ 翻锭车
rocking ~ 锭座回转式送锭车
squeeze ~ 滚压车
tilting pot ~ 翻料车，带翻锭座的送锭车
bugtrap 小型炮舰
buhr 油〔磨，砥〕石
Buick 别克（美国通用汽车公司生产车型）
build ①造型，构造，建筑②建造〔立〕，修建，修造
~ up ①建造〔成，立〕组合〔成，装〕，积累，聚焦②增加〔高〕，提升③更新，改建，（电压的）上升
assembly ~ 组件
scrap ~ 设备改装
build-down 降落，衰减，降低
builder ①施工人员，修建人员，建筑者，制造厂，制造者②组分，（洗涤剂的）增效剂，助洗剂③编码程序④（纺纱）成形机构⑤充填用石料，填充物料
bunch ~ 包头〔脚〕纱成形装置
graph ~ 建图程序
pocket ~ 布筒机，制带机
road ~ 筑路机
tail ~ 尾部成形床
trail ~ 拖挂式筑路机械
tyre ~ 轮胎成形床
build-in ①加〔嵌，插〕入，固接，埋设②内装的，内部的，装在一起的，固定的
building ①建筑物，房屋，大厦②建筑，建造③组合，组装④构建
control ~ 调度室
fabricated ~ 装配式房屋
high-rise ~ 高层建筑物
main furnace ~ 炼（钢）炉主厂房
mill ~ （临时）厂房
motor room ~ 主电室
roll shop ~ 轧辊（加工）间
stack ~ 堆货仓库
whole area map ~ 全局地图构建（机器人智能）
building-block ①积木式元〔部〕件，积木（构件），结构单元，标准部件〔组件，元件〕，组件〔标准〕块②空心砌块③（现成的，预制的）装置构件
building-out 附加（的），补偿（的）
building-up ①建造〔立〕，组〔合〕成，叠合，筑成，堆起，组合②装配，安装，安排③积累，聚集④（工作机构前的）壅土现象，堆土现象⑤结瘤〔垢〕，底结，结渣⑥（电压等）上升，升高，增长，长成⑦堆焊
build-in-self-test 自测试
build(-)up ①组成，安装，构成，建立②累积作用，堆积，阻塞③加强，增大，加厚④计算，作图⑤（辊型设计不正确而引起的）波浪皱，尺寸增生，隆起⑥发生⑦散开
carbon ~ 积炭
coil ~ 带卷圈数的增加
edge ~ （磁带）边缘凸起变形
pressure ~ 压力增大
sludge ~ 金属屑的粘覆（冷轧带钢时）
thrust ~ 推力增大
built-in ①固有（的），固定（的）②装入（的），内装（的），内部（的）③单独（的）④机内（的）⑤组合的⑥内置式的
~ test equipment 车载式检验设备
end ~ ①内装，装入②端末砌固〔插入〕
built-to-scale 按比例制造的
built-up ①组合，组装，装配②增长③建立④组合的，可拆卸的，装配的，构成的⑤铆接的，焊接的，套上的，合成的
built-up-edgewall ~ 炉壁结块，挂壁
built-up-edge 刀瘤，切〔积〕屑瘤

bulb ①（小）球，球形零件，球状物，小电珠，球管〔头〕②灯泡，白热灯，烧瓶，玻璃泡，真空管，气瓶，容器③（温度计的）温泡，测温仪表，测温计④外壳，管壳⑤（照相机）快门
aftfoot ~ 球鼻形尾柱底部
air ~ 气泡
auto ~ 汽车灯泡
back lighting ~ 暗闪灯
bilux ~ 双灯丝灯泡
clear ~ 无色透明（玻璃）壳，透明（玻璃）灯泡
colo(u)red ~ 色玻璃球
corrugated ~ 皱纹灯泡
flash ~ 闪光泡
frosted ~ 磨砂灯泡
funnel ~ 漏斗形灯泡（电子管外壳）
glass ~ 玻（璃灯）壳
hard glass ~ 硬质玻璃灯壳（熔点特高的玻璃灯泡）
incandescent ~ 白炽灯泡
kinescope ~ 显像管外壳
mo(u)lder's ~ 挤水器（起模用）
mud dredge(r) ~ 挖泥机
neon ~ 霓虹灯
opal ~ ①不透明（体）②阻光〔浑浊〕度，暗度
peanut ~ 电珠
pressure ~ 压力泡
Pyrex ~ 耐热〔硬质〕玻璃瓶
reaction ~ 反应瓶
resistance ~ 变阻泡，测温电阻器
resistor ~ 电阻测温泡
sample ~ 取样瓶，样品瓶
sediment ~ ①沉淀器②泥沙采样器
temperature ~ （电，测）温泡，热熔管，测热筒，热敏元件
thermal ~ 热敏元件，测温泡，测温筒
thermometer ~ 温度计球管，（测）温包
tungar ~ 钨氩整流管，吞加整流管

bulb-bowed 球鼻艏的

bulb-iron 球头角钢
angle ~ 球头角钢

bulbous 球根的，球形的

bulge ①凸出（部，壳），胀大②凸变③（桶）腰，（钢板）瓢曲④船腹，非耐压壳体，防雷护体⑤（使）鼓胀，隆起，鼓凸加工
viscous pressure ~ 黏性介质压力胀形

bulging ①膨胀，凸出，鼓突，扩径旋压②撑压内形法③压成槽形④胀形，胀槽⑤使膨胀
electromagnetic ~ 电磁胀形
rubber cushion ~ 橡胶垫胀形

bulging-in 使压入，使挤入

bulgy 膨胀的，凸出的

bulk ①体积，大小，容积，尺寸②大半，大部分，基本部分③大块，大量，主体，整体，堆④胀量，松密度⑤松散〔散装〕材料⑥货舱，船舱载货⑦胀大，堆积⑧立体散光（的）⑨整体的，笨重的，散装的，块状的，大块的，体积的
barrel ~ 桶（容积单位，1 桶 =0.142 m^3）
batch ~ 成批
data ~ 数据（数）量
plant ~ 装置尺寸（外形）
random ~ 料堆
silicon ~ 硅衬底，硅锭

bulkfactor 容积〔压缩〕因数，粉末成型前后体积之比

bulkhead ①舱壁，隔板〔墙〕②（钢管的）闷头③防水墙，防水层④挡土墙，护墙
corrugated ~ 波形隔板
fire ~ 挡火墙

bulkheading 隔墙，防水墙，防水层，挡土墙

bulking ①膨胀，隆起②（砂的）湿胀性

bulkload 散装货物，大体积货物

bulkmeter （测量容积的）流量计

bulky 松散的，体积大的，笨重的

bull ①公牛②庞大物体，庞大物件③多头，买空④大型的⑤强行实现

bullclam 刮斗机

bulldog ①手枪，大炮②补炉底材料③套管打捞工具④抓取器

bulldozer ①推土机，压路机②粗碎机③压弯机，弯钢机，矫正压力机，冲压机
caterpillar ~ 履带式推土机
excavator type ~ 簸箕式刀片推土机（刀片侧板向前伸与刀片形成斗形）

bulldozing 厚梁压弯

bullen-nail 阔头钉，圆头钉

bullet ①子弹②喷口整流锥，锥形体③核（心）④针，撞针（尖）⑤插塞⑥打捞筒⑦刮管器⑧油井爆破小药包⑨细粒球状金刚石
movable ~ 可调节的尾喷管锥体
throat ~ 可调节的尾喷管锥体
tracer ~ 曳光弹

bullet-die 弹丸模具

bullet-headed （小）圆头的，似子弹头的

bulletin ①公〔通，会〕报，揭〔告〕示，报〔公〕告，会刊，新闻简报②用公报发表
bullet-locator 弹片探测器
bullet-nosed 圆〔似弹〕头的
bullfrog 平衡重设备 bungee
bullgrader ①大型平土机②平路机
bull(-)head ①（初轧辊的）平面孔型，平板箱形孔型②双头式
bullhorn 带放大器的扩音器，鸣音器，大功率定向扬声器
bullion 金〔银〕块，纯金，纯银，粗金属锭，条形金属
base ~ （含有贵金属的）粗金属锭（通指粗铅锭）
base lead ~ 粗铅锭
copper ~ （含有贵金属的）粗铜锭
dore ~ 金银锭
lead ~ ①粗铅②粗铅锭（含有银的铅锭）③锭形铅
molten ~ ①熔融粗铅，粗铅熔体②粗金属锭熔体
silver ~ 银锭
bullnose 外圆角，艄导缆钳
bull's-eye ①舷〔风，小圆〕窗②凸〔半球〕透镜③牛眼（灯，窗），靶心，目标中心，风暴眼④黄铁矿结核
B-ultrasound B 型超声显像仪
bulwark 甲板栏栅〔舷墙〕
bum 质量低劣的，无价值的，错误的
bump ①突出部，耳，凸缘，挡板②冲击，突然冒顶，煤柱压裂③低频噪声④剧烈沸腾⑤（场的）不均匀性⑥（飞机）突然发生的垂直加速度⑦颠簸，碰撞，撞击，冲击，撞破⑧扰动
hood ~ ①（发动机）罩挡②车篷挡
splice ~ 声迹接头噪声
split ~ 接头噪声
bumper ①缓冲器，缓冲垫，减振器，防撞器，阻尼器，（汽车）保险杠②消声器③振动式造型机，振击台，振实台，振动台④捣实机⑤脱模机
air ~ 空气减振〔缓冲，阻尼〕器
car ~ 车挡
compression ~ 缓冲器
disappearing end ~ ①升降②挡板
hydraulic ~ 液压缓冲器
plain ~ ①振实机②振动台
plastic ~ 塑料缓冲器
radiator ~ 散热器弹性支座
rubber ~ 橡胶缓冲器
screen ~ 清筛用撞击器
side ~ 边挡，挂车安全围栅
wooden ~ 木质缓冲器
bumpiness ①碰撞，撞击，颠簸（性）②混动空气
bumping ①碰撞，撞击，颠簸②造成凹凸③爆腾，崩〔剧，暴〕沸
signal ~ 信号冲撞，信号冲变
buna 丁（二烯）钠（聚）橡胶
bunch ①束，串，簇，群，（线材的）盘，捆，包②集〔线，（电子）聚〕束，群聚，股绳，垛，堆③黏合剂，凝块，（群聚）团④结合，黏合，捆成束
colliding ~ 对碰束（段），对碰群聚团
electron ~ 电子聚〔集〕束，电子团
hard-kernel ~ 硬核群聚
luminance ~ 亮度（信号）谱线束
buncher ①堆垛〔捆束，束线，归堆，集材，合股，搓捻〕机②无级变速器③（速调管的）输入电极，输入共振器④（电子）聚束栅〔器〕，（速调管的）调制腔，调速电极（电子流），聚束极⑤群聚腔〔器〕
bale ~ 草捆堆垛机
beam ~ 聚束器
feller ~ 伐木归堆联合机
bunching ①（电子）聚束②成组，成群③群聚④束合，束捆⑤堆成堆
~ of picture element 像素拥挤，像素群聚
photon ~ 光子集束效应
bunchy 成束〔球〕的，穗状的，隆起的
bundle ①束，把，丛，卷，捆，包②线圈，（线材的）盘垛，叠，群③波束，光束
aligned ~ 定位光（纤）束
astigmatic(al) ~ 像散光束
coherent ~ 相关光（纤）束
fiber ~ 光纤束
fiber-optic ~ 光导纤维束
hairpin tube ~ 发夹形管束，U 形管束
image guide ~ 光纤传像束
multi-conductor ~ 多根分裂导线
seed ~ （核）点燃区燃料组件
wood ~ 桦树条（轧制厚板破鳞用）
zone ~ 晶带束
bundler 捆束〔包装，捆把，打包〕机，扎捆机（蔬菜，烟叶等），包纸包机（饼干，卷烟）
cane ~ 甘蔗集捆机
scrap ~ 废钢打包机

Bundyweld ①双层蜡焊管法②铜焊接双层钢管
bung ①塞子，塞柱，桶盖，反射炉炉盖②桶口③活动小砖拱
bungalow （有凉台的）平房
relay ~ 继电器室
bungee ①橡皮筋，松紧绳，弹性束②过度操纵防止器，跳簧，炸弹舱启门机（轰炸机）
bunk ①座床，铺位②积材车③饲喂槽
bunkfeed ~ 饲喂槽
bunker ①料〔漏，装〕斗②料〔斗，贮〕仓，贮槽，贮藏库，煤舱，燃料舱③油槽船
classifying ~ 分级料仓
coal ~ 煤斗，煤仓
elevated ~ 高位料槽
ground ~ 地下贮料槽
ground reception ~ 地下煤斗
intermediate ~ 中间料仓
ladle additions ~ 盛钢桶添加剂料仓
oil ~ 油箱〔柜，库〕
ore storage ~ 矿石料仓
overhead coal ~ 高位煤斗
segregation ~ 隔离仓
storage ~ 贮料仓
tender coal ~ 煤水车煤槽
bunk-feeder 给料器
bunter 撞头，触杆
bunton ①横梁②罐道梁（井筒）③横撑
buoy ①浮标〔体，筒〕②救生圈〔衣〕③设置浮标
air-deployable polar ~ 空投式极地浮标
beacon ~ 警告浮标
bell ~ 装钟浮标
cable ~ ①锚索浮标②水底电缆用的浮标
cloverleaf ~ 三叶浮标
drifting ~ 漂流浮标
fairway ~ 航标
farewell ~ 标志港口〔航道口〕最外边的浮标
ice ~ 抗冰浮标
light and bell ~ 闪光钟响浮标
light and horn ~ 闪光号笛浮标
marker ~ （航向）浮标
obstruction ~ 障碍物浮标，沉航浮标
oceanographic-meteorological ~ 海象-气象浮标
radio ~ 无线电漂浮站
salvage ~ 打捞浮筒
spar ~ 柱形浮标
station ~ 地点指标，浮标
telemeterring wave ~ 遥测波浪浮标
water quality indicator ~ 水质监测浮标
buoyage 浮标〔体，子〕，标识
remote measuring wave ~ 遥测波浪浮标
buoyance ①浮力，浮性②弹性，恢复力③自然拔风力④（水循环的）上升力
available ~ 可用浮力，有效浮力
negative ~ 负浮力
neutral ~ 零浮力
positive ~ 正浮力
surplus ~ 剩余浮力
buoyancy =buoyance
buoy-derrick 浮标吊车
bur ①突刺，毛刺，飞边，飞翅②圈③磨石④衬片，垫圈，轴环，小箍⑤颤音⑥去除毛刺
burble ①起泡②（产生）涡〔扰，紊〕流③气流分裂，泡流分离④失速
compressibility ~ 激波致扰气流区，激波后的紊流，压缩性失速〔泡流〕
burbling ①起泡，气流分离②扰流，流体起旋，生旋涡③层流变湍流
burden(ing) ①配料，炉料②负荷，载荷，负载，装载量，载重，吨数③负担，责任④管理费用，间接费用⑤（仪用互感器）二次侧负载⑥装载，加负担于
blowing-in ~ （高炉的）开炉底料，开炉配料，（冲天炉的）底炭，空料，（化铁炉）第一批底料
coke ~ 焦炭配料
dust ~ ①飞灰，逸尘②含灰量，含尘度，含尘率，（空气）含尘量
furnace ~ 装炉料
internal ~ 内负载
lean ~ 贫装料
ore ~ 矿石配料
rated ~ 额定负荷
regular ~ ①正常料②正常负荷
bureau 局，科，处，司，社，所
International ~ of Weights and Measures 国际计量局（或国际权度局）
National ~ of Legal Metrology 国家法制计量局
National ~ of Standards 国家标准局
bureaucracy ①官僚机构②层峰管理
buret(te) 滴定管，量管，玻璃量杯
automatic zero-adjusting ~ 自动调零滴定管
chamber ~ 球滴定管
Knudsen ~ 克努森滴定管
piston ~ 活塞式滴定管

precision ~ 精密滴定管
weight ~ 称量滴定管
Winkler gas ~ 文克勒气体量管

burgy 煤屑，末煤，细粉，粉炭

burial （在缓冷坑中）冷却，埋葬

buried ①埋入的，嵌入的②（埋入）地下的

burin 雕刻刀，錾刀

burn ①（燃）烧，烧制②烧伤〔焦，毁，坏，痕，斑〕，斑点③（接头）烧熔，过烧④余像，残留影象⑤消耗，浪费⑥（使）氧化⑦气割⑧（发动机）加速，（宇宙飞行）火箭发动机在飞行中起动
~ through 烧穿〔透，蚀〕，烧损，过热，（导弹）发射
~ together 烧合，烧焊，焊接
burner ~ on 焊上，焊补，焚烧
cross ~ 对角线烧毁（荧光屏），X 形烧伤
dark ~ 荧光质衰退，烧暗（荧光屏发光效率降低），（荧光屏的）暗伤，（荧光物质）疲劳
die ~ 烧伤（焊接缺陷）
electron ~ 用电子束烧穿，（荧光屏）电子烧伤，电子斑伤
electronic lean ~ （发动机）电子控制的稀混合气燃烧
flash ~ 射线灼伤，电弧灼伤，闪光烧伤，爆伤，闪燃
grinding ~ 磨削烧伤，研磨过热
image ~ 图像损缺，图像烧伤
ion ~ 离子斑〔辉〕点，离子斑〔灼〕伤
metallurgical ~ 冶金烧伤
raster ~ 屏面烧伤

burn-back ①（焊接）烧接②炉衬烧损〔烧薄，减薄〕③（焊）回烧，导电嘴烧损
lining ~ 炉衬熔蚀

burner ①燃烧室〔器，炉〕②喷嘴〔灯〕，焊接喷灯，焊炬，燃烧嘴喷枪，吹管，（煤气头）喷烧器③灯（头）④火药柱⑤气焊〔割〕工
air-atomizing ~ 空气喷雾燃烧器，空气喷雾喷灯
air-blast ~ 鼓风喷嘴
asphalt road ~ （熨）沥青路面机
aspirating ~ 吸气燃烧器
automatic pressure jet ~ （谷粒烘干机的）自动压力喷灯
blast ~ 喷灯
Bunsen ~ 喷灯，本生灯
calmet ~ 垂直燃烧器
can ~ 单管燃烧室，管形燃烧器
cannular ~ 环管燃烧室
ceiling ~ 顶置式喷燃器
cell ~ 格状喷燃器
center-diffusion tube gas ~ 中心管进气喷燃器
ceramic ~ 陶瓷燃烧器
cluster ~ 聚口灯光
corner firing ~ 角式喷燃器
crossfire ~ 交叉火〔对火，交射火焰〕喷灯
cross-tube ~ 缝隙式喷燃器
cutting ~ 切割喷嘴〔枪〕
cyclone ~ 旋风筒，旋风燃烧室
deposition ~ 沉积燃烧器
direct injection ~ 直接进入燃烧器
double-bed ~ 双膛炉
double-hearth ~ 双膛炉
dual ~ 可用两种燃料的燃烧器
duplex ~ 双级式喷（油）嘴，双路（燃油）喷嘴，双路喷燃器
Eureka ~ 自己点燃的本生灯
extra ~ 临时〔附加〕燃烧器
fantail ~ 扇形火焰喷燃器
firing downward ~ 下射喷燃器
fishtail ~ 扇形火焰喷燃器
flame ~ 火焰中耕机
flare-type ~ 缝隙式喷燃器
flat ~ 缝隙式喷燃器，扁平喷嘴
flat-flame ~ 平焰式燃烧器，缝隙式喷燃器
gas ~ ①煤气喷灯②燃烧器③煤气燃烧室
glassing ~ 加工玻璃（用）喷灯
ignition ~ 点火喷嘴
impellerless ~ 直流式喷燃器
injector gas ~ 高压煤气喷燃器
inspirator ~ 引射式喷燃器
intermixing gas ~ 预混式气体喷燃器
intertube ~ 管间（偏平流）燃烧器，缝隙式喷燃器
intervane ~ ①旋流叶片式喷燃器②叶片间燃烧器
jet atomizing ~ 喷灯
laminar flow ~ 层流〔预混合型〕燃烧器
lance-type ~ 喷枪式燃烧器
lighting-up ~ 点火喷燃器
long-flame ~ （厚板加热炉中的）长焰烧嘴
main ~ 主喷嘴
mechanical atomizer ~ ①机械式喷灯②机械雾化燃烧器
metallic ~ 金属燃烧器
muffle ~ 马弗炉〔点火〕喷燃器

multiport ~ 多喷头喷燃器
multi-spud ~ 多喷嘴喷燃器
nozzle mix ~ 引射式喷燃器
oil ~ 燃油炉，油燃烧器，油喷灯
oil lighting ~ 油点火喷燃器
oil-pressure atomizing ~ 油压雾化喷燃器
outside-mixing ~ 外混式喷燃器，扩散式喷燃器
pilot ~ 引燃喷嘴
powder cutting ~ 氧熔（剂）割炬
powder washing ~ 氧熔剂气刨枪
premix ~ ①预燃器，预混合型燃烧器②层流燃烧器
proportional ~ 配比燃烧器（配比煤气与空气）
radiant ~ 辐射式燃烧器，无火焰燃烧器，无焰喷燃器
rattail ~ 单射流喷燃器，单喷焊炬
sealing-in ~ 密封（玻璃容器）用气体喷烧器
slit gas ~ 细缝口烧毛机
slot ~ 扁焰喷燃器，缝隙燃烧器
spill ~ 回油式喷油嘴
spill tip ~ 回油式喷燃器
split ~ ①裂口喷嘴，缝隙式喷燃器②裂口灯
spray ~ 喷射燃烧器，喷烧器，喷油嘴
stabilizing ~ 助燃用喷燃器
steam jet ~ 蒸汽雾化式燃烧器
surface combustion ~ 表面燃烧喷燃器，无焰喷燃器
tangential ~ 角式喷燃器
Teclu ~ 双层转筒燃烧器
Terbeck gas ~ 泰尔贝克煤气燃烧器（一种套筒式热风炉燃烧器）
tiered ~ 分层布置的喷燃器
tilting ~ 摆动式燃烧器
total consumption ~ 全消耗型燃烧器，紊流燃烧器
turbulent flow ~ 紊流燃烧器，全消耗型燃烧器
two-flame ~ 叉形火焰焊炬
universal combustion ~ 自动通风煤气炉
weed ~ 火焰除草机，火焰中耕机
welding ~ ①焊矩喷嘴②焊枪，焊矩

burner-condenser 燃烧冷凝器

burnetizing 氯化锌防腐法，氯化锌浸渍（木材）

burn-in ①烧焊〔进，上〕，烙上，熔灼②内烧伤，（摄像管靶上）烧附③老练，老化④预烧⑤强化试验⑥燃〔焙〕烧的
dead ~ ①烧断，烧损②硬烧③烧结前的焙烧

burning ①燃烧，焙烧②过烧，烧损，烧伤③气割④金属氧化⑤（火箭发动机的）工作
~ into sand 夹砂
~ management system （汽车）燃烧管理系统
~ of bearing 轴承预热
~ of lead 铅焊
~ of microphone 微音器炭精粒的烧结
after ~ ①后燃，（内燃机的）迟燃②（喷气机的）补强燃烧
air ~ 氧化（作用），空气燃烧
cigarette ~ 端部燃烧
dead ~ ①烧结，（因烧溶而）粘钢，烧到粘结②僵烧③死角燃烧
erosive ~ 侵蚀燃烧
horizontal ~ 水平燃烧法
lead ~ 熔铅结合，铅焊
light ~ 轻烧
non-raceway ~ （鼓风炉）无空窝燃烧
phosphor ~ 磷光体烧伤，荧光粉烧伤
photochemical hole ~ 光化学烧空
plateau ~ 平台燃烧
progressive ~ 增面燃烧，增推力燃烧
regressive ~ 减面燃烧，减推力燃烧
restricted ~ 表面局部燃烧，限定燃烧
rough ~ 不稳定燃烧，振荡燃烧
sand ~ 烧结砂
screen ~ ①荧光屏烧毁②离子辉点，游离点
smooth ~ 稳定燃烧
spasmodic ~ 脉动式燃烧，反常燃烧
super-rate ~ 超速燃烧
torch ~ 气割
vertical ~ 垂直燃烧法
voltage ~ 点火电压

burning-in ①烧上，烙上，熔焊，熔接②金属渗入砂型，钢包砂③铸焊

burning-machine 烫沟机
book joint ~ 压槽机，烫沟机（装订）

burning-off ①烧坏〔断，尽，掉〕，熔断②烘烤（陶瓷型等）③清除机械粘砂（用吹氧枪）

burning-on 热补，金属熔补，烧涂法
~ of sand 粘砂

burning-out ①烧坏，燃完，熄火②烧熔，熔蚀

burnish ①抛光，磨光，压光，磨削②光泽〔辉，滑，亮〕，冲裁件断裂面上的光亮带（挤光部分）③烧蓝，莹润
~ over 抛光，打磨
micro ~ 微细挤光（加工）

burnisher ①辊光器，挤光器②磨光器，摩擦抛光器，磨光辊，磨棒③上光机④（牙）磨光钻

bloodstone ~ 红石磨光器
pivot ~ 枢轴研磨机
stone ~ 石质光泽机
burnishing ①磨〔挤，抛〕光，擦亮②光（泽，整）
ball ~ ①钢珠滚光②冲压磨面工序
barrel ~ 滚光，滚桶打磨
hole ~ 挤孔
burnishing-in 辊〔挤，熨〕光，跑合作业（曲轴或连杆轴承的紧配后的跑合）
burn-off ①焊化，熔化②烧除，烧穿，焊穿③雾消，云消④耗散热⑤熔落，降碳
~ rate 燃尽率
burn-on ①焊上，焊补②（化学，烧结）粘砂
bus
burn-out ①熔蚀，烧坏〔光，完，毁，断〕，停止燃烧，熄〔歇〕火②熔掉暗模③（电视图像白或近似白区的）灰度损失
short ~ 短火焰燃烧
burnt ①烧过〔成，坏〕的，过热的②．过烧，（铸件被）烧毁
dead ~ 死烧的，僵烧的
burnthrough ①烧毁〔蚀，穿〕②烧漏
burn-up 燃耗，烧完，烧尽
burr ①毛边，毛刺，连皮，焊瘤②砺石，磨石，油石，旋转锉，小圆锯，三角凿（刀）③垫圈，小箍，轴〔杆，套〕环，焊〔衬〕片，尺④凿纹，铸模合缝，粗线⑤（车轮转动发出的）噪声，嗡嗡声，嘎嘎声，颤音⑥去毛刺
arch pointed-nose ~ 弧形尖头旋转锉
flame ~ 火炬形旋转锉
hammer ~ 击锤辊花（手枪手扳处）
helical ~ 螺纹
inverted cone ~ 倒锥形旋转锉
oval ~ 椭圆形旋转锉
spiral ~ 螺纹
straight ~ 直纹
tinned iron ~ 镀锡铁圈
burr-drill 圆头锉，钻锥
burring ①去毛口，去毛刺，毛口磨光②模糊不清③内缘翻边
burrs 膛内沙眼
bur(r)stone 磨石
burst ①爆炸，爆发，猝发，破裂，突发，迸裂②冲击，震动③闪光，闪现④脉冲串（数据传输中的）（瞬时）短脉冲群，字符组，二进制位组⑤信号序列，色同步信号，定相信号，正弦波群⑥分段，分片，分区间，分层⑦喀喇声
~ into flame 着火
~ into steam 突然蒸发
~ of the subcarrier sine wave （彩色）副载频正弦波（色同步）脉冲群
~ of ultraviolet 紫外激发
alternating ~ （PAL 制）逐行倒相的色同步信号
beam ~ 束（流）脉冲
center ~ 中心裂纹（锻造缺陷）
central ~ 中心开裂
chrominance synchronization ~ 彩色同步脉冲
colo(u)r ~ （基准）彩色副载波群，彩色同步信号，彩色脉冲串，彩色定相（信号）脉冲
colo(u)r sync（hronizing） ~ 彩色同步脉冲群〔信号〕
concussion ~ 撞裂
equivalent triangular ~ 等效三角形脉冲（群）
error ~ ①误差区间，误差信号组，错误段，错误群（错误位之间的数据位组）②突发差错，猝发性错误
forging ~ 锻件内裂
identification ~ 识别字符组，识别段
ionization ~ 电离冲击〔碰撞〕
ionospheric D scatter meteor ~ 电离层 D 层散射流星的猝发现象
laser ~ 激光脉冲
long ~ 长时间的脉冲，慢扫描电视中场扫描正程
noise ~ 噪声丛，噪声脉冲串
pulse ~ 脉冲群
reference ~ 基准副载波群
reference carrier ~ 基准载波脉冲群
shock ~ （受冲击）轮胎爆破
short ~ 短脉冲，短时闪光
star ~ 星形脉冲组
sudden ~ 突然爆发，（噪声）猝发
burst-correction 突发纠正
burster 炸药，起爆药，爆炸管〔剂〕抛射药，分纸器
burst-error 猝发误差
burst-error-correction 猝发〔突发，色同步〕误差校正
burst-flag 色同步选通〔标志〕脉冲
bursting ①爆炸，炸裂，裂断，（膨胀）剥裂，胀裂（耐火材料），爆裂②突发，喷出
forging ~ 锻裂
burton 复滑车，滑车组，辘轳

tackle ~ 辘轳，复滑车

burtoning （船的）装卸货固定伸臂

bury ①掩埋，隐蔽②地窖〔穴〕③弯曲

bus ①公共汽车，摩托车，汽车，客机②母线，总线，汇流排，汇流条，公共连接线，信息转移通路③弹头母舱，运载舱

~ out 输出总线

advanced design ~ 实验客车

air ~ 客机

articulated ~ 铰接式公共汽车

auto ~ 公共汽车

bipolar mask ~ 双极屏蔽总线

card ~ 插件总线

common ~ 总汇流条，共母线，共汇集流

connection ~ 连接器的汇流排（蓄电瓶）

controller ~ 控制器总线

coupled ~ 铰接式公共汽车，铰接式大型客车

data ~ 数据总线

decker ~ 单（或双）层公共汽车

diesel-electric ~ 柴油电气公共汽车，内燃电动车

digit transfer ~ 数字信号传送总线

double-deck ~ 双层客车

dummy ~ 模拟母线，模拟线路

electric ~ 电动公共汽车（蓄电池大客车，无轨电车）

excursion ~ 游览公共汽车

expansion ~ 扩展总线

field ~ 现场总线

highway ~ 公路客车

intelligent signalling ~ 智能信号总线

isolated-phase ~ 分相封闭式母线

large ~ 大型客车

light ~ 轻型客车

low-level ~ 低底盘公共汽车

luxurious ~ 高级客车

mask ~ 屏蔽总线

medium ~ 中型客车

M-I ~ 存储器输入总线

mimic ~ 模拟电路，模拟母线，系统主接线单线图

mini ~ 微型客车

M-O ~ 存储器输出总线

nonsegregated-phase ~ 共箱封闭母线，不分相（金属铠装）母线

number transfer ~ 数值传输线，数值总线，数值传输汇流条，数字传送总线

one-way ~ 单向总线

optical shuttle ~ 光信息往返总线

power ~ 电力母线，电源母线，动力汇流排

process field ~ 现场总线

regular ~ 班车

riser ~ 立柱母线

shuttle ~ 区间公共汽车

storage-in ~ （存储器的）输入总线

storage-out ~ （存储器的）输出总线

sync address ~ 同步地址总线

three power ~ 有蓄电池及内燃机的无轨电车

tier ~ （叠合）汇流排

token ~ 令牌总线

trailer ~ 牵引式公共汽车

transfer ~ 换接汇流排，换接母线，切换母线

trip ~ 脱扣母线，跳闸母线

trol(l)ey ~ 无轨电车

universal serial ~ 通用串行总线

busbar ①母线，汇流条，汇流排导（电）条，汇〔导〕电板②结点，节点（潮流）③工艺导线

~ of electrode arm 电极臂母线

auxiliary ~ 备用母线

cathode ~ 阴极导电母线〔排〕

cell ~ 电解槽导电母线〔排〕

connecting ~ 接续汇流条〔排〕

equalizing ~ 均压母线

high-tension ~ ①高压电线②高压汇流排

hospital ~ 备用汇流条组

infinite ~ （功率）无穷大电源〔母线〕

negative ~ 负母线，阴极母线

power ~ 电力母线，动力汇流排

slack ~ 浮游结点，松弛结点（电力系统）

bus-friendly 总线友好（的）

bush 轴衬，套筒，轴承套，衬套，轴瓦，套管

adapter ~ 接头衬套

adjustable cutter ~ 调刀轴环，刀杆调整环

brake ~ 制动器摩擦衬片，制动衬带，闸衬片

collar ~ ①主轴套，轴环套②垫在下面的开口环

combined jewel ~ 组合钻瓦

cylinder ~ 气缸衬筒，气缸套

die ~ （模内）镶块，垫块，模衬

distance ~ 定距衬套，间隔衬套，隔离轴套

ebonite ~ 硬胶套管，胶木套管

fiber ~ 夹布胶木衬套

flanged bearing ~ 翻边轴套
flat ~ 平钻，平瓦，平面轴套
jewel ~ 钻瓦
jig ~ ①钻件夹具的导套，钻套②细衬圈
loose ~ 可换〔活动〕衬套
magic guide ~ 变径导套，张缩导套
main ~ 主轴衬，底衬环
multilayer bearing ~ 多层轴套
neck ~ 内衬套
packing ~ 填料压盖衬套
pattern ~ 空心直浇道棒
pick-up ~ 拾声器轴衬
pilot ~ 导套
pin ~ （活塞销的）销衬套，定心销套，定位销套
plain ~ 普通轴衬〔轴瓦〕，滑动轴衬
plug ~ 塞套
pouring ~ 浇口杯
revolving pouring ~ 转浇杯
rod ~ 活塞杆导向套
runner ~ 浇口杯，浇口盆
sliding blanking ~ （槽轮排种器的）阻塞套，播种量调节套
slip-ring ~ ①集电环绝缘环②集电环下套环
split ~ 部分轴衬
sprue ~ 浇道套
stripper ~ 脱模衬套，卸料衬套
thrust ~ 止推衬套〔套筒〕
trolley ~ 汇流环的滑轮套管（电车）
wrapped bearing ~ 卷制轴套
wrist pin ~ 活塞销轴套，连杆小端衬套

bushed 装了套筒的

bushel ①蒲式耳（计量谷物的容量单位，1 蒲式耳 =（美）35.238 L 或（英）36.368 L）② 1 蒲式耳的量器 busy

bushel(l)ing 碎熟铁红压焊，碎熟铁锻造熔接，修补

bush-hammer 凿石锤，气动凿石机

bush-hook 钩刀，大镰刀

bushing ①衬套〔管，圈〕，高压〔绝缘，塞孔〕套管，导套②钻套，轴套，轴瓦③引线绝缘子④内接头
axle spline ~ 车轴花键套
Babbitt ~ ①巴氏合金轴套②浇铅轴承
ball ~ 直线运动球轴承，（球）滚动导套
boss ~ 带凸台的导套
brake anchor pin ~ 锚定螺杆衬套
cable ~ （变压器的）电缆套管
cardboard ~ 硬纸套管
cast resin insulated ~ 浇注树脂绝缘套管
center ~ （铣床悬臂的）中心杆衬套
composite ~ 复合套管
compound filled ~ 充填化合物的绝缘套管
condenser-type ~ 电容式进线套管
cutting-off ~ ①环形下料模②下料环
dividing ~ 隔离衬套
draw lead ~ 穿缆（式）套管
EHV ~ 超高压套管
entrance ~ 进线套管，引入线绝缘套
flameproof ~ 隔爆绝缘套管
flush ~ （钻模的）无凸缘衬套
insulating ~ 绝缘套管
interstage ~ 中间衬套
knuckle ~ 关节衬套，转向节衬套
lead ~ 引线导管，引线孔板
liner ~ （钻模）衬套
long bearing boss ~ 长导向的带凸台导套
loose ~ 游滑轮衬套，可换衬套
master ~ （履带的）端锁衬套
needle ~ （无内圈的）滚针轴承
neutral ~ （变压器的）中性点套管
oilite ~ 石墨〔自动〕润滑衬套，含油轴套
oilless ~ 自动〔石墨〕润滑轴瓦
pipe reducing ~ 缩小管径的衬套
pouring ~ 浇口杯
power take-off ~ 脱力衬套
reducing ~ 过渡衬套，过渡套管，变径衬套
reentrant ~ 缩短引入线，缩短套管
renewable ~ 可换导套，可换钻套
resin impregnated paper ~ 胶浸纸套管
rotor ~ 套装转子
shearing ~ 凿环，环形下料模
slip ~ 可换衬套
slip bearing ~ 拼合轴瓦
socket ~ 灯头绝缘套
spider ~ 十字叉衬套
split ~ 拼合衬套，裂口衬套
swivel ~ 轴头衬套
throat ~ 节流套
transformer ~ 变压器进线套管
tube ~ 套管绝缘子，（穿墙）绝缘套管
vent ~ 点火螺塞
wall ~ 穿墙套管

business ①职责，权利，业务，事务，工作，职业②事情，事件③交易④企业，实业，商业

~ process 业务流
banking ~ 金融业，银行业
business to ~ 企业间电子商务
electronic ~ 电商，电子商务，电子业务
family ~ 个体工商业
fiduciary ~ 信托业务
future ~ 期货交易
mail order ~ 邮购业务
ongoing ~ 随时业务
partnership ~ 合伙企业
subsidiary ~ 附属业务，副业

bus-line 母线，总线，汇流排，列车汇流线

bus-organization 总线式结构

bus-out 总线输出

bus-rod 圆条母线，圆汇流条

bussing 高压线与汇流排〔母线〕的连接

bust 操作错误，失败，（程序员等的）不称职，打扁

buster ①钉头切断机，风镐，双壁开沟犁，切碎机，铆钉铲②翻土机③无火焰发爆器④制坯模膛，压扁台⑤（巨型）炸弹，庞然大物
bale ~ 草捆切碎机
brush ~ 灌木切除器
bundle ~ 盘条挂送装置，自动送坯装置
clay ~ 圆盘翻土机
pneumatic rivet ~ 风动铆钉铲
ridge ~ 松土器，破垄中耕机
rivet ~ 铆钉切断机，铆钉铲

bus-tie-in 汇电板

busway 配电通道，母线通道

busy ①（计算机）在工作，在操作，（程序）在执行②占线（的），忙的
busy-buzzline ~ 占线
IOC ~ 输入输出控制占用
local ~ 局部占线，局部电话线不空
trunk ~ 中继接头

busy-buzz 忙（蜂）音，占线（蜂）音

busy-lamp 占线信号灯，占线指示灯

busyness 忙碌
edge ~ 边缘忙乱（数字电视中图像边缘的不规则现象）

butadiene 丁二烯

butane 丁烷，罐装煤气

butanol 丁醇

butt ①平接（合），对接，扎接，铰链②端（面），（粗）大（的）端，粗端（晶体），根，底，（枪）托③残片，切头，残（电）极④（短）锭，坯，铸块，钢锭头，（皮革）背皮⑤靶（场），（射击）目标，目的⑥限位块，平春头⑦抵触，顶撞，碰撞⑧使邻接，咬住，顶住，凸出，干扰〔涉〕
bead ~ and square 平圆方角接
circumferential ~ 环状盖板
cross-garnet ~ 十字铰链
fix-pin ~ 固定轴铰链
gas-welding torch ~ 气焊进气硬管
lapped ~ ①搭接②横缝
loose joint ~ 可折活页
overlap ~ 搭接缝
rail ~ 钢轨的切头
scalloped strap ~ 波形边搭板平接
slab ~ 板坯的切头
swivel ~ 回转连结体
three-ply ~ 三折合页
wing ~ 翼根

butter ①整捆器，齐根器②涂抹③牛〔黄〕油，脂，焊膏
~ of tin 氯化锡，四氯化锡
~ of zinc 氯化锌
mineral ~ 凡士林，矿脂
petroleum ~ 凡士林，矿脂，石油膏

butterfly ①节气阀，节流阀，蝶阀，蝶形板，节流挡板，旋转挡板，蝶形装置②活动目标探测器③蝶形的，蝶式的

buttering ①预堆边焊②隔离层③涂〔抹〕灰浆

butting ①扎〔对，平〕接②界限③端面④端面的⑤冲撞

buttinski 装有拨号盘和送受话器的试验器

butt-joint ①对接，平接，碰焊②对抵接头

buttock 船尾〔艄〕，艄型，纵剖面〔线〕

butt-off 补捣（砂型）

button ①（按，旋，电）钮，钮状物，按钮（开关）②金属小珠，铅粒，金属小块③被膜④（方形穴播机尺度索上的）定距拨扣，定距结扣⑤柄头
active ~ 起动按钮
call-circuit ~ 呼叫（线）按钮
carbon ~ 炭精按钮（送话器用）
carriage return ~ ①复原按钮②回车按钮
catch ~ 挡钮
cermet ~ （离合器）金属陶瓷扣式摩擦块
charge ~ （电容器）充电按钮
check ~ 尺度索结扣，定距索结扣
choke ~ 阻气阀操作按钮
close push ~ 闭合按钮
cocking ~ 竖起钮

cupboard ~ 旋扣
die ~ 模具的叶状模槽（三叶状），阴模镶环（作为冲小孔凹模被压到装模板或模体中用的小钮形淬火环）
emergency ~ 备用〔事故，应急〕按钮
emergency call-on ~ 事故引导按钮
entrance-exit ~ 进出选路式按钮
feather-touch function ~ 轻触式功能按钮
flag ~ 特征符按钮
ga(u)ge ~ 测砧，量砧
gum drop ~ 热试金珠
hand ~ 按钮
illuminated ~ 照明指示按钮
inch(ing) ~ 微动按钮
individual ~ 单独操纵按钮
intervention ~ 紧急保险按钮
key ~ 按钮
latching ~ 有锁键的按钮
lead ~ 铅粒
light ~ 光按钮，光键
load ~ 加（负）载按钮，负荷按钮，输入按钮
microphone ~ 微音〔传声〕器按钮
non-locking ~ 自复式按钮
nonstick ~ 自复式按钮
nozzle ~ 风帽（沸腾炉）
numbered ~ 编号按钮
on-off push ~ 合分按钮，通断按钮
order ~ ①指令〔呼叫，信号〕按钮②传号电键（电话）
panic ~ ①应急按钮②应急开关，紧急保险开关
pause/still ~ 暂停 / 静止钮
piano key ~ 琴键按钮
piston-pin ~ 活塞销固定锁环
play ~ 播放键
playback ~ 放音按钮，重放按钮，重放键
press(ure) ~ 按钮
prior-check ~ 预试按钮
push ~ 按钮
record ~ 录像按钮〔键〕，录音按钮〔键〕
register ~ 计数按钮，记录按钮
relight ~ 重复起动按钮
reset ~ 复位〔回零，清除，重复起动〕按钮
rest ~ ①搁钉②支承销
retard ~ 减速按钮
ring-off ~ 拆线按钮，话终按钮
rocker ~ 摇杆按钮
run ~ 快动按钮
scram ~ 快速停堆按钮
snap ~ 按钮
sprue ~ 水口钮
stay-put ~ 锁定按钮（还原时需要拔出）
step ~ （读数）步进〔阶跃〕按钮
stop-all ~ 全切断按钮，故障按钮
talk-listen ~ 通话按钮
test ~ （金属）试样
thrust ~ 止推片，推力轴颈
time-demand ~ 读取时间按钮
toolmaker's ~ 钮形孔距规
touch ~ 灵敏按钮
turn ~ 旋钮
uranium ~ 铀块
button-head ①圆形端头，球头②圆头螺栓〔螺钉，铆钉〕③圆头的
buttonhole 钮孔，眼子
toolmaker ~ 钮形孔距规
butt-prop 对接焊叉，对接支柱
buttress 支柱，支持物，撑墙，扶壁，（前）扶垛，支墩
hanging ~ 悬扶垛
butt-sintering 对接烧结（将坯锭的两端与导电方块接触的烧结方法）
buttstrap ①对接搭板，平接盖板②肩托，（可折叠的）肩托板
butt-weld 对头焊接，平式焊接，碰焊
butt-welder 对焊机
butt-welding 对头焊，对接焊
butylbenzonate 丁基苯甲酸
butyraceous ①油的，含油的，多油的②油性〔质，腻，滑〕的
butyrometer 奶油计
butyrous =butyraceous
buyer 订货方，买货方，购买单位，买主〔方〕，技术引进方
buzz ①蜂音，蜂鸣，嗡嗡声，噪声②蜂鸣器，汽笛，电话③俯冲，低飞
buzzer ①蜂鸣器，电气信号器②汽笛③砂轮，磨轮④轻型掘岩机，轻型穿孔机⑤ 脱水机⑥信号手
alarm ~ 蜂鸣报警〔答〕器
high-note ~ 高音蜂鸣器
piezoelectric ceramic ~ 压电陶瓷蜂鸣器
temperature ~ 温度警报器
variable-note ~ （音调）可调蜂鸣器
buzzerphone ①野战轻便电话机或电报机②蜂鸣器〔信号〕

buzzy ①伸缩式风钻，伸缩式凿岩机②嗡嗡响的

B-weighting B 计权

B-wind B 线圈（磁带录音设备）

B-wire B 线（电话），第二线

by-effect 副作用

bye-pass 支（管）路，旁通〔路〕

bye-path =bye-pass

by-law 附〔细〕则，法规，地方法

by(-)pass ①旁路，旁通，支流，支管，分路，侧道②回绕管，旁通管，分路迂回，旁通阀③并联〔旁路〕电阻④回液阀瓣⑤分流（器），溢流（渠）⑥辅助预真空管路⑦并联的，旁路的⑧绕过，迂回，加分路，回避

air injection ~ （发动机）二次空气喷射分流器

azimuth ~ 左右侧管

center ~ （阀的）中立旁通（在中立位置上，液压缸口关闭，液压泵卸荷，控制阀可串联连接），中间卸荷式

elevation ~ ①上下支管②给…设旁路，加分路，使（流体）走旁路，绕过，环绕，迂回③忽视，回避，漠视，越过

flow ~ 旁流，分流

interlock ~ 解除联锁

restrictor ~ 节流旁通阀

screen ~ 屏栅极旁路电容器

warm-up ~ 暖管旁通阀

by-passage 旁路

by-passed 加分路的，并接的，跨接的

by-passing ①分路，分流，旁路②分路作用③漏

by-pass-path =by（-）pass

by-pass-product 副产物，副产品

bypath 支道，旁通〔道〕，分路，侧管

by-product 副产物，副产品

reduction ~ 还原副产品

bysma 塞子，填塞物

byte 二进位组，信息组，（二进位制的）字节，位〔字〕组

blocked ~ 分组字节

chain ~ 链式字节

extra ~ 附加字节

high order ~ 高位二进制数组

packed ~ 压缩字节

status ~ 状态字节

bytecode 字节代码

byte-serial 字节串

bythium 深度

C

C# C# 计算机语言（美国微软公司的一种用于构造网络应用程序的设计语言）

C++ C++ 计算机语言（C 语言的一个面向对象的扩充版本）

cab ①（出租,公用）汽车,轿车②驾驶〔司机，操作，小〕室，座舱③汽化器

closed ~ 轿（式）车（座）

conventional ~ 长头驾驶室

crew ~ 双排座驾驶室

driving ~ 司机室

forward control ~ 平头驾驶室

nomal cotrol ~ 短头驾驶室

offset ~ 侧置驾驶室

operator's ~ 值机室

tender ~ （机车）司机室

tilt ~ 前倾式驾驶室

cabane （飞机的）翼柱，翼间架，顶架，锥体形支柱泵

cabbaging 压实，成形，预镦形

cabbies 出租汽车

cabin ①驾驶室,（铁路）信号室②小屋,（客,船，机）舱

airtight ~ 气密舱，密封舱

brakeman's ~ 制动员室，制动台

climatized ~ 空气（温度）调节舱，气温调节舱

compartmentalized ~ 间隔密封舱（分隔为多个互相隔绝的密封舱）

control ~ 操纵室，控制室

diving ~ 潜水工作间

nose ~ 前舱

operator ~ 驾驶室，司机室

pressure ~ 增压舱，气密座舱

radio ~ 无线电室

receiver ~ 接收机室

sealed ~ 增压座舱，密封舱

signal ~ 信号房

sky ~ 登机桥

W/T ~ 无线电（值）机（员）室

cabinet ①箱，柜②间，小室，小房，小操纵台③接收〔金属，塑料〕机壳，壳体④箱式扬声器

active ~ 有源的扬声器箱

antisubmarine ~ 反潜舱

bass-reflex ~ 低音反音箱，倒相式扬声器箱

block ~ 闭塞机

console ~ 控制室

constant humidity ~ 恒湿箱

constant temperature ~ 恒温箱

distributing ~ 分线〔配电〕箱

dry developing ~ 干显像柜

environmental ~ 人造环境室（创造必要的温度、湿度、压力等环境条件）

filing ~ 档案柜

high/low-voltage switch ~ 高低压开关板

humidity ~ 湿度箱，潮湿箱

key ~ 电键箱，电话控制盒

meter ~ 仪表室，计数器室

refrigerated ~ 冷藏柜

relay ~ 继电〔磁力起动，替续〕器箱

sensor module ~ （数控机床）安装式编码器模块机柜

silence ~ 隔声〔音〕室

speaker ~ 扬声器箱

switch ~ 开关柜

television ~ 电视（接收）机箱

wheel abrator ~ 喷丸室

cable ①（索）缆，钢索，钢丝绳，钢丝，钢绞线②电〔光〕缆，多芯导线，被覆线③海底电缆，海底电报④链（海上测距单位，1 链 =185.32 m）⑤锚链⑥用绳或锚链系牢，捆绑⑦打电报，架设电缆

~ for direct buria 直埋缆

~ in code 简码电报

actuating ~ 操作电缆

aerial ~ 架空电缆

aerial optical fiber ~ 架空光缆

air core ~ 充气纸绝缘电缆

airspace ~ 空气绝缘电缆

all dielectric self-supporting ~ 无金属自承式光缆

all-in-one ~ 合用电缆

Alpeth ~ 聚乙烯绝缘铝芯电缆，阿尔贝斯电缆

alumin(i)um ~ 铝芯电缆

alumin(i)um steel ~ 钢（芯）铝电缆

approved ~ 防爆电缆
arc furnace flexible ~ 电弧炉软电缆
armo(u)red ~ 铠装电缆
arresting ~ 阻拦索
attenuating ~ 衰耗电缆
axial ~ 中心索，中轴索
backstay ~ 后拉索〔缆，杆〕(由桅扯至后舷侧的绳索)
band-armo(u)red ~ 钢带铠装电缆
bank ~ 多芯电缆，(电话)线弧电缆
bare ~ 裸缆，明线
bearer ~ 吊索，支持钢索
belted ~ 铠装电缆
bidirectional ~ 双向光缆
bifilar ~ 双芯电缆
black ~ 黑色(浸渍)电缆，黑色信号电缆
bracing ~ 拉索
braided ~ 编包电缆，屏蔽电缆
branching ~ 分支电缆
breakdown ~ 应急电缆，替换电缆
building-out ~ 补偿电缆，附加电缆
bunched ~ 多股〔集束，束状〕电缆
bundle ~ 束(式)光缆
bundle assembled aerial ~ 集束架空电缆
buried optical fiber ~ 直埋光缆
BX ~ (安装用)软电缆
cab ~ 司机室电缆
cabtyre ~ 橡胶绝缘软电缆，软管电缆
camera ~ 摄像机电缆，电视电缆
carrying ~ 承载索，运输索，装载索
central office ~ 局用电缆
chain ~ 链索，锚链
charging ~ 充电电缆
check ~ 拦阻索，安全索
city ~ 市内电缆
coaxial ~ 同轴电缆，同轴链
coil-loaded ~ 加感电缆
collectively shielded ~ 总接地屏蔽电缆
communication ~ 电信电缆
communication optical fiber ~ 通信光缆
compensating ~ 均衡电缆，补偿电缆
composite ~ 混合(多芯)电缆，复合电缆
composite optical fiber ~ 综合光缆
compound ~ 混合(多芯)电缆(线对截面各不相同)，分段组合电缆
compression ~ 压(力充)气电缆
concentric ~ 同轴电缆
concentric-lay ~ (芯线扭绞的)同轴电缆
conduit optical fiber ~ 管道光缆
connection ~ 接线电缆
connector ~ 电缆接头
continuous(ly) loaded ~ 连续加感电缆
contour ~ (电视台服务区)等场强线用电缆
control ~ ①控制电缆②控制索，操纵索
corona-proof ~ 防电晕电缆
corrugate sheath ~ 波(皱)纹护套电缆
cotton insulation ~ 纱包(绝缘)电缆
cotton-covered ~ 纱包电缆
coupling ~ 中继电缆，耦合电缆
covered ~ 屏蔽电缆
cross-linked polythene power ~ 交联聚乙烯绝缘电力电缆
cut ~ 电缆端，一节电缆
D ~ D形〔半圆〕导线双芯电缆
data ~ 数据同步传输电缆
degaussing ~ 消磁电缆
delay ~ 延迟电缆，延迟线
dial ~ ①号盘软线②标度〔拨号〕盘电缆
disk insulated ~ 有绝缘垫圈的高频电缆
disk-space ~ 有绝缘垫圈的高频电缆
distributing ~ 配电〔线〕电缆
distribution fiber optic ~ 配线光缆
DM ~ 双芯电缆
double armo(u)red ~ 双层铠装电缆
double wire-armo(u)red ~ 双层电线铠装电缆
drop ~ 分支电缆
drop fiber optic ~ 引入线光缆
dry-core ~ 干芯电缆，空心纸绝缘电缆
dubbing ~ 复制电缆
duplex ~ 双股电缆，双芯电缆
elevator ~ 升运机用索，升降舵控制索
emergency ~ 应急电缆(检修故障时用)，备用电缆
enamel(l)ed ~ 漆包电缆，漆包(绝缘)线
endless ~ 无极钢缆
entrance ~ 引入电缆
estuary ~ 过河电缆，水下电缆
exchange ~ 交换局电缆
exchange area ~ 市内电缆
exploration ~ 探测电缆
external ~ 室外〔舱外，外部〕电缆
external gas pressure ~ 压气电缆
extra high voltage power ~ 超高压电缆
feed ~ 馈电电缆，电源电缆
feeder fiber optic ~ 馈线光缆
fiber ~ (纤维)光缆

fiber ribbon ~ 带状光缆
fiber-optic(al) ~ （纤维）光缆
field ~ 军用电缆
firing ~ 引燃电缆，起动电缆
flame-proof ~ 防火电缆
flame-resistant ~ 耐火电缆
flat ~ 带状电缆，扁电缆
flat-sandwich multiconductor ~ 带状电缆
flexible ~ 软（性）电缆
four-core ~ 四芯电缆
four-wired ~ 四芯电缆
gang way ~ 主巷道电缆
gas ~ 充气电缆
gas compression ~ 压气电缆
gas cushion ~ 气垫电缆
general purpose intelligent ~ 通用智能电缆
GI ~ （充）气浸（渍）电缆，气体绝缘电缆
gopher protected ~ 防鼠（咬）电缆
graded ~ 分层绝缘电缆
ground ~ 地下电缆
grounding ~ 接地电缆
guard ~ 安全防护用钢丝绳
guide ~ 引示电缆（沿线指示方向用）
gutta-percha ~ 杜仲树胶（绝缘）电缆
H type ~ （分相）屏电缆
hauling ~ 牵引绳
headed ~ 有接头的电缆
hemp-center ~ 黄麻芯钢索
high capacity ~ 大容量电缆
high-tension ~ 高压电缆
Hochstadter ~ 霍赫斯德特（高压多芯）电缆
hoisting ~ 起重（钢）索，钢丝绳
house ~ 室内电缆，用户电缆
impregnated ~ 浸渍电缆
India-rubber ~ 橡胶绝缘电缆
individually screened ~ 分相屏蔽电缆
inside ~ 户内电缆
intelligent ~ 智能电缆
interconnecting ~ 中继〔连接〕电缆
internal gas pressure ~ 充气电缆
inter-office ~ 局间电缆
interruption ~ 应急电缆，替换电缆
jacketed ~ 包皮电缆
jumper ~ 跨接电缆，分号电缆
junction ~ 中继电缆
Krarup ~ （克拉）均匀〔连续〕加感电缆
land ~ 地面电缆（可以移动的电缆）
large-sized ~ 大容量电缆，大型电缆
layer ~ 分层绞合电缆
lead ~ 引出线电缆，铅包电缆
leader ~ 引线电缆
leading-in ~ 引线电缆，引入〔进局〕电缆
lead-paper ~ 空气纸绝缘铅包电缆
lead-sheathed ~ 铅包电缆
lepeth ~ 铅聚乙烯包皮电缆
lighting ~ 照明电缆〔路〕，电灯电缆
lightning protected ~ 防雷电缆
lightning-diverting ~ 分雷电缆
load ~ 工作〔牵引〕钢丝绳
loaded ~ 负荷电缆，加感电缆
local ~ 局内电缆，市话电缆
logging ~ 电测用电缆
long-distance telecommunication ~ 长途通信电缆
loose ~ 松纸包电缆
lossy ~ 有损耗电缆
low-capacitance ~ 低（分布）电容电缆
low-capacity ~ 小容量电缆（线对少的电缆）
low-noise level ~ 低噪声电缆
low-tension ~ 低压电缆
main ~ 干线电缆，总输出电缆
mains ~ 电源线
marine ~ 海底电缆
medium-coaxial ~ 中同轴电缆(载波电话机）
messenger ~ 吊线钢索，承力吊索，悬吊线（缆）
metallic ~ 钢丝索
microphone ~ 微音〔传声〕器电缆
mine mooring ~ 雷索
mineral insulated ~ 矿物绝缘电缆，无机绝缘电缆
mining ~ 矿用电缆
mininoise ~ 低噪声电缆
monofiber ~ 单芯光缆
multibundle ~ 多束光缆
multichannel ~ 多通道光缆
multi-conductor ~ 多股电缆
multifiber ~ 多芯光缆
multiple twin ~ 扭绞四芯电缆
multi-way ~ 多分支电缆
naked ~ 明线
n-conductor ~ n 芯电缆
non-association ~ 非标准电缆
non-draining ~ 不滴流电缆
non-metallic optical fiber ~ 无金属光缆
non-quadded ~ 对绞电缆

non-repeater ~　无增音机电缆
normal ~　正规电缆
nose ~　（电耙的）首绳
oceanographic measuring ~　海洋测量电缆
oil compression ~　高压充油电缆
oil-filled ~　充油电缆
oil-impregnated paper insulation ~　油浸纸绝缘电缆
oilostatic ~　油压电缆，高油压充油电缆
optical ~　光缆
optical fibre ~　光缆
outgoing ~　引出电缆，出局电缆
outside ~　室外电缆
oval ~　椭圆形电缆
overground ~　架空电缆
overhead static ~　（内包通信电缆的）架空地线，架空避雷线
pair(ed) ~　双股〔对绞〕电缆
paper ~　纸绝缘电缆
paper-core enamel(l)ed type ~　纸绝缘漆包电缆
paper-core screened ~　纸绝缘屏蔽电缆
paraffin electrothermal ~　清蜡电热电缆
phantom(ed) ~　幻象线路电缆
PIC ~　聚乙烯绝缘电缆
pilot ~　引导电缆，引示电缆
pipe ~　管道电缆
piped compression ~　管内充气的（高压）电缆
pipe-type ~　管装〔式〕电缆
plain lead-covered ~　光皮铅包电缆
plastic insulated power ~　塑料绝缘电力电缆
plenum ~　介质电缆，填充电缆
plow-in optical ~　直埋式光缆
polycore ~　多芯电缆
power ~　电力电缆，动力电缆
pressed-core ~　压力〔芯〕电缆
pressure ~　充（高压）气（体的）电缆
pressurizing ~　充气电缆，气密电缆
primary ~　（点火系统）低压导线
printed circuit ~　印制导线，印制电路引线
program(me) ~　传音电缆，节目电缆
protected ~　包皮电缆
pull-back ~　（铲土机，电耙的）反拉钢丝绳
Pupin ~　浦品电缆，加感电缆
quad pair ~　扭绞八芯电缆
quad(ded) ~　四线电缆，扭绞四芯电缆
quadraplex ~　四芯（线）电缆
radio ~　高频电缆
radio-frequency ~　射频电缆
relief ~　更替电缆
reserve ~　备份电缆
return ~　回流线，回流电缆
ribbon ~　带〔扁〕形电缆
riser ~　①吊索②电梯电缆，直立电缆（由一层到另一层电缆的直立部分）
river ~　过河电缆
rubber ~　橡胶（绝缘）电缆
rubber insulated power ~　橡胶绝缘电力电缆
rubber-sheathed ~　橡胶（包）皮电缆
safety ~　①安全电缆②安全索，保险索
scrap ~　电缆零头，废电缆
screened ~　屏蔽电缆
secondary ~　副绕组电线，（点火系统）高压导线
sector ~　扇形芯电缆
self-coiling ~　螺旋式电缆
serial intelligent ~　串行智能电缆
service ~　引入电缆，用户电缆
seven by seven ~　七股七丝钢索
shaped-conductor ~　（三相）特形铁心电缆
sheathed ~　铠装电缆
shield ~　屏蔽电缆
shielded twisted-pair ~　屏蔽双绞线电缆
ship ~　船用电缆
shore-end ~　浅海电缆，海底电缆
shot-firing ~　引燃电缆，起动电缆
single ~　单芯电缆
single fiber ~　单纤光缆，单芯光缆
single mode fiber ~　单模光缆
single-fiber ~　单芯光缆
slotted core ~　骨架式光缆
SL-type ~　分头电缆
small capacity ~　细〔少〕芯电缆
small-coaxial ~　小同轴电缆（载波电话机）
smart ~　智能电缆
solid ~　胶质浸渍的纸绝缘电缆，实芯电缆
sound ~　通信〔传声，良好的〕电缆
speedometer ~　里程表软线
spiral tungsten ~　螺线钨丝
split(-conductor) ~　分芯电缆，分股电缆
stalpeth ~　钢、铝、聚乙烯组〔复〕合铠装电缆
standard ~　标准电缆（作为测量通信路线衰耗的单位）
star-quad ~　星绞四线电缆
steel ~　钢丝绳

strand ~ 绞合〔扭绞〕电缆，绞〔吊〕线
strap ~ 带状电缆
stub ~ 连接电缆，短截电缆
subaqueous ~ 过河电缆，水底电缆
submarine ~ 水底〔海底〕电缆
submarine communication optical ~ 海底通信光缆
submarine optical fiber ~ 海底光缆
submarine optical telephone ~ 海底电话光缆
submarine telecommunication ~ 海底通信电缆
subscriber ~ 用户电缆
subsidiary ~ （长途）辅助电缆
super-conducting ~ 超导电缆
super-conducting coaxial ~ 超导同轴电缆
super-conducting communication ~ 超导通信电缆
supply ~ 电源电缆
supported ~ 支撑电缆
switching ~ 开关电缆
symmetrical ~ 对称电缆
tachometer drive ~ 转速表传动软轴
tape ~ 带状电缆，扁平电缆
taper-loaded ~ 端部负载逐渐变小的电缆，锥型负载电缆（海底电缆）
tapping ~ 抽头电缆
telecommunication ~ 通信电缆
track ~ ①承重钢丝绳，承重索，钢丝绳②行车③缆道
trailing ~ 拖曳电缆
travel(l)ing ~ 电梯用电缆
triaxial ~ 三线电缆
trilead ~ 三线电缆
triplex ~ 三芯电缆
trunk ~ 干线〔中继，长途〕电缆
twin ~ （平行叠置，非同轴）双芯电缆
twin transposition ~ 双绞电缆
twinax ~ （非同轴）双芯电缆
twin-type ~ 对绞多芯电缆
twisted ~ 绞合电缆
twisted-pair ~ 双扭线电缆
umbilic(al) ~ 连接电缆
underground ~ 地下电缆
underwater optical fiber ~ 水底光缆
unit ~ 组合电缆（通信用电缆，一般由 100 对芯线组成）
unshielded ~ 非屏蔽电缆
vertical-rise ~ 竖立电缆，垂直电缆
video ~ 视频电缆，电视电缆
vision ~ 电视电缆
waveconal ~ 交联聚乙烯绝缘铝包电缆
white ~ 白色（浸渍）电缆
winch ~ 绞车钢丝绳
wire ~ ①多股缆②钢绳，钢丝绳
wrapped ~ 绕扎电缆
X-ray ~ X 光电缆

cable-car 缆车，（架空）索（道）车
cablecast 用有线电视或公共天线播放
cablegram 海底〔水线〕电报
cable-laying 电缆敷设
cable-length 锚链
cabler 并纱机，搓绳机，并纱工
planetary ~ 行星式成缆机
cablese 电报用语
cables-length 链（海上测量距离单位，1 链 =185.32 m）
cablet 小缆
cableway ①（架空，钢）索道，缆道②电缆管道的管孔③架线〔缆索〕起重机
aerial ~ 架空索道
dragline ~ 塔式电铲，吊铲，吊斗挖掘机
simple aerial ~ 轻便索道
slackline ~ 电铲索道，刮斗索道
wire ~ 钢丝绳索道
cabling ①电缆线路，总电缆，电缆填料②卷缆柱③敷设电缆，布线，线的绞合④成缆
aerial ~ 架空电缆
optical fiber ~ 光纤成缆
cabochon 〈法〉端部磨成圆状宝石，圆形，馒头形
caboose （铁路）守车
cabriolet 活顶小轿车，篷式汽车
foursome ~ 四座篷顶小客车
cabtyre 橡胶绝缘的，用橡胶套的
cacaerometer 空气纯度测定器
cacciatore 水银地震计
cache ①贮藏处②（超）高速缓冲存储器，高速缓存，隐含存储器③贮藏，隐蔽
CAM ~ 内容定址存储器的超高速缓（冲）存（储器）
coherent ~ 一致性高速缓存
memory ~ 存储器的超高速缓存
secondary ~ 二级高速缓存
write-back ~ 高速缓存回写
write-through ~ 写通过式高速缓存
caddy ①（有轮子的小型）运输工具，搬运工具②（存放常用物品的）箱，盒

parts ~ 零件搬运车
cade 桶（英国旧容量单位）
cadence ①（博多机中的）步调信号②韵律，节奏
cadger 小型注油器，小油壶
cadmia ①（碳酸）锌②锌壳，锌渣，锌质炉瘤
cadmium 镉（Cd）
Cadux HS 光亮〔HS〕镀镉
Caesar “凯撒”被动式水平监听系统
caesiated 敷铯的，铯化的
caesiation 铯激活
caesium 铯（Cs）
cage ①笼，笼状物，盒，罩，（异步电机的）笼形绕组②升降机箱，电梯室，（起重机的）操纵室，（竖井）升降车，罐笼③壳体，机架④栅，方格，网⑤（轴承的）保持架，隔圈⑥锁定（陀螺）⑦套筒⑧箱体
ball ~ 球隔离圈，球轴承罩
breaker ~ 开关箱
bronze ~ 青铜保持架
buried ~ （推斥感应电动机的）深笼
cap and body type ~ 端盖和支架式保持架
card ~ 插件箱〔盒，架〕
card frame ~ 插件机柜
cargo ~ 网栅小型集装箱
cleaning ~ 滚净筒
column support ~ 色谱柱笼
control ~ 定向套（抛丸机）
crown ~ 冠形保持架
deep-slot squirrel ~ 深槽笼型（电机）
double-split ~ 双剖分保持架
driver's ~ 司机室
EHT ~ （极）高压罩（显像管阳极用的高压罩）
element riding ~ 滚动体引导保持架
exposure ~ 照射用的栅格
Faraday's ~ 法拉第笼（静电屏蔽）
form ~ 模板骨架
gunmetal ~ 青铜保持架
hydraulic aerial ~ 液压高空作业车
hydro-extracting ~ 甩水机，脱水机
inner ~ 内机座，（发电机的）内笼
ladder strip ~ （焊接）框形保持架
land riding ~ （套圈挡边）台面引导保持架
lower ~ 下笼（电机）
machined ~ 机加工保持架，实体保持架
needle ~ 滚针轴承隔离环
outer ~ 外机座，（笼型电机的）外笼
outermost ~ 外笼（双笼型电动机）
pin type ~ 支柱型保持架
pinion ~ 主动〔行星〕齿轮架，差速器壳，差速盘
planetary ~ 行星传动装置箱
pressed ~ 冲压保持架
prong type ~ 舌（爪）连续型保持架
ribbon ~ 浪形保持架
ring-centered ~ 套圈定心保持架
roller ~ 滚子保持架，轧辊机座
rotary ~ 转筒筛，滚筒筛
rotor ~ 转子笼
safety ~ （油罐操作用的）安全室，（带断绳防坠器的）安全罐笼
screening ~ 屏蔽笼
stator ~ 定子机壳〔座〕
upper ~ 上笼（电机）
valve ~ 气门壳
water seal ~ 水封环
window-type ~ 窗式〔框型〕保持架
cageless 无隔离环的，无保持架的
cage-lifter 升降机
cager ①装罐工，井口信号工②装罐机
caging ①笼框②装罐③制动，锁住，停止，吸持（陀螺仪的）锁定
bird ~ 钢丝打结，（钢丝绳的）局部扭曲
gravity ~ 重力装罐（笼），自溜装罐
hand ~ 人工装罐〔笼〕
caisson ①沉箱②（船）坞（闸）门③（打捞沉船用的）充气浮筒，蓄气装置④（炮车后的）弹药箱〔车〕
box ~ 箱形沉箱
floating ~ 浮式沉箱
open ~ 开口沉箱
vice table ~ 钳工箱
cake ①圆块件，团〔粉，熔，结〕块，块状物②（泥，泥芯，滤）饼，饼状物③（钢，铜）锭④烧〔块，粘，熔，固〕结
blister ~ 泡铜块，粗铜块
compressible ~ 可压缩性滤饼
copper wedge ~ 热轧铜板或铜带用的锭坯
emery ~ 研磨用磨块，（金）刚砂磨块
filter ~ 滤饼，滤后沉淀
graphite ~ 石墨板，石墨片
incompressible ~ 不可压缩性滤饼
iron ~ 铁渣，含铁滤饼
sinter ~ 烧结饼，烧结块
slag ~ 渣饼

sponge ~ 海绵状金属块
tough ~ 精铜（w（Cu）约99%）
yellow ~ 黄饼（炼铀时的中间产物重铀酸铵）
cakey 成了块的，凝固了的
caking ①结块，烧结，（加热）粘接②积炭的形成③烘烤，干燥④焦性
caky 成了块的，凝固了的
Calal 卡拉尔钙铝合金（w（Ca）8% ~ 26%，其余Al）
Calamine 锌铅锡合金
calamine ①异极〔菱锌，水锌〕矿②炉甘石（药）
calandria 排管式，加热体〔器，管群〕，蒸发设备
calash （带弹簧的）四轮车，车篷
calc ①石灰（质），钙（质）②微积分学
calcar 熔（玻璃）炉，煅烧炉
calcia 氧化钙
calcic 石灰的，（含）钙的
calcimeter 碳酸（测定）计，钙定量器
biochemical oxygen demand ~ 生化需氧量测定仪
calcinate 煅烧产物，煅〔熔〕烧
calcination ①煅烧，焙解②氧化法，烧矿法
calcinator 煅烧炉〔窑〕
calcinatory ①煅烧炉〔器〕②煅烧的
calcine ①煅烧产物②焙烧，煅烧
reduced ~ 还原焙砂
calciner 煅烧炉，煅烧窑
reverberatory ~ 反射煅烧炉
calcite 方解石
calcium 钙（Ca）
calculability 可计算性
calculable 可计算的
calculagraph （通话）计时器〔仪〕
calculate ①计〔核，推〕算，预〔推〕测②打算，计划③以为，觉得，相信
calculation ①计算，运算②估计，预测③考虑，仔细分析
approximate ~ 近似计算
card programmed ~ 卡片分析机，卡片程序计算
charge ~ 炉料计算
checking ~ 验算
circuit ~ 电路计算
double ~ 复算
ex ante ~ 事前计算
ex post ~ 事后计算
first-ouder ~ 一级近似计算
fixed point ~ 定点计算
floating-point ~ 浮点计算
flutter ~ 颤动计算
graphic(al) ~ 图解法，图解计算
heat(ing) ~ 热力〔平衡〕计算
inventory ~ 编目计算，盘存计算
life expectancy ~ 预期使用寿命计算
mixture ~ 配料计算
numerical ~ 数值计算
performance ~ 性能计算，特性计算
per-unit ~ 单位值计算
pilot ~ 试算
proximate ~ 近似计算
refined ~ 精确的计算
second-order ~ 二级近似计算
shortcut ~ 简化的计算
slag ~ 配渣计算
stop ~ 停机，（计算机）停止计算
surveying ~ 测量计算
tabular ~ 表格计算（法）
transient ~ 过渡过程计算
calculator ①计算机〔器，装置，图表〕②计算者
audio response ~ 答话计算器（一种能回答简单数字的计算器）
chip ~ 单片计算器
course ~ 航路计算器
decibel ~ 分贝计算图表
dekatron ~ 十进（制计数）管计算机
desk(-top) ~ 台式计算机
duplex ~ 双工（制）计算器
electronic ~ 电子计算器
electronic table ~ 台式电子计算器
flight ~ 飞行计算器
function ~ 函数计算器
general purpose ~ 通用计算机
hand ~ 手摇计算机〔装置〕
network ~ 网络计算机，网络分析器
omnibus ~ 多用计算装置
pocket ~ 便携（式）计算器，袖珍式计算器
printing ~ 打印计算机
programmable ~ 可编程序计算器
ratio ~ 比例计算器
relay ~ 继电器式计算机
selective sequence ~ 选择程序计算机
slide-type ~ 计算尺式计算装置
vest-pocket ~ 袖珍计数器

wind ~ 风速计算器

calculus ①微积分②计算（法），演算

~ of finite difference ①差分学②有限差分运算

~ of proposition 命题演算

Boolean ~ 逻辑演算，布尔演算

complex ~ 复变微积分（学）

differential ~ 微分（学）

differential and integral ~ 微积分

fluxionary ~ 微积分

functional ~ 泛函演算

infinitesimal ~ 微积分

integral ~ 积分（学）

matrix ~ 矩阵微积（分），矩阵计算（法）

operational ~ 运算微积

perturbation ~ 小扰动法计算

variation(al) ~ 变分学〔法〕

vector ~ 矢量计算，向量计算

caldoactive 极端高温的

caldron （大，敞口，煮皂）锅，火（山）口

calendar ①日〔月〕历，历法，历书，月份牌，一览（表），（全年）日程表②记入日程表中

continuous date-setting ~ 慢爬换日

perpetual ~ 恒历机构（自动对月校正的日历机构）万年历，永久日历

calender ①研光〔轮压，压延〕机，辗〔压，轧〕光机②用研光机研光（增进织物光泽的整理设备）

~ for plastics 塑料压延机

beetle ~ 捶打轧光机，捶打轮压机

chasing ~ 雕镂压延机，叠层轧光机

coating ~ 贴胶压延机

cold ~ 冷轧机

doubling ~ 重合研光〔压光，轮压〕机

embossing ~ 浮花辊压机，压纹机

felt ~ 毛毡式研光机，毛毡滚筒

friction(ing) ~ 异速研光机，摩擦轧光机

gauffer ~ 浮花压制机，凹凸纹轧花机，印纹轧压机

glassine ~ 研光机

glazing ~ 研〔轧，擦〕光机

hosiery ~ 针织品轧光机

jacking roll ~ 卷布式轧光机

machine ~ 纸机压光机

moire ~ 波纹轧光机

plate ~ 平板研光机

plate glazing ~ 平板研〔抛〕光机

profiling ~ 胎面机

rags ~ 碎布胶料压光机

roller ~ ①研光机，（滚筒）轧光机②皮辊热压机

rotary ironing ~ 旋转式烫轧机

schreiner ~ 电光机，缎光机

sheet(ing) ~ 平板研光机

silk finishing ~ 丝光研光机

single nip ~ 双辊压光机，单一压区压光机

skim coat ~ 平板研光机

spreading ~ 等速研光机，涂胶压延机

strip ~ 条胶压延机

swissing ~ 多辊轧光机

tandem ~ 成对研光机

transfer ~ 热压转移印花机

upper(-sheeting) ~ 鞋面压延机

warming ~ 预热压延机

water mark ~ 波纹轧光机

calenderability 压延性能

calenderer 研光工

calendering ①研〔辗，压〕光，压制〔延〕②混练（橡胶）

calenderstack ①研光机，纸压光机②压延机

calendry 用研光机操作的地方

caliber ①口〔管，弹，圆柱〕径，（子弹，炮弹，导弹）最大直径②尺寸，大小，轧辊孔型〔型缝〕③（量，线，卡，测径）规，（卡，规）尺，测径器，卡钳，对〔样〕板④能力，质量

heavy ~ 大口径

special ~ 专用手表机芯

calibrate ①校准，校正②刻度，分度③检查，定标

Calibrate Calibrate 工具（一种用于提高磁盘运行性能的程序）

calibrated ①已校准〔刻度〕的②校正的，标定的

calibrater =calibrator

calibrating 校准，定标

roll ~ 轧辊型缝校准

calibration ①校准，标〔检〕定，检查，定标②刻度，分度③定〔测量〕口径，量尺寸④标准化

absolute ~ 绝对法校准

accuracy ~ 精度检定

actual material ~ 实物校准

azimuth ~ 方位（角）校准

bench ~ 试验台校验

bridge ~ 电桥校准

captive chains ~ 链码校准

comparison ~ 比较法校准
double-bounce ~ 双回波校准
dynamic ~ 动态校准
electromagnetic ~ 电磁校形
ga(u)ge ~ 量规校准
instrument ~ 仪表校正，仪表定标
jet ~ （化油器）量孔校准
logarithmic ~ 对数刻度，对数定标
meter ~ 计量器校准，电表校准
permanent ~ 永久性标定
photometric ~ 光度校准
pick-up ~ 传感器校准，发送器校正
pressure ~ 压力校准，声压校准
radar ~ 雷达定标
range ~ 距离校正，量程校准
range-zero ~ 零距校准
reciprocity ~ 互易校准，互易定标
scope ~ 示波〔显示〕器校正
sensitivity ~ 灵敏度校准
static ~ 静态校准
temperature ~ 温度检定
thermocouple ~ 热电偶分度

calibrator ①校验器，校准设备，校准器，定标器②校径规③测厚仪④校准者
built-in ~ 机内校准〔检定〕器
frepuency ~ 频率校准器
hydrophone ~ 水听器校准器
voltage ~ 标准电压源

calibre =caliber

Calido 卡里多镍铬铁合金（w(Ni)60%，w(Cr)16%，w（Fe）24%；或 w（Ni）64%，w（Cr）8%，w（Fe）25%，w（Mn）3%）

californium 锎（Cf）

caliper =calliper

calipers =callipers

Calite 卡利特镍铝铬铁合金（w（Ni）35% ~ 40%，w(Al)4.5% ~ 10%，w(Cr)5% ~ 5.5%，其余 Fe）

calk ①生〔未消〕石灰②马蹄铁刺，鞋钉，尖铁③ =caulk ④摹画（复制），描图

calkin 密缝凿，填隙料，尖铁

call ①呼叫，通话②要求，需要③访问，请求④引入，调入，（计算机的）调用⑤称为，叫做
~ by location （按）位置调用，（按单元）地址调用
~ by name 传名调用
~ by reference 引用调用
~ by value 赋值（代入值）
~ controller 群集控制器
~ for paper 会议征文，征稿，约稿（为编会议录用）
~ in 调入（子程序）
~ on 访问（内存储单元）
abbreviated ~ 缩位（短缩）呼叫，简呼
advance ~ 预约呼叫
automatic alarm ~ 自动叫醒电话；自动报警呼叫
buzzer ~ 蜂鸣器呼叫
caloricityphoto ~ 光信号
code ~ 编码呼叫，选码振铃
combined line and recording ~ 混合接续制呼叫
credit card ~ 信用卡通话
cross ~ 交叉呼叫
database ~ 数据库调用
distress ~ 求救呼号，遇险呼号
equated ~ 等值通话
exchange ~ 市内呼叫
external ~ 外部调用
formal parameter ~ 形式参数调用
function ~ 函数调用
general ~ 全呼
identifying ~ 识别调用
idle ~ 空调用
long-haul ~ 长途通话
loss ~ 未接通的呼叫
magneto ~ （手摇）磁石发电机呼叫
messenger ~ 传呼（电话）
monitor ~ 监督程序调用
multi-metered ~ 复式计次呼叫
mutual exclusive ~ 互斥调用
nested macro ~ 嵌套宏调用
nested monitor ~ 嵌套监督程序调用
originating ~ 发端呼叫
outgoing ~ 去话呼叫，呼出
precedence ~ 优先呼叫
procedure ~ 过程调用
recursive ~ 循环呼叫
relayed ~ 转接呼叫
revertive ~ （同线用户间的）相互呼叫
semantic routine ~ 语义程序调用
service ~ 业务通话，业务呼叫
short-haul ~ 短途通话
station-to-station ~ 局间通话
subroutine ~ 子程序调用，子例（行）程（序）

调用
subscription ~ 特约通话
supervisor ~ 请求管理程序，访问〔调入〕管理程序
system ~ 系统调用
system function ~ （数控机床）系统功能调用
task ~ 任务调用
through ~ 直接通话
toll ~ （收费的）长途（电话）
trunk ~ 长途电话，长途呼叫
unit ~ 通话单位
urgent ~ 加急电话，紧急呼叫
value ~ 值调用，调值
virtual ~ 虚拟呼叫，虚调用
callable 可调用的，可调入的（指调入数据、程序）
call-box 电话室，公用电话亭
callee 受话人，被呼叫者，被访问者
caller ①呼叫者，打电话者②调用程序
procedure ~ 过程调用程序
CALLIN 进线（一种用于提供数据终端设备接收呼叫的逻辑通道类型）
calling ①呼叫〔号〕,振铃,召集,点名②引〔调〕入③名称④职业，行业
all number ~ 全号呼叫
branch ~ 转移调用
general ~ 全体叫通（电话）
calling-magneto 振铃手摇发电机
calling-up 电台呼叫，接通
CALLIO 进出线
cal(l)iper ①纸（板等）的厚度②用卡规〔测径器〕测量
compass ~ 弯脚卡钳
cal(l)ipers 圆规，卡尺〔规，钳〕，两脚〔外卡，内径，测径，弯脚〕规，测径器
back ~ 齿弧卡规
ball ~ 球径量规
beam ~ （大）卡尺，滑动径规
center ~ 测径规
combination ~ 内外卡钳
divider ~ 画规，圆规，等分卡钳
double ~ 内外卡钳，两用卡钳
Fay ~ 外径内径组合卡钳
ga(u)ge ~ 卡规，量规
gear tooth ~ 齿轮（游标）卡尺，齿轮规
globe ~ 球径规
hermaphrodite ~ 单边卡钳，定心划规，内外（双用）卡钳
inside ~ 内卡规〔尺，钳〕，内测径规，内径测定器
inside plain ~ 内卡钳
internal ~ 内卡钳，内径规
leg ~ 通用卡钳
micrometer ~ 千分尺，千分卡规，千分测径规，螺旋测径器，测微计
odd-leg ~ 半内径规，单脚规
outside ~ 外卡钳，外径规
pipe ~ 测管厚卡钳
rail head ~ 测轨头卡钳
register ~ 指示卡规
scribing ~ 内外卡钳
sliding ~ （游标）卡尺，滑动测径器，滑动卡规
spherometer ~ 球径规
spring ~ 弹簧卡钳，弹簧规
square ~ 游标千分尺
telescope ~ 内径〔光学〕测微仪
toolmaker ~ 弹簧卡钳
toolmaker's ~ 弹簧卡钳
transfer ~ 移测卡规，移置卡钳
truing ~ 校摆钳
vernier ~ 游标测径规，游标千分尺
call-minute 通话占用分钟数
callous 倒棱的，磨钝的
C-alloy 铜镍硅合金（电话线用）
Calloy 钙铝合金（*w*（Ca）8% ~ 26%，其余Al）
calls 呼叫数
call-signal 呼号
call-wire 联络〔通知〕线
Calmalloy 铜镍铁合金，热磁合金，（*w*（Ni）69%，*w*（Cu）29%，*w*（Fe）2%）
Calmet （卡尔梅特）铬镍铝奥氏体耐热钢（*w*（Cr）25%，*w*（Ni）12%）
calomel 甘汞，氯化亚汞，汞膏
Calomic(alloy) 卡劳密克镍铬铁电热丝合金(可制温度达 1 000 ℃的加热元件，*w*（Ni）65%，*w*（Cr）15%，*w*（Fe）20%）
calorescence 热光，灼〔炽〕热
caloric ①热（量，质）②热（量，力，质，素）的
caloricity 热值，发热量，发热能力，热容（量）
Calorie 大卡，千卡（kcal，热量单位，1 kcal=4 186.8 J）
calorie 卡（路里），小卡，克卡（cal，热量单位，1 cal=4.1868 J）

gram(me) ~ =calorie
grand ~ =Calorie
great ~ =Calorie
kilo ~ =Calorie
large ~ =Calorie
major ~ =Calorie
small ~ =calorie
thermochemical ~ 热化学卡（1 热化学卡 = 4.184 0 J）
calorification 发热
calorifics 热工学
calorifier 热风机，热风炉，加热器，液体的一种加热装置
absorbed dose ~ （测量）吸收剂量量热器
adiabatic ~ 绝热量热器
adiabatic titration ~ 绝热滴定量热计
bomb ~ 弹式〔炸弹，爆炸〕量热计，量热弹
Bunsen ice ~ 本生冰量热器
calorimeter ~ 热量计，量热计〔器〕
coaxial rf ~ 同轴射频量热计
cone ~ 锥形量热计
constant pressure ~ 恒〔定〕压量热计
constant volume ~ 恒〔定〕容量热计
differential ~ 差示量热器
differential scanning ~ （DSC）差示扫描量热仪
double-dry ~ 双干式热量计
flow ~ 流动〔量〕量热计
isoperibol ~ 恒温量热计
isothermal ~ 等温〔恒温式〕量热计
laser micro ~ 激光微量量热计
latent heat ~ 量潜热器
oxygen bomb ~ 氧弹式热量计
rat's nest ~ 鼠窝量热计
semi-micro ~ 半微量量热器
steam ~ 蒸汽加热器
stem ~ 支管量热器
throttling ~ 节流量热器
wire ~ 金属丝量热计
calorimeter 热量计，量热计，卡计
power-compensation differential scanning ~ 功率补偿型差示扫描量热仪
calorimetric 测热的，量热（计）的
calorimetry 量热学，量热术，测热法，量热法
bomb ~ 弹式量热法
differential scanning ~ 差示扫描量热法
dynamic ~ 动态量热法
radioactive ~ 放射性量热学
Calorite 卡劳利特镍铁〔耐热〕合金（*w*（Ni）65%，*w*（Cr）12%，*w*（Fe）15%，*w*（Mn）8%；或 *w*（Ni）65%，*w*（Cr）12%，*w*（Fe）23%）
calorization 铝化（处理），（表面）渗铝
calorize 铝化（处理），（表面）渗铝
calorizer =calorizator
calorizing 渗铝法，铝化处理
pack ~ 固体铝化处理
powder ~ 粉末铝化处理
calorstat 恒温器，恒温箱
calory 卡，小卡
calorzator 热法浸提器
calotte 护盖（罩）
spherical ~ ①球面拱顶②部分球面
calotype 光力摄影法
CAL-OUT 出线（一种用于提供数据终端设备发出呼叫的逻辑通道类型）
Calsibar 钙硅钡合金（脱氧剂）
calutron 电磁同位素分离器，卡留管（电磁分离器）
calx ①金属灰，矿灰②生石灰
cam ①凸轮，偏心轮②样板，靠模，仿形板③锁④（针梳机）打手
actuating ~ 推〔主，致〕动凸轮
admission ~ 进气凸轮
ahead ~ 前进凸轮
axial ~ 轴向凸轮，圆柱凸轮
barrel ~ （可调式）圆柱凸轮，筒型凸轮，凸轮鼓
builder ~ 成形凸轮
carriage ~ （车床）靠模
catch ~ （罐笼防坠器的）抓爪
circular ~ 凸轮盘
circular arc ~ 圆弧凸轮
clearing bolt ~ 退圈螺栓闸刀
cloverleaf ~ 三星凸轮
collet ~ 筒夹控制凸轮
compression relief ~ 调压凸轮
concave globoidal ~ 凹弧面凸轮
conical ~ 圆锥凸轮
conjugate ~ 共轭凸轮
contour ~ 导形凸轮，靠模
control ~ 控制鼓轮
convex globoidal ~ 凸弧面凸轮
counter ~ 回凸轮，反凸轮
cylinder ~ 筒形凸轮，空间凸轮

cylindrical ~ 圆柱凸轮
deflecting ~ 脱扣凸轮
double-cut ~ 二次进刀凸轮
double-disk yoke ~ 定宽凸轮
double-lift ~ 双级〔阶，升程〕凸轮
double-track ~ 双面凸轮
driving ~ 工作〔驱动，传动〕凸轮
drum ~ 凸轮轴，柱形凸轮
edge ~ 端〔平〕面凸轮，凸轮盘
end ~ 端面凸轮
exhaust secondary ~ （发动机）第二排气凸轮
face ~ 平〔端〕面凸轮，凸轮盘
fast advance ~ 快拨凸轮
fast idle ~ 高速空行程用凸轮，（发动机）快怠速凸轮
feed ~ 进给鼓轮
finger ~ 齿凸轮
fly-back ~ 回零凸轮
four lobe ~ 四角形凸轮
frog ~ 心形凸轮
generating ~ 展成鼓轮，滚切凸轮
geneva ~ （十字轮机构的）星形轮，马氏槽轮
groove ~ 沟槽凸轮
half compression ~ ①半压缩凸轮②（发动机）减压凸轮
harmonic ~ 谐（和）运动凸轮
heart ~ 心形凸轮，桃轮
impulse ~ 脉冲凸轮（拨号盘）
infeed ~ 切入〔径向〕进给凸轮
inlet ~ 吸进凸轮，进气凸轮
inverted ~ 从动凸轮
involute ~ 渐开线靠模
knock-off ~ 停机凸轮
lead ~ 导程凸轮
leader ~ 靠模凸轮
lifter ~ 起落器凸轮
lift-exhaust ~ （发动机）排气门升程凸轮
main and return ~ 主回凸轮，强力回程凸轮
master ~ 主〔母，靠模〕凸轮
model ~ 样板凸轮
offset ~ 偏置凸轮
oval ~ 凸面〔卵形，椭圆形〕凸轮
overhead ~ 上凸轮
parachute ~ 断绳防坠器抓爪
pattern ~ 模凸轮
periphery ~ 平凸轮，盘形凸轮
plate ~ 盘形〔平板〕凸轮
positive-drive ~ 确动凸轮
push ~ 顶推凸轮
ratio ~ 滚比凸轮
relief ~ 减压凸轮，退动凸轮
resetting ~ 回动凸轮
return ~ 回动凸轮
rocker ~ 摆动凸轮
roll ~ 滚子凸轮
saddle ~ 溜板凸轮，滑板凸轮
safety catch ~ 断绳防坠器抓爪
scheduled ~ 程序凸轮
shunt ~ 分路凸轮
single-cut ~ 一次进给凸轮
snail ~ 蜗形凸轮（十二角凸轮）
solid ~ 立体凸轮
spiral ~ （圆柱）螺线凸轮
steering ~ 转向（蜗杆）凸轮
stepped ~ 分级凸轮，分级镶条
swash ~ 旋转斜盘
tangent ~ 圆弧-直线凸轮
thread turning ~ 车螺纹凸轮
timer-shaft ~ 分配轴凸轮
timing ~ 定时凸轮
translating ~ 直动〔移动，平移〕凸轮
trigger ~ ①扳机凸轮②制轮凸轮
tri-lobe ~ 三工作边凸轮，三突齿凸轮，三凸角形凸轮
tripping ~ 跳动凸轮，脱开凸轮
tumbler ~ 逆顺换向凸轮
yoke ~ 等直径径向凸轮，定幅凸轮（从动件星框形）

camacite 梁状铁

cam-actuated 凸轮驱动〔致〕动的

camber ①弯度，曲度，曲面，反挠（度），上翘度，上拱度，凸度②弧（线），弧高，拱高，梁〔路〕拱，镰刀弯（缺陷）③侧倾，前轮外倾角，车轮外倾（度）
~ of a leaf 单片弧高
~ of a stylus 刻纹刀弧度，唱针径向倾角
~ of bearing 支承反挠度
~ of roll 辊筒中高度
~ of sheet 钢板的翘曲（缺陷）
~ of truss ①桁架高度②曲线形钻架③桁架反挠度
~ line 外倾线
aerofoil ~ 翼面曲面，翼面弧型
airfoil ~ 翼型曲面，机翼上翘，机翼翘曲
concave ~ 凹面

free ~ （自由状态下钢板弹簧的翘曲）自由弧高
heavy ~ 大弯度
lower ~ 下弦，下部弯曲
mean ~ 中曲面
multiple ~ 多段曲面
negative ~ ①内曲面，内弧，向内弯曲②负曲率，负挠度③车轮负外倾角
positive ~ 外弧，外曲面，正曲率
roll ~ 辊身轮廓，辊身凸度，辊型
side ~ （带钢的）侧边弯曲
spring ~ 弹簧弯度
top ~ 上曲面
wheel ~ 轮曲面
zero ~ （汽车的）零前轮外倾（角）

cambered 弓〔拱，弧〕形的，弯曲的，曲面的
~ inwards 向内凸的，向里弯的
~ outwards 向外凸的（容器底部）

cambering ①向上弯曲，翘曲②（机翼）弧线，弧高③鼓形加工④辊型设计⑤（轧辊的）中凸〔中凸〕度磨削

cambric 细麻布，细漆布，黄蜡布
mica ~ 云母（白葛）布
varnished ~ 漆布

camcorder 便携式摄像机
light weight ~ 轻型摄像放像机

camel ①浮垫，起重浮箱②浮船筒（置于船底以助其越过浅滩）

camel-back ①胎面补料胎条②翻转箕斗装置（斜井提升用）

camera ①照相机，摄影机，（电视）摄像机②（照相机的）暗箱，暗房，镜头，（小）室③投影器，复照仪
~ control unit 摄像机控制台
~ for narrow-gauge or substandard film 窄片摄影机
~ for standard film 标准片摄影机
aerial ~ 航空摄影机
air survey ~ 航空测量摄影机
aircraft ~ 航空摄影机
all-in-one ~ 万能电视摄像机
all-purpose ~ 通用摄像机
animation ~ 动画〔特技〕摄像机
aspect ~ 方位摄影机，空间稳定摄影机
autofocus ~ 自动调焦照相机，自动对光相机
automatic exposure control ~ 自动曝光照相机
automatic film ~ 自动软片摄影机
automatic magazine ~ 自动装片摄影机
back-pack ~ 背负式电视摄像机
Baker-Nann ~ 贝克 - 南恩摄像机（一种用来观测人造卫星的摄像机）
bipack ~ 双片摄影机
box ~ 暗室照相机
CCD TV ~ 用电荷耦合器件制成的电视摄像机，固体电视摄像机
CCTV ~ 闭路电视摄像机
CID ~ 电荷注入器件摄像机
cine ~ 电影摄影机
cinematograph ~ 电视摄影机
circarama ~ 环幕电影摄影设备
collapsible ~ 折叠式照相机
colour ~ 分光照相机
colo(u)r ITV ~ 彩色工业电视摄像机
colo(u)r pack ~ 背包式彩色摄像机
colo(u)r tube ~ 比色管暗箱
colo(u)r-slide ~ 彩色幻灯片放映机
continuously-writing ~ 连续扫描摄影机
copying ~ 复照仪
coupled ~ 联配摄影机，联配照相机
data ~ 数码相机
dielectric-tape ~ 介质带摄像机
digital ~ 数字相机，数字摄像机，数码相机
digital still ~ 数码相机
digital television ~ 数字电视摄像机
digital video ~ 数字式摄像机
direct pick-up ~ 直接发送式摄像机
double ~ 双片摄影机
double-headed ~ 双头摄影机，立体电影摄影机
dual ~ 双片摄影机
electron ~ 电子（电视）摄像机
electroplane ~ 光电透镜摄像机
emitron ~ 电视摄影机，光电（摄像管）摄像机
enlarging ~ 放大机
eyemo ~ 携带式电视摄像机
facsimile ~ 传真摄像机
fiber-optic image dissection ~ 纤维光学析像照相机
field ~ 便携式摄像机，现场摄像机，轻便〔外景〕摄影机
field-sequential ~ 场序制（彩色）电视摄像机
film ~ 软片摄影机，（电视）电影摄像机
film-drum ~ 鼓轮摄影机

first-reduction ~ 初缩照相机
fish-eye ~ 水下摄像机，鱼眼镜头摄影机，超广角摄影机
fixed focus ~ （固）定焦距照相机
flashing ~ 闪烁照相机
flow ~ 连续（拍摄的）摄影机（原稿和摄影材料在固定速度曝光时能同步向前移动）
focal plane ~ 焦面摄影机，卷帘式快门摄影机
folding ~ 折叠式照相机
four-lens multispectral ~ 四物镜多光谱照相机
frame ~ 分幅摄影机，分格摄影机
full-scan television ~ 全扫描电视〔广角电视〕摄像机
fundus ~ 底部照相机
gamma ~ （电离的）γ 辐射室
gamma (scintillation) ~ γ（闪烁）照相机
gun ~ 照相枪，手提式〔射击记录〕摄影机
half-frame ~ 半格〔半幅〕照相机
hand ~ 手提摄影机
helmet ~ 头盔（式）摄影机
high-frame-rate ~ 高速摄影机
high-speed ~ 高速摄影机
holography ~ 全息照相机
home video color ~ 家用彩色摄像机
hot ~ 正在工作的摄像机
hybrid ~ “混合”摄像机（红色信号通道用硅靶摄像管，蓝和绿信号通道用氧化铅摄像管）
image converter ~ 变像管摄像机
image-dissector ~ 析像摄影机
image-orthicon ~ 超正析像管摄像机
in ~ 秘密地，私下地，禁止旁听
infrared ~ 红外照相机，红外摄影机
inlay ~ 插入摄像机
insert ~ 插入摄像机
instant ~ 一步〔次〕成像照相机
intensified diode array ~ 硅靶摄像管
intermittent ~ 间歇式摄影机
Jos-Pe ~ 分光照相机
kinema ~ 电影摄影机
laser ~ 激光摄像机，激光照相机
laser holographic ~ 激光全息照相机
lenticular plate ~ 双凸板摄影机
live ~ 现场摄像机
low-light-level TV ~ 微光电视摄像机
lunar-impact ~ 月面降落（电视）摄像机（降落到月球表面进行电视传真的摄像机）
magazine ~ 图片摄影机，自动卷片照相机
magnetic video ~ 磁录像机
mapping ~ 测量〔制图〕照相机
metric ~ 量测摄影机
microform ~ 缩微摄影机〔照相机〕
miniature ~ 小型照相机
mirror ~ 反射摄影机
monochrome ~ 黑白电视摄像机
monocular ~ 单目摄影机
monoscope ~ 单像管摄像机
motion picture ~ 电影摄影机
movie ~ 电影摄影机
multiplane ~ 动画摄影机
multiple ~ 多角摄影机
multiple frame ~ 多重分幅摄影机
multiple photogrammetric ~ 多镜测量摄影机
multiple serial ~ 多镜连续摄影机
multiple-spark ~ 多重电火花摄影机
nine-lens multiband ~ 九物镜多波段照相机
no dead-time framing ~ 无空载时间摄影机
off ~ ①正在摄像而未送出信号的电视摄像机，待选摄像机（正在摄像而图像未被选用的电视摄像机）②在电视镜头之外（的）
on ~ ①电视机正在放送电视信号，被选摄像机（正在摄像并且图像已被选用的摄像机）②出现在电视镜头上
one-shot ~ 单像摄影机，单镜头摄像机
optical compensating ~ 光学补偿摄影机
oscillorecord ~ 示波图摄影机
panchromatic television ~ 全色电视摄像机
panoramic ~ 全景照相机，全景摄影机
pantoscopic ~ 全景摄影机，全景照相机
photoconductive ~ 光（电）导摄像机
photographic ~ 照相机
photo-tape ~ 光电带录像机
phototheodolite ~ 照相经纬仪
pickup ~ 摄像机
picture ~ 电影摄影机
pinhole ~ 针孔摄影机，无透镜摄影机
planetary ~ 平台式摄影机
plate ~ 干版照相机
polaroid ~ 即显胶片照相机
powder ~ 粉末〔衍射〕照相机
prismatic ~ 棱镜摄像机
process ~ 合成摄影机，制版照相机，复照仪
processor ~ 照相显影两用机
projecting ~ 投影机，（幻灯）放映机

recording ~ 电视胶片录像机，记录摄影机
rectifying ~ 纠正仪
reduction ~ 缩小摄像机，简化型摄像机
reflex ~ 反射摄影机，反射照相机
remote control ~ 遥控照相机
reproducing ~ 复照机
reticle ~ 制版〔网线〕照相机
retinal ~ 眼底照相机，视网膜照相机
return beam vidicon ~ 返束视像管摄像机
Robot SSTV ~ 罗伯特慢扫描电视摄像机
rotating mirror ~ 旋转反光镜摄影机
rotating prism ~ 旋转棱镜摄影机
rotating-beam image-switching ~ 回转光束式像转换摄影机
Schmidt ~ 施米特投映箱（电视），施米特照相机
screened ~ （小）屏蔽室
serial ~ 自动〔连续〕摄影机
serial plate ~ 连续硬片摄影机
silenced ~ 低噪声摄影机
simultaneous ~ 同时（传输）制摄像机
single shot ~ 单幅摄影机
single-lens multiband ~ 单镜头多波段照相机
single-lens reflex ~ 单镜头反光照相机
smear ~ 扫描摄影机〔照相机〕
sound ~ ①录音摄像〔影〕机②录音室
sound proof ~ 隔音电影摄影机
stand ~ 放在三脚架上的摄影机
step and repeat ~ 分步重复照相机
stereoscopic ~ 立体照相机
still ~ 静物摄影机〔照相机〕
still-video ~ 静态视频摄像机
streak ~ 超高速扫描摄影机，条纹摄像机
strip-film ~ 自动摄影机，涂磁电影胶片摄影机
super-wide angle (aerial) ~ 特宽角航摄机
taking ~ 摄像摄影机
television ~ 电视摄像机
thermal ~ 热感〔防热〕照相机
three-strip ~ 分光摄影机
tracking ~ 追迹摄影机
triple picture ~ 全景（电影）摄影机
turret-front ~ 转塔式摄影机
twin ~ 双镜摄影机
twin photogrammetric ~ 双镜测量摄影机
twin serial ~ 双镜连续摄影机
twin-focal-length compact ~ 双焦距照相机
twin-lens reflex ~ 双镜头反光照相机
two-room ~ 明室暗室制版照相机，明室暗室复照仪
ultra-high-speed ~ 超快速摄影机
ultraminiature ~ 超小型照相机
underwater ~ 水下摄影机，水下照相机
underwater panoramic ~ 水下全景照相机
underwater television ~ 水下电视摄像机
vertical strip ~ 垂直摄影机
video ~ 电视摄像机
video capture ~ 视频捕获摄像机
vidicon ~ 光导摄像管
X-ray ~ X 光室
X-ray diffraction ~ X 射线衍射照相室

camera-clara 转绘仪
camera-control 摄像机控制的
cameragraph 照相复制机
camera-gun 照相机镜头，空中照相枪，摄影枪
camera-lucida ①明箱②转绘仪③显画镜
cameraman 摄影师，电视摄像师，电影放映员，摄影记者
camera-monitor 摄像机监视器
cameramount 照相机架，摄像机支撑架
camera-obscure ①暗箱②映写仪③映画镜
camera-plane 摄影用飞机
camera-ready 照相就绪
camera-right 摄影机向右摄像
camerated 隔成小室的，有隔板的，分开的
cameratube 电视摄像管
cam-follower 凸轮传动机构
camion 军用汽车，载货货车
Camloy 卡姆镍铬铁合金（w(Ni)25% ~ 30%，w(Cr)10% ~ 20%，其余 Fe），镍铬铁耐热合金
camming 凸轮（分配）系统
cam-operated 凸轮操纵的
camouflage 伪装，掩饰
electronic ~ 电子伪装
campaign 寿命，炉龄
furnace ~ （两次大修之间）炉龄
testing ~ （按照一定程序进行的）一系列试验
campana 排钟
camphor 樟脑
campimeter 平面视野计
camp-on 预占线，保留呼叫
camring 凸轮环，凸轮垫圈
camshaft 凸〔桃，偏心〕轮轴，分配轴，控制轴
assembled ~ 组合式凸轮轴
double overhead ~ （发动机）双顶置凸轮轴

one-piece ~ 整体式凸轮轴
overhead ~ 顶置式〔架空〕凸轮轴
twin ~ （发动机）双凸轮轴
twin overhead camshafts （发动机）顶置双凸轮轴

cam-turning 靠模车削，仿形车削

can ①罐头，马口铁盒〔罐，壶，箱，槽〕，汽油桶，瓶，有盖铁桶②外皮，包套，密封外壳，金属管壳，罩③影〔胶〕片盒④火焰稳定器，单管燃烧室⑤（pl.）电话耳机⑥深水炸弹，驱逐舰⑦封装，密封⑧装入罐头，罐装⑨录音，灌唱片
ageing ~ 老化罐
ash ~ ①垃圾桶，灰坑②深水炸弹
baby ~ 小型聚光灯
blow ~ 喷水壶（修型用）
cold ~ 冷管壶
composite ~ 组合罐
detector ~ 侦毒筒
dip ~ 选样器
dope ~ （注汽油入发动机气缸的）加油用油枪
drum ~ （汽）油桶
fibreboard ~ 硬纸板罐
fuel ~ 燃料包壳
grid shielding ~ 栅极屏蔽罩
insulation ~ 保温箱
matching ~ 匹配罐
mine instrument ~ 水雷仪器舱
oil ~ 油罐，（机）油壳，长嘴油壶
pouring ~ 灌油罐，灌缝器
priming ~ 注油器
safety ~ 安全罐，易燃液体罐
screening ~ 屏蔽罩
shielding ~ 隔离罩，屏蔽罩
slug ~ 释热元件外壳
spray ~ 喷壶，喷雾器
squirt ~ 喷射（油）壶
tank ~ 油车，槽车
tin ~ ①白铁皮容器，罐头盒，锡罐②小驱逐舰
trash ~ 金属制垃圾箱
twine ~ 绳筒，绳盒
waste ~ 废液罐，废气罐

CAN 作废字符

canal ①槽，渠〔水〕道，沟（渠），运河，管道②通〔波，信〕道，通〔电，管〕路③（炮）膛
air ~ 通风道，通风管路
auditory ~ （外耳至内耳的）传声管〔道〕
cantileverpower ~ 动力渠道
donor ~ 供给管道
drilling fluid ~ 钻井液槽
feed ~ 传动塔轴
guide ~ 导（汽）槽
radio ~ 无线电波道
semicircular ~ 半规管
steam ~ 进汽口
storage ~ （释热元件用）贮藏沟
uncovered ~ 明渠
wave ~ 波道

canalization ①管〔渠〕道系统②管道化，渠道化

canard “鸭”式简图

canaries （录音系统的）高频噪声

cancel ①取消，删掉，撤销，删去②注销，作废③组成网格状④相消〔约〕
offset ~ 取消（刀具偏移）

canceler =canceller

cancellated 方眼格子状的

cancellation ①抵消，消除，取消，注销②消灭，作废③抹去（图像或录音）④网格组织，格构⑤约，对消⑥化为零（计算机）
~ of intensities 振动强度的抵消，波的相互抵消
catastrophic ~ 巨量消失（有效数值）
chrominance ~ （黑白荧光屏上）色度消隐
differential ~ 差值消除（法）（用两值相比之差消除噪声）
echo ~ （电视）附带影象对消，双回路对消，副像消除，回波对消
envelope ~ 包迹对消，包线补偿
harmonic ~ 谐波消除
spurious noise ~ 寄生噪声消除
successive interference ~ （通信）逐步消除干扰
upwash ~ 消除气流上洗现象，消除向上的诱导速度

canceller 消除〔补偿〕器，补偿设备
cascaded feedback ~ 级联反馈补偿器
delay line ~ 延迟线消除器
ghost ~ 鬼影消除器
next ~ 近端串扰消除器
noise ~ 噪声消除器

candela 坎（德拉）（发光强度单位，是SI单位的七个基本单位之一）

candescence 白热，炽热

candescent　白热的，炽热的
candidate　选择物，候选人
candle　①（蜡）烛，弧光灯②火花塞，电嘴，电极座③毒气筒，烟幕弹筒④用灯光检查⑤烛光
　concentric ~　同心电极弧光灯
　Debrun ~　直角弧光灯
　new ~　新烛光（1973 年国际照明委员会采用的名称，后改为 candela）
　rush ~　微光
candle-hour　坎 - 小时
candle-light　①光力②（柔和的）人造光，灯光
candlepower　发光强度
candoluminescence　非高温发光现象，不需要高温产生日光现象
cando(u)r　白色，白光，光明
candy　糖果
　“Christmas” ~　（焊管坯在链板运输机上的）蛇形安放
canister　①（金属）罐〔箱，容器〕，提筒②（防毒面具的）滤毒器，（发动机）炭罐，（导弹的）装运箱③霰弹筒④装箱
　carbon ~　（发动机）活性炭罐
　charcoal ~　（发动机）活性炭罐
　vapor ~　（发动机）炭罐
canned　①罐装的，密封的，气密的②封〔包〕在外壳〔套〕内的，存储的③录音的，灌制唱片的
cannelure　纵向槽，环形沟槽，滚槽（枪弹）
cannibalise　=cannibalize
cannibalize　拼修，零件拆用，同型装配，轨上装配
canning　①罐装，罐头制造②（缓蚀）封存③（防射线的）外壳装备，用外壳密封，用外皮覆盖
　oil ~　（薄壁冲压件的）回弹瘪陷
cannon　①空心轴，粗短管②大〔火，榴弹，加农〕炮③加农高速钢（w（W）16%，w（Cr）3.5%，w（V）1%，w（C）0.7%）
　machine ~　机关炮
　rifle ~　膛线炮
cannula　套，（套，插）管
canoe　（磁带在磁鼓上的）缠绕方式，走带方式
canon　标准，规〔原，准〕则，规〔典〕范，定律
canonical　典型的，标准的，正则〔规〕的，规〔典〕范的
canopy　①天棚，顶盖，华盖②（吊灯）灯罩，（座舱）罩③伞盖〔衣，身，罩〕
　main ~　主伞衣，主座舱罩
canopy-protected　遮盖防护的（装在机座上防雨防尘）
cant　①斜面，倾斜（位置）②横轴附近的振动③发声，发光④角落，（船的）斜肋骨⑤角隅，（建筑物）外角，把棱角切掉⑥超高
cantalever　=cantilever
canteen　餐室〔馆〕，餐具箱〔盒〕
　mobile ~　餐车
cantihook　转杆器
cantilever　①悬臂（梁），伸臂，支撑木，托架，（交叉）支架②电缆吊线夹板③纸条盘
　cantrantwin ~　双悬臂
　hinge ~　旋转悬臂
　propped ~　有支承悬臂梁
　wing ~　外翼
cantran　作废（信息）传输
canvas　①防水布②帐篷③帆布输送带④油画（布）⑤帆布（制的）
　feeder ~　进料帆布输送带
canvasser　推销员
canyon　峡谷，深谷
　hot ~　热（地下）设备室
Canzler　勘兹雷尔铜合金（w（Ag）1%，w（P）0.05%，其余 Cu）
caoutchouc　（生，天然）橡胶，（弹性）树胶
cap　①（顶）盖，帽，金属罩〔帽〕，套，盖板，火帽，雷管②插座，管座，引出头，输出端，接头，柱头③（支架的）顶〔帽〕梁④求交运算
　~ (of a case)　（管壳的）管帽
　anvil ~　锻模座，砧枕
　bayonet ~　卡口灯头，卡口帽，插头盖
　blank ~　（工艺用）盲板〔盖板，孔盖，端板〕
　blast ~　鼓风盖，风帽
　blaster ~　起爆雷管
　blasting ~　起爆筒，（起爆）雷管
　blue ~　光晕，光环
　bolt ~　螺母
　boot ~　保护罩
　bow ~　毂帽，机〔艇〕头罩
　breather filler ~　给油箱〔通气管〕加油口盖
　bubble ~　泡罩，泡帽
　casing ~　管堵，堵头
　clamping ~　模具压板，压紧盖
　cushion ~　承台，桩平台
　cylinder ~　气缸盖，（气瓶的）阀罩

detonating ~ 雷管
dew ~ （物镜的）防露盖，露罩
driving ~ 桩帽
dust ~ 防尘罩，防尘盖
ear ~ 耳机盖
electric ~ 电雷管
end ~ 管端盖帽，（汽车发电机的）护环
female ~ 凹形盖
filler ~ 漏斗盖，加油〔水〕口盖
footing ~ 地脚帽
frame ~ 压盖
gas ~ ①瓦斯火焰圈（确定矿井大气中瓦斯含量用安全灯）②气顶，气帽
goliath ~ 大型灯头
grid ~ 栅极（端）帽
impeller ~ 叶轮螺母
insulator ~ 绝缘子帽
joint ~ ①塞子②闩③闭锁盖，密封盖
knife ~ （切割器的）压刀板
lamp ~ ①灯（泡）头②管帽
lens ~ 镜头盖，透镜盖
live cable test ~ 带电电缆试验盖头
locking ~ 固定帽，止动螺母
main bearing ~ 主轴承盖
miniature ~ 小型管帽，灯头
mogul ~ 大型灯头
nose ~ （火箭）燃烧室前部
nut ~ 盖帽，封紧帽
oil ~ 油盖，油壶
pedestal ~ 轴架盖，轴承座盖
percussion ~ 炸药帽，雷管，惯性火帽
perforated deflecting ~ 穿孔导流片，穿孔转向器（气升式浮选机）
pillow-block ~ 枕〔立〕式轴承箱盖，轴承盖
plate ~ 阳〔板〕极帽
plug ~ 插头
pole ~ （电）杆（防雨）帽
post ~ （木）柱（铸铁）帽
prefocus ~ 聚光灯头，定焦灯头
pry-off ~ 撬开盖
punch ~ 压力机滑块
radiator filler ~ 散热器（加水口）盖
rail ~ （支架的）钢轨顶梁
retaining ~ 抵盖
roll-on ~ 滚压盖
sand ~ 防尘罩，防砂罩
screen ~ 滤筛盖
screw ~ ①螺母②螺纹灯头
share ~ ①凿形铧尖②犁铧镶尖
shield ~ 防护罩
stand ~ 轧机机座盖〔横梁〕
stem ~ 转向柱盖
stock ~ 风口盖
suction ~ 排烟〔气〕罩壳
supply valve ~ 供给阀帽
test ~ 测试端头，电缆端帽（防潮防尘装置）
top ~ 顶帽，管帽
tread ~ 胎面行驶面
twist-off lug ~ 快旋盖
watch ~ 烟囱罩，导烟帽
wet ~ 湿法除尘器，（冲天炉）喷水火花捕集器
wire end ~ 导线管端盖帽
yoke ~ 托架上盖

capability ①（固有）能力，可能性，本领②性能，容量，效力③（可能输出）功率，生产率，（pl.）潜力④（操作系统用）权力
access ~ （操作系统的）存取权力
addressing ~ 访问能力，编址能力
arithmetic ~ 运算能力
back-up ~ 后备能力
conditional branch ~ 条件转移权力（操作系统用）
edit ~ 编辑能力
emergency transfer ~ 紧急转换能力，备用转换功率
extended ~ （故障运行时的）增加发电容量
fail-soft ~ 故障弱化能力
fanout ~ 输出能力
full shift ~ 全移位能力
gating ~ 选通能力
gross ~ 总出力
heat-sinking ~ 散热能力
isolation ~ 查找（故障）能力
knock-out ~ 落砂性
load-following ~ 负荷跟踪能力
modulation ~ 调制能力，最大调制范围
mold-filling ~ 充型能力
multifuel ~ 燃用多种燃料的适应性
net ~ 最佳运行工况下的最大供电能力
net load ~ 良好运行工况下的系统最大负荷
overdrive ~ 超过激励能力
page-turning ~ 页面操作（与交换）能力
path planning ~ 路径规划功能（机器人智能）
payload ~ 有效载荷能力
power ~ （可能）功率，功率容量

power-handling ~ 允许功率容量,(扬声器最大不失真输入功率),额定功率值(不失真最大电流)
process ~ 工序能力
propulsion ~ 推进能力
rated ~ 额定出力
reactive ~ 无功容量,无功功率
refire ~ 再起动能力,再发射能力
rejection ~ 抑制性
resolution ~ 鉴别〔分辨,析像〕能力
short-circuit ~ 短路容量
stack ~ 栈能力
stand-alone ~ 独立(运行)能力
switchover ~ 转接能力(由主系统转换到备用系统的能力)

capacitance 电容(量),(机械)容量
acoustic ~ 声容
active ~ 有效电容
anode-cathode ~ 阳极阴极间电容
balanced ~ (两导线间的)平衡电容
barrier ~ 阻挡层〔势垒,空间电荷〕电容
biasing ~ 偏压旁路电容
body ~ 人体〔手〕电容
circuit ~ 布线电容
collector ~ (晶体管)集电极电容
compatible integrated ~ 相容集成电容
concentrated ~ 集总电容
control ~ 调整电容
coupling ~ 耦合电容
dee-to-dee ~ D 盒间电容
dielectric ~ 介电常数,电容率
direct ~ 静电容,部分电容(n 根导线系统中任意两根导线之间的电容)
direct earth ~ 接〔对〕地电容
direct-to-ground ~ 对地电容
drain ~ 漏电容
drain-gate ~ 漏栅电容
drain-substrate ~ 漏衬底电容
earth ~ 对地电容,地电容
edge ~ 边缘电容
electrode ~ 极间电容
emitter shunt ~ 发射极分路电容
equivalent ~ 等效电容
equivalent line ~ 线路等值电容
equivalent thermal network ~ (等效)热网络热容
fluid ~ 流容(射流)
gate ~ (场效应晶体管的)栅电容
gate source ~ 栅源极间电容
grid-cathode ~ 栅极阴极间电容
grid-filament ~ 栅极灯丝电容
ground ~ (其他导体接地时)计算大地影响在内的(电缆)总电容,对地电容
hand ~ 人手电容〔人手的电容影响〕
header ~ 管座电容
interconnection ~ 互连电容
interelectrode ~ 极间电容
interterminal ~ (接线)端子间电容
junction ~ 结电容(半导体二极管或三极管)
lead ~ 导〔引〕线电容
line ~ 线路电容
loop ~ 耦合环电容,回路电容
lumped ~ 集中〔总〕电容
memory ~ 存储〔记忆〕(容)量
mutual ~ 互电容
natural ~ 固有电容
network ~ 网络电容
package ~ 管壳电容
parasitic ~ 寄生电容
plate ~ 板极电容
plate-cathode ~ 阳极阴极间电容
plate-grid ~ 阳极栅极间电容
plenary ~ 全电容
polarized ~ 极化电容
primary ~ 初级线圈电容,起始电容,(可变电容器的)最小容量
reciprocal ~ 反〔逆〕向电容
sheet ~ 箔电容
short output ~ 短路跨(电)容
shunt ~ 并联〔分路,寄生〕电容,芯线与金属壳之间的电容
socket ~ 管座电容
specific ~ 单位电容,比电容
spurious ~ 寄生电容,杂散电容
stray ~ 寄生〔杂散,有害〕电容
tank ~ 槽路电容,振荡回路的电容
target ~ (摄像管的)像靶电容
thermal ~ (of a semiconductor device) (半导体器件的)热容
transition ~ 过渡〔渡越〕电容
variable ~ 可变电容
volume ~ 容积,容量,(射流)流容
wiring ~ 接(引,布)线电容
zero ~ 零电容

capacitance-coupled 电容耦合的

capacitive 电容(性)的,容性的

capacitivity 电容率，电容量，（MKS 制中的）介电常数
complex ~ 复电容率，复介电常数
thermal ~ 热容性，热电容（量），热容率
capacitometer 电容测量器，法拉计
capacito-plethysmograph 调频式电容脉波计
capacitor 电容器
absorption ~ （消弧用）吸收电容器
AC electrolytic ~ 交流电解电容器
adjustable ~ 可变电容器
air dielectric variable ~ 空气可变电容器
air-spaced ~ 空气介质电容器
aligning ~ 微调电容器
aluminium electrolytic ~ 铝电解电容器
antihum ~ 消除噪声（用）的电容器
band eliminating ~ 带阻电容器
barium titanate ~ 钛酸钡介质电容器
bathtub ~ 金属壳纸质电容器
battery ~ 闪光灯内的电容器
billi ~ 管状微〔精〕调电容器
block(ing) ~ 阻塞〔隔离，隔直流，级间耦合〕电容器
book ~ 书状〔调角〕电容器
boost ~ 升压电容
bridging ~ 桥接电容器
building-out ~ 附加电容器
button ~ 微型〔小型，钮扣式〕电容器
by-pass ~ 旁路电容器
calibration ~ 校准电容器
carrier coupling ~ 载频耦合电容器
cascade feed-through ~ 极间穿馈式耦合电容器
ceramic ~ 陶瓷电容器
ceramic dielectric ~ 瓷介电容器
ceramic trimmer ~ 瓷介微调电容器
chemical ~ 电解质〔化学〕电容器
chip ~ 片状电容器
circuit-breaker ~ 断路器电容器
coconut ~ 大型真空电容器，椰子型电容器
commutating ~ 整流电容器，换向电容器，（双稳态电路的）加速（响应）电容器
compensating ~ 补偿电容器
composite dielectric ~ 复合介质电容器
compression ~ 压敏电容器
countercurrent ~ 逆流电容器
coupling ~ （高频）耦合电容器，隔直流电容器
cross ~ 计算电容器
DC surge ~ 直流冲击电容器
decade ~ 十进电容箱
decoupling ~ 去〔退〕耦电容器
detuning ~ 失调电容器
differential ~ 差动电容器
diffused ~ 扩散（结）电容器
disk ~ 半圆形可变电容器，盘形电容器
double ~ 双联电容器
double layer ~ 双电层电解电容器
double-stator ~ 双组定片电容器
dovetail ~ 鸽尾形电容器，同轴调整电容器
dry-electrolytic ~ 干电解（质）电容器
dual ~ 双联电容器
duct ~ 旁路电容器，耦合电容器
electrochemical ~ 电解质电容器
electrolytic(al) ~ 电解（质）电容器
encapsulated chip ~ 密封薄片电容器
endless variable ~ 环转可变电容器
energy storage ~ 储〔蓄〕能电容器
equipped ~ 装机容量，配备容量
feed through ~ 穿心电容器
feed-through ~ 隔直流〔耦合，旁路〕电容器
ferroelectric ceramic ~ 铁电陶瓷电容器
film ~ 薄膜电容器
film and paper ~ 纸介薄膜电容器
filter ~ 滤波电容器
flat gain ~ 平调电容器，线性增益调节电容器
gang ~ 联动（同轴）电容器
gas filled ~ 充气式电容器
glass ~ 玻璃电容器
glass-dielectric ~ 玻璃介质电容器
glass-film ~ 玻璃膜电容器
glass-plate ~ 玻璃电容器
glaze ~ 珐琅电容器，瓷釉电容器
grid-leak ~ 栅漏电容器
heat ~ 储热器
heterodyne ~ 他拍电容器，外差电容器
holding ~ 存储〔记忆〕电容器
humidity sensitive ~ 湿敏电容器
IC voltage variable ~ 集成压控可变电容器
incremental ~ 精确调整〔校正〕电容器
in-register ~ 配准电容器
integrating ~ 积分电容器，存储电容器
interdigited ~ 片状分层电容器，叉指状电容器
isolating ~ 隔直流〔级间耦合〕电容器
jelly-filled ~ 充糊电容器
lacquer-film ~ 漆膜电容器

mansbridge ~ 卷式电容器，金属化纸介电容器
melted quartz ~ 熔融石英电容器
memory ~ 存储电容器，记忆电容器
metal foil ~ 金属箔电容器
metallized ~ 金属化电容器
metallized mylar ~ 金属膜（聚酯树脂）电容器
metallized paper ~ 金属化纸介电容器
mica ~ 云母电容器
midget ~ 小型电容器
midline ~ 对数律（可变）电容器
mo(u)lded ~ 模制电容器
MP ~ 敷金属〔金属化〕纸电容器
multilayer ceramic ~ 多层瓷介电容
multiple ~ 多联电容器
mylar ~ 聚酯树脂电容器
neutralizing ~ 中和电容器
niobium ~ 铌电解电容器
non-explosive ~ 防爆电容器
non-inductive ~ 无（电）感电容器
non-insulated ~ 漏电电容器
nonpole electrolytic ~ 无极性电解电容器
oil ~ 油浸电容器
oil tubular ~ 油浸管状电容器
organic-film ~ 有机薄膜电容器
overdrive ~ 过激励电容器
padding ~ 微调电容器，垫整电容器
paper ~ 纸介（质）电容器
pass ~ 旁路电容器
peanut ~ 花生式电容器
phase-shifting ~ 移相电容器
phase-splitting ~ 分相电容器
phasing ~ 定相电容器
plane-parallel ~ 平行板电容器
plastic ~ 塑料（介质）电容器
plastic film ~ 塑料薄膜电容器
plastic film variable ~ 塑料薄膜可变电容器
plate ~ 平行板电容器
plate by-pass ~ 屏极回路旁路电容器
polar ~ （有）极性（的）电容器
polarized ~ 极化电容器，电解电容器
polycarbonate ~ 聚碳酸酯电容器
polyester ~ 聚酯电容器
porcelain ~ 陶瓷电容器
potted ~ 封闭式电容器
power ~ 电力电容器
power-factor ~ 功率因数（补偿）电容器
preset ~ 预调电容器，微调电容器，半可变电容器
pressure-type ~ 压力式电容器，充氮电容器
primary ~ （变压器）一次侧电容器
print ~ 印电容（器）
pulse ~ 脉冲电容器
reaction ~ 反馈电容器
reading ~ 有刻度的电容器，读码电容器
reference ~ 标准电容器
reservoir ~ 存储电容器，充电电容器
roll ~ 卷式（纸介）电容器
rotary ~ 可变电容器，旋转电容器
secondary ~ （变压器）二次侧电容器
self-healing ~ 自复电容器
series ~ 串联电容器
shunt ~ 分路电容器，并联电容器
smoothing ~ 平滑电容器，滤波电容器
solid dielectric variable ~ 固体介质可变电容器
spark ~ 灭火花用电容器
speed-up ~ 加速电容器，强制电容器
split stator ~ 分裂定片电容器
spread variable ~ （频带）展宽可变电容器
square law ~ 平方律可变电容器（电容变化与刻度平方成比例）
standard ~ 标准电容器
start ~ 起动电容器
stopping ~ 隔直流电容器
straight-line ~ （电）容标（度）正比电容器，直线性可变电容器
straight-line frequency ~ 频（率）标（度）正比电容器，直线频率式电容器
subdivided ~ 电容箱，分组电容器
surface ~ 表面电容器
switchable ~ 可开闭〔换向〕电容器
tandem ~ 双组定片电容器
tank ~ 槽路电容器，振荡回路电容器
tantalum ~ 钽介质电容器
tantalum electrolytic ~ 钽电解电容器
tapped ~ 有分接头的电容器
thick film ~ 厚膜电容器
thin-film ~ 薄膜电容器
throttle ~ 反馈电容器
timing ~ 时基〔标〕电容
tracking ~ 统调电容器，同轴调谐电容器
transpose ~ 交叉电容器（即加速响应电容器）
trap ~ 陷波电容器
trimmer ~ 微调电容器，补偿电容器
twin rotor ~ 双动片电容器

vacuum ~ 真空电容器
vane ~ 旋转式可变电容器
variable ~ 可变电容器
vernier ~ 微调电容器
vibrating ~ 动态〔电容周期变化(的),振动〕电容器
vitreous-enamel ~ 玻璃釉电容器
Wercap ~ 印制电路用陶瓷电容器
wet-electrolytic ~ 电解液电容器
wire ~ 线绕电容器
wound electrical ~ 绕线式电容器

capacitron 电容汞弧管

capacity ①容量，容积，能容，气缸工作容量，(负)载量，电容(量)，存储(容)量，(电梯)提升量，舱容②(通过，通航，通行)能力，能量，(额定最大允许)功率，(计算机)计算效率，生产(能)力，生产率，吸收力，通过率③蒸发量，压力机标称压力④资格，权力
~ of body ①车体负载，(汽车，机车的)车体容积②起重量，载重量
absorbing ~ 吸收能力，吸收容量
absorption ~ ①吸收能力，吸收性〔率〕②(消弧用的)吸收电容
access bearer ~ 接入承载能力
adapting ~ 适应能力
addressing ~ 编址容量
aggregate ~ 总功率，总容量，聚集容量
air ~ 空气量，风量
ampere ~ 安培容量，导体所能耐受的安培数
anode ~ 阳极电容量
apparent ~ 视在〔表观〕电容〔容量〕
assured system ~ 系统保证出力
authorized ~ 核准负载
available ~ ①有效功率，可用功率②有效容量
axial carrying ~ 轴向承载能力
balancing ~ 平衡容量
bank ~ 线弧触排〔组合〕容量
bar ~ (在机床上加工的)棒料最大直径，棒料容量
basic ~ ①碱性，碱度②(道路的)基本通行能力，基本容量，基本功率
basic dynamic (load) ~ (基本)动负荷(量)
basic dynamic thrust ~ (基本)推力动负荷
batch ~ 投料量
bearing ~ 承〔负〕载量，承载〔重〕能力
bed ~ 交换能力(离子交换器)，交换容量
bit ~ 二进制数容量，(二进)码位容量
blast ~ 风量
body ~ 人体〔手〕电容
boiler ~ 锅炉蒸发量，锅炉出力
bonding ~ 黏结〔胶结，胶合〕性能〔能力〕
boring ~ 镗孔容量，最大镗孔直径
brake ~ 制动能力〔容量〕
breaking ~ 分断〔破碎〕能力，遮断功率，致断容量
breakthrough ~ (离子交换器)漏过容量，贯流容量(离子交换树脂)
bucket ~ 料斗容积，吊桶容积
burning ~ 燃烧率，炉膛或炉排热容量，燃烧量
cache ~ 超高速缓(冲)存(储器)
caking ~ 黏结性
calculated injection ~ 理论注射容量
calorific ~ 热值，卡值，发热量
capillary ~ 毛细吸湿量〔吸湿能力〕
carrying ~ ①载重量，承载(能)力，支承能力，承压力，允许载荷量②载流容量，荷电量
ceiling ~ 上升〔最大〕能量，上升能力
cell ~ 电池容量
channel ~ 通道传输能力,信道〔通路,频道〕容量
charge ~ 装载容量，装载能力，(电池的)蓄电量
chip ~ 切削能力
chuck(ing) ~ 夹具容量，夹紧能力，(卡盘的)最大装夹直径
climbing ~ (汽车的)爬坡能力
closing ~ 闭路电流容量
code ~ 编码能力，编码容量
coil ~ 线圈(固有)电容
coking ~ 结焦性
cold condensate ~ 冷凝结水排量
collector substrate ~ 集电极衬底电容
collet ~ 弹簧夹头孔径
column ~ 柱容量
computer ~ 计算机能力，计算范围，整机规模
concentrated ~ 集总容量
contact ~ 开关容量，接触容量
contact interrupting ~ 触点的切断能力
contaminant-holding ~ (过滤器的)纳垢容量
conveying ~ (输送器的)输送能量，传送力，传送量
counter ~ 计数容量

coupling ~ 耦〔结〕合电容
cracking ~ 裂化设备的生产量
crowd ~ 推压能力
cubic ~ （立体）容积，体积，（船）载货能力，（发动机气缸）排量
current ~ 载流量
current-carrying ~ 载（电）流容量，负荷量，载流能力
cushioning ~ 减振能力
cylinder ~ 气缸容量，气缸的工作容积
damping ~ 减振能量
data ~ 信息容量
data handling ~ 数据〔信息〕处理容量
delivery ~ ①生产额，交货额②排量
dependable ~ 保证容量，（电子的）可靠容量
depth ~ 最大深度，（虎钳）最大夹持高度
design ~ 计算出力，设计功率
dielectric ~ 介电常量，电容率
digit ~ 数位容量
direct-to-ground ~ 对地电容
discharge ~ ①通过〔通行，工作，透射〕能力②排放量，放电（容）量，流量
draft ~ 通风能力
draw-bar ~ 挂钩能力
drilling ~ ①钻孔容量，钻削容量②最大钻孔直径
drum ~ 磁鼓容量
duty-cycle ~ 断续负载容量
dynamic ~ 动态电容
earning ~ ①生产能力②利润率③收入额
earth ~ 对〔大〕地电容
electric ~ 电容
elevating ~ 起重量，起重能力，负荷能力
emergency ~ 事故备用容量
end ~ 极限容量
energy ~ 能量
exceed ~ 超过范围〔可能〕
excitation ~ 励磁容量
filling ~ 灌注量
firm ~ 可靠〔稳定〕容量，保证出力
firm peak ~ 恒定峰值功率〔容量〕
fitted ~ 装配容量
flow ~ 流量，泄〔排〕水能力
free air ~ （泵内）无效空间
fuel ~ 燃料箱容量
full ~ 全容量，满载容量
galvanized-layer combining ~ 镀锌层结合力
generating ~ 发电（容）量，发电能力
getter ~ 吸气容量
grid-filament ~ 栅极灯丝间电容
gross demonstrated ~ 总（实证）容量
hand ~ （手）接触电容，（人）手电容
hardening ~ ①硬化量，硬化度②淬硬性
hauling ~ 牵引能量，牵引运力
heap(ed) ~ 加载量，装载容量，堆积容量
heat dissipation ~ 散热能力
heating ~ ①制热量，供热〔供暖〕能力②热容（量），热含量，热值
high power ~ 大功率电容，高容量（波导）
holding ~ ①容积，容量②保持能力
hopper ~ 灰斗容量
hourly ~ 小时生产能力
idle ~ ①备用容量，备用功率，空转功率，剩余生产能量②备用电容
inactive storage ~ 静存储容量
inductive ~ 介电常量，电容率
infiltration ~ 渗透量
information ~ 信息容量
installed ~ 装置〔装机，设备〕容量
internal tube ~ 极间电容，管内电容
interrupting ~ 断开容量
interwinding ~ 绕组间电容
joint ~ 总合容量
jolt ~ 振〔撞〕击能力
labo(u)r ~ ①劳动生产率②工率
lagging ~ 滞后容量
last trunk ~ 终端中继线容量
level ~ （存储器的）级容量
level-full ~ 满槽容〔流〕量
lifting ~ 载〔起〕重能力，起重量，提升量
limiting making ~ 极限闭合容量
line ~ 作业线能力，线路容量
liter ~ （以升计的）发动机容积，（发动机）总工作容积
load carrying ~ 承载〔负荷〕能力
loading ~ ①承载〔起重〕能力，载〔起〕重量②功率
lumped ~ 集总电容
magnetic ~ 磁导率
magnetic-inductive ~ 磁导率
make-break ~ 通断能力
making ~ 闭合容量，接通〔闭合〕能力
margin(al) ~ 备用容量，富裕容量
marked ~ 额定容量，额定生产率
melting ~ 熔化能力
memory ~ 存储（器）容量，记忆容量

minimum ~ 最小〔起点〕电容，零点电容
moisture ~ 湿度，含〔持〕水量
molar heat ~ 摩尔热容
mo(u)ld-filling ~ 充型能力
mutual ~ 互电容，交互容量
net ~ 净容量，净容积
nominal ~ ①标称能力②标称容量，额定容量③〔标称〕起重量④标称压力（工程压力机）
nominal stroke ~ 额定行程容量
non-uniform ~ （同轴线内）不均匀电容
normal ~ 正常容量，标准容量
opening ~ （虎钳）最大开度
outlets ~ 出线容量
output ~ 出产能力，输出量
overgate ~ （水轮机的）超开度容量
overload ~ 过载容量，过载能力，超载（能）量
pair-to-pair ~ 线对间电容
partition ~ 分配容量，容量因子
payload ~ 起重量，载重量，最大有效载荷
peak ~ 最高容量，峰值出力，峰值功率
planing ~ 刨削容量
plant ~ ①设备〔电站〕容量②装置功率，电厂功率
plasticizing ~ 塑化能力
plate-filament ~ 板丝（间）电容
plate-grid ~ 板栅（间）电容
polarization ~ 极化额
power-carrying ~ 功率载荷容量
power-handling ~ 便于控制的功率，小功率
practical ~ 实际容量，（道路）实际通行能力
practical injection ~ 实际注射容量
press ~ 冲压能力，冲压机吨位
processing ~ 处理能力
production ~ 生产量，生产能力
productive ~ 生产能力，生产率
projected ~ 设计能力
propellant ~ ①燃料箱容量②燃料总储备量
pulling ~ （拉拔加工时的）拉拔力，牵引能力
pump ~ 泵流〔抽水，输出〕量
pumping ~ 抽气速度
radiant ~ 辐射功率
radiating ~ 辐射本领，辐射能力
rated ~ ①额定功率，额定容量②设计能力，校准能力③额定生产率
rated impulse discharge ~ 额定冲击通流能力
reactance ~ 无功功率
real installation ~ 实装机容量
refrigerating ~ 制〔致，产〕冷量
relayed ~ 继电保护所容许的功率
reserve ~ ①储备功率，备用容量②备用能力
reservoir ~ 油箱容量
rope ~ 绳索拉断强度，（纹盘）钢丝绳长度
rupturing ~ 遮断功率，遮断容量
safe-carrying ~ 安全载流量，容许负荷量
saturating ~ 饱和量
scraper ~ 电耙斗容量，电耙生产能力
screen(ing) ~ 筛分能力
seating ~ 座位容量，（车辆）座位定额
separating ~ 区分能力
service ~ （蓄电池组的）工作容量，电机铭牌容量，（电信）有效容量
side-band ~ 边带容量
single-machine ~ 单机功率，单机容量
socket ~ 管底电容
spccific ~ （单位重量或单位面积的）功率系数
specific heat ~ 比热容
specific inductive ~ 电容率，介电常量
speed ~ （车辆）疾驶能力
spinning reserve ~ 运转备用容量
stalling work ~ 机器的临界工作参数，设备的最小工作参数
static ~ 静能力，静电容量
station ~ 发电站容量，电站功率
storage ~ ①贮藏能力，存储容量②积聚电容，蓄电池容量
strain ~ 应变量，应变能力
stray ~ 杂散电容，寄生电容
stroke ~ 气缸工作容积
struck ~ （斗或翻斗车的）平斗容量
substation ~ 变电所容〔负载〕量
surge ~ 浪涌能力，过负荷能力
surplus ~ 富裕容量，剩余容量
swept(-volume) ~ （发动机气缸）排量
swing ~ （负载突然增加）瞬时功率，冲击性瞬时功率
table carrying ~ 工作台承载量
tapping ~ 攻螺纹〔车螺纹〕最大孔径
theoretical flowing ~ 理论排量
thermal ~ 热容〔功率〕
throughput ~ 通过性，（物料）通过量，额定容量
thrust ~ 推力负荷，轴向负荷支承能力
top ~ （天线）顶部电容
torque ~ 力矩容量，（电动机的）最大转矩

traffic ~ 交通(容)量,运输能力,(传输线的)通话能力
transmission ~ 输电能力，输电量
treating ~ 处理量
turbine intake ~ 涡轮最大通流量
ultimate ~ 最大功率，极限容量
unit ~ 单位容量，单机容量
unloading ~ 卸船生产率
unobstructed ~ 自由容积
variable ~ 可变电容，可变容量
vehicle tractive ~ 牵引能力
void filling ~ 填隙量，填隙能力
water-absorbing ~ 吸水性〔率，度〕
watt-dissipating ~ 额定功率，功率耗散能力
wearing ~ 耐磨性，磨损量
welding ~ 可焊性
winch ~ 绞车牵引〔提升能〕力
wire-to-earth ~ 线地间电容
wire-to-wire ~ 线间电容
wiring ~ 布线电容
word ~ 字长
work ~ ①切削容量，加工容量②工作量
working ~ 工作〔生产〕能力，工作量
yield ~ 生产力
zero ~ 起〔零〕点电容

capadyne 电致伸缩继电器

capaswitch 双电致伸缩继电器

caper 跳跃

capillarimeter 毛细检液器，毛细（管）测液器

capillarity 毛细现象，毛细作用

capillary ①毛细管（的）②毛细（作用,现象）(的)，表面张力的

capillator 毛细管比色计

capillometer 毛细试验仪

capister 变容二极管

capital ①大写（字母）②首都〔府〕③资本〔金，方〕④柱头〔顶，冠〕⑤基本〔首要，主要〕的
authorized ~ 法〔核〕定资本
bracket ~ 伸臂柱头
current ~ 流动资本
equity ~ 产权资本，投资于新企业的资本
human ~ 人才资本，智力投资
idle ~ 闲置资本
immaterial ~ 无形资本，非实物资本
joint ~ 合资，共有资本
working ~ 流动资金，周转资金

caplastometer 黏度计

capper 封口机，压盖机，喷油井闸阀
bottle ~ 封瓶机，封盖机

capping ①压顶，封顶，加盖，帽盖，顶盖，保护层〔盖〕②顶梁，(支架的)横梁③岩石，表土④（粉末冶金件压后的）纵向开裂⑤雷管接上引线
end ~ 封端
rope ~ 钢丝绳与提升容器的连接装置

capricornoid 犀角线

capron(e) 卡普纶，聚己内酰胺纤维

Cap-sil(R) 美国 GT 公司微电子方面的商标，表示晶体管、二极管

capstan ①绞盘，绞车，索式卷扬机，起锚机②刀盘,六角刀架③（传动磁带的）主动〔导〕轮，(录像机）主导轴④（拉丝）卷筒，牵引盘〔辊〕
anchor ~ 起锚绞盘
bar ~ 推杆绞盘
drawing ~ 张紧卷筒，拉丝卷筒
drift ~ 流网绞盘
drive ~ 传动轴，主导轴
final ~ （拉拔机的）成品卷筒
mooring ~ 系泊绞盘
retractable ~ 可收缩的主导轴
single ~ 单主动轮
warping ~ 卷缆绞盘
winch ~ 绞车，绞盘，起锚机

capsule ①小盒，炭精盒，容器②瓶帽，瓶盖③封壳，胶囊④（真空，振动片）膜盒，膜片⑤密封舱，宇宙密封小舱，宇宙容器⑥雷管⑦传感器
altitude ~ 高度（计）膜盒，真空膜盒
aneroid ~ 真空膜盒
bailout ~ 弹射座舱
data ~ 数据容器（装于飞机中能弹出后单独收回）
diaphragm ~ 膜盒
differential ~ 差压膜盒
ejection ~ 弹射座舱
hydraulic ~ 膜式液压测压器
instrument ~ 仪表容器，仪表舱
manometric ~ 密封增压座舱
micro ~ 微型膜盒（一种胶片技术）
microphone ~ 送话器炭精盒
plastic ~ 塑料封壳
pressure ~ 压力膜盒，压力传感器
quartz ~ 石英管
radio ~ （医用）无线电探测管

reentry ~ 回收密封暗盒
sonar ~ 反射高频声波器
space ~ 太空舱
capsulation 封装，密封
capsuler 套瓶帽机
capsulotome 晶状体囊刀
captain 船〔舰，机〕长，队长，指挥者
captance 容抗
caption ①标题，题目②（插图）说明③目录④（电影，电视）字幕，解说词⑤加上标题
animated ~ 特技字幕
edged ~ 标题加勾边的字幕
fault ~ 故障字幕
inlaid ~ 插入字幕
station ~ 台标
captive ①俘虏②捕获的
capture ①俘获，捕捉②吸收〔取〕，收集，夺〔抓〕取，紧握③（在频率和相位调制中）遏止噪声④记录，拍摄⑤归零，找准，锁位⑥影象截取，屏幕截取
absorption ~ 吸收俘获
dissociative ~ （离子复合时）离解俘获
electron ~ 电子俘获
fast ~ 快（中子）俘获
hole ~ 空穴俘获
L ~ L层电子俘获
moderator ~ 慢化剂俘获（中子）
parasitic ~ 寄生俘获
requirements ~ 要求捕获（技术）
resonance ~ 共振俘获
thermal ~ 热（中子）俘获
caput mortuum 〔拉〕（蒸馏的）残渣，渣滓，废物
capy =capacity
car ①车（辆），（小）汽车，电车②吊篮，吊舱，座舱，车厢③电梯的机箱，矿车
accumulator ~ 贮藏车，电力〔池〕搬运车，电动汽车
aerial ~ ①气球吊篮②高架铁道车
air dump ~ 气动倾〔翻〕卸车
air(cushion) ~ 气垫车
ambulance ~ 救护车
amphi(bious) ~ 水陆两用汽车〔坦克〕，两栖汽车
armo(u)red ~ 装甲（汽）车
autonomous ~ ①自动（压道）车②摩托车
bantam ~ 小型汽车，勘察汽车
battery ~ 电池汽车
blast furnace ~ 高炉料罐车
bogie ~ 转架车，转向车
box ~ 矩形波串，箱车，棚车
bucket ~ 戽斗车
cable ~ 索〔缆，悬空缆〕车
cable-driven ~ 钢索牵引车
camel-back ~ 带V形托台的带卷运输车
carry ~ 装煤车
chill ~ 冷藏车
clamshell ~ 自卸吊车
closed ~ 轿车
coil ~ 卷材移动台车
coke ~ 消火车，熄焦车
coke bucket ~ 焦罐车
coke guide ~ 拦焦机
coke-quenching ~ 熄焦车
concept ~ 概念轿车
container-on-flat ~ 平板车装运集装法
convertible ~ 两用〔活顶，折合式敞篷〕汽车
covered ~ 棚车
crane ~ 起重车，汽车起重机
crosscountry ~ 越野小车
cushioned berth sleeping ~ 软卧车
derrick ~ 起重车，转臂吊车
diesel ~ 柴油车；柴油乘用车
dining ~ 餐车
dolly ~ 平台拖〔狭轨小机，移动摄影〕车
door-to-door ~ 送货用汽车
drop-end ~ 活前板料车，前卸式矿车
drum type hot metal ~ 圆筒式铁液罐车
dummy ~ 卸料〔无声机，缆〕车
dump ~ 自卸车
dump cinder ~ 倾倒渣车，运渣车，渣罐车
electric salver conveying ~ 电动托盘搬运车
electric ~ 电动汽车
electric salver stacking ~ 电动托盘堆垛车
elevated ~ 高架电车
end-door ~ 端卸式矿车
entire ~ 整车，完工车，完好车辆
environmental concept ~ 环保概念车
estate ~ 旅行车，客货两用轿车
express ~ 快运包裹车
family ~ 家用（轿）车
filter ~ 滤水车（应急给水用）
flat ~ 平板车，敞车
fold-top ~ 活顶车，篷车
foundry ~ 铸罐车
funicular ~ 缆索车

gang ~ 线路工区用车
gasoline electric ~ 内燃 - 电动车
generator ~ 发电车
gondola ~ 无盖货车
grade touring ~ 跑车
grand touring ~ 高性能乘用车
ground ~ 越野汽车
guard ~ 隔离车
heater ~ 暖气车
hopper ~ 底卸车
hose ~ （消防）水管车
hot metal torpedo ~ 鱼雷式铁液罐车
hot sinter ~ 热烧结矿车
inclined bottom ~ 漏底车，底卸式料车
ingot ~ 铸〔运〕锭车
insulated ingot ~ 钢锭保温车
intelligent ~ 智能汽车
kiln ~ 窑车
knock-down ~ 用散件就地装配的汽车，当地组装的乘用车
ladle ~ 钢〔铁〕液罐车，浇包车
ladle transfer ~ 钢液车
larry ~ 漏斗形底车，活底车，装煤车，底卸式矿车
left-hand control ~ 左座驾驶汽车
locomotive ~ 机（动）车
looping ~ 活套小车
low-built ~ 低重心车辆
luggage ~ 行李车
luxury ~ 豪华（型，级）汽车
machineshop ~ 工程车，机械修理车
manual salver conveying ~ 手动托盘搬运车
manual salver stacking ~ 手动托盘堆垛车
micro compact ~ 微型紧凑性乘用车
motor ~ 汽车（常指乘用车）
motor water ~ 洒水车
multi-purpose ass ~ 多功能收灰车
open ~ 敞篷车
open-top ~ 敞车
original ~ 原型车（未经改装和变型的标准出厂车辆）
orthodox ~ 正规车，常用车
pace ~ （比赛）领跑车
pallet ~ 滑板（滑板输送器上）车
pan ~ 铸型车，轮式刮煤机，车轮式铲运机
passenger ~ 乘用车，轿车
patrol ~ 警察巡逻车；高速公路巡视车
pickup ~ 皮卡，轻型客货两用车
postal ~ 邮政车
power ~ 电力机车
proportioning ~ 配料车
push ~ 手推车
quenching ~ 消火车，熄焦车
rack-type ~ 棚架车
radio ~ 无线电通信车，警务车
rail ~ 有轨内燃机车，机动压道车，（铁路）轻油车
rail faults detector ~ 钢轨探伤车
railless trolley ~ 无轨电车
railroad ~ 有轨电车，火车车厢
railway freight ~ 铁路货车
railway motor ~ 内燃机车
railway passenger ~ 铁路客车
rear-end ~ 列车
rear-steering ~ 后转向式车
recording ~ 录音车
refrigerator ~ 保温车
relief ~ 救援车
right-hand control ~ 右座驾驶汽车
road tank ~ 油槽汽车
rocker side dump ~ 翻斗矿车，侧卸式翻斗车
rolling ~ 平板车
ropeway ~ 索道吊车，架空索道矿斗
rotory combustion power ~ 转子发动机汽车
saddle-bottomed ~ 鞍形底盘搬运〔两边卸货的漏斗，凹底〕车
saloon ~ 轿车，餐车，（火车的）客厅式车厢
salver conveying ~ 托盘搬运车
salver stacking ~ 托盘堆垛车
sample ~ 陈列车，样（品）车
Sanford-Day ~ 底卸式矿车
scale ~ 磅秤车，称量车
self-propelled ~ 自动车
shelf ~ 棚架车
shop ~ 厂内运货车
shuttle ~ 短程运行车辆，梭车，往复来回料车
side ~ 摩托车的跨斗，边车，跨斗式摩托车
side dump(ing) ~ 翻斗车，侧卸车
side-discharging ~ 侧卸汽车
skip ~ 翻斗〔上料，翻卸式矿，倾卸小〕车
solar ~ 太阳能汽车
sport ~ 跑车，运动型乘用车
sport touring ~ 运动型旅游车
spraying ~ 洒水车
sprinkling ~ 洒水车

sprint ~ 赛车
staff ~ 指挥车
street ~ 电车
structure gauge detection ~ （铁路）限界检查车
supply ~ 材料车
suspension ~ 吊舱
tank ~ 罐车
television ~ 电视车，活动电视台
test ~ 试验车
thimble slag ~ 渣罐车
tilting ~ 翻斗车，倾卸车
tip ~ 自卸汽车
tipper ~ 翻斗车，卸料车
track inspect ~ 轨道检查车
track scale test ~ 检衡车
trail ~ 拖车
trailer on flat ~ 平板式挂车
tripping ~ 自动倾卸车
trolley ~ 触轮式〔无轨，有轨〕电车，吊运车
variable characteristic ~ 可变特性乘用车
weighing ~ 称量车
well ~ 元宝车，凹底平车
wrecking ~ 救险车

caracole 螺旋形梯，旋梯

carapace 甲（壳），介（壳）

carat ①金位，开（黄金纯度单位，纯金为 24 K）②克拉（宝石质量单位，1 克拉 =0.2053 g；钻石质量单位，1 克拉 =0.200 g）③药品质量单位（1 克拉 =1.0296 g）
international ~ 国际克拉（金刚石质量单位，1 克拉 =0.200 g）

carat-goods 质量约一克拉（1 carat）的金刚石

caravan ①大篷车，车队，商队②美国 C—76 型运输机

carbacidometer （大气）碳酸计

carballoy 碳化钨〔卡波〕硬质合金

carbamide 碳酸铵（火箭燃料稳定剂）

carbanalyzer 定碳仪，电磁测碳仪

carbanion 阴〔负〕碳离子

carbazol(e) 咔唑，9- 氮杂芴
polyvinyl ~ 聚乙烯咔唑

carbide ①碳化物（指金属碳化物），碳化钙，电石②硬质合金
activated ~ 活性炭化物〔钙〕
calcium ~ 碳化钙，乙炔钙，电石
cast ~ 铸态硬质合金，铸造碳化物
cemented ~ （烧结）硬质合金，烧结碳化物
cemented tungsten ~ 烧结碳化钨，碳化钨硬质合金
cobalt-cemented titanium ~ 钴（结碳化）钛硬质合金，钴钛金属陶瓷
cobalt-cemented tungsten ~ 钴（结碳化）钨硬质合金，钴钨金属陶瓷
double ~ 复合碳化物
hard ~ 硬质合金
inserted ~ 镶齿硬质合金刀片
Kappa ~ 卡巴碳化物（可置换的碳化物）
metal ~ 金属碳化物
nickel-cemented titanium ~ 镍（结碳化）钛硬质合金
nickel-cemented tungsten ~ 镍（结碳化）钨硬质合金，镍钨金属陶瓷
refractory ~ 难熔金属碳化物
silicon ~ 碳化硅，金刚砂
solid ~ 整体硬质合金刀具
steel bonded ~ 钢结硬质合金
tool ~ 刀具硬质合金
tri-ferrous ~ 碳化三铁，渗碳体
tungsten ~ 碳化钨（硬质合金）

carbine ①弹簧钩②卡宾枪，马枪
machine ~ 卡宾枪，冲锋枪，自动步枪
self-loading ~ 自动装弹步枪

carbinol 甲醇

Carbium 卡毕阿姆铝铜合金（w(Cu)4% ~ 5%，其余 Al）

carboard 卡（法）纸板，（厚硬）纸板，卡纸〔片〕
insulating ~ 绝缘纸板

carbo-charger 混气器

carbo-corundum 碳刚玉

carbocycle 碳环

carbofrax 碳化硅（作耐火材料用），金刚硅砖料

carbohm 电阻定碳仪（测量渗碳气体的渗碳能力）

carboids 碳青质（油与燃料热解时烃之缩合与聚合产物）

Carbolite 卡包立（酚醛塑料），卡包塑料，磺烃酚（醛塑）料

carbolon 卡包纶（碳化硅名）

Carboloy 钴钨硬质合金，（用钴作黏结剂的碳化钨硬质合金）

carbometer （测定空气中的）二氧化碳计，空气碳酸计，定碳仪

carbomite 碳酰胺（火箭火药稳定剂）

carbon ①碳（C），石墨②炭棒（电影机械），

炭精电极，炭精（片，粉），碳膜电阻③积炭（内燃机中沉积之污垢）④黑金刚石⑤复写纸
absorbent ~ 活性炭
activated ~ 活性炭
agraphitic ~ 非结晶〔无定形，非石墨〕碳，化合〔结合〕碳
amorphous ~ 无定形碳
arc ~ 弧光碳棒
arc-air gouging ~ 电弧气刨碳棒
baked ~ 碳（精电）极
biomedical ~ 生物碳
black ~ 炭黑
brush ~ 电刷碳
carbide ~ 化合碳（素）
case ~ 表面含碳量
catch ~ 拉碳
cement ~ 渗碳
clutch ~ 离合器中充填的石墨（形成推力石墨轴承）
combined ~ 结〔化〕合碳
copper-cored ~ 铜芯碳（棒）
cored ~ 芯碳棒，贯芯碳条
cross feed ~ 交叉进给印字带
electric ~ 电刷碳
fill-up ~ （平炉）增碳
fixed ~ 固定碳（燃料的固体可燃残留物，燃料干馏无灰残留物）
flame ~ 发光炭精棒
free ~ 游离碳，单体碳
gas ~ 碳〔烟，瓦斯〕黑，气碳
granular ~ 碳（精）粒
graphitic ~ 石墨碳，游离碳
graphitized ~ 石墨化碳
impregnated ~ 浸渍碳棒
kish ~ 炭鳞，炭屑（铁液凝固时析出的（石墨）炭屑）
linear structured ~ 线性结构碳纤维
metallic ~ 金属质碳，铜粉烧结碳
metallic graphite ~ 金属碳刷
metallized ~ 金属渗碳
mineral ~ 煤
motor ~ 电机碳刷
nascent ~ 新生（态）碳
plated ~ （弧光灯的）镀铜碳极
pyrolytic ~ 焦化石墨，热解石墨
resinous ~ 松脂
resistor ~ 电阻碳
retort ~ 蒸馏碳，甑碳，蒸馏罐炭精（煤气炉壁上所沾碳素）
solid ~ 实心碳棒，固体碳，烟黑
temper ~ 团絮状石墨，二次石墨，回火碳
uncombined ~ 游离碳
carbonaceous 含碳的，碳（质）的
carbonado ①黑金刚石②烧，焙，烤
carbonate ①碳酸盐〔酯〕，黑金刚石②碳化，使与碳酸化合，使化合成碳酸盐〔酯〕③烧成炭，焦化
barium ~ 碳酸钡
sodium ~ 碳酸钠，纯碱
carbonation 碳酸饱和，碳酸盐法〔化〕，碳化作用
carbonator 碳酸化器，碳酸化装置
carbon-bearing 含碳的，带碳的
carbon-coated 被碳沉积覆盖的
carbon-free 无碳的
carbonide 碳化物（指金属碳化物）
carboniferous 含碳的
carbonification 碳化作用，成煤〔煤化〕作用
carbonify 碳化
carbonite 硝酸甘油，硝酸钾，锯屑炸药，碳质炸药，天然焦（碳）
carbonitride 碳氮化物
carbonitriding 碳氮共渗
gas ~ 气体碳氮共渗
liquid ~ 液体碳氮共渗
carbonitrile 腈
carbonization 碳化（法），碳化处理，渗碳（处理），焦化（作用）
coal ~ 焦化
carbonized 碳化的
carbonizer ①碳化器，碳酸化分解槽②（氯化铝）去纤维素液
carbonizing ①渗碳②碳素印刷，复写墨印刷
carbonometer 碳酸计，二氧化碳定量器
carbon-point （弧光灯）碳（极）棒
carbonyl ①羰基，一氧化碳化合物，碳酰②金属羰基合物
iron ~ 羰基铁，五碳酰铁
metal ~ 羰络金属，金属羰基合物
nickel ~ 羰基镍
carbonylation 羰基化作用，羰化
carborne 汽车转运的
carborundum 碳化硅，碳硅砂，（人造）金刚砂
amorphous ~ （人造）金刚砂，碳化硅，非结晶〔无定形〕金刚砂
grit ~ 金刚砂砾

powdered ~ 粉状金刚砂，金刚砂粉
carboseal 卡波夕耳（收集灰尘用润滑剂）
carbo-sil 碳化硅（炼钢增硅脱氧用）
carbowax 聚乙二醇，水溶性有机润滑剂
carboxyl 羧基
carboxylate ①羰化物②使羰化
carboy （酸）坛，木箱〔藤罩〕保护的玻璃瓶，钢瓶，气筒
carbro 彩色照片
carburant 增碳剂，渗碳剂
carburate 渗碳，汽化（作用）
carburation 渗碳（作用），碳化，（内燃机内的）汽化（作用），混合气体形成
gas ~ 气体渗碳
carburet ①碳化物②增碳，使与碳化合③汽化，使汽油与空气混合
carburetant 增碳剂，碳化剂
carburetion =carburation
carburet(t)er =carburet(t)or
carburet(t)or （内燃机的）汽化器，化油器，增碳器
auxiliary jet ~ 双嘴汽化器
constant level ~ 恒定油位化油器
constant vacuum ~ 恒定真空汽化器
diaphragm ~ 隔膜汽化器
down-draft ~ 下吸式汽化器
electronic feedback ~ system 电子控制反馈式化油器系统
electronically controlled ~ （发动机）电子控制化油器
elementary ~ 简单化油器
feed-back ~ （发动机）反馈式化油器
mechanical ~ 机械汽化器
metering pin ~ 针塞式汽化器
programmed ~ （发动机）程序控制化油器
self-feeding ~ 自吸式汽化器
three-jet ~ 三嘴汽化器
twin ~ （发动机）双化油器
up-draft ~ 上吸式汽化器
carburization 渗碳（作用，法，处理），碳化
solid ~ 固体渗碳
surface ~ 表面渗碳
carburize （使）渗碳，碳化
carburizer 渗碳剂，碳化剂
case-hardening ~ 表面硬化渗碳剂
mild ~ 缓和渗碳剂，软渗碳剂
carburizing 渗碳，碳化
bath ~ 液体渗碳
blank ~ 伪〔空白〕渗碳，无渗碳剂的渗碳处理
box ~ 装箱固体渗碳
cyanide ~ 液体碳氮共渗（热处理）
drip-feed ~ 滴注式〔液滴〕渗碳
drop feed ~ 滴注式〔液滴〕渗碳法
fluidized-bed ~ 流态床渗碳
granulated gas ~ 固体渗碳剂渗碳
localized ~ 局部渗碳
mild ~ 缓和渗碳，软渗碳
pack ~ 固体渗碳，装箱渗碳
partial-pressure ~ 真空渗碳
paste ~ 糊状渗碳，膏剂渗碳
selective ~ 局部渗碳
tube ~ 管式炉渗碳
carbusintering 渗碳烧结
carcase =carcass
carcass ①骨〔构，支，框，车，绕线〕架，壳体②钢筋③阀〔配，管〕件④轭，底，定子⑤外胎身，轮胎胎壳
carcinotron 返〔回〕波管
O-type ~ O 型返波管
M-type ~ M 型返波管（电子束与电场和磁场相垂直的行波管）
card ①卡（片），程序单②图，表（格）③插件（板），印制电路板④（罗盘的）方位牌，标度板⑤钢丝起毛机，钢丝刷，刷子，梳子，梳理〔梳棉，梳毛，梳麻〕机
accelerator ~ 加速卡
access ~ 存取卡
account ~ 记账卡
active ~ 活用卡，现用卡片
address ~ 地址卡（片），程序单
adhesive ~ 贴边式开窗卡片
adhesive back ~ 内贴边式开窗卡片
adhesive face ~ 外贴边式开窗卡片
agendum call ~ 待议事件调用卡（片）
anti-virus ~ 防病毒卡
aperture ~ 孔径卡，（镶有显微胶片的）开窗卡片
asbestos ~ 石棉梳理机
aspect ~ 标号，〔状况，式样〕卡片
audio ~ 声卡
badge ~ 标志卡，标记卡
blank ~ 空白卡片，空插件
border-punched ~ 边缘穿孔卡片
breaker ~ 梳棉〔毛，麻〕机
breast ~ 头道梳棉机

business reply ~ 读者咨询卡（专业杂志上附刊的读者服务卡）
camera ~ 摄影开窗卡片
Chinese character ~ 汉卡
clock ~ 考勤卡
column-binary ~ 竖〔行〕式二进制卡片
combination ~ （盖板和针辊）组装式梳毛机，（盖板和罗拉）混合式梳理机
combined ~ 联合梳麻机
comment ~ 注解〔释〕卡片
compass ~ 罗盘方位牌，平板罗盘
compass correction ~ 罗盘修正表，自差表
composite ~ 组合卡片
computer ~ 计算机卡片〔插件〕
condenser ~ 末道梳毛机
contrast test ~ 对比度测试卡，灰度测试卡
copy ~ 复印开窗卡片
correction ~ 校正卡
CPAM ~ 随机（存取）卡片存储器的卡片
CPU ~ 中央处理器插件
crypto ID ~ 密码身份证，密码识别卡
cue ~ （供摄像师用的）分镜头提示卡
data ~ 数据卡片，诸元记录卡
dead ~ 停用卡片
debit ~ 借记卡，借方卡
debug ~ 调试卡
delimiter ~ 定义符卡片
designation ~ 名称卡，标示卡
detail ~ 细目卡片
diesel ~ 柴油发动机示功图
discrete component ~ 分立元件插件
double ~ 复式粗梳机
double entry ~ 双入口卡片
drift ~ 漂流卡
dual ~ 双联〔传票，对偶〕卡片
dumb ~ 方位盘
dynamic memory ~ 动态存储器插件
edge-notched ~ 边缘凹口卡片(凹口呈“V”形)
electronic ID ~ 电子身份证
end-of-transmission ~ 传输终止卡，报终卡
etched circuit ~ 蚀刻电路板
execute ~ 执行卡片
family ~ 分类卡（片）
fiber interface ~ 光纤接口板
field definition ~ 字段定义卡（片）
file ~ ①档案卡②钢丝刷，锉刷
finance transaction ~ 金融交易卡
finisher ~ 末道梳毛〔梳麻〕机
first breaker ~ 头道梳毛〔梳麻〕机
flax tow combined ~ 亚麻联合梳麻机
fractional ~ 部分倒用卡（片）
game ~ 游戏卡
grading ~ 配光卡
granular ~ 微粒〔无盖板〕梳棉机
GSM telephone ~ 全球通电话卡，GSM 电话卡
guide ~ 导〔指引，索引〕卡（片）
header ~ 标题卡片
height ~ 高度测绘板，高度绘图仪
humidity indicating ~ 湿度指示卡
identification ~ 身份证，识别卡
image ~ 影象开窗卡片
index ~ 索引卡片
indicator ~ 指示器，标示卡
instruction ~ 说明卡
intelligence ~ 智能卡
intelligent ~ 智能卡
interface ~ 接口插件
intermediate ~ 二道梳毛〔梳棉〕机
I/O hardboard ~ 输入输出试验板插件
jacket-type aperture ~ 封套式开窗卡片
job ~ 作业卡片
kit processor ~ 成套处理器插件
laced ~ 全穿孔卡片
leader ~ 标题卡片
load ~ 有孔〔装载，信息〕卡片
locator ~ 定位卡
logic ~ 逻辑插件
magnetic ~ 磁卡（片）
margin-perforated ~ 边缘穿孔卡片
margin-punched ~ 页片穿孔卡片，边缘穿孔卡片
mark ~ 符号卡片，标记卡片
mark sensed ~ 标记读出卡片
memory ~ 存储卡
micrologic ~ 微逻辑电路板
microprocessor ~ 微处理器插件
miniature ~ 小型卡
mixing ~ 混毛梳毛机
multimedia ~ 多媒体存储卡
multi-swift ~ 多锡林梳毛机
network interface ~ 网络接口卡
neutral test ~ 中性检验标板
numbered ~ 已编号卡（片）
opening ~ 开毛机（梳松再生毛或其他再生纤维用）

operation ~ 工艺〔序〕卡片
optical memory ~ 光存储卡
package ~ 组合卡片
padded ~ 垫薄纸的卡片
peek-a-boo ~ 同位穿孔卡片
personal ~ 身份卡
personality ~ 人（物）卡片，个性卡片
plug-in ~ 插入卡，插件
plug-in circuit ~ 插件
plug-in interface ~ 插入式接口插件
price ~ 价标
print ~ 印制电路板
processable ~ 可处理卡片，可用卡片
programmer ~ 程序编制器插件
proper ~ 主（要）梳理机
punch ~ 穿孔卡（片）
ready-read ~ 备读卡片
recording ~ （自动）记录卡，图表记录
reservation ~ 预约〔备用〕卡
resistance ~ 电阻表〔图，片〕
reverse ~ 反向（罗盘）刻度盘
revolving flat ~ 圆转盖板梳棉板
rhumb ~ 罗经卡
roll ~ 罗拉式梳理〔梳毛〕机
roller ~ 罗拉粗梳〔梳理，梳毛，梳棉〕机
roller-top ~ 罗拉盖板（混合式）梳理机
route ~ 工序卡，工作记录，加工记录，工作程序表
row-binary ~ 横〔行〕式二进制卡片
scored ~ 计分卡
Shirley ~ 锡莱梳棉机
shop ~ 车间工作卡片
smart ~ 智能卡，灵巧卡
sound ~ 声卡
static memory ~ 静态存储插件
stationary flat ~ 固定盖板梳棉机
stub ~ 计数〔存根〕卡片，短卡片
summary ~ 总计卡片
tabulating ~ 卡片
tag ~ 特征〔标签，标识〕卡片
teaser ~ =teazer ~
teazer ~ 打粗纱头机，和毛机，开松机，（黄麻）回丝梳麻机，扯麻机
tenser ~ 回丝梳麻机
test ~ 测试图表，试验卡片
text ~ 正文卡片，文本卡片
time ~ 记时卡片，时间表
token ~ 特征卡片，记号卡片
tool write-up ~ 工艺卡片
tow finisher ~ 短麻末道梳麻机
trailer ~ 后续卡片，尾卡
transaction ~ 报单卡片，报单文件
transfer ~ 转换卡（片）
transition ~ 转换卡（片）
transmitter ~ 发送器插件，发送电路板
tumble ~ 部分倒用卡，翻转卡片
two-doffer ~ 双道夫〔（小）滚筒〕梳棉机
union ~ 盖板罗拉混合式梳棉机
universal Integrated circuit ~ （通信）通用集成电路卡
verge-perforated ~ 边缘穿孔卡
video ~ 视频卡，显示卡
video display ~ 视频显示卡
wadding ~ 絮棉梳理机
waste silk ~ 绢丝梳理机
wild ~ 通配符
wiring ~ 接线卡
wool ~ （粗）梳毛机

cardan ①万向接头，万向节〔轴〕，活节连接器②平浮〔衡〕环
cardan-mounted 万向（节）支架的
cardan-suspended 万向悬挂的
cardan-suspension 万向悬架
cardboard 卡（片）纸板，（厚硬）纸板，卡纸〔片〕
varnished ~ 漆纸板
carder ①刷毛机，梳毛机②梳刷者
jute ~ 黄麻梳麻机挡车工，黄麻梳麻机
cardholder 持卡人
card-hopper 储卡机〔箱，袋〕，送卡箱，（输入）卡片箱〔袋〕
cardinal ①基数②主要的，基本的，最重要的③深红（色）的
Cardinal 卡迪纳尔（硬质合金名）
cardinality 高基数
cardioid 心（脏）形曲线，心脏线
cardiometer 心能测量器，心力计
cardiotachometer 心动计数器，心率计，电子脉搏计
card-o-matic 利用穿孔卡测试继电器组的设备
care 小心，注意，照顾，维护，管理
after ~ （商品出售后为）用户服务
maintenance ~ 保养管理，技术维护
career ①经历，历程，发展②炉期③职业，职务
caret 插入记号，脱字符，补注符号，加字记

号（^）
cargo ①船（装）货，货载②荷重
bulk ~ 散装货物
floating ~ 船货，在途货物
general ~ 一般客货，杂货
high cube ~ 容积吨大于重量吨的货物
high density ~ 重量吨大于容积吨的货物
measurement ~ 体积货物（按体积和容量来计算货物）
nude ~ 裸散货
open ~ 自由货物（未列运费率表而由公司自定运费的货物）
outboard ~ 出口货
outbound ~ 出口货
through ~ 联运货物，直达货物
cargoship 货船
cargospeed 快速传送货物
cargotainer 集装箱
carline =carling
carling ①（船的）短纵梁②电车线路
Carlite 一种（镀于硅钢片上的）绝缘层
carload ①整车，车辆载荷，铁路货车每辆积载量②十吨
carloader 装车机
carmatron 具有宽广调谐范围的振荡器，卡玛管（电子调谐范围为5% ~ 10%的M型返波管）
Carmet 卡梅特（硬质合金名）
carmoisine 淡红
carnallite 光卤石，杂盐
carnelian （=cornelian）光〔肉红〕玉髓，鸡血石
Carobronze 卡罗青铜合金，磷青铜合金（w（Sn）7.5% ~ 9%，w（P）0.11% ~ 0.4%，其余Cu）
carousel 回转车，圆盘传送带
carpenter 木工〔匠〕
carpentry ①木工（业）②木作，木器
carpet ①毡层，地毯，磨耗层②罩，包围③（雷达）电子干扰仪，起伏噪声电压调制的航空干扰发射机④地毯式轰炸
acoustic ~ 隔声绒毯
carpitron 卡皮管
carr =carrier
Carraloy 卡拉洛（硬质含金名）
carrel 研究阅览室
carriage ①车辆，车厢，（铁路）客车，（桥式起重机）行车，台车②支〔托，炮，车，滑（动），支撑〕架，刀架（包括溜板）③滑座，滑鞍，（机床的）滑板，机器的滑动部分④轨运器，底座，承重装置，平台，支撑框⑤字盘⑥运输，输送
accumulator ~ 累加（载运）器，蓄电池载运器
alighting ~ 起落架
automatic ~ （电动打字机送纸用的）自动滚轮，自动化托架
ball ~ （针梳机）滚珠支座
ball-frame ~ 滚珠支座
boist ~ 绞升料车
burden charging ~ 配料车
cable drum ~ 电缆放线车
charging ~ 装料小车，炉用推料机
common ~ 公共运输（工具）
composing ~ 字盘
crane ~ 起重小车，（横行）小车（桥式起重机用）
cross tool ~ 横刀架
drill ~ 钻轴滑座，钻车，（手推的）凿岩机车
driving ~ 驱动台车，自行式车辆
end ~ 端梁
feeding ~ 滑板，进给托架
fore ~ 前轮架，汽车前座
fork ~ 滑架，货叉托架
ga(u)ge ~ （有）挡板（的）滑架
grinding ~ 磨床床头，砂轮架，砂轮座
gun ~ 炮架
haulage ~ 缆车
land ~ 陆上运输
main ~ 纵（向）刀架
nodal ~ 测节轨运器
pedestal ~ 支柱座
pen ~ （自动记录器的）笔架
pivoted ~ 回转刀架
print head ~ 打印头滑架
pusher ~ 推料机小车
reel ~ 电缆（盘拖）车
roller ~ 滚子支座，托滚架（摇动式运输机）
saddle ~ （纵向）滑板
saw ~ （装）锯座
seal ~ 密封套
shuttle ~ 穿梭式小车
slide ~ 滑座，溜板
stick ~ 字盘
swivel ~ 回转刀架
through ~ 联运，直达运输
throw-off ~ 卸料车，带式卸料机

tool ~ 滑板，刀架（滑座）
transition ~ 铸坯移送台车
travel(l)ing ~ （锯机）载木台，移动台
turret ~ 回转刀架，转塔刀架
under ~ 起落架，底架
wheel ~ ①磨床床头，砂轮座②车辆，有轮炮架

carriageway 车行道，铺装路面

carried 悬挂式的，被运送的

carrier ①运输汽车〔船舶〕，（航空）母舰，运载工具〔装置，火箭〕，运输（用容）器，猫头小车②承载构件，悬挂物，支持物，托架，挂架③（车床的）鸡心〔桃子〕夹头，主动机构④带电粒子，传导电子，载流子，载波，载体，（数据，信息记录）媒体，通信公司，运营商
~ for xerox 复印载体磁粉
adjacent audio ~ 邻信〔频〕道伴音载波
adjacent picture ~ 邻信〔频〕道图像载波
adjacent sound ~ 邻信〔频〕道伴音载波
adjacent video ~ 邻信〔频〕道图像载波
adjacent vision ~ 邻信〔频〕道图像载波
aeroplane ~ 航空母舰
air ~ 运输（飞）机
aircraft ~ 航空母舰
airplane ~ 航空母舰
amphibious tracked ~ 履带式水陆两用输送车
armo(u)red ~ 装甲运输车
atomic aircraft ~ 核动力航空母舰
aural ~ 伴音〔声频〕载波
band ~ 传送带
base ~ 下部行驶〔行走〕部分
bearer ~ 托架座
bearing ~ 轴承（支座），轴承架，承重构件，支点
beat ~ 差频载波
belt ~ 传动带导轮
blade ~ 静叶持环，刀架，叶轮
brake ~ 制动器挂架
Bren ~ 履带式小型装甲车，小拖车
brush ~ 刷握，刷架
bucket ~ 斗式运输器
bulk ~ 散料转运车〔船〕
bundle ~ 禾捆积运〔输送〕器
cam ~ 凸轮推杆，（横机）三角座滑架
car ~ 载车船
cargo ~ 运货工具，运输机
cavalry ~ 装甲运输车
cement ~ 散装水泥船
chain ~ 链锁载体，传链子
chain rope ~ 链条式支索器
charge ~ 载流子，带电粒子，电荷载流子〔载体〕
chrominance ~ 彩色〔色度〕信号载波
coal ~ 运煤船
coherent ~ 相干载波
colo(u)r ~ 彩色信号载波
combat ~ 装甲运输汽车
combination ~ 通用机架
combined ~ 兼用船
common ~ ①公用载波②运输公司
conduction ~ 传导载波〔载流子〕
constant-amplitude ~ 固定振幅载波，等幅载波
container ~ 集装箱运输车
converter bottom ~ 炉底车
corocon ~ 滚轮输送机
current ~ 载流子
data ~ 数据记录介质，数据载体（如磁带，磁盘等），数据载波
deadweight ~ 重载船
declutch ~ 分离座架（分动箱）
demountable tanker ~ 背罐车
die ~ （水压机）模座，（水压机）活动工作台
drift ~ 漂移载流子
exalted ~ 恢复载波
excess ~ 多余〔过剩〕载流子
feed ~ 喂入输送器
file ~ 锉柄
filling ~ 引纬器
film ~ 软片盒
flying ~ 航空母舰
fork arm ~ 货叉架
freight ~ 货船〔车〕
frequency sound ~ 伴音载频
frequency-modulated ~ 调频载波
full ~ 全载波
grain ~ 散粮船，谷物船
gravity ~ 重力投料设备
guide blade ~ 导叶〔片〕持环
gun ~ 炮架，炮车
handy-size clean ~ 轻型轻油油船
handy-size dirty ~ 轻型重油油船
heart ~ 鸡心〔桃子〕夹头
heavy cargo ~ 重件运输船

hold-back ~ 反载体，（放射性同位素沉淀或吸附的）抑制（试）剂
hole ~ 空穴载流子
image ~ 图像载波
implement ~ ①通用机架②自动底盘
incoming ~ 进入载波
information ~ 信息载体，信息记录装置
intrinsic ~ 本征载流子
isotope ~ 同位素运输容器，同位素载体
juice straining ~ 除屑机，复榨机
ladle ~ 铸桶叉形夹
lap ~ 瓦状承载器
lathe ~ 车床鸡心〔桃子〕夹头
light ~ 光载波，光载流子
lining ~ 修炉车
liquefied gas ~ 液化气船
live fish ~ 活鱼运输车
load ~ 运货汽车
luminance ~ 发光信号载波
lubricant ~ （拔丝）润滑引带剂
magnetic ~ 磁（记录）载体
magnetic sound ~ 磁性音频载波
majority ~ 多数载流子
manual chain-driven ~ 手链小车
mass ~ （火箭发动机中的）工质
microscope ~ 显微镜载物台
minority ~ 少数载流子
missile ~ 导弹运载飞机，带导弹发射装置的飞机，航空母舰
mobile rope ~ 自行式支索器
modulated ~ 调制载波
modulator ~ 调制器载（波）频（率）
monochrome ~ 黑白电视（图像）载波
motor ~ 传送机，输送机
multichip ~ 多片插件
multiple bar ~ 栅杆式承载器
negative ~ 负载流子，负载波，（照相）片夹
non-equilibrium ~ 非平衡载流子
nozzle ~ 喷嘴座
object ~ 物镜架，（显微镜）载物玻璃
offset ~ 偏离载波
oil ~ 油船
open-frame tool ~ 双梁通用机架，双梁自动底盘
optical ~ 光载波，光载流子
optical signal ~ 光信号载波
ore ~ 矿砂船
oscillating tooth ~ 活齿架
outgoing ~ 外（输）出载波
overhead ~ 吊运式输送斗
over-the-load ~ 下悬式搬运车
oxygen ~ 氧化剂，载氧体，含氧物质
packing ~ 带盘垫套
pallet ~ 集装箱〔货架〕运输车
parallel ~ 平行夹头，平行托架
photocurrent ~ 光电载流子
photon-generated ~ 光生载流子
picture ~ 图像（信号）载波
pilot ~ 导频，控制载波信号
pinion ~ 主动齿轮套，行星齿轮架，小齿轮支架
pipe ~ 管托，导管支座
pix ~ 图像载频〔波〕
planetary ~ 行星齿轮架
plow ~ （有轨电车的）集电器架
positive ~ 正载流子，正载波，空穴
post ~ 柱桩运输架
power-line ~ 电力线载波
precise offset ~ 准确补偿〔偏置〕载波
primary ~ 原载波
punch ~ 凸模接头
quadrature ~ 90℃相移载波，正交载波
quiescent ~ 抑制载波
radio-frequency ~ 射频〔高频〕载波
reference ~ 基准载波，参考载波
refrigerated sea water fish ~ 冷海水保鲜船
residuum ~ 残余载波
rider ~ 游码构件
roller ~ 滚轮架
ro/ro barge ~ 滚浮船
sample ~ 试样容器，试样罐
self-propelled ~ 自动底盘
sheaf ~ 禾捆积运〔输送〕器
sheet ~ （用吊车）运送板垛的吊具
sound ~ 音频（信号）载波，伴音载波，载声体
special ~ 专用夹头，专用支座
spindle ~ 轴支持装置，主轴托架〔箱鼓〕
split ~ 载波分离
stationary blade ~ 静叶持环
straddle ~ 跨运车，长重货物运输车
straddle lift ~ 跨运车
suppressed ~ 抑制载波
swing link ~ 摆动支座
tank ~ 坦克输送车

tank-truck ~ 油槽汽车的车头
thermally generated ~ 热激发载流子，热生载流子
tool ~ ①通用机架②自动底盘
track ~ 履带提架
tract driven ~ 拖行小车
trafficking ~ 输送带，传送带
trailer ~ 运载拖车
trailing ~ 输送带，传送带
transparent ~ 透明基板（载体）
trapped ~ 被俘获的载流子
trunnion ~ （离心）管套座
tundish ~ 中间罐车
twine ~ 绳盒，绳筒
underwing ~ 翼下吊架
variable ~ 变幅载波，可控载波
video ~ 视频载波
vision ~ 图像载波
voice ~ 音〔声〕频（信号）载波
wave ~ 载波
weapon ~ 武器运送车（三轴全驱动汽车），中型吉普车
wheel ~ 轮架
wire ~ ①便携式线盘②导线导轮
work ~ 卡箍，（车床）鸡心卡头
yarn ~ 导纱器
zero ~ 零振幅载波

carrier-actuated 载波激励的，载频起动的
carrier-and-stacker 堆垛车
carrier-based 舰载的，以航空母舰为基地的
carrier-containing （含）有载体的，有载流子的
carrier-free 无载流子的
carrier-gas 运载〔控制〕气体
make-up ~ 配载气，补充载气
carrousel =carousel
carry ①携〔附〕带，搬〔装，联〕运，运送〔载〕②传送〔播，输，导〕③进行，实行④安装⑤支承〔撑〕⑥移位，进位
accumulative ~ 累加进位
binary ~ 二进制进位
cascade ~ 按位进位，逐位进位
chain ~ 链锁〔循环〕进位
complete ~ 完全进位
decimal ~ 十进制进位
delayed ~ 延迟进位
double ~ 双重进位
end ~ 循环进位
end-around ~ 循环〔舍入〕进位
final negative ~ 终点反向进位，最后负进位
group ~ 成组进位
horizontal ~ 水平距离
leaving “9” ~ 离九进位
no 10’s ~ 不逢十进位
not ~ 不〔非〕进位，“非”端〔“非门”〕进位
previous ~ （从）前位进位（的）
pyramid ~ 锥形进位
ripple through ~ 行波传送进位，穿行进位
self-instructed ~ 自动进位
separately instructed ~ 外控进位
sequential ~ 按序进位，逐次进位
series ~ 串列进位
simultaneous ~ 同时进位，并行进位
single ~ 单值进位，单位进位
standing ~ 直通进位
standing-on-nines ~ 高速进位，逢九跳跃进位
step-by-step ~ 按位进位，逐位进位
stored ~ 存储进位
successive ~ 顺序进位，逐次进位
ten’s ~ 十进进位脉冲
true ~ 真实进位
with 10’s ~ 逢十进位

carryall ①刮刀，刮除〔泥〕机②轮式铲运机，筑路机，平地机③大型载客汽车，运料车，（军用）汽车，大轿车
carry-complete 进位完毕〔完成〕（的）
carry-delay 进位迟延
carrying ①装载的，运输〔送〕的②承载的③含有…的
load ~ 带负荷（运行）的
carry-over ①携带，带出②转移〔入〕，滚进③进位④（锅炉）沸腾延迟⑤（在汽轮机工作叶列上的）排出损失
mechanical ~ 机械携带
vaporous ~ 溶解携带
cart ①（大，手推，拖）车，二轮（运货马）车②载体③载〔转〕运，用车装运，运输〔出，到〕
artillery ~ 炮车
battery ~ 电瓶车
dump ~ 翻斗车
mule ~ 小型电动机车，轻型牵引机
neutron ~ 中子载体
reel ~ 绞车
tilting ~ 翻斗车，倾卸车
tipping ~ 倾斜手车，翻斗车

transfer ~ 运送车
cartage 货车运费〔运输〕
carte 〈法〉地图，海图
cartel 卡特尔，联合企业
carting 运出〔到，输〕，转〔拖〕运
cartograph 地图
stereo ~ 立体地图
cartography ①制图学，制图法②地图绘制学，绘制图表
computer ~ 计算机制图学
cartology 地〔海〕图学
cartometry 量图学，地图量算
carton ①（包装用）纸板盒〔箱〕②厚纸，卡片纸
folding ~ 折叠纸盒
cartoner 定量包装装盒机，装纸箱机
cartoon ①草〔底〕图②漫画③动画片，卡通片
animated ~ 动画片，美术片
car-transfer 调车器
cartridge ①夹头，卡盘，刀夹②（灯）座，盒，管壳，灯头，支架，（拾音器）心座，拾音头插入式片盒，单轴片盒③盒式存储器，微型磁带，盒式磁带，编码键筒④焊剂垫⑤（过滤器）芯子，滤筒⑥胶卷，暗盒⑦释热元件⑧子弹，弹壳，弹夹，炸药包⑨熔丝管
blank rifle ~ 步枪空包弹
ceramic ~ 陶瓷拾音头
compact ~ 小型带盒（单磁带盘）
condenser ~ 电容式拾音头
coplanar ~ 共面带盒（单磁带盘）
crystal ~ 晶体盒，晶体支架
disk ~ 磁盘箱
endless ~ 循环式盒带，环形磁带卷
film ~ （放软片的）暗盒
floppy disk ~ 软磁盘，简易式盒式磁盘，软塑料磁盘
fuse ~ 熔线盒
harmonization ~ 校靶弹
insert ~ 极头（耳机传声器，拾音器的换能元件）
loading ~ 定量装载器（箕斗提升用）
magnetic ~ 磁性（拾音器）心座，电磁式拾音头
microfilm ~ 缩微胶卷盒
optical disk ~ 光盘卡盘
photoelectric ~ 光电式拾音头
pick-up ~ 拾音器心座
piezoelectric ~ 压电式拾音头
plug ~ 熔线塞，插塞式熔线
quarter inch ~ 四分之一（英寸）盒式磁带
resistor ~ 电阻支架，电阻盒
starter ~ 起爆管，点火管
stereo ~ 立体声拾音头
strainer ~ 粗滤片筒，滤油器芯子
striking weight ~ 打点锤筒
tape ~ ①磁带盒②卡式磁带
toner ~ 色调剂卡盒
uranium ~ 铀的释热元件
cartridge-paper 图画纸
cartvision 卷盘〔卡盘〕式电视
cartwheel 车轮
carvan 高碳钒铁
carve ①雕刻②切（开）③开创〔拓〕
carving 雕刻（术，物，品）
shell ~ 贝雕
cascade ①（分）级，级联，串级，串联，级联簇射②格（状物），（叶，格，型）栅（的）③阶梯，阶式蒸发器，梯流，阶流式布置④喷流，瀑布，跌差⑤（一种）同轴涡轮压缩机
~ heat load liquid (cooled system) （增压空气用）串联式热负荷液体（冷却系统）
agitation ~ 高落搅拌（浮选机）
airfoil ~ 导向叶片系
annular ~ 环形叶栅
blade ~ 叶栅
circulation ~ 级联循环，阶式循环
coherent ~ of photon 相干光子流（串）
corner-vane ~ 转弯导流叶栅
electron-photon ~ 电子光子级联
extraction ~ 级联萃取设备〔装置〕
finite ~ 有限叶栅
gamma ~ 级联 γ 辐射
high-solidity ~ （大）稠（度）叶栅
hydrofoil ~ 水力翼栅
in ~ 串级排列
nitrogen ~ 氮容器
nozzle blade ~ 喷嘴叶栅，喷嘴环
push-pull ~ 推挽级（联）
rectifier ~ 整流级
rectilinear ~ 直线叶栅
rotating ~ 旋转叶栅
semi-infinite ~ 半无限叶栅
single ~ 单列叶栅
square ~ （分离装置中的）方块级联
squared-off ~ 当量方块级联

stripping ~ 再生级联，级联贫化部分
thermoelectric ~ 热电级联
thrust-reverser ~ 推力转向叶栅
transonic ~ 跨声速叶栅
vane ~ 叶栅
vortex-ring ~ 涡流环叶栅
wing ~ 翼（形叶）栅

cascade-connected 串联的，级联的

cascaded 级联的

cascading 级联，串联，串级，分级

cascode 栅（地）-阴（地）放大器，共阴共栅放大器，共发〔射〕-共基放大器，渥尔曼放大器，射地-基地放大器

case ①盒，箱，外壳，管壳，机壳，罩，套管，潜水罐笼，容器，室②主体，机身③表面，胶结层④字盘，格子⑤情况，真相⑥把…装〔套，罩〕进（箱，盒内）
~ (for power semiconductor device) 管壳（电力半导体器件用）
~ of avertence 偏转式
~ of divergence 离向式
accumulator ~ 蓄电池箱，电池箱
banjo ~ 不可分箱体
body ~ 壳体，外壳
booster ~ 助推器壳体
buffer ~ 缓冲筒，减振器
cam ~ 凸轮箱，三角座，三角罩壳
carburized ~ 渗碳层，渗碳表面
catalyst ~ 催化剂室，反应室，反应器
cell ~ 电瓶壳
change gear ~ 变速齿轮箱
coil ~ 线圈外壳
container ~ ①集装箱②电解槽
cracking ~ 裂化反应器
crank ~ 曲柄箱，曲轴箱
cut-out ~ 熔线盒
diaphragm ~ 振膜盒，送话器盒
die ~ 凹模套
differential ~ 差动齿轮箱，差〔分〕速器箱
display ~ 陈列柜
distributor ~ 分配箱，配电箱
double bottom ~ 无后盖〔表盖一体〕的表壳
drive chain ~ 链条箱
elephant ~ 象鼻式（终端套管油）箱
fibreboard ~ 纤维板箱
filament-wound ~ 缠丝壳体
freezer ~ 冷冻柜
gear ~ 齿轮〔变速，传动〕箱，减速器壳
gearbox ~ 齿轮箱外壳〔体〕，变速箱体
hardened ~ 表面渗碳硬化
heater ~ 电热箱
housing ~ ①外壳，机壳②（电机的）机座
ingot ~ 钢锭（铸）型，钢锭模
lens ~ 镜头罩
letter ~ ①字母盘②文书夹
lower ~ （印刷）小写体
magazine ~ 弹仓
matrix ~ 字模盘
meter ~ 仪〔电〕表外壳
mission ~ （汽车的）变速箱体
motor ~ 电〔发〕动机外壳〔机座〕
mo(u)ld ~ 模型箱，模制壳
mo(u)lded bakelite ~ （塑料）电木盒
nitration ~ 氮化层
nitride(d) ~ 渗氮层
oblique ~ 斜轴
packing ~ ①填密盒②装料箱
pair ~ 双重外壳
plunger ~ 柱塞缸
pump ~ 泵壳
punch ~ 凸模套
quench-hardened ~ 淬硬层
radiator ~ 散热器箱
receiver ~ ①接收机箱②电话室
reel ~ 卷带盒，纸〔磁〕带盘
rotary ~ 转盘体
scouring ~ 搓擦滚筒，脱壳滚筒
scroll ~ ①蜗壳②蜗箱，螺旋形箱
shell ~ 薄筒
shield(ing) ~ 屏蔽〔罩，箱〕
skeleton ~ 板条箱，柳条箱
slide ~ 滑阀箱
spiral ~ （水轮机的）蜗壳
swab ~ 擦洗（油）盒
take-off ~ （功率）输出器
test ~ ①检查事例②校验（程序的）数据和条件③测试情况
timing-chain ~ （同步）链传动箱
top ~ 上型箱体
transfer ~ 分动箱，变速箱
transmission ~ 变速箱，传动箱
transverse ~ 横轴
turbine ~ 涡轮机壳
vacuum ~ 真空室〔箱〕
valve ~ 阀体，阀瓣座
worm ~ 蜗轮箱

casebook 案例参考书，专题资料集
case-carbonizing 表面渗碳
case-carburizing 表面渗碳
case-chilled 表面冷硬的
case-harden 渗碳，表面淬火
case-hardenability 表面可淬硬性
case-hardened 表面硬化〔淬火〕的
case-hardening ①表面（渗碳）硬化②表面淬火
casein 干酪素（可赛银）
casement ①空型，孔模②窗扉
folding ~ 折窗
case-part 箱件零件
caser ①装箱机②装箱工
cash ①现金〔款，钱〕②矸③兑付，付现
electronic ~ 电子货币，电子现金
net ~ 净现金
cash-register （现金）出纳机
casing ①套（管），遮板，框架，外〔机〕壳，壳（体），蒙皮，气缸②箱，盒③（汽车）外胎，车胎④包装〔皮〕，装箱
aero ~ 飞机轮外胎
air ~ （空）气套，气隔层
autotyre ~ 汽车外胎
axle ~ 后桥外壳，后桥梁
boring ~ 钻探套管
bosh ~ 炉腹外壳
box ~ 衡重箱（窗子方面），窗锤箱
cycle ~ 自行车外胎
cylinder ~ 气缸套，油缸套
diffuser ~ 导流壳体
discharge ~ 吐出壳，增压式蜗壳
exhaust ~ 排气缸
external conductive ~ 导电外壳
extreme line ~ 管端成平坦线的套管
fan ~ 风扇罩
fin panel ~ 膜式水冷壁
flared ~ 扩张式气缸
gas-tight ~ 气密（式）外壳，气密机座
gear ~ 齿轮箱
gearbox ~ 齿轮箱体，变速箱体
helical ~ （泵的）蜗壳
horizontally split ~ 水平剖分安装
hot-chamber die ~ 热型铸，热型压铸（高压铸造技术）
impeller ~ ①叶轮壳体②抛砂机壳体
inlet ~ 进气缸
inner ~ 内机壳，内护板
integral joint ~ 无接箍套管
jagged ~ 齿缘套管
kick-starter ~ 反冲式起动机箱
labyrinth ~ （迷宫）汽封体
lagging ~ 绝热外壳
land ~ 下套管
main header ~ 顶部罩
motor ~ 电机壳
motor tyre ~ 汽车外胎
multiple ~ 多缸式
outer ~ ①外壳，容器②（轮胎的）外胎
pawl ~ 爪罩
pipe ~ 套管
production ~ 生产套管，油层套管
protective ~ 保护外壳，防护罩
radiator ~ 散热器箱〔壳〕
radiator ~ 散热器箱，散热器壳
ratchet ~ 棘轮罩
reducer ~ 减速箱
restricted yield strength ~ 限定屈服强度套管
scroll ~ （通风机的）蜗壳
sectional ~ 组合壳
single ~ 单缸式
spiral ~ 蜗壳
split ~ ①对分外壳②中分面式气缸
stack ~ 炉身套壳，炉身外壳
stem ~ 杆套
streamline ~ 流线外皮
turbine ~ 涡轮壳
turbine outlet ~ 涡轮排气壳
tyre ~ 外胎
unsplit ~ 整体外壳
vertically split ~ 垂直剖分安装
volute ~ 蜗（线型的）壳，蜗形体
well ~ ①井筒②套筒
whole ~ 整体机壳
wire ~ 线槽
Casino 卡西诺高速钢（w（C）0.7%，w（W）18%，w（Cr）4%，w（V）1%，其余 Fe）
cask ①容器，桶，吊斗，罐②桶的容积③装桶
charge ~ 装料容器
casket ①容器．罐，吊斗②小桶，匣子
cask-flask （贮运放射性物质的）屏蔽容器
Caslox 合成树脂结合剂磁铁（w（Co）17%，w（Fe）16%）
cassette ①箱，盒，轴瓦盒②过滤片③胶卷暗盒，双轴片盒，循环式片盒，X 光底片盒④装填式（磁带）盒，盒式磁带⑤弹夹，炸弹箱

armo(u)red ~ 装甲箱，防爆盒
bubble ~ 盒式磁泡存储器
column ~ 盒式（色谱）柱
compact ~ 小型带盒（双磁带盘）
coplanar ~ 共面带盒（双磁带盘）
library ~ 资料库
master ~ 主盒带
radio ~ 盒式收录两用机
student ~ 学生盒带
tape ~ 盒式磁带
vacuum ~ 真空暗盒

cassiopeium 镏（Cp，镥（lutecium）的旧名）

cassiterite 锡石，二氧化锡

cast ①铸造〔件，型〕，浇注〔铸〕，熔炼，排出，炉子一次熔炼的金属量②投（射），掷，抛，锤测（深），投（射）程③模样〔子〕④计算，估计，安排，分类整理⑤脱，掉，换，舍弃⑥（数据）类型转换，类型强制转换，类型强制转化
~ of oil 油之色泽（反射色），油之荧光
~ of wire 钢丝（在线盘或轮轴上）的排绕
~ to shape 不再进行机械加工的铸造，精密铸造
arc ~ 电弧熔铸，弧熔铸锭
argon ~ 氩气保护铸造
block ~ 整铸
chilled ~ 冷硬铸法〔造，件〕，冷铸
cold ~ 冷型浇注（金属型），低温浇注
colo(u)r ~ ①偏色（彩色不平衡造成某一基色过强）②彩色（电视）播放
dead ~ 钢丝盘卷均匀（不涨圈，不收圈，不反盘），整齐排绕
die ~ 压铸件〔法，成型〕，金属型铸造
en-block ~ 整体铸造
helical ~ 反盘，螺旋排绕
impact ~ 冲击模
inblock ~ 整体铸造
individual ~ 分块〔割，开〕铸造
lead ~ 铅铸法（检查锻模尺寸的方法）
monoblock ~ 整体铸造
plaster ~ 石膏型〔绷带〕
spiral ~ 反盘（钢丝盘卷缺陷），螺旋排绕
straight ~ 伸直（钢丝盘卷不匀，有伸直倾向）

castability ①可铸性，铸造质量〔性能〕②（液态）流动性

castable ①浇注块，耐火混凝土②浇注成形③可铸〔塑〕的
magnesite-alumina ~ 镁铝浇注料
refractory ~ 耐火浇注料

caste 等级（制度）
die ~ 模具等级

castellated 有许多缺口的，城堡形的

caster ①铸机②铸工③（装在桌腿或椅腿底端以便朝任意方向推动的）小脚轮，自位轮④（汽车前轮转向节销的）主销后倾（角），立轴后倾角
billet ~ 方坯连铸机
bow type continuous ~ 弧形连铸机
continuous ~ 连续铸钢机
iron ~ 铸铁机
low head continuous ~ 低头连铸机
minus ~ 负后倾角
ordinary bending type ~ 立弯式连铸机
reverse ~ （汽车前轮转向节销的）负倾斜，逆倾斜，主销后倾（角）
rounds continuous ~ 圆坯连铸机
snow ~ 旋转清雪机
thin slab ~ 薄板坯连铸机
vertical ~ 立式连铸机
zero ~ （汽车的）零主销后倾（角）

cast-in 镶铸的，浇入的

casting ①铸造（法），铸塑，浇铸，铸件〔锭，型〕②脱落物③掷④计算
~ by magnetic shot molding 磁型铸造
acurad die ~ 双冲头压铸，高速精密压铸
Admos die ~ 阿德莫斯排溢铸造（法），压铸
armo(u)r ~ 装甲铸件
back-to-back ~ 多炉连浇〔铸〕
bleeding slush ~ 凝壳铸造（主要用在低熔点合金）
blistered ~ 多孔铸件
blown ~ （有）气孔铸件
bottom ~ ①下铸法，底注，下注②底座〔型〕
burnt sand ~ 半永久型砂型铸造
car ~ 车铸法
case-bouded ~ 贴壁浇铸
case-hardened ~ 冷硬浇铸〔铸法〕
cavityless ~ 实模样铸造法（一种熔型铸造法），实型铸造
centrifugal (pressure) ~ 离心浇铸
ceramic mold ~ 陶瓷型铸造
chilled ~ 冷硬铸法〔造，件〕，冷铸
close-tolerance ~ 精密铸件
cluster ~ ①层串铸法，串铸（法）②叠型

铸造
composite ~ 双金属铸件（双层或三层）
compound ~ 复合铸件，双金属铸件
compression ~ （加）压铸（造）
containerless ~ 无型铸造
continuous ~ 连续铸造〔锭〕
cored ~ 有（型）芯（的）铸件
counter-pressure ~ 差压铸造
DC ~ 半连续浇铸〔铸锭〕直接冷铸法
defective ~ 有缺陷的铸件
dewaxing ~ 熔模铸造
die ~ 压铸
differential pressure ~ 差压铸造
direct ~ 顶〔上〕铸，直接浇铸
direct-air die ~ 低压铸造（充型压力较高）
directional ~ 定向（柱状晶）铸造
dirty ~ 夹杂物（多的）铸件
displacement ~ 排溢铸造
downhill ~ 上铸法，顶铸法
dry ~ ①干铸法②干铸件
dual metal ~ 双金属离心铸管法
dummy ~ （加热金属型的）热型铸件
Durville ~ 杜威勒浇铸法（铸模与坩埚相连），杜威勒翻炉铸造法
electromagnetic ~ 电磁铸造
evacuated die ~ 负压压铸
extrusion ~ 压铸
faulty ~ 废铸件
flow ~ 空壳铸件，糊膏中空浇铸法
foam ~ 泡沫铸塑
full mold ~ 实型铸造
furnace ~ 炼炉铸件
fusible pattern ~ 熔模铸造
grain ~ 装药铸造，药柱铸造
gravity die ~ 金属型铸造
gray ~ 灰铁铸件
green (sand) ~ ①未经热处理（或时效）的铸件，铸态铸件②湿砂铸造
group ~ 下铸，底铸，组合铸造
hard ~ 硬〔白口〕铸铁
heavy ~ 大型铸件，厚壁铸件
hollow ~ 空壳铸件，糊膏中空浇铸法
honeycombed ~ 多气泡〔蜂窝状〕铸件
hot investment ~ 精密〔熔模〕铸造
hot pressure ~ 热压铸成型
ill-shaped ~ 畸形铸件（带有缺陷的铸件）
indirect ~ 下铸，间接浇铸
ingot ~ 铸锭
injection ~ 压铸
integral ~ 组合铸
inversion ~ 翻型铸造（浇后），翻炉浇注
investment ~ 熔模〔精密〕铸造法
light ~ 小〔薄壁，轻型〕铸件
lip ~ 压边浇铸
loam ~ 砌砖铸造，麻泥（型）铸造，黏土制型法
lost pattern ~ 失模铸造
lost wax ~ 熔模铸造（法）
low-pressure die ~ 低压铸造机
machinery ~ 机器铸件，铸铁机器件
malleable ~ 韧性铸件，可锻铸件
metal mo(u)ld ~ 金属型铸造
misrun ~ 有缺陷铸件，未浇满铸件
molten-rock ~ 铸石（件）
monoblock ~ ①整体铸造②整块铸造（件）
mo(u)ld ~ 成型铸件
multiple ~ 劈模铸造
multiple-core ~ 组芯铸造
multiple-heat ~ 多炉连浇连铸
one-piece ~ 整体铸件，整体铸造
open sand ~ ①明浇铸件②敞型铸造，明浇
permanent ~ 金属型浇铸
permanent mo(u)ld ~ 金属型铸造
pilot ~ （校验型板用）标准铸件，试制铸件
planchet ~ ①模板铸件②用型板铸造
plaster ~ 石膏型铸造（法）
polygram ~ 复制铸造，被覆（法）复制金属模样法
pore-free die ~ 充氧压铸
porous ~ 多孔铸件，不致密铸件
pottery ~ 陶器铸坯
precision ~ ①精密铸件②精密〔熔模〕铸造
pressure-die ~ 压力铸造，压铸件
pressurized ~ 在压力缸中凝固（常指有色金属）
raw ~ 未加工过的铸件
reinforced ~ 加肋铸件
rotary ~ 旋转浇注
rough ~ 毛坯铸件
running ~ 浇注（铸型）
sand spun ~ 砂型离心浇注
scabbed ~ 有疤铸件，粗铸
semi-centrifugal ~ 半离心〔离心充型〕铸造
semi-chilled mo(u)ld ~ 半金属型铸造，半冷模铸造

semisteel ~ 低碳铸（铁）件
sequence ~ 连包连铸，全连铸
shape ~ 成形铸造
shell mo(u)lded ~ ①薄壳铸造②壳形铸件
short-run ~ 未铸满铸件
shot ~ 金属丸铸造
skull ~ 凝壳铸造（法）
slip ~ 注浆成形，粉浆浇铸，流铸
sloping ~ 倾斜铸造
slush ~ ①空壳〔空心，薄壳〕铸件，凝壳铸件②空壳〔空心件〕铸造，凝壳铸造
solvent ~ 溶剂浇铸
sound ~ 坚实〔完好，无缩松，无疵〕铸件
spray ~ 喷射铸造（雾化沉积）
spun-in ~ 离心铸造（法）
squeeze ~ 模压铸造
stack ~ 叠型铸造，层叠铸造
standard ~ 标准铸块
strained ~ ①变形铸件②带飞翅铸件
successive crystallization ~ 顺序凝固
suction ~ 抽吸浇注，负压吸铸（法），负压铸造
synthetic ~ （连铸的）合成渣浇注
test ~ 取样铸件
thixo ~ 触融压铸
top ~ 上浇铸，顶浇
trough ~ 中间罐〔包〕浇铸
twin ~ 双流浇铸（连铸）
unit ~ 单一（品种）铸件
uphill ~ 下铸法，底铸法，叠型浇铸
vacuum ~ 真空铸塑（法），真空浇铸
wax ~ 熔模铸件
wax mo(u)ld ~ 熔模铸造

casting-in 镶铸，浇合
casting-on ~ 浇补，补铸，熔补
casting-up ~ 铸型浇注
cast-in-place ~ 就地〔现场〕浇铸（的）
open ~ 明浇，开放型浇注，敞开式铸造

casting-on 浇补，补铸，熔补

casting-up 铸型浇注

cast-iron ①铸铁，生铁②铁一般的
boron ~ 含硼铸铁
gray ~ 灰铸铁
malleable ~ 可锻〔韧性，展性〕铸铁，纯铁
nodular graphite ~ 球墨〔可锻，韧性〕铸铁
specular ~ 镜铁

castle ①巨大建筑物②船楼
shielding ~ 防护容器

Castolin 铸铁焊料合金

cast-on 铸造，浇补

castor ①（椅子等的）小脚轮，自位轮②（汽车前轮转向节销的）主销后倾角③透锂长石④蓖麻

castrol 蓖麻油与矿物油之混合物

cast-steel 铸钢

cast-welding 铸焊

casual ①偶存的，随机的②临时的，非正式的，不定的，无意的③不规则的

casualty ①故障，损坏②（伤亡）事故，死伤，灾祸

caswellite 古铜云母，锰脆云母

cat ①吊锚，起锚滑车②航向电台，地面“OBOE”系统，“OBOE”雷达系统地面站③硬耐火土④履带拖拉机⑤将锚起挂在锚架上
half ~ 半履带式机车〔车辆〕

catacaustic 回光（线）的，反射焦散曲线（的）

cataclase 压碎，破碎

cataclasis 压碎，破碎

Catalin 铸塑酚醛塑料

catalog(ue) ①（产品，商品，图书）目录（表），一览表，条〔总〕目②种类，（产品）样本③编（列）目录，按目录分类
~ of technological documentation 工艺文件目录
connective ~ 相关主题目录，带参见的目录
consolidated trade ~ 商品总目录
dictionary ~ （按字母顺序的）词典式目录
file ~ 文件目录，文件编目
instruction ~ 指令表
ISO ~ 国际标准目录
mechanized ~ 机读目录
parts ~ 零件目录
price ~ 价目表
split ~ 分类目录
technical order parts ~ 技术备件目录
written ~ 稿本目录

catalog(u)ing 编目
computer-aided ~ 机助编目
on-line ~ 联机编目

catalyser =catalyzer

catalysis 催化（作用），触媒（作用），接触（反应）
heat ~ 传热媒介
isomeric ~ 异构催化（作用）
organic ~ 催化作用

catalyst 催化剂，触媒（剂），接触剂〔器〕，

刺激因素
cemented ~ 胶接催化器
oxidation ~ （发动机）氧化型催化剂
polymerization ~ 聚合催化剂
raw ~ 新〔未还原〕催化剂
reforming ~ 重整催化剂
stagnant ~ 固定催化剂
three-way ~ 三元催化剂
catalytic
~ converter 催化转化器
catalytic(al) 催化（的），起触媒作用（的）
catalyzator 催化剂，接触剂
catalyzer 催化剂，触媒剂，活化剂，接触剂
catamaran ①双体船②长筏，救生筏
semisubmersible ~ 小水线面双体船
catanet 全网
cataphoresis 阳离子电泳，电（粒）泳，电渗
cataphoretic （阳离子）电泳的
catapult ①弹弓②弹射器，放送器，抛送机③弹〔抛〕射，抛弹，用弹射器发射（飞机）
air ~ 气力弹射器
airborne ~ 机上弹射器，飞机抛弹机
launching ~ 升空弹射器
cataract ①(唧筒的)水力制动机②缓冲〔减振，冲程调节〕器③（大）瀑布
catathermometer 干湿球温度表（从湿球的温度下降来测量风速）
catch ①捕捉，(离心喷砂机叶片）打砂动作②捕捉器，收集器，制动片，制动装置③掣子，卡子，(凸）轮挡，(抓）爪，抓钩，簧舌，凸轮④按钮，保险器，锁键，门拉手，门扣，锁闩，指针
active ~ （阀门分配机构的）活动挡
apring ~ 弹簧挡，弹簧销
back ~ 门后钩
bales ~ 自动扣
ball ~ 球掣
bayonet ~ ①卡扣，锁销②插座，插销节
Bennett ~ 卷筒过绕锁定器
blind ~ 关闭把手，闭门扣
bullet ~ 锥形门扣
detent ~ 锁闩〔链〕
dog ~ ①掣〔卡，夹〕子，自动卡头机②擒纵器，阻挡器
door ~ 门扣
elbow ~ 门轧头，肘（形弯）管门扣
glottal ~ 吐气管
hold-open ~ （舱盖打开时的）固定卡销
hood ~ ①机罩卡钩②机罩（搭）扣
jack ~ 卡爪
lock ~ 锁扣，停止挡，闭锁掣子
magazine ~ 弹匣卡笋
oil ~ 油挡，捕油（器）
passive ~ 不活动挡（阀门分配机构）
positive ~ 强制啮合（机构）
release ~ 擒纵器，掣子，卡子
retaining ~ 停止挡，闭锁掣子，枪闩阻铁
rope socket ~ 钢丝绳端扣
safety ~ ①安全挡，安全掣子，安全制动片②断绳防坠器
safety bolt ~ 保险销机
sand ~ （滚刀）刮砂机
stop ~ 止动挡
throw-over ~ 转换挡
catch-all ①滤水器，回收器②打捞工具（钻机用）③截液器，分沫器，总受器④垃圾箱，杂物箱，提包
catch-as-catch-can ①用一切方法的②没有计划的，没有系统的
catch-bolt ①自动门扣②挡住〔止动〕螺栓
catcher ①稳定装置，制动装置②限制〔捕集，收集，捕捉〕器③（镀锡器的）收板装置④收注栅，(电子）捕获栅，(速调管的）获能腔，收集〔集电〕极，输出电极，输出谐振腔⑤管箍⑥接钢工
amalgam ~ 汞齐捕集器
beam ~ ①束捕集器，射线收注栅，法拉第筒②电子束收集极，电子注集电极
cinder ~ 集灰〔集尘，盛渣〕器
core ~ 岩心抓
corn ~ ①谷粒收集器②玉米穗清理机
cottrell dust ~ 静电除尘器
drop ~ 捕滴器，液滴捕集器
dust ~ 吸〔集，除〕尘器，防尘套
grit ~ 除砂器
hair ~ 除毛器
knot ~ 除节机
metal ~ 金属杂质分离器
mist ~ 捕雾〔滴〕器
moisture ~ 去湿装置
nail ~ 钉扣
oil ~ ①集油器，储油箱②油滴接斗
petal ~ 膜瓣收集器
pulp ~ 受浆器
self ~ 自挡
slag ~ 接渣器，盛渣器，集渣槽，渣包

spark ~ ①灭火器②火花挡
spray ~ 捕雾器
staff ~ （铁路）收签机
throw-in ~ 投捞器
wind ~ 风斗

catching ①捕获，拦截，捕捉，收集②啮合，连接③（轧机）机座间的递钢
manual ~ 机座间的人工递钢（不用围盘）

catchment 汇〔集，排〕水

catchwork 集水工程

cat-davit 起锚柱

categorization 分〔归〕类，分门别类

category 种类，类别，等级，范畴，部门
fundamental ~ 主范畴，基本大类目
I ~ 输入分类
O ~ 输出分类
security ~ 保密等级
utilization ~ 使用类别

catelectrode （电池的）阴极，负极

catena ①耦合，联接，链接②（锁）链③位列④连锁

catenarian =catenary

catenary 链线，悬索〔链，垂〕线，承力索，吊线（悬挂电缆用）
auxiliary ~ 辅助承力索
compound ~ 复链（电缆）吊架
inclined ~ 斜悬链
parabolic ~ 抛物悬链线
simple ~ 单吊线
spherical ~ 球面悬链线
transformed ~ 变形悬链线

catenate 链〔环，连〕接，耦合

catenation ①链接，联接，耦合，结合②并列，（计算机的）并置③连续，级联④连接器

catenoid ①悬链〔索〕曲面②悬线垂度，悬链挠度③链状的

caterpillar ①履带传动，链轨②履带（式）车辆，履带式拖拉〔挖土〕机，战〔坦克〕车，爬行车③履带牵引装置，环状轨道
tread ~ 履带

caterpillar-tractor 履带拖拉〔牵引〕机

cat-eye （玻璃的）细长气泡

catfall 吊锚索

catforming 催化重整，催化转化法

cathamplifier 阴极放大器，电子管推挽放大器

catharometer ①气体分析仪（根据导热性测量法进行气体分析的仪器）②热导计③热导池

cathautograph 阴极自动记录器

cathead ①吊锚架，系锚杆②套管③锚栓④转换开关凸轮⑤卡盘⑥猫头（钻井设备），（镗床的）镗刀头
frictional ~ 摩擦猫头
planetary ~ 行星猫头

cathedral 下反角

catheter 导管
fiber-optic ~ 光纤导管

cathetometer 高差计，高差表，测高仪

cathetron （外控式）三极汞气整流管，汞气整流器

cathetus 中直线

cathode 阴极，负极
Adconductor ~ 吸附导体阴极
arc ~ 电弧阴极，弧光放电阴极
beam ~ 电（子）束阴极，集射阴极
burn-out resistance ~ 防烧（毁）阴极
carbonized ~ 碳化物阴极
cerium-tungsten ~ 铈钨阴极
coated ~ 敷料阴极
coated powder ~ 粉敷（镍氧化物）阴极
complex ~ 复合阴极
composite ~ 复合阴极，合成阴极
condensation ~ 冷凝式阴极
core-activated ~ 核心激活式阴极
covered ~ 覆盖阴极
dark ~ 掺镍粉阴极，暗色阴极
directly-heated ~ 直热式阴极
dispenser ~ 补给式阴极，储备式阴极
dull-emitting ~ 微热阴极，敷氧化物阴极
earthed ~ 接地阴极
filament(ary) ~ 直热式阴极，丝状阴极
glowing ~ 旁热式阴极，辉光（热离子）阴极，焰热阴极
green ~ 绿色〔枪〕阴极
gun ~ （电子）枪阴极
heated ~ 旁热式阴极，间热阴极
heater ~ 旁热式阴极
impregnated ~ 浸渍式阴极
incandescent ~ （炽）热阴极
Juno ~ 卷状阴极
keep-alive ~ 保活阴极
lamel ~ 薄膜阴极
lap-seam ~ 叠缝阴极
life-boost ~ 耐久阴极
matrix ~ 阴模式阴极，海绵阴极
mesh ~ 网状阴极
mo(u)ld matrix ~ 模制阴极

mo(u)lded ~ 模制阴极
multicellular ~ 多格阴极
open ~ 开顶阴极
paste ~ 涂（有）糊（状发射物质的）阴极
perforated ~ 有孔阴极（直热式）
phormat ~ 镍海绵阴极（同时用电解电泳法制作）
photoelectric ~ 光电（管）阴极
planar ~ 平面〔板〕阴极
pool ~ ①液体阴极，汞弧阴极②电弧放电
reading-gun ~ 读（电子）枪阴极
recessed ~ 退藏式阴极
reentrant ~ 凹形阴极
refractory ~ 耐热阴极
reset ~ 复零〔位〕阴极
secondary ~ 二次阴极，次级（发射）阴极
separately heated ~ 旁热式阴极
slit ~ 分瓣〔裂缝〕阴极
sprayed ~ 喷涂阴极
starter ~ 起动阴极，触发阴极
target ~ 靶阴极，对阴极（X 射线管）
thermionic ~ 热电子阴极
thoriated tungsten ~ 钨钍阴极
tough ~ 电解纯铜，阴极铜
trichter ~ 漏斗形阴极
viewing gun ~ 显示（电子）枪阴极
virtual ~ ①虚阴极②作用阴极（在磁控管中）
Wehnelt ~ 文纳尔〔控制，调制，氧化物〕阴极
whiskered ~ （场致）针须阴极
writing-gun ~ 书写〔记录〕（电子）枪阴极

cathodeluminescence 阴极（射线致）发光，电子致发光，（阴极）电子激发光，阴极辉光
cathodephone 阴极送话器
cathode-pulsed 阴极脉冲调制的
cathode-ray 阴极射线
cathodic 阴极的，负极的
cathodochromic 阴极射线致色的，电子致色的
cathodoelectroluminescence 阴极电致发光
cathodogram 阴极射线示波图，电子衍射示波图
cathodograph ①电子衍射照相机② X 光照相
cathodoluminescence =cathodeluminescence
cathodophone ①阴极送话器②离子传声器
cathodophosphorescence 阴极磷光
catholyte 阴极液（电解电池阴极旁），阴极电解液
cat-hook 吊锚钩
catination 接合，连接，链接
cation 阳〔正，阳向〕离子
cation-exchange 阳离子交换
cationics 阳离子（表面活性）剂
cationite 阳离子交换剂
cationoid 类阳离子
cationotropy 阳离子移变（现象）
catoptric 反射的(使用多面镜投影电视系统的)
catoptrics 反射光学
catoptron 反射镜
catoptroscope 反射验物镜
cat-rope 锚钩索
catrouche ①涡形装置②椭圆形轮廓③装饰镜板④弹药筒
catty 斤（中国和东南亚国家质量单位，1 斤 = 0.5 kg）
catwalk ①（高大设备）架空走道，桥形通道，机器中间的通道②照明天桥③梯，工件脚手台，脚手架
catwhisker ①触须，触针②针电极
catworks 猫头绞车
caul ①薄板曲压机②均衡压力用覆盖板，抛光板
cauliflower ①菜花头（钢锭上端呈海绵状，钢锭头部不规则上涨缺陷）②菜花形炼焦
ca(u)lk ①填密，填隙，用麻丝（纤维，黏性物）填塞（或堵缝），嵌塞，压紧，凿密，捉灰，捻缝②堵头（电缆）③铆接④蒸发，沉淀
ca(u)lker ①平〔敛缝，精整〕锤，密缝凿，堵塞工具②卷边器③冲工，捻缝工
pneumatic ~ 风动密缝凿，风动精整锤
ca(u)lking ①填密〔隙，实〕，堵缝，敛缝②（电缆的）堵头，填料，填密物
pneumatic ~ 气动堵缝
causality ①原因，因果关系，因果性〔律〕②诱发性
cause ①原〔起〕因，理由，动机②事业，（奋斗）目标
failure ~ 失效原因
first ~ ①原动力②主要原因
proximate ~ 近因
underlying ~ 潜在成因
caustic ①腐蚀剂，苛性药，氢氧化物②聚光（线），焦散点〔面，曲线〕③苛性的，腐蚀（性）的④焦散的
lunar ~ 硝酸银，银丹
strong ~ 浓氢氧化钠溶液

causticity 苛性，腐蚀性，碱度
causticization 苛化作用，苛（性）化
causticizer ①苛化剂②苛化器
causticoid 拟聚光线〔面〕
caustics 焦散线
cautery ①烧灼器〔术〕,烙器〔术〕②腐蚀（剂）
cavalcade ①行列，车〔船〕队②发展过程
cave ①凹痕，麻面，洞，槽沟，内腔②空刀③（屏蔽）室，防护室④陷落，崩落
basic ~ 主屏蔽室
flash ~ 飞边槽
high-level ~ ①高放射性物质工作室②高放热室
hot ~ “热”室，高放射性物质工作屏蔽小室
permanent ~ 永久屏蔽室
cavernous ①洞穴（状）的②凹的，塌的③多孔的，海绵状的
cavetto 打圆，修圆，削圆角
cavil 尖锤
caving ①下陷，塌落，冒顶②崩〔陷〕落开采法
cavitation ①空隙〔穴〕现象，涡空〔凹〕，空化②气穴，空穴，气穴磨损③空蚀，气蚀④饱和压力点
propeller ~ 螺旋桨旋转真空
pump ~ 泵空穴（作用），泵气蚀
ultrasonic ~ 超声空化
cavitron 手提式超声波焊机
cavity ①空穴〔腔,洞〕气孔②模槽〔腔〕,凹处，模〔(铸造）型,谐振,共振〕腔,腔体,(电机）座③空腔谐〔共〕振器④轮舱，小室，暗盒
accelerating ~ 加速空腔共振器
accelerator ~ 加速器谐振腔
actuating ~ 激励谐振腔
air ~ 气孔
all-invar ~ 全殷钢〔镍铁合金〕空腔谐振器
anode ~ 阳极谐振腔
Bragg-Gray ~ 布雷格 - 格雷空腔
built-in ~ （电子）管内空腔谐振器
buncher ~ 群聚〔聚束〕(谐振）腔
bunching ~ 群聚〔聚束〕(谐振）腔
cathode ~ 阴极（空）腔（谐振器）
chambered ~ 内部扩大腔
chopping ~ 斩波谐振腔
circular ~ 圆形（空）腔（谐振器）
coaxial ~ 同轴（空）腔（谐振器）
compensated ~ 补偿空腔谐振器
confocal ~ 共焦腔
contraction ~ 缩孔（铸造缺陷）
core ~ ①芯（盒内）腔②铸件内腔
crater ~ 火口气孔
cubical ~ 立方形空腔谐振器
curved-mirror ~ 球面反射镜腔
cylindrical ~ 圆柱腔
deflecting ~ 致偏谐振腔
detuned ~ 失调谐振器
die ~ 模腔，型腔，模穴，凹模，阴模，模槽
disc-shaped ~ 盘形腔
duplex ~ 双腔谐振器
end ~ ①端部空腔谐振器②终端谐振腔
Fabry-Perot ~ 法布里 - 珀罗谐振腔
filter ~ 滤波器谐振腔
fissure ~ 裂洞
fixed ~ 固定空腔谐振器
folded ~ （速调管的）折叠空腔
furnace ~ 燃烧室，炉膛（容积）
gas ~ 气孔（铸造缺陷），气泡，气穴，气眼
high-Q ~ 高品质因数空腔谐振器，高 Q 腔
input ~ ①输入谐振器②输入腔
integrating ~ 累积腔
isothermal ~ 等温腔
laser pump ~ 聚光腔〔器〕，激光泵浦腔
laser-tube ~ 激光管谐振腔，(气体）激光器
lighthouse ~ 灯塔式空腔（谐振器）
loaded ~ 加载谐振腔
lossless ~ 无损耗空腔谐振器
magnetron ~ 磁控管（空）腔（谐振器）
microwave ~ 微波谐振腔
motor ~ 电机座位
mo(u)ld ~ 型腔，阴模
multimode ~ 多模谐振腔
off-resonance ~ 失谐空腔（谐振器）
oil ~ 油室，润滑室
open ~ 明缩孔
optical ~ 光腔，光谐振腔
optical fiber ~ 光纤维腔，纤维光腔
orthomode ~ 正模腔
oscillator ~ 振荡器谐振腔
pipe ~ 缩管（铸造缺陷），缩孔
premixing ~ 预混合室，预燃室
pump ~ 抽运〔泵〕谐振腔
radio-frequency ~ 射频空腔（谐振器）
reaction ~ ①回授〔反馈〕电路中的空腔谐振器②反馈谐振腔
rectangular ~ 矩形（空腔）谐振器

reentrant ~ ①凹状空腔②重入腔

reference ~ ①标〔基〕准空腔谐振器②标准谐振腔

resonant ~ ①谐振腔②空腔谐振器

reverberant ~ 空腔谐振器

ringing ~ 低阻尼空腔谐振器

sealed ~ 密封空腔谐振器

shrinkage ~ 缩孔（铸造缺陷）

slot-coupled ~ ①槽隙耦合空腔谐振器②槽耦（谐振）腔

space ~ 空腔，空隙

split ~ 分〔组合〕模，模穴，对开模

stabilizer ~ 稳定谐振腔

superheater ~ 过热器区〔室〕

TR ~ 收发开关空腔谐振器

transmission ~ 发射机谐振腔

tunable ~ ①可调空腔谐振器②可调谐振腔

variable ~ 可调空腔谐振器，可变空腔（谐振器）

vocal ~ 声腔

vortex ~ 涡流区，漏流式燃烧室

water ~ 水冷用的空腔

cavity-type 共振腔型（的）

cazin 共晶合金，镉锌（焊料）合金，低熔合金（*w*（Cd）82.6%，*w*（Zn）17.4%，熔点温度为 236 ℃）

C-band C 波段（3.9 ~ 6.2 GHz）

C-battery C〔丙，栅极〕电池组

C-bias 栅极偏压

C-class C 类，丙类

CD 光盘

multimedia ~ 多媒介光碟

CD-audio CD 声盘

CD-erasable 可擦 CD 光盘

CD-graphics 记录图形的 CD 光盘

CD-interactive 交互 CD 光盘，光盘交互标准

C-display C 型显示器，方位角 - 仰角显示器

CD-minidisc 微型 CD 盘

CD-plus 一种能存储音乐、电视、多媒体和计算机数据的 CD 光盘

CD-recordable 可录 CD 光盘

CD-video CD 视盘

c1eanability 可清洗性

c1earway （收割台的）外分禾器，（全部立体交叉，限制进入以保证不间断交通的）超高速公路

cecograph 盲人用打字机

Cecolloy 塞科洛伊高碳合金钢（*w*（C）3%，*w*（Mo）0.5%，*w*（Ni）0.6%，其余 Fe）

cecostamp ①单动空气模锻锤②不规则件压纹压印机

Cedric 公爵（日本日产生产车型）

Ceefax 西法克斯（BBC 发表的一种文字电视广播系统）

c1eet 夹，板，楔

ceiling ①天花板，平顶，顶篷〔板〕②内舷板，舱底垫板③升限（度），最大飞行高度，绝对升限④云幕，云层高度⑤上限价格，限价

operating ~ 实际上升限度

suspended ~ 吊顶

unlimited ~ 无限升限

wage ~ 工资最高额

ceilometer 云高计，云幕灯〔仪〕，测云高度仪

laser ~ 激光测云仪

Cekas 赛卡司镍铁铬合金（*w*（Cr）1.2%，*w*（Ni）59.7%，*w*（Mn）2%，其余 Fe）

celadon 青瓷

Celastoid 赛拉陀（专用热塑性塑料，从醋酸纤维素制得）

celescope 天体镜

celestial 天的，天空〔体〕的

celestite 天青石

celite ①C 盐，寅式盐②塞里塑料，次乙酰塑料

cell ①电池，光电元件，光电管，电瓶，电解槽②细胞，晶粒③单元，信元，元件，地址④传感器，压力盒⑤（移动通信）网元，基站覆盖区，蜂窝，小区，小室，隔室，（开关室）间隔，隔箱，容器⑥网络，网眼，微孔，栅格⑦舱，机翼构架⑧前置燃烧室，前置炉，⑨浮选槽，浮选机

absorption ~ ①吸收匣，吸收池②耗能元件

accumulator ~ 蓄电池

acorn ~ 橡实形电池，钒电池，通信机偏压用电池

active-passive ~ 活态 - 钝态电池

aeration ~ 充〔氧〕气电池

air ~ ①空气电池②空气室③充气式浮选机

air-pan ~ 多孔底压气式浮选槽〔机〕

alkaline fuel ~ 碱性燃料电池

Allen ~ 阿伦电解池

alumin(i)um ~ ①铝极电池②铝避雷器③铝电解槽

amalgam ~ 汞齐电池

aneroid ~ 真空膜盒

anti-TR ~ 天线收发转换开关，接收开路器（收发转换装置的一部分）

assistant ~ 辅助单元
automated machining ~ 自动化加工单元
back surface field solar ~ 背场太阳电池
back-boundary ~ 后（置）膜（层）光电管
backwall photovoltaic ~ 部分透明电极光电池，后壁阻挡层光电池
bag-type ~ 软油箱
balancing ~ ①附加电池②反压电池
barrage ~ 阻挡层光电池
barrier-layer ~ 阻挡层光电管〔池〕，障层电池
battery ~ ①原电池②蓄电池单位
bell ~ 钟形电解池
bending ~ 弯曲单元
bias ~ 栅偏压电池组
bichromate ~ 重铬酸电池
bimorph ~ 双层晶体元件，双层晶片单元
bimorph memory ~ 双态存储元件
binary ~ 双孔，双元，二进制单位〔单元，元件〕
biofuel ~ 生物燃料电池
bipolar ~ ①双极电解槽②双极元件
blanket-type ~ 气孔底式浮造机
blue ~ 蓝光电池
Bravais unit ~ 布喇菲晶胞
bubble ~ ①气泡浮选槽②水准器，水（平仪气）泡
buffer ~ 缓冲单元，缓冲元件
Bunsen ~ 本生电池
bus tie ~ 母线联络间隔
button ~ 扣式电池，微型电池
cadmium sulfide solar ~ 硫化镉太阳电池
cadmium sulfide ~ 硫化镉光电池
caesium-oxygen ~ 充气铯光电管
calculation ~ 计算单元
Callan ~ 卡兰电池（正极为铸铁）
carbon ~ 碳极电池
cation ~ 阳离子交换槽
cationic membrane ~ 阳离子膜电池
chemical ~ 化学电池
Clark ~ 克拉克（标准）电池（汞电池）
cleaner ~ 净化器，浮游精选机
climate ~ （人工）气候试验室
closed ~ 密闭槽，密封槽
cold climate ~ 常温气候元件
colloidal metal ~ 胶（态）金（属）粒光电管
colo(u)r ~ ①彩色元件②色组
combined ~ 合成小区（移动通信中）
concentration ~ 浓差电池
conductivity ~ ①电导率测定用电池，电导池②传导管
constant ~ 恒压电池
continuous anode ~ 连续（自焙）阳极电解槽
control ~ 控制栅元
conversion ~ 转换单元
corrosion ~ 腐蚀电池
counter ~ 反压电池
crystal ~ ①晶体光电池②晶胞
cubic ~ 立方晶胞
cupron ~ ①氧化铜光电池②氧化铜整流器
data ~ 数据单元（数据的最小单位）
Davcra ~ 达夫克拉喷气式浮选机
deep air ~ 深气升浮选机，深型充气式浮选槽
delay ~ ①延时元件②延迟单元
Denver ~ 丹佛型浮选机
detector ~ 探测元件（红外线辐射）
Dew ~ 道氏电池（湿敏元件）.
diffusion ~ 扩散池
direct fuel ~ 直接燃料电池
discharge ~ 放电单元
discrete ~ 特定单元，独立元件
dislocation ~ 位错胞
display ~ 显示单元
dissipative ~ 耗能元件
dissolution ~ 溶解电解槽
disturbed ~ 被干〔打〕扰单元
double-fluid ~ 双液电池
Dow ~ 道层镁电解槽
direct methanol fuel ~ 直接甲醇燃料电池
dry ~ 干电池，干电瓶
Dunoyer ~ 杜诺叶光电池
dust ~ ①除尘室②矽尘肺细胞
dye ~ 染料池〔盒〕
dynamic ~ 动态单元
ebonite ~ 硬胶〔胶木〕覆蔽电池
ebonite clad ~ 硬胶〔胶木〕包覆电池
Edison storage ~ 爱迪生蓄电池（铁镍蓄电池）
E.L. ~ 场致发光单元
electric ~ 光电管〔电池〕
electrochemical ~ 电化电池
electroluminescent ~ 电致发光元件，场致发光盒
electrolytic ~ 电解（电）池
electronic nerve ~ 电子神经元

electronic-photo ~ 光电管
electrooptic ~ 电光元件
elementary ~ ①单位晶格〔胞〕②单位栅格③单元电池
emission ~ 发射式光电元件，外光电效应光电管，发射光电管
end ~ 终端电池（和电池配电盘相连），附加电池
energy ~ 预燃室
eutectic ~ 共晶团
experimental ~ 试验电解槽
film ~ 薄膜电池
flexible ~ 软油箱，橡胶容器
flexible manufacturing ~ 柔性制造单元
flo(a)tation ~ 浮选机
flow ~ 流通池，流路池
force ~ ①测力传感器②测力计
Forrester ~ 福雷斯特型浮选机
front-boundary ~ 前膜光电管
fuel ~ ①燃料电池②油箱③热元件
fuel-reprocessing ~ 燃料后处理（热）室
gallium arsenide solar ~ 砷化镓太阳电池
galvanic ~ 原电池，一次电池，伽伐尼电池
gas ~ ①充气光电池〔管〕②气室，气囊
given ~ 给定单元
glocken ~ 钟式电解池
Golay ~ 红外线指示器，戈莱盒，戈莱探测器
gravity ~ 重力电池（电解液由不同比重来分开）
Hall deep ~ 霍耳氏深型浮选槽〔机〕
Hawkins ~ 铁镍电池
Hearing ~ 希尔令型浮选槽〔机〕（V形槽气孔底）
heat ~ 热辐射指示器
hermetically sealed ~ 全密封蓄电池
hexagonal ~ 六角形晶胞
high-level ~ ①高放射性物质工作室②强〔高〕放（射性）热室
home ~ 起始单元
hot ~ ①热室②高放射性物质工作屏蔽室③热单元④热电池
hull ~ 薄膜电池
hydraulic ~ ①水力千斤顶②液力测力〔压〕计
hydride ~ 胶（态）金（属）粒光电管
hydrogen oxygen fuel ~ 氢氧燃料电池
hydromechanical ~ 水力机械间
industrial ~ 工业电解槽
inert ~ 注水电池，惰性电池
inside-out type ~ 内锌外碳式干电池
insulating ~ ①绝缘隔板，（电机的）绝缘衬垫②绝缘隔间
intelligent manufacturing ~ 智能制造单元
ionization ~ 电离（测定）池
iron-air ~ 铁空气电池
irreversible ~ 不可逆电池
isolated ~ 封闭式单元
Kerr ~ 克尔盒（光调制器）
Knowles ~ 奴尔斯电解池（电解碱液以制氢与氧）
Kraut ~ 带垂直螺旋泵的高落式浮选机，克劳特型浮选机
Lalande ~ 拉兰电池（碳锌电极碱性电池）
laminated ~ 叠层电池
lattice ~ 晶泡
layer-build ~ 叠层电池
leakproof fuel ~ 密封油箱
Leclanche ~ 勒克朗谢电池（适宜于间歇使用的原电池），干电池
LiB ~ 液体锂离子电池
liberator ~ 脱铜槽
light ~ 光电池〔元件，管〕
light-sensitive ~ ①光（敏）电池②光敏元件
Li-ion ~ 锂离子电池
Li-polymer ~ 锂聚合物电池
liquid crystal ~ 液晶盒〔元件，屏〕
liquid laser ~ 液体激光管
lithium polymer ~ 锂聚合物电池
load ~ ①称重传感器，负荷传感器，测力传感器，测压元件②测力仪，测力计，压力盒，（液压）负载管
load-measuring ~ 测压计，测力计
local ~ 局部电池（合金中的偏析析出异相和夹杂之间的电位差形成的局部电池，是电腐蚀的原因）
long Callow ~ 卡洛型长槽多孔底压气式浮选机
macro ~ 宏小区（移动通信中）
magnetic ~ ①磁元件②磁存储单元
magnetic unit ~ 磁单胞
magnetoelastic weighing ~ 磁弹性式称重传感器
manipulator ~ （机械手）操作室
mat ~ 多孔底电解槽

matching ~ 匹配盒
Mayeda ~ 实验浮选机
melting carbonate fuel ~ 熔融碳酸盐燃料电池
memory ~ ①存储单元②存储元件，记忆元件
mercury ~ ①汞电解池②汞干电池
metal-air ~ 金属 - 空气电池
metallurgy ~ 金相研究室
micro ~ 微型小区（移动通信中）
modulation ~ 调节单元
multi-compartment ~ 多槽式浮选机
multijunction solar ~ 多结太阳电池
new-born ~ 新生细胞
NiFe ~ 镍铁电池
open ~ ①开路电池②敞开式电解槽③开放式单元
open-circuit ~ ①开路电池（正常工作于开路情况下）②短时运用电池
optoelectronic ~ ①光电池②光电管
organic photoconductive ~ 有机光电导管，有机光敏电阻
oxide ~ 氧化物单元
packed ~ 积层电池，组式电池
Pan-American ~ 泛美型浮选槽〔机〕(带轴向叶轮）
partially-selected ~ 半选单元
PC ~ （光电导）光电池
PEM ~ 光电磁光电管
perform ~ 执行单元
permeability ~ ①透气管②透气性试样室
phosphoric acid fuel ~ 磷酸燃料电池
photo ~ 光敏电池
photochemical ~ 光化学电池
photoconductive ~ ①光电导管，光导元件②光敏电阻
photoelectric ~ 光电池〔管，光电元件〕
photoelectrochemical ~ 光电化学电池
photoelectrolytic ~ 光电解电池
photoemissive ~ 光电发射管，外光电效应光电管
photogalvanic ~ 光电池〔管〕
photomultiplier ~ 光电倍增器
photonic ceramic fuel ~ 光子陶瓷燃料电池
photoresistance ~ ①内光电效应光电管，光电阻管②光敏电阻
photosensitive ~ ①光电管②光敏电池〔电阻〕
photosynthesis ~ 光合成电池
phototronic ~ 光电池
photovoltaic ~ 光（生伏打）电池,(阻挡层）光电池
photronic ~ 光电池
pickling ~ 酸洗池
pico ~ 微微小区（移动通信中）
pilot ~ ①控制元件②监视〔领示，指示用〕电池
pneumatic ~ ①空气电池，气动式电池②气体探测管③气拌池④压气式浮选机
polarization ~ 极化电池
polarographic ~ 极谱池
polycrystalline silicon solar ~ 多晶硅太阳电池
polyhedral ~ 多面晶胞
porous ~ 素烧瓷筒，素烧瓶
pressductor load ~ 压力传感器
pressure ~ 压力盒〔灵敏元件，发送器〕，压应力计（一种压力传感器）
primary ~ ①原电池,一次电池,初级（反应）电池②初选浮选机
primary unit ~ 初生晶胞
primitive ~ 初基胞，原胞
process(ing) ~ 生产操作室
production-scale ~ 生产用电解槽，大型电解槽
proton exchange membrane fuel ~ 质子交换膜燃料电池
puching ~ 冲压单元
reactor ~ 反应堆栅元
rectangular ~ （长）方形（太阳）电池
rectifier ~ ①整流元件②整流片
red-sensitive ~ 红敏光电管
reduction ~ 电解（还原）槽
refining ~ 电解精炼槽
regenerative ~ 再生电池
regenerative fuel ~ 再生燃料电池
regulating ~ 调节电池，附加电池
retreatment ~ 浮选精选机，浮游精选机
reversible ~ 可逆电池
rocking ~ 摇摆式电解槽
Ruben ~ 卢本电池（一种小型水银电池）
Ruben ~ 卢本电池（一种小型水银电池）
sample ~ 样品管
scattering ~ 散射池
seat pan load ~ 座椅底板负荷传感器
secondary ~ 蓄〔二次，副〕电池
selected ~ 被选〔寻址，选址〕单元

selenium ~ ①硒光电池〔管〕②硒整流片
shearing ~ 剪切单元
shoe-button ~ 鞋扣形电池
silicon blue ~ 硅蓝光电池
silicon photo ~ 硅光电池
silicon ~ 硅电池
silicon solar ~ 硅太阳电池
simple unit ~ 简单晶胞
single-fluid ~ 单液电池
slot ~ 槽绝缘垫片
smee ~ 银锌电池，斯米电池
solar (energy) ~ 太阳电池
solid fuel ~ 固体燃料电池
solid oxide fuel ~ 固体氧化物燃料电池
sphericized lattice ~ 晶格的等球形晶胞，球形化（的）晶胞
spiral ~ 螺旋分级机
stack ~ 栈单元
stacked ~ 叠层电池
standard ~ 标准电池，镉电池
starting sheet ~ 始极〔种板，始板〕槽
static ~ 静态单元
steel ~ 钢壳电解槽
storage ~ ①蓄电池②存储元件〔单元〕
strain ga(u)ge load ~ 应变式称重传感器，应变仪负荷传感器，应变片负载柱
strain gauge-type load ~ 应变仪式负荷传感器
strain-gauge load ~ 应变式测力传感器
stripper ~ 剥裂室，刮板槽，种板槽
super ~ 超晶胞
super high dense ~ 特高集级度
supply ~ 馈电〔供电，电源〕间隔
supported solid fuel ~ 电解质支撑固体氧化物燃料电池
surface ~ ①表面电池②表面晶胞
switch ~ 开关间（隔）
switchboard ~ ①配电盘间隔②交换机塞孔单元
tank-house ~ 电解槽
test ~ ①小型火箭试验车间②实验台③燃烧试验舱室④试验电池
thalofide ~ 铊氧硫光电管
thermal conductivity ~ ①热导池②热导检测器
thermoelectric ~ ①温差电池〔偶〕②热电式感温元件
thermophotovoltaic ~ 热光电〔伏〕元件
thin film silicon solar ~ 薄膜硅太阳电池
thin film solar ~ 薄膜太阳电池
time ~ ①时间间隔②时间单元
T-R ~ 发射开路器（收发转换装置的一部分）
transfer ~ 转送（热）室
transference ~ 迁移电池
transition ~ 过渡电池
transmitter ~ 变送单元
transmitter-blocker ~ 天线（收发转换）开关
umbrella ~ 伞型小区（移动通信中）
unit ~ ①晶胞，单胞②格子单位③单位晶格④单位粒子⑤（单元）干电池⑥单槽浮选机
unspillable ~ 无泄漏蓄电池
vacated ~ 腾空单元
Vautin ~ 沃廷（制苛性钠）电池
vented ~ 排气式蓄电池
volta ~ 伏打电池
voltaic ~ 伏打电池，一次电池
vycor ~ 耐火玻璃电解槽
warm ~ 温室
water ~ ①水槽②水过滤器
waveguide ~ 波导节
Weston photronic ~ 韦斯顿光电管（属阻挡层金属管的一种）
wet ~ 湿电池
Wigner-Seitz ~ 维格纳赛茨晶胞
Winning ~ 电积槽
working ~ 工作单元，工作元件
zinc air fuel ~ 锌空气燃料电池

cellar ①油盒②油井口③（运输工具里的）用品箱④地窖，地下室⑤堆栈（存储器）⑥叠式〔后进先出〕存储区
oil ~ ①地下油库②油盒③润滑装置
viscose ~ ①黏胶窿②黏胶窖

Cellini 赛里尼铬锰钢（*w*（C）0.8%，*w*（Mn）0.9%，*w*（Cr）0.5%，其余 Fe）

cellit 赛莉特醋酸纤维

celloline 玻璃纸，胶膜

cellophane 玻璃纸，胶膜

cellosolve 溶纤剂

celloyarn 玻璃纸条，玻璃纸纤维

cellpacking ①管壳②电池外壳③元件包装物

cell-type 程序控制（运用计算机可任意规定所需顺序和时间的作业）

cellular ①格状〔形〕的，多孔（状）的，蜂窝（状）的，网眼（状）的②细胞（状）的③单元的④元件的

digital ~ system 数字蜂窝网系统
cellule ①小细胞②机翼构架，翼组
biplane ~ 双翼机翼组
wing ~ 翼组
celluloid ①赛璐珞，明胶，硝纤象牙，假象牙②电影胶片
cellulose ①纤维素，纤维化②细胞膜质③纸浆
acetyl ~ ①乙酰〔醋酸〕纤维素②醋酸层胶
methyl ~ 甲基纤维素
transparent ~ 赛璐珞软片，透明纤维
cellulosic 纤维素〔质〕的
celmonit 赛芒炸药
celo-navigation 天文航海（法，学），天文导航
celotex 甘蔗纤维板，隔声板
celsig 加、减速信号器
Celsius 摄氏（温度）
celtium 铪的归称（Ct，现用 Hf，hafnium）
cemedin(e) 胶合剂，接合剂，胶接剂
cement ①水泥，黏泥，封泥②黏结剂，胶合剂③粘接，胶固，胶合④胶结物⑤对…进行渗碳处理⑥置换
~ by gases ①气体沉淀置换（法）②气体渗碳（法）
~ out 置换出来，沉淀析出
accelerated ~ 速凝水泥
acid proof ~ 耐酸水泥
air entraining ~ 加气水泥
air-tack ~ 封气黏胶
alumina ~ 矾土水泥，高铝水泥
ambrain ~ 人造琥珀胶
asphalt ~ 地沥青膏〔胶〕
blocking ~ 粘模〔胶盘，上盘〕胶
bone ~ 骨水泥
bulk ~ 散装水泥
carbon ~ 碳胶，碳黏泥，碳素黏结剂
clinker free ~ 无熟料水泥
contact ~ 接触黏合法
epoxide ~ 环氧胶接剂
expansion ~ 膨胀水泥
fast-setting ~ 快凝水泥
ferroaluminate ~ 铁铝酸盐水泥
fine-ground ~ 细磨水泥
furnace ~ 耐火水泥
gaseous ~ 气体渗碳剂
gasket ~ ①密封胶②衬片黏胶
gum ~ 橡〔树〕结合剂
high-early (strength) ~ 早强水泥，快硬水泥
high-quality ~ 高标号水泥，优质水泥
hydraulic ~ 水凝水泥
insulating ~ 绝缘胶，绝缘水泥
iron ~ ①铁腻子，含铁液泥②铁质胶合剂
Keene's ~ 干固水泥
latex ~ 胶乳结合剂
liquid ~ ①胶液②液体渗碳剂
Lumnite ~ 鲁姆涅特水泥，快硬硅酸盐水泥
masonry ~ 砌筑水泥
mastic ~ 水泥砂胶，胶（粘水）泥
metallic ~ 金属水泥，金属粉腻子
mounting ~ 装配胶
non-staining ~ 白色水泥
optical ~ 光学胶
ordinary portland ~ 普通硅酸盐水泥
plastic ~ 塑胶，塑料黏结料
Portland ~ 普通〔硅酸盐，波特兰〕水泥
portland pozzolanic ~ 火山灰硅酸盐水泥
pyroxylin ~ 火棉胶
quartz ~ 石英胶结剂
quick-setting ~ 快干〔硬〕水泥
quick-taking ~ 快凝水泥
rapid hardening portland ~ 快硬水泥
reaction ~ 活性黏结剂
red lead ~ 红铅油灰
Rolands ~ 一种高铝水泥（商品名）
rust ~ 铁管接合油泥，防锈油泥，防锈膏
Scott ~ 斯科特水泥，透明石膏水泥（在生石灰里加入 5% 的石膏，粉碎后形成的水泥）
sealing ~ 密封油膏，密封黏结剂，密封蜡
self-curing ~ 自动硫化胶
silica ~ 火山灰水泥，硅石水泥
slag ~ 矿〔炉〕渣水泥
soil ~ 水泥加固土，水泥掺土混合物
sulfate resistive ~ 抗硫酸盐水泥
synthetic resin ~ 合成树脂胶泥
thermoplastic ~ 热塑性胶
thermosetting ~ 热固（性）胶
vacuum ~ 真空黏结剂，气密胶
zircon ~ 锆镁耐火水泥
cementation ①黏结作用，黏结性②渗碳〔镀〕，表面硬化③黏〔胶〕结④水泥灌浆⑤置换沉淀
metallic ~ ①渗金属法②喷镀金属
sulfidizing ~ 硫化置换
superficial ~ 表面渗碳
cementatory （牢固）结合的，黏合的
cementing ①胶合，胶结，溶结，黏合，胶着②渗碳（处理）③水泥灌浆〔结合〕

cementite 渗碳体，碳化铁体，碳素体
divorced ~ 断体（网状）渗碳体，离散的渗碳体
eutectic ~ 共晶渗碳体
nodular ~ 粒状渗碳体
nodulous ~ 球状渗碳体
pearlitic ~ 珠光体（中的）渗碳体
primary ~ 原生渗碳体
proeutectic ~ 一次渗碳体，先共晶渗碳体
proeutectoid ~ 二次渗碳体，先共析渗碳体
secondary ~ 二次渗碳体
spheroidal ~ ①球状渗碳体②球状结晶（指钢铁）
tertiary ~ 三次渗碳体
cementitiousness 黏结能力，胶结能力
cemetery 废物弃置场
censored 检查过的（出版物），经删节过的
censorship ①审查（制度），检查（制度）②保密检查③图书审查
cent 分，音分（半音的百分之一）
centage 百分率
cental 百磅（重）
centare （一）平方米
center ①（中，核，圆）心，中央②轴尖，顶尖③根源④定心，对中，找中心⑤钻中心孔
~ of draft 阻〔引〕力中心
~ of drag 阻力中心，拉力中心
~ of gravity ①重心②重点
~ of impact 撞（击中）心，平均弹着点，命中中心
~ of inversion 反演中心，倒反中心
~ of load 压力中心
~ of percussion 摆动中心，打击中心
~ of tracking gate 跟踪门中心
acceptor ~ 受主中心
action ~ ①作用中心，动作中心②机械设计通用计算机，通用数字控制机床
activation ~ 激活中心
active ~ 有效中心，活动中心
aerodynamic ~ 压力〔空气动力〕中心，空气动力学的附加力点，（空气动力）焦点，翼型焦点
after top dead ~ 在上止点后
apparent radar ~ 失配为零时的天线方向
atomic ~ ①原子核②原子研究中心
attack ~ 总指挥部位
auditory ~ 听觉中枢
authentication ~ （通信）认证中心
automatic electronic data-switching ~ 自动电子数据交换中心
automobile information ~ 汽车信息中心
back ~ （车床的）尾顶尖
beam ~ ①束流中心②束流轨道中心
before top dead ~ 在上止点前
bitspring ~ ①弹簧顶②双边弹簧式（换向阀），弹簧中立式（换向阀）
bottom (dead) ~ 下止点
broadcast-multicast service ~ 广播 - 多播服务中心
carbide-tipped ~ 硬质合金顶尖
closed ~ 中立关闭（阀）（滑阀在中立位置上，全部通路关闭）
colo(u)r ~ 色心，（彩色显像管）彩色中心
computing ~ 计算中心，运算中心
cone ~ （锥齿轮的）节锥顶
control ~ ①调度〔控制〕中心，指挥中心，操纵室，调度室，操作台②配电站
counter ~ （车床的）反顶尖
data-switching ~ 数据转接中心
dead ~ ①（冲程的，曲柄连杆机构的）止点②（车床）尾顶尖，固定顶尖③静〔零位〕点
defect ~ 故障中心，缺陷中心
die ~ 模子定心盘，模具导向定位装置
digital network switching ~ 数字网络交换中心
digital switching ~ 数字交换中心
direction ~ 制导中心，引导中心
dispatching ~ ①发送中心②调度中心
display ~ 显示中心（屏幕上的显示区域）
distance between ~ s 顶尖距
distribution ~ 配电中心，配电站
district ~ （区域）中心台（电话）
drilling ~ 钻削中心（机床）
driving ~ （风扇离合器等的）传动毂
dual ~ 双主轴箱〔双中心〕机床
electric ~ （电子束管荧光屏上光点的）电中心
electrodata ~ 电数据处理中心，计算机中心
excitation ~ 激发中心
exhaust ~ 中立泄流〔压〕
expanded ~ ①空心②中心扩展（显示器图像）
external ~ 尖端
false ~ 假顶尖，工艺顶尖
family smart ~ 家庭智慧中心
female ~ 反顶尖
fixed ~ 固定顶尖，固定中心
flexural ~ 弯曲轴心

group ~ 中心局，长途电话局
half ~ 半缺顶尖
half-conical ~ 半缺顶尖
heat ~ 热节
high speed train dispatching ~ 高速列车调度中心
indexing ~ ①分度顶尖，分度头②分度中心
inflection ~ 转折极点
information exchange ~ 信息交换中心
inner (dead) ~ 内点，上止点
inside driving ~ 内拨顶尖
instant ~ 瞬（时中）心
instantaneous ~ 瞬（时中）心
internal ~ 定心孔
joint ~ （万向联轴器的）十字头
journal ~ 轴颈中心
knuckle ~ 万向联轴器的十字轴
lathe ~ 车床顶尖
line ~ 谱线中心
listening ~ 听音中心
live ~ 回转顶尖
load-dispatching ~ 操作台，控制室，调度室，调度所
loose ~ 随转顶尖
lower (dead) ~ 下止点
machining ~ 自动换刀数控机床，加工中心（机床）
machining data ~ 机械（数控）加工数据中心
main ~ 中枢
male ~ 正〔阳〕顶尖
midline ~ 以中线为中心的
miller ~ 铣床顶尖
mobile switching ~ 移动交换中心
movable ~ 弹性顶尖
National Information Technology ~ 国家信息技术中心（美国）
negative ~ 反顶尖
nucleation ~ 成核中心
number ~ 多工序自动数控机床，数控中心
off ~ 偏心，中心错位
open ~ （中间位置）全开换向（阀），H 型机能换向（阀）
operation control ~ 操作控制中心，运行控制中心
outside driving ~ 外拨顶尖
pipe ~ 管顶尖
planer ~ 刨床转度夹盘
primary (switching) ~ 初次转换中心
pump ~ （夹板车床）定心顶尖，车床带弹簧的定心顶尖
radar ~ ①雷达天线光轴方向②雷达中心
radical ~ 根心，等幂心，辐射中心
rear ~ 后顶尖
recombination-generation ~ 复合产生中心
regional ~ 区域中心局
relative dead ~ 相对死点
relay ~ 中继〔数据转送，转接〕中心
repeating ~ 转播中心，枢纽站
report ~ 通信中心站
revolving ~ 回转顶尖
rolling ~ 回转顶尖
rotating ~ 回转顶尖
rotor ~ 转子中心（部）
routing ~ 路径选择中心
running ~ 回转顶尖
sectional ~ 辅助中心局
semi-open ~ （换向阀的）X 型机能换向
sensitizing ~ 敏化中心，感光中心
shear ~ 剪切〔力〕中心
sine ~ 正弦对准仪
sleeper ~ 地脚中心
software technology ~ 软件技术中心
solid ~ 实心顶尖，整体顶尖
spider ~ （万向联轴器）十字轴中心
spindle ~ 主轴中心，主轴顶尖
stationary ~ 固定〔稳定，死〕顶尖
sub-toll ~ 辅助中心（长途电话局）
support ~ 供应中心，技术物资保证中心
switching ~ 转接中心，交换中心
tandem ~ 中间卸荷阀，中立旁通（在中立位置上，液压缸口关闭，液压泵卸荷，控制阀即可串联）
tapped ~ 中心抽头
thermal ~ 热节，热中心
timing ~ 时统中心
toll ~ ①中央长途电话局②电话总局
top dead ~ 上止点
track ~ 轨道中线〔心〕
transmitting ~ 发射〔送〕中心
trapping ~ 俘获中心
turning ~ 车削（加工）中心（机床）
unmanned machining ~ 无人（照管）加工中心
upper (dead) ~ 上止点
via ~ 长途电话中心局
wheel ~ ①轮距，轨距②轮心

work ~ ①工件顶尖，工件顶针②工作中心
Z ~ （车床的）固定顶尖
zone ~ 区长途电话局，中心台
zone-switching ~ 电话区域交换中心
centerbit 中心钻，转柄钻，打眼锥，三叉钻头
~ of claw type 切齿中心钻头，不带保护锥中心钻头
centerbody 中心体
center-control 中心控制，中央控制
center-crank 中心曲柄
centered 同轴的，同心的，中心的
center-fed 对称供〔馈〕电的，中心馈电〔供给〕的
center-flow-direction 中心流向
center-frequencies 中心频率
center-height 中心高度
centering ①定（中，圆）心，对中（点，心），对准中心②（对准）中心调整（光学和电子光学仪器零件）；（图像）中心调节，合轴调整，对心调整③合〔共〕轴④拱〔鹰〕架⑤钻中心孔
beam ~ 射束中心调整
direct-current ~ 直流定心
electrical ~ 光栅静电对准，静电法调整中心
horizontal ~ ①（示波器光栅的）水平中心调整②水平合轴
mass ~ 质量定心
push-pull ~ 推挽定心
torch ~ 用气焰割炬定心（钢坯）
centerless 无（中）心的
center(-)line ①旋转轴线，几何轴线②中（心）线
stroke ~ 笔画的中线
center-line-average 平均高度，算术平均值
center-lock 中心锁定，固定在中心位置
centermost 在最中心的
centerpiece ①十字轴〔头，架〕②中心件
tailpipe ~ 尾管中心件
center-punching 打样冲眼
centerscope 定心放大镜
center-tapped 中心抽头〔引线〕的
center-to-center 中心距
centesimal ①百分（之一，法）的②百进（位）的
centi 厘
centibar 中心杆
centigrade ①百分度（的）②百分温标，百分刻度③摄氏温度（计）的
centigram 厘克（10^{-2}g）
centihg 厘米汞柱（1 厘米汞柱 =1333.22 Pa）
centile 百分位，百分范围
centiliter 厘升（10^{-2}L）
centilitre =centiliter
centillion （美，法）1×10^{303}，（英，德）1×10^{600}
centimeter 厘米
gram ~ 克厘米
Mohr cubic ~ 莫尔毫升（用于旋光糖量测定的容积单位，1 莫尔毫升 =1.002 35 ml）
centinormal 厘规的，百分之一摩尔每升浓度的
centi-octave 1/100 八音度，1/100 倍频程
centipoise 厘泊（cP，动力黏度单位，1 cP $=10^{-3}$Pa · s）
centisthene 厘斯（坦）（力单位，1 厘斯 =10 N）
centistoke(s) 厘斯托克斯（运动黏度单位，cSt，1 cSt=10^{-6} m^2/s）
Say bolt ~ 赛波特黏度单位
centi-tone 1/100 全音程
centner 质量名（相当于 50 kg，德国、北欧采用）
centrad 厘弧度（1 厘弧度 =0.01 rad，表示光束受楔形镜偏转的偏转量）
central ①中心的，中枢的，中央的②重〔主〕要的③中点的④电话总机〔局〕
centralab 中心实验室
centralis 中央，中心
fovea ~ 视网膜中央凹
centralite 中定剂，火箭固体燃料稳定剂
centrality 中心性，向心性
centralization ~ ①集于中心②聚集，集中（化）
centralized-control ~ ①集中控制，集中操纵②中心控制，中央控制
centralization 聚集，集中（化），集中式
centralizer ①定中心器，定心装置②中心化子
casing ~ 套管扶正器
tubing ~ 油管扶正器
central-lift 中管提升，中央气升
centrally-mounted 悬挂在拖拉机前后轴间的，中间悬挂式的
centrally-ported 中心配流，内配流的
centraradian 百分之一弧度
centration 对中，置中
centre =center
centre-bit 中心钻，转柄钻，打眼锥，三叉钻头
centre-crank 中心曲柄
centred =centered
centre-height 中心高度

centre-lock 中心锁定，固定在中心位置
centre-to-centre 中心距
centrex 局设用户小交换机，集中式用户电话交换机
wide area ~ 广域中央交换机，广域集中式用户交换机
centric(al) ①中心的，中央的②有中心的，围绕着中心的
centri-chromatograph 离心色谱（法）
centricity 中心，归心性
centriclone （带回转叶片的）湿式离心分级器
centrifiner 离心精炼炉
centrifugal ①离心机〔力〕②离心（式）的
centrifugalization 离心分离（作用）
centrifugalize ①离心分离②使受离心机的作用③借离心机的旋转而分离
centrifugate ①使离心②用离心力分离
centrifugation 离心作用，分离作用
isopycnic zone ~ 等密度区带离心法
rate-zone ~ 速率区带离心法
centrifuge ①离心机②离心（作用），离心脱水（作用）
Alpha-Laval ~ 连续式转钵离心机
angle ~ 斜角离心机
batch ~ 间歇式离心机
bottle ~ 试管离心机
Carpenter ~ 卡氏〔竖式〕离心脱水器
concurrent ~ 顺流式〔无逆流〕离心机
dewatering ~ 离心式脱水器，脱水离心机
disc ~ 碟式分离机
filtering ~ 过滤离心机
flow-through ~ 无逆流离心机
Gerber ~ 格伯乳脂汁离心机
high-speed refrigerated ~ 高速冷冻离心机
honey ~ 分〔摇，甩〕蜜机
latex ~ 胶乳离心机
low-G ~ 小重力加速度离心机
magnetic suspension ~ 磁悬式离心机
magnetic suspension ~ 磁悬式离心机
multichamber ~ 室式分离机
perforated-wall ~ 过滤式离心机
purifier ~ （离心式）油水精分机
sedimentation ~ 沉降离心机
settling ~ 沉降式离心机
settling ~ 螺旋卸料离心机（油渣分离）
solid wall ~ 无孔离心机
sub-critical ~ 亚临界离心机（在低于临界振动转速下运行的离心机）
three-column ~ 三足式离心机
top-suspended type ~ 上悬式离心机
tube type ~ 管式分离机
vibrating-discharge screen ~ 振动卸料离心机
centrifuger 离心机
centrifuging ①离心串注②离心法
centrifuse 离心铸造
centring =centering
centripetal ①向心的，从圆周向里（展开）的②应用向心力的
centrobaric 重心的
centrode 瞬心线，瞬心轨迹
fixed ~ 定瞬心线
moving ~ 动瞬心线
centroid ①矩心②面（积矩）心，质（量中）心③重心，形心④心迹线⑤心形曲线
beam ~ 束流重心
centroidal 质心的，重心的，矩心的，形心的
centromatic 自动偏振调整仪
centrometer 瞳距仪
centron 原子核
centroplasm 中心质
centrosome 中心体〔球〕
centrosphere 地心图，地核（心），中心体〔球〕
centrostigma 集中点
centrosymmetry 中心对称
centrotaxis 趋中性
centrum ①心②中心（点），中核③（地震）震中，震源
centum 〔拉〕一百
centuple ①百倍②使增至百倍
centurium 钲（Ct，镄（Fm，fermium）的旧称）
cepstrum （对数）倒频谱
ceraceous 蜡状的，蜡色的，蜡质的
ceracircuit 瓷（衬）底印制电路
ceralumin 铝铸造合金
ceram 陶瓷，陶器
ceramagnet 陶瓷磁体
ceramal ①金属〔合金〕陶瓷，陶瓷合金②烧结金属学，粉末冶金学
ceramel =ceramal
ceramic ①陶瓷（材料）的，陶器的②陶瓷制品
electric ~ 电瓷
ferromagnetic ~ ①陶瓷〔铁淦氧，烧结〕磁铁②铁〔烧〕磁陶瓷
glazed ~ 涂釉陶瓷
piezo ~ 压电陶瓷

ceramic-coated 敷有陶瓷的
ceramic-insulation 陶瓷绝缘
ceramic-insulator 陶瓷绝缘子
ceramic-metal 金属陶瓷
ceramicon 陶瓷管
ceramics 陶瓷学，陶瓷工艺，制陶术，陶瓷制品
alumina ~ 氧化铝陶瓷
antiferroelectric ~ 反铁电陶瓷
bioactive ~ 生物活性陶瓷
biomedical ~ 生物医学陶瓷
carbide ~ 碳化物陶瓷
carbon ~ 碳陶瓷
chamotte ~ 耐火黏土陶瓷
cordierite ~ 堇青石陶瓷
corundum-mullite ~ 刚玉莫来石陶瓷
crystalline ~ 透明（结晶）陶瓷
Devitro ~ 德维特罗陶瓷（一种非透明玻璃陶瓷）
dielectric ~ 介电陶瓷
electrochromic ~ 电致变色陶瓷
electronic ~ 电子陶瓷
electro-optical ~ 电光陶瓷
engineering ~ 工程陶瓷
feldspar ~ 长石陶瓷
ferro-dynamic ~ 铁磁电动陶瓷
ferroelectric ~ 铁电陶瓷
flame-sprayed ~ 焰喷涂陶瓷
forsterite ~ 镁橄榄石陶瓷
functional ~ 功能陶瓷
glass ~ 玻璃陶瓷
high-frequency ~ 高频陶瓷
high-tension ~ 高压陶瓷
low-alkali ~ 低碱瓷
magnesia ~ 氧（化）镁陶瓷
metal ~ ①金属陶瓷②金属陶瓷学③粉末冶金学
multiphase ~ 复相陶瓷
nanon ~ 纳米陶瓷
niobate ~ 铌酸盐陶瓷
optical ~ 光学陶瓷
piezoelectric ~ 压电陶瓷
pyroelectric ~ 热释电陶瓷
radio ~ 高频陶瓷
refractory ~ 高温〔耐火〕陶瓷
rutile ~ 金红石陶瓷
sensitive ~ 敏感陶瓷
sheet-reinforced ~ 金属板加固陶瓷件
smart ~ 智能陶瓷
solid-electrolyte ~ 固体电解质烧结体
steatite ~ （块）滑石陶瓷
structural ~ 结构陶瓷
thermosensitive ~ 热敏陶瓷
thin film ~ 薄膜陶瓷
ceraminator 伴音检波元件，陶瓷压电元件
ceramoplastic 陶瓷塑料
cerampic 陶瓷成像（一种铁电光导图像存储与显示器件，利用铁电陶瓷中的纵向电光散射效应）
cerap 伴音中频陷波元件，陶瓷压电元件
cerated 上蜡的，涂蜡的
ceraunograph 雷电仪，雷电计
cerdip 陶瓷浸渍
cere ①蜡，黄蜡②上蜡，涂蜡
cerellatron 小脑自动机
ceresin(e) 精制地蜡，白〔纯〕地蜡
cerin(e) ①蜡素②地蜡，脂褐帘石③蜡酸
cerium 铈（Ce）
cermet 金属陶瓷，陶瓷合金
hot-press ~ 热压金属陶瓷
cerography 蜡版术，蜡刻法
Cerro 铋基低熔合金
Cerrobase 低熔点铅合金
Cerromatrix 赛露玛特利克斯易熔合金（w（Bi）48%，w（Sn）14.5%，w（Pb）28.5%，w（Sb）9%）
Cerrosafe 低熔点特种合金
certificate ①证明书证书，认证②执照，技术合格证③单据④鉴定
~ of airworthiness 适航证
~ of authority 授权证明书
~ of conformity 合格证（明）书
~ of inspection 检验证（明书）
~ of ownership 所有权证明
acceptance ~ 验收证明书
clearance ~ 结关单，结算证明书
conformity ~ 合格证（明）
safety radiotelegraphy ~ 无线电报设备安全证
test(ing) ~ 试验证明书，出厂证
verification ~ 检定证书
certification 证明，认证，确认，鉴定（书）
~ of fitness 质量合格证
~ of import 进口许可证
digital ~ 数字证书
FCC ~ 美国联邦通信委员会所做的关于计算机无线电射频干扰发射的验证
message ~ 消息认证，报文认证
reliability ~ 可靠性认证

type ~ 型式认证
cesium 铯（Cs）
cessation 终〔停，休〕止，中止〔断〕
cesspipe 污水管
Cetal 赛达铝（锌）合金（w（Si）6.5%，w（Cu）3%，w（Zn）10%，其余 Al）
cetane 十六烷，鲸蜡烷
cetanol 十六（烷）醇，鲸蜡醇
C-factor C 因数，航高等高距之比
C-frame 单柱式机身
chabasite =chabazite
chabazite 菱沸石
chad ①石砾，砂砾，石子②纸屑③废片
chadacryst 客晶
chadless 部分〔无屑〕穿孔的
chafe ①摩擦，擦热，发热②加热③磨损④冲洗⑤卡住，咬住，滞塞
chafer 胎圈包布，（轮胎）沿口衬层
chaff ①敷金属纸条（产生对雷达的干扰）②箔条（涂复金属的纸带）③膜片④谷壳，粗糠，饲料，渣滓
chaffer （谷物联合收获机或脱粒机的）颖糠筛，上筛
chaffery 一种古老的炼熟铁法
chafing ①擦痕②拂痕
chain ①链（条，系）②电路，回路，链式电路，串联电路，无线电中继电路③通路，信道，波道④测链（长度单位，1 测链 ≈20.116 8 m）⑤雷达网⑥电视系统⑦一连串，一系列⑧连锁⑨链接特征，链式特征
accelerating ~ 加速节（加速段阴极射线管或电子回旋加速器等设备中装置加速电极部分）
anchor ~ 锚链
apron ~ （板条式）输送器链条
ascending ~ 升序列
band ~ 带〔平，条〕链
binary ~ 二进制链
bleeder ~ ①分压电路（链），串联电阻组成的降压电路②泄放电路
block ~ 块环〔平环〕链，滚链
boundary ~ 边界链
bucket ~ ①（多斗挖土机的）铲斗链②链斗提升机
buckle ~ 活节链
bull ~ （木材拖拉机的）拖运链
bush roller ~ 套筒滚子链
bush(ing) ~ 有档平环链，柱平环链，套筒（滚子）链
cable ~ 锚链
calibrated ~ 校准链
camera ~ ①摄像机系统②摄像机通道
carrier ~ 输送链
carry ~ 进位链
caterpillar ~ 履带
cavity ~ （耦合）腔链
charging ~ 充电链，输电链
check ~ 限位链，保安链
circle drag ~ 圆形牵引链
cleaner ~ 清选输送器链
closed kinematic ~ 闭式运动链
colo(u)r ~ 彩色通道
colo(u)r-film ~ 彩色电影通道
colo(u)r-slide ~ 彩色幻灯片放映机电路
conic crossed slider ~ 球面交叉滑块机构
constrained ~ 限定链系，约束链系
coupling ~ 连结链
covering ~ ①（播种机的）覆土链②链条式耢
crank ~ 曲轴〔柄〕链系
curb ~ 锁链
cutter ~ 截煤机截链
daisy ~ 菊花链
data ~ 数据链
Decca ~ 台卡导航网
descending ~ 降序列
detachable ~ 可拆链，活络链
dimension ~ 尺寸链
divider ~ 激励器电路，分频器链，多节分频器
double strand conveyor ~ 双排输送链
drag ~ 拉链，牵〔曳〕引链
drive ~ ①传动链②驱动电路
driving ~ 传动链，主动链
duplex ~ 复式链，双排滚子链
dynode ~ 倍增极分压器
electric ~ 电链锯
elevating ~ ①输送链②升运链
endless ~ 轮链，（循）环（输送）链
engineer's ~ 100 ft（合 30.48 m）测量链绳（分 100 个链，每链 1 ft）
extended event-driven process ~ 扩展事件驱动过程链
film ~ 多路转换台
flexible ~ 柔性链
fork ~ 支链

fusee ~ 蜗形滑轮链，均力圆锥滑轮链
Gall's ~ 高尔链，平环链
gangway ~ 栏链
gathering ~ （玉米联合收获机的）集茎夹送链
gear(ing) ~ 齿轮链系，联动链系（连接链轮的链），传动链
gouge-type saw ~ 牙轮型链锯（木工用）
green ~ 生材输送链
Gunter's ~ 测链（长度单位，1 测链 =66 ft=20.116 8 m）
hand operated ~ 手拉葫芦
hand-in-hand ~ 环形交叉链
haulage ~ 牵引链，拉链
haulm ~ 茎叶排送链
heater ~ 灯〔热〕丝电路
home radar ~ 地面雷达网
hoop-linked ~ 连环链
hucket ~ 存储桶链
insulator ~ 绝缘子串
inverted tooth ~ 无声链，反齿片式链
irreducible ~ 不可分解的链
jack ~ ①起重机链②（木材）拖索
kinematic(al) ~ 运动链（系）
knuckle ~ 铰接链
laminated ~ ①叠片链，无声链②齿链
land ~ 测链（长度单位，1 测链 =66 ft=20.116 8 m）
leaf ~ 叠片链
linear ~ ①线（性）链②无分支电路
link ~ 扁节链，环链，铰链
lock ~ 固定链系
loop ~ 环链，无端链
lug-type ~ （带防滑块的）防滑链
Markov ~ 马尔可夫链
messenger ~ ①传动链，驱动链②连续链带
moor ~ 锚链
multi-link ~ 并联片节链，片式点节链
multiple roller ~ 多排滚子链
open carrier ~ 杆条式链
pintle ~ 销合链，（一种）扁环节链，铰接〔扣钉〕链
pitch ~ 节链，短环链
potentiometer ~ 分压链
program(me) ~ 程序链接
propelling ~ ①运转链②主动链
pulley ~ 轮带链系
radar ~ 雷达网，雷达防线
ready ~ 就绪链
recording ~ 录音〔像〕通路
reporting ~ 通报系统
reproduction ~ 重放通路
resistor ~ ①电阻排②电阻分压器
rigid ~ 刚性链
rivet less ~ 易拆链
roller ~ 滚子链（条）
rolling ~ 滚链
rudder ~ 转舵链
safety ~ ①安全链②备用电路
scalar ~ 管理层次
selecting ~ （纵横制交换机中的）互斥电路
shaker ~ 抖动式输送链
sheet-roller ~ 金属板链环滚子链
shift ~ 移位链
shoe ~ 蹄形链
short stopped ~ 断链
silent ~ ①无声链②无噪声电路③无声传动装置
skid ~ 防滑链
sorting ~ 分级〔选〕输送链
sprocket ~ ①扁环节链，平环链②扣齿链，链轮环链
star ~ 星形信标链
sttachment ~ 爪接链，钩头链（每节有连接钩），连接链
stud 柱环节链，有档平环链
stud-link ~ 日字（环节）链
supply ~ 供求链
surveyor's ~ 测链（长度单位，1 测链 =66 ft=20.116 8 m）
sway ~ 限位链，锁定链
swivel ~ 斗链，转动链
tailgate ~ 后栏板链（车厢）
technological ~ 工艺过程
television ~ 电视联播网
test ~ 链式砝码，链式秤砣（专用于运输的称量秤）
throat ~ 喉口集茎夹送链
timing ~ 正时链条，正时锤，定时锤
tool ~ 工具链
toothed ~ 有齿链
topper ~ （甜菜）切顶输送链
trash ~ 杂草清除（输送）链，排杂草链
TV camera ~ 电视摄像系统
type ~ 打印机链带
tyre ~ 轮胎（防滑）铁链

tyre-lock ~ 胎锁链
uncoupling ~ 连接器分离链，钩销链，车钩提杆链
vine ~ 藤蔓清除（输送）链，茎叶排送链
webbed ~ 杆式升运链
wrench ~ 管钳〔扳手〕链
zigzag ~ 锯齿链
chain-branching 连锁分支
chain-breaking 连锁中断，通道中断
~ ladder 钩环链
chain-carrier 链锁载体，传链子
chain-cessation 链终止（作用）
chain-conveyer 链条搬动〔输送〕机
chain-deformation 链形变
chain-driven 链传动的
chain-drop 链式吊架（灯具）
chain-in 链通道输入
chaining ①链接，链锁②链环执行③车轮装链④用链量距离，丈量
file ~ 文件链接
sector ~ 区段链接
chain-initiation 链引发（作用），连锁开始
chainlet 小链，链子
chain-line 连锁线
chainman 司链员，司尺员，测链员
chain-mapping 链影象
chainpump 链泵，连环水车
chainwheel 链轮
chair ①椅，座位②（铁路）辙枕，坐铁，（轨）座，座〔垫〕板，座垫③罐座，罐托④椅型字符（光学字符读取机中用的一种字型）
cage ~ 罐座，罐托
heel ~ （岔轨的）轨跟枢
joint ~ ①接（轨垫）座，接轨垫板②联合线路
rail ~ （铁路）轨座
tilting ~ 翻锭机（固定式），（盘条）翻转台，盘条挂钩机
chalcanthite 胆矾
chalcogenide 硫属化物（玻璃类）
chalcography 铜版雕刻制版
chalcopyrite 黄铜矿（作检波器用的晶体）
chalk ①粉笔②用白垩涂白，白垩（处理），垩化，灰化
French ~ 滑石
chalking ①起垩②灰化（上石灰），粉化（镀层表面的一种缺陷，即在镀层与基体之间形成一种疏松的粉末）

challenger ①询问器②（取代旧设备的）置换设备③最优设备，（投资分析中最好的）优胜设备④应答机
chalnicon 硒化镉视像管，硒化镉光导摄像管
chalybeate ①含铁的水，铁泉，铁剂②似铁的③有铁气的，含铁的
chamber ①（小）室，腔，箱，盒，容器②燃烧室，风室③炭精盒④暗箱（传真电报）⑤弹膛⑥房间，船舱⑦装入盒中，隔成室，内腔加工⑧展开室⑨展开槽
admission ~ ①进入箱②进气室
air ~ ①（喷雾机的）气压室②气室〔腔〕③贮气罐④（气动量仪的）空气分配室⑤（泵的）空气包⑥（冲天炉的）风箱
air flow salt mist testing ~ 气流式盐雾腐蚀试验箱
air storage ~ 储（空）气室，（在气缸头或活塞上的）辅助空气室
air-wall ionization ~ 空气壁〔当量〕电离室
altitude ~ 高度室，高空模拟（补偿）室，气压试验室，压力室
anechoic ~ 消声室，无回音室
aneroid ~ 真空膜盒，气压计盒
artificial bioclimatic ~ 生物人工气候试验箱
baffle ~ 隔板室，消声室
balance ~ 平衡腔
blast ~ 鼓风室，燃烧室
brake ~ 闸盒
bubble ~ 气泡室
busbar ~ 母线箱，母线室
cable ~ 电缆入孔
cannular combustion ~ 环管〔联管〕式燃烧室
carbon-plates ~ 碳板火花室
centrifuge ~ 离心腔
ceramic-lined ~ 陶瓷燃烧室（嵌入陶瓷耐火衬套的发动机燃烧室）
Charpak ~ 恰尔巴克（型）火花室
checker ~ 蓄热室
choke ~ 阻气室
chromatograph ~ 色谱分离室〔箱〕
cloud ~ 云室
collection ~ 集合室，集气室
combustion ~ 燃烧室，火室，火箱，氧化容器
common air ~ 集气室，通气总管
component ~ 成分分析室
composite ~ 多级〔复合〕燃烧室
conditioning ~ 调节〔加湿，干燥〕室

connection ~　接线箱
constant pressure thrust ~　等压推力室
counter ~　①计数（管）室②脉冲室
crystal mixing ~　晶体混频腔
cyclone ~　旋风室
differential ionization ~　微〔差〕分电离室
diffusion ~　扩散箱
discharge ~　排气室
displacement ~　（活塞式发动机的）气缸有效〔工作〕容积
distribution ~　配线人孔，分配〔配电〕室
downstream ~　出口室
downtake ~　下行烟道
draft ~　通风室
drip ~　排水室，沉淀室
dry compression ~（船舶）干加压舱
dry-back combustion ~　（火管锅炉中的）干背燃烧室，非冷却回转室
dust ~　集尘室
echo ~　混响室
energy ~　（空气室式柴油机的）空气室
environmental ~　环境舱
evacuated ~　真空容器，真空室
exhaust ~　排气室，抽风箱，排液腔，流出腔，减声器
expansion ~　①膨胀室②（威尔逊小）云室
explosion ~　①灭弧箱，灭弧室，消弧室②（脉动式空气喷气发动机的）燃烧室
extrapolation ~　外推（法）电离箱〔室〕
filter ~　滤池
firing ~　燃烧室，焙烧室
fission ~　裂变室，分度箱，（原子）核分裂电离箱
flame ~　火管，火焰室，火焰筒
flash ~　①闪蒸室，蒸发器②膨胀箱，扩容器，扩容箱
float ~　浮箱〔标〕，浮子室
fume ~　通风柜，烟柜
gimbaled thrust ~　万向悬架燃烧室
gridded ~　屏蔽栅式电离箱
grit ~　渣室
GS-moisture ~　（控制）湿度展开槽，调湿展开槽
heat sponge ~　蓄热室
heat-reserve combustion ~　储能燃烧室
hot ~　热室（处理高放射性物质的隔离室）
ice ~　冷藏库
induction ~　吸气室
injection ~　压射室
inlet ~　①吸入腔②进气室
inspection ~　检查井，（维护地下管道的）观测井
intake ~　①引入线室②电缆管道的引入孔③进水室④进气室
ionization ~　电离箱〔室〕
jointing ~　（带有保险丝的）电缆交接箱
launching ~　（发动机）起动级燃烧室，助推器燃烧室
lock ~　闸室
magazine ~　底片盒
manifold ~　（干燥机的）混合室
melting ~　①熔化室②炉膛
miniature ~　前〔预燃，起动〕室
mixing ~　①混〔密〕炼室，混合室，搅拌间②预燃室
moisture ~　（控制）湿度展开槽，调湿展开槽
mud ~　①沉淀室，澄清室②泥箱
muiti-combustion ~　多管燃烧室
necked-down ~　颈缩室
nonecho ~　消声室，无回声室
normal ~　标准（真空）室
nozzle ~　①喷射室②喷嘴内腔
oil ~　储油器〔室〕，润滑油室
outlet ~　输出腔
ozone ~　（在臭氧作用下的）材料老化试验室
packing ~　填料盒，填料函
parallel-sided combustion ~　圆筒形燃烧室
peripheral ~　（原子能汽轮机中的）（疏水）环形贮水室
plenum ~　①通风室②稳流室③高压气室，增压室④集锅筒⑤（风洞）稳定段
pneumatic surge ~　（机车的）压气式均衡风缸
pocket ~　①袖珍剂量计②袖珍式放射线测量仪
preignition ~　预点火室，预燃室，先期着火室
pressure ~　①高压室，压力室②压力调节器③（锅炉）集锅筒④贮汽器
pressurized ~　增压室
primary ~　①主燃烧室②一次风室
pumping ~　（泵的）增压室，（泵的）压水室，压油室
quiescent ~　无旋涡室，非涡流（燃烧）室，静止室

reaction ~ 反应室，燃烧室
refrigerating ~ 冷冻库
regenerative ~ ①蓄热室②回热室
regenerator ~ 蓄热室
reigniting ~ 二次起动室
rescue ~ 救生钟
resonant ~ 谐振箱，共鸣器
reverberation ~ 混响室
reversing ~ 回火室
rocket ~ 燃烧室
rotary table shot blast ~ 转台喷丸清理机
runner band ~ 转轮下环腔
runner crown ~ 转轮上冠腔
sandwich ~ 夹层（展开）室〔槽〕，S 槽
scintillation ~ 闪烁室，发光室
screen ~ 筛分装置
sealed-off ~ 封离室，脱焊室
sealing ~ ①密封室②电缆终端套管
sealing-off ~ 脱焊室
sedimentation ~ 澄清器，沉淀池
separation ~ ①分隔燃烧室②分离室〔槽〕③展开室〔槽〕
shock ~ 骤冷室，激冷室
shot ~ （压铸机的）压射室
shot blast ~ 喷丸机，喷丸清理室
slag ~ （平炉的）沉渣室
slagging (combustion) ~ 排渣式燃烧室
smelting ~ ①熔化室②炉子的工作空间，炉膛
sound ~ 声室（作声学试验用）
space ~ 空间模拟室
spark ~ ①火花（熄灭）室，火花熄灭器② 灭弧腔③火花放电电极
spin ~ 旋流室
spray ~ ①涂装室②（气体）喷洗室③雾化室，喷雾室
steam ~ （蒸）汽（养护）室
stilling ~ ①储存器，压力调节器，预燃室②静水箱，蒸馏〔沉积，消涡，消速，镇静〕室
straight-through combustion ~ 冲压〔直流〕式燃烧室
straining ~ （粗）滤室
stuffing ~ ①衬套室②填料压盖室
surge ~ ①缓冲室②调压〔平衡〕室，（水电站的）调压井
sustainer ~ ①主级〔巡航飞机用〕发动机②主〔行进，巡航飞机用〕发动机燃烧室
swirl ~ 涡流室
tailpipe ~ 尾喷管
temperature ~ 恒温箱
tertiary ~ 三次风室
test ~ ①风洞试验段，工作段②试验箱，试验室
thermostatic ~ 恒温室
thimble ~ 套管型电离箱
throatless ~ 圆筒形燃烧室
throttle ~ 混合室，节流室
thrust ~ 火箭发动机推力室
tone ~ 音室
transfer ~ 加料室，传递〔转接〕室（铸压-传递模制机）
trash ~ 除杂室，排杂器壳
tropical test ~ 人工热带气候试验室
volute ~ ①涡室，螺旋室②蜗形管
washing ~ 洗涤室（净化空气用）
water ~ （冷却）水套，水箱
wet compression ~ （船舶）湿加压舱
wheel ~ 叶轮腔室
whirl(ing) ~ 涡流室
wind ~ 抽风箱，抽风室
winder ~ ①绞车房②提升机洞室
working ~ ①工作室②熔炼室

chambering ①内腔加工，扩孔②炮眼扩孔，炮眼掏壶

chamfer ①切角，倒棱，削角，倒角②切面，斜面③沟，槽，凹线④刻槽，刻沟
~ of entering side 入口倒坡
~ of leaving side 出口倒坡
bottom(-wear) ~ ①底倒角，背倒角②（切土部件磨损时形成的）圆刃，钝刃
hollow ~ （圆）凹线槽
radius ~ 齿顶圆角半径
side ~ 边斜切
tip ~ 齿顶倒角
tooth ~ （齿轮）齿倒棱〔角〕

chamfering ①倒角，切角，倒棱，切面，削角②刻槽③坡口加工
gear ~ 齿轮倒角

chamfret =chamfer

chamois 鹿〔麂，羚羊，山羊〕皮，油鞣革

chamot(te) ①熟耐火黏土，（黏土）熟料，火泥②黏土砖
china-clay ~ 瓷土熟料
quartz ~ 硅质（黏土）熟料

chanalyst 无线电接收机故障探寻〔检查〕仪

audio ~ 声频电路测试器
chance ①概率，几率，或然率②机会，可能性③偶然性④意外
chandelier 枝形灯架〔吊灯〕，集灯架
change ①变化，改变，交替，更迭②变〔转，替〕换，变量
~ down 降速，减慢，换低速档
~ in radius 变幅
~ of date 跳日，变日
~ on blast 鼓风期，吹风期
~ on gas 送气期
~ up 升速变换，开快，换高速档
ball ~ 球形铰链换档杆
bias ~ 对角接触修正
continuous ~ 连续变速，无级变速
coupling ~ 连接器换向机构
dark ~ 暗换场
date quick ~ 日历和双历瞬跳换日机构
deflection ~ 方向角变换
discontinuous ~ 不连续变化，连续性中断
drill ~ ①钻距（钎子组的长度公差）②换钎子
Eulerian ~ 欧拉变换
faultless gear ~ 无冲击变速
feed ~ ①进给变速②（切削）进给箱
field ~ ①现场改变②字段改变
fractional frequency ~ 频率微变
gear ~ 齿轮变速，换档
handle ~ 远距离操纵，遥控，远距离控制
isentropic work ~ 功的等熵变化
mode ~ 作用方式变化，运行方〔模〕式变换
model ~ 产品变化，型号改变
network assisted cell ~ （通信）网络辅助单元变更
order-disorder ~ （合金的）有序无序变化
phase ~ 相变
plate ~ 硬片递换，换版
pole ~ 换极，变极
reversible ~ 可逆过程
secular ~ 长期〔经年，缓慢〕变化
spindle-speed ~ 变速箱
step ~ ①阶跃变化，步进变化，单增量改变，级变②有级变速，阶段变速
step speed ~ 有级变速
stepless (speed) ~ 无级变速
uncontinuous ~ 阶段变速，有级变速，间断变化
changeability 变异〔易变（化），可变，互换，可换〕性
changeback 倒回
change-contact 转换接触
changefulgear 变速〔交换〕齿轮，交换齿轮
changegear 变速〔交换〕齿轮，交换齿轮
changement ①换向机构，转换设备②变化，变更，改变
coupling ~ 连接器换向机构
changeover ①变换，跨越②调整③改变，改建④转接（从直流转接到交流或从电压的某一数值转接至另一数值）⑤换面（放映时），转换（开关）⑥转接设备⑦改装⑧重调
aerial ~ 天线转换
automatic ~ 自动转换开关
charging ~ 充气转换
manual ~ 手摇转向机构
upper ~ 增速换档
changer ①变换〔流〕器②换流〔换能，变量〕器③转换开关④工具变换装置
automatic beam ~ （前大灯）自动光束转换器，自动变光装置
automatic pallet ~ （数控加工）随行夹具自动更换装置
automatic part ~ （数控加工）自动工件交换装置
automatic tool ~ 自动换刀装置，工具自动交换装置
automatic tool ~ （数控加工机床）工具自动交换装置，刀具自动转位装置，自动换刀装置
automatic work ~ 自动换工件装置
C-hook roll ~ C形换辊钩
circuit ~ （电路）开关，转接器
coin ~ 自动换币器
commutator frequency ~ 整流子频率变换器，换向器式变频机
concatenated frequency ~ 级联〔串级，链接〕变频器
constant-ratio frequency ~ 定比变频器
cop ~ 自动加〔换〕纡机构
data rate ~ 数据速率变换器
foil ~ 箔交换器（电荷剥离装置）
frequency ~ 换频器，变频管，混频管，变频器〔机〕
gain ~ ①增益变换器②（自动驾驶仪）传动比变换装置
gate ~ 带有导向框板的变速器

gender ~ 双端插座
information rate ~ （磁带语言录音）还音速率转换器
level ~ 电平转换器
load ~ 负荷调节器
load tap ~ 有载分接（头转换）开关，（变压器的）有载分接头转换器
magnification ~ 放大变换器
oil ~ 润滑油更换装置，换油器
open-circuit tap ~ 空载分接开关
pallet ~ 交换工作台，托板〔托盘〕交换装置，集装架交换装置
phase ~ 相位交换器，换相器，移相器
polarization ~ 极化变换器（波导管）
pole ~ ①换极开关，转向开关②换极〔转极，换向，换流，复流送电〕器
reactor tap ~ 电抗器抽头切换装置
record ~ （自动）换片装置
rope ~ 换绳装置
sample ~ 换样装置
shuttle ~ 换梭装置
sign ~ 正负〔符号，信号〕变换器
speed ~ 变速器，转速调节装置
tap ~ ①抽头变换器，抽头转换开关②分接头切换装置，变压比调整装置
voltage ~ 变压器，电压变换器
wave ~ 波段（转换）开关，波段选择开关

change-wheel ①变速〔换向，配换〕轮②变速装置

changing 变换，转换
band ~ （频）带转换
pole ~ 极数转接
tap ~ 抽〔分接〕头切换

changing-over 转换（开关）

channel ①通〔孔，信，磁，频，波，渠〕道②管〔电，通，话〕路，沟渠，槽，（场效应晶体管的）沟道，熔沟，风洞③槽钢④途径，系统⑤（pl.）（炼铅炉内的）死区⑥打印区域
accompanying audio ~ 伴音通道
acoustic ~ 声道
active ~ ①有源沟道②占线信道，现用信道，活动信道
additive ~ 可加信道
adjacent ~ ①相邻信道②（相）邻频道
aggregate ~ 组合信道
air ~ ①通风〔排气〕道，风管，空气道②通气槽
allocated ~ 指配信道，指配频道
alternate ~ ①备用〔替代，交替〕信道②相隔通道
annular ~ 环形流道
assembly ~ （反应堆）（燃料）组件孔道
assigned ~ 指配频道
asynchronous data communication ~ 异步数据通信信道
audio ~ ①声频通道②伴音通道
audio cue ~ （录像机）声频插入通道，第二伴音通道，声频提示通道
aural ~ 声道
autonomous ~ 自主通道，独立通道
aviation ~ 航空信道
B ~ B通道（立体声通道之一，通常指右通道）
backward ~ ①返回〔反向〕通道，反向信道②控制信道
bale ~ 压捆室
band-limited ~ 有限带宽信道
base ~ 基极沟道
beam ~ 槽形梁，槽钢
binary ~ ①二位信道，双信道②双通路③双波道
black-and-white ~ 黑白通道
blank ~ 坯斜槽
block multiplexer ~ 数〔字〕组多路（转换）通道
broadband communication ~ 宽（频）带通信信道，宽（频）带通信通路
broadcast ~ 广播信道
broadcast control ~ 广播控制信道
buffer ~ 缓冲通道，缓冲信道
built-in ~ ①内建管道②内建电路
busbar ~ 母线通道，槽形母线
by-pass ~ ①并联电路，并联信道，旁路②旁流道
byte-multiplexer ~ 字节多路（转换）通道
cable ~ 电缆管道，电缆槽，缆沟
call ~ 呼叫通路
carrier ~ 载波通路〔信道，电路〕
carrying ~ ①载流通道②进位通道
chaining ~ 链式通道
chroma ~ 彩色信道
class-D ~ D类通道
clear ~ ①专用〔开敞〕信道②广播声道③纯信道
closed ~ 闭流路，闭槽路
coarse ~ 粗（测）通道

colo(u)r ~ 彩色通道，彩色信道
colo(u)r-sync ~ 彩色同步信道
colo(u)r-sync processing ~ 彩色同步信号形成信道
commentary ~ 旁示信道
common control ~ 公用控制信道
common-user ~ 共用信道
communication ~ 通信信道，通信通道
communication multplexer ~ 通信多路复用信道
constant ~ 恒参信道
convergent ~ 会聚槽
convergent-divergent ~ ①拉瓦尔管②缩放形流道
core ~ 堆芯管道，活性区管道
counter ~ 计数器管道〔电路〕
counting ~ 计数通路，测量电路
cross ~ 交叉信道，交叉通道
cue ~ 提示道，字幕道
curved ~ 弯曲形流道
data ~ 数据信道，数据通道
data communication ~ 数据通信信道
data transfer ~ 数据传送信道
dedicated ~ 专用通道
dedicated control ~ （通信）专用控制通道
dedicated traffic ~ 专用业务频道
delivery ~ 输出流〔信〕道
difference ~ （立体声系统中的）差动声道
digital ~ 数字信道，数字通道
digital control ~ 数字控制通道
digital data ~ 数字数据通道
discrete ~ 离散信息通道
distribution ~ ①配电电路②配水槽
divergent ~ 扩散形喷管，扩张形流道
DMA ~ 存储器直接存取通道
dodging ~ 匀光电路（电子印像机）
downlink shared ~ 下行链路共享信道
dual ~ 双通（道），双渠（道）
duplex ~ 双工通道〔通路，信道〕，双向通道
echo ~ 回声〔波〕波道
elevator ~ 升运器槽
embedded (communication) control ~ 嵌入（通信）控制通道
encryption ~ 加密信道
erasure ~ 删除信道，存疑信道
expanded ~ 扩散形〔展〕流道
extruded ~ 挤压的槽钢
feedback ~ 反馈信道，反馈通路
film ~ 片道
fine ~ 精（测）通道
finite-memory ~ 有限记忆信道
fixed reference ~ 固定基准信道
floor ~ 原声通路
flow ~ 气流道
flux-measuring ~ 通量测量道
forward ~ 正向信道，单向通道
free-flowing ~ 无压水槽
frequency ~ 频（率通）道，频段
full-duplex ~ 全双工通道
gas-distributing ~ 分气道
half-duplex ~ 半双向通道（一次只能在一个方向传送的双向通道）
heat ~ 热桥
hot ~ 热管
I ~ ①I信道，输入通道②I色差信号通路(在NTSC电视系统中以较宽频带传输的色信号通路）
induction ~ （感应电炉）感应槽
integrated ~ 集成电路通道
interface ~ 连接通道，接口通道
interleaved additional ~ 插入波道(微波通信）
intervene ~ 流道
inversion ~ 倒置沟道
inviscid ~ 无黏性通道
iron ~ 槽钢
language ~ 语言通路
lateral ~ （铁液）支沟
left ~ 左通道，左声道
local ~ ①本机电路②本地〔局部，部分〕信道
looping ~ ①（圆盘的）活套槽，卷取（料）槽②环轧
luminance ~ 亮度信（号通）道
M ~ 主通道，M 通道
main ~ 主通路〔波道,信道〕
memoryless ~ 无记忆信〔通〕道
metallic ~ 有线电路
monochrome ~ ①单色图像（信号）信道②黑白电视通道
multicast ~ 多路发送信道
multicast control ~ 多路发送控制信道
multicast traffic ~ （通信）多路发送业务通道
multiplicative ~ 相乘信道
multiplying ~ 复用信道
multirange ~ 多量程测量电路

national ~ 全国波道，全国联播频道
noise ~ 干扰通路，噪声通路
noisy ~ 噪声信道
n-th power ~ n 次幂信道
O ~ 输出通道
off-line ~ 线外式信道
one-way ~ 单向信道〔电路，通道，波道〕
open ~ ①明槽②开路波道
optical ~ 光通道
out-feed ~ 出料槽
paging control ~ （通信）分页控制信道
parametric stabilization ~ 恒参信道
parametric variation ~ 变参信道
peaked ~ 峰化信道
peripheral interface ~ 外围接口通道
phantom ~ （立体声）仿真通道
photon ~ 光子信道
physical broadcast ~ 物理广播式信道
physical downlink control ~ 物理下行链路控制信道
physical downlink shared ~ 物理下行链路共享信道
physical multicast ~ 物理多路发射信道
physical random access ~ 物理随机访问信道
physical uplink control ~ 物理上行链路控制信道
physical uplink shared ~ 物理上行链路共享信道
picture i-f ~ 图像信号中频通路
pilot ~ ①导频信道，导频通道②领示通信电路③控制电路
pouring ~ 浇道
private ~ 专用信道
program(me) ~ ①节目通路，节目信道②（传输）程序信号的电路，程序控制通道
pulling ~ 拔取导槽，拔麻装置槽
random access ~ 随机存取信道
range ~ 测距信道
recording ~ ①录音系统（从送话器到录音胶片的全部装置）②记录声道，录音通道
reduced ~ 简约信道
reference measurement ~ 基准测量信道
regional ~ 区域通〔波〕道
relay ~ 转播〔中继〕信号通道
reproducing ~ 重放通道
reversible TV ~ 双向〔可逆〕电视通道
right ~ 右通道，右声道
running ~ 浇道
second ~ 第二信道
secondary multicast control ~ 辅助多路发送控制信道
service ~ 公务信道
servo ~ ①伺服信号电路②辅助驱动电路③伺服信道
shared ~ 共同〔复用，同频〕信道
side ~ ①横浇铸道②侧槽
simplex ~ 单向通道
single ~ 单信〔频，波，通，渠〕道，单路
sound ~ ①伴音信道②声道
sow ~ 铁液沟
spare ~ 备用信道，备份线路
sprocket ~ 链轮道
stand-by ~ 备用通路
steel ~ 槽钢
surface ~ 表面沟道
synchronization ~ 同步信道
tail ~ （水电站的）尾水渠
talk ~ ①通话电路②通话信道
telecine ~ 电视电影信道
thin-wall ~ 薄壁槽钢，轻型槽钢
throttle ~ 喷口调节通路
time ~ 时通，时路
timing ~ ①计时通道②定时道
tone ~ 音道
transmission ~ ①发送信道②传输电路〔系统，通路〕
transport ~ 传输信道
two-wire ~ ①二线制电路②二线式通路，（每次在一个方向传送的）双向通道
uplink shared ~ 上行链路共享信道
vane ~ 风洞
varying-area ~ 变截面管道
vent(ing) ~ 排气道，（铸型的）浇铸通气孔，通气槽
video ~ 视频信〔图像信，视频通〕道
video frequency ~ 视频信道，图像信道
virtual ~ 虚拟通道
vision ~ 图像信道
voice ~ ①音频电路②音频信道
voice grade ~ 音频波段电路，语音频段信道，电话线路
wideband ~ 宽频带信道
wind ~ ①风道②空气动力管，风洞
working ~ 加工导槽（旋锻机）
wrong ~ 虚假信道
zero-memory ~ 零记忆信道

channeled-iron 槽钢
channelization ①管道化，渠道化②通信波道的选择
channelizing 信道化
channel(l)er 凿沟机，挖槽机
rock ~ ①截石机②采石机
channel(l)ing ①多路传输，频率复用，组成多路②蚀沟，气沟（高炉），槽路，沟流③开槽，铣槽，开渠，渠化，凿沟，管道形成④分路式滚槽机⑤截煤机⑥沟道作用，沟〔波〕道效应，气沟效应
proper ~ 固有沟道效应
channel-section ①槽钢②槽形（断面）梁③槽形截面
channel-spacing 信道间隔
channel-subdivider 信道分路器
channeltron 渠道倍增器
chaos 混沌，混乱，无秩序
chaotic 混沌的，混乱的，无秩序的
chap ①裂缝，缝隙②分裂，龟裂
chape ①线头焊片②卡钉，包梢，夹子
chapelet ①（链）斗式提升机，双戽带水车②链斗传送器③泥芯撑
chapiter 柱头，（柱的上部）大斗
chaplet （型）芯撑，撑子
double-head ~ 双面型芯撑
perforated ~ 箱式泥芯撑
radiator ~ （单面平的）螺旋形〔天线式，盘香式〕芯撑
sheet-metal ~ （箱式）金属片芯撑，箱片泥芯撑
spring ~ 螺旋芯撑，U形钢丝芯撑
stalk-pipe ~ 管子芯撑，单面芯撑
stem ~ 单面芯撑
stud ~ 双面芯撑
Chapmanizing 查普曼液体碳氮共渗法，表面硬化法，盐浴渗氮法，电解氨气渗氮法
chappy 皲裂的，龟裂的
chapter ①章，节②（钟表盘面上的）字码
chaptrel 拱基，台轮
char ①木炭②成炭，炭（化）③低温焦炭
activated ~ 活性炭
decolorizing ~ 脱色炭
charabanc 〈法〉敞式游览车，大型游览车
charactascope 特性观测器
character ①性质，特性〔点，征（标）〕②符号，号码，（数）字，字母〔符，码〕标志③电码组合，脉冲的编码组合④描写，表现…的特征
~ of speed increasing and decreasing 升降速特性
acknowledge ~ 肯定符号，消息收到符号
additional ~ 附加符号，特殊符号，附加字符
address ~ 地址符
addressing ~ 寻址字符
adjacent ~ 相邻字符
alpha(nu)meric(al) ~ 字母数字字符
backspace ~ 返回符号，回车字符，退格符
bell ~ 报警符号
binary ~ 二进制编码符号
blade force ~ 叶片力特性
blank ~ 空白字符，间隔符号
block cancel ~ 信息组作废符号
block ignore ~ 信息组作废府号
cancel ~ 作废符，删去符
carriage return ~ 托架返回符号，回车字符号
clear ~ 空白符号
code ~ 代码征数〔符号〕
code extension ~ 代码扩充符
coded extension ~ 编码扩充字符
command ~ 控制符（号），指令符号，命令字符
command recognition ~ 命令识别字符
composite ~ 合成特性
contour ~ 字体轮廓线
convergent ~ 趋同特性
cyclic redundancy ~ 循环冗余码符号
delete ~ 作废字符
device control ~ 外围设备控制符
directing ~ 定向字符
dummy ~ 伪字符
dynatron ~ 负阻管特性
end-of-text ~ 文本结束符
end-of-word ~ 字终符号
erase ~ 擦除符，删去符，省略符
error ~ ①误差记号②错误字符
escape ~ ①换码符，变换字符②（信息）漏失符号
file separator ~ 文件分隔符
fill ~ 填充字符
font change ~ 字形改变符
functional ~ 功能〔控制〕符号
graphic ~ 图形字符
guide vane force ~ 导叶力特性
horizontal ~ 横向字符

idle ~ 无效字符
ignore ~ 省略符号，无作用记号，无操作符号
illegal ~ ①禁用字符，不合法字符②非法代码
immediate ~ 立即字符，零级字符
improper ~ 非法字符，禁用字符
inductive ~ 电感性
inquiry ~ 询问符，查询符
instruction ~ ①指令字符②控制符，操作符
last-marked ~ 最后标记字符
layout ~ ①布置字符，排位置字符②划分字符③打印格式符号
least significant ~ 最低有效字符
left-justified ~ 左对齐字符
line feed ~ 换行字符
locking shift ~ 牵动字符
lower ~ 后部分字符
message ~ 消息字符，报文字符
misregistration ~ 字符（位置）不正
Morse ~ 莫尔斯电码
negative acknowledge ~ 否认记号
non-flowing ~ 不流动性
null ~ 零字符，空字符，空白记号
numeric ~ 数字电码组合，数字符号
operational ~ 运算符号，操作符，控制符
optical ~ 光字符
pad ~ 填充字符
parity count ~ 奇偶计数字符，同位计数检验字符
polling ~ 轮询字符
quote ~ 引证字符
redundant ~ 冗余字符
rejected ~ 拒识字符
rub-out ~ 删〔擦〕去字符
self-defining ~ 自定义字符
shift-in ~ 换入符
shift-out ~ 换出符
shunt ~ （电机的）并绕特性，并激特性
sign ~ 符号字符，标志文字
skew ~ 斜字符
space ~ 空白字符，间隔字符
special ~ 特殊字符，辅助字符
specific ~ 特点，特性
spectral ~ 光谱特性
start-of-text ~ 正文起始符
store ~ 存储字符
symbolic ~ 符号字符
synchronization ~ 同步字（头）
tabulation ~ 制表字符
terminating ~ 终结字符
throw-away ~ 废弃字符
type ~ 字体
unallowable ~ 非法字符
upper ~ 高位字符

character-by-character 字符接字符式（传送），按字符（传送）

characteristic ①性能②指标，指数，阶，参数③规格④首数⑤特性曲线（的），特征（的），特性（的），特殊的
~ (curve) of a convertor 变流器的特性（曲线）
~ of logarithm 对数的首数
~ of the pressure tendency 气压倾向特征
~ of time 时间常数
absorption ~ 吸收特性
acoustic ~ 音响特性，声学特性
amplitude ~ 振幅特性（曲线）
annual aging ~ 年老化率
anode (voltage-current) ~ (of a unidirectional thyristor) （单向晶闸管的）阳极（电压-电流）特性
architectural ~ 体系特性，结构特性
audible ~ 音响特性，可听特性
backward transfer ~ 反向转移特性，反馈特性
bandwidth ~ 带宽特性，通带特性
biasing ~ 偏置特性
billing charging ~ 计费特性
blocking ~ 间隙特性（曲线），阻塞特性（曲线）
bouncing ~ 跳〔颤〕动特性
brightness transfer ~ 亮度（电信号）转移特性
burner ~ 喷燃器特性
camera taking ~ 摄像机拾取〔光谱〕特性
charge ~ 充电特性
combined ~ 总〔综合〕特性（曲线）
composite ~ 综合特性，合成特性（曲线），组合特性
contrast-response ~ 对比度（响应）特性
control-rate ~ 控制速率特性（控制系统内的传动比）
current-illumination ~ （光电管的）光电特性
C-V ~ 伏安特性（曲线）
damping ~ 阻尼特性
dead-space ~ 静区特性

decay ~ ①余辉特性（荧光屏）②衰变特性
dimensional ~ 量纲特性
directional ~ ①方向性曲线②方向安〔稳〕定特性
discharge ~ ①流量特性②放电特性（曲线）③排气特性
drive ~ 调制〔驱动，传动，激励〕特性
droop ~ 下垂〔降〕特性（曲线）
dropping-speed ~ 转速下降特性（曲线）（随负载增大）
dynamic(al) ~ 动态特性（曲线），动力特性
echoing ~ 回波〔声〕特性
E-I ~ 伏 - 安特性（曲线）
electric-plane ~ 电场内方向特性，电场平面特性
emergency-run ~ 应急运转特性
equivalent ~ 等效特性（曲线）
external ~ 外（部）特性（曲线）
eye storage ~ 视觉残留特性
falling ~ 下降特性（曲线），降落特性
flash-over ~ 放电特性
flat ~ 平顶特性（曲线）
flat compound ~ 平复激（励）特性
foldback ~ 限流过载保护特性
forced ~ 强制特性
forward ~ 正向（传输）特性
frequency ~ ①频率响应特性②频率特性（曲线）
gain-phase ~ 增益相位特性，幅相特性
gamma ~ γ 特性，灰度特性
gate control ~ 栅控〔阀控制，开关控制〕特性（曲线）
governing ~ 调节特性
grid-drive ~ 栅极激励特性
half-tone ~ ①半色调特性②灰度特性
hereditary ~ （弹塑性的）后效特性
ideal locked-rotor ~ 理想堵转特性
individual ~ 单个工作特性
input/output ~ ①输入量与输出量的关系特性②振幅特性
instant operating ~ 瞬态特性
internal ~ 内特性（曲线）
I-V ~ 伏安特性（曲线）
jumping ~ 跃变特性
kinetic ~ 运动特性，动态特性
knock ~ 抗振特性
lag ~ 落后特性，延迟特性，余辉特性（荧光屏）
lamp ~ 电子管〔灯泡〕特性（曲线）
light ~ 光传输特性，亮度特性
light transfer ~ 光电变换〔传递〕特性
light-decay ~ 余辉特性，光度衰减特性
load ~ 负载特性（曲线）
loop cut-off ~ 回线截止特性
lumped ~ ①集总特性，总特性（曲线）②复〔综〕合特性（曲线）
melting ~ （焊条的）熔化特性
metering ~ 节流特性
modulation ~ 调制特性（曲线）
mutual ~ 互特性
natural ~ 自然特性，固有特性
negative ~ ①负特性②下降特性（曲线）
network load ~ 电网负载特性（曲线）
noise ~ 噪声特性，干扰特性
null ~ 零点特性
numerical ~ 数值特性（曲线）（多普勒计数）
on-state ~ 通态特性
open-circuit ~ 开路特性，空载特性（曲线）
open-ended ~ 可扩充特性
operating ~ 工作〔运行，运转，使用〕特性（曲线）
overall ~ 综合特性（曲线）
performance ~ 工作〔操作，运行，性能〕特性，使用性能
persistence ~ 余辉特性，残留特性
phase ~ 相位特性（曲线）（负载电压对电源电压的相角与频率的关系曲线）
physical ~ 自然特征（包括目标的方位、大小、结构等）
plate ~ 阳〔板，屏〕极特性
plateau ~ 坪特性
power ~ ①功率特性（曲线）②幂特性
power-angle ~ 功角特性（曲线）
pre-emphasis ~ 预加重特性
principal ~ 主要要素
principal (voltage-current) ~ 主（电压 - 电流）特性
propagation ~ 传播特性
quieting ~ 静态特性
recording ~ 记录〔录音，录像〕特性
rectification ~ 整流特性（曲线）
reproducing ~ 重现特性
resolution ~ 分辨特性
resonance ~ 谐振特征（曲线）
response ~ 灵敏度特性（曲线），响应特性（曲线）

restriction ~ 节流特性
retrace ~ 回描特性，逆程特性
rising ~ 增长特性，上升〔升起〕特性
rising-speed ~ 转速〔速度〕上升特性
roll-off ~ （频响）跌落特性
running ~ 工作特性（在电机转动时）
running-in ~ 磨〔跑〕合性能
selectivity ~ 选择特性
series ~ 串联〔激〕特性
shelf ~ 贮存性能
shop ~ （材料的）工艺性能
shunt ~ 分路特性，并激特性
source-drain ~ 源漏特性
spectral transmission ~ ①通电频谱特性②光谱传输特性
speed-torque ~ ①转速转矩特性（曲线）②（电动机的）机械特性
stabilized current ~ 稳流特性
stabilized output ~ 稳定输出特性
stabilized voltage ~ 稳压特性
stall ~ 零速特性
stalling ~ 分离特性，离体特性
static ~ 静态特性（曲线）
straight line approximation of the forward ~ 正向特性近似曲线
straight line approximation of the on-state ~ 通态特性近似曲线
surge ~ 喘振特性，电涌特性，过电压特性
swivelling ~ （阻抗继电器）转换特性，应变特性
taking ~ 发射机频谱特性
temperature-rate ~ 温度走时特性
terminal ~ 输出特性（电机）
textural ~ 纹理特征
thermal glow ~ 热辉光特性（曲线）
through ~ 穿透特性，通过特性
transfer ~ ①传输特性②(发送摄像管的)光-信号特性,(显像管的)信号-光特性③（放大设备的）瞬态特性④转移特性（放电管）
transient ~ 瞬态特性，过渡特性
transient-response ~ ①扰动性特性②瞬变〔非定常〕过程特性
transmission frequency ~ 传输频率特性
tube ~ 电子管特性〔性能，参数〕
type ~ 字体
video ~ 电视设备在视频带内的特性
voltage-current ~ 伏安特性（V-I 特性）
zero power-factor ~ 零功率因数特性，无蒸汽运行特性曲线（调相运行特性曲线）

characterization ①表征，表示特性，特性记述，性能描写，特性，刻划②特性鉴定③特征化
characterize ①特性化，赋予…特性②表征，表示…的特性③说明，描写
characterplexer 字符复用
charactery 记号（法），征像（法）
charactron ①显字管，字符管，字码管②显像管
Charade 神秘〔夏利〕(日本大发生产车型)
charcoal 木炭，炭
absorbent ~ 活性炭
activated ~ 活性炭
decolo(u)rizing ~ 脱色炭
platinized ~ 披铂（活性）炭
charge ①装载，负担〔载，荷〕②填充，装药，充电，充气③起电④带电⑤电荷⑥加〔炉，装〕料⑦注油⑧价值，费用，经费，收费⑨装料量，充量，装填层
~ of surety 安全载荷，容许载荷
~ on an electrical body 带电体上的电荷
accelerating ~ 加速进气（内燃机）
additional ~ ①补充充电，附加电荷②添加剂③附加费用，额外费用
advance ~ 预付款
background ~ 背景电荷
bare ~ 点火电荷
base ~ 基极电荷
bed ~ ①空料，底料②底焦
bench ~ 在工作台上充电，台架充电（把蓄电池从汽车上拆下来在工作台上进行的充电）
Bessemer ~ 酸性转炉炉料
body ~ 体电荷
boost ~ ①补充充电②急充电，快速充电③（在短时间的）升压充电④加强充电（大电流短时充电）
booster ~ ①传爆装药②传爆药柱③再充电
bound ~ 束缚电荷
bulk ~ 容积充电
bunched ~ 群聚电荷，聚束电荷
burning ~ 燃料，可燃混合气
bursting ~ ①抛射药②炸药
capacity ~ ①电容充电②设备容量的建设费用
capital ~ 投资费用
carrying ~ 仓储费用，维护费
cast ~ 发射剂（固体火箭燃料)，（火箭发动机的）铸装药柱

clockwork-triggering ~ 带有钟表机构的起爆器
coated ~ 铠装火药柱
coke ~ ①层焦②焦批
combined ~ （与循环部分）混合的进料
contingent ~ 或有费用，意外费用
converter ~ 转〔吹〕炉炉料
crating ~ 装箱费
critical ~ 临界负荷
demand ~ 按需供电
depth ~ 深水炸弹
electric ~ ①电荷②电费
electron(ic) ~ 电子电荷
electronic scale with ~ 电子计价秤
electrostatic ~ 静电电荷
elemental ~ 单电子电荷
elementary ~ 单元电荷
energy ~ 电费
equalizing ~ 均衡充电
extra coke ~ 接力焦炭，补充焦炭
ferric ~ 含铁料
freight ~ 运费
fuel ~ 加油量
grinding ~ ①磨机装置②被研磨物
handling ~ 手续费，管理费
horizontal ~ 平放锭料
hot-metal ~ ①熔融金属料，铁液②熔融金属加料（热装）
image ~ 镜像电荷，图像电荷
induced ~ 感应〔感生〕电荷
inducing ~ 施感电荷，加感电荷
initial ~ ①原始电荷②初充电
inventory ~ 材料的耗费
jet perforator ~ 喷射式穿孔药包
joint ~ 组合电荷
landing ~ 起货费
line side ~ （流水作业线上）按批供应零件
maintenance ~ 维护〔保养〕费用
maximum ~ 最大允许装料量
mechanical ~ 机械加料器
melting ~ 熔融料
metal ~ 金属（装入）料
minus ~ 负〔阴〕电荷
molten ~ 热装料，熔液装料
multi-granular ~ 多粒度料，不均匀粒度原料
neutral burning ~ （定推力燃烧的）恒定燃烧火药柱
nuclear ~ 核电荷
overhead ~ 间接费用，管理费用，杂项开支
packet system ~ 包交换方式负荷
packing ~ 装箱费，包装费
photogenerated ~ 光生电荷
picture ~ 电荷像
point ~ 点电荷
positive ~ 阳电荷，正电荷
powder ~ ①弹射筒，传爆管②火药（柱）③发射药
power-compacted ~ 团块炉料，压成炉料
pressed ~ 压制燃料（固体火箭燃料）
priming ~ ①点火剂，引爆剂②点火充电③起动注水
progressive burning ~ （随推力增加燃烧的）增面性燃烧火药柱
propelling ~ 发射药
public ~ ①公用事业费②附加税
quick ~ 快速充电（强电流短时间充电）
raw ~ 原料
recovered ~ 恢复电荷
recovered ~ (of a semiconductor rectifier diode) （整流管的）恢复电荷
recovered ~ (of a thyristor) （晶闸管的）恢复电荷
regressive burning ~ （随推力减少燃烧的）减面性燃烧火药柱
residual ~ 剩余电荷
restricted burning ~ （沿表面部分燃烧的）铠装固体燃料火药柱
rim ~ 边料
rocket ~ 固体火箭燃料火药柱
running ~ 运转费
scrap ~ 废金属料，废钢
sintered ~ 烧结料
slag ~ 渣料
slow-burning ~ ①火药蓄压器②缓燃火药，缓燃药柱
smelting ~ 炉料
specific ~ 比电荷，荷质比
spiral ~ 螺旋形锭料（区域熔炼用）
spurious ~ 乱真电荷，寄生电荷
standing ~ 固定费用
starting ~ 始料（区域熔炼）
stored ~ ①存储电荷，累积电荷②电位起伏
stratified ~ 分层进气
surface ~ 面电荷
tapered ~ 递减充电，减流充电
terminal ~ 装卸费

thermonuclear ~ 热核装药
trickle ~ 连续补充，充电，缓流〔点滴式，涓流〕充电
true ~ 实电荷
unburned ~ 未燃烧混合物
under ~ 充电不足
unit ~ ①单位电荷②每千瓦小时的电费
unmelted ~ 未熔炉料
valency ~ 价电荷
volume ~ 体（积）电荷
wayleave ~ 免费使用（电话）权
zero ~ 零电荷

charged ①带电的，充电的②装了药的，装填的

charge-in 进料

charger ①加料〔充电，装料〕机，加液器，充入器②加载装置③充电器，充电设备，充电整流器④装料者
~ and replenisher 小型感应起电机
accumulator ~ 蓄电池充电器
battery ~ 电池充电器
bulb-type ~ 管式充电器
Calderon ~ 卡尔德郎废钢装料机（转炉用）
electrolytic ~ 电解液充电器
group ~ 电池组充电器
ingot ~ 装锭机
magazine-type ~ 储料进给台，储存式装料台（炉用）
pneumatic ~ 气动装弹器
ram ~ 杆式推料机
skip ~ 倾卸〔提升〕加料机，翻斗加料机
slab ~ 板坯装料机
trickle ~ 缓流〔弱电持续，涓流〕充电器
tungar ~ 钨氩管充电器
wind ~ 风力充电机组

charger-reader 电荷读出装置（剂量计用）

charging ①充电，起电，电荷，带电②充气，进气③进〔装，加〕料④负载⑤装载⑥费用
accelerated ~ ①短期填充②加速充电
accumulator ~ 蓄电池充电，蓄能器增压
basket ~ 料篮〔炉顶，吊桶〕装料
corona ~ 电晕充电
DC choke ~ 扼流圈直流充电
intensified ~ 增强充电
layer ~ 分装料
non-pressure ~ 非增压式供气
policy control and ~ （通信）政策控制和付费
pressure ~ 增压（内燃机）
rapid ~ 快速充电
rectifier ~ （用）整流器充电
skip ~ 翻斗装料
top ~ 炉顶装料
upside-down ~ 倒装（指冷锭在均热炉中不同于热装时的大小头位置）

charging-up ①充电（过程）②加添，加注，装料

chargister 电荷管

chariot ①弧刷支持器，（托）架②战车，兵车，运输车③用车子运输④柱形擒纵机构的板状部分
ingot ~ 送锭车

chark ①木炭，焦炭②炭化，焦化

charrette 专家会议

charring ①烧焦，烧（成）炭②炭〔焦〕化③（电杆）烧根

charry 炭化（的）

chart ①图，曲线（图），草〔略，计算，地，航，线，挂，海〕图②表，（一览）表③记录图纸④卡片⑤制图（表）⑥合同，执照，特许权
activity ~ 活动示意图
admittance ~ 导纳图
aeronautic(al) planning ~ 战略航空图，小比例尺航空图
aeronautic(al) plotting ~ 战术航空图，航线标绘图
align(e)ment ~ ①准线图，诺谟图②列线图解③计算图表
aluminium-barium ~ 铝-钡状态图
approach ~ 机场进近区航空图，进港引水图
axonometric ~ 立体投影图
band ~ 记录纸带
bar ~ ①横线工程〔计划〕图表，横道图②直方图（统计用），柱状（统计）图（表）
Blondel ~ 布朗德尔图表（计算输电线弛度用）
breakeven ~ 收支〔盈亏〕平衡图
calendar progress ~ 日程表，工作计划进度表
Carter ~ 阻抗圆图，卡特（阻抗）圆图
circular ~ 圆形记录纸，图形图纸，极坐标记录纸
classification ~ 分类表
colo(u)r ~ ①彩色测试图②比色图表
colo(u)r definition ~ 彩色测试卡
colo(u)r phase ~ 彩色副载波矢量图
combat ~ 作战海图（尤指陆海两栖作战用的图）

composite rating ~ 综合特性图（表）
continuous ~ 记录带，带形记录纸
contour ~ 等值线图
control ~ 管理图（表），检查图（表），监督进度表
conversion ~ 换算图，换算表
correction ~ 校正表，修正表
cross ~ 穿越图
declination ~ 磁偏图
definition ~ ①清晰度测试卡②分解〔辨〕力测试图
detail (flow) ~ 详细流程图
DF ~ 无线电定向图
diagrammatic ~ 示意图
dimensions ~ 轮廓尺寸图，维（分析）表
direction finding ~ 无线电定向图
disc ~ 图形记录纸
Donath ~ 多纳斯图（计算轮盘用）
dot ~ 点阵图
Dwight ~ 德维特电压调整卡
ectangular ~ 矩形波图板
enroute ~ 无线电导航图
exposure ~ 曝光曲线，曝光表，露光表
fade ~ 盲区图，衰落区图（电波）
failure branch ~ 故障树
flight ~ 航空地图
flip ~ 航空图
flow ~ ①流量图，数据流图②操作程序图，作业流程图，（工艺）流程图，工艺系统图，工艺卡片③程序方框图④计算机指令图表⑤运算序列图示
flow process ~ 加工流程图（工艺卡）
folding ~ 折叠式记录纸
Foucault ~ 福克特图案，分辨率板（测定望远镜和透镜分辨率用的一种具有多 组黑白相间线条的检验标准板）
from-to ~ 来去图
fuel management ~ 燃油加注表
galvanic series ~ 电动势序表
Gantt ~ 甘特图，条形图，施工进度表，（生产计划管理用的）线条图，日程图表
graduated streaking ~ 梯级拖影测试卡
graphic(al) ~ ①图表，图解②曲线图
grey scale ~ （电视）灰色色调等级（测视）图表
grid ~ 网格图
H ~ 淬透性图表
hyperfocal ~ 超焦距测定表
identification resoluton ~ 清晰度测试卡，分解力测试卡
impedance ~ 阻抗圆图
indicator ~ 指示符〔字〕图
instrument ~ 仪表〔盲目〕飞行图
intersection ~ 网络〔交织〕图
inversion ~ 反演图，换算图
isacoustic ~ 等声强线图
isallobaric ~ 等变压图
isobaric ~ 等压线图
isoclinic ~ 等磁倾线图
isogonic ~ 等磁差图
isogrid ~ 地磁等偏线图
isokeraunic ~ 年平均雷电日预测
Kelly colo(u)r ~ 凯利色品图
laying ~ 观测系统图
line ~ ①线路（施工）图②单线图
load ~ 负荷（变动）图
Loran ~ 洛伦导航图
lubrication ~ 润滑系统图
mean ~ 平均值等深线图
Mercator ~ 麦卡托航用图
microtest ~ 缩微测试图
mileage ~ （注明里程的）道路图
minimizing ~ 缩图
mode ~ 模式图，波形图，振荡模图表
Mollier ~ 莫氏蒸汽图，焓熵图
nomographic ~ 计算〔列线，诺谟〕图
np ~ 不合格品数控制图
oiling ~ 润滑（系统）图
operation ~ 操作示意图（工序卡）
organization ~ 组织图
performance ~ ①动〔工〕作特性图②操作图，工作图
periodic ~ 元素周期表
pilot ~ 航线指南图
plugboard ~ 插接图
pressure ~ ①等压线圈②压力图
process ~ 工艺卡片，流程图表，工艺流程〔过程〕图
program(me) ~ 程序框图
progress ~ 工艺卡片，进度表
project-layout ~ 项目计划图表
pseudoadiabatic ~ 假绝热图
psychrometric ~ 湿度计算图，空气湿度图
radar ~ 雷达图表
radio facility ~ 无线电设施图表，无线电导航图

rating ~ 负载特性图
recording ~ 记录纸，记录带，自动记录图
reflectance ~ （电视）标准测试卡
registration ~ ①光栅配准测试图，配准测试卡，重合测试卡②登记表③调整表
resolution ~ ①分辨力图表②分解力测试卡，清晰度测试卡
resolving power ~ ①解像能力测视图〔卡〕②分辨率测试卡
roll ~ 卷筒式记录纸
route ~ 流水线工艺卡片
sand grading ~ 砂子颗粒组成图
scene ~ （用实际）景物测试卡
sequence ~ ①（开关的）转接顺序图②序列图表
shoran ~ 短程导航图
sight-reading ~ ①模拟系统图②（汽车换档的）杆位指示牌
simo ~ 周期动作表解，双手同时动作图解
Smith ~ 阻抗圆图，史密斯圆图
Snellen eye ~ 斯内伦测视力图
sowing ~ 播量表
spacing ~ 空白表格
specification ~ 规范一览表
spot ~ 点示图
streaking ~ （图像）拖尾测试卡
stress deflection ~ （导线的）垂度 - 应力图
string ~ 架线（垂度与温度关系）图表
strip ~ 带状记录纸
television ~ 电视测试卡
temperature-entropy ~ 温 - 熵图
test ~ ①测试图，测试表②测视图（电视）③试〔检〕验标板
thermodynamic ~ 热力图
Thomas ~ 计算电线挠度和张力的图表，托马斯图
time schedule ~ 进度表
tolerance ~ 公差图表
tooling ~ ①机床调整卡片②机械加工工序卡片
torquemeter ~ 扭矩测试曲线图
travel ~ 流程图
trouble ~ 故障图
Veitch ~ 维奇图，维奇表
Z ~ ①Z 形算图，Z 字图②Z 管理图（销售管理用）

charter ①合同，契约，执照，许可证，宪章，规章②专利权，特许权③包租（车，船）
return voyage ~ 往返航程租船合约
space ~ 租赁集装箱船箱位

chartered ①特许的，专利的，注册的②租用的

charting 制图〔表〕，填〔绘〕图，制图软件，绘图软件
flow ~ 流图编制

chartlet ①贴图②小海图

chartography 制图法

chartometer 测图器

chart-projection 地图投影，海图投影

chase ①沟，槽，管子槽，暗线槽②排版架③雕镂④切螺纹，用螺纹梳刀切（螺纹），螺纹牙修理，刻度⑤切，削

chased ①在（石、木等上）雕刻②镌（版），用镌版印，照相制版的

chaser ①梳刀盘②板牙③螺纹梳刀④碾砂机，碾压机⑤雕镂匠⑥战斗机，驱逐机，猎潜艇
circular ~ 圆（形螺纹）梳刀
circular-type die head ~ 圆形螺纹板牙头梳刀
die ~ ①螺纹板牙②板牙梳刀
die head ~ ①板牙头螺纹梳刀②开合板牙头，可调板牙头
electric wall ~ 电动砖墙开槽机
Landis ~ 切向螺纹梳刀
Namco ~ 组合板牙平板梳刀
oster ~ 管螺纹梳形板牙
outside ~ 外螺纹梳刀
radial ~ 径向螺纹梳刀
screw ~ ①螺纹梳刀，螺纹板牙②修整螺孔用丝锥
submarine ~ 猎潜艇
tangential ~ 切向螺纹梳刀
thread ~ 螺纹梳刀，螺纹花刀，螺纹钢板，板牙
threading tool ~ ①螺纹刀具，螺纹板牙②整修螺孔用丝锥

chasing ①雕镂，雕刻工作，嵌②车螺纹③螺旋板④金属（细工）锤⑤刮刀⑥图版⑦雕版（印刷品）⑧铸件最后抛光
screw ~ 螺纹切削（用梳刀套螺纹）

chassis ①（车）底盘，（车）底架，机架，框架②机壳，机箱③底架④起落架⑤（轧染机）轧液槽⑥印花浆盘
~ dynamometer 转鼓试验台，底盘测功仪
automotive ~ 汽车底盘
black-and-white ~ 黑白电视接收机底盘
bulkload ~ 散装物运输底盘
card ~ 插件底板

colo(u)r ~ 彩色电视接收机底盘〔板〕
deflection ~ 偏转部分，扫描装置底盘
die-cast ~ 压铸底盘
goods ~ 运货车底盘
horizontal ~ 水平底盘，卧式底盘
landing ~ 起落架
low-built ~ 低车身盘
monochrome ~ 黑白电视接收机底盘
reversing ~ 回转底盘
section iron ~ 型铁架
self-propelled ~ 自动底盘，自走式底盘（装有发动机，底盘上可换装各种农机）
slide-in ~ 抽屉式部件
tipping ~ 倾翻式底盘
tubular ~ 管制汽车底盘
twin-skid ~ 双橇式起落架
chassis-based 堆叠式

chassis-cab 底盘 - 驾驶室总成

chat 聊天，闲谈
interactive ~ 交互式聊天，交互式闲谈

chattel 动产

chatter ①振〔摇，颤，抖〕动，震颤〔荡〕，（刀具）颤振②振动声，发铿锵声
armature ~ 衔铁振动，衔铁振颤作响
contact ~ 触点抖动，触点振颤
monkey ~ ①交叉失真②邻道干扰③串话，串音，嘲啾声
needle ~ 唱针噪声
wiper ~ 弧刷振动，弧刷咔嗒作声

chattering ①频跳，振〔颤，抖〕动，振颤〔荡〕间歇电振②（阀的）自激振动现象③跳跃现象
brush ~ 电刷振动，电刷振颤
irregular ~ 不定〔不规则〕反跳
ordinary ~ 正常反跳

chatterless 不振〔颤〕动的

chauffeur 汽车司机，驾驶员

cheapernet 廉价网络

cheater ①骗子②模拟
circuit ~ 模拟电路（为试验而模拟某分量或负荷的电路）

check ①检验〔查〕②制动〔刹车〕装置③松绳④细裂纹，发纹⑤挡水闸，止回阀⑥槽口，半槽边⑦检测，校核，校验，验算⑧监督，控制⑨制止，防松，抑制，阻止⑩支票
acceptance ~ 验收，核对，验收检查
air ~ 发射信号检查
bad ~ 空头支票
balance ~ 零点校验，平衡检查，对称校验
ball ~ 球形（逆止）阀，球形单向阀
batten ~ 同位（置）穿孔检验（法）
bias ~ 边缘检验，偏压校验
binary parity ~ 二进制奇偶校验
block ~ 码组校验，块校验
bore ~ 精密小孔测定器
build-in ~ 固定（的）〔内部，自动〕校验
casting-out-nine ~ “舍九”检验，“舍九”验算
certified ~ 保付支票，本票
character parity ~ 字符奇偶校验
colo(u)r ~ 比色检验，比色测量
consistency ~ 一致性检验
control ~ 检验，复查
conversion ~ ①复示检查②反向检查〔验〕
cordonnier ~ 共同孔校验
crossed ~ 划线支票，转账支票
current ~ ①例行〔日常〕校验②电流核对③及时核对
cyclic redundancy ~ 循环冗余校验
data ~ 数据校验
divide ~ 除法校验
dump ~ ①计算机工作〔清除，（内存信息）转储〕检验②（信息出错后）大量倾卸
dye ~ 着色检查，着色探伤
dynamometer ~ 测力〔功〕试验
earthing system ~ 接地系统检查
echo ~ ①返回检验②回波检验
end ~ 端面裂缝
even-parity ~ 偶数奇偶检查
exceed capacity ~ 溢出校验
file parity ~ 文件奇偶校验
fire ~ ①热裂纹②温度裂缝〔纹〕
forbidden-combination ~ 非法指令校验，禁用组合校验
format ~ 数据控制程序的检验
grinding ~ （研）磨热裂（磨得过快而发生热裂）
hardware ~ 硬件检验，计算机部件自动检验
heart ~ 心部裂纹，中心裂纹
heat ~ ①热裂，烧裂②温度裂缝〔纹〕
hole count ~ 计孔检验
horizontal parity ~ 横向奇偶校验
illegal-command ~ 不合法指令检验，禁用组合检验
leak ~ 泄漏检查，气密性检验
limit ~ 限位检验
line ~ 小检修

longitudinal ~ 纵向检验，水平检验
look ~ 回送校验
low-density parity ~ 低密度奇偶校验
machine ~ ①自动校核，自动检验②计算机程序检验
macro ~ ①宏观分析②宏观检查，肉眼检查
marginal ~ 边缘校检，边界检验
mark counting ~ 特征〔符号组〕计数检验
master ~ 校正，校对
module ~ 按模检验
modulo ~ 模校验
multiple ~ 多路检查
nines ~ 模九校验
nondestructing ~ 非破坏性检查
observation ~ 外形〔外部〕检查
odd-even ~ 奇偶检验
open ~ 普通支票，非划线支票
overflow ~ 溢出检验
parity ~ ①奇偶检〔校〕验②均等核对③同类校验④一致校验
personal identification number ~ 个人识别号码检查
pin ~ 探针检查
post-firing ~ （发动机）起动后的检查
postmortem ~ 完成计算后的检验
prefiring ~ 点火前的检查，发射前检查
quality ~ 质量检查，（节目）质量监视
Quick ~ 快速检查（UG主要功能模块，CAD模块，计算机辅助设计模块）
read around ~ 周围读数检查
read-back ~ 读回校验
recoil ~ 回弹限制器
red ~ 红液渗透探伤法
redundancy ~ 剩余（信息）校验，冗余检验
redundant ~ 多余位数检验，冗余检验
regular ~ 定时检查，定期检查
roll ~ （齿轮的）对滚检验
rub ~ 摩擦检测，接触检测
running ~ 经常检查
sequence ~ 顺序〔序列，时序〕检验
sight ~ （穿孔卡片的）目视检验
snap ~ 抽查检验
spot ~ ①滴定法材料检验（一种分析钢中碳含量的方法）②抽查，弹着点检查，现地检查
static ~ 静态检验〔查〕
storage parity ~ 存储奇偶校检
sum ~ 总计检验，和数校验，求和检查
summation ~ 求和检查，总和校验，和数检验法
sweep ~ 摇频检验，扫频测试，扫频检验
terminal ~ 最后校验
test finger ~ 试指检查
time scale ~ 时标换算校验
total ~ 累加校验
transfer ~ 转移校验，传输检验
twin ~ 双重校验，比较校验（使用两套计算装置进行对照）
visual ~ 目视检查，肉眼检查
water ~ ①阻水活栓②逆流截门
wire-in ~ 硬件检验

check-aftelwrite 写后检测

checkboard ①逐稿器挡帘②挡板

checker ①校对者，检验员②检验器，检验设备③交错排列，砖格，方格，格子花④抑制者，阻止者⑤检验程序
agricultural automobile ~ 机组田间生产查定仪
carpet ~ 频率输出测量仪
flutter ~ ①频颤检验器②电视图像颤动检验器
local ~ 本机振荡器检验器
loop ~ 循环检查程序
micrometer ~ 千分表检查仪
Moll ~ 椭圆〔莫尔〕格子砖
mount ~ 管脚检验器
pigeonhole ~ 炉箅子筛格，鸽笼式格子
rub ~ 摩擦检验器
stem ~ 管芯检验器
zero ~ 定零位装置，零位校验器

checkerboard 棋盘，方格盘
~ of colo(u)r filters 嵌镶式滤色器

checkered ①错列的②方格〔棋盘格〕式的③有波折的，有变化的

checkhead （方形穴播装置）尺度索扣拨器，尺度索过结器

checking ①检验，校核，发裂，（起）裂纹，验算，校验②抑制③微裂④枪柄上所刻之线纹（以防手滑）
feather ~ （产生）发（丝）裂缝
gas ~ ①火烧涂料层时产生的缺陷②气裂
heat ~ 热裂，龟裂
loopback ~ 回送检验
modulo-nine's ~ 模九检验
pattern ~ 模型检验
programmed ~ 按程序检查
surface ~ 表面起网状裂纹，表面龟裂

thermal ~ 过热生裂
checklist （核对用）清单
check-lock ①门锁螺栓防松器②保险锁
checknut 防松〔保险，锁紧〕螺母
check-off 检查完毕，查讫
checkout ①检查，测试②验算，核查③试验④调整，校正⑤（计算机的）检查输出⑥工时扣除（扣除工作中的非生产性时间）
function ~ 功能核查
preliminary ~ 初步测试，预备测试
checkpoint ①检〔校〕验点②试射点③检查站
checkrow ①带形物②带钢③版面
checkrower 方形穴播机〔装置〕
checks 发裂，（带材的）边部裂纹，成群细裂纹
checkstrap 车门开度限制带
checksum ①检查和②校验和
link ~ 链路检验和（网）
checkup 检查〔测〕，测试，调整，校正，核〔查〕对，对照，验算
check-valve 止回阀，单向阀
check-weigher 核对称重器
check-weighing 检重
checkwork ①检验开关②格式装置③砌砖格④方格花纹
cheek ①颊板，滑车的外壳②中型箱，中间砂箱③（pl.）（机械，机具两侧）成对的部件④榫眼侧⑤边框
~ of crank 曲柄颊板，曲柄臂
brake ~ 闸颊板
collar ~ （电机的）磁极托板
false ~ 假中（砂）箱，箱圈
grip ~ 套爪颊板
pulley ~ 滑轮颊板
cheese ①垫砖②（坩埚）炉底③分切得的扁圆坯（或轮箍坯）④近似鼓形的锻件⑤乳酪状物
swiss ~ ①微型组件②钮扣状器件（一种微型件）③乳饼状器件
cheiloangioscope 唇血管镜
chelate ①与金属结合成螯合物②螯合（物，的），螯形的③内部复杂的
rare-earth ~ 螯合稀土金属
chelation 螯合作用
chelatometry 螯合测定法，络合滴定法
chelator 螯合剂
chemboard 硬化纤维板
chemiadsorption 化学吸附（作用）
chemic ①电流单位（相当于 0.176 A）②化学的
chemical ①化学制品②化学（上，用）的
doped ~ 掺杂元素，掺杂剂
heavy ~ 重〔粗制〕化学药品，（pl.）工农业用药品
chemical-resisting 抗〔耐〕化学作用〔腐蚀〕的
chemicals 化学制品〔药品，成分〕
agricultural ~ 农药
floatation ~ 浮选剂
tempering ~ 回火用化学药剂
chemichromatography 化学（反应）色谱（法）
chemicophysics 化学物理学
chemiemission 化学作用光发射
chemigum 丁腈橡胶
chemi-ionization 化学电离
chemiluminescence ①化学（致）发光②化合光③化学荧光〔冷光〕④冷焰光⑤低温发光
chemiluminescent 化学发光
chemism ①化学机理②化学历程③化学亲和力
chemisorb 化学吸附
chemisorption 化学吸附，化学吸着，活化吸附
chemistry 化学（性质，原理），物质的化学组成和化学性质
~ of iron 铁的组成和化学性质
actinic ~ 光化学
inorganic ~ 无机化学
ladle ~ 桶〔包〕样化学成分
macromolecule ~ 高分子化学
organic ~ 有机化学
practical ~ 实用化学
process ~ 工艺化学
pure ~ 理论化学
quantum ~ 量子化学
radio ~ 放射性化学
solid state ~ 固体化学
chemitype 化学制版，化学蚀刻凸版
chem-mill 化学蚀刻成形
chemoadsorption 化学吸附剂
chemocoagulation 化学凝固（法）
chemofining 石油（加工）化学
chemolysis 化学溶蚀〔溶解，分解〕
chemoresistance 化学抗性，化学抵抗力
chemosmosis 化学渗透（作用），隔膜化学作用
chemosorbent 化学吸附剂
chemosorption 化学吸附
chemosphere 光化层，臭氧层，光化圈
chemosynthesis 化学合成

chemotron 电化学转换器
chemotronics 电化学转换术
chemurgy 实用化学,工业化学,农业化学(加工)
chenille ①丝绒线②雪尼尔线
cheque 支票
chequer =checker
chequered =checkered
Cherokee 切诺基(美国克莱斯勒生产车型)
chest 柜,室,盒,箱
air ~ 风箱
freezing ~ (低温)冰箱
ice ~ 冷箱,冰库
interceptor ~ (透平)截止阀汽室
sea ~ 通海阀箱
spreading ~ 压延头
valve ~ 阀体,阀瓣室,阀柜
chestnut ①栗级无烟煤块(20.5 ~ 41 mm)②栗式的,栗子形的
cheval 〈法〉架子
chev(e)ron ①(常在脆性断面内观察到的)人字纹②人字形断口③V〔山〕形符号④波浪饰
Chevrolet (GM公司)雪佛兰(汽车)
chian 沥青,柏油
chiaroscuro 图画明暗法,图画影光,明暗对照法
chic 精致(的),时式(的)
chicken (由于摄像管靶面电荷积累而使扫描行信号振幅)向黑游离的信号
chief-composition-series 主合成群列
chill ①冷却,冷冻(使物冷却而不致冻结),冷凝,冷铁,(铸造)冷模②急冷,激冷,冷硬深度,冷硬层,白口层③激冷物,冷硬铸型,降温金属,金属型,锭模④(层燃炉膛中的)防焦箱
~ in the hearth (高炉)冷炉缸
air ~ 空气冷硬〔淬〕,(铸铁的)白口化②空气淬火
cast-in ~ 冷硬铸造
external ~ 外冷铁,金属型
hearth ~ 炉缸冻结
internal ~ ①内冷铁②反白口
inverse ~ ①反淬火②反白口③反激冷
iron ~ 冷铁
reverse ~ 反白口
spider ~ 框架式(内)冷铁
chill-down 冷却,冷凝
chilled 已〔激〕冷的,冷(硬了)的,冷冻了的,经过冷藏的
chiller ①冷冻器,激冷器,冷却器,冷凝器②冷冻装置,致冷装置③冷铁④脱蜡冷冻结晶器
chiller-crystallizer 冷却结晶器
chill-inducer 促白口元素,反石墨化元素,激冷剂
chilling ①激冷,急冷,致冷②冷淬,淬火
chill-pressing ~ 冷压,低温压制(低于常温的压制)
dead-cold ~ 激冷完全淬火,完全冷淬
shock ~ 骤冷,激冷
chimera 嵌合体
~ technique 嵌合技术
chimeson χ 介子
chimney ①烟囱,烟道管,瓦斯道,瓦斯管,气道②上升筒③冷水塔壳④灯罩
exhaust ~ 排气烟囱,排风塔
jet ~ (喷射泵中,锅炉与喷嘴间)蒸汽管道
lowering ~ 折摺式烟筒
chimneying ①中心管道现象,中心气流过大②电极洞效应③烟囱作用(电炉电极插入炉料中形成的烟囱作用)④(高炉的)气沟
chin 刃
chincutting ~ 刀刃,切削刃
China 中国
~ Standard Service Net 中国标准服务网
~ State Information Center 中国国家信息中心
~ Wide Web 中国万维网
china 瓷器
china-clay 高岭土,瓷土
Chinanet 中国公用互联网
Chinapac 中国公用分组交换数据网
chink ①裂缝,裂口,罅隙,龟裂②破〔割,弄〕裂③塞裂缝④(金属、玻璃器等的)叮声
chip ①碎〔小,薄〕片,小碎片,微小的东西②碎〔切,铁,金属〕屑,(穿孔带的)孔屑③刀片,刀头④(集成)电路片,集成电路块,基〔芯,晶〕片⑤凹口,缺口⑥切(成小片),削(成)薄(片),碎裂,劈碎⑦清理,修整⑧刻纹⑨开胶,脱胶,大底脱壳
~ to chip 转换工步时间
anvil ~ 测砧片
bore ~ 镗屑
bubble ~ 磁泡芯片
bus arbiter ~ 总线判优器片
carbide ~ 硬质合金刀片
ceramic ~ 瓷片

clipper ~ 剪取器芯片
coated ~ 涂〔镀〕层刀片
diamond ~ ①金刚石支承履（支承）②金刚石片
diced ~ 切割（好的）芯片
flip ~ ①叩焊晶片，倒装晶片②倒装法
flow ~ 带状切屑
framer ~ 成帧器芯片
head ~ 磁头工作间隙
I ~ 输入片
insert ~ 镶装刀片
lead-suspended ~ 引线悬挂的片子
naked ~ 未封装的片子
no-coat ~ 无涂层刀片，基体刀片
O ~ 输出片
plunger ~ 冲头
programmable systolic ~ 可编程脉动阵列芯片
segmental ~ 节状切屑，挤裂切屑
silicon ~ 硅基片，硅芯片
stitch-bonded monolithic ~ 针脚式接合单块片，滚压粘合单块片
throw away ~ ①不重磨刀片，角形不重磨刀片（角形机夹刀头）②多刃刀片
virtual ~ 虚拟芯片

chipboard （废纸做的）纸板，粗纸板
chip-breaker ①断屑器，断屑台，分屑沟②石片压碎机
chip-load 切削抗力，切削载荷
chip-N-saw 削片锯板联合机
chip-off 削去，削掉
chipped-out 切下的，钻下的，凿下的
chipper ①錾，凿②风铲，风镐，切片机，风动舂砂机③（初轧坯、板坯等的）机械化清理装置④风铲工，缺陷清理工，缺陷修整工
bamboo ~ 削竹机
billet ~ 钢坯清理装置
bush ~ 灌木切碎机
pneumatic ~ 气錾，气凿，风铲
slab ~ 板皮削片机
soap ~ 刨皂机
chipping ①錾削，剁錾，錾平，铲除表面缺陷，清理，铲边②剥落，片落，（氧化皮的）脱落③（pl.）碎片〔屑〕
back ~ 背面錾平，铲根（反面錾凿），清根
cutting edge ~ 崩刃
flame ~ ①（铸造的）热修整②烧剥③火焰表面清理
pneumatic ~ 风铲清理

chipping-out ①（热）洗炉（用轻负荷料洗炉）②清炉壁
chippings 碎屑，剥落微粒，细碎石
chippy ①碎片的，碎屑的②小活塞③凿岩机
chip-related 与芯片相关的
chiprupter 碎屑器，断屑器
chipset 芯片组
chip-Z Z构件
chirality ①空间的螺旋特性②手征（性）
chirp ①（发）啁啾声（无线电报信号音调）②线性调频脉冲
keying ~ （因按电键使发射频率变化形成的）啾啾声
chisel ①錾（子），凿（刀）②（钻头）横刃③（粗）砂④镌，雕琢
applicator ~ 施肥开沟器
bench ~ 冷錾，钳工錾
box ~ 起钉錾
butt ~ 平头铲刀
cant ~ 栓钉錾
cape ~ 削〔扁尖〕凿，岬〔扁尖〕錾
chipping ~ 平头铲刀，平凿
chokegroove-cutting ~ 槽刨，（轴承）油槽铲
cross ~ 扁尖錾，掏槽凿，削凿，十字凿
crust breaking ~ 打壳锤头
cutting ~ 刻纹针
diamond point ~ 金刚石尖头凿，菱形錾
firmer ~ ①扁錾，平錾②凿，铲，冲击钻头③木工〔榫孔〕凿
flat ended ~ 扁〔平〕錾
gouge ~ 圆口凿
half ~ （锻造用）截錾
hammer head ~ ①企口錾②槽榫錾③锤头凿
hollow ~ 半圆凿，凹形凿
indented ~ ①齿状钻头②牙轮钻头
jumping ~ 长钻
mortise ~ 榫眼凿
nail smith ~ 钉头模凿，制钉用凿
paring ~ 削錾
pneumatic ~ 气（动）錾，气凿，风凿
ripping ~ 细长凿，榫眼去屑凿
set ~ ①去铆钉头用凿②斧凿③尖凿
side ~ 边錾
slogging ~ 截（钉）凿
socket ~ 套柄錾（木工用）
span ~ ①展平凿②磨平凿
spinner's ~ 旋压工具
splitting ~ 开尾凿

tang ~ 半圆凿
top ~ ①钳工錾②切顶凿刀
triangular ~ 剐刀
Z-mouthed ~ Z 形冲钻
chiseling 铲錾，凿边，凿开，铲平
chiseller 凿工
chiselly 多〔含〕砂砾的，粗颗粒的
chisel-tiller 深松土器
Chitonal 奇通铝合金（*w*（Si）1.5%，*w*（Cu）5%，其余 Al）
chlorate 氯酸盐
chloration ①氯化作用②加氯作用
chloridate 用氯化物处理，（涂）氯化（银）
chloride ①氯化物（乳剂）②漂白粉〔剂〕
~ of lime ①漂白粉②氯化石灰
ammonium ~ 氯化铵，盐卤
cobalt ~ 氯化钴（可充填在防水表的双重表玻璃中，用作漏潮指示剂）
ethyl ~ 氯化乙基，氯乙烷，乙基氯
ethylene ~ 聚氯乙烯
germanic ~ 四氯化锗（$GeCl_4$）
methylene ~ 甲叉二氯，二氯甲烷
plumbic ~ 四氯化铅
polyvinyl ~ 聚氯乙烯
sodium ~ ①氯化钠②食盐
vinyl ~ 氯乙烯
chloridization 氯化（作用）
chloridometer 氯量计
Chlorimet （克罗里美特）镍基耐热耐蚀合金（*w*（Ni）60%，*w*（Mo）18%，*w*（Cr）18%，*w*（Fe）< 3%，*w*（C）0.07%）
chlorination ①加氯处理，氯化（作用），（用氯）消毒②吹氯除气精炼（法）
chlorinator 氯化〔充氯，加氯〕器，加氯（杀菌）机（自来水厂用）
electric ~ 氯化电炉
chlorine 氯（气）（Cl）
chlorinity 氯度，含氯量
chlorization ①氯化作用②加氯作用
chlorobenzene 氯苯
chlorobutyl 氯丁基（橡胶）
chloroform 氯仿，三氯甲烷，哥罗仿
chlorometer 氯量计
chloronorgutta 氯丁橡胶，聚氯丁二烯，聚氯丁烯
chloroprene 氯丁二烯
chlorostilbene 氯化芪
chobber 锥形除芒器
chock ①止动块，塞块，木片楔子，垫木，楔形垫块②轮挡，定盘③轧辊轴承（座）④角状柱⑤导缆钳⑥用楔子垫阻
back-up ~ 支承辊的轴承座
bottom ~ 下轴承座
frictional metal ~ 摩擦式金属支架
top ~ 上轴承座
warping ~ 翘曲导缆器
wheel ~ 止轮块
chocking ①阻〔堵，淤，梗〕塞（的）②窒息（的）③扼流（的），节气（的）④楔住〔固〕（的）
thermal ~ 热阻现象
choice ①选择②精华，精选品③备选号
first ~ 首选
chokage 堵塞，阻滞，障碍
choke ①扼止，抑制，阻塞，节流，气阻②阻风门，节气门，节流阀，节流（内浇）道，节流短管，阻流内浇道，油嘴，缩颈③扼流〔电抗线，抗流〕圈④电抗器⑤枪口锥孔套筒
audio ~ 声〔音〕频扼流圈
auto ~ （化油）自动阻风〔节气〕门
ballast ~ 镇流器
bifilar ~ 双绕无感线圈
carburettor-twin ~ （发动机）双阻风门化油器
common-mode ~ 共式扼流圈
flow beam ~ 自喷油嘴
gap ~ 空气隙铁心扼流圈
grid ~ 栅极抗〔扼〕流圈
harmonic ~ （抑止）谐波（的）扼流圈
heater ~ 加热器扼流圈，灯丝扼流圈
inductive ~ 电感线圈，扼流圈
low frequency ~ 低频扼流圈
modulating ~ 调制抗〔扼〕流圈
oil ~ 油缓冲器，减振器
protective ~ 防干扰扼流圈，保护扼流圈，抗〔扼〕流线圈
smoothing ~ 平滑扼流圈
suppressor ~ 降低干扰扼流圈，抑制扼流圈
swing ~ 变感扼流圈
width ~ 调宽扼流圈
choke-coupled-amplifier 抗流圈耦合放大器，扼流圈耦合放大器
choke-input 扼流圈输入
choke-out ①（风洞的）壅塞②闭死
chokepoint 阻塞点
choker ①阻气〔风〕门，节气门，空气挡板②扼流圈③阻塞物，填缝料
choking ①堵塞，塞住，塞入，阻塞，滞

止，节气②扼流作用，扼流③闭塞的，扼流（圈）的
chokon 高频隔直流电容器
C-hook C形（吊）钩
chooser 选择器
chop ①裂口，裂缝，龟裂，（外部）损坏②碎块，断层③（pl.）钳口，颚板④斩（碎），切断，（使）裂开，斩波⑤截光，遮光⑥突变，断续⑦摆簧夹，木箱折片，折痕（锻件缺陷）⑧调制⑨公章，护照，商标
cycloidal ~ 摆弧限制板
retic(u)le ~ 调制盘调制
chopass 高频隔直流电容器
chopper ①断续装置，断路器②振动变换器，振动换流器③限制〔斩波，遮光，限幅，削波，截光，光调制，斩光，替续，中子选择〕器④碎边剪〔机〕，切碎机，斧子⑤机关枪
audio peak ~ 声频斩峰器
beam ~ 断束器
cotton ~ 棉花间苗机
cross ~ 横向（运动）间苗机
cylinder ~ 滚筒式切碎〔铡草〕机
double-drum type ~ 双滚筒式碎边剪
electromechanical ~ 机电换流器
flail ~ 甩刀式收割切碎机
flywheel ~ 轮刀式切碎机
light ~ 遮〔截〕光器，光线断续器
Liston ~ 利斯顿式机械换流器
mechanical ~ ①机械调制盘②机械断路〔斩波〕器③机械切碎机
peak ~ 波峰〔峰值〕限幅器，峰值斩波器，斩峰器
photo ~ 光断续器，光换流器
pulse ~ 脉冲断续〔斩波〕器
rag ~ 切布机
scrap ~ 碎边剪切机
shunt ~ 并联逆变器
single ~ 单列缺口重型圆盘耙
straw ~ 铡刀
transistor ~ 半导体三极管断路器，晶体管斩波器
trimmings ~ 边料切碎机
variable speed ~ 变速斩波器，变速调制盘
chopper-blower 切碎吹送机
chopping ①斩波，限幅，断路，中断②斩，切，砍③断续开关④调制
choppy ①裂〔罅〕缝多的②有皱纹的③常变（方向）的，不连贯的
chord ①弦（杆），弦长②和谐音，和弦③可变基准线④翼长
~ at contact 切点弦
common ~ 公弦
conjugate ~ 共扼弦
constant ~ 固定弦（齿厚）
supplementary ~ 补弦
tapered ~ 不等弦，渐缩弦
tension ~ 拉弦杆
chordal 弦的
chordwise 弦型，沿翼弦方向
choring 零活，杂活，零碎工作
power ~ ①小型机械化②机械化养禽业
chorograph （断路）位置测定器
chorus 合唱
down ~ （磁暴时发射出长波讯号所产生的）干扰声
chose 动产
chovr =changeover
chrochtron 摆线管
chroma 色度，色品，色饱和度
dub ~ 复制色度
keyed ~ 键控色度
one-chip ~ 单片色度集成电路
chromacoder 信号变换装置（用重录法将连续信号变成同时信号的装置），彩色（信号）编码器
chromacolor 黑底彩色显像管
chromacontrol 彩色饱和调整，色度调整
Chromador 铬锰钢（w（C）$<$ 0.3%，w（Si）$<$ 0.2%，w（Mn）0.7% ~ 1.0%，w（Cu）0.25% ~ 0.50%，w（Cr）0.7% ~ 1.0%）
chromajar 显色缸
chroma-key 色度键
chroma-keying 色度键控（一种图像重叠的视频技术）
chromaking 铬化
chromalize 镀铬
chroma-luminance 色彩亮度
chromaluminizing 铬铝共渗
Chromang 克罗曼格不锈钢（w（C）0.10%，w（Mn）4%，w（Cr）19%，w（Ni）9%，其余 Fe）
Chromanin 电阻合金（w（Ni）71%，w（Cr）21%，w（Al）3%，w（Cu）5%）
chromansil 铬锰硅钢
chromarod 色谱棒（一种薄层色谱，可用 FID 检测）

chromascan 一种小型飞点式彩色电视系统
chromascope 色质镜
chromatape 色带
chromate 铬酸盐
ferriammonium ~ 铬酸铵铁
chromatic ①彩色的，有色的，色彩的②半音阶的
chromaticity 色品，色度，染色性，色彩质量
chromaticness 色度感
chromatics 色彩学
chromatism 色（像）差
chromatizing 铬酸盐钝化处理
chromatobar 色谱（固定相）棒
chromatocharger 色谱点样器
chromatodiffusion 色谱扩散
chromatodisk 色谱盘
chromatofuge 离心色谱（法）
chromatogram 色层（分离）谱，色〔彩〕谱（图）
ascending ~ 上行色谱图
flat-bed ~ 平板色谱（法）
gas ~ 气相色谱（图）
liquid ~ 液相色谱（图）
total ion ~ 总离子色谱图
chromatograph 色谱仪，套色板，用色谱（法）分析
capillary gas ~ 毛细管气相色谱仪
gas ~ ①气体色层分离②色谱法分析气体，气体色谱法，用气相色谱法分析，气相色谱仪
high performance liquid ~ 高效液相色谱仪
industrial ~ 工业色谱仪，流程色谱仪
ion ~ 离子色谱仪
liquid ~ 液相色谱仪
liquid-solid ~ 液固色谱法
multidimensional gas ~ 多维气相色谱仪
preparative gas ~ 制备气相色谱仪
preparative liquid ~ 制备液相色谱仪
process ~ 流程色谱仪
process gas ~ 流程气相色谱仪
stop-start ~ 间断式色谱仪
supercritical fluid ~ 超临界流体色谱仪
universal gas ~ 通用气相色谱仪
chromatographable 可用色谱（法）分析的
chromatographer 色谱工作人员
chromatographia 色谱学
chromatographic ①色谱（学）的，层析的②色层（分离）的
chromatography ①色谱（分离）法，色层分析〔离〕法②色谱（学）③彩印，色刷，套色法
absorption ~ ①吸收色谱学②吸收色层（分离）〔（分析）〕法
adsorption ~ 吸附色层〔谱〕分离（法）
affinity ~ 亲和色谱法
agar ~ 琼脂色谱（法）（用琼脂作固定相的色谱法）
argentation thin-layer ~ 银化薄层色谱（法）（使用经硝酸银处理之吸附剂的薄层色（法）
ascending-descending ~ 上下行色谱（法），升降色谱（法）
bonded-phase ~ （化学）键合（固定）相色谱（法）
catalytic ~ 催化色谱法
chromatomapradio ~ ①放射色谱法，辐射色层分离法②辐射色谱学
column ~ ①柱色谱（法）②柱上色谱
complexation ~ 络合色谱法
compound-formation ~ 反应色谱（法）
cyclical ~ 环形色谱（法），循环色谱（法）
dense gas ~ 高密度气相色谱法，超临界流体色谱法
differential ~ 差示色谱（法）
displacement ~ 顶替色谱（法）
elemental ~ 元素色谱（法）
elution ~ 冲洗〔洗脱〕色谱（法）
elution gas ~ 淘析气体色层分离法，洗脱气相色谱（法），气体色谱法
exchange ~ 离子交换色层（分离）法
exclusion ~ 凝胶〔（空间）排阻，分子排阻，分子筛〕色谱法
fluorescence ~ 荧光色谱（法）
frontal ~ 迎头色谱（法）
gas ~ 气相层析，气体色层分析法，气体色谱法
gas-liquid ~ 气液色谱法
gas-solid ~ 气固色谱法
gel ~ 凝胶〔排阻〕色谱法
head space gas ~ 顶空气相色谱法
high-speed liquid ~ 高速液相色谱法，高压液相色谱法，高效液相色谱法
ion ~ 离子色谱法
ion-exchange ~ 离子交换色谱法
ion-exclusion ~ 离子排斥色谱法
isocratic ~ ①恒溶剂成分色谱（法）②等浓度色谱（法）
isothermal gas ~ 等温气相色谱法

iteration ~ 循环色谱（法）
ligand ~ 配位体色谱（法）
liquid-liquid ~ 液液色谱仪
mass ~ 质量色谱法
normal-phase liquid ~ 正相液相色谱法
on-stream ~ 流程色谱（法）
open-bed ~ 开床色谱（法）（纸和薄层色谱）
paper ~ 纸上色层（分离，分析）法，纸色谱法
paper-disk ~ （多层）圆纸色谱（法）（将多片面积相同的圆形色谱纸，叠层堆在管内进行展开操作）
partition ~ 分溶层析法，分配色层〔谱〕法
preparative ~ 制备色谱（法）
process gas ~ （工艺）流程〔工程管理〕气相色谱（法）
programmed flow ~ 程序变流色谱法
programmed flow gas ~ 程序变流气相色谱法
programmed pressure gas ~ 程序变压气相色谱法
programmed temperature ~ 程序升温色谱法
programmed temperature gas ~ 程序升温气相色谱法
pyrolysis gas ~ 热〔裂〕解气相色谱法
radial ~ 径向（展开）色谱（法），环形色谱（法）
recycle ~ 循环色谱法
reversed-phase liquid ~ 反相液相色谱法
RP ~ 反相色谱（法）
size exclusion ~ 筛析色谱（法）
solubilization ~ 增溶色谱（法）
solvophobic ~ 疏溶剂色谱（法）
spread-layer ~ 涂层色谱（法）
step ~ 台阶色谱法
subambient ~ 低温色谱（法）
substraction ~ 扣除色谱（法）
thin layer ~ 薄层色谱法
ultra ~ （=fluorescence ~）荧光色谱（法）
vacancy ~ 空穴色谱法
vacuum fusion gas ~ 真空熔融气相色谱法
volumetric ~ 体积色谱法

chromatomap 色谱〔层析〕图形
chromatometer 色觉仪，色度计
chromatopack 色谱纸束
chromatopencil 色谱（固定相）棒〔笔〕
chromatopile 色谱（分离）堆
chromatoplate （薄层）色谱板
chromatopolarograph 色谱极谱（仪）
chromatoroll 色谱（纸）圆筒
chromatoscope ①反射望远镜②彩光折射率计
chromatosheet （薄层）色谱板
chromatostack 色谱堆
chromatostick 色谱棒
chromatostrip 色谱条
chromatothermography 热色谱（法），温度梯度色谱（法）
chromatotube 色谱管
chromatron 彩色电视显像管，栅控彩色显像管，色标管（一种彩色电视显像管）
Lawrence ~ 影条栅〔栅控〕彩色显像管，劳伦斯彩色显像管（单枪三束）
tricolo(u)r ~ 单枪栅控式彩色显像管
chromatrope 成双的彩色旋转幻灯片
chromatype 铬盐（彩色）相片，铬盐片照相法
Chromax 克罗马克铁镍铬耐热合金（*w*（Fe）50%，*w*（Ni）35%，*w*（Cr）15%）
chrome ①铬（Cr）②铬钢
blocking ~ 止碳硅铬铁
furnace ~ 修炉用铬粉
hard ~ 硬铬
high ~ 高铬钢
lemon ~ 柠檬铬，铬黄，铬酸钡黄颜料
nickel ~ 镍铬合金（*w*（Ni）80%，*w*（Ci）20%）
chrome-faced 镀铬的
Chromel 克罗梅尔镍铬耐热合金，镍铬热电偶合金，铬镍合金（A 型：*w*（Ni）80%，*w*（Cr）20%；B 型：*w*（Ni）85%，*w*（Cr）15%）
chromel-alumel (thermocouple) 铬镍 - 铝镍热电偶，铬铝热电偶〔温差热偶〕
chrome-nickel 铬镍合金
chrome-permalloy 铬透磁钢，铬透磁合金，铬波莫合金
chrome-plated 镀铬的
chrome-plating 镀铬
chromet 铝硅合金（*w*（Al）90%，*w*（Si）10%）
chrome-topped 后铬处理
chromic 铬的
electro ~ 电致变色，电色敏
chrominance 色品，色度，彩色信号
adjacent ~ 邻（频）道色度
PAL QAM ~ PAL 制正交调幅色度信号
chroming ①镀铬②铬鞣（制革）
chromising =chromizing
chromite ①铬铁矿②亚铬酸盐
chromium 铬（Cr）
hard ~ ①厚层镀铬，厚铬②硬铬

microcracked ~ 带微裂纹的镀铬层
microporous ~ 多孔镀铬层
solid ~ 硬铬镀层
chromium-copper 铬铜合金
chromium-plating 镀铬（法）
chromizing 铬化（处理），渗铬（处理），（扩散）镀铬
pack ~ 固体渗铬
chromo 彩色〔套色〕石印版
chromoaluminizing 铬铝共渗
chromoaluminosiliconizing 铬铝硅共渗
chromogenic 显色的，发色的
chromograph （用）胶板复制器（复制）
chromolithograph 彩色〔套色〕石印版
chromolithography 彩色〔套色〕石印术，彩色平版印刷术
chromometer 比色计，色度计
Saybolt ~ 赛波特比色计
chromo-optometer 色视力计
chromophore 发色团，色球
chromophotograph 彩色像片
chromophotometer 比色计
chromoscan 彩色扫描
chromoscope ①（栅控）彩色显像管②表色管（彩色电视接收用）③验色管〔器〕
chromosol ①易熔铬铁②铬溶染料
chromosome 染色体
chromosphere 色球（包围太阳的赤气层）
chromotropy 异色异构（现象）
chromotype 彩色〔套色〕石印图，彩色照相
chromotypography 彩色铅印术，彩色凸版印刷术
chromow 铬钼钨钢（w（C）0.3%，w（Si）0.1%，w（W）1.25%，w（Cr）5%，w（Mc）1.35%）
chronaxia =chronaxie
chronaxie ①时值②时轴
chronaximeter 时值〔记时〕计，电子诊断器
chronaximetry 时值测定法
chronic 长期的，经常的，慢性的
chronistor ①超小型计时器②长时计
chronite 铬镍特种合金
chrono 慢性的，长期的
chronoamperometry 计时安培〔电流〕分析法
chronocomparator 时间比较仪
chronocoulometry 计时库仑〔电量〕分析法
chronografic 校表仪
chronogram 计〔记〕时图
chronograph 精密记时计，时间记录器，航空表，计时器，（既能指示时刻又具有秒表作用的）复合表
counter ~ ①（电子管）弹速测定器②计数式记时器
fly-back ~ 回程时间记录仪
registering ~ 自记计时器
split-seconds ~ 双秒针计时器
chronography 时间记录法
chrono-interferometer 记时干涉仪
chronoisotherm 时间〔记时〕等温线
chronology ①年代〔编年〕学，纪年法②（资料等）按年月次序的排列③年表
chronometer ①（精密）记时计，航海时计，天文钟②经线仪
balance-spring ~ 摆轮游丝精密记时计
board ~ 天文钟，航海表
crystal ~ 石英钟
hack ~ 停读时表（一种精密的天文表，读表时可使表针停止，然后回复到正确的表针位置）
half ~ （装有叉式擒纵机构以及双金属温度补偿摆轮）精密计时器
pocket ~ 天文怀表（经天文台或公立检验站检查并符合一定标准的怀表）
wrist ~ 天文精密计时仪（经天文台或公立检验站检查并符合一定标准的手表）
chronometric(al) ①（精密）时计的，天文钟的②用精密时计（天文钟）测定的，记时式的，测时学的，测定时刻的
chronometry （精确）时间测定法，测时术〔学〕
chronon 定时转录子（时间单位，相当于 10^{-24}s）
chronopher （电控）报时器（给出准确时间信号）
chronophotography 定时摄影，记录摄影
chrono-plan 不停车直达（交通）信号系统
chronopotentiometry 计时电势分析法
chrono-release 记时计（用于重叠度调整）
chronoscope 记〔瞬〕时计，计时器〔镜〕，千分秒表
hydrolocation ~ 水中定位测时计
chronosphygmograph 脉搏时间描记器
chronotron ①摆线管②延时器③（一种用以测定传输线上两种脉冲叠加轨迹的位置，以确定两脉冲开始时间之间的间隔的）脉冲叠加测时仪，脉冲间隔测定器
Chrysler 克莱斯勒（美国克莱斯勒生产车型）
chrysoberyl 金绿宝石，金绿玉
chrysolite 贵橄榄石，黄玉

chrysophoron 琥珀

chuck ①夹盘,夹头,卡盘,(电磁)吸盘②(轧辊的)轴承座,叉柱,短箱挡③装卡,夹紧

air ~ 气动卡盘

arbor ~ 刀夹,心轴卡盘

ball ~ 球夹

box ~ 箱形〔两爪〕卡盘

branch ~ 四爪平面单动卡盘

cam-ring ~ 三爪自定心卡盘

cathead ~ 钟形夹盘,套筒夹头

cement ~ (用焦油或石蜡混合物固定产品的)平面卡盘(加工细小零件用)

circular magnetic ~ 圆形吸盘

clamping ~ 夹头,卡盘

claw ~ 爪式卡盘

collet ~ 筒夹,弹簧夹头,套爪卡盘

combination ~ 单动联动两用卡盘,复合卡盘,复动夹盘

compressed air ~ 气压夹头,压缩空气卡盘,气动卡盘

concentric ~ 同心〔万能〕卡盘

concentric jaw ~ 自动定心卡盘

contracting ~ 筒夹,弹簧夹头

cup ~ 钟〔杯〕形卡盘,带螺钉钟壳形夹头

cutter ~ 铣刀〔弹簧〕卡盘

delta air ~ 三爪气动自定心卡盘

diaphragm ~ 薄〔膜〕板式夹头

disk ~ 花盘,平面卡盘

dog ~ 爪(形)卡盘

double-toggle ~ 双铰曲柄卡盘

draw-back ~ 弹簧夹头

draw-in ~ 内拉簧卡盘,弹簧夹头

drill ~ 钻头卡,钻头卡盘,钻夹头

driver ~ (传动)拨盘

dynapush ~ 动力夹头

eccentric ~ 偏心卡盘

electric ~ 电动卡盘

electromagnetic ~ 电磁(吸)盘

electro-static ~ 静电吸盘

expanding ~ (胀开式)弹簧筒夹

expansion ~ 夹紧卡盘,弹簧夹头

face ~ 平面卡盘,花盘

floating reamer ~ 浮动铰刀夹头

grinding wheel ~ 砂轮夹盘

grip ~ 套爪夹头〔卡盘〕

heart shapped ~ 鸡心夹头

holding ~ 吸盘,卡盘,夹盘

independent ~ 分动夹盘,单独移爪卡盘,四爪单动卡盘

index ~ 分度卡盘

jack ~ 活络卡盘

jaw ~ 爪式卡盘,齿卡盘

key type drill ~ 扳手夹紧钻夹头

keyless drill ~ 自紧钻夹头

lever ~ 带臂夹盘

magic ~ 快换夹具〔头〕

magnetic ~ 电磁卡盘,磁性吸盘

master ~ 螺旋卡盘外壳

milling ~ 铣夹头

nipple ~ 夹紧卡盘,弹簧夹头

permanent magnetic ~ 永磁吸盘

pneumatic ~ 气动卡盘〔夹头〕

pulling ~ 拉刀夹头

reamer ~ 铰刀夹套

ring wheel ~ 三爪自定心卡盘

royal ~ 钢球式消隙夹头

screw(ing) ~ ①螺旋卡盘②螺纹灯头

scroll ~ 三爪(自动定心)卡盘

seed ~ 籽晶夹

shaper ~ 牛头刨的虎钳

shuttle ~ 梭动〔多位〕夹头

socket ~ 套筒型夹紧夹头

soft jaw ~ 铁〔软钢〕卡爪卡盘

spin ~ 旋压用夹头

spinning ~ 旋压模

spiral ~ 三爪自定心卡盘

split ~ 弹簧卡盘

spring tapping ~ 弹簧式丝锥夹头

tapper ~ 丝锥夹头

tap(ping) ~ 攻螺纹夹头盘,丝锥夹头

templin ~ (拉力试验用)楔形夹头

three-jaw ~ 三爪自定心卡盘

three-jaw concentric ~ 三爪自定心卡盘

top ~ (轧辊的)上轴承座

union ~ 双爪卡盘

universal ~ 万能卡盘〔夹头〕,自动定心卡盘

vacuum ~ 真空吸盘

vice ~ (机床用)平口虎钳

chucker 转塔〔卡盘〕车床

chucking ①夹具②夹入夹头中,装卡,卡紧

chuff (固体火箭发动机内)燃料的不稳定燃烧(声)

chug (液体火箭发动机内)燃料的不稳定燃烧(声),(机器等的)嚓嘎声,(反应堆)功率突变〔振荡〕

chunk ①(厚,大)块,棒②大量,大部分

data ~ 数据块
chunking 多级组块
chunksize 大块量度
churlish ①粗糙的②难熔的，耐火的，高熔点的
churn ①摇转搅拌筒〔器〕②绳索式凿岩器③奶油制造机，搅乳器④冒口⑤（剧烈）搅拌
electric motor driven butter ~ 电动乳脂制作机
churner 手摇式长钻
churning ①旋涡（度），涡流（度，形成）②用摇转筒搅拌，捣冒口
churr ①蜂音②交流声
chute ①斜〔直，滑，溜，流料〕沟〔槽，管，道〕，漏口②走线架③瀑流，筏路④降落伞⑤用斜槽进料〔装料，运输〕
~ and funnel 滑槽斗，槽斗联合装置
air ~ ①降落伞②风道
angle(d) loading ~ V形截面的装载溜槽
arc ~ 电弧隔板，熄弧沟
bagging-off ~ 装〔灌〕袋滑槽
bale ~ 压捆室滑槽，压捆室滑运道
bifurcated ~ 分叉溜槽
braking ~ 刹车〔减速，制动降落〕伞
cable ~ 电缆槽〔沟〕
cargo ~ 投物〔空投〕伞
charge ~ 装料槽
clinker ~ （回转窑）烧结块溜槽
coal ~ 输煤管
crop ~ 切边滑槽
cuttings ~ （机床的）收屑器，排屑槽
delivery ~ 卸料滑槽〔管〕
drag ~ =braking ~
drawing ~ 放矿漏斗〔溜眼〕
dribble ~ 余料漏斗
ejection ~ 退壳槽
emptying ~ 卸料滑槽，卸料管
feed ~ 进料管，加料槽
fillmass ~ 糖膏斜槽
gravity-discharge ~ 自流式卸料槽〔管〕，重力滑槽
hopper ~ 漏斗式斜槽，滑槽
lifting ~ 槽形闸门
loading ~ （直的或斜的）进料槽，装载槽，漏口
magazine ~ 料斗斜槽，送料溜槽
plunger ~ 活塞导轨
reject(ion) ~ 废料槽
return ~ 回油槽
shaker ~ 摇动流槽，（簸动运输机的）簸动槽
shifting ~ 移动〔翻钢〕槽
skip-loading ~ ①翻斗装料槽②箕斗装载槽形闸门
suction ~ 吸入管〔口〕
swinging ~ 吊式漏口
telescopic ~ 套筒倾卸槽，套筒溜子
tip ~ 倾斜滑槽
unloading ~ 卸料槽
windrow ~ 铺条滑槽〔板〕（割晒机）
chuting 斜潮槽
cifax 密码传真
CIH CIH计算机病毒
cinch （磁带或影片）卷绕不匀，捆紧
Cindal 铝基合金（w（Cr）0.1% ~ 0.5%，w（Zn）0.1% ~ 0.15%，w（Mg）0.1% ~ 0.3%，其余Al）
cinder ①（煤，铁，熔，炉，浮）渣，轧屑，氧化皮②（pl.）灰，灰烬
anvil ~ 锻渣
engine ~ 炉渣
flue ~ 烟道渣，均热炉渣，飞灰
flushing ~ 冲渣
hearth ~ 熟铁渣
mill ~ 轧屑
mill furnace ~ ①加热炉渣②氧化皮③轧钢屑
puddling ~ 搅炼炉渣
pyrite ~ 黄铁矿烧渣，硫化矿渣
refinery ~ 精炼炉渣
scale ~ 氧化皮
scarfing ~ （清理锭坯时产生的）清渣
tap ~ （搅炼炉的）铁口渣，高炉下渣〔出渣〕
cinder-notch 渣口
cine 电影（院）
cinecamera （小型）电影摄影机
underwater ~ 水下电影摄影机
cinecolo(u)r 彩色电影
cinefilm 电影胶片〔卷〕
cineholomicroscopy 显微全息电影照相术
cinekodak 小型电影摄影机
cinema 电影（院）
digital light processing ~ 数字光处理电影系统
electronic ~ 电子电影，电子影院
PC ~ PC家庭电影院
cinemascope 宽银幕电影
cinematograph ①电影摄影〔放映〕机②电影

制片
cinemicrography 显微电影
cinemicroscope 显微电影
cinemicroscopy 电影显微术
cinepanoramic 全景宽银幕电影
cineprojector 电影放映机
cineradiography 射线活动摄影术
cinerama 宽银幕（立体）电影
cinesi(a)esthesiometer 肌动觉测量器
cinesimeter 运动测量器，皮肤感觉计
cine-spectrography 电影摄谱仪
cinestrobe 频闪闪光装置
cinetheodolite 电影经纬仪，（对飞行器拍照和记录的）高精度光学跟踪仪
cinnabar 朱砂（即硫化汞）
cipher ①零（号）②位数.（阿拉伯）数字③密码（电报，索引表），电码，记〔暗〕号④译成密码⑤运算，计数
Arabic ~ 阿拉伯数码
secret key ~ 秘密密钥密码
substitution ~ 代用密码〔记号〕，代换密码（用排列符号方法编码）
ciphering 加密作业
bit-level ~ 比特级加密
character-by-character ~ 逐字符加密
ciphertext 密文，密码文件
ciphony 密码电话学
cirac 环形加速器
circinate ①环形的②制图③用圆规画图
circle ①圆（形物），圆周，环（形物），圆圈，度盘②循环，周期，轨道③范围，领域，小组④旋转，做圆周运动，环行
~ of confusion ①散光圈，模糊圈②散射圆盘③弥散圆
~ of origing （齿轮的）切圆
~ of stress 应力圆
addendum (top) ~ 外圆，（齿轮的）齿顶圆
aiming ~ 瞄准环，方向盘，引导圆，罗针仪，测角盘
aneroid creeping ~ 空盒滞环
auxiliary ~ 参考圆，辅助圆
azimuth ~ 方向分划盘，方位圆，地平经圈
base ~ （齿轮的）基圆
bearing ~ 方向盘，方位圆
blur ~ ①模糊〔散光〕圈，散射圆盘②弥散圆
bolt ~ 螺栓分布圆
bolthole ~ 螺栓孔分布圆
broken ~ 虚线圆
business ~ 企业界
calibration ~ （显示器荧光屏上的）刻度〔校准〕圆
clearance ~ 转弯最小半径
coded ~ 编码度盘
commercial ~ 商业界
compass ~ 罗盘圈
crank ~ 曲柄圆
crown ~ （锥齿轮的）冠圆，顶圆
dedendum ~ （齿轮的）齿根圆
Deming ~ 戴明环（通过调查、设计、生产销售的循环提高产品质量的过程）
describing ~ 发生圆，滚圆
dip ~ 测斜仪，磁倾仪，俯角圈（测量）
director ~ 准圆
distribution ~ 分布圆
divided ~ 分度盘〔圈〕，圆度盘
electrode ~ 电极圆（电炉）
escribed ~ 旁切圆
fixed ~ （摆线）定圆
focal ~（聚）焦圆
focusing ~ 聚焦圈
friction ~ 摩阻圆
fundamental ~ 基圆
galvanic ~ 导电〔电流〕回路
generant ~ of gorge 咽喉母圆
generating ~ （齿轮的）基圆，母圆
generating pitch ~ 产形节圆
gorge ~ 喉圆，狭隘圆
graduated ~ 刻度盘，分度圆
ground ~ （齿轮的）基圆
guard ~ （保）护圆
hole ~ 孔圆
horizontal ~ ①地平圈②水平刻度盘
hue ~ 色调环
image ~ 图像圈
industrial ~ 产业界
inscribed ~ 内切〔接〕圆
lap ~ 余面圆
layout ~ 配置圆
least squares mean ~ 最小二乘方圆
maximum inscribed ~ 最大内接圆
mean ~ 中性圆
middle ~ 中性圆
minimum circumscribed ~ 最小外接圆
miniumum zone ~ 最小区域圆
Mohr strain ~ 莫尔应变圆

Mohr's ~ 莫尔圆
Mohr's stress ~ 莫尔应力圆
nodal ~ 节圆
non-degenerate ~ 非退化圆，常态圆
nose ~ （轴）圆端
null ~ 零重力圆，重力分界线，中和点轨迹
ocular ~ 出（射光）瞳
oriented ~ 有向圆
orthoptic ~ 切距圆
outside ~ 齿顶圆
pitch ~ （齿轮的）节圆
point ~ ①齿顶圆②（自动机）穿孔频率〔周期〕
polar ~ 极圆
potential ~ 电势圆，电位圆
primary ~ 基圆
proper ~ 真圆，常态圆
QC ~ 质量管理小组
rack ~ 扇形齿轮，齿弧，月牙轮，圆齿条，平面齿轮（锥齿轮传动中）
radical ~ 根圆
reference ~ 参考圆，（锥齿轮）分度圆
rolling ~ （齿轮的）基圆，展成圆，滚动圆
root ~ （齿）根圆
secondary ~ 副圆
sexagesimal ~ 六十分制度盘
scribed ~ 外接（切）圆
standard pitch ~ 分度圆，分圆
swing ~ 摆动圆，（曲柄的）转动圆
swinging ~ （挖土机等的）回转底盘
tangent ~ 相切圆
tilt ~ 倾角圆
tip ~ 顶圆
top ~ （齿轮的）外〔顶〕圆
traffic ~ 环形交叉，环形交通枢纽
transit ~ 子午仪
tread ~ 切轨圆
turning ~ （车辆）转车盘
unit ~ 单位圆
vertical ~ ①垂直圆②垂直度盘
whole ~ （齿轮的）（齿）根圆
zero ~ 基圆，零周
zone ~ （晶）带圈

circle-in 外光圈打开
eccentric ~ 偏心圈入

Circle-L L镍铬合金钢

circle-out 外光圈关闭
eccentric ~ 偏心圈出

circlet 锁环，小圈〔环〕

circlip （开口）簧环，弹性挡圈

circlotron ①一种音频推挽输出管工作法②一种两端非线性正交场微波放大管

circuit ①电〔线，网，回，环，通〕路，环形②循环，系统，流程，环流，工序③环行，绕道，回车道④电路〔线路，系统〕图⑤水准闭合环
~ (in electric power systems) （电力系统的）电路〔回路〕
absorption ~ 吸收电路
acceptor ~ 带通电路，接收器电路
acceptor rejector ~ 综合滤波器电路（由带除电路和带通电路组成）
access ~ 存取电路
accessory ~ 附属电路
acknowledge ~ 警告〔认可〕电路
acoustical ~ 声路
active ~ 有源电路
add ~ 加法电路
added ~ 加法〔相加，附加〕电路
addressing ~ 地址选择电路，寻址电路
adjunct ~ 附加电路，附属电路
adjusted ~ 校准电路
advantaged diode-transistor logic ~ 改进型二极管 - 晶体管逻辑电路
aerial ~ ①天线电路②架空线路
aeronautical fixed ~ 导航用固定电路
air ~ 空气管道
alive ~ 带电线路，有源电路
all busy ~ 全忙线路
all-diffused monolithic integrated ~ 全扩散单块集成电路，相容整体集成电路
amplifying ~ 放大电路
amplitude discrimination ~ 振幅鉴别电路，鉴幅电路
amplitude-gating ~ 振幅选通电路
analog(ue) ~ 模拟电路
analog(ue) audio ~ 模拟音频电路
analogue integrated ~ 模拟集成电路
analog(ue) operational ~ 模拟运算电路
ancillary ~ 辅助电路
AND ~ “与”（门）电路
AND-NOT ~ “与 - 非”（逻辑）电路
AND-to-AND ~ “与 - 与”电路
antenna positioning ~ 天线方向控制系统
anti-clock ~ 倒钟形电路，（塞康制中）色载波衰减电路

anticlutter ~ 抗本地干扰电路，反杂乱回波电路
anticoincidence ~ ①非一致〔不重合〕电路，舛〔反〕符合计数线路②“异”（门）电路
antihunt(ing) ~ 阻尼〔稳定，防振〕电路
antijamming ~ 抗〔反〕干扰电路
antiresonance ~ 并联谐振电路，反谐振电路
anti-Rossi ~ “或”线路，分离线路，分隔电路
anti-sidetone ~ 消侧音电路
aperiodic ~ 非周期（振荡）电路
aperture compensator ~ 孔径失真补偿电路
appliance ~ 仪表用电路
application specific integrated ~ 专用集成电路
arc ~ 电弧电路
arithmetic ~ 运算电路
Armstrong ~ 反馈电路，超再生式接收电路
Aron measuring ~ 阿隆测量电路（测量三相电路功率）
array reduction analysis ~ 阵列简化分析电路
artificial ~ 模拟电路，仿真电路
aster rectifier ~ 十二相（及以上）整流器回路，十二个（及以上）整流元件的电路
auctioneer ~ “拍卖”回路，符合最大信号的回路
audio ~ 声频〔音频〕电路
auto-bias ~ 自偏（压）电路
autochroma ~ 自动色度信号电路
autodyne ~ 自差〔自拍〕电路
automatic balancing ~ 自动平衡电路，自动零点调整电路
automatic degaussing ~ 自动消磁电路
automatic drifting balanced ~ 漂移自动平衡电路
automatic shutoff ~ 自动闭锁〔断流〕电路
autonomous ~ 自激电路
averaging ~ 均衡电路
back bias ~ 反馈偏压电路，负偏置电路
backlash ~ 齿隙式电路，间断电路
backplate ~ 信号板电路
back-to-back ~ （两管）反向连接〔反向并联，背对背〕电路
balanced-tube ~ 平衡电子管电路
band shaping ~ 频带形成电路
band-block filter ~ 带阻滤波器电路
bandpass ~ 带通电路
bang-bang ~ 继电〔开关式〕控制电路
Barkhausen-Kurtz ~ 巴克好森 - 库尔兹（振荡）电路
basic ~ 基本线路图，原理电路图
beam lead integrated ~ 梁式引线集成电路
Bedel ~ 扫描电路
beta ~ β 电路，反馈电路
bias set ~ ①偏压调节电路②偏流调节电路（晶体管）③偏磁调节电路（录音）
bias(ing) ~ ①偏压电路（电子管），偏置电路②偏流电路（晶体管），偏磁电路（录音）
bifilar helix slow-wave ~ 双螺线慢波电路
bifilar T-trap ~ 双线 T 形陷波电路
bilateral ~ 双向〔双边，可逆，对称〕电路
binary ~ 双稳（态）电路
bipolar ~ 双极电路
bipolar integrated ~ 双极型集成电路
bistable ~ 双稳（态）电路
black level setting ~ 黑色电平固定〔调整〕线路
blackout ~ 消隐电路
blanking ~ （逆程）消隐电路，（回扫）熄灭电路
bleeder ~ ①分压（器）电路②泄放电路
bleed-off ~ 旁路节流回路
blocking ~ 间歇电路
blow-out ~ 灭弧回路
boiler ~ 锅炉循环回路，汽水系统
boosted ~ 附加电压电路，升压电路
boosted boost ~ 升压增音电路
booster telephone ~ 电话增音电路
bootstrap ~ 自举电路（脉冲形成和放大用），自益放大电路，仿真线放大器
both-way ~ 双向电路
Boucherot ~ 波切洛特电路（由 LC 组成的在恒电压时得到恒电流的电路）
boxcar ~ 矩形波串电路（脉冲取样及存储电路）
branch ~ 支路，分路，分流电路
breadboard ~ 试验电路
bridge ~ 桥（接电）路，电桥电路
bridged-T ~ 桥接 T 形电路
broken ~ 断〔开〕路
bubble ~ 磁泡电路
bucking ~ 补偿电路，抵消电路
buffer ~ 缓冲〔阻尼，减振〕电路，隔离电路
building-out ~ 补偿〔匹配，平衡〕电路
burst-flag ~ 色同步选通〔标志〕脉冲电路
busy indicating ~ 示忙电路
butterfly ~ 蝶形电路，活动目标探测电路
cage ~ 笼形电路，网格电路

calcines leaching ~ 焙砂浸出系统〔流程〕
calculator I/O ~ 计算机输入输出电路
calibrating ~ 校验〔校准，测试〕电路
call ~ 业务线（电话）
called subscriber testing ~ 测被叫电路
cancel ~ 消除电路
cancel(l)ing ~ 补偿〔消除〕电路
cantilever ~ 悬臂形电路，“Γ”形电路
capability qualifying ~ 能力鉴定电路
capacitive ~ （电）容性电路
capacity sensitive ~ 电容敏感电路
Carey-Foster bridge ~ （测静电电容用）交流桥路
carry ~ ①进位电路②转移电路
carry gating ~ 进位门电路，选通（式）转移电路
cascode ~ 栅-阴放大器电路，共射共基〔共阴共栅〕放大电路
cascode transistor ~ 串联晶体管电路
cathode bias DC restore ~ 阴极偏压直流分量恢复电路
cathode-return ~ 阴极反馈电路
cavity ~ 空腔（振荡）〔谐振腔〕电路
centring ~ 中心位置调整〔节〕电路
chain ~ 链（电）路
change-over ~ 转换电路
channel trigger ~ 信道触发电路（起动设备）
character recognition ~ 字符识别电路
charging ~ 充电电路
chatter preventive one shot generator ~ 防一击发生器电路
checking ~ ①校〔检〕验电路②控制电路
choke ~ 扼〔抗〕流电路
choke amplifier ~ 扼流圈负载放大电路
chopper ~ 斩波电路
chroma ~ 彩色信号电路
chroma tracking ~ 色度跟踪电路
chrominance ~ 彩色信号电路
chrominance take-off ~ 色度信号分离电路〔取出电路〕
~ for keying vertical-shading signal 键控垂直〔成荫，图像阴影校正〕信号电路
TNT ~ （板路）调谐（栅路）不调谐电路
circulation ~ （循）环（电）路
circulation around ~ 封闭环流
clamper ~ 钳位电路
clamp(ing) ~ 钳位电路
Clapp ~ 振荡回路，不用晶体的稳频振荡器
class C ~ 丙类电路，C 类电路
clear-to-send ~ （计算机的）清除发送线路
clipper ~ 限幅电路，限幅器，削波电路
clip(ping) ~ 削波电路，限幅电路
clock ~ 时钟〔同步〕脉冲电路
clock generator ~ 时钟产生电路
clock pulse generator ~ 时钟脉冲发生器电路
closed ~ 闭路（循环），闭合〔封闭〕电路，通〔回〕路，（广播，电视）预听电路，环航路线（飞行）
closed electrolysis ~ 闭路电解系统
closed loop ~ 闭合回路，闭环电路，闭环系统
closed track ~ 正常闭合的轨道电路
closely coupled ~ 密〔紧〕耦合电路
cloverleaf ~ 三叶草线路，苜蓿叶形电路
coaxial ~ 同轴电路
cobalt recovery ~ 钴回收系统
coded track ~ 编码轨道电路
coding ~ 编码电路
coil condenser ~ LC 振荡电路
coil-loaded ~ 加感电路
coincidence ~ ①（脉冲）重合电路，符合电路，同时计数电路②“与”电路，“与”门
cold ~ 迟延系统
colo(u)r base control ~ （彩色电视）色底控制电路
colo(u)r hold ~ 彩色信号同步电路
colo(u)r purity ~ 色纯度信号电路
colo(u)r shifting ~ 彩色移相电路
colo(u)r-indexing ~ 彩色定相〔指引〕电路
colo(u)r-killer ~ 彩色信号切断电路，消色器电路
Colpitts ~ 电容三点式振荡电路，科尔皮兹电路
comb data-sampling ~ 梳状数据取样电路
comb type ~ 梳形（慢波）电路
combination ~ 组合线路
common-base ~ 共基（极）电路
common-grid ~ 共栅（极）电路
commutation ~ 切换电路
commutator ~ ①换向器电路，分配器线路②环形计数器
comparator ~ 比较电路
compatible ~ 兼容电路
compatible hybrid integrated ~ 兼容混合集成电路
compatible monolithic integrated ~ 兼容型单片集成电路

compensation ~ 补偿电路
complement ~ 补码电路
complementary ~ 互补〔补码〕电路
complementary Gaussian ~ 互补高斯电路（倒钟形电路）
complementary MOS transistor logic ~ 互补金属氧化物半导体晶体管逻辑电路
complete(d) ~ 闭〔通〕路
completely mesh-connected ~ 完全网接电路
completely-integrated thin-film ~ 全集成薄膜电路
complex digital ~ 数字集成电路
complex function ~ 复合功能电路
compole ~ 换向极电〔磁〕路
composite ~ 复合〔混合，混成〕电路
composite layering control ~ 图像重叠控制电路
compound ~ 复合电路，复激电路
compromise-balanced hybrid ~ 折中平衡混合电路
computing ~ 运算电路
concentric cylinder ~ 同轴电路
condenser-input smoothing ~ 电容器输入式平滑滤波电路
conference ~ 会议电话电路，调度通信电路
congruence ~ 重合电路，同步电路
contact-bounce elimination ~ 接触颤动消除电路
contrast compression ~ （摄像机）对比度压缩电路
contra-wound helix ~ 对绕螺线
control ~ 控制电路
convergence ~ 会聚电路
converter ~ （频率）变换器电路，变频电路
coolant ~ 冷却剂回路
cooling ~ 冷却回路
coordinate multiplexing ~ 坐标复接电路
copper-surfaced ~ 印制电路
cord ~ （塞）绳（电）路
core ~ ①磁心电路，堆芯回路，铁心磁路②（冷却剂的）一次回路
core-diode-capacitor transfer ~ 磁心-二极管-电容器传送电路
corer ~ 除噪电路
core-switching ~ 磁心换向电路，磁心开关电路
correcting ~ 校正电路，补偿电路
countdown ~ ①发射控制电路②脉冲分频电路
countercurrent ~ 逆流循环
counting ~ 计数〔算〕电路
coupled ~ 耦合电路
coupling ~ 耦合电路
CPU chip ~ 中央处理器芯片电路
critically damped ~ 临界衰减的振荡电路，临界阻尼回路
Crosby phase modulation ~ 克洛斯比电路，相位调制推挽电路
cross connecting ~ 交接电路
cross shunt push-pull ~ 交叉分路推挽回路
crowbar ~ 消弧〔保安〕电路，急剧断路线路
CRT ~ 阴极射线管电路
cue ~ （节目）指令线路，提示电路
current ~ ①串联电路②电流电路
current mode ~ 电流型电路
curvilinear regulation ~ 曲调电路
cushion ~ 缓冲电路
custom integrated ~ 定制的〔非标准〕集成电路
cycling ~ 循环电路，节拍电路
Darlington ~ 达林顿复合电路（两管共集电极，一管的射极接至另一管的基极）
damper ~ 阻尼电路
dash ~ 短划形成电路
data ~ 数据电路
DC offset ~ 直流补偿〔抵消〕电路
dead ~ 空路，无电电路，断开的电路，非放射性回路
dead short ~ （完）全短路
decision ~ 判定电路
decoding ~ 译码电路
decoupling ~ 去耦电路
deemphasis ~ 去加重电路
deenergizing ~ 去激〔消除激励〕电路
deflection linearity ~ 偏转失真〔线性〕校正电路
degenerative ~ 退化〔负反馈〕电路
delay ~ 延迟电路
delta ~ △〔三角形，网孔〕电路
demoding ~ 解（脉冲编）码电路
derived ~ 分支电路，导出电路
despiker ~ 削峰〔尖峰展平，脉冲钝化，尖峰平滑〕电路
detection ~ 探测〔检波，传感〕电路
detonator ~ 信管电路，引发电路

detuned ~ 失谐电路
diagnostic ~ （故障）诊断电路
dial ~ 拨号（盘）电路
dial toll ~ 自动的市间通信线路
diamond ~ 金刚石（衬底）电路，桥形半波（整流）电路
die-stamped ~ 印模〔冲压，模压〕电路
differential ~ 微分电路，差动电路
differentiating ~ 微分电路
diffusion self-alignment MOS integrated ~ 扩散自对准金属氧化物半导体集成电路
digital ~ 数字电路
digital integrated ~ 数字集成电路
digital operational ~ 数字运算电路
diode accumulator ~ 二极管储荷电路
diplex ~ 同向双工电路
direct ~ 直接电路，直通电路（无继电器）
direct axis ~ 直〔顺〕轴电路
directional interpreting ~ 方向判别电路
direct-wire ~ 单线线路
discrete ~ 分立电路
discrete-component ~ 分立元件电路
discriminator ~ 鉴别（器）电路，鉴频〔相位〕电路
disk on rod type ~ 加感同轴电路
dispensable ~ 调剂电路（负荷过重时可切除）
display ~ 显示电路
display driver ~ 显示驱动器集成电路
distributed parameter ~ 分布参数电路
distribution ~ 配电网
divide-by-two ~ 一比二分频电路
divided ~ 分（流电）路
divided magnetic ~ 磁分路
dividing ~ 除法电路
DL ~ 二极管逻辑电路
domain originated function integrated ~ 畴致功能集成电路
dot ~ 点形成电路
dotted AND ~ 点〔虚〕"与"门电路
double ~ 加倍电路，双（电）路，双回路
double diffused MOS integrated ~ 双扩散金属 - 氧化物 - 半导体集成电路
double recovery ~ 双回收电路
double-amplification ~ 来复电路
double-way ~ 桥形电路，电桥
doubling ~ 倍频〔增，压〕电路
DPCM ~ 差分〔值〕脉冲编码调制电路
drive ~ 驱动〔同步，策动，激励，主振荡〕电路
driver ~ 驱动电路，励磁电路
dry ~ 小功率〔弱电流〕电路
DTL ~ 二极管三极管逻辑电路
dual ~ 对偶电路，双电路
dummy input ~ 等效输入电路
duplex ~ 双工电路
dynamic MOS ~ 动态金属氧化物半导体电路
Early equivalent ~ 阿莱型等效电路
earth return ~ （接）地回（流）电路，单线送电大地返回电路
earth(ed) ~ 接地电路，单线回路
Eccles-Jordan ~ 双稳态触发电路，双稳态多谐振荡电路，反复〔可逆〕电路，艾克勒斯 - 乔丹电路
economy ~ 有附加电阻的电路
electric ~ 电路
electric power-supply ~ 电源电路，馈电电路
electrolyte ~ 电解质〔液〕循环
electronic compressor ~ 电子分色扫描头
EL-PC ~ 电致发光 - 光导电路
eluant ~ 洗提回路〔工序〕，洗出回路
emitter coupled logic ~ ECL 集成电路，发射极耦合逻辑电路
emitter follower ~ 射极输出器电路
emitter function logic ~ 发射极功能逻辑电路
emitter-coupled logic ~ 发射极耦合逻辑电路
emphasis ~ 校正电路，补偿电路
encapsulated ~ 封装电路
encode ~ 编码电路
energizing ~ 激励〔电源，励磁〕电路
enhancement/depletion MOS integrated ~ 增强型与耗尽型金属 - 氧化物 - 半导体集成电路
enquiry ~ 查询电路
envelope demodulation ~ 包络解调电路
epi-planar integrated ~ 表面集成电路
epitaxial passivated integrated ~ 外延钝化集成电路
equality ~ ①相等〔符合〕电路，"同"门 ②相等〔符合〕装置
equalizer ~ 均衡〔均压，补偿〕电路
equivalent ~ 等效〔值〕电路
etched ~ 蚀刻电路
etched printed ~ 蚀刻印制电路
except ~ 禁止电路
excitation ~ 激励〔励磁，触发〕电路
exclusive ~ 闭锁〔专用〕电路

exclusive-OR ~ “异”电路,“异”门
expander ~ 扩展电路(一种增加输入数的门电路)
extension ~ 增设〔扩充,展接〕电路
extra-high tension ~ 超高压形成电路
extra-light-loaded ~ 特轻加载线路
fade and lap-dissolve ~ 淡变和叠化电路
fast coincidence ~ 快速符合线路
fault-sensing ~ 故障敏感电路
feebly-damped ~ 缓减幅电路
feedback ~ 反馈电路,回授电路
field ~ 磁场电路,励磁电路
field gating ~ 场选通电路
film integrated ~ (薄)膜集成电路
filter ~ 滤波(器)电路
final ~ 终接〔末级〕电路
firing ~ 点火〔引燃,触发,起动〕电路
flash ~ 闪光电路
flat-package integrated ~ 扁平封装集成电路
Flewelling ~ 弗列维林电路(一个电子管兼做振荡器、检波器、放大器用的旧式电路)
flexible printed ~ 软性印制电路
flickerless ~ 无闪烁〔变,光〕电路
flip-flop ~ 双稳态触发电路,双稳态多谐振荡电路,触发〔反复〕电路
floating-paraphase ~ 阴极绝缘倒相电路
flopover ~ 阴极耦合〔双稳态〕多谐振荡电路
flow ~ 输油管网
fluid logic ~ 流控逻辑电路
flush printed ~ 压制法印制电路
flush type ~ 齐平式〔嵌入式〕电路
flyback ~ 回扫电路(由行输出电路获得高压的电路)
flywheel ~ 惯性同步电路
focus ~ 聚焦电路
foldback ~ 返送(系统)电路,监听线路
forked ~ 分支电路
forward ~ 正向电路
Foster-Seeley ~ 福斯特 - 西利电路(鉴频器)
four-bit slice ~ 四位片电路
four-wire side ~ 四线实线电路
frame-grounding ~ 机架〔机壳〕接地电路
free lamp ~ 示闲灯电路
free-running ~ 自激〔未同步〕电路
frequency discriminating ~ 鉴频电路
frequency dividing ~ 分频电路
frequency-halving ~ 分频电路
front end ~ 前端〔置〕电路
FS keying ~ 频移键控电路
FTC ~ 短时间常数电路
fuel ~ 燃料回路
function ~ 操作电路
gamma-correction ~ γ(非线性,图像灰度)校正电路
ganging ~ 统调〔组调〕电路,同轴联动谐振电路
gas ~ 气路
gate ~ 门〔选通〕电路
gate trigger ~ 门触发电路
gating ~ 门〔选通〕电路
Goto pair ~ 后藤对电路
Greinacher ~ 格莱纳赫〔半波倍压,倍压整流〕电路
grid ~ 栅极电路
ground return ~ 大地返回电路,接地回路
grounded-base ~ 基极接地电路,共基极电路
guard ~ 保护电路,防虚假动作电路
hair-pin ~ 发针形电路(毫米波返波管用慢波电路)
half-adder-subtractor ~ 半加减电路,半求和求差电路
halving ~ 平分电路
Hamilton ~ 哈密尔顿闭合电路
hard-wired ~ 硬连线电路
Hartley (oscillation) ~ 哈特莱(振荡)电路,电感耦合三点振荡电路
hazard-free ~ 无危险电路
Hazeltine ~ 海兹丁中和电路
head ~ 耳机电路,头戴式送话受话器电路
heater ~ 灯丝〔加热,电热〕电路
heavily damped ~ 强阻尼电路
height index ~ 标高电路
helical ~ 螺旋状电路
helipot bridge ~ 交流电阻电桥电路
helix-coupled-vane ~ 螺旋线耦合叶片慢波线
Helmholtz coil ~ 亥姆霍兹定相电路,测向线圈
heterodyne ~ 外差电路
heterogeneous ~ 不均匀电路
high order add ~ 高次加法电路
high peaker ~ 高频(成分)峰化电路
high threshold logic ~ 高阈逻辑电路
high-C ~ 大电容电路

high-low ~ 高低压回路
high-tension ~ 高压线圈
high-voltage integrated ~ 高压集成电路
highway ~ 总线，干线，信息主通路
hi-lo ~ 高低压回路
Holbron ~ 荷尔邦（超高频推挽）振荡电路
hold(ing) ~ 吸持〔保持，自保〕电路
hold-off ~ 释抑电路
Hollmann ~ 霍耳曼电路（一种超短波振荡电路）
homodyne ~ 零差式电路
hook release ~ （电话机）钩键释放电路
horizontal-deflection ~ 水平偏转电路，行扫描电路
house-service ~ 厂用电路
howler ~ 嗥鸣电路
Huxford ~ 哈克斯福特电路（超短波振荡电路）
hybrid ~ 混合电路，波导管T形接头
hybrid bridge ~ 差动式桥路
hybrid integrated ~ 混合集成电路
hybrid intograted ~ 混合式集成电路，混合微型线路
hybrid microelectronic ~ 混合微电子电路
hydraulic ~ 液压循环管路,液压系统〔管路，回路〕传动系统图
hypothetical reference ~ 假设参考电路
idiostatic ~ 等位差电路，同（电）位差电路
idle ~ 空载〔空闲，无效〕电路
ignition ~ 点火电路，引燃电路
inclusive NOR ~ “或非”门
incoming ~ 输入〔入中继，入局〕电路
incomplete ~ 不闭合电路，开路
indexing ~ 变址电路，指引电路
individual colo(u)r ~ 单色电路
induced ~ 感应电路
inductive ~ 有感〔电感，感性〕电路
information ~ 信息传送线路
inhibit ~ 阻通〔禁止，抑制〕电路
injection ~ （信号）注入电路，混频器，输入电路
inlet ~ 输入端电路
inquiry ~ 查询〔询问〕电路
instantaneous deviation suppressing ~ 瞬时最大频偏抑制电路
integrated ~ ①集成电路②积分电路
integrated component ~ 集成元件〔积分组件，整体元件〕电路
integrated optical ~ 集成光路
integrating ~ 积分电路〔环节〕，积分器
integrator ~ 积分电路
intelligent picture ~ 智能图像处理器
intelligent power integrated ~ 智能功率集成电路
intensifier ~ 放大器级间谐振电路，增光电路，中间放大回路
intensity ~ 亮度控制电路
intercarrier ~ 载波差拍电路
intercity ~ 城市间〔长途〕通信电路
intercolumnar ~ （计算机内）位与位间交换电路
interconnected ~ 耦合电路
interdigital ~ 交叉指形回路
interface ~ 接口电路
interface integrated ~ 接口集成电路
interior ~ 屋内电路〔线路〕，内部电路
interlock ~ 联锁回路〔电路，线路〕
international sound ~ 国际话音线路
interposition ~ 席间〔际〕电路
inversed ~ 倒相电路，反演电路
inversion ~ 反演电路
inverter ~ 倒相电路，反演电路
ion implantation gate MOS integrated ~ 离子注入金属氧化物半导体集成电路
iron ~ 铁心磁路，磁路的铁心部分
isochronous ~ 等时电路，同谐电路
isolating ~ 隔离电路
iterative ~ 链形（滤波）电路，累接电路
joint ~ 联合线路
Jumann ~ 格子式滤波电路
jumping ~ 跳线路
junction ~ 连接电路，中断电路
jungle ~ 稠密〔复杂〕电路
junior range ~ 辅助测距电路
keep-alive ~ 维〔保〕弧电路
keying ~ 键控电路，脉冲消除电路
kick ~ 突跳〔急冲〕电路，（直流电信号波形修整用）脉冲电路
killer ~ 抑制〔熄灭〕电路，抑制〔消色〕器电路
kinescope bias tracking ~ 显像管偏压统调电路
kob type ~ 橘形电路
krytron ~ 克里管电路（用雪崩管电路产生高压锯齿波）
ladder ~ 多节回路，梯形线路

lampkin ~ 小型电子管电路
large scale integrated ~ 大规模〔大面积，高密度〕集成电路
laser amplifier ~ 激光放大电路
latch ~ 门闩〔闩锁，锁住〕电路
latching ~ 自锁电路
lattice ~ X 型电路，网络电路
layer short ~ 层间短路
LC ~ （电）感（电）容电路
LC tank ~ LC 振荡回路，LC 槽路
leack(ing) ~ 浸出回路〔系统，流程〕
leak ~ 泄放电路
leapfrog ~ 跳跃电路
leased ~ 专用路线
Lecher wire resonance ~ 勒谢尔线谐振电路
level shifter ~ 电平转换器集成电路
limiter ~ 限幅〔制〕电路
line ~ 外线〔用户线，天线〕电路
line freeing ~ 闭塞解除电路
linear integrated ~ 线性集成电路
linearity ~ 线性化电路，线性校正电路
line-by-line switching ~ 逐行切换电路
line-scan ~ 行扫描电路
link ~ 链（耦电）路，联络线路，中继电路
live ~ 带电回路，放射性回路
local ~ 局部电路，本机电路
lock ~ 同步电路
lock-in ~ 锁定电路，强制同步电路
locking ~ 吸持电路，强制同步电路，自持回路
lock-on ~ 受锁〔强制同步，自保持，自动跟踪〕电路
lockout ~ 闭塞电路，保持电路
lock-over ~ 双稳态电路
lock-up ~ 吸持电路，闭锁电路
logic ~ 逻辑电路
loop ~ 环形电路，闭回路，封闭线
loose ~ 松〔弱〕耦合电路
low-C ~ 小电容电路
lower limit frequency ~ 低频限制电路
low-order add ~ 低阶相加线路，低位加法电路
lubrication ~ 润滑管路
lumped parameter ~ 集总参数电路
made ~ ①闭合电路②终端联接
magnetic ~ 磁路
magnetic integrated ~ 磁集成电路
main ~ 主电〔磁，回〕路，干线
main field ~ 主磁场〔励磁〕回路
marginal ~ 备用电路
marking ~ 标记电路
Marx's ~ 马克斯电路(脉冲电压发生器电路）
matching ~ 匹配电路
matrix ~ 矩阵（变换）电路
mechanizing ~ 机械（计算）电路
medium scale integrated ~ 中规模集成电路
memory ~ 存储电路，记忆电路
merged transistor logic ~ 合并晶体管逻辑电路
mesh-connected ~ 网接电路，多边形（连接）电路
metallic ~ ①金属回路，磁路②不用大地作回路的电路
metallic return ~ 金属回线电路，金属回路
metal-nitride-oxide-semiconductor integrated ~ MNOS 集成电路（金属 - 氮化硅 - 氧化硅 - 半导体集成电路）
metal-oxide-semiconductor integrated ~ 金属 - 氧化物 - 半导体集成电路
metastable ~ 准稳态电路
meter in ~ 接入仪表的电路
meter out ~ 不接入仪表的电路
meter-in ~ 入口节流式回路
metering ~ 仪表电路，计〔测〕量电路
meter-out ~ 出口节流式回路
microelectronic ~ 微电子学电路，微型电子电路
microminiature ~ 微型电路
microminiature packaged ~ 超小型装配电路
micro-optical ~ 微光（学）电路
microprinted ~ 微型印制电路
microwave ~ 微波电路
microwave integrated ~ 微波集成电路
middle-condenser ~ 低通滤波器 T 形节
millimeter microwave integrated ~ 毫米波集成电路
mil-spec integrated ~ 军用规格集成电路
minimum-remembering ~ 最小存储电路
mistuned ~ 失调电路
mixing ~ 混合〔混频，“或”〕电路
mixing resistor ~ 电阻混频电路
moding ~ 模电路
modular ~ 模块式电路
modulator ~ 调制（器）电路
moduler ~ 微型混合集成电路，微型组件电路
molecular ~ 分子电路
monitoring ~ 监听电路，监控电路

monobrid ~ 单片混合电路
monolithic ~ 单片电路，单块电路
monolithic integrated ~ 单片式集成电路，单块集成电路
monolithic microwave integrated ~ 单片微波集成电路
monostable trigger-action ~ 单稳态触发电路
MOS ~ of silicon on insulator substrate 绝缘衬底上外延硅金属氧化半导体电路
MOSL ~ 金属氧化物半导体管逻辑电路
motor ~ 动力电路，电动机电路
mu-balanced ~ 稳压电路
multiar ~ ①多向振幅比较电路，多向鉴幅电路②多距电路
multichip integrated ~ 多〔叠〕片集成电路
multidemodulation ~ 多解调电路
multilayer printed ~ 多层印制电路
multiple ~ 多级〔复接，倍增〕电路，复杂分路
multiple arc ~ 并联弧光电路
multiple position ~ 并席电路
multiple-output ~ 多输出电路，输出端复接电路
multiplying ~ 乘法电路
multipoint ~ 多端线路
multiresonant ~ 多调谐电路，多谐振荡电路
multistable ~ 多稳态电路
multistage ~ 多阶电路，级联电路
multitone ~ 复线，多信道线路，多音电路
music loaded ~ 传音电路
muting ~ 噪声抑制电路，镇静电路
mutual ~ 双向通话〔互通电话〕电路
N channel MOS integrated ~ N 沟道金属 - 氧化物 - 半导体集成电路
NAND ~ “与非”电路，“与非”门
nanowatt integrated ~ 纳瓦（10^{-9}W）集成电路
narrow-gate ~ 窄门电路，窄选通（脉冲）电路，窄电闸电路
narrowing ~ 脉冲压缩〔变尖，变窄，锐化〕电路
natural equivalent ~ 固有等效电路
n-channel ~ n 沟道电路
negater ~ 倒相电器，反相电路，“非”门
negative OR ~ “或非”电路，“或非”门
network ~ 多分支电路
neutral track ~ 无极轨道电路
neutralizing ~ 中和电路
neutralizing bridge ~ 平衡电桥电路
neutrodyne ~ 中和〔平差，平衡〕电路
night alarm ~ 夜铃电路，夜间报警电路
nitrogen-cooling ~ 氮气冷却回路
noise balancing ~ 平衡静噪电路，噪声衡消电路
noise suicide ~ 抗噪声电路，噪声〔干扰〕抑制电路
noisy ~ 有噪声电路
non-linear ~ 非线性电路
non-linear time-modulation ~ 非线性调时〔时间调制〕电路
non-loss ~ 无损耗电路
non-reactive ~ 无（电）抗电路
nonsaturation mode logic ~ 非饱和型逻辑电路
nonthreshold logic ~ 无〔非〕阈逻辑电路
NOR ~ “或非”电路，“或非”门
NOT ~ “非”电路，“非”门
NR ~ 负阻电路
null ~ 零电路
null-type bridge ~ 平衡电桥电路
OB program(me) ~ 实况广播〔转播〕节目电路
oblique ~ 交叉回路
observation ~ 监听〔视，测〕电路
off-center ~ 偏心电路，偏移电路
off-the-shelf integrated ~ 现用集成电路
oil ~ 油路
omnibus cue ~ 转播车对讲电路
omnibus speaker ~ 公共通话电路
on-air tally ~ 广播标示电路
once-through ~ 直流系统
one-column add ~ 一位加法电路
one-core-per-bit ~ 每位 - 磁心电路
one-out-of-four selecting ~ 四中取一选择电路
one's complement ~ （二进制）反码电路，1 的补码电路
one-shot ~ 单（冲）触发电路
one-way ~ 单向电路
on-off ~ 开关电路，起闭电路
open ~ 开路，断路，开式（液压）回路，开路循环
open electrolytic ~ 开路电解系统
open magnetic ~ 开口磁路
open-iron magnetic ~ 开铁磁路
open-loop series ~ 由不闭合回线组成的串联电路
open-wire ~ 架空明线电路

operating ~ 操作电路，工作电路
operator's telephone ~ 话务员送受话器线路
optical ~ 光路
optical black ~ 光影电路，光暗电路
optical commutation ~ 光开关电路
optical integrated ~ 集成光路
optoelectronic (integrated) ~ 光电子集成电路
optointegrated ~ 集成光路
OR ~ "或"电路，"或"门
order-wire ~ 传号电路，席间联络电路
oscillating ~ 振荡电路
outgoing ~ 输出电路，去话电路
output transformerless ~ 无输出变压器电路
overcoupled ~ 强〔过〕耦合电路
overdamped ~ 过阻尼振荡电路
overhead line ~ 架空线路
P channel MOS integrated ~ P 沟道金属 - 氧化物 - 半导体集成电路
package ~ 封装〔组合，浇注，浇铸〕电路
parallel ~ 并联电路
parametron logical ~ 参数器〔变感元件〕逻辑电路
parity check ~ 奇偶校验电路
parity line ~ 奇偶校验行电路
passive ~ 无源电路
pay station ~ 公用电话机电路
peak-clipping ~ 限幅〔削峰，峰值限制〕电路
peaked ~ 峰化电路
peaking ~ 锐化〔峰化，微分，信号校正〕电路
pedal ~ 踏板电路
peg count ~ 占线计数电路
percival ~ （电视）噪声抑制电路
periodic ~ 周期性电路
peripheral ~ 周边〔外围〕电路
peripheral driver ~ 外围驱动器集成电路
permanent ~ 固定电路
permanent virtual ~ 永久性虚拟电路
personal ~ 专用线路
phantastron ~ 幻像电路
phantastron delay ~ 幻像延迟电路
phantom ~ 幻像电路
phase shifting ~ 移相电路
phasing ~ 定相电路
phosphor decay compensation ~ 磷光体余辉补偿电路
photonic integrated ~ 集成光路
phototransducer ~ 光电变换电路
physical ~ 实（线电）路
physical extension ~ 实线延伸电路
pickup ~ ①拾音（器）电路②拾波〔拾取〕电路
pickup tube protection ~ 摄像管保护电路
Pierce ~ （控制晶体接在栅极—阴极间的自激）振荡器电路，皮尔斯电路
pilot ~ 控制〔导频〕电路
pincushion correction ~ 枕形（失真）校正电路
pip matching ~ 脉冲标志均衡电路，标记匹配电路
piston-tuned ~ 活塞调谐电路
plate ~ 阳〔屏〕极电路
plated ~ 印制电路
plated printed ~ 平板式〔镀层〕印制电路
playback ~ 读出电路，取信号电路
plug-in ~ 插入式电路
pneumatic ~ 气动回路，气压系统〔管路〕
pole-zero compensation ~ 极 - 零点补偿电路
polygon ~ 多边形电路
polyphase ~ 多相电路
positioning ~ （中心）位置调整电路
postemphasis ~ 后加重电路
potential ~ 电压电路，电压回路
potted ~ 密封电路
power ~ 电源〔力〕电路，电力网，供电电源，动力回路
power-fail ~ 电源故障线路
power-switching ~ 电源转换电路
preconditioning ~ 预调（整）电路
predetermining ~ 预定〔计〕电路
preemphasis ~ 预校正〔加重〕电路
preferred ~ 标准电路
presetting ~ 预调谐〔整〕电路
pressed-powder printed ~ 塑料底板印刷电路
pressure ~ 压力回路，电压回路
primary ~ 初级〔一次〕电路
printed ~ 印制电路〔线路〕
priority ~ 优先（顺序）电路
private ~ 专用线路
program ~ 广播线路，节目电路
protective rejector ~ 保护性带阻滤波器电路，保护性抑制器电路
pulling ~ 牵引电路
pull-up ~ 工作〔负载〕电路
pulse AGC ~ 脉冲式自动增益控制电路
pulse discrimination ~ 脉冲鉴别〔区分〕电路

pulse forming ~ 脉冲形成电路
pulse Hartley ~ 哈特莱脉冲振荡器
pulse lengthener ~ 脉冲伸长电路
pulse memory ~ 脉冲存储电路
pulse steering ~ 脉冲引导电路
pulse-broadening ~ 脉冲展宽电路
pulse-generating ~ 脉冲发生电路
pulse-inserting ~ 脉冲引入〔插入〕电路
pulse-stretching ~ 脉冲伸长电路
pulse-switching optical ~ 脉冲开关光电路
pulsing ~ 脉冲电路
pump(ing) ~ 激励〔抽运〕电路
purity ~ （彩）色纯度（信号，调节）电路
pyramid ~ 锥形电路
quadrature ~ （电机放大器）交磁电路，交轴电路
quadruplex ~ 四工电路
quench(ing) ~ 猝熄〔灭弧，火花抑制，消火花〕电路
quiescent push-pull ~ 静〔小屏流，低板流〕推挽电路
quiet ~ 无噪声电路
radiating ~ 辐射〔天线〕电路
radio ~ 无线电电路，高频电路
Ramey ~ 拉米逻辑电路（一种磁心逻辑电路）
random logic ~ 随机逻辑电路
range marker ~ 距离定标电路，距（离）标（记）电路
ranging ~ 测距电路
rat race ~ 环形波导电路
rate-of-change ~ 一次导数〔变率〕调节电路
rate-recognition ~ 扫描频率测定电路
RC ~ 阻容电路
RDTL ~ 电阻二极管 - 晶体管逻辑电路
reactive ~ 电抗〔反馈，回授〕电路
receiver ~ 收音机电路，接收机电路
reciprocal ~ 可逆电路
record ~ 记录电路
recurrent ~ 链形电路
redundant ~ 备用电路
redundant logic ~ 冗余逻辑电路
reentrant ~ 重入式电路
reference ~ 基准电路
reflex ~ 来复式电路，回复电路
regenerative ~ 再生电路，正反馈电路，快速返回回路，差动回路
regenerator subcarrier ~ 副载波再生电路
regulation ~ 稳压电路
Reinartz ~ 莱因纳茨（再生）电路
rejector ~ 拒收电路，带阻滤波器电路
rejector-acceptor ~ 拒 - 迎电路，拒斥 - 接收电路（复合滤波器）
relaxation ~ 弛张电路
relay driver ~ 继电器驱动电路
relay logic ~ 继电器逻辑电路
relief ~ 卸荷回路
repeat ~ 转发〔中继〕电路
repeater ~ 增音机电路，转接电路
reserve power ~ 备用电力电路
resistance ~ 电阻（性）电路
response-switch ~ 频率特性切换电路
retaining ~ 保持电路
return ~ 回（流电）路，回流道
reverberation ~ 混响电路
reverse ~ 反作用电路
Rice (neutralizing) ~ 栅极中和电路，高频放大器屏 - 栅电容中和电路，莱斯（中和）电路
right scale integrated ~ 适当规模集成电路
rigid printed ~ 硬性印制电路
ring ~ 环形电路，环路
ring and bar ~ 环杆线路，环杆慢波结构
ringing ~ 振铃〔冲击激励〕电路
ring-of-ten ~ 十进制环形（脉冲计数器）电路，十元环形脉冲计数器
rope ~ 循环索
Sabaroff ~ 萨巴罗夫电路(一种晶体振荡电路)
safety ~ 保护电路，安全电路
sample ~ 取样〔量化〕电路，幅值 - 脉冲变换电路
sampling ~ 取〔抽〕样电路，幅值 - 脉冲变换电路
saturated ~ 饱和电路
scale-of-ten ~ 十分标电路，十进制换算电路
scale-of-two ~ 二分标电路，二进制电路
scaling ~ 定标器，定标〔校准，脉冲计数〕电路
scan ~ 扫描电路
scan phase compensation ~ 扫描脉冲补偿电路
scavenger ~ 部分换油回流
schematic ~ （电路）原理图
Schmidt ~ 施密特电路，阴〔发射〕极耦合双稳态多谐振荡器电路
secondary ~ 次级电路，二次电路，二次回路
seesaw ~ 板极输出器电路，跷跷板放大电

路，反相放大电路（一种增益稳定度很高的负反馈放大电路）
self-maintained ~ 自励振荡电路
self-repairing ~ 自恢复电路
semi-private ~ 准专用线路
send-request ~ 请求发送线路
sensing ~ 读出〔感测，信号，有发送器〕电路
separation ~ ①分隔〔离〕电路②分离系统③分离工序
sequential ~ 时序〔顺序，序贯〕电路
series ~ 串联电路
series-tuned ~ 串联调谐电路
service ~ 业务通信电路
servo ~ 伺服电路
set-hold ~ 置位保持电路
shading ~ 摄像管寄生信号补偿电路
shaping ~ 整形电路，成形电路
sharing ~ 分配电路
sharpening ~ 微分电路
shift ~ 移位〔相〕电路
short ~ 短路，短接
shunt ~ 分（流电）路，并联电路，旁路
shunt-resonant ~ 并联共〔谐〕振电路
side ~ 实线线路〔电路〕，侧电路，半面电路
silent ~ 无〔静〕噪电路
silicon gate MOS integrated ~ 硅栅金属氧化物半导体集成电路
simplex ~ 单工电路
simultaneous line scizing ~ 同轮电路
sine squaring ~ 从正弦波变成矩形波的电路
single-shot ~ 单稳电路
sintering ~ 烧结工序
slice ~ 限幅〔脉冲限制〕电路
slow-wave ~ 慢波线路
slug-tuning ~ 滑块式调谐电路
small scale integrated ~ 小规模集成电路
sneak ~ 寄生电路
soft iron ~ 软铁磁路
solid(-state) ~ 固体电路，固态电路
solo ~ 单独对讲电路
solution ~ 溶液循环
sorting ~ 分类电路
source follower ~ 源输出电路，源极跟随电路
spare ~ 备用电〔回〕路
spark ~ 火花（振荡）电路
speak-back ~ （电视指挥中心与演播室间）通话电路，对讲电路
speech processing ~ 语音处理电路
spike compensation ~ 峰值补偿电路
split-condenser ~ 低通滤波器 π 形节电路
spot wobbling ~ 电子束〔光点〕摆动电路
sprayed printed ~ 喷涂法印刷电路
square-root law ~ 具有平方根律特性曲线的电路
squaring ~ 平方〔方波整形，矩形波整形，矩形脉冲形成〕电路
squelch ~ 静噪〔噪声抑制〕电路，无噪声调谐电路
stabilized power supply ~ 稳压电源电路
stacked integrated ~ 叠层集成电路
stage-peaked compensation ~ 参差峰化补偿电路
stagger converting ~ 交错变换电路
stagger(ed) ~ 相互失谐级联电路，参差调谐电路
stamped ~ 冲压印成电路
stand-by ~ 备用电路，附加电路
star ~ 星形联结电路
starting ~ 起动电路，触发电路
steam-generating ~ 锅炉循环电路，锅炉汽水系统
steering ~ 控制〔操纵，引导〕电路
stenode ~ 高选择性超外差接收电路
step divider ~ 多级〔逐级，脉冲〕分频电路
stereo ~ 立体（声）电路
stick(ing) ~ 自保〔保持〕电路
stop ~ 栓阻音电路
stopper ~ 带阻滤波器
storage ~ 存储电路，记忆电路
straight ~ 直接式电路，直通线路，直通回路
strap loaded backward wave ~ 利用返波的指形慢波线路
strapped multiresonator ~ 带均压环的多谐（振荡）电路，有隔模带多腔线路
stretch ~ （脉冲）展宽电路
strobo ~ 选通电路
strobotron ~ （闸）门电路，选通〔频闪管〕电路
studio foldback ~ 播音室〔演播室〕返送电路
submilliwatt ~ 亚毫瓦（级）电路
subtraction ~ 比较〔减法，相减〕电路，电动势相反作用的电路
summation ~ 累积电路
summing ~ 加法〔求和〕电路

superphantom ~ 超幻像电路
supervisor's ~ 话务监察电路
supervisory ~ 监控电路
suppressed ~ 抑制电路
surface laminar ~ 表面叠层电路
sustained short ~ 持续短路
sweep ~ 扫描〔回，掠〕电路
sweep-generation ~ 锯齿波发生器电路，扫描发生电路
sweep-stopping ~ 扫描停止电路
Swinburne ~ 斯温伯（动圈式毫伏计温度补偿）电路
switched virtual ~ 交换式虚拟电路
switching ~ 开关〔转换〕电路
symbolic ~ ①符号〔函数〕电路②作用〔职能〕图，框〔简〕图
symmetrical heterostatic ~ 对称异电位电路
sync ~ 同步电路
sync separator ~ 同步信号〔同步脉冲〕分离电路
sync stretch ~ 同步脉冲展宽电路
synchrodyne ~ 同步电路
synthetic ~ 合成电路
take-off ~ 供电分支电路
talk-back ~ 联络〔内部对讲，回话〕电路
tangent-even ~ 偶切围道
tangent-odd ~ 奇切围道
tank ~ 振荡回路，槽路，并联谐振回路
tap(ped) ~ 具有分接头的电路，抽头电路
tap(ped) decoder ~ 抽头译码电路，抽头解码电路
tapped-tuned ~ 抽头调谐电路
telephone exchange ~ 市内电话电路
television mains-hold ~ 电视机内电源同步电路
terminating ~ 终接〔端〕电路
test ~ 测试〔检查，检验〕电路
testing light ~ 测光电路
thick film integrated ~ 厚膜集成电路
thick-film ~ 厚膜电路
thin film integrated ~ 薄膜集成电路
thin-film ~ 薄膜电路
threshold ~ 阈〔分界，门限〕电路
threshold logic ~ 阈逻辑电路
throttle ~ （发动机）牵引力控制电路
through ~ 转接电路
time ~ 时限电路
time division ~ 时间分割电路
time setting ~ 对时电路，时间置位电路
time-base ~ 时基电路，扫描电路
timing ~ 定时〔计时，时标〕电路
toggle ~ 触发器，触发电路
tone ~ 音调调节电路，音色电路，音频电路
Tourlon ~ 土隆（相位控制）电路
TPTG ~ 调屏调栅电路
track return ~ 路轨〔轨道〕回流电路
translating ~ 译码电路
translation ~ 转接电路
translinear ~ 跨导线性电路
transposition ~ 交叉电路
trap ~ 陷波电路，吸收滤波器
trebling ~ 三倍频电路
tree ~ 树枝形电路
tributary ~ 辅助线路
trigger ~ ①触发器线路，触发电〔回〕路②起动网〔线〕路，同步起动电路
tripler ~ 三倍（压）电路
trip(ping) ~ 跳闸回路，脱扣〔断开〕电路
tritet ~ 三极四极管〔多谐晶体控制〕电路
trunk ~ 中继电路，干线
trunk-line ~ 干线回路，长途线路
TTL ~ 三极管 - 三极管逻辑电路
tuned collector oscillation ~ 集电极调谐振荡电路
tuned plate-tuned grid ~ 调屏调栅电路
tuning ~ 调谐电路
turbine ~ 透平循环
two-state ~ 双（稳）态电路
two-wire ~ 双线线路（其中一线接地）
ultra-audion ~ 超再生电路
unblanking ~ 正程增辉电路
underdamped ~ 低衰减振荡电路
unifunctional ~ 单功能电路
unilateral ~ 单向电路，不可逆电路
vacuum-deposited ~ 真空淀积电路
vane type ~ 叶片型电路（一种磁控管的阳极多腔电路）
vapo(u)r-deposited ~ 用喷雾沉淀法制成的印制电路
variable output ~ 可变输出电路
varistor-compensated ~ 变阻器补偿电路
ventilating ~ 风路
vertical output ~ 帧扫描电路的输出极
vertical-deflection ~ 竖偏转电路，帧扫描电路
very high speed integrated ~ 甚高速集成电路

V-groove MOS integrated ~ V形槽金属-氧化物-半导体集成电路
via ~ 转接电路
video ~ 视频（信号）电路，图像电路
video-signal processing ~ 视频信号形成电路
Villard ~ 维拉德（倍压整流）电路
virtual ~ 虚拟线路
vital ~ 影响安全的电路（铁路信号电路）
voltage booster ~ 升压电路
voltage comparator ~ 电压比较器集成电路
voting ~ 表决电路
warning ~ 报警电路，（警告）信号电路
(water) wall ~ 水冷壁回路
wave shaping ~ 波形整形电路
way-operated ~ 分路工作线路
white clip ~ 白色电平限制电路
wipe ~ ①扫描电路②消除电路
wired AND ~ 布线〔线连〕“与”门电路
wiring ~ 接线图，布线图
write ~ 写入电路
writing ~ 写〔记录〕电路
zero ~ 零电路
zero-detection ~ 检“零”电路

circuital 线路的，与线路相联的，网络的，循环的

circuitary =circuital

circuitation ①闭环线积分，旋转，旋转矢量，旋度②循环

circuit-breaker ①断路器，电路保护器②断路开关
conventional ~ 万能式断路器
current-limiting ~ 限流断路器
dead-tank oil ~ 多油断路器
direct-trip ~ 直接跳闸断路器
double-break ~ 双断断路器，复断路器
earth-leakage ~ 接地保护断路器，对地漏电断路器
hard-gas ~ 自产气断路器
high speed ~ 快速断路器
line ~ 线路断路器
oil ~ 油断路器
orthojector ~ 高压微量喷油断路器
tank-truck ~ 箱形〔槽形〕断路器
thermal ~ 热继电器断路器，热膨胀断路器

circuit-closer 通路器，闭路端，接电器

circuiting 电路图，电路设计

circuition 绕轴转动

circuitous ①旁路的，迂回的，绕行的，曲折的②迂回线路

circuitron 双面印制电路，组合电路，插件（具有一种或多种功能的元件组合）

circuitry ①（整机）电路，线路，流程②电路图，接线图，布线，电路系统③电路学
printed ~ 印制电路学，印制电路
set-up ~ （显像管）调定电路
sophisticated ~ 混杂电路
support ~ 保持〔支架〕电路

circuity 圆（周）

circulant 循环行列式

circular 圆形的，环形的，循环的，巡回的

circularity 圆（形，度），环状

circularizer 圆化器

circulate ①循环，环流，流通，周转②传播，流传

circulating 循环，环流，通流

circulation ①循环（量），环流（量），流通（量）②（线积分）旋度，闭回线积分③旋转（矢量）
assisted ~ 强制循环，辅助循环
boiler ~ （锅）炉水循环
constant ~ 定向循环
controlled ~ 强制循环
convectional ~ 对流（性），环流
dual ~ （锅炉中的）二段〔级〕蒸发
forced ~ 强迫循环，压力环流
gravity ~ 重力〔自流，自动〕循环
induced ~ ①诱导循环②诱生环流量
low ~ 低倍率循环
positive ~ 强制循环
primary ~ 一级环流，初级环流
pump ~ （润滑系统的）强制循环，泵压循环
secondary ~ 二级环流，次级环流
thermosiphon ~ 热对流循环法
wall ~ （水冷壁中的）水循环

circulator ①循环器，循环泵，环行器，回转器②循环电路③循环小数
active ~ 有源环行器，有源环流器
optical ~ 光陀螺，光环行器，光学循环器

circulizer 循环器

circum 圆周，周边，四周，环绕

circumambiency 环〔围〕线，周围

circumcenter 外（接圆的中）心

circumcircle 外（接）圆

circumdenudation 环状侵蚀，周围剥磨

circumference ①圆周，周线，周长②周界，周围，范围
armature ~ 电枢圆周

datum ~ 基准圆周长
effective ~ 有效圆周长
orbit ~ 轨道周长
pitch ~ 节圆周长
raceway ~ 滚道圆周〔周长〕
rolling ~ 滚动圆周〔周长〕
circumferentor 测周器
circumflexion ①弯曲，弯成圆形②弯（曲）度，曲率
circumfluence 周流，环流，环绕
circumgyrate 旋转，回转，做陀螺运动
circumgyration 回转，陀螺运动
circumjacent 周围的，邻接的，围绕着的
circumnavigate 环球飞〔航〕行
circumplanetary 绕行星（旋转，飞行）的
circumradius 外接圆半径
circumscribe ①外接，外切②限定，限制③定义④在周围画线
circumscription ①限界，限制②外界，界线③外接④范围，区域⑤定义
circumstance ①情况，环境②事件③详细，细节
circumstantiality 详情，详尽，情况
circumvolute ①卷，缠绕②周转，（同轴）旋转
circumvolution ①卷缠，旋绕②周转，（同轴）旋转③涡线
C-iron C形防裂钉
cis-addition 顺（式）加（成）作用
cis-configuration 顺式构型
cis-effect 顺位效应
cis-orientation 顺向定位
cis-position 顺位
cissing 收缩
cissoid （尖点）蔓叶线
crunodal ~ 结点蔓叶线
cuspidal ~ 尖点蔓叶线
cistern ①容器，贮水器，蓄水池，水槽，贮液杯②（油）槽车，罐车
cis-trans-isomerism 顺反异构现象
citation 引证〔用，述，文〕
cite 引用〔证〕，援引，举例
Citroen 雪铁龙（法国雪铁龙生产车型）
city 城市
smart ~ 智慧城市
civil 市民的，民用的，国内的
clack 阀瓣，瓣阀
ball ~ 球阀
bottom ~ 进气阀，进液阀瓣，吸入阀
butterfly ~ 翼形阀瓣
delivery ~ 增压阀瓣
pressure ~ 压力阀瓣
shutting ~ 闭断阀瓣
valve ~ 阀瓣
clad ①镀过（金属）的②（金属）包层③覆上
alloy ~ 包层合金
cladding ①包层（法），包覆，敷〔镀，涂〕（层）②表面处理
acoustic ~ 声涂层
collapsible ~ 紧裹（型）包壳
fiber ~ 光纤包层
inlay ~ 镶嵌金属包覆
roll ~ 轧制包覆
strip ~ 带状电极覆面焊（堆焊）
clad-fiber 包层光纤
cladogenesis 分枝进化
claim ①要求，要求赔偿损失权，索赔②主张，声称③申请，（申请的）专利范围
insurance ~ 保险索赔
patent ~ 专利权限，专利申请范围
claircolle 打底明胶〔油漆〕
clam ①夹钳，夹板，抓斗②小型吸铁炸弹
clamminess 黏性
clamp ①夹具〔钳，板，管〕，夹紧装置②压板，压铁③夹线板，接线（端子），线箍④钳位（电路），电平固定⑤卡钉⑥夹紧，夹住，固定，定位
adjustable ~ 可调夹头，活动钳
air-actuated ~ 气动夹具
anchor ~ 夹具
attaching ~ 定位夹，定位凸耳
ball joint ~ 球节夹
belt ~ 传动带〔传送带〕连接卡，带扣
bench ~ 台（虎）钳
black level ~ “黑色”电平钳位（电视）
boot ~ 密封套夹
bracket ~ 托架夹，固定夹
branch ~ 分线线夹
brush ~ 电刷夹，电刷接线端
bull gear ~ 带背轮的（宝）塔轮接合销
C ~ C〔弓〕形夹钳
cable ~ 电缆线夹，电缆夹子
cable screen ~ 电缆屏蔽夹
cam actuated ~ 偏心压板
carpenter's screw ~ 台钳
carriage ~ 刀架固定手柄

casing ~　机心压板，机心压片
check ~　（U 形）固定压板
circle ~　水平度盘制动机构
coil ~　钢卷夹钳
connecting ~　连接线夹，接头夹
dead-end ~　耐张线夹，空接线柱
diode ~　二极管钳位（电路）
drop wire ~　分线接线柱
earth ~　接地夹子
eccentric ~　偏心自锁搭扣
feeder ~　馈电线夹
finger ~　带爪的压板，指形压板
flask ~　砂箱夹
free-center-type ~　线路释放线夹
frog ~　拉钳
ground ~　接地夹，地线接线柱
guy ~　拉线夹（板）
head ~　摇臂钻进给箱夹紧（板）
hold(ing)-down ~　压具
horizontal ~　水平制动机构
hose ~　软管夹
hydraulic ~　液动压板，液压式夹紧装置，液压钳
insulating ~　绝缘线夹
jointing ~　接线夹〔钳〕
keyed ~　键控钳位，定时钳位
knee ~　膝形夹头
lead ~　引线夹
lead-in ~　引入线夹，输入接线柱
leak ~　修理夹，防止输送管漏失的管箍
lever ~　杠杆夹（具），偏心夹具
line-by-line ~　逐行钳位（在每行回扫过程中）
live line ~　带电作业线夹
lock ~　销轴锁紧
lock smith's ~　小台虎钳
lock-filers ~　小台虎钳，手钳
locking ~　保险夹
logic ~　逻辑钳位
machinist's ~　平行夹头，平行卡板
manifold ~　歧管夹
marker ~　标志信号电平钳位线路
memory ~　存储钳位，记忆钳位
Mohr's ~　弹簧夹，莫尔夹
mo(u)ld ~　夹具，砂箱夹子，铸型紧固夹
muffler ~　减声器夹
offset ~　偏颈夹头
one-way ~　单向"钳位"，单极性钳位电路
pin ~　插销口
pincer ~　夹钳
pinch ~　弹簧夹
pinchcock ~　弹簧（节流）夹
plate ~　直压板（夹具）
radiator inlet hose ~　散热器进水软管夹
radiator outlet hose ~　散热器出水软管夹
rail ~　轨夹，轨头座栓
ring ~　环钳，环状夹头，环状夹持器
saddle ~　鞍座夹，床鞍夹紧，大刀架夹紧
soft ~　钳压软化，柔性电平钳位
spider ~　十字夹
stay ~　电缆吊架
stirrup repair ~　镫形夹
strain ~　耐张线夹，拉紧夹，拉线夹
strand ~　绞线箍
strap ~　带夹
terminal ~　终端线夹，出线夹
toggle ~　铰接夹
triple ~　三角轧头
upset ~　弯压板，弓形夹
vertical ~　竖直制动机构
vice ~　台虎钳夹，小台虎钳，手钳，螺钉扳手
wedge ~　楔形压板，楔形线夹

clamper　①接线板②钳位电路，钳位器，夹持器③（防滑）鞋底钉
air ~　气动压〔夹〕紧装置
balanced ~　平衡钳位电路
coil ~　线圈接线板，线圈绑环
core ~　铁心压板，铁心压圈
die ~　模具压板
pedestal ~　黑电平钳位器，消隐钳位电路（电视用）
protecting ~　防护钳位电路
switching ~　开关钳位电路
triode ~　三极管钳位器

clamping　①夹紧②电平固定〔钳位〕，钳位电路③解的固定（计算机）
back ~　①反向钳位②反向钳位
grid ~　栅极钳位
hard ~　硬性固定，硬性钳位
horizontal ~　水平（脉冲）钳位
keyed ~　定时钳位
positive ~　正向钳位
synchronized ~　同步钳位

clamp-off　掉砂（铸造缺陷），冲砂
clamp-on　①夹紧，钳制②钳位③夹合式
clamp-splice　（型架）夹块

clamshell ①蛤壳式〔双颚〕抓斗，蛤壳状挖泥器，蚌式挖斗②抓岩机，抓斗挖掘机
clap ①拍，拍击②振〔颤，摆〕动
clapboard ①楔形板②护墙板，隔板③桶板
clapotis 驻波，定波
clapper ①抬刀装置，（刨床的）摆动刀架②拍板③铃舌，铃锤，警钟锤
bell ~ （电）铃锤
clappet 止回阀
clapsticks 拍板器
clarificant 澄清剂
clarification ①澄清，净化②说明，解释
clarificator 澄清器
clarificoagulator 澄清絮凝器
clarifier ①澄清〔净化〕剂〔器〕②干扰清除设备，无线电干扰消除器
acoustic ~ 传声明晰器，（扬声器的）圆锥形系统
leaf ~ 滤叶，澄清器
water ~ 净〔滤〕水器
clarifier-tank 澄清池，净化池
clarifixator 离心均质机
clarity 透明（度），清澈（度），清晰度，澄清度
see-through ~ 透明度
clash ①撞击声②互撞，相碰
clasher 撞击装置
clasp ①扣子，扣钩，扣紧物，弹簧钩②扣紧，夹紧，铆固
bar ~ 卡箍，夹钳，马镫，镫形具，轭，圈，环
binding ~ 夹紧器，带扣
calliper square ~ 游标千分尺的游标
nail ~ 拔钉钳
snap ~ 弹簧拉钩
class ①种〔族，组〕类，类目，（等）级，粒度，阶级②分类〔等，级〕
~ of fits 配合级别
access ~ 访问级
accuracy ~ 精度等级
hash ~ 散列表类
ignore ~ 忽略类
job ~ 作业〔题目〕分类〔类别〕
precision ~ 精度等级
tolerance ~ 公差等级
classcyclone 旋风（粉粒）分级器
classer 分级机，选粒机〔器〕
classic(al) 经典的，古典的，第一流的，传统的
classifeier 分级机
one-deck ~ 单板分级器
classification ①分类，分级②分类法
~ of fits 配合等级
~ of rates 价目
~ with water 湿法分类
air ~ 风选，风筛，空气〔风力〕分级
broad ~ 粗分类法
close ~ 细分类法
decimal ~ 十进制分类法
multiway ~ 多向分类〔组〕
one-way ~ 一向分类〔组〕
screen ~ 筛分
series ~ 连续分级
sieve ~ 筛分，筛分分级
temperature ~ 耐热等级
classificator 分级〔类〕器，精选机，粒选机
classified ①机〔保〕密的②已分类的
classifier ①分级机〔器〕，分粒器，分选机②上升水流洗煤机③分类符④分选工
air ~ 干式〔气流，空气〕分级器
automatic ga(u)ge ~ （钢板）厚度自动分选机
bowl(-type) ~ 分级〔类〕槽，浮槽式分级机，弧〔弓〕形分机级
cone-baffle ~ 锥形〔圆锥〕挡板分级器
Consenco ~ 自动卸载式干涉沉降分级机
constriction plate ~ 带有孔隔板的分级机
counter current ~ 反流分级机
Dorr ~ 道尔选粒器〔分级机〕，耙式分级机
drag ~ 刮板（式）分粒机，耙式分粒〔级〕机
Esperanza ~ 埃斯波伦砂型自由沉落式分级机
Evans ~ 伊万斯〔槽式〕分级机
Hardinge countercurrent ~ 圆筒形反流分级机
loop ~ 环形〔回路〕分级机
packet ~ 分组分类（模块）
pulsator ~ 脉动分级器
rake ~ 耙式分级器〔机〕
reversed air ~ 闭式空气分离器
rising current ~ 上升水流分级机
shallow-pocket ~ 浅室式分级机
sheet ~ 薄钢板分选机
table ~ 淘汰盘，摇床
whole-current ~ 全流分级机
classify 分类〔等，级，粒，选〕
class-name 类名
clastic ①碎屑②分裂的，碎片性的，碎屑

（状）的

clastocrystalline 碎屑结晶质

clastomorphic 碎屑侵蚀变形

clatter （机械转动发出的）咔嗒声，咔嗒地响

tape ~ 磁带传动噪声

claus ①子句②条款，项目

if ~ 如果子句，条件子句

acceleration ~ 提前偿付条款

collateral ~ 并行子句

compromise ~ 和解条款

contribution ~ 分摊条款

environment ~ 设备部分子句

file ~ 文件子句

for ~ 循环子句

if ~ 如果〔条件〕子句

relevant ~ 有关条文〔款〕

serial ~ 串行子句

set ~ 集子句

size ~ 长度子句

source ~ 源子句

then ~ 则子句

unitary ~ 单子句

clausius 克劳(熵的单位),Cl(1 Cl = 4.186J/K)

clavette 键，销，楔

clavicylinder 玻璃柱琴

clavier 键盘

claw ①爪，爪状钩〔钳〕，卡爪②把手，凸起③齿④销⑤（传动带的）接合器

eagle ~ 鹰爪式中耕机组（每组包括四个锄铲，按鹰爪形排列）

filter milk ~ 滤净集乳器

pulldown ~ 输片爪

reversible ~ 换向爪

stop ~ 止爪

tack ~ 钉爪，平头钉拔除器

throw over ~ 换向爪

universal ~ 万能拆装器

clawker 棘轮撑头

clawpiece 集乳器

claw-plate 爪板

clay 黏〔泥，白〕土

activated ~ 活性黏土

AFS ~ 美国铸造协会标准黏土（沉降速度 < 2.54 cm/min，且粒度小于 20μm）

air-float ~ （经磨细及风选的）细黏土

ball ~ 黏土块，球状黏土

bond(ing) ~ （造型）黏土，（黏土质）黏结剂

ceramic ~ 陶瓷黏土

ceramic grain ~ 陶粒黏土

china ~ 高岭土，瓷土（料）

coal ~ 耐火黏土

fat ~ 肥〔富，重〕黏土

fire ~ 耐火黏土

flint ~ 硬质黏土

fuller's ~ 漂白黏土

glass-pot ~ 陶土

lean ~ 瘦黏土

low-heat-duty ~ 低品位耐火黏土，低熔点黏土

mild ~ 亚黏土，瘦黏土

opal ~ 蛋白土

plastic ~ 可塑黏土，塑性黏土，陶土

porcelain ~ 瓷土，高岭土

pot ~ 坩埚黏土，陶土

potter's ~ 黏土，陶土

pure ~ 纯土，纯白陶土

refractory ~ 耐火黏土，耐火泥

rich ~ 肥黏土

sand ~ 砂土（砂和黏土混合物）

seat ~ 耐火土

soapy ~ 皂土

strong ~ 肥黏土

tap(ping)-hole ~ 堵口泥，炮泥

white ~ 白泥，高岭土

C-layer C电离层(离地面35～70km的电离层)

cleading ①护罩,罩壳,套衬〔板〕②(发动机的)保温层

clean ①清洁〔干净，新鲜〕的②规则〔整齐，完全〕的③表面光滑的，流线型的④洗净，擦净⑤去油，脱脂⑥净化，提纯⑦清除，归零

aerodynamically ~ 良好气动力外形的

cleaner ①除垢〔吸尘,清洁,清除〕器②清洁物，清理设备,刮刀③（渗透检验的）洗净〔纯化，清洁〕剂④提钩⑤清粮机

air line ~ （轧花机上的）风管式净棉器

air ~ 空气清洁器

air-and-screen ~ 风筛谷物清选机，风筛综合清粮机

air-blast ~ 鼓风〔强气流式〕清选机

airless blast ~ （铸件）机械喷丸清理机

airstream ~ 气流清棉机

alkaline ~ 碱洗装置，碱洗机，碱性清洗剂

aspirator ~ 气吸式风力清选机

ball ~ 小球清洗器

bank ~ 触排清洁器，线弧清拭器

barnyard grain ~ 扬场机
body ~ 车身清洗器〔清洁剂，除垢器〕
body edge ~ 罐身边缘清理机（罐身焊接前边缘表面清理去除各种涂层或镀层）
brush ~ （输送机上清扫输送带的）清扫刷，刷式清选机
bur ~ 芒刺清除机
chip ~ 排屑器
contact ~ 接触清洁器
cylinder ~ 窝眼筒选种机，选粮筒
dike ~ 沟渠清理机
disk ~ 选粮盘，窝眼圆盘式选种机
ditch ~ 清沟机（用螺旋升运器将水沟内污泥清出），水沟清理机
draper ~ 绒布选种机
dust ~ 除尘器
file ~ 锉刀钢丝刷
fine ~ 细过滤器
gas ~ 净气器，煤气净化器，煤气洗涤机，洗气机，气体净化器
gooseneck ~ 桥管清扫器
grain ~ 谷物清选机
gutter ~ 清沟机
inclined ~ 梯形开棉机
index blanking ~ 消隐期引导信号消除器
jet ~ 喷嘴清洁器，气流清棉机
oil ~ 液压过滤器
photoelectric yarn ~ 光电式电子清纱器
pipe ~ 洗管器
plate ~ 平板分选机
pneumatic ~ 风力选矿机
pulp ~ 筛浆机
radiator ~ 冷却器〔散热器〕洗涤剂
rotary ~ 圆筒筛，旋转式清理机
row ~ 清垄器
rubber windshield ~ 橡胶风挡清洁器
sand ~ 喷砂式（火花塞）清洁器
scotch ~ 清齿刮铲，刮勺（造型工具）
scotch club ~ 弧形底脚修型笔
screen ~ 筛式清选机，清筛器
seed ~ 种子清选机，选种机
sieve ~ 筛式清选机，清筛器
spiral ~ 螺旋式选种机
step ~ 梯形除杂〔开棉〕机
stone ~ 除石机，石块分离机
street ~ 扫路车，清道工人
stubble ~ 浅耕机，灭茬机
suction ~ 吸尘器，吸式清扫机
super ~ 多辊筒开棉机，梯形除杂机
super jet ~ 高效喷气清棉机，气流除杂机
tape ~ 磁带清洁器
tip ~ 喷嘴通针
tow ~ 麻屑〔短纤维〕清理机
tube ~ 洗管器，管子清洁器，管内除垢器
ultrasonic ~ 超声洁片机
vacuum ~ 真空吸尘器
water ~ 净水器
wet ~ 湿式除尘器，湿法洗涤器，湿清刷机
wheel ~ 轮子刮泥板，刮轮板
window ~ 刮水器，玻璃刷
yarn ~ 清纱器

cleaner-elevator 清选升运器

cleaner-grader 清选分级机

cleaner-loader 清理装载机

cleaner-separator 清选分离机

cleaning ①清洁(处理),清洗(法),净化,去油,脱脂②清除，錾除，修整，填平，展平，(使)平滑,平整,(气动力形状)改良,(铸件)清砂,(电镀前)底金属清洗，清除氧化皮
abrasive blast ~ 喷砂清理
acid ~ 酸洗
air ~ 空气净化
anode ~ 阳极去油（脱脂）
blast ~ 喷砂〔丸〕清理
cathodic ~ 电解清洗（工件阴极）
chemical ~ 化学脱垢（清洗，清砂）
cold emulsifiable ~ 室温乳化清洗
drum ~ 圆筒滚净法
electric hydraulic ~ 电液压清砂
electrolytic ~ 电解净化〔去污，清洗〕
etch ~ 酸洗
flame ~ 火焰除鳞〔清理〕(法)
gas ~ 煤气清洗，气体净化
grid ~ 电解清洗
hydraulic ~ 水力清砂
immersion ~ 浸洗，化学清理
impact ~ 抛丸〔冲击，喷射〕清理
in-place ~ 现场清洗，就地清选
ionic ~ 放电〔离子轰击〕清除
jet ~ 喷射清理，喷射脱脂（法）
joint ~ 清缝
place ~ 清理工作面，清理场地
pneumatic ~ 风力精选
sand(-blast) ~ 喷砂清理
shot ~ 喷丸清理
soak ~ 浸洗，化学清理

suction ~ 吸气式清洗
ultrasonic ~ 超声清洗
water jet ~ 水射流清洗
wet ~ 水选，湿选法
wet gas ~ 煤气湿法除尘，湿法洗气

cleaning-off 清理

cleanliness ①清洁（度），净度②良流线性
~ of surface 表面洁净度

cleanout ①清扫，清除口②清除结焦（如裂化炉，分馏塔盘）

cleanse 纯化，净化，精炼，提纯

cleanser ①净化剂，擦亮粉②清洁〔过滤，吸尘〕器，清洗机，刮刀③凿断工，清铲工

cleansing ①净化，澄清②精炼，提纯③（pl.）垃圾

cleantrack 净轨（管形轨道）

cleanup ①清除，洗涤②提纯，净化，精炼③去气，除气
casting ~ 铸件清理
gas ~ 提高真空度，除气，排气

clear ①空间〔隙〕，间隙，清除区，空白区②清楚的，畅通的，（纯）净的③清〔消，排〕除④（电话）拆线，清机（指令），（计数器）归零，（存储单元）清零
all ~ 全部清零，复位
normal ~ 正常进行

clearance ①清扫〔除〕②间〔余，缝〕隙，电气间隙，（公差中的）公隙，容积，净空，间距③有害空间④通过，许可（证）⑤票据交换总额，纯益
air ~ 气隙
air traffic ~ ①航空交通许可证②由地面到飞机控制的区域
angular ~ （冲裁）凹模漏料斜度
approach ~ 允许进场
axial ~ 纵〔轴〕向间隙
back ~ 背隙（螺纹）
blade ~ 叶片间隙，刃口间隙
blanking ~ 冲裁〔下料〕间隙
bottom ~ 齿根与齿顶间间隙，径向间隙
brake ~ 闸间隙
bridge ~ 桥梁下净空
bump ~ （钢板弹簧）极限压缩量，（弹簧）振动间隙
cage ~ 罐笼间隙，锤式碎矿机筛条间隙
circumferential ~ ①周刃隙角，刀刃后角②（满装滚动体轴承）滚动体间的圆周总间隙量
clinkertooth ~ 齿顶与齿根间隙
close ~ 紧公差，小间隙，密合间隙
cold ~ 冷时间隙
control law ~ 控制律清除
crest ~ ①（齿的）端部间隙②（螺杆螺纹的）顶部间隙，外径间隙，径向间隙
cutting ~ 后角，间隙角
cylinder ~ 气缸的余隙（容积）
die ~ 冲裁〔模板〕间隙
end ~ 端隙（活塞环锁口间隙）
fit ~ 配合间隙
fore-and-aft ~ （工作部件）前后间距，纵向间隙
full-scale ~ 全部清除（存储信息）
gap ~ 对接点〔接合点，接头〕间隙
gear ~ 齿轮〔齿顶〕间隙
ground ~ （飞机起落轮中心的）离地距离，车底净空，离地净高
guide ~ 导承间隙，导向部间隙
guiding ~ 导（向间）隙
land ~ 周刃隙角
lip ~ 背〔后〕角
major ~ 大径间歇
minor ~ 小径间隙
needle ~ 针阀间隙
oil ~ 油膜间隙
overwind ~ 过卷距离
plate ~ 板极间距
pole ~ 杆距，极（间间）隙
primary ~ ①初始间隙②（刀具的）主后角
rebound ~ （钢板弹簧）反跳极限
ride ~ 动力挠度
road ~ 离路面高度
running ~ 运转游〔间〕隙，齿侧隙
safe ~ 安全余量
safety ~ 许用间隙，安全间隙
secondary ~ 副后角
side ~ ①侧隙，径向间隙②（刀具）横向后角，横截面后角
tanking ~ 油箱侧壁与（变压器的）器身间距离
terrain ~ 离地高度
tip ~ 齿顶〔顶部〕间隙，（螺杆螺纹的）外径间隙
tolerance ~ 间隙公差，配合间隙
tool ~ 刀具后角
tool back ~ 刀具纵向后角（切深平面内），背后角

tool base ~ 刀具最小后角，基后角
Tool Shank ~ （每个后续切削层增加的）侧面余量增量（UG 中的数控加工软件创建切削层参数）
tool side ~ 刀具横向后角（进给平面内），侧后角
top ~ ①（齿的）端部间隙,齿顶间隙②（螺杆螺纹的）顶部孔隙，外径间隙
trash ~ ①耕耘机机架地隙②土壤耕作机具工作部件间距离（防壅堵的间隙），耕耘部件间隙
tube ~ 管胀余隙
underframe ~ 犁架高度（犁架至犁体支持面的距离）
valve ~ 阀〔气〕瓣间隙
water ~ 隔水距离
work ~ 加工余隙
working ~ 工作间隙，操纵机器的自由空间
wrench ~ 扳手空位〔开口〕
clearance-free 无游〔间〕隙的
clearanceometer 测隙计
clearcole 油灰，白铅胶
clear-cut 轮廓鲜明的，清晰的，确定的
clearer 清〔排〕除器，清洁辊，清纱器，绒辊〔板〕
land ~ 松土除草中耕机
track ~ ①排障器②（割草机的）拨草板
clearing ①清除，排除，消除②清算，票据交换③清洁，纯化
clearinghouse （技术情报，票据）交换所，交换站
clearness ①晴〔明〕朗，清晰（度）②无障碍③清楚，明白
surface ~ 表面清洁度
cleartext 明码电文
clearway （全部立体交叉，限制进入以保证不间断交通的）超高速公路
cleat ①系缆墩,系绳铁角②（连接框和桁条的）加强角片③线夹，夹板，夹具④楔子
angle ~ 连结角钢，角钢夹板，角钢加强夹板
belaying ~ 加强板
hatch (batten) ~ 锁条
pusher ~ 止推器
cleavability 可解理性，可裂性
cleavage ①劈〔裂〕开（面），裂缝〔纹〕，分裂〔度〕②解理（性），（晶体的）可劈裂性，（晶体的）节理
fault slip ~ 滑断劈裂
cleft 裂缝〔隙，口〕
clench =clinch
clencher =clincher
clerk 职员，文书
coding ~ 程序（编写）员
control ~ （数据）控制员
correspondence ~ 文书
fault ~ 障碍记录器
timestudy ~ 计时员，工时测定员
clevice =clevis
clevis ①U 形夹，U 字钩，马蹄钩，挂钩②U 形插塞，U 形接线箍③夹板，夹具④（缸体或活塞杆端的）环叉
back ~ 后连接环〔叉，钩〕
rod ~ （杆的）连接叉，杆叉
clew =clue
cliche 〈法〉（由纸型翻铸的印刷）铅版,电（气）铸版，（照相）底版
click ①咔嗒声②插销，定位销③棘爪，棘轮机构，掣手④按（鼠标）
key ~ 电键“咔嗒”〔干扰〕声
recoiling ~ 带退程的掣手
clicker （针织品的）冲裁机
die ~ 冲压〔模〕裁剪机
tally ~ 计数器
clicket 阀，节气门
clicking 微小静电干扰声
clickwork 棘轮（机构）
client 顾客，读者，委托人，客户，客户机
messaging ~ 消息接发客户机；客户传报程序
thin ~ 瘦客户机
client/server (network) 客户 / 服务器（网络）
climate ①气候②环境，地带③一般趋势
market ~ 市场趋向
climax ①顶点，极点，最高峰②高阻镍钢
climb ①上升，攀移②爬高速度，爬升距离
diffusive ~ 扩散攀移
dislocation ~ 位错攀移
climber 脚扣（上杆用）
pole ~ 脚扣（上杆用）
climbing ①上升，攀登②上升率③攀移
~ of dislocation 位错攀移
clinac 医用直线加速器
clinch ①敲弯部分，敲弯钉，铆钉②打弯（钉子），连接（用钉子），钳住，钩紧
nail ~ 弯脚钉

clincher ①扒钉，铆钉②夹子，紧钳③钳入〔紧钳〕式轮胎④假〔预〕封机〔罐〕

clinic ①临床（学，教学）②学术会议，讨论会

clink ①响裂（钢锭缺陷）②裂纹（由于加热或冷却不均匀的缩或胀而造成的钢件内或外的裂纹）

clinker ①渣块，熔渣，灰渣②烧结块③荷兰砖，缸砖④氧化皮⑤红料（三氧化二铁与油的混合物，用以擦光铜与钢件）⑥（水泥）熟料

basic ~ 碱性熔渣

zirconia ~ （二氧化）锆熔（渣）

clinker-built 向下〔鱼鳞〕叠接的，重叠搭造的

clinkery 熔结的

clinking ①响裂（钢锭缺陷）②裂纹（由于加热或冷却不均匀的缩或胀而造成的钢件内或外的裂纹）③白点

clinoaxis 斜径，斜轴

clinodiagonal 斜径，斜轴

clinograph ①井斜计（用以测井洞或矿坑倾斜的器械）②平行板（绘图用）

clinohedral 斜面体

clinometer 测角器，倾斜计，测斜仪，磁倾计，象限仪

gyroscopic ~ 陀螺倾斜仪

clinopinacoid 斜轴面

clinoprism 斜轴柱

clinoscope 侧滑指示器，倾斜仪

clinotonite 脆云母

clinounconformity 斜交不整合

clip ①夹子，夹片，钳（器），钢夹，（卡）箍②线夹，接线柱，支架，压板③回形针，两脚（钉书）钉，皮带扣，琢，耳④（pl.）大剪刀⑤夹住，钳紧，压紧，限制⑥截断，削去，切去，碎裂，修剪

alignment ~ （弹簧的）装置夹，校直夹

alligator ~ 鳄鱼夹，弹簧夹

angle ~ ①短角钢，角铁系②V形架

anti-rattle ~ 防振线夹

attachment ~ 夹子，夹头，环箍，卡钉，夹线板，轴环

binding ~ ①接线夹，线箍②钳头

black ~ 黑色电平限幅〔削波〕

blade ~ 刀形夹头

cable ~ 电缆夹（头），钢索夹头

carbon ~ 炭精夹

cartridge ~ ①套夹②枪弹弹夹

chain ~ 链卡子

clinch type ~ U形弹簧夹

connection ~ ①结合扣②连接管

contact ~ 接触线夹，接线柱，刀开关静触头（夹）片

cowling ~ 搭扣

crocodile ~ 弹簧线夹，鳄鱼（嘴）夹

dark ~ 暗电平削波

earth ~ 接地夹

elen ~ 机动吊架灯（电视录像用）

Fahnestock ~ 断缘片的一种

fase ~ 熔丝夹

feeder ~ 馈线夹，馈线接线柱

grid ~ 栅帽接线柱

grip ~ 弹簧线夹

heel spread ~ 跟距扣板

hold(ing)-down ~ ①卡子〔箍，钳〕，环箍，夹头②压刀〔刃〕板

indicator ~ 指示器固定簧片（用于指示器滚筒上固定图表）

jubilee ~ 连接螺旋夹

knife ~ （切割器的）压刀板，压刃板

looper ~ 套口机剪线装置

magazine ~ 弹夹

mica ~ 云母绝缘夹

pin ~ 连接销的弹簧卡

pipe ~ 管夹，（支架管道用的）管架

rail ~ 轨夹，轨道压板

rebound ~ 回跳夹，钢板弹簧骑马螺栓

retaining ~ 固定夹

saddle ~ 弹簧夹，鞍夹，扒钉，撑棍

shaft ~ 轴箍

shorting ~ 短路夹

sickle ~ （切割器的）压刀板

spring rebound ~ 弹簧箍圈，拉紧用弹簧线套，弹簧连接夹

strand ~ 绞线箍

termind ~ 终端线夹

transit ~ 调整辙杆夹

video ~ 视频片断

wedge ~ 楔形扣板

wire ~ 钢缆夹

wiring ~ 钢丝剪，线夹

clipboard 剪贴板

clipper ①限制〔限幅，削波，斩波〕器②快船，快（飞）机③（尖口）钳子，剪取器，割草（剪毛）机

base ~ 削波〔限制，限幅〕器

beam ~ 束流限制器
beam-defining ~ （在回旋加速器中心的）限束器
cattle ~ 剪牛毛机
clockwave ~ 削波器
forage ~ 饲料联合收获机
gain ~ 增益限幅器
motor ~ 机帆船
noise ~ 噪声限制器，静噪器
oat ~ 燕麦脱壳机
overshoot ~ 过电压限制器，过冲（峰突）限制器
rivet ~ 铆钉钳
rotary ~ 旋转剪断〔板〕机
veneer ~ 单板切断机
video ~ 视频信号限幅器
whit ~ 白电平削波器

clipper-limiter 双向限幅器

clippers （尖口）钳子，剪取器，割草〔剪毛〕机
bolt ~ 断线钳
nail ~ 指甲钳，指甲刀
sheep ~ 羊毛剪，剪毛机
tree ~ 伐木剪
wire ~ 断线钳

clipping ①削波，（信号的）限幅，（图形的）裁剪，（脉冲的）斩断②剪断（物）③修边，切边
black ~ 黑色电平削波
diagonal ~ 对角削波（失真），负向过调制失真
peak ~ 削峰（削去脉冲顶峰）
pulse ~ 脉冲限制
sheet ~ 钢板〔板材〕的边废料
sideband ~ 边带削波
tail ~ （脉冲）后沿斩断

cliving-bell 潜水钟，钟形潜水器

CLK 时钟

clobber 乱码

cloche （专门编制钟形女帽的）钩编机

clock ①（时）钟，时标②时钟脉冲③周波拍频，同步脉冲
~ in ①时钟脉冲输入②（采用把名牌投入自动记时计等方法）记录上班时间
adjusted ~ 经过温度（5.556 ℃及 33.336 ℃）补偿调整的钟
alarm ~ 闹钟
appliance ~ 装置〔仪表〕用钟
astronomic(al) ~ 天文钟
audio ~ 音频时钟
audio transport ~ 音频传输时钟
ball ~ 球形外壳〔以球状重锤作动力、以滚球作振动系统〕的钟
battery ~ 电池钟
biologic(al) ~ 生物钟
carriage ~ （具有矩形外壳、采用摆轮作振动系统的打点或八音台钟）车钟
changeover ~ （仪表的）转接时钟
Chelsea ~ 卡莱西钟（船舶用钟）
chronometer ~ 标准钟，天文钟，（精密）记时计，精密（航海）时计，经线仪
composite ~ 复合时钟
computer ~ 计算机时钟
contact-making ~ 触点电钟
control ~ 标准钟，母钟
controlled ~ 被控制电钟，子钟
counter ~ 反时针的，反转的
crystal ~ 晶体钟，石英钟
crystal electric ~ 石英电子钟
cue ~ 故障计时钟
dashboard ~ 仪器板装置用时钟
delayed ~ 延迟的同步脉冲
delta ~ δ 时钟，再起动时钟
digital ~ ①计数脉冲②数字时钟
driving ~ 转仪钟
elapsed-time ~ 故障计时钟
etalon ~ 标准钟
Ethernet equipment ~ 以太网设备时钟
exposure ~ 曝光钟
external ~ 外部时钟脉冲
flick leaf ~ 翻牌式数字钟
frequency time ~ 电频时钟
global ~ 全局时钟（脉冲）
grandfather ~ 有摆的大座钟
human ~ 生物钟
impulse ~ 子钟，脉冲钟
light ~ 光电池钟
living ~ 生物钟
log ~ 计程仪航程计数器（转轮式）
main ~ 母钟，主钟
master ~ ①时钟脉冲，主脉冲②主时钟，母钟
master programme ~ 主程序调节器，母程序钟
negative ~ 负同步〔时钟〕脉冲
photogate ~ 光栅时钟脉冲
pilot ~ 监视用钟
“plato” ~ 翻牌式数字钟

position ~ 座席钟，长途台计时钟
positive ~ 正同步〔时钟〕脉冲
positive edge ~ 正边沿触发时钟脉冲
primary ~ 母（电）钟，主钟
program ~ 程序时钟
program addressable ~ 程序寻址时钟
quantum ~ ①量程钟②时限计
quantum-mechanical ~ 量子力学钟，量子力学频率发生器
range ~ 射程钟
real-time ~ 实时时钟〔装置〕
reset ~ 复位时钟（脉冲）
secondary ~ 子钟
sky ~ 电子时钟
slave ~ 子钟
sun time ~ 太阳时钟
switch ~ 开关钟
system ~ 系统时钟
talking ~ （磁带录像中）间隔为 1 s 的音频数字钟，电话报时钟（回答用电话询问时刻的钟）
telltale ~ 指示时钟，考勤钟
temperature ~ 测温钟
ticket ~ 翻牌式数字钟
tide ~ 潮汐钟
time ~ ①定时器，（自动润滑系统的）调时器②时钟脉冲
time signal ~ 报时钟
time-of-day ~ 日历钟（按日计时）
torsion-pendulum ~ 扭力摆钟
triggered-time ~ 触发信号钟
universal ~ 显示世界各大城市时刻的钟
wave ~ 电波钟
wind ~ 钟面式风向指示器
word ~ 数字显示时钟

clock-doubling 倍频
clocker （交通，比赛等的）计时员
clocking ①计时，定时②产生时钟信号〔脉冲〕③同步
data set ~ ①数传机同步（信号）②数据组定时
nondata set ~ 非数据校准时钟
clocklike 准确的，正确时
clockmaker 钟表匠
clockologist 钟表匠
clock-timer 钟表定时器
clock-watch 钟〔问〕表（既打点又可问时间的表）
clockwise 顺时针方向，向右转的
full ~ 顺时针满旋
clockwork ①时钟〔钟表〕机构，发条装置②精确的
program ~ 程序钟表机构
clockwork-triggered 借钟表机构触发的
clod ①块，大块②岩块，石块
clog ①障碍（物），阻塞（物）②止轮器，止动器③粘住，黏附，（车轮）陷入
clogging ①阻塞，闭合②结渣
head ~ 磁头堵塞
cloisonne 景泰蓝
clone ①仿制品，冒牌货②克隆，无性繁殖
cloning 再生
close ①闭合，接通，合闸，关闭，堵塞，封闭，密封②靠近，接近③结束，终了④紧密的，精密的
exhaust ~ ①排气开关②排气停止
joint ~ 密（合）缝
mechanical ~ 机械封闭
normal ~ 常闭〔断〕
pipe ~ 管塞
close-burning ①焦结，熔结②黏结性的，成焦性的
closed ①闭合的，封闭的，关闭的，接通的②紧密的③已合闸的
fail ~ 出故障时自动关闭的
integrally ~ 整体封闭（的）
normally ~ （正）常闭（合）的，原位闭合的，静合的
closed-circuit(ed) 闭路（式的）
closed-cycle 闭式〔合，路〕循环
closed-easy-axis 易轴闭合的
closed-ended 有底的，封闭端的
closed-loop 闭环，闭合回线，闭合循环指令
closedown 关〔封〕闭，停歇，停止播音，停机
orderly ~ 有序关闭〔停机〕
closed-system 闭合〔孤立，封闭〕系统，隔离〔隔绝，封闭，局限〕体系，闭路制
closed-top 顶封，封顶
closefile 关文件
close-graded 密级配的
close-grained 细粒致密的，细粒的，密纹的
close-in 近处的，近距离的，接近中心的
closely-pitched 小螺距的，细牙的，密排的
close-meshed 密网筛的
closeness ①密闭，紧〔严，精〕密②紧密度的

close-over 封盖，淹没
close-pass 闭口式轧槽〔孔型〕
closer ①塞头，端盖②闭合器，闭路器③阶梯卡套外圆盘④铆钉模⑤合绳机，合型机⑥合型工
bag ~ 缝袋机〔器〕
circuit ~ 闭路器，（电路）开关，接电器
crank ~ 合〔捻〕绳机
mo(u)ld ~ 铸型装配机，铸型装配用设备，合型机，合型装置
pipe ~ 管堵，管塞
planetary ~ 筐篮式合绳机
plate ~ 钢板压环（铆接用）
close-selector 精密选波器
close-shot 近摄
closet ①壁橱，盥洗室②（蒸馏炉）炉室
close-toothed 小齿距齿的，细齿的，小模数的
close-up ①闭合，闭路，接通②密封，紧密③近距摄影（电视或摄影），特写镜头，特写（电影）④精细观察
~ of disk 磁盘细部
closing ①关闭，闭合，闭路，接通②结尾③结合，接近④密接，合型
~ down 停机，关车
~ in （空心铸件或管件的）收口，封口，堵死
Clunisetrial ~ 验型
direct pressure ~ 直压法（压铁直接压在砂型上）
mo(u)ld ~ 铸型装配，合型
positive ~ 强制关闭
time ~ 延时闭合
water ~ 水封
closure ①闭合（度），闭路，关闭，闭锁②闭塞物，填塞砖，围墙③闭包（数学），隔板④截止，终结，末尾⑤截流，合拢
chain ~ 链锁合
conical ~ 锥形封头
die ~ 模具的闭合量
end ~ 端盖
gate ~ （水）闸门
hermetic ~ 密封，密闭
junction ~ 接点闭合
nozzle ~ 喷口隔板，喷口盖
packaging ~ 包装封闭
positive ~ 正闭包
shell ~ 壳层填满
top ~ 炉顶封闭（回收煤气）
clot 凝块，块凝物
cloth 织物，布
abrasive ~ 砂带，（金刚）砂布
baffle ~ 喇叭布，隔音布
bolting ~ 筛布
carbon ~ 碳纤维布（作电极）
cheese ~ 沙罩，柔光片
crocus ~ 细砂布
disk emery ~ 圆盘磨光轮
drip ~ 滴水带
emery ~ （金刚）砂布
empire ~ 绝缘布，黄蜡布，漆布，胶布
filter press ~ 压滤布
finishing ~ 擦布
glass ~ 玻璃布
impregnated glass ~ 浸渍玻璃布
leather ~ 漆布，油布，防水布，人造革
mac(k)intosh blanket ~ 胶布
mica ~ 云母布〔箔〕
milled ~ 毡合织物
nonwoven polymer ~ 非织聚合物布
oiled ~ 绝缘油布
proofed ~ 胶〔防水〕布
release ~ 脱模布
rubber(ed) ~ 橡胶布
screen ~ 筛网
sieve ~ 筛布
silk bolting ~ 丝筛布
tracing ~ 描图布，（透明）布
varnished ~ 漆布
wire ~ 金属丝网，筛布，钢丝布，金属丝织物
clothe （给…）穿衣，覆盖（着）
clothing ①罩，套，蒙皮，外壳②衣服
boiler ~ 炉套，外火箱
cylinder ~ 气缸外罩
protective ~ 防护〔毒〕衣，防护罩
clothmeasure 布尺
clothoid 回旋曲线
clotting 凝结，（焙烧矿的）烧结，结块
cloud ①云，浮云状物（烟、尘、汽团、飞砂等）②（液体或透明固体中的）混浊团，污斑③暗影，缺点
acoustic ~ 声（波反射）云
Brillouin ~ 布里渊空间电荷云
chaff ~ 涂复金属（的）纸带云，箔条云
slag ~ 云状〔微粒〕非金属夹杂
space-charge ~ 空间电荷云

window ~ 涂复金属（的）纸带
cloudage 云量
cloudburst(ing) 喷铁砂，喷丸
cloudbuster 破云器（一种播撒干冰用的机载设备）
cloudiness ①混浊（性），（混）浊度（油的）②云量
clouding 朦胧，模糊，（图像上的）云斑
cloudmachine 舞台幻灯机
cloud-projector 测云器
cloudy 多云的，混浊的，不透明的（液体），模糊的
clough 水门，闸门
cloumbite 铌铁矿
clout ①垫圈，垫片②（防磨损用）铁板③流量孔板
clout-nail 大帽钉，平头钉，扁头钉
CL-tape 刀位指令带
clual-beam 双射线的，双电子束
club ①棍棒②俱乐部
braking ~ 闸棍
dummy ~ 凸台，凸耳
solder ~ 焊条
test ~ 实验杆（空气制动器杆）
clubbing 拖锚
clue 线索，思路，暗示
clinker ~ 熔块
clump ①（土，铀）块，（桩）群，（树）丛②同义关键词组，词群③铅条，隔行用的空铅
clunch （硬化，耐火）黏土
Clunise 克鲁尼斯铜镍锌合金（*w*（Cu）40%，*w*（Ni）32%，*w*（Zn）25%，*w*（Fe）2.6%）
clunk 沉闷的金属声，发出沉闷声地移动
clusec 流西克的 1/100（漏损单位）
cluster ①群，簇，团，束，丛，组，族②电池组③集结，聚集成组
~ of dendrites 树枝状晶体簇
~ of domains （磁）畴丛
~ of magnetization 磁化线束，磁通
~ of needles 针状体簇
boost ~ 助推器组，组合助推器
concentric ~ 共心发动机簇
dial-in ~ 拨入群控器
electronic gauge ~ 电子组合仪表
entry ~ 登记项簇
gear ~ 多联齿轮，齿轮组
instrument ~ （操作台上的）仪表组，仪表群
instrument panel ~ 组合仪表板
ion ~ 离子束〔团、群〕
merging ~ 聚类合并
pile ~ 群桩
plug ~ 多插头端子板
seed ~ 点火捧束，点火元件组
station ~ 站群集器
vacancy ~ 空位团
clustering ①分组，分类②聚集，成组，收集③（线）束，（线）群
data ~ 数据分组
clutch ①夹住，紧握，咬合，连接②离合器，联轴器③夹紧装置，爪④套管（电缆接头）⑤凸起，凸轮
~ bevel 圆锥离合器
~ control converter 离合器控制转换器
~ pedal position 离合器踏板位置
air ~ 气动离合器
automatic ~ 自动离合器
automobile ~ 汽车离合器
back lash ~ 平衡离合器
backing-off cone ~ （走锭细纱机的）退绕〔反转〕离合器
band ~ 带（式）离合器
bevel ~ 锥形离合器
block ~ （伸缩）闸瓦离合器
brake shoe ~ 闸块离合器
centrifugal ~ 离心离合器
cheek ~ 颚形离合器
claw ~ 爪形离合器
coalreverse ~ 换向离合器
coil ~ 螺旋弹簧离合器
cone pawl ~ 圆锥棘轮离合器
converter lock-up ~ 变矩器锁止离合器
diphragm ~ 隔膜离合器
direct ~ 直接（传动）离合器，（汽车）直接档离合器
disc ~ 片式离合器
dog ~ 爪形〔式〕离合器
double ~ 双（向）离合器
double vee ~ 双锥离合器
dry ~ 干式〔摩擦〕离合器
dry-disk ~ 干式摩擦片离合器
dual ~ 双作用离合器
electromagnetic ~ 电磁离合器
electronically controlled ~ 电子控制的离合器
electronically modulated converter ~ 电子调节式变矩器锁止离合器
exclusive shear ~ 断销式分离离合器

expansion ring ~ 涨圈离合器
feed ~ 自动进退刀离合器
fierce ~ 快速离合器
forward ~ （汽车）前进档离合器
free-wheeling ~ 超越〔单向〕离合器，空程离合器
friction ~ 摩擦离合器
gear tooth ~ 齿轮离合器
gear-type ~ 齿轮离合器
grade retard ~ （使自动变速器内自动减速装置起作用的）湿式多片离合器
harsh ~ 快速（作用）离合器，急剧接合器
high and reverse multiplate ~ （汽车）高速和倒档多片离合器
hydraulic multiple plate friction ~ 液压多片摩擦离合器
hydraulically controlled ~ 液压离合器
hydrodynamic ~ 液力耦合器
hysteresis ~ 磁滞离合器
inserted ~ 嵌入式离合器
intelligent technical electric ~ 智能电子控制自动离合器
jaw ~ 嵌入离合器，爪〔颚〕式离合器
jump ~ （波纹面）滑跳式离合器
lift ~ （机引犁、播种机等的）起落离合器，起落自动器，自动升降器
lock-up ~ 锁止离合器
magnetic ~ 电磁离合器
magnetic particle ~ 磁粉离合器
main ~ 主（传动）离合器
master ~ 主离合器
mechanically controlled ~ 机械离合器
multiple ~ 复式离合器
one-way ~ 单向联轴器，自由轮离合器，单向〔超越〕离合器
overcenter ~ 偏心自锁常开式离合器
overdrive ~ （汽车）超速档离合器
overload ~ 安全〔过载〕离合器
overriding ~ 单向〔超越〕离合器
overrun(ning) ~ 超越〔单向〕离合器，过速离合器
pin ~ 带剪切销的安全离合器
plate ~ 闸片离合器
pneumatic tube ~ 气胎离合器
pneumatically controlled ~ 气压离合器
positive ~ 刚性〔非摩擦〕离合器
powder ~ （电磁）粉末离合器
power ~ 机动〔机力操纵〕离合器
pto ~ 动力输出轴（传动）离合器
ratchet ~ 棘轮离合器
relay ~ 继动离合器
release ~ 松脱（安全）离合器
roller ~ 柱栓式单向超越离合器，滚柱（式单向超越）离合器
rolling key ~ 旋转键离合器，超越离合器
rope ~ 接绳器
safety ~ 安全离合器
Scat type ~ 磁粉离合器
shearing ~ 剪销式超载安全离合器
sleeve ~ 刚性离合器，固定联轴器
slip friction ~ 安全打滑摩擦离合器
slip-jaw ~ 波纹齿滑动式离合器
slip(ping) ~ 安全摩擦离合器，可调极限扭矩摩擦离合器，滑动离合器
snap ~ 弹压齿式离合器
split ~ 开口环离合器
sprag ~ 超越〔斜撑〕离合器，楔块式单向离合器
spring-loaded ~ 常闭式弹簧离合器
square jaw ~ 矩形凸爪离合器，方齿牙嵌式离合器
steering ~ 转向离合器
striker ~ 移带叉，换档叉
throw-out ~ 常合式离合器
toothed ~ 齿形离合器
torque converter ~ 液力变矩器（锁止）离合器
torsional spring ~ 扭簧离合器
transaxle converter ~ （汽车）变速驱动桥液力变矩器离合器
transmission converter ~ 变速器变矩器离合器
underdrive ~ （汽车）低速离合器
wet ~ 浸油离合器
clutching 脚踏离合器
clutter ①混杂，杂乱②散射干扰，（雷达显示器上的）杂乱回波
ground ~ 地物反射波，地面杂乱回波
wave ~ 杂乱回波
clutterlock 抗地面干扰，抗杂乱回波
clycure 提高煤粉流动性的添加剂
clydonograph 过电压摄测仪
Cm （=curium）锔
cmmp cmmp 多小型机系统（美国卡内基-梅隆大学研制的系统）
C-MOS （=complementary metal-oxide-semiconductor（transistor））互补型金属氧化

物半导体（晶体管）
dynamic ~ 动态互补金属氧化物半导体（器件）
CN （=cellulose nitrate）硝酸纤维素
coacervation 凝聚，积并作用
coach ①长途汽车，卧车，车辆，二门桥式汽车，（长途，铁路）客车②车体，车身
buffet ~ 轻客车，餐车
electric motor ~ 电动客车
coachbuilding 汽车车身的设计与制造
coachwork 汽车车身的设计、制造和装配
coaction 相互作用，共同行动，强制力
coactivate 共激活
coactivation 共激活〔活化〕作用
coactivator 共激活〔活化〕剂
coagel 凝聚胶
coagulability 凝结（能）力，混凝能力，凝结性
coagulant 混凝剂，凝结剂
coagulate 混凝，凝结
coagulation 混凝（作用），凝结（物），胶凝剂
diathermic ~ 电凝法
coagulator 凝结器，沉淀凝集装置，凝结剂
coagulometer （血）凝度计
coagulum 混凝物，凝（结）块
coal ①煤，石炭，木炭②供〔装，加〕煤
altogether ~ 未经筛选的煤，原煤
anthracite ~ 无烟煤
baking ~ 黏结煤，结焦煤
binding ~ 黏结煤，结块煤
bituminous ~ 烟煤，软煤，沥青煤，肥煤
black ~ 烟煤
blind ~ 无烟〔劣质，天然〕煤，细薄干煤，贫煤，瘦煤
board ~ 纤维质煤，木质煤
boghead ~ 藻煤，深褐色烛煤
bony ~ 煤质页岩，页岩煤，骨炭
bottle ~ 气煤，瓦斯煤
Bovey ~ 褐烟
bright ~ 烟煤
brown ~ （新）褐煤（不固结）
caking ~ 炼焦煤，黏结性煤
candle ~ 烛煤，长焰煤（含高挥发成分，易着火）
cannel ~ 烛煤，长焰煤
charred ~ 焦炭，焦煤
cherry ~ 樱煤，（非焦性）软煤，半肥煤
cinder ~ 极劣焦煤
clinker(ing) ~ 熔结煤，易结渣煤
close burning ~ 黏结煤，炼焦煤，脂煤
coking ~ 成焦〔焦性，炼焦〕煤
crozzling ~ 黏结煤，炼焦煤
dandered ~ 天然焦
dead ~ 非炼焦〔非焦性，不成焦〕煤
dirty ~ 脏煤，高灰煤
dross ~ 非黏结性煤，渣煤
dry-burning ~ 贫煤，瘦煤
dull ~ 暗煤
egg ~ 蛋级烟煤块
fat ~ 油质煤，高挥发物的煤，肥煤（中等挥发成分炼焦煤）
fiery ~ 气煤，瓦斯煤
fine ~ 粉煤，煤屑
flame ~ 长焰煤
flaxseed ~ 碎无烟煤
float ~ 精煤
free ~ 软煤
free-burning ~ 易燃煤，不结焦的烟煤，长焰煤
gas ~ 气煤，烟煤，造煤气用的煤
glance ~ 辉煤，镜煤，光亮型煤，无烟煤
glossy ~ 无烟煤，辉煤，光亮型煤
green ~ 新添加的煤，未经处理的煤
hard ~ 无烟煤（美），褐煤以外的各种煤（英）
hydrogenous ~ 褐煤，高水分煤
jet ~ 长焰煤
kilkenny ~ 无烟煤，硬煤
lean ~ 瘦煤（低挥发成分煤），低级煤
light ~ 轻煤，气煤，瓦斯煤
ligneous ~ 褐煤
malting ~ 无烟煤
mill ~ 工厂用煤，非（炼）焦煤
mine ~ 原煤
mine run ~ 原煤
moor ~ 疏松的褐〔泥〕煤，沼煤
mushy ~ 泥炭，多孔煤
non-coking ~ 非成焦煤，非炼焦煤
nut ~ 核桃级煤（32 ~ 50 mm）
open-burning ~ 长焰煤（非黏结性煤）
paper ~ 纸煤（片状褐煤）
parrot ~ 响烛煤（燃烧时发唧唧声）
pea ~ 豌豆级无烟煤（14 ~ 20.5 mm）
peacock ~ 辉煤，光亮型煤
pit ~ （有）烟煤，软煤
pitch ~ 沥青煤，焦油煤，烟煤

pulverized ~ 煤粉
range ~ 拳级无烟煤（35 ~ 50 mm）
refuse ~ 煤渣
rice ~ 米级无烟煤（5 ~ 8 mm）
rich ~ 肥煤，沥青煤
run ~ 原〔软，粒状〕煤
run-of-mine ~ 原煤
sea ~ 海运煤，软煤，细煤末
semi-bituminous ~ 半沥青煤，半烟煤
separation ~ 富〔精〕选煤
sintering ~ 炼焦煤
slack ~ 煤屑
slate ~ 可燃页岩，板岩煤
smithy ~ 锻冶煤
soldering ~ 炼焦煤，黏结性煤
sopt ~ （有）烟煤，软煤
splint ~ 暗硬煤，不纯的硬质次烟煤
steam ~ 锅炉用煤，短焰煤
stoker size ~ 加煤机级煤
stone ~ 石煤，块状无烟煤
straight ~ 褐煤
sulfur ~ 高硫煤
sweet ~ 无硫煤，香煤
virgin ~ 未开采的煤层〔柱〕
washed ~ 洗煤，精（选）煤（湿法洗选煤）
white ~ 水力
yolk ~ 松软煤，沥青煤

coalburster 水压爆煤筒

coalcutter 截煤机
chain breast ~ 链式短壁截煤机
longwall ~ 长工作面用截煤机，长壁截煤机
longwall-shortwall ~ 万能截煤机
over ~ 上部截煤机
permissible ~ 防爆截煤机

coal-cutter-loader 联合截煤机

coal-drop 卸煤机，卸煤筒

coaler 运煤铁路，运煤车辆，煤船

coalesce ①聚结，凝聚②结〔接，组〕合，合并

coalescence 聚结，结合
cell ~ 晶胞聚结

coalescer 聚结剂，聚结器，（燃油水分）凝聚过滤器

coal-fired 燃煤的

coal-gas 煤气

coal-head 煤掘进斗

coalification 碳〔煤〕化（作用）

coalignment 调整〔匹配，校直〕装置

coalite 柯莱特无烟燃料（焦炭砖），半焦（炭），低温焦炭

coalition 结合，联合，串通

coalwhipper 卸煤工人，卸煤机

coaptation 接合，配合

coarse ①粗的，未加工的②近似的，不精确的③下等的④大的，巨型的

coarse-grain 粗晶，（砂轮的）粗粒，大粒度，粗纹（木材）

coarseness 粗度，粒度，粗糙

coarsening （晶粒）变粗，粗（大）化

coarse-textured 粗结构的

coarsing （晶粒）粗化

coast ①海岸（线）②（惯性）滑行，跟踪惯性

coastdown 减，减退，下降
power ~ 功率下降

coaster ①沿海航船②惯性运转装置〔飞行导弹〕③橇④飞轮⑤超越离合器，单向联轴器⑥垫子

Coaster 考斯特（日本丰田生产车型）

coast-freely 惯性漂移

coasting ①滑翔，滑行②惯性运动〔飞行〕，惰力运转
~ richer system 强迫怠速工况混合气加浓系统
~ fuel cut system （发动机）强制怠速工况燃油切断系统

coastline 海岸线，海滨线（指海滩脊梁向外一面的底线）

coastlining 海岸线勘测

coat ①涂层，镀层，蒙皮，镶面，护面层，表面包覆层，底漆②镀，涂敷，盖，蒙，表面处理，（涂）底漆
antitracking ~ 抗漏电涂层，保护涂层
back ~ 底（面）涂层，面层涂层
back-up ~ 加固层（熔模）
base ~ 底涂，基层
blotter ~ 吸油层，表面渗入层
bottom ~ 底层，基层
ceramic ~ 陶瓷涂层，难熔金属覆层
clear top ~ 罩光涂层〔漆〕
closed ~ 紧密涂（饰）层，密上胶层
cover ~ 盖层，面积
dash ~ 泼涂层
finish(ing) ~ 终饰层，罩面，面漆，面涂层
fire ~ 氧化皮〔膜〕
first ~ 底漆，底涂层
floating ~ 中涂层，抹面层

flow ~ 浇〔流〕涂（法）
flush ~ 磨光层
friction ~ 减〔耐〕摩涂层
gel ~ 凝胶漆，表面漆
ground ~ 底涂层
lacquer ~ 漆涂层
mat ~ 罩面，保护层
multiple ~ 多层，复层
nickel ~ 包镍，镀镍，镍表皮
open ~ 疏涂（饰）层，疏上胶层
primary ~ 底涂层，初涂，初次镀层，沥青透层，结合层
roller ~ 辊涂
sandwich ~ 夹芯涂层
seal ~ （路面）封面层
setting ~ 精修饰涂层，上涂，表涂层
sizing ~ 胶结涂层
skin ~ 罩面层，表层，表面涂层
stress ~ 应力试验脆漆层
superficial ~ 表层
tack ~ 黏层，黏结层
tie ~ 黏结层
top ~ 外〔面，顶〕涂层
under ~ 内〔底〕涂层
wearing ~ 磨耗〔损〕层

coater 涂料器，镀膜机，涂镀设备，涂布机，涂胶机（各式涂胶设备的总称）
bar ~ 刮棒涂布机
bead ~ 液滴涂布机
Belflex ~ 辊式涂布机
Bracewell ~ 喷雾涂布机
cataphoretic ~ 电泳涂敷机
Champflex ~ 拖刀涂布机
Contra ~ 逆向辊式涂布机
curtain ~ 帘式涂装机，帘式涂料器
curtain flow ~ 闸阀式自动流送涂层机
Kimberley-Clark-Mead ~ KCM 涂布机，三辊双面涂布机
kiss ~ 吻合式涂布机
Kohler ~ 气刀涂布机
levelon ~ 背辊整匀涂布机
massey ~ 多辊涂布机
offset rotogravure ~ 胶辊转印式涂布机
roll ~ 浸胶辊，涂胶辊，挤胶滚筒
spray ~ 喷涂机

coating ①涂料②包覆，敷层，涂层③外壳，套，蒙皮④镀，涂⑤焊药（皮）⑥涂法⑦上胶，贴胶⑧涂装
~ for optical fiber 光纤涂料
~ for water closet 卫生间专用涂料
accelerant ~ 速燃层
acid-proof ~ 防酸保护层，防酸面层
acrylic leather ~ 丙烯酸皮革涂饰剂
acrylic resin ~ 丙烯酸树脂涂料
active ~ 激活层，放射层，活性涂层
aerosol ~ 气溶胶涂料
age ~ of lamp 灯泡老化层（灯泡由于长期使用而变黑）
air drying ~ 气干型涂料
alumin(i)um ~ 热镀铝法
amino resin ~ 氨基树脂涂料
anode ~ 阳极（氧化）镀〔敷〕层
anticorrosion ~ 缓蚀层
antifogging ~ 防结露涂料
antifouling ~ 防污涂料
antifretting ~ 防锈蚀覆盖层，防磨蚀覆盖层
antifrosting ~ 防冰雪涂料
antigalling ~ 防磨损表面处治层，防锈蚀表面处治层
anti-glare ~ 防眩光涂料
anti-halation ~ 消晕涂覆
anti-radar ~ 反雷达敷层
antireflecting ~ （隐形机）防反射涂层
antireflection ~ 防反射敷〔涂〕层
antiskid ~ 防滑涂料
antisticking ~ 防粘纸涂料
aquadag ~ （胶体）石墨涂层
aqueous dispersion ~ 水分散体涂料
architecture ~ 建筑涂料
autophoresis ~ 自泳涂装
aviation ~ 航空涂料
black ~ 镀黑，发黑处理
bloomed ~ 无反射涂层
brittle lacquer ~ 涂脆漆层（确定应力用）
calender ~ 压延贴合
camouflage ~ 伪装迷彩涂料
catabolic curing ~ 触煤固化型涂料
cataphoretic ~ 电泳涂层
cellulose ~ 纤维素型药皮
centrifuged ~ 离心涂装
chill ~ 冷铁〔金属型〕涂料
chlorinated rubber ~ 氯化橡胶涂料
close ~ 致密〔牢固〕的镀层〔覆盖层〕
cockphosphate ~ 磷化护层（法），磷酸盐处理
coil ~ 卷材（连续）涂复

cold ~　树脂涂料，自干涂料
composite type ~　混合型涂料
conceal ~　隐身涂层
condenser ~　电容器板，电容器极片
conducting ~　导电敷层，传导层
conformal ~　保形涂层，敷形涂覆
convertible ~　转化型涂料
core ~　型芯涂料
crackle ~　碎纹涂料
curtain ~　幕式涂装
damping ~　阻尼涂料
dichroic ~　分色膜
die ~　①金属型涂料②分型剂
differential ~　双面差厚涂镀
dilectric ~　介质膜
dip ~　浸渍涂〔敷〕层
disguise ~　伪装涂层
doped ~　加固涂料
dry ~　干式镀覆（指渗镀，喷镀，离子镀，溅镀等）
electrically conductive ~　导电涂层
electrode ~　焊条涂料，电极涂料
electrodeposit ~　电沉积涂料
electrodeposited ~　电镀层，电（解沉）积层
electroinsulating ~　电绝缘涂料
electrophoretic ~　电镀，电（泳）涂（层），电泳涂漆
eloxal ~　铝的阳极涂层处理（法）
emulsion ~　水乳胶型涂料
epoxy resin ~　环氧树脂涂料
evaporation ~　真空镀膜
exterior ~　外用涂料
filter ~　滤光膜
fire preventing ~　防火涂层
flame retardant ~　耐火层，防火层
flash ~　金属喷镀层，（钢丝的）薄镀层
flat ~　无光涂料
fluorescent ~　发光涂料
fluorocarbon ~　有机氟涂料
flux ~　焊剂涂覆
furniture ~　家具涂料
galvanized ~　电镀层
glossy ~　有光涂料
graduated ~　分层镀层，阶梯涂层
half ~　半镀膜，半覆压膜
hardfacing ~　喷焊层
heat insulating ~　隔热涂层
high lustre ~　镜面光亮涂镀
hot-dip ~　热浸镀
hydrophilic ~　亲水膜
hydrophobic ~　憎水膜
ice ~　结冰，敷冰
immersion ~　化学涂层，电化学涂层
industrial ~　工业涂料
infrared radiating ~　红外辐射涂层
inhibitory ~　①保护层，防护层②涂料
inoxidizing ~　防护层，防蚀层
insecticide ~　杀虫涂料
insulating ~　绝缘外套，绝缘涂层，绝缘漆
interior ~　内用涂料
ion beam ~　离子束镀
lead ~　铅敷层，镀铅层
lens ~　透镜镀膜
light ~　薄药皮（焊条），薄涂层
lime ~　涂石灰（拉制钢丝时）
lubricate ~　润滑涂料
marine ~　海洋及船舶涂料
mechanical equipment ~　机床涂料
metal ~　金属镀层〔保护〕（法）
microwave absorbing ~　吸波涂层
mirror ~　反射镜涂膜
mo(u)ld ~　铸型用涂料
natural ~　（管道）加固橡胶保护层
non-convertible ~　非转化型涂料
organ titanium ~　有机钛涂料
outerspatial ~　外层空间用涂料
paint ~　涂装
plastic ~　塑料涂料
pohether ~　聚醚涂料
polyester resin ~　聚酯树脂涂料
polyurethane resin ~　聚氨基甲酸酯涂料
powder ~　粉末涂料
protecfive ~　保护涂料〔油漆〕,保护表面（氧化铝等），保护层
railway bridge ~　铁道桥梁涂料
reflection reducing ~　减反射膜，增透膜，防反射膜
reflective ~　反射膜
resilient ~　缓冲层
restrictive ~　护套层，涂料，铠装
roller ~　（磁带）滚动式涂敷
rough ~　①粗灰泥（表面），毛坯②打底子
rubber ~　涂胶
rubber base ~　橡胶类涂料
scuff-resistant ~　耐磨镀层，防磨层，防擦伤涂层

separate packed ~ 双组分涂料（分包装）
shellable ~ 可剥离涂料
silicone ~ 有机硅涂料
solution ~ 浸液涂漆
solvent type ~ 溶剂型涂料
solventless ~ 无溶剂涂料
spray ~ 喷镀金属，喷涂
spray metal ~ 金属喷镀法〔层〕
spread ~ 刷涂法，刮涂法
sputter ~ 溅射涂膜
stoving ~ 烘干型涂料
stress ~ 应力分布涂层（检验）法
strip ~ 带式镀膜
strippable ~ 可剥离层，可剥性涂料
sull ~ 黄〔锈〕化处理（获得氧化铁薄膜）
thermoplastic ~ 热塑性涂料
thermosetting ~ 热固性涂料
through-hole ~ 通孔镀敷
tumbling ~ 转鼓涂装
under ~ 上底漆，内涂层
vacuum ~ 真空敷层（法）
vinyl resin ~ 烯类树脂涂料
vitreous enamel ~ 搪瓷法
water soluble ~ 水溶性涂料
wear resistant ~ 耐磨涂层
whirl ~ 旋转涂复（法），甩胶（印制电路板工艺用）
zebra crossing ~ 马路划线漆
zinc ~ 镀锌（层）

coax =coaxial

coaxal =coaxial

coaxality 同轴性，共轴性

coaxial 共〔同〕轴的，共心的

coaxial-line ①同轴线，共轴线②具有同心导线的电缆

coaxing 疲劳限渐增现象
~ of metal strength 金属强度的人为上升

coaxitron 电路内装式超高频三四极管（外电路装入管内）

coaxswitch 同轴（线路，电路转换）开关

cob ①（煤，石头，矿石等的）圆块，糊墙土，泥砖②弄〔敲，破〕碎

cob ①湿砂型芯，砂胎②轴向轴承③袋，囊，吊砂，挂砂
projection ~ 吊〔挂〕砂

cobalt 钴（Co）

cobaltite 辉〔砷〕钴矿

cobalt-nickel 镍钴合金

cobalt-plating 镀钴

Cobanic 可巴尼克镍钴铁合金（*w*（Ni）54.5%，*w*（Co）44.5%，*w*（Fe）1%）

cobber 选矿机

cobbing ①人工敲碎②手选（富矿）③（pl.）清炉渣块

cobble ①大卵石，铺路石②卵石级煤（65 ~ 260 mm）③（半轧）废品，（板材或坯料的）弯斜④修补

Cobenium 恒弹性模数钢（*w*（Co）40%，*w*（Cr）20%，*w*（Ni）15%，*w*（Mo）7%，*w*（Mn）2%，*w*（Be）0.04%，*w*（C）0.15%，其余 Fe）

Cobitalium （活塞用）铅合金

COBOL （=common business oriented Language）COBOL 语言，面向商业的通用语言

coboundary 共界面，上边缘

cobs （显示器上由调频引起的）钟形失真

co-channel 同波道，同信道

cochromatograph 混合用色谱（法）分析

cochromatographic 共同用色谱分析的

cock ①旋塞阀，旋阀，（活）栓，管闩，（节）气门②（天平）指针，尖角③风向标④起重机，吊车，提升棒
air ~ 气栓，排气旋塞阀，风门
angle ~ 转角管塞
back ~ 摆夹板
ball ~ 浮球旋塞阀，（浮）球阀
bleeder ~ 放水旋塞阀
blow-off ~ 吹除开关，排气栓，放泄旋塞阀
by-pass ~ ①调节开关，调整旋塞阀②旁通旋塞阀，转换开关
change-over ~ 转换开关
cleanout ~ 净塞
compression relief ~ 泄〔减〕压开关
coupling ~ 连接旋塞阀，连通开关
D ~ 排气〔油〕旋塞阀
delivery ~ 清洗旋塞阀，泄放旋塞阀
drain ~ 排气〔放水，泄放〕旋塞阀，放水龙头，排污〔气〕阀
draw ~ 泄放旋塞阀，小旋塞阀
drip ~ 滴（降）栓，放泄〔排气，滴水器〕旋塞阀
emergency stop ~ 应急开关〔管闩〕，紧急制动旋塞阀
expansion ~ 节流阀
fan-key ~ 阔把龙头
feed ~ 进给旋塞阀
fire ~ 消火栓

flood ~ 溢流阀
foam ~ 排污〔泡沫〕旋塞阀，吹洗锅炉开关
ga(u)ge ~ ①试水位旋塞阀，水位器开关②压力表阀
globe ~ 直通开关，球阀，球形阀
indicator ~ 液面玻璃管开关
kelly ~ 方钻杆旋塞阀
main ~ 总开关，总旋塞
master ~ 总开关，总旋塞阀，操纵开关，控制旋塞阀
oil ~ 润滑油旋塞阀
outlet ~ 液压过滤阀
P ~ 小旋塞阀
pet ~ ①（给水，给油）小旋塞阀②（汽笛等的）扭塞阀
plug ~ 旋塞阀，转阀
port ~ 气缸排水阀
radiator drain ~ 散热器放水旋塞阀
release ~ 放气旋塞阀
relief ~ 安全旋塞阀，减压开关，溢流开关
scum ~ 排污开关，放（浮）沫旋塞阀
shut off ~ 阻塞〔关断〕旋塞阀，停车开关
sill ~ 小旋塞阀，洒水栓
stop ~ 停止旋塞阀，活栓，管闩
straight(-way) ~ 直通旋塞阀
suction ~ 进水旋塞阀，吸入开关，抽汽旋塞阀，吸入阀瓣
surface ~ 液面控制阀
T ~ 三通旋塞阀
taking-in ~ 进给旋塞阀
tallow ~ 动物脂旋塞阀，带栓润滑器
three-way ~ 三通旋塞阀
throttling ~ 节气门〔扼流，油门〕旋塞阀，扼流栓
through ~ 直通旋塞阀
union ~ 连接旋塞阀
valve ~ 阀，气门嘴，阀栓
vent ~ 放气旋塞阀
waste ~ 排泄旋塞阀
wind ~ 风标

cocking 倾斜，斜度

cockle 皱皮，波纹（金属板料边缘上），（薄板边缘的）皱裂

cockle-stair 螺旋梯

cocklifter 运垛机，移堆机

cockpit ①飞机座舱，尾舱，驾驶间〔座〕，船尾座位，最下层甲板尾部，摄影员座②灰岩盆地，漏斗状石灰坑

forward ~ 机头座舱

cock-stop 旋塞触止
tank ~ 柜塞触止

coclad 有金属包层的钢板

cocoa 摩擦锈斑

cocondensation 共缩（合）（作用）

co-content 同容积，同容量

cocoon ①茧形燃料箱②防护涂层③封存，包裹住，喷涂一层塑料以防锈蚀

cocooning 保护措施（将设备喷上或涂上一层塑料物质）

cocopan 小型〔小容量〕矿车

cocrystallization 共结晶

co-curing 共固化

co(-)current ①平行电流②并流，伴流

cocycle （数学的）闭上链

codan 载频控制的干扰抑制器

code ①规则，标准，法规，法典，工业产品规范②码，代码，密码，电码，符号，标记，程序 ③编码，译码
~ of conduct 管理〔经营〕法典
~ of practice 业务条例，定额，实施规程
abbreviated ~ 短缩码
abbreviated signal ~ 缩写信码，传输电码
absolute ~ 绝对（代）码，基本（代）码，代真码
abstract ~ 抽象码，理想代码
access ~ 存取（访问）代码
acknowledgement ~ 确认码
action ~ 动作码，操作码
actuating ~ 执行码
additional ~ 辅助码，附加码
address ~ 地址代码，单元号码
air-ground liaison ~ 空对地联络代码
alarm ~ 报答码
alpha ~ 字母编码，字母码
alphameric ~ 字母数字编〔代〕码
alpha numeric ~ 字母数字代码
alphabetic ~ 字母代码
alternate binary ~ 交变二进（制）编码
alternating ~ 交替代码
American Standard ~ for Information Interchange （=ASCII）美国信息交换标准代码
amplitude ~ 振幅码，振幅信号
answer-back ~ 应答代码
area ~ （电话分局的）数码代号
Army Fieldata ~ （美国）陆军信息编码

ASA ~ ASA 码（美国标准协会代码）
ASME ~ 美国机械工程师协会标准代码
assembly ~ 汇编码
augmeted ~ 增信码
aural and visual ~ 听觉和视觉信号编码
authentication ~ 识别码，标识代码，鉴别符号
bank identifier ~ 银行代码
bar ~ 条形代码，条形码
base station colour ~ （通信）基站彩色编码
base station identification ~ 基站识别码
basic ~ 代真码，代真程序，基本〔绝对，机器〕（代）码
basic order ~ 主指令码
Baubot ~ 博多（电）码（电传机上的 5 单位码，多路通信用）
BCD ~ 二 - 十进制码
binary ~ 二进制（代）码
binary format ~ 二进制（格式）代码
bipolar ~ 双极性码
biquinary ~ 二 - 五（混合）进制码
block ~ 分组码，块码，信息组代码，程序段（代）码
block-structured ~ 分程序结构码
boiler ~ 锅炉规程
Boss-Chaudhuri-Hocquenghem ~ 博斯 - 查德胡里 - 霍昆格姆码，BCH 码
branch ~ 分支代码
brevity ~ 简化码，缩语
burst-correcting ~ 纠突发错误码
cable ~ 水线电码，密码，电缆码
call forward access ~ 呼叫转接访问（接入）码
card ~ 卡片码
carriage return ~ 键盘回移电码
chain ~ 链式码，循环码
chain data ~ 链式数据码
channel ~ 通道代码
character ~ 字母码，信息码，符号（代）码，字符（代）码
character-like ~ 类字符码
check point ~ 抽点检验（电）码
cipher ~ 密码，代码
circuit ~ 闭路码
circuit identification ~ 电路识别码
civil ~ 中文明码
class ~ 分类符号，类别符号
cleartext ~ 明码
close-packed ~ 紧充码
colo(u)r ~ 色码，（颜）色标（识）
column-binary ~ 纵列二进码，竖式二进制代码
comma-free ~ 无逗点码
command ~ 指令码，操作码
comment ~ 注解码，注释码
compact ~ 压缩码，紧致码
complemental ~ 补码
complementary ~ 补码
computer ~ 计算机代〔编〕码
computer-oriented ~ 面向计算机的代码，计算机用的代码
concatenated ~ 链接码
condition ~ 条件〔特征，状态〕码
conductive-dot ~ 导电点代码
continental ~ 欧陆电码，国际莫尔斯电码
continuous progression ~ 连续级数码
control ~ ①控制码②管理规程，管理法则
convolution ~ 褶合编码，卷（积）码
convolutional ~ 卷积码
correction ~ 审校符号，编辑修改符号
coset ~ 陪集码，伴集码
CP ~ 循环排列码
cross interleave Reed-Solomon ~ 交叉交织里德 - 所罗门码
current trouble ~ 当前故障码
customer identification ~ 客户识别码
cut-set ~ 割集码
cyclic binary unit-distance ~ 循环二进制单位长度码，格雷编码，反射码
cyclic digit ~ 循环数码
cyclic permuted ~ 循环置换〔单位距离〕（代）码
cyclic product ~ 循环（乘）积码
cyclic-digit ~ 循环数码
data ~ 数据（代）码
data authentication ~ 数据验证码
data interchange ~ 数据交换码
date-time ~ 日期 - 时间代码
decimal ~ 十进制（代）码
decodable ~ 可解码，可译码
delete ~ 删错码
dense binary ~ 紧凑二进制码（各种组合被用到的二进制码）
descriptor ~ 描述符代码
diagnostic trouble ~ 诊断故障码
difference-set ~ 差集码
digital ~ 数（字）码

direct ~ 直接码，绝对代码
direct-product ~ 直积码
direct-sum ~ 直和码
document identifier ~ 文档识别码
dot-and-dash ~ 点 - 划电码（莫尔斯码）
double-current cable ~ 双流水线电码
dual ~ 对偶码
EIA standard ~ 电子工业协会标准代码
eight-level ~ 八级码，八单元码，八单位编码
electrical ~ 电工规程，电气规程
emulation client ~ 仿真客户代码
end-of-file ~ 文件末尾〔结束〕码
equal-length ~ 等长电码，时标电码
equivalent ~ 等效码
error correcting ~ 纠错码
error detection ~ 检错码，差错检测码
escape ~ 漏失码
Euclidean geometry ~ 欧氏几何码
excess ~ 余码
excess-three ~ 余 3（代）码
expurgated ~ 删信码
extended ~ 扩展码
extra ~ 附加码
false ~ 非法代码，伪代码
fault ~ 故障码
Fieldata ~ 军用数据码
file ~ 文件代码
file authentication ~ 文件验证码
final digit ~ 有限数字码，最终数位码
Fire ~ 法尔码，纠错环码
five-unit ~ 五单位制电码
forbidden ~ 禁（用代）码
formidable-looking ~ 似可畏码
frame ~ 表示无线电发送情况的电码
framing ~ 按帧编码
function ~ 操作码，功能码
functional address ~ 操作地址码
generated ~ 形成〔合成，派生〕码
genetic(al) ~ 遗传码
Golay ~ 戈莱码（纠错编码）
Gray ~ 格雷码，反射码
grey ~ 反射码
group ~ 分组码，群码，组符号
group classification ~ 归组分类码
Hamming ~ 汉明码（一种误差检测校正码）
Hanzi section-position ~ 汉字区位码
hash ~ 散列码
hatted ~ 随机码
Hollerith ~ 霍勒瑞斯码（利用凿孔把字母信息在卡片上编码）
horizontal and vertical parity check ~ 阵码（数据传输中用）
identification ~ 识别码，识别符号
identifying ~ 识别码，标识码，（穿孔带的）验证码
identity ~ 识别码
ignore ~ 忽略码，无作用码
illegal ~ 禁码
improper ~ 禁码，非法代码
inspection ~ 检修规范，检修指示书
instruction ~ 指令（代）码
interlaced ~ 交织码
intermediate ~ 中间码，半成码
international alphabet numerical ~ 国际第二号电码
international distress ~ 国际遇险呼救电码
interpre(ta)tive ~ 解释码
interpreter ~ 翻译代码，伪码，象征码
iterated ~ 迭代码
Kanji ~ 汉字代码
line ~ ①线路码（型）②行代码
linear ~ 线性码
linear block ~ 线性分组码，线性块码
literal ~ 文字编码
location area ~ （通信）定位区代码
loop ~ 循环码
low-rate ~ 低（信息）率码
machine ~ 机器代码，指令表
macro ~ 宏代码
magic ~ 幻码
magic three ~ 幻 3 代码
magnet bar ~ 磁条形码，磁棒形码
magnetic ~ 磁代码
majority-logic decodable ~ 大〔多〕数逻辑可解码
maximal length FSR ~ 最大长度反馈移位寄存器码
MICR ~ 磁墨水字符阅读器代码
minimum redundance ~ 最小余度码，最小重复码
mnemonic ~ 记忆码，助记码
mobile country ~ 移动（通信）国别码
mobile network ~ 移动式网络代码
mobility management entity ~ （通信）迁移率管理代码
modified binary ~ 反射二进码，循环码

Morse ~ 莫尔斯码
m-out-of-n ~ n 中取 m 码
multi-bit ~ 多进制码，多比特位码
mutual-complementing ~ 互补码
name ~ 名字代码
N-ary ~ N 元识别码，N 元代码
National Electric ~ 美国国家电气规程
National Electric Safety ~ 美国国家电气安全规程
negacyclic ~ 负循环码
network colour ~ 网络彩色编码
nonblock ~ 非分组码，非块码
nonexistent ~ 非法代码，不存在的代码
nongroup ~ 非群码
nonprimitive ~ 非本原码，非原始码
nonprint ~ 不印刷码，禁止打印码，非打印符号
nonreproducing ~ 非复制代码
nonsingular ~ 非奇异码
non-weighted ~ 非加权码，无权码
normal ~ 正电码
notice to airmen ~ 航空情报代码
numeric conversion ~ 数值转换代码，数值变位码
numerical ~ 数（值，字）码
numeric data ~ 数据码，数字码（用二进制码代表数字）
object ~ 目的码，（汇编程序或编译程序所产生的）结果代码
octal ~ 八进制码
one and zero ~ 一与零编码
one-over-one-address ~ 二地址码
open ~ 开型码
operating ~ 操作代码
operation ~ 操作码，运算码
optical ~ 光代码
optimum burst correcting ~ 最佳校正突发错误码
order ~ 指令码
orthogonalizable ~ 可正交码
out ~ 关闭指令
own ~ （使程序完成特殊任务的）扩充工作码，（用户）专用码
paired-disparity ~ 成对不均等性代码
parallel concatenated convolution ~ 并行联结卷积码
parity ~ 奇偶检验码
pending trouble ~ 待决故障码
perfect ~ 完备码，理想码
permuted ~ 置换码
personal authentication ~ 个人验证码
personal identification ~ 个人识别码
personal unblocking ~ 个人解锁码
phonetic ~ 语音码
PI ~ 程序指示码
poll ~ 登记码，注册码
polymorphic ~ 多形（代）码
positional ~ 位码，位置电码
position-independent ~ 浮动地址码
postal ~ 邮政编码，邮政代码，邮码
private ~ 专用代码
program source ~ 程序源代码
program structure ~ 程序结构代码
programming ~ 编程代码
protected 5-unit numerical ~ 五单位数字保护电码
pulse ~ 脉冲码
punctured ~ 收缩码
q-ary ~ q 进位制码
quadratic ~ 二次码
quibinary ~ 五 - 二（进制）码（用 7 位二进制数表示十进制数，表示形式为 5 位加 2 位）
quinary ~ 五进码，五元码
radio ~ 无线电缩语，无线电通信电码
RAFISBEQO ~ 雷费斯别柯符号（表示无线电通话质量的符号）
random-error-correcting convolu-tional ~ 随机误差校正卷码
reactor ~ 反应堆计算程序
recurrent ~ 连环〔卷积，循环〕码
redundant ~ 冗余码
reflected ~ 反射码，循环码
reflected binary ~ 反射二进码，葛莱码
relative ~ ①相对代码②相对程序
relocatable ~ 相对码，浮动代码，可再定位代码
relocatable object ~ 浮动目标码
reverse ~ 逆向码
reversing direction ~ 转报电码
ring ~ 环形码
ringing ~ 振铃电码，呼叫信号电码
Risafomone ~ （无线电收听度的）里萨福孟代码
routing ~ 路由选择码
routing area ~ （通信）路由区域代码

runtime ~ 运行时代码
safety ~ ①安全法则〔法典，规程〕②安全码
secondary synchronization ~ （通信）次级同步代码
secrecy ~ 秘密代码
secret ~ 密码
section ~ 段码，节码
security ~ 保密码
self-complementing ~ 自补代码
self-demarcating ~ 自定界码，自分界码
self-orthogonal block ~ 自正交块码，自正交分组码
service ~ ①辅助码②中继服务码
shift ~ 移位码
sign ~ 符号代码
signal ~ 信号码，信号电码
single-error correct(ing) ~ 单差校正码
skeletal ~ 骨架代码
skip ~ 跳跃码，空白命令码
source ~ 源编码，原始（代）码，源程序
source destination ~ 无操作码
space ~ 间隔码，空间码
space-frequency block ~ （通信）空间频率块码
space-time block ~ （通信）时空块码
specific ~ 绝对代码，代真码，具体码
speech ~ 语音代码
speed ~ 快速代码
standard ~ 标准规定，法规
start ~ 起动电码
stop ~ 结束符号，停止〔终止，停机〕码
straight-line ~ 直接式程序，无循环程序
submarine cable ~ 水线电码
syllabified ~ 字节（代）码，音节（代）码
syllable ~ 字节（代）码
symbol ~ 符号代码
symbolic ~ ①符号码，符号代码②伪码，象征码③符号程序
SYN ~ 同步码
tape ~ 磁带码，带码
teleprinter ~ 电传打字机的代码
teletype ~ 电传打字码
terminal authentication ~ 终端验证码
terminal identification ~ 终端识别代码
terminating ~ 结尾码，终止码
ternary ~ 三进〔三单元〕制代码
test ~ 试验代码
time ~ 时间编码
tracking area ~ （通信）跟踪区域代码
transmission ~ 传输码
transmitter start ~ 发送开始码
true ~ 实代码
Turbo ~ 并行级联码（并行卷积级联码的迭代译码）
two redundant Hamming ~ 二重冗余汉明码
two-dimension ~ 二维码
two-dimentional ~ 二维码
uneven length ~ 不均匀电码
unitary ~ 单代码，一位代码
unit-distance ~ 单位间距码（代码间距为 1 的编码）
universal product ~ 通用商品代码
unused ~ 禁用码，非法代码，非法字符
user identification ~ 用户识别代码
variable block ~ 可变块码
variable input-output ~ 可变输入输出码
video identification ~ 视频识别码
Wagner ~ 瓦格纳码，单差校正码
weighted ~ 加权码
wire ~ 接线标志
wiring ~ 布线规程
word ~ 字代码

CodeBase CodeBase 数据库

codec 编译码器
digital audio ~ 数字式音频编解码器
speech ~ 语音编码 - 译码器

codeclination 极距，同轴磁偏角

coded-program(me) 编码的程序

code-hopping 跳码

code-independent 与代码无关的

code-point 码点

codeposition ①同时沉积，共沉积②共积作用

coder 编码器，编码员，记发器，脉冲编码装置，罐头代号打印机
audio ~ 声频信号编码器
audio frequency ~ 声频编码器，音频编码器
binary ~ 二进制编码器
chroma ~ ①色度（信号）编码器②（场顺序制彩色电视信号转换为同时制彩色电视信号的）制式转换器
clock ~ （时）钟编码器
colo(u)r ~ 彩色电视信号编码器
comparison ~ 比较编码器
electronic ~ 电子编码器
equi-band ~ 等带宽编码器

incremental ~ 增量编码器
intraframe image ~ 帧内图像编码器
paper tape ~ 纸带编码器
pulse width ~ 脉宽编码器
run-length ~ 运行长度编码器
speech ~ 语音编码器
trouble ~ 故障记录器
video ~ 视频信号编码器
voice ~ 声码器，语言信号编码器
waveform ~ 波形编码器
coder-decoder 编码译码器，编解码器
code-theodolite 编码经纬仪
codeword 代码字
low weight ~ 低数码字
telegraphic ~ 电报简码
co-diagonalization 相互对角化
codification 编码，译成代码，编纂，整理
coding ①编码，译成电码②编制程序③符号代码
absolute ~ 绝对编码，绝对地址编码，用机器字编码
algebraic(al) ~ 代数编码
alphabetic ~ 字母编码
alphanumeric ~ 字母数字编码
antirace ~ 抗抢先编码
audio ~ to lower sampling frequency 较低取样率的音频编码
automatic ~ ①自动编码②自动编制程序③自动编码方法
binary coded decimal ~ 二进制编码的十进制，二-十进制编码
block ~ 分组编码，分块编码
boundary ~ 界编码
brush-trajectory ~ 笔画轨迹编码
channel ~ 信道编码
character ~ 符号编码
Chinese word and phrase ~ 汉语词语编码
colo(u)r ~ 色标，色码，色标编码
compand ~ 压扩编码
composite (digital) ~ 复合（数字）编码
constant difference ~ 定差编码
data ~ 数据编码
differential ~ 差分编码
(digital) component ~ （数字）分量编码
Dolby AC-2 audio ~ 杜比 AC-2 音频编码(一种独立声道的变换编码算法）
Dolby AC-3 audio ~ 杜比 AC-3 音频编码（AC-2 的多声道扩展算法）
entropy ~ 熵编码
facsimile source ~ 传真信源编码
forced ~ 最佳编码（使用串行存储器时，访问时间最短的程序设计）
frame-to-frame ~ 帧间编码
frequency-shift ~ 频移编码
gap ~ “中断”编码（近似莫尔斯电码，用来识别目标），间隙编码
generic ~ 通用编码
Hadamard transform inage ~ 哈达马变换图像编码
hash ~ 无规则编码，随机编码
hierarchical ~ 层次编码
intensity stereo ~ 强度立体声编码
interfield ~ 场间编码
interframe ~ 帧间编码
interpolative ~ 内插编码
intrafield ~ 场内编码
intraframe ~ 帧内编码
layered ~ 分层编码
MPEG layer Ⅲ audio ~ MPEG 第三层音频编码（兼容 MUSICAM 的变换算法）
MPEG multi-channel ~ （=moving pictures expert group multi-channel coding）MPEG 多声道编码（一种分层编码的方法）
MUSICAM ~ （=masking pattern adapted universal sub-bank in-tegrated coding & multiplexing coding）MUSICAM 编码（一种独立声道的子带音频编码）
out-of-line ~ 线外编码
own ~ （用户）专用编码，扩充工作编码
phantom ~ of the center channel 中间声道幻觉编码
picture ~ 图像编码
pip ~ 脉尖编码
ply stacking ~ 铺层编码
polynomial transform ~ （图像信号）多项式变换编码
predictive ~ 预测编码
pulse-spacing ~ 脉冲间隔编码
quantum ~ 量子编码
range ~ 距离（信号）编码
real-time ~ 实时编码
recursive contour ~ 周线递归编码
reply-frequency ~ 应答频率编码
responder ~ 应答器编码
run-length ~ 扫描宽度编码
sequential ~ 序列编码，连续编码

serial ~ 连续编码
single-column pence ~ 每列单孔编码
skeletal ~ 骨架编码，程序轮廓编码，程序纲要
slow ~ 低速电码，慢电码
source ~ 信（号）源编码
source language ~ 源语言编码
specific ~ 绝对编码
statistical ~ 统计编码
stereo image ~ 立体图像编码
straight-line ~ 直线式编制程序，无循环程序
sub-band audio ~ 子带音频编码
sub-band video ~ 子带视频编码
time ~ 时间编码
transform audio ~ 变换音频编码
transform ~ 变换编码
variable length ~ 变长度编码
width ~ （信号）宽度编码

codistor 静噪调压管

codoping 共掺

codress 编码地址

codriver 副驾驶员

coeff =coefficient

coefficient ①系数，因数，率②折算率③程度
~ of admission （气缸）充填系数
~ of charge 占空系数，（线圈的）填充系数
~ of correlation 相关系数
~ of dilution 稀释系数
~ of efficiency 有效系数，效率
~ of flow 流量系数
~ of gabarite efficiency 尺寸利用系数
~ of impact 动力〔冲击，冲量〕系数
~ of increase and decrease 增减率
~ of offset 移距系数
~ of opacity 不透明度，不透明系数
~ of preventative maintenance 预防性安全系数
~ of rank correlation 等级相关系数
~ of resilience 弹性〔回弹〕系数
~ of restitution 恢复系数，抗冲系数
~ of reverberant absorption 混响吸收率
~ of sprinkling 喷洒系数，水汽比
~ of surface resistance 表面电阻系数
~ of thermal expansion 热膨胀系数
~ of transverse clearance 端面齿顶间隙系数
~ of variation 变差系数
~ of viscosity 黏度（系数），黏性〔黏滞〕系数
abrasion ~ 磨耗系数
absorption ~ ①吸收系数②吸光系数
acceptance ~ 合格系数
accommodation ~ 适应〔调节，供应〕系数
acoustical transmission ~ 声透射系数，透声系数
activity ~ ①活动〔活度，激活〕系数②功率因数③占空系数（指线圈）
addendum ~ 齿顶高系数
addendum modification ~ （径向）变位系数，高度变位系数
adhesion ~ 黏附〔着〕系数
adsorption ~ 吸附系数
advance ~ 进速系数
affinity ~ 亲和系数
AM-PM ~ 调幅 - 调相系数
association ~ 关联系数
assurance ~ 安全系数，保险系数
attachment ~ 附着系数，结合系数
backscattering ~ 背〔反向〕散射系数
barometric ~ 气压系数
barotropy ~ 顺压系数
block ~ ①填充系数，充满系数②完满百分数③船型系数，方形系数，船体没水系数
boiling ~ 沸腾传〔放〕热系数
breadth ~ （电机的）绕组系数
brightness ~ 亮度系数
bulge ~ 胀形系数
bulk ~ 容积系数
capacitance ~ （麦克斯韦方程中的）电容系数
capacity ~ 容量系数，流量系数
capture ~ 俘获系数
carryover ~ 承转系数
Carter's ~ 卡氏系数，气隙系数
channel distortion ~ 通路非线性失真系数
charging ~ 填充系数
circle ~ 泄漏系数（感应电动机）
clearance ~ 顶隙系数
Clebsch-Gordan ~ 克莱布希 - 戈登系数，矢量耦合系数
Coelinvartransport ~ 传递系数
collecting ~ 捕集系数
complex amplitude ~ 复值振幅系数
composite ~ 合成系数
condensing ~ 凝结放热系数
confidence ~ 置信系数，可靠系数
constant ~ 常系数

contraction ~ 收缩系数，根梢比
conversion ~ 变换因数，变换系数
conversion gain ~ 变换〔变频〕增益系数
conversion loss ~ 变换〔变频〕损耗系数
cooperation ~ 合作指数，协作指数（等于扫描行长度乘以单位长度内的扫描行数）
coupling ~ ①耦合系数②啮合系数
covering ~ 覆盖系数
cross-coupling ~ 交叉耦合系数
cross-viscosity ~ 第二黏性系数
cubic(al) expansion ~ 体膨胀系数
damp(er) ~ 阻尼系数，衰减系数
damping ~ 阻尼系数，衰减系数
decay ~ 衰减〔耗，变〕系数
deflection ~ 偏转系数
deposition ~ 熔敷系数
derivative ~ 诱导系数
detection ~ 检波系数
dielectric ~ 介电系数，介电常数
difference ~ 差商，差分系数
differential ~ 微分系数，微商
diffusion ~ ①扩散率，扩散系数②漫射系数
directive ~ 方向系数
discharge ~ 流量〔放电，输出〕系数
disintegration ~ 衰变系数
dispersion ~ ①扩散系数，色散系数②磁漏系数
distribution ~ ①分布系数，分配系数②比色系数
drag ~ 牵引系数，阻力系数
economic ~ ①经济系数②效率
edge-thickness ~ （因边缘厚度造成的叶片间通道的）阻塞系数，（叶片）边缘厚度系数
effective crossing ~ 有效交叉系数
efflux ~ 流出〔流速，射流〕系数
Einstein A ~ 爱因斯坦自励系数
Einstein B ~ 爱因斯坦他励系数
elastic ~ 弹性系数
elastoresistance ~ ①弹性电阻系数②抗弹性系数
electron beam coupling ~ 电子注耦合系数
electronic ionization ~ 电子电离系数
electron-ion recombination ~ 电子离子复合系数
electrostriction ~ 电致伸缩系数
elongation ~ 伸长系数
Esson ~ 埃松系数，比转矩系数（电机气隙圆周所包围的单位体积的转矩）
exchange ~ 交换〔紊流迁移〕系数
expanding ~ 扩口系数
expansion ~ 膨胀系数，膨胀率
extension ~ ①移距系数，伸长系数②（电机磁路中空气隙的）增长系数
extinction ~ 消光〔声〕系数,（光随深度的）衰减系数
extinguishing ~ 衰减系数
fade ~ 衰减系数
fictitious thrust ~ 假推力系数
filled ~ 填充系数
film ~ 膜层散热系数
filtration ~ 渗透系数
flanging ~ 翻边系数
friction ~ 摩擦系数
gain ~ 增益系数
gap ~ ①隙缝系数，间隙系数②电子耦合系数
head ~ 压头系数
head-drag ~ 头部阻力系数
heat emissivity ~ 热辐射系数
heat-transfer ~ ①传热系数，放热系数②导热率
hole flanging ~ 翻孔系数
Hopkinson’s linkage ~ 霍普金森磁链系数
hysteresis ~ 磁滞系数，滞后系数
incidence loss ~ 入射损失系数，撞击损失系数
indeterminate ~ 不定系数，特定系数
influence ~ 影响系数，干扰系数
irregularity ~ ①不规则系数②不平度系数
iterated ~ 迭代系数
leading ~ 首项系数
leakage ~ 漏磁〔电，损，泄〕系数
lift ~ 升力系数
light transmission ~ 透光系数，光传输系数
linkage ~ 磁链系数，环绕系数
linking ~ 循环系数，环绕系数
loading ~ 加载〔负荷，加感〕系数
loss ~ 损耗系数，漏电系数
luminosity ~ 可见度系数，相对可见度
magnetostriction ~ 磁致伸缩系数
moment ~ 动差系数，转矩系数
Nagaoka’s ~ 长冈系数（计算线圈电感用）
nitrating ~ 硝化系数
non-dimensional ~ 无量纲系数
normal force ~ 法向〔正交〕力系数
normalized Taylor ~ 规范的泰勒系数

notch ~ 有效应力集中系数
nozzle ~ 喷嘴系数，推力系数
nulling ~ 零消系数
occupation ~ 使用系数
orifice ~ ①孔口系数，测量孔板系数②流出系数
orifice-metering ~ 孔口流量（计）系数
output ~ ①利用系数，利用率②效率③输出率④比转矩系数（电机气隙圆周所包围的单位体积的转矩）
overall ~ 全系数，总系数
partition ~ 分配系数
penetration ~ 穿透系数，渗透系数
perturbation ~ 摄动系数，扰动系数
photoelastic ~ 光弹（性）系数
power ~ 功率系数，动力系数
prediction ~ 预报系数
pressure ~ 压力系数，涡流交换系数
production ~ 生产系数，生产率，二次放射系数
productivity ~ 出铁比（即有效容积利用系数）
proportional ~ 比例系数
proportionality ~ 比例系数
pulse ~ 脉动系数
pyroelectric ~ 热释电系数
quality ~ ①精度系数，质量特性②蒸汽干度
radiation ~ 辐射系数
reaction ~ 反馈系数，反应系数
recombination ~ 复合系数
rectification ~ 整流系数
redressing ~ of rolls 轧辊重车系数
reduced pressure ~ 换算压力系数
reduction ~ ①换算系数，修正系数②折减系数，削减系数，减少系数③折合系数，折合率
reflection ~ 反射系数，振幅反射率
refraction ~ 折射系数
refractive index profile ~ 折射率分布系数
regression ~ 回归系数
resistance ~ 阻力系数，电阻系数
resistance temperature ~ 电阻温度系数
restraint ~ 约束系数
retention ~ 保持系数
rigidity ~ 刚性系数
ripple torque ~ 转矩波动系数
roughness ~ 粗糙〔糙率〕系数
rugosity ~ 粗糙〔糙率〕系数
safe ~ 安全系数
safety ~ 安全系数
scale ~ 水垢热阻系数
scattering ~ ①散射系数②漏损系数
secondary emission ~ 次级发射系数
section ~ ①剖面系数②翼型系数
segregation ~ 分配系数
self-sticking ~ 固有黏附系数
sensitivity ~ 灵敏度系数
separation ~ ①分离系数②分凝系数
shear ~ 切变系数
shear viscosity ~ 切变黏滞系数
shock ~ 撞击损失系数
slip ~ 滑动系数
slope ~ 斜率（如黏温特性曲线的）
sound-transmission ~ 声透射系数，透声系数
specific extinction ~ 比消光系数，吸光系数
specific torque ~ 比转矩系数，输出系数
spreading ~ 扩展系数
steady flow ~ 定常流动系数
sticking ~ 黏着系数，附着系数
stoichiometric(al) ~ 理想配比系数，化学当量系数
switching ~ 转换系数
ternary distribution ~ 第三次分布系数
thermal refractive index ~ 折射率温度系数
thermal retardation ~ （相）延迟温度系数
thermal-conductivity ~ 导热系数，热传导系数
thermodiffusion ~ 热扩散系数
thermodynamic ~ 热力系数
thermo-optical ~ 热光系数
time-varying ~ （随）时（间）变（化的）系数
transfer ~ of element 元素过渡系数
transfer-function ~ 传递〔导〕函数系数
transmission ~ ①传输系数②透射系数
turbulent skin-friction ~ 湍流表面摩擦系数
undetermined ~ 待定系数，未定系数
uniformity ~ 均匀性〔匀度，匀质〕系数
utilization ~ 利用系数，利用率
Venturi-meter ~ 文丘里流量系数
Virial ~ （流体力学）位力系数
void ~ 空穴系数
voltage-regulation ~ 电压稳定系数
wave dray ~ 波阻系数
weight ~ ①权系数②重量系数
whole depth ~ 全齿高系数
winding ~ 绕组系数

Coelinvar 柯艾里伐合金（恒定弹性系数的镍、铁、钴、铬磁性材料）
coelosphere 坐标仪
coelostat 定星镜，定天镜
coenergy 同能量
field ~ 磁场（共）同能（量），同磁场能量，电场（共）同能（量）
Coerce
Advisory Coission on Electronic ~ 电子商务咨询委员会（美国）
coercend 强制子句
coercibility 可压缩性，可压凝性
coercimeter 矫顽磁力计
coercion （类型）强制
coercitive 矫顽（磁）力的，矫顽（磁）场的
coercive ①矫顽（磁）性的②强迫的
coercivemeter 矫顽磁性测量仪
coerciveness 强制性
coercivity 矫顽磁性，矫顽（磁）力
domain-wall ~ 畴壁矫顽力
tape ~ 磁带的矫顽磁力
coexist 共存，同时存在
coexistence 共存，两立
liquid-vapo(u)r ~ 液汽平衡
coextract 同时萃取，共同提取
coextraction 共同提取，同时萃取
coextrusion 共挤出，混合挤压（成型），双金属挤压
cofactor 余因子〔数，式〕，辅助因数
generalized ~ 广义余因子
coffer ①吸声板，隔音板②格子天棚（照明遮光用）③围堰，沉箱，潜水箱，浮船坞④保险箱
cofferdam ①隔离空舱②沉箱③围堰，防水堰
coffin （贮存或运送放射性物质的）屏蔽容器，屏蔽罐，装运罐
Coffret 传输接口
cofinal 共尾
co-flow 同向流动，协流
coforest 余树林（图论）
cofunction 余函数
cog ①嵌齿，轮齿②（爬坡机车齿轮的）大齿③榫，雄榫，榫头④开坯，初轧⑤装榫
double ~ 双面齿
driving ~ 传动小齿轮，传动齿
hammer ~ 粗锻
hunting ~ 追逐齿
single ~ 单面齿
cogelled 共凝胶的
cogeneration 废热发电
cogged ①有齿轮的，装齿轮，嵌齿轮②开坯，初轧③打榫
cogging ①（木工的）接头，榫②（伺服电动机）齿槽效应，齿槽效应转矩（低速时电动机转子位置不同引起的磁通变化而产生的转矩）③切削齿④钝齿啮合⑤开坯，初轧⑥雄榫装入
~ down 开坯，初轧，压下
roll ~ 在初轧机上轧制
cognate ①钝齿②同源的，同性质的，同族的，同系统的③有关联的
cognition 认识（力），被认识的事物，知识
artificial ~ 人工识别
machine ~ 机器识别
machine aided ~ 计算机辅助识别
cognitron 识别机
cogredient 同步的，协步的
cog-tooth 轮齿（特别是嵌木齿）
cogwheel （嵌）齿轮，（钝）齿轮
cohenite 陨碳铁
cohere ①相关，相干②凝聚③附着，黏着，结合
coherence ①联接，结合，咬合，附着，黏着②黏合性，凝聚，内聚力③相干性（光的，波的）相参性④同调⑤连续性，条理性
mutual ~ 相干性
partial ~ 部分〔局部〕相干（性）
temporal ~ 时间相干性
coherency =coherence
coherent ①相干的，相关的，相参的②协调的，一致的，同相的③耦合的，相联接的，黏着的
coherent-impulse 相关脉冲法
coherer 粉末检波器，金属屑检波器
carbon ~ 碳屑检波器
filings ~ 铁粉〔金属屑〕检波器
granular ~ 碳粒凝合检波器
mercury ~ 汞检波器
cohesiometer 黏聚力计
cohesion ①结合②（分子的）凝聚，内聚③内聚力，内聚性结合力④黏结，黏着，内黏
apparent ~ 视〔显似〕凝聚力，假内聚力
cohesive （有）黏聚（性）的，（有）黏结（力）的，黏性的，（有）内聚（力）的，有附着性的
cohesiveness ①（型砂的）黏模性②黏结〔黏聚，内聚〕性

coho 相干振荡器，相参振荡器
cohydrol 石墨的胶态溶液
Coign Coign 分布式操作系统
coigne 隅，外角，隅石
coil ①线圈，线卷，绕组②绕线圈③盘管，螺旋管，蛇形管④卷片筒（摄影）⑤带材卷，线材卷，卷材，盘条⑥绕成盘状，盘绕，匝
~ in 进线，输入（端），盘管进入接头
~ out 出线，输出（端），盘管引出接头
accelerating ~ 加速线圈
accordion ~ 褶状线圈
active ~ 有效线圈
actuating ~ ①工作线圈②激励线圈
adjacent ~ 毗连线圈，连接线圈
air ~ 空气（冷却）蛇管
air core ~ 空（气）心线圈
air-spaced ~ 大绕距电感线圈
alignment ~ 校正〔校列，微调〕线圈
anti-magnetized ~ 消磁线圈
anti-reaction ~ 反〔防〕再生线圈
arc-extinguishing ~ 消弧线圈，灭弧线圈
arc-suppression ~ 消弧线圈，灭弧线圈
armature ~ 电枢线圈，衔铁线圈
astatic ~ 无方向性线圈，无定向线圈
atmospheric-discharge ~ 天电〔大气〕放电线圈
backing ~ ①补偿绕组，反接绕组②反导磁线圈
balance ~ 平衡线圈
ballast ~ 负载〔稳定，镇流，平衡〕线圈
band wound ~ 叠层线圈
bank-winding ~ ①叠绕线圈②简单绕组
basket ~ 篮形线圈，笼形线圈
bias ~ ①偏压线圈②偏磁线圈
bifilar ~ 双绕无感线圈
binocular ~ 双孔线圈，双筒线圈
bleeder ~ 排流线圈
blocking ~ 阻塞线圈，闭锁线圈
blowout ~ 消弧〔灭弧，磁吹〕线圈
booster ~ 升压线圈，（磁电机的）起动（点火）线圈
breaker trip ~ 自动断路器线圈，断路器脱扣线圈
breaking ~ 跳闸线圈
bridging ~ 桥接线圈
bucking ~ 补偿〔反磁，去磁，反接，抵消，反感应〕线圈
built-up ~ 组合带卷，组合线圈，加重带卷，加重线圈
bump ~ 凸起（磁场）线圈（产生不均匀磁场的线圈）
cable ~ 电缆盘
ceiling ~ 灯线蛇形管
centering ~ 中心调整线圈，定心线圈
chain ~ 链式线圈
charge ~ （磁电机）充电线圈
chill ~ ①螺旋状内冷铁②激冷圈
choke ~ ①抗流〔扼流，节流〕圈②节流盘管
closing ~ 闭合〔合闸，接通〕线圈
coaxial ~ 同轴线圈
coiled ~ 复绕〔螺线形，双螺线〕灯丝
collapse ~ 压缩线圈
commutation ~ 换向〔附加极，换向极〕线圈
comparator ~ 比较式线圈
compound(ing) ~ 复激线圈，复绕线圈
compressed-iron-core ~ 铁粉心线圈
concentric ~ 同心线圈，端部连接不交叉的绕组
condenser ~ 冷凝器蛇形管，凝汽盘管
control ~ 检验线圈
convergence ~ 聚焦〔会聚，收敛〕线圈
coolant ~ 冷液蛇形管
cooling ~ 冷却盘管，冷却管，冷藏盘管
copper-jacketed ~ 带铜罩的线圈，铜屏蔽线圈
core ~ （铁）心线圈
correcting ~ 校正线圈
counter ~ 天线中为避免本电台电波影响而加入的线圈，补偿线圈
coupling ~ 耦合线圈
cross ~ 交叉线圈
crossover ~ （变压器的）饼式（分层）线圈，圆柱形线圈
damping ~ 阻尼线圈
dead ~ 无效线圈（线圈不用部分）
deflection ~ 偏转线圈
De-Forest ~ 蜂巢〔房〕线圈
degaussing ~ 去磁线圈，退磁线圈
detachable ~ 可拆线圈
diamond weave ~ 菱形编织线圈
differential ~ 差动线圈
dimmer ~ 减光线圈
dipping ~ 浸渍线圈
direct-fed ~ 直馈式线圈
director ~ 探测线圈，指示器线圈

disk ~ 扁平〔蛛网形，盘形〕线圈
dissonance ~ 非谐振线圈
double ~ 双（绕）线圈
doughnut ~ 环形线圈
drainage ~ 排流线圈
drive ~ 励磁〔激励，驱动，传冲〕线圈
dummy ~ ①虚假线圈，虚设线圈，死线圈②无效绕组
duolateral ~ 蜂巢线圈，蜂房式线圈
earth ~ 地磁感应线圈，测地磁的线圈
edge ~ 边缘〔扁缘，扁绕〕线圈
edgewise wound ~ 扁（立缠）绕线圈
electromagnetic ~ 电磁感应圈，电磁铁的线圈
embedded ~ 已嵌入的线圈，槽内线圈
end ~ ①（弹簧的）无效圈②末端线圈，终端线圈
energizing ~ 励磁线圈
equalizer ~ 均压线圈，补偿线圈
evaporating ~ 蒸发盘管，蒸发蛇管
excitation ~ 励磁线圈
exciting ~ 励磁线圈
expansion ~ 膨胀蛇形管（冷却机）
exploring ~ 探测〔探索，测试〕线圈
extension ~ 延长线圈
extinction ~ 消弧线圈
ferrite ~ 铁淦氧磁心线圈
field ~ 磁场〔励磁〕线圈
field bias ~ 偏磁线圈
figure 8 ~ 8 字线圈
finned ~ 有翅盘管
flapper ~ 调节耦合度用的短路线圈
flat ~ 扁线圈，扁线线圈，平线圈
flat printed ~ 平板印制线圈
flat spiral ~ 游丝形线圈
flatwise ~ 平绕线圈
flip ~ 探测〔反应，反位，弹回，翻转〕线圈
flutter ~ （场）颤动校准线圈
focus ~ 聚焦线圈
foil ~ 箔线圈
follow-up ~ 螺线管，随动线圈
forcing ~ ①强迫线圈②聚焦线圈
formed ~ 模绕〔成型，嵌槽〕线圈，嵌槽线圈
former-wound ~ 型卷线圈，模绕线圈
fractional loading ~ 分数加感线圈
fractional turn ~ 分数槽线圈
frame ~ 定心线圈，中心调整线圈
frame deflector ~ 垂直偏转线圈，帧偏转线圈
frog-leg ~ 蛙腿线圈
full-pitched ~ 全距线圈，整距线圈
grading ~ 分段（绕制）线圈
grid ~ 栅极线圈
hairpin ~ 发夹式线圈（半闭口槽用的仅一端成形的线圈）
half ~ 半（节）线圈，半圈线圈，线圈边，线棒
half-turn ~ 半匝〔圈〕线圈
heater ~ 加热线圈，加热盘管
heat-exchanger ~ 热交换器管圈，热交换器蛇形管
heat(ing) ~ 加热〔热熔〕线圈，加热盘〔蛇〕管，暖管
helical ~ 螺旋形线圈
Helmholtz ~ 探向线圈，亥姆霍兹线圈（由固定线圈和可动线圈构成的移相网络）
holding (out) ~ 吸持〔自保，保持，锁定，闭塞〕线圈
holding-on ~ 吸持线圈，自保线圈
hollow ~ 空心线圈
honeycomb ~ 蜂房式线圈，蜂巢线圈
horizontal deflection ~ 行偏转线圈，水平偏转线圈
hum cancel ~ 反交流声线圈，交流声消除线圈
hum-bucking ~ （交流）哼声抑制线圈
hybrid ~ ①差动〔混合〕线圈②等差作用〔桥接岔路〕线圈
idle ~ 闲圈，空置线圈，死线圈
ignition ~ 点火线圈
image control ~ 图像调整线圈
image section ~ 移像线圈
image shift ~ 移像线圈
impedance ~ 电抗线圈，扼流圈
impregnated ~ 浸渍线圈
inactive ~ 端簧圈
inductance ~ 感应线圈，电感线圈
induction ~ 感应线圈
induction spark ~ 电火花感应线圈
inductive ~ 有感线圈，电感线圈
inductor ~ 感应线圈，电感线圈
inner ~ 内蛇管，内层线圈，下层线圈
integrated ~ 整体式线圈
intensifier ~ 增强线圈
interleaved ~ 交错式线圈，纠结式线圈
intermittent-duty ~ 断续通电线圈
interpole ~ 附加线圈，补偿绕组
iron-clad ~ 铁壳线圈

jump spark ~ 跳火感应（线）圈，高压线圈，点火线圈
kicker ~ 冲击线圈，（快速引出束流用的）快引出线圈
kicking ~ 扼流线圈，反作用线圈
knockout ~ 分离盘管
lagging ~ 滞后线圈
lap ~ 叠绕线圈
lattice ~ 多层线圈，蜂房式线圈，梳形线圈
lattice-wound ~ 蜂房式线圈，斜格式线圈
lead ~ 铅盘管
leak ~ 泄放线圈
line scan pick-up ~ 行扫描输出线圈
load(ing) ~ 感应加热线圈，加感〔延长，加长，负载〕线圈
locking ~ 吸持线圈，保持线圈
Lorentz ~ 笼形线圈，洛伦茨线圈
low-tension ~ 低（电）压线圈
magnet ~ 电磁线圈，励磁线圈
magnet exciting ~ 励磁线圈
magnetic test ~ 测磁〔检测，探测〕线圈
magneto ~ 磁电机线圈
Meissner ~ 迈斯纳线圈（泵的加热线圈）
mill ~ 热轧（窄）带钢（卷）
molded ~ 浇注线圈
motor ~ 电动音圈
movable ~ （可）动（线）圈，可转线圈
moving ~ （可）动（线）圈，可转〔旋转〕线圈
multiple-heating ~ 复式加热蛇形管
multisection ~ 多元件线圈，多匝线圈
mush ~ 软线圈，散下线圈
mush-wound ~ 散绕线圈
octagonal ~ （彩色管）去磁线圈
off-center ~ 偏心线圈
one ~ 单线圈，单圈
open ~ 开路线圈
open-ended ~ 开口线圈
operating ~ 操作线圈，励磁线圈
opposing ~ 反作用线圈，反接线圈
oscillating ~ 振荡线圈
pancake ~ ①扁平〔盘形，饼形〕线圈，扁平（高频）感应圈②盘（香）管
paper-tape ~ 纸带卷
parallel wound ~ 并绕线圈，叠绕线圈
peaking ~ ①校正〔补偿〕线圈，扫描信号校正线圈②峰化线圈，建峰线圈
Peterson ~ 消弧电抗线圈，灭弧线圈，彼得森线圈
phantom repeating ~ 幻（像电）路转电线圈
pick-up ~ ①拾波线圈，拾音线圈②测向线圈，耦合线圈③电动势的感应线圈
picture ~ 图像（中心调整）线圈
pipe ~ 旋〔盘，蛇〕管
pitch ~ 节距线圈
plain ~ 光线圈
plate choke ~ 屏极扼流圈
plug-in ~ 插入式线圈，插换线圈
polarizing ~ 极化线圈
pole ~ 磁极线圈
poloidal ~ 极向场线圈
potential ~ 电压线圈，分压线圈
potted ~ 屏蔽线圈，封闭式线圈
powdered iron ~ 铁粉心线圈
power choke ~ 电源滤波扼流圈，电源扼流圈
pressure ~ 电压线圈
primary ~ 一次侧〔初级〕线圈
printed ~ 印制（电路用）线圈
probe ~ 探测器线圈
proof ~ 探察线圈
pulled-type ~ 插〔穿〕入式线圈
Pupin ~ 浦品线圈，加感线圈
purity ~ （色）纯度调整线圈，（色）纯度控制线圈
pyrolysis ~ 热解盘管
radiator ~ 散热器蛇形管
random ~ 无规〔无规绕制，乱绕〕线圈
random wound ~ 散绕线圈
reactance ~ 电抗线圈，扼流线圈
reaction ~ ①反馈〔回授，电抗，反作用〕线圈②反应旋管
reactive ~ 电抗线圈，扼流圈
reflux(ing) ~ 回流旋管，回流蛇管
release ~ 释放线圈
repeating ~ 转电〔中继，转续〕线圈
resistance ~ 电阻线圈，线绕电阻
restraining ~ 制动线圈，阻尼线圈
retaining ~ 吸持线圈
retardation ~ 抗流线圈，扼流圈，迟滞线圈
reversed phase ~ 反相线圈
rewinding ~ 重绕线圈
ribbon ~ 带形线圈
ring ~ ①环形线圈②电铃线圈
rod ~ 线材卷，盘条
rope ~ 钢丝绳捆
Ruhmkorff ~ 鲁门阔夫感应线圈

saddle ~ 鞍形〔卷边偏转〕线圈
scanning ~ 扫描线圈
screen boost ~ 帘栅极升压线圈
screened ~ 屏蔽线圈
search ~ 探察〔探测，指示器，感应，信号，测试〕线圈
secondary ~ 二次侧〔次级〕线圈
sectional ~ 分段线圈
self-supporting ~ 自立式线圈
semidistributed ~ 半分布线圈
sensing ~ 感觉线圈，感测线圈
series ~ 串联线圈
shading ~ ①罩极线圈，屏蔽线圈，短路环②校正线圈
shimming ~ 补偿线圈
short-chorded ~ 短距线圈
shunt ~ 分流〔并绕，分路，并联〕线圈
sine resonance ~ 正弦波谐振线圈
single-slot ~ 磁铁气隙线圈
sinuous ~ 蜿蜒盘管
skew ~ 斜线圈，不对称线圈（在交流发电机电枢绕组中）
slab ~ 盘形〔蛛网形，平〕线圈
slide ~ 滑触线圈，滑动接点线圈
slit ~ （宽带材纵切后的）窄带卷，纵剪带卷
slot ~ ①槽线圈②槽部线圈
snatch ~ 突然动作线圈
solenoid ~ ①电磁铁线圈②螺线管，筒管形线圈
space wound ~ 间绕线圈
sparking ~ 电火花感应线圈，(电)火花线圈，点火线圈
speech ~ 音圈
spider ~ 蛛网形线圈
spider-web ~ 蛛网形线圈，平扁蛛网形线圈
spiral ~ ①螺旋（形）线圈②螺旋管，螺旋形盘管
spiral-staircase ~ 毕特线圈（强磁场螺线管）
spring ~ 簧圈
square ~ 矩形线圈
stagger-wound ~ 筐形〔笼形，叠绕〕线圈
steam pipe ~ 蒸汽盘管
stepped ~ 多抽头线圈
stirring ~ 搅动〔沸腾〕盘管
stop ~ 同轴电缆扼流圈
strap ~ 铜带（绕制的）线圈，带绕线圈
sucking ~ 可动铁心调节线圈
super ~ 超外差线圈
superheater ~ 过热器蛇形管
surge block ~ 冲击波阻尼线圈
sweep(ing) ~ 扫描线圈，偏转线圈
syntonizing ~ 调谐线圈
tailed ~ （送进轧辊前）端头扳直的带卷
tandem wound ~ 纵列线圈
tank ~ 振荡电路线圈，槽路线圈
tapped ~ 多（接）头线圈，抽头线圈
teaser ~ ①梯塞线圈（把三相电变为两相电的斯柯特接线法的二次侧线圈）②调节变压比的线圈
tempering ~ 调温蛇管，调温旋管，冷却盘管
temper-rolled ~ 经过平整的成圈带材
tertiary ~ 三次线圈，第三级线圈
Tesla ~ 特斯拉感应圈，特斯拉线圈，高频火花检漏器，特斯拉空心变压器
three-section ~ 三节线圈
tickler ~ 反馈线圈，回授线圈
toroidel ~ 环形线圈
transition ~ 过渡线圈，分流线圈
trap ~ 陷波线圈
trip ~ 脱扣线圈，解扣线圈
triple ~ 三重线圈
tube ~ 管圈，蛇形管
tube base ~ 插入式〔插拔〕线圈
twin ~ 双线圈
two-side receiving ~ 双边接收线圈，双滑动臂调谐线圈
unity-coupled ~ 全耦合线圈(耦合系数等于1)
u-tuning ~ U调谐线圈
vibrator ~ 振颤〔振动，火花断续〕线圈
voice ~ 音圈，声圈
wave ~ 波绕线圈
wave-wound ~ 波形绕组线圈
whole ~ 全节线圈
width ~ （电视）调宽线圈
wire ~ 线盘，线卷，线捆
work ~ 工作线圈，热感应线圈

coiled-coid 复绕灯丝，双螺旋灯丝，盘绕线圈式灯丝

coil-ejector 钢皮卷推出器，拨卷机

coiler ①蛇形管②卷取〔卷线,盘管,缠绕〕机，缠卷装置③线圈，卷轴
cold-rollup ~ 地上卷取机
deadhead ~ 轴心进线的卷线机
down ~ 地下卷取机
Edenborn ~ 艾登堡式卷取机（中心旋转吐丝管绕固定线盘旋转）

Garret ~ 加勒特式卷取机
hot ~ 热卷取机
mandrel ~ 筒〔辊，心轴〕式卷取机
multiple-slot ~ 多钳口卷取机（炉用）
paddle-type ~ 叶片式（炉用）卷取机
unwinding ~ 开卷机，拆卷机

coiling ①卷绕，成卷，上卷筒②绕制线圈，绕线，绕成螺旋，盘曲③螺旋，螺线
edge ~ 卷边

coil-loading 加（电）感，加负载

coil-Q 线圈品质因数

coil-spring 螺（旋形弹）簧

coil-temper-mill （成）卷（带）材（的）平整机

coimage 余像

coin ①铸币，硬币②压花，精压③冲子

coin-assorter 大小硬币分选器

coincidence 重〔符，吻，叠，相〕合，一致，相等，叠合素
chance ~ 偶然重合，偶然一致，随机符合
energy ~ 能量一致
phase ~ 相（位）一致，同相
principal ~ 主叠合素
stray ~ 偶然符合，无规则符合

coincident 一致的，重合的，同时发生的

coining ①冲制，模压②压印加工，压花纹③校准，定径，整形，精压，矫正

coinstantaneous 同时（发生）的

co-invariant 协不变量〔式〕

coion 同离子，伴离子

coke ①焦（炭，煤）②焦化，结焦，制成焦炭
bed ~ （冲天炉）底焦
beehive ~ （蜂房式炉）焦炭
cupola ~ 铸造焦
egg ~ 小（块）焦炭
fine ~ 焦屑，碎焦
foundry ~ 铸造焦炭
free-ash ~ 无灰焦
furnace ~ 冶金焦
gas ~ 煤气焦炭
hard ~ 焦炭
impregnated ~ 镁焦（球化剂）
iron ~ 铁焦
mag ~ 镁焦（球化剂）
magnesium ~ 镁焦（球化剂）
metallurgical ~ 冶金焦（炭）
nut ~ 焦丁，小块焦
smelter ~ 冶金焦炭

cokeability 结焦〔成焦，焦化〕性

coke-hole 坩埚炉

coke-oven 炼焦炉

coke-pig 焦炭生铁

coker 焦化设备，炼焦器

cokery 炼焦炉，炼焦厂

coking ①炼焦，焦化②（焦化后）蒸馏罐中残渣，结焦③具焦性的，炼焦的，黏结的
battery ~ 炉组炼焦
drying extinguishing ~ 干熄焦设备
fluid ~ 流化焦化，流态化炼焦
heap ~ 土法炼焦

COL COL 计算机操作语言（一种基于逻辑的复杂对象的操作语言）

Colalloy 考拉洛铝镁合金（*w*(Mg) 2%, *w*(Mn) 1%，*w*（Si）1%，其余 Al）

colander 滤器，滤锅

colathar 研磨膏

colation 过滤，渗滤

colatitude 余纬（度）

colatorium 滤药器

colature 滤（出）液，粗滤产物

Colclad 不锈钢覆盖钢，覆层钢，包层钢

cold ①（寒）冷，零〔冰〕点（及以下），低温②冷的，寒冷的，常温的（指不加热）
blow ~ 低温吹炼
cast ~ 低温浇注
fractional ~ （炉膛的）屏蔽度，敷设系数
pour ~ 低温浇注
pull-up ~ 冷态拉紧（补偿器）
white ~ 白冷（指辐射量低的物体在遥感仪器上显示的图像色调淡）

cold-blast 冷鼓风，冷吹风，冷风

cold-box 冷芯盒

cold-chamber 低温室，常温容器

cold-coining 冷精压

cold-compacting 冷压，常温压制

cold-crucible 水冷坩埚

cold-draw 冷拉，冷拔，光拔

cold-end ①（热电偶）冷接点，冷端②低电位端

cold-extruded 冷挤的

cold-finger ①指形冷冻器，冷凝管②冷测厚规

cold-finish 冷加工精整，冷精轧〔精整，矫直，拉拔〕

cold-flanged 冷弯边的

cold-flow ①冷流②冷塑加工，冷变形③冷吹，冷鼓风

cold-forging 冷锻

cold-forming 冷成形〔加工，冲压，变形〕，冷作
coldheader 冷镦机
cold-heading 冷镦（粗）
cold-lap ①重皮（钢锭或钢铸件表面缺陷）②冷压折，冷折痕
cold-leach 常温浸出
cold-mill 冷轧机
tandem ~ 串列式冷轧机
cold-mo(u)lding （造型）冷压，常温压制
cold-press ①冷压机②冷压，常温压制
cold-roll ①冷轧机②冷轧
cold-setting ①冷凝固，常温凝固②冷变定③冷硬化④自硬
cold-short 冷脆（的）
cold-shortness 冷脆，冷脆性，常温冷脆
cold-starting 冷起动，低温起动
cold-steel 利器（刀剑、枪、矛等）
cold-storage ①冷藏②冷藏器，冷藏库
cold-strip 冷轧带材
cold-trimming 冷切边〔修整，精整〕
cold-welding 冷焊，冷焊合，冷压焊
cold-workability 冷加工性
cold-work(ing) ①冷作，冷加工②冷变形
colemanite 硬硼钙石，硼酸钙
colidar 激光雷达，相干光雷达
co-line =colinear
colinear 同线的，共线的
colinearity 同线性
collaboratory （网格）科研协作体
collapsable =collapsible
collapse ①陷落，塌陷，崩坍〔溃〕②破裂〔灭〕，毁灭〔坏〕③皱缩，不定形干缩，纵弯曲，失去纵向稳定性④事故，故障，减弱（压力）
creep ~ 蠕变毁坏
incremental ~ 增量失稳
plasma ~ 等离子体崩溃
collapser ①（吹塑薄膜机）夹膜板②人字板
bubble-domain ~ 泡畴破裂器
collapsibility 溃散性，崩溃性，退让性
core ~ 型芯溃散性
collapsible 自动开缩的，可分拆的，活动的，可折叠的
collapsing ①压平〔坏，扁〕，毁坏，断裂②伸缩，折叠
tank ~ 燃料箱破坏，油箱（因外力）压扁
collapsion ①压缩，收缩②衰弱③倒塌
collar ①圈，环，轴〔套，安装，轧辊〕环，（电机的）短路环，卡圈，套圈，箍，环状物②法兰，凸缘（盘），法兰盘联轴器，接头，套管③铝热焊冒口，环接缝，凹槽④系梁，底梁
arbor ~ 轴环
ball ~ 滚动体〔球形〕环
clamping ~ ①夹圈②锁紧环③压环
clutch ~ 离合器分离套筒〔推力环〕
coding ~ 编码环
cooling ~ 冷却套管
copper ~ 集电环，铜环，铜卡圈
coupling ~ 结合环，扣环
cross ~ 双辊环
die ~ ①母锥②丝锥接套
distance ~ 定距环，间隔（垫）圈，间隔轴环
dog ~ 冻结圈（在金属放出口处）
dome ~ 汽室垫圈
drill ~ 钻铤
dust ~ 防尘环，防尘垫圈
eccentric locking ~ 偏心套
elastic ~ 弹性挡圈
electrode ~ 电极圈，电极环，引线环，电极夹
feed-through ~ 引线环，引线法兰
fixing ~ 加固圈
float ~ 浮箍
graduated ~ 刻度环，分度环〔盘〕
grease ~ 油脂环
guiding ~ ①导向垫圈②导向轴环
inner ~ 凹辊环
labyrinth ~ 迷宫式密封环
lead ~ 出线套
leather ~ 皮（封，垫）圈
limit ~ 限定环，限制环
locating ~ 定位〔紧固〕套
loose ~ 活动〔松紧，装定〕环
micrometer ~ （千分尺的）微分筒
nave ~ 毂环
neck ~ 轴颈环，轴承环
negative ~ 凹辊环
outer ~ 凸辊环，边辊环
packing ~ 垫圈
positive ~ 凸辊环
radiating ~ 散热管，散热器，冷却套管
release ~ （离合器）离合套，游动环
rim ~ 轮缘环
rivet ~ 铆钉套环
roll ~ 辊环，辊脊
sand ~ 防尘垫圈，防尘环

screw ~ ①螺旋环②环状螺母
set ~ ①顶梁②固定轴环③定位环，隔圈
shaft ~ ①轴环，轴颈②凸缘③井筒锁口盘，井颈
shifter ~ ①（联轴器）滑动杆环，（离合器）滑动环箍②结合环
spacing ~ ①（间）隔圈②定时圈③隔离环④限位套筒，限位圈⑤定距环
split ~ 拼合环，开口垫圈，裂口环
spring ~ 弹簧挡圈，弹性驻环
stay ~ 牵环
stop ~ 限动环，限位环
telescope ~ 望远镜调整圈
thermit ~ ①高热轴环②高热焊缝焊瘤（缺陷）
throw-out ~ 推环
thrust ~ 止推环
water ~ （模具）水冷套
wax ~ 蜡垫焊瘤
weld ~ 焊缝焊瘤
withdraw ~ 分离环

collar-beam 系梁，系杆

collarine 柱颈

collaring ①缠辊（现象），轧件缠住（卷取机的）卷筒②打眼③轧辊的刻痕④作凸缘，加轭

collar-work 冷作，吃力〔艰巨〕的工作

collate 核对，对照，校对；（依序）整理，检点，排序，分类

collateral ①担保，担保品②平行的，并联的③侧面的，间接的，附随的，副的，旁支的，次要的

collating 核对，整理，检验

collation ①对照，校对②综合，整理③排序，分类④检验
sequential ~ of range 不间断校对距离

collator ①对照者，校对者，整理人②校对〔校验，配页〕机，分类机，比较装置，（数据，卡片）排序装置③排序程序，整理程序
alphabetical ~ 字母校对机
card ~ 卡片校对机，卡片整理机，混卡（片）机
dirt ~ 吸尘器
electric dust ~ 电动吸尘器
sheet ~ 配页机
signature ~ 配书帖机

collecting-arm 扒爪，蟹爪

collection ①聚〔收，采〕集，集合②收集品，选样③集，群
data ~ 数据采集，资料收集
dust ~ 收尘
electronic toll ~ 电子不停车收费
garbage ~ 不用（存储）单元收集，过期文件（资料）处理，无用文件（资料）集整理
multiplicative ion ~ 电离电流放大区的离子聚集
saturation ~ 饱和区离子聚集
subsequent ~ 补收
undersurface ~ 底层表面集电（流）

collective ①集中〔合，体，团〕的，聚合的，共同的，集流的②集体，集合

collector ①集合器②主管，平管，集管③集流〔光〕器，集电环④集电极，收集极⑤换向器，电刷⑥整流子⑦收（电子）注栅⑧集水管⑨捕收剂，除尘器，沉淀器
air ~ 空气收集器，储气罐，空气筒，气瓶〔柜〕
aluminium beads ~ 铝珠集电极
baffle type ~ 挡板式集尘器，百叶窗式集尘器
bag ~ 货袋集尘器
bale ~ 拾草捆机
base ~ 基极集电极
bow ~ 集电弓（电车），弓形集电器，弓形滑接器
brush ~ 集电刷
carbon ~ 集碳器
coal ~ 集煤器
cold-finger ~ 冷凝管捕集器
comb ~ 梳形集电极
common ~ 共集电极
common ~ arrangement 共集电极配置
compression refuse ~ 旋转板自装卸垃圾车
concave ~ 凹形接电器
condensate ~ 凝液收集器
corner sheaf ~ 集捆器
corona-point ~ 电晕放电收集器
cupola fume ~ 冲天炉灭火集尘器
current ~ 受电器，集电器
cyclone ~ 旋风集尘器，旋流除尘器
depressed ~ 降压收集极
dirt ~ 吸尘器
dry centrifugal ~ 干式离心除尘器
dust ~ 收〔集，除〕尘器
electric dust ~ 吸尘器
exhaust ~ 排气收集器，排气总管
fall-out ~ 放射性沉降物收集器
feed ~ 饲料收集器
filter dust ~ 布筒滤尘器，袋式滤尘器

flat-plate ~ 平板型收集器
flue-dust ~ 除尘器
fly-ash ~ 除尘器
focusing ~ 聚焦型收集器
fraction ~ 分馏装置，分馏器，部分收集器，馏分收集器
garbage ~ 不用单元收集程序
gas ~ 煤气聚集器，集气器
grounded ~ 接地集电极
hook ~ 钩形集电极
horn ~ 聚音器喇叭
information ~ 信息收集器
inverter open ~ 收集极开路的反相器
kish ~ 石墨捕捉器，石墨收集器
leak ~ 积泄器
mercury bath ~ 水银集流器（电测扭矩用）
mud ~ 集泥器
multiclone ~ （多管）旋风集尘器
multivortex mechanical ~ 多管式除尘器，多涡流式机械除尘器
NOR ~ “或非”集电极
omnidirectional ~ 全向收集器，各向等面积收集器
optical ~ 聚光器，集光器
overhead rail ~ 架空轨道集电器
pantograph ~ （方）架式集电器，集电弓
pneumatic broken-end ~ 断头吸棉装置，断头吸入装置
pulsate filter dust ~ 脉冲布筒滤尘器
pulverized-coal ~ （制粉系统中的）旋风分离器，细粉分离器
quantized ~ 分层信号集电极
ring ~ ①集电环②整流子
rotoclone ~ 旋风收尘器
sample ~ 试样收集器，取样器
screen ~ 幕式集尘器，水幕除尘器
seed ~ 草籽收集器〔机〕
solar ~ 太阳能聚集器
soot ~ 集灰器，滤烟器
spring-loaded current ~ 压缩式集电器
steam ~ 集汽柜
steel ~ 钢导电棒
stone ~ 集石机，捡石机
straw ~ 集草车
suction filter dust ~ 吸入式布筒滤尘器
trough shaped ~ 凹形接电器
tubular ~ 管式除尘器，管形电极电气除尘器
underground ~ 地下接触轨集电器
Venturi ~ 文丘里除尘器，喉管（湿）式除尘器
wet cap ~ 湿式除尘器
wide-mouthed ~ （复合冲压发动机的）宽口收集器

collector-base 集（电）极 - 基极

collector-reflector 集电极反射极（器）

college ①学院,（专科）大学,专科〔技术,职业〕学校②学〔协〕会
engineering ~ 工学院

collet ①有缝夹套，套爪，夹头，筒夹，弹性夹头②锁圈③（pl.）（继电器的）簧片绝缘块
cutter ~ 刀具弹簧（套筒）夹头
draw ~ 拉杆式弹簧夹头
drawback ~ 内拉簧夹套，弹性夹头
draw-in ~ 内拉簧套圈
feed ~ （送）料夹
master ~ 主套筒
multisize ~ 活爪筒夹，镶爪筒夹，可换爪筒夹
open ~ 弹簧套筒夹头
pendant ~ 四开环，条轴套夹
pull-in ~ 内拉夹套
split ~ 夹头，弹簧（套筒）夹头，（气门）锁夹
spring ~ 弹簧套筒夹头
straight ~ 直夹套
transfer ~ 自动送料夹套
valvesplit ~ 气门锁片，半圆锁圈

collide 碰头，冲突，争用，碰撞，互撞

collier ①煤船，运煤船，运煤船员②煤矿工人

colliery 煤矿，矿山

colligation ①绑扎，连接②总括，综合③共价均成

collimate 照准，瞄准，使成平行

collimation ①视准，准直，对准②平行校正，平行性③观测，测试

collimator ①视准管，视准仪，准直仪，准直管②准光器，平行光管，光轴仪
beam ~ 束准直仪，束平行光管
borax paraffin ~ 硼石蜡准直仪
laser ~ 激光准直仪
lead-baffled ~ 铅闸准直仪
off-axis ~ 偏轴平行准直（光）管
pepper pot ~ 多孔道准直器
vertical ~ 垂准器

collinear =colinear

collinearity 共线性

collineation ①直射（变换）②同射变换，同素射影变换③共线（性）④直接变换
involutory ~ 对合直射
perspective ~ 透视变换
colliquable 可熔化的，易熔的
colliquation 易熔性，熔化，融化，液化，溶解
collision ①碰撞，冲突（两机同在一网线上发送数据），冲击，碰头，争用，接触②（用导弹）截击（空中目标）③振动，跳跃，颠簸④多路发送信息冲突
billiard-ball ~ 弹性碰撞
bumping ~ 弹性碰撞
central ~ 对头〔迎面，直接〕碰撞，（对）正碰（撞）
close ~ 切近碰撞，近距离〔小冲击参数〕碰撞
cloud-cloud ~ 离子云与离子云碰撞
coulomb ~ 库仑碰撞
distant ~ 远距离〔大冲击参数〕碰撞
elastic ~ 弹性碰撞
electron ~ 电子碰撞
electron-hole ~ 电子空穴碰撞
electron-ion ~ 电子离子碰撞
generating ~ 振荡碰撞
glancing ~ 擦边碰撞
grazing ~ 擦边碰撞
hard-sphere ~ 刚性球碰撞
head-on ~ 对头〔迎面，直接〕碰撞，（对）正碰（撞）
knock-on ~ 对头〔迎面，直接〕碰撞，（对）正碰（撞）
radar ~ 雷达防撞（装置），雷达冲突
source detected ~ 源检测冲突
thermalizing ~ 热碰撞
collocation ①配置，排列，安排，布置②搭配③连语
boundary ~ 边界配置
interior ~ 内部配置
collochemistry 胶体化学
collodion 珂珞酊，硝棉胶，胶棉，火棉胶
colloid ①胶体〔质，态〕②胶状的，胶质的
ferromagnetic ~ 铁磁性胶质
suspension ~ 悬（浮）胶（体）
colloidal 胶体的，胶质的，胶态的
colloidality 胶性，胶度
colloquium ①（学术）讨论会②（学术讨论会上的）报告，会议录，论文集
collosol 溶胶
collotype 珂罗版（印刷制版术，印刷品）
colmascope 珂罗玛镜，胁变观察器
Colmonoy 科尔莫诺伊合金（表面喷焊硬化合金，如含铬、硼的镍基或铁基等类合金）
colmonoy 铬化硼系化合物
cologarithm 余对数，反对数
cologenide 硫硒碲化合物
colombier 对开图纸
colomony 铜镍合金（w（Ni）68% ~ 80%，w（Cr）7% ~ 19%，w（B）2% ~ 4%，其余 Fe，Si）
colon ①双点，支点②冒号③对准功能
Colonial 科尼尔耐蚀铬镍合金钢（w（Cr）16% ~ 18%，w（Ni）1%，w（C）< 0.12%，其余 Fe）
colonoscopy 乙状结肠镜，纤维结肠镜
colony ①群体，集团②晶团
eutectic ~ 共晶团
grain ~ 晶粒范围，晶粒团
pearlite ~ 珠光体团
colophonium 松香，树脂，松脂
colophony 松香，树脂，松脂
Color 作图颜色（数控加工软件 Mastercam 中的命令辅助菜单）
colorama 彩色光
colorimeter
Say bolt ~ 赛波特比色计
colo(u)r ①色，彩色，颜色②染料，颜料③着〔染，变〕色④抛光，镜面加工
~ constant 颜色常量（计算机动画）
~ indexing 颜色索引（计算机动画）
~ match 颜色匹配
achromatic ~ 消色差颜色
additive ~ 加色（混合）
additive complementary ~ 相加合成补色
antique bronze ~ 古铜色
aperture ~ 孔径色，非物理色
apparent ~ 表观色，视在色
background ~ 背景色，底色
basal ~ 底色
basic ~ 基色
body ~ 体色，不透明色
bright vivid ~ 鲜明自然颜色
chroma ~ 黑底彩色显像管
chromatic ~ 彩色
complementary ~ 互补色，余色
contrast ~ 反补〔对比，对照〕色
cross ~ （信道中交调失真引起的）色失真，

串色
cyan ~ 青蓝色
dead ~ 暗色
deep ~ 深色，饱和色
diluted ~ 淡色，非饱和色
discharge ~ 放电色
dominant ~ 主色
elementary ~ 基色，原色
essential ~ 主色
evaluation ~ 色评定
exterior ~ 车身外涂颜色，车身（外面）颜色
extra-spectrum ~ 谱外色
fast ~ 不褪的颜色
flesh ~ 肉色，肤色
fluorescence ~ 荧光色
flushed ~ 底色
full ~ 纯色，全色，最大可达纯度颜色
functional ~ 功能色素
ground ~ 底涂色
heat(ing) ~ 火色，回火色，高热火焰颜色
high ~ 深色
high-chroma ~ 高饱和色
high-luminance ~ 亮色，强发光色
interference ~ 干涉色，干扰色
interior trim ~ ①车室内器具彩色②彩色设计
key ~ 基色
memory ~ 记忆色
minus ~ 减色
mixed ~ 混色
negative ~ 冷色
neutral ~ 中和色，灰色，无彩色，不鲜明的颜色
non-object ~ 非物体色
non-object perceived ~ 非物体色，孔径色（荧光屏荫罩孔中形成的颜色）
non-self-luminous ~ 非自发光色，表面色
non-spectral ~ 谱外色，非谱色
off ~ 变色，不标准颜色，不正常色
oil ~ 油画颜料，油溶性染料
pattern ~ 帧面〔图案，图像，木模涂〕色
physical ~ 物理色，实际色
physiological ~ 生理色
positive ~ 阳极区色
primary ~ 原色
primary additive ~ 加色法三基色，相加合成基色
primary subtractive ~ 减色法三基色，相减合成基色
primitive ~ 基本色（指光谱颜色）
prismatic ~ 光谱的七色
quickly drying ~ 快干漆，立干漆
random ~ 任意色，杂乱色
realistic ~ 逼真彩色
reduced ~ ①还原色②还原色料
reference ~ 基准色，标准色，参考色
related perceived ~ 非孤色，相关感色
saturated ~ 饱和色，鲜纯色
secondary ~ 次级色，混合色，调和色（由两种原色调成的颜色）
solid ~ 单色
spectrum ~ 谱色
subjective ~ 主观色彩
temper ~ 回火（颜）色
temper drawing ~ 回火色
tone ~ 音品，音色
true ~ 真色度
varnish ~ 清漆涂料
warm ~ 暖色
water ~ 水彩
zero-saturation ~ 白色
colo(u)rant 染料，颜料，着色剂，色素
colo(u)ration 着〔染，彩，赋，显〕色
acoustic ~ 室内声学条件，声配置
drawing induced ~ 拉丝诱导着色
sound ~ 声染色
temperature ~ 温度色变，受热色变
colo(u)r-bar 彩色条
colo(u)r-blind 色盲的，不感色的
colo(u)rcast 彩色（电视）广播
colo(u)r-conditioning 色彩调整
colo(u)red 着色的，彩色的，伪装的
colo(u)rflexer 彩色电视信号编码器
colo(u)r-harden 着色硬化（皮硬至极深之深度）
colo(u)rific 色彩的，生〔出，着〕色的
colo(u)rimeter 比色计，色度计
comparison ~ 比色计
flow(ing) ~ 流动比色计
flow-through ~ 流通式比色计
Nuttings ~ 努廷色度计，光电比色计
photocell ~ 光电池比色计
photoelectric ~ （光电）色度计，比色计
trichromatic ~ 三原色比色计
tristimulus ~ 三色激励色度计，三激源色度计
union ~ 联合比色计
wedge ~ 楔形〔楔管〕比色计

colo(u)rimetric 比色（分析）的
colo(u)rimetry 比色法，色度学，色度测量
catalytic ~ 催化比色法
direct ~ 直接色度测量学，直接比色法
kinetic ~ 动力学比色法
photoelectric ~ 光电色度学
colo(u)r-index 颜色指数
colo(u)ring ①着〔上，染，配〕色②色彩，颜料，色调③抛光，镜面加工
acoustic ~ 增加音色
alkali ~ 碱着色（即发黑）
colour-in-oil 颜料油漆
colo(u)rity 色度，颜色
colo(u)rless 消色差的，无色的，缺乏色彩的，没有倾向性的
colo(u)rmatrix ①热控液晶字母数字显示器②彩色矩阵
colo(u)rplexer （彩色电视）视频信号变换部件，三基色信号形成设备，彩色编码器
colo(u)r-purity 色纯（度）
colo(u)r-reaction 显色反应
colo(u)rtec 彩色时间误差校正器
colo(u)rtrack 彩色径迹，彩色跟踪
colo(u)rtron 三枪彩色显像管
colo(u)r-tube 彩色显像管
Lawrence ~ 劳伦斯彩色管，栅控式彩色显像管
colo(u)r-wash （上）彩色涂料
colo(u)rway 色彩设计
colo(u)r-writing 色层（分离）法
colter ①犁刀，犁头，小前犁②开沟器③铲④切割器
brush ~ 灌木铲除器，灌木犁刀
drill ~ 条播开沟机
fin ~ 立式犁刀
hanging ~ 吊柄犁刀，立柄犁刀
knee ~ 弯柄犁刀
knife ~ 直犁刀
notched ~ 缺口圆犁刀
pivoting ~ 自动定位圆犁刀，自位式圆犁刀
ridging ~ 垄播开沟机
rolling ~ ①圆犁刀②圆盘开沟器
seed ~ 播种开沟器
shoe ~ 靴式开沟器
single-disk ~ 单圆盘开沟器
skim ~ ①除茬刮草铲，草皮铲除器②小前犁
skin ~ 前小犁，犁头铁
ski-shaped ~ 滑刀式开沟器
sliding ~ 直犁刀，柄式犁刀
supply ~ 播种（机）或栽植（机）开沟器
swivel disk ~ 自动定位圆犁刀
wavy disk ~ 波形圆犁刀
columbite 铌铁矿，钶铁矿
columbium 钶（Cb）（铌 Nb 的旧名）
column ①圆〔立，支，烟，气，水银〕柱，柱状物②列，纵列，纵行③（表格）栏，位，项目④（蒸馏或萃取）塔⑤架，座，（钻床或铣床的）床身，竖筒，泵的排水立管
~ of angles 角钢柱
~ of tape 数控带的信道
~ with cranked head 弓形床架
absorption ~ 吸收柱，吸收〔附〕塔
acclivous ~ 盘旋柱，向上斜旋的圆柱
accumulative ~ 聚集柱
adsorption ~ 吸附柱
anode ~ 阳极光柱，低压气体放电管，阳极前面的光（柱）
arc (gaseous) ~ 弧柱
aspiration ~ 吸气筒，吸气塔
baffled spray ~ 挡板喷雾萃取塔
beam ~ ①射束柱②梁柱（同时承受弯曲和压缩的构架件）
cable ~ 卷缆柱
cant ~ 多角柱
card ~ 卡片（上的一）列孔，卡片列
case ~ 匣形柱
cation-exchange ~ 阳离子交换（树脂）柱
channel ~ 槽形柱，槽钢柱
checker supporting ~ （热风炉）格砖支柱
chromatographic ~ 色谱柱
Clusius ~ 热扩散柱
collapsible steering ~ 方向盘缓冲装置
combination casing ~ 复式套管，复合套管
comparison ~ 参比柱
compound rectifying ~ 复式精馏塔
concentric tube ~ 同心管柱，精密分馏柱
constant dimension ~ 等形柱，等截面柱
continuation ~ （卡片中的）连续列
continuous fractionation ~ 连续操作分馏塔
control ~ 控制杆，操纵杆
cooling ~ 冷却塔，冷水塔
corner ~ 角柱
counter current gaseous exchange ~ 气体逆流交换柱
coupled ~ 联用〔多级，组合〕柱，对柱

deactivation ~ 减活柱
decontaminating ~ 净化〔提纯，去污〕柱，提纯塔
deionizing ~ 去离子柱
digit ~ 数位列
display ~ 显示列
distillation ~ 蒸馏塔〔柱〕
dummy ~ ①空柱②象征性柱（做排除故障试验用）
evaporating ~ 浓缩〔蒸馏〕柱
exhaust ~ 抽风管
extraction ~ 萃取塔，提取塔
fractional ~ 分馏塔，精馏塔
full filliug ~ 加油柱
gantry ~ 摆动柱，龙门架柱，构台支柱，（导弹发射）台架支柱
Golay ~ 戈雷柱（毛细管柱），开口管柱
grouped ~ 群柱
hibar pre-packed ~ 高压预填柱
jigged-bed adsorption ~ 跳汰床〔脉动〕吸附塔，跳汰床离子交换柱
key ~ 关键列
laced ~ 缀合柱
laced ~ of built channels 槽钢缀合柱
Larimer ~ 工字钢组合柱（十字形）
liquid ~ 液柱
main ~ 刀架立柱
matrix ~ 矩阵的列
measuring ~ 水银柱（温度计）
mercury ~ 水银柱，汞柱
meter mercury ~ 米汞柱（mHg，压力单位，1 mHg=133 322 Pa）
meter water ~ 米水柱（mH_2O，压力单位，1 $mH_2O=9.81\times10^3$ Pa）
modal ~ 模态列
oil ~ 加油柱
open tubular ~ 开口管柱,（空心）毛细管柱，戈雷柱
orifice ~ 筛板塔
packed ~ 填充塔，填料塔
phoenix ~ 弓形槽钢组合柱
pinch ~ 收缩柱，压缩的等离子体线柱
pipe ~ 管束，管柱
pivoted end ~ 铰支柱
plate ~ 多层〔层板，塔板式〕蒸馏塔
plate and angle ~ 平板角铁（组合）柱
positive ~ ①阳极（辅助）塔②阳极区，正柱（区）
post ~ 支柱
pulse-plate ~ 脉动盘塔
purification ~ 净化〔蒸馏〕塔
pyramid ~ 角锥（形）柱
reference ~ 参比〔比较，参考〕柱
remarks ~ 备注栏
resin ~ 离子交换柱，树脂（交换）柱
Richards ~ 理查兹型干扰沉降分级室
selector on steering ~ （汽车）转向管柱上的变速杆
separating ~ 分馏〔离〕柱〔塔〕
sieve-plate ~ 筛板柱
silicagel ~ 硅胶柱
sound ~ 声柱
space ~ 格架式〔空腹式〕柱
stand-by ~ 辅助塔
statement number ~ 语句编号列
steady ~ 后立柱
steel core ~ 钢心混凝土柱
steering ~ 转向（盘支）柱，转向管柱，转向轴护管，驾驶杆
still ~ 蒸馏柱〔塔〕
stock ~ 料柱
striated ~ 成〔分〕层塔
stripping ~ 反萃取塔，脱除柱
telescoping ~ 伸缩的垂直柱（机械手）
thermal diffusion ~ 热扩散分离管
top ~ 悬臂顶柱
treating ~ 精制塔
upright ~ 立柱
vacuum ~ 真空（蒸馏）塔，真空箱
ventilation ~ 通风管
water ~ 水柱，水面计，量水管，充水塔
whisker ~ 晶须柱（内壁处理过的毛细管柱）
work ~ 小立柱
columnar ①圆柱（状）的,圆筒形的②印〔排〕成栏的
columnate 聚焦，聚集
column-binary 直列〔竖式〕二进制
column-progam(m)ing 程序换柱
com 商业网站的最高域名
coma 彗形（像）差，彗差，彗发
coma-lobe 彗形瓣
comatic 彗差的，彗发的
comb ①梳（轮，齿），梳刷器，刷，梳机②刻螺纹的工具，螺纹梳刀，梳状刀片③梳状蜂窝④探针⑤耙
cob-collecting ~ 玉米芯梳集板〔器〕

collecting ~ 梳集板，集电梳
electric ~ 电梳
French ~ 法式精梳机，平梳机
grass ~ （公园用）轻型草地耙
guide ~ 导梳，箅形板
integrating ~ 汇集排管
pitot ~ 皮托排管
shearer ~ 剪毛机梳状底板，剪毛机固定刀片
square motion ~ 平梳机，直行精梳机
stripping ~ 棉铃梳摘器，摘铃梳
vertical contact ~ 垂直触簧梳
wire ~ 钢丝梳

Combarloy （康巴）高导电铜（整流器棒材）

comber 梳毛〔棉〕机，梳刷机（装置）
circular ~ 圆梳机
double-action ~ 双动式精梳机
ramie ~ 苎麻精梳机
root ~ 梳麻根机（用于黄麻加工）

combiflow 混流

combi-motor 笼 - 集电环组合式电动机

combinableness 可化〔结〕合性

combination ①组〔集，结，接，化，混，联，配，综〕合，合并〔成〕②组合物，化合作用③（pl.）制品
aggregate ~ 集料混合〔化合〕，集合结构
bit ~ 位组合
ceramic-metal ~ 金属陶瓷制品
chemical ~ 化合（作用）
code ~ 电码组合
colo(u)r ~ 配色
contact ~ 触点组（合）
control ~ 控制组合
don't-care input ~ 自由输入组合
field stop reticle ~ 视场光阑 - 调制盘组合
filtering ~ 滤光装置
linear ~ 线性组合
loading ~ 负载组合
major ~ 全套
parallel ~ 并联组合
propellant ~ 混合燃料〔推进剂〕
relay contact ~ 继电器触点组（合）
slot ~ 槽配合
stack ~ 栈组合
subtractive ~ 差组合
switch ~ 开关组合
tractor-trailer ~ 牵引车 - 挂车组合

combinator 配合（操纵）器（水力涡轮机），（水力涡轮）机组

combine ①联〔组，混，综，化，融〕合②联合（式）机（械），联合收获〔割〕机③联合企业，综合工厂
baby ~ 小型联合收获机
bagger ~ 自动装袋式（有装袋器的）联合收获机
bean ~ 豆类作物联合收获机
bogmaster ~ 水田联合收获机
caterpillar ~ 履带式〔链轨式〕联合收获机
cereal ~ 谷物联合收获机
chain-track ~ 履带式〔链轨式〕联合收获机
cultivator-planting ~ 耕 - 播联合作业机
flow ~ 集流
full-level(l)ing ~ 坡地联合收获机
in-line ~ 直流〔列〕型联合收获机
long flow ~ 直流型联合收获机
narrow ~ 窄幅联合收获机
own-powered ~ 带专用发动机的联合收获机
pilot ~ 试验田用联合收获机
platform ~ 平台式联合收获机
prairie-type ~ 平地用（宽幅）联合收获机
pull-behind ~ 牵引式联合收获机
push-type ~ 前割型〔推式〕联合收获机
scoop-type ~ 缩流式联合收获机
self-propelled ~ 自走式联合收获机
side-cutting ~ 侧割型联合收获机
side-level(l)ing ~ 横向调平式（坡地）联合收获机
single beam quenching ~ 单梁式淬火联动机
tanker-type ~ 带粮箱的联合收获机
tiller ~ （土壤）联合耕作机
tractor-mounted ~ 拖拉机悬挂式联合收获机

combiner 组合器，合并器
baseband ~ 基带合并器
diversity ~ 分集合并器
equal-gain ~ 等增益合并器
power ~ 功率组合器

combining ①合作〔并，成〕（的）②联〔组，混，综，化，融〕合（的）③联合收割〔收获，作业〕（的）
additional ~ 相加合成
equal-gain diversity ~ 等增益分集组合
IF ~ 中频合并，检波前合并
interference rejection ~ 干扰抑制组合
postdetection ~ 检波后合并
predetection ~ 检波前合并

combi-rope 麻钢混捻钢丝绳

combplate 梳板

comburant 燃烧的〔物〕，助燃的〔物〕
comburent =comburant
combustibility 可〔易〕燃性，燃烧性
combustible ①可〔易〕燃的②燃料，推进剂③（pl.）易燃品，可燃物
slow ~ 不易燃的，缓燃的
combusting-chamber 燃烧室，火室，火箱，氧化容器
combustion 燃烧，发火，点火，氧化
~ control system 燃烧控制系统
controlled ~ system 受控燃烧系统
convective ~ 对流燃烧
detonating ~ 爆燃燃烧
economical ~ 经济燃烧，完全燃烧
fractional ~ 不完全燃烧
gas-phase ~ 气相燃烧
humidified ~ 增湿燃烧
incipient ~ 起始燃烧
inefficient ~ 不良燃烧
initiation ~ 发火，起动
knocking ~ 爆燃燃烧，爆燃
lean mixture ~ 稀薄燃烧
low-pressure ~ 负压燃烧
multifuel ~ 混烧（多种燃料燃烧）
neutral ~ （火药）定压燃烧，中性燃烧
normal ~ （混合物）完全燃烧
pressure ~ 正压燃烧
primary ~ 预燃，初次燃烧
progressive ~ 增面燃烧
pulsation ~ （热风炉）跳动燃烧，脉动燃烧
regressive ~ 减面燃烧
rough ~ 不稳定燃烧
secondary ~ ①再燃烧，二次燃烧，补充燃烧②燃尽
self-supporting ~ 稳定燃烧，自保持燃烧
self-sustaining ~ 稳定燃烧，自保持燃烧
smokeless ~ 无烟燃烧，完全燃烧
smooth ~ 平稳燃烧，稳定燃烧
spontaneous ~ 自（然）燃（烧）
steady state ~ 稳态燃烧
stoichiometric(al) ~ 按理论空气量燃烧，化学计量燃烧（按物质的量成比例配合的燃料的燃烧）
suspension ~ 悬浮燃烧
two-stage ~ 两级燃烧
unstable ~ 不稳定燃烧
combustor 炉膛，燃烧室〔器〕
baffle type ~ 紊流式燃烧室
can ~ 有火焰稳定器的燃烧室，筒〔罐〕形燃烧室
multiple ~ 多室燃烧室
reverse-flow type ~ 回〔逆〕流式燃烧室
straight-flow ~ 直流式燃烧室
come-along 紧线夹，伸线器
come-and-go ①先收敛再发散②收缩膨胀，伸缩③可变的，近似的④来回，往来
comeback 回〔恢，答〕复，复原
elastic ~ 弹性回复
comet 彗星，彗形物
adsorption ~ 吸附（彗星状）拖尾
cometallic 芯子是用不同的金属材料铸成的
comforming 一致化，合成
comformity 同形度
comfort ①舒适②（室内水暖电等）设备
acoustic ~ （地毯）声适感，（地毯）传声舒适感
thermal ~ 热稳定性
coming-down （锅炉过热）下涨
comma ①逗号，逗点②音撇③音调误差（与基准音律比不大于 80:81.1）
syntonic ~ 全音音撇
zero level ~ 零层逗号
command ①指令，命令，信号②控制，指挥，操作，掌握
addition ~ 加法命〔指〕令
assembler ~ 汇编指令
assembler-directive ~ 汇编程序引导指令
automatic scale ~ 自动定标指令
bind ~ 连接命〔指〕令
bridging-off ~ 拆桥命〔指〕令
built-in ~ 内部命〔指〕令
chain ~ 链式命〔指〕令
channel ~ 通道命令
character-coded operator ~ 字符编码的算符命〔指〕令
clear all ~ 全清零指令
coded ~ 编码命〔指〕令
conditional transfer ~ 条件转移指令
connect-in ~ 连入命〔指〕令
connect-out ~ 连出命〔指〕令
control ~ 控制〔操纵〕命〔指〕令
debug ~ 调试命〔指〕令
deflection ~ 偏转命〔指〕令
directive ~ 指示指令
false ~ 错误〔误发，伪〕指令
file manipulation ~ 文件加工命〔指〕令

global ~ 全局命〔指〕令
grayed ~ 灰色显示命令
illegal ~ 无效〔非法〕指令，非法字符
improper ~ 非法字符
job action ~ 作业处理命〔指〕令
look-up ~ 查找命〔指〕令
macro ~ 宏命〔指〕令
merge ~ 并合〔组合，归并〕指令
monitor ~ 监督命〔指〕令
multitone ~ 多音命〔指〕令
nonindexed ~ 非变址命〔指〕令
object ~ 结果指令
operating ~ 操作命令
operator ~ 操作员命〔指〕令
preparatory ~ 预命〔指〕令
readout ~ 读出指令，显示指令
record ~ 录制命〔指〕令
regulating ~ 调节命〔指〕令
release ~ 释放〔复原〕命〔指〕令
return ~ 复原〔返回，释放〕命〔指〕令
security mode ~ （通信）保密方式命令
setting ~ 整定〔存储〕命〔指〕令
steering ~ 操纵〔控制〕信号
stereotyped ~ 标准〔成文，固定〕命〔指〕令
still ~ 静止命〔指〕令
system action ~ 系统处理〔起动〕命〔指〕令
trace ~ 跟踪命〔指〕令
transfer ~ 转移命〔指〕令
unnumbered ~ 非记数〔未标号〕命〔指〕令

commander 指挥者〔官〕，控制器
remote ~ 遥控指挥系统，遥控器

commaterial ①同一种材料的，同物质的②同性质的

commencement ①开始〔端，工〕②创刊

commensurability ①公度，同量（可用同一单位度量的性质）②可公度性，可通约性，可比性

commensurable ①可〔有〕公度的，可以用统一尺寸测量的②成比例的，可通约的③匀称的，相应的

commensurate 匹配的，同等的，相当的，同（数）量的，等分的，同单位的，可较量的，相称的

comment ①注释〔解〕②说明，评论〔述〕
auctorial ~ 作〔著〕者说明
general ~ 一般注释
program ~ 程序注解

commentator 注释者，解说员，实况广播员

commerce 商业，商务，贸易，销售
electronic ~ 电子商务，电子商业

commercial ①商业的，贸易的②工业（用）的，工厂的③大批生产的④商品化的，质量较低的，以获利为目的的

commingler 混合器，搅拌器

comminution ①细〔粉，磨〕碎（作用）②渐减，减耗

comminutor 粉碎机

commission ①委任，委托，代理〔办〕②命令③委员会④投入运转，投产
advisory ~ 咨询〔顾问〕委员会
Federal Communication ~ 美国联邦通信委员会
International Electrotechnical ~ 国际电工委员会
National Economic ~ 国家经济委员会

commissioning ①投运验收②起动，开动③试运行

commissure ①接合点，接合处，联合处②合缝口，缝口

commitment ①承诺，约定，承担义务②委托，交托

committee 委员会
ad hoc ~ 专门〔特设〕委员会
advisory ~ 咨询〔顾问〕委员会
Advisory ~ for the Definition of the Meter 米定义咨询委员会
Consultative ~ on Electricity （=CCE）电学咨询委员会
executive ~ 执行委员会
screening ~ 审查委员会，甄别委员会
standing ~ 常务委员会
Telecommunication Technology ~ 电信技术委员会

commix 混合（物）

commixture 混合（物）

commodity 物〔商，日用，产〕品
staple ~ 主要产品
stock ~ 大量生产产品

common ①普通，平常②公〔空〕地，共用权③公共的，共同的，起码的④公约的，通约的
blank ~ （计算机的）空白公用区

commonality 公共，普通，共性，通用性

common-base ①共基极②共用基座，共用底座

common-carrier 运输〔铁路，汽车，航空，轮船，公共事业〕公司

common-collector 共集电极
common-emitter 共发射极
common-factor 公因子，公因数
commotion ①电振②扰动③动摇
communality ①公因子方差，公共因素方差②公社性，集体性
communicable 可传播的，能传递的，传染性的
communication ①通信〔知，话〕，传达，交际，连接，相通，传递，传播，联络②交通〔流〕③耦合④通信设备〔机关，系统〕，交通设备〔工具，机关〕⑤（企业内部）信息交流，思想交流
adaptive ~ 自动调整〔自动工作，自适应〕通信
air ~ 航空通信
airborne ~ 机载通信
airfield control ~ 机场指挥通信
air-ground ~ 陆空通信，空对地通信
analog ~ 模拟通信
analog secure ~ 模拟保密通信
anti-jam ~ 抗干扰通信
associative ~ 关联通信
asynchronous ~ 异步通信
audio ~ 声频通信，音频通信
automotive ~ system 汽车通信系统
band-limited ~ 限（频）带通信
beam ~ 定向通信
beyond-the-horizon ~ 超视距通信
bidirectional visual ~ 双向可视通信
binary synchronous ~ 二进制同步通信，双同步通信
bisynchronous ~ 二元同步通信，双同步通信
bit synchronous ~ 位同步通信
bit-stream ~ 比特流通信
both-way ~ 双向通信
broadband ~ 宽（频）带通信
broadcast ~ 广播通信
business ~ 商务通信
card-to-card ~ 卡片通信
carrier (current) ~ 载波通信
cellular ~ 蜂窝（式）通信
cellular mobile ~ 蜂窝移动通信
code independent data ~ 代码独立的数据通信
code transparent data ~ 代码透明的数据通信
coded ~ 编码通信
coherent fiber ~ 相干光纤通信
coherent lightwave ~ 相干光波通信
combined ~ 组合通信
commanding ~ 指挥用通信
computer ~ 计算机通信
cooperative ~ 合作通信
cosmic radio ~ 宇宙无线电通信
covert ~ 隐蔽通信
critical ~ 危急通信
cryptographic digital ~ 密码数字通信
data ~ 数据通信，数据传输
data packet ~ 数据包通信
difficult ~ 通信困难，可听度差
digital ~ 数字通信
digital radio ~ 无线电数字通信
digital selective ~ 数字选择通信
digital television ~ 数字电视通信
duplex ~ 双工通信
earth station for satellite ~ 卫星通信地球站
electric(al) ~ 电信，有线电通信
electronic ~ 电子通信
emergency ~ 应急通信
enciphered facsimile ~ 机密传真通信
enciphered voice ~ 加密话音通信
end-to-end ~ 终端站间通信
facsimile intelligent ~ 传真智能通信
fake host ~ 伪主机通信
feedback ~ 反馈通信
fiber ~ 光纤通信
fiber-optic ~ 光纤通信
fiber-optic data ~ 光纤数据通信
fixed ~ 固定点间通信
frequency hopping ~ 跳频通信
frequency shift ~ 频移（制）通信
geostationary orbit mobile satellite ~ 对地静止轨道卫星移动通信，同步轨道卫星移动通信
ground air ~ 地空通信
group ~ 群体通信
HF ~ 高频通信
high-frequency ~ 高频通信
high-speed digital mobile ~ 高速数字移动通信
human ~ 人类（脑电波）通信
infrared ~ 红外通信
infrared optical ~ 红外光通信
interactive ~ 交互式通信
interactive user-computer ~ 用户与计算机的交互通信
intercell ~ 单元间通信
intercomputer ~ 计算机通信
internetwork ~ 网络通信

interprocess ~ 进程（间）通信
interprogram ~ 程序间通信
intersite ~ 导弹部队内部通信设备
interstellar ~ 星际通信
land-mobile ~ 陆上移动通信，地面固定点与流动点间的通信
laser fiber-optic ~ 激光光纤通信
laser satellite ~ 激光卫星通信
laser ~ 激光通信
light ~ 光频通信
light guide ~ 光导通信
light wave ~ 光波通信
line ~ 有线通信
long-distance radio ~ 长途无线电通信
long-haul ~ 长距离通信
long-wave ~ 长波通信
lunar probe ~ 月球探测器通信
man-computer ~ 人 - 机通信
man-machine ~ 人机通信（进行数控机床的面板操作）
manned space ~ 载人空间通信
many-to-many ~ 多对多通信
marine ~ 航海无线电通信
maritime satellite ~ 海事卫星通信
mass ~ 集体通信，大量通信
medium wave ~ 中波通信
message ~ 消息通信，报文通信
meteor reflection ~ 流星反射通信
microwave ~ 微波通信
millimeter wave ~ 毫米波通信
mobile ~ 移动通信
mobile radio ~ 移动通信
moving ~ 移动通信
multiaddress ~ 多址通信
multibeam satellite ~ 多波束卫星通信
multicast ~ ①组播②多点〔路〕通信
multichannel data ~ 多信道数据通信
multimedia ~ 多媒体通信
multimedia broadband ~ 多媒体宽带通信
multiple channel ~ 多信道通信
multiple purpose ~ 多用途通信
multiplex ~ 多路〔工〕通信
multipoint ~ 多点通信
myriametric wave ~ 超长波通信
near-infrared ~ 近红外通信
object ~ 对象通信
off-chip ~ 芯片外通信，脱片通信，片外通信
one-directional visual ~ 单向可视通信
one-way ~ 单向通信
on-line ~ 联机通信
on-line data ~ 联机数据通信
operator-computer interactive ~ 人机对话
optical ~ 光学通信，光纤通信
optical fiber ~ 光纤通信
optical waveguide ~ 光波导通信
packet ~ 分组通信
packet network ~ 分组网通信
parallel ~ 并行通信
passive ~ 无源通信（卫星）
passive satellite ~ 无源卫星通信
peer laver ~ 同等层通信（网）
personal ~ 个人通信
personal mobile ~ 个人移动通信
person-to -person ~ 个人通信
photosoliton ~ 光孤子通信
point-to-point ~ 点与点间通信
power line ~ 电力线通信技术
power line carrier ~ 电力线载波通信
private ~ 保密通信，专用通信
process ~ 进程通信
process to process level ~ 进程级间通信
program to program ~ 程序间通信
pulse ~ 脉冲通信
quantum ~ 量子通信
radio ~ 无线电通信
radio two-way ~ 无线电双向通信
random ~ 随机通信
rapid ~ 快速通信
reentry ~ 重返大气通信
remote intelligent ~ 远程智能通信
router level ~ 路由器层通信
satellite ~ 卫星通信
satellite mobile ~ 卫星移动通信
satellite radio ~ 卫星无线电通信
scatter ~ 散射通信
scattering wave ~ 散射波通信
secret ~ 保密通信
secure data ~ 保密数据通信
self-optimizing ~ 自优化通信
serial ~ 串行通信
shore-to-ship ~ 陆对海通信，海岸对船舶通信
short-haul ~ 短程通信
short-range ~ 短途通信，近距离通信
short-wave ~ 短波通信
simplex ~ 单工通信
simplex radio ~ 单工无线电通信

simplex remote ~ 单工远程通信
slant-range voice ~ 斜距音频通信系统
soliton optical fiber ~ 孤（立）子光纤通信
sonar ~ 声呐通信
space ~ 宇宙通信，空间通信
space optical ~ 空间光通信
spacecraft ~ 航天器通信装置
speech ~ 语言通信，语音通信
spread spectrum ~ 扩频通信
stratospheric ~ 平流层通信
super long-wave ~ 超长波通信
synchronous ~ 同步通信
system ~ 系统通信
telex ~ 直通〔用户，自动电传打字〕电报通信
terminal computer ~ 终端计算机通信
toll ~ 长途通信
transoceanic ~ 越洋通信，海外通信
tropospheric scatter ~ 对流层散射通信
ultraviolet ~ 紫外线通信
ultra wideband ~ 超宽带通信
unattended ~ 无人值守通信，无操作员通信
underwater laser ~ 水下激光通信
unicast ~ ①单播②单点〔路〕通信
universal mobile ~ 通用移动通信
upper sideband ~ 上边带通信
USB ~ 上边带通信
USW data ~ 超短波数据通信
vehicle ~ 车辆通信
video ~ 视频通信
video satellite ~ 视频卫星通信
voice ~ 电话通信
voice frequency ~ 音频通信
wide area ~ 广域通信
wideband ~ 宽带通信
wire ~ 有线通信
wireless ~ 无线电通信
wireless multimedia ~ 无线多媒体通信
worldwide satellite ~ 全球卫星通信
worldwide telephone ~ 环球电话通信

communicator 发信机，通信〔话〕装置

community ①团体，集体，界，公众②共有〔同，用〕性
electronic ~ 电子界，电子社区
industrial ~ 工业界，工业团体
research ~ 研究团体，研究机构
scientific ~ 科学团体，科学界

commutable 可以变换的，可换算的，可换向的，可整流的，可抵偿的

commutants 换位（矩阵）

commutate ①交换，转换，换相②换向，整流

commutation ①交换，转换，换相②换向，整流
~ circuit 换相电路
~ failure 换相失败
~ inductance 换相电感
~ notch 换相缺口
~ repetitive transient 换相重复瞬变
artificial ~ 人工整流，强制整流（使用中间极）
device ~ 器件换相
direct ~ 直接换相
direct coupled capacitor ~ 直接耦合式电容换相
early ~ 超前换向
electronic ~ 电子换向，电子整流
external ~ 外部换相
forced ~ （晶闸管的）强迫整流
generator ~ 发电机换向〔整流〕
indirect ~ 间接换相
inductively coupled capacitor ~ 电感耦合式电容换相
lagging ~ 延迟换向
late ~ 延迟换向
line ~ 电网换相
linear ~ 直线换向
load ~ 负载换相
machine ~ 负载换相
natural ~ 自然换向，固有换向
resistance ~ 电阻换向，电阻整流
resonant load ~ 谐振负载换相
self ~ 自换相（换流）
straight-line ~ 直线整流
super ~ 超换接，超转接
thyratron ~ 晶闸管整流

commutative 可交换的，调换向，互相的，代替的

commutativity 可〔交，互〕换性

commutator ①换向器，整流子②转换开关，切换开关，转接器，转换器③（数学上的）换位子④分配器
air-gap ~ 气隙整流子
analog ~ 模拟分配器
azimuth ~ 方位角换向器，方位角转换开关
bar ~ 铜条式互换器，铜条整流子
battery ~ 电池互换器

capacity ~ 电容转换器
electric ~ 换向器，整流器，转换开关
electronic ~ 电子换向器〔整流器，转换器，转换开关〕
elevation ~ 仰角转换器
flushmica ~ 换向片和云母片相平的换向器（换向器磨损后的情况）
glass-banded ~ 玻璃丝绑带换向器
mo(u)lded ~ 浇注绝缘换向器，塑料换向器
operation ~ 操作分配器
phasing ~ 定相互换器
plug ~ 插塞式交换机
Pollock ~ 波洛克换向器，集锁式换向器
radial ~ 径向（排列）整流子，辐射状整流子，径向排列换向器
reversing ~ 电流方向转换器
sparking ~ 火花整流子
split-ring ~ 分环整流子
telegraph ~ 电报换接器
telemetering ~ 遥测换向器
undercut ~（被电刷）磨损太深的换向器
voltmeter ~ 伏特计换档器，伏特计量程开关

commutator-rectifier 换向整流器，机械整流器

commute ①可换，交换，对易②换算③换向，整流

commuter =commutator

Co-mo 考莫钴钼高速钢（w（C）0.7%，w（Mo）9%，w（W）1.5%，w（Cr）4%，w（V）1%，w（Co）5%，其余 Fe）

Comol 考莫尔钴钼永磁合金（w（Co）12%，w（Mo）17%，w（C）< 0.06%，其余 Fe）

comonomer 共聚用单体，低聚物

COMP COMP 命令（DOS 中的一个用于比较的命令）

compact ①紧密的，紧凑的②小型的，简单的，袖珍的，简装的③使之紧密，模塑，压制，压缩④压制品，压块，（烧结的）压制坯⑤合同，条约
diamond ~ 金刚石粉烧结体
porous ~ 多孔坯块
powder ~ 粉末坯块
(pressed) green ~ 压坯，生坯
puffed ~ 气胀压坯（因内部气体压力而引起膨胀的压坯）
sintered ~ 烧坯（经过烧结的坯块）

compactedness 紧密（性），紧凑（性），紧密度，填充度

compacter =compactor

compact-grain 致密晶粒

compactibility 压塑〔成型，压实，聚密〕性，紧密度

compactification 紧（致）化

compacting 压实〔制，塑〕，成型，压（制）坯块，致密化
explosive ~ 爆炸成形
powder ~ 粉末压制
pressless ~ 无压成型（粉末冶金）
storage ~ 存储精简，存储紧密化

compaction ①压实，压缩，密集，浓聚②精简，简缩③压塑，成型〔形〕④密封，填料⑤凝结，收缩
~ by double action ①双效压塑，双效压制②二向压制
band ~ （频）带压缩
cold isostatic ~ 冷等（静）压成形
curve-fitting ~ 曲线拟合压缩法
data ~ 数据精简
dynamic powder ~ 粉末电磁致密
electromagnetic ~ 电磁致密（粉末）
file record ~ 文件记录压缩
fixed-tolerance-band ~ 固定容差（带）的数据精简
floating-point coding ~ （用）浮点编码（的数据）精简法
frequency-analysis ~ 频率分析（数据）精简法
incremental ~ 增量精简数据法
momentum ~ 动量密集（系数）轨道扩张（系数），能量相差很大的轨道空间接近
probability-analysis ~ 概率分析精简数据法
program ~ 程序压缩
sample change ~ 采样变更（法）压缩
slope-keypoint ~ 键点斜率数据压缩，斜度-基点压缩
variable-precision coding ~ 可变精确度编码（法）压缩，可变精度编码的数据精简法
variable-tolerance-band ~ 可变裕度（带）压缩，可变容差（带）的数据精简
vibratory ~ 振动成型，振动法压实

compactness ①致密（性），坚实度，填充度，紧凑度②紧凑，紧密③密度，比重④体积小，小型

compactor 压实机，夯具，镇压器
gyratory ~ 旋转式压实机

pneumatic ~ 气夯
rammer ~ 夯土机，夯实机
soil ~ 填土夯实机
super ~ 重型压实机
vibratory plate ~ 振动平板夯

compactron ①小型〔十二脚〕电子管，多电极电子管②电阻光电管

compander =compandor

companding 压缩与扩展（compressing和expanding的缩写），压扩，展缩，压伸

compandor ①（音量）展缩器②压缩扩展器
volume ~ 音量伸缩器，音量压缩扩展器

companion ①指南，手册，参考书②人孔盖〔口〕，舱口围罩③成对物件中之一个，同伴

companion-way 舱（室升降）梯，升降口梯

company ①公司，商号②同伴③（社）团，连（队）④交往，陪伴
affiliated ~ 附属公司，分公司，联营公司
General Electric ~ （美）通用电气公司
joint-stock ~ 股份公司
limited ~ （股份）有限公司
limited liability ~ 股份有限责任公司
multinational ~ 跨〔多〕国公司
thermal power ~ 热电厂
wrecking ~ 打捞公司，拆除公司

comparable 可比较的，比得上的

comparand 被比较字，比较用字符，比较数

comparascope =comparoscope

comparative ①比较(上)的,相当的②匹敌者，比拟物
computer supported ~ work 计算机支持的协同工作（群体协调共享）

comparator ①比较〔测〕器，比长〔较，向，色〕仪，比较电路〔装置〕②坐标测量仪，检定器
A-D ~ 模数比较器
address ~ 地址比较器
admittance ~ 导纳比较器
amplitude ~ 振幅比较器，量值比较装置
analog(ue) ~ 模拟比较器，模拟比较电路
base pitch ~ 基节仪
blink ~ 闪视（比较）镜
circulating current bridge ~ 电桥式环流比较器
coil ~ 线圈比较器，线圈试验器
colo(u)r ~ 比色器
cryo-current ~ 低温电流比较仪
current transformer ~ 电流互感器比较仪，变流器比较仪
data ~ 数据比较部分，数据比较器
dial ~ 带有千分表的比较仪
dial ga(u)ge ~ 带有千分表的比较仪
differential ~ 差分比较器
digital ~ 数字比较器
electric ~ 电动比较仪
electronic optical ~ 光电比较仪
gear tooth ~ 公法线卡规，齿厚比较仪
high megohm resistance ~ 高阻比较器
horizontal ~ 水平比测器，卧式比较器，卧式比长仪
inertia ~ 摆轮转动惯量比较仪
interference ~ 光干涉比长仪
laser linear ~ 激光线性比较仪，激光比长仪
level ~ 水平仪式比测仪
logic ~ 逻辑比较器
magnetic ~ 电磁钢材分类〔鉴别〕仪
mechanical ~ 机械比较仪，机械比长仪
metal ~ 磁力金属比测仪
microphotometer ~ 测微光度计比较仪
multiplication ~ 乘法比较器
noise-power ~ 噪声功率比较仪
optical ~ 光学比长仪，光学比色计
panoramic ~ 扫调比较器
perflecto ~ （端面）反射比长仪
photoelectric ~ 光电比较器
pitch ~ 周节仪
projection ~ 光学投影比较仪
rectifier bridge ~ 整流电桥式比较器
reed(-type) ~ 扭〔振〕簧比较仪
sonic ~ 声波比较〔长〕仪
stereo ~ 立体坐标量测仪
sugar ~ 检糖仪
tape ~ 磁带比较仪，带比测器
thermocouple ~ 热〔温差〕电偶比较器
tracking ~ 跟踪比较器
vertical (type) ~ 立式比较〔长〕仪，垂直比测器
window ~ 双限比较器，窗口比较器
zero-cross ~ 零交比较器

comparatron 电子测试系统

comparer ①比较装置②比较器

comparison 比对，比较，对照，比拟
empirical ~ 经验比较，实验比较
facilities ~ 设备比较
field ~ 外业检核
oscilloscopic ~ 示波比较法

panoramic ~ 扫调比较，全景比较
staff ~ 标尺比长
comparoscope 显微比较镜
compart ①间隔②舱，室③隔板，隔膜④分隔，分成几部分
compartition ①分开，划分，分劈，分配②除法，除开③分裂④分度
compartment ①间隔，间，(隔)舱〔室〕，箱，格子②隔板，隔膜
air ~ (空)气室(锅炉)，通风室
anode ~ 阳极空间
bilged ~ 底舱，浸水舱
bow ~ 艏舱
bus ~ ①汇流条隔离间，母线室②配电装置
conveyance ~ 容器隔间
electrode ~ 极室
escape ~ 逃生舱
feed ~ 进〔给〕料室
frame ~ 画面分隔板
freezer ~ 冷冻室
glove ~ 工具袋，(小型)工具箱
high-voltage ~ 高压部分，高压箱
idle ~ 不工作室(跳汰机末端)
instrument ~ 仪器〔表〕舱
insulator ~ 绝缘子室
nose ~ 前舱
passenger ~ 车厢
quick freezing ~ 速冻室
reactor ~ 反应堆室〔舱〕
refuse ~ 废料间，废石间
reservoir ~ (减振器)贮液腔，贮油室
stern ~ 艉舱
compartmentation 间隔化，格子化
compass ①罗盘，指南针②界限，范围，音域
air(craft) ~ 航空罗盘
alarm ~ 告警罗盘
aperiodic ~ 非周期性罗盘，阻尼罗盘，定指罗盘
azimuth ~ 方位罗盘
baby ~ 小罗盘
bearing ~ 定位罗盘，探向罗盘
box ~ 罗盘(仪)
card ~ 平板罗盘
celestial ~ 天文罗盘
course-setting ~ 航海〔导航〕罗盘
declination ~ 磁偏计
dial ~ 刻度规，刻度罗盘
dip ~ 测斜仪，矿山罗盘，磁倾仪
direct-reading ~ 磁罗盘，直读罗盘
earth induction ~ 磁罗经
floating dial ~ 动圈罗盘仪
flux linkage ~ 磁通门罗盘
geologic ~ 地质罗盘仪
gyro ~ 陀螺罗盘，回转罗盘，陀螺仪，陀螺罗经，电罗经
gyro flux-gate ~ 陀螺感应同步罗盘
gyroscopic ~ 陀螺罗盘，回转罗盘，方向陀螺仪，电罗经
lensatic ~ 透镜磁罗盘
liquid ~ 充液(体)罗盘，湿式罗盘
luminous ~ 夜光罗盘
magnetic ~ 磁(针)罗盘
mariner's ~ 船用罗盘，航海罗盘
master ~ 主罗盘(经)
mining ~ 矿山罗盘仪
mirror ~ 反光罗盘仪
panel ~ 镶板罗盘
photo-electrical coded ~ 光电码罗盘
potentiometer ~ 电位器罗盘
prismatic ~ (测量用)棱镜罗盘
projection ~ 投影式罗盘
radio ~ 无线电罗盘，无线电自动测向仪
repeater ~ 分罗经
sea ~ 航海罗盘
swing base ~ 动座式罗盘
transit ~ 转镜(经纬)仪
vernier ~ 游标罗盘仪
compasses 圆规，两脚规(compass 的复数)
beam ~ 横臂圆规，(画大圆的)长臂圆规
bisecting ~ 比例两脚规
bow ~ 测径规，弹簧圆规，微调小圆规，外卡钳
cal(l)iper ~ 弯脚圆规
elliptical ~ 椭圆规
hair ~ (微调)弹簧圆规
involute ~ 渐开线规
lead ~ 铅笔圆规
pencil ~ (铅笔头)圆规
proportional ~ 比例规
reduction ~ 比例规，缩比两脚规
scribing ~ 划线规
spring ~ 弹簧圆规
triangular ~ 三角规
compass-saw (截)圆锯
compatibility 兼容〔相容，并存，配伍〕性，可混(溶)性，适应〔合〕性，一致性，两用性，

互换性
~ of strains 应变协调
backward ~ 反向兼容
biomechanical ~ 生物力学相容性
component ~ 构件互换性
device ~ 设备兼容性
direct ~ 直接兼容性
downward ~ 向下兼容（性）
electromagnetic ~ 电磁相容性
equipment ~ 设备互换性，设备兼容性，设备相容性
forwards ~ 正向兼容
frictional ~ 摩擦相容性
full ~ 全兼容性
hardware ~ 硬件兼容性
lubricant ~ 润滑剂相容〔配伍〕性
man-machine ~ 人 - 机相容
metallurgical ~ 冶金相容性
microprocessor ~ 微处理器兼容性
program(me) ~ 程序兼容性
reverse ~ 逆兼容性（彩色电视机可接收黑白图像）
software ~ 软件兼容性
structural ~ 结构相容性，结构协调性
type ~ 类型相容性

compatibilizer 互溶剂

compatible ①相容的，可共存的②协调的，一致的，适合的③相似的
pin ~ 管脚兼容（的）
plug ~ 插件兼容（的）

compax （金刚石）烧结体，（金刚石）聚晶

compendency ①凝集性，黏合性，黏结性②内聚力

compend(ium) 概〔纲，摘〕要，便览

compensability 可补偿性

compensating 补偿，校正

compensation ①补偿〔充，助，整〕，补偿作用②校正，调整，平衡③赔偿
adaptive ~ 自适应补偿
allowable angular ~ of clutch 离合器的许容角度补偿量
allowable axial ~ of clutch 离合器的许容轴向补偿量
allowable radial ~ of clutch 离合器的许容径向补偿量
allowance angular ~ of coupling 联轴器的许容角度补偿量
allowance axial ~ of coupling 联轴器的许容轴向补偿量
allowance radial ~ of coupling 联轴器的许容径向补偿量
aperture ~ 孔径畸变补偿，孔阑失真补偿
automatic bass ~ 自动低音补偿
automatic bias ~ 自动偏压补偿
automatic shutter speed ~ 自动快门速度调整
backlash ~ 间隙补偿
cable length ~ （视频）电缆长度补偿
clearance ~ 缝隙〔间隙〕调整
cold-junction ~ （热电偶）冷端温度补偿
colour ~ filter 彩色补偿滤色片
compass ~ 罗盘自差补偿
compensatorband ~ 频带补偿
contrast ~ 对比度补偿
correcting ~ 修整补偿
count ~ 计数补偿
crosstalk ~ 串话补偿
cutter ~ （数控）刀具（功能）补偿
cutter radius ~ （数控）刀具半径补偿
distance amplitude ~ 距离振幅校准
doping ~ 掺杂（质）补偿
drift ~ 漂移补偿
error ~ 误差补偿
excessive ~ 过补偿，过调节
feedback ~ 反馈补偿
flare ~ 寄生光斑补偿
grade ~ 纵坡折减
harmonic ~ 谐波补偿
height-marker-intensity ~ 测高标记亮度补偿
image motion ~ 图像移动补偿
lag-lead ~ 滞后 - 超前补偿
lead wire ~ 引导线（影响）补偿
motion ~ 活〔运〕动补偿
noise ~ 噪声补偿，噪声校正
power-factor ~ 功率因数的补偿，相位的补偿
radius ~ 径差〔半径〕补偿
reference-junction ~ 温差电偶的冷端补偿
resistance-drop ~ 电阻压降补偿，有功电位降补偿
sensistor ~ 正温度系数热敏电阻补偿
series ~ 串联补偿
shading ~ “黑斑”补偿
shunt ~ 并联补偿
tool nose R ~ （数控）刀尖 R 补偿
tool position ~ （数控）刀具位置补偿
wavefront ~ 波前补偿

compensator ①补偿器，调整器，胀缩件②自耦变压器③差动装置，调相机④赔偿者
active-current ~ 有功电流补偿器
aperture ~ 孔径调准器，孔径校正器
astigmatism ~ 像散补偿器
automatic levelling ~ 自动电平补偿器
automatic time element ~ 自动定时元件补偿器
automatic vertical index ~ 竖直度盘指标补偿器
backlash ~ 消除间隙装置
bus ~ 母线伸缩接头
deviation ~ 偏差补偿器
diesel high altitude ~ 柴油机海拔补偿器
direct-current ~ 补偿用直流发电机，直流补偿机〔器〕
equalizing white-clip ~ 白色电平限制的均衡补偿器
high altitude ~ （发动机）高海拔补偿器（装置）
hot idle ~ （发动机）高温怠速空气补偿阀
idle load ~ （发动机）怠速负荷补偿器
impedance ~ 阻抗补偿器
inclination ~ 倾斜补偿器
inlet ~ 进口补偿器
junction ~ 冷端补偿器（温差电偶）
lag lead ~ 滞（后）超（前）补偿器，零-极点补偿器
level ~ ①水准（仪）调节器②电平〔分层〕补偿器
load current ~ 负载电流补偿器
loss ~ 损耗补偿器
memory velocity ~ 存储速度补偿器
micrometer ~ 测微补偿器
neutral ~ 中线补偿器，中性点补偿器
neutral earthing ~ 接地线圈
optical ~ 光学补偿器
outlet ~ 出口补偿器
phase ~ 相位（失真）补偿器
pitch trim ~ 音〔色〕调调整补偿器
record ~ 记录补偿器，记录均衡器
RF dropout ~ 射频信号失落补偿器
rope creep ~ 松绳补偿器
starting ~ 起动补偿器，起动（用）自耦变压器
static reactive-load ~ 静止无功补偿器
synchronous ~ ①同步调相机②同步补偿器
temperature ~ 温度补偿电路（器）
three-wire ~ ①三线补偿器②电位计，分压器

competition 竞争（者），比赛，挑战
mode ~ 模式竞争
monopolistic ~ 垄断性竞争

competitive 竞争的，比赛性的

competitiveness 竞争力

competitor ①竞争者，敌手②替代电站

compfil （=compensation filter）补偿滤波器

compilation 编译〔制，纂，辑〕，汇编
conditional ~ 条件编译
data ~ 数据搜集〔汇编〕
loop ~ 循环编译

compile ①编辑〔制〕，搜集（资料），汇编②编码，编译（程序）

compile-and-go 编译并执行

compiler ①自动编码器，程序编制器②编译程序③编者，编辑，汇编者
analog(ue) ~ 模拟编译程序
commerical ~ 商用编译程序
complexdiagnostic 诊断编译程序
conversational ~ 会话式编译程序
cross ~ 交叉编译程序，交叉编译器
data translator ~ 数据翻译程序的编译程序
extendible ~ 可扩充的编译程序
hand-coded ~ 手（工）编（制的）编译程序
incremental ~ 可增〔逐句〕编译程序
mathematic ~ 数学编译程序
matrix ~ 矩阵编译程序，矩阵编码器
multi-pass ~ 多次（扫描）编译程序
one-pass ~ 一次编译程序，一遍（扫描）编译程序
portable ~ 简便式〔可移植〕编译程序
process control ~ 过程控制编译程序
production language ~ 产生式语言编译程序
program(me) ~ 编译程序
resident ~ 常驻编译程序
routine ~ 程序编制器
self ~ 自编译程序
syntax-directed ~ 面向语法的编译程序
syntax-oriented ~ 面向语法的编译程序
table driven ~ 表控制编译程序
tape ~ 带编译程序

compiler-compiler 编译程序的编译程序

compile-time 编译时

complement ①补充〔足，全，色〕，互补，补足〔充〕物②补码，补数，余数，余角③整套，配套④余的，补的
~ of nine's 十进制反码

~ of one's 二进制反码
~ of ten's 十进制补码
~ of two's 二进制补码
~ on n n 进制补码
~ on n-1 n 进制反码
algebraic ~ 代数余子式
base ~ 基数的补数，（基的）补码
base-minus-one's ~ 反码
Boolean ~ 布尔补数，"非"
b-1's ~ 反码
b's ~ 补码
cable ~ 电缆对群
digital ~ 按位的补码
diminished-radix ~ 基数反码，基数减 1 补码
modified ~ 变形补码，修正补码
nine's ~ 九的补码，十进制反码
noughts ~ 补码，基（数）补数，零补数
one's ~ 一的补码，二进制反码
radix ~ 补码，基数补码，基数的补数，底数的补数
radix-minus-one ~ 反码，基数减 1 补码
rolling element ~ （轴承中的）滚动体数
self ~ 自补
ten's ~ 十进制补码，十的补码
true ~ （实）补码，（真）补数
tube ~ 电子管配套〔件〕
two's ~ 二的补码，二进制补码
valve ~ 电子管组，电子管配套
zero ~ 补码

complementarity 并协性，互补〔余〕（性）

complementary ①互补〔余〕的，附加的补充〔足偿〕的②余〔补〕码

complementation ①补码法，补数法②互补，补充〔偿〕，附加
Boolean ~ 逻辑〔布尔〕求反，"非"

complementer ①补数〔码，偿，充〕器②"非"门③反相器

complement-on-nine 十进制反码

complement-on-one 模一补码，二进制反码

complement-on-ten 十进制补码

complement-on-two 二进制补码

complementor =complementer

complete ①完全的，整个的，成套的②精加工过的，熟练的③完成，竣工，落成④实行，把（电路）接通
cylinder ~ 气缸全套

completeness ①完全，完整（性），完全程度②完成，完满，结束
functional ~ 功能完全〔整〕性

completer 完成符

completion ①完成〔工，满，结〕，结束，竣工②整体，完整，圆满③求全（法）
~ by cuts 引割求全法
carry ~ 进位完成

complex ①复数〔合，式，杂〕的②合成物，复〔综，集，组〕合体③全套（设备），综合结构④复数，复量，复合形，线丛
~ in involution 对合的线丛
accelerator ~ 加速器组合（指包括多个加速器的整体装置）
carbon-dioxide ~ 干冰生产全套设备（包括生产，储存和仪器设备）
cell ~ 单元复合体
central computing ~ 中心计算装置
charge transfer ~ ①电荷转移复合物②传荷复合物
closure-finite ~ 边缘〔闭合〕有限的复合形
coboundary ~ 上边缘复合形
computer ~ 复合计算机，计算装置
conjugate ~ 共轭复数
equipment ~ 设备综合，整套〔成套，复合〕设备
hyper ~ 超复数的
instrumentation ~ 全套测量设备
iron and steel ~ 钢铁联合企业
isomorphic ~ 同构复合形
launch(ing) ~ 全套发射设备
linear (line) ~ 线性线丛，一次线丛
machining ~ 工艺系统
microprocessor ~ 微处理器复合体
normal ~ 法线丛
nuclear power ~ 核动力装置，核动力联合企业
signal ~ 整组电视信号
star-finite ~ 星形有限复合形
steel ~ 钢铁联合企业
tangent ~ 切线丛
target ~ 目标群，目标体系
test ~ 综合试验设备〔场地〕
vacancy-solute ~ 空位 - 溶质原子复合体

complex-bipolar 复双极的，复双极工艺的

complexion ①情况，形势，外观②状态，性质③配容

complexity ①错综性，复杂性②组成，合成

complexometry 络合法

complexor ①相位复（数）矢量，复量，复数②彩色信息矢量

complex-velocity 复速（度）

compliance ①符合，一致②依从，顺从，顺（从）性，声顺③柔量〔度，性〕，柔顺性

~ in extension 拉伸柔量

acoustic ~ 声顺（声媒质在声波作用下的体位移量度），声波顺从性，声容抗

bulk ~ 体积柔量

complex ~ 复数柔量

contact ~ 触点柔度，触点（过调）顺从度

creep ~ 蠕变柔量

dynamic ~ 动（态）柔度

elastic ~ 预位移，弹性调谐，弹性依从〔顺性〕

equilibrium ~ 平衡柔量

ground ~ 基础柔量

high ~ 高声顺

mechanical ~ 力顺

needle point ~ 针端柔性，针端力顺

Newtonian ~ 牛顿柔度，牛顿顺性

off-axis ~ 偏轴柔度

on-axis ~ 正轴柔度

pick-up ~ 拾音器顺性

reduced ~ ①对比柔量②折合柔量

static ~ 静（态）柔顺性〔度〕

complicate ①使复杂化②复杂的，麻烦的

complicated （结构）复杂的，难懂的，难解的

complication 复杂化，错综复杂，混乱，并发症

triple ~ 装有秒针、打点和日历三种机构的表

compnet 补偿网络

compo ①组成②混合涂料③水泥砂浆，灰泥，耐火混合物，混成砂

compo-casting 混成砂铸造

compole 换向极，极间极，整流极（直流电机），补助极

compo-mo(u)ld 混成砂铸型（由尖角硅砂、耐火砖碎屑和黏土制成，高温强度高）

componendo 合比定理

component ①（组成）部分，组分〔元〕，成分②组元层，元〔组，部，构，零〕件③分力〔量，支〕④组成的，构成的，部分的，分量的

~ of a symmetrical system 对称系统分量

~ of acceleration 分加速度，加速度分量

AC ~ 交流分量

active ~ ①有功分量，有效部分②实（数）部（分）③作用分量④有源元件，有源设备⑤活性部件

AND ~ “与”元件，“与”门

antiknock ~ 抗爆组分，高辛烷值组分，抗爆剂

array ~ 阵列组件

audio system ~ 组合音响

axial ~ 轴向分量

axial plane ~ of velocity 轴面分速度

backward phase ~ 反向相分量，负序分量

bath ~ 熔体组成，电解质组成

beam ~ ①束（流）成分②束流输送系统组件

calibration ~ 校准组分

capacitive ~ （电）容性分量

Cartesian ~ 笛卡儿分量

chromaticity ~ 色品分量

circum ~ of velocity 圆周分速度

colo(u)r coupling ~ 成色剂

composite ~ 复合部〔元〕件

condenser ~ 容抗

convergent ~ 会聚透镜〔元件〕

cophase ~ 同相分量

core-loss ~ 铁耗〔损〕分量

covariant ~ 协变分量

cross ~ 侧〔横〕向分力

cross polar ~ 交叉极化分量

crossflow ~ 横向流动分量

crystallographic ~ 结晶组分

current ~ ①电流分量②电流元件

data access ~ 数据存取（访问）组件

data handling ~ 数据转换〔处理〕元件

DC ~ 直流分量〔部分〕

delay ~ 滞后环节

digital flight data ~ 数字式飞行数据记录器

direct-axis ~ of magnetomotive force 磁动势的直轴分量

direct-current ~ 直流分量

discrete ~ 分立元件

distributed ~ 分布元件

divergent ~ 发散透镜〔元件〕

dual ~ 两用元件，两用〔对偶〕部件

electric ~ 电气组件〔元件〕

electromagnetic ~ 电磁部件〔元件〕

electronic ~ 电子线路元件

electrostatic ~ 静电分量

embedded ~ 埋入部分

energy ~ 有功部分〔分量〕，有效〔电阻〕部分，实（数）部（分）

executive ~ 操作元件，执行部件

explosion-containing ~ 隔爆元件
explosion-proof ~ 防爆元件
field ~ 场分量
fissile ~ 可裂变成分
fixed ~ of residual voltage 剩余电压恒定值
floating ~ 无静差元件〔环节〕
flutter ~ 颤〔脉〕动分量
fundamental ~ 基波〔基本〕分量
group ~ 组元
harmonic ~ 谐波成分，谐波分量
harmonic drive ~ 谐波传动组件
hi-fi ~ 高保真度元件
high pass ~ 高通分量
high voltage ~ 高电压结构件
homopolar ~ 单极性分量，（三相的）零序分量
hydraulic auxiliary ~ 液压辅件
I ~ I色差信号分量
identical ~ 相同成分
idle ~ 无功分量，无功部分，虚部
imaginary ~ ①虚（数）部（分）②无功部分，无功分量
independent circulating ~ 独立回路部件（与主机运行状态无关的回路部件）
individual ~ 单独〔分立〕元件
in-phase ~ 同相分量
integral tube ~ 一体化显像管组件
integrated ~ 集成元件
intermediate-pressure ~ （汽轮机的）中压缸
isolated ~ 隔离〔分立〕元件，离散元件〔分量〕，绝缘部件
left-hand ~ 左控制分量，左侧数，左边部分，左手坐标系分量
light-emitting ~ 发光元件
load ~ 负荷〔载〕分量
logical ~ 逻辑元件
Mach-number ~ 马赫数分量
marginal ~ 临界元件〔分量〕
mechanical ~ 机械〔器〕构件
microminiature ~ 超小型元件
microprogram ~ 微程序成分
microwave ~ 微波元件
miniature ~ 小型元件
mixed-highs ~ 混合高频分量
multiple analogy ~ 多重模拟分量
negative-order ~ 负序分量
nonzero ~ 非零分量
normal ~ 法向〔垂直〕分量
NOT ~ "非"元件，"非"门
offset ~ 偏差〔位移〕分量
OR ~ "或"元件，"或"门
orthogonal ~ 正交分量
out-phase ~ 异相分量，反相调制
passive ~ 无源元件
penetrating ~ 贯穿成分，穿透成分
perpendicular ~ 垂直部分〔分量〕，正交分量
plug-in ~ 插换式元件，插件
polarized ~ 偏振成分
positive-order ~ 正序分量
potted ~ 密封元件
power ~ 有功部分〔分量〕，有效〔电阻〕部分，实（数）部（分）
pressure ~ 分压力，压力分量
professional ~ 专用元件
proportional ~ 比例环节
propulsion ~ 推进分量
quadrantal ~ of error 象限误差成分
quadratic ~ 正交〔平方，二次方〕分量，平方项，矩形成分
quadrature ~ 无功〔电抗，横轴〕分量，正交部分〔分量〕，90度相移分量，转像差成分
radial ~ 径向部分〔分量〕，辐向部分〔分量〕
radio-frequency ~ 射频分量，射频成分，高频成分
reaction ~ ①无功分量〔部分〕，电抗部分②虚（数）部（分）
reactive ~ 无功部分
real ~ ①实（数）部（分），实分量②有功部分，有功分量
recovery ~ 还原分量
resistive ~ 电阻部分，电阻性分量，有功部分，实（数）部（分）
right-hand ~ 右控制分量，右侧数，右边部分，右手坐标系分量
rotational ~ 旋转分量，角位移分量
shock ~ （产生）冲击（的）分力
stable ~ 稳定的环节〔分量〕
standard ~ 标准（部）件
steady ~ 稳定部分，直流分量
stress ~ 胁强〔应力〕分量
strong ~ 强分支，强分量（图论中）
structural ~ 构件，结构零件
surface mounted ~ 表面安装元器件
system ~ 立体声组合音响
tangential ~ 切线分量

tensile ~ 抗张组件
translational ~ 线位移分量，平移（运动）分量
unmeasured ~ 非测组分
watt ~ 有功部分〔分量〕，有效部分〔分量〕
wattless ~ ①无功部分，无功分量，电抗部分②虚（数）部（分）
waveguide ~ ①波导节②波导管组合件
zero-frequency ~ 直流分量
zero-sequence ~ 零序分量
components 零件
components-hardware 元件-硬件
component-type 元件类型
Componentware 构组软件（由一组构件组装而成的软件）
componentwise 元件状的
compose ①组（构）成②创作，编著③排字〔版，稿〕
composer ①编排者，设计者，创作者②编排器
page ~ 页面编排器
composertron 综合磁带录音器
composing-stick 排字盘
composite ①组合〔合成，复合，混合〕物，复合材料②复〔组，套〕合，合成③并〔复，混〕合的
acoustic functional ~ 吸声功能复合材料
advanced ~ 先进复合材料
anti ablative functional ~ 耐烧蚀功能复合材料
anti thundering functional ~ 抗雷击功能复合材料
armored functional ~ 装甲功能复合材料（复合装甲）
bionics ~ 仿生复合材料
carbon matrix ~ 碳基复合材料
ceramic-based ~ 陶瓷基复合材料
ceramics matrix ~ 陶瓷基复合材料
fibrous ~ 纤维复合材料
filled ~ 填充材料
glass matrix ~ 玻璃基复合材料
gradient ~ 梯度复合材料
hybrid ~ 混杂复合材料
in-ply hybrid ~ 层内混杂复合材料
interply hybrid ~ 层间混杂复合材料
laminar ~ 层状复合材料
metal laminated ~ 金属层板复合材料
metal matrix ~ 金属基复合材料
particulate ~ 粉末复合材料
semiconductor ~ 半导体复合传感器
silicon resin ~ 有机硅树脂复合材料
sintered metal-matrix ~ 烧结金属基复合材料
smart ~ 机敏复合材料
composites 复合材料
polymer matrix ~ 聚合物基复合材料
composition ①合〔组，构〕成，组〔化〕合，装配②结构，构造，组织，成分，编制，编绘③合成物，组成物④排版，排字
~ of radiance 辐射频谱〔光谱〕
anticorrosive ~ 防腐〔蚀〕剂
antifouling ~ 防污剂
antifriction ~ 减〔抗〕摩制品
antirust ~ 防锈配料
batch ~ 一炉〔一批〕组成〔成分〕
bath ~ 熔体成分〔组分〕，电解液成分〔组成〕
belt ~ ①传动带润滑剂②（传动）带结构
buffing ~ 抛光剂
charge ~ 炉料成分
chemical ~ 化学成分
colo(u)r ~ 彩色成分〔组成〕
deck ~ 甲板敷料
dramatic ~ of picture 电视摄像取景
electronic ~ 电子排版
elemental ~ 元素组成〔成分〕，化学组成〔成分〕
ferroelectric glass-ceramic ~ 铁电玻璃陶瓷组合体
file ~ 文件集成〔汇集〕
flashing ~ 引爆剂
glycerol starch ~ 甘油-淀粉润滑剂
gradation ~ 级配组成，配合成分
grain ~ 颗粒级配
grinding ~ 磨剂
lighting ~ 照明剂
metal-type ~ 铸字排版
molybdenum-base ~ 钼基合金制品
percussion ~ 击发药
picture ~ 图像合成
poisonous exhaust ~ 废气有害成分
primer ~ 起爆剂，点火剂
program(me) ~ 程序设计〔编制〕
pyrotechnical ~ 烟火药
sensitive ~ 敏感成分
signal(l)ing ~ 信号剂
simple tungsten carbide cobalt ~ 纯碳化钨-钴制品，纯钴钨硬质合金制品

size ~ 颗粒度组成
stoichiometric ~ 化学计量〔理想配比〕成分
structure ~ 结构综合
tracer ~ 曳光剂
ultimate ~ （燃料的）元素成分，化学成分
composition-factors 合成因子
compositor ①排字机②排字工人
compositron 高速显字管
compost ①混合（涂料），合成②灰泥③堆肥，混合肥料
compost-applicator 施堆肥机
compound ①化〔混，复〕合物，绝缘混合物，绝缘〔电缆〕膏，抛光膏〔剂〕②合成的，组合的，复合的，混合的，复绕（的），复励（的），复式的③复合，混合，合成，配合
abrasive ~ 复合磨料，研磨（混合）剂
addition ~ 加成（化合）物
additive ~ 加成（化合）物
antidrumming ~ 消声涂料，防噪声涂料
antiknock ~ 抗爆剂
anti-piping ~ 防缩剂，缩孔防止剂，冒口保温〔发热〕剂，防缩管化合物（钢锭保温帽用）
antiseize ~ ①抗扯裂化合物②防黏剂
azidonitro ~ 叠氮硝基化合物
boiler ~ 锅炉防垢〔缓蚀，清洁〕剂
buffing ~ 磨光剂，抛光剂
cable ~ 电缆膏，电〔钢〕缆油，电缆绝缘胶
Cardium ~ 开式齿轮润滑油（美国壳牌石油公司商品名）
carrier ~ 载体，负荷体
case-hardening ~ 渗碳剂
caulking ~ 堵缝化合物，填缝料
cementing ~ 胶黏剂
Chatterton's ~ 卡德同化合物（主要成分为杜仲胶，用于绝缘性胶黏剂）
chelate ~ 螯合物
Clark's ~ 克拉克化合物（保护海底电缆用）
coating ~ 涂料
complex ~ 络合物
core ~ 型芯黏结剂
crystalline semiconducting ~ 晶体半导体化合物
cumulative ~ 积复励〔绕〕的
cutting ~ 切削液
differential ~ 差复励，差绕复激
electrode ~ 电极涂料
electron ~ 电子化合物
electron-defect ~ 缺电子化合物
encapsulating ~ 包封〔浇注〕胶，灌胶
exothermic ~ 发热剂
extreme pressure ~ ①极压添加剂②防磨损剂（如润滑油）
filling ~ 填料
flat ~ 平复绕〔励〕的
Foseco feeding ~ 弗西科发热保温剂（商名）
garnet ~ 柘榴石化合物
gear ~ ①齿轮油，齿轮润滑剂②复齿轮
grinding ~ 磨剂，金刚砂
hardening ~ 淬火剂，固化剂
high-gap ~ 宽禁带化合物
impregnating ~ 防腐剂，浸渍化合物
impression ~ 印模膏
index ~ 母体〔索引〕化合物
inflammable ~ 易燃剂
insulating ~ 绝缘物质，绝缘剂
intercalation ~ 插层化合物
intermediate ~ 中间化合物，中间体
intermetallic ~ 金属互化物，金属间化合物
interstitial ~ 间隙化合物
investment ~ 熔模铸造涂料〔耐火材料〕
joint-box ~ ①电缆套管填充剂②接线盒材料
jointing ~ 密封剂（用于部分零件表面），黏合剂
lapping ~ 研磨剂
main switching ~ （电站）主配电装置
marking ~ 校验表面用涂剂
membrane curing ~ 薄膜养护剂
mineral ~ 无机化合物
mo(u)lded plastic ~ 塑料
nematic ~ 向列化合物
non-draining ~ 不滴流浸渍剂
nonstoichiometric ~ 非化学计量比化合物
organic ~ 有机化合物
parting ~ 隔离粉分型剂
plastic ~ 塑料
polishing ~ 抛光剂
potting ~ 灌注胶
quartz ~ 石英化合胶
quenching ~ 冷却剂，淬火剂
riser ~ 冒口发热剂
rubbing ~ 研磨剂，抛光膏
sealing ~ ①电缆膏②封口膏，密封剂，电瓶封口填料，密封接合物
short-shunt ~ 短并复绕
siushing ~ ①缓蚀剂，防锈油②抗蚀润滑剂，

抗蚀油脂
smectic ~ 近晶化合物
stop-leak ~ 密封脂
stripping ~ 分型剂
tallow ~ 调配牛油（固体润滑剂）
treating ~ 浸润剂，调理剂
under ~ 欠复励，低复绕
valence ~ 价键化合物
welding ~ 焊（接）剂

compound-feed-screw 复（式）刀架丝杠
compound-filled 绝缘膏填充的，浇注绝缘膏的
compounding ①复励，复绕②用膏剂浸渍②混〔复，配〕合，配方
compound-woundreaction ~ 反应混配
compound-wound 复（式）励（磁）的
compreg ①（渗）胶压（缩）木材，胶合木材②压缩成形物
compregnate 热压
comprehension 理解（力），包含〔括〕，概括，综合
comprehensive ①综合的，广泛的②（有）理解（力）的，易理解的
~ automobile control system 汽车综合控制系统
compress ①压缩〔榨，紧，挤，扁，制〕，浓缩②气波增压器，收缩器，打包机③压缩程序
compressibility （可）压缩性，可压度，压缩率，敛缩性，压缩系数
apparent ~ 视压缩性
true ~ 真压缩性
compressible ①可压缩〔紧，榨〕的，可浓缩的②压紧〔缩〕性的
compression ①压缩〔榨，实，制〕，压力②紧缩，密集③浓缩
~ of the earth 地球椭〔扁〕率
actual ~ 实际压缩（在绝热压缩与等温压缩之间）
adiabatic ~ 绝热压缩
antenna beam ~ 天线波束压缩
black ~ 黑区信号压缩，黑色区域压缩
carrier ~ 载液振幅压缩
channel ~ ①信〔波〕道压缩②电路复用
code ~ 代码减缩
compound (stage) ~ 多级压缩
cool isostatic ~ 冷等压压制
data ~ 数据压缩，信息压缩
digital ~ 数字压缩
double-acting ~ 双效〔双动，两面〕压制
dual ~ 双效压缩
edgewise ~ 平行于层压面压缩强度
electromagnetic tube ~ 电磁缩径
file ~ 文件压缩
flatwise ~ 垂直于层压面压缩强度
gain ~ 振幅畸变，振幅特性非线性
image ~ 图像压缩
intelligent code ~ 智能码压缩
isentropic ~ 等熵压缩
knee ~ 膝状曲线弯曲压缩
lossless ~ 无失真压缩
magnetic ~ （等离子体的）磁箍缩
message ~ 消息压缩，报文压缩
normal shock ~ 正激波压缩
phase ~ 相移压缩
picture ~ 图像压缩（非线性失真引起的几何畸变）
pinch ~ 等离子线柱压缩，等离子体箍缩
powder ~ 粉末压制
pulse ~ 脉冲压缩
ram ~ 速度头压缩，速压，冲压
resist ~ 抗压
robust header ~ （通信）鲁棒报头压缩
scale ~ 比例尺缩小，标度压缩
single-action ~ 单效〔单动，单面〕压制
sound ~ 音量压缩
speech ~ 语言压缩
sync ~ 同步（信号）压缩
video ~ 图像压缩
video data ~ 视频数据压缩
volume ~ 音量〔体积〕压缩
white ~ 白色区域压缩
zero ~ 零压缩

compression-mo(u)lded 压缩模塑的，压铸的
compressive 压缩的，加压的，挤压的，压榨的
compressometer 压缩计，压缩仪，缩度计，压气试验器
compressor ①压缩〔捆，榨〕器②（空气）压缩机
~ discharge pressure 压缩机排气压力，压缩机输出压力
~ without crosshead 无十字头压缩机
accessible ~ 易卸〔半密闭〕压缩机
air ~ 空（气）压（缩）机
air cooled ~ 风冷式压缩机
air-boost ~ （增压式）空气压缩机，鼓风机

amplitude ~　振幅压缩器
audio ~　音频压缩器
axial ~　轴流压缩机
axial-flow ~　轴流（式）空气压缩机
balanced opposed type ~　对动式压缩机
bare ~　主机（压缩机）
bleed axial ~　具有抽气功能的轴流空气压缩机
booster ~　辅助〔增压〕压缩机，（高压加氢设备）循环压缩机
centrifugal ~　离心式压缩机
centrifugal refrigeration ~　离心式制冷压缩机
charging ~　充气空气压缩机
cold ~　制冷压缩机
compound ~　双〔多〕级空气压缩机，复式空气压缩机
diaphragm ~　隔膜压缩机
displacement ~　（正）排量式空气压缩机，容积式空气压缩机
double-acting ~　双作用压缩机
drag ~　涡流空气压缩机
dual ~　双转子空气压缩机
entrainment ~　喷射式压缩机
flash ~　火焰闪光抑制剂
free-piston ~　自由活塞空气压缩机
free-piston diesel ~　自由活塞式空气压缩机
free-piston engine ~　自由活塞式空气压缩机
free-piston motor ~　自由活塞式空气压缩机
freon ~　氟立昂压缩机
gas line ~　天然气管线气体压缩机
grease ~　油脂枪
horizontal type ~　卧式压缩机
inbye ~　井下压风机
liquid piston ~　液环式压缩机
liquid ring ~　液环式压缩机
lobed rotor ~　罗茨压缩机
Lysholm type ~　罗宋式压缩机（蜗杆压缩机）
magnetic flux ~　磁通压缩器
measuring ~　计测空气压缩机
medium pressure ~　中压压缩机
mixed-flow ~　离心轴流混合空气压缩机，混流式空气压缩机
oil free ~　无油润滑压缩机
oil-injected screw ~　喷油螺杆压缩机
open type ~　开启式压缩机
opposed ~　对置式压缩机
oscillating piston ~　旋转活塞压气机
pipeline ~　管道压缩机，增压压缩机
positive-displacement ~　容积式〔正排量式〕压缩机
radial-flow ~　径流〔离心〕式空气压缩机
ram ~　冲压式压缩机
reciprocal ~　往复〔活塞〕式（空气）压缩机
reciprocating ~　往复式压缩机
reciprocating refrigeration compressor　活塞式制冷压缩机
reciprocating-piston ~　往复活塞压缩机
recycle ~　循环气压缩机
refrigeration ~　制冷压缩机
resonant ~　共振式压气机
return flow ~　逆流式压缩机
rod coit ~　盘条压力机
roller cloth ~　压砂芯机
rotary vane ~　滑片压缩机
rotary ~　回转式压缩机
screw ~　螺杆压缩机，螺旋（式）（空气）压缩机
screw-type refrigeration compressor　螺杆式制冷压缩机
semi radial reciprocating ~　扇〔星〕形往复式压缩机
series ~　多级压气机
silo ~　青贮塔（用）压实机
sliding-vane ~　叶片〔滑板，滑片〕式压缩机
sound ~　音量压缩器
spiral lobe type ~　螺杆式空气压缩机
split ~　二级压缩机
straight-lobe ~　（罗茨型）转子压缩机
suction ~　（附面层的）吸除系统压气机
supercharging ~　增压空气压缩机
tandem ~　串轴式压缩机
transonic ~　跨声速空气压缩机
turbo ~　透平压缩机
twin ~　复式压缩机
two-spool ~　双转子空气压缩机，双轴空气压缩机
uniflow ~　顺流式压缩机
voice band ~　音频带压缩器
volume ~　音量压缩器

compressor/decompressor　压缩还原器
compressor-expander　压缩扩展器
compressor-shaft　压气机轴
compressure　压缩力
comprex　气波增压器
comprint　盗（印）版（未经著者同意私印其作品）

compromise ①妥协，折中（方案，办法）②兼顾，（综合）平衡，综合考虑
engineering ~ 工程折中方案，工程综合考虑
comptograph 自动计算器
comptometer 键控计算机
compulsator 强制器
compulsion 强迫，强制
compunication （=computer communication）计算机通信
compuser 计算机用户
compuserve 计算机服务系统
computability 可计算性
computation ①计算（技术，结果）②推测，测定，估价
approximate Bayesian ~ 近似贝叶斯计算
array processing ~ 数组处理计算
associative and parallel ~ 相联并行计算
check ~ （校）验（计）算，核算
decimal ~ 十进制计算
hand ~ 手算，笔算
implicit ~ 隐函数法计算
interacting ~ 交互计算
numerical ~ 数值计算
point-by-point ~ 逐点计算
real-time ~ 快速计算，实时计算
sequential ~ 循序计算，时序计算
step-by-step ~ 逐位计算，逐步计算
stream-oriented ~ 流式计算
surveying ~ 测量计算
tree ~ 树形结构计算
computator ①计算机，计算装置，计算器 ②计算员
compute 计算，估计，解
computer ①（电子）计算机，计算器，计算装置②计算员
~ aided engineering 计算机辅助工程
~ aided industry 计算机辅助工业
~ aided logistic support 计算机辅助后援支持
~ aided quality 计算机辅助质量控制
~ aided routing system 计算机辅助（运输网络中）选线系统
~ graphics 计算机图形学
~ integrated manufacturing 计算机综合制造
~ on slice 单片式计算机
~ on-chip 单片计算机
accounting ~ 会计计算机
ACI ~ 车辆自动识别计算机
active ~ 在用计算机
adaptable board ~ 可调配插件板的计算机
adaptive ~ 自适应计算机
aerospace ~ 航天计算机
aerospace ~ 航天计算机
air data ~ 大气数据计算机
air navigation ~ 航空导航计算机
airborne ~ 机载计算机
airborne navigation ~ 机载导航计算机
aircraft ~ 飞机（航行）计算机，飞行器计算机
air-data ~ 空中数据计算机
air-defence ~ 防空计算机
alarm monitor ~ 报警监视器计算机
all optical ~ 全光学计算机
all-optical ~ 全光计算机
all-purpose ~ 通用计算机
analog(ue) ~ 模拟计算机
analog(ue)-digital ~ 模拟 - 数字计算机
angular travel ~ 角位移计算器，角程计算机
arbitrary course ~ 任意航向计算机
arbitrary sequence ~ 任意顺序〔可变时序〕计算机
area navigation ~ 区域导航计算机
array ~ 阵列〔数组〕计算机
asynchronous ~ 异步计算机
asynchronous digital ~ 异步数字计算机
audit ~ 审计用计算机
autocorrelogram ~ 自相关式计算机
automatic ~ 自动〔电子〕计算机
automatic decimal point ~ 小数点自动定位计算机
automatic digital ~ 自动数字摄影机
automatically repaired ~ 自动修复计算机
auxiliary ~ power unit 计算机辅助电源
azimuth rate ~ 方位角变化率计算机
back end ~ 后端计算机
backup ~ 后备计算机
ballistic ~ 弹道计算机
bare ~ 裸（计算）机（未配软件的计算机）
bearing distance ~ 方位距离计算机
billing and accounting ~ 票据与会计计算机
binary ~ 二进制计算机
binary digital ~ 二进制数字计算机
bionic ~ 仿生学计算机
bit slice ~ 位片式计算机
bit-slice ~ 位片计算机
black ~ 黑色要素控制器（电子分色机控制黑色的计算电路）

bubble ~ 磁泡计算机
buffer ~ 缓冲存储计算机，中间转换用计算机
business-oriented ~ 面向商业的计算机
byte ~ 字节〔二进位组〕计算机
card ~ 插件式计算机
carrier ~ 载波计算机
census ~ 人口调查计算机
central ~ 中央计算机
central processing ~ 中央处理计算机
character ~ 字符计算机
chess ~ （智能）弈棋机
chess(-playing) ~ 弈棋机，下棋（计算）机
chip micro ~ 单片微型计算机
clipboard ~ 便携式笔输入计算机，文件夹式计算机，剪贴板计算机
communication ~ 通信计算机
compatible ~ 兼容计算机
concurrent ~ 并行（操作）计算机
concurrent processing ~ 并行处理计算机
consecutive ~ 串行（操作）计算机
consecutive-sequence ~ 连续顺序〔序列〕计算机
control data ~ 控制数据计算机
copying ~ 仿形计算机
course-line ~ 航线计算仪〔机〕
cryotron ~ 冷子管计算机
customized ~ 定做型计算机
cut-off ~ 断流〔截止〕计算机，开关计算〔次〕器
database ~ 数据库计算机
dead reckoning ~ 航位推算计算机
decade ~ 十进制计算机
decimal ~ 十进位（制）计算机
dedicated ~ 专用计算机
degaussing ~ 消磁计算机
desk side ~ 桌侧计算机
desk(-size) ~ 台式计算机，小型计算机
desk-top ~ 台式计算装置，台式计算机
diagnosis ~ 诊断计算机
dialing set ~ 排字盘式计算机
digital ~ 数字计算机
digital control ~ 数字控制计算机
digital data ~ 数字数据计算机
digital integrating ~ 数字积分计算机
digital monitor ~ 数字式监控计算机
digital simulating ~ 数字仿真计算机
digital variable increment ~ 可变增量数字计算机
digital-analog ~ 数字模拟计算机
distributed ~ 分布式计算机
domestic ~ 家用计算机
drift ~ 偏差计算机〔器〕
duplex ~ 双联式计算机
easy instruction automatic ~ 教学用自动计算机
electromechanical ~ 机电式计算机
electron ~ 电子计算机
electronic ~ 电子计算机
electronic analog ~ 电子模拟计算机
electronic parallel digital ~ 并行电子数字计算机
electronic serial digital ~ 串行电子数字计算机
electrooptical analog(ue) ~ 光电模拟计算机
elevation ~ 高度〔仰角〕计算机
external memory ~ 外存储计算机
externally program(m)ed ~ 外部程序式计算机
fault-tolerant ~ 容错计算机
fax ~ 传真计算机
field data ~ 军用数据计算机
fifth generation ~ 第五代计算机
file ~ 编目计算机，情报〔信息〕统计机
fire control ~ 炮火〔火力，发射，射击〕控制计算机
flight course ~ 导航计算机
flight director ~ 飞行指挥计算机
flight management ~ 飞行管理计算机
flight-course ~ 导航计算机
fluid ~ 流体〔射流〕计算机
flutter ~ 颤动（模拟）计算机
formalized ~ 形式化计算机
fractional ~ 分数计算机（小数点在最前面的定点计算机）
frequency analog ~ 频率模拟计算机
front-end ~ 前端计算机
full-fledged ~ 高性能计算机
fuse time ~ 引信时间计算机
fuzzy intelligent ~ 模糊智能计算机
general purpose ~ 通用计算机
genuine ~ 真计算机
giant ~ 巨型（计算）机
graphical input language ~ 图形输入语言计算机
ground-speed ~ （飞机的）对地速度计算机
guidance ~ 制导计算机
gun direction ~ 火炮指挥计算机

hand ~ 手摇计算机
hand-hold ~ 掌上计算机
handy-type ~ 便携式计算机
heating ~ 加热（计算用）计算机
height ~ 高度计算器
hierarchical abstract ~ 分级抽象计算机
high speed digital ~ 高速数字计算机
histogram ~ 直方图计算机，无线电遥测计算机
home ~ 家用计算机
host ~ 主计算机
hybrid ~ （模拟 - 数字）混合式计算机，复合计算机
hypothetical ~ 理想〔假想〕计算机
image analyzing ~ 影象分析计算机（测纤维细度）
incompatible ~ 不兼容计算机
incremental ~ 增量计算机
industrial ~ 工业控制用计算机
in-house ~ （工厂、公司等的）自用计算机
instrument ~ 仪表用计算机
instrument approach system steering ~ 盲目降落临场操纵计算机，仪表临场操纵计算机
integral ~ 整数计算机（小数点在最后的定点计算机）
integrated ~ 混合计算机
intelligent ~ 智能计算机
interactive ~ 交互式计算机，对话计算机
interactive array ~ 交互型阵列计算机
intermediate ~ 中间计算机
internally-program(m)ed ~ 内程序计算机
iterative analog ~ 迭代模拟计算机
iterative circuit ~ 累接电路计算机
laptop ~ 膝上型电脑
large ~ 大型计算机
laser ~ 激光计算机
limited-purpose ~ 专用计算机
line control ~ （通信）线路控制计算机
linkage ~ 连续动作（式）计算机，联动计算机
local ~ 本地计算机
local satellite ~ 本地卫星计算机，本地外围处理机
logical ~ 逻辑运算计算机
machine ~ 机用计算机
macro-modular ~ 宏模组件计算机
magnetic card ~ 磁卡计算机
magnetic drum ~ 磁鼓计算机
magnetic-drum ~ 磁鼓计算机
mainframe ~ 主计算机
master ~ 主计算机
mechanical ~ 机械计算机
micro ~ 微电脑，微计算机
microchip ~ 微片计算机
microprogrammable ~ 微程序控制的计算机
mobile data acquisition ~ 移动数据采集计算机
mobile digital ~ 移动式数字计算机
model ~ 积木式计算机
modular ~ 模块化计算机
molecular ~ 分子计算机
monoboard ~ 单板式数字计算机
monolithic ~ 单片计算机
multi-accumulator ~ 多累加器计算机
multi-address ~ 多地址计算机
multi-application ~ 多用途计算机
multi-architecture ~ 多结构计算机
multimedia ~ 多媒体计算机
multiple access ~ 多路存取计算机
multiple control unit ~ 多控制器计算机
multiple data stream ~ 多数据流计算机
multiple instruction flow ~ 多指令流计算机
multi-program(m)ed ~ 多道程序（控制）计算机
multipurpose ~ 通用计算机，多用途计算机
multiradix ~ 多基数计算机
n-address electronic ~ n 地址电子计算机
network ~ 网络计算机
network(-type) ~ 网络（型）计算机
no-address ~ 无地址计算机
node ~ 节点计算机
notebook ~ 笔记本电脑
notebook personal ~ 笔记本便携机
object ~ 目的〔对象，结果，执行〕计算机
office ~ 办公计算机
off-line ~ 脱机〔线〕计算机
offset-course ~ 航向偏差〔迂回〕计算机
on-board ~ 车载计算机，单板计算机
on-line ~ 联机〔在线，线内〕计算机
operation guide ~ 制导计算机
optical ~ 光计算机
optical analog ~ 光（学）模拟计算机
optical path ~ 光程计算机，光导向装置计算机
orthogonal row ~ 正交阵列计算机
palmtop ~ 掌上计算机

parallel asynchronous ~ 并行异步计算机
parallel neuron ~ 并行神经元计算机
parallel optical ~ 并行光学计算机
parallel synchronous ~ 并行同步计算机
parallel vector ~ 并行向量计算机
parallel-serial ~ 并串行计算机
parametric electronic ~ 参量（元件）电子计算机
parametron ~ 变参数计算机
pen ~ 笔控计算机
peripheral ~ 外围计算机
peripheral bus ~ 外围总线计算机
peripheral control ~ 外围控制计算机
personal ~ 个人计算机，家用计算机
personal automotive ~ 个人汽车修理用计算机
photo ~ 光计算机
photometric ~ 测光计算机
pictorial ~ 图解（式）计算机，帧型计算机
pinboard ~ 插接式计算机，接线盘式计算机
pipeline ~ 流水线计算机
planar ~ 平面计算机
plugboard ~ 外部指令式计算机，配线式计算机
plugged program(me) ~ 插入程序计算机
pocket ~ 便携（式）计算机，袖珍（式）计算机
portable ~ 便携式计算机，手提式计算机
principal ~ 主计算机
printing ~ 印刷〔打印〕计算机
process ~ 程序〔处理，过程（控制）〕计算机
process control ~ 过程控制计算机
professional ~ 专业计算机
professional image ~ 专业图像计算机
program(me) ~ 程序计算机
programming ~ 程序设计计算机
punch(ed) card ~ 穿孔卡（片）计算机
quantum ~ 量子计算机
radar-aided tracking ~ 雷达辅助跟踪计算机
radix two ~ （多位）二进制计算机
random access ~ 随机存取计算机
ranging ~ 测距计算机，距离测定仪
rate-aided tracking ~ 测速辅助跟踪计算机
real-time ~ 实时计算机
real-time control ~ 实时控制计算机
reduced instruction set ~ 归约指令集计算机
reduction ~ 归约机（一种函数型语言的计算机）
reference ~ 基准计算机
relay ~ 继电器式计算机
repetitive ~ 周期运算式计算机，重复（运算的）计算机
return to base ~ 归航用计算机
sampled-data ~ 抽样数据计算机
satellite ~ 辅助〔卫星〕计算机
scientific ~ 科学用计算机
second generation ~ 第二代计算机（晶体管计算机）
secondary ~ 辅助计算机，副（计算）机
security operation ~ 保密作业计算机
segmented microprogrammable ~ 微程序分段控制的计算机
self-adapting ~ 自适应计算机
self-diagnostic ~ 自诊断计算机
self-organizing ~ 自组织计算机
self-programming ~ 自编程计算机
self-relative ~ 自相关计算机
self-repairing ~ 自修复计算机
sensor-based ~ 基于传感器的计算机
sequence ~ 时序计算机
sequence-controlled ~ 程序控制计算机
serial ~ 串行计算机
servo-analog(ue) ~ 伺服模拟计算机
simple interactive personal ~ 简单交互式个人计算机
simulated linguistic ~ 模拟语言计算机
simulation ~ 仿真计算机，模拟计算机
single access ~ 单址存取计算机
single board ~ 单板计算机
single chip ~ 单片计算机
single purpose ~ 专用计算机
single-entry-single-exit ~ 单入出口计算机
single-shot ~ 一次运算计算机
slave ~ 从动〔属〕计算机
small ~ 小型计算机
small size ~ 小型计算机
solid state ~ 固态计算机
sound controlled ~ 声控计算机
source ~ 源计算机，原始数据计算机
space ~ 航天计算机
special-purpose ~ 专用计算机
spectrum management ~ 光谱管理计算机
stadia ~ 视距计算机
stand-alone ~ 独立计算机
standard western automatic ~ B 型电子通用数字计算机

stand-by ~ 备用计算机
statistic ~ 统计计算机
steel-rolling control ~ 轧钢控制用计算机
steering ~ 驾驶〔操纵〕用计算机，控制系统计算机
stored program ~ 存储程序计算机
subscriber ~ 用户计算机
superconducting ~ 超导计算机
supervisory control ~ 管理控制计算机，监控计算机
supervisory ~ 管理计算机
switch control ~ 转接控制计算机
switching ~ 开关计算机
symmetric ~ 对称式计算机
system-oriented ~ 面向系统的计算机
talkie ~ 可语言交流的计算机
target ~ 目标程序计算机，特定程序计算机
terminal control ~ 终端控制计算机
three-dimensional analog ~ 三维模拟计算机
time-shared ~ 分时计算机
top-end ~ （系列机的）高档计算机
top-of-the-line ~ 最高级计算机
total automatic ~ 全自动计算机
two-bearing ~ 双方位计算机
two-variable ~ 双变量计算机
trip ~ 行车电脑
truth table ~ 真值表计算机
Turing type ~ 图灵式计算机
ultrafast ~ 超高速计算机
unit construction ~ 组件式计算机
universal ~ 通用计算机
variable instruction ~ 可变指令计算机
variable structure ~ 可变结构计算机
vector ~ 矢量计算机
vector super ~ 向量巨型计算机
vehicle application-specific ~ 车辆专用计算机
videotex host ~ 可视图文主计算机
virtual ~ 虚拟计算机
voice-activated ~ 声控计算机
weather ~ 气象计算机
whirlwind ~ 旋风型计算机
wind-tunnel ~ 风洞计算机
wired program(me) ~ 配线〔插接〕程序计算机
word ~ 字计算机
zero address ~ 零地址计算机

computerable 可计算机化的
computer-aided 计算机辅〔协〕助的
~ software engineering 计算机辅助软件工程
computer-assisted 计算机辅〔协〕助的
computer-based 利用〔借助〕计算机的
computer-chronograph 计时计算机，计算机测时仪
computer-controlled 计算机控制的
computerese ①计算机字②计算机语言③计算机术语
computerisation =computerization
computerism 电子计算机（万能）主义
computerite 电脑人员，电脑迷
computerization 计算机化，装备电子计算机，用计算机处理
computerize 计算机化
computer-limited 受计算机限制的（指计算时间超过外部设备等的工作时间）
computerman 电脑技师，电脑学家
computer-manual 计算机操作 - 人工操作
computer-name 计算机名
computer-oriented 面向计算机的，与研制计算机有关的
computer-supported 计算机辅助的
computertalk 计算机通话
computerticket 计算机磁卡
computer-to-plate 计算机直接制版设备
computer-with-a-computer 计算机中的计算机
computery ①计算机系统②计算机产业
computing ①计算的②计算，运算
cloud ~ 云计算
distributed ~ 分布式计算（云计算技术的共享基础）
grid ~ 网格计算（云计算技术的共享基础）
mobile ~ 移动计算机技术
network centric ~ 网络为中心的计算模式
optical ~ 光计算
parallel ~ 并行计算(云计算技术的共享基础)
server centric ~ 服务器为中心的计算模式
utility ~ 效用计算(购成云计算的技术方法)
virtual network ~ 虚拟网络计算机
computopia 计算机乌托邦
computopolis 计算机化城市
computor =computer
computron 计算机用的多极电子管
computyper 计算打印装置
compuvision 计算机电视
compuword 计算机用词，计算机字
comsat 通信卫星
Comsol 科姆索尔银铅焊料，银锡软焊料

comtech 通信技术
conalog 接触模拟器（引导宇宙飞行器正确着陆的显示装置）
concast 连续铸锭
concatenate ①连接〔结，锁〕，衔接②级联，串级，串联③连在一起的
concatenation ①连接〔锁，续，结〕，结合，并列，并置②级联（法），串联〔级〕（法）
differential ~ ①差级联②反向串联
iterated ~ 迭代链接，重复链接
concave ①凹面（物），凹板（块，组）②凹面的，中凹的
auger ~ 螺旋输送器底壳〔凹板〕
blind ~ 闭式（无孔）凹板
lattice-type ~ 栅格式凹板
rethrasher ~ 复脱器凹板，除芒器凹板，二次脱粒器凹板
spike-tooth ~ 钉齿式凹板
wire-grate ~ 钢丝网筛式凹板
concave-down(ward) 下凹的
concave-up(ward) 上凹的
concavity 凹度，凹状〔面，处，性〕，成凹形
knife ~ 刀片凹心度
concavo-concave 双凹（形）的，两面凹的
concavo-convex 凹凸（形）的，一面凹一面凸的，新月形的
concealment 隐匿〔蔽〕，潜伏，掩蔽
error ~ 误码掩蔽
concentrate ①集中，集结，浓缩，凝缩②钻研，专心于③浓缩物④精选矿，精煤
gravity ~ 重（力）选精矿
lead ~ 精（炼）铅
magnetic ~ 磁选精矿
preparation ~ 精矿
concentrated ①集中的②浓缩的
concentrates 浓缩物
concentration ①浓缩，集中〔聚〕，精选，富集②浓度，密（集）度，金刚石磨具浓度，含沙量
~ of emission 排放浓度
~ of the tracer 示踪物浓度
acceptable ~ 容许浓度
acceptor ~ 受主浓度
acoustic ~ 声密度（直达辐射声波强度与平均球面声波强度之比）
acoustic power ~ 声功率密度
axle ~ 轮轴集重
background ~ 本底浓度
boiler (water) ~ 炉水浓度，炉水含盐量
bulk ~ 体浓度
defect ~ 缺陷密度
degeneracy ~ 简并浓度
differential ~ 浓度差
dilute(d) ~ 稀（释）浓度
dust ~ 含尘浓度
electron ~ 电子密度，电子浓度
hole ~ 空穴浓度
inlet dust ~ at standard conditions 标准状态入口含尘浓度
input ~ 进料浓度，输入浓度
intrinsic ~ 本征浓度
isotonic ~ 等渗（压）浓度
magnetic ~ 磁选
mixture ~ 混合气浓度
mol ~ 摩尔浓度
outlet dust ~ 出口含尘浓度
pigment volume ~ 颜料体积浓度
pneumatic ~ 风选法
radioactive ~ 放射性浓度
reduced doping ~ 折合掺杂浓度
solids ~ （炉水的）含盐量，固形物浓度
spectral ~ 光谱密度
stress ~ 应力集中
traffic ~ 通信量集中
volume ~ 浓度，密度
wheel ~ 轮集重
concentrator ①集中〔线〕器，浓缩器②选煤〔矿〕厂，选煤〔矿〕机
automatic ~ 自动集中器（电报）
auxiliary ~ 辅助集中器（电报）
brine ~ 盐水浓缩机
cascade ~ 阶式蒸浓器
data ~ 数据集中（分配）器
dust ~ 除尘器
fiber ~ 光纤集中〔线〕器
flux ~ 通量集中〔流〕器
front-end ~ 前端集中器
line ~ 用户集线网，线路集中器，集线装置
line switching ~ 线路交换集中器
magnetic ~ 磁力选矿机
packet ~ 分组集中器
programmable ~ 可编程序集中器
solar ~ 太阳能集中器
sound ~ 聚声器
spiral ~ 螺旋选矿机
table ~ 摇床

telegraph ~ 电报分集器
telex ~ 电报集中器
tower ~ 塔式浓缩器
concentric(al) ①同心（的），共心（的），同轴的②集中的，聚合的
concentricity 同（中）心，同心度〔性〕，偏心度，集中
~ of web 钻芯对称度
Concentrix Concentrix 操作系统（一种并行计算机系统中采用的操作系统）
concept 概念，（基本）观念，（基本）原理，定则，思想
ARM ~ （=availability reliability maintainability ~）有效性、可靠性、可维护性概念
many-for-one ~ 多对一概念
modular ~ 模块〔组合，积木〕式概念，模块〔组合，积木〕式设计原理
multi-host ~ 多主机概念
precondition ~ 前承条件概念
total energy ~ 能量综合利用（概念）
vanishing man ~ 代替人力概念（用自动化设备）
conception ①概念，观念，理论，想法②构思，想象
conceptual 方案图
concern ①企业，公司②康采恩，财团
concession ①让步②特许（权）
conchoid ①蚌线，螺旋线②螺线管，贝壳状断面
conchospiral 放射对数螺线
concision ①简明②切断，分离
conclusion ①结论，最后结果②结束，终结，解决
foregone ~ 必然的结果
concocter 调剂者，策划者
concoction ①调剂（品），混合（物）②编造，虚构
concolorous 同〔单〕色的
concomitant ①相伴物，伴随物②相伴的，伴随的
concord 和谐，协调，一致
concordance ①和谐，协调，一致②索引
concrete ①混凝土②凝结（物），结核③具体的，实在的，有形的④混凝土的，固结成的
aerated ~ 加气混凝土
air entraining ~ 加气混凝土
alkali-fast ~ 耐碱混凝土
alkali-slag ~ 碱渣混凝土
armo(u)red ~ 钢筋混凝土
asphalt ~ 沥青混凝土
barium ~ 钡混凝土
baryte(s) ~ 重晶石混凝土
borax ~ 硼砂混凝土
castable ~ 耐火混凝土
cast-in-situ ~ 现场〔就地〕浇注混凝土
cellular ~ 泡沫混凝土，加气混凝土
cinder ~ 煤渣混凝土
condensersoil ~ 掺土混凝土
dry ~ ①干硬（性）混凝土②稠混凝土
flowing ~ 流态混凝土
fresh ~ 新拌混凝土
granolithic ~ 花岗石混凝土
heavy-weight ~ 重混凝土
high strength ~ 高强混凝土
immature ~ 未凝结的混凝土
iron aggregate ~ （含）铁混凝土
light aggregate ~ 轻骨料混凝土
mass ~ 大体积混凝土
polymer ~ 聚合物混凝土
prestressed ~ 预应力混凝土
pumped ~ 泵送混凝土
quaking ~ 塑性混凝土，软混凝土
radiation shielding ~ 防辐射混凝土
refractory ~ 耐火混凝土
reinforced ~ 钢筋混凝土
rolled ~ 碾压混凝土
silicate ~ 硅酸盐混凝土
spray ~ 喷射混凝土
steel ~ 钢筋混凝土
vermex ~ 隔音混凝土
vibrated ~ 振捣（过的）混凝土
vibrocast ~ 振捣混凝土
water tight ~ 防水混凝土
concretion 凝〔固〕结，凝块
concretor 混凝土工
concurrence ①并发（性），并行（性），同时发生②一致，同意③（几条线的）交点，共点
control ~ 控制并行性
executive system ~ 执行系统并行性
real-time ~ 实时并行性
concurrency =concurrence
concurrent ①并发〔流〕的，并〔共〕存的②重合的，共点的③相合的，顺流的
~ engineering 并行工程
concussion 振动，激动，冲击，振荡
concussion-fuse 触发信管，激发引信

concyclic 共圆
condar 康达（距离方位自动指示器）
condensability 凝结性，冷凝性，浓缩能力，可压缩性
condensable 可冷凝〔凝结，浓缩，压缩〕的
condensance ①电容阻抗，容（性电）抗②（电）容量
condensate ①凝结物〔水〕，冷凝物〔液〕②变浓的，浓缩的③变浓，凝〔浓〕缩
full-flow ~ （汽轮机的）主凝结水
liquor ~ 冷凝液
oil-free ~ 无油凝结水
condensation ①凝露，凝结，凝聚，冷凝②浓缩，压缩，缩合③液化
background ~ （在威尔逊云室内）外来杂质凝聚
capillary ~ 毛细冷凝
cyclic ~ 环（状）缩合
cylinder ~ 气缸冷凝水
dropwise ~ 珠状凝结，滴状凝结
film ~ 膜状凝结
fractional ~ 分凝（作用）
hydrolytic ~ 水解缩合
linear ~ 线性缩合
quench ~ 骤冷凝
retrograde ~ 反缩合
screen ~ 荧光屏淀积
vacancy ~ 空位凝聚
condensator ①凝汽器，冷凝器②电容器③聚光器
condense ①浓〔凝〕缩，凝结②缩合〔短，减〕，压缩，精简③聚光④蓄电
condenser ①冷凝器，凝汽器②电容器，调相机③聚光器〔镜〕④搓条机
Abbe ~ 阿贝聚光镜
accumulating ~ 聚集冷凝器，淋激式冷凝器
achromatic ~ 消色差聚光透镜
achromatic-aplanatic ~ 消色差齐明聚光镜
adjustable ~ 可调〔变〕电容器
adjustable gang ~ 可变电容器组
aerial ~ 空气冷凝器
air ~ ①空气冷凝器②空气（介质）电容器
air-spaced ~ 空气（介质）电容器
antenna ~ 天线（缩短）电容器
aplanatic ~ 等光程聚光镜，齐明聚光镜
apron ~ 皮圈搓条机
aspiration ~ 吸气式冷凝器
asynchronous ~ 异步补偿机，异步调相机
atmospheric ~ 空气冷凝器
augmentor ~ 空气抽出器冷却器，（蒸汽与空气）压缩混合物的冷凝器
backing ~ 前级冷凝器
balancing ~ ①平衡调相机②补偿电容器
ballast ~ 压载凝结器
barometer ~ 气压式冷凝器
barometric ~ 混合式冷凝器，大气压凝汽器，大气腿（真空冷凝器的气压管）冷凝器
bleeder type ~ 溢流式大气冷凝器
block(ing) ~ ①阻塞〔级间耦合〕电容器②过渡冷凝器
boundary layer ~ 边界层陶瓷电容器
bridging ~ 并联〔桥接，分流〕电容器，隔（直）流电容器
building-out ~ 附加电容器（线路加载用），附加冷凝器
bull's eye ~ 牛眼聚光镜
bushing-type ~ 穿心电容器，套管式电容器
button ~ 小型〔钮扣式〕电容器
cardioid ~ 心（脏）形聚光器
cascade ~ 级联〔阶式〕冷凝器
chemical ~ ①电解质电容器②化学冷凝器
church window ~ 尖顶管束式凝汽器
coaxial-torus ~ 同轴环形电容器
coil ~ 蛇〔盘〕管冷凝器
combination ~ 混合搓条机
commutating ~ ①整流〔换向〕电容器②（双稳态电路的）加速（响应）电容器
compressed-nitrogen ~ 压缩氮气电容器
cone-channel ~ 锥形光路聚光器，光锥聚光器
contraflow ~ 逆流冷凝器
cooling tower ~ 冷却塔式凝汽器
corrugated lens ~ 分层透镜聚光器
countercurrent ~ 逆流冷凝器
counterflow ~ 逆流凝汽器
coupling ~ 耦合电容器
current ~ 电容器
darkground ~ 暗场聚光镜
decoupling ~ 去耦〔退耦〕电容器
dial ~ ①度盘式可变电容器②度盘式调节器
differential ~ 差动电容器，微分电容器
direct ~ 回流冷凝器
direct-contact type ~ 混合式凝汽器
disk ~ 盘式〔圆盘〕电容器
double ~ ①双（透镜）聚光器②双联电容器
double pipe ~ 套管式冷凝器
double ring doffer ~ 双环滚筒搓条机

dovetail ~ 同轴调整电容器，燕尾形电容器
drip ~ 水淋〔回流〕冷凝器
dry ~ ①干式冷凝器②干式（电解质）电容器
duct ~ 旁路电容器，耦合电容器
dynamic ~ 同步调相机〔补偿器〕
dynamo ~ 调相机
ejector ~ 喷射冷凝〔凝汽〕器
electrical ~ 电容器
electrolysis ~ 电解（质）电容器
electrolytic ~ 电解（质）电容器
elevated jet ~ 注水冷凝塔
equalization ~ 均〔平〕衡电容器
evaporator ~ 蒸发凝汽器，蒸发冷凝器
feedback ~ 反馈〔回授〕电容器
film ~ 薄膜电容器
filter ~ 滤波电容器
fixed ~ ①固定电容器②定容式冷凝器
gang ~ ①同轴（调整，可变）电容器②电容器组
gland steam ~ 汽封凝汽器
glass ~ 玻璃电容器
glass glaze ~ 玻璃釉电容器
grid ~ 栅极（隔直）电容器
guard-ring ~ 环护电容器
heterodyne ~ 外差回路电容器
high-level ~ 大气压力式冷凝器，高位冷凝器
homogeneouspoly ~ 均相缩聚
horizontal tube ~ 横管冷凝器
infrared beam ~ 红外光束聚光器
insulating ~ 隔直流电容器
jet ~ 喷水凝汽器，喷射冷凝器
lead-splash ~ 铅雨冷凝器（鼓风炉炼锌用）
lens ~ 聚光镜
Liebig ~ 来比冷凝器，玻璃冷凝器（实验室蒸馏用水冷凝器）
liquid ~ 液体介质电容器
low-level jet ~ 低位喷射凝汽器
manifold ~ 多管冷凝管
mercury ~ 水银冷凝器
mercury-steam boiler ~ 汞 - 汽热交换蒸发器（水银凝结水蒸发）
mica ~ 云母电容器
mineral ~ 无机（介质）电容器
multi-plate ~ 多片电容器
multipressure ~ 多背压式凝汽器
neutralizing ~ 平衡〔中和〕电容器
noise ~ 防干扰〔噪声〕电容器
oil (filled) ~ 油浸电容器
open surface ~ 开敞表面冷凝器
overdrive ~ 过激励用电容器
oxide film ~ 氧化膜电容器，电解电容器
padding ~ 垫整电容器
pancreatic ~ 变焦聚光镜
pannier ~ 侧向（布置）式凝汽器，（布置在汽轮机侧面的）背篮式凝汽器
paper ~ 纸介（质）电容器
parabolic ~ 抛物面聚光器
paraffined paper ~ 蜡纸电容器
parallel-flow ~ 顺流冷凝器
parallel-plate ~ 平行板电容器
plastic ~ 塑料（介质）电容器
plate ~ 平板电容器
porcelain ~ 瓷介电容器
power ~ 电力电容器
primary ~ ①一次冷凝器②初级电路电容器
prismatic ~ 棱形聚光器
ram air ~ 冲压空气冷凝器
reaction ~ 回授〔再生，反馈〕电容器
receiving ~ 接收电容器
reflex ~ 回流冷凝器
reflux ~ 回流冷凝器
regenerative ~ 回热式冷凝器
return-air ~ 回气冷凝器
ring-back ~ 回铃音电容器
rolled ~ 卷筒电容器
rotary ~ 调相机
rotatory ~ 同步调相机
scoop ~ 自流式凝汽器
scrubber ~ 涤气〔洗涤〕冷凝器
shell-and-tube water ~ 管壳式水冷凝器
shortening ~ 缩短电容器
shunted ~ 并联〔分路，旁路〕电容器
shunting ~ 分流电容器
signal(l)ing ~ 发码电容器
snubber ~ 缓冲电容器
spark ~ 灭火花电容器
speed-up ~ 加速电容器
splash ~ 飞溅冷凝器（竖罐炼锌用的锌蒸汽冷凝器）
split stator ~ 分定片电容器
square law ~ 平方标度电容器
steam ~ 凝汽器，蒸汽冷凝器
stopped ~ 隔（直）流电容器
stopping ~ 隔（直）流电容器
straight-line ~ 直线可变电容器，（电）容标（度）正比电容器

straight-line frequency ~ 频（率）标（度）正比电容器，直线频率（可变）电容器
straight-line wavelength ~ 波长标度正比电容器，直线波长式电容器
submerged ~ 潜管冷凝器
substage ~ 台下聚光器
suppression ~ 噪声抑制〔消除〕电容器
surface evaporative ~ 表面蒸发凝汽器
synchronous ~ ①同步调相机②同步电容器
tandem ~ 双定片组电容器
tank ~ 振荡电路电容器，槽路电容器
tantalum ~ 钽质电解电容器
tape ~ 搓条机
taper plate ~ 递变式平板电容器
three-lens ~ 三透镜聚光器
throttle ~ 反馈电容器
through ~ 穿心电容器
timing ~ 整时〔时标，时基，微调〕电容器
titanium ~ 钛电解电容器
top-fluid ~ 两气循环的高温级（例如水银蒸气）冷凝器
transverse ~ 横向布置凝汽器
trimming ~ 微调〔整垫〕电容器
triple ~ 三透镜聚光器
tube-in-tube ~ 套管式冷凝器
tubular ~ ①管形电容器②管式凝汽器
tubular surface ~ 管式冷凝器
two-deck double-apron ~ 双层双皮圈搓条器，双层双搓板搓条机
two-gang ~ 双联电容器
two-pass ~ 双道〔路〕冷凝器
vapo(u)r ~ 排〔蒸〕汽冷凝器
variable ~ 可变电容器
vernier ~ 微调电容器
vertical boiler ~ （两气循环的）立式冷凝蒸发器
vibrating ~ 振动电容器（电容量按周期变化）
water recovery ~ 回水冷凝器
wedge lens ~ 楔形透镜聚光镜
wet-electrolytic ~ 电解液电容器

condenser-reboiler 冷凝式重沸器，冷凝器-蒸发器

condenser-tube 冷凝器管子

condensifilter 冷凝滤器

condensing 凝结，凝汽

condensite 孔顿夕电瓷（一种介电常数很高的瓷料）

condensivity 介电常数

condition ①条件，工况②情况，状态，状况，（矩阵或多项式的）性态③调节（空气等），调理，改善，制约④规范
~ of mail-box （邮筒式存储器的）邮筒状态
~ of nip 咬入条件
~ of verification 检定条件
acceptable ~ ①适应性②容许条件
adiabatic ~ 绝热状态
adverse ~ 不利条件，有害状态
aerodynamic ~ 气动状态
ageing ~ 老练规范，时效（工艺）规范
air ~ 空气调节，空调（设备）
ambient ~ 环境〔外部，周围，介质〕条件，周围情况，大气状态
annealed ~ ①退火状态②煨软状态
area ~ 区域条件
as-cast ~ 铸态
as-rolled ~ 轧（制状）态
atmospheric static ~ 标准大气条件
auxiliary ~ 附加条件，补充条件
average room ~ 平均室内条件（温度 25 ℃，相对湿度 40%）
awash ~ 半潜状态
back-coupling ~ 反馈耦合条件〔状态〕
backward ~ 反传工况
boundary ~ 边界〔限度，极限〕条件
capture ~ 俘获条件
cavitation ~ 汽蚀工况
channel end ~ 通道结束条件〔状态〕
coherent ~ 黏附〔聚集〕状态
combined ~ 协联工况
combustion ~ 燃烧工况
compatibility ~ 协调性条件，相容条件
continuity ~ 连续（性）条件
constraint ~ 约束条件
counter ~ 不合要求，不合（技术）条件
coupling ~ 偶合工况
critical ~ 临界情况，临界〔极限〕
cut-off ~ ①截止状态②关车条件
cutting ~ 切削用量
cyclic magnetic ~ 循环磁状态
damp ~ 湿度〔衰减，阻尼〕条件，制动工况
declared working ~ 标定工况
design ~ 计算工况
don't-care ~ 无关条件，自由选取条件
draft ~ 通风条件，鼓引风装置特性
economic ~ 经济工况（汽轮机）
edge ~ 边界条件

edge-restraint ~ 边界约束条件
end ~ 边界条件，末端条件，终参数，最终状态，边际情况
end page ~ 页结束条件
engaged ~ 占线状态
entry ~ （程序）入口条件，进入〔起动〕条件，数据输入条件
exception(al) ~ 异常条件
existence ~ 存在条件
exit ~ 出口条件
feed water ~ 给水品质
file ~ 文件访问条件
final ~ 边界条件，终条件，最终状态
finish ~ 终结条件
flag ~ 标记条件
floating ~ 浮态
free magnetization ~ 自由磁化状态(磁放大器)
full-scale ~ 真实〔全尺寸，自然〕条件
hard ~ 刚性条件
hold ~ ①持恒状态②解的固定状态
holonomic ~ 完全性条件
idle ~ 空载条件〔工况〕，空闲状态（机器可使用但未使用）
initial ~ 初始状态，起始〔初值〕条件，原始数据
inlet ~ 进气参数
in-step ~ 相位一致〔吻合〕条件，同步状态
intake ~ 进口参数
integrability ~ 可积性条件
interface ~ 交接〔界〕条件
inversion ~ 逆变条件，反温度梯度
isoplanatic ~ 等晕条件
key ~ 关键条件，关键字条件
known ~ 已知条件
lapse (rate) ~ 温度降率条件，负温度梯度条件
large scale ~ 大信号状态
least material ~ 最小实体状态
less-than ~ 小于条件
live steam ~ 新汽参数
load-up ~ 负荷状态
logic fault ~ 逻辑出错条件
lost ~ 丢失状态，迷失状态
low-traffic ~ 低速传输条件，低通信量条件
maximum ~ 极限条件
maximum material ~ 最大实体状态
meshing ~ 啮合条件
near-capacity ~ 接近极限能量情况
necessary and sufficient ~ 充要条件
neutrality ~ 中性〔和〕条件
nominal steam ~ 额定蒸汽参数
non-interacting ~ 自律性条件
nonknocking ~ （无爆燃的）正常燃烧条件
normal ~ 标准〔正常〕情况〔状态〕，正常〔常规〕条件
normalized ~ 正规〔归一〕条件，正火状态
null ~ 零的条件，（电桥的）平衡条件
oceanic ~ 海况
off-design ~ 非计算〔设计〕条件，变工况〔燃气轮机〕
operated ~ 动后状态
operating ~ 运行条件，工作状况，操作规范
orthogonality ~ 正交条件
overrunning ~ 超越工态
Patzold's ~ 培佐尔德（最大介质损耗的）条件
periscope ~ 潜望状态
Phillips ~ 菲利普条件（使游丝同心展缩的末端曲线结构条件）
plant ~ 生产条件
precedent ~ 先决条件
preengagement ~ ①啮合前状态②发射前状态
prelasing ~ 预激光状态
presettable I/O ~ 预定输入输出条件
quiescent ~ 静止状态
race ~ 竞态条件
race-around ~ （电路）循环不定状态
rated ~ 额定条件〔状态，工况〕，计算条件〔状态〕
raw ~ 原状，未加工状态
ready ~ 可算条件
reality ~ 现实性条件
reduced ~ 还原状态
reference ~ 参考条件
reference operating ~ 参比工作条件
release ~ 释放状态
reservoir ~ 滞止参数
reset ~ ①原始状态②复位条件
residue ~ 留数条件
rest ~ 原始状态
reversal ~ 倒逆〔倒易，可逆，逆转〕条件
reversing damped ~ 反转工况
running ~ 工作条件，运行情况
service ~ 使用条件，运行工况
shop ~ 车间〔生产〕条件
shutoff head ~ （泵或风机的）空转压头

significant ~ 有效状态〔条件〕，显著性条件
simulated space ~ 模拟空间环境条件
slick ~ 滑溜状态
snorkeling ~ 通气管状态
spectral ~ 谱条件
stagnation ~ 滞止〔临界点〕条件〔参数〕
stall ~ 失速状态〔条件〕
starting ~ 起动条件〔状况〕，初始条件
static ~ 静定条件
steady-state ~ 稳态条件，定常运动条件
steam ~ 蒸汽参数（压力和温度）
submerged ~ 水下状态
surface ~ 水上〔表面〕状态
technical ~ 技术条件〔规范〕
threshold ~ 阈值条件
throttle ~（涡轮机）进口参数
transient ~ 瞬变〔过渡〕状态
transition ~ 暂时〔过渡〕状态，暂态，瞬态
under-voltage ~ 欠压状态
unknown ~ 未知条件
use ~ 消耗曲线〔状况〕
vapo(u)r ~ 蒸汽参数
virtual ~ 实效〔际〕状态
virtual ~ of simple feature 单一要素的实效状态
welding ~ 焊接规范，焊接工艺条件〔参数〕
Wideroe flux ~（电子感应加速器的）维德罗磁通量条件
yield ~ 生长〔屈服〕条件，塑性能量条件
zero ~ 零状态
zero caustic ~（炉水处理的）纯磷酸盐工况

conditional 有条件的，有限制的

conditionality 条件性，制约性，条件限制

conditioner ①调节器②调料槽，调理池③调节〔理〕剂
air ~ 空（气）调（节）器
crop ~ 农产品干燥机
engine oil ~ 机油脱水装置
flow ~ 流动调整器
lubricating oil ~ 润滑油再生器
metal ~ ①磷化底漆②金属处〔调〕理剂
packaged air ~ 单元式空调机组
revolving drum ~ 滚筒式调和槽
roller crusher ~ 轧棍式干草压扁机
room air ~ 室内空气调节器
rubber roll ~ 橡胶辊式干草压扁机
sand ~ ①旧砂处理设备（不包括混砂机）②型砂配制机
signal ~ 信号调节器
through-the-wall air ~ 过墙式空调器
water ~ 净水器

conditioners conditioner 的复数
mowers with tine/brush ~ 齿杆梳刷割草调制机
tine/brush ~ 齿杆梳刷式调制机

conditioner-windrower 割晒压扁机

conditioning ①调节〔整，理，解〕，限定②修整，调制（割草机），整理〔修〕③（物理状况）改善，环境负荷，适应（环境），预处理，条件脱溶（高合金钢淬火后在 540 ~ 560℃回火时，残余奥氏体中碳化物的析出过程）
air ~ 空气〔温度〕调节
automatic air ~ 自动空调
blast ~ 鼓风调剂（包括调湿，富氧及煤气喷吹等）
colo(u)r ~ ①色彩调理〔调节〕②色彩检验（特指织物的颜色）
end ~（管材试验前的）端头预加工
gas ~ 煤气处理〔加工〕
heater, ventilation, air ~ 取暖、通风和空调系统
industrial water ~ 工业水处理
pinch-off ~ 夹止〔夹断，箍断〕调节
sand ~（混砂前的）型砂制备，旧砂处理
signal ~ 信号波形加工
slag ~ 渣成分的调整
steel ~ 钢的（表面）修整〔清理〕
water ~（锅炉）水软化

conditions condition 的复数
ambient ~ 周围条件
cutting ~ 切削用量
deposition ~ 电泳条件
normal operating ~ 正常操作条件

condor 康多尔（自动控制导航系统）

conduct ①（电、热等的）传导②领导，引导，指挥，处理③实施，进行，操作，管理④导管，套管
cable ~ 电线〔缆〕套管

conductance ①传导性，传导率，传导性系数②电〔流，热，声，气〕导（率），导纳
acoustic ~ 声导率（声导纳的实数分量），传声性
back ~ 反向电导率，阻塞（向）
beam ~ 电子束电导
channel ~ 沟道电导
conversion ~ 变频跨导

dielectric ~ 介质电导
distributed shunt ~ 分流〔并联〕电导
drain ~ 漏极电导
equivalent ~ 当量电导，等效电导
false ~ 漏〔伪〕电导
feed through ~ 馈通电导
forward ~ 正向电导
grid ~ 栅极电导
heat ~ 热传导
hole ~ 空穴电导
input ~ 输入电导
intrinsic ~ 固有流导
leakage ~ 漏导
limit equivalent ~ 极限当量电导
limiting ~ 真空限流件
magnetic ~ 磁导率
molecular ~ 分子流导，分子态气导
mutual ~ 互导
plate ~ 屏极电导
pollution layer ~ 污（秽）层电导
sheet ~ 薄层电导，面电导
shunt ~ 分流〔并联〕电导
specific ~ 电导率
thermal ~ 热导，热导率
variable-mutual ~ 变跨导
viscous ~ 黏滞传导

conductibility 传导性，导电性，电导率
magnetic ~ 磁导率

conducting 传导，引导
gas ~ 气体电导
glow ~ 辉光电导
non-self-maintained gas ~ 非自持气体电导

conducting-hearth 导电炉底

conducting-sea 导电海

conduction ①传导性，导通②热〔电〕导率，导热〔电〕系数，电导③（管道）输送，引流
band ~ 频波传导
bone ~ 骨传导
crystal ~ 晶体电导
dark ~ （光电管的）无照电导，无照电导，暗电导率
disruptive ~ 破裂电导，击穿电导
electronic ~ 电子传导
excess ~ 过剩型电导
extrinsic ~ 非本征（性）电导，杂质电导，外赋电导
gaseous ~ 气体电导
grain ~ 粒间电导，颗粒电导
heat ~ 热导
hole ~ 空穴电导
impurity ~ 杂质电导
internal ~ 内电导，阳极电导
ionic ~ 离子电导
junction ~ 结电导
pore ~ 空穴电导，空隙电导
proper ~ 固有电导
P-type ~ P型电导，空穴电导，正电导
thermal ~ 热传导，热导
thermionic ~ 热离子传导
transient (heat) ~ 不稳定热导
tunnel ~ 隧道电导
unilateral ~ 单向电导

conductive 传导的，电导的

conductively-closed ①闭合的②被屏蔽的③绝缘的，隔离的

conductivity ①电导（率），传导性，传导系数②热导率，导热系数③电导
~ of screen cloth 筛网导液率
acoustical ~ ①传声性②声导率
air ~ ①空气电导率②大气电导
alpha-bombardment ~ α-轰击电导率
apparent thermal ~ 表观热导率
asymmetrical ~ 非对称性电导
background ~ 本底传导性
bombardment-induced ~ 轰击感生电导
bulk ~ 体电导率
combined ~ 组合电导率
dark ~ 暗电导率，无照电导
drain ~ 漏极电导率
earth ~ 大地电导率
electrical ~ 电导率，电导
electro-beam-induced ~ 电子束感应电导率
electrolytic ~ 电解（液）电导率
equivalent ~ 当量电导率，等效传导性
extrinsic ~ 非本征电导率，外赋电导率
formula ~ 式量传导系数
gas ~ 气体电导
ground ~ 大地电导率
heat ~ ①热导率②导热系数
hole ~ 空穴电导率
induced ~ 感生电导
jumping ~ 跳跃电导
magnetic ~ 磁导率，磁导
microwave surface ~ 微波表面电导率
molecular ~ 摩尔质量电导率
N-type ~ N型电导

percent ~ 电导率百分数，比电导率（以 20℃，$8.89\times10^3\,kg/m^3$，电阻率 $1.724\times10^{-8}\Omega\cdot m$ 的铜的电导率为 1）
photo ~ 光电导
photoelectric ~ 光电导
polaron ~ 极化子电导
room-temperature ~ 室温电导率
specific ~ 电导率
static ~ 导静电性
steam ~ 蒸汽电导
temperature ~ 热导率
thermal ~ 导热系数，热导率
unilateral ~ 单向传导性，单向电导
volume ~ 体（积）电导率

conductograph 传导仪

conductometer 电〔热〕导计

conductor ①导体〔线，管〕②避雷针③钻模④（数学上的）前导子
AA ~ 铝镁合金导线
aerial ~ 架空导线，明线
Almelec ~ 铝镁合金导线
alumin(i)um ~ 铝导线
alumin(i)um ~ steel(-reinforced) 钢芯铝（导）线
alumin(i)um-magnesium alloy ~ 铝镁合金导线
ampere ~ 安培导体
annular ~ 环状绞合线
anti-induction ~ 防感导线
asymmetric ~ 不对称导体，具有整流作用的导体
bad ~ 不良导体
bare ~ 裸导线
bimetallic ~ 双金属线，双金属导体
braid ~ 金属线编织的导体
bridging ~ 桥接导线
bunched ~ 束合导线
bundle ~ 导线束，成束导线
bus ~ 母线，汇流排
by-pass ~ （桥接导线的）迂回线
cable ~ 电缆芯线
cellular ~ 管状〔空心，穿管〕导线
center ~ 中心导线，（同轴电缆的）中心线
central ~ （三线直流供电制的）中间导线
coaxial inner ~ 同轴电缆芯线，同轴线芯线
compacted ~ 紧压导线
composite ~ 复合导体，组合导线
concentric lay ~ 同心绞线
contact ~ ①接触导线②电极引线
copper ~ 铜（导）线
copper-clad alumin(i)um ~ 铜包铝线
counterpoise ~ 地下线
deposited alumin(i)um ~ 铝淀积导体，铝蒸发导体
divided ~ ①股线②分裂导体〔线〕
double ~ 双股绞线
double insulated ~ 双层绝缘线
down ~ 避雷线的垂直部分
dummy ~ 无载导线，伪导线
earth continuity ~ 接地导线（被接地对象与接地体间的连接线）
earthed ~ ①接地导线②地导体
electric(al) ~ 导电体
embedded ~ 嵌入导体
end ~ 导体端部，线圈端部
equalizing ~ 平衡（导）线，均压线，补偿导线
equivalent single ~ （分裂导线的）等值单根导线
expanded diameter ~ 扩径导线
external ~ （同轴布线系统中）外层接地导体
fish-line ~ 螺线形导线
flexible (circuit) ~ 软导线
fluorine ion ~ 氟离子导体
foil ~ 箔导体
gas ~ 气体导电体，等离子体
gaseous ~ 气体导体，导电气体
glassy fast ion ~ 玻璃态快离子导体
go ~ 去线，引出线
good ~ 良导体
heat ~ 导热体
hidden ~ 暗线，隐蔽的导线
hollow ~ 空心导线
imbricated ~ 分层导体
inductionless ~ 无感导体，无感导线
inner ~ 中心线，内层导体，（管状导线的）内导线，中性线，零线
insulated electric ~ 绝缘导体，绝缘电线
intraphase ~ （每相分裂导线的）分导线
lattice thermal ~ 点阵热传导
lightning ~ 避雷针〔器〕，避雷装置，避电器
line ~ 导线
linear ~ （直）线性导体
live ~ 带电导线，有压导线
magnetic ~ 磁导体，导磁体
metal-coated ~ 金属镀层导线
mid-point ~ 中间导体
multiple ~ 分裂导线

multiple stranded ~ 复绞导线
neutral ~ 中性导体〔导线〕，中性线
ohmic ~ 非导体，电阻导体
open ~ 明线
optical ~ 光导体
out ~ ①(同轴电缆的)外导体②(电力线的)外侧线
outer ~ ①(同轴电缆的)外导线②(三线制的)外侧线
overhead ~ 架空电线
partial ~ 次导体，畸性(光电)导体
plain ~ ①单一导线(用一种金属制成)②裸导线
poor ~ 不良导体
prime ~ (静电学中的)导体
printed ~ 印制导线，印成导线
proton ~ 质子导体
resistive ~ 高阻导线，电阻线
ribbon ~ 带形导体，扁状导线
round ~ 圆截面导线
rubber ~ 橡胶绝缘导线
screen-printed ~ 丝网印制导体
second class ~ 第二类导体(电解质)
sector ~ 扇形导线，扇形引出线
segmental ~ 弓形截面导线
series ~ 串联导体
service ~ 引入线，接户线，供电导线
service entrance ~ 用户引入线
shaped ~ 型线，异形导线，非圆形导体
skin ~ 表层导体
solid ~ 实心导线〔导体〕，单线
split ~ ①多芯线②多股绝缘线
stranded ~ 绞线
strap ~ 扁线
strip ~ 带〔条〕状导线，扁导线
superionic ~ 超离子导体
thermal ~ 导热体
tinsel ~ 铜皮线
transposed ~ 换位导线
triple ~ 三股绞线
tube ~ 空心导线〔导体〕
twin ~ 双股导线，平行双芯线
twisted ~ (电枢绕组中的)分层绞线
volume ~ 容积导体

conductron 光电导摄像管，导像管

conduit ①导管，导线管②管道，输送管③槽道，渠道，水管〔道〕
air ~ 风道，风管
by-pass ~ 旁通(导)管，溢流管
cable ~ 电缆管道，电缆暗沟
chamber filling ~ 闸室充水管道
charging ~ 落料管〔槽〕
circuit ~ 线路导管
clay ~ 陶土导管，陶土管道
closed ~ 封闭管道，暗管，暗沟
coal ~ 落煤槽，落煤管
coverage ~ 暗管，地下管道
covered ~ 暗沟，暗管道(电缆)
delivery ~ ①送风道②传送管道③导(出)管④排水管，排水沟
distribution ~ 配电盘导管
earthenware ~ 陶瓷管(道)
electrical ~ 电缆导线管
emptying ~ 泄空管道，放水门，放水管
fiber ~ 硬纸导管
flexible ~ 软管，蛇皮管，软性导线管
flexible metal(lic) ~ 金属软管，金属蛇管
ground ~ 地线管道
head ~ 压力输送管道，有水头管道，压力水管
high-line ~ 无压管〔水〕道
in-situ ~ 原地〔有〕导管
insulated ~ 绝缘导管
interior ~ 暗线用导管，室内管道
light ~ 光导管
power ~ 动〔电〕力管道
projecting ~ 凸埋式管道
return ~ 回流管，溢流管
steel ~ 布线钢管
subsidiary ~ ①配线管道②支管道
supply ~ 压送导管，供给管
thin ga(u)ge ~ 薄铁管，布线管
wire ~ 导线导管

condulet ①小导管②导管接头

conduloy 康杜洛镍铜(合金)

cone ①圆锥体〔面，形，轮〕，锥形物②(圆锥形)弹头〔头部〕，锥形喷嘴，燃烧锥，塔轮，宝塔筒子，漏斗，(扬声器)纸盆
~ of fire ①火焰炬，火焰锥②集束弹道
~ of friction 摩擦锥
~ of nulls 静(锥)区
~ of silence 静锥区，圆锥形静区
acceptance ~ 接受光锥
addendum ~ (锥齿轮啮合的)(齿)顶锥
Allen ~ 阿伦圆锥分级机
approach ~ 入口锥

asymptotic ~　渐近锥面
back ~　背锥（锥齿轮）
base ~　基圆锥，底锥
bearing ~　圆锥轴承内环
belt ~　传动带塔轮
center ~　中心锥（体）
characteristic ~　特征锥（面）
charging ~　装料漏斗
circumscribed ~　外切圆锥
cleaning ~　（谷物）清选锥体
complex ~　线丛的锥面
cone-spheroidspiral ~　锥形螺旋式分离器
conjugate convex ~　共轭凸锥
corrugated ~　分层锥
coupling ~　离合器锥，连接锥
curvilinear ~　曲线锥形，曲线形（扬声器）纸盆
dedendum ~　齿根锥（锥齿轮）
delivery ~　输出喷嘴，压力喷嘴
director ~　准锥面
discharge ~　①放泄〔排出〕喷嘴②排矿圆锥，排矿斗
double ~　对顶锥，（天线）双锥区，双滚道圆锥内圆
draft tube ~　尾水管锥管.
drag ~　制动锥
driving ~　塔轮，级轮
dual ~　对偶锥，双纸盆（扬声器）
duo ~　高低音〔双纸盆〕扬声器
efflux deflector ~　射流偏导锥
exhaust ~　①尾喷管，尾喷口整流锥，喷口调节锥，锥形废气管②调整针塞
exit ~　出口锥管，出气整流锥
face ~　顶锥
female ~　凹锥，锥形杯
filter ~　过滤斗
flame ~　焰心
forward ray ~　前向射线锥
friction ~　锥形摩擦轮，摩擦锥体
front ~　前锥（面）
fusible ~　测温三角锥，（示温）熔锥
generating ~　（锥齿轮的）基锥
inner ~　（火焰的）内层，焰心，内锥
isotropic(al) ~　迷向锥面
jet ~　喷射流扩展锥
jet tail ~　喷管锥体
light ~　光锥
localizing ~　定域喇叭筒
locking ~　锥形锁销，锁紧锥
Mach ~　马赫锥，扰动锥
male ~　阳锥，外锥面
melting ~　测热熔锥
metal ~　（阴极射线管的）锥形金属壳
middle ~　中（间）锥（面），中点锥
Morse's ~　莫氏圆锥
normal ~　（锥齿轮的）法锥
nose ~　头部，鼻锥，（火箭的）前锥体，防风锥，整流罩，弹头
Orton ~　测温（三角）锥，标准测温熔锥，奥顿耐火锥
paper ~　扬声器纸盆
pitch ~　节〔分圆，分度〕锥
pointed ~　尖头锥体，尖锥
positive ~　正锥
precipitation ~　沉淀圆锥，置换圆锥
pressure ~　压力锥印（坯块缺陷）
projecting ~　射影锥
propeller ~　螺旋桨轴帽
pyrometric ~　（示温）熔锥，高温三角锥，测温锥
rain ~　金属伞，空心金属圆锥体
receiving ~　受料漏斗，装料斗锥
reciprocal ~　配极锥面
reference ~　分度圆锥面，（锥齿轮）分锥，参考圆锥
reflection ~　反射锥
right circular ~　直立圆锥
roller ~　齿轮钻头
roll(ing) ~　滚锥
root ~　齿根圆锥面
runner ~　（水轮机的）泄水锥
sand ~　锥形湿式分级器
screw ~　螺旋锥体〔锥尖〕
Seger ~　塞格（示温熔）锥，塞氏测温〔热〕熔锥
separating ~　圆锥分选矿机
sink-float ~　圆锥重力选矿〔煤〕机
speed ~　①变速锥，级轮，宝塔轮②锥轮
step ~　级轮，塔轮
stress ~　应力锥
tail ~　①尾锥，尾部整流器②机身末端
taper ~　圆锥
tip ~　顶锥
truncated ~　截锥体，截顶锥，（斜）截（头圆）锥（体）
valve ~　阀座，阀锥

vortex ~ 涡流锥
wind ~ 圆锥（形）风标，风向袋
cone-in-cone 叠锥，峰中峰
conel 考涅尔铁镍铬合金
conelet 小锥
cone-lock 锥体锁止〔紧〕
conelrad （=control of electro-magnetic radiation）电磁波辐射控制
conepenetrometer 圆锥贯入器，针入度仪
coner 锥形〔宝塔〕筒子络筒机
cone-spheroid 锥球体
cone-type （圆）锥形的
cone-worm 球面〔宽恩，印德勒〕蜗杆
conference ①（代表，国际）会议，讨论会，协商会，联合会②商议，商谈，会谈
General ~ of Weights and Measures 国际计量大会
World Robot ~ 世界机器人大会
conferencing 开会
video ~ 电视会议，视频会议
confetti 雪花干扰（电视）
confidence ①置信度，可靠程度②相信，信赖，信任
confidentiality 机密性
data ~ 数据机密性，数据保密性
configuration ①外形，轮廓②构造，结构，组合〔态〕，构形，形象造型③排列，布置，（设备）配置，配位，相对位置，方位④线路接法⑤位形
~ of sample 样本的构形（统计数学用字）
accepting ~ 接收格局，接收配置
approximate ~ 大致的尺寸形状
bit ~ （二进）位组合
bridge ~ 桥式接线
cascade ~ 叶栅外形〔组合〕
charge ~ 电荷位形
chip device ~ 芯片器件构形
circuit ~ 电路排布〔组态〕，电路图
closed-shell ~ 闭壳层组态
common-base ~ 共基极组态
conductor ~ 配线，布线，导线排列
data link ~ 数据链路配制
displacement ~ 排油结构
electron ~ 电子组态〔排布〕
hardware ~ 硬件配置〔结构〕
hierarchy ~ 分级配置〔结构〕
initial ~ 初始格局〔结构〕
interface ~ 界面形状，界面构形
master slave ~ 主从配置
mode ~ 模式结构
multi-host ~ 多主机配置
multi-multipoint ~ 复式多点结构〔配置〕
multistable ~ 多稳电路，多稳图
network ~ 网络配置
object ~ 目标组成〔配置〕
plane ~ 平面构形
preform ~ 计算毛坯
product ~ 工程配置
sample ~ 样本配置〔构形〕
semantic stack ~ 语义栈构形〔配置〕
software ~ 软件配置
system ~ 系统结构
unconventional ~ 非常规结构
configure 配置
confine ①封闭,（磁场）吸持,约束（等离子体）②界限，边界〔缘〕，区域，范围
confinement ①约束，限制，界限②封闭③（磁场）吸持
eddy-current ~ 涡流抑制
inertia ~ 惯性约束
magnetic ~ 磁约束
positive ~ 绝对密封，无泄漏储存
radiofrequency ~ 射频限制
confirmation 证实，证明，确定〔认〕，认可
confix ①连接起来，固结住②连结牢固
conflagrant 速燃的，燃烧着的
conflagration 大火，火焰，快速燃烧，爆燃
conflation 合并，合成
conflex 包层钢
conflict 冲突，碰头，论战，矛盾
approach-approach ~ 双趋型矛盾（好中难选的矛盾）
approach-avoidance ~ 难以回避的矛盾
bus access ~ 总线访问争用〔碰头，冲突〕
conductor ~ 导线间距不符规定（两条线路间）
confluence ①汇合，汇流②群集，集合③汇流点，汇合点
confluent 汇合的，合流的，支流
conflux =confluence
confocal 共焦点的
conformability 一致（性），适应（性），相似（性），顺从
conformable 一致的，相似的，适合的
conformal 保〔准，共，正〕形的，保角的，一致的，相似的

conformal-conjugate 共轭保角的
conformality 正形性
conformance ①一致性，适应性②性能
conformation ①构造〔像〕,形态〔体〕②结构，组成③适〔相〕应，符合，一致
eclipsed ~ 重叠构像
staggered ~ 参差构像
conforming 合格品
conformity ①相似，相（适）应，符合，一致②依从，遵照③整合，(图像)保角
independent ~ 独立一致性
terminal-based ~ 端基一致性
zero-based ~ 零基一致性
confort 安慰，舒适，畅快，援助
ride ~ 平顺性
confounding 混淆〔杂〕，打乱，混区（设计）
confriction 摩擦（力）
confront 对抗，正视，相遇，碰到
confusion ①混乱（状态），紊乱②混淆〔同〕③弥散，模糊
congealed 冻凝的，凝固的
congealer 冷却器，冷藏器〔箱〕，冷冻机〔器〕
congelation ①冻凝（作用），冻〔凝〕结，凝固②凝结物，凝块
congener ①同种类〔同性质〕的东西②增效剂③同种的
congestion ①集聚，聚集，堆积，填充②拥挤，充斥，过剩③（电话）占线
local ~ 本地〔局部〕拥挤
traffic ~ 通信量拥挤，信号〔交通〕拥挤
conglobation 球形，球状体，团聚
conglomerate ①密集体，集成物②联合企业③密集的,(聚)成球形的④凝聚成团，成球形
business ~ 大联合企业
conglomeration (块状的)凝聚,凝结,堆集(作用)，密聚，团块
conglutinate ①粘住，粘在一块，附着②愈合③粘住的④愈合的
congress （代表）大会,（正式，专业）会议，委员会
congruence ①全等，重合②相同，符合③同余(式),(线)汇
~ of curves 曲线汇
axis ~ 轴汇，轴线相和
curvilinear ~ 曲线汇
normal ~ 法汇，法线线汇
quadratic ~ 二次线汇
simultaneous ~ 联立全等
congruencing ~ （多张图像的）配准
congruent 相应〔当，同〕的，对应的，符合的，并合的，同余的，一致的，协调的
congruity 一致性，适合，调和
conic ①二次曲线，圆锥曲线②圆锥（形）的，锥形的
central ~ 中〔有〕心二次曲线
degenerate ~ 退化〔可约〕二次曲线
improper ~ 退化二次曲线
inpolar ~ 内极二次曲线
line ~ 线素二次曲线
nine-line ~ 九线二次曲线
nine-point ~ 九点二次曲线
point ~ 点素二次曲线
proper ~ 常态二次曲线
conical （圆）锥（形，体，状）的
conicalness 圆锥体，圆锥形
conicity 锥形，锥度，圆锥度
conicograph 二次曲线规
conicoid 二次曲面
Coniflex 鼓形齿
conifuge 锥形离心机
coning ①（圆）锥度②形成圆锥形③圆锥形的
coniometer 尘埃计算器
coniosis 粉尘病，尘埃沉着病
coniscope 计尘仪
conisphere 锥球
conjecture 推测，猜测，假设〔想〕
conjoint 结〔联，黏〕合的，相连的，共同的
conjugacy 共轭性
conjugate ①共轭（的），共役的，缀合的②配对（的），结合（的），连接（的）③共轭值
complex ~ 复共轭
self ~ ①自伴，自共轭，自配极的②正规的，不变的
conjugate-concentric 共轭 - 同心的
conjugation 共轭（性），（共）轭（缀）合，结〔耦，联，契〕合，配对
cross ~ 横交共轭
phase ~ 相对共轭
spatial ~ 立体共轭
conjunct 联〔结，混〕合的，连结的
conjunction ①连接，结〔耦，配，联，组，契〕合，合取②结合件，连接词③逻辑乘法〔积〕
conjugate ~ 共轭相合，共轭契合
conk （机器的）故障，发动机突然停止，有发生故障的迹象（如运转不规律、中断、敲击、噪声等）

Conloy 康洛铜铝合金（w（Cu）4% ~ 5%，其余 Al）

connect 连〔联〕接，关联

cross- ~ 交叉连接

connected 连〔联〕接的，接续的，连贯的，关联的

connectedness 连通性，联络性

connecting ①管接头，套管，连〔联〕接②连〔联〕接的

connecting-up ①布线②装配，安装

connection ①连接（法，件，关系），联结，关〔联〕系②接合〔线，头，通〕，接合面〔处〕，引线，接线法〔图〕③拉杆，连轴节，离合器

~ in delta 三角形联结

~ in parallel 并联

~ in series 串联

~ in series-parallel 混联，串并联

~ in star 星形联结，Y 联结

accordant ~ 匹配连接，相合的连接

back ~ 差动〔背面，盘后〕连接

back-to-back ~ 交叉连接

balancing ~ （电机的）均压连接

basic convertor ~ 基本变流连接

basic switch ~ 基本开关连接

bearer channel ~ 承载通路连接

blade ~ 刀形接触，线接触

blowdown ~ 排污〔吹洗〕接管

blowoff ~ 排污〔吹洗〕接管

boost and buck ~ 升降压连接

bordeaux ~ 链连接段

bound ~ 绑扎连接

breakaway ~ 断销式离合器

bridge ~ 桥接，跨接，桥式联结

built-up ~ 组合连接，转接

bullet ~ 插塞连接

cable ~ 电缆连接

cascade ~ 串联，级联

chain ~ ①链连接②（变压器的）串级连接

channel-to-channel ~ 通道连接

circuit-closing ~ 闭路接法，通电动作接法（继电器）

clip ~ 卡夹连接

Cockcroft ~ 用几个整流器可得到几百万伏直流电压的接线方法

combined resistance ~ 组合电阻连接法

common-gate ~ 共栅连接

common-source ~ 共源连接

concatenation ~ 级〔串〕联（接线）

convertor ~ 变流连接

crimp ~ 压接连接

cross ~ 横向〔交叉〕连接，十字接头，跨接

crossover ~ ①转换管，跨接管②溢流管

data cross ~ 数据交叉连接

dedicated ~ 专用连线

delta ~ 三角形联结

delta-zigzag ~ 三角形 - 曲折形联结

dial ~ 拨号式连接

diametrical ~ 对角接线，沿径接线，径向连接

differential ~ 差动连接，差动接法，差速器接合

double voltage ~ 倍压连接

double Y ~ 双星形联结，Y - Y联结

double-delta ~ 双三角形联结

double-star ~ 双星形联结

double-way ~ 桥式联结

double-way ~ (of a convertor) （变流器的）双拍连接

drain ~ 排水管接头

earth ~ 接地（线）

elbow ~ 弯接头

emergency ~ 事故〔应急〕接线

end ~ 连接端

equalizer ~ 均压（线）连接，（直流电机的）均压线

equalizing ~ 平衡〔均压，等位〕连接

equipotential ~ 等电位连接

extended delta ~ 延长三角形联结

feed-thru ~ （印制电路）正反两面的连接

field ~ 现场连接〔接线〕，现场〔工地〕装配

fir tree ~ 枞树形（叶根）固定

flash ~ 闪光插头及插座

flexible ~ 活动〔挠性〕连接，软连接，弹性接头，柔性联轴器

floating ~ 浮接

fork ~ 叉状〔分岔，插头〕连接

front ~ 前面接线，盘前接线

frontback ~ 正反面连接

fully controllable ~ 全控连接

ga(u)ge ~ 规管连接，规管安装位置，测量位置

girder ~ 梁节点

Graetz ~ 桥形接线，格里茨（多相整流）接法

groove ~ 企口〔槽式〕结合

ground ~ 接地（线），磨口接头

half-controllable ~ 半控连接

inlet ~ 进气管（接头），入口〔输入〕连接，进口接头
input ~ 吸入口接头
intercoil ~ 线圈间的连接，过桥线
interconnected delta ~ 互相三角形联结
interconnected star ~ 星形 - 曲折联结，曲折联结
interstar ~ Z 形联结
inverted ~ 倒置连接
lap ~ 叠（式连）接
Leblanc ~ 兰布朗克接线法（三相和两相互换的变压器接线方式）
line ~ 接户线路
link ~ 铰链连接
lock-on ~ 锁紧接头
loose ~ 不良连接，松动连接
male ~ 轴套式连接
mercury ~ 水银开关
mercury cup ~ 水银杯连接，水银开关
mesh ~ ①网形〔三角形〕联结②网〔环〕状接线
mesh-star ~ 三角形 - 星形联结
momentary ~ 瞬时接通，快速连接
multidrop ~ 多点连接
multiple ~ (of commutating groups)（换相组的）多重连接
multiple-series ~ 并串联，混〔复〕联
network ~ 网络连接
non-controllable ~ 不可控连接
non-uniform ~ 非均一连接
numbered ~ 数字型钻杆接头
open-delta ~ 开口三角形联结，V 形联结
opposing ~ 对绕
optical ~ 光连接
parallel ~ 并联
phantom ~ 幻像〔模拟〕电路接线
phase-reversing ~ 反相连接
pilot ~ 控制连接
pin ~ 销钉〔螺柱〕连接，引线连接
pipe ~ 管接头
plug ~ 插塞式连接
polygonal ~ 多角〔边〕形联结
power ~ 接电源，电源接头
profile shaft ~ 型面连接
push-pull ~ 推挽连接
random ~ 不规则连接，任意连接
rear ~ 背面〔盘后，屏后〕接线
receiver pipe ~ 储柜〔接受〕管接头，油罐接头
releasable ~ 可拆连接
rigid ~ 刚性连接
ring ~ 环形接法，环联
rivet ~ 铆接，铆钉连接
Scott ~ （把三相电变为二相电的）斯柯特接线法
screwed ~ 螺纹接头，螺旋连接，螺纹套管接头
semi-rigid ~ 半刚性结合
series ~ 串联
series ~ (of commutating groups)（交流连接）串联连接
series-multiple ~ 串 - 并联，混联
series-parallel ~ 串 - 并联，混联
shunt ~ 并联
siamese ~ ①二重连接②叉形头
single-way ~ (of a convertor)（变流器的）单拍连接
soldered ~ 焊接头
splined ~ 花键连接
star ~ 星形联结，Y 形联结
star-delta ~ 星形 - 三角形联结，Y - Δ联结
star-zigzag ~ 星形 - 曲折接法，Y - Z 接法
step ~ 分级〔分品，级式〕连接
switch ~ 开关〔转换〕连接
T and G ~ （=tongue and groove ~）企口〔舌槽〕接合
tamped ~ 填塞法连接
tandem ~ 汇联连接，串接，串联
Taylor ~ 泰勒接线（将两相电流转换为三相电流的接线或相反的接线）
tee ~ T 形接法〔连接〕
telescoping ~ 伸缩管式连接
translation ~ 转发电路
trunk ~ 长途接线〔通信〕，中继接线
tube ~ 管接头
uniform ~ 均一连接
union ~ 管子接头
unit ~ 连组，单元连接
vent ~ 泄油路
wired-OR ~ 线联的"或"连接
wood-bridge ~ 木桥形变相接法（一种从三相电源取得双相供电的变压器接法）
working ~ 主油路，工作油路
wrapping ~ 缠绕接（线）法
wye-delta ~ Y - Δ联结
Y ~ Y形接线，星形联结

Y-Y ~ 双星形接法，Y-Y形接线
zigzag ~ 交错〔曲折形〕连接

connectionism 连接机制，连接主义

connective ①连接物，连接字〔词〕②有连接作用的，连合的，联结的
logical ~ 逻辑连接符

connectivity 连通（性），联络性，接合性，连接性
global ~ 环球通信
open database ~ 开放数据库互连
program(me) ~ 程序内连关系

connector ①连接〔接续，结合〕器，连接〔接合〕物，接头，终接机〔器〕②接线柱〔夹，盒〕，接线端子，接插件，插头座，插头〔孔〕，塞孔③连接线〔片，管〕④连接记号，连接符
adapter ~ 接头，连接器
alignment ~ 定位〔对准〕连接器
amphenol ~ 电缆接头，接线端子，线夹
AN ~ 标准连接器
angle ~ 弯式连接器
antenna ~ 天线馈线连接套管
bend ~ 弯接管
biconic ~ 双圆锥活动连接器
bifurcation ~ 分支〔叉〕连接器
blue-ribbon ~ 矩形插头座
breakaway ~ ①拉脱式电缆接头②易拆式管接头
bridge ~ 桥接线，桥接条
bulkhead ~ 穿墙〔隔板〕式连接器
bulldog ~ 短鼻接合器
bullet ~ 插塞接头
butting ~ 对接连接器
cable ~ 电缆连接头〔器〕
cab-tyre ~ 橡胶绝缘插座
camera ~ 摄像机接〔插〕头
cannon ~ 加农插头与插座
card ~ 插件插头座
cell ~ 电池连接板
charging ~ 充气嘴，加油嘴
clip ~ （电极）夹连器，夹子接头，夹子连接器
coaxial ~ ①同轴电缆连接盒②同轴线接插件〔插头座〕
coaxial-waveguide ~ 同轴-波导管耦合器
combination ~ 万能〔通用〕连接器
consolevariable ~ ①可变连接点②可变连接指令③多路开关
cord ~ 软（连接）接头，软线接头
cross ~ 十字接头
crossbar ~ 纵横制接线机〔连接器〕
cryogenic ~ 低温连接器
data link ~ 数据线连接器（诊断座）
dimpled ~ 陷窝连接器
district ~ 区接线器
earthing ~ 接地连接器
edge ~ ①边缘连接器②印制板插头（座）
edge-socket ~ 边缘连接器
elastomer ~ 导电橡胶接头
electrical ~ 电气接插件，插塞，接线盒，插座
end ~ 终接器，终端盒，端部接线，（履带的）连接片
fan ~ 扇形连接器
feed -through ~ ①传输用的接插件②直连插头座
female ~ 内连接器，套筒接合器
fiber ~ 光纤连接器
fixed ~ 固定连接符
flange ~ 凸缘连接器，法兰接头
flat flexible wire ~ 扁平软线连接器
flat-cable ~ 带状电缆连接器
flexible ~ 挠性连接器〔联轴器〕，弹性接头
flowchart ~ 流程图连接符
free ~ 自由端连接器
general ~ 通用连接器
ground ~ ①地面电源插头②接地接头③接地器，搭铁片
group ~ 群终连接器
hermaphroditic ~ 无极性连接器，（插头与插座都是相同的）单一型插头座
incremental ~ 加长连接件
inter ~ 连通管
intercell ~ 连接条
latched ~ 锁扣接触器
lead ~ 引线连接
line ~ 线路连接器，继电器，主电路接触器
logical ~ 逻辑连接符
male ~ 插头
micro-ribbon ~ 微矩形插头座
missile ~ 导弹接插件，导弹插头座（导弹上用）
modular ~ 标准接头，组合式接插件
mother-daughter board ~ 板间连接器
multifiber ~ 多纤〔多心〕连接器
multiple ~ 多路（流程图）连接符

non-rewirable ~ 不可重接连接器
offering ~ 插入连接器
optical ~ 光连接器
optical cable ~ 光缆连接器
optical fiber ~ 光纤连接器
optical fiber selecting ~ 光纤选择连接器
panel ~ 面板式连接器
PC ~ 物理接触活动连接器
phase ~ 相间连接线
plate ~ 组合插座
plug and socket ~ 插头插座
pull-off ~ 打开连接器
quick ~ 快速连接器
rack-and-panel ~ 矩形〔电缆，转接〕，插头座，机柜连接器
regular ~ 通用连接器
remote interlock ~ 遥控联锁连接器
resilient ~ 弹性接头，挠曲性联轴器
right-angle ~ 直角连接器，直角接头
separation ~ 脱落插座，分离脱落式接插件
shear ~ 剪力接合器，受切接合部件
socket ~ 接插件，插座
straight ~ 直（的）管接头〔连接管〕，直套管
sub-edge ~ 片状插座
subscriber ~ 用户活动连接器
tapping ~ 分接接触器
tee ~ T形分线夹，T形分线端子
terminal ~ 端子连接条，终端线夹，终端线接头
test and regular ~ 测试与调节用连接器
thimble ~ 套管接头，套管连接器
toothed ring ~ （有）齿结合环
trunk hunting ~ 中继线寻线器
tube ~ （导线）连接管，管接头
umbilical ~ 自动脱落连接器，临时管道及电缆连接器
union-hose ~ 软管中间接头
welding ~ 电缆夹头
zero-force ~ 无插拔力接插件〔插头座〕

connectron 气体放电管

connexion =connection

conning-tower （军舰）司令塔，驾驶指挥塔，入口处

connotation 内涵（词的），含〔涵〕义

conoid 圆锥（形，体）（的），锥体，劈锥（曲面）
characteristic ~ 特征锥（体）
right ~ 正劈锥曲面

conormal 余法线

conoscope 锥光偏振仪，锥光镜，晶体光轴同心圆观测器，干涉〔扰〕仪〔器〕

Conpernik 康普尼克铁镍基导磁合金

Conqueror 康奎尔硅锰钢（w(C)0.9%，w(Mn)0.4%，w(S)0.3%，其余Fe）

conrod 连杆

consectary 结论〔果〕，连续〔顺序〕的

consecution 连贯〔续〕，联络，次〔顺〕序，推论，结论〔果〕

consecutive ①连续（不断）的，接连的，连贯的，陆续的②顺序的，相邻的③结论的，（表示）结果的

consent ①同意，许可②万能插口，插座，塞孔
flush plug ~ 嵌入式插座

consequence ①结果，后果②结论，推论③重要性

consequent ①（当然的）结果，推论，后项②跟着发生的，必然的，结局的，顺向的

conservation ①不灭，守恒②保存〔持，护〕油封
~ of matter 物质不灭〔守恒〕
boiler ~ 锅炉（停炉）保养
brightness ~ 亮度守恒
charge ~ 电荷不灭
energy ~ 能量守恒〔不变〕
heat ~ 热量守恒〔保存〕
mass ~ 质量守恒
momentum ~ 动量守恒
parity ~ 宇称守恒

conservatism 保守性

conservative ①保守的，守旧的②守恒的，保持的③谨慎的，留有余地的，适度的，过低的④储存的⑤保存物，防腐剂
fully ~ 完全保守

conservator ①保〔储〕存器②存油器，（变压器的）储油箱，油枕

conserve ①保存，储藏，节省②守恒③防腐剂

conserver （变压器的）油枕

consideration ①考虑，研究，商量，讨论②设想，见解，理由，条件③意义，重要性
design ~ 设计上的考虑，设计根据
similarity ~ 相似〔模拟〕条件
similitude ~ 相似〔模拟〕条件
software ~ 软件设计考虑

consignee 收货〔件〕人，购买人，受托人，承〔代〕销人

consignment ①交付，委托，托运②寄售〔销〕③托运〔代销〕的货物
consignment-sheet 收货凭单
consignor ①发货〔托运〕人②寄售人
consistence =consistency
consistency ①稠〔浓，黏〕度②相容性，一致性，连续性，稳定，统一
database ~ 数据库相容性，数据库一致性
jelly ~ 凝胶稠度
standard testing ~ 标准试验稠度
consistent ①一致的，始终如一的②相容〔合〕的，可协调的③坚实〔固〕的，稠的
consistometer 稠度计〔仪〕
grease ~ 润滑脂稠度计
torsion-cone ~ 扭力圆锥稠度计
Consol 多区无线电信标，电子方位仪（使驾驶员可以确定方位的信标，辐射许多个按时序旋转的等强信号）
Consolan 区域无线电信标
console ①控制台，操作台，仪表板②角撑架，托架，落地式支架③落地式接收机
audio mixing ~ 调音台
auxiliary ~ 辅助控制台
checkout ~ 测试操纵台，检验台，检测板
computer ~ 计算机操作台
control ~ 控制台，操纵台
director's ~ 导演操纵台，指挥台
driller's ~ 司钻控制台
driller's control ~ 钻井控制台
entrance-exit ~ 进出线路式控制〔操纵〕台
instrumentation ~ 操纵台，仪表盘
integrated ~ 联控台，集中控制台
keyboard ~ 键盘控制台
lighting ~ 调光台
master (control) ~ 主控制台，中央控制台
monitor ~ 监控台
operator ~ 操作（员）控制台
plug-in ~ 插式控制台
program(me) switching ~ 节目（切换）控制台
programming ~ 编程（序）器
programmer's ~ 程序编制员操纵台
railway signal control ~ 铁路信号控制台
remote control ~ 远程控制台
sound ~ 调音台
sound mixing ~ 调音台
supervisor ~ 管理〔监视〕控制台
system ~ 系统控制台
teller ~ （银行的）用户服务台
terminal ~ 终端操作台
time-sharing ~ 分时操作控制台
uniset ~ 专用控制键盘，单体机控制台
video mixing ~ 视频混合控制台
consolette ①小型控制台②小型落地式接收机
mini ~ 微型控制台
consolidate 整理，合并
consolidation ①凝〔巩〕固，固结（性，作用），集结，紧实，结壳②熔凝，强化，压实③合并，联合
file ~ 文件整理，文件合并
powder ~ 粉末固结
solvency separate ~ 溶质分凝
squeeze ~ 压实
consolidator 合并程序，整理程序
consolidometer 固结〔渗压〕仪
consolute 共溶性（的），会〔混〕溶质（的）
consonance ①谐和，一致②共鸣，谐振
consonant ①辅音，子音，谐和音②一致的，和谐的，协调的
consortium ①企业集团，国际财团，国际性协议②合作〔伙〕，联合
world wide web ~ 3W 合作体
conspectus ①摘要，提要，大纲，梗概，简介②线路示意图，流程图，一览表，说明书
conspicuity （可见信号）显明性
constac 自动（电压）稳定器
Consta-coater 稳流刮刀式涂布机
constance =constancy
constancy 恒〔稳，固，坚〕定性，持久性
~ of frequency 频率稳定性
~ of great numbers 大数稳定性
~ of pitch 音调稳定性
~ of volume 体积不变条件
electrical time ~ 电气时间常数
electromechanic time ~ 机电时间常数
spring ~ 弹簧常数
stiffness ~ 刚性〔刚劲，劲度〕常数
stress optic ~ ①光学力学常数②光弹性系数
constant ①常数，恒量②恒定的，不变的
acceleration error ~ （磁罗盘指示的）加速度误差常数
additional ~ 附加〔外加〕常数
additive ~ 相加性常数，积分常数
address ~ 地址常数，基数地址
apparatus ~ 仪器常数
arbitrary ~ 恒量，泛常数，任意常数
attenuation ~ 衰减〔减幅〕常数

avalanche-development ~ 雪崩扩展常数
ballistic ~ 冲击常数
binary float-point ~ 二进制浮点常数
block ~ 表征数字组特性常数
boiling point-viscosity ~ 沸点 - 黏度常数(润滑油特性之一)
Boltzmann's ~ 玻耳兹曼常数(1.380622×10^{-23} J/K)
buckling ~ 曲率常数
capacity resistance time ~ (电)阻(电)容时间常数
cell ~ 容器〔电池〕常数
characteristic ~ 特征值
charger time ~ 充电时间常数
circular ~ 圆周率
clipping ~ 削波器时间常数
coil ~ 线圈常数，线圈质量因数
cold ~ (反应堆的)冷态常数
collimation ~ 视准〔准直〕常数
conversion ~ 转换常数
CR time ~ 阻容时间常数
critical ~ 临界常数〔恒量〕
cryoscopic ~ 冰点降低常数
crystallographic lattice ~ 晶格常数
damping ~ 阻尼〔衰减，减幅〕常数
decay ~ 裂变〔衰变〕常数
decimal fixed-point ~ 十进制定点常数
dielectric ~ 介电常数，电容率
dielectric absorption ~ 介质吸收常数
dissociation ~ 分离常数，离解常数〔恒量〕
dynamic tube ~ 电子管动态常数〔恒量〕
elastic ~ 弹性模量
electric medium ~ 电媒质常数
electric space ~ ①真空的介质常数②绝对磁导率
electrochemical ~ 电化(学)常数
electromagnetic ~ 电磁常数〔恒量〕，光速
Fermi coupling ~ 费米耦合常数
figurative ~ 象征常数
fine structure ~ 精细结构常数
four terminal ~ 四端网络常数
gain ~ 增益常数，放大系数，放大率
gas ~ 气体常数
generalized ~ 通用〔标准〕化常数
grade ~ 梯度常数
grating ~ 光栅〔晶格，点阵〕常数〔恒量〕
gravitation ~ (万有)引力常量〔恒量〕
ground ~ 大地常数
gyromagnetic ~ 回转磁常数
Hollerith ~ 何勒内斯常数，字符常数
hot ~ (反应堆)热状态常数
hysteresis ~ 磁滞系数，滞后系数
image phase ~ 影象相位常数，传输常数的虚部
indexing gear ~ 分度机构常数
inductance ~ of crystal unit 晶体振子电感常数
inertia ~ 惯性〔惰性〕常数
instrument ~ 仪表常数
integer ~ 整常数
integral ~ 积分常数
integration ~ 积分常数
inversion ~ 反演率，反演常数
lattice ~ 点阵〔晶格，网络〕常数
layout ~ 数位分配常数
line ~ (输电)线路常数
linear electric ~ 线性电气常数〔参数〕
literal ~ 文字常数
location ~ 单元常数
logical ~ 逻辑常数
lumped ~ 集中常数，集总常数
machine ~ 机床常数
machine-feed ~ 机床进给常数
machine-index ~ 机床分度常数
Madelung ~ (计算库仑能量的)马德伦常数
magnetic space ~ 真空的磁导率
meter ~ 仪表〔校正，计数器〕常数
migration ~ 迁移常数
mobility ~ 迁移常数
modular ~ 模常数
molar depression ~ 摩尔冰点下降常数
molar elevation ~ 摩尔沸点升高常数
mu ~ 放大系数 μ，μ 常数
multiplication ~ ①倍增〔乘法〕常数②(中子)增殖系数，核燃料再生系数
numeric(al) ~ 数值常数，常数，常量，恒量
optionally-signed ~ 任选记号常数
paper ~ (色谱)纸常数
Peltier ~ 珀耳帖常数
phase ~ 相位〔周相〕常数
phase-modulation ~ 相位调制常数，调相常数
photoelastic ~ 光弹(性)常数
piezoelectric ~ 压电(晶体)常数
Planck's ~ 普朗克常数
plastometer ~ 塑度计常数
propagation ~ ①传播常数②纹路恒量

proportionality ~ 比例常数〔恒量〕，常系数
rate ~ 速率常数
Rayleigh ~ 瑞利常数
RC ~ （=resistance-capacitance time ~）阻容时间常数
real ~ 有效常数，实常数
reflection ~ 反射常数
resonance ~ 谐振常数，振荡回路常数
room ~ 房间（声学）常数
round-off ~ 舍入常数
screen(ing) ~ 屏蔽常数
shape ~ ①形状常数②梁常数
spring ~ 弹簧常数
stiffness ~ 刚性〔刚劲，劲度〕常数
stress optic ~ 光学力学常数，光弹性系数
time ~ 时间常数
transfer ~ 转输〔转移，替续，迁移〕常数
transmission ~ 传输〔传递〕常数
universal ~ 通用常数，普适常数
vapo(u)r pressure ~ 汽压常数〔恒量〕
wavelength ~ 波长常数
constant-airspeed 恒定空速
constantan 康铜（镍铜合金）
iron ~ 铁康铜
constant-circulation 定向循环
constant-current 恒定电流，直流
constant-scanning 等速扫描
constellation 星座图
constituent ①成〔组，部〕分，要素，构成（部分），组成②分量〔力，支〕，支量③组成的
acicular ~ ①针状组织②贝氏体
active ~ 有功部分，有效分量，活性组元，实（数）部（分）
alloying ~ 合金剂
slag-forming ~ 造渣组成，造渣剂
volatile ~ 造气剂
constitution ①构〔组，形〕成，成〔部〕分，结构②情况，状态，条件，位置③组合，构成
chemical ~ 化学成分〔结构，组成〕
constitutive ①构成的，组成的②本质的，基本的，必要的
constrain 强制，约束，束缚，制约
constraint 限〔抑〕制，制约，束缚，约束（条件）
~ graph 约束图
active ~ 起作用的约束，有效约束
adaptive control ~ 限制式适应控制
admissible interpolation ~ 容许内插约束
analogue ~ 模拟约束
artificial ~ 人为限制，假限制
conjugate ~ 共轭制约
cyclic ~ 循环制约，循环约束条件
design ~ 设计约束条件
dual ~ 对偶约束
equated ~ 相等约束
feasible ~ 可行约束
general ~ 公共约束
geometric ~ 几何约束
holonomic ~ 完整约束
inequality ~ 不等式约束
loose ~ 松弛约束
operative ~ 有效约束
passive ~ 虚约束，消极约束
precedence ~ 优先约束，优先限制
range ~ 区域约束
redundant ~ 虚约束
rheonomic ~ 变约束
secondary ~ 次要约束
threshold ~ 阈制约，门限制约
tight ~ 紧约束
constraints 系统规定参数，控制信号范围，变动极限
constriction ①收缩，压缩，收敛②颈缩，缩颈，能压紧〔收缩〕之物，阻塞物
sealing ~ 密封缩颈
constrictor ①压缩〔收缩〕物〔器〕②收敛式〔尾部收缩〕燃烧室
constringence 倒色散系数，色散增数
construct 构成，构造，结构，作图，创立
constructibility 可构成性
constructing 构成
construction ①构造，结构②建筑，安装，装配，制作，组成，编制③制图，设计④建筑现场，工地
~ of function 构造函数法
acoustically treated ~ 声处理结构，音调结构
aerial ~ 架空结构〔装备，设施〕
airframe ~ 飞机构架结构
approximate ~ 近似作图
balloon framed ~ 轻捷骨架结构
bathtub ~ 槽〔盆〕形结构
block ~ 部件〔单元〕结构，大型砌块建筑
cage ~ 笼式〔骨架〕结构
capital ~ 基本建设
chassis-mount ~ 底盘式结构
civil ~ 土木建筑（工程）
compiler ~ 编译程序构造

concrete ~ 混凝土结构〔建筑〕
cramped ~ 紧凑结构
disc ~ 平板形（圆盘形）结构
double-skin ~ 双层结构
en-block ~ 整块〔滑车，单块〕结构
flat base ~ 平底形结构
floating ~ （隔音室的）浮隔结构
gantry ~ 起重台架建筑〔结构〕
geometrical ~ 几何作图〔构造〕
image ~ 影象（作图）法，求像法，图像构成
iron ~ 铁结构，钢结构
line ~ 线路架设
linear ~ 直尺作图法
masonry ~ 砖石结构，圬工工程
memory ~ 存储器结构
mill ~ 工厂建筑，半防火木结构
modular ~ 单元〔部件〕结构
monolithic ~ 整体结构〔构造，建筑〕
naval ~ 船舶构造，舰艇建造
non-shaft ~ （水轮发电机的）无轴结构
overhead ~ 架空线路建设
overhung ~ 悬吊（式）结构
parallel ~ 并联〔平行〕结构
physical ~ 机械结构
Pollock ~ 集锁式结构（固定长换向片的方法）
progressive stage ~ 渐进分期施工（法）
rigid ~ 刚性结构
safeguard ~ 安全〔防护〕结构
section(al) ~ 预制构件拼装结构，预制部分（集合）构造
shell ~ 壳体结构，薄壳结构
shingle shell ~ 瓦片式炉壳结构（炉壳由钢板叠交铆接而成）
slung-span ~ 悬跨建筑
stage ~ 多层面构造
star-quad ~ 星绞结构
stave ~ 空心〔环状〕板条结构
steel ~ ①钢结构②钢的组织结构
step-by-step ~ 逐次近似法
stressed-skin ~ ①蒙皮受力式结构②无骨架式车身，应力外皮结构车身
stud mounted ~ 螺栓形结构
subaqueous ~ 水下施工
subunit ~ 部件〔单元〕结构
unenclosed ~ 敞开式结构
unit ~ 独立装置，独立〔单元，组合〕结构，部件，组件
unitized ~ 组合结构
welded ~ 焊接结构

constructional 结构的，建设〔构造〕上的，建筑物的
constructionism 构造论
constructivity 可构造性
constructor ①构造符，构造函数，②设计者〔师〕，建造〔设〕者，制造者，施工人员
constructs 构件，结构单元，建筑图样生成系统
consubstantial 同质〔性，体〕的
consuetude 习惯，惯例
consultant ①顾问，咨询②商议者，查阅者
consultation ①商议，协商②参阅，考虑，咨询
consumable ①消耗品，消费商品②消耗的，自耗的，可熔的
consumable-electrode 熔化极，自耗电极
consumables 耗材
consume ①消耗量②消费〔耗〕，使用，吸收③耗尽，用光，消〔毁〕灭④浪费
consumer ①用户，消费者②消耗装置
business to ~ 企业面向消费者的电子商务
current ~ 电流消耗量装置，电力负荷
fume ~ 油气消除装置（使漏入曲柄箱内的油气被化油器吸收的装置）
power ~ 电力用户
responsible ~ 重要用户

consumption ①消耗，消费，耗散②消费〔耗〕量，自耗量，耗油率，耗水量，流量，费用
actual ~ 实际消费
aggregate ~ 总消耗
average ~ 平均消耗量〔耗油率，耗水量，流量，费用〕
coal ~ 耗煤率
cooling medium ~ 冷却介质流量，冷却剂消耗量
cooling water ~ 水耗
energy ~ 能量消耗
home ~ 厂用消耗
internal ~ 内部〔自身，本体〕消耗
lighting ~ 照明耗量
no-load power ~ 空载能耗
peak ~ 高峰热耗〔汽耗〕
power ~ 动力〔功率，电力〕消耗量
rated ~ 额定消耗量〔需量〕
specific ~ 单位消耗量，消耗率，比耗
specific energy ~ 能量消耗率，单位能量消耗
specific fuel ~ 比油耗
starting air ~ 起动空气耗量
steam ~ 蒸汽消耗量，耗汽量，汽耗

watt ~ 功率消耗
wattage ~ 功率消耗，损耗瓦数

consutrode 自耗电极，(电焊的)自供焊条的电极

contact ①接触，联系〔络〕，连接，啮合，相切②接触器，触点〔头〕，接点〔头〕
accident ~ 触电
accordion ~ Z形触点簧片，手风琴式触点簧片
accumulating ~ 累积接触
adjustable ~ 可调接点，调谐触头
afloat ~ 浮动接点〔接触〕
angular ~ 斜(角连)接，角接触
approach ~ 啮入〔渐近〕接触
arcing ~ 灭弧触点，(辅助)飞弧触点
asperity ~ 粗糙面接触
auxiliary ~ ①辅助触点，副触点②联锁触点
back ~ 后触点，静合接点，常闭接点
bad ~ 不良触点，接触不良
Baltimore groove ~ 巴尔的摩型凹槽接触
bank ~ (组合)触排接点(电话交换台)
barrier-free ~ 无势垒接点
base ~ ①基极接点〔接触〕②基极引线
battery bottom ~ 电池正极接触片
beam-blocking ~ 电子束阻挡接触
bifurcated ~ ①双叉触点②双叉接插件，双叉触点簧片
bimetal ~ 双金属(接)触点
blade ~ 刀口式触点〔插头〕
blade-fork ~ 刀口音叉式触点簧片
block ~ 闭塞〔联锁〕触点
body ~ 接壳，碰壳
bond ~ 熔合接触，键合接点
break ~ 断开触点，开路接点，静止接点
breakback ~ 静触点，开路接点
break-make ~ 断合〔换向，开合〕接点
bridge ~ 桥接触点，分路触点
brush ~ ①电刷〔刷形〕触点②电刷接触
bump ~ 块形连接，大面积接触(与晶体管衬底熔合)
butt ~ 对接接点，压接式接点，半圆形触点，对接接触
cap ~ 灯头触点
case ~ 接地片
censor ~ 监护接点
chain ~ 链动〔连锁〕接点
changeover ~ 转换接点〔接触〕，转向接点
change-over ~ with neutral position 中位触点
circuit-closing ~ 闭路接点
circuit-opening ~ 断路接点
co-current ~ 并流接触
collateral ~ 双触点，并联触点
composite ~ 复合触头
conductive ~ 导电接头〔触头〕
conformable ~ 整合接触
countercurrent ~ 逆流接触
crimp ~ 压接接触件
dead ~ ①开路接点，空〔闲〕接点②死接触，完全接触
dip-solder ~ 浸焊接触件
disengaging ~ 出啮
dome shaped ~ 半球形接点
door ~ 门触点，门动触点
double-break ~ 双断(开)接点，双开路〔桥接〕接点
double-break double-make ~ 双断双闭触点，桥式转换触点
double-make ~ 双工作触点，双闭合接点
double-throw ~ 切换〔双投〕触点
drain ~ 漏极接点
early ~ 先动触点，预动触点
earthing ~ 接地触点
edge ~ 边缘接触(如滚动轴承中)
edge board ~ 印制线路板引出端〔插头〕
electric ~ 电气接点〔触头〕，电接触
end ~ 齿端接触
engaging ~ 进啮
evaporated gold antimony ~ 蒸发的金锑接触
face ~ 按钮开关〔接点〕，按压接触
female ~ 塞孔接点
finger-type ~ 指形触点
fixed ~ 静触点
floor ~ 平台〔楼面，分层〕触点
fly ~ 轻动接点
folded cantilever ~ 折叠悬臂式触点簧片
front ~ 常开触点，动合接点，前触点
front-release ~ 前松接触件
gate ~ ①门触点②栅(极)接点
gold sandwich ~ 金夹层接触
gold-bonded ~ 金键合接触
grid-spaced ~ 板型(多点)接触
hard ~ 硬触点，金属触点(非晶体管器件)
heel ~ 踵形接触，锥齿轮的大端接触
home-position ~ 起始触点
hunting ~ 寻线器接点
hyperbolic ~ 双曲线弹性插孔

idle ~ 空〔闲，间隔〕触点
imperfect ~ 不良接触〔触点〕
impulse ~ 短时闭合〔断开〕触点，脉冲接点
inner track ~ 内滚道接触点
inoperating ~ 停用〔静止〕触点
interlayer ~ （印制电路板的）层间接触
keep-alive ~ 电流保持接点
knife ~ 刀形触头
knife-edge ~ 刀式接点〔开关〕，刃形触点
laminated ~ 叠层接触片，分层片触点
late ~ 后动触点
line bank ~ 触排〔线弧〕接头
loose ~ ①不良〔松动〕触点②接触不良
make ~ 闭合〔接通，闭路〕触点
make-action ~ 闭合触点
make-and-break ~ 断续〔闭开，通断〕触头
make-before-break ~ 先接后断触点，先闭后开触点
make-break ~ 合 - 断触点
make-break-make ~ 合 - 断 - 合触点
make-make-breake ~ 合 - 合 - 断触点
male ~ ①阴接触件②刀口触片③插头，插塞④插塞接点⑤（开关）刀
marking ~ 传号〔标识〕触点
marking stud ~ 标志接点
mercury ~ 水银接点〔开关〕
mercury-wetted ~ 水银触点
metallized ~ 敷金属触点
microphonic ~ 颤动接触
movable ~ 活动触点〔触头，接点〕
multiple ~ 多接点〔触点，触头〕
negative ~ 负电〔阴极〕接点
nonbridging ~ 非桥〔非跨〕接接点
nonconformal ~ 非共形接触
non-ohmic ~ 非欧姆接触
normally-closed ~ 常闭触点〔接点〕
normally-opened ~ 常开触点〔接点〕
no-volt ~ 零压接触
off-normal ~ 离位触点〔接点〕
ohmic ~ 欧姆接触，电阻（性）接触
open circuit ~ 断路〔开〕接点
open(ing) ~ ①断〔开〕路②触〔接〕点
optical ~ 光（学）接触，光胶
outer track ~ 外滚道接触点
overflow ~ 全忙接点
overlay ~ 重叠接点
passing ~ 滑过触点
path of ~ 啮合线，接触线
permanent closed ~ 常闭接点
physical ~ 体接触，直接接触
plug ~ 插头
plunger ~ 插棒接点
point ~ 点接触
point-pressure non-ohmic ~ 点压力型非欧姆接触
poor ~ 接触不良，不良接触
positive ~ 正电〔阳极〕接头
preliminary ~ 预动触点
preohmic ~ 预欧姆接触
pressure ~ 压力接点
private bank ~ 专线触排接点
progressive ~ 渐进〔顺序〕接触
pull ~ 拉钮开关
push ~ 按钮开关，按压触点
push-on ~ 推入式接触件
radar ~ 雷达捕捉
radio ~ 无线电联络〔呼叫〕
rear-release ~ 后松接触件
receding ~ 出啮
recess ~ ①出啮②啮出〔渐离〕接触
rectifying ~ 整流接触
reed ~ 簧片触点
relay ~ 继电器触点
resilient ~ 弹性接触件
rest(ing) ~ 静止触点〔接点〕
reverse ~ 反向接点
ribbon ~ 带状接触〔触点〕
roller ~ 滚动触点〔接触〕
rotor ~ 动片触点
rubbing ~ 摩擦接触〔触点〕，滑动接点
self-aligned ~ 自校准接触
self-cleaning ~ 滑动接点，自净触点
self-holding ~ 自保持触点
shorting bank ~ 短路触排接点（电话）
shunting ~ 分路〔短路〕触点
shutoff ~ 断路接触器
single-throw ~ 单掷接点
slide ~ 滑动触点〔接触〕
snap action ~ 突动〔瞬动〕触点
source ~ 源（极）接点
spacing ~ 空号触点，隔离触头
split ~ 双头接点
spring ~ 弹簧触点，弹性接触
stationary ~ 固定触点
stationary breaker ~ 固定触点，固定断电器接触

steel ~ 钢导电棒
stereoscopic ~ 立体重合，体接触
switch jaw ~ 簧片接触，开关夹片接触
thermal ~ 热接点
tip ~ 齿角接触
toe ~ 齿顶接触，（锥齿轮啮合的）小端齿接触
tooth ~ 接触斑点
transfer ~ 转换触点，切换触点
travel(l)ing ~ 可动〔活动〕接点，动接触
tungsten ~ 钨触点
twin ~ 双接点，双触点
two-way ~ 双投触点，切换触点
universal ~ 万能接头
vibrating ~ 振动接（触）点
whisker ~ 点接触，触须接触
wiped ~ 摩擦〔弧刷〕接点
wiping ~ 扫动〔摩擦，滑触〕接点
wrap ~ 绕接接触件

contactless 无触点的，不接触的

contactor 接触器，触头〔点〕，开关
accelerating ~ ①电动机起动电阻切除触点②加速接触器
acknowledging ~ 认收开关，认收接触器
blocking ~ 阻塞〔间歇〕接触器
centrifuge ~ 离心接触器
continuous ~ 持续作用接触器，连续接触器
directional ~ 换向〔复原，可逆〕接触器
electromagnetic ~ 电磁接触器
electronic ~ 电子接触器
intermediate frequency ~ 中频接触器
line ~ 线路接触器
magnetic ~ 电磁接触器，电磁开关
main ~ 主接触器
multifinger ~ 多触点接触器
network ~ 电力网接触器
oil ~ 油接触器
power ~ 电力接触器
rapid ~ 快速萃取装置，快速接触装置
reset ~ 复原接触器
rotating ~ 转动接触器
semiconductor ~ 半导体接触器
suicide ~ （发电机的）自动灭磁开关
synchronous ~ 同步断续器
timing ~ 定时〔延时〕接触器，延时开关
vacuum ~ 真空接触器

contact-printer 接触晒印原尺寸照片

contact-segment 接触环，接触段

contagion 蔓延

contain ①包含〔括〕，容纳，装有，贮存②等〔相当〕于，折合③整除，除尽④边夹角，包围（图形）

container ①容器，贮存器，包装容器，（集装）箱，槽，盒，罐②蓄电池壳，外壳，壳③挤压筒（冷挤压）④挤压成形模模体
~ for round winding wire 绕组线线桶
accumulator ~ 蓄电池容器，蓄电池槽
aerosol ~ 喷雾剂瓶
air ~ 航空集装箱
bag ~ 袋式集装箱
bulk ~ 散粒物容器，散装货箱
cartridge ~ 尾管
evacuated ~ 真空箱
flat rack ~ 板架集装箱
flexible freight ~ 集装袋
handling ~ 集装箱
hide ~ 原皮集装箱
high-activity waste ~ 高放射性废物容器
higher order virtual ~ 高阶虚拟容器
insulated ~ 绝热集装箱
molten-salt ~ 熔盐电解槽
monoblock ~ 整体壳
open side ~ 侧壁敞开式集装箱
open wall ~ 侧壁敞开式集装箱
open-top ~ 敞口盛料器
overdimension ~ 超规格集装箱
panel ~ 板条组装集装箱
parachute ~ 降落伞套
platform ~ 平台集装箱
pressurized ~ ①压缩空气箱，冷气容器，压缩气体容箱②增压容器
sealed ~ 密封容器，气密罐
shielding ~ 防护容器，防护壳〔罩〕
source ~ 放射源箱，放射源储存器
thermostat ~ for electrode 焊条保温筒
thermostated ~ 恒温箱，恒温筒
tippable ~ 可倾翻集装箱
toner ~ 色调剂盒
transport ~ 运输容器
vacuum-jacketed ~ 真空瓶，杜瓦瓶
van ~ 大型集装箱
vapo(u)r ~ 蒸汽收集器
virtual ~ 虚拟容器

containerization 集装箱化

containership 集装箱船

container-trailer 集装箱拖车

containment ①容积〔量〕,可容度,负载额,电容②保留〔持〕,牵〔抑〕制③密封〔闭〕度,容器,(反应堆的)外壳
natural ~ (防止放射性的)天然保〔防〕护层
pressure ~ 压力安全壳
primary ~ 一次〔内层〕安全壳
reactor ~ (反应堆)安全壳
secondary ~ (反应堆)二次〔外壳〕安全壳
Contamin 康塔明铜锰镍电阻合金(w(Mn)27%,w(Ni)5%,其余 Cu)
contaminant ①污染〔污垢,沾染〕物,杂质②污染,弄脏
air ~ 空气污染物
airborne ~ 空气污染物
intrinsic ~ 内在〔固有〕杂质
radioactive ~ 放射性沾染物
contaminated 被污染的,被沾污的
contamination ①污染,沾染,沾污,弄污,弄脏②沾染物,污物〔秽〕,杂质,不纯净
aerial ~ 空气污染
atmospheric ~ 空〔大〕气污染
background ~ 背景污染
cathode ~ 阴极污染〔中毒〕
colo(u)r ~ 彩色混杂,串色
crucible ~ 坩埚垢
environmental ~ 环境污染
flux ~ 夹渣,(焊缝)受渣污染
gamma ~ γ 放射性物质沾染
lube ~ 润滑淤结,润滑油污渍
radioactive ~ 放射性污染
contaminator ①(射流)空气净度指示器,污染指示器②沾〔污〕染物
contemporary ①当〔现〕代的,同一时期的,近期刊行的②同一时期的东西
content ①含量,成分②容量,容积,可容度,体积
absolute water ~ 绝对含水量
acid ~ 含酸量
air ~ 空气含量(水中)
alloy ~ 合金含量
ash ~ 灰分
black ~ 黑色成分
blood alcohol ~ 血液中酒精含量
caloric ~ 发热量,热值
clay ~ 含泥量
combustible ~ 可燃物含量
cubic ~ ①容量,容积②立方量度的生产量
energy ~ 能量值,能的储量,含能量,发热量〔值〕
harmonic ~ 谐波含量
heat ~ (热)焓,热函,热含(量),热容量
information ~ (平均)信息量
interstitial ~ ①节间的密度②节点间数目
labo(u)r ~ 劳动量,加工工作量
moisture ~ 含水量,水分,含湿量,湿度
moisture ~ of cake 滤饼(或沉渣)含液量
particle ~ 磁悬液浓度
relative fundamental ~ 相对基波含量
relative harmonic ~ 相对谐波含量
sensible heat ~ (物体的)显热
sulfur ~ 含硫量,硫分
tonal ~ 色品含量
void ~ 孔隙量
wheel ~ 砂轮成分
white ~ 白色成分
work ~ 功函
contention ①争用(对信息)②争论,争辩③论点,争点
bus ~ 总线争用
memory ~ 存储器争用
contention-free (通信)无争用
contents (content 的复数)内容,目录,大意,要点,内装物,存储信息,存数
contractbroad ~ 主要内容
memory ~ 存储内容
stack ~ 栈内容
storage ~ 存储内容
context ①前后关系,上下文(关系),脉络②语(言和文字环)境;设备场境,场合③范围,角度
bounded ~ 限界上下文
multiple ~ 多现场切换技术
right ~ 右端上下文
context-dependent 随上下文决定的,上下文有关的
context-free 上下文无关
context-sensitive 上下文有关
contexture 组织,构造,结构
conticaster 连铸机
contiguity 接触〔近〕,邻〔连〕接,相邻
contiguous 邻接的,接触的,连接的
contingency ①偶然性,偶然误差,偶然错误②意外(事故)③可能(性)④列联,相切
square ~ 平方列联
contingent ①可能发生的,偶然的,临时性的②随…而定的③偶然事故

continuable 可连续的，可延拓的

continuance ①持续（时间），继〔连〕续②停留，保持

continuant ①连续音（的）②夹行列式

continuation ①连续，继续，延长，开拓，拓展，延伸〔扩建〕部分②承袭③续刊，续篇④顺〔程〕序

~ of solutions 解的开拓

analytic ~ 解析开拓

continuity ①连续，继续，连续性，连贯，连锁②（广播）节目说明

approximate ~ 近似连续

circuit ~ 电路连续性

flow ~ 流动连续性，连续性流动

interlayer ~ （印制电路板的）层间连接

program ~ ①节目控制室②节目连续播出

voice call ~ （通信）话语呼叫连续性

continuous ①连续的，连续作用的，无间断的，延伸〔长〕的，直流的②顺序的，顺次的

continuous oscillation 等幅振荡．非衰减振荡，连续振荡

stepwise ~ 按步连续

continuum ①连续（统一体）②连续介质，连续区（域）③连续流④连续光谱⑤连续统，闭联集

degenerate ~ 简并连续流，简并闭联集

elastic ~ 弹性连续体

energy ~ 连续能区

optical ~ 光连续区

space time ~ 时空连续体

contort 扭曲〔弯，歪〕，歪曲，曲解

contortion 扭弯，扭曲

contour ①外貌，轮廓，略图，外形②等高〔等值〕线，型线，等场强线③轮廓线，周线，围线④回〔网，电〕路⑤仿形的，靠模的

aerofoil ~ 翼型，机翼断面

bathymetric ~ 等深线

body ~ 车身外形

constant current ~ 等流线

convergent ~ 收敛形

coverage ~ 等场强曲线

edge ~ 边缘外形

equal-loudness ~ 音量等响（度）线

equal-pitch ~ 等（音）调线

equi-error ~ 等误差线

equipotential ~ 等位线

index ~ 注数字等高线

isophonic ~ 等声强曲线，等音感曲线

line ~ 谱线轮廓

loss ~ （等）损失线

loudness ~ 等响线

magnitude ~ 等值线，等高线

mediate ~ 首曲线，基本等高线

noise ~ 噪声等值线，噪声廓线

oscillating ~ 振荡回路

pass ~ 轧槽轮廓，孔型外形

phase ~ 等相角线

picture ~ 图像轮廓

power ~ 等功率线

pressure ~ 等压线

resistivity ~ 等电阻线

rim ~ 轮辋轮廓

rounded root ~ 圆形齿根轮廓

submarine ~ 海底等高线

unsymmetrical profile ~ 不对称齿廓

contour-etching 外形腐蚀

contourgraph 表面图示仪，轮廓仪

contouring ①勾边，画轮廓②仿形，轮廓加工

false ~ 虚假轮廓线

roll ~ 轧辊的辊型设计

contourliner 拖拉机导平器（指引拖拉机沿等高线作业）

contra 相反，逆，抗，反对（的事物）

Contracid 康特拉西特镍铁铬钼合金（*w*（Be）0.6%，*w*（Ni）60%，*w*（Cr），15%，*w*（Mo）7%，其余 Fe）

contraclockwise 反〔逆〕时钟方向的

contract ①合同，契约，承包，包工②收缩，缩小，缩短，紧缩，弄窄，皱起

acceptance ~ 承兑合同

blanket ~ 总合同，一揽子合同

consensual ~ 不成文契约

construction ~ 施工合同

delivery ~ 供货合同

employment ~ 聘约，雇用合同

forward ~ 期货合同，预约

open ~ 预定保险合同

preventive maintenance ~ 预防维护合同

spot ~ 即期合约

sub ~ 局部缩小〔收缩〕

turnkey ~ 整套承包合同

vena ~ 缩脉，缩流断面，收缩断面

written ~ 书面合同

contractibility 收〔压〕缩性

contracting 收缩的，缩减的

contraction ①收缩（量，率，物），缩小〔减〕，

减少〔短,小〕,压缩②收敛(段)③浓集,填料,密封④简略字
~ of tensor 张量的缩并〔降秩〕
after ~ 残余收缩
amplitude ~ 减幅，幅度压缩
fluid ~ 凝固收缩
hindered ~ 受阻收缩，拉长
interval ~ 区间收缩
lateral ~ 横向收缩，缺口的缩颈
linear ~ 线收缩（率）
liquid ~ 液态收缩
ring ~ 环缩作用
size ~ 截面收缩
venture ~ 文丘里收缩部
volume ~ ①音量压缩②体收缩
contraction-joint （收）缩缝
contractometer 收缩仪（测薄膜应力用）
contractor ①收敛部分②（把套等压入轴上所使用的）压力机，压缩机③承包者，订约人
contradiction ①矛盾，相反，抵触，不一致②反驳③否认
contraflexure ①反（向）弯曲，反挠，回折②反向曲线变换点
contraflow ①逆〔对，反〕流，反向电流②暂时〔额外〕电流
contragradience 逆〔反，抗〕步
contragradient ①逆步的，反步的②负梯度
contraguide 整流叶，整流板
contrail 逆增〔转换〕轨迹，凝迹，凝结尾流
contrainjection 反向喷注〔射〕，逆向喷油
contrainjector 反向喷射器〔喷嘴〕
contra-missile 反导弹（导弹）
Contran ①控制转换〔翻译〕器②康特兰（计算机程序编制语言）
contrapolarization 反极化
contraposition ①换质位（法），对置〔位〕②对照，针对
contraprop ①导叶②同轴反向旋转的螺旋桨，同轴成相对方向旋转的推进器
contrapropeller 整流（螺旋）推进器，整流螺旋桨，（同轴）反转式螺旋桨
contraption 奇妙的装置，新发明的玩意儿
contrarotation 反向转动，反旋，反转
contra-rudder 整流舵，导叶舵
contrary ①反对，相反，相逆，矛盾，不相容②反对之命题，相反的命题
contrast ①对比，对照，比较，衬度〔比〕，对比法〔率，度〕②差异，反差，反衬
accentuated ~ 加重对比度
balance ~ 平衡反差
boundary ~ 亮度差阈，边界对比度
brightness ~ 亮度对比〔反差〕
colo(u)r ~ 彩色反差，彩色对比度，颜色对比〔反衬〕
detail ~ 细节对比度
development ~ 显色对比度
diffraction ~ 衍射衬度
electrostatic ~ 静电（影象）反差
expanded ~ 扩展衬度，扩大对比度
fault ~ （半导体）层错衬度
film ~ 胶片对比度
fringe ~ 条纹衬度
full sensitivity ~ 全灵敏度对比度
image ~ 像衬比，图像对比度
infrared ~ 红外对比度，红外衬比
interference ~ 干涉对比，干涉相衬
liminal ~ 阈值对比度
luminance ~ 亮度对比度
overlapping ~ 重叠对比〔衬度〕
percent ~ 百分对比度，相对对比率
phase ~ 相差衬托
photometric ~ 光度对比
picture ~ 色调（深浅）对比，图像黑白对比
radiographic ~ X射线底片对比度
relative ~ 百分对比度，相对对比率
reproduced image ~ （重）显（图）像对比度，收像对比度
scene ~ 景物对比度〔反差〕
signal ~ 信号对比度
subject ~ 被摄（影）物对比度
teletext ~ 图文电视对比度
temperature ~ ①温度不均匀分布②温度差
twin ~ 孪晶对比〔衬度〕
contraster 对比识别剂
contrate 横齿的，端面齿的
contravalid 无效的，反有效的
contravane 逆向导（流）叶（片），倒装小齿轮
contravariance 反〔抗，逆〕变（性）
contravariant 反〔抗，逆〕变式〔量〕
contribution ①贡献，帮助，影响，起作用②投稿，捐款③成分，组成
drag ~ due to interference 干扰阻力
fission ~ 裂变作用
nuclear ~ 原子核组成〔成分〕
paramagnetic ~ 顺磁作用

contrivance ①工具,(机械)装置,设备②设计(能力),发明,计划,创造(性)③设计方案
contriver 发明〔设计,创造〕者
control ①管理,操纵,控制,驾驶,支配②调节,调整③检查,检验,监督④操作〔操纵,控制〕机构⑤措施⑥调谐⑦控制器⑧操纵杆⑨控制系统
~ by adjustable nozzle 转动喷嘴调节
~ by clearance volume 余隙调节
~ by nozzle block 喷嘴组调节
~ by throttling 节流调节
absentee ~ 无人管理
absolute plotter ~ 绝对〔独立,全值,完全〕绘图机控制(器)
absorption ~ 吸收(中子)控制〔调节〕
access ~ 存取(访问,接入)控制
access code ~ 存取〔访问〕码控制
accuracy ~ 精度控制,准确度控制,精度检验
active body ~ 主动式车身控制
active yaw ~ (汽车)主动式横摆控制
adaptive ~ 自适应控制
adaptive attitude ~ 自适应姿态控制,自适应空间方位控制
adaptive cruise ~ (汽车)自适应巡航控制
adaptive speed ~ 自适应速度控制
adaptive stabilizing ~ 自适应稳定控制
address access ~ 地址存取控制(器)
administrative ~ 行政管理措施
admissible ~ 容许控制
advance ~ 超前〔步进〕控制
aileron ~ 副翼〔横向〕控制
air ~ 气动,空气控制,压气操纵
air operated ~ 气压操纵,气动操纵
air suspension automatic ride ~ (汽车)空气悬架自动行驶舒适性调节
algorithm queue ~ 控制排队计算,算法排队控制
alter-cycle ~ (感应电动机的)频率控制
alternative ~ 选择控制
amplification ~ 增益控制〔调整〕,放大控制
amplitude-quantized ~ 幅度量化控制
analog(ue)-to-digital program(m)ed ~ 模(拟)-数(字)程序控制
analytical ~ 分析检验〔控制,调整〕
aneroid ~ (随着大气压力的变化进行)自动控制,无液气压控制
aneroid mixture ~ 膜盒式混合比调节器(用气压室来控制混合气体成分的自动装置),燃料混合物自动调节器
angular position ~ (自动驾驶仪的)角位调节〔控制〕
anti stall ~ (发动机)防失速控制
anticipatory ~ ①先行〔超前〕控制,超前校正②一次微分控制,预先调整装置
arc ~ ①电弧控制②消除火花
area supplementary ~ 区内辅助性调节〔控制〕(电力系统)
arithmetic enable ~ 运算起动控制
artificial intelligence ~ 控制用的人工智能
astatic ~ 无定向控制
asymmetrical phase ~ 非对称相位控制
atmospheric ~ 气动力操纵
attitude ~ 姿态〔位置〕控制
audio erase ~ 音频消磁,抹音控制(录像机用磁头)
audio response ~ 声音应答控制
audio-fidelity ~ 音色控制,声频保真控制
auto eject ~ 自动弹起控制
auto-gain ~ 自动增益控制
automatic ~ 自动控制〔调整〕
automatic black level ~ 自动黑电平控制
automatic brake ~ 自动制动控制
automatic colour ~ 自动彩色调整
automatic distance ~ (汽车)自动距离控制(系统)
automatic drift ~ 自动偏移控制
automatic drive ~ 自动驱动控制,(变速器)前进档自动控制
automatic exposure ~ 曝光量自动控制器
automatic fine ~ 自动微调
automatic gas ratio ~ 气体比分的自动调节
automatic gate size ~ 自动门宽控制
automatic ga(u)ge ~ 自动厚度控制
automatic generation ~ 发电机组功率输出自动控制(电力系统),发电自动控制
automatic idle ~ (发动机)自动怠速控制
automatic level ~ ①自动电平控制电路②(汽车油气悬架)自动调平控制
automatic light ~ 自动亮度控制(汽车)自动灯光控制
automatic marker ~ (播种机)划行器的自动操纵,自动标识控制
automatic performance ~ (发动机)爆燃自动控制系统
automatic picture sharpness ~ 自动图像清晰

度控制
automatic power ~ 自动功率控制
automatic resolution ~ 自动清晰度〔分辨率〕控制
automatic resolution ~ 自动分辨率控制
automatic sharpness ~ 自动清晰度控制
automatic spark ~ 自动点火操纵装置
automatic stability ~ （汽车）自动稳定性控制
automatic subcarrier-balance ~ 自动副载波平衡控制
automatic target voltage ~ 自动靶压控制
automatic temperature ~ 自动温度控制
automatic throttle ~ （发动机）节气门自动控制
automatic toe-in ~ （汽车）自动前束控制
automatic tone ~ 自动音频〔调〕控制
automatic toning ~ 自动色调控制装置
automatic traction ~ （汽车）自动牵引力控制
automatic train ~ 自动列车控制（装置）
automatic transmission shift lock ~ （汽车）自动变速器换档锁定控制
automatic white ~ 自动白电平控制
autonomous intelligent cruise ~ （汽车）自主式智能巡航控制
auxiliary air ~ （发动机怠速）辅助空气控制
background ~ 背景调整，背景噪声〔亮度〕控制
backlog ~ 储备管理，延期交货控制
back-space ~ （录音机）倒带按键，速退按键
back-up intercept ~ 备用截击指挥系统
backstepping ~ 反推控制
bandspread tuning ~ 频带展开调谐控制
bang-bang ~ 开关式控制，起停控制，继电器式控制（模拟计算机通过砰 - 砰 电路进行程序控制）
bank ~ 分组控制
bass ~ 低音控制器
batch ~ 批量控制
beam ~ 亮度控制，波束〔电子束〕控制
beam current ~ 射束电流控制
bearer ~ 承载控制
bias ~ 偏压〔偏置〕控制
biofeedback ~ 生物反馈控制
bit-by-bit ~ 按位控制
black-box-flight ~ 携带特殊设备的飞行控制
black-white ~ 亮度调整〔控制〕
block ~ 字组控制，块控制
blue drive ~ 蓝枪激励控制
blue gain ~ 蓝色增益调节
boost ~ 增压〔助力〕控制，增压调节（器）
brightness ~ 亮度调节〔控制〕
brushless Scherbius ~ 无刷串级调速，无刷谢尔比斯式调速
burst-gain ~ 色同步脉冲增益控制
burst-key delay ~ 色同步选通脉冲延迟控制
by-pass ~ 回路调节，旁通调节
bypass damper ~ 旁路挡板调节
bypass temperature ~ 旁路调温
cable ~ 钢索操纵，绳索控制
cage ~ （罐）笼内控制，密封控制，在厢内控制
call admission ~ （通信）呼叫许可控制
camber ~ 曲面控制
capacity ~ 气量调节
car reservation ~ 电梯专用控制
carrier load ~ 载波功率〔负荷，加感〕控制
car-switch ~ 笼内〔车厢〕开关控制，机内控制（升降机）
cascade ~ ①串级调速〔控制〕②级联控制〔调节〕
center(ing) ~ 中心〔居中，中央，定中〕调整〔调节，控制〕
central station ~ 集中式控制
centralized ~ 集中控制〔操纵〕
chaos ~ 混沌控制
chill ~ 白口检验
choke ~ ①阻气门控制②扼流控制③屏极调制
chopper ~ 斩波控制
chroma ~ 色度〔品〕调整〔控制〕，彩色饱和调整
chrominance ~ 色度〔品〕控制〔调整〕
climatic ~ 气候〔气温〕控制，卡塔式汽化器的自动阻气门
clock-pulsed ~ 时钟脉冲控制（器）
close ~ ①精确检查，仔细测试②近距离控制③接近（目标）引导④紧密控制
close-cycle ~ 闭路〔闭环〕控制
closed-loop ~ 闭环控制（有反馈的控制系统），反向联系控制（系统）
closed-loop yaw ~ （车辆动态控制）闭环式横摆控制
coarse ~ 粗调控制
coarse linearity ~ 线性粗调
coded access ~ 选放控制
collective ~ 集中控制

colo(u)r ~ 色彩调整〔控制〕
colo(u)r camera registration ~ 彩色摄像机配准控制
colo(u)r shading ~ 底色均匀度调整，色明暗度调整
combination ~ 综合控制
combustion ~ 燃烧调节
common ~ 集中控制
compensate ~ 补偿控制
compensator ~ 补偿调速（在定子回路中接入自耦变压器）
comprehensive gasoline engine ~ system 汽油机综合控制系统
computer-aided ~ 计算机控制
computer-aided system ~ （计算）机辅助控制（电力）系统
computer-based system ~ 计算机辅助控制系统
computerized numerical ~ 计算机数控，计算机化数字控制
concatenation ~ 串级调速
concentration ~ 浓度调节
concurrence ~ 并发控制
configuration ~ 配列控制（改变活性区减速剂的配列来调节反应堆）
constant extinction angle ~ 恒熄弧角控制
constant frequency ~ 恒定频率控制（供电系统）
constant lift ~ 挂悬装置位置调节
contact ~ 触点控制
contamination ~ 消除放射性的措施，污染控制
continuity ~ ①（电路）连续性测试，连续性调整②节目串联控制
continuity program ~ （广播，电视）节目控制
continuous path ~ 连续路径〔轨迹〕控制（机构学）（制造自动化）
contouring ~ 轮廓〔仿形〕控制
contrast ~ 反衬调整，对比度调整
convergence ~ 聚焦调整，收敛控制
convergence phase ~ （三枪显像管彩色电视中）会聚电压相位调整（器）
converter unit firing ~ 换流器触发控制
cooperative ~ 协调控制
coordinated microprocessor engine ~ 发动机微处理器协调控制（非集中控制）
copying ~ 仿形控制（装置）
corrosion ~ 腐蚀防止法
cost ~ 成本管理
counter ~ 用计数管调节，(用）计算机检验，计数器控制
crossed ~ 交叉控制系统
crown ~ （轧辊表面的）凸度控制
cruise ~ （汽车）巡航控制，持续速度自动保持装置，恒速装置
crystal ~ 石英稳频，晶体控制
current limit ~ 转子限流控制
customer operated ~ 用户调整
cut-off ~ 裁切控制装置
cyclic pitch ~ 周期变距操纵
damage ~ 修补损伤，损害管制
dash ~ ①缓冲控制②按钮控制
data link ~ 数据链路〔传输〕控制
database access ~ 数据库访问控制，数据库存取控制
deadman ~ 刹车，停车闸
decentralized ~ 分散〔局部〕控制
decentralized robust ~ 分散鲁棒控制
degeneration ~ 负反馈控制
dependent ~ 从属控制，非独立控制
depth ~ by ga(u)ge wheel 高度调节法
derivative ~ ①一次微分控制〔调节〕，按被调参数的变化率调整，导数调节 ②预先调整装置
derivative-proportional-integral ~ ①坐标导数积分控制②微商 - 比例 - 积分控制
developing bias ~ 显影偏压控制
device character ~ 设备字符控制
differential ~ 微分〔差动〕控制
differential red-green ~ 红 - 绿（会聚的）差动调节
digital process ~ 数字程序〔过程〕控制
digital ~ 数字控制，数控
dimmer ~ 减光控制（器），亮度调整
direct adaptive optimal ~ 直接自适应最优控制
direct numerical ~ 直接数据，(中档数控机床）直接数字控制，群控（DNC）
direct program(me) ~ 直接程序控制
direct-energy balance ~ （机组运行的）能量正平衡监督
directional ~ 方向控制
distance ~ 遥控，远距离控制，(车辆之间）距离控制
distant ~ 遥控，远距离控制
distributed numerical ~ 分布式数控

distribution ~ ①扫描线密度调整②分布控制
dollar ~ 商品库存金额控制
domain specific access ~ （通信）特定域访问控制
double ended ~ 双端控制（器）
Douthitt diaphragm ~ 道施特光圈调节装置
downhill assist ~ （汽车）下坡辅助控制
dual ~ 双重〔复式，双杆〕控制，双重操纵
dual-mode ~ 双（重方）式控制
dual-ratio ~ 二级微动控制
duplex ~ 双工控制
dynamic amplitude ~ 动态振幅控制
dynamic focusing ~ 动态（自动）聚焦调整
dynamic stability ~ （汽车）动态稳定性控制
effluent ~ 废水及废气控制
electronic ~ 电子调节〔操纵，控制〕，电子控制装置
electronic diesel ~ 柴油机电子调速器
electronic diesel injection ~ 柴油机电子喷射控制
electronic engine ~ 发动机电子控制
electronic power ~ （发动机）电子节气门
electronic fuel ~ （发动机）电子燃油控制
(electronic) (power) resistance ~ （电力）（电子）电阻控制
electronic programmed engine ~ 发动机电子程序控制
electronic tabulator ~ 电子表格控制
electronic temperature automatic ~ 电子温度自动控制
electronic timing ~ （发动机）电子正时控制
electronic transmission ~ 变速器电子控制
electronically programmed injection ~ （发动机）电子程序喷射控制
electronic-hydraulic ~ 电液调节
electro-pneumatic ~ 电动 - 气动控制
electropneumatic shift ~ （汽车）电控气动换档
electro-servo ~ 电气随动〔伺服〕控制
elevator ~ 升降舵控制，纵向控制
Elliott sequence ~ 埃利奥特（运算）顺序控制
emergency ~ 安全控制，紧急控制（装置），应急控制〔操纵〕
end-point ~ 端点控制（根据输出量的连续分析对过程进行调整）
environment(al) ~ 环境〔污染〕控制
equal delay angle ~ 等滞后角〔等燃弧角〕控制
error ~ 误码控制
evaporative emission ~ （汽车油气）蒸发污染控制
exchange ~ 外汇管制，结汇限制
excitation ~ 励磁控制
exercise ~ 进行控制〔操纵〕
exhaust deflection ~ 推力矢量定向控制，推力方向控制
exhaust-emission ~ 排气污染控制，排气净化
exposure ~ 曝光控制
extreme ~ 极值控制〔调节〕
factory-adjusted ~ 出厂调整
fader ~ 照明〔音量〕渐减调整
fail safe ~ 防障〔保安〕控制，失效保险控制
fault ~ 事故〔故障〕监督
fault-tolerant ~ 容错控制
feed ~ ①进给〔刀，料〕控制，自动送料②供电〔油〕调节
feedback ~ 反馈〔回授〕控制
feedforward ~ 前馈控制
feeler ~ 仿形控制器
field ~ 激励〔磁场〕调整〔控制〕
field frequency ~ 帧频控制，激励调整
field linearity ~ 帧线性调整
field RHEO ~ 磁变阻器控制
field-weakening ~ 减弱磁场控制
filament ~ （热）丝（电）流调整
file access ~ 文件访问控制
file ~ 文件控制
fine ~ 精密控制，细〔均匀〕调节，高精确度调整
fine inching ~ 微量控制，微调
finger ~ 手动调整〔控制，调节〕
finger-tip ~ 按钮控制〔操纵〕，单指〔锁〕调整器
flame failure ~ 火焰调节器，火焰防灭控制，防止火焰熄灭的装置
flamestat ~ 熄火监督，火焰熄灭控制
flat frequency ~ 恒定频率控制
flat tieline ~ 传输线负载控制
floating ~ 无定向调节，无定位〔浮动，无差，方向与速度〕控制
floating normalized ~ 浮点规格化控制
floating significance ~ 浮点有效性控制
flow ~ 信息流控制，流量调节
focusing ~ 聚焦调节，调焦
follow-up ~ 随动〔跟踪〕控制，从动操纵
forcing ~ 强行〔强迫〕控制

fore-and-aft ~ 纵向操纵
forecast ~ 预测控制
form thickness ~ （打印）格式粗细控制
formal ~ 形式控制
format ~ 数据安排形式控制，（数据排列的）格式控制
forms ~ 格式控制
forward ~ （车辆）平头式，平头货车
frame amplitude ~ 帧扫描振幅调整
framing ~ 图像正确位置调整，成帧〔居中〕调节，按帧调节光栅
frequency ~ ①频率控制②变频调速
fuel air ratio ~ 燃（料）-空（气）比调节
fuel-bed ~ 燃料层厚度调节
fuel-flow ~ 燃料计量（器）
fuel-metering ~ 燃料计量（器）
full collective ~ 集选控制
fuzzy ~ 模糊控制
fuzzy logical ~ 模糊逻辑控制
gain ~ 增益控制〔调整〕
gain-sensitivity ~ 增益灵敏度控制，微分增益控制
gamma ~ γ 控制，（图像）灰度控制
gang ~ 联动〔同轴，共轴〕控制，群控
gate ~ 门极〔选通〕控制
gatewidth ~ 门宽调整
governor overriding ~ 调速器超速控制
grid ~ 栅控
ground ~ 地面控制〔指挥〕（站），地面制导设备
ground-speed ~ 前进〔对地〕速度调节
group ~ 分组控制，群控
gyrorudder ~ 陀螺自动驾驶仪，用自动驾驶仪操纵
H bar ~ 横条信号控制（器），水平条控制（器）
hand ~ 手（动）控（制），人工控制〔操纵〕
handshake I/O ~ 信号交换输入输出控制（器）
hand-trip ~ 事故开关把手，手动跳闸把手
hardware address ~ 机器地址控制
hardware variability ~ 硬件可变性控制
heading ~ 标题控制
height ~ 微动气压计，高度变化传感器，高空控制，（图像的）高度调整
hierarchically intelligent ~ 分级智能控制
high-low level ~ ①双位调节器，高低水位调节器②双位电平调节器
high-speed shutter ~ 高速快门控制
hold(ing) ~ 同步控制〔调整〕
homing ~ （自动）瞄准，（自动）导引
horizontal convergence shape ~ 水平会聚形状控制（器）
horizontal hold ~ 行〔水平〕同步调整，行频调整
horizontal phasing ~ 行相位调整
hue ~ 色调控制〔调整〕
hue range ~ 色形变化范围调整
human-like intelligent ~ 仿人智能控制
humidity ~ 湿度〔水分〕控制〔调节〕
hybrid ~ 混合计算控制，复合计算机调定（法）
hydraulic ~ 液力〔水力〕操纵，液压控制〔调整〕
hydraulic tracing ~ 液压仿形
hypertape ~ 快速磁带控制（器）
idle ~ 怠速（自动）调整
idle air ~ 怠速空气控制
impression ~ 字迹轻重控制
inching ~ 渐〔点〕动控制，微调
independent ~ ①单独控制〔调节〕②自律式调节，独立调节③局部控制〔调节〕
inductive ~ 感应控制〔操纵〕
industrial ~ 生产过程控制
infinitely variable ~ 无级调节
inlet-vane ~ （风机的）轴向导流器调节
in-process ~ 制造过程中的控制，生产过程控制
input traffic ~ 输入流量控制，输入信息量控制
instantaneous deviation ~ 瞬时偏移控制
insulation ~ 绝缘监督〔控制〕
integral ~ 积分调节〔控制〕
intelligent ~ 智能控制
intelligent adaptive ~ 智能自适应控制
intelligent cruise ~ （汽车）智能巡航控制
intensity ~ ①亮度调整②强度控制
interconnected ~ ①联锁控制②共轭控制机构③相互联系控制机构
interface error ~ 接口错误控制
interlace ~ 隔行扫描调整
inventory ~ 编目控制，库存管理〔控制〕
iris ~ 光阑调整
job flow ~ 作业流控制
job processing ~ 工作处理控制
joystick ~ 跟踪导弹的控制系统
jump ~ 转移控制
kinegraphic ~ 远距离控制

knob-operated ~ 旋钮控制
ladder ~ 多级〔梯式〕控制
laser power ~ 激光功率调节
lead ~ ①导向调节〔控制〕②导数调节，一次微分控制③超前控制
learning ~ 学习控制
learning-based optimal ~ 基于学习的最优控制
left-right ~ 左右（偏位）调整
Leonard ~ 伦纳德控制，发电机电动机组变速装置
level ~ 液面控制（器）,位面〔级位〕控制，水平面调节，钳位〔信号〕电平调整
level pressure ~ 基准压力调节（闭式循环）
lift ~ 升降控制
light ~ 光量控制
light-ray ~ 光电控制
limiting level ~ 极限电平控制
line amplitude ~ 行幅度控制，行宽控制，水平幅度控制
live hydraulic ~ 自带动力的液压操纵，独立液压操纵
load responsible ~ 力调节(器),载荷调节(器)
loadamatic ~ 负载变化自动控制
load-responsive ~ 反应负荷变化的控制
local ~ 就地控制
local frequency ~ 本机频率控制
local-distant ~ 近程 - 远程控制
long-linearity ~ 远距线性调整（器）
long-range ~ 远程控制
long-shift ~ 远距位移调整（器）
lookahead ~ 先行〔超前〕控制
loop ~ 环路控制
LP ~ 光笔控制
machine tool digital ~ 机床数字控制
magic eye flame ~ （干燥机）光电火焰调节（器），电眼式火焰控制（器）
manifold pressure ~ 歧管〔进气管〕压力调节
man-machine ~ 人（工）机（械）联合控制，手控自控联合控制
manual ~ ①手控，手动控制〔操纵〕②人工〔力〕控制
marker ~ 标识控制
master ~ 主控，总控制，中心〔中央，整体〕控制
master black ~ 总黑色电平控制
master ~ 总（电平）调整器
matching ~ 自动选配装置
matrix gain ~ 矩阵（换算）放大器增益控制
media access ~ 介质访问控制
metering ~ ①计量调节器②排种装置调节器
minimum ~ 最小控制
missile ~ 导弹控制（系统）
mixed initiative ~ 混合主动控制
mixture ~ ①混合物（成分）控制，混合气控制②混合比调节
mobile animal epidemic ~ 畜禽防疫车
model–based predictive ~ 基于模型的预测控制
model predictive ~ 模型预测控制
moisture ~ 湿度调节
moisture-content ~ 湿度〔水分〕控制
mono-lever ~ 单杆〔单臂〕操纵，单手柄操纵
moving speed ~ 移动（变化）速度控制
multicycle ~ 多周波控制
multilayer process ~ 多层进程〔过程〕控制
multiparameter ~ 多参数控制
multiple ~ 复杂〔并列，多次〕调节，复式控制
multiple spindel ~ 多轴控制
multiple-unit ~ 多元〔复合〕控制
multi-step ~ 多步控制，多级控制
multivariable ~ 多相关量的调节，多变量调节
multivoltage ~ 多电压控制（电梯控制方式）
mute ~ 静噪控制，无噪声〔音〕调整
mystery ~ 神秘控制（无线电控制的俗名）
navigation-aided intelligent cruise ~ （汽车）智能型半自动导航巡航控制
neutral zone ~ 中间带控制
no-man ~ 无人控制〔操纵〕
non-automatic ~ 手控，非自动控制
noncorresponding ~ 无静差调节〔控制〕
noninteracting ~ ①不互相影响的控制，非相关控制②自身式调整，自律式控制
nuclear ~ 核反应堆控制
nuclear reactor ~ 核反应堆控制
numerical ~ 数值控制
off-line ~ 离线〔脱机，间接〕控制
off-on ~ 开关控制，双位控制
oil ~ 润滑油调节
one cycle ~ 单周期控制
one-lever ~ 单杆控制
on-line ~ 在线〔联机，直接〕控制
on-off ~ 双位置〔开 - 关，起停，继器式〕控制
open center ~ 中心开口控制
open-cycle ~ 开式〔环〕控制，无回授控制

open-loop ~ 开环〔路〕控制，无反馈控制
operating ~ 操纵装置，运行〔运算〕控制
operation sequence ~ 运算〔操作〕程序控制
operational ~ 业务管理，运行控制
optimal ~ 最佳〔优〕控制
optimizing ~ （自动寻求）最优（运转点的）控制，极值调节
orbital ~ 轨道控制
orbital attitude ~ 轨道姿态控制
order ~ 订货管理，作业指令管理
output interleaving ~ 输出交叉控制
output peripheral ~ 输出外围控制（器）
output traffic ~ 输出流量控制，输出信息量控制
over ~ 超调现象
overheat ~ 过热安全控制
override ~ 过调节控制，超驰〔越权〕控制
packet level error ~ 包级错误控制
pad ~ 衰减器控制，垫整调节
pan ~ 全景调整
parallel ~ 并联控制
park distance ~ 驻车距离控制
passenger climate ~ 乘客侧气候控制
pause ~ 停顿控制
peaking ~ 高频补偿控制
pedestal ~ ①消隐脉冲电平调整，基底电平调整②基座控制
pendant ~ ①控制板②悬吊〔吊灯〕控制
period ~ 周期调节
persistent coverage ~ 持续覆盖控制
phase ~ 相位控制〔调整〕
photogrammetric ~ 摄影测量控制
picture ~ 图像调整
picture linearity ~ 帧线性调整
picture width ~ 帧宽度调节
picture-rotate ~ （雷达）图像旋转控制
piggyback ~ 级联〔分段〕控制
pilot ~ 导频〔先导，领示〕控制
pinpoint ~ 精调，精确定位控制
pitch ~ ①节距调节（机构），节距控制，螺旋桨桨距调节机构②色调控制，音调控制，音调调节③俯仰控制，纵向操纵
plant ~ 电站控制，电厂监督
pneumatic ~ 气动调节〔控制〕，气力操纵
polar ~ ①极坐标法控制②联合操纵系统
polarity ~ 极性控制
pole ~ （高压直流）极（线）控制
pole changing (speed) ~ 变极调速
pollution ~ 污染控制
pose-to-pose ~ 点位控制（制造自动化）
position(ing) ~ 居中调整，定位〔位置，中心〕控制
positive ~ 完全控制，正控制
power ~ 电能控制，功率调整〔控制〕
precedence ~ 优先控制
predictor ~ 提前量的调节，前置控制
preoperative ~ 预定位控制
preselect ~ 预选调节
preselector ~ 预选控制，预定位控制
preset ~ 程序控制，预调控制，预置调整
press ~ 按钮控制器，按钮站
pretuning ~ 预调控制（器）
primary ~ 初步控制〔检测〕
primary governor ~ ①按原脉冲调节，直接调节②直接作用调节器
printer ~ 印字控制
procedure ~ ①工序技术检查，工作技术监督②过程的控制
process ~ ①（工艺）程序控制②连续调整③（生产）过程控制
process-oriented sequential ~ 过程定序顺序控制
prodac ~ 数字程序自动控制
production ~ 生产管理〔控制〕
program(me) ~ ①程序控制②节目控制
program(m)ed ~ ①程序操纵，预定程序控制②按预定程序工作的控制系统
progress ~ 进度〔改进〕控制
proportional ~ 比例控制〔操纵，调节〕
proportional-plus-floating ~ 均衡〔重定〕调节，具有弹性反馈的无差调节，比例 - 无差控制〔调节〕
proportional-plus-integral ~ 坐标加积分调节〔控制〕，比例 - 积分调节
pulse ~ 脉冲控制
pulse duration ~ 脉冲宽度控制
pulse frequency ~ 脉冲频率控制
purity ~ （色）纯度调整
push-button ~ 按钮控制〔操纵〕
push-pull colo(u)r ~ 推挽彩色控制
quality ~ ①产品质量统计检查法②（产品）质量检查〔控制，管理〕
quantity ~ （供给或消耗）数量调节
quartz-crystal ~ 石英晶体控制，石英稳频
quick-response voltage ~ 快速电压控制〔调整〕
radar ~ 雷达控制〔制导〕

radar approach ~ 雷达临场指挥
radar fire ~ 雷达炮火控制
radar traffic ~ 雷达空中交通管理，雷达飞行航线控制
radio ~ 无线电控制〔操纵〕
radio admission ~ （通信）无线许可控制
radio bearer ~ （通信）无线承载电路控制
radio link ~ 无线电链路控制
radio resource ~ 无线电资源控制
range ~ 距离〔范围，航程〕控制
range-zero ~ 距离零位调节
rate ~ ①速率〔微分〕控制②按被调量的变化率调节
ratio ~ 关系调节，比例调节〔控制〕
ratio flow ~ 比率流量控制，按比例控制流量
reaction ~ 反馈〔回授〕控制
ready ~ 准备控制，控制就绪
real-time ~ 实时控制
red drive ~ 红色信号激励控制
red gain ~ 红色增益调节器
reduction ~ 缩小控制机构
registration ~ 配准〔重合〕控制
remote ~ 遥控，远距离控制〔操纵〕，远程控制（机器人智能）
remote trip ~ 远动跳闸控制
reset ~ 复归〔位〕控制
restriction ~ 节流控制
retarded ~ 推迟控制，迟延调节
retention time ~ 停留时间控制
revertive ~ 反控制
revertive impulse ~ 反脉冲控制
rheostatic (speed) ~ 变阻调速
rigid ~ 严格控制
ringing ~ 振铃调整
robot language ~ 机器人控制语言
rocket ~ 火箭（飞行）控制
roll stability ~ 侧倾稳定性控制（防车辆翻滚）
rough ~ 粗调
routine ~ 常规控制
routing ~ 路选控制，路径选择控制
rudder ~ 方向舵操纵，航线控制
running tension ~ 工作电压控制
safety ~ ①安全控制〔保障〕②事故防护③安全控制装置
sampled-data ~ 抽样数据控制
sand ~ ①型砂控制，造型材料性能的控制②砂盘调度，砂子管理
saturation ~ 饱和度调整〔控制〕
schedule ~ 工程管理，进度控制，预定输出控制〔调节〕
screwdriver ~ 旋具调整，用旋凿调整
second ~ 秒控制器
second derivative ~ 按二次微商控制，按加速度调节
secondary flight ~ 飞机辅助操纵系统
secondary speed ~ 二次调速（从转子方面调速）
security ~ 保安措施，安全技术，安全控制
segmental nozzle group ~ 喷嘴组调节
selection ~ 选择控制
selectivity ~ 选择性控制
self-optimizing ~ 自寻最佳化控制
selsyn ~ 自动同步机控制
sensibility ~ 灵敏度控制
sensory ~ 传感控制
sensotronic brake ~ （汽车）电控制动系统
sequence ~ 程序〔顺序〕控制
sequential ~ 连续〔程序，时序〕控制
sequential phase ~ 顺序相位控制
serial-parallel ~ 串并行控制（器）
series ~ 续控制，串联调整
serve-operated ~ 非直接调节，有放大器的调节
servo ~ 伺服控制
servo-actuated ~ 伺服〔从动〕控制
session ~ 会话控制
set point ~ 设定点〔值〕控制
set-up ~ 黑色电平升降控制
set-value ~ 给定值控制
shape ~ （光栅或信号的）形状调整
sharpness ~ 清晰度控制
shift ~ 位移〔偏移，变位〕调整
shim ~ 粗稳定调节
short-linearity ~ 近距线性调整器
shuttle search ~ 磁带高速运转搜索控制
sight ~ 视觉监督，直视控制，目视检查，观测检验
signal supervisory ~ 信号管理控制（器）
silicon ~ 晶闸管
single board engine ~ 单板机式发动机控制
single module engine ~ 单模块发动机控制
single-end ~ 单端控制
single-variable ~ 单变量调节
size ~ （图像的）尺寸〔幅度〕控制（器），尺寸检验，块度控制

skew ~ 菱形〔歪斜〕失真调整
slaved ~ 从动控制
slide ~ 均匀调整，滑动调节（器），平滑控制〔调节〕
slide volume ~ 滑动式音量控制
slope ~ ①电流升降调节②陡度〔斜度，斜率〕调整
smart household electrical appliances ~ 智能家电控制
soft-touch ~ 软触控制，触摸开关
span ~ （仪表）满刻度校正
spark ~ （发动机）点火正时控制
spark computer ~ 计算机控制（发动机）点火
speed ~ ①速度控制〔调节〕②按（一阶）导数控制
spike ~ 进气道锥体〔进口整流锥〕操纵
spin ~ 旋转〔螺旋〕控制
split-cycle ~ 快速调整
split-feed ~ 分路馈给控制
split-second ~ 快速控制
spotting gain ~ 增益校正调整
spread ~ 散布控制，展宽调节
spring ~ 游丝〔弹簧〕调整，弹簧控制
squelch ~ 静噪控制
stable ~ 稳态控制
stack ~ 堆栈控制
stacked job ~ 堆栈式作业控制，暂存工作控制
state ~ 状态控制
static ~ 静态〔定位〕控制
statistical quality ~ （=SQC）统计质量管理〔控制〕
steering ~ 自动操纵，转向控制
step ~ 分步〔分级〕控制
step-by-step ~ 步进控制（法）
stepless ~ 连续〔无级〕控制，连续调整，均匀调整
stick ~ 手柄控制〔操纵〕
stiffness ~ ①刚性控制②（声音）强度调整
stock ~ 存量管制
stokehole ~ 炉膛工况目视检查
stop-go ~ 通断控制，开关控制，双位（置）控制
submergence ~ （泵）吸入头调节，吸上高度调节
super dynamic scenery ~ 超级动态景物层次控制电路
supercharger ~ 增压调节，用增压器控制
supervisor ~ 遥控监督，监视控制系统
supervisory ~ ①遥控，远距离监视控制②管理〔监督〕控制（系统）
surface gunfire ~ 地面炮火控制
surge ~ ①防喘振系统②抗喘振调节器
switch-operated response ~ 开关操纵的力调节，（力调节器的）灵敏度调节装置
symbion(t) ~ 共存程序控制
symmetrical phase ~ 对称相位控制
synchro ~ 同步调整〔控制〕
synchronous data link ~ 同步数据链路控制
tandem ~ 串联控制
tape ~ 磁带式控制
tape tension ~ 带张力控制
tapped ~ ①抽头法调节②有分路接头的调节器〔控制器〕
task interrupt ~ 任务中断控制（器），任务中断程序
telemetric ~ 遥测控制
teletype ~ 远距离控制，电传打字控制
temperature-sensitive ~ 按温度脉冲控制，温敏控制
termination ~ 终止控制
termination phase ~ 终止相位控制
three mode ~ 三位置〔三项〕控制
three-axis ~ 三轴坐标控制
three-element ~ 三元调节，三冲量调节
three-step ~ 三位控制
throttle ~ 风门〔节流，扼流〕控制
time ~ 时间控制
time limit ~ 定时控制
time shared ~ 分时控制
timed flow ~ 预定〔时控〕气流调节
time-element ~ 定时限控制，延时（继电器）控制
time-schedule ~ 日程〔程序，时间表〕控制
time-setting ~ 定时控制
time-variable ~ 变时〔程序〕控制
timing ~ 时间控制，定时控制，延时控制
tint ~ 色调〔度〕控制
top tower ~ 塔顶（温度）调节
torpedo tube train ~ 鱼雷发射器旋转控制仪
total quality ~ 全面质量管理
trace ~ ①仿形控制②同位素控制
traffic ~ 交通管制〔管理〕
transfer ~ 转移控制
translational ~ 移动〔平移〕控制
transmitter power ~ （通信）发送功率控制
traverse ~ 横移控制

treble ~ 高音控制
trim ~ 平稳控制，纵倾调整
trim-tab ~ 平衡调整片〔配平片〕操纵
trip-rope ~ 离合器接合的绳索操纵，接合杆的绳索控制
turn-picture ~ 图像转换控制
twin-wire ~ 双线操纵
twist and steer ~ ①联合操纵系统②按极坐标法控制
two-position ~ 双位置控制，通-断控制，两位调节
UG/WAVE ~ 控制（UG 的主要功能模块，CAD 模块，计算机辅助设计模块）
undamped ~ ①不稳定调节②调节的发散过程
under-hand ~ 手动控制
unit ~ 部件〔单元，单位〕控制
up-slope ~ （点焊的）电流上升的控制
valency ~ 原子价控制
vanishing point ~ 灭点控制
variable flow ~ 变流量调节
variable valve timing electronic ~ （发动机）可变气门正时电子控制
variable-value ~ 变值控制，跟踪控制
variety ~ 品种控制
vehicle skid ~ 车辆滑动控制
vehicle stability ~ 车辆稳定性控制
velocity ~ 航速控制，（飞行）速度控制
vernier ~ ①微动控制，微调②游标调节
vernier-rate ~ 速率微调控制
vertical ~ 高程控制
vertical-hold ~ 帧〔垂直〕同步调整
video contrast ~ 视频对比度控制，图像对比度调整
video-gain ~ ①雷达回波强度控制②视频增益调整
visual ~ 肉眼检查，外观检查
voice ~ ①音频调制，话音调制②口声控制
voice-operated ~ 声控器
volume ~ ①体积〔容量〕调节②音量控制③增益调节器
Ward-Leonard ~ 华特-伦纳德控制（装置）（直流发电机电动机组变速控制装置）
wavefront ~ 波前控制
whirl ~ 旋转〔涡流〕控制
width ~ 图像宽度调整，宽度调整（选通脉冲），幅调节
zero ~ 零位调整
zoned-air ~ 分区通风调节
control-board 控制盘〔板〕，操纵台
network ~ 网路〔电力网〕控制盘
controlcode 控制码
control-cylinder-rod 控制杆
control-experiment 对照实验
controlgear 控制设备
control-grid 控制栅
control-joint 控制（接）缝
controllability 可控（制）〔操纵，调节，监督〕性，控制能力
controllable 可控（制）〔操纵，调节，调整，管理〕的，置于控制下的
controlled 被控的，受控的，控制的
carburettor-electronically ~ （发动机）电控化油器
controller ①控制〔调节，操纵〕器，操纵杆，舵②传感器③控制员，管理员，检验员④主计长，总会计师
adjustable ~ 可调控制器
aerodynamic ~ 空气动力控制器〔调节器，传感器〕，空气动力舵
air operated ~ 气动控制器〔调节器〕
approximately commutative ~ 近似交换控制器
asynchronous modem ~ 异步调制解调控制器
attribute ~ 属性控制器
automatic ~ ①自动调节器〔控制器〕②自动控制设备
automatic frequency drift ~ 自动频率漂移控制器
automatic stability regulation ~ （汽车）稳定性自动调节控制器
body function ~ 车身功能控制器
brake ~ 闸控制器
branch ~ 分支〔支线〕控制器
cam ~ 凸轮控制器
capacity ~ 能量调节器
case-mounted ~ 箱装式调节器
cell ~ 单元控制器
chain ~ 掣链器
channel ~ 通道控制器，信道控制器
cluster ~ 群（集）控（制）器
communication ~ 通信控制器
communication modem ~ 通信调制解调控制器
counter ~ 计数（器）控制器
diaphragm box level ~ 气压型鼓膜液面控制器
differential pressure ~ 剩余压力〔差〕调节器
direct digital ~ 直接数字控制仪

display ~ 显示控制器
drainage ~ 疏水器，疏水调节器
drum ~ ①鼓形控制器②磁鼓控制器（计算机）
dual channel ~ 双工通道控制器，双路控制器
dual floppy-disc ~ 双软盘控制器
dual pressure ~ 高低压控制
electronic a.c.(power) 电子直流电力控制器
electronic d.c.(power) ~ 电子交流电力控制器
exchange baseband station echo ~ 基带交换台回波控制器
exhaust speed ~ （排气）出口节流器
face plate ~ 平面控制器
feedback ~ 反馈控制器
file memory ~ 文件存储控制器
flat gain master ~ 平调主控制器
float level ~ 浮面〔浮子水准〕控制仪
floating ~ ①浮点控制器②无静差控制器
floppy driver ~ 软盘转动控制卡
fuel rate ~ 燃料量调节器
full-state feedback adaptive ~ 全状态反馈适应控制器
furnace pressure ~ ①炉膛负压调节器②（锅炉）送风调节器
gain ~ 增益控制器〔调整器〕，音量控制器
hard-wired ~ 硬连线控制器（采用计算机控制的装置）
hydraulic ~ 液压调节器，液压控制装置
indicating ~ 指示控制器，标尺式控制器
input-output device ~ 输入-输出设备控制器，外围设备控制器
integral ~ 积分调节器
intelligent ~ 智能控制器
intelligent asynchronous ~ 智能异步控制器
intelligent base-station ~ 智能基站控制器
intelligent input-output ~ 智能化输入-输出控制器
interactive ~ 人机联系控制器
interactive display ~ 人机联系显示控制器
length ~ 定尺器
level ~ 液面调节〔控制〕器
liquid ~ 液体控制器〔变阻器〕
liquid level ~ 液位控制器
local-mounted ~ 基地式控制仪表
low-suction ~ 抽吸过程中的最低压力调节器
Mach ~ 马赫数控制器
master ~ ①主〔中心，主令〕控制器②传感器
mouldability ~ 水分控制器（型砂）
multi-machine ~ 多机组控制器
multiple-speed floating ~ 多速无定位控制器
multi-step ~ 多位控制器
network ~ 网络控制器
neural network ~ 神经网路控制器
open and shut ~ 自动控制器，通-断控制器
open-cycle ~ 开环（路）控制器，开口电路调节器
opening ~ 开度控制器
oscillating ~ 摇头控制装置
over-and-under ~ 自动控制器
overlay ~ 覆盖控制程序
phase ~ 相位控制器
photoelectric ~ 光电控制器
pilot ~ 辅助〔导频，机动，领示〕控制器
pneumatic ~ 气压式调节计，压缩空气控制器
power ~ 功率定值器〔调节器〕
press ~ 按钮控制器
process ~ （工艺）过程控制器，过程控制装置
process cycle ~ （工艺）过程调节器
program ~ 程序控制器
programmable ~ 可编程序控制器，程编控制器，准计算机
programmable logic ~ 可编程逻辑控制器
programmable machine tool ~ 可编程序机床控制器
program(me) ~ ①节目〔播出〕控制设备②程序控制器
programming ~ 自动顺序〔程序〕控制器
proportional ~ 比例控制器
proportional derivative feedback ~ 比例微分反馈控制器
proportional plus integral ~ 比例积分控制器
proportional-integral-derivative ~ 比例积分微分控制器（PID 控制器）
pulse ~ 脉冲控制器
radar ~ 雷达手，雷达操纵员
radio network ~ 无线网络控制
rate ~ 速度〔微分〕调节器
ratio ~ 关系调整器，比值调节〔控制〕器
recording ~ ①自动记录调节〔控制〕器②数据控制器
relay ~ 继电控制器
relay-operated ~ 继电器操作的调节器，间接作用调节器
retardation ~ 减速控制器
reversible ~ 双向〔可逆〕控制器

rheostatic ~ 变阻控制器
self-actuated ~ 直接（作用）调节器
semi-actuated ~ ①半式交通控制器②半活动控制器
sequence ~ 顺序控制器
size ~ （图像的）尺寸控制器
speed ~ ①调速器，转速调节器，转速控制器②速度调节手柄
spray-type ~ （过热蒸汽温度）喷水式调节器
step-by-step ~ 步进式〔逐级〕控制器
storage access ~ 存储（器）存取控制（器）
temperature ~ 温度调节仪表
terminal ~ 终端控制器
test ~ ①测试器②测试员
thermistor ~ 热敏电阻控制器
thrust ~ 推力调节器，推力自动稳定器
time ~ 时控机构，自动定时仪
time-schedule ~ 时序控制器
timing ~ 定时器，计时器
traffic actuated ~ 车动控制器（管理交通信号的自动控制器）
variable orifice flow ~ 可变孔板流量控制器
video-audio gain ~ 视 - 音频增益控制器
volume ~ 音量控制〔调节〕器
wall stress ~ （汽）缸壁应力控制器
weighing display ~ 称重量显示控制器
zone ~ 分区调节器

controlring 控制环
oil ~ ①甩油环，抛油环，护油圈，润滑油控制环②活塞环

controls 控制机构，操纵机构，调节器，调整器

conus 圆锥，锥体

convection ①（热，电）对流，运流，对流电流②迁移，传递，传送
auto ~ 自动对流
cross flow ~ 横向冲刷〔交叉气流〕对流
forced ~ 强迫对流
free ~ 自由〔然〕对流
laminar ~ 分层对流
natural ~ 自然对流
vertical ~ 铅直〔垂直〕对流

convection-diffusion 对流扩散

convective 对〔运〕流的

convector ①热空气循环对流加热器②环〔对〕流机（使空气经过热表面而变热的取暖设备），对流放热器③换流器

convelater 输送提升联合机

convenience ①方便，便利，适当的机会②（pl.）（衣食住行的）设备

convention ①习惯，惯例，常规②会议，大会③条约，协定
comment ~ 注解约定
flowchart ~ 流（程）图约定〔规则〕
interprocess naming ~ 进程（间）命名约定
Metric ~ 米制公约
programming ~ 程序设计约定
sign ~ 符号规则〔规定〕
software ~ 软件约定
system ~ 系统〔总体〕规则

conventional ①约定的，协定的，习用的②惯例的，普通的，平常的，常规的，传统的③规范的

converge ①集中于（一点），汇合②会聚，聚焦，收敛

convergence ①会聚度〔性〕，聚焦，集中，聚合，辐合（度），交会，合流②减小③非周期阻尼运动④收敛性〔点〕⑤（网络的声音、视频和时间服务的）综合（性能）
accelerating ~ 加速收敛
active ~ 有源会聚
beam ~ 电子束会聚，射束会聚，聚束
blue lateral ~ 蓝色横向会聚，蓝位会聚，蓝位校正
center ~ 中心收敛〔会聚〕
contour ~ 轮廓重合
drifting ~ 漂移收敛，不稳定收敛
dynamic ~ （多电子束阴极射线管的）动态会聚〔聚焦，收敛〕
electrostatic ~ 静电会聚
global ~ 整体收敛
horizontal static ~ 水平静态会聚，行静态会聚
integral ~ 整数收敛
lateral ~ 横向〔侧面〕会聚
line ~ 行会聚
magnetic ~ 磁会聚〔聚焦〕
monotone ~ 单调收敛
out-of ~ 失会聚
quadratic ~ 二次收敛
quasi-uniform ~ 拟均匀〔拟一致〕收敛
radial ~ 径向会聚〔聚焦〕
static ~ 静态会聚〔收敛〕，静电收敛
stochastic ~ 随机收敛
uniform ~ 均匀〔一致〕收敛

convergent ①收敛〔辐合，会聚〕的②逐渐减小的，收缩的③非周期衰减的④收敛项（子），渐近分数

convergent-divergent ①缩放（形）的，收敛-扩散的，收缩-膨胀的②超声速的（指喷管）
converging ①收缩的，收敛的，减小的，下降的②非周期衰减的③会聚光
convergiometer 眼隐斜计
convergioscope 双眼放大镜
conversation 谈〔会，通，对〕话，交谈
man-machine ~ 人-机对话
time-shared ~ 分时对话
conversational 对〔会〕话式的，口语的，通俗的
converse ①谈话②逆（叙，命题）③转换，换位〔算〕④逆的（相）反的，倒转的
accompanying ~ 陪伴对话（机器人智能）
vidio frequency ~ 视频通话（机器人智能）
conversion ①变换，转换，转化，变流，（情况）改变，（状态）变化②换算，改装，换位（法），逆转，反演③改造
~ of electricity 变流
~ of unit 设备的重新安装
acoustic-to-optic ~ 声光转换
A/D ~ （=analogue-to-digital conversion）A/D 转换
address ~ 地址转换
algorithmic language program ~ 算法语言程序翻译
analog(ue)-digital ~ 模（拟）-数（字）转换
analogue-to-digital ~ 模拟/数字转换
anodic ~ 阳极转化
arithmetic ~ 算术转换
binary ~ 二值化
binary-decimal ~ 二-十进制转换
binary-to-hexadecimal ~ 二-十六进制转换
binary-to-octal ~ 二-八进制转换
card-to-disk ~ 卡片-磁盘转换
code ~ ①码变换（计算机）②电码〔代码〕变换
concurrent ~ 并行转换
coordinate ~ 坐标变换
D/A ~ （=digital-to-analogue conversion）D/A 转换
DC-RF ~ 直流-射频转换
digital ~ 数字转换
digital-analog(ue) ~ 数（字）-模（拟）转换
digital-to-analogue ~ 数字/模拟转换
digital-to-image ~ 数码-图像变换
downward ~ 向下变换（变换为行数较少的电视标准）
(electroic) (power) ~ （电力）（电子）变流（变换）（换流）
(electronic) (power) a.c. ~ （电力）（电子）交流变流
(electronic) (power) d.c. ~ （电力）（电子）直流变流
energy ~ 能量转换
file ~ 外存储器信息变换
frequency ~ 频率变换，变频
frequency down ~ 频率下转换
frequency up ~ 频率上转换
harmonic ~ 谐波变频〔变换〕
impedance ~ 阻抗变换
lexical ~ 词法转换
marker pules ~ 标识器脉冲转换
mass energy ~ 质能转换
message format ~ 报文格式转换
millimeter-inch ~ 毫米-英寸换算（法）
mode ~ 模式变换
number ~ 数转换
once-through ~ 单程转化，非循环过程
pair ~ 成对转换，对偶转换
para-ortho ~ 对位，邻位变换
percent ~ 转化率
power ~ 能量〔功率〕变换
range ~ 量程变换，换档
receiving ~ 接收变换
serial-parallel ~ 串并行转换
symbolic ~ 符号转换（程序）
television standards ~ 电视制式转换
type ~ 类型转换
unit ~ 单位换算
upward ~ 向上变换（从行数少的变换为行数多的标准）
voice-digital ~ 话音-数字转换
voice-image ~ 话音-图像转换
convert 转换，变换，转化，改造，改装
converter ①转换〔变换，变流，整流，换能，变频，变矩，换算，转化〕器，换流设备转换程序②转炉，吹（风）炉③密码翻译器
a.c. ~ 交流变流器
acid-lined ~ 酸性转炉
acoustic image ~ 声像变换器
a.c.voltage ~ 交流电压变流器
A/D ~ A/D 转换器，模拟-数字转换器
adapter ~ 附加变频器
advanced ~ 先进转换堆，改进型转换堆
all-parallel A/D ~ 全并行模-数转换器

alternating-current ~ 交流换流〔交换,变频,换能〕器
AM-FM ~ 调幅调频转换器
analog(ue) scan ~ 模拟扫描变换器
analog(ue)-to-digital ~ ①模拟-数字转换器 ②连续量-不连续量〔物理量-数字,模拟信息变数字信息〕转换器
analog(ue)-to-frequency ~ 模拟-频率变换器
angle-phase-digital ~ 角度-相移-数字转换器
angle-to-digit ~ 角度-数字转换器
anode ~ 阳极电源变流器
arc ~ 电弧变〔整〕流器,电弧负阻振荡器,(高频)电弧振荡器
asynchronous frequency ~ 异步变频机
autodyne ~ 自差式变频器
baffle-plate ~ 挡板变换器
ballistic range ~ 弹道射程变换器
barrel ~ 筒式吹风转炉
basic ~ 碱性吹炉〔转炉〕
basic Bessemer ~ 碱性转炉
basic oxygen ~ 碱性氧气转炉
basic-lined ~ 碱性转炉
Bessemer ~ 酸性转炉
binary ~ ①单级换流器(在定子中附加励磁线组)②二元交流-直流变流机
binary-to-analog ~ 二进制模拟转换器
binary-to-octal ~ 二-八进制转换器
bipolar-unipolar ~ 双单极性转换器
booster ~ 升压变流器
bottom blown ~ 底吹转炉
Bragstad ~ 串级变换器
broad band ~ 宽带变频器
buck ~ 同步降压转换器
card-data ~ 穿孔卡-数据变换器
card-to-card ~ ①卡片-卡片转换器②卡片-卡片转换程序
card-to-magnetic-tape ~ 卡片-磁带转换器
card-to-tape ~ ①卡片-(磁)带转换器②卡片-(磁)带转换程序
cascade ~ ①级联变换机〔器〕,串级变换器②复串联变流器
catalytic ~ (发动机)催化转化器
cesium-filled thermionic ~ 铯热离子变换器,铯热电变换器
charge equalizing A/D ~ 电荷均衡模数转换器
circular linear scanning ~ 圆直扫描变换器
circulation A/D ~ 循环模拟转换器
code ~ 编码〔代码〕变换〔转换〕器,译码器
collimation ~ 准直仪,平行光管
colo(u)r ~ 彩色图像变换器
colo(u)r-standards ~ 彩色电视制式变换器
commutating pole ~ 换向磁极变流机
commutator frequency ~ 整流式变频器
compound ~ 复激变流机
concentric ~ 正口转炉
contact ~ 接触式换〔变,整〕流器
continuous ~ 连续吹炼转炉
cooling ~ 降温转炉
copper ~ 炼铜转炉
counting shaft position ~ 计数式轴位变换器
CP-to-binary ~ 循环排列码-二进制码转换器
crystal ~ 晶体变频器
crystal controlled ~ 晶体控制变频器
current ~ 换流器
cyclic A/D ~ 循环模(拟)-数(字)转换器
D/A ~ 数字-模拟转换器
data ~ 数据转换器
data file ~ 数据文件转换程序
d.c. ~ 直流变流器
DC/AC ~ 直流交流变换机,反向变换机
d.c.chopper ~ 直流斩波器
DC/DC ~ 直流-直流变换器
detector ~ 检波变频器
digital ~ 数字变换器
digital data ~ 数字数据变换器
digital-to-AC ~ 数字-交流转换器
digital-to-analog(ue) ~ 数(字)-模(拟)转换器
digital-to-synchro ~ 数字-同步机转换器
direct a.c. ~ 直接交流变流器
direct d.c. ~ 直接直流变流器
direct-current ~ 直流变换器
double ~ 双换流器,双变流器,反并联连接法
down ~ 下变频器,(向)下〔降频〕变换器
dual slope A/D ~ 双斜率模-数转换器
eccentric ~ 偏口转炉
electro-hydraulic ~ 电液转换器
(electronic)(power) ~ (电力)(电子)变流器(变换器)(换流器)
energy ~ 换能器
facsimile ~ 传真变换器
Federal arc ~ 费特尔电弧换流机

file ~ 文件转换程序，文件转换器
fixed ~ 固定变换器
flyback ~ （开关式电源）逆向变换器，回扫电压变换器
four quadrant ~ 四象限变流器
frequency ~ 变频器〔机〕
gas ~ 气体裂〔转〕化器
Geelong ~ 吉朗式原毛直接成条机
grating ~ 光栅变换器，有栅变频器，（圆波导管的）双线栅变频器
Gray-to-binary ~ 格雷码 - 二进制变换器
great Falls ~ （大瀑布型）竖式转炉
ground course ~ 航向变换器
group ~ 群（合）转换器
harmonic ~ 谐波变换器
helium speech ~ 氦氧电话
heptode ~ 七极管变频器
heterodyne ~ 外差变频器
hydrodynamic torque ~ 液力变矩器
hydromagnetic DC ~ 磁流体直流变流器
image ~ 变像器〔管〕，光电图像变换器〔管〕，光电变换器，（电子光学）像转换器
image shape ~ 图像形状转换器
image transfer ~ 图像（标准）转换设备
impedance ~ 阻抗变换器
indirect a.c. ~ 间接交流变流器
indirect d.c. ~ 间接直流变流器
induction frequency ~ 感应变频机
inductor frequency ~ 感应子变频机
infrared image ~ 红外变像管
integrating multi-ramp ~ 多级斜度转换器，积分式多级变换器
inverted ~ ①反向变换机〔变流机〕（由直流变交流）②逆换流器
inverted rotary ~ 反向旋转变流器，旋转式逆变机（直流变交流）
inverting ~ 倒频变换器，反相变换器
ion image to electron image ~ 离子像 - 电子像转换器
Lacour ~ 串级变换器，拉库尔变换器
language ~ 语言转换器
laser image ~ 激光图像变换器
LD ~ 氧气顶吹转炉
level ~ 电平转换器
line balance ~ ①线路平衡变换器②跨越设备
load sensing torque ~ 载荷传感式变矩器
locking torque ~ 闭锁液力变矩器
magnetic optic ~ 磁光变换器，磁光变转换器
magnetic tape (standards) ~ 磁带式标准转换器
mammoth ~ 大型转炉
manifold catalytic ~ （发动机）排气歧管（内藏型）催化转化器
manifold mounted ~ （发动机）装在排气歧管处的催化转化器
mercury ~ 水银换流器
mercury-arc ~ 汞弧换流阀，汞弧逆变器
mercury-arc power ~ 汞弧变换器
modular pulse ~ 模式脉冲转换器
motor ~ 电动变流机
multi-electrode tube ~ 多极管变频器
multi-grid tube ~ 多栅管变频器
negative permeable torque ~ 负可透〔负透穿〕变矩器
nuclear ~ 核转换器，（核）转换堆
number ~ 计数制变换器
number-to-time ~ 数字 - 时间转换器
octal-to-binary ~ 八 - 二进制转换器
omni-bearing ~ 全向方位变换器
one armature ~ 单枢变流机
one quadrant ~ 单象限变流器
oxidation catalytic ~ （发动机）氧化催化转化器
oxygen bottom blowing ~ 氧气底吹转炉
oxygen top-blow ~ 氧气顶吹转炉
Pacific ~ 派西菲克（丝束）直接成条机
paper ~ 纸制品加工机
parallel-to-serial ~ 并联 - 串联变换器
parametric ~ 参量变换器
Peirce-Smith ~ 皮氏卧式（内衬镁砖的）转炉
pentagrid ~ 五栅管混〔变〕频器〔管〕
phase ~ 变相器，相位变换机〔器〕
photovoltaic ~ 光伏变换器，光电能量变换器
picture transfer ~ 图像标准转换设备
polyphase ~ 多相换流机
position code ~ 位置电码变换器
Poulsen arc ~ 浦耳生电弧振荡器（达 100 kHz 数量级）
power ~ ①电力变换机〔器〕，电力变流器②整流器
pulse-height-to-time ~ 脉冲振幅 - 时间转换器
quad way catalyst ~ （发动机）四效催化转化器（可转化 CO、HC、NO_x 及微粒物）
quenched spark gap ~ 猝熄火花隙变频器
radar ~ 雷达信息变换器
radio ~ 射频变换器

radio telegraph ~ 无线电报变换器
radio-frequency ~ 射频变频器
radix ~ 基数变换器
range-height ~ 距离 - 高度变换器
reduction oxidation catalytic ~ （发动机）氧化还原催化转化器
reversible ~ 可逆变流器
rotary ~ ①旋转变流机（变交流为直流的电机），同步换流机②回转炉
rotary phase ~ 旋转式相位变换器
rotatory ~ 旋转变流机
scintillation ~ 闪烁〔火花〕转化器
section of a double ~ 双变流器的变流组
semiconductor ~ 半导体变流器
serial-to-parallel ~ 串 - 并变换器（串入并出记录器）
shaft position-to-digital ~ 轴位 - 数字变换器
shift ~ 相移〔移频〕变换器
short-wave ~ 短波变频器
side-blown ~ 侧吹转炉，侧吹炉
single ~ 单变流器
single armature ~ 单枢整流机〔变换机〕
single bed ~ （发动机）单床催化转化器
single-stage ~ 单级液力变矩器
slant-range ~ （倾）斜距（离）变换器
slow-speed high-torque ~ 低速高转矩的变矩器，起动变矩器
speech ~ 语言转换器
split-pole ~ 分（裂磁）极变流机
starting (torque) ~ 起动变矩器
static ~ 静止变流器〔换流器〕
step-switch ~ 步进式转换器
stock ~ 冷料转炉（冷料加入后用燃料熔化再吹炼）
Stoughton ~ 司托顿侧吹转炉
super ~ ①超级转换堆（铀钍循环）②超外差变频器
super-heterodyne ~ 超外差变频器
surface-blown ~ 侧吹转炉
synchronizing frequency ~ 同步变频机
telegraph code ~ 电码变换器
thermal ~ ①热转换器〔变换器〕，热电偶②热中子转换反应堆
thermionic ~ 热离子变换器，热电变换器
thin-film ~ 薄膜变像器
Thomas ~ 碱性转炉，托马斯转炉
three way catalytic ~ （发动机）三效催化转化器
three way oxidation catalytic ~ （发动机）三效氧化催化转化器
ticket ~ （穿孔）卡转换器，票券转换器
tilting ~ 转炉，吹炉
time ~ 时间变换器
time-digital ~ 时间 - 数字转换器
time-to-amplitude ~ 时间 - 幅度转换器
time-to-pulse-height ~ 时间 - 脉冲振幅转换器
tipping ~ 转炉
top-blown ~ 顶吹转炉
torque ~ （液力）变矩器，转矩变换器〔机〕
transmission ~ 变速器，变矩器
Tropenas ~ 小型侧吹酸性转炉
twin impeller torque ~ 双泵轮液力变矩器
two quadrant ~ 双象限变流器
upper blown ~ 顶吹转炉
upright ~ 立吹炉
vertical ~ 竖式吹炉
vibrating direct-current ~ 振动子直流变换器
vibratory ~ 振动变流〔换〕器
video ~ 视频变频〔变换〕器
video analog-digital ~ 视频模 - 数转换器
video speed ~ 视频速度转换器
VOD ~ 真空吹氧脱碳转炉
voice analyzer data ~ 话音分析器数据转换器
voltage to digital ~ 电压数字转换器
voltage-to-digital ~ 电压 - 数字变换器
voltage-to-pulse rate ~ 电压 - 脉冲重复频率变换器
warmup oxidation catalytic ~ （发动机）暖机氧化催化转化器
wave ~ 波形变换器
wide-angle ~ 广角变距镜

converter-transmitter 变流器 - 发射机（组合）
converter-tube 变频管
convertibility 可逆性，可变换性，互换性
convertible ①可改变〔转换，变换，兑换〕的，活动的，可逆的②同意义的③篷顶小客车，两用车，活顶乘用车，活顶轿车
converting ①转换〔化，变〕，交换②吹炼，吹炉冶炼，转炉炼钢
copper ~ 铜吹炼
convertiplane 垂直起落换向式飞机，平直两用飞机（垂直起飞后机翼可变换成固定式而水平飞行）
convertor =converter
convex ①凸状，凸面，凸圆体②钢卷尺③中凸的，凸面的，凸圆的

double ~ 双凸透镜
convex-concave 凸凹的，一面凸一面凹的
convexity ①凸弯形，凸圆形，凸面体②凸度，凸性③凸状，中凸④凸起高度
pass ~ 孔型凸度
convexo-concave 凸凹的，一面凸一面凹的
convexo-convex 双凸（面）的，两面凸的
convexo-plane 平凸形，一面凸一面平的
convey ①运输，转运②传，传递，传输③转让，转移
parallel ~ 并行传送
series ~ 串行传送
conveyance ①运送，运输，搬运②传达，传递③通知，通报④流通，通过⑤运输机关〔工具〕⑥输水率⑦提升〔载运〕容器
current ~ 电流通过
conveyer ①运送〔输〕机，输送器〔机〕，输送机〔带，器〕，输送装置②运送者
accordion ~ 折叠〔伸缩〕式输送机
accumulating ~ 储运机
aerial ~ 悬空索道，空中输送机，架空输送机，悬挂式输送器
agitated ~ 抖动式输送机
air ~ ①压缩空气输送器，气动输送器②航空输送机
air cushion ~ 气垫输送机
air film ~ 气垫式输送机
air float ~ 风力运输机，风动输送机
airslide ~ 气滑〔风送〕式输送机，压缩空气输送器
apron ~ 板式〔鳞板，裙式，挡边〕输送机
apron picking ~ 板式拣矿输送机
archimedean screw ~ 螺旋输送机
aspirated-air grain ~ 气吸式谷物输送器
auger ~ 螺旋输送器
bale ~ 草捆输送器
band ~ 带〔带式〕输送机，输送带
belt ~ 带〔带式〕输送机，输送带
blast ~ 气流式输送器
bucket ~ 斗式提升机〔输送机〕
cable ~ 钢索〔缆道，吊篮〕输送机
canvas ~ 帆布输送带，帆布带输送器
car ~ 小车〔车台〕式输送机
car type ~ 小车式输送机
car-type cooling ~ 车式冷却（热轧带卷的）输送机
chain ~ with “V” support 带V形座的链式输送机
chain and flight ~ 链板输送机
chain-grate ~ 链箅机
chain(-linked) ~ 链式输送机
charging ~ 装料输送机
charging belt ~ 带式上料机
chip ~ 排屑装置
coil ~ 卷材输送机
crop ~ 切头运输机
cross ~ 横向输送器
cross shuttle belt ~ 横向梭式带式输送机
cross transfer ~ 横向输送机
current ~ 电流传输器
curved ~ 曲线回路输送机
cuttings ~ 切屑〔煤粉〕输送器
degradation ~ 滞留输送机
double-strand drag ~ 双路拖运机，双线输送机
drag chain ~ 链板式输送机
drag chip ~ 刮板式排屑装置
drag (link) ~ 刮板式传送器，（刮式）链板传送器〔输送机〕
drag-flight ~ 刮板式输送器
draper ~ 帆布输送带，帆布带式输送器
dummy bar chain ~ 隐式锭杆存放装置
emmersed ~ 埋刮板输送机
endless belt ~ 环带〔无极带，循环〕式输送机
extendible ~ 伸缩式输送机
fan ~ 旋转式输送机
flat-top chain ~ 平台承重链式输送机
flexible armo(u)red ~ 可弯曲铠装输送机
flight ~ 链板〔刮板〕输送机，链动输送器
floor ~ 地面输送带
flow ~ 连续流（刮板）输送机，埋刮板输送机
gangway ~ 主运输平巷运输机
gate ~ 平巷输送机，转载输送机
gate-end ~ 平巷转载输送机
gathering ~ ①集矿〔集煤〕输送机②总装配输送机
glidewheel ~ 滚道〔滚轮〕式输送器
gravity ~ 重力〔自重，滚棒〕输送机，倾斜式滚道输送机
gripping ~ （亚麻脱粒机的）夹持输送器
ground chain ~ 地面链式输送机
hatch ~ 船用装卸输送机
helicoid ~ 螺旋（体）式输送器
hold-down ~ 夹持〔压〕式输送机

hook-chain-linked ~ 钩爪链式输送机
horizontal belt ~ 平带运输机
horizontal passenger ~ 自动人行道
internal ribbon ~ 螺旋叶片固定在输送管上的输送机
jet ~ 抛掷式输送机
jigging ~ 簸动输送机，振动式斜槽
jog-trough ~ 振动槽式输送器，摇动式输送器
lazy-tongs ~ 伸缩式滚子输送机
live-roll(er) ~ 机动滚道（输送器），自动滚柱输送机
loader ~ 装载（机的）输送机
loader discharge ~ 装载机的卸载输送机
loader rear ~ 装载机的尾部〔卸载〕输送机
lowering ~ 下放物件的垂直输送机
low-seam ~ 薄煤〔矿〕层输送机
magnetic ~ 磁力输送机
main ~ ①主输送机②矿用输送机
merry-go-round ~ 环行台式输送机
mesh-belt ~ 网带〔织带〕式输送器
monobar ~ 单链输送机
monorail ~ 单轨吊运器〔输送机〕
mo(u)ld ~ 铸型输送机
multiple ribbon belt ~ 同步带式输送机
non-driving roller ~ 无动力辊子输送机
off-bearing ~ 侧向输送机
open angle ~ 有拐角槽子的阻滞式输送机
oscillating ~ 振动输送器
out-measuring ~ 出料定量输送机
over-and-under ~ 定位输送机
overhead ~ 架空输送机，悬挂式输送器
overhead trolley ~ 吊链输送机，悬挂式输送机
pallet ~ 板式〔平板，步移式，集装箱〕输送机
pan ~ 平板〔盘式〕输送机
picking belt ~ 自拣带式输送机
pinned ~ （拔麻机的）针带式输送器（立式输送带上装针销，拔送机器上直立的麻茎）
plate ~ 板式输送机
pneumatic ~ 气力输送机，风力输送管
pneumatic tube ~ 风力管式输送器
pool ~ 环形输送机
power roller ~ 动力辊子输送机
pull-over ~ 水下牵引输送机
push(ing) ~ 刮板〔推进式〕输送机
push-plate ~ 高链板输送机
rack bar ~ 往复杆式输送机
rail ~ 轨式输送机
rake ~ 链板〔刮板〕输送机
reciprocating trough ~ 往复式输送机
reclaiming ~ 转载〔堆垛，取料〕输送机
retarding ~ 阻滞式链板输送机，防滑输送机
return ~ 返料带，返料输送机，（自动线上的小车）返回输送带
ribbon ~ 带式输送机
rocker ~ 摆动〔悬链〕式输送机
rod-chain ~ 链杆式输送器
rod-link ~ 杆链式输送器
roller ~ ①滚柱〔滚子,滚轴〕式输送机〔器〕②滚轴运布机
rope-way ~ 索道式输送机
run-out ~ 外送输送机
saddle ~ 鞍链式输送机
sand ~ 型砂输送器
scraper ~ 刮板输送器
scraper chain ~ 链式〔铲式〕刮板输送机
scraper flight ~ 链板式输送机
scraper trough ~ 槽型链板输送机
screen ~ 网状输送器，筛式输送机
screw ~ 螺旋输送机
sectional ~ 可分段拆开的输送机
selective index ~ 多点卸料输送机
separator ~ 筛分输送机
shaker ~ 振动〔摇动〕输送机
shaker-pan ~ 振动〔摇动〕输送机
sheaf ~ 禾捆输送器
shuttle ~ 梭式〔穿梭，梭动〕运输机，自走〔可逆，往复，摆动〕式输送机
shuttle apron ~ 梭式〔梭式带〕运输机
side-delivery ~ 侧送式卸载输送器
single-strand drag ~ 单路拖运机，单线输送机
skate ~ 滑道输送器
skate wheel ~ 双轮式输送机
skip ~ 翻斗输送机
slag heap ~ 渣堆输送机
slat ~ 平板〔翻板式，板条式〕输送器
slat type ~ 平板输送机，板条式输送机
slide ~ 滑轨输送机
slope ~ 倾斜〔下山〕输送机
sorting ~ 分级〔挑选，分选〕传送带
spangle ~ 网式输运机（镀锌用），循环网链
spill sand ~ 卸砂输送机
spiral ~ 螺旋输送机

split-leg ~ 多进料口输送机
spreading ~ 抛撒输送器
stacking ~ 堆垛输送器
star ~ 星轮式输送器
steel link ~ 钢质链板式输送机
steel-band ~ 钢带输送机
stirring screw ~ 螺旋拌和输送机
stowage ~ 充填〔装载〕输送机
suction ~ 吸（送气式）力输送器
suction pneumatic ~ 气吸式输送器
swinging ~ 摇摆〔回转式〕输送机
telpher ~ 缆车〔缆索式，吊式〕输送机
throw-out ~ 抛掷式输送器
tray ~ 槽〔盘〕式输送机
tray dumper quench ~ 料盘式淬火传送带
tripper ~ 自动倾卸输送机
trolley ~ 吊运〔链〕式输送器，悬挂输送机
trough(ing) ~ 槽式输送器〔运输机〕
trunk ~ 主（要巷道）输送机
tube ~ 管式气动传送器
two-way ~ 多口进卸料输送机
underslung ~ 悬挂式输送机
uni-flow ~ 顺流〔单向传输〕式输送带
unit ~ 联合输送机，（传送带板由冲压件构成的）传送装置
upwardly-inclined ~ 上斜式输送机
vacuum ~ 真空吸入式输送器
vertical belt ~ 携带式输送机
vibrating ~ 振动输送机
vibrator ~ 振动输送器
walking beam ~ 步移式输送机
wicket ~ 竖杆链式输送机
wind ~ 气力输送机
wire rope supported ~ 挠性托辊输送机
worm ~ 螺旋输送机，蜗杆输送器
zipper ~ 密闭式运输带

conveyerisation 输送机〔传送带〕化
conveying 运输，输送，传输，传送
conveyor =conveyer
conveyorize 传送带化，设置传送带
convolute ①盘旋面②回旋状的，盘旋形的
convolution ①卷〔盘，回〕旋，旋〔回〕转②褶〔卷〕积，褶〔结〕合式③匝，圈，转数④涡流
edge ~ 边缘波
integral ~ 积分褶合式，卷积
optical ~ 光学卷积
convolve ①盘旋，旋转②缠绕
cooker 锅，火炉，蒸〔煮〕器
agitating ~ 回转式杀菌机
automatic electric rice ~ 自动电饭锅
electric ~ 电饭锅
electric pressure ~ 电压力锅
electric rice ~ 电饭煲
electronic rice ~ 电饭锅
feed ~ 饲料蒸煮器
pressure ~ 压力锅，高压锅，加压蒸（汽速）煮器
table ~ 台灶
Cookie 点心文件（网站服务器发送到终端的用于识别不同用户的文件）
cool ①冷的，凉的②冷却
coolant 冷却剂〔液〕，冷却介质〔材料〕，切削液，散〔载〕热剂，冷却流体
~ recovery system 冷却液还原系统，密闭式冷却系统
cryogenic ~ 低温致冷（剂）
hydrogen ~ 氢冷却剂
insulating ~ 绝缘冷却剂
intermediate ~ 中间载热剂
liquid ~ 冷却液，液体冷却剂
oil-in-water type ~ 乳化冷却液
organic ~ 有机冷却剂
primary ~ 一次冷却剂〔载热剂〕
subzero ~ 冷处理用冷却剂，（零度下）冷却剂
vapo(u)r ~ （喷）雾状冷却剂
coolant-moderator 载热减速剂
cool-conveyer （热砂）冷却输送机
cool-down 冷却，降温，凉下来，退火
cooled ①被冷却的②（放射性物质）稳定的，已冷的
cool-elevator （热砂）冷却提升机
cooler ①冷却器〔机，剂，装置〕②致冷装置，冷凝器，冰箱③冷床
absorber ~ 吸收（器的）冷却器
acid ~ 冷酸器，酸冷却器
after ~ 后冷却器（压缩机）
air ~ 空气冷却器
air fin ~ 空气散热叶片冷却器
Baudelot type ~ 波德洛特式冷却器，膜式冷却器
bosh ~ 炉腹冷却装置
brine ~ 盐水〔海水，排污〕冷却器
cascade ~ 阶式〔级联〕冷却器
cellular ~ 蜂房式烧结矿冷却机

charge air ~ （汽车）增压空气冷却器，中冷式冷却器
cigar ~ 雪茄式冷却器，插入式（炉身用）冷却板
cinder ~ （高炉）渣口水套，渣口冷却套
circular ~ 鼓风环式冷却机
clinker ~ （硅酸盐）熟料冷却器
coil-in-box ~ 箱内旋管式冷却器
contraflow ~ 对流式冷却器
corrugated ~ 波纹板式（瓦楞面式）冷却器
diving ~ 浸入式冷却器
drip ~ 点滴式〔水淋〕冷却器
drum ~ 单筒〔鼓式〕冷却器，冷却鼓
finned ~ 翅形〔带叶片〕冷凝器
flooded ~ 满溢式冷却器
froth ~ 泡沫接触式冷却器（列管外的冷却水内通入空气鼓泡，强化传热）
gas ~ 气体冷却器，煤气冷却器（即洗涤塔）
grate ~ 格栅形冷却器
hydrogen-to-water ~ 氢 - 水冷却器
injection ~ 喷射式冷却器
inter ~ 中间冷却器
intercycle ~ 中间循环冷却器
intermediate ~ 中间冷却器
interstage ~ 级间冷却器
monkey ~ 渣口冷却器，渣口水箱
oil ~ 油冷却器
oil-to-air lube ~ 油 - 空气式润滑油冷却器
open surface ~ 水流〔开面〕式冷却器
panel ~ 平板〔板式〕冷却器
Peltier ~ 珀耳帖（效应）（半导体）致冷器
pipe ~ 管式冷却器
pitch ~ 沥青冷却器
planetary drum ~ 多筒冷却机
plate-fin ~ （板极）散热片式冷却器
primary ~ 初冷器，初次冷却器，一次冷床
pushing grate type ~ 箅式冷却器
recirculation ~ 循环冷却器
recuperative ~ 换热式冷却器
room ~ ①室内冷却器，室内冷气设备②车内冷却装置
sand ~ 旧砂冷却器，旧砂冷却装置
serpentine ~ 盘〔蛇形〕管冷却器
shell-and-tube ~ 管壳式冷却器
shutdown ~ 停堆冷却器
sinter ~ 烧结矿冷却机
slag notch ~ 渣口（冷却）水套
spray ~ ①喷雾冷却器②喷水池
stage ~ 分级冷却器
straight ~ 鼓风带式冷却机
transmission oil ~ （汽车）变速器油冷却器
trickle ~ 淋水冷却器
trumpet ~ 管式冷凝器
tube ~ 管状空气辐射冷却器
tuyere arch ~ （高炉或熔炼有色金属炉子的）风口拱墙冷却器
two-stage ~ 二级式冷却器
unit ~ （设置于冷库中的）直膨式冷却器
vapo(u)r ~ 蒸汽冷却器
vent gas ~ 排气冷却器
vibrating fluidized-bed ~ 振动沸腾冷却装置
water ~ 饮水冷却器
window ~ 窗式冷却器
workpiece ~ 工件冷却器

coolerstat 节温器

cooling ①冷却②放射性衰减
~ in ash or sand 灰砂冷
~ in heap (pile) 堆冷（锻造）
~ in hole (box) 坑冷
~ in packed formation 堆冷（轧制设备）
ablation ~ 烧蚀冷却（飞行器返回大气层时，保护壳体结构）
after ~ 二次冷却
air ~ 空气冷却
air blast ~ 强制空气冷却，强制风冷
air film ~ 气膜冷却
anisothermal ~ 连续冷却，非等温冷却
blast ~ 空气冷却，风冷
capacitive ~ （火箭发动机的）热容式冷却
closed-circuit ~ ①环路冷却，闭式环流冷却②二次循环冷却（发电厂）
convection ~ 对流冷却
copious ~ 深度冷却，深冷
curtain wall ~ 水幕冷却
diffusion ~ “发汗”冷却，扩散冷却
diluent ~ 喷液冷却，喷流冷却（燃气轮机）
direct ~ 直接冷却
direct expansion ~ 直接膨胀冷却，（冷却剂）直接蒸发冷却
direct-flow ~ 单向流动冷却
directional ~ 顺序冷却，定向冷却
double-water internal ~ 双水内冷（的）
ducted ~ 隧道〔风道，导管，隧管〕冷却
dynamic ~ 动力冷却
effusion ~ 泻流冷却（通过多孔材料蒸发冷却），喷射冷却，隙透冷却

electrical Peltier ~ 珀尔帖（效应的）电（致）冷
evaporation ~ 蒸发〔汽化〕冷却
fan ~ 风扇〔鼓风〕冷却
film ~ 薄膜式冷却，气膜冷却
forced ~ 强迫〔化，制〕冷却
forced convection ~ 强制对流冷却
forced draft ~ 强制通风冷却
forced water ~ 压水冷却
forced-oil-air ~ 强制油循环吹风冷却
free-convection ~ 自然对流冷却，自然冷却
furnace ~ 炉冷，随炉缓冷
gravity-system water ~ 重力水冷，热虹吸水冷
hot ~ 沸腾冷却
hydrogen inner ~ 直接氢冷(的),氢内冷(的)
hydrogen outer ~ 间接氢冷(的),氢外冷(的)
indirect ~ 间接冷却
initial ~ 预冷
insulated ~ 隔热缓冷〔冷却〕
intensive ~ 强冷却
internal hydrogen ~ 氢内冷
intervening ~ 中间冷却
jacket ~ 水套冷却
jet ~ 喷射〔射流〕冷却
Joule-Thomson ~ 焦耳-汤姆逊（效应）冷却
liquid blade ~ 叶片液冷
magnetic ~ 退磁法冷却，磁性冷却
magnetic field ~ 磁场（内）冷却
magneto-caloric ~ 磁热效应冷却
magnetohydrodynamic ~ 磁流体动力冷却
mixed ~ 混合冷却
multi-pass ~ 多路冷却
natural ~ 自然冷却
Newtonian ~ 按牛顿定理冷却，牛顿流体冷却
open ~ 开式冷却
open-circuit ~ 开式冷却
out-line ~ 机外冷却
pipe laminar flow ~ 管层流冷却
porous ~ 发散〔发汗，蒸发，多孔〕式冷却
positive ~ 补助冷却
pressure ~ 压流〔加压〕冷却
Preston ~ 低凝固点乙二醇冷却，普雷斯顿冷却
ram-air ~ 冲压空气冷却
regenerative ~ 回热冷却，再生冷却
shell ~ 外壳〔炉身〕冷却
shock ~ 骤冷，激冷
splat ~ 急冷，将液滴喷到激冷板（的）冷却法，非晶质合金薄膜急冷制作法
sweat ~ 蒸发〔发汗，渗透〕冷却
thermoelectric ~ 温差电致冷
turbine vane ~ 涡轮叶片冷却
under ~ 过冷
vapo(u)r-cycle ~ 汽相循环致冷，蒸发循环冷却

cooling-down 使冷却
cooling-jacket 冷却（水）套
cooling-off （最终）冷却
cooling-stage 冷却台
cool-off 冷却
coolometer 冷却率测定仪
cool-resistence 耐冷性
coolscan 彩色胶片扫描仪
coom ①炭黑，煤烟②碎煤，煤粉（屑）③碎屑
cooperating 协同操作的，共同运转的
cooperation 合作，协作（关系）
human machine ~ 人机协同
cooperative CAI 协同计算机辅助教育
Cooperite 古波里特镍锆合金
coordimat 自动坐标展点仪
coordinate ①坐标（系）②相同，同位③配位④坐标的⑤同位〔等〕的，协调的⑥调整，使协调，使…成同等
areal ~ 面坐标，重心坐标
beam ~ 束流坐标
canonical ~ 典范〔正则〕坐标
Cartesian ~ 笛卡儿坐标，直角坐标
chromaticity ~ 色度坐标，色度系数
columnar ~ 圆柱形坐标
copperpentaspherical ~ 五球坐标
current ~ 流动坐标
curvilinear ~ 曲线坐标
cyclic(al) ~ 循环坐标
cylindric(al) ~ 柱面坐标
Davisson ~ 戴维森（曲线）坐标
enthalpy-entropy ~ 焓-熵图
generalized ~ 广义坐标
global ~ 大坐标，总坐标
horizontal ~ 横坐标
ignorable ~ 可遗〔可忽视，循环〕坐标
image ~ 像面坐标
intermediate ~ 中介坐标
joint ~ 关节坐标
line ~ 线素坐标
longitudinal ~ 纵坐标

mesh ~ 网络〔格〕坐标
normal ~ 简正〔正则，正规〕坐标，法坐标
oblique ~ 斜角坐标
orthogonal ~ 直角坐标，正交坐标
point ~ 点素坐标
polar ~ 极坐标
preferred ~ 特定坐标（系）
pressure-volume ~ P-V 图，压 - 容图
principal ~ 主坐标
profile ~ 型线坐标
projective ~ 射影坐标
quasi ~ 准坐标
rectangular ~ 直角坐标
reference ~ 基准坐标，参考坐标
spheric(al) ~ 球面坐标
spherical polar ~ 球极坐标
spheroidal ~ 球体坐标
spin ~ 自旋坐标
surface ~ 曲面坐标
temperature-entropy ~ 温 - 熵图
tetracyclic ~ 四圆坐标
tetrahedral ~ 四面坐标
vertical ~ 纵坐标

coordinategraph 坐标制图器〔机〕

coordinate-paper 坐标纸

coordination ①同等,同位,并列②协调（一致）③配位（排列），调整配合〔置〕
~ control system 协调控制系统
concept(ual) ~ 概念配位
digital ~ 数字配位
frequency ~ 频率协调
fuse ~ 熔丝配合
horizontal ~ 横向协调
inductive ~ 感应协调,（输电线的）电感配合
insulation ~ 绝缘配合
inter-cell interference ~ （通信）单元间干扰调整
real-time ~ 实时配位，快速配位
slot ~ 槽配合
structural ~ 组织配位
time ~ 时间上的协同

coordinatograph ①等位图，等位线②坐标制图器，坐标仪

coordinatometer 坐标尺

coordinator ①坐标方位仪，位标器②同等物，同等者③协调程序

cop ①圆锥形线圈，绕线轴，锥形细纱球②管纱

copal （制清漆用的）树脂，苯乙烯树脂，硬树胶

Copan 考潘轴承合金（w（Sn）80% ~ 87.8%，w（Sb）10% ~ 15%，w（Cu）2% ~ 5%，w（Pb）0.2%）

cope ①上型，上部铸型②铸钟模样顶部③顶层，顶盖④吊砂，修型
false ~ 假上（砂）型
mo(u)ld ~ 上（半）型
pattern ~ 上模（样）

Copel 考佩尔镍铜（电阻）合金（w（Ni）45%，w（Cu）55%）

Copernick 科珀尼克坡莫合金（w（Ni）50%，w（Fe）50%）

cophasal 同相的，相位一致的

cophase 同相

copier ①复印机，印刷〔复制〕机②仿形装置，仿形头③抄写员④模仿者
intelligent ~ 智能复印机
personal ~ 个人复印机

copies copy 的复数
duplicate ~ 正副两份

copilot ①副驾驶员②自动驾驶仪

coping ①盖顶，顶部，墙帽②板挡，遮檐
~ down 挖砂（上型吊砂）

coping-cut ①吊砂，挖砂②切割（不平分型面）

coplamos 共平面金属 - 氧化物 - 半导体（结构）

coplanar 共（平）面的，同（一平）面的

coplanarity 同面性，共面性

coplane 共面

coplaner =coplanar

copohmer 共聚物
azeotropic ~ 恒组分共聚物
graft ~ 接枝共聚物

copolar 共极的

copolycarbonates 共聚碳酸酯树脂

copolyester 共聚多酯

copolymer 共聚物，异分子聚合物，协聚合物
acetal ~ 共聚醛缩醇，乙缩醛共聚物
block ~ 嵌段共聚物
ethylene-petroleum oil ~ 乙烯石油共聚物（合成润滑油）
periodic ~ 交替共聚物
sandwich ~ 嵌段共聚物
segmental ~ 嵌段共聚物

copolymerisation =copolymerization

copolymerization 共聚作用，异分子聚合（作用）

copped ①圆锥形的②尖头的

copper ①铜(Cu),紫〔红〕铜,含铜金矿②铜器,绕组③铜色〔质〕的④镀铜,用铜（皮）包
acid ~ ①电沉积铜②（酸性）铜电解液
annealed ~ 韧铜，退火铜
armature ~ 电枢绕组
Bessemer ~ 转炉铜，粗铜
black ~ 黑铜，粗铜（含杂质在 15% 以上）
blister ~ 粗〔泡，荒〕铜
blue ~ 铜蓝（CuS），石青（蓝铜矿）
buried ~ （电机）槽中铜，槽内铜导线
cap ~ 带状黄铜（*w*（Zn）3% ~ 5%）
capillary ~ 铜毛
cement ~ 渗碳铜，沉淀（置换的）铜，泥铜
Chinese ~ 白铜
CM ~ CM 铜（有高的电导性和力学性能，*w*（Cd）0.3% ~ 1.0%，*w*（Cr）< 2%，*w*（Ag）0.03% ~ 0.06%，*w*（Zn）< 0.15%，其余 Cu）
coalesced ~ 无氧铜，阴极铜粉压制绕结而成的铜
crude ~ 粗铜
cyanide ~ 氰化物电镀铜
dry ~ 凹铜，干铜
electro sheet ~ 电工铜箔（厚度从 0.03 mm 到 0.1mm，宽达 1.5 m）
field ~ 励磁绕组
fine ~ 纯铜
flake ~ 片状铜粉
flat ~ 扁铜，条铜
flat set ~ 韧铜
hard ~ 冷加工铜，硬铜
heat-sink ~ 吸热铜，铜吸热剂
lake ~ 湖铜，由自然铜矿炼出的铜，反射炉精炼铜
merchant ~ 商品铜
OFHC ~ 无氧高导铜
oxygen-beard ~ 含氧铜
oxygen-free ~ 无氧铜
phosphorus-killed ~ 磷脱氧铜
pig ~ 粗铜锭，生铜
raw ~ 粗铜，泡铜
reclaimed ~ 再生铜
red ~ 紫铜,日本红铜（*w*（Au）1% ~ 10%，*w*（Ag）< 5%，其余 Cu）
ribbon ~ 铜带
Rocan ~ 含砷铜板,高强度耐蚀铜板(*w*(As) 0.5%，其余 Cu）
roofing ~ 复面铜板
rose ~ 红铜
rosette ~ 红铜，盘铜
secondary ~ 再生铜
set ~ 凹铜，饱和铜
sheet ~ 薄铜皮，铜片，铜板
shot ~ 铜粒
slab ~ （扁）铜锭
soldering ~ ①紫铜烙铁，钎焊烙铁②焊铜
standard ~ 标准〔工业〕铜（*w*（Cu）> 96%）
strip ~ 铜带，铜条
Suhler-white ~ 苏里锌白铜（*w*（Ni）31.5%，*w*（Zn）25.5%,*w*（Cu）40.4%,*w*（Pb）2.6%）
tough (pitch) ~ 韧铜，反射炉精炼铜
vitreous ~ 辉铜矿
weldable ~ 可焊复合铜板（表层用银磷的铜合金）
white ~ 铜镍锌合金（*w*（Cu）52% ~ 80%，*w*（Ni）5% ~ 35%，*w*（Zn）10% ~ 35%）
wirebar ~ 条锭铜

copper-asbestos 铜包石棉的
copper-bearing 含铜的
copper-beryllium 铍铜合金
copper-clad 包铜的，铜包的，敷铜箔的
copper-coated 镀铜的，铜包的
copper-current-only 正向单流（以铜表示电池正极）
copperhead 黄斑（金属板镀层缺陷）
coppering 镀铜
copperish 含铜的，铜质的
copperizing 镀铜
copper-lead-tin 铜铅锡合金
copper-manganese 锰铜
Coppermine 英特尔微处理器代号
Coppernick 考波尼克铁镍合金（*w*（Fe）50%，*w*（Ni）50%）
copper-nickel 白铜，德银，锌镍铜合金
copperplate ①铜板（厚度< 0.5 mm）②铜版③铜版印刷④用铜板雕刻的
copperplating 镀铜
copper-silicon 硅铜
copper-surfaced 镀铜的，贴铜的
copper-tipped 端部镀铜的
copper-to-glass 铜 - 玻璃封接
copper-tungsten 铜钨合金
copperweld 包铜钢丝，铜焊丝
copperwire 铜线，铜丝
coppery （似，含）铜的，铜制的，镀铜的
copple 坩埚

coprecipitation 共沉淀，共析出
coprime 互质的，互素的
coprocessing 协同处理
coprocessor 协（同）处理器
coproduct 副产品
copter 直升飞机
copulation 联系，连接，配合
copy ①样板，仿形（工作法），仿形板②拷贝，（电影）复制品，复制图样，副本③卷，册，本，份④复写，复制，抄录（将存储在某一寄存器上的信息转送到另一寄存器）
advance ~ （新书）样本，试行（预赠）本
backup ~ 副本
certified ~ 经过证明的副本
corefair ~ 清样
direct ~ ①机械仿形②直接晒印
duplicate ~ 复（副）本
file ~ 存档原件
foul ~ 草稿（图）
full-tone ~ 全色复制本
hard ~ ①硬副本，可读副本②硬拷贝③（结实的）原始底图，印刷记录
justified ~ （照相排字的）排字样张
manuscript ~ 手写（抄）本，副本
master ~ ①原版磁带（广播节目），原版拷贝，原稿②分色清绘底图
one-to-one ~ 等大复制
ozalid ~ 重氮复印，重氮复片图，氨薰复印
photostatic ~ 静电复制本
rough ~ 草稿（图）
strike ~ 复制
subject ~ 传真拷贝，主件副本
xerographic ~ 干印本，静电复制本
xerox ~ 复印本
Copyflo 静电复印机
copying ①仿形加工②复制，复写③晒印
double sided ~ 双面复印
form ~ 仿形加工（法）
projection ~ 投影复印
reflex ~ 反射复印
thermic ~ 热敏复制术
copying-press 复印机
Copyleft 非盈利版权，版权自由软件
copy-on-reference 访问时复制
copy-on-write 写时复制
copyright ①版权，著作权②有版权的，保护版权的③取得…版权，保护…版权
coquille 球面镜
coral ①珊瑚（的）②珊瑚色（尤指红色）
CORAL CORAL 语言（一种实时应用的高级计算机设计语言）
corallite 珊瑚（色大理）石
corbel 梁托，悬臂桁架
corbelling 撑架工程，撑架结构，梁托工程，梁托结构
Corbin 科宾铜合金（*w*（Al）87.5%，*w*（Cu）12.5%）
cord ①绳索，缆，（软，粗）线，塞绳，弦线②电线〔缆〕③柔性复合物④导火线
answering ~ 应答塞绳
armored ~ 铠装软线
back ~ 里塞线
brush ~ （电）刷辫，电刷软绳
cabtyre ~ 橡胶绝缘软线〔软塞绳〕
clip ~ 夹子软线
coil ~ 弹簧型软线
connecting ~ 连接塞绳，中继塞绳
detonating ~ 爆炸引线，引爆线，导爆索，火药导线
dial ~ 拨号盘软线，拨号盘塞绳
double-ended ~ 两头塞绳，双插塞塞绳
draw ~ 信号绳
earth ~ 接地软线
extension ~ 延长绳路〔电线〕
feed ~ 馈电软线
flat-braided ~ 扁形绳，平打绳
flexible ~ 皮（花，软）线，塞绳
jack ~ 塞绳
junction ~ 中继塞绳，连接塞绳
lavalier ~ 颈绳（颈挂式传声器用）
mike ~ 传声器软线，送话器软线
multiple ~ 多芯软线，多股软线
n-conductor ~ n 芯塞绳
optical fiber ~ 光纤软线
packing ~ 填塞绳
patching ~ ①调度塞绳②连接电缆
pendant ~ 吊灯线
plug ~ 插头（软）线，塞绳
pucker ~ 摺索，吊索
receiver ~ 受话器软线，听筒绳
shock ~ 减振绳
single ~ 单线塞绳
stay ~ ①拉绳②支索
supply ~ 电源（软）线
switchboard ~ 交换机塞绳
three-way ~ 三芯塞绳，三线塞绳

tinsel ~ 箔〔软〕线，塞绳，发亮金属绳
trol(l)ey ~ 电车〔空中吊送车〕绳索
twisted ~ 双铰软线，铰合软线
umbilic(al) ~ 操纵缆，控制电缆
upper ~ 上弦杆
vocal ~ 声带

cordage 绳索，缆索，（船的）索具

corded ①用绳索捆缚的②起凸线的，起棱纹的

cord-grip 压线装置

cordierite 堇青石

cordless ①无（塞）绳的②不用电线的，电池式的，电池及外接电源两用式的

cordonnier 共同孔,(一组卡片的)相同位穿孔，警戒孔

cordwood 积木式器件（微型器件）

core ①核心，核，中心部分，心轴②铁心，磁心,盘心（机械录音）③（铸造的）型芯,砂芯,填充料④芯线,电缆心线束⑤片〔岩,样〕芯，板束，杆束⑥（反应堆）活性区，堆芯，（燃料元件）芯体，一炉燃料
~ raised 偏芯，漂芯
air ~ 空（气）心体，空心（子）
air-blown ~ 用压缩空气制造的型芯，吹制型芯
air-set ~ 自硬芯
anchor ~ 衔铁
annular rubber ~ 环形胶芯
armature ~ ①电枢铁心②衔铁铁心
atmospheric (riser) ~ 大气（压力）冒口（通气）芯，通气芯
auger ~ 螺旋推运器轴，钻芯
baked ~ 干（砂）型芯
bare ~ 无反射层堆芯，裸堆芯（活性区）
bead ~ 胎圈芯，叶轮心
beam ~ 束核心
belly ~ 内芯
binary magnetic ~ 二进制磁心（环形磁心可被磁化为两种剩磁状态）
blind (set) ~ 盲（孔）芯
bobbin ~ 带绕磁心
body ~ 主芯
bolt ~ 螺栓杆
break-off ~ 易割型芯（易割冒口用）
building ~ 胶面轴心
bulk ~ 大容量（存储）磁心
cake ~ 糕状型芯，扁平型芯
cameron ~ 易割（冒口）片
carbonyl ~ 羰基铁心
cellular-type ~ 蜂窝型芯，蜂窝夹心
center blind ~ 中心填充心线
central ~ ①中心管，内管（例如套管式热交换器）②炉缸中心（死）料柱
clean ~ 净堆芯,（反应堆的）非中毒活性区
closed ~ 闭合〔闭口，周连〕铁心
closed magnetic ~ 闭路磁心
coil ~ 线圈铁心
cold-box ~ 冷芯盒砂芯，冷芯
collapsible ~ 可拆型芯，自崩型芯
collapsible metal ~ 分瓣金属芯
common ~ 主存储器公用区
copper ~ 铜心线
cracker ~ 大气（压力）冒口（通气）芯
cup-strainer ~ 滤网芯（浇口杯中）
cut ~ 截割〔半环形，切面，对接式〕铁心
cut-wound ~ 连续带绕铁心,（变压器的）卷铁心
divided-iron ~ 分裂铁心
drop ~ 下落芯，爬芯
dust ~ 压粉铁心，铁粉心
embedded ~ ①补砂芯②预置芯
evolved packet ~ （通信）衍生包核心
exothermic breaker ~ 发热易割（冒口）片
expendable zinc ~ 可熔消的锌芯（置于铝压铸件中）
exposed ~ 夹持端（焊条）
fast ~ 快速磁心存储器
ferramic ~ 铁氧体磁心
ferrite ~ 铁氧体磁心，铁淦氧磁心
fiber ~ 纤维腔〔管〕，纸板筒
field ~ 磁场铁心，励磁铁心
five-limbs type ~ （变压器的）五柱式铁心
fixed ~ 定铁心
free ~ 空闲内存区
fuel ~ ①（反应堆）活性区②燃料元件芯体
full cruciform ~ 十字形铁心
gate ~ （内）浇口芯
glass type ~ 眼镜型铁心
graphite ~ 石墨活性区
green ~ 湿砂型芯
half cruciform ~ T形铁心
half-excited ~ 半打扰磁心
hard fiber ~ 硬纤维芯（钢丝绳）
head ~ 磁头心
high-flux ~ ①高通量堆芯（反应堆）②高磁密铁心
hollow ~ 中空型芯，薄壳型芯

honeycomb ~ 蜂窝芯
inner ~ 焰心
insert ~ 组合型芯,(大气压力冒口通气用的)插入〔穿皮〕型芯
interleave type ~ (变压器的)交叠式铁心
ion ~ 离子实
iron ~ 铁心
iron-dust ~ 压制铁心,铁粉心
jacket ~ 水套型芯
kiss ~ 预埋型芯
knock-off ~ 易割(冒口)片
knockout ~ 抽芯,活芯(压铸型中)
laminated ~ 叠片铁心,叠积式铁心
left-and-right-hand ~ (左右)对称(型)芯
lightener ~ 简化型芯
lightening ~ 减轻孔,减轻芯
loam ~ 黏土型芯,砂芯
loose ~ 抽芯,活芯(压铸型中)
magnetic ~ 磁心,铁心
magnetic bobbin ~ 线圈铁心
magnetic powder ~ ①压粉磁心,铁粉心②磁(性铁)粉心
magnetic tape ~ 磁带卷轴,磁带心
marking ~ 定位芯
master ~ 主线芯
mitred ~ 45° 斜接式铁心
motor ~ 电机磁心
mo(u)ld ~ 模芯,铸造型芯
mo(u)lded ~ 模压铁粉心
multiframe ~ 多框铁心
multipath ~ 多路铁心
neck-down ~ ①隔片型芯(易割冒口用型芯片)②缩颈芯片
no-bake ~ 自硬砂芯
oil(-bonded) ~ 油砂芯
oily-skinned ~ 油面型芯
open ~ 开口铁心
open-circuit magnetic ~ 开路磁心
orient ~ 方位中心
own ~ 自带芯
oxide ~ 氧化铁铁心
parametron ~ 参数器用铁心
partially-selected ~ 半选磁心
pencil ~ ①通气芯,透气砂芯,大气冒口(通气)芯②管〔笔〕状砂芯
plasma ~ 等离子体核心
plug ~ 塞子
pole ~ 磁极铁心
porcelain ~ (发火栓)瓷芯
pot ~ 罐形铁心
potential ~ (射流)等速区,速度核心区
powder ~ 粉末(磁性材料)铁心,压粉铁心
puncture ~ (冒口)通气芯
quartz ~ 石英管芯(熔模中)
radiator ~ 散热器型芯,汽车散热器中部
ram-up ~ 舂入芯,型芯
reactor ~ (反应堆)堆芯
reflected ~ 带反射层的活性区〔堆芯〕
reinforced ~ 强化线芯,加强线芯
remanent ~ 带剩磁的铁心
ribbon-wound ~ 钢带(绕的)铁心,卷铁心
rotary ~ 旋转铁心,转子铁心
sag ~ 弯曲变形的芯子
sand strainer ~ 滤渣(砂)芯
saturable ~ 饱和铁心
sectional ~ (分块)黏合型芯,拼合型芯
segment ~ 分段铁心,扇形铁心
Sendust ~ 铝硅铁粉磁心
shell ~ (薄)壳(型)芯
short square ~ 悬臂芯
skim(ming) ~ ①撇渣芯②浇注系统过滤片
slab ~ 片型芯,板状芯
smooth ~ 平滑铁心,无槽铁心
snake ~ 弯曲(砂)芯,蛇形(砂)芯
soft ~ 软心轴
solenoid ~ 螺线管芯
solid ~ ①实心(铁心)②(反应堆的)固体堆芯
spike ~ (带强化燃料组件的)强化堆芯
splash ~ 防冲刷芯片,防铁液冲击型芯块
split ~ 分裂铁心
stator ~ 定子铁心
step ~ 阶梯形铁心
stock ~ ①备用型芯②棒状,长条型芯
stop-off ~ 补砂型芯,简化(模样)分型面型芯
strainer ~ ①滤网状型芯,筛状型芯②滤渣(芯)片,浇道滤片,撇渣芯
strainer-gate ~ 滤渣(芯)片
strand ~ (钢丝绳的)钢绞线芯
strickling ~ 刮板制芯〔造芯〕
superimposed ~ 预埋芯,舂入芯
sweeping ~ 用刮板制成型芯
switch ~ 开关磁心
tape-wound ~ 带绕磁心
thermal ~ (反应堆)热中子活性区

three-legs type ~ 三心柱铁心（变压器）
TIN ~ 不受温度影响的磁心
tin-ferrite ~ 宽温（铁氧体）磁心
tooth ~ 齿型芯
touch ~ 无芯头芯
transmitting ~ 传输铁心
trestle ~ 转心架
unhardened ~ 非硬化核心
unyoked ~ 无轭铁心（变压器）
upright ~ 直立铁心，条形铁心
valve ~ 阀芯
vortex ~ ①涡流束，涡辫，涡核②旋涡中心
wafer ~ 易割冒口芯片，隔片，颈缩芯片
washburn ~ ①隔片型芯②易割片
water ~ （内部水冷的）空心型芯
William's ~ 大气冒口（通气）芯，通气芯
wing ~ 下落（式顶填泥）芯，楔形芯头型芯，爬芯
wire ~ （钢丝绳的）钢丝芯
wound ~ 卷绕铁心

cored ①有铁心的，带芯的②空心的，筒状的，管状的
air ~ 空心的，无铁心的

core-drill 空心〔套料，取芯，岩芯〕钻

coreduction 同时还原，共同还原

core-length 铁心长度

coreless 无铁心〔型芯〕的，无心的

corelift 飘芯

coremaker ①型芯机②造芯工人

coremaking 造芯

co-removed 同时除去的

coreplane 磁心板

core-print 型芯座

corer ①取芯器，去芯器，岩芯提取器②取样器
boomerang gravity ~ 深海自返式取样管
boomerang sediment ~ 自返式沉积物取芯器
box ~ 箱式采样器
gravity ~ 重力取样管
hydroplastic ~ 氢化塑料取芯器
mole ~ 鼹鼠式柱状取样器
Piggot ~ 皮戈特取样器，孔底沉积取样器

coreroom 型芯车间，型芯工段

coresident 同时驻留（指在同一时间存储器中装入了两个或两个以上的程序）

coresidual 同余（的）

core-stored 磁心存储的

corf ①小型矿车②吊筐，吊桶，罐

corguide 康宁低耗光缆

Corhart 科尔哈特高级耐火材料（商品名，天然铁矾土和水铝石熔铸而成）

corindon 刚玉

coring ①核化，成核②晶内偏析，枝晶偏析，包心偏析（过程）③作型芯④取岩芯⑤（焊点边缘的）根须⑥除去骑在信号基线上低幅噪声系统

coring-up 下芯（包括下冷铁、芯撑等）

corivendum 刚玉

cork ①（软木，管）塞，栓②软木，栓皮③软木制的④塞住〔紧〕
mountain ~ 石棉
safety ~ 安全管塞
slag ~ 矿渣板
vegetable ~ 软木材料（隔热用）

corkboard （隔热）软木板

corker 压塞机，木塞压紧机
pneumatic capper ~ 气动塞瓶机

corkrubber （混有粒状软木的）软木橡胶，密封软木橡胶

corkscrew ①（起软木塞的）旋具，瓶塞钻②无线电台瞄准装置③螺旋状的④扭成螺旋形

Corkscrew 塞钻器件（用以改变磁场内荷电粒子的磁矩的器件）
double ~ 双螺旋打捞器

corner ①拐〔隅〕角，（角）隅，棱②弯（管）头，弯管，带有角度的波导管③刀尖，圆角子（修型工具）④边界⑤绝境
back ~ 背棱，后棱
bevelled ~ 斜角
broken ~ 角裂（钢锭缺陷）
chamfered ~ 倒角刀尖
chimney ~ 炉角，炉边
chisel edge ~ 横刃尖
concave ~ 凹面角（小于180°）
convex ~ 凸面角
discharge ~ 齿尾（擒纵轮齿冲面与背面的交界），反棱
down ~ 溢流管
filleted ~ （内）圆角
free ~ 不连角隅
glass ~ 玻璃角反射器
inside ~ 内棱角，内圆角子（修型工具）
land ~ 台肩棱边
outer ~ （钻头）转角
outside ~ 外棱角，外圆角子（修型工具）

rounded ~ ①（修）圆角②圆弧刀尖，修圆刀尖
sharp ~ 尖角，小半径转角，锐角转角
square ~ 内尖角，方角，直角转角
trapping ~ 截留〔致死〕角
unfilled ~ 缺角（轧钢缺陷）
cornering 回转，转弯
corner-vane 导向叶片，导流叶片
cornerwise 对角线的，对角地，斜交
cornhusker 剥玉米穗苞叶机（器）
cornice 挑檐，正檐，线条
corning 粒化，成粒，呈粒状
Cornith 考尼斯锰钢（w（C）0.90%，w（Mn）0.30%，其余 Fe）
cornmill 制粉机
cornoid 牛角线（数学）
corn-picker 玉米摘穗机
Corolla 花冠（日本丰田生产车型）
corollary ①系，推论，定理②必然的结果
coromat 包在管外防止腐蚀的玻璃丝
corona ①电晕（放电），焊点晕②日冕，日月周围的光环③（齿等的）冠
back ~ 逆电晕
brush ~ 刷形电晕，电晕放电
glow ~ （辉光）电晕
line ~ 线路电晕
surface ~ 表面电晕（放电）
torch ~ 火焰状〔超高频放电〕电晕
corona-free 无电晕的
coronagraph 日冕仪
coronal ①日冕的，光圈的②冠状的
corona-resistant 耐〔防〕电晕放电的，电晕放电电阻的
coronary 冠（状）的
Coronel 科罗内尔合金（w（Mo）30%，w（Fe）6%，镍基抗无机酸腐蚀合金）
coronene 六苯并苯，晕苯
coronet 冠，冠冕，冠状的
coronite （原生反应图）反应边
coronium 光轮质，（假设化学元素）
coronizing 扩散镀锌
corotation 正〔旋〕转，运行
coroutine 联立程序，协同程序
corporate 协会的，团体〔法人〕的，共同的
body ~ 法人团体
corporation ①团体，协会②（有限）公司③市政当局
American Satellite ~ 美国卫星公司
China Automotive Industrial ~ 中国汽车工业公司
Chrysler ~ （美）克莱斯勒（汽车）公司
constituent ~ 子公司
de facto ~ 事实（上存在的）公司
de jure ~ 合法公司
Dong Feng Motor ~ （中国）东风汽车公司
General Motors ~ （美）通用汽车公司（GMC）
supranational ~ 跨国公司，多国公司
corporeal 有形的，物质的
corpus 集成，大全，文书集
corpuscle =corpuscule
corpuscule 微粒，粒子
correct ①正确的，适当的②校〔改，修〕正，校准③补偿
corrected 校〔改，修〕正的，折算的
correcting ①校正②补偿
artificial intelligence error ~ 人工智能纠错技术
burst ~ 纠正突发
correction ①校〔改，修〕正，校准，勘误②校〔修〕正值③修形④补偿
~ down 减校正
~ for emergence of stem 外露修正
~ up 加校正
addendum ~ 齿高变位量
alignment ~ 定线改正，准线修正
aperture ~ 孔径校正，孔阑校正
arc ~ 摆幅改正
automatic flare ~ 自动光斑校正
automatic trimming ~ 自动微调校正
bearing ~ 方位修正（量）
bias ~ 偏移修正值
buoyancy ~ 浮力修正
capacity ~ 容量修正
coincidence ~ 重合〔符合，同频〕校正
collimation ~ 视准改正
contour ~ ①边界影响修正②对风洞壁影响的修正③轮廓校正
course ~ 方向修正量，航向修正量
debunching ~ 散束校正
dialog(ue) ~ 对话声迹校正
difference ~ 差分校正
drainage ~ 流出体积修正
drift ~ 偏航〔漂移，偏流〕校正
droop ~ ①固定偏差校正②下垂度校正
emergent stem ~ 水银柱露出部分的校准
end ~ 端部修正，（末）端效应修正

error ~ 误码纠正
flank ~ 齿面修正
flare ~ 杂散光校正
flesh ~ 肤色校正
gamma ~ γ 校正，亮度校正，图像（灰度）校正，非线性校正
index ~ ①指标订正②（仪表）刻度校正③修正系数
jump ~ 跳点对比
keystone ~ 梯形畸变校正
lateral ~ 侧位校正，横位校正，偏差修正，方向修正量
level ~ 水平〔气泡〕校正
longitudinal ~ 沿齿宽方向修正，齿端倒角
misregistration ~ 图像重合失调校正
over ~ 过度修正，过调（量）
pillow phase ~ 枕形相位校正
pincushion ~ 枕形失真校正
pitch ~ ①螺距修正②俯仰修正
profile ~ 齿廓修正，廓形修正
random noise ~ 杂乱噪声消除
range-rate ~ ①距离扫描校正②临近速度校正
rise time ~ ①上升时间校正②脉冲前沿校正
sag ~ （测量带尺的）中沉校准
screw ~ 螺旋形失真校正
shading ~ "黑点〔斑〕"校正，图像斑点调整
skew ~ 菱形校正
steering ~ 操纵修正，稳定〔控制〕信号
stem ~ 汞柱改正
thermometric(al) ~ 温度修正
tone ~ 音调（色调）调整器
tooth ~ 轮齿修缘，轮齿修正
transfer ~ 传输修正
turns ~ 匝数更正（补偿）值
under ~ 尚须改正，改正不足，难保无误
zero ~ 零点修正，零位修正

corrective ①修正的，校正的，中和的，补偿的②矫正物，校正值

correctness 正确性
~ of measurement （测量）正确度

corrector ①校正器，修正器，（日历机构）调整器，校正装置，校正电路②校正极③校正算子④校对员
eyepiece ~ 目镜矫正器
gamma ~ γ 校正器，亮度等级校正器，非线性校正器
monochrome analog(ue) ~ 黑白信号模拟校正器
mop-up waveform ~ 后期波形校正器
optical keystone ~ 光学梯形畸变校正器
pulse ~ 脉冲校正电路，脉冲校正器，脉冲边沿修正器
range ~ 距离修正器
vacuum ~ 真空调整器

correlate ①使相关，关联②相关数，相关物

correlation ①相关（性），关联，（相互）关系，交互作用②相关数③对射（变换），异射（变换）
~ in space 空间对射（变换）
auto ~ 自相关，自关联
canonical ~ 典型相关
circular ~ 循环相关
cross ~ 互相关
holographic ~ 全息相关
intraclass ~ 同类相关
inverse ~ 逆（负）相关
lag ~ 后延相关，自相关
line-to-line ~ 行间相关
multiple ~ 多重相关，复合相关
normal ~ 正态相关
optical ~ 光学相关
perturbed angular ~ 微扰角关联
point-to-point ~ 点间相关
population ~ 总体相关
pulse-to-pulse ~ 脉冲间相关性
rank ~ 秩相关，等级相关
serial ~ 序列相关
time ~ 时间关联，时间一致

correlative ①相关的②对射的

correlativity 相互关系，相关性，相关程度

correlatogram 相关图

correlatograph 相关图，相关函数计算记录器

correlator ①相关器，相关函数分析仪②环形解调（器）电路③乘积检波器④关连子⑤弱音响信号检测仪
active ~ 主动相关器
analog(ue) ~ 模拟相关器
bandwidth ~ 带宽相关器，带宽环形解调电路，带宽乘积检波器
electronic ~ 电子相关器，电子环形解调电路，电子乘积检波器
image ~ 图像相关器
microwave ~ 微波相关器，微波环形解调电路，微波乘积检波器
optical ~ 光学相干计
sampling ~ 抽样相关器

self-tracking ~　自跟踪相关器
correlogram　相关（曲线）图
correlometer　相关计
correspondence　①通信，交通，信件（往来），函件②对比，同位（数）③相当，相应，对应，符合，一致（性）
actual-formal parameter ~　实（际）- 形（式）参数对应
irreducible ~　不可约对应
projective ~　射影对应
reducible ~　可约对应
correspondent　①对应物②通信者③客户④代理银行
corresponding　对应
corridor　廊，过道，通路
beam ~　束流（输运）线
busbar ~　母线（检查）廊道
forging ~　（粉末）锻造（压力）区间
service ~　操作廊，巡回走廊
corrigenda　① =corrigendum 的复数②勘误表③差错，误差，（应改正的）错字〔误〕
corrigendum　需要改正之处
corrode　腐〔侵，溶，锈〕蚀
corrodent　①腐蚀剂，腐蚀性物质②（有）腐蚀（力）的，锈蚀的
corrodibility　可腐蚀的，可侵蚀性
corrodible　可腐蚀的，可侵蚀的
Corronel　考拉聂尔〔耐蚀〕镍钼铁合金（*w*（Ni）66%，*w*（Mo）28%，*w*（Fe）6%）
Corronil　考拉尼尔铜镍合金（*w*（Ni）70%，*w*（Cu）26%，*w*（Mn）4%）
corronising　=corronizing
Corronium　考拉尼姆〔轴承〕合金（*w*（Cu）80%，*w*（Zn）15%，*w*（Sn）5%）
corronizing　镀镍镀锡法（先镀镍再镀锡），镍镀层上扩散镀锡被膜法
corrosion　腐〔侵，溶，熔，锈〕蚀，（铁）锈
~ of coking　残渣浸蚀
atmospheric ~　大气腐蚀
barrel ~　枪〔炮〕管锈蚀
bimetallic ~　双金属腐蚀，电镀〔化学〕腐蚀
blister ~　起泡腐蚀
breakaway ~　（由于生成不稳定腐蚀薄膜而造成的）剧增腐蚀
caustic ~　苛性腐蚀，碱腐蚀
cavitation ~　空蚀，气蚀
chafing ~　摩擦腐蚀
chemical wear ~　化学磨蚀
cladding ~　包壳腐蚀
cold end ~　冷端腐蚀，低温腐蚀
couple ~　双金属侵蚀，电镀〔化学〕腐蚀，电化学腐蚀
crevice ~　缝隙腐蚀
deposit ~　沉积物腐蚀
electric ~　电蚀
exfoliation ~　剥蚀
existent ~　原在腐蚀（精制润滑油对不能除去的腐蚀物质所引起的腐蚀）
fatigue ~　疲劳腐蚀
filiform ~　纤维状腐蚀，丝〔线〕状腐蚀
fireside ~　烟气（侧）腐蚀，热侧腐蚀
frettage ~　摩擦腐蚀
fretting ~　摩振〔微动，摩擦〕腐蚀
galvanic ~　电偶腐蚀
gaseous ~　气体腐蚀
grain-boundary ~　晶界腐蚀
graphitic ~　留碳腐蚀，（灰铸铁的）石墨化腐蚀
gray ~　（铜板上）灰斑
interdendritic ~　①显微腐蚀②晶间腐蚀
intergranular ~　晶粒间腐蚀
knife-line ~　刀蚀
layer ~　层间腐蚀
local ~　局部腐蚀
microbial ~　微生物腐蚀
oil stain ~　油斑腐蚀
physiological ~　生理腐蚀
pit(ting) ~　点蚀，孔〔坑〕蚀
runaway ~　（由于生成不稳定腐蚀薄膜而造成的）剧增腐蚀
sacrificial ~　牺牲腐蚀（防护法）
selective ~　选择性腐蚀，局部腐蚀
shelf ~　闲置腐蚀，自蚀
stress ~　（金属超）应力（引起的）腐蚀
thermal oxidation ~　热氧化腐蚀
thermoelectric ~　热电流腐蚀
thermogalvanic ~　热偶腐蚀，电化学腐蚀
tubercular ~　点（状腐）蚀，小瘤形腐蚀
wet ~　液体腐蚀，湿蚀，电化学腐蚀
corrosion-proof　抗腐蚀的，耐蚀的，不锈的
corrosion-resistant　抗腐蚀的，耐蚀的，不锈的
Corrosiron　科伦西朗耐（腐）蚀硅钢（*w*（C）0.8% ~ 1.0%，*w*（Si）13.5% ~ 14.5%，其余 Fe）
corrosive　①腐蚀剂②腐蚀（性）的，侵蚀的，生锈的

corrosiveness 腐蚀性，侵蚀作用
corrosivity 腐蚀性，侵蚀性
corrugate ①使成波状，使起皱（纹）②波状的，起皱的，起沟的
corrugated ①波纹状的，波形的，折皱的②有加强筋的
corrugating ①使成波状，使起皱纹②波纹加工，波纹成形
corrugation ①波纹（度），皱折②使成波纹，轧波纹，起皱③压瓦垄④竹节（轧制）
corrugator ①波纹〔瓦垄〕板轧机②波纹机制造工
corruption 讹误（由于计算机硬件或软件的出错导致的数据或程序的破坏或丢失）
Cor-Ten 科尔坦耐大气腐蚀高强度钢，低合金高强度钢（*w*（C）0.1%，*w*（Mn）0.25%，*w*（Si）0.75%，*w*（P）0.15%，*w*（Cr）0.75%，*w*（Cu）0.4%，*w*（Ni）0.6%）
corubin 人造刚玉
corundum 刚玉，金刚砂，氧化铝（磨料）
pulverized ~ 刚玉砂，金刚砂粉
synthetic ~ 人造刚玉，合成刚玉
corundumite 刚玉
corve =corf（e）
cosecant 余割
arc ~ 反余割
inverse ~ 反余割
coseparation 同时分离（元素，溶液）
coset 陪集，（代数编码的）伴集
cosine 余弦
arc ~ 反余弦
direction ~ 方向余弦
integral ~ 余弦积分
inverse ~ 反余弦
logarithmic ~ 余弦对数
rised ~ 上升余弦
root raised ~ 根升余弦
versed ~ 余矢
COSIX COSIX 操作系统（一种与 UNIX 兼容的操作系统）
coslettise =coslettize
coslettize 磷化处理（钢铁制品表面缓蚀处理），磷酸铁被膜缓蚀
coslettizing 磷酸铁护铁法，磷化（发黑处理）
cosmetic 整饰，修改
cosmodrome 航天站，人造卫星和宇宙飞船发射场
cosmoline ①防腐油，润滑油②涂防腐〔润滑〕油
cosmology 宇宙论，宇宙学
cosmonaut 宇宙航行员
cosmonautic 航天的，宇宙航行的
cosmonautics 航天学，宇（宙）航（行）学
cosmonym 宇宙名称
cosmophysics 宇宙物理学
cosmos ①宇宙②藕腔形，菊花形③程序，秩序
cosmotron （高能）同步稳相加速器，宇宙线级回旋加速器（33 GeV），质子同步加速器（3 GeV）
cosolubilization 共增溶解（作用）
cosolvency 潜溶性〔度，本领〕
cosolvent 潜溶剂
cospectrum 同相谱（交叉谱实部）
cospinning 共纺丝
cost ①费用，价格，成本②代价，值③作价
~ and freight 离岸加运费价，成本加运费价
administrative ~ 管理成本
after ~ 售后成本，后生成本
after-tax ~ 税后成本
allocable fixed ~ 可分摊固定成本
allocated ~ 分摊成本
amortization ~ 偿还资金，偿还费
apportioned fixed ~ 分摊固定费用
apportioning ~ 分配值
appraisal ~ 评价费用
assembling ~ 总成本，最终成本
attributable ~ 可归属成本
bona fide ~ 真正成本，真实成本
book ~ 账面成本
bunched ~ 整批成本，混同成本
capital ~ 主要费用，基建费用，投资费，资本值
capitalized ~ 资本化成本，投资成本
carrying ~ 置存成本，储存成本〔费用〕
comparative ~ 比（较造）价
construction ~ 建造成本，建筑费，建筑费用，工程费
conversion ~ （商品）生产成本（从原材料到成品），换算成本
depreciation ~ 折旧费
fabrication ~ 生产成本，造价，制造费用
failure ~ 故障成本〔费用〕
field-labo(u)r ~ 现场安装费用
final ~ ①最后成本②终值
first ~ 生产成本，原价，初投资费用，建造或购置费

fixed ~ 固定费用，固定成本
flat ~ （预算）直接费，工料费
fly-away ~ 飞离成本
generating ~ 发电成本
holding ~ 储存成本〔费用〕
housing ~ 保管费用
implicit ~ 固有费用，隐含成本
initial ~ ①原价②开办费，基本建设费③生产成本
installation ~ 安装费用，设备费用
joint ~ 联合生产成本（两种商品同时生产的成本）
labo(u)r ~ 劳动工资费用，劳动力成本
life repair ~ 全使用期内修理费
maintenance ~ 维修〔保养〕费用
manufacturing ~ 制造成本
marginal ~ 边际成本
mill ~ 工厂生产费（包括原料，运输、包装和保险等费用的总和）
net ~ 实价，成本
operating ~ ①运行费用，维护费用②经营成本
opportunity ~ 机会成本（可备选用的成本）
out-of-pocket ~ 现付费用，现金支付费用
output ~ 出厂价格
overhead ~ 管理费，经常费，杂项开支
prime ~ ①（主要）成本，直接成本，直接费用②原价，进货价格
quality-related ~ 质量成本
renewal ~ 更新费，更换费
rework ~ 返工费用
rough ~ 成本概算
running ~ 运行费，维护费
shop-labo(u)r ~ 工厂装配成本
staff ~ 工资费用
standing ~ 固定成本
start-up ~ 开工成本，筹备费，开办费
unexpired ~ 未过期成本
unit ~ 产品单位成本，单价
working ~ 工作费用，经营（使用，加工）费
cost/effective 性能 / 价格比
cost/effectiveness 效能 / 价格比，性能 / 价格比
costing ①成本会计②（pl.）概〔预〕算
~ of tooling 工艺装备计算成本
absorption ~ 摊配成本法（吸收成本法）
direct ~ 直接成本计算，直接成本法
life cycle ~ 总费用
cost/performance 效能价格合算的，价格可取的（性能与价格之比合算）
cosy ①保温套②舒适的
cotangent 余切
arc ~ 反余切
inverse ~ 反余切
Cotar “柯塔”（相关跟踪测距系统）
co-tensor 协张量
cottar =cotter
cotter ①栓，制〔锁，开口，开尾〕销，楔（形销）②用销〔栓〕固定
counterlink-pin ~ 节销上的制销
drive-in ~ 打入用楔
drive-out ~ 卸出用销
hair-pin ~ （汽化器加速泵的）调节销
piston ~ 活塞制销
split ~ 开口销，开尾销
spring ~ 弹簧锁销，弹簧制销，开口销，开尾销
tapered ~ 圆锥销
valve ~ 阀簧抵座销，气阀制销
cotter-driver 制销锤，栓开开口销的工具
cotterel 锁销，楔，栓
cottering 楔连接，销连接
cotterpinning 装开尾销，用开尾销固定
cotterway 销槽
cottin-gin 扎棉机
cotton ①棉花②棉织品
absorbent ~ 脱脂棉，药棉
gun nitrate ~ 强棉
mixed nitrate ~ 混棉
silicate ~ 渣棉，矿渣棉
cotton-covered （棉）纱包（绝缘）的
cottrell 电除尘器
couch ①底漆②层③床
coul =coulomb
coulability 铸造性（英国俗称）
coulisse 〈法〉①滑缝，滑〔凹〕槽，缺口，轴承滚道②摇拐，连〔轴〕杆③（有）滑缝（的）板，滑尺，集电环，游标
couloir （法）①套管，软管，管道，孔道②槽沟③浚泥机器，挖泥机
coulomb 库（仑）（电量单位）
international ~ 国际库仑（电量单位，1 国际库仑 =0.999 85 库仑）
coulomb-meter 电量计〔表〕，库仑计
lead ~ 铅极电量计
coulometer 电量计，库仑计
water ~ 水解电量计

coulometry 电量分析法
coulopotentiography 库仑电势谱法
coulter ①犁刀（头），小前犁②开沟器③铲
double disk ~ 双圆盘式开沟器
double share ~ 芯铧式开沟器
hos ~ 锄铲式开沟器
runner ~ 滑刀式开沟器
count ①计算，读数，计数②结算，统计③个别的尖峰信号（辐射微粒计量器中）
background ~ 本底计数，背景计数
block ~ （分）程序块（计）数，字组数
byte ~ 字节计数
can ~ 管壳计数
checkering line ~ 刻花直线密度（一般为 20 条 /in，最多 30 条 /in，1in=25.4 mm）
digit ~ 位数计算
drop-out ~ （磁带的）斑点总数
fiber ~ 光纤数
foil ~ 薄片放射性计数
hop ~ 段数
illegal entry ~ 非法入口计数
inclusion ~ 夹杂计数
layout ~ （数字）位置计算
memory unit ~ 存储部件个数
noise ~ 噪声脉冲，噪声计数
nonintegral ~ 不可积分的单个尖顶脉冲
package ~ 封装数，组件数
peg ~ 占线计数
plug ~ 塞子统计（人工交换）
plus ~ 加法计数，往上计数
preset ~ 预定计数（事先规定时间内的计数）
raster ~ 光栅（计）数
reference ~ ①参考读数，参考计数②基准计算③检验读数
ring-down ~ 振铃计数
sample-in ~ 设备内有试样的测量
sample-out ~ 本底测量，设备内无试样的测量
spurious ~ 乱真计数
stored ~ 累积计数
tube ~ 计数管计数
word ~ 字记录计数
countability 可数性
count(-)down ①递减〔往下〕计数②发射准备过程，（发射前）计时系统③脉冲重复率划分，脉冲率的划分，（雷达）回答脉冲比，脉冲分频，脉冲脱漏，询问无效率（未回答的脉冲数与询问脉冲总数之比）④扫描时间⑤计数损失〔减零〕，漏失计数⑥读数，示度
subcarrier ~ 副载波分频
trigger ~ ①降低触发②信号重复率
counter ①计数器〔管〕，计算器，计量器②计算员③相反（物），对立物，对重④副轴，中间轴⑤ 相反的，反作用的
accumulating ~ 累加计数器
acoustic emission ~ 声发射计数器
additive type film ~ 顺算式计数器
advance range ~ 提前标度计数器
Aitken nucleus ~ 爱根核计数器
automatic sheet ~ 薄板自动计数器，自动数纸机
back-angle ~ （记录）逆向散射粒子（的）计数器
back-to-back ~ 加倍计数器
backward ~ 减法计数器，反向计数器
backward-forward ~ 双向〔可逆，加减〕计数器
bale ~ 草捆计数器，包件计数器
bare ~ 无屏蔽计数管
basic ~ 主计数器
batching ~ 选组〔计量，定量〕计数器
beat ~ 差频式计数器
binary ~ 二进位计数器
blood cell ~ 血球计数器
boron-lined ~ 衬硼计数管
bubble ~ 计泡器
bubble-type-flow ~ 气泡型流量计数器
building-block ~ 标准部件制成的计数器
bus program ~ 总线程序计数器
cell mapping ~ 字组单元映射计数器
character ~ 字符计数器
charge batch ~ 炉料批量计数仪
circular ~ 度盘式计数器
coincidence ~ 重合计数器，符合计数器
computing ~ 计算器
corona ~ 电晕（放电）计数管
cycle index ~ 循环（执行）次数计数器
cycle (rate) ~ ①频率计，周期计量器②转数计
cyclometer ~ 数字显示式计量仪器，跳字计数器
day ~ 周历计数器
decade ~ 十进计数器
decimal ~ 十进制计数器
delay set ~ 延时位置计数器
dial ~ 指针式计数器，刻度盘式计数器
digital ~ ①数字计数器②数字式频率计

digital down ~ 数字溢出计数器
digital up ~ 数字溢出计数器
dip(ping) ~ 负载计数管
directional ~ 定向计数管
down ~ ①可逆计数器②相减计数器
dust ~ 尘量计（用于计算空气中尘粒的仪器），测尘器，尘度器
echo ~ 反复计数器，反射计数器
electrical slave ~ 电动计数器
electromagnetic ~ 电磁计数器
electron-collection ~ 电子收集计数管，电子群计数管
electronic ~ 电子计量电路，电子计数器，脉冲计数器
end window ~ 端窗型计数器，钟罩形计数管
engine (revolution) ~ 发动机转数表
event ~ 信号计数器，转换计数器
exposure ~ 曝光计数器
filter-paper ~ 滤纸放射性计数管
flat-response ~ 平稳反应计数器
flow ~ 流量计，流通式计数器
fluidic batching ~ 射流间歇计数器
flux ~ 通量〔磁通〕计数器
footage ~ ①英尺码计数器②磁带长度计数器
forward-angle ~ 计算向前散射粒子的计数管
forward-backward ~ 双向〔加减〕计数器
frequency ~ 计数式频率计，频率计数器
frequency-time ~ 频率时间计数器
fringe ~ 条纹计数器
functional ~ 操作计数器
furnace filling ~ 装料计数器
gamma radioimmunoassay ~ γ 放射免疫计数器
gamma-discriminating ~ 对 γ 粒子不灵敏的计数管
gated ~ 选通计数器
gated oscillator ~ 控制〔闸门式〕振荡计数器
guarding ~ 屏蔽计数器
hand ~ ①手控计算器②检查手清洁度的计数管
human ~ 全身计数器
immersion ~ 浸入式计数管
inertia speed ~ 离心摆式转速表
instruction ~ 指令计数器
ion ~ 离子计数器
item ~ 操作次数计数器
jacket(ed) ~ 带套计数器
Johnson ~ 约翰逊〔移位型十进位，环形〕计数器
jump ~ 跳进式脉冲计数器
laser ~ 激光计数器
lift ~ 往返行〔冲〕程计数器
load data ~ 送入数据计数器
load repeat ~ 负载重复计数器
location ~ 定位〔地址〕计数器，指令计数器，（存储）单元计数器
lock-on ~ 同步计数器
long ~ 长计数管，全波计数管（中子）
loop ~ 循环计数器
loop-line flow ~ 循环流动计数管
machinery ~ 机械计数器
microfilm ~ 缩微胶卷计数器
mileage ~ （英）里程计算器，（英）里程表
monitor ~ 检验计数器
neon diode ~ 氖二极管计算设备
non-resettable ~ 不重调计算器，加法计算器
octal ~ 八进位计数器
odd-even ~ 二元计数管，奇偶计数管
operation ~ 动作〔操作运算〕计数器
pace ~ 记步器
parallel path ~ 并行通路计数器
parallel-plate ~ 平行板电极计数器
parts ~ 零件计数器
pass ~ 扫描遍数计算器
photomultiplier ~ 光电倍增管计数器
photon ~ 光子计数器
pick ~ ①织物分析镜②织机产量表
picture ~ 照片计数器，计帧器
pill-box ~ 球形盒式计数器
point ~ 点端式计数器
pointer ~ 指针式计数器
predetermined ~ 预调计数器，预置计数器
preflush flow ~ 预先冲洗流动计数管
preset ~ ①预置计数器②带有前置装置的计数器
press key ~ 揿动计数器
production ~ 工件计数器
programmable ~ 程控计数器
program(me) address ~ 程序地址〔指令，控制〕计数器
program(me) location ~ 程序单元计数器
prospecting ~ 电测计数器
proton-recoil ~ 反冲质子计数管
pulse ~ 脉冲计数器
pulse-blocking ~ 脉冲阻隔计算器

radix two ~ （多位）二进制计数器
railway vehicle axle ~ （铁道）轨道计轴器
rate ~ 速率计，计数率测量器
recoil-proton ~ 反冲质子计数管
relay ~ 继电器式计数器
reset ~ 复〔零〕位计数器
reversible ~ 可逆计数器
revolution ~ 转数表，转速计，转速表，旋转计数器
ripple ~ 波纹计数器
ripple-carry binary ~ 脉动进位二进制计数器
scale-of-two ~ 二进位计数管，二分标度计数装置
scintillation well ~ 井式〔带有试样孔道的〕闪烁计数器
screen wall ~ 屏蔽计数管，幕壁计数管
sealed-off ~ 非密闭计数器
seconds ~ 秒数计数器，计秒器，秒表
seed ~ 种子计量器
self-complementary ~ 自补计数器
self-quenching ~ 自灭式计数管
sequence ~ 指令计数器
set time ~ 置位时间计数器
sextuple denotation ~ 六进制计数器
shaft ~ 轴转数计，轴转速表
shift ~ 移位计数器
side-window ~ 带侧窗膜的计数器
skirt ~ 有外壳的计数管
slip ~ 转差计
spark ~ 火花计数器〔管〕
speed ~ 计速表，转数计，速率计，速率计数器
spin ~ 转数计，转速表，转速计数器，尾旋次数计
start-stop ~ 一次〔起止，单程〕计数器
step-by-step ~ 步进计数器
step(ping) ~ ①步进计数器，计级器，移位计数器②步进制选择器③分段存储器
storage ~ 累积式计数器
subsegment ~ 子段计数器
subsequence ~ 微操作计数器
summary ~ 累加计数器
tape footage ~ 带长计数器
television ~ ①电视计算电路②分段存储电路（分频用）
telltale ~ 指明主针整数转的附针（例如在指示表中）
tension bar ~ 拉动计数器
ternary ~ 三进制计数器
thin-window ~ 薄窗膜计数管
time ~ 计时器
timing ~ 计时器
turn ~ 转动计数器
twist ~ 测矩仪
up ~ 可逆计数器，相加计数器
up-down ~ 升降〔加减，可逆〕计数器
well(-shaped) ~ 流体孔道式计数管，井式计数管
wire-and-plate ~ 线绕和板极计数管
wrap-around ~ 试样旋转计数管

counteract ①抵抗〔制，消〕②起反作用③中和，平衡
counteraction ①反作用（力）②抵消，抵抗③中和
counteragent ①中和力②反抗力，反向动作③反作用剂
counterbalance ①平衡重，平衡块，平衡锤，配重，托盘天平②平衡力，平衡
weight ~ 配重，平衡重
counterblast 反气流，逆流，逆风
counter-bonification 反补偿
counterbore ①埋头孔，锥口孔，沉孔②平底扩孔钻，平底锪钻③（用平底扩孔钻）扩孔，（平底）锪孔，镗孔，镗阶梯孔
carbide helical ~ 硬质合金螺旋锪钻
step ~ 阶级式平底扩孔钻
counterboring 锪削，扩孔（切削加工）
counterbrace ①副撑臂，副对角撑②转帆索
counterbuff ①缓冲器②防撞器，（汽车的）保险杠③抵抗
counterbuffer 阻尼器，缓冲器
counter-camber ①反挠曲量（模样），模型假曲率②预留弯度③预变形
counter-ceiling （起隔音、隔热等作用的）吊平顶
counterchange 互换，交换，使交错，交互作用
countercheck ①阻挡，制止②复查
counterclockwise 逆时针方向的
counter-controller 计数器 - 控制器
counter-countermeasure(s) 反对抗，反干扰
countercoupling 负反馈
countercurrent ①反向电流，逆电流②逆流，对流
countercurve 反向曲线
countercylinder 副气缸，对气缸
counterdevice ①对抗装置②反导弹装置

counterdie 下模，底模
counter-down （脉冲）分频〔类〕器
counterdraw 描图
counteredge 固定刀刃，底刀刃
counter-electrode 反电极，（电容器的）对电极
counter-etch 抗蚀性，表面处理
counterface 对接法兰，配合端面
counterfeit ①伪〔仿〕造（的），假冒的②伪造文件，仿制品
counterflange ①对接法兰，过渡法兰②（孔型设计）假腿〔角〕
counterflow 逆流，对流
counterforce 反力，推力，反作用力，对抗能力
counterion 平衡离子
counter-jamming 反干扰
counter-jib 平衡臂
countermark ①戳记，刻印②副号，副标，标签③人造齿瘢④加副号，刻印记
countermeasure 干扰，对抗，对策，反对手段
countermeasurer ①计算机，解答器②干扰器
countermeasure(s) ①干扰，对抗〔防范〕措施，对策②反雷达
communication ~ （对）通信（的）干扰
electronic ~ 电子对抗（措施）
guided missile ~ 反导弹措施
laser ~ 激光对抗
noise ~ 消声措施
radar ~ 反雷达措施，雷达对抗
radio ~ 无线电的反干扰
countermine 诱发地雷，诱发水雷
countermodulation 反调制，解调
radio ~ 人为（的）无线电干扰
countermoment 恢复力矩，反力矩
countermove ①反向运动②对抗手段，对抗措施
counter-offer 反发价，买方还价
counterpart ①正副两份中之一份，一对中之一个部分，副本②相似的人或物③配对物，对方④（冲制时的）阴模，下模
determinacy ~ 确定性副本
counterpoise ①平衡重量，衡重体，气球平衡器，平衡砝码，配重，平衡力，使平衡②地网，（接）地（电）线，平衡网络③平均，均重，均衡
antenna ~ 天线地网，天线平衡网络
grounded ~ 接地地网，接地平衡网络
counterpressure ①反压力，背压，均衡压力②支力③轴承压力
counterproductive 起相反作用的
counterpropeller 反螺旋桨
counter-pull 反拉力
counter-punch 冲孔型垫座
counter-radiation 反辐射
counterreconnaissance 反侦察
counterrocket 反火箭
counterrotating 相对旋转，相反旋转
counterrudder 整流舵（轮）
countersea 逆浪，逆行海流
countershaft ①副〔天，对，平行，逆转，中间，测〕轴传动②分配轴，凸轮轴
transmission ~ 变速器中间轴，传动副轴
countersink ①埋头孔，锥口孔②埋头钻，锥口钻，尖底锪钻，锥面锪钻③钻埋头孔，锥形扩孔，锪锥形沉孔
counterbore or ~ with solid pilot 带导柱的平底或钻面锪钻
drill end ~ 空心（孔）钻
machine ~ 机用锥形锪钻
rose ~ 菊花钻
snail ~ 螺旋锥口钻
countersinker 埋头锚杆钻机
countersinking 锪孔，锪削
counterstream 逆流
countersunk ①埋头孔，锥口孔②埋头钻，锥口钻③埋头的
counter-thrust 反推力
counter-tie 副系杆
counter-timer 时间间隔计数测量器，（计数器）计时器，时间测录器
countertorque 反转矩，反力矩
countertransference 反向转移
countervailing 补偿的，抵消的，对抗的
countervane(s) 导向叶片
countervelocity 反（飞行）速度
counterweapon 对抗武器，拦击导弹，拦截机
counterweigh 使平衡，抵消，用配重平衡
counterweight ①平衡重，平衡锤，配重，砝码②用配重平衡，抵消
bell ~ 料钟平衡锤
spindle ~ 接轴平衡锤
counterweighted 成平衡的
counting ①计数，计算②读数的数目③用计算法测定放射性强度
forward ~ 顺向计数
positive ~ 正脉冲计数
scintillation ~ ①闪烁计数②用闪烁法测量放射性强度

step-by-step ~ 脉冲计数，步进计数
counting-cell 计数池
counting-down 脉冲分频（法）
counting-meter 计算器
coupe 〈法〉①小型乘用车，单排座小客车②双门轿车，（后座为非主座的）两门小客车
aerial ~ 轿式飞机
convertible ~ 活顶双门轿车
fixed head ~ 硬顶双门轿车
luxury sport ~ 豪华型双门跑车（LSC）
sport ~ 双座跑车
turbocharged ~ 涡轮增压小型乘用车，涡轮增压双门轿车
coupe-cabriolet 活顶车身（可由轿式改为敞式者）
couplant 耦合剂，耦合介质
couple ①（一）对，偶②力〔热，电〕偶，力矩③连接器④耦合，结合，连〔联〕接⑤加倍⑥挂钩〔车〕
~ of forces 力偶
antimony-bismuth ~ 锑 - 铋热电偶
astatic ~ 无定向的磁（针）偶
base-metal ~ 贱金属热电偶
chromel-alumel ~ 铬 - 铝热电偶
damping ~ 阻尼耦合
deflecting ~ 转矩，偏转力偶
flame ~ 热电偶
galvanic ~ ①电偶②镀锌偶
hitch ~ 快速挂接器
iron-constantan ~ 铁 - 康铜热电偶
line ~ 线路耦合器
load ~ 炉料热电偶（测量炉料温度）
plate ~ 极板对
prime ~ 质〔素〕数偶
pyrometer ~ 高温计热电偶
reducing ~ 还原偶
restoring ~ 回复力偶
right(en)ing ~ 正位力偶
rocking ~ 摆动力偶
roll ~ （轧机机架的）倾翻力偶
rolling ~ 倾侧力矩，滚动力矩
thermal ~ 热电偶
thermoelectric ~ 热电偶，温差电偶
torsion(al) ~ 力偶
twisting ~ 力偶
unbalance ~ 不平衡力偶
voltaic ~ 伏打电偶，电池偶
worm ~ 蜗杆蜗轮组合
zinc ~ 锌半电池，锌电偶
coupled 成对的，耦合的，连接的，共轭的
AC ~ 交流耦合的
close ~ 紧耦合的，强耦合的
emitter ~ （发）射极耦合的
four-wheel ~ 二连轴式（机车）
reaction ~ 电抗耦合的
coupler ①成色剂，偶联剂，连接器，分接器，耦合器，耦合元件，耦合腔，可变电感耦合器，匹配器，联轴器，（管）接头，管路，连杆，车钩②开关，插头连接装置③填充剂④连接者
acoustic ~ 声耦合器
acoustic(al) ~ ①声耦合器②音频调制 - 解调器
antenna ~ 天线耦合装置
automatic ~ ①自动联轴器，自动连接器，自动车钩②自动耦合器
autopilot ~ 自动驾驶仪耦合〔连接〕器
balanced valve ~ 平衡式电子管耦合电路
bar ~ 汇流〔母〕线联络开关
Bethe-hole ~ 倍兹孔耦合器
branched-guide ~ 分支波导耦合器，短截线耦合器
broadband ~ 宽（频）带耦合器
bus(-line) ~ 汇流〔母〕线联络开关
capacity ~ 电容耦合器，电容耦合元件
conductive ~ 电导耦合器
contrawound helix ~ 反绕螺线耦合器
cross-guide ~ 十字形定向耦合器
data ~ 数据耦合器
directional ~ 定向耦合器
dynamic ~ 电动式耦合腔
earphone ~ 耳机耦合器〔腔〕
electric ~ 电气连接器（车辆之间），电路连接器
electric bridge ~ 活动桥电路接合器
emergency ~ 紧急车钩装置
fiber optic ~ 纤维光学耦合器，光纤耦合器
fixed ~ 固定耦合器，固定耦合元件
flexible (head) ~ 活头车钩
fluid ~ 液力耦合器，液力联轴器
grease ~ 润滑脂注入嘴
holographic ~ 全息耦合器
hose ~ 软管接头，软管偶联器
hydraulic ~ 液压系统管接头，液压快换接头
laser diode ~ 激光二极管耦合器
loose ~ ①弱耦合回路②弱耦合器
lubricating ~ 润滑器

multiport ~ 多孔耦合器
multistrip ~ 多条带耦合器
nonreflective star ~ 非反射（的）星形耦合器
optical ~ 光耦合器
optical fiber ~ 光纤耦合器
optical waveguide ~ 光波导耦合器
orthomode ~ 正模耦合器
overrun(ning) ~ 超越离合器
photo ~ 光耦合器
quartz ~ 石英耦合器
quick ~ 快速接头，快速连接装置〔器〕，快速联轴器
reference ~ 基准耦合腔
reflected wave ~ 反射波耦合器
resistive-loop ~ 环状电阻耦合器
reverse-coupling directional ~ 反相耦合定向耦合器
rod ~ 棒状耦合器
screw ~ 螺旋联轴器
slide ~ 可调耦合线圈，滑动耦合器
sprinkler ~ 喷灌装置管接头
standard ~ 标准 D 形车钩
tender ~ 煤水车车钩
tight-lock ~ ①硬性自动连接②密锁自动耦合器
transvar ~ 定向可变〔可调定向〕耦合器
unity ~ 单一耦合器
universal ~ 通用联轴器
variable ~ 可变耦合器
variable ~ 可调耦合器
vertical-plane ~ 纵面车钩
waveguide ~ 波导耦合器

coupling ①连接器，连接盘，联合器②联轴器，管接头，车钩③耦合，结合，配合，连接，匹配 ④耦合度
~ with elastic spider 梅花形弹性联轴器
acoustic(al) ~ 声耦合
adapter ~ ①异性接箍，套筒式联轴器，连轴齿套，管接头联轴器②转接，连接
adjustable hydraulic ~ 可调节液力耦合器
angle ~ ①直角接头②弯夹③角铁连接器
antiparallel ~ 反并连接法（两个整流器的连接方法）
auto-capacity ~ 自身电容耦合
auto-inductive ~ 自耦变压器耦合，自感耦合
automatic ~ 自动连接（器），自动耦合
back ~ 反馈，反馈耦合，回授
ball ~ ①球状结合②球状连接器
ball and socket ~ 球窝连接
band ~ 带形连接器，平接连接器
bar ~ 杆形连接器
bayonet ~ 卡口紧锁机构，卡口接头，插栓式管接头
bell ~ 钟形连接器
Bibby ~ 曲簧〔蛇形弹簧，毕培式〕联轴器
box ~ ①套筒〔箱形，函形〕联轴器②轴套
breakaway ~ 断开式〔防超载〕联轴器
brush ~ 刷形联轴器
butt-muff ~ 刚性联轴器，套筒联轴器
capacitance-resistance ~ 电容电阻耦合，阻容耦合
capacitive ~ （电）容性耦合
capacity ~ 电容耦合
cascade ~ 级联耦合，串级耦合
case butt ~ 套筒式联轴器
cased-muff ~ 刚性联轴器，套筒联轴器
casing ~ 套管接箍，套管，缩节
castellated ~ 牙嵌式连接
cavity ~ （谐振）腔耦（合）
chain ~ ①链形连接器，链条联轴器②链形连接
channel ~ 声道耦合
choke-transformer ~ 扼〔抗〕流圈变压器耦合
clamp ~ 纵向夹紧联轴器，纵向扭合联轴器，壳形（对开套筒夹紧）联轴器，卡箍连接器
claw ~ 爪形连接器〔离合器，联轴器〕
clevis and tongue ~ 槽型连接
close ~ 密〔强，紧〕耦合，密耦
closed ~ ①固定联轴器②永久接合，死接合
cluster ~ 多头管接头
clutch ~ 离合器，离合联轴器
cogwheel ~ ①齿形联轴器②离合联轴器
collector ~ 集电极耦合
common-impedance ~ 公共阻抗耦合
complex ~ 复耦合，(电）感（电）容（联合）耦合
compression ~ ①压紧联轴器②法兰锥形联轴器
conductive ~ ①电导耦合，直接耦合②直啮合
conduit ~ （电缆）管道连接
cone ~ 锥形联轴器
cone-vice ~ 圆锥夹子联轴器
constant filling fluid ~ 普通型液力耦合器，线矩型液力耦合器

converter ~ 转换联轴器
coronet ~ 快速旋转式接插件
coverweak ~ 弱耦合，疏耦合
critical ~ 临界耦合，中肯耦合
CRO ~ 示波器探针〔头〕
cross ~ ①交叉耦合，交叉干扰，相互作用②交叉梁（船用）
cross-linked ~ 十字形联轴器，十字形接头
crosstalk ~ 串话〔讯，扰〕耦合，混讯耦合
curvic ~ ①弧齿耦合器②弧齿盘③圆弧齿形鼠牙盘离合器
curvic shift ~ 弧齿端面离合器
cushion disk ~ 有弹性盘的万能接头
deflector ~ 偏转线圈耦合
detuning ~ 减振联轴器
development ~ 创始牙盘
diaphragm ~ 膜片联轴器
disc ~ 盘销联轴器
dog ~ 牙嵌离合器，爪形联轴器
double fluid ~ 闭式循环液力耦合器
drill pipe ~ 钻杆接箍
dummy ~ ①临时连接器，暂用联轴器②堵塞，旋塞阀
dynamic ~ 齿啮式连接
elastic pin ~ 弹性圈柱销联轴器
elbow ~ 弯头
electric ~ 电磁联轴器，电耦合
electromagnetic ~ ①电磁联轴器，电磁离合器②电磁耦合
electrostrictive ~ 电致伸缩耦合
end-fire ~ 端射耦合
end-on ~ ①终端耦合，端对耦合②端键
expansion ~ 胀缩联轴器，补偿联轴器
extension ~ 伸缩联轴器
fast ~ ①刚性联轴器，死联轴器②紧耦合
feedback ~ 反馈耦合，回授耦合
fiber ~ 光纤耦合
fiber-optic ~ 纤维光学耦合
field ~ 场耦合
filamentary ~ 丝状耦合
fixed ~ ①固定联轴器②刚性连接，固定耦合
flange ~ 凸缘联轴器
flat spring ~ 簧片联轴器
flexible ~ 弹性联轴器，挠性联轴器，旋转活接头，缓冲接头
floating ~ ①浮动式联轴器②带单向阀的套管接头
fluid ~ 液力联轴器，液力耦合器，流体连接
frangible ~ ①易分离的耦合，截断连接②易卸接头
friction ~ 摩擦联轴器，摩擦离合器
furcation ~ 分叉耦合
galvanic ~ 电耦合，电偶，镀锌偶
gear ~ 齿轮离合器，齿轮联轴器
gear tooth ~ 齿轮联轴器
gear-type ~ 齿轮联轴器
gradient ~ 梯度耦合
grid ~ 栅极耦合
Hirth ~ 直线齿形鼠牙盘离合器
holdfast ~ 固接联轴器
Hooke's ~ 万向接头，万向联轴器，胡克接头
hose ~ 快速接头
hydraulic ~ 液压系统管接头，液力耦合器
hydraulic variable-speed ~ 液压变速联轴〔离合〕器
hydrodynamic(al) ~ 液力联轴器
hysteresis ~ 磁滞耦合器
impedance ~ 阻抗耦合
impulse ~ 弹性联轴器
inductance-capacitance ~ （电）感（电）容耦合
inductive ~ 电感耦合，电磁耦合
in-line quick ~ 准直快速接头
insulating ~ 绝缘联轴器
integrated ~ 固定连接
interlock ~ 联锁交联，联锁耦联
interstage ~ 级间耦合
inter-vacuum-valve ~ （电子）管间耦合
inverse ~ 负耦合
jaw ~ 爪盘联轴器
jigger ~ 电感耦合
joint ~ 万向接头，电缆接头套管，活节连接器
jump ~ 跳合联轴器
lamination ~ 圆盘联轴器
leather ~ 皮轴节，皮圈联轴器
lens ~ 透镜耦合
link ~ ①环节〔环圈〕耦合，链耦合②环卡联轴器
local ~ 定域耦合
loose ~ ①松动结合②弱耦合，松耦合
magnetic particle ~ 磁性粉末耦合器
magnetic(al) ~ ①磁性耦合，电磁耦合②磁性耦合器，电磁联轴器
magneto impulse ~ 磁电机脉冲〔加速〕接头

magnetostrictive ~ 磁致伸缩耦合
main ~ 主联轴器
mode ~ 模式耦合，波型耦合
movable ~ 可移式刚性联轴器
muff ~ 套筒联轴器
nonsealed fluid ~ 开式液压离合器
ohmic ~ 电阻耦合
Oldham ~ 欧氏联轴器，滑块联轴器，十字形联轴器
one-circle fluid ~ 开式循环液力耦合器
overload ~ 安全联轴器
overrun(ning) ~ 超越离合器
palm and slipper ~ 带扁头和滑块的联轴器
pawl ~ 爪形联轴器
percentage ~ 耦合系数
permanent ~ 刚性〔固定〕联轴器
pin ~ 销连接
pipe ~ ①管接头，管套②管子耦接
pitman ~ ①连杆头②拉杆连接头
plate ~ 圆盘联轴器
positive ~ 正（电感）耦合，同向耦合
powder ~ 电磁粉末联轴器
pseudoscalar ~ 赝标量耦合
pto ~ 动力输出联轴器
pull-off ~ 锁紧拉杆
quick ~ 速接联轴器
quick-attachable ~ 快速联轴器，快速连接器
quick-release ~ 快速松脱（安全）离合器
rail ~ 轨连接
ratchet ~ 棘轮〔闸轮，爪形〕联轴器
reactance ~ 电抗耦合
reaction ~ 电抗耦合，反馈（耦合）
reducer ~ 缩径管接头，缩径接管
reducing ~ 缩径联轴器，缩小接管
reducing pipe ~ 异径管箍，异径直管接
regenerative ~ 再生耦合，回授耦合
remote-type ~ 遥控接头
resilient ~ 弹性联轴器，缓冲联轴器
return ~ 反馈，回授
reverse ~ 负反馈，负回授
right ~ 刚性联轴器
rigid ~ ①刚性联轴器②刚性连接③固定耦合
rigit sleeve ~ 套筒联轴器
rope ~ 绳索连接
rotary blade ~ 旋转叶片式联轴器
rubber packed ~ 橡胶套弹性联轴器
rubber plate ~ 橡胶板联轴器
rubber sleeve ~ 橡胶套筒联轴器
Schwinger ~ 施温格耦合（纵横的磁场耦合）
screw-joint ~ 螺纹套帽接头
sealed fluid ~ 闭式液力耦合器
security ~ 安全联轴器
self-acting trailer ~ 自动拖车连接器
self-sealing ~ 快速（密封管道）接头
Seller ~ 塞勒联轴器
separation ~ 可拆联轴器
shaft ~ ①联轴器②轴连接
shifting ~ 接合器，变速联轴器
silicone ~ 硅黏合
single shut-off hose ~ 单向封闭的软管接头，带一个单向阀的（软管）快速接头
sleeve ~ 套筒联轴器
slide seal ~ 滑接快速接头
slider ~ 十字滑块联轴器
sliding ~ 滑动〔套筒〕联轴器，滑叉式万能接头
slip ~ 滑动联轴器
slip joint ~ 补偿联轴器（轴可沿轴向移动）
slot ~ 槽隙耦合
Smith's ~ 斯密司离合器，电磁离合器
snap ~ ①快速联轴器②自动连接器
solid ~ ①刚性连接②刚性联轴器
source-fiber ~ 光源 - 光纤耦合
space ~ 空间〔分布〕耦合
spade half ~ 接轴的扁头
spindle jaw half ~ 接轴的铰接叉头
splined ~ 齿槽联轴器
split ~ 开口套管，对开联轴器，夹壳联轴器
split flight ~ 对开螺旋叶片联轴器
split muff ~ 开口套筒联轴器
split sleeve ~ 夹壳联轴器
square ~ 方头联轴器
star ~ 万向联轴器，万向接头
static ~ 静电耦合
stem valve ~ 推杆阀快速接头
straight ~ 直通接头
stud-retained ~ 销钉连接（器）
sufficient ~ 足耦合
swivel ~ 转环式连接器，转环式车钩
tee ~ 三通（接头）
thimble ~ 套筒联轴器
threaded ~ 螺纹锁紧机构
through ~ 直接联轴器，直接耦合，直接传动
tight ~ ①紧耦合，密耦合②密封连接③紧接头

tooth(ed) ~ 齿式联轴器
torque limiting ~ 过载限制联轴器
tubing ~ 油管接箍
two-circle fluid ~ 闭式循环液力耦合器
two-way seal hose ~ 带两个单向阀的(软管)快速接头
union ~ 套筒联轴器，管连接，管接头
union-screw ~ 对动螺旋联轴器
unity ~ 完整耦合，全耦合
universal ~ 万向联轴器，万向连接器
valve ~ (单向)阀连接(单向传输动力)
vernier ~ 微动联轴器(保证轴在任意相对位置连接)
viscous ~ 黏性联轴器，黏液离合器
Vulcan ~ 弗尔康联轴器(连接船用柴油机和螺旋桨轴的液力联轴器)

coupling-out 耦合输出

coupling-uncoupling 接合 - 脱开

coupon 〈法〉①试块，试样，试样块(随零件一起铸出或锻出的)②息票③赠券
cloverleaf ~ 梅花试棒
test ~ ①试件〔棒〕,(从铸件上切取下的)试样②测试(附加)电路

course ①过程，行程，路程，经过②方向，趋向，航向，航线，路线，道路③方针，方法，手续④层，行，列⑤课程，科目
approach ~ 进场路线
aural ~ 音响航向(信标)
beacon ~ 标程，无线电信标(引导的)航向
belt ~ 束带层，带层
broken ~ 断层(接缝)
butt-jointed shell ~ 对接锅炉身，对接炉体层
check ~ ①防隔层②避湿层
collision ~ 相遇航向，碰头航向，相撞航线
compass ~ 罗盘航向〔线〕
constant-bearing ~ ①定向航线，等方位航线②平行接近法
damp ~ 防湿层，防水层
dog ~ 追踪航线
drag level(l)ing ~ 刮平层
false ~ 假〔模拟〕航向
first ~ (锉刀的)下锉纹，头道锉纹
footing ~ 底层
foundation ~ 基(础)层
homing ~ ①归航航线，返航航线②自动寻的航向
insulation ~ 绝缘层，保温层
lacing ~ 带层
line-of-sight ~ ①三点法②目视航向
made ~ 真航向
magnetic(al) ~ 磁航向，磁罗盘航向
pursuit ~ ①追逐曲线(法)②追踪航线
seal ~ 封闭层，密封层
second ~ (锉刀的)上锉纹，二道锉纹
streamlined ~ 速成班
supporting ~ 承重层
test ~ 试验场(地)
wearing ~ 磨损层

courseware 课件(用于教学活动而设计的计算机课程软件)

coutator 换位子；整流子，换向器；转换器，转换开关

couveuse 保温器，孵养器

covalence 共价

covar 柯伐合金(w(Ni)28%，w(Cr)18%，w(Fe)54%，金属和玻璃熔接用的熔合物)

covariance 协方差，协变性，共离散
complex ~ 复协方差
normalized ~ 归一化协变性
positive definiteness ~ 正定协方差
sample ~ 样本协方差
temperature ~ 温度共离散

covariant ①共〔随，协〕变(式)，协度②协变的

covariation 协变性，共变异

covaseal 柯伐封接

cove ①凹圆线，凹口②穹窿，拱③成穹形，(使)内凹

coventry 径向梳刀

co-venture 合作经营

cover ①罩，盖，套，壳，蒙皮，蓄电池盖，罩壳，外胎②面〔保护，包复，涂，镀〕层，覆盖物，包复层③燃烧室颈④盖〔镀，涂〕上⑤包括，涉及⑥掩蔽，掩护
access ~ 离心腔盖，进(出)口盖，舱口盖
address ~ 地址覆盖范围
air ~ 航测成图地区，航摄区
all ~ 全罩式
arm side ~ (缝纫机)后盖
arm top ~ (缝纫机)顶盖
back ~ 后盖〔罩，套，壳〕
basic ~ 基本覆盖(区)
blanking ~ 盲板，盖板
blast ~ (燃烧室内的)火焰反射器
bucket ~ 围带
casing ~ 泵盖

commutator-inspection ~ 换向器视察窗
compartment ~ （出线端的）封闭罩
core ~ 型芯涂料，芯盖
cylinder ~ 气缸盖（往复压缩机）
dust ~ 保护罩，防尖盖〔罩，壳〕
enclosing ~ 外罩〔盖〕，封罩〔盖〕
end ~ 密封端盖
finger ~ 检拾器集电环
flux ~ 熔剂覆盖层
frame ~ 护板〔罩〕
front ~ 前盖，封面
gauze ~ 铁纱罩
gland ~ 填料压盖（泵）
grid ~ 栅帽，栅极屏蔽，栅极罩
ground ~ ①地面覆盖②成图面积，航摄地区，制图区域③荫蔽地，隐〔遮〕蔽地
hatch ~ 舱口盖
head ~ 端盖，顶盖，（水轮机的）顶环
hood ~ 机罩套
inner ~ 内罩
insert ~ 嵌入盖，插入式围带
inspection ~ 视察盖，检查孔盖，人孔盖
jam pot ~ 阀封
kingpin ~ 中心立轴盖
ladle ~ （铁液）浇包盖
lagging ~ （汽锅的）包衣
outer ~ 外盖〔罩，胎〕
pile ~ 桩帽
platen ~ 稿台盖板
protective ~ 保护罩〔盖，层〕，护面，覆盖剂
pulley ~ 带轮罩
radiator ~ 散热器外套
scroll ~ 螺旋套
shell ~ 端盖，封头
signal ~ 信号覆盖范围
singular ~ 奇异覆盖
snap-in ~ 快速压紧盖
snap-on ~ 弹簧扣盖
snappy spring ~ 自（动关）闭盖
socket ~ 插座盖
splash ~ 挡油护罩
step ~ 轴承盖
strainer ~ 过滤器盖
switch ~ 开关〔电键〕罩
telescopic ~ 伸缩罩
top ~ 顶盖
tyre ~ 外胎
valve mechanism ~ 气缸盖罩
water guide ~ 导水盖
way ~ 导轨罩
weather ~ 防风雨罩
wing ~ 翼罩

coverage ①可达范围，作用〔有效〕距离，有效区（域）②视界，分布，面积，幅宽③涂层，覆盖厚度〔范围,率〕④概〔总,包〕括⑤总体，保险总额，赔偿债务的准备总额
azimuth ~ 方位扇形角
band ~ 波段覆盖
bonded-phase ~ 键合相覆盖率
effective ~ 有效区域，可达范围
fault ~ 故障〔识别，覆盖〕率
high ~ 大有效区，大视野
jamming ~ 干扰影响区，干扰范围
lens ~ 透镜视角，镜头视界，镜头拍摄范围
line-of-sight ~ 视距，直视可达范围
low ~ 小有效区，小视野
octave ~ 倍频范围
range ~ 可达区域，有效区域范围
rated ~ 额定可达距离
repair ~ 修复比
solid ~ 立体图，空间图
spectral ~ 谱段，光谱范围
stereoscopic(al) ~ 立体摄影面积
surface ~ 表面覆盖率
wavelength ~ 波长范围，频谱段

coverall 连衣裤，工作服

coverboard 犁壁覆土板，犁壁延长部（使翻垡良好）

cover-device 遮蔽物

covered 覆盖的，缠卷的，绝缘的

coverer 培〔覆〕土器
blade ~ 铲式覆土器

covering ①被覆，外封，套，盖，罩，壳②覆盖（物，层），覆〔涂，镀〕层，加套，加罩，绝缘层，（焊条的）药皮③（梳麻机）针板
~ of an electrode 焊条的药皮
coil ~ 线圈包皮，线圈包扎层，线圈绝缘层
double-lead ~ 双铅（包）皮
enamel ~ 漆（包）皮
extrusion cable ~ 挤出电缆包覆
fabric ~ 布罩，用胶布做成的外壳
flush-riveted ~ 埋头铆壳
fusible ~ （焊接的）以渣为主的药皮
hydrogen controlled ~ 低氢型药皮
hydroscopic ~ 吸湿性药皮
oxide ~ 氧化性药皮

pipe ~ 管外保护层
plywood ~ 层板蒙皮
roof ~ 屋面
rubber ~ 涂胶
semi-volatile ~ 气渣联合保护药皮
tape ~ 带包绝缘层
underbead ~ 内部裂纹（热影响区）
volatile ~ 挥发性覆盖层，（焊接）造成的药皮

coverplate 盖板，顶
coversed-sine 余矢
coverture 覆盖（物）覆盖剂，包〔被〕覆，保护，盖〔蒙〕上
covibration 共振现象
covolume 协体积，共体，余容（积）
cow “母牛”（可从中提取短寿命放射性同位素的母体元素）
cowcatcher ①机车排障器，（电车的）救助网②广播节目前的节目，节目间插播的短小广告
cowl ①（外）壳，整流罩，机罩，发动机罩，（通风）盖，通风〔烟囱〕帽②高度流线型车身
crackcylinder ~ 气缸罩
low-drag ~ 减阻罩
pressure(d) ~ 加压罩
radiator ~ 散热器罩
ring ~ 集电环
wheel ~ 轮罩
wind ~ （烟囱）风帽

cowl-cooled 有外冷却套的，整流套冷却的
Cowles 考雷司铜铝合金（*w*（Al）1.25% ~ 11%，其余 Cu）
cowling =cowl
cowllight （汽车）车头边灯
coxcomb 梳形物，梳〔锯〕齿板
coxswain 艇长，舵手
C-path 组合通路
C-probe C 形探针
C-process C- 法，壳型铸造法
crab ①（起重）绞车，卷扬机，起重小车，（蟹爪式）起重机，绞盘，抓斗②宽波段雷达干扰台③偏航〔斜，差〕，倾斜角④主芯骨（架）
auxiliary ~ 副小车
bracket ~ 壁装起重绞车
capstan ~ 垂直绞车，起锚机（绞盘）
ceiling ~ 吊架起重绞车
core ~ 主芯骨（架），芯骨架（大型芯用）
reel ~ 卷筒绞车
tail ~ 尾绳绞车
trough ~ 装料槽起重绞车
two-drum ~ 双（卷）筒提升机构，双筒卷扬机

crab-bolt 板座栓，锚栓
crack ①破裂，砸开，敲碎②裂隙〔缝，痕，纹〕③龟〔干，热〕裂④裂化，分馏
ageing ~ 时效裂纹，自然裂纹
alligator ~ 龟裂
alligator-hide ~ 龟裂
anneal ~ 温裂，退火裂纹
atmospheric ~ 老〔风〕化裂纹
basal ~ （钢锭）底部裂缝，（焊缝）根部裂缝
bead ~ 焊缝裂纹
bull ~ 裂纹（厚薄不匀引起）
butt ~ 深（的）横（向）裂缝
capillary ~ 毛细裂缝，发细裂缝，发纹
check ~ 细裂缝，收缩裂纹，网裂，缩孔（铸造缺陷）
chevron ~ 中心裂纹
chill ~ （热轧钢材表面上的）辊裂印痕，激冷裂纹，冷裂纹
circumferential ~ 环形裂纹（离心铸件表面缺陷）
cleavage ~ 劈裂，解理裂纹
cold ~ 冷裂，凝裂
crater ~ 火口裂纹，弧坑裂纹
craze ~ （陶瓷或耐火材料的）龟裂
crevasse ~ 裂缝，龟裂
crowfoot ~ 皱裂，爪形裂缝
endurance ~ 疲劳裂纹〔断裂，裂缝〕
expansion ~ 膨胀〔伸缩〕裂纹
external ~ 表面裂缝，外裂缝
fatigue ~ 疲劳裂纹
fire ~ 加热裂缝，火裂（钢锭），（热轧轧材表面的）辊裂印痕
flash-line ~ 沿飞边断裂，（镁合金在低温下切边时发生的）拉裂
frost ~ 冻裂
grain-boundary ~ 晶界裂纹
grinding ~ 磨削裂纹，磨痕
hair ~ 发裂，发纹，微缝
hardening ~ 淬（火）裂（缝）
heat ~ 热裂，锻件表面龟裂
honeycomb ~ （路面）巢裂，网状裂缝
hot ~ 热裂（纹，缝）
incipient ~ 初裂，发裂，发纹
intergranular ~ 晶间破裂
lamination ~ 层裂

longitudinal ~ 纵裂纹
minute ~ 细〔微，发状〕裂缝
pressing ~ 压（制）裂（纹）
propagating ~ 传播裂纹
pull ~ 横向不规则裂缝（产生在铸件或钢锭表面），拉裂，热裂
quench(ing) ~ 淬火裂纹，淬火冷却开裂
restriction ~ 阻碍型裂缝
rod ~ （钢材或钢丝的）纵裂纹
rolling ~ 轧制裂缝
root ~ 焊脚裂纹
rubbing ~ 摩擦裂纹〔断裂〕
shatter ~ （白点引起的）发裂，无规则裂纹，微细龟裂
shear ~ 切变裂缝，（剪应力造成的）斜裂纹
shrinkage ~ 缩裂，收缩裂缝〔裂纹〕
slip ~ 滑〔压，层〕裂，起层（由于冲压下料或剪切所引起）
split ~ 纵裂，劈裂（热轧缺陷）
stress corrosion ~ 应力腐蚀裂纹
sulphur ~ 硫裂，硫带裂纹
tension ~ 应力裂缝，疲劳裂缝
thermal ~ 加热分裂（法），热裂化
through ~ （贯）穿裂（缝）
toe ~ 焊趾裂纹，焊缝边缘裂纹
transgranular ~ 穿晶破裂
underbead ~ 焊道下裂纹，焊缝下部母材的裂纹，内部裂纹
underhead ~ 焊面下裂缝
visible ~ 可见裂缝
waisting ~ 拦腰裂开
water ~ 水淬裂痕〔纹，缝〕
zigzag ~ 不规则裂缝

crackability 易热裂度，可裂化性，热割性

cracked 断裂的，有裂缝的，弄破了的，碎的，热裂的

cracker ①破碎机，碎裂器，碾碎辊②裂化室〔炉，设备〕
cat ~ （石油）催化裂化器
catalytic ~ （石油）催化裂化器
coal ~ 碎煤机
nut ~ 坚果脱壳机，（修车用）螺母破碎机
skull ~ 渣壳〔落锤〕破碎机

cracking ①裂开，破碎，裂缝，裂痕②加热分解，加热分裂（法），（石油）裂化③分裂的，分解的
alkali ~ 碱脆，碱性（应力腐蚀）破裂
antiflex ~ 抗折裂，抗弯裂
autothermic ~ 自裂解，自（供）热裂化，氧化裂化
bulk ~ 块状裂化
caustic ~ 苛性裂纹
chev(e)ron ~ 中心裂纹
chicken-wire ~ 网状裂缝
chisel-bond ~ 凿焊龟裂〔裂纹〕
combination ~ （液相和汽相）联合裂化
corrosion ~ 锈蚀裂缝，腐（蚀断）裂，晶间开裂
deeper ~ 深度裂化
drastic ~ 深度裂化
drawing ~ 拉裂
environment ~ 环境（应力）龟裂
exfoliation ~ 爆〔层，鳞〕裂
exposure ~ 自然龟裂
flex ~ 挠裂，疲劳裂纹
gas ~ （焦炉的）气相裂化
hot ~ 热裂（纹）
intercrystalline ~ 晶界断裂，晶间破裂
map ~ 龟裂，网状裂缝
once-through ~ 非循环裂化
pyrolytic ~ 热裂（作用）
season ~ 应力腐蚀裂纹，风干裂缝，季节性破裂
spontaneous ~ 自裂
sympathetic ~ 感应开裂
thermal ~ 加热分裂（法），热裂化

crackle ①噼啪声，爆裂声②（小）裂纹，龟裂

crackling 喀拉〔爆裂，噪〕声，（pl.）脆脂

crackmeter 超声波探伤器

crack-per-pass 单程裂化（量）

cracks crack 的复数
grinding ~ 磨削裂纹
hairline ~ 发纹

Cracovians 克拉科夫矩阵

cradle ①摇〔吊，托，支，料，机，船，绞车，轮脚〕架，托板，支承垫块②料箱〔槽〕，锭座，槽形支座，炉座底板③（锥齿切齿机的）摇台，刀具溜板④锯齿形凿刀⑤移动式摇动洗矿槽⑥送受话器叉簧⑦淘洗〔汰〕机
aircraft ~ 飞机挂弹架（挂导弹机构）
building ~ 支船架
checkering ~ 滚花托架
coil ~ 开卷机的带卷座，卷料架，卷材进给装置
guard ~ 保护网
launching ~ 腾空架，（导弹）发射架〔台〕，

船舶下水滑架
loading ~ 成品筐架，(收集筐)
tipping ~ (可倾式炉的)装料设备
craft ①技术，工艺，技能②工种，专业③船舶，飞机，航空器，飞行器，动力构件
aerial ~ 航空器，飞行器
aerospace ~ 航天器，宇航飞行器
airborne ~ 飞行器，飞机
air-cushion ~ 气垫船
amphibious ~ 两栖船
astronautical ~ 航天器
gliding ~ 飞升(航空)器，滑翔机
harbo(u)r ~ 港口运输船
hover ~ 气垫式运输机
hydrofoil ~ 水翼船
landing ~ 登陆艇
lunar ~ 登月飞行器
manned ~ 载人飞行器
mosquito ~ (鱼雷)快艇，驱潜艇
ram-wing ~ 气翼船，冲翼艇
service ~ 基地勤务船
surface effect ~ 气垫船
survival ~ 救生载具
underwater ~ 潜水艇
crafters 气泡孔，针眼
craftone 透明材料(印透明标记和符号用)
craftsman 技工
craftsmanship 工匠技能，手艺，技巧
cramp ①弓形夹箍〔钳〕，夹紧器，刀夹，扣钉〔片〕，铁箍〔搭〕，马铁，钢筋，夹线板，支承梁约束(物)②夹紧，固定，限制，紧缩
adjustable ~ 活动夹钳
drill ~ 钻夹
crampon ①吊钩夹，金属钩②起重抓具，起重吊钩
crampshell 抓斗
crandall 琢石锤
crane ①起重机，吊车，升降架②虹吸器，给水管③用起重机搬运(或起吊)
~ for cargo handling 装卸用起重机
~ for salvage work 救援用起重机
~ with cantilever 单悬臂起重机
~ with cantilevers 双悬臂起重机
~ with chain hoist 手拉葫芦起重机
~ with double lever jib 四连杆〔象鼻架〕伸臂起重机
~ with electric hoist 电动葫芦起重机
~ with hinged boom 铰接悬臂起重机
~ with hook 吊钩起重机
~ with movable girder 可移动主梁起重机
~ with retractable boom 可伸缩悬臂起重机
~ with rope trolley 绳索小车起重机
~ with saddle 框架型起重机
~ with self-propelled trolley 自行小车起重机
~ with slewing mantrolley 带回转司机室小车的起重机
abutment ~ 高架起重机
aisle stacking ~ 巷道堆垛起重机
ammunition ~ 重炮装弹机，弹药起重机
anchor ~ 吊锚杆，起锚吊车
angle ~ 斜座〔三角架〕起重机
arm ~ 挺杆〔横臂，悬臂〕起重机
articulated mobile ~ 铰接流动式起重机
attached tower ~ 附着式塔式起重机
automobile ~ 汽车起重机
autostack ~ 自动堆垛起重机
balance ~ 平衡起重机
barge ~ 浮式〔吊驳〕起重机
block ~ 脱模起重机
boom ~ 吊杆〔桁梁，伸臂〕起重机
box-handling ~ with grab 料箱 - 抓斗起重机
bracket ~ 悬臂式起重机，悬臂吊车
breakdown ~ 应急起重机，救险吊车
bridge ~ 桥式起重机，桥式吊车，行车
bucket ~ 吊斗〔料罐〕起重机
building ~ 建筑起重机
cable ~ 缆索〔索道〕起重机
cable type ~ 缆索型起重机
cab-operated overhead ~ 司机室操纵桥式起重机
camera ~ 摄像机升降架，照相机三脚架
cantilever ~ 悬臂起重机
canton ~ 轻便落地吊车
cargo ~ 船货〔码头〕起重机
cast house ~ 炉前吊车，出铁场吊车
casting ~ 铸锭起重机
caterpillar ~ 履带式起重机
charging ~ 装卸机，转装机，(地上)加料机，加料起重机〔吊车〕
charging and drawing ~ 装卸吊车
clamshell ~ 抓斗吊车
claw ~ 爪式〔锻造〕起重机
climbing ~ 爬升〔攀缘〕式起重机(塔式起重机，在建筑过程中可随建筑物的升高而上升)
climbing tower ~ 内爬式塔式起重机

column ~ 塔式〔转柱式〕起重机
construction ~ 工程起重机
container ~ 集装箱起重机
convertible ~ 可更换装备的起重机
cover ~ （均热炉的）揭盖吊车
cover carriage ~ 揭盖起重机
crab ~ 钳式吊车，带钳式抓取装置的吊车（抓取锭、坯、带卷）
crawler ~ 履带起重机
crawler-mounted tower ~ 履带式塔式起重机
crawling ~ 履带式起重机
crow ~ （棒钢，型钢，钢板等）料耙起重机
curb ring ~ 转盘起重机
dam ~ 坝顶起重机
deck ~ 甲板起重机
depiling ~ （带托板的）叠板卸垛吊车
derrick ~ 桅杆〔动臂，转臂，人字，架式〕起重机
dock ~ 码头〔船坞，造船〕起重机
dock barge ~ 港口趸船起重机
dogging ~ 钳式吊车，夹钳吊车（夹运锭，坯用）
donkey ~ 辅助起重机，起重力不大的蒸汽起重机
double girder gantry ~ 双梁门式起重机
double ship's ~ 船用双生起重机
duobox ~ 双箱形梁起重机
erection ~ 安装起重机
fixed base ~ 固定式起重机
fixed type floating ~ 固定式起重船
flat blank turning ~ 板坯翻转起重机
floating ~ 浮式〔水上〕起重机，浮吊，起重船
floating dock ~ 浮坞起重机
floor-controlled ~ 地面操纵起重机
forge ~ 锻造起重机
frame ~ 龙门起重机
front-handling mobile ~ 集装箱正面吊运起重机
full-circle slewing ~ 全回转起重机
gantry ~ 高架移动起重机，龙门〔门式〕起重机，轨道〔桥式〕吊车
gantry cable ~ 门式缆索起重机
gantry container ~ 集装箱门式起重机
general purpose mobile ~ 通用流动式起重机
giant ~ 挺杆起重机，巨型起重机
gib ~ 挺杆起重机
goliath ~ 巨型〔高架，强力〕起重机
gooseneck ~ 鹅颈式起重机
gooseneck jib tower ~ 折臂式塔式起重机
grab(bing) ~ 抓斗起重机，抓斗吊车
grapnel travel(l)ing ~ 抓斗行走吊车
ground charging ~ 地面加料起重机
guy-derrick ~ 缆绳式桅杆起重机
half gantry ~ 半龙门〔单脚高架〕起重机
hammer ~ 锤头式起重机
hammer-head ~ 锤头式起重机
hand-operated stacking ~ 手操纵堆垛起重机
harbour floating ~ 港湾浮式起重机
harbour portal ~ for general use 港口通用门座起重机
hatch ~ 舱口起重机
helmet ~ 帽式起重机，帽形起重机
high level slewing tower ~ 上回转塔式起重机
hook ~ 吊钩起重机
hot metal ~ 轧钢车间起重机
hot metal charging ~ 兑铁液起重机
hydraulic overhead ~ 液压桥式起重机
ingot charging ~ 加热炉装取料起重机
ingot pit ~ 均热炉的钳式吊车
ingot stripping ~ 起模吊车
interlocking ~ 联锁梁式起重机
jib ~ 动臂起重机，摇臂吊车，挺杆起重机，转臂式〔悬臂〕起重机
jib luffing type floating ~ 变幅式起重船
kangaroo ~ 袋鼠〔带斗〕式起重机
ladle ~ 铸造起重机
lorry ~ 随车起重机
lorry-mounted ~ 汽车吊，起重汽车
luffing ~ 水平起重机（起重时货件保持在水平位置），鹅头伸臂起重机，动臂起重机，俯仰起重机
luffing jib tower ~ 动臂变幅塔式起重机
machinehouse ~ 机器房起重机
magnetic ~ 磁力起重机
make-up ~ 配料起重机
manifold ~ 多用起重机
manual ~ 手动起重机
mast ~ 桅杆〔柱形塔式〕起重机
material handling ~ 运料吊车
metallurgy ~ 冶金起重机
minor ~ 小型起重机
mobile ~ 流动式起重机，汽车起重机
mobile ~ with box section jib 箱形臂流动式起重机

mobile ~ with lattice jib 桁架流动式起重机
mobile container ~ 高架集装箱轮胎起重机
monobox ~ 单箱体式〔箱形单梁〕起重机
mono-mast ~ 单立柱桅杆起重机
monostack ~ 单轨堆垛起重机
mother ~ 主巷道输送机
motor driven railway ~ 电动铁路起重机
mo(u)ld handling ~ 整模起重机
non stacking ~ 非堆垛用车辆起重机
non-propelled floating ~ 非自航浮式起重机
non-self-erecting tower ~ 非自行架设塔式起重机
N-shaped ~ 桥式起重机
offshore ~ 海上起重机
on-board ~ 船上起重机
one-legged ~ 单脚起重机
overhang ~ 高架〔吊装式〕起重机
overhead ~ 桥式起重机，桥式吊车，天车，行车
overhead explosion-proof ~ 防爆桥式起重机
overhead isolation ~ 绝缘桥式起重机
overhead travel(l)ing ~ 桥式起重机，天车，行车
overhead type ~ 桥架型起重机
pallet stacking ~ 托盘堆垛车
pendulum ~ 摆式吊车
piling ~ （带吊运托架的）叠板堆垛吊车
pillar ~ 塔式〔转柱〕起重机
pillar jib ~ 柱式悬臂起重机
pit ~ 翻（板）坯吊车
polar ~ 回转式吊车
pontoon ~ 平底船起重机，浮筒起重机，水上起重机，浮吊
port ~ 港口起重机
port haulage ~ 港口缆车起重机
port pedestal ~ 港口台架起重机
port wheel ~ 港口轮胎起重机
portable ~ 便携式起重机
portal ~ 门座〔龙门式〕起重机
portal bridge ~ 龙门起重机
portal jib ~ 龙门吊车
portal slewing ~ 门座起重机
post ~ 塔〔转〕柱式起重机
power station portal ~ 电站门座起重机
3-purpose overhead ~ 三用桥式起重机
pyramid ~ 角锥架起重机
quaternion ~ 港口门式起重机
quayside container ~ 岸边集装箱起重机
quenching ~ 淬火起重机
radial ~ 辐射式起重机
railmaster ~ 可联运轨道架空起重机
rail-mounted tower ~ 轨道式塔式起重机
railway ~ 铁路起重机
revolving ~ 回转〔立柱式旋臂〕起重机
rigid braced derrick ~ 斜撑式桅杆起重机
roughterrain mobile ~ 越野流动式起重机
runabout ~ 活动〔轻便〕起重机
scrap charging ~ 料箱起重机
semi portal bridge ~ 半龙门起重机
semi-gantry ~ 单脚高架起重机
semi-portal ~ 半门座〔单脚高架〕起重机
shear-leg ~ 双脚式起重机，动臂（剪形）〔人字〕起重机〔架〕
single-beam ~ 单梁起重机
slewing ~ 旋臂〔回转〕式起重机，转吊机
socking pit ~ 夹钳起重机（夹钳夹取钢坯）
stacker ~ 堆装〔垛〕起重机
stacking ~ 堆垛起重机
stationary ~ 固定式起重机
stationary tower ~ 固定式塔式起重机
steam ~ 蒸汽起重机，蒸汽吊车
stevedoring ~ 装卸起重机
straddle ~ 双门架跨式起重机
straddle carrier ~ 跨载起重机，跨车
stripping ~ 脱模〔锭〕起重机，剥片吊车
swing ~ 旋枢〔回转，旋臂〕起重机
swing lever ~ 旋臂式起重机
swinging ~ 摇臂吊车，旋臂起重机
swing-type cable ~ 单侧运行缆索起重机
teeming ~ 浇注〔铸〕起重机
tower ~ 塔式起重机
toy ~ 轻型起重机
track ~ 轨道起重机
tracklaying ~ 履带〔铺轨〕起重机
trailer ~ 拖行式起重机
transfer ~ 运送吊车，龙门吊
transporter ~ 桁架桥式起重机
transshipment ~ 输送起重机
travel(l)ing ~ 运行〔移动，桥〕式起重机，移动桥式吊车，行车
traversing ~ 桥式吊车
trestle ~ 高架〔门式〕起重机
trolley ~ 空中吊运起重机
truck ~ 汽车式起重机，汽车吊
twin travel(l)ing ~ 双轮移动起重机
tyre ~ 汽车起重机

tyre-mounted tower ~ 轮胎式塔式起重机
under slung ~ 悬挂起重机
underslung charging ~ 旋臂式加料起重机（冲天炉）
universal ~ 万能装卸〔起重〕机，全向起重机
vacuum cup ~ 真空吸盘式升降机
visor ~ 帽形起重机
walking ~ 活动吊车，移动式起重机，手扶式起重机
wall ~ 壁上起重机
wall jib ~ 旋臂起重机，旋臂吊车
wheel ~ （车）轮（移动）式起重机，轮胎起重机
whip(ping) ~ 摇臂起重机
whirler ~ 回转式起重机，旋臂吊车
workshop ~ 车间起重机
wreck ~ 救援吊车，救险起重机
wreck railway ~ 救援用铁路起重机
yard ~ 场内移动起重机，移动吊车，汽车起重机

craneage 吊车工时
craneman 吊〔天〕车工，起重机手
cranesaver 料垛送料装置（冲压自动线上）
crank ①曲柄〔拐，轴〕，弯臂，弯头，肘管，角杆②手柄，摇把③弯曲④摇动，起动⑤摄影，拍照⑥分型面落差
~ up 曲柄回转，曲轴回转
balanced ~ 带配重手柄，平衡曲柄
bell ~ 直角〔钟锤〕杠杆，钟形〔双臂〕曲柄，曲拐
builtup ~ 组合式曲柄
control ~ 操纵手柄，摇把，驾驶杆
coupling ~ 接头，双（联）曲柄
cross ~ 前后向曲轴
divided ~ 组合曲柄
double ~ 双曲柄
escapement ~ 擒纵曲柄，轨闸摇把
hand ~ 起〔手〕动曲柄
in-line engine ~ 直列式发动机曲轴
keyed-on ~ 楔装曲柄
kick ~ 锻模定位锁扣
leading ~ 导曲柄
lift ~ 起落弯臂，提升曲柄
operating ~ 操作曲柄，起动手柄
opposite ~ 对置曲柄
overhung ~ 外伸曲柄
punch ~ 压力机曲拐
raising ~ 提升（机构）曲柄
return ~ 回行曲柄
Scotch ~ 苏格兰曲柄（用于往复式蒸汽泵）
side ~ 轴端曲柄
stabilizer ~ 履带牵引车导向机构曲柄
starting ~ 摇手柄，起动曲柄
three-throw ~ 三拐曲柄
throw ~ 推动曲柄
two-throw ~ 双拐曲柄

crankangle 曲柄（转动）角
crank-arm 曲柄臂
crankaxle 曲柄轴
crankback 吊回
crankbrace 钻孔器，手摇（曲柄）钻
crankcase 曲轴〔曲柄，机轴〕箱
barrel ~ 筒式曲轴箱，发动机整体外壳
engine ~ 发动机机匣，发动机曲轴箱
pressurized ~ 密封〔增压〕曲轴箱（曲轴箱内气压超过大气压）
split ~ 对开曲轴箱，可拆（卸）曲柄箱

crankcheek 曲柄臂
crank-driven 曲柄传动的
cranker 手摇曲柄
crank-guide 曲柄 - 连杆机构，曲柄导向装置
cranking 摇动，启动，开动
crankle 弯曲，弯扭，曲折行进
crankless 无曲柄的
crank-motion 曲柄运动，往复旋转运动
crankpin ①曲柄〔曲轴，拐轴〕销②曲柄轴轴颈
crankplaner 曲轴刨床
crankshaft 曲（柄）轴
one-throw ~ 单拐曲轴
split spline ~ 键槽连接式曲轴
split-clamp ~ 夹紧式曲轴

crankthrow 曲柄行程〔弯程，半径〕
crankweb 曲柄臂
cranmobile 汽车起重机
cranny 裂缝，罅隙
crash ①粉碎，摔毁，碰撞②事故，失败③应〔紧〕急的
crash-ahead 全速正车
crash-astern 全速倒车
crash-back 全速倒车
crash-dive （潜艇）突然潜没，急〔快〕速下潜
crasher 粉碎机，猛撞，发出猛烈声音的东西
crash-proof 防撞击
crashstop 全速急停车
crashworthiness 抗撞性能

crate ①（包装用）板条箱，柳条箱，折叠式集装箱，花格箱②格栅，筐，筛状容器，笼子③旧飞机，旧汽车④用板条箱装
battery ~ 蓄电池组合框
crater ①焊口，焰口，火口②坎，(刀具)月牙洼，放电痕，弧坑③熔池
arc ~ 弧坎，电弧焊口
weld ~ 熔池
crateriform 漏斗状的，喷火口状的
cratering 磨顶槽
craterlet 小坑，小火山口
craticulation 分格转绘法
cravenette 防水布，雨衣
crawl ①慢行，爬（行），蠕动②图像抖动
chroma line ~ 色度爬行
dot ~ 点滑落，点蠕动
line ~ 爬行
power-line ~ 电源（引起的）爬行
crawler 履带（运行），履带牵引装置，履带式拖拉机，爬行曳引车，履带式车
jitterbug ~ 振动梁式履带混凝土铺路机
shovel ~ 履带挖掘机，履带式单斗电铲
crawler-drawn 履带拖拉机牵引的
crawler-pulled 履带拖拉机牵引的
crawler-tread 履带传动，履带式行进装置
crawlerway （为运输火箭或宇宙飞船而建的）慢速道，爬行（低顶）通道
crawling ①蠕行，爬行，蠕动（现象）②（感应电动机低速时的）磁场谐波现象
beam ~ 波束制导〔导引〕
crawlway 检查孔
crayon ①（电弧灯的）碳棒②颜色笔③（陶瓷的）裂纹
craze 微〔龟，发，开〕裂，（细）裂纹
crazing （细）裂纹，龟裂，网印，网纹，锭模龟裂痕（钢锭缺陷）
crazy-paving 衬层裂缝（轴承中巴氏合金衬层的小裂缝）
CR-bridge 阻容电桥
cream ①奶〔乳〕油，乳剂，乳状悬浮液，膏，水浆，油脂②奶油（色）
~ of latex 胶乳
barrier ~ 封（箱）泥
calamine ~ 锌膏
core ~ 修芯腻料
creamer 奶油处理器
ice ~ 冰淇淋机
creasability 耐皱性（能）
crease ①皱纹，折缝，折痕②变皱，弯折
crease-proof 不皱的
creaser ①压折缝的器具②圆形钉头型模
creasing ①折缝，折痕，皱纹②扭曲，弯折
creasote =creosote
create ①创造〔作〕，建立②引起，产生，造〔形〕成
creation ①创造〔作，成〕，建立，新增②创造物
digital reality ~ 数码精密显像
pair ~ （正负）电子偶的产生，形成电子对
creator 创建者
credibility 可靠性，确实性
credit ①信任，信用②债权，存款，贷方③电头，片头
creditability 可接受性，可信性
creditor 债权人，贷方
creel 粗纱〔筒子，经轴〕架
creep ①爬〔慢〕行，蠕动②蠕变，徐变，塑流，塑性变形，潜伸③频率漂移④滑行，打滑，滑落⑤渗（水），漏电
backward ~ （轧制时）金属的后滑
belt ~ 带轮缘滑动，带爬行〔打滑〕
constant-rate ~ 等速蠕变率
diffusional ~ 扩散蠕变
exhaustion ~ 疲劳蠕变，衰竭蠕变
Nabarre-Herring ~ 纳巴罗 - 赫林蠕变（由晶界通过晶粒内部到晶界的原子扩散）
positive ~ 正向波形不稳〔漂移，蠕变〕
primary ~ 第一阶段蠕变（蠕变加速区）
quasi-viscous ~ 准黏滞蠕变
recovery ~ 回复蠕变
secondary ~ 第二阶段蠕变
steady ~ 稳定蠕变，等速蠕变（率）
wall ~ 畴壁蠕移〔蠕变〕
zero ~ 仪器零点漂移，零蠕变
creepage ①蠕变，徐变，蠕动②漏电，渗水③滑移，塑流
creeper ①爬行物②定速运送器，螺旋输送器③小车（供躺于汽车底下进行操作用）④四爪锚，挖泥船
creeper-travel(l)er 爬行吊机，爬行车
creep-fatigue 蠕变 - 疲劳（双重）损坏
creepie-peepie 便携式电视摄像机
creeping ①潜动，爬行，蠕变，慢行，漂移，塑流，蠕流②（带）打滑③滞缓
grease ~ 润滑脂流出
magnetic ~ 磁滞（现象），磁漂移

meter ~ 表的指针爬行现象
creepmeter 蠕变仪
creeprail 轨道蠕动，轨道爬行
cremaillere 上条齿板
crenation 钝锯齿状
crenature =crenation
crenellation 锯齿状物
creosote ①杂酚油，木馏油，木材防腐油②灌注防腐油，用防腐油浸制
crêpe 〈法〉绉纱〔布，胶〕
cresceleration 按幂级数变化的加速度，幂次加速度，速度规律性变化
crescent ①新月形的，镰形的②月牙卡铁，镰形机翼飞机，新月状物③内啮合齿轮
cresol 甲酚，煤酚
cresset 标〔号，篝〕灯
cressing （拔管前的）锻头
crest ①峰顶②波峰，顶峰③振幅④最大值，峰值⑤（螺纹）牙顶，齿顶
flat ~ 扁平牙顶，平顶
pulse ~ 脉（冲顶）峰
tooth ~ 齿顶，齿倒棱（顶部），齿顶顶面
voltage ~ （电）压峰
wave ~ 波峰，波顶
Crestaloy 克雷斯达铬钒钢（w（C）0.5%，w（Cr）1.5%，w（V）0.2%，其余 Fe）
crestatron 高压〔差拍〕行波管
cresylite 甲苯炸药
creta 白垩
crevasse ①裂缝，破口②谐振曲线上部凹陷，双峰谐振
crevet 熔壶
crevice 裂隙〔缝〕
brake rod ~ 制动杆用 U 形叉，制动杆端叉形铁
crew （工作）队，（全体）工作人员
assembly ~ 装配组，装配人员
engine ~ 轮机组
face ~ 采煤工作队
handling ~ 管理人员，管理组
servicing ~ 技术维护班
crewman 乘务员，机组人员，宇航员，船员
crib ①叠木框，木笼，框形物，箱，木排②砂型套框，套箱，井壁基环③排除废料装置
cribble ①粗筛②粗粉③（用粗筛）筛，过筛
cricoid 轮形的，环状的
cricondenbar 临界凝结压力
cricondentherm 临界冷凝温度
crimp ①曲贴（角钢）②卷曲，波〔皱〕纹，弯〔卷，折〕边，凸缘③限制，束缚④碾平，压扁⑤脆的，薄弱的，变硬了的
cushion ~ 离合器从动盘扭曲部分（为了使离合器柔软地结合）
crimper 压紧〔折波〕钳，卷缩〔卷边，折缝〕机
crib ~ 弯折机（钢筋）
roller ~ 曲折压扁机
slat ~ 板条卷折机
crimping ①（大直径直缝焊管时的）卷边，弯边，压出波浪弯（钢丝织网前），咬口，（锻压时的）咬边②压接法
crimple ①波形，皱，折缝②缩紧，（使）皱缩，（使）卷曲，（使）成波形
crimpness 蜷曲，蜷缩
cringle 索眼，索圈
crinkle ①皱，缩，波状②使皱，使缩③起皱，缩卷
crinkly （材料）有皱纹的，卷曲的，波状的
crippling ①（往复）曲折，断裂②局部失稳破坏
crisis 危机，危险期，决定性阶级，紧急关头，转折点
boiling ~ 沸腾换热恶化
energy ~ 能源危机
crisp ①卷缩的，起皱的，起波纹的②脆的，易碎的③烘脆，变脆，冻硬，匀边
crispation 卷曲，卷缩，波动，收缩
crispen ①使图像轮廓鲜明②使〔变〕卷曲
crispener 图像轮廓加重电路
crisper （仿毛皮）卷绒整理机
mower ~ 割草曲折机
crisping ①匀边电路②匀边（使图像轮廓鲜明）
crisscross （交叉成）十字形（的），十字形（图案），交叉，方格
Cristite 克利斯蒂特合金
cristobalite 方晶石，方石英，白硅石
criteria criterion 的复数
criterion ①标准，判据，准则②判定，判别标准，判别式③准数，指标，尺度，规模
bucket definition ~ 相（位）稳定区保持的准则
concentration ~ 分选比
convergence ~ 收敛性判定准则，收敛性判据
cycle ~ 循环判据
deflection ~ 偏移准则
design ~ 设计准则〔规范〕

energy ~ 能量准则
equal area ~ （瞬态稳定中）等面积法则
error ~ 误差准则〔判据〕
extreme value ~ 极值准则，极值判据
fidelity ~ 逼真度准则
fitting ~ 拟合准则
Hencky yield ~ 亨基（塑性）屈服准则
Hurwitz stability ~ 霍耳维茨稳定性准则〔判据〕
integrated square error ~ 误差平方积分准则
likelihood ~ 似然准则
logarithmic ~ 对数判定（法），对数判据
matching ~ 匹配准则
maximax ~ 极大极大可能得利标准（好中求好的标准），极大极大判据〔准则〕
maximin ~ 极大极小判据〔准则〕
maximum shear stress ~ 最大剪应力准则
Maxwell-Hencky-von Mises yield ~ 最大切应变能量准则
mean-square error ~ 方均误差准则
minimax ~ 极小极大准则〔判据〕
Mises yield ~ 能量准则
noise ~ 噪声标准
Nyquist stability ~ 奈奎斯特稳定（度，性）准则〔判据〕
operational ~ 运算准则
optimality ~ 最优性标准〔判据〕
performance ~ 工作质量标准，性能标准
psycho-acoustic ~ 音质的评价标准
reality ~ 逼真度准则
root-mean-square ~ 方均根误差准则
routing ~ 路线准则，通道选定准则
second-moment ~ 二阶矩准则
sequence ~ 序列判据，定序标准
similarity ~ 相似性准则
simplex ~ 单体〔形〕判据
specified ~ 明细规范
stability ~ 稳定性准则〔判据〕
stiffness ~ 刚度准则
switching ~ 开关〔切换〕准则
technical ~ 技术标准
Tresca yield ~ 最大切应力准则
variance ~ 方差标准
Vogt-Nilsen's ~ 沃格特 - 尼尔森判据（稳定区保持的准则）
yield ~ 屈服判别式，屈服准则

critesister =critesistor
critesistor 热敏电阻
crith 克瑞（气体质量单位，1 克瑞 =0.089 6 g）
critical ①临界的，极限的，（处于）转折（点）的，危险（期）的②决定〔关键〕（性）的③苛刻的，要求高的，危险的④临界值
prompt ~ （由于中子引起的）即发临界
criticality 临界（性，状态）
cold clean ~ 冷净临界，冷态
prompt ~ 即发〔瞬时〕临界（性）
croak 嘶哑声
Crobalt 克拉巴尔特铬钴钨钢
Crocar 克拉卡铬钒钴硅钢
crochet 编织器
crocidolite 青石棉
crocodile ①轧件前端的分层②平板运输机③形成交叉裂缝，龟裂
crocus ①氧化铁研磨粉，磨（金属的）粉②橘黄色
Crodi 克拉迪铬钨锰钢（*w*（C）0.35%，*w*（Mn）0.5%，*w*（W）1.2%，*w*（Cr）5%，其余 Fe）
crolite 陶瓷绝缘材料
Croloy 铬钼耐热合金钢（*w*（Cr）9.5% ~ 12%，*w*（C）0.08% ~ 0.13%，*w*（Si）0.2% ~ 0.6%，*w*（Mo）0.5% ~ 1.5%，其余 Fe）
Croma 克拉马铬锰钢（*w*（C）0.35%，*w*（Cr）1.0%，*w*（Mn）0.8%，其余 Fe）
Cromadur 克拉马杜尔铬锰钒钢（*w*（C）0.15%，*w*（Mn）18%，*w*（Cr）12.5%，*w*（V）1%，*w*（Ni）0.2%，其余 Fe）
cromal 克拉马尔铝合金（含 Cr，Ni，Mn）
cromalin 铝（合金）电镀法
Croman 克拉曼铬锰钼硅钢
Cromansil 克拉曼西尔铬锰硅钢
Cromovan 克拉莫凡铬钼钒钢（*w*（C）1.4% ~ 1.7%，*w*（Cr）12% ~ 14%，*w*（Mo）0.5% ~ 1.0%，*w*（V）1% ~ 1.5%，其余 Fe）
cron 克龙（时间单位，1 克龙 =100 万年）
Cronifer 克拉尼弗镍铬合金
cronite 克拉耐特镍铬铁耐热合金（*w*（Ni）12% ~ 55%，*w*（Cr）18% ~ 25%，*w*（Fe）27% ~ 65%，*w*（C）0.2% ~ 0.75%，*w*（W）0.75% ~ 3%）
Cronix 克拉尼克斯镍铬合金（*w*（Ni）80%，*w*（Cr）20%）
cronizing 壳型铸造
crook ①钩，弯曲（工具），曲折（处）②弄弯，（使）成钩形，使弯曲
crooked 弯曲的，歪斜的，钩状的
crop ①收获，产量，一批，大量②切（料）头，

剪料头，残头，钢锭的收缩头，废料③顶，尖
~ of cathodes （电解）阴极剥落物
back-end ~ 切尾
front-end ~ 切头
top ~ 切头
cropper ①（钢锭）剪切机，剪料头机，截断器②收割机，收获机
cropping ①截弃，截短，剪切（头尾）②修剪，修整③剪切下料，切料头，剪料头，下料锻造④像幅限制，遮幅
cold ~ 冷折下料
hot ~ 热剁下料
ingot ~ 晶锭修整
croquis 草图
cross ①十字（形，头，轴，架，线，管），四通（管），十字形构件，十字接头②横过，穿过，交叉③绞线，交扰④ 90° 角尺⑤十字的，交叉的，横（向）的
beaded reducing ~ 带边异径四通（管）
dichroic ~ 分色十字形交叉，十字形分色镜
differential ~ 差速器十字头，差动十字轴
electrical ~ 电器混线
flanged ~ 法兰四通
geneva ~ 十字形接头，红十字
glass ~ 玻璃丝网
hair ~ 交叉丝，十字线（光学仪器），瞄准线
joint ~ （万向联轴器的）十字头
male ~ 阳十字接头
Maltese ~ 马尔特十字接头，马尔特十字槽间歇工作盘，马氏机构
near-end ~ 近端串扰
oblique ~ 斜口四通
Peltier's ~ 珀尔帖交叉（焊接）
plain equal ~ 不带边同径四通
reducing ~ 异径十字头
slanting ~ 斜口四通
slippage ~ 滑程
swinging ~ 混线，碰线
thermal ~ 热电偶接点〔合〕
tracking ~ 跟踪十字（符，光标）
trunnion ~ 联轴器十字头
universal-joint ~ 万向联轴器十字头
crossarm 横架，支架
cross-assembling 汇编方法
crossband 交叉频带的
cross-banding 频率交联，交向排列
crossbar ①横木〔杆，臂，梁〕，闩，（起重机）挺杆，凿岩机水平钻架，顶梁②十字杆件，四通（管）③纵横，交叉④（砂箱的）箱带
crossbeam 大梁，横梁，横珩，十字梁，平衡杆，天平梁
cross-bearer 横杆〔架，撑〕
cross-bearing 交叉定位，交叉方位
crossbinding 交叉联，横向连结
crossbit 十字形钻头，星形钻头
cross-blast （油断路器的）横吹（弧）
cross-bolster 横向架梁
cross-bonding 交叉互连
cross-brace 横拉条
crossbreaking 横断
cross-bridging ①交叉撑，搁栅斜撑②侧链的形成（当烃聚合或缩合时）
crossbuck 叉标
cross-channel 交叉流道
crosscheck 交叉检验，相互检验，用不同方法所得结果互相校核
cross-colo(u)r 亮度串色
cross-compiling 交叉编译
cross-compound 并列的，并联的，交叉双轴式的
cross-configuration 交叉配置
cross-connection 交叉连接
crosscorrelation 互相关（联），相互关系，交互作用
cross-country 越野的（车型）
cross-coupling 相互〔交感〕作用，交叉耦合〔干扰〕，交互耦合
cross-current 交错〔交叉，正交，横向〕流，涡流
cross-cut 交叉锉纹，横断隔线
cross-development 交叉开发
crossed ①十字的，交叉的②注销的
cross-elasticity 二次弹性
cross-equalization 互均化
crosser ①垫木②绳索机
cross-fade ①交叉衰落②（电视信道的）匀滑转换
cross-fading 交叉混合，叠像渐变
crossfeed 交叉馈〔供〕电，交叉进给，横向送进
cross-field 正交场，横向场
crossfire ①串报，串扰电流②交叉射击，交叉火焰
crossfirer 联焰管
crossflow 交叉流动，横向气流，杠流
cross-flux 正交通量，正交磁通

cross-folding 交错褶皱
crossfoot ①横尺，横计②横算，交叉结算
crossfooting 交叉验算，交叉合计
cross-forge 横锻
cross-frame 交叉连架
cross-frogs （铁路的）交叉辙叉
cross-garnet 丁字形蝶铰
crossgirder 横梁
cross-grained ①交叉转位的②纹理不规则的，扭丝的
crossgrowth 横向生长
crosshair （光学仪器上的）瞄准线，叉线，十字（准）线
crosshatch 给…画交叉阴影〔截面〕线
colo(u)r bar dot ~ 彩色条点交叉图案信号
crosshatching 画剖面线
crosshead ①十字（接）头，丁字头，十字结联轴器②操作架，滑块〔架，梁〕③横梁④工作区通道
cross-impact 交叉影响法
crossing ①横过，越过，跨接②（线路）交叉，相交，十字口，转辙叉③交叉建筑物
air ~ 风桥，交叉气道
cast ~ 铸铁辙叉
cast-steel ~ 铸钢辙叉
diamond ~ 菱形交叉
flyover ~ 立体交叉
frog ~ 弯轨交道岔
grade ~ 平面交叉
level ~ 平面交叉，铁路与公路平交叉
midpoint ~ 区间〔中点〕交叉
mode ~ （不同）波模交叉
oblique ~ 斜交
overhead ~ 立体交叉
roundabout ~ 环形〔转盘式〕交叉（口）
scissors ~ 交叉跨越（输电线）
square ~ 十字形交叉
under ~ 下穿（式立体）交叉
zero ~ 零点交叉
cross-laminated （层板）交叉层压的
crosslet 小十字（形）
cross-level 正交水平面
crosslights 十字光（由十字分布的五个光源构成，用于鉴定光学镜头）
cross-like 十字形的
cross-line 正交〔十字，读数〕线
cross-link ①横向连接，交叉耦合②（聚合物的）交联
crosslinker 交联剂
cross-manifold 交叉管道
cross-member 横构件，横梁
tank ~ 油箱横梁，油槽横梁，油箱隔板，油槽隔板
cross-modulation 交叉调制
cross-network 跨网络
cross-neutralization 交叉中和
cross-notching 对开槽
crossover ①跨越，跨接，（立体）交叉，相交，穿过②截面，切割，切断③交叉点，转线轨道，相交渡线，跨接结构④最近越渡点，电子束相交区的最小截面，电子束交叉点
beam ~ 束流交叉点（束流的最小交截面）
coil ~ 线圈跨接
gain ~ ①增益窜渡（伺服系统中）②放大临界点③截止频率
interconnection ~ 互联
junction ~ 结跨越
phase ~ 相位交点
cross-peen （锤的）横头
crosspiece 绞盘横杆，过梁，连接板，十字架，十字管头，横挡
cross-pin 插销，横钉，十字轴
cross-platform 跨平行（程序）
cross-ply （轮胎）交叉帘布层
crosspoint 交叉（点），相交点
crosspointer 交叉指针，双针
cross-polarization 横向极化，横向偏振
cross-polarized 横向极化的
cross-power 互功率
cross-product 矢积，叉积
cross-protection 横向保护（装置），防止碰线
cross-pumped 交替泵抽的
crossrail 横导轨，横梁
crossrange 侧向，横向
cross-reference 相互对照，交叉对照，引照法，互见，前后参照
cross-ringing 交扰振铃
cross-rod （钩头链节的）横轴，轴颈，横杆
cross-sea 逆浪，横浪
cross-section ①横截〔断，剖〕面，剖视图，（核反应的）有效截面②样品，抽样
bulk ~ 总截面，全截面
compound ~ 复合截面，复合过程的总面积
diffraction ~ （有效）绕射面积
elastic ~ 弹性反应截面
integrated ~ 积分截面

monoenergetic ~ 单色〔能〕截面
peak ~ 最大截面
principal ~ 主截面
radar ~ 目标有效反射面，雷达截面
Rayleigh ~ 瑞利散射截面
receiving ~ （天线）有效接收面积
reciprocal ~ 截面值倒数，倒截面
resonance ~ 共振截面
scattering ~ 散射截面
stepped ~ 阶梯形〔阶跃式〕截面
stopping ~ 抑制〔制动〕截面
variable ~ 变截面
cross-sectioned 用交叉线画成阴影的
cross-set 使错开，使交叉
cross-shaft 横轴
cross-shape(d) 十字形（的）
cross-sill 横梁
cross-span 横跨面
cross-steering 用横拉杆转向
cross-stitch 十字针法，用十字针法所编织的织物
cross-stream 交叉流
cross-switch 十字开关
crosstalk ①串话干扰，串话〔音，线，扰〕②交扰，相互影响〔干扰〕③交调失真
audio and video ~ 伴音和图像〔声频和视频〕串扰
backward ~ 后向串扰
bias ~ 偏磁串扰（磁带录音）
chrominance-luminance ~ 色度 - 亮度串扰
common mode ~ 共模式失真，共模串扰，共态串话
far-end ~ 远端串音
forward ~ 前向串扰
interaction ~ 互相串音
interchannel ~ 路际串音，通道间串音
intersystem ~ 制际串音
inverse ~ 倒置串话
inverted ~ （频率）倒置串音
magnetic tape ~ 磁带复制效应，磁带串扰
near-end ~ 近端串音
needle ~ 唱针串音
output-to-output ~ 测量远端串话，输出对输出的串话
picture ~ 图像串扰
positional ~ （多束管电子束）位置互串
quadrature ~ 正交调制串音，90° 相移调制串音
reflection ~ 反射串话
side-to-phantom ~ 实路对幻路的串话
side-to-side ~ 两路间串话
crosstell 对话
cross-term 截项
crosstie 枕木，轨距联杆，横向拉杆
cross-tracking “十字”跟踪
cross-under 交迭，交叉，（集成电路互连的）穿接
crossvariance （交）互方差
crossview 串像
crossware 交叉件
cross-wire =crosshair
crosswise 交叉的，成十字形的，十字状，横向的
cross-wood 腕木（电杆）
crotch 弯螺脚，弯钩，叉木〔柱，架，杆〕，丁形（终）端接（续）套管〔电缆〕
crotchet 小钩，钩状物，叉架〔柱〕
Crotorite 克罗托里特铜镍铝合金（*w*（Cu）89.36%，*w*（Pb）0.06%，*w*（Fe）0.56%，*w*（Ni）6.32%，*w*（Al）3.08%，*w*（Mn）0.62%），克罗托里特耐热耐蚀铝青铜（耐热的：*w*（Cu）88% ~ 90%，*w*（Ni）7%，*w*（Al）3%，*w*（Mn）0.3%；耐蚀的：*w*（Cu）88% ~ 90%，*w*（Al）9% ~ 9.75%，*w*（Mn）0.2% ~ 0.6%，*w*（Fe）0.2% ~ 2%）
crow ①撬棍，起货钩②克劳铬钢
crowbar ①撬棍，起货钩②急剧短路，断裂
crowd ①塞满，靠紧，积聚②一群，大量，一大批
crowder 沟渠扫污机
crowding ①（在金属等上的）皱纹形成②晕线加密
crowe-cell 有两个 D 型孔的薄膜超导存储元件
crowfoot ①防滑三角架，打捞钻杆的工具，吊索，铁蒺藜，铁条网，连接扒钉，三角钉②（电解的）足形电极，爪形〔网纹〕镇压器③图中标尺寸的箭头
Crown 皇冠（日本丰田生产车型）
crown ①上冠，（齿）冠，顶（部，架）②路拱，隆起（部），凸度③轮周〔缘〕④轧辊凸面⑤（水压机的）上横梁⑥印刷纸
~ to back 轮冠距，齿尖端面距
arch ~ 拱冠〔顶〕
double-double ~ 全开图纸（=0.762 m × 1.016 m）
double ~ 对开图纸（=0.508 m × 0.762 m）
front ~ 前锥齿冠

pile ~ 桩头
pipe ~ 弯管顶
piston ~ 活塞头部
press ~ 压力机上横梁
quad ~ 全开图纸（=0.762 m × 1.016 m）
roll ~ 轧辊凸面，有中间凸起的轧辊
runner ~ 上冠（水轮机）
tooth ~ 齿轮轮周，轮齿尖顶
tooth(ed) ~ 齿冠，齿顶缘
turbine ~ 涡轮叶轮，轮缘

crown-block 天车
crownglass 上等厚玻璃，无铅玻璃
crowning ①凸面，隆起面，凸起②桶〔鼓〕形齿③凸面〔鼓凸〕加工④鼓形修整，鼓形齿修形⑤带〔板〕材中心部分增厚
depth ~ 齿高修形
width ~ 齿向修形

crowsfeet 三角钉
croystron 固态器件
croze 栓槽，桶上端的槽，凿槽工具
crozzling （过烧钢酸洗后所呈现的）鳄鱼皮（缺陷）
CRT 阴极射线管
beam-shaping ~ 字码管
dual trace ~ 双踪示波管
fiber-optic ~ 光导纤维电子束管
flying-spot ~ 飞点阴极射线管
multigun ~ 多枪阴极射线管
projection ~ 投射式阴极射线管，投射式显像管
shadow mask colo(u)r ~ 阴罩式〔障板〕彩色显像管

cru 克鲁（蠕变单位，1000 h 发生 10% 的蠕变等于 1 克鲁）
crucible 坩埚，炉缸（冶金）
annular ~ 环形炉缸（感应炉），环形坩埚
bomb ~ 还原弹坩埚，还原钢罐
button ~ 钮形坩埚
carbon ~ 石墨坩埚
cupola ~ 冲天炉炉缸
external ~ （鼓风炉的）前床
fire-clay ~ 耐火坩埚
graphite ~ 石墨坩埚
internal ~ （鼓风炉的）本床
iron ~ （铸）铁坩埚
lined ~ 有衬坩埚
reduction ~ 还原坩埚
skull ~ 凝壳炉
sponge ~ 盛海绵金属的坩埚
thermit(e) ~ 热剂焊用坩埚

cruciform 十字形的，交叉形的
crud 掺合物，杂质，不同种类的物质，碎屑
crude ①原油，天然的物质②天然的，未（经）加工的，粗糙的，未完成的
live ~ 充气原油
metallurgical ~ 冶金粗（金属）料

cruise 巡逻，航行，低速巡行（出租汽车或巡逻车）
~ control 经济速度行驶〔巡航〕控制

cruiser 巡洋舰，大型快船，游艇，警车，远程导弹
cabin ~ 游艇，摩托艇，有舱位的大汽艇
heavy ~ 重型巡洋舰
light ~ 轻型巡洋舰
net ~ 网络漫游器

cruiser-carrier 巡洋航空母舰
crumb ①碎屑②少许〔量〕
crumber （开沟机的）清沟器（清沟后铺管）
crumble 溃散，弄〔粉，破，切〕碎，起鳞
crumbler 旋转碎土锄，旋转耕作部件
crumple ①皱纹，折皱②弄皱③挤压，扭变，扭转，盘曲
crunch （发）嘎吱声，摩擦，压过
crunching 碾压
crunode 分支，结点，叉点
crush ①压碎〔扁，坏〕，捣〔磨，碾，粉〕碎②塞，挤压〔进〕③砂型碎裂，塌型，掉砂④（砂轮）非金刚石整形⑤砂眼
case ~ 齿面剥落（表面硬化齿面的硬化层压碎剥落）

crush-border 压碎边
crusher ①轧碎〔破碎，碎矿，碎石，挤压，粗磨〕机②（砂轮）非金刚石修整器
ash ~ 碎渣机
backstroke ~ 反击式破碎机
ball ~ 球磨机
Blake ~ 布来克型颚式破碎机，下动颚式破碎机
boll ~ 轧麻荚机，亚麻轧籽机
boulder ~ 粗碎机
brake ~ 双肘板颚式破碎机
chip ~ 木片压碎器
clinker ~ 碎渣机
coal ~ 碎煤机
coarse ~ 粗（压）碎机
cone ~ 圆锥轧碎机，圆磨

copper ~ 铜柱测压器，测压铜柱
disk ~ 盘磨机，（圆）盘式轧碎机
double-roll ~ 对〔双〕辊破碎机
Gardner ~ 锤（式破）碎机，加德纳尔型破碎机
gyrasphere ~ 旋回球面破碎机
gyratory ~ 回转破碎机，环动轧碎〔碎石〕机
hammer ~ 锤式破碎机
impact ~ 反击式破碎机
impeller ~ for clay （泥料）叶轮打粉机
jaw ~ 颚式轧碎〔碎石，破碎〕机
mower ~ 割草压扁机
pan ~ 碾盘式破碎机
pendulum ~ 摆式破碎机
pin ~ 棒磨机
plate ~ 颚式轧碎机
pot ~ 罐式压碎机
preliminary ~ 粗（压）碎机，初轧碎机
primary ~ 初〔粗〕碎机
reduction ~ 碎减式破碎机，次轧碎石机
ring ~ 环式压碎辊〔破碎机〕
ring-hammer ~ 环锤式破碎机
roll ~ 辊式〔滚轴〕破碎机
roll jaw ~ 滚爪式碎石机
sand ~ 砂块破碎机，研〔松〕砂机
secondary ~ 二级粉碎机，二次轧碎机，次碎机
slag ~ 碎渣机，炉渣破碎机
swing hammer ~ 锤磨机，锤式破碎机，摇〔转〕锤破碎机
Telsmith ~ 泰尔司密斯破碎机（偏旋式破碎机）
tumbling ~ 转〔滚〕筒式粉碎机
twin-jaw ~ 双颚式轧碎机
two-state ~ 两段破碎机

crusher-run 机碎的，机轧的，未筛（分）的
crusher-sampler 破碎取样机
crusher-thrower 破碎抛掷机
crushing ①破碎，压碎②砂轮修整（非金刚石）③（黑白电视的）对比度干扰
case ~ 表面碎裂
fine ~ 精细压碎
graded ~ 分级压碎，分段破碎
stage ~ 分段破碎
stamp ~ 捣碎
vortex ~ 旋涡〔回旋〕破碎

crust ①（外）壳，表层，外皮，硬（表）面，地壳②浮渣，渣壳，水垢，铸件黑皮，细白砂③结皮，硬结，结一层硬壳④污点
~ of cobalt 钴壳，钴华
scale ~ 锈块，锅〔水〕垢层
slag ~ 渣壳

crutch ①立柱，拐杖，支柱，叉柱，船尾肘木，叉木，桨架②（电缆）丁字形端接续套管③支持，支撑
crutcher 螺旋搅杆器，搅和机
crux ①难题，关键②十字（形，记号）③坩埚
cry 叫，（呼）喊，鸣，呼声
tin ~ 锡鸣

cryobox 低温箱
cryodesiccation （冷）冻干（燥）
cryoforming 低温成形加工（法）
cryogen ①冷却剂，致冷剂②低温粉碎
cryogenerator 低温发生器，深冷致冷器
cryogenic 制冷的，低温的，低温实验法的
cryogenics 低温材料学〔物理学，实验法〕，低温技术
cryogenin(e) 冷却剂〔精〕
cryohydrate 冰盐，低共熔冰盐结晶，包凝分晶体
cryolite 冰晶石
cryoluminescence 冷致发光
cryometer 低温计，深冷温度计
cryomite 小型低温致冷器
cryonetics 低温学，低温技术
cryopanel 低温〔深冷〕板，低温操纵盘
cryophorus 冰凝器，凝冰器
cryophysics 低温〔超导〕物理学
cryoplate 低温（抽气）板，深冷抽气面
cryoprotectant 防冻剂
cryoprotector 低温防护剂
cryopump 低温（抽气）泵，深冷抽吸，冷凝泵
cryopumping 低温〔冷凝〕排气
cryosar 雪崩复合低温开关，低温雪崩开关
cryoscope 冰点〔低温，凝固点〕测定器
cryoscopy 冰点降低测定法
cryosel =cryohydrate
cryosistor 低温晶体管，低温反偏压 p-n 结器件
cryosixtor 冷阻管
cryosorption 低温〔深冷〕吸着〔附〕
cryostat 低温恒温器，致冷器，低温箱
cryotrap 低温冷阱，冷（凝）阱
cryotron 低温〔冷子〕管，冷持元件

crypt 加密
file ~ 文件加密
cryptoanalysis 密码分析
cryptocenter 密码中心
cryptochannel 密码信道
crypto-crystalline 潜晶〔隐晶〕(质)的
cryptocyanine 隐花青
cryptodate 密码键号
cryptoequipment 密码设备
cryptogram 密码文〔信〕件，暗号
cryptograp 密码，密码机
cryptograph 密码，密码打字机
cryptography 密码学〔术〕
quantum ~ 量子密码学
cryptoguard 密码保护
cryptologic ①密码逻辑②密码术的
cryptology 密码术
cryptometer (涂料)遮盖力计
cryptonet 密码(通信)网
cryptopart 密码段，密码部分
cryptoperiod 密码周期
cryptosciascope 克鲁克管(观察X射线阴影)
cryptoscope 荧光镜〔屏〕
cryptosecurity 保密措施
cryptosystem 密码系统
cryptotechnique 密码技术
cryptotext 密码电文
cryscope 冻点测定仪
crystadyne 晶体振荡检波器
crystagrowing 晶体生长
crystal ①石英，水晶，晶粒，(结)晶体，晶片②石英玻璃，钢化〔表面〕玻璃③晶体检波器④晶体的，结晶的
acceptor adjusted ~ 受主调整晶体
acicular ~ 针状结晶，柱状晶体
acoustic-optical ~ 声光晶体
aeolotropic ~ 各向异性晶体
allochromatic ~ 羼质色晶体，羼质光电导性晶体
allotriomorphic ~ 不整形晶体
analyzing ~ 分光晶体
arborescent ~ (树)枝(形)晶(体)
"as-grown" ~ "生成态"晶体
beam-deflecting ~ 光束偏转晶体
bent ~ 弯曲〔形〕晶体
berg ~ 水晶
biaxial ~ 双轴晶体
bimorph ~ 双层晶体，耦联晶片，振荡互补偿晶体
cellular ~ 胞状晶
chamber ~ 铅室结晶
Chochralski active ~ 引上法(拉晶)激活晶体，切克劳斯法激活晶体
cholesteric liquid ~ 胆甾相液晶
clear ~ 无色晶体
cluster ~ 簇形结晶
coarse ~ 粗晶体
complex ~ 复晶(体)
compound ~ 孪晶(体)，复晶，双晶
Condy's ~ 康地晶体($KMnO_4$ 俗名)
coordinate ~ 配位晶体
corroded ~ 溶蚀(斑)晶
cubeovertone ~ 谐波压电晶体
cuprous chloride ~ 氯化亚铜晶体
Curie-cut ~ 居里截式晶体
curved ~ 弯(曲)晶(体)
dead ~ 死晶体，失效晶体
dendritic ~ (树)枝(状)晶体，枝蔓晶体
dielectric ~ 介质晶体
directional ~ 定向结晶，柱状晶体
distorted ~ 歪晶
elemental ~ 单质晶体
embryonic ~ 胚晶
English ~ 铅玻璃
equiaxed ~ 等轴晶粒
euhedral ~ 自形结晶
eutectic ~ 共晶，低共熔晶体
fern-leaf ~ 枝晶，锯齿状晶体
filament ~ 丝晶
fine ~ 微晶体
fir-tree ~ 树枝晶
fixed ~ 固定晶体
flat ~ 片状晶体
float-zone ~ 浮区晶体
foreign ~ 异种晶体
fringe ~ 柱状晶体
full ~ 全晶玻璃
harmonic ~ 谐波型晶体
hemihedral ~ 半(面形)晶(体)
hex ~ 六角晶体
homopolar ~ 同极晶体
host ~ (发光剂的)主晶，基质晶体，结晶核
idiochromatic ~ 本质色晶体，本质光电晶体
inoculating ~ 晶种，籽晶
isodiametric ~ 等轴晶体
isomorphous ~ 同形晶体

left-handed ~ 左（旋）晶（体）
liquid ~ 液晶（体）
luminescent ~ 发光晶体
matrix ~ 基体（中的）晶体
matted ~ 晶子，雏晶，籽晶
mineral ~ 天然水晶，天然晶体，无机水晶，无机晶体
mixed ~ 混合晶，晶体混合物，固溶（晶）体
mixer ~ 混频（器）晶体
mother ~ 原晶体，母晶体
mountain ~ 石英，水晶
natural ~ 天然矿石〔晶体〕
nematic liquid ~ 向列相液晶
optical ~ 光学晶体
organic ~ 有机晶体
oscillating ~ 回摆晶体
phantom ~ 幻晶体，先成晶体
piezoelectric ~ 压电晶体
pinetree ~ （树）枝（状）晶（体）
polar ~ 极性晶体
porphyritic ~ 斑晶
positive ~ 正晶体
primary ~ 初（析）晶，初次结晶（体）
prismatic ~ 斜方晶
pulled ~ 拉（制的单）晶，抽晶
pyroelectric ~ 热电晶体
quartz ~ 石英晶体
real ~ 全晶玻璃（含铅晶玻璃），真晶体
regular ~ 正方晶
Rochelle salt ~ 酒石酸钾钠晶体（压电晶体）
rock ~ 水晶，石英，岩晶
ruby laser ~ 红宝石激光晶体
scintillation ~ 闪烁晶体，晶体闪烁体
seed ~ 晶种，籽晶
single ~ 单晶（体）
smectic liquid ~ 近晶相液晶
striated ~ 条纹晶体
superconducting single ~ 超导单晶
tabular ~ 片状结晶
thermotropic liquid ~ 热熔液晶，热致液晶
tree ~ 树枝状晶体
twin ~ 孪晶，双晶（体）
uniaxial ~ 单轴晶体
unit ~ 单晶
vacuum grown ~ 真空（中）成长（的）晶体
valence ~ 价键晶体
valency ~ 价键晶体
video ~ 视频晶体
whisker ~ 须状晶体
Z-cut ~ Z 切割晶体

crystal-bar 晶棒
crystalchecked （用）晶体稳定的，晶体检定的，石英校准的
crystal-controlled 晶体控制的
crystalline ①结晶（质）的，晶状〔体〕的②结晶体〔质〕，水晶体，晶态
crystallinity 结晶度〔性〕
crystallinoclastic 晶质碎屑的
crystallinohyaline 水晶〔石英〕玻璃
crystallisation =crystallization
crystallite 微晶，晶粒，雏晶
crystallizability 可结晶性
crystallization ①结晶（作用），晶化②结晶体
~ of glasses 玻璃的晶化
coures ~ 粗结晶
dendritic ~ 树枝状结晶，枝蔓晶体
fractional ~ 分部〔别〕结晶（法）
mimetic ~ 拟晶〔后构造〕结晶
oriented ~ 取向结晶
repeated ~ 反复结晶（作用）
secondary ~ 二次结晶
crystallize （使）结晶，晶化
crystallizer 结晶器
jacketed ~ 套层结晶器
tank ~ 槽式结晶器
vaned drum ~ 带叶片的转筒结晶器
crystallo-axis 晶轴
crystalloblastic 变晶（质）的
crystallogram 晶体衍射图，结晶绕射图
crystallograph 检晶仪〔器〕
crystallographic 结晶（学）的
crystallography 结晶〔晶体〕学
structural ~ 构造结晶学
crystalloid ①晶体，凝〔似，准〕晶质②结晶状的，透明的
crystallology 结晶构造学，晶体学
crystallo-luminescence 晶体发光
crystallometer 检晶器，晶体测量计
crystallometry 晶体测量学
crystallon 籽晶
crystallophysics 晶体物理（学）
crystalon 刚晶（碳化硅），籽晶
crystal-pulling 拉单晶，单晶控制
crystal-size 晶体大小
crystal-tipped 晶头的，端部为结晶体的
crystobalite 白石英，白硅石

crystolon （人造）碳化硅（研磨用）
CS-chamber 饱和式展开槽
C-sean C 型扫描（横坐标表示方位角，纵坐标表示仰角，亮点为目标）
C-stage 最终状态
cubage （求）体〔容〕积（法）
cubature = cubage
cube ①立方体，正六面体②立方，三次幂
corner ~ 角隅棱镜，三面直角棱镜
face-centered ~ 面心立方体
n-dimensional ~ n 维体
nickel ~ 小镍块
photometric ~ 光度〔测光用〕立方体
prime singular ~ 素奇异立方
singular ~ 奇异立方
test ~ 立方试体
cube-like 立方的
cuber 制粒机，压块机
Cubex 双向性硅钢片
cubic ①立方（体）的，三次的，正六面体的②三次曲线〔函数，方程，多项式〕，立方晶系〔格〕
diamond ~ 菱形立方体
face-centered ~ 面心立方晶格（的）②面心立方的
cubical 立方形〔体〕的，三次的，体积的
cubicity 立方（性）
cubicle ①小室，机壳，箱，柜②密封〔隔离〕配电盘，（配电装置的）栅③控压电池
control ~ 控制〔操纵〕台〔室〕
excitation ~ 励磁柜
instrument ~ 仪表室
reactor ~ 反应堆室〔舱〕
cubing 以体积计量
cubit 库比特（长度单位，1 库比特 =45.7 cm）
cuboid 长方体（的），矩形体（的）
cubond 铜焊剂
cubraloy 铝 - 青铜粉末冶金
cuddy ①小舱〔室〕②三脚杠杆
cue ①线索，暗示，提示②记号，信号，尾接指令，辅助值〔字〕③嵌〔插〕入（物）④滴定度⑤品质因素
changeover ~ 换机信号
jet ~ 快速选看，正向寻像（录像机用）
cueing （电视节目中）插入字幕，提示
Cufenium 库弗尼阿姆铜镍铁合金（w（Cu）60% ~ 72%，w（Ni）20.5% ~ 22%，其余 Fe）
Cuferco 库非可铜铁钴合金
cuff 套头〔箍〕，封，袖口
propeller ~ 螺旋桨根套
rubber ~ 橡胶封套
cull ①挑选，筛分，抽出，摄取②选余〔除去〕之物
cullender 过滤器，滤锅
cullet 碎玻璃，玻璃片
culling 采摘
cullis =coulisse
culm ①细粒〔小块〕无烟煤，无烟煤废渣，碎煤②（草木的）茎，（麦）杆
culmination ①顶〔极〕点，极限，绝顶，达到极点②最高潮③中天
culti-cutter 果园草地耕耘铲
cultimulcher 碎土〔耙地〕松土压土器
cultipacker 碎土镇压器
cultivation ①耕种，开垦②培养，磨炼
cultivator 耕耘机，中耕机
blade ~ 平铲中耕机
Canadian ~ 加拿大型中耕机（弹性支架的中耕机）
continuous toolbar ~ 整体横梁式中耕机，整体农具架式中耕机
deep ~ 深松土中耕机
expanding ~ 伸展式中耕机，带伸张架的中耕机
gang ~ 分组式中耕机
knifing ~ 平切耕耘〔中耕〕机
offset ~ 偏置式耕耘机
pivot-wheel ~ 可操向中耕机，带操向轮的中耕机
rigid-tined ~ 刚齿式中耕机
rolling ~ 旋耕机
rotary ~ 旋转中耕机
spring-tine ~ 弹簧齿中耕机
steam ~ 蒸汽机引式中耕机
stump-jump ~ 跃障复位式中耕机
toolbar ~ 通用机架式中耕机
trailed ~ 牵引式中耕机
trip-shank ~ 弹返铲柄式中耕机
walking ~ 手扶中耕机
cultivator-cum-ridger 中耕培土〔起垄〕机
cultivator-fertizlizer 中耙追肥机
cultivator-hiller 中耕培土机
cultivato-sidedresser 行侧追肥中耕机
culture ①文化〔明〕②（人工）培养，养殖，栽培

corporate ~ 公司文化
culvert ①（地下）电缆管道②（干船坞的）排泄管，水管，阴沟，涵洞
box ~ 箱形涵洞
corrugated ~ （用波纹铁管建筑的）波纹管涵
cumulant 累积量
cumularsharolith 团粒
cumulation 累〔堆，蓄〕积，重叠，汇编
cumulative ①累计〔积〕的，渐增的，附加的②加重〔多，载〕
cumulant 累积
cumulite 积球雏晶
cumulophyric 联合斑状
cuneate 楔形的
cuneiform 楔形的，楔形文字（的）
cunic 库尼克铜镍合金（*w*（Ni）45%，*w*（Cu）55%）
cunico 铜镍钴永磁合金（*w*（Cu）50%，*w*（Ni）21%，*w*（Co）29% 或 *w*（Cu）20% ~ 50%，*w*（Ni）20% ~ 30%，*w*（Co）20% ~ 50%）
cunife 代用白金，镀铜铁镍合金，铜镍铁永磁合金（*w*（Cu）60%，*w*（Ni）20%，*w*（Fe）20%）
cuniman 铜锰镍合金（*w*（Mn）15% ~ 20%，*w*（Ni）9% ~ 20%，其余 Cu）
cunisil 铜镍硅高强度合金（*w*（Ni）1.9%，*w*（Si）0.6%，其余 Cu）
cup ①杯（子，状物），盘，帽，套，碗，座，槽，坩埚，一杯的容量②盖（筒），罩（帽），袖套（轴），圈③前室（发动机），喷注室④圆锥外圆，绝缘子外裙⑤求并运算⑥曳光管
air ~ 喷雾嘴
(bearing) drawn ~ 冲压外圈
breaker ~ 断续器固定白金顶
brick ~ 座砖（铸造）
charcoal radon ~ 活性炭氡气杯
Cleveland open ~ 克利夫兰敞口杯（引火点试验）
compression grease ~ 压注润滑脂杯
concentration ~ （阴极附近的）聚焦极
counting ~ 量杯
double ~ 双滚道圆锥外圈，U 形圈
drain ~ 放泄漏斗（放油或放水用）
drip(ping) ~ 承油环，酸〔油〕样收集器，承屑盘
drive-type oil ~ 压力加油器
dust ~ 压缩除尘器，防尘帽
ear ~ 耳机
flanged ~ 带外止动挡边的外圈
fullering ~ 密封皮碗
graphite ~ 石墨坩埚
grid ~ 栅极圆筒
head ~ 铆钉机顶具〔顶把〕
indentation ~ 半球形压痕，小圆穴
injection ~ 喷（嘴）头
leather ~ 皮碗，皮涨圈，皮套
lubricating ~ 润滑油杯
magnetic ~ 磁（荧光）屏
mixing ~ 混合室
piston ~ 活塞皮碗
pivot ~ 枢轴环，关节窝
pole ~ （电）杆顶帽
porcelain ~ 瓷盘（绝缘子）
porous nickel ~ 多孔镍引爆杯（雷汞杯）
pouring ~ 漏斗形外浇口杯
primary ~ 初级〔密封〕皮碗
protective ~ 防护罩
pump ~ 泵轴环，油泵滴杯
quenching ~ 淬火盂
retainer ~ （型架的）套杯
roller ~ 滚针轴承（衬）套，锥形滚子轴承外圈
rotary ~ （回转式燃油喷嘴的）回转喷注室
rubber ~ （橡）皮碗
runner ~ 浇口杯
secondary ~ 副皮碗
sintered nickel ~ 烧结镍过滤杯
socket ~ 浇瓢，浇注勺
solder ~ 焊锡坑
split ~ 分瓣感应环（继电器衔铁）
spray ~ 喷（嘴）头
sprue ~ 浇铸漏斗，浇口杯
thrust ~ 承推块
vacuum ~ （真空）吸阀
valve ~ 阀座
wash ~ 洗砂杯
cupal 包铜的铝薄板
cupaloy 可锻铜合金（*w*（Cu）99.4%，*w*（Cr）0.5%，*w*（Ag）0.1%，高电导率）
cupboard 橱，柜
electronic sterilizing ~ 电子消毒碗柜
cupel 烤钵，灰皿，灰吹盘
cupellation 烤钵冶金法，灰吹法
cupeth 铜甲电缆
cupferrate N- 亚硝基苯胺
cupferron 铜铁灵，铜铁试剂

cupholder 绝缘子螺脚（线路用）
cup-jewel 托钻
cup-like 杯形〔状〕的
cupola ①冲天〔化铁，熔铁〕炉，（立式）圆顶炉②圆（屋）顶，穹顶
coke-gas ~ 煤气化铁炉
erps ~ 螺旋风口式化铁炉
front slagging ~ 连续出渣冲天炉
receiver ~ 带前炉的冲天炉
reservoir ~ 带前炉的冲天炉，（化铁炉的）前床
Schuermann ~ （肖尔曼式）热风冲天炉
tank ~ 带前炉的冲天炉
water jacket ~ 水冷冲天炉
Whiting ~ 燃煤预热送风冲天炉
cupolette 小（型）冲天炉
cuppiness 杯锥状，凹状
cupping ①深挤压，杯形挤压，深拉②（轮齿的）槽形磨损③形成蘑菇头（钢丝断口出现的蘑菇形表面）④翻边
cupralith 库普拉利司铜锂合金
cupralium 库普拉利铜铝合金（*w*（Cu）7% ~ 8%，其余 Al）
cupranlum 库普拉尼铜镍合金
cupric 含铜的，（正，二价）铜的
cupro 铜，铜的
cuproarquerite 铜银汞膏
cuprobond （冷加工前的）镀铜，（钢丝拉拔前的）硫酸铜处理
cuprodine （钢丝拉拔前的）镀铜
cuprolead 铜铅合金
cupromanganese 铜锰合金
cupron ①科普隆铜镍合金，康铜（合金）（*w*（Cu）55%，*w*（Ni）45%）②试铜灵
cupronickel 铜镍合金，白铜（*w*（Ni）40%，少量 Fe、Mn）
cuprous 一价铜的，亚铜的
cuprum 铜
cup-shaped 杯形的
cuptest 杯状试验
cupule 杯形器，杯状托，杯状凹
curb ①控制，约束，抑制（电流）②阻止物，抑制的东西③路缘（石），井栏，井口锁口圈，井框垛盘④车围
curbing ①抑制②木井框支架③做路缘（材料）
curd ①凝乳，液体凝结物②（使）凝结
curdle ①凝结，凝固②乳凝（聚）
cure ①处理，处置，解决，矫正②硫〔熟，固，硬〕化，结壳（壳型），凝固③对策，措施
heat ~ 热硫化
hot ~ 热处理，热养护
mo(u)ld ~ 模型硫化（橡胶）
oven ~ 烘炉硫化
over ~ 过热，过分硫化〔处治〕
post ~ （二次）后硫〔固〕化
spot ~ 局部硫化
water ~ （热）水硫〔固〕化，（热）水处治
curer 焙固机，烘焙机
curette 刮匙
curiage 居里数，居里活度
curie 居里（放射性活度单位，1 居里 $=3.7\times10^{-10}$ Bq）
curie-equivalent 居里当量
curiegram 居里图
curing ①处理〔置〕（混凝土）养护②硫〔熟，塑，固〕化
electron beam ~ 电子束固化
electronic ~ ①高频固化②高频磁化
field ~ 现场养护，室外养护
heat ~ 热固化，热硫化
membrane ~ 薄膜养护
ultra-violet ~ 紫外固化
water ~ 热水硫化，湿治，水养护〔处理〕
curium 锔（Cm）
curl ①卷边，卷曲②涡流〔纹，动〕，旋度〔量〕③螺旋状物，卷曲物④波纹材，纹理
~ of vector 矢量旋度
coil ~ 线圈，旋度
curlator 揉搓式磨浆机
curler 盘卷机，圆边机（罐头）
chip ~ 断屑器
curl-free 无旋度的
curlicue （文字）花体
curling ①卷缩，卷曲，卷圆②（板材的）卷边，翘曲，扭面（轧材缺陷）
currency ①货币②通用，流通〔动，传〕③流通时间，经过，期间
digitized ~ 数字化货币
paper ~ 纸币，钞票
current ①（电，气，液，海，潮，激，射）流，流动②趋势，倾向③新〔近，现〕刊④通用的，现行的，当前的，本（年，月，期）
absorption ~ 吸附电流
accurate operating ~ 精确工作电流
active ~ 有功〔效〕电流
adverse ~ 逆流

after ~ 剩余电流
air ~ （空气）气流
air-gap field ~ 气隙磁场电流（I_{fg}）
alternate ~ 交流（电）
alternating ~ 交流电
arc ~ 电弧电流,（离子源的）弧流
area-balanced ~ 面积平衡电流，与直流分量对称的电流
arrival ~ 终端（输入）电流
ascendant ~ 上升气流
audibility ~ 可听度电流（在受话器中产生声音的最小电流）
audio-frequency ~ 声频电流，通话电流
autoelectronic ~ 场致发射电流，冷发射电流
back ~ 反向电流，回流
background ~ 基流，本底电流
backlash ~ 间断电流
backward ~ 逆向电流（水银整流器）
base ~ （垂直接地天线的）基极〔线，部〕电流
basic ~ 基本电流
beam ~ 电子注电流,束（电）流,射线通量,射流线
bearing ~ （电机轴）轴承杂散电流
bias ~ 偏流（加到半导体等装置的电极），偏压电流
bioelectric ~ 生物电流
bleeder ~ 旁漏〔泄放〕电流
blowing ~ （熔丝的）熔断电流
blowout ~ 熔断电流
branch ~ 分〔支〕路电流
breakdown ~ 击穿电流
breaking ~ 分断电流，遮断电流（断路器，熔丝等）
breakover ~ 转折电流
bridge ~ 分路〔桥接，桥路〕电流
bunched ~ 聚束电流
by-pass ~ 旁路电流
cancellating ~ 补偿电流
canning-beam ~ 扫描束电流
capacity ~ 电容（性）电流
carrying ~ 瞬间极限电流,（瞬间最大容许）（承）载（电）流
catcher ~ 收注栅电流（速调管中），捕集器电流
cathodic ~ 阴极电流
circular ~ 环（电）流
circulating ~ 循环（电）流，平衡电流
clamp ~ 钳位电流
collected ~ 集电极电流
collector ~ 集电极电流
collector-base cut-off ~ 集电极 - 基极截止电流
collector-emitter cut-off ~ 集电极 - 发射极截止电流
commutating ~ 换向〔整流〕电流
concentration ~ 浓差电流
condensance ~ （电）容性电流
condenser ~ 电容器电流,（电）容性电流，调相机电流
conduction ~ 电导电流
constant ~ 恒（定电）流
contact ~ 触点电流
continuous ~ 连续电流，恒向电流，直流（电），等幅电流
continuous (direct) on-state ~ 通态直流电流
control ~ 控制电流
convection ~ 运流电流，对〔运〕流，对流气流〔电流〕
conventional non-tripping ~ 约定不脱扣电流
conventional thermal ~ 约定发热电流
conventional welding ~ 约定焊接电流
copious ~ 强流
corona ~ （电）晕（电）流
corrosion ~ 腐蚀电流
counter ~ 反向电流，逆流，对流
creepage ~ 爬〔漏〕电电流
critical ate of rise of on-state ~ 通态电流临上升率
critical rate of fall commutating ~ (of bidirectional thyristor and reverse conducting thyristor) （双向晶闸管和逆导晶闸管的）换向电流临界下降率
cross ~ 涡〔错，交叉〕流
crowbar ~ 短路电流
cut-off ~ 截止电流，截断电流
damped alternating ~ 减幅〔衰减〕交流（电）
dark ~ 暗（电）流，无照电流
dash ~ 冲击〔超值〕电流
decaying ~ 减幅电流
delta ~ 三角接法电流
depolarization ~ 去极化电流
derived ~ 分路〔支〕电流
diacritical ~ 半临界值电流（产生 1/2 饱和磁通的电流）
difference ~ 差（动）电流
differential ~ 差动电流

digit ~ 位电流
dip ~ 谷值电流
direct ~ 直流
displacement ~ 位移电流
distorted alternating ~ 失真交变电流，非正弦波交流电
disturbing ~ 串音〔干扰〕电流
double ~ 双（电）流，交直流
drain ~ ①漏（极）电流（场效应晶体管）②电耗，耗用电流
drift ~ 漂移电流
drive ~ 激励电流，驱动电流
drop-away ~ 脱扣电流
drop-out ~ 开断〔下降，去励（磁）〕电流
dummy-mesh ~ 等效回路电流
dynamic ~ 动态电流，持续电流（避雷器放电后输电线流过的电流）
earth ~ 泄地电流
eddy ~ 涡流（电流）
effective ~ 有效电流
effective cross ~ 有效横流，（并联运行同步发电机中的）有功电流
effort ~ 有功电流
elementary ~ 元电流
emitter-base cut-off ~ 发射极 - 发射极截止电流
energy ~ 有效〔功〕电流，能流
equalizing ~ 平衡〔均压，补偿〕电流
equivalent gate ~ 等效门电流，等效栅极电流（场效应管）
erratic ~ 涡流，不稳定的电流
Esaki ~ 隧道〔江崎〕电流
excess ~ 过（载，剩）电流
excitation ~ 励磁电流
excitation system ceiling ~ 励磁系统顶值电流
excitation system rated ~ 励磁系统额定电流
exciter ~ 励磁电流
exciting ~ 励磁电流
extra ~ （因感应而产生的）额外〔暂时〕电流
failure ~ 故障〔反常〕电流
faradic ~ 感应〔法拉第〕电流
fault ~ 故障电流
feeding ~ 馈电电流
field ~ 场〔励磁，激流〕电流
field-generated ~ 外场感应电流
filament ~ 灯丝电流
firing ~ 开启电流
fluctuating ~ 波动〔脉动〕电流
focus ~ 聚焦电流
follow ~ 跟踪〔连续，残余〕电流
follow ~ of an arrester 避雷器的续流
forced alternating ~ 受迫振荡〔强迫交变〕电流
foreign ~ 外界干扰电流
forward ~ 正〔前〕向电流
forward gate ~ 门极正向电流
foucault ~ 涡流，傅科电流
four ~ 四元电流
free alternating ~ 自由振荡电流
fundamental ~ 基波电流
fusing ~ 熔断电流
galvanic ~ 直流，动电电流，由伏打电池产生的电流
gas ~ 离子〔气体〕电流
gas-discharge ~ 气体放电电流
gate ~ ①门极电流②选择电流③（晶闸管整流器）瞬时控制极电流④（场效应管的）栅电流
gate non-rigger ~ 门极不触发电流
gate trigger ~ 门极触发电流
gate turn-off ~ 门极关断电流
glow ~ 辉光（放电）电流
grid ~ 栅（极电）流
ground(ing) ~ 接地电流
half ~ 半选电流
half-duplex ~ 半双工电流
harmonic circulating ~ 谐波环流
heater ~ 灯丝〔热丝〕电流
heating ~ 加热电流
heavy ~ 强〔大〕电流
high ~ 高强度电流，高安培电流
high-peak ~ 高峰值电流
high-tension ~ 高压电流
hold(ing) ~ 维持〔吸持〕电流
hole ~ 空穴电流
horizontal yoke ~ 水平偏转电流，行偏转线圈电流
hysteresis active ~ 磁滞有功电流（等于实际励磁电流与磁滞角正弦之积）
ice melting ~ （导线）熔冰电流
idle ~ ①无功〔效〕电流②空载电流
impact ~ 冲击电流
impulse ~ ①脉冲电流②冲击电流
induced ~ 感应〔生〕电流
inducing ~ 施感电流
initial firing ~ 点火〔起动〕电流

inrush ~ ①合闸电流，冲击电流②涌流
intense ~ 强〔大〕电流
interchange ~ ①环流②平衡电流
intermediate ~ 中间（值）电流
intermittent ~ 间歇〔断续〕电流
ion ~ 离子流
ionization ~ 电离电流
irreversible ~ 衰减传导电流
jet ~ 射〔喷〕流
joint ~ 总电流（全部串联电源的电流）
junction ~ 结电流
keep-alive ~ 电离电流，“保活”电流
laminar ~ 层流
latching ~ ①闭锁〔擎住，阻塞〕电流②最大接入电流
leading ~ 超前〔导前〕电流
leakage ~ 泄漏电流
Leduc’s ~ 勒达克电流（周期性的断续电池电流）
let-go ~ （人身安全）容许电流
let-through ~ 故障时通过的电流
light ~ ①弱电流②光电流③视频电流
lightning ~ 雷电流
line residual ~ 线路残余电流，大地回流
locked-rotor ~ 堵转电流
long-line ~ 电流线
low ~ 低强度〔安培〕电流
magnetic ~ 磁流，磁通（量）
magnetizing ~ 磁化〔起磁〕电流
main ~ 主（电路）电流
mains ~ 馈路电流
making ~ 闭合电流，接通（时的最大冲击）电流
marking ~ 符号电流
maximum non-fusing ~ 最大不熔断电流
mean forward ~ 正向平均电流
mean on-state ~ 通态平均电流
mesh ~ 网孔〔槽路〕电流
micro eddy ~ 微涡流
migration ~ 徙动电流，迁移电流（电泳）
mother ~ 主〔母，本〕流
name-plate ~ 铭牌电流
natural ~ （地表）自然电流，中性线电流，地电流
negative ~ 负〔反向〕电流
nerve-action ~ 神经（作用）电流
neutral ~ 中性线电流
neutron ~ 中子流
no-load ~ 空载电流（变压器，电焊设备）
no-load field ~ 空载磁场电流
nominal ~ 标称电流
nonoperating ~ 不吸动〔操作，工作〕电流
normalized drain ~ 归一化漏电流
off cathode ~ 熄火阴极电流
offset ~ 补偿〔失调〕电流
off-state ~ 断态〔关态，异常，开路〕电流
on-state ~ 通态〔开态〕电流
open ~ 开路电流
operating ~ 吸动〔工作，操作〕电流
opposed ~ 反向电流
Oudin ~ 奥丁电流，超高压高频电流
outgoing ~ 输出电流
out-of-phase ~ 不同相位〔相位移，反相〕电流
overload forward ~ 正向过载电流
overload on-state ~ 通态过载电流
overshoot ~ 过冲电流
overtone ~ 泛音电流
parabolic ~ 抛物波电流
passivation ~ 钝化电流
peak forward gate ~ 门极正向峰值电流
peak inrush ~ 最大峰值电流，最大涌流
peak withstand ~ 峰值耐受电流
permanent ~ 恒定电流
persistent ~ 持续电流
phasor ~ 相量电流
photoelectric ~ 光电流
pick-up ~ 始动〔拾音器，吸引，接触〕电流
picture ~ 图像电流，视频电流
pilot ~ 导频电流
pinch ~ 等离子体线柱电流，收缩效应电流
plate ~ 阳极电流
polarization ~ 极化电流
positive ~ 正电流
potline ~ 电解槽系列电流
power ~ 工频〔动力，电力〕电流，强电流
power follow ~ 电力线持续电流
preconduction ~ 预传导电流
preoscillation ~ 振荡前的电流，起振电流
primary ~ 一次侧〔初级〕电流，原电流
primary photoelectric ~ 一次光电流，原光电流
principal ~ 主电流
probability ~ 概率〔几率〕流量
prospective ~ 预期〔远景〕电流
prospective breaking ~ 预期分断电流

prospective making ~ 预期接通电流
pull-down ~ 反偏电流
pulsating ~ 脉动电流
quasi-stationary ~ 似稳〔准稳〕电流
quiescent ~ 静态〔无信号〕电流
radiation ~ 辐射电流，天线电流
random electron ~ 杂乱〔无规，随机〕电子流
rated ~ 额定电流
rated ~ on line side 额定网侧电流
rated ~ on valve side 额定阀侧电流
rated field ~ 额定磁场电流
rated instrument limit primary ~ 额定仪表限值一次电流
reactive ~ 无功电流，电抗性电流
read ~ 读（出）电流
readjust ~ 重调电流
recombination ~ 复合电流
record ~ 记录〔录音，录像〕电流
rectified ~ 整流后的电流
rectilinear ~ （直）线性电流
redistribution ~ 重新分配电流
redressed ~ 已整流电流
reduced ~ 折算电流
reerse ~ (of a thyristor) （晶闸管的）反向电流
release ~ 释放〔复原〕电流
repeat ~ 转发电流
repetitive peak forward ~ 正向重复峰值电流
repetitive peak off-state ~ 断态重复峰值电流
repetitive peak on-state ~ 通态重复峰值电流
repetitive peak reverse ~ (of a semiconductor rectifier diode) （整流管的）反向重复峰值电流
repetitive peak reverse ~ (of a thyristor) （晶闸管的）反向重复峰值电流
residual ~ 剩余电流，零序电流
restoring ~ 恢复〔均衡〕电流
restraint ~ 制动电流
resultant ~ 合成〔总〕电流
retaining ~ 吸持电流
return ~ （返）回（电）流
reverse ~ (of a semiconductor rectifier diode) （整流管的）反向电流
reverse blocking ~ 反向阻断电流
reverse gate ~ 门极反向电流
reverse pick-up ~ 反极性下的起动电流
reverse recovered ~ (of a thyristor) （晶闸管的）反向恢复电流
reverse recovery ~ (of a semiconductor rectifier diode) （整流管的）反向恢复电流
ring ~ 环（形电）流
ringing ~ （振）铃（电）流
ripple ~ 波纹〔弱脉动〕电流
RMS ~ 电流有效值〔方均根值〕，有效〔均方根〕电流
R.M.S.on-state ~ 通态方均根电流
rotary ~ ①多相电流②旋转流量
rotatory ~ 旋转电流，三相电流
runaway ~ 逃逸电流
running ~ 正常工作〔运行〕电流
running-light ~ 空载电流
rupturing ~ 切断〔断路〕电流
rush ~ 冲（击电）流
screen ~ 帘栅（极电）流
secondary ~ ①二次侧电流②次级线圈〔电路〕电流
sending ~ 发送电流
shaft ~ 轴（承）电流（流过轴颈和轴瓦之间的有害涡流），辐（向）电流
sheath ~ 表皮电流，（电缆的）表皮涡流
sheet ~ 表流
short(-circuit) ~ 短路电流
shunt(ing) ~ 分流
signal ~ ①信号电波②振铃电流
sneak(out) ~ 潜行〔寄生〕电流
soak ~ 吸收〔透取〕电流
spacing ~ 间隔〔空号，无信号〕电流
spill ~ ①不平衡电流，（差动继电器中的）差电流②动作电流③溢流
stalling ~ 停转电流，制动电流
standby ~ 维持电流
standing ~ 稳定电流，驻流
standstill ~ 止转电流
star ~ 星（形）电流，Y 电流
step ~ 阶跃电流
stopping direct ~ 隔直流
stray ~ 漏泄〔杂散〕电流
striking ~ 起弧〔击穿，冲击，着火〕电流
stroke ~ 冲击电流
subtransient ~ 冲击电流，（定子）超瞬变电流
supply ~ 馈电电流，供电电流
surface ~ ①表面电流②表面汽流③表面流动
surge ~ 浪涌电流
surge forward ~ 正向浪涌电流
surge on-state ~ 通态浪涌电流

sustained ~ 持续电流
switching ~ 合闸电流，开关电流
take-over ~ 交接电流
tee-off ~ 分支电流
temper ~ （电阻焊的）回火电流
terrestrial ~ 地电流
thermionic ~ 热离子（电）流
thermoelectric ~ 温差电流，热电流
threshold ~ 门限〔阈值〕电流
through ~ 直通电流
through fault ~ 穿越性故障电流
torque ~ ①转矩电流②二次有功电流（感应电动机中）
Townsend ~ 汤森电流，电子雪崩电流
transfer ~ 转移〔位移〕电流
transient ~ 暂态〔瞬变，过渡〕电流
transient-decay ~ 瞬衰〔剩余〕电流
transition ~ 过渡电流
transverse ~ 涡〔横〕流，横向电流
triphase ~ 三相电流
tunnel(l)ing ~ 隧道效应电流
turbulent ~ 紊流，湍流
unidirectional ~ 单向电流，直流电
upset ~ 顶锻电流
vagabond ~ （地中）杂散电流，地电流
valley ~ 最小〔谷值〕电流
vector ~ 复数正弦电流，矢量电流
voice ~ 口声电流
voltaic ~ 伏打电流（直接由化学作用产生的电流）
vortex ~ 涡流
watt ~ 有效〔有功〕电流
wattful ~ 有功〔有效〕电流
wattless ~ 无功电流，电抗性电流
whirling ~ （旋）涡流
write ~ 写入电流
yoke ~ 偏转线圈〔系统〕电流
zero ~ 零电流，无电流
zinc ~ 锌〔负〕电流

current-collector ①受电器②集电器

currentless 无电流的，去激励的

current-limiter 电流限制器，限流器

current-meter 流速计〔仪〕，测〔电〕流计，安培表

current-ratio （变压器的）电流变换系数，电流比

current-transformer ①变流器②电流互感器
bushing ~ 套管式变流器
ring ~ 环形电流互感器

curriculum ①课程，学习计划②路线，途径

currying 调制

cursive ①草写体，草书（原稿）②草写的，草书体的

cursor ①指示器，指针，游标，光标②转动臂，回转件③滑块④计算尺的活动部分⑤（微软）临时表
destructive ~ 破坏性光标
nondestructing ~ 非破坏性光标
terminal ~ 终端游标
vernier ~ 游标（尺）

curtage （=current or voltage）电流或电压

curtail ①减小，降低，衰减②截短，缩短③削减

curtailment 缩短〔写〕，减少，简化，省略

curtain ①（帷）幕②（窗）帘③屏（蔽）④薄的防护屏蔽⑤隔板
air ~ （净化）空气帘，空气幕
antenna ~ 天线屏幕〔屏障〕
array ~ （天线）阵帘
flexible reflector ~ 挠〔柔〕性天线反射器〔阵〕，软性反射幕
gas proof ~ （保护）气帘，气幕
motor ~ 电动窗帘
radiating ~ 辐射幕
thermal ~ 热障〔幕〕
vertical ~ 竖（直天线）幕

curtaining 溅模，重皮，溅底，结壳，结皮（钢锭底部缺陷）

curtains （镀锌钢板的）粗糙和云状花纹表面

curtate ①（卡片）横向穿孔区，（穿孔卡上的孔行）横向区分〔划分〕②缩短的，省略的
lower ~ 下区段，（卡片孔横向划分的）低部
upper ~ 上（部穿孔）区，上部

Curtiss 寇蒂斯铝合金（w（Al）95.2%，w（Cu）2.5%，w（Mg）1.5%）

curvature ①弯曲（部分），屈曲②曲率，曲〔弧〕度③直线性系数
camber ~ 中弧线弯度（翼型）
compound ~ 空间曲率
compressive ~ （喷管的）压缩曲率
convex ~ 凸曲率
double ~ 双曲率
field ~ 场曲
image surface ~ 像面曲率
mean ~ 中曲率，平均曲率
meniscus ~ ①月牙形曲率②透镜曲度

mirror ~ （反射）镜曲率
normal ~ 法向曲率
on course ~ 航向曲率
ray ~ 射线曲率
synclastic ~ 同向曲率
wall ~ 管壁曲率

curve ①曲线，曲线图，特性曲线②曲线板，曲线定规③曲线图表④绘制曲线
abrupt ~ ①硬曲线②急弯〔陡变〕曲线
activity ~ 放射性曲线
adjustment ~ 缓和〔过渡，调制，校正〕曲线
Arbel ~ 阿贝尔曲线（从拉延试验结果将多种材料临界拉延比与加工硬化指数的关系绘成曲线）
arrival ~ 终端〔输入〕电流曲线
bandwidth ~ 调谐曲线
bathtub ~ 浴盆式故障率曲线
betting ~ 博弈曲线
binodal ~ 双节固溶曲线，比诺达尔线（自由能 - 浓度曲线的一次微分为零的各点连线）
block ~ 连续曲线，实线
Bonjean ~ 邦金曲线（船体横截面积与吃水之间的关系曲线）
broken ~ 虚线曲线
broken back ~ 断背曲线，同向断曲线（以短直线连接的两条同向曲线）
building-up ~ 增长曲线，建起曲线
calibration ~ 校准曲线，标定曲线
cam pitch ~ 凸轮理论轮廓
capability ~ （可输出）功率〔生产率〕曲线
capacity-head ~ 容量 - 压头曲线
carbon-point ~ 碳（锭）线
CCT ~ （=continuous cooling transformation ~）连续冷却组织转变图
centre-point ~ 圆心点曲线
centring-point ~ 枢点曲线
characteristic ~ ①特征〔特性〕曲线②标线
characteristic ~ of film 胶片特性曲线
chromatic ~ 色差曲线
circling-point ~ 环点曲线
colo(u)r respones ~ ①色谱特性曲线，彩色响应曲线②光谱感应灵敏度曲线
combustion ~ 燃烧〔蒸发，弧烧〕曲线
comparison ~ 比较曲线（仪表读数换算用）
complex ~ 线丛的曲线，复合曲线
compound transition ~ 复合缓和〔过渡〕曲线
compounding ~ （发电机的）综合特性曲线（在额定电压不变的条件下，励磁电流随负载而变化的曲线）
condition ~ 工况〔(工质）状态，过程〕曲线
connecting ~ ①耦合曲线②过渡曲线
constraint transition ~ 约束缓和曲线
contrapedal ~ 逆垂趾线
conversion ~ 变换曲线，换算曲线
coupler-point ~ 连杆曲线
creep ~ 蠕变曲线
crest ~ 凸形曲线
crooked ~ 复曲线
cross ~ 十字线，叉线
cubic ~ 三次曲线
cumulative ~ 增长曲线，积累曲线
cumulative oversize distribution ~ 筛上物累计分布曲线
daily duration ~ 日持续曲线
daily load ~ 日负载曲线
decay ~ 衰变〔余辉〕曲线
deflection ~ 挠度曲线
depth-hardness ~ 淬透性曲线
developed ~ 展开曲线
deviation ~ ①误差曲线②偏航曲线
dextrorsal ~ 右挠曲线
diametral ~ 沿（直）径曲线
die-away ~ 衰减曲线
difference ~ 温差〔差分，减差，差异〕曲线
directrix ~ 准曲线
discharge ~ 放电〔流量〕曲线
drawdown ~ 压降（地下水位降落）曲线
dynamic ~ 动态特性曲线
easement ~ 过渡〔缓和，调制〕曲线，介曲线
easy ~ 平缓曲线
edge ~ 边缘曲线
elution ~ 洗提曲线
endurance ~ 持久曲线（S/N 图）
envelope ~ 包络曲线
equalizer ~ 均衡特性曲线
equianharmonic ~ 等交比曲线
equidistant ~ 等距曲线
equifield intensity ~ 等场强曲线
equilibrium ~ ①均压曲线②平衡曲线
equi-luminous ~ 等照度曲线
equi-lux ~ 等照度曲线
equiprobability ~ 等概率曲线
excitation ~ 励磁曲线
expansion ~ 膨胀曲线，伸缩曲线

exponential ~ 指数曲线
eye sensitivity ~ 视觉（灵敏度）曲线，可见度曲线
fair(ed) ~ 展平〔整平，顺曲，修正〕曲线
fathom ~ 等深线
festoon ~ 尖浪形曲线
field ~ 磁场曲线
figure-of-eight ~ ①伯努利双纽线②双正弦曲线
fillet ~ （齿根的）过渡曲线
final posture ~ 落座曲线
flat ~ 平直〔平缓，平顺，大半径〕曲线
flow ~ 流动〔流量，气流，溯流，流变〕曲线
French ~ 曲线板〔规〕
frequency ~ ①频率曲线②分布曲线③（统计中的）次数曲线
full ~ 实线，连续曲线
funicular ~ 悬链线，索曲线
fusibility ~ 熔度图
gamma-time ~ ①伽马-（显影）时间曲线②显影时间曲线
Gaussian roll off ~ （频率响应）高斯型衰减曲线
generating ~ 母曲线
glow ~ 加热发光曲线
going-rate ~ 现行率曲线
graded scale ~ 分度弧规
grading ~ 级配曲线（颗粒）
hardenability ~ 淬透性曲线
hardness pentration ~ U形曲线
H-D ~ （乳胶的）照射量-光密度曲线
head ~ 扬程曲线
head-capacity ~ （泵或风机）扬程特性曲线，压头-流量曲线
higher plane ~ 高次平面曲线
Hurter and Driffield ~ 曝光特性曲线
hyperbolic ~ 双曲线
hysteresis ~ 磁滞曲线〔回线〕
illumination ~ 照度曲线
interscendental ~ 半超越曲线
intersector ~ 横断曲线
intrinsic ~ 包络线，禀性曲线
inversional ~ 反演曲线
inward ~ 内弯
irreducible ~ 不可约曲线
irregular ~ ①折线②不规则曲线
isoacoustic ~ 等响线
isochromatic ~ 等色线
isocost ~ 等成本曲线
iso-efficiency ~ 等效率曲线
isogonic ~ 等方位线，等磁偏线
isophot ~ 等照（度）线，等辐透线
isopreference ~ 等优先曲线
isosensitivity ~ 等敏感度曲线
isotropic ~ 迷向曲线
Jominy ~ 顶端淬火曲线
kink of ~ 曲线的弯折（部分）
life ~ 寿命曲线，使用期限的特性曲线
lifting ~ （凸轮的）提升曲线，提升（凸）轮尖的外形
load ~ 负荷曲线
load duration ~ 负荷持续时间曲线
load-deformation ~ ①载荷-变形曲线，应力-应变曲线②过载畸变图
log performance ~ 对数性能曲线
logistic ~ 增加曲线
loxodromic ~ 恒向线，等角航线，罗盘方向线，斜驶曲线
luminosity ~ 相对可见度曲线，光度曲线
magnetization ~ 磁化曲线
master ~ 总〔通用，叠合〕曲线，量板
master tempering ~ 回火基本曲线
moment ~ 挠矩〔力矩〕曲线，力矩〔弯矩〕图
monaural ~ 单耳听阈曲线
mo(u)ld ~ 样板曲线
mu-H ~ 磁导率-磁场强度曲线
multiplicatrix ~ 倍积曲线
neutral performance ~ （发动机）空档特性曲线
Nichols ~ 尼科尔斯曲线，幅-相特性曲线
non-cumulative ~ ①差动曲线②微分曲线
non-degenerated ~ 非退化曲线，常态曲线
normal ~ 常〔正〕态曲线
normal ~ of error 正态误差曲线
normal magnetization ~ 正常〔标准〕磁化曲线
normal probability ~ ①常态或然率曲线②高斯曲线
normalized ~ 标准（化）曲线，正常曲线
nose ~ 头部曲线
notch(ing) ~ 切口〔阶梯形，下凹〕曲线
null ~ 零曲线
ogee ~ 双弯〔S形〕曲线
orthoptic ~ 切距曲线
overlapping ~ （磨削）交叉花纹，网纹
peaky ~ 尖顶〔有峰，峰形，有最高值〕曲线

percentile ~ 分布曲线
performance ~ 性能〔工作特性〕曲线
permeability ~ 磁导率曲线
P-F ~ （=penetration fracture ~）P-F 曲线，有效淬硬深度 - 断面结晶粒度曲线
Phillips ~ 菲利普曲线，游丝末端曲线
photoresponse ~ 光响应曲线
phugoid ~ 长周期振动曲线，起伏运动曲线
pitch ~ 分度曲线，齿轮节线，啮合曲线
pitot ~ 全压曲线
plane ~ 平面曲线
polar ~ 极坐标曲线
polarization ~ 极化曲线
polygonal ~ 多角曲线
potential ~ 电势〔位〕曲线
power ~ 功率曲线，乘方曲线，幂曲线
predicted performance ~ 计算性能曲线
progressive performance ~ （发动机）增速特性曲线
P-S-N ~ 概率 - 疲劳应力 - 寿命曲线
pull-up ~ 拉力（弛度关系）曲线
pump ~ 泵特性曲线
quadratic ~ 二次曲线
quadruple ~ 四相曲线
railway ~ 铁道用曲线板
range energy ~ 射程能量曲线
rate ~ 速度〔率〕曲线
recalescence ~ 复辉曲线
recall and precision ~ 再现率精度曲线，检索率与精确曲线
reciprocal ~ 倒数曲线
recovery ~ 过渡〔恢复〕过程曲线
rectifiable ~ 可求长的曲线，有长曲线
reducible ~ 可约曲线
regressive performance ~ （发动机）减推力特性曲线
regular ~ 正则曲线
regulation ~ ①负载特性曲线②（电压）调整曲线
regulator ~ ①负载（特性）曲线②（电压）调整曲线
relation ~ 相关〔关系〕曲线
required NPSH ~ 必需汽蚀余量曲线
resistivity ~ 阻力曲线
response ~ 响应〔应答，灵敏度特性〕曲线
resultant ~ 综合〔合成〕曲线
returning ~ 回复曲线
reversal ~ 基本磁化曲线
reverse(d) ~ 反（向）曲线
rocking ~ 摇摆曲线（单晶体 X 射线衍射强度分布曲线）
rolling ~ 滚（动曲）线
rose ~ 玫瑰线
rule ~ 操作规则图表
running ~ 运行〔工作，运转（特性）〕曲线
sag ~ 垂度曲线，挠度曲线，弛重线
saturation ~ 饱和〔磁化，B-H〕曲线
sectrix ~ 等分角线
sensitometric ~ 感光度测定曲线
sharp ~ 锐曲线，急弯
sigmoid ~ S 形曲线
skew ~ 斜〔挠〕曲线，空间〔不对称〕曲线
skew frequency ~ 偏态频率曲线
slip ~ ①转差曲线②滑动曲线
S-N ~ 疲动曲线，应力 - 周数曲线
solidus ~ 固相线
space ~ 空间曲线，挠曲线
spectroradiometric ~ 分光〔光谱〕辐射曲线
spinodal ~ 调幅曲线，拐点曲线
spiral ~ 螺线
spiraled transition ~ 螺旋缓和曲线
spline fit ~ ①试配曲线②仿样〔样条〕拟合曲线
stability ~ 稳定特性曲线
steep ~ ①硬〔锐，陡〕曲线②急弯
Straub ~ 斯特劳伯曲线（苛性脆化曲线）
subsidence ~ 沉降曲线，衰减曲线
superelevated ~ 超高的曲线
superosculation ~ 超密切曲线
survival ~ 残存〔存活〕曲线
survivor ~ 残存〔存活〕曲线
sweeping~ 大半径曲线，曲率不大的曲线
synergic ~ 最佳上升曲线
synergistic ~ 协合（效应）曲线
temperature-entropy ~ 温 - 熵图
template ~ 模板曲线，轮廓
thermogravimetric ~ 热重曲线，温度 - 重量曲线（样品加热时重量的变化）
thrust-time ~ 发动机牵引特性曲线
tooth ~ 齿向曲线
torque grading ~ 转矩分布曲线
touch ~ 接触线
tractrix ~ 曳物线，等切面曲线
transfer ~ ①传递（函数）曲线②静特性曲线（饱和电抗器）
transition ~ 过渡〔缓和，转变〕曲线

transmission ~ 输电曲线，传输曲线
trigonometric ~ 三角曲线
true stress-strain ~ 真应力 - 应变曲线
twisted ~ 挠曲线
U ~ 淬火截面硬度分布曲线
utility ~ 效用曲线
vapo(u)r ~ 蒸汽压力曲线
varied ~ 变曲线
virgin ~ 原曲线
visibility ~ 可见度〔明视度〕曲线
volatilization ~ 蒸发曲线，燃烧曲线
Wohler's ~ 疲劳曲线
yield ~ 产额曲线
zonal ~ 晶带曲线

curved 弯曲的

curve-fitting ①曲线拟合（法），曲线求律法②选配曲线

curvemeter 曲率计

curves 曲线系
homaloidal ~ 统一曲线系

curve-trace 曲线描绘器，波形记录器

curvic 弯曲的，曲线的

curvilineal 曲线（的）

curvilinear =curvilineal

curvimeter 曲线计

curving ①曲线②弯〔扭，挠〕曲，变形
roll ~ 滚轧曲面

curvity 曲率

curvometer 曲线仪

cusec 体积流量（单位：ft^3/s，$1ft^3/s=28\ 316.85\ cm^3/s$）

cushion ①垫子〔层，块〕，软〔胶，减振，缓冲（气），弹性〕垫，衬层，填料②缓冲器，减振器③（铸型的）容让，直浇道下的储铁池④装软垫⑤缓冲预防
air ~ ①空气减振〔缓冲〕器②气垫
clutch ~ 离合器盘（缓冲装置）
cutanvil ~ 铁砧垫，砧枕
die ~ 模垫，模内（气体、橡胶或弹簧）缓冲
felt ~ 毡垫
gas ~ 气垫，气体缓冲器
ground ~ 地面效应气垫
hydraulic ~ 液压缓冲
Neidhart ~ 奈特哈特橡胶缓冲器（瑞士奈特哈特发明的橡胶扭转弹簧）
NS ~ “南—北”向枕形失真〔畸变〕
oleo ~ 油压缓冲
plain ~ 平垫
pleated ~ 折垫
pneumatic ~ 气垫，气压〔气囊〕式缓冲器
radiator support ~ 散热器支架
seat ~ 座垫
tyre ~ 胎垫

cushioncraft 气垫式飞行器

cushioned 防振的，缓冲的

cushioning ①软垫②缓冲（器）③弹性压缩④阻尼

cusiloy 库西洛铜硅合金（w（Cu）95%，w（Si）1% ~ 3%，w（Sn）1% ~ 1.5%，w（Fe）0.7% ~ 1%）线材用硅青铜

cusp ①（两曲线的）交点，尖点，歧点②（齿的）尖端，齿尖，尖头，顶角③峰

custody ①图书保管②保管〔护〕③监视

custom ①常规〔例〕②顾客，用户③定做（制）的
established ~ 成例，常规

custom-built ①定制的，定做的②按订货要求制造

customer ①消耗器，耗电器②用户，顾客

customization 定制，定型；专用化，客户化，用户化

customize ①定做〔制〕②按规格改制

customized 定做的，定制的，用户化的

custom-made 定做的

customs 海关

custom-tailor 定制〔做〕

cut ①断〔剖，截〕面，割线，截距，相交②型材，轮廓③凹槽④切割〔削，断，换，口，片〕，粒度级，切削层⑤裁，雕刻，砍，斩⑥断开〔电，流〕，截（止）⑦削减，减少，删节，剪（辑）⑧提取
~ out hole 截孔
~ short （突然）停止，阻止，打〔中〕断，缩减，简化
air ~ ①气割②空程，空切
approach ~ 不完全切削
arm sprue ~ 冒口切割
back ~ 顶（部切）槽
bastard ~ ①粗纹，巴斯达德锉，粗齿锉②粗切削
benching ~ ①（台）阶式回采②台阶式掏槽
chamfer ~ ①斜切面，楔形切面②镦尖斜刀
clean ~ ①净切削，无氧化皮切削②轮廓分明的③正确的，明确的
climb ~ ①（砂轮与工件）异转向磨削，（沿螺纹）上升磨削法②顺铣

coarse ~ 粗锉纹
cone ~ 锥形掏槽
corner ~ ①内角加工②切角
cross ~ ①横切〔锯，割〕，正交②交叉锉纹〔纹路，消隐（电视图像）〕
crystal ~ 晶体切片，晶体截片
Curie ~ 居里截割，X 截割（垂直于 X 轴的石英晶体截割法）
cylinder ~ 桶形掏槽
diagonal ~ 对角线切削，对角剪切
die ~ 冲切
distillation ~ 馏分
double ~ ①（锉刀的）双纹②双掏槽
down ~ ①下剪切②顺铣，同向铣削③底部掏槽
draw ~ 回程切削，拉切，上向掏槽
drop ~ 垂直烧割，上下等速烧割
etch ~ 蚀割
face parallel ~ 平行面切割，Y 切割
face perpendicular ~ 垂直面切割，X 切割
facing ~ 端面铣
file ~ 锉刀锉纹
finish(ing) ~ 精加工，完工切削
first ~ ①粗錾纹②粗切削③掏深槽
First ~ 第一刀切削（在进行数控加工过程中，UG 软件创建的运动形式）
heart ~ ①中心馏分②中心切割
heavy ~ ①重〔强力，粗〕切削②重馏分③掏槽
inter ~ 插播（电视）
interfield ~ 场间〔逆程〕切换
jump ~ （电视片）跳格剪辑，跳动
light ~ ①轻切削，浅切削②轻馏分
light finish(ing) ~ ①精加工，精制，光制②完工切削
loop ~ 纽形剖（隔）线
lower ~ ①粗切削②（锉刀的）粗纹③下〔底〕部掏槽
lube ~ 润滑油馏分
no ~ 无剪辑（电视）
normal ~ X 切割（晶体），X 切割晶片
oblique ~ 斜切（面）
overlap ~ 重叠切削
parallel ~ ① Y 切割，平行切割②直眼掏槽
perpendicular ~ （与轴成）垂直（截面）截割
plunge ~ 全面进给法，切入式磨削，横向进给磨削
pull ~ 反插（齿轮加工）
pyramid(al) ~ 角锥形〔式〕掏〔钻〕眼
rasp ~ 粗锉纹
rim ~ 轮缘〔胎钢圈〕断裂
rough(ing) ~ ①（锉刀的）粗纹②粗切削，粗加工③初步剪辑
safety ~ ①玻璃布补强切断砂轮②安全切削加工
sand ~ 冲砂（铸造缺陷）
saw ~ 锯痕
second ~ 上锉纹，（锉刀的）二道纹
shear(ing) ~ 剪断切削（刀具切削刃逐渐切入金属的切削）
short ~ ①短路，捷路②简化
side ~ ①切边②侧面切削
signal ~ 信号切断
slanting ~ 斜割法
smooth ~ ①（锉刀的）细纹②油光锉③细切削
stepped ~ 分级切削
straight ~ 纵向切削
super ~ 细纹锉（刀）
surface ~ 表面切削，端面车削
tarry ~ 焦油馏分
thirty-degree piezoelectric ~ 压电（晶体）30° 截法
toe ~ 底部掏槽，底槽
trail ~ 试切（法）
traverse ~ 纵（向进给）磨（削）
trimming ~ 切边
turning ~ 纵切，圆柱表面切削
UG/Flow ~ 自动清根（UG 的主要功能模块，CAM 模块，计算机辅助制造模块，自动生成一次或多次走刀的清根程序）
under ~ ①（齿轮）根切②下挖，过度切削，凹割，沉割③切去下部，切去齿根（剃齿前防止打刀而作）④咬边（焊接缺陷）⑤（工具）咬齿
up ~ 逆铣
upper ~ 细切削，细锉纹
wave ~ 波（浪）蚀
wedge ~ 楔形掏槽，楔式切割
Y ~ 压电（晶体）30° 截法
zero-angle ~ 零度截断法，X 割法

cutability （切削）加工性，可加工性

cut-and-trial 试凑（法），逐步接近（法），试验（性）的

cut-and-try 逐步接近（法），（反复）试验（法），试凑（法），选择（法）

cutanit　刃具〔碳化物〕硬质合金
cutaway　①切口,凹口,沟,漕②切去一部分的,剖面的③切断
cutback　①缩减，削减，减少②后移③稀释（产物）④反逆作用⑤电视镜头拼合摄影法⑥逆转
cutdown　①削减，缩减，减价②向下挖
cutfit　备用工具
cuthole　掏槽眼
cut-in　①插图,字幕②时差③切〔割,插,排,接〕入④连接，接通，开动，开始工作，加载
cutler　刃具工人
cutlery　①刀剑，刃具②刀剑〔刃具〕制造业
cutless　无缝的,整（个）的,不切断的
cutlet　（切）片
cutlift　割装机
cutline　图例
cutmixer　斩拌机
cut-off　①切开，切断，断开，截流，截止，关闭，停车〔电，止，汽〕②断开装置，断流器,截流〔停气,遮断,保险〕装置③截止阀,闸阀④防火墙，遮热板⑤截水墙，防水隔板，防渗幕，挡板，齿墙⑥切边模,（塑体表面的）模缝脊⑦截变（作用)，取直
abrasive ~　磨割
beam ~　电子束截止电压，闭束
blue ~　蓝（色）截止
curve ~　裁弯取直
emergency ~　紧急停车，紧急关闭
energy ~　能（量）阈
extrapolated ~　外推截止电压
final ~　①最后切断②停车
full ~　全闭〔停〕，全截止
green ~　绿色截止
half ~　半切断，半截止
idle ~　慢关闭油路
idling ~　空转〔载〕切断
mercury ~　水银断路器
plate ~　阳〔屏，板〕极截止
point ~　切断点
power ~　①（切）断电（源）②结束〔停止〕工作，关车
projected ~　投射截止点
red ~　红色截止
remote ~　遥截止，遥控开关
rotary ~　轮转裁切机
safety ~　①安全开关②安全切断
semiremote ~　半遥截止
sharp ~　锐截止
thermal ~　热熔断器
thermo ~　热断流器，热保险装置
thrust ~　推力截止
time ~　定时断路器
torch ~　火焰切割
tube ~　电子管截止
undulation ~　截止波数
vernier ~　游标发动机关车，微调发动机关车
visual ~　图像截止,电子束阻断,（电子束管）可见截止点
wholesale ~　连续〔全面〕截弯
cut-open　剖开
cut(-)out　①切断，断路，关闭，停车，卸载②切开〔去，口〕,开孔③断路〔单流，中断,（过截）断流，熔断〕器，电路断开装置，保险装置排气阀，保险装置④结束工作，省略，删去⑤熄火
automatic ~　①自动切断〔截止，阻断〕，自动断路控制②断路器
battery ~　电池电路自动断路器，电池充电断路器
discriminating ~　鉴频〔鉴相，鉴别〕断路器
distribution ~　配电断路装置
engine ~　停车，关闭发动机
exhaust ~　排气消声器开关，排气停截阀，排气闭路阀
film ~　薄片击穿熔丝
fixture ~　线盒熔丝
fuse ~　熔丝，熔断〔断路〕器，熔丝刀开关
fusible ~　熔丝，熔断器
load-break ~　负荷电流切断器
magnetic ~　（自动）电磁开关
maximum ~　①过（电）流自动断流器，最大电流自动断路器②高限断路器
minimum ~　①欠（电）流自动断流器，最小电流自动断路器②低限断路器
oil-quenched ~　油浸熔丝
panel ~　面板开孔
plain ~　敞露式熔丝，熔丝
plug ~　塞式熔丝，插塞式熔断器
porcelain ~　瓷断流器
primary ~　初级〔高压〕断路器
protected ~　封闭式熔丝
quick-break ~　快速熔丝，快动断路器
reverse-current ~　反向电流自动断路器
safety ~　保安断路器，保安器，安全断流〔电〕器，熔丝断路器

screw-plug ~ 螺塞熔断器
semienclosed ~ 半闭式（熔丝）熔断器
thermal ~ 热（熔）断路器
thermostatic ~ 恒温断流器
time ~ ①定时断路器②定时停车③用钟表来切断或断路
visual ~ 图像截止
voltage ~ 电压（控制）开关
zero ~ 无电〔零值〕自动断路器

cut-over ①转换，切换，割接②开通〔机，动〕，接入

cutrake 割草搂〔集〕草机

cutset 割集

cutter ①刀具，动刀片（上刀片），切削工具②截断器，切断〔削，纸〕器，裁纸〔剪〕机，切纸刀，剪〔切〕断机，割料刀③记录器，刻纹头，机械④截煤机械，割煤机⑤割炬，割嘴，切割工具，气割枪⑥独桅纵帆艇，快艇，小渔船，小型沿海武装艇⑦割草机⑧剪〔编〕辑员

abrasive-disk ~ 砂轮切割器〔片〕，砂轮锯
aerator sand ~ 松砂机
alternate blade ~ 双面刀盘
angle ~ ①（斜）角铣刀，圆锥指形铣刀②角铁切断机③切角机
angle milling ~ 角度铣刀
angular ~ 角度铣刀
arbor ~ 套式铣刀，面铣刀
arbor-type ~ 套（装）式刀具
backed-off ~ 铲齿刀
ball ~ 球形铣刀，球面刀
band ~ 捆绳切断器
band-saw ~ 带锯铣刀
bar ~ 切条机，截条机，棒料剪断机
bead ~ 切边机，胎圈切刀
beam ~ ①冲剪机，冲切机②平压切断机
bevel ~ 坡口铣刀，锥齿（轮）铣刀
bevel gear ~ 锥齿轮铣刀
bevel gear milling ~ 成对滚切铣刀盘
bias ~ 斜切机，斜裁机
block ~ 切板机
board ~ 纸板裁切机
bolt ~ 螺栓刀具，断线钳
boring ~ 镗刀
branch ~ 截枝机
brick ~ 切砖机
built-up ~ 组合铣刀，镶齿铣刀
cam ~ 凸轮机床
cane ~ 甘蔗收割机
carbide ~ 硬质合金刀具，碳化物刀具
carbide side ~ 硬质合金侧铣刀，硬质合金三面刃铣刀
card ~ 纹板冲孔机，踏花机
chaff ~ 茎秆切碎机，铡草机，切草机
chain ~ ①链条拆卸〔拔销〕器②链式切碎机
chamfer ~ 倒角铣〔车〕刀
channeling ~ ①槽铣刀②铣槽刀
chart ~ 切记录纸刀（具）
circular ~ ①圆柱〔盘〕铣刀②圆盘切料机
circular face mill ~ 铣刀盘
clay ~ 切土机，黏土切割机
cloth ~ 服装裁剪设备
coal ~ 截煤机，采煤机
coarse tooth ~ 粗齿铣刀
cold ~ （锻工用）冷錾，手錾，钳工錾
combination ~ 联合裁切机
comb-type sand ~ 梳式松砂机
concave ~ 凹半圆刃铣刀，凹形铣刀
concave milling ~ 凹半圆成形铣刀
coned ~ 圆锥铣刀
conical ~ （加工砂轮的）圆锥形刀具，刀碗
conical side milling ~ 锥形侧铣刀，锥形三面刃铣刀
constant outline teeth ~ 定型〔成形〕齿铣刀
convex ~ 凸形铣刀，凸半圆铣刀
cope ~ ①钻头②切削雄榫器
corn ~ 玉米收割〔脱粒〕机
corner rounding ~ （外）圆角铣刀
corn-shaped milling ~ 玉米铣刀(用于粗加工)
cotter mill ~ 键槽铣刀，双刃面铣刀
counterbore ~ 平底扩孔钻头
crankshaft returning tool ~ 曲轴铰光用刀
cross ~ 横切切纸机
crystal ~ ①压电（晶体）刻纹头②晶体割截器
cyclex ~ 铣拉刀盘
cylinder ~ 滚（筒）刀式切碎机〔装置〕，圆柱形铣刀
deep-counterbore shaper ~ 碗形插齿刀
design ~ 花色〔纹〕剪呢机
diagonal ~ 对角切割器
diamond ~ 金刚石刀具，钻石切割机
die ~ 冲压裁剪机
die bolt ~ 板牙切丝机
die sinking ~ 开模立铣刀，凹模铣刀，刻锻

模刀具
dike ~ 开槽刀
disc ~ =disk ~
disk ~ ①圆片〔盘形，切断〕铣刀②圆片〔盘式〕截煤机
disk mill ~ 拉铣刀
disk-type gear shaper ~ 盘形插齿刀
ditch ~ 挖沟机
double angle milling ~ 双角铣刀
double-bolt ~ 双轴切丝机
double-ended boring ~ 双刃镗刀
dovetail ~ 燕〔鱼〕尾槽铣刀
drill ~ 钻头铣刀
duplex ~ 双刀切纸机
electric branch ~ （用于树木截枝的）电动截枝机
electric concrete channel ~ 电动混凝土开槽机
electric fabric ~ 电动裁布机
electric pipe ~ 电动锯管机
electric tea leaflet ~ 电动采茶剪
electromagnetic ~ 电磁刻纹头
emery ~ 砂轮
end ~ 面铣刀
end milling ~ 面铣刀，立铣刀
extended epicycloidal bevel gear ~ 延伸外摆线锥齿轮铣刀盘
fabric ~ 裁布机
face ~ 面铣刀
face and side ~ 平侧两用铣刀，三面刃铣刀
face mill ~ 铣刀盘
facing ~ 平面铣刀，铣刀盘
feather ~ 企口凿
feedback ~ 反馈刻纹头，反馈切割器，回授记录装置
Fellow's ~ 费洛插齿刀
field ~ 饲料切碎机
file ~ 锉〔錾〕刀
fin ~ 切角式小前犁
fine-pitch ~ 小齿铣刀
finger ~ 指形铣刀
finger-bar ~ 带护刃器梁的切割器
finger-type gear milling ~ 指形齿轮铣刀
fish tail ~ 鱼〔燕〕尾铣刀
flank-type shaper ~ 修缘插齿刀
floating double-ended boring ~ 浮动镗刀
fly ~ 蜗轮飞刀
fly(ing) ~ 高速切削〔飞，横旋转〕刀
flywheel ~ 轮刀式切碎机
fonofilm ~ 录音胶片刻纹头
form milling ~ 成形铣刀
form relieved ~ 铲齿铣刀
form(ed) ~ 成形刀具，样板铣刀
fraise ~ 铣刀
full back ~ 强力切削工具
gap ~ 齿槽铣刀
gas ~ 气割
gash(ing) ~ ①齿槽铣刀②切蜗轮齿用的成形铣刀
gate ~ ①挖浇道铁片②浇道切割机
gear ~ ①齿轮刀具，齿轮铣刀②切齿机，切齿工具
gear milling ~ 齿轮铣刀
gear shaper ~ 外插铣刀，插齿刀
gear shaper ~ counterbore type 碗形插齿刀
gear shaper ~ for sprocket 链轮插齿刀
gear shaving ~ 剃齿刀
git ~ 压力剪切机（剪切浇道用）
Gleason ~ 格里森刀盘，锥齿轮刨刀刀盘
grass ~ 草地剪草机，割草机
groove ~ ①切槽口刀②刻纹机
grooving ~ 槽铣（切槽，铣槽）刀
group milling ~ 组合铣刀
guillotine ~ 闸刀式切纸〔布〕机
hacksaw ~ 钢锯铣刀
half side milling ~ 两面刃铣刀
heavy-duty ~ 粗加工铣刀
helical ~ 螺齿铣刀
helical gear shaper ~ 斜齿插齿刀
helical type gear shaper ~ 斜齿插齿刀
Helixform ~ 螺旋成形刀盘
high helix milling ~ 大螺旋角立铣刀
high precision bar ~ 高速精密棒料剪断机
hob ~ 滚刀
hole boring ~ 镗孔刀
hollow lead ~ 筒形（外圆）齿轮剃齿刀
hub ~ 带毂刨齿刀
hydraulic ~ 液压裁剪机
inserted side milling ~ 镶齿三面刃铣刀
inside ~ 内切刀盘
interlocking ~ 交齿铣刀
interlocking disc mill ~ 交错齿盘形铣刀
interlocking milling ~ 组合（错齿槽）铣刀，交齿铣刀
interlocking side milling ~ 可调整槽铣刀
internal gear shaving ~ 内齿轮剃齿刀
internal milling ~ 内面铣刀

inverse dovetail ～ 反燕尾槽铣刀
knee ～ 弯柄犁刀
knife-edge ～ 尖刃模
Kondo system ～ 近藤式（纤维束）切断机
landing ～ 登陆艇
lap ～ 修正焊接头用铣刀
laser automatic cloth ～ 激光自动裁剪机
lath ～ 切板机
lawn ～ 草坪割草机
left-hand ～ 左旋铣刀，左切〔反手〕刀
lifeboat ～ 救生艇
magnetic ～ 磁刻纹头
marble ～ 电动石材切割机
mesh side ～ 组合侧铣刀
metal slitting ～ ①圆盘式剪切机②开缝铣刀
milling ～ 铣刀
milling ～ with form relieved tooth 铲齿铣刀
milling ～ with Morse taper tapped 莫氏锥柄铣刀
milling ～ with threaded parallel shank 螺纹直柄铣刀
minesweeping ～ 扫雷割刀
module-milling ～ 模数铣刀
monopole automatic gas ～ 自动光学曲线追踪气割机
motor ～ 摩托艇，快艇
mo(u)lding ～ 成形刀具
multiple-type worm-milling ～ 柱形蜗杆铣刀
narrowing ～ 阀座铣刀
nicked teeth milling ～ 切齿铣刀
non-topping ～ 无齿顶切削的剃齿刀
number ～ （按压力角编号的）套数齿轮刀具
Oerlikon ～ 摆线齿锥齿轮铣刀盘，厄利康铣刀盘
oxygen ～ 氧气切割机，气割炬
parallel hobbing ～ 圆柱形齿轮滚刀（径向切入滚刀）
pattern ～ 成形刀
peripheral milling ～ 圆柱形铣刀
pilot ～ 引航船，引水艇
pinion ～ 小齿轮铣刀，插齿刀
pipe ～ ①割管机，截管器②切管刀
plain ～ =plain milling ～
plain milling ～ 辊〔平铣，圆柱铣〕刀
plow ～ 刨子
pony roll ～ 切盘纸机
powder ～ 氧熔化切割器
preshave gear shaper ～ 剃前插齿刀
preshaving ～ （齿轮）剃前刀具
preshaving pinion ～ 剃前插齿刀
profile ～ 成形铣刀，成〔定〕形刀具
profile sharpened ～ 夹齿铣刀
profiling ～ =profile ～
protuberance ～ （齿轮）剃前刀具
racing ～ 赛艇
rack ～ 齿条刀（具），齿条铣刀
rack milling ～ 齿条铣刀
rack type ～ 齿条形剃齿刀，梳齿刀
rack type gear shaving ～ 齿条形剃齿刀
radial ～ 侧面铣刀，三面刃铣刀
rail-type expansion joint ～ 轨道式混凝土切缝机
reamer ～ 铰铣刀
rebar ～ 钢筋切断机
reel ～ 辊刀式切纸机
relieved ～ 铲齿铣刀
relieving ～ 铲齿铣刀，铲齿刀具②后角铣刀
revacycle ～ 按无瞬心包络法加工直齿锥齿轮的拉 - 铣刀盘
revenue ～ （海关）巡逻艇〔缉私船〕
right-hand ～ 右旋铣刀，右手〔正手〕刀
rigid milling ～ 刚性铣刀盘
rock ～ 碎岩船，碎石船
roll milling ～ 圆柱形铣刀
roller ～ for pipe 滑轮割管器
rose ～ ①星〔菊花，玫瑰〕形铣刀②面铣刀③（钟表机床用）小铣刀④球头铣刀
rotary ～ ①转刀，圆盘剪，转割机，旋转刀头②辊刀切纸机，辊式切料机
rotary drain ～ 旋转式排水沟挖掘机
rotary gear shaving ～ 盘形剃齿刀
roughing ～ 粗加工用刀具
roughing milling ～ 粗（齿）铣刀
round-up ～ 锪孔铣刀
routing ～ 油沟铣刀
sample ～ 取样器
sand ～ ①移动式砂处理机（处理地面砂）②碎砂机，松砂机③刮砂刀（刮余砂用），刮砂器
scrap ～ 碎边剪，切废料装置
scraping ～ 刮刀
scraping out ～ 拉刀
screw ～ ①螺纹铣刀②螺纹刀具
screw slotting ～ 螺旋开槽铣刀
seat ～ 阀座修整刀具
section ～ 切片机

segmental ~ 镶刀块刀盘
semi-topping ~ 顶部倒棱剃齿刀，倒角插齿刀
shank-type ~ （带）柄式刀具
shank-type shaper ~ 柄式插齿刀
shaper ~ 插齿刀
shaping ~ 插齿刀
shaving ~ 剃齿刀
shell ~ 套式铣刀
shell end milling ~ ①空心〔圆筒〕面铣刀②套式〔装〕立铣刀
shell mill ~ 套式面铣刀
side ~ 侧〔三〕面刃铣刀，偏铣刀
side milling ~ 侧面铣刀，三面刃铣刀，偏铣刀
side-and-face ~ 侧平两用铣刀，三面刃铣刀
single ~ ①单铣刀②单刀切纸机
single angle ~ 单角铣刀
single angle milling ~ 单角铣刀
single cycle ~ 拉刀盘
single-point ~ 单齿铣刀
single-side ~ 单面刀盘
single-tooth ~ 单齿插齿刀
skew ~ 椭圆形刀头，与刀杆不垂直的刀头（加大切削宽度用）
skim ~ 犁刀
skiving ~ 车齿〔旋刮，滚刮〕刀
slab ~ 硬切刀
slab(bing) milling ~ 阔面〔平面，长圆柱〕铣刀
slitting ~ ①槽铣刀，开缝铣刀②开槽锯③纵切剪刀
slot ~ 槽铣刀
slotting ~ ①切口（立）铣刀②插齿刀
solid ~ 整体刀盘
sound ~ 声〔伴音〕剪辑员
spherical ~ 球面（铣）刀
spiral ~ 螺旋铣刀
spline ~ 花键铣刀
spline milling ~ 花键铣刀
spot-facing ~ 锪孔刀具
spread-blade ~ 双面刀盘，曲线齿锥齿轮切削刀盘
sprocket ~ 链〔星形齿〕轮铣刀
sprue ~ ①加工浇注系统和冒口的铣刀，浇注系统切断机②开直浇道管③直浇注系统钻头
spur shaper ~ 直齿插齿刀
square-spline shaft shaper ~ 矩形花键插齿刀
staggered tooth side milling ~ 错齿三面刃铣刀
stalk ~ 割秆刀
stationary ~ 固定割样器
step mill ~ 阶梯形面铣刀
stepped ~ 多联齿轮铣刀
stock ~ 切料机，坯料剪切机
stocking ~ 柄式铣刀
stone ~ ①截石机②凿石匠
straddle ~ 跨式铣刀，双面铣刀
straight bevel gear ~ 直齿锥齿轮刨刀
straight grooving ~ 直刃铣槽刀
Strassman-type ~ 粗加工铣刀
sunderland ~ 齿条形滚齿刀
synchro-fly ~ 双刀辊式切纸机
tangential ~ 切向〔线〕车刀
tap ~ 丝锥刀具
tapered diesinking ~ 圆锥形立铣刀
taper-shank ~ 锥柄铣刀
tea leaflet ~ 采茶剪
tenon ~ 榫凿
thin ~ 精细切碎机
thread milling ~ 螺纹铣刀
thread(ing) ~ 螺纹铣刀
throw away ~ 不重磨铣刀，多刃〔不重磨〕刀片镶装铣刀
throwaway inserted face ~ 机械夹固不重磨面铣刀
tipped gear shaper ~ 焊齿插齿刀
tipped milling ~ 焊齿铣刀
tonguing ~ 榫槽铣刀
topper ~ ①（甜菜）切顶刀②（甘蔗）切梢器
trench ~ 挖沟机
triplex ~ 三面刀盘
true boring ~ 精加工镗刀
twist-drill ~ 麻花钻槽铣刀
two-flute end milling ~ 键槽铣刀
two-lip end milling ~ 双面刃面铣刀
ultrasonic ~ 超声微切割装置
ultrasonic cloth ~ 超声波裁剪设备
under ~ ①下部凹陷②根切，空刀③根切刀具
upset ~ 端部有深槽的插刀
vee-form ~ 对称双角铣刀
versacut ~ 多用刀盘
versatile ~ 多用刀盘
vertical ~ 立式切割器
wheel ~ 齿轮刀具
wire ~ 铁丝剪
worm ~ 蜗轮刀具，蜗轮滚刀

worm gear shaving ~ 蜗轮剃齿刀
worm generating ~ 蜗杆车齿刀
cutter-and-cleaner 切洗机
cutterbar 切割器，刀杆〔轴〕
cutter-gig 多桨划艇
cutterhead ①刀盘，铣轮〔头〕②切碎器〔装置〕
cut-to-lengthshear-speed ~ 多刀插头，插齿刀头
cylinder-type ~ ①滚筒〔刀〕式切碎器②刀齿滚筒
piezoelectric ~ 压电刻纹头
cutter-lifter 切割挖掘机
cutter-loader ①截装（联合）机，联合采煤机②收割〔割草，切碎〕装载机
cutter-rower 割晒机
cutter-thrower 割抛机，割晒机
cutter-viner ①豆类作物收割脱荚机②豆类作物联合收获机
cutter-windrower 割晒机
cutting ①切片〔屑，削，割〕割削，切削加工，切断（电路）②金属屑③（收）割，插枝④截槽，琢磨，开凿〔采，槽〕⑤录音（唱片）
~ and editing 剪辑
~ through 刻纹过深（录音盘）
~ to length 定长锯断
arc ~ 电弧切割〔削，断〕
arc air ~ 电弧气割
argon arc ~ 氩弧切割，惰性气体（中）电弧切割
autogenous ~ （乙炔）气割，氧炔熔化
balance(d) ~ 平衡切削（几个刀具的安装使切削力互相平衡）
bundled ~ 成束锯削
carbon arc ~ 碳弧切割
change ~ 交变切削法（轮切法）
chemical flux ~ 氧熔剂切割
climb ~ ①（砂轮与工件）异转向磨削，（沿螺纹）上升磨削法②顺铣，同向铣削
contour ~ 外〔成〕形切削
copying ~ 靠模切削，仿形切削
corner ~ （电视图像）切角
deep ~ ①垂直录音②深切〔刻〕
die ~ 冲切
double roll ~ 双向滚动切削
electrochemical ~ 电解切割
electro-discharge ~ 电火花切割，放电切割
electrolytic ~ 电解切削
electron beam ~ 电子束切割
external ~ 外圆车〔切〕削
face ~ ①端面车削，端面铣②（刀具的）切削面
flame ~ 氧炔切割，气割，火焰切割
flux ~ 氧熔剂切割
frame ~ 平行式剪切
free ~ 自由〔无支承，高速〕切削
fusion ~ 熔化切割
gangsaw ~ 群锯切削
gas ~ 气割，氧炔切割
generating ~ 滚齿切削法，滚切法
heavy ~ 厚件切割
helical ~ 螺旋切槽
hollow ~ 中空冲裁，尖刃切割，裁切
impact ~ 冲击式切割，砍切
lance ~ 氧炬切割
laser (beam) ~ 激光切割
length ~ 纵切
metal powder ~ 氧熔剂切割
MIG ~ 金属惰性气体切割
milling ~ 铣刀
miss ~ 漏割
miter ~ 斜角锯削
multitool ~ 多刀切削
NC ~ 数控切割
negative ~ 底片剪辑
notch ~ 切凹口，车〔切〕槽
oblique ~ 斜刃切削
orthogonal ~ 垂直割法，正交切削
oxyacetylene ~ 氧（乙）炔切割，气割
oxy-arc ~ 氧气电弧切割
oxygen lance ~ 氧矛切割
oxyhydrogen ~ 氢氧焰切割
plasma ~ 等离子切割
powder ~ ①粉末切割②氧熔剂切割
profile ~ 成形切削，定型切削
quartz ~ 晶体切割，石英切割
rack ~ 齿条切削，排刀切削
resistance ~ 电阻加热切割
right ~ 直角锯削
sand ~ 拌砂，松砂（工作）
screw ~ 螺纹切削，车螺纹
shape ~ 仿形切割
sound ~ 声剪辑
stack ~ 叠板切割，成叠切割，多层切割法，多层氧炔切割法
superhigh speed ~ 超高速切削

thread die ~ 套螺纹
top ~ 上部截槽，掏顶槽
torch ~ 气割
under ~ ①过切②凹割，刨削 T 形槽
water-jet ~ 水射流切割
cutting-down 缩短
cutting-in ①(孔型的)切深,切入②冲入,打断,干涉③开通
cutting-off 切断（的）
abrasive ~ 研磨切断〔开〕，砂轮切断
cutting-out ①短路，切断②挖砂
cuttings ①切屑②截粉
cutting-tool 切削工〔刀，刃〕具
cutting-up 划切（砂型）
cuttler 折叠机，折布机
cut-to-length （按)定长剪切,切(成)定长(度)
cut-to-measure 按尺寸下料
cut-water 隔舌
CW-laser 连续波激光器
cyan ①氰基②青绿色的③宝石兰的
cyanaloc 氰基树脂（防水剂）
cyananthrone 氰蒽酮
cyanate 氰酸盐
cyanation 碳氮共渗法
cyanidation 碳氮共渗法
cyanide ①氰化物②用氰化物处理
platinous thorium ~ 氰亚铂酸钍（荧光屏）
potassium ~ 氰化钾
cyaniding 碳氮共渗
gas ~ 气体碳氮共渗
cyanine 花青（染料）
cyanite 蓝晶石
cyanobiphenyl 腈基联苯
cyanogen 氰
cyanogenation 碳氮共渗作用
cyanometer （测量海洋、天空蓝度的）蓝度表
cyanonitride 碳氮化物
cyanophenyl 苯腈
cyanotype 氰印照相（法），蓝晒法，晒蓝图
cybercash 赛博现金（支付），计算机现金，计算机化货币，电子货币
cyberculture 自动化社会,计算机化社会〔文明〕
cyberdog 电子狗
cybergame 赛博游戏
cyberhospital 赛博医院，计算机化的医院
cybernate ①使受电子计算机控制，使电子计算机化②（电子）计算机控制化
cybernation ①(用电子计算机)控制②(电子)计算机控制化③无人自动化仓库
cybernetic 控制论的
cybernetics 控制论
cyberoffice 赛博办公室，计算机化办公室
cyberschool 计算机学校
cybershopper 网上商店
cybershopping 赛博购物，计算机购物
cyberspace 赛博空间，计算机空间（指计算机系统的出现所形成的社会文化空间),网络(信息）空间，数字时空，网络世界，虚拟现实
cybertribe 计算机部落
cyberwar 计算机战争
cyber-warfare 计算机战，网络战，赛搏战
cyboma 集散微晶
cyborg ①受控机体，生控体系统②靠机械装置维持生命的人（如宇航员）③电子人
cyborgian 生控体系统的
cybotaxis ①群聚（性）②非晶体分子立方排列
cyclan “西克兰”导航系统
cyclator （废水淤渣）凝聚沉淀装置
cycle ①周，周期〔波时，年〕,一转②循环（时间），一个操作过程，轮转③自行车④旋回，天体运动的轨道⑤圈，回路，循环过程⑥环核⑦程序，工序⑧（针式打印机的）击打次数⑨热力设备系统（图）
~ of annealing 退火程序
~ of operation ①动〔工〕作循环②充电放电循环（蓄电池）③运行周期④循环作业
~ per second 每秒周数，频率，赫兹（Hz）
access ~ 存取周期，存取循环
action ~ 工〔动〕作周期
air ~ ①（闭式燃气轮机）装置循环②（热机的）空气循环
auto tool change ~ 自动换刀周期
beam duty ~ 束流负载周期
binary ~ 双汽〔二元，双工质〕循环
binary fluid ~ 双工质循环
Brayton ~ ①布雷顿循环②汽轮机循环
California ~ 加利福尼亚循环（美国加州规定的汽车排气污染试验方法）
Callippic ~ 卡利伯循环（等于 4 个默顿循环）
canned ~ 封闭〔固定，存储〕循环
Carnot ~ 卡诺循环
Carnot refrigeration ~ 卡诺致冷循环，逆卡诺循环
central control ~ 集中控制循环

central-station ~ ①区域（凝汽）电站的工作循环②区域（凝汽）电站的热力系统（图）
character ~ 字母〔符〕周期
Clark ~ 克拉克（二冲程）循环
clock ~ 同步〔时钟〕脉冲周期
closed MHD ~ 闭式磁流体动力循环
closed feed ~ 闭式回热循环，无除氧器的给水回热加热系统
commutation ~ 整流周期，换向周期
constant pressure regenerative ~ 定〔等〕压回热循环
constant volume regenerative ~ 定容回热循环
cross compound ~ 并联复式循环，交叉双轴（燃气轮机）循环
crossed progeny ~ 交叉次级粒子循环（原子反应堆中利用核燃料循环的形式）
curing ~ 养护周期
Diesel ~ 狄塞尔循环，柴油机循环
diphenyloxide ~ 二苯醚循环（以二苯醚蒸汽工作的热力装置循环）
disturb current ~ 干扰电流周期
dot ~ ①基本〔单元〕信号周期②（电码的）点周，点循环③打点周期
dual ~ 混〔复〕合循环，定容定压循环
dual-presure ~ 两段加压循环
duty ~ ①工作循环，负载循环，工作周期②负荷因数，负载系数③占空系数（脉冲持续时间与间歇时间之比），占空因数，占空比〔度〕④忙闲度，忙闲图，填充系数⑤工作比
ecological ~ 生态循环
efficient flap ~ 有效波动循环
equipressure ~ 等压循环，等压蒸汽燃气联合循环
Ericsson ~ 埃里克森循环（内燃机）
execution ~ 完成周期，执行周期
exhaust ~ 排气循环
extraction ~ ①回热循环②抽气循环
feedwater ~ ①回热循环（带有给水回热加热装置的循环）②锅炉给水系统
fetch ~ 取周期（指令）
fluid ~ 液力〔体〕循环
four-stroke ~ 四冲程循环
functional proof ~ 工作性能检查周期
furnace ~ 炉期
gas ~ ①燃气循环②燃气轮机装置循环
gassing ~ 放气周期
giga ~ 吉（咖）周（10^9周）
grandfather ~ 磁带原始周期，存档期
hand shake ~ ①符号交换周期②交换过程处理周期
haul ~ ①运输周期②行程
heat ~ ①加热制度，热〔供暖装置，热动力装置〕循环②机热（模塑）周期，热周期
heater-extraction ~ 回热循环，抽气循环
heat-exchange ~ 回热〔热交换〕循环
heating ~ ①供热循环②加热工况③回热循环
hysteresis ~ 磁滞循环〔回线，周期〕
index ~ ①变址周期，变址循环②分度循环
Junghans-Rossi ~ 荣汉斯 - 罗西循环（连铸结晶器下行速度等于拉坯速度，然后以三倍速度向上回行）
life ~ 产品寿命周期
limit ~ 极限环
low-duty ~ 小占空因数
machine ~ 机器工作周期〔循环〕
magnetic ~ 磁化循环
magnetization ~ 磁（化回）路，磁化循环
major ~ 大循环，主循环
manufacturing ~ 制造周期
melting ~ 熔炼周期
memory ~ 存储周期（不同于存取周期）
mesh ~ 啮合周期
MHD ~ 磁流体动力（装置）循环
minor ~ ①小周期，短周期②小循环
motive ~ 工作循环
motor ~ 摩托车
mo(u)lding ~ 模塑周期
nuclear-fuel(l)ed ~ 核燃料循环（核燃料热动力装置循环）
null ~ 空转〔不工作〕周期，零周期
one half ~ 半周期
open ~ 开式循环，直流循环
operating ~ 操作循环（离心机，输电与配电设备）
operation ~ 操作周期
operational proof ~ 运转保证周期
Otto ~ 奥托循环，等（定）容循环
pattern repeat ~ 图像〔特性曲线，模式〕重复循环
periodic reverse ~ 换向周期
point ~ （自动机的）穿孔周期
power ~ 动力循环
prefiring ~ 发射前准备周期

prime-mover ~ 原动机的循环
processing ~ 加工周期，处理循环
production ~ 生产周期
pulsation ~ 脉动周期，脉动循环
pumping ~ 抽运周期
reactivation ~ 复活周期
read ~ 读出〔数〕周期
read-modify-write ~ 读改写周期
regenerative ~ 再生周期，回热循环
regenerative reheat ~ 回热再热循环
reheat(ing) ~ 再热循环
relay duty ~ 继电器工作周期
reload ~ 再加载循环，再装药周期
reset ~ ①复位周期②复位循环
reversed Carnot ~ 逆卡诺循环
reversible ~ 可逆循环
ringing ~ 振铃周期
rolling ~ 轧制周期
Savathe ~ 萨巴蒂循环，双燃〔定容定压〕循环
scalar product ~ 标量积〔无向量积〕循环
self-perpetuating ~ 永动（能量）循环
set-up ~ 调整循环
shot ~ 压射周期
single-cut ~ 一次进给循环
singular ~ 连续循环
stagger(ed) ~ 交错〔叉〕周期
standard ~ 标准循环
stealing ~ 窃用周期
Stirling ~ 斯特林（等温等容，回热）循环
storage ~ 存取周期
store access ~ 存取周期
straight ~ 纯〔直接〕蒸汽循环
straight-compound ~ 平行双轴燃气轮机循环
switching ~ 开关操作循环，切换循环，转换周期
ternary ~ 三次循环
time-count ~ 计时循环，计时周期
timing ~ 定时循环
total flow ~ 全流循环
turbojet ~ 涡轮喷气发动机循环
two ~ 二冲程循环
update ~ 更新周期
welding ~ 焊接循环
white ~ 白周期（相对于信息送进一个数存储器的时间）
winding ~ 提升循环
word ~ 字周期，字循环
write ~ 写入周期
cyclecar 三轮小汽车，小型机动车
cycle-criterion ①循环判据，循环准则②重复循环（总）次数
cyclegraph 操作的活动轨迹灯光示迹摄影记录（法）
cycle-index 循环（完成）次数
cyclelog 程序调整器
cycler 周期计，循环控制装置
cyclesound 巡回探测器
cycles-to-failure 疲劳损坏的循环数
cycleweld 合成树脂结合剂
cyclewelding （金属等的）合成树脂结合剂焊接法
cyclic(al) 周期的，循环的，环状的，轮转的
cyclide 四次圆纹曲面
cycling ①循环②振荡③被调量的周期性变化④发出脉冲⑤周期〔循环〕工作的
harmonic ~ 谐波振荡
heat ~ 周期性加热，循环加热
temperature ~ 温度周期变化
thermal ~ 热交变
cycloalkanoates 环烷属化合物
cyclobutanone 环丁（烷）酮
cyclo-cell 旋流浮选槽
cycloconverter 周波〔循环〕变〔换〕流器，双向离子变频器
cyclodos （脉冲调制电路中的）发送电子转换开关
cyclogenesis 气旋发生，气旋生成〔作用〕
cyclogram 周期图表，视野图，轮转全景相片
cyclograph ①圆弧规，画圆规②轮转全景照相机③涡流式电磁感应试验法④试片高频感应示波法⑤测定金属硬度的电子仪器
cyclogyro 旋翼机
cyclohexane 环已烷
cyclohexanone 环已酮
cycloid 摆〔旋轮，圆滚〕线
companion to the ~ 伴〔相似〕旋轮线
contracted ~ 短幅摆线
curtate ~ 长幅圆滚线
prolate ~ 长辐旋轮〔圆滚〕线，长辐摆线
cycloidal 摆线的，圆滚线的，旋轮线的，圆形的
cycloinverter （交流电源用）双向离子变频器
cyclolysis 气旋消失
cyclometer ①跳字转数表，转数〔里程，周期〕计，记转器②示数仪表③测圆弧器
cyclometry 测圆法，圆弧测量法

cyclone ①气旋，旋风②旋风器，旋风除尘〔分离〕器，旋流器③环酮
classifying ~ 分级旋流器
Dutch ~ 水力旋风器，旋液分离器
filling ~ 填塞气旋
heavy medium ~ 重介质旋流器
Krebs ~ 克雷布斯式旋流器，多管旋流器
multiple ~ 多管式旋流器
wet ~ 湿式旋风除尘器，旋液分离器
cyclonet 海上脱脂机
cyclone-type 旋风式
~ of combustion 旋风式燃烧室
cyclonium 钷（Cy）的旧称
cyclonome 旋转式扫描器
cyclopack 快装式旋风炉
cyclop(a)edia 百科全书，丛书
general ~ 百科全书
cyclophon(e) 旋调管〔器〕(多信号调制用电子射线管)
cyclopolymerization 环化聚合
cyclorama ①圆形画景②半圆形透视背景
cyclorectifier ①循环整流器②单向离子变频器
cyclorubber 环化橡胶
cycloscope 转速计
cyclosizer 超微粒湿式旋流分级器
cyclostrophic 因气流曲率而引起的，气转的，旋衡的
cyclostyle 誊写用复写器
cyclosynchrotron 同步回旋加速器
cyclotomic 分圆的，割圆的
cyclotron 回旋加速器
AG ~ 交变梯度（聚焦）回旋加速器（强聚焦回旋加速器）
clover-leaf ~ 三叶草型回旋加速器
double-mode ~ 双模式〔双重加速法〕回旋加速器
electron ~ 电子回旋加速器（微波加速器）
FFAG ~ 固定场交变陡度回旋加速器
inverted ~ 返回旋加速器
synchro ~ 稳相〔同步回旋〕加速器
three-dee ~ 三D形盒回旋加速器
cyclotron-magnetron 回旋加速（器的）磁控管
cyclotron-off 回旋加速器停机
cyclotron-on 回旋加速器运行
cycolor 色彩复制
cylinder ①圆柱，（圆）柱体②气缸，液压缸，泵体，筒体，圆〔钢，套，量，唧〕筒，（氧）气瓶，钢瓶③柱面④（多面磁盘的）同位标磁道组⑤转轮⑥锡林(纺织机件,俗称“滚筒”)⑦分音符
~ block 气缸体
~ head temperature 气缸盖温度
~ identification sensor 气缸识别传感器
access ~ 存取圆柱体
acetylene ~ 乙炔气瓶
actuating ~ 驱动筒，主动筒，动力气缸，主动液压缸
actuator ~ ①驱动器液压缸②动力液压缸
air-gap ~ （汽轮发电机的）气隙圆筒
anode ~ 阳极圆筒
application ~ 控制筒
assistant ~ 缓衡气缸
assorting ~ ①选粮筒②圆筒筛，分级滚筒
auxiliary ~ 辅助唧筒〔气缸，液压缸〕，副滚筒
bailout oxygen ~ 应急氧气瓶，跳伞用的氧气瓶
base ~ （齿轮啮合的）基圆柱面
blanket ~ 胶印滚筒，橡胶滚筒
blankholder ~ 压边缸
blind ~ （铸制）两端封闭筒
block head ~ 整体气缸
boom ~ （装载机的）转臂液压缸
booster ~ 助力液压缸
bounce ~ （自由活塞燃气发生器的）缓冲气缸，回力缸
brake ~ 制动缸
breakout ~ 卸扣气缸
cable ~ 绳索缸
cage ~ ①板〔栅〕条式滚筒②筛〔栅条〕式凹板
card(ing) ~ ①梳理滚筒（如梳理毛、麻、棉等）②梳摘流筒
carrying ~ 承重〔支承，把持〕筒
cast ~ 整铸缸体
checking ~ 制动缸
chlorine ~ 氯气（钢）瓶
circular ~ ①圆柱体②圆筒
cleaning ~ ①清选滚筒②圆筒筛③清棉机锯齿滚筒
closing ~ （压铸机的）闭合模气缸，合模缸，合型缸
collector ~ 圆筒形集电极，收集极圆筒
colorimetric(al) ~ 比色管
comber ~ 梳理滚筒，栉梳滚筒

compensating ~ 平衡缸，补偿筒
compensating master ~ 带补助贮液槽的主液压缸
concentration ~ 聚焦圆筒，聚焦电极
concentric ~ 聚焦圆筒，同心圆柱体
constant extension speed telescopic ~ 等速外伸的伸缩缸
copper ~ 测压铜柱
counterrecoil ~ 复进筒
cushion ~ （自由活塞燃气发生器的）缓冲气缸，缓冲液压缸
cycloidal ~ 摆线柱面
damper ~ 减振筒
datum ~ 中圆柱，分度圆柱面，分圆柱
diagonal ~ 斜置〔排〕气缸
differential ~ 差动液压缸
dual cast ~ 复铸气缸
dual master ~ （前后排列）双联主液压缸
dummy ~ 假气缸
emery ~ 砂轮鼓
evener ~ 均棉滚筒
expansion ~ ①滚筒，辊②膨胀筒
Faraday's wire ~ 法拉第（格子）线圆筒
feed ~ 进给液压缸
feel ~ 反作用缸，负载感觉缸
gas ~ （高压）气瓶，导气筒，瓦斯筒
gauze ~ 网状圆柱体
glazing ~ 上光滚筒
graduated ~ 量筒
graphite solid ~ 石墨棒
hammer ~ 汽锤气缸
hydraulic ~ ①液压〔水压〕缸②液压系统的泵缸
hydrostop ~ 闭锁式液压缸（指带闭锁限制阀），限位液压缸
hyperbolic ~ 双曲柱面
I-head ~ I 形头气缸，顶置气门气缸
impulse ~ 脉冲缸
inblock ~ 气缸排
indent ~ 窝眼筒
index ~ 分度液压缸
individual ~ 分割〔块，开〕铸造气缸
ingot ~ （碳化硅）结晶圆筒
injection ~ 压射缸（压铸用）
jacketed ~ 有（水）套气缸
key ~ 锁芯
kicker ~ ①回程缸②推进液压缸
knife ~ 刀齿滚筒，切碎滚筒
knockout ~ 顶出缸，顶件液压缸
laminated ~ 层压筒
lateral ~ 侧缸
level(l)ing ~ 调平（机构）液压缸
L-head ~ L 形头气缸，侧阀气缸
lift(ing) ~ ①（液力）起重缸，千斤顶，起升液压缸②回程缸③悬挂装置液压缸
lock ~ 锁芯
locking ~ 锁紧缸
main ~ 主缸
main braking ~ ①主制动缸②制动总泵缸
master ~ ①主液压缸，主缸②控制缸
measuring ~ 量筒
mill-type ~ 重型缸
mounted ~ 分〔外〕置式液压缸
multiposition ~ 多位气缸
oblique ~ ①斜置气缸②斜柱
offset ~ 偏置气缸
operating ~ 工作（液压）缸，动力（液压）缸
opposed ~ 对置气缸
optical ~ 感光磁鼓
oxygen ~ 氧气瓶
parabolic ~ 抛物柱面
pitch ~ 节圆柱面
pneumatic ~ 气压缸
positional ~ 定位缸
power ~ 动力（液压）缸
power per ~ 单缸功率
projecting ~ ①射影柱②投射筒
pullback ~ 回程缸
pump ~ ①泵缸②钟表（匠）测高用滑动伸缩规
quadric ~ 二次柱面
radial ~ 星形气缸
ram ~ ①水压机气缸②活〔柱〕塞式液压缸
ram drive ~ 柱塞传动液压缸
ratchet ~ 棘爪（驱动）液压缸
reach ~ 前移液压缸
recoil ~ 驻退筒
recuperator ~ 复进调节筒
reference ~ ①分度圆柱面，参考圆柱②节圆柱
regenerative ~ 快速回程缸，再生式气缸
relay ~ ①继动液压缸，传递液压缸②伺服机缸
relief ~ 安全〔保险，辅助〕气缸
remote-operation ~ 外〔分〕置式液压缸
retaining ~ 护筒（无槽转子电机中保护转子

绕组的圆筒）
return ~ 回程缸
reverse ~ 回动汽〔液压〕缸
ribbed ~ 肋式气缸
root ~ 齿根圆柱（面）
root ~ of worm 蜗杆齿根圆柱面
rotating ~ 旋转缸
sand ~ 研磨筒，砂磨筒
saw ~ 锯齿式滚筒
segment ~ 触头缸，分块压头缸
semicircle ~ 半圆（排）列（汽）缸
separating ~ ①分选滚筒②圆筒分选筛
servomotor ~ 接力器缸，（水轮机的）作用筒筒体
sheller ~ （玉米脱粒机的）脱粒滚筒，搓擦滚筒，脱壳滚筒
shot ~ 压射缸
shutoff ~ 停车缸
slave ~ 从动〔辅助液压，附属液压〕缸
slide gate ~ 滑阀筒
small-bore ~ 微型缸，小口径缸
sorting ~ ①分级滚筒②圆筒分级筛
spiked ~ ①针刺轮②针形滚筒
spring brake ~ 带（爪形）回位弹簧的制动轮缸
squeeze ~ 压实缸
staggered ~ 交错气缸
steam ~ 气缸
steering ~ 操纵动作筒，转向助力液压缸
step-bore ~ 异径缸，制动器异径分泵（分泵两侧直径不同，对左右制动蹄给予不同的作用力）
striker ~ 冲击唧筒
stripper ~ 起模缸
suction ~ 吸气缸
swing ~ 转臂转动液压缸
tandem ~ 串列气缸
tandem master ~ 串联（制动）主液压缸
tangent ~ 切柱面
telescopic ~ 伸缩式气缸
thin ~ 薄型气缸
threshing ~ 脱粒滚筒
thrust ~ ①喷气〔火箭〕发动机燃烧室②推力室
tilt ~ ①摆缸②升降液压缸③倾倒用液压缸
tilting ~ 倾斜液压缸
tip ~ 齿顶圆柱面（蜗杆，蜗轮），顶圆柱
triple ~ 三通筒
truncated ~ 截柱
turbine ~ 涡轮壳，涡轮机气缸
twin ~ 双气缸
two-way ~ 双向〔双作用〕（液压）缸
vibration ~ 振筒
volumetric ~ 量筒
Wehnelt ~ 维纳尔圆柱电极，（圆筒形）控制电极，调制极
wheel ~ 车轮（液压）制动分泵缸
cylinder-block （气）缸体
cylinder-ga(u)ge 缸径规，圆筒内径规
bar type ~ 卡尔玛斯缸径规，杠杆式缸径规
cylindric(al) ①（圆）柱形，圆筒形②圆柱体〔形，筒〕的，鼓形的，筒形模
cylindricality 柱面性
cylindricity 圆柱度，圆柱性，柱面性
cylindricizing 对称比
cylindroconical 圆锥形的
cylindroid ①圆柱性面，拟圆柱面，柱形面②（正）椭圆柱，曲线畴
cylindrometer 柱径计
cyclostyler 誊写用复写器
cylpeb 粉碎（用）圆柱（钢）棒
cyma ①反曲线②波状花边，浪纹线脚
~ recta 表反曲线，上凹下凸的波状花边
~ reversa 里反曲线，上凸下凹的波状花边
cymatium 反曲线状，波状〔拱顶〕花边
cymba 艇状物，舟形物，艇状结构
cymbiform 船形的
cymel 聚氰胺树脂
cymograph ①转筒记录器②自记波频〔波长〕计
cymomer 频率计，波长计，波频计
cymometer 频率计，波长计，波频计
cymoscope ①检波器②振荡指示器
cypher （=cipher）①暗〔符〕号②零③位数，阿拉伯数字④（译成）密码⑤隐语，隐略字
Cypress Cypress 网
cyrene 聚苯乙烯
cyrtometer 圆量尺，测曲面器
cystitome 晶状体囊刀
cytac 罗兰 C 导航系统（远距离导航系统）
C-zero 空磁带盒

D

3D （=3 dimension）三维
~ reconstraction　三维重建
da capo　〈意〉重复〔发〕信号
dab　①轻敲〔拍〕，锤琢②（抚）摸，涂，搽敷③团，块，斑点④润湿⑤能手，名手⑥指纹印
dabber　①砂舂②加强筋③心棒，心轴④型芯⑤上墨滚筒
dabble　①喷洒，灌注，溅湿，浸，蘸②研究，涉猎
Dachprisma　〈德〉达赫棱镜
Dacron　聚酯纤维，涤纶，的确良
dactylite　指形晶
dactylogram　①指纹，指印②指纹谱
dactylograph　打字机，打印机
dactylosensor　指纹传感器
dactylotype　指纹结构
dadding　①机械通风②用风扇给井下工作面通风
dado　①护壁板，墙裙，柱墩的墩身，柱的基座②（木工）开榫槽
dadoing　刨槽，槽加工
daemon　影子，代理进程（某些操作系统中的后台运行进程）
dag　石墨粉，碳末润滑剂（导电敷涂材料）
daguerreotype　（从前的）银板照相（法）
dah　（无线电，电报）电码中的一长划
daiflon　聚三氟氯乙烯（树脂），氯三氟乙烯树脂，戴氟隆树脂
dailygraph　（电话用）磁录放机，电话录音机
dais　①台架②工作台
Dakota　军事运输机
d'Alembertian　达朗贝（算）符
D-algorithm　D 算法（一种生成逻辑网络测试码的方法）
dally　①空转②闲荡，延误（时机等）
dalton　道尔顿（质量单位，一个氧原子质量的 1/16，约 1.65×10^{-27} kg）
daltonism　色盲（特指先天性红绿色盲）
dam　①闭合，阻塞，障碍，空气阀②水坝，堤，水闸，隔〔密封〕墙③（回转窑）挡料圈
cob ~　玉米芯调节阀门
diversion ~　分水坝，导流坝
floating ~　浮桥，浮式闸门
fuel ~　挡渣墙，渣坎
gas ~　气塞
intake ~　坝内式水电站厂房，进水口挡水墙，（水电站的）大坝进水口段
multi-arch ~　连拱坝
oil ~　油隔层
power ~　坝内式水电站厂房
slag ~　渣坝（浇注系统内）
tinker's ~　焊缝
damage　①损伤〔坏，失，害，耗〕，破坏，摧毁，杀伤②事故，故障③（pl.）损害赔偿费，赔款
cavitation ~　空蚀
compensatory ~　有补偿的破坏，值得的破坏
complex ~　复合损伤
edge ~　片边损坏
grain ~　穿晶损伤
hydrogen ~　（锅炉的）氢脆
impact ~　冲击损伤
initial ~　初始损伤
irradiation ~　辐照损伤
mechanical ~　机械损伤，硬伤
progressive ~　累进破坏
secondary ~　继发损坏，连带损坏
damageable　易受损害的，易破坏的
damascene　①金属镶嵌②（钢铁热处理后出现的）雾状花纹，波纹
Damaxine　大马新磷铜，高级磷青铜（w（Sn）9.2% ~ 11.2%，w（P）0.3% ~ 1.3%，w（Pb）<7%，其余 Cu）
dam-board　挡板
dammar　达马（树）脂
dammed-off　用水闸隔开的
dammed-up　拦〔壅〕高的，拦蓄的，挡起的
dammer　= dammar
damourite　水白云母，细鳞白云母
damp　①阻尼，衰减，减振，缓冲，制动，减速，减幅②潮湿，湿气，湿度，含水量，水蒸气，雾③矿井瓦斯（采矿），沼气，甲烷，（炉）灭火，熄火，（炉内）降温
attaching ~　固定夹，固定马耳
choke ~　窒息气，二氧化碳气
fire ~　沼气，甲烷，危险气体，爆炸气体

vibra ~ 振动阻尼器，减振器
white ~ 一氧化碳
dampen = damp
dampener = damper
damper ①阻尼〔缓冲，减振，消声〕器，阻尼线圈，(热熔渣）熄火器②气流调节器，风挡，调节风门，挡板，调节板③潮湿器④现金记录器
acoustical ~ 消声器，吸声器
air ~ ①空气减振器，空气阻尼器②节气门，风挡
ashpit ~ 灰坑挡板，灰坑出灰门
blade ~ 桨叶减振器
blast ~ 爆炸减振器
butterfly ~ 节气门，调节器
bypass ~ 旁路挡板
check ~ 风挡
chimney ~ 烟囱调节器，烟囱风挡
coal ~ 落煤控制板
directional ~ 方向阻尼器，偏航阻尼器
double-acting ~ 双动减振器
draught ~ 气流调节器，风挡
dynamic ~ 动力阻尼器，消振器
exhaust flame ~ 排气管阻焰器
flue ~ 烟道调节板
gas proportioning ~ 烟气（比例）调节挡板
hot-air ~ 热空气调节器
hydraulic ~ 液压减振器
hysteresis ~ 滞后阻尼器
impact ~ 缓冲器
jack-knifing ~ 限位机构
Lanchester ~ 兰彻斯特减振器，扭转摩擦减振器，(干摩擦）扭振阻尼器
liquid ~ 液体阻尼〔液压减振，液压缓冲〕器
louver ~ 百叶窗式挡板
louvre ~ = louver ~
magnetic ~ 磁性阻尼器
mill tempering ~ ①磨煤机温度调节挡板，(制粉系统）冷风门②向磨煤机补冷风
pole ~ ①阻尼〔减振，静噪〕器②磁极阻尼条〔笼〕
resonator ~ 谐振阻尼器
shimmy ~ 减摆器，摆振阻尼器，转向轮减振装置
shock ~ 减振器
slide ~ 闸〔插，滑动挡〕板
sound ~ 消声〔噪声抑制〕器
spring ~ 弹簧减振器
spring-coupler ~ 弹簧防振器
stack ~ 烟道挡板
stockbridge ~ （储能桥式）防振锤（线路导线用），(架空线的）减振器
surge ~ 减振器，缓冲器
swivel ~ 转动式风门，旋转风挡
torsional (vibration) ~ 扭振减振〔阻尼〕器
two-circuit ~ 双路阻尼器
valve surge ~ 阀簧减振器
vibration ~ 减振器
viscous ~ 黏性阻尼器
yaw ~ 减摆器，偏转阻尼器
damping ①阻尼，衰减，减幅，减振，缓冲，稳定②制动，复原，回潮
~ in roll 滚动阻尼，滞滚作用
absolute ~ 绝对阻尼，振荡完全停止
adaptive ~ system 自适应阻尼系统
angular oscillation ~ 相（位）振荡衰减
aperiodic ~ 非振荡（非周期）衰减，无振动衰减
coulomb ~ 库仑阻尼，干摩擦阻尼
critical ~ 临界阻尼〔减幅，衰减（系数）〕，中肯阻尼
cross ~ 正交阻尼
eddy ~ 涡流阻尼
exponential ~ 指数衰减
full ~ 满阻尼
hysteretic ~ 迟滞阻尼
lateral ~ 滚动阻尼，倾侧（运动）阻尼
natural ~ 自然阻尼
negative ~ 负阻尼
over ~ 过阻尼
periodic ~ 欠阻尼，弱阻尼
positive ~ 正阻尼
quadratic ~ 按平方律衰减
quasi-critical ~ 准临界阻尼
radiation ~ 辐射衰减
reversed ~ 逆阻尼
specific ~ 衰减比，(电缆的）衰减常数
ultimate ~ 极限阻尼，极限衰减
under ~ 欠阻尼
viscous ~ 黏性阻尼(机械动力学，仪器仪表）
damping-down 熔铁炉停工（由于炉料不足或停止送风）
dampness 湿度，潮湿，含水量
damposcope 瓦斯指示器
dampproof(ing) 防潮的，耐潮的
dan ①小车，空中吊运车②杓，瓢，桶③担

（1 担 =0.05 t）④电码中的长划
dance 跳跃〔动〕，摇晃，飘荡
waggle ~ 8 字形舞动（架空线）
dancing 跳跃（如调整器，仪表的指针等）
dandy ①双轮小车②小型沥青喷洒机
danger ①危险（品，信号），威胁②障碍物
dangle 悬摆〔垂〕，晃来晃去地悬挂着
dangler 挠性电极
Dannemora 丹内马拉高速钢(*w*(C)0.7%, *w*(W) 18%，*w*（Cr）4%，*w*（V）1%，其余 Fe）
dant 丝炭，低级煤
dap ①（木工）槽口，凹口，切口②挖槽，刻痕③（在水面上）掠〔滑〕跳，弹跳
dapt 榫眼
daraf 拉法（法拉的倒数）
darby 刮尺，（瓦工用的）泥板，（平墙）镘
darcy 达西（多孔介质渗透力单位）
dark ①（黑）暗（的），暗淡（的），无照（的），深色（的），浅黑（的）②隐藏（的），隐秘（的），模糊（的）③暗处，无光
dark-conductivity 无照导电性，暗电导率
darkening ①黑色氧化膜（电镀）②发黑，变黑，昏暗
limb ~ 临边昏暗
darkflex 吸收敷层
darkness 黑暗，暗度，盲度〔目〕
dark-trace 暗行扫描
Darlington 复合晶体管，达林顿（接法）
inverted ~ 倒置式达林顿复合电路
Darlistor 复合可控硅
darmold 石墨浆涂料
darner 织补机，织补工
dart ①（近程）导弹，火箭②叉头钉③急驰，飞奔，突然急速向前冲，掠过④投掷〔射〕，发〔放〕射，突然发出
unpowered ~ 惯性飞行导弹
dartle 连续发射，（使）不断伸缩
dash ①碰撞，冲击（声），突进，冲动，洒，浇，溅泼②（少量）掺合（物），注入③破折号，长划，阴影线④仪表〔控制，操纵〕板⑤挡〔隔，（船的）遮水，挡泥〕板⑥（采矿的）巷道通风⑦槌柄⑧灰浆
dashboard ①挡泥板②遮水板③仪表〔控制〕板，操纵盘
dash-controlled 仪表板控制的
dasher ①挡泥〔防波，反射，阻〕板②搅物杆③冲击物
dashlight 仪表板灯
dashmats 轿车驾驶操纵板护罩
dashout 删去，涂掉
dashpot 减振器，阻尼器，缓冲器〔筒〕，减振油壶，液压缓冲器，粘壶，（流变学机械模型中的）黏性元件，阻尼延时器〔电路〕
dasymeter ①炉热消耗计②气体成分测定仪，瓦斯深度检定器，密度计（指示空气密度变化的仪器）
dat 数据文件名后缀
data ①（datum 的复数，美国也作单数）数据，资料，诸元，信息，参数，论据，（技术）特性，性能，已知数，已知条件②基准，基（准）线〔面〕
advanced integrated ~ system 高级综合数据系统
air ~ 飞行（试验）资料〔数据〕
alpha beep on bad ~ 字符和数据错误警示
analog(ue) ~ 模拟数据
angular ~ 角坐标〔数据〕
area ~ 区域数据
background ~ 背景数据信息（显示用）
basic ~ ①原始数据②基本射击诸元
binary-code ~ 二进制编码数据
black ~ 黑板
block ~ 块数据，分组数据
canned ~ 存储信息，已存数据
cell ~ 方格数据，字组单元数据
centering ~ 归心元素
character ~ 字符数据
character coding ~ 字符编码数据
code ~ 代码数据（例如以数字表示月份）
colo(u)r ~ 彩色信号数据〔参数〕
colo(u)r-mixture ~ ①混合色中的原色分量②混色数据
computerized ~ 计算机化数据
conceptual ~ 总体（设计）数据
cross ~ 总数据
current detail ~ 近期基本数据
determinatoin ~ （坐标的）测定数据
digital ~ 数字资料，数据，数字数据
discrete ~ 分立数据，离散数据
empirical ~ 经验数据
endless ~ 循环数据，无端数据
engineering ~ 工程数据，技术数据，技术规范
facsimile coding ~ 传真编码数据
field ~ ①现场数据，工作数据，工作记录②字段数据，范围数据

filament ~ 灯丝电路参数
firing ~ 射击诸元,(火箭的)发射数据,(火箭发动机的)试车数据
flight ~ 飞行试验资料〔数据〕
fluctuating ~ 不规则输入数据，起伏数据
gapfiller ~ 填隙数据
generation ~ 世代数据
graph ~ 图解数据
high rate packet ~ (通信)高速率分组数据
image-contained ~ 像含数据，像容数据
imagery ~ 图像数据，图像信息
initial ~ 原始数据
input ~ 原始〔输入〕数据〔诸元〕
intelligence ~ 情报资料
legendary ~ ①图廓外资料②图例
lightly summarized ~ 轻度综合数据
limited access ~ 有限访问数据
machine-readable ~ 机器可读数据
marginal ~ 图例说明
master ~ 主〔基本，不常变〕数据
mechanized ~ 计算机可读数据，机器可读数据
message ~ 消息数据，报文数据
microimage ~ (录在胶片上的)微像数据
multiword binary ~ 多字二进制数据
numeric bit ~ 数字位数据
numerical ~ 数据，数字资料
observed ~ 观测数据，实验数据
older detail ~ 远期基本数据
operating ~ 运行〔算〕数据〔资料〕
orientation ~ 方位元素
performance ~ 工作特性，运行数据，性能数据
picture ~ 图像数据
position ~ 坐标，位置数据
preliminary ~ 预备数据，初步数据
primary ~ 原始数据
private ~ 专用数据
process ~ 分理数据，对数据迅速检查分析
product modeling ~ 产品建模数据
public ~ 公用数据，公开数据
radar ~ 无线电探测资料，雷达数据，雷达定位资料
rating ~ 标称数据，额定数据
raw ~ 原始数据，未处理数据，原始材料，素材
reference to shared ~ 引用共享数据
sampled ~ 抽样〔样本，不连续〕数据
sampled analog(uc) ~ 抽样模拟数据，断续-连续信息，时间量化连续信息
scan tool ~ 故障诊断仪数据
segmental ~ 零碎的辅助材料
service ~ 服务〔维护，使用，运行，技术〕数据，业务资料
shading ~ 晕渲数据
simulated ~ 模拟数据
source ~ 源数据
spatial ~ 空间坐标数据
specified ~ 已修正的数据，订正数据，确定数据
stored ~ 存储数据
stress rupture ~ 蠕变试验数据(到断裂时的应力、温度、时间)
string ~ 串式数据，成串数据
swap ~ 交换资料
target present ~ 目标瞬时坐标数据
technical ~ ①技术数据，详细的技术资料②技术特性，技术性能
teletext ~ 电视文字广播数据
temporal ~ 时态数据
tentation ~ 假设〔预定，试验〕数据
terrain ~ 地形数据
test ~ 试验〔测试〕数据，检查(计算机工作的)数据
time variable ~ 时间函数，随时间变化的数据
traffic ~ 通信量数据
transaction ~ 变动性数据，处理〔交易，事务〕数据
transparent mode ~ (通信)透明方式数据
troubleshooting ~ (检查)修理指南，故障检查数据
unacknowledged mode ~ (通信)未确认模式数据
user ~ 用户数据
user view ~ 用户意图数据
virtual ~ 虚拟数据

databank 数据库

database 基本数据，数据库〔栈〕
Chinese character ~ 汉字数据库
distributed ~ 分布式数据库
financial ~ 财务数据库
fingerprint ~ 指纹数据库
global ~ 总体数据库
hierarchic ~ 分级数据库
home ~ 主叫用户数据库
image refresh ~ 影象更新数据库

intelligent ~ 智能数据库
intelligent network ~ 智能网络数据库
interdisciplinary ~ 交叉学科数据库
network ~ 网络（状）数据库
object ~ 对象数据库
on-line ~ 联机数据库
packing ~ 压缩数据库
program ~ 程序数据库
routing ~ 路由选择数据库
single-site ~ 单地点数据库
smart ~ 智能数据库
software description ~ 软件描述数据库
source ~ 源数据库
structured ~ 结构化数据库
universal ~ 通用数据库
videotex ~ 可视图文数据库
visitor ~ 访问者数据库
world ~ 世界数据库

Datablade 数据刀片（一种用于处理分散数据集的机制）

databook 数据〔参考资料，标准产品〕手册，数据〔明细〕表，清单

databridge 数据桥

data-code 数据编码系统

data-dependent 依靠数据的

datagram 数据报

data-hangling 数据处理，信息处理

data-in 输〔装，记〕入数据

data-input 输〔装，记〕入数据

Datakey 数据键（标）

datal 包含一个日期的，按日计算工资

data-logging 数据记录，巡回检测

datamation 自动数据处理，数据化

datanet 数据网

dataout 输出数据，抹去数据

dataphone 数据发声〔送话〕器，（传输用）数据电话

dataplex 数据转接

dataplotter 数据标绘器，数据自动记录器

data-set ①数据传输机②数据组

data-signaling 数据发信，数据信号化

datastore 数据区

datastream 数据流系统

datatron （十进制计算机的）数据处理机

datawire 数据线

date ①日期，时代，年代②断〔测〕定…的年代，计算时间③从（…时期）开始④逐渐过时〔变陈旧〕

~ of availability 有效期限
~ of expiration 有效日期，限期
~ of maturity （票据等）到期日
~ of value 起息日期
closing ~ 截止日，结算日
contract award ~ 合同鉴定日期
delivery ~ 交货日期
expiring ~ 有效日期，限期
expiry ~ 终止日期，有效期限
target ~ 预定（开始，结束）日期

dateline 新闻电头，在…上注电头

dater 日期戳子

datin （= data inserter）数据输入器

dating 记〔注明〕日期，断〔测〕定年代，记载

datometer 单日历表

datrac 把连续信号变为数字信号的变换器

datum data 的单数，基准

addition ~ 辅助基准
assembly ~ 装配基准
chart ~ 水深基准点，海图基准面
design ~ 设计基准
ga(u)ge ~ 水尺基准面
location ~ 定位基准
machine ~ 机床基准点
measuring ~ 测量基准
operation ~ 工序基准
ordnance ~ 规定基准
original ~ 原始资料
process ~ 工艺基准
roll ~ 滚动〔倾侧〕角读数起点
tidal ~ 潮高基准面
Unified (World) Geodetic ~ 统一（世界）大地基准

daub ①涂料，胶泥，粗灰泥，底色，打结底的泥料，打结炉底②涂抹，抹胶，打底色，抹缝

mud ~ 抹缝，泥补裂缝

daubing ①涂抹〔料〕，衬料，炉衬（的）局部修理，抹缝②石面凿毛，灰泥抛毛

daugh 耐火黏土

daughter 子体〔核，系〕，裂变产物

decay ~ 衰变子体〔产物〕
grand ~ 第三代子核
neutron-produced ~ 中子照射时得到的子系产物
radon ~ 子代氡

daughterboard 子板

dauphine 杜斐内式油炸马铃薯泥球

luminous ~ 夜明针，夜光道芬针
dauphinite 镁钛矿
Davignon 达维南金铜铝合金（w（Au）58%，w（Cu）37%，w（Al）5%）
davit 吊柱，吊杆，吊艇架，（救生船的，布雷艇上放水雷的）吊架
anchor ~ 吊锚杆，起锚柱
cat ~ 吊锚杆
wheel ~ 车体千斤顶
davit-mounting 吊装
Davy-lamp （矿工用）安全灯
d-axis d 轴，直轴，纵轴
day ①工作日②（pl.）日子，时代，时期，寿命③活动时期，全盛时期，机会④（地面）露头，紧接地表的岩层
apparent solar ~ 视太阳日
civil ~ 民用日，日（24h），昼夜
eight-hour ~ 八小时工作制
lay ~ 停工日
mean solar ~ 平太阳日
megawatt ~ 兆瓦日
scalability ~ 伸缩功能演示会
sidereal ~ 恒星日（23 h 56 min 4.09 s）
day-coal 上层煤
day-date 周〔星期〕- 日〔天〕，双历
dayfile 日志
daylight ①昼光，日光，太阳光②空〔间〕隙，缝，开口高度，（液压机的）开启高度，间隔③装模高度，（机械压力机的）闭合高度
natural ~ 自然光
platens open ~ 模板最大开距
daylight-type 日光型（彩色胶片）
dayman 日班工人，做散工的人
day-off 休息日
days day 的复数
lay ~ 装卸〔停泊〕时间
day-taler 计日工
daytime 日间，白天
day-to-day 日常的，经常的
day-type 日光型（彩色胶卷）
daywork 计日工作，日工
measured ~ 标准日工作量，基准工作量
dazzle 日眩，光彩，耀目的光
acoustic ~ 声眩，声昏迷（随着高密度声辐射而产生的心理效应）
dazzle-free 不眩目的
dbf 数据库文件名后缀
D-bit 镶片钻头
dBk 以 1 kW 为零电平的分贝数
dB-loss 分贝衰减
dBm 以 1 mW 为零电平的分贝数
dbspace 数据基空间
dBv 以 1 V 为零电平的分贝数
dBw 以 1 W 为零电平的分贝数
D-cable D 形电缆
D-cache 数据高速缓存
D-calculus D 演算
DC-dump 直流断电状态
D-channel D 通道（ISDN 中用于控制信号和用户数据的数据信道）
D-coil D〔八字形〕线圈
DC-signaling 直流信号传输法
D-disc D 盘（一种虚拟磁盘）
de jure 〈拉〉法律上的，根据权利的
deac （调频接收机中）减加重器，主加重器件
deaccentuation ①去加重②（频应）复元
deaccentuator 校平器，平滑器，频率校正线路，减加重线路
deacidify 脱酸
De-acidite 阴离子交换树脂
deacidize 还原，脱氧
deactivate 去活〔减活，钝〕化
deactivation ①钝化，惰性化②去激活，减活化（作用）
collisional ~ 碰撞消激活
deactivator 钝化器，减活化剂，钝化剂
adsorbent ~ 吸附减活剂
deactuate 退动
dead ①死的，静（止）的，停滞的，固定连接的，接死的，已熄灭，去激励的②失效的，无电压的，已断路的，无信号的，无弹性的，无放射性的，非生产的，无光泽的，无〔贫〕矿的③突然的，完全的，绝对的，精确的
~ in line 轴线重合，同轴的，配置于一直线
acoustical(ly) ~ 不透声的，隔声的，声滞的
bottom ~ 下止点
make ~ 切断
top ~ 上止点
dead-band 迟缓率
deadbeat ①振动终止，临界阻尼，无（差）拍，（计量器指针的）速指作用，直进式（无反跳的装置）②不摆的，无阻尼的，非周期的，无振荡的
deadbolt （手拨门闩）拨闩，拨销（门用）
dead-bright 抛光
deadburn 煅烧

dead-center ①止点②固定顶尖
dead-drawn 强拉的
deaden ①缓和，减弱，衰减，下降②消除（力量，亮度），消去，隔〔吸〕声，失去光泽
deadend 死端，终端不通的，空端，紧密封闭的，终点，截断（电路）
deadener 隔声材料，消声〔减声，阻尼〕器
deadening 消〔吸，隔〕声（的，作用，材料），消失，衰减，下降，失去光泽的材料
sound ~ 消声，隔声
deadeye ①三孔滑车，（接索用）穿眼木滑车②孔板伸缩节③神枪手
dead-fall ①翻斗机，翻车机②陷阱
dead-file ①扁三角锉，软锉，油锉②失效存储器③不用的资料，废文件
dead-front 正面不带电的部件，空正面，死面
dead-hard 极硬的
deadhead ①浇注系统，冒口②切头，（钢锭的）收缩头，（已切割下来的）冒口废料③（床）尾（后顶尖）座④空载行驶的车辆⑤系船柱，虚头，木浮标，示锚标用的木片
deading 保热套
dead-lift 凭力气往上拉（不用滑车）
deadlight 舷窗外盖〔玻璃〕，关死的天窗
deadline ①限期，安全界线②空线，断线路，闲置线路③短旁通管
bid ~ 投标期限
dead-load （本）底（负）载，静重，静载，固定负荷
deadlock 停顿，停滞，闭锁，死锁，僵局
deadman ①叉杆，（立杆用的）一端有钩的杆，横木，桩橛，栓桩②锚定钩〔物〕，锚墩③闭锁装置
deadness 无用性
dead-on 完全搭上
dead-pull 凭力气往上拉（不用滑车）
dead-pull 凭力气往上拉（不用滑车）
dead-reckoning ①推算〔测〕航行法，盲航法②计算法定位，推算定位
deadrise 舭部升高
dead-short-circuit 全短路
dead-soft 极软的
dead-time 空载〔寂静〕时间
deadweight ①静重，（车辆的）自重②静载荷，总载重吨③重截荷④建筑结构的重量
dead-wind 逆风
deadwood 龙骨帮木，船首〔尾〕鳍，枯木
dead-zone 恒域的，死区的
deaeration 除〔排，去，驱〕气，除氧，脱泡
thermal ~ 热力除氧
deaerator 除气器，去气桶，抽气机，除氧器，脱泡器，脱泡桶
atomizing ~ 喷雾式除气器，喷雾式脱氧器
steam ~ 热力除氧器
suction ~ 真空除氧器
tray-type ~ 浅盘式除气器
vacuum ~ 真空除氧器
deaf-aid 助听器
deafen ①消声，隔声②震耳欲聋，（闹声太大）使听不见
deafener 消声器，隔声装置
deafening ①隔声装置，隔声材料②隔声的③震耳欲聋的
deair 除〔去，排〕气
deal ①（数）量，部分②交易，经营③契〔密〕约，协议④松〔枞〕木（板）⑤处理，对待，与…有关，涉及，论述⑥分配，买卖⑦从事，生产
~ of meter 刻度
backing ~ 顶板，背板
cut ~ 中厚板
package ~ 一揽子交易，趸售
slit ~ 薄板
square ~ 公平交易，诚实交易
dealbation 漂白
dealer 分销商，掮客
dealership 商品经销特权，商品特许经销
exclusive ~ 独家经销
deallocation 存储单元分配，（撤除分配后的）重新分配地址，重新定位
dealuminification 脱铝
deamplification 衰减（信号），削弱（信号）
deaphaneity 透明度〔性〕
deaquation 脱水（作用）
deash(ing) 去灰分，除灰，清灰
deasil 顺时针方向地
deathnium ①晶体结构中的死点，气孔②复合中心，重新组合
debanker 破埂〔平埂，揭土〕器
debarkation 上岸，起货
debarker 剥皮机
debarring 去毛刺
electrochemical ~ 电解去毛刺
debase 质量变坏，降低纯度，贬低
debeader 胎缘割切机（橡胶），胎缘切除机
debit 借方

debitor 债务人
deblocking 程序分块，分解程序块，数据分块，数据块解体，恢复字组，从字组中分离出，解锁
converter ~ 换流器解锁〔启用，导通〕
records ~ 记录封锁启封
deblooming 去荧光
deblur （影象）去模糊
debonder （制动器蹄片）剥离器
deboost 阻尼，制动，减压〔速，弱〕
debooster ①限制器，限幅器②减压器，增压限制器，电压限制器（电动机）③还原机构
debouch ①河口，出口②前进
debris ①碎片，碎屑②有机物残渣，洗涤残余物，腐质，反应堆裂变产物③废石，尾矿，矸石④垃圾，瓦砾堆，废墟
reaction ~ 反应屑
debt 债，债务，欠款
~ at call 即期债务
floating ~ 短期债务，暂借款
funded ~ 长期借款，固定负债
debtor 债务人，借方
debug ①（程序）调整，调谐，调试②消除误差，移去（程序中的）错误，排除（计算机或机器等的）故障
arithmetic ~ 运算排错
console ~ 控制台调整（程序）
emit instruction ~ 放出指令排错
on-line ~ 联机程序的调整
program(me) ~ 程序调试
simulator ~ 模拟程序调试
unconditional jump ~ 无条件转移排错
utility ~ 应用调试程序
debugger 调试程序
debugging 调试
debuncher 散束器，去聚器
debunching 散乱，散焦，弥散，散束，电子束离散
space charge ~ 空间电荷散焦
deburr(ing) 去〔打〕毛刺，去飞翅，清理毛口，倒角
electrochemical ~ 电化学去毛刺
ultrasonic ~ 超声去毛刺
debutanizer 脱丁烷塔
Debye 德拜（电偶极矩单位）
decabit 十进位，十进位输入
decade 十进位，十进制，十，十年，旬，十个一组
one-tenth ~ 1/10 的十倍频程
decadent 衰落（的），衰减（的）
decagon 十边形，十角形，十面体
regular ~ 正十边形
decahedron 十面体
decahydronaphthalene 十氢萘，萘烷
decalage （飞机）差倾角，翼差角，相对倾角
decalateral 十面体的
decalin 萘烷，十氢化萘
Decameter 10m
decanning ①引出，输出，取出，提取②引线，抽头
decant ①（轻轻）倒入，（慢慢）倾注，滗析，滗去，移注，用沉淀法分取②转包，倒包，满汶浇注（防止渣子卷入）
decantation 倾滤，倾注，倾析（法），沉淀分取法（通过沉淀并慢慢倾去上层液体，使液体与固体沉淀分开），移注，滗，洗涤，沉淀池
decanter 滗析〔洗〕器，倾注洗涤器，沉降式离心机，（有玻璃塞的）细颈盛水瓶
screen ~ 筛式沉降器，过滤式沉降器
screw ~ 螺旋沉降器，螺旋澄清器
decantion 缓倾法
decapitation 去顶
decarbonization = decarburation
decarbonize 除碳，沉积，脱焦炭
decarbonizer 除碳剂
decarbonizing 脱碳
vacuum O ~ （= VOD）真空吹氧脱碳
decarbonylation 脱碳作用
decarburation 脱碳（作用），除碳（法）
skin ~ 表面脱碳
specified percentage ~ 规定脱碳率的脱碳层厚度
decarburization = decarburation
decarburizer = decarbonizer
decationize 除去阳离子（作用）
decatizer 汽蒸机
dry ~ 干蒸呢机
wet ~ 湿蒸呢机
decator 蒸呢机
full ~ 密闭蒸呢机，加压蒸呢机
decatron 十进制计数管，十进管，十阴极脉冲计数管，十进位计数放电管，转换电子管，数码管
double-pulse ~ 双脉冲十进管
decauville 窄轨的

decay ①腐蚀，损坏，破坏，分解，衰解②衰变，衰减，蜕变，裂变③熄灭，制止，（电荷存储器的）电荷减少④（荧光屏的）余辉
activity ~ 放射性衰变
backward ~ 反向衰变（粒子向后飞行中的衰变）
branching ~ 分支衰变
contrast ~ 对比度减低，反差衰减，反衬度降低
diffusional ~ （等离子体的）扩散衰变
emission ~ 发射下降
exponential ~ 指数（性）衰减
flare ~ 杂光衰减
forward ~ 正向衰变（粒子向前飞行中的衰变）
low dark ~ 低惰性，短余辉
organic ~ 有机衰减，自然衰减
phosphorescent ~ 磷光余辉
radioactive ~ 放射（性）衰变
series ~ 链式衰变
three-body ~ 三体衰变
turbulence ~ 紊流衰减
weight ~ 权重衰减
weld ~ 焊缝腐蚀，焊接区晶间腐蚀
decaying 衰减，下降，衰变
Decca 台卡仪，台卡导航系统（利用双曲线原理由数个位于陆上固定电台发射的信号相位差决定位置的无线电导航系统）
two-range ~ 双距离式台卡导航系统
decelerability 减速性能，减速能力
decelerate ①减退②减缓（速度），减速
deceleration 减速，负加速度，减缓，制动，制止，熄灭，滞后
decelerator 减速器〔剂，电极〕，缓动装置，制动器，延时器
aerodynamic ~ （汽车）空气动力减速器
decelerometer 减速计，减速仪，减速器
deceleron 减速副翼，副翼和阻力板〔减速板〕的组合
decelostat 自动制动器
decennary 十年间（的）
decenniad 十年（间）
decennial ①十年（间）的，每十年一次的②十年纪念
decennium 十年
decenter ①偏心，离心，（透镜）磨光区中心与几何中心不一致②拆卸拱架，拆除模架
decentering 拆卸拱架
decentralization 分散（化），疏散（化）
decentration 不共心（性），轴偏
decentre = decenter
decentricity 不共心
beam ~ （显像管）电子束偏心率（未偏转射束在荧光屏上着落点与屏幕几何中心之差），定心误差
deception 迷惑，伪装，掩饰，欺诈
communication ~ 通信欺诈
electronic ~ 电子欺诈，电子迷惑
dechannel(l)ing 去沟道效应
dechlorination 脱〔去，除〕氯
dechrormization 去铬，除铬
dechuck 松开
deciare 十分之一公亩（10m^2）
decibel 分贝（电平单位，音强单位，dB）
~ adjusted 调整分贝
new ~ 新分贝
decibelmeter 分贝计〔表〕，电平表
decidability 可判定性
decigram(me) 分克（0.1 g）
decile 十分位数
deciliter 公合，分升（0.1 L）
decillion ①（美，法）1×10^{33} ②（英，德）1×10^{60}
decilog 常用对数的十分之一
decimal ①小数（的）②十进制（的）
binary-coded ~ 二 - 十进制（二进制编码的十进制）
circulating ~ 循环小数
coded ~ 编码十进制，二进制编码的十进制
excess-three coded ~ 过三编码的十进位
mixed ~ 带小数的数，带小数
periodic ~ 循环小数
recurring ~ 循环小数
repeating ~ 循环小数
signed ~ 带有正负号的小数
decimal-binary 十 - 二进制的，十进（制）到二进（制）的（转换）
decimal-coded 十进编码的
decimal-computer 十进制计算机
decimalism 十进制
decimalize 换算成十进制
decimal-to-binary = decimal-binary
decimeter 分米（0.1 m）
decimetre = decimeter
decimilligrade （百分度制的）秒（10^{-4} 度）
decimilligram 0.1 mg

decimillimeter 0.1 mm
decimolar 0.1 mol（量）的
decimosexto 十六开（纸张）
decimus 第十（的）
decineper 分奈（贝）（衰减单位，1 分奈 =0.87 dB）
decinormal 1/10 当量的，分当量的，当量的十分之一的
decipher ①解码，译码，译密码②解释，辨认
automatic ~ 自动解密机
decipherer ①译码装置〔器，机〕②译码员
deciphering 解密
decipherment 解密
decision 决定〔心，策〕，判定，判断，定局
~ tree 决策树
adaptive dynamic ~ 自适应动态决策
binary ~ 双择判定
implicit ~ 隐判定
innovative ~ 革新决策
logic ~ 逻辑判定
majority ~ 多数决定法
make-or-buy ~ 自制或外购决策
management ~ 管理决策
maximum likelihood ~ 最大似然率判定规则
maze ~ 迷路判定
normalized ~ 归一化判定
operation ~ 经营决策
decision-making 决策
decit （信息量的）十进单位
deck ①甲〔面，控制，盖〕板，盖，覆盖物②桥面，层面，平台③（计算机的）（卡片）组④走带机构（录音机）
alighting ~ （航空母舰上的）降落甲板
angled ~ 斜角甲板
audiotape ~ 录音座
ballistic ~ 装甲甲板
binary ~ 二进制穿孔卡片组
bubble ~ 起泡盘，泡罩塔盘
card ~ 一组卡片，卡片组
cartridge ~ 卡盘式磁带重放设备
charging ~ 加料（平）台
coil ~ 盘管盖板
condensed ~ 压缩卡片组
condensed instruction ~ 压缩指令汇卡
cylinder ~ 气缸体的上面板
executive ~ 执行程序卡片组
fantail ~ 船尾甲板
fishing ~ 捕捞甲板
flight ~ 飞行甲板，驾驶舱
green sorting ~ 生材链条分类（选材）台
hangar ~ （航空母舰上的）（飞）机库甲板
hatch ~ 舱口盖
inlet valve ~ 进给阀盖
instruction ~ 指令汇卡，指令卡片组
intermediate ~ ①中层②中层桥面
job ~ 作业卡片组
landing ~ 降落甲板
lifting ~ 吊车台面
magnetic tape ~ 磁带走带机构，磁带录音台
measuring ~ 测量仪器舱
object ~ 目标叠（软件）
pontoon ~ 抬船甲板
program(me) ~ 程序卡片叠
screen ~ 筛板
source ~ 原始程序卡片组，源卡片叠
splinter ~ 防破片甲板
stern observation ~ 舰尾望台
suspended ~ 桩台
symbolic ~ 符号(语言)卡片叠〔卡片组(合)〕
take-off ~ 起飞甲板
tap ~ （磁带录音机的）放音装置
tape ~ ①磁带运转机械装置，走带机构（录音机）②磁带机
tonnage ~ 量吨甲板
weather ~ 露天甲板
deckboard 面板
decker ①层，有…层的东西，分层装置，甲板船②稠料器，脱水〔浓缩〕机，圆网浓缩机
couch roll ~ 刮刀式浓缩机
one ~ 单甲板船
three ~ 三层甲板的船
vacuum ~ 真空浓缩机
decking 桥面，（桥梁）车行道，铺面，装（载）罐（笼）
deckle （造纸模型的）稳纸框，调型器，框带，纸的毛边
deck-plate 铁〔钢〕甲板
deck-tube 上甲板鱼雷发射管
declad 卸下外罩，取下蒙布
decladding 去除包铅层
declaration 公告，声明，说明
~ of entry attribute 表目属性说明
collateral ~ 并行说明
common ~ 公用说明（软件）
customs ~ 报关单
default ~ 缺席说明（软件）

explicit ~ 显式说明
export ~ 出口（申）报单
external ~ 外说明
identifier ~ 识别符说明
identity ~ 等同说明
implicit ~ 隐式说明
initial-value ~ 初值说明
macro ~ 宏说明
merchandise ~ 货物申请（书）
unitary ~ 单说明
declarator （计算机的）说明符
actual ~ 实在说明符
array ~ 数组说明符
field ~ 字段说明符
virtual ~ 虚说明符
declarer 说明词
formal ~ 形式说明词
virtual ~ 虚说明词
virtual void ~ 虚无值说明词
declassification 解〔销〕密，降密级
declassify 解〔销〕密，降密级
declinate ①下倾，倾斜，偏斜②磁偏角
declination ①偏差，倾斜②（磁）偏角，方位角③赤纬④拒〔谢〕绝
magnetic ~ 磁偏角
declinator ①磁偏〔测斜，坡度〕仪，方位计，偏角计②脑膜牵开器
transit ~ 经纬仪式磁偏计
decline ①下倾〔降，垂〕，倾斜，偏斜，斜面〔坡〕，低下②衰弱，减少，将近结束，最后部分③谢绝，拒绝，驳回
declinometer = declinator
declivity ①倾斜，下斜②倾斜面，坡度
declutch 分离，（离合器的）脱开，分开啮合，离开，松闸，放空档
declutching 脱机（接头），脱钩断开，分离，脱开接合
decluttering 整理操作
Deco 德可素工具钢（*w*（C）0.90% ~ 1.05%，*w*（Mn）0.3%，其余 Fe）
decoat 去除覆盖层，去除涂层
Decobra 德可布拉铜镍锌合金（*w*（Cu）75.6%，*w*（Ni）19%，*w*（Zn）5.4%）
decodable 可解的，可译的
instruction ~ 指令译码
segment ~ 节段译码
decode 译码，解码，译出指令
decoder 译码机，解码器，纠错译码器，译码员
active ~ 有源解码器
adaptive ~ 自适应解码器
address ~ 地址译码器
algebraic ~ 代数译码器
all channel ~ 全信道解码器
backward acting ~ 后向译码器
bar code ~ 条（形）码解码器
beacon ~ 无线电信标译码器
bipolar ~ 双极译码器
cascade ~ 级联译码器
channel ~ 信道译码器
coded data ~ 编码数据译码器
colo(u)r ~ ①彩色译码器，彩色信号译码电路②彩色信号分离电路
command ~ 命令解码器
delay line ~ 延迟线译码器
digital ~ 数字译码器
digital-analog(ue) ~ 数字 - 模拟译码器
feedback ~ 反馈译〔解〕码器
forward-acting ~ 前〔正〕向译码器
hexadecimal ~ 十六进位译码器
high alphabet command ~ 高位指令译码器
image reduce ~ 图像压缩解码器
microfunction ~ 微函数解码器，微功能发生器
nixie ~ 数码管译码器
octal ~ 八进位译码器
operation ~ 运算译码器，操作译码器
pulse ~ 脉冲译码器，脉冲解码器
pulse width ~ 脉宽译码器，脉宽解码器
pulsewidth ~ （对）脉冲宽度（起反应的）译码器
RGB colo(u)r ~ 红绿蓝三色解码器
row ~ 行解码器
stereo ~ 立体声解码器
storage ~ 存储译码器，存储解码器
syndrome-threshold ~ 校正子阈解〔译〕码器，校正子门限解〔译〕码器
threshold ~ 阈解〔译〕码器，门限解〔译〕码器
trigger ~ 触发译码器
variable length ~ 可变长度译码器；可变长度解码器
video ~ 视频解码器
decoding 解码，译码
adaptive ~ 自适应解〔译〕码
automatic ~ 自动解码，自动译码
block ~ 分组解码

coincidence ~ 符合译码，重合译码
definite ~ 定译码
hybrid ~ 混合解〔译〕码
information ~ 信息解码
L-step majority-logic ~ L 步大数逻辑译码
majority-logic ~ 择多逻辑解〔译〕码
one-step majority-logic ~ 一步大数逻辑译码
permutation ~ 置换解码，排列解〔译〕码
picture ~ 图像译码，图像解码
probabilistic ~ 概率解〔译〕码
sequential ~ 序贯〔有序，时序〕译码
step-by-step ~ 逐步解〔译〕码
table look-up ~ 查表法译（解）码
tree code ~ 树码解〔译〕码
variable-threshold ~ 变阈（值）解码，变门限解〔译〕码
decohere 散屑（使检波器恢复常态）
decoherence 散屑，脱散
decoherer 散屑器
decohesion 减聚力
decoil ①开卷，展开卷料②去掉线圈，拔出线圈
decoiler 开卷机，拆卷机
decollate 分割，拆散，分开
decollimation 去平行性（光束），平行性破坏
decolorimeter 脱色计
Decolorite 多孔阴离子交换树脂
decolo(u)rant 脱色剂，褪色剂
decolo(u)risation = decolo（u）rization
decolo(u)riser = decolo（u）rizer
decolo(u)rization 脱〔去，消，褪〕色（作用），漂白（作用）
decolo(u)rize 脱色
decolo(u)rizer 脱色剂，漂白剂
decometer 台卡计〔仪〕，Decca 导航系统中的指示器
decommutation 反互换
decommutator 反互换器，多路分离开关
decompaction 压缩还原
decompiler 反编译（程序）
decomposability 分解性能，（可）分解性
decomposable 可分解（析）的，可破坏的，会腐败的
decompose ①分解，分离，离解，溶解②衰变，蜕变
decomposer 分解槽〔器〕
decomposition ①分解〔离解，还原〕（作用），分析，分裂，解体，溶解②衰变，蜕变，腐烂
hierarchical ~ 层次分解
phase ~ 相分解
prime ~ 素数分解
prismatic ~ 棱镜分光
pyrogenic ~ 热解，高温分解
pyrolytic ~ 热解
secondary ~ 再度分解
singular-value ~ 奇值分解
spectral ~ 光谱分析，频谱分析
spinodal ~ 调幅分解，拐点分解
decompound ①再加混合，多回分裂②分解，使腐败③差复励的（电机）
decompress(ion) 减〔解，泄，降〕压，分解，解压缩
decompressor 减压装置，减压器
deconcentration 分散
deconcentrator 反浓缩器，净化器
decontaminate 消除污染
decontamination 净化，纯化（作用），去污染，去杂质，清除，消毒，洗刷
decontrol 解除控制
deconvolution ①重叠合法②反卷〔褶〕积
predictive ~ 预测反褶积
decopper(ing) 除铜，脱铜
decor 装饰，布景
Decora 德可拉铬锰钼钒钢（*w*（C）0.57%，*w*（Mn）0.65%，*w*（Cr）2.5%，*w*（Mo）0.35%，*w*（V）0.15%，其余 Fe）
decorate 染色，施杂质，缀饰
decoration ①装饰〔璜，帧〕②装饰物，装饰品③勋章，奖章
architectural ~ 建筑装饰学
decorator （糖果）饰花机，制景人员，装饰家
decore 除芯
decorer 除芯机
decoring 除芯，（打）出芯
decorrelation 解〔去，抗〕相关
decorrelator 解相关〔去相关，解联〕器
decortication ①脱皮②脱壳
decorticator 去皮〔剥壳，剥麻，去韧皮，揉碎〕机
ramie ~ 剥苎麻机，苎麻破茎机
decouple 去耦，退耦，分离，断开联系，消除…间的相互影响
decoupling 去耦，退耦（装置），脱扣，摘钩
decoy 假目标，诱饵，引诱（物）
electronic ~ 电子（对抗）假目标
optical ~ 光假目标
decrease 减小，缩小，降低
potential ~ 势〔位，电位〕降

decree 法令，规定
emergency ~ 安全技术规程
decrement ①减缩(率),衰减(率),衰减〔压缩，减缩〕量，递减，减幅，减色②指令的一部分数位③消耗，亏损，赤字
antenna ~ 天线衰减量〔衰减率，阻尼〕
attenuation ~ 衰减，减缩率，衰减量
damping ~ 减幅量，阻尼衰减
linear ~ 线性衰减量
logarithmic ~ 对数衰减量，对数衰减率
decremeter 衰减计，减幅仪，减缩量计
decrepitate 烧爆，爆裂
decrepitation 爆裂，烧裂
decrustation ①脱皮，脱壳②除去沉积物③表面净化
decrypt 译码，解码
decryption 解密，译码，解释（编码的）数据
decryptment 译码，解释（编码的）数据
decryptograph 密码翻译
dectaphone 漏水探知器
Dectra （= Decca tracking and ranging）台卡跟踪和测距导航系统
deculator 纸浆排气装置
decuple 十倍（的），以十乘的
decuplet ①十个一组〔副〕②十重态，十重线
decurl 去卷曲
decurler 卷曲消除器
selvedge ~ 剥布边器，布边开卷器
de-curved 向下弯的
decussate ①交叉成十字形②交叉，X 形的，交成锐角
decussation 十字〔X 形〕交叉
decyanation 脱氰（作用）
decyclization 去环（作用）
dedendum 齿根高，牙底高
reference ~ 分度圆齿根高
tool ~ 刀具齿根高
tooth ~ 齿顶高
working ~ 节圆齿根高
dedicate ①奉献，献（身），致力②举行落成仪式
dedicated 专用的
dedication 专用
deduce 推论，演绎，推导，推断
deduction ①扣除（额），减去〔法〕，折扣②推论〔导，断〕出来的结论，演绎（法）
formal ~ 形式推导
Villarceau's ~ 惠拉索推论（构成双金属摆轮两种金属的厚度若反比于其弹性模数之开方，可获得最大的温度补偿作用）
dedust 除尘，除灰
deduster 除尘器
baggy ~ 袋式除尘器
blowing baggy ~ 反吹风袋式除尘器
cyclone ~ 旋风除尘器
granular layer ~ 颗粒层除尘器
impulse type ~ 冲击式除尘机组
pulse baggy ~ 脉冲袋式除尘器
wet ~ 湿式除尘器
dee ①（回旋加速器）D 盒，D 形电极②吊环，连接环，把手
~ in valley 谷 D 盒
deed ①行动，动作，实际，事实②证明书，议定书
de-electrifying 去电
de-electronation 去〔减〕电子（作用），氧化作用
dee-mouth D 盒隙缝
deemphasis ①（调频接收机中）去〔减〕加重，去矫②（频应）复元，信号还原
burst ~ 彩色同步信号去加重
de-emulsification 解〔脱〕乳化〔作用〕,乳〔浮〕浊澄清（作用）
deenergisation = deenergization
deenergise = deenergize
deenergization 去能，去激励，释放
deenergize 切断,断开〔路〕,断〔停〕电,释放（继电器，电磁铁等），去能，去〔解除〕激励
deep ①深（奥，刻）的，纵深的，低的（音）②浓厚的，饱和的，密集的③非常的，极度的深（度，处，渊）
deep-cutting 深切削，深刻
deep-drawing ①吃水深的②深拉,深冲（成形）
deepening 加深
deep-etching ①腐蚀制版法，腐蚀平凹版②强腐蚀的，深（度）侵蚀
deepford 深涉水
deep-hardening 深硬化，深度淬火
deepness ①深度②浓度
deep-plow 深耕犁
deep-sea 深海的，远洋的
deep-sounding 测深
deepwater 深水的，深海的，远洋的
deethanizer 脱乙烷塔
deexcitation ①去激，去激作用②灭磁，灭励，（电机的）反励③放光〔电〕

level ~ 能级去激活
quick ~ 快速灭磁
deexciter 灭磁器
deionization ~ 消电离灭磁器
deface 破坏表面（在加工时），磨损
defacement 磨损，磨耗，磨减
defat 除油，脱脂
default ①缺陷〔点〕，错误②缺席，缺席规则，缺席值③不履行，不负责任，拖欠，缺乏④（计算机）缺省（值），默认（值），系统设定（值）
~ for abnormality 异常性缺席规则
~ for data type 数据类型缺席规则
~ for entry name 入口名缺席规则
defeasance 作废，废止〔除，弃〕
defeasible 可作废的，可废除的
defeat ①消除，消去，擦去②打破，摧毁③使失效，使受挫折
defeature 损坏外形，使变形，使不能辨认
defecate 提净，澄清（化），净化
defecation 澄清（作用），提净，净化
defecator 澄清器〔槽〕，过滤装置
defect ①缺点〔陷，损〕，故障，毛病②不足，缺乏
active ~ 运行故障
antistructure ~ 反位缺陷
antitype ~ 反型缺陷
beauty ~ 外观缺陷
bulk structural ~ 体结构缺陷
cast ~ 铸造缺陷
coatings ~ 涂料缺陷
film ~ 漆膜缺陷
fractional film ~ 相对油膜亏损
genetic ~ 遗传缺陷，（金属的）原始缺陷
haze ~ 雾缺陷
line ~ 线状缺陷
mass ~ 质量亏损
mobile ~ （晶体格子的）活动缺陷
open ~ 明显缺陷
passive ~ 原因不明的故障
phase ~ 相位亏损，相位缺陷
printing ink ~ 油墨缺陷
quenching ~ 淬火缺陷
rank ~ 秩亏
rolling ~ 轧制缺陷
rubbing ~ 擦伤
sand ~ 型砂造成的（铸件）缺陷
Schottky ~ （晶体的）肖特基缺陷
swirl ~ 旋涡缺陷
tooth ~ 大小牙（齿轮）
water mark ~ 水纹（有色金属熔模铸件缺陷）
zero ~ 无事故，无缺陷（管理）
defecator 澄清器，澄清槽，过滤装置
defective ①次品，有缺陷的产品②有缺陷的，有缺点的，损坏的，有故障的，不完善的，不合格的，无效的③亏损的
lot tolerance percent ~ 批量允许不良率，允许批量不良率
percent ~ 不合格〔废品〕率
defectogram 探伤图
defectoscope 探伤仪〔器〕
defectoscopy 探伤（法）
defence ①防御〔护，备，务，卫〕，保护（层）②（pl.）防御工事〔设施〕，堡垒
air(craft) ~ 防空
atomic ~ 原子防御，防原子
missile ~ （利用）导弹防御
national ~ 国防
underwater ~ 水下防御
defender ①保护装置②（pl.）护耳器（防止噪声的干扰）③处于更新状态的设备，待更新设备（尚未损耗但已陈旧，考虑更新的设备）
ear ~ 护耳器
defense = defence
defensive 防卫的，防御性的
defer ①延期，推迟，延迟，缓发②服从，听从
deferent ①圆心轨迹②输送物〔管〕，传送物，导管③传送的，输送的
deferment 延迟，延期
deferrage 延期费
deferral 延迟，延期
deferrization 除〔脱〕铁
defervescence 止沸，退热
defiant ①无畏式（飞）机②违抗的，（公然）不服从的③大胆的，目中无人的
defiber 脱〔分离〕纤维
defiberer 剥韧皮机，剥纤维机
defibrater = defibrator
defibrator ①纤维分离机，碎木机，木料碾碎机②热磨机
defibrator-chemipulp 纤维分解化学制浆
defibreator-chemipulper 纤维分解化学制浆机
defibrillator 电振发生器，除颤器
defibrination 磨（制）木浆，磨木制浆（纸），脱纤维作用
deficiency ①缺乏〔少〕，不足②不足之处，缺陷，毛病，故障，无效性③不足额，亏数〔空，格〕，变位，下垂

blank ~ 轮环缺陷
generation ~ 发电不足
net ~ ①网络缺电②净缺电量
virtual ~ 虚亏格，假亏格

deficit 亏损（额），亏空，不足（额），欠缺，缺乏，赤字
generation ~ 发电不足容量，发电功率亏数
power ~ 不足功率，不足容量

defilade 遮蔽（物），障碍物

defile ①污染，弄脏②分行列，成纵〔单〕列前进

defilement 污染〔损〕，脏物

definability 可定义性

definable 可（下）定义的，可确〔限〕定的，有界限的

define ①（给…）下定义，确〔规，限〕定②详细规定，明确表示

define-the-file 定义文件指令

definiens 定义

definite 明确〔显〕的，确〔一，固，肯，限〕定的，有定数的，有（一定）界限的
non negative ~ 非负定
positive ~ 正定的，定正的

definiteness 明确，确〔肯〕定

definitetime 定时的

definition ①定义〔界〕，解说，阐明②确定，鲜明性③清晰度，分辨力〔率〕，轮廓清楚
adjustment for ~ 聚焦调节，调焦
area ~ （存储）区限定
constructive ~ 构造性定义
critical ~ 临界清晰度
denotative ~ 外延定义，概述定义
descriptive ~ 描述性定义
explicit ~ 显式定义
file ~ 文件定义
fine ~ 高清晰度
image ~ （底片的）反差度，图像清晰度，图像分解力
implicit ~ 隐式定义
line ~ 行分解力，行清晰度
macro ~ 宏定义
open hash ~ 开散列定义
organization ~ 结构定义
original ~ 初始定义
preliminary ~ 预先定义
problem ~ 定义问题，题目说明
scanner ~ 扫描程序定义
sharpness ~ 临界清晰度
sound ~ 定音
spot ~ 光点尺寸，光斑清晰度
stipulative ~ 约定定义
structural ~ （屏幕）结构所限的分解力〔清晰度〕
syntactic ~ 语法定义

deflagration 爆燃，突然燃烧，分解爆炸，烧坏
constant pressure ~ 定压爆燃
strong ~ 急〔爆〕燃
weak ~ 火焰微弱传布

deflagrator 突〔爆〕燃器

deflaker 高频疏解机

deflammation 熄灭火焰

deflation ①放〔排，抽，跑〕气，缩小，瘪掉，压〔收〕缩②（通货）紧缩③风〔吹〕蚀④降阶
matrix ~ 矩阵收缩，矩阵降阶

deflator ①放气降压装置②减缩指数

deflect ①（使）偏（转，移，斜，向，离）致偏②倾斜③（使）转向，折射〔转〕④（使）挠〔弯〕曲，变位，下垂
image ~ 图像缺陷〔畸变，失真〕

deflecting 倾斜，偏转，偏离

deflection ①偏斜〔转，差，向，离〕，偏（差）角，倾斜，折射〔流，转〕②挠度，垂度，挠曲，变位③修正瞄准④方向角
balanced ~ 对称偏转
ballistic ~ 加速度误差
bending ~ 挠曲变位，挠曲偏斜，挠偏转，挠度
buckling ~ （受压弹簧的）挠折收缩量
column(ar) ~ 柱的纵向弯曲，柱变位
double ~ 双偏转
dynamic ~ 冲击（荷载产生的）挠度，电动偏移
electric ~ 电（场）偏转
electrostatic ~ 静电偏转，静电引出
field ~ 场偏转，帧扫描，帧偏转
fluid ~ 流体折转角
frame ~ ①帧偏转②机身变形
full-scale (meter) ~ 满刻度偏转
governor ~ ①调速器偏转②调整范围
horizontal ~ 水平偏转，行偏转
lateral ~ 方向修正〔提前〕量，横向挠曲，横向偏转，侧向挠度，压屈，横偏系数
light ~ 光偏转
magnetic ~ 磁偏转，磁偏移
major-minor ~ 主 - 副偏转（显示用显像管）

maximum ~ 摆幅，最大偏转
minus ~ 减偏斜
pass-line ~ 跑偏
plump line ~ （因线划粗度而引起的）线划（符号）位移
push-pull ~ 对称〔推挽，双端〕偏转
radial ~ 径向变形量（齿轮传动），径向变形（量），径向位移，径向偏转
reciprocal ~ 互等变位
residual ~ 残余偏转
single-ended ~ 不对称偏转，单端偏转
single-turn ~ 单圈引出
sound ~ 声折射
static ~ ①静载（荷）挠度，静变位②静电偏转
vertical ~ ①垂直偏转②帧偏转③高低提前量
zero ~ 零度偏斜，无偏转，零偏转

delta-canard-configuration 三角形鸭式布局
deflectivity 偏斜〔向，离〕，可弯性
deflectometer 挠〔弯，挺，偏〕度计
board ~ 纸板挺度测定仪
deflector 偏转〔致偏，导向，导流，折流，挡，遮（护），导风隔〕板，转向〔折向，偏向，偏转，偏导，折转，反射〕器，偏转仪，偏转系统，导向〔偏导〕装置，导流片，磁偏角测定器，挡砂圈，挡液圈，导流器
air ~ 空气导流器，导风板，挡风板
arc ~ ①灭弧器②电弧偏转器（弧光灯中控制电弧位置的机构），熄弧隔板
blast ~ ①射流导流槽②火焰反射器
butter ~ 整捆器，齐根器
canvas ~ 帆布挡帘
collector ~ 集流导向器
concave ~ 凹板前导板（防漏板）
discharge ~ （青饲料联合收获机的）抛送管弯头导板
draught ~ 挡风器
ear ~ 玉米穗导板〔导向器〕
electrooptical ~ 电光偏转器
flow ~ 导流片
grain ~ 谷物导板（用于调整割晒机的铺条宽度）
jet ~ 射流转向器，折向器
laser ~ 激光偏转器
light ~ 光偏转器
magneto-optic ~ 磁光偏转器
mechanical ~ 机械偏转器
monitor ~ 水枪转向装置
oil ~ 抑〔挡〕油圈，挡油板，导油器
reversible ~ ①换向挡板，反折板②换向弯头，转向弯头
rock ~ 排石铲（从开沟器前排开）
smoke ~ 折烟器
spray ~ 舭板
straw ~ 茎秆抛送弯管，茎秆抛撒机导向装置
thrust ~ 射流偏向器（涡轮喷气发动机）
vertical ~ 垂直偏转板
vibrating mirror ~ 振动镜偏转器
wind ~ 挡风板

deflectoscope 缺陷检查仪
deflectron 静电视像管，静电偏转电子束管
deflegmation 分凝〔缩，馏〕
deflexion = deflection
deflocculant 反絮凝〔团聚〕剂，散凝〔胶体稳定，悬浮〕剂
deflocculation 反絮凝〔团聚〕作用，散凝作用，絮散
deflocculator 反絮凝离心机，反絮凝〔团聚〕机，悬浮剂
defluent 向下流的（部分）
defluidization 流态化（作用）停滞，反流态化
defluorination 脱氟
deflux 去焊药（剂）
defoamer(agent) 消泡剂，防泡沫剂
defocalize 散焦
defocus 散焦，去焦，散开，失散
defocus(s)ing 散焦
deflection ~ 偏转散焦（作用），偏转时（束的）散焦
geometrical ~ 几何散焦
metastable ~ 亚稳去聚焦
modulation ~ 调制散焦
phase ~ 相位散焦

defog 清除混浊（状态），扫雾
defoliator ①除叶器，打叶器②打叶喷雾器，除叶喷雾器
deform （使）变形，损坏…的形状
deformability （可）加工性，变形性，变形能力，（铸造）退让性（容让性）
deformable 可〔易〕变形的，应变的
deformation 变形〔态〕，形〔应，畸〕变，失真，扭〔翘〕曲，走样，损伤
~ of investment shell 型壳变形
~ under load test 加载〔负载〕变形试验

affine ~ 均匀变形，仿射形变
angular ~ 角（向）变形，歪斜
area ~ 表面变形，表面面积变化
critical ~ 临界变形
cubic ~ 体积变形
electric field-induced ~ 电场感生变形
finite ~ 有限形变
green ~ 潮变形，湿变形
homogeneous ~ 均匀变形
linear ~ 纵向变形，拉伸伸长，线性变形〔失真〕
magnetic ~ 磁性变形，磁致伸缩
microplastic ~ 显微塑性变形
modulus ~ 形变模量
nonhomogeneous ~ 不均匀变形
permanent ~ 永久变形
plastic ~ 塑性变形，范性形变
quasipermanent ~ 似（永）久变形
radial-draw ~ 径向拉伸变形（板料一向拉伸，在其垂直方向压缩，而厚度增加，如拉延工艺的变形）
residual ~ 残余变形，残留变形
reversible ~ ①反变形②变形恢复
set ~ 永久变形
sliding ~ 滑移变形
slip ~ 滑移变形
thermal ~ 热变形
timed ~ 随时间而发生的变形
twinning ~ 孪生变形
virtual ~ ①潜变形，假变形②虚（拟）变位
volumetric ~ 相对体（积）变形，体积变形

deformeter 变形仪，应变仪，变形测定器
deformity 畸形，有缺陷
defrag 去（磁盘）碎片（软件）
defragmentation 非裂化，消除碎片
deframer 解帧器
defreeze 解冻，溶化
defrost 除（去水）霜，融霜，使不结冰，使冰溶解，解冻
defroster （车窗玻璃）除〔防〕霜器，防冻器，溶冰机，防霜冻装置
electric ~ 电力除霜器
window ~ （汽车）玻璃窗的除霜装置，风挡去霜器
defrosting 除霜
hot ~ 热气融霜
defrother 除泡剂
defruiting 异步回波滤除
deft = deflection
defuelling ①泄出存油②二次加注（燃料），二次加油〔充气〕
defuzzification 消除模糊（模糊计算机技术中，将模糊集合变为普通值的一种操作）
deg = degree
degarbling 选择
degas 脱〔去，放，排，抽〕气，除〔去〕氧，干馏，去毒气，消灭毒气毒性
degasification 除气，脱气（作用）
degasifier 脱气〔氧〕器，去气器，除〔脱〕气剂
degasser 除气器，脱气〔氧〕器，除气剂
degassing 去气，去氧
ladle ~ 包内去氧（法）
oxidation-reduction ~ 氧化 - 还原去气法
vacuum ~ 真空脱气
vacuum ladle ~ 真空盛钢桶除气
degate 打注系统，清除注系统
degauss ①去磁，失磁②不能自励③破坏，拆毁
degausser 去磁电路，去磁器，去磁扼流圈，退磁扼流圈
degauss(ing) 退〔去，消〕磁，去除（船只的）磁场
automatic ~ 自动退磁，自动消磁
degelatinize 脱胶，煮出胶质
degeneracy 退化（作用），蜕化，衰退，变质〔性〕，简并（性，度）
~ in linear program(m)ing 线性规划的退化
~ in simplex method 单纯形法的退化
accidental ~ 退化简并
arbitrary ~ 任意简并度
mode ~ 模式的简并
sixfold ~ 穴度简并度
spatial ~ 空间简并度
twofold ~ 二重简并度
degenerate 简并（的），退化（的）
degeneration ①退化，衰减，变异②负反馈，负回授③简并（化）
cathode ~ 阴极负反馈
emitter ~ 射极负反馈
graceful ~ 性能下降，故障弱化，（个别部件发生故障时）优雅退化
noise ~ 噪声衰减
thermodynamic ~ 热力学上的退化
de-glassing 去玻璃处理（玻璃为热挤压用的润滑剂）

deglitching 平滑
degold 除〔脱〕金
degradation ①降低〔落,级〕,下降,减低〔少〕②退化〔降〕,降解,递降（分解作用）③（能谱）软〔慢〕化,（能量）衰变,缓和④裂〔分〕解,裂构,陵夷（地质）,剥蚀,摧毁,破〔变〕坏⑤过碎,碎裂⑥粒度减小（煤炭）⑦（重载下的）限速运输机,阻滞运输机
chemical ~ 化学降解
elastic energy ~ 弹性碰撞引起的能量损失
graceful ~ ①（个别部件故障时）工作可靠但性能下降,适度恶化②故障弱化（计算机）
graceful ~ (in digital television) 逐渐的降级（在数字电视中）
maximum sensitivity ~ 最高灵敏度降级
ozone ~ 臭氧降解
rapid motion ~ 目标快速活动引起的图像质量变坏
size ~ 打小,粉〔磨,研,捣〕碎,碎解
spectrum ~ 能谱的软化,能谱硬度减小
thermal-oxidative ~ 热氧化降解
ultrasonic ~ 超声（波）降解（作用）
degrade 降级,减低,退化,递降
degraded 下〔递〕降的,失去能量的,退〔慢〕化的,软化的（能谱）,灼尽的（核燃料）
degrader ①减速器②降能器
degras 羊毛脂
degrease 去油脂,使…脱脂,脱脂,清除油渍
degreaser ①除油器〔机,装置〕,脱脂装置,盛油盘②去(油)污剂,脱脂剂③去油污〔脱蜡〕工人
spray ~ 喷雾脱脂剂
vapo(u)r ~ 蒸汽去油机
degreasing 脱脂
degree ①度（温度,角度等的度量单位）,次（数）,方次,幂,率,比例②程度,（等）级,阶段③ 质量,优点④学位
~ Centigrade 摄氏温度（℃）
~ Fahrenheit 华氏温度（℉）
~ Kelvin 热力学温度（K）
~ of adaptability 配合度,适度
~ of admission 进气度,充填系数
~ of asymmetry ①对称度,平衡度②直流分量与对称分量峰值之比
~ of balance ①平衡度②调谐精确度
~ of bedding of bearing liner 贴合度（轴瓦）
~ of coherence 相干系数
~ of cold work 冷加工（材料变形）程序
~ of confidence 置信度
~ of crystallinity 结晶度
~ of curvature 曲率〔度〕,弯度曲线方程次数,曲线方程中的指数
~ of demonstration 证实程度
~ of finish 粗糙度
~ of freedom 自由度,维
~ of graphitization 石墨化度
~ of isolation 故障定位程度
~ of mapping 映射度
~ of moisture 湿度,水分
~ of multiprogram(m)ing 多道程序设计的道数
~ of polariation 偏振度
~ of polymerization 聚合度
~ of ramming 紧实度
~ of reaction 反动度（汽轮机,燃气轮机,液体分离设备）,反作用度
~ of root 根次
~ of safety 安全系数〔程度〕
~ of saturation 共晶度,饱和度
~ of shrinkage 收缩度〔率〕
~ of supercooling 过冷度（汽轮机,铸造）
~ of superheat 过热度（汽轮机）
~ of utility 效用程度
~ of vacuum 真空度
~ of water removing 杀青度
Eegler's ~ 恩氏度（黏度指数）
eletrical ~ 电机极对数与机械角度的乘积,电角度
Engler ~ 恩氏黏度,恩格尔（黏）度
formal ~ 形式次数
MacMichael ~ 麦克迈克尔（黏）度
magnetic ~ 磁角度
melting ~ 上缘熔化度
oiliness ~ 油性度
polymerization ~ 聚合度
quenching ~ 急冷度,淬透性
reduced ~ 递减次数
square ~ 方角度
virtual ~ 假次数
visual ~ 视角
withering ~ 萎凋度
zero ~ ①零度,绝对零（度）②零次
degressive 递减的
degrouping 去群聚
Degussit （以三氧化二铝为主的）陶瓷刀具

dehairer 刮毛机
dehardening 软化（现象），回归（现象）
dehuller 碾种机，磨碎机，砻谷机
dehumidification 干燥，减〔除，去〕湿（作用），温度降低，脱水
dehumidifier 干燥器，减湿器，去湿〔干燥，脱水〕装置
dehusker ①剥玉米穗苞叶机②除叶器
dehydrant 脱水剂〔物〕
dehydrate 脱〔去，除〕水（物），（使）干燥
dehydrater = dehydrator
dehydration 脱〔去，除〕水（作用），干燥，去湿
dehydrator ①干燥〔烘干〕机，脱〔除〕水器②脱水〔干燥〕剂
far infrared microwave ~ 远红外微波烘干机
dehydrizing 脱水〔氢〕
dehydro 脱〔减〕氢
dehydrogenation ①脱〔除，去，减〕氢（作用）②去氢退火
dehydrogenization = dehydrogenation
deicer 除〔碎〕冰器，防冰设备，防冻剂〔装置〕，防冻加热器
deicing 防〔去〕冰，防冻（工作）
de-icing 除冰
aircraft ~ 飞机除冰
deincrustant ①（水的）软化剂②去〔除〕垢剂
deinking 脱墨
deion 消〔去〕电离，消去离子
deionizater 去离子器〔装置〕
deionization 消电离（作用），去离子（作用），（水的）除盐
deionize 消〔去〕电离，（除）去离子
deionizer 去离子器〔装置〕
deironing 除铁
dejagging 去混叠，支锯齿（一种计算机图像处理技术）
dekagram(me) 10 g
dekaliter 10 L
dekalitre = dekaliter
dekameter 10 m
dekametre = dekameter
dekatron = decatron
dekkor 观测器
angle ~ 自准直测角器〔望远镜〕
del 倒三角形，ᴇ，（矢量及向量分析用的）微分算子
delaminate ①层〔剥〕离，分（离成）层，裂为薄层②（印制电路板的）分层
delamination 分〔脱〕层，层〔剥〕离
delatynite 德雷特（琥珀）
delay ①耽误，推迟②延迟〔时，期，发，缓，误〕，迟缓〔滞，误〕，滞后，缓发，误点③抑制，减速
~ in delivery 延迟传送〔发放，交付〕
~ in lag 迟延，滞后
administrative ~ 管理延迟
break ~ （继电器等的）断开时间
carry ~ 进位延迟
coarse ~ 可粗调的时延，粗〔近似〕延迟
coding/decoding ~ 编解码时延
dial tone ~ 拨号后延时
differential ~ 微分〔差值〕延迟，差分〔微小的〕时延
digits ~ 数位延迟
distortion ~ 畸变〔失真〕延迟
envelope ~ 包线延迟，包络时延〔延迟〕，群时延
fine ~ 可细调的延时，微小延迟
firing ~ 点燃〔触发〕延迟
flight ~ 航班延误
group ~ （波的）群时延，群延迟
horizontal ~ 行延迟线
in-the-environment propagation ~ 环境传播延迟
inverse-time ~ 逆时延迟，成反比的时延
logistic ~ 后勤延迟
multipath~ 重复信号延迟，多径延迟
nontime ~ 无时间延迟
operating ~ 运算延迟，操作延误（由于操作员的错误引起的机器损失时间）
period ~ 延期装置
phantastron ~ 幻象延迟电〔线〕路
quench(ing) ~ 淬火延迟
round-trip ~ （通信）往返路程时延
step ~ 分级延迟，步进延迟
suppressed time ~ 抑制时间延迟
system ~ 系统（固有）延迟
technical ~ 技术延迟
time ~ 延时，滞〔落〕后，时间延迟
timed ~ ①延迟②时延，时间常数③（继电器）动作时间
transport ~ 输送延迟
turnon ~ 通导延迟
delayed-trigger 延迟触发脉冲
delayed-Y 延时亮度信号

delayer 延迟〔时〕器，延迟电路
delead 退铅，去铅（不锈钢拉拔后除去作为润滑剂的铅镀层）
deleading 退铅，去铅（不锈钢拉拔后除去作为润滑剂的镀铅层）
deleave 分离，拆开
D-electrode D 电极，D 盒
delegation ①委任②代表团
~ of authority 授权，权限委任
delete 删去〔除〕，删〔除〕掉，勾消，涂〔消〕去
deleter 消除器
blank ~ 消隐脉冲消除器
deleterious 有害〔毒〕的，有害杂质的
deletion 删除，删去（部分），删改，作废
deliberate ①（仔细）考虑，讨论②慎重的，仔细的
delicate ①精细（的）装置，灵敏（的）（仪表），精巧装置②精密〔细，致，巧〕的，准确的，灵敏的，敏感的
delimit （确）定界（线，限），指定界限，确定，限定
delimitation 定〔分，划〕界，界限，区划
delimiter 限定器，定义〔定界，分界，限制〕符
character ~ 字符分界符
label ~ 标号定义符
location ~ 存储区定界符
parameter ~ 参数定义符
delineascope 幻灯，映画器
delineate 描外形，画轮廓，刻〔勾〕划，描写〔绘〕
delineation ①描绘〔写，述〕，叙述②轮廓，草〔略，示意〕图，图解
delineator 制图〔叙述〕者，图型（版），描画器
polynya ~ （冰下声呐的）冰穴边界指示器
delink 解链，解除链接
delinquent 拖欠的，违约的，失职的
delinter ①（棉籽）剥绒机②除尘器
deliquate = deliquesce
deliquation 稀释，冲淡
deliquesce 潮〔融〕解，溶化，冲淡，稀释
deliquescence 溶解（性），潮解（性），融化（性）
deliquescent （容易）潮解的，溶解〔融化〕的，容易吸收湿气的
deliver ①传递，输送，供电，给料②交货，交割
deliverable 可交付（使用）的
delivery ①交付〔货〕，递〔运，分，投，压，发〕送，传达〔递〕，递交一次交付的货物②输送〔出，水〕，供给〔应，水〕，发〔射，导，放，排，拔〕出，释放（能量）③排气〔水〕（量），供电（量），供给量，（生）产量，耗〔流〕量，效率④增压
~ on spot 现场交货
~ on term 定期交货
air ~ 排气，气力输送，风量
auger ~ 螺旋输送
call ~ 呼叫传送
calling identity ~ （打电话时）主叫识别信号传送及显示，来电显示
chain ~ 链式输送
fan ~ 风机风量
forward ~ 定〔远〕期交货
free ~ 自由排气（风机）
injector ~ 喷射器输出管
instal(l)ment ~ 分期交货
instantaneous ~ 瞬时流量
offshore oil ~ 海底油管输送
open ~ of filtrate 明流式
rated air ~ 额定风量
scavenge ~ （油）泵输出量
side ~ 侧方喂送〔输送〕
split ~ 分批交货
turnkey ~ 承包（建筑安装工程的）安装及启用
deloader 卸载器
deloading 卸荷，减载
delorenzite 钛铁钇铀矿，钛钇铀矿
Delpax 复合运动感应式传感器
Delphi Delphi 软件（美国 Borland 公司的一种用于数据库应用程序开发的计算机软件）
delta ①三角（形，形物），（希腊字母）Δ，δ 通信中用以代表 D 的词，变数的增量，（三相电的）△接法②第四位的，δ 位的
delta-irontertiary ~ 接成三角形的第三绕组
squashed ~ （变压器的）互联三角形联结
delta-canard-configuration 三角形鸭式布局
delta-iron δ 铁
delta-matching （由平衡馈线到对称半波振子的）Δ 匹配转接
deltamax 矩磁合金，一种镍铁（高导磁）合金，铁镍薄板（*w*（Ni）50%，*w*（Fe）50%）
delta-ring 三角形密封圈
deltatest 数字式电子手表校表仪
delta-wood 特种（绝缘）胶木
deltoid △〔三角〕形的，三棱的，扁方形的
deluge （大）洪水，（倾盆）大雨，泛滥，淹没
pad ~ （导弹反射的）基座冲水冷却
delustering 除去光泽，褪光

oil ~ 油消光
de-luxe 上等的，高级的，精装的，豪华的
VEGA ~ 高分辨率图形适配器
demagging 脱〔除〕镁
demagnetise = demagnetize
demagnetiser = demagnetizer
demagnetization 退磁（作用），去磁（作用），灭〔消〕磁，去磁效应
recording ~ 录音前的去磁
demagnetize 去磁，退磁
demagnetizer 退磁器，去〔退〕磁装置
audiohead ~ 拾音头去磁器，声频磁头去磁器
head ~ 磁头消磁器
demagnetizm 去〔退〕磁
demagnification 缩小
demand ①要求（之物），需要〔用〕（量），定值②消耗〔费〕
~ of a system 系统需电量（规定时间内的平均值）
~ side management 需求侧控制
chemical oxygen ~ 化学需氧量测定仪（COD）
coincident ~ 同时最大需用，重合需量
firm ~ 固定负荷，固定需量
household ~ 生活用电（需要）量
integrated ~ 平均累计（最大）需量
native system ~ 本系统需量
on-peak ~ 峰荷需（电）量
own ~ 自由电量，厂用电量
ratchet ~ 计（电）费基准最大需量
time ~ 读取时间
video on ~ 视频（节目）点播，电视点播
demanganize 去〔脱〕锰
demarcate 分开，区分
demarcation ①分〔边〕界，定〔标〕界，划界（线）②限界，区〔划〕分
demasking 解蔽
dematosome 微纤维
dematron （= distributed emission magnetron amplifier）分布放射磁控管放大器，代玛管（分布发射式前向波正交场放大管）
demesh 脱离啮合，（齿轮的）牙〔齿〕分离
demetalization 脱金属（作用）
demicircular 半圆（形）的
demi-hunter 普通猎表，半猎表，双盖表
demineralization 去〔阻〕矿化（作用），脱〔去〕矿质（作用），软化，脱〔除〕盐
~ of water 水的软化
demineralize 去〔阻〕矿化，脱〔去〕矿质，除盐，软化
demineralizer 脱矿质器，（用于水化学脱盐的）软化器，交换器
demi-section ①半剖面（图）②半段〔节〕
demister 去〔除〕雾器，（汽车挡风玻璃的）防雾装置
demixing 离析，分层（指混合液分成两层）
demixion 分层
demo 演示程序
demode 解（脉冲编）码
demoded ①解码的②过时的，老式的
demoder 解（脉冲编）码器
pulse ~ 脉冲译码器
demodulate 解〔去〕调，反调制〔幅〕，检波
demodulation 解调（制），反调制〔幅〕，去调（幅），检波
coherent ~ 相干解调
enhanced-carrier ~ 增强载波解调，加强载波解调
frequency ~ 频率解调，鉴频
multiplex ~ 多路通信解调
phase ~ 相位解调，鉴相
quadrature ~ 正交解调，相移 90° 解调
demodulator 解调（制）器，反调制器，反〔去〕调幅器，检波器
audio ~ 伴音（信号）解调器
channel ~ 信道解调器
chroma ~ 色度信号解调器
chromaticity ~ 彩色反调制器
colo(u)r ~ 彩色像解调器，彩色信号反调制器
digital data ~ 数字数据解调器
group ~ 群解调器
phase ~ 鉴相器，相位解调器
phase-lock ~ 锁相解调器
picture ~ 视频解调器，图像（信号）检波器
practical envelope ~ 实际包络线解调器〔电路〕
product ~ 乘积解调器
pulse-code ~ 脉（冲编）码解调器
quadrature ~ ①直角相位调制，90° 相移式调制② 90° 相移解调器，正交解调器
sound ~ 伴音信号解调器
telegraph ~ 电报解调器
two-diode synchronous ~ 双二极管同步解调器
video ~ 视频解调器，图像解调器
visual ~ 图像解调器，视频信号解调器
demography 人口学，人口统计学

demolishment 拆除〔毁〕，破坏，爆破

demolition 拆毁，拆除，毁坏，破坏（作用）

demolization 过热分散（作用）

demon 妖（人工智能的一种特殊算法）

demonstration ①表明，证明，实证②示教，公开表演，公开实验

laser ~ 激光演示

maintainability ~ 维修性验证

demonstrator ①示教器〔板〕，教具，检示仪，试验检测器②解说员

dynamic wheel ~ 车轮动平衡表示器

voice operation ~ 语音合成器

demo(u)ld 脱模

demount 拆卸，把…卸下

demountable 可拆(除,卸)的,可卸(除,下)的,可分离〔解〕的，可换（装）的，活（络）的

demulsibility 反乳化度〔性，率〕，乳化分解性

demulsifer 抗乳化剂，破乳剂

demulsification 反乳化（作用）

demulsify 反乳化

demultiplex 信号分离

demultiplexer （多路）信号分离器，多路分配〔离〕器，多路输出选择器，译码器，倍减器

wavelength division ~ 波分（多路）分用器

demultiplexing 多路化，分成多路（处理）

demultiplication 倍〔递，缩〕减

frequency ~ 分频，频率倍减

demultiplicator 副变速器，副齿轮箱

demultiplier 倍〔递〕减器

frequency ~ 分频器，降频器，频率递减器

demurrage 滞留期，延〔过〕期，拖延，延期费

demy 四开图纸（美国:16 in×21 in = 0.406 4 m ×0.533 4 m，英国: 15.5 in×20 in = 0.393 7 m×0.508 m）

denary 十（倍）的，十进（制，位）的

denaturant 变性剂

denature ①（使）变性，使失去自然属性②使（核燃料）中毒

dendrite ①枝晶，树枝〔枝蔓〕状晶体②无圈曲线③松树〔林〕石

cellular ~ 网状枝晶

dendrites 树突

dendritic 枝晶的，（树）枝状的，枝蔓体的

dendrogram 树状图表

dendrometer （测树木高度和直径的）测树器

denier 旦尼尔（测丝纤度的单位，长 9 000 m 质量1 g为一单位,1旦尼尔=(1/9)×10^{-6}kg/m）

Denine 德奈恩钨钢（w(C)1.2%,w(W)1.5%,其余 Fe）

denitrate 脱〔去〕硝（酸盐）

denitration 脱〔去〕硝（酸盐作用）

denitrator 脱硝（酸盐）器，脱硝炉

denitridation （炼钢）脱氮化层（作用）

denitride 脱氮，退氮

denitrification 脱氮作用，脱〔去〕硝（酸盐）（作用）

denitrogenation 脱〔除〕氮，去氮法

denoise 降噪，消除干扰

denomination ①名称〔目〕,命名②(度量衡等）单位，种类

denominator ①分母②命名者③（一般）水准④共同特性

denotation ①标志，指〔表〕示②名称，符号，指称，（准确）意义，所指③外延④转义

bit ~ 位标志

character ~ 字符标志

format ~ 格式标志

integral ~ 整（数）标志

long ~ 长标志

real ~ 实（数）标志

row-of-character ~ 字符行标志

string ~ 串标志

denotative ①指〔表〕示的②外延的，概述的

denote 标示

denotement 指〔表〕示，符号

Denscast 登司卡特镍铬合金（w（Ni）80%，w（Cr）20%）

dense ①（致，紧）密的，密集〔纹〕的，稠（密）的，浓（厚）的②（底片）厚的，反差强的③极度的

dense-article 致密件

dense-graded 密级配的

densener ①冷铁，激冷材料②冷凝器，压紧器③（内，外）冷却

surface ~ 外冷铁

densification ①密（实）化，致密化，压实，增浓作用，稠化，（密）封，封严②致密，补点，增浓

densifier 增浓（稠化）剂，浓缩机〔器〕，稠化〔脱水〕机，增密炉

densify 致密，压实，增浓，稠化

densimeter 密度计，黑度计，浓度计

chromoscan ~ 彩色扫描密度计

densi-tensimeterphotoelectric ~ 光电密度计

light ~ 光度计

mask inspection ~ 荫罩密度检测仪
photovolt ~ 光电密度计
scanning ~ 扫描密度计
densi-tensimeter 密度 - 压力计
densitometer = densimeter
acoustics type ~ 声学式密度计
densitometer gamma ~ γ 射线密度计
float type ~ 浮子式密度计
gas ~ 气体密度计
gravity type ~ 重力式密度计
hydrostatic pressure ~ 静压式密度计
liquid ~ 液体密度计
optics ~ 光学密度计
radioactive isotope ~ 放射性同位素密度计
vibration type ~ 振动式密度计
densitometry 显像密度测量法，显像〔微〕测密术，（光）密度测定法，密度测量学
density ①密度，浓度，厚度，灰度（影象深浅度），不透明度②（场）强（度），磁感应，通量③浓密〔厚〕，稠密（性，度），密集（性，度）④制品密度
~ of field 场强
~ of integration 集成度
~ of snow 积雪密度
~ of spectral line 谱线黑度
~ of state 能〔状〕态密度
actual flux ~ 有效（磁）通量密度
actual tooth ~ 有效齿端磁通密度，齿内的有效磁感应（强度）
ambient ~ 周围介质密度
ampere ~ 电流密度（安培数）
apparent ~ 视〔散装，松装〕密度
apparent tooth ~ 视在齿磁通密度
area ~ 表面密度
auto spectral ~ 自功率谱密度
bale ~ 草捆密度
base ~ 片基密度
bit ~ 位密度，（磁带的）信息密度
bulk ~ 计算〔堆积，容积〕密度，（燃料混合气的）松密度，（单位）体积质量，散装密度
bunch ~ （粒子）凝块密度，群聚团密度
coating ~ 涂层密度
coexistence ~ 共存密度，饱和密度
cohesive energy ~ 内聚能密度
combination ~ 燃料混合气计算密度
component ~ 构成〔组件，元件〕密度
cored ~ ①型芯透气性②型芯密度
coverage ~ 覆盖〔表面电荷〕密度
cross-spectral ~ 正交谱线密度，交叉谱密度，互谱密度
dielectric ~ 电通量密度，电位移
dielectric flux ~ （静）电通（量）密度，电位移，电感应
diffuse ~ 漫射密度
dislocation ~ 位错密度
dot ~ 像素密度
electric ~ 电荷密度
energy flux ~ 热流量密度
exposure ~ 曝光密度
failure ~ 失效密度
field ~ （电磁）场强（度），磁感应强度，磁通密度
flux ~ 磁通密度，通量〔流〕密度
fog ~ 灰雾密度（无损检测）
gap ~ 气隙的磁感应强度
grain ~ （感光乳剂的）颗粒密度
green ~ 压坯密度
heat ~ 表面放热率，热流量密度
hole ~ 空穴密度
image ~ 图像密度传感器
induction ~ ①感应强度②磁感应，（磁）通量密度
inverted population ~ 反转粒子密度
level ~ 能级密度，电平密度
luminous flux ~ （光）照度
magnetic ~ 磁场强度
mass ~ 密度
memory ~ 存储密度
net ~ 净（光学）密度
optical ~ 光（学）密度，吸光度
packing ~ ①存储〔封装，包装，组装，记录，群集，敛集，堆砌，堆散，排列〕密度②存储密度
particle flux ~ 粒子通量密度
peak flux ~ 最大磁通密度
photographic transmission ~ 光学透射强度
population ~ 总体密度，占据密度
powder ~ 装药密度，粉密度
power ~ 功率系数
power spectral ~ （通信）功率谱密度
probability ~ 概率密度
radiant ~ 辐射密度（一般以 J/m^3 来表示）
radiant flux ~ 辐（射）度
reduced ~ ①对比密度②折合密度
reflection ~ （光）反射强度

specific ~ 相对密度
spectrum ~ 频谱密度
specular ~ 定向反射光强度
specular transmission ~ 镜透射强度
stagnation ~ 滞止密度
steady-state ~ 平衡密度，稳定密度
storage ~ 存储密度
tap ~ 振〔摇〕实密度
track ~ （磁）道密度
traffic ~ （通信）业务量密度，占线密度
video high ~ （电视特技）高密度视频
volume ~ 体（积）质量，密度
watt ~ （电热）功率
weight ~ 单位体积重量

densogram 密度曲线图
densograph ①密〔黑〕度曲线②密度曲线自动描绘仪
dent ①凹（痕，陷，部），凹面，压〔印〕痕，碲痕（带材表面缺陷），（凹）坑，凹槽②（齿轮的）齿③压缩，削减④刻齿，切螺纹，压凹
bent ~ 弯形筘齿
Brinell ~ （钢球或滚子在滚道上的）压痕，布氏（钢球）压痕
conb ~ 梳齿
dentate ①配位基②（锯）齿（状）的，有齿的
dentation 牙〔齿〕状（构造，结构）
rough ~ 犬牙交错
denticle 雕成齿状的装饰，齿状突起
denticulate 锯齿（状）的，有小齿的，小齿状结构的
dentil 齿饰，齿状物
dentophone 助听器
dentophonics 骨导传声技术
dentrite = dendrite
dents de cheval 〈法〉斑状变晶
denudation ①剥〔溶，磨，侵〕蚀（作用）②（分类上的）深化③裸露，滥伐
denuder （汞电池的）金属分解，溶蚀器
denumerable 可数的
denumerant 一组方程式的解的数目
deodorizer 除〔解，防〕臭剂，脱〔除〕臭机
batch ~ 分批除臭机，分批脱臭器
deoil 去油，脱脂
de-oiler 油水分离器
dead reckoning ~ 推测高度
deorbit 离开轨道的，脱〔越〕轨，轨道下降
deoscillator 阻尼〔减振〕器
deoxidant 脱氧〔去氧，还原〕剂
deoxidate = deoxidize
deoxidation 去〔除，脱〕氧（作用），还原，除〔脱〕酸
ladle ~ 包内脱氧
deoxidization 脱氧作用，还原
deoxidize 去〔除，脱〕氧，还原，除〔脱〕酸
deoxidizer 去〔脱〕氧剂，还原〔脱酸〕剂
deoxidizing 去氧化物处理
deoxygenation 脱氧（作用）
depainting 除旧漆
depair 去偶，拆开对偶
Depal 德帕尔铝合金（w(Cu)2%，w(Mn)2%，w(Ni)2%，其余Al）
depalletizer 卸垛机，卸托盘机，从托板上卸货机
depart ①脱，离开，出发，发射，开〔飞，越〕出，起飞〔程〕②违反，相逆，不按照，改变
department ①部（门），司，局，处，科，室②系，学部，研究室③车间，工段④部〔区〕分，领域，知识〔活动〕范围
assembly ~ 组装室
conditioning ~ 修整〔清理〕工段
cored ~ 造芯工段
engineering ~ 工程系，工程部门，技术科
grinding ~ 刀具刃磨部
mechanical ~ 机加工车间
personnel ~ 人事处〔部门〕
plant engineering ~ 工厂设备科
production ~ 生产单位，车间，生产科
salvage ~ 废料（利用车）间
shipping ~ 成品库
steam ~ （电业管理局的）热工科，热力设备科
departure ①离开，出发，起程〔飞〕，发射，（电子的）飞〔逸〕出②脱〔分〕离，变更③偏差〔转，离，移〕，漂移④横距，（弹道主动段的水平）距离，横坐标增量，经度差⑤航迹推算起点
average ~ 平均距，平均偏差
cumulative ~ 累积偏差
mean square ~ 方均偏差
profile ~ 轮廓的单峰
total ~ 总偏差，总偏离度
depassivation 去钝化
depegram(s) 露点图（表），露点 - 温度曲线
dependability 可靠性，强度，坚固度
day-in-day-out ~ 日常工作（的）可靠性

dependance = dependence
dependence 依赖（性）,相关（性）,相依（性）,依存（关系），关系（式，曲线），相关曲线，函数关系，从变量
angular ~ 角关系〔相关〕
linear ~ 线性相关〔关系〕
statistical ~ 统计相关
time ~ ①时间相关②时变的
dependency 相关（性），从属（性），依〔信〕赖
dependent ①依赖的，从属的，相关的②悬垂的
syllable ~ 字节相关的
deperm （船外）消磁，消除（船体的）磁场，用竖线圈消水平磁场
dephase 使相位偏移，位移
dephlegmator 分馏器〔塔，柱〕,蒸馏塔〔柱〕,分缩〔凝〕器
dephosphorization 去〔脱〕磷（作用）
dephosphorize 去〔脱，除〕磷，脱去磷酸
depicted 描绘，描述
depiction 描绘〔写〕，叙述，绘图
depicture 描绘，描述，想象
depilator 脱毛机〔器〕
depiler ①推撞器（把扁钢锭从堆中推出）②分送〔垛〕机③装〔进〕料台
depilitant 脱毛剂
depinker 抗爆剂
deplate 去〔退〕镀，除镀（层）
depletion ①用〔耗，取〕尽，损〔消〕耗，减损〔少，压〕,倒〔放〕空，降低，低压②（提）取金（属）
additive ~ 添加剂耗损
donor ~ 施主耗竭，施主浓度降低
deplistor 三端负阻半导体器件
deploid 扁方二十四面体
deploy(ment) ①展开，扩散，开伞②调度，配置，部署③使〔采，运〕用，推广应用
clustered ~ 集群部署〔展开〕
drogue parachute ~ 减速伞打开
depolarise = depolarize
depolariser = depolarizer
depolarization 去极（化）（作用），退极（性），消〔退〕磁，消偏振（作用）
oxygen ~ 氧去极化
depolarizator = depolarizer
depolarize 去极（化），退极（化），去磁，去偏（振）
depolarizer 去〔退〕极（化）剂，去〔退〕极（化）器，消偏振镜
depolimerize 使（高分子化合物）解聚（合·）
depolymerization 解聚（合）（作用）
deposit ①淀积〔沉淀，电积，堆积，附着〕（物），镀〔覆〕层，溶敷金属，积垢，淤积，矿床〔层〕②存放（处），仓库，寄存物③存储，放置④（使）沉积〔淀〕,（使）淀〔电，淤〕积⑤附〔焊〕着，浇铸，堆焊，喷镀⑥存款
active ~ 活性〔放射性〕淀积
carbon ~ 积炭（带钢热处理缺陷），碳沉积，煤烟附着
cathode ~ 阴极沉淀物
combustion-chamber ~ 燃烧室积炭
dull ~ 毛面镀层
electroless ~ 化学镀层
exhaust-valve ~ （发动机）排气门积炭
extermal ~ 烟气侧沉积物
gum ~ 胶质沉淀物，积胶
hard-bonded furnace ~ 炉内硬块沉积
internal ~ 汽水侧沉积物
marine ~ 海洋〔海相〕沉积
metal ~ 金属沉积，电积〔焊着，熔敷〕金属
scale ~ 水垢，积垢
weld(ing) ~ ①焊着〔焊敷〕金属②堆焊，焊缝熔敷③电焊渣
deposition ①沉〔淀，电，淤〕积（作用），附着，析出，喷〔蒸〕镀，覆盖，沉淀〔降〕，下沉，热离解，脱溶（作用）②沉积〔淀积，析出，附着〕物，沉积法，水垢，结垢，积灰
chemical ~ 化学镀敷，化学镀膜，化学沉积
chemical liquid ~ 化学液相沉积
chemical vapor ~ 化学汽相沉积
direct metal ~ 直接金属沉积成形
electron beam physical vapor ~ 电子束物理气积相沉积
electron beam-assisted ~ （EBAD）电子束辅助沉积
epitaxial ~ 外延淀积，外延沉积〔淀〕
evaporation ~ 蒸发沉积法
exhaust-port ~ 排气口积炭
hollow cathode discharge ~ 空心阴极离子镀
ion beam ~ 离子束沉积
liquid ~ 液相沉积
physical vapor ~ 物理气相淀积
plasma assisted ~ 等离子辅助镀膜
pulsed laser ~ 脉冲激光沉积
spray ~ 喷射铸造（雾化沉积）
ultrasonic electro ~ 超声电镀

vacuum ~ 真空镀膜〔淀积，沉积〕，真空镀
vacuum arc ~ 真空电弧沉积
vapo(u)r ~ 汽相淀积
depositor ①沉淀器②（糖果等）拉条成形机
depository 仓库，储藏所
depot （仓，机，弹药，军需）库，栈，（车，航空，兵，补给）站，储藏所，保管处，基地，储存
maintenance ~ 修配〔理〕厂，保养工场
salvage ~ 修理部
servicing ~ 服务〔修理，加油〕站
supply ~ 补给仓库
depreciation ①减价〔少，振〕，降低，贬值，折〔陈〕旧②磨损，损耗
~ of compound interest 复利折旧
accelerated ~ 快速折旧（法）
age-life ~ 寿限折旧（法）
parts ~ 零件折损
physical ~ 有形损耗
shelf ~ ①（蓄电池）跑电，局部放电②闲置折旧
depress 减压，降〔压〕低，抑制，使沉淀
depressant 抑浮剂（的），抑制剂（的）
foam ~ 消泡剂
pour-point ~ 降凝剂
viscosity ~ 降黏剂
depressimeter 冰点降低计
depression ①降〔减〕低，减压，抑制，衰减②抽空，排气，真空（度）③沉降〔淀，陷〕④低（气）压（区），抽空区，气压计水银柱下降⑤缩陷，凹坑（连铸板坯缺陷），凹陷处⑥俯角⑦萧条，不景气
condensate ~ ①（凝汽器中）凝结水过冷却②过冷度
condenser ~ 过冷度
dew point ~ 露点降低
freezing point ~ 冰点降低法
hot-well ~ ①（凝汽器中）热井凝结水过冷却②（加热器）疏水过冷却
quadrant ~ 俯角
shrinkage ~ 表面洼型缩孔，缩洼
depressor 抑制〔阻尼，缓冲，阻浮，抑浮〕剂，阻尼〔缓冲，抑制〕器，抑制〔缓冲〕质，撤压器
tongue ~ 压舌板
towfish ~ 拖曳体沉降器
vane cable ~ 有舵电缆沉降器
depressurization 降低压力，减压
deprivation 脱除，剥夺，丧〔损〕失
depropagation 负增长
depropanizer 脱丙烷塔〔器〕
depth ①深（度），深处〔渊，海〕，厚度，高度，能见度极限②浓度，稠度③层次
~ of case 硬化层深度（例如渗碳层深度）
~ of colo(u)r saturation 色饱和度
~ of counter bore 凹面深度
~ of curve 波深（纬线）
~ of cut 切削〔切割，锯割，切土〕深度，切屑厚度
~ of die cavity 模膛深度
~ of engagement 衔接〔啮合〕深度
~ of field 景深，视场〔视野〕深度
~ of focus 焦〔景，震〕深
~ of fusion 熔（化）深（度），焊透深度
~ of impression （硬度试验）压痕深度，切削深度，切屑厚度
~ of indentation （挤压时的）低凹深度，（硬度试验）压痕深度
~ of modulation 调制（深）度
~ of parallelism 平行度
~ of penetration ①渗层〔焊透层，透入，穿透，汽透，贯穿〕深度②有效肤深（在金属导体中电流的透入深度）
~ of seed furrow 开沟深度
~ of sowing 播种深度
carburized case ~ 渗碳层深度
chill ~ 白口深度，激冷深度
contact ~ of tooth 接触齿高，工作齿高，总啮合高度
core ~ 铁心（叠层）深度
crater ~ （刀具）月牙洼（磨损）深度
cutting ~ 切入齿高，切削深〔厚〕度，开挖深度
diving ~ 下潜深度，（鱼雷）袋形深度
escape ~ （二次电子的）逸出深度
fading ~ 衰落（深）度
finish ~ 加工深度
flow ~ 流深
flutter ~ 颤动深度，（磁场的）调变深度
fuel bed ~ 燃烧层厚度
full ~ 大切削深度
gap ~ （录音头中）缝隙深度，（床面等的）伸出长度
geothermic ~ 地热级，增温深度
gripping ~ 取秧深度
half-value ~ 半值厚度（衰减到一半数值的厚度）

hold ~ （轴承锁口的）锁量
honing ~ 珩磨深度
hydraulic mean ~ 平均水力半径
information ~ 信息深度
junction ~ 结深
lapping ~ 研磨深度
layer 跃变层深度，层深
null ~ 零位深度
object ~ 物深
periscope ~ 潜望深度
planting ~ 插深
plunging ~ 插入深度
screw-in ~ 旋入深度
set(ting) ~ ①定深②埋入深度
shallow ~ 浅啮合
skin ~ 集肤〔透入，趋肤〕深度，皮厚，有效肤深
throat ~ ①焊缝厚度，喉深（最大锯削宽度）②（接触焊）机臂
tonnage ~ 量吨深度
tooth ~ 齿高（锥齿轮），齿槽深度
total ~ 全齿高
tread ~ （轮胎面）花纹深度
whole ~ （全）齿高，齿全深〔高〕
winding ~ 提升深度，提升高度
working ~ (of tooth) 有效〔工作〕齿高，有效齿深，啮合深度，工作高度，作业高度

depth-finder 测深器
depth-first 深度优先
depth-ga(u)ge 深度计，游标深度尺，水位尺，检潮标
tape ~ 带尺测深计，活动〔传送式〕水尺，传送式水尺水位站

depth-o-matic 自动调位〔深度自动调节〕的液压机构
depthometer 深度计〔尺〕，测深仪
Depths
Critical ~ 顶面岛（数控加工软件UG创建切削层参数，在每一个岛的顶部单独创建刀具路径）
Floor then Critical ~ 底面和岛的顶面（数控加工软件UG创建切削层参数）

depurant 净化剂〔器〕
depurate 洗净，净〔纯〕化，过滤，提纯，精炼〔制〕
depuration 净〔纯〕化，精炼，提纯
depurator 净化器〔装置，剂〕
deputy 副职，代理人
de-Q 减低调谐电路的Q值，降Q值
deque 双端队列
dequeue 解除队列
deragger （从废纸中）破布拣除器
derail ①出轨装置，脱轨器②转辙器，开关③出轨，横向移动④转移指令，出口指令，转子程序指令
derailleur 变速齿轮传动机构（多用于自行车变速）
derange(ment) ①扰乱，紊乱，不同步②更列，重排
of service ~ 损坏

derate 降载，减载
derated ①降级的，已降低额定值的②修改〔重新〕设计的③变形的
derating ①定额〔额定值〕降低，折损，减少负荷②越出标准〔范围〕，参量变坏
derby 金属块，块状金属，帽状物体
dereeler 卷料开卷机
dereference 指针指向内容访问，间接引用
derelict(ion) ①残留物，残余物②缺点，错误③（海水退后露出的）新陆地
derinder （果蔬）去皮机
deringing 去振鸣
derivate 导（出）数，微商，衍生物
derivation ①导〔引〕出②（公式）推导，演算（出），求导（数，运算），求解（运算），推理〔论〕，证明③分支〔流，路〕，引水道④偏转〔差〕⑤派〔衍〕生
fallacious ~ 谬误推理
one-step ~ 单步派生

derivative ①导（函）数，微商，从变量②变〔改〕型，方案③衍生物
directional ~ 方向导数
epoxy ~ 环氧化物
higher ~ 高阶导数（微商）
left-hand ~ 左微商，左（方）导数
local ~ 偏导数
normal ~ 法向导数
outward ~ 外微商，外（向）导数
partial ~ 偏导数，偏微商
progressive ~ 右导数〔微商〕
regressive ~ 右导数〔微商〕
second ~ 二阶〔次〕导数
stochastic ~ 随机微商
total ~ 全导数
variational ~ 变分导数

derivatization 衍生（作用）

derivator 微分〔导数〕装置
derive ①（从…）得到〔出〕，取〔获〕得②导〔衍生〕出，推导〔论，出〕③起源（于）④分路〔流，支〕，派生，衍生出
derivometer 测偏仪
Derlin 缩醛树脂
derm(a) （真）皮，皮肤
dermateen 漆布，布质假皮
dermatine ①人造皮革②皮壳石③树皮或表皮上生的
dermatitis 皮（肤）炎（由于对树脂等敏感）
dermatoscope 双目显微镜
Dermitron 高频电流测镀层厚度法
derocker 除石机，清石机
derogation 减少，损毁，（合同等）部分废除
deroofing 蚀顶
derrick ①（动臂，转臂，摇臂，塔式，人字，桅杆，架式）起重机〔架，杆〕，（起重，摇臂）吊杆，绞盘〔车〕，重零件架②（油，钻）井架，钻机架，钻塔③临时井架〔构架〕，塔形井架④进线架，引入架〔杆〕⑤（飞机的）起飞塔
barge ~ 浮式转臂吊车，起重船
boat ~ 船式〔水上〕起重机
bull wheel ~ 大转盘桅杆〔动臂〕起重机
creeper ~ 履带式起重机
dynamic ~ 动力井架
gug ~ 动臂式桅杆起重机
guy ~ 牵索〔桅杆〕起重机
guyed-mast ~ 把杆起重机
pole ~ （墙装）动臂式起重机，把杆起重机
shear pole ~ 两足人字起重机
stacking ~ 堆垛起重吊杆
standing ~ 起重拔杆，扒杆，立式起重机
stiff-leg ~ 刚性柱架，斜拉杆式起重机，刚性支柱式动臂起重机
sulky ~ 三角吊架
telescopic ~ 套叠钻塔
tripod ~ 三角架〔桅杆，三脚〕起重机
derricking ①变幅，俯仰②臂架俯仰，改变起重臂倾角
derusting 去〔除〕锈
alkaline ~ 碱法除锈，电除锈法
derustit 电化学除锈法
derv ①（= Diesel engine（d）roadvehicle）柴油机车辆②柴油（重型车辆用）
de(s)activation 去活作用，消除放射性沾染
desalination 脱〔除〕盐（作用），咸水淡化，减少盐分
desalinization = desalination
desalinizing 海水淡化
desalt 海水淡化，（水的）纯化，脱〔去〕盐
desalter 脱〔去〕盐剂〔设备〕，去盐分器
desample 解样
desampler 接收交换机
desander 去〔除〕砂器
desaturation 减饱和（作用），饱和度减小，冲淡（颜色），稀释，褪彰
dark ~ 暗区饱和度降低
desaturator 干燥剂〔器〕，稀释剂
desaxe 轴心偏移，不同轴性，异轴性
descale ①除鳞，去氧化皮，脱除锅垢②缩小比例，降级
descaler 除〔破，去〕鳞机，氧化皮清除器
descaling 除鳞
hot-explosion ~ 热爆除鳞
vertical roll ~ 立辊除鳞
descendant ①子系〔子体〕物质，子系体，衰变产物②后代，下代③（语法树结构的）下节点④下降〔行〕的，递降的，遗传的
direct ~ 直接后代，直接分支
descendence 下代，后代
dynamic ~ 动态后继
descender 字母下垂部分，离底（框）值
descend(ing) （下，递）降（的），下行（的）
reduction ~ 向下折算
descent 降落，下降，斜坡，坡道
asynchronous stochastic gradient ~ 异步随机梯度下降
steepest ~ 最速下降
Deschutes 英特尔微处理器代号
descrambling 扰频，保密
~ (in digital transmission) 解扰码（数字传输中）
~ (in television) 解扰（电视中）
describer ①记录器②绘画者，叙述者
descriminator 鉴频〔相，别〕器
description ①叙述，描写②（使用）说明（书）③作图，绘制④种类，式样，等级
data ~ 数据描述
general ~ 一般说明，概述
traffic aggregate ~ 通信量合计说明
descriptor ①描述符，解说符②描述信息③标码
character field ~ 字符字段描述符
configuration status ~ 配置状态描述符
document ~ 文档描述符
field ~ 字段描述符

file ~ 文件描述符
fourier ~ 傅里叶描绘子
desealant （航空燃料桶自动开关盖中的）封闭层防剥离药剂
deseam ①气切铲除表面缺陷，气炬烧剥，凿整锭面②小修整，小清理焊缝
deseamer 焊瘤清除器，焊缝修整机，火焰清理机，气炬烧剥机
deseaming 修整（锭、坯）表面缺陷，气炬烧剥，清理焊缝
deseeder （亚麻）梳籽装置〔器〕，（亚麻）脱粒机〔器〕
deselect 取消选择
desensibilization 去〔减〕敏化，灵敏度降低
desensitisation = desensitization
desensitiser = desensitizer
desensitivity 倒灵敏度（灵敏度的倒数）
desensitization ①减（敏）感（作用），退敏（感）（作用）②降低灵敏度，减少感光度
optimal ~ 最优钝化
desensitize 降低灵敏度，减少感光度，钝〔减感〕化
desensitizer 退敏剂，减（敏）感剂
desensitizing 灵敏度降低
deserializer 解串器
desheathing 取下外壳〔外套〕
deshielding 去屏蔽
desiccant ①干燥剂②干燥（用）的，去水分〔湿气〕的
desiccate ①干燥产物〔制品〕②（使）干燥，（使）脱水，晒（烘，烤）干
desiccation 干燥（作用），除湿，脱水，晒〔烘，烤〕干，干化
desiccative = desiccant
desiccator 干燥器，收湿器，保干器，干燥剂，防潮砂
Design 建模（Mastercam 数控加工软件的模块）
design ①设计，计算②草〔方〕案，纲要，计划，企图③（平面，设计）图，图样，设计书④装置，结构，构造，形状，类型，型号
~ by analogy 类比设计
~ criterion 设计规范
~ for X 面向 X 的设计
~ method 设计方法
~ of materials 材料设计
~ of molecules 分子设计
~ rule 设计准则
acoustic(al) ~ （建筑）声学设计，音质设计
aircraft ~ 航行设计
alternative ~ 比较设计（方案）
analogy ~ 类比设计
automation ~ 自动（化）设计
autopilot ~ 自动驾驶仪设计
axiomatic ~ 公理性〔化〕设计
breadboard ~ 电路面包板设计
building block ~ 模块化设计
calf ~ （轮胎胎面的）碎细花纹设计
card ~ ①卡片设计②插件设计
character ~ 字体设计
compiler ~ 编译程序设计
computer aided ~ （=CAD）计算机辅助设计，利用计算机设计
computer aided geometry ~ 计算机辅助几何设计
computer aided reliability optimization ~ 计算机辅助可靠性优化设计
concept(ual) ~ 初步设计，概念设计，方案设计
concurrent ~ 并行设计
conventional straight-through ~ （谷物联合收获机的）标准直流型结构
3D ~ 三维（动画）设计
detail ~ 详细设计
durability ~ 耐久性设计
dynamic ~ 动态设计
empirical ~ 经验设计
engineering ~ 工程设计
even ~ 均匀设计
facility ~ 设施设计
factorial ~ 因子〔析因〕设计
fail-safe ~ 安全设计
fatigue ~ 疲劳设计
fault-tolerant ~ 容错设计
feature-based ~ 特征设计
functional ~ ①机〔功〕能设计②实际〔有效〕结构
fuzzy ~ 模糊设计
general ~ ①一般设计②总设计
geometric ~ 线形设计，几何（形态）设计
green ~ 绿色设计
group ~ 成组设计
industrial ~ 工业设计，设计图
innovative ~ 创新设计
integrated ~ 综合设计
intelligence ~ 智能设计
isostiffness ~ 等刚度设计

joint ~ 接头设计
layout ~ 图样〔草图，电路图，布局〕设计
limit ~ 极限（荷载，强度）设计，最大强度设计法
logic(al) ~ 逻辑设计
machine ~ 机械设计，机器设计
mask ~ 掩模设计
mechanism ~ 机构设计
modern ~ 现代设计
modular ~ 模块（化）〔标准，组合〕设计，典型设计〔结构〕
multidisciplinary ~ 多学科设计
multi(ple) ~ 多重设计
object-oriented ~ 面向对象的设计
off ~ ①非设计工况，非计算工作规范②脱离设计的，非计算的
once-through ~ 一次设计，单向流动结构，直流方案
open-end(ed) ~ 可扩展设计（能适应未来发展的设计）
optimal direct feedback control ~ 最优直接反馈控制设计
optimization ~ 优化设计
optimum ~ 最佳〔优〕设计
original ~ 原〔始〕设计
orthogonal ~ 正交描述
overall ~ 总体设计
packaged ~ 成套〔紧凑〕设计，组装〔包装〕结构
parallel ~ 并联〔平行〕设计
parametric ~ 参数化设计
part ~ 零件设计
pattern ~ 模型设计
physical ~ （机械的）结构设计，物理设计
plant ~ 设备平面布置，车间设计
plastic ~ （材料力学）极限设计
point ~ 指定设计，符合规定要求的设计，解决关键问题的设计（结构）
precision ~ 精度设计
preliminary ~ 初步〔预先，准备，原始〕设计，概要设计
process ~ 工艺设计，生产（流程）〔工艺流程，工艺过程〕设计
process flow ~ 工艺流程设计
product ~ 产品设计
product life cycle engineering ~ 产品寿命周期工程设计
production ~ 生产设计，生产计划
program(me) ~ 程序设计，编制程序
ranking ~ 排序法设计
rapid prototype ~ 快速原型设计
rational ~ 合理设计
redundancy ~ 冗余设计
reliability ~ 可靠性设计
repture proof ~ 防断裂设计
reverse ~ 反求设计
revised ~ 修改〔改进〕设计
robust ~ 健壮设计，鲁棒设计，稳健设计
safety life ~ 安全寿命设计
similar ~ 相似设计
sketch ~ 设计草图
structural ~ 结构设计
structure variable element ~ 结构变元设计
suggested ~ 改进的设计
Taguchi ~ 三次设计
team ~ 成套设计
UG/Sheet Metal ~ UG 钣金设计（UG 的主要功能模块，CAD 模块，计算机辅助设计模块）
theoretic ~ 理论设计
ultimate ~ 最终设计，极限（状态）设计
value ~ 价值设计
variable ~ 变量设计
virtual ~ 虚拟设计
wearable ~ 耐磨损设计
weldment ~ 焊接零件结构
wiring ~ 电路设计

designability 可设计性，结构性

designable ①能设计〔计划〕的②可被区分〔识别〕的

designate ①指明〔示，出，定〕，表示，标志〔明，示〕，称为②选派〔定〕

designated 特指的，指定的

designation ①指明〔示，定〕，规定，选择〔定〕②名称，命名，符号（表示），表示方法，牌号，标识，意义，代号③目的（地），目标
bearing ~ 轴承型号〔标志〕
code ~ 规定牌号，规定名称
commercial ~ 商品名称〔标志，代号，型号〕
series ~ 系列型〔代〕号
tristimulus ~ 三色描示
type ~ 型号

designator ①选择器，指示〔指定〕器②标志〔命名，指示〕符
file ~ 文件命名符，文件标志符
format ~ 格式标志符

function ~ 操作指示符
route ~ 路由指示符
statement label ~ 语句标号标志符
store ~ 存储标志符
designer ①设计者，设计师②制图员
designing ①设计（工作）（的）②有事先计划的
~ variable-size meshes 变网格设计
designograph 设计图解（法）
desilication 脱硅作用
desiliconisation = desiliconization
desiliconization 脱硅（作用，过程）
desiliconizing 脱硅
desilter ①沉淀池，滤水池②澄清器，集尘器③除〔脱〕泥机
bowl ~ 浮槽脱泥机
desiltor = desilter
desilver 脱〔去，除〕银，（从铅矿中）提（取）银
desilverization 除〔脱〕银（作用）
desintegration 分裂，裂〔蜕〕变（物），粉碎，机械破坏〔分解〕
desintegrator 粉碎机，笼型粉碎机
desintering 清理
desist 停止，中断
desite 登斯〔硝铵，硝酸钾，三硝基甲苯〕炸药
desizing 脱〔退〕浆工艺
desk ①桌，试验〔控制，操纵〕台②面〔控制〕板，（圆，控制）盘，（控制）屏，座③（报馆）编辑部
animation ~ 特技合成桌
attendant ~ 转接台
complaint ~ 障碍〔报告，服务〕台
console control ~ 落地式控制台
drawing ~ 绘图桌
fault clerk's ~ 障碍控制台
general service ~ 总操作台，通用控制台
illumination ~ 调光台
information ~ 查询台，问讯处
logging ~ 运行记录桌，值班台
manual ~ 人工交换台
monitoring ~ 监听台，质量监测台
night-service ~ 夜间集中台
observation ~ 试验〔观测〕台
picture control ~ 图像控制面板，图像调节板
principal ~ 主控制台
repair clerk ~ 障碍服务〔报告〕台
supervisor's ~ 监控台，监视操作台
switch ~ 控制〔开关〕台
telegraph dispatching ~ 电报调度台
wire chief's ~ 测量长台
desktop 桌面，台式
deslagging 除〔出，放，排，倒，去〕渣
deslime （湿法）除矿泥，除残渣
deslimer 脱泥机
mechanical ~ 机械脱泥器，机械脱泥分级机
desludge 清除油泥，除去淤渣
desmodur 聚氨基甲酸酯类黏合剂
desmutting 除灰
desorption 解吸（作用），退吸，清除吸附气体，（工件）装卸
isothermal ~ 等温解吸
desoxidant 脱氧剂
desoxidation 脱氧（作用）还原
desoxidize 脱氧
desoxidizer 脱氧剂
desoxydation 脱氧，还原
despatch = dispatch
despatcher = dispatcher
despiker 削（平波）峰器，峰尖削平〔校平〕设备，峰尖削平器
despiking 脉冲钝化，削峰，尖锋平滑
despin ①降低转速，停止旋转②反旋〔自〕转、消（自）旋
despinning 降低转速，停止旋转
de-spruing 切除（直）浇道
despun despin 的过去分词
desquamation 剥离，（表皮）脱落，（鳞状）剥落
dessicant 干燥剂
dessication 干燥
dessin 线画，图案（法语）
destabilization 扰动，不稳〔安〕定，失稳
destacker 拆垛机
destacking （叠板）卸垛，分送（板垛中的叠板）
destage 离台，降级
destaticizer 脱静电剂，去静电器
destaticizing 静电清除
desteamer 除汽器
de-stemmer 去梗机〔器〕
desticker 分离器
destination ①目的〔指定〕地，目的站，终点②目的〔标〕③指〔预〕定
file ~ 目标文件
named ~ 有名目标，命令目的地
zero ~ 无目的地
destine 指〔预，注，派〕定
destroyer ①破碎机〔器〕，粉碎机〔器〕②驱逐舰

destruct （火箭、导弹等中途因故障）自毁〔爆炸〕
command ~ 破坏指令
destruction 破裂〔坏〕，断裂，毁灭〔坏〕
destructive 破坏（性）的，毁灭（性）的，有害的
destructor ①破坏器〔装置〕，自爆〔毁〕装置②雷〔信〕管③废料焚化炉〔器〕（供焚化放射性废料用）
desublimation 消升华（作用），凝结（作用）
desulfation 脱硫（作用）
desulfidation 脱〔去，除〕硫（作用）
desulfuration 脱〔除，去〕硫（作用）
ladle ~ 炉外盛钢桶脱硫
desulfurize 脱〔去，除〕硫
desulfurizer 脱硫剂，脱硫器
desulfurizing 脱硫，去硫，除硫
desulphidation = desulfidation
desulphuration = desulfuration
desulphurization 脱硫，去硫
desulphurize = desulfurize
desultory 不连贯的，杂乱（无章）的，无系统〔目的，规则〕的
desuperheat 过热后冷却，降低（过热蒸汽的）热量，（给过热蒸汽）降温，预冷，减温
desuperheater 过热减低〔下降〕器，过热（蒸汽）冷却器〔减温器〕
convection-type ~ 表面〔对流〕式减温器
direct-contact ~ 喷水〔混合式〕减温器
direct-contact spray ~ 喷水〔混合式〕减温器
indirect-contact ~ 表面式减温器
indirect-cooled ~ 间接冷却减温器（有中间冷却剂），中间载热体减温器
noncontact ~ 表面式减温器
desuperheating 减温，降低蒸汽过热度
desurface 清整表层金属
desurfacing 清除表层金属（修整时）
desurger 冲击压力吸收器
desuspend 取消暂停，取消挂起
deswell 退（泡，溶）胀
DESY 德赛（德国电子同步加速器）
desyn 直流自动同步机
desynchronize 失（去同）步，同步破坏
desynchronizer 相位调整器
desynchronizing 失（去同）步，同步破坏
Detab-X Detab-X 程序设计语言
detach 除〔劈，移〕去，拆开〔卸〕，（使）分〔解〕开，分离，脱体〔钩〕
detachability 可分开〔可卸下〕能力，可拆卸〔分离〕性，脱渣性
slag ~ 脱渣性
detachable 可拆卸的，活络的，可换的，可分的
detacher ①拆卸器，脱钩器②松粉机
detachment ①分离〔开〕，拆〔取〕下，拆开，脱离〔钩〕，除〔劈〕去②可拆〔可分〕件③分遣队，独立小分队
maintenance ~ 流动修理组
detail ①细节〔部，目〕，零〔元〕件，部分②详细，说明，（图像的）清晰度③详〔分，零件，分件，细部〕图
~ of construction 施工〔（机器）构造，零件〕图
architectural ~ 体系〔结构〕细节
black-and-white ~ 黑白（图像）细节
constitutional ~ 结构零件
constructional ~ ①构造详图②结构零件
corner ~ （图像）角清晰度
horizontal ~ ①行〔水平〕清晰度②水平（图像的）细节
pictorial ~ 图像细节
resolution ~ 细节分解力〔清晰度〕，分辨力细节
spare ~ 备用零件
structural ~ 结构元件
type ~ 字体样本，字型
white ~ 白细节
detailing ①详细〔细节〕设计，绘工程图②零件设计
details detail 的复数
fine ~ 优良清晰度，高清晰度，细节
minor ~ （次要）细节
detainer 棘爪，掣子
detar 脱焦油
detarrer 脱焦油器，脱焦油的设备
dete 潜水艇雷达
detearing 除余涂料
detect ①发觉〔现〕②探测，测定，检测〔出〕，检验，检漏③检波，整流
detectability 检波〔整流，检验，探测〕能力，检测限，觉察灵敏度，可检测性
detectable 可察觉的，易发现的，可探测出的，可检波〔漏〕的
detectagraph 听音机，侦听器，窃听器
detectaphone 窃听〔侦听，监听〕器，监〔侦，窃〕听电话机
detecting 检测，检波的

magnetic flaw ~ 磁力探伤

detection ①察觉,发现②探测（法）,检查〔定、验、测〕,探察③检波，整流，分出

autoradiographic ~ 放射自显影检测（法）

bias ~ 偏压检波〔探测〕,偏流检波

bubble method leak ~ 气泡法检漏

change ~ 变化检测（技术）

circulation ~ 巡回检测

coherent ~ 相干检测〔检波，解调〕

collector ~ 集电极检波

collision ~ 碰撞检测（机器人智能）

correlation ~ 相关检波

crack ~ 金属探伤，裂纹检验

differential coherent ~ 差动〔差分〕相干检测〔解调〕

differentially-coherent ~ 差动相干检测

double ~ 双重检波

double-punch and blank-column ~ 双孔和无孔检测

double-threshold ~ 双阈检定〔检测〕

double-wave ~ 全波检波

energy-variant sequential ~ 变能序列检测

envelope-threshold ~ 包络阈检定〔检测〕

error ~ 误码〔误差〕检测

fault ~ 缺陷检验，故障探测

flaw ~ （声波或超声波）探伤（法），故障〔疵伤，裂缝〕检验

gated beam ~ 选通电子束（五极管）检波

heated skin ~ 蒙皮热辐射探测

image ~ 图像检测〔检波〕

incoherent ~ 非相干检测

leak ~ 检漏，紧密性检查

light ~ and ranging 利达（光探测和测距）

light-pen ~ 光笔探测

long-range ~ 远距离探测，远程警戒

magnetic crack ~ 磁力探伤

m-alternative ~ m 择检测

metal defect ~ 金属探伤

multiple-alternative ~ 多择检测

nondestructive flaw ~ 无损探伤

obstacle ~ 障碍探测

orthogonal ~ 正交检波

parabolic ~ 平方律检波，抛物线检波

passive ~ 无源探测

penetrant flaw ~ 渗透探伤

phase-locked ~ 相位同步〔相位锁定〕检波

plate ~ 阳极〔板极〕检波

power ~ 强信号检波，功率检波

power grid ~ 强信号栅极检波

product ~ 乘积检波

quadratic ~ 平方律检波

radio ~ 无线电侦察〔警戒，探测〕

simple-alternative ~ 简单双择检测

sound ~ and ranging 搜达（声探测和测距）

synchrodyne ~ 同步检波

visual ~ 目测（法），目视〔视力〕检测，图像信号检测

detectivity 探测灵敏度，探测能力探测率

specific ~ 可检率

detectophone = detectaphone

detector ①探测〔伤〕器，探测设备〔装置〕,检验〔测，出，电，定，波，数〕器，测试仪，指示〔侦查,传感,整流〕器,车辆检数〔记录〕器,（锅炉）水量计，探头，灵敏〔传感，探测〕元件②随动〔跟踪〕机构〔装置〕③传感器，发送器④接收器，鉴定器

acid-base titration ~ 酸碱滴定检测器

acoustic emission ~ 声发射检测仪

acoustic intrusion ~ 声入侵探测器，声干涉探测器

activation ~ 放射性探测器

air gap ~ 空化探测仪（探测高速水流的空化现象）

alkali flame ionization ~ 碱火焰电离检测器，热离子检测器

amplifying ~ 放大式检波器，栅极检波放大器

antimony ~ 锑检波器

audion ~ 晶体管检波器

aural ~ 声波〔音频〕检波器

automatic eddy-current flaw ~ 自动式涡流探伤仪

bimetal fixed temperature ~ 双金属定温火灾探测器

bolometric wave ~ 辐射热检波器

boron neutron ~ 硼中子检测器

boxcar ~ （噪声中）脉冲波串检测器

Bradley ~ 同步调制器

bridge ~ 桥路检波器

broadband video ~ 宽带视频检波器

bulk doped infrared ~ 体掺杂红外探测器

burst-slug ~ 释热元件损伤探测器

cadmium-covered ~ 敷镉检测器

capillary ~ 微管〔毛细管〕检波器

coaxial standing-wave ~ 同轴驻波检测器

code error ~ 误码检测器

coherent ~ 相干检波器

colorimetric radiation ~ 色度测定（的）辐射探测器
commutator ~ 同步检波器
complex ratio ~ 复合比检波器
contact ~ 接触检波器
conversion ~ 变频检查器
copper-sensitized thermionic ~ 铜敏化热离子检测器
coulometric ~ 电量检测器，微库仑检测器
count ~ 计数检波器，积累〔加法〕器
crack ~ 探伤器，裂纹探测仪
creak ~ 摩擦声（两物互相摩擦发出的嘎吱嘎吱声）检测器
crystal ~ 晶体探测器〔检波器〕
cyclograph ~ 涡流探伤仪
defect ~ 探伤仪
dew ~ 凝露检测器
dielectric track ~ 固体核径迹探测器
differenital ~ 差接检波器，微分型检测器
digital ~ 断续〔计数〕探测器
dose ~ 剂量计
dual ~ 双向检波器
dual-flame ionization ~ 双火焰离子化检测器
earth ~ 检漏器，接地检测〔指示〕器，漏电检查〔检测〕器
electric conductivity ~ 传导类电法检测仪器
electric point ~ 岔尖位置电检测器
electrode cable ~ 电缆故障探测器
electromagnetic field ~ 电磁法检测仪器（找矿或了解地质构造等）
electronic crack ~ 电子探伤器
electrostatic ground ~ 静电式接地检测器
envelope ~ 包络检定器
envelope threshold ~ 包络阈检定器
error ~ 误差指示〔鉴别〕器，误差（信号）检波器，误差探测仪，检错器，跟踪系统灵敏元件
ex-core ~ 堆（芯）外探测器
extrinsic ~ 非本征激发的探测器
far-infrared ~ 远红外探测器
fault ~ 故障探测器，故障指示器
ferrite ~ 铁氧体磁心线圈
fiber-optic fire ~ 光纤火警探测器
fiber-optic hot metal ~ 光纤热金属检测器
fixed crystal ~ 固定矿石〔晶体〕检波器
fixed temperature ~ 机械式定温火灾探测器
fixed-course ~ 定向指示器
flame ~ 火焰探〔监〕测器，火焰传感器
flame ionization ~ 火焰离子化检测器
flame photometric ~ 火焰光度检测器
flame temperature ~ 火焰温度检测器
flaw ~ 探伤仪〔器〕
flow-through ~ 直通型检测器
fluorescence ~ 荧光探伤机
fluorescence magnetic powder ~ 荧光磁粉探伤机
fluorescent magnetic particle flaw ~ 荧光磁粉探伤机
foil ~ （金）箔探测器，软片探测器
four-element ~ 四元件检测器(指电桥的构成）
freon leak ~ 氟利昂探漏器，卤素检漏器
frequency ~ 鉴〔检〕频器
frequency-modulation ~ 调频(信号)检波器，鉴频器
frequency-sensitive ~ 频敏检波器
friction fabric electrostatic ~ 摩擦式织物静电测试仪
galena ~ 矿石〔方铅矿〕检波器
gamma ray ~ 伽马射线检查仪
gas activation ~ 气体激活探测器
gas ionization ~ 气体电离探测器（探测核辐射量）
gas leak ~ （氨）气防水检查仪
gate(d) ~ 选通探测器，（选通）门检测器，门检波器
gated-beam ~ 选通电子束（五极管）鉴频器〔检波器〕
Gilancof ~ 切伦科夫探测器（用于高能粒子物理的研究）
grid rectification ~ 栅极检波器
ground ~ 接地探测器
halide leak ~ 卤素检漏仪
harmonic ~ 谐波指示器〔电压表〕
heat ~ 热辐射自动导引头灵敏元件，热源探测器
helium leak ~ 氦质谱检漏仪
helium mass spectrometer leak ~ 氦质谱检漏仪
HF spark leak ~ 高频火花检漏仪
high frequency spark leak ~ 高频火花检漏器
high-amplitude ~ 强信号检波器，高振幅检波器
high-energy proton ~ 高能质子探测器
high-frequency spark leak ~ 高频火花检漏仪
highset ~ 高值检测〔指示〕装置
homodyne ~ 零拍〔零差〕检波器
hot-platinum halogen ~ 热铂卤素探漏器

hot-wire ~ 热丝〔热导〕检测器
hydrogen microflare ~ 氢微闪检测器，氢焰温度检测器
ice ~ 测冰仪
idle slot ~ 闲置槽检测器
induction speed ~ 感应式速度检测器
inductive fabric electrostatic ~ 感应式纺织品静电测试仪
infrared ~ 红外检测器〔探测器〕，红外辐射接收机
infrared beam heat-smoke ~ 红外光束感烟感温火灾探测器
infrared flame-failure ~ 火灾红外探测器
integrating ~ 积分〔脉冲平均值〕检波器
ion implanted radiation ~ 离子注入型辐射线传感器
ionic fire ~ 离子火警传感器
ionization chamber ~ 电离室型（辐射）探测器
ionization cross-section ~ 电离截面〔截面积电离〕检测器
ionization smoke ~ 离子感烟火灾探测器
lamination ~ 分层（缺陷）探测仪
laser ~ 激光探测器
laser intrusion ~ 激光入侵探测器
laser power ~ 激光功率检测器
leak ~ 泄电〔接地，与地短路〕指示器，检〔探〕漏仪〔器〕，渗漏指示器，漏泄检验器
leakage ~ 漏电〔接地〕指示器，检漏仪
leaky grid ~ 栅漏检波器
level ~ 电平检测器
light sensitive ~ 光敏探测器
lineman's ~ 携带式检电器
magnetic ~ 磁力探伤器
magnetic crack ~ 磁力探伤仪
magnetic flaw ~ 磁探伤器〔仪〕
magnetic powder ~ 磁粉探伤机
magneto ~ 磁石检波器
magneto-resistance ~ 磁致电阻检测器
mass ~ 质量检测器，微吸附检测器
mass flow rate sensitive ~ 质量流速敏感型检测器
matched bolometer ~ 匹配辐射热检波器
metal resistance temperature ~ 金属电阻温度传感器
microabsorption ~ 微吸附检测器
microwave plasma ~ 微波等离子体检测器
mine ~ 探雷器
mineral ~ 晶体检波器
moist ~ 凝露检测器
multichannel ultrasonic flaw ~ 多通道超声探伤仪
multipoint digital touring ~ 多点数字巡回检测仪
natural ~ 矿石〔晶体〕检波器
needle ~ 坏针自停装置
nitrogen phosphorous ~ 氮磷〔热离子〕检测器
non-resettable fire ~ 不可复位火灾探测器
nuclear magnetic resonance ~ 核磁共振探测器
nuclear radiation ~ 核辐射探测器
null ~ 消尽指示器，零（值指）示器，零值检波器
on-course ~ 航向照准指示器
on-target ~ 目标命中〔照准〕指示器
overbeat ~ 膨胀合金火警传感器
overspeed ~ 过速检测器，（调速器）过速摆
palladium barrier leak ~ 氢钯检漏仪
passive ~ 无源探测器，辐射指示器，探测用接收机
peak ~ 峰值〔幅值，幅度〕检波器
peak white ~ 白色峰值电平检波器〔检测器〕
perikon ~ 双晶体〔红锌矿〕检波器
permanent magnet ~ 永久磁铁探伤仪
phase ~ ①鉴相器，相位检波器②同步指示器
phase null ~ 相位零〔零相〕检测器
phase-sensitive ~ 检相器，相敏检波器〔整流器〕
photoconductive ~ 光电导探测器，光电管指示器，光敏电阻
photoconductor fire ~ 光敏火警传感器
photoelectric ~ 光电探测器
photoelectric beam-type smoke ~ 光电束式烟雾探测器
photoelectric flame ~ 光电火焰探测器
photoelectric intrusion ~ 光电探测器，光电防盗器
photoelectric position ~ 光电式位置检测器
photoelectric spot-type smoke ~ 光电光点式烟雾探测器
Photoelectromagnetic ~ 光磁电探测器
photoionization ~ 光离子化检测器
photomagnetoelectric ~ 光磁电探测器
photon ~ 光子探测器
photon drag ~ 光子牵引探测器

photovoltaic ~ 光伏探测器
picture video ~ （图像）视频检波器
pipeline interface ~ 管道接口探测器（放在管道接口处进行检测的专用色谱仪）
pix ~ 视频检波器
plant ~ （行内耕作随动装置的）作物探测器
plate-circuit ~ 板极检波器
polyhedral edge ~ （图像）多边检测器
potential ~ 诱发电位测听计
power ~ 强信号检波器，功率指示器〔检波器〕
primary ~ 一次探测器
product ~ 乘积检波器，乘积检波电路
proportional ~ 正比探测器
pulse-coincidence ~ 脉冲重合检测器，脉冲符合计数器
pyrron ~ 黄铁矿检波器
Q ~ 定性、定量检测器
quadrature ~ 积分检波器
radiation ~ 辐射探测器，辐射高温计
radio ~ 雷达，无线电探测器
radio ionization ~ 放射性电离检测器
radioactivation ~ 辐射激化传感器
radioactive ~ 放射性检测器
rail-defect ~ 钢轨探伤仪
ratio ~ 比值〔例〕检波器
read ~ 读出检波器
rectifying ~ 整流检波器
reflex ~ 反射〔负反馈板极〕检波器，来复式检波器
regenerative ~ 再生式检波器
resettable fire ~ 可复位火灾探测器
resistance temperature ~ 电阻温度探测器
rotating magnetic field ~ 旋转磁场探伤仪
scintillation ~ 闪烁检测器，闪烁传感器
seismic ~ 地震仪
self energy ~ 自给能探测器
self-powered ~ 自输出式探测器
self-powered gamma ~ 自供电 γ 射线传感器
self-powered neutron ~ 自供电中子传感器
semiconductor ~ 半导体探测器（辐射探测器）
semiconductor charged particle ~ 半导体带电粒子传感器
sewage disposal quick ~ 污水生化处理快速测定仪
silicon monolithic infrared ~ 硅单片红外探测器
silicon semiconductor radiation ~ 硅半导体射线传感器
smoke ~ 烟雾传感器
solid-state X-ray ~ 固态 X 射线检测器
sonic ~ 声波定位器，声呐，声波探伤器
sound ~ 伴音信号检波器，测音〔检声〕器
sound intermediate frequency ~ 伴音中频检波器
sound-and-chroma ~ 伴音和彩色信号检波器
spark ~ 火花检漏器，火花探测器，火花检波器
stress ~ 应力计
supersonic ~ 超声波探伤仪
surface potential ~ 表面电位检测器
synchronous ~ 同步检测器〔检波器〕
temperature ~ 热敏元件，检温器
tensile strength ~ 抗张力测定仪
textile on line ~ 纺织在线检测仪器
thermal ~ 热电〔力〕探测器，热中子探测器，热探测器
thermal conductivity ~ 热导〔热丝〕检测器，热导析气计
thermal neutron ~ 热中子传感器
thermionic ~ 热离子〔碱火焰电离，氮磷，热离子发射〕检测器，电子管检波器
thermistor-bolometer ~ 热敏电阻测辐射热仪
thermocouple ~ 热电偶〔火焰温度〕检测器，热偶检波器
thermocouple fire ~ 热电偶火警传感器
thermoluminescence ~ 热释光探测器
thermopile ~ 热电堆检测器
thermistor fire detector 热敏电阻火警传感器
threshold ~ 阈值检测器，门限检波器
toxic ~ 侦毒器
track ~ 径迹探测器
transportable fallout ~ 轻便式（放射性）沉落微尘探测器
ultrasonic ~ 超声波检测仪
ultrasonic flaw ~ 超声检测仪
ultrasonic wave empty ~ 超声波空穴探测仪（探测水流的空穴现象）
ultra-violet flame ~ 紫外火焰探测器
ultraviolet-visible ~ 紫外可见光检测器
vacuum ~ 真空检测仪器
valve ~ 电子管检波器
vehicular induction mine ~ 探雷车
video ~ 视频检波器
visual ~ 视觉式〔可视〕指示器

wave ~ 检波器
wave guide photoelectric ~ 波导光电探测器
whistle ~ 发声检测器
X-ray ~ X 射线探伤机
X-tal ~ 硅钢矿石检波器，晶体检波器
α-ray ~ α 射线传感器
γ-ray ~ γ 射线探伤仪
detector-amplifier 检波 - 放大器
killer ~ 抑制器检波 - 放大器
detector-converter 检波变频〔混频〕器
detectoscope 水中探音器，海中信号器，潜艇探测器
detent ①（棘）爪，掣子，定位爪，凸轮（爪），锁销〔键，链〕，插销〔掣〕，扳手，门扣拉档②制动〔制轮，掣轮，止轮〕器，制轮机械，（钟表的）擒纵机构，擒纵〔稳定〕装置③封闭〔锁〕，停止
holding ~ 制动爪，掣子
locating ~ 定位爪〔掣子，锁销〕
no spring ~ 无弹簧带爪式（换向阀）（滑阀动作终止后就停在该位置上），带定位装置式（换向阀）
pivoted ~ ①枢轴掣子〔止动器〕②枢轴式天文钟擒纵机构
safety ~ 安全〔保险〕卡销
spring ~ 弹簧爪
detention ①阻止，停滞，卡住，滞留〔后〕②拖延，迟延，误期
deter 阻〔制〕止，妨〔阻〕碍
detergence ①洗净（性），净化力，去〔脱〕垢（作用，能力）②（砂轮的）防堵塞性
detergency = detergence
detergent 洗涤〔净〕剂，去垢〔脱垢，去污〕剂，洗涤物质
heavy duty ~ 重垢型洗涤剂
light duty ~ 家用洗涤剂
deterioration ①变坏〔质〕，恶〔劣，退〕化（作用）②损坏〔耗，伤，蚀〕，消耗，磨损
edge ~ 边缘磨损
image ~ 图像变坏〔退化〕
positive ion ~ 正离子烧伤
determinability 可确定性
determinable 可决〔确，限〕定的，能测定的，可测（定）的，可终止的
determinacy 确定〔切〕性
kinematic ~ 机动可定
determinand 欲测物
determinant ①行列式②决定因〔要〕素③决〔限〕定性的
characteristic ~ 特征行列式
Jacobian ~ 雅可比行列式，函数〔导数〕行列式
minor ~ 子式，子行列式
recurrent ~ 循环行列式
skew ~ 斜对称行列式
system ~ 系数〔体系〕行列式
determinate ①行列式，决定因素②确〔一，固，决，限，静〕定的，有定数〔值〕的
statically ~ 静定的，静力确定的
determinate-variation 定向变异
determination 确〔决，测，推，判，限，鉴，规〕定，定义，测量，测定（法）
~ of wear suffered by textile 纺织物磨损的测定
acid-base ~ 酸碱测定法
graphical ~ 图解测定法
intensity ~ 强度确定，强度计算
pendulum ~ 摆仪（重力）测量
piecemeal ~ 逐段确定法
qualitative ~ 定性测定
quantitative ~ 定量测定
time ~ （天文台）测时
void ~ 空隙测定
determinator 测定仪
carbon ~ 定碳仪
chlorophyl ~ 叶绿素测定仪
determine ①确〔测，决，鉴，限，制，规〕定②求出，解决，终结〔止〕③定义
to be ~ 予以确定
determinism 确定性
deterministic 确定（性）的
detersive 清净〔洁〕剂，洗涤剂
detin 脱〔去，除〕锡
detonate ①爆燃〔破，炸，轰〕起爆，传爆②发爆炸声
detonate-tube 雷管，起爆管
detonation 爆燃〔震，破，轰，鸣，发〕，爆炸（声），引〔起〕爆
early ~ 过早爆燃
sympathetic ~ 感应起爆
detonator 发〔起，引〕爆剂，引燃剂〔机〕，雷〔信，发爆，起爆〕管，炸药，（浓雾时作信号用）爆鸣器
auxiliary ~ 传爆管
electric ~ 电雷管
radio ~ 无线电（控制）引信（管），雷达引信

detour 弯路，绕道
detoxication 去〔解〕毒（作用），去除放射性沾染
detract ①降低，损坏②转移
detriment 损伤，损害
detrimental 有害〔损〕的
detrital 碎〔岩〕屑的，破坏了的
detritiation 除氚
detrition 磨损〔耗〕，耗损
detritus 碎屑，岩屑
detrusion 剪切变形，外冲，位〔滑〕移
detune 解调〔谐〕，失调〔谐〕，去谐，误调〔谐〕，离调
detuner 解调器，排气减音器，（曲轴用的）动力减振摆
detuning 失调
deunitization 非集装单元化
deuteranope 绿色盲患者
deuterate ①氘水合物，重水合物②氘化
deuteride 氘化合物
deuterium 氘，重氢
deuteromorphic 后生变形
deuteron 氘核，重氢核
deuteroxide 重水
deuton = deuteron
deutoxide 重水
devaluation （货币）贬值
devanning （集装箱）拆箱卸货
devanture 锌华凝结器，蒸锌炉冷凝器
devaporation 蒸汽凝结，止汽化（作用）
devaporizer 蒸发冷却器，余汽冷却器，气汽混合物冷凝器，清洁器
deveiner （虾）去肠线机
develop ①发〔进，开〕展，扩大，增〔改〕进，提高，演变②开发〔拓〕，利用③研究出，研〔创〕制，设计，制〔拟〕定，求〔导，得，引〕出，推导〔理〕，展开，阐述④显〔出〕现，形成，产〔发〕生，暴露，显影〔像，色〕⑤（函数的）推导展开
developer ①启〔开〕发者②显影〔色，像，示〕剂，展开剂，显像〔影〕液，显影机
acid ~ 酸性显影液
automatic ~ 自动洗片机
automatic film ~ （影片）自动冲片机
contrast ~ 硬调显影液
dry ~ 干式显示剂，干显像剂
dye ~ 色素显影剂
liquid film ~ 液膜式显示剂，液膜显像剂
negative resist ~ 负性光刻胶显影剂
photographic ~ （照相）显影剂
developing 展开，显影
development ①发〔开，进，扩〕展，发达，展开，改善〔进〕②研〔试，编〕制，设计，加工，开采〔发，辟〕，拟定③推导〔演〕，导出（公式），发〔产〕生，形成，出现④发展结果〔情况，阶段，过程〕，新事物〔情况，现象〕，新设备〔装置〕，改进结构〔设计〕⑤（工程的）准备工作，展开图⑥输出（功率）⑦显影〔色，像，现〕，冲洗
~ by dust 粉末显影〔像〕（法）
~ of chromatogram 色层分离显谱法
advanced ~ ①样品〔样机〕试制，拟定试验程序，研制（样机）试验，先进成就②研〔试〕制，试验，研究
aerosol ~ 气溶胶显影
ammonia gas ~ 氨（气）显影
ascending ~ 上行展开（法）
cascade ~ 干粉〔瀑布，干〕显影
curtail ~ 抑制显影
displacement ~ 顶替展开（法），置换显影
drum ~ 滚筒〔浴槽，罐中〕显影
eccentric ~ 不同心展缩
engineering ~ ①工程研制〔设计，开发，发展〕，工艺研究，样机调试〔改进〕②试样精加工
exploratory ~ 实验〔探索性，应用〕研究
fur brush ~ 毛刷显影
heat ~ 放热
object program(me) ~ 目标程序编制
operational ~ 产品改进性研制，使用〔运行，操作〕改进
over ~ 显影过度
power canal ~ 渠道引水式电站
recent ~ 近代发展〔成就〕
reversal ~ 反演，反转显影
reverse ~ 逆显影，反演
series ~ 展成级数，级数展开
strip ~ 条料〔带料〕展开，条料排样
sustainable ~ 可持续发展
time ~ 定时显像〔显影〕
World Commission on Environmental and ~ 世界环境和发展委员会
zigzag ~ Z字〔之字，盘旋〕展线法
developmental ①试验的，实验的②发展的，开发的，起改进作用的
deviant ①偏移值②不正常的，异常的

deviate 偏离〔移，向〕，偏斜〔差，位〕

deviation ①偏差〔离，向，位，移，折，转〕，（罗经的）自差，变差，脱〔歧〕离，逸出，（指针）漂移，失常，绕航②（偏）差数，差异，误〔离〕差，偏（向）角，偏距

~ from isochronism 等时性误差

~ from mean 均值离差

~ of flank angle 牙侧角偏差

~ of pitch diameter 中径偏差

~ of transposition 换位偏差

average ~ 平均偏差

back angle ~ 背锥角极限偏差

braking ~ 制动跑偏

carrier ~ 载频〔波〕偏差，中心频率偏移

colo(u)r ~ 色差，彩色失真

compass ~ 罗盘偏移〔偏差〕

quadrantal ~ 象差

face angle ~ 顶圆锥角极限偏差

frequency ~ 频（率偏）差，频偏，频（率漂）移

lateral ~ 横偏差，侧偏位，横向偏移

low(er) ~ 下偏差

magnetic ~ 磁（偏）差，罗差，磁偏（移），磁偏转

mean ~ 平均（偏）差〔偏移〕

mean square ~ 方均（偏）差

peak-frequency ~ 最大频率偏移

permissible ~ 允许偏差

phase ~ 相（位）（偏）移，相（位）（偏）差

probable ~ 概率偏差，概差，或然偏差

quadratic mean ~ 方均（偏）差

root-mean-square ~ 方均根差，标准差，方均根的离中差

semicircular ~ 半圆偏转

slope ~ 倾斜〔斜面〕偏差

spacing ~ 定距〔限位〕偏差

standard ~ 标准离差〔偏差〕，方均误差，平均（平）方律偏差

synchronism ~ 同步偏差

system ~ 系统〔控制〕偏差

upper ~ 上偏差

deviator 偏差器，致偏器，致偏〔变向，偏向〕装置

frequency ~ 频率偏移器〔致偏装置〕

jet ~ 偏流装置

device ①装置，设备，器（械，件，具），机（械，构），仪（器，表），部〔元〕件，固体〔电路〕组（合元）件，工〔夹〕具②设计，计划，配〔装〕置，配合③草案，图（样，案），花纹，出版商标④方法，手段

~ for automatic power 自动功率调整器

acoustic resonance ~ 共鸣器〔装置〕

acoustoelectrooptic ~ 声电光器件

active ~ 有源器件〔元件〕，激活〔能动〕元件

active acoustic ~ 有源声频器件

actuating ~ 驱动〔调节，传动，起动，致动，操作，激励〕装置，动作元件

adapting ~ 配合〔连接〕装置

adding ~ 加法器

aeration ~ 曝气（空气漂洗）装置

aerophone listening ~ 空中听音器

aggressive ~ 主动装置

air pollution treating ~ 大气污染治理设备

air-look ~ 锁气装置

antenna diplexing ~ 天线分离滤波器

antenna matching ~ 天线匹配装置

antenna splitting ~ 天线共用器

anthropomorphic test ~ （汽车）人体模拟试验装置

anticipatory overspeed ~ 越前超速危急保安器

anticounter mining ~ 水雷防炸器

anti-eavesdrop ~ 反窃听装置

antihunting ~ 阻尼〔反搜索，反振荡〕装置，防〔猎〕振装置

antikick ~ 防反冲装置，闸轮连接（防止转动发动机轴时的反向冲击）

antipump ~ （断开运行后）重合闸闭锁装置

antishimmy ~ 防前轮摆动装置

anti-sway ~ 减摇装置

antivibration ~ 减振器，缓冲器，阻尼装置

arc initiation ~ 引弧装置

arc-control ~ 灭弧装置

arithmetic ~ 运算装置，运算器

arming ~ 保险机构

arresting ~ 止动〔制动〕装置，止挡，掣子，爪，锁键，卡子，棘轮，制动齿轮

atomizing ~ 喷雾器，喷雾装置

attention ~ ①维护设备，引注器件②注意装置（显示用）

audible signal(l)ing ~ 音频信号器，音响信号装置

automatic call ~ ①自动报警器②自动呼叫分配器

automatic cold starting ~ （汽车）自动冷起动装置

automatic flushing ~ 自动清洗装置，自动冲

洗装置
automatic fuel saving ~ 燃料配比自动调整器
automatic injection advanced ~ 自动提前喷射装置，自动喷射时期加减装置
automatic program locate ~ 自动搜索节目机构
automatic register control ~ 自动套准装置
automatic sizing ~ 定程装置
auto-piecing ~ 自动接头装置
autoshutoff ~ 自动停机机构
auto speed control ~ （汽车）自动巡航装置
averaging ~ 平均器
beam evening ~ 卷经匀整装置
beam-leaded ~ 梁式引线器件
bearing press fit ~ 轴承压装机
Beyer's speed change ~ 贝耶尔式变速机（无级变速机）
bicomponent spinning ~ 双组分（复合）纤维纺丝装置
bidirectional wave guide ~ 双向波导器件
binary adding ~ 二进制加法器
binary storage ~ 二进制存储器
bistable ~ 双稳态元〔器〕件，触发器
bolt blocking ~ 防松装置
boost controlled deceleration ~ （发动机）混合比加浓式减速废气净化装置
borrow generating ~ 借位发生器
breakaway ~ 安全分离〔脱钩〕装置，保险装置
bubble lattice ~ 磁泡点阵器件
bucket brigade ~ 斗链式（电荷耦合）器件
buffer storage ~ ①缓冲存储器②（主存储器中的）缓冲存储区
bulk charge transfer ~ 体电荷转移器件
bulk effect ~ 体效应器件
cable rotating ~ 转索器
caging ~ 限位装置
cartridge-type ~ 管形器件
cathode-ray tube display ~ 阴极射线管显示器
centering ~ 对中〔定心〕装置
chaff ~ ①雷达干扰装置②诱骗装置器件
channel ~ 沟道器件
charge transfer ~ 电荷转移〔传输〕
charge-coupled ~ 电荷耦合器件
charge-injection ~ 电荷注入器件
chart matching ~ 图形重合仪
checking ~ 重量选别机
cladding ~ 覆层设备
clamping ~ 夹料装置
clavette punching ~ 选针轧齿装置
closed-flux ~ 闭磁路装置
closing ~ ①闭合〔压紧，封口〕装置②（照相机的）快门
code ~ 编码器〔装置〕
cold start ~ 冷起动装置，常温起动装置
collecting ~ ①集电设备，集电环②吸集装置
collimating ~ 准直器，平行光管
collision resolution ~ 碰撞检测设备
colo(u)r liquid crystal display ~ 彩色液晶显示器
compensation ~ 校正装置（高精度丝杠车床消除传动误差）
condenser potential ~ 电容式仪表用变压器
control ~ 控制〔操纵〕装置，检验〔控制〕元件，控制器（件），控制仪表
converging ~ 合流装置
copying ~ 仿形〔靠模〕装置，仿形头，仿形刀架
core knock-out ~ 出芯机，击芯机
core stacking and uprighting ~ 铁心叠装翻转台
corrugating ~ 轧纹装置
coupler centering ~ 车钩复原装置
crossed field ~ 正交场器件，M 型器件
crush roll ~ （砂轮）非金刚石修整器,（砂轮）滚压修整器
current-sensing ~ 电流反应设备，电流传感器
cutout ~ 安全开关
cutter ~ 切割装置（牧草收获机械）
cycle-by-cycle ~ 逐周装置，调频限制器
data cell ~ 磁卡片机
day-and-date ~ 双历装置，日历星期装置
deadman ~ 事故自动刹车装置，司机失知制动装置
deburring ~ 去毛刺器
delayed-action lifting ~ 缓动提升装置，平稳起落装置
dewaxing ~ 脱蜡装置
diadvibration-control ~ 减振器，缓冲器
digital data bulk ciphering ~ 数字数据总体加密设备
digital line encryption ~ 数据线路加密设备
digital micromirror ~ 数字微反射镜器件，数字驱动微简易阵列芯片
direction-listening ~ 声波定向器
directive pick-up ~ 定向拾取装置，定向摄

像装置
discharge ~ ①放〔避〕电器②排放器③卸料装置
discrete ~ 分立〔分离〕器件
display ~ 显示设备〔装置，器，器件〕
dividing ~ 分度装置
document assist ~ 原稿排出装置
dosing ~ 定量〔供料〕装置
double-run seed-feeding ~ 内槽轮排种器
double-run seed-sowing ~ 内槽轮排种器
dough making ~ 和〔揉〕面机
dragging ~ ①(牵引搬运器)拖曳装置②(把盘卷钢丝拉出引直的)拉丝机
drake ~ 浮标式指示器
drawing-in ~ 喂料装置，穿模装置
driving ~ 驱动〔推动〕装置，调制器
dry battery making ~ 干电池生产设备
dummy bar ~ 引锭装置
dump ~ 倾卸装置，翻转机构
dust exhausting ~ 吸尘器
dust feed ~ 输粉器
echelon ~ 阶梯棱镜装置
edge ~ 边界设备
electrochromic display ~ 电致变色显示器
electron beam semiconductor ~ 电子束半导体器件
electronic listening ~ 电子监听装置
electronic valve ~ 电子阀器件
electronographic ~ 电子成像器件
electrooptical ~ 光电转换器件，光电装置
embossing ~ 压花装置
emission control ~ （汽车）排气有害成分控制装置
end ~ 终端设备
end effector coupling ~ 末端执行器连接装置
end play ~ 轴端间隙装置，摇轴装置，摇杆机构，轴向摆动装置（防止换向器槽的磨损）
energy absorbing ~ （汽车冲击）能量吸收装置
enriching ~ 多加燃油器
erecting ~ 架设机构
expansion ~ 伸缩调整器，伸缩节，膨胀装置，补偿器
explosive ~ 引爆装置
ferroelectric-photo-conductor ~ 铁电-光导器件
field-effect ~ 场效应器件
field-effect display ~ 场效应显示器件
field-emission microwave ~ 场致发射微波器件
figure reading electronic ~ 电子读数器
film thickness measuring ~ 膜厚测定仪
filter belt centering ~ 防跑偏装置
fire detection ~ 火警装置
fixing ~ 固定〔夹紧〕装置
flattening ~ 校平装置（装于卷料架与送料装置之间）
fluidic ~ 射流装置，射流元件
fluoroscopic ~ 荧光镜
fly(ing) cutoff ~ 移动式切断装置
foam moulding ~ 泡沫塑料成型机
folding ~ 塔身折叠机构
following ~ 仿形装置
forced locking ~ 自动锁紧装置
four-terminal ~ 四端器件
framing ~ 帧位调整装置
free wheel ~ 超越离合器，自由轮装置
frequency ~ 频率敏感元件
frequency-responsive lock load ~ 频敏负荷闭锁装置
fuel-metering ~ 燃料流量表
full word ~ 全字器件
functional ~ 功能器〔部〕件
gathering ~ ①导向装置，导向器②（玉米收获机的）集茎夹送装置
ga(u)ge setting ~ 矫正轨距器，整轨机
getter ~ 消气剂
governor spring adjusting ~ （涡轮机的）同步器
graduating ~ 减速〔刻线〕装置
grid lines ~ 格线装置
gripping ~ 抓手，抓取装置〔器〕，夹具，夹紧装置，固定器
ground-contour-following ~ 地面仿形装置
ground-support ~ 地面维护设备
guiding ~ 导向装置（锯床，模具）
Gunn-type electroluminescent ~ 耿氏电致发光器件
hank spreading ~ 绷绞机
hauling-up ~ 起重装置
heat imaging ~ 热成像器件
hoist overspeed ~ 提升超速保护装置
hoist overwind ~ 钢丝绳绕过极限保安装置
hold-back ~ 防逆行装置
holding ~ 夹具，夹紧器，夹持装置，吸持装置
homing ~ ①归航设备，（自动）寻的设备，

自动跟踪装置②复原装置
hydraulic relief ~ 液压安全装置
ignition-failure trip ~ 点火失败脱扣装置
image ~ 成像器件
image pick-up ~ 摄像器（件）
image storage ~ 录像设备，图像储存设备〔器件〕
image-amplifying ~ 图像增强器〔装置〕
incidental ~ 应急器件
infrared ~ 夜视仪
ingot withdrawing ~ 锭模分离装置
input ~ 输入设备
integrated ~ 集成器件，集成半导体器件
integrating ~ 积分器，累计器，累计装置积量装置
intelligent cryptographic ~ 智能密码装置
intelligent power ~ 智能功率器件
interconnecting ~ （外部设备的）转接设备
interface ~ 界面装置
interfacing ~ 分界接合装置
interlocking ~ 联锁装置〔机构〕
interpolation ~ 内插装置
iris wave-beam ~ 可变光阑波束装置
jettison ~ 弹射器〔装置〕，投掷装置
joint operating ~ ①联合运行装置②并车装置
Josephson tunnel(l)ing logic ~ 约瑟夫逊隧道逻辑器件
knot-tying ~ 打结器，打结装置
lagging ~ 滞相装置
laser centring ~ 激光对中装置
latching ~ 锁扣机构
leadless inverted ~ 无引线变换器，无引线变流器
level detecting ~ 探料装置
level(l)ing ~ ①调平机构，水平调节〔调整〕装置②液面控制装置
level-sensing ~ 料位计
level-winding ~ 尺度索绕平装置
lift ~ 起重（提升）装置
light spot position sensitive ~ 光点位置测量器
light storage ~ 光存储设备
light-gathering ~ 聚光器
light-printing ~ 光绘装置，晒印装置
light-scribing ~ 光刻装置
light-seeking ~ 感光仪，光电管，光敏器件，光自动导引头
linear beam ~ 直线型电子注器件
line-following ~ 线划跟踪装置
liquid crystal display ~ 液晶显示器
list correction ~ 平衡装置
load handling ~ 取物装置
lock out ~ 闭锁装置
locking ~ 锁紧〔锁定，锁扣〕装置，闭锁机构，保险装置，闭塞（式）装置
low pin-count memory ~ 少引线数存储组件
low-vacuum load-tripping ~ 低真空甩负荷装置，真空继电器
magnetic holding ~ （电）磁夹具
magnetic lifting ~ 电磁扳直机〔分垛机〕
magnetic logic ~ 磁逻辑器件
magnetic recording ~ 磁记录器件
magneto-optical ~ 磁光器件
make-and-break ~ 断续器
man-machine interaction ~ 人机对话输入装置
mapping ~ 布局〔规划〕设备，变换〔测绘〕装置，（自动）变换机构
marking ~ ①压花（纹）机，压印机〔器〕，划线规②记录设备，标示器
mediation ~ 介质器件
memory ~ 存储器（件），记忆设备
mesh-form earthing ~ 网形接地器，接地网
message ~ 信息存储装置
message heading ~ 报文格式器
metering ~ 计量仪表，配量装置，量器，测量设备〔装置〕
microelectromechanical ~ 微机电器件
microelectronic ~ 微型电子器件〔装置〕
microwave ferrite ~ 微波铁氧体器件
Millipede cantilever array storage ~ 千足虫悬臂阵列存储器
moisture-removal ~ 去湿装置
molecular ~ 分子器件
molecular electronic ~ 分子电子器件
monolithic power ~ 单块功率器件
mo(u)ld closing ~ 合箱机
moving point ~ 移点器
M-type ~ 正交场器件，M 型器件
multi-aperture(d) ~ 多孔磁心〔器件〕
multi-exposure ~ 多次曝光机构
multi-hole ~ 多孔元件〔器件〕
multiple ~ ①复合器件②多片组件
multiple recording ~ 多功能记录装置
negative-electron-affinity ~ 负电子亲和力器件
night-time vision ~ 夜视仪
nozzle-sinker ~ 受油接头，（空中加油）受油装置

nuclear ~ 核装置
null(ing) ~ 零示装置，零（型）装置
numbering ~ 编号器
numerical control ~ 数字〔值〕控制装置〔设备〕
one-shot ~ 一次有效装置
opening-limiting ~ （导叶）开度限制装置
optical coupling ~ 光耦合器件
optical fiber ~ 光纤器件
optical screen-scale location ~ 光屏-线纹尺定位装置
O-type ~ O 形器件
output ~ 输出设备
oval-turning ~ 车削椭圆装置
over temperature trip ~ 超温限制器
overload ~ 过负荷限制器
overspeed ~ 限速器
overspeed tripping ~ 超速保护装置
parachute deployment ~ 降落伞系统开伞装置
passive ~ ①被动元件，无源器件②返料装置
pattern stripping ~ 漏模装置
peripheral ~ 外围〔外部〕设备
phase shifting ~ 移相器，相位网络
phase-splitting ~ 分相装置
phasing ~ 定相器
photoelectric flame failure ~ 光电式火焰切断器，光电式闭火装置
pick-up ~ ①拾音〔波〕器，传感器，电视摄像管，摄像器件②拾取〔拾像，摄像〕装置③集束〔受丝〕卷绕装置
picture pick-up ~ 电视摄像装置，摄像器件
piezoelectric ~ 压电器件
pin-lifting ~ 顶箱机构
plasma-coupled ~ 等离子体耦合器件
plastic reworking ~ 塑料二次加工设备
plate shifting ~ 滤板移动装置
plotting ~ 曲线绘制仪〔器〕
plugging-up ~ 闭塞装置
pneumatic tension ~ 气流张力装置，纱端气流握持装置（保证接头纱线张力）
point transfer ~ 刺点仪
position ~ 对位置变动有反应的元件，位敏元件
position sensitive ~ 位置测量仪，位置（视觉）传感器
potential ~ ①电容器式高压装置②变压设备〔装置〕
power semiconductor ~ 电力半导体器件
power-absorption ~ 加载测功器
precaution ~ 预警器
premodulated-stream ~ 预调制流器件
preset ~ 自动导航仪，预置机构
pressure ~ 加压（增压）装置
pressure-equalizing ~ 均压装置，均压线
pressure-relief ~ 释压装置，防爆筒〔管〕
pressure-sensing ~ 压力敏感元件，灵敏压力计，压力传感器，压力继电器
pre-weighing ~ ~ 预称装置
profiling ~ 靠模装置，仿形机构〔装置，刀架〕
proportion(ing) ~ 计量器，计量〔比例〕装置
prosthetic ~ 义肢，人造器官
protective ~ 防护器件
pulling off ~ 拉出装置，拆卸工具
pulping ~ 浆板撕碎机，废纸离解机
punch out ~ 捅箱机
purifying ~ 净化设备
pushing ~ 推钢机，送〔推〕料装置，推床
quantum effect ~ 量子效应器件
quantum electronic ~ 量子电子器件
quantum microcavity ~ 量子微腔器件
quick-stopping ~ 快速落刀架
radar jamming ~ 雷达干扰装置
rail anchor ~ 锚定装置
rail clamping ~ 夹轨器，起道抓轨器
rail overlapping ~ 钢轨伸缩调节器
random ~ 随机策略
random logic ~ 随机逻辑部件〔设备〕
rapping ~ 振动装置
ray-locking ~ 射线锁定装置
reading ~ 读数〔示读〕装置，刻度盘
readout ~ 显示装置
receive-only ~ 只收器
recording ~ 记录装置〔器件〕，（模拟计算机）解指示器
rectifying ~ 整流〔检波〕装置
reducing ~ 减速器
releasing ~ 分离〔释放〕装置
relieving ~ 铲齿〔释放〕装置
remote ~ 远程设备，远程终端设备
remote arming ~ 远距离解除保险机构
removing ~ 拆卸装置
resetting ~ 复归装置
residual current operated protective ~ 漏电保护器
reverberation ~ 混响器
reversing ~ 回动〔换向〕装置

rippling ~ 梳刷〔梳麻〕装置
rocking ~ 摇杆〔臂〕
run-away ~ 防跑车装置，捕车器
safety and arming ~ 保险执行机构
sand spraying ~ 撒砂设备，喷砂器
scanning ~ 扫描器〔设备〕，扫描法
screening ~ 筛机
sectoring ~ 扇形转向装置（例如喷灌用的）
security ~ 安全装置（机器人配置）
seed feeding ~ 排种器
seed placing ~ 定点播种装置，精量播种装置
seed sowing ~ 排种器〔装置〕
seed-metering ~ 排种器〔装置〕
seismic mass ~ 惯性〔地震仪〕式单啮仪
self-destruction ~ 自炸机构
self-pulling-out ~ 自动拖出器
self-reacting ~ 自动化仪器，自动装置〔机械〕
semiconductor ~ 半导体器件
semiconductor photo elctronic ~ 半导体光电子器件
sensing ~ 传感器，敏感器件
separate ~ 分离〔单独〕装置
serial ~ 串行设备
setting ~ 装定〔调整〕机构，自动记录器
shared ~ 共用设备
shielding ~ 屏蔽装置
shimmy damping ~ 减摆装置
shutdown ~ 停堆〔止动〕装置，止动设备
shutting-down ~ 停车装置
silencing ~ 消声〔静噪，遏声〕器
silicon imaging ~ 硅成像器件
sizing ~ ①筛分〔校准〕设备②定程〔碰停〕装置
slow ~ 慢速器件
smoothing ~ ①平滑装置②滤波器
snorkel ~ ①（车辆涉水时防止进水的）发动机进排气管管头②空气过滤器进气管罩
sonic ~ 声学仪器
sounding ~ 回声探测器
start-pilot ~ 起动辅助装置
stilling ~ 防波装置（安装在验潮仪周围，减少水波振动）
stopper lifting ~ （铸桶等的）开（启柱）塞装置
straight pulsed ~ 直管状脉冲器件
stretching ~ 拉紧夹具，张紧装置
superconducting quantum interference ~ 超导量子干涉器件
surface acoustic wave ~ 声表面波器件
swathing ~ （禾，草）铺条装置
swinging paying-out ~ （电气拖拉机的）电缆万向收放装置
swirler ~ 涡动器，紊流器
switching ~ 开关电器
synthetic training ~ 模拟的训练器材
take-in ~ 夹具，接线夹
take-off ~ 牵引装置（塑料机械）
tap degassing ~ 出钢脱气装置
telltale ~ 信号〔指示，登记〕装置，仪表
tensioning ~ 张紧装置，张力调整器（链传动）
terminal ~ 终端设备
thermoelectric ~ 热电装置〔元件〕
thick-channel ~ 厚沟道器件
thin-film ~ 薄膜器件
throttling ~ 节流装置
thrust-reversal ~ 推力反向器
thrust-termination ~ 消除推力装置
tightening ~ 张紧装置（起重机）
time ~ 计时装置，计时器
timepiece pace measuring ~ 测试钟表快慢的装置
timing ~ ①计时器〔设备〕，报时设备②定时器，延时器件③（继电器或开关）时限装置
tipping ~ 翻斗机，倾翻装置
title-change ~ 字幕转换装置
tool-carrying ~ 刀架
torque normal ~ 扭矩标准机
tow ~ 牵引装置（起重机械）
trace indicating ~ 航迹显示器
traction ~ 增加车轮附着力的装置，驱动轮加载装置
trip(ping) ~ 解〔脱〕扣装置
tru(e)ing ~ 修整装置
tube guide ~ 引管装置
turn ~ 转位装置
two-stage holdback ~ 两级锁定机构
uncoupling ~ （架空索道）摘解器
unidirectional wave guide ~ 单向波导器件
unlocking ~ 解锁装置
vacuum electronic ~ 真空电子器件
vacuum trip ~ 低真空保护装置
valve ~ 阀器件
variable break down ~ 可变击穿器件〔装置〕
variable delay ~ 可变延迟器件
variable lift ~ 变升力装置

variable-drop ~ 变量排种器，变量排种装置
vernier ~ 微调装置，齿轮微动调节器
vibrating reed escapement ~ 弹性片调速器
voice-operated gain adjusting ~ 音控增益调整设备，语音增益调整器，响度级调整装置
voltage reducing ~ 电击防止装置
Wagner earth ~ 华格纳接地装置（一对阻抗的连接地点）
water intercepting ~ 水分离器
watering ~ 洒〔浇，灌〕水装置
wave guide ~ 波导器件
web scanning ~ 卷筒材料走行检查装置，卷筒纸检视装置
weighting ~ 压铁机
widespread ~ 撒肥器
winding-off ~ 导开装置
wire drive ~ 走丝装置
wire-mesh plotting ~ 线网绘图仪
withdrawal ~ 顶拔〔抽取〕器，拆〔退〕卸工具
withdrawing ~ 拆卸工具，顶拔器，抽出装置
woodpecker ~ 脉动装置（电加工机床）

device-dependent （与）设备〔器件〕相关的

device-end DE 设备操作钻束

device-independent （与）设备〔器件〕无关的

device-related （与）设备〔器件〕有关的

devil ①（破布等的）扯碎机，扯麻〔切碎，开松，和毛，开茧〕机，打粗纱头机②除尘机③路面加热机④加热焊料的小炉子
fire ~ 焊炉，火盆
rag ~ 扯碎料机，碎布开松机，（破布等的）扯碎机

deviometer 航向偏差指示器，偏航指示器〔计〕，偏差计

devise ①设计，计划，发明，想出②发〔产〕生

deviser ①设计〔发明，计划，创造〕者②发生器

devitrification 脱琉（现象），脱玻作用〔现象〕，反玻璃化，失（去）透（明）性，失去光泽
~ of glass 玻璃闷光，玻璃透明消失，反玻璃化

devitroceram 玻璃陶瓷

devolatilization 脱〔去〕挥发分（作用），挥发性损失，挥发

devulcanization 反硫化，脱硫化（作用），去硬化（作用）

devulcanizer 脱硫器，反硫化器

dew ①湿润②露（水），凝结水

Dewar 杜瓦容器，杜瓦瓶，真空瓶

Deward 德瓦特锰钼钢（*w*（C）0.9%，*w*（Mn）1.5%，*w*（Si）0.2%，*w*（Cr）0.08%，*w*（Mo）0.3%，其余 Fe）

dewater 排〔去，脱〕水，除水分，浓缩，增稠
expression ~ 压榨脱水

dewaterer 脱〔除〕水器
belt-drag ~ 胶带刮板脱水机

dewatering ①脱〔排，疏〕水，降水（位）②脱水的

dewaterizer 脱水机

dewax 脱〔去〕蜡
flash ~ 闪烧脱落（熔模）

dewaxing 脱蜡（粉末冶金铸造）

dewet 不沾锡区，阻焊区

dewetting 外向湿润，反湿润，去湿

deweylite 水蛇纹石

dewinger 除翅机

dewpoint 露点

Dex 底什（任意比值用以 10 为底的对数表示时的名称）

dextral 右旋（性）的，右向的

dextrine 糊精（$C_6H_{10}O_5$）

dextrogyrate ①右旋的②偏振面顺时针转动的

dextrogyric 右旋的

dextrorotary 右旋的〔物〕，向右旋转的，顺时针方向旋转的

dextrorotation （向）右旋（转），顺时针方向旋转，光的偏振面的右旋

dextrorsal 右向〔旋〕的

dezincification 除〔脱〕锌（作用），失锌现象，锌的浸析（作用）

dezincify 除〔脱，去〕锌

dezincing 除锌，脱锌

dezinkify 除〔脱，去〕锌

D-face D 盒面

D-frontier D 边缘

diabase 辉绿岩

diabatic 非绝热的

diablastic 筛状变晶（结构）的

diac ①二端交流开关（元件）②三层二极管（呈负阻特性的两端压控器件），双向二极晶闸管，双向击穿二极管

diacaustic 折射散焦（线），折光（线）（的）

diaclase 正方断裂线，（pl.）压力裂缝，节理，构造裂缝

diacon 透明塑料

diacoustic 折声的
diacoustics 折声学
diacritic(al) 半临界值的，区别〔分〕的
diactor 直接自动调整器
diad ①二个一组，二合一的②二重（轴，对称的），对称轴线，二（元）素组，二单元组，二价基〔根，原子，元素〕③双位二进制（二进制形式的四进制）④并矢（量）
rotation ~ 二重转动轴
screw ~ 二重螺旋轴
diadic 双值的，二重轴的，二素组的，二价（原子，基）的
diafragm = diaphragm
diagenism 沉积变质作用
diagnometer 检察表
diagnose 诊〔判〕断，确定，分析，识别，断定（…的原因、性质）
computer ~ 计算机诊断（数据处理系统对原始数据评价的应用）
ultrasonic ~ 超声诊断仪
diagnosis 诊〔判〕断，调查分析，发现，识别，特性（鉴别），特征
automatic ~ 自动发现〔确定，识别，诊断〕
automatic trouble ~ 自动故障诊断
differential ~ 鉴别诊断
fault ~ 故障诊断，事故分析
image ~ 影象诊断
incipient fault ~ 微小故障诊断
scrap ~ 废品分析
diagnostic ①诊断，征候，特征②诊断的，（有）特征的
isolation ~ 分离诊断
teletype ~ 电传打字诊断（器）
diagnosticate = diagnose
diagnostics 诊断学〔法，试验〕
automatic loader ~ 自动装入程序的诊断程序
compiler ~ 编译程序的诊断程序
on-line ~ 联机〔联线〕诊断
unit ~ 部件诊断（程序）
diagnotor 诊断程序
diagometer 电导计
diagonal ①对角〔顶〕线，中斜线②（对角）斜杆（拉条），斜（支）撑，对角支撑，斜构件，斜纹材③斜行（物）斜列④斜线符号“/”⑤对角（线）的，对顶（线）的，斜（纹，断面）的，交叉的
compression ~ 受压斜杆〔支柱〕
face ~ 面对角线
leading ~ 主对角线
minor ~ 次对角线
picture ~ 图像〔屏面〕对角线
tension ~ 拉（力）斜撑〔杆〕
diagonalization 对角线化，作成对角线
diagonalizing 重播（同一节目在不同时间或用不同频率播出）
diagram ①图（表，解，形），简（相，曲线，接线，示意）图，（特征）曲线，一览表，计算图表，电路图，行车时刻表②用图表示
~ of work 示功图
aerial polar ~ 天线方向图
alignment ~ 列线〔诺谟〕图
ambiguity ~ 分歧〔含糊〕图
Applegate ~ 阿普尔盖特图（表示速调管聚束的时空图）
Argand ~ 阿尔甘德图，矢量相位图
arrow ~ 箭头图，指示图，矢量图，流程图
assumption ~ 方案图，结构图，理论线图
bar ~ 条形图
block ~ 简〔框，原理，结构，草，示意〕图，立体图，均角投影图
block flow ~ 结构图，框图
Blondel ~ 布朗德尔〔相量〕图（计算同步电机参数用）
Bode ~ 波特图（以对数频率为基础的对数增益和角度值的图解）
bridge ~ 桥形电路图，电桥图，跨接图
cabling ~ 电缆敷设〔连接〕图，电缆线路图
capability ~ 出力图
chromaticity ~ 色度图，色品图
CIE chromatic ~ 国际照明委员会（规定的）色度图
circle ~ （电机的）圆图
circle vector ~ 旋转矢量图，矢量圆图
circuit ~ 电〔回，线〕路图
clearance ~ 限界图
clock(-face) ~ 旋转矢量图，矢量圆图
clock-phase ~ 直角坐标矢量图
colo(u)rimetric ~ 色度图
colo(u)r-mixture ~ 色度图，混色图
conceptual ~ 示意图
connecting ~ 接线〔电路〕图
constitution(al) ~ 组合〔平衡，状态〕图，（金）相图
continuous cooling transformation ~ 连续冷却相变图（CCT）
conventional ~ 示意图

conversion ~ 变换〔转换〕特性曲线
cording ~ 接线〔连接〕图，塞绳连接图
cosecant-squared ~ 平方余割形方向图
coverage ~ （目标）反射特性曲线，可达范围图，覆盖图
Cremona ~ 卡氏（矢力）图
developed ~ 展开图
double equilibrium ~ 二相平衡图，二元状态图
elementary ~ （接线）原理图，简图，展开电气线路〔接线〕图
elevation coverage ~ 垂直切面覆盖图，（目标）仰角反射特性曲线
encoder state ~ 构码状态图
engineering line ~ 工艺路线图
enthalpy-entropy ~ 焓 - 熵图
envelope ~ 包络图
equilibrium ~ 平衡〔状态〕图，（合金的）相图
erecting ~ 安装〔装配〕图
erection ~ 装配图
flow ~ 流量〔流程〕图，（程序）框图，工艺流程图，操作程序图
flowout ~ 流出量图
flow-process ~ 流（程）图
force ~ 力（线）图，受力图，力多边形
forced ~ 力〔负荷〕图
free-space ~ 立体〔空间〕图
frequency ~ 频率图
function(al) ~ 框〔工作原理，功能，作用〕图
functional-block ~ 原理框图
fundamental ~ 框〔功能〕图
gear shifting ~ （齿轮）变速图解，换档图解
geometric power ~ 矢量功率图
geometric(al) power ~ 矢量功率图，复功率图
graphical ~ 符号〔示意〕图
heat-flow ~ 热能流程图，热线图
helical ~ 螺旋（取向）照相
illustrated ~ 图解
illustrative ~ 原理〔说明，直观〕图
impedance ~ 阻抗图
impulse target ~ 脉冲目标图，脉冲速度界限曲线图
indication ~ 蒸汽压图，显示压容图
indicator ~ 示功图，指示（线）图
installation ~ 安装〔装配〕图
interconnection ~ 接线图
interference ~ 频率图（叶片的共振转速线图）
inverse Nyquist ~ 反幅相曲线，逆奈奎斯特图
iron-carbon ~ 铁碳平衡图
isolux ~ 照度分配图
isothermal transformation ~ 等温转变图
jerk ~ 跃度曲线
key ~ 原理（草）图，工作〔说明，纲要，索引，作用〕图，总图，略图
kinematic(al) ~ 传动图
ladder ~ 梯形〔顺序控制，线条〕图
level ~ 分层流图，电平图
line ~ 单线〔线路〕图
logic ~ 逻辑图
mass ~ ①累积〔径流积分〕曲线②土（方累）积图
matic(al)stable ~ 平衡图，稳定〔状态〕图
Maurer constitution equilibrium ~ （铸铁的）莫氏（碳硅）组织图
merge(r) ~ 状态合并图
Mershon ~ （输电线路的）梅尔生（电压调整）图
mimic ~ 模拟（线路）图
Mollier ~ 莫耳图，莫里尔蒸汽图，焓 - 熵图
mosaic circuit ~ 镶嵌式电路图，电路镶嵌图
notched track ~ 刻槽轨道表示盘
one-line ~ 单线电路图
orientation ~ 方位〔定向〕图
Perrine-Baum regulation ~ （输电线路的）帕林 - 包姆电压调整图
phase ~ 相（位）图，平衡〔状态〕图
phasor ~ 矢〔相〕量图
pictorial ~ ①直观图②实物电路图
piping ~ 管系〔管路〕图
plane ~ 平面图
polar ~ 极坐标图，极线图
Potier ~ 保梯图（交流电机电压电流相量图）
powder ~ 粉末照相，粉末图
power circle ~ 功率圆图
precedence ~ 先行〔顺序〕图
pressure-displacement ~ 示功图，压力 - 位移图
process flow ~ 工艺流程图
program(me)level ~ 程序〔调整〕电平图
pseudo-isochromatic ~ 伪等色图
quenching ~ 淬火变化图
reception ~ 方向性图
response ~ 响应图，博德图
Rieke ~ 里克图（表示超高频振荡特性的一种极坐标图）

Rousseau ~ （计算光通量的）卢梭图
Sauveur's ~ 索维尔显微组织图解（法）（估算碳钢含碳量）
scatter ~ 散布〔散点〕图
Schaeffler's ~ 雪费尔图（Cr-Ni 钢的 CrNi 当量与组织的关系图）
schematic ~ 简〔概略，示意，工序，原理〕图
set-up ~ （计算系统）准备（工作框）图
signal flow ~ 信号流图
single-line ~ 单线图，（表示电力系统和电站配电装置系统时采用的）单结线系统
skeleton ~ 概略〔单线，原理，框〕图，简图
slide rule ~ 游标（刻）度盘
S-N ~ 应力循环次数图，疲劳曲线
space ~ 立体〔空间，位置，矢量〕图
state ~ 状态图，平衡图
steam flow ~ 热线图，蒸汽流程图，蒸汽管路系统图
stress-cycle ~ 疲劳曲线
structural ~ （合金）状态〔平衡〕图，结构图
symbolic ~ 示意图，记号式（液压回路）原理图
system ~ 系统图
system operational ~ 系统运行图
temperature-entropy ~ 温熵图，TS 图
three-phase system ~ 三相系统图
time ~ 时间图，时间矢量图
timing ~ 正时〔时间〕图，相图，配电与点火时间的调整图
transmission ~ 传动图
tree ~ 树状图解
valve ~ 阀动（分配）图
vector ~ 矢量图
velocity ~ 速度（三角线）图，速度曲线
ventilation ~ 风路图
winding ~ 绕组〔绕线，接线〕图
wiring ~ 接线〔配线，布线，线路，电路，装配〕图

diagrammatic(al) 图解〔式，表，示〕的，概略的，轮廓的
work-flow ~ 工作流程图

diagraph 作〔绘〕图器，分度尺，分度划线仪，（机械）仿型仪，扩大绘图器

diagrid 格栅

diaion 甲醛系树脂

diakoptics 大规模电网分片求解法

dial ①（刻，标，调谐）度盘，（仪）表面，表盘，钟面，罗经面板，针〔圆，转，（数）字，底，测角，号，拨号〕盘，调节控制盘，指针，有刻度的把手②千分表③分划，标度④日晷仪⑤拨号矿用罗盘⑥二醛⑦拨号，打电话，用标度盘测量，刻〔标〕度⑧调（谐）
~ down 表盘向下，面下（指手表测试位置）
~ up 表盘向上，面上（指手表测试位置）
azimuth ~ ①日晷②方位刻度盘
calibrated ~ ①分度刻度盘，校准〔标准〕度盘②分划盘，分划尺③分度刻度，校准刻度
chasing ~ （车）螺纹指示盘
clock ~ 钟盘，时钟字盘，圆刻度盘
clock-type ~ 圆形刻度盘
date ~ 日历盘
decade ~ 十进位表盘
direct-drive ~ 无游标刻度盘，简单刻度盘，直接传动度盘
distribution feed ~ 甩料盘
drop ~ 挂钟钟盘
fan ~ 扇形刻度盘，半圆形刻度盘
film speed ~ （照相机的）胶片感光指数表盘
follow-the-pointer ~ 游标，指针重合式刻度盘，兼有指示器作用的度盘
full vision ~ 全视度盘
hundreds ~ 百分度盘
index ~ 表盘，刻度盘，指示器
lettered ~ （电报）字码盘
memorandum ~ 记录拨盘，备忘拨盘
meter ~ 计量器标度盘，仪表刻度盘
micrometer ~ 测微仪，千分〔微米〕刻度盘
offset ~ 补偿度盘
over-pin ~ 跨针测齿厚仪
pointer ~ 指针式计数盘，指针式刻度盘
repeat ~ 同步接收装置刻度盘
scale ~ 度盘秤
set-hands ~ 校准用小钟盘（在塔钟的计时机构里，该小钟盘的时针、分针所指时刻与大钟的相同）
slave ~ 子钟盘
slide-rule ~ 游标刻度
slow-motion ~ 游标度盘，慢动度盘
solar ring ~ 环（式）日规
strain type wind ~ 应变式测风仪
sun ~ 日晷（仪），日规
ten's ~ 十分度盘
threading ~ （车床的）车螺纹指示盘
thumb wheel ~ 指转拨盘，拨码开关
trunk ~ 箱形字盘，箱式表盘

ultrasonic wind ~ 超声波式测风仪
vernier ~ 微调〔游标〕刻度盘
vortex type wind ~ 旋涡式测风仪
whirling stand type wind ~ 回转架式测风仪
wind ~ 风速测量仪

Dialastic 迪亚拉斯蒂克（由聚酯、片云母、玻璃布组成的主绝缘）

dial-code 拨号代码

dialect 方言，土话

dial-in 拨入

dial(l)ing 拨号
A board ~ A 台拨号法，甲台拨号法
abbreviated ~ 缩位拨号，简化拨号
battery ~ （电话的）单线拨号
code ~ （代）码拨号
direct ~ 直接选择〔拨号〕
direct ~ in 直接拨入
direct-distance ~ 直接长途拨号，用户长途拨号
distorted ~ 失真拨号（不正确拨号）
earth ~ 接地式拨号（自动交换电话）
through ~ 自动（经）转接（站选号），直通拨号
touch tone ~ 按钮选号（电话用）
variable abbreviated ~ 可变缩位拨号

Diallist 迪阿里司特镍铝钴铁合金

Diallocs 戴洛陶瓷

Dialloy 戴洛伊硬质合金，迪合金（铝铜锌合金）

diallyphthalate 邻苯二甲酸二丙烯

dialog 对话

dialogue 对话
quadrilateral security ~ 四方安全对话

Dialtech Dialtech 联机检索服务

dialtelephone （拨号式）自动电话

dialyser = dialyzer

dialysis 渗析分析法，透析，渗析，分离〔解〕

dialyzate 渗析液，渗出液，渗析产物

dialyze 渗〔透〕析，渗出，分解〔析〕

dialyzer 渗析器，透析器，渗析膜

diam 直径

diamagnet 抗磁体，反磁体

diamagnetic ①抗磁（性）的，反磁（性）的 ②抗磁体，抗磁物质

diamagnetism 抗〔反，逆〕磁性，抗磁力〔学，现象〕

diamant 金刚刀，玻璃刀

diamantin(e) 金刚铝，人造刚玉，铁铝氧耐火材料

diameter ①直径，（对）径，横断面 ②透镜放大的倍数，…倍
~ of commutation 完全换向绕组应有的（直）径（平）面
air-gap ~ 气隙直径，（电机的）转子外径
angle ~ （锥形螺纹）中径
apparent ~ 视直径，外表直径
ball set bore ~ 球组内径
base ~ 基圆直径
basic major ~ （螺纹）大径基准尺寸
basic minor ~ （螺纹）小径基准尺寸
blank ~ （毛坯直径）外径，螺纹毛坯直径
bore ~ 内径，内孔直径，镗孔直径，（电机）定子内径
bottom ~ 螺纹内径，螺纹底径
clear ~ 孔径
clearance ~ （麻花钻上的）留隙直径，隙径
collision free ~ 不产生干扰的直径
constructed ~ 额定直径，标称直径
corner ~ 隅角直径（绕多边形所画出的圆周直径），对角线
crest ~ （螺纹）顶径
cut-off ~ （波导管）临界直径，截止直径
cut-pellet ~ 切粒直径
cutter ~ 刀盘直径，切削直径
datum ~ 基准直径（带传动）
drill ~ 钻头直径（刃具）
(droplet) number median ~ （雾滴）数量中值直径
(droplet) sauter mean ~ （雾滴）沙脱平均直径
effective ~ 有效直径，（螺纹）中径，（齿轮）节径
entrance pupil ~ 入瞳直径
equivalent ~ 当量直径，相当直径
eye ~ （离心式气体压缩机）入口直径，孔眼直径
flow ~ 流道直径
fluting ~ （板料弯折）最小允许直径
focus(s)ed spot ~ 焦斑直径
form ~ （齿廓曲线的）成形直径
frame ~ （电机的）定子铁心外径
full ~ （最）大直径，主直径
gap ~ 气隙直径，（电机的）定子内径
ga(u)ge ~ 基准直径
gear pin ~ 针齿直径
green ~ 原始直径
groove root ~ （活塞环）槽底直径
inner ~ of flexspline 柔轮直径

inside ~ 内径
inside point ~ 内切刀尖直径
jet ~ 射流直径
land ~ （活塞）环岸直径
major ~ （螺纹）大径，（螺纹）外径，（椭圆形的）长径
mean ~ of coil 弹簧中径
minor ~ （螺纹）小径，（螺纹）内径，（椭圆形的）短径
mode field ~ 模场直径
nominal ~ of hydroclone 旋流器标称直径
nominal ~ 标称直径，中值粒径
outside ~ 外径
over wings ~ 翼幅〔展〕
overall ~ ①全径②（电机的）机座外径
pitch ~ （齿轮的）节圆直径，节径②分度圆直径，（螺纹的）中径，（电缆的）平均直径，层心直径，（安装叶片的）平均直径
pitch circle ~ （滚动体）装配节圆（中心圆）直径
point ~ （螺纹的）前端直径
profile control ~ 渐开成齿廓极限直径
reference ~ 分度圆直径
roll ~ 辊径（矫直辊）
roller ~ （圆柱）滚子直径
root ~ 齿根圆直径，内螺纹外径，外螺纹内径，（螺纹）底径，根圆直径
rotor ~ 风轮直径
runner ~ 转轮直径（水轮机）
standard pitch ~ 分度圆直径，分圆直径
sweep ~ （圆）扫描直径
swinging ~ 回转直径
tactial ~ 战术直径（旋转圈直径）
tapping ~ 攻螺纹直径
throat ~ 喉径，（喷管的）临界截面直径
tip ~ （齿）顶圆直径
wetted ~ （喷灌机的）浇灌直径

diametric(al) ①（沿）直径（方向）的，正好相反的②对立的

diamin(e) 二（元）胺（化合物），双胺，肼，联氨
ethylene ~ 乙（撑）二胺
phenylene ~ 苯二胺

diamond ①金刚石（结构），（人造）金刚钻，钻石，像金刚石的物质，玻璃刀②菱〔斜方〕形③（pl.）菱形断面〔孔形〕④钻石体铅字⑤钻石制的，菱形的
black ~ 黑金刚石，墨玉，乌金，煤
cape ~ 黄金刚石
counting ~ 计数金刚石，金刚石计数器
dressing ~ 金刚石修整笔
gem ~ 宝石级金刚石
glass ~ 划玻璃钻
glazier's ~ 玻璃刀，割玻璃用金刚钻
hexagonal ~ 六方金刚石
high strength ~ 高强度金刚石
large size ~ 大颗粒金刚石
Mach ~ 马赫波，菱形激波
polycrystalline compact ~ 多晶体金刚石
semiconductor ~ 半导体金刚石
synthetic ~ 人造刚玉
working ~ （相图的）菱形工作稳定区

diamond-knurled 交叉滚花

diamond-mill 滚螺旋交叉花纹

diamond-shaped 菱形的

diamondite 赛金刚石合金，碳化钨硬质合金，烧结碳化钨（w（W）95.6%，w（C）3.9%）

dianegative 透明负片〔底片〕

dianion 双阴离子

diapason ①和谐，调和②射域，音域③范围，水平④音叉

diaphaneity 透明，透明性，透明度

diaphanometer 透明（度）计

diaphanoscope 彻〔透〕照器，透照镜，透明仪

diaphanoscopy 透照术〔法〕

diaphanotheca 透明层

diaphax 敏感X线片

diaphone 雾中信号笛〔报警器〕，共振管，共鸣管（乐器部件）

diaphotoscope 透射镜

diaphragm ①膜片，隔膜，隔片，薄膜，振动膜②光阑，十字线片③挡板，挡泥板，隔板，遮光板，遮水板，保护膜，（流量）孔板，测量孔板④（涡轮机）固定叶轮
accelerometer ~ 加速（度）表〔计〕膜盒
adjustable ~ 可调膜片，可调光阑
aperture(d) ~ 孔径光阑，有效光阑
atmosphere relief ~ 排大气阀，防爆门
automatic ~ 自动光圈
barrier ~ 隔膜
blowout ~ 遮断膜片，快速光阑，快门，防爆门薄膜
bursting ~ （排大气阀）爆破隔膜，防爆门膜片
capacitive ~ （电）容性窗膜

carbon ~ 碳膜，炭精振动膜片
collector ~ 集光镜光阑
cone ~ 锥形膜片，(扬声器)纸盆
convoluted ~ 波纹膜片
corrugated ~ 波〔起，皱〕纹膜片
differential ~ 差压膜板
displacement ~ 排量膜板
duralumin ~ 硬铝振动膜
field ~ 视场光阑，视域光阑
flick ~ 跳跃膜片
hopping ~ 跳跃膜片
image ~ 图像屏
inflatable ~ (煤斗的)气垫，气力缓冲器
interstage ~ 隔板(泵)
iris ~ 虹彩器，虹彩膜片，锁光圈，可变(虹彩)光阑，(波导中的)膜片
light ~ 光阑，光栅
nozzle ~ (固体火箭发动机的)喷管挡栅板，燃气轮喷嘴隔板
pressure-controlled ~ 薄膜压力调节器
resistance-controlled ~ 阻控振膜
sieve ~ 带筛网的隔膜
slotted ~ 裂缝膜片
split ~ 拼合隔板
turbine ~ 涡轮(机)导流隔板
vibrating ~ 振荡，〔回摆〕光阑，振膜
diaphragm-actuated 薄膜制动的
diaphragmless 无隔膜的，无振动膜的
diaphragm-motor 光阑驱动电动机
diaphragm-operated 膜片的，薄膜传动的，鼓膜的
diapositive (透明)正片，反底片，幻灯片
diascope ①透射映画器，(反射)幻灯机，彻照器，阳光机②透明玻片③幻灯测试卡
diaspore (硬)水铝石，水矾土
diastereoisomer 非对映(立体)异构物
diastimeter 测距仪
dia-testor 硬度试验机(用布氏、维氏压头)
diatexis 熔化，熔融
diathermal 透热(辐射)的，热导的
diathermancy 透热(辐射)性，传热性，热导性，热传导
diathermaneity 透热(辐射)性，热导性，热传导，传热性
diathermanous 透热(辐射)的，热导的，热射线〔红外线〕可以透过的
diathermic 透热(辐射，疗法)的
diathermometer 热导计
diathermous = diathermanous
diathermy (高频)电热(疗)法，透热(疗)法
dia-titanit 钛钨硬质合金
diatom 硅藻
diatom-earth 硅藻土
diatomic 双原子的，二元〔价〕的，二羟基的，硅藻土的
diatomite 硅藻土(绝热材料)
dia-tool 镶有金刚石的工具
diatrine 浸渍电缆纸的化合物
diazo 重氮(基，化合物)的
diazogram 重氮化色谱图
diazotype 重氮印像法，重氮复印(法)
dib 图形文件名后缀
dibber = dibble
dibble (用)点播(器)，挖洞〔穴〕，(挖穴)小锹，挖穴器
dibble-dabble 试算(法)
dibbler 挖穴手铲，栽植挖穴机，鱼鳞坑耕作机具
dibit 双比特，二位二进制数，二位组，双位
diborane 乙硼烷
diboson 双玻色子
Dical 迪卡尔铜硅合金(w(Si)12%，其余Cu)
dicatron 具有螺旋谐振腔的超高频振荡器
dice = die 的复数
dice-circuitry 小片电路
dicer 切块机(如切蔬菜、水果等)
dichan 汽化性缓蚀剂
dichloride 二氯化物
ethylene ~ 二氯化乙烯
silicon ~ 二氯化硅
dichlorosilane 二氯甲硅烷
dichotomizing 对分，对分检索
dichotomous 两分的，分成二叉的，叉状的，分歧的
dichotomy 二〔两〕分(法)，均分，叉状分枝
dichroic ①二向色(性)的，分色〔光〕的②二向色镜，分色镜，分光镜
blue reflecting ~ 蓝色反射分光镜
green reflecting ~ 绿色反射(二向色)镜
red reflecting ~ 红色反射镜
dichroism 二(向)色性，分光特性
dichromate 重铬酸盐
potassium ~ 重铬酸钾
dichromatic 二色性的，(现)二色的
dichromatism 二色(性)(色盲)
dichroscope 二(向)色镜

dicing ①切割，切成小方块②高速低飞航空摄影
ultrasonic ~ 超声波切割
dicky 汽车后部备用的折叠小椅,马车(或汽车)的尾座
dictabelt 口授录音机上使用的录音带
dictagraph 侦听(电话)器，侦〔窃〕听录音机，速记用电话机
dictaphone 口述录音机，录音(电话)机，(速记用)口授留声机
dictionary 词典，(代码)字典
automatic ~ 自动翻译〔检索〕词典
backward ~ 逆序(倒排)词典
double ~ 双字典
electronic ~ 电子词典
fault ~ 故障表
mechanical ~ 机器〔自动化〕词典，机械字典，翻译计算机
object ~ 对象词典
phase ~ 阶段字典(软件名词)
relocation ~ 重新配位表
dictograph = dictagraph
dictophone = dictaphone
dicyanin(e) 双花青(红外照相增感剂)
dicyclopentadiene 双环〔二聚环〕戊二烯
dideoxy 双脱氧(法)
die ①模(子，片，具)，钢型，冲模〔锤，垫〕，压〔锻，塑，印〕模，铸型，铆钉〔头〕，(螺纹)模，拉(丝，伸)模，(锻焊)凹模，口模②板牙，螺纹绞〔钢〕板，搓丝板，压铸型③管心④(接触对焊时通电和夹持工件用)夹钳⑤(pl.)骰子，小立方块，小片，芯片⑥衰耗，消失
~ (of semiconductor device) 管芯(半导体器件的)
~ of stamp 捣矿砧
~ out 消失，衰减，(发动机)停止
adjustable ~ 可调板牙，活动板牙
adjustable round split ~ 开口圆板牙，可调圆板牙，开缝环形板牙
air-bend ~ 自由弯曲模，弯曲冲模
assembled ~ 扇形〔拼合式〕模具，拼合模，镶块模
backup ~ (凸焊用)电极台板
barrel heading ~ 镦球模
beading ~ 卷边模，波纹成形模，压筋模
bed ~ 底〔下，凹〕模，下模
bevel edge ~ 斜刃模
blank through ~ 漏件式落料模
blank-and-cup ~ 落料拉深模
blank(ing) ~ 下料模，落料凹模，冲裁模，(冲)孔模
block-and-pad forming ~ 刚性模块与柔性垫的成形模
blocker ~ 预锻模，粗锻模
blocking ~ 预锻模
body-sizing ~ 体积精压模
bolt ~ 板牙
bottom ~ 底模，下〔金属〕型，下模具
bottoming bending ~ 校正弯曲模
brake ~ 折弯模
breakdown ~ 开坯模
bridge ~ 空心件〔桥式孔型〕挤压模
broaching ~ 削孔模，拉模
buckling ~ 扣模
bulging ~ 膨胀模，撑压模
bulkhead ~ 封头模，堵塞模(爆炸成形用)
bumping ~ 有固定定位装置的模具
burnishing ~ 挤光模
burring ~ 翻孔模
button ~ ①纽扣式冲模，修整冲模②可调圆扳手
cam ~ 斜楔模
casting ~ ①压件，压铸法，压铸模型，压型②金属型
cavity ~ 阴模，凹模，型腔模
channel ~ V形模
chip ~ 芯片
circular ~ 圆板牙
clamp ~ 夹块
class-conscious ~ 分级模具
clicker ~ 冲模，带刀切割模具
closed ~ 闭式模(具)，模锻模
closing ~ 闭合(成形)模
coining ~ 压印〔花，纹〕模
coining dimpling ~ 内孔翻边镦粗模
cold straightening ~ 冷校正模
collapsible ~ 可拆模，组合模
comb ~ 修边模，切边模
combination ~ 组合(凹)模，复合模，多腔铸型(压铸)，组合式模
composite section blanking ~ 组合式落料模
compound ~ 复合模，复式压模，多工序模
compound trimming ~ 复合切边模
compound-combination ~ 在同一行程完成落料、拉延和冲孔的模具

compression ~ 挤压模，立体压制模
concentric ~ 同心模，轴对轴模
conical ~ ①拉模②锥形模
continental ~ 不用模架、不固定的简单模
contoured ~ 成形模
core forging ~ 闭塞锻模
cropping ~ 切边模，下料冲模
cupping ~ 压延冲模，拉深冲模，无压料板拉深模
curling ~ 卷边（压）模
cushion type ~ 垫模
cut-and-carry ~ 拖件前进的连续模（压）
cut-off ~ 切边模，剪模，切断模腔
cut(ting) ~ 落料〔冲裁，割截〕模，板牙
deep drawing ~ 延〔深压〕模，板料压模
diamond ~ 金刚石拉模，钻石拉丝模
dimpling ~ 压窝模
dinking ~ 尖刃剪切模（非金属材料用）
direct ~ 正向模
discrete ~ 离散模具
double-action ~ 复式冲模，双动模
draw(ing) ~ 拉（线，丝）模，深冲模
drop ~ 落锤成形模，落锤锻模，锻模
ejector ~ 动型（压铸机），（滑动）凸压模
embossing ~ 压花〔压印，压筋〕模
expanding ~ 液压模，胀形模
extrusion ~ 挤压模
female ~ 凹模
finish-curl ~ 最终卷边模，卷曲成形模
finishing ~ 终锻模
fixed ~ 定型，固定模
flanging ~ 翻边模
flat ~ 搓丝板
flat-back ~ 扇形模
flexible ~ 柔性模
floating ~ （粉末冶金用）弹簧〔可动，浮动〕压模，浮动凹模
fluid ~ 液压模
flush trim ~ 修边模
follow ~ 顺序模，系列压模，连续（冲）模
follow-on ~ 连续冲模
forging ~ （成形）锻模，锻型
forming ~ 精整〔成形〕模，胎模
fullering ~ 卡压模
gang ~ 组合模，复合（式）模，多头冲模，顺序动作模
gang blanking ~ 组合落料模，多头冲裁模
goose-neck ~ 鹅颈折弯模
grip ~ 夹紧模，夹持坯料的可分凹模
gripper ~ 夹紧模
heading ~ 镦锻〔粗〕模，顶镦模，锻制凹模
heterogeneous ~ 异形冷拔模
hexagonal screwing ~ 六方板牙
horn ~ 有定位心轴的模子（空心作用）
hydro ~ 液压 - 橡皮垫成形模
IC ~ 集成电路晶片
impression ~ 型模，模锻模
insert ~ 镶块模，镶入式模具
inserted ~ 镶齿板牙
inserted chaser ~ 镶齿螺纹梳刀板牙
international ~ 米制螺纹板牙
inverted ~ 异向模具，倒置模具
ironing ~ 拉薄模
joggle ~ 阶梯（成形）模，折曲模
joggling ~ 镦粗模
lancing ~ 切舌模
lock seaming ~ 卷边接合模
locked ~ 带锁扣的锻模，扣合模
louvered ~ 百叶窗（冲切）模具，切口模具
lower ~ 下模，凹模
male ~ 凸模，冲头，上模
marking ~ 压印模
master ~ 标准板牙，母模
mating ~ 配合模（浇入低熔点合金做成模腔的简易成形模）
moving ~ 动型
multi-impression ~ 多腔模
multiple ~ （同时冲几个相同零件的）多位模，复锻模
multiple operation ~ 多工序模具，多能模
multiple-bend ~ 多折弯曲模
multipoint ~ 离散模具
multi-ram forging ~ 多向锻模
non-opening ~ 非开合模
notch ~ 切口模
notching ~ 开凹口模
numbering ~ 数字冲模，印记冲模
offset ~ 双弯折弯模，Z 形折弯模
one-heat ~ 一火锻模，多模膛锻模
open ~ 开式模具，无导向装置模具，开口锻模，拼合式螺栓锻模
opening ~ 可拆模
pattern ~ 压型（熔模）
perforating ~ 多孔冲模
piercing ~ 冲孔模
pinch-off ~ 修边模

pipe ~ ①管模②管子螺纹板牙
plug ~ 定径模，浮动塞棒
plurality ~ 通用螺纹切头
porthole ~ 多孔拉拔模，异形孔挤压模，异型孔拉丝模
press ~ 机锻模
press-through ~ 深拉模
pressure ~ 导板（弯管机）
profile ~ 异形（丝）拉模
progressive ~ 顺序〔连续〕(冲)模,跳步模,级进模
progressive trimming ~ 连续切边模
punch(ing) ~ 冲孔模，冲模
push-through ~ 压入式模，推落式模，下漏式模
reducing ~ 缩径模，拉（丝）模
restriking ~ 修整模，校正模
rethreading ~ 螺纹修整板牙
return flanging ~ 折叠式凸缘成形模，折叠式弯曲模，鹅颈模
return-type blanking ~ 带顶件机构的落料模
ring ~ 带环状孔的塑模，环形冲模，环状落料模，(顶管机的）顶管模
ripper ~ 修边冲模
roll ~ ①辊锻模②搓丝模，(螺）纹辊（子）
roller ~ 滚轮拉丝模
round ~ 圆螺纹钢板，圆板牙，圆模
round flat type ~ 平模
round screw ~ 辊轮
screw ~ 螺纹板牙
screwing ~ （螺纹）板牙
seaming ~ 摺边〔咬口，搭接，缝合〕模
sectional ~ 组合式模具
segment ~ 拼块模
segment(al) ~ 拼合式模具，组合模，可折模
set ~ 铆钉模，窝模
setting ~ 校正模，可调（冲）模
shaping ~ 成形模
shaving ~ 整修模，切边模，精整冲裁模
shear(ing) ~ ①剪切模，剪断模②冲切机
shimmy ~ （凸轮驱动的）侧边打孔模，横向在杯形件壁上进行分离工序的模具，(斜楔作用）错移修边模
shuttle ~ 杆式移送多工位模具
silicon ~ 硅片
single ~ 单工序模
single-station ~ 单级模，单工位模
sizing ~ 整形〔精整，精压，校正，定径〕模
slide-action ~ 滑块模
sliding ~ 滑动镦锻模，可调板牙
snap ~ 铆钉头压型
snap-head ~ 铆头模
solid ~ 整体模，整体板牙
solid ~ 整体模，整体板牙
spider ~ 异形孔挤压模
spigot ~ 插入模，穿透模
spinning ~ 旋压螺纹钢板
split ~ ①组合〔可拆〕模②拼合板牙
split-segment ~ 组合模，可拆模
splitting ~ 组合模，可拆模
spring ~ 弹簧板牙，可调板牙
spring-floated ~ 弹簧（浮动）模
squeezing ~ 挤压模，容器壁加强梗挤压成形模
stage ~ 过渡模，多级模
staking ~ 凿缝凹模，铆接凹模，压凹接合模
stamping ~ ①冲压模，压印模，模锻模，下模，凹模②落模，落锻③捣砧
straight ~ 校平〔校正〕模，平面配合（上，下）模
stretch-draw ~ 张拉成形模
stretching ~ 拉深模
swage ~ 型模〔砧〕，摔子
tandem ~ （两个凹模上下相叠的）重合模，复式拉延模，串联式模具（如拉延与变薄拉延，拉延与再拉延，在一次行程的不同水平面进行)，(薄壁阶梯圆筒容器）拉深模
tapping ~ 板牙
template ~ 夹板模（钢皮冲模）
terrace ~ 凸模
thread cutting ~ 板牙
thread flat ~ 搓丝板
threading opening ~ 自动开启式螺纹板牙
thread-rolling ~ 搓丝板
through cutting ~ 漏模（锻模）
toggle draw ~ 双动柱模
top ~ 上模具，上压型
transfer ~ 自动模
trim(ming) ~ 精整模，切边〔修整〕(冲）模
two-step ~ （两个凹模上下相叠的）重合模，两级级进模，两级冲裁模
unit ~ 组合压铸模（具），成套模
upper ~ 上模，冲头
upset forging ~ 平锻模
upsetting ~ 镦粗模
waffle ~ 格状〔网格，齿纹〕校平模

warm-extrusion ~ 温挤压模
wedge-action ~ 侧楔模
Whitworth ~ 惠氏螺纹板牙〔螺纹钢板〕
wing ~ 转翅模，翻板模（弯U形件等）
wipe-down trim ~ 切边-成形模
wiper ~ 防皱模,回转弯管(或型材)成形模，压住一端的弯曲模
wire-drawing ~ 拔丝模，拉丝模
zipper closing and seaming ~ 封闭和接缝模，管子成形咬口模

die-block 滑块，模块，板牙
die-chaser 板牙梳刀
die-cut(ting) 模〔冲〕切
die-doubling 重件(模具内误送入两个以上工件)
die-filling 装模，压模装料
dielectric ①（电）介质〔体〕，绝缘材料②不导电的，绝缘的，（电）介质的，介电的
uniform ~ 均匀介质
water blocked ~ 堵水介质
dielectrometer （电）介质测试器
dielectrophoresis 介电电泳
die-pin 托杆，凹模顶杆
die-plate 压模台板，模板
diergol 双组分火箭燃料
die-roll 塌角（落料时工件上在靠近凹模一侧产生的圆角）
dies a que 〈拉〉起算日
dies ad quem 〈拉〉截止日
diesel 柴油机，（狄塞尔）内燃机
~ odour analysis system 柴油机气（臭）味分析系统
airless injection ~ 真空喷射式狄塞尔内燃机，机械喷射式柴油机
digital ~ electronic control 数字电子控制柴油机
direct injection ~ 直喷式柴油机
electronic control ~ 电子控制式柴油机
full ~ 纯柴油机
precombustion ~ 预燃室式柴油机
super high performance ~ 超高性能柴油机
touring ~ 高性能乘用车柴油机
turbo ~ 涡轮增压柴油机
turbo direct injection ~ 涡轮增压直喷式柴油机
turbo-charged ~ 涡轮增压柴油机

Diesel-dope 柴油机燃料的添加剂
diesel-electric 柴油发电机的
dieseling 自然点火现象
dieselization 柴油机化
diesinker 制模工，刻模机
die-square 正四方块
diestock 板牙扳手，板牙架
difference 差异（别，数，额，分，动），区别，不同，异点，差别之处
~ of a function 函数差，函数的增量
~ of magnification 等倍差
azimuth ~ 视差，方位角差
backward ~ 后向差分
carrier-side frequency level ~ 载频旁频防卫度
channel area ~ 信道范围差异
chromatic ~ 色差
common ~ 公差
contrast ~ 衬度差
divided ~ 均差
draft ~ 通风阻力
finite ~ 有限差（分法），差分
first ~ 一阶有限差
frequency ~ 频（率）差
hue ~ 色调差
inverted ~ 翻转差分
just noticeable ~ 最小可辨差异
just perceptible ~ 最小可辨差异
least perceptible ~ （亮度）最小可觉差别
least significant ~ 最低位差，最小有效差别
level ~ ①电平差②声级差，房间之间的隔声系数
logic(al) ~ 逻辑异，逻辑差分
luminance ~ 亮度对比，亮度差
magnetic potential ~ 磁动势差
mean ~ 平均概率〔公算〕偏差，平均差
parallax ~ 视差
partial ~ 偏差，偏增量
path ~ 路径差，（声，光）程差
phase ~ 相位差，相（角）差
phasor ~ （平面）矢量差
pitot-static ~ 总压和静压差，全压力与静压力差，全-静压差，动压头
potential ~ （电）位差，（电）势差，磁位差
pressure ~ 压（力）差，差压
receiving-transmitting level ~ 收发信防卫度
reciprocal ~ 倒（数）差分
repeated ~ 累差分
signal-crosstalk noise ~ 串杂音防卫度
static-elevation ~ 静水位差，静压头
successive ~ 递差，逐次差分
tabular ~ 表差

terminal ~ （终）端（温）差，出口端温差，末端温差
time ~ 时差
difference-product 差积
difference-tone 差音
differencing 差分化
differentiability 可微（分）性
differentiable 可微（分）的
differential ①差别〔异〕②微分③差速器，分速器，差动（器，装置），差分（元件）④（有）差别〔异〕的，区别的，分别〔异〕的，不均匀的⑤差动〔速，示，接，绕，致，作用〕的，高〔辨〕差的⑥微分的，局部的
~ of arc 微弧，弧元素
~ of area 面积元素
air-flow ~ 气流阻力
antislip control ~ 防滑差速器
auto locking ~ 自锁式差速器
automatic disconnecting ~ 自动分离差速器
axial gear ~ 轴向齿轮传动差速器
center ~ 中央差动机构，中央差速器，桥间差速器
double ~ 双差动，双差速器
draft ~ 阻力，通风阻力
electronic ~ 电子差速器
exact ~ 恰当〔完整，正合〕微分
free-running ~ 自激差速器
full-locking ~ 带差速销的差速器
gearless ~ 无行星齿轮分速器
high-traction ~ 高通过性差速器
interaxle ~ 桥间差速器
intermediate axle ~ 轴间差速器
limited slip ~ 限滑式差速器
magnetic ~ 磁通差动，磁差动（装置）
mechanical ~ 机械差动装置，差动式减速器
nonspinning ~ 自动联锁自由轮式差速器
no-slip ~ 防滑差速器
nospin ~ 防滑差速器
partial ~ 偏微分（的）
perfect ~ （完）全微分，完整微分
pitch line ~ 节径距
power locking ~ 摩擦片式自锁差速器
power-dividing ~ 非等转矩差速器
power-proportioning ~ 非等转矩
pressure ~ 压差〔降〕，速压头
recognition ~ 识别差，分辨差
satellite ~ 行星齿轮差速器
self-locking ~ system 自锁差速器系统
semi-locking ~ 半闭锁分速器
shaft-cylinder ~ 轴与气缸的差胀
spin resistant ~ 防滑（空转）差速器
synchro ~ 自整角差动机，差动自整角机
time ~ 对时间的微分，（保护继电器之间的）延时程度
total ~ 全微分
viscous limited slip ~ 黏液式限滑差速器
differentially-wound 差绕
differential-pressure 差压的
differentiate ①区〔分，辨〕别，分化②（求）微分，求导，微分运算，差分〔动〕③鉴别，鉴定
differentiation ①辨别，区分，演变，分化，分异（作用），差动〔分〕②微分（法），求微分，取导数③逻辑分类
electrical ~ 电微分
functional ~ 功能分化
partial ~ 偏微分法，偏导法，偏微分（的）
differentiator ①微分器〔元件，电路，环节〕②差示器〔装置〕，差动轮〔装置，电路，电器〕
differentio-integral 微（分）积分的
difficulty 困〔艰〕难，难点，故障，异议，反对
diffract 分解，衍〔绕，折〕射，偏转〔差〕，误差
diffraction 衍〔绕，照〕射
~ by aperture 孔径衍射〔绕射〕
edge ~ 边缘衍射
electron ~ 电子衍射，电子绕射
Fraunhofer ~ 弗琅荷费衍射，平行光绕射
powder ~ 粉末衍射
probe ~ 探针绕射
selected ~ 选区衍射
diffracto-ga(u)ge 衍射应变仪
diffractometer 衍射仪〔计，器〕，绕射计
electron ~ 电子衍射谱仪
high electron energy ~ 高能电子衍射仪
low electron energy ~ 低能电子衍射仪
single-crystal ~ 单晶衍射仪，单晶绕射计
X-ray ~ X 射线衍射仪
diffusance 扩散度
diffusant 扩散剂，扩散杂质
diffuse ①扩〔射，播，弥，逸，分〕散，渗出，漫〔散〕射②传播，散布，普及
diffused 漫射法，扩散的，散射的
diffused-base 扩散基极
diffused-junction 扩散结
diffused-meltback 扩散反复熔炼法，回熔扩散

diffuseness 扩散，漫射

diffuser ①扩散〔扩压，喷雾，漫射，浸提，渗滤浸出〕器，汽化器的雾化装置②扩散室扩压〔散〕管，扩散段〔体〕，导叶体，进气口〔道〕，喉管，不同断面的孔道③漫〔散，浸〕射体④扬声器纸盆⑤洗料器，洗料池⑥柔光镜，偏光片

Ferry ~ 多波系内锥体超音速扩散段，费利扩散段

free-air ~ 发动机进气道，外扩散器

perfect ~ 全漫射面，（完）全〔理想〕扩散体，（完）全漫射体

uniform ~ 均匀散射面，均等扩散面

vaned ~ 有叶扩压器

vaneless ~ 无叶扩压器

vaneless-vaned ~ 无叶 - 有叶混合式扩压器

variable ~ 可变柔光片

diffusibility 扩散率〔性，本领〕，弥散性

diffusion ①扩散，分散，扩压，散射，漫射，弥漫，热扩散，光线在半透明物质中的传播，渗滤②传播，散布，普及③（气流的）滞止④照片影象轮廓线的逐渐变淡

~ of focus 散焦

~ of light 光（的）散（射）

~ of silver salt 银盐扩散（法）（一种色谱图复印法）

~ of the point image 像点模糊

agar ~ 琼脂扩散（法）

back ~ 反（行）扩散，反向扩散，背面扩散

base ~ 基极扩散

boron capsule ~ 硼箱（法）扩散，箱式硼扩散

closed-capsule ~ 封闭〔闭管〕扩散

dissociative ~ 离解扩散

doped oxide ~ 掺杂氧化物扩散

drive-in ~ 主扩散

dynamic ~ 动态扩散，流型扩散

eddy ~ 涡流扩散，扰动扩散

emitter ~ 发射极扩散

emitter base ~ 发射极 - 基极扩散（法）

encircling ~ 环状扩散

field-aided ~ 场助扩散

grown ~ 生长扩散

heat ~ 传热，热导，热扩散

hydrodynamic ~ 流体动力学扩散，流型扩散

load ~ 负荷分布

localized ~ 定域扩散

masked ~ 掩蔽扩散

narrow angle ~ 深照型漫射

normal shock ~ 正激波扩散

perfect ~ （完）全扩散，（完）全漫射

recision ~ 废弃扩散

ring ~ 环形换位

self ~ 自行〔固有〕扩散，自弥漫

shallow ~ 浅（结）扩散

solid ~ 固相扩散

stress-enhanced ~ 压力增强扩散

subsitutional ~ 置换扩散，替代扩散

surface ~ 表面扩散

sweep ~ 分离扩散（法）

underoxide ~ （氧化层下的）横向扩散

uphill ~ 富集扩散

vacancy ~ 空位扩散

volume ~ 体扩散

diffusion-alloying 扩散合金化

diffusion-sintering 扩散烧结

diffusivity 扩散性〔率，系数〕，弥漫率〔性〕，散射率，散逸率

moisture ~ 湿气扩散系数

temperature ~ 导温系数，温度扩散系数，热传导

thermal ~ 热扩散系数，热扩散率，温〔热〕导系数，热导性

diffusor = diffuser

difunctional 双作用的，有两种功能的

dig ①滞塞，不灵活，咬住，卡住②挖掘，开凿，开创③钻研，探索④短宽痕

digest ①文摘，摘要，提要，汇集，纲领，类别②浸渍〔提〕，蒸煮，煮解，溶解，（高压）溶出，加热浸提

message ~ 信息摘要（算法）

digester 蒸煮器〔锅〕，浸煮器，蒸解器，蒸炼器，煎熬器，消化池，蒸缸

anaerobic ~ 厌气消化装置

Asplund ~ 卧式连续蒸煮器

steam ~ ①蒸汽蒸煮器，蒸汽加热②压煮器

digestion ①消化（力，作用），吸收②蒸煮，浸提，煮碎，（加热）溶解，溶出，（溶液的）持续迟滞，（污水处理利用厌氧细菌的）菌致分解（出可燃性气体）

digestor = digester

digger ①挖掘工，矿工②电铲，掘凿器，挖掘机械③勺〔挖，铲〕斗

back ~ 反铲挖土机

clay ~ 挖土铲

combination ~ 挖掘 - 装袋联合收获机

deep ~ 深松土器〔机〕
ditch ~ 挖沟机，开沟机
elevator ~ （块根）挖掘升运机，升运式挖掘机
hole ~ 钻孔器，挖穴机〔器〕，挖坑机〔器〕
level-bed ~ 水平床式马铃薯挖掘机
mechanical ~ 挖掘机
posthole ~ 桩穴挖掘机，匙形取土器
pulp ~ 挖浆机，掏料机
ridge ~ 垄用挖掘机〔器〕
steam ~ 蒸汽挖掘机，蒸汽挖土机
tine potato ~ 齿形马铃薯挖掘机
trench ~ 掘沟机，挖壕机
trench ~ 开沟机
walking potato ~ 手扶式马铃薯挖掘机
web-conveyor ~ 输送链式挖掘机

digger-sacker 挖掘 - 装袋机
digger-shaker-windrower 振动筛式挖掘铺条机
digging ①掘进，挖〔采〕掘②（pl.）矿区，矿山
~ in 啃齿
digicom 数字通信
digifax 数模
digigraf 自动制图系统
digigraphy 数字图表
digigrid 数字化器
digilock 数字同步
digimer （=digital multimeter）数字式万用表
dig-in 掘〔挖，插，戳〕进
digiplot 数字作图，数字图
digiralt 数字雷达高度表
digisplay 迪吉斯普莱管（平板型数字选址电子束管），数字显示
digit ①长度单位（等于 3/4in = 1.905×10^{-2}m）②数（字），数（字）位，位数，（十进制数的）位，计数单位，单值数，号③数字符号，代号④手指
binary ~ 二进制数字〔数位〕，比特（二进位数），二进制位
carry ~ 进位数，进位位，移位数字
check ~ 校验位，核对位
coded-decimal ~ （二进制）编码的十进制数字
data ~ 不连续数据
decimal ~ 十进制数字，十进（代）码
dial ~ 拨号数位
digitalorthocorrection ~ 垂向校正位
equivalent binary ~ 等价二进制位，等效二进位数字，等值二进数
final carry ~ 终端进位（数），最后移位数
forbidden ~ 禁用数字（码），禁止组合数码，不合法数码〔记号〕
function ~ 功能数字组，操作数码，操作位
gap ~ 间隙位，间隔位，间隔数字
guard ~ 保护数，保护位
hexadecimal ~ 十六进制数位〔数字〕
high-order ~ 高数位，高位数字
housekeeping ~ 管理数字
justifying ~ 调整数字
least significant ~ 最低（位）有效数字，最低（有效）位，最低〔右〕（数）位，最小有效数
left-hand ~ 高位数（位），左侧数位
message ~ 信息位〔符号〕
most significant ~ 最高（有效）位，最高（位）有效数（字），最高（数）位
multiplier ~ 乘数，因子数字
noisy ~ 嘈杂数位，噪声数字
nonzero ~ 非零位
numerical ~ 数字，数位
octal ~ 八进制数（字），八进制数位
operated ~ 被加数的数字〔位〕，被操作数位
quinary ~ 五进制数（字）
random ~ 随机数位
redundant ~ 多余数字，冗〔多〕余位
sandwich ~ 中间数字，中间（数）位
sign ~ 符号位，代数符号，符号数（字），符号标记
significant ~ 有效（数）位，有效数（字）
stuffing ~ 塞入数字
sum ~ 和数位
sum check ~ 和数校验位
ten's ~ 十进制数（字）
top ~ 高位（数），最高位（数字），上一位
unallowable ~ 非法数位
unallowable instruction ~ 非法字符

digital ①指，键②手指的，指状的③数字（式）的，计数的
all ~ data type 全数字数据磁带
analog(ue) to ~ 模拟到数字（的）
analog(ue)-to-time-to ~ 模拟-时间-数字（转换）
automatic ~ encoding system 自动数字编码系统
virtual Dolby ~ 虚拟杜比数码环绕

digital-analog(ue) 数字 - 模拟的
digitalisation =digitalization
digitalization 数字化

digitalizer 数字化装置，数字器，数字转换器
digitally 用数字计算的方法，用计数法
digitalyzer 模拟数字转换器，数字化装置
digitar 数字变换器
digitisation = digitization
digitiser = digitizer
digitization 数字化
waveform ~ 波形数字化
digitize （模拟值的）数字〔计数〕化，使成为数字
digitizer 数字(读出,转换,交换)器,数字化仪,连续诸元 - 数字形式转换装置
analog(ue) data ~ 模拟数据数字化器
electromagnetic ~ 电磁数字化仪
image ~ 图像数字转换器
image ~ 图像数字化器，图像数字转换器
intelligent ~ 智能数字化（转换器）
pattern ~ 电子提花转换机，花纹数字转换机
shaft position ~ 轴角模数转换器
speech ~ 语音数字化器
video ~ 电视信号数字化仪
voice ~ 话音数字化仪
voltage ~ 电压数字化器
digitron 数字读出辉光管，数字指示管，数码管
digivac 字母数字管（取意真空数字管）
digiverter 数字转换器，数字模拟信息转换装置
digivolt 数字式电压表
diglot 两国语言的，两国语言的版本
digram 双字母组合，二字母组（文字输入的字母组合形式，如 er、ti 等）
digraph 两字一音（的),单音双字母（的),(计算机的）有向图，双图，偶图（图论）
digression 离角
digroup 数字基群
dihedral ①二〔两〕面角，上〔下〕反角②二面角的，V〔角〕形的，由两个平面构成的，形成上反角的机翼的，(机翼）彼此倾斜成二面角的
inverted ~ 下反角
lateral ~ 横上反角
negative ~ 下反角
dihedron 二面体
dihexahedron 双六面体
di-interstitials 双填充子，双填隙
dike ①堤，坝，堰②沟，渠，排水道③岩墙〔脉〕④密封条(吹芯盒上)⑤用堤保护，挖〔开〕沟（排水）
Y ~ Y型密封条

diker 筑堤机，挖渠机
dilatability 膨胀性〔率〕，延（伸）性
dilatable 会〔可〕膨胀的
dilatancy 膨胀（性),扩张（性),扩容〔雷诺尔〕现象，压力下胶液凝固性，松散
dilatant 膨胀增稠
dilatation 膨胀（度，系数），膨胀比，伸缩，扩展
cubical ~ 体（积）膨胀
lattice ~ 晶格膨胀
modulus ~ 膨胀模量
thermal ~ 热膨胀
time ~ ①（相对论的）时间流逝②变慢效应
dilate ①膨胀，扩大〔张〕②详述〔读〕
dilation ①膨胀，伸缩，扩展②详述
life-time ~ 寿命的延长
time ~ 时间膨胀
dilatometer 膨胀仪，膨胀计
differential ~ 示差热膨胀计
thermal ~ 热膨胀仪
dilatometry 膨胀（计）测量〔定〕法
dilator 膨胀箱，扩张器
dilecto （用酚醛塑料胶合的）压制的层状材料，电木压层材料
dilemma 二难推论，难题
di-lens 介质透镜
diluent 稀释剂，样品稀释剂，冲淡剂
dilute ①稀释,冲淡,使稀薄,掺入②(冲)淡的，稀（释）的
dilutee 非熟练工人
diluter 稀释器
dilution ①稀释,冲淡,稀（薄)化②稀（释)度，淡度，白光冲淡的程度③稀释〔冲淡〕物
colo(u)r ~ 色饱和度降低，色冲淡
tank ~ 油箱润滑油稀释
dilvar = dilver
dilver 迪维尔〔镍铁〕合金（w（Ni）46% ~ 42%，w（Fe）54% ~ 58%）
dim ①（汽车）小光灯，前灯的短焦距光束②暗淡，模糊③无光泽的，消光的
dimension ①尺寸，尺度，线度，长，宽，厚，高②量纲，因次，(次）元③维（数)，度（数）④（pl.）容积，面积，体积大小⑤标注尺寸，定尺度，选定（…的）断面（尺寸)，计算，加工成一定尺寸
~ of picture 图像尺寸，图像纵横比，像幅
array ~ 数组维数
axial single chamfer ~ 轴向单一倒角尺寸

base ~ 基本尺寸
boundary ~ 外形尺寸，轮廓尺寸
boxed ~ 总〔全，最大，外形，轮廓〕尺寸
charcteristic ~ 基准尺寸
constant ~ 常数维数
corner ~ 夹角大小，弯头尺寸
critical ~ 临界尺寸，高要求尺寸
D ~ 轴中心线和安装平面间距离，中心高（电机）
fixing ~ 装配尺寸，规定尺寸
fractal ~ 分形维数
leading ~ 主要尺寸，轮廓尺寸
linear ~ 线性尺寸，一维
long ~ 长维数，长字长
micron ~ 微米量级
narrow ~ 窄尺寸（矩形波导管能改变而不引起临界频率或波长改变的截面尺寸）
nominal chamfer ~ 标称倒角尺寸
normal ~ 标称尺寸，止常维数（码），标准数（码），标准字长
one ~ 一度尺寸，线性尺寸
operation ~ 工序尺寸
overall ~ 外形尺寸
physical ~ 结构〔几何，实际，外形，天然，预定〕尺寸
pressure ~ 压力因次
set ~ 规〔固〕定尺寸
short ~ 短维数，短字长
superficial ~ 两元性，表面尺寸
temporal ~ 时间因次
vapnik-chervonenkis ~ VC 维
zero ~ 无因次的，无量纲，零维数

dimensional ①尺寸的，有尺度的，空间的②量纲的，因次的，维量〔数〕的，度的，（次）元的，有因次的③…维的，…度空间的

dimensionality 维数，度数

dimension-driven 尺寸驱动

dimensioning ①标注尺寸，定尺度，测定尺度，（指明设备布置的）连系尺寸②计算
base line ~ 基线尺寸（法）

dimensionless ①无穷小量②无尺寸〔单位〕的，无量纲的，无因次的，无维的，相对单位表示的

dimensions = dimension 的复数
maximum moving ~ （车辆的）最大型限
three ~ 三维空间
two ~ 二维空间，平面
undeformed chip ~ 切削截面尺寸

dimeric （形成）二聚（物）的，由两部分组成的，由两种因素决定的

dime-size 微型的（指元件尺寸）

dimetalation 二金属取代作用

dimetric 正方的，四角〔边〕形的

Dimetwire 一种包铜的铁镍合金导线

dimidiate ①二分的，折半的，对半的②把…二等分

diminish 减小，缩小，减低，减弱，由大变小，（使）成尖顶

diminishable 可缩减的，可削弱的

diminisher 减光器，减声器

diminution ①减小，减低，缩小〔短〕，递减，衰退〔减〕，降低②尖顶，变尖
~ of roots 缩根法，减根法
natural ~ 天然折旧

diminutive ①微小的东西②小（型）的，小得多的

dimmer ①遮〔调，变，减〕光器，减光线圈，调节灯光的变阻器，（灯）罩，光度调整器，制光装置，衰减器②（pl.）（汽车头灯）变光开关

dimming ①减低亮度，变暗②灯光管制

di-mol 迪 - 钼尔（钼）高速钢（*w*（C）0.8%，*w*（Cr）4.0%，*w*（V）1.0%，*w*（W）1.5%，*w*（Mo）9%，其余 Fe）

dimolecular 二〔双〕分子的

dimorphic ①同质二形体②双晶的，（同种，同质）二形的，同时具有两种特性的，同质二象的

dimorphism 双晶现象，（同质）二形，二态（形）性，二态（形）现象

dimorphous = dimorphic

dimple 凹（痕），凹（座），坑，陷窝，表面微凹，波纹
etched ~ 腐蚀陷斑

dimpling ①压碟形窝，压埋头螺钉孔②起波纹，（埋头铆钉，螺钉的）埋头孔压形，沉头孔压形

dimply 凹（陷）的，有波纹的

din 嘈杂声，喧闹声

dina 起伏电压调制雷达干扰系统，直接噪声放大器

dinamate 低频噪声调制雷达干扰机的监视接收机

dinas 砂（硅）石
lime ~ 石灰硅石

dinbat 图形标记，装饰标记

D-indicator D 型显示器
dineutron 双中子
ding ①勾缝②（pl.）板材的弯折
dingey = dinghy
dinghy 小船（小于 6 m 长的），折叠式救生艇，橡皮艇
dinging 钩缝，填缝
dingot 直熔锭
dings 板材的弯折
dingus 小装置，小机件
dinkey （调车用）小机车，小型电车
dinking 空心冲
dinky = dinkey
dint 压痕，凹痕，压伤，打痕
dinucleon 双核子
dioctron 交叉电磁场微波放大器
diode 二极管
absorber ~ 吸收二极管
AC heated ~ （交流灯丝）旁热式二极管
alloyed ~ 合金（型）二极管
alloy-junction ~ 合金结二极管
attack ~ 选通脉冲二极管
avalanche ~ 雪崩二极管
avalanche injection ~ 雪崩注入二极管
avalanche rectifier ~ 雪崩整流（二极）管
back ~ 负阻特性二极管
back-to-back ~ 背对背二极管，反向二极管
backward ~ 反向二极管
bandwidth laser ~ （频）带宽激光二极管
barrier injection and transit time ~ 势越二极管（势垒注入渡越时间二极管）
base-collector ~ 基极集电极二极管
base-emitter ~ 基极发射极二极管
bistable laser ~ 双稳激光二极管
blocking ~ 阻塞二极管
bond-type ~ 链型二极管
booster ~ 辅助〔升压〕二极管，阻尼二极管（线扫描输出级用）
bootstrap ~ 限幅二极管，阴极负载〔阴极输出〕二极管
breakdown ~ 击穿二极管，雪崩二极管
broad stripe laser ~ 宽条型激光二极管
broadband mixer ~ 宽带混频二极管
bulk effect ~ 体效应二极管
buried photo ~ 隐埋式光敏二极管
catching ~ 箝位二极管
centering ~ 定心二极管
channel(ling) ~ 沟道（效应）二极管
charge-storage ~ 电荷存储二极管，阶跃二极管
clamping ~ 箝位〔压〕二极管
clipper ~ 限幅二极管，削波二极管
commutation ~ 整流〔换向〕二极管
compound ~ 复〔混〕合二极管
constant voltage ~ 恒压〔齐纳〕二极管
controlled avalanche rectifier ~ 可控雪崩整流（二极）管
damper ~ 续流〔阻尼〕二极管
damping ~ 阻尼二极管
DC restorer ~ 直流（成分）恢复二极管，箝位（电路）二极管
delayed ~ 阻尼二极管
detection ~ 检波二极管
detector ~ 检波（器）二极管
dielectric ~ 介电二极管
difference ~ 差分二极管
diffused ~ 扩散型二极
diffused junction ~ 扩散结二极管
diffused type ~ 扩散型二极管
double base ~ 双基极二极管，单结晶体管
double carrier confinement laser ~ 双载流子限制激光二极管
dual wavelength laser ~ 双波长激光二极管
dummy ~ 仿真〔等效〕二极管
edge-emitting ~ 边（侧面）发射二极管
efficiency ~ （高压整流用的）高效率二极管，升效〔阻尼〕二极管
electroluminescent ~ 电荧光〔半导体荧光，发光〕二极管
emission-limited ~ 限幅发射二极管
energy recovery ~ 能量恢复二极管，升压二极管
Esaki ~ 隧道二极管
fast rapid ~ 快速二极管
fast recovery ~ 快速恢复二极管
fast recovery rectifier ~ （快速）整流（二极）管
fast resume ~ 快恢复二极管
field emission emitter array ~ 场致发射阵列二极管
field-quenching ~ 灭弧二极管
fluid ~ 射流二极管
freewheel(ing) ~ 续流〔稳流，旁路，惯性，飞轮〕二极管
gas ~ 充气二极管
gated ~ 门（电路）二极管

germanium ~ 锗二极管
gold-bonded ~ 金键二极管
grown junction ~ 生长结二极管
heterojunction ~ 异质〔递变〕结二极管
high burnout resistant mixer ~ 耐剧烈燃烧的混频二极管
high temperature rectifier ~ （高温）整流（二极）管
high-speed low-loss ~ 高速低功耗二极管
hold-off ~ 截止〔闭锁〕二极管
hole accumulated ~ 空穴积累二极管（图像传感器）
hole accumulation ~ 空穴累积二极管
hot carrier ~ 热载流子二极管
hot cathode gas-filled ~ 热阴极充气二极管
hot electron ~ 热电子二极管
hot hole ~ 热空穴二极管
hypercap ~ 变容二极管
IMPATT ~ （= impact avalanche transit time ~）碰撞雪崩渡越时间二极管
index guide laser ~ 折射波导激光二极管
infrared emitting ~ 红外线发光二极管
infrared light-emitting ~ 红外线发光二极管
injection laser ~ 注入式激光二极管
injection luminescent ~ 注入式发光二极管
integrated ~ 集成二极管
isolation ~ 隔离二极管
junction ~ （面）结型二极管
Ketter ~ 变容二极管
laser detector ~ 激光检波二极管
laser monitor ~ 激光监视二极管
laser ~ 激光二极管，激光管
level shift ~ 电平移动二极管
light-emitting ~ 发光〔光发射〕二极管，半导体荧光二极管，电荧光二极管
lighthouse ~ 灯塔二极管
light(ing) ~ 发光二极管
light-sensitive ~ 光敏二极管
limited accumulation ~ 限累二极管
limiter ~ 限幅二极管
LSA ~ 有限空间电荷积累二极管
luminous ~ 发光二极管
magneto ~ 磁敏二极管
Matsushita pressure ~ （松下）压敏二极管
mesa ~ 台面型晶体二极管
mesa light-emitting ~ 台面型发光二极管
metal clad ridge waveguide laser ~ 金属包层脊形波导激光二极管
microwave avalanche ~ 微波雪崩二极管
microwave ~ 微波二极管
mixer ~ 混频二极管
Mott-barrier ~ 莫特势垒二极管
multiplier travel(l)ing-wave photo ~ 行波光电倍增二极管
negative resistance ~ 负阻二极管
noise ~ 二极管噪声发生器，噪声二极管
noise-generator ~ 噪声二极管
octupler ~ 八倍频变容二极管
opposed ~ 对接二极管
organic light emitting ~ 有机发光二极管
pair ~ 配对二极管
parametric ~ 参数〔参量放大〕二极管
photo ~ 光电二极管，光敏二极管
photoelectric ~ 光敏二极管
photoemission ~ 光敏发射二极管
photomagnetic ~ 光磁二极管
photo magnetism ~ 光磁二极管
photomixer ~ 光混频二极管
pick-off ~ 截止二极管
PIN ~ PIN 二极管，移相开关二极管
pinhead ~ 针头型二极管
planar ~ 平面型二极管
plane-parallel ~ 平行板二极管
point contact ~ 点接触型二极管
punch through ~ 穿通（现象）二极管
quantum well laser ~ 量子阱激光二极管
radio-frequency ~ 射频二极管
recovery ~ 恢复二极管
rectifier ~ （普通）整流（二极）管
reference ~ 恒压〔参考〕二极管
resonant tunneling ~ 共振隧道二极管
restorer ~ 恢复二极管
reversible ~ 可逆（极性）二极管
ridge guide laser ~ 脊（形）波导激光二极管
rotating ~ 旋转二极管（放在电机转子内作励磁整流用）
Schockley ~ 〔四层，肖克莱〕二极管
Schottky ~ 肖特基二极管
Schottky-barrier ~ 肖特基势垒二极管
semiconductor ~ 半导体二极管
semiconductor light emitting ~ 半导体发光二极管
semiconductor rectifier ~ （半导体）整流（二极）管
silicon ~ 硅（晶体）二极管
silicon junction ~ 硅结型二极管

silicon photo ~ 硅光电接收二极管
silicon-carbide ~ 碳化硅二极管
silver bond ~ 银键二极管
snapback ~ 阶跃恢复二极管
snap-off ~ 急变〔阶跃〕二极管，阶跃恢复二极管
stacked laser ~ 堆垛激光二极管
steering ~ 控向二极管
step recovery ~ 阶跃恢复二极管
superluminescent ~ 超辐射发光二极管
switching ~ 开关二极管
thin-film ~ 薄膜二极管
transistor ~ 半导体二极管，晶体管-二极管
TRAPATT ~ (= trapped plasma avalanche triggered transit ~）俘获等离子体雪崩触发渡越二极管
tube ~ 真空二极管
tuning ~ 调谐二极管
tunnel ~ 隧道二极管
tunnel injection transit time ~ 隧道注入渡越时间二极管
tunneling ~ 隧道二极管
unilateral ~ 单向二极管
varactor ~ 变容〔参量〕二极管
variable ~ 变容二极管
variable-capacitance ~ 变容二极管
voltage regulator ~ 稳压二极管
voltage stabilizing ~ 稳压二极管
vortex ~ 涡流二极管
~ 齐纳二极管

diode-logic 二极管逻辑（电路）的
diolame 包皮，包膜，包装用薄膜
Dionic （用测量导电性的方法）试验水的纯度的一种仪器的品名
diopside 透辉石
dioptase 透视石
diopter ①屈光度，折光度，视度②屈光率单位（透镜焦点距离米的倒数）③照准仪，瞄准器④窥（视）孔，觇（舰）孔
dioptometer 屈光度测定器，视度计
dioptra 测量高度及角度用的光学装置
dioptre = diopter
dioptric 屈光（学）的，折光〔射〕的
dioptrics 屈光学，折〔射〕光学
Dioptrie 〈德〉焦度
dioptrometer 折光度计
diorama 透视面〔画〕
dioramic 透视画面
diorite 闪长岩
diotron 交叉电磁场微波放大器
dioxide 二氧化物
butadiene ~ 二氧化丁二烯(黏合剂用改性剂)
solid carbon ~ 固体二氧化碳，干冰
dip ①浸渍，浸涂，浸（入），泡，沉入②倾斜，倾向，斜坡，俯角，偏角，(磁）倾角，磁针倾斜③下落，电压降④下垂，垂度，弛度⑤（游标）深度尺⑥溶液，液体
~ of load curve 负荷曲线峡谷
~ of the track 径迹深度
absorption ~ 吸收曲线中的下落，吸收引起的下落，(通量）吸收坑
apparent ~ 视倾角
blue ~ 汞齐化
bright ~ ①光亮浸液，浸亮剂②电解液浸渍（脱锈过程），光亮浸渍，浸亮
caustic ~ 碱液清洗，浸碱
efficiency ~ 效率谷点
erection ~ （安装）垂度
flux ~ 通量坑，通量下陷
full ~ 总垂度，(电线的）总弛度
hot ~ 浸〔热〕镀，热浸
intensity ~ 强度降落，强度（曲线上的）坑
inverted Lamb ~ 倒〔反〕兰姆凹陷
local ~ （流量的）局部扰动
magnetic ~ 磁倾角
nickel ~ 浸镍
night ~ 夜间低谷（负荷曲线）
slipper 流动浸渍
solder ~ 浸焊
voltage ~ 电压骤降

dipartite 分成几部分的
dip-braze 铜浸焊
dip-coating 浸涂
diphase 双相（的）
diphaser 两相发电机
diphasic 两相的
diphenyl ①联（二）苯②二苯基
diphenylethylene 二苯基（代）乙烯
diphosgen(e) 双光气
diphthong 双〔复合〕元音
Diphyl 狄菲尔换热剂（二苯及二苯氧化物的混合物）
dip-joint 倾向节理
diplane 双平面的
dipleg 浸入管

diplex ①同向双工（制），双信号同时同向传送②双工的，双通路的，双倍的③加倍，复用
four frequency ~ 四频双工制，双路移频制
diplexer 双工器〔机〕,(同向)双讯器,两〔双〕信伴传机，天线分离滤波器，天线共用器
antenna ~ 天线双工器，天线共用器
bridge ~ 桥接双工器
notch(ing) ~ 锐截止式天线共用器
diplexing （同向）双工法
diplogen 氘，重氢
diploid 二重〔倍〕的，倍数的，双的，重的
diploma 证书，文凭，执照，公文，(古时的)文书
diplon 氘〔重氢〕核
diplopia 双影，双像，复视
dipmeter 栅（流）陷（落式测试）振荡器，测斜仪
grid ~ 栅（流）陷（落式测试）振荡器
dipolar 两极（的），双极的，偶极（的）
dipole ①偶极（子，力，天线），对称振子，二极②双合价
band horizontal ~ 宽频带水平偶极子
colateral ~ 并列偶极子（顺序排成几条并行线的偶极子），同边偶极子排
directed ~ 定向偶极子
director ~ 引向振子
electric(al) ~ 电偶极子，偶极天线
elementary ~ 元偶极子，原偶极子
fat ~ 短粗偶极子（长度直径比小的偶极子）
folded ~ 折叠偶极（天线），折合偶极子
full-wave ~ 全波振子，全波偶极子
off-centered ~ 偏心偶极子，偏心振子
offset ~ 偏馈偶极子，偏馈振子
pick-up ~ 接收振子，接收偶极子
point ~ 点偶极子
slot ~ 槽馈偶极子，槽馈偶极天线
thick ~ 粗短偶极子(长度直径比小的偶极子)
dipper ①(浇注,长柄)勺②(挖掘机)铲〔勺,戽〕斗③汲器，油匙④显像液槽⑤（汽车前照灯）近光（灯）
electric ~ 电铲
shovel ~ 挖土机铲斗
wave ~ 削波器
dipping ①倾斜（的），下倾（的），下垂（的），磁倾（的）②浸渍（的，法），酸洗（的），腐蚀金属（的）药浴③浸涂④艄沉
bright ~ 出光
hot ~ 热浸镀
solder ~ 浸焊
dipping-needle 磁倾针
diproton 双质子
dip-solder 浸焊
dip-soldering 浸焊
dipstick 测深尺，测杆（测液深），油尺，量杆，量尺，水位指示器
oil-level ~ 油面测杆
dipswitch （汽车前照灯）变光开关
direct ①直接的，直流的，直射的，笔直的，正面的，正向的，定向的②指导，指示，引导③管理，支配，控制，操纵，命令，修正，校正④对准，指向，使…朝向，水平瞄准，把…寄至
~ to line 直接接到线路
reset ~ 重置控制，复位控制，置“0”控制
direct-acting 直接（联动，作用，动作，传动）的
direct-arc 直接电弧（熔铸）的
direct-axis 纵轴，纵向轴线，直〔顺〕轴
direct-connected 直（接）连（接）的，直接传动的，悬挂（式）的
direct-control 直接控制
direct-coupled 直接（耦合）的，直接连接的，抱接的
direct-coupling 直接联轴器，直接连接〔耦合〕
direct-current 直流
directed ①有〔定，指〕向的②被控制的
direct-firing 直吹式（制粉系统）燃烧
direct-insert 直接插入的
direction ①方向，方位②指挥，指导，引导，操纵，命令③修正，校正，水平瞄准④（常用 pl.）指示，用法，说明（书），规程导则
abeam ~ 正横方向(与机身或船体垂直的方向)
antispin ~ 反螺旋方向，反尾旋方向
conducting ~ (of a valve or arm) （阀或臂）导通方向
cross ~ 横向
crystal ~ 结晶定向
current ~ 流向，电〔海〕流方向
electron transmission ~ 电子透视方向，电子发送方向
forward ~ 正向，前向
forward ~ (of a PN junction) 正向(PN 结的)
hard ~ 难磁化方向
horizontal ~ ①水平偏转，行偏转②方位
incidence ~ 入射方向
inverse ~ 反向，阻挡方向

long ~ 滚向，运动方向，纵向（纸张）
long transverse ~ 沿宽度方向
machine ~ 加工方向
measure ~ 测向
Mercator ~ 墨卡托方位，（从一参考方向起算的）恒向线方向
motion ~ 运行方向（机器人智能）
negative ~ 逆向，反方向
non-conducting ~ (of a valve or arm)（阀或臂）不导通方向
normal ~ 法线方向，正常方向
null ~ 零方位
offset ~ 偏移方向，偏离航向
opposite ~ 相反的方向，对向
preferred ~ of magnetization 易磁化方向
prime ~ 起始方向
reference ~ 基准方向，参考方向
reverse ~ (of a PN junction) 反向（PN 结的）
rhumb ~ 罗盘方位
sync ~ （对视频信号）同步（脉冲）方向，同步（信号）极性
time-like ~ 类时间方向
transverse ~ 端向
word ~ 字方向

directional 定向的，方向的，指向（性）的

directionality 方向（性），定向性，指向特性

direction-coupler 定向耦合器

direction-finder （无线电）探〔测〕向器
acoustic ~ 声响探向器

direction-finding 方位（角）测定，定方位（角），测〔探〕向

direction-sense 定向性的

directive ①（控制译码的）指令〔指示〕，（程序中的）伪指令，命令，射向，指向②指挥仪，指挥机③有方向性的，定向的，指向的④指示的，指导的，管理的
assembler ~ 汇编指令
broadside ~ 垂射

directivity 指〔定，方〕向性，指向特性

directline 直通行
inverted ~ 倒相直通行

direct-loading 直接加载（测力机）

directly-heated 直热式的，直接加热的

direct-motor-driven 单电动机传动的

direct-mounted 悬挂式的

directness 直接〔捷，率〕，径直

direct-operated 直接操纵（的）

director ①指挥仪〔机〕，控制〔操纵〕仪表〔器〕，指示器，引向器，导向装置，导射振子，（天线）导向〔无源定向〕偶极子，定向偶极天线②诸元计算器，指挥站③指挥者，领导者，局长，经理，导演，董〔理〕事
artillery ~ 炮兵罗盘
course ~ 航向自动指示器，导航仪
executive ~ 常务董事
fire ~ 高射炮兵射击指挥仪
gun ~ 炮兵射击指挥仪
light(ing) ~ 照明监督
managing ~ 总经理，局长，常务理事
pilot ~ 导航仪，航向指示器
time ~ 操作耗时控制器
wave ~ 波导，导波体

directorate ①指导者，董事②董事会，管理局
interlocking ~ 连锁董事会（美国）

directory 索引簿，（产品）目录，号码簿，号码表，人名（地址）录，手册，指南，辞典
child ~ 子目录
data base ~ 数据库目录
default ~ 默认目录
file ~ 文件目录
overlay ~ 重叠管理程序，覆盖目录
personal phone ~ 个人电话目录
telephone ~ 电话号码簿

direct-overwrite 直接重写

direct-path 直接波束〔路径，通路〕

direct-read-after-write 随录随放

direct-reader 直（接）读（数）的，直接示值的

direct-recording 直（接记）录的

directrix 准线

direct-to-home （卫星电视）直播到户

direct-to-plate 直接制版法

direct-to-scale 以给定比例表示的，用规定比例，用所要求的比例

direct-viewing 直观的，直视的

dirigibility 灵活性，回转性能，可操纵性，可控制性

dirigible ①飞〔气〕艇，（可驾驶的）飞船②可操纵〔驾驶〕的

diriment 使无效的

D-iron （弯成）圆角（的）槽铁

dirt ①污物，污垢，油泥②尘土，碎石，废渣，矸石③杂质，夹渣（铸造缺陷），夹矸④充填材料⑤土壤，土地⑥含金土〔砂〕⑦沾污，弄脏
entrapped ~ 卷入杂质
pay ~ 富矿砂

dirtboard 挡泥板

dirthole 废屑孔，渣夹杂物
dirtiness 污染，污染度
dirtproof 防尘的
dirt-trap 挡〔集〕渣器
dirty ①肮脏的，含有大量放射性尘埃的②弄脏，弄污
disability ①无能，无力，失去（劳动）能力②车辆报废③无资格
disable ①损坏，报废②截止，阻塞，减损③使不适用，使无能力，使…不能（做）
framing ~ 成帧阻塞
pre-amplifier ~ 前置放大器阻塞（封闭）
disabled ①报废的，损坏的，不能使用的，屏蔽的，禁止的②丧失劳动力的
disablement 无（能）力，无资格，损坏，废弃
disaccommodation 失去调节，磁导率减落
disaccord 不一致〔和谐，协调，符，同意〕
disacitify 去〔除〕酸
disadjust 失调〔谐〕(的)
disadjustment 失调〔谐〕
disadvantage ①缺陷，缺点，不利（情况，条件，方面）②损害〔失，耗〕③使不利〔损失〕
disaffiliate 分离，(使）脱离，拆
disaggregate 分解〔开，散〕，解开（聚集）
disaggregation 解集作用
disagreement ①发散，偏离，偏差②不符合，不协调，相抵触，分歧，分开
disalignment 偏离中心线，轴线不重合，未对准（中心），偏离轴心，同轴度误差，同心（度）误差，平行度误差，不正，不直，错位，失调
disambiguation 澄清
disanchor 解〔起〕锚
disannealing 混合，混料，调和
disannul 取消，作废
disappear 不出现，消失〔散〕，失踪
disarm ①拆除〔取出〕引信〔信管〕，排除发火装置②解除，消除，使中断，使无效
disarrange 使失谐，使失调，使紊乱
disarrangement 失谐，失调，紊乱
disassemble 拆卸，分解，把…拆开，不汇编
disassembler 反汇编程序
cell ~ 信元分解器
packet assembler ~ 分组装拆设备
disassembly 拆开，拆卸，散开，分散
packet ~ 包解装
disassimilate 异化，分解代谢
disassociate = dissociate
disaster 事故，故障
disbalance 不平衡，失衡，平衡差度
disbelief 不相信度
disbenefit 负效益
disboard 卸下〔货，载〕
disbranch 断开，分离，分开，取消支路
disburden 卸货，卸载
disbursement 支付款，支出额
disc = disk
discal 平圆盘的，盘状的
discale 碎鳞，除鳞
discaloy 涡轮叶片用镍铬钼钛钢（*w*（Ni）25%，*w*（Cr）13%，*w*（Mo）3%，*w*（Ti）2%，*w*（Mn）0.7%，*w*（Si）0.7%，*w*（Al）0.5%，*w*（C）0.05%，其余 Fe）
discap 盘形电容器
discard ①废品，废料，切头②保温帽③报废，抛弃，排出
discardable 可废弃的
discarding 丢弃
discernibility 分辨能力，察知能力
discernible 可辨别〔分别，觉察，看得清〕的
discernment 见识，识别力，辨别
discerp 扯碎，撕裂，分开，分裂
discerp(t)ible 可扯碎〔撕裂，分离，分解，剖析〕的
discerption 分裂，分离，扯碎，割断，断片
discharge ①卸料，卸载，出料，出炉②放〔排，泄，流〕出，放〔排〕水〔气，油〕，放电，发射，排出物③流〔泄〕量，(泵的）出量，生产〔放电〕量④释放，输出，断开，开锁
~ of insulation 绝缘放电〔击穿〕
~ of pump 泵出量，泵的输出量
~ off 放电完毕〔终止〕，无放电，排气中断
~ on 正在放电〔排气〕，放电期间，放电继续
aerial ~ 空气中放电，气体放电
air ~ ①排气（量），空气流量②空中放电
alternating ~ 周期性放电
arc ~ 弧光放电，电弧放电
atmospheric ~ 天电〔大气〕放电
black ~ 无光放电
bottom ~ 活底卸料，底部卸载，下部卸料，底部排泄
brush ~ 电晕〔刷形〕放电
brush-and-spray ~ 刷形放电
bunch ~ 束形〔电晕〕放电
coal-scale ~ 称量斗，称煤斗
cold body ~ 冷（体）放电

conductive ~ （通过）导体放电，（通过）电阻放电
conical ~ 供给锥形细流（喷油嘴）
contact arc ~ 接触放电加工
creepage ~ 潜流放电，沿面放电
creeping ~ 蠕缓〔沿表面，潜流〕放电
dark ~ 暗放电，无光放电
disruptive ~ 击穿〔破裂，火花〕放电，破坏性放电
electromagnetic ~ 电磁放电，电感放电
end-to-end ~ 双端卸载
evaporation ~ （燃料的）挥发性，汽化度
exponential ~ 指数衰减
field ~ 励磁〔磁场〕放电，消磁，灭磁
firm ~ 保证使用流量（=最大使用流量的二分之一）
flood ~ 洪水流量，泄洪
full plant ~ 电站满载流量
globular ~ 球形放电，球状电闪
glow ~ 辉光放电
guiding〔guided〕~ 导致放电
high intensity ~ 高强度气体放电灯，金卤灯，高压灯
ionic ~ 电离放电，离子放电
keep-alive ~ 保活放电
leakage ~ 泄漏放电
marginal ~ 边缘放电，尖端放电
maximum usable ~ 最大使用流量（水电站）
microwave glow ~ 微波辉光放电
non-regulated ~ 未调节的流量
non-selfexcited ~ 非自持放电，非自励放电
partial ~ 局部放电，电晕放电，部分排渣
point ~ 尖端放电
point-to-plane ~ 尖端 - 平面间放电
positive ~ 脉动流出
precipitation ~ 沉淀放电（带电导线向雨点、雪花、尘粒等质点的放电）
priming ~ 引火放电
propellant ~ 燃料消耗量
pump ~ 水泵流量
pusher ~ 推料机出料
slot ~ 槽部放电（电机线圈外表面对铁心的放电）
spurious ~ 乱真放电
static ~ 静电放电
thermal ~ 放热
total ~ 全排渣
Townsend ~ 汤森放电，繁流放电
vibrating ~ 叶滤机振荡卸料
water ~ 排水（量），流量
wire ~ 钢丝卸料
zero ~ 无出，空转
dischargeable 可卸的，可放〔排，流〕出的
discharge-auger 卸料螺旋
tank ~ （联合收割机的）粮箱卸粮螺旋
discharger ①排出〔起动，发射〕装置②避雷器，放电器③卸放装置，卸载器，出料机，推料机，推杆④火花间隙，放电间隙⑤排放管，溢出管，扩容器
carriage ~ 托板出料机
disk ~ 旋转火花间隙，盘式放电器
screw ~ 旋转式卸料器
sheaf ~ 卸捆器，抛捆器
skip ~ 斗车装料机
spark ~ 火花放电器
static ~ 静电放射器
trip ~ 翻卸装置
Woodland's polyphase ~ 多相同步放电器
discharging 卸料，输出，输送，放出，放电
disciform （椭）圆形的
discipline ①规定，规范，要求，纪律②学科，科目
engineering ~ 工程规定，工程规范
line ~ ①行规则②线路规程
manufacturing ~ 工艺纪律
nonpreemptive ~ 非抢先原则
polling ~ 轮询规定
queue ~ 队列规定
disclination 向错
disclosure 泄漏，公布
discman 随身听（随身 CD 机）
discoid ①圆盘，平圆形物②平圆形的，（圆）盘状的
discoidal = discoid
discol 内燃机燃料（含醇，苯，烃类）
discolo(u)r 变〔褪，脱〕色，（使）污染
discolo(u)ration 变色，褪色，脱色（作用）
heat-age ~ 热老化变色
discommodity 无使用价值的东西
discomposition （晶格中的）原子位移
discompressor 减压器，松〔去〕压器
discon 断开，不连续的
disconformity 不一致〔相称，对应，相适应，调和，协调〕，假整合
discongruity 不一致〔调和，相称〕
disconnect 解〔断，脱，拆〕开，分离，拆卸，

切〔截，折，割，挂〕断，不连接，不接通，断线，断〔开〕路

disconnected 断〔拆〕开的，截断的，分离的，不连接的

disconnecting 拆开，解脱，分离

disconnection 分开〔离〕,打〔解,拆〕开,拆卸，切断，断开〔路，线，接〕，解脱，绝缘

all-pole ~ 全极断开

intermittent ~ 时断时续

partial ~ 半断接〔线〕

premature ~ 早释

disconnector ①断路器，切断开关，隔离开关，分离装置，绝缘体②压板榫

switch ~ 隔离开关

disconnexion = disconnection

discontiguous （与各部分）不接触的，不连接的

discontinuance 停〔中〕止,间〔中〕断,断绝，不连续

discontinuation = discontinuance

discontinue 停止（使用，出版），中止，截止，中断，间断

discontinuity （连续性）中断,不连续（性,点），间断（性，点），断续（性），不均匀性〔度〕，突〔跃，骤〕变（性，点），突跃，断续函数

discontinuous 不连续的，间断的，间歇的，断续的，中断的，突变的

absorption ~ 吸收曲线突变，吸收曲线连续性中断，吸收的不连续性

frequency ~ 频率突变，频率中断

pressure ~ 压力突跃

shock ~ 激波间断

discord 不和谐，不协调，失谐

discordance 不和谐(性),不一致(性),不调和，不整合

discordant 不和谐〔调和，一致，均整，整合〕的

discount ①折扣，酌减〔量〕，贴现〔水〕②打折扣，减低（效果等）

bank ~ 银行贴现

chain ~ 连续折扣

discounter 减价商店

discoupling ①分开，拆开，切断，（电路的）断开②关闭，停止③去耦，解耦

discover 发现，显示，显露，显像

discovery （新）发现，发现物，显示〔露，像〕

discrepance ①差异,分歧,不同,不符合〔值〕，不一致，矛盾②偏〔误〕差，不精确度③亏损，缺少

accumulated ~ 累积误差

dimensional ~ 尺寸不符值，尺寸差异

speed ~ 转速差

discrepancy = discrepance

maximum mean ~ 最大平均偏差

discrete 不连续〔接〕的,分离〔散〕的,离散的，分立的，独立的，个别的，单个的，无联系的，抽象的

discreteness 不连续性，离散性，目标的鉴别能力，目标相对于背景的显明度

discretion ①判断，辨别②慎重③任意，自决

discretional 任意的，自由选定的，无条件的

discretization 离散化

discriminability ①鉴别，辨别②鉴别力，分辨力

discriminant 判别式，鉴别式

discriminate ①鉴〔辨，识，区，判〕别，区分②求解

discrimination ①鉴〔辨，识，区，甄，判〕别，区分，选择②辨〔鉴，识〕别力〔率〕③鉴频

cross polarization ~ 交叉极化鉴别度

detector noise ~ 探测器噪声滤波器

filter ~ 滤波器分辨率，滤波能力

frequency ~ 鉴频，频率鉴别

off-beam ~ 偏轴鉴别

discriminator 鉴别〔鉴相,鉴频,甄别〕器,（调频机的）比较装置，假信号抑制器

AFT ~ 自动（频率）微调鉴别器，自动微调电路鉴频器

amplitude ~ 振幅鉴别器〔译码器〕，检波器

audio ~ 伴音鉴频器

automatic frequency control ~ 自动频率控制鉴频器

automatic synchronized ~ 自动同步鉴别器

code ~ 鉴码器

delay-line ~ 延迟线鉴别（器）电路

differential ~ 鉴差计，差动式鉴别器

fission fragment track ~ 裂变碎片径迹甄别器

frequency ~ 鉴频器

initiation area ~ 起始区判别器

off-tune type ~ 失谐（电路推挽）式鉴频器

phase~ 鉴相器

single-ended ~ 工作于谐振曲线一侧的鉴频器

snap off timing ~ 快速关断定时甄别器

sound ~ 声频鉴频器

telegraph ~ 电报鉴频器

time ~ 时间鉴频器，鉴时器

trigger ~ 起动脉冲鉴频器
discs ①盘式压碎机②复盘
disc-seal 盘封(的)，盘形封口
disease 变质，故障，(疾，弊)病
crop 作物病害
diseconomy 不经济，成本〔费用〕增加，使成本〔费用〕增加的因素
pecuniary ~ 使成本增加的货币因素
disengage ①解开〔除，脱，放，约，列〕，放〔松，断〕开，退出，释放，卸除，拆卸②切断，不占线③使自由，使游离，使离析，使脱离接触
disengageable 可解开的，可脱离的
disengagement ①解开，断开，卸除②脱离，分离，离析，释放
phase ~ 相分离
disequilibrium 不平衡，失去平衡，不稳定
disfiguration = disfigurement
disfigurement 外貌损伤，损形，瑕疵
disgerminator 去芽机，除胚芽机
disgorger (香槟酒)去酒泥机，吐渣机(从香槟酒瓶颈取出酒泥的器械)
disgregation 分散(作用)
dish ①碟，盘，(器)皿，盆，盘形物②(雷达)反射器，抛物面反射器〔镜〕，抛物面天线③凹部，凹度
cosecant-squared ~ 平方余割反射器
evaporating ~ 蒸发皿
homing ~ 自动导引雷达头的天线，自动导引雷达天线的反射器
low-altitude ~ 低仰角天线，低辐射天线
oil ~ 存油盘
parabolic ~ 抛物柱面(反射器)
pouring ~ 外浇口盘
skimming ~ ①摩托〔竞赛〕快艇②撇沫器
disharmonic(al) 不调和的，不和谐的
disharmonious = disharmonic(al)
disharmony 不调和〔一致，协调〕
dished 半球〔凹，盘〕形的，有圆屋顶的，穹隆形的
dish-ended 碟形底的
dishing ①(车轮的)辐板压弯②锻成碟形，大半径凹进成形，窝锻③凹陷(钢板落料缺陷)，形成凹坑，表面缩穴〔凹陷〕，形成盆形，凹形变形④(离合器片，辐板等)凹度
dish-shaped 盘形的
dishware 容器，器皿
disilane 乙硅烷
disincrustant 防水垢剂
disinfector 消毒器(具)，消毒剂
disinflate 放气，排气
disintegrate ①分裂，分解②粉碎，切碎③蜕变，裂变
disintegration ①分解，分裂，崩解，瓦解，粉碎，风化作用②蜕〔裂，衰〕变③雾化④变质
~ of filament 灯丝烧坏〔断，毁〕
cathode ~ 阴极崩解
endothermic ~ 吸热〔吸收能量〕转化
impact ~ 碰裂反应
multiple ~ 倍速蜕变(作用)
rotor ~ 转头飞裂
disintegrator ①破碎〔松砂，粉碎〕机，碎裂器，转笼磨碎机，轧石〔解磨〕机，纤维离解机，气体洗涤机，(气流纺的)分梳辊②分解者，分裂因素
cage ~ 笼形粉碎机
Liebeck ~ 李贝克损纸高频疏解机
pomace ~ (葡萄等)压榨渣翻松机
spike ~ 棒式松砂机
wet ~ 湿浆旋风除尘器
disjecta 〈拉〉断简残篇，断〔碎〕片
disjoin 分离〔解，开〕，拆散
disjoint 拆散，分解〔开，离〕，不相交〔相接，连贯〕(的)
disjunct ①析取项②分离的，断开的
logical ~ 逻辑“或”，逻辑析取
disjunction ①分裂，分离，折断，切断，断开，脱节②析取③逻辑加法，逻辑和
exclusive ~ “异”，不可兼析取
inclusive ~ “或”
disjunctive 分离(性)的，转折的，析取的
disjunctor 分离器，断路器，开关
disjuncture 分离(状态)
inclusive ~ 可兼析取
disk ①(圆，轮，磁，研磨)盘，圆板〔片，面，盘刀〕，圆〔甩油〕环，(钢丝绳机的)轮圈②阀板，阀瓣，轮盘，圆盘形表面，平圆形物③启闭件，隔膜④碟片，唱片⑤毛管，毛坯⑥切成圆盘〔片〕形，录在唱片上⑦圆盘农具
~ on rod type circuit 加感同轴电路
abrasive ~ 砂轮，磨轮，研磨盘，金刚砂磨盘
actuator ~ 起动圆盘，促动盘，作用(圆)盘，激(励)盘
air bearing ~ 空气轴承磁盘
alignment ~ 直线对准盘

anode ~ 盘形阳极
aperture(d) ~ 尼普科夫盘（机械电视系统中的图像分割盘），（机械扫描用）穿孔圆盘
Arago's ~ 阿拉哥圆盘，感应涡流盘
armature core ~ 电枢铁心叠片〔整片〕
audio ~ 唱片，声盘
back-up ~ 后援磁盘
balling ~ 制粒机〔盘〕，造球机〔盘〕
bearing ~ 推力轴承板，承压盘
biomembrane rotary ~ （污水处理）生物转盘
blowout ~ （防止气压过大的）安全膜片〔隔板〕，保护隔板，防爆膜
bobbin ~ 卷盘
burst(er)(or bursting) ~ 爆炸〔保险，分离，安全〕隔膜，安全隔膜，防爆盘，自裂放压片
cam ~ 凸轮〔偏心〕盘
capacitance electronic ~ 电容式电视唱片
cartridge ~ 盒式磁盘
cellulose-nitrate ~ 硝酸纤维胶片，录音胶片
centrifugal ~ 离心盘
centrifugal spinning ~ 离心式撒布盘，离心式撒散器
chopper ~ 截光盘
circular cutting ~ 回转刀盘
clamping ~ 卡〔夹紧，离合器〕盘
closing ~ 圆盖板
clutch ~ 离合器摩擦片，连接圆盘，离合（器）圆盘
code(d) ~ （电）码盘
colo(u)r ~ 色盘，色板，滤色片
colter ~ 圆盘刀，圆犁刀
compact ~ （小型大容量）光盘
compact ~ recordable 可记录式光盘
concave ~ 凹面圆盘，球面圆盘
crimped-center ~ 平顶球面圆盘，平顶球面耙片
cushion ~ 弹性圆盘，弹簧圆板
cutting ~ 圆盘刀（具），切削盘，切割圆盘，圆犁刀
day ~ 周历盘，周轮
diffraction ~ 衍射斑
diffusing ~ （光）漫射圈
digital versatile ~ 数码通用光盘
digital video ~ 数字视盘
direct-recorded ~ 直接录音唱盘（刻纹后立即可供放听）
distributing ~ 配电盘
dividing ~ 分度盘
double density dual side ~ 双密度双面磁盘
double density floppy ~ 双密度软磁盘
double gate ~ 双闸板
effect ~ 特技插盘
end-toothed ~ 端齿盘
erasable compact ~ 可擦写 CD 光盘
exploring ~ 尼普科夫盘（机械电视中的图像扫描盘）
explosion ~ 防爆盘
fertilizer ~ 排肥盘
figure ~ 号码盘，数字盘
film ~ 薄膜唱片
filter ~ 滤（光）盘，过滤圆盘，滤片
fixed ~ 硬盘
flannel ~ 法兰绒磨光盘
flexible ~ 软磁盘，柔性磁盘，软唱片，软碟
floppy ~ 简易盒式磁盘，软塑料磁盘，软（磁）盘
follow-up ~ 跟踪（电视）唱片
friction ~ 摩擦盘，摩擦片
fusing ~ 熔锯
graduated ~ 刻度盘
grid ~ 栅片
grinding ~ 砂轮（切割）片
grip ~ 凸缘链轮
hammer ~ （锤式粉碎机的）锤片转盘
hard ~ 硬盘
hard sectored ~ 硬扇面盘
head-per-track ~ 每道一线磁盘
indexing ~ 分度盘
instantaneous ~ 即用唱片
intelligent ~ 智能磁盘
lacquer ~ （唱片录音）胶片，胶盘，蜡克盘
large ~ 大尺寸光盘
laser video ~ 激光视盘
lens ~ 透镜盘（早期电视扫描设备）
lens scanning ~ （早期电视）透镜扫描盘
letter ~ 字盘
magnetic ~ 磁盘
magneto timing ~ 磁电机分电器
magneto-optical ~ 磁 - 光盘
master ~ 头版（唱片模版），主盘
monitor ~ 检验（器）盘
moving arm ~ 活动臂磁盘
neutral density ~ 中性滤光片，中灰滤光片
notched ~ 缺口圆盘，缺口耙片
nozzle orifice ~ 喷（嘴）口的喷孔圆盘，(喷

雾器）喷孔调节盘，喷嘴垫圈
one way ~ 垂直圆盘犁
optical ~ 光盘，频闪观测盘
optical video ~ 光视（频圆）盘，光录像（圆）盘
picking ~ 旋转挑选台
picture-and-sound ~ 电视唱片
plastic flexible ~ 塑料软磁盘
polarized ~ 偏振镜，极化镜
pressure ~ ①压力垫圈，止推垫圈②（镇压器）压环
quadruple spiral scanning ~ 四螺线扫描孔盘
record(ing) ~ 录音盘，唱片
reference ~ 校对盘，标准圆盘量规
re-recorded ~ 复制唱片，灌制唱片
retainer ~ （打结器）压绳盘
rotor ~ （直升机）转盘，旋翼旋转面，旋翼叶盘，叶轮
rupture ~ 安全（隔）膜，（膜片式液压保险器的）保险片
sand ~ 砂轮，研磨圆盘，抛光圆盘
sandstone ~ 砂轮
saw ~ 圆盘锯
scale ~ 标度盘，刻度盘
self-angling ~ 自位板
shellac ~ （唱片）蜡盘，虫胶唱片
shovel ~ 圆盘开沟器
shutter ~ 快门片
siren ~ 验音盘
soft sectored ~ 软扇面磁盘
source-selector ~ 选源盘
spacer ~ 圆隔板
spaded ~ 叶片盘，叶轮
spinning ~ ①（喷嘴的）涡流盘，旋流片②撒布盘，撒肥盘
spiral ~ 旋转分像盘
spring-toothed ~ 弹簧齿片
staging ~ 阶梯磁盘
stereophonic ~ 立体（声）唱片
stroboscopic ~ 频闪观测盘，示速器圆盘
sun's ~ 日轮
super video compact ~ 高级小型大容量视盘
synchroscope ~ 差速〔同步计〕盘
television ~ 电视唱片
throttling ~ 节流孔板
tiller ~ 圆盘犁
timing ~ 定时磁盘，同步磁盘
transmissive optical ~ 透射光盘
turbine ~ 涡轮圆盘，透平叶轮
twine ~ 夹绳盘
twisting ~ 揉盘
vibrational resonant ~ 振动片（超音调片）
video ~ （电视）录像圆盘，录像磁盘，视（频磁）盘
video compact ~ 数字视盘机，小影碟机
wax ~ 蜡片（录音用）
Winchester ~ 温盘，温切斯特磁盘
wind ~ 挡风盘
writable ~ 可写光盘
disk-based 以磁盘为基础的
disk-data-base 磁盘数据库
diskette 软（磁）盘
alignment ~ 调整用软磁盘
starter ~ 启动磁盘
disk-pack （可换式）磁盘组，磁盘集合，磁盘部件
disk-seal 盘封（的），盘形封口
disk-shaped 圆盘形的，圆板形的
diskware 盘载软件
dislimn 使轮廓模糊，变模糊
dislocate 使变位，使离开原来位置，脱节，弄乱（位置，次序），使混乱
dislocation ①错〔变，转〕位，（晶体格子中）位移，位错，转换位置，脱节，转移，混乱②色〔弥，扩〕散，散布
blade ~ 刃型位错
bounding ~ 边界位错
curved ~ 弯曲位错
decorated ~ 缀饰缺陷〔位错〕
edge ~ 边缘位错（晶体），刃状位错，刃（型）位错
extended ~ 扩展位错
fractional ~ 分数位错
glissile ~ 滑动位错
half ~ 半位错
half-cycle ~ 半位错
helical ~ 螺旋位错
image ~ 像位错
intersecting ~ 相交位错
jogged ~ 割阶位错
major ~ 大断裂
point ~ 正位错
prismatic ~ 棱柱位错
product ~ 生成位错（通过位错反应生成的位错）
pseudo-edge ~ 假棱位错
ring ~ 环形位错，位错圈

screw ~ 螺旋位错，螺形位错
slip ~ 滑移位错
spiral ~ 螺旋位错
spiral prismatic ~ 蜷柱位错
spray ~ 雾化散布
sweeping ~ 扫动位错
unlike ~ 异号位错
unpinned ~ 脱钉位错，非钉扎位错
wedge ~ 楔形位错

dislodge 移动，移〔除〕去，移〔变〕位，取出，驱除，撞出（二次电子）

dislodger 沉积槽

dismantle(ment) 拆除〔掉，下，卸，散，开〕分解（机器），解除，除去

dismembrator 分离粉碎机

dismissal 解散，退去，不予考虑
false ~ 漏警

dismount 卸〔取，放，移〕下，拆卸，拆除

dismountability 可拆性

dismountable 可拆卸的，可更换的，可分离的

dismutation 歧化（作用）

disorbit 脱轨，离开轨道，轨道下降

disorbition 出〔越，脱〕轨，轨道下降

disorder ①紊〔混，杂，扰〕乱，扰动②不规则，无（秩）序③失调，异常
antistructure ~ 反结构无序，换位无序
magnetic ~ 磁无序
order ~ 有序 - 无序（晶格原子排列）
orientation ~ 取向无序〔紊乱〕
stacking ~ 堆垛无序

disordered 无（秩）序的，混〔紊〕乱的，不正常的

disordering 无序化

disordus 无序线

disorganize 破坏组织，使瓦解，使紊乱

disorientation ①不辨方向，迷航，乱取向，消向，位向消失②非定向性

disown 否认，驱逐

disoxidate 减氧，还原

disoxidation ①减氧（作用）②还原（作用）

disparity 不同，不一致，不均衡，差异，不等，不均等性
interfield ~ 场间差异，场间不平衡

dispatch ①发送〔货，出〕，分派（信号等），传递②输送，运送，装运〔货〕，转接，运输③调度，迅速处理
load ~ 负荷分配，负载调度
pneumatic ~ 风动〔气力〕输送法
production ~ 生产调度

dispatcher 分配器，调度程序，调度员，发送员
economical load ~ （电力）经济负载调度装置
load ~ 供电调度员，配电员
task ~ 任务调度程序
translater ~ 翻译程序的调度程序

dispatching 发送，装运，装货，调度，分配
algorithmic ~ 算法调度〔转接〕
automatic ~ 自动馈电〔供电〕
centralized ~ 集中调度
economic load ~ 经济负荷分配
multiqueue ~ 多路排队调度
radio ~ 无线电调度
regional ~ 地区间调度
site ~ 现场调度

dispatch-tube 气动输送管

dispensability 可省约性

dispensable ①可分配的，可给予的②不必要的，非必需的，可省去的，可有可无的

dispensation ①分配（物），配方，分与（物）②管理（方法），处理，体制，制度③执行，施行④省略，免除，不用

dispense ①分配〔送，给〕发放②实施，施行③免除④配制，调剂

dispenser ①分配〔配合，调合，配料，取料，配量，分送〕器，排种〔撒布〕器〔装置〕，计量器②（燃料）加油站，加油塔③自动装瓶机，自动售货机

dispenser 配合器，分配器；自动售货机
beverage ~ 自动饮料出售机
brine ~ 加汁机，加盐水
detergent ~ 洗涤剂加料器
dispensing ~ 滴注
fence wire ~ 围栏铁丝放送拉紧机
oil ~ 油分配器

dispensing 分散，散步，发出，付出

dispersal ①分〔扩，驱，消，疏，弥〕散，散开〔布〕，疏开②配置，分布，排列③处理，整理

dispersancy 分散力

dispersant 分散剂
ashless ~ 无灰分散剂

dispersate 分散质，色散质

disperse 分〔扩，消，疏，弥，色〕散，分配，散开〔布，射〕，传播，粉碎，切碎，喷粉

dispersed 分〔弥，扩，疏〕散的，漫布的，细分的，胶态的

dispersemeter = dispersimeter

disperser ①扩散〔弥散,色散〕器②粉碎〔松碎,喷粉〕器
energy ~ 减振器，缓冲器
dispersibility 分散能力
dispersimeter 微粒〔色散，弥散〕计，散开粒子的测定装置
dispersion ①分散（体,相,体系,作用,系统），弥〔消，扩，色，频〕散（现象），散射〔布〕，散开,悬浮（液）②漂〔位,偏〕移,标准离差，差量③漏泄④离中趋势（统计名词）⑤复表面重力波的分解
~ due to flow profile 流型〔动态,流体动力〕扩散
~ of behavio(u)r （运动）状态的弥散现象
~ of difference scheme 差分格式的频〔色〕散
~ of distribution 分布宽度
acoustic ~ 声频弥散，声频散，声散
angular ~ 角色散率
chromatic ~ 色散（现象）
coarse ~ 粗粒弥散系
colloidal ~ 胶态分散（体）
dielectric ~ 介电耗散，电容率弥散
facility ~ 设施分散
linear ~ 线色散率
magnetic ~ 磁漏，磁色散，磁消散
mode ~ 模色散
positive ~ 正色散
primary ~ 主分散
profile ~ 折射率分布色散
radial ~ 径向散布，径向〔辐向〕位移
sample ~ 样本离差
waveguide ~ 波导色散
dispersion-strengthening 弥散强〔硬〕化
dispersity 色〔弥，分〕散度，分散性
~ of spring rated 刚度分散度
dispersive 分〔扩，弥，消，耗，色，频〕散的，散开的
dispersoid 弥散体，分散胶体，离散胶体，弥散相
dispersor 色〔弥〕散器
displace ①移动〔位〕,位〔转〕移,变位②置换，替换，取代，代替③排出〔水，气〕，排水量④沉降，使过滤
displaceable 可替换的，可置换的
displacement ①位移，转移，变位，错位，移动（度），移置，偏移，偏转，刚体运动，电位移②排（水，气，汽，液，油）量，排出量，（水泵，气体压缩机）生产率，气缸工作容量③置换（作用），代替，替换④沉降，过滤
~ of porches 电视信号中（脉冲）边沿之差
actual ~ 有效行程，实际位移，（发动机气缸的）工作容积
angular ~ 角偏差，角位移（量），失调角
brush ~ （电）刷位移，刷移角
carrier ~ 载体置换（法）
crack opening ~ 裂纹张口位移
current ~ 电流位移，电流容量
cylinder ~ 气缸排量，气缸工作容积
electronic ~ 电子移位，电子取代
engine ~ 发动机排量，发动机气缸总容积
free air ~ （机械泵）无效空间，自由空气排量
generalized ~ 广义位移
half-element ~ 半元位移
harmonic ~ 谐波位移
knock-on ~ 碰撞位移
load ~ 满载排水量
magnetic ~ 磁（位）移
neutral-point ~ 中性点位移（星形接线）
nondimensional ~ 无因次位移
parallactic ~ 视差位移
pattern ~ 光栅位移，图像变位
phase ~ 相（位）移，角误差
pip ~ 标记位移，标记点移动
piston ~ 气缸工作容积
pitch ~ 变位量
positive ~ 容积（式的），正排量（式的）
pump ~ 泵排量，泵（工作）容积
roll ~ 相对纵轴的角位移，滚动角位移，倾侧
total ~ 总排水量，总流量
virtual ~ 虚位移，假位移
volume ~ 排气量
winding ~ 绕线位移，排线
displacer ①置换〔抽出，排出〕器，过滤器②置换〔排代〕剂，顶替剂，排出物③平衡浮子
display ①显示（器），指示（器），显像，发挥②示度，示数③标记，影象④陈列品，展览品⑤再生（装置）⑥区头向量（软件名词）⑦显〔展，指，表〕示，呈现，表现⑧陈列，展览 ⑨再生，复制
A ~ A 型显示（器），距离显示（器）
active ~ ①现役区头向量（软件名词）②主动式显示（器），发光型显示（器）
advanced interactive ~ system 高级人机对话型显示系统
alphameric ~ 字母数字显示（器）

alphameric graphic ~ 字母数字图像显示(器)
alphanumeric ~ equipment 字母数字显示设备
alphanumeric video ~ 字符视频显示，字符图像显示
attention ~ 注目显示
automatic ~ 自动显示（器）
azel ~ 方位高度（环形扫描）显示（器）
B ~ B型显示（器),距离方位显示（器)(横坐标表示方位，纵坐标表示距离，目标信号为亮点）
back light ~ 后照光显示
bar-matrix ~ 交叉条矩阵显示，正交电极线寻址矩阵显示（器）
beam-addressed ~ （电子，激光）束寻址显示（器）
bibliographic online ~ 目录联机显示
binocular 3D ~ 双孔三维显示
bit-by-bit register ~ 逐位寄存显示（器）
C ~ C型显示（器)，方位角仰角显示（器）（纵坐标表示仰角，横坐标表示方位角，目标为亮点，不能指示距离）
cathode ray scan ~ 电子束扫描显示（器）
character ~ 信息显示，数字字母显示（器)，字符显示（器）
Chinese-character ~ 汉字显示（器）
colo(u)r liquid crystal ~ 彩色液晶显示器
colo(u)r-killed luminance ~ 彩色抑制亮度显示
complex ~ 复合显示（器)(由数种不同显示器构成）
concealed ~ 隐蔽显示（电视台播送控制字符使其抑制图像某部分，直至下一个彩色字符的到来，被抑制的图像部分才恢复）
console ~ 台式显示器，控制显示器
conventional ~ 线性显示，常规显示
countdown time ~ 递减计数时间显示
CRT ~ （= cathode-ray tube ~)阴极射线管显示（器)，电子束管显示（器）
crystal ~ 液晶显示
D ~ D型显示（器)(横坐标表示方位角，纵坐标表示仰角）
digital ~ 数字显示（器）
digital image ~ 数字图像显示（器）
digital-to-video ~ 数字 - 视像转换式显示，数字 - 视像显示器
dot-matrix ~ 点矩阵显示（器）
double-dot ~ 双点显示
dual ~ 双重显示
dynamic tool ~ 动态刀具显示
E ~ E型显示（器)(纵坐标表示仰角，横坐标表示距离，是B型显示器的改进）
edge-lit ~ 边光显（示）
electrochromic ~ ①电化色显示，无源固态色显示②电色现象③电致变色显示器
electroluminescent ~ 场致发光显示
expanded partial-indication ~ 局部扩展的显示（器）
expanded-center ~ 空心扫描显示器
F ~ F型显示器（纵坐标表示仰角误差，横坐标表示方位角误差）
field electroluminescence ~ 场致发光显示器
field-effect ~ 场效应（液晶）显示（器）
fighter only ~ 战斗机指示器
flat panel ~ 平面显示
forced ~ 强制显示，强加显示
four-digit ~ 千〔四〕位数字显示
G ~ G型显示（器)(方位角 - 仰角 - 距离显示器，与C型显示相似，还能显示距离）
graphic ~ 图形显示，图像显示器
guest host ~ 宾主效应（彩色液晶）显示
H ~ H型显示（器)(与B型相似，信号为亮线，其倾斜度表示目标的仰角）
head-mounted ~ 头盔式显示器，头戴式放映装置
head-up ~ 平视显示器
helmet-mounted ~ 头盔式显示器
home information ~ 家庭信息显示器
I ~ I型显示（器)，径向圆形扫描三度空间显示（器）
illuminated ~ 发光显示
increment mode ~ 增量式显示
inquire and subscriber ~ 询问终端显示器
instruction ~ 示教显示器
intelligent graphic ~ 智能图形显示
intensity-modulated ~ 亮度调制的显示器
J ~ J型显示（器)，圆环型显示
K ~ K型显示，移位距离显示
Kanji ~ 〈日〉汉字显示
large scale ~ 大屏幕显示
laser large screen ~ 激光大屏幕显示
laser-photochromic ~ 激光光色显示，激光照射变色彩色显示
light emitting ~ 发光二极管显示
light receiving ~ 反光显示
light-valve projection ~ 光阀投影显示
liquid-crystal ~ 液晶显示（器)，液晶显示法
M ~ M型〔距离〕显示（器）

machineability analysis ~ 机器分析显示
map ~ 地图显示（器）
map-like radar ~ 地图雷达显示
matrix ~ 矩阵显像
matrix-addressed ~ 矩阵（寻址）显示（器）
monolithic ~ 单片显示器
N ~ N型显示（器）（K与M型的联合型）
nixie ~ 数码显示器
one-dimensional deflection-modulated ~ 一维偏转调制显示（器），振幅标志单坐标显示（器）
on-screen ~ 屏幕显示
P ~ P型显示（器），平面位置显示（器）
panel ~ 平板显示
parallax-free ~ 无视差显示
parameter mode ~ 参量式显示（器）
passive ~ 被动式显示（器），无源显示，光调制型显示（器）
permanent ~ 固定显示，连续显示
perspective three-dimensional ~ 体视显示（器），立体透视显示（器）
pictorial ~ 图像显示
plasma ~ 等离子（体）显示（器）
point mode ~ 点式显示
projection ~ 投影式显像管，投影式显示装置，投影显示
pulse glide ~ 脉冲滑翔道显示图形
R ~ R型显示（器）（扫描扩展并有精密的定时设备）
radar ~ 雷达显示（器）
radial-time-base ~ 径向时基显示器
range-height ~ 距离 - 高度显示（器），距离 - 高度表
raster ~ 光栅显像
realistic ~ 真实显示，实景显示
remote slave ~ 远程从属显示器
Rodan dot matrix ~ 罗丹矩阵显示，平板型显示管
scribing plotting ~ 机电笔绘显示器
sector ~ 扇形显示〔扫描，扫掠〕
segment ~ 节段显示
selective-access ~ 随机显示
self-shift plasma ~ 自移位等离子体显示（器）
sequential-access ~ 顺序扫描显示
status ~ 状态显示，现场显示
stereo ~ 立体显示
television ~ 电视显示器
tempo ~ 走时显示
thin-film transistor liquid crystal ~ 薄膜晶体管液晶显示（器）
three dimensional ~ 三维显示
transistor liquid crystal ~ 薄膜型液晶显示屏
vacuum fluorescent ~ 真空荧光显示器
velocity azimuth ~ 速度方位显示器（雷达用）
vernier ~ 微调显示器
video ~ 视频显示器
video image ~ 视频图像显示（系统）
video image transmission system ~ 视频图像传输系统
visual ~ 可视度数，直观显示，可见〔视觉〕显示（器）
voice digital ~ 声音数字显示

Displaywriter 显示书写器

disposable ①可置换件②可自由使用的，可处理的，用完扔掉的

disposal ①处置，处理，整理，配置，布置，安排，排列②处理方法③控制，支配④清除，消除，消去，排出，排除⑤废弃物
ash ~ 除灰
dry-scale ~ 干法排除氧化皮，干法除鳞
effluent ~ 废液排出〔处理〕
field ~ （放射性废料的）野外处置
final ~ （放射性废料的）最终处置
ground ~ （放射性废料的）埋地处置
land ~ 地下处置，埋入地下
sea ~ 排入海中，海洋处置，（放射性废料）投海处置
subterranean ~ （放射性废料的）地下处置
waste ~ 废料处理
wet-scale ~ 湿法除氧化皮，湿法除鳞

dispose ①处理，处置，整理，安排②排列，配置，配备，分配，布置③解决，除去，消除

disposing 处理〔置〕，配置〔备〕，排列，布置
slug ~ （冲压）废料处理

disposition ①配置，配备，布置，排列，安排，计划②处理，控制③交叉（线路），位移
horizontal ~ 横排列
vertical ~ 纵排列

disposition-plan （设备）排列平面图，（设备）配置平面图

dispossess 使不再占有，剥夺，驱逐

disposure 处置

dispread 扩张，展开

dispresiveness = dispersity

dispresivity 分〔色，弥〕散性，分散率差

disproportion 不成比例，不均衡〔平均，相称，匀调〕
disproportionate ①不成比例的，不相称〔匀调〕的②歧化
disproportionation 不均，不相称，歧化（作用，反应）
heterogeneous ~ 多相歧化（作用）
disproportioned 失去平衡的，不相称的
disproving 反证
dispute 争议，争端，纠纷
disqualification 无资格〔能力〕，不合格（的原因），不适合，取消资格
disquisition ①专题论文，学术演讲②研究，探求
disrate 降价，降等，降级
disregard 不理〔顾，管，注意〕，轻视，把…忽略不计
disregistry 错合（度）
disrelation 没有相应的联系，分离，不统一
disrepair 失修，破损
disresonance 非谐振
disrupt 使分裂，使断裂，中断，破坏
disruption ①分裂，破坏，破裂，爆炸②击穿，穿孔
disruptive ①烈性炸药②分裂的，破裂的，破坏（性）的，爆炸（性）的，击穿的
disruptiveness 破裂（性），分裂
disrupture 破〔分〕裂，毁坏
dissect ①解剖，剖开，切断，分割②详细研究，仔细分析
dissection ①解剖，剖〔分，切〕开，分析，分解，分辨，细查
image ~ 图像分解，析像
dissector 解剖器（具），分析〔分解剥离〕器，析像管
electron image ~ 光电析像管
image ~ 析像管，光电析像管，析像器，图像分解器
dissemination ①传播②散布，散射，分〔扩，弥〕散③散射强度
automatic ~ 自动传递（文献，信息等）
remote job receiving and ~ 远程作业的收发
selective ~ of information 信息的选择传播，定题情报提供
disseminator 播种器，传播〔播种，散布〕者
dissepiment 膈膜，鳞板
dissepimentarium 鳞板带
dissertation （研究）报告，（学位）论文，（专题）论述，（正式，学术）演讲
program(me) ~ 专题学位论文
dissilient 分〔破，爆〕裂的，裂开的
dissimilar 不同的，不相似的，不一样的
dissimilarity 不相似，不一样，不相同，异点
dissimilate （使）不一样，（使）不同，异化，分化，分解
dissimilitude 不相似，不同（之点），对比，异点
dissipate （使）消〔分，弥，耗，扩，驱〕散，散逸〔失，射〕，消除，消〔损〕耗，浪费
dissipater = dissipator
dissipation 消〔分，弥，耗，扩，驱〕散，散逸〔失，射〕，消融，消除，消〔损〕耗，漏泄，浪费
~ of energy 消能
anode ~ 阳〔板，屏〕极耗散
mean forward power ~ 正向平均耗散功率
forward power ~ 正向耗散功率
full-excitation plate ~ 全激（励）板（极功率损）耗
joule ~ 焦耳耗散，功率耗散
mean on-state power ~ 通态耗散平均功率
module ~ 组件功耗，模块功耗
on-state power ~ 通态耗散功率
plate ~ 阳极耗散
rated ~ 额定功耗
reverse power ~ 反向耗散功率
screen ~ 帘栅耗散
surge reverse power ~ 反向浪涌耗散功率
total power ~ 总耗散功率
turn-off power ~ (of a semiconductor rectifier diode) 关断耗散功率（整流管的）
turn-off power ~ (of a thyristor) 关断耗散功率（晶闸管的）
turn-on power ~ (of a semiconductor rectifier diode) 开通耗散功率（整流管的）
turn-on power ~ (of a thyristor) 开通耗散功率（晶闸管的）
valve ~ 电子管热扩散
wattage ~ 损耗瓦数，功率耗散
dissipator 耗散〔散热，辐射，喷雾〕器
wet-wick static ~ 湿芯静电耗散器
dissociable 可分离的，易分离的，可以离解的，不调和的
dissociate 分离，游离，离解，拆开，溶解，分裂
dissociation 分解〔离，裂〕，离解（作用），溶解（作用），解〔游〕离，不相关，无关系

arc ~ 电弧断开，电弧分离
breaking ~ 离解
electrolytic ~ 电离〔解〕(作用)
hydrolytic ~ 水解电离
dissociator 分离器，离解子
dissolubility ①溶（解）度，溶（解）性，可溶性②解除
dissoluble 可溶（解,性）的,可熔〔液〕化的,可分解〔离〕的，可取消〔作废〕的，可解除〔散〕的
dissoluent 溶剂
dissolution ①溶解（作用），分解（作用），溶蚀，融化，分离②取消，解除，废除，解散③结束
primary coat ~ 咬底
dissolvability 溶（解）度，溶解性，可溶性
dissolvant 溶剂，溶媒
dissolve ①溶〔分，瓦〕解，溶化，消失，消逝，(电影、电视画面）渐隐，渐暗，叠化（慢转换）②取消，解除，解散，废除，分离③毁灭
animation ~ 特技慢转换
automatic ~ 自动慢转换
lap ~ 淡入，淡出（电视，电影），慢转换，叠化
video ~ 图像叠化
wash ~ 波纹叠化
dissolvent ①溶剂，溶媒②溶解的
dissolver 溶解装置，溶解器
dissolving 溶解
dissonance 不调和，不调〔谐〕和，非谐振，不协调
electric ~ 失谐（出现拍差）
dissymmetric(al) ①不对称的，非对称的，不相称的，不均齐的②左右（两面）对称的，对映形态的
dissymmetry ①不对称，不相称，非对称（现象)，(三相系统的）不平衡度②左右（两面）对称，对映形态
distal 在末端的，末梢的，远侧的
distance ①距（离),间隔〔隙〕,隔离,(路,行,航）程，长度，续航距离②遥测〔远〕，远距离③一长段时间④超〔赶，胜〕过
~ between centers 顶尖距，中心距
~ between outriggers 外伸支腿横向间距
~ between wires 焊丝间距
~ of jet 喷吹间隔
~ of run ①行程，行程长度②空刀距离
~ of sight 可见距离，视距
~ of the line to line 列间距
~ out to out 外沿间距离
active braking ~ 实际制动距离
air line ~ 架空线路〔空间直线，空气管路〕距离，直路〔航空线〕距离
anode-cathode ~ 极间间隔，极间距离
apex ~ 顶距，钻尖偏移距离，分度锥母线距离
apparent ~ 视距
arcing ~ 火花间隙，放电距离，电弧距离
back cone ~ （锥齿轮）背锥距离
back focal ~ 后焦距，后截距
back-angle ~ 背锥角距
barrel back 后截距，后焦距
beam path ~ 声程
blasting ~ 喷砂距离
bond ~ 键长
braking ~ 制动距离（摩擦学，起重机械）
center ~ 中心距（离)，顶尖距，轴间距（离）
chip-breaker ~ 断屑台到切削刃的距离
clear ~ 净距离，净空
clearance ~ 间隔
clear-sight ~ （明晰）视距
code ~ 代码间距
combustion ~ 燃烧时间
cone ~ （锥齿轮）分度锥母线长度，锥距
creep(ing) ~ ①蠕变距离②漏电距离，爬距，沿面漏电路径
crow-fly ~ 直线距离
cutting ~ 切齿安装距，切齿距
Debye shielding ~ 德拜屏蔽距离
disruptive ~ ①击穿距离，跳火距离②（火花塞的）火花间隙，火花隙
distance(-)typecreepage ~ 爬电距离
eccentric ~ of inclined jet 射流偏心距
edge ~ 边距
electric(al) ~ 距离的光学单位（光年，光微秒)，电磁波距离
end-to-end ~ 末端距
exit pupil ~ 出瞳距离
extrapolation ~ 外推极限，外推距离
face-angle ~ 顶锥角距
feeding ~ 补缩距离
flange focal ~ 基面焦距，暗视焦距，法兰焦距，镜头焦距
flight ~ 飞行距离，跨度
focal ~ 焦距，截距

following ~ 车距
free ~ 间隙，空隙
front ~ of flaw 缺陷前沿距离
ga(u)ged ~ 标准距离
ga(u)ging ~ 规测距离，轨距，铆钉行距
ground ~ 地面距离（一物对另一物距离的水平分量）
Hamming ~ 汉明〔误差检测及校正〕码距〔间距，距离〕
haul ~ 运〔行〕程长度
heel ~ 跟距（辙轨或辙岔）
hyperfocal ~ 超焦距
identity ~ 面（间）距
ignition ~ 点火时间
image ~ 像距
insulation ~ 绝缘距离，间隔距离
interatomic ~ 原子间距
intercarrier ~ 载波间隙〔幅度〕
interlattice point ~ 阵点间距
inter-site ~ （通信）站间的间距
inverse ~ 与距离成反比的数，距离倒数
judge ~ 目测距离
jump-over ~ 越距，跳越距离
least ~ of distinct vision 明视（最小）距离
load ~ 运距
locating ~ 安装距
lock ~ 锁值
mean cone ~ 中点锥距
migration ~ 迁移长度
minimum photographic ~ 最近拍摄距离
miss ~ 误差〔脱靶〕距离，线性〔长度〕误差，飞越偏差
object ~ 物距，目标距离
offset ~ 支〔差〕距，偏移
operating ~ 作用〔有效，无线电测量〕距离
operating center ~ 实际中心距
optical ~ 光程，可见距离
outer cone ~ 锥距
parfocalizing ~ 齐焦距离
penetrating ~ 渗透〔贯穿，入土〕行程
pitch cone ~ 节锥母线长度
probe ~ 水平距离
projection ~ 投射距离，放映距离（放映机至银幕间距离）
quenching ~ 猝熄距离
ranging ~ 测程
reach ~ 前移距离
rear cut-off ~ （镜头）后截距
reference center ~ 标准（齿轮）中心距，非变位齿轮中心距
riser ~ （侧）冒口颈长度
row-to-row ~ 排间距离，齿距
scaled ~ 换算距离，折合距离
signal ~ 代码间距
skip ~ 死区宽度，（跳）越距（离），越程
slope ~ 斜距
sparking ~ 火花间隙，跳火距离，放电距离
standard center ~ 标准中心距，分度圆中心距
strided ~ 跨距
striking ~ 放电距离，击穿距离
take-off ~ 起飞滑行距离
tangent ~ 切距
tip ~ 轮冠距
tooth ~ 跨测齿距
top ~ 齿冠距
track-center ~ 履带中心距离，轨距（履带拖拉机）
turn-to-turn ~ （盘簧）螺距
unsupported ~ 自由长度
valence ~ 键长，键距
viewing ~ 观察距离，视距，望距
working center ~ 节圆中心距
zenith ~ 天顶距

distance-reading 远距离读数的，远距（离）示数的
distance(-)type 遥控式的，远程（式）的，遥测的
distant 远（方，程，隔）的，远（距）离的，遥（远）的，有距离的
distemper ①水浆涂料，色胶，胶画（颜料）②用色胶〔色粉，胶画颜料〕涂〔画，粉刷〕，使不正常，使失调
distend 扩张，膨胀
distensibility 膨胀性
distensible 有弹性的，可伸展的，膨胀性的
distension 扩张，膨胀（作用），胀大
distent 膨胀的
distention = distension
disthene 蓝晶石
distil(l) 蒸馏，用蒸馏法提取〔制造，净化，除去〕，馏出物，馏分
distillability （可）蒸馏性
distilland 被蒸馏物
distillate 馏出（物，液），馏分，馏出物〔液〕，精华
engine ~ 清洗发动机用挥发油

middle ~ 柴油，照明灯油
distillation 蒸馏（物，液，法，作用），抽出物〔液〕，精华
air ~ 常压蒸馏
destructive ~ 干馏，毁馏，分解〔破坏〕蒸馏
flash ~ 急骤蒸馏法，闪蒸，突然蒸发
fractional ~ 分馏（作用），精馏（作用）
membrane ~ 膜蒸馏
progressive ~ 分馏法
wet vacuum ~ 真空蒸汽蒸馏
distillator 蒸馏器
distillatory 蒸馏器，蒸馏（用）的
distiller 蒸馏器，（蒸馏装置的）凝结器
distil(l)ment = distillation
distinct ①个别的，性质〔种类〕不同的，特殊的，有差别的②清楚的，明显的
distinction ①差别，区别，相异②特征，特性③优越
distinctive （有）区别的，有特色的，鉴别性的，特殊的
distinctiveness 特殊〔差别，区别〕性
distinctness ①差别②清楚③清晰度
distinguish ①区〔分，辨，识，判〕别，辨识，分类②显示〔表现〕…的特色，使（区）别于
iris ~ 虹膜识别
distinguishability 分辨率
code ~ （编）码分辨率
Distomat 红外测距仪
distometer 测距器
distort ①使变形，改变（形状），弄歪，扭曲〔弯，转〕②失真，畸变③曲解，误解，歪曲，歪斜
distorter 畸变（放大）器
distortion ①变形〔态〕，挠曲，扭曲〔转，弯〕②失真，畸变，像差③误解，歪曲④投影偏差
affine ~ 仿射畸变差
aliasing ~ 混淆失真，折叠失真
amplitude ~ 振幅失真，波幅畸变
aperture ~ 孔径失真，孔阑〔光栅，小孔〕畸变
attenuation ~ 衰减失真，衰减畸变，振幅失真
attenuation-frequency ~ （由于衰减引起的）振幅畸变
audio-frequency harmonic ~ 声频信号谐波失真，音色失真
barrel ~ 桶形畸变（光栅），负畸变
barrel negative ~ 负畸变
bias ~ 偏压〔偏移〕畸变，偏移失真
body ~ 本体畸变，本体变形
build-up and delay ~ 起振与时延（引起的）失真
chromatic ~ 色失真
clipping ~ 削波失真，削波畸变
code ~ （电）码失真，符号失真
colo(u)r ~ 色失真，彩色失真
contour ~ 轮廓失真
corner ~ 吊角畸变
cross ~ 交叉失真
cross crystal ~ 交越晶体失真
crossover ~ 交界〔交越，窜渡〕失真
curvilinear ~ 曲线形畸变（如枕形畸变，桶形畸变）
deflection ~ 偏转失真，致偏失真
delay ~ 时延〔相延，包线，延迟〕畸变
distributionintramodal ~ 模内失真〔畸变〕
elastic ~ 弹性变形，弹性扭曲
envelope ~ 包络失真，群时延失真
field ~ 磁通分布畸变，场畸变，磁场失真
field-time ~ 场时失真
flat-top ~ 平顶畸变
FM ~ 调频畸变
foldover ~ 折叠失真
fortuitous ~ 不规则失真〔畸变〕，偶然畸变，偶发〔意外〕失真
frequency ~ 频率畸变，频率失真
fundamental component ~ 基波失真
gradation ~ 灰度失真
group delay ~ 群时延失真
half tone ~ 半音失真，半色调失真，灰度失真
harmonic ~ 谐波畸变（因素），非曲线畸变，谐波失真
hum ~ 交流声（引起的）失真
intermodulation ~ 模间失真〔畸变〕
lens ~ 透镜畸变，光学畸变
lexical ~ （机器翻译时输入语言和输出语言中某些词典术语间不一一对应产生的）词汇误解
line ~ ①线路畸变，线路失真②行畸变，行失真
low ~ 轻度失真
magnetic ~ 磁场畸变
marking end ~ 标记端失真
mode ~ 模失真
negative ~ 负畸变〔失真〕，枕形畸变〔失真〕

origin ~ 度盘零位误差，原始失真
overthrow ~ 过冲失真
pattern ~ 光栅失真，图像失真〔畸变〕，像差
percentage ~ （非线性）畸变系数
permanent ~ 永久变形，残留变形
phase ~ 相位失真，相位畸变
phase-intercept ~ 相位截止失真
pillow ~ 枕形失真，枕形畸变
pincushion ~ （光栅）枕形失真，枕形畸变，正畸变
power law ~ 指数律失真，幂律失真
quality ~ 音质失真
quantization ~ 量化失真，定量失真
quantizing ~ 量化失真
quenching ~ 淬火冷却畸变
rate ~ （数字电视）速率失真
scanning hole ~ （电视）扫描孔失真
season ~ 常温变形
secular ~ 经久变形，经久畸变
shear ~ （钢坯或钢材端部）剪塌
signal ~ 信号畸变，信号失真，符号失真
skew ~ 菱形畸变
slewing ~ 转换失真
spiral ~ 各向异性失真，螺旋形失真，S 形畸变，螺旋畸变
system ~ 系统失真
systematic ~ 系统失真，基本畸变
temperature ~ 受热变形
tonal ~ 色调失真，灰度畸变
tone ~ 音调失真，色调失真
total harmonic ~ 总谐波失真
tracing ~ 描纹失真，描纹畸变，包线失真，示踪畸变
tracking ~ 随纹失真
transit time ~ 信号传输时间引起的失真，电子渡越时间引起的失真
transmitter ~ 发信失真
trapezium ~ 梯形失真
underthrow ~ 信号前沿不足引起的失真
visual ~ 视觉畸变
volume ~ 音量畸变，音量失真
wave ~ 波形失真，波形畸变

distortion-free 无失真的，无畸变的

distortionless 无失真的，无畸变的

distress ①事故，失事②损坏③疲劳
gear ~ 齿轮故障，齿轮损坏
surface ~ 表面损伤

distribute ①分布〔配，发，给〕②配给，配电〔水，气〕，配置，排列③散布，扩充④区分，分类

distributed ①分布〔配，发，给〕②配给，配电〔水，气〕，配置，排列③散布，扩充④区分，分类
~ control system 分散控制系统
~ numerical control 分布式数控

distributer = distributor

distributing 分布，分布的

distribution ①分布，分配，分配装置，分配系统，散布②分布状态，分布范围，配料方法③配电〔水，气〕，布料④类别，种类，分类⑤周延（性），广义函数⑥区分，配置，扩充⑦分销，经销
~ of ballast 压载分布
~ of electricity 配电
~ of normal vibration 简正振动分布
~ of size 粒度分布
~ of spectral intensity 谱强度分布
a priori ~ 预先分布，事前分布
AC ~ 交流配电
air gap flux ~ 空（气）隙磁通分布
amplitude-frequency ~ 振幅频谱，幅频特性
angular brightness ~ 角亮度分布
automatic call ~ 自动呼叫分配
automatic ~ 自动分配，自动分发
automatic duration ~ 通话时长自动通知
bimodal ~ 双峰分布
binomial ~ 二项式分布
bivariate ~ 二维分布
bivariate normal ~ 二元正态分布
camber ~ （沿翼展的）弯度分布
canonic(al) ~ 典范分布，正则分布
Chi-square ~ χ 平方分布
circulation ~ 环流分布
conditional ~ 条件分布
constant-current ~ 定流配电，恒流配电
counter-current ~ 逆流分配（法），反流分布（法）
cross connecting ~ 交接配线
directional distance ~ 方向距离分布（人工智能识别）特征
droplet ~ 雾滴分布
end group ~ 端基分布
energy ~ 能（量）谱，能量分布
equilibrium mode ~ 稳态模间分布
equimodal ~ 等峰分布
equivalence ~ （压力的）当量分布

fine-scaled ~　细分度分布
frozen-in ~　固定分布
gamma ~　①伽马分布②环流分布
Gaussian ~　高斯分布，正态分布，高斯分布曲线
graded ~　梯度分布，渐变分布
heat-transfer rate ~　热流强度分布线
heterogeneous ~　非纯一〔不均匀〕分布，非同质分布
horizontal ~　水平分布，水平配光曲线
ink ~　传〔匀，打〕墨
intensity ~　①亮度分布②强度分布
joint ~　联合分布
lepmokurtic ~　尖峰态分布
level ~　电平分布
load ~　①负荷分布②负荷分配，配电
marginal ~　边缘分布
mesokurtic ~　常峰态分布
multimodal ~　多重模态分布
multinomial ~　多项分布
multipass ~　多次通过（区熔）的（杂质）分布
multiple ~　多路〔并联，复接〕配线〔接线，配电〕
multiple audio ~　多路声频分配
multivariate ~　多维分布
normal ~　正态〔常〕分布
normal force ~　法向力分布
normal frequency ~　常态次数分配
parts ~　零件分配
perturbed ~　扰动分布
platykurtic ~　低峰态分布
posterior ~　后（验）分布
power ~　配电
power-flow ~　能流分布
pressure ~　压力分布，电压分布
primary ~　一次配电
prior ~　先验分布
probability ~　概率分布
probability density ~　概率密度分布
profile pressure ~　翼型压力分布
pulse-height ~　脉冲振幅分布
random ~　随机分布，杂乱分布
range ~　距离分布
restricted ~　限制〔内部〕发行
rural ~　农村配电
sample ~　采样〔取样，样品，样本〕分布
sampling ~　抽样分布
secondary ~　二次配电
simultaneous ~　联合分布
single-main ~　单管系统
size ~　粒径分布
skewed ~　非对称分布，偏态分布
spectral ~　光谱〔强度，频谱〕分布
statistic(al) ~　统计分布
time ~　授时，（天文台）时间发布
transient ~　瞬态分布
truncated ~　截尾分布
underground ~　地下配电
uniform ~　均匀分布
value added ~　加值销售
variable torque ~　（汽车四轮驱动）可变转矩分配
vorticity ~　涡度分布，旋涡强度分布
yield-mass ~　产额 - 质量分布
zero-one ~　零一分布
zoned-air ~　分区送风，分段送风

distributivity　分配性，分配律

distributor　①分配器〔机，站〕②布料器，配电器，配电盘，配油器，撒布器，喷洒机，传墨辊，给料机，（高炉的）配料装置，施肥机构③排出装置，装料漏斗④收放器，自动拆板机⑤导水机构，导向装置⑥中间寄存器
agitator fertilizer ~　带搅动器的施肥机
alternate ~　双触点配电器
analog(ue) ~　模拟量分配器
apron ~　带式自动分配器，带式自动配棉器
apron feed ~　带式排〔散〕肥机
auger-type ~　螺旋式布料器，螺旋式分配器
bituminous ~　沥青喷洒机
breakerless ~　无触点式配电盘
broadcast ~　（肥料）撒布机
cable ~　电缆分线盒，电缆配线架
Cahoon ~　卡乎式撒播装置
cell seed ~　窝眼式排种器
centrifugal ~　①离心式排肥器②离心式撒布装置
chain-dirven front-mounted ~　链传动前悬挂撒肥机
conveyer feed ~　带式排肥撒肥机
current ~　配电线，配电器
cyclone ~　旋风式撒肥机
data ~　数据分配器
end gate ~　车尾（部）撒肥装置
double-bell ~　双层布料钟
double-feed ~　两种肥料喂入式撒肥机

dust ~ 喷粉嘴，喷粉管
feed ~ 布料器（饲料加工机械）
full-width fertilizer ~ 全幅撒肥机
granules ~ 粒剂撒布机
high tension ~ 高压配电设备
hydraulic fluid ~ 液压流体分配器（低黏度油类）
ignition ~ 点火分电器，点火配电器
information ~ 信息分配器，信息分配发器
jump gap ~ 有火花间隙的分配器
land-wheel driven rear mounted ~ 地轮驱动的后悬挂式撒布机
liquid fertilizer ~ 液肥洒施机
magneto ~ 磁电器分〔配〕电盘
manure ~ 厩肥机
multi-apertured pulse ~ 多孔磁心脉冲分配器
multi-signal ~ 多重信号分配器
network ~ 网络分配器
offering ~ 插入式分配器
order-wire ~ 通知〔传号，指令，联络〕线分配器
perforated ~ 多孔分配板，多孔布风板
plate-and-flicker ~ 圆碟 - 搅杆式撒布机
pneumatic ~ 气动输送分配器
position load ~ 呼叫分配器
pulse ~ 脉冲分配器
quadruple ~ 四路博多（电报）机分配器
roller ~ 槽轮式排种器，滚式排种装置
rotary ~ 旋转分配阀〔分配器，分电器〕
rotating ~ 旋转喷水器
rotating chaff ~ 转动式颖糠匀布器
scoop-wheel ~ 勺轮式排出装置
segmented ~ （电报机）分段分配器
silage ~ 青贮料匀布器，青贮料堆放器
slatted belt ~ 板条带式撒肥机
slide-wheel ~ 有槽滚筒式播种器
swath ~ 草条撒散机
terminal ~ 终端分配器，终端配电盘
timer ~ 定时配电器，单一火花发生器
tower silo ~ 青贮塔装料分布器
traffic ~ 话务分配器
transmitter ~ 发送分配器
urine ~ 尿肥洒施机
video ~ 视频分配器
worm ~ 螺旋给料机

distributor-spreader 联合洒布机
distributor-trailer 拖挂式喷布机
distributor-transmitter 分配器 - 发送器
district 段，地方，区域，地区
manufacturing ~ 工业区
supply ~ 供电区，供电范围
working ~ 作业区
disturb 扰动，扰乱，干扰，妨碍
post-write ~ 写后干扰
disturbance ①扰动，扰乱，干扰②故障，失调③破坏，断裂，损伤④变位，跳跃
acceleration ~ 加速失调〔故障，扰动〕
aerodynamic ~ 气动扰动
atmospheric ~ 天电干扰
extra-terrestrial ~ 宇宙干扰
halo ~ 光晕
infinitesimal ~ 微扰，微摄动
interstellar ~ 宇宙干扰
lattice ~ 晶格结构的破坏
lightning ~ 雷害，雷电事故
magnetic ~ 磁扰，磁骚动
operation ~ 运行故障
picture ~ 图像跳动，图像干扰
position ~ 位置扰动
reactivity ~ 反应性偏差
rope ~ 长反射器干扰
stochastic ~ 随机干扰，随机扰动
disturber 干扰发射机
distyle 双柱式
disulfid(e) 二硫化物
disulphid(e) = disulfid（e）
disunion 分离，分裂
disunite （使）分裂，（使）分离
disuse 不用，废弃，废除，（机器）停车
disymmetry 双对称
dit 小孔砂眼
ditactic 构型的双中心规整性
ditch ①沟，渠，槽，壕②开沟，刻沟，挖渠
foundation ~ 基坑
ditchdigger 挖〔开〕沟机
ditcher ①挖沟机，挖壕机②双壁开沟犁③挖沟工
double-wing ~ 双壁开沟犁
irrigation ~ 灌渠挖掘机
mole ~ 塑孔暗沟犁
tractor ~ 机引挖沟机
ditching 开〔挖〕沟，抛〔甩〕开，水上迫降，溅落
~ floating 漂浮于水面式降落
ditetragon 双四边形
ditetrahedron 双四面体

dither ①高频振动器,振动器(电火花机床用),(传送阀防滞的)抖动器②高频振〔颤,脉〕动,颤动〔振〕,抗滞振动(控制电路的)
noise ~ 噪声抖动
dithering 抖颤调谐,颤动调谐,抖动
ditriglyphe 复排档
ditrigon 双三角形
ditto ①相似物,复制品②同上,同前
divacancies 双空格点,双空位
divagation 偏差,倾斜
divalent 二价的
divaricate 分支,分叉
divarication 分叉〔歧〕,交叉点,意见不同
dive ①钻研,(埋头)研究②潜(入)水(中),下潜,突然下降
spinning ~ 旋冲
stop trim ~ 停车平衡艇体
dive-bomber 俯冲轰炸机
diver ①潜水者,潜水艇②俯冲轰炸机
divergence ①分歧〔叉,支,出,开,散〕②发散性,发散量,扩散度,散度③偏离,偏差,离向动作,离向运动,歧离,歧异④发〔分,离,扩,辐〕散,不符合,离题,散开,脱离,脱节⑤扩张,扩大⑥反常(急)剧(上)升
angular ~ 角误差〔偏差,散度〕
energy ~ 能散度
flux ~ 通量辐散
divergency = divergence
divergent ①发〔分,扩,辐〕散的,渐扩的,渐展的,扩张的②分叉的,分开的③非周期变化的
diverse ①互异的,不同的②多种多样的
diversification ①变化,变更,不同②多元〔样〕化,多品种生产
business ~ 多种经营,经营多样化
diversion ①转换〔向,移〕,变向,变更②偏转,倾斜③分出,导流,绕过,引出④钳制,牵制
diversity ①不同,相异(性),相差性,异样(性),多种多样(性),发散(性),疏散(性)②分集③合成法④参差⑤变化⑥分隔
angle ~ 射角分集
angular ~ 角分集
coded ~ 编码分集
complementary ~ 互补分集(法)
cyclic delay ~ 信元延迟分集
frequency ~ 频率疏散〔分隔,分集制〕,散频
frequency switched transmit ~ (通信)频率交换传输分集
load ~ 负荷不同时率,负荷分散率
polarity ~ 极化分集
polarization ~ 极化分集(法),偏振分集
receive ~ (通信)接收分集
space-time transmit ~ (通信)时空发送分集
time-switched transmit ~ (通信)定时交换传输分集
transmit ~ (通信)传输分集
divert ①使转向,使变换方向,转变信息方向,转换,分水②转〔移〕用③牵制
diverter ①分〔析〕流器,分流调节器,分流电阻,转向〔换向,翻转〕器,异向隔板②偏滤器,排水道,避雷针
air injection ~ (发动机二次)空气喷射换向器,(二次)空气喷射分流器
flame ~ 折焰器
flow ~ ①偏流器②偏向型元件
spike ~ 尖脉冲分流器
surge ~ 避雷器,电涌分流器
thrust ~ 推力转向器,喷气襟翼
divertor = diverter
divest ①剥夺,剥除②除去,脱去,放弃
divide ①分开〔隔,裂,离,配,派,割,界,摊,度,组〕,划〔区,等〕分,隔开,隔离刻〔分,标〕度②除(尽)③刻度机,刻线机
~ out ①除②约去
great ~ (大)分界线
divide-by-two 1 : 2分配器,1 : 2分频电路
dividend ①被除数②股息,红利
dividendo 分比定理
divider ①分配〔压,隔,频,禾,茎,草,种〕器,隔板,分流管,减速器②(pl.)两脚规,分规,针规,分度附件③肥料分流管,分种管④松土器(耙或铲)⑤除法器,除数⑥分配者,划分者
active ~ 主动分禾器,切割式分禾器
adjustable voltage ~ 分段分压器,可调分压器
analog(ue) ~ 模拟除法器
auger ~ 螺旋式分配〔分禾〕器
beam ~ 分规
binary ~ 二进制除法器
capacitive ~ 电容分压器
center ~ (双行收割机的)中央分禾器
chloride can ~ 氯化物料罐隔板
cleaver ~ 劈料台
condenser ~ 电容(器式)分压器
current ~ 分流器

cutting ~ 切割式分禾器
decade ~ 十进除法器
dichroic-cross image ~ 十字形分光镜式分像器，分色十字交叉分像器
dynamic ~ 动态分频器
fertilizer stream ~ 肥料分流器
field ~ 场分频器（将高频分为场频的电路）
flow ~ 流量分配器，分流阀〔器〕
frame ~ 帧分频器
frequency ~ 分频器
glow-gap ~ 放电管分压器
grain ~ ①收割台的分禾器②外分禾器
hair ~ 弹簧圆规
haulm ~ 分茎器
image ~ 分像器
inductively-coupled voltage ~ 感应分压器
integrating ~ 脉冲积分选择器
loop ~ 环圈分禾器
nearside ~ 分禾器
phantastron ~ 幻像电路分频器，准确脉冲延迟电路分频器
proportional ~ 比例规
pulse-rate ~ 脉冲重复频率划分器〔分频器〕
ratio ~ 比例规，比例分配器
rod ~ 杆式分禾器
shoe ~ 筛架导向板
side wall stock ~ 侧面余量均分装置
spring-loaded ~ （转子式空气压缩机）弹力〔簧〕叶片
torque ~ 转矩分配器，分动器，副变速箱
two-to-one frequency ~ 频率减半器
vertical-knife ~ 立刀式（切割）分禾器
voltage ~ （电阻）分压器
web ~ 棉〔毛〕网分条装置
worm ~ 螺旋式分禾器

dividing 分开〔离，配，界，度〕，刻划〔线，度〕，定尺剪切，除（法）
channel(l)ing time ~ 时分多路通信
power ~ 功率分流（液压 - 机械式传动装置）

divine 预测，判断，推测

diving-bell 潜水钟

divining-rod 探条，探矿杖

divisibility 可分〔除，约〕性，整除性，解理性，可除尽

divisible 可除（尽的），可约的，可分（割）的

division ①划〔区，等〕分②分割〔离，裂，界，隔，配，布，度，派，区，段〕③刻度，标度④隔板，挡板，间隔⑤（组成）部分，部门⑥除（法）
band ~ 波段划分
chart ~ 记录纸分度
circular ~ ①圆分度②刻度盘
contracted ~ 简除（法）
data ~ 数据部分
end-of-procedure ~ 过程结尾部分
environment ~ （软件）设备部分
fractional ~ 小数
frequency ~ ①分频②频率划分
individual ~ 单分度
interrupted ~ 间歇分度
jumping ~ ①跳〔跨〕齿②跳齿分度
long ~ 长除（法）
one ~ 单分度，单刻度
phase ~ 相位分隔
potential ~ 分压器
rack ~ 齿轨段
scale ~ 刻度，分度
secondary ~ of gas cleaning （高炉）精洗煤气设备
short ~ 短除（法）
slow time ~ 低速时间分隔
space ~ 空间分割
step ~ 间歇分度
synthetic ~ 综合除法
time ~ ①时间分隔〔划分，分配〕②划分时间
vernier ~ 游标刻度
zero ~ 零分划

divisional ①分开〔割，区，段，部〕的，区分的，一部分的②除法的

divisor ①除数，（公）约数，因子②分压器（自耦变压器）
common ~ 公约数，公因子
complementary ~ 余因子
determinant ~ 行列式因子
shifted ~ 移位除数
total ~ 全因子，总除数
trial ~ 试用除数

divisorless 无因子的

divorce 脱离，分离〔裂，开〕，断绝，脱节

divot ①麻点，凹坑，刻痕②缺陷③泥煤

divulgate 泄漏，暴露，揭发，公布

divulge 泄漏，暴露，公布，揭穿

divulsion 扯裂，撕开，切开

divulsor 尿道扩张器

Dixon 微处理器（英特尔 Dixon 标志）

dizzy 眩晕的，耀眼的

Dl 压缩的动态连接库文件扩展名

dll 动态连接库文件扩展名

D-lock 度盘锁挡

D-mouth D 盒隙缝

Do-All 多用机床

dobby 多臂提综器

cross border ~ 织横边多臂机

decked ~ 多针孔纹板多臂机

double index ~ 双重尾杆多臂机

loom ~ 多臂机

negative ~ 消极式多臂机

positive ~ 积极式多臂机

single lift ~ 单动式多臂机

single-acting ~ 单动式多臂机

dobie （黏土）砖坯

dock ①船坞，码头，港，停泊处，修船所，造船厂②站台，月台，（火车）停车场③飞机检修架，飞机库④装料场⑤缩回，缩进⑥减少，扣除

box caisson ~ 沉箱浮坞

building ~ 造船坞

integrated floating ~ 组合式浮船坞

pontoon floating ~ 浮箱式浮船坞

scarfing ~ 烧剥室

single unit floating ~ 整体式浮船坞

three-piece type floating ~ 三段式浮船坞

wet ~ 湿船坞

dockage 码头费，入坞费

docker ①（饼干）冲印机②（pl.）饼干刺孔冲头

docking ①入坞②缩回，缩进③（宇宙飞行器在轨道上）对接，（计算机控制宇宙飞船的登月舱与指挥舱的）连接，连入④修理

dockisation 码头化，设码头

dockyard ①码头②造船厂，船坞

docrystalline 多晶质

doctor ①辅助机构②管接头③拾波器④刮刀⑤衬板，垫板⑥校正器，调整楔，定位楔⑦医生〔师〕，博士

brake ~ 制动蹄（片）摩擦片表面修磨机

calender ~ 压光机刮刀

cleaning ~ 刮（浆）刀，清洁刮刀

saw ~ 磨锯齿刀，锉锯齿机

doctor-bar 刮片

doctor-roll 涂胶量控制辊

document ①文件，文本，文献，文档，资料，记录②用文件证明，提供资料③单据，票据，凭证

~ against payment 付款交单

~ management 文档管理

~ of settlement 结算单据

classified ~ 保密文件

confidential ~ 密件

electronic ~ 电子文档

incoming source ~ 输入源文件

source ~ （计算机的）原始文件

textual ~ 文本文档

unclassified ~ 非保密性文件

documentary ①文件，文献，纪录（影）片②文件的，文献的，记录的，纪实的

cultural ~ 文献（影）片，科教片，纪录片

documentation ①文献资料工作，文献〔文件〕编纂，文件管理②纪录，文本，资料

documentor ①文档处理程序，资料处理程序，管理文件程序②文件处理机，文档处理机，资料处理机，文件编制器

docuterm ①文件项目，文件条款②资料词语③关键字，检索字（说明文件内容并可作检索的字词）

dod 沟管模板

dodar （= determination of direction and range）超声波定向和测距装置，导达

dodder 摇摆，振动

dodecagon 十二边形

dodecahedron 十二面体

dodecyl 十二烷基

dodge ①新花样设计，花样发明②妙法，窍门③遮挡④局部洗印控制

Dodge 道奇（美国克莱斯勒道奇部生产车型）

dodger 遮板

dodging ①音调改变②遮光

doff ①落纱，落卷，落筒②摘，卸，脱③丢弃，废除

doffer ①盖板②脱棉器，落纱机③道夫（亦称“小滚筒”）

beam ~ 落轴装置

carriage type ~ （细纱的）落纱小机，小车式落纱机

spindle ~ 摘锭的脱棉器

dog ①销，卡，卡〔箍，棘，推〕爪，制动器，制动销，制块，挡板〔块〕，轧头，掣子②凸轮③扳手，支架，夹架④针盘传动滑轮，针排头⑤机场信标

~ down （临时）夹住

adjustable ~ 可调挡块，可调行程限制器，可调（节）制动爪

bench ~ 台轧头
bird ~ 无线电测向器
cam ~ 凸轮撞块，凸轮挡块
casing ~ ①套管打捞子②捞管器
clamp ~ 制块，制块夹头
driving ~ 传动制块〔挡块，轧头〕，桃子夹头
extractor ~ 抓弹钩，退子钩
feed ~ 传动卡爪
feed trip ~ 自动停止进给卡爪
flop ~ 制动爪
girder ~ 吊梁钳
hand ~ 变形法兰式扳手，变形活扳手，拧钻杆的扳手（钻井）
heart-shaped ~ 鸡心夹具
ingot ~ 钢锭夹钳
knock-down ~ 拨杆
knockover ~ 拨杆
latch ~ 闩钩
lathe ~ 车床轧头，卡箍，鸡心夹头
lifting ~ 抓钩
nail ~ 勾头钉
normal ~ 定位锁簧
pipe ~ 缩孔钳，管子扳手
pulling-in ~ （拉拔用的）夹料钳，牵引链钳，带头线钳
pusher ~ 拨爪
retaining ~ 防脱钩
reverse ~ 反位锁簧，换向挡块
reveted ~ 铆钉锁簧
safety ~ ①安全轧头②保险挡，安全挡块③安全箍
sling ~ 吊钩
span ~ 木材抓起机
spring pusher ~ 弹簧推杆
starter ~ 起动机传动轴棘爪，起动机传动齿轮联轴器
starting ~ 起动用凸块，起动爪
stationary ~ 固定爪
straight tail ~ 直尾轧头
stop ~ 制动器，停挡，挡块
stroke ~ 行程挡块
table ~ （工作）台挡，平台挡，台夹
toe ~ 小撑杆
trip ~ ①自动爪②制动钩③脱扣钩，跳档，解扣④自动停车器
watch ~ 监控器，监控设备
watching ~ 加密狗

dog-bar 挡块促动杆

dog-bone （型砂试验用）八字（抗拉）试样

dog-chart 制动爪装配图，销簧

dogger 操作工助手

dogging 钩卡，追捕，追踪，抓住

dog-house ①原料预热室，烘炉用小炕②喷嘴（平炉）③投料口，炉头喷气口（放喷油器的）④高频高压电源屏蔽罩，鼓形罩⑤（发射天线的）调谐箱⑥（火箭）仪表舱，仪器车

dogleg 折线（形的）“<”形曲线

dog-nail 道钉，狗头钉

dogs 钳

dogtooth ①格子花纹②犬牙（饰，形）

Doler-zinc 多莱锌合金（w（Cu）2.5% ~ 3%，w（Al）3.75% ~ 4.3%，其余 Zn）

dollar ①元（反应性单位，缓发中子产生的反应性单位叫 1 元）②元（美、加、澳、新等国的货币单位）

dollie 小系缆柱，双系柱，（厂内）运输平板车

dolly ①独轮台车，小机车，移动摄影〔像〕车，手推车②圆形锻模③底〔模〕座，垫桩〔模〕，桩垫木④摇汰盘，绳状洗呢机⑤（半挂车）停放支撑架⑥布制抛光轮⑦铆顶，铆钉托⑧翻转杠杆⑨提升绞车平衡重
bomb ~ 运弹车
crab ~ 任意转动方向的摄影移动车
cup ~ 圆形底座（夹卡筒形工件用）
landing gear ~ 起落架
lever ~ ①杠杆支持②底座
pole ~ 辘车
riveting ~ 铆顶
screw ~ （有螺旋的）升降铆头型
seaplane ~ 水上飞机地面拖车
stage holding ~ 弹体支承车
studio camera ~ （演播室摄像机安放用）矮橡皮轮车
towing ~ 小拖车
tripod ~ 三脚矮橡皮轮车（安放摄像机用）

dolly-back 远摄，后退跟踪摄影（使摄影机后退）

dollying 摄像机装置车前后移动

dolly-out 远摄

dolomite 白云石，大理石

dolphin ①护墩桩，（码头）系缆柱，系船桩②鱼雷瞄准雷达系统③海豚

domain ①领域，区域，范围②磁畴③（定义）域
closure ~ 闭合磁畴
closure magnetic ~ 闭合磁畴

complex ~ 复域
field ~ 场畴
fold ~ 折叠（微）区
frequency ~ 频域，频率范围
magnetic ~ 磁畴
maze ~ 迷宫形磁畴
network ~ 网络管区
ordered ~ 有序畴
real ~ 实域
reverse ~ 逆磁畴，反转磁畴
universal tree ~ 总体树域

domain-tip 畴尖
domain-wall 畴壁
dome ①圆顶，圆盖，内盖②拱顶，穹面③汽室，（锅炉）干锅筒④流线型罩，整流罩，导流纳⑤表的黑盖（多见于怀表）

air ~ 气室
bow ~ 艏声呐导流罩
exciter ~ 励磁机上盖端（立式电机的）
gas ~ 贮气室，储气筒
haze ~ 汽室
infrared ~ 红外自导头整流罩
keel ~ 船底声呐导流罩
sky ~ 天幕，穹顶
steam ~ 汽室
sulfur ~ 硫罩

domed 拱曲的，凸状（扭曲）的
domestic ①家用的，民用的②国产的，自制的，本地的，局部的
domestic-scrap 厂内废料
dominance 支配，控制，占优势，覆盖

diagonal ~ 对角优势
fault ~ 故障支配

dominant ①支配的，占优势的，主要的，统治的，控制的②主要物，要素③音阶的第五度
dominate ①支配，控制，占优势②超〔高〕出
dominator 支配顶点
Donal 道纳尔铝合金（w（Al）98.5%，w（Mn）1.5%）
dongle 软件狗
donkey ①小活塞泵，小型辅助泵，蒸汽泵，平衡车，小蒸汽机②辅助发动机，辅助机构③拖拉机，曳引机，小绞车④辅助的

extruding machine ~ 挤出机辅机

donor 施主，供体

compensating ~ 补偿施主

donought （电子回旋加速器）环形箱
don't 禁止条项
donut ①环形室〔箱，罩，物〕，电子回旋加速器，超环面粒子加速器②起落架轮胎，汽车轮胎
donutron （具有笼形绕组状谐振装置的）可调磁控管，全金属可调磁控管，笼圈式谐振腔磁控管
doodlebug ①飞弹（有翼导弹）②小型采砂船精选厂③小机动车④探矿器
door ①（舱，炉）门，（闸，节气）阀，出〔入〕口，盖，进路，装料口②门路，途径③炮弹爆炸时显示器上的信号

access ~ 便〔检修，进入，检查，人孔〕门
aspirating ~ 空气密封门
backed ~ 后门（一个受损系统上的安全孔洞）
bailout ~ 跳伞门，安全门
barn ~ ①挡光板②不会打中的目标③仓库大门④折扉框
biparting ~ 双向滑动门（电梯）
bow shell ~ 艏门
cleaning ~ （冲天炉）工作门，修炉口，点火孔
cleanout ~ ①出渣门，出灰口②清出口③清粮口
counterpoised poke ~ 配重拨火门（用重物平衡的翻煤并加煤的炉门）
crankcase ~ 曲轴箱检查孔盖
crash ~ 碰撞门（自动开关门）
dead ~ 假门
deck ~ （“跑车”式双座敞车车身的）后层门
drop ~ ①升降门，吊门②炉底
efflux ~ 喷口调节片
explosion ~ 防爆门
falling ~ 舱门
fan cowl ~ 风扇整流罩舱门
feed ~ （高炉）加（燃）料炉门
fire(proof) ~ 防火门
flap ~ 吊门
handhole ~ ①贮水槽门②注油管盖③孔盖④手孔
hatch ~ 舱盖
headlamp ~ 头灯框
headlight ~ 头灯框，前灯盖
kalamein ~ 金属包门
laden ~ 装料门
lamp ~ 灯框
lancing ~ 清洁孔，清渣孔
landing ~ 厅门
lift up back ~ （汽车）上掀式后背门
muzzle ~ 前端整流罩

panel ~ 百叶门
poke ~ 拨火（翻煤并加煤）门
poking ~ （炉子）观察孔
power sliding ~ （汽车）电动滑动门
skimming ~ （炉膛）除渣门
sliding ~ （汽车）滑动门
soot ~ 扒（烟）灰孔，烟道清理孔
swing(ing) ~ 转〔双动自止〕门
telescopic ~ 滑叠式门
torpedo tube ~ 鱼雷发射器后盖
trap ~ 活板〔滑板,陷阱,通气,调节风〕门，天窗
undercarriage ~ 起落架舱门
weather ~ 调节风门，外重门，坑道通气门

door-case 门框
door-frame 门框
doorknob 门把手
doorsill 阈，门槛
doorstop 制门器（的弹簧装置）
door-trip 门开关
doorway 门道，通道
dopant 掺杂物
dope ①漆（机翼或蒙布的）,涂料，明胶②上漆，上涂料③加油④掺入，掺杂⑤防爆剂，吸收剂，添加剂⑥加了抗爆添加剂后的混合燃料
airplane ~ 飞机蒙皮漆
antiknock ~ 抗爆添加剂
clear ~ 透明涂料
diesel ~ 柴油机燃料的添加剂
heavy ~ 重掺杂
knock-sedative ~ 防爆添加剂
light ~ 轻掺杂

dope-proofing 用涂料保护表面
doper 滑脂枪，滑润油注射剂
doping ①掺杂（质），在燃料或油内加入填料，（燃料）加防爆剂，涂上涂料②掺杂的③抑制晶体生长
acceptor ~ 受主掺杂
background ~ 本底掺杂
gas-phase ~ 气相掺杂
modulated ~ 调制掺杂

doppelfaecherantenne 〈德〉（= di-fanantenna）双扇形天线
Doppler 多普勒（效应）
Dopploy 多普洛伊铸铁
doran 多兰系统，多普勒测距系统
dormant ①横梁，枕木②静止的，待用的，潜在的
doroid 半环形线圈
dos-a-dos 合装本（两本书封底对封底合装在一起，共用一个封面）
dosage ①剂，（辐射）剂量（值），配量，配料，下〔配〕药，（适）用量②剂量测定，定量器
dose ①（放射，辐射）剂量，剂〔配〕料，投配量，用药量②一回〔次〕
acceptable emergency ~ 事故容许剂量
accumulated ~ 总〔累积，积分〕剂量
air ~ 空气中（辐射）剂量
body ~ 全身剂量
cumulative ~ 总〔累计，积分〕剂量
exposure ~ 照射〔曝光〕剂量
lethal ~ 致命射线量，致命剂量
radiation absorption ~ （= rad）拉德（辐射吸收剂量单位，1 rad=10^2 Gy）
RBE ~ （= relative biological effectiveness ~）生物学相对有效剂量
tissue ~ 组织剂量

dosemeter = dosimeter
doser 测剂量装置
dosifilm 胶片〔感光〕剂量计
dosimeter （放射性,辐射,射线）剂量计〔仪〕，剂量器〔箱，仪器〕，测量剂量装置，液量计，量筒
colo(u)rimetric ~ 比色剂量计
fiber-optic ~ 光纤（辐射）剂量计
radiophotoluminescence ~ 辐射光致发光剂量计

dosimetry 剂量测定（法），剂量学
beam ~ 束流计量学
gamma ~ 伽马剂量测定法
radiation ~ 辐射剂量测定法〔学〕

dosing 定量，配量，配料，加药
dossier ①卷宗，档案材料，记录②档案袋
dot ①点，圆点②打点，用点线表示③点乘④像素
alternate picture ~ 交替像素
colo(u)r-emitting phosphor ~ 感光（嵌镶）幕磷光点，彩色荧光屏发光点
emitter ~ 发射极点接
half tone ~ 半色调点
loud ~ 响点
phosphor ~ 磷光点，荧光点
picture ~ 像素，像点
printed ~ 打印点（针式打印机的）
sample ~ 取样点
short ~ 短路点

subcarrier ~ 副载波网纹，副载波光点
unprinted ~ 非打印点（针式打印机的）
dot-and-dash 点画线，莫尔斯式电码
dotconvention 打点习惯
dotcycle 点循环，基本信号周期
dot-dash-line 点画线
dot-sequential 点顺序制
dotted-OR 点"或"
dotter 点圆规，刻点仪，点标器
dotwheel （有柄的）骑缝线滚轮
double ①（两,加）倍（的),(二）重（性)(的)，双（倍，重，幅，联)(的)，复（式，合）的，两差决定位置的无线电导航系统②（pl.）双粒级煤（$1 \sim 2in = 2.54\times10^{-2} \sim 5.08\times10^{-2}$ m，英国名称)，(叠轧的坯料）双（层）叠板，③复制品
~ over ①卷边②扩（管）口
double-acting ①双动（式）的②双作用的
double-action 双作用，双向开关
double-address 二地址
double-amplitude 双振幅
doublebarrel 双管枪〔炮〕
doublebeat 双拍，双重差拍
double-bell 双铃状的，双碗形的
double-bevel(l)ing 双斜面（的)，K 形的
double-bucket 双〔二〕地址，双桶存储器
double-burned 死烧的，烧透的
double-bus 双重母线，双汇流排
double-casing 双层机壳式
double-charge ①双倍负载②双倍充电
double-chopper 带双切碎装置的青饲料联合收获机
double-chopper 带双切碎装置的青饲料联合收获机
double-circuit 双（电）路的
double-circular-arc 双圆弧
double-coat 双重涂层
double-concave 双凹的，两面凹的
double-contact 双触点
double-convex 双凸的，两面凸的
double-current 交直流（两用）的
double-deck 双层（结构)(的）
double-decker ①双层公共汽车〔桥梁，电车〕②双层结构
double-dial 双标度盘
double-disking 用双列圆盘耙耙地
double-duty 两用的
double-edged 两边有刃的
double-entry 两侧进汽
double-faced 双面的
double-frequency 倍频
double-gap 双火花间隙（的）
double-gate 双闸的，双选通的，双控制极
double-geared 双级齿轮传动的
double-heading 双重牵引的
double-hook 双钩
double-hulled 双重机壳的
double-layer 偶〔双，重〕层
double-line 双线，双轨
double-loop 双列（蛇形）管圈
double-moding 双振荡型（磁控管）
double-piston 双活塞
double-ply 双层（的)，双股（的）
double-pointed 双端的（带有二个尖端的）
double-pole 两极的，双极〔刀，杆〕的
double-polling 双重探询
double-port 有双孔的，双口（网络）
double-precision 双（倍）精度，双倍字长
double-pressing 双重压榨（润滑油脱脂时）
double-pulse 双脉冲
doubler ①二倍器,倍加器,乘二装置②折叠机，双挂车③并丝机，捻线机，并条机，并线工
abrupt-junction ~ 突变结倍频机
cloth ~ 合布机，层布贴合机
derby ~ 条卷机
fancy ~ 花式线并捻机
flyer ~ 翼锭捻线机
frequency ~ 倍频器
jute ~ 黄麻并捻机
mule ~ 走锭捻线〔精纺〕机
ring ~ 环锭捻线机
Schenkel ~ 申克尔电压倍增器
double-range 双量程的（指仪表）
double-rate 双率计
double-reduction 双重（减速）的，两级的
double-resonator 双腔谐振器，双谐振器的
double-row 双行座
doubles 双（层）叠板（叠轧的坯料)，压层板
double-shaft 双轴
double-shot 旧式两个铁球连装弹
double-side-band 双边带
double-skin ①重皮（顶浇钢锭的缺陷）②双层的
double-stage 双级的，二级的
double-strike 双击
doublet ①偶极子，对称振子，偶极天线，双

重线〔字〕，双线〔峰〕，双合透镜②复制品，副本
acoustic ~ 声偶极子，声偶极天线
AG ~ 交变梯度双合透镜
air-spaced ~ 空气隙双合透镜，双分离透镜
degenerate ~ 简并模对
double ~ 双偶极子，双偶极天线
electric ~ 电偶极子
folded ~ 折叠对称（偶极）天线
Gaussian ~ 高斯型双合透镜
magnetic ~ 磁偶极子
source and sink ~ 偶极子
unit ~ 双元
double-tap 双触点
double-throw 双投，双掷
double-track 双线的，双轨的
double-triode 双晶体管
double-type 复式的
double-vanc ①双叶片，双舵〔翼〕②双风信标
double-wedge 菱形的，双楔形的
double-word 双字
doubling ①加倍，双重②薄板折叠③防护板，加强板④夹胶⑤倍频
successive ~ 顺次加倍
douche ①冲洗器②冲洗（法）
doudynatron 双负阻管
doughmaker 和面机，揉面机
doughnut = donut
douglasscope 直肠镜、子宫陷凹镜
douser 防火门（放映室用），（放映机）遮光器，挡光板
Douzieme 道兹密（瑞士用作测量机心厚度的单位，1 道兹密 =0.187 985 mm）
Dovap （= Doppler velocity and position finder，测定导弹速度的）多普勒信标
dovetail ①鸠尾，鸠尾榫，楔形榫，鸠尾接合，纵形叶根，燕尾槽，磁极尾②（使）吻合，严密地嵌进
female ~ 鸠尾槽
lap ~ 互搭鸠尾榫
male ~ 榫舌
miter ~ 斜楔榫
roll ~ 球形叶根，拉伐尔叶根
dovetailer 制榫机
dovetailing 燕尾连接，模型接合
dowel ①榫〔暗，两尖，销，夹缝〕钉，暗〔轴，键，定位〕销，栓，插铁②螺柱〔柱〕③（线卷）架
bar ~ 合缝接钢（即插铁）
expanding ~ 张开销钉
insulated ~ 绝缘定位销
lug ~ 凸缘销钉
pattern ~ 模样定位销，模样合销
pin ~ 定位销
screwed ~ 定缝螺钉
smooth ~ 光面铁条榫
spike ~ 钉栓
spoke ~ （轮）辐尖端
down 向〔降，落，倒〕下，降低，减弱〔少〕
boil ~ 蒸发
boom ~ 拍摄斜仰景，摄像机下移
breaking ~ 粗轧，出砂
cope ~ 吊砂，吊胎
count ~ ①（电视）脉冲分频②递减计数③询问无效率
damp ~ 封火，缓冲（掉），吸收（掉）
gear ~ 低速齿轮转动，减速，起落架放下
haul ~ 拉下（缆）
neck ~ 压缩，造成缩颈
pull ~ 拉片
roll ~ 下卷
rough(ing) ~ 粗轧，粗锻
roughing ~ 粗轧
scale ~ 按比例减少，递减，缩小比例
scaling ~ 按比例缩小
scrolling ~ 向下滚屏，向下翻滚
sequence number ~ （通信）下行链路顺序号
system ~ 系统故障
tie ~ ①馈电线下垂，联接线下垂②拴系，束缚，钳制
walk ~ 漏走
downbeam 顺流（顺着束流方向）
downcircuit 分频电路
downcoiler 地下卷取机
downcomer ①泄水〔排气〕管，（锅炉循环回路的）下降管②高炉下气道
overflow ~ 溢流槽（空分设备）
downconverter ①降频变频器②向下变换器
downcounter 逐减计数器
downdraft 下向抽风〔通风〕，倒焰，空气陷坑，下降气流
downender 翻卷机，横倒翻卷机
downflow 溢流管
downgate 直浇道，垂直内浇道
downgrade 下坡，（降）低质量的
~ against engine 下坡用发动机制动，发动机制动（情况下）下坡

downhill 下坡（的），下倾的

downlead 引下线

downline 下行线

downlink （通信）下行链路，下行线路

download 下载，卸载

down-loading 卸载

down-mix 降级混合

downout 电压过低

downpipe ①（喷雾机的）下悬喷管，下输管，落水管②立管，吊管

boom ~ （喷雾机用）喷杆的下悬（喷）管

downrange 靶区末段，下靶区

downright ①从上向下②一直③直浇道

downshift 接减速传动，变慢（汽车调档）

downshifting 转换低速，换低档

downsizing 规模缩小化

downspout 流嘴，流管，漏斗管，落水管

downsprue ①直浇道②浇注系统

downstream ①下游②顺流，沿流动方向，沿介质流程，顺向位移，下行流

down-stream 顺流

downtake 下行烟道，下降道，下导气管（高炉）

downtank 下流槽，收集器

down-the-hole 潜孔

downtilt 翻平（带卷）

downtilter 翻卷机

downtime 停歇〔工，产〕，停产〔工，留〕时间，闲置〔故障，停机，修理〕时间

dowse ①浸，渍，浇水②淬火，急冷③用机械探（水源或矿脉等）

dowser = douser

dowtherm 道氏换热剂（二苯及二苯氧化物的混合物），高沸点有机溶液

doze （用推土机）推土〔清除〕

dozen ①一打，十二个②（pl.）若干，许多

long ~ 十三个

dozer 推土机

angle ~ 侧铲〔斜铲式，斜板〕推土机

cleaning ~ 拔根机

crawler ~ 履带式推土机

loader ~ 装载推土两用机

rake ~ 刮板推土机

side ~ 斜角〔万能，侧铲〕推土机

spoil ~ （沟壕）推土用推土机，弃土用推土机

straight ~ 直进式推土机

tire ~ （车）轮式推土机

tree ~ 伐木机，除根机，推树用的推土机

dozzle 铸型补助浇道

hot ~ 保温帽

draft ①草稿〔图，案〕②（船的）吃水③（出模）斜度④凿槽⑤断面缩减率⑥拉，拖，曳，牵引⑦通风，气流⑧压下（量）⑨汇票，付款通知书

~ at sight 即期汇票，见票即付汇票

~ on core print 型芯头斜度

absolute ~ 绝对压下

active ~ 正阻力

after ~ 船尾吃水深度

air ~ ①通气，通风，抽风，吸风②气流

applied ~ 后加模锻斜度

arrival ~ 货到即付汇票

back ~ 反斜度，逆抽风

balanced ~ 平衡通风

blend ~ 过渡（模锻）斜度，转接（模锻）斜度

chimney ~ 自然通风，烟囱引风

combustion chamber ~ ①（锅炉）炉膛负压，燃烧室负压②炉膛拔风

demand ~ （= D / D）即期汇票

differential ~ 通风阻力

fan ~ 通风道

forced ~ 正压〔强制，强迫〕通风，送风，机械通风

furnace ~ 炉子抽力

horizontal ~ 横吸式

indirect ~ 人工通风，强制通风

induced ~ ①引风，吸风②负压通风

inverse ~ 反起模斜度

load ~ 载荷吃水

matching ~ 匹配模锻斜度

maximum ~ ①最强通风②最大吃水深度

natural ~ 自然减损〔通风，抽风〕

pattern ~ 起模斜度

plow ~ 犁的牵引阻力

positive ~ 正压〔人工，加力〕通风

relative ~ 压下率

rough ~ 草〔示意，略〕图

scantling ~ 结构吃水

shallow ~ ①小量镦粗②轻微压下

side ~ 牵引力侧向分力，牵引侧向阻力，横向牵引分力

single ~ 一次拉拔

stack ~ 自然通风，烟囱通风

static ~ ①静压头②静力通风

storm ~ 风暴吃水

suction ~ 抽引通风
unit ~ 单机牵引
working ~ 工作草案（ISO 文件）
zero ~ 无斜度

drafter ①描图器，制图机械，制图员②练条机，牵伸机构
pin ~ 针梳牵伸机，针梳机
Roto ~ 罗特并条机（用针筒牵伸）
sawtooth-clothed drum ~ 锯齿滚筒并条机

draft-height 吸出高度

draft-hole 通风孔

draftiness 通风

drafting ①起草（方法），制图，绘图②牵引〔曳〕，选拔③通风④（拉钢丝）减径
first ~ 底图

draftmeter 风压表

draftsman ①绘图员②起草者③拉拔工

draftsmanship 制图（技）术，制图质量

draft-tube 通风〔吸出，吸入，引流〕管

drag ①阻〔抗，曳〕力，障碍物②拉（拔），拖（曳），拖网，牵引，打捞，探寻，刮（路）③制动（器），减速，刹车，（机件）打滑④滞后，阻尼⑤被拖曳的物体，货运慢车，移送机，挖泥船，耙（平）⑥下型
~ of kerf （气割的）切缝痕
~ on （从输入辊道上）拨进
~ on foil 翼阻，叶阻（流动阻力）
~ on tie 角铁联系，隅撑
air ~ 空气阻力
blade ~ 铲式刮路机
braking ~ 制动拖滞
broom ~ 带刷刮路器，刮路刷
chain ~ ①链板〔刮板〕式输送器②链式刮路机
cupola ~ 清炉装置（冲天炉打炉后）
eddy ~ 涡流阻尼，电磁阻尼
field ~ 重型耙
grain ~ ①谷粒输送器②（晒谷场用）谷粒拖板
grid iron ~ 铁框刮路器
magnetic ~ 磁阻
mooring ~ 活动锚
mo(u)ld ~ 下（半）型
needle ~ 唱针摩擦力
pattern ~ 下模样
pod ~ 吊舱阻力（发动机）
pressure ~ 压差阻力
rake-type ~ 耙式刮路机，耙式路刮
ram ~ 冲压阻力
solute ~ 溶质拖曳
spring-tooth ~ 弹齿耙
stylus ~ 唱针阻力
timber ~ 运木材用的货运长挂车
wheel ~ ①车轮制动器，轮闸②轮阻力

drag-and-drop 拖放

drageffect （离子）牵制效应（电解液中），拖曳效应（频率拖曳）

dragger ①小型拖网渔船②牵引机③集材拖拉机

dragging ①不完全脱扣运动（摩擦离合器，水力联轴器的）②拖尾③轧平（路面的），牵引的④（机件的）打滑

dragging-shoe 曳板

dragging-slip 曳板

dragline ①拉〔导，系，牵引〕索②绳斗电铲，挖掘斗，吊斗铲，拉铲挖土机③切割波痕

dragon ①装甲曳引车，（英）火炮牵引车②有电视引导系统的鱼雷③龙骑枪④ B-23 型轰炸机⑤龙牌合金钢

dragout 带出

drag-over ①横向自动拖送机②拖出③回递（通过上轧辊）

drag-rise 拖升

dragrope 牵引绳索

drag-saw 横切锯

dragscraper 拉索铲运机，拖铲

drag-separating 借阻力分离的

dragster 改装而成的高速赛车

drain ①排水管〔道，沟，孔，系统，装置〕，泄水管，放水〔排流〕口，浇铸系统，下水道，排除器〔管，阀〕，疏水、排液装置②冷凝水，凝汽水③消耗，耗损④径流⑤漏极，漏电⑥排泄〔出，气，油〕，放水，排〔抽，放〕空，排〔放，沥，滴，流〕干
~ (of field-effect transistor) 漏区（场效应晶体管的）
air ~ ①通风道，通气管，气眼，出气口（浇注系统）②防湿沟
brain ~ 人才外流
common ~ 共漏（的）
current ~ 电耗，耗用电流
main ~ 总排水管
oil ~ ①放油，放油口②放油孔
pipe ~ 管式排水，排水管
power ~ 耗用动力，耗用功率
water ~ 排水，放水

drainability 排水能力

drainage ①排〔放，疏，泄〕水，导液法②排水设备〔系统，装置〕③回流量，滴落量④排出的水，污水⑤地下金属物电离腐蚀⑥排水区域，流域

air ~ 放气

electric ~ 排流器

internal ~ 内泄油

moisture ~ 去湿疏水装置

drainback 回流

tank ~ 油箱回油

drainer ①排水器，放泄器，连续作用疏水器，排泄孔②滤干器，冷凝罐③贮浆池④排水工，下水道修建工

Haug ~ 豪格脱水机

oil ~ 放油塞，泄油塞

pulp ~ 脱水机

dram ①打兰，英钱（dr，常衡单位，1 dr = 1.771 g = 1/16oz； 药量单位，1 dr = 2.542 g = 1/8oz）②液体打兰③少许，一点点

fluid ~ 液打兰量

dramatic 显著的，突出的，惊人的

drape ①（用布，帘，幕）覆盖〔装饰，包上，挂上〕悬挂（幕）②隔声，吸音，调整③起皱纹

draper ①布面清选机，绒布选种机②带式输送器，输送带

drapery 帷幔，垂幕，帐帘

draping ①覆盖②隔声〔音〕，声绝缘③隔声材料，吸声材料

drastic 激烈的，猛烈的，烈性的，急剧的，严厉的，强有力的，果断的

draught = draft

dravite 镁电（气）石

draw ①拉，划线，拖，汲（取），牵引〔曳，伸〕②拔出，抽（出），拉丝〔制，延，深，削，拔，伸〕，回火，轧制，退火，起模斜度③引〔收，进〕，提（取），通风④引起〔导，出，伸〕⑤绘图，描绘⑥吃水

~ down ①拉延②缩小横断面

~ in 拉回，缩回，引入，内拉

~ off ①抽〔排，流，取，引〕出，排除，泄水②汲取③拨转，转移

~ on 起模

~ on pins 顶杆起模

~ on scale 翻样，放样，按比例（尺）描绘

~ over ①拉下遮盖②蒸馏

~ up 画出，拟定，起草，拉起，举起，抽上，引上

air ~ 用气枕压延

cold ~ 冷拔，冷拉

finish ~ 精拉

hard ~ 硬拉，冷拉

liquor finish ~ 湿法拉制

pattern ~ 起模

single ~ 单动拉延

temper ~ （使）回火

drawability ①压延性能，可拉性，拉深性，塑性②回火性

drawback ①缺点，缺陷，瑕疵②障碍（物）③回火④挖砂（造型）

drawbar ①拉〔连接，导〕杆②牵引装置，牵引杆

clevis ~ 牵引环，联结钩

fixed ~ 刚性牵引装置，固定的牵引杆

free ~ 铰接牵引杆

lift-up ~ （折叠耙组的）起落式牵引装置

pick-up hitch ~ 液压联结器，液压挂钩

ring ~ 环形联结装置，牵引环

telescoping ~ 伸缩式连接〔牵引〕装置

traction-booster ~ 重量转移〔驱动轮加载〕的牵引装置

drawbeam ①起重梁，起重臂杆②绞盘

drawbench 拉拔〔拉丝，冷拔，拔管〕机，拉床

drawbore ①钻销孔②榫销机

drawdown 延伸，压延，拉下，扯下，放下

drawer ①拔取工具，带起子的锤，抽气器②抽屉③制图人，拖曳者，拉拔工

core ~ 芯盒翻转机（脱芯用）

nail ~ 拔钉钳

sliver reversing ~ 棉条反向并条机

spike ~ 拔钉钳，道打撬

warming ~ 电热屉

wheel ~ 车轮拆卸器

drawer-in 穿经工

drawframe 拉伸机，并条机

toothed disk ~ 锯齿盘式并条机

drawgate 闸阀

drawhead 拉拔机机头

drawhole 拉拔模孔，拉模，缩孔

draw-in ①拉〔缩，收〕回，吸〔拉，流，引〕入，渐短，缩减②诱致③画出④港湾式停车站

drawing ①拉，拔，抽，牵引，拉延，拉拔，延伸②回火，退火③漏〔起，脱〕模，拉深，深冲④ 绘图，图解，图样，附图

~ out 拔长
air ~ 空气吸入
application ~ 操作图，应用图
approval ~ 批准图，认可图
arrangement ~ （平面）布置图，配置图
assembly ~ 总〔组装，装配〕图
axonometric(al) ~ 轴测图，不等角投影图
back tensioned ~ 反张力拔丝
bar ~ ①棒材拉拔②小型无缝钢管薄壁挤压法，芯杆拔管法（芯杆与管材同时通过拉膜）
breakdown ~ 分解图
chain ~ 链条式针梳机
collective ~ 图集，装配图
component ~ 零件图
computer aided ~ 计算机辅助绘图
construction(al) ~ ①制作图，结构图②施工图
contract ~ 发包图样
contracted ~ 缩图
conventional ~ 简化画法
cutaway ~ 断面〔剖开立体，剖面〕图
cutting ~ 切割图
deep ~ ①深拉，深冲（压），深拉深②全回火
detail ~ 详图，零件图
diagrammatic ~ 草图，示意图
dieless wire ~ 无模捻丝法（包括电解腐蚀和热张力拉拔法等）
elevation(al) ~ 立面图，正视图
engineering ~ 工程画，工程制图
equipment ~ ①设备图②装置图
erection ~ 装配图
extra deep ~ 极深冲
figuration ~ 外形图
fineness ~ 拔细
fitting arrangement ~ 附件装配图
form ~ 木模图
free hand ~ 单图，示意图，徒手画
full-size ~ 原尺寸图样
general assembly ~ 总装图
hatched ~ 细线条图
hot ~ ①热拔，热拉②热拔钢管法，热拔丝法
hot-dimension ~ 放样图
imagination ~ 假想画法
installation ~ 安装图，装配图
isometric(al) ~ 等角投影图，等距（画法）图，等量图，等度图
layout ~ 配线图，布置图
line ~ 画线，划线
machined ~ ①机械制图，工程画②机械图（样）
machining ~ 机械加工图样，机械图
mandrel ~ 长芯棒拉拔管材
master ~ 样图，发令图（光学仿型）
mechanical ~ 机械制图，工程画
model ~ 毛坯图
needle ~ 刻图
not dimensional ~ 放样，伸图
oblique ~ 斜视图
oneway ~ 单向牵伸
order ~ 外注图
orthometric ~ 正视画法
outline ~ 略〔草，轮廓，外形〕图
panel cut out ~ 面板开口图
part assembly ~ 部分〔部件，组件〕装配图
parts ~ 零件图
patent ~ 专有图样
perspective ~ 透视图
phantom ~ 部分剖视图，穿过透明壁的透视图
piping ~ 管路图，管系图
plain deep ~ 简单深拉延
plain view ~ 平面图
plug ~ 钢管定径拉拔法
process ~ 工艺附图，工艺过程图
projection ~ 投影图
punchless ~ 凸模拉延
radial ~ ①径向拉伸②变薄旋压
reactive ~ 反力拉伸，反拉力拉丝
rectangular ~ 矩形拉延
reverse ~ 反压延，反拉深
rough ~ 草图
rubber ~ 搓条粗纱机（法式毛纺）
rude ~ 草图
sample ~ 抽样
scale ~ 缩小图，缩尺图
schedule ~ 工程图，工序图
schematic ~ 示意〔略，草，原理〕图
setting ~ 装置图
sheet-metal ~ 钣金工图
shop ~ ①装配图，装配详图②工作图，生产图
side-elevation ~ 侧视图
sink ~ 无芯棒（顶头）拔制（管材）
skeleton ~ 骨架〔草，原理，结构，轮廓〕图
sketch ~ 草〔简，略〕图
structural ~ 结构图
tempering ~ 回火

trace(d) ~ 底图，描（好的）图
tube ~ 拔管，管材拉拔
type certificate ~ 打字校准图
typical ~ 典型工作图
unit ~ ①详图②零件图
unit assembly ~ 分总〔部分组合，部件装配〕图
wire ~ ①拉丝，拉线②高速气流在节流处造成的磨损③节流④线路图
working ~ 工作图，生产图，加工图，施工图

drawing-back 回火

drawing-down ①压延，引伸②断面收缩率

drawing-in ①引入的②（纺）穿经，（走锭纺纱机的）回车③拉进，拖入

drawing-machine 拔丝机
tandem ~ 串列式（多次）拉拔机

drawing-off 引出

drawingplate 拉模板
diamond ~ 金刚石拉模

drawknife 刮刀

drawn ①拉伸的，拉制的，延伸的，拔出的②拖式的③画好的

drawnout 拉长了的，在时间方面过长的

drawn-wire 冷拉钢丝，拉制线

draw-off 抽〔取，引，流，排〕出，倒，排除，泄水，汲取，转移

drawout ①拔〔拉，诱，抽，取〕出，拉长，拔丝，延长②描绘出

drawrod 拉杆

drawsheet 滚筒包衬覆面纸

draw-tongs 紧线钳，扳（导线）钳

draw-tube 抽筒，伸缩管

drawtwister 拉伸加捻机

drawworks 绞车（钻井设备）

dray 低架载重车

dredge ①挖泥机，挖土机，疏浚机，挖泥船②拖曳式采样器，拖网，捞网③悬浮矿物
bucket ladder ~ 多斗式挖泥船
cutterhead ~ 铣轮式疏浚机〔挖土机〕
dry ~ 陆地挖泥机
elevator ~ 升降挖泥机
grapple ~ 抓斗式挖泥机
hydraulic ~ 挖泥船，水力疏浚机，吸扬式挖泥船
hydro-jet ~ 水力采砂船
ladder (bucket) ~ ①多斗式挖泥船〔机〕②链斗式挖泥机
meiobenthos ~ 小型底栖生物拖网
scoop ~ 斗式挖泥机
sewerage ~ 挖沟机（铺设污水管用）
suction ~ 吸泥〔挖土，挖泥〕机
walking ~ 行动式挖掘机

dredger ①挖泥机，疏浚机，航道挖泥船②捞网，拖网③挖泥工，疏浚工
amphibious backhoe ~ 两栖反铲挖泥船
backhoe ~ 反铲挖泥船
barge unloading ~ 吹泥船
barge unloading suction ~ 吹泥船
bed wash out ~ 冲吸挖泥船
bucket ~ ①斗式挖掘机，斗式挖泥机②链斗式挖泥船
bucket wheel suction ~ 斗轮挖泥船
crock drilling ~ 钻孔爆破船
cutter ~ 旋桨式挖泥船
cutter suction ~ 绞吸式挖泥船
dipper ~ 单（铲）斗挖泥机
dismountable ~ 组合式挖泥船
ditch ~ 沟渠清理机
dozer ~ 钢耙挖泥船
drag suction ~ 耙吸式挖泥船
dry ~ 陆地挖泥机
elevator(-ladder) ~ 链斗式挖掘机
gold ~ 采金船
grab ~ 抓斗式挖泥船
hopper ~ 自载式挖泥船
hydraulic dustpan suction ~ 吸盘挖泥船
jet lift ~ 喷射泵挖泥船
jet ~ 喷射挖泥船
jetting suction ~ 冲吸挖泥船
land ~ 挖掘机
mining ~ 采矿船
multi-purpose ~ 多用途挖泥船
non-propeller ~ 非自航挖泥船
pneumatic pump ~ 气动泵挖泥船
pump ~ 抽泥机，吸泥机，泥浆泵
pump bucket ~ 链斗自扬挖泥船
river suction ~ 吸泥船
self-propeller ~ 自航挖泥船
shovel ~ 单斗挖掘机
split-type trailing suction ~ 对开耙吸挖泥船
spoil ~ 污染泥挖泥船
suction ~ 吸扬挖泥船
suction-cutter ~ 叶桨吸泥机
trailing suction hopper ~ 耙吸挖泥船
trailing suction side casting ~ 边抛耙吸挖泥船

dreg ①（常用 pl.）渣子，渣滓，屑，糟粕②微量

dregginess 沉淀物，混浊物，渣滓，含渣量
drench ①湿〔浸，淋〕透②浸液
dress ①修饰，装饰，修整，平整，整理，清理，调制，准备②打磨，磨光，修琢③压平，凿平，矫直，选矿，洗矿，清选，分级④包扎，包裹⑤服装，覆盖物
deep-sea diving ~ 深海潜水服
skip ~ （砂轮的）间隔修整
up ~ 反转修整
dresser ①修整器，整形器，（砂轮）修整装置，清理（轧材缺陷用）风錾，打磨机，修钎机②选矿机③整经〔浆纱，上浆，梳麻〕机④筛面粉机
bit ~ 磨钎工，磨钎机
bond ~ 粘金刚石粉（的）砂轮修整器
chemical seed ~ 化学药物拌种机，化学药物消毒器
comb ~ 梳刷转筒，梳齿转筒
combination ~ 联合上浆机
contact point ~ 白金打磨机，触点打磨机
cracker jack grinding wheel ~ 精密磨轮打磨机
crush ~ 砂轮（压刮）整形工具，（砂轮）非金刚石整形工具
Huntington ~ （组合）星形修整工具
rotary ~ 滚子式砂轮刀，滚子式砂轮修整器
seed ~ 清种机，种子拌药器，种子消毒器
tool ~ 刃磨工，磨刀工
true form ~ （砂轮的）仿形修整装置
water ~ 水理机
dressing ①覆盖层，外皮，涂料，包衬②修整，修琢，整修〔理，顿，形〕③车削，磨削，镶面④选矿
belt ~ ①传动带装置②传动带涂料，传动带油
brake ~ 制动器润滑脂，刹车涂料
core ~ ①修芯②型芯涂料
electromagnetic ~ 电磁选矿
hammer ~ 用锤整修，锤整的
mo(u)ld ~ （铸型）涂料
polished ~ 磨光，抛光，敷面打光，研磨
tool ~ 刀具磨锐
top ~ 表面处理，敷面（料）
wire ~ 游丝，整形，复丝（钟表）
dressing-off 清理（铸件的）
drib 点滴，少量，细粒，碎片
dribbing 零星修补，小修小补
dribble ①使滴下，滴流，细流，少量②慢慢流动，逐渐消散
drib(b)let 少量，少额，微量
dribbleware 流水软件（软件产品的更新版、补丁或新的驱动程序）
dribbling （燃料或油从系统内）漏泄
drier ①干燥机〔器，窑，剂〕，干衣机，催干机，烘箱〔炉〕②干料③干燥工④干燥的
agitated ~ 搅动式干燥机
air ~ 空气干燥器
air lift ~ 提升式气流干燥机
airflow ~ 热风烘燥机
apron ~ 帘式烘燥机
apyretic rebirth air ~ 无热再生空气干燥器
canal ~ 隧道式干燥机
cascade grain ~ 阶梯式谷物干燥机
cocurrent ~ 直流式干燥机
column ~ 竖筒式干燥机
core ~ ①型芯干燥机②烘芯托板③烘芯炉
countercurrent ~ 对流（式）干燥机
De Laval spool ~ 德拉伐耳式筒管丝烘干机
deep bed ~ 厚层谷物干燥机
dielectric ~ （高频加热）电介质干燥机
dip-feed drum ~ 封闭式供料滚筒干燥机
fabric loop ~ 悬挂式烘布机
far infrared ~ 远红外干燥机
festoon ~ 长环悬挂干燥机，浮花〔环形〕干燥机
flash ~ ①飘悬式干燥机②快干机
float ~ 无接触热风烘干机
floor ~ 底部通风式干燥器
fluidized ~ 流化干燥器，沸腾层干燥器
fluidized-bed ~ 流化烘干机
fluosolids ~ = fluidized ~
freeze ~ 升华干燥机（物料冻结的真空干燥机），冻干机
grain ~ 谷物干燥机
hair ~ 电吹风
high-frequency ~ 高频干燥机
hot air ~ 热风干燥器
hurricane ~ 风干室
infrared ~ 红外线干燥机
infrared grain ~ 远红外谷物干燥机
jet crop ~ 热风喷射式（农产品）干燥器
ladle ~ 烘包器，浇包烘炉
lattice ~ 帘子（式）干燥机
lead ~ 铅催干剂
level(l)ing ~ 平幅干燥机
liquid ~ 液体催干剂，燥液

loft ~ 箱式干燥器，干燥箱
loop ~ 悬挂式烘布机
metal core ~ 烘芯托板，烘干器
microwave ~ 微波干燥机
mobile batch ~ 移动式间歇干燥机，移动式分批干燥机
mo(u)ld ~ 铸型烘干炉
nozzle ~ 热风喷嘴干燥机
open-width suction ~ 平幅真空吸水干燥机
plate ~ 多层干燥器，热板式干燥机，间歇式（单板）干燥机
pneu-vac ~ 真空气流干燥机
pole ~ 挂棒烘燥机
progressive ~ 逐步干燥器
recirculation ~ 循环式干燥机
reel ~ 卷筒热风（喷射）干燥机
Relax cylinder ~ 赖拉克斯（无张力）辊筒烘燥机
revolving ~ 卧式烘砂滚筒
roller ~ 辊式干燥机
rotary drum ~ 滚筒式干燥器
rotary screen ~ 圆网〔回转〕干燥机
screen ~ 筛式干燥器，百叶窗式分离器
shaft ~ 竖筒式干燥机
shaker ~ 振〔抖〕动式干燥机
sheeting ~ 网板式干燥器
slat ~ 框架干燥机
solar energy ~ 太阳能烘干机
sponge ~ 海绵吸水式干燥机
spray ~ 喷雾式干燥机
steam belt ~ 带式蒸汽烘谷机
storage ~ 仓库式干燥机
tea ~ 茶叶烘干机
tensionless jet ~ 无张力热风干燥机
tenter ~ 拉幅干燥框
vapojet ~ 过热蒸汽干燥机
ventilated bin grain ~ 风箱箱式谷物干燥机
wag(g)on (box) ~ 车厢式干燥机

drift ①位移，移动，漂移，行程，流程，偏航②变化〔动〕③调〔交〕换④输送⑤打桩器，穿孔器，冲头，打入工具，孔锤，楔铁，（拆钻头用）退套楔⑥倾〔动〕向⑦平衡阻碍（现象），吸附平衡迟缓⑧弹性后效
~ for knocking out of tubes 管子穿孔器
~ for sockets and sleeves 套筒撬
~ of convergence 会聚（度）漂移
~ of frequency 频率漂移
~ of zero 零点漂移
absolute ~ 绝对航差，绝对偏移
caulker's ~ 敛缝冲头
Doppler ~ 多普勒频移
drill ~ 冲杆
elastic ~ 弹性残留变形，弹性后效
frequency ~ 频（率漂）移
ga(u)ge ~ 零点漂移
heat ~ 热漂移
mechanical ~ ①机械性固定偏差②机械漂移
nail ~ 冲孔器
null ~ 零点漂移
pin ~ 柱销拆卸器
piston pin ~ 活塞销冲头
sensitivity ~ 灵敏度漂移
setting ~ 旋转后变化量，漂移
steel ~ 钢冲
threshold ~ 听阈漂移，暂时性阈移
warm-up ~ 热漂移

driftance 漂移度
driftbolt 穿钉，锚栓，系栓
drifter ①漂流物，漂流水雷②扫雷船，漂网渔船③支柱式开山机，风钻，架式钻机（凿岩机）④冲头，穿孔器
air ~ 架式风钻〔钻机，凿岩机〕
bar-rigged ~ 架式风钻〔凿岩机〕
boom-mounted ~ 架式风钻〔凿岩机〕
cradle ~ 架式凿岩机
hammer ~ 架式风钻〔凿岩机〕

drifting ①漂流〔动，移〕②偏航
coasting ~ ①怠速运转②滑行

driftlock 恒行数法
driftmeter 偏移测量器，偏差计，漂移计
drift-out 偏离
drikold 固态二氧化碳
drilitic （= dry electrolytic capacitor）干电解（质）电容器
drill ①钻头〔机，床〕，穿孔器②条播机③钻孔〔井，探〕，打孔
~ of pose accuracy 位姿准确度漂移
~ of pose repeatability 位姿重复性漂移
~ with ferrule 方钻，弓钻
adamantine ~ 钻粒钻机
air ~ 气钻，风钻，（气动）凿岩机
air-feed leg ~ 气腿式钻机
air-stream distributing ~ 气流分配式条播机
alfalfa ~ 苜蓿条播机
all-crop ~ 万能式条播机，通用条播机
all-direction electric ~ 万向电钻

angle electric ~ 角向电钻
animal draw ~ 畜力播种机
annular ~ 环孔钻
arc edge ~ 圆弧刃钻头
Archimedean ~ （阿基米德）螺旋钻
auger coal ~ 煤电钻，煤层钻孔机
Banka ~ 班克式人力勘探钻机
beam ~ 摇臂钻床
bell-type combined ~ 带护锥复合中心钻
bench ~ 台钻
bevel wheel ~ 角钻，锥形锪钻
block ~ 印版钻孔机
brace ~ 曲柄钻
breast ~ 胸压手摇钻
butt-welded ~ 对头焊接钻头
cable ~ 钢索冲击钻机
carbide ~ 硬质合金钻头
cemented-carbide shell core ~ 硬质合金套式扩孔钻
center(ing) ~ 中心钻
centrifugal ~ ①离心式穿孔器②离心式条播机
chit ~ 扁钻
churn ~ ①舂钻（机），旋冲钻，冲（击）钻②石钻，钻石机
circuit ~ 电钻
close quarter piston air ~ 角隅风钻
closed delivery ~ 窄行条播机，闭式输种条播机
close-row ~ 窄行条播机
colter ~ 开沟器
column ~ 架式风钻，柱状岩取芯钻
combined ~ ①组合钻头，双用钻头②联合播种机，谷物肥料联合条播机
combined flax seed ~ 亚麻联合条播机
core ~ 空心〔套料，取芯，扩孔，岩芯〕钻
corner ~ 角（轮手摇）钻
cotton ~ 棉花条播机
counter ~ 埋头钻，锥口钻
counterbore ~ 平底扩孔钻
countersink ~ ①埋头钻②锥口钻，尖底锪钻
cranial ~ 颅钻
crown ~ 顶钻
cup ~ 杯式排种的条播机
cut ~ 铣制钻头
deep-furrow ~ 沟播机
deep-hole ~ 深孔钻
dental electric ~ 电动牙钻
disk ~ 圆盘播种机，附有圆盘开沟器的条播机
down hole ~ 潜孔钻机
drag ~ 牵引式条播机
dual-purpose ~ （平播与沟播）两用条播机
duckbill ~ 鸭嘴钻头，匙钻
earth ~ 钻土机，挖坑机
electric ~ 电钻
electric bone ~ 电动骨钻
electric coal ~ 煤电钻
electric concrete ~ 混凝土电钻
electric hammer ~ 电动锤钻
electric impact ~ 冲击电钻
electric rock rotary ~ 岩石电钻
electric rock ~ 电动凿岩机
electric wood ~ 电动木钻
end wheel ~ 两端装轮式播种机
expanding ~ 扩孔钻
extension ~ 接长钻
face ~ 工作面用钻机
fertilizer ~ 施肥机
fiddle ~ 弓转钻
film-covering ~ 铺膜播种机
flat ~ 平钻，扁钻
flax ~ 亚麻（条）播种机
fluid power rotary ~ 液压钻
fluted force-feed ~ 槽轮排种式条播机
fluted twist ~ 麻花钻
fluted-roll ~ 槽轮式条播机
fly ~ 飞轮手钻，手拉钻
foot ~ 踏钻
full universal ~ 万能钻床
furrow ~ 沟播机
gang ~ ①排式钻床②排式钻头③分组式条播机
gasoline engine ~ 内燃凿岩机
grain ~ 条播机（包括种子箱可调播量的排种器，开沟器和覆土器）
grain-and-grass ~ 谷物与牧草收获机
guide spade ~ 有导径的深孔扁钻
gun ~ ①深孔钻，枪孔钻②炮身钻床③单槽钻（床）
hammer ~ ①风钻，冲击式钻机，凿岩机②电锤钻
hand drive gear transmission ~ 手摇研磨器
high-helix ~ 大螺旋角钻头
hill-drop ~ 穴播机
hillock ~ 垄播机，垄作播种机

hole ~ 螺孔钻，螺纹底孔钻
hole dilating ~ 扩孔钻头
hollow ~ 空心钻
hydraulic percussive ~ 液压凿岩机
impact ~ 冲击钻
inserted ~ 硬质合金钻头，镶刃钻头
inside ~ （从型钢内侧面钻的）侧孔电钻
internal double-run ~ 内槽轮排种播种机
in-the-holl ~ 潜孔钻机
jack hammer ~ 撞〔冲〕击钻
jet ~ 喷吸钻
jet-piercing ~ 喷烧穿孔机
jig ~ 钻模钻床，细钻
jumping ~ 跳动钻
lathe ~ 卧式钻床
Linde ~ 熔化穿孔机，喷烧穿孔机
liquid ~ 液流式播种机（种子在液流中播出）
lister ~ 沟播机，耠沟播种机
magnetic ~ 磁性卡盘钻，磁座钻
magnetic tape ~ 磁带驱动器
masonry ~ （砖石）建工钻
masses ~ 群钻
milled twist ~ 麻花钻
mobile ~ 汽车钻机
motor ~ 手电钻
multiple diameter ~ 复合钻头，阶梯钻头
multiple spindle ~ 多轴钻床
multiunit ~ 多组排种器播种机
non-reversible close-quarter pneumatic ~ （狭小地方用的）单向风钻
nursery ~ 苗圃播种机，试验地用播种机
pasture ~ 牧草补播机
paving-breaker ~ 掘路钻
percussion ~ 冲击钻
pillar ~ 柱式钻床
pin ~ 针头钻，销孔钻
piston ~ 活塞穿孔机，活塞式凿岩机，活塞钻
plain ~ ①扁头凿子②普通条播机
plot ~ 小区播种机
plow press ~ 带压土轮的耕耘播种机
pneumatic ~ ①风钻②气动排种式播种机
pneumatic percussion ~ 气动冲击钻
pneumatic rock ~ 气动凿岩机
pointed ~ 尖钻
power ~ 动力钻床
precision ~ 精密播种机
press ~ ①压力钻②压沟式播种机，带覆土镇压轮的播种机
prospecting ~ 探钻
pump ~ 泵钻，单刃钻
punching rotary ~ 冲击回转钻机
radial ~ 摇臂钻床
ratchet ~ 棘轮式手摇钻，棘轮扳钻
rock ~ 凿岩钻
roller ~ 带镇轮的播种机
root ~ 块根作物种植机
rope ~ 索钻器
rotary blast hole ~ 牙轮钻机
rotary rock ~ 岩石电钻
seed ~ 谷物条播机
self-emptying ~ 自动出屑钻
sensitive bench ~ 高速〔灵敏〕（手进给）台钻
shell core ~ 筒形〔套式〕扩孔钻
shell ~ 筒形钻，壳形钻，套式扩孔钻
shot ~ 钻粒钻机
shot core ~ 冲击取心钻
shot-boring ~ 钻粒钻机
single flute ~ 单槽〔半月，枪孔，深孔〕钻，炮身钻床
sinker ~ 冲钻，钻孔器
slot ~ ①槽钻②铣槽
snake ~ 蛇形钻杆
socket ~ 窝钻
solid ~ ①整体钻头②稠密条播
spacer ~ 精密条播机
spacing ~ 宽垅播种机
spade ~ 扁钻，平钻
spiral ~ 螺旋钻，麻花钻
spiral ratchet ~ 擦旋钻
spot-facing ~ 锪孔钻
square-bunch drop ~ 方形穴播机
star ~ 小孔钻
start(ing) ~ ①中心孔钻头②粗钻头
step ~ 阶梯钻头
stop ~ 钻头（带有凸肩可限制钻进深度的）
stopper ~ 套筒式凿岩机，伸缩式凿岩机
straight ~ 直柄钻头
straightway ~ 直槽钻头
subland ~ （多刃）阶梯钻头
suction ~ 气吸式（排种）播种机
sunk ~ 埋头钻
surface ~ 撒播机
tap hole ~ 开铁口机（用于出铁水前打穿出铁口）
taper ~ 锥柄麻花钻

tap(ping) ~ 螺纹孔钻(头),螺纹底孔钻(头)
tap-size ~ 螺孔钻头
target ~ 套料钻
three or four-fluted ~ 扩孔钻
throwaway ~ 不重磨钻头
tree-seed ~ 造林播种机
trepanning ~ 套孔钻，套料钻
tri-point rock ~ 三脚架式钻岩机
twist ~ ①麻花钻②螺旋钻头
undercut ~ 导向刃缩小的钻头
underground ~ 坑道钻机
unit ~ 单体〔分组〕式播种机
upright ~ 立式钻床
vertical ~ 立式钻床
wag(g)on ~ 汽车式钻机，移动式钻机
water ~ 湿式风钻，湿式凿岩机
well ~ 钻井机
wheel brace ~ 手摇轮钻
woodruff ~ 枪孔钻，半圆钻
X-ray ~ 轻型钻探机，X 射线钻机

drillability 可钻性
drill-and-thinner 播种间苗机
drillcat 装有压气机的钻机
drill-chuck 钻头夹盘
taper-shank triple-grip ~ 锥柄三牙钻夹头
driller ①钻机，钻床②打眼工，凿岩工，钻探工，钻工
hand ~ 手摇钻(床)，手力钻机
slot ~ 开缝槽(不闭合轮廓孔)钻，开缝钻机
drilling ①钻孔〔眼〕，钻削，钻探②钻法③钻屑④条播
bed ~ 畦播
cable ~ 索钻，冲击钻
churn ~ 冲钻，舂钻
core ~ 扩孔
double-row ~ 双条播种，双行播种
electron beam ~ 电子束打孔
electro-stream ~ 电引流钻孔
exploratory ~ (勘)探钻(井)
full-face ~ 全断面钻进
furrow ~ 沟播
gang ~ 排钻
hill-dip ~ 穴播
hydraulic ~ ①泥浆冲洗钻进②湿法打眼，湿法凿岩
jump ~ ①钢绳冲击式钻进〔凿岩〕②冲击钻井，撞钻
laser hole ~ 激光打孔
line ~ 成行钻孔
machine ~ 机械钻孔
no-tillage ~ 免耕播种
off-angle ~ 钻斜孔法
offshore ~ 海上〔海洋〕钻井
peck ~ 间断钻削
ridge ~ 垄播
step ~ (深孔)分段钻削
test ~ 钻屑试样

drillsmith 锻钎工，钻头修整工
drillstock 钻床，钻柄
drimeter 湿度计，含水量测定计
drip ①滴流〔滴水，捕集〕器，检油池，滴口，引管②(点)滴，滴下
after ~ (柴油机喷嘴的)后滴现象
lubrication ~ 滴油润滑(法)
oil ~ 滴油器
return swing arm ~ 摆动溢流管
dripping ①油滴，水滴，滴下物②滴，滴下
petrol ~ 漏油，滴油
drip-tight 防滴的，不透水的
drive ①传〔主，拖，驱，起，推，转，策，带〕动，激励，触发，传送，推进②驱赶，驾驶，开车③钉入，打入(桩)④(磁盘)驱动器
~ off 馏出，分离，拉拔，驱散，驱除
~ out 打掉，敲〔打，排，冲，逐，顶〕出
~ up 提高车速
accessory ~ 副机传动，辅助传动
accumulator ~ 电池牵引，电池起动
active torque split four wheel ~ (汽车)电子控制前后轴转矩可变分配式四轮驱动
all four wheel ~ (汽车)四轮全驱动
all-wheel ~ (汽车)全轮驱动
apex ~ (天线)中心(点)馈电
auger ~ 螺旋推运器传动装置
bevel ~ 锥齿轮传动
capstan ~ 主导轴驱动
cardan shaft ~ 万向联轴器驱动
caterpillar ~ 履带推进器
cathode ~ 阴极激励
charge ~ 电荷激励
chattering ~ 震颤行车
closed ~ ①无级传动②无级变速传动装置
combination ~ ①混合驱动②复合驱动
compressed/uncompressed ~ 压缩 / 解压缩驱动器
cone ~ 锥轴〔轮〕传动，塔轮传动
constant speed ~ 等速传动

continuous ~ 连续接合传动，柔性传动
co-ordinated ~ （多个电动机的）协调传动
cord ~ 棉织带传动
coupling ~ 直接传动，联轴器传动
crank ~ 曲柄传动
crankshaft ~ 曲轴传动
cross ~ 横向传送，交叉传动
crossed-axes gear ~ 交错轴齿轮副，交错轴齿轮传动
data cell ~ 磁带卷，磁卡片机
direct ~ 直接驱动方式
direct gear ~ 单独传动
disc ~ 磁盘驱动器，磁盘机
diskette ~ 软磁盘机
double-geared ~ 二级齿轮传动
drive ~ down 降低车速
dual ~ 双驱动（器）
dynaflow ~ 别克汽车自动传动装置（由液力变矩器，行星齿轮装置及直接接通用离合器构成）
eccentric-and-pitman ~ 偏心轮与连杆传动装置
eight-wheel ~ （汽车）八轮驱动
electromatic ~ 电动式自动换排
epicyclic ~ 周转（齿轮）传动，行星齿轮传动
expanding ~ 撑开带动器
final ~ 主减速器
first-motion ~ 直接传动，无减速器传动
flexible ~ 挠性传动，软轴传动
fluid ~ ①液力传动，液压传动②液力偶合器
four wheel ~ 四轮驱动
friction ~ 摩擦传动
front engine/front wheel ~ （汽车）前置发动机/前轮驱动
front engine/rear wheel ~ 前置发动机/后轮驱动
front-wheel ~ 前轮驱动
full warp ~ 横向传动
full-time four wheel ~ 全时四轮驱动
fully-adjustable speed ~ 无级变速传动装置
gear ~ 齿轮传动机构
grid ~ 栅极驱动（电压），栅极激励
group ~ 分组传动,(成)组拖〔传〕动(装置)
gun control ~ 机枪操纵传动
half wrap ~ 包围轮缘一半的带轮（或其他）传动
harmonic ~ ①谐波激励②谐波传动
high gate ~ 控制极强驱动〔触发〕
high torque ~ 大转矩传动
horizontal ~ ①水平激励〔推动〕②行推动
Hotchkiss ~ 霍奇凯斯式传动
hydromatic ~ ①液压式自动换档②液压传动单组调档③液压传动
hypertape ~ ①超磁带驱动器②快速磁带机
integral ~ 整体式传动装置
joint ~ 万向联轴器传动
knuckle ~ 铰节传动，万向联轴器传动
knuckle-lever ~ 肘杆传动
latch ~ 闭锁驱动
left hand ~ （汽车）左侧驾驶
link-motion ~ 连杆运动（机构）传动，月牙板传动
local-oscillator ~ 本（机）振（荡器）激励
magneto ~ 磁电机传动
main ~ 中央传动
main-rotor ~ 主旋翼传动
master-to-slave tape ~ （机械手的）主仆带式传动
mechanical ~ 机械传动
micro ~ 微（驱，传）动，微激
middle engine/rear wheel ~ （汽车）中置发动机/后轮驱动
open-belt ~ 开口传动
optimal input ~ 最佳工况选择器，最佳状态输入给定器
over ~ 超速档
pick-up ~ 捡拾器传动装置
pinion ~ 小齿轮传动
pneumatic ~ 气动传动
positive ~ 正〔联〕动，正〔强制〕传动，齿轮传动（电影机械）
power ~ 电力传动，动力传输
propulsion ~ ①行走部分传动装置②推进传动
protected ~ 有防护罩的传动，闭式传动
push-pull ~ 推挽激励
quarter-turn ~ 半交叉传动，十字轴传动
quarter-twist belt ~ 半交叉传动
quill ~ 空心轴传动
ratchet ~ 棘轮传动，棘轮驱动
rear engine/rear ~ （汽车）后置发动机/后轮驱动
rear-traction ~ 后行走轮驱动
recreational active vehicle four wheel ~ 四轮驱动灵巧型休闲车

reel ~ 拨禾轮传动装置，绕线盘传动装置
resilient ~ 弹性传动
reverse ~ 回程，逆行程，换向传动
rewind ~ 倒带驱动
right hand ~ （汽车）右侧驾驶
rigid disk ~ 硬磁盘机
rod ~ 连杆驱动
Scherbius ~ 谢尔必斯拖动（异步电动机的串级调速拖动方式）
sectional ~ 分段驱动，多电动机驱动
seed ~ 排种器传动装置
segment ~ 字段驱动
self-contained motor ~ 单独电〔发〕动机传动
Seller ~ 塞勒传动
Sellers ~ 蜗杆齿条传动
series ~ 组合传动
servo ~ 伺服传动，伺服传动装置
shaft ~ ①轴的传动装置②万向轴传动
sheave ~ 槽轮传动
shifting linkage ~ ①有联动杆件机构的无级变速器②铰链机构拨动的传动装置
single ~ 单动传动
single enveloping worm ~ 单包容蜗杆传动
single-end ~ 单边齿轮驱动
slat ~ 前缘缝翼传动
slave ~ 从动，随动
snub ~ 摩擦传动
split-train ~ 拼合齿轮系驱动
stepless (variable) ~ 无级变速传动装置，无级变速驱动
stepped ~ 分级变速传动装置
step-up ~ 增速传动
string ~ 弦丝传动
supermatic ~ 高度〔全〕自动化传动
temperature ~ 温度散发〔势位〕，温度差
three jaw equalizing ~ 三爪同心卸轮器
traction ~ 行走轮驱动，地轮驱动
tractor with wheel ~ 轮式拖拉机
transmission range ~ （汽车）变速器驱动前进位（D 位）
twin ~ ①双传动②双电动机驱动
two-wheel ~ （汽车）双轮驱动
unit ~ 单独传动，单位传动
variable ~ 无级变速器
vertical ~ 场推动
Ward-Leonard ~ 华特 - 利奥纳制传动（直流发电机 - 电动机组（电气）传动）
wedge ~ 楔式传动
Winchester disk ~ 温盘机
worm(-gear) ~ 蜗轮传动
wrap ~ 大包角传动
wrist-action ~ 摆环式传动机构

driveability 驾驶性能，运行性能，操纵性能，操纵灵活性

drive-away 起步 - 加速

driveline 传动系统，传输线

drive-pipe 套管，（自流井）竖管

driven 驱动
data ~ 数据驱动
market ~ 市场驱动

driver ①驱动机〔器〕,传动器,发动机,主动轮,驱动线路〔齿轮，叶轮〕②激励器，激励级，策动器，末级前置放大器辅助调制器③传动轮，传动箱④一〔十〕字旋具⑤冲出器，冲子，打入工具，驱动程序⑥驾驶员，值班工长
~ information system 驾驶员信息系统
analog(ue) line ~ 功率驱动器（模拟计算机用）
azimuth ~ 方位传动器
azimuth sweep ~ 方位扫掠控制管
blind ~ 无翼缘主动轮
blocking-oscillator ~ 间歇振荡器
bootstrap ~ 自举〔阴极输出，带仿真线〕激励器
box ~ 套管一〔十〕字旋具
brace screw ~ 撑臂〔撑柱〕一〔十〕字旋具
bus ~ 总线驱动器（计算机）
bushing ~ 套筒装拆器
Clement's ~ 平衡拨盘，补偿拨盘
compensating ~ 刻度时用于补偿误差的特种夹头
data ~ 数据驱动器
database ~ 数据库驱动程序；数据库驱动器
date ~ 日历传动轮
diesel pile ~ 柴油打桩机
digit ~ ①位驱动器②数字激励器，数字驱动器
disk ~ 磁盘机，磁盘驱动器
dog ~ 制动器，掣子，拨杆
drop hammer pile ~ 落锤打桩机
end ~ 端齿状驱动顶尖
file ~ 文件驱动器
final ~ 末级激励器
first ~ 初级激励器
floating pile ~ 打桩船
hard disk ~ 硬（磁）盘驱动器，硬磁盘机

hydraulic hammer pile ~ 液压打桩机
hypertape ~ 快速磁带机
impact ~ 冲击式一〔十〕字旋具
inhibit ~ 禁止驱动器
interprocessor bus ~ 处理机间的总线驱动器
lamp ~ ①灯线路②指示灯驱动器
line ~ 行驱动线，行激励器，线路激励器，总线驱动器
master ~ 主传动件〔驱动器，激励器，驱动电动机〕
micro ~ 微型硬盘（数码相机用）
miniport ~ 小型驱动程序
monkey ~ 锤式打桩机，卷提式打桩机
Phillips ~ 十字旋具
pile ~ 打桩机
pinch solenoid ~ 压带电磁线圈驱动器
piston ~ 活塞杆（推动元件）
plus ~ 十字旋具
pneumatic hammer pile ~ 气动打桩机
post ~ 竖杆机
power ~ ①功率激励器②机动打桩机
push-pull ~ 推挽式驱动器，推挽激励器
quad clock ~ 四路钟驱动器
ram pile ~ 打桩机
rivet ~ 铆钉机
row ~ 列驱动器
safety ~ 保险夹，安全轧头
screw ~ 螺旋钻，一〔十〕字旋具
segment ~ 节段激励器，节段驱动，字段驱动
selsyn ~ 自动同步传动装置
shock ~ ①冲击式螺栓拆卸器②冲击式一〔十〕字旋具
snap-ring ~ 制动环装卸器
stake ~ 打桩机，竖杆机
stubby ~ 大〔木〕柄木螺钉旋具
stud ~ 螺柱传动轮
sweep ~ 扫描激励电子管
tack ~ 平头钉（自动）敲打机
tens ~ 十进位驱动器
thyristor ~ 晶闸管驱动器
trimmer ~ 微调旋具（微调电容器用）
vibratory pile ~ 振动沉桩机
video ~ 视频驱动器；视频驱动程序
water jet (pile) ~ 射水打桩机，冲水打桩机
word ~ 字驱动器
work ~ 自动偏心夹紧卡盘
write ~ 写数驱动器

driverless 无人驾驶的
driveway ①汽车道，行车道②公路
driving ①传动（的），驱动（的），主动（的），激励②驾驶，行车③打桩
~ position memory system 行驶位置存储系统
automatically navigating and ~ system 自动导航驾驶系统
belt ~ over 带上张紧传动
belt ~ under 带下张紧传动
horizontal ~ 行起动信号
hot ~ 热铆
rack ~ 齿条传动
refresher ~ 刷新驱动
stop-and-go ~ 频繁停车操作
wrapping connector ~ 柔性传动
driving-finger 拨头
drogue ①浮标（钩索的），浮锚②风向指示袋，锥形风标，锥袋，(斗形)拖靶③漏斗形接头（空中加油软管的）
drift plate ~ 漂流板
parachute ~ 漂流伞
drome （飞）机场，航空站，…场
dromograph 血流速度描记器
dromometer 速度计
dromotron 直隙微波加速器，扇形微波加速器
drone ①遥控无人驾驶飞机，飞行靶机〔标〕②嗡哼声（发动机）
agricultural ~ 农用无人机
airborne target ~ 无人驾驶的靶机（遥控）
television ~ 有电视设备的无人驾驶飞机，电视装备的遥控飞行靶标
droop ①垂度下倾，下降，倾斜，下垂度，斜面②固定偏差③减少，减弱④使下垂，使朝下
beam ~ 波束下垂
governor ~ 调速器下降特性
shear ~ 塌角
speed ~ 调速率
drooping 下降（特性、性能的），降低，下垂
drop ①（点）滴，铁豆，冷珠②微量③降落，降低，下降，电压降，落差，跌落，落锻，落下，落下物④吊饰，吊牌（交换机），门上销孔盖，指示器⑤（下降）立管⑥损耗，损失⑦塌箱，掉砂，(焊)熔滴⑧分支
~ in a mo(u)ld 塌型，掉砂
~ in head 水头落差
~ in leaf 活动翻板

~ in let 落底式进水口
~ off 塌型，掉砂
~ out ①下降，脱落，落下②（录像或录音磁带损伤引起的）信号失落
all ~ 全部落锻（全部零件都用落锤模锻）
automatic ~ ①自动下落指示器（交换机的）②吊牌
back ~ 交流声，干扰，背景，背面
ball ~ 砸炉（冲天炉）
busy ~ 占线吊牌
carbon ~ 降碳，碳烧尽
carrier ~ 载波跌落
cell ~ 窝眼盘式排种装置
clearing out ~ 话终吊牌，话终指示器
contact ~ 触点电压降
cotton ~ 棉籽排种装置，棉籽排种器
cupola ~ （冲天炉）打炉
enthalpy ~ 焓降
false ~ 假检索，误查
feeder ~ 馈路电压降，馈线电压降
fluid-film-pressure ~ 液膜压降
forward ~ 正向（电）压降
head ~ 落差（水）
hill ~ 穴播排种装置
ignitor ~ 点火极电压降，起弧极电压降
impedance ~ 阻抗压降
injection ~ 喷嘴压降，液压损失
IR ~ 电阻（电）压降
key ~ 盖孔板
line ~ ①线路电压降②吊牌
picture ~ out 图像信号失落，图像消失
potential ~ ①电动势〔电位，电压〕降②磁动势降
reactive ~ 无功电压降，电抗性电压降
resistance ~ 电阻电压降，有功电压降
ring-off ~ 话终吊牌，话终指示器
sand ~ 掉砂（铸造缺陷），塌型
sectional pressure ~ 局部压力损失
service ~ 架空接户线，架空引入线
stage ~ （汽轮机）级内热降，级内压降
temperature ~ 温差
thermal ~ 焓降，热降
water ~ ①跌水②水滴
weight ~ 落重法

drop-forged 落锻的

drop-forging ①落〔模，压〕锻②模锻件

drop-hanger ①吊钩②架空传动吊架，传动轴吊架

drop-head ①活顶的，顶部可折叠的②使打字机等藏在台板下的活动装置

drop-hole 落砂孔（多膛焙烧炉内的）

drop-in ①（磁带）杂音信息，混入信号，杂音信号②落入
bit ~ 信息混入

drop-launching 从飞机上投射

droplet ①小〔微，点，涓，液，熔〕滴，飞沫②金属点滴，金属液渗漏

dropoff 下降，降低，陡坡，摘下〔离〕，剥离

drop(-)out ①落下，抛下，脱落，脱扣，下降，排泄，放空，漏〔丢〕失（信息），回动（继电器）②（磁带中）“1”变“0”，（录像磁带中的）噪声
~ of gear 失啮，脱啮
~ of step 失（去同）步
bit ~ 信息丢失
circuit ~ 线路失灵
minimum ~ 最低释放值（继电器的）
specified ~ 规定释放值（继电器的）

dropper ①滴管，点滴器②真空阀③落针，吊弦，骑马针④转臂收割机，穴播机⑤降压器⑥经停片（纺），停经片（纺）
automatic potential ~ 自动电位滴定仪
eye ~ 滴管
vacuum ~ 气吸式集棉筒（轧花机的）
water ~ （测空中电位陡度用）水滴集电器，滴水器

dropping ①滴（下）的，落下（的），抛下（的），降下〔低，落〕的②（pl.）滴下物，落下之物③空投，空〔伞〕降④艏落⑤点滴
~ out 不规则的声音幅度变化
chaff ~ 散布（雷达干扰）金属带
flasher ~ 散布（雷达干扰）金属带
window ~ 散布（雷达干扰）金属带

drop-pipe 下悬（喷）管
boom ~ 喷杆的下悬（喷）管

drop-side 侧卸的

dropsonde 降落伞携带的无线电探空仪，下投式探空仪

drosometer 露量计

dross 铁〔矿，溶，废，浮〕渣，飞边，碎屑，氧化皮
anvil ~ 锻渣
dry ~ 铁渣（电解槽中）
ferruginous ~ 含铁浮渣
sweat(er) ~ 热析浮渣

drossing 撇渣

drossy ①铁渣的，多渣的，渣状的，碎屑的②不纯粹的，无价值的

drought ①短少，（长期）缺乏②干旱季节

drove ①平凿②凿平的石面③将石凿平，用平凿凿（石）

drown 淹没，浸没，沉没，浸湿

~ out 声遮盖，声覆盖

drowning 淹没（如一种声波被另一种声波所淹没）

drub （用棒等）打，（连续）敲打，打击

drueckelement 测压体，电流测膛压仪

drug ①药品〔料，材，剂〕②滞销货

~ in the market 呆滞货品

drum ①鼓，鼓轮〔形物，状部〕，柱状物，磁鼓，鼓形刀库②圆〔转，卷，滚〕筒，轧鼓，（金属）桶，锅筒③电缆盘，线盘，绕线架，线轴④压缩机转子

absorber ~ （反应堆）吸收控制鼓

adjustable ~ 可调成型机头，可调转筒，可调绕线架

air ~ 储气器，空气收集器

armature ~ 电枢芯子

auxiliary memory ~ 辅助存储磁鼓

back-up ~ 后援磁鼓

balancing ~ （泵，涡轮）平衡盘，平衡轮，平衡活塞

balling ~ 球磨机滚筒

barking ~ 筒式去皮机

boom ~ 伸臂卷筒

brake ~ 制动鼓

brine ~ 盐水电池

buffer ~ 缓冲磁鼓

cable ~ 电缆盘，电缆卷筒，钢丝绳卷筒

cam ~ 凸轮鼓，凸轮盘，偏心开槽式圆筒，镶条滚筒

centrifuge ~ 离心浇铸制动鼓（基体为钢板制造而摩擦内表面用铸铁离心浇铸）

check ~ 逐稿轮

chopping ~ 切碎滚筒

cleated ~ 有盖板的鼓（汽车试验台用）

colo(u)r ~ ①彩色镜鼓②彩色滚筒，上色滚筒

contra rotating ~ 双转式双滚筒

cradle ~ 摇台鼓轮

dewatering ~ 脱水滚筒

dial ~ 刻度筒，刻度凸轮

digital ~ 数字磁鼓

dry ~ 蒸汽鼓，干锅筒

elevating ~ 升运（器）鼓轮，卷扬（机）鼓轮

feed ~ 筒式送料机

file ~ 存储磁鼓，文件储存器

filter ~ 滤筒，滤鼓

generating ~ 摇台

grinding ~ 磨碎机

grooved ~ 绳沟滚筒，缠索轮

hackle ~ 梳齿〔麻〕滚筒

hammer ~ 锤片滚筒

head ~ 磁头鼓

hoist(ing) ~ 起重（机的卷索）鼓轮，提升卷筒

HP ~ 高压锅筒

idle ~ 导向鼓轮

knife ~ 刀齿滚筒，切碎滚筒

knockout ~ 分离罐

lens ~ 透镜筒，透镜鼓

log ~ 记录鼓

long ~ 长鼓

lower ~ 下锅筒

low-intensity ~ 弱磁转筒（磁选机）

micrometer ~ 测微鼓，微分筒

military ~ 军鼓

peg ~ 钉齿式脱粒滚筒

phonic ~ 音轮，定音鼓

picking ~ 梳刷滚筒，梳刷轮，梳摘滚筒

plywood ~ 胶合板桶

polishing ~ 抛光筒，串筒

power ~ ①卷料机，卷取机②功率鼓

range ~ 距离分划筒

rasp ~ 纹杆式脱粒滚筒

receiver ~ 集汽筒，干锅筒

recording ~ 记录滚筒，录制磁鼓

riddle ~ 转筒筛，筛筒

screen ~ ①筛式滚筒②圆筒筛

scroll ~ 圆锥鼓轮（起重机的）

scutching ~ 打麻〔棉〕滚筒

separating ~ 分离锅筒，分离汽锅

shelling ~ 搓擦滚筒，脱壳滚筒

slatted ~ 杆条式滚筒，板条式滚筒

snare ~ 响弦鼓

spar ~ 六轴卷纸机

spiked ~ ①针形滚筒，钉齿滚筒②钉齿轮，针扎轮（扎取块根用）

spindle ~ ①摘锭滚筒，纺锭滚筒②主轴座（多轴自动车床的），主轴鼓轮

steam ~ ①锅筒，汽鼓（锅炉的）②分离锅筒，

干锅筒
steering ~ 转向离合器闸轮
stop ~ 止动鼓，碰停鼓
striking winding weight ~ 打点绕锤辊
suction ~ 吸入筒，进气管
surge ~ 平衡筒，缓冲筒，脉冲吸收器
swap ~ 调动磁鼓
tamping ~ 碾压滚筒
tappet ~ 凸轮鼓
terminal ~ 头尾滚筒
titanium-coated ~ 钛表层磁鼓
trash ~ 草屑清除滚筒
tumbling ~ 木箱试验机
tuner ~ 频道选择器转鼓，调谐鼓轮
turn ~ 转位鼓轮
type ~ ①打印鼓，打印滚筒②字轮，打印鼓轮
undercut ~ 芯轮式成形机头
upper ~ 磁头上鼓，上磁鼓
warped ~ 整经机滚筒
warping ~ 卷缆筒
water ~ 下锅筒，水包
winding ~ 卷筒（起重机）
drum-head 鼓轮盖
drumming ①发嗡声②振动，抖动③转筒加工（法）
drumplotter 滚筒式绘图机
drumstick 鼓槌
drumtruck 运桶小车
drunken ①歪扭的②翘曲的
drunkometer 酒醉测定器
dry ①干（燥）的②干燥
~ to touch 触干
duct ~ up ①（弄）干,（使）完全变干,晒干，蒸发干②干涸，枯竭③干运转，无油运转
hard ~ 实干
run ~ ①无润滑运转②变干
dryback 干背的（火管锅炉）
dry-brick 干砌砖，无砂浆砌砖
dry-bulb 干球（式）的
drydock 干船坞
railway ~ 船排
dryductor 干式钻机，干式凿岩机
dryer = drier
drygyro 干式陀螺仪
drying 烘干，干燥
~ up 无油运转，干运转
air ~ 自干
cone ~ 球果干燥
dielectric ~ 高频烘烤，电介质烘干
flash ~ ①急骤干燥②飘悬干燥机,快干(机)
grain ~ 谷物干燥设备
impingement ~ （热空气）冲击干燥法
in-sack ~ 袋装（农产品）干燥
mold ~ 砂型烘干
stage ~ 分段干燥
sublimation ~ 升华干燥
swing ~ 甩干机
drying-out 烘炉
drying-plate 烘板
dry-instrument 干式仪（表）用的，室内仪表用的
dry-milling 干磨
dry-mo(u)lded 干塑的
dryness 干燥，干（燥）度
fraction ~ 含汽率
drypoint 铜版雕刻（针，术），铜版画
dryrun ①预检②空弹演习，假投弹
dryvalve 干阀
D-scope D 型坐标（横坐标为方向角，纵坐标为仰角）
dsname 数据集名
dual ①二重〔元，联〕的，双重的，孪生的，复式的，对偶的，加倍的②双数
air injection ~ （发动机）双空气喷射
dual-beam 双光束
DualBoot 双引导（允许用户在同一台计算机中的两个操作系统中选择引导）
dual-cast 成对铸造
dual-drum 双筒〔鼓，轮〕的
dual-feed 双端馈电，双路馈电
dualin 双硝炸药
dual-in-line 双列直插式（封装）
dualism 二重体，二重性
dualistic 二元（论）的，对偶的
duality 二重〔像，元〕性，对偶（性）
wave-particle ~ 波粒二像〔重〕性
dualization 对偶（化），二元化，复线化
dual(l)oader ①（前后）双向装车机②往复装载机
dual-nail 大帽钉，平头钉，扁头钉
Dualoy 杜阿洛镍合金
dualpolarization 双极化
dual-porting 双端口化
dual-pressure 双重压力
dual-purpose 双效的，两用的

mismatched ~ 不相配的成双轮胎
dual-screen 双屏幕
dual-tandem 双串式
dual-thrust 双推力
dualumin 坚铝（铝基合金，w(Cu)4%，w(Mg)0.8%，w(Mn)0.6%，其余Al）
duant （回旋加速器的）D形盒
dub ①复制②配音，混合录音③扎，戳，撞④涂油脂⑤把…刮光，把…锤平⑥授予称号，把…叫作
~ in 配声〔音〕
colo(u)r ~ 彩色复制
dubbed 同步的，配音的
dubber 复制台
dubbin 皮革保护油，油液
dubbing ①（影片）翻印，复制，译制②配音，配声，声图像合成，混录③油液，皮革保护油
audio ~ ①配音②音频复制
dubhium （= ytterbium）镱
duck ①水陆两用机，两栖载重车，水陆两用摩托车②帆布③有吸引力的东西
canvas ~ 粗帆布
gear ~ （层压）齿轮帆布
harvest ~ 收获机用输送器帆布带
hydraulic press ~ 水压机过滤帆布
Queen ~ 无线电操纵的靶舰
duckbill ①鸭嘴形的②鸭嘴装载机
duck-board 木板道（铺于泥泞地上的）
ducker 潜水人
duckfoot 鸭掌式锄铲，箭形中耕锄铲
ducking ①鸭嘴装载机装载②湿透，浸入水中
ducon 配合器，接合器
duct ①槽，沟②导管，管道，喷管，输送管③风道，风沟④电缆沟，墨斗
absorbing ~ 吸声管道
advective ~ 对流性波道
aerothermodynamic ~ 冲压式空气喷气发动机
air ~ ①空气管道，进气管道，通风管〔道〕②空气箱〔柜〕
antenna ~ 天线穿引管
artificial line ~ ①仿真网络②模拟网络
atmospheric ~ 大气波导（层）
augmenting ~ 加速引射器（增加燃气流速以增大推力）
busbar ~ 母线导管，母线沟
cable ~ 电缆槽，（电缆的）管孔，电缆导筒
chill-down ~ 冷却导管（输送低温燃料用）
continuous thermal ~ 冲压式空气喷气发动机
core ~ 铁心风道，通风槽（电机）
cotton suction ~ 吸棉管（气力摘棉机的）
divergent-convergent ~ 扩散收缩管
fiber ~ 纤维导管
gas ~ 气道，烟道
grid(-weld) ~ 格状（焊接）管道，网状管
honeycomb ~ 导流形（蜂巢状，蜂窝结构的）导管
inlet ~ 进气管，进气装置
intermittent-firing ~ 脉动式空气喷气发动机
lateral ~ 支管道
lined ~ 加衬管
lye ~ 碱液管道
magnetoionic ~ 磁电离波导
melting ~ （有芯感应炉的）熔池导管，熔沟
outlet ~ 排气管，排出道
overshot ~ 凹印墨斗（印刷用语）
pressure ~ 高压管路
pressurizing ~ 增压（系统）导管
propulsion ~ 冲压〔脉动〕式空气喷气发动机
pulse ~ 脉动式空气喷气发动机
radiator ~ 散热器导管
radio ~ 无线电波道
ramjet ~ 冲压发电机
resected ~ 切口式导管
scavenging ~ 换气管
sheet-metal ~ 薄（壁）管道
sound ~ 传声筒，扩音器，喇叭筒
thermodynamic ~ ①热力学管②冲压式喷气发动机
underfloor ~ 地下（电缆）管道，地板下线渠〔配线〕
wave ~ 波道
Ductalloy 球墨〔高强度，延性〕铸铁
ducted 管道（中）的，输送的，冲压式的
ducter 微阻计（测量小电阻的欧姆计）
evershed ~ 小电阻测量表
ductibility 可锻性，韧性，塑性，延展性
ductile 可展伸的，有延性的，可锻性的，黏性的，韧性的，可塑的，易拉长的，易变形的，柔软的
ductileness = ductility
ductilimeter ①延性〔塑性，伸长，伸缩〕计，延性试验机②触角测量器
ductilimetry 测延术
ductility ①伸长性，伸长度，塑〔可锻，延展〕性②黏〔韧，柔软〕性〔度〕

dynamic ~ ①动力延展性，冲击延展性②冲击韧度
impact ~ 冲击韧度
notch ~ 缺口试样断口收缩率
ductilometer = ductilimeter
ducting 管道（系统），导管
air ~ 导风装置（电机的）
ductless 无（导）管的
ductor 墨斗
ductwork ①管道系统，管网②管道（敷设）作业
due ①应付〔给〕的，到期的②适当的，应有〔该〕的
~ in ①投入②预期接收，待收
~ out ①接出②到期交付，待发
duff 煤粉，煤屑，细煤
dugout 地下室，防空洞
elephant ~ 大防空洞，大壕沟，地下室
duke 平炉门挡渣坝
Dukes 杜克斯钨钢
dukey ①（斜井）载车平台②斜井列车
dulcimer 扬琴
Duliray 杜里瑞镍铁合金（*w*（Ni）33% ~ 35%，*w*（Cr）3% ~ 5%，其余 Fe）
dull ①钝的，不快的，不活泼的②阴暗的，暗淡的，无光泽的，不清楚的，模糊的
dul(l)ness ①钝度②无光泽，晦暗
dumb ①无声的②空的③无光的，模糊不清的
dumbo 探测水上目标的飞机雷达（站）
dumb-waiter 轻型运货升降机，自动回转式送货机〔食品架〕
Dumet 杜美，镀铜铁镍合金，代用白金（*w*（Fe）54%，*w*（Ni）46%）
dumming 空轧通过，无压下通过
dummy ①（实体）模型，模造物，样品〔本〕，标准样件②虚设（物），伪装（物），伪程序③空转，无声机车（有凝汽器的），防响车，缓冲车④粗锻件，模锻用毛坯，预锻⑤死线圈⑥缓冲器，平衡机件，（反动式涡轮的）平衡盘，平衡活塞⑦哑的，空的，无声的
advanced frontal crash ~ 先进的（汽车）前端碰撞试验假人
ahead ~ 空转〔怠速〕前进
anthropomorphic ~ 模拟人
side-impact ~ （汽车）侧面碰撞用假人
dummying 粗〔荒，预〕锻
Dumore 杜莫尔铬钼钢（*w*（C）0.95% ~ 1.05%，*w*（Cr）5% ~ 5.5%，*w*（Mo）0.95% ~ 1.25%，其余 Fe）
dumortierite 蓝线石
dump ①煤堆，（仓）库房，堆栈，渣坑②门，放空孔③切断电流，撤去功率④倾翻器，翻车机⑤倾倒，卸料，卸载，卸出⑥（内存信息）转储（方法）⑦打印〔出〕⑧清除
AC ~ 交流断电
beam ~ 束流收集（器）
can ~ 脱冰机
change ~ ①信息更换②信息转储
checkpoint ~ 检验点信息转储
core ~ ①存储器清除②存储器内容更新③主存储器（全部，部分）信息转储
data ~ 数据转储
disaster ~ 灾难性转储
drum ~ ①磁鼓（信息）读出（或印出）②磁鼓信息转储
dynamic ~ 动态（信息）转储，动态打印
emergency load ~ 事故甩负荷
hot ~ 热渣坑
increment(al) ~ 增量转储
kick-back ~ 倒车翻车器（端转式）
mass(ive) ~ 大量（信息）转储
memory ~ ①信息转储②（存储器）清除打印
panic ~ 应急转储
post(-)mortem ~ 算后（检查）转储，算后打印，停机后输出
power ~ 切断电源，切断功率供给
rescue ~ ①拯救性信息转储，检验点清除②重入点信息转储，全存储器磁带记录
roll-over ~ 翻斗撒砂（壳型铸造机）
screen ~ 屏幕转储
slag ~ 堆渣场
snapshot ~ 抽点转储，抽点打印
spin-off ~ 附带转储
stand-alone ~ 独立转储
static ~ 静电打印，静态转储
stock ~ 贮料堆
storage ~ 存储器信息转储，（存储器内容）打印
straw ~ 茎秆倾卸器，带倾卸器的茎秆收集车，集秆车
total ~ 总转储
waste ~ 废料堆
dump-bed 俯〔底〕卸式
dump-body （自动）倾卸式车厢
dump-car 翻斗车，自动倾卸车

dump-cart 倾卸车，垃圾车
dumper ①倾倒器，自动倾卸车上的倾卸装置，矿用自卸汽车，自动倾卸汽车，翻斗车，翻车机，垃圾车②杵臼缩绒机③挡板
belly ~ 底卸货车
bottom ~ 底卸运土车
box ~ 倾箱机
car ~ ①倾倒卸货车，倾倒式开底车②汽车倾卸机，翻车机③翻笼
gooseneck ~ 鹅颈式倾卸车
loader-carry ~ 装运机
side ~ 侧卸汽车
stone ~ 抛石驳船
dumping ①倾卸〔倒，销〕，卸料，排出，抛弃②撒布（材料），填埋③（正）断层④转储（内存信息的），内存全部打印⑤倾销
cavity ~ 腔倒空
ideal ~ 理想聚束
proportional lift ~ 比例提升卸载
dumping(-)ground 卸料场，垃圾倾倒场
dump-test 顶锻试验，镦粗试验
dumptor 自翻式矿车
dump-trailer （自动）倾倒货车
dunkometer 元件破损探测器
dunnage 垫板，（防振）垫料
air ~ 气垫，空气囊
duo ①双的，二部〔重〕的②往复式
duobinary 双二进制的
duocards 双联梳棉机
duo-cone 高低音〔双圆锥形〕扬声器
duode 电动敞开式膜片扬声器（由涡流驱动的）
duodecimal ①十二进制的②十二分之一
duodecimo 十二开本
duodenary 十二（倍，进法，进制）的，十二分之几的
duodiode 双二极管，孪生二极管
duo-diode-pentode 双二极五极管
duo-diode-triode 双二极晶体管
duodynatron 双负阻管，双打拿管
duograph ①电影放映机②双色网线版印刷（套色）
duo-in-uno 摆轮游丝
duolaser 双激光器
duolateral 蜂房式的
duolite 离子交换树脂
duopage 双面复制页，两面干印复制本
duoplasmatron 双等离子体（离子）源
duotetrode 双四极管
duotone ①双色套印（复制）品〔法〕②同色浓淡套印（复制）品〔法〕
duo-triode 双晶体管
dup(e) = duplicate
duplation 双倍，重复
dupler ①加倍器，倍增器②复制人员
duplet 对，偶，电子对，电子偶
duplex ①双（联）的，二重的，加倍的，双工的，双向的②双联式，复式③双工制，双炼（法）④双 倍器，倍增器
differential ~ 差动双工
double-current bridge ~ 双流桥接式双工
frequency division ~ 频分双工
full ~ ①同时双向的②全双工
half ~ 半双工
half-duplex frequency division ~ 半 - 双工频分双工
incremental ~ 增流双工
opposition ~ 反双工
polar ~ 极化双工
duplexer ①双工机②双联熔炼③天线共用器，天线（收发）转换开关（装置）
antenna ~ 天线（收发）转换开关
full-coupling ~ 全耦合天线转换开关
duplexing ①转接②双炼法，二联法，双联熔炼③双工〔重，向〕
duplexity 二重性
duplexure 分支回路（天线收发转换开关）
duplicability 再现性，重现性，可复制性
duplicate ①双重的，双份的，成对的，重复的，副的②复制品，复印片，复制图，重复件，备件，副本，可互换元件复制③重复，加倍，转录
duplicate-busbar 双母线
duplicater = duplicator
duplicating 复制，重复
offset ~ 胶印复制
duplication ①复制，复写，转录，打印，双折②复制品，副本③双重，加倍
duplicator ①复制机，复印机，倍增〔复写，加倍〕器②复制者③靠模装置
audiotape ~ 磁带复制机
fiche ~ 胶片复印机
laser ~ 激光复印机
line-pick ~ 扫描复印机
lithographic offset ~ 胶印复印机
microform ~ 缩微品拷贝机
offset ~ 小胶印机

slide ~ 幻灯片复制机
stencil ~ 模版（蜡纸）复印机
videotape ~ 视频磁带复制机

duplicity ①二重性②互换性
duprene 氯丁〔人造〕橡胶
Durabil 杜拉比尔钢
durability ①耐久〔用，受〕性，寿命，强度，使用期限，②（砂子的）复用性
~ of wood 木材耐腐性能
fatigue ~ 耐疲劳性
surface ~ 接触（疲劳）强度
working ~ 切削寿命（刀具的）

durable 耐用的，耐磨的，坚固的
durableness 耐久性，耐用年限
Durachom 杜拉铬钼硅合金铸铁（*w*（C）2.0%，*w*（Si）1.25%，*w*（Cr）3%，*w*（Mo）5%，其余 Fe）
Duraflex 杜拉弗莱克斯青铜（*w*（Sn）5%）
Durak ①德雷克合金（*w*（Al）4.1%，*w*（Cu）1.0%，*w*（Mg）0.03% ~ 0.06%，其余 Zn）②压铸锌基合金
Dural 硬铝，铝钢，铝铜锰镁合金，飞机合金
zink ~ 含锌硬铝

duralium 杜拉铝，镁铝合金（*w*（Al）78.5%，*w*（Mg）11%，*w*（Cu）10%，*w*（P）0.5%），硬〔笃〕铝，铝钢，铝铜锰镁合金，飞机合金
Duraloy 杜拉洛伊铁铬合金（*w*（Cr）27% ~ 30% 或 16% ~ 18%）
duralplat 包硬铝的铜板，锰镁合金被覆硬铝
duralum 杜拉铝镁铜合金
duralumin 高强度锻造铝合金，杜拉铝
duralumin(ium) = duralium
Duramium 杜拉密高速钢（*w*（C）0.7%，*w*（W）18%，*w*（Cr）4%，*w*（V）1%，其余 Fe）
durana 杜兰纳黄铜（*w*（Cu）65%，*w*（Zn）30%，*w*（Sn）2%，*w*（Al）1.5%，*w*（Fe）1.5%）
Duranal 杜拉纳尔铝镁合金（*w*（Mg）5% ~ 10%，*w*（Mn）0.6%，*w*（Si）0.2%，其余 Al）
Duranic 杜拉尼克铝合金（*w*（Al）96%，*w*（Cu）2%，*w*（Ni）2%）
Duranickel 杜拉镍合金（*w*（Ni）94%，*w*（Al）4.4%，*w*（Si）0.5%，*w*（Fe）0.35%，*w*（Mn）0.3%，*w*（Cu）0.05%，*w*（Ti）0.4%）
Duranmium 杜兰密钨钢
duration ①期间，延续性，工作时间（机器人性能参数），持续时间，宽度②耐〔持〕久，耐用
~ in scanning 扫掠（持续）时间，扫描（持续）时间
~ of blast 吹炼期，吹炼时间
~ of run ①展开时间②运转时间
~ of vision 视觉暂留
~ of wave-front 波前宽度
actuation ~ 作用时间，激励时间
afterglow ~ 余辉持续时间
character ~ 字符宽度
chargeable ~ 通话计费时间
digit ~ 数字脉冲宽度
frame ~ 帧周期
half-amplitude ~ 半幅宽度，半幅值持续时间
image ~ 帧周期
impact ~ 击打持续时间（打印机的）
interruption ~ 断电持续时间
non-refuel(l)ing ~ 不补充燃料持续运行时间
pulse ~ 脉冲持续时间，脉冲宽度
rated ~ 额定状态工作时间
reading ~ 读数时间
reset ~ 复位（持续）时间
slot ~ 时间片
virtual ~ 假想持续时间（冲击波）

durative 持久的，持续的，连续的
durbar 杜尔巴轴承合金（*w*（Cu）70%，*w*（Pb）20%，*w*（Sn）10%）
durchgriff 〈德〉①渗透系数，渗透率②放大因数倒数（电子管的）
Durcilium 杜尔西里铝合金（*w*（Al）94.8%，*w*（Cu）4.0%，*w*（Mg）0.7%，*w*（Si）0.5%，铜锰铝合金）
Durco 杜洛考耐热耐蚀镍铬合金（*w*（Ni）61%，*w*（Cr）24%，*w*（Cu）8%，*w*（Mo）4%，*w*（W）2%，*w*（Mn）1%）
durehete 杜雷海特铬钼钢（*w*（C）0.4%，*w*（Cr）0.9%，*w*（Mo）1%，其余 Fe）
Durex 杜雷克铜锡合金，烧结石墨青铜（*w*（Sn）10%，*w*（C）4% ~ 5%，其余 Cu）
durez 可塑材料
Durichlor 杜里科洛尔不锈钢（*w*（C）0.85%，*w*（Si）14.5%，*w*（Mo）3%，*w*（Mn）0.35%，其余 Fe）
Durimet 奥氏体不锈钢（*w*（C）< 0.07%，*w*（Ni）29%，*w*（Cr）20%，*w*（Mo）2.5%，*w*（Cu）3.5%，*w*（Si）1%，其余 Fe）
Durinval 杜林瓦尔弹簧合金（*w*（Ni）42%，*w*（Al）2%，*w*（Ti）2%，其余 Fe）
Durinvar 镍钛铝合金

durionise （电）镀硬铬
durionising 电镀硬铬（法）
Duriron 杜里龙高硅钢（*w*（Si）14.5%，*w*（C）0.8%，*w*（Mn）0.35%，*w*（Fe）84.35%），（耐酸）硅铁
durite 酚 - 甲醛型塑料
Duro 丢洛（表示硬度的标度，近似于国际橡胶硬度单位 IRHD）
Durodi 杜劳迪镍铬钼钢（*w*（C）0.5% ~ 0.6%，*w*（Mo）0.9%，*w*（Mn）0.55%，*w*（Cr）0.8%，*w*（Ni）1.6%，其余 Fe）
Duroid 杜劳特铬合金钢
Durolith 杜劳里斯锌基合金
durolok 聚氯乙烯 - 酚醛树脂类黏合剂
durometer 硬度测定计，硬度计
quadrant style Shore ~ 扇形（指盘）肖氏硬度计
Duron 微处理器（AMD Duron 标志）
Duronze 杜朗青铜，（化工）容器用特殊青铜
duroplastic 硬质塑料
duroplat 包铝的硬铝
duroscope 硬度计
duskiness 微暗，微黑
dust ①尘埃②粉末〔剂，尘〕，药粉③喷粉④除尘，集尘
black ~ 煤粉
boring ~ 镗屑
brush ~ 刷粉，刷灰（电刷磨损而成）
residual ~ 残留粉量
static ~ 静电尘
dustband （表的）防尘圈
dustborne 含尘的，尘埃传播的
duster ①吸尘器，除尘器，除尘机②洒〔喷〕粉器，撒岩粉器③干式种子拌药机
air ~ 空气除尘器
air blast ~ 风选机
animal ~ 畜力喷粉机
aviation ~ 航空喷粉设备
cone ~ 转笼式除尘机
fan ~ 风选机，翼式除尘机
front-carried ~ 胸挂式喷粉机
grain ~ 干式谷物种子拌药机
knapsack (power) ~ 背负式（动力）喷粉机
midget ~ 手动风箱式喷粉器
open ~ 笼式除尘机
pipe ~ 软管式撒粉机
plunger ~ 柱塞式喷粉机
power-cart ~ 机动车式喷粉机，牵引式动力喷粉机
puff ~ 手动风箱式喷粉器
rag ~ 破布除尘机
rotary ~ 手摇喷粉器
saddle ~ 驮载式喷粉机
traction ~ 行走轮〔地轮〕驱动的喷粉机
wool ~ 开毛机
dust-fan 抽尘扇
dust-fast 耐尘的
dust-firing 粉状燃料燃烧
dustfree 无尘的
dustiness 染尘度
dusting ①喷〔撒，涂〕粉，除尘②粉化，撒粉法
dustless 无尘的
dustpan ①在 450 ~ 600 MHz 范围内调谐的超外差接收机②畚〔簸〕箕
dust-proof 防尘罩
dust-shot ①细尘粒，小金属粒②最小号子弹
dutchman ①插入楔②衬垫③连接销，凸模〔导正〕销，防转销钉④楔形塞块，三角木，补缺块
duty ①运行，工作（制），责任②负荷，生产量，功用〔能，率〕，效率③任〔职，义〕务④税
ad valorem ~ 〈拉〉从价税
automatic four speed light ~ 四档自动变速器轻型货车
boiler ~ 锅炉蒸发量，锅炉出力
condenser ~ ①凝汽器热负荷②凝汽器生产量③凝汽器能率
constant ~ 不变工况
customs ~ 关税
double ~ 双（重）用（途）
emergency ~ ①事故备用②事故时的运行状态
evaporative ~ 蒸发率
excise ~ 国内货物税，消费税
extra ~ ①超负荷，过载②附加负载③加班，额外工作
friction ~ 摩擦工况
heavy ~ ①重型（的）②重负荷
import ~ 进口，输入
intermittent ~ 断续工作制，间歇负载（方式）
interrupter ~ 断续工作
load-carry ~ ①负荷率，承载率②承载方式，负载工况
location ~ 定位能力〔功能〕
moderate ~ 中型，中载

momentary ~ ①瞬时功率②短期工作
operating ~ ①操作规程，操作制度②运行负载③运行方式，工作制度
periodic ~ ①周期运行〔工作〕方式，断续规范，循环工作②周期性负载
playback control ~ 重放控制（脉冲）占空因素
practical ~ 实际运行方式，实际功率
pump ~ 泵输送量，泵功能
rated ~ 额定负载〔功率，工作制〕
refrigeration ~ 冷负荷
rupturing ~ ①（短路）切断功率②灭弧工作（触点的）
specific ~ 单位产量〔功率，负载，出力，蒸发量〕
standard ~ 铭牌出力
starting ~ 起动功率〔转矩，负载〕
super high ~ 超重型的
tapping ~ 分接工况
track ~ 磁迹占空比
varying ~ 变负荷，变工况

duty-cycle 工作循环（电动机的），负载循环，荷周，频宽比，脉冲保持时间与间歇时间之比，占空因素

Duvan 杜钒钢

D-value 差值（真实高度减去气压高度之代数差）

dvicesium 类铯，钫（Fr）

dvimanganese 类锰，铼（Re）

dvitellurium 类碲，钋（Po）

dwang ①转动杆②大螺母扳手③横木

dwell ①延长，停止，停歇，保（持最大的压塑）压（力）②无运动的时间（加工中），机器运转中有规则的小停顿，静态，非预定的迟延，闭锁时间，死挡铁停留，同心部分（凸轮曲线）
tarry ~ 无进给磨削，无火花磨削

dwelling 停止，保压

dwindle 减〔变，缩〕小，衰退，退化

dxf 图形交换文件扩展名

dxing 远距离接收

dyad 二，(一)双，(一)对，二数，并矢（量），二元一位，二价元素

dyadic ①二价（元素）的，二数〔进〕的，二素的，双积的，双值的②并矢式，双积

dycmos 动态互补金（属）氧（化物）半导体（器件）

dye ①染料②着色
core ~ 型芯染料
ingrain ~ 显色染料
visible ~ 染色渗透液
visible ~ penetrant 染色渗透液

dyeing 染色（法，工艺）

dyejigger 卷染机，染缸

dyeline ①重氮复印法②彩色线，染料线条

dyer 染色机，染色工
beam ~ 经轴染色机
pad ~ 轧染机

dyestripping 撕膜

dyestuff ①染料，颜料②着色剂

dying-out ①衰减，消失②阻尼（振动的）

dyke = dike

Dy-krome 代克拉姆铬钼钒钢（*w*（C）1.5%，*w*（Cr）12%，*w*（V）0.2%，*w*（Mo）0.8%，其余 Al）

Dylux 戴勒克斯（激光选址膜）

Dymal 代玛尔铬锰钨钢（*w*（C）0.9%，*w*（Cr）0.5%，*w*（Mn）1.15%，*w*（W）0.5%，其余 Fe）

Dymaz 压铸锌合金发黑处理

Dynacote 工业用电子加速器

dynactinometer 光力计，光度计

dynaflow 流体动力（传动）

dynaform 同轴开关

Dynaforming 金属爆炸成形法

dynafuel 飞机用燃料

dynagraph 轨道试验器

dynalens 消振镜头

dynalysor 消毒喷雾器

dynamax 镍钼铁合金，戴纳马克薄膜磁心材料（磁畴定向的软磁性材料：*w*（Ni）65%，*w*（Fe）33%，*w*（Mo）2%）

dynameter ①扩力器，握〔测，肌〕力计②倍〔放大〕率计，望远镜放大率测定器

dynamic(al) ①动态（的）②动力（的）③动力学（的）④电动的⑤高效能的，有力的

dynamicizer 动态逻辑转化元件，动态转换器

dynamics （动）力学，(原）动力，动态（特性）
airframe ~ 构架力学
biofluid ~ 生物流体力学
electrogas ~ 电气体动力学
electro-hydro ~ 电流体动力学
fluid ~ 流体动力学
gross ~ 普通动力学
group ~ 团体动态学（研究团体的目标、团结性、士气和领导等）
industrial ~ 工业动态（学）

rigid ~ 刚体动力学
servo ~ 伺服机构动力学
system ~ 系统动力学
dynamism ①动力理论②物力论
dynamite 黄色〔胶质，硝化甘油〕炸药
Dynamitron “地那米”加速器（高频高压发生器）
dynammon 硝酸铵 - 炭炸药
dynamo 发电机，直流发电机，电动机
acyclic ~ 单极（发）电机
aero ~ 航空电机
arc ~ 弧光灯用直流发电机
balancing ~ 平衡发电机
bipolar ~ 双极发电机
buffer ~ 缓冲〔减振〕发电机
compensated ~ （有）补偿（绕组的）发电机
compound(-wound) ~ 复励（复）电机
continuous current ~ 直流电机
diesel ~ 柴油机直流发电
equalizing ~ 平衡发电机
exciting ~ 励磁机
far leading ~ 在线路远端的增压发电机
flat compound ~ 平复激发电机
flat ring ~ 环形平面电枢发电机
homopolar ~ 单极（直流）发电机
Leonard ~ 变速用〔伦纳德〕直流发电机
magneto ~ 高压永磁发电机（点火用），直流发电机组（充电用）
marine type ~ 船用直流发电机
multipolar ~ 多极直流发电机
noegerrath ~ 单极发电机
nonpolar 单极发电机
ringing ~ （振）铃（电）流发电机
series ~ 串励发电机
service ~ 照明发电机
shunt ~ 并励发电机
velocity measuring ~ 测速发电机
dynamobronze 特殊〔耐溶，耐蚀〕铝青铜（w（Al）9.5% ~ 10.5%，w（Ni）4% ~ 6%，w（Fe）4% ~ 6%，w（Zn）< 0.5%，其余 Cu）
dynamo-chemical 动力化学的
dynamoelectric(al) 电动的，机电的，机械能变成电能的，电能变成机械能的
dynamo-exploder 点火机
dynamofluidal 动力流体的
dynamogoniograph 磁偏角记录器
dynamograph 自动记（录测）力计，肌力描记器
pump ~ 动力仪
dynamometamorphism 动力变质（作用）
dynamometer 测功计〔仪〕，功率〔测力，握力，肌力〕计
absorption ~ 吸收式测功器，制动测功器，吸收测力器，吸收功率器〔计〕
all weather chassis ~ 全天候转鼓试验台，全天候（汽车）底盘测功机
belt ~ 传动式测力计
brake ~ 轮韧〔制动〕测力计，轮韧功率计
capacitance type resistance ~ 电容式测力仪
car ~ 测力小车，车式测功仪
chassis ~ 框架测力计，框架测功计
dial ~ 度盘式测力计，标度盘功率计
differential ~ 差动测力计，差动式功率计
draw-bar (pull) ~ 拉力表
eddy-current ~ 电涡流（式）测功器
electronic ~ 电子测功仪
fan ~ 风扇测力计，风扇功率计
friction ~ ①摩擦功率计②摩擦测力计
hub ~ 套筒式测力计
hydraulic ~ ①液压测力计②液压测功器③水力测功器，水力功率计
induction ~ 感应式测力计，感应测功计，异步测功机
joint ~ 万向节式测功仪
motorized ~ 电动式发条力矩测试仪
pack pressure ~ 充填体内压力测定器
pendulum ~ 动摆测力器，摆锤式功率计
resistance ~ 测阻力仪，电阻式测力仪
rope ~ 绳索测力计
running weight type ~ 移动配重式测力计
sprocket ~ 链轮式拉力表
standard resistance ~ 标准电阻测力仪
strain wire type resistance ~ 振弦式测力仪
strain-ga(u)ge ~ 应变测力仪
tension ~ 拉力测力计，张力测功计
tool ~ 刀具功率计
torque ~ 转矩计
torsion ~ 扭力功率计，扭力计
traction-type ~ 拉力表
transmission ~ 传动功率计，传动测力计
water brake ~ 水力测功器
water power ~ 水力测功器
zero-type ~ 归零式电测力计
dynamometric 测力的，计力的
dynamometry 测功法，测力法，计力法，测力计

dyna(mo)motor 直流电动发电机，旋转换流机
dynamoscope 动力测验器
dynamo-thermal 动热的
dynaquad 三端开关器件
dynastart(er) 发电机起动机
dynatherm 透热机
dynatron 负阻管，打拿管，四极管
Dynavar 戴纳瓦尔合金（定弹性系数合金，精密机械弹簧用材料）
dyne 达因（1 达因 = 10^{-5} N）
dynectron 真空壳汞整流器
dynistor ①二极管开关元件②负阻晶体管
dynmicizer 动态转换器，并 - 串联变换器
dynode 倍增电极，二次发射极，中间极，打拿极
transmission ~ 透射倍增极，透射打拿极
dynofiner 纸浆精磨机
dynomizing 精磨，精炼
dynopeller （干的）半成品捣碎机
dyotron 超高频振荡晶体管
dyscrystalline 不良结晶质
Dysprosium 镝（Dy）
dyssophotic 弱光的
dystectic 高熔（点）的
dytory 胶体泥浆

E

eagle 高鉴别力雷达轰炸瞄准仪（λ = 3 cm）
eagre 涌潮，涛
E-alloy E 合金（英国铝合金，w（Cu）2.5%，w（Zn）20%，w（Mg）0.5%，w（Mn）0.5%，其余 Al）
ear ①耳（朵，状物），吊耳〔架，钩，环〕，把手，夹头，线夹②（针）孔③（辐射方向图的）瓣④外轮胎⑤（pl.）耳子（板材或带材的端部缺陷）⑥听觉〔力〕
adjusting ~ ①调整用耳状把手，调整（张力的）耳（状物）②拉线用复滑轮
anchor ~ 抱箍，桩环
artificial ~ 仿声耳，人工耳
average normal ~ 平均标准耳
average real (human) ~ 平均人耳
bionic ~ 仿生耳
dog's ~ s（轧件表面上的）结疤
elephant ~ 象耳（挤压加工产生的毛刺），耳形凸缘，飞边
faucet ~ 管子吊环（将管子固定在墙上的钩环）
feeder ~ 馈线耳
fluidic ~ 射流耳，射流传感器
half-anchor ~ 半桩环（只带一根桩线）
rabbit ~ ①（电视机）兔耳形室内天线②兔耳（拉延凹模圆角部的凹坑）
real ~ 真耳
splicing ~ 连接端子
telephone ~ 电话耳机
eared 带耳的，有捏把的
eared-pot 耳蜗
electronic ~ 电子耳蜗
earflap 耳机，听筒，受话器，耳翼
earing （延压件上的）凸耳，耳索，出耳子，皱耳，（板材深冲时）形成飞边
earlumin 伊尔铝合金
earmark 记号，标记，特征
earning 收益
earphone 听筒，耳机，头戴受话器
against the ear type ~ 触耳式（靠垫）耳机
audiometric ~ 测听耳机
circumaural ~ 头戴护耳式耳机
combination ~ 组合耳机
crystal ~ 晶体耳机
double ~ 双耳机
dynamic ~ 电动式耳机
ear canal type ~ 耳塞
electrostatic ~ 静电耳机
isodynamic ~ 等力〔相〕电动耳机
magnetic ~ 电磁（式）耳机
moving coil ~ 动圈耳机
open air ~ 通气耳机，振速耳机
supra-aural ~ 耳挂式耳机
velocity ~ 振速耳机
earpiece （头戴式）耳机，听筒，耳承
receiver ~ 受话器耳承
earplug 耳塞
earshot 可听范围，听觉距离
earth ①地球，地面②地，接地，地线③难以还原的金属氧化物类（如氧化铝、氧化锆）
bad ~ 接地不良，虚接地
base ~ 基极接地
bleaching ~ 漂白土
capacity ~ 地网，电容接地
chassis ~ 机壳接地，底盘接地
conductive ~ 接地，电导（性良好的）
continuous ~ 永久接地
dead ~ 完全接地，固定接地
diatomaceous ~ 云母，硅藻土
emitter ~ 发射极接地
external ~ 外搭铁
floating ~ 浮动接地
fuller's ~ 硅藻土，漂（白）土
herringbone ~ 鱼骨形接地
imperfect ~ 接地不良
infusorial ~ 硅藻土
intermittent ~ 间歇接地，断续接地
internal ~ 内搭铁
iron ~ 菱铁矿
magnesium-rare ~ 稀土镁合金
minus ~ 阴〔负〕极接地
multiple ~ 多点〔重〕接地
plane ~ 地平面
plus ~ 阳〔正〕极接地
rack ~ 机壳地线，机架接地
sea ~ 海底电缆接地

secondary ~ 二次〔次级〕线圈接地，副线圈接地
solid ~ 固定接地，完全接地
spherical ~ 球面接地
swinging ~ 暂时接地，活接地
virtual ~ 假接地，虚接地
earth-cathode 阴极接地的
earth-current （大）地电流
earthenware 陶器
earthfault 接地故障
double ~ 复〔两相〕接地故障
earthing 接地
iterative ~ 重复接地
neutral ~ 中点接地
protective multiple ~ 保护性多点接地
earthmover 土方机械
earthometer ①接地检查器②兆欧计，高阻表
earth-resistance （接）地（电）阻
earth-resistivity 地电阻率
earth-scraper 铲土机
earth-sensor 地球（方向）传感器
earth-shielded 接地屏蔽〔隔离〕的
earthy ①接地的②地电位的
eartrumpet 助听器，听筒
easamatic 简易自动式（的）
ease ①轻便，简易②放松，释放
~ down ①减慢②放松
~ of ignition 易燃性
~ off ①减低冲程，缩短冲程（发动机的）②放松，缓和
welders spatter ~ 焊接易飞溅溶液
easel ①框，架②绘图桌，画架，放大尺板，承影面
easement ①缓和曲线②附属建筑物
easer 辅助炮眼，辅助钻孔
easing ①松型（铸造中防热裂）②曲线缓和
tip ~ 齿顶修边
easitron 伊西管（电子注紧贴周期结构的电子波管）
easting ①东横坐标（离纵坐标轴东的直线距离），横坐标（高斯 - 克昌格坐标系）②东行航程，向东方向
easy ①容易（制作）的，简易的，不费力的，轻便的，舒适的②平缓的，不陡的
easy-flo 银焊料合金（*w*（Ag）50%，*w*（Cu）15.5%，*w*（Zn）16.5%，*w*（Cd）18%）
easytran 翻译用电子计算机
eat-back 回蚀，蔓延（化学腐蚀）
eat(ing) 腐蚀
eavesdrop 偷〔窃〕听
eavesdropping 窃听
electronic ~ 电子窃听
e-bank 电子银行
ebb(tide) 落潮，退潮
ebicon ①电子轰击感生电导摄像管②（= electron bombardment induced conductivity）电子轰击导电性
E-boat 鱼雷艇
ebonite ①硬橡胶②胶木
e-book 电子图书
eboulement 崩坍，滑坡
Ebsicon 硅靶摄像管
intensifier ~ 微光〔硅靶增强〕摄像管
ebullator 沸腾器，循环泵
ebullience 沸腾
ebulliometer 沸点计，沸点酒精计
ebullioscope 沸点计，酒精气压计
ebullioscopy 沸点（升高）测定法
ebullism 液体沸腾
ebullition ①沸腾，起泡②气泡生成
e-business 电子业务，电子商务
e-cafe 电子咖啡馆，网吧
ecam-wheel 电解磨削砂轮
E-capture E 轨道电子俘获，E 层电子俘获
e-cash 电子现金，电子货币，网币
eccenter 偏心轮
eccentric ①偏心的，反常的②偏心轮，偏心装置③偏心（曲柄）压力机
back ~ 倒行〔反向，回程〕偏心轮
detent ~ 拉挡偏心销
equivalent ~ 等效偏心轮
expansion ~ 膨胀偏心轮
follower ~ 进程偏心轮，从动偏心轮
pivoting ~ 偏心轮
slipping ~ 可调整（的）偏心轮
tensioner ~ ①张力装置 ②偏心衬筒
eccentricity ①偏心②偏心率，偏心度，离心率③偏心距④（壁厚）不均度，反常
cladding ~ 包层偏心率
linear ~ ①偏心律②偏心距
mass ~ 质量偏心距
relative ~ 相对偏心距，偏心率
relative ~ 偏心率
echelette 红外光栅，小阶梯光栅
echelle 阶梯光栅，分级光栅
echellegram 分级〔中阶梯〕光栅图

echelon ①梯列，梯队②阶梯光栅，阶梯透镜③阶梯（校核）标准，精度系列

echelonment 阶梯状，梯状配置

echinus 拇指圆饰

conge ~ 拇指圆饰，90° 圆弧形边饰（法语）

echo ①回声②回波，反射波，反射率③重复，仿效④可见反馈

artificial ~ ①假回波②仿真回波

back ~ 后波瓣接收的回波信号，后瓣回波（天线辐射图）

bottom ~ 底面回波

cluster ~ 密集回波

control ~ 参考回波

edge ~ 棱边回波

fixed ~ 固定目标的回波（雷达），固定回波

flaw ~ 缺陷回波，伤回波

flutter ~ 颤动回波，多次回声

forked ~ 分岔回波

ghost ~ 反常回波，叠影回波

ground ~ 地面回波，地物回波，地面反射波

group ~ 群回波，组回声

long ~ 延迟回波

negative ~ 负重影

permanent ~ 固定目标回波

phantom ~ 幻像回波

polar ~ 极化回波，偏振回波

positive ~ 正像重影，正回波

rain ~ 雨状回波

resolved ~ 清晰回声

round trip ~ 多次反射回波

sea ~ 海面回波，海区反射信号

second-time-around ~ 第二次反射回波

side ~ （天线）旁瓣回波

side wall ~ 侧壁回波

spill-over ~ 超折射效应回波

spin ~ 自旋回波法

target ~ 目标回波，目标反射信号

transient ~ 活动目标回波

travelling ~ 游动回波

wall ~ 侧壁回波

echo-bearing 回波定位

echo-box 回波共振器，回波谐振器，控制（用）谐振器

echo-cardiograph 回声心电仪

echoeliminator 回波消除器

echo-fathoms 回声英寻（以英寻为单位的回声距离，1 英寻 = 1.828 8 m）

echogram 回声图，回声深度记录，音响测声图表

echograph 音响测深自动记录仪，回声深度记录器

echo-image 回波像，双像，重影

echoing 回声〔波〕现象，反照现象

echoism 形声，像声，拟声

echolation 电磁波反射法

echoless 无回声的，无反响的

echolocation 回声定位法

echometer 回声探测仪，回声测深仪

echometry 测回声术

echomotism 模仿动作

echoplex 回送方式，字符回送

echo-pulse 回波脉冲

echoranging 回声测距〔定位〕法

echosounder 回声测深仪

echo-sounding 回声测深（法）

echo-trap ①回波抑制设备②功率均衡器

Eclipsalloy 镁基压铸合金（*w*（Al）1.25%，*w*（Mn）1%，其余 Mg）

eclipse ①食（天体）②把…遮暗，重叠，使失色

annular ~ 环食

eclipsing 重叠

ecliptic ①黄道②黄道经纬仪③黄道（的），（日，月）食的

eclogite 榴辉岩

ecobuoy 生态浮标

ecology 生态学

ecomaterials 环境材料

E-command E 命令（即撤销命令）

e-commerce 电子商务

e-community 电子化社区，在线社区

Economet 镍铬铁合金（*w*（Cr）8% ~ 10%，*w*（Ni）29% ~ 31%，其余 Fe）

econometrics 计量经济学

economics 经济学

~ of scale 规模经济学

aggregate ~ 总量经济学

engineering ~ 工程经济学

normative ~ 标准〔规范〕经济学

positive ~ 实证经济学

economization 节约〔省〕，减省，减缩

economizer ①节〔省〕油器，节热器，省煤器，②废气预热器③降压变压器④电极孔水套（电炉）

(continuous) loop(-type) ~ 盘管〔蛇形管〕省煤器

continuous tube ~ 蛇形管省煤器
fin(ned) tube ~ 鳍片管省煤器
Green's ~ ①格林式省煤器（铸铁光管或H型肋片管式）②光管铸铁省煤器
HP ~ 高压省煤器
HP and LP mixed ~ 高低压联合式省煤器
integral ~ （立式多鼓水管锅炉的）鼓形省煤器，不可分式省煤器，内置式省煤器
low-level (stack-gas) ~ 低温省煤器
sectionalized ~ 多级省煤器
upstream ~ 逆流式省煤器
vacuum controlled ~ 真空省油器

Economo 易削钼钢

economy ①经济，经济学②节约③经济机构，经济制度④经济性⑤缩减率⑥（乘用车分类）经济类
~ of scale 规模经济
automobile fuel ~ 汽车燃油经济性
circular ~ 循环经济
corporate average fuel ~ 公司平均燃油经济性
neutron ~ 中子的有效利用
planned ~ 计划经济
power ~ 动力〔能〕经济，电力〔能〕经济
recycling ~ 再循环经济
vehicle ~ 车辆燃油经济性

E-core 山形铁心

ecosystem 生态系（统）

ecru 〈法〉①淡褐色②淡褐色的，未漂白的，本色的

ectoblast 外面

ectoderm 外部

ectron 电振设备（试验耐振性的电气装置）

ectype 复制品，副本

E-cycle 机器周期

edaphology 生态土壤学

eddy ①涡流，旋涡②回旋，旋转
blade tip ~ 叶顶旋涡
gas ~ 气涡，气旋
hub ~ 桨毂涡流
mesoscale ~ 中尺度涡动

eddying ①紊流度，涡度②涡流的形成③涡流的，紊流的

eddy-resistance 涡流阻力，防止涡流

edge ①边，缘②（刀）刃，刀〔刃〕口③棱边，矢线④面，侧面，晶面⑤筋条，散热片⑥界，界限⑦边拓扑⑧边数据子集（数据库中存储的数据子集，包括该子集的全信息，数据库中的基本单元）
~ of a pulse 脉冲沿
~ of Mach cone 马赫〔扰动〕锥母线
~ of regression 脊线，回归边缘
~ of the stream 射流界线
~ of tool 刀口，刀刃
~ of track banding 磁迹边缘条带效应
~ of vertical transition 垂直过渡边缘
~ of work 工件边缘
absorption ~ 吸收端，吸收（界）限
advancing ~ ①前缘②前沿，上升边
after ~ 后沿
back ~ ①（脉冲）后沿②（叶片）出口边，出汽边
band ~ ①(板、带材的)轧制的(未经剪切的)边②（能）带顶边③（能）带边缘
bar ~ 条信号边沿
bevel ~ ①斜缘，斜边②（焊管坯的）倒角边
blunt ~ 钝缘
break sharp ~ 把角磨圆，磨倒棱
built-in ~ 固定〔嵌入，嵌固〕边缘
built-up ~ 切屑〔积屑〕瘤，刀瘤
burst ~ 裂边
cell ~ 胞棱
chamfered ~ ①削边②倒棱③（宝石轴承元件的）装入棱
checked ~ （板、带材的）裂边
chisel ~ ①凿尖（钻头的）②凿锋③（钻头）横刃
concave ~ 凹边（散焦面）
constant ~ 直边，径向扇边
convex ~ 凸边（聚焦面）
curled ~ 卷边
cusped ~ 尖棱
cutter ~ 刀刃
cutting ~ ①（刀片的）刃口，刀刃②剪刃③切削刃
die ~ 模具镶块，凹模模棱
direct(ed) ~ 定向棱，定向边
distributing ~ 切断边
drill ~ 钻头切削刃
eased ~ 小圆棱
electrode ~ 电极端
emission ~ 发射（界）限
end cutting ~ 副切削刃
entering ~ 前沿，前进，前缘，上升边
exit ~ 出汽边（叶片的）
finished ~ 加工的坡口

flanged ~ 弯边，卷边
following ~ 后缘，后沿，下降边，出口边
free ~ 未经轧制的边
front ~ 前沿，上升边
front-cutting ~ 副切削刃
guide ~ 引导边缘，定位边，导向边（磁带，纸带等的）
jointing ~ 接触点，边缘
knife ~ ①刀刃，刀口②刃形支承③刀片刃口
lagging ~ ①后沿②出汽边③下降边（脉冲）
land ~ 台肩棱边
landing ~ 纵向接头，纵边接缝
lead cutting ~ ①主切削刃②顶刃
leading ~ ①前沿，前缘②机翼前缘③上升边（脉冲）④进汽边
leaving ~ 滑出边
left cutting ~ 左切削刃
list ~ 毛翅（缺陷），（板材边缘上的）锡（或锌）瘤
locating ~ 片挡
lower ~ 下边带，下边缘，下限
luminance ~ 亮边
machined ~ （带材）经机械加工的边
major cutting ~ 主切削刃
master straight ~ 检查（用）直度规
matched ~ 检验边〔角〕
metering ~ （伺服阀的）控制刃边，控制棱边
mill ~ 轧制的（未经剪切的）边，热轧缘边
milled ~ 铣成边
minor cutting ~ 副切削刃
nine ~ 九边（卡片的底边）
nozzle ~ 喷嘴切口，喷嘴斜切边
packing ~ 密封齿缘，迷宫密封梳齿边
pivot ~ 支承刃
prepared ~ 经加工的边缘，坡口加工面
punch ~ 冲头镶块
ragged ~ ①（曲折的，参差不齐的）边缘，最外边②曲折边沿
raw ~ 裂边（板，带材的），毛边
rear ~ 后刃
reference ~ 参考边缘（纸带、磁带、卡片的）
rising ~ 上升边，前沿
rolled ~ （板、带材的）轧制边
rolling ~ 飞翅，耳子（缺陷）
root ~ 底缘，接边，焊缝根部边缘，焊缝底缘
round(ed) ~ 圆边，钝边
running ~ 轧制边（缘），压延边缘
scrap ~ 切边（板、带材的）
scraping ~ 刮油棱缘（活塞环的），刮油边
seal ~ 封边
sealing ~ 密封唇口
sharp ~ ①锐边，刃②陡边，（脉冲）陡沿，（图像）清晰边沿
sheared ~ ①剪切口〔端面，边〕②剪断的毛边，边料，飞料
shearing ~ 剪切刃口
side-cutting ~ 副切削刃，斜切削刃
slanting ~ 斜边，斜棱角
slit ~ 切开的边（带材经圆盘剪剪切后的），缝缘
slitter ~ 废边（剪切钢板的）
snaky ~ 蛇形边（冷轧带材的缺陷）
soft ~ （图像）边缘模糊，轮廓模糊
spigot ~ 定心凸出物
square ~ 直角边缘
straight ~ 直尺〔规，缘〕
striking ~ 冲击试验机的撞摆
stroke ~ 笔画边缘
tailing ~ 后缘
tapered ~ 斜切边缘
tip ~ 齿缘，齿顶棱边
tool ~ 切削刃，刀刃
tool ~ 切削刃，刀刃
toolmaker ~ 刃口平尺
toolmaker's straight ~ 刃口平尺
tracer ~ 切削导刃
trailing ~ ①（脉冲）后沿，下降边，下降沿，尾沿②（叶片）出口边③后缘操纵（机构）
truncated ~ 钝边
turned down ~ 塌边
turned up ~ 跷边
twelve ~ 十二边（穿孔卡片用）
weld ~ 焊缝（表面）边缘
welted ~ 搭接缝〔边〕，摺〔贴〕边
white ~ 白（色）边（缘），白框（电视图像失真）
edge-arrising 磨边
polished ~ 抛光边
round ~ 倒圆
rude ~ 倒棱
edgecut 边切
edged ①加边的②磨尖的，磨利的，磨刃的
edge-description 边数据子集标识符
edge(d)-tool 有刃物，利器

edgefollow 图像轮廓（扫描）数据处理
edge-head 边数据子集标头（要素的输入点，包括形成的数据和利用的参数）
edger ①修〔齐，轧〕边机，立辊轧机，磨边机器，（圆锯）裁边锯②边模（锻模），拔长模膛
chipping ~ 双削齐边锯
close coupled ~ （同主机座紧配的）立辊轧机（或轧边机）
double ~ 双裁边锯
matrix ~ 字盘接合部（照相排字机的）
ripping ~ 裁边锯
single-gang ~ 单轴多片圆锯机
table ~ 台式齐边锯
vertical ~ 立辊轧边机
wheel mill ~ 车轮轧机的立辊
edge-string 边数据子集串
edge-to-edge 边到边，边靠边
edgeways ①沿〔靠〕边，在边上，从旁边，边对边地②把刀刃朝外〔前〕，把边缘朝外〔前〕③平行于层压面④空投，空〔伞〕降⑤点滴
edgewind 扁绕
edgewise = edgeways
weld ~ 沿边焊接
edging ①嵌入，界限②磨边③齐边轧制，立轧道次，侧压下④（开式）滚压，卷凸缘，卷边，去飞边，剖切，剪辑⑤边缘电流⑥彩色镶边，饰边
feather ~ 金属面，毛状饰
edgy 带棱的，锋利的，有锐利刀刃的，尖锐的
edicard 编辑卡
edifice 体系
edinol 依丁诺（显影剂），盐酸对氨基羟苯甲醇
Edison Edison 语言（一种模块化计算机设计语言）
E-display E 型显示器，仰角 - 距离显示器
edit 编排，编辑，编纂，剪辑，删改
data ~ 数据剪辑
post ~ 算后编辑，后置编辑
editec 电子编辑器
editing 编排，编辑，剪辑
A & B ~ ①（影片）A-B 盘剪辑②（录像磁带）A-B 卷合成
quadruplex ~ 四磁头录像机编辑
edition ①版，版本，版次②出版，刊行
~ deluxe 精装〔豪华〕本
advanced ~ 临时〔试印，试行〕版
arranged ~ 修订版
authorized ~ 审定版本
diamond ~ 袖珍本
diplomatic ~ 仿真本
exhausted ~ 绝版
link ~ 连接编辑
revised ~ 修订版，订正本
super ~ 超豪华级（汽车）
text ~ and modification 正文编辑与修改
trade ~ ①海外〔输出〕版②普通版
unauthorized ~ 翻版
editola ①图像观察员②电影剪辑机
editor 编辑程序，编辑，编辑机
Chinese and English full screen ~ 中英文全屏幕编辑程序
computer ~ 计算机编辑装置
context ~ 上下文编辑程序
dynamic route ~ 动态布线编辑器（软件）
electronic ~ 电子编辑机
graphic ~ 图形编辑程序
language ~ 语言编辑程序
linkage ~ 连接〔续，锁〕编辑程序
message text ~ 消息编辑器，报文编辑器
motion picture ~ 电影编辑机
part ~ 片段编辑器
structured graphics ~ 结构化图形编辑器
symbolic ~ 符号编辑程序
system policy ~ 系统策略器
text ~ 文本编辑程序；文本编辑器
video display ~ 视频显示编辑器
video ~ 视频编辑器；视频编辑程序
editorial ①社〔评〕论，编辑部文章，编者的话②编辑（上）的，社论（性）的
edu 教育机构域名
education ①教化（计算机把解决各种问题的程序汇集在一起以便节省程序设计的时间）②教育
educt ①析出物②推论的结果
eduction 离析
eductor 排泄器，喷射器，排放装置，排放管
edulcorate ①精选②纯化，除去杂质③消除（无用信息）
E-engine E 发动机，内燃机，汽轮机
effect ①（有效）作用，活动，操作②效〔响〕应，效能③影响，结〔效，后〕果，现象④生产力〔量，率〕⑤实行，实施
~ of flattening 整平（作用），垫补作用（磁场的）
~ of grooves 槽效应（槽边缘的应力集中）
~ of oil slick 油斑效应

~ of overdeviation 边偏效应
~ of salinity 盐度效应
~ of the escapement 擒纵机构效应（即擒纵机构对等时性的影响）
~ of wall potential 壁势效应，壁位效应
aberration ~ 光程〔行〕差效应
acoustic optic ~ 声光效应
acousto-dynamic ~ 声动电效应（声波与电荷的互作用）
acousto-electric ~ 声电效应
acousto-optical ~ 声光效应
actinic ~ 光化效应
AdA ~ 阿达环效应（聚积粒子寿命效应）
adverse ~ ①反效应②不利影响
after ~ ①后效，余功，滞后效应②副作用
ag(e)ing ~ 老化效应，陈化效应
alligator ~ 鳄皮现象，橘皮效应，粗面现象（金属薄板塑变时产生的）
alligator skin ~ 压轧表皮现象（在大延伸后出现在金属上的斑点），碎矿机表皮效果
aneroid elastic lagging ~ 空盒弹性后效
annular ~ 环层效应
antipode ~ 对映点效应
antipole ~ 反极点〔对称点〕效应
aperture ~ 口径〔孔径，孔阑〕效应，孔径失真
area ~ 面积效应
asymmetical ~ ①非对称效应②东西效应(宇宙线的)
Auger ~ 俄歇效应，无辐射迁移，内部转换
autoacceleration ~ 自动加速效应
autodoping ~ 自掺杂效应
auto-photoelectric ~ 自生光电效应
backwall photovoltaic ~ 后膜光电效应
beam ~ （扬声器振膜尺寸比声波长大时高音辐射的）微聚束效应
beat ~ 拍效应，差频效应
binaural ~ 双耳作用，双耳效应（探测声源方向的方法）
biomagnetic ~ 生物磁效应
blackout ~ ①关闭效应（接收机）②遮蔽效应（光线或电波的）③放射能力瞬时损失④（电子管）灵敏度瞬时降低
blanketing ~ 空气动力阴影
bleaching ~ （光的）消感应吸收作用,（光的）漂白效应
blind ~ 爬行，百叶窗效应
block ~ 体效应
blockage ~ ①（有限厚度叶片形成的叶片间通道）收缩效应，扼流效应②堵塞效应
blocking ~ （反应堆）块效应，阻塞效应
blurring ~ 模糊效应
body ~ 人体效应，人手电容效应，人体（电容）影响
border ~ （摄影）周边效应
bottoming ~ 真空效应
Bowie ~ （重力改化的）间接效应，鲍伊效应
breathing ~ 喘息效应（录音机）
bremsstrahlung ~ 轫致辐射效应
bridging ~ ①（对裂缝）遮蔽作用②跨隙效应
Buchmann-Meyer ~ （可确定唱片声道横向速度的）光反射效应
bucking ~ 反（电动势）效应，抵消作用
build-up ~ 聚集效应，积累效应
bulk ~ ①体效应②体负阻效应
buoyancy ~ 弹性效应
Burnett ~ 巴涅特（旋转磁化）效应
cage ~ 笼蔽效应
cascade ~ ①叶栅效应，叶片气流互相干扰效应②级联效应
caster ~ 转向轮后倾效果（直线行驶稳定，转向后易回正）
chill-inducing ~ 促白口效应
chill-restraining ~ 抗白口作用
chimney ~ 自引风作用，自抽
chocking ~ 阻塞效应，扼流效应
choking ~ 节流作用，扼流作用，扼流效应
clean-up ~ 清除效应，硬化效应（电子管内气体的逐步清除）
Coanda ~ 柯安达效应，附壁效应
coast(line) ~ 海岸线效应，沿岸效应，海岸折射效应
cogging ~ 嵌齿效应
Contton-Mouton ~ 康顿 - 穆顿效应（磁场屈折效应）
Corbino ~ 科宾诺效应（径向辐射电流与垂直磁场作用产生圆周电流）
corner ~ 锐角效应（指淬火时锐角断面处产生的较大应力集中），（滤波器衰减频特性使通带极值或尖角缓变）角落效应，隅角反应，角反射效应
coupling hysteresis ~ 牵引效应
cratering ~ 成坎效应，陷口效应
crawling ~ 蠕动效应
cross-coupling ~ 交叉耦合效应

daylight ~ 白昼效应，日光作用
dead end ~ 空圈效应，空端效应（电感线圈内），空匝效应（线圈的）
deep-bar ~ 深导条效应，深槽效应
Dellinger ~ 德林格尔效应（短波通信中由于接受电场强度下降通信断绝的现象）
demonstration ~ 示范效果，示范作用
dependence ~ 依存效果
Destriau ~ 迪什特里奥效应（本征场致发光效应）
digital video ~ 数字视频特技
Diocotron ~ 吉卡特朗效应（电子注速度滑失效应）
direct magnetizing ~ 直轴磁化效应〔作用〕
discomposition ~ 原子位移效应，维格纳效应
diversity ~ ①参差效应②分集效应
double-double ~ 双偶效应
double-super ~ 拍频干扰效应，双差频效应
doubling ~ ①加倍作用，倍增现象（短路时电流的）②回波作用〔效应〕，回波③断开脉冲
drag ~ 牵制效应
draining ~ 穿流效应
dubbed ~ 配音效果
dynatron ~ 打拿效应，负阻效应
eclipsing ~ 重叠效应
edge ~ ①边缘效应，边界效应②翼尖效应，末端效应，棱角效应（由于密封槽棱角锐利将橡皮密封圈划破而产生漏泄现象）
edgetone ~ 尖劈效应
Edison ~ 爱迪生效应，热电放射效应
Einstein-de Hass ~ 爱因斯坦 - 德哈斯效应（旋转磁化效应）
electrodermal ~ 皮肤电生理效应（用于听力测量）
electromeric ~ 电子移动效应
electronegative valency ~ 阴〔负〕电原子价效应
electrophonic ~ 电响效应
electrostriction ~ 电致伸缩效应
end ~ 末端效应，端部效应
equidiurnal ~ 等日效应
Esaki ~ 江畸效应，隧道效应
Ettinghausen ~ 艾廷豪森效应（通电流金属在磁场中产生温度差的效应）
excessive ~ 重叠效果
external ~ 社会效果，超溢效果
external photoelectric ~ 外光电效应
facet ~ 小平面效应，刻面效应
Faraday ~ 法拉第效应（偏振光的磁旋转）
field ~ 场效应
flicker ~ 闪变〔闪烁，散粒〕效应
fluxing ~ 造渣作用
flywheel ~ 飞轮效应，飞轮转矩，惰性作用
free surface ~ 浅浸效应
fringing ~ 邻界〔边缘，边际〕效应
front-to-back ~ 前后不一致的影响，前后相互影响
gap tilt ~ （录音）缝隙倾斜效应，隙偏效应
galvanomagnetic ~ ①电解②电磁效应（如艾廷豪森效应，霍尔效应），磁场电效应
ghost ~ 寄生〔重影，幻像〕效应
grain ~ 压纹效应，穿晶效应
gravity point-of-attachment ~ 固定点重力效应（即格罗斯曼效应）
grid proximity ~ 栅极邻近效应
gross ~ 总效应，有效功率
ground ~ 大地效应
guest-host ~ 宾主效应
gyromagnetic ~ 回转磁效应，旋磁效应
gyro-static ~ 回转作用
Haas ~ 哈斯效应（长延时回波的现象）
halo ~ 晕圈〔光圈，光晕〕效应
hand ~ （人）手效应
hatching ~ 阴影效果，晕立体效果，光〔晕〕圈效应
head ~ 对地电容效应
heiligtag ~ 干扰波引起的误差
hole burning ~ 烧孔效应
hole-in-the-center ~ 中空效应（立体声系统中左右两扬声器之间的无声效应）
hour-glass ~ 船舶雷达站靠岸误差
humidity hysteresis ~ 湿滞效应
hunt(ing) ~ 猎振现象，寄生运动（冲击振荡），摆动效应（速度或频率围绕中心点往返摆动现象）
hydroscopic ~ ①吸湿作用，吸湿现象②吸湿性
hygrothermal ~ 湿热效应
hysteresis ~ 磁滞效应
image ~ 镜像效应
inertial ~ ①残像效应②惯性效应
interelement ~ 第三元素影响
intermittency ~ 断续照明效应
intermodulation ~ 交叉调制作用，交调效应
invariable ~ 因瓦效应

ion channeling ~ 离子沟道效应
irradiation ~ 辐照效应
island ~ 小岛效应（当栅极电压低至某一数值时，阴极的发射限制在某一阴极小面积之内）
Johnson ~ 约翰逊效应（热噪效应）
Joule ~ 焦耳效应（电流在导体中的热效应）
Kelvin ~ 开尔文效应，趋肤效应
Kendall ~ ①肯德尔效应②假象效应（下边带受干扰调制的失真）
Kerr ~ 克尔效应（双折射性质），电介质内的电光效应
keystone ~ 梯形失真效应
kindred ~ 邻近〔同旋，同源〕效应
landing ~ 射击效应（电子在荧光屏或靶极上）
layer ~ 跃变层效应
laying ~ 敷设影响〔效应〕
leverage ~ 举债经营作用，杠杆作用效果
lift-off ~ 提离效应
light ~ 灯光效果
linkage ~ 联动效果
Luxemburg ~ 卢森堡效应（大气交叉调制）
Mach-number ~ 压缩性影响
magnetic after ~ 磁后效应，剩磁效应
magnetic annealing ~ 磁致冷却效应
magnetic optic ~ 磁光效应
magnetic relaxation ~ 磁张弛效应
magnetic thermal ~ 磁热效应
magneto-mechanical ~ 磁力学效应，磁机械效应
magnetooptic ~ 磁光效应
magneto-optical ~ 磁光效应
magnetophonon ~ 磁声子效应
magneto-resistance ~ 磁阻效应
magnetoresistive ~ 磁阻效应
magnetostrictive ~ 磁致伸缩效应
Malter ~ 马尔特（反常的二次电子放射）效应
Mannesmann ~ 曼内斯曼效应（旋转锻造的一种缺陷原因）
masking ~ 遮蔽阴影
mass discrimination ~ 质量歧视效应
matrix ~ 基体效应
mechanocaloric ~ 机械致热效应
memory ~ ①记忆效应，存储效应，惯性②（质谱分析的）残留现象
meson-meson ~ 介子相互作用
microphonic ~ 颤噪效应，微音效应
Miller ~ 密勒效应（三极管输入电容表达式）
minus ~ 副作用，不良效果，反效果，负作用
mirror ~ 镜像效应
Mitsches ~ 银 - 铜合金特殊时效硬化，米谢效应
Moire ~ 网纹（干扰）效应，莫尔效应
momentum ~ 冲力作用，冲力效应
motor ~ 相邻载流导体间的作用力
mottled ~ 斑点效应
mountain ~ 山地效应（电波传播）
multipactor ~ 电子二次倍增效应，多碰效应，次级电子谐振效应，次级发射倍增效应
multipath ~ 多次反射效应，多径（传输）效应
nanophysical tunneling ~ 纳米隧穿效应
necking ~ 缩颈，（轧件的）横向收缩
negative mass ~ 负质量效应
Nernst ~ 能斯脱效应（加热金属在磁场中产生电位差的效应）
net ~ ①合成串音②净效应
net refrigerating ~ 净制冷量
optical ~ 光学（特技）效果
ordering ~ 成序效应，建序效应
Overhauser ~ 奥氏效应（在磁场中电子旋转的吸收或辐射效应）
overturning ~ 倾覆作用
ox-bow ~ 辊弯曲效应
packing ~ 质量亏损
page ~ 薄膜效应（铁心磁性变化吸引发声）
parallax ~ 视差现象，视差效应
patch ~ 碎磷效应，电导率变号效应
peaking ~ 峰值效应，建峰效果
peening ~ 喷丸〔砂〕强化效应
Peltier ~ 珀耳帖效应（当电流通过不同金属的接头处时，吸收热或者放出热的现象）
penultimate ~ 前末端基效应
photodielectric ~ 光致介电效应
photodiffusion ~ 光致扩散效应
photoelectric ~ 光电效应
photo-electromagnetic ~ 光电磁效应
photon drag ~ 光子牵引效应
photovoltaic ~ 光电效应，光（生）伏（打）效应
pinch ~ （电磁）收缩效应，夹紧效应，磁压作用
Piobert ~ 派奥伯特效应（冷加工时产生滑移线的现象）

plastic ~ ①塑性效应②“浮雕”效应（电视机视频放大器的相位失真现象），立体效应
Pockels ~ 泡克尔斯效应，光电效应
polarity ~ 极性效应，极性影响
precedence ~ 优先效应，哈斯效应
presence ~ “即席”效果，“现场”效果
print-through ~ 复印效应（磁带层间串扰效应）
propeller ~ 螺旋桨效应（飞机螺旋桨频率对飞机电视载波的调制现象）
proximity ~ 邻近效应，邻线影响，近场效应
pull(ing) ~ （频率）牵引效应，同步效应
punch-through ~ 穿通效应，击穿效应
Purkinje ~ 普尔钦效应（对可见光谱的视觉灵敏度）
pyroelectric ~ 热（释）电效应
pyromagnetic ~ 热磁效应
quench ~ 冷激效应
quick ~ 电离层回波效应，反射回声效应
ram ~ ①冲压效应②动压力头，速压头
reactive ~ 电抗效应
refrigerating ~ 产冷量，制冷能力
relative valence ~ 相对价效应
rheostriction pinch ~ 夹紧〔紧缩，箍缩〕效应
Richardson ~ 理查森效应（热电子发射）
Righi-Leduc's ~ 里纪勒杜克效应（通过热流金属板的相对点在磁场作用下产生电位差的现象）
ringing ~ 振铃效应，冲击激励效应，激振效应
scale ~ ①比例影响，比例〔尺度，刻度，放大〕效应②结垢影响③规模效果
scaling ~ 形成氧化皮
scraping ~ 刮垢效果，擦尘效果
secondary ~ ①副效应，附带效应，副作用②二次流影响
Seebeck ~ 塞贝克效应（温差电动势效应）
self-servo ~ 自行增力效应
separation fluid ~ 脱流效应
shadow ~ 屏蔽效应，阴影效应
shape memory ~ 形状记忆效应
shaped charge ~ 聚能效应
shock stall ~ 激波离体效应
shot ~ 散粒效应，散弹效应
side ~ ①侧放作用（某些指令取出后暂不执行，放在旁边）②旁效应，副效应
singing ~ 振鸣作用
sink ~ 下沉效应，吸收效应
size ~ 尺寸效应，截面因数
skin ~ 趋肤效应，集肤效应
slot ~ 槽齿效应（电机）
smearing ~ ①模糊效应②拖尾效应
snowplow ~ 雪犁效应（n 型杂质在靠近表面处堆集）
sound ~ 音响效果
space ~ 空间探测（活动）
spalling ~ ①剥落作用②激冷激热效应
special ~ ①特技设备②特殊效应
spillover ~ 社会效果，超溢效果
split screen ~ 分画面特技
squeeze ~ 挤压膜效应
stack ~ 自引风作用
Stark ~ 斯塔克效应（在电场作用下，气体光谱线分散的效应）
steadying ~ 旋转质量惯性，飞轮效应
stem ~ 支柱影响
stereo ~ 立体声效应
stereoscopic ~ 立体效应，体视效应
steric ~ 位阻效应
surface photovoltage ~ 表面光致电压效应
thermal feedback ~ 热渗透效应
thermoelectric ~ 热电效应
thermo-hamper ~ 热束缚效应
thermomagnetic ~ 热磁效应
thermo-mixture ~ 热分层效应
Thomson ~ 汤姆逊热电效应，同质热电效应
three-dimension ~ 立体感
throttling ~ 节流效应
Touschek ~ 图谢克效应（束内散射效应）
transient ~ 瞬态效应，暂态效应
transition wear ~ 磨损转型效应
transparticle ~ 传递颗粒效应
tree ~ 光柱效应
triboelectric ~ 摩擦带电效应
tunnel(ling) ~ 隧道效应
turn ~ （线圈的）匝效应
unchoking ~ 去〔消〕扼流作用
vacancy flow ~ 空位流效应
Villari ~ 维拉利（磁致伸缩逆）效应
wall ~ 器壁效应
wall-attachment ~ 附壁效应
watered-silks ~ 网纹干扰
white fishes ~ “银鱼”效应
Wiedemann ~ 威德曼效应（通电流的棒在磁场中扭转趋向）

Wien ~ 维恩效应（高电位梯度时电解质的电导率增大现象）
wiggle ~ 失常效应
Wigner ~ 韦格纳效应（由于晶格重排引起的物理或化学性质的变化），石墨潜能释放效率
wild ~ 不稳定现象（铁合金电炉）
wobble〔wobbling〕~ 抖动效应，颤动效应
Zeeman ~ 塞曼效应（在磁场作用下，气体光谱线分散效应）
Ziehen ~ 〈德〉（电解液中）离子牵制〔引〕效应

effective ①有效的，有用的，等效的，显著的，有影响的②经济的，效能价格合算的，效能价格可取的

effectiveness 效用，效率，效能 / 价格（比），有效性
conversion ~ 换算系数，转换系数
regenerator ~ 回热度
thermodynamic ~ 热力经济性

effector ①试验器②执行器，操纵装置（导弹执行机构的）③格式控制符（计算机的）
end ~ 末端执行器
format ~ 格式控制符
Mossbauer ~ 穆斯堡尔效应仪
robot end ~ 机器人末端操作器

effervescence 沸腾，起泡（沫）

effervescency = effervescence

efficacy 效力（能），功效，有效

efficiency ①效率②效能，性能，实力，功率，产量③有效系数④经济性
~ by input-output test 实测效率
~ of burn-off （焊条）熔化率
~ of space filling 致密度
~ of specific impulse 比冲效率
absolute thermal ~ 绝对热效率，有效效率
aerodynamic ~ 空气动力效率
aperture ~ ①开口比②（孔径）面积效率（天线的）
apparent ~ 视在效率
ash-retention ~ 排渣率
blocking ~ 整流效率
blow ~ 打击效率
brake ~ 轴效率，制动效率
burner ~ 燃烧室效率
burst-energy-recovery ~ 色同步再生效率
cathode ~ 阴极（电流，发射）效率
charging ~ （气缸）充气效率
circumferential ~ 周边效率
classification ~ 分级效率
collection ~ 除尘效率
column ~ 柱效能
combined ~ 合成效率，综合效率
combustion ~ ①燃烧（室）效率②燃尽程度
commercial ~ 经济效率
component ~ 组件效率，局部效率
compression ~ 压缩比〔系数，效率〕
conventional ~ 约定〔协定，惯用〕效率
conversion ~ 换能效率，转换效率
copper ~ 铜（导线）利用率（输电线中）
corrected thermal ~ 折合热效率
declared ~ 标称效率
de-ironing ~ 除铁效率
deposition ~ 熔敷效率
detection ~ ①检波效率②探测效率
driving ~ 传动效率
effective ~ 有效效率，有效功能
electrical ~ 电（机）效率
energy ~ （能量）效率
engine ~ ①发动机效率②内效率
external quantum ~ 外量子效率
fluorescence conversion ~ 荧光转换效率
fuel ~ 热效率，燃料效率
gas ~ 出气率
generic ~ 相对效率
grade ~ 分级效率
horizontal ~ 水平扫描效率，行扫描效率
hydraulic ~ 水力〔液压，液力，流体〕效率
illumination taper ~ 照射递减效率
junction ~ ①中继效率②结效率
lamp ~ 发光效率，灯效率
leakage ~ 密封效率（流经叶栅的与流经该级的蒸汽流量的比值）
lens ~ 透镜分辨率〔能力〕，透镜天线效率
lift ~ 升举性能，升力特性
line ~ 行利用率，行（扫描电路）效率
lumen ~ 流明效率（光效率）
luminaire ~ 照明器效率
luminous ~ 视感度
manometric ~ 液压效率
nozzle-bucket ~ （涡轮机的）工作级效率
occupation ~ 占空系数
off-design ~ 变工况效率
planimetric average ~ 积分平均效率
plant ~ 装置效率
plate ~ 屏〔板，阳〕极效率

polytropic ~ 多变效率
power ~ ①（出力）效率，功率效率②能量利用系数
projection ~ 投射效率，投影效率
rated ~ 定额效率
regenerative ~ 倍增本领
relative luminous ~ 明视觉光谱光视效率
riser ~ 冒口效率
running ~ 运转效率，机械效率
solvent ~ 溶剂效率，相对保留值
spectral ~ 频谱效率
speed ~ （扩散泵）抽速效率
stage ~ （放大）级效率
stock-removing ~ 切削率
string ~ 串效率（绝缘子个数乘单个闪络电压与串闪络电压之比）
technological ~ 工艺性
thread removal ~ 拾线效率
torque ~ 机械效率，转矩效率
total ~ 总效率，全（头）效率，滞止效率
traction power ~ 行走效率
transfer ~ ①（焊）合金过渡系数②转换〔转化，传递〕效率
transmission ~ 传输〔传动，输电〕效率
unit ~ 装置〔机组，分部，部套〕效率
used ~ 有效功率
volume ~ 容量系数
volumetric ~ 容积系数，容积〔组装，充气〕效率
weight ~ 重量效率

efficient ①有效的，有作用的②有生产能力的，经济的③因素〔数，子〕，作用力④被乘数
efficientibility 高效率性
effigy 插图，图片
efflorescence 晶化，风化，粉化
effluence 发〔射，流，溢，泻〕出，流出物（废气，废水等），射出物，溢流
effluent ①溢流②流出物，溢出物，高炉炼铁废气，废水③漆瘤④发出的，流出的，渗漏的
effluogram 液流图
effluve 介流，静电电机或高频发电机的电晕放电，类似电晕放电的一种放电（电疗上用来刺激皮肤）
effluvium ①无声放电②以太（以前假定为传递电磁波的媒介质），磁素③臭气，恶臭④散出，发出
efflux(ion) ①流出物②射流，废气流③流出，漏泄
effort ①努力，尝试②成果，成绩③工作（项目），（研究）计划④作用力，有效力⑤作用
crank ~ 曲柄回转力（矩）
design ~ 设计工作，设计力量
development ~ 研制计划，设计计划
momentary high-power ~ 瞬时功率增加
scientific ~ ①科研工作②数理理论科学的作用（利用数学及电子计算机代替模型试验）
starting ~ 起动力
tractive ~ 牵引力，牵引作用，推拉力
effuse ①流〔泻，发，渗，泄〕出②吐露
effuser ①扩散喷管，加速管②漫射体③集气管，收敛形进气道④扩散器⑤扬声器纸盒
effusiometer （气体）扩散计，渗速计，隙透计
effusion ①隙透（气体透过多孔壁的现象），流〔渗，溢，喷〕出，射〔泻，分〕流②流出物
molecular ~ 分子泻流
effusor = effuser
E-form 电子表格
E-format E格式（即浮点表示格式）
egersimeter 电刺激器（神经与肌肉的电刺激测量器）
egg ①航空炸弹，深水炸弹，水雷，地雷，卵形物②蛋级无烟煤（62 ~ 82 mm），蛋级烟煤（38 ~ 100 mm）
Nuremberg ~ 纽伦堡蛋表（最早采用发条为动力进行计时的一种怀表）
eggbeater ①艇尾挂机②直升机
egress ①流出，溢出，出口②发源地③终切（天文）
~ of heat ①放热，传热②热损失
heat ~ 热损失
ehlite 斜方假孔雀石
eiconal 光程函数，程函
eiconometer 影象计，物像计
eidograph 缩放图法，绘图缩放仪
eidophor 大图像投射器
Eidophor 艾多福（电视）投影法（油膜光阀投影电视）
eigen 本征的，特征的，固有的
eigenelement 本征元素
eigenellipse 本征椭圆
eigenfrequency 本征频率，特征频率
eigenfunction 本征函数，特征函数
eigenmatrix 本征矩阵，特征矩阵
eigen-mode 本征模
eigenperiod 固有周期
eigenroot 本征根
eigenspace 本〔特〕征空间

eigenstate 本征态，特征态
eigentone 固有振动频率，本征音（调）
eigentransformation 本征变换，特征变换
eigenvalue ①本征值，特征值②固有值
distinct ~ 不等〔相异，不重复〕本征值
dominant ~ ①优势本〔特〕征值，主本〔特〕征值②最大本征值
end ~ 端点特征值
eigenvector 本征矢量，特征矢量
eigenvibration 本征振动，特征振动
eigenwert 本征值，特征值
eight 八，八气缸发动机，八气缸汽车
eightball 无指向性动态话筒
eight-cylinder 八缸（发动机）
eightfold 八倍，八重
eighth-power 八次方
eight-in-line 直排八气缸
eightlings 八连晶
eight-place 八地址的
eights （热叠轧的）八（层）叠板
eight-wheeler 八轮载重汽车，八轮货车
eikonal = eiconal
eikonogen ①影源②显影剂
eikonometer 光像测定器，影象（检查）计
eikonoscope 光电摄像管，光电析像管
Einisil 渗碳化硅镀镍材料，硅镍复合渗镀层
einstein 爱因斯坦（E，能量单位，1 E = 6.02 × 10^{23} 光子能量）
einsteinium （Es）
Eisenkiesel 〈德〉铁石英
eitherfind eitherfind 程序（网络接口中用于检测报文信息的程序）
either-or ①“异”，按位加②二者择一
eject ①推出器，推出口②弹起，喷射，弹射，放〔排，抽，抛，喷〕出③排斥④出产
ejecta 喷出物，排出物
clastic ~ 喷屑
ejection ①喷〔抽，挤，击，射，推，排〕出，发射，脱模②（转炉）喷溅物，排出物
~ of compact 出料
oriented ~ 定向排列出料
ejection-container 弹射容器
ejector ①发射〔喷射，喷吸，排出〕器，射流抽气泵②拆卸器③顶出器，顶出装置，推钢，〔顶钢，推出〕机
bilge ~ 舱底水抽射器
delay-line ~ 延迟线引出装置
differential ~ 差分喷射器
oil ~ 注油器
sand ~ 喷砂机
shovel ~ 铲式出件装置
tool ~ 工具拆卸器
ejet = eject 或 ejection
eka-alumin(i)um 准铝，镓（Ga）
Ektalight 爱克脱光幕（投影电视中用铝经处理做成凹面银幕）
ektalite-foil 爱克脱光箔（银幕）
elaborate ①精心（制成）的，精巧的②加工，精制③钻研出
elaboration ①精心做成，精心制作的产品②加工
algorithmic ~ 算法详细描述，算法推敲
collateral ~ 并行加工
elaeometer （验）油（比）重计，验油浮计
elaidin 反油酸精，甘油三反油酸酯
elapsed-time 经过的时间，消逝时间，航程时间
elastance 电容的倒数，倒电容
elastic ①弹性的②橡皮带，松紧带
elastica ①弹力，弹性②橡胶
elasticity ①弹性，伸缩性②弹性（力）学，弹性理论③灵活性
delayed ~ 延迟弹性，弹性后效
impact ~ 冲击弹性，冲击性
link ~ 链接弹性
long range ~ 高弹性
photo ~ 光（测）弹性学
rebound ~ 回弹性，弹回性
residual ~ 弹性后效，剩余弹性
shear(ing) ~ 剪切弹性（模量）
elasticizer 增塑〔增韧，塑化〕剂
elastico-viscosity 弹性黏度
elastin 弹性蛋白
elastivity 介电常数的倒数，倒电容系数
elasto-hydrodynamic 流体弹性动力的
elastohydrodynamics 弹性流体动力学
elastokinetics 弹性动力学
elastomer ①弹性体，弹性材料②弹性塑料③合成橡胶，人造橡胶
silicone ~ 有机硅弹性体，硅橡胶
thermoplastic ~ 热塑性弹性体
urethane ~ 尿烷人造橡皮
elastometer 弹力计，弹性计，弹性组织测定器
elastometry 弹力测定法
elastooptics 弹性光学
elastoosmometry 渗透压的高弹性测定法
elastoplast 弹性塑料

elastoplastic ①弹性塑料②弹塑性的
elastoplasticity 弹塑性
elastopolymer 弹性高聚物
elastoprene 二烯橡胶
elastoresistance 弹性电阻，电弹性效应
elastostatics 弹性静力学
elastothiomer 弹性硫塑料，硫合橡胶
elaterite 弹性沥青
elaterometer 气体密度计
E-layer E（电离）层
elbaite 锂电气石
elbow ①弯管，弯头，肘管②肘状物③抓手④用肘（推）挤
~ in the hawse 锚链绞花
adjustable ~ 铰接弯头
beaded equal side outlet ~ 带边同径三向弯头
beaded reducing ~ 带边异径弯头
eyesight ~ 风口弯头，小弯头
female ~ 内螺纹弯头，带螺母弯头
inlet ~ 喷管
interconnecting ~ （燃烧室）反焰管
miter ~ 斜接弯头
plain ~ 不带边弯头
plain equal side outlet ~ 不带边同径三向弯头
reducing ~ 渐缩弯管，异径弯头
reducing twin ~ 异径三通双弯接头
round ~ 圆弯头
square ~ 直角弯管接头
street ~ ①外螺纹弯头，两端分别带内外螺纹的弯管接头②异径弯（头）管，长臂肘管
union ~ 中间弯头
waveguide ~ 波导肘管
Elcolloy 铁镍钴合金
Elcolor 场致发光彩色板
elcon 电子导电视像管
elconite 钨铜合金（焊条用合金）
El-core 山形铁心
e-learning 在线（网络）学习
elecinsulating （电）绝缘的
electra 多区无线电导航系统
Electralloy （做电子设备材料用的）软铁合金
electret 驻极（电介）体，永久极化的电介质
polymer ~ 高分子驻极体
electric(al) ①电（力，动，气，测）的，带〔导，发〕电的②带电体，起电物体③电动车辆
electrically-operated 电（驱）动的，电力牵引的
electricator 电触式（指示）测微表
electric-charge 电荷
electric-electric 纯电的，全电的
electric-engineering 电机工程，电工技术
electrician ①电学家，电气技术员，电工②照明员，灯光员
electricity 电（学，气，力，流，荷），静电
atmospheric ~ 天电，大气电
bound ~ 束缚电荷
contact ~ 接触电（位）
dynamic ~ 动电（学），电流
faradic ~ 感应电，法拉第电
franklinic ~ 静电，摩擦电
free ~ 自由电荷
galvanic ~ ①电流，动电电流②稳定的直流电（供治疗用）
influence ~ 感应（静）电
like ~ 同号电，同性电
opposite ~ 异性电
terrestrial ~ 地电
vitreous ~ 玻璃电，阳电，正电
voltaic ~ 伏打电，动电
yield ~ 发电
electric-network 电网（络）
electric-osmosis 电渗
electric-resistivity 电阻（率）
electrics 电力机械，电气设备
electrifiability 可起电性，起电能力
electrification ①起电，起电装置②充〔感，带，发〕电，电气化，使用电力
electrifier 静电感应起电机，起电器
electrify ①起电，充电，使…带电②电气化
electrino 微电子
electrion 高压放电
electrit 电铝（石）
electrization = electrification
electrize = electrify
electrizer ①起电盘，起电机②电疗机
electro ①电镀，电铸，电版②电镀品
electroabrasion 电腐蚀（加工）
electroacoustic(al) 电声（学，波）的
electroacoustics 电声学
electro-adsorption 电吸附
electroaffinity 电亲和性，电解电势
electroanalysis 电解分析，电（化学）分析
electroanalyzer 电分析器
electroarteriograph 电脉搏描记器，动脉电流图
electrobalance 电平衡
electroballistics 电弹道学

electrobath 电镀浴，电解浴
electro-beam 电子束〔注〕
electrobiology 生物电学
electrobrightening 电抛光（反向的电解淀积法）
electrobus 蓄电池大客车，蓄电池公共汽车
electrocaloric 电热的
electrocalorimeter 电热（量）计，电卡计，电量热器
electro-capillarity 电毛细（管）现象
electrocar 电动车
electrocarbonization 电法炼焦
electrocardiogram 心（动）电（流）图
electrocardiograph 心电图描记器
carried ~ 携带式心电图机
fetus ~ 胎儿心电图机
physiological ~ 心脏电生理检查仪
electrocardiology 心电学
electrocardiophonography 心音电描记术
electrocardioscopy 心电图观测
electrocardiosignal 心电信号
electro-carriage 电动拖车
electrocasting 电铸（法）
electrocatalysis 电催化
electrocathode 电控阴极
electrocathodolumine 阴极电子激发光
electrocathodoluminescence 电（场）控阴极射线发光，阴极电子激发光
electrocautery ①电灸②电烙铁（低温焊接用）
electrocement 电制水泥
electroceramic 电工陶瓷，电瓷
electrochemic(al) 电化（学）的
electrochemistry 电化学
electrochromatography 电色层分离法，电色谱（法）
electrochromic 电（致变）色（显示）
electrochromics 电致变色显示（技术）
electrochronograph 电动精密计时器
electrocircuit 电路
electrocladding 电镀（包层，金属保护层）
electro-cleaning 电净法
electroclock 电钟
electrocoagulation 电凝聚
electrocoagulator 电凝器
electro-coating 电泳涂装
electrocolo(u)ration 电着色
electrocolo(u)rimeter 电色度计
electrocolo(u)rimetry 电色度学，电比色法
electroconductibility 电导性，电导率
electroconductivity 电导性，电导率
electro-constant 电化常数
electro-coppering 电镀铜（法）
electrocorrosion 电腐蚀
electro-corundum 电熔刚玉
electro-coupling 电磁联轴器
electrocratic 电稳的
electroculture 电气栽培
electrocyte 发电细胞
electrode ①电极②焊条
~ (of a semiconductor device) 电极（半导体器件的）
accel(erating) ~ 加速电极
A(-C)D(-C) ~ 交直流（型）两用焊条
acidic ~ 酸性焊条
austenite ~ 奥氏体钢焊条
backing ~ 容器式电极
bag ~ 隔套电极
bare ~ ①裸电极②裸〔光，无药〕焊条
base ~ 基极
basic ~ 碱性焊条
beam confining ~ 电子束形成电极，聚束极，集射屏
bucking ~ 屏蔽电极
cellulose-coated ~ 纤维素型焊条
circular ~ 滚轮电极，（电阻焊）圆盘状电极
coated ~ ①敷料电极②包剂〔药皮，涂料〕焊条
collector〔collecting〕~ 集电极
consumable ~ 自耗电极，熔化电极
continuous ~ （电弧炉）连续（给进）电极
core(d) ~ 有芯（电）〔含熔剂芯，药芯〕焊条，管状焊丝
counter ~ 反〔对〕电极，极板（电容器的）
coverage ~ 涂剂焊条
covered ~ 药皮（涂料）电焊条
current ~ 供电电极
deep penetration ~ 深熔焊条
deflecting ~ 致偏电极，偏转电极
difference-type pickup ~ 异形信号电极
dipped ~ 手涂焊条
discharge ~ （电气除尘器的）电晕极
drain ~ 漏极（场效应晶体管）
dropping ~ 滴液电极
D-shaped ~ D 形电极，D 形盒
earth ~ 接地极
electrodynamicsflux-cored ~ 药芯焊丝
emitter ~ 发射极，阴极

emitting ~ 发〔放〕射极
enzyme ~ 酶电极
exciting ~ 激励（电）极
extruded ~ 机械压涂的焊条
flexible ~ 软焊条
float ~ 浮子〔浮动，活动〕电极
flux-coated ~ 涂药焊条，造渣型焊条
fluxed ~ 熔剂焊条
flux-encased ~ 嵌药焊丝，嵌药焊条
flyspun ~ 包丝焊条
focus(sing) ~ 聚束极，聚焦（电）极
forming ~ 聚焦极
free-arc ~ 光焊丝，无药焊条
gas-loaded ~ 充气电极
gas-shielded ~ 气包焊条
gate ~ 门电极
grid ~ 栅极
ground ~ 地线，接地电极
guard ~ 保护电极，屏蔽电极
hafnium ~ 铪电极
hydrogen ~ ①氢电极，氢标准电极②氢焊条
immersion ~ 浸液电极
intensifier ~ ①后加速电极②增光极，增强电极
keep-alive ~ 保弧阳极，维弧阳极，点火电极
lime-ferritic ~ 碱性焊条，钙型铁素体焊条
mesh ~ 栅极，网状电极
Miguet ~ （扇形电极块组成的）圆形连续式电极
mirror-metal ~ 金属反射镜电极
mosaic ~ 镜嵌（光电）阴极
multiplier ~ 倍增电极
nonconsumable ~ 不熔电极，非消〔自〕耗电极
noncontinuous ~ 短电极，不连续电极
non-ferrous ~ 有色金属焊条
normal ~ 标准电极
offset ~ 偏心式电极，偏心式焊条
one-pass fillet ~ 单道平角钎焊条
overhead ~ 仰焊焊条
passive ~ 接地电极，收集电极
pickup ~ 信号极
pin-shaped ~ 针形状电极
plate ~ 阳〔屏、板、集电〕极
point ~ 尖端极，点电极
post-accelerating ~ （阴极射线管的）后加速电极
quinhydrone ~ 醌氢电极
receiving ~ （电气除尘器的）沉淀极，积尘极
reference ~ 参考电极
resistance ~ 电阻焊条
retarding ~ 减速电极
roller ~ 滚轴电极，缝焊电极
rutile type ~ 钛型焊条
saturated calomel ~ 饱和甘汞电极
secondary ~ 副电极
self ~ 自电极（在分光镜中由进行分析的材料构成的电极）
selfbaking ~ 自动烧成电极
sounding ~ 探测（电）极
source ~ 源极
staggered ~ 交错电极，参差电极
stick ~ 手工焊条
stranded ~ 综合焊条，综合焊丝
strip ~ 框极
sum ~ 积分电极，和电极
suppressor ~ 抑制（栅，电）极
surfacing (welding) ~ 堆焊焊条
sweeping ~ 扫除电极
target ~ 靶电极
tungsten ~ 钨电极
twin ~ 双芯焊条
unshielded ~ 光焊条
uranami welding ~ 底层〔打底，封底〕焊条
valve ~ ①电子管电极②阀式电极
vertical ~ 立焊焊条，（点焊的）垂直电极
water ~ 水（成电）极
Wehnelt ~ 控制〔调制，聚焦，文纳尔〕极
welding ~ 电焊条，电焊电极
wrapped ~ 绕丝焊条
zirconium ~ 锆电极
electrodecomposition 电（解）分解作用
electrodeionization 电极电离作用
electrodepositing 电解沉积
electrodeposit(ion) 电(解)镀层,电镀,电附着,电（解，极）淀积，电解沉淀，电解法精炼
electrodesiccation 电干燥（法）
electrodiagnosis 电诊断
electrodialyser = electrodialyzer
electrodialysis 电渗析
electrodialyzer 电渗析器
electrodics 电极学
electro-diffraction 电子衍射
electrodisintegration （核的）电（致）蜕变
electrodispersion 电分散作用
electrodissociation 电离作用，电解作用

electrodissolution 电（解）溶解
electrodissolvent 电解溶剂
electrodissolver 电解溶解器
electrodrain 电排水
electrodressing 电选矿
electrodrill 电钻具
electroduster 静电喷粉器
electrodynamic 电动的，电动力学的，电动力的
electrodynamics 电动力学
classical ~ 经典电动力学
electrodynamometerrelativistic ~ 相对论电动力学
quantum ~ 量子电动力学
electrodynamometer 电功率计，电动测功器，双流作用计，力测电流计
mirror ~ 镜式功率计，镜式电测力计，镜式力测电流计
electroencephalogram （= EEG）脑电图
electroencephalograph 脑电图仪，脑电流示波器
electroencephalology 脑电学
electroendosmose = electroendosmosis
electroendosmosis 电（内）渗（现象）
electroengraving 电刻（术），电刻物
electro-equivalent 电化当量
electroerosion 电浸蚀，电腐蚀
electroetching 电解浸蚀，电腐蚀，电刻
electroextraction 电解提取〔提纯，萃取〕（法）
electroeyegraph 眼震电图仪
electrofacing 电镀
electrofarming 农业中的电力应用，农用电，农电
electrofax ①电子摄影，电子照相，电传真②氧化锌纸静电复印③氧化锌纸
electro-feeder 电动给水泵
electrofixer 电热固色器，电定形器
electro-fluid-dynamics ①电流体动力学②电流体发电
electrofluorescence 电致发光
electrofocus(s)ing 电聚焦，等电点聚焦
electro-forge 电锻
electroforming ①（微）电铸，电冶②电赋能③电成型④电解淀积，电镀
electrofusion 电熔化
electro-galvanizing 电镀锌
electrogasdynamics 电气体动力学
electrogastrogram 胃（动）电（流）图
electrogastrograph 胃动电流图描记器
electrogen 光（照发射）电（子）分子
electrogenerating 发电
hydraulic ~ 水力发电
electrogilding 电镀，电镀术
electrogoniometer ①相序指示器，相位指示器，相位变换器②电测角器，电测向器
electrogram X 线照片，电位记录，电描记图
electrogranodising 电磷化处理
electrograph ①电示图，电照相②传真电报③电刻器，电版机④电记录法〔器〕⑤ X 光照相⑥阳极电解测镀层孔隙率
electrographic 电刻的，传真电报的，电记录的
electrographite 人造石墨，电化石墨
electrography ①电示图，电照相，传真电报，电笔，电记录器②电刻法，电版法，阳极电解测镀层孔隙率法③电谱法
direct ~ 直接电照相
ring ~ 环形电谱（法）
stripping ~ 纸条电谱法
electrograving 电刻，电蚀刻
electrogravity 电控重力（研究直接控制重力的可能性）
electro-hardening 电化固结
electroheat 电热
electrohydraulic 电动液压的
electrohydrometallurgy 电湿法冶金
electroinduction 电感应
electroionization 电离（作用）
electroiron 电解铁
electrojet （电离层中）电喷流
electrokinematics 动电学
electrokinetics 动电学，电动力学
electrokinetograph 动电计（测流仪器）
electrokymograph 电动转筒记录仪，电波动记录器
electrokymography 电（流）记波法
electrola 电唱机
electrolier ①装饰灯，装潢灯②集灯架，集灯台，电烛台，枝形电灯架
electro-light 电光
electrolines 电（场）力线
electrolock 电（气）锁
electrolog 电测井曲线，电测记录（曲线）
electrology 电疗学
electrolon 金刚砂
electroluminance 场致发光，电致发光
electroluminescence 电（致）发光，场致发光，电荧光

silicon ~ 硅电致发光
thin-film ~ 薄膜电致发光
electroluminescenceovonic 双向场致发光
electroluminescent 电荧〔发〕光的，场致发光的
photocapacitive ~ 光能电致发光
electrolyser = electrolyzer
electrolysis 电解，电蚀，电分析
capillary ~ 毛细管渗透电解，交界面电解
copper stripping ~ 脱铜电解
fusion ~ 熔盐电解，熔凝电解
high-pressure ~ 高压电解
in-pulp ~ 矿浆（直接）电解
electrolyte 电解液，电解质
amphoteric ~ 两性电解质
colloidal ~ 胶体电解质
free ~ 分离电解液，自由电解液
indifferent ~ 协助电解物
molten salt ~ 熔融盐电解质
nonaqueous ~ 非水电解质
polymer solid ~ 高分子固体电解质
stannous sulphate ~ 硫酸锡电解液
electrolytic(al) 电解的
electrolytics 电（解）化学，（水溶液的）电解学
electrolyzation 电解
electrolyzer 电解装置，电解槽，电解器
electromachining 电（火花）加工，电解加工
electromagnet 电磁铁，电磁体
bar ~ 条形电磁铁
braking ~ 制动电磁铁
club-foot ~ 一极上绕线圈的马蹄形电磁铁
lifting ~ 起重电磁铁
momentary duty ~ 瞬时作用的电磁铁
plunger ~ 吸入式电磁铁，插棒式电磁铁
tractive ~ 牵引电磁铁
valve control ~ 阀用电磁铁
electromagnetic(al) 电磁的，电磁式的
electromagnetic-interference 电磁波干扰
electromagnetics 电磁学
electromagnetism ①电磁②电磁学
electromalux （镶嵌光电阴极）电视摄像管
electromanometer 电子液压计，电子压强计
electromassage 电推拿法，电按摩法
electromasseur 电按摩器
electromassor = electromasseur
electromatic 电气自动方式，电气自动的
electromechanic(al) 机电的，电动机械的
electromechanics 机电学
electromer 电子异构体〔物〕
electromerism 气体中电离过程，电子（移动）异构（现象）
electromerization 电子（移动）异构（作用）
electrometabolor 电子呼吸代谢测定装置
electrometallization 电喷镀金属
electrometallurgical 电冶金的
electrometallurgy 电冶金学
electrometer ①静电计，量电表，电位计②电子钟表测试仪
binant ~ 双限静电计，双象限静电计
binary ~ 双极静电计
biquadrant ~ 双象限静电计
dynamic ~ 振簧静电计
dynamic condenser ~ 振簧静电计，动电容静电计
fiber ~ 悬丝静电计
glow-leaf ~ 金箔静电计
gold-leaf ~ 金箔静电计
leaf ~ 箔静电计，箔验电计，簧片式电位计
multicellular ~ 复室静电计，多网格静电计
quadrant ~ 象限静电计
string ~ 弦线静电计
two-segment ~ 双象限静电计
electrometrics 测电学
electrometrograph 子宫收缩电图仪
electrometry ①测电术，电测法，电位测量术，量电法②测电学
electromicrography 电子显微摄影
electromicroscope 电子显微镜
electromigration 电移，电迁移
electromobile 电动车，电瓶车
electromotance 电动势
electromotion 电（力起）动，电动力，通电电流移动
electromotive ①电气机车②电动的
electromotor 电动机
electromyogram 肌电图
electromyograph （测量）筋骨（活动）电流计，肌（动）电（流记录）图
electromyography 肌电描记术
Electron 爱莱克特龙铸造镁铝合金
electron 电子
active ~ 激活电子
Auger ~ 奥格电子（原子的自电离现象）
available ~ 资用电子
bonding ~ 键电子

chromophoric ~ 发色电子
conduction ~ 传导〔载流，外层〕电子
conductivity ~ 传导电子
defect ~ 缺陷电子，空穴
hard ~ 高能电子，硬电子
heavy ~ 重电子，介子
hot ~ （过）热电子
K ~ K 层电子，K 电子
knocked-on ~ 击中的电子
lone ~ 孤（立）电子
occasional ~ 偶发电子
peripheral ~ 外层电子
pointlike ~ 点电子
polarized ~ 极化电子
positive ~ 阳电子，正电子
primary ~ 原电子，初级电子
quasi-bound ~ 准束缚电子
recoil ~ 反冲电子
roaming ~ 漫游电子
rotating ~ 自旋电子
runaway ~ 逃逸电子，失控电子
secondary ~ 二次电子，次级电子
share ~ 共价电子
spent ~ 经过互作用的电子
stray ~ 散失电子
subvalence ~ 副价电子
swift ~ 快速电子

Electron V-1 爱莱克特龙硬镁铝合金（*w*（Al）10%，*w*（Mn）0.3% ~ 0.5%，其余 Mg）
valence ~ 价电子
warm ~ 温电子

electronarcosis 电流麻醉
electronasoscope 电光鼻镜
electronation 增(加)电子(作用)，获得电子(作用)，还原作用
electron-attachment 电子附着
Electron-AZ AZ 爱莱克特龙铸造镁铝合金
Electron-AZD AZD 爱莱克特龙镁铝合金（*w*（A）5%，*w*（Zn）3%，*w*（Mn）0.2% ~ 0.5%，其余 Mg）
Electron-AZF AZF 爱莱克特龙铸造镁铝合金（*w*(Al)4%，*w*(Zn)3%，*w*(Mn)0.2% ~ 0.5%，*w*（Si）0.3%，其余 Mg）
Electron-AZG AZG 爱莱克特龙铸造镁铝合金（*w*（Al）6%，*w*（Zn）3%，*w*（Mn）0.35%，*w*（Si）0.3%，其余 Mg）
~ V-1 爱莱克特龙强硬镁铝合金（*w*（Al）10%，*w*（Mn）0.3% ~ 0.5%，其余 Mg）

electron-beam 电子束〔注〕，阴极〔电子〕射线
electron-discharge 电子放电
electronegative 负电性的，阴电性的
electronegativity 负电性〔度〕，阴电性〔度〕
electroneurotone 电按摩器
electroneutrality 电中性
electronfractography 断口电子显微镜检验
electron-hole 电子空穴
electronic 电子（控制）的，电子学的
central body ~ 集中式车身电子装置
continuous injection system ~ （发动机）电子控制连续燃油喷射系统
digital diesel ~ 数字式柴油机电子装置
digital engine ~ 发动机数字式电子控制

electronic-grade 电子级
electronickelling 电镀镍
electronicommunication 电子通信
electronics ①电子学，电子工程②电子仪器〔设备，器件〕
implant ~ 内植电子器械
integrated ~ 集成电子学
intelligent drive ~ 智能驱动电子电路
intelligent ~ 智能电子学
marine ~ 航海电子学
micromodule ~ 微型组件电子学
microwatt ~ 微瓦电子学
molecular ~ 分子电子学
pellicular ~ 薄膜电子学
power ~ 功率电子学，工业电子学
quantum ~ 量子电子学
radio ~ 无线电电子学
solid (state) ~ 固体电子学
space ~ 航天〔空间，宇宙，星际航行〕电子学
transistor ~ 晶体管电子学

electron-like 类电子的
electronmicrograph 电子显微照片
electronmicroscope 电子显微镜
electronogen 光电放射
electronograph ①电子显像机②电子显像
electronography 静电印刷术，电子显像术，电子衍射分析法
electron-optic(al) 电子光学的
electron-volt 电子伏特（eV，1 eV = 1.60203 × 10^{-19} J）
electronystagmograph 眼震电流描记仪
electro-oculogram 眼（动）电图
electro-oculography 眼（动）电描记术

electro-optic(al) 电光的
electrooptics 电（场）光学
electroosmose 电渗（透，现象，作用）
electropainting 电涂
electropeter ①转换器②整流器
electropherography 载体电泳图法，电色谱法
electrophilic 亲电（子）的，吸电（子）的
electrophilicity 亲电性
electrophobic 疏电（子）的，拒电（子）的
electrophone ①有线广播，有线电话，送受话器，听筒②电子乐器
electrophonic 电响的
electrophonoide 电助听训练器
electrophore 起电盘
electrophoresis 电泳（现象）
agargel ~ 琼脂凝胶电泳（法）
column ~ 柱电泳（法）
countercurrent ~ 对流电泳，对流免疫电泳
disc ~ 盘状电泳，聚丙烯酰胺凝胶电泳
double disc ~ 两向盘状电泳（法），双盘电泳（法）
free (boundary) ~ 自由电泳，自由界面电泳
zone ~ 区带电泳，电色谱法
electrophoretogram 电泳图
electrophorus 静电机摩擦发电，起电盘
electrophotocopy 静电摄影复制品
electrophotography 电子照相术，电子摄影术
chargeless ~ 不充电电子照相
electro-photoluminescence 电控光致发光，场控光致发光
electrophotometer 光电光度计
electrophotometry 光电光度学
electrophysics 电（子）物理学
electrophysiology 电生理学，生理电学
electrophytogram 植物电图
electropism 向电性，趋电性
electro-plate ①电镀品，电铸版②电镀
electroplater 电镀器
electroplating ①电镀②电镀术，电镀学
electro(-)pneumatic 电动 - 气动的
electropneumograph 电呼吸描记器
electropolar 电极化的，（有）电极性的
electropolarized （电）极化的
electropolish 电（解）抛光
electropolishing 电解抛光
electroposition 电沉积
electropositive ①正〔阳〕电（性）的②盐基性的，金属的
electropositivity 阳电性，正电性〔度〕
electro-precipitator 电力沉淀器，电力集尘器
electroprimer 电动底漆涂覆装置，电动加油装置
electroprobe 电检测针，（试）电笔，电探头
electropsychrometer 电测湿度计
electropult 电解台，电解斜面台
electropyrexia 电（发）热法
electropyrometer 电阻高温计，电测温度计，热（电）偶温度计
electroquartz 电造石英
electroradiescence 电致辐射
electroradiography 电放射摄影
electroradiometer 放射测量计，电放射计
electrorammer 电夯
electrorefine 电解精炼
electrorefining 电解精炼〔提纯〕
electroreflectance 电反射率
electroregulator 电（热）调节器
electroresponse 电响应
electroretinogram 网膜电图
electroretinograph 网膜电图仪
electroretinography 网膜电图学
electroscope 验电器，验电笔
condenser ~ 电容器式验电器
foil ~ 金箔验电器
Wilson ~ 威尔逊验电器（单片垂直悬挂验电器）
electroscopy 验电法，气体电离检定法
electrose 有填充物的天然树脂（绝缘化合物）
electrosemaphore 电标志，电信号机
electro-series （元素）电化序
electroshape 电力水压成形
electroshaper 电力水压成形机
electrosherardisation = electrosherardization
electrosherardization 电镀锌
electroshock ①电击，触电②电击疗法，电休克疗法
electrosilvering （电）镀银
electroslag 电（炉）渣
electrosmelting 电炉熔炼
electrosol 电溶胶〔液〕
electrosorption 电吸收，电附着
electrosparking （金属）电火花加工
electrospectrogram 电光谱图
electrospinogram 脊髓电（流）图
electrostatic 静电（学，型）的
electrostatics 静电学

electrostatography ①静电复印法②静电摄影术
electrosteel 电炉钢
electrostenolysis 细孔隔膜电解，膜孔电沉积（作用）
electrostethograph 心音描记器
electrostimulation 电刺激法
electrostimulator 电刺激器
electrostriction 电致伸缩（反压电效应），（溶剂）电缩作用
electrosynchrotron （电子）同步加速器
electrosynthesis 电合成（法）
electrotape 电子测距装置，基线电测仪
electrotaxis 趋电性，移电性，应电作用
electrotechnical ①电工学的②电工技术的
electrotechnics 电气工艺学，电工学，电工技术
electrotechnology 电工学，电工技术
electrotellurograph 大地电流测定器
electrotest 电子（手）表测试仪
electrothalamogram 丘脑电图，视丘电流图
electrotherapeutics 电疗（法）
electrotherapy 电疗（法）
electrothermics ①电热法②电热学
electrothermoluminescence 电控加热发光，场控加热发光
electrothermometer 电测温度计，热（电）偶温度计
electro-thermostat 电恒温器
electrothermy ①电热法②电热学
electrotimer 电子定时器，定时继电器
electrotinning 电镀锡
electrotinplate 电镀锡薄铁板
electrotitration 电滴定
electrotome 电刀，自动切断器
electrotomy 电切术，（高频）电刀手术
electrotonus 电致紧张
electrotropic 向电的，屈电的
electrotropism 向〔应，屈〕电性
electrotype ①电铸，电铸术②电铸版
electrotyping 电铸（技）术，电铸版
electrotypograph 电（动）排字机
electrotypy 电铸术，电制版术
electrovalence 电（化）价
electrovalency = electrovalence
electrovectorcardioscope 心电向量检查仪
electrovibrator 电（动）振动器
electroviscosity 电黏滞性，电（黏）滞度，电吸附性
electrovisualisation = electrovisualization
electrovisualization 电观测法
electrowelding 电焊
electrowinning 电解沉积〔制取，冶金法〕，电积金属（法）
Electrum ①琥珀金（金银合金），电德银②镍银（铜镍锌合金）③（含）银金矿（*w*（Au）80%，*w*（Ag）20%）
electy = electricity
elecvehicle 电动汽车，蓄电池汽车
elektron ①（压铸用）镁合金②铝镁合金
Elema 硅碳棒
Elemass 电动多尺寸检查仪
element ①元素，成分，元件，零件，部件②单体，单元，元③（pl.）原理，大纲，要素④机组⑤电极⑥电码⑦电池⑧电阻丝
~ of a cylinder 柱的母线
~ of an arc 弧元素，微弧
~ of matrix 矩阵的元
active ~ ①有源〔有效，能动〕元件②活性〔放射性，激活〕元素
actual ~ 实有元件
adaptive linear ~ 适应机的专有名称
adding ~ 加法元件
addition(al) ~ （钢）加入（合金）元素，添加（合金）元素
adjusting ~ ①细调（节）元件②细调擒纵叉
air conditioning ~ 气源处理元件
amplitude ~ 测摆幅单元
antenna ~ 天线单元，天线振子
aperiodic ~ 非周期摆动的可动部分，非周期部件
arithmetic ~ ①算术元素，运算元素②运算器
array ~ 数组元素
astatic ~ 无定向的可动部分（仪表）
asymmetric circuit ~ 单向导电性元件
back ~ 后组（摄影物镜）
barium-fluoride humidity ~ 氟化钡湿敏元件
beat ~ 测偏振单元
biax ~ 双轴（磁心）元件
bilateral ~ 双通电路元件，双向作用元件
bimetallic ~ 双金属元件
binary ~ ①双态元件②二进制单元元件
binary logic ~ 双值逻辑元件，双稳态逻辑元件
binding ~ 黏结剂
biological sensitive ~ 生物敏感元件
biophoto electric ~ 生物光电单元
blade ~ 叶片

blocking ~ ①闭锁元件②连锁元件
carbide-forming ~ 促白口元素，反石墨化元素
cartridge ~ 释热元件，放热元件
chain ~ 链节
chemical ~ 化学元素，化学元件
chemical sensitive ~ 化学敏感元件
chill(-inducing) ~ 促白口元素
circuit ~ 电路元件
cleansing filter ~ 滤器净化元件，过滤环节
clover-leaf ~ 苜蓿叶形振子
coalescing ~ 聚结元件，聚结剂
code ~ 代码单位，（编）码元（素），（电）码（单）元
cold-end ~ 冷端元件，低温元件（如省煤器，预热器）
color sensitive ~ 色敏元件
column Ⅳ ~ 四族元素
common management information ~ 通用管理信息系统单元
component ~ 部件，元件，构件，环节，组成部分，单元
compound logic ~ 多逻辑元件
computing ~ 计算元件，模拟装置部件
conforming ~ 相容元，协调元
consistent ~ 相容元，协调元
constituent ~ 组（成元）件，组成部分，组元
constructional ~ 构件，结构元件
contact burning sensitive ~ 接触燃烧式气敏元件（检测可燃气体浓度）
control ~ ①控制棒②控制电路
control channel ~ 控制信道元素
daily keying ~ 日变键控单元
data ~ 数据类目，数据元
decision ~ 判定〔计算，解算，逻辑〕元件，逻辑单元，判定元素
detecting ~ 探测〔检波，敏感〕元件，传感器，探测器
dipole ~ 对称振子，偶极子振子
director ~ 导向元件，引向单元
discriminating ~ 判〔鉴〕别元件
dissipative ~ 耗能元件
distance ~ 距离元
distributed ~ 分布参数元件
driven ~ 驱动子，激励单元
driver ~ 驱动子，激励单元
earthy ~ 土族元素
edge-tone ~ 流振元件，哨音元件
elastic sensing ~ 弹性敏感元件
elastic vibrating ~ 弹性振动元件
electric final controlling ~ 电动执行器
electrothermal expansion ~ 电热膨胀（起动）元件
EL-PC ~ 电致发光 - 光导元件
equivalence ~ 符合元件，“同”门，“同”文件
eltended surface ~ 带有加热表面的部件
exclusive OR ~ “异”元件
expulsion ~ 吹弧元件（避雷器），熄弧室
felt ~ ①毛毡零件②毛毡过滤元件
fertile ~ ①燃料原料②再生同位素
field-alterable control ~ 现场写入控制芯片
filling ~ 填（塞）料
film optical ~ 薄膜光学元件
filter ~ 滤芯，滤波器元件
final control ~ 末控元件，控制系统执行元件
final controlling ~ 执行器
finite ~ 有限元
fluid ~ 流素
fluidic ~ 射流元件
foreign ~ 非标准元件
form ~ 形状要素
front ~ 前组（摄影物镜）
fuel ~ 释热元件，燃料元件
function(al) ~ 功能元件
fuse ~ 熔线元件，熔体，熔丝管
galvanic ~ 原〔一级〕电池
gateway network ~ 网关网络单元
gating ~ 门元件，控制元件
gauze ~ 滤器零件
generic ~ 通名部分
geometrical optics ~ 几何光学元件
graphitizing ~ （促）石墨化元素
group V ~ 五族元素
gyrator ~ （微波）回转元件
hairpin ~ U 形加热元件
half-wave ~ 半波辐射器，半波单元，半波振子
Hall ~ 霍尔元件（磁敏元件）
heat responsive ~ 热敏元件
heater ~ 发热元件，加热元件，加温器
heat-producing ~ 燃料元件
heavy ~ 重元素
helix ~ 螺旋辐射元
high-purity ~ 高纯元素
hydraulic ~ 液压元件

hydrodynamic ~ 液力元件
hysteresis ~ 磁滞成分
identical ~ ①恒等元素②单位元素，幺元
identity ~ ①恒等元素②单位元素③同一元件，鉴别元件④“全同”元件，“全同”门
image ~ 像素，像点
inert ~ ①惰性元素②空〔释热〕元件
information ~ 信息单元
instrument ~ 仪器仪表元器件
integrating ~ 积分环节，积分回路，积分器
interdigitated ~ 交叉梳〔指〕状单元
interface ~ ①界面元件②转换元件，转换装置
inverse ~ 反元（素）
inverting ~ 变换〔换能，反相，倒转〕元件
ionic sensor and sensitive ~ 离子传感器及离子敏元件
last ~ 末元素，最后元素
LiCl humidity-sensitive ~ 氯化锂湿敏元件
line ~ ①线（元）素②波形折皱过滤元件（用毛毡、丝绸等经树脂浸渍硬化处理）
linear ~ ①（直）线性元件②微弧
list ~ 列表元（素）
logic ~ 逻辑元件
loop-forming ~ 环形件，成圈机件
lossy ~ 吸收元件
low-Z ~ 低（原子）序数元素，低 Z 元素
lumped circuit ~ 集总电路元件
machine ~ 机械元件，机械零件
magnetic multiaperture ~ 多孔磁元件
magnetic reluctance ~ 磁阻元件
majority-decision ~ 择多判定元素
matrix ~ ①矩阵元②转译电路元件
measuring ~ 灵敏元件，测量〔接收，传感〕元〔器〕件
metal edge ~ 金属卷带周边过滤元件（在倾斜面的金属带上沿宽度方向有 25 ~ 200μm 棱的卷成螺旋状圆筒形的过滤元件）
metal oxide wet sensitive ~ 金属氧化物系湿敏元件
micronic ~ 微孔（质）过滤元件
minor ~ 微量元素
nanotubes access memory ~ 纳米管存储元件
network ~ 网络部件，网络元件
neutral ~ 零〔中间〕元素
nichrome heat ~ 镍铬发热合金
nonequivalence ~ “异”门，“异”元件
nonequivalent ~ ①“异”门，“异”元件②反重合元件
non-linear ~ 非线性元件
nonsilicon ~ 非硅元件
NOT ~ “非”门，“非”元件
NOT-AND ~ “与非”门，“与非”元件
NOT-OR ~ “或非”门，“或非”元件
one ~ “或”门，“或”元件
opposed jet ~ 对冲型射流元件
optical ~ 光学元件
OR ~ “或”门，“或”元件
outward ~ 外接元件
parasitic ~ ①寄生元件，无源元件②二次辐射体
parent ~ 母体元素
passive ~ 无源元件
pebble fuel ~ （高温气冷堆的）卵石〔煤球〕形燃料元件
phase-detecting ~ 相敏元件，相位检测元件
photoconductive ~ 光敏元件
photoelectric magnetic ~ 光电磁敏元件
photoemissive ~ 光电管，光电池，光电放射元件
physical optics ~ 物理光学元件
pick-up ~ 拾音元件，传感器
picture ~ 像素〔质，点〕
pitch ~ 节面母线
piezoelectric ~ 压电元件
piezoelectric transduction ~ 压电转换元件
pivot ~ 主元，主件
pneumatic final controlling ~ 气动执行器
pneumatic logic ~ 气动逻辑元件
pole ~ 磁极件
pressure-sensitive ~ 压敏元件
primary ~ ①原电池②基本元件，感受元件③测量机构，探头
primary control ~ 初级检测元件，灵敏元件
prime ~ 质元素
primitive ~ （本原）元素，素元
processing ~ ①处理部件②处理机（阵列式计算机的）
program(me) ~ 程序单元
pseudo-code ~ 伪代码元素
pump ~ 泵芯
punctured ~ （反应堆）针孔元件（元件包壳上有通气孔）
radiation ~ 放射性元素
radiator ~ 散热（器）肋片
radioactive ~ 放射性元素

reactive ~ 无功元件，电抗元件
reference ~ 基准成分，基准要素
regular ~ 正则元素
regular surface ~ 正则曲面元素
reservoir ~ 油池式折皱过滤元件
resolvable picture ~ 可（分）辨像素
resource ~ （通信）资源元素
restrictive ~ 节流元件
reverse-directional ~ 倒相单向元件，反向元件
ribbon ~ 螺旋状圆筒形多孔质过滤元件
right-angle tool setting ~ 直角对刀装置
rolling ~ 滚动体
RZ ~ 归零（制）元件
scanning ~ 扫描像素
sealing ~ 密封件
seismic ~ 感〔示〕振器，惯性配重
semiconductor radiation sensitive ~ 半导体射线敏感元件
sensing ~ 敏感元件，传感器
sensory ~ 敏感元件，测量元件，感测器
separating ~ 滚动体隔离体，（滚动轴承的）分隔器
sequential logic ~ 时序逻辑元件
setting ~ 对刀装置〔块〕
sleeve dipole ~ 同轴管内置偶极振子
slip ~ 滑移素
spike fuel ~ 强化用燃料元件
spool ~ 芯形件
spring ~ 弹性元件
stabilizing ~ 稳定元件，稳定性元素（阻止石墨化元素）
stainless steel filter ~ 不锈钢滤芯
start ~ 起始码元
starting ~ 起动元件
stop ~ 停止单元（串行传输中的最后一个单元）
storage ~ ①存储元件，累加器②蓄电池
straining ~ 抑制元件
stratit ~ 钼电阻加热元件，钨电阻加热元件
stream-interacting ~ 射流相互作用型元件
subversive ~ 痕量元素
superconducting logic ~ 超导逻辑元件
superheavy ~ 超重元素
surface ~ 面（积）元（素），曲面元素
susceptor ~ 敏感元件
target-plate ~ 靶面像素
tension-active ~ 反球化元素，干扰元素
thermal ~ ①热元件，热电偶，热敏元件②熔断器
thermocouple ~ 热电偶
threshold ~ ①阈元件〔元素〕，临界值元件②门限元素
throwaway ~ 更换型元件，一次性元件（如纸滤芯）
time ~ 限时元件，延时元件
tool setting ~ 对刀装置
trace ~ 痕量〔微量〕元素
tracer ~ 示踪元素，同位素指示剂
track ~ 磁迹单元
tramp ~ 夹入〔偶存，残存，杂质〕元素
transition ~ ①过渡元素②转换元件
transmitting ~ ①发射元件②传递元件
transuranic ~ 铀后元素，超铀元素
triangular ~ 三角形单元
tube ~ 管件，管组
two-word list ~ 二字链表元
typing ~ 球面打印机构，打印字球
unidirectional ~ 单向元件
unit ~ ①单元（最短信号）②单位元素
valve ~ ①阀元件（避雷器）②电子管元件
variable ~ 可变参数
vented fuel ~ （开孔）透气式燃料元件
vernier ~ 微调元件，游标元件
voting ~ 表决元件（计算机）
washer ~ 垫圈式（过滤）元件
winding ~ 绕组单元

elemental ①元素的②基本的，本质的，初步的
elementary ①元素的②基本的，本质的，初步的，初等的
elementide 原子团
elemi 天然树脂，榄香脂
elephant ①起伏干扰②波纹〔瓦楞〕铁③图画〔绘图〕纸（711.2 mm × 584.2 mm）④大象
blue ~ 无游梁式抽油机
white ~ “白象”（装炉硅片和石英舟用防尘传递罩）
elevated ①高架的，（升，提）高的②高架铁路
elevater = elevator
elevating 升降机构
elevation ①正视图，断面图②仰角③上升④高度（海拔）⑤垂直切面
~ of water 水位
absolute ~ 绝对高程，标高，海拔
back ~ 后视图，背视图
development ~ 展开图

dynamical ~ 重力势〔位，抛〕差
end ~ 侧视图，端立面
fixed ~ 固定仰角，固定斜度（天线的）
front ~ 正视图
left ~ 左视图
machine floor ~ 主机室地面高度（电站的）
quadrant ~ 射角，仰角
rear(-side) ~ 后视图
right ~ 右视图
sea-level ~ 海拔高程，绝对高程
sectional ~ 立剖面，竖直剖面，剖视图
shoulder ~ （机械手的）臂关节的弯曲
side ~ 侧视图
standard ~ ①标准高程，平差高程②高程控制点
static ~ 位差
super ~ 超高度，超仰角

elevator ①升降机，提升机，起重机，升运器，电梯②升降舵
apron ~ 平板式提升机
bagger ~ （散粒物）装袋升运器
bale ~ 草捆升运器
barrel ~ 悬臂提升机，桶提升机
bed ~ 台式升降机
belt ~ 带斗提升机，带式升降机
bucket ~ 斗式提升机，翻斗提升机
bundle ~ 禾捆升运器
cavings ~ 颖糠升运器
cone ~ 锥角式整经滚筒装置
continuous bucket ~ 链斗提升机
conveyer elevator 高炉上料机
cross ~ 横向升运器
direct-plunger ~ 活塞直接驱动升降机
(drag-)flight ~ 刮板式升运器
electric ~ 电梯，电力升降机
electrohydraulic ~ 电液升降机，电液提升机
encase ~ 埋板式提升机
finger type ~ 叉式起重机
free ~ 可移动升降梯
full-width ~ 全幅升运器
grain-and-returns ~ 谷物和种子清选分级机
indoor storage ~ 仓内升运器
initial ~ 第一升运器，（马铃薯收获机的）挖掘升运器
lumber ~ 板材升降机，堆板机，成材堆垛机
main lifting ~ 主升运器，挖掘升运器
mechanical ~ （矿料）升运机
multilevel ~ 多级高度升运器，可调装卸高度的升运器
observation ~ 观光电梯
open-web ~ 条杆带式升运器
package ~ 托架提升机
parking ~ 立体停车场提升装置
platform ~ 收割台升运器
plunger ~ 水力提升机，柱塞提升机
positive-discharge ~ 强制卸载式升运器
primaty (lifting) ~ 第一升运器，（马铃薯收获机的）挖掘升运器
ram ~ 液压升降机
returns ~ 杂穗升运器
sack(er) （散粒物）装袋升运器
screw ~ 螺旋升运器
service-building ~ 建筑用提升机，电梯
side (delivery) 横向升运器，侧卸升运器
slatted-chain 链板式升运器
snapper ~ 玉米摘穗机升运器
soil-extraction ~ （块根）去土升运器
split-leg ~ 分脚式提升机
stacking ~ 堆垛升运器
star ~ 星轮升运器
straw ~ 茎秆升运器
tailings ~ 杂穗升运器
traction type ~ 滑轮式升降机
trailer-loading ~ （收获机的）拖车装载升运器，装载升运器
tray ~ 托架提升机
trowel ~ 刮板式升运器
truck ~ 装车升运器（收获机的）
turnover ~ 倾翻式升运器（升运物升至顶点倾倒出来），木格板回转式升运器，杂穗升运器
twin-chain ~ 双链斗式升运器
undershot ~ 底部输送（链扒式）升运器
unistrand ~ 单列提升机
unloading ~ 卸载升运器
water ~ 提水机，抽水机，水车

elevator-digger 挖掘升运机
eleven-punch 第 11 穿孔位
elevon 升降副翼
Elexal （草酸溶液）铝阳极氧化处理
Elfin 埃尔芬数字管（平面笔画式，气体放电）
eigenvector 特征向量
right ~ 右特征向量
Elgiloy 埃尔基洛伊耐蚀游丝合金
Elianite 高硅耐蚀铁合金
eligible 合格的，适宜的

eliminant 消元式，（消）结式
eliminate ①消除，消去，对消②切断，分离
elimination ①除去，消去，消除，排除②消去法，消元法③切断
~ of unknowns 消元法，未知数消去法
band ~ （频）带阻，带除
carbon ~ 脱碳，去碳
echo ~ 反射信号抑制，消除回波
heat ~ ①热气排除（法）②放热，引走热量
humming ~ 交流声消除
noise ~ 静噪，抑制〔消除〕噪声
pipe ~ （钢锭）除缩孔法
sulfur ~ 脱硫，除硫
transient ~ 瞬变消除
zero ~ 消零（法）
eliminator ①消除器，抑制器，减振器，阻尼器，排出器，阻止器（行程）②分离机③空气净化器④挡水板⑤等效天线⑥带阻滤波器⑦代电池，蓄电池代用器
A ~ 灯丝电源整流器，代甲电池
antenna ~ 假天线，等效天线，天线抑制器
B ~ 屏电源整流器，代乙电池
backlash ~ 齿隙消除器，（螺纹）间隙消除器
battery ~ ①代电池，蓄电池〔电池组〕代用器，等效电池，整流器②备用电源
C ~ 代丙电池
ground noise ~ 原底噪声消除装置
harmonic ~ 谐波消除器，谐波滤波器
hum ~ 交流声抑制器，哼声抑制器
hydrogen ~ 消氢器
interference ~ 干扰抑制器，干扰消除器
metal ~ （磁力）金属杂物分离装置，磁选器
modulation ~ 调制消除器，解调器
moisture ~ 脱水器，干燥器
noise ~ 防噪声装置，噪声消除装置
oil ~ 油分离器，除油器
pipe ~ （冒口）发热剂
radioactive static ~ 辐射静电消除器
skin ~ 去皮机
spike ~ 尖峰脉冲消除器
spray ~ 喷淋净化器
static ~ 静噪〔反干扰〕滤波器，静噪装置，天电干扰消除〔限制〕器
stone ~ 除石机，石块分离机
sway ~ （汽车车身）横向稳定器，侧向摆振减振器
trash ~ 杂质分离器，除杂草残茬机
vapo(u)r ~ 蒸汽分离器
wheelmark ~ 轮迹消除耙
X ~ （X）静电消除器
elint 电子情报
elinvar 埃林瓦尔合金，（恒弹性的热膨胀系数低的）镍铬钢
elinver = elinvar
elion 电致电离
eliquation ①熔化②偏析，熔析
elite 打字机字母尺寸，爱利特
elixiviation 浸滤，浸析，去碱
Elkaloy 埃尔卡洛伊铜合金焊条
Elkonite 钨铜烧结合金（接点，电极材料）
Elkonium 埃尔科尼姆接点合金
elkro 艾尔克拉铬钒钢
ell ①肘管，弯管②角尺，L 形③厄尔（长度单位，1 厄尔 =45in 或 1.143 m）
reducing ~ 异径弯头
ell-beam L 形梁
ellipse ①椭圆，椭圆形②圆盘钉
generating ~ 母椭圆
null ~ 点（零）椭圆
osculating (orbital) ~ 密切（轨道）椭圆
slide valve ~ 椭圆阀图
steam ~ 蒸汽椭圆（斯多托拉圆锥截面）
ellipsis 省略
ellipsograph 椭圆规
ellipsoid 椭圆体，椭面，椭球
ellipsoidal 椭球的，椭圆形的
ellipsometer 偏振（光）椭圆率测量仪，椭圆计
ellipsometry 椭圆对称，椭球测量
elliptic(al) ①椭圆（形）的②（有）省略（处）的
ellipticity 椭圆率，椭圆度
Elmarit 钨铜碳化物烧结刀片合金
Elmilliмess 电动测微仪
Elo 甲酚甲醛塑料（商品名）
elongate 拉长，延长，伸长
elongation ①伸长，延长②伸长率〔度〕③伸长变形④延长线⑤指针的跳动
~ at break 断裂伸长率
extension ~ （由于）拉伸（而产生的）伸长
magnetic ~ 磁（致）伸长
percentage ~ 伸长率
permanent ~ 永久伸长，残余伸长
specific ~ 伸长率，相对伸长
stretch ~ 伸长，拉伸变形
ultimate ~ 极限伸长，断裂伸长
unit ~ 伸长率，单位伸长

yield point ~ 屈服平台，屈服点伸长
elongator 延伸轧机，碾轧机（轧管）
Assel ~ 阿塞尔碾轧机（三辊式轧管机）
eloxal （草酸溶液）铝阳极氧化处理
Elphal （钢带）电泳涂铝
elpidite 钠锆石
else 例外操作
Elsicon 场致发光光导型图像变换器
Elsie ①控制探照灯的雷达站②信件分类和指示电子设备
el-train 高架铁路电气列车
eluant 洗提液，洗脱剂
eluate ①洗出液，流出液，洗提液②洗出，洗脱
elucidation 注〔解〕释，脚注
eluent = eluant
eluotropic 洗脱的
elute ①洗脱，流出②流出物
elution 洗提，流出，洗涤，洗净
constant composition ~ 恒溶剂成分洗脱(法)
elutriant 洗脱液
elutriate 淘洗〔析，选，净，分〕，洗涤〔提，矿，净〕，净化
elutriation ①淘洗，淘析，洗脱，沉降分选，洗涤，洗砂②湿法分选，空气分选器
dry ~ 干淘（洗），空气选粒
elutriator ①淘析器，洗砂机，沉淀池，分离器②空气分选器③含泥量测定仪
Cooke ~ 库克型淘析器
wet ~ 水析器
Elverite 耐蚀铸铁(A:w(C)3% ~ 5%,w(Mn) 0.35%,w(Si)0.25%;B:w(C)3% ~ 3.5%, w(Cr)1% ~ 1.8%,w(Mn)3.75% ~ 4.75%, w(Si)0.25% ~ 1%)
elwotite 硬钨合金（w（W）≤ 30%）
em （西文铅字）全身，他们
emagram 埃玛图，气压温度图，温压热力学图
e-mail 电子邮件
Eman 埃曼（大气中氡含量的放射单位，1 埃曼 = 10^{-10}Ci/L）
emanation ①放〔发，辐〕射②射气③离析，析出，分离
actinium ~ 锕射气
compromising ~ 泄漏辐射
radium ~ 镭射气，氡（Rn^{222}）
emanator ①辐射器，辐射源②射气测量计，埃曼测量计③测氡仪
emanium 射气（Em）
emanon = emanium
embarcation = embarkation
embargo 禁运，没收
embarkation ①装船②装载（物）
embed ①装〔入，插，嵌〕入②埋置
embedability 压入性，挤入性
embedding 灌封，嵌入
invariant ~ 不变嵌入法
object linkage and ~ 对象链接与嵌入
self ~ 自嵌入
embedibility 镶嵌性（摩擦面上埋入硬质微粒的性能）
embedment 安置，埋置，埋入
emblazon 纹饰
emblem ①标志，标记，符号②象征，典型③商标，厂牌
embodiment ①具体设备，具体装置（常见于专利中）②具体化，具体表现
preferred ~ 最优〔佳〕方案
embody ①具体化，具体表现，体现②包括有，包含有，概括，收录③配备，连接，接合，补充
embolus 插入物，楔，栓（塞），活塞
emboss 压花，压印，浮雕
embosser 压纹机，压花机，印纹轧光机
embosser 压花机（成革表面压花）
embossing 凹凸轧花，浮雕印花，拷花，压花
embossment ①凸起，凸出②压（印）纹，压花，模压加工
embouchure 口（送话器的），炮口，（管乐）吹嘴
embow 弯成弧形，使成弓状
embrace ①包含，包括②掌握，接受
deadly ~ 死锁，僵局
double ~ 双抱（用钢带制动鼓的）
pole ~ ①极弧空间范围②极弧系数
embranchment 支流，分支机构
embrasure 喷口，喷燃器旋口，内宽外窄的开口
embrittlement 脆化，脆变，具有脆性
grain ~ 穿晶脆化
hydrogen ~ 氢脆
liquid metal ~ 液态金属致脆
solder ~ 焊料渗入致脆
embrittling 脆化
embroidery ①(仪器自动插记的)曲线弯曲度，②绣花，装饰
motor ~ 电动绣花

embryo 晶芽，晶核
emerald 翡翠，绿宝石，绿玉
oriental ~ 绿刚玉
emerge ①显露，出现②排出，出射
emergence ①紧急情况，事故②应急的，备用的③显露，出现，发生
emergency ①紧急情况，事故②紧急，应急，备用③应急的，备用的
emergent ①紧急的，应急的②发出的，输出的，出射的③自然发生的
emery 金刚砂，刚玉（粉）
Naxas ~ （天然）刚玉
steel ~ 钢砂
emery-off 用金刚砂磨去
emerywheel （金刚）砂轮
E-metal 锌铝合金
eminence 高地，制高点
emission ①发射，放射，辐射，传播，析出，放出②电子发射率③排放物
acoustic ~ ①声发射，声辐射②声致疲劳
auto ~ 汽车排气
bio-photon ~ 生物体的超弱发光
brake specific HC ~ （汽车）制动功率比碳氢化合物排放量
brake specific NO_x ~ （汽车）制动功率比氮氧化物排放量
brake specific sulfate ~ （汽车）制动功率比硫化物排放量
cold ~ 冷发射，场致（电）发射
dust ~ 飞灰排出（量）
edge ~ 边缘发射
exoelectron ~ 外激电子发射
extraneous ~ 无关发射
field ~ 场致〔静电〕发射
film ~ 薄膜型发射
heat ~ ①传〔散，放〕热②热（量）发射③热辐射④热气放射
heater ~ 热丝极发射
high-field ~ 场致发射
hot-electron ~ 内场〔场激〕热电子发射
idle ~ 发动机怠速状态的污染物
initial cathode ~ 阴极起始发射
light ~ 光放射，光辐射
low ~ 弱放射
luminous ~ 发（荧）光，光辐射
optoelectron ~ 光致电子发射
photo-field ~ 场致光电发射，光电自发射
primary ~ 原〔一次，初级〕发射
pulse(d) ~ 脉动发射
Schottky ~ 肖特基发射（散粒发射）
secondary ~ 二次发射
side ~ 旁放射，杂散放射
specific ~ 发射率，放射率
spontaneous ~ 自发发射
spurious ~ 乱真发射
stimulated ~ 受激发射（激光加工）
stray ~ 寄生发射，杂散发射
thermionic ~ 热电子发射
volume ~ 容积发射，体积发射
emission-spectrometer 发射分光计
emissive 发射的，放射的
emissivity ①发射率，辐射系数②发射能力，辐射能力③黑度
cavity ~ ①气体容积辐射，空腔辐射②容积辐射率
luminous ~ 发光率
radiant ~ ①辐射率②辐射系数
spectral ~ 光谱发射率，频谱发射率
emit ①放射，发射②放出，逸出
emitron 电子摄像管，光电摄像管
cathode potential stabilized ~ 阴极稳压摄像管
CPS ~ （高灵敏度的，阴极电位稳定的）正析像管
midget super ~ 小型超光电摄像管，小型移像光电摄像管
super ~ 超光电摄像管
emittance 放〔发，辐〕射，发射强度，发射密度
luminous ~ 发光度
radiant ~ 辐射率，发射率，辐射能流〔照射通量〕密度，辐射（通量密）度
emitter ①发射体，放射体，辐射体，放射源，辐射源②发射极
bright ~ 白炽热发射电子管，高能热离子管（于 2 600 K 时放射电子），白炽灯丝
character ~ 字符扫描发生器，字符脉冲发生器
common ~ (arrangement) 共发射极（装置）
digit ~ 数字〔脉冲〕发送器
grounded ~ 接地发射极
half-time ~ 半脉冲发送器，中间发射器（穿孔卡片的）
lasing light ~ ①激光源，激光发射体②相干光源
light activated negative resistance ~ 拉纳〔光激发负阻〕发射体

link ~ 环形发射极
pulse ~ 脉冲发射器
reregistered ~ （再）对位发射极
shorted ~ 短路发射极
emitter-follower （发）射极输出器〔跟随器〕
emma 声频信号雷达站
emmagee 机关枪
emmetropia 屈光正常，正常眼
emollescence 软化作用
emolliate 软化，使柔软
emollient 软化剂，润滑剂
emolsifier 乳化剂
emolument 津贴，酬金，工资
e-money （=electronic money）电子货币，网币
e-monitor 电子监视器
empennage 尾部，尾翼
emperor 大幅图纸（美式：40 ~ 60in，合 1.016 ~ 1.524 m；英式：48 ~ 72in，合 1.219 2 ~ 1.828 8 m）
emphasis 加重，加强
post ~ 后加重
emphasizer 加重器，加重电路，频率校正电路
empire ①电绝缘漆②绝缘③支配
empiric(al) （根据）经验的，实验（上）的，以实验为根据〔基础〕的
emplacement 安置，定位，指定一定位置
drying ~ 无水冷起动装置
employee 雇员，雇工，受雇者
blue-collar ~ 蓝领工人
employer 雇主，雇用者
employment （使，雇）用，就业，职业，工作，服〔业，职〕务
empower 授权
empretron 汞弧离子管（在 kHz 范围工作）
emptier ①卸载器，卸粮器②倒空装置，槽车，清洁车
bin ~ 毛仓喂毛机
gulley ~ 排空式油槽车
empty ①空箱，空（矿）车，空袋，空车皮，皮重②空的，无载的③放空，卸空，抽空，使…空出来
run(ning) ~ 空转
store ~ 存储器空
weight ~ 空重，净重
emptying 放空，排净，倾尽
emulate 赶上，模拟
emulation 竞赛〔争〕，模仿〔拟〕，仿真〔效〕
in-circuit ~ 线路内仿真
integrated ~ 集中仿效
emulator ①仿真器，仿效器②仿真程序，仿效程序
in-circuit ~ 内电路仿真程序
relocatable ~ 可再定位的仿效器
ROM ~ 只读存储器仿真程序；只读存储器仿真器
stand-alone ~ 独立仿真程序
emulgator ①乳化器②乳化剂
emulphor 乳化剂
emulsibility 乳化性
emulsicool 乳浊状油（切削液）
emulsifiability 乳化度（性）
emulsifiable 可乳化的（油）
emulsification 乳化（作用）
emulsifier ①乳化器②乳化剂
emulsify(ing) 使成乳剂〔乳状液〕，使乳化
emulsion 乳状〔化，冲，浊〕液，乳胶，乳剂
oil water ~ 乳化液
rust preventive ~ 乳化型缓蚀油
rust-preventing ~ 缓蚀乳液〔剂〕
sensitive ~ 感光乳剂
silver halide ~ 卤化银照相乳剂
soap ~ 皂质乳液
soluble oil ~ 溶性油质乳胶（切削用的润滑冷却液）
stripped ~ 脱基乳胶
super fine-grain ~ 超微粒乳剂
water-in-oil ~ 油包水乳化液
emulsoid 乳胶体
emulsor 乳化器，乳化剂
enable ①使能够，使实现②赋能，起〔启〕动，恢复操作③撤销禁止门的禁止信号，使“与”门开通赋能
enablement 允许，起动，实现
data ~ 允许数据
time ~ 允许时间
enabler 使能器
enamel ①搪瓷，珐琅，磁漆，釉②上釉
artistic ~ 艺术搪瓷
cast iron ~ 铸铁搪瓷
domestic ~ 日用搪瓷
glass ~ 玻璃搪瓷，透明釉，珐琅
lacquer ~ 磁漆，珐琅
luminescent ~ 发光珐琅
painted ~ 绘画珐琅
porcelain ~ 搪瓷
raised style ~ 凹凸珐琅

self cleaning ~ 自洁搪瓷
vitreous ~ 釉瓷，搪瓷，珐琅，玻璃磁漆
vitrified ~ 搪瓷
enamel(l)ed 搪瓷的，涂珐琅的，涂漆的，漆包的
enamel(l)ing 上釉
enamelware 搪瓷器皿
enantiomer 对映体，对映异构物
enantiomorph （左右）对形体，（左右）对映体
enantiomorphism （左右）对形性，对映异构现象
enantiotropic 双（互）变性的，对映性的
enantiotropy 对映（异构）现象，互变（现象）
enblock ①单体，单块，整体②整铸的③滑车的
cast ~ 整体铸造
encapsulant 密封物质，密封剂
encapsulate 密封，密闭，包胶
encapsulation 密封，灌封，封装，封闭
final ~ 封口
IP ~ IP 封装
encase 嵌入，安装模板，用板包盖上，放在套内，装箱，包装
encasement ①箱〔套，袋〕子，壳层，机壳，外壳膜，包皮，外壳②装箱，包装
encasing ①外壳，覆板，覆面，模板，外模②罩子，套子③（锅炉的）墙皮
lead ~ of hose 软管铅接合（缝）
enchainment ①匹配连接②抓住，束缚
ench(e)iridion 手册，便览，袖珍本
encipher(ing) ①编码②译成密码
encipherment 密码化
encipheror 编码器
encircle 围绕，环绕，绕…旋转，合围，两翼包围
encirclement 包围
encircling ①链接的（例如磁通）②包围的，环绕的
enclave 包体
enclose ①围起，封闭，包装，密封②转入
enclosed ①（外壳）包围的②封进的③关闭的
encloser 外壳，罩壳
enclosure ①围绕，包围，包体，围绕物，围封②外壳，盒子，管壳，机壳，包壳，排烟罩③腔，室④护栏⑤夹渣，夹杂物，附件⑥防护方式（电机的）⑦封入，封闭
acoustic resistance ~ 声阻式（扬声器）箱
bass reflex ~ 倒相式（扬声器）箱
closed ~ 密闭匣，封闭式（扬声器）箱
desk-top ~ 箱顶封装（微计算机组装方式）
drone cone ~ 空纸盆式（扬声器）箱
flameproof ~ 防爆外壳，防爆机座
horn-type ~ 号筒式（扬声器）箱
hose-proof ~ （冲洗时水不会溅入的）防溅渗外壳，防水型外壳，防水型机座
involving ~ 外罩
light-proof ~ 暗箱，防光暗箱
loudspeaker ~ 音箱
protective ~ 屏蔽室
reflex ~ 反音箱，倒相式（扬声器）箱
salg ~ 夹渣
shielded ~ 屏蔽室
solid ~ 不透气外壳
twisted ~ 曲径式（扬声器）箱
vented ~ 敞开式（扬声器）箱
encode ①编码，构码②代码化
interframe ~ 帧间编码
encoder 编码器，编码装置；编码员
channel ~ 信道编码器
Chinese character ~ 汉字编码器
colo(u)r ~ 彩色编码器（彩色电视信号系统的编码器）
command ~ 命令编码器
condensing ~ 压缩编码器
CRT spatial ~ 阴极射线管编码器
data ~ 数据编码器
digitizing ~ 数字化编码器
electromechanical ~ 机电式解码器
Gray ~ 葛莱（编）码盘
incremental ~ 增量编码器
matrix ~ 矩阵（式）编码器
optical ~ 光编码器
photo ~ 光电编码装置
pulse ~ 脉冲编码器
quantizing ~ 数字转换器
rotary ~ 滚压〔回转式〕扩管机
shaft ~ ①轴（端）编码盘（确定 NC 机械和机器人的位置，亦可用作伺服元件）②计数鼓
source ~ 信源编码器
stereo phonic ~ 立体声编码器
video ~ 视频编码器
encoding 编码
ambiguous ~ 模糊编码
binary ~ 二进制编码
bit ~ 位编码
bit-plane ~ 位平面编码（图像处理）

block ~ 分组编码
channel ~ 信道编码
compressed ~ 压缩编码
information ~ 信息编码
line ~ 线路编码
phase alternating line ~ 逐行倒相编码
photon ~ 光子编码
receiving ~ 接收端编码
reversible ~ 可逆编码
run-length limited ~ 游长受限编码
sequential ~ 序贯编码
space ~ 空间编码
time ~ 时间编码
uniform ~ 均匀编码，线性编码
variable-length ~ 变长编码

encompassment 包含，包围，拥有，完成

encounter ①碰撞②碰见，遭遇
Coulomb ~ 库仑相互作用
photoelectric ~ 光电效应，光电碰撞

encroachment 侵蚀

encrustation 结壳，形成皮壳，外皮层，生硬垢壳

encrust(ment) 结壳，形成皮壳，外皮层，结垢

encrypt 加密

encrypter 加密机
asynchronous data link ~ 异步数据链路加密机
data ~ 数据加密机
link ~ 链路加密机
messag ~ 消息加密机，报文加密机

encrypting 加密

encryption ①编密码②加密
automatic file ~ 自动文件加密
cell ~ 信元加密
digjtaJ signature ~ 数字签名加密
file ~ 文件加密
line ~ 链路加密，线路加密
personal identification number ~ 个人识别号加密

encryptor = encrypter

encyclop(a)edia 百科全书
methodical ~ 分类百科全书

end ①端，末端，终端，端面，端线，边缘，界限，端点，极限，尖端②终结〔止，点〕，最后，结束，结果，完成③目的，目标④（程序）终点指示用语
~ for ~ 颠倒，相反
~ of block 字组结束，块结束，程序段结束
~ of horizontal blanking 行消隐终端，行消隐后沿
~ of line 行结束
~ of medium “记录媒体终端”字符，“记录机构终端”字符
~ of ribbon 色带到头
~ of thread 螺纹退刀扣，螺纹末端空刀
~ of volume 存储媒体结束
~ on 一端向前地，正对着
~ up ①竖立②结束
abutting ~ 相邻线端
after ~ 尾部
air ~ 气窗，通风口
arc ~ 引弧端
armature ~ ①衔铁端②磁舌端
axle stub ~ 轴颈，轴连杆端
back ~ 后端，尾端
bare terminal ~ （焊条的）夹持端
bevel ~ 坡口加工端
big ~ 连杆大头，连杆曲柄头
blind ~ 封闭端
block ~ 分程序结束
boiler ~ 锅炉封关
brush ~ 电刷端面
butt ~ 平头部，平头端，粗端
cable sealing ~ 电缆密封端
cap ~ （单活塞杆液压缸的带活塞杆一侧的）缸端盖
capped ~ 加帽端（电缆）
casing ~ 端盖（电机的）
cathode ~ 阴极引出端
chamber front ~ 燃烧室前端
channel ~ 通道传输结束
charging ~ （压）装料端
closed ~ 封口（式）
cold ~ ①冷端②（致偏线圈）低电位端
collar ~ 轴环端（将轴挂在钩上的）
crop ~ 切头，切尾
crosshead ~ 十字头端，小头
cutting ~ 切削刃
cylinder ~ （气）缸底，（气）缸头
dead ~ ①（管子等）闭塞的一头②终〔闭，空〕端③终点④吸声墙
delivery ~ ①出口端（轧机的），卸料端②输出端
discharge ~ 出料端，放出端
double ~ 双端引线（器件的）
downstream ~ 输出人（套）管

drive ~ 主动端，驱动端
driven ~ 从动端
drum ~ 锅筒封头
eduction ~ 引出端
egg ~ 半球形末端板，半球形底板
entering ~ 进口，入口
exciter ~ 励（磁机）端
expansion ~ 活动端，可伸缩端
eye ~ 有眼端
feed ~ ①进料端②加料面，加料和卸料位置
fire ~ 火端，热端
fish-tail ~ （轧针的）鱼尾端
foot ~ 尾部
fork ~ 叉端，凸耳
free ~ 自由端，（悬）空端，活动端
front ~ ①前端②（超外差接收机）高频端（电视接收机的）调谐器，调谐设备
gas ~ 煤气口端墙，煤气喷出口（平炉）
grip ~ （机械手）握物端，抓柄
groove ~ 坡口端
head ~ ①头端，头部②负载〔缸底，活塞头〕端
hot ~ ①高电位端，热端②热接点
ignorant ~ of tape 钢卷尺的活动端
ingot crop ~ 锭截头，冒口部分
inner ~ 小端，内端
keyed ~ 锁定端，锁定点
knuckle ~ 转向节臂接头（叉子）
lead(ing) ~ （轧件的）头部，前端（成卷带材的）
leading-out ~ 引出端
leakage ~ 漏磁端
least significant ~ 最低端，最末端
line ~ （出）线端
live ~ ①有电端，加电压端，有效端②（交）混（回）响壁
loop ~ 循环结束
master ~ （仿效机械手的）主动侧
no-go ~ （塞规）止端
nose ~ ①孔端，管口端②（司机棚）凸头
open ~ 开口端
outer ~ 大端，外端
physical ~ 实际结束
pin ~ 销接端，铰接端
piped ~ （钢锭的）收缩头
pointed ~ ①尖端，顶端，尖头②波峰
port ~ 喷出口端墙（平炉）
power ~ 电力端
pull ~ 柄部
pusher ~ 推焦机侧
receiving ~ 接收端，受电端
retriever ~ 补正器端
reverse ~ for ~ 调头，转 180°
roller ~ ①辊端，可移动端②端部带滚柱的
rounded ~ （油槽的）球面底，回转端，圆头
scrap ~ 切头，切尾
sealing ~ 封端，封口，电缆封头，电缆封端，焊接端
seizing ~ 捆头（钢丝绳的）
sending ~ 发送端，发信端，输电端
serrated ~ 收缩端（管的）
single ~ 单端，单向（引线）
slave ~ （仿效机械手的）从动侧
socket ~ 承端，窝接口大端
soft ~ ①开口端②活动端
split ~ 劈头（轧材缺陷）
split lever ~ 叉式杆端
stopper ~ （柱）塞头
strap and key ~ 叉端，叉头（连杆的）
striking ~ 焊条引弧端
strip ~ 成卷带材的端头
stub ~ 连杆端，焊条的裸尾
tail ~ 尾，尾端，末尾，筛尾
tapered ~ 锁头（钢丝绳端部经搓捻变细而保持不松开）
tenon ~ 梅花头（轧辊的）
terminal ~ 终端，线端
tie rod ~ ①（汽车）转向横拉杆球铰接头②系杆端头
time slice ~ 时间片端
toe ~ 内端端面
tool ~ 刀尖
tooth ~ 齿顶点
top ~ （钢锭的）头部（切除的废弃部分）
union swivel ~ 联管节旋转端，旋转联管节
universal ~ 万向联轴器轴的铰接头
upset ~ ①螺旋轴端，法兰形端部②镦粗一端
upstream ~ 输入（套）管
variable short ~ 可变短路器
waste ~ 废棉纱头
wrist-pin ~ 连杆小端
yoke ~ 杠杆叉，轭尾，轭端
zero ~ 零点

endamage 使损坏

end-around （首尾）循环的

end-around-shift-register 循环移位寄存器，循环寄存器
end-bracket ①端部支架②端盖（小型电机的）③轴承座
endcap 端帽
rotor ~ 转子端帽，转子护环
end-condition 终点条件
end-cover 端壳〔罩〕
end-effector 末端作用器〔执行器〕
end-facing 端铣平面
end-fatigue 边缘疲劳
end-feed 端部馈电〔给风，进风〕
endfile 文件结束，外存结束
end-finish 端面粗糙度
end-frame 端盖〔罩，架，框〕
ending ①终端，镶边②端接法③旋端面④终端设备⑤末期⑥终了，结束，终止
endlap 航向重叠
endless ①无尽的，无限的，无穷的②环状的，无端的，无缝环圈，无接头环带
endmatcher 端接机
endodyne ①自差，自差（法）②自差接收机
endoenergic 收能的，吸热的
end-of-medium 介质终端的，信息终端的
end-of-message 信息终点的，通报终了的
endogenetic 内成〔因，生〕的
endogenous 内成〔因，生〕的
endomomental ①脉冲吸收的②瞬时吸收的
end-on 端头相对〔向前，对准〕的
endoradiosonde 内腔 x 光检测器
endorsement （支票等）背书
endorser ①印记签署（磁墨水阅读器用）②（支票等）背书人
endoscope ①检查照相工具（对机器及设备中较远的零部件），铸件内表面检查仪②管装仪器，内（诊）窥镜，内腔镜
electronic ~ 电子内窥镜
nasopharyngeal ~ 鼻咽镜
endoscopy 内诊镜检查，铸件内表面检查
endosmometer 内渗计
endosmose = endosmosis
endosmosis 内渗（透）现象
endothermal = endothermic
endothermic 吸热〔能〕的，吸热反应的，内热的
end-piece 端片
end-plate 端板，蓄电池的侧板
jewel(l)ed ~ 托钻
end-play 轴向间隙，端部窜动，轴端游动，端隙
endpoint 终端
endshake 心轴旋转支承位置，轴向间隙
endsocket 钢丝绳封头，端头
endstone ①托钻②推力宝石轴承
end-to-end 衔接(的),首尾相连(的),不断(的)
endurance ①忍耐，耐久（性），强度，耐用度，抗磨度，耐疲劳度，寿命②持续时间，续航时间，续航力，自持力，持续性，持续，稳定性
folding ~ 耐折性
hovering ~ 悬停持续时间（直升机）
voltage ~ （电机绝缘）耐压（特性）
endurancing 耐久性试验
enduring 耐久的，耐用的，耐磨的
Enduro 铬锰镍硅合金，镍铬系耐蚀耐热钢
Enduron 铬锰耐热铸铁（*w*（C）2.2%，*w*（Si）1.5%，*w*（Mn）1.5%，*w*（Cr）16.5，其余 Fe）
end-wastage 残头废料
endways ①末端向前，末端朝上，直立，竖②首尾相连③在末端
end-window 端窗式
endwise = endways
energetic （高）能的，有力的
energetics 力能学，动能学，动力学，动力工程，动力技术
energisation = energization
energise = energize
energization ①激发〔励〕，励磁②增能，供能③使通〔带〕电
energize ①激发〔励〕，励磁，激〔引〕起，供（给）能（量），增能，施力②加强③使…通电，使带电
self ~ 自行增力（作用）
energizer ①增能器〔剂〕，激发器，活化剂，催化剂②渗碳催渗〔促媒〕剂③（尿素树脂）固化剂
energizing 强化作用，增力作用，增力，助力，加力，加强，激励，刺激
energon 能子
energy ①能，能量②能力，活动力
~ of motion 动能，运动能量
~ of position 位能，势能
absorbed-in-fracture ~ 冲击韧性〔强度〕，冲击功，弹能
activation ~ 激活能
active ~ 有功电能

antenna ~ 天线功率，天线（辐射）能量
atomic ~ 原子能，核能
bind(ing) ~ 结合能
bond ~ 键能
break-up ~ （原子核）分裂能
carrier ~ 载流子能量，载波能量
cohesive ~ 内聚能
creep activation ~ 蠕变激活能
crystal lattice ~ 晶格能
cut-off ~ 截止能量，门限能量
delayed ~ 剩余能
dislocation ~ 位错能量
dissipation ~ 离解能（量）
distortion ~ 应变能
drag ~ 阻力能
dump ~ 剩余能量，剩余电量，储存能量，抛弃能量
elastic ~ 弹性能
electric(al) ~ 电能
end-point ~ 极限能量
field ~ 场能
generated ~ 发电量
grain boundary ~ 晶界能
gravitational ~ 位能，重力能
heat ~ 热能
homogeneous radiant ~ 单色辐射能
impact ~ 冲击能量
intake ~ 进口处全能，进口能
interface free ~ 界面自由能
internal ~ 内能
kinetic ~ 动能
latent ~ ①位能，势能②潜热
leaving ~ 出口能量
luminous ~ 光能
machine-made ~ 加速器束流能量
maneuver ~ 机动能，操纵能
mechanical ~ 机械能
median ~ 平均能量
off-peak ~ 非峰值电能量
ordering ~ （有）序（化）能
partial molar free ~ 偏摩尔自由能
phase transition ~ ①相变能（量）②临界能（量）
potential ~ 位能，势能
primary ~ ①原始能量②原粒子能量③一次能
prime ~ 一次能源，原始能源
propagation ~ （裂纹）扩展能量
proper ~ 原能
reactive ~ 无功电能
reduced ~ 折合能量
reserved ~ 备用能
resilient ~ 回弹能
rest ~ 静能，剩余能量
scaled ~ 换算能量，折合能量
secondary ~ 不定时电能，辅助电能
shelf ~ 架能，“高源”能（即最大的延性冲击能）
sideband ~ 边带能量
slip ~ 转差能量
specific ~ 比能，能量密度
stacking fault ~ 层错能
stagnation ~ 滞止能
static ~ 静（态）能，位能，势能
strain ~ 应变能，变形能
sublimation ~ 升华能
surface ~ 表面能
transition ~ 转变能，跃迁能，临界能
translational ~ ①平移能，平动能量，直线运动能量②进动能量
transmitted ~ 透射能
unavailable ~ 无用能
variational free ~ 变分自由能
wall ~ 畴壁能
Wigner ~ 韦格纳能量（原子位能）

energy-absorbing 能量吸收
energy-delivering 传送能量，能量传送的
energymeter 累积式瓦特计
energy-valley 能谷
enforcement ①实施，执行②强迫
engage ①啮合，接合②着手，参加③占线（电话）④约定，保证
Engage 进刀（在进行数控加工过程中，软件创建的运动形式）
engaged ①接合的，啮合的②在使用中，占线（电话）
engagement ①接合，啮合②约定，约束
feed ~ 每齿进给量
hand ~ 手力接合（切削零件）
meshing ~ 啮合
tip ~ 极尖插入度
working ~ 端铣时工件被切部分宽度（柱铣时为切削深度）
engager 接合器，衔接器
engine ①发动机，引擎②机械，机器，工具
~ checkout system 发动机检验系统

~ in situ　原位发动机，底盘发动机
~ off　发动机停车，停机
~ on　发动机开车
abort ~　失事应急发动机
aerial ~　航空发动机
aerojet ~　空气喷气发动机，喷气飞机发动机
aft(-)fan ~　后风扇式涡轮发动机
air ~　空气发动机，闭循环燃气轮机
air cooled ~　风冷内燃机
air-breathing ~　空气喷气发动机
air-cell ~　（空）气室发动机
airless injection ~　无气喷射柴油机，机械喷射柴油机
airscrew ~　螺旋桨发动机
altitude ~　高空发动机
analytical ~　解析机，分析机（早期的机械通用数字计算机）
aspin ~　竖置转阀发动机
augmented jet ~　内外函式喷气发动机（有加力燃烧室）
automatic ~ test system　发动机自动测试系统
automobile ~　汽车用内燃机
automotive Stirling ~　汽车用斯特林发动机
automotive ~　汽车发动机
back-pressure (steam) ~　背压蒸汽机
bare ~　无辅助设备发动机
beam ~　（蒸汽机）横梁发动机
beating ~　打浆机
binary ~　双元（燃料）发动机
birotary ~　（两轴反向旋转的）双转子发动机，差动式发动机
blast ~　送风机，鼓风机
blower cooled ~　风冷式发动机
blowing ~　通风机，鼓风机
boost(er) ~　加速发动机，助推发动机，加速机组
boxer ~　气缸（卧式）对置的发动机
broad-arrow ~　W 形发动机（气缸排成三列的发动机）
by-pass ~　双路式涡轮喷气发动机，内外涵式（涡轮喷气）发动机
caloric ~　热机，热力发动机
camshaft in head ~　顶置凸轮轴式发动机
capstan ~　卷扬机，起锚机
carbureted ~　化油器式发动机，汽油机
carburetor ~　化油器式内燃机，化油器式发动机，汽油机
carding ~　刷毛机，梳毛器，梳棉机，粗梳机
CFR ~　可变压缩比试验燃油辛烷值或十六烷值的单缸试验机
chemical ~　（区别于核燃料的）普通燃料发动机
CI ~　压燃式发动机
cluster ~　发动机组
coal dust ~　煤粉发动机
coaxial plasma ~　同轴等离子体发动机
cogging ~　开坯（机）原动机
compound ~　复合式发动机
compound steam ~　复式蒸汽机
compressed air ~　以压缩空气驱动的发动机
compression ignition ~　压燃式发动机
compressorless ~　无空气压缩机式空气喷气发动机
computing ~　计算机械，计算机
construction ~　工程机车
continuous ~　连续燃烧式发动机
control ~　控制器
convertible gas ~　可转换煤气（内燃）机
coordinated microprocessor ~ control　发动机微处理机协调（非集中）控制
counterflow ~　逆流蒸汽机
coupled ~　成对发动机（同一汽车上装置两台发动机）
crankcase scavenged ~　曲轴箱扫气二冲程发动机
crankshaft(-type) ~　活塞式发动机
cross compound blowing ~　复式鼓风机
crosshead ~　①带滑块的发动机②十字头式内燃机
crude oil ~　柴油机，原油发动机
cruising ~　①巡航飞行发动机，主发动机②巡航机组
crushing ~　破碎机，轧石机
deflected-thrust ~　推力变向发动机
diamond-type diesel ~　菱形柴油机
diesel ~　柴油（发动）机，狄赛尔发动机
difference ~　差分机
differential ~　（两轴反向旋转的）双转子发动机，差动式发动机
direct injection ~　直（接）喷（射式）柴油机
direct injection diesel ~　直喷式柴油机
direct injection gasoline ~　直接喷射式汽油机
disk ~　回旋汽机
divided-chamber ~　分隔式燃烧室柴油机
dividing ~　刻度机
donkey ~　①辅助发动机，小汽机，副（汽）

车，辅助机车②绞车〔盘〕，卷扬机
door ~ 自动关门机，门动力控制机构
double V ~ W 形发动机
double-bank radial ~ 双排星形发动机
double-flow ~ 内外涵（涡轮喷气）发动机
draft ~ 排水机
dry-fuel ~ 固体燃料发动机
dual ~ 双联发动机
dual-fuel ~ 柴油煤气机，双燃料发动机
duoplasmatron-type ion ~ 双等离子管式离子发动机
electrostatic ~ 静电发动机，离子发动机
emergency ~ 备用发动机，应急发动机，救急机车，紧急备用机
escape ~ 分离发动机
expansion ~ 膨胀式（致冷）发动机
explosion ~ 爆燃式内燃机，爆燃式发动机
explosive ~ 爆燃内燃机
external ~ 外置发动机
external-burning ~ 外燃发动机
external-combustion ~ 外燃机
extraction (steam) ~ 抽汽式蒸汽机
field ~ 移动式农用发动机
filling ~ ①装料机②切棉机（指绢纺、苎麻纺）
fire ~ 救火车
flat ~ 卧式发动机
flat twin ~ 平列双排发动机
floor ~ （汽车用）扁平型发动机，卧式内燃机（气缸中心线平行于水平面，通常安装在底 板下）
forced induction ~ 增压发动机
forward fan ~ 前风扇发动机
four-cycle ~ 四冲程发动机
four-stroke internal combustion ~ 四冲程内燃机
free-piston ~ 自由活塞发动机
frequency-deviation ~ 非增压发动机，自然吸气发动机
fuel injection ~ ①压燃式发动机（柴油机）②汽油喷射式发动机（汽油机）
gas (power) ~ 燃气发动机，煤气机
gas vacuum ~ 真空发动机
gas-blowing ~ 瓦斯送风机（煤气发动机带动的送风机），煤气鼓风机
gas-diesel ~ 柴油煤气发动机
gasoline ~ 汽油发动机
gasoline injection ~ 汽油喷射发动机
gimbaled ~ 换向发动机（火箭和卫星用）
gimbaled rocket ~ 万向架固定式定向火箭发动机
goods ~ 货运机车
GTD-350 ~ GTD-350 发动机
hashing ~ 散列法引擎
hauling ~ ①牵动机②牵引机车③卷扬机
heat ~ 热（力）机，热力发动机
helper ~ 辅助机车，补机
Hesselman ~ 赫塞尔曼发动机（燃料喷射火花点火式多种燃料发动机）
high-output ~ 大功率发动机
hoist(ing) ~ ①起重机，提升机②起重发动机
hopped-up ~ 强力发动机，加力式发电机
hot surface-ignition ~ 热球柴油机
hot-air ~ 热气机（一种外燃的闭式循环往复活塞式热力发动机）
hot-bulb ~ 热球发动机
hydrogen ~ 氢发动机
hydromagnetic ~ 磁流体动力发动机
I-head ~ 顶置气门发动机，I 形头发动机
impulse duct ~ 脉动式空气喷气发动机
in line four cylinder ~ 四缸直列发动机
indirect-injection ~ 分隔式燃烧室柴油机
injection oil ~ 喷（重）油发动机
injection type ~ 喷油式（柴油）发动机
in-line ~ 单列气缸发动机，直列式发动机
internal combustion ~ 内燃机
inverted ~ 倒缸发动机
ion ~ 离子发动机
jack ~ 辅助发动机
knight ~ 套筒气门式发动机
knock-test ~ 爆燃试验机，辛烷值试验机
land-based gas turbine ~ 固定式燃气轮机
laterally inclined ~ 横置发动机
lean-bum ~ 稀燃发动机
light (duty) ~ 轻型发动机，未挂列车的机车
liquefied petroleum gas ~ 液化石油气发动机
locomotive ~ 机车，火车头
low emission ~ 低排放发动机
marine ~ 船用发动机，轮机
marine ~ 船用柴油机
marine gasoline ~ 船用汽油机
methanol ~ 甲醇发动机
mid ~ 中置发动机
midship ~ （船）中置式发动机
mill ~ 压榨机，压轧机
modulated displacement ~ 可变排量发动机

multibank ~ 多列式发动机
multicoordinate measuring ~ 多坐标测量机
multicrank ~ 多缸复胀式发动机（蒸汽机）
multi-cylinder ergine 多缸内燃机
natural gas ~ 天然气发动机
non-condensing steam ~ 不凝结蒸汽机，背压式蒸汽机
nondiesel ~ 化油器式发动机，非柴油机
non-polluting ~ 无污染发动机
nonsupercharged ~ 非增压发动机
normally aspirated ~ 非增压发动机
nuclear ~ 核发动机
nuclear heat ~ 热核火箭发动机
nuclear photon rocket ~ 核电光子火箭发动机
nuclear plasma rocket ~ 核电等离子火箭发动机
nuclear ramjet ~ 核冲压式空气喷气发动机
oil ~ 柴油机，内燃机
oil-electric ~ 柴油式发电机
omnivorous ~ 多种燃料发动机
one-spool ~ 单转子发动机，单路式发动机，单路式涡轮发动机
operating ~ 运算器
opposed ~ 对置式内燃机
opposed-cylinder ~ 气缸对置内燃机
opposed-piston ~ 对置活塞内燃机
ordinary filling ~ 大切机（麻、绢加工用）
ordnance ~ 军用发动机
Otto (cycle) ~ 奥图循环发动机，等〔定〕容循环发动机
outboard ~ 舷外挂机
outer-space ~ 航天发动机
overhead valve ~ 顶置气门式发动机
oversquare ~ 超宽发动机（气缸直径超过活塞行程的发动机）
pancake ~ 水平对置式发动机
petrol ~ 汽油机
Petter ~ 彼得发动机（润滑油评价用）
pilot ~ 辅助发动机，起动发动机
piston reciprocate ~ 活塞式发动机
pivoted ~ 枢轴支承发动机
pony ~ 小火车头
port ~ 滑阀配气蒸汽机
port scavenged ~ 气口扫气发动机（二冲程发动机）
prechamber diesel ~ 预燃式柴油机
production ~ 成批生产〔标准生产，正常系列〕发动机
propulsion ~ 推进发动机
pulping ~ 浆板撕碎机，废纸离解机
pumping ~ 蒸汽泵
radial ~ 星形〔辐射式，径向配置活塞〕发动机
radiant-type ~ 星形内燃机
rag ~ 破布拌浆机
ram ~ 打桩机
ramjet ~ 冲压式喷气发动机
reaction ~ ①反作用式发动机②（空气压缩机式空气）喷气发动机
rear ~ ①后置发动机②带动泵的发动机
rear mounted ~ 后置发动机，尾部发动机
reciprocating ~ 往复活塞式内燃机
refining ~ 精磨机，磨浆机
refractory-liner rocket ~ （带）耐火衬里的火箭发动机
reheat ~ （中间）再热式发动机，（中间）再热式燃气轮机，带加力燃烧室的发动机，补燃 式（喷气涡轮）发动机
revolving cylinder ~ 转缸式发动机
ringing ~ 小型打桩机
ringing pile ~ 人工打桩机
road ~ 列车机车
rose ~ 用于车曲线花样的车床附件
rotary ~ 转缸式发动机，转子发动机，旋转活塞式发动机
rotary combustion ~ 转子发动机
rotary internal combustion ~ 转子发动机，旋转（式）内燃机
rotary piston ~ 旋转活塞发动机
rotary polygonal piston ~ 三角转子发动机
rough ~ 运转不稳的发动机
row ~ 排式发动机，直列式发动机
ruling ~ 刻线机，划线机
scavenging ~ （二冲程）带有扫气泵的发动机
second-motion ~ 带减速器的发动机，第二运动发动机（通过传动装置使工作机械运转的）
self-ignition ~ 自发火发动机，压燃式发动机，柴油机
shorting-out ~ 短路发动机
shunting ~ 调车机车
single camshaft in head ~ 顶置单凸轮轴发动机
single-acting ~ ①单动式原动机②单作用式发动机
single-bank ~ 单列式发动机

single-cylinder ~ 单缸内燃机
single-spool ~ 单转子发动机，单路式发动机，单路式涡轮发动机
six cylinder "V" ~ V 形 6 缸发动机
solid fuel ~ 固体燃料发动机
solid (propellant) ~ 固体（推进剂，燃料）火箭发动机
spark ignition ~ 火花点燃式内燃机
spin ~ 旋转发动机
square ~ 方形发动机，等径程发动机（活塞行程等于气缸内径的发动机）
square (stroke) ~ 方形发动机，等径程发动机（活塞行程等于气缸内径的发动机）
steam ~ 蒸汽机
steering ~ 操舵机
Stirling ~ 斯特林发动机，热气机
stock ~ 座式〔库存，储备用〕发动机
straight(-line) ~ 直列气缸发动机
stratified charge omnivorous rotary ~ 层状充气多种燃料转子发动机
stuff ~ 打浆机
supercharged ~ 增压式内燃机，增压式发动机
surface ignition ~ 表面点火发动机，热球式发动机
swage ~ 旋转锻造机，型锻机
switching ~ 调车机车
tail (rear)gas-turbine ~ 后燃气涡轮发动机
take home ~ 应急返航发动机
tow carding ~ 短麻梳麻机
traction ~ 拖拉机，牵引机，牵引式飞机，牵引发动机
transverse ~ 横置发动机
transverse mid ~ 横向中置发动机
trunk ~ 筒状活塞发动机，单动式（单作用）发动机
turbine ~ 涡轮发动机，燃气轮机
turbo compound ~ 涡轮（活塞）复合式发动机
turbocharged ~ 涡轮增压发动机
turbofan ~ 涡轮风扇发动机
turbojet ~ 涡轮喷气发动机
turbo-propeller ~ 涡轮螺桨发动机
turning ~ 盘车机
twin ~ 双联发动机
twin cam ~ 双凸轮轴发动机
twin-six ~ 双六缸发动机，水平对置式十二缸发动机
two-bank ~ 双列气缸发动机
two-cycle(-stroke) ~ 二冲程发动机
two-spool ~ 双转子发动机
two-stroke internal combustion ~ 二冲程内燃机
undersquare ~ 长行程发动机
ungeared ~ 无减速器发动机
uniflow ~ 单流机，直流扫气式发动机
unmanned helper ~ 无人驾驶辅机
unmanned pusher ~ 无人驾驶辅机
unprotected ~ 无防寒设备的发动机
unsupercharged ~ 非增压发动机
uprated ~ 强化发动机
upright ~ 立式发动机
vapo(u)r ~ 汽化液体燃料发动机
variable compression diesel ~ 可变压缩比柴油发动机
variable displacement ~ 可变排量发动机
variable stroke ~ 可变行程发动机
V-eight ~ V 式八缸发动机
Venturi ~ 文丘里式发动机冷机法
vernier ~ 微调发动机
vertical steam ~ 立式蒸汽机
Wankel ~ 旋转活塞发动机，转子发动机，汪克尔发动机
washing ~ 洗浆机
water ~ 水压机，水力发动机
water cooled ~ 水冷内燃机
water raising ~ 抽水机，扬水机
winding ~ 卷扬机，提升机
wing-mounted ~ 装在机翼上的发动机
wool(l)y-type ~ 低（转）速发动机
Y ~ 三缸星形发动机
yard ~ 调度机车

engine-building 发动机制造

engine-drive 发动机传动

engineer ①工程技术人员，工程师，机械师，司机，工兵②设计，指导③操纵
~ in charge 主管〔主任〕工程师
~ in chief 总工程师
accredited system ~ 授权的系统工程师
control ~ 调度工程师
development ~ 影片洗印技师
expert ~ 技师，专业工程师
field ~ 维护〔安装〕工程师
flight ~ 随机工程师
maintenance ~ 技术维护工程师
marine ~ 轮机工程师

naval ~ 造船工程师
NDE ~ 无损检测工程师
office ~ 内业〔事务〕工程师
operating ~ 施工工程师
plant ~ 运行工程师
power ~ 电力工程师
process ~ 程序〔工艺〕工程师
resident ~ 驻（工）段工程师
sales ~ 销售〔商业〕工程师
service ~ 维护工程师
shift ~ 值班工程师
site ~ 工地工程师
sound (control) ~ 录音工程师
staff ~ 主管工程师
supervising ~ 总工程师，监查工程师
utilization ~ 使用维护工程师

engineered 设计的，工程监督的

engineering ①工程（学），工艺学，工程技术，设计，工艺②机器制造③工程〔技术〕的
~ data management 工程数据管理
audio ~ 声频工程，声频技术
automatic control ~ 自动控制工程（学），自动控制技术
automotive ~ 汽车工程，汽车技术
biomedical ~ 生物医学工程
cell ~ 细胞工程
cinematograph ~ 电影技术
civil ~ 土木工程（学）
communication ~ 通信工程（学）
concurrent ~ 并行工程
constructional ~ 建筑工程，结构工程
creative ~ 创造工程（学）
development ~ 新机器设计，新结构设计
electric(al) ~ ①电工学②电机工程，电气工程，电工技术
electronic ~ 电子工程
environment(al) ~ ①环境工程②运行条件的模拟技术③发展中的现代技术
enzyme ~ 酶工程
farmstead ~ 农场工程，农场技术
feature ~ 特征工程
fermentation ~ 发酵工程
field ~ 安装工程
forward software ~ 正向软件工程
gene ~ 基因工程
genetic ~ 遗传工程（学）
heat ~ ①热力工程②热工学
human ~ 人机（工程）学，人类工程学，工程心理学
human factors ~ 人（的）因（素）工程，广义人机工程（学），广义人机学，广义宜人学
human-machine ~ 人 - 机协调设计，人 - 机工程
hydraulic ~ 水利工程（学）
illumination ~ 照明工程（学），照明技术
industrial ~ 工业〔企业〕管理学，工业〔工程〕管理
intelligence ~ 智能工程
knowledge ~ 知识工程
lightning-protection ~ 避雷工程（学），避雷技术
marine ~ 轮机工程
maritime ~ 海（事）工（程）学
materials ~ 材料工程
measuring-instrument ~ 测量仪器工程学
method ~ 作业方法分析技术
mining ~ 采矿工程（学）
nuclear ~ 核工程
plant ~ 设备安装，使用工程，设备运转技术
power ~ 电力工程，动力工程
process ~ 工艺过程，程序工程
production ~ 生产工程
radio ~ 无线电技术，无线电工程（学）
reverse ~ 反求工程
robot ~ 机器人工程（学）
ship ~ 船舶工程
software ~ 软件工程
specialized ~ 专业工程
system ~ 系统工程，系统工程学
tissue ~ 组织工程
value ~ 工程经济学，价值工程
welding ~ 焊接生产，焊接工业

engineering-oriented 从事工程的，与工程有关的

enginery ①机械类②武器③机能

engine-tunnel 发动机试验用风洞

English 英语
ruly ~ 规格英语（适于机器阅读的英语形式）

engobe 釉底料

engorgement 装料口

engraver ①雕刻师，镌版工人，照相制版工人②刻图仪，刻版机
electronic ~ 电子刻版机

engraving ①雕刻（术），刻模，镌版（术），雕（图）版②照相制版③版画，雕成之物

negative ~ 阴像刻图
process ~ 照相制版
steel ~ 钢板雕刻（术），钢板印刷品
enhance(ment) 增强，加强，提高，放大
edge ~ 勾边，轮廓增强
enhancer ①增强器，放大器②指示器
detail ~ 细节放大器，细节提示器，清晰度增强器
image ~ 图像增强器
enhydrous （结晶）含水的
enlargement ①扩大〔张，建，充〕，放大，拓展②增补（物），扩建部分，放大的照片③详述
image ~ 影象放大
size ~ 截面扩大
enlarger ①放大器，放大机②光电倍增器
inspection ~ 检查〔验〕放大机
micro ~ 缩微胶卷放大器
enlarging 扩大，扩孔（宝石加工）
en-masse ①埋板式②全部的，整个的
enneagon 九边形，九角形
enneahedron 九面体
enoscope 折光镜，"L" 形视车镜（观察车速用）
Enplanement 旅客
connection ~ 联合飞行器
enprint 固定比例放大
enquiry 询问
enregister 记录，登记
enregistor 记录器
enrichment 浓缩〔集〕(作用)，加〔增〕浓，浓度，富集〔化〕，丰富，增添装饰
acceleration ~ （发动机化油器）加速加浓装置
flame ~ 加火
high ~ 高度浓缩，高加浓
enrichment-system （化油器）加浓装置
enrol(l) 登记，登录，注册，入会，编入
enrollment 登记，开设
ensemble ①〈法〉，整〔总，全〕体，总〔一般〕效果，束，综〔集〕合，系综，集合化②群，组，大量，信号群，一套（丛书）
~ of auditorium acoustics 厅堂音质集体感
canonic(al) ~ 正则系综，典范系综，正则集
generalized ~ 广义系综
mapping ~ 映射集
processing ~ 处理集合机
product ~ 乘积概率空间
ensign 标志
ensilo （把导弹等）装入竖井
ensonification 声穿透（作用）
entablature ①柱上楣钩，柱顶盘，上横梁②（机器部件等的）支柱
entanglement 缠结，编织
enter ①进入，参加，登记，报名②记〔列，填，编，输，插，送〕入，记录③开始从事〔进入，考虑，研讨〕
enterphone 寓室通信系统，入门电话
enterprise 企业
minor ~ 中小企业
state-owned ~ 国有企业
virtual ~ 虚拟企业
enthalpy 焓，热函
~ of fuel 燃料热含量
~ specific 比焓，质量焓
reservoir ~ 滞止焓
residual ~ 余焓
sensible ~ 显焓
stagnation ~ ①滞止（气体）焓②总焓
total ~ 滞止焓，全焓
enthrakometer 超高频功率计
entire ①完全〔整〕的，整个的，总的，纯粹的②总体，整体，全部，全体③转换函数
entity ①实在，存在，实体，本质②组织，机构，团体
access security management ~ 访问安全管理机构
cell broadcast ~ 信元广播实体〔中心〕
countable ~ 可计算物
layer management ~ 层管理实体
mobility management ~ （通信）迁移率管理机构
multi-cell/multicast coordination ~ （通信）多单元 / 多路发送协调机构
network-wide coordination ~ 网络范围协调实体
special ~ 特设机构
syntactic ~ 语法实体
user plane ~ （通信）用户平面实体
entoleter 用于谷物和其他食品消毒的机器
entourage 配景
entrain ①夹带，带去，输送，传输，诱导，拖，曳，吸入，混入②产生，导致
entrainer 夹带剂
entraining 夹带，混入
entrainment ①引开，带去，诱导②输送，传输③雾沫，泡沫

~ of frequency 频率诱导

entrance ①进入②入口，引入线，(叶片的)进气边，装料(入炉)，进流段

~ of pass 孔型的进口

block ~ 分程序入口

die ~ 拉模的入口喇叭

service ~ 进户线，进线口

turbine bucket ~ 涡轮动叶入口

entrapment 俘获，夹裹，夹住，夹带，截留，捕集，诱陷

slag ~ 夹渣

entrefer (电机的)铁间空隙

entresol 夹层

entropy 熵(热力学函数)，信息熵，平均信息量

~ specific 比熵，质量熵

joint ~ 相关平均信息量，相关熵

molar ~ 摩尔熵

printed letter ~ 活字的平均信息量，活字熵

selective ~ 选择平均信息量，选择熵

sensible ~ 显熵

entry ①进入，输入，记入，记录，登记②入口，进口端，引入线③项目，条目，词条，目录，条例，表，记入表中的事项

air ~ 吸气口，空气进口

call ~ 调用入口

checkpoint ~ 检验点入口

chinese keyboard ~ 中文键盘输入

Chinese keyed ~ 中文键控输入

comment ~ 注解项

constant table ~ 常数表登记项

conversational ~ 对话进入

conversational remote job ~ 对话式远程作业输入

data ~ 数据输入，数据进入项

deferred ~ 延迟输入，异步输入，延迟入口

direct ~ 直接输入

directory ~ 目录条目，字典条目

distribution ~ 配线板

division ~ 部门款目

file definition ~ 文件定义项

index ~ 附标入口

keyboard ~ 键盘输入

latest ~ ①最后(的)记录②最后(的)计算值

page ~ 页面入口，续页入口

parallel ~ 并行输入

procedure ~ 过程入口

red-ink ~ 红字分录

registry ~ 登记条目

remote batch ~ 远程成批输入

remote keyless ~ 无线遥控(汽车)门锁

segment-table ~ 段表项目，段表条目

serial ~ 串行输入

symbol table ~ 符号表项目

tape ~ 磁带入口〔登记，名册〕

entry-point 输入点，(子程序)入口，(指令)变换点

enumerability 可枚举性，可数性

enumerate 列举，枚举，计算

enumeration ①计数，计点，点查，枚〔列〕举，计算②详叙，目录，细目，(详)表

pattern ~ 模型列举

enumerator 计数机

weight ~ 权重计数子

envelop ①包围②封装

envelope ①机壳，外壳，封皮，保护介质，蒙皮(汽艇的)，气囊②管壳，管泡，灯泡，外皮③包络线，包络面④包晶⑤方框图

~ surface 包络面

~ volume 包络体

beam ~ (射，线)束包线

electron ~ 电子壳层

flame ~ 火焰光晕，外焰

flux ~ 渣壳

forging ~ 加工余量

frequency-deviation ~ 频(率偏)移包线

gaseous ~ 气膜(型腔与金属液之间的)，气袋

glass ~ 玻壳，灯泡

inert ~ 惰性气体保护

liquid ~ (金属的)薄塑料涂层(在深冲时保护板、带的表面)

mode ~ 频谱包络

modulation ~ 调幅包迹，调制波包(络)线

pulse ~ 脉冲包络(线)

shock (wave) ~ 激波系，激波包络面

spectrum ~ 光谱包迹

vacuum ~ 真空密封外壳，真空泡

enveloping 球面，包络面

environics 环境学(研究人与环境相互关系)

environment ①环境，周围(情况，介质)，四周，外界，场合②围绕，包围

acoustic noise ~ 噪声环境

air ~ 空电设施

commercial ~ 民用环境，商用环境

computer ~ 计算机环境，计算机外围

direct ~ 直观图形，直接环境
ecological ~ 生态环境
educational ~ 教育领域
ground ~ 地面环境，地电设施
health safety ~ 健康安全环境
home ~ （通信）本地环境
hyper ~ （22.86 km 以上）超高空环境
induced ~ 外界感应因素
mobile radio ~ 可移动的无线电设备
program(m)ing ~ 程序设计条件
severe (rugged) ~ 苛刻环境
structured ~ 结构化环境
unstructured ~ 非结构化环境
environmental 周〔包〕围的，环境的
enwind 缠绕，绕线，包，卷
eolation 风蚀作用，风化作用
eolotropic 各向异性的
eon 亿阳（时间单位，1 亿阳 =10^9 年）
eosin 四溴荧光素，曙红
eötvös 〈德〉厄缶（重力梯度单位，1 厄缶 = 10^{-9} 伽 /cm=10^{-9} s^{-2}）
E-PAK 半导体和其他电子元件封装用的树脂商品名
epexegetical 补说性的，解释性的
ephemeris ①星历表，天文历表，航海历，天体位置推算表②宇宙飞行器③短寿命的东西
nautical ~ 航海历，航海年表
epibond 环氧树脂类黏合剂
epicap ①功率二极管②电容二极管
epicenter 震心，震源，震中
epicentre = epicenter
epicon 外延硅靶摄像管，外延二极管阵列摄像管
epicycle ①外表循环②本轮③周转圆
epicyclic 周转圆的，外摆线的
epicycloid 外摆线，圆外旋轮线，外圆滚线
contracted ~ 短幅外摆线
curtate ~ 短辐外摆线
prolate ~ 长幅外摆线
epidiascope 非透明片幻灯机，实物幻灯机，透反射两用幻灯机，两射放映机
epididymite 斜方板晶石
epidote 绿帘石
epifile 后（尾）文件
epigranular 等粒状的，粒度均匀的
epikote 爱辟柯（环氧树脂的商品名）
epilame 硬脂酸防油扩散处理
epilamens 油膜的表面活性
epilog(ue) ①收尾程序②结束语，结论，结局③跋，后记，尾声
epimer 差向〔位〕(立体）异构体
epimerization 差向（立体），异构（作用），表化（作用）
epipole 核点
epipolic 荧光（性）的
episcope 非透明投影仪，反射幻灯机，实物幻灯机
television ~ 反射式电视幻灯
episcotister ①截光盘，斩光盘②（用不透明物体的）投影放大器③光栅④频闪观测盘
episemantide 表信息分子
epistylium 框缘，上楣
epitaxial ①外延的②晶体取向接长的
epitaxis 外延生长，晶体定向生长
epitaxy 外延，晶体取向接长
~ under reduced pressure 减压外延
hetero ~ 异质外延
liquid phase ~ 液相外延
migration enhanced ~ 迁移增强外延
molecular beam ~ 分子束外延
regular ~ 正外延
reverse ~ 反外延
selected ~ 选择性外延
solid phase ~ 固相外延
Epitherm 艾比杰姆（由环氧云母、玻璃布组成的电机主绝缘）
epithermal 超热的
epitome 缩影，摘要，概括
epitomization 摘要，结论
epitomize 节略，缩编，摘要
curtate ~ 短幅外摆线
epitrochoid ①长短辐圆外旋轮线②圆外次摆线
prolate ~ 长幅外摆线
epitron 埃皮特朗（电子和 π 介子束碰撞系统）
epoch ①（信号）出现时刻②恒定相位延迟③时代，纪元，历元
artifactual ~ 人为信号
Epon 埃庞（环氧树脂商品名）
epoxidation 环氧化作用
epoxide ①环氧化（合）物②（pl.）环氧衍生物
epoxy ①环氧树脂，环〔表，桥〕氧，氧撑②环氧的
fiberglass ~ 玻璃纤维钢板
glass ~ （环氧）玻璃钢板
novolac ~ 酚醛环氧树脂
epoxylite 环氧（类）树脂

epoxyn 环氧树脂类黏合剂
epuration 净化，提纯，精炼
epure ①图，线图，极图，草图②样式
Epuré 〈法〉精制湖（地）沥青
Eputmeter （单位时间）事件计算器（商品名）
eqntott eqntott 程序（基准测试程序中的一个子程序）
equal ①相〔恒〕等的，同样的，均一的②平静的，不变化的，一律的③相〔适〕当的
identically ~ 恒等，全等
equalisation = equalization
equality ①等式②相等（性），均一（性）
~ of brightness photometer 等亮度光度计
~ of contrast photometer 等对比光度计
metric ~ 度量相等，度量等式
equalization ①均衡，均值，平衡，补偿，调和，稳定，安定，校平，一致②均涂作用，均涂比
~ of level 均衡电平
amplitude ~ 振幅均衡
attenuation ~ 衰减均衡
delay ~ 延迟均衡，延迟均等
derivative ~ 微商稳定，借助微分环节的稳定
flow ~ 均流
lead ~ 微商稳定，借助微分环节的稳定
level ~ ①位面稳定②电平稳定
phase ~ 相位改正，相位均衡（化）
playback ~ 重放均衡作用
post ~ （频应）复原
pressure ~ 声压均衡
video ~ 视频均衡
equalize 平衡，使均衡，补偿
equalizer ①均衡器，平衡器，补偿器，稳定器②均压环，均压母线，均压线③（起模）同步机构（造型机）④衡杆，天平梁，平衡梁⑤差速器（转矩均衡器）⑥等化器，均值器⑦补偿电路
adaptive ~ 自适应均衡器
amplitude ~ 幅度均衡器
basic line ~ 基本均衡器
brake ~ 制动平衡器（杆，滑轮）
can ~ 筒式压力补偿器
colo(u)r ~ 彩色均衡器
current ~ 均流器，均流线
derivative ~ 微分均衡器，微分补偿电路
deviation ~ 偏差均衡器（保护高电平平衡增音机）
digital ~ 数字均衡器
driver ~ 动轮平衡杆
flow ~ 均流阀，等流分流阀
frequency-domain ~ 频率域均衡器
graphic ~ ①图像均衡器②多频音调补偿器
ground ~ 接地均衡器
highlight ~ 高亮度均衡器〔限幅器，补偿器〕
integral ~ 积分稳定环节
involute ~ 螺旋式均压线
line ~ 线路均衡器
magnetic-field ~ ①磁场均衡器，补偿磁圈②补偿磁铁系统
microwave phase ~ 微波相位均衡器
mop-up ~ 扫余均衡器
playback ~ 重放〔放音〕均衡器
power ~ 功率均衡器，功率陷波器
presence ~ 单频音调补偿器
pressure ~ 压力补偿器，均压器，均压线
reactive ~ ①固定频率特性滤波器②电抗均衡器
recording ~ 录音均衡器，录音失真校正器
reproducing ~ 重放均匀器
series ~ 串联截断电路，串联均衡器
starter field coil ~ 起动机磁场线圈中间接头
subscriber line ~ 用户线均衡器
throw-out ~ 换挡叉平衡杆
time domain ~ 时域均衡器
twist ~ 扭型均衡器
universal ~ 多频音调补偿器
variable ~ 可变均衡器
weight ~ 配重，平衡重物〔磁极〕，平衡器
windrow ~ 分（料）堆器
equalizing ①平衡，使均衡②补偿③（pl.）均衡脉冲④平衡的，均衡的
pillow distortion ~ 枕形畸变校正
pincushion distortion ~ 枕形畸变校正
playback ~ 重放校正
stress ~ 应力均匀化
sync ~ 同步均衡
equant 等分的
equated 换算的
equation ①等式，方程式，反应式②差，均差③等分，平衡，相等④因素
~ of center 中心差
~ of light 光（行时）差
~ of time 时差（真太阳时与平均太阳时之差）
abbreviated ~ 简写方程
adjoint ~ 伴随方程
analytic ~ 解析方程
biharmonic ~ 双调和方程

binomial ~ 二项式方程，二次方程
characteristic ~ 特征方程
Child-Langmuier ~ 蔡尔德 - 朗缪尔公式，二分之三次方定律（二极电子管伏安特性）
colo(u)r ~ 彩色方程，色谱方程
compatibility ~ 相容方程
complementary ~ 补余方程
conservation ~ 守恒方程
consistency ~ 相容方程
constraint ~ 约束方程式
correlate ~ 相关方程，联系数方程
co-state ~ 协态方程
coupled ~ 方程组，耦合方程
defining ~ 特征方程
difference ~ 差分方程式
difference-differential ~ 差分微分方程
differential ~ 微分方程
differential difference ~ 微分差分方程
dimension(al) ~ 量纲方程，因次方程
discriminant ~ 判别方程
eikonal ~ 镜像方程
Einstein fundamental ~ 爱因斯坦（电磁场）基本方程式
empirical ~ ①经验公式②经验方程
energy-conservation ~ 能量守恒方程
equation ~ of state 状态方程（式）
equilibrium ~ 平衡方程
estimating ~ 估计方程
expansion ~ 展开式
fictitious ~ 虚构方程
fluid ~ 流体动力学方程
flux-linkage ~ 磁（通）链方程式
fractional ~ 分数方程
full-potential ~ 全势方程
full-scale ~ 原方程，未化简方程
functional ~ 函数方程，泛函方程
gas ~ 气体（状态）方程
general normal ~ 普通标准方程式，通式
generalized ~ 广义方程
heat ~ 热力方程
homogeneous ~ 齐次方程
identical ~ 恒等式
ill-conditioned ~ 病态方程
incompatible ~ 不协调方程
inconsistent ~ 矛盾方程，不相容方程
indicial ~ 指数方程（式）
inhomogeneous ~ 非齐次方程
integral ~ 积分方程
integro-differential ~ 积（分）微分方程
interminate ~ 不定方程
intrinsic ~ 禀性方程
irreducible ~ 不可约方程
isocline ~ 等倾线方程
kinetic ~ 分子运动方程式
length ~ 长度方程，基线方程
Lilley ~ 利莱方程
linear ~ 线性方程，一次方程
locus ~ 轨迹方程
loop ~ ①回路方程，环路方程②尺寸链方程
machine ~ 计算机运算方程式
matrix differential ~ 矩阵微分方程
measure(d) ~ 测量公式
membrane ~ 薄膜方程
mesh ~ 网孔方程
metastable ~ 亚稳态方程
modified ~ 转〔变〕换后的方程
Navier-Stokes ~ 奈维尔 - 斯托克斯方程，黏性流体方程
network ~ 网络方程
nodal ~ 节点方程
nondivergent vorticity ~ 无散量涡〔旋〕度方程
nonlinear ~ 非线性方程
non-normal ~ 非模方程
non-relativistic ~ 非相对论方程
normal ~ 正规方程，标准方程，法方程
optimality ~ 最佳性方程
ordinary differential ~ 常微分方程
orifice ~ 节流方程，孔口方程
overdetermined linear ~ 超定线性方程组
paraxial ray ~ 傍轴轨迹方程，傍轴射线方程
paritycheck ~ 奇偶校验方程
partial differential ~ 偏微分方程
path ~ （电子）轨道方程
pen ~ 笔头差
personal ~ （天体观测的）人差，观测误差
phenomenological ~ 唯象方程
plateau ~ 平稳方程
proper ~ 特征方程
quadr(at)ic ~ 二次方程
quality ~ 品质方程
range ~ 距离方程
ray ~ 射线方程
rectifier ~ 整流方程
reduced ~ ①对比方程②简化方程
redundant ~ 冗余方程

secular ~ 特征〔长期，久期〕方程
simple ~ 一次方程，一元方程
simultaneous ~ 联立方程
singular ~ 奇异方程
slope-deflection ~ 坡度挠度方程
Still's ~ 司蒂尔方程（送电电压估算方程）
structural ~ 组织（平衡）方程
tangential ~ 切线方程
three-moment ~ 三弯矩方程
transcendental ~ 超越方程
transfer ~ 传热方程
variation(al) ~ 变分方程
vector ~ 矢量方程
wave ~ 波动方程
weight ~ 权方程
Wilke-Chang ~ 威尔克－张方程（用以计算高效液相色谱扩散系数）
working ~ 运算式

equator ①赤道，天球赤道②（平分球体的面的）圆，（任何）大圆
celestial ~ ①天球赤道
dip ~ 无磁倾线（连接地球表面上磁倾角等于零的各点的线），磁赤道
(geo)magnetic ~ 地磁赤道

equatorial ①赤道（附近）的②平伏的③赤道仪
equiaffine 等仿射的
equiamplitude 等幅
equiangular 等角的
equiangulator ①等高仪②观象仪，星盘（古代天文观测仪）
equiarm 等臂的
equiasymptotical 等度渐近的
equiaxed ①等轴的②各向等大的
equiaxial 等轴的
equibalance ①平衡，补偿，匹配②使平衡，使均匀
equiband 等边带，等带宽
equiblast 等风，送风
equicenter 等心
equicohesive 等强度的，等内聚的
equiconjugate 等共轭的
equicontrollability 等控性
equiconvergence 同等收敛性
equiconvergent 同等收敛的
equicrural 等腰的
equidensity 等黑〔浓，密〕度
equidifferent 等差的
equidimension 等尺寸，同大小
equidirectional 同向的
equidistance 等距
equidistant 等距离的，等间距的
equidistributed 等分布的
equidistribution 等分布，均匀分布
equifinal 同样结果的，等效的
equiform 相似，相似的
equifrequent 等频（率）的
equigranular 等粒度的，均匀粒状的，同样大小（颗粒）的
equilateral 等边的，等面的，两侧对称的
equilibrant 平衡力
equilibration ①平衡〔均〕，相称，补偿，②饱和，平衡化
equilibrator 平衡装置，平衡机，平衡物，安定机
equilibrium 平衡（状态），均衡
~ about rolling axis 滚动（倾侧）力矩平衡
aggregative ~ 总体平衡
heterogeneous ~ 复相平衡，多相平衡
homogeneous ~ 均相平衡，单相平衡
indifferent ~ 随遇平衡，中性平衡
kinetic ~ 动平衡
membrane ~ 膜渗平衡
mobile ~ 动态平衡
neutral ~ 随遇平衡
static(al) ~ 静力平衡，静定平衡
thermochemical ~ 热化学平衡
thermodynamic ~ 热力（学）平衡（状态）

equilizer 平衡器，均衡器
equilong 等距的，等长的
equiluminous 等照度的
equilux 等照度的
equimagnetic 等磁的
equimarginal 边际均等的
equimolal 摩尔数相等的
equimolar 摩尔数相等的
equimultiple 等倍数〔量〕
equinox 二分点，天球赤道与黄道交叉点，昼夜平分点（时），春（秋）分（日点）
equip(age) 设备，装备，（成套）用具
equipartition 均分，平均分隔
equiphase 等相位的
equipluve 等雨量线
equipment ①设备，装置，装备②仪器③附件，工具，器械
abnormal engine noise diagnosis ~ 发动机异响诊断仪

absorption ~ 吸收设备
accessory ~ 辅助设备，附属设备
acid mist air dealing ~ 酸雾气体治理设备
active ~ 放射性设备（用于有放射性物质工作的设备）
active infrared ~ 主动式夜视仪
activity sensing ~ 放射性探测设备
additional ~ 辅助设备
aiming ~ 瞄准装置
air survey ~ 航测设备
air-conditioning ~ 空气调节设备
all-weather ~ 全天候设备
alternative extra ~ 附加订购设备，选取的附加设备
ancillary ~ 辅助〔补充，外部，外围〕设备
animation ~ 动画片摄制设备，特技设备
antiflashing ~ 防熔〔汽〕化装置
applied TV ~ 应用电视设备
arc discharge coating ~ 电弧放电蒸镀设备
ash handling ~ 除尘装置，除灰装置
atmosphere ~ 保护气氛供应设备
audio ~ 音频设备
audio combination ~ 音频组合设备
audio frequency telegraph ~ 音频电报设备
audio-visual ~ 视听设备
automatic calling and answering ~ 自动呼叫应答机
automatic car identification ~ 车号自动识别设备
automatic control ~ for … …自动控制装置
automatic data encryption ~ 自动数据加密设备
automatic end effector ~ 末端执行器自动更换装置
automatic load-shedding control ~ 自动减负荷装置
automatic loss-of-synchronism control ~ 失步自动控制装置
automatic loss-of-voltage tripping ~ 失压自动跳闸装置
automatic reclosing control ~ 自动重合闸装置
automatic switch-in ~ of stand-by power supply 备用电源自动投入装置
automatic switching control ~ 自动切换装置
automobile special fest ~ 汽车专用测试设备
automotive lighting ~ 汽车灯具
auxiliary ~ 辅助〔外围，外部〕设备
band splitting ~ 频带分裂设备
beam-welding ~ 缝焊机
beer fermentation ~ 啤酒发酵设备
bicycle chain production ~ 自行车链条生产设备
bicycle electroplating ~ 自行车电镀设备
bicycle production ~ 自行车生产设备
biological contact aeration ~ 接触曝气处理装置
blast furnace ~ 高炉设备
block ~ 闭塞设备
boom lowering ~ 臂架放倒机构
box-tipping ~ 箱斗倾翻装置，容器倾翻装置
breathing ~ （供）氧气设备
bridling ~ （带材）张紧装置
camp ~ 外业装备
carbonic acid beverage production ~ 碳酸饮料生产设备
carrier telephone ~ 载波电话设备
cathodic protection ~ 防电化学腐蚀装置
cement product ~ 水泥制品设备
cementing ~ 固井设备
centrifugal separation ~ 离心分离装置
ceramic raw preparing ~ 陶瓷原料制备设备
12-channel carrier telephone ~ 12 路载波电话机
60-channel carrier telephone ~ 60 路载波电话机
character sensing ~ 字符读出装置
charging ~ 装料〔上料，充电〕设备
cinephoto ~ 屏幕录像设备
classification ~ 分级设备
cleaning ~ 清选〔清理，净化〕设备
climbing ~ 爬杆器
clock and watch producing ~ 钟表生产设备
code translation ~ 译码机
combat ~ 作战装备
combined rice mill ~ 组合碾米设备
combustion ~ （燃料）燃烧（系统）设备
complete ~ 成套设备
computer ~ 计算机，计算装置
constant flow oxygen ~ 连续供氧设备
contactor ~ 接触器控制的牵引装置
conventional ~ 常规设备，普通设备
corollary ~ 配套设备
crew intercommunication ~ （舰艇）内部通话设备
cryptographic ~ 密码装置

cultivating tillage ~ 中耕机械
customer premises ~ 用户驻地设备
data circuit-terminating ~ 数据电路终接设备
data communication ~ 数据通信装置
data terminal ~ 数据终端设备
data-logging ~ 数据巡回检测装置
deception ~ 干扰施放装置
decoiling ~ 开卷装置
defruiter ~ 反干扰设备
demineralizing ~ （给水的）除盐装置
demist ~ 除雾设备
denitrification ~ 脱氮装置
deodorizing ~ 恶臭处理装置
de-piling ~ （炉用）储料卸出台（轧件按顺序逐件卸出），堆垛机
deposition ~ 镀膜设备
die ~ 模具
digital circuit multiplication ~ 数字电路倍增设备
digital communication ~ 数字通信设备
digital handling ~ 数字处理装置
digital multiplex ~ 数字复用设备
digital protection ~ 数字式保护装置
display ~ 显示设备
diving ~ 潜水装具
down hole ~ 井下动力钻具
DP-DG test ~ 微分相位 - 微分增益测试仪
dropping ~ 降压装置
dust-separation ~ 吸尘装置
early-warning ~ 远程警戒设备
earth mover ~ 运泥工具
earth station terminal ~ 地球站终端设备
earthmoving ~ 土方工程机械
edge-strip scanning ~ 带材边缘自动控制器，带材自动定心装置，带材边缘扫描器
electrochemistry polishing ~ 电化学抛光设备
electro-mechanic switching ~ 机电式电报交换机
electronic espionage ~ 电子侦察设备
electronic navigation ~ 电子导航仪器
electronic sky screen ~ 电子天空显示设备，电子天空屏幕
electronic vehicle scanning ~ 车辆电子扫描设备，车辆自动识别器
(electronic)(power) convertor ~ （电力）（电子）变流（变换）（换流）设备
electro-optical source making ~ 电光源制造设备
electrostatic flock coating ~ 静电植绒机
electrostatic lacquer ~ 静电喷漆设备
electrosurgical ~ 电手术器械
electrothermal ~ 电热电器
enamel ware process ~ 搪瓷制品加工设备
environment protection ~ 环境保护设备
equipoiseregistering ~ 记录设备
erecting ~ 起重设备
error request ~ ①误差校正装置②误字检查订正装置
exchange ~ 交换设备
external ~ 外部设备
extra ~ 附加设备
extraction ~ 萃取装置
facsimile ~ 传真电报设备
far-infrared electric therapy ~ 远红外电疗器
feed handling ~ 饲料装卸分送设备
feeder ~ ①馈电装置②送料设备
fertilizer distributing ~ 施肥机械
fertilizing ~ 施肥机具
film transmission ~ 电视电影放映机
fire-fighting ~ 消防设备
firing ~ 加热设备
first ~ 急救设备
fishery refrigerating ~ 渔用制冷装置
flash testing ~ 瞬时试验机
flood-proof electrical ~ 防浸式电气设备
fluidization ~ 液态化设备，流化床设备
FM multichannel broadcast ~ 调频多路广播设备
forage ~ 饲料调制设备
forest protection ~ 森林保护机械
front-end ~ 前悬挂农机具
fuel-burning ~ 炉膛设备
gardening ~ 园林机械
genlock ~ 集中同步设备，台从同步设备（黑白电视），台从锁相设备（彩色电视）
gilling ~ 加水和加油设备
go-no-go test ~ 极限测试装置
ground servicing ~ 地勤设备
ground-raging ~ 地面测距站
ground support ~ 地面保障设备
ground-working ~ 耕作机具
handling ~ 装卸设备，起重运输设备
hanger ~ 机库设备
high tension ~ 高（电）压设备
home ~ 国产设备
house-service ~ 厂用电设备

hydraulic engineering metering ~ 水利工程测量仪
hydromotive ~ 水上运输设备
identification ~ 识别装置
idle ~ 备用设备
implantation ~ 掺杂设备
indigenous ~ 土设备
induced ~ 引风机，吸风机
inert gas ~ 惰性气体充气器
interception ~ 截获装置
interface ~ 接口设备
intermediate ~ 中间设备
ISDN terminal ~ ISDN 终端设备
kinephoto ~ 屏幕录像设备
kinescope recording ~ 屏幕录像设备
laser beam heat treatment ~ 激光热处理设备
laser welding ~ 激光焊机
light ~ ①照明设备②轻便设备
lighting ~ 照明设备
loading ~ 加载设备
load-shedding ~ 减载装置，甩负荷装置
magnetic separation ~ 磁分离装置
making thick liquid ~ 制浆机
making tide ~ 生潮设备
manual telegraph switching ~ 人工电报交换机
manure rain ~ 厩液喷洒机具
mapping ~ 测绘设备
materials handling ~ 物料搬运机械
mathematical ~ 数学计算装置
membrane separation ~ 膜分离设备
metering ~ 测量装置，测量设备，测试仪器，量度仪器
metrology ~ 测量仪器
microwave communication ~ 微波通信机
microwave radio relay ~ 微波中继通信设备
microwave relay system measuring ~ 微波中继通信测试仪
microwave service ~ 微波联络机
microwave terminal ~ 微波终端设备
microwave transmitter/receiver ~ 微波收 / 发信机
milking ~ 挤奶设备
mobile ~ ①移动式设备，便携式设备②移动（通信）设备
module preparing ~ 模料制备设备
mo(u)lding ~ 造型设备
office ~ 办公设备
off-line ~ 脱机设备
offshore drilling ~ 海洋石油钻井设备
offshore production ~ 海洋采油设备
on-line ~ 联机〔联线，联机控制〕设备
on-premise stand-by ~ 应急用设备
open wire carrier telephone ~ 明线载波电话设备
optical reading ~ 光阅读机
optional ~ 附加设备，备选设备
order line ~ 联络电话设备
panic ~ 应急设备
passive infrared ~ 被动式夜视仪
PCM fundamental harmonic group ~ PCM 基群设备
peripheral ~ 外围〔辅助，外部〕设备
pest control ~ 植保机具，（农作物）病虫防治机具
petroleum drilling ~ 石油钻采设备
phase measuring ~ 相位计，测相设备
photographic ~ 照相设备
photorecon ~ 摄影〔照相〕侦察设备
picture line-up generating ~ 图像（监视器）校准信号发生器
plant ~ （工厂）固定设备
plate glass ~ 平板玻璃制造设备
plating bath coating ~ 电泳涂底漆设备
pneumatic ~ 气动元件
point operating ~ 自动转辙器
pollution abatement ~ 防尘设备，防污染设备
Power electronic ~ 电力电子设备
power line carrier communication ~ 电力线载波通信设备
process ~ 加工设备，工艺设备
production run ~ 成批生产设备
program controlled electronic switching ~ 程序控制电子电报交换机
projection display ~ 投影显示设备
protection ~ 保护装置
pumping ~ 排气〔水，液〕装置，真空获得设备
punch-out ~ 捅箱机
queue ~ 排队器
radio communication ~ 无线电通信设备
radio detector ~ 雷达设备
radio recognition ~ 无线电识别设备，敌我识别器
radio terminal ~ 无线电终端设备

radiolocation ~ 无线电定位设备，雷达定位设备
railway construction ~ 铁路施工机械
random web-laying ~ 无定向成网机，气流成网机
rationing ~ 定量配料设备，计量设备
razor producing ~ 剃须刀生产设备
reactive-load compensation ~ 无功补偿设备
rectification ~ 精馏设备
reed matrix testing ~ 接线器测试器
refining ~ 精炼〔炼油〕设备
refrigeratory refrigerating ~ 冷库制冷设备
reheating ~ 热法再生设备
relay ~ 中断设备
remote supervisory (control) ~ 遥控监视设备
ro (access) ~ 滚装通道设备
robot ~ 自动设备，无人驾驶的设备
roundness measuring ~ 圆度仪
routine test ~ 例行测试器
satellite navigation ~ 卫星导航设备
scarification ~ 整地机械
scatter communication ~ 散射通信设备
self-destruction ~ 自毁装置
sensing ~ 测定设备
service ~ ①辅助设备②修理工具③供电设备
shakeout ~ 振动去砂机，落砂设备
sharpness-enhancing ~ 锐度增强设备
single phase automatic reclosing control ~ 单相自动重合闸装置
single pole automatic reclosing control ~ 单相自动重合闸装置
site preparation scarification ~ 林地清理与整地机械
snagging ~ 伐木机
soap making ~ 制皂设备
solid rubbish dealing ~ 固体废弃物处理设备
soot blowing ~ 工作时可清洗的回热器
sour milk processing ~ 酸奶加工设备
space ~ 航天设备
special printing ~ 特种印刷机
spectral photographic ~ 摄谱仪
spooling ~ 绕线〔打筒,打轴〕设备(钢丝的)
sprinkler ~ 喷灌机
stack-building ~ 堆垛机具
steam ~ 蒸化机(织物固色)
steam raising ~ 蒸汽发生器
steam-generating ~ 蒸汽发生装置，锅炉机组
strap-down inertial navigation ~ 捷联式惯(性)导(航)设备,无常平架惯(性)导(航)设备
strip-edge scanning ~ 带材自动定心装置，带材边缘自动控制器，带材边缘扫描器
submarine cable carrier telephone ~ 海缆载波电话设备
subsea ~ 水下井口装置
superposed multiplex ~ 报话复用设备
surveillance radar ~ 警戒〔监视〕雷达(设备)
switching ~ 交换机
system control ~ 系统控制设备
table tennis producing ~ 乒乓球生产设备
taking-up ~ 卷取设备
tape facsimile ~ 新闻广播〔带式〕传真机
task ~ 专用设备
telegraph switching ~ 电报交换机
telegraph transmission ~ 电报传输设备
telemeasuring ~ 遥测装置
teletex ~ 智能用户电报设备
television pick-up ~ 电视摄像设备
terminal ~ (通信)终端设备
the ground permeating ~ 渗灌设备
thermal recovery ~ 热采设备
three phase automatic reclosing control ~ 三相自动重合闸装置
tillage ~ 土壤耕作机具，耕地机具
time division multiplexer telegraph ~ 时分多路电报设备
timing ~ 同步装置
toll manual telephone exchange ~ 长途人工电话交换设备
train brake ~ 列车制动装置
transmitting ~ 发射设备
transplanting ~ 移栽机具，插秧机具
tree seed ~ 林木种子机械
trigger ~ 触发器，触发设备
ultrasonic diagnostic ~ 超声诊断仪
ultrasonic tomograph ~ 超声层析显像仪，超声断层显像仪
ultrasonic tomography diagnostic ~ 超声切面显像诊断仪
unattended ~ 自动(化)设备
under-belly ~ (拖拉机)机腹下悬挂农具，轴间下悬挂农具
unit record ~ 穿孔卡片设备，电子会计计算机设备
universal control ~ 通用控制阀

video ~ 视频设备
video display ~ 视频显示设备
voice recording ~ 录音设备，通话记录器
water hammer cleaning sand ~ 水锤清砂装置
water pollution treating ~ 水污染治理设备
weather map facsimile ~ 气象图传真机
wedge adjusting ~ 斜楔式压下量调整装置
weed control ~ 除草机具
weighing ~ 衡器
welding ~ （金属）焊接设备
well-controlling ~ 井控设备
wired carrier-current communication ~ 有线载波通信设备
workholding ~ 工件夹紧装置
yarn average test ~ 纱线条干均匀度测试仪

equipoise ①平衡（物，力，锤），对称②静平衡位置〔状态〕③使平衡，使均衡，配重
equipolarization 等配极变换
equipollent 均等（的，物），等力〔重，值〕的，相等的（物），同义（的，词），等价（的，物）在意义〔结果〕上相同
equiponderance 平〔均〕衡，等重〔力，功〕
equiponderant 平衡状态
equiponderate 使平衡，使补整，等重的
equiponderation 平衡（状态）
equiponderous 等重的
equipotent 等力〔效〕的
equipotential ①等电位②等电动势的，等电位的
equiprobability 等概率，几率相等
equirotal 安装有同样大小车轮的
equiscalar 等标量的
equisignal ①等信号（效应）②等信号航向台
equispaced （平）均（分）布（的），平均间隔的
equisubstantial 等质的
equitable ①公平的，公正的②衡平法的
equitime 等时（间）
equity ①权益②产权③衡平法
equivalence ①等价，等值（性），等效②相当，相等③原子价，原子当量
matterenergy ~ 物质能量守恒定律
equivalent ①相等的，相当的②等效的，等值的，等价的③当量的④等效，等值⑤当量，等价，等积，等效码
articulation reference ~ 等效清晰度衰减，清晰度参考当量
binary ~ 等效二进制数字
coal ~ 煤当量
dose ~ 剂量当量
elbow ~ 弯管当量长度
electrical ~ of calorie 热电当量
electrochemical ~ 电化当量
heat ~ 热当量
height ~ 等效高度
incremental ~ 微增等效
lead ~ 铅当量，铅厚度当量
monometric ~ 压力表当量
nine-inch ~ 标准砖体积当量（9 in × 4.5 in × 0.4 in，即 228.6 cm × 114.3 cm × 10.16 cm）
noise ~ 噪声等效功率，噪声等值，噪声当量，等效杂波
pyrometer cone ~ ①（高温）三角锥等值②（按示温）熔锥（决定的）可熔性系数
pyrometric cone ~ ①（高温）三角锥等值②（按示温）熔锥（决定的）可熔性系数
reference ~ ①基准当量，参考等效值②通话当量
screen ~ 网线数
transmission ~ 传输衰耗等效值
volume ~ 通话当量，音量当量
water ~ 水当量

equivalent-to-element 符合元件，“同”门
equiviscous 等黏滞性的
equivocation ①疑义度，模糊度②条件信息量总平均值
Era 耐蚀耐热合金钢
eradiation 发〔辐，放〕射
eradicator 消除器，根除器，除草机
track ~ 轨道消除器
erasability 可擦度，（记录）可消除性，消磁程度（录音带）
erasable 可擦的
erase 消除〔声，磁，迹〕，擦除
saturated ~ 饱和抹音（法）
erase-on-scratch 擦时删除
eraser 消磁〔抹音，擦除，（辙迹）消除〕器，挖字刀，橡皮
AC ~ 交流消磁器
bulk ~ 消磁器
head ~ 前置消磁器，磁头消磁器
magnetic ~ 消磁器，去磁器
motor ~ 电动擦图器
sound ~ 唱片音槽复原器
static ~ 静电消除器（例如接地线）
wheelmark ~ 轮迹消除器

erase/write　擦 / 写
erasing　擦〔刮，涂〕掉，消迹
　audio ~　抹音
　magnet ~　磁铁抹〔消〕音
　selective ~　选择性擦除，随机擦除
erasion　擦〔抹〕掉，消除〔灭，磁，迹〕
erasure　①消去，消除，清除，删去，消磁（录音）②疑符，删去物
　high-frequency ~　高频消磁
eratron　①无线电接收设备②电视接收机
erbium　铒（Er）
erect　①直立的，垂直的，竖的②竖立〔起，直〕③建〔设，创〕立④（垂直）安装，装配，作垂直线
erecting　竖立，架设
erection　①装配，安装，架设，竖立，直立②建筑物
　deck ~　甲板建筑物
　press ~　压力机安装
erector　①架设〔安装，举重〕器，（拖车的）升降架②激励器③安装工，装配工
　fence ~　围栏架设机
　steel ~　钢架装置机
erg　尔格（能量单位，等于 10^{-7} J）
Ergal　铝镁锌系合金
ergod　各态历经
ergodic　各态历经的，遍历（性）的
　individual ~　个体各态历经
ergodicity　各态历经性，遍历性
ergodynamograph　肌动力描记器
ergo-esthesiograph　肌动感觉描记器
ergogram　示功图，尔格图，测力图
ergograph　①测功〔示功，测力〕器②疲劳记录计
　piezoelectricity ~　压电式测力仪
ergometer　测功计，尔格计，测力计
　standard ~　标准测力机
ergometric　测力的，测量功率的
ergon　尔刚（光子能量单位，1 尔刚 = 1 erg = 10^{-7} J）
ergonomic(al)　人机工程（学）的，人与机械控制的
ergonomics　人机工程学（人与机械控制配合的工程学），人体工程学，人类（工作）环境改造学，宜人学，工效学
　human engineering ~　人机学
erg-ten　10^7 尔格（1 J）
eridite　电镀中间抛光液
E-ring　开口挡圈
eriometer　衍〔绕〕射测微器〔计〕，微粒直径测定器
eriskop　电视显像管（法国的）
erkensator　①立式离心除砂机②离心式浆粕净化机
Erlang　①厄兰（话务量单位，通话单位）②占线小时
Ermalite　厄马拉依特（重载高级）铸铁
erode　①腐〔剥，侵〕蚀②洗涤，洗去
erodent　浸〔腐〕蚀性的，腐蚀剂
erose　蚀痕状的，不整齐齿状的
erosion　①腐〔消，剥，酸，浸〕蚀，磨损②冲刷③冲砂
　ash ~　炉内结渣
　cavitation ~　气蚀，空蚀，空隙腐蚀，液流气泡浸蚀
　erosion-corrosionrefractory ~　炉衬烧蚀
　fluid ~　流体侵蚀磨损
　heat ~　热腐蚀，高温腐蚀
　sand ~　砂冲蚀，砂磨蚀
　spark ~　电火花腐蚀，电火花加工
　ultimate ~　最终腐蚀
　washboard ~　搓板〔梯形〕蚀痕
　wormlike ~　点腐蚀
erosion-corrosion　磨蚀腐蚀
erosive　腐蚀的，侵蚀的
err　（做）错，（仪器）不正确，产生误差
errata　erratum 的复数
erratic　①分散的②不规则的，不正确的，错误的③不稳定的，漂游的④假象
erratum　①错字，写错，排错，误符②（pl.）勘误表，正误表
erroneous　错误的
error　误差，错误，差错，故障，（应）修正量
　~ and omissions excepted　差错待查
　~ excepted　允许误差
　~ in bearing　方位误差
　~ in line　方向误差，横误差
　~ in omission　漏计误差
　~ in viewing　视差
　~ of alignment　同轴度误差，定线误差
　~ of division　分度误差
　~ of graduation　刻度误差，分度误差
　~ of mean squares　中误差，方均误差
　~ of parallax　视差误差
　abnormal ~　不规则误差
　accumulative ~　累积误差

accumulative pitch ~ 齿距累积误差
acid ~ 酸度误差
actual ~ 似真误差
aggregate ~ 累积误差
aging ~ 陈〔老，衰〕化误差
agitation ~ 骚动误差
alignment ~ 校正〔对准，对中，安装〕误差
alkali ~ 碱度误差
allowable ~ 容许误差，公差
allowance ~ 容许误差，许用误差
ambiguity ~ 模糊误差，多义性误差
apparent ~ 视在误差
appreciable ~ ①可估误差②粗差，显著误差
artificial ~ 人为误差
axial pitch ~ 轴向齿距偏差
axis intersection ~ 轴线相交偏差
azimuth ~ 方位〔平经，水平〕误差
background block ~ 背景误块，背景块差错
backlash ~ 侧隙误差
balance ~ 补偿误差，微调误差
balanced ~ ①平衡误差，比较误差②摆轮误差，平均误差③差额
bank ~ 倾斜度误差
barometric ~ 气压误差，气压常数
base diameter ~ 基圆误差
base tangent ~ 公法线平均长度偏差
Bayes ~ 贝叶斯误差
beam impact ~ 电子束着靶误差
bearing ~ 方位误差
bias ~ 系统〔固有，偏移〕误差
bridging ~ ①衔接误差②加密误差
burden ~ 负载误差
burst ~ ①猝发误差，突发差错②段错误，成组错误
centering ~ 定心误差（未偏转束着点与屏几何中心之差）
centrifugal ~ 离心误差（离心力对摆轮游丝系统造成的走时误差）
chaining ~ 丈量误差
chance ~ 偶然误差
circular pitch ~ 齿距误差
clerical ~ 书写错误
closing ~ 闭合误差，闭塞差
coincidence ~ 重合（性）误差
collimation ~ 视准误差，准直误差
colo(u)r-index ~ 彩色测定〔彩色指数，色标〕误差
combined ~ 总误差，综合误差
compile-time ~ 编译时错误
complementary ~ 附加误差
completeness ~ 完整性错误
component ~ 元件误差
composite ~ 总和〔综合，合成〕误差
composition ~ 组合错误，文法错误
concatenation ~ 并置错误
conscious ~ 已知误差
consistency ~ 一致性错误
constant ~ 常（在误）差
construction(al) ~ 安装误差
copying ~ 仿形误差
correctable ~ 可校错误，可修正的误差
course ~ 航向误差
critical ~ 临界误差，关键性误差
cumulative ~ 累计误差，累积误差
cumulative pitch ~ ①齿距累积误差（齿轮的）②螺距累积误差（螺纹的）
cyclic ~ 周期误差，循环误差
dead space ~ 静区误差
dimension(al) ~ 尺寸误差
discrimination ~ 鉴别误差
displacement ~ 偏移误差，偏转误差
drunkness ~ 螺距〔螺纹导程周期〕误差
dynamic ~ 动态误差
element ~ 元件误差（同批元件产品的互差）
elemental ~ 微差
elementary ~ 微差
end ~ 终端误差
evaluated ~ 估计〔评定，测定，计算〕误差
execution ~ 执行错误
experiment(al) ~ 实验误差，试验误差
extrapolation ~ 外推误差
fatal ~ 致命错误
fixed ~ 固定误差，系统误差
follow on ~ 随动误差，跟踪误差
follow(ing) ~ 随动误差，跟踪误差
fractional ~ 相对〔比例，部分〕误差
frame ~ 帧差错
gash spacing ~ 齿隙误差
ga(u)ging ~ 分度误差，检定误差
gimbal ~ 框架误差
governing ~ 调节误差，控制误差
graduation ~ 刻度误差，分度误差
gross ~ 总误差，过失误差，严重错误
human(-caused) ~ 人为误差
image ~ 像差
index(ing) ~ 分度误差，指标误差

indication ~ 读数〔显示，指示〕误差
individual ~ 单项（各别）误差
inherent ~ 固有误差，自然误差
inherited ~ 继承〔遗留，承袭，固有〕误差
instrumental ~ 仪表〔仪器，器具〕误差
intermittent ~ 间歇错误，间发错误
intersymbol ~ 符号交错
interval ~ 间隔误差
intrinsic ~ 基本误差，固有误差
isochronal ~ 等时性误差
isochronous ~ 等时性误差
keypunch ~ 键控穿孔错误
landing ~ 着陆〔落点，着靶，着屏〕误差
lead ~ 螺距误差，导程误差
line ~ 分划误差，格线误差
linear minimum mean squared ~ 线性最小均方差
linearity ~ 线性误差
loading ~ 负载〔输入，装入，加感〕误差
local rounding ~ 局部舍入误差
longitudinal form ~ 纵向齿形误差，齿向误差
loop alignment ~ 环形天线调整误差（方位误差）
machining ~ 机加工误差
mean ~ 平均（标准）误差
mean probable ~ 平均概率误差，平均公算误差
mean-root-square ~ 方均根误差
mean-square ~ 方均误差
median ~ 中间误差
metering ~ 测量误差
methodic ~ 系统（性）误差
middle ~ 二次误差
misuse ~ 误用错误
most probable ~ 最大概率误差
mushing ~ 颤噪误差，干扰误差
night ~ 夜间误差
non-systematic ~ 偶然误差，非系统性误差
octantal ~ 八分圆误差
off-axis ~ 离轴误差
offset ~ 偏移误差
off-track ~ 偏离轨道误差
over-roll measurement ~ 量柱测量距偏差，跨棒距偏差
parallactic ~ 视差误差
parallax ~ 视差，判读误差
parasitic ~ 寄生误差
parity ~ 奇偶检验误差
percent ~ 百分误差
percent ratio ~ 变压比误差百分数，变压比误差率（变压器的）
permanent ~ 固定误差
personal ~ 人为误差，个人错误
pitch ~ （螺纹的）螺距误差，（齿轮的）齿距误差
pointing ~ 指示〔瞄准，指向〕误差
poise ~ 平衡误差，偏重
position ~ 位置误差，空速管读数气动力修正量
positional ~ 位置误差
possible ~ 可能误差
presumptive ~ 设想误差，预定误差
probability ~ 概（率误）差
probable ~ 概率〔可能，或然，近真〕误差，概差
profile ~ 齿形误差，廓形误差
program(me) sensitive ~ 特定程序错误
progressive ~ 累积误差，累进误差
propagated ~ 延伸误差，传播误差
proportional ~ 相对误差，比例误差
quantization ~ 量化误差
quasi-probable ~ 似概差，似或然误差
radial composite ~ 双啮误差，径向综合误差
random ~ 随机误差
range ~ ①测距误差②量程误差
rate ~ 速率误差
ratio ~ 比例〔比值，变压比，比率〕误差
real ~ 真误差
reflection ~ 反射误差
refraction ~ 折射误差
registration ~ 配准误差，重合误差
regular ~ 系统误差
regulating ~ 调节误差
relative ~ 相对误差
repeatability ~ 重复性误差，参量零散，被测量零散
repetitive ~ 重复误差，系统误差（方位仪的）
reset ~ 复原误差，复位误差
residual ~ ①剩余误差，残差②漏检故障
respective ~ 个别误差
resultant ~ 合成误差，真（误）差
rms ~ 方均根误差，有效值误差
root-mean-square ~ 方均根误差，有效值误差
rounding ~ 化整〔舍入，取整，舍零，修整〕误差
round-off ~ 舍入误差，化整误差

sampling ~ 抽样误差
scale factor ~ 刻度因子误差
secondary ~ 次要误差，二次误差
semantic ~ 语义错误
sequence ~ 顺序错误
set-up ~ 调定误差，安装误差
shading ~ 图像暗影，黑斑误差
simultaneous ~ 同步误差，同时出错
single flank composite ~ 切向综合误差，运动误差（齿轮）
site ~ ①位置误差②仪表误差
size ~ 长度误差
slide ~ 数位移误
solid ~ 固定误差
source ~ 电源引起的误差
spacing ~ 间隔误差
specification ~ 规格误差
stand off ~ 偏位误差，变位误差
standard ~ 标准误差
static ~ 静态误差
status word ~ "错误"状态字
steady-state ~ 稳态误差，定常误差，静差
swing ~ 旋角误差
switch-timing ~ 开关同步误差
syntactic ~ 语法错误
system(atic) ~ 系统误差
systemic ~ 系统误差
terrain ~ 地势误差
thread ~ 螺纹误差
threshold tuning ~ 调谐界限误差
timing ~ 定时误差，计时误差，同步错误
tool aligment ~ 螺旋角误差(齿轮刀具位置的)
total ~ 总误差
total profile ~ 齿形误差，齿廓误差
total tooth alignment ~ 齿向误差
tracing ~ 跟踪〔随纹，统调〕误差
track ~ 磁道错误
transient ~ 过渡误差
transmitter site ~ 发射机产生的方位误差
transposition ~ 交叉误差，换位误差
truncation ~ 舍位〔舍项，截断〕误差
unbias(s)ed ~ 无偏误差
uncorrectable ~ 不可校错误
uncorrected ~ 漏校错误
unit ~ 单位误差
unit-control ~ 单机控制误差
up-down ~ 上下误差
validation ~ 合法性错误
variable ~ 变量〔可变，不定〕误差
vernier ~ 游标误差
vibropendulous ~ 振摆误差
visible ~ 可见误差
weighted ~ 加权误差，权重误差，权差
yaw ~ 偏航误差

ersatz 〈德〉代用品，人造品

eruption ①爆〔突，进〕发（物）②孔（径）

erythema 红疹，红斑

erythrocytometer 红细胞计数器

escalation 上升，提高

escalator 自动扶梯，阶梯式自动电梯

Escaloy 埃斯卡洛硬质合金（商品名）

escape ①透射，贯穿，穿透②逃脱，漏出，泄〔遗，看〕漏，逸出，脱离，排泄③出口，退刀槽，空刀槽，铲背后让，排气管④换码，撤销用字符
air ~ ①放〔漏，排，泄〕气②放气孔〔管，口〕
cylinder ~ 筒形擒纵机
data link ~ 数据通信换码
fire ~ 安全出口
general ~ 广义换码
locking ~ 封锁，封锁换码
resonance ~ 共振俘获逃逸
vapor(u)r ~ 蒸汽漏泄〔失〕

escapement ①擒纵轮，擒纵机，摆轮，棘轮装置②逃逸，脱离③制动，擒纵，闭锁，锁住
anchor ~ 锚形擒纵机
Bascule ~ 锁轴式天文钟擒纵机构（贝斯科里擒纵机构）
Brocot ~ 布罗可脱擒纵机构（棘轮装置）
circular pallets ~ 等臂式擒纵机构
clubtooth lever ~ 叉瓦〔瑞士〕式擒纵机构(俗称细马)
Comma ~ 康玛形擒纵机构
constant-force ~ 均〔恒〕力式擒纵机构
crank lever ~ 曲杆式擒纵机构
crown (wheel) ~ 冠〔冕〕状轮擒纵机构（用于摆钟的古老后退式擒纵机构）
cylinder ~ 筒形擒纵机，工字轮式擒纵机构
deadbeat ~ 非振荡擒纵机构，直进式擒纵机构（擒纵轮不作后退的擒纵机构）
detached ~ ①自由式擒纵机构（与摆或摆轮的摆动干涉最小）②分离式擒纵机构
detent ~ 天文钟擒纵机构
double roller (lever) ~ 双滚〔双圆盘〕擒纵机构

double three legged gravity ~ 双重三星轮重力式擒纵机（用于塔钟的大型擒纵机构）
double virgule ~ 双钩擒纵机构
duplex ~ 双联〔双重〕擒纵机构
Earnshaw ~ 厄恩肖〔天文钟〕擒纵机
electric ~ 电动擒纵机构
frictional (rest) ~ 非自由式擒纵机构
grasshopper ~ 蝗虫爪式擒纵机构
half dead ~ 半反冲擒纵机构
horizontal ~ 工字轮式擒纵机构
inverted ~ 反装式擒纵机构（配置在擒纵轮下方的擒纵机构）
jewel(l)ed lever ~ 叉瓦式擒纵机构
lever ~ 锚〔叉瓦，杠杆〕式擒纵机构
lobster claw ~ 蟹夹形擒纵机构
manivelle ~ 钩形擒纵机构
mixed type ~ 半直进式擒纵机构
pin-pallet lever ~ 销钉式擒纵机构（俗称粗马）
platform ~ 标准擒纵机构，单独的擒纵调速组件
rack lever ~ 齿条杠杆擒纵机构
ratchet-tooth lever ~ 尖齿〔英国〕式擒纵机构
recoil ~ 反冲〔后退式〕擒纵机构
repellent ~ 反叉式擒纵机构
right-angle ~ 直角式〔侧叉式〕擒纵机构
Robins ~ 罗宾斯擒纵机构（怀表擒纵机构）
roller ~ 滚子式半直进擒纵机构
silent ~ 无声擒纵机构
straight line lever ~ 直叉式擒纵机构（摆轮、擒纵叉、擒纵轮的中心成一直线的擒纵机构）
tic-tac ~ 拨爪式擒纵机构，滴答擒纵机构
verge ~ 冕状轮擒纵机构（用于摆钟的古老后退式擒纵机构）
verge dub-footed ~ 冕状爪式擒纵机构
Virgule ~ 弗古里式擒纵机构（类似工字轮擒纵机构）
Vulliamy ~ 武利亚迈式擒纵机构（叉瓦可调整的直进式擒纵机构）
worm ~ （擒纵轮轴齿换成蜗杆的）叉式擒纵机构

escaper 排放器
air ~ 放气器

escaping 换码

escenter 旁切圆心，旁心

E-scope E 型显示器

escorial 炉渣（堆）

escort 警卫，护卫，护航（艇，舰，飞机）
coastal ~ 护卫艇
patrol ~ 巡逻艇

escribe 旁切

escrow 代管契据，代管财产

escutcheon ①盾形金属片②饰框，金属框子，刻度盘饰框③铭牌，商标（模板上的），船名板④锁孔盖，孔罩
key ~ 键纹板
lamp switch ~ 灯开关片

e-shop 电子商店，网络商店，在线商店

e-shopping 电视购物

esiatron 静电聚焦行波管

Esicon 二次电子导电摄像管

esophagofiberscope 纤维食道镜

espews 无定形扫描信号

esquisse 草（拟）图（稿），草稿

esquisse-esquisse 快速设计草案

essay ①样品，标本②试验，尝试，企图，分析③论文，小品文，随笔，短文

essayist 论文〔随笔，小品文〕著者，实验者

essence ①本质，精华要素②汽油，香精，香料

essential ①本质的，根本的，主要的②必需〔要〕的，最重要的③提炼的，精（华）的，香精的，醚的，酯的④本质，要素，要点，基础，重要部分，必需品，精髓

esserbetol 聚醚树脂

Essolube （日本标准石油公司制造的）润滑油
call ~ 调用建立

establish ①建立，形成，产生②制〔确，规给〕定③证实④使固定

establishment ①建立，开设，创办，企业组织，机构，科学研究院②编制，人员③设备
branch ~ 附加设备，分支机构
manintenance ~ 保养机构，保养编制

estate 地产，财产
industrial ~ 工业用地
real ~ 房地产，不动产

ester 酯
cellulose ~ 纤维素酯
phosphate ~ 磷酸盐酯
resin ~ 酯化树脂

esterification 酯化（作用）

esthesiometer 触觉测量器

esthesiometry 触觉测量（法）

estiatron 周期静电聚焦行波管

estimate 估计〔算，价〕，概算，推算

advance ~ 预估计值
budget ~ 概算
coarse ~ 粗略估计
conservative ~ 保守估计
consistent ~ 相容估计
cost ~ 估价，造价估算，成本估计
error ~ 误差估计
final ~ 结算
general ~ 概算
ocular ~ 目测法
outside ~ 最高的估计
posterior ~ 后验估计
preliminary ~ 初步估计
prior ~ 先验估计，事前估计
provisional ~ 概算，估算，暂估价
rough ~ 粗〔估，概〕算，估计
estimating 估算，编写预算
estimation ①估计〔算，价〕，评价，判断，意见，预算（额），概算②评〔鉴，估，测〕定，预测
coincident ~ 重合估计
consistent ~ 一致估计，相容估计
grade ~ 质量评定
interval ~ 区间估值
joint ~ 联合估计
least-squares ~ 最小二乘估计
maximum-likelihood ~ 最大似然估计
minimax ~ 极小极大估计
mode ~ 状态估计
multiple ~ 复合估计
ocular ~ 目估，目测
on-line ~ 在线估计，联机估计
optimum ~ 最优估计
parameter ~ 参数估计
performance ~ 性能估计
regression ~ 回归估计
risk ~ 风险预测
sequential ~ 序贯估计
transcendental ~ 超越估计
unbias(s)ed ~ 无偏估计
estimator ①估计量②推算子，推算式，估值算子③计算机
consistent ~ 一致估计（量）
maximum-likelihood ~ 最大似然估计器
radiation ~ （辐射）剂量计
unconditional ~ 无条件估计（量）
estoppage 堵塞，阻止
E-string E 串，实体串（数据库中的一种串结构）
estron 醋酸纤维素
estuary ①潮区②三角港③河口，江〔海港〕湾
etalon ①标准，规格，基准②校准器，标准量具，校正器③标准样件④标准具，光谱干涉仪，波长测定仪
etch ①蚀刻，侵蚀，酸洗②腐蚀剂，蚀刻剂
~ back 深腐蚀，内腐蚀
acid ~ 浸酸，酸洗，酸刻蚀，酸侵蚀
bevel ~ 倾斜腐蚀
macro ~ 宏观（试片，组织）腐蚀
mask ~ 掩蔽腐蚀，掩模腐蚀
mass ~ （晶体的）粗蚀
side ~ 侧面腐蚀
stain ~ 染色腐蚀
etchant 蚀刻剂，腐蚀剂，侵蚀液
etch-bleach 漂白反像法
etcher ①标记与图案酸洗器，酸洗有标记和图案的金属所用仪器，腐蚀机②蚀刻师
etching ①蚀刻，药蚀，酸洗 ②蚀刻法，铜版术③蚀刻版印刷品④腐蚀的⑤修正
advanced silicon ~ 先进硅刻蚀
after ~ 残余腐蚀，最后腐蚀
close ~ 精蚀（石英片）
colo(u)r ~ 着色浸蚀
contour ~ 外形腐蚀加工
controlled chemical ~ 可控化学蚀刻
deep reactive ion ~ 深度活性离子刻蚀
dot ~ ①网点修整②斑点腐蚀
dry ~ 干刻蚀
electrochemical ~ ①电化浸蚀，电化学腐蚀②电抛光
electron beam ~ 电子束刻蚀
gas ~ 汽相腐蚀
gate ~ 栅腐蚀（场效应晶体管制造）
halftone ~ 网纹版
high-density plasma ~ 高密度等离子刻蚀
inductively coupled plasma ~ 感应耦合离子刻蚀
ion beam ~ 离子束蚀刻
ion bombardment ~ 离子轰击浸蚀
ion ~ 离子刻蚀
ion(ic) ~ 离子蚀刻，离子铣
magnetron ion ~ 磁控离子蚀刻
mesa ~ 台面蚀刻
mill roll ~ 轧辊的喷砂强化
needle ~ 针刻
reactive ion beam ~ 反应性离子束蚀刻
reactive ion ~ 感应离子刻蚀
rough ~ 粗蚀（晶体）

sputter ~ 溅射蚀刻
zinc ~ 锌版
etch-proof 防腐蚀的
eternit 石棉水泥管〔板，瓦〕
ethane 乙烷
ethanol 乙醇，酒精
ether ①以太，能媒②醚，乙醚③气氛④广播，播送
cellulose ~ 纤维素醚
ethyl ~ （二）乙醚，乙基醚
methyl ethyl ~ 甲基-乙基醚，甲氧基乙烷
polyphenyl ~ 聚苯基乙醚
Ethernet 以太（计算机）网（络）
fast ~ 快速以太网
Gb ~ 千兆比以太网
segmented switch ~ 分段交换以太网
switched ~ 交换式以太网
thick ~ 粗缆以太网
thin ~ 细以太网
Etherprint 以太网打印软件
Ethershare 以太网共享软件
EtherView EthevView 工具（一种网络监控工具程序）
ethine 乙炔
Ethonal 主要由变性酒精组成的防冻液
ethoxyline 环氧树脂
ethyl ①乙基②四乙铅③含四乙铅的汽车燃料
ethylamine 乙胺
ethylene 乙烯，次乙基
ethyne 乙炔
E-time 执行时间
e-trade 电子（在线）贸易
E-transformer E-变量器
eudialyte 异性石
eudiometer 容积变化测定管，量气管，气体燃化计，爆炸滴定管
eudiometry 气体测定〔分析〕(法)，空气纯度测定法
eumorphic 正形的，等角的
euphonic(al) 音调好的，悦耳的
euphonious 音调好的，悦耳的
euphony 谐和的音调，好音调
euphroe 紧绳器
Eureka ①尤利卡高电阻镍铜合金（w（Cu）55%～60%，w（Ni）40%～50%）②尤利卡信标，地方答应信标
europium 铕（Eu）
Eurovision 欧洲电视网，欧洲电视节目交换系统，欧洲电视节目交换制
euscope 映象显微镜，显微镜映象器
eutaxic 条纹斑状的，带状的
eutecrod 易熔焊条，共晶焊焊条
eutectic ①共晶，共晶体，低共熔体，易熔质，低共溶混合物②共晶的，低共熔的，易熔的
binary ~ 二元共晶，二元低（共）熔物
divorced ~ 离散的共晶体，断离状共晶体
eutecticevaporate ①低共熔的，易熔的②共晶体，易熔质，低共熔混合物
eutecticum 共晶（体）
eutectiferous ①共晶体的②亚共晶的
eutectiform 共晶状
eutectoid 类低共熔体，共析体，共析合金，易融质
eutectometer 凝点记录仪，快速相变测定仪，铸铁碳量测定仪
eutectometor = eutectometer
eutropic 异序同晶的
eutropy 异序同晶（现象）
evacuable 易于卸货的，易抽〔排，搬〕空的
evacuate ①搬空，抽（成真）空，排空，排气②消除
evacuation ①抽空，排气②消除，除清③撤离
evacuator 抽空装置，真空泵
sink ~ 污水泵
evaluation ①评定，鉴定，估计，估量，（听音）评价②求值，赋值，整理（数据），计算③测定
approximate ~ 近似计值，近似估计
data ~ 数据评价，数据估计
engineering ~ 工程评定，工程评价
feeling ~ 感觉评价
loudness ~ 响度鉴定
numerical ~ 数值估计，数值计算，近似计算
pattern ~ 模型鉴定
penetrate nondestructive ~ 渗透无损检测
performance ~ 性能评价
software ~ 软件评价
system ~ 系统评价
evaluator 鉴别器
errata ~ 误符计值多项式，误符计值子
test pattern ~ 测试码模式鉴定程序
evanesce 渐渐消失，衰减
evanescence 渐进于零，逐渐消失，渐渐消散，瞬息
Evanohm 埃弗诺姆镍铬系电阻合金（w（Ni）75%，w（Cr）20%，w（Cu）2.5%，w（Al）2.5%）

evaporability 挥发性，可蒸发性，汽化性
evaporant 蒸发物，蒸发剂
evaporate ①蒸发，汽化，脱水，发射（电子）②消失，消散
activated reactive ~ 活化反应蒸镀
electron ~ 电子发〔放〕射
electron-gun ~ 电子束蒸发
equivalent ~ 当量蒸发量，蒸发当量
evaporation ①蒸〔挥〕发（作用，过程，量），蒸涂〔镀〕，汽化，脱水（法），干燥，消〔发〕散，升华逸散（作用）②蒸汽
explosive ~ 沸腾蒸发
film ~ 薄膜蒸发，薄膜蒸涂
flash ~ 闪蒸，骤蒸
inverted ~ 向下〔伞形，反向〕蒸发
ion beam ~ 离子束蒸发
mask ~ 掩模蒸镀
oblique ~ 斜向蒸发，斜向蒸镀
reactive ~ 反应蒸发
selective ~ 分〔精〕馏
evaporativity 蒸发度〔率，能力〕
evaporator 蒸发器（使料液进行浓缩），汽化器，蒸发段（直流炉的）
analogue output ~ 模拟量输出蒸发器
basket type ~ 悬筐式蒸发器
bled steam ~ 抽汽加热蒸发器
climbing-film ~ 按薄膜上升原理工作的蒸发器
falling-film ~ 降膜蒸发器
film ~ 薄膜蒸发器
finned ~ 鳍管蒸发器
flash ~ 闪蒸器，扩容器
flooded ~ 全浸式蒸发器（加热面完全浸没的蒸发器）
forced-circulation ~ 强制循环蒸发器
forced-circulation crystallizing ~ 强制循环蒸发结晶器
furnace ~ 炉内蒸发受热面，炉内蒸发段
herringbone type ~ V 形管蒸发器
internal-coil ~ 内盘管蒸发器
Levin ~ 列文式蒸发器
one-effect ~ 单级蒸发器
oslo type crystallizing ~ 奥斯陆型蒸发结晶器
oxygen ~ 液氧汽化器
pot-type ~ 罐〔锅，蒸馏釜〕式蒸发器
rising-film ~ 升膜蒸发器
scraper-type thin-film ~ 刮板式薄膜蒸发器
shell ~ 封闭式蒸发器
shell-and-tube ~ 管壳式蒸发器，列管式蒸发器
standard ~ 标准式蒸发器
submerged-tube ~ 潜管〔有装料管的〕蒸发器
evaporimeter 蒸发计
evaporimetry 蒸发测定法
evaporization 蒸发，汽化
evaporograph 蒸发成像仪
evaporography 蒸发成像术
evaporometer 蒸发计
evaporoscope 蒸发镜
evapotranspiration 蒸散，流逸，蒸腾损失总量
evase （风机、泵等出口的）渐扩段
evatron ①自动控制用热离子变阻器②电子变阻器
even ①平（滑，坦，静，稳，衡）的，（高低一般）齐的②不曲折的，无凹陷的，连贯的③有规律的，不变的，一样〔致〕的，均匀〔等，衡〕的，相〔对〕等的，同样的④偶（数的），双（数的），用 2 除得尽的⑤整（数，整）的
~ out 校平，整平
test ~ 偶次谐波测量
even-charge 偶电荷
evener ①整平器，均衡〔平衡，调整〕器②（双畜犁）牵引均衡横木
windrower ~ 平堆机，料堆摊平机
even-even ①偶数对，偶数个偶数②偶 - 偶的
evengranular 颗粒均匀的
evenness （均）匀度〔性〕，平滑度，平面度，一致性
even-odds 成败〔正反〕机会相等
evenometer 光电式匀均度测定仪
event ①事件②作用，动作③现象④结果⑤间隙，缝，孔，距离⑥冲程⑦（原子核）转变
asynchronous ~ 异步事件
compatible ~ 相容事件
control block ~ 控制封锁事件
cycle ~ 循环动作
dependent ~ 附带事项
discharge ~ 放电期
disjoint ~ 不相交事件
equally likely ~ 等可能事件
exclusive ~ 互斥事件
imcompatible ~ 不相容事件
impossible ~ 不可能事件
independent ~ 独立事件
ionizing ~ 电离作用〔条件〕

list ~ 表事件
logic ~ 逻辑事件
program(me) ~ 程序事件
random ~ 随机事件
simple ~ 简单事件，单纯事件
spurious ~ 假象
valve ~ 阀（门）动作

eventful ①多事(件)的,多变(故)的②重大的，重要的

eventuality 不测事件，可能发生的事件，偶然性

ever-accelerating 不断加速的

Ever-brass 埃弗无缝黄铜管

Everbrite 埃弗布赖特铜镍耐蚀合金（w（Cu）60% ~ 65%,w（Ni）30%,w（Fe）3% ~ 8%）

Everdur 爱维杜尔铜合金，铜硅锰合金，赛钢硅青铜

evereven 自调匀整装置

Everlube 耐寒性润滑油

eversion 外翻，翻转，反转

evidence ①证〔根,论〕据,数据,资料②形痕，形迹，迹象③显著，明显
contributory ~ 辅助数据
original ~ 原始凭证

evocon 电视发射管

evolute ①渐屈〔开〕线，法包线②波形装饰③渐屈的
~ of surface 渐屈面
filar ~ 线渐屈线
mean ~ 中点渐屈线
metacentric ~ 定倾中心展开线
plane ~ 平面渐屈线

evolution ①发展，进展，展开，渐进，进化，演变②放出（气体,热量),泄出,逸出③（渣，烟的）形成④开方
gas ~ 气体逸出，发气性〔量〕
heat ~ 热析出，放热，发热
high-speed packet access ~ （通信）高速分组交换存取优化
system architecture ~ 系统体系结构升级

evolutoid 广渐屈线

evolve ①开展，发展，展开②进化，演变，使逐渐形成③放出，发出，离析④引申出，（经过试验研究等）得出，推论，研究出，制出

evolvement 展开，进展，发展，发达

evolvent 渐伸〔开，屈〕线，切展线

e-wallet 电子钱包

exabyte 艾（可萨）〔10^{18}〕字节，EB

exact ①精〔正〕确的，确切的②精密的，严密〔谨，格〕的③急需

exactitude 正确（性），精密（度），严正（性）

exactness 精确（度），正确（性）

exactor 激发机

exaggeration 过〔放，夸〕大

exaltation ①提升，升高②纯化，精炼③超加折射
optical ~ 旋光性增强

examination ①试验，检验，检查②调查，研究③考试
boroscope ~ 用看孔镜目视检查
inspection ~ 查验
macrographic ~ 宏观检验，低倍检验
macroscopic ~ 宏观检验，低倍检验
magnetic ~ 磁化试验
metallographic ~ 金相分析〔检验〕
microscopic ~ 微观检验，金相试验
radio ~ 射线检验
radiographic ~ 透射检验
semi-destructive ~ 局部破坏性检验
visual ~ 肉眼检验，表观检查

examiner ①量隙规②检验人，验收员

example ①实例，例子②样品，样机
adversarial ~ 对抗样本
numerical ~ 数值例
for ~ 例如，举例

exampling 取样，抽样

exante 〈拉〉事前

exhausting 排气

exbiology 地球外生物学

excavation ①穴，洞，坑道②挖〔发〕掘，挖方

excavator 挖掘机，挖土机，打洞机，电铲
bucket ~ 斗式挖土机，多斗挖土机
bucket wheel ~ 斗轮挖掘机
cable ~ 塔式缆索挖掘机，绳铲挖掘机
cableway ~ ①绳拉式耙子（小露天矿剥离用）②耙矿机
caterpillar-mounted ~ 履带式挖土机
chain-bucket ~ 链斗式挖掘机
clamshell ~ ①抓斗挖土机②抓斗，挖斗
crawler-mounted ~ 履带式挖土机
ditch-and-trench ~ 开渠挖沟机，挖壕机，挖沟机
dragline ~ ①拉索斗式挖土机，吊铲②拉铲铲斗
dry earth dredger ~ 多铲式挖掘机
forward shovel ~ 正铲挖掘机
hydraulic ~ 液压挖掘机

mechanical bucket ~ 机械挖掘机
monobucket ~ 单斗挖土机
multi-bucket ~ 多斗式挖土机
one-bucket ~ 单斗挖土机
orange-peel ~ 橘瓣式抓斗挖土机
road ~ 筑路用挖掘机
ruth ~ 多斗式挖掘机
shovel ~ （铲）斗式挖土机
single bucket ~ 单斗挖掘机
slackline cableway ~ 拖铲挖土机
swing ~ 全回转式挖掘机
trench ~ 挖壕沟机
trestle (cable) ~ 高架（索道）挖土机
utility bucket ~ 万能单斗挖掘机
vertical-boom ~ 立臂式挖土机
walker ~ 步行式挖掘机
wheel ~ 斗轮挖掘机

exceed 超过，优于，过剩

exceeding 超过的，越过的

excel 胜过，优于，超过的

Excel Excel 电子表格软件

excellent 优秀〔良〕的，最佳〔好〕的

excelsior 细刨花，锯屑

excenter 外心

excentric(al) 偏心的

excentricity 偏心率〔距，度〕
linear ~ 偏心距

EXCEPT-gate "禁"门，"与非"门

exception ①例外，除外②反对，异议③异样，异常
access ~ 存取异常
address translation ~ 地址转换异常
decimal-overflow ~ 十进制溢出异常
execute ~ 执行异常
exponent overflow ~ 阶上溢异常
exponent underflow ~ 阶下溢异常
operation ~ 操作异常，操作事故
page translation ~ 页转换异常
protection ~ 保护异常，保护事故
segment translation ~ 段转换异常
significance ~ 有效位异常
translation ~ 转换失效，转换故障
unit ~ 设备例外（通道状态）

excerpt 选录，摘录，引用，引文

excess ①过分〔量，剩，度〕②超过〔量，额〕，过剩量，余数，剩余（物），盈余③极端〔限〕④过〔量〕的，超过标准的，额外的，〔多〕余的
buoyancy ~ 浮超
positive ~ 正（电荷）过剩
pressure ~ 剩余压力，压力增量
spherical ~ 球面过剩〔剩余，角超〕
temperature ~ 温差（热交换器中）

exchange ①交换，转换②电话交换局，交换机③兑换率④汇兑，外汇
anion ~ 阴离子交换
auto-manual telephone ~ 半自动电话局
automatic ~ 自动电话局，自动电话交换机
automatic message ~ 自动消息交换，自动报文交换
automatic multimedia ~ 自动多媒体交换机
barter ~ 易货交易
batch ion ~ 间歇离子交换，周期离子交换
bidirectional ~ 双向交换（器）
branch ~ 电话支局
calling ~ 主叫电话局
capacity ~ 能力交换
cation ~ 阳离子交换
common battery ~ 共电式交换
community automatic ~ 区内自动电话局
containerized telephone ~ 集装箱式电话交换机
country satellite ~ 乡村电话支局
data switching ~ 数据交换机
dial ~ 拨号（盘式）交换机，自动电话交换机
discriminating satellite ~ 切换分局，装有区别机的分局（自动电话）
distant ~ 远端电话局
double ~ 双重交换
fin tube heat ~ 鳍片管热交换器
foreign ~ 外汇兑换
heat ~ 热交换，换热
interactive data ~ 交互式数据交换
ion ~ 离子交换，离子置换
ISDN ~ 综合业务数字网交换机
junction ~ 中继局
local ~ 局域交换机
local telephone ~ 市内电话局
local/rural toll combine ~ 长（途）市农（合一）电话交换机
magnet telephone ~ 磁石式电话交换机
magneto system ~ 磁石式交换机
magnetoswitchboard ~ 磁石交换机
manual ~ ①手动交换，人工交换②人工交换机

memory ~ ①存数互换（两个存储单元中的内容互换）②存数互换装置
message ~ 信息交换装置
minor ~ ①电话支局②分交换机
multioffice ~ 多局交换
net heat ~ 净热交换
packet switching ~ 分组交换节点机
PAM telephone ~ 脉幅调制式电话交换机
power ~ ①功率交换②交换容量
private ~ 用户交换机，专用交换机
private automatic ~ 内部自动交换机（不能接外线）
private automatic branch ~ 专用自动交换机（可接外线）
private branch ~ 用户电话交换机，用户小交换机，专用小交换机
quantum ~ 量子交换
radiant ~ 辐射换热
radiat(ion) ~ 辐射换热
radio ~ 无线电交换台
retransmission ~ 转发交换
rural ~ 农村电话局
rural telephone ~ 农村电话交换机
satellite ~ 电话分局，支局
sequenced packet ~ 顺序数据包交换
SPC space division telephone ~ 程控空分电话交换机
storage ~ ①两个存储单元中的内容互换②存储内容互换的控制装置
tandem ~ 电话汇接局
telegraph ~ 电报交换机，用户电报
telephone ~ 电话交换，电话交换机
teleprinter ~ 电传打字电报交换机
telex telegraph ~ 用户电报（直通）交换机
terminal ~ 电话端局
toll ~ 长途拨号局（美），市郊电话局（英）
toll digital ~ 长途数字交换机
trunk ~ 长途电话局，中继交换机
unit automatic ~ ① 内部自动电话交换机②县内自动电话交换机③小型自动电话交换机〔台〕
vacancy tracer ~ 空位示踪原子互换

exchangeability 互〔交〕换性

exchangeable 可交换的，可互换的

exchanger 交换器〔机，剂〕，交换程序，散热器，换热器
air oil heat ~ 气 - 油换热器
anion ~ 阴离子交换器
baffled ~ 折流换热器
base ~ 碱性离子交换器
bifunctional ~ 双功能交换剂
bill ~ 纸币兑换机
blanket heat ~ 再生区换热器
cation ~ 阳离子交换剂〔器〕
cellulosic ~ 纤维素类（离子）交换剂
compact heat ~ 紧凑式换热器
composite heat ~ 混合式换热器
contact type heat ~ 接触式换热器
counterflow heat ~ 逆流式换热器
countraflow heat ~ 逆流式换热器
crossflow heat ~ 交叉流式换热器
direct-contact heat ~ 混合式换热器
double-pipe heat ~ 套管式换热器
electron(ic) ~ 电子交换机
fin ~ 鳍管热交换器
finned-tubes ~ 翼片换热器
flat-tube heat ~ 光管换热器
flexible-tube heat ~ 氟塑料换热器
frequency ~ 变频机，变频器
glass heat ~ 玻璃换热器
graphite heat ~ 石墨换热器
heat ~ ①热管换热器②冷却器，散热器③管形加热器
H-ion ~ 氢离子交换器
ion ~ 离子交换剂
lamella heat ~ 板壳式换热器
let down heat ~ 下泄换热器
manual ~ 人工电话交换机
mixed-bed ~ 混床离子〔树脂〕交换器
monofunctional ~ 单功能离子交换剂
oil-to-air heat ~ 空冷换热器
oil-to-water heat ~ 水冷换热器
one-one ~ 单壳单程换热器
one-two ~ 单壳双程换热器
optically active ~ 旋光（离子）交换剂
plate coil ~ 螺旋板换热器
plate heat ~ 平板式换热器
plate-fin heat ~ 板翅式换热器
platen heat ~ 膜片式换热器，屏式换热器
primary heat ~ 主级换热器
recuperative heat ~ 回热〔同流，间壁，再生〕式换热器
regenerative heat ~ 交流〔再生，回热式〕换热器
repeater ~ 中继交换机
resinous ~ 树脂性交换剂

rotary disk heat ~ 转盘式换热器
scraped surface heat ~ 刮面式换热器
secondary ~ 二次（离子）变换器
secondary heat ~ 二次换热器
serpentine type heat ~ 蛇管式换热器
shell-and tube ~ 管壳式换热器
shell and tube heat ~ 管壳式换热器，列管式换热器
shield heat ~ 有罩换热器
spiral heat ~ 螺旋板换热器
steam-(to)-steam heat ~ 汽-汽换热器
storage-type heat ~ 储蓄式换热器
strong-base anion ~ 强碱阴离子交换器
surface (heat) ~ 表面换热器
teletype writer ~ 电传打字交换机
transfer-type heat ~ 传递式换热器
tube-in-tube heat ~ 套管式换热器
tubular (heat) ~ 管式换热器
wall type heat ~ 间壁式换热器
weak-base anion ~ 弱碱阴离子交换器

excimer 激元，激发物，激态基态复合物

excipient 赋形剂

exciplex 激发状态聚集

excircle 外圆，旁切圆

excise 消费税，货物税

excision 切除，分割，被切〔删〕去部分，破坏

excitability 可激发性，励磁性，灵敏性

excitation ①扰〔激〕动，激励，激发②励磁③激（励）振（荡），磁化电流，磁动势

AC ~ 交流励磁
airglow ~ 大气辐射激励
brushless thyristor ~ 无刷晶闸管励磁
capacitive ~ 电容〔电流〕励磁，电容性自励
ceiling ~ 极限励磁，顶值励磁
composite ~ 混合励磁
compound ~ 复励
condenser ~ 电容器励磁
constant ~ 恒定励磁
cophase ~ 同相激励
cumulative compound ~ 积复励
differential ~ 差励，差动励磁
double pulse ~ 双脉冲激励
electric ~ ①励磁，②电激发，电激励
electron-beam ~ 电子注〔束〕激励
electronic ~ 电子激发〔激励，励磁〕
feedback ~ 反馈励磁
field ~ ①场激励②场致发射微波器件
fixed ~ 固定励磁（发电机的）
hard self ~ 硬自励
higher-mode ~ 高次谐波励磁
high-speed ~ ①快速励磁②强行励磁
impact ~ 冲击励磁，冲击激励，碰撞激发
impulse ~ 脉冲激发，脉动激励
independent ~ 单独励磁，他励
indirect ~ 间接激励，间接励磁
laser ~ 激光激发
level-compound ~ 平复励
light ~ 发光激励
light flash ~ 闪光激发
magnetic ~ 磁力激发
mechanical ~ 机械激发
molecular ~ 分子激发
multiple ~ 多励，多激，复励
mutual ~ 互激励，交换激励
no-load ~ 空载励磁，无载励磁，无载激励
normal ~ 正常激励，正常励磁
open-circuit ~ 空载励磁，开路励磁
optical ~ 光激发
overcompound ~ 过复励
parallel ~ 并励
parametric ~ 参量激励
permanent magnet ~ 永久磁铁励磁
photo-nuclear ~ 光致核激发
pulse ~ 脉冲激励，脉冲产生
quick-response ~ 快速励磁，强行励磁
raster ~ 图案激励，光栅激励
repulse ~ 推斥〔碰撞，冲击〕激励
residual ~ 剩磁励磁
selective ~ 选择激发（机理）
separated ~ 他励
series ~ 串励
shock ~ 碰撞激励，冲击激励
shunt ~ 并励
spark ~ 火花激励，火花激发
step-by-step ~ 逐步激发，逐步励磁
surge ~ 冲击励磁
thermal ~ （电子）热骚动

excite ①激励，激发，励磁②使感光

excited 受激的，（已）激发的，（已）励磁的，激励的

separately ~ 他励的

excitement 激励

exciter ①激励器，励磁机，②主控振荡器，振动试验台③辐射器（天线），有源天线

AC ~ 交流励磁机
alternator-rectifier ~ 同步发电机-整流器式

励磁装置
buzzer ~ 蜂音励磁机，蜂鸣激励器
cascade ~ ①串级励磁机②级联激发器
compound source static ~ 复合电源静止励磁机
cross-field ~ （正）交横（场）励磁机
crystal ~ 晶体激振器
DC ~ 直流励磁机
direct-connected ~ 直(接)连(接)式励磁机，同轴励磁机
direct-coupling ~ 直（接）连（接）励磁机，同轴励磁机
field ~ ①励磁机②场激励器
FM ~ 调频激励器
geared tandem DC ~ 减速器（与主涡轮机轴直接连接的）同轴直流励磁机
impact ~ 冲击励磁机，强行励磁机
impulse ~ 冲击激励器
Magnavolt ~ 旋转放大机式励磁机
pilot ~ ①副励磁机②导频激励器
potential source static ~ 电势源静止励磁机
radio frequency ~ 射频振荡激发器
rotating ~ 旋转励磁机
rototrol ~ 旋转放大励磁机
shock ~ 强行励磁机，冲击励磁机
shunt-wound ~ 并励励磁机
static ~ 静止励磁机
tandem ~ 串列励磁机（与发电机轴直接连接的励磁机）
television ~ 电视激励器
vibration ~ 振子
video ~ 视频激励器

exciton 激（发）子，激发性电子 - 空穴对

excitron ①激励管②激弧管（汞整流器），单阳极汞整流管

exclude 拒绝（接纳，考虑），排除〔斥〕，除去，隔绝〔断〕

excluder ①排除器②隔绝装置，密封装置
dirt ~ 收泥器，保护盖，除尘器
harmonic ~ 谐波抑制器，谐波滤波器

exclusion 除去，排除〔斥〕，拒绝，禁区
mutual ~ 相互排斥

exclusive 除外的，专用的，不相容的，排它的，禁止的

exclusive-guideway 专用轨道

exclusiveness ①排除，排他性②单一标目分类（一个主题只能按一个标目归类）

exclusive-OR ①“异”,“异 - 或”运算,“异 - 或”逻辑电路②模③进行“异”操作，按位加
logic(al) ~ 逻辑“异”

excogitation 设计，发明，计划，方案

excoriate 磨损，擦伤，剥（皮），取去（覆盖物）

excursion ①偏〔漂〕移，偏差〔振〕，振幅，摆幅，变化范围②功率急速上升
amplitude ~ 振幅偏移，幅度偏移
frequency ~ 频移
peak ~ 最大振幅
power ~ ①功率偏移，功率偏离（额定值）②功率失控剧增
pressure ~ 压力漂移，压力突升
reactivity ~ 反应性急剧上升
response ~ 扰动运动振幅
signal ~ 信号偏移
temperature ~ ①温度偏差②温度剧增，超温
total ~ 全行程
voltage ~ 电压偏移，电压摆动

excursus 附录，附注

exducer 出口导风轮，出口导流器

exe 可执行文件名后缀

exec 执行

execute 执行

execution ①实行，执行，实现，实施，成功②使生效
overlapped ~ 重叠执行
control communication ~ 控制通信执行部件
dedicated ~ 专用执行程序

executive ①完成（的）②执行（的）
floating ~ 浮动执行程序
input ~ 输入执行程序
multiprogram(m)ing ~ 多道程序执行部件〔指令〕
output ~ 输出执行程序
resource sharing ~ 资源共享执行程序
system command ~ 系统命令执行程序

executor 操纵器，执行程序（元件）

exegesis 释，解释，评注

exemplar 样件〔品，本〕，试样，标本，模型，模范，典型，例子

exemption 免除，解除
tax ~ 免税

exercise 练习，实行，实习
management ~ 管理试验

exerciser ①练习程序②运动器械，体操用具
propellant utilization ~ 燃料输送调节装置
system ~ 系统试验器

exergonic 产生能量的，做功的

exergy 放射本领
exert 加压，引起应力
exertion 应力
exfiltrate （逐渐）漏〔泄，渗〕出，渗〔泄〕漏
exfoliation 剥落，片落，层蚀，层离，分层，成层，蚀生层，分离
exhalant =exhalent
exhale ①蒸发，汽化，消散②放出，析出
exhalent ①蒸发管，发散管②蒸发的，分散的
exhaust ①取尽，耗尽②排气，排出，抽空，抽气③废气④彻底研究，详细讨论⑤用过的，废的
Baumann ~ 鲍曼式排汽（复排汽）
double-flow ~ 双流排汽
furnace ~ 炉膛烟气，高炉瓦斯
jet ~ 排气喷口，喷气口
multiple ~ 分流排气，多支排气
steam ~ 乏汽，回汽
trolley ~ 活动排气台排气
vented ~ 通风排气
exhaust-driven 排气传动的，排气式的
exhausted 耗尽的，废的
exhauster ①抽风机，抽气装置，排气机，排气装置，引风机，吸风机，压气〔水力〕吹风管②乏汽涡轮，乏汽膨胀机③吸尘器④真空泵
air ~ 抽气机，排气风机
ash ~ 排灰器
dust ~ 排尘器
gas ~ 排气机
jet ~ 喷射抽气机，喷射真空泵，引射器
liquid ring ~ 液膜多叶回转排气机
mill ~ 排粉机
pulverizer ~ 排粉机
steam jet ~ 排汽器
turbo ~ 涡轮抽风机〔引风机〕
exhaust-heater 排气〔废气〕加热器
exhaustion ①消耗，耗尽，排尽②排气，抽空
heat ~ 热量消耗
exhaustive ①消耗性的，摧毁性的②彻底的，应有尽有的
exhaustivity 概全性
exhaustor =exhauster
exhibit ①展览，陈列②显示，表现，呈现③陈列品④正表，例证
exhibition ①展览，陈列，显示②展览会〔品〕，陈列品，博览会
polytechnic ~ 工业展览会

exhibitory 显示的，表示的
Exicon 固态 X 射线变像器
exine 外膜
existence ①存在，生存②存在物，实体
existent ①现存〔有，行〕的，实际的，原有的②存在的事物，生存者
exit 出口，通道，引出端，排气管，子程序出口
blade ~ 叶片出口
block ~ 分程序出口
deferred ~ 延迟输出，延迟出口
emergency ~ ①备用引出端②太平门
false ~ 假出口
fire ~ 太平门
jet ~ 出口气流，气流排出，喷管，尾喷口
nozzle ~ 喷嘴，喷口截面，喷管出口
page ~ 页面出口
procedure ~ 过程出口
true ~ 真出口
exitance 辐射出射度（单位面积的辐（射能）通量）
luminous ~ 光出射度
photon ~ 光子出射度
radiant ~ 辐（射）出（射）度
spectral radiant ~ 光谱辐（射）出（射）度
exobiology 宇宙〔外空，地（球）外〕生物学
exoelectric 放电的
exoelectron 外激电子
exoenergic =exoergic
exoergic 放能的，放热的
exogas 放热型气体
exogenic =exogenous
exogenous 外生〔源，成，来，因〕的，外界产生的，由外生长的，生于外部的
exograph X 光照片，外（X 射线）照相
exomomental 发射脉冲的
exorbitant 过度的，过分昂贵的
exordium 序言，绪论
exoskeleton 骨骼装置
exosmic 外渗的
exosmose 外渗（现象）
exosmosis 外渗（现象）
exosphere 外大气层（离地球 480 ~ 1 600 km）
exostructure 外壳承载的结构
exotemp 发热回火
exotherm ①（因释放化学能而产生的）温升②放热曲线
exothermal 放热的，发热的
exothermic =exothermal

exotic ①外来的，外国的②稀有的，特殊的③外来品，舶来品

exotropism 外向性（离轴偏转）

expand ①扩张，扩孔，扩大，膨胀，胀（管）口，扩展，展宽，完全写出（缩略部分）②发展，展开，延伸③阐述，详谈

mandrel ~ （卷取机）卷筒胀大

time ~ 时间延长，延时

expander ①扩展〔张，管〕器，扩径装置，扩展电路，碾扩机，膨胀器②开幅辊，放大器③蒸发器（制冷机的），（膨胀）致冷发动机④（活塞环的）胀圈⑤动圈式扩音器

analog(ue) input ~ 模拟输入扩展器

audio ~ 音频扩展器

audio compressor- ~ 声频压缩扩展器，音频压缩扩展器

cone ~ 锥形扩布器

electric tube ~ 电动胀管机

gudgeon ~ 胀管器

hue ~ 色调扩展电路

logie ~ 逻辑扩大器（无触点继电器的一种）

muff ~ 袖笼式绞纱扩张机

packing ~ 垫料胀圈

pipe ~ 扩管机

piston ~ 活塞膨胀机

piston ring ~ 活塞环撑胀器

piston skirt ~ 活塞裙扩大器

plug ~ 斜轧扩径机

range ~ 量程扩展器

reciprocating ~ 往复〔活塞〕式致冷发动机

rim ~ 卸轮辋器，轮辋撑胀器

roller ~ 滚子扩张器，滚子扩管器

rotary ~ ①滚压扩管机②旋转式致冷发动机

screw shaped ~ 螺旋展幅滚筒，螺旋绷布辊

scroll ~ 蜗杆式开幅器，螺旋开布辊

shock absorber ~ 水封护罩，避震器伸长器

skirt ~ （活塞）底缘胀圈

snapring ~ 弹性卡环（开口环）装卸器

spiral ~ 螺旋形扩幅装置，螺旋伸张器，螺旋展平机

sweep ~ 扫描扩展器

tube ~ 扩管（口）器，管子扩口器，胀管器

turbo ~ 涡轮致冷发动机

volume ~ 音量扩展器

expand-in ①辊压②卷边

expanding ①膨胀（的），扩张〔大，展，孔〕的②展开，扩径，扩管，心轴上扩孔③胀形④展成级数

~ of waveguide 波导伸张

cold ~ 冷胀

expandor =expander

expansibility ①膨胀性②扩展性

linear ~ 线膨胀系数

expansible 易扩张的，易膨胀的

expansion ①扩张〔大，展，径〕，膨胀②展开，均整，发展，延长〔伸〕，蒸发③展平，辗轧④展开式，展成级数⑤伸长率，长宽化，空间，区域

~ in powers 按幂展开

~ in series 展开成级数

adiabatic ~ 绝热膨胀

approximate ~ 近似展开式

asymptotic ~ 渐近展开

automatic volume ~ 自动音量扩展

bed ~ （离子交换）层床膨胀度

binomial ~ 二项展开式，二项式分解

capacity ~ 容量扩展

compound ~ 复膨胀，二级膨胀

compression ~ 压缩扩展（影碟机降噪技术）

confined ~ 限度膨胀

constant entropy ~ 等熵膨胀

constant temperature ~ 等温膨胀

continued-fraction ~ 连分式展开式

contrast ~ 对比率增加

cubical ~ 体积膨胀

data ~ 数据扩充

differential ~ 差胀，相对膨胀

environmental audio ~ 背景声拓展，环境音效扩展技术（混响、变调、回声及延时等的三维音效技术）

firing ~ 烧成膨胀

flow ~ 气流膨胀

harmonic ~ ①谐波级数展开，傅里叶级数展开②谐和展开，调和展开

heat ~ 热膨胀

isentropic ~ 等熵膨胀，绝热膨胀

linear after ~ 线性残余膨胀

measure(d) ~ 体积膨胀

notch ~ 标志扩展

orthogonal ~ 正交函数展开

outer product ~ 外积展开式

partial-fraction ~ 部分分式展开式

preshrinkage ~ 收缩前的膨胀

reheat staged ~ 中间再热多级膨胀

series ~ 级数展开（式）

superficial ~ 表面膨胀

sweep ~ 扫描扩展
system ~ 系统扩充
temperature ~ 热膨胀
thermal ~ 热膨胀
throttling ~ 节流膨胀
volume ~ ①体（积膨）胀②声量扩展
white ~ 白扩张

expansivity =expansibility

expectance =expectancy

expectancy 期待，期望，预期
life ~ 概率寿命，预期寿命，计算求出的工作期限
repair ~ 预计修理量

expectation ①预期，期望②期望值③预期寿命
~ of life （根据概率统计求得的）平均〔概率，估计〕寿命
conditional ~ 条件期望
endurance ~ 估计使用期限
mathematic(al) ~ 数学期望（值），计算寿命，统计寿命

expedance 负阻抗

expedience =expediency

expediency 权宜量（事的）得失

expedient ①权宜的，临时的，有利〔用〕的，合适的②（应急的）手段〔办法〕

expel 排〔挤，放，喷〕出，发〔放〕射，消除

expeller 螺旋式压榨器，推出器，排除器，分离器，向心式涡轮叶轮
moisture ~ 水分压榨机
oil ~ 除油器，螺旋榨油机

expend 使用，消费

expendable ①消耗性的，一次使用的，不可回收的②空投干扰发射机（僵）

expenditure ①消耗，耗损，消费②经费，费用，支出
above-the-line ~ 经常性支出，线上项目支出
capital ~ 基建费用，基建投资
current ~ 经费，经常开支
day's ~ 一昼夜的消耗，日消耗量
working ~ 经营费，运行费

expense 消费，损耗，费用
administrative ~ （公司）管理费
auxiliary ~ 手续费，附加费
heat ~ 热支出（热平衡），热消耗
initial ~ 初投资
maintenance ~ 维修〔护〕费用
manufacturing ~ 制造费
operating ~ 营业支出
overhead ~ 管理费，杂（项）费（用），间接费用
promotion ~ 促销费，开办费
running ~ 经常费用
working ~ 运行费用

experience 经验，阅历，经历
running ~ 运转经验
service ~ 运行试验

experienced 有（实践）经验的，经验丰富的，熟练的

experiment ①试验，实验②科学仪器，科研设备
before-after ~ 事先事后实验
blank ~ 空转试验，检验试验
control ~ 对照实验
critical ~ 临界试验
destructive ~ 破坏试验
factorial ~ 析因实验
field ~ 现场实验
ground ~ 地面试验
Lode ~ 罗德（成形性能）试验
loss-of-coolant ~ （反应堆）冷却剂流失试验，失水试验
mockup ~ （物理）模拟实验
model ~ ①模型实验②模拟实验
parity ~ 宇称实验
recoil ~ 反冲实验
routine ~ 例行实验
simulation ~ 模拟试验

experimental ①实验的，试验的②经验的

experimentation 实验，实验过程

experimenter 实验者，实验员

expert ①能手，内行，专家，有经验者②检验人，鉴定人③熟练的，有经验的，有专长的，内行的④巧妙的，精巧的
subject-matter ~ 主题专家

expertise ①专门技能〔知识〕，专长，经验②专业人员，专家，行家③评价，鉴定

expiration 满期，截止期

explain 说明，解释

explanation 说明，解释

explement ①辅角（360° 与该角之差）②填补，补足
~ of angle 周余角

explication （概念的）精确定义

explicit ①明确的，明显的②现付的

explicity-tagged 表示标志（技术）

explode ①爆炸〔发〕②推翻（学说等）③迅速增长
exploder ①雷管，信管，引信②爆炸物，爆炸剂③打炮器，爆炸装置，爆破工
dynamo ~ 点火机
electrical ~ ①电雷管②电放炮器
megneto ~ 轻便自动爆破装置
mine ~ 滚式扫雷车
proximity ~ 近炸雷管
exploit 利用，开发〔拓，采〕
exploitation ①使用，利用，开发，发掘②操作，维护③运转，运行
exploration ①勘探，查勘，探测，探索，考察②开发，开采，发掘③调查，研究，钻研④确〔测〕定
airborne magnetic ~ 航空磁力探矿
airborne radioactive ~ 航空放射性探矿
electric ~ 电探矿
offshore ~ 海上勘探
pressure ~ 压力分布测定
seismic ~ ①地震勘探②地层探查勘探
velocity ~ 速度分布测定
explorator 靠模
explore 研究，探索，查勘，探测，测试
explorer ①探测器②探测线圈③测试线圈④探测员
pulse ~ 脉冲试验
Explorer 资源管理器
explosimeter 测爆计
explosion ①爆炸〔发〕，激增②活塞的工作冲程
~ of firedamp 煤气爆炸
nonknocking ~ 正常燃烧
sand ~ 砂眼（铸件表面的）
explosion-proof 防爆的
explosive ①爆炸的②炸药，爆炸物
ammonium nitrate ~ 硝酸铵炸药
booster ~ 传爆炸药
castable ~ 熔铸炸药
complex salt primary ~ 复盐起爆炸药
composite primary ~ 混合起爆炸药
desensitized ~ 钝化炸药
emulsion ~ 乳化炸药
fluorineontaining ~ 含氟炸药
gelatin ~ 胶质炸药
heat resistant ~ 耐热炸药
initiating ~ 起爆炸药
liquid oxygen ~ 液氧炸药
low vulnerability ~ 低易损性炸药
nitrocompound ~ 硝基化合物炸药
permitted ~ 许用炸药
slurry ~ 浆状炸药
explosiveness 爆炸性
expometer 曝光计，露光计
exponent ①指数（函数），幂，阶②样品，代表，典型
adiabatic ~ 绝热指数，绝热率，等熵压缩指数
delivery ~ 流量（多变）曲线指数
gamma ~ 伽马指数，传输特性等级指数
isentropic ~ 等熵指数，绝热指数
match ~ 对阶
mixed ~ 带分数指数
polytropic ~ 多变指数
power ~ 幂指数
pressure viscosity ~ 压力黏度指数
profile ~ （折射率）分布指数
refractive ~ 折射率，折射指数
exponential ①指数，幂②指数的，指标的，幂的
damped ~ 衰减指数
decaying ~ 衰减指数
exponentials 指数（exponential 的复数）
exponentiate 指数化，取幂
exponentiation 取幂，指数表示
export ①输出，出口，排出②（pl.）输出品，输出额③呼叫④振铃
power ~ 电力输出，能量输出，功率输出
exportation ①输出②呼叫，振铃
expose ①暴露，揭露②曝光，辐照③不掩蔽，不加保护，陈列
exposing 曝光
exposition ①注释，说明②展览，展览会③暴露，曝光
exposure ①暴露，曝光（量，度）②照射，辐射③陈列（品），（照相）底片④方向，方位⑤指数渐变线⑥（两条线路）靠近
accident(al) ~ 事故辐射
after ~ 后期〔两次〕曝光
automatic ~ 自动曝光
background ~ 本底照射
correct ~ 适当曝光，适当露光
double resist ~ 双掩膜曝光
electron-beam photo-resist ~ 电子束光阻曝光
film ~ 胶片曝光量
frame-by-frame ~ 逐格曝光，逐帧照射
instantaneous ~ 自动快速曝光

light ~ 曝光量
logarithm ~ 对数曝光
massive ~ 强照射
noise ~ 噪声接触，曝噪
occupational noise ~ 职业噪声暴露
radiant ~ 曝辐（射）量
radiation ~ 射线照射
time ~ 超过半秒钟的曝光（照相底片），长时间曝光（拍摄的照片）
under ~ 欠曝，曝光不够
exposuremeter 曝光表
express ①表示，表达，压榨，挤出②快运，快车，快报③明确的，明白的，特快的
limited ~ 特别快车
expression ①表示，表达（式），式，（表示）符号②压榨（法）
ambiguous ~ 歧义表示式
array ~ 数组表达式
asymptotic ~ 渐近式
binomial ~ 二项式
bracketed arithmetic ~ 括号算术表达式
designational ~ 命名表达式
general ~ 通式
graphic ~ 图示，图解
hot oil ~ 热压油法
infix ~ 插入表达式，中缀表达式
irrational ~ 无理式
literal ~ 文字表达式
node ~ 节点表达式
nonterminal ~ 非终结符表达式
parenthesized ~ 括号表达式
polynomial ~ 多项式
radical ~ 根式
rational ~ 有理式
relational ~ ①关系式，相关式②比例式
step ~ 步长表达式
string ~ 串表达式
subscript ~ 下标表达式
symbolic ~ 符号表达式
vector ~ 矢量式
expressiveness 可表达性
expressivism 表现主义
expr-function expr 函数（按值调用机制传递参数的函数）
expulsion 排〔放，逐〕出，去除，放〔发〕射，喷溅，排气
~ of arc 弧熄
~ of fuel 燃料喷射
~ of water ①去水，脱水②干燥，烘干
interface ~ 内部溢出
expunction 擦去，抹掉，删除，勾销
expurgate 删改，修订，校〔订，改〕正
exsecant 外割函数
exsiccant ①干燥剂②干燥的
exsiccate 干燥，烘干
exsiccator 干燥器
exsolution 脱溶
exsufflator 排气器
extend ①伸长，延长②扩大，扩张，扩展③连续（到）④开拓⑤填〔补〕充，掺杂〔入〕
stereo ~ 立体声扩展（音响）
extended ①（沿面，空间）扩展的，非点的，分布的②三维〔度〕的
extender ①延长〔扩张，扩展，延伸〕器，扩展镜②补充剂，增充剂，增量剂，充填器，稀释剂
antenna ~ 天线延长器
bus ~ 总线扩展器
channel ~ 通道扩展器，信道扩展器
fiber optic ~ 光纤延长器
memory ~ 存储（器）扩展器
extending ①伸长②相对伸长（试样的）
extensibility ①（可）扩充〔展〕性，（可）延伸性，拉伸性②伸长率
external ~ 外部扩充性
language ~ 语言扩充性
extensi(b)le 有伸长性的，可伸展的
extensimeter =extensometer
extension ①伸长，延长，延期②扩张，扩展，推广，开拓，外延③分设，增设④延长〔伸出，附加〕部分⑤电话分机⑥扩充设备，备用线路⑦扩展名，扩展字符集，扩展程序
~ at break 断裂伸长
binary ~ 二进制扩充
boom ~ 喷杆延长杆
canvas ~ 帆布输送器延长板
chaffer ~ 颖糠筛延长部（或尾板）
coil ~ 线圈槽外直线部分（电机的）
collar ~ 环口，外口，领口（试模的）
concave ~ 凹板延长板，凹板漏种格
cyclic ~ 循环扩张，循环扩充
Dolby digital surround ~ 杜比数字环绕声扩展
fillet weld ~ 角焊附件（指焊机作角焊时的附加装置）
furnace ~ 前置炉膛（燃烧室）

general ~ 均匀伸长（拉伸）
grain ~ 粮车延长侧板
grate ~ （凹板）漏种格延长部分
hub ~ 轮毂突出部
iterated ~ 多重扩张
jib ~ 臂架加长杆
mo(u)ldboard ~ 犁壁延长板
off-premise ~ 备用分话机
piston rod ~ 活塞尾杆
pole ~ 极靴，极端，极延伸部分
program(me) ~ 程序扩展
range ~ 范围扩大，扩大量程
runner ~ ①横浇道延伸端②浇〔液流〕道附加物（也称捕渣器）
shaft ~ 轴外伸部
side member ~ 车架纵梁伸出部分
spatial channel model ~ 空间信道方式 - 扩展
spindle ~ 延长轴，心轴加长段
subscriber ~ 用户分机
tensile ~ 伸长率
test jack ~ 携带式测试仪表的电源塞孔
tubular cage ~ 车拦板的管状加高部分
unit ~ 单位伸长，伸长率
valve stem ~ 阀杆伸长部
wadboard ~ （捡拾压捆机的）填装器延长部分
wheel ~ 轮圈的扩展成形
extensionality 外延性
extension-type ①可伸缩的②套管式的
extensive 广泛的，广大的，广阔的
extensometer 延伸〔伸长，伸张，应变〕仪，变形测定仪
dial ~ 测微引伸仪，刻度盘形变仪
flying ~ 连续式伸长仪
laser ~ 激光测长器，激光延伸仪
lateral ~ 横向伸长计
mirror ~ 反光伸长计，镜示伸长计，反光延伸仪
vacuum ~ 真空伸长计
wire rope ~ 钢丝绳伸长计
extensor 延展器
extent ①程〔量，限〕度，尺寸，长度②范围，区域，一大片③外延，广延④数（量）
~ of porosity 孔隙度
finite ~ 有限域，有限大小
interior ~ 内延
wear ~ 磨损量
extenuation ①减〔缩，弱〕小，降低，衰减②低估
exterior ①外部，表面，外观②外表的，外部的
studio ~ 演播室外景模拟
exteriority 外表面，外形〔界〕
extermination 根除
external ①外部的，表面的，肤浅的②外路，外观，外形
externality ①外差因素②社会效果
external-upset 外加厚
Exteso 爱斯梯索（硬质合金商品名）
extinction 消灭〔除,失〕,熄灭〔火〕,消弧〔声，光〕，吸光（度），衰减，自屏
arc ~ 灭弧，消弧
spectral ~ 光谱消色
extinctivity ①消光率②熄灭率
extine 外膜
extinguish ①熄灭，消除，熄火②压制③兼并
extinguishant 灭火剂
extinguisher 灭火〔消除，灭弧〕器，消弧圈
carbon dioxide fire ~ 二氧化碳灭火器
fire ~ 灭火器
foam fire ~ 泡沫灭火机
mobile fire ~ 移动式灭火器
plain water fire ~ 清水灭火器
pneumatic ~ 风力灭火机
powder fire ~ 干粉灭火器
soda acid fire ~ 酸碱灭火器
extirpator 中耕除草机
extra ①额外的，附加的，特别〔大，优〕的②额外物，附加物，附加设备③非常，特别，特类④超（词头用）
optional ~ 可选附件
extra-bright 特高亮度
extracode 附加码
extract ①抽〔拔,引,取,排〕出②蒸馏〔提炼〕出，分离〔出〕，挤干，萃取③开采，发掘④摘录⑤开方，求根，去根号⑥抽数，取出数字部分⑦提取物，萃取物，浸膏，提液，精华
back ~ 反萃取
extractant 萃取物，萃取剂，提取剂，分馏物
extracter =extractor
extractibility 可萃取性
extracting 提取
extraction
extraction ①抽〔拔〕出②提〔萃〕取，提炼，析取，分离③抽数，求根，去根号，开方④萃取物，抽出物，摘录
absorption ~ 吸收分离

back ~ 反萃取，回提
compact ~ 出坯
component ~ 元素提取
drastic ~ 深度抽提
dry ash ~ 固态排渣
duo-sol ~ 双溶剂提取
electro ~ 电解提纯（法）
feature ~ 萃取，特征提取
fractional ~ 分级萃取
heat ~ 排热，除热，放热，抽出热量
information ~ 信息提取
layout parameter ~ 设计参数提取
net ~ 净抽气量
optimum ~ 最佳提取
partial ~ 部分提炼
power ~ 功率削减
region ~ 区域抽取
signal ~ 信号提取
single-batch ~ 单级分批萃取
single-turn ~ 单圈引出
solvent ~ 溶剂萃取
sorption ~ 吸附〔离子交换〕提取
steam ~ 抽汽
swarf ~ 切屑排出
vacuum hot ~ 真空加热提炼

extractor ①提〔萃〕取器，浸出器（油脂浸出），分离〔拔出，退壳〕器，拆卸〔脱模〕工具，脱水器②除根机，挖根机③抛料机④取籽棉机，抛壳机构⑤隔离开关，断路器⑥（计算机的）分离符，析取字，抽出字⑦抽筒机构⑧抓弹〔退子〕钩，退弹簧，退钩
air ~ 抽气设备，抽气机，抽风机
back-up roll ~ 支承辊换辊装置
back wash ~ 反萃〔回萃，洗提〕器
bog-oak ~ 沼泽地残木挖掘机
bushing ~ 起衬套器，衬套拔出器
centrifugal ~ （污水处理）离心萃取机
column ~ 萃取柱〔塔〕
cotton ~ 剥铃清棉〔花〕机
data ~ 数据分离器
door ~ 启门机，摘门机，卸门器，炉门机
dross ~ 撇〔清〕渣器
dust ~ 除〔收，捕〕尘器
fume ~ 排烟装置
honey ~ 分〔甩，摇〕蜜机
juice ~ 榨果汁机
lamp ~ 取灯（泡）器
mechanical casting ~ 铸件顶出器
melt ~ 熔料分料器
mix and settle ~ 混合沉淀槽
nail ~ 拔钉器
oil ~ 油分离器
padder ~ 轧水机，轧液机
pendulum type ~ 吊笼式脱水机
pile ~ 拔桩机
pipe ~ 拔管器
pressure screw ~ 螺旋压榨机
radial ~ 离心式分离机
root ~ 挖根机
screw ~ 断螺钉取出器
seed ~ （果实）取籽机
slag ~ 排渣机
snap-ring ~ 止动环提取器
soil ~ 土块分离机
square root ~ 开方器
stone ~ 除石机，石块分离机
swinging arm ~ 摆动臂取件器
thread ~ 打皮辊花机
vacuum ~ 抽真空装置，真空萃取器
vapo(u)r ~ 抽汽器，蒸汽提取器
water ~ 干燥器，水分离器，脱水机
wax ~ 蜜蜡提取器

extra-current 额外电流
extrados 拱背（线），外拱线（圈），拱外圈
extra-instruction 广义指令，外加指令
extra-interpolation 超插入法
extraman 机械手
remotely controlled ~ 遥控机械手
extraneous ①外来的②外部的，局部的③附加的，不重要的
Extranet （企业）外部网，外联网
extraordinary 非常的，异常的
extrapolate 外推，外插，用外推法求
extrapolating 外推
extrapolation ①外推法，外插法②推论，归纳
linear ~ 线性外推，线性外插法
extra-pulse 额外脉冲
extratext 报文选取（系统）
extrema extremum 的复数
extremal 极值曲线
extreme ①极限值，末端，外项②极端条件，极端措施③极端的，非常的，极限的，急剧的
breadth ~ 总宽（度）
outer ~ 下限
extremity 末端，极端
extremum 极值，极限值，极端值

extrinsic(al) ①非固有的，外来的，非本征的，附带的，外赋的②不纯的，含杂质的
extrudability 可挤压性，压出可能性
extrudate 压出物，压出型材
extrude ①冲压，锻压，挤压②模压
extruder 挤压机
band ~ 带式挤压机，铸带机
core ~ 挤芯机
horizontal spinning ~ 卧式挤压纺丝机
rubber ~ 橡胶挤出机
screw ~ 螺旋挤压机，螺旋压出机
single-screw ~ 单螺杆挤出机
solder wire ~ 焊条挤压机
twin-screw ~ 双螺杆挤压机
two-screw ~ 双螺杆挤出机
extruding 压挤，挤压（成形）
bolt shank ~ 螺栓挤压（杆部）
hole ~ 孔变薄翻边，变薄翻孔
extrusion ①挤〔热，冲〕压，压〔挤，流，喷〕出②拉深，伸延③冲塞④挤压件
~ of metals ①金属件冲压②金属蠕变
adiabatic ~ 绝热压缩
backward and forward ~ 正反挤压
breakdown ~ 挤压开坯
cold ~ 冷挤压，冲挤
direct ~ 正挤压，直接挤压，顺挤法
forward ~ 正挤压，顺向挤压
hot ~ 热挤压
hydrostatic ~ 液力〔静液力，静水压〕挤压
impact ~ 冷挤机，冲击挤压
impeller ~ 叶轮中心开口
incremental ~ 渐近挤压
indirect ~ 反挤压
inverted ~ 反挤压，间接挤压
melt ~ ①熔纺②熔融挤出
non-stationary ~ 变形状态非固定的挤压
pellet ~ 颗粒金属挤压成形法，粉末挤压法
ramless ~ 静水压挤压
rod ~ 棒料挤压
roll ~ 滚轧挤压，滚轧旋压（管子旋压的特殊方式）
rotary ~ 旋压
sheath ~ 护〔包〕套挤压
sideway ~ 横向挤压
stationary ~ 恒定挤压
stepped ~ 阶段式挤压
thermoset ~ 热挤塑法
extrusions 积压成形零件
exudation ①熔析，渗漏，渗出，（金属）出汗②渗出物，分泌物
exude 渗出，流出
eye ①眼，瞳孔，孔，环，吊环②信号灯，光电池，光电管③入口④注意，注视⑤观点，见解，观察者视线
~ of a volute 涡卷心
anchor ~ 锚孔
bird's ~ ①探照灯②鸟瞰的，俯视的③油斑
camera ~ 摄像机取景孔
cathodic ~ 电眼
cat's ~ ①猫眼石②（汽车等）小型反光装置
cleaning ~ 清理机
clevis ~ U 形环
electric ~ ①电眼②光电池③光电管
electronic ~ 电眼
fish ~ 鱼眼，白点，缩孔
flame ~ 火焰监视器
hammer ~ 锤柄眼，冲击钻头，钻孔凿
heat-sensitive ~ 热（红外）辐射探测器，热（红外）辐射灵敏元件，热敏元件
hoisting ~ 吊环
hook ~ 钩眼
impeller ~ 叶轮入口（离心空气压缩机的）
infrared ~ 红外线自动引导头
inlet ~ 进气孔（离心空气压缩机的）
kiln ~ 看火孔
lifting ~ 吊眼〔耳〕
magic ~ 电眼，调谐指示器
naked ~ 肉眼
ocular ~ 目镜
photopic ~ 适光眼，亮适应眼
pulling ~ ①引线孔（电缆牵引的）②拉孔
rolled ~ 卷眼
roving ~ 无线摄像机流动车
scotopic ~ 适暗眼，暗适应眼
screw ~ 螺孔，螺钉眼
slag ~ 渣孔，出渣口
slotted ~ 槽孔，长圆孔，椭圆形孔
soft ~ 钢丝绳自给套
solder ~ 焊眼
spring ~ 簧眼，卷耳，钢板（弹）簧，眼孔
spring down-turned ~ 下翻簧眼
spring solid ~ 实心簧眼
spring up-turned ~ 上翻簧眼
stud ~ 销眼环
synthetic ~ 人造眼
television ~ 工业电视摄像机，商用电视机

towing ~ 挂钩，拖曳环
tuning ~ 电眼，调谐指示管
unaided ~ 目视（无辅助的），肉眼
eyebar （末端）有眼（的）拉杆，眼铁，吊环螺栓，有眼螺栓，螺钉圈
collar ~ 带肩吊环螺栓
dynamo ~ 大眼螺钉吊环
shoulder ~ 轴肩有眼〔带肩吊环〕螺栓
eyebrow 前缘翼缝
eyecap 目镜转向棱镜
eyecircle 出射光瞳
eyecup ①目镜环②眼罩（取景器）
eyedistance 目距
fish ~ ①白点（钢）②发裂圈（缺陷）
eyedropper 吸管
eye-gaze 视线跟踪
eyeglass ①眼镜，目镜②观测窗，监视窗
focus(s)ing ~ 图像聚焦检验器
single ~ 单眼镜，寸镜
eyeguard 目镜安全罩，护目罩
eyehole 视孔，观测孔
eyelet ①眼孔，小孔，线环，窥视孔②孔眼的
eyeletter 打鸡眼机，打小孔机
eyelevel 眼光〔观察〕水平，和眼睛对〔放〕平
eyelid （半圆形调节片的）可调节喷口
eyemark 目标
eye-measurement 目测
eyemo 携带式电视摄像机
eyenut 吊环螺母，环首螺母
eyephone 眼视仪
eyepiece ①目镜，接眼镜②镜头
diagonal ~ 棱镜目镜
erecting ~ 正像目镜
filar ~ 十字丝目镜
goniometric ~ 测角目镜
graduated ~ 刻度目镜，分度目镜
helioscope ~ 太阳镜，目镜
inverting ~ 倒像目镜
micrometer ~ 测微目镜
monocentric ~ 单心目镜
offset ~ 偏移目镜，补偿目镜
orthoscopic ~ 无畸变目镜
polarizing ~ 偏振目镜
positive ~ 正目镜
projection ~ 投影目镜
scale ~ 带标目镜
template ~ 轮廓目镜
terrestrial ~ 正像目镜
variable power ~ 可变放大率目镜
wide-field ~ 广视野目镜
eye-relief 出瞳距离
eyeshade 眼罩
eyeshield 护眼
eyeshot 眼界，视野
eyesight 目力，视力
eye-splice （钢丝绳）插扣，（索端结成的）索眼，环接合
eyestrain 眼疲劳

F

f to f （=fill to full）装（填）满

fabric ①织品，纤维（品，织物）②结构，构造③工厂，建筑物④生产，装配

abrasive ~ 砂布

bias ~ 轮胎相邻层帘线斜交排列结构

doped ~ 涂油蒙布

gauze ~ 金属织网，砂布

hair seating ~ 座垫毛织物

macerated ~ 碎布

parallel ~ 直纹布

preimpregnating ~ 预浸织物

proof ~ 胶布

rubber ~ 涂胶带，橡胶织带

rubberized ~ 胶布，橡胶布

steel ~ 钢筋网

synthetic ~ 合成纤维织物

tire ~ 轮胎胶布

varnished ~ 漆布，浸漆织物

wire ~ 钢丝网，钢丝围栅，（过滤用）金属丝布，钢〔铜〕丝布

fabricant 制作者，制造人

fabricate ①制造，生产，加工②安装，装配，组合③伪造，虚构

fabricated ①预制的，装配式的②焊接的

fabrication ①生产，制〔构，建〕造②安装③成品

bipolar ~ 双极器件制造（工艺）

fabricator ①制作者，装配〔修整〕工②金属加工厂，伪造者

fabridam 合成橡胶坝

fabroil 夹布胶木，纤维胶木

facade 正〔立，门，表〕面，外观

face ①表〔正，前端，平，晶，砌，衬，饰，切削，支撑，工作，采掘〕面，荧光屏，幕，表盘，表盘齿面，②外观

~ of the screen ①屏蔽（表）面②（荧光）屏面

~ of theodolite 经纬仪望远镜位置

~ up 把表面弄〔磨，削〕平，对〔配〕研，配刮，着色

active ~ ①刃面②工作面（积），有效面积

binding ~ ①支承面，支撑面②贴合面

card ~ 卡片使用面

circular ~ 直进式擒纵机构的叉瓦锁面

commutator ~ ①换向器面②换向器（轴向）长度

curved ~ 曲面

cutting ~ 前（刀）面，前刃面

cylinder ~ ①气缸滑阀面②圆柱面

dark ~ ①灰〔暗〕色荧光屏②暗面

dark tint ~ 暗淡面

die parting ~ 分型面

eccentric pole ~ 偏心（磁）极（表）面

extreme ~ 极面

faying ~ 钎焊面

flange back ~ 止推〔动〕挡边后端面

flank ~ 齿根面

front cutting ~ 前（刀）面，前刃面

frosted ~ 无光泽面，荧光面，无光泽的荧光面，霜化面，毛化面

fusion ~ 坡口面（焊接的）

gray ~ 灰色表面，灰色荧光屏（阴极射线管）

gripping ~ 支承面（在螺栓等接合中）

groove ~ 坡口面，槽面

guide ~ ①导面②导轨面③滑动面

head ~ ①端面②四面体棱镜

hook ~ 曲面

hub ~ 毂面

impulse ~ 冲面，冲击面

incident ~ 入射面，轰击面，辐照面

injector ~ ①喷射头部表面②喷嘴头部面积

inner ~ 内面（磁带的）

joint ~ ①接合面，连接面②分型面

joint ~ of a pattern 分模面

lapped ~ 研磨（过的）表面

lateral ~ 齿端锥面

locating ~ （加工的）定位面

locking ~ 锁紧面，锁面

lug ~ （轮胎）花纹顶面

major apex ~ 大棱面

major first ~ 第一前刃面，倒棱

male and female ~ 凸凹面，阴阳面

new ~ ①新产品，新手，技术不熟练者②新颖的，新式的

open ~ 把数字“12”配置在表把方向的表盘，不带前盖的表

outer ~ 外面（磁带的），反面
parting ~ 拼合面
piston ring ~ 活塞环外表面（与气缸接触的），活塞（胀）圈外表面
pitch ~ 斜凿面
pole ~ 磁极面
pressure ~ 承压面
pyramidal ~ 锥面
radar indicated ~ 雷达显示表面，雷达荧光屏
radar video ~ 雷达图像表面，雷达显示屏幕
raised ~ 凸面，光滑式密封面（法兰）
rake ~ ①前刃面②倾斜面
rear ~ 背面
rearward ~ ①凹面，腹面，后面②叶片凸面，背弧面
reference ~ 基准面
resting ~ （直进式擒纵机构的叉瓦）锁面
rib ~ 挡边导引面
rise ~ 仰斜工作面，向上工作面
root ~ ①齿根面②钝边，钝边面积③焊缝坡口钝边，焊缝根部面积
scope ~ 显示器荧光屏，显示屏，指示盘
spheric(al) ~ 球面（荧光屏）
thrust ~ 叶面
top ~ 前刃面
tru(e)ing ~ 修正面
tube ~ ①电子束管荧光屏②灯管（泡）座
type ~ 打印页，铅字面，铅字印出的字样，（某种字体的）全部铅字
vicinal ~ 邻晶面，近真面
zone ~ 带面

faced 有…表面的，有…贴边的

face-harden ①表面硬化，表面淬火②渗碳

face-off ①侧角②倒角

facepiece 盔式面罩

faceplate ①平面卡盘，花盘，②面〔平〕板，平台基准面③（阴极射线管）荧光屏
chuck ~ 带爪卡盘
dog ~ 轧头花盘（用于不能依靠死顶尖的工件）
neutral density ~ 中灰玻璃荧光屏
quill ~ 台式车床辅助轴的卡盘
spot ~ 刮孔口刀

facer ①刮刀，端面车〔铣〕刀，平面铣刀②刀架〔杆〕，刀盘

facet(te) ①倒角，斜边②网格③小刻〔平〕面④柱槽筋，凸线

facewidth 齿宽
effective ~ 有效齿宽，参加工作的齿宽
wheel ~ （大齿轮）齿宽
worm ~ 蜗杆齿宽

facial ①正面的②表面的

facient 乘数，因数，因子

facies 相，外观〔形，表〕
granulometric ~ 粒度相

facilitate ①简化②促进，推进③使…容易做

facilitation 便利，简化，促进

facilitator 代理助手
human factors ~ 人为因素便利工具

facilities 设备，装备，装置，工具，反应堆，工厂，机构，生产或科研单位③功能，手段
access ~ 接入设备
arithmetic ~ 运算设备
break-in ~ （操作系统中的）截断功能
bulk shielding ~ （反应堆）整体屏蔽装置（屏蔽试验泳池装置）
carry over ~ 转记装置，转移代码装置，进位装置
charging ~ 装料设备
clean ~ 洁净物
compile-time ~ 编译时功能
debugging ~ ①调试功能②调试手段
docking ~ 泊船设备
free air ~ 空气动力试验设备
glide slope ~ 滑（翔）道指示设备
handling ~ 装卸〔起重运输〕设备
hold ~ 保持（现场的）能力（计算中断时，计算机保存信息的能力）
homing ~ 归航设备（雷达导航）
hot ~ 强放射性（物质工作的）设备
job ~ 工程设施
library ~ （程序）库功能
macro ~ ①宏指令②宏功能
macro-assembler ~ 宏汇编程序功能
maintenance ~ ①辅助设备②维护设备
microwave glide path ~ 微波滑翔〔降落〕导航设备
omni-bearing-distance ~ 全向方位 - 距离导航设备
on-line test ~ 联机测试设备
optical evaluation ~ 光学检验设备
override ~ 人控功能
paralysis ~ 钝化设备
parking ~ 停车装置
pool type ~ 池式核装置
recursive ~ 递归能力

rehandle ~ 转载设备
reversing ~ 反风设备
servicing ~ 维修设备
state-of-the-art ~ 现代化设备
storage ~ ①存储设备，存储器②器材库
Van de Graaff ~ 范德格拉夫起电机〔加速器〕
windowing ~ 开窗条件

facility ①容易，方便，便利，可能性②（常用 pl.）
national transonic ~ 全国跨音速设施

facing ①端〔表，平〕面加工，刮〔旋平〕面，端面车削，刮〔刨〕削②饰〔镶，砌，护，前，密合〕面，面层〔料，饰〕，涂料，镶边，覆盖剂③衬片，衬里
clutch ~ 离合器衬片
contour ~ 仿形〔靠模〕端面车削
copper ~ 镀铜
copy ~ 靠模切面
foundry ~ （石墨）涂料
hard ~ ①表面硬化〔渗〕②碳淬火③镀以硬合金，喷硬合金④镀硬面法，加焊硬面法，复硬层
mo(u)ld ~ （铸型用）涂料
mo(u)lded ~ 热模（压）制（离合器）表面镶片
profile ~ 仿形〔靠模〕端面车削
radial ~ ①车端面②径向进给车端面
spot ~ 锪削
woven ~ 编织的摩擦衬面

facing-up ①滑配合②对〔配〕研，配刮

FACOM （=FUJITSU automatic computer）（日本富士通公司）自动照相排字机，富士通信机的电子计算机群，富士通计算机

facsimile ①传真，传真通信②影印（本），摹〔复，模〕写，精确复制，摹写，摹〔拓〕本
mono-channel ~ 单路传真机
photographic ~ 照相复制
tape ~ 带式摹写通信，磁带传真
type ~ 影印版，拓版

facsimile-signal 传真（图像）信号

fact 事实，真相，现实（性），实情，（pl.）论据

factice ①（硫化）油膏②油胶

factis =factice

factor ①系数，因数〔子〕，率，指数〔标〕，当量换算因素，曝光系数，倍，乘数，商②因素，要素③代理商〔人〕④分解…的因子，提公因子
~ of ignorance ①安全系数②保险系数
~ of merit ①优质率，质量因数，品质系〔因〕数，优良因素②灵敏度（仪表的）
~ of probability 或然率，概率
acceleration ~ ①加速度因子〔系数〕②过载〔荷〕系数
accommodation ~ 热适应系数
a.c.conversion ~ 交流变流因数
acoustical reduction ~ 降声因数
acoustical transmission ~ 透声系数，传声系数
addendum ~ （刀具的）齿顶高系数
anti-pick-up ~ 始动可靠系数的倒数
application ~ 使用系数，工况系数
arithmetic reactive ~ 算术无功因数（多相回路）
armature ~ 电枢有效导体数
array ~ 排列因数（天线阵中由于同型天线排列而乘上的因数）
assurance ~ 安全系数
audio-frequency variation ~ 声频〔音频〕波动因数
availability ~ 可用率，运转系〔因〕数，可用时间系数，（使用）效率
ballistic ~ 冲击因素，阻尼因数
basic depth ~ 基准齿高系数
beam compression ~ 波束压缩因数
beam filling ~ 注填充因数（电子注和漂移管半径比）
beam stress ~ 梁应力系数
blocking ~ ①块因子，字组因子②程序段因子
Boolean ~ 布尔因子
breaking ~ 破裂阻力系数，抗张力系数
buckling ~ ①曲折〔扭曲〕系数，拉氏〔拉普拉斯〕算符，抗弯力系数②形状和尺寸因素
build-up ~ 积累因子，预指数因数
bulk ~ 容积（压缩）因素，粉末成形前后体积之比，紧缩率
buncher coupling ~ 聚束极耦合因数
bundle ~ 分裂系数（导线的）
capacity ~ ①功率，（设备）利用率，能力〔利用〕系数②容量〔电容，负载，广延〕因数③分配〔容量〕比，分配容量
cement-water ~ 水灰比
change ~ 偏差系数
charge ~ 录音效率
choking ~ 扼流系数

circular thickness ~ 切向变位系数
circulation ~ 循环倍率
clearance ~ 余隙因数
coil space ~ 线圈占空系数，槽满率（导体截面积与线圈截面积之比）
common ~ 公因子，公因数
commutation ~ 整流因数
compacting ~ 压实系数，致密系数
compensation ~ 修正系数，补偿系数
compressibility ~ 压缩率，压缩因〔系〕数
conductivity ~ 导热系数
confidence ~ 置信因数
contact ratio ~ 重合度系数
contrast rendering ~ 对比显现因素
convergence ~ 收敛因子
conversion ~ ①转换因数，换算因〔系〕数，变换因〔系〕数，变流因素，转换因子②（核燃料）再生系数
copper ~ ①含铜率②槽满率，铜的填充率（铜截面与绕组总截面之比）
copper space ~ 铜线占空系数，槽满率
cord ~ 索因子
correction ~ 修正〔变位〕系数，校正系数，改正因数
correctness ~ 校正〔修正〕系数
coupling ~ 耦合系〔因〕数
creep damage ~ ①蠕变破坏因素②蠕变寿命消耗率
crest ~ 振幅因数，波峰〔波顶，波形，峰值〕因数（振幅与有效值之比）
critical stress intensity ~ 临界应力强度因子（断裂韧性）
cubicity ~ 立方体系数
cut-off amplification ~ 极限〔截止〕放大因数
cutter change ~ 齿轮刀具变位〔移距〕系数
damping ~ 阻尼〔减幅，衰减〕系数
daylight ~ 日光照明率，昼光因数，日光〔采光〕系数
d.c. conversion ~ 直流变流因数
DC form ~ 直流〔整流电流〕波形因素
decay ~ 衰变因数衰减系数
decrement ~ 系统实际阻尼比（率）对阻尼固有频率之比
deflection ~ 偏转因〔系〕数，偏转灵敏度（电子束）
degeneration ~ ①退化因数②负反馈因数
degradation ~ 递降系〔因〕数
demand ~ 需用率，供电因数，集中〔负载，需用〕因数
depreciation ~ ①折旧率，折旧系数②减光补偿率（照明设备的）
differential ~ ①差动因数②微分因数③绕组系数（电机的）
diffuse transmission ~ 漫透射因数，散射传输系数
diffuse(d) reflection ~ 漫反射率，漫反射因数
diminution ~ 衰退率，衰减常数
direct transmission ~ ①单向透射率②直接传输〔透射〕系数
directivity ~ 指向性因数
disability glare ~ 失能眩光因素
discharge ~ 流量系数
dispersion ~ 色散系数，散射系数
displacement ~ ①位移因〔系〕数②相移系数
displacement power ~ 功率因数位移（分量），相量功率因数（基波有功功率与其视在功率之比）
dissipation ~ 损耗〔功耗〕因数，介质损耗角，耗散系数
distortion ~ 失真〔畸变〕系数，畸变率
diversity ~ 不同时〔不均匀〕系数，负荷变化系数，差异因数（光强的），不等率，分散率（电力系统的）
drum ~ 圆〔滚〕筒系数
duty ~ ①工作系数，利用系数②占空系数，占空因数，（脉冲）工作比（脉冲时间与脉冲重复周期之比）
edge thickness ~ 边缘厚度系数，（叶片间通道的）扼流系数
effectiveness ~ （炉膛计算中的）角系数
electromechanical coupling ~ 机电耦合系数
emission ~ 排出系数
emissivity ~ 黑度
enchancement ~ 可能性系数，随机因素
energy ~ 品质〔能量，质量〕因数，Q值
energy build-up ~ 能量积累因数
engagement ~ ①接触比②重合度
engineering ~ 工程因素，技术条件
enlargement ~ 放大倍〔系〕数
equation ~ 换算率
equipment capacity ~ 设备利用率，设备利用系数，设备负载因数
erasing ~ ①抹音〔消声，消像〕系数②消磁因数

escape ~ 逃散因数（核子学）
evaporation ~ ①蒸发系数②汽煤比，煤水比
expansion ~ 溶胀因子
fast fission ~ 快中子增殖系数
fast leakage ~ 快中子漏逸率
fidelity ~ 保〔传〕真度，重现〔保真，逼真〕率
fill ~ ①占空(填充)系数②槽满率(电机的)
filter ~ 滤光系数
fine power ~ 小功率因数
flare ~ 扩展因数（指扬声器喇叭由颈至开口的扩张比例）
flexibility ~ 挠曲〔度〕系数
flowing gas ~ 自喷井油气比
flux ~ 熔解系数
force ~ ①耦合系数,加入系数②力因数（电力系统与机械系统之间的）
form ~ 波形〔形状〕因数，波形〔形状，曲线形式〕系数
fouling ~ 污染〔沾污，污垢〕系数
fuel ~ 燃料系数，热效应
full ~ ①填隙因数②填充系数
fundamental ~ 基波因数
gain ~ 放大〔增益〕系数，增益因子，再生系数
gap(e) ~ 隙（电）压系数，隙压比
gassing ~ 充气系数
ga(u)ge ~ ①仪表灵敏度②应变（灵敏度）系数③量规因数
GB ~ 增益带宽因数
governing ~ 控制〔决定，支配〕因素
gradation ~ （粒度）分级系数
growth ~ 增长系数〔因子〕，放大因子
healing ~ 再生能力
helical ~ 螺旋角系数
hum reduction ~ 滤波因数，交流声降低因数
human ~ 人际因素
IF rejection ~ 中频抑制因数
intangible ~ 不可计量因素
internal transmission ~ 内透射率
inverse amplification ~ 放大因数〔系数〕倒数，渗透因数（电子管），控制率
inversion ~ 逆变因数
iron loss ~ 铁损系数，铁耗系数
irregularity ~ （导线）表面状态因数
k ~ （中子）增殖系数，径向压溃强度系数
kata ~ 降幂因数，卡他系数
klirr ~ 波形〔非线性谐波〕失真系数
lamination ~ 分层〔叠层，叠压，叠片〕系数
leading power ~ 超前功率因数
lens ~ 透镜分辨能力
lens transmission ~ 透镜透光因数
life ~ 寿命系数
loading ~ （发动机）充填系数,装载〔安全，储备〕系数
luminosity ~ ①发光率②视感度
luminous reflection ~ （视感）反射率
margin ~ 余裕因数
merit ~ 品质因数，灵敏值
mortality ~ 磨损系数
mu ~ 放大因数，放大率
multicycle control ~ 多周波控制因数
multiplication ~ ①倍增因数②放大系数③乘数
multiplying ~ 放大〔倍加〕系数,倍率,乘数,复用因子
negative ~ 负（反馈）数
nil ~ 零因子
noise insulation ~ 隔噪〔声〕度,隔噪因数,隔声量,（声）透射损失
normalization ~ 归一化〔标准化〕因数，正规化因子
normalized ~ 归一化因子，标准化因子
obliquity ~ 倾斜因数
off-duty ~ ①多孔性，孔隙度②频宽比
operating ~ ①利用率②运行〔工作〕系数，负载率（连续运行电动机的实际运行时间与工作周期之比）
operation ~ 运算〔行〕率，使用率
operational ~ 作用参数,运算〔运转〕因数,工作特性，运行率
orificing ~ （通量）阻隔系数，限流因子，配流因子
output ~ ①输出系数②输出因数，输出率
pacing ~ 基本条件，决定性因素
packing ~ ①填充系数②记录因子，存储因子③组装系数，组装效率④堆积因数，装填因数
pattern-propagation ~ 场方向性相对因数
peak ~ 峰值〔振幅〕因数〔系数〕
(peak)(d.c.)ripple ~ （峰值）（直流）波纹因数
penalty ~ 成本增加系数（电力系统的），惩罚因子
penetration ~ ①渗透率②贯穿率

permeance ~ 磁导系数，磁导率
phase control ~ 相控因数
phasor power ~ 相量功率因数（有效功率与相量功率幅值之比），基波功率因数
pick(-)up ~ 接收效应，拾音系数，拾波因数（定向天线的）
pitch ~ 节距因数，短距系数（线圈的）
planar ~ 晶面因数
plant ~ 发电厂利用率，设备使用系数，设备利用率（平均负荷与装机容量的比）
plant use ~ 厂用率
polarization receiving ~ 接收天线的极化因数
pondage ~ 调节系数
power ~ 功率系数，功率因数
primitive ~ 原始因子，本原因子
probability ~ ①概率因数，几率因数②公算因数
proportionality ~ 比例因数
pulling ~ 牵引因数
pulse control ~ 脉冲控制因数
pulse duty ~ 脉冲占空比，脉冲占空因数
Q ~ 品质〔质量〕因数
quadrature ~ 无功因数
radiation ~ ①辐射系〔因〕数②辐〔放〕射率
rating ~ 额定因数，额定值系数
reactance ~ 电抗〔无效，无功功率〕因数
reactive ~ 无功（功率）因数,电抗系数（无功伏安与总伏安之比）
rectification ~ 整流因数
reduced ~ ①折减系数②对比〔折合〕因子
reducing ~ 对比〔折合〕因子,折合〔简化〕因数
reduction ~ 减缩〔折减〕系数,降低〔减缩〕因数
regulation ~ ①调整因数，调整率②稳压因数
rejection ~ 排除〔抑制〕因数
relative cost ~ 电机成本因数（磁负荷与电负荷之比）
relaxation ~ 松弛因子
release ~ （继电器）返还系数
relief ~ 修缘系数
repetition ~ 重复因子
reproduction ~ 再生常数，转换因子，重现因数
reradiation ~ 重〔再〕辐射系数
residual ~ 剩余因子
residual TIF ~ 残余电话干扰因数
rigidity ~ ①刚度系数，刚性系数②（同步电机的）整步功率
ripple (contain) ~ 波纹〔脉动〕系数，涟波〔脉动，波纹〕因数
r.m.s. (d.c.) ripple ~ 方均根（直流）波纹因数
road ~ 路程利用率
room ~ 房间（声学）因数
rotation ~ 回〔旋〕转因数
safety ~ 安全〔可靠，保险，储备〕系数
scale ~ 标度〔尺度，比例〕因子〔因数〕,比例〔换算〕系数
scaling ~ 比例〔定标〕因数，换算系数，计数递减率，缩尺比，缩尺因数
scalloping ~ 轨道波动因子
service ~ ①运行率②利用率，利用〔负载，工作〕系数，持续过载系数（连续允许负载与额定负载之比）
severity ~ 强度系数
shape ~ 形状〔成形,波形〕系数,形状〔波形〕因数
shearing ~ 剪切系数
shielding ~ 渗透〔磁导〕性，磁导系数，屏蔽系数
simultaneity ~ 同时系数，同时率
skew ~ ①槽扭因数②斜扭〔斜歪〕系数
slip ~ 滑动系数，滑（溜）率，转差率
slot ~ 线槽系数
solidity ~ 刚性系数，刚度
space ~ ①空间〔占空，填充，方向性，线圈间隙〕系数②槽满率（线圈）
specularity ~ 镜面反射系数
speed ~ （摄影）增强因素
spot noise ~ 固定频率噪声系数
spread ~ 分布〔零散〕因数，宽度〔分布〕系数
stacking ~ （绕组）占空系数〔因数〕,工作比，叠层系数
station load ~ 发电厂负荷系数，发电厂负荷率
station plant ~ 发电站设备利用率
steric ~ 位阻因素，空间位置因数
storage ~ 品质因数，（线圈或回路的）存储〔储能〕因数
stowage ~ 载货系数，积载因数
stranding ~ 绞线系数（由导线绞成线束的几何尺寸所定）
stress concentration ~ 应力集中系数
stress intensity ~ 应力（场）强度因子〔系数〕

stretch ~ 扩展系数（指信号的振幅或频率）
swell ~ 膨胀系数
synchronization ~ 同步系数
tangible ~ 计量因素
taper ~ （叶片向顶部）收缩系数
tear ~ 抗裂系数，抗磨因数
telephone harmonic ~ 电话干扰系数
thermal derating ~ 热降额因素
thermal leakage ~ 热中子漏逸率
tooth-form ~ 齿廓〔齿形〕因数
total temperature recovery ~ 总温恢复系数
transfer ~ (of a d.c.convertor) 传递因数（直流变流器的）
transient adaption ~ 瞬时适应因素
transition ~ 过渡〔失配〕因数
transport ~ 迁移率（半导体），迁移〔输运〕因数
transrectification ~ （阳极）检波系数，换流因数（输出直流电压与交流电压之比）
transverse load distribution ~ 齿间载荷分布系数
utility ~ （设备）利用系数
utilization ~ ①（设备）利用率〔系数〕②暂载率
viscosity ~ 黏度系数，黏滞因素
void ~ 空隙比
Wahl's ~ 瓦尔（弹簧应力校正）系数
wall-correction ~ 壁（效应）修正系数
wear ~ 磨损因子
weight ~ 权重因数
winding ~ 绕线系数，绕组因数
work ~ 功系数，工作系数〔因数〕
work done ~ 做功〔耗功，减功〕系数
work down ~ 做功系数

factorage 代理商佣金，手续费

factorial ①阶乘，级乘，析因，阶乘积，阶乘的，因子〔数〕的②工厂的，代理厂商的

factoring 因式〔因子〕分解
scale ~ 标度选配，比例（尺）选择
spectral ~ 谱分解

factorization 析因式，因式分解（把复杂计算分解为基本运算），编制计算程序

factory ①工厂，制造厂②商行在国外的代理处
knowledge ~ （高等）学校，教育机构
"shadow" ~ 分厂（影子工厂）
think ~ 思想库
unmanned ~ 无人化工厂

factory-fitting 工厂照明装置

factory-hand 工人

factory-trawler 拖网加工渔船

factotum 杂工
general ~ 拟人的机器人

facula 光斑（太阳的），白斑

faculty ①学院〔部〕②能力，本领③教职员（高等学校）

fade ①（图像）减弱，逐渐消失，阻尼②衰落〔减，弱〕③褪色，失去光泽④效率损失⑤汽车制动器逐渐失灵
~ away （图像，声音）渐渐消失
~ down （图像）淡出〔衰减〕，逐渐消隐，（图像）自上而下淡出
~ in ①渐现〔显，强〕（电视图像），淡入（电视图像逐渐显出）②开启遮光器
~ out ①渐弱〔隐〕，逐渐消失，渐逝（电视图像），淡出（电视图像的逐渐消失），（收音机由于天电影响而产生的）衰落现象②关闭遮光器
~ up ①（图像）增亮②（图像）自下而上淡入
background ~ 背景淡入
board ~ 图像逐渐消失（电视）
brake ~ 降低制动效率
cross ~ （电视信道的）平〔匀〕滑转换，交叉衰落，叠像渐变
deep ~ 强衰落

fade-away 逐渐消失

fade-in-out 淡入淡出，慢转换（电视）

fadeometer 褪色试验机，褪色计
Atlas ~ 阿特拉斯褪色试验机（使用碳弧灯的光照试验机）

fadeout 无线电波衰落，突然电离层骚扰，德林格效应，突然短波衰落

fade-over ①（电视图像的）淡出淡入②慢转换

fader 音量控制器，（照明，音量）减弱控制器，光量〔增益〕调节器，混频（管）电位器，衰减器
preset ~ 预调灯光衰减器

fadgenising 锌基模铸件表面（电镀前）机械抛光（零件装于圆形架上，在磨料中回转）

fading ①衰落（现象），（信号）衰减②消失③渐弱（声音）④褪〔变〕色
duct type ~ 波导型衰落
emission ~ 发射率衰退（电子管的）
flat ~ ①按比例衰减②平滑衰落
flutter ~ 颤动〔振动，散乱反射〕衰减，振动减弱

Rayleigh ~ 雷利衰落
roll ~ 摇摆衰落（船舶航行时信号电平衰落）
roller ~ 摆动衰减，摇摆衰落
scintillation ~ 调制（引起的）载频衰落，起伏衰落
skip ~ 越程〔跳跃〕衰落
synchronous ~ 同步〔同时〕衰减
tropospheric ~ 对流层衰落
vertical ~ 竖直（极化波）衰落
vision ~ 图像衰落

fag-end ①废（物）渣，残渣②末尾〔端〕③绳索的散端④没用的部分〔剩余物〕

fag(g)ot （成捆）熟铁板条，成束熟铁块

fag(g)oted 束铁的

Fahralloy 耐热铁铬镍铝合金

Fahrenheit 华氏温度（计）(的)，华氏（温标）

faience 瓷砖，瓷器，上彩釉的陶器，彩陶

fail ①失败〔误，效，灵〕，错误，故障，损〔破〕坏，②衰退〔减，弱〕，变钝③缺少，不足④停车，断电
softly ~ 故障软化
sync ~ 同步失效

fail-passive （个别部件发生故障时）工作可靠但性能下降

failpoint 弱〔破坏，失效〕点

failsafe 破损安全，不出故障的，可靠的（某些元件损坏后仍能正常工作的），失效保险〔护〕
external ~ 外部保险

fail-safe-control 保安控制，故障安全控制

failsafety 系统可靠性（个别部件发生故障时的）

fail-soft ①（个别部件发生故障时）工作可靠但性能下降，有限可靠性②失效弱化（使故障对系统的正常工作的不良影响弱化）

fail-test 可靠性试验（个别部件发生故障时）

failure ①故障，事故，遇险，停车〔机〕，失效〔败，灵〕②破〔毁，损〕坏，折断，断〔破〕裂，变钝③缺少〔乏〕，不足
~ of composites 复合材料失效
~ to operate (of a protection equipment) （保护装置的）拒动
active ~ 自行破坏
air ~ 空气压力减少，气源故障
brittle ~ 脆断，脆性破坏
cage ~ 保持架损坏
carry ~ 进位失败
cascading ~ 级联故障
cataphoretic ~ 偶然故障〔失效〕
catastrophic ~ 突然失效，严重损坏，灾祸性故障
commutation ~ 整流破坏，换向失灵
consequential commutation ~ 连续换相〔向〕失败，两相颠覆
degradated ~ 渐衰〔退化型〕失效（故障）
degradation ~ 渐衰〔退化型〕失效（故障），退化〔逐步，缓慢〕失效
delivery ~ 供货误期
elastic ~ 弹性破坏〔断裂，疲劳〕
endurance ~ 疲劳破损〔破坏〕
eye ~ 孔眼引起的失效
fatigue ~ 疲劳断裂〔失效，故障〕
field ~ 失磁（故障），磁场失效
firing ~ 引燃〔点弧〕失败，失燃
flutter ~ 振动〔颤振〕破坏
fuel ~ 燃油系故障
glazed joint ~ （黏合接头）玻璃状破坏
grain ~ 穿晶破坏
grease ~ 因油脂润滑中断或不当而引起的（轴承）损坏
incipient ~ 初期故障
initial ~ 初期故障，早期故障〔失效〕
intercrystalline ~ 晶界破坏，晶界断裂
lubrication ~ 因润滑中断或不当引起的（轴承）损坏，润滑失效
misuse ~ 因滥用而出故障，误操作失效
no-shear ~ 无剪切破坏
phase ~ 相故障，断相，相位失锁
plastic ~ 塑性破坏
power ~ 电源故障〔中断〕，动力故障，断电
punch ~ 凸模破坏
radio link ~ 无线电链路失效
random ~ 随机故障，偶然故障，随机失效
reciprocity ~ 倒数率失效
repeated stress ~ 疲劳断裂
secondary ~ 从属失效，二级〔波及〕故障
service ~ 使用中破坏，供电中断，运行故障
shearing ~ 剪断〔切变〕断裂
short duration ~ 短暂失效
structural ~ 结构损坏〔误差〕，设计误差
subnetwork ~ 子网失败
tensile ~ 拉伸断裂，拉断
transverse ~ 横向断裂
wear(-)out ~ 疲劳故障，磨损破坏，消耗失效

faint 衰弱的，模糊的

fair ①博览会，商品交易会②清楚的，公正的③使…流线型化④整流，修整，整形

industries ~ 工业展览
sample ~ 样品展览会
trade ~ 商品交易会
fairdrawing 清绘
faired 整流罩密封的，流线型的
fairing ①减阻装置,挡（覆）板②整流（的,罩,物，片，装置），流线型（罩，外壳），（飞机螺旋桨的流线型）头罩，流线体③整形④光顺性
axle ~ 轴向整流片，车轴减阻装置
haired ~ 毛辫整流（的）
hub-to-rim ~ 轮毂轮缘间整流物
rear fuselage ~ 机尾整流罩
fairlead ①引线孔，引线管，导引片②导缆器③（车身）天线导管④（缆索）导孔〔轮〕
aerial ~ 天线引出管
fairleader 卷扬机械
fairlight 气窗，门顶窗
fairness ①公平性，好，洁白，顺利，适当②光顺性
fairshaped 流线型的
fair-sized 较大的，相当大的
fair-up 光顺（型线）
fairwater ①流线体，导流罩②（潜水艇）指挥台围壳
fairway 航道，通路
faithful 正确的，可靠的，实的
fake ①伪造品，冒牌货②盘索，线圈③软焊料
fakeparity 伪奇偶校验
faking-in 再插入
falcon 叉车
fall ①降落〔临，底〕，下降〔落〕②衰减，减退，削弱③落差，（电）位降④起重机索⑤秋季⑥灌注⑦压头⑧倾斜，斜度⑨（pl.）瀑布
~ away 下降，倾斜，衰落〔弱〕，消失，离开，（火箭各级）分〔脱〕开，排〔抛〕出
~ in ①进入同步②一致，属于，整列，终止，到期，失效，落入，凹进去，重合
~ into 分成，分解，聚集，开始，渐渐，进〔陷，流，注，归〕入
~ into step （进入）同步
~ off ①分离，排出②突然失速，（飞机等）侧降，逐渐降落，衰减，疏远，堕落，火箭各级分〔脱〕开，偏振
~ out of step 失（去同）步
anode ~ 屏极电压降，阳极（电位）降
cargo ~ 吊货索
cat ~ 吊锚索
cathode ~ 阴极电动势降〔电压降〕
cinder ~ 渣坑
cross ~ 横（向）坡（度），横斜度
head ~ ①水头降落②纵向坡度
metal ~ 金属提取〔产出〕率
potential ~ 电压降，电位降
river ~ 河流落差
tackle ~ 复滑车的通索
fallacy 谬论，错〔谬〕误，虚妄，假饰，不合理的
~ of composition 组成不合理，以偏概全
fall-away 分开，排出，下降，倾斜，衰落
fallback ①后馈（整个生产过程完成后的反馈）②降落〔回降〕原地，退却〔缩〕，后退③低效率运行
faller ①（针梳机的）针板，针片，针排②链条机③坠杆，落体④伐木人
beetle ~ 打布槌
fallibility 误差
fall-in ①进入同步，一致，相合②期满，终止，失效
falling 下降，衰减，凹陷，崩塌
falling-in 啮合，咬合，钩住，滑坍
falling-off ①下降，降落②分〔脱〕开
fall-off 逐渐下降〔降落，疏远〕，落下，减少〔退〕，（火箭各级）分开，散开
beam ~ 电子注（强度）降低
capacity ~ 电容量减退，（电容）漏电
fallout ①（放射性物的）沉降，放射性坠尘②失（去同）步③附带成果（研究工作的）④脱落，落下，⑤事故后果
radioactive ~ 放射性沉降
fallway 升降道
false ①伪造（的），不真实（的），假（的）②辅助（的）
false-alarm 虚警，假警报
falsetto 假声，假音
falsework 脚手架，模板，临时支撑
falsification 歪曲，伪〔假〕造，伪称，窜改
falsify ①歪曲，伪造②误用，搞错③反证
falsity ①不正确，不真实，假值②虚报〔伪〕
faltboat 可折叠的帆布艇
falter ①摇晃，颤抖②犹豫，迟疑
faltung 褶合式，褶积
faltungsatz 〈德〉相乘定理
familiar ①熟悉的，通晓的②惯用的
familiarity 熟悉，精通，通晓
familiarization 熟悉，通晓，通俗化

family 种（类），类，（语）系，族，组，科，属，家
~ of curves 曲线族，一族曲线
~ of functions 函数族
characteristic ~ 特性曲线族
famous 著名的，出色的，令人满意的
fan ①风扇〔箱〕，通风机〔器〕，鼓风机，风选机②叶片，翼，螺旋桨
~ in 输入（端数），扇入
~ out 输出（端数，负载数），扇出，分开电缆心，扇形扩大
Aerex ~ 艾瑞克斯型轴流式扇风机
aerofoil ~ 轴流通风机
air ejector ~ 空气喷射器风扇，抽气风扇，排气风扇
air turbine ~ 空气涡轮通风机
airfoil ~ 机翼型叶片风机（高效风机），翼型叶片
air-screw ~ 轴流式扇风机
axial ~ 轴流式通风机，轴流式风扇
backward curved blade ~ 后弯式风机
blast ~ 风扇，鼓风机，通风机，抛送叶轮
blowdown ~ 增压风机，鼓风机
blower ~ （离心式）鼓〔通〕风机，风机，风扇，增压风机
booster ~ 升压〔增压〕风机，鼓风机
bracket ~ 台式风扇
bucket type ~ 刮板式风扇，斗式风扇
cable ~ 电缆模板
ceiling ~ ①吊（风）扇②顶板通风器（机车）
centrifugal ~ 离心式通风机
circulating ~ 回风扇
circulating gas ~ 烟气再循环风机
cool flow ~ 冷却风机
cool-warm ~ 冷暖风扇
coupling ~ 液压联轴器控制的风扇
cross flow ~ 横流式通风机，贯流式通风机
desk ~ 台式电风扇
discharge ~ ①抽风机②排气（风）扇
displacement ~ 容积式风机
double ~ 二联通风〔引风〕机
draft ~ 排烟风扇，烟泵
ducted ~ ①函道〔导管〕风扇②导管式通风机③环形整流罩通风机④涡轮风扇发动机
dust-collecting ~ 除〔吸〕尘器，真空吸尘器
electric ~ 送风机
electrical ~ 电风扇
exhausting oil ~ 排油烟机
expansion ~ ①稀散〔膨胀〕波，扩散线族②膨胀扇形
fire ~ 轻便鼓风机（锻工用）
force(d) (draft) ~ 压力通风风扇，压力送风机，送〔鼓〕风机，增压风扇
fresh air ~ 净气风扇，送风机
front ~ 前风扇（喷气发动机）
induced ~ 抽风机，引风机
induced draft ~ 引风机，吸风机
integral ~ 轴上风扇
lift ~ 垫升风机
light ~ 光芒
low-pressure ~ 通风机
mill ~ 排粉机
mist-spraying cooling ~ 喷雾（冷却）风机
mixed flow ~ 斜流式通风机，混流式通风机
motor ~ 电扇
multiblade ~ 多翼风机
oscillating ~ 摆头电扇
overfire air ~ （炉排炉的）二次风机
paddle-wheel ~ ①叶轮式通风机②离心式鼓风机
plenum ~ 送气风扇
pressure ~ 压力风扇，送风机，鼓风机
primary (air) ~ 主送风机，一次风机
propeller (type) ~ 轴流通风机，螺旋桨风扇
radial ~ 径流式风扇，离心式通风机〔扇风机〕
radial forward curved blade ~ 径向前弯式风机
radial straight blade ~ 径向直叶片式风机
radiator ~ ①散热器风机②散热片
rotary ~ 扇风机
rotary-dick ~ 转页式电风扇
scavenger ~ 换气（风）扇
screw ~ 螺旋扇风机，轴流扇风机
Sirocco ~ 西罗克〔多叶片式，鼠笼式〕风扇，多组通风机
staggered ~ 交错叶风扇
starting ~ 鼓（风）风扇
suction ~ 吸风机，吸风电扇，排气通风机
suction ventilating ~ 吸气风箱
supply ~ 进气风扇
table ~ 台式电风扇
tube-axial ~ 轴流式风扇
twin ~ 双联风机
upcast ~ ①抽风机②上风井扇风机
vacuum ~ 抽真空用的风扇
vane-axial ~ 翼式轴流风扇
vane-control ~ 带导向器的风机

vapo(u)r exhaust ~　排油烟的风扇
vent(ilating) ~　通风机，换气扇，排气风扇，通风扇
ventilation ~　通风机
wall ~　墙上排气风扇
fancy　①想象，空想②特制的，精制的，杂样的，装饰〔潢〕的
fan-fly　风翼
fanfold　打字纸
fang　①钩，爪，②铁柄③锯齿
fangle　新发明
fan-in　扇入，输入，输入端数
Fanite　番奈特黄铜（*w*（Zn）55%，*w*（Cu）45%）
fanner　通〔逆〕风机，风扇
fanning　①漏泄，散逸②扇形编组（交换机电缆）③通〔扇〕风，(呈扇形）展开，形成气流，用通风器吸尘
fanny　搜索设备（确定干扰台或雷达站的航空搜索接收机装置）
fanout　①扇出，扇出端数②展开，散开
fan-shaped　扇状的
fantail　①（指射流）扇形尾②扇尾，燕尾（连接类型）
Fantasound　具有三维效果的（电影）录音法，立体声
fantastron　幻象复振器，幻象延迟线路，幻象多谐振荡器
farad　法（拉）(电容单位，F）
international ~　国际法拉（1 国际法拉 = 0.999 52 F）
faraday　法拉第(电量单位,1法拉第=96 520 C）
faradic　感应电的
faradism　感应电流，感应电应用〔疗法〕
faradization　感应电疗法
faradizer　感应电疗器
faradmeter　法拉计
faratron　液面控制器
far-between　①远隔的②稀少的
fardage　承载垫层
fare　①运〔车，船〕费，乘客②饮食，伙食③精神食粮，供使用〔欣赏〕的材料〔设备〕
far-end　远端
far-field　远（端）场
far-infrared　远红外（线）的
farm　①车间②场（地），农场〔庄〕，田地，饲养场③耕种〔作〕
power ~　机械化耕作
farm-out　移交，转交，传送，处理
farraginous　凑合的，杂七杂八的
far-ranging　远程的
far-reaching　（影响）深远的，远大的，广泛的，透彻的（解释）
far-sighted　①有远见的，远景的，有先见之明的②远视的
farvitron　①分压指示计②线振质谱仪（作连续控制真空系统中气体之用）
fascia　（复数 fasciae 或 fascias)(汽车）仪表板，(柱头上）盘座面，横木，(饰，绷）带
fascicular　束状的（结晶、纤维）
fasciculation　缩聚，束化（现象），自发性收缩
fash　飞〔毛〕边，毛刺
top ~　顶部飞边
fashion　①方式，方法②形状，式样③构造④流行
ad hoc ~　特定方式
coherent ~　连贯方式
random ~　随机方式
sugar-loaf ~　圆锥形，楔形
fast　①固定的，坚固的，耐久的②快速的③不褪色的，可靠的④船缆⑤（钟表）偏快的，(衡器）偏重的，所示值超过实际值的
fast-acting　快速作用
fastback　（向尾部倾斜的）长坡度的汽车顶，有长坡度车顶的汽车
fasten　①固定，紧固②钉牢，支撑
fastener　①接线柱，线夹②闭锁，闸，阀③接合〔紧固〕(零）件，夹持〔固定，闭锁〕器，扣钉，钩扣
belt ~　皮带扣
clip ~　封管机
cord ~　塞绳接线柱
hood ~　机罩卡钩，罩子挂钩〔钩扣〕，盖锁扣
hose joint ~　胶管紧固卡
jack ~　插口线夹
Jackson belt ~　杰克逊皮带机
screw ~　螺钉扣
self-clinching ~　自紧夹头
slide ~　拉链
snap ~　揿钮，按扣
top ~　车顶夹
window ~　①掣柄②插销
zip ~　拉链
fastening　①连接，夹紧，紧固②固定，紧固件，紧固接头，支撑（设备），扣件，扣紧螺杆，连接物

bead ~ 滚压连接
flexible ~ 弹性固定
joint ~ （铁轨）连接板，鱼尾板
rail ~ 轨条扣件，装钢轨配件
rigid ~ 刚性固定，刚性连接
screw ~ 螺钉连接〔紧固〕，螺旋连接
staple ~ 钉系固，弓形夹系固
zigzag ~ 交错连接，参差紧固
fastigiate 锥形的，倾斜的
fastness ①坚牢（度）坚固，固定〔着〕，不褪色（性）②迅〔急〕速
~ to light 耐光度〔性〕，不褪色性
alkali ~ 抗碱性，耐碱性〔度〕，抗碱强度
light ~ 耐光性，耐晒性
fast-page 快速页
fast-response 快作用的，快响应的
fast-running 快行（冶金）
fat ①油脂，脂肪②机器润滑剂〔油〕③含〔多〕沥青的，高挥发物的，含树脂多的④黏性好的
consistent ~ 润滑脂，稠脂，干油
hard ~ 润滑油，黄油
FatBits 粗位
fat-extracted 脱脂的
father ①父，上辈②盲目降落无线电指示标③创造者，发明者④上层（语法树节点的）⑤创作，制订
~ of node 节点上层
next ~ 下一父（计算机软件）
fathogram 水深图，回波图，回声测深剖面线
fathom 英寻（水深单位，1 英寻 =6 ft = 2 yd = 1.829 m）
fathometer 回音测深仪，水深计（回声），（用水砣）测深
ice ~ 回声测冰仪
fathom-line 等深线
fatigue 疲劳
auditory ~ 听觉疲劳
chafing ~ 磨蚀疲劳
dielectric ~ （电）介质疲乏
elastic ~ 弹性疲劳〔乏〕
environmental ~ 介质疲劳
photoelectric ~ 光电管老化，光电疲乏
sonic ~ 音响疲劳
spalling ~ 疲劳剥落
surface ~ 齿面疲劳，表面疲劳
fatlute 油泥
fatware 肥胖软件
faucet 开关，旋塞阀，（管子的）承口，插口

air ~ 气嘴，气旋塞阀
fault ①缺点〔陷〕，错误，误差，断层②故障，损坏，障碍③层错
abnormal ~ 逆〔异常〕断层
active ~ 活断层
arcing ~ 闪（弧）络故障
atom ~ 电路单元故障
balancing ~ 调谐〔平衡，复制〕误差
bolted three-phase ~ 金属性三相短路故障
close-in ~ 近区故障，近距离故障
close-up ~ 近距离故障
collimating ~ 瞄准误差，平行校正误差
"cross-country" ~ "越野"式（双相同时）接地故障
disconnection ~ 断电故障，导线断线
earth ~ 接地故障
evolving ~ 进展性故障
exchange ~ （电话）交换机故障
hyperactive ~ 超工作故障
image ~ 图像失真〔缺陷〕，影象缺陷
incipient ~ 潜在〔早期〕故障，隐患
intermittent ~ 断续短路，断续〔间歇〕故障
interturn ~ 匝间故障
intrinsic ~ 内在〔固有〕层错
isolated ~ 隔离〔孤立〕故障
kilometric ~ 短线故障（距断路器不远的故障）
mapping ~ 变换故障
mo(u)lding ~ 模〔压〕制件缺陷
multiple ~ 复式故障，多重〔复式〕层错
pattern-sensitive ~ 特殊数据组合故障，特定模式故障（使用某种数据组合时方出现的故障）
permanent ~ 永久性故障，长时事故（必须人工清除），常发故障
phase ~ 相间短路
pitch ~ 齿距误差
polygon ~ 多角层错
registration ~ 配准〔重合〕缺陷
resultant ~ 综合障碍
s-a-0 ~ 固定 0 故障，总是 0 故障
s-a-1 ~ 固定 1 故障，总是 1 故障
secondary ~ 二次绝缘子击穿故障（由于一次故障引起的）
segment ~ 段组〔位〕错
sporadic ~ 间发故障
stacking ~ ①（半导体）堆垛层错，层积缺陷②（原子）排错

step ~ 阶状断层
system ~ 电力网故障，系统故障
through ~ 穿越故障（变压器）
true ~ 真实故障，实际误差
turn-to-turn ~ 匝间短路
zig(-)zag ~ 锯齿形层错
faulted 有故障的，有缺点的
faultfinding 故障探测
faulty 有缺陷的，有故障的，不合格的
favo(u)r ①促成，有利于②证实（理论等）③帮助，支持
fawshmotron 微波（简谐）振荡管，快波简谐运动的微波放大管
fax ①传真（=facsimile）②电视画面，摹〔复，模〕写③摹真本
faxcasting 电视〔传真〕广播
fay 密配合，连接，接合，紧配合到一起
fayalite 正硅酸铁，铁橄榄石
fazotron 相位加速器
F-band F 波段，F 频段（90 ~ 140 GHz），F 吸收带
FBC-value （=flat bottomed cup value）平底拉延值（用平底凸模进行拉延试验的极限拉延比）
F-center F 中心，染色中心
feasibility ①可行性，（实际）可能性，现实性②适用性
feasible ①可能的，可行的，现实的②合理的，适宜的
feather ①羽状裂缝，铸造披锋，铸造毛刺②滑键，凸起，加强筋，枢轴，冒口③（旋翼）周期变距，（螺旋桨）顺流交距，（桨叶）水平运动，顺（螺旋）桨④种类，本质⑤羽毛，羽状回波
featheralum 铁明矾
feathered ①导键连接的，铰链连接的②羽毛状的，有羽毛的③薄边的，边沿刨薄的④飞速的
featheredge ①薄边（刃）②做成刀口状③飞边，飞翅
featheredging ①渐细等高线②镶嵌像片重叠边剔薄
feathering ①尾翼②键连接③羽状物④叶瓣饰⑤顺（螺旋）桨，（桨叶）水平旋转
feathers 羽状裂缝
feature ①特点〔征，性，色〕，性能，性质②零〔部〕件，形体，细节，装置，设备
basic mechanical design ~ 主要技术性能
core ~ 核心特征
design ~ ①结构〔设计〕特点②设计数据〔形体〕
directional distance distribution ~ 方向距离分布特征（人工智能识别）
distinguishing ~ 特点，特征
featurizationtransition ~ 过渡特征
function-oriented ~ 功能特征
high-wearing ~ 高耐磨〔抗磨〕性
noiseproof ~ 抗干扰特性，抗噪特性
related ~ 相关形体
safety ~ 安全装置
salient ~ 特征〔色，点〕
stroke density ~ 笔画密度特征（人工智能识别）
stroke direction ~ 笔画方向特征（人工智能识别）
structural ~ 构造细部，结构要点
unique ~ 特色〔点，性〕，特殊情况
Features 特征
featuring 抽主题
featurization 特制（影）片
febetron 冷阴极脉冲 β 射线管
feculence 混浊，渣滓
fedback 反馈的
federation ①联合〔邦〕②联盟，联合会
fee ①费用，会〔手续，入场〕费②聘请，雇用
annual ~ 年〔维持，续展〕费
clearance ~ 出港手续费
collection ~ 托收票据费
cost-plus-fixed- ~ 成本〔正价〕加固定附加费
tally ~ 理货费
feeble ①微弱，虚弱②朦胧的，无力的，轻微的
feed ①供（料），进（入，刀），加（料，载），传送②电源，加工原料，（萃取时）原始溶液，坯，轧件③进给量，闸水量④进给机构，加料装置，馈电（系统），馈给信号⑤送料步距，齿升
~ through conductance 馈通电导
agitator ~ ①搅拌轮式排种器②（卧式）搅拌轮给肥器
air ~ ①供气②供风（指压缩空气）
antenna ~ 天线馈源
antiparallel ~ 逆平行加料（正交流动提纯器的加料方法）
automatic ~ 自动进给〔刀〕
axial ~ 轴向进给
back ~ ①反馈，回授②反向进给

backward ~ 反向进给，逆流送料法
bar ~ 杆进给
boiler ~ 锅炉给水
bottom delivery ~ ①下排式排种器②下排式排肥器
Bramwell ~ （梳毛机）布朗威尔喂毛装置
brush ~ 刷式排种器
cam(-driven) dial ~ 斜楔作用〔凸轮驱动〕转盘进料
cam-driven roll ~ 凸轮传动轧辊喂料装置
capstan ~ 主导轴〔动轮〕输送机构
card ~ 穿孔卡片的输入装置，卡片馈送机，送卡（片）
center ~ 中心〔对称〕供电〔馈电〕
centrifugal ~ 离心式排种器
chain finger ~ 链指式排肥器
chute ~ 斜槽进料装置
circular ~ 回转进给〔刀〕，圆周进给
clockwork ~ ①通过钟表机构的馈电〔进给〕②钟表的发条
coarse ~ 洪流进料
corporate ~ 组合式馈电
course ~ （按）正常（进给量）进给
creep ~ 断续〔跃进式，间歇〕进给
cross ~ ①交叉馈电〔进给〕，横向送进，横进②横向喂入〔输送〕
depth ~ 切入进给
dial ~ 转塔车床进给，转盘进料，用刻度盘进给
dipole ~ 偶极子辐射器，偶极天线馈电
dipole disk ~ 偶极子圆盘天线
direct ~ ①直接供〔馈〕电②直接传送工件（自动线的）
directive ~ ①定向馈电②定向耦合器
double-run ~ 内槽轮排种器
down ~ 向下进刀
drill ~ 凿岩机推进器
drip ~ 点滴注油，滴油润滑
dual ~ ①双端〔路〕馈电②双面进料的③配有两套电源的
end ~ ①纵向定程进给②侧端加料③端部馈电
endwise ~ 终向馈给
external drip ~ 滴油润滑器
external (force) ~ 外槽轮排种器
face-down ~ 背面馈送（卡片面朝下传送）
face-up ~ （卡片）面朝上传送，正面馈送
fertilizer ~ 排肥器
fine ~ 精细进给，小进给量
finger ~ ①机械手送料②指式排肥器
float ~ 浮筒式进给
fluted-wheel ~ 外槽轮排种器
follow-up hand ~ 手动〔摇〕进给
forced ~ 压力进给，压力供给〔加料〕
form ~ 格式馈给，打印式输送
forward ~ 顺流〔向前〕送料
gang ~ 成堆料的送进
generating ~ 展成〔滚切〕进给
grain ~ 谷物排种器
gravity ~ 重力（自动）供料〔馈给，进给，给油〕，自重〔自动式〕供给，自重进料
grip(per) ~ 夹钳送料，夹持进给
hand ~ ①手力〔手摇〕推进②人工给〔加〕料③手（动）进给，手操纵进给
heavy ~ 重〔强〕进给
hitch ~ 夹持送料，断续给料，夹持辊进退送料（装于模具上用弹簧得到进距）
horn ~ 喇叭天线馈电
hydraulic ~ ①液压〔水力〕进给②液压扬弹，液压扬弹机③液压供给〔输送〕
index(ing) ~ 转盘进给，分级〔间歇〕进给
internal force ~ 内槽轮排种器
jerky ~ 不均匀进给
jog ~ 点动进给
jump ~ ①快速越程，中间越程（仿形切削），跳跃进给②不均匀进给，周期性断续进给
lateral ~ 横向进给〔刀〕
leach ~ 浸出料
length ~ 纵向进给〔刀〕
line ~ ①换〔移〕行②线路馈电③印刷带进给
long ~ 纵向进给〔刀〕
longitudinal ~ ①纵向进给②纵进刀
magazine ~ （自动）储存〔料仓〕供料
main ~ 主馈（电）线，干线
make-up ~ 补给水
mechanical gripper ~ 机械夹持爪式送料
micrometer ~ ①细进给②测微计进给
mixing ~ 混合供油〔供料〕
multiple ~ 多电源供电，复馈
nutating ~ 盘旋馈电
oil drip ~ 滴油润滑
one-way ~ 单向〔路〕馈电
over ~ 超越进给
paddle-wheel ~ 叶轮式排肥器
pallet ~ 夹具送料

peck ~ 分级进给
pick ~ （三位仿形铣削的）周期进给
picker ~ ①切向进给②弹棉机进给③掘进
plain ~ 普通进给
plunge ~ 全面进给〔刀〕法，横向进给磨削
pneumatic ~ 气动排种器
porcupine ~ 针辊或刺辊喂麻机构
positive ~ 压力进给，强制〔机械〕进料
positive-geared ~ 压力进给〔送传〕，机械进给
power ~ ①电力馈电②机械进料③动力〔自动，机动〕进给
power cross ~ 自动横向进给〔刀〕
power-operated ~ 自动进给〔刀〕
pressure ~ 压力进给，加压装料，压力润滑，压力喷洒
pressured ~ 加压输送
primary ~ 一次辐射器，主辐射器
pusher ~ 推杆式送料
quick ~ 快速给进（量）
radial ~ 径向进给
repeat ~ 重复〔分级〕进给
rerolling ~ 轧制的坯，再轧坯
reversing ~ 反向进给
rising hopper ~ 升斗式排肥器
roll ~ 滚筒式供料机构
roller ~ ①滚珠进给器，滚子进给②槽轮排种器
rotary ~ 圆周进给，插齿刀每转双行程数
rotating ~ 旋转馈电〔供给〕（波导管）
roughing ~ 大进给〔刀〕（切削）
Sargent low ~ 萨近式喂毛机（适用于除杂机或混毛机）
screw ~ 螺旋喂送〔排肥〕器
self-conveyor ~ 螺旋加料机
serpentine ~ 蛇形馈源（频扫天线阵中的）
shunt ~ 并联馈电
sight ~ ①可视进料②可视给油，开式供油，供油指示器
silent ~ 无声进给〔刀〕
single ~ 单级馈电
single air gripper ~ 单一式压缩空气作用爪式送料
single-roll ~ ①一对滚子送料②单边辊式送料
skip ~ 超越，跳越进给
sliding ~ 滑动进给〔刀〕
sliding gate ~ 滑槽送料
space ~ 输格（电传打字机）
sprocket ~ 定位馈送
stack ~ 叠料上料（装置），叠料送进
stagger ~ 交错送料，曲折〔锯齿形〕送进，工形送进
staggered ~ 不均匀进给
station dial ~ 多工位转盘送进
steel ~ 钢坯
step ~ 分级进给，断续进给，周期进给（三位仿形铣削的）
stock ~ 条材〔棒料〕进给
straight-in ~ 横向〔直〕进给
strip ~ 带料〔条料〕进给装置
suction strip ~ 真空吸力式板料送进装置
surfacing ~ 横向进给〔刀〕
surfacing power ~ 端面机动进给〔刀〕
table ~ 工作台进给〔刀〕
tangential ~ 切线进给
tape ~ ①拖带机构②磁带馈送③走〔导〕带④磁带卷盘
through ~ 贯穿进给〔刀〕
transfer ~ 连续自动送料〔送进〕
transverse ~ 横向进给〔刀〕
underdrive dial ~ 下传动转盘送料
vertical ~ 垂向〔竖向，垂直〕进给
wick ~ 油绳注油
worm ~ 螺旋式喂送〔排肥〕器
zigzag ~ 交错〔曲折，锯齿形〕送料

feed-air 供气

feedback ①反馈②反应③结果，资料
~ of feel （机械手）力的反向传送
acoustic ~ 声反馈
counting-rate-difference ~ 速度差反馈
current ~ 电流反馈
degenerative ~ ①负反馈〔回授〕②退化，衰减
deregenerative ~ 负反馈，非再生反馈
derivative ~ 微分反馈〔回授〕
direct ~ ①直接反馈〔回输〕②刚性反馈
distributed ~ 分布反馈（激光器）
duplex ~ 双重反馈，并联反馈〔回授〕
hopper ~ 选料斗
lagging ~ 迟滞反馈〔回授〕
local ~ 本机反馈〔回授〕
negative envelope ~ 包络负反馈
negative voltage ~ 电压负反馈
parallel ~ 并联反馈〔回授〕
positive ~ 正反馈〔回输〕
primary ~ 主回授，原反馈，主反馈（量）

reference ~ 起始反馈〔回授〕
regenerative ~ 再生反馈，正回输，正反馈
reverse(d) ~ 负反馈
rigid ~ 硬〔刚性〕反馈
series ~ ①串联反馈〔回授〕②连续反馈〔回授〕
shunt ~ 并联〔分路〕反馈
sync ~ 同步反馈
unity ~ 全反馈
velocity ~ 速度反馈〔回输〕

feed-block 授弹机

feed-box ①进给箱②装料箱

feeder ①进给机构〔装置〕②送水管③导纱器，喂给帘（子），喂给装置，输送〔送料，进给，加料〕器，给料机，给棉〔毛〕机④支矿脉⑤馈（电）线⑥冒口，浇道，浇注系统⑦装弹机
~ head （铸造）冒口
aerial ~ 架空馈线
air ~ ①送气机，吹气机，空气供给装置②进气管
air lock ~ 气闸进〔供〕料器
aligner ~ 整列进料机
alternative ~ 交替喂纱导纱器
antenna ~ 天线馈（电）线
apron ~ ①带式给料机②板式给料机，刮板式喂送器③裙式给料器，板给料器
atmospheric ~ 大气（压力）冒口
automatic sheet ~ 续纸器
auxiliary ~ 副〔辅助〕馈（电）线
ball ~ 球状冒口
belt ~ 带式给料机
bin ~ 漏斗给料机，仓式进料器
blending hopper ~ 混棉给棉机
blind ~ 暗冒口
bobbin ~ 绕线管〔筒，架，圈〕进给器
boiler ~ 锅炉给水器
bunker ~ 斗式给料机
calibrated ~ 定量供料器
chain ~ 链式加料器
challenge ~ 加蓝齐型转盘给矿机（捣矿机用）
chute ~ ①槽式给矿机，斜槽进料器②送料槽
cleaning and blending ~ 自调喂给机，自调给棉机
concentric ~ 同轴馈（电）线
cradle ~ 盘式给料机
cushion ~ 振动式供料器
diaphragm ~ 隔板给矿机
drag link ~ 刮板式给料〔煤〕机
drag-type ~ 刮板式给料〔煤〕机
drip ~ 滴给器，点滴注油器
duplicate ~ 第二馈路，并联馈路
emergency ~ 备用馈电线
flight ~ 刮板供料机
flow ~ 流动送料机
gate-end ~ 联络巷道端部转载运输机
gob ~ 滴料机
heavy ~ 高负载馈电线
hopper ~ 料斗送料器，（棉箱）给棉机
impeller ~ 叶轮给料机
incoming ~ 进〔输〕入馈线
inertia vibrating ~ 惯性振动给料机
interconnecting ~ 联络馈线
Jeffrey-Traylor ~ 杰弗里-特雷勒尔型磁力振动槽给矿机
lattice ~ 帘子喂给机，帘子给棉机
lighting ~ 照明馈路，电光馈路
line ~ 馈电导线（电力牵引用）
load ~ 负荷馈线
loop ~ 环形馈（电）线
magnetic vibrating ~ 电磁振动给料机
main ~ 总馈线，主馈电线
multiple ~ ①复式并联馈路②多电源馈路
oil ~ ①加油〔给油〕器②调油器
open-top ~ 明冒口
oscillating ~ 振动给料〔煤〕机
overhead ~ 架空馈线
overshot rotary ~ 捞筒式转鼓给料机
paddle ~ 桨叶式给料机
paper ~ 垫纸装置
parts ~ 送料器，拾取定向料斗
percussion ~ 冲击型进料器
plate ~ 圆盘〔板式〕给料机
pocket ~ 转叶式料器，星形给料器
positive ~ （直流）正（极）馈（电）线
power ~ 馈电线，供电线
pressure ~ 加压冒口
pull-type wire ~ 拉丝式送丝机构
pulverized fuel ~ 给粉机
radial distribution ~ 径向〔辐射式〕配电馈路
radial transmission ~ 放射形输电的馈电线
ratchet ~ 棘轮给料机
ratio ~ 配量给料器
reciprocating ~ 往复给料机
reciprocating(-plate) ~ 往复板式给料器〔给

矿机〕
resonant ~ 谐振馈线
return ~ 回流馈路，回路馈线，负馈路，负馈线
ribbon ~ ①条子给棉机（石棉纺纱用）②带状馈线，平行（传输）线，带馈线
ring ~ 环形干线，环式馈线〔路〕
rivet hopper ~ 铆钉的漏斗送料机构
roll ~ 辊式给料机，滚柱给矿机
roller ~ 辊子给料机，滚柱给矿机
Ross chain ~ 罗斯链式给料机
rotary ~ 回转〔星形〕进料器，筒式给煤机
rotary disk ~ 转盘式送料器
rotary pocket ~ 星形给料器
rotary table ~ ①转盘给料机，旋转进料器②回转式给矿机
rotary vane ~ 星形（给）料器
sand ~ 给砂机
scale ~ 秤量式给矿机
scoop ~ 杓〔戽斗〕式进料器，翻斗加料器，进料斗
screened ~ 屏蔽馈线
screw(-type) ~ 螺旋给料器〔给煤机，输送机〕
secondary ~ 备用馈路
selective ~ 自动选料给料机
shaker ~ 振动给料机
shaking ~ ①摇动进给器，振动给料器②振动式给矿机
shuttle ~ 梭式送料装置
single ~ 单馈线
single-spiral ~ 螺旋给矿机
sliding box ~ ①箱式定量器②箱形〔移箱式〕给料器
spreader ~ 抛煤机
squirt ~ 喷射送料器
star ~ 星形〔回转〕进料器
star like ~ 星形给料机
stub ~ 直接电源馈路
stub-end ~ 短截馈线
suction ~ 真空式给纸器
swinging ~ 摆动给料器
table ~ 盘式送料机，圆盘〔平板〕给料器
tandem ~ ①双棉箱给棉机②串联式推车机
telescope ~ 伸缩式推进装置
thread rolling ~ 螺纹滚压机
tie ~ 电源联络线，联结馈线
transfer turn table ribbon ~ 转台自动进给装置
travel(l)ing ~ 带式移动给矿机
trunk ~ 主馈电路，主电路，互联馈路
tuned ~ 谐振馈（电）线，调谐馈（电）线
twistor ~ 绞合馈（电）线
unit ~ 单馈线
vibra ~ 振动式给料器，振动式供给器
vibrating ~ 振动给料机
vibratory in-line hopper ~ 直进式振动送料器
volumetric ~ 定体积给料器
water ~ 给水器
weigher ~ 称量给料器
weigh-pan ~ 称量喂给机
wire ~ 送丝器，送线器
work ~ 进给〔进刀〕装置
worm ~ ①蜗轮输送机②蜗轮给料机
feeder-conveyor 传送进料器
feedforward 正向馈电传送，前馈（控制）
feedhead ①浇口盆②进料口〔头〕
feedhole 输送孔，传动导孔，定位孔
feed-horn 喇叭天线
feed-in ①送进，输入，馈入②渐显，淡入
feeding ①馈〔供〕电②填缝③补缩④进给〔刀，油，料〕（的装置）
acyclic ~ 非周期馈电
aggregate ~ 集料给料（破碎机，筛分机）
duplex ~ 双端〔双路〕馈电，两路供电
form ~ 走纸
ribbon ~ 输送带送料
rod ~ ①棒注法②棒料送进③戳补（戳穿冒口表面以利补缩）④捣冒口
swivel ~ 旋〔回〕转进给〔送料〕
feedome 馈线罩
feed-shoe 给料（刮）板
feed-sponge 海绵金属料
feedstock 原料
alternative ~ 代用原料
feedstream 供入液流
feed-tank ①给水箱②进给〔刀〕箱
feed(-)through ①馈入装置，馈电导体②引〔连接，连通〕线③（多声迹磁带）偶然的耦合，馈〔直〕通④（印制电路）正反两面的连接
IF ~ 中频直通，中频馈通
magnetic ~ 通过外壳的磁场传动
feedwater ①给〔供〕水，给水回热加热系统，给水系统〔管路〕②给〔供〕水的
feedway 输送〔供给，发射〕装置
feel ①接触，试探，②意识到，认为③有感〔知〕觉

control ~ 操纵〔控制〕感觉
feeldevice 感触装置
feeler ①探〔触〕针，测〔探〕头，探测器〔杆〕,触角〔点〕,接触子②塞尺③仿形器〔板〕,靠模④灵敏元件
alignment ~ 塞尺
edge ~ 探边器
optical ~ 光学接触器,光学(灵敏)触头〔点〕
set ~ 定位〔调整〕触点
thickness ~ 塞尺
feerrazite 钡铅磷矿
feet ① foot 的复数，脚②底座，最下部③英尺（1ft=0.304 8 m）
bridge ~ 夹板位钉
bun ~ 圆珠形台脚
elephant ~ 集装箱紧固装置
tern ~ 燕鸥式支脚
fee-television 自动计费电视机
feigned ①伪造的②想象的
felder 镶嵌地块
feldspar 长石
Felix 费力克斯导弹
feller 伐木机〔工〕
feller-processor 伐木造材联合机
felling ①咬口折缝②二重接缝③装〔附〕边④伐木，采伐
felloe 轮辋，车轮外缘，(扇形)轮缘
wheel ~ 轮辋
fellowship ①团体②学会会员③大学研究员④合伙关系
felly =felloe
felsite 霏细岩
felt ①毡垫圈，(油毛)毡②绝缘纸
acoustic ~ 吸音毡
asphalt ~ 油毛毡，(地)沥青毡(垫衬用)
bearing ~ 轴承毡圈
hair ~ 发毡，(油，丝)毛毡
packing ~ 毡垫，毡衬
tarred ~ 油毛〔柏油〕毡
female ①有内螺纹的②阴的，包容的，内孔的，凹陷部件
dovetail ~ 鸠尾榫
fembot 女性机器人
femitron 场射管（场致发射微波晶体管）
femto 飞（母托）(10^{-15})
femtometer 飞（母托）米（fm）(测量原子核距离的长度单位，1 fm=10^{-15} m)
fence ①栅栏，导流栅②支架③防御（装置），电子篱笆〔围墙〕④防扰篱笆⑤利用多普勒效应的飞机探测仪
anti-role ~ 防滚栅
electronic ~ 电子对空搜索仪
picket ~ 磁篱
wire ~ 铁丝网
fender ①防冲物〔桩〕,防御物，缓冲料〔器〕,防擦物，排障器，汽车挡泥板，(壁炉的)炉围②（汽车）翼子板，叶子板③栏杆
front ~ （汽车）前翼子板
roll ~ 轧辊保护板
skirted ~ （汽车车轮）挡泥板
suspended ~ 重力式防冲物，悬挂式防冲物
fender-guard 保险杠
Fenit 因瓦镍合金（w（Ni）36%，其余 Fe）
Feran 覆铝钢带
fergusonite 褐钇钽〔铌〕矿
Fericon 费里康压陶瓷光阀
Fermet 非梅特镍铬钢（w（Cr）4%，w（Ni）18%,w(Mn)2.2%,w(W)1%,w(Cu)0.3%,w（C）0.35%，其余 Fe）
fermi =femtometer
fermion 费米子
fermitron （微波）场射管
fermium 镄（Fm）
Fernichrome 铁镍钴铬合金（w（Fe）37%，w（Ni）30%，w（Co）25%，w（Cr）8%）
fernico 铁镍钴合金(w(Ni)28% ~ 30%,w(Co)15% ~ 19%，其余 Fe）
Fernite 非尔奈特镍铬铁合金
Ferpic 铁电光导器件,费尔皮克（铁电显像器件）
strain-biased ~ 应变偏置费尔皮克（铁电显像器件）
ferractor 铁氧体磁放大器，铁电振荡器
ferramic （粉末状的）铁磁物质
ferrate 高铁酸盐
ferreed 铁簧继电器
ferret 电子间谍,电磁探测飞机（车辆,船只），电子侦察机，雷达侦察飞行器
ferric 铁的，三价铁的
ferricyanide 铁氰化物
ferriferous 正亚铁的
ferrimag 一种铁磁合金
ferrimagnet 铁淦氧磁物，铁氧磁材料
ferrimagnetic 铁淦氧磁物（的）
ferrimagnetism （亚）铁磁性，铁氧体磁性
ferrimuscovite 铁白云母
ferristor 自饱和磁放大器，铁磁电抗器

ferrite ①铁素体，自然铁，纯铁体②铁淦氧，铁氧体③铁酸盐
mixed ~ 固溶态铁淦氧，混合铁氧体
permanent magnetic ~ 硬磁铁氧体
soft magnetic ~ 软磁铁氧体
square loop ~ 矩形磁滞环铁氧体
ferritic 铁素（体）的
ferritic-pearlitic 铁素体珠光体
ferritin 铁朊
ferritizer 铁素体化元素
ferrito-martensite 铁素体马氏体，贝氏体
ferroalloy 铁合金
ferroalumin(i)um 铁铝金合（*w*（Fe）80%，*w*（Al）20%）
ferroboron 铁硼合金，硼铁
ferrocal 非劳克铝合金
ferrocart 纸卷铁粉心（高频用低耗铁粉心）
ferrocerium 铁铈合金，铈铁
ferrochrome 铁铬合金（*w*（Cr）50% ~ 70%）
ferrocobalt 铁钴合金，钴铁
ferrocolumbium 铁铌合金，铌铁
ferroconcrete 钢筋混凝土
ferrocrete 速凝〔快硬〕水泥
ferrocyanide 氰亚铁酸盐，亚铁氰化物
potassium ~ 亚铁氰化钾，黄血盐
ferrod 铁磁杆，铁氧体棒形天线
ferroelasticity 铁弹性
ferroelectric ①铁电的②铁电体
ferroelectricity 铁电（现象）
ferroglass 钢化〔络网，镶铁丝〕玻璃
ferro(-)graph 铁粉记录图（图像的磁性记录），铁磁示波器
ferro-graphy 铁粉记录术
ferrogum 橡胶磁铁（磁性铁粉用橡胶黏合而成）
ferro-in-clave 波纹（金属）片（带有梯形凹槽，抹灰用）
ferrolites 铁素体，铁氧体
Ferrolum 覆铝钢板
ferromagnet 磁铁
amorphous ~ 非晶态铁磁体
ferromagnetic ①铁磁性的②铁磁体
ferromagnetics 铁磁学
ferromagnetism ①铁磁性②铁磁学
ferromagnetography 铁磁性记录法
ferromanganese 锰铁（合金）
ferromanganin 锰铁铜（合金）
ferrometer ①血铁测定器②铁〔强〕磁计，铁素体（含量）测定计
ferromolybdenum 钼铁合金
ferron 非朗铁镍铬合金（*w*（Fe）50%，*w*（Ni）35%，*w*（Cr）15%），试铁灵
ferronickel 镍铁合金（*w*（Fe）74.2%，*w*（Ni）25%，*w*（C）0.8%）
ferroniobium 铌铁（合金）
ferrophosphor(us) 磷铁合金
ferroprobe 铁探头，铁磁探测器
Ferropyr 铁铬铝电阻丝合金（*w*（Fe）86%，*w*（Cr）7%，*w*（Al）7%）
ferroresonance 铁磁共振，铁磁谐振
ferroselenium 硒铁（合金）
Ferrosil 热轧硅钢板
ferrosilicium 硅铁（合金）
ferro-silico-manganese 硅锰铁（合金）
ferrosilicon 硅铁（合金）
ferro-silicon- manganese 硅锰铁合金
ferro-silicon-alumin(i)um 硅铝铁合金
ferro-silico-nickel 硅镍铁（合金）
ferro-silicon-iron 硅铁
ferro-silicon-titanium 硅钛铁合金
ferrospinel 铁氧体尖晶石
Ferrostan 电镀锡钢板
ferrosteel 钢性铸铁，灰铸铁（废钢等混合制成的）
Ferrotic 费罗奇克钛模具钢（TiC 压粉体在高速钢液中浸渗）
ferrotitanium 钛铁（合金）
ferrotungsten 钨铁（合金）
ferrotype 铁板照相
ferrouranium 铀铁（合金）
ferrous ①亚铁的，二价铁的②含铁的
ferrovanadium 铁钒合金，钒铁
ferroverdin 绿铁（合金）
ferroxcube 立方结构铁淦氧，铁氧体软磁性材料，半导体的铁氧体
ferroxdure 铁钡氧化物烧结成的永久磁铁（材料），钡铁氧体
ferroxplana 六角晶格铁淦氧，高频磁心材料
ferrozirconium 铁锆合金，锆铁
Ferrozoid 非劳左特铁镍合金（*w*（Ni）33% ~ 35%，*w*（Cr）3.5%，其余 Fe）
ferruginosity 含铁性
ferruginous 含铁的
ferrule ①套圈，环圈，箍，线圈管，套筒（无焊接用）②防护环③节流圈
cutting ~ 卡套
ferrum 铁（Fe）

ferrumiron 铁（Fe）
ferry 渡船
car ~ 汽车轮渡，汽车渡船
train ~ 列车渡船
Ferry 费瑞铜镍合金（*w*（Cu）55% ~ 60%，*w*（Ni）40% ~ 45%）
ferrycraft 摆渡飞行器，运载火箭
FET 场效应晶体管
depletion type ~ 耗尽型〔绝缘栅〕场效应晶体管
enhanced type ~ 增强型场效应晶体管
ion-sensing ~ 离子敏场效应晶体管
isolated-gate ~ ①隔离栅栅场效应晶体管②隔离栅场效应晶体管
monolithic ~ 单块场效应晶体管
N-channel ~ N 沟道场效应晶体管
P-channel ~ P 沟道场效应晶体管
single gate ~ 单栅（极）场效应晶体管
fetch ①航行，前进，转航，到达②行程，对岸距离③吹送距离，吹程，风距，风浪区④取指令，取（数）
fetch-and-add 读取并加入指令
fetron （复合）高压结型场效应管
fettle ①修整②清理铸件，铲除渣子③修补〔炉〕
fettler ①调整〔修炉，清理〕工②砂轮整修器
fettling ①修补（炉衬）②铸件清理，锻件清理
~ of the cupola 化铁炉炉衬修补
fever 发热，热度
metal fume ~ 金属烟雾病（如黄铜病）
fexitron 冷阴极脉冲 X 射线管
fexpr-function fexpr 计算机函数（按名调用机制传递参数的函数）
FF 双稳态多谐振荡器，触发电路
end-of-scan ~ 扫描终端双稳
gated ~ 选通触发电路，门控触发器
F-format F 格式（表示定点的格式）
FFT 快速傅里叶变换算法
inverse ~ 反向快速傅里叶变换
fiber ①纤维②硬纸板，刚纸③结构，构造
~ optic communication 光纤通信
activated carbon ~ 活性炭纤维
active ~ 激活光纤
active optical ~ 激活光纤
air-supported ~ 空气间隙光纤
all-silica ~ 全石英光纤
aluminum silicate ~ 硅酸铝纤维
anisotropic ~ 各向异性光纤
anti-ball ~ 抗起球纤维
antistatic ~ 抗静电纤维
artificial ~ 人造纤维
bare ~ 裸光纤
bioglass-ceramics ~ 生物玻璃陶瓷纤维
birefringent ~ 双折射率光纤
boron ~ 硼纤维
bow-tie ~ 领结型光纤
cable optical ~ 成缆光纤
ceramic ~ 陶瓷纤维
chameleon ~ 光敏变色纤维
clad silica ~ 包层石英光纤
coated ~ 被覆〔涂覆〕光纤
communication optical ~ 通信光纤
composite ~ 复合纤维
dispersion-shifted ~ 色散位移光纤
doped-silica clad ~ 掺杂石英包层光纤
doped-silica graded ~ 掺杂石英渐变型光纤
dual-mode ~ 双模光纤
elliptical-core ~ 椭圆芯光纤
extreme ~ 最外纤维
filled hollow ~ 液芯光纤
filament ~ 长丝纤维
fluoride glass optical ~ 氟化物玻璃光纤
functional optical ~ 功能光纤
glass ~ 玻璃纤维，玻璃丝
graded ~ 渐变型光纤
graded index ~ 渐变折射型光纤，梯度折射型光纤
graded index optical ~ 渐变折射率光纤
graded-index ~ 渐变折射率光纤
gradient index ~ 梯度折射率光纤
hollow ~ 空心丝
hollow quartz ~ 空心石英光纤
holographic ~ 全息（光导）纤维
infrared ~ 红外光纤
injection ~ 注入光纤
irradiation-resistant ~ 耐辐照光纤
lasing ~ ①激光玻璃纤维②激光光学纤维
liquid-core ~ 液芯光纤
man-made ~ 化学纤维
metropolitan ~ system 都市光纤系统
modacrylic ~ 改性聚丙烯酸纤维（含 35% ~ 85% 丙烯腈的共聚物）
mode ~ 模光纤
model ~ 模型纤维
modified ~ 改性纤维
monomode ~ 单模光纤
mullite ~ 莫来石纤维

multicomponent ~ 多组分纤维
multiconstituent ~ 多组分纤维
multimode ~ 多模光纤
nerve ~ 神经纤维
neutral ~ 中性纤维，中间纤维
optic(al) ~ 光（导）纤（维）
optic(al)sensor ~ 传感光纤
optic(al)waveguide ~ 光波导
plastic optic ~ 塑料光纤
pure silica ~ 纯石英光纤
quartz ~ 石英丝，石英纤维
reactive ~ 反应性纤维
refractory ~ 耐火纤维
reverse osmosis ~ 反渗透纤维
SELFOC ~ 自聚焦光纤
sheet ~ 纤维纸板，硬纸板
side glow ~ 径向发光光纤
silica ~ 石英纤维
single ~ 单（光）纤
single mode ~ 单模光纤
single strand multimode ~ 单股多模光纤
soliton transmission ~ 孤（立）子传输光纤
spun-dyed ~ 色纺纤维
stable glass ~ 标准玻璃纤维
staple ~ 人造短纤维，切断纤维
step-index ~ 阶跃（突变）折射率（型）光纤
synthetic ~ 合成纤维
tail optical ~ 尾（巴）光纤
textured ~ 变形纤维
vulcanized ~ ①纤维板②硬化纸板，钢纸板③硫化纤维
water soluble ~ 水溶性纤维

fiberboard 纤维板
hard ~ 硬质纤维板
medium density ~ 中密度纤维板
oil impregnated ~ 油浸衬垫纸板
soft ~ 软质纤维板

fiberfill 纤维填塞物
fiberglass 玻璃纤维，玻璃丝
fiberguide 光纤波导
fibering ①纤维结构②纤维化
fiberizer 成纤器
fiber-optics 纤维光学
fiberoptronics 纤维光电子学
fiberscope 纤维镜
hypodermic ~ 皮下（组织）纤维镜

fibrage 纤维编织
fibration 纤维化
fibrator ①纤维（素）②盘磨机，纤维离解机
fibre =fiber
fibril 原纤维，微丝
fibrin 血纤朊，纤维朊〔素，蛋白〕
Fibroc 酶醛树脂层压材
fibrogram 纤维图
fibrograph 纤维摄影机
fibroin 丝纤朊，丝心朊
fibrous 纤维（质，状，构成）的
fiche 〈法〉胶片
master ~ 缩微胶片复制用母片
microbook ~ 缩微图书胶片

fictile 陶制品
fiction 拟制，虚构
fictitious 想象的，假设的，虚构的
fid ①销子，螺钉，楔子②螺柱③测针④支撑〔固定〕材，楔状铁栓
fiddle ①台座，台架②支柱
fiddling 微不足道的，无用的
fidelity ①逼真（度），保真（度）②重现精度③准确性
acoustic ~ 声音保真〔逼真〕度
audio ~ 声频〔音频〕保真度
colo(u)r ~ 色保真度，彩色逼真度
electric(al) ~ 电（信号）保真度
eye ~ 映象保真性〔度〕
high ~ 高保真度（的）
reproduction ~ ①重放保真度②重现保真度
true colo(u)r ~ 彩色逼真度

fido 火焰驱雾法
fiducial ①基准的②置信，参考〔基准，置信〕点
field ①激发〔励〕，励磁，绕组②电〔磁，视，引力，扫描，工，现〕场③活动范围，领域④字段，信息组，区段（程序的），符号组⑤（隔行扫描制）半帧
~ of angle （摄影镜头）视场角，象限
~ of points 点场
~ of view 视场〔野，域，界〕
~ of vision 视野，视界
address ~ 地址段，地址部分
adverse ~ 倒向场，反转场
air gap ~ 气隙磁场
air-density ~ 气流密度分布图
alignment ~ 校正场
all-blank ~ 全空字段
angled ~ 斜向场
angular ~ 视场〔野，界〕

anomalous ~ 异常磁场，剩余磁场
antishunt ~ 反分流场，反旁路场，去振荡线圈
arithmetic ~ 运算字段
armature ~ 电枢〔磁〕场
artificial ~ 人工场，人为场
axial ~ 轴向场
backing ~ 逆向磁场，反方向磁场
backward link ~ 反向连接字段
barrier ~ 势垒场
bending ~ ①致偏转场②弯曲场
bias(ed) ~ 偏移（磁）场
binocular ~ 双目视野
bipolar ~ 双极磁场（电机的）
bipolar micro-instruction jump ~ 双极微指令转移器件
bit status ~ 位状态字段
b-link ~ 反向连接字段
bright ~ 明视场，亮场
Brillouin ~ 布里渊场（电子束聚焦用的均匀磁场）
brother ~ 同级字段，兄弟字段（语法树节点的）
bucking ~ 反向场
business ~ 经营领域，业务范围，交易范围
card ~ 穿卡区，凿孔卡片栏
chain ~ 链式字段
character sensing ~ 字符读出区
choking ~ 反作用场
circuital ~ （有）旋场，涡旋场
circular ~ 旋转磁场，圆磁场
coercive ~ 矫顽（磁）场
collecting ~ 收集场，集电极场
colo(u)r ~ 彩色场（由三基色逐场调制）
comment ~ 注解栏
common ~ ①公用字段②公用区（主程序和子程序的或几个子程序的）
commutating ~ 换向场，附加极磁场
complementary ~ 附加场，辅助场
complex ~ 复数域
computer ~ 计算机字段
confining ~ 约束场
conjugate ~ 共轭域
constant ~ 恒定场
contact ~ 接触区
controlling ~ 控制场
controlling magnetic ~ 施控〔可调〕磁场
corona ~ 电晕场
coulomb ~ 库仑〔静电〕场
counter ~ 逆磁场，反磁场
crack stress ~ 裂纹应力场
cross-connecting ~ 线弧，接点排，触排，配线架
cross(ed) ~ 正交场，交叉场
curl-free ~ 无旋度场
cyclical ~ ①循环场，周期场，②旋场（旋度不等于零的矢量场）
dark ~ 暗视场，暗场
data ~ 数据区，数据组
decelerating ~ 减速场
decrement ~ 减量部分〔字段〕，变址字段
deflecting ~ 致偏场，偏转场
deflection ~ 偏转场
degaussing ~ 去磁场
delta ~ 三角形磁场
device status ~ 设备状态字段
dispersive ~ 杂散场，漏泄场
display ~ 显示场，显示域
drift ~ （电真空技术的）阻尼场，漂移（电）场
electric(al) ~ 电场
electromagnetic ~ 电磁场
electromotive ~ 动电场
electron-positron ~ 阴阳电子场
electrostatic ~ 静电场
evanescent ~ 渐逝场
exciter ~ 励磁机磁场
exciting ~ 励磁场，激励场
extension ~ 扩展域
extremal ~ 极值场
father ~ 父字段
feeble ~ 弱场
fixed ~ 固定字段
fixed length ~ （固）定长（度）字段，定长信息组
flow ~ 流场，流线谱
fluctuating electric ~ 变动〔起伏〕电场
flying ~ 飞机场
forward link ~ 正向连接字段
frame ~ 帧场，半帧
free ~ 自由信息区〔段，组〕，自由场
fringe ~ 散射场
fringing ~ 边缘场
Galois ~ 伽罗华域，有限域，有限体
gap ~ 气隙场，缝隙场
generator ~ 发电机磁场

gravitational ~ 重力场，(万有)引力场
gravity ~ 引力场
grid ~ 栅控场
ground ~ 基本域
guide ~ 引导场，控制场
guiding ~ 导向场，控制场
head ~ 磁头场
homochromatic ~ 匀色视场
homologous ~ 同系场(电力线或磁力线在一个平面上通过一点的场)
hum ~ 哼声场，交流声场
image ~ 像场，镜像场
inducing ~ 加感场
induction ~ 感应场
inferior ~ 无穷域
information ~ 信息段〔域，组〕
integer ~ 整字段
interlaced ~ 隔行扫描场
intermediate ~ 居间场，中间场
inverse ~ 逆序场，反向场
ionizing ~ 电离场
irrotational ~ 无旋(力)场
jack ~ 塞孔盘
junction ~ 结场
key ~ 关键字组
kicking ~ 冲击场，快速脉冲场
lamellar ~ 非旋〔无旋，层流〕场
leakage ~ 漏泄〔磁，电〕场
lens ~ 透镜像场
limiting ~ 限制场，抑制场
link ~ 连接字段
link frame ~ 圆柱形线弧
locator ~ 定位域
macroscopic ~ 宏观场
magnetic deflection ~ 偏转磁场
magnetic dipole ~ of the earth 地磁场
magnetizing ~ 磁化磁场，励磁场
metric ~ 度规场
microscopic ~ 显微镜视野
microwave ~ 超高频场，微波场
minimum audible ~ 最小可听声场(音响)
molecular ~ 分子场
motor ~ 电动机磁场
moving ~ 移动(电磁)场，活动场
multiple ~ 复式塞孔盘，复接线弧
multiplier ~ 乘数字段
near ~ 近场
noise ~ 噪声场
non-circuital ~ 无旋场，有位场，势场
non-cyclical ~ 无旋场，有位场，势场
normal-mode ~ 简正模场
nucleation ~ 成核场
number ~ 数域
nutation ~ 旋场
observed acoustic ~ 有效声场
off-centering ~ 偏心场
operation code ~ 操作码字段
opposing ~ 反向场
opposite ~ 相邻场，反向场
optical ~ 光场
oscillating ~ 振荡场
overlapping strain ~ 交叠应变场
partial ~ 分场
pattern ~ 标准场，标准激励
peak ~ 巅值场
perturbed ~ 畸变场，受扰场
photometer ~ 光度计视场
picture ~ 像场，像面
pincushion ~ 枕形〔致偏〕磁场
potential ~ 位场，势场
pressure ~ 压力场
primary colo(u)r ~ 基色场
prime ~ 素域
proper ~ 固有场
pulsating ~ 脉动场，脉动磁场
quadrature ~ 正交场
quadrupolar ~ 四极场
quantized ~ 量子化场
radial ~ 径向场
radiation ~ 辐射(电磁)场
radio ~ 无线电场，辐射场
radio-influence ~ 高频干扰场
reacting ~ 反应场，反作用场
real number ~ 实数域
receptive ~ 接受域
remanent ~ 剩余磁场
repulsion ~ 排斥场
reservation ~ 备用区域
residual ~ 剩余(磁)场，剩磁
resonance ~ 谐振场
response ~ 响应场
retardation ~ 减速场
retarding ~ 减速〔迟滞〕电场
reverberant ~ 混响声场
reverberation ~ 混响声场
root ~ 根域

rotating ~ 转动场，旋转场
rotational ~ ①有旋矢量场②旋转场，旋转磁场
rotor ~ 转子磁场
scaling ~ ①定标场②轨道相似场
scanning ~ 扫描场
secondary ~ 副磁场，次级场
self-consistent ~ 自洽场，自协场
self-magnetic ~ 自励磁场
signed ~ 带符号信息组
size ~ 容量字段
skew ~ 反称域
skip ~ 空白指令部分，跳越字段，跳越信息组，空白场
slot ~ 槽漏磁场，槽磁场
solenoidal ~ 无散（矢）场，螺线管磁场
son ~ 子字段
split ~ 分离视场
statement ~ 语句字段
stationary ~ 恒定场，驻波〔稳定〕场
status ~ 状态字段
stray ~ 漏磁场，杂散场
stress ~ 应力场
subsidiary ~ 辅助字段
successive ~ 相继场
sweeping ~ ①漂移电场②净化场
symbol ~ 符号域
tag ~ 标记字段
tensor ~ 张量场
terminal ~ 终点场（相轨迹的）
terrestrial magnetic ~ 地磁场
thermal ~ 温度场，热影响场
tolerance ~ 公差带
translation ~ 选择器线弧
transonic flow ~ 跨音速流场
transverse ~ 横向场
uniform ~ 均匀场，均强场
unramified ~ 非分歧域
variable ~ 可变域；可变字段，变量字段
variable length ~ 变长字段，可变长度字段
vector ~ 矢量场
velocity ~ 速度场，流速场
viewing ~ 视界，视野
visual ~ ①视野，视界②可见区
wave ~ 波场

Fieldata 一种军用数据处理系统名
field-balance 磁力仪
fieldbus 现场总线
~ control system 现场总线控制系统
field-control 磁场调整
field-effect 电场效应
field-glasses 双筒望远镜，野外镜
fieldistor 场效应晶体管，场化晶体管，场控晶体三极管，场强三极管
field-protected 保护区
field-railway 轻便铁道
field-sequential 场序制（彩色电视），帧序制的，半频序的
field-stop 视场光阑
field-swept 场扫描
fieldtron 一种场效应器件
field-winding 磁场〔励磁〕绕组
fiery ①易燃的，易爆炸的②煤气的
fifa 费法（平均每个初始可裂变原子的裂变数）
fifo （=first in first out）先进先出
fifth ①五音度②第五③五分之一
augmented ~ （25/16）增五（音）度
diminished ~ 减五（音）度
minor ~ 小五（音）度
prefect ~ 完全五（音）度
fifty-fifty 各半，平分
fifty-fold 五十倍
fighter ①战斗机②歼击机
fighter-bomber 战斗轰炸机
figuline ①陶器②陶制的
figurability 能成形性
figural ①用形状表示的②象征的
figurate(d) 定形的，表示几何图形的
figuration ①外形，形状，轮廓，成形②数字形式③图案表现法
figure ①图，图形②形状，影象，轮廓③数字，位数④用图表示⑤用数字表示，计算⑥修琢
~ of confusion ①弥散圈②散射盘
~ of eight cal(l)ipers 8字形卡钳，8字形测径规
~ of merit 质量〔品质，性能〕因数，优良指数，佳度，（最）优值，灵敏〔工作〕值
~ out 合计，算出，了解，断定
aberration ~ 像差斑
acoustic ~ 声图形，克拉尼图形
ball park ~ 超估算〔概算〕值
binary ~ 二进制符号
black-breath ~ （试表面清洁度）黑呵形态，黑呵痕
Brinell ~ 布氏硬度值
clock-hour ~ 钟时序数

compressibility ~ 压缩系数
congruent ~ 全等图形，叠合图形
conventional ~ 惯用数字代号
cup flow ~ 杯溢法流动指数
derived ~ 诱导值
descending ~ 下行数字（如 4，7，9 等）
dimension ~ ①尺寸数字②尺寸图
drawing ~ 图形
dust ~ 粉像，粉末图像
epotic ~ 吸收影象
etch ~ 侵蚀图（像），蚀刻图（像）
fileplant-performance ~ 运行指标，质量指标
flow ~ 流变图
full ~ 全像，全图
homological ~ 同源图形，同素图形
inductance ~ 电感系数
inferior ~ 下附数字
junction ~ 接合投影
magnetic ~ 磁力线图，磁力线数
marginal ~ ①旁注，（报纸的）头条大标题②页码
nodal ~ （波）节形
noise ~ 噪声图，噪声指〔系，因〕数
performance ~ 性能数字，质量指数〔标〕，（雷达）效率
pole ~ 极性图，极像图
pull(ing) ~ （频率）牵引数，牵引特性，曳调数值
pushing ~ （磁控管工作状态改变所引起的）推频值
rectangular ~ 矩形
rough ~ 粗略数值
round ~ 整数
rounded ~ 整数，约整数
significant ~ 有效数（字），有效（数）位
similar ~ 相似（图）形
solid ~ 立体图形
steel ~ 钢字码
strain ~ 滑移线，吕德斯线，应变图
tensile ~ 抗张值
time ~ 时间注记（导航图上的）
tortoise shell ~ 铁液面龟纹（高硅高碳现象）

figure-of-eight 8 字形
figure-of-merit ①品质因数，质量指标②灵敏值③标准，准则
figuring 用图形表示，用数字表示，计算
fil ① =filament ② =filter
filament ①丝②白热丝，丝极③纤丝，长丝，单纤丝④游丝
anchored ~ 固定灯丝
capacitive boosted ~ 电容放大热丝
coated ~ ①敷料灯丝，氧化物涂敷灯丝②直热式覆氧化物阴极
coiled-coil ~ 双螺旋线灯丝，叠螺旋〔螺线式〕灯丝
continuous ~ 长丝
discharge ~ 放电柱
doped-tungsten ~ 掺杂钨丝
double coil ~ 双线圈〔双绕式〕灯丝
flat ~ 扁丝
heated ~ 旁热式灯丝
hot ~ 灯丝
magnetic ~ 磁丝
minor ~ 微〔小〕光灯丝
pasted ~ 钨膏灯丝
plasma ~ 等离子体线柱
point ~ 尖端灯丝
ribbon ~ 带状灯丝
ring ~ 环状灯丝
series ~ 串联灯丝
stream ~ 流线
thoriated ~ （敷）钍灯丝
vortex ~ 涡线，涡（旋）丝，独涡流

filar 丝状的
filator 纺丝器
filature 缫丝机
filbore 基础轴承
file ①文件夹，卷宗，文件，文卷，文档②存卷归档，文件存储器③锉（刀）④行，列，纵列⑤锉平，锉光
~ out ①使…膨胀②填写
active ~ 常用存储档案〔资料〕，有用的资料，现用文件，活动库存，作用线
active master ~ 现役主文件
address ~ 地址数据存储器
ambiguous ~ 多义文件
angle ~ 三角锉
apple seed ~ ①小椭圆锉②小三角锉
arm ~ 粗齿方锉，手锉
auger bit ~ 钻锉刀
auriform ~ 半圆底小三角锉
backup ~ 备份文件，后备文件
balance arm ~ 小三角锉
band-saw ~ 修理带锯用锉
banking ~ 齐头三角锉
barrette ~ ①油光锉，最细锉②扁三角锉

bastard (cut) ~ 粗齿（纹）锉刀
bellied ~ 凸锉
block ~ 粗齿方锉
blunt ~ 直边锉，齐头平锉（全长等宽的锉刀）
blunt mill ~ 平行细锉
blunt square ~ 平行方锉
brass ~ 铜锉
broach ~ 整形锉
bull's foot ~ 牛脚锉
cabinet ~ 半圆锉，细木锉
cant ~ 扁三角锉，斜面锉
card ~ 卡片存储器
character ~ 字符文件
climax saw ~ 三边不同宽度的齐头三角锉
coarse ~ 中粗锉，粗齿锉
coil ~ （断电器触点修整用）小锉
combined ~ 输入输出共用文件，组合文件
compressed ~ 压缩文件
computer ~ 计算机文件
confidential ~ 机密档案（文件）
contact ~ 触点清整锉
contiguous-disk ~ 邻接磁盘文件
cotter ~ 开槽锉
cotter taper ~ 加工键槽用尖头锉
crochet ~ 圆边锉，圆角锉
cross ~ 椭圆锉
cross cut ~ 交纹〔双纹，横割纹，双圆弧不对称〕锉
currycomb ~ 双边平行锯，带锐边的锯锉，刀锉
cut ~ ①截锉②木锉
cuter location source ~ （数控加工）刀位源文件
Cutter Location Source ~ （=CLSF）刀位源文件
data ~ 数据文件，数据文件存储器，数据档案
dead ~ 停用文件
dead smooth (cut) ~ 光锉，最细锉，油（光）锉
deleted ~ 注销文件
detail ~ 说明资料，细目文档
die sinker's ~ 精密工具加工用锉，光制模锉，模具锉刀，刻模锉
direct ~ 直接〔随机〕存取文件
disk ~ 磁盘文件（存储器）
document ~ 文献档，卷宗，公文夹
double-cut ~ 交叉滚花（的）锉，双纹锉，斜格锉
draw ~ 细锉
drill ~ 圆边锉
drum ~ 磁鼓文件（存储器）
edge ~ 刃锉
emery ~ 金刚砂锉
engineer's ~ 钳工锉
entering ~ 尖锉
equalizing ~ 细平齐头锉
equal(l)ing ~ 扁锉
equal(l)ing needle-handle ~ 平齐头针锉
escapement ~ ①带方形断面尾的锉②擒纵机锉（方针锉）
extra narrow pillar ~ 特窄平齐头锉
extra slim taper ~ 细尖三角锉
fixed information ~ 固定信息文件（存储器）
flat ~ 扁锉，板锉
fork ~ 平圆角锉
great American ~ 半圆底三角锉
hack ~ 菱形手锉
hand ~ 扁锉
head ~ 剑形锉
hollow-edged ~ 凹边锉
hollowing ~ 槽形锉，圆锉
hook-tooth ~ 平行齿半圆锉（修理锯用）
inactive ~ 待〔非现〕用文件
joint ~ 刃锉
joint needle-handle ~ 铰链针锉
knife gin saw ~ 三角尖锉
knife reaper ~ 刀形锉，单向齿锉
lightening ~ 顶角为 108° 的三角锉
lock ~ 齐头六边形锉，封锁文件
machine ~ 机锉
main ~ ①主文件②主文件存储器
marking needle-handle ~ 半椭圆针锉
master ~ ①主文件，不常变文件②主资料，主文件存储器
mill ~ 扁锉
needle ~ 整形锉，细锉，组锉
nicking ~ 开槽锉
off-limit ~ 隔离文件
on-line central ~ 联机中央文件
open ~ 打开文件
operating ~ 操作文件
packet ~ 粗方锉
pallet master ~ ①托盘主文件②随行夹具主文件
pin ~ 针锉，钟表锉刀，组锉

pitsaw ~ 半圆锉
pivot ~ 加工轴颈用锉（钟表机构）
pneumatic ~ 气锉刀
point ~ 触点锉刀，白金锉刀
potance ~ 平尖头锉
problem ~ 题目文件
program(me) ~ 程序文件
random ~ 随机文件
rasp-cut ~ 木锉
rasp(ing) ~ 木锉，粗齿锉
rat-tail ~ 细圆锉，圆锉，鼠尾锉
report ~ 报告文件
ridged-back ~ 背面带沟前面带齿的锉刀，平三角锉
riffler ~ 修模锉
rotary ~ （机用）旋转锉
rough ~ 粗齿锉，粗纹锉
rough(-)cut ~ 粗齿〔粗纹，大荒〕锉
round ~ 圆锉
round-off ~ 弧形锉
safe edge ~ ①安全锉②一边棱或两边棱没有锉纹的锉刀
save ~ 副本文件，保存文件
scratch ~ 暂时停用文件，废文件
second cut ~ 中细锉，二道纹锉
secondary ~ 辅助文件
serial ~ 串行（存储）文件
single cut ~ 单纹锉，斜纹锉
six-cant ~ 顶角为 120° 的三角形锉
slotting ~ 开槽锉
smooth(-cut) ~ 细（纹）锉
soft ~ 最细锉，油锉，绸光锉
straw ~ 粗齿锉
string ~ 成串文件
swaged ~ 梯形锉
swap ~ 交换文件
tab ~ 制表文件，标记文件
table ~ 表格文件
tape ~ ①尖扁锉，斜面扁锉②磁带，外存储器
taper ~ ①斜面锉②尖锉
tapered ~ 尖〔斜面〕锉，尖细锉
Template ~ 样板文件
threaded ~ 连接文件
three-square ~ 三角锉
tongue ~ 小圆锉
tool ~ 工具文件
topping ~ 圆棱齐头平锉
transaction ~ 细目文件
variable information ~ 可变信息文件
variable length record ~ 可变长记录文件
video ~ 视频文件，可视文件
volatile ~ 易变文件
warding ~ 锁孔锉
wire ~ 成串文件

filechecker 试锉法硬度测定器

file-hard ①锉刀硬度，比锉刀还硬的②具有淬火钢硬度的

filemark 卷标

filespec （=file specification）文件描述，文件说明，文件规范

filetab 文件控制标记

filiation 分开（利用密度差，将两种金属液体分开）

filigree ①金丝（或银丝，铜丝）的细工饰品②精致华丽而不坚固的制品

filing ①锉削，（pl.）锉屑，金属屑〔粉〕②编目，归档，汇集③存入存储器，存档④提出
cross ~ 横锉，交锉法
draw ~ 磨锉法，推锉法，锉修

filing-up 归档

fill 充填，注满，（冷却塔的）填充物
cable ~ 电缆线对使用率，电缆占用率，电缆充满率
character ~ 填充符
earth ~ 填土
line ~ 线路占用〔利用〕率
memory ~ 存储器填充
storage ~ 存储器填充（将信息存入存储器）

filler ①填料，垫，对垫，垫片②漏斗，注入孔，油口，加油口③浇铸机④（进位）填充数⑤金属芯子
active ~ 活性填充剂
barrel ~ 装桶机
bead ~ 叶轮芯，胎边芯
belt ~ 传动带油
bottle ~ 装瓶机，灌装机
cable ~ 电缆填料
can ~ 注水器
cap ~ 管帽填充物
core ~ 砂芯填料
crack ~ 填缝料
crater ~ 填弧坑，焊口填充料
drum ~ 装桶机
ejector ~ 喷注器
explosive ~ 炸药

flask ~ 砂型填料
flour ~ 细〔粉状〕填料
foamed-in-place ~ 泡沫塑料填料
gap ~ 补点发射机(用于覆盖不佳或阴影区)
gum ~ 橡皮填(隙)料
hard ~ 硬填缝料
joint ~ 接缝料
level ~ 液面控制孔,(油)位监视标志
light ~ 浅(填)角焊缝,小填角焊缝
oil ~ 注油器,油嘴
paper ~ 纸充填物
tank ~ 油箱的注油孔,油箱加注口
trench ~ 平沟机
wood ~ 木质填充料

fillet ①圆角,倒角②凸缘,肩角③嵌条④填角焊缝⑤齿根过渡曲面⑥连接边⑦整流片⑧轮廓(焊接)⑨带,带状突起,环状突起
~ in normal shear 正面焊缝
~ in parallel shear 侧面焊缝
~ of screw 螺纹圈
angle ~ ①(节点)三角形盖板②三角焊缝
carborundum ~ 金刚砂带
corner ~ 圆角嵌条
emery ~ 砂布(带)
flush ~ 削平补强的角焊缝
inside ~ 内角焊缝
light ~ 浅角焊缝
oblique ~ 斜填角
root ~ 齿根圆角
tooth ~ 齿根过渡曲面,齿根圆角

filleting ①构件衔接②嵌缝法,角隅填密法,倒〔圆〕角

fill-in 塞入,填满,插进
null ~ 零值补偿,零插补

filling ①填充,填料②存储容量③中心增压,加负荷④注〔浇,充〕入⑤安装,装料〔载,配〕⑥填满,装满⑦纬纱⑧加填
~ of separatrix 填满(相位)稳定区
argon ~ 充氩
back ~ 回填
column ~ 柱装〔填〕料
flush ~ 平齐装料
fuel ~ 加油,加燃料
grid ~ 蓄电池极板的活性物质
joint ~ 填〔嵌〕缝
shell ~ 外壳安装
solid ~ 填实
top ~ 顶部〔炉顶〕加料,填充上限
wood ~ 油灰

filling-in 填满,填上

filling-up 填料,填充,加注

fillister ①凹槽,凹刨②刨槽,开槽

fillister-head 凹槽头

fill-net 补充网,填充网

fill-pipe 加油管,加水管

fill-up 填满,插进,塞入,填上〔补〕,加注

film ①软片,薄层,膜②电影胶片,影片,胶卷③浆沫,雾④复以薄膜,起一层薄膜⑤拍摄影片,拍成电影
~ threading 装〔插〕(影)片
adsorbed ~ 吸附膜
air ~ (磁带与导带柱之间的)气垫,气膜
animated ~ 动画片,美术片
anisotropic conductive ~ 各向异性导电膜
anomalous ~ 反常膜
background ~ 背景特技电影
backing ~ 底片
barrier ~ 阻挡膜,阻挡层
basal ~ 带基薄膜
base ~ 带基薄膜
buzz track test ~ 蜂音统调试验片(校验电视扫掠线的尺寸用)
cable ~ 通过电缆传送影片(采用低速电视扫描以及窄频带)
casting ~ 铸膜
circular ~ 圆形膜(点)
collector ~ 集电极膜,集电器(上的)膜
colo(u)r ~ ①彩色胶片②彩色影片
composite resistance ~ 复合电阻薄膜
conductive ~ 导电膜
control ~ 核对胶片,对照胶片
cut ~ 薄膜,切片
diamond ~ 金刚石薄膜
diamond-like ~ 类金刚石膜
dielectric ~ 介电薄膜,(电)介质膜,绝缘膜
documentary ~ 纪录影片,纪录片,文献片
down stream ~ 气流下流的外延层
drawing ~ 拉延润滑膜
duplicated ~ 复制反底片
embossed ~ (带半圆凸透镜层的彩色电视录像用)浮雕影片
endless ~ 循环胶片,无端胶片
epitaxial ~ 外延层,外延膜
fact ~ 文献影片,纪录片
feature ~ 放映主片(电影),艺术片,故事片,正片(电影,相对于短片、副片而言)

fluid ~ ①液体薄膜②润滑油膜
flutter test ~ 电视图像颤动现象试验片
friction polymer ~ 摩擦聚合膜
full-coat magnetic ~ 全涂磁胶片
gas ~ 气（态）膜
graphicarts ~ 图表印刷技术用胶（片）
hard ~ 硬性底片，对比度强的胶片
high-temperature superconductor ~ 高温超导膜
household decorative ~ 家用装饰膜
information ~ 新闻片
infrared stealth thin ~ 红外隐身薄膜材料
inhibiting ~ 抑制膜，隔离片
intermediate ~ 电视（速用）胶卷
ion plating ~ 电离镀膜
kalfax ~ 紫外感光定影胶片
laminar ~ 层流膜
leader ~ 片头，影片的引导部分，牵引片，引导胶片
lenticular ~ （彩色影片用）凹凸式〔双凸透镜状〕胶片，柱镜胶片
light-emitting ~ 薄膜场致发光，发光薄膜
loop ~ （电影）循环片
loss ~ 废膜，废片，边料损耗
lubricant ~ 润滑油膜
magnetic ~ 磁（性薄）膜，涂磁胶片，磁性声带片
magneto-optic thin ~ 磁光薄膜
motion picture ~ 电影片
movie ~ 影片
nanometer thin ~ 纳米薄膜（材料）
negative ~ 底片
non-flame ~ 安全胶片，安全软片
optic(al) ~ 光学（薄）膜
orthochromatic ~ 正色胶片，正色胶卷
orthopan ~ 全色胶片，全色胶卷
oxide ~ 氧化膜，氧化层
panchromatic ~ 全色胶片〔薄膜，软片〕
photochromic ~ 彩色（照相）软片
photographic ~ 软片，胶卷，照相底片
play ~ 液面花纹（铁液）
positive ~ 正片，阳片
processed ~ 冲洗过的胶片
raw ~ 原胶片，生胶片
recording ~ 录音胶片，记录胶片，声带（底）片
release ~ 隔离膜
reversible ~ 可逆膜片，反转薄膜
roll ~ 软片，照相胶卷，滚筒胶卷
safety ~ 不燃性胶片，保护膜，安全胶片，安全软片
sensitive ~ 感光胶片
sound ~ 有声电影，录音胶片，声带片，声膜
sputtered ~ 喷镀薄膜
stagnant ~ （停）滞膜
steam ~ （蒸）汽膜
stencil ~ 漏印薄膜
strip ~ 可剥膜，条状胶片，胶卷
stripping ~ 可剥膜，剥离〔乳胶〕片
substandard ~ 窄（电影）胶片（35 mm 以下）
superconducting ~ 超导薄膜
supersurface ~ 外表膜
talking ~ 有声电影
Tego ~ 酚醛树脂薄片胶
tempered oil ~ 保护油膜（层）（如在轴承表面上的）
test ~ 电影试片
thin ferromagnetic ~ 铁磁薄膜
three-dimensional ~ 立体电影
varnish ~ 漆膜
very thin ~ 超薄膜
water ~ 水膜
wedge ~ 楔形膜，劈形膜
white ~ 黑白影片
wide ~ 宽胶片
filmbook 显微图书，缩微图书
filmdom 电影界
filmed 覆有薄膜的，拍成电影的，电影录音的，电影录下的
filmgraph 电影录音设备，胶片录音设备
filminess 薄膜状态
filming ①镀膜，薄膜形成②摄影，拍摄
macro ~ 微距摄影
monitor ~ 监视器屏幕摄影
filmistor 薄膜电阻
filmset ①照相排版（的）②电影布景
filmsetter 照相排字机
filmsetting 薄膜排印，照相排字
filmstrip ①电影片，胶卷，幻灯卷片，教学幻灯片，（教学用）电影胶片②缩微影片条
filter ①过滤器，滤色〔光，波〕器，滤色〔光〕镜，滤光片②滤纸，滤层③过滤，过滤程序，筛选程序④渗入，渗透
a.c. ~ 交流滤波器
acoustical ~ 声滤波器，滤声器，消声器
acousticly-tunable optical ~ 声控光滤波器

active ~ 有源滤波器
adaptive ~ 自适应滤波器
adaptive Kalman ~ 自适应卡尔曼滤波器
air ~ 空气过滤器
air intake ~ 空气进气过滤器
all-pass ~ 全通〔移相，相位〕滤波器
ambient light ~ ①环境滤光器，环境保护滤光器，周光滤光器②中灰滤光片，保护滤光片（白天传送电视时用以增强可视度）
American ~ 圆板过滤器
analog ~ 模拟（信息）滤波器
analysis ~ 分光滤色片
analyzing ~ 分光滤色片
bag ~ ①袋式过滤器②囊式集〔滤〕尘器③装袋〔包〕机
bag dust ~ 袋式集尘器
balanced ~ 衡消滤波器
band ~ 带通滤波器
band climination ~ 带阻〔除〕滤波器
band-pass ~ 带通滤波器
band-rejection ~ 带阻〔除〕滤波器
band-suppression ~ 带阻〔除〕滤波器
barrier ~ 吸收滤光片
basic ~ 标准滤光片，标准滤波器
batch ~ 间歇式〔分批式〕过滤器
batch vacuum ~ 间歇式真空过滤机
bath ~ 浸油式空气过滤器
belt ~ 带式集尘器，带式过滤器，带式真空过滤机
bilithic ~ 双片式滤波器
biological ~ （污水处理）生物滤池
Bird-Young ~ 无隔室过滤机
blanket ~ 毡滤器
blocking ~ ①闭塞滤波器②阻挡滤光片③间歇滤波器
bridged-T ~ 桥（接）T（形）滤波器
broadband pass ~ 宽（频）带通滤波器
brush force ~ 平滑〔倒L形，脉冲展平〕滤波器
Butters ~ 巴特斯型多叶真空过滤机（间歇式）
Butterworth ~ 巴特沃斯滤波器（最平坦滤波器）
B/W low pass ~ 黑白方式的低通滤波器
cartridge ~ ①过滤筒②内装式过滤器
cavity ~ 空腔滤波器
cellular ~ 蜂窝过滤器
ceramic ~ 陶瓷滤波器
chain ~ 链型〔多节〕滤波器
channel matched ~ 信道匹配滤波器
Chebyshev ~ 契比雪夫滤波器（等波纹滤波器）
choke ~ ①展平滤波器（整流用）②扼流圈滤波器③低通滤波器
choke-condenser ~ 扼流圈电容滤波器，LC滤波器
click ~ （电键）喀呖声（消除）滤波器
clutter ~ （雷达）反干扰滤波器，静噪滤波器
coaxial ~ 同轴滤波器
colo(u)r ~ 滤色片〔镜，器〕，彩色滤光片
colo(u)r analysing ~ 彩色分析滤光器，析色器
colo(u)r gelatine ~ 彩色明胶滤色镜
colo(u)r separation ~ 分光滤色片
comb ~ 梳齿〔梳形，多通带〕滤波器
combining ~ ①双工滤波器②多工滤波器
comp ~ 补偿滤波器
condenser ~ 电容〔高通〕滤波器
constant K ~ 定K型滤波器
contrast ~ ①强反差滤光镜②对比滤色器
conversion ~ 色温变换滤光器
coupling ~ 耦合滤波器
crossover ~ ①分离过滤器②分相滤波器③分频器
crosstalk suppression ~ 串扰抑制滤波器，串音抑制滤波器
crystal ~ （压电）晶体滤波器
cuno (oil) ~ 叠片转动式液压过滤器，箅式油过滤器
cut-off ~ ①截止滤波器②截止滤光片
cyclone ~ 旋风滤器
Davis-Gibson ~ 戴维斯-吉布逊液体滤光器
daylight ~ 昼光滤光器
d.c. ~ 直流滤波器
Dehne ~ 德恩型过滤机（板框压滤式）
dichroic ~ 二向色镜，二向色滤光片，分色镜，选色镜
dielectric resonator ~ 电介质谐振滤波器
diesel exhaust ~ 柴油机排气滤清器
diesel particulate ~ 柴油机微粒滤清器
digit(al) ~ 数字滤波器
direct current and voice pass ~ 低通滤波器（通直流和音频）
directional ~ 方向〔分向〕滤波器
discontinuous ~ 周期式过滤器（断续作用）
discrimination ~ 鉴别滤波器

disc-type ~ 盘式真空过滤机（在选矿工业中使用最多）
dividing ~ 分路滤波器，分离式滤波器
Doppler ~ 多普勒（频率）滤波器
Dorrco ~ 多尔科型真空过滤器（内鼓式）
double-section ~ 二节滤波器
dross ~ ①滤渣芯片②滤网
edge ~ 边缘过滤器，流线型过滤器
effect ~ （光）效应滤色器〔滤光镜〕
electrical ~ 滤波器
electrical mass ~ 电学滤质器，电质谱仪
energy ~ 能量过滤器
engine-lube ~ 发动机机油滤清器
entrainment ~ 雾沫〔夹带物〕过滤器
entropy ~ 滤〔选〕熵器
extended Kalman ~ 扩展的卡尔曼滤波器
extend kalman ~ 扩展卡尔曼滤波方法
extension ~ 辅助滤波器
fabric ~ 纤维织网过滤器
fiber optic ~ 光纤滤光器
filter cloth moving vacuum ~ 滤布行走式转鼓真空过滤机
finite difference kalman ~ 有限差分线性化卡尔曼滤波
finite impulse response digital ~ 有限冲击响应数字滤波器
folding band vacuum ~ 折带式真空过滤机
Frantz Ferro ~ 弗朗茨费罗电磁过滤机
fringed ~ 条纹滤色片
gauze ~ 滤网，网状过滤器
gelatin(e) ~ 胶凝滤光片
Genter thickener ~ 金特型浓缩过滤机
graded ~ ①回水过滤器②分级（电流）滤波器
gravitation ~ 过滤澄清器，重力过滤器
gravity ~ 重力过滤器
group ~ 群（合）滤波器
harmonic ~ 谐波〔去谐〕滤波器
heat-reducing ~ 滤热片，滤热玻璃
heterodyne slave ~ 外差伺服滤波器
high ~ （抑制声频范围的）高频噪声滤波器
high and low pass ~ 带阻〔高低通〕滤波器
high efficiency particulate air ~（发动机）高效微粒空气过滤器
high pass ~ 高通滤波器
high pressure fuel ~ （发动机）高压燃油滤清器
high-rate ~ 高负荷（生物）过滤池（污水处理）
holographic ~ 全息滤波器
horizontal band vacuum ~ 水平带式真空过滤机
horizontal table ~ ①平盘（真空）过滤机②平面过滤机
household water ~ 家庭滤水器
hum ~ ①交流声滤除器，哼声滤除器②平滑滤波器
hydraulic ~ 液压过滤器
immersion ~ 浸液过滤器，油箱用过滤器
infinite impulse response digital ~ 无限冲击响应数字滤波器
infrared ~ 红外滤光片，红外线滤波器
in-line ~ 管路过滤器
in-reservoir ~ 油箱过滤器
inside filtering surface drum ~ 筒形内滤式过滤机
inside-out ~ 外流式过滤器
interference ~ ①干扰过滤器②干涉滤波器③干涉滤光膜
interferometric ~ 干涉滤光片
intermission type centrifugal ~ 间歇式离心过滤机
inverted ~ 反滤层
IR ~ 红外滤光片
iris-coupled ~ 膜孔片耦合滤波器
iterated electrical ~ 链形〔多节〕滤波器
iterative ~ 链形〔累接〕滤波器
junction ~ 高低通滤波器组合，结型滤波器
Kalman ~ 卡尔曼滤波器
Kamyr ~ 卡米尔过滤机，侧压式浓缩机
key ~ 键路火花消除器〔滤波器〕，电键线路滤波器
key click ~ 电键声消除器，电键声过滤器
kieselguhr ~ 硅藻土过滤机
kinetic ~ 动态滤波器
knife ~ 刮刀卸料过滤机〔器〕
ladder-type ~ 多节〔梯形〕滤波器
lattice ~ 格形〔X形，网络，桥式〕滤波器
lattice type wave ~ 桥接滤波器
LC ~ LC滤波器，电感电容组合滤波器
leaf ~ 叶滤机，片页式过滤器，板式过滤器
light ~ 滤光器
light-balancing ~ 中性滤光片，光衡消滤色器
lime mud ~ 白泥过滤机，真空洗渣机
loop ~ 环路滤波器
low frequency ~ 低频滤波器
low pass ~ ①低通滤波器②低通滤光片

low-and-high-pass ~ 带阻〔高低通〕滤波器
low-cut ~ 低灵敏度滤波器，低阻滤波器
lower limiting ~ 高通滤波器
LP ~ 低通滤波器
magnetic ~ 磁力过滤机
mains ~ 电源滤波器
matched ~ 匹配滤波器
M-derived ~ M 推演〔导出〕式滤波器
mechanical ~ 机械滤波器
media ~ 介质过滤器
mesh ~ 网式过滤器
metal ~ 烧结〔多孔体〕金属过滤器
metal edge ~ 有棱金属带滤件过滤器
microwave ~ 微波滤波器
mixing ~ 混频滤波器
mode ~ 波型〔振荡型〕滤波器，滤模器
modulator band ~ 调幅器带通滤波器
multiple ~ 多节滤波器，复式过滤器
multisection ~ 多节滤波器
nanopore ~ 纳米孔滤波器
narrow-cut ~ 窄带滤色片，窄（带）截止滤波器
neutral ~ 中性（密度）滤光片
neutral colo(u)r ~ 中性滤色
noise ~ 杂音滤波器，静噪滤波器
notch(ing) ~ 陷波〔频率特性曲线下凹的，阶式〕滤波器
nutsch ~ 吸滤器
off-band ~ 偏带滤光器
oil ~ 机油滤清器
oliver ~ 真空圆筒过滤器，鼓式真空过滤器
one-time dimension ~ 一次测量转换信息滤波器
optic light ~ 杂散光滤光片
optical ~ ①滤光器，光学滤波器②滤色镜
optical fiber ~ 光纤滤波器
optical low-pass ~ 光学低通滤波器
outside filtering surface drum ~ 筒型外滤式过滤机
outside-in ~ 过滤物自外缘流经过滤介质至中心的过滤器
packet ~ （信息）包过滤，信息包筛选
parallel ~ 并联滤波器
pass ~ 过滤器
passive ~ 无源滤波器
percolating ~ 渗床，渗透过滤器
pilot ~ 导频滤波器
pilot band ~ 导频带通滤波器
plastic ~ 塑料滤光器，塑料滤色镜
polarizing ~ 偏振片，偏振滤色镜，极化滤波器
polaroid ~ 偏振滤光镜
polymerized ~ 聚合物滤色片
power-line ~ ①电源滤波器，交流噪声滤波器②线路滤波器
precoat ~ 预涂助滤剂的过滤机
predicting ~ 预报过滤器
preliminary ~ 燃料粗滤器，初滤器
press ~ 压滤器，压液干管过滤器
pressure ~ 加压过滤器，压滤器
pressure leaf ~ 加压叶滤机
primary ~ 基色滤色器（彩色电视系统中），粗过滤器，初级滤清器
push type centrifugal ~ 推进式离心过滤机
ray ~ 滤光镜，射线过滤器
RC ~ 阻容滤波器
receive ~ 接收滤波器
rectifier ~ ①整流器滤波器②平滑滤波器
rejection ~ 拒波〔带阻〕滤波器
return line ~ 回流管液压过滤器
reverberation-suppression ~ 混响抑制滤波器
ripple ~ 脉动滤除器，平滑〔波纹〕滤波器
roofing ~ 修平滤波器
rotary table ~ 转台真空过滤机
rotary-drum ~ 转筒式过滤器
rotary-drum vacuum ~ 转鼓真空过滤机
rotating ~ ①滤色转盘②（场顺序制彩色电视接收机）旋转滤色盘
rumble ~ ①滤声器②转盘噪声滤波器
sand ~ 砂滤器
scavenge ~ 排滤器
Schenk type ~ 申克型（滤叶式连续）过滤机
scratch ~ 唱针沙音滤波器
sealed pressure ~ 密闭式加压耙式过滤机
secondary ~ ①二次过滤，精密过滤②过滤器
separation ~ 分离〔频带分隔〕滤波器
shadow ~ 阴影滤波器
sharp ~ 锐截止滤波器
shunt ~ 支管〔并联〕过滤器
sintered metal ~ 烧结金属过滤器
siphon type scraper centrifugal ~ 虹吸式刮刀离心过滤机
slip-on ~ 插入式滤波器
slope ~ （共振曲线下降部分工作的）斜率滤波器

small loop finite difference Kalman ~ 小循环有限差分卡尔曼滤波
smoke ~ 滤烟层
sound ~ 滤音器
sound intermediate frequency ~ 伴音中频滤波器
sparker ~ 水平层板型加压过滤器
spatial ~ 空间滤光片，空间频率滤波器
spectral ~ 滤光器，滤光片
spike ~ ①窄带滤波器②窄带滤光片
spin-on oil ~ 离心式液压过滤器
stage ~ 分层滤器，分级过滤器
string ~ 纹条滤器
strip ~ 带式滤色器（彩色电视）
submerged ~ 油箱用液压过滤器
subsonic ~ 次声滤波器
subtractive colo(u)r ~ 滤色系统原色滤光镜
super ~ 超级滤波器
suppersion ~ 抑制〔带除〕滤波器
surface acoustic wave ~ 声表面波滤波器
switched-capacitor ~ 开关电容滤波器
taking ~ 摄像滤色器，彩色电视系统传输装置滤光器
temporal ~ 时间滤波器
thin film optical ~ 薄膜光学滤光器
thump ~ 电报干扰滤波器
total ~ 组合滤波器
traffic ~ 信号滤波器
trap ~ 陷波器
travel(l)ing pan ~ 动盘滤机
trimming ~ 补偿滤波器
tuned ~ 调谐〔可调〕滤波器
two-dimensional ~ 二维滤色器
unscented Kalman ~ 无迹卡尔曼滤波器
upper limiting ~ 低通滤波器
vacuum ~ 真空过滤机〔器〕
vacuum leaf ~ 真空叶滤机
variable crystal ~ 可变晶体滤波器
variable phase ~ 可变相位滤波器
video ~ 视频滤波器
video frequency ~ 视频滤波器
voice ~ 语音滤音器
wave guide ~ 波导管滤波器
Y ~ 亮度滤波器
zero-lag ~ 无滞后过滤器
zigzag ~ 锯齿形〔曲折接法〕滤波器
Zobel ~ 佐贝尔滤波器（定K式、M推演式滤波器）

filterability 过滤率，可过滤性，过滤本领
filteraid 助滤剂
filtered 滤过的
filtering ①过滤，滤除②滤波③渗透
active service ~ 激活业务过滤
digital decimation ~ 数字抽取滤波
holographic ~ 全息滤波
homomorphic ~ 同态滤波
Kalman ~ 卡尔曼滤波
linear ~ 线性滤波
filterplexer 吸声器
filter-plexer 滤波器天线共用器
filter-press 压（力过）滤器
automatic board ~ 全自动式板框压滤机
box ~ 厢式压滤机
plate and frame ~ 板框压滤机
spiral's ~ 旋叶压滤机
filter-tank 过滤槽〔桶〕
batch vacuum ~ 间歇式真空过滤槽
filth 污秽〔垢，物〕，肮脏
filtrate ①过滤②滤液
filtration 过滤，滤除〔波〕，渗漏
batch ~ 间歇式〔分批式〕过滤
postdetector ~ 检波后滤波
filtrator 过滤器
filum 丝，纤维，线状组织
fin ①鳍状物②毛刺，飞翅，裂缝③散热片，肋片④稳定器叶片，鳞板
adjustable ~ 可调稳定器叶片，可调鱼鳞筛
air cooling ~ 空气冷却片，散热片
blade ~ 导向滑板，垂直定向板
carbon ~ ①散热片，②燃烧舱
casting ~ 铸件（周缘）飞翅
control ~ 操纵舵
cooling ~ 冷却肋片，冷却翼片，散热片，防裂肋，补肋（铸件上）
core ~ 型芯飞翅缺肉（铸件缺陷）
corrugated ~ （散热器芯的）波纹状散热带〔片〕
damping ~ 阻尼片
guiding ~ 导向滑板，航板
horizontal ~ 横翘，水平安定面，水平尾翼，水平散热筋
integral ~ 集成散热片，整体散热筋
labyrinth ~ 迷宫汽封疏齿，曲径汽封片
pressing ~ 压制飞边
radiating ~ 散热片
radiation ~ 散热片

radiator ~ 散热器片
rear ~ 尾翼
ruffled ~ 波浪形翼片
serrated ~ 锯齿形翅片
spider ~ 星形槽，多脚架翼
spiral ~ 螺旋肋片
stabilizer ~ 稳定器
stabilizing ~ 减摇鳍
steerage ~ 导向板
steering ~ 导向滑板
straight ~ 平直翅片
tail ~ 尾翅，垂直安定面

final 最后的，末级的，终端的，确定的，决定性的

find ①发现，获得②探测，定位③求出

finder ①探测器，瞄准器②测距仪③取景器④方位仪，定向器，选择器，寻线器
accurate position ~ 精密（目标）测位仪
acoustic depth ~ 回响测深仪
Adcock direction ~ 爱德考克测向仪，旋转天线探向器
angle ~ 对角取景器
automatic programme ~ 节目自动寻线器
azimuth ~ ①方位仪②测向仪
beam ~ 寻迹器，寻线器（示波器的）
brilliant ~ 反转式检像镜，镜式取景器
call ~ 寻线机，呼叫选择器
centimeter height ~ 厘米波测高计
coincidence range ~ 复合焦点测距仪，叠像测距仪
compensated-loop direction ~ 补偿式环状天线测向器
contour ~ 探视取景器，轮廓线检视器
coupled range ~ 连动测距对焦取景器
depth ~ ①测深计〔器〕②回声控测仪
direction ~ ①测〔探〕向器②无线电定向器，无线电罗盘，方位（角）测定
distance ~ 测距计
Doppler direction ~ 多普勒效应定向仪
electric depth ~ 回声测深器
electromagnetic wave range ~ 电磁波测距仪
electronic view ~ 电子寻像器〔取景器〕
elevation ~ 仰角指示器
fault ~ 障碍检查器，探伤仪，故障寻找器，故障位置测定仪
fish ~ 垂直探鱼仪
frequency-modulation laser range ~ 调频激光测距仪
ga(u)ge ~ 仿形板，仿形装置
ground-glass ~ ①方框式取景器〔检景器〕②毛〔磨口〕玻璃
height ~ 高度测定器（飞行器），测高仪〔计〕
homing ~ 归位式选择器〔寻线机〕
infrared range ~ 红外测距仪
invert range ~ 倒影〔像〕式测距仪
jammer ~ 干扰机探测雷达，测定干扰源距离的雷达
laser range ~ 激光测距仪
leak ~ 泄漏探测器
lifting ~ 翻转装置，回转装置
line ~ 寻线器，行定位器，找线器
non-homing ~ 不归零式导线机
optical range ~ 光学测距仪
parallax correcting ~ 校正视差瞄准器
polarity ~ 极性测定器
pole ~ 极性试验器
position ~ 测位仪〔器〕
pulsed laser range ~ 脉冲激光测距仪
radio direction ~ 无线电测向器〔定向仪〕
range ~ 测远计，测距器，测远镜，测距棱镜，定位器
rear ~ ①瞄准器②指示器
recorder ~ 记录器寻线机
register ~ 记发器选择器〔寻线机〕
relay ~ 中断寻线器
roller ~ 仿形滚轮
secondary ~ 二次寻线机
self-contained range ~ 光学测距仪
sense ~ 无线电罗盘，单值无线电测向器，指向测定器，辨向器，正负向测定器
size ~ 尺寸显示装置
sonic depth ~ 声波〔回声〕测深仪
stereo-range ~ 体视测距仪
telescopic ~ 探测望远镜
tilt ~ 倾斜测定器
turn ~ ①转台瞄准器②转塔探测器
turret ~ 转台瞄准器，转塔探测器
ultrasonic depth ~ 超声波测深仪
view ~ 寻像器，取景器，测量仪，探视器
wire ~ 电缆芯线识别器
wireless direction ~ 无线电定向器
word ~ 词汇集，词典
zoom ~ 可变焦距录像器

finding ①搜索，探测②定位，测向③选择，寻线
antidirection ~ 反测向，反定位

automatic track ~ 自动寻迹
position ~ 定位
radio range ~ 无线电测距
range ~ 测距（工作）
sense ~ （单值）测向

findings ①零件，附属品②研究结果，已得数据
experimental ~ 实验数据

fine ①细粒的，细纹的，（稀）薄的，（微，细）小的，灵敏的②纯（粹）的，成色好的，含量高的，锐利的③恰好④澄清，精制〔炼〕⑤（pl.）细屑，碎屑，铁屑
~ away 削尖，磨快
extra ~ 特别好，特精密加工，特细牙（螺纹），特细号，特别细小的

fine-bore 精（密）镗（孔）

fine-collimation 精细准直

finedraw 拉细丝

fine-fibered ①细纤维的，②拉成纤维的

fine-fibred =fine-fibered

fine-focus(s)ed 准确聚焦的，锐聚焦的

fine-grained ①细粒的，细纹的②小碎块（电石）

finely 精巧的，灵敏的，细致的

finely-divided 极细的，细碎的，磨碎的

fine-meshed 带细孔的

fineness ①细度，细微②公差，精度③纯度④长细比⑤优良，正确⑥敏锐
~ of cement 水泥标号（细度）
grain ~ （晶）粒度，颗粒细度
reproduced image ~ 图像重显精细度，收像细节
sand ~ 沙子平均粒度，沙子细度

fine-pointed 尖端的

fine-pored 细孔的

finer 精炼炉
stop ~ 止销，止动指针

finery （木炭）精炼炉

fine-sorted 细分〔选〕的

finestill 精馏

finestiller 精馏器

fine-tune 微调

finger ①抓手，钩爪，销，机械手，（钉）齿，指状物，手指②指针，塞尺，指示针③阀门，闸④触头
beating ~ （袜机的）夹底导纱器
brush ~ 电刷压指，刷指
cap bar ~ （工字架的）指形棒
chronograph wheel ~ 计时器轮拨销
clutch ~ ①离合器压盘分离杆②离合器指
clutch release ~ 离合器压盘〔板〕分离杆
cold ~ 冷指，冷套，冷凝管
contact ~ 接触片，触头
date ~ 日历拨爪
day ~ 周历拨爪
fashioning ~ 收针导纱器
feeding ~ 送料叉〔手〕
felt ~ 毡刷
grip ~ 夹钳钳口，夹钳爪
guide ~ 指针，导向销，导纱器
immerseable ~ （冷液）浸入式深度规
lifting ~ 翻钢〔回转〕装置
loading ~ 装载机构
manipulator ~ 机械手，抓手
mechanical ~ 机械手，抓手
non-return ~ 单〔非反〕向安全装置
pressure ~ 压指，齿压片
puller ~ 拆卸工具夹（头）
setting ~ 定位指（销）
spring ~ 弹簧夹，弹簧爪式定位装置
sweep ~ 刮板指
tilting ~ 翻钢钩
tracer ~ 仿形器指销，靠模指，仿形触销
vent ~ （辐向）通风道隔离片，风道压指（电机）
vertical ~ 竖直指状靶

fingerboard 指板，键盘

finger-dabbing 拇指按印

fingering （烧结支孔材料时出现的）指印现象

fingermark 指纹印，手印

fingerpost 指路牌，指标，指向柱，指南

fingerprint 指纹印，手印
digital ~ 数字指纹

finger-tight 手拉紧的，用手拧紧的

fingertip 按钮

finimeter 储量计，储氧计

fining-away ①偏斜②磨锐③削尖

finish ①完成（工），最后加工②（表面）涂层，面层，保护层，涂料，涂装面（罩面，末道）漆，抛光剂③精加工，精饰，抛光④光洁（表面）
anod ~ 阳极（氧化）处理，阳极处理保护层
anodized ~ 阳极化抛光
baking ~ 烤漆
black ~ 发黑处理（表面氧化处理）
blanket ~ 抛光〔光亮〕加工
bright ~ ①抛光②光亮精整
bright dipped ~ 光亮酸洗

buff ~ 抛光，擦光，磨光
chatter-free ~ 无颤痕光洁（表面）
die ~ 精加工模，精整模
dull ~ （带材的,冷轧板的）无光表面〔毛面〕精细程度，暗精饰
edge ~ 立轧，轧边
final ~ 精整加工
fine ~ 高级精加工，细加工，超精加工
fine-pointed ~ 细琢
form ~ 用定形刀具光制
frosted ~ ①磨砂，毛化整理②无光表面〔毛面〕精细程度，霜白表面
gloss ~ 抛光
grinding ~ 磨光面，磨光面精度
ground ~ 磨削（精整）加工
hammered ~ of stone 石面锤琢
hand ~ ①手工精削,手工成形②手工〔人工〕整修
hand tooled ~ 手工錾面
hard ~ 硬质罩面，石灰膏抹灰
hardware ~ 特光洁铸造表面（压铸件）
high ~ ①光制②精磨，研磨
lapping ~ 研磨
looking-glass ~ 抛光到镜面
machine ~ 机械修整〔加工〕
machine glazed ~ 机械抛光
matt ~ 研磨加工
matted ~ ①无光的毛面②闷火处理
mill ~ ①轧制表面精细程度②压光，滚光
minute ~ 抛光至镜面光泽
mirror ~ 镜面加工〔磨削〕(表面精细程度)
protective ~ 表面处理，防护处理
roll ~ 滚光
rough ~ 粗加工
rubbed ~ 磨出面
run-in ~ 金属型表面结垢
satin ~ ①无光表面〔毛面〕精细程度②磨光③刷光，擦高精度金属表面的缎子
Schreiner ~ 电光整理，缎光整理，缎面加工
scraped ~ 刮磨
scratchy ~ 有擦痕的光洁表面
smooth ~ ①光面修整②光整精细程度
stabilized ~ 定形整理，稳定整理
stove ~ 烘干的油漆
stoving ~ 烤漆，热干清漆
surface ~ 表面抛光，表面精整精细程度，面漆，表面修琢
tool ~ 机械加工
water ~ 水纹面饰

finishability 易修整性

finished 光制的，已精加工的，完工的

finisher ①精加工工具，平整机，精轧机，终锻模，精整模，修整器②修整工，调整工
asphalt ~ 沥青滚平机
bran ~ 清麸机
can ~ 末道条筒针梳机
cold ~ 冷轧机的精轧机座
continuous bin ~ 箱式连续精整机
convertor ~ （圆筒形针织物的）剖幅开幅机
dandy ~ 头道粗纱机
flat ~ 平面磨床，平面修整机
flax ~ 短亚麻末道〔联合〕梳麻机
gear ~ 齿轮光整加工机
pneumatic ~ 气动修整器
rail-type concrete surface ~ 轨道式混凝土整面机
tamping-leveling ~ 整平捣固机
tar ~ 沥青铺路机
wing ~ 禽翅去毛机

finishing ①做成，完成，完工②修整，整理，精加工，表面加工（涂装，电镀等)，(照明）设备③终止槽④抛光
anti-slip ~ 防滑加工
ball ~ 钢球挤光
barrel ~ 滚筒清理，滚筒抛光
blast ~ 丸冲修整，喷砂修整
cold ~ （拉拔，冷轧，矫直等）冷加工精整
core ~ 修芯
electrophoretic ~ 电泳涂装
file ~ 锉削〔光〕
final ~ （最终，成品）精整
fine ~ 精加工
hand ~ ①手工精削，手工成形②手工整修，人工整修
honed ~ 搪磨
lapped ~ 研磨
liquor ~ 钢丝染红处理（酸洗后，浸入硫酸铜和硫酸锡混合稀溶液中，表面产生一层铜锡薄膜）
machine ~ 机械修整〔加工，光制，精制〕
medium ~ 中级精加工
metal ~ 金属表面处理
microinch ~ 光制，精加工
precision ~ 精密加工
press ~ 推压精加工，滚光，压光
rough ~ 粗饰，初级修整

satin ~ 擦亮，研光，抛光
surface ~ 表面精加工，表面光制
texture ~ 整理
wet ~ 湿磨精加工
finishment 精加工等级
finite 有限的，有尽的
~ element 有限元法
~ series 有限级数
finite-difference 有限差分
finiteness 有限性
finless 无散热片的，无翼片的
finned 有翼的，有散热片的，有稳定器的
finning 筋条加强，肋材的装配，用肋加固
fin-tip 翼尖〔垂直安定面〕整流罩，直尾翅梢
fintube 带翅管
fire ①火（焰，花，力），闪光，光辉，发光〔炽热〕体②燃烧，着火③发射，射击④起动，开车
~ up 点火
after ~ （未燃气体在）消声器内爆炸
back ~ 逆弧，逆火，反燃，回火
banked ~ 压火，焖火（锅炉），热备用锅炉
broadside ~ （天线阵）垂向发射，边射
center ~ 中心发火，中心点火
covering ~ 防火措施，防火器具
cross ~ 信道间的干扰，电报电路互相干扰，交叉火力〔射击〕，串扰
direct ~ 活火（头），直接烧，直接（瞄准）射击
electric ~ 电炉
flash ~ 闪燃，爆燃，急剧燃烧
flat ~ 平射
forge ~ 锻火，锻造炉
knobbling ~ 搅铁炉
ring ~ 圆火花，整圈打火（集电环）
saint Elmo's ~ 尖端放电
wet ~ 炉内燃烧的缺氧区域
withstanding ~ 耐火的
firearm （轻型）武器
firearmor 镍铬铁锰合金
fireball 火球
fire-bar 炉条
firebird 无线电信管
firebox 火室〔箱〕，燃烧室，（机车锅炉）炉膛
end projecting ~ 外伸引火箱
firebrick 耐火砖
check ~ 格（子火）砖（冶金用）
fireclay 耐火（黏）土，（耐）火泥
fire-coat 氧化皮，鳞皮
fire-control 燃烧控制，消防，射击指挥
fired 放电（充气管）
firedamp 瓦斯，沼气，甲烷
firedoor 炉门
fireend 火端，热端
pyrometer ~ 高温计热端
fire-engine 消防车
fire-escape 太平梯，安全出口
fire-fanging 自燃
fire-fighting 消防（的），防火（的）
fire-hydrant 消防栓，灭火〔消防〕龙头
fireman ①消防队员②司炉
fire-out 发射，起动
fire-pan 灰槽
fireplace 壁炉，炉膛内部空间
fireplug 消火栓，消火塞
fire-pot ①坩埚②燃烧室
fireproof 耐火的，防火的
fireproofness 耐火度
fire-resistant 耐火的
fireroom 锅炉房〔间〕
fire-stone 火石
fire-tander 救火机
firewall 绝热板，隔火墙，（网络）防火墙
firewire 火线 （计算机端口传输标准）
Fireworks Fireworks 网页制作软件
firing ①起动（调制管），开动，开通（闸流管），触发，引燃，点弧②射击③燃烧，熔烧，煅烧④添煤，司火，点火（时刻），烘炉
~ failure 选通
arc ~ U 形火焰
blowdown ~ 发动机冷态试验
diagonal (corner) ~ 四角燃烧
differential ~ 换层燃烧
dual ~ （用两种燃料）混合加热
erratic ~ 不规则发火
false ~ 误通
fuel bed ~ 层燃
grate ~ 层燃
hot ~ ①热试车②点火试验
layer ~ 多排布置喷燃器燃烧
mechanical(-spreader) ~ 机械播煤燃烧
modulator ~ 调制器起动
opposed ~ 双冲燃烧
overfeed ~ 上饲式燃烧
overheavy ~ 强化燃烧
partial ~ 部分点火

retrorocket ~ 制动发动机点火
spreader ~ 机械播煤燃烧
stoker ~ 机械加煤燃烧
supplemental ~ 强化燃烧
tangential ~ 切向燃烧，切圆燃烧
televiewed ~ 电视（控制）试车
tie-down ~ （发动机）台架试验
torch ~ 喷烧
underfeed ~ 下饲式燃烧
vacuum ~ 真空退火

firing-pin 撞针
firkin 小桶（英国容量单位，1 小桶 =9 加仑 =40.914 dm^3）
firm ①可靠的，坚固的，稳定的②商行，公司，厂商
firmament 太空，天空
firmness 耐久性，坚〔牢〕固（性）
firmware ①固件②微程序语言③稳定器，稳固设备
first ①第一（流）的，最重要的②最初，首先，第一③优质钻用金刚石，高品位矿石，精矿④（pl.）一等品
first-aid 紧急修理，急救，抢修
first-class 第一流的，一级的，头等的
first-gear 头档齿轮
first-grade ①头等的，优等的②第一流的，一级的，高〔甲〕级的
first-harmonic 基波，一次谐波
First-in-chain 链中第一请求单元
first-in-first-out 先进先出
first-line 第一线的，头等的，最重要的，最优良的
first-order ①初指令②一阶〔级，等，次〕
first-out 先出
last-in ~ 后进先出
first-phase 第一期的
fish ①鱼尾板，接合板②鱼
easing ~ 缓冲式鱼尾板
fish-bolt ①鱼尾（夹紧）螺栓②轨节螺栓
fisheye 白点，鱼眼
fishgraph 鱼群探测记录仪
fishhook 鱼尾钩
fishplate 鱼尾〔接合〕（夹）板，（冷床的）铺板托梁
fishpole （传声器）吊杆
fish-scale 鳞斑，鳞状脱皮
fishtail ①扇形火焰②鱼尾状的（槽）③（飞机）摆尾飞行
fiss 裂变，分裂
fisser 裂变物质
fissile 易分裂的，裂变性
fissility 可裂变性
fissiography 裂变产物自摄像术
fission 裂变，分裂
fast ~ 快中子（作用下的）裂变
induced ~ 诱生裂变
nuclear ~ 原子核分裂
spontaneous ~ 自发裂变
thermal ~ 热中子裂变
fissionability 裂变能力，裂变度
fissionable ①裂变性，可分裂的②（pl.）可裂变物质
fissioner 可分裂材料，裂变材料
fissium 辐照燃料模样（裂变产物和铀的化合物）
fissuration 龟裂，形成裂隙
fissure 裂痕，裂纹，缝隙
capillary ~ 龟裂纹，发状〔毛细〕龟裂纹
desiccation ~ 干缩裂缝
quenching ~ 淬火裂纹
shear ~ 剪切裂纹
vein ~ 脉裂缝
fissuring 裂隙，微裂，节理
fistular 管状的，中空的
Fit 非特（失效率单位，1 非特 =10^{-9}（元件·小时））
fit ①吻合，配合，密接，装配，装备，配备②磨合③密度④供给⑤适当的
~ in ①装入，镶入②内配合
~ on 装上，套上
~ out 装配，装备，配备
~ over 装上，套上
~ up 装配好
clearance ~ 间隙配合
close ~ 密（过渡）配合，紧（过渡）配合
close running ~ 紧动（间隙）配合，紧转（间隙）配合
close sliding ~ 滑动特小间隙配合
close working ~ 紧滑（间隙）配合
coarse ~ 粗配合
coarse clearance ~ 松转（间隙）配合
complicated ~ 混合配合
conical ~ 圆锥连接配合
contraction ~ 冷缩（过盈）配合
curve ~ 曲线拟合，实验曲线的符合
cylindrical ~ 筒形配合
drive ~ 牢〔打入，紧〕（过渡）配合

driven ~ 紧（过渡）配合
driving ~ 牢〔打入，紧〕（过渡）配合
easy ~ 松（间隙）配合，轻（间隙）配合
easy push ~ 滑动（间隙）配合，轻推（间隙）配合
easy running ~ 轻转（间隙）配合
easy slide ~ 滑动（间隙）配合，轻滑（间隙）配合
easy-push ~ 松推（间隙）配合
empirical ~ 经验符合，经验拟合
exact ~ 精确配合
expansion ~ 膨胀配合，冷缩（过盈）配合
extra fine ~ 一级精度配合
extra slack running ~ 松动（间隙）配合
extra-light drive ~ 轻压（过盈）配合
fine ~ 二级精度配合
finger press ~ 轻压（过盈）配合
fitball-race ~ 钢球座圈配合
force(d) ~ 强迫（过盈）配合，压配
forcing ~ 压（入）（过盈）配合，压力装配
free ~ 轻动（间隙）配合
free-running ~ 轻动〔自由，轻转〕（间隙）配合
hand ~ 压入（过盈）配合
heavy force ~ 重压紧（过盈）配合
heavy keying ~ ①固定配合②重迫（过盈）配合
heel push ~ 重推入配合
high-class ~ 高级精度配合，一级精确度配合
housing ~ （轴承）箱体配合
interference ~ ①过盈配合②干涉配合③压配合④静配合
leakproof ~ 防渗漏配合，紧密配合
least squares ~ 最小二乘法拟合
light force ~ 轻压（过盈）配合
light keying ~ 轻迫（过盈）配合
light-drive ~ 轻打配合
light-running ~ 轻动（间隙）配合
loose ~ 间隙配合，动间隙配合
loose running ~ 间隙配合，松动配合
medium force ~ 中级压紧（过盈）配合
metal-to-metal ~ 无过盈与间隙配合
minor diameter ~ 内径配合
movable ~ 动（间隙）配合，松（间隙）配合
normal running ~ 转动（间隙）配合
palm (push) ~ （手掌）推入（过渡）配合
pilot ~ ①定位配合，导向配合②定位孔，定位间隙
pinch ~ ①过盈配合②系紧套筒
plain ~ 三级精度配合
press ~ 压（入）（过盈）配合，压力（过盈）装配
push ~ 轻压（过盈）配合
rough ~ 松（间隙）配合，粗配合，四级精度配合
running ~ 松动（间隙）配合，转动（间隙）配合，转合座
shaft ~ （轴承）轴配合
shrink ~ ①过盈配合，收缩（过盈）配合②热套（过盈）配合
shrinkage ~ 红〔热〕套，冷缩（过盈）配合，热压（过盈）配合
shrunk ~ ①烧嵌，热（过盈）配合②热压合座
slack-running ~ 轻转（间隙）配合
sliding ~ 滑动（间隙）配合
slip ~ 滑动（间隙）配合
snug ~ 密（适）（过渡）配合
spline ~ ①花键配合②样条拟合，仿样拟合
stationary ~ 固定（过盈）配合，紧（过盈）配合
taper ~ 锥度配合
tap(ping) ~ 轻迫（过盈）配合
thread ~ 螺纹配合
thumb (push) ~ 拇指推入配合，轻推（过渡）配合
tight ~ 过盈配合，牢配合，紧配合
transit ~ 过渡配合
transition ~ 过渡配合
tuning ~ ①推入（过盈）配合②轻迫（过盈）配合
wheel ~ 轮座配合
working ~ 动（间隙）配合
wring ~ 紧动（间隙）配合，转入配合

fitful 间歇的，不规则的

fitment ①附件，配件②设备，家具

fitness 适应度

fitter 钳工，装配工
assembling ~ 装配工
function ~ 折线函数发生器，函数拟合器
mo(u)ld ~ （铸型）合型工
steam ~ 汽管装配工

fitting ①安装，装配，组装，配合，选配②配件，零件，附件，设备，装备，（管）接头③符合，拟合（法）

adjustable ~ 铰接接头
alemite grease ~ 压力润滑装置
alligator ~ 牙嵌式接头
alumite ~ 防蚀铝注油嘴
angle ~ 弯头
angle lighting ~ 斜照型照明器
axle guide ~ 导轴零件
banjo ~ 班卓琴式管接头，鼓形管接头
barrel ~ 管筒式接头
bite type pipe ~ 卡套式管接头
cable ~ 电缆配件，电缆接头
ceiling ~ 天棚照明设备，天棚灯
check ~ 止回配件
choke ~ 喉管
clamp type end ~ 对壳式软管终端接头
cluster ~ 多头管接头
coaxial ~ 同轴电缆接头
corner ~ 角配件
cross ~ 十字头
curve ~ 曲线拟合（法）
data ~ 数据拟合
delivery ~ 输送管
detachable ~ 可拆接头
duplex ~ 双通接头
end ~ 终端部件
ending ~ 下锚装置
engine ~ 内燃机配附件
Ermeto-type ~ 耳米托式接头，卡套式管接头
expansion ~ 冷装
female ~ ①凹形配件②内螺纹管接头
flare tube ~ 喇叭管接头
freely ~ 自由配合
gas-type ~ 气管接头
grease ~ 黄油嘴
immovable ~ 紧固配合
indirect through light ~ 槽形反射灯装置
joint ~ 对接配件
lamp ~ 电灯组件，电灯器具
lighting ~ 装灯配件，照明配件
lip seal ~ 带唇形密封的接头
lube ~ 加油嘴
lubricator ~ 注油嘴
male ~ ①外螺纹管接头②凸模配合
non-flared ~ 非扩口式管接头
nut-and-sleeve flare ~ 三件式〔螺母套管式〕扩口管接头
oil outlet ~ 放油接头
overflow ~ 溢流管
pick-up ~ 对接装置（装配式结构的）
pipe ~ 管道安装，管接头
plug end ~ 终端接头，管接头
pole ~ 电杆附件
porcelain ~ 瓷配件
port ~ 管接头，油口接头
press ~ 压入配合
pressure gun ~ 黄油枪油嘴
push-type lubricating ~ 压力油嘴，挤压式润滑器
radiator outlet ~ 散热器出水管配件
reinforced flange ~ 加强的法兰管接件
relief ~ 溢流塞，（压力过高时保护油封液的）减压装置
safety lighting ~ 安全照明装置
screw tight ~ 紧配螺纹
screw-together ~ （螺纹）整壳式接头（软管的）
seal ~ 密封接头，密封配件
self-flaring ~ 自动扩口接头
shock ~ 激波拟合
shrinkage ~ 热装
slip ~ 滑动装置
socket end ~ 内螺纹终端接头
socket-welding ~ 焊接式管接头
soldered ~ 钎焊接头
splicing ~ 接线夹
spline ~ 花键座
surface ~ 曲面拟合
switchboard ~ ①配电盘配件②交换机配件
tee ~ 三通接头
terminal ~ 终端接头（线路）
three-piece flare ~ 三件式扩口管接头
tight ~ 密封联结
valve ~ 阀门附件
Wabcogrip ~ 韦氏管接
Wabcoseal ~ 韦氏带法兰管接
wall ~ 壁灯
Y-branch ~ Y 形支管，叉形三通
zerk ~ 油枪加油嘴

fitting-in 配合，使适合
fitting-on 安装，装配
fittings （装）配（部）件
fitting-up 装配，结构部件成形〔安装〕
five-cant(ed) 五面体的，五角形的
five-roller 五辊滚压机
five-seater 五座车，五座小客车
fix ①固定，安装，整理，修理，调整，定影

〔位，点〕②确定，决定③凝固④坐标，方位点⑤切口
~ by bearing and angle　方位和角度测定
~ with plugs　销连接，螺栓连接
bug ~　修正版
carburetor ~　（发动机）固定量孔化油器
Loran ~　洛伦定标
navigator ~　导航定位
position ~　定位
radar ~　雷达坐标〔定位〕
radio ~　无线电定位
running ~　移动定位，定位交叉点
wireless ~　无线电定位
fixation　①固定，安置，定影〔形，位〕，凝固②结合③注视
bioactive ~　生物活性结合
biological ~　生物学结合
morphological ~　形态结合
nitrogen ~　氮气固定（作用），固氮（作用）
fixed　固定的，稳定的，凝固的，装好的，不挥发的
fixed-angle　固定角
fixed-block　固定块
fixed-end　固定端头的，定端的
fixed-form　固定形式，固定格式
fixed-frequency　固定频率
fixed-head　固定读 - 写头
fixedness　硬度，刚性，凝固性，稳定性，耐挥发性
fixedpoint　定点的，不动点，固定小数点
fixed-width　定宽
fixed-wing　固定翼
fixed-wing　UAV 固定翼无人机
fixer　固定器，定像〔定影，胶粘〕剂，修车工
steel ~　钢筋工
fixing　①固定，安装，整理，修理，定位〔影〕②（pl.）设备，附件，嵌固件
adjustable ~　调节支柱
banjo ~　对接接头〔组件〕
bayonet ~　卡口式固定，管脚固定
elastic ~　弹性固接，弹性连接
position ~　测定位置，定位，定坐标
radio ~　无线电定位〔定向，测位〕
rigid ~　（刚性）固定
snap ~　用爪固定，用闩固定
tuning ~　调谐固定
wireless ~　无线电测位
fixing-in　固定
fixity　①刚性，硬度②稳定性，不变性，不挥发性
fixture　①配件，零件②夹具，定位器，夹持机构，夹紧装置，支架③定值④装置器，固定物，装量器
adjustable ~　可调夹具
air operated ~　气动夹具
boring ~　镗孔夹具
broaching ~　铰〔扩〕孔夹具，拉削夹具
built-up ~　组合夹具
chucking ~　夹紧装置
clamping ~　夹具，胎具
collet index ~　套筒转位夹具
cutter truing ~　刀盘跳动检查仪
electric ~ of a room　室内电气装置
erecting ~　安装架
extension ~　（电杆）展接装置
float tap ~　浮动攻螺纹夹头
follower ~　随行夹具
gas ~　瓦斯管道配件，煤气装置
hold-down ~　压牢装置
holding ~　夹紧装置，固定器，夹具
lathe ~　车床夹具
light ~　电灯组件，电灯器具
magnetic ~　磁力夹具
master ~　基准型架
milling ~　铣刀夹具，铣削夹具
modular ~　成组夹具
planer ~　刨削夹具
pole ~　电杆支架
positioning ~　翻转夹具
rapid ~　快速夹具
rotary indexing ~　旋转式分度夹具
sectional ~　安装夹具
shoe-type electromagnetic ~　电磁无心夹具
shrink ~　防缩器
travel(l)ing ~　随行夹具
universal ~　万能工具台
vacuum ~　真空夹具
work ~　工件夹具，夹紧装置
fizz　①嘶嘶声②沸腾
flag　①标志，特征（位）②镜头遮光罩，信号发送器③用旗号表示，悬旗手，旗④石板，扁石
alarm ~　故障指示旗
burst ~　色同步选通〔标志〕脉冲，（彩色副载波串的）取样脉冲
colo(u)r burst ~　彩色同步键控信号
deviation ~　航线偏移指示仪

device ~ 设备标志（器）
drop frame ~ 失落帧识别
file end ~ 文件终端标志，文件结束标志
gobo ~ 镜头〔物镜〕遮光器
head ~ 磁头标记，起始标记
last segment ~ （通信）末端标识
message ~ 报文标记
paging proceed ~ （通信）调页进行标记
resegmentation ~ 重复段标志

flageolet 风琴的竖笛音区

flagging ①“旗飘”效应②标识，标识符，标志，特征③遮光罩（镜头）

flagpole 标杆，测视图黑色垂直线或水平线

flail 扫雷装置

flair 鉴别力，本领，眼光

flak 高射炮（火，弹片）

flake ①白点②去氧化皮③片状，剥落④发裂⑤火花⑥（pl.）絮状体，絮团
~ white （碳酸）铅白，白点
alumin(i)um ~ ①薄铝片②高岭土
graphite ~ 石墨片，片状石墨

flake-off 剥落（掉）

flaker 刨片机
ice ~ 刨冰机

flakes 白点，鳞片，发裂（由白点引起的）

flaking ①剥落，掉皮②压碎③（木片）超薄片切削

flaky 片状的，有白点的，易剥落的

flame ①火焰，火舌②燃烧
~ out 燃烧，突然冒火焰，激动〔怒〕
aerated ~ 充气焰，富空气火焰
bluff body ~ 障板稳定的火焰，钝体稳定火焰
Bunsen ~ 本生灯火焰
carburizing ~ ①碳化火焰，渗碳火焰②游离碳还原焰
cold ~ 低温火焰（发弱光的火焰）
flat ~ 无光焰
luminous ~ （发光）火焰
manometric ~ 感压焰
narrow ~ 舌焰
non-luminous ~ 无光焰
oxidizing ~ 氧化焰
pilot ~ 点炉火炬，（火箭发动机的）起动火舌
reducing ~ 还原焰
roaring ~ （吹炼）烈焰
sharp oxyhydrogen ~ 锐氢氧焰
shielded ~ 屏蔽火焰
soft ~ 还原焰，碳化火焰
thin ~ 焊焰
turbulent ~ 湍流火焰

flameholder 火焰稳定器，稳焰器

flameholding 火焰稳定，燃烧稳定

flameless 无焰

flame-proof ①防火的，耐火的②防爆的

flamer 火焰喷射器

flame-sprayed 火焰喷涂的

flaming 燃烧，发火，喷火的

flammability 可燃性，易燃性
lean ~ 可燃性下限

flammable 可燃的，易燃的

flanch =flange

Flandipak 弗兰狄帕克数字（显示）板（一种直流气体放电显示板）

flange ①凸缘，法兰（盘）②镶边，作凸缘③轨底
adapter ~ 配接凸缘
arbor ~ （铣刀杆上的）盘式刀架，柄轴凸缘
armature ~ 电枢凸缘
attachment ~ 连接法兰
backup ~ 支撑〔支持〕法兰
blank ~ 无孔凸缘，管口盖板，管口盖凸缘，盲法兰，封口法兰，闷头法兰，盲板
blankoff ~ 盲板，盲法兰
blind ~ 盖板，管口盖凸缘，堵头〔封口〕法兰
body ~ ①法兰模板②凸缘体
cap ~ 螺母垫圈
card-board ~ 纸板法兰垫
cast ~ 固定凸缘，铸成凸缘
choke ~ （波导管）阻波凸缘，扼流凸缘，节流孔板，流量法兰
choked ~ 扼流接头，抗流凸缘，扼流凸缘
circular ~ 圆法兰盘
closed ~ 弯 90° 以上的法兰
collar ~ 环状凸缘
companion ~ 接合法兰，凸缘叉（万向节和传动轴连接用，两者形状相同）
compression ~ 补强凸缘
connector ~ 插头部分（印制电路板的）
contact ~ 连接法兰
control ~ 检查法兰，控制法兰
counter ~ 反向凸缘，（轧辊孔形设计的）反翼缘，假腿
coupling ~ 对接法兰
creeping ~ 伸缩法兰
dial ~ 刻度盘座，分度盘座

drive ~ 主动凸缘，传动法兰盘
expanded ~ 扩制法兰，碾制凸缘
face ~ 平面法兰（镜头和摄像机连接部分）
female ~ 带槽法兰
field-coil ~ 磁极（线圈）托板
fixed ~ 固定法兰盘，无孔凸缘
follower ~ 填料压盖法兰
front barrel ~ 壳体前法兰盘，料筒前凸缘
horizontal ~ 水平中分面，水平法兰面
hubbed ~ 高颈法兰
intermediate ~ 过渡〔对接〕法兰
leading ~ （传动带）导轮缘
loose ~ 活动凸缘，松套法兰，活接头
lug ~ 耳形凸缘
male ~ 凸缘法兰，凸出折边
matching ~ 接合凸缘
notched ~ 带槽凸缘
nozzle ~ 喷嘴凸缘
ogee ~ S形板，连续反向弯曲板边
oval ~ 外法兰，外凸缘
packing ~ 密封（用）法兰盘，密封（用）压盖
pipe ~ 管凸缘，法兰盘
plain ~ 对接法兰
punch ~ 凸模的定凸缘
radiating ~ 散热凸缘，散热片
rail ~ 轨底
raised face ~ 凸面法兰，突面法兰
reduced ~ 异径法兰
reducing ~ 渐缩法兰，锥形接头
retainer ~ 固定凸缘，挡住凸缘
retention ~ 固定法兰盘，固定凸缘
return ~ 回油板
rib ~ 肋凸缘
rim ~ 轮辋凸缘
screw ~ 螺栓连接法兰
shroud ~ 罩凸缘
shrunk-and-peened ~ 皱合凸缘
shrunk-and-rolled ~ 皱卷凸缘
slip-on ~ 松套法兰，松套凸缘
spacer ~ 中间法兰，过渡法兰，对接法兰
stator ~ 定子〔铁心〕凸缘
step ~ 阶式法兰
straight ~ 直边
strait ~ 窄凸缘
supported ~ 压紧〔固定〕法兰
supporting ~ 压紧〔固定〕法兰
threaded ~ 螺纹连接法兰盘
tongued ~ 凸缘，法兰
union ~ 活接头
upper ~ of girder 梁的小翼
wheel ~ 轮缘

flanger ①凸缘机②弯边机③除雪器
automatic ~ （空罐）自动翻边机

flangeway 轮缘槽

flanging 卷（折）边,折缘,凸缘,外（缘）翻边,翻口
hole ~ 孔翻边，翻孔
roll ~ 封头滚形，凸缘滚形
roller ~ 滚边
shrink ~ 收缩翻边，收缩折缘
stretch ~ 拉深翻边，拉深折缘

flank ①侧面，后面②齿腹，齿根面，螺牙侧面，齿侧，啮合③脉冲波前④翼，位于…的侧面
active ~ 实际使用齿面，接触面
addendum ~ 上半齿面，齿顶高的齿面
concave tooth ~ 凹（齿）面
conjugate ~ 共轭齿面
convex tooth ~ 凸（齿）面
corresponding ~ 同侧齿面
dedendum ~ 下齿面，齿根齿面
generating ~ 产形齿面
involute ~ 渐开线齿面
major ~ 刀具主后面
major first ~ 第一后刀面，消振棱
mating ~ 相啮齿面
minor ~ 刀具副后面
minor first ~ 第一副后刀面，刃带
Nyquist ~ 奈奎斯特截面
opposite ~ 异侧齿面
radial ~ 径向齿面
relieved ~ 锋缘后齿面
straight-sided ~ 直齿面
tool ~ 刀具侧面
tooth ~ 齿根面
usable ~ 有效齿面，工作齿面
working ~ 工作齿面

flannel 法兰绒

flannelet(te) 绒布，棉法兰绒

flap ①活叶,（阀）瓣,舌,簧片,折翼,片状物,铰链板，挡板②风门，闸阀③襟翼④握键（携带式磁石话机，送受话器上的）⑤锁气器⑥拍动，拍打⑦垫带
air ~ 气阀瓣，断气闸阀
brake ~ 减速板
cowl ~ 整流罩鱼鳞〔通风〕片

dive ~ 减速板，制动板
dormant ~ 固定叶片
exhaust ~ 排气阀
explosion ~ 防爆阀（自重式）
jet ~ 喷气式襟翼
landing ~ 着陆阻力板，着陆襟翼
non-return ~ 止回阀，止回瓣
nozzle ~ 喷嘴挡板系统
pressure ~ 压力瓣，均压拍击气阀
radiator ~ 散热器阀瓣
safety ~ 安全阀，安全节气阀
shutting ~ 关断瓣
throttle ~ 节流阀，减压阀，节流挡板
tightening ~ （无内胎轮胎）密封用衬垫
transom ~ 艉板

flapper ①挡板②号牌③阀瓣，铰接式阀瓣④锁气器

flapping 拍动

flare ①闪耀，闪烁，闪光信号，照明弹②物镜的光斑，晕光（电子束管的）③逐渐张开，扩引，端部扩展，锥形孔，锥度，喇叭形，喇叭形向外扩张④外倾，外飘
aerial ~ 空中照明炬
alumin(i)um ~ 铝质照明剂
edge ~ 边缘闪光（图像的）
electron ~ 电子闪烁
electronic ~ 电子光斑（像增强器输入面积一部分受光时，输出荧光粉对应于输入未受光区的部分亦有一些光输出）
landing ~ 降落照明灯
lens ~ 物镜反射光斑
light ~ 闪光
navigation ~ 航空照明炬，航行灯
pipe ~ 管端喇叭口
safety ~ 安全照明灯
signal ~ 信号灯

flareback （由于向内吸火而在喷燃器或煤粉管道内爆燃）火舌回闪，回火，逆火

flared ①扩大的，张开的②钟形的，喇叭口的，漏斗式的

flare-out ①拉直②均匀③开口端截面的增大④扩张

flaring ①扩口〔管〕，锥形，凸缘②卷边③不稳定的燃烧④喇叭形的，向外曲的，漏斗状的⑤发光的，闪烁的

flash ①闪光，光泽②飞边，焊瘤，闪光焊毛刺③（模塑）溢料，（模）缝脊，薄镀，闪锻④闪蒸，自〔急骤〕蒸发⑤去毛刺，冲砂⑥展成薄片⑦强脉冲⑧火舌回闪，反闪，逆弧⑨突然出现的，急骤的，快〔迅，火〕速的，带有闪光（照相）设备的
~ and strain 飞翅，鳍形凸出物
~ back ①反闪②逆弧，回火③反点火
~ off 晾干
back ~ 反闪，回燃
battery capacitor ~ 电池电容式闪光灯
bottom ~ （钢锭缺陷）底飞翅
bounce ~ （图像）跳（动）闪（光），间接闪光，反射闪光
busy ~ 占线闪光
compact ~ 压缩闪存，闪存卡
electronic ~ 电子闪光（灯）
form ~ 格式闪现
getter ~ 收气剂溅散
heading ~ 船首闪灯
joint ~ 飞翅
low ~ 低温闪蒸
pyrotechnic ~ 闪光泡闪光
surface ~ 喷溅，表面溅点

Flash Flash 软件（一种用于制作动画的计算机软件）

flash-arc 闪光电弧，火花弧

flash-back 反冲，回击，回火（气焊的），逆燃，反闪，闪回

flash-board 闸板（坝顶调节水位的），决泄板
hinged ~ 铰固闸板
oscillating ~ 倾倒闸板

flashbox 闪蒸室，膨胀箱，扩容器

flashbulb 闪光灯（泡）

flasher ①闪烁光源②闪烁器，闪光器③敷金属纸条（雷达干扰用）④角反射器
thermal ~ 热效闪光灯
ultra-rapid ~ 超高速闪光器

flashing ①电弧放电，闪弧，环火（换向器上发生的），闪光，闪烁（的）②瞬间汽化，闪蒸③带式运输机边缘的软挡条（防物料撒落）④电子管真空度的高频检验法⑤（压力降低时）水冲，水跃，烧化

flashing-off 烧熔边缘焊接，熔化

Flashkut 落锤锻造钢（w（C）1%，w（Cr）4%，其余 Fe）

flashlamp 闪光灯（泡），小电珠

flashlight 闪光，闪光信号灯，手电筒
electric ~ 电筒

flashmatic 闪光曝光器

flash-meter 闪光曝光计

flashoff 闪蒸出，急骤馏掉
~ of steam 扩容汽化
total ~ 烧化余量，总烧化量
flashover ①闪络，飞弧，跳火②击穿
back ~ 反击雷闪络，反向飞弧闪络
flash-recall 闪（烁信号）灯式二次呼叫
flashtron 气体放电继电器
flashtube
flashtube 闪光灯，闪光管
laser ~ 激光闪光管
flash-up 功率激增
flask ①烧瓶，长颈瓶②砂型③砂箱
balloon ~ 球型烧瓶
built-up ~ 组合砂型
certified-volumetric ~ 检定量瓶
cheek ~ 中（砂）型
cope ~ 上（砂）型
culture ~ 培养瓶
Dewar ~ 杜瓦瓶（真空瓶）
drag ~ 下（砂）型
easy-off ~ 滑脱砂型
Erlenmeyer ~ 锥形〔依氏〕烧瓶
gasometer ~ 气量计，气量瓶
hinged ~ 可拆式砂箱
intermediate ~ 中间砂型
measuring ~ 量瓶
middle ~ 中（砂）型
mo(u)lding ~ 型箱，砂箱
one-man ~ 手抬砂箱
pop-off ~ 可折式〔装置式，铰链式〕砂箱
pressure ~ 耐压瓶
raising middle ~ 中型（沙箱），箱圈
rigid ~ 整体砂箱
sectional ~ 分格砂箱
shielding ~ 屏蔽容器
slip ~ （滑）脱（式砂）箱，顶提式砂箱
snap ~ ①铰接式〔可拆式〕砂箱，活砂箱②脱箱
taper(ed) ~ 滑脱式〔可卸式〕砂箱，顶提式砂箱，锥度砂箱
tared ~ （已称过容器皮重的）配衡体烧瓶
thermos ~ 保温瓶
tight ~ 固定砂箱
top ~ 上型，盖型
flat ①扁钢②降音③平坦部分，平面④平的，扁的，平坦的⑤使变平
~ of thread 螺纹面
~ of tool 刀具锋下平面
abnormally ~ 反差过小
key ~ 拼版晒版，拼晒
linear super square ~ 线性直角平面显像管
optical ~ 平晶，光学平玻璃，光学平面
ribbed ~ 带筋扁钢
ring ~ 环状平晶，环状平垫
super ~ 超平面（显像管）
width across ~ 扳手开口宽度
wing ~ 侧幕，背景屏
flatbed 平台式，平板式
flat-belt 平带
flat-boat 平底船
flat-bottomed 平底的
flat-crystal 片状单晶
flat-die ①平模，平砧②搓丝板
flat-end 平端
flatfile ①扁〔板，平〕锉②单调资料
tape ~ 尖扁锉，斜面扁锉
taper ~ 尖锉，锥形锉
flatiron ①扁铁，扁钢②烙铁，熨斗
flatness 平面度，平直度，均匀性，平滑性，低伸（炮弹弹道的）
~ of the response 平面特性，平响应曲线
~ of wave 脉冲的平顶
bandpass ~ 带通增益均匀性
gain ~ 增益平稳度
surface ~ 表面平面度
flat-out 全速的，开足马力的
flat-pack 扁平包装〔封装，组件〕
flat-plate 平板
flat-riser 垂直起落飞机
flat-roll(er) 平滚筒，平面轧辊
flat-rolling 扁平（孔型）轧制
flat-screen 平板式显示屏
flat-spot （汽车加速时）车速不立即上升的发动机转速区段，无偏差灵敏点
flat-spotting (of tires) （轮胎）接地点扁平化
flatten 压平，修平，弄直
flattener ①矫直机，压延机，扁条拉模②调节膜（共振器场的）
bran ~ 麸皮轧扁机
field ~ 平像物镜，像平面整镜，视场致平器
hammer ~ 平锤
tobacco stem ~ 压梗机，烟梗压扁机
flattening ①压平，矫直②补偿③扁率
flux ~ 通量补偿〔平化〕
histogram ~ 直方图平直化

patent ~ 张拉校平
roll ~ 辊轧校平，轧辊压下装置，轧辊（同轧件接触处的）弹性压扁
roller ~ 用辊式矫直机矫直（板，带材）
flattening-out 碾平，压平
flatter ①平面锤②扁条拉模③压平机④底板
combered ~ 球形校正锤
counter ~ 矫正底模，校正底模
half-round ~ 半圆踩锤（锻造用）
rounded ~ 圆头平面锤
flatting ①无光油漆，无光染料②平化，变平
flattop 航空母舰，平顶（建筑物）
flat-tuning 粗调谐，平直调谐
flavite 弗氏体（含氮钢中的索氏体内出现的淡黄色相）
flaw ①裂纹，裂缝②气孔，蜂窝③缺陷④伤痕
deep ~ 深处伤
hardening ~ 淬火裂纹
photoresist ~ 光蚀刻的伤痕
rolled ~ 轧制发纹（缺陷）
security ~ 安全性缺陷
streak ~ 条痕，条状裂痕
surface ~ 表面缺陷，表面发纹
through wall ~ 穿透性裂纹
flawless 无裂纹，无裂缝，无缺陷的
flawy 有裂的，有瑕疵〔缺点〕的
flax 亚麻（布，纤维），麻线
earth ~ 石棉
fossil ~ 石棉
flaxe 电缆卷，一盘电缆
fleam 锯齿口和锯条面所成的角
fleam-tooth 等腰三角形锯齿
fleck 小斑点，雀斑，微粒
fleet （汽车）车队，舰〔船〕队
barge ~ 拖带船队
fleeter 小型蒸汽拖网渔船
Fleetsatcom 舰队卫星通信系统
flemish 裂缝
flet 轮碾机
flex ①挠曲，弯曲②皮线，花线
flexer 疲劳试验机，疲劳生热试验机
flexibak 软脊无线装订机
flexibility ①易弯性，弯曲度，挠性〔度〕，柔性，适应性②柔顺性，灵活性，机动性③折射性（光的）
boiler ~ 锅炉负荷适应性
logic ~ 逻辑灵活性
modal ~ 状态柔度
permissible ~ 许可挠性
programming ~ 程序设计灵活性
root ~ 叶根柔度
flexibilizer 增韧剂
flexible 可弯曲的，可挠的，弹性的，柔韧的②可适应的，能伸缩的，灵活的，可塑造的，活动的
~ manufacturing factory 柔性制造工厂
~ manufacturing line 柔性制造生产线
flexibleness 挠性
flexifiner 锥形磨浆机，锥形精磨机
fleximan 灵活机器人
fleximeter 弯曲应力测定仪，挠度计
flexing 可挠性
flexion 弯曲，曲率
~ of surface 曲面的拐度
flexional （可）弯曲的
flexiplast 挠性〔柔性〕塑料
flexivity （热弯）曲率，挠度
flexlock 柔性止水缝
flexography 苯胺〔曲面〕印刷（术）
flexometer 曲率计，挠度仪，挠曲试验机
flexowriter 快速印刷装置，打字穿孔机，多功能打字机
flexspline 柔轮
flex-tester 弯曲试验机
flexuose 锯齿状的，波状的
flexuosity 弯曲，波状
flexuous =flexuose
flexural 挠性的，弯曲的
flexure 弯曲，挠曲，弯度，曲率
lateral ~ 横曲，旁曲
flex-wing 可折三角形机翼
flick ①猛然一动，闪光②电影③污点，斑点
flicker ①闪光〔变，烁〕，闪光融合现象②浮〔颤，晃〕动
signal lamp ~ 闪光灯，信号灯闪烁器
target ~ 靶信号闪变
flickering ①闪光，闪烁②浮动
flier =flyer
flight ①行程，射程②飞行③刮板④空军小队，飞机编队⑤螺纹〔齿〕
auger ~ 螺旋（推运器）叶片
cross ~ 横刮板
elevator ~ 提升机刮板
flight path reference ~ 沿飞行轨道飞行的导航系统
formation ~ 编队飞行

instrument ~ 仪表飞行，盲目飞行
interplanetary ~ 宇宙航行，（行）星际飞行
nonstop ~ 不着陆飞行
ribbon ~ 带式刮板
screw ~ 螺纹〔齿〕
sectional ~ 分段螺旋叶片
spiral ~ 螺旋料轨
suborbital ~ 亚轨道飞行

flight-log ①飞行记录装置②航空志，飞行记录
flightpath 航迹，航线
flight-refuel （飞机）空中加油
flinger 抛射机，抛油环〔圈〕
flint 火石（玻璃），燧石
baryta ~ 含钡火石玻璃
borate ~ 含硼火石玻璃，含硼（打火机用）电石

flintiness 坚硬度
flip ①轻碰②倒转，翻动，自旋取向的改变③（短距离）飞行④浮标
spin ~ 自旋转向

flip-and-f1op 双稳态多谐振荡器
flip-chip ①倒装法②倒装片，倒装芯片
flip-flop ①双稳多谐振荡器②触发器，触发电路③双稳态电路或继电器④啪嗒啪嗒的响声
binary ~ 二进制（双稳态）触发器
bistable ~ 双稳态触发器
carry ~ 进位〔移位〕触发器，移位寄存器
clocked ~ 时标〔定时，时钟脉控的〕触发器
complementing ~ 求反触发器
D ~ D 触发器
delay ~ 延迟触发器
driving ~ 主多谐振荡器
dynamic ~ 无延迟双稳态多谐振荡器，动态触发器
edge-triggered ~ 边缘触发（的）触发器
emitter-coupled ~ 发射极耦合（双稳态）触发电路
hazard-free ~ 维持-阻塞触发器
height ~ 高度双稳（态）多谐振荡器
high-speed ~ 高速双稳态触发器
interrupt ~ 中断触发器
jack-king ~ J-K 触发器，主从触发器
master ~ 主触发器
master-slave ~ 主从触发器
reset ~ 复位触发器
reset-set ~ 置“0”置“1”触发器，复位置位触发器，RS 触发器
resonant ~ 谐振触发器
RST ~ 置位-复位反转触发电路
single-shot ~ 单击〔行〕触发器
slave ~ 他励多谐振荡器，从动双稳态触发器
state ~ 状态触发器
static ~ 静态触发器
toggle ~ 反转〔计数型〕触发器
transistor ~ 晶体管触发器
trigger ~ 计数触发器

flipper 挡泥板，升降舵，圆木装卸机，升降装置，（轮胎沿口）填充胶条
strip ~ 板料弹动器，带料送入连续模口的支架

flipping 倒转，翻动
spin ~ 自旋取向改变

flippy 双面软磁盘
flippy-floppy 翻转软盘
flirt ①打点，摆动杆②摆动，飘动
flitch （组合）贴板，桁板，厚条板
flitter 金属箔，金属碎片〔屑〕，闪光颜料
flivver 廉价小汽车，（私人）小飞机，海军小艇，小吨位驱逐舰，廉价的小东西
float ①浮筒〔子，标〕②木锉，泵，回压阀③铰接，轴向松动，活动连接④展览车，低架平板车⑤轴向间隙，游隙⑥图像抖动，画面抖动⑦浮动，沉没
angle ~ 角镘子，角镘刀
annular ~ 环状浮体〔浮标〕
axial ~ 轴向间隙〔窜动〕
ball ~ 浮球阀，球状浮体
concentric ~ 环状浮子
contact ~ 接触裕量
drift ~ 偏航浮筒
end ~ 轴端浮动，轴向游动〔松动〕
hand ~ 手镘刀
keg ~ 桶浮标
light ~ 灯标船
luffing and slewing type ~ 旋转变幅式起重船
mason's ~ 瓦工镘刀
minesweeping ~ 扫雷浮体
oil level ga(u)ge ~ 量油尺浮子
rotary ~ 旋转磨面机
vacuum breaker ~ 破坏真空浮子

floatability 浮动性，可浮性
floatage 浮力，漂浮（物）
float-and-valve 浮子控制阀
floatation ①浮动（性），悬浮，漂浮（性）浮选（法）②筹资（开办）
bulk-differential ~ 综合优先浮选

bulk-oil ~ 富油浮选
carbon ~ 石墨漂浮
core ~ 漂芯，抬芯
floating ①浮动的，漂置的，漂游的②浮充，浮接状态③可变的，铰接的，自动定位，未接地的，流动的
~ center 中间游动盘
full ~ 全浮动，全浮充状态
sideway ~ 横向自动定位〔调节〕
floating-point 浮点
floating-potential 位移电位，浮动电位
floator 浮标，浮动机〔器〕
floatplane 水上〔浮筒〕飞机
floc 絮凝物〔体〕，絮片
flocculant 絮凝剂
flocculation 絮凝（作用），凝聚（作用）
flocculator 絮凝器
floccule 絮状物，絮状沉淀物
flocculent ①絮凝的②絮凝剂
flock 绒屑，短纤维填料，（唱机转盘上）细密毡垫
flocking ①植绒（工艺）②静电植绒
flockmeter ①纤维流量计②散棉称量器
flogging ①频率高低群变换②打去浇冒口
flood ①洪水，淹没，涨潮②溢出，充满，浸渍③泛光灯
sun ~ 太阳灯
young ~ ①初洪，洪水初期②涨潮初期
flooding 溢流，满溢，注水，淹没，浸水
carrier ~ 载流子充满
counter ~ 灌注扶正浸水
cross ~ 横贯浸水
symmetrical ~ 对称浸水
floodlight ①探照灯，泛光灯②探照灯照明，泛光照明
indirect ~ 无影〔间接〕散光灯
landing ~ 着陆探照灯
flood-lubrication 溢流润滑
floor 底盘，水平，地板，底面，底数楼面，肋板
access ~ 活地板
basement ~ ①地下室②底层
bench ~ 阶段底板，平盘
charging ~ ①装置台，装料台②炉台
deep ~ 加强肋板
dressing ~ 整理车间
erecting ~ ①装配（机器与大型部件用）场地②安装台
false ~ 格栅板，空格底板
feeder ~ 给料台
firing ~ （锅炉房的）操作平台，运转层
flat ~ 平炉底（液态炉）
floating ~ 浮隔地板（隔音室的），浮筑式地板
foundry ~ 造型工地
furnace ~ 炉底
gain ~ 增益下限
heaving ~ 凸起的底板
hogbacked ~ 波浪形底板
hot ~ 平底干燥器
mezzanine ~ （除氧间）多层框架（热电厂主厂房中用于布置附属设备的多层的中间框架）
mill ~ 车间地面
mo(u)ld loft ~ 放样台
mo(u)lding ~ 翻砂车间
oak ~ 橡木地板
pocket ~ 闸底
raised ~ 活地板，高架地板，上升面
rotating ~ 转台
studio ~ 演播室表演区
tapping ~ 浇铸场
test ~ 测试台，试验台
floor-beam 横梁
flooring 地板（材料），室内地面
electronic ~ 电子地板
tongue-and-groove ~ 企口地板
floorsheet 踏板
floor-type 落地式
flop ①全部功能失效②贬调
odd-even flip ~ 奇偶双稳态（电路）
switch ~ 接线器
flopover ①触发器，双稳态多谐振荡器②电视图像上下跳动
floppy 软磁盘
flops 每秒浮点运算次数
floptical 光学软盘
florater 转速计
flospinning 强力旋压，变薄旋压，离心成形（法）
floss （浮于熔化金属表面的）浮渣，絮状物
Flotrol 恒电流充电机
floturn 强力旋压，变薄旋压
floturning 旋压
flour 粉（末），粉状物质，面〔谷〕粉
emery ~ 细金刚砂粉
fossil ~ 硅藻土

silica ~ 石英粉
wood ~ 木屑
flourmill 面粉厂
flourometer 量粉计
floury 粉（状，质）的，铺满粉的
flow ①流量②河流，流，流道，流程③塑变，（金属）变形
~ of metal 金属变形，金属流纹
3D ~ 三维流动
adiabatic ~ 绝热流（动）
after ~ 残余塑性流动（金属的），蠕动
antibaric ~ 反气压射流
arc ~ 电弧偏吹
auxiliary ~ 附加气流，副流
axial ~ 轴（向）流（动），轴对称流
backward ~ 反流，回流
bleed air ~ 抽气量
Brillouin ~ 布里渊流（反散焦磁力线），布里渊通量
bumpy ~ 涡流
bypass ~ 旁通流
cascade ~ 叶栅流动，叶栅气流
chip ~ 切屑流
choking ~ 阻塞流动，闭塞流，极限流量
circulation ~ 环流
circulatory ~ 环流
clean ~ 无旋流动
cocurrent ~ 并〔合，同，平行〕流
cold ~ 冷流，冷塑加工，冷变形
concurrent ~ 平行流
constant specific mass ~ 等质量流率流（动），等密流
continuous ~ (of direct current) 连续流通（直流电流的）
control ~ ①控制屏②控制走向③控制指令④控制流动
data ~ 数据流
decelerating ~ 减速流（动），减速气流
diagram ~ 操作程序图
direction ~ 方向流图
double ~ ①双汽②双排汽
drag ~ 沿压力方向的流动，正〔主〕流
dynamic ~ 流体动力〔传动〕
eddy(ing) ~ 涡〔紊，旋〕流
energy ~ 能流，能通量
enthalpy-controlled ~ （高气压下）无内摩擦流动，受控焓流
erratic ~ 扰动流
extraction throttle ~ （抽汽工况汽轮机的）进汽量
feedwater ~ 给水流量
filamental ~ 线流
filamentous ~ 线流
forward ~ 顺流
free-stream ~ ①无扰动流，自由流②迎面流
free-vortex ~ 自由涡流，等环流
frictionless ~ 理想〔无摩擦〕流动
gas ~ 气流
grain ~ 晶粒流向，晶粒流动，锻造流线
gravity ~ 自流，（靠）重力流动
half-split ~ 半削裂流，半截流
heat ~ 热流，热流量
homomergic ~ 均能流
hydraulic ~ ①湍流②水流③水力流，水压流
hypersonic ~ 超声速流
incident ~ 来流，迎面气流
intermittent ~ (of direct current) 断续流通（直流电流的）
internal ~ 内变形（金属轧断时的）
inviscid ~ 无黏性流，理想流
jet ~ 射流
laminar ~ 层流，片流
lattice ~ 叶栅流动〔绕流〕
line ~ 线路流通量
linear ~ 层流，线流
load ~ 电力潮流
magnetic ~ 磁通，磁流
mass air ~ 空气质量流量
massively separated ~ 大规模分离流
MHD ~ 磁流体流
mixed ~ ①混流式②混合流
non-uniform ~ 变速流，不等速流
oscillating ~ 脉动通量，脉动流量
overtaking ~ 迎面流
packet ~ （通信）分组数据流，（数据）包流
peak ~ 洪峰流量，尖峰流量
permanent ~ 稳（定）流，定常流动
pilot ~ 先导流量，操纵流量
plastic ~ 塑性滑移（晶粒的）
plug ~ 单向（活塞式）流动
Poiseuille ~ 泊肃叶流，层状黏滞流
potential ~ 位流
power ~ 电力潮流，功率潮流，功率通量
process ~ 生产流程
production ~ 生产流程
profile ~ 翼〔叶〕型绕流

pulsating ~ 脉动流
quasi ~ 曲线流动
quasi-viscous ~ 准黏滞性流变
radial ~ 径向流动，辐流，辐射流
refracted ~ 偏流
relative bucket cascade ~ 叶栅相对流
reverse ~ 反向流，逆流，回流
reversed ~ 变向流动，（多次交叉）混合冲刷
rotational ~ 旋〔涡，环〕流
serial ~ 串行流
service data ~ （通信）服务数据流
shocked ~ 激波流，冲波气流
shooting ~ 射流
slip ~ 滑流，滑移〔黏性〕流
small ~ 微量流动
smooth ~ 平滑流，连续流
spiral ~ 涡流，螺线流
stalled leakage ~ 临界泄漏量
stationary ~ 稳定流（动）
steady(-state) ~ 定常流动，稳定〔恒态，定型〕流
stiff ~ 黏滞流动
stream ~ 射流
streamline ~ 平滑绕流，流线型流动，层流
surface ~ 表流，径流
surging ~ 脉动（气）流
swirling ~ 旋流
tee coolant ~ 通过三分管的冷却液流
temporary block ~ （通信）临时块流量
three month ~ 丰水量（水力发电）
throttle ~ （汽轮机）进汽量
through ~ 贯穿流，穿透流，通流量
tip leakage ~ 通过叶顶辐向间隙的漏泄
tooth plastic ~ 齿体塑变
torrential ~ 端〔激，射〕流
total ~ ①总消耗量②总流量
traffic ~ 信号流
transonic ~ 超音速流
turbulent ~ 湍〔紊，涡〕流
turbulent separated ~ 紊流分离流
two phase ~ 两相流
useful ~ 有效流量
variable ~ 变速流
viscous ~ （黏）滞流（动），黏性流
volume ~ 容积流量
vortex ~ 涡流，有旋流
wedge channel ~ 楔形流道
weir ~ 溢流量
work ~ 加工流程

flowability 流动性
powder ~ 粉末流动性
sand ~ 型砂流动性

flowage ①流动状态，流动特性②流动

flowchart 程序框图，操作程序图，（工艺）流程图，流量图
general ~ 综合流图
outline ~ 流程图
process ~ 进程流（程）图
program(me) ~ 程序流图

flowcharting 画流程图

flow-critical 流动临界

flower （pl.）华（化学的），花纹，（铸件的）氧化物色斑，泡沫
~ of sulphur 硫（黄）华
~ of zinc 锌华
carbon ~ 油焦，积炭

flowing ①流动②自喷③持续不断的
even ~ 等传递动力

flow-limiting 限速

flow-line ①流程线②滑移线③箭头④连线

flow-induced 流量诱导

flowmeter 流速计，流量计〔表〕
beam-deflection ultrasonic ~ 波束偏转式超声流量计
bellows ~ 膜盒式〔波纹管〕流量计
bobber ~ 浮子流量计
Coriolis mass ~ 科里奥利质量流量计
correlator type ~ 相关流量计
current-type ~ 速度式流量计
differential pressure ~ 差压式流量计，分压流量计
Doppler ultrasonic ~ 多普勒超声流量计
electromagnetic ~ 电磁流量计
elliptic gear ~ 椭圆齿轮流量计
float-type ~ 浮子式流量计
fluidics ~' 射流流量计
gate-type variable area ~ 闸门式变面积流量计
harrow type ~ 靶式流量计
head ~ 压头式流量计，卡利罗〔负阻抗，负电阻〕管
heat mass ~ 热式质量流量计
impulse type ~ 冲击式流量计
integrating ~ 积分〔累积式〕流量计
laser ~ 激光流量计
magnetic ~ ①磁通计②磁流测量计

magnetic-coupling ~　磁耦合流量计，感应流量计
mass ~　质量流量计
nuclear magnetic resonance ~　核磁共振流量计
orifice(-plate) ~　锐孔〔孔板式〕流量计
Pasil metering open cistern ~　帕歇尔水槽明渠流量计
radiation marker type ~　放射性标记式流量计
reciprocating piston ~　往复活塞式流量计
recording ~　自记〔记录式〕流量计
rectilinear ~　（铸造合金）直线式流动性试验器
revolving ~　涡轮流量计
rotameter ~　转子式流量计
rotary ~　转子式流量计
sonic ~　音响式流量计，声流量计
spire ~　（铸造合金）螺旋式流动性试验器
tapered-tube ~　浮子式流量计
transit time ultrasonic ~　渡越时间超声流量计
turbine ~　涡轮流量计
ultrasonic ~　超声波流量计
ultrasonic Doppler blood ~　超声多普勒血流仪
variable area ~　转子〔可变面积〕流量计
variable-head variable-area ~　变压头变面积流量计，弹簧加载变压头流量计
volumetric ~　容积式流量计
vortex ~　旋涡流量计
water ~　水表，水量计
weir type ~　堰式流量计

flow-off　溢流口
flow-out　外流，流出
flow-ratio　流量
flowrator　转子流量计，（变截面）流量计〔表〕
flow-regulator　流量调节阀
restrictive ~　节流式〔主管路〕流量调节阈
flowsheet　工艺图，（工艺）流程图，操作程序框图
process ~　工艺〔生产〕流程图
flox　液氧
floz　（=fluidounce）液盎司（容量单位，美：1 液盎司 =29.6 mL，英：1 液盎司 =28.4 mL）
flubble　（=floppy bubble）软磁泡
flucticulus　微波（动），波纹
fluctuate　波动，起伏，脉动
fluctuation　①波动，起伏，脉动，升降，涨落，（与原定参数或规范相比较的）偏差②振幅③变态
density ~　密度变化，黑皮变化
mains ~　电源（电压）波动
path velocity ~　路径速度波动
power-supply ~　电源波动
random ~　无规（则）涨落〔起伏〕，随机起伏
short-term ~　瞬间变化
signal ~　信号起伏，信号涨落
square ~　涨落〔起伏〕平方
stress ~　交变应力，应力波动，应力起伏
the velocity ~　速度波动

fluctuations　偏差量
flue　①烟窗，送气〔气体，导气〕管，焰管②炉胆
air ~　气道，风道
boiler ~　锅炉烟道
bridging over ~　架空烟道
collecting ~　总烟道，公用烟道
combustion ~　炉道，烟道
corrugated ~　波形燃烧管
draft ~　排气烟道
expanding ~　弹性火焰管
furnace ~　火管，焰管
heating ~　加热器，热烟道（工业炉）
sole ~　炉底烟道，小烟道
uptake ~　上升烟道
ventilating ~　通风管

fluence　①积分通量②流量，注量（通量密度的时间积分）
fluent　①变量②函数③积分④流利的，流畅的，无阻滞的
fluerics　=fluidics
fluffer　①松砂机，纤维分离机，疏解②打擦机，搅打疏松器，猪油塑化搅拌器
fluffy　①海绵橡胶垫圈②松软的
flugelhorn　号角，弯筒喇叭
fluid　①流体，液体，流质②射流③流体的，不固定的，易变的
agrol ~　酒精汽油掺混燃料（φ（乙醇）78%+φ（汽油）22%）
aircraft ~　航空液压油
anti-freeze ~　防冻液
anti-icing ~　防冻液
automatic transmission ~　（汽车）自动变速器油液
brake ~　（汽车）制动液，刹车油
cutting ~　切削液
cycle ~　（热力装置的）循环工（作介）质

density ~ （固定）密度液
elastic ~ 弹性介质，可压缩流体
electrorheological ~ 电变流体
electron ~ 电子气〔云〕
EMR ~ 电 - 磁变液
engine ~ 发动机防冻液
ER ~ 电流变液
fire-resistant ~ 不燃液，防火液
frictionless ~ ①理想流体，无黏性流体②石油
gas ~ 气体流量记录器
grinding ~ 磨削液
heat conducting ~ （流体）载热剂，载热流体
heat releasing ~ （流体）载热剂，载热流体，
heat transport ~ （流体）载热剂，载热流体
heat-exchange ~ （流体）载热剂，载热流体
heat-transfer ~ （流体）载热剂，载热流体
hydraulic ~ （液压系统）工作液体，液压用液体，液压刹车工作液体
impregnating ~ 防腐液
matching ~ 配〔比〕合液
power ~ 液压传动用工作液体
pressure ~ 受压液体，工作液体（液压传动装置的），液压传动液体
pumping ~ 真空泵液
quench ~ 阻封流体
real ~ 黏性流体
soldering ~ 软焊液剂
top ~ （二元循环的）上级工质
trapped ~ 残液
working ~ 工质，介质
zone ~ 区熔液体
fluidal 流体的，液体的
fluid-bed 流化床，沸腾层
fluid-dynamics 流体动力学
fluid-flow 液体流量
fluid-flowmeter 液体流量计
fluidic ①射流元件②流体的，射流的
fluidics 射流技术，射流学，流体学，流控学
fluidify 液（体）化
fluidimeter 流度计，黏度表
fluidity 流动性，液性，流度
sand ~ 型砂流动性
slag ~ 炉渣流动性
thick ~ 浓液性
fluidization 流体化，流化，沸化
fluidized-bed 流（态）化床，沸腾层
fluidizer 流化装置
fluidmeter =fluidimeter
fluidometer =fluidimeter
fluidounce 液（量）盎司（液体容量单位，美：1 液盎司 =1/16 品脱 =29.6 mL；英：1 液盎司 =1/20 品脱 =28.4 mL）
fluidrive 液压传动
fluidstatic 流体静力学的
fluid-tight 不透水的，液密的
fluke 锚爪，倒钩
flume ①水〔流水，斜，渡〕槽，（反应堆）斜孔道，（环境保护）（便于取样的）人工输液（溜）槽②放水沟，峡沟③股流
fluming 水力输送
fluoborate 氟硼酸盐
fluon 聚四氟乙烯（树脂）
fluophor 发光体，荧光体
fluor ①氟（F）②萤石，氟石
fluorate 氟酸盐，氟化
fluoremetry 荧光测定
fluores 荧光素
fluorescamine 荧光胺（荧光标记试剂）
fluoresce 发荧光
fluorescein(e) 荧光黄，荧光素
fluorescence 荧光性
impact ~ 轰击荧光
radio ~ 辐射荧光
fluorescent 荧光的，有荧光性的
fluorescer 荧光体，荧光增白剂
fluorescope =fluoroscope
fluorescopy =fluoroscopy
fluoride 氟化物
hydrogen ~ 氟化氢，氢氟酸
liquid ~ 液氟
magnetic ~ 磁性氟化物
fluorimeter 氟量计，荧光（光度）计
fluorimetric 荧光测定的
fluorimetry 荧光测定法
fluorinate 氟化，用氟处理
fluorination 氟化（作用，法）
fluorine 氟（F）
fluorite 萤石，氟石
fluorocarbon 碳氟化合物，氟塑料
fluorochrome 荧色物（可使它物发荧光）
fluoroelastomer 氟橡胶
fluorogram 荧光谱图
fluorography 荧光图照相术
fluoroleum 荧光油
fluorolube 氟碳润滑剂
fluorolubricant 氟化碳润滑剂

fluorometer =fluorimeter
fluorometry =fluorimetry
fluorophore 荧光团
fluorophotometer 荧光（光度）计
fluoroplastics 氟塑料
fluoropolymer 含氟聚合物
fluororesin 氟树脂
fluoroscope 荧光镜〔屏〕,荧光缩影仪,透视机,荧光检查器
gamma-ray ~ γ 荧光镜
stereo ~ 立体荧光屏
fluoroscopy ①荧光学②（X- 射线）荧光检查
fluorosensor 氟传感器
laser ~ 激光荧光探测器
fluorothene 聚三氟氯乙烯
fluorspar 萤石，氟石
Fluorubber 氟橡胶
fluosolids 流化层，沸腾层
flush ①流渣，奔流，泛滥②吹气，通气（金属液内通入不溶气体来脱去可溶气体）③清洗，使整平，平接，④平的，埋入的，嵌入的，⑤刷新，清除，对齐
back ~ 逆光清洗
heat ~ 热冲洗
nitrogen ~ 吹氮（处理）
radiator ~ 散热器清洗剂〔洗涤〕剂
weld machined ~ 削平补强的焊缝，被加工成（与母材）平齐的焊缝
flusher 净化器，加机油装置，喷洒装置，冲洗装置
motor ~ 洒水车
street ~ 洗路机
flushing 冲洗
flush-type 埋装式，嵌入式，平装型
flute ①（凹）槽，沟，排屑槽②低功率可调等幅波磁控管③长笛
~ of drill 铣头排屑槽
chip ~ 容屑槽
chip-breaking ~ 断屑沟，断屑槽
ingot ~ （复角）钢锭的凹面
spiral ~ 螺（旋）槽，螺旋沟
straight ~ ①直槽，直沟②直出屑槽
fluted 有槽的，带槽的，有波纹的
fluted-wheel 排种槽轮
fluting ①开槽，切槽②刃磨
flutter ①振动，颤动，电视图像的颤动现象，放音失真，脉动干扰，偶极子天线的摆动，调变度（磁场的）②（pl.）干扰雷达的锡箔
aeroplane ~ 飞机反射干扰信号
carrier ~ 载波颤动
field ~ 场颤，场调变度
power supply ~ 电源电压脉动
scrape ~ 刮带效应
stall ~ 失速振动
time ~ 时间颤动（扫描不稳定性），扫描颤动
transonic ~ 超音速颤振
wow ~ 频率颤动（录音）
fluttering 震动，颤动，脉动，波动
fluviograph 水位计
flux ①（电，磁，热，光，辐射）通量，磁〔电〕通，磁力线②焊剂〔药〕,钎剂,（助）熔剂（处理），稀释剂
~ of lines of force 力线束，磁通量
air-gap ~ 气隙磁通
angular ~ 角流，角通量
asymptotic ~ 渐近通量
baked ~ 陶质（烧结）焊剂
bond ~ （焊药）黏结焊剂〔熔剂〕，结合焊剂〔熔剂〕
brazing ~ 钎剂
burnout heat ~ 破坏性热负载，临界热负载
central reactor ~ ①（反应）堆（中）心通量②堆芯（中子）通量
commutating ~ 换向磁通
core ~ 铁心磁通量
covering ~ ①覆盖熔剂，覆盖层②涂层
degassing ~ 除气熔剂，除气剂
differential leakage ~ 差漏磁通，电枢齿端漏磁通
displacement ~ 位移通量，电通量
distribution curve ~ 配光曲线，光曲线（图）
edge ~ 边缘通量，边缘磁通
electric ~ 电束，电通量，电力线，电焊剂
electrostatic ~ 电位移通量，静电通量
end-connection leakage ~ 绕组端部漏磁通
excitation ~ 励磁通量
exciting ~ 励磁通量
flyback ~ 回扫通量
fringing ~ 边缘通量
fused ~ 熔炼焊剂
gap ~ 气隙通量，气隙磁通
gas ~ 气焊焊剂，气体焊剂
glass ~ 玻璃状焊剂
ground ~ 熔剂粉，粉状熔剂
heat ~ 热流（量），热通量
high ~ ①最大密度流②最大强度流③强力流

highlight ~ 最大光通量
induced ~ 感应通量
integrated ~ 积分通量
interlinkage ~ 链接磁通，交链磁通，磁链
inward ~ 输入通量，进入通量
leakage ~ 漏磁通
light ~ 光通量
luminous ~ 光流，光通量
luminous ~ per watt 发光率，（发）光效能，光视效能（lm/W）
magnetic ~ ①磁性焊剂②磁通，磁通量，磁力线
maximum remanent ~ （磁带）饱和剩磁
momentum ~ 动量通量
mutual ~ ①互感磁通②气隙磁通
oxygen-free ~ 无氧焊剂
net ~ 净通量
peak-to-average ~ 峰均通量比
photon ~ 光子通量
pole ~ 磁极通量
powder(ed) ~ 粉状焊剂
radiant ~ 辐（射）通量
radiation ~ 辐射通量
real ~ 有效通量
recording ~ 记录磁通
rosin ~ 焊剂
saturation ~ 饱和磁通，饱和通量
semi-asphaltic ~ 石油沥青，沥青助熔剂
sintered ~ 烧结焊剂
supplementary ~ 炉前熔剂，炉外熔剂
thermal ~ 热流率，热通量
trapping ~ 陷入磁通
wall heat ~ 壁面热通量
weld(ing) ~ 焊剂，焊药
working ~ 工作（有效）磁通
zonal light ~ 球面带光通量

flux-depression 通量减弱修正
fluxgate 磁（通量闸）门
fluxgraph 磁通仪
fluxibility （助）熔性，熔度
fluxible 可熔的，易熔的
fluxing ①熔渣腐蚀炉衬②稀释，冲淡③渣化，造渣④用熔剂熔化，熔剂处理⑤助熔的
fluxion ①流动物，流动液体②流数（数学上的），微分③流（动），熔，不断变化
fluxmeter 磁通计，通量计，辐射通量测量计，剂量器
magnetic ~ 磁通（量）计

fluxoid 全磁通
fluxon 磁通量子
flux-seconds 通量 - 秒
fly ①飞，航行②导流闸阀③均衡器④（配合）手轮，整速轮，摆轮（表）⑤摇臂轴，(印刷机的）拨纸器⑥纺锭，飞梭⑦风叶
~ at zero 超低空〔在 300 m 高度以下〕飞行
flyback ①倒转，逆行②反馈，回授〔扫，描〕③（回）扫描
field ~ 场逆程
frame ~ 帧回描
horizontal ~ 水平回描，行回扫
image ~ 帧回扫
input ~ 输入端回程
line ~ 行回描〔回扫，逆程〕
output ~ 输出端回程，输出扫描
picture ~ 帧逆程，帧回扫
flyball 飞球
fly-bar （造纸用具）飞刀
fly-by ①（低空）飞越②绕天体飞越
fly-by-wire 遥控自动驾驶仪
fly-cut(ting) 快速切削
flyer ①飞轮，飞行器②手轮③锭翼，锭壳④梯级
fly-in 飞入，切入（数字视频剪辑效果）
flying ①飞行②迅速的③（pl.）毛〔棉〕屑
laser beam ~ 激光束扫描
radio ~ 无线电导航飞行
radio-range ~ （无线电）测距飞机
taxi ~ 滑走飞行
traverse ~ 曲线飞行
flying-off 断裂，裂成碎片
flylead 架空引线
flyover 跨线桥（立体交叉）
fly-past 跨度
fly-speck 黑斑
flyweight 飞摆，飞轮
flywheel 飞轮，惯性轮
fluid ~ 液力离合器，流体飞轮，液力传动飞轮
fluid clutch ~ 液力耦合器
knife ~ 刀盘，刀轮
liquid ~ 液动飞轮
rope pulley ~ 绳索飞轮
sectional ~ 组合飞轮
split-arm ~ 分模面〔中分面〕飞轮
spoke-divided ~ 分模面〔中分面〕飞轮
straight-vaned fluid ~ 直叶水力飞轮

web type ~ 圆盘飞轮（无辐条）
FM 调频
incidental ~ 寄生调频
residual ~ 寄生调频
F-matrix F 矩阵（变换电路）
f-number f 数，光圈数（焦距长与透镜直径之比），相对孔径
coude ~ 折轴焦点
overall ~ 总光圈大小，总孔径焦距比
foam ①起泡，泡沫②海绵状的（物体）
fire ~ 泡沫灭火剂
glass ~ 泡沫玻璃
polyamide ~ 聚酰胺泡沫塑料
silicone rubber ~ 泡沫硅橡胶
syntactic ~ 复合泡沫塑料
volcanic ~ 浮岩〔石〕
foaming 起泡沫（的）
extrusion ~ 挤塑发泡
foamite 泡沫灭火剂，灭火药沫
focal 焦点的，在焦距上的
focalization 焦距调整，对光，聚焦，定焦点
focalize 聚焦，对焦点
focalizer 聚焦装置〔系统，设备〕
foci focus 的复数
focimeter 焦点计，焦距计
foco-collimator 测焦距准直（光）管
focoid 虚圆点
focometer 焦距计〔仪〕
focometry 测焦距术
focus ①焦点②聚焦，定焦点③集中
~ out 散焦
aplanatic ~ ①等光程焦点②齐明点
back ~ 后焦点
betatron ~ 自由振荡波节
conjugate ~ 共轭焦点
corner ~ （隅）角聚焦
deep ~ 深（震）源
follow ~ 跟镜头聚焦
full-range automatic ~ 全程自动对焦
lens ~ 透镜焦点〔聚焦〕
line(ar) ~ 直线聚焦
magnet for ~ 聚焦磁铁
marginal ~ 边缘焦点
negative ~ 假焦点，阴性焦点
object ~ 物方焦点
out ~ 焦点失调，不聚焦
over ~ 过焦（点）
pan ~ ①全焦点②泛焦（远近景同时摄影法）
paraxial ~ 近轴焦点
pinpointed ~ 最佳焦点〔焦距〕
prime ~ 主焦点
principal ~ 主焦点
pulling ~ 电影镜头焦距的改变
real ~ 实焦点
rear ~ 像方焦点，后焦点
retro ~ 焦点后移，负焦距
sagittal ~ 弧矢焦点
secondary ~ 次级焦点，共轭焦点
soft ~ ①软焦点，②软焦照片
split ~ 折中聚焦（对前后排列的两目标的当中聚焦），折中〔分裂〕焦点
tangential ~ 正切焦点
under ~ 欠聚焦，弱焦（点）
virtual ~ 虚焦点
zone ~ 区域调焦
Focused-image 聚焦图像
focuser ①聚焦放大镜②聚焦装置
sound ~ 聚声器
focus-in 聚焦，调焦
focusing 聚焦，调焦，对光
alternating-gradient ~ 交变梯度（磁场）聚焦
automatic ~ 自动聚焦
beam ~ ①电子注〔束〕聚焦②对光
confined ~ 限界聚焦
front-cell ~ 前置透镜聚焦
gas ~ ①气体聚焦，加气聚焦②离子聚焦
high-order 高序聚焦，高次聚焦
isoelectric ~ 等电点聚焦，电泳聚焦，电聚焦
line ~ 行聚焦
manual ~ 手动聚焦
phase ~ 调相聚焦，相位聚焦
point ~ 光聚焦
secondary ~ 后〔二次〕聚焦
sharp ~ 精确聚焦，锐聚焦
sign-alternating ~ 变符聚焦
sign-constant ~ 定符聚焦
slalom ~ 滑雪式聚焦
space-charge ~ 离子聚焦
velocity ~ 按速度聚焦
vernier ~ 微变〔均匀，精确〕聚焦
wedge ~ 楔（形）聚焦，边缘聚焦
focus-mask 聚焦网，聚焦栅（极）
focus-out 散焦
fog ①雾（翳），（影象）模糊，翳影②沫③感光过度，（胶片）走光
aerial ~ （部分胶片因漏光引起的）空中阴翳

chemical ~ ①化学雾②显像蒙翳
edge ~ （图像）边缘翳影，边缘模糊
nonlinear ~ 浓淡雾（效果）
oil ~ 油雾
photographic ~ 灰雾
sky ~ 天雾（照相）
fogbell 图像模糊告警铃（电视）
fogbroom 散雾器
foggant 起雾剂
fogged 蒙翳的，模糊的
fogger 润湿器
fogging ①模糊，变暗（金属）②失去光泽
foghorn 雾中音响信号喇叭，雾号，雾笛
foglamp 雾灯
fogmeter 雾量计
foil ①箔，薄膜，金属薄片②机翼③陪衬
automatic stop ~ 自动刹车〔停机〕带
bare ~ 无屏蔽箔，无覆盖层箔
blank ~ 纯箔
blocking ~ 金属箔
detecting ~ 箔探测器
gold ~ 金箔（厚约 0.10 μm）
intensifying ~ 箔制增光屏
monitor ~ 箔检验器
resonant ~ 共振箔，共振中子箔探测器
stacked ~ 箔束
tearing ~ 防爆膜
foil-borne 翼航
foilcraft 水翼艇
fol =① folio ② follow ③ following
fold ①折叠，合并②劈③关掉，结束④倍⑤门扇⑥皱纹
bending ~ 隆曲褶皱
foldability 可折叠性
foldback 返送（系统），监听（系统）
folder ①断裂试验仪②速缝机③折页机，折弯〔叠，边〕器④折布工，折布机，织物折断强度试验器⑤（平幅）落布架⑥文件夹
bar ~ 折边机〔器〕
folding 折叠〔弯，边，皱〕
fold-over ①重影②叠像，图像折边现象
foliated 层状的，片状的
folio ①对开〔折〕纸②页码
foliot 原始平衡摆（两端挂有可调荷重的水平杆，它与冕状轮擒纵机构配合，用于古代的计时机构中）
folium 叶形线
simple ~ 单叶线
follow ①推杆②跟随，跟踪，随动，追随摄影③仿效
contact ~ 触点随动距离，触点跟踪〔过调，超程〕，接点跟随
follower ①输出器，输出放大器，跟随器，跟踪器，跟踪数字化器②重发器，复制器③随动机构，随动棒④从动轮⑤推杆⑥挤水棒
anode ~ 阳极跟随器（输入输出阻抗小的一种负反馈放大器）
automatic track ~ 自动跟踪装置
cam ~ 凸轮随动〔从动〕件
cathode ~ 阴极输出器
contour ~ 仿形〔靠模〕随动件，仿形装置，仿形头
control-rod ~ 控制棒导向装置
curve ~ 曲线跟随器〔输出机，复制器，阅读器〕
flange ~ 凸缘填料函压盖
flat ~ 随动圆片
gland ~ 凸缘填料函压盖，密封压盖随动件
graph ~ 图形复制器，读图器
in-line ~ 对心从动件
knife-edge ~ 刀形随动件，尖顶从动杆
mushroom ~ （凸轮的）菌形随动片
oscillating ~ 摆动随动件
pile ~ 送桩（机）
piston ~ 随动活塞，活塞随动件
plate ~ 阳极〔屏极〕输出器
radial ~ 对心从动件
ring ~ 组合模型从动圈板
roller ~ 滚轮从动杆，随动滚柱
source ~ 源极跟随器，源输出器
spring ~ 弹性随动件，随动簧
tip ~ 尖顶从动杆
translating ~ 直动从动件
valve ~ 阀推杆
voltage ~ 电压输出器〔跟随器，转发器〕
follower-ring 附〔圆〕环
following ①跟踪目标②跟踪，跟随③后面的，下列的，顺次的
active ~ 主动跟踪
manual ~ 人工跟踪，手控跟踪
follow-on ①改进的方法②下一代的，改进型的
follow-scene 移动摄影
follow-up ①硬反馈，随动〔跟踪〕装置②伺服（系统）③随动，跟踪
rod ~ 跟踪（调节）棒
Fomblin 丰布林牌钟表润滑油

fonctionelle 泛函数
fondant 熔体
fondu （颜色）会混合的
font 活字（打印机用），字型，字体铅字
character ~ 字体式样，字体根
line ~ 线体
optical ~ 光学〔可观式〕字体
optical type ~ 反光式〔可观型〕字体
scalable ~ 可缩放字型
type ~ 字体
variable space ~ 可变字距字体，可变字距字型
Fontographer Fontographer 软件（生成新字或添加字体的软件）
Fontrix Fontrix 软件（用来设计字体和打印图像的软件）
Fontshare Fontshare 软件（网络用软件型字体服务器）
Font-Tools Font-Tools 软件（字体编辑软件）
FontWINDOW FontWINDOW 软件（字体编辑软件）
foolproof ①安全自锁装置②有安全装置的，十分坚固的
foolproofness 安全装置
foolscap 大八开图样
double ~ 对开图样
flat ~ 大八开图样
sheet-and-half ~ 四开图样
sheet-and-third ~ 小四开图样
foolscap-and-half 大四开图样
foolscap-third 四开图样
foot 支点，英尺（1 ft=304.8 mm），底座，最下部，支承基面，位钉，脚（爪）
aft ~ 艉踵
airlift ~ 空气升液管管脚
assay ~ 分析英尺（分析值乘取样地段宽的英尺数）
board ~ 板英尺，木料英尺（1 ft^2 × 1 in 厚 = 929 cm^2 × 2.54 cm 厚）
boiler ~ 锅炉支座
boiler shell ~ 炉筒角座
club ~ 球棒支脚（古典木器或钟架的脚）
cylinder ~ 气缸脚猫爪
elevator ~ 升运器滑脚
fore ~ 艏踵
linear ~ 纵尺
rail ~ 轨底
strainer ~ 滤油器脚座
survey ~ 测量英尺
tapped ~ 位钉管
footage ①尺码，长度（英尺）②面积（平方英尺）
foot-board 踏板
footbridge 人行桥
footer （柯登式）袜脚机
foot-fishing 接轨夹板
foothold 支柱，支架
footing ①基脚，底座，基础②合〔总〕计
cantilever ~ 悬臂基础，伸臂底座
combined ~ 联合柱基〔底座〕
connected ~ 结合底脚
continuous ~ 连续底脚〔基脚，底座〕
control ~ 控制合计（计算机的），控制小计
cross ~ 交叉验算（法）
page ~ 页底总计
spread ~ 扩展基础〔底座〕
footlights 脚光（舞台前缘灯）
foot-note 脚注
foot-plate 脚踏板
footprint 轨迹，足迹，脚印（卫星天线波束射到地面的覆盖区），底面积
foots 渣滓
footshaft 底轴
footstep ①支座②梯级
footstock 顶座，分度头支座，砂轮架，定心座
foot-switch 脚踏开关
foot-treadle 脚踏板
footwalk 走台，过桥
footway ①人行道②梯子间（井筒）
foozle ①废品②制造误差③错误
foraminate(d) 有（小）孔的
forbidden 禁（戒，用）的
combination ~ 禁止组合，禁用结合
forbiddenness 禁戒（性）
force ①力，力量，强度②冲头，凸模，上模③强迫〔制，化〕④加速人工转移（程序），强行置码⑤势⑥部队
~ of gravity 重力
~ on 压套
~ through 冲压
air ~ ①空气动力〔压力，负荷〕②风力③空军
amphibious ~ 登陆部队旗舰
angular ~ 角〔偏〕向力
apparent ~ 惯性力，外力
attractive ~ 引力

axial magnetic centering ~ （转子轴向位移引起的）定转子间的轴向力（电机的）
axial tensile ~ 轴向张力，轴向拉力
back electromotive ~ （燃料电池）背向电动势
bearing ~ 支承力
binding ~ 总合力，内聚力
blank holder ~ 压边力
bonding ~ 黏着力，握裹力
bottom ~ 下〔凹〕模
breakaway ~ 起步阻力
brute ~ 强力
buoyant ~ 浮力，阿基米德力
bursting ~ 爆破力
camber ~ 轮子外倾产生的轴向力
capillary ~ 毛细力
central ~ 矮〔有心，中心〕力
centripetal ~ 驱动〔进给，向心〕力
chord ~ 弦向分力，平行于基准线的力
chordwise ~ ①弦向分力②连系坐标系切向（空气动力分）力，弹体坐标系切向（空气动力分）力
circumferential ~ 切线力，切向力，沿着圆周作用的（切向）力
clamping ~ 合模力
closing ~ 闭合力，断流力（断流阀的）
co-acting ~ ①强制力，促进力②互相作用力
coercive ~ 矫顽（磁）力，强制力
cohesion ~ 内聚力，黏合力
cohesive ~ 内聚力
collapsing ~ 破坏力
component ~ 分力
composite ~ 复合力
concurrent ~ 共点力，汇交力
confining ~ 保持力
conservative ~ 保守力，守恒力
constrained ~ 约束力
constraining ~ 约束力
contact engaging and separating ~ 触点插拔力
contact insertion and withdraw ~ 触点插拔力
contact-separating ~ 接点拉力
coplanar ~ 共面力
cornering ~ ①回转力②侧向反力
Coulomb ~ 库仑力
crack extension ~ 裂纹扩展力
critical ~ 临界力
cross ~ 横向力
crushing ~ 压毁力
cyclic ~ 循环力，周期力
cymomotive ~ 波动势
damping ~ 阻尼力
debunching ~ 分散〔散焦，散束〕力
delta electromotive ~ 三角形联结电动势
(die) locking ~ 合型力
direct electromotive ~ 直流电动势
dispersion ~ 色散力
distributed ~ 分布力
disturbing ~ 扰动〔摄动，干扰〕力
drag ~ （迎面）阻力，制动力
draw-back ~ 恢复力
ejection ~ 弹射力
electric ~ 电力，电场强度
electrode ~ 电极压力
electromotive ~ 电动势
electrophoretic ~ 电泳力，电渗力
elevating ~ 升〔起重，浮〕力
endogenous ~ 内力
engine tractive ~ 发动机牵引力
equivalent ~ 当量力
exciting ~ 激振力
exogenetic ~ 外力
expulsion ~ 斥力，排出力
extraneous ~ 外力
fluctuating ~ 脉动力
focussing ~ 聚焦作用
funicular ~ （索的）张力
generalized ~ 总合成力，广义力
gyroscopic ~ 回转力
harmonic ~ 谐和力
holding ~ 吸持力，矫顽力
horizontal ~ 横向力，水平力
image ~ （镜）像力
in ~ 生效，有效，现行的
induction ~ 感应力
magnetic ~ 磁力，磁场强度
magnetomotive ~ ①磁通势②起磁力
male ~ 模塞，凸模
mass ~ 惯性力
mechanomotive ~ 机动力
MHD ~ 磁流体力
motive ~ 动力，原动力
moving ~ 动力，原动力
needle ~ 针力
nodal ~ 节点力
normal ~ 法向力，正交力
opposing electromotive ~ 反电动势
opposite ~ 对向力

packing ~ 压紧力
percussive ~ 冲力，撞击力
peripheral ~ 圆周力
perturbative ~ 摄动力
photoelectromotive ~ 光电动势
pinch ~ 收缩力
ponder(o)motive ~ 有质动力（电磁场的）
portative ~ 吸力，起重力
psophometric electromotive ~ 噪声电动势
pulling ~ 拉力，牵引力，切削能力（龙门刨床）
radial thrust ~ 切削进给抗力，径向抗力
reacting ~ 反作用力
reactive ~ 反作用力
redundant ~ 多余力
repelling ~ 排斥力
repulsive ~ 推斥力
restraining ~ 约束力
resultant ~ 合力
retarding ~ 减速力，制动力
secondary ~ 二次〔附加，补充〕力
shear(ing) ~ 剪切力，切力
skew fiber ~ 欹斜纤维力
skew shearing ~ 欹斜剪力
skid ~ 溜滑力，滑移力
speeding-up ~ 起动力，加速力
starting ~ 起动力，初始力
stretching ~ 张力，拉力
supporting ~ 支承力
switching ~ 合闸力
tangential ~ 切向力
task ~ 特定任务工作分组，特别工作组
temperature driving ~ 温度势位
tensile ~ 拉力，张力
thermal ~ 热膨胀力
thermal electromotive ~ 温差电动势，热电动势
thrust ~ 轴向力，推力
top ~ 上〔阳〕模
transmutaive ~ 引起变形〔质〕的力
transverse ~ 横向力，剪力
twisting ~ ①圆周力，切向力②扭力
vibromotive ~ 起振力
welding ~ ①电阻焊加压②电极压力
yawing ~ 侧（向）力，偏航力，偏摆力
zero “g” ~ 零值万有引力，零值地心吸力
zero insertion ~ 零插入力
force-all （全）强行置码
force-circulation 压力循环
forced ①增压的②强制的③用力的
forced-air-cooling 强制空气冷却
forced-draft 压力送风，人工通风
forced-feed 压力进给，压力润滑
forced-oil 油浸式的
force-field 力场
force-in 压入
forceload 人工装入
forcemeter 测力计
double-acting ~ 双作用式测力计，双动式测力计
forceps ①镊子，钳子②焊钳
force-pump 压力泵
forcer ①活塞（泵的），小压力泵②起伏模，压印模，冲压凸起花纹用的冲头，压花冲头
hydraulic bolt ~ 液压（强迫联结）螺栓机
forcible 强迫的，强制的，用力的
forcing 加压，压力输送
automatic field ~ 强（迫）励磁，强行励磁
excitation ~ 强（迫）励（磁）
forcipated 钳形的
Ford 福特（美国福特生产车型）
Fordmatic （福特车的）自动变速器（液力变矩器和前进三档后退一档的行星齿轮组合起来，自动地进行变速）
fore-and-after 舱口盖纵梁，纵帆船
fore-blow 预吹，预鼓风，前吹期
fore-body 机身前部，船首，前体
forecast 预测，预报
radio ~ 无线电（波传播情况）预报
short-wave ~ 短波传播情况预报
forecaster 预报员
hail ~ 冰雹预报器
forecastle 艏楼，前甲板
forecooler 预冷器
fore-drag 前部阻力
foregift 定金，押金
foregrinding 预先磨碎，预磨
foreground 前景，前述事项，前台
foregrounding 前台处理过程
forehammer 手用大锤
forehearth 前炉〔床〕
ladle ~ 倾动式前炉
mobile ~ 可移式前炉
preheated ~ 保温前炉
tilting ~ 倾动式前炉，回转式前炉
foreheater 前热器

foreign ①外国的，外来的②不相干的，异样的，杂质的
foreknowledge 预知
foreline 前级真空管线
foreloader 前悬挂式装载机
forelock 开口销，扁销，栓，楔，键
foreman 技术员，领班，工长
shop ~ 车间工长
forepeak 艏尖舱
foreplane 粗刨
foreplate 前板，轧机下轧辊导卫板
forepole 超前支架，前探梁
forepoling 超前支架
forepressure 预抽压力，前级真空，前置压强
forepump 前置泵，预抽（真）空泵
forepumping 前级抽气，预抽
forereach 超过
forerunner ①预兆②预报者③（pl.）前震
forescatter(ing) 前向散射
foreshadow(ing) 预测，预兆
fore-shock 前震
foreshorten 按透视法缩短（绘画中）
foreshortening 透视收缩
foresight 瞄准器，准星
forestage 前级的
forestall 垄断，预防
forestay 前拉杆，前拉索
forethought 预先计划的
forevacuum 预真空，前级真空
forewarmer 预热器
forewarn 预先警告
foreword 序〔引，前〕言
foreworn 磨损
forge ①锻炉，熔铁炉②锻造车间，锻造厂③锻造
~ out 锻伸，拔长
cold ~ 冷锻
drop ~ 落（锤模）锻，模锻
rough ~ 粗锻
spring ~ 弹簧锻造车间
Forge Forge 软件（一种计算机程序设计辅助软件）
forgeability 可锻性
forgeable 可锻的
forged 锻成的，锻造的
forge-out 锻伸
forger 锻工
forgetive 有创造性的
forging 锻造（的），锻件，模锻
automatic-controlled tree ~ 自动控制自由锻造
beta ~ β 锻造（较高温度时 β 相区锻造）
blocker-type ~ ①胎模锻，雏形锻模式锻造②粗锻件
closed die ~ 模型锻造，闭模锻造
close-finish ~ 精密锻造
close-to-finish ~ 小余量锻件，精密锻件〔造〕
close-tolerance ~ 紧公差锻造，精密锻造
contour ~ 模锻，模压
contoured ring ~ ①具有特定断面形状的环形锻件②成形碾扩
cored ~ 多向模锻
core ~ 空心件模锻
die ~ ①模锻件②型〔落，压，模〕锻
drop ~ 模锻
electric upset ~ 电热镦
finish ~ 精锻
finishing roll ~ 成形辊锻
flat-die ~ 自由锻造
hammer ~ ①锤锻，自由锻造②锤〔锻造〕锻件
hand ~ ①手锻②手制锻件
hollow ~ ①空锻，②冲孔③（顶管机轧制用的）毛〔荒〕管
hot ~ 热（模）锻
impact ~ ①模锻②冲压
impression die ~ 开式〔有飞边〕模锻
isothermal ~ 等温锻锻造
JTS ~ 中心压实法，表面降温锻造法
liquid (metal) ~ 模压铸造
loose tooling ~ 胎模锻
low-profile ~ 型面高度不大的锻件
machine ~ 平锻
mandrel ~ 芯棒拔长
manipulator for ~ 锻造操作机
monobloc ~ 整锻
multiple impression ~ 多型槽模锻
multi-ram ~ 多向模锻
net-size ~ 精密锻件
no-draft ~ 挤压模锻
open(-die) ~ 开式模锻造，自由锻，无型锻造
powder ~ 粉末锻造
precision ~ 精密锻造
press ~ 压锻
pressure ~ 热模压，热模锻

quality ~ 优质锻件
radial ~ 径向锻造
ring ~ 环形件锻造
roll ~ 辊锻
roll(ed) ~ 滚锻
rotary ~ 摆动模锻，摆动辗压
rotary swaging ~ 旋转锻造
RR ~ RR 锻造（曲轴镦锻法，形成曲拐）
saddle ~ 马鞍形扩孔锻造
sequential control for press ~ 液压机锻造过程的顺序控制
sinter ~ 粉末冶金锻造，烧结锻造（法）
smith ~ ①自由锻造②锻件（无模锻造的）
solid ~ 实锻，整体锻造
spin ~ 强力旋压
stamp ~ 模〔压，落〕锻
steel ~ 钢锻品，锻钢
superplastic ~ 超塑性模锻
TR ~ TR 锻造（曲轴镦锻法）
trap die ~ 闭式模锻
U-bend ~ 金属组织纤维的方向与锻模面成垂直的锻件
unjacketed ~ 无包套锻造（粉末冶金）
upend ~ ①冲挤锻造②镦粗成形模锻
upset ~ 顶锻（镦粗）
warm ~ 温（壳）锻（压），降温锻造法
α+β ~ 在 α+β 相区加热和进行的锻造

forgings 锻件

fork ①音叉②插销头③拨叉④叉形接头
air ~ 气动拨叉
belt ~ 移带叉
clock ~ 钟叉，钟擒纵叉
closed belt ~ 合带叉
extractor ~ 带卷推出机
gear shift ~ 齿轮拨叉
girder ~ 梁叉，桁架叉（自行车或三轮车前轮叉）
grapple ~ 抓钩叉子
gripper ~ 叉形抓爪
guide ~ 导叉
lever ~ 擒纵叉
maintained tuning ~ 音叉振荡器
manual selector ~ 手控拨叉
nipping ~ 鸡心夹头
oleo ~ 液压缓冲叉
oven ~ 炉叉，火钩
pulley ~ 滑轮轭
raising ~ 举杆叉
screw ~ 叉头螺钉
sheave ~ 绞缆轮叉，滑轮轭
shift(er) ~ （齿轮）换挡叉，拨叉
side shift ~ 铲齿左右移动的铲车
stay ~ 支撑叉
strap ~ 传送带移动器
striker ~ 操作〔纵〕叉
stripping ~ 脱模器械
suspension ~ 悬架
swinging ~ （摩托车后轮的）摆动叉，可动叉
telescopic front ~ 筒式前轮叉子
transmission ~ 变速叉，拨叉
tuning ~ 音叉
tyre ~ 装轮胎叉

forked 叉形的

forklift 铲车，叉式万能装卸〔升降〕车
swing ~ 摆动叉式起重车

for-loop 循环（语句）(ALGOL 用）

form ①形式，形状，形态，样式，型，齐式，方式②表格，格式纸③模底板，模样，模塑，模铸④形成，构成，成形⑤组织，建立
auto ~ 铸锻成形（法）
box ~ 砂型
buttock flow ~ 纵流型艏
cable ~ 电缆模板，电缆布线板
canonical ~ 典（范）式，正则形式，典型形式
casting ~ 铸模
center ~ 中模，内模
cis ~ 顺式
coil ~ 线圈架〔管，型〕
complement ~ 补码形式
compound quadratic ~ 复合二次（齐）式
congruent ~ 左右相反形
corrected ~ 正体字
current sentential ~ 当前句型
data ~ 资料记录表
deep tooth ~ 长齿高制
diamond ~ 金刚石成形修整器
digit wave ~ （数）位波形
disjunction ~ "或"形式
dovetail ~ 楔形，燕尾形
expanded ~ 展开式
extential ~ 广义型，扩展型
external ~ 模套，外形
flow ~ ①流（动形）态②旋（转挤）压
formabilitycollapsible ~ 活动模板

funnel ~ 漏斗状
gang ~ 成套模板
gear ~ 齿形
herringbone ~ 人字形（电视）
hydrodynamic ~ ①流线型②良流线体③流体流过的物体
idealized ~ 理想化形式
image ~ 图像幅面
indefinite ~ 不定型，不定形式
inductor ~ 线圈架，线圈管
infix ~ 中缀形式，插入形式
integer ~ 整型形式
intermediate ~ 中间形式，中间过渡值
loader-compatible ~ 适于装入程序的形式
locking thread ~ 防松螺纹样式
male building ~ 凸模，上半模
master ~ 靠模，仿型模
merohedral ~ 缺面形
mo(u)ld ~ 模〔型〕腔
moving ~ 活动模槽
normal ~ 规格化形式，正常形式
normalized ~ 标准公式
operational ~ 运算形式
optically active ~ 旋光体
order ~ 订货单
outward ~ 外表〔形，貌〕
pinfeed ~ 针孔传输形式
pole ~ 磁极形状
porcelain ~ 陶瓷管
portable ~ 活动模板
procedural ~ 程序图
product ~ of inverse 逆乘积形式
pulse ~ 脉冲波形
quarternary ~ 四元形〔齐〕式
rational ~ 有理（齐）式
screw-thread ~ 螺纹牙形
sectorial ~ 扇形
service ~ 适用形式（零件的）
shaped ~ 曲线形
skeleton ~ 线圈架
sliding ~ 滑动模壳
slit ~ 窄带卷
stamping ~ 捣实模板
standard ~ 标准型
steamline ~ 流线型
steel-ply ~ 折叠式钢模板
stock ~ 卷纸（计算机打印装置中专门用的）
telegraph ~ 电报表格纸，电报用纸
thread ~ 牙形
time history ~ 时间关系式，时间函数
true ~ 原码形式
V-(O) gearing tooth ~ （零）变位齿形
water flat ~ 水上平台
wax ~ 蜡模样
Whitworth ~ 惠氏螺纹牙形

formability 可模锻性，可成形性
cold ~ 冷成形性

formal ①形式上的，外表的②正式的，合法的

formaldehyde 甲醛

formale 聚乙烯

formalin ①甲醛水溶液，福尔马林②特〔示〕性周波带

formalism 形式论
classical ~ 经典形式〔体系〕

formality 形式性

formalization ①形式化②缩醛（作用）

formalize 使（成为）定型，形式化

formant ①主要单元②构形成分（机器翻译用）③共振峰，共振语频

format ①（存储器中信息的安排）形式，格式，程式②幅度，大小，尺寸
address ~ 地址形式
BNPF ~ BNPF 格式（采用 BNPF 四个字符编码的格式）
Boolean ~ 布尔格式
character ~ 字符格式
coded ~ 编码格式
compressed ~ 压缩格式（数据存储的）
continuous servo ~ 连续伺服方式
file ~ 文件格式
fix(ed) block ~ 固定（长度）程序段安排形式
fixed field ~ 固定段格式（程序的）
free-field ~ 自由段格式（程序的）
graphics interchange ~ 图形交换格式
horizontal ~ 横向格式
I/O ~ 输入输出格式
magnetic code ~ 磁（性）代码格式
memory byte ~ 存储字节格式
message ~ 报文格式
nonreentrant ~ 非重入结构形式，非凹腔结构形式
NRZI ~ 不归零制
order ~ 指令安排形式
picture ~ 帧型，帧面形式（指大小和宽高比）
plex ~ 丛格式
tab sequential ~ 分隔符顺序格式

tableau ~ 表格结构，表的格式
track ~ 信息道格式，磁道格式
transport ~ （通信）传输格式
variable length logical ~ 可变长度逻辑格式
word ~ 字格式
zoned ~ 划分形式，分区形式，分段〔区位〕格式
zoned decimal number ~ 区域式十进数格式

formater 编制器

formation ①结构，系统，排列，连接②形成，产生，设立，成形
analogue ~ 制作模样〔型〕
arch ~ 拱桥构造，架桥现象
chemical ~ 化学被膜生成处理
cluster ~ 簇状构造，成团现象
conductor glaze ~ 导线结冰，导线雨凇
conductor sleet ~ 导线结冰
core ~ 成核，芯部结构
crater ~ 月牙洼形成
freckle ~ 生成斑点，（液体）通道偏析（铸件定向凝固时）
grid ~ 铁骨构架〔网格〕配置设计（法）
hard ~ 硬层
image ~ 成像
indirect colo(u)r ~ 间接彩色形成法
nucleus ~ （晶）核生成（作用）
pair ~ 电子空穴对的形成
pipe ~ 成管（现象）
ripple ~ 波纹形成
rust ~ 生锈现象，锈蚀形成
scale ~ 结成锅垢
shock wave ~ 激波系，激波形成
slag ~ （制）造（矿）渣，渣化
stringer ~ 纤维状形成

formative 形成的，造型的

formatter ①格式标识符，格式程序②格式器
output ~ 输出格式程序

formatting 格式化
document ~ 文档格式化处理

formazyl 苯基

form-cutter 成形工具，成形铣刀

form-cutting 成形切削

form-drag 翼型阻力，型阻

forme 印版

formed 成形的，成形加工

former ①样板，量规②模样，模子，靠模③成形刀，样板刀，成形设备，成形轧辊④线圈架
bead ~ 钢丝圈卷成机
bolt ~ 螺栓镦锻机
bottom ~ 纱管底部成形装置
bubble ~ 汽化中心
burst ~ 色同步形成器
carbide ~ 碳化物形成元素
chip ~ 卷屑器
coil ~ 线圈架，线圈管
cold ~ 冷锻机
cowl ~ 整流罩框架
edge ~ 卷边机
film ~ 成膜剂
hot ~ 热成形机
lap ~ 成卷装置
nut ~ 螺母锻压机
pulse ~ ①脉冲形成电路②整形器
ramp ~ 斜坡形成器
saw (tooth) ~ 锯齿波形成器
slide ~ 靠模板，滑动样板刀架（自动车床的）
spinning ~ 旋压成形机
Stevens ~ 斯蒂文思真空圆网纸机
stretch ~ 延伸压力机
water-cooled ~ 水冷定形模
web ~ 成网机
winding ~ 绕线模〔架〕
wood ~ 木模样

Formex 录音磁带〔钢丝〕
quadruple ~ 四轨录音磁带

form-feed 换页

FormGen FormGen 软件（一种商用制表软件）

formgrader 模槽机

formica ①配制绝缘材料②（涂有三聚酰胺类树脂的）塑料筛面板（商品名）③热塑性塑料（商品名）

forming ①成形，变形，模锻，精压，压印②电赋能，冶成（半导体器件的）③编成
age ~ 时效成形
brake ~ 板料折弯压力机上成形
bulk ~ 体积成形
cable ~ 成端电缆，电缆分编
cloud burst treatment ~ 喷丸成形
cold roll ~ 冷滚成形法
contour ~ 靠模成形
creep ~ 蠕变成形
creep age ~ 时效成形
cryogenic ~ 冷冻成形加工
die ~ 模锻，型锻
discrete die ~ 多点成形

drape ~ 区域成形
electric(al) ~ 电冶成形〔赋能〕
electrochemical ~ 电解成形
electro-hydraulic ~ 水中放电成形（法），电动水压成形（法）
electrohydraulic ~ 电液成形
electromagnetic ~ （塑性加工）电磁成形
explosion ~ 爆炸成形
explosive ~ 爆炸成形
external pressure ~ 外压成形
extrusion ~ 挤〔加〕压成形
film ~ （生）成（薄）膜
fine grain superplastic ~ 细晶超塑性成形
flexible die ~ 软模成形
flow ~ 旋压，流动形态
high energy rate ~ 高能成形
high strain rate ~ 高能率成形
high-energy-rate ~ 高速高能成形
hot ~ 热压成形〔冲压〕
hot metal gas ~ 热态金属气压成形
hydraulic ~ 液压成形
hydromatic ~ 直接液压式板料成形法
injection ~ 注射成形
internal high pressure ~ 内高压成形
inversion layer ~ 反型层成形
laser ~ 激光成形
laser assisted ~ 激光辅助成形（对材料局部照射激光）
laser cladding ~ 激光熔覆成形
laser direct ~ 激光直接成形
laser peening ~ 激光喷丸成形（也称激光冲击成形）
laser shock ~ 激光冲击成形
laser solid ~ 激光立体成形
lock ~ 压舌连接
magnetic ~ 磁力成形，电磁成形
magnetic pulse ~ 磁力成形，磁脉冲成形
multipoint ~ 多点成形
multipoint sandwich ~ （塑性加工）多点三明治成形
near net shape ~ 近净成形
one-shot ~ 一次形成，一次冶成
phase transition superplastic ~ 相变超塑性成形
pneumatic ~ 气压成形
post ~ 热后成形，二次成形，（冲压加工后薄板）后续成形
power roll ~ 强力旋压，变薄旋压
press ~ 压制成形，挤压成形，冲压
prestress ~ 预模压加热蠕变成形
prestress peen ~ 预应力喷丸成形
progressive ~ 步进成形，级进成形
quick plastic ~ 快速塑性成形
radial-draw ~ 径向拉伸成形（拉伸成形的一种，是拉伸卷缠成形和压缩成形的组合）
reconfigurable die ~ 可重构模具成形
roll ~ 回转锻造，成形轧制，滚轧成形，辊锻成形，轧锻
rubber pad ~ 橡皮凹模成形
rubber-diaphragm ~ 液压－橡皮囊成形
sheet ~ 板料成形
single point incremental ~ 单点增量成形
spiral ~ 螺旋状绕管成形
stretch ~ 拉形
stretch draw ~ 张拉成形
stretcher ~ 拉伸成形法
super sonic ~ 超声成形
superplastic ~ 超塑性成形
superplastic ~ 超塑成形
thermal ~ 热赋能（硒整流器制造过程中，为提高稳定性而进行的活化热处理）
transfer ~ 传递模型法，连续自动送进成形
ultrasonic ~ 超声成形
vacuum ~ 真空成形
viscous pressure ~ 黏性介质压力成形
wiper ~ 回转弯曲成形，压住一端的弯曲，绕弯
wrap ~ 卷缠成形，包弯

Formite 佛麦特钨铬钢（w（W）13.5%，w（Cr）3.75%）

formpiston 凸模，模塞

Formtool Formtool 软件（一种能创建任意大小表格的软件包）

formula ①公式，式②分子式，结构式③配方
binomial ~ 二项式定理〔展开式，公式〕
Campbell's ~ 坎贝尔方程式（输电线计算有效衰减用）
charging ~ 填充公式
column ~ 压柱公式
constitutional ~ 结构式（化）
difference ~ 差分公式
dimensional ~ 量纲式
duplication ~ 倍角〔倍量，加倍〕公式
dyadic ~ ①二元公式②双向公式
empiric(al) ~ 经验公式

explicit difference ~　显式差分公式
extrapolation ~　外推公式
forward ~　前向差分式
Gauss ~　高斯公式
Gauss quadrature ~　高斯求积公式
guidance ~　波导公式
Herschel ~　赫谢尔公式（计算流速的水力学公式）
inversion ~　反演〔转〕公式
modifier ~　修正公式
molecular ~　分子式
operational ~　运算公式
polarity ~　电子式，极性式
power ~　乘方公式
predictor ~　预测公式
quadrature ~　求积公式
rating ~　功率计算公式
rational ~　有理化公式，有理式，示构〔性〕式
recurrence ~　递归〔循环〕公式
recurrent ~　递归〔循环〕公式
recursion ~　递推〔循环〕公式
reduction ~　换算公式
repeated midpoint ~　合成的中矩形公式，中矩形法则
retardation ~　制动公式
smoothing ~　修匀公式
starter ~　初始值公式
statutory ~　法定公式
structural ~　结构式
sum(mation) ~　求和公式

formulary　①公式汇编，配方②公式的，规定的
formulas　参数表
formulate　①公式化，列出方程②按配方制造
formulation　①配方，组成，成分②公式化，列方程式③系统阐述
Formwarn　Formwarn 软件（一种程序设计静态分析软件）
formwork　样板，量规，模板，支模，模壳
bottom ~　底模
sliding ~　滑动模板

forsterite　镁橄榄石（Mg_2SiO_4）
Fortal　佛达尔铝合金（w（Al）94.3%，w（Cu）4%，w（Mg）0.5%，w（Mn）0.5%，w（Si）0.7%）
fortifier　增强剂
fortis　硝酸
aqua ~　浓硝酸

fortissimo　〈意〉用最强音的
Fortran　公式翻译程序（语言），公式转换器，公式译码器
FORTRAN　=Fortran
ASA ~　美国标准协会 FORTRAN 语言
bastard ~　变形的 FORTRAN

Fortransit　公式翻译程序
fortuity　偶然性，偶然事件
forty-five/forty-five　45/45 系统，韦斯曲克斯系统
forum　论坛，讲座，讨论会
band ~　标牌论坛
chat ~　闲谈论坛
topical ~　主题论坛

forvacuum　预真空，前置真空
forward　①向前（的），前向的，正向的，顺向的，前进的②促进，助长③转交，转寄，递送④期货的
roll ~　前卷
storage and ~　存储转发

forward-bias　正向偏压，正向偏置
forwarder　①传送装置②输送器③自装集材机，短材集材机
forward-extrude　正向压挤
forwarding　转发
forward-mounted　前部安装的
forward-swept　前掠
fotoceram　光敏玻璃陶瓷
fotodiode　光电二极管
fotomat　字盘行（照相排字机的）
Fotomatic　福托马特照相排字机
Fotosetter　自动照相排字机（商品名），福托赛特照相排字机，键盘式薄膜打印机
fougasse　定向地雷
foul　①污垢②使沾污③脏的
foulard　①轧液〔轧染，打底〕机②薄软绸
fouling　①故障②错误动作③仪表不正确指示④堵塞
~ of heating surface　受热面的积灰，结渣
metal ~　炮管碎片
spark plug ~　火花塞积炭

foul(-)up　壅塞（管道等），混乱，故障
found　①铸造，翻砂②熔造③建立，创造
foundation　①底座，地基，基础②基金会，财团③根据，根本④创立，建立，创办⑤吹气装置
floating ~　浮（筏）基（础）
mass-type ~　整体基础
spread ~　扩展基础〔底座〕

founder ①铸（造，字）工，翻砂工②创立者，创始人③缔造，奠基
foundery =foundry
founding 铸造，铸件
steel ~ 铸钢
foundry ①铸造（厂，车间），翻砂（厂，车间）②铸件
commercial ~ 铸造厂
steel ~ 铸钢厂〔车间〕
fount ①小河，泉②光源
fountain ①喷水器②中铸管（商品名）
air ~ 喷气嘴，喷气器，气泉
four ①四，四个②四个为一单元，四个一组
spiral ~ 四心扭绞，简单星绞
four-address 四地址（的）
four-axle 四轴
four-center 四圆心
four-cornered 方形的，有四个角落的
four-coupled 有两对轮子的
four-current ①四维矢量②四元电流
four-cycle 四冲程的
four-dimensional 四维的
fourdrinier 长网造纸机
Four-in-line 四缸直列
four-limbed ①四芯柱②四插脚的，四铁心的
four-phase 四相（的）
four-point 四探针
four-pole ①四端网络②四极（的），四极场的
four-range 四量程的
four-space 四维空间（三维空间加时间）
four-start 四通的
four-throw 四曲柄
four-way 四通的
four-wire 四线的
fox 飞机导航雷达
FoxBASE FoxBASE 数据库管理软件
FoxPro FoxPro 数据库管理系统
foxtail 销栓，钉楔
Foxtrot 通信中用以代表字母 f 的词
fractional ①分数的，小数的，相对的②（蒸馏的）分馏的，分级的③部分的，组分的
fractional-octave 分倍频程
fractal 分数维几何，分型图
fractals 分形，分维
fractile 分位数（值）
fraction ①分数，小数②百分率③折射④馏分，分馏物，部分⑤碎片，细粒，碎屑
~ in lowest terms 最简分式
brake specific soluble organic ~ （汽车）制动功率比可溶有机物排放率
burn-up ~ 燃烧份额（反应堆的），燃耗比
common ~ 简〔普通〕分数
complex ~ 繁分数
continued ~ 连分数
conversion ~ ①变〔转〕换部分②转换系数
decimal ~ 小数，十进小数
distillation ~ （蒸馏）馏分
feed ~ 给料粒度级
fracitonaldielectric dissipation ~ 介电损耗率
high-boiling ~ 高沸点〔高温沸腾〕部分
improper ~ 假分数，可约分数
irreducible ~ 既约分数
light ~ 轻馏分
lumen ~ 相对光通量
mesh ~ 筛分粒度级
mole ~ 摩尔数
non-terminating ~ 无尽小数
packing ~ ①敛集率②紧束分数
partial ~ 部分分数〔式〕
periodic(al) ~ 循环小数
proper ~ 真分数
sampling ~ 抽样比
sieve ~ 筛分粒度级
subsieve ~ 亚筛粉末
tail ~ 残余馏分，尾馏分
void ~ ①孔隙度，空隙度②截面含汽量，真空容积含汽量
wetness ~ 含湿量，湿度
fractionary =fractional
fractionate 把分成几部分，分馏
fractionation ①实验的部分化，分馏，精馏②分级
column ~ 柱上分级
electrolytic ~ 电解分离
fractionator 分馏器〔塔，柱〕，气体分离装置
gel ~ 凝胶分段分离器
fractograph 断口组织，断口金相图，断口金相照片
fractography 断口显微分析，断口金相学，断谱学，破面检查术
fractometer 色层分离仪
vapo(u)r ~ 气相分离计（气相色谱仪旧称）
fracture ①断裂，裂纹②断口，断裂面
~ of element （增强）要素的断裂，（增强）元素的断裂
~ of facet 粗晶断口，棱面断口

~ of roll 轧辊表面的裂缝，轧辊的掉角
angular ~ 斜面断口
bright ~ 亮晶断口（出现珠光体）
brittle ~ 脆性断裂
cleavage ~ 可裂性破坏，碎裂，解理断裂
coar segrained ~ 粗晶断口
conchoidal ~ 贝壳状断口
conjugate ~ 彼此连接的裂缝
creep ~ 蠕变断裂
crystalline ~ 结晶（状）断口，结晶断面，晶体断裂
cup ~ 杯状断口
cup-and-cone ~ 杯形凹凸断口（塑性金属拉力试验时的断口情况），锥碗断口
cup-cone ~ 杯锥（形）断口
dimple ~ 韧窝断裂
ductile ~ 延性断裂
even ~ 细粒状断面，平断口
fatigue ~ 疲劳断裂
field ~ 粗粒断口
fiery ~ 粗粒断口
grain ~ 穿晶断口
granular ~ 粒状断口，粒状破裂，粗粒断口
intracrystalline ~ 晶（粒）内断裂
kidney-shaped ~ 肾状断口
mat ~ 无光泽断口
melt ~ 熔体破裂
non-ductile ~ 无延性破断
non-plastic ~ 脆性破裂
pepper and salt ~ ①椒盐色断口（黑白点子混合而呈灰色的断口）②局部珠光体化断口
picture frame ~ 框状断口，白圈（可锻铸铁退火缺陷）
pull-out type ~ 剥落破坏
quasi-cleavage ~ 准解理断口
rosette ~ 星〔菊花，蔷薇〕状断口
shear ~ 剪切裂隙，剪切断口，斜面断口，剪切断裂
silky ~ 丝状断口，丝状断裂面
smooth ~ 细〔晶〕粒断裂
splintery ~ 粗糙断面
tear ~ 撕断，撕裂
tension ~ ①拉裂，拉断②伸长破裂
vitreous ~ 似玻璃状断口
wedge-type ~ 楔形（晶间）断裂
woody ~ 木纹状断口

fracturing 分区

fragile 脆性的，易碎的

fragility 脆性，（易）碎性，（易）裂性

fragment ①（裂变）碎片，毛边，毛刺②段落，片段，分段③存储区未用满部分
activation ~ 激励段
recoil ~ （反冲）碎片

fragmental =fragmentary

fragmentary 碎〔断〕片的，碎块的，不（完）全的

fragmentation ①碎裂，破裂，爆炸（原子核），晶粒碎化②存储残片，存储区未用满部分，分段存储（程序的）

fragmenting 分割

fragmentography 碎片谱法

frail 脆的，不坚固的

fraise 铣刀，铰刀，扩孔钻
arbor-type ~ 心轴型铣刀〔铰刀，扩孔钻〕
center ~ 中心孔铣刀
circum(ference) ~ 圆周刃铣刀
end mill ~ 立铣刀，端铣刀
hollow ~ 筒形外圆〔空心，套料〕铣刀
ingold ~ 整形铣刀（钟表齿轮），英格德轮齿铣刀
inserted ~ 镶齿铣刀
shank-type ~ 带柄铣刀
shell ~ 套式铣刀

fraising 铰孔，切环槽

frame ①机构，机架，轻纱机，机座，外壳，机壳，（汽车）大梁，壳体，肋骨②架，框〔骨，构，车〕架③结构④机身，弹体，破碎机的固定锥，固定淘汰盘⑤（电视）帧，画面，镜头，景，排（磁带横向上的一 排磁化点）⑥制订，发展⑦万维网页面分栏
~ buff 图框缓冲器
~ controller 图框控制器
~ in 进入屏幕，画入
~ of axes 坐标系
~ of reference ①读数系统②参考系
~ out 离开屏幕，画出（电视）
~ recording 图框记录器
advance ~ 超前帧
after ~ 后架，后框，补架
audio ~ 声音帧
automatic twisting ~ 自动搓丝机
automobile ~ 汽车车架
backbone ~ 脊梁架
banjo ~ （放样）曲线规
base ~ 底座，底架，底台，基帧
batt ~ 成卷机

bearer ~ 支架
bit ~ 钻头体
body ~ ①车底架（车辆）②机体架
body over ~ 有车架车身，车架上车身
bogie ~ 转向构架
bow ~ 集电弓支架（电车的）
braced ~ ①刚性构架②联结架
breaker drawing ~ 头道并条机
C ~ 单柱式机身，C 形机架
can roving ~ 头道粗纺机
can spinning ~ 条筒精纺机
cant ~ 斜肋骨
cap spinning ~ 帽锭精纺机
Carl Hammel system bobbin ~ 卡尔·哈梅尔筒管式纺丝机
carrier ~ 托架，（汽车）底盘框架
catch ~ 挡泥板
center girder ~ 脊椎式车架
center tube ~ 管脊式车架
central ~ 中梁式车架
chassis ~ 底盘车架，起落架
circular drawing ~ 圆形导轨式并条机
clamp(ing) ~ 夹架，夹钳
cliche ~ 组合模板框，镶嵌（式模板）框
closed ~ 框式车架
colo(u)r ~ 色帧
combined main and intermediate distributing ~ 联合配线盘
complex ~ 复框架
compressor rear ~ 压气机后框架
connector ~ 接插件框架
consecutive ~ 相邻帧
controlled draft drawing ~ 单程并条机（用条卷喂入）
core ~ 型芯框架（做大芯时代替芯盒）
core bedding ~ 型芯头，型芯座
core spinning ~ 包芯纺纱机
Cottons patent ~ 收放针针织机，柯登（式平）机
counting ~ 算盘
cradle ~ ①定子移动框架，摇篮活动框架②炮架型车架
cram ~ 夹持器，弓形夹，台虎钳，螺钉夹钳
cramp ~ 弓形夹
cushion ~ 弹性座位架
cut-out ~ （末）端（具有）凹口（的）测微规（用于不能用测微计量度处）
deal ~ 往复式排锯
digital distribution ~ 数字分配架
double jack ~ 四道粗纱机
double-reeling ~ 双面摇纱机
double-twisting ~ 倍捻捻线机
doubling ~ 并线机，对折卷布机
draw ~ ①（麻织）并条机②起模框架
drawing ~ 并条机
drawing-in ~ 穿经架
drawing-out ~ 拉模板
dry ring spinning ~ 亚麻干纺环锭细纱机
end shift ~ 可沿轴向抽出的机座
evener drawing ~ 自调匀整并条机
exponent ~ 阶框架
fiber distribution ~ 光纤分配架
field ~ 磁极框架
filler ~ （造型用）填充框
filling ~ ①（造型时的）填充框②直接纬纱细纱机
film ~ 胶卷（上的一帧）画面
finder ~ 框形取景器
fine ~ 三道粗纱机
(fine) jack ~ 四道粗纱机
fine roving ~ 四道粗纱机
fire-proof ~ 防爆机座
first drawing ~ 头道并条机
first roving ~ 始纺机
flax roving ~ 亚麻粗纱机
flax wet ring spinning ~ 亚麻湿纺环锭细纱机
flip-top printing ~ 可翻转的双面晒版机
floor ~ 地轴架
fly(er) ~ 粗纱机
flyer doffing spinning ~ 半自动落纱翼锭细纱机
flyer roving ~ 翼锭粗纱机
flyer spinning ~ 翼锭细纱机
flyer winding ~ 翼锭络筒机
flying needle ~ （=FNF）管针经编机
freeze ~ 停帧，停格，冻结帧
French circular ~ 吊机
French printing ~ 暗盒〔法国〕式印片框
fret-saw ~ 钢丝锯条
frozen ~ 凝镜
full ~ 全帧，满帧
gap ~ C 形框架
gassing ~ 烧毛机
gear ~ 传动架

gill drawing ~ 针梳条机
grate ~ 炉床架
guide ~ 导承框〔架〕，丝架
hand ~ 担架，抬斗
hanger ~ 吊架
heavy ~ 承力架，承力隔框
hog ~ 加强架（修船用）
hoist portal ~ 龙门扒杆
hold ~ 停帧，停格
imperfect ~ 静不定结构
inertial ~ 惯性坐标系〔读数系统〕
inner ~ 内机座（电机）
inswept ~ 流线型机架，前端窄缩式车架
interlocking ~ 互联机构，联锁机
intermediate ~ 二道粗纱机
intersecting ~ 交叉式针梳机
jute drawing ~ 黄麻并条机
jute spinning ~ 黄麻细纱机
key ~ 主画面
kick-up ~ （后桥上的）弯曲梁架
knee ~ 拐弯式构架（r 型构架）
knop knitting ~ 集圈针织机，胖花针织机
lace ~ 花边织机
ladder ~ 带横梁的车架
laminated ~ 叠片定子骨架
lathe ~ 车床架，车床床座
lead ~ 引线框，（双列直插式）焊接框架
loading ~ 荷重架
log ~ 垂直锯木架，多锯机
long line drawing ~ 长亚麻并条机
main ~ ①主体，主机②承力助架，承力隔框
main distribution ~ 主配线板
map ~ 图廓
Megaflex ring ~ 梅加弗环锭细纱机（采用安氏大牵伸）
memory ~ 存储板
meshing ~ 啮合检查结构（装置）
meter ~ 电度表基架
mobile warping ~ 移动式分条整经机
motor ~ 电动机机座
multiple ~ 接线架
naked ~ 裸构架
Nastrofil spinning ~ 纳斯特罗菲尔细纱机（用棉条直接纺细纱）
noil spinning ~ 细丝细纱机
object ~ of reference 客观参考格网（仪器坐标）
open gill set ~ 单针制条机
open-faced vacuum ~ 开式抽气晒版机
out ~ ①外机座，外壳②定子机座（电机的）
paging ~ 分页帧
picture ~ 像帧，图片，显像帧面
plate ~ 相框
point ~ 点框架，点帧
portal ~ 龙门架，支座
press ~ 压力机机身
printing ~ 晒相框，晒图架
printing-down ~ 晒版机
radial truck ~ 单轴转向架底架
ramie ring spinning ~ 苎麻环锭细纱机
reaching-in ~ 穿经机
redundant ~ 超静定构架，冗余结构
reeling ~ 摇纱〔络丝，缫丝〕机
reference ~ 计算〔读数〕系统，（空间）坐标系统，空间坐标，基准标架，参考系
reference delay ~ 基准延时帧
registering ~ 承片框
reinforced ~ 增固架
relay ~ 继电器座子
rewinding ~ 倒筒机，复摇机
ribbed ~ 有肋框架，肋形外壳
ring carrier drawing ~ 环形导轨并条机
ring doubling ~ 环锭捻线机
ring spinning ~ 环锭细纱机
ring twisting ~ 环锭捻线机
rotary drawing ~ 梳辊式并条机，针辊式并条机
rotary gill drawing ~ 转针并条机
rotary gill roving ~ 转针粗纺机
round knitting ~ 圆形针织机
roving ~ 三道粗纺机
rug weaving ~ 地毯织机
sand ~ ①箱圈②砂框
sandwich ~ 双构架
scanning ~ 扫描帧
screw gill drawing ~ 螺旋杆式并条机
self-doffing worsted spinning ~ 自动落纱精梳毛纺细纱机
semi-wet ~ 半湿纺细纱机
set ~ 制条机，整条机
silk doubling ~ 并丝机
silk winding ~ 络丝机
simplex flyer ~ 单程粗纱机
singeing ~ 烧毛机
single-head draw ~ 单眼并条机
skeleton ~ 铁骨构架

slotted ~ 链节架
slubbing ~ 头道粗纺机
spandrel ~ 三角形刚架
speed ~ 粗纺机
Spinomatic ~ 斯平诺玛蒂克细纱机
step(-down) ~ 台阶式构〔车〕架
stern ~ 船尾骨架，船尾框
stiff ~ 刚架
stiffening ~ 加劲框架
still ~ 静止帧，静止画面
stirrup ~ 框式机架
stocking ~ 织袜机
stop ~ 停帧，停格
straight ~ 平行直梁式车架
straight-side ~ 闭式机身，框架式机身
stretching ~ 拉幅机
strike-off ~ 余砂框
string ~ 串框架
stripping ~ 漏模框
subject ~ of reference 主观参考格网
support ~ 支架
switch ~ 开关〔机键〕架
table ~ 辊道架〔座，框〕
television ~ 电视帧
television field ~ （隔行扫描中）电视场组成的帧
three-needle ~ 三针缝纫机
throstle ~ 翼锭精纺机
thrust ~ 发动机架（火箭）
time ~ 时帧
tow spinning ~ 短麻精纺机
truck ~ 转向构架
truss ~ 桁架
twisting ~ 捻丝机
upset ~ 箱框
upswept ~ 弓形框架，上弯构架，特别降低车辆重心的车架
vibrator ~ 模板框（其上有振动子）
water (spinning) ~ 水力纺纱机
winding ~ 络筒机，络纱机
winding down ~ 卷取机构
wire ~ 网架，线形框（计算机绘图）
worsted rubbing ~ 精梳毛纺无捻粗纱机
worsted speed ~ 精梳毛纺有捻粗纱机
X-shaped ~ 交叉形架，X 形车架
zero ~ 零框架

frame-grab 帧捕获

frame-in 画入，（使）进入屏幕

frameless 无框架

framer ①帧调节器（电视）②制造者，编制者

frame-skin 框架表皮

framework ①框〔骨，构〕架②机器③体制，组织
bay ~ 机架
foundation ~ 地基框架
interpose type ~ （钢管）承插式支架
legal ~ 法规
major ~ 主要控制网
panel ~ 配电盘框架，屏框架
regulatory ~ 规章制度，管理制度

framing ①框架，骨架，结构②图框配合，组织，编制，图像定位，成帧（保证图像具有正确纵横比的方法），按帧对准光栅
loose ~ 疏成帧（电视图像中主要景物显示太小）
packet ~ 包成帧
tight ~ （排列）过密成帧

franc 法郎

franchise ①允差，特许权②给以特许

francium 钫（Fr）

franco 邮〔运〕费准免的，免费的

Franco 夫兰可高速钢（*w*（C）0.7%，*w*（W）18%，*w*（Cr）4%，*w*（V）1%，其余 Fe）

frangibility 脆性，脆度

frangible 易碎的，脆的

franking 打戳，盖印

franklinite 锌铁尖晶石，锌铁矿

Fraunhofer 弗朗和费，窄谱测量单元（10^{-6} X 谱线等效宽度 / 波长）

fray ①磨损②锭裂

freak ①畸形，变异②频率③不正常现象（偶然收到无法接收的远距离电波的现象）④衰落
strap ~ 多腔磁控管空腔间耦合系统的不连续性

freckle ①斑点（镀锡薄钢板的缺陷）②使产生斑点

free ①自由②单体③自由的，游离的④释放，打开，放出
automatic hands ~ 自动免提
run ~ 空转

free-air 自由风

freeboard （涉渡时）外露的车身高度，干舷
net ~ （最大洪水位与坝顶间的）净超高

free-body 自由〔隔离〕体

free-burning 易燃烧的，速燃的

freedom ①自由度②间隙，游隙

~ from jamming 抗干扰性
~ from vibration 抗振性，防振
~ of fuel flow 燃料流动性
axial ~ 轴向自由度
degree of ~ 自由度（机器人性能参数），自由度分析，节点自由度
free-flowing 自重流动
free-form 自由格式
free-handle 脱扣手柄，活动手柄
free-jet 自由射流
freely 自由〔免费，直率，大量〕地
freely-supported 简支的
free-machining ①高速切削②易切的
free-milling 易铣的
freeness ①自由度②间隙③游离度
freenet 自由网
freephone 免费电话，对方付费电话
free-running 自励的，无载的
Freescan 扫描数字化器
free-space 自由空间
free-stream 自由流
free-tax 免税
free-trip 自动脱扣
freeware 免费软件
freeway （无交叉点）公路干线，高速公路
freewheel 飞轮
freewheeling 空转，单向转动，惯性滑行
controlled ~ 有分离装置的活轮转动机构
freeze 凝固，冻结
freeze-frame 冻结网
freeze-point 冻节点
freezer 冷却〔制冷，冷冻〕器
air blast ~ 空气喷射冷冻机
bazooka ~ 带有螺旋输送器的管道式速冻机，“火箭筒”式速冻机
cabinet ~ 家用冰箱
immersion ~ 浸液制冷器
plate ~ 平板式冻结机
polyphase ~ 双相冷却剂制冷机
freezing 凝固，冻结
~ of a furnace 结炉，炉内冻结
gradient ~ 梯度凝固法
magnetic ~ 磁粘（继电器衔铁）
selective ~ 选择结晶
sharp ~ 低温冻结，快速冰冻
zone ~ 区域凝固
freezing-point 冰点，凝固点
freight ①货运，运费②货物，货车③装货
~ forward 运费由提货人支付
advance ~ 预付运费
dead ~ 空舱费，空水脚
excess ~ 超载
home ~ 回头运费
outbound ~ 出口货，出国货物
freighter ①货船，运输机②货主
bulk ~ 散料转运车，散料转运船
fremodyne 调频接收机（利用超再生和超外差式）
French ①弗伦奇（纤维光束等细小直径的单位）②法国的
freon 氟氯烷，氟利昂
frequency 频率，周波
~ of optimum traffic 最佳通信量的频率，最佳通信（使用）频率
absorption limiting ~ 吸收截止频率，吸收极限频率
acoustic(al) ~ 声频（率），音频（30 Hz ~ 20 kHz）
alpha-cutoff ~ α 截止频率（晶体三极管的）
angular revolution ~ 绕转角频率
arc ~ 弧流频率
assigned ~ 规定频率，分配频率
audible ~ 声频，可听频率
audio ~ （成）声频（率）
average ~ （调频）中心频率
axial betatron ~ 轴向自由振荡频率
barrier ~ 截止〔阻挡，封闭〕频率
basic ~ 主频，基频
beacon ~ 无线电信标频率
beat ~ 差频，拍频
bias ~ 偏磁频率
bit ~ 比特频率
blade ~ 叶片固有振动频率
blanketing ~ 抑止频率
bond ~ 键频率
break ~ 拐点频率，（频率特性曲线的）折断点
buncher ~ （电子）聚束（栅）频率
burst ~ 色同步脉冲频率
carrier ~ 载（波）频（率）
center ~ 中心频率，未调制频率，对称调制的载波频率
centroid ~ 形心频率
channel carrier ~ 信道载（波）频（率）
checkerboard ~ 棋盘频率
chopper ~ 间歇频率，遮光频率

circular ~ ①角频率②角速度
clock ~ 时钟脉冲〔节拍〕频率
coincidence ~ 吻合频率，相干频率
cold ~ 冷态频率
colo(u)r-frame ~ 色帧频
combination ~ 组〔复〕合频率
commercial ~ 工业用电频率，市电频率
commutating ~ 换接频率
complex ~ ①复频率（拉氏变换中的 p 或 s）②复合频率
conditional ~ 阻尼固有频率
conversion ~ 变换频率
corner ~ 转角频率（伺服系统中），半功率点频率（放大器）
critical ~ 临界频率，截止频率
critical fusion ~ 临界停闪〔融合〕频率
crossover ~ 分隔〔交界，交叉〕频率
crystal controlled ~ 晶体控制频率
cut-off ~ 截止频率
cyclic ~ 角频率
cyclotron ~ 回旋加速频率
damped ~ （有）阻尼（自然，固有）频率
damped angular ~ 衰减角频率
decibel-log ~ 对数（振）幅频（率）特性
difference ~ 差频
discrete ~ 离散频率
distress ~ 呼救信号频率
dividing ~ 分配〔割〕频率
dominant ~ 主频率
Doppler beat ~ 多普勒拍〔差〕频
dot ~ （短）点频率
double ~ 倍频（率）
driving ~ ①主振频率②驱动频率
edge ~ 边界〔临界，截止〕频率
elementary ~ 基本频率
established ~ 稳〔固〕定频率
excitation ~ 励磁频率，激发频率
extra low ~ 超低频
extremely high ~ 极高频（30 ~ 300 GHz）
field ~ 场频
forcing ~ 扰动频率，受迫振动频率
foreign ~ 强迫振荡频率
frame ~ 帧频
frame repetition ~ 帧（重复）频（率）
free ~ 固有频率，自然频率
free running ~ 自然频率
free vibration ~ 自振频率，固有频率
fundamental ~ 基频
fundamental blade passage ~ 桨叶基频
fundamental ripple ~ 脉动基频
fusion ~ （视觉）停闪频率
gain crossover ~ 增益穿度频率
generated ~ 振荡频率
ground ~ 基本频率
ground-air radio ~ 地空通信频率
gyro ~ 旋转频率
half-line ~ 半行频率
half-power ~ 半功率（点）频率
high ~ 高频，高周波，高周率
higher cut-off ~ 上限截止频率
high-very-high ~ 上限甚高频
holding ~ ①保持频率②固定频率运行方式，调频运行方式
horizontal ~ 行频
hump ~ 包络波频率
hunting ~ 振荡频率，摆动频率
idle ~ 中心频率，未调制的频率，闲频
idler ~ 闲频
idling ~ 闲频（变频器中的无用差频），无效频率
illumination ~ 照射信号频率
image ~ 像〔镜〕频，影象信号频率
industrial ~ 工业频率，工频
infrasonic ~ 亚声频，次声频
intercarrier ~ 载波差拍频率
intermediate ~ 中频
intermodulation ~ 互调差频，交（叉）调（制）差频
international distress ~ 国际遇险呼救频率
interruption ~ 断续频率
jittered pulse recurrence ~ 脉冲重复频率跳动〔规则变化〕
limiting ~ 极限频率，截止频率
line ~ 电源〔电网，线路，行扫描〕频率
lobing ~ 锥形扫描时的调制频率
local ~ 本机频率
low radio ~ 无线电低频（30 ~ 300 kHz）
lower-cut-off ~ 下限截止频率
low-limit ~ 最低频率
mains ~ 电源频率，工业频率（英国指 50 Hz，美国指 60 Hz，航空工业为 400 Hz），电力网频率
master ~ 主（振）频（率），基本频率
mean ~ 中频（300 kHz ~ 3 MHz）
mechanical resonance ~ 机械共振频率，
medium ~ 中频（300 kHz ~ 3 MHz）

menu change ~ 用菜单改变频率
modal ~ 众数频率
multichannel voice ~ 多路话音频率
multiple ~ 多频，倍频，谐波频率
natural ~ 固有〔自然〕频率
night ~ 夜间通信频率
nominal ~ 标称频率
normal ~ 正常频率，额定频率
notch ~ 陷波频率
note ~ 音〔声，低〕频
Nyquist ~ 奈奎斯特频率
offset ~ 偏移频率
optical ~ 光频（率）
optimum carrier ~ （交扰调制测量用的）最佳载频
penetration ~ 穿透频率
picture ~ 图像频率，帧频
pilot ~ 领示频率，导频
pinch ~ 夹断频率
power ~ 工频，电源〔市电〕频率
pulse (recurrence) ~ 脉冲重复频率
pulsed ~ 脉冲频率
pumping ~ 激励频率
quenched ~ 歇振频率
radian ~ 角频率
radio ~ 射频
radio-carrier ~ 无线电载波频率
radio-wave ~ 射频
recirculating loop ~ 闭合回路频率
recurrence ~ 脉冲重复频率，重发频率
recurrent ~ 脉冲重复频率，重发频率
reduced ~ 折合频率
reed ~ 簧片振动频率
reference ~ 基准频率，参考频率
relaxation ~ 张弛频率，间歇频率
repetition ~ 重复频率，换帧频率
resting ~ 载频（频率调制时），中频
ripple ~ 脉动频率，波纹频率
roll-off ~ 滚降频率（指幅频特性平顶部分的两边响应下降的频率）
sampling ~ 取样〔量化〕频率，（脉冲调制）发送频率
second-channel ~ ①镜像频率，对称频率②第二信道频率
side ~ 旁频（率），边频（率）
slip ~ 差频，转差频率
slot ~ 信道间插入频率（插在规定两相邻信道当中的频率）
spot ~ 标定频率
spurious ~ 寄生频率
sum ~ 和频（率）
superhigh ~ 特高频
supersonic ~ 超音频
supply ~ 电源频率
sweep ~ 扫描频率，摇频
swept ~ 扫（掠）频（率），摇频
system ~ 系统频率，电网频率
threshold ~ 门限频率，临界频率，阈频率
timing ~ 定时频率，扫描频率
toggle ~ 反复频率
tone ~ 音频，拍频
train ~ 群频
transition ~ 过渡〔交叉，交界〕频率
transmission ~ 输电频率，传输频率
trap ~ 陷波频率
treble ~ 高音频率
tuned ~ 调谐频率
tuned high ~ （经）调谐（的）高频
tuned radio ~ 射频调谐
turnover ~ 交叉频率（录音用频率为 200 ~ 500 Hz）
ultrahigh ~ 超高频
ultra-low ~ 特低频，超低频
ultra-radio ~ 超射频（率）
ultrasonic ~ 超音频
undesired ~ 寄生频率
upper cut-off ~ 上限截止频率，通（频）带上限，频谱上限
variable flap ~ 可变振动频率
vertical ~ 帧频（美国用），半帧频（英国用）
very low ~ 超低频（3 ~ 30 kHz）
video ~ 视频
vision ~ 视频
visual ~ 视频
visual-fusion ~ ①熔接频率②视熔频率
white ~ 白（信号）频率（2 300 Hz）
zero intermediate ~ 零中频
β cut-off ~ β 截止频率

frequency-changer 变频机
frequency-modulated 调频的
frequency-modulation 调频，频率调制
frequency-modulator 调频器
frequency-shift 频移
frequent ①频繁的②习以为常的
frescanar 频率扫描雷达

fresh ①最新式的，②不同的，外加的，进一步的③淡的，清洁的④有生气的⑤不熟练的⑥初期，开始（时候）

fresh-water ①淡水的②内地的③无经验的，不熟的

fresnel 菲涅耳（频率单位，等于 10^{12} Hz）

fret ①磨损，侵蚀②河口③起波浪④格子细工，回纹（饰）

blind ~ 盲纹

dolphin ~ 海豚格子（钟表饰纹）

labyrinth ~ 曲折回纹

fret-saw 嵌〔钢丝，线〕锯

frettage 摩擦腐蚀

fretting 微振〔动〕磨损

inner race ~ 内圈（微动）崩蚀〔磨损〕

friability 易碎性，易剥落性，发脆性

friable 脆的

fricative 摩擦的

friction ①摩擦②摩擦力③摩擦离合器

breakout ~ 静摩擦力

Coulomb ~ 库仑摩擦，干摩擦

discharging ~ 出口摩擦

disengaging ~ 出啮摩擦，放松摩擦

disk ~ 轮盘摩擦

drag ~ ①摩擦阻力②制动摩擦，刹车摩擦

duct ~ 烟道阻力

engaging ~ 进入摩擦，啮合摩擦

entrance ~ 进口阻力

heater ~ 加热器摩擦阻力损失，加热器压头损失

interleaf ~ （板簧）板间摩擦

internal ~ 内耗，内摩擦

journal ~ 轴颈摩擦

kinetic ~ 动摩擦

liquid ~ 黏结料抗滑阻力，液相阻力

mediate ~ 润滑面摩擦

mill ~ 轧机部件内的摩擦

motoring ~ 空转摩擦力

rolling ~ 滚动摩擦

rubbing ~ 滑动摩擦

running ~ 动摩擦

side ~ 横〔侧〕向摩擦（力）

sliding ~ 滑动摩擦

stack ~ 烟囱阻力

sticking ~ 黏着摩擦

threshold ~ 极限摩擦（力）

tube ~ 管道摩擦阻力

viscous ~ 黏滞摩擦

friction-gear 摩擦轮②摩擦传动装置

friction-locked 自锁的

frictionmeter 摩擦系数测定仪

friction-tight 紧摩擦的，无滑动的

fridge 冰箱，冷冻机

friend 友元（一种计算机函数）

friendliness 友善性，友好性

frigate 护卫舰

frig(e) 冰箱，冷冻机

Frigen 氟利根（冷冻剂）

frigidaire 〈法〉电冰箱

frigidarium ①电冰箱②低温室

frigorie =frigory

frigorific 冰冻的，致冷的

frigorimeter 低温计，深冷温度计

frilling 剥膜，脱〔绉，褶〕边

fringe ①（彩色）不重合②（干涉）带③干扰带④边⑤引起电视画面损坏的不规则边纹，散乱边纹

bright ~ 明条纹

colo(o)r ~ 彩色边纹（彩色电视中的不正常现象）

diffraction ~ 衍〔绕〕射条纹

equal-thickness ~ 等厚边纹〔缘〕

far-field ~ 远场条纹，远场干扰带

interference ~ 干涉带，干涉条纹

isochromatic ~ 单〔等〕色边纹

localized ~ 定域条纹

near-field ~ ①近场（激光辐射）干扰带②近场（激光辐射）边纹

noise ~ 噪扰带，干扰边纹

nonlocalized ~ 不定域条纹

white light ~ 零次干涉条纹

fringes 干涉条纹

fringing ①离散②边缘通量③彩色电视中同步不够时用转盘调整色帧，（重合不良所致的）镶边④（偏转板边缘）静电场形变

colo(u)r ~ （场顺序制）彩色镶边

edge ~ 边缘起纹效应

frit ①裂缝②烧结，熔合③玻璃原料

frog 电车吊线分叉

frogging ①测验用端子②互换，变换

frequency ~ 频率变换〔互换，交叉〕

from-to 起终点对

front ①前面②前沿，波前（信号或脉冲）③额线（叶栅的）

~ of blade 叶片的额线

advancing ~ 前沿

brush ~ 前刷边
cross ~ 镜头横移装置
deflection ~ 偏转峰
eddy-free ~ 流线型前身（车辆的）
engine ~ 发动机前面面积
false ~ 散热器栅架
flame ~ 焰锋，燃波
(im)pulse ~ 脉冲前沿
open ~ 开口，开式，前开口
phase ~ 相位波前，波阵面
polar ~ 极峰
pressure ~ 冲击波阵面
shear ~ 剪切面（形成切屑时的）
shock ~ 冲波面，激波波前
springing ~ 前悬置弹动
surge ~ 冲击波前沿
temperature ~ 温度界面
tunnel ~ 隧道口，隧道工作面
wave ~ 波阵面，波前

front-end 前端

frontier 边界，边缘，尖端，前沿②新领域（科学技术等的）

frontloader 前装载机

front-mounted 前悬挂式的

front-surface 前面
convex ~ 凸面

front-wheel 前轮

frost ①霜②粗糙的，未抛光的，无光泽的
spew ~ 冻胀，冰冻隆胀

frosted 磨砂的，无光泽的，敷霜的

froster 冻结机
gravity ~ （散粒物料）重力流动式冻结机

frosting 起霜，消光（的表面），磨砂面，无光泽（的霜状表）面，表面晶析，塑料表面可见结晶图案，玻璃粉，清漆与胶水的混合物

frost-proof 防冻的

froth ①泡，沫，泡沫②渣，废物③起泡（沫），沸腾

frother 泡沫发生器，起沫剂

frothing 起泡

frothmeter 泡沫计

Frotopulper 变螺距双螺旋纤维离解机

fruit ①成果，效果，产品②果实③同步回波显示

F-rule 正向规则

frustum ①截锥体，平截头体②台，锥台③立体角④柱身
~ of wedge （消声室）尖劈截角锥体

fry （唱片与传声器）本底噪声

vocal ~ 声带微颤而发出的弱声

fryer 彩色摄影照明器

F-stop （光圈的）F 数，光阑刻度，标记值（焦距 / 透镜有效直径）

fudge 简短的最后新闻

fuel ①燃料②加燃料
alternative ~ 代用燃料
antipinking ~ 高辛烷值汽油
automobile ~ economy 汽车燃油经济性
boiling range unleaded ~ （车用）全沸程无铅燃油
carbide ~ 碳化物燃料
central ~ injection 中央燃油喷射
clear ~ 清洁燃料
dispersion ~ 弥散型燃料
doped ~ 加防爆剂的燃料，含添加剂的柴油机燃料，乙基化汽油，含铅汽油
dribbled ~ 没有蒸发的燃料
dry gas ~ 液化气体燃料
ethylized ~ 加四乙铅的汽油，含铅汽油
exotic ~ ①稀有燃料②高热值燃料
finished ~ 商品燃料
heavy ~ ①重质燃料②高黏度燃料③柴油
high-grade ~ 高级燃料，高辛烷值汽油
hog ~ 木屑，刨花，废木屑燃料
indigenous ~ 当地燃料
light ~ 轻燃料，易挥发性燃料
low-rank ~ 低级燃料
low-volatility ~ 低挥发性燃料，重质燃料
metallic ~ 金属型燃料
oil ~ 燃（料石）油，残油石油燃料，油液燃料
powdered ~ 粉状燃料，煤粉
pulverized ~ 煤粉，粉状燃料
reference ~ 标准燃料，参考燃料
spent ~ 废燃料
starting ~ 起动燃料，点火（用）燃料
stove ~ 火炉燃料油，家用重油
suspension ~ 悬浮液燃料
trapped ~ 存油
vented ~ 排〔透〕气式燃料元件
wet ~ 液体燃料
wide-cut gasoline-type ~ （用于燃气轮机的）宽馏分汽油型燃料

fuelcell 燃料电池
proton exchange membrane ~ 质子交换膜燃料电池

fuel-cooling 燃料冷却

fueler =fueller
fuelizer 燃料加热装置
fueller 加油器，供油装置
fuel(l)ing 加燃料
fuel-oil 重油，柴油
fugacity ①（易）逸性，（易）逸度②有效压力
fugitiveness 不稳定性，挥发性，不耐久性
fugitometer 染料试验计，褪色度试验计
Fuji 富士（日本的一个公司名称）
fulchronograph 闪电电流特性记录器
fulcrum ①支点，支轴②转动中心点，关节轴③力作用点
equalizer ~ 均衡梁支点
lever ~ 杠杆支点
link ~ 链杆支轴
fulfil(l)ment 履行，完成，实现，达到，满足
fulgurate （闪电般）发光，闪烁〔光〕
fulgurometer 闪电测量仪
full-address 全地址
full-bottomed 容量大的，装载量大的，底部宽的
fullcharging 满荷
full-clockwise 顺时针方向转尽〔满旋〕
full-dress 大规模的，正式的
full-duplex 全双工的
fuller ①压槽锤（撞锤），（半圆形）套柄铁锤，套锤②小沟〔槽〕,用套锤锻成的槽,切分孔型，铁型③填料工,漂布〔毡合〕工④凿〔填〕密，填隙，堵缝⑤锤击，用套锤锻制，用套锤在…上开槽⑥拔长，拔长模膛
hand ~ 套柄铁锤
top ~ 圆锤
fullerboard 压制纸板（绝缘用）
fullering ①凿密，填密，填隙，堵缝②锤击
full-gate 满开（闸）的，全开度的
fulling ①伸长，拉直②锻扁
full-laden 全载的，满载的
Full-language 完全语言
full-length ①标准长度，全长②未删节的，大型的
full-load 满载，全负荷
full-mode 全行方式
fullness （丰）满（度），充实，完全，深〔浓〕度
full-recovery 完全恢复
full-row 装满滚子或钢球的，无保持架的
full-scale 满刻度的，实值（的），原尺寸的
full-screen 全屏幕
full-size(d) 全轮廓的，真实尺寸的
full-speed 全速
full-subtracter 全减器
full-wave 全波的
fully-charged 全进料的
fully-flattened 绝对平面的
fully-jewel(l)ed 满钻（15 钻以上）的，多钻的
fully-locked 密封的
fully-wound 满条的，满弦的，上足发条的
fulminate ①雷酸盐，爆发粉②电闪雷鸣，爆炸
Fultograph 福尔多传真电报机
fume ①烟（雾）②蒸汽③发烟
acid ~ 酸雾
fume-off 排出烟气
fumigation （烟）熏，熏蒸
function ①作用，功用，机能②函数③起作用，运行，工作
activation ~ 激活函数
additional ~ 附加功能，辅助功能
adjoint ~ 共轭函数，伴随函数
algebraical ~ 代数型函数
allocation built-in ~ 分配内部函数
almost periodic ~ 准〔概，殆〕周期函数
alternate ~ 交代〔替〕函数
ambiguity ~ 模糊函数
analytic ~ 解析函数，分析函数
application ~ 应用函数
approximating ~ 逼近函数
array element successor ~ 数组元素后继函数
associated Laguerre ~ 连带拉盖尔函数
associated Legendre ~ 连带勒让德函数
autocorrelation ~ 自相关函数
autocovariance ~ 自协变函数，自协方差函数
autovariance ~ 自方差函数，自变函数
barrier ~ 障碍函数，闸函数
bivariate generating ~ 双变量母函数
boundary ~ 分界功能
buffer ~ 缓冲作用，隔离作用
carry OR ~ 进位“或”操作
cerebral ~ 大脑皮层官能
channel transfer ~ 信道传送功能
characteristic ~ 特征函数
charging enforcement ~ （通信）付费实施功能
charging rules ~ （通信）付费规则函数
charging rules ~ （通信）付费规则功能
chromatographic ~ ①色谱功能②色谱函数

circular ~ 圆函数，三角函数
coherence ~ 相干函数
comb ~ 梳状函数
complementary ~ 互补函数，余函数
completely additive set ~ 完全可加性集合函数
complex ~ 复变函数，复函数，复值函数
composite ~ 复合函数，合成函数
compound ~ 复合函数
concave ~ 凹函数
confluent hypergeometric ~ 合流超几何函数
conjugate ~ 共轭函数
contiguous ~ 连接函数
continuous ~ 连续函数
control ~ 控制操作，控制功能
controllable ~ 遥控工序，控制程序
control-oriented ~ 面向控制的功能〔操作〕
convex ~ 凸函数
cost ~ 价值函数
covariance ~ 协方差函数，积差函数
covariant ~ 共变函数
criterion ~ 准则函数，判别函数
cross correlation ~ 互相关函数
cylindrical ~ （圆）柱函数
decision ~ 判定函数
delta ~ δ 函数，狄拉克函数，单位脉冲函数
density ~ 密度〔分布〕函数
derived ~ 导函数
describing ~ 描述函数，等效频率传输函数
differentiable ~ 可微函数
digital ~ 数字式功能部件
Dirac ~ 狄拉克函数，单位脉冲函数
discontinuous ~ 不连续函数
dispersion ~ 分散函数
distribution ~ 分布函数
dominant ~ 强函数，控制函数
driving point ~ 策〔驱〕动点函数
E ~ E 函数，描述阶函数
electronic work ~ 电子功函数，电子逸出功
elliptic ~ 椭圆函数
entropy ~ 熵函数
envelope ~ 包络（线）函数
error ~ 误差函数
esteem ~ 品位功能
even ~ 偶函数
excitation ~ 激励函数
exclusive-OR ~ “异”操作，“异”功能
execution ~ 执行控制功能
executive ~ 执行控制操作
explicit ~ 显函数
exponential ~ 指数函数，超越函数
fan-out logic ~ 输出端数的逻辑作用，扇出逻辑函数
Fermi-Dirac ~ 费米本征能级，费米特性能级
finite ~ 有限函数
flux ~ ①通量函数②流量函数
flux vector ~ 通量向量函数
forcing ~ 外力函数，强制函数
fundamental ~ 特征〔基本〕函数，基本功能
gamma ~ γ 函数
general utility ~ 通用辅助操作
generating ~ 生成函数，母函数
harmonic ~ 谐函数，调和函数
hash ~ 散列函数
holomorphic ~ 正则函数，全纯函数
homing ~ 自动寻的作用，自导功能
homogeneous ~ 齐次函数
identity ~ “是”函数
image ~ 像函数
impedance ~ 阻抗函数
implication ~ 隐含功能
implicit ~ 隐函数
improper ~ 非正常函数
impulse ~ ①脉冲函数② δ 函数
increasing ~ （递）增函数，上升函数
independent ~ 独立函数
influence ~ 影响函数
in-line ~ 直接插入函数，内（部）函数
inner work ~ 内功函数，内逸出功
input ~ ①整函数②输入操作
interdependent ~ 相关函数，相依函数
interpolating ~ 插值函数
intersite user interaction ~ 各地用户间交互操作
inverse ~ 反函数，逆函数
irrational ~ 无理函数
iterated ~ 叠〔累〕函数
journal ~ 日志功能〔程序〕
jump ~ 跃变函数，阶跃函数
key component per ~ 关键功单元
lacunary ~ 缺项函数
leg ~ 曲线段
library ~ 库存函数（子程序或宏指令）
likelihood ~ 似然函数
limited ~ 有限〔有界〕函数，囿函数
linear ~ 线性函数

logical ~ ①逻辑作用②逻辑函数
look-at-me ~ 中断功能
loop-excitation ~ 回线激发函数
luminance ~ 亮度函数，（相对）可见度曲线
luminance ~ of the eye 视见度特性，人眼光谱灵敏度
major ~ 优函数
map ~ ①（地址）变换操作②映射函数
matrixing ~ 矩阵函数
measure ~ 测度函度
member ~ 元函数
memory ~ 存储作用，存储功能，记忆功能
metering ~ 限流作用
microspec ~ 特定微功能
minor ~ 下函数
miscellaneous ~ 辅助功能
mode ~ 模函数
moment generating ~ 矩（量）母函数，矩量生成函数
monotropic ~ 单值函数
manoeuvring ~ 操纵功能
moving ~ 动作机能
multiform ~ 多值函数
multiplicative ~ 积性函数
multivalent ~ 多叶函数
multivalued ~ 多值函数
NAS node selection ~ （通信）非访问层节点选择函数
natural trigonometrical ~ 三角函数的真数
net ~ 网格函数
network ~ 网络函数
nondecreasing ~ 非减函数
nonuniform mapping ~ 非一致变换函数
normal ~ 正态函数
normal packet ~ 正常波包函数
normal probability ~ 概率正态分布函数
normalized ~ 规范化函数，归一化函数
“NOT” ~ ①否定函数，“非”函数②“非”逻辑操作〔作用〕
null built-in ~ 零内函数
object ~ 原函数
objective ~ 目标函数
one-variable ~ 单元函数
OR ~ ①“或”逻辑函数②“或”逻辑操作〔作用〕，“或”功能
orientation distribution ~ 取向分布函数
orthonormal ~ 规范〔规一化〕正交函数
out work ~ 外功函数，外逸出功
outcome ~ 出现函数
output ~ 输出操作
pairing ~ 配对函数
partition ~ 配分函数，划分函数
penalty ~ 代偿函数
perturbative ~ 摄动函数
periodic ~ 周期函数
p-harmonic ~ p 调和函数
phasor ~ ①（平面）矢量函数②相量函数
phi ~ （尤拉）ϕ 函数
photoelectric (work) ~ 光电功函数，光电逸出功
plotted ~ 函数表
plunger ~ （滑阀处于正常位置时）滑阀的通流状态，滑阀机能
point-spread ~ （光电器件的）点扩展函数
polygonal ~ 折线函数，多角形函数
potential ~ 位函数，势函数
power ~ 幂〔功率，功效〕函数
power-sum symmetric ~ 幂和对称函数
precedence ~ 优先函数
primary ~ 基函数，原函数
program(me) paging ~ 程序分页功能
projection ~ 投影函数
proper ~ 本〔特〕征函数，常义〔正常〕函数
pseudo-concave ~ 伪凹函数
pseudo-convex ~ 伪凸函数
quadratic ~ 二次函数
quadratically integrable ~ 平方可积函数
quasi-analytic ~ 拟〔准〕解析函数
quasi-concave ~ 拟凹函数
quasi-convex ~ 拟凸函数
radial distribution ~ 径向分布函数
ramp ~ 斜坡函数
rational ~ 有理函数
reactance ~ 电抗函数
real variable ~ 实变（数）函数
realizable ~ 可实现函数
recursive ~ 递归函数
regression ~ 回归曲线
regular ~ 正则函数，正常函数
remainder ~ 余项函数，余部函数
relation ~ 相关函数
response ~ 响应函数
result ~ 终〔结果，目标〕函数
risk ~ 风险函数
saddle ~ 鞍式函数

sampling ~ 抽样函数
saturated projection ~ 饱和投影函数
scalar ~ 标量函数
schlicht ~ 单叶函数
Sheffer-stroke ~ 谢弗函数，“与非”函数
shifting ~ 移位操作
shock chilling ~ 骤〔急〕冷作用
simple ~ 单叶函数
singular ~ 奇异函数
singularity ~ 奇异函数
sleep ~ 睡眠功能（在睡眠或外出时，设备能定时自动关机的功能）
slope ~ 斜率函数
software ~ 软件功能
source ~ 源函数
special ~ 特殊函数
spectral ~ 谱函数
speed-up ~ 加速试验功能
spline ~ 仿样函数，样条函数
spread ~ 扩展函数
staff ~ 职能机构（职能功能）
start-up ~ 起动操作
statement ~ 语句功能
step ~ 阶跃函数
stream ~ 流（线）函数
string built-in ~ 串内函数
successor ~ 后继函数
summable ~ 可和〔积〕函数
surface work ~ 表面功函数，表面逸出功
switching ~ （电路）开闭函数，（电路）开闭作用
symbolic ~ 符号函数
symmetric(al) ~ 对称函数
system ~ ①系统函数②系统功能，装置功能
tally ~ 计数功能
tentative ~ 试探函数
thermodynamic ~ 热力学函数
theta ~ θ 函数
time-dependent wave ~ 含时波（动）函数
transcendental ~ 超越函数
transfer ~ 转移函数，传递函数
transformation ~ 变换函数
trigonometric ~ 三角函数
truth ~ 真值函数
unbounded ~ 无界函数，自由函数
uniform ~ 单值函数
unit ~ 单位（阶跃）函数，单元函数
unit doublet ~ 二导阶跃函数
unit-step ~ 单位阶跃函数
univalent ~ 单值函数
valid ~ 有效操作〔函数〕
visibility ~ 视〔可见〕度曲线
wave ~ 波函数
weighing ~ 加权函数
weight ~ 权函数
weighting ~ 加权函数
window ~ 窗口函数
work ~ 功函数，逸出功
working ~ 作业功能，工作函数
zero Bessel ~ 零次〔阶〕贝塞尔函数
zonal hyperspherical ~ 超球带函数

functional ①泛函，函数②功能的，函数的，操作的
likelihood ratio ~ 似然比泛函

functionality 函数性，泛函性，官〔功〕能度

functor ①函子，功能元件，算符②起功能作用的东西

fund 资金，基金，经费
common reserve ~ 公积金
contingency ~ 应急基金，意外开支准备金
operating ~ 周转金
revolving ~ 周转（资）金
sinking ~ 偿债基金
stabilization ~ 平准基金

fundament 基本原理，基础

fundamental ①基（本）频（率），一次谐波②基础，原理③基本的，主要的
crystal ~ 晶体基（本）频（率）
image ~ 图像基础

fundamentality 重要性，基本状态，基本，根本

funduscope 眼底镜

fungusized 涂防霉剂的

fungusproof 抗霉的，防霉的

funicular 索道，缆车道

funnel ①漏斗②浇孔③风帽，烟囱④闸阀⑤（显像管玻壳）锥体⑥号筒
~ with nozzle 喷嘴漏斗
charging ~ 装料斗
dropping ~ 滴（液）漏斗
feeding ~ 装〔送，进，上〕料斗
grate ~ 炉排风箱
high density ~ 高压风洞
separatory ~ 分料〔液〕漏斗

funnel-bulb 锥体（电子束管玻壳的部分）

funnel(l)ing 漏斗的形成，狭管效应

furan 呋喃

furancarbinol 呋喃甲醇，糠醇
furbish ①磨光，研磨②擦亮，刷新③发蓝
furbisher 抛光工，磨工
furfural 糠醛，糠叉，呋喃（甲）叉
furfuran =furan
furfurol 糠醛
furlong 浪（长度单位，1 浪 = 660 英尺 = 1/8 英里 =201.16 m）
furnace ①（熔）炉，燃烧室，炉膛②反应堆
acid open-hearth ~ 酸性平炉
air ~ 反射炉，热风炉，自然引风炉膛，空气炉
air heating ~ 热风炉
Ajax-Northrup ~ （阿加克斯·诺斯拉普）无（铁）心高频感应（加热）炉
Ajax-Northrup ~ 无心高频感应加热炉
Ajax-Wyatt ~ （阿加克斯·瓦依亚特）（有铁心）感应（加热）炉
all case ~ 全能（渗碳，淬火）炉
all-radiant ~ （无对流加热部分的）辐射炉
anneal(ing) ~ 退火炉
arc ~ 电弧炉，直接电弧炉
archless ~ （开式）无拱炉膛
Arsem ~ 炭粒发热体电炉，螺栓状硬质炭精管式电炉
assay ~ 试样炉，化验炉
atomic ~ 原子反应堆
Baily ~ 贝利炭粒炉，贝利炭阻炉（一种用焦炭层作电阻的炉）
bakeout ~ 烘炉，烘箱
balanced draft ~ 具有引风及鼓风的平衡通风炉膛，负压炉膛
baleout ~ 固定式坩埚炉
baleout pot ~ 固定式保温炉，固定式熔炉
balling ~ 搅炼炉，反射炉
basic ~ 碱性炉
basic oxygen ~ 氧气顶吹转炉
batch ~ 分批炉，箱式炉，间歇式操作炉
bath ~ 浴炉
bell ~ 罩式炉
belt ~ 直通〔管道，连续加热，隧道式〕炉
bending ~ 管坯炉
billet ~ 坯锭加热炉
black ~ ①冷炉（膛）②不加热炉
blast ~ ①鼓风炉②〔炼铁〕高炉
block ~ （炼钨铁）分段组合式电炉
blowing-up ~ 铅锌矿烧结炉
bogie hearth ~ 活〔车〕底炉
boiler ~ （蒸汽）锅炉，锅炉火箱〔炉膛〕
bomb ~ 封管炉
bottom-screen ~ 带炉底水帘管的炉膛
cap cover ~ 罩式炉
carbide ~ 炭化炉，炭精电极炉
carbon bar ~ 碳棒电炉，石墨电极炉
carbon shirt-circuiting ~ 碳管炉
car-bottom ~ 活底炉子，车底式炉
car-bottom batch-type ~ 车底式热处理炉，成批生产的车底式加热炉
car-hearth ~ 活底炉
car-tunnel ~ 隧道式炉
car-type ~ 台车〔抽底〕式炉
case-hardening ~ （箱式）渗碳炉
catenary reheating ~ 悬束式（不锈钢连续退火）炉
cell pit ~ 均热炉
cementating ~ 渗碳炉
cementation ~ 渗碳炉
cementing ~ 渗碳炉
chamber ~ 分室炉，箱式炉
channel-type induction ~ 有芯（工频）感应炉
charge resistance ~ 电阻炉
coal gas generating ~ 煤气发生炉
coiler ~ 卷取炉
coke ~ 焦炭炉
coke(-fired) ~ 焦炭炉
cold-mo(u)ld (arc) ~ ①自耗电极真空电弧炉②冷模电弧炉
constricted ~ 缩腰炉膛
continuous ~ 连续作业炉
continuous passing ~ 直通式炉
continuous pusher-type ~ ①连续送料式炉，连续推进式加热炉②隧洞式炉
continuous roller-hearth ~ 连续辊底式炉
continuous strand-type ~ 单条薄带退火用的（立式、塔式或卧式）连续热处理炉
continuous tank ~ 连续式池炉
controlled atmosphere ~ 保护气体炉，可控气氛炉
convection-type ~ 间接加热的热处理炉（零件装在马弗罩内）
converting ~ 吹炼炉，吹风氧化炉
conveyer ~ 输送带式加热炉
core drying ~ 型芯烘炉
core rack ~ 架式烘芯炉
coreless(-type) induction ~ 无芯感应（电）炉，高频炉

core(-type) induction ~ 铁心式感应（加热）炉，低频炉
corrugated ~ 波纹火管，波纹管道
cracking ~ 裂解炉
crucible ~ 坩埚式电炉
cupel(lation) ~ 灰吹炉，提银炉
cupola ~ 冲天炉，化铁炉
curtain-type ~ 气幕式炉
cyclone ~ 旋风炉，气旋炉
die casting ~ 保温炉（配合压铸机用）
diffusion ~ 扩散炉
dipout ~ 双用熔炉（熔化及保温）
double current ~ 交直流电炉（交流加热，直流电离）
double-hearth ~ 双层底炉
double-muffle ~ 双层内罩（罩式）炉
draft ~ 通风炉
drawing ~ 回火炉
dry ~ 干除渣炉膛
dry-bottom ~ 干态除渣炉膛
dryer ~ 干燥炉
drying ~ 烘（干）炉
duo-muffle ~ 二层马弗炉，二层套炉
duplex ~ 双联炉
Dutch-oven ~ 前置式燃烧室
Efco-Northrup ~ 高频感应（加热）炉
electric ~ 电炉
electric barrel ~ 滚筒式电炉
electric muffle ~ 马弗炉，膛式炉
electric rocking ~（间接）电弧摆动炉，单相电弧炉
electric smelting ~ 电气熔炼炉
electric-arc ~ 电弧炉
electroflux refining ~ 电渣（精炼）炉
electrometal ~ 电弧熔化炉（炉底导电的）
electron-beam ~ 电子束熔炼炉，（电子）轰击炉
electroslag remelting ~ 电渣重熔炉
Elema ~ 埃立马硅碳棒加热炉
elemental ~ 单元炉缸，单风嘴炉缸
elevator ~ 升降底式炉
enamel(l)ing ~ 烘焙炉
equilibrium blast ~ 等风（冲天）炉
expansion ~ 前置炉膛
extended ~ 前置炉膛，前置燃烧室
external ~ 炉外燃烧室，外置炉膛
fag(g)oting ~ 压块加热炉
ferric blast ~ 焦炉型高炉（焦煤在高炉上部成焦炭）
fining ~ 精炼炉
fire-cloud ~ 碳粉电气淬火炉
flame-contact ~ 反射炉
flat bottom ~ 平炉底炉膛
flowing ~ 熔化炉
flue ~ 火管燃烧室
fluid bed ~ 流态砂浴炉，流动粒子炉
fluidized ~ 流动粒子炉，流床式炉
foundry air ~ 铸工空气炉，熔化生铁的火焰炉
full-size ~ 满容量炼炉
fully-water-cooled ~ 全水冷壁炉膛
furnaceautomatic metal feeding ~ 金属自动浇铸炉，自动加（金属）料炉
furnaceelectric shaft ~ 竖井式电炉
furnacelongitudinal sloping hearth ~ 斜底式炉
furnace-operatorsmothered-arc ~ 埋弧电炉
gas curtain ~（保护）气体帘幕热处理炉
gas-fired reverberatory ~ 煤气渗碳炉，煤气反射炉
general purpose batch type ~ 可控气氛箱式炉
glass ~ 玻璃熔炉
glass tank ~ 玻璃池炉（熔制玻璃的）
glass-tank ~ 玻璃浴炉
glasstreating ~ 玻璃热处理炉
glowing ~ 淬火炉
grate ~ 炉排炉，层燃炉
grate-fired ~ 层燃炉膛，链条炉炉膛
gravity-discharge ~ 自卸炉
Greaves Etchell ~ 大电极型弧阻式电炉
hand fired ~ 手烧炉膛
hand-rabbled ~ 人工搅拌炉
hand-raked ~ 人工耙火炉
hardening ~ 淬火炉，硬化炉
hearth ~ ①平底炉②高壁炉，墙壁高炉③膛式炉
Hering ~ 赫林电炉（熔料靠磁压流动）
Heroult ~ 三相电弧炉，赫罗尔特式电炉
Herreshoff ~ 窄轴式多腔焙烧炉
high ~ 竖炉，高炉
high shaft ~ 高竖炉
holding ~ 混合炉，保温炉
homogenizing ~ 均化炉
horizontal bottom ~ 平炉底炉膛
horizontal diffusion ~ 卧式扩散炉
horse-shoe type ~ 马蹄型炉膛

hump-back conveyor ~ 驼峰式炉（通氢的网带式炉）
hydrogen brazing ~ 氢气硬焊炉，氢气钎焊炉
ignition ~ （带式烧结机的）点火器，点火炉
image ~ 聚集炉
immersion ~ 沉渍式保温锅
imperial smelting ~ 铅锌鼓风炉
improving ~ 精炼炉
in-and-out-type (heating) ~ 分批装料出料式（加热）炉
incinerator ~ 焚烧炉（树脂砂再生用）
induction ~ 感应电炉
inert-atmosphere ~ 惰性气氛〔体〕保护（加热）炉
in-hearth-out-hearth ~ 旧砂（干法）再生炉
insulated ~ 热处理绝热炉
intelligent arc ~ 智能型电弧炉
internal ~ 内（置）炉膛，炉胆
investment burn-out ~ 燃烧脱蜡炉
iron-and-steel ~ 黑色冶金炉
iron-melting ~ 化铁炉，熔铁炉
iron-pot ~ 铁锅熔化炉
Keller ~ 凯勒式直接电弧炉
kettle ~ 倾动式保温炉
Krupp ~ 粒状碳电阻炉
kryptol ~ 碳粒炉
ladle ~ 盛钢桶炉
large-bore ~ 大口径炉
layer coal ~ 层燃炉
Lectromelt ~ 还原熔炼电弧炉
levitation ~ 浮悬熔炼炉
lift beam ~ 升降杆送料炉
liftout crucible type ~ 坑式坩埚炉
line-frequency ~ 工频（感应电）炉
link belt conveyer ~ 环链式炉
liquid ~ 浴炉
liquid-bath ~ ①熔炉②液态除渣炉膛
live-bottom ~ 单电极（炉底通电）电弧熔炼炉
locomotive ~ 机车火箱
low-blast ~ 低压鼓风炉，低压高炉
lowering ~ 下移烧结炉
low-shaft blast ~ 矮高炉
main frequency ~ 工频感应（加热）炉
maintaining ~ 保温炉
Martin ~ 平炉，马丁炉
merchant ~ 工厂熔炼炉
mill ~ 加热炉，预热炉
mixer ~ 混铁炉
mobile-hearth ~ 炉底移动式电炉
muffle ~ 马弗〔隔焰，点火〕炉
multiple chamber ~ 多室式炉
multiple-hearth ~ 多床炉，多膛炉，旧砂（干法）再生炉
Nichols-Herreshoff ~ （双层中心轴的大型）多膛焙烧炉
normalizing ~ 常化炉，正火炉
notched ~ 锯条底炉
nuclear ~ （核）反应堆
one-stor(e)y ~ 单层炉
one-way fired ~ 单向火焰炉，单室炉
open ~ 敞开炉
open coil annealing ~ 松卷退火炉
open flame ~ 有焰炉
open-hearth ~ 平炉，马丁炉
open-hearth rolling ~ 可倾式平炉
open-hearth steel ~ 平炉
open-hearth tilting ~ 可倾式平炉
ore ~ 熔矿炉
oven-type ~ 箱式炉
pack heating ~ 叠板加热炉
pair(-heating) ~ 薄板坯加热炉
parallel-arc ~ 并联电弧炉
patenti(zi)ng ~ 铅淬火炉，铅浴加热炉
periodical ~ 周期式作业炉，分批作业炉
pilot ~ 中间工厂试验炉
pipe ~ 管式炉
pit ~ 井式加热炉，坑炉，均热炉
plasma ~ 等离子体加热炉
polymerization ~ 聚合室
pool ~ 反射炉，床炉
pot ~ 有内罩的退火炉，罐式炉，浴炉，坩埚炉
pot melting ~ 罐熔炉
press pouring ~ 气压浇注炉
pressurized ~ 微正压炉膛
primary ~ （液态除渣炉膛的）熔渣室
producer ~ 煤气发生炉
puddle ~ 搅炼炉，炼铁炉
pulling ~ 拉晶炉
pull-out-type crucible ~ 可拆式坩埚炉
pulverized coal ~ 室燃炉
pusher ~ 推杆式（半连续）炉
pusher tray ~ 推盘式炉
rabble ~ ①搅拌炉②（带耙的）机械多层焙烧炉

radiant tube ~ 辐射管式炉
radiation resistance ~ 辐射电阻炉
recovery ~ 蓄热式炉
recuperative ~ 换热炉
reeling ~ （带卷取机的）卷取炉
regeneration crucible ~ 蓄热坩埚炉
report ~ 标定（金银）精炼炉
resistance ~ 电阻炉，电炉
resistor ~ 电炉
retort ~ ①蒸罐炉，甑式炉②马弗炉③套炉，隔焰炉
reverberating ~ 反射炉，倒焰炉
reverberatory ~ 反射炉
rocker-bar ~ 摇杆推料炉，步入式加料炉
rocking ~ 摇摆电弧炉，可倾炉，回转炉
roll-down ~ 斜底式炉，滚式炉
rotary ~ 转底炉，环形炉
rotary hearth ~ 转底炉
rotary type heating ~ 旋转式加热炉
salt-bath ~ 盐浴（退火）炉，盐浴（退火）槽
Schneider ~ 施奈德高频感电炉
secondary ~ （双液态除渣炉的）燃尽室
semirotary melting ~ 可倾式熔炉
shaft ~ 高〔井式，竖〕炉
shaft crucible ~ 竖筒坩埚炉
shaker hearth ~ 摇动炉底炉，振底式炉
sheet ~ 薄板（加热）炉
shock bottom ~ 振底炉
shower ~ 悬浮炉（直接还原用）
Siemens-Martin ~ 平炉，马丁炉
single-stack ~ 单烟筒式炉
skull ~ （真空自耗）凝壳炉
skull melting ~ 渣壳熔炼炉，熔渣炉
slag-drip ~ 液态除渣炉膛
slagging-bottom ~ 液态除渣炉膛
slag-tap ~ 液态除渣炉膛
sloping hearth ~ 斜底式炉
slot-type ~ 缝式炉
smith forging ~ 手锻炉
soaking ~ 均热炉
softening ~ （铅精炼）软化炉
solar ~ 太阳能炉
spalling ~ 散裂炉，耐火材料热稳定性试验炉
split ~ 开缝炉
spreader-stoker-fired ~ 抛煤机加煤锅炉
steam-generating ~ （饱和）蒸汽锅炉
steam-jet ~ 蒸汽喷射送风的层燃炉
steel-smelting ~ 炼钢炉
Sterling ~ 斯特林炼锌电弧炉
Stobie ~ 司托比耶炉（无铁心的感应电炉）
stoker-fired ~ 机械加煤燃烧炉
straight-draft ~ 直接通风炉
straight-line ~ 直流炉膛
stress relieving annealing ~ 消除应力退火炉，低温退火炉
superheater ~ 布置过热器炉体的炉膛（双炉体锅炉）
sweat ~ 热析炉
swing-roof ~ 旋转炉顶（电）炉
tangent bare water-tube-type ~ 光管密排全焊水冷壁气密炉膛
tangent pitch tube ~ 密排管炉膛（无间隙），切〔接〕管炉膛
tank ~ 浴炉，槽式炉
teeming ~ 铸造（电）炉
tempering ~ 回火炉
thermostatically controlled ~ 电路恒温调节炉
through ~ 直通炉
tilting ~ 可倾（动）〔回转，倾注〕炉
tilting crucible ~ 倾动式坩埚炉
top hat annealing ~ 罩式退火炉
top-feed oxygen bessemer ~ 顶吹氧气转炉
tower ~ 竖炉，塔式炉
travel(l)ing ~ ①三段式炉，②活底炉，输送带式炉
triple-fired ~ 三段式炉
tube ~ 管式炉
tubular pyrolysis ~ 管式裂解炉
tubular retort ~ 管式套炉
tunnel ~ 隧道式烘炉，隧道式退火炉
twin ~ 双炉膛
two-zone ~ 双温区炉
underfeed ~ 下供燃料炉膛，下筒式炉膛
underfired ~ 热底式〔热处理〕炉
underground ~ 坑炉
updraft ~ 直焰炉
uphill ~ 倾斜炉
uranium ~ 铀反应堆
vacuum ~ 负压炉膛，真空炉
vacuum electric arc ~ 真空电弧炉
vertical ~ 井〔立，坑〕式炉
vibrating plate ~ 振底炉
walking bean ~ 步进式炉
warm-air ~ 空气加热器，热风炉
water-evaporating ~ 水冷壁炉膛
water-jacket ~ 水套冷却炉

water-walled ~ 水冷炉膛
welding ~ 烧结炉，焊管坯加热炉
well-type ~ 井式炉膛（具有下部前置炉膛的液态炉）
wet bottom ~ 液态排渣炉膛
wind ~ 自然通风式炉
furnace-operator 熔炼工，炉工
furnish ①供给，供应②保证③装备，配备
furnisher ①给浆辊〔筒〕②喂纱器，给纱器
furniture ①用具，设备②（轧辊导卫）装置③附属品④填充材料
furol ①糠醛②重油
Saybolt ~ 赛波特重油黏度计
furring ①（刮去）锅垢，水锈〔垢〕②成苔作用（蓄电池中负极生成海绵状铅）
furrow ①沟槽②起皱纹
scratch ~ ①深槽②深划痕
fusation 熔化
fuse ①熔线〔丝〕②引信，信〔爆，雷〕管，导火线③熔断器④熔解，熔化
~ of instantaneous detonating（=FID）瞬发起爆导火索
acoustic ~ （感）声引信，声信管
ambient ~ 周炸引信
antiaircraft ~ 高射炮弹信管
anti-surge ~ 防电涌熔丝
back-up ~ 熔丝
band ~ 条形熔丝
base ~ 弹底引信
bimetal ~ 双金属熔丝
bridge ~ 桥接熔丝，插接熔丝
cartridge ~ 熔丝管，管形熔丝
clockwork(-driven) ~ 钟表（定时）引信
command ~ 指令引信
contact ~ 触发引信
cut-out ~ 断流熔丝，保险装置
deion ~ 去电离熔丝
depth charge ~ 深水炸弹引信
detonating ~ 爆炸引线，引爆线，导爆索，火药导线
distribution ~ 布线熔丝
electric ~ ①电雷管②电熔丝
electronic proximity ~ 电子近炸信管
enclosed ~ 封闭式熔丝，管形熔断片
frequency-modulated ~ 调频引信
grass-hopper ~ 弹簧保安器
Hi-cap ~ 大切断功率熔丝，大容量熔丝
high rupture capacity ~ 高分断能力熔断器
hi-rap ~ 快速熔断器
horn ~ 角式熔断器
hydraulic ~ 液压熔断器，膜片式液压保险
hydrostatic ~ 水雷水压引信
ignition ~ 导火线
indicating ~ 指示熔断器
inertia ~ 惰性引信
influence ~ 感应〔定距，定时，无线电，不接触式〕信管
limiting ~ 限流熔断器
link ~ 链熔线，熔线片
liquid ~ 液体熔丝，熄弧熔断器，充油熔断器
main service ~ 总火线熔断器，进户线熔断器
non-delay ~ 瞬发引信
nose ~ 弹头引信
oil ~ 油浸熔丝
oil-break ~ 油熔断器
open ~ 明熔丝，敞开型熔丝，敞开型熔断器
open wire ~ 开启型熔断器
percussion ~ 触发引信
plate ~ 熔片，片状熔断器
plug ~ 熔线塞
power ~ 电力熔断器，高电流熔断器
pressure-release action ~ 松发引信
primary ~ 一次侧〔初级〕熔断器
proximity ~ 近炸信管
pull (action) ~ 拉发引信
pull-out ~ 插入式熔断器〔熔丝〕
radio ~ 无线电信管
reclosing ~ 重合熔断器
release ~ 松发引信
renewable ~ （可）再用（的）熔丝
safety ~ 熔丝，安全熔线〔引信〕
self-mending ~ 自复熔断器
time ~ 定时信管，限时熔线
tube ~ 管形熔断器
fuse-alarm 熔丝（烧断）信号
fusee ①均力圆锥轮（钟表）②均力器，发条轮③引信〔线〕，信管④火箭发动机点火器⑤火管信号，红色闪光信号灯⑥防风火架⑦蜗形绳轮
going ~ 发条轮，保力式均力圆锥滑轮
hollow ~ 空心发条盒，空心均力圆锥滑轮
right-hand ~ 右圆锥滑轮，反装均力圆锥滑轮
fuselage 机身，弹体
fuser 熔合器
fuse-resistor 熔丝电阻器
fuse-switch 熔线开关，熔丝开关

fusibility ①易熔性，可熔性②熔度
fusible 易熔的
fusiform 两端尖的，流线型的
fusing ①熔融〔断，解，合〕②（固体燃料火箭发动机的）发射，起动
autogenous ~ （乙炔）气割
spray ~ 喷熔
fusion ①熔融，熔化，熔合，融合②熔接③汇合，合流④合成⑤（核）聚变⑥汇合点
aqueous ~ 水融，结晶体在结晶液中融化
atomic ~ 核聚变
caustic ~ 碱熔（法），苛性碱熔解
colo(u)r ~ 色融合
controlled ~ 受控（核）聚变
data ~ 数据融合
incipient ~ 初熔
incomplete ~ 未焊透
inertial-confinement ~ 惯性约束聚变
laser ~ ①激光核熔融②激光（热核）聚变
laser-activated ~ 激光引发核聚变
magnetic-confinement ~ 磁约束聚变
nuclear ~ 核聚变，核熔融反应
poor ~ 未焊透
sand ~ （化学）粘砂
thermonuclear ~ 热核反应，热核聚变
vacuum ~ 真空熔化
visual ~ 视熔，目力配合，视觉汇合
watery ~ 结晶熔化
Fussell 下行算法
fust 柱身
Futurebus 面向未来总线（新一代高速运算处理器数据传输通道）
Futurebus Future 总线，未来总线（一种计算机处理器总线）
futurology 未来学
fuze =fuse
fuzz ①外来的，微噪声②绒毛，微毛
fuzziness 模糊，不清晰（图像）
fuzzing 纸张起毛
fuzzing-out ①渗散，散布②散焦，去焦
fuzznet 模糊（神经）网
fuzzy ①模糊的②失真的
~ control 模糊控制
~ evaluation 模糊评价
Fyrite 富赖特二氧化碳测定仪

G

g　①重力加速度②载荷单位（1 *g* 表示载荷等于重量，2 *g* 表示载荷等于重量的 2 倍，余类推）

gab　①凹节（偏心盘杆的）②孔，开口，切口③槽，凹槽④钩子，挂钩

gabarit(e)　①限界，外形尺寸②轮廓，外形③模型④样板，曲线板

gabbro　辉长岩

gable　①山墙，三角墙②尖底矿车③山形齿沟底面

gab-motion　偏心轮配汽，凸轮配汽

gad　①测杆（测量用）②车刀，切刀③销，键④塞尺，量规

gadder　①凿岩机②风镐③钻机车，穿孔器（石工）

gadget　①附〔机，零，小配〕件，小器具②装置，设备③配置④技术新发明

green ~　无干扰雷达设备

pressing ~　（服装的）打包机

gadgetry　①小机件②小发明

gadiometer　磁强梯度计

gadolinium　钆（Gd）

gaff　①钩杆，攀钩，带钩阀②大应力，繁重工作（零件的）③桅上斜杆④（弯齿）鱼叉

gaffer　①照明电工（电影，电视的）②工头，领班

gaffing　剥离，擦伤

gag　①闭塞，堵塞，塞盖，塞铁，堵头②压紧装置，压板，夹持器③调整楔块（使浮动凸模起作用）④校直钢轨（用压锤）⑤离合垫片（使浮动凸模工作）⑥抬起滚轮装置（滚轮送料的）⑦停住

hold-down ~　压紧装置（剪切机的）

oil ~　液压压紧装置

gage　=gauge

gagger　①造型〔铸模〕工具②铁骨，砂芯，撑，撑子，型芯撑③小钩，砂型吊钩，吊砂钩④（型材）辊式矫正机⑤校正轨距的工人，冲压工，锻模工

gagging　冷矫正，矫直，压平

gahnite　锌尖晶石（$ZnAl_2O_4$）

gain　①增益，放大，利益，增量②获得，达到，增进，渐增③（在…上）开〔刻〕槽，镶入榫槽，以榫槽支承，用腰槽连接，榫接

actual ~　有效增益

algebraic ~　代数增量

altitude ~　爬高

autopilot ~　自动驾驶仪传动比

breeding ~　增殖增益（反应堆的）

brightness ~　亮度增益

carriage ~　走车加速

closed loop ~　闭环增益

common-mode ~　共模〔共态，同模〕增益，同相输入

conversion ~　转换增益，变频增益

crystal ~　晶体放大系数

current ~　电流增益

difference mode ~　差模增益，差分信号增益

differential ~　微分增益

differential burst ~　色同步信号微分增益

directional ~　指向性增益〔指数〕

directive ~　指向性增益，定向增益，天线定向作用系数

directivity ~　指向性因数

diversity ~　分集增益

dynamic ~　动态增益

enthalpy ~　热函增加

extrinsic ~　非本征增益

feedback ~　反馈增益

finite ~　有限增益

forward ~　正向增益

fractionated ~　局部放大

full ~　全〔满，总〕增益

heat ~　发热剂

incremental ~　微变量增益

insertion ~　插〔介〕入增益

intensifier ~　增强器增益，增强器放大倍数

inverse ~　反向〔输出 - 输入端方向的〕增益

kinematical ~　运动放大

level-dependent ~　电平相关增益

loop ~　环路增益，回路增益，（控制）回路放大（系数）

luminance ~　亮度增益

maximum available ~　最高可用增益

multiplier ~　光电倍增管放大系数

net ~　净利益

on-axis ~　（卫星天线的）轴向增益

open-loop ~　开环增益

power ~ 功率增益，功率放大系数
proportional ~ 比例增率（水轮机调速器的输出输入百分比）
radio ~ 无线电增益，电波增益
red ~ 红色（信号）增益
ride ~ 控制增益
(sound) transmission ~ 传声增益
stage ~ （放大）级增益
storage ~ 累积增益
total enthalpy ~ 总增焓
unit (y) ~ 单位增益
variable ~ 可变增益，可变放大（率，因数）
video ~ 视频增益，视频信号放大
voltage ~ 电压增益，电压放大
weight ~ 重量的增加

gaine 盒子，套，罩，箱，壳

gaining ①线担槽（木电杆）②收入③（pl.）利益

gaiter 腿〔防尘，防护，波纹〕罩

gal ①伽（重力加速度单位，1 伽 =10^{-2} m/s^2）②加仑的缩写（=gallon）

galactometer 乳（比）重计

galaxite 锰尖晶石

galaxy 银河系

galena 方铅矿，硫化铅

Galileo 重力加速度单位，伽，Gal

gall ①擦伤，磨损，塑变②漏耕〔播，割〕

gallery ①工作台，平台②纵槽（润滑油槽）③灯罩架④架空过道，走廊，廊〔风，巷〕道⑤栈桥
bus ~ 母栈桥
engine oil ~ 发动机（润滑）油路
oil ~ 油沟，回油孔
oil cooling ~ 油冷通道

g-alleviation 过载减弱，加速度作用减弱

galley ①长方形炉（冶金）②校样③军舰舰长用艇，大木船

Gallimore 镍铜锌系合金（*w*（Ni）45%，*w*（Cu）28%，*w*（Zn）25%，*w*（Fe+Si+Mn）2%）

galling ①金属磨损，擦伤，拉毛，（齿轮）塑变②黏结（粉末冶金）③滞塞，咬住，卡住④擦伤的粗糙面

gallium 镓（Ga）

gallon 加仑（①液量单位，英制：1 加仑 =4.546 L；美制：1 加仑 =3.785 L ②干量单位，1 加仑 =1/8 bushel≈4.405 dm^3）
imperial ~ 英制加仑（1 英制加仑 =4.546 L）
U.S ~ 美制加仑（1 美制加仑 =3.785 L）

gallonage ①（美国）以加仑计的汽油消耗量②以加仑计的容量

gallon-octane 加仑 - 辛烷值（加仑量与辛烷值的乘积）

gallop ①发动机不正常运转，运转不稳定②飞奔

galloping ①飞车（汽油发动机由于过浓燃料混合气而不正常运转），运转不平稳②（导线的）舞动，跑，奔驰
conductor ~ 导线舞动
full-span ~ 整个档距舞动

gallows ①架子，挂架②吊线机，吊线架③门式〔盘条〕卸卷机
frame ~ 门形吊架（龙门起重架）
roll ~ 前导轮架式单铧犁，双轮单铧犁

gals 加仑

galvanic ①（电池）电流的②电镀的③不自然的

galvanism ①电（动）势序，电位序，电压序列，由原电池产生的电，流电（学）②（流）电疗（法）

galvanization ①电镀，镀锌②通电流③电疗
wire ~ 钢丝镀锌

galvanize 电镀，镀锌

galvanized 镀锌（的），电镀（的）

galvanizer ①电镀工，电镀器②镀锌铁丝，铅丝

galvanizing ①电镀器②电镀，镀锌
~ by dipping 热浸镀锌
cold ~ 电镀锌
dry ~ 干熔剂镀锌
vapo (u)r ~ 汽化镀锌

galvannealing 镀锌层扩散处理（将热镀锌铁保温于 450 ℃以上而形成合金的处理）

galvanocautery 电烧灼

galvano-chemistry 电化学

galvanograph ①电流记录图②电镀版，电铸版③电铸版印刷品

galvanography ①电镀法②电流记录术③电（铸制）版术

galvanoluminescence 电解〔流〕发光

galvanolysis ①电镀制版术②电解

galvanomagnetic 电磁的

galvanomagnetism ①电磁②电磁学

galvanometer 电流计，检流计
aperiodic ~ 不摆电流计，直（接）指（示）电流计，大阻尼电流计
astatic ~ 无定向电流计
Ayrton-Mather ~ 埃廷 - 梅则电流计（可动线圈中无铁心）
ballistic ~ 冲击电流计，冲击检流计
bifilar ~ 双线检流计

center-point ~ 中心零位电流计
circular ~ 圆形电〔检〕流计
coil ~ 线圈型电流计
dead beat ~ 不摆电流计,(快)速(指)示电流计
Deprez-d'Arsonval ~ 磁电式电流计，德普列-达森瓦电流计
galvanometrydifferential ~ 差动检流计
loop ~ 回线电〔检〕流计
marine ~ 船用电流计
mirror ~ 镜示〔式〕检流计
moving coil ~ 圈转电流计
moving magnet ~ 磁转电流计
needle ~ 磁针电流计
potential ~ 测量电位的电流计
quantity ~ 电量检流计
reflecting ~ 反射〔镜式〕电流计
spot ~ 光点电流计
strain ~ 张力〔应变〕检流计
stress ~ 压缩电流计，应力检流计
string ~ 弦线电〔检〕流计
superconducting ~ 超导电流计
tangent ~ 正切电流计
thermal ~ 热效式电流计，温差(电偶)电流计
torsion ~ 扭转式检〔电〕流计
tube ~ 电子管检〔电〕流计
galvanometry 电流测定法
galvanoplastic 电铸(技术)的，电镀的
galvanoplastics 电铸(术)，电镀术
galvanoplasty =galvanoplastics
galvanoscope 验电器
galvanoscopy 用验电器验电的方法
galvanostatic 恒电流的
galvanotaxis 向电性，趋电性
galvanotropism ①向电性，趋电性②电流培植法
galvano-voltammeter 伏安计
galvo 检流计
gamboge ①藤黄(树脂)②橙黄色
gambrel 双钩吊具，复斜屋顶
game 对策，博弈，游戏机
computer ~ 计算机对策〔游戏〕
constrained ~ 约束博弈(数)
matrix ~ 矩阵对策
restricted ~ 约束对策，限制对策
simulation ~ 模拟计划〔活动〕，仿真对策
zero ~ 零博弈
gamepad 游戏操纵杆
gamma ① γ，伽马(磁场强度单位，$1\ \gamma=10^{-2}(4\pi)^{-1}\ \mathrm{A\cdot m^{-1}}$)②灰度〔非线性〕系数③反衬度(声学)④ γ 辐射，γ 量子⑤微克
~ of picture tube 显像管灰度系数
display ~ 重显灰度
effective ~ 有效灰度系数，有效 γ 值
hard ~ 硬 γ 量子
overall ~ ①总非(直)线性系数②总灰度系数③总反差系数，总伽马
point ~ 对比系数的微分值，灰度〔非线性〕系数
prompt fission ~ 瞬发(裂变)伽马，辐射，量子
unity ~ γ 等于 1
gammagraphy γ 照相术，辐射照相术
gamma-iron γ 铁，面心立方型纯铁
gammametry γ 辐射测量法
gamma-phase γ 相
gammaradiac γ 辐射计，γ 剂量探测仪器
ship ~ 船用 γ 辐射级仪
gamma-ray γ 射线，丙种射线
gammasonde γ 探空仪
gamma-spectrometer γ 分光计
gamma-spectroscopy γ〔辐射〕谱学
gammate γ 校正单元
gammatron γ 管(电子管的商品名)
gamut ①音阶，音域②色域③全量程
colo (u)r ~ 色域
gang ①班，组(工人)②组，套(设备，仪表等)③插口口数④成本的，成套的⑤同轴的，联动的，同调的
~ of cavities 多槽模型，多模穴模型
ganged 成组的，成套的，连接的，联动的
ganging ①机械连接②安在同一根轴上，同轴，共轴③同调④聚束，成组，成群(电子的)
gang-mounted 组装的
gang-operated 同轴操作(双联，三联)的
gang-saw 排锯
gangue ①脉石②石③矿渣④尾矿
gang-up (机器)编组，联结成组
gangway ①过道②跳板(横越轧制生产线的)③舷门，出入口④平台⑤(铸)流道
buggy ~ 运输巷道
flying ~ 天桥
GANIL 甘尼尔(法国国家重离子加速器)
ganiometer 测角器
ganiometry 测向，测角术

gan (n)ister 硅石，硅线石

gantry ①龙门起重机，高架起重机②起重机的构台，门形构架，台架，支柱，支承结构③雷达天线④横动桥形台⑤（桥形）跨轨信号架⑥导弹发射架

cross ~ ①横动桥形台②（桥形）跨轨信号架

pack away ~ 微型龙门起重机（折叠后可包装）

platform ~ 平台式龙门架

slab turning ~ 初轧板坯翻转吊车

transfer ~ 龙门起重机，高架起重机

gap ①间隔，间隙，空隙②凹陷，缺口，开口③通道，（压力机的）喉口④差距，分距，距离，范围⑤辊隙，辊缝，火花隙，谐振腔缝，信息间隙⑥跨轨信号架，导弹发射架，放电器

access ~ 存取差距

active roll ~ 轧辊的有效开口度，轧辊的工作开口度

air (-borne) ~ 气隙

anchor ~ 衔铁间隙，火花隙

arc ~ 弧（光间）隙，放电隙

armature residual ~ 衔铁（防粘）余隙

ball spark ~ 球形火花隙

band ~ 能带隙

bar ~ 棒形放电器

block ~ 信息组间隙，程序段间隔，块间隙

buffer ~ 衬垫间隙，缓冲间隙（衔铁的）

buncher ~ 输入谐振腔隙，聚束隙

catcher ~ 捕获隙（输出共振腔隙）

contact ~ 触点间隙

control ~ 可控间隙，调整间隙

coolant ~ 冷却介质间隙

corona-point ~ 电晕放电尖端间隙

cross ~ 间〔余，空〕隙，交叉间隙

delta-function ~ 无限窄（加速）间隙

demand ~ 供需差距，需求不足

differential ~ ①微差隙②不可调间隙

drawing ~ 拉延间隙

electrode ~ 电极间距

end ~ 端隙

energy ~ 能量曲线中断处，禁（能）带宽度，能量范围，能域，能级距离

entry ~ ①翼隙进口②啮入间隙

exit ~ 翼隙出口

expansion ~ 膨胀缝，温度隙

expulsion ~ ①冲出式（熔丝）保护放电器②与冲击熔丝串接的灭弧间隙

external series ~ 外串联间隙（管型避雷器的）

forbidden ~ 禁隙

fork ~ （音叉）叉隔

free ~ 游隙，活动间隙

head ~ ①磁头间隙②（卡马希）锡基合金（w（Cu）12.5%，w（Pb）1.2%，其余 Sn; 或 w（Cu）3.7%，w（Sb）7.5%，其余 Sn）

heel ~ 尾部气隙，根部气隙

heel air ~ 尾部空气隙（继电器）

horn ~ 角隙，角放电器〔火花隙〕

information ~ 信息差距，信息落后

initial ~ 起始间隙（接触焊时两焊件间间隙）

interblock ~ ①字组间隙，字区间隔②信息间隙

interrecord ~ ①记录间隙，记录间隔②字区间隔

interword ~ 字间隙〔隔，距〕

joint ~ （焊）接缝

keying ~ 键槽

leakage ~ 漏泄间隙

lightning ~ 避雷器放电隙

line ~ ①线路避雷器②线隙

magnet (ic) ~ 磁隙，磁极间空隙

main ~ 主间隙

miscibility ~ 溶混性间隔

neck ~ 辙叉喉间隙

open ~ ①开式放电器②开启气隙

piston ring free ~ 活塞环自由开口环间隙

plain ~ 空气隙放电器，简易放电器

plug ~ 火花塞的火花间隙

pole ~ 极间空隙，极隙

protective ~ ①保护放电器②安全隙，保险隙

quasi-energy ~ 准能隙，准禁带宽度，准能级距离

quenched ~ 猝灭式放电器，猝灭火花隙

radio-frequency ~ 射频放电器

rail ~ 轨隙

record ~ 记录间隙，记录间隔

reproducing ~ 放音缝隙

resonant ~ 谐振空隙

ring ~ 活塞环（切口间）隙

rod ~ 棒状放电器，同轴电极间火花隙

roll ~ 轧辊的开口度，辊间距离，辊缝〔隙〕

root ~ ①根部间隙②焊缝根部面积

rotary ~ 旋转放电器，旋转火花隙

safety ~ ①安全隙②安全放电器

section ~ 分段间隔，重叠间隔

semantic ~ 语义差距（语音识别）

series ~ 串联放电器

solubility ~ 溶度间隔

spark ～ ①火花隙②火花放电器，避雷器
sphere ～ 球间隙，球状放电器
starter ～ 起导间隙
stud ～ 衔铁撑杆〔传动杆〕间隙
subdivide ～ 分割间隙
technology ～ 技术差距，技术落后
track ～ 磁道间隙〔隔〕
triggered ～ 电花隙避雷器
welding ～ 焊件装配间缝
word ～ （串行数据的）字间间隔，字距

gap-choke 空气隙铁心扼流圈
gape 裂口，裂缝，开裂
gapfiller ①裂缝填充物②雷达辅助天线（补偿主天线辐射的盲区）
gaping 缝隙
gapless 无间隔，无间歇系统
gapped 有间隙的，豁裂的
gapper 间苗机，疏苗机
gapping 不紧密接触（机械的）
garage ①汽车库②飞机库③汽车修理厂④掩体
garbage ①垃圾②（弹道上的）碎片③作废〔残杂，混乱〕信息，无用数据〔存储单元〕，废物，废纸④习惯上约定的字符⑤失去控制的人造卫星
free ～ 自由无用单元
garbage-in 无用输入
garbage-out 无用输出
garble 电信号失真
garbled-statement 错用语句
garboard 龙骨翼板
GARDEN GARDEN 计算机语言
garden-engine 庭园用小型抽水机，园艺用泵
garder 测油探尺，油取样器
gargle 变音（在 20 ～ 200 Hz 范围中起伏变化）
gargoyle 一千磅可操纵的炸弹
garland 环形排水槽（高炉上的）
garment 外表，外层，包皮
garnet ①石榴石②金刚砂③装卸货物用的复滑车④深红色
rare-earth-iron ～ 稀土铁石榴石
yttrium ～ 钇（石）榴石
yttrium aluminum ～ （YAG）钇铝石榴石
yttrium iron ～ （YIG）钇铁石榴石
garnierite 硅镁镍矿
gas ①气（体）②煤〔天然，燃，沼〕气③毒气④充气⑤放气，排气⑥〔美〕汽油，挥发油
active ～ 活性气体，腐蚀性气体
air ～ 汽油蒸汽饱和的空气，油气混合物，可燃混合物，含空气的煤气
air zero ～ 纯碳氢气体
arcing ～ 电弧气体
B ～ 高炉煤气
backing ～ 背衬气体，背面保护气体
blanket ～ 保护气体
blanketing ～ 填充气（层，垫）
blast furnace ～ 鼓风炉煤气，高炉（煤）气
blowback ～ 泵回气体
blue ～ 蓝煤气（即水煤气，燃烧时有蓝色火焰而得名），氰毒气
blue water ～ 蓝水煤气
buffer ～ 缓冲气体
C ～ 焦炉煤气
carrier ～ 载（运）气（体），控制气体，输运气体
casing head ～ 油井〔油田〕气，天然气，套管头气体
chamber ～ 铅室气
chromatograph-mass spectrometer ～ 气相色谱 - 质谱联用仪
compressed natural ～ 压缩天然气
converter ～ 转炉炉气
counter ～ 计数管填充气，计数管气体填料
cylinder ～ 储气瓶中的压缩气体
discharge ～ 废气
dust-laden ～ 含尘炉气〔气体〕
earth ～ 天然气，天然煤气
effluent ～ 废气，烟道气，排出的气体
electron ～ 电子气〔云〕
elementary ～ 单质气体，气态元素
eluant ～ 洗脱（用）气体
end ～ 尾〔废〕气
endothermic ～ 吸热型气体
enrich ～ 富化〔渗碳〕气
enriched reactant ～ 浓集反应气体
exit ～ ①排气，废气，排出的气体②高炉煤气
exothermic ～ 发热〔放热型〕气体
expellant ～ 排出的气体
fire smothering ～ 灭火气
fixed ～ 定成分气体
flash ～ 扩容气，闪蒸气体
flue ～ 废气，烟（道）气
foreign ～ 杂质气体
forming ～ （氮氢）混合气体
foul ～ ①惰〔不凝〕性气体②有害气体，秽（臭）气

fuel ~ 可燃气体，气体燃料
full ~ 全燃气
high ~ 超纯气体
high-BTU ~ 高热值煤气
hot ~ 热〔废〕气，排出的气体
hot propellant ~ 炽热气体燃烧产物，炽热气体燃烧生成物
imperfect ~ 非理想气体，实际气体
indifferent ~ 惰性气体
inert ~ 惰性气体
lattice ~ 点阵气
lean ~ 贫（煤）气
liquefied ~ 液化气体
liquefied methane ~ （车用）液化甲烷气
liquefied natrual ~ 液化天然气
liquefied petroleum ~ 液化石油气
low-BTU ~ 低热值气体
luminous ~ 煤〔照明〕气，发光气体
make-up carrier ~ 补充载气
marsh ~ 沼气，甲烷
moisture-laden ~ 含〔未脱〕水的煤气
Mond ~ 半水煤气，蒙德煤气
multicomponent ~ 多组分气体
natural ~ 天然（煤）气，石油气
neutral ~ 中〔惰〕性气体
noble ~ 稀有气体，惰性气体
noxious ~ 有害〔毒〕气体，秽气
occluded ~ 包（藏）气，吸留气体
off ~ 废气
pot ~ 烧硫炉气体
power ~ 发生炉煤气，动力气体
pressure ~ 高压〔压缩〕气体
probe ~ 试验性的气体
process ~ 生产气体，生产〔工业〕废气
processed ~ 加工过的〔精制过的，脱硫〕气体
propulsive ~ 气体推进
pumped ~ 抽运气体
purgative ~ 清洗气
purge ~ 净化〔吹扫用的〕气体，排气
purified ~ 净煤气
rare ~ 稀有〔惰性，稀薄〕气体
raw ~ 未经净化的气体，粗煤气
reaction ~ 喷射推进气体（当其流出时产生推力）
real ~ 实在〔真实〕气体
reducing ~ 还原气体
refinery ~ 石油气，炼油（副产）气体
reformed ~ 改质气体
regenerative producer ~ 发生炉煤气
residual ~ 残余气（热裂解后的不凝气体）
rich ~ 富〔高热值〕煤气
rock ~ 天然气
scrubbed ~ 纯气体〔煤气〕
secondary ~ 精洗煤气
semiwater ~ 半水煤气，（用于煤气发动机的）动力气体
sewage ~ （垃圾）沼气
shield (ing) ~ 保护气体
simple ~ 微元气体
sludge ~ 沼气
sour ~ 酸气，含硫石油气
spent ~ 废气
stack ~ 烟气
still ~ 蒸〔釜〕馏气
stock ~ 炉气，高炉煤气
straight producer ~ 空气发生炉煤气
sweet ~ 无硫气
sweetened-sour ~ 脱硫（石油）气
swept-off ~ 吹除气体
tail ~ 废气
top ~ 高炉〔炉顶〕煤气
tracer ~ 检测〔示踪〕气体
transport ~ 输运〔运载〕气体
unburnt ~ 不完全燃烧的气体，未燃烧的气体
unstripped ~ 原料气体，富〔湿〕气
up ~ 废气
vent ~ 排出气体
welding grade ~ 焊接级保护气体
wet ~ 湿气，富油气

gas-bag （飞艇的）气囊，气袋
gas-bomb ①贮〔氧〕气瓶②毒气（炸）弹
gas-carburization 气体渗碳
gas-chromatograph 气体色谱法，气相色层法，色谱法分析气体
flame ~ 氢焰电离检测器
gas-constant 气体常数
gas-discharger 充气放电器
gas-dispersion 气体弥散
gaseity 气态〔体〕
gas-engine ①燃气（发动）机，内燃机②煤气（发动）机
gaseousness 气态
gaser γ 射线激射器
gasetron 汞弧〔水银〕整流器
gas-evolution 发气量

gas-fired 燃气的，煤气燃烧的
gas-fittings 煤气装备
gas-fixture ①煤气灯装置②煤气支管
gas-furnace 煤气炉
gash 裂纹，深痕，大疵
gas-heating 煤〔燃〕气供暖
gashing 切槽
gas-holder 煤气库，(贮)气柜，贮(煤)气器〔罐〕
telescopic ~ 套筒储气柜
gashouse ①煤气站〔厂，房〕②化学实验室
gasifiable 可气化的
gasification 气化〔渗碳〕(作用，法)，煤气化
gasifier 汽化器，气体〔燃气〕发生器
gasify (ing) 气化(作用)，渗碳作用
gasing 充气
gas-jet 煤气喷头，气焊枪，气嘴，气灯火焰，气体喷射
gasket 静密封衬垫〔圈〕，垫圈〔板，片〕，密封垫(片，板)，填料，垫料
bell-shaped crown ~ 钟形柄头防水垫圈
bonnet ~ 阀帽体密封垫圈
cap collar ~ 螺母垫圈
copper-asbestos ~ 铜包石棉垫片
fiber ~ 硬纸垫密片
flap ~ 平垫圈
ground cork ~ 压制软木屑衬垫
head ~ ①盖垫密片②气缸盖衬床盖衬片
leaky ~ 漏油衬垫
manifold ~ 歧管垫密片
metal jacket ~ 铁〔钢，金属〕包石棉垫片
mo (u)ld ~ 压制(成形的)填密片
oil seat ~ 耐油垫圈，耐油垫(密)片
post ~ 杆衬
profile ~ 异形垫圈
radiator ~ 散热器密封垫
radiator filler cap ~ 散热器加水口密封垫
release valve ~ 泄流〔减压〕阀垫密片
ring ~ 垫圈，环形垫片
satellite ~ 行星齿轮垫片
screen flange ~ 滤网凸缘衬垫
semi-metallic ~ 组合式垫片(金属和非金属相组合而成)，半金属垫片
sheet ~ 密封垫圈〔片〕，填密片
Simmer ~ 唇形〔轴密封〕垫圈
steel vest ~ 夹金属(钢)爪的石棉填密片
super ~ 耐热填密片
wire insertion ~ 金属丝基衬垫
gasketing 密封件材料，密封件型材，安装密封垫材料
gasket-mounted 板式连接的，底板安装的
gasket-sealed 衬垫密封接头〔连接〕
Gask-O-Seal 环形密封垫
gaslift 气举〔升〕(器)
intermittent ~ 间歇气举〔升〕
straight ~ 连续气举〔升〕
gas-motor 煤气(发动)机
gasmovement 燃气运动，气体运动
gaso =gasoline
gasogene =gazogene
gasohol 酒精-汽油混合燃料(一般指混有酒精体积分数10%的汽油)
gasol 石油气冷凝物，气态碳氢化合物，液化石油气
gasolene =gasoline
gasoline 汽油
alcohol blender ~ (车用)酒精汽油
artificial ~ 人造汽油
brown ~ (脱硫和脱色以前的)褐色汽油
casing head ~ 气体〔压凝〕汽油
compression ~ 压缩的天然气汽油
cracking ~ 裂化汽油
doped ~ 防爆汽油
drip ~ 液滴汽油，(捕集器)捕集汽油
ethyl ~ 乙基〔防爆〕汽油
gas ~ 天然气液化汽油
gelatinized ~ 凝固汽油
high-knock rating ~ 高辛烷值汽油
jellied ~ 凝固汽油
methanol blended ~ (车用)掺甲醇汽油
motor ~ 车用汽油
off-colo (u)r ~ 变黄汽油
polymer ~ 聚合汽油
premium-grade ~ 高级汽油
Q-grade ~ Q级〔正规〕汽油
refined ~ 重炼汽油，成品汽油
stabilized ~ 稳定〔去丁烷〕汽油
straight ~ 直馏汽油
straight refinary ~ 精制纯汽油
unleaded ~ (车用)无铅汽油
wild ~ 不稳汽油，高蒸气压汽油
gasoloid 气溶液，气胶溶体
gasomagnetron 充气磁控管
gasometer ①气量计〔表〕，煤气计(量器)②气体计数器③贮气柜〔器〕，煤气罐〔库〕，蓄气瓶

gasometry 气体定量〔分析〕
gasoscope 气体检验器
gasotron 气体〔充气管〕整流器
gasp 气喘声
gas-pipe 煤气管
gas-pressurized 气体加压的，气压供油的
gas-proof ①不漏〔透〕气的，气密的②防毒气的
gas-proofness 不透气性，气密性
gas-purifier 气体净化器
gasschaukel 气体往复流动分离器，脉动式分离器
gasser 气孔，天然气井
gassiness 多气性〔孔〕，出〔含〕气，气态，充满气体
gassing ①充〔吹〕气，放〔排〕气，放毒气②（电池）出气③起泡，产生气泡，真空管中出现气体，气体生成
~ of copper 铜气泡
battery ~ 电池电液泡
over ~ 放气过久
gas-sink 气体陷阱
gas-station 汽油站
gassy ①气体〔态，状〕的，充满气体的②已漏气的③有气孔的（金属）
gas-tanker 筒式运煤车
gas-tightness 气密性
gaston 产生"白"噪声调制信号的调制器，二甲基聚硅氧烷制剂（消泡沫药）
gastriode 充气晶体管，晶闸管
gastrokinesograph 胃动描记器
gastrophotor 胃内照相器
gastroscope 胃（窥）镜
gastroscope 胃镜
gas-tube 充气管
gas-vapo (u)r 蒸汽 - 燃气
gaswasher 气体净化器
gas-works 煤气（制造）厂
gate ①门，闸阀，逻辑〔阀〕门，（水，电）闸②门〔选通，闸阀〕电路③门〔选通〕脉冲④选通，开启通过，控制⑤脉冲选通〔时间限制〕电路⑥浇道，流道，（轧制）道次，切〔钳〕口⑦（场效应晶体管）栅，整流栅〔格〕，控制极⑧电影放映机镜头窗孔⑨栏板
~ off 断开，门开
~ on 导通，门通
~ region (of field-effect transistor) 栅区（场效应晶体管的）
~ through 通过
A AND NOT B ~ 禁止门，A"与"B 非门
A except B ~ 禁止门，A"与"B 非门
A ignore B ~ 与 B 无关的 A 门
A implies B ~ B"或"A 非门
A OR NOT B ~ A"或"B 非门
acquisition ~ ①（电视）跟踪门，目标显示门②目标信号检测门
add ~ 相加〔加法〕门
add-without-carry ~ "异"门，按位加门
aft ~ 下游〔尾水〕闸阀
air ~ 出气孔，通气道，排气口，气门
alternation ~ "或"门
alternative denial ~ "与非"门
alum ~ 铝栅
amplitude ~ 限幅门
AND ~ "与"门，"与"（逻辑）电路
AND negative ~ "与非"门
AND NOT ~ "与非"门，禁止门
AND-OR-INVERT ~ "与或非"门
anticoincidence ~ 按位加门，"异"门
arc ~ 弧形闸门
ash sluice ~ 出灰闸阀
backwater ~ 逆流防止门，止回阀
ball ~ 挡渣〔球顶补缩〕内浇道
beam ~ 电子束限制孔
biconditional ~ 双同（条件）门，恒等门，异"或非"门，"同"门
bin ~ 料斗出料口
bipolar ~ 双极性栅
blanking ~ 消隐门，消隐脉冲选通电路
bottom ~ 底注式浇道
buffer ~ "或"门
bulkhead ~ 平板〔堵水，检修〕闸阀
bunker ~ 料斗〔漏斗，矿仓〕出料口
burst ~ 定相脉冲电路，色同步门
butterfly ~ ①蝶阀②蝶形〔回转〕挡板
carry ~ 进位门
cast ~ 浇铸系统，流道
cathode ~ 阴极输出器符合线路
center ~ ①中间控制级②中心浇道
channel ~ 通道门
chute ~ 斜槽闸门
circular ~ 环形（内）浇道
classifier ~ 分选器挡板
clearance ~ 限界架，量载规，界限门
clock ~ 时钟〔同步〕脉冲门
closed silicon ~ 环形硅栅

coding ~ 编码脉冲〔选通电路〕
coincidence ~ 符合门，“与”门
colo (u)r ~ 色同步选通电路，基色信号选通电路
conditional implication ~ 隐含门
conjunction ~ “与”门
connor ~ 缝隙浇道，压边浇道
control ~ ①控制门②（场效应管）控制栅
core ~ 型芯内浇道
corner ~ （整流器的）角形控制极
counterbalanced ~ 均衡门
cross ~ 横浇道
crossing ~ 道口（岔口）遮断器，道口栏杆
cryotron ~ （冷子管）低温闸阀
cylinder ~ 气缸气门
deflector ~ 导向挡板
delayed ~ 延迟选通脉冲
difference ~ “异”门
diode steering ~ 二极管导流门
direct ~ 直浇道
discharge ~ ①卸料〔卸粮〕口②出〔排〕料口
disjunction ~ “或”门
dispersion ~ “与非”门
distance ~ ①“异”门②距离开关
diversity ~ “异”门
diverter ~ 转向门
don't-care ~ 自由“与”门（与某些输入无关的“与”门）
double ~ 双控制极，双门
double-branch ~ 双侧〔V形〕浇道
down ~ 直浇道
down-pour ~ 底注浇道
drop ~ 顶浇道
drum ~ 圆闸阀
dycmos NAND ~ 动态互补金（属）氧（化物）半导体“与非”门
dynamic ~ 动态门（电路）
early ~ 前阀门，前闸门（电路）
ECL ~ 发射极耦合逻辑门
edge ~ 缝隙〔压边〕（内）浇道
electronic ~ 电子门
elevating tail ~ 升降尾门（装在汽车上便于装卸用）
emergency ~ 检修闸阀，事故闸阀
enabling ~ 起动门
end ~ （拖车）尾板，尾拦板，尾门
equality ~ “同”门
equivalence ~ “同”门
eraser ~ 消除装置开关，擦去装置门
except ~ “禁止”门
exclusion ~ “禁止”门
exclusive NOR ~ “同”门
exclusive OR ~ “异”门，“异或”门，按位加门
exjunction ~ “异”门
extra ~ 附加门
feed ~ 进料口
fertilizer ~ 排肥出口
field removal ~ 场消除门（消除复合信号中的场脉冲的电路）
film ~ 电影放映机镜头窗孔
fin ~ 缝隙（内）浇道
finger ~ 指状浇道，分支（内）浇道
fixed ~ 固定闸阀，固定选通脉冲
flap ~ 舌瓣〔铰链式，翻板〕闸阀
flash ~ 溢料浇道
flat ~ 扁平（内）浇道
flood ~ 泄洪〔挡潮〕闸门，（防）潮门
flow ~ （内）浇道
flow-controlling ~ 节流阀
flushing ~ 冲沙〔泄〕闸门
flux ~ 磁通量闸门
fly ~ ①蝶阀②铰链阀
folding ~ 活栅〔折叠〕门
gear shift (ing) ~ （齿轮）变速滑槽
generative ~ 再生控制极
grid ~ 栅极选通脉冲
head ~ 总阀门
hinged flash ~ 舌瓣，下降式阀门
horn ~ 角形水口，角形〔牛角〕浇道
hydraulic ~ ①液压封闭器②液压闸阀
identity ~ “同”门，恒等门
if-A-then-B ~ B“或”A 非门
if-A-then-NOT-B ~ “与非”门
if-then ~ A“或”B 非门
ignore ~ 略去〔无关〕门，“无关与”门
inclusion ~ 蕴含门，或非门
inclusive OR ~“或”门
indicator ~ 显示器窗口
indium ~ 铟栅，（场效应管的）铟门极
inequivalence ~ “异”门
inhibit ~ “禁（止）”门
intensifying ~ ①增强门电路②照明脉冲
intensity ~ ①亮度闸②强度（控制）闸
intersection ~ “与”门

inverting ~ 反相门
isolated ~ 隔离栅
join ~ “或”门
joint ~ ①分型面浇道②“或”门
joint denial ~ “或非”门
junction ~ 结型栅
kiss ~ 压边(内)浇道
knife ~ 楔形〔缝隙，压边〕浇道
lap ~ 压边〔缝隙式〕浇道
late ~ 后阀门，后闸阀
lift ~ 提升式闸门
light ~ 光阀
lock ~ 闸阀
logic product ~ “与”门
logical ~ 逻辑门，逻辑选择器开关
logic-sum ~ “或”门
magnetic ~ 磁闸
magnetic core ~ 磁心门(电路)
main ~ ①主选择脉冲②主电闸
main ~ 主选择脉冲，主电闸
majority ~ 多数(逻辑)门
match ~ “同”门
matrix ~ ①矩阵门②译码器
metal ~ 金属栅
mix ~ “或”门
module-two sum ~ “异”门，按位加门
multiple bin ~ 并联料仓出口
NAND ~ “与非”门
narrow ~ ①窄选通脉冲②窄闸门
narrow-narrow ~ 超窄选通脉冲
needle ~ 打捆台穿针口
negation ~ “非”门
negative A ignore B ~ 与B无关的A“非”门
negative A implies B ~ A“与”B“非”门，“禁止”门
negative AND ~ “与非”门
negative ignore ~ 无关非门
negative OR ~ “或非”门
neither-NOR ~ “或非”门
no-delay ~ 快速快门
no-grind ~ 压边〔缝隙〕(内)浇道
noise ~ 噪声门限，噪声抑制器
nonconjunction ~ “与非”门
nondisjunction ~ “或非”门
nonequality ~ “异”门
nonequivalence ~ “异”门
NOR ~ “或非”门
normal closed ~ 常闭选通电路，常闭门，常闭阀门
NOT ~ “非”门
NOT-AND ~ “与非”门
NOT-both ~ “与非”门
NOT-IF-THEN ~ A“与”B“非”门
nozzle ~ (钢)出液口
null ~ 空〔零〕门
odd-controlled ~ 奇数控制门
offset ~ 补偿栅
one ~ “或”门
open ~ 通门
optical ~ 光闸
OR ~ “或”(逻辑)线路，“或”门
OR NOT ~ 蕴含门，“或非”门
overcut ~ 垂直启闭闸门
overflow ~ 溢流口
overinterrogation ~ 查询限制器
overlapping ~ 叠加栅
paradox ~ 附环移滚阀
partial-sum ~ “异”门
parting ~ 分型面上的内浇道
parting-line ~ (普通)内浇道，分型面上的内浇道
peg ~ 下浇道，反〔直〕水道
pencil ~ 铅笔形〔雨淋式〕浇道
picture ~ 摄影机片门
pinpoint ~ 针孔型浇道
pivot ~ 旋门
plain ~ 平面闸门
pop ~ 雨淋式浇道，管状〔笔杆〕式浇道
pouring ~ 直浇道
pressure ~ 缝隙(内)浇道
pulse ~ ①选通脉冲，闸波脉冲②脉冲门
radial check ~ 弧形节制闸门
range ~ ①距离选通脉冲，距离开关②射程波闸
rear ~ (车厢的)后折合栏板
rectangular ~ 矩形(跟踪)门，方波门，方波选通门
regenerative ~ 再生控制极
rejection ~ “或非”门
relay ~ 选通继电器
remote ~ 远控制极
restricted ~ 节流(内)浇道
ring ~ ①环形浇道口②环形闸门，环门③环形控制极
roller ~ 圆辊〔定轮〕闸门
runner ~ 横浇道

running ~ 直浇道
saw ~ 锯架
Saxophone ~ 萨克斯管状浇道
sector ~ 弧形〔扇形〕闸门
selective ~ 选通电路〔脉冲〕
self ~ 自选通电路
self-opening ~ 自动快门
set ~ 随模（样做出的）浇道
Sheffer-stroke ~ “与非”门，谢弗门
shield ~ 屏蔽挡板
shot ~ 铁丸给料溜管，铁丸通道
shower ~ 雨淋式浇口
shutoff ~ 阻断闸板
side ~ ①旁侧控制极②阶梯浇道
silicon ~ 硅栅
simple ~ 单门
sine junction ~ “禁止”门
skim (ming) (bob) ~ 挡渣浇道
skin ~ 撇渣口
sliding ~ 滑动出液口
slot ~ 长缝〔缝隙〕浇道
sluice ~ 活闸门，水闸，滑动〔冲刷〕闸门
sound ~ 伴音拾音器，声道，还音缝隙
spinner ~ 离心集渣包，旋涡渣包
spinning ~ 离心集渣浇道
spray ~ 分支（内）浇道
sprout discharge ~ （水稻插秧机的）秧门板
steering ~ 导流门
step ~ 阶梯〔分层〕浇道
stick ~ 直浇道
stoney ~ 辊轴闸门
stop ~ 水闸门
strainer ~ ①筛状浇道②滤网浇道
strobe ~ =strobing gate
strobing ~ 选通门
subjunction ~ “禁止”门
submarine ~ 下浇道
substrate ~ 衬底栅
sum out ~ 和数输出门
supercharger blast ~ 送风机节流挡板，增压器节流阀
supplementary ~ 辅助栅
sweep ~ 扫描门电路，扫描脉冲
swing ~ 摆动挡板，锁气器式挡板
swirl ~ 离心集渣浇口
switching ~ 电子开关，电子转换器
symmetrical difference ~ “异”门
synchronous ~ 同步门电路，同步选择脉冲
tail ~ ①后折合拦板②压捆室尾槽③船闸④船闸下游闸，(运河)下闸
tangent ~ 切线（内）浇道
tap ~ ①直角丝锥门②尖〔直〕角浇道
time ~ 时间门，时间选择〔通〕器，定时开启闸门电路
top ~ 顶浇浇道
touch ~ 压边（内）浇道
tractor ~ 履带式闸门
trigger ~ 触发闸门，触发选通脉冲
union ~ “或”门
valve ~ 阀门，挡板
vertical ~ （叠箱）串注浇道
vortex ~ 整流栅
waste ~ 废气〔放水〕阀
wedge ~ 楔形浇道
well ~ 浇口盆
whirl ~ 离心集渣浇道，旋涡侧滤浇道，滤渣浇道
wicket ~ ①边门②旋闸③导叶
wide ~ 宽选择脉冲，宽选通脉冲闸门电路，宽电闸
zero ~ 置零门，置零开关
zero-match ~ “或非”门

gatekeeper 守关

gateless ① pnpn 二极管，四层〔肖克莱〕二极管②无门的二极管

gate-open 门通

gateway ①网关，网间连接器，门路连接器②网间连接程序③门，入口，通路
cell interconnection ~ 蜂窝网互联网关
multicast service ~ 多路发送服务网关
packet ~ 包连接器
serving ~ 服务网关

gatewidth 门〔选通〕脉冲宽度

gather ①集合，聚〔收，采〕集，捡拾②增长③（使）导弹进入制导波束内，(汽车前轮的）前束
~ speed 逐渐加速

gatherer ①收集器，捡拾器，输送装置②导入器，导板③配页机④集（茎，禾）器
armhole ~ 上衣袖机
auger ~ 螺旋输送器
cotton ~ 落棉捡拾机
rotary ~ 轮转（滚）式配页机
stalk ~ 扶茎器

gatherer-stitcher 配（页）订（书）联动机

gathering ①聚集，集合，收获，采集②捡拾③镦粗④板材粘辊⑤蘸取玻璃溶液

data ~ 数据收集
electric ~ 电热镦锻加工
light ~ 聚光本领〔能力〕
metal ~ ①镦粗②金属爆炸差厚成形法
gather-write/scatter-read 集中写分散读
gating ①选通，开启，闸，控制②浇注系统，(开)浇口③轻微漏光
~ in range 测距的选通
multiple ~ 多直浇道浇注系统
parting ~ 中注式浇注系统
riser ~ 冒口浇注，撇渣暗冒口浇注系统
streamlined ~ 流线型浇道
time ~ 时闸，按时选通
top ~ 顶注式浇注系统，顶浇(法)
video ~ 视频选通
Gatorizing 超塑性等温锻造
gatterwalking 缩呢〔绒〕机
gatway 入口
packet data network ~ (通信)分组数据网络网关
gauffer =goffer
gauffre =goffer
ga (u)ge ①规，量规②计，表(指仪器)，测量仪表，样板③定位装置④轨距⑤(铆钉的)行距⑥传感器⑦仿形器⑧规格，标准，尺度，尺寸⑨刻度，分度测量，校准，调整
~ for sleepers distance 轨枕距尺
~ for ties distance 轨枕距尺
absolute ~ ①绝对量计〔度量〕②绝对压力表
acceptance ~ 验收规
acme thread ~ 爱克米螺纹规，梯形螺纹规
active ~ 电阻应变仪动作部分
adjusting ~ ①调整(校正)量规②整定仪表，整定卡规
adzing ~ 轨枕槽规
air ~ ①气动量仪，气动测微仪②气压计
air pulse ~ 脉冲式气动量仪
air snap ~ 气动外径量规
alarm ~ 警号气压计
alcohol ~ 酒精气〔测〕压仪
alignment ~ 定位检测器，定位仪
alphatron ~ α 粒子电离真空计
altitude ~ 测高计〔仪〕，高度计〔表〕
American wire ~ 美国线规(AWG)
ampere ~ 电流表(用于粗略测量的)
angle ~ 角度规
angle block ~ 角度量块
annular plug ~ 空心柱形测孔规
automobile tire ~ 汽车轮胎气压表
axle ~ 轴距
back ~ ①后支档，反向行程限位器②车轮内距(两车轮胎内面间的距离)③背缘尺(修锯用)
back pressure ~ 反压计
back scatter beta ~ 反射型(β 射线)测厚计
back scattering ~ 反向散射测量计(按辐射反向散射原理工作的测量计)
bar ~ 棒规(测孔用)，杆规，基准棒
battery ~ 袖珍电流计，电池电流计，电池量表
Bayard-Alpert ~ B-A 计，贝阿德 - 阿尔珀特真空计(一种超高真空电离计)
bayonet ~ 插入式测量仪器，机油表
bearing~ 同心度量规
bellow ~ 膜盒压力计(测量的范围很大，可从真空至数个大气压)，波纹管压力计
bellows pressure ~ 波纹管压力表
bended strain ~ 粘贴式应变计
beta absorption ~ β 吸收规
beta ray ~ β 射线测量仪(厚度，密度，液面等)
bevel ~ 曲尺，角度尺
bilge water ~ (船底测漏的)水位表
Birmingham wire ~ (= BWG)伯明翰线径规(表示金属丝直径大小的一种制度，自 4/0 号(0 .454 in)至 36 号(0.004 in))
bit ~ 对刀样板，钻头规
blast ~ 风压计
bobber type tide ~ 浮子式验潮仪
boost ~ 增压压力表
bore ~ 缸径量规，量缸表
Bourdon ~ 包尔登(管式)压力计，弹性金属曲管式压力计，包端管式压力计
bremsstrahlung ~ 〈德〉利用轫致辐射的测量仪
bridge ~ 桥(形量)规
brine ~ 盐浮计
British Standard Wire ~ (SWG)英国标准线规
broad ~ 宽轨距，宽轨
Brown and Sharp Wire ~ 布朗 - 夏普线规，BS(B & S)线规，美国线规
bubble ~ 气泡指示器
built-in ~ 内装规管
button ~ 中心量柱
cable eccentricity ~ 钢索偏心度测量仪

caliber ~ ①外径卡规，测径规②塞尺
calliper ~ ①（蹄形）卡规②游标规③内卡规，测径规
camber (caster) ~ 外倾角测定器（汽车前轮）
Campbell ~ 坎贝尔量规（量灯丝用）
capacitance length ~ 电容式长度仪（检测成束纤维长度）
capacitance material level ~ 电容式物位计
capacitance rain ~ 电容式雨量计
capacitance type film vacuum ~ 电容式薄膜真空计
capsular-spring ~ 测量压力的弹簧起爆仪
capsule ~ 膜盒真空计
car ~ 车辆轮距
card ~ 卡片量规，卡片测量器
Carlmahr's cylinder ~ 卡尔玛斯缸径规，杠杆式缸径规
casing ~ 套管螺纹规
caster ~ 前车轮主销后倾角测定仪
center ~ 中〔定〕心规
center-height ~ 高度规，高度样板
center-zero ~ 中心刻零度压力计
chain ~ 链式水（标）尺
Chattock ~ （恰托克）微压计〔规〕
chock ~ 塞规
clearance ~ 塞尺
clearance loading ~ 载货限定外形尺寸，（铁路）运输车辆外形尺寸
clinker water ~ 平板玻璃〔格林卡式〕水位计
clip ~ 夹式引伸仪
clock ~ 千分表
cold cathode ~ 冷阴极真空计
cold cathode ionization ~ 冷阴极电离真空计
comb ~ 齿形检查量规，螺距量规
combination standard ~ 万能塞规
compound ~ 真空压力两用表，真空压力计
compound vacuum ~ 复合真空计
compression ~ （压缩）压力（测定）计〔表〕
compression vacuum ~ 压缩式真空计
cone ~ 锥度量规
consistency ~ 稠度计
content ~ 液面〔液位〕计，水准器
contour ~ 仿形规，板规，样板
contraction ~ 收缩尺，缩规
control ~ 校准（量）规，标准试块，样板
convergence ~ 下沉〔沉陷〕测量仪
core-setting ~ 下芯样板
cork ~ 塞（径）规
counter ~ 校对规
crank ~ 曲轴轴颈测量器
cross (ed) field ~ 正交场电离真空计，交叉场强计
crusher ~ 压缩压力计，爆（炸）压（力）计
cut-off level ~ 容器填充高度指示器
cutter ~ 刀具样板〔量规〕
cutter clearance ~ 刀具后角（规），刀具隙角规，铣刀量隙规
cutter depth ~ 刀盘高度量规
cutter truing ~ 刀盘跳动检查仪
cylinder ~ 缸径规，圆筒内径规，内径千分表
cylindrical ~ 缸径规
deadweight ~ 静重仪
decrement ~ 减量气压计
deflection ~ ①偏转度计②倾角仪③挠度计
delivery ~ （轧材的）终轧尺寸，交货尺寸
Dennison ~ 丹尼森发条规
deposit ~ 沉淀器（测大气污染的沉淀物用）
depth ~ ①深度尺〔计〕，深度传感器②（开沟器的）入土深度尺③（圆盘开沟器的）深度限制环
depth dial ~ 深度千分表
depth slide ~ 滑动式测深计
dial ~ 度盘式指示器，千分〔百分〕表，测微仪，刻度表
dial snap ~ 带表〔指示〕卡规，千分表卡规
diaphragm ~ 薄膜式压力计，膜盒式真空计
diaphragm capsule pressure ~ 膜盒压力表
diaphragm pressure ~ 膜片压力表
difference ~ 极限量规，测差规
differential ~ 微分（气压）计，差（动）压（力）计
differential hole ~ 楔形验孔规
digital oil ~ 数字油耗计
digital pressure ~ 数字式压力计
digital servo water level ~ 数字编码伺服跟踪式水位仪
dip ~ ①垂度规②磁倾计
direction ~ 角度计，倾斜计
discharge ~ 放电真空计
disk ~ 圆盘规
distance ~ 测距器〔仪，规〕
distance ~ for sleepers 枕距规
Douzieme ~ 道兹密卡规（读数刻度为 0.007 5 英寸即 0.190 5 mm 的卡规）
draft ~ ①风压表，通风〔风力〕计②差示压力计（流体的），拉力计，牵引仪

draught ~　=draft ~
drift ~　偏差计
drill ~　钻（头直径量）规
Du-Bo ~　球面型单限塞规
dummy ~　无效〔补偿，平衡〕应变片
dummy micrometer ~　微调塞尺
duplex air ~　双针风表，双针气压计
elastic deformation type vacuum ~　弹性变形式真空计
electric material level ~　电测式物位计
electric measuring pressure ~　电测式压力计
electric thickness ~　电测厚仪
electrolimit ~　（轧制中连续测量带材的）接触式测厚仪
electrometer ~　（精微绝对）静电计
electronic ~　电子测微仪〔计〕
electronic fuel ~　电子燃油表
end ~　①端（侧）规，端（面）规块，端部定位装置，挡料销②剪切机挡板
end measuring ~　内径杆规，端测规
engine ~　发动机指示器，发动机量规
engine mission ~　发动机变速箱转数计
evaporation hook ~　蒸发器
expansion ~　膨胀计，测膨胀器
external ~　外径规
external cylindrical ~　环规
external strain ~　表面应变仪
extractor ~　分离规
eye ~　放大镜
facing ~　总压头测定仪
feed ~　进料计量器
feed depth ~　进给深度规，深度限制器
feeler ~　塞尺
feeler level ~　触杆规
female ~　外测量规，缺口样板
female thread ~　螺纹量规
field ionization ~　场致电离真空规
fillet ~　圆角规
film ~　薄膜式测量器
film thickness ~　膜厚传感器
finger ~　厚度〔测厚〕规
fixed size ~　固定量规
flash pin ~　探销式塞规
flat ~　扁形规，样板，板规
float ~　浮表〔标〕，浮子液位指示器
float-level ~　浮子液位指示器，浮子水平检查校正仪
flow ~　流速仪，测流规，流量计，水表
fluid column vacuum ~　液柱式真空计
fluid level ~　液位指示器
flush surface ~　锥度表面规
flying dial ~　连续式测厚千分表（装置），度盘式千分表
flying mike continuous ~　接触式电气飞测仪
fog ~　雾量器
foil ~　应变片
foil strain ~　箔式应变计
foot ~　①深度尺，水位尺②检潮标
force ~　测力计，测功器
forepressure ~　前级真空规
forevacuum ~　低真空规
fork ~　叉规，分叉标准尺
frame ~　镜头度测
free air temperature ~　气温计，空气温度表
front ~　前轮距
fuel ~　油量计，燃料表
fuel level ~　油位表，油面表
gamma ~　γ 测量计，γ 射线测厚仪（测密度、厚度、水位用），非接触式飞测千分尺
gap ~　塞尺
gas ~　煤气〔气体〕压力计，气量计
gassing ~　CO_2 流动量调节器，吹（CO_2）气调节器
gear teeth ~　齿轮规，量齿微分尺
generator ~　转速传感器
glass ~　玻璃液位表，玻璃管油位表
go plug ~　过规
go-and-no-go ~　（通过与不通过）双端规
go-no-go ~　“过” - “不过”验规
go-or-no-go ~　“过” - “不过”验规
grinding ~　外圆磨床用钩形卡规（自动定尺寸装置）
grip ~　紧固量件
guard ~　护刃器调节规
hand ~　针规（量钟表针的尺寸）
headspace ~　药筒底间隙量规
heat ~　热压力计
heavy ~　①（板材的）大型量规②大厚度③大尺寸④大剖面，（线材的）粗直径
Hegman ~　赫格曼（碾磨细度）规
height ~　游标高度尺
Helmer ~　赫尔默真空计
high resistance rain ~　水导式雨量计（测量雨水的高阻电导）
Hoke ~　福克量块（中间有孔，组合时用连接杆穿接）

hole ~ ①塞〔孔，内径，内量〕规②内测微计
hook ~ （量液体高度的）钩尺，钩规，管压力表，钩形水位计
horseshoe ~ 马蹄〔外卡〕规
hot cathode ionization vacuum ~ 热阴极电离真空计
hot-cathode type magnetron ~ 热磁控超高真空计
hot-wire ~ 热线压力计〔风速仪〕
hydrodynamic ~ 动水压力计
hydrological ~ 水位计
hydrostatic ~ 液压计，流体静压（压力）计
inclined ~ 倾斜（高度）计
inclined tube ~ 斜管微压计，斜管风压计
indentation depth ~ 压痕深度计（硬度试验时）
index ~ ①分度规②指示计〔表〕
indicating ~ 百分表，千分表
indicating plug ~ 内径精测仪
indicating snap ~ 内径精测仪
ingoing ~ 轧前〔原始〕厚度
in-process ~ 加工中测量
insert ~ 塞规
inside ~ 内径规，内卡钳
inside lead ~ 内螺纹螺距仪
inside micrometer ~ 内径千分尺
inside spline ~ 内花键量规
inside taper ~ ①内锥度量规②内圆锥管螺纹牙高测量仪
inspection ~ 检查〔验收〕量块
inspector's ~ 检验规
interferometer strain ~ 应变干涉仪
internal ~ 内径规，塞规
internal cylindrical ~ ①柱形测孔规②圆柱塞规
internal limit ~ 内径极限规，极限塞规
internal screw ~ 内螺纹塞规
ion (ization) ~ 电离压力〔压强，真空〕计
jaw ~ 游标尺
jet ~ 喷力计
Johnson ~ （约翰逊）量块
joint clearance ~ 轨隙规
Klopfner ~ 克洛普弗真空计（热阴极电离计）
Knudsen ~ 努森（压力）计，辐射（式）真空计
Lafferty ~ 拉弗蒂真空计（热阴极电离计），热阴极磁控计
laser thickness ~ 激光测厚仪
lead ~ ①导程检查仪②螺距规
lead and taper ~ 扣齿啮合计
leather thickness ~ 皮革测厚仪
leaves thickness ~ 分叶厚度规
length ~ 长度计〔规〕
length shear ~ （板材）定尺剪切挡板
lens ~ 透镜表
level ~ ①水准〔水平〕仪②液面〔位〕计，浮标液面指示器，料面测量仪表③平导轨
lever ~ 杠杆检查量规（用于板金属）
light ~ 小型量规（用于轻型钢材、小厚度板材、细直径线材）
lightly-damped ~ 弱阻尼压力表，小惯性压力表，灵敏压力表
ligne ~ 样板规，等内规
limit gap ~ 间隙极限验规
limit plug ~ 界限〔极限〕塞规
limp-diaphragm ~ 挠性膜测量仪
line-width ~ 线径测量计，线规
loading ~ ①量载（荷）规②（铁路车辆的）载货限定外形尺寸，载重标准
lux ~ 照度计，勒克司计
male ~ ①内测量用量规，塞规②内卡钳，内径规
manifold pressure ~ 进气压力表
marking ~ 划印〔行〕器，划线规
master ~ 校对〔标准〕规，主规，检测仪表，总（压）表
master ring ~ 校对环规
master tire pressure ~ 轮胎压力表
matrix ~ 手送坯料到凹模的定位装置
maximum ~ （板材或线材的）最大厚度或直径
McLeod ~ 压缩式〔麦克劳〕真空规，麦克劳压力计
mechanical ~ ①移动挡板（轧件定尺剪切用）②机械测量仪器
mechanical contact material level ~ 机械接触式料位计
mercurial ~ 水银压力计
mesh ~ 网目号，筛号，筛目规
metal strain ~ 金属应变计
metric ~ 量规
microheight ~ 高度千分尺
micrometer ~ 测微规，千分表
micrometer screw ~ 螺旋千分尺〔测微计〕
microsnap ~ 手提式卡规
microwave material level ~ 微波式物位计

microwave thickness ~ 微波厚度仪
millimeter (wire) ~ 毫米线规
miter ~ 斜接规，定角规
molecular ~ 分子〔压缩〕压力计
molecular drag ~ 分子阻尼真空计，分子阻压计
mortice ~ 槽用分划规，槽用划线盘，榫规
movable ~ 移动挡板
multiple beta ~ 多源 β 测量计
narrow ~ 窄轨距
no-go ~ 不（通）过（量，验）规
nonrecording ~ 非自记水位计
normal torque ~ 标准扭矩仪
nuclear ~ 核子测定仪〔计数器〕
nuclear radiation material level ~ 核辐射式物位计
nude ~ 无壳真空规，裸规
Ohm ~ 电阻计〔表〕，欧姆表
oil ~ ①油量〔位〕表②油压表，油比重计，油尺，润滑油量计
oil sight ~ 外视油量计
omegatron ~ 回旋真空规
on ~ 标准的，合格的
on-off ~ 开关测量器
open cistern measurement ~ 明渠流量测量仪
optical rain ~ 光学雨量计
orbitron ~ 轨旋真空计（一种高灵敏度超高真空计）
orifice ~ 孔板测流规
outgoing ~ 轧后厚度
overhead ~ 上挡板
paddy field dead load pressure ~ 水田静载式承压仪
paper ~ 纸基应变片
parallel ~ 量块
partial ~ 分压强计
Penning ~ 彭宁〔冷阴极电离〕真空计
Philips ~ 菲立浦〔冷阴极电离，辉光管〕真空计
piezoelectric ~ 压电式测量器，压电计〔仪〕
piezo-resistive strain ~ 压阻应变仪
pilot ~ ①（带）引导（的）塞规②销式定位装置
pin ~ 销（栓）规
pipe-wall ~ 管壁厚度测量仪
Pirani ~ 皮拉尼真空（压力）计，热压力计
piston ~ 活塞（式）压力计，活塞油压表
pitch ~ 螺距规，螺纹样板
Pitot ~ 皮托〔空速〕管，皮托流速测定管
pitot pressure ~ 皮托压力计，总压测量器
pitot tube electric flow ~ 毕托管电测流速仪
Pitters ~ 皮塔斯量块
plain ~ 普通量规
planer ~ 刨规
plate ~ 板规，样板
plate-form ~ 成形样板
platelayer's ~ 轨距规
plug ~ 圆柱塞规
plug screw ~ 阴螺纹规
pneumatic ~ 气动测量仪表
pneumoelectric ~ 气电量规
point ~ 测针，量棒，轴尖式量规，针形水位计
pointer ~ 指针式测量仪表
pore pressure ~ 孔隙水压力计
position ~ 检位规
post process ~ 工序后测量仪
precipitation ~ 量雨筒〔计〕，降水量计
pressure ~ ①压力表〔计〕，压强计，气〔膛〕压计②压力传感器
pressure type ~ 负荷式压力计
pressure type tide ~ 压力式验潮仪
pressure-vacuum ~ 真空压力计
profile ~ 样〔曲线〕板，轮廓量规
progressive ~ 分级规
pull tension ~ 张力计，拉力计
purchase inspection ~ 检验〔验收〕量规
pyrometric ~ 高温规
quartz fiber ~ 石英丝黏滞计
quartz membrane ~ 石英膜真空计
R ~ 圆弧规，R 规
radial thickness ~ 射线式厚度计
radiation ~ 辐射量测计
radiation thickness ~ 放射线厚度计
radioactive ionization ~ 放射性电离真空计
radioactivity ionization vacuum ~ 放射能电离真空计
radioisotope bubble ~ 放射性同位素空化仪
radioisotope transmission ~ （测厚度、密度、液面等的）放射性同位素透过测量计
radiometer ~ 辐射真空计
radius ~ 半径量规，半径〔圆弧〕样板
rail ~ ①轨距②轨道规
rail profile ~ 钢轨断面磨耗测量器
railroad ~ 铁道轨距
rain ~ 雨量计，测雨计

raker ~ 刨齿规
receiver ~ 验收规，综合量规
receiving ~ 外形检验样板，轮廓量规
recess ~ 槽规
recording draft ~ 记录式风压表
Redhead ~ 雷德黑德真空计（倒磁式冷阴极真空计）
reference ~ 参考〔标准，检验〕(量）规，校对计，标准真空规
reflection ~ 反向散射测量计（按辐射反向散射原理工作的测量计）
reflex water ~ 反光水位表
remote-reading ~ 遥测仪表
resistance material level ~ 电阻式物位计
resistance strain ~ 电阻应变计
resistance vacuum ~ 电阻真空计
ribbon ~ 花带状应变片
rigid inclusion ~ 埋固式应力计
ring ~ 环（形）规
rod ~ 塞〔内径，棒〕规，标准棒，标准量杆
roll ~ 轧辊型缝
roller ~ 滚子规值
rolling mill ~ 滚辗厚薄计，钢板厚度计
rosette ~ （玫瑰瓣状）应变片丛
rotating cylinder ~ 转筒真空计
round feeler ~ 带测圆部分的塞尺
round plug ~ 圆柱塞规
roundness ~ 圆柱度检验规
rule depth ~ 深度规
running ~ 定程挡块
sag ~ 垂度计，弛度计
salt ~ 盐浮计，盐水比重计
saw ~ 锯齿厚规
scantling ~ ①样板②轨距规
Schulz-Phelps ~ 舒尔茨 - 费尔普斯（电离）真空计
scratch ~ 简单划线盘，划线规
screw ~ ①螺纹（量）规，螺旋规②千分尺
screw-pitch ~ 螺距规
screw-thread ~ 螺纹〔螺旋〕规，螺纹卡规
screw-thread tool ~ 螺纹梳刀样板
semiconductor ~ 半导体应变片
serration ~ 花键廓量规
serration plug ~ 细齿塞规
setting ~ 标准〔定位，校正〕规
shaft alignment ~ 轴定心卡规，中心卡规，找正测微仪
sheet ~ ①板规，塞尺②薄板厚度
shifting ~ ①划线规②根距（铆钉离边尺寸）
shop ~ 车间量规
shrinkage ~ 缩尺，收缩尺度
sight ~ 观测计，瞄准器，液面计
sight oil ~ 外视〔目测〕油表
single fiber ratio intensity ~ 单纤维比强度仪
siphon ~ 虹吸表，虹吸气压计
siphon rain ~ 虹吸式雨量计
sizing ~ 尺寸控制量规
slide ~ （游标）尺，游标
slip ~ 量块
slit ~ 狭缝规
snap ~ （外）卡规，外径规
snow ~ 雪量器
socket ~ 套规
solid ~ 单极限量规
solid front pressure ~ 整体表面压力计
spacer ~ 塞尺
spindle arm ~ 转向臂规
spirit ~ 酒精比重计
spline ~ 花键量规
spoon ~ 管簧真空规
spring ~ 手按弹簧挡块，手按弹簧定位装置
spring tube pressure ~ 弹性式压力表，弹簧管压力计
staff ~ 标尺，水位尺〔站〕
standard ~ ①标准规②标准计③标准轨距（=1.435 m）
star ~ 星形规
start ~ 起始定位装置
steam ~ 汽压表，(蒸）汽压（力）计
step ~ ①台阶形量规②梯形隔距，光步〔阶〕规
step water level ~ 步进跟踪式水位仪
stick ~ 测量杆
sticky ~ 黏滞真空规
stock ~ 毛坯挡板（用于定尺剪切）
stock dividing ~ 余量分配规
stock-line ~ 料线指示〔测定〕器
stop ~ ①可调整量规②挡料装置
strain ~ ①应变仪，变形测量仪②张线式传感器③拉力计
strain torque ~ 应变式扭矩仪
stress ~ 应力计
string wire torque ~ 钢弦式扭矩仪
stubs iron wire ~ 伯明翰线规
suction ~ 吸力〔真空〕计，负压表
sum ~ 加法器

superelevation ~ 超高规
suppressor grid ~ 抑制栅真空计
surface ~ ①平面规②画线盘
sweep ~ 曲线样板
tank ~ ①油罐油量表②容器液面计，油量〔液位〕计
tape ~ ①带尺潮位计②活动〔传送式〕水尺，传送式水尺水位站
taper ~ 锥度量规
taperring ~ 锥度环规
target ~ 油向测试表
Te-Bo ~ 球面型双限塞规
telescoping ~ 可伸缩〔望远镜筒式〕内径规
temperature ~ 温度计
template ~ 样〔模〕板，螺纹样图
test ~ 校准器，校对量规，检验规
thermal conductance type vacuum ~ 热导式真空计
thermistor ~ ①热控管压力计②热敏电阻式测量仪
thermocouple ~ 热偶真空计
thermomolecular ~ 热分子真空计
thickness ~ 塞尺，厚度计（测定纸和纸板厚度）
thickness dial ~ 带千分表的塞尺
thread ~ 螺纹规
thread-tool ~ 螺纹车刀刃磨合安装样板
tide ~ 测潮计，（测）潮标
tilt ~ 倾度规
tip pressure ~ 电极压力测定计
tire ~ 轮胎气压表〔计〕，轮箍规
toe-in ~ （汽车）前轮前束测定器
tool ~ 刀具检查器，刀具样板，对刀规
tool height ~ 高度对刀规
tool setting ~ 调刀千分表，对刀仪
toolmaker's ~ 工具样板
tooth ~ 齿规
track ~ 轨距（规）
transmission-type radioisotope ~ 透明型放射同位素测量计
tread ~ ①轮距规②胎面厚度样板
triroll ~ 三滚柱式螺纹量规
trol (l)ey ~ 小车轨距
twin ring ~ 双联环规
ultrasonic ~ 超声波探伤仪
unbonded strain ~ 应变计，伸长计
uneven ~ 不均厚度
uniform ~ 均匀厚度
unit oil ~ 油表组
universal setting ~ 万能调整仪
upright dial ~ 立式指示表
U-tube ~ U 形管压力计
U-tube vacuum ~ U 形管真空计
vacuum ~ 真空计〔表〕
valve base ~ 管底规（测电子管底）
vernier ~ 游标尺〔规〕
vibration ~ 振动仪
viscosity ~ 带字盘的黏度计，黏滞真空计
visible oil flow ~ 示〔目测〕润滑油流量计
visual ~ 观测计，视规，影标式测微仪
visual-indicating ~ 刻度量规
volt ~ 电压表（用于粗略测量）
Wallace ~ 华莱氏硬度计
water ~ 水位表〔计〕，水标，水位（标）尺
water draft ~ 水柱压力计
wave measuring point ~ 点测波长计
wear-and-tear ~ 磨耗规
wedge ~ 楔形量块，楔形塞尺，角度量块
weighing type rain ~ 称重式雨量计
weigh (t)ing level ~ 重量位面〔物位〕计
weir ~ ①流量计②堰顶水位计
weld ~ 焊缝量规
Westinghouse thickness ~ X 射线厚度计（西屋厚度计）
wheel ~ 车轮量规，（左右）轮距
wheel setting ~ 轮位规
Whitworth ~ 惠氏规号
Wickman ~ 威克曼螺纹量规，凹扣螺纹量规
wide ~ 宽轨距
wind ~ 风速计
wire ~ ①线规②金属丝电阻应变片
wire strain ~ ①金属丝应变计②线式变形测定仪
wire-weight ~ 悬锤水标尺
working ~ 工作量〔测〕规
workshop ~ 工作量〔测〕规
work-testing ~ 检查成品样板
worm-thread tool ~ 齿轮滚刀用样板
X-ray width ~ X 射线带材测宽仪
yarn twisting ~ 纱线捻度仪
zinc ~ 锌板厚度规

ga (u)geable 可测定的，可计量的

ga (u)gemeter ①塞尺②轧辊开度测量仪

ga (u)ger ①（零件）检验员，（量器）检查员，计量者②度量物，计量器

ga (u)getro 液面指示器

ga (u)ging ①测量，测定②校准，定标③校验，检查④控制，操纵⑤仿形⑥放射性计测
backscatter ~ 反向散射测试
dipstick ~ 用测深杆测量，用油位尺测量
in-process ~ 加工过程中测量
post-process ~ 加工过程后测量
relay contact ~ 继电器触点间距调测
side-cutter ~ 侧刀定位
staggered ~ 参差调测，交错调测
X-ray ~ X 射线测厚〔量〕
gauntlet 长〔防护〕手套
gauntry =gantry
gausistor 磁阻放大器（能放大低频信号）
gauss 高斯（Gs，C.G.S. 电磁制的磁感应强度单位，1 Gs=10^{-4}T）
gaussage 以高斯表示的磁感应强度，高斯数（Gs，1 Gs=10^{-4}T）
Gaussian 高斯的，高斯型
gaussing 磁化（作用）
gaussmeter 高斯计，（以高斯或千高斯表示的）磁强计
diamagnetic ~ 抗磁磁强计
gauze ①（线，金属丝）网②抑制栅极③纱（布），铁〔网〕纱
dust ~ 滤灰网
wire ~ 金属丝网
gavel 小槌，大木槌
gavelock 通条，铁棒，铁撬棒
gazogene ①煤气发生器②配气机③木炭燃气④饱和槽，饱和器（食品工业）
G-band G 波段（194 ~ 212 MHz），G 频段
G-bar 平均斜率，平均反差系数
GB-factor 增益 - 带宽因数
G-clamp 螺旋夹钳
gear ①齿轮②传动装置，传动机构③设备，装置，机构，仪表，连接器④档数（齿轮箱）⑤起落架⑥连接，啮合，开动，传动⑦装配
~ down ①减速②起落架放下
~ into 啮合
~ on stud 扇形（齿轮）惰轮
~ on worm 蜗杆齿轮
~ rolling 轧齿
~ together 借助小〔龆〕齿轮的啮合
~ up ①高速齿轮传动②增速③促进
~ with circular arc teeth 圆弧齿齿轮
~ with curved teeth 弧齿轮
~ with equal-addendum teeth 等高齿（顶）齿轮
~ with helical teeth 斜齿轮，曲线齿齿轮
~ with tooth correction 修正齿轮
~ with undercut teeth 齿被根切的齿轮
accessory ~ 辅机驱动装置
actuation ~ 作用机构，促动装置
addendum modified ~ 变位齿轮
admission ~ 进气（阀）传动装置，配气机构
advanced ~ 进给机构
alighting ~ （飞机）起落架，移动装置，底盘〔架〕
aligning ~ 校正机构
all-addendum ~ 全齿顶高的小齿轮（节点外啮合齿轮）
all-dedendum ~ 全齿根高的齿轮（节点外啮合齿轮）
all-round reversing ~ 全逆转装置
all-skid landing ~ 全橇式起落架
amphibian ~ 水陆两用起落架
anchor ~ 起锚设备
angle ~ ①锥齿轮②锥齿轮传动③斜交轴锥齿轮
angular ~ （斜交轴）锥齿轮，人字齿轮
angular bevel ~ 斜交轴锥齿轮
annular ~ 内齿轮〔圈〕
anti-backlash ~ 无齿〔无侧〕隙齿轮
anticipatory ~ 越前动作〔预先防止〕危急保安器
anti-stall ~ 防止失速装置
arming ~ 安全轮
arresting ~ ①制动〔稳定，停车〕装置②制动器，行程限止器③阻拦装置
articulated landing ~ 摇臂式起落架
articulated reduction ~ 连接式减速装置
axle shaft ~ （汽车）半轴齿轮，驱动轴齿轮
back ~ 背〔跨，后倒，慢盘齿〕轮
baffle ~ 板牙齿轮
bail actuating ~ 尾翼促动装置
balance ~ ①补偿〔差速，均衡〕器②差动传动③平衡齿轮〔装置〕
balance spur ~ 差动正齿轮
barring ~ 盘车装置，起动装置，曲轴变位传动装置
base crown ~ 基本冠轮，基准冕轮
batch up ~ 卷取装置
beaching ~ （水上飞机的）陆上起落装置，登陆用轮架，登陆装备
bell-type distributing ~ ①钟式旋转布料器②高炉配料钟

belt ~ 带式传动机构
Bendix ~ 本迪克斯式齿轮（在利用惯性自动啮合的起动装置中安装在起动电动机轴上的小齿轮）
bevel ~ 斜〔锥〕齿轮
beveloid ~ 锥形渐开线齿轮，变齿厚渐开线齿轮
bias ~ 偏动装置
bicycle ~ 自行车式起落架
Bishop ~ 蜗杆曲柄销式转向器
blasting ~ 放炮用具，爆破设备
blocking ~ 粗型〔模〕锻传动机构
bogie landing ~ 小车式〔行走机构〕起落架
bottom ~ 头档（变速机构的），低速（排）档
brake ~ 闸装置，制动装置
brushing ~ 吹灰〔吹刷〕器
builder pick ~ （细纱机）成形撑牙
bull ~ 大齿轮，从动齿轮
burnishing ~ 挤齿
cable ~ 敷设电缆的机械
cam ~ ①凸轮（传动）装置②凸轮机构，偏心轮〔盘〕
cambering ~ 凸面加工装置
camshaft time ~ ①凸轮轴定时齿轮②分度轴上的分度齿轮
cardan ~ 万向联轴器传动装置
cargo ~ 装卸设备
cased worm ~ 闭式蜗杆传动
cataract valve ~ 有缓冲阀门的机构
catch reversing ~ 棘轮回动装置
central ~ 太阳轮
chafing ~ 防擦装置
chain ~ 链轮
change ~ 变换齿轮，变速装置，交换齿轮
changeover speed ~ 变速箱，传动箱
charging ~ ①装料机构②装载设备，装载机构
checkout ~ 测试设备，检测装置
chevron ~ 人字齿轮
circarc ~ 圆弧齿轮
circle-arc ~ 圆弧齿轮
circular ~ 圆柱齿轮
circulating ball ~ （转向装置的）滚珠式蜗杆机构
clash ~ 滑动齿轮
claw suspension ~ 爪悬架
cluster ~ 齿轮块，连身齿轮，塔齿轮，齿轮组，多联齿轮，齿轮滑车
coarse-pitch ~ 大〔粗〕齿距齿轮（齿距大于 20 的齿轮）
coaxial power ~ 同轴动力转向装置
coiler ~ 辊式卷取机
collector-shoe ~ 汇流环，汇流装置，集流器
combination buffer and draft ~ 缓冲车钩
common bevel ~ 直齿锥（形）齿轮
compensating ~ ①补偿装置②差动齿轮装置
complementary crown ~ 对偶冠轮
composite ~ 公用齿轮
compound ~ 齿轮润滑剂
compound epicyclic reduction ~ 两级行星减速器
cone ~ ①（圆）锥齿轮②塔轮齿轮③锥轮装置
cone friction ~ ①圆锥摩擦传动②摩擦减速器
conical ~ 锥齿轮
coniflex ~ （带鼓形齿的）直齿锥齿轮
connecting ~ 过桥齿轮
continuous double-helical ~ 整齿人字齿轮
contrate ~ 端面齿轮，横齿轮（轮齿在端平面内）
control ~ ①控制装置〔机构〕，操纵装置②自动调整仪
Corliss valve ~ （柯立斯）摆动阀装置
corrected ~ 修正齿轮
counter ~ 反转〔分配油，副轴〕齿轮，对齿轮
coupling ~ 车钩（铁路车辆的）
crawling ~ 爬行变速齿轮（特别低速用）
creeper ~ 减速器，减速传动装置，缓行器
crossed helical ~ 交叉轴曲线齿齿轮
crown ~ ①差动器侧锥齿轮，冠〔冕〕形齿轮②平面齿轮，小钢轮
crown bevel ~ 差动器侧面锥齿轮，冠形齿轮
crown shaved ~ 剃成桶形的齿轮
cruising ~ 自动超高速传动装置
crypto ~ 行星齿轮传动
cutter ~ 齿轮刀具
cycloid ~ 摆线齿轮
cylindrical ~ 圆柱齿轮
cylindrical lantern ~ 圆柱针轮
decking ~ 装罐机
deep tooth ~ 长齿高制齿轮
degaussing ~ 消磁器
delivering ~ ①（刀具）进给机构②供料机构
differential ~ 差动（齿）轮，分速（齿）轮，

差速器〔机〕，差动〔分〕装置
disengagement ~ 分离装置，解脱机构
distribution ~ 分配齿轮〔机构〕
dividing ~ 分度齿轮〔装置〕
double ~ 双联齿轮
double helical (spur) ~ 人字齿轮，双弧齿齿轮
double point ~ 多点啮合齿轮
double reduction ~ 两级减速机构
double-back ~ 双跨〔过〕轮
draft ~ ①车钩，牵引装置②缓冲器
drag ~ 拖拉〔牵引〕机构
draw ~ 车钩，牵引装置
draw-in ~ ①平面卡盘②卡头（车床的）
draw-off ~ 拉拔装置
drive ~ 主〔传〕动齿轮，传〔驱〕动机构的
driven ~ 从动齿轮
dual ~ 二联齿轮
dual-function ~ 公用齿轮
dumping ~ 翻转机构，倾卸装置
duplicate ~ 双联齿轮
easing ~ 卸货装置
economy ~ （车用）经济档
elastic draw ~ 弹簧车钩，簧拉装置
electric ~ 电力机械传动
electric preselector ~ 自动变速装置
electromagnetic ~ 电磁传动，电磁离合器（平稳调节转速用）
elevating ~ 提升机构，升降装置，俯仰装置
Eloid ~ 摆线齿锥齿轮
emergency ~ 安全〔应急〕齿轮，应急装置，危急保安器
encased ~ 封闭式齿轮传动装置
encased back ~ 封闭式背齿轮，封闭式跨轮
epicyclic ~ 周转〔行星〕齿轮
equalizing ~ ①平衡〔补偿〕装置②差动传动〔齿轮〕，差速器
equidep ~ 等高齿（圆）锥齿轮
equipment ~ 辅助〔备用〕齿轮
equivalent ~ 当量齿轮
equivalent spur ~ 当量直齿轮
expansion valve ~ 膨胀器配汽机构，双滑阀配汽机构（蒸汽机）
exposed ~ 开式齿轮
fabroil ~ 纤维〔夹布〕胶木齿轮
face ~ 平面〔半轴〕齿轮
face worm ~ 端面蜗轮
fast motion ~ 速动〔变速〕齿轮
fiber ~ 胶木〔树脂纤维〕齿轮
fifth ~ （汽车变速器）五档
final ~ 末端传动齿轮，传动链末端（的）齿轮
fine-pitch ~ 小齿距〔模数〕齿轮
firing ~ ①点火〔击发〕装置②机械添煤传动机构
first ~ 第一速度齿轮，头档齿轮
fishing ~ 打捞装置
flap actuating ~ 挡板导向拉杆
float ~ 浮筒起落装置
forming ~ 成形齿轮
fraction ~ 组合齿轮
free ~ 空套〔游滑〕轮，活动齿轮
front ~ 分配齿轮
full-depth ~ 标准齿高齿轮
gang ~ 组合齿轮
gap-type double-helical ~ 带槽人字齿轮
gate operating ~ 水闸操纵机构
generated ~ 展成法齿轮
generating ~ 形成齿轮
geneva ~ 十字轮机构，马氏间歇机构
girth ~ 矢圈〔轮〕
globoid worm ~ 球〔曲〕面蜗轮，球面蜗杆传动
governor balance ~ 平衡机构调节器
grip ~ 夹紧〔防松，安全〕装置
ground ~ 地面设备，降落设备
half rear axle ~ 后桥半轴齿轮
half-time ~ 半速齿轮，半速传动装置
hammer valve ~ 锤机阀动装置
hand ~ 手动装置
hand traverse ~ 回转装置的手传动（例如装甲车的塔）
harmonic ~ 谐波齿轮
haulage ~ 运输绞车
hauling ~ 卷扬机，绞盘
headstock ~ 启闭机
helical ~ 弧齿〔人字〕齿轮，斜齿轮
helical circular-arc ~ 圆弧（圆柱）齿轮，圆弧点啮合齿轮
helical worm ~ （螺旋）蜗轮
helm ~ 舵机装置
herringbone ~ ①人字齿轮②双弧齿齿轮
high ~ ①高速齿轮〔传动〕，直接传动②高速档③高速度
high-ratio ~ 高速比传动装置
Hindley worm ~ 兴德莱蜗轮，球（弧）面齿轮

hoisting ~ 提升绞车
hold-down ~ 压紧装置（剪切机的）
hook-tooth sprocket ~ 不可逆链轮
horizontal ~ 平齿轮
horological ~ （微型）时计〔钟表〕齿轮
horse ~ 马拉〔畜力〕传动装置，马具
hub-type ~ 毂型齿轮
hunting ~ 随动〔跟踪〕装置
hydraulic ~ ①液压〔液力〕传动②液压传动机构〔装置〕
hydraulic operating ~ 液压千斤顶
hydraulic speed-transition ~ 液力离合器，液压〔力〕传动装置
hyperboloidal ~ 双曲面齿轮，斜齿轮
hypoid ~ 准双曲面〔直角交错轴双曲面〕齿轮，偏轴锥齿轮
idle ~ ①空转轮，惰轮②中间齿轮
increase ~ 增速装置
indexing ~ 分度机构〔齿轮〕
indicator ~ 指示器传动装置
influence minesweeping ~ 非接触扫雷具
ingot charging ~ 装锭设备
in-line ~ 同轴齿轮
instrument ~ 仪表齿轮
integrating ~ 积分传动齿轮〔装置〕
interference search ~ 干扰定位〔探测〕器
interleaved reduction ~ 嵌入式减速齿轮（箱）
intermediate ~ 中速〔二档，第二速度〕齿轮
intermediate wheel ~ 带中间齿轮的减速装置
intermittent ~ 间歇齿轮，欠齿齿轮
internal helical ~ 内啮合斜齿轮
internal reversing ~ ①内部回动装置②内反向齿轮
interrupted ~ 断续机构〔齿轮〕
involute ~ 渐开线齿轮
irreversible ~ 不可逆传动装置
jettison (able) ~ ①投弃〔放油〕装置②分离机构
jib adjusting ~ 起重机悬臂升降机构
knuckle ~ 圆齿齿轮
landing ~ 起落架，起落装置
lantern ~ 针〔灯笼〕齿轮
lapping ~ 精研齿轮
latch ~ 锁销机构
lead-screw ~ 丝杠交换齿轮
level (l)ing ~ 调平机构
lifting ~ ①塞棒起降装置，压棒装置（盛钢桶的）②起重〔升降〕装置
link ~ 联动机构
link motion valve ~ 连杆阀动装置，连杆配汽机构
live-roller ~ 传动辊道
load setting ~ 负荷给定装置
locked train reduction ~ （船用）功率分支减速齿轮（箱）
lock (ing) ~ ①制动装置②停止〔定位,闭锁〕机构
long addendum ~ ①长齿顶齿轮②径向正变位齿轮
looper ~ 活套挑，活套支持器
loose change ~ 可互换变速齿轮
low ~ 低（排，速）档，低速齿轮（传动），第一速率，低速率
low counter ~ 低副机构
machine cut ~ 机加工齿轮，切削齿的齿轮
magnetic ~ 电磁离合器，电磁摩擦联轴器
main ~ ①主传动装置②主动齿轮，主起落架
mainshaft 1st and 2nd sliding ~ 变速器第二轴一、二档齿轮
mangle ~ ①轧布轮②滚销轮
manipulator traversing ~ 机械手传动装置
manipulator turning ~ 机械手转动机构
Marles steering ~ 球面蜗杆滚轮式转向器
master ~ ①主齿轮②标〔基〕准齿轮
mated ~ 齿轮副，成对齿轮
mating ~ 配对齿轮，共轭齿轮
meshing ~ 啮合齿轮
micron ~ 小模数齿轮
minesweeping ~ 扫雷具
miter ~ 等径锥齿轮，等径 90° 角斜齿轮
modified ~ 变位机构〔齿轮〕
modified involute ~ 渐开线修正齿轮
multilated ~ 扇形齿轮
multiplying ~ 增速传动装置
multirope skid ~ 多钢绳拖拉机
navigation ~ 航空〔海〕设备
non-circular ~ 非圆齿轮
non-generated ~ 非展成法齿轮
nontowing minesweeping ~ 艇具合一扫雷具
Norton ~ 诺顿齿轮，三星齿轮
Norton type ~ box 诺顿齿轮箱（只有一个传动齿轮）
nose ~ 前起落架
Novikov ~ 圆弧〔诺维柯夫〕齿轮
Octoid ~ 奥克托齿轮，八字轮

Oerlikon spiral bevel ~ 摆线齿锥齿轮
offset face ~ 交错轴端面齿轮，相错轴端面齿轮
oil ~ 油缓冲〔减振〕器
on-center face ~ 相交轴端面齿轮〔盘〕
overhead rocker ~ 顶置式气门摇臂机构
overlikon bevel ~ （瑞士）延伸外摆线锥齿轮
over-type worm ~ 蜗杆在上的蜗杆传动装置
palioid ~ 准渐开线齿锥齿轮
palloid ~ （德国专利的）准渐开线齿锥齿轮
palloid spiral bevel ~ 准渐开线齿锥齿轮
parachute ~ 断绳保险装置，罐笼防坠器
passengers pull ~ 防险闸装置（车辆的）
phenolic ~ 酚醛塑料齿轮
pick ~ 纬密齿轮
pick-off ~ 选速齿轮，可换齿轮，交换齿轮
pick-up ~ 钩〔吸〕取装置
pin ~ 针〔销〕轮
pinion ~ 游星齿轮，小齿轮
piston valve ~ 活塞阀配汽机构
pit ~ 矿井〔井筒〕设备
pitch ~ 径节齿轮（英制齿轮）
planer worm ~ 平面包络蜗杆传动
planet ~ 行星齿轮（传动装置）
planetary ~ 行星齿轮（传动系）
planoid ~ 偏轴面齿轮
point ~ 指针机构
point operating ~ 转辙器操纵机构
poppet valve ~ 提升〔动〕阀装置
power ~ 主动齿轮
power steering ~ （汽车）动力转向器
power-assisted steering ~ 带助力器的转向装置
pressure ~ （油泵的）增压〔加压〕齿轮
profile modified ~ 变位齿轮
profile shifted ~ 变位齿轮
progressive ~ 顺序变速装置，无级变速箱
progressive sliding ~ 分级滑动齿轮
propulsion ~ 行走部分传动系
prototype ~ 样品〔测量〕齿轮
pull-over ~ 拖运〔移送〕机
pusher ~ 推车机
put into ~ 啮合
quick-change ~ 进给箱，诺顿机构，速度箱
quiet ~ 无声齿轮，无声传动（装置）
quill ~ 背齿轮，（固定在）套轴（上的）齿轮
rack ~ 齿条传动
radial ~ 偏心传动装置
raising ~ ①提升〔起落〕机构②起落机构齿轮
rapping ~ 振动装置
ratchet wheel ~ 棘轮机构
ratio ~ 变速（齿）轮
ratio-of-roll ~ 滚比交换齿轮
reaction ~ 反转〔反动〕齿轮
rear sun ~ 后桥半轴齿轮
recess-action ~ 全齿根高齿轮，啮出齿轮
recirculating ball type steering ~ （汽车）循环球式转向器
reduction ~ 减速齿轮〔装置〕，减速器
relay ~ 调节装置
releasing ~ 释放装置〔机构〕
relieving ~ 释放〔解脱〕机构
removing ~ 滑动〔推移〕齿轮
required ~ 需要档位（变速箱的）
rested reduction ~ 套接式减速齿轮
return ~ 同行〔随动，跟踪〕装置
Revacycle ~ （美国专利的）用圆拉法加工的直齿锥齿轮
reversal ~ 换向齿轮，回动装置
reversing ~ 换向〔回动〕齿轮〔装置，机构〕
revolving ~ 旋转〔转动〕机构，回旋装置
right-angle ~ 正交轴齿轮
rim ~ 镶圈齿轮
ring ~ ①环形齿轮，齿圈②内啮合齿轮
rocker compensating ~ （气门）间隙补偿机构
rod ~ 杠杆传动装置
roll-adjusting 轧辊调整机构
roller ~ ①滚子齿轮，弗格森分度机构，蜗杆凸轮②辊道，滚子齿轮式分度机构
roller-table ~ 辊道
rolling ~ 盘车装置
rotor turning ~ 盘车装置
roughing bevel ~ 粗切刀盘，粗切锥齿轮铣刀
round arc point mesh ~ 点啮合圆弧齿轮
rudder and steering ~ 舵设备
running ~ ①传动装置〔齿轮，机构〕②行车机件，（汽车）行走系统（车架、底盘弹簧、前后车轴和车轮的总称）
sample ~ 标准齿轮
sanding ~ 铺〔喷〕砂装置，喷砂器
satellite ~ 行星齿轮
scavenge ~ 液压泵回流器〔装置〕
screen ~ 网屏齿轮
screw ~ ①弧齿齿轮，斜（齿）齿轮②弧齿

齿轮传动机构，螺杆传动机构③弧齿齿轮联动装置
screwdown ~ （螺旋）压下装置〔机构〕
scroll ~ 蜗形齿轮（直径逐渐变化的）
second ~ 第二速度齿轮，二档齿轮
sector ~ 扇形齿轮
segment ~ 扇形齿轮
selective ~ 配（换）齿轮，配速齿轮
selector ~ ①选择机构②变速装置
self-locking steering ~ 不可逆转向装置
self-sustaining ~ 自动制动机构
self-timing ~ 自动调时齿轮
shaft turning ~ 盘动装置
shaft-raising ~ 顶轴装置
shaped ~ 用插齿刀插制的齿轮
shear measuring ~ 剪切机的活动定尺挡板
shift ~ 调档〔配速〕齿轮
shifting slide ~ 滑移齿轮
ship's cargo handling gear 船舶起货设备
shoulder ~ 台肩齿轮
shovel ~ 煤铲轮齿装置
shrouded ~ 带有端面凸缘的齿轮
side ~ 侧面〔半轴〕齿轮
signaling ~ 信号机构
silent ~ 无声〔塑料〕齿轮
single-helical ~ 斜（齿圆柱）齿轮
single-plane ~ 同平面减速器（所有轴都置于同一平面的减速器）
sintered ~ 烧结〔粉末冶金〕齿轮
skew ~ 歪〔斜，交错轴，双曲面，弧齿〕齿轮
skew-axis ~ 偏斜〔轴〕齿轮
skip centralizing ~ 箕斗正位机
slewing ~ 回转机构〔装置〕
slide ~ 滑动齿轮
slip ~ ①滑动齿轮②摩擦传动
sniffer ~ 气体分析仪
solar ~ 恒星式减速齿轮（箱）
sound ~ 水声仪器
speed ~ 变〔高〕速齿轮
speed transforming ~ 变速齿轮
speed-increasing ~ 增速器
spider ~ 星形齿轮，差速轮（差速器的）
spiral ~ 螺旋齿轮，斜齿轮
spiroid ~ 锥蜗轮
split ~ 拼合〔双片〕齿轮
spoked ~ 轮辐式齿轮
spool ~ 长齿轮
spragging ~ 制动齿轮
spreader ~ （集装箱）吊具装置
spring ~ 弹簧传动装置
spring draw ~ 弹簧车钩〔拖拉装置〕
spring-loaded ~ 弹簧加载齿轮（消除啮合间隙的一种齿轮结构）
spring-loaded scissor ~ 弹簧加载剪式齿轮（消除啮合间隙的一种齿轮结构）
sprocket ~ ①链轮②主动轮齿轮，扣链齿轮
spur ~ 直齿圆柱齿轮
staggered ~ 交错〔错牙〕齿轮
stamped ~ 模锻齿轮
standard ~ 非变位齿轮，零齿轮，标准齿轮
star ~ 星形（齿）轮
starter ~ 起动装置〔齿轮〕
steerage ~ 转向〔操纵〕装置
steering ~ 转向装置，转向器，操舵装置，舵机
stem ~ 连轴齿轮
step-down ~ 减速器，减速齿轮
stepless ~ 无级变速传动〔变速器〕
stepped ~ 塔齿轮
stepped teeth ~ 级齿轮传动装置
step-up ~ 增速传动装置
stock distributing ~ 布料器
stop ~ 停止棘轮〔装置〕
straight ~ 直齿齿轮
straight-cut ~ 直齿齿轮
striking ~ ①打击传动装置②拨动装置，传动带拨杆
stripped ~ 牙齿断缺〔齿面剥伤〕的齿轮
stub (tooth) ~ 短齿制齿轮
stud ~ 变速轮
sun ~ 太阳轮，恒星齿轮，太阳齿轮
sun-and-planet ~ 行星齿轮（装置）
superhigh ~ 最高速齿轮
supervisory ~ 检测监视装置
surfacing ~ （刀具）横向进给机构
sustaining ~ 锁紧装置
swing bevel ~ 摆动锥齿轮
switch ~ 开关设备，开关机构
swiveling ~ 回转齿轮，回转机构
synchromesh ~ 同步齿轮
synchronizer ~ 同步齿轮
tappet ~ 凸轮分配机构，挺杆装置
telemetering ~ 无线电遥测装置〔设备〕
tension ~ 牵引〔张紧〕装置
test ~ 试验设备，测试仪表，检查装置

textolite ~ 夹布胶木齿轮
third ~ ①第三速度齿轮，三档齿轮②第三档，三档传动
three-radio ~ 三级变速箱
throated worm ~ 带喉蜗轮
throw-over ~ ①跨轮架②转向机构③转动率测定器(车床上的)
thrust ~ 推移机构
tilting ~ 翻钢机
time ~ 正时齿轮
timer-shaft ~ 分电轴齿轮
timing ~ 定时〔分配〕齿轮
toggle-lever grip ~ 带有套环的保护装置
tooth ~ 齿轮传动(装置)，齿轮
toothed ~ 齿轮(大小齿轮的总称)
top ~ 高速〔末档〕齿轮
top distributing ~ 炉顶布料装置
toroid ~ 圆环面齿轮
trailer ~ 牵引装置
transfer ~ 转运〔移送〕机
translating ~ 变换〔中间〕齿轮
transmission ~ 传动装置，传动〔变速〕齿轮
transmitting ~ 传动齿轮
transposing ~ 变换〔中间〕齿轮
travel (l)ing ~ 移动齿轮
traverse ~ 横向传动齿轮
treble back ~ 三重后齿轮装置
trigger ~ 扳放机构
trimming ~ 翼尾修整装置
trip ~ ①倾翻〔松开，扳动〕机构②接合机构(打捆装置的)
trip cutoff valve ~ 扳动停汽装置
triple ~ 三联〔合〕齿轮
tripod landing ~ 三轮起落架
tumbler ~ 摆动换向齿轮，三星牙〔齿轮〕
turning ~ 盘车〔旋转，回转〕装置
turret ring ~ 转塔环形齿轮
twisted ~ 斜齿轮
two-speed final ~ (汽车)双速主减速齿轮〔装置〕
uncoupling ~ 放松机构
under-type worm ~ 蜗杆在下的蜗轮传动
underwater sound ~ 回声测深仪，水中发声设备
universal ~ 万向齿轮〔传动装置〕
unjamming ~ 回松装置
valve ~ 阀动装置〔机构〕
variable ~ 变速齿轮，变速箱
variable camber ~ 变弧装置
vee ~ V 形齿轮
virtual ~ 当量齿轮
virtual cylindrical ~ (锥齿轮的)当量圆柱齿轮
wag (g)on ~ 拖车底盘部分
web ~ 薄片齿轮(指无轮辐齿轮)
webbed ~ 腹板(式)齿轮
wedge friction ~ V 槽摩擦轮
wheel ~ 齿轮
wheel-retracting ~ 起落架收放机构
whipping ~ 悬臂滚动机构(起重机)
winding ~ 提升机〔设备〕，升降〔缠绕〕机构
with through drive ~ 直接传动变速装置
with two spring draw ~ ①双簧牵引装置②双簧车钩
wobble ~ 摆动齿轮
worm ~ 蜗杆蜗轮传动装置，蜗轮，曲线齿齿轮
X-zero ~ 零变位齿轮，非变位齿轮
zerate ~ 曲线齿圆柱齿轮，弧齿圆柱齿轮
zero ~ 零度弧齿锥齿轮
zerol ~ 弧齿锥齿轮
Zerol bevel ~ (美国专利的)零度(螺旋角)锥齿轮
Zyklo-Palloid ~ (德国专利的)长辐外摆线锥齿轮

gearbox ①齿轮〔变速，传动〕箱，减速器②(刀具)进给箱
all-synchromesh ~ 通用同步〔等速〕齿轮箱
automatic shift ~ (汽车)自动换档变速器
built-in ~ 嵌入〔封闭〕式齿轮箱
close-ratio ~ 传动比接近的变速器
crash ~ 有滑动齿轮的变速器
direct shift ~ (汽车)直接换档变速器
head ~ ①转子型高落式浮选机②旋翼减速器(直升机)
quick ~ 速度变速器，进给箱，诺顿变速器
reverse ~ 双向〔可逆〕变速器
supplementary ~ 副变速器
synchromesh ~ 同步啮合齿轮副变速器
synchro-spiral ~ 同步斜齿轮变速器

gear-driven 齿轮传动的
geared ①连接的②有传动装置的③齿轮传动的，啮合的④有齿轮的
geared-down ①有减速传动装置的②减低速度的
geared-up ①有增速传动装置的②增加速度的
gearhousing 齿轮箱

gearing ①齿轮〔传动〕装置②啮合，传动③举债经营
addendum modified ~ 变位齿轮副
aided range ~ 半自动距离数据发送
angular bevel ~ 交错轴锥齿轮副，交错轴锥齿轮传动
arbitrary spiroid ~ 蜗螺传动
bevel ~ 锥齿轮副，锥齿轮传动
circarc ~ 圆弧（点啮合）齿轮传动
epicyclic ~ 周转轮系，行星齿轮传动
globoid ~ 曲面轮传动
grain ~ 谷物排种器传动装置
grooved ~ 楔形槽轮摩擦传动，V 带轮传动装置
helical ~ 螺旋传动
inner ~ ①内啮合②内齿轮传动
knuckle ~ 圆齿齿轮装置
lantern-wheel ~ 针轮〔滚柱齿轮〕传动
lifting ~ 提升〔起落〕机构
MAAG ~ 〔瑞士〕马格公司的齿轮形（制）
match ~ 配合齿轮对
Model bevel ~ 〔德〕模度厂高弧线锥齿轮
non-enveloping worm ~ 不包容蜗杆传动
Oerlikon ~ 〔瑞士〕奥立康制外摆线锥齿轮
open ~ 开式齿轮传动装置
pin-cycloid planetary ~ 摆线针轮啮合，圆弧摆线啮合
pivot ~ 回转轴传动
positive ~ 直接啮合〔传动〕
rope ~ 钢索传动装置
spin ~ 传动〔盘车〕装置
spindle ~ 主轴箱
wire rope ~ 钢丝绳传动（装置）
wolf tooth ~ 棘齿式啮合（只能作单向转动的齿轮传动）
worm ~ 蜗杆传动装置
Yutaka ~ 〔日本〕丰精密厂等高齿弧线锥齿轮

gearing-down 减速（利用齿轮传动装置降低转数），减速传动（装置）

gearing-up 增速（利用齿轮传动装置增加转数），增速传动（装置）

gearless 无齿轮的，无传动装置的

gears 齿轮系〔箱，泵，装置〕
diagonal change ~ 对角进给交换齿轮系
differential change ~ 差动交换齿轮系
feed (change) ~ 进给交换齿轮系
fixed-center change ~ 固定中心距变速齿轮泵
generating change ~ 滚比交换齿轮系，展成〔滚切〕交换齿轮系
lead change ~ 导程交换齿轮系
open ~ 敞式〔无外壳〕齿轮装置
pitch change ~ 齿距交换齿轮系
ratio change ~ 滚切交换齿轮系
rotary feed change ~ 圆周进给交换齿轮系
selective ~ 选速齿轮箱
skew-axes ~ 偏轴齿轮系
star ~ 定星式减速齿轮箱
train of ~ 齿轮系

gear-shaping 刨齿

gearshift 换档，变速（器）

geat ①门，闸门，闭锁器②（轧制）道次③浇道（铸型）

Gecalloy 铁粉磁心用镍铁合金，盖克洛磁心合金

gedanite 软〔脂状〕琥珀

Gedy 地球动力测量卫星

Gee G 导航系统（英国的一种双曲线无线电导航系统）

Gee-H G-H 导航系统（具有飞机询问器的导航系统）

geek 行家

gee-pound 机磅，g 磅值，斯（勒格）（质量单位，1 机磅 =32.2 磅 ≈14.6 kg）

geiger （=Geiger）盖革计数管〔器〕

geigerscope （计算质点数用的）闪烁镜

geikielite 镁钛矿

gel 凝胶（体），冻胶，胶滞体
alumino silica ~ 硅铝胶
cross-linked ~ 交联凝胶
deactive ~ 钝化凝胶
gasoline ~ 固体汽油，凝固汽油
iron-silicate ~ 硅酸铁胶
micro ~ 微粒凝胶
polyamide-thickened ~ 聚酰胺稠化润滑油
running ~ 电泳凝胶
silica ~ 硅胶
silicon ~ 硅胶

gelata 凝冻剂

gelate 胶凝

gelatin ①动物胶，（白）明胶，水胶②凝胶（体）③彩色半透明滤光板
blasting ~ 爆胶
photographic ~ 照相明胶

gelatination 胶凝（作用），（凝）胶化

gelatine =gelatin

gelatineous 胶（状，质，凝）的，骨胶的，凝胶（状）的，含胶的

gelating 凝胶化
gelatinization 胶凝（作用）
gelatinize 胶凝，涂胶，胶（质）化
gelatinizer ①胶凝〔稠化〕剂②胶化物
gelatinum 明胶
gelation ①凝〔胶，冻，固〕结②胶凝〔胶化〕（作用）
gelemeter 凝胶时间测定计
gelling 胶凝化（作用）
geloppy ①巨型运输机②旧汽车
gelose 琼脂糖
gem ①宝石②精选作品
synthetic ~ 人造宝石
gemel ①铰链②一对，一双，成对
geminate ①成对的，成双的②加倍，配对
gemmho 微姆欧（兆欧的倒数，1 姆欧 =1 S）
Gemowinkel 正切规
gemstone 宝石
gene 基因
cydorg ~ 工程基因
genealogy ①系谱〔统〕（图），家系〔谱〕，血统②系谱〔家系〕学
Genelite 非润滑烧结青铜轴承合金（w（Cu）70%，w（Sn）13% ~ 14%，w（Pb）9%，w（C）5% ~ 6%）
genera genus 的复数
general ①一般的，普通的，通常的②通用的③全面的，概括的，总的
general-duty 通用的，万能的
generalist 多面手，有多方面才能的人
generality ①一般，普遍性②概论，概要，梗概，一般原则③大约，大部分，大多数
generalization ①一般化，普遍化②概括，综合，归纳③法规化④归纳的结果⑤法则，概念，通则⑥推广
generalize ①一般化，普遍化②概括，总结，综合，归纳③法则化④推广，普及
generalized 通用化的，广义的，概括的，综合的
general-purpose 通用的
generant （几何体的）母线
generate ①产生，发生，引起②发电〔光，热〕③滚铣（齿轮）④造成，形成（线，面等）
generated ①发电的②发出的③生产的
generating ①发生，产生②发电③滚铣法（齿轮的）
curve ~ ①球面磨削②（球面）金刚石粗〔铣〕磨③曲面成形展成〔滚切〕（法）
tooth ~ 齿轮滚铣
generation ①产生，生成〔产〕，制造，加工，发生，发电②滚铣法展成〔滚切〕法③振荡④函数变换⑤世代，一代（约 30 年）⑥改进〔发展〕阶段，改进型⑦连锁反应级
~ of electricity 发电
3rd ~ MDO 第三代多学科设计优化
after ~ 乙炔余气
area ~ 地区发电（情况，能力）
artwork ~ 图形发生
breadth-first ~ 宽度优先生长法
coherent ~ 相干振荡
computer ~ 计算机代，计算机发展阶段
data ~ 数据生成
earth heat electricity ~ 地热（能）发电
functional ~ 函数变换〔发生〕
geopressed geothermal electricity ~ 地压地热发电
gross ~ 总发电量
harmonic ~ 谐波产生〔振荡〕
hydraulic power ~ 水力发电
hydroelectricity ~ 水力发电
insufficient ~ 展成〔滚切〕不足
light ~ 光发生〔振荡〕
line ~ 行向量生成，向量产生
macro ~ 宏功能生成
microwave ~ 微波发生器
net ~ 净发电量
non-utility ~ 自用发电
nuclear power ~ 原子能发电
optical ~ 光波振荡
pattern ~ 图案制备
power ~ 发电
program ~ 程序生成
projective ~ of conics 二次曲线射影产生法
second ~ 第二代，改进型
secondary ~ ①二次发生〔组成〕②第二代③次级辐射
side-lobe ~ 产生旁瓣
surplus ~ 富余〔剩余〕发电量
thermionic ~ 热离子发电
transient ~ of heat 放热瞬变过程
utility ~ 工业用发电
generator ①发电机，发生器，振荡器，（静电）加速器〔起电机〕②传感器，发送器③母点〔线，面〕，生成元（素）④生成程序
~ of a quadric 二次曲面的母线
AC ~ 交流发电机

AC shunt ~ 交流并励发电机
acetylene ~ 乙炔发生器
acoustic ~ 声频发生器，发声器
acoustic noise ~ 噪声发生器
actuator ~ 测速发电机
acyclic ~ 单极发电机
address ~ 地址生成程序，地址生成器
air anion ~ 空气负离子发生器
air code ~ 航空电码信号发生器
air-jet vortex ~ 喷气涡流发生器
air producer gas ~ 空气煤气发生器
alpha numeric ~ 字母数字发生器
alternating-current ~ 交流发电机
amplidyne ~ 放大〔微场扩流〕发电机，电机放大器，微场电流放大机
amplification ~ 放大发电机，直流扩大机（微小的控制磁场输入的变化引起大的输出改变的直流发电机）
analog (ue) ~ 模拟装置的起动发生器
anemo-electric ~ 风力发电机
anti-compound ~ 反复励发电机
arc ~ 电弧〔弧光〕振荡器
arc welding ~ 弧焊发电机，电焊机
artificial voice ~ 模拟话音发生器
artwork ~ 图形发生器
asynchronous ~ 异步发电机
atmosphere ~ 常压气体发生器
audio frequency ~ 声频发生器，音频发生器
automatic ~ ①自动控制的发电机②自动控制发生器
automatic indexing gear ~ 自动分度铣齿机
automobile ~ 汽车发电机
autonomous power ~ 自励发电机
axle driven ~ 车轴发电机
azimuth marker ~ 方位角比例标志发生器
back-coupled ~ 反馈〔回授〕振荡器
balancing ~ 平衡发电机
bar ~ 条（信号）发生器（图像直线性调节用）
bar graph ~ 彩条信号发生器
beam pattern ~ 方向图模拟发生器
beating ~ 差拍信号发生器
bell-type ~ 浮筒式（乙炔）发生器
below bearing type ~ 伞式发电机
belt-charged electrostatic ~ 带（输电）式静电起电机
Bergman ~ 伯格曼发电机（带第三电刷的），（电气机车用的）恒压三刷发电机，（焊接用的）恒流三刷发电机
betatron ~ 电子感应加速器，电子反应发电机
bevel gear ~ 锥齿轮刨齿机
binary frequency ~ 二进制频率发生器
blocking ~ 间歇振荡器
booster ~ 辅助发生器
bootstrap ~ 自举电路〔仿真线路〕振荡器
brushless excited synchronous ~ 无刷励磁同步发电机
burst ~ 瞬时脉冲群发生器，色同步脉冲发生器
burst and sync bit ~ 脉冲串与同步位发生器
capacitive sawtooth ~ 电容式锯齿波发生器
carbide feed ~ （按碳化物放入水中的原理而工作的）气体〔煤气〕发生炉
carbide to water gas ~ 投入式乙炔发生器
cascade ~ ①级联加速器②串级发电机
character ~ 字符〔符号〕发生器，数字字母发生器
character line ~ ①特征线发生器②字符行发生器
charged water drop ~ 水滴输电式（静电）起电机
charging ~ 充电发动机
charging direct current ~ 充电用直流发电机
chemical gas ~ 化学气体储压器〔发生器〕
chroma-key ~ 色度键控信号发生器
ciphering ~ 加密发生器
clock ~ 时钟（脉冲）发生器，同步脉冲发生器
Cockcroft-Walton ~ 考克饶夫 - 瓦耳顿（高压）发电机
code ~ 代码发生器
coherent ~ 相干振荡器
colo (u)r bar dot crosshatch ~ 彩色条点交叉图形信号发生器
colo (u)r service ~ 彩色电视机测试信号发生器
colo (u)r strip ~ 色带信号发生器
colour-bar ~ （彩色电视）彩条信号发生器
combined-voltage ~ 交直流电压发电机
command ~ 指令发生器，命令发生器；命令生成程序
commutator ~ 换向器式发电机
compiler ~ 编译程序的生成程序
component ~ 谐波分量发生器
compound ~ 复励发电机
compressed-gas electrostatic ~ 充气压型静

电加速器
concentric-shell ~ 容器与高压电极同中心的静电加速器
congruent ~ 同余数生成程序
contact type ~ 接触式乙炔发生器
continuous current ~ 直流发电机
control ~ 控制发电机〔振荡器〕
controlled speed axle ~ 恒速车轴发电机
cosine ~ 余弦发电机〔发生器〕
coupled-type ~ 直联型发电机
cross connected ~ 正交磁场发电机
cross field ~ ①交叉电场信号发生器②正交磁场发电机
cross hatch signal ~ 网状线信号发生器，栅形场振荡器
cumulative compound ~ 积复励发电机
current ~ 电流发生器
curvature ~ 曲面加工装置
curve ~ ①波形〔曲线〕发生器②金刚钻加工透镜（表面）机
cycle ~ 交变频率发生器
DC ~ 直流发电机
dead hearth ~ 死膛发生炉
deflection ~ 扫描振荡器
delay gate ~ 延迟脉冲发生器
diagonal conducting wall ~ 斜导电壁发电机（磁流体）
diagonal-flow ~ 斜流通风式发电机
diesel ~ 柴油发电机
differential ~ 差动式传感器，差动振荡器，差动自整角机
differential-excited ~ 差励发电机
digital character ~ 数字字符发生器
digital data ~ 数字数据发生器
digital display ~ 数字显示信号发生器
digital pulse ~ 数字脉冲发生器
digital signal ~ 数字信号发生器
digit-symbol ~ （数）字符（号）产生器
diplex ~ 双工振荡器
direct drive mechanical vibration ~ 直接驱动机械振动发生器
direct-coupled ~ 同体式发电机
direct-current ~ 直流发电机
disk ~ 盘形〔式〕发电机
displacement ~ 位移信号发生器，偏压发生器
display ~ 显示发生器
diverter pole ~ 分流极发电机
Dobrowolsky ~ 三线式发电机
dot pattern ~ 点图形（信号）发生器（校对电视显像管偏转系统像散现象）
dot raster character ~ 点阵法字符发生器
dot-bar ~ 点 - 条（状图案）信号发生器
double current ~ 双（电）流发电机，交直流发电机
double-framed ~ 双〔内外〕机座型发电机
drag-cap ~ 附盖发电机
drag-cup ~ 拖杯式发电机
dropping voltage ~ 降压特性振荡器
drum frequency ~ 磁鼓频率发生器
drum steam ~ 锅筒式蒸汽锅炉
drumless steam ~ 直流蒸汽锅炉
effects ~ 音响效果发生器
electric ~ 发电机
electro-fluid-dynamic ~ 电流体动力发电机
electrolytic ~ 电解用发电机
electromagnetic ~ （电磁式）发电机
electromagnetic vibration ~ 电磁振动发生器
electron-beam ~ 电子束振荡器
electronic ~ 电子（管）振荡器
electrostatic ~ 静电发电机〔振荡器，加速器，发动机〕
electrostatic tone ~ 静电发声器
emergency ~ 事故用电发电机，备用发电机〔振荡器〕
empiric function ~ 经验函数发生器
end face gear ~ 端面铣齿机
engine ~ （发动）机（驱）动（的）发电机
equivalent ~ 等效发电机
error pattern ~ 错误型发生器
even-odd ~ 奇 - 偶发生器
extremely-high tension ~ 超高压发生器
fan-driven ~ 风力发电机
fast-rise pulse ~ 陡沿脉冲发生器
filament ~ 灯丝电源（发生器）
fixed gate ~ 固定选通脉冲发生器〔振荡器〕
flash ~ 闪击式高压发生器
flat field ~ 平面场发生器
flat noise ~ 平滑噪声〔“白”噪声〕发生器
flatter ~ 噪声发生器
flip-flop ~ 双稳态（多谐）振荡器
fluid ~ 射流发生器
flutter ~ 颤振发生器
flying-spot video ~ 飞点视频信号发生器
FM signal ~ 调频信号发生器
fog ~ 烟雾发生器

forced-flow once-through steam ~ 增压直流锅炉
forcing function ~ 信号〔正弦〕发生器，功能发生器（生产扰动电动势）
fork ~ 音叉振荡器
free-running ~ 自激振荡器
free-running sawtooth ~ 非同步锯齿波发生器
frequency sweep ~ 扫频振荡器〔发生器〕
full water cooling ~ 全水冷发电机（定转子绕组、铁心、压板等都用水冷）
full-bar ~ 全彩条（信号）发生器
function ~ ①函数发生器②信号发生器
gas ~ 气体发生器，煤气发生炉，汽化器
gas driven ~ 气体〔煤气〕发电机
gasoline ~ 汽油发电机
gas-pressurized ~ 带压气体发生器
gas-tube pulse ~ 离子管脉冲发生器
gate ~ 时钟〔选通〕脉冲发生器
gear ~ 刨〔滚〕齿机
Goldschmidt ~ 高尔希米特高频发电机
graphic image ~ 图形生成器
graphic report ~ 图形报告生成程序
grating ~ 交叉线（状图案）信号发生器，栅形场振荡器（调整电视图像线性用），格子信号发生器
grating and dot ~ 点格信号发生器
grille ~ 栅格信号发生器
grouped pulse ~ 脉冲群发生器
hand ~ 手摇发电机
Hanzi ~ 汉字生成器
Harban ~ 分裂阳极磁控管振荡器，哈本振荡器
harmonic excited synchronous ~ 谐波励磁同步发电机
heat ~ 热发生器，高频加热器
heavy-duty ~ 大容量发电机，大型发电机
Herb-type horizontal ~ 赫布型卧式静电加速器（卧式充压型静电加速器）
heteropolar inductor ~ 异极感应子发电机
high-frequency ~ ①高频振荡器〔发生器〕②高频发电机
high-low ~ ①（汽车照明用）变速定压发电机②高低频发电机
high-rating ~ 大功率发电机，大型发电机
high-voltage direct-current ~ 直流高压发生器
high-yield ~ 大功率振荡器
homopolar ~ 单极发电机
horizontal bar ~ 横条（信号）发生器
horizontal shaft ~ 卧式发电机
hot gas ~ 不冷却炉膛锅炉
house ~ 自备发电机，（发电）厂用发电机
hydraulic ~ 水轮发电机
hydroelectric wave ~ 波（浪水）力发电机
hypoid ~ 准双曲面齿轮加工机床
identification ~ 识别信号发生器，识别信号源
impact ~ ①冲击发电机②冲击电压发生器
impulse ~ 脉冲发生器，冲击电压发生器，脉冲振荡器
impulse current ~ 冲击电流发生器
incoming ~ 准备并车的发电机
indirect cooling ~ 外冷发电机，间接冷却发电机
induction ~ 感应〔异步〕发电机
inductor ~ 旋（转磁）铁式发电机，感应子发电机
information ~ 信息源，信息发送器
input ~ 输入信号发生器
intelligence ~ 智能发生器
intelligent starter ~ （汽车）智能化起动机/发电机
interative test ~ 迭接式测试生成程序
interconnected synchronous ~ 并网〔互联〕的同步发电机
intermittent ~ 间歇振荡器
internal-combustion engine driven ~ 内燃机拖动的发电机
interpole ~ 辅极发电机，带（中）间极的发电机
jet ~ 喷注式（超声波）发生器
keying wave ~ 键控信号发生器
lighting ~ 照明用发电机
lightning ~ ①人造闪电发生器②脉冲振荡器〔发生器〕
light-pulse ~ 光脉冲发生器，脉冲光源
line ~ ①线产生器②直线产生器
line frequency ~ 行扫描信号发生器，行频振荡器
liquid-nitrogen-cooled ~ 液氮冷却发电机，超导发电机
local ~ 局部产生符（软件）
look ahead carry ~ 先行进位发生器
low-ripple ~ 低脉动发电机（直流发电机的）
luminance signal ~ 亮度〔黑白〕信号发生器
macro ~ 宏功能生成程序
magneto ~ 永磁〔手摇〕发电机

magnetoelectric ~ 手摇磁石发电机，永磁发电机
magnetohydrodynamic ~ 磁流体（动力）发电机
magnetoplasmadynamic ~ 磁等离子体发电机
magnetostrictive vibration ~ 磁致伸缩振动发生器
manual number ~ （=manual word ~）手控输入设备
marker ~ 标志（信号）发生器
marker sweep ~ 扫频标志（信号）发生器
mask signal ~ 遮蔽信号发生器
master clock-pulse ~ 主〔母〕时钟脉冲发生器
mechanical ~ 机力发电机
metadyne ~ 交磁（旋转）扩大机
MHD ~ 磁流体（动力）发电机
microsecond ~ 微秒脉冲发生器
middle frequency ~ 中频发电机
mid-square ~ 中平方〔平方取中〕生成程序
milking ~ 低压直流充电用电机
mist ~ 油雾发生器
mobile ~ ①移动式发电机②可移式（乙炔）发生器③移动式（信号）发生器
modulation ~ 调制振荡器〔发生器〕
molecular ~ 分子振荡器
monotube steam ~ 直流蒸汽锅炉
multiburst ~ 多频率脉冲群发生器
multilevel interconnection ~ 多电平互连式信号发生器
multiple ~ 乘积〔倍数〕发生器
multiple access channel noise ~ （通信）多址信道噪声发生器
multiple current ~ 多（电）流发电机，交直流发电机
multitone ~ 多频音发生器
natural-function ~ ①解析函数发生器②自然〔解析〕函数编辑程序
natural-law ~ ①自然定则产生器②解析函数发生器
negative oxygen ions ~ 负氧离子发生器
negative positive deflection pulse ~ 正负偏转脉冲发生器
neutron ~ 中子发生器
noise ~ 噪声发生器
noisy ~ 有声运转发电机
nonpolar ~ 单极发电机
non-salient-pole ~ 隐极发电机
notch ~ 标志信号发生器
nuclear ~ 核动力〔原子能〕发电机
nuclear steam ~ ①核蒸汽发生器②原子能汽轮发电机
number ~ 数码（信号）发生器，数据发生器，数据键盘
off-on wave ~ 键控信号振荡器〔发生器〕
once-through-type steam ~ 直流蒸汽锅炉
one ~ 单发生器
optical quantum ~ 光量子发生器
outer field ~ 外层旋转发电机
outer-pole ~ 外部旋转发电机
overcompounded ~ 过〔超〕复励发电机
package-type steam ~ 快装锅炉
palloid gear ~ 准渐开线齿锥齿轮铣齿机
parallel ~ 并联发电机
pattern ~ 测视〔测试〕图案（信号）发生器，直视装置信号发生器，码型发生器
pedal ~ 脚踏发电机
pedestal ~ 基准电压发生器
pendulum ~ 飞摆发电机
permanent magnet ~ 永磁发电机
permanent magnet synchronous ~ 永磁（风力）同步发电机
photo-audio ~ 光电式音频信号发生器
photocurrent ~ 光电发生器
picture ~ 图像发生器
piecewise-linear function ~ 分段线性函数发生器
piezoelectric ~ 压电发电机〔振荡器〕
piezoelectric vibration ~ 压电振动发生器
pilot ~ 辅助发电机
pink noise ~ 带有随机噪声的发电机
pitch-surface ~ 节面母线
planing ~ 展成〔滚切〕法刨齿机
plasma ~ 等离子发生器〔发电机〕
portable ~ 移动式（乙炔）发生器
potentiometer card ~ 分位计卡片控制发生器
potentiometer function ~ 电位计函数发生器
power square wave ~ 方波电源〔功率〕发生器
primary ~ （锅炉的）主要（辐射）蒸发受热面
product ~ 乘积发生器
programmable pulse ~ 程序可控脉冲发生器
program (me) ~ 程序编制器
prolate epicycloidal bevel gear ~ 延伸外摆线齿锥齿轮铣齿机

propeller ~ 螺旋桨式（风力）发电机，风力〔车〕发电机
propulsion ~ 推进发电机（船用）
pulse ~ 脉冲发生器〔振荡器〕
pulse signal ~ 脉冲信号发生器
pulse train ~ 脉冲列发生器
pulsed-off signal ~ 脉冲断路信号发生器
pulse-pattern ~ 脉冲波形发生器
pulse-series ~ 脉冲组发生器
pure ~ 产生程序的程序
quantum-optical ~ 光量子振荡器
rainbow ~ 彩条信号发生器（彩色电视机测试用）
ramp ~ 斜波、锯齿波发生器
random number ~ 随机数发生器〔生成程序〕
range-sweep gate ~ 距离扫描选通脉冲发生器
rate ~ ①比率发电机②速率〔导数〕（信号）发生器
recession gas ~ 置换系统气体发生器
reciprocable ~ 往复式发电机
reference ~ 基准信号〔副载波〕发生器
regulator ~ 电机调整器
relaxation ~ 弛张振荡器
report ~ 报告文件处理机，报告程序编制器，报表生成程序
reset ~ 复位发生器
restore-pulse ~ 时钟脉冲发生器
retarding field ~ 减速场振荡器
ringing ~ 电动磁石发电机，铃流（发电）机，铃流振荡器
rock ~ 岩样微剩磁测量仪
Rosenberg ~ 罗森堡发电机（无中间极的微场扩流放大机）
rotary ringing ~ 旋转铃流机，旋转铃流发生器
rototrol ~ 自励电机放大发电机
safe area ~ 画框发生器
sailwing wind ~ 帆翼式风力发电机
SAMES ~ 带刚性介质转子的起电机
saw-tooth ~ 锯齿波发生器
scan ~ 扫描发生器
seated gas ~ 固定式燃气发生器
second harmonic ~ 二次谐波发生器，倍频器
secondary ~ ①变压器②蓄电器〔池〕③（锅炉的）补充（对流）蒸发受热面
seismic mechanical vibration ~ 惯性机械振动发生器
selector-pulse ~ 选择脉冲发生器
self-excited ~ 自激〔励〕发电机〔振荡器〕
separately excited ~ 他励发电机
sequence ~ 序码发生器，序列生成程序
series ~ 串励发电机
service ~ 日用发电机
shading ~ （显像管中的）黑点补偿信号发生器
shaft ~ 轴（传动）发动机〔发电机〕
ship smoke ~ 舰船烟幕施放器
short circuit ~ 短路发电机
shunt (-wound) ~ 并励发电机
signal ~ ①信号发生器，测试振荡器②交流信号发电机
simulative ~ 模拟振荡器〔发生器〕
single-mode ~ 单模发生器〔振荡器〕
skew position ~ 歪扭位置发生器
slave clock ~ 从动的时钟发生器
slope ~ 斜坡信号发生器
slueing ~ （挖土机电动 - 发电机系统中的）回转发电机
solar ~ 太阳能发动机
solar energy ~ 太阳能发电机
solid propellant hot gas ~ 固体推进剂燃气发生器，火药燃气储压器
solvent extraction ~ 溶剂萃取（同位素）发生器
sort and merge ~ 分类〔分选〕归并生成程序
sound ~ 声音生成器
spark-gap ~ 火花隙（射频）振荡器，火花隙高频感应加热器
special effect ~ （电视）特技信号发生器
speed indicating ~ 测速发电机
speed voltage ~ 测速发电机
spiral bevel gear ~ 螺旋锥齿轮刨床〔滚齿机〕，弧齿锥齿轮铣齿机
split-bar ~ 分离条信号发生器
spreading waveform ~ 扩展波形发生器
square law function ~ 平方器
square-wave ~ 方（形）波发生器
staircase ~ 阶梯信号发生器，阶梯〔台阶形〕波发生器
standard image ~ （电视）标准图像发生器
stand-by ~ 备用〔急救〕发电机
starter ~ 起动器用发电机
static ~ 静电（高压）起电机，静电加速器
steam ~ 蒸汽发生器〔锅炉〕
steam iron ~ 蒸汽铁屑生氢器，氢气发生器
steam turbine ~ 汽轮发电机

steam-gas ~ 水煤气发生器
step ~ ①阶梯信号发生器，级信号发生器②步进发电机
stimuli ~ 激励振荡器
stone ~ 车轴驱动恒流发电机
straight bevel gear ~ 直齿锥齿轮刨齿机，直齿锥齿轮铣齿机
straight-line ~ 直母线
stroke charactor ~ 笔画〔线段〕字符发生器
subaudio ~ 亚音频振荡器
supercharged steam ~ 增压锅炉
superconduct synchronous ~ 超导同步发电机
superconducting ~ 超导（材料）发生器
supermode ~ 超模振荡器〔发生器〕
surge ~ 冲击波发生器，脉冲发生器
sustain (ing) ~ （等离子体显示中的）维持电源
sweep ~ 扫描振荡器〔发生器〕
sweep frequency ~ 扫频发生器，扫频仪
sweep signal ~ 扫频仪
sweep-current ~ 扫描电流发生器
swemar ~ 扫频与标志（信号）发生器
switching pulse ~ 选通脉冲发生器
symbol ~ 符号发生器
sync ~ ①同步机②同步信号发生器
synchro ~ ①同步发电机②自动同步振荡器〔发送机〕
synchronized pulse ~ 同步脉冲发生器
synchronous ~ 同步发电机
syntax-controlled ~ 语法控制的生成程序
synthetic colo (u)r bar chart ~ 色带信号发生器
synthetic-pattern ~ 复试验振荡器
tachometer ~ ①测速发电机②转速传感器
tapped-down ~ 带抽头线圈的振荡器
television synchronizing signal ~ 电视同步信号发生器
television test signal ~ 电视测试信号发生器
test pattern ~ ①测试〔试验〕图像发生器②测试码模式生成程序
test-bar ~ 色带测视信号发生器
thermionic ~ 热离子管高频交流电发生器，热离子发电机
thermo ~ 热电堆〔池〕，温差电堆
thermoelectric ~ ①温差发电器，温差电池②热电式发电机
three-coil ~ 三绕组发电机
three-field ~ 三磁场发电机（特殊用直流发电机，具有他励绕组，并励绕组及差接串励绕组）
three-wire ~ 三线〔相〕发电机
time mark ~ 时标振荡器，时标（信号）发生器
time pulse ~ 时钟脉冲产生器，时标脉冲发生器
time-base ~ 时基振荡器〔发生器〕，扫描发生器
timing ~ 定时信号振荡器〔发生器〕，时标发生器〔振荡器〕
tone ~ 音频发生器〔振荡器〕，发音器，音调产生器
tone-burst ~ 单音脉冲发生器
traction ~ ①电力牵引系统②供电用（直流）发电机
transferred electron ~ 电子传递发生器
transformer ~ 感应变频机
transient ~ 暂态发电机
translator ~ 翻译生成程序
trapezoidal ~ 梯形波发生器，梯形脉冲发生器
tray-type acetylene ~ 干式乙炔发生器
triangle ~ 三角波发生器，三角形脉冲发生器
trigger ~ 触发脉冲发生器
triggered blocking ~ 触发〔可控〕间歇振荡器
turbo gas ~ 涡轮气体发生器
two-cycle ~ 双周波发电机，双频（率）发电机
two-frequency signal ~ 双频信号发生器
two-spool gas ~ 双转子燃气发生机
UG/Nurbs Path ~ 样条轨迹生成器（UG NX 8.0 的主要功能模块，CAM 模块，计算机辅助制造模块，生成刀轨）
ultrasonic ~ 超声电源，超声波发生器〔振荡器〕
umbrella-type ~ 伞式水轮发电机
undercompound ~ 欠复励发电机
underexcited compound ~ 欠复励发电机
unfired steam ~ 非燃式蒸汽发生器
universal-pressure ~ 直流蒸汽锅炉
vacuum-tube ~ 真空管振荡器
valve ~ 电子管振荡器
variable function ~ 可变函数发生器；可变函数生成程序
variable phase function ~ 可变相位函数发生器

variable rate pulse ~ 可变速率脉冲发生器
vector ~ 向量发生器；向量生成程序
vertical blanking ~ 帧〔场〕消隐脉冲振荡器
vertical pressure ~ 立式充压型静电加速器
vibration ~ 振子
video ~ 视频发生器
video display ~ 视频显示发生器
visual alignment ~ （电视接收机校正用）测试图发生器
void ~ 空段发生器
voltage ~ ①发动机电动势，旋转电动势，电压发生器②测速发电机
vortex ~ 扰流器，涡流发生器
vortex wind ~ 涡流风力发电机
water bosh ~ 水封（气体）发生器
water displacement contact type ~ 排水接触式乙炔发生器
water-to-carbide ~ 注水式乙炔发生器
wave ~ 波形信号发生器，电波发生器
wave form ~ 波形产生器，波形发生器，定形信号发生器
welding ~ 电焊发电机
welding motor ~ 电动旋转式电焊机器
Whimshurst ~ 维姆胡斯起电机（电荷连续产生装置）
wind power ~ 风力发电机
wind signal ~ 曲线信号发生器（测定彩色电视机相位失真的仪器）
windmill ~ 风力发电机
word ~ 字发生器
YFG cylinder frequency ~ 磁鼓频率发生器
YPG cylinder phase ~ 磁鼓相位发生器

generator-checker 奇偶校验
parity ~ 奇偶产生 - 校验电路

generator-motor 发电电动机
rectilinear ~ 直纹母线
reversible ~ 可逆式发电电动机

generatrix ①动线，母线〔点，面〕②基体，母体③发生器，发电机
common ~ (full line contact) 共同接触母线（全线接触）

generette 发电机样件（作耐用性试验的），大型发电机线圈寿命试验装置

genescope 频率特性描绘器〔观测仪〕

gene-serever gene-server 系统（一个用于查询基因和蛋白质数据的数据库系统）

genesis ①成因，起源②发生，生成，来历

genetic (al) 创始的，发生（学）的，发展的，遗传学的，由遗传而获得的
~ algorithm 遗传算法

genlock ①（电视设备的）强制〔集中〕同步系统，同步耦合器②台从锁相
controlled rate ~ 受控速度台从锁相

genlocking ①台从〔同步〕锁相②强制〔集中〕同步

genotron 高压整流管

genset 发电机组

Gentex 欧洲电报交换网络

genuclast 膝关节粘连松解器

genuine ①真正的，本征的，纯的②用天然原料制成的

genus ①（种）类，属②亏格，亏数（数学）

genvironment 超重环境

geoacoustics 地声学

geobotany 地球植物学

geocartographer 地理制图工作者

geocenter 地（球中）心，地球质量中心

geocoding 地理〔形〕编码

geodata 地理数据

geodesic ①测地线②短程线

geodesy 大地测量学，测地学

geodetic (al) ①短程的，测地的②短程线，测地线

geodimeter 光电〔光速，导线〕测距仪

geodynamics 地球动力学

geography ①地理（学），地球〔势〕②布局，配置

geohydrology 水文地质学

geoid ①大地水准面②重力平面

geoisotherm 等地温线

geokinetics 地球运动学

Geolin 铝及铝合金的研磨材料

geoline 凡士林，石油

geologist 地质学家，地质工作者

geology 地质（学）
orbital ~ （卫星）轨道地质学

geomagnetic 地磁的

geomagnetism 地磁（学）

geomechanics 地质〔地球〕力学

geometer 几何学家，测量员

geometric (al) 几何（学，学上，图形）的

geometrics 几何学图形

geometry 几何（学，形状，图，结构，条件）
~ of mapping 保角变换的几何关系〔性质〕
analytic ~ 解析几何
beam ~ 束几何条件，波束几何形状

Cartesian ~ 解析几何
cascade ~ 叶栅几何参数
descriptive ~ 画法几何
Euclidean ~ 欧几里得几何，欧氏几何（学）
good ~ 佳几何，几何学的良好条件
infinitesimal ~ 微分几何（学）
inversion ~ 反演几何学
line ~ 线素几何学
long ~ “全波的”几何
metric differential ~ 初等微分几何
mirror ~ 磁镜〔磁塞〕形态
network ~ 网络几何
perspective ~ 透视〔投影〕几何
plane ~ 平面几何（学）
point ~ 点素几何学
poor ~ 不良的几何条件
projective ~ 投影〔射影〕几何（学）
quasi-elliptic ~ 拟椭圆几何（学）
random ~ 任意〔不规则〕几何形状，随机几何（学）
real ~ 实（素）几何（学）
solid analytical ~ 立体解析几何
steering ~ 转向几何图形
surface ~ 表面几何图形
tool ~ 刀具几何形状
tooth ~ 轮齿几何学
torus-over disc ~ （等离子体显示中的）环套碟电极形状

geomorphogeny 地形〔地貌〕发生〔成因〕学
geomorphology 地形〔地貌〕学，地表形态学
geon 吉纶（聚氯乙烯树脂的商品名）
geonomics 经济地理学
geonomy 地（球）学
geop （地球重力场）等位面
Geopause 地球同步卫星
geophone 地声测听器，听地器，小型地震仪，地震检波器
geophysics 地球物理学
terrestrial ~ 陆上地球物理学
Geoplane 激光扫平仪
geoplastic 地貌造型法
geoponder 大地应答器（激光测距仪）
geopotential （地）重力势，位势
Geoprobe 地球高空探测器（6000 km 以上），地球探测火箭
Georan 大地〔双色激光〕测距仪
geordie 矿用安全灯
george “乔治”（反干扰设备）
Geos 吉奥斯卫星（测地卫星）
geoscience 地球科学，地学
geoscope 坦克潜望镜
Geospace 光电绘图系统
geostatics 刚体力学
geostationary 静地的
geosurvey 大地测量
geosynchronous 地球同步的
geotectology 大地构造学
geotector 地震检波器，地音探测器
geothermic 地热的
geothermics 地热学
geothermometer 地温〔地热〕计〔表〕
ger-bond 热塑性树脂黏合剂
gerentocratic 经理级的，行政管理级的
germanate 锗酸盐
lead ~ 锗酸铅
germane 锗烷
germanic （正，四价）锗的
germanide 锗化物
germanite 亚〔二阶〕锗酸盐，锗石
germanium 锗（Ge）
bulk intrinsic ~ 块状本征锗
gallium doped ~ 掺镓的锗
polycrystalline ~ 多晶锗
germanous 亚〔二价〕锗的
germination ①晶核化，长晶核，（晶粒）畸形长大（现象），骤成巨粒（现象）②共生
germinator 催芽器〔剂〕
germitron 紫外线灯装置
gerontic 老年期的
gerotor （一齿差）内齿轮油泵
gesture 手势
GET 取得（指令），GET 指令
~ into smooth 起动，准备开动
~ loose 松脱，松动，拧松
getatable 可到达〔获得〕的，可以做到的
getaway ①启程，开动，离开，逃脱②活动布景③大型邮政转运站
GetRight GetRight 软件（一种网络下载工具）
get-set 规定，装置，建立
getter ①吸〔收〕气剂，吸〔收，消〕气器②采煤〔矿〕工，采煤机③除〔收，消〕气，吸收〔气〕
barium ~ 钡吸气剂
batalum ~ 钡钽消〔吸〕气剂
bulk ~ 容积〔块状〕消气剂
ceto ~ （电子管用）铈钍吸气剂（商品名）

coating ~ 吸〔消〕气剂涂层
evaporable ~ 蒸散型吸气剂
flash ~ 表面收气剂，蒸散(式)消气剂
gas-doped ~ 充气消气剂
high security ~ 高牢固吸气剂
pellet ~ 丸式吸气剂，收气丸
reaction ~ ①反应收气剂②反应型收气器

gettering ①吸气法(真空技术)②除气，吸〔收〕气

geyserite 硅华

g-factor g 因数，朗德因子，偶极相关因子

g-force 重力，g 力(通常用地球重力的倍数来表示的惯性力)

ghost ①幻象，重像，(电视屏幕上的)重影，叠影层②反常回波③散乱的光辉，偏析色带，鬼线
bibliographical ~ 伪造的版本，赝版
corner ~ (钢)锭角鬼线
double ~ 重影
ferrite ~ 铁素体带
galloping ~ 跳动重影
leading ~ 超前重影(左侧重影)
negative ~ 负像重影(黑白颠倒的重影)
return ~ 逆程重影
ring ~ 环形条状结晶
smear ~ 拖尾重影
travel ~ 移动叠影

ghosting 暗影
multiple ~ 多重幻影〔重影〕

giant ①水枪，大喷嘴，冲矿机，大轮胎②巨人，巨物③巨(大，型)的
hydraulic ~ 水枪，水力冲矿机
slushing ~ 充填用水枪
super ~ ①超巨星②超巨型的

gib ①扁栓，镶〔夹〕条，拉紧销②凹字楔，榫，导块〔轨〕③起重杆，吊杆，吊机臂
~ and cotter 合楔
adjustable ~ 可调镶条〔导轨〕
adjusting ~ 活动扁栓〔夹条〕，调整镶条
crane ~ 吊车梁
cross head ~ 十字头扁栓
front beveled ~ 前斜夹条
full-length taper ~ 调整楔
guide ~ 导向扁销
ram ~ 滑枕导轨
slide ~ 导轨镶条
taper ~ ①锥形镶条②调整楔

gibber (ing) 急促而不清楚地说话，发无意义的声音

gibber (ish) 混字〔合〕，无用〔零碎，杂乱〕数据，混乱信息，无用(存储)单元

gibbet 起重臂，支〔撑〕架，吊杆

gibbose =gibbous

gibbosity 凸面，隆〔突〕起

gibbous 凸圆的，凸月形的，隆〔突，凸〕起的

gibbs 吉布斯(吸收单位，1 吉布斯 =10^{-10} mol/cm^2 的表面浓度)

gibbsite 三水氧化铝，(三)水铝矿

gif 图形交换格式文件扩展名

gig ①提升机，绞车，卷扬机，起重机②吊桶，双层罐笼③起毛机④(轮船上附置的)轻快小船，赛艇
laying down ~ ①顺毛刺果起毛机②顺毛起绒法(织物顺向起毛，毛头倒伏干燥定形的方法)
raising ~ 起〔拉，刮〕绒机
up and down ~ 上下往复式刺果起绒机

giga 吉(咖)(10^9)，十亿

gigabit-Ethernet 吉位以太网

gigabyte 吉(咖)字节，缩写为 GB

gigacycle 吉(咖)周

Giga-electron-volt 吉(加)电子伏，10^9 eV

gigaflops 每秒千兆次浮点运算

gigahertz 吉(咖)赫(GHz)

gigawatt 吉(咖)瓦(GW)

gigo 杂乱输入和杂乱输出

gilbert 吉(伯)(Gb，磁动势单位，1Gb ≈ 0.795 77 安匝)

gilbertite 丝光白云母

gild 镀〔装，烫〕金

gilder 镀金者〔工〕
press ~ 烫金机

gilding 镀金(术，材料)，装金
burnish ~ 涂光
lily ~ 镀白金

gilhoist 登陆艇运输车

gill ①吉耳(液量单位，等于 0.25 品脱或 0.142 L)，基尔(完成一次给定操作的时间单位)②散热片，百叶窗③鱼鳞板，支骨，肋条，加强筋④针梳机
can ~ (box) 条筒针梳机
chain ~ 链条式针梳机
mixing ~ 混条针梳机
spiral ~ 螺杆式针梳机

gilled 片式〔肋条式〕的

gillion 吉(咖)(10^9)，十亿

gillnetter 刺网渔船
gilpinite 硫酸铜铀矿，硫铀铜矾
gilsonite 黑〔硬，天然〕沥青
gilt 镀〔烫〕金的
gilt-edged 金边的，最上等的
gimbal ①万向接头②平衡环，常平架，万向（悬挂）支架，框架③装以万向接头④用万向架固定
outer ~ 外万向支架，外常平架，（陀螺）外框（架）
gimbaled 用万向架固定的，装有万向接头的
gimbals 常平架，万向悬挂支架，万向接头，平衡环，称平环，常平环（使罗盘针常保持水平）
gimlet 手钻，旋具，手锥，钻子
gimmick ①扭线电容（一对扭绞线所形成的电容），绞合电容器②带方形反光罩的弧光灯，挡光板
gimp ①（唱片录音中出现的）一种外界噪声②花边粗线花纹
gin ①三脚起重机②绞车，绞盘，起重葫芦③轧棉机，弹棉机④打桩机
air-blast ~ ①鼓风机②轧棉机，气流式轧（棉）花机〔打桩机〕
brush ~ 毛刷式锯齿轧棉机
double-battery ~ 双滚筒式轧花机
huller ~ 带铃壳籽棉轧花机
linter ~ 剥绒机
rib cotton ~ 肋条式轧花机
roller ~ （皮）辊式轧花机
single breast ~ 单腔轧花机（仅轧洁净籽棉用）
ginaca 菠萝去皮去芯机
ginhouse 轧花〔棉〕厂
ginnery 轧肋（轧棉机的）
giraffe 斜井提升矿车，地面翻（矿）车装置，多层箕斗，高空工作升降台
gird ①横梁〔担〕②保安〔保险〕带③绑线，扎线（电枢的）④护环（发电机转子的）⑤包带（木杆防腐用）
girder 横梁，桁材〔架〕
arched ~ 拱梁
bowstring ~ 弓形横梁，弓弦桁梁
box ~ 匣形梁，函梁
braced ~ 有刚性腹杆的梁式桁架
cellular ~ 格形〔空心〕梁
center ~ 主龙筋龙骨立板
compound ~ 合成梁，组合梁
fixed ~ 定端梁
flitch-plate ~ 钢木组合大梁（由方木与金属板组成）
floor ~ 行车大梁，横梁
frame (d) ~ 桁架梁，构桁
Gerber's ~ 格伯梁，铰接连梁
Grey ~ 格雷式梁（宽缘工字梁）
half-through ~ 下承板梁
I-iron ~ 工字梁
inverted bow and chain ~ 鱼形桁架
kingpost ~ 单柱大梁
knee ~ 肘状梁
lattice ~ 格构大梁
lintel ~ 炉腰支圈，环梁
nail-connected ~ 钉接板梁桥
nose ~ 导〔鼻〕梁
open web ~ 空腹梁
panel ~ 格子梁，花梁
plain ~ 光面〔宽腹〕梁，板梁
plane ~ 平面桁架
plate web ~ 腹板梁
pressed ~ 模压梁
prestressed ~ 预应力梁
propeller reinforcing ~ 螺旋桨加力梁，螺旋桨增强梁（硬式汽艇）
reversed queen post ~ 反向双柱梁
runway ~ 行车大梁，吊车梁
sandwich ~ 夹合梁
segmental ~ 弓形梁
single cell box ~ 单元箱形梁
socle ~ 悬臂梁
spandrel ~ 承重梁（承担全部构件重量的）
stiff ~ 加劲梁
stiffening ~ 加强〔加劲〕梁
table-side ~ 辊道座架的非传动侧
tire ~ 轮胎防滑套箍
trellis ~ 格构梁
triangular ~ 带三角形格栅的梁式桁架
trolly ~ 后大梁
tubular ~ 管腹工字梁
upper wind ~ 上风连杆
Vierendeel ~ 带上下桁条的梁
web ~ 腹梁
wide-flange ~ 宽缘工字钢
zigzag ~ 三角孔梁
girdle ①（腰）带，环圈，环状物②环〔围〕绕，包围，束住，用带缠〔束〕
tire ~ 轮胎防滑套爪
girocap 组装钻的一种结构

Giroconer 吉罗科纳络筒机（合成纤维用，商品名）
girt ①围梁②围长
girth 围梁，方框支架的横撑，（电枢的）扎线，（高炉的）铁箍
gisement 坐标偏角〔误差〕
gismo 吉斯莫万能采掘机（可凿岩、装载、运输）
bottom-dumping ~ 底卸式吉斯莫万能采掘机
drill ~ 吉斯莫型钻眼万能采掘机
mucking ~ 吉斯莫型装载万能采掘机
gismo-jumbo 吉斯莫型钻车
gist 要点〔旨〕
git 门，闸门，闭锁器，（轧制）道次，入口沟，浇道，浇铸沟
give ①给（出，定）②举行，产生，发〔指〕出，生产力〔率〕③弹性〔力〕，弹性变形④弯曲，扭转，收缩⑤间隙，松动
giveback 归还
given 一〔给，已，假〕定的，已知的，签订的
~ off 释放，脱离，游离，发射
gizmo ①新发明〔玩意〕②小物体
glace 〈法〉光滑〔洁〕的，磨光〔冰冻〕的
glaciometer 测冰仪
gladhand （牵引车和挂车的气动制动系统）软管快换接头
glame 用灯光产生下雨效果的道具
glance ①光泽，闪烁〔光，耀〕②辉矿类
iron ~ 镜〔赤〕铁矿
gland 衬片，螺塞，（密封）压盖，填料盖〔箱〕，气封
carbon packed ~ 炭精填料函，炭精轴封
carbon ring ~ 碳环压盖，炭精气封圈
centrifugal water-packed ~ （离心）水封
cork-packed ~ 软木填料函
expansion ~ 填密胀圈，带填料箱式膨胀圈
external ~ 端部汽封
flanged ~ 填料函盖
hydraulic ~ 水封套
internal ~ ①内压盖②内汽封
labyrinth ~ 迷宫式密封〔压盖〕
loose ~ 滑动填圈
manifold ~ 歧管压盖
manometer tube ~ 压力管塞
metallic-packed ~ 金属填料函
packing ~ ①填函料②密封压盖，填料〔填密函〕盖③密封套
rod ~ （活塞）杆密封盖
sealing ~ ①密封盖②密封装置，汽封装置
shaft ~ 轴密封盖，轴封片
springback ~ （簧压）密封
steam-and-water ~ 汽水填密胀圈
stepped labyrinth ~ 高低齿迷宫汽封
strip packing ~ 对开填料压盖
stuffing (box) ~ 填料函压盖，填料盖，密封压盖
turbine (packing) ~ 涡轮轴封
vernier labyrinth ~ 游标式（双面齿）迷宫汽封
water sealed ~ 水封套
glands 气封
glare 强光，眩〔闪〕光
disability ~ 不刺眼的闪光
flare veiling ~ 杂光
indirect ~ 间接〔反射〕眩光
spot ~ 局部眩光
veiling ~ 光斑
glarimeter 闪光计，光泽计
glarometer 抗眩测量器
glass ①玻璃（制品，器具，仪器），玻璃杯〔片〕②观察窗〔孔〕③（透，望远，显微，放大）镜④晴雨表，温度计，气压计，沙漏
acid ground ~ 毛玻璃（用氢氟酸加工的）
actinic ~ 光化〔闪光〕玻璃
alabaster ~ 乳白〔雪花，乳色〕玻璃
anti-dazzle ~ 防眩〔遮光〕玻璃
antimony flint ~ 锑火石玻璃
apparatus ~ 仪表玻璃
armoured ~ 钢化玻璃
aventurine ~ 金星玻璃（嵌有黄铜粉的茶色玻璃）
barium crown ~ （光学用的）钡钙玻璃，钡冕〔无铅〕玻璃，铬酸钡玻璃
barium flint ~ （光学用）燧石玻璃，晶质玻璃，（光学用）铅玻璃
beaded ~ 玻璃珠
bell ~ （玻璃）钟罩
black ~ 黑玻璃，中性滤光镜（片）
Bohemian ~ 波希米亚玻璃（钾玻璃）
borax ~ 硼砂玻璃
borosilicate ~ 光学〔硅酸硼〕玻璃，硼硅（酸盐）玻璃
bullet-resistant ~ 防弹玻璃
burning ~ 取火镜，凸透镜
carbon amber ~ 有色〔琥珀〕玻璃
cased ~ 套覆玻璃
case-hardened ~ 表面硬化玻璃，钢化玻璃

casing ~ 镶色玻璃
chunk ~ 碎玻璃(片)
cladding ~ 外包玻璃
clear ~ 透明玻璃
clouded ~ 云纹玻璃，毛玻璃
cobalt blue ~ 钴蓝玻璃
cocktail ~ 鸡尾酒杯
compound ~ 多层玻璃
conductive ~ 导电玻璃
convex ~ 凸透镜
corning ~ 麻粒玻璃(透射紫外线的玻璃)
cover ~ ①防护玻璃罩②盖玻片，玻璃盖片
crown ~ 冕玻璃，无铅〔硬性光学〕玻璃
crown flint ~ 轻火石玻璃
cryolite ~ 乳色玻璃
crystal ~ 富铅〔晶体，结晶，水晶〕玻璃
cut ~ 雕花玻璃
dense flint ~ 重火石玻璃
depolished ~ 磨砂玻璃
diffusing ~ 散光玻璃
dimmer ~ 减光玻璃
display ~ 投影(玻璃)镜〔屏〕，显示屏
dose ~ 剂量玻璃
double strength ~ 强力玻璃
double-concave ~ 双凹透镜
double-convex ~ 双凸透镜
dry ~ 无水玻璃
edge ~ 棱镜
effect ~ 特技用玻璃(片)
end-of-day ~ 混色玻璃
etched ~ (无光，刻花，磨砂)玻璃，毛玻璃
eye ~ 钟表用放大镜，寸镜(戴在眼上的放大镜)
face ~ 管泡〔涂磷光体的〕底面玻璃
feed ~ 给油指示器
fiber ~ 玻璃纤维
fibrous ~ 玻璃纤维，玻璃丝
filigree ~ 银丝玻璃，嵌丝玻璃
filter ~ 滤色玻璃，黑玻璃
fire-fly ~ 荧光玻璃
flash ~ 有色玻璃
flat ~ 平板玻璃
flint ~ 铅〔火石(含氧化铅)，燧石，软性光学〕玻璃
foamed ~ es 发泡玻璃
focus (s)ing ~ 调焦屏〔玻璃〕，毛玻璃板，分划板
front ~ 遮光〔挡风，保护〕玻璃
frosted ~ 霜化〔雪花，磨砂〕玻璃，毛玻璃
ga (u)ge ~ 量液玻璃管，玻璃管液面计，玻璃油位表，玻璃油规，水位表
gold-film ~ 包金膜玻璃(电热除雾及防冰)
graduated ~ 刻度杯，量杯
ground ~ ①毛玻璃，磨砂〔磨口〕玻璃②检影片③玻璃粉
hard ~ 硬质玻璃，耐热玻璃
high-transmission ~ 高透射玻璃
horizon ~ 水平镜
hour ~ 沙钟，沙漏
index ~ ①分度镜，标镜②(指)标线(分划)板
layer protective ~ 玻璃氧化膜〔保护层〕
lead ~ 铅玻璃
level sight ~ 玻璃示油规，液面指示玻璃管
lime ~ 石灰〔钙，钠钙〕玻璃
looking ~ ①镜子②窥水镜
marble ~ 大理石纹玻璃，斑纹玻璃
mat ~ 磨砂玻璃，毛玻璃
measuring ~ 滴定管，量杯，量筒
metallized ~ 喷镀金属玻璃
meter ~ 量杯，刻度烧杯
microcrystalline ~ 微晶玻璃
mother ~ 样品玻璃
multiplying ~ 放大镜
nesa ~ 奈塞玻璃(敷氧化锡透明导电层的玻璃)
nonex ~ 铅硼玻璃，诺耐克斯玻璃
nonshatterable ~ 安全玻璃，不碎玻璃
nucleated ~ 微晶玻璃
object ~ 物镜
obscured ~ 毛玻璃，闷光玻璃
ocular ~ 目镜
opal ~ 乳白玻璃，玻璃瓷
organic ~ 有机玻璃
photochromic ~ 彩色照相玻璃，光色〔敏〕玻璃
plain ~ 防护白玻璃
polarizing ~ 极化窗，偏光镜，偏振目镜
port ~ (观察)孔玻璃
pot transfer ~ 在坩埚中冷却的光学玻璃
pot-metal ~ 有色玻璃，彩色装饰玻璃
protector ga (u)ge ~ (锅炉)水位玻璃管保护装置
punt ~ 对焦〔调焦〕玻璃
Pyrex ~ 派勒克斯耐热玻璃(硼硅酸玻璃)，高硅〔硬，耐火〕玻璃

quartz ~ 石英玻璃
quartzolite ~ 透紫外线玻璃
rain ~ 气压表，晴雨表
reading ~ 读数放大镜
reflector ~ 反光镜
register ~ ①定位测微镜（镶嵌用）②压板玻璃
ribbed ~ （起）肋玻璃
Robon ~ 一种防热玻璃
rough cast ~ 毛玻璃
ruby ~ 宝石红玻璃，玉红玻璃
safety ~ 安全〔防护，保险，不碎〕玻璃
safety double ~ 安全中空玻璃
salt cake ~ 硫酸盐玻璃
sand ~ ①砂玻璃②计时沙漏
screen ~ ①网眼玻璃②投影屏玻璃
screening ~ 护目镜片
shaped ~ 异形表玻璃
shield ~ 风窗玻璃，风挡玻璃
sight feed ~ 玻璃眼
silex ~ 石英玻璃，硅玻璃
simple ~ 普通玻璃，钾钠玻璃
sintered ~ 烧结玻璃，多孔玻璃
slab ~ 厚块玻璃，板状光学玻璃
sleeking ~ 成形玻璃刮刀
slicking ~ 磨光玻璃
slide ~ ①（玻璃）载片，滑动玻璃②幻灯片
smoke ~ 烟〔灰色〕玻璃
soda ~ 钠玻璃
soda pearl ash ~ 钠钾玻璃
soda potash ~ 钠钾玻璃
soda-baryta ~ 钠钡玻璃
soda-lime ~ 钠钙玻璃
soft ~ 软〔普通，钠〕玻璃
solder ~ 焊接用玻璃
soluble ~ 水玻璃，溶性玻璃
spectral ~ 虹光玻璃（舞台效应）
sponge ~ 毛玻璃
spun ~ 玻璃丝，玻璃纤维
stability ~ 非消色玻璃
stabilized ~ 耐辐照玻璃
stained ~ 彩色〔彩画，冰屑〕玻璃
storm ~ 气候变化预测管
structural ~ 大块玻璃，建筑（用）玻璃
sun ~ 遮光玻璃，有色玻璃
sunalux ~ 透紫外线玻璃
synthetic ~ 有机玻璃
taper ~ 锥度玻璃管
target ~ 靶玻片，玻靶（摄像管）
tempered ~ 回火玻璃，钢化玻璃
Terex ~ 一种理化用玻璃
tinted ~ （防紫外线或红外线的）着色玻璃
toughened ~ 钢化〔淬火〕玻璃
transfer ~ （在坩埚中熔融冷却后的）光学玻璃块
triplex ~ 三层〔夹层〕玻璃（两层玻璃中心夹一层塑料，安全玻璃之一）
ultraviolet ~ 透紫外玻璃
uviol ~ （能透）紫外线（的）玻璃
Vita ~ 维他玻璃（一种透紫外线玻璃）
vitrophyric ~ （玻基）斑状玻璃
volumetric ~ 玻璃量器
vycol ~ 硼硅酸耐热玻璃
vycor ~ 高硅氧玻璃
watch ~ 表（面）玻璃
water ~ ①硅酸钠，水玻璃②水平表，水位玻璃管
weather ~ 晴雨计
welding ~ 黑玻璃，焊接保护玻璃
wire (d) ~ 嵌丝〔装甲〕玻璃
zinc silicate ~ 锌钠硅玻璃

Glass-amp 硅整流器的一种商品名
glass-blower 吹玻璃机〔工〕
glass-blowing 吹玻璃（的），玻璃吹制
glasscloth 玻璃布〔纸〕，砂布，揩玻璃的布
glassdust 玻璃粉
glassed-in （装）在玻璃（器皿）中间，玻璃包围着的
glass-epoxy 玻璃纤维环氧树脂
glasses 眼镜，双筒镜
field ~ 双筒望远镜
night ~ 夜用望远镜
polaroid ~ 偏光眼镜
prospective ~ 小型轻便望远镜
sun ~ 太阳镜，有色眼镜
glassfiber 玻璃纤维，玻璃丝
glassfibre =glassfiber
glassful ①量杯②一（满）杯，一杯水的（容）量
glass-hardened ①很硬的，像玻璃那样硬的②激淬火的
glass-hard-steel 特硬钢
glasshouse ①玻璃厂〔店〕②温室，暖房③装有玻璃天棚的摄影室
glassification 玻璃化
glassine 玻璃〔耐油，薄半透明〕纸
glassiness ①玻璃质，玻璃状（态）②光泽度

glassing ①装配玻璃，用玻璃保护，（挤压毛坯表面上）涂玻璃粉②磨光，打光，成玻璃状，使平滑如镜
glassivation （形成）玻璃保护层，（保护焊接点的）附着玻璃，涂附玻璃，玻璃钝化
glass-lined ①玻璃衬里的②上珐琅的，涂瓷釉的，搪瓷的
glassmaking 玻璃制造工业〔艺〕
glasspaper 玻璃纸，砂纸
glassware 玻璃器皿〔仪器〕，料器
glasswork ①玻璃制造业，玻璃制品，玻璃制品工艺②（pl.）玻璃工厂
glassy 玻璃质〔状〕的，透明的
Glasurethane 玻璃增强聚氨酯
glatilh 酪醛塑料
glauberite 钙芒硝
glauconite 海绿石
glaucous 海绿色的，淡灰绿〔蓝〕色的
glaze ①釉，珐琅（质）②上釉③使光滑，抛〔研〕光，使如玻璃面，变成薄膜状，磨石变钝④装玻璃
porcelain ~ 瓷釉
glazer ①抛光〔砂〕轮，轧〔抛〕光机②釉工，打光工人
print ~ 相片烘干上光机
thread ~ 纱线上光机
glazing ①装玻璃，配玻璃，上釉，研光，抛光，磨光②烧结（酸性平炉炉底）③粗磨剪刃④光辉，光泽
gleam ①闪光，微光②光辉③发（闪）光，反照〔射，光〕，回光
Gleamax 格利马克斯电解液（光泽镀镍用）
super ~ 超光泽镀镍法
gleaner ①割捆机，捆麦机，束谷机②搜集者
GLEEP （=graphite low energy experimental pile）低功率石墨实验性（原子）反应堆
Gleifometer 格莱福纱线均匀度（自动）测试仪
glicerine =glycerine
glide ①滑（移，动，行，翔，音），下滑（移）②滑道，滑走台③流动④渐消，渐变，消逝
constant altitude ~ 等高滑翔
pencil ~ 铅笔式滑动
power ~ （希波雷汽车自动变速机的）平稳圆滑的动力传动装置
glidebomb 滑翔炸弹
glider ①滑翔机，滑翔导弹②滑行艇③滑走物，滑走者④可回收卫星
motor ~ 电动滑翔机
soaring ~ 高级滑翔机
towed ~ 飞机牵引的滑翔机
glidewheel 滑轮
glim ①灯火，闪光②一瞥③微量
glimmer ①微〔薄〕光，暗淡，闪光〔烁〕②云母
glint ①发微光，闪耀，闪光②反射，回波起伏③迅速移动，掠过④窥视
glissade 侧滑，滑降
glissette 推成曲线
envelope ~ 推成包络
glist ①云母②闪耀
glisten 反光，闪光〔耀，烁〕
glitch ①短时脉冲波形干扰，（电视图像的）低频干扰②一闪信号，假信号，闪变③误操作
amplitude ~ 幅度假信号
noise ~ 噪声假信号
glitter 光辉，灿烂，闪耀
g-load G 过荷，由过荷产生的负荷
transverse ~ 过荷侧向分量，侧向过荷
global ①球状〔形，面〕的②全局〔整体，全程〕的③全局符，全程符
~ positioning system 全球定位系统
~ system for mobile communication 全球移动通信系统
globar 硅碳棒，碳化硅（炽）热棒
globe ①球（体，形物，形容器）②地球，天体，行星，太阳③地球〔天体〕仪④玻璃壳（灯泡等的），空气压缩机钟罩，灯罩〔泡〕⑤成对状
celestial ~ 天体仪
diffusing ~ 漫射器
frosted lamp ~ 磨砂（球形）灯泡
hurricane ~ 防风罩
incandescent ~ 球形白炽灯
Ulbricht ~ 乌布利希球形光度计
Globecom （=Global Communications System）全球通信系统
Globeloy 耐热铸铁（w（C）2%，w（Si）6%，w（Mn）0.5%，w（Cr）4%，其余 Fe）
globigerina 海底软泥
globoid ①球状体②球状的
globosity 球状，球形
globular 圆〔球面，球状〕的
globulation 成球作用
globule 小球，珠〔球，点，液〕滴，水珠，（汞，油等）小珠，血球，丸药
globuling 球化
globurizing 球化退火，球化

glo-crack 紫外线探伤法
glomb 滑翔炸弹
glomeration 聚合，聚集（成球），黏结，团聚，集块，球形物
gloom 干燥炉
glory-hole ①炉口，观察孔，窥视孔，大洞穴②大型露天矿，露天放矿漏斗
gloss ①光泽（面），光彩，单向反射率②珐琅（质），棒状氧化物抛光膏③上釉，虚饰，浅饰④注解，解释，评注，语汇，词汇表
glossary 词汇表，小词典，术语词典
glossiness 光泽性〔度〕，研光〔珐琅〕度
glossmeter 单向反射率计，光泽计
glossy ①光滑〔光泽，抛光〕的②虚饰的，似是而非的
glost 釉
glottal 声〔喉〕门的
glottis 声〔喉〕门
glove ①手套②球状物，球形容器③灯泡④角轮罩
rubber ~ for bar joining 接电极橡皮手套
glow 辉光，灼热，发光〔热〕
after ~ 余辉
negative ~ 阴极发光〔辉光，电辉〕
nightsky ~ 夜辉
phosphorescent ~ 磷光现象
glower 白炽灯丝，白炽体，发光体
Nernst ~ 能斯脱灯
glowing ①辉〔发〕光②灼〔白〕热的，通红的，强〔热〕烈的，鲜明的
brush ~ 电刷红热，电刷灼热
glow-lamp 辉光灯，白炽灯，辉光放电管
glow-tube 辉光放电管
glow-watch 夜光表
glucerol 硬油脂
glucinium 铍（Gl，即 Be）
glucinum ① =glucinium ② =beryllium
glue ①（骨，动物，牛皮）胶，胶质，胶合剂，黏结剂，胶水②胶粒的③胶合，黏合
casein ~ 酪胶
hydraulic ~ 防湿胶，水硬胶
interior ~ 室内用胶着剂
lime ~ 骨胶
pattern ~ 木模样胶
viscose ~ 黏胶，胶水
glue-line 胶缝（层）
glue-pot 胶锅
gluer 涂胶器，布胶器
back ~ 书脊上胶机，胶背机
edge ~ 单板横接机，边缘涂胶机
folder ~ 折叠胶黏机
gluey 胶黏的，胶合的
glueyness 胶黏性，黏度，黏性
glug 格拉格（质量单位，9.8×10^{-3} N 的力能使 1 格拉格质量产生 1 cm/s^2 的加速度）
gluing 胶黏，黏合
gluish 胶黏的，胶质的
glut ①楔②支点③销钉连接④黏胶，黏液⑤过多
glutinousness 黏（滞）性〔度〕
glyceride 甘油酯
glycerin =glycerine
glycerine 甘油，丙三醇（$CH_2OH\cdot CHOH\cdot CH_2OH$）
glycerite 甘油剂
glycerol 甘油，丙三醇
glycidol 缩水甘油，甘油酯，甘油酒精
Glyco 格利科铅基轴承合金
glycol （乙）二醇，甘醇，正二醇
ethylene ~ 乙二醇，甘醇
glyph 图示符，象形符
glyphograph ①电刻版，电气凸版②电刻
glyphography 电刻术，电气凸版法
glyptal 真空〔黑〕漆
g-meter 加速度计
Gm-meter 电子管互〔电〕导测量仪
gnomon ①（日晷）指时针，太阳高度指示器②平行四边形取其相似的一角③磬折形
gnomonic ①心射的，（日晷）指时针的，用日晷测时的②磬折形的
gnomonics 日晷测时术，日晷仪原理〔制作法〕
gnomonogram 心射（切面投影）图
go ①去，进行②事件③精力④成功，胜利
~ in 通过（内测规过端上的标记）
~ on 通过（外测规过端上的标记）
~ to statement 转向语句
go-ahead 向导信号
goal 目标，目的
performance ~ 绩效目标
goal-directed 目标导向
goalpost 门柱，龙门架
goal-setting 目标建立
go-and-return ①两端间②来回的
goat （铁路）转辙机
go-between 连接杆，中间节，中间网络
gobo 亮度突然降低，透镜遮光罩〔黑布，片，板〕，（扩音传声器上）吸收环境噪声用的罩布

sound ~ 消声隔板，吸声板

go-cart 手推车

go-code 通信码

go-devil ①管子清洁器，（锅炉）烟管刷，冲棍，各种小工具或设备（如刮刀，清管器）②手推车，木材运输橇，运石车③油井用炸筒炸破装置④垄作中耕机

godown 仓库，栈房

goer ①走动的机件，钟表②车，马，行人

goethite 针铁矿

gof (f)er ①皱褶，起皱②做出皱纹，压出波纹

go-ga (u)ge 过端量规，通规

go-getter 火箭自动制导的控制装置

goggle （英俚语）电视

goggle box （英俚语）电视机

goggles 护目镜，墨镜，防护镜

Go-home （船上）备用的发动机

going ①从事，出发②工作方法，行驶速度，工作条件，道路〔地面〕的状况③梯段〔上下〕级距，冲程④顺车⑤进行中的，运转中的，现行〔有，存〕的

going-barrel 发条盒

go-kart 微型竞赛汽车

gold ①金，黄金②金光，黄金色③包金，镀金④金粉，金箔⑤金制的

alumin(i)um ~ 铝青铜

American ~ 美国货币合金（*w*（Au）90%，*w*（Cu）10%）

blue ~ 金铁合金，蓝金（*w*（Au）75%，*w*（Fe）25%）

cat ~ 金色云母

coinage ~ 金币合金，货币金（纯度各国标准不同）

copper ~ 含铜金矿

Dutch ~ 荷兰金（*w*（Zn）＜20%，其余 Cu）

fine ~ 纯金

flitter ~ 黄铜箔

flour ~ 粉金，细粒砂金矿

fool's ~ 黄铁矿

French ~ 一种铜合金（*w*（Zn）16.5%，*w*（Sn）0.5%，*w*（Fe）0.3%，其余 Cu）

green ~ 绿金（*w*（Au）75% ~ 90%，*w*（Ag）10% ~ 25%）

Guinea ~ 黄铜（*w*（Cu）85% ~ 88%，*w*（Zn）12% ~ 15%）

imitation ~ 装饰（用）铜铝合金（*w*（Al）3% ~ 5%，其余 Cu）

Japanese blue ~ 日本蓝金（*w*（Cu）90% ~ 99%，*w*（Au）1% ~ 10%）

Manil (l)a ~ 铅黄铜（*w*（Pb）2%，*w*（Zn）12%，*w*（Cu）85%）

Mannheim ~ 曼海姆金（*w*（Zn）10%，*w*（Sn）6.9%，其余 Cu）

milk ~ 乳金

Mock ~ 铂铜合金，莫克金（*w*（Cu）12%，*w*（Pt）12%，*w*（Ni）64%，*w*（Ag）12%；或 *w*（Cu）71%，*w*（Pt）25%，*w*（Zn）4%）

Montana ~ 黄铜（*w*（Zn）10.5%，*w*（Al）0.5%，*w*（Cu）89%）

mosaic ~ 铜锌合金，装饰用黄铜（*w*（Cu）65%，*w*（Zn）35%）

mystery ~ 神秘黄金（一种相当于 9K 黄金的物质）

native ~ 原金

Nuremberg ~ 铜铝金装饰（用）合金（*w*（Au）2.5%，*w*（Al）7.5%，*w*（Cu）90%）

pink ~ 金银铜镍装饰合金

placer ~ 砂金

proof ~ 标准金（试金用）纯金

refracfory ~ 顽金，不易用混汞法回收的自然金

rolled ~ 金箔，包金

rusty ~ ①难混汞的金②锈金

solid ~ 赤金

sterling ~ 英国货币金合金，标准金

stream ~ 河金，砂金

talmi ~ 镀金黄铜（*w*（Cu）86.5%，*w*（Zn）11.2%，*w*（Sn）1.4%，余为其他）

yellow ~ 金银铜合金

gold-filled 包金的

goldfoil 金箔（厚约 0.000 1 mm）

goldmark 记录搜索接收机

gold-overlaid 贴金的

gole 溢水道，溢流堰，水闸，闸门

Golf 通信中用以代表字母 g 的词

golfotron 高尔夫球式电子器件

goliath ①巨人，强力〔巨型，移动式大型，轨道〕起重机②大型怀表

go-list 关键词表

gon 哥恩（角度单位，等于直角的百分之一），百分度

gondola ①（发动机）短舱，（航空）吊舱，活底高边货车，无盖货车，平底狭长小船，艇，圆球室（气象用）②渣罐，料斗，料箱

car ~ （运输混凝土的）有漏斗状容器的车辆

gong 铃碗，皿形钟，锣

goniasmometer 量角仪，角度尺
goniometer ①测角仪，测角计，角度尺，晶体界面角测量器，测向计，测高器②天线方向性调整器，无线电方位测定器
cage ~ 笼型测向器
contact ~ 接触测角仪〔角度尺〕
radio ~ 无线电测向计〔罗盘，方位计〕
radio range ~ 无线电导航测向〔角〕器
simple reflection ~ 单反射测角仪
textured yarn ~ 织构测角计
third-circle ~ 三圆测角仪
goniometric 测角（计）的
goniometry ①测角〔向〕术②量角学
goniophotometer 测〔变〕角光度计
gonioradiometer 变角辐射计
good ①好处，用处②好的，优良的，坚固的，令人满意的③有效的④能胜任的
make ~ ①修复，修理，恢复，补偿，弥补②完成，实现，达到
goodness ①善良，优良，精华②质量因数，品质因素，优度，价值③优势
~ of fit 拟合优度
~ of receiver 接收机品质因数，信（号）噪（声）比
good-quality 优质的
goods ①货物，物品②财产，动产③本领，能力
~ rejected 退货
consumer ~ 消费品，生活必需品
corner ~ 囤积商品
dipped ~ 无缝制品（一般指橡胶制品）
economic ~ 经济物品，有价物品
finished ~ 制成品，产成品
free ~ 免征进口税的货物
hard ~ 经久耐用的货物
instrumental ~ 生产工具，机械类商品
measurement ~ 体积货物（按体积或容量来计算的货物）
producer ~ 生产物质〔工具，原料，资料〕
sawn ~ 成材，锯材
shaped ~ 定型制件，定型产品
speciality ~ 特制品，特产
spot ~ 现货
staple ~ 大路货
transit ~ 转口货物
tubular ~ 管材
willesden ~ 铜氨纸制品
goodwill ①商誉，信誉②友好
googol 古戈尔（$=10^{100}$），巨大的数字
googolplex 古尔戈派勒斯（$=10^{10^{100}}$，即 10 的古戈尔次方）
goosan 铁帽
gooseneck ①鹅颈管〔弯，钩〕，S 形弯〔零件，弯曲管〕②弹簧式弯头车刀③（钢）横梁，（盛钢桶塞棒升降器的）塞棒横臂④半挂车
Gopher 一种客户机 / 服务器应用程序，一种校园信息服务系统
gore ①楔，三角布，三角形地带，经度带，坐标带（地球仪贴面条带）②（用枪）刺③（伤口的）凝血，血块
gorge ①峡，峡〔山〕谷，（蜗杆）喉部②障碍物③凹槽，凹圆线脚
gorgerin 柱颈
gorgon 无线电控制的主动寻找目标的空对空导弹
gosport （飞机座舱间）通话软管
gossamer ①薄纱，薄雨衣②蛛〔游〕丝③轻而薄的
gossan 铁帽
Gothic ①哥特式（建筑），尖拱式建筑②黑体字，粗体字③双圆弧形的
goudron 焦油，沥青
goudronator 沥青喷洒机
gouge ①弧口〔半圆，扁〕凿，凿出的槽〔孔〕②气刨③表面吹割④擦伤（带钢缺陷）⑤断层〔脉壁〕泥
turning ~ 弧口旋凿
gouging 用圆凿挖孔〔挖槽〕，气刨〔割〕，表面吹割，拉毛，碰伤
air ~ 气刨，气割
arc air ~ 电弧气刨，压缩空气电弧割槽
back ~ 背刨
flame ~ 火焰刨槽，火焰表面切割，火焰清铲，气刨
gouy 戈龙（动电学单位）
go-valve 起动阀
govern ①统治，管理，支配②调节〔整〕，控制，操纵，运转③决定，影响，指导
governability 可控性
governance 管理，支配
governer =governor
governing 调整〔节〕，控制，操纵
cut-out ~ 喷嘴调节，断流调节
integral ~ 积分调整
pilot valve ~ 操纵阀调节，（有伺服机的）间接调节
positive ~ 直接调整，强迫调整，直接控制

qualitative ~ 变质调节
quantitative ~ 变量调节
ratio ~ 改变成分的调节，变质调节
throttling ~ 节流调节

governor ①调速〔节，整〕器，限速〔调节用变阻，调压，控制，稳定〕器，保护装置②控制阀，调节阀门③主管人员，地方长官
back-up overspeed ~ 附加超速保护装置
ball ~ （飞）球调节器,（有飞锤的）离心调速器
bell crank ~ 直角杠杆调节器
center weight ~ 加重调速器，加重控制器
centrifugal ~ 离心调速器〔调节器〕
compressor ~ ①调压器②空气压缩机调节器
compressor bleed ~ 空气压缩机放气调节器
cone ~ ①锥形调速器②锥形调节器，调节锥
constant speed ~ 恒速调节器，等速调节器
cylinder ~ 脱粒滚筒调速器
disengagement ~ 开关控制器
double-weight dual range ~ （发动机喷油泵）双飞锤两级式调速器
double-weight limiting speed ~ （发动机喷油泵）双飞锤限速调速器
electrical diesel ~ 柴油机电动调速器
emergency ~ 防险调速器，危急保安器〔遮断器〕，急流调节器
engine speed ~ 发动机调速器
exhauster ~ 真空泵调压器
fan ~ 风轮调速器，离心调速器
fly ~ 风轮调速器
flyball ~ 飞锤式调节器
fuel ~ 燃料流量调节器
Hartnell ~ 哈特内尔发动机调速器
hit and miss ~ 断续调节器
inertia ~ 惯性调节器，离心调速器
isochronism speed ~ 同步调速器
isodrome ~ 等速调速器，等时调速器
marine ~ 轮机调节器
overhung ~ 起重调节器
overrunning ~ 限速器
overspeed ~ 过速限制器，限速器
pilot valve ~ （带）伺服控制阀（的）调节器
pneumatic ~ 气力式全速调速器，气动调节器
Porter ~ 波特〔摆式〕调速器
preemergency ~ 辅助调速器，备急调速器
quality ~ 变质调节器
quantity ~ 变量调节器
runaway ~ 限速〔失控调节，超速调节〕器
safety ~ ①危急安全阀，危险保安器②安全调节器③过速调节器
secondary ~ 越前动作危急保安器，辅助调节器
Seewer ~ 西完尔〔水轮机〕调速器
shaft ~ ①轴向〔速〕调速器②轴联调节器
spring-loaded fly ~ 弹簧（飞球）调节器
straw ~ 禾谷进量控制器（用于脱粒机）
throttle ~ ①节流调节器②线性调节器
topping ~ 主控调速器（用于船用燃气轮机）
Watt ('s) ~ 飞球调速器，瓦特调速器
windmill ~ 风力调速器，风力发电机调速器
zero droop ~ 无差调速器

gox （=gaseous oxygen）气态氧

grab ①抓〔卡，链〕钩，抓斗，抓具，卡爪，夹钳，爬杆脚扣②抓扬机，抓斗式起重机，挖掘机，抓岩机③抓〔攫〕取，抢夺
air operated ~ 风动抓岩机
bailer ~ 打捞爪
bucket ~ 抓斗
cactus ~ ①多爪抓岩机②仙人掌抓斗
coil ~ 圈形物件抓具，钢卷吊钩（吊钢卷专用吊具）
excavator ~ 挖掘机，电铲
frame ~ 帧捕获
free fall ~ 自由降下抓斗
lifting ~ 钳式带卷吊具
loading ~ 装岩机，装载抓斗
manual ~ 手动抓岩机
orange peel ~ 多爪抓岩机
pallet ~ 集装架抓具
pneumatic cactus ~ 风动多爪抓岩机
ream ~ 抓泥机，抓土机
rolled stock ~ 卷状物件夹具
rotary ~ 中心回转式抓岩机
shaker ~ 抖动器抓爪
silo ~ 青贮塔抓斗
single vertical ram ~ 双爪抓斗
whole tine ~ 带齿抓斗
widespread ~ 大开度抓斗

grabability 拖曳力

grabber 攫取者
frame ~ 帧接收器

grabbing ①抓岩机抓岩，抓扬机装载②抓住，抓取③（机械或机构的）动作过猛，动作异常

grab-camera 咬合取样器照相机

grab-dredge （攫斗）挖泥机

graben 地堑，地沟

grabs 抓钩，卡钩，链钩

Grace 用于用户长途拨号系统的自动电话交换机装备

grad ①百分度，梯度② =gradient，graduate，graduation

gradability 爬坡能力，可分等级性

gradable 可分级〔分类，分等〕的

Gradall 挖掘平整机

gradate ①逐渐变浓，显出层次②分级，顺次配列，逐渐转化③地貌晕渲

gradation ①分等，类别，程度，分粒〔粒级〕作用②级配〔差〕,（灰度）等级,色调,（色彩）层次，浓淡度③渐变，多级过渡（过程），渐近性

normal ~ 正常层次，标准调

grade ①等级，程度，（钢丝绳的）强度等级②类别，分级，分类③度，公制度（等于圆的 1/400 等分，法国偶尔使用，别国极少用）④品位，质量，牌号，品种⑤粒级，坡〔梯，斜，锥，百分〕度，（磨具）硬度⑥量径，径选⑦线路，断面，阶段⑧（测量）标高

~ of fit 配合等级，适合度，可靠性等级

~ of service 服务等级

adverse ~ 反倾斜，反向坡度

ascending ~ 上坡，上坡度

below ~ ①地面以下的②标线以下的，基准标高以下③不合格的

Brockmann activity ~ 布罗克曼活性级别（氧化铝的）

choppy ~ 锯齿形纵断面，波浪形纵断面

chromatographic ~ ①色谱级（的）②色谱用（的）

commercial ~ 高品级

common ~ 普通等级

compensation ~ 折减坡度

cut-off ~ 品位下限，截止品位

datum ~ 基准标高，（建筑面的）零米

descending ~ 降坡，下坡度

easy ~ （平）缓〔顺〕坡度

expanding ~ 胀管度

extra fine ~ 一级精度

extrusion ~ 挤出级（塑料等级）

fine ~ ①二级精度②小碎块（电石）

heavy ~ 大坡度，陡坡

impairment ~ 劣化度

incline ~ 倾度

industrial ~ 技术等级

near-level ~ 平坡

oil ~ 油的黏度号，油的牌号

plus ~ 上（升）坡

profile ~ 纵（断面）坡度

rough ~ 四级精度

steel ~ 钢号

technical ~ 工业品位，工业级，工业用

technical-pure ~ 工业纯品

top ~ 高级

track ~ 轨道坡度

voice ~ 话频级，音阶

gradeability 爬坡能力，拖曳力

gradebuilder 推拉堆土机，整坡机

graded ①分类〔级，段，度，层，次，品〕的，有刻度的，校（准）过的②级配的，阶梯式的，筛选的③（有）坡度的，递级的④按图布置的，规划好了的

step ~ 间断级配的

graded-index 缓变折射率

grader ①分级〔分选，筛选〕机，钢材分选装置②平路〔平地，平土〕机③分选工

autopatrol ~ 自动巡路平地机

colo (u)r ~ 色度测量计

cylinder ~ ①（窝眼）选粮筒②（窝眼）筒式种子精选机

diverging out belt ~ （水果、蔬菜的）带式分级机

elevating ~ 升降平路〔起土平路,挖掘平土,平土升送,电铲式筑路〕机

land ~ 灌木清除机，除荆机

leaning wheel ~ 车轮可倾式平地机

motor ~ 自行平路机

one-man ~ 单人平地机

patrol ~ 巡路〔养路〕平地机

roller ~ 辊式分级机，辊式分选机

scraping ~ 刮板式平路机，刮土平地机

screen ~ 筛选〔分〕机

self-propelled ~ 自动平地机

shoulder ~ 平肩机，路肩用平地机

size ~ 按尺寸分级机，径选机

slope ~ 斜坡平路机，平坡机（装有刮坡刀的平地机）

grades 线路，断面，品种

grade-separation 立体交叉

gradient ①梯〔（倾）斜，坡，锥〕度，斜率，比降，（温度，气压）增减〔递减，变化〕率，梯度变化曲线②斜面〔坡〕,坡（道）③浓淡度，反差度

~ of slope 斜度，倾角，倾斜率

center ~ 中线与相线间电位梯度（输电线的）
coil ~ 线圈梯度（变压器线圈与周围绝缘油的温度差）
composition ~ 合成梯度，浓度梯度
conjugate ~ 共轭梯度
contrast ~ 对比度，反差度
density ~ 密〔浓〕度梯度
disruptive potential ~ 击穿电势〔位〕陡度
electric-force ~ 电场梯度
energy ~ 能量变化率，能量梯度
falling ~ 坡度，斜度
geothermic ~ 地热增温率，地温增加率，地热梯度
good ~ 平缓坡度
ground line ~ 地面坡度
ground-wire ~ 架空地线的电位梯度
hydraulic ~ ①水力坡度，水压陡度，水力坡降②液压〔位〕梯度
nonlinear conjugate ~ 非线性共轭梯度
peripheral ~ （输电线的）沿周梯度
potential ~ 势〔位，电位〕梯度
radial symmetry ~ 径向温度梯度
side ~ 横斜坡〔面〕
spectrophotometric ~ 分光光度梯度
torque ~ 转矩梯度（同步接收机中每单位角位差所产生的转矩），比力矩

gradient-based 基于梯度的

gradienter 水准〔平〕仪，倾斜计，测斜仪（工程经纬仪的附件，用来测量倾斜角的正切），测梯度仪

grading ①分类〔选，组，级〕，等级，阶梯的一级，级差，级配②筛分，粒度，径选③分级复联，分品连接④分品法（中继线）⑤校准，定标，估价，评定，鉴定⑥水准系，水准测量⑦土工修整，减小坡度，土（方）工（程），路基平整，平整场地⑧定纵坡度，做成断面⑨齿凿（雕刻用）
coil ~ 线圈分段
double ~ 双重特性，双重分级
down ~ 品位降低
fine ~ 细级配
jump ~ 跳越〔间断〕级配
linear ~ 线（性）陡度
machine ~ ①机械平地②机械分级（水果，蛋等）
mechanical ~ 机械筛分，机械（颗粒）分级
one-stone ~ 单粒径级配
resistance ~ 电阻梯度平滑法（一种电晕屏蔽方式，线圈槽外端表面涂以高电阻率材料，使电压梯度降到允许的范围）
reversed ~ 反向分品法（中继线）
screen ~ 筛级
size ~ 粒径配级，颗粒分级
specified ~ 技术规范中指定（的）级配

gradiomanometer 压差密度计

grad (i)ometer ①倾斜（测定）器，陡度〔量坡〕仪，重力梯度〔陡度〕仪②磁梯度计，梯度磁变计

gradoscope （示波式）摆幅仪

gradual 逐渐〔步，次〕的，渐进的，逐渐上升〔下降〕的

graduate ①刻度，分级〔段，度〕②量筒〔杯〕，分度器③校准④浓缩⑤使裂变⑥（准予）毕业，授予学位，取得资格
measuring ~ 刻度量筒〔杯〕

graduated ①分度〔有标度，刻度〕的②分等〔级〕的，累进的③毕业了的
~ in English 英制刻度

graduation ①刻〔分〕度②级配，均分③分段〔级，层〕④校准〔正〕⑤加浓⑥修均法
~ of curve 曲线修匀
~ of data 数据的修均法
~ of the motor currents 电动机电流级加法
centesimal circle ~ 圆周百分分度
gear ~ 齿轮变速
shrink ~ 收缩分度
vernier ~ 游标刻度

graduator 分度器，刻度〔线〕机〔员〕，均整线圈

Graface 石墨 - 二硫化钼固体润滑剂

graft ①弯口铁铲②一铲的深度③接枝，移植④贿赂，贪污

graftal 嫁接图

grafter ①平铲〔锹〕②移植器〔者〕

grafting-tool 平铲〔锹〕

Graham 格拉汉凿岩机

grail ①砾石②杯，盘

grain ①颗〔晶，磨，砂〕粒，粒度②格令（英制质量单位，等于 0.064 798 9 g）③纹理，木纹，（陶瓷的）透明纹，纤维，粒面④谷类〔物〕⑤爆破筒，火药筒，（火）药柱，固体推进剂，装药⑥组织，构造⑦（pl.）河汊，交流汇合处⑧成粒状，使表面粗糙，起纹⑨析皂
~ of crystallization 结晶中心，晶核籽
agglomerated ~ 结块颗粒，团粒
alumina ~ 刚玉〔氧化铝〕磨粒

blackened ~ 致墨晶粒，泛墨粒子
calender ~ 研光效应
cast ~ 浇注药柱
close ~ 细晶粒
comet ~ 彗星形晶粒
cross ~ 逆〔斜〕纹
curly ~ 旋涡纹
deep torn ~ 深裂纹（深3.715 mm以上的裂缝）
developed ~ 显影晶粒〔粒子〕
diamond ~ 金刚砂
end ~ 端面晶粒
Fales ~ 闭砂
fixed ~ 固结磨粒
hard ~ ①硬粒②压缩纹
harsh ~ 粗粒革
inherent fine ~ 本质细晶粒
lay the ~ ①研光，整光②上浆
picture ~ 图像颗粒结构
relay ~ 接力药柱
rose ~ 铬刚玉〔玫瑰色〕磨料
rubing ~ 铬刚玉，玉红磨料
slash ~ 纵向木纹
spherical eutectic ~ 球状共晶晶粒
wavy ~ 波形纹理
wood ~ 木纹

Grainal 格雷纳（钒、钛、铝）铁合金（w（V）13% ~ 25%，w（Ti）15% ~ 20%，w（Al）10% ~ 20%，其余 Fe）

grain-box 种子箱，谷物（悬挂）车厢

grain-brush 谷物刷，清粮机刷

grained 粒状的，木纹状的
compact ~ 密实颗粒的，按最小空隙选料的

grainer ①起纹器，制粒机，破碎机，漆木纹（用具）②（制革的）脱毛器，刮毛刀，鞣皮剂③蒸发器

graininess 粒状，粒度，（多）粒性

graining ①粒化②析皂③起纹④晶体形（成）

grainovator 装粮机

grainy 粒状的，多粒的，有细粒的，木纹状的

gram ①（=gramme）克②（pl.）磁带音乐，唱片音乐
echo ~ 音响测深图表，超声波回声图，回声深度记录

grammar ①文法②初步，入门③措辞，说法
arithmetic ~ 算术（表达式）文法
augmented operator ~ 扩充算符文法
bounded context ~ 限界上下文文法
case ~ 格文法，事件文法
constituent ~ 构成语法
deterministic top-down ~ 确定性自顶向下文法
indexed ~ 附标文法
nonself embedding ~ 非自嵌入文法
plex ~ 多丛文法
restricted context-free ~ 受限上下文无关文法
string ~ 链文法
unambiguous ~ 无歧义文法
web ~ 网状文法

gram (me) 克（g，质量单位）

gram (me)-equivalent 克当量（现为摩尔代替）

gram (me)-mass 克质量

gram (me)-rad 克拉德（有时用作吸收剂量单位，1 克拉德 =100 erg/g 或 10^{-2} J/kg）

gram(me)-roentgen 克伦琴（吸收能量单位，即把 1 伦琴剂量释放到 1 g 的空气中而吸收的能量——约 8.38×10^{-6} J）

grammeter 克米

grammol (e) 克分子，已被摩尔取代

grammolecule 克分子，已被摩尔取代

gramophone 唱机，电唱机
electrical ~ 电唱机
horn ~ 喇叭形唱机
radio ~ 收音电唱两用机

grampus 大铁钳

granatohedron 菱形十二面体

grand ①主要的，（最）重大的，（伟，盛，宏）大的，巨的，庄严的，崇高的，壮丽的，雄伟的②极好的，漂亮的，豪华的③完全的，全部的，总的
concert ~ （大型）三角钢琴

grandfathering 存档

granite 花岗岩

granodiorite 花岗闪长岩

granodising 锌的磷酸处理

granodraw （钢丝干式拉拔前的）磷酸锌处理

granosealing 磷酸盐处理，磷化处理

grant ①授给物，拨款，转让物，补助金②答应，许可，承认③授予

granular ①粒状的，晶粒的，粒料的②中团粒，晶状（结构）

granular-crystalline ①粒（状）晶体②粒晶状的

granularity 粒度（数据库中的数据层次，数据流中可选取最小时间片的长度），颗粒性

granulate ①使成粒状，粒化②粉〔轧〕碎③使表面粗糙

granulated 粒状的，成粒的，粉碎的，有斑点的
granulating 粒化
granulation ①成粒，粒化，成球②粒化〔团粒〕作用，钢铸件的晶粒粒化，金属的粒化处理③粉碎，破碎
jet ~ （炼渣的）喷水水淬法，炉渣喷水粒化
peritectic ~ 包晶微细化
granulator ①制粒机，成粒机，成球机②碎石机，粉碎机③凝渣管
atomizing dry ~ 喷雾干燥制粒机
compressing ~ 压缩式破碎机
cutting ~ 剪切式（塑料）破碎机
impulse type ~ 冲击式破碎机
plastics ~ 塑料破碎机
screw pressure ~ 螺旋压出成粒机
water ~ （炉渣）水碎槽
granule ①颗〔小，团〕粒，粒砂，粒状斑点，砾，（太阳面的）光球②（pl.）粒雪，粒料
granulite 麻粒岩
granulitic 粒状的，成粒状的
granulometer 颗粒测量仪，粒度计
granulometric 颗粒的
granulometry 颗粒测定法，粒度测定术
granulose ①淀粉粒质②粒状的，粒面的
granulous 粒状的，成粒的，由小粒形成的
graph ①图表〔形，解〕，曲线〔标绘〕图，过程线②表格，（仪表）记录纸③网络，脉④胶版
alternating ~ 交错图
association ~ 组合图
bar ~ 条线图
connected ~ 连接图，连通（拓扑）图
coordinate ~ 坐标制图机
dynamo ~ 动力自记器，自动记力计，握力计
flow ~ 流线图
heart blood flow ~ 心血量图
heart stock ~ 心冲击图
impact oscillation ~ 冲击振荡图解
moralized ~ 道德图
pedal ergo ~ 踏板力检测仪
reachability ~ 可达图
ride ~ 行驶性能测定计
scene ~ 场景图
Self-Scan Bar ~ 笔画式自扫描等离子体显示板
shadow ~ ①阴影图②逆光摄影，阴影照相③X光摄影
simple bar ~ 柱条图解法
stacked ~ 叠式图表
time ~ 时距曲线（图），流速分布曲线
ultrasonic heart heat ~ 超声心动图仪
weighted ~ 加权图
X ray stereoscopic ~ X射线立体摄影仪
graphalloy 在高压下使熔融金属饱和的石墨
graphec (h)on 阴极射线存储器，记忆管，各有两个电子光学系统的存储管
grapheme ①（一段）机器字码，手写字码，字母②语义图，语义符
grapher ①自动记录器，自记式仪表②自动记录图
train ~ （运动曲线）自动记录器
graphic 图解，图形
character ~ 字符图形
graphical ①图示〔图解，自动记录〕的②印刷的，雕刻的③生动的，鲜明的
~ language 图形语言
~ library 图形库
graphic-recording 自动记录式的
graphics ①图解法，图表法，图形学，制图学②图案，图形（电视台播送控制字符在屏幕上以一连串点的形式构成的图案）
compact disk ~ 图片光盘
computer ~ 计算机图形学，计算机图形处理术
interactive ~ 交互图形学
passive ~ 被动图形学，情态图形学
view data ~ 图像数据图形
Graphidox 硅钙钛铁合金（w（Si）48% ~ 52%，w（Ti）9% ~ 11%，w（Ca）5% ~ 7%，其余 Fe）
graphique 图
graphite 石墨，石墨粉，炭精，铅粉
A type ~ A型石墨，均匀片状石墨
Acheson ~ 艾奇逊〔人造〕石墨（用焦炭在电炉内制的石墨）
Ceylon ~ 斯里兰卡天然石墨
colloidal ~ （人造）石墨乳（润滑剂），胶体石墨
coral ~ 珊瑚状细石墨，蠕虫状细石墨
C-type ~ C型石墨，重叠状石墨
dead ~ 不含铀块石墨
deflocculated ~ 胶态石墨，悬浮石墨
delanium ~ 人造石墨，高纯度压缩石墨
E type ~ E型石墨，晶间石墨（有方向性）
ground ~ 石墨粉，粉状石墨
indigenous ~ 析出石墨

kish ~ 漂浮〔初生，集结〕石墨
live ~ 含铀块石墨
primary ~ 初生石墨
quasiflake ~ 伪片状石墨，蠕虫状石墨
secondary ~ 次生石墨
small ~ 粉粒石墨
spherulitic ~ 球状石墨
tempered ~ 团絮石墨
vermicular ~ 蠕虫状石墨
washed ~ 精制石墨
white ~ 白石墨，氮化硼
graphite-pipe 石墨管
graphitic 石墨的
graphitiferous （含）石墨的
graphitization 石墨化（作用），涂石墨
graphitize 石墨化，给…涂石墨，给…充石墨
graphitizer 石墨化剂
graphitizing 石墨化（退火，作用），留碳作用
graphitoidal 石墨的
graphnet 图形传输网
graphology 图解法，笔迹学
graphoscope 近视弱视矫正器
graphotest 图示〔记录〕测微计
graphs 数据图
graphtyper 字图电传机
graphy 摄影术
gamma radio ~ γ 射线照相（术）
grapnel 探锚，四爪锚，（锚形）铁钩，（上杆）脚扣
grapple ①抓（扬）机，抓斗，起重抓钩，钩杆，爬杆脚扣②抓住，抓牢
hook-on ~ 抓钩（抓取圆木）
stone ~ 攫石器
grappler ①尾有孔的楔形块②（pl.）抓钩，爬杆脚扣
grappling ①抓机，铁钩，多爪锚②锚定，拉牢③小锚④（海底线的）探线
grasp ①抓住，理解，把握，支配，控制②把手，柄，锚钩③理解力
grasper 抓紧器
grasping 夹〔抓〕住，夹紧
grass （雷达 A 型显示器的）“茅草”，茅草干扰，草〔电〕波，阴极射线因噪声引起的噪声（细）条
grass (-)hopper ①转送装置，输送设备，机车起重机②准备焊接管子用的修正和连接工具③小型侦察机，轻型单翼机
grate ①炉算〔栅，条，排〕，花（铁）格，落砂格子②格〔光，线〕栅，点阵，晶格③（固定）筛④格状固定装药机构⑤摩擦，磨损，轧碎
angular ~ 斜炉算
bar ~ 条杆筛，算条
bar and key ~ （横梁式）链条炉排
chute ~ 链炉算，斜槽炉排
clinker ~ 倾卸炉算
combustion ~ 炉排
continuous discharge stoker ~ 连续移动燃料炉排
covering ~ 护栅
cylinder ~ ①筛式凹板②（玉米脱粒机）滚筒凹板
cylindrical ~ 辊式炉算
drop ~ ①活动炉算，倾卸炉算②直接成形的浇注系统
dump ~ 卸灰炉排，燃尽炉排
endless ~ 链炉算，链条炉排
finger ~ ①炉床②指杆筛
fire ~ 炉排
fuel (l)ing injection ~ 喷嘴格栅
holographic ~ 全息光栅
plain ~ 平炉排
radiator ~ 散热器护栅
retort ~ （下供燃料）槽式炉排，下饲式炉排
shakeout ~ ①落砂栅，落砂格子板②振动落砂架
shutter ~ ①百叶炉算②炉床（机车的）③尘格④水算
stationary ~ ①固定隔栅，受料隔栅②固定算条
step ~ 阶梯式炉算
story ~ 倾斜炉排
tipping ~ 可（倾）动式炉算，摆动炉排，卸渣炉算〔栅〕
trailing ~ 活动炉排，拖曳炉排
travel (l)ing ~ 转动〔移动〕炉算〔排〕
water ~ 具有冷却水管的炉算
well ~ 下饲式炉排
grate-firing 层燃（锅炉）
grater 摩擦器，碾种机，磨碎机，粗齿木锉，磨光机
graticulation 方格画法（在设计图上画出方格，在方格纸上作图，以便缩放）
graticule ①十字线，分度线，量板，标线片②方格图，（电视测量中）方格画法③地理坐标网，经纬网，制图格网
displacement ~ 位移分划板

group circle ~ （带同心圆的）接口象限标线
internal ~ （阴极射线管的）内标度

grating ①格，网，栅，滤栅，光栅，栅极②炉栅，格孔板③筛，粗筛子④点阵，晶格，摩擦
air ~ 气孔炉算
blazed ~ 红外光栅，闪耀光栅
concave ~ 凹面光栅
conformal wire ~ 适形线栅
detecting ~ 检波（线）栅
diffraction ~ 衍〔绕〕射光栅
echelette ~ 红外光栅，小阶梯光栅
echelle ~ 中阶梯光栅
echelon ~ 阶梯光栅
fiber ~ 光纤光栅
flat ~ 平面刻划光栅
holographic ~ 全息光栅
knockout ~ 落砂栅〔架〕
measurement ~ 计量光栅
multiple ~ 复光栅
objective ~ 物端光栅
physical ~ 物理光栅，衍射光栅
prototype ~ 母光栅
replica ~ 重摹〔复制〕（衍射）光栅
Rowland ~ 若兰德光栅，光学衍射光栅
slab ~ 木格选别机，木浆除滓机
sound ~ 声栅
space ~ 空间（光）栅
transmission ~ 透射光栅

gratis 无偿的，免费的

gratuitous 无偿的，免费的

grave ①格雷夫（质量单位，即现在的“kg”）②钝（音）的，低沉的，严肃〔重〕的，庄〔沉〕重的③清除（船底）并涂油④墓（地，石）

gravel ①砂砾，砾石②（pl.）金属渣
mo (u)lding ~ 特粗砂，砾砂

graver ①刻刀，刻图工具②雕刻工人，刻图员

gravies 重力场学

gravimeter 重差计，重力仪
air-borne ~ 空中重力计
astatic ~ 助动重力仪，无定向重差计
capacity ~ 容积重力仪
laser absolute ~ 激光绝对重力计
sea ~ 海洋重力仪

gravimetric 重量的，重力的

gravimetry 重力测量学

graving-dock ①密度〔重量，重力〕测定法，重量分析②干（船）坞

gravireceptor 重力感受器

Gravisat 重力测量卫星

gravitacheometer 重力测速仪

gravitate 受重力作用

gravitation ①万有引力，地心吸力②倾向，趋势
terrestrial ~ 地球引力，重力
universal ~ 万有引力

gravitational （万有）引力（的），重力（的）

gravitometer 重力计，验重器，重差计，密度测量计

graviton 重（力）子，引力子

gravitron 气体放电管

gravity ①重力，重量，引力，密度②严重性，重要性，危险性③认真
absolute specific ~ 真正（比）密度
apparent ~ 标称〔视在〕（比）密度
bulk specific ~ 容积〔堆集，毛体积〕密度，散容积密度
micro ~ 微重力
normal ~ 标准重力（加速度）
specific ~ 相对密度
virtual ~ 假重力
zero ~ 零重量，无重量，失重

gravity-feeder 重力进料器

gravure 照相凹版（印刷品，印刷术）
rotary ~ 凹版轮转印刷机

gray ①灰（色）〔灰白，本色，半透明〕的②阴沉〔古老，老练〕的③黎明，黄昏
in the ~ （英国钟表界采用的）钢制件磨削后未镀前的状态
metallic ~ 银灰色
steel ~ 青灰色
tone soft ~ 灰色调，黑白亮度级
zinc ~ 锌灰（漆）（由锌粉配制的油漆）

Gray （=Grey）戈〔瑞〕（Gy）（吸收剂量单位，1 Gy=1 J/kg）

graybody 灰体

graying 石墨化

graymap 灰阶图

grayness 灰色〔斑〕

grayscale 灰度（图像）

graytone 灰度色调

gray-wedge ①灰度梯尺，灰度表②灰楔，灰阶，灰度层次

graze ①低掠②接触，相切，擦过，抛光③擦伤

grease ①润滑油，润滑〔油，膏，润滑，动物〕脂②黄油，牛油③硝化甘油，甘油炸药④润滑，涂上润滑脂
~ up 加油，注油，加注润滑脂

albany ~ 润滑脂，含钙皂黄油，黏油膏
aluminium ~ 铝皂润滑脂
Benton 本顿润滑脂（w（鳞片石墨）25%，w（MoS_2）15%，w（云母）5%）
bleeding resistant ~ 抗凝胶收缩〔抗流〕润滑脂
calcium ~ 钙皂脂，钙基脂
celvacene ~ 油脂
cold neck ~ 冷轧辊颈润滑脂
cold-set ~ 冷法煮剂润滑脂
consistent ~ 润滑脂，黄油
cooked ~ 热法煮制的润滑脂
cup ~ 杯润滑脂，钙皂（基）润滑脂〔膏〕，稠结润滑脂〔膏〕，润滑（干）油，黄油
curve ~ 曲轨（用）滑油
diester ~ （合成）二酯润滑脂
garbage ~ 杂碎油脂
graphite lime-base ~ 石墨钙基润滑脂
hair ~ 毛填料润滑脂
heavy wool ~ 粗毛润滑脂（用羊毛和马毛作为填料的润滑脂）
hot-neck ~ （热轧机）滚棒轴头润滑脂，（热）轧辊（轴）颈润滑脂
irrigation ~ 远射程喷洒装置，喷雨枪
launching ~ 船用下水润滑脂
lead ~ 铅皂润滑脂
lime ~ 钙基润滑脂
lithium ~ 锂基润滑脂
magneto ~ 磁电机用润滑脂
medium hair ~ 中级黏度润滑脂
mobile ~ 铅皂〔低黏度〕润滑脂
molybdenum disulphide ~ 二硫化钼润滑脂
non-bleeding ~ 不离浆的润滑油
optical coupling ~ 光学耦合脂（减少光学耦合损耗用）
packing ~ 密封润滑脂
reversible ~ 可逆润滑脂（稠度可还原的润滑脂）
rope ~ 绳油，绳脂
rust ~ 缓蚀脂
semisolid ~ 半凝润滑脂
sett ~ 冷煮润滑脂，冷煮钙皂润滑脂
settled ~ 成层润滑脂
silicon ~ 硅脂
smooth-texture ~ 均匀结构润滑脂
sponge ~ 海绵状润滑脂，钠皂基润滑脂
transmission ~ 变速器润滑油〔脂〕，减速器润滑脂
yarn ~ 纱填料润滑脂

grease-proof (ness) 防油的（性），耐油的（性）
greaser ①润滑器具，润滑杯，润滑脂注入器，黄油杯，黄油枪②润滑工，擦拭工人
greaseworker 润滑脂用搅和器，润滑脂
greasiness 油脂性，多脂，油腻
greasing 涂油，滑润
contact ~ 接触处加润滑油
greasy 多脂的，油脂的，（油）滑的，泥泞的，阴沉的
greaten 放大，增大
greaves 金属渣
gredag 石墨油膏，石墨油脂，胶体石墨
greeking 灰条化，文字快显
green ①绿色的②新（鲜）的，生的，软的，未加工的，未经焙烧的，未硫化的③湿的，潮的④绿色（颜料）⑤（pl.）蔬菜
acid milling ~ 酸性磨绿
bottle ~ 深绿色
brilliant ~ （碱性）亮绿
cobalt ~ 钴绿，锌酸钴
copper ~ 铜绿
mineral ~ 石绿
minus ~ 减绿（色），缺绿（品红）
nickel ~ 镍华
Olympic ~ （奥林匹克）铜绿
sage ~ 灰绿色
greenalite 铁蛇纹石
green-ball 生球（团矿）
green-compact 压〔生〕坯，未烧结的坯块
greenhouse ①温室，玻璃房间②（飞机上的）驾驶舱
green-pressing 生〔压〕坯，未烧结的坯块
greensand 湿砂，生砂，海绿石砂
green-weight 湿重
greisen 云英岩
grenade 手〔枪〕榴弹，灭火弹
phosphorus ~ 黄磷发烟手榴弹
grenade-discharger 掷弹筒
grenade-thrower 掷弹筒
Grenaille 粗铝粉
greyhound ①〔美〕长途公共汽车②特快海轮
Greyhound “猎狗”装甲汽车
greying 石墨化
greyness 灰斑（钢板酸洗缺陷）
greyout 灰晕，灰暗（在黑晕前的过渡阶段）
grey-tin 灰锡
griblet 素图，底图

grid ①格子，栅格，格栅（环），炉栅②栅板③网，网状物，坐标〔方格，电〕网，高压输电网，电力系统④箅条，活箱带（铸）⑤（电池）铅板，（高压整流器）电弧电极⑥砂粒细度（砂轮），芯骨〔管〕，心〔转〕轴
~ data body 网格化数据体
~ of mirrors （油膜光阀系统）镜栅
~ of reference 参考网格，坐标网
~ of screw dislocations 螺型位错十字格
accumulator ~ 蓄电池栅板
air ~ 通风栅格，通风格子板
anode ~ 阳极栅，帘栅极
anode screening ~ 帘栅极
barrier ~ 阻挡栅极，障栅，制动栅
blue control ~ "蓝色"（电子枪）控制电极（彩色电视显像管或发送管）
bottom ~ 热绝缘底槽板
British ~ 英国大电网，英国高压电网
catcher ~ 集电〔收注，捕获，集流〕栅
cathode ~ 阴极〔抑制，反打拿效应〕栅
collector ~ 捕获〔集电〕栅
collimating ~ 准直格子
concave ~ 凹板筛
cooling ~ 箅条〔格栅式〕冷床
core ~ 砂芯骨，砂芯铁
counting ~ 计数栅
cross ~ 十字格栅
diffuser ~ 扩散器栅，导〔整〕流栅
earth ~ 接地栅极，抑制栅极
eccentric knock-out ~ 偏心振动落砂机
escape ~ 凹板筛
feeding ~ 饲料筛
finger ~ 指杆筛
fixed ~ 固定格筛
floating ~ 浮动电势〔位〕栅极，浮置栅极，自由栅（极）
free potential ~ 自由电位栅极，闲栅
gradient ~ 梯级（式分）栅
gray-wedge pulse-height analysis ~ "灰楔"法脉冲高度分析
green control ~ "绿色"电子枪控制电极（彩色电视显像管）
guide ~ 定向栅格
hold-down ~ ①（反应堆释热元件的）上部固定栅架②压填料栅板③（填料塔的）填料压板
injector ~ 喷嘴网
inner ~ 控制栅，调制栅，内栅极
intensity ~ ①强制栅（极）②调制栅（极）
iterative ~ 叠层栅（叠层式分压栅）
jolt knockout ~ 震击落砂架
keepalive ~ 保活栅，继弧栅
kinescope ~ 显像管控制栅，显像管调制栅
knockout ~ 落砂栅架（铸工）
lighting ~ 灯具悬吊格栅
log-log ~ 双对数坐标系统
magnetic ~ 磁栅，磁格子
managerial ~ 管理方格
measuring ~ 方格测试片，测量格片
mesh ~ ①细网，编织网②网状栅
molybdenum supporting ~ 钼承料网
multinozzle ~ 多喷管叶栅
normal ~ 直角坐标网
nuclear ~ 核能电站图
open ~ 自由栅，悬栅，栅极开路
original ~ 原形光栅〔线栅〕
orthogonal ~ 正交网格
photo-island ~ 镶嵌器（用于电视摄像管，可储存图像）
plate ~ ①（蓄电池的）板栅②帘栅（极），阳栅，第二栅极
plenum ~ 气孔栅，送气框格
priming ~ 帘栅极
red ~ 红枪栅极
red control ~ "红色"电子枪控制极（电视接收管或发送管）
reference ~ ①参考栅极，基准栅极②坐标网（格）
revolving ~ 旋转筛
revolving register air ~ 回转送风挡板
screen ~ 帘栅（极），屏栅（极）
scribing ~ 划线栅格，划线网
secondary neutral ~ 配电线中性线网，二次中心点接地网
separating ~ 分离筛
shadow ~ 阴影栅，镜像栅
shakeout ~ 落砂栅，落砂格子板，脱砂格子
shield ~ 帘栅极，屏蔽栅（极）
signal ~ ①控制栅极，信号栅极②调制电极，控制电极③调制器
sizing ~ 格筛，大孔筛，粗筛
sliding ~ （汽轮机中的）回转调节隔板，回转隔板
space ~ （反应堆）定位格架，定位栅
spatial ~ 浮游格网，空间格网
square ~ 方格网

steel ~ ①(热风炉的)格砖炉算②钢筋网格
superimposed ~ 叠上坐标网
supporting ~ 承料网,支承算条
suppressor ~ 抑制栅(极),遏止栅(极),防护栅格
surveillance ~ 监视网
transfer ~ 算条〔格栅式〕运输机
transmission ~ 输电网
uniaxial strain gauge with multisensitive ~ 单轴多敏感栅应变计
unscrambling ~ 装料台的格栅〔算条〕
variable-pitch ~ 变节距栅极(变 μ 管栅极)

griddle 筛,大孔筛

gridiron ①筛,(铁)框格,格状结构②栅形补偿摆③管网,高压输电网④(铁道)侧线⑤格子船台,(修)船架,备件和修理工具⑥梁格结构
strap frame ~ 交换齿轮架

gridistor (隐栅)场效应晶体管,栅极晶体管

grid-lines 坐标网线

grid-point 格网点

grill ①格栅,网格,光栅②烧,烤,炙③装饰
aperture ~ ①影条板②孔径栅③障栅,荫栅
bulkhead air ~ 栅状空气挡板
electric ~ 电气烤炉
front panel ~ 面板栅格(袖珍收音机扬声器网板)
frontal ~ (脉动式发动机的)前进气阀门栅
lead ~ 电池铅板
radiator ~ 散热器护栅
sizing ~ 筛子,筛分格筛
supply ~ 进气花格板

grillage 格床〔排,网〕,炉〔光,重型钢梁〕栅,栅极
checker work ~ (蓄热器)砖格子
girder ~ 栅状支承结构,桁架,格排梁,钢梁组成的格床
reinforced ~ 钢筋网

grille =grill

grilling 格栅

grillwork 格架

grind ①磨削,研磨,研碎,抛光,刃磨②转动,旋转③折磨,压迫
~ in 磨合,磨配
~ on 研磨,研配
~ out 内磨
hyperbolic ~ 双曲线磁带录音头
self ~ 自磨(平面磨床电磁吸盘台面)

grindability 可磨性

grinder ①磨床,研磨〔砂轮,粉碎,磨粉,磨矿〕机,摩擦器②(pl.)无线电干扰声,交流干扰喀啦声
air ~ 风动磨头,风动砂轮机
air operated valve ~ 气动的阀门研磨机,研磨阀门的气动装置
angle ~ 角向磨光机
angle electric ~ 电动角向磨光机
automatic-sizing ~ 自动校准磨床
BB ~ 小型手提式砂轮机,风动磨头
beater ~ 锤式粉碎机
bed way ~ 床身导轨磨床
belt ~ 带式磨光机,带式磨床
bench ~ 台式磨床,仪表磨床,台式砂轮机
billet ~ 钢坯磨床
blade ~ 磨刀砂轮,磨刀石
blender ~ 磨碎拌和机
broach ~ 拉刀磨床
burr ~ 磨盘式磨碎机,砥石磨粉机
camomatic ~ 全自动凸轮磨床
caterpillar ~ 连续式碎木机
centerless ~ 无心磨床
chaser ~ 螺纹切削板牙磨床,螺纹梳刀磨床
chip ~ (削片)打磨机
chip-breaker ~ (刀具)断屑台磨床
coated abrasive ~ 砂带磨床
colo (u)r ~ 涂料研磨机
contour ~ 仿形磨床,成形磨床
cutter ~ 刀〔工〕具磨床
cutterhead ~ 铣刀盘刃磨机
cycloid gear ~ 摆线齿轮磨齿机
cylinder hone ~ 气缸珩磨机
cylinder jacket internal cylindrical ~ 气缸套内圆磨床
cylindrical ~ (自动)外圆磨床
die ~ 模具磨机
disk ~ ①磨圆盘〔磨耙片〕用砂轮②盘磨机,圆盘磨床
drill ~ ①钻头磨床②磨钎机
drill point ~ 钻头刃磨机,钻头磨床
edging ~ 边条切碎机
electric ~ 电磨
electric die ~ 模具电磨
electric wet ~ 电动湿式磨光机
external ~ 外圆磨床
face ~ 端面磨床,平面磨床
finisher belt ~ 砂布带打光机

flash ~ 研光机
flexible ~ 软轴砂轮（机）
flexible shaft driven ~ 软轴传动砂轮机
floor ~ ①地板磨光机②固定式砂轮机
floor stand ~ 台式砂轮机
form-wheel gear ~ 成形砂轮磨齿机
ga (u)ge-matic internal ~ 塞规自动定尺寸内圆磨床
gear ~ 齿轮磨床
groove ~ （轴承）沟道〔槽〕磨床
guideway ~ 导轨磨床
hammer ~ 锤碎机
hand-held straight electric ~ 手持式直向砂轮机
hypoid ~ 准双曲面齿轮磨床
internal ~ 内圆磨床
internal gear ~ 内齿轮磨齿机
jig ~ 坐标磨床
knife ~ ①磨刀机，磨刀装置②磨刀石，砂轮③滚刀式粉碎机④磨刀工
lap ~ ①清理焊缝磨床②接头研磨机
licker-in ~ 磨刺辊机
long ~ 纵向碎〔磨〕木机
magazine ~ 库式磨木机，木浆研磨机
micrometer thread ~ 千分尺螺纹磨床
motor ~ 电动砂轮机
nail cutter ~ 磨刀机
oilstone ~ 珩磨机
optical contour ~ 光学曲线磨床
paint ~ 涂料研磨机
pantograph copying ~ 缩放仪式仿形磨床
pedestal ~ ①（轻型）立柱磨床②落地砂轮机
piston rod cylindrical ~ 活塞杆外圆磨床
plain ~ 普通磨床，外圆磨床
planetary internal cylindrical ~ 行星内圆磨床
plano-type ~ 门〔刨〕式平面磨床
pneumatic ~ （手提式）风动砂轮（机）
pocket ~ 压榨碎木机
profile ~ 光学曲线磨床，仿形磨床
projection ~ 光学曲线磨床
race ~ 轴承（环）滚道磨床
rag ~ 碎呢机，开呢机
rail bond ~ 钢轨导体接头研磨机
relief ~ 铲齿机
Roberts ~ 罗伯式磨木机，环式磨木机
roll ~ 轧辊磨床，卷带式磨光机，卷带式抛光机
roller ~ 磨皮辊机
rotary ~ 圆台平面磨床
seat ~ 阀座磨床
sickle ~ 切割刀片磨石，磨切割刀片砂轮，磨刀石
sizematic internal ~ 自动定尺寸内圆磨床
slab ~ ①初轧板坯清理机床②磨钢板机
slider ~ 导轨磨床
snag ~ ①粗磨床②砂轮机
soil ~ 土壤分析用研磨机
spline ~ 沟槽磨床，花键轴磨床
stone ~ 磨盘，磨粉机，石磨
surface ~ 平面磨床
swing ~ 悬挂式砂轮机，悬挂研磨机，活动式砂轮机
swing-frame ~ 悬挂式砂轮机，旋架磨床
tangential ~ 切向（进给）磨床
tap ~ 丝锥磨床
tap-nose ~ 丝锥前端刃磨机
terrazzo ~ 水磨石机
tool ~ 工具磨床，车刀磨床，工具砂轮机
tool-post ~ （装在车床上的）刀架磨头
trave(l)ing wheelhead roll ~ 轴磨床（具有纵向移动的砂轮头）
travel (l)ing head ~ 磨头纵向移动的磨床
twin grip type centerless ~ 双支承砂轮无心磨床
twin surface ~ 双端面磨床
two wheel slide cylindrical ~ 双砂轮架外圆磨床
universal cylindrical ~ 万能外圆磨床
valve ~ 磨气门机，阀磨床
vertical spindle disc ~ 立式磨芯机
waste ~ 废胶磨床
web thinning gashing ~ （钻头）横刃修磨机床
wet ~ 湿式磨光机
grinder-polisher 磨削抛光机
grindery 磨工〔研磨〕车间
tool ~ 磨刀间，刃磨间
grinding ①磨削（作用），研磨，抛光，磨碎，琢磨②碾碎，制碎木浆，磨矿③（pl.）磨屑
~ out 磨去，磨孔，磨内圆
active rod ~ 激活材料芯子研磨
angular surface ~ 斜面磨削，斜磨法
belt ~ 砂带磨光，砂带磨削
bevel ~ 斜磨，按角度研磨
camber ~ 曲线〔中高度，中凹度〕磨削，仿形磨削（轧辊磨床的）

climb cut ~　同向磨削
closed-circuit ~　①密闭系统磨细（材料）②闭路磨矿（选矿）
correct ~　精磨
crisscross ~　十字磨削
crush ~　切入磨削
cylindrical ~　外圆磨削
differential ~　选择磨碎
down ~　顺磨（工件与砂轮在磨削点运动方向相同）
electrochemical ~　电解磨削
external ~　外圆磨削
face ~　磨面，平面研磨
feed ~　横向进磨法
float ~　无进给磨削
free hand ~　手持磨削
generating ~　展成磨削（法）
generation gear ~　齿轮展成法
heavy-duty ~　强磨削
impact ~　冲击破碎
inching ~　缓进给磨削
infeed ~　横磨法，切入磨法
intermittent ~　断续表面研磨
internal ~　内圆磨削
lip ~　挡边磨削
machine ~　机动磨削
match ~　配磨自动定尺寸磨削
offhand ~　手持工件磨光
open-circuit ~　开路磨矿
oscillating ~　微量纵摆磨削（工作台只做微量往复摆动）
plain ~　①普通〔外圆〕磨削②平磨，磨平面
plunge ~　①横磨②切入式磨削
profile copy ~　仿形磨削，靠模磨削
recess ~　切入磨削，横磨，凹槽磨削
relief ~　铲磨
seat ~　研磨，（阀座的）研配
set wheel ~　砂轮轴向无移动的磨削
single flank ~　单面磨削
stick ~　珩磨
surface ~　平面磨削
thru feed ~　贯穿（进给）磨削（法）
traverse ~　纵进给磨削，纵磨，横进磨法
up-cut ~　（砂轮与工件）同转向磨削，逆磨
waste ~　碾磨废胶
zero degree ~　零度磨削法

grinding-in　磨光

grindings　磨屑

grindingstone　（天然）磨石，砂石〔轮〕

grindstone　磨石，油石，砂轮（机）

grip　①夹住，握紧，啮合②（手）柄，夹（具，钳），夹紧装置，钳取机构，（机械手）抓手③铆头最大距离，铆钉杆长度，螺栓有效长度④控制，掌握，支配⑤断绳防坠器
basket ~　电缆〔光缆〕网套
bulldog ~　钢丝绳夹
cable ~　电缆扣〔夹〕
Chicago ~　芝加哥剥线钳，线扣，鬼爪
cord ~　塞绳结头
earthing ~　接地端
finger ~　打捞工具
hand ~　机械手抓手
knee ~　（摩托车上）曲柄支托
plant ~　秧苗夹，夹苗器
powerful ~　高强度接连的过盈
puller ~　（秧苗）拔取夹，拔秧钳夹
sand ~　持砂条，（砂箱内壁）凸条
saucer ~　碟（盘）式夹持
socketed ~　内卡板管接头
stick ~　驾驶杆
tension ~　拉力试验夹具
throttle ~　节流阀手柄，风门手柄
tiller ~　①舵杆柄②手柄端头
toggle ~　肘节柄
vice ~　虎钳夹口
wedge ~　拉线器，紧线器，鬼爪
wire ~　楔形夹，鬼爪
zinc ~　镀锌（钢）板

gripe　①抓住，钩卡②夹钳③手柄，把手，制动器④控制，掌握

griper　河上运煤船

griphand　置景工

gripper　①夹子〔钳，具，头〕，夹〔抓〕持器，抓爪〔器〕，牙板夹头，压板②两边有切刀的开沟犁
ingot ~　（钢）锭（夹）钳
pipe ~　管扳手

gripper-ditcher　两边有切刀的立轴式挖沟机

gripping　①夹紧（器），夹钳，夹〔抓〕住，啮合②扣人心弦的

grit　粗砂（岩），石英粒，棱角砂，砂粒，细粒②铁粒，金属锯屑③磨料，人造磨石④粒度⑤筛网
abrasive ~　铁粒，研磨用砂粒，（清理铸件用的）喷丸
blast ~　喷丸

embedded ~ 型砂斑点
soft ~ 软质颗粒（金属表面喷射加工用，如稻皮，核桃壳等）
steel ~ ①钢砂②硬砂砾
viscous ~ 黏性磨料
gritstone （粗）砂岩，砂砾（石），天然磨石
gritter 铺砂机
spinner ~ 旋盘铺砂器
grittiness 含砂量，砂性
grivation 坐标磁偏（角）
grizzle ①（未烧透的）灰色次砖，（含）硫劣煤②灰色（的）
grizzl (e)y ①格筛，铁栅筛，滚筒筛②（水源构筑物）铁制保护栅栏，固定式炉栅③劣煤④灰色的，灰白的
bar ~ 格筛，（选矿用）棒栅筛，条筛
Burch ~ 圆环筛，环形格筛
cantilever ~ 悬臂式棒条筛
drop-bar ~ 离合棒条筛
live-roll ~ 多轴辊轴筛
moving ~ 转动棒条筛
revoluting ~ 辊轴筛
ross roll ~ 双轴辊轴筛
groan ①哼，呻吟（声），机床过载时的噪声，承受重压（嘎吱）作声
groaning 哼声（发动机不稳定工作的声响）
grocer 地面干扰发射机（俚），杂货商（店）
grog ①熟料，陶渣，耐火黏土〔材料〕②（酒精掺水的）烈酒③（pl.）土〔砂〕粒，泥块
grommet ①垫，圈，衬垫，（保护）垫圈，（橡胶）密封圈②索眼〔环〕，金属孔眼，护孔环，金属封油环，套管③填缝料，绝缘填片〔填圈，垫圈，孔圈〕④飞行帽⑤秧苗夹
cord ~ 索环
lamp wire ~ 灯线接头
wiring ~ 电线环状接头
groom ①擦洗和加油②修〔装〕饰③准备，推荐，训练
groove ①（小）槽，沟，切口，排屑槽，轧槽，（导板的）磨损槽，凹线，膛线，来复线②模膛，（轧辊）孔型③坡口（焊）④（唱片）纹道⑤开槽，加工细沟槽，挖沟
backing ~ 焊缝反面坡口
baltimore ~ （阳极挂耳上的）凹形槽
blank ~ 哑槽，哑纹，无声槽，平纹，未调纹（录音盘的）
case extractor ~ 药筒底槽，退壳槽
chamfered ~ 角槽，三角形断面槽
chip dividing ~ 分屑槽
choke ~ 扼流（圈）槽
clearance ~ 空刀槽
closed ~ 闭口式轧槽，闭口式孔型
closed box ~ 闭口式箱形孔型，矩形孔型
compensating ~ 卸荷槽，平衡槽
concentric ~ （录音盘上的）闭纹
dead ~ 闭口式轧槽
deforming ~ 轧制钢筋的孔型〔轧槽〕，周期断面轧槽
dirt-excluding ~ 出渣槽，积垢槽
distributing ~ 配油槽
double ~ ①双面槽②双面坡口
double-Vee ~ X 形坡口
dovetail ~ 鸠尾〔梯形，燕尾〕槽
edging ~ 立（轧）孔型
embossed ~ 轧花沟槽
endless ~ 环状槽
endless oil ~ 回线形润滑油槽
fast ~ 稀纹（录音盘）
fine ~ 密纹（唱片）
finishing ~ ①精轧孔型，精加工槽②（唱片）终止纹槽
Gothic ~ 弧菱形轧槽，弧菱形孔型
ground-tacklesingle-Vee ~ with root face 单钝边的 V 形坡口
key ~ 键槽，楔形槽
last ~ 精轧孔型，成品孔型
lead-in ~ 引入螺旋，（唱片）引入（纹）槽
lead-out ~ 盘尾纹，（唱片）引出（纹）槽
lead-over ~ 盘中纹，（唱片）过渡（纹）槽
loading ~ 装料（球）口（槽）
locked ~ 闭纹，（唱片）锁槽，同心（纹）槽
marginal ~ 边缘纹，临界纹（唱片），无声槽，哑槽
neck ~ 线槽
notch ~ 切口，（试样上的）刻槽
open square butt ~ 无坡口有间隙的对接接口
oxygen ~ 氧割槽
packing ~ 填料槽
plain ~ 无音槽，哑槽
raceway ~ （球轴承）沟道，（滚子轴承）滚道
retainer oil seal ~ 挡油环油槽
ring ~ 环形〔胀圈，活塞环〕槽
root ~ （对接缝反面的）焊根坡口
rotating blade ~ 动叶片叶根槽
run-in ~ 引入（纹）槽

run-out ~ 引出（纹）槽
section ~ 异形孔型
sectional ~ 型钢轧槽
shaping ~ 成形孔型
shield ~ 防尘盖槽
single-bevel ~ 半V形坡口，单斜面坡口，单斜槽
single-U ~ U形坡口，单式U形槽
single-Vee ~ V形坡口
slide valve strip ~ 滑阀压板槽
snap ring ~ 止动环槽
spread ~ 连接（纹）槽
square ~ ①I形坡口，平头坡口②方形孔型，方形轧槽③方头④四方进刀架
stationary blade ~ 静叶根槽
throw-out ~ （唱片）引出（纹）槽
top-ring ~ 顶活塞环槽
tread pattern ~ 胎面花凹纹
turned ~ 车制的沟道〔槽〕
twinned ~ 槽（唱片刻纹的疵病）
unmodulated ~ 未调制（纹）槽，无声槽，哑〔纹〕槽
virginal ~ （唱片的）哑纹，未调纹
weld ~ 焊接坡口

grooveability 沟纹耐久性

grooved 开槽的，有槽的
box ~ 起槽的，压有波纹的

grooveless 无槽的

groover ①挖槽机，切槽装置，槽刨，滚形机②矿工
electric ~ 电动开槽机（木材上开槽）

grooving 车〔开，套〕槽，企口（的，连接），槽舌连接，电化腐蚀沟纹，（去飞翅后的）伤痕，（轧辊）孔型设计
~ of rolls 轧辊孔型设计
~ of valve seat 阀座磨损
flame ~ 气割开坡口（法）

groovy ①槽的，沟的②常规的③最佳状态的④流行的

gross ①全体，总计，总重，毛重，（基本）质量，浓的②罗（12打）③总的，全的④粗的⑤严重的⑥稠（厚）的，浓（密）的
great ~ 12罗（1 728个）
small ~ 十打（120个）

grossly 粗略地，大体上

gross pay 应得工资

grotesque ①黑体字，哥特体字，印刷体字母②奇异的，怪诞的

grotto 洞穴，洞室

ground ①地面，土地，地线，接地②场地，靶场，试验场，地域，面积③背景，底（子）④防腐涂层⑤脉石⑥（pl.）基础，根据，理由⑦渣滓，底材⑧地面的，基本〔础〕的，压碎的，研磨光的⑨打基础，建立
~ down 磨过的，磨光的
back ~ 底色，基础，经历，准备
common ~ 共同部分〔内容〕，一致〔共同〕点
dead ~ ①完全接地，直通地，固定接地②（射击）死角，静〔盲〕区
direct capacity ~ 对地电容
driven ~ 埋管接地
dumping ~ 卸料场，垃圾倾倒场
flicker ~ 间歇接地
flinty ~ 粗砂
interchangeable ~ 标准玻璃磨口
made ~ 填土〔地〕，现代沉积
proving ~ 检验场
relief ~ 铲磨的
service ~ 工作接地
solid ~ 直接接地
static ~ 静接地，永恒接地
Wagner ~ 华格纳接地（线路）
yielding ~ 松软土地，易沉陷的土地

groundauger 地〔土〕钻

ground-based 地面的

ground-displacement 地电位位移

ground-driven 地轮传动的，行走轮传动的

grounded-base 基极接地的，共基极的

grounded-collector 集电极接地的，共集极的

grounded-emitter 发射极接地的，共射的

grounded-grid 栅极接地的

ground-glass 毛玻璃，检影板

groundhog ①挖土机②火车上的制动手

ground-in 配好〔调节好，啮合，磨过，磨光〕的

grounding ①接地（装置），地线②基础，底子，初步③研光④停飞，着陆，搁浅
~ of pole ①电杆接地（装置）②磁极接地
busbar ~ ①母线接地②内线接地装置
corner-of-delta ~ 角接地（变压器绕组为三角形联结时）
high ~ 高阻接地方式
mid-phase ~ 相中点接地

groundless 无基础的，无根据的

ground-level ①地平面②基极

groundmass 合金的基体，金属基体
groundmeter 接地电阻测量仪
ground-plan ①下层平面图②底层图样③初步计划，草案
ground-return 地回路，地面反射
ground-slag 渣粉，磨碎的炉渣
ground-state 基态
ground-tackle 锚泊装置(锚、锚链的总称)
ground-thermometer 地温表
ground-tint 底色，地纹
ground-to-plane 地对空
ground-torpedo 海底水雷
ground-to-sea 岸对海
ground-to-ship 岸对舰
ground-up 碾碎的，磨成粉的
groundwork 地基,基础,根据,基本工作〔成分,原理〕
group ①群,(小)组,类,族,基,系,属,团,派②分组〔类〕,归组，组合，同极性片组③空军大队④聚集
~ technology 成组技术
~ to terminal （电话的）中心局至终端局
abelian ~ 可换群，交换群，阿贝耳群
acid ~ 酸基，酸根
affine ~ 仿射(变换)群
analytical functional ~ 分析功能团
Assur link ~ 阿苏尔杆组
Assur ~ 阿苏尔杆组
basic ~ ①碱性基，碱性原子团②基群
bigraded ~ 双重分次的群
Buick，Oldsmobile，Cadillac ~ 别克-奥兹莫比尔-凯迪拉克集团
closed subscriber ~ （通信）关闭的用户群
commutating ~ 换相组(整流器回路)
control ~ 控制组，控制栏(COBOL 用)
coresidual point ~ 同余点集
crystal ~ 聚合晶体，晶群
data-time ~ 时序分组，日(期)-时(间)组
digit ~ 数(字)组
direct ~ 直通线(群)
DO ~ 循环语句组
donor ~ 供电子(原子)团
electron withdraw ~ 吸电子基团
factor ~ 商群
firing-pin ~ 击发装置
ga (u)ge ~ 规范群
gear ~ 副变速器
generation data ~ 世代〔相继〕数据组
grading ~ 分品群
hospital relay ~ 故障线收容〔切换〕继电器群
hunt ~ 搜索群
hyperabelian ~ 超阿贝耳群
input linear ~ 输入线性部分
joint bitonal image ~ 二值图像压缩编码
key ~ ①键组②指示组
large windtunnels working ~ 大型风洞工作组
lateral ~ 侧基
line transmission ~ 线群
link ~ 接线组，接线装置
logical channel ~ 逻辑信道组
main ~ （周期表）主族
marker ~ 标识群
matched ~ 配比〔匹配〕组
meta-Abel ~ 亚阿贝耳群
methyl ~ 甲基
output linear ~ 输出的线性部分
point ~ 点群，点集
positive ~ 阳性基，正基
project coordination ~ 项目协调组
pump storage ~ 抽水蓄能机组
radio bearer ~ （通信）无线承载电路分组
resource block ~ （通信）资源块分组
resource element ~ （通信）资源元素分组
SC ~ 同步回旋加速器组
space ~ 空间群
splitter ~ 副变速器
sub assembly ~ 组件
technical specification ~ （通信）技术规格分类
terminal ~ 端基
thinking ~ 智囊团
traffic ~ 记录磁道组
trunk ~ 中继线组，总线组
two-digital ~ 二位组
vacuum ~ 真空抽气机组
groupage 零星货混装运输
group-determinant 群行列式
grouped ①化合的②耦合的
group-index 分组指数
grouping ①分组〔类〕归组，组合②类，基，团，属，群③集合法，成群，集聚(扫描的并行)④部件装配图⑤纹槽群集，槽距不均⑥布置
pattern ~ 串铸，一型多模(铸造法)
group-matrix 群矩阵
Groupoid 广群

Groups 群组设定（数控加工 Mastercam 等软件中的命令辅助菜单）
groupware 组件
grouser ①轮爪，履齿，履带链板，防滑板②定位桩
grout ①石灰浆，薄〔灰，水泥〕浆②灌浆③（pl.）渣滓
grouter 灌浆机〔泵〕，水泥喷补枪
grow ①生长，增长，培育②变大，增加，变强，发展③渐渐变成
grow-back 带材的厚度差，厚度不均性
grower 生长器〔物〕，培育者
crystal ~ 晶体生长器，单晶生长器
growl 咆哮，轰鸣
growler ①短路线圈测试仪②电机转子试验装置
grown-diffused 生长扩散的
grown-junction 生长接面
growth ①生长（物，过程），长大②发展（过程）③培育〔养〕④结果，产物⑤生长结晶体管
cannibal ~ 吞并生长
crystal ~ 结晶（增长），晶体长大，单晶生长
dendrite ~ 枝状结晶生长
dendritic ~ 枝状生长
dislocation-free ~ 无位错生长法
disproportionation ~ 歧化生长
flux ~ 助熔剂生长
horizontal crystal ~ 横拉法
melt ~ 熔体生长
overall ~ 晶粒总长大
plate-like ~ 板状生长
thermal ~ 热膨胀
vapo (u)r ~ 气相生长
zonal ~ 带状结晶，带状生长
grub ①挖掘，掘出，刨②除根，掘根，翻找，钻研
grubber 深耕中耕机，挖掘犁，挖苗犁，挖根锄，除根机，掘土机
grubbing-harrow 圆盘中耕机，圆盘耕耘机
grub-breaker 掘根开荒犁
grumble 隆隆响（声）
grummet =grommet
G-scope G 型显示器，方位角 - 仰角 - 距离显示器
GSO-satellite 地球静止轨道卫星
GT-cut GT 切割，GT 切片
guaiacol 愈创木酚，磷甲氧基苯酚
guarantee ①保证（人），保证性鉴定，担〔确〕保②承认，许诺
steam rate ~ 保证汽耗
guaranty 保证（书），保单，担保（品）
guard ①警戒，戒备②保护（装置），防护（设施），保险（装置），限程器，隔离〔绝〕，（切割装置的）护刃器③护板，外罩，焊接面罩，安全栅栏④表链⑤预防，防守
~ of circuit 电路保持〔闭塞〕
axle ~ 车轴护挡
balanced ~ 平衡卫板，平衡防护安置，吊挂卫板
board ~ 夹板防护罩
bottom ~ 下卫板
brush lipless ~ 平顶短护刃器
cab ~ 司机室护板
canopy ~ 护顶
chain ~ 护链槽
channel-section-bar ~ 安全导槽（带锯的）
chip ~ 切屑防护器，防屑罩
corona ~ 电晕保护设备，电晕防止器
cradle ~ 保护网（线路的）
cylinder ~ 捡拾器护〔滑〕环
delivery (side) ~ 轧机的出口推床导板
dirt ~ 防尘罩，挡泥板
eye ~ 护目板
finger ~ 护手板
fire ~ 火炉栏
flash ~ 防弧装置，防弧罩〔板〕
gate ~ 门式安全装置，闸栅式安全保护装置，保护栅
grain (saving) ~ 禾谷扶倒器，扶茎器，扶穗器，果穗导板
grille ~ 格栅防护装置（装饰用）
grit ~ 抛粒护板
groove ~ （唱片）保护区
hand ~ 扶手
hanging ~ 上卫板
heat ~ 绝热体
heavy-duty ~ 加强护刃器，重型护刃器
hook ~ ①熔丝架②保护器架，安全器架
hoop ~ 防护夹子
implosion ~ （电视接收机）防爆玻璃架
jamb ~ 侧柱护铁
knuckle ~ 关节罩，铰链罩
Krupp ~ 克鲁伯型〔筛筒球磨机〕防护装置
lespedeza ~ 三叶草切割器护刃器
life ~ （铁路的）排障器
lifting ~ 扶倒〔茎，穗〕器，果穗导板
lightning ~ 避雷器

lipless ~ 无唇〔无上舌，平顶〕护刃器
memory ~ 存储保护
metatarsal ~ 脚面罩(防止重物压脚)
mud ~ 挡泥板
oil ~ 防油器，挡油器，阻油环
overhead ~ 顶罩，护顶
pedal ~ 踏板安全装置
pick-up ~ 扶倒〔茎，穗〕器，果穗导板
plated ~ 带定刀片的切割器护刃器
pull-out ~ (冲床用)挺杆推出式安全装置，牵手式安全装置，拉出式保护装置
radiator ~ 散热器罩，水箱罩
rail ~ 排障器，护轮轨
real-time ~ 实时保护
regular ~ 标准型切割器护刃器
ring ~ 防护环式安全装置
rock ~ 防石护刃器(多石地上收获用切割器护刃器)
scroll ~ 护手
serrated ~ 刻齿割刀护刃器
shoulder ~ 防护板，护肩甲板，防肩
side ~ ①侧导板②推床的导板
skirt ~ 护脚板
splash ~ 防溅罩，挡泥〔飞溅护，防护〕板
spur ~ 保险销
stone ~ 除石机〔器〕，防石卡塞安全器，防石护刃器(多石地上收获用切割器护刃器)
stub ~ 短式平顶护刃器
stylus ~ (电视唱机)唱针保护装置
surge ~ 振荡闭锁装置，冲击防护，喘振防护
sweep ~ 拔开式安全装置，推出式安全装置(冲床用)
telescopic ~ 机床导轨的伸缩防护装置
tine ~ 弹齿集电环(捡拾器)
toe ~ 护脚
trash ~ 犁体滑草板，挡草压草板
tube ~ 管状熔丝
valve ~ 阀挡
vine ~ 藤蔓排除器，茎叶排除器，除茎叶器
weed ~ (割草机的)平顶护刃器
wheel ~ 挡泥板
wind ~ 防风框架
wire ~ 安全罩
yield ~ 吊挂卫板

guarder 保护装置
guardwire 保护导线
gudgeon ①耳轴，轴柱〔头〕，舵枢，连接轴②螺栓，销③旋转架，托架
reversing screw ~ 回动螺旋，十字螺母
guess ①估计(值)，假设，推测，猜想②以为，相信
rough ~ 粗略估计
guess-rope 辅助缆索，扶手绳
guess-warp 辅助缆索，扶手绳
guesswork ①推测，臆测，假设，假定，预定，推论，论断②允许，准许
gug ①机械化斜坡，机械化坡道②绞车道，升井
guidance ①引导，制导，导引〔航，向〕②控制，操纵，遥控③手册，规则④导槽〔板，承，轨〕
active ~ 主动制导〔导航，导向〕
aerial ~ unit 空中制导装置
ball ~ 球导槽〔轨〕
beam ~ 波束制导
beam rider ~ ①波束引导，射束制导②驾束制导
capture ~ 有线制导，俘获制导
circular ~ 弧形导承
combined ~ 综合制导，多重制导
command ~ 指令制导〔导引〕
connecting rod ~ 十字头导承
conversational ~ 对话指南，对话表
external ~ 遥控(制导)
homing ~ 寻的制导，自动导引
inertial ~ 惯性制导
internal ~ 自主引导〔控制〕
inverted Vee ~ 人字导槽
laser ~ 激光制导
marine ~ 海面导航
midcourse ~ 航程引导
post-boost ~ 被动段制导
powered phase ~ 主动段制导
Robust ~ 鲁棒导航
saddle ~ 刀架导座，鞍架导槽
sound ~ 声音引导
terminal ~ 末制导
traffic ~ 通信指挥，航路指示，交通管理
wire ~ 有线制导，有线引导
guide ①指〔引，制〕导，定向，导航②指南，入门，手册③导向器，导套〔销，板，槽，轨，杆，承，架〕，波导(管)④控制，操纵，管理⑤限程器⑥焊接面罩
aligning ~ 对准机构，定位装置
apron ~ 帆布输送带导(向)板
arc ~ (汞弧整流器的)水银蒸气阻隔筒，汞弧导筒，弧导

ball ~ 球状引导物
beam ~ 束流输送系统
beam wave ~ 波束波导
board ~ =card ~
bolt ~ 闩头导槽
cable ~ ①绳罐道②电缆导管
cage ~ ①电梯导轨，升降机导轨②罐笼，罐道
card ~ 插件导轨
casing ~ 套管引鞋，套筒滑板
cell ~ 格槽导引
center pin ~ 中枢导承
channel ~ ①槽钢罐道，导槽②波导
check valve plunger ~ 止回阀柱塞导座
check-wire ~ （方形穴播）尺度索导向器
circular ~ 弧形导承，圆（形）波导
clamp type entry ~ 入口夹板
closed ~ 关闭导向器，封闭式导向装置
coke ~ 导焦槽，拦焦车
conducting ~ 波导
connecting rod ~ 十字头导承
corrugated wave ~ 波纹波导
counterbore ~ 扩孔钻导柱
crank ~ 曲柄导槽，曲柄月牙板
curved ~ ①曲面导轨②弯曲波导
delivery ~ （轧机的）出口导板
dielectric ~ 特高频电磁介电通道，介质波导管
drawing strickle ~ 导框（刮板造型）
entry ~ 放箱斜槽
equalizing yoke ~ 平衡轭导承
exposure ~ 曝光（一览）表
feeder wave ~ 馈电波导
feeding ~ 枪弹进膛导条
felt ~ 呢绒导带
fiber light ~ 纤维光导
flange stripper ~ 出口护板（轧异型钢材用）
flared radiating ~ 喇叭形辐射波导（喇叭天线）
flat double ~ 双轨导向器
flexible cage ~ 钢丝绳罐道
flipper ~ 侧导板
flux ~ ①磁导②磁通控制器
fulcrum ~ 支架导承
hanging ~ （上轧辊出口侧的）吊挂护板
helical ~ 螺旋导轨
hollow ~ 空腔波导（管）
inner check valve ~ 内止回阀导座
iris wave beam ~ 可变光波导
knife ~ 割刀导向板，切碎装置导向架
leaf ~ 茎叶导板，茎叶排除器
lifter ~ 顶杆导轨
light ~ ①光控制，光（制）导②光波导，光导向设备
linkage ~ 联动导轨
loading wave ~ 加载波导
non friction ~ 滚动导轨，非摩擦导轨
nozzle ~ 喷嘴导叶
optical wave ~ 光波导
paper ~ 输纸机，导纸板
pencil ~ 记录销子导轨
pilot ~ 操作指示器
pinion ~ 小〔滑动〕齿轮导承
pipe ~ 导管装置
plunger ~ 柱塞导承，撞杆导承
prismatic ~ ①棱柱形导轨②三面导槽
protractor tool ~ （车刀的，磨床的）车刀角导板，磨刀斜角导板
radiating ~ 波导天线，辐射波导
ram ~ ①滑枕导轨②插齿机导套（插斜齿轮用）
receiving ~ 进口导板
recirculating ball ~ （转向机的）循环滚珠导管
repair ~ 修理手册，修理指南
resting ~ 固定导板
rod ~ 导杆
roller ~ ①滚针导轨，滚柱导轨②辊式导板，辊式导线器
rolling ~ ①滚动导轨②（圆犁刀）滚转稳定器
rotating tape ~ 导带轮
side ~ 侧面导板，导向角钢
sinker bar ~ 冲击式钻杆的扶正器
slab ~ 片状波导，平面波导
slide ~ 导轨，滑动导轨，滑架
sliding door ~ 滑门导轨
slotted ridge ~ 开槽梳〔脊〕形波导
spherical ~ 球滚动体导轨
spindle ~ ①杆导②轴导③（摘棉机的）摘锭座导路
split ~ 剖分式导槽
split valve ~ （纵向）剖分式阀导管
spout ~ 出口导槽（金属或炉渣）
spur ~ 直导轨
steel ~ 金属罐道，钢罐道
stem ~ 柄的导承，导管

stock ~ 给料槽,导料板,板料导向块〔装置〕
strand ~ (连铸)铸坯导架
strap valve ~ 阀导承
stripper ~ 卫板(水平安置防止轧件缠辊用)
surface acoustic wave ~ 声表面波导
sweeping ~ 导框(刮板造型用)
swing link ~ 导向摆杆
tail-rod ~ 活塞杆后导承
tape ~ ①磁〔纸〕带导轨，导带辊〔销〕②带导向装置③窄带波导管
tapper ~ 分配凸轮机构
technical ~ 技术指导，技术入门
throttle-lever latch ~ 节流杆弹键导承
tickler ~ 弹性推针导管
tilting ram ~ 斜冲头导槽
top ~ 导头(帽)，前导承
torpedo ~ 鱼雷形导入器(分禾器)
traversing ~ 方向导轨
valve ~ 阀导承〔管，套〕，气门导管
V-shaped ~ 棱柱导轨，三面导槽
wave ~ 波导(管)
whip ~ 防振控制，防振导向
wire ~ ①捆丝导向器,(钢丝绳机的)导线孔，钢丝绳道，焊丝导向装置，线材导板②(针式打印机的)针导管

guide-block 导块，导瓦

guidebook ①指南,入门②入门书,指导书,(参考)手册，说明书

guided ①制导的②导向(的)，引导(式)
~ bomb 制导炸弹
automatic ~ vehicle system 车辆自动导向系统
self ~ 自导的，自动导向〔引导〕的，寻的，自动瞄准的，制导的

guideline ①引导〔控制，标〕线，导向图(表)，指标②准则，准绳，指南，须知③选择的范围
design ~ 设计方针，设计准则

guidemark ①划行器印迹，划印器痕②导板划伤③标记，标号，印痕

guider ①制导装置②导向器③导星装置
automatic cloth ~ 自动导布装置，自动吸边器

guides 导架，导轨，导板，导向装置

guideway 导轨〔沟〕，导向槽，导板
carriage ~ 托架导板，滑车导轨
compound ~ 复合导轨
gliding ~ 滑动导轨
hydrostatic ~ 静压导轨
machine tool ~ 机床导轨
ram ~ 滑枕导轨
rolling ~ 滚动导轨
telescopic ~ 可伸缩导轨
unloading ~ 卸荷导轨

guiding ①引导，控制，制导，导航(机)，波导，导杆②导向(的)，定向(的)，指导(性)的

guidon (信号)旗，吊环，凸起部，换向器片的凸肩

guild 行会，同业公会

guilloche 绳形饰

guillotine ①剪床,剪切机,切断器②截流器(截断中子束用)

guinea-pig ①实验材料，试验品②豚鼠

guitar 吉他(六弦琴)
electric ~ 电吉他
electronic ~ 电子六弦琴

gulch-gold 砂金

gull ①鸥②易受骗的人③(pl.)气球假目标雷达反射器

gullet ①齿槽，锯齿间空隙②水道，水槽，沟，海峡③容屑槽

gulleting ①切割锯齿②修整锯齿

gulp ①字〔位〕群，字节组，复合信息组②吞，一大口

gum ①(树)胶，树脂，橡胶〔皮〕，弹性橡胶②粉尘，煤粉，碎煤，末煤③涂胶，橡胶浸渍④锉深(锯)齿⑤(pl.)胶靴
~ out 拉刀不切削部分上减低阻滞作用的浅槽
artificial ~ 人造橡胶〔树脂〕
cold ~ 低温(聚合)橡胶
core ~ 型芯胶，型芯黏合剂
dissolved ~ 燃料树脂
engine ~ 发动机油析出物(发动机工作时从油中析出的胶质)
gasoline ~ 汽油析出胶质(汽油氧化析出物)
grass tree ~ 禾木胶
natural ~ 天然胶，树胶
seal ~ 密封(用橡)胶
starch ~ 糊精，淀粉胶
torsion ~ 扭转减振橡胶块〔弹簧〕
wood ~ 树脂

gum-lac 橡胶树脂

gummed-up 用胶黏合(的)，胶接合(的)

gummer 修锯〔上胶,粘贴,涂胶〕机,除粉器，磨锯齿机
cutter ~ 截煤机除粉器

gumminess 胶黏性，树胶状，树胶质

gumming ①浸胶，涂胶，浸油，涂油，胶接，卡紧（阀门）②（消）除粉尘③（pl.）粉尘，煤粉

~ of piston rings 活塞圈烧焦

gummite 脂铅铀矿

gummosity 胶黏〔黏滞，黏着〕性，黏度

gummous 有黏性的，胶着的，胶黏的，黏附的，黏的

gummy 树胶状的，树胶制的，含树胶的，胶黏的，焦油的

gumstower 除粉器

gun ①（机）枪，焊〔电子，注油，喷〕枪②注射〔喷射，喷雾〕器，喷补机③炮（身），火炮，泥炮④润滑油泵⑤（发动机的）油门，风门⑥气锤

~ for surface fire 平射炮

accelerator ~ 加速器（电子）枪

air ~ ①气枪，气铆钉枪②喷雾器，喷刷器

antiaircraft ~ 高射炮

anti-comet-tail ~ 抗彗尾电子枪，反彗尾电子枪

batch ~ 喷枪，水泥枪，喷浆器

biscuit ~ 手枪式信号灯

blast ~ ①吹嘴②喷枪

blast furnace ~ 高炉泥炮

blow ~ 喷粉器，喷枪

boys ~ 坦克炮

camera ~ 照相机镜头，空中摄影〔照相〕枪，摄像枪

cathode-ray ~ 电子枪

compressed air painting ~ 涂装器，涂装枪

compressor ~ ①润滑油充压机②加油枪

C-type ~ C 型点焊钳

degassing ~ 去气枪，热空气枪

delta ~ “品”字枪（三角形排列的电子枪）

dual-purpose naval ~ 高平两用舰炮

electric ~ 电子枪

electric spray ~ 电喷枪

electron ~ 电子枪

erasing ~ 消迹电子枪，擦除炮

expansion ~ 胀接式点焊枪

feed ~ 进料枪，加料枪

flare ~ 信号枪

flash ~ （与闪光灯配合的）闪光操纵装置，闪光粉点燃器

flood ~ 读数〔浸没〕电子枪，泛射枪

flux ~ 熔剂枪，石英枪

furnace ~ 工业炉喷枪

glue ~ 喷胶器

grease ~ 润滑脂枪，（黄）油枪

grid controlled electron ~ 栅控电子枪

hand ~ ①（手）枪，手喷枪，手动油枪②手压油枪注油器（往油枪内注油），手摇喷粉器

heat ~ 热风（干燥）器，煤气喷枪

heavy machine ~ 重机枪

herf ~ 一种高能量无线电波武器（可使电子设备失效）

holding ~ （静电存储管中的）保存（电荷的）电子枪

ink ~ 喷墨头

in-line ~ 一字排列式电子枪

ion ~ 离子枪

ion-beam ~ 离子束枪

light ~ 光笔，光电子枪

low-pressure ~ 低压油枪

machine ~ （高射）机枪，机关炮

medium machine ~ 中型机枪

multi-barrel ~ 多管航空机关炮

nail ~ 射钉枪

notch ~ （高炉）泥炮

on-demand ink ~ 应需喷墨头

one-shot ~ 单击铆（钉）枪

painting ~ 喷涂枪

patching ~ 修炉衬喷枪

pinch welder ~ 钳式焊钳

plasma ~ 等离子枪

power ~ 机力油枪

pressure ~ 压力枪，黄油枪

pull ~ 拉式焊枪

push ~ 推式焊枪，点焊手枪，管状润滑脂枪

rain ~ 长距离喷头

reading ~ 读出电子〔阅读，显示电子〕枪，阅读枪

recoilless ~ 无后坐力炮

refractory ~ 喷浆枪

revolver aerial ~ 转膛式航空机关炮

rotary rain ~ 旋转式远射程喷灌装置，喷雨枪

sand-blasting ~ 喷砂枪

screw ~ ①机械螺钉旋具②螺旋式（干）油枪

self-propelled ~ 自行火炮

spray ~ 涂装枪，喷雾器，喷散器，金属喷镀器，喷射（电子）枪，（炼铁炉用）泥炮

sprinkler ~ （喷灌机的）喷灌头，喷灌枪

squirt ~ 油枪，水枪，喷射器

stowing ~ 充填喷枪

straight ~ 直进式电子枪（无离子陷阱）
submachine ~ 冲锋枪
tap ~ （封出铁口用）泥炮
tap-hole ~ 泥炮，堵出铁口泥炮
time ~ 报时炮，午炮
Tommy ~ 汤普森冲锋枪
udder spray ~ （牛，羊）乳房喷洗器
welding ~ 焊枪〔炬，钳〕，喷灯
write ~ 书写（电子）枪
write-read ~ 写入和读出〔记录 - 阅读〕电子枪
writing ~ 写入电子枪，录贮电子枪
Xmas-tree electron ~ 圣诞树型电子枪
zero-focus-current ~ 聚焦极零电流电子枪

gunar 舰用电子射击〔指挥〕系统
gun-barrel ①枪管，炮管②沉淀罐，气体分离器
gunboat ①炮艇〔舰〕，自动卸载车，翻斗车②斜井（提升）箕斗
guncreting 压（力）灌（浆）混凝土，喷射灌浆混凝土
gun-driven 用铆钉枪打的
Gunite 冈纳特可锻铸铁，钢性铸铁，灰铸铁
gunite ①喷枪，喷射法，水泥枪②喷浆（涂在反应室的防水防油物质），喷涂（混凝土）
K ~ 冈纳特 K 铸铁（w（C）2.3%，w（Si）1%，w（Mn）0.7%，w（Pb）0.15%，w（S）0.08%，其余 Fe）
guniting 喷射法，喷浆，喷射水泥
gunjet 喷枪，喷水器
gunlayer 瞄准手〔器〕，射击手
gunmetal 锡锌青铜，炮铜（合金）（w（Cu）89%，w（Sn）5% ~ 9%，w（Zn）2% ~ 6%，w（Pb）0.2%）
gunned 喷补的，带枪的
gunnel ①犁铧胫板②船舷的上缘
gunning ①喷补，喷涂②射击
gunprobe 炮射探测系统
gunship 武装直升机
gunsight 瞄准（器），标尺
gyro ~ 陀螺仪瞄准器，回转式瞄准器
gun-steel 炮钢，铬镍钼钢
gurdy ①起网滚筒②卷绳车
gurgite =gurdy
guru 权威
gusset 结〔节〕点板，连接板，角撑板，隅板，加力板
bumper ~ 保险杠角撑板

gust 激发，突发，骤风，喷出
gustometer 味觉计
gustsonde 阵风探空仪
gut ①（羊）肠线②（油管内加热用的）水蒸气小管③狭水道，海岬〔峡〕④（pl.）内容，实质，本质⑤（pl.）勇气，力量，效力，耐力
guttameter 滴法张力计
gutta-percha ①杜仲胶，古塔（波）胶，马来树胶（绝缘材料）②圆锥〔雨珠〕饰
gutter ①沟，槽，道，出料槽，流槽，漏斗②飞边沟（锻模），飞翅，毛口，毛边裂缝③导火线，导火索④角形火焰稳定器⑤（喇叭形）焊管拉模⑥开沟，开槽
fillet ~ 狭条水槽
flash ~ 飞边沟
hanging ~ 吊挂檐槽
welding ~ 焊管拉模（生产搭接炉焊钢管用）
gutteral 带有完善的拦截接收机的机上反干扰寻觅器，机载干扰台侦察器
guttering 开沟，沟槽
guy ①（天线）拉线，牵索，钢缆②用拉线拉住
anti-rolling ~ 防滚索
back ~ （后）拉线
dead-end ~ 终端拉线
handling ~ 搬运索
lazy ~ 吊杆稳索
mooring ~ 系留索
pole ~ 电杆拉线
guy-derrick 牵索〔桅杆〕起重机
Gview 视角（数控加工 Mastercam 等软件中的命令辅助菜单）
gymbal =gimbal
Gymbals 杰姆巴（旧时航海钟的悬挂装置）万向支架
gynecatoptron 阴道镜
gyps (e) 石膏
gypsite 土（状）石膏
gypsum ①石膏，灰泥板②用石膏处理
anhydrite ~ 硬石膏
gypsy 卧式绞盘，（锚机，绞车）绞绳筒
gyrate 回转，旋转的，螺旋状的
gyration 回转，旋转（运动），旋涡形，环动
gyrator ①方向性移相器②回转器，旋转子
gyratory ①回转破碎机，圆锥破碎机②回转的，环动的
MeCully ~ 麦卡利悬轴式回转破碎机
gyre 旋转，回转

gyro ①陀螺（仪，罗盘），回转仪，回转（式）罗盘，自转旋翼飞机②陀螺的，回转仪的③旋转，回转
air ~ 气动陀螺
attitude ~ 姿态回转仪，姿态陀螺仪
azimuth ~ 航向陀螺仪，方位陀螺仪
directional ~ 陀螺方向仪
electrostatic ~ 静电陀螺仪
flight ~ 飞行陀螺，地平陀螺仪
interferometer fiber optical ~ 干涉型光纤陀螺
laser ~ 激光陀螺（仪）
neutral ~ 自由陀螺仪，自由回转仪
optical fiber ~ 光纤陀螺
precession ~ 进动陀螺仪
rate ~ 阻尼〔速率〕陀螺
gyro-axle 回转轴
gyrobearing 陀螺方向
gyrobus 飞轮车，回转轮蓄能公共汽车
gyrocar 单轨车
gyroclinometer 回转式倾斜计
gyrocompass ①回转（式）罗盘②陀螺罗盘〔经〕，电罗经，陀螺仪
magneto ~ 磁力回转罗盘，磁陀螺
gyrocontrol 陀螺操纵〔控制，稳定〕
gyrodine 直升机
gyrodozer 铲斗自由倾斜式推土机
gyrodyne 旋翼式螺旋桨飞机
gyroelectric 回转电路的，旋电的
gyro (-)frequency 旋转频率
gyrograph 转数指示〔记录〕器，旋转测变器
gyrohorizon 回转水平仪，陀螺地平仪
gyroidal 螺旋形的，回转的
gyro (-)instrument 陀螺仪
gyrojet 小型火箭筒
gyrolevel 陀螺测斜仪，陀螺水平仪
gyro-mag 陀螺磁罗盘
gyromagnetic 回转磁的，旋〔陀〕磁的
gyromagnetics 旋磁学
gyrometer ①陀螺测速〔试〕仪②脑回测量器
gyro-mixer 环动〔回转〕拌和机
gyro-package 陀螺仪组
gyropilot 自动〔陀螺〕驾驶仪
gyroplane 旋翼飞机，旋升飞机
gyropter 旋翼飞机
gyrorake 立轴回转式搂草机
gyrorotor 回转体，陀螺转子
gyrorudder 陀螺自动驾驶仪
gyroscope 陀螺仪，环动仪，回转仪，回转器，旋转机
compass-controlled ~ 磁罗盘修正陀螺仪
directional ~ 航向陀螺仪，陀螺罗盘
electrical suspended ~ 静电支承陀螺仪
fettered ~ 指北陀螺仪
float-type ~ ①悬浮陀螺仪②浮式陀螺仪
free ~ 自由陀螺仪，三自由度陀螺仪
integrating ~ 积分陀螺（仪），陀螺积分器，回转积分器
laser ~ 激光陀螺
master ~ 主陀螺仪，三自由度陀螺仪
neutral ~ 自由陀螺仪，自由回转仪
optical fiber ~ 光纤陀螺仪
pitch ~ 俯仰陀螺仪
rate ~ 二自由度陀螺仪，速率〔阻尼，微分〕陀螺
rate-of-turn ~ 角速度（积分）陀螺仪
restrained ~ 约束陀螺（仪），框架陀螺（仪）
roll ~ 倾斜陀螺仪，滚动陀螺仪
secondary ~ 进动〔阻尼，二自由度，辅助〕陀螺仪
superconducting ~ 超导（磁场）陀螺仪
survey ~ 陀螺经纬仪
unrestrained ~ 自由陀螺仪，三自由度陀螺仪
vacuum-drive ~ 真空陀螺仪
vertical flight ~ 垂直飞行陀螺仪，倾斜稳定陀螺仪
vibratory rate ~ 振动式速度传感器〔陀螺仪〕
yaw ~ 偏航陀螺（仪），航向陀螺（仪）
gyroscopic 陀螺的，回转的
gyroscopics 陀螺力学
gyrosextant 陀螺〔回转式〕六分仪
gyrosight 陀螺瞄准器
gyrostabilizer 回转稳定器，陀螺稳定器
gyrostat ①陀螺仪，回转仪②回转轮，（船用）回转稳定器
gyrosyn 陀螺同步〔感应〕罗盘
gyrosystem 陀螺系统，陀螺装置
gyro-theodolite 陀螺经纬仪
gyrotiller 切土机，立式转子切土机，旋耕机
gyrotrochoid 内转迹线
gyrotron 振动陀螺仪，陀螺振子，回旋管
gyrounit 陀螺环节，陀螺组件

H

habit 习惯〔性〕，惯态，晶形，生活常态
crystal ~ 晶体惯态〔习性，结构〕
dislocation ~ 位错惯态
habitat ①海底探测船②生长环，产地，聚集处，（某事物）经常发生的地方
habit-plane 惯态平面
hachure ①〈法〉（表示断面等的）影线，蓑状线②刻〔短〕线，痕迹③用影线表示，用蓑状线画
hack ①劈，砍，削平②刻，刻痕，切口，切伤③用旧了的④碎土，琢石⑤出租马车〔汽车〕⑥锻工用錾，鹤嘴锄
bark ~ 割刀，采脂刀
hammer ~ 斧形锤，劈石斧
hacker ①精通计算机技术的人，非法侵入、攻击、危害他人计算机信息系统安全的人，（网络）入侵者，黑客，鬼才②（鱼及其下脚料的）剁碎机，鱼粉机
hack-file 锯，锉，菱形锉
hacking 刻痕，刻记
hackle ①梳麻〔棉〕机，针排，锯齿形②乱砍〔切，劈〕，砍掉〔光〕③栉梳
hackly 粗糙不平的，锯齿状的，参差不齐的
hackney ①出租汽车②出租的，陈腐的，平凡的③出租，用旧
hacksaw 弓锯，钢锯
gravity-fed ~ 弓锯床
hading 倾斜，偏垂
hadron 强子（基本粒子）
haemacytometer 血球计（数器）
haematite 赤铁矿
haematocrit 血球容积计
haematoscope 血液分光镜
haemoglobinometer 血红蛋白计，血色素计
haemoreflector 血含氧反射器（测定血内含氧百分比）
haemosaccharimeter 血糖量计（测定血液内含糖量）
haemostat 止血器
hafnium 铪（Hf）
haft ①柄，把手②旋钮③给…装上把手，装柄
hahnium 𬭊的旧称（1970 年发现，第 105 种元素）
hail ①冰雹②下雹
hailer 高声信号器，汽笛，电笛
hair ①毛发，毛状物②（游）丝，（毛状）金属丝，微动弹簧③麻刀④极微（的量）⑤（pl.）叉线，十字线
bow ~ 琴弓弓毛
cross ~ 十字准线（仪器的）
curled ~ 发卷（填料），（空气过滤器）毛毡
divider ~ 弹簧圆规
horizontal ~ 横丝
salamander ~ 石棉
hairbreadth ①发隙距离②长度单位（相当于 0.8 μm）
hairclipper 剪毛器
motor ~ 电推剪
haircuts 粘丝，贴丝
hairdrier 电吹风
hairline ①发丝，极细的线，（瞄准镜的）瞄准线，十字线，毛发测量线，（光学仪器上的）叉线，游丝②瞄准器③细缝
hair(-)pin ①发针，发夹，发夹形物②细销③发针形的，发夹式的，马蹄形的④突然转弯的⑤急转弯
W ~ W 型钨灯丝
hair-sieve 细孔筛，马尾筛
hairspring ①游丝②灯丝③细弹簧④丝极
Breguet ~ 具有末端曲线的游丝，挑框游丝
timed ~ 定长游丝
timing ~ 标准游丝
hair-trigger 微力触发器，微火触发器，一触即发的，即时的，一碰就坏的
hake ①格架②牵引调节板
halation 光晕，成晕（现象），晕光作用，晕影
Halco 哈尔科铬钢（*w*（C）0.9%，*w*（Cr）3.6%，其余 Fe）
Halcomb 哈尔库姆合金钢
Halcut 哈尔卡特铬钨钢（*w*（C）0.5%，*w*（Cr）1.3%，*w*（W）2.7%，其余 Fe）
Haldi 哈尔迪铬钢，一种含铬铸铁（*w*（C）2.25%，*w*（Cr）11.5%，其余 Fe）
half ①（一）半，半个，二分之一②一部分，相当地，不完全，不充分
bottom ~ 箱体底部（齿轮箱），下半箱体

casing top ~ 上（半）气缸
cover ~ （压铸机）定型
cover die ~ 定型
ejector ~ （压铸机的）动型
lower cylinder ~ 下（半）气缸
pattern ~ 半分模型
top ~ 顶部
upper cylinder ~ 上（半）气缸
half-add 半加
half-adder 半加（法）器
half-adjust 舍入
half-anchor ①半拉的②半锚的
half-and-half 等量，一半一半（的）
half-angle 半角
half-arc 半弧光灯（的）
half-automatic 半自动的
half-baked 半焙烧的，半焙干的，没有烘透的，不成熟的
half-bearing 半轴承，无盖轴承
half-black 半加工的，初制的，半处理的
half-box 无盖轴箱
half-breadth ①（船的）中轴距离②半宽度
half-bridge 半桥（远程通信网桥）
half-bright 半光制的
half-bubble 半磁泡
half-burned 半烧的
half-bush 轴瓦
halfbyte 半字节
half-carry 半进位
half-cell ①半单元②半电池（单个电极与一种电解质溶液所成的电化系）
zinc ~ 锌半电池，锌电偶
half-circle 半圆的
half-cocked 处于半击发状态的，机头半张开的
half-countersunk 半沉头（的）
half-coupling ①离合器，联轴器②半靠背
half-crystal 半晶体
half-cupped 半杯形
half-current 半选电流
half-cycle 半周（期）
one ~ 半次全振动
half-duplex 单向的，半双工〔向〕(的）
half-fat 半黑〔粗〕体字（比标准字粗，但比黑体字细）
half-gate 补偿栅
half-gateway 半网关
half-hull 片体
half-integer 半整数
half-invariants 半不变式
half-lap 半折〔重〕叠，半叠盖〔绕〕，半周，半圈
half-lattice 半格的
half-life 半衰〔减，寿〕期，半衰变周期，半排出期（放射性同位素从生物有机体中排出一半量的时间）
apparent ~ 表观半衰期
half-line 半线，中线，半直线，射线
halfliner 半轴瓦
half-load 半（负）载〔荷〕
half-mark 实测标，浮动测标
half-mirror 半透明反射镜〔膜〕
half-model 半模型
half-module 半模
half-open 半开的
half-oval 半椭圆的
half-period 半周〔半衰，半寿〕期
half-power 半功率
half(-)pulse 半脉冲
read ~ 半读脉冲
write ~ 半写脉冲
half-rough 半粗制的
half-round 半圆的
half-session 通话端，通话方
half-shadow 半影，半阴
halfshaft 半轴
half-silvered 半（涂）银的
half-sine 半正弦波
half-sinusoid 正弦半波，半正弦曲线
half-size 原尺寸的一半，为通常大小的一半的，缩小一半（的）
half-space 半空间
half-speed 半速
half-stuff ①半成品，纸浆，半纸料②在上机前打熟的
half(-)subtracter 半减法器
half-sweep 单翼（除草）平铲
half-tap 不割断主导线的中心抽头
half-thread 半螺纹
half-timbered 半〔砖〕木结构的
half-time ①半衰期，半排出期（放射性同位素从有机体内排出一半量的时间）②半工〔时〕，半工半薪③（中间）休息时间
half(-)tone ①照相〔网目〕铜版②浓淡点图，半色调〔度〕，中间色调，连续色调③半音度
~ continuous tone scale 连续色调
half-toning 网目技术，浓淡相间技术

half-track 半履带，半履带式（车辆）
half-turn 半圈，半周，半匝
half-wave 半波
half-width 半（幅）宽
halfword 半字
half-worn 半磨耗的，半新的
halide 卤化物（的），卤素（的）
halite 石盐，岩盐，天然的氯化钠
hall ①机〔厂〕房，车间②堂，大厅，办公大楼，过道，走廊③（美国）学院
electrolysis ~ 电解车间
machine ~ ①主机室②机房
public ~ 厅堂
hallerite 锂钠云母
Hall-flowmeter 霍耳流动性测量仪
hall(-)mark ①（金银的）纯度，品质证明，检验烙印②标志，特点
halloysite 多水高岭石〔土〕，埃洛石
hallucination ①幻觉（象）②幻〔妄〕想
Halman （哈尔曼）铜锰铝合金电阻丝
halo 光轮〔晕，环〕，多色环，晕（圈）
hevelian ~ 淡晕
highlight ~ 摄影光轮
multiple ~ 复杂多色环
halogen 卤素，卤化物
halogenide 卤化物，含卤物
halometer 盐量计
halt 暂停，停机，死机
halting ①站住，休息，拦截，暂停，停住，停止，停机②小站③犹豫，踌躇④拦截，（雷达）捕获（目标）
break-point ~ 断点暂停（执行程序）
dead ~ 完全停机（不能恢复正常运转的停机）
drop-dead ~ 突然停机，完全停止，死循环
machine ~ 停机，机器停止
nonprogram(m)ed ~ 非程序停机（不是程序规定的停机）
halve 对分，平分，将…减半，半叠接
halving ①对分，二等分减半②开半胶合半叠接，相嵌结合③锁接
bevel(l)ed ~ 斜削接
interval ~ 区间分半法
halyard 升降索，扬帆索
ham （业余）无线电爱好者
Hamiltonian 汉密尔顿函数〔算符〕
hammer ①击〔汽，锻，落，杵〕锤，榔头，铆枪，撞针②回零杠杆③锻造，延伸，拔长④推敲，想出
~ off （用）锤（截）断
~ out ①锤平〔薄，伸，展，出〕②打〔敲，推敲，设计〕出③调整，消除
acute ~ 开槽锤
adz(e)-eye ~ 小铁锤
air ~ ①空气锤，风锤，风铲②风动捣固器③钢坯的气动定心机
air drop ~ 气锤，蒸汽 - 空气两用模锻锤
air-lift gravity drop ~ 蒸汽 - 空气模锻锤，空气（或蒸汽）重力落锤，单作用空气锤
arch-type steam ~ 龙门汽锤
automatic ~ with two opposite working rams 双头对击锤，卧式无砧座锤
Babbitt ~ 纯铜锤子，衬以巴氏合金的手锤
ballast ~ 碎石锤，石渣锤
bench ~ 钳工小锤，台用锤
block ~ 落锤
board drop ~ 夹板（落）锤，木柄摩擦落锤
bore ~ 凿岩机，凿岩落锤
boss ~ 大〔锻工，石工〕锤
bumping ~ 开槽锤
bush ~ 凿石锤，（混凝土路面）气动凿毛机
caulking ~ 铆锤，挤缝锤，凿密锤
ceco-drop ~ 气动落锤（单动空气模锻锤的别名）
C-frame ~ 单柱锤，单臂锤
chasing ~ 修整铸件锤
chipping ~ ①錾平锤，尖锤②鹤嘴镐头，风铲
chiseled peen ~ 錾锤
claw ~ 拔钉锤，鱼尾锤，羊角榔头
club ~ 石匠锤
coal ~ 落煤风镐
compressed air ~ ①压缩气锤②风铆锤，风动锤
corner ~ 角铆枪
count blow ~ （上下模做相对运动的）锻锤
counterblow ~ 锻锤，（上下模做相对运动的）对击锤
cross-peen ~ 十字尖头锤，横头锤
dead flat ~ 矫平面锤，平整锤
dead stroke ~ 不反跳弹簧锤
diamond ~（肖氏硬度计）金刚石冲头
die ~ 模锻锤，印号机
die forging air ~ 模锻空气锤
diesel pile ~ 柴油桩锤
dinging ~ 平头榔头，平锤
double face ~ 无砧座锤

double swage ~ 对击式镦锻机，无砧座锤
dressing ~ 整面〔修整〕锤
drill ~ 冲击钻头，钻孔锤
driving ~ 桩锤，击锤
drop ~ 落〔吊，模锻，打桩，单作用〕锤
drop-board ~ 落锤
electric ~ 电锤，电镐
enlarging ~ 扁锤
flat-die ~ 自由锻锤
foot ~ 锻工锤
forge ~ 锻锤
friction-board ~ 圆盘摩擦锤，夹板（落）锤
front ~ 捣锤
fuller ~ 圆头锤
helve ~ 摇〔杠杆，杵〕锤
high energy rate forging ~ 高速锤
holding-up ~ ①铆钉顶〔圆边击平，双动蒸汽〕锤②铆钉枪的压具
horning ~ 开槽锤
hydraulic ~ 液压模锻锤
indenting ~ 锤头，冲头
jack ~ ①气锤②手持式（风动）凿岩机
jump ~ 夹板锤，摩擦锤
laminated spring ~ 夹板锤
lift ~ 提升〔杠杆〕锤，落锤
lump ~ 大锤，（非金属的）锤子
mall ~ （大）锤，锤子
mash ~ 小铁锤
mickle ~ 大锤，木锤
nail ~ 鱼尾锤，拔钉锤
overhanging ~ 单臂锤
pane ~ 尖〔钳工，斧〕锤
paring ~ 弯曲用锤
peen ~ 斧锤，尖锤
peening ~ 表面强化用〔点击，尖〕锤
pneumatic chipping ~ 气铲
pneumatic riveting ~ 气动铆钉机
power ~ 机动锤
print ~ 打印字锤
quarter ~ 轻于 3.5 kg 的锻锤
quartering ~ 破碎锤
raising ~ 大木锤
revolving ~ 回动锤
scabbling ~ 粗琢锤
scaling ~ 去锅垢用锤，除锈锤
self-bucking ~ 自顶式铆枪
set ~ 压印〔击平，堵缝，陷型〕锤
shaft ~ 杠杆锤
shingling ~ 压紧锤，锻炼锤（打熟铁球用）
single-arch ~ 单柱锤
sledge ~ 大锤，双手锤
sleeking ~ 抛光锤
slogging ~ 平锤，捣锤
smoothing ~ 平光锤
snap ~ 铆（钉头的圆边击平〔陷型〕）锤
soldering ~ ①钎焊焊接器，焊铁②焊烙铁
stamp(ing) ~ ①模锻锤②捣锤③冲压锤
steam ~ with double standard 龙门汽锤
steam-air die forging ~ 蒸汽-空气模锻锤
steam-air forging ~ 蒸汽-空气自由锻锤
straight-pane ~ 平头（钝）錾锤
stretching ~ 锻扁锤
tail ~ 杵锤
tap-hole ~ 堵口钎子
tilt ~ ①杆锤，轮锤②落（跳动）锤
trip ~ 杵锤，夹板锤
type ~ 打印锤
vibratory pile ~ 振动桩锤
water ~ 水击〔锤，冲〕(作用)
wiper ~ 杆锤
wrench ~ 柄开口扳手

hammer-apparatus 机动桩锤，打桩机
hammerblow 锤打，锤击，水击，水锤
hammerer 锻工
hammer-harden 锤硬，冷作硬化
hammerhead ①锤头，榔头②倒梯形机翼，反尖削机翼
hammerheaded 有锤状头的
hammering ①锤击（现象），锻（造），锻打，敲击②刀刃锻伸，延展③（发动机的）噪声④推敲，想
hammerless 无撞针的，无击锤的（枪械），无冲击的
hammermill ①锤式磨机〔碎矿机，粉机〕，离心破碎机②锻工场，废钢落锤车间
hammer-milling 锤碎
hammer-shears 手工剪
hamming 加重平衡〔平均〕
Hampden 哈姆普顿高铬钢(w(C)2.1%，w(Cr)12.5%，w（Ni）0.5%，其余 Fe）
hamper ①约 70 L 的容量②妨碍，阻碍，阻止，阻碍物
hand ①手，（手）柄，手把，曲柄，臂，摇杆，手动〔控〕②指针，箭头③侧，方位〔向，面〕，转向④人手，工人⑤管理，掌握，支配⑥手法，技巧，签名

~ off　手动切断
adaptive artificial ~　自适应人工手
alarm ~　闹针
bending of the ~　（机器人）手的振摆
Breguet ~　宝玑针（也称为“月形”针）
charge ~　工长，领班，监工
charging ~　装料工
Dauphine ~　道芬针（原意为法国皇太子妃式针，针的上表面有平面与曲面两种）
day ~　周历针
devil’s-steel ~　打捞器
electric ~　电手（电磁真空变速装置的别称）
hour ~　时针
index ~　指针，快慢针
magic ~　机械手，人造手
master ~　能手
mechanical ~　机械手
metal forming mechanical ~　锻造机械手
myoelectric ~　肌电手
on ~　在手边，现有
Pontife ~　庞蒂夫针，教皇式针
print ~　用印刷字体写的字，手写印刷字体
small ~　一般书写体
spade redium ~　铲形（或黑桃形）夜光针
spare ~　替班工人
third ~　第三手（装在重型底座上带有鳄牙夹的两个可调臂，可夹持住小型机件，像手一样，辅助焊接用）

hand-arm　（手）枪
hand-barring　手动盘车装置
handbarrow　（双轮）手推车，两边有手柄的抬物架，担架
hand(-)bill　①剪枝器②传单，广告
handbook　手册，便览，指南
handbow　手弓
hand-brace　手摇曲柄钻，手钻
hand-built　手制的
handcar　手摇（手推，轨道）车
handcart　手推车，手拉小车
hand-controlled　手动的
handcraft　①手（工）艺，手工艺品，手工（业）②用手工造
hand-crusher　①手摇破〔轧〕碎机②手摇碎矿机
hand-dipping　用手工测量罐内油量
hand-director　手指规
hand(-)drive　手动装置
emergency ~　临时〔应急，事故〕手动装置
hand-driven　手摇的
hand-dynamo　手摇发电机
hand-dynamometer　握力计
hander　支持器，架，座，夹头
hander-up　面团搓圆机
hand-filling　人工包装
hand-gear　手（力传）动装置
hand-glass　有柄（放大）镜，小玻璃罩
hand-goniometer　接触测角仪，手动测角计
handgrip　①（手）柄，把②紧握
hand-handling　手工操作〔生产，卸（货物）〕
hand-held　手提的
handhold　①紧握②手柄，手把，旋钮，握把，把柄，拉手，栏杆，摇杆
handhole　手〔探，检查〕孔，孔，筛眼
hand-holing　人工打眼，人工掏槽
handicap　①不利，困难，障碍②缺陷，不足
handicraft　手工（业），手（工）艺，手工艺品，技工
handie-talkie　手提式无线电电话机（频率为 25 ~ 54MHz 和 144 ~ 174 MHz），（手提式）步话机，微型双工电台
handiness　①灵巧，简便②操纵方便，易操纵性，操纵轻便性
handing　旋转方向
handlance　（手）喷枪，（手动）喷水器，手压泵
handle　①手〔曲，摇〕柄，把手，手轮，耳，驾驶盘，（焊）钳②把柄③触，摸，（摆）弄④处理，管理，控制，运用，加工，维护⑤旬柄⑥（纤维的）手感
balanced ~　球形手柄
ball crank ~　带球状配重手柄，带球端摇把
bankman’s ~　罐座操纵手把
bar ~　操纵手柄（指三轮汽车等用的方向手柄）
binding ~　制动手把
bolt ~　闩柄，机柄
capstan ~　十字手柄
carrying ~　（机枪）提把
catch ~　键柄
chuck ~　卡盘扳手，钻夹头钥匙
clamping ~　制动柄
clasp ~　键柄
cocket ~　水龙头把手
cone-type ~　喇叭形转向盘（发生事故时，以转向盘挡住胸部，减少危险）
crank ~　手摇曲柄，摇手柄
deadman’s ~　带安全钮的手柄

detected ~　检测句柄
dies ~　板牙架，板牙扳手
elevating ~　（火炮）高低机转把
file ~　文件句柄
flexible ~　活动手柄〔把手〕
free ~　活动手柄〔把手〕
free wrench ~　棘轮扳手
integral cast ~　固定手把
machine ~　操作手柄，机器手柄
manual cranking ~　手摇起动手柄
produce ~　加宽托架
ratchet ~　（套筒扳手用）棘轮扳手
removable lifting ~　活络箱把
rigging ~　操纵手柄
riveting ~　铆叉
scutching ~　人工打麻机
semaphone ~　信号量句柄
shell ~　套筒手柄
spider ~　①手轮，小飞轮②舵轮，方向盘③十字手柄
star ~　①星形手轮，小飞轮②舵轮，方向盘
statement ~　语句句柄
straddling dipper ~　挖土机土斗撑杆
strip ~　起模手柄
switch ~　转辙柄，开关柄
tire ~　轮胎夹钳
unique ~　唯一句柄
welding ~　焊条夹，电极夹钳
wheeled towing ~　牵引把手

handlebar　①（脚踏车等的）把手②操纵柄
hand-lens　放大镜
handler　①（信息）处理机〔器〕，处理程序，输送〔装卸〕装置，堆垛机，机械手②操纵者，管理人
assembler ~　汇编控制程序
ball-type ~　球状铰接机械手
block ~　块处理程序，码组处理程序
chip ~　晶〔芯〕片分布控制器
data ~　数据信息〔自动〕处理器〔程序〕
device ~　设备处理程序
magnetic sheet ~　磁力垛板机
memory core ~　存储磁心测试键控器
slab ~　板坯加热炉工
tape ~　带传动机构，磁带（处理）机

hand-lift　手摇起重机
hand-liner　手钓船
handling　①处理，整理，修改，加工，去除②操纵，操作，控制，运用，使用③维护，管理④装卸，输送，移动，转换，运送
bulk ~　散装（物）输送〔装卸〕
carefree ~　无忧处理
crop ~　清理切边，排除切头
data digital ~　数据数字处理
escort ~　随车装卸
material ~　物料搬运（管理）
normal message ~　正常信息处理
power ~　承受功率能力，功率储备
Ro-Ro ~　滚装装卸
scale ~　清除氧化皮，清除水垢

hand-lining　手钓（作业）
hand-loaded　手工上料的，人力加载的
handloom　手工织机
draw ~　手工提花织机

hand-machine　手动机，手力机
hand-made　①手工制品②手工的，手制的
hand-manipulated　手操纵的，用手操作的
hand-microtelephone　手持（式）送受话器
hand-mill　手磨机
hand-motion　①手（开）动②手带动
hand-off　（越区）切换
hand-operated　手动的，手摇的，手〔人工〕操纵的，手（动）控（制）的
handover　①图像拖像②转换，转交③移交的，交接的
hand-power(ed)　①手拉〔摇〕②手动的
hand-press　①手压机②手摇印刷机
hand-prosthesis　假手
handrail　扶手，栏杆，扶栏
hand-restoring　用手导回原位，手力复原，手动复位的
hand-screw　手动起重器，千斤顶
hands-down　轻而易举的，唾手可得的，无疑的
handsel　①初次试用，试样②预兆③定金，保证金
handset　（电话）听筒，送受话器，手持受话器，手（提步话）机，手持的小型装置
handsetting　拨针，拨动，对针
handshake　反馈检验
handshaking　握手（联络方式），（信号）交换，符号交换，交接过程〔处理〕
hands-off　①手动断路，手拉闸②请勿动手③不干涉〔插手〕的
hand-sort　手拣，手选，用手工把…分类
hand-sorting　手工分选，人工拣选
handspike　杠（杆），（推）杆，铁柄，木梃，瞄准辊，炮脚架

hand-stoked 手工加煤的
hand-stuff 人工填充
hand-tamped 手筑的，手捣的
handtap 手用丝锥，头锥，头攻
hand-tool 手工工具
hand-transmitter-receiver 便携式收发两用机
hand vice 手钳，手虎钳
handviewer 便携式缩微阅读器
handwheel 驾驶盘，操作〔纵〕盘，转〔方〕向盘，绞盘，手轮
elevation ~ 高低角操纵轮，仰角操纵轮
traversing ~ 方向手轮
handwidth （频）带宽
hand-worked 人工操作的
hand-wound 手绕的
handwriting ①手〔笔〕迹②手写物〔体，稿〕
hand-wrought 手工制成的
handy 手边〔方便，便于使用，易操作，轻巧，轻便，驾驶起来灵便，可携带〕的
handybilly ①轻便（消防）泵②手摇（舱底）泵
handy-talkie （手持式）步谈机
hang ①悬，挂，垂，吊，安装②阻塞，卡住，拖延，悬搁③倾斜，依靠④悬挂方式，下垂物⑤意义，计划，大意，要点，用法，诀窍
hangar 飞机库，棚厂
hangar-deck （航空母舰）机库甲板
hanger 钩子，挂耳，吊钩〔架，杆，具，砂，钩〕，吊轴承，悬架，支架，托（架），垂饰，吊〔挂〕着的东西，起锭器
counterweight ~ 重锤平衡吊架
double ~ 开式吊架（轴承用）
drop ~ 吊钩
eye bolt link ~ 眼孔螺栓连结摇枕吊
gutter ~ 檐槽吊钩
line shaft ~ 主轴吊架
spandrel ~ 拱肩吊钩，拱吊杆
step ~ （汽车上下乘客的）脚踏板支架
swing ~ 摆动吊架
hanger-iron 挂铁
hanger-on 缠附物
hangers （电解析板上的）拉耳
hangfire 迟发火，滞火（点火系统故障）
hanging ①悬吊，吊挂，悬〔挂〕料，悬水准管，吊帘，壁纸，工作吊架②顶盘，顶板，上盘③斜坡，倾斜
hanging-on ①下受料平台②坑内调车场③装罐水平
hanging-up ①挂起，悬挂②中止，阻塞，梗塞，卡住（阀门）③（料箱）工作架④挂料，悬料（鼓风机故障）
bin ~ 盛料容器架
hangover ①释放延迟，时滞②（场顺序制）拖尾，尾长部分，尾响，残余（物）③低音混浊
hang-up ①（中止）操作，暂停，意外停机，搁置，中断②障碍（物），大难题
no ~ 立即接续制通信
hank ①一绞〔盘，束〕（长度单位，棉线为 840 码，毛线为 560 码，1 码 =0.9144 m），丝绞②卷线轴，工字形框子（缠线用）③优势，控制
H-antenna 双垂直偶极天线，H 形天线
haphazard ①无规则绕线②偶然（的事），任意（性，的），乱（七八糟的），没有计划（的），不规则（的），不测的
haploscope ①调视会聚镜②视轴测定器
haptometer 触觉计
haptoreaction 接触反应
harbo(u)r 港口〔湾〕，海港，码头，避难〔藏身〕处
Harcus 哈尔斯铬锰钢（*w*（C）0.9% ~ 0.95%，*w*（Mn）0.9% ~ 1%，*w*（Cr）0.3% ~ 0.4%，其余 Fe）
hard ①硬（质）〔坚固，重，硬式，反差强〕的②困难〔艰苦，猛烈，苛刻，确实〕的③不可压缩的，防原子的④（pl.）麻〔毛〕屑，硬（质）煤
~ and fast 严格的，不许改动的（规则）
~ over 尽量转弯的（例如前轮）
dry ~ 干硬
file ~ 划痕硬度
glass ~ 玻璃硬度，高硬度（65 HRC 以上）
set ~ 凝固，结硬
solder ~ 用硬焊料（钎）焊
hard(-)board 硬纸〔高压，硬质纤维〕板
hard-burned 硬烧〔炼制，煅烧过度，高温焙烧〕的
hardcoat 硬罩，硬盖
hard-coded 硬编码，编码硬化
hardcore 石填料，硬核（心），核心（硬）件
hard-drawing 冷拔的，冷拉的
hard(-)drawn 冷抽〔冷拉，冷拔〕的，硬抽〔拉〕的
harden ①硬化，淬火，凝固，增加硬度，渗碳②（用水泥加固，设在地下）使不受爆炸〔热辐射〕伤害

flow ~ 冷变形硬化，冷作硬化
radiation ~ 辐射硬化

hardenability （可）硬化（程）度，淬硬性，（可）硬化性

hardenable 可淬火〔硬化〕的

hardener ①硬化成分，催〔固〕化剂，淬火介质，母〔中间〕合金②铁屑③淬火工
copper ~ （炼铝）铜合金
floor ~ 铁屑

hardening ①硬化法，固化剂，淬硬，淬火，渗碳②凝结，凝固，增加（射线）硬度，防原子化
~ and tempering 调质
~ at subcritical temperature 低温硬化，分级淬火
age ~ 时效〔经时，沉淀，扩散〕硬化
air ~ 空气硬化，自硬化，空冷淬火
air-blast ~ 风冷淬火
broken ~ 分级淬火
carbon ~ 渗碳硬化
case ~ 表面淬火，表面（渗碳）硬化（法）
chin-chin ~ ①激冷，硬化②冷铁，冷模
clean ~ 光亮退火
cluster ~ 分散硬化
contact ~ 接触硬化
contour ~ 表面轮廓热处理
cyanide case ~ 液体碳氮共渗（表面热处理）
die ~ 模压淬火
differential ~ 局部淬火，差别淬火，阶差硬化，局部硬化
diffusion ~ 扩散硬化处理，金属表面碳氮共渗
dispersed phase ~ 沉淀〔弥散〕硬化
dynamic ~ 快速加热冷却淬火法
end ~ 顶端淬火法
fog ~ 喷雾淬火
forced air ~ 风冷淬火
heat ~ ①加热淬火②加热硬化
intercritical ~ 亚温淬火
interrupted ~ 双介质淬火
marquench flame ~ （分级）火焰淬火法，马氏体淬火
medium ~ 中速硬化（的）
mill ~ 轧制（余热）淬火（法）
NC-case ~ 氮碳共渗的硬化处理
negative ~ 软化淬火处理
oce ~ =Ohme Cementation ~
Ohme Cementation ~ 无渗碳表面硬化（法）
order ~ 有序硬化
packing ~ 填料硬化
point ~ 局部淬火
precipitation ~ （热处理的）沉淀〔弥散〕硬化
press ~ 模压淬火
progressive ~ 顺序淬火，依次硬化〔淬火〕，二次硬化
rolled ~ 辊压淬火，滚压硬化，轧制硬化，锻造淬火
secondary ~ 二次硬化，回火硬化
self quench ~ 自冷淬火
shot cold ~ 喷丸硬化处理
slack ~ 不完全淬火
solution ~ 固溶淬火，溶液硬化
spectrum ~ 谱的硬度增加
spin ~ 火焰硬化，旋转表面淬火法，火焰表面淬火
spot ~ 局部淬火，局部硬化
spray ~ 喷液淬火
straight-line ~ 端部淬火
strain ~ 机械〔冷加工，应变〕硬化
stream ~ 喷水淬火
structural ~ 结构淬火，沉淀硬化
subcritical ~ 低温硬化，分级淬火
surface ~ 表面硬化，表面淬火
temper ~ 回火〔冷轧〕硬化，二次硬化
through ~ 透淬
Tocco ~ 表面（感应加热）淬火
transformation ~ 淬火
under ~ 淬火不足，欠热淬火（低于正常淬火温度的淬火）
velocity impact ~ 速度冲击硬化，爆炸硬化
warm ~ 加温〔人工，热沉淀〕硬化
work ~ 机械加工硬化

hardenite 哈顿〔细马氏，硬化〕体

harder 压呢机，压（帽）坯机
flat ~ 平板式振动压毡机
roller ~ 罗拉式压毡机

hard-faced 正面淬火的，正面硬化的

hard-facing 硬质焊敷层，表面耐磨堆焊，表面硬化

hardhead ①硬头（锡铁合金，锡精矿还原熔炼的一种副产品），铁头，硬渣，不纯锡铁化合物②硬质巴氏合金（*w*（Sn）90%，*w*（Sb）8%，其余 Cu）

hardie ①尖锐底模②凿（子），锻工用斧③（锻造的）压肩

hardie-hole 底模砧孔
harding 硬化，淬火
hardite 哈迪特镍铁合金
hardle ①压肩棒，压肩工具②下型锤
hardnair 哈德奈尔铬钼钒钢（*w*（C）1.3%，*w*（Cr）5%，*w*（V）0.3%，*w*（Mo）1.2%，*w*（Si）1%，其余 Fe）
hardness ①硬〔刚，强〕度②硬度数，刚度指数③防原子能力④ X 射线的透放射能力⑤真空程度⑥困难，难解，苛刻
age ~ 阵硬，时效硬化
alkaline ~ （水的）碱度
Alpha Rockwell ~ 洛氏 A 级硬度
ball ~ 布氏〔球印〕硬度，钢球硬度
Barcol ~ 巴氏硬度
bicarbonate ~ （水的）重碳酸盐硬度，暂时硬度
Brinell ~ 布里涅耳硬度，布氏硬度
carbonate ~ 碳酸盐硬度，（水的）暂时硬度
case ~ 表面硬度
core ~ 砂芯（表面）划痕
cover ~ 表皮硬度
diamond ~ 金刚钻石角锥硬度，维（克斯）氏硬度
distance ~ DH 硬度（顶端淬火时的距离硬度）
dynamic ~ 刮刻〔冲撞，马尔特氏〕硬度
file ~ 锉刀硬度（用锉刀定级的硬度）
flinty ~ 淬火玻璃硬度
Gogan ~ （摩擦材料）高氏硬度
Herbert pendulum ~ 赫氏硬度，赫伯特摆式硬度
induction ~ （高频）感应加热淬火
knoop ~ 努氏硬度（采用长四棱金刚石锥体作压头）
Ludwik ~ 鲁氏硬度
Martens scratch ~ 马氏划痕硬度
Martens-Heyn ~ 马尔登斯 - 海因氏硬度
mass ~ 全部过硬
matrix ~ 基体硬度
Meyer ~ 迈耶硬度，迈氏硬度
Moh's ~ 莫氏硬度
mo(u)ld ~ 砂型〔芯〕硬度
natural ~ 自然〔天然，原（始）〕硬度
noncarbonate ~ （水的）非碳酸盐硬度，永久硬度
passive ~ 耐磨硬度
pendulum ~ 摆测（冲击）硬度
pressure ~ 压印硬度，凹痕硬度
rebound ~ 回跳〔反弹，肖氏〕硬度
red ~ 细硬性，次生硬度
reduced ~ 折合硬度
Rockwell ~ 洛氏硬度
sclerometric ~ 冲撞硬度
scleroscope ~ 回跳硬度，肖氏硬度
scratch ~ 划痕〔刮刻，马尔登〕硬度
Shaw ~ 肖氏硬度
Shore ~ 邵氏硬度
skin ~ 表面硬度
empering ~ 再生硬度，回火硬度
Tukon ~ 土康显微硬度
Vickers diamond ~ 维氏硬度
wear ~ 抗磨硬度，抗磨力
Hardnester 锉式硬度试验器
hardometer 硬度计
Rockwell ~ 洛氏硬度计
hard-point ①硬点②防原子发射场③结构加固点
hard-pumped ①打足气的②难抽的
hard-rolled 冷轧（的）
hards 麻屑，毛屑，硬（质）煤
hardsite 防原子发射基地
hard-to-break 难以切断的
hard-to-machine 难用机械加工的，难进行切削加工的
hard-top （中间无支柱的）硬顶小客车，有硬质路面的道路
hard-to-start 难以起动的
hardware ①金属器皿〔器具，器件，构件附件，元件〕，（小）五金，机械结构，构造装备，仪器设备，导弹构件，火箭兵器，重兵器②硬（结构）件，硬设备（计算机的电子、机械、电磁等元件或部件），（特指）计算机，机器③实物，成品，机组，零〔附，元〕件
bus ~ 总线硬件
compatible ~ 兼容硬件
dedicated ~ 专用硬件
display ~ 显示硬件
finish ~ 光制小五金
line ~ （架空）线路金属附件
memory ~ 存储器硬件（系统）
microcomputer develop ~ 微计算机的研制〔开发〕硬件（供研制微计算机调试用的）
modularized ~ 模块化硬件
operation system ~ 运算系统硬件
pole line ~ 架空（明）线路的金属附件
resident on-line ~ 常驻联机硬件

rough ~ 粗五金
support ~ 支撑硬件
hard-wearing 耐磨（损）的
hardwire ①电路②硬连线
hardwiring 硬连线
hard-wrought 冷锻的，冷加工的
hardy ①方柄凿（锻造时切断锻件用的工具）②坚硬的，耐劳〔寒〕的
hargus 哈古斯锰钢（w(C)0.9%，w(Mn)1.2%，其余 Fe）
harm 损〔伤，危〕害
H-armature H 形（剖面的）转子，H 形截面电枢〔衔铁〕
harmful 有害的，不利的
harmless 无损〔无害，未受损害〕的
harmodotron 电子束管，毫米波振荡管
harmonic ①谐波，谐音，泛波，（泛音）谐函数，调和函数②谐和〔调和，谐波，和声，悦耳〕的
~ of field errors 场不均匀性谐波
exciting ~ 激振谐率
fractional ~ 分数谐波，次谐波
simple ~ 简谐的
surface ~ 面谐函数
triple-frequency ~ 三次谐波
upper ~ 高次谐波
harmonical 和谐〔调和，谐波〕的
harmonic-mean 调和平均数，调和中项
harmonics ①调和函数，谐（和）函数②谐波〔音，频〕，折叠，和声学
cylindrical ~ 柱谐〔圆柱，调和〕函数，贝塞尔函数
ellipsoidal ~ 椭球〔调和，谐和〕函数
solid ~ 立体谐（和）函数
ultra ~ 超谐波，超高频谐波，（超）高次谐波
zonal ~ 带调和，球带（调和）数，带谐函数
harmonise =harmonize
harmonization ①谐和，谐波②调谐，调整，一致③校准，校靶
harmonize （使）调和，（使）和谐，（使）一致，（使）协调，调谐，调整，校准
harmonograph 谐振记录器
harmonometer 和声计，和声表
harmony 谐和，调和，和谐，协调，一致，和声（学）
harness ①线束，导线（系列），（汽车）电气配线，（光缆）捆束，导火线②吊〔背，装〕带，安全带，（带状）装置，铠装，安装组合件③（纺织）综，通丝④固定的职业⑤利用，开发
cathode-ray tube ~ 阴极射线管支持和调整用的带状装置
fiber ~ 光纤捆束
ignition ~ 导〔点〕火线（外套，装具）
shielding ~ 屏蔽系统
stick ~ 塞柱，锁挡
wiring ~ 装配电路
harp ①（刀架）转盘，（刨床的）转台，竖琴式管子结构加热炉，琴形件②集电器滑轴夹③筛④竖琴，箜篌
harp(-)antenna 扇形天线
harpin(g)s 船首部的外侧腰板，临时牵条
harpoon （鱼）叉，标枪
harrow ①耙（子），耙路机，旋转式碎土机②（用耙）耙平，耙地③折磨
acme ~ （阔，弯）刀齿耙
bedding ~ 平畦耙
chain ~ 网状耙，链耙
gang ~ 拖拉机
hydra-lift ~ （悬挂式）液力提升钉齿耙（耙的耕深和两侧的耙组折叠都用液力操纵）
jointed ~ 组合耙，分节耙
self-relieving chain ~ 自（动）适应（地形的）链耙
spike ~ 直齿耙，钉齿耙路机
harrower 耙土机
harsh 粗糙〔生硬，刚性，刺耳，涩，苛刻〕的
hartley 哈特利（信息量单位，1 哈特利 =3.32 bits，指 10 个状态中的 1 个）
Hartree 哈特里（原子单位制的能量单位）
hartung 哈通钨钼钢
harvester 收获机，收割机，采集机
complete ~ 联合收割机
cotton ~ 棉花收获机
grain combine ~ 谷物联合收割机
peanut ~ 花生收获机械
potato ~ 薯类收获机
spike wheel ~ 针刺轮式收获机
sugar beet ~ 甜菜收获机械
sugarcane combine ~ 甘蔗联合收获机
sugarcane ~ 甘蔗收获机械
tree ~ 树苗挖掘机
harvester-decorticator ①收割脱壳机②收割剥麻机
harvester-shredder 青饲料收获切碎机，割草切碎机

harvester(-)thresher 自动收割脱粒机，联合收割打谷机
harvester-tracker 堆垛机，集草车
harveyizing 哈尔维法钢硬化〔渗碳硬化〕，甲板渗碳硬化
Hascrome 铬钼钢（w(C)0.8% ~ 1.2%，w(Cr) 10% ~ 14%，w(Mo) 3% ~ 5%，其余 Fe）
hash ①杂乱数据〔信号，（脉冲）干扰〕无用信息〔数据，（存储）单元〕，（电）噪声②杂凑，混列，散列③复述，重申，传闻④指示器荧光屏上的干扰，振荡现象，起伏
letter ~ 字母散列
linear ~ 线性散列
overflow ~ 溢出散列
hashing 散列法（造表和查表的技术）
hasp ①搭扣，铁扣②线管，纺锭③销闩，插销④钩，挂钩⑤挂钩回程时自动升高刨刀的关节
hass 哈斯铝合金（w(Cu)4.5%，w(Mn)0.75%，w(Si) 1%，其余 Al）
hastelloy 哈斯特洛伊镍合金，镍基合金（耐盐酸，耐蚀，耐热）
hat ①帽子②（采矿的）顶板③（计算机）随机编码
box ~ 盒盖形钢锭缺陷
cocked ~ 定位三角形（指三条定位线所成的三角形）
end ~ 端帽，末端屏蔽
hard ~ 安全帽，保护帽
high ~ （摄影机的）低支座，仰摄座
loading ~ 加感线圈罩
space ~ 谐振腔
top ~ ①顶环，（天线的）顶帽②钢壳，靴筒③凹顶现象（钢锭浇铸，因收缩而产生的帽形缺陷），缩顶（沸腾钢锭缺陷）
hatch ①（窗，出，开）口，（入）孔，升降口，舱（口，盖），人孔，铁口，短〔小，格子〕门，天窗②闸门，沉箱的水闸室，鱼栏〔梁〕③选矿箱④（图画）阴影线⑤图谋，策划
cross ~ ①（珩磨）网纹②网状线，双向〔交叉〕影线③断面线，剖面线
dip ~ 计量口
escape ~ 脱险舱口，应急出口，太平门，退路
explosion ~ （储罐的）活动保险盖
ga(u)ge ~ 计量口
trimming ~ 匀货舱口
trunk ~ 主升降口
turret ~ 转塔顶门
hatchcover 舱盖
hatchdoor 舱门，舱盖
hatcher ①船舷门，舱口②孵卵器，孵化器
hatchet ①短柄〔手，小〕斧，斧头，刮刀②吊艇柱中支索
claw ~ 爪斧，拔钉斧〔鱼尾〕锤，羊角锄头
hatchet-stake 压弯金属板砧
hatchettolite 铀钽铌矿
hatchibator 孵卵器，孵化器
hatching ①影〔阴，剖面，斜的断面〕线②影线图，示波线图，晕图，剖面图
hatchures 阴影线，短线
hatchway 孔，口，通道口，门，闸门，舱口，升降口
haul ①运程〔距〕，体积距（土方体积乘运距的积），运输量②搬运，转运，拖运，运输，牵引，用力拖
back ~ 迂回信程，空载传输
cable log ~ 缆索拉木机
car ~ ①矿车牵引②钢索矿车运输
haulage ①运输，输送，搬运，牵引，拖运，拖曳②牵引量，搬运量③牵引力，拖力运输距离④运费⑤运输方式
brake ~ 缆索提升
electric ~ ①电机车运输②电力牵引
gravity ~ 滑动运输
trolley ~ 架空线电机车运输
haul-back 拉回，拉线
hauler ①绞盘，绞车，拉线，卷扬〔起重，起动，运输〕机②运输工，推车工，拖曳者，（货运）承运人，承办陆路运货者，货车
car ~ 调度绞车
net ~ 起网机
scraper ~ 扒矿绞车，电耙绞车
haulmiser 茎叶切碎机
haul-off ①在压出机牵引辊上制取薄膜板②驶开，退出，脱离
haulroad 运输道路
haul-up 拉木机
multi-band-strand log ~ 横向拉木机
haunch ①梁腋，拱腋〔腰，脚〕，加强凸起部②腰，臀部③（pl.）后部④加腋，加托臂
haunch-up 拱起
hautboy 双簧管
hauyne 蓝方石
haversine 半正矢（即 $(1-\cos\theta)/2$）

Havoc 哈佛克硅钼钒钢（w（C）0.5%，w（Si）1%，w（V）0.2%，w（Mo）0.5%，其余 Fe）
havoc ①夜间攻击机，中型轰炸机②（自然造成的）大破坏，大混乱
hawkbill 焊〔（坩埚用）铁，坩埚〕钳
hawkeye 用潜望镜侦察潜水艇的装置
hawse ①锚链孔，有锚链孔的船首部分②船首与锚间的水平距离③双锚停泊时锚链的位置
hawse-hole 锚链孔
hawser 钢丝索，粗缆，缆索，牵索，锚链
hay 干〔粮，牧〕草
hay-band （缠铸管型芯用）草绳
haycruiser 自走式干草捡拾压捆机
haycrusher 干草压扁机
haydite 陶粒
hay-loader 干草装载机
haymaker 牧草摊晒机，牧草翻动机
Haynes 超耐热合金
hayrack 导向式雷达指向〔标〕台，（有传动装置的）雷达信标
haystellite 硬质碳化钨合金
haywire ①临时电线②匆忙做成的，拼凑而成的
hazard ①危险〔急，害〕，冒险，公害，易燃〔爆〕性②机会，偶然的事，（成功的）可能性③事故，故障（强度），失效〔故障〕率，障碍
multivariable ~ 多变量冒险
static ~ 静态冒险
hazardous 危〔冒〕险的
haze 雾度
coefficient of ~ 烟雾系数（空气中颗粒物浓度的计量单位）
hazemeter 能见度（测量）仪，薄膜混浊度测量仪，大气透射计
haziness ①浊度，光雾度②朦胧，（图像）模糊
H-band 淬透性带
H-bar （宽翼）工字钢
H-beacon H 型信标（指非方向性归航信标，输出功率为 50 ~ 200 W）
H-beam H 形梁，（宽缘）工字梁〔钢〕
H-bend H 形弯曲（指波导管轴向的平滑变化）
H-block 调整间隙垫板
H-bomb 氢弹
H-branch H 分支，H 支路
H-cable H 型电缆，屏蔽电缆
H-channel H 通道（ISDN 传输中的一种服务）
H-column 工形柱，工字柱
H-core H 型芯
H-display H（型）显示（器），分叉点显示
H-drill H 形钻
head ①头，顶〔端，上，前〕部，突出部分，上〔顶〕端②水〔磁，弹〕头，落差，位差，水压，扬程，轨点③帽，盖，罩，盘，口，浇口盆，冒口，缸，（锅炉的）锅筒封头④标题，项〔题，条〕目⑤装置，设备⑥危机，极点，绝顶⑦拱心（石）⑧录音头，放音头，磁头
~ of liquid 液柱压力，液位差
~ of mast 杆塔顶部，电杆顶部
~ of mill 下磨，磨底
~ of sand-slinger 抛砂机机头
air lock type ~ （探漏器的）蓄压头，截止探头
air(-)speed ~ 气压感受器，空速管
all-glass ion ga(u)ge ~ 玻壳电离规管
analog(ue) magnetic ~ 模拟磁头
angle ~ 弯头
apparent ~ 标称落差
armature ~ 电枢（铁心）压板，电枢端板
atmospheric pressure ~ 大气（压力）冒口
audio ~ ①声频磁头②拾音头
audio erase ~ 抹音头，消磁头
available ~ （水力发电的）可用落差，有效水头，有效落差
azimuth ~ 倾斜缝隙磁头，方位角磁头
back ~ （机车）外门板
band ~ 光谱带头，（谱）带的顶点
bar ~ 带枢轴的螺钉头
bias ~ 偏磁磁头
bicomponent extruded spinning ~ 双组分挤压纺丝头
binocular ~ 双目镜头
blade ~ 刀片滑块，滑动刀架
blind ~ 暗冒口
block ~ 分程序首部，程序块首部
blowpipe ~ 焊（割）炬嘴
bolt ~ 螺栓头，长颈烧瓶
boring ~ 镗头，镗刀盘，镗床主轴箱
brake ~ 闸瓦托
cable ~ ①电缆分线盒，电缆（终端）接头②绳卡
camshaft in ~ （发动机）顶置（式）凸轮轴
capstan ~ ①转塔刀架，刀具盘，转塔②绞盘车
center ~ 顶尖头，求心规
chamber ~ 燃烧室头部

chaser die ~ 螺纹梳刀盘
cheese ~ ①凸圆头②圆柱头
chord ~ 弦杆加强部分
circulating ~ 循环压头
clog ~ 磁头堵塞
closing ~ 铆钉上头
closure ~ 外壳顶盖，封头，封盖
cluster ~ 多轴头
collet chuck ~ 弹簧夹头，套筒夹，套爪卡盘
collet clamping ~ 弹簧夹头
combined ~ ①组合磁头，复合磁头②读写兼用头，（计算机的）组合头
combined recording/playback ~ 录 / 放两用磁头
compacting ~ 紧压成形机头
compensating squeeze ~ 补偿压头，弹性压头
conduit ~ 贮箱
control track ~ 控制声迹磁头
core ~ 电枢端板
core binder ~ 电缆缆芯包带头
coupling ~ （万向接头的）铰链（关节）
cradle ~ ①送受话器叉簧头②转动关节
crank ~ （曲轴磨床的）曲柄头架，偏心头架
cross staff ~ ①棱镜测角器，90° 角尺②十字架
cue ~ 辅助磁迹磁头，提示磁头
cutter ~ 刀盘〔头，架，杆〕，铣头，切碎器，切碎装置，（机械录音）刻纹头，截煤机头部，割嘴
cylinder ~ 气缸盖
dado ~ 开槽头
dead ~ ①切头②冒口，浇口盆
delivery ~ （供水输出）水头，压力差，扬程
detecting ~ 探测头，探针，检波头，指示器，塞尺
developing ~ 显影头（汉字输入用）
die ~ ①板牙头②模头③冲垫
differential ~ 压（力）降，压差
direct dividing ~ 等分分度头
discharge ~ 排气〔出口，输送〕压头，（压缩机）压力
dished ~ 碟形〔鼓形，凸〕封头
displacement ~ 气缸工作室盖
distillation ~ 蒸馏设备
dividing ~ ①分度头②分度器
dome ~ 球形封头，球面底，（锅炉）干汽室
draught ~ 吸水水头，通风压头，气压差
draw ~ 牵杆
drill ~ 钻头（头）部，主轴头，钻床主轴箱，钻削动力头
drive ~ （装在钻杆上以承受锤击的）打头
driving ~ 传动〔驱动，主动，扳手〕头
drum ~ ①磁鼓磁头②锅筒封头
dual gap ~ 双隙磁头，两用磁头
dynamic ~ 动压〔动水，速度〕头
edge ~ 边数据子集标头（要素的输入点，包括形成的数据和利用的参数）
elevation ~ 高程水头，升水头，水力静压头
end mill ~ 立铣头
equalizing ~ 补偿压头
erase ~ 抹音〔消（除），清洗〕磁头
excess ~ 超压位差
extensible exercise ~ 伸长式操雷头
extension ~ 汽车前部的罩
facing ~ ①回转刀架②平旋盘
feed ~ 进料口，馈给（水、油等）压头，（补缩）冒口
feeder ~ 冒口，气孔，（钢锭的）收缩头
feeler ~ 测隙头，测隙装置
fillister ~ 圆头（螺栓，螺钉）
fixed ~ 固定（磁）头，（缸盖与缸体不分开的）整体式机体，固定式缸盖
flashing ~ （水）过热头，扩容（压）头（水的过饱和度）
flow ~ 自喷井口装置
flying ~ 浮动磁头
folding ~ 折头
forked ~ 叉形箭头
friction ~ 摩擦水头〔高差，阻力压头〕，流动损失压头，流动阻力
fuel ~ 油面高度
gang ~ 组合头，组合刀具
ga(u)ge ~ 测头，表头，塞规
ga(u)ging ~ 气动测头（塞规），测头
gib ~ 钩〔销子，螺栓〕头
glass ~ 玻璃熔接
gravity ~ （液柱密度差产生的）重力压头
gross ~ 总〔毛〕水头
gyro ~ 陀螺云台
handle ~ 句柄头
heat-transfer ~ 传热（测量）头
high pressure ~ 高压位差，高压头
hob ~ 滚刀架〔座〕，滚切主轴头
homing ~ 寻的制导头，自引头，自动导引装置
honing ~ 珩刀架，珩（磨）〔搪磨，磨气缸

器〕头
horse's ~ ①交换齿轮架②大的换向齿轮
hydraulic ~ 水〔液，静〕压头
hydraulic press with adjustable ~ 压头可移式液压机
hydrodynamic ~ 动水压头，动（力）水头
hydrostatic ~ 静（水）压头，液静压差，静压头
hyperbolic ~ 双曲线磁头
ignition ~ （内燃机）感应配电帽
impeller ~ （铸）抛砂机机头，抛（砂）头，抛砂叶轮，抛丸器
index ~ 分度头，分度器
indexing ~ 读数器
indicating ~ （仪表）刻度盘，分度盘
injector ~ （加煤机）分配头
inlet ~ 进口压头
in-line ~ 垂直校准的（立体声）磁头，叠层磁头
instrument ~ 测量（头）部
jack ~ 排水硐
jaw of coupling ~ 接轴的铰接叉头
jib ~ ①斜杆止端，吊车臂止端②截头，截盘座（塔式截煤机）
junk ~ 气缸盖，气缸头
kinetic ~ 动压头，速度头
knife ~ 刀片滑动，滑动刀架
knock-off ~ 易割冒口
light ~ 光电传感头〔器〕
liquid ~ 液柱头
loop ~ 循环入口
lost ~ ①损头，废品，废料，切头②（钢锭）冒口
low ~ 低水头的，低落差的
lower ~ 底盖
lubricating ~ （水轮机的）受油器
machine ~ （机床）床头，主轴箱
magnetic ~ 磁头（材料）
magnetic recording ~ 录音磁头
magnetic reproducing ~ 录放磁头，复合磁头
main spindle ~ 主轴箱
manufactured ~ 铆钉头
microboring ~ 精密镗刀头
micrometer ~ 千分卡头，测微头，测微鼓
mill ~ 铣头，滚压头
milling unit ~ 铣削动力头
milling ~ 铣刀头
mixing ~ （喷焊器的）混合管
monitor ~ ①水枪压头②监听放音头
motor ~ 发动机前端，发动机头
moving ~ ①活动磁头，移动（式）磁头②（对焊机的）可动夹头
multilayer actuator ~ 多层压电打印头
multiple turning ~ 多位刀架，多刀工具支架
multispindle ~ 多轴箱，多轴传动头（机床主轴轴端的一种附加装置）
multi-turning ~ 多位刀架
net ~ 净水头，有效水头（落差）
non-pressure ~ （制动缸）前盖
nozzle ~ 喷嘴室
oil-supply ~ 受油器
one-turn ~ 单回路磁头
optical ~ （投影器）光度头
optical dividing ~ 光学分度头
optical-sensing ~ 光学读出头
packet ~ 包报头，包标题
pan and tilt ~ 摇头
pan rivet ~ 锅〔皿〕形铆
panning ~ 摇头
permanent magnet erasing ~ 永磁消音头
photo marking ~ 光学划线头
photographic sound recording ~ 光学录音头
photographic sound reproducing ~ 光学唱（机磁）头
photometer ~ 光度（计）头
pick-up ~ 拾音头，拾音器，摄像机头
picture ~ （放映机和影片剪辑台的）画头，画屏
pinion ~ 齿轴齿顶
pitman ~ （机床）摇杆头，连杆头
play ~ 播放磁头
playback ~ 读头，放音头，复演磁头，录/放磁头，留声机的唱头
pliers spot welding ~ X形点焊钳
pole ~ 极靴
polytropic ~ 多变压头
poppet ~ （车床的）随转尾座
position ~ 势〔位〕头，位置水头，潜水头，落差
post ~ 接线柱
pot ~ 端套，配电箱
potential ~ 势〔位〕头，位能位差，潜〔位置〕水头
pouring ~ 浇道，浇注压头
precision boring ~ 精密镗头
pressure ~ 压头，压位差，压力水头，水位差

print ~ 打印头，印刷头
productive ~ 发电水头
projector ~ ①放映机头②射声头
proper ~ 真头
protractor ~ 分度头
pump ~ 泵的压（水）头
punching ~ 冲头
puppet ~ （车床的）随转尾座
quench ~ 淬火喷头，（带喷嘴）淬火机机头
quick-level(l)ing ~ 水平装置速调（水平仪）
quick-lock bayonet type ~ （滤胶机）错齿式机头
radio-frequency ~ 射〔高〕频头〔端〕，射频部分
radius ~ 夹头
rail ~ ①（刨床）垂直刀架，横梁②轨顶，轨头
railway ~ 路轨式并条机（所用生条直接从梳棉机通过输送帘子喂入）
ram ~ ①滑枕刀架，侧刀架②冲（杆）头，锤头
ramming ~ （抛砂机）抛头，抛砂器
reactor ~ 反应堆顶盖
read ~ 读出磁头，读（数）头
read-record ~ 录音用磁头
rear ~ 后端罩
record ~ 录音（磁）〔记录（用磁），录制磁，检频〕头
recording ~ 录音磁头
recording (and) reproducing ~ 录放磁头
recording playback ~ 记录 - 重放磁头，录音 - 放音磁头，录放磁头
recording sound ~ 录音头
replay ~ 重放磁头
reproduce ~ 重放〔再现，读出〕磁头
resistance ~ 摩阻水头，压头，水〔阻〕力损失
reverse ~ 回动头
revolving ~ ①转塔刀架②回转磁头
revolving cutter ~ 旋转铣刀头
rifling ~ 来复线拉刀，膛线拉刀
ripping ~ 上截盘
riser ~ 冒口
rivet steeple ~ 锥头铆钉
rose ~ 过滤器，喷头
rotary erase ~ 旋转消磁磁头
rotating ~ 旋转磁头
runner ~ 废铸物
running ~ ①浇道②（书刊的）栏外标题
R/W ~ 读写头
safety cushion ~ 安全垫上盖
sampling ~ 取样〔抽样〕头
scanning ~ （电子照相制版机的）扫描头
screw capstan ~ 螺旋杆〔蜗轮式闸门〕启闭机
seal ~ 补偿环组件
segment squeeze ~ （多）触头压头
self powered ~ 自行式焊头
semi-universal dividing ~ 半万能分度头
sensing ~ 敏感〔灵敏，读出〕头，传感元件
service ~ 电线管端盖，（电缆）终端套管
shear ~ 剪切器头，剪毛机头
shock absorber combustion ~ 减振燃烧（式）缸头
shower ~ 喷头
shrink(age) ~ ①冒口②收缩头（钢锭的）
shutoff ~ （风机或泵）全闭压头
side-valve ~ 侧置气门气缸盖
sliding drill ~ （深孔钻床的）钻杆箱
slotted ~ ①开槽头②有槽螺纹头
snap rivet ~ 圆头铆钉
socket ~ 套筒扳手头
solid boring ~ 深孔钻刀头
sound ~ 拾声头
specific ~ 比压头
speech ~ 录音头
spindle ~ 主轴箱，（磨床的）磨头
spiral ~ ①游丝头②分度头
splash ~ 喷射头，防溅球管
split ~ 裂口，钢管支撑中带有叉形端部的立柱
split-rag ~ （连杆的）叉形头
square ~ ①四方头②门边梁
squeeze ~ 压头，压板
stack ~ 堆栈头
stage ~ 级差〔间压差，压头〕
static ~ ①静水头，静压力水头，落差②静压力受感器
static draft ~ 静吸出水头
static suction ~ 静吸出〔入〕水头
steeple ~ （铆钉的）圆锥头
steering ~ 转向头
still ~ 蒸馏头，蒸馏盖
stock ~ 车床（的）头（座），机头座
stopper ~ 铸罐顶头，铸罐塞，柱塞头
storage ~ 存储磁头

straight extrusion die ~ 顺挤压模
strap ~ 环箍形连杆头
striker ~ 击针尖
submergence ~ 吸入侧压头
suction ~ ①吸水〔负压水，吸入侧压，吸料〕头②吸入侧真空，吸引高度
swage ~ 铆钉头
system ~ 系统压头，系统阻力
tangential feed ~ 切向刀架
tape ~ 带〔磁带录音，磁〕头
tappet ~ 拧紧头
tapping ~ 板牙，螺纹板
temperature ~ 热位差，温（度）差
thermal ~ 热能头，热位差
thunder ~ 气象雷达站
tool ~ ①刀架，刀夹②刀具主轴箱
tooth ~ 齿顶高，齿顶
top ~ 上盖，（压力壳）顶壳，顶冒口
torpedo exercise ~ 操雷头
total ~ ①总落差，总压头（差），总水头，全〔总〕扬程②全值，滞止值
tracer ~ 跟踪〔随动磁，仿形〕头
traversing ~ 瞄准镜头
trolley ~ 触轮，电触轮滑触靴，受电头，集电头
turning ~ 多刀转塔〔架〕，车刀架
turret ~ 回转头，六角头
tuyere ~ （沸腾炉）风嘴帽
unit ~ （组合机床）动力头
unit-type drill ~ 组合钻床钻头，标准钻头
universal ~ 万能工作台
universal boring ~ 万能镗头
universal dividing ~ 万能分度头
universal milling ~ 万能铣头
vacuum ~ 真空头
velocity ~ 速度〔动压，流速水〕头，速位差
vertical milling ~ 立铣头
video ~ 摄像机前置放大器，电视发射机预放大器，磁性阅读器，录像头（录像机），视频磁头
waste ~ 切头
water ~ 水（压）头，水位差，水柱高度
welding ~ 烙铁头，（自动焊机的）焊头，扬程
wheel ~ 磨头
whirl gate ~ 离心集渣冒口
work ~ （锥齿轮机床）摇〔转〕盘，工作台
working ~ 工作头
write ~ 写磁〔记录，写〕头
write-read ~ 写读头
writing ~ 记录头，写头

headband （耳机的）头环，头带，弓形环

headblock ①制动轮，闸瓦②顶梁，压力机（或液压机）的上部构件或上横梁③垫块

headboard ①立式配电盘②推出板

head-end 起点的，开始部分的，初步的，预备的，头端，数据转发器

header ①头〔首〕部，磁头，同步头，顶盖，端板②集（气，水，流）管，联管箱，管座③水箱〔室〕，蓄〔集〕水池④镦锻机，锻造机，制造钉头〔工具头〕的机械⑤半端梁搁栅，横梁，帽木⑥上部炮眼⑦标头，字头，标题，索引⑧页首，首标，页眉，篇眉，报头⑨文件扩展名
air supply ~ 供（空）气主管
back ~ 后汽鼓，后汽筒
ball ~ 球状压机，球形模锻机
boiler room ~ 锅炉房蒸汽母管
bolt ~ 螺栓头锻造〔镦锻〕机
box ~ （卧式水管锅炉）盒式联箱，箱式联箱
cell ~ 字组单元系统比特，字组单元开销比特
cold ~ 冷镦机
combustion ~ 燃烧室集气管，燃气收集器
corrugated ~ 波纹集管，波纹管座
discharge ~ （增压）集气管
division ~ 部分标题，部分头（软件）
double ~ 多工位凸缘件镦锻机，双击（自动）冷镦机
eight pin ~ 八脚管座
file ~ 文件头，文件标题，文件首部
function management ~ 功能管理标头
globally-addressed ~ 全局编址首部〔标头〕
grain ~ （联合收割机的）谷物收割装置
hermetic enclosure ~ 密封体引线座〔头〕
junction box ~ 换热器的管束箱
link ~ 链路头，链路标题
liquid ~ 排液总管，出油总管
object-code ~ 特征码索引（要素分类，每一个要素有一个特征码）
oil ~ 油分配器，吸油器
pipe ~ 联管箱，带连接管的配水干管
request ~ 请求（报）头，请求首部
ring ~ 集电环，换向器
rivet ~ 铆钉镦锻机
road ~ 镐式平巷掘进机
route ~ 路径报头

section ~ 段标题，段头，节标题，节头
sidewall ~ （锅炉）侧壁水冷壁联箱
single-stroke ~ 一次〔单击〕冷镦机
spray ~ ①喷淋水管，喷淋头②喷嘴集管
steam ~ 蒸汽汇集器，蒸汽室，（锅炉的）锅筒蒸汽联箱
supply ~ 料集流管，加料集流管
transfer ~ 连续自动式凸缘件镦锻机
transmission ~ 传输报头，传输标题
water ~ 总水管，汇水管〔箱〕，集水箱
header-box （联合收割机附加的）卸粮拖车
header-harvester 谷物联合收获机
header-subcode 索引副码（特征码的参数，由用户掌握）
header-thresher 谷物联合收获机
headframe 井架
headgear ①井架，钻塔②头戴受话器，头戴听筒③帽子，安全帽
head-housing 磁头罩
heading ①（飞行）方向，进向，方位，航线〔向〕②镦头〔锻〕，顶锻，镦粗，作〔露〕头③标题，项〔标，题〕目④导坑〔洞〕，巷道，平巷，掌子面⑤（拔）头馏分，轻馏分⑥精矿，选矿所得重质部分⑦浇注系统布置法⑧（油桶的）V形槽⑨为…装头，构造…顶部
air ~ ①通风坑②风向
ball ~ 钢球镦锻
broad ~ 大项目，大类
control ~ 控制头栏（COBOL 语言用）
course ~ 航向
information ~ 信息标头
magnetic ~ 磁航向
procedure ~ 过程导引〔标题，首部〕
headlamp 前照灯
distance ~ （汽车）远光前照灯
double ellipsoid ~ （汽车）二重椭圆面前照灯
far-reaching ~ （汽车）远光前照灯
headless 无头的
headlight ①前〔头，桅，照明，信号〕灯，飞机起落灯②机翼雷达天线
headline ①主传动轴②（书的）页头标题，（报纸的）标题
head-liner 标题排字机
headloss 水头〔压头，扬程〕损失
headman 工长〔头〕，监工
headmeter ①压头计②落〔压〕差流量计
Headmore 黑德莫尔铬钒钢（w（C）0.6%，w（Cr）1%，w（V）0.2%，其余 Fe）
head-on 正面的，迎头的
headphone 头戴受话器〔听筒，耳机〕，收发话器，（流速仪）听音器
crystal ~ 晶体耳机
high-fidelity ~ 高保真耳机
high-resistance ~ 高阻耳机
monitor ~ 监听耳机
noise reducing ~ 降噪声受话器
spaced ~ 间隔式耳机
headpiece ①横梁，顶梁木隔断的压顶木②头戴受话器，头戴听筒③矿工帽④流口，井口油水分离器
headplate 磁头板
headquarters 本部，总部，总店
headreach 正车惰性滑距
head-receiver 头戴受话器〔听筒，耳机〕
headrest 头枕，（弹射椅上的）头靠
headroom ①净空（高度），头上空间，自由空间（不为液体充满），气空间（容器）②巷道高度，开采高③行车高度，（车身）内高
headset 头戴耳机 - 传声器
headsman 推车工
headspace 液面上（部）空间，顶部空间
headspring 源（泉），水源，起源
headstock 头架，头座，主轴〔动力〕箱，悬挂〔联结〕架，井架
cone ~ （具有宝）塔轮（的）床头
driven ~ 从动箱
driving ~ 主动箱
gear ~ （齿轮）主轴箱
loose ~ 随转尾座，后顶针座，床尾
selective ~ 主轴（变速）箱
spindle ~ 前顶针座，主轴箱
head-telephone 头戴耳机
head-to-head 头对头
head-to-tail 头尾相接，（头 - 尾）系统连接
headway ①推进，移动，前进运动，进航速度②净高，净空③时间间隔，车间时距，列车运行图表④卷绕机构
headwork ①脑力劳动②掘进工作③井架④拱顶石饰⑤（pl.）准备工作
healant 修补剂
heal(ing) ①修复，恢复②（裂缝）合拢〔焊合〕③医治，治愈
thermal ~ 透热疗法（消除辐射损伤）
heap ①（一，土）堆，块，炼焦堆②堆积，装载〔满〕，添加，倾泻③多数，大量，许多④汽车（尤指破旧的）

~ of tripod 三脚架头
heaping 堆阵操作
heaps 炼焦堆
heapstead 井口房，井口建筑，井架
hear(ing) ①听觉，听闻②允许，同意
machine ~ 机器听觉
percent ~ 听力（百分数）
residual ~ 残留听觉
unmasked ~ 未受掩蔽的听力
hearse 殡仪车
heart ①心，内心，勇气②中心，核心，精华，要点，本质③蕊，心形物
artificial ~ 人工心脏
second ~ 秒桃轮
hearth ①〔敞，火，锻造，熔铁〕炉，炉床〔缸，底，膛，边〕，坩埚，火床，燃烧室②壁炉地面③震源，焦点④槽
back ~ 炉灰腔
cupola ~ 冲天炉炉底
furnace ~ 炉底，溶池，炉缸
heart-shape(d)open ~ 平〔开式，马丁〕炉
holding ~ 混合炉，保温炉
ring ~ （感应炉）熔沟
roller ~ 辊道炉床〔炉膛〕，辊式炉底，（炉用）辊底运输机
slag ~ 渣炉（从炉渣中提取金属用）
slagging ~ （液态除渣燃烧室的）渣底，液渣底
smelting ~ （冶炼）炉床
smith forging ~ 手锻炉
heart-shape(d) （鸡）心形的
heartwood 心材
heat ①热，加热，热量〔度，效应，辐射〕，热处理②暖气，保温③热学④一炉（钢液），（一次）熔炼，火次⑤装炉量，（每炉）熔炼量，熔炼的炉次⑥熔池，热浴炉
~ from occupants 人身放热量
~ of explosion 爆热
~ of isomerization 异构热
~ of phase change 相变热
~ of polymerization 聚合热
~ of radioactivity 放射性（元素蜕变）热
~ of sublimation 升华热
~ of transformation 相变热，转变热
~ up 加〔变，发〕热
activation ~ 活化热
after ~ 后热，余热
Bessemer ~ 酸性转炉熔炼
blocked ~ 止碳，中止氧化
chargeable ~ 消耗热
cold ~ 冷熔炼
critical ~ 临界〔转化，相变（潜）〕热
crystallization ~ 结晶热
dark ~ ①光谱的红外部分②暗红热
delayed ~ 剩余热
diverted ~ 不合格熔炼
dull-red ~ 暗红热（铁的温度为 500 ~ 700 ℃）
exchanged ~ ①交换〔传递，转化〕热②吸收热（在热交换器里）
fission ~ 裂变热
front seat ~ （汽车）前座椅加热（器）
glowing ~ 白热，炽热（铁的温度 1200 ℃以上）
hardening ~ 淬火温度，硬化热
hidden ~ 潜热
hot ~ ①热炉次，高温炉次②高温熔炼，热熔炼
hydration ~ 水化热
ignition ~ 着火所需热量，着火热
invisible ~ 光谱的红外部分
latent ~ 潜热
missed ~ 不合格熔炼
mole ~ 摩尔热容
net ~ 净耗热量，净热，有效热
pill ~ （打结炉底后的）首次熔炼
radiant ~ 辐射热
radiating ~ 辐射热，散热
red ~ 赤〔红〕热（铁的温度约 900 ℃）
refining ~ 精炼（过程）
resist ~ 耐热
scrap ~ （平炉）废钢炼钢法
sensible ~ （可）感热，显热
sloppy ~ （转炉）冷熔（熔渣大量喷溅，炉渣流动性不足）
soaking ~ 均热加热
soft ~ （平炉的）软熔
specific ~ 比热容
stand-by ~ 热备用（状态）
steam ~ 蒸汽（冷凝时放出的）热
stray ~ 漫射热，散失热
subterranean ~ 地热
supply ~ 供热
sweating ~ 熔化热，焊接热
terrestrial ~ 地热
total ~ ①总热（量）②焓③积分热，变浓热
transition ~ 转化〔转变，转换〕热

used ~ 废〔余〕热，用过的热量
viscous ~ 黏性热
wash ~ 渣洗，清洗熔炼
waste ~ 废热，余热
wetting ~ 润湿热
wild ~ 强烈沸腾熔炼
yellow ~ 黄热（铁的温度约 1000 ℃）
young blown ~ 稚吹炼，不完全吹炼

heatable 可加热的

heat-absorbing 吸热

heat-agglomerating 加热烧结

heat-conducting 导热（的）

heat-drift 热漂移

heat-durability 耐热性，耐热度

heater ①加〔预，发，放〕热器，热源，火炉，加热炉②加热丝，灯丝，暖气〔保暖〕设备，加热工〔者〕
air ~ 热风器，热风机，空气加热器
background ~ 隐闭式供暖器
baffle ~ 阻板式加热器，板式加热器
blast ~ 空气预热器，热风器，热风炉
bled steam feed ~ 抽汽回热给水加热器
bleeder ~ 回热〔再生，抽气〕加热器
booster ~ 辅助〔中间〕加热器
car ~ 车用暖风设备
cartridge ~ ①筒式加热器，加热筒，加热管②内热式烙铁心
cascade ~ （疏水）串联加热器
closed(-type) ~ 表面加热器
coiled-coil ~ 复绕〔双螺线〕加热器
coil(-tube) ~ 蛇形管加热器
combustion ~ 燃气加热器
contact(-type) ~ 接触式加热器
convection ~ 对流加热器，对流取暖装置
cycle ~ 回热加热器
dark ~ 旁暗阴极加热器
deaerating(-type) ~ （混合式）除氧加热器
direct-contact ~ 直接接触式加热器
duct ~ 热导管
electric ~ （家用）电炉，电热器
electric luminous ~ 电光发热器
electric radiant ~ 辐射（电）炉，辐射电热器
electric space ~ 电热采暖器
equiflux ~ 均匀加热炉
exhaust(-steam) feed ~ 排汽给水〔给水回热〕加热器
extraction (stage) ~ 回热〔抽汽〕加热器
feed water ~ 给水加热器，回热加热器
flashed ~ 闪蒸加热器（其疏水排至较低压力加热器）
hairpin ~ 发夹形热丝，U 形热丝
header type feed ~ 联箱式给水加热器
helix ~ 螺旋状阴极〔灯丝，热子〕，螺旋丝的电热器
induced-flow ~ 强制流动加热器
instantaneous ~ 瞬时〔快速，无惯性〕加热器
ladle ~ 烘包器
low-current ~ 低电流热丝
magic ~ 热敷袋
manifold ~ 多管加热器
open ~ 敞口〔开式〕加热器，敞口炉
panel ~ 辐射板供暖器
pebble ~ 卵石〔固体蓄热〕加热器
platen ~ 电热板
press ~ 热压（硫化）锅
primary ~ 主〔第一级〕加热器
radio ~ 射频〔高频〕加热器
reciprocating ~ 往返互换的加热器，往复加热器（区域熔炼）
rectifier ~ 整流器热丝
recuperative ~ 同流换热器，再生式热风机
ring ~ 套圈加热器
series ~ 串联灯丝
space ~ ①空间电热器〔加热器〕②（电机停车时）热防潮设备③（车厢）热风采暖装置
spiral ~ ①螺旋形加热器②螺旋形灯丝
stage ~ 回热〔热汽〕加热器
storage water ~ 蓄热器
strip ~ 电热丝式加热器
subcool feedwater ~ （有疏水冷却器的）给水加热器
surface ~ 暖面器，路面加热器
target ~ 靶（面）加热器
tire ~ 轮胎热压器
top ~ 末级高压加热器
trimming ~ 微调加热器
tubular ~ 管状炉，管式加热器
unit ~ 个别（式）供暖机组
water ~ 热水器
waterwall panel ~ 水屏式加热器
zone ~ 熔区加热器

heater-type 旁热形〔式〕

heat-exchanger 热交换器，换热器
quenching ~ 急冷热交换器，急冷废热锅炉

heat-flash 强热

heatflow 热流
heat-homer 有热感应自动引导头的导弹，热感应自动引导头，热自动瞄准头
heat-imaging 热成像的
heating ①加〔预,受,发〕热(的),加温,自热,热透，加热法，暖气装置②采暖(的)，供暖(的)，保温(的)③白炽，灼热④刺激
additional ~ (焊接加工)补偿加热
adiabatic ~ 绝热增温
arc ~ 电弧加热
back ~ 电子回轰(阴极)加热，反加热
blast ~ 预热送风，鼓热风
bleed ~ 抽气加热
blue ~ 低温(500 ℃以下)加热
bubble ~ 吹泡加热，鼓泡加热
central ~ ①集中供暖(法)，集中加热②暖气设备
concealed ~ 隐藏式〔壁板式〕供暖
concurrent ~ (焊接的)补热，补充加热
diathermic ~ 高频(率)加热
dielectric ~ 电介质加热，高频(率)加热
differential ~ 差别〔局部，差温〕加热
district ~ 局部加热，区域供热
double ~ 二次加热
dynamic ~ 动力冲温，变温
electric ~ 电热法
extraction feedwater ~ 抽汽给水〔给水回热〕加热
immersion ~ 浸没加热法
infrared ~ 红外线热处理
instantaneous ~ 无惯性加热
isentropic stagnation ~ 等熵滞止加热
kinetic ~ 动力加热
line ~ 带钢加热
net ~ 净热值，低热值
Newtonian ~ 按牛顿定理加热
ohmic ~ 欧姆加热，电阻加热
process ~ 程序加热，工序加热
pulse ~ 冲击加热
radio(-frequency) ~ 高频加热，射频加热
regenerative ~ 回热加热，再生式加热
resistance ~ 电阻发热，电阻加热
scale-free ~ 无氧化皮加热(法)，(钢锭的)无氧化加热
scanning ~ 渐进式感应加热(工件连续移动的感应加热)
selective ~ 差别加热，局部加热
shock ~ 冲击(波)加热
space ~ ①供暖，采暖②环流取暖，场地加热
spot ~ 局部加热
strip ~ 线状加热，弯曲加工
submerged ~ 浸渍电加热
subsequent ~ 焊后加热
through ~ 穿透加热，穿透淬火
transient ~ 瞬时加热
warm-air ~ 暖气设备
wash ~ 渣洗(法)
waste ~ 废热供暖，废煤气加热法
heating-furnace 加热炉
heating-up 加热，升温，熔化
heat-insulated 隔热(的),绝热(的),保温(的)
heat-producing 发热的，生热的
heat-proof 耐〔防，抗，保，不透，隔〕热的，热稳〔安〕定的，不传热的，难熔的
heat-radiating 热辐射的
heat-recovering ①热回收的，废热利用的②余热回收
heat-resistance 耐热性〔力〕
heat-resistant 耐〔抗〕热的，不传热的，热稳〔安〕定的
heat-resistor 耐热器
heat-retaining 蓄〔保〕热的，热保持，贮热能力
heatronic 高频〔率〕电(介质加)热的
heat-seal 熔焊〔接〕，热封，热封性
heat-seeker 热跟踪头
heat-sensing 热灵敏的
heat-sensitive 热敏的
heat-set(ting) ①加热凝结，热凝，热定形②加压回火
heat-sink(ing) 散热
heat-soak 吸热，暖机
heat-soaking 耐热测试(半导体)
heat-stable 耐热的，热稳定的
heat-transfer 传热，热传递
heat-treat 对…进行热处理
heat-treatability 可热处理性
heat-treatable 可热处理的
heat-treated 热处理过的
fully ~ 调质
heat-treatment 热处理
heat-triggered 由于过热而自动操作的
heave ①举〔拉，抬〕起，鼓〔凸，胀，隆，挺〕起②抛，投，拉，拖，曳，卷(缆绳)③起伏，升降，波动，上升④开动⑤平错，水平移动⑥努力，操劳

~ in 绞进
~ out 扯起，使（龙骨）露出水面以便维修
heave-ho 起锚，开船，动身，离境，用力提起
heaver ①杠杆，大秤，移动重物的工具②叉簧，钩键③重量④举起〔移动〕重物的人
heavier-duty 加强式的
heavies 重型货车
heaving 垂荡
heavy ①重载的，重型的，有重量的，大型的，大功率的②大量的，大规模的，高黏度的，稠的③沉重的，繁重的，泥泞的④装备着重武器的⑤发酵不够的，未胀大的⑥重物，（金相中的）重系列，重炮，重轰炸机
~ in section 大截面的
heavy-bodied 黏滞的，黏的
heavy-duty ①重型（的），重载（的），重级（的）②大功率的，强有力的，经得起损耗的，繁重工作〔苛刻操作〕条件
heavy-edge 边缘加厚的
heavy-ga(u)ge 厚的，粗的
heavylift 大件，重件，特重物件
heavy-walled 厚壁的
heavy-water-moderated 有重水减速剂〔慢化剂〕的，重水减速的
heavyweight 特别重的物〔人〕
hebdomad 七（个人，件东西），七天，一星期
heck ①导纱筘，伸缩筘②锭翼③衬锭
Hecnum 铜镍合金（w(Cu)55% ~ 60%，w(Ni)40% ~ 45%）
hectare 公顷（hm^2，$1hm^2$=10 000 m^2）
hectogamma 10^{-4}g
hectogar 百巴（气压单位，1hbar =10^7 N/m^2）
hectogram(me) 百克
hectograph 胶版印刷
hectography 胶版印刷术
hectolambda 10^{-4}L
hectoliter 百升
hectometer 百米
hectonewton 百牛顿
hectorite 锂蒙脱石
hectostere 百立方米
hectowatt 百瓦（特）
hectowatt-hour 百瓦（特小）时，0.1kW · h
heddur 黑杜尔铝合金（飞机用，与硬质铝很相似）
hedgeclipper 绿篱修剪器
hedgecutter 绿篱修剪器，动力整枝剪，机械修剪机
hedgehog ①棱形拒马②挖泥船，挖泥船挖斗③刷子，铁丝网④刺猬阵地，环形筑垒阵地，（军事防御）障碍物⑤反潜艇火箭武器，刺猬弹
hedrites 多角晶
heel ①跟（部，面），踵（状物），后跟〔刃〕，尾部，底部，根部②棱，缘，面，顶（刃面）③拱座，柱脚，坝踵，上游〔迎水〕坡脚④（锥齿轮的）大端，推力轴颈，枢轴，凸轮曲线的非凸起部分，（器具的）近柄处⑤钻井口⑥（pl.）剩余（物，铁液），结瘤，渣滓，底结⑦（船的）倾侧〔斜〕
~ of metal 金属溶液面，熔池表面
~ of tool 刀头的跟面
~ of tooth 齿根面
~ of twist drill 钻头刃瓣后边
back(-)up ~ ①切料冲头的突出部②背靠块，侧支承块
bead ~ 胎踵
brush ~ 电刷滑入边
ladle ~ 包底剩铁，浇包结瘤
punch ~ 凸模背靠块（用以抵消侧向力）
tire bead ~ 胎跟
heelboard 踵板
heeler 袜跟机
heeling ①（船的）倾斜（角）②倾斜飞行③（铣头的）偏转角
heelpiece （继电器）根片
heelplate ①鞋铁掌②踵板
heelpost ①门轴柱，柱脚②船尾柱
supporting ~ 门轴柱，柱脚
Hefnerkerze 亥夫纳烛光（1 亥夫纳烛光 = 0.9 cd）
heft ①重（量），重要（性），势力，大部分②举起（…的重量），重达…
height ①高，高度，海拔，标高②厚度③顶点，极点，绝顶，卓越
~ of engagement 螺纹接触高度
~ of truncation （螺纹）削平高度
apparent ~ 视在（有效）高度
barometric ~ 气压高度
bed coke ~ 底焦高度
bobbin ~ 绕线管高度
ceiling ~ 上升限度，升限（高度）
chordal ~ 弦齿高
chromatographic peak ~ 色谱峰高
clearance ~ 间隙高度
collapse ~ 拆卸（后最小）高度
contact ~ 目视高度

crush ~　轴瓦（与轴承座内孔之间的）安装过盈量，（轴瓦分界面从安装结合面计起的）凸出高度
cut-off pulse ~　脉冲幅度限
decision ~　决断高度
die ~　模子闭合高度，装模高度
drop ~　落差
electrical ~　以工作波长分数表示的天线高度
flying ~　浮动高度，（磁头的）浮动间隙，龙骨飞高
frame ~　①车架离地高度②帧面高度，帧幅
half ~　线高度，半轴套高度
kinetic ~　动压头（燃气轮机）
line ~　行高
lip ~　切削刃高度
maximum shut ~　最大封闭高度
metacentric ~　定倾中心高度，稳心高度
open ~　开口高度
operational ~　工作〔额定，射击，可达，战斗使用〕高度
pulse ~　脉冲高度，脉冲幅值
radiation ~　（天线的）有效高度，辐射高度
reduced ~　折合高度，换算高度
reference image ~　参考帧高
service ceiling ~　实用升限高度
shaft ~　轴高，中心高（电机的）
shear ~　倾斜切刃的两端高度差
shut ~　闭合高度（压力机底座与滑块的间距）
sling ~　起吊高度
solid ~ of spring　弹簧最大压缩高度
springing ~　起拱高度
step ~　陡度，阶跃高度
thread ~　牙形高度
true ~　真（实）〔实际，几何〕高度
virtual ~　（天线的）有效高度，（电离层的）视在高度
working ~　加工高度，有效高度

heighten　升〔加，增，提〕高，增大〔加〕，加强，加〔变〕深（颜色），（使）变显著，使出色
held　（工具）柄榫头
heldwater　吸着〔黏滞〕水
heliarc　氦弧（的）
helibarge　直升机和平底气垫船组成的运输系统
heliborne　由直升机输送〔运载〕的
helicab　出租直升机
helical　螺旋〔线，纹，面，形〕（的），螺（旋）状（的）
helically　成螺旋形
helically-wound　螺旋绕法（的），螺旋绕组（的）
helicity　螺旋性〔形〕
helicograph　螺旋规
helicogyre　=helicogyro
helicogyro　直升机
helicoid　蜷面，螺旋面，螺圈，螺旋体，螺（旋）状的，螺（旋）纹的
chased ~　法向梯形齿廓螺旋面
convolute ~　护轴线螺旋面
involute ~　渐开螺旋面
ordinary ~　常螺旋面
pseudo-spherical ~　伪〔准〕球形螺旋面
screw ~　轴向直廓螺旋面（蜗杆轴向截面内具有直线齿廓的螺旋面）
skew ~　①螺旋面②斜面，歪扭面
spherical involute ~　球面渐开螺旋面

helicoidal　=helicoid
helicone　螺旋形极化天线
Helicoplacoidea　卷板钢
helicopt　乘直升机，用直升机运送
helicopter　①直升〔旋翼〕（飞）机②乘直升机，用直升机运送
compound ~　组合式直升机
intermeshing-rotors ~　交叉旋翼式直升机
pulsejet ~　脉动喷气式直升机（装有脉动喷气发动机的直升机）
single-rotor ~　单旋翼直升机
tandem-rotor ~　纵列式双旋翼直升机

helicotron　螺线质谱仪
heligiro　=heligyro
heligyro　直升〔旋翼〕（飞）机
heliocentric　日心的，以太阳为中心的，用日心测量的，螺旋心的
heliochrome　天然色照片，彩色照片
heliochromy　天然色照相术，彩色摄影术
heliogram　回光信号，日光反射信号器发射的信号
heliogramma　日照纸
heliograph　①日光（反射）信号器，回光通信机，日〔回〕光（反射）仪②太阳摄影机③太阳光度计，日照计④回〔反〕光通信，用太阳照相机拍摄⑤日光胶版
heliography　①回光〔日光反射〕信号法，照相制版法，日光胶版法②太阳面记述
heliogravure　凹版照相（术）
heliogyro　直升机
heliolamp　日光灯

heliometer 测〔量〕日仪
helion α 质点，α 粒子，氦核
helioplant 太阳能利用装置
helios 回照器
helioscope 回照器，太阳（望远）镜，量日镜
heliostat 定日镜
heliotechnics 日光能技术，太阳能技术
heliotrope ①回光〔照〕器，回光仪，日光反射信号器②淡紫色，紫红色
heliotype 照相胶版，胶版（画）
heliox 氦氧混合气（深水潜水用呼吸气）
heliozincograph 摄影制锌版
heliozincography 摄影制锌版术
helipad =heliport
heliport 直升机停机坪
helipot 螺旋线圈电势〔电位〕计，螺旋线圈分压器
helitron 电子螺线管，旋束管
helium 氦（He）
charged ~ 氦离子
helium-atmosphere 氦气氛，氦（气）保护的
Heliweld 赫利焊接（氦气保护焊接）
helix ①螺旋线（结构），螺旋管〔弹簧〕，螺旋天线，螺杆②(pl.)单环(蒸馏柱用的填充物)③螺旋状的
base ~ 基圆螺旋线
bifilar ~ 双线螺旋
circular ~ 圆柱〔普通〕螺旋线
delay-line ~ 延迟螺旋线，慢波螺线
left-hand ~ 左旋螺线
normal ~ 正交螺旋线
outside ~ （螺旋齿的）顶圆螺旋线
pan-cake ~ 扁平螺旋线圈
pitch ~ 节距螺旋线
reference ~ 分度圆螺旋线
spherical ~ 球面螺旋线
tape ~ 条状〔带绕〕螺旋线，螺旋带
tip ~ 齿顶圆螺旋线，外圆（柱）螺旋线（外齿轮）
helix-milling 螺旋线铣削
helixseal （螺旋槽在密封圈上的）螺旋密封
helldriver ①联合掘进机②机械装载机
hello 呼叫
helm ①舵（轮，柄），驾驶盘，转舵装置，枢机②掌舵，指挥，掌握（枢机）
helmet ①（电焊）头罩，（焊接）面罩，（头，钢）盔，（安全，防护）帽，护面罩，飞行帽②（机，烟）罩，箍，环③蒸馏罐的上部
crash ~ 防护〔安全〕帽
gas ~ 防毒面具
smoke ~ （救火用）防毒面具
helmport 舵轴孔
helmsman ①操舵机构②舵手，摄像车司机
help ①帮助，有用②促进，助长③抑制，阻止④补救方法
HELP 求助程序，公路无线电呼救系统
helper ①辅助机构〔机车〕②帮助者，助手，学徒工
helve ①（斧，工具）柄②给…装柄
helvite 日光榴石
hem 端，边缘，折〔卷〕边，蜗缘饰
hematite ①赤铁矿，红铁矿②低磷生铁，三氧化二铁锈层
hemibase 半底面
hemibel 半贝（尔）
hemicellulose 半纤维素
hemicontinuous 半连续的，强弱连续的
hemicrystalline 半结晶的，半晶质〔状〕的
hemicycle 半圆形（室，结构）
hemicyclic 半（循）环的
hemiglyph 半竖槽
hemihedrate 熟石膏
hemihedrism 半对称性，半面像
hemihedry 半对称，半面形〔像，体〕
hemimorphism 半形〔异极，半对称〕体
hemi-pinacoid 半轴面
hemiprismatic 半棱晶的
hemipyramid 半（棱）锥体
hemisphere ①半球（地图，模型）②（活动的）范围，领域
hemispherical 半球状的
compound-valve ~ （发动机）双进排气门半球形燃烧室
hemispheroid 半球形（储罐），滴形油罐
hemitrope 半体双晶
hemivariate 半变量
hemming ①缝…边，给…卷〔折〕边②包围，关闭，接界
hendecagon 十一边形，十一角形
hendecahedron 十一面体
H-engine H 型发动机
henry 亨（利）（H，电感单位）
henrymeter 电感计，亨利计
hepcat 测定脉冲间最大与最小时间间隔的仪器
heptad ①七个（一组，一套）②七价原子〔元素〕，七价物〔基，的〕

heptagon 七角〔边〕形
heptahedron 七面体
heptalateral 七侧（的），七边（的）
heptode 七极管，五栅管
heptyl 庚基
Hercules ①大力神〔士〕②重型机器（如重型起重机或打桩机）
Herculite 钢化玻璃
Herculoy 锻造铜硅合金，硅青铜（w（Zn）1%，w（Si）1.73% ~ 3%，w（Mn）0.25% ~ 1%，w（Sn）0% ~ 0.7%，其余 Cu）
hermetic(al) ①密封的，不透气的，气密的②炼金术的，奥妙的
hermetically-sealed 密封的
hermetization 密封，封闭
Hermite 艾米插值
hermiticity （可化为）艾米矩阵性
herpolhode ①空间极迹②瞬心固定曲线
herringbone ①人字形（的），八字形（的），鱼刺形（的），鲱骨状（的）②交叉缝式③雉尾形接合
herring-gear 人字形齿轮
Herschel ①赫谢耳（光源的辐射亮度单位，1 赫谢耳 =（1/π）（W/（sr·m^2））②天王星（的别名）
hertz 赫（兹）（Hz，频率单位，1/s）
hesitation 暂停，暂时停机
armature ~ 衔铁（动作）滞缓〔犹豫〕
hessian ①浸沥青的麻绳，一种结实的粗麻布，粗麻屑②砂坩埚
hessite 天然碲化银，（检波用晶体）辉碲银矿
heteroatom 异质原子，杂（环）原子
heteroazeotrope 多相非共沸混合物
heterobar 异原子量
heterocharge 混杂电荷
heterochromatic 异〔多，杂〕色的，非单色的
heterochronous 差同步的，异等时的
heterocrystal 异质晶体
heterodiode 异质结二极管
heterodyne ①外差（的，法，作用），成拍的②外差〔本机〕振荡器，差频〔拍频〕振荡器③成拍，致差，使…混合
equal ~ ①等幅外差法②等幅差拍
optical ~ 光学外差
separate ~ 他激〔独立本机振荡〕外差法，分激外差法
heterodyning ①外差作用，他拍作用，外差法②差拍变频
heteroepitaxy 异质外延
heterogeneity ①非均匀〔不同一，不纯一，多相，复杂〕性，不同性质②异类〔质，样，种〕，异成分，杂质
surface ~ 表面不均匀性，表面多相性
heterogeneous ①不〔非〕均匀的，不同（一）的，非均质的，（掺）杂的，复杂的，异质〔种〕的，各种分子构成的，多〔异〕相的②非齐次（性）的，不纯一的，参差的
heterogenetic 异源的，多相的，不均匀的
hetero-ion （混）杂离子，离子 - 分子复合体
heterojunction 异质结，递变结，异端连接
heterometry 浊度〔光密度曲线沉淀〕滴定法
heteromorphism 异〔变〕形，同质异像，复形〔型〕性，多晶（型）现象
heterophase 不同相（的），多相（的）
heteropic(al) 异相的，非均性〔质〕的
heteropolar 异〔多，有〕极的
heteropolarity 异〔有〕极性
heteropolymer 多〔杂，异〕聚合物
heteropolymerization 异相聚合，杂聚合（作用）
heteroscedasticity 异方差性
heterosphere 非均匀大气层（在 72 km 以上）
heterostatic 异位〔势〕差的
heterostrobe 零差频闸门，零（拍）闸门，零差频选通
heterotope ①异位素，异（原子）序元素②（同量）异序（元）素
heterobaric ~ 异量异序〔位〕元素
heterotropic 斜交的
heterotype 同类〔型〕异性物
heuristic ①启发式的，发展式的，渐进的②试探的，探索的③直接推断
heuristics 直观推断，试探法，启发式
hew ①切割，中断，中止②砍，劈，斩③开采，采掘④坚持，遵守
hewn 粗削的
hex 六角〔边〕形的
hexadecimal 十六进（位）制（的）
hexafluoride 六氟化物
hexafluoropropylene 六氟丙烯
hexagon 六角〔边，方〕形，六角体，六角螺母
hexagonal 六角〔边〕（形）的，六方晶体〔系〕
hexagons 六角钢
hexagram 六线形，六芒星形
hexahedral （有）六面体的，六边形的
hexahedron （正）六面体，立方〔面〕体
hexakisooctahedron 六八面体

hexamethyldisilizane 光刻胶增附剂
hexamethylene ①环六亚甲基，环己烷②六甲撑，己撑
hexane （正）己烷，己级烷
hexangular 六角的
hexaphase 六相（的）
hexaplanar ①六角晶系，平面六角晶②六角平面的
hexapod 六脚机器人
hexapole 六极（的）
hexatetrahedron 六四面体
hexoctahedron 六八面体
hexode 六极管
mixing ~ 六极混频管
triode ~ 三极六极管
variable-mu ~ 变 μ 六极管，可变放大系数六极管
hexoxide 六氧化物
hexylene 己烯
hexyloxy 己氧基
HF 氟化氢
laser ~ 氟化氢激光器
H-frame H 型电杆，H 型支架
H-girder 工字梁
HH-beacon HH 型信标（非方向性无线电归航信标，其输出功率为 2 000 W 以上）
H-hinge 工字铰链
H-hour 开始行动时间
hi-alloy 高铬镍钨钴铁合金
hiatus ①间断，中断②缺陷，裂缝，缝〔空，间〕隙③漏字，脱文
hibar 高压（的）
hibernation 休止
hi-bottom 高速犁体
hiccough 电子放大镜
hiccup 暂时小故障
hickey ①（电器上的）螺纹接合器②弯管器③器械，新发明的玩意儿
hicore 希科〔不锈铬钼，表面硬化〕钢
hide ①（辊压）片坯，板坯，生皮②防擦装置，防擦网
hiduminium 海度铝合金，铝铜镍合金，RR 合金
Hidurax 海杜拉克斯铜合金（*w*（Al）8.5% ~ 10.5%，*w*(Ni)0% ~ 5.5%，*w*(Fe)1.5% ~ 6%，*w*(Mn)0% ~ 6%，其余 Cu；或 *w*(Al)2% ~ 4%，*w*（Fe）1% ~ 3%，*w*（Ni）12% ~ 16%，其余 Cu）

hierarch(i)al =hierarchic（al）
hierarchic(al) 体系〔制〕的，分级的，分层的，层次的，等级制度的，递阶的
hierarching 分类
hierarchy ①体系〔制〕，系统，谱系②分层，层次，阶层（结构），级别，分级（结构），等级制度，递阶
~ of activities 活动层次
~ of block 分程序层次
~ of interruption priority 中断优先权分级
~ of layer 分层层次
authorization ~ 权限级别
calibration ~ 校准体系
control ~ 控制层次，控制级别
data ~ 数据（分级）结构，数据层次
database ~ 数据库层次
digital multiplex ~ 数字复用系列
management ~ 管理组织层次，管理等级制度
managerial ~ 管理层次
matching ~ 匹配阶层
memory ~ 存储器分级体系，存储层次
multi-level paging ~ 多级分页结构
organization ~ 组织层次系统
storage ~ 存储器体系
time ~ 时间谱系，时间分级
hiflash 高闪（燃）点油
high ①高，高（气）压（圈，带），高峰〔潮〕，高水准，大数字，高速度转动②高度〔级，等，超，尚，地，原，价，纬度〕的，声音尖锐的，（颜色）浓〔深，鲜艳〕的③强（烈）的，非常的，（很，重）大的，（严）重的
~ of fall ball 落球高度
~ of lead-in 压入部高度
all-time ~ 最高记录
direct ~ （变速器）直接档
isallobaric ~ 正变压中心
logic ~ 逻辑高（电平）
temperature ~ 温度高限
high-air-filter 中效空气过滤器（超净系统）
high-altitude 高空的（美国标准为 1 500 ~ 6 000 m）
high-alumina 富矾土的，高铝的，高氧化铝的
high-amperage 大电流，高安培数
high-aperture 大孔径（的）
high-aspect-ratio 高纵横比
highball ①（火车）全速前进信号②高速火车③全速前进
highband 高频带

high-boiling ①高温沸腾②高沸点的
high-capacity 大容量（的）
high-class 优质〔等〕的，高（精度）级的
high-coercivity 高矫顽磁力
high-contrast 高对比度，高反差
high-copper 高铜，含铜量高的
high-cycle 高频的
high-definition 高清晰度，高分解力
high-dipping 急倾斜
high-ductility 高塑性的
high-dump （升）高倾卸式
high-duty 高能率（的），大功率的，高生产率的，重型的，载重的，高强度的
high-energy 高能（的）
high-energy-rate 高能速
higher-order 高次（的），高阶（的）
~ of oscillation 高频振荡
high-fidelity 高保真度（的），高度灵敏（的）
video home system ~ 高保真伴音家用录像机
highfield 强（电）场的，高（磁）场
high-fired 高温烧结〔焙烧〕过的
high-flash 高闪点的
high-frequency 高频的
high-grade 高质量（的），高品位（的），高（等）级（的），优质的
high-head 高压头
high-heat ①高温〔热〕的②耐热的，难熔的
high-intensity 高强〔光〕度（的），强烈的
high-key ①高色调②高级的，特殊的，极好的
high-lift ①（履带）铲运机②高举，高扬程③大升程的
highlight ①辉亮〔光线最强〕部分，最亮点，强光，照明效果②本质，要点，重点，最精彩的部分③突出，强调④以强烈光线照射
highlighting 加亮，高亮度
high(-)line 天线，高压线，架空索
high-melting 难熔的，耐火的
high-octane 高辛烷值（的）
high-order 高阶〔次〕的
high-pass 高通的（滤波器）
high-peaker 高频补偿电路，高频峰化器
high-performance ①优越性能，高指标，高精确度②高性能的，高速的（指飞行器），大功率的（指发动机）
high-pitched 高音调〔声频〕的，尖声的，坡度陡的
high-Q 高 Q（的），高品质因数（的）
high-quality ①高级（的），优质（的）②高品质因数
high-rank(ing) 高级（的）
high-remanence 高顽磁性
high-resolution 高分辨力〔率〕，高清晰度
high-Reynolds-number 高雷诺数
highs 高频分量，高处
mixed ~ 混合高频分量〔信号〕，三信号的高频分量的混合物〔信号〕
high-sensitivity 高灵敏度
high-sintering 高温烧结
high-spin 高自旋，自旋数值大的
highsplit 高分
high-strength 高强度
high-technology 高技术
high-temperature 高温（的），耐高温（的）
high-tensile 高温回火钢，高强（度）
high-tension ①高拉力，高张力②高（电）压（的）
high-test ①优质的，高级的，适应高度需要的②经过严格试验的③高挥发性的
high-type 高级（的）
high-usage 利用率高的
high-vacuum 高真空
high-velocity 高速
highway ①高速公路，航线②公用通道，公共信道，总线③汇流母线，汇流通道④传输线，信息通路，高通导
data ~ 数据总线
high-yield 高产额，高产率
hike ①提高，增加②飞〔扬，飘，升，拉〕起③在高空检修电线
hiker 高空电线检修工
hill ①小山，隆起②垒，势垒
efficiency ~ 等效率（曲线）图，（水轮机）特性图
potential ~ 势垒，位垒
hill-and-dale 竖向，深度（录音）
hiller 中耕培土〔壅土，起垄〕器
hillock ①（外延生长层的）小丘②（pl.）异常析出
hilo 西拉镍钴钛合金
hi-lo-check 计算结果检查，高低端检查
hi-lo-circuit 高低压回路
hi-low 出界
hi-low-check 上下限度检查
hilt ①（刀、剑等的）柄，把②装柄
precision boring ~ 精密镗刀杆
Hiltron 小型高通量中子发生器
Himet 碳化钛硬质合金

hindrance 干扰，障碍，妨害，延〔停〕滞，障碍物
steric ~ 位阻（现象）

hinge ①铰链（连接），折叶，合叶，门枢②枢纽，关键，转折点③透明胶水纸④装铰链，铰接，用铰链转动〔结合，附着〕
~ of spring 簧节套
ball-and-socket ~ 球窝关节
blind ~ 暗铰链
butt ~ 平接铰链
butt and strap ~ 丁字铰链
compound ~ 复合铰链
concealed ~ ①埋头，接头②埋头环
crown ~ 拱顶铰，拱冠铰
drag ~ 竖直铰链（直升机旋翼的）
falling ~ 水平铰链
fast joint ~ 固轴铰链
fast pin butt ~ 固杆铰链
flapping ~ （直升机）扣轴
garnet ~ 丁字铰链
imaginary ~ 虚铰
lift-off ~ 活脱铰链
loose joint ~ 活铰链
loose pin butt ~ 抽心铰链
parliament ~ 长翼〔羽〕铰链
pin ~ 销铰
pintle ~ 扣针铰链
pivot ~ 枢铰，尖轴铰链，轴头式铰链
seat ~ 活动座铰链
skewback ~ 拱肩铰链，枢铰，枢轴接合
slip butt ~ 活销铰链
stop butt ~ 半开铰链
strap ~ 铁皮折页

hinge-rod 铰链杆
tail-gate ~ 可折后栏板铰链杆

hint ①暗〔提〕示，线索，心得②点滴，微量

Hinvac 欣瓦斯（硬质合金商品名）

Hiperco 海波可合金（高磁导率与高饱和磁通密度的磁性合金，*w*（Co）34%，*w*（Cr）0.5%，*w*（Fe）65.5%）

Hiperloy 高磁导率合金（*w*（Fe）50%，*w*（Ni）50%）

Hipernik 海波（尼克）铁镍合金，高磁导率镍钢，铁镍磁性合金（*w*（Fe）50%，*w*（Ni）50%）

Hipersil 海波西尔磁性合金，高磁导率硅钢（*w*（Si）3% ~ 3.5%，*w*（C）< 0.03%，*w*（S）< 0.02%，*w*（P）< 0.02%，*w*（Mn）0.1%）

Hiperthin 海波金（磁性合金）

hipot 高压绝缘试验

Hiran 高精度肖兰（精密短程定位系统，近程无线电导航系统）

H-iron ①H字铁，工字铁，宽缘工字钢②氢还原的铁粉

Hirox 希罗克思合金（电阻合金，*w*（Al）6% ~ 10%，*w*（Cr）3% ~ 9%，*w*（Mn）0% ~ 4%，少量Zr、B，其余Fe）

Hishi-metal 覆聚乙烯金属板

Hi-speed-it 海·斯皮德·伊特硬化剂

hi-spot 高光强聚光灯

hiss(ing) 嘘〔啸，丝丝〕声

Hi-steel 低合金高强度钢

histeresis =hysteresis

histochemistry 组织化学

histogram 直方〔矩形，柱状，组织〕图，频率（分布）图，频率曲线

histological 组织的，有机的

histology （有机）组织学，组织结构

historadiography 组织射线照相术

history ①历史，历〔过〕程，经历，沿革，规律②时间关系曲线，变化过程，规律性③时间的函数，函数关系，关系曲线，图形
case ~ 典型例证，举例说明，图解，插图
temperature ~ 温度随时间的变化
time ~ 时间历程，随时间的变化，时间关系曲线图
track ~ 全程轨迹
wear ~ 磨损曲线

hi-strength 高强度

hit ①打（击），打〔击，命〕中，戳穿，使受创，使遭受②碰撞，冲击③符〔迎，适〕合，成功④（偶然）碰见〔发现，想到〕⑤达到，到达⑥瞬时中断⑦（在气缸内）点火
light pen ~ 光笔指点

Hitab （噪声和背景信号的）测定靶

hitch ①联结，索结，维系，抓②悬挂〔联结，牵引〕装置③顿挫，故障，障碍④拴，系，绑，钩住，套住
choker ~ 结套（吊索）
drive-in ~ 驶入式悬挂装置
energy-absorbing ~ 减振挂钩
eye ~ 牵引环
flexible ~ 挠性联结，浮动式悬挂装置
offset ~ 支钩
pickup ~ 自动联结器
ring-type ~ 牵引环

spring-trip ~ （犁的）弹簧销拖挂装置
hitching 系留联结，挂结，突然停止
hi-temperature 高温，高温的
hitter 铆钉枪
hive 蜂巢状物
Hizex （高密度）聚乙烯
H-magnetometer H〔水平强度〕磁强计
H(-)mode H 模（式），H 波，磁型波，横向电波，TE 波
H-network H 型（四端）网络，H 型电路
hoarder ①霍阿德（报警系统）②贮藏者
hoarding ①（德国的）报警系统②板围，栅墙③积蓄④（pl.）贮藏物
hoarse 噪声的，嘶哑声的
hob ①滚刀，铣刀，滚铣〔削，齿〕，切压，截齿具②挤〔切〕压母模（树脂），元阳模③蜗（轮）杆，螺（旋）杆
alternate tooth ~ 错齿滚刀
arbo(u)r type ~ 套式滚刀
built-up ~ 装配式滚刀
butt-welded ~ 焊柄滚刀
carbide ~ 硬质合金滚刀
chamfering ~ 齿轮倒棱〔角〕滚刀
die ~ 标准丝锥，板牙丝锥
double module gear ~ 双模数滚刀
double-thread ~ 双头滚刀
drum ~ 弧形齿顶花键滚刀
fine cut ~ 细刃滚刀（滚刀齿顶上做成特殊的齿形以减少磨损及断屑）
fine pitch gear ~ 小模数齿轮滚刀
finishing ~ 精切滚刀
form-relieved ~ 铲齿滚刀
full-fillet type ~ 圆顶滚刀
full-topping ~ 全切式滚刀
gear ~ 齿轮滚刀
generating ~ 齿轮滚刀
ground ~ 铲磨滚刀
helical gash ~ 螺旋槽滚刀
Hindley ~ 亨德莱〔切削球状蜗轮〕滚刀
inserted blade ~ 镶齿滚刀
left hand ~ 左旋滚刀
micron ~ 小模数滚刀
modified tooth profile ~ 修形滚刀
multiple thread ~ 多头滚刀
multi-section ~ 组合式滚刀
multi-start ~ 多头滚刀
parallel ~ 等径滚（铣）刀
parallel side spline ~ 矩形花键滚刀
polygon ~ 多棱零件加工滚刀
profile-relieved ~ 尖齿滚刀
protuberance type ~ 凸角滚刀
raked ~ 前角滚刀
ratchet ~ 棘轮滚刀
right hand ~ 右旋滚刀
roughing ~ 粗切滚刀
scroll ~ 蜗形滚刀
serration ~ 细齿滚刀
shank-type ~ 柄式滚刀
shaving ~ 蜗轮剃齿刀
shell-type ~ 套式滚刀
single position ~ 蜗形滚刀，单圈滚刀
single-start ~ 单头滚刀
single-thread ~ 单头滚刀
spline ~ 花键滚刀
sprocket ~ 链轮滚刀
straight-sided normal ~ 法面直廓滚刀，护轴线滚刀
tap ~ 标准丝锥
taper ~ 锥形（齿轮）滚刀，切向（进给）滚刀
throw-away ~ 不重磨滚刀
tipped ~ 焊齿滚刀
tooth-rounding ~ 倒角滚刀（齿轮）
topping ~ 切顶滚刀（小模数滚刀，滚齿时，同时切削齿顶圆，以作为检查基准）
unground ~ 不铲磨滚刀
worm(-gear) ~ 蜗轮滚（铣）刀，蜗轮滚齿刀
hobber 滚齿机
duplex gear ~ 双轴滚齿机
hobbing ①滚刀〔切，铣，削，齿〕②滚齿机③切〔挤〕压制模（法），反印制模法
climb ~ 顺滚，顺向切齿法
cold ~ 冷挤压制模法
combination ~ 组合进给滚齿
conventional ~ 逆滚，逆向切齿法
crown ~ 鼓形滚齿
diagonal ~ 对角滚齿
die(s) ~ 压制阴模法，模压制模法
gear ~ 滚削，滚齿
hobbing-cutter 滚刀
taper ~ 锥形（齿轮）滚刀，切向（进给）滚刀
hob-element 电灶头
hobhead 滚刀架
hobnail ①平头钉②钉平头钉子

hob-sinking 切压（制模）
hocus-pocus 妙计，公式，骗术
hod 斗，煤斗，灰（沙）斗，砂浆桶，化灰池
Hodectron 磁脉冲汞气放电管
hodge-podge ①（85 ~ 105 MHz）干扰发射机②大杂烩，混合物
hodograph 速端图，速矢端迹，速端曲线，时距曲线（震波），速度图，根轨迹图，高空（风速）分析图
velocity ~ 速度矢端图
hodometer 路程计，计距〔步〕器，自动计程仪，轮转计
hodoscope 描迹仪，辐射计数器
counter ~ （计数管组成的）描迹器
hoe 耘锄，锹，灰耙，耕耘机
back ~ 反向铲挖土机
single-wheel ~ 独轮行间中耕器
steerage ~（动力驱动的）中耕锄
hog ①（使）拱〔弯，扭〕曲，变形②弯拱，弯头，软管③碎木机，缩粒机，扫底部船壳的帚形工具④（无线电）干扰
hogback 拱背，拱起物
hogcaller 扩音器，喇叭筒
hogger ①（研细动物性原料的）研碎机②碎木机③钻工
hogging ①弯曲，翘曲，挠度，曲折②（氧 - 乙炔）切割（冒口等）
current ~ 电流错乱，电流参差
hoghorn （从波导到抛物柱面天线的）平滑匹配装置
hogshead 大（啤酒）桶（合 63 ~ 140 加仑），豪格海（液量单位，1 豪格海 =52.5 英加仑 =63 美加仑 =238.5 L）
hoise =hoist
hoist ①起重葫芦，卷扬（机），起重（机），升降机〔舵〕，升举器，绞〔吊〕车，滑车（组），起动机，启闭机②扯〔绞，升，拽，举，吊〕起，提高
air ~ ①气力起重机②气动卷扬机
bell ~ 炉钟起重机
boom ~ 悬臂起重机，臂式吊车〔绞车〕
building ~ 施工升降机
bunker ~ 煤斗，（煤）提升机
cage ~ 罐笼提升机，电梯
car spotting ~ 调度绞车
carriage ~ ①起重车②举车机
chain ~ 吊链，链式起重机，差动滑车，手动葫芦
chippy ~ 辅助提升机
coal ~ 扬煤机，提煤机
coffin ~ （由管沟举起管子用的）匣升降机
coke ladle ~ 焦罐吊车
construction ~ 施工起重机
double drum ~ 双滚筒绞车
drum ~ 卷绕式绞车，卷筒提升机
electric ~ 电动葫芦，电绞车，电动起重机
electric trolley ~ 电动移动绞车
engine ~ 发动机起重机
first-motion ~ 直接传动提升机
friction ~ 摩擦式绞车，摩擦式提升机
gate ~ 闸门启闭机
geared ~ 带减速器的提升机
gib ~ 悬臂式起重机
hydraulic ~ 液动葫芦
incline ~ 斜井提升机
inclined skip ~ 爬式加料机
Koepe ~ 戈培式提升机，摩擦提升机
lever (pull) ~ 手扳葫芦
man-and-material ~ 副井提升机
mine ~ 矿山卷扬机
motor ~ 电动提升〔起重〕机，电动葫芦
multiaxial ~ 多轴绞车
plate ~ 厨房用升降机
platform ~ 平台式起重机
pneumatic ~ 气动葫芦
portable ~ 轻便绞车
power ~ 自动吊车
projectile ~ 吊弹机
ratchet ~ 环链手扳葫芦
reel ~ 绞轮提升机
rope ~ 绞车
runaway ~ 移动式电葫芦
scraper ~ 扒矿绞车，电耙绞车
shaft ~ 矿井提升机
sinking ~ 凿井提升机
skip ~ ①箕斗提升机，料箱起重机，料车〔翻斗〕绞车，倒卸式起重机②爬式加料机
slope ~ ①下山绞车②斜井提升机
slusher ~ 扒矿绞车，电耙绞车
stage ~ 分段提升机
stationary ~ 永久〔固定〕提升机，固定起重机
tandem ~ 平行轴双绞筒提升机
telfer ~ 小车葫芦
three shaft ~ 三轴绞车
tower ~ 塔式升降〔提升〕机

tractor ~ 通井机
transit ~ 中转卷扬机
travel(l)ing ~ 移动式起重〔卷扬〕机
trip spotting ~ 调度绞车
trolley ~ （架空）单轨吊车，电葫芦
twisted ~ 缠绕式提升机
vertical skip ~ 立式翻斗加料机
wall ~ 固定在壁上的卷扬机
whip ~ 动臂起重机

hoist-away 起重机

hoister ①提升〔起重，卷扬〕机，绞〔吊〕车②绞车〔起重机〕司机

hoisting 提升，吊装，起重

hoistman 提升机〔起重机〕司机

hoistphone 提升话筒（提升司机与井口把钩工通话用）

hoistway （货物）起卸口，提升间

hold ①握住，固定，安装②保持，吸持（继电器）③暂停，止住，抑制，阻止，约束，延缓④同步，同期⑤持续，不变，耐久，进行⑥容纳，包含，存储，占有⑦适用⑧保持值
~ down ①抑制，压制②保持，压紧
~ in ①（保持）同步②抑制，阻止，压住
~ off ①脱出同步，失步②延迟，推迟③隔离，隔开，保持一段距离④不使靠近
~ up ①举起，提起，推举，支持，持续②阻碍，停顿
acknowledge ~ 确认保持
automatic ~ ①（模拟计算机的）自动运算制止②自（动）保持
bar ~ 钳夹头，压钳口
cellular ~ 格栅舱
data ~ 数据保持
feed ~ 进给保持
frame ~ 取景〔摄像〕调节器
graphics ~ 图形同步并接（屏幕上图形的不同彩色面积及图形与文字之间封闭地连接起来）
heading ~ 航向保持
horizontal ~ 行同步，水平同步
line ~ 行同步
mains ~ 网络〔电源，帧扫描与电源频率〕同步
tongs ~ 夹头，压钳口
vertical ~ 帧同步，垂直同步

hold-all 工具箱〔袋〕，杂物囊，手提包〔箱〕

hold(-)back ①退缩，缩进②阻碍，阻止，抑制，压住，挡住暂时停止，扣〔滞〕留③取消④制动装置，抑车钩，保持装置，（带）防偏装置⑤重馏分所含的轻馏分

hold-down ①压料器，压板〔具，块〕夹爪〔板，子〕，压紧（装置），连接板，把手，锚栓，钩条②缩减，控制

holder ①夹具，电极夹，焊把，焊条钳②（刀）杆，柄，把，托，（支，托）架，座③套，圈④罐，盒，容器，贮气器，气柜⑤支持器〔物〕，（轴承）保持架，（量块）夹持器，稳定器⑥持有人
air ~ 空气罐，空气贮存〔收集〕器
annular ~ 环形夹具，防皱夹具
automatic ~ 自动保持器
baffle flame ~ 挡板式火焰稳定器
ball ~ 球轴承保持架，球轴承隔离圈
beam ~ 叉杆，支梁杆
bit ~ 钻套
blade ~ 刀座，锯条夹
blank ~ 压边圈，压料板
block ~ 量块夹持器，量块夹子
brush ~ 刷握
bulb ~ 灯头
carbon ~ 电刷握，碳棒握（持器）
cartridge ~ 弹夹
catch ~ 熔丝盒，熔断器支架
circular cutter ~ 回转刀架
circular saw blade ~ 锯夹
clutch tap ~ 丝锥铰杠，丝锥夹头
coil ~ 开卷机，开线卷装置，线架，线卷支持器
cold ~ 冷镦机
cutter ~ 刀杆〔夹〕
cutting electrode ~ 割钳
dial ~ 仪表架，千分表架
diamond ~ 金刚石笔
die ~ 凹模固定板，模座，板牙绞〔扳〕手
disc ~ 反冲盘
dish gas ~ 湿式气柜
disk ~ =disc ~
document ~ 稿台（照相）
drill ~ 钻（头）套（筒），（钻头）变径套手
electrode ~ 电极握杆，焊条钳〔夹〕
end piece ~ 退刀夹
flame ~ 火焰稳定器
gasketed ~ 垫压圈
globe ~ 灯座，球形灯罩
grid ~ 栅极座
grip ~ 夹头
guide ~ （大型模具）导向座

heater ~ 加热器座
hill ~ 汽车坡路停车防滑机构，上坡防退器
hinged tool ~ 活节刀柄
key ~ 键座，持键器，（皮制）键套
lamp ~ 灯座
lockstitch button ~ 锁眼机
needle ~ 测针夹持器，针托
nozzle ~ 喷嘴座，喷油器体
packing ~ 密封圈座
punch ~ 冲头〔凸模〕夹持器
reducing lamp ~ 灯头缩节
reference ~ 参比物支持器
releasing ~ ①放松把②均衡储气器
reticle ~ 标度线保持器（集成电路工艺用）
revolving bundle ~ 盘条打捆机
rivet ~ 抵座（用于筒形工件），铆钉托，（顶棒）顶把
roller ~ 圆柱滚子轴承保持架
screw ~ 螺口灯头，螺钉夹持器
shade ~ 灯罩座，灯罩点
split 弹簧刀杆，拼合刀杆〔架〕，弹簧夹持器
spring ~ 弹簧柄〔座，支架，定位销〕，簧片架
spring tool ~ 弹簧刀夹
store ~ 容器，箱，油罐
straight cutter ~ 直角装刀式（单刀）刀杆
stylus ~ 触针座〔帽〕
substrate ~ 基片座
swing ~ 转动夹持器，回转刀架
tap die ~ 丝锥板牙两用夹头
tip ~ 喷嘴焊钳，焊条夹钳，（焊丝）导电嘴夹头
tool ~ 刀夹，装刀杆，（操作器内的）工具盒
tooth ~ 齿座，齿夹
top ~ 车顶架
trip ~ 夹紧模座
trunk ~ 中继线架
twine ~ 绳夹
valve ~ （电子）管座
watch ~ （手）表调整台
welding electrode ~ 焊钳
work ~ 工件夹持装置，（研磨机）工件夹盘，工件隔板

holderbat 管箍

holder-on （压气铆钉的）气顶，（船上的）铆工

holdfast ①保〔支〕持，稳固②夹，（夹）钳，钩子，支架，固定架，平头大铁钉，紧握物③锚碇，地锚

holding ①把握，保〔支，夹〕持，保温（热处理），保持时间，支撑〔承〕（物），固定②保存，存储，贮藏，储备③同步④调整，定位，自动封锁⑤（数学）解的确定过程⑥（pl.）馆藏（库存）资料
peak ~ 峰值保持
pressure ~ 保压

holding-down 压紧，压具

holding-off 瞄准点修正

holding-on 咬合，钩挂，拉住

holdman 舱内装卸工人

hold-off ①隔开，离开，不使靠近②脱出同步，失步③拖延，耽搁，截止④释放，闭锁
sweep ~ 扫描间歇

holdor 全息数据存储器

hold-over ①保持故障②蓄冷

hold-up ①支持，举起②（交通）阻塞，停止〔住，顿，车〕，拦截③滞留量，容纳量，容器体积④给定时间保持…（在装置中）

hole ①孔，洞，坑，槽，（缺）口，（空）穴，大型导弹地下井，探井，浅井②通〔电〕路，孔〔管，线〕道，铁路的侧线③频段死点，（扫描中的）无信号区，（pl.）（图表曲线）中断④漏洞，缺陷〔点〕
~ in die 压模孔
access ~ 检查〔检修，进入〕孔，取数孔（多孔磁心用）
air ~ ①风眼，通风〔气〕孔②气眼，砂眼
air admission ~ 进气孔
angled ~ 斜炮眼，斜（钻）孔
appendix man ~ 输气管进入孔
ash ~ ①灰坑②出灰孔，出灰口
aspirating ~ 抽〔吸〕气孔
auger ~ 螺旋钻孔
auxiliary ~ 工艺孔
axial core ventilating ~ 铁心轴向通风道
balanced ~ （离心泵，汽轮机）平衡孔，均压孔
barring ~ 盘机孔，盘车孔
blacking ~ 涂料气孔，（铸件缺陷）石墨窝，针〔气〕孔
blast ~ 炮眼，钻孔〔眼〕，风口
bleed ~ ①出渣口，出铁口②放出孔
blind ~ 闷眼，不通孔
blow ~ ①吹穴，（隧道）通风孔②气泡，气孔，（铸件的）砂眼，火口，烧损处
body size ~ 穿透孔，通孔
bolt ~ 螺栓孔

breast ~ 中央渣口
breather ~ 通气孔，吸取管，气门
bug ~ 晶穴
center ~ 中心〔中导，顶尖〕孔，中心炮眼
centering ~ 定心孔
cleaning ~ 出砂孔，清除孔
clearance ~ ①排屑孔，（铸件的）出砂孔，出模孔，排气孔②自由尺寸孔
collar ~ 凹辊环
conduction ~ 导电空穴
control ~ 标志孔
cored ~ 型芯孔
counterbored ~ 沉孔
crimp inspection ~ 压接检查孔
cross ~ 十字孔
cross-drilled ~ 横孔
datum ~ 基准孔
dead ~ ①不通孔，死孔②（爆炸后的）炮眼，残眼
defining ~ 限制孔，准直孔
deviating ~ 斜钻孔
dial ~ （电话）拨号盘孔
dirt ~ 渣孔，渣夹杂物
discharge ~ 出料口
drain ~ ①放泄孔，放水孔②备用出铁口
drill ~ 钻孔，钻井
drop ~ （多膛焙烧炉各炉膛间的）落砂孔
dummy ~ 假孔，虚（构）孔（离子源中形成对称弧的孔）
end ~ 边缘钻孔，帮眼，边眼
equalizing ~ 平衡孔，卸荷孔
escape ~ ①排气口②出口
extruded ~ 挤压成带法兰的孔，挤压翻内孔
fabrication ~ （印制电路板上的）工艺孔
fettling ~ （冲天炉）炉底孔
filler ~ 注入〔加油，加水〕孔
finger ~ 指孔，拨号孔
fire ~ 炉口
flat-bottomed ~ 平底孔
floss ~ 烟道孔
flushing ~ ①渣孔〔口〕②冲洗孔
full ~ 贯眼型（钻探管用工具接头连接形式）
gallery ~ 纵向润滑油孔
gas ~ ①（铸件内的）气眼〔孔〕，气泡②吹气孔
ga(u)ge ~ 定位孔，工艺孔
glow priming ~ 引辉孔
guide ~ 导向孔
handle ~ 操作〔装卸，吊运〕孔
heavy ~ 重空穴
hoist ~ （货物）起卸口，提升间
hot ~ 热空穴，热孔
idle ~ （化油器的）空转孔
immobile ~ 束缚空穴
inspection ~ ①检查孔，人孔②观察孔
jacket registration ~ 封套定位孔
jewel ~ 钻眼，宝石轴承孔
junction ~ 中导孔
key ~ ①键孔，钥匙孔②掏键孔③控制钻孔
knock ~ 定位（销）孔，顶销孔
lacing ~ 拉筋孔
lead ~ 导孔，导向孔
lewis ~ ①吊（楔）孔②楔形槽，燕尾槽
light ~ 轻空穴
lightening ~ ①发光孔，点火孔②减（轻）重（量）孔
location ~ （电影机械）定位孔
metering ~ 校准〔定径，计量，限流〕孔
mortise ~ 榫眼
non-penetrated ~ 不通孔
oil spit ~ （连杆）承油孔，喷油孔
open ~ 安装孔
outlet ~ of hopper 出料口
peep ~ 检视〔检查，观察〕孔，（坦克的）展望孔
pendant ~ 壳端孔
pick-up ~ （压力）测量孔，（测量用的）通气孔
pigeon ~ （钢锭内的）空穴
pilot ~ 导向孔，定位孔，装配孔，辅助孔
pin ~ ①针〔销钉，引线，塞〕孔②气泡③深划痕
pintle ~ 扣钉孔
pitot ~ 总压孔
plug ~ ①出料〔放水，放料，浇注〕孔②插座，插孔，塞孔
pneumatic rabbit ~ 风动传送装置孔道
poke ~ 拨火孔，搅拌孔
positive ~ 空穴
potential ~ 势（位）阱，势穴（电势突降区域）
prepared ~ 拉前孔
pressure ~ 测压孔
pressure tap(ping) ~ 测压孔，压力计接口，取压分接管
radio ~ 无线电空穴（信号急剧衰落区）
rapping ~ 敲模孔

relief ~ ①放水孔，排泄孔②辅助炮眼
ribbed oblong ~ 波纹形长筛孔
rotor ~ 转头孔
sand ~ 砂眼，砂孔
screen ~ 筛孔，筛眼
scum ~ 出渣口
shoulder ~ 阶梯孔
shrink(age) ~ （收）缩孔
sight ~ 检查〔观察，窥视，瞄准，验火〕孔
skin ~ （钢锭）表皮气泡
slag ~ 出渣口，砂〔渣〕眼
slag pin ~ 砂眼，渣孔，渣口
slag-blow ~ 渣气孔
slotted ~ 长圆孔，长孔，缝槽，切口
spout ~ 溢流孔
sprocket ~ 定位〔扣齿，输送〕孔，导孔，(指令带的）传送孔
spurt ~ （连杆）润滑喷孔
starting ~ （切凿，铣槽）开始孔
static-pressure vent ~ 静压力（测定）孔
stationary ~ 不动的空穴
stirring ~ 搅孔，拨火孔
stoke ~ 加煤孔，拨火孔
stop ~ 止动〔限位〕孔，碰孔，停孔，止裂孔
tap ~ 出铁〔出钢，放出，出渣〕口，塞孔，螺纹孔
taper ~ ①锥形孔②出铁口，出渣口
tapered arbor ~ 心轴锥孔
thief ~ 取样孔，泥泵取样盖
through ~ 透眼，透孔，通孔
top ~ 顶孔，出钢口
touch ~ 点火孔
try ~ （高炉）探尺孔，探测孔
unfair ~ 不通孔
vent ~ 排气孔（镀膜）
via ~ 通路〔辅助，借用〕孔
wall pressure ~ 壁面测压孔
weep ~ 泄水孔〔洞〕，排水〔气〕孔，排气预留孔（浇注时芯子排气用）
wicket ~ （平炉的）观察孔

hole-coupling 小孔耦合
holed 拉拔的，拉制的（线材）
hole-ga(u)ge 塞〔验，孔，内径，内量〕规，内测微计
holer 打眼工，凿岩工
holes 中断，缺口（指图表上曲线的中断）
hollander ①（荷兰式）打浆机，漂打机②大麦脱壳精碾机
Hollerith 利用凿孔把字母信息在卡片上编码的一种方式
hollow ①空（心，洞，虚）的，中空的②凹（陷）的③不真实的，虚伪〔假〕的④空心〔冷拔〕管坯，毛管⑤穴，孔，洞，沟，坑（槽），腔，凹部⑥挖〔凿，变〕空，曲成凹形
serpiginous ~ 盘旋气泡，盘旋砂眼
wave ~ 波谷，波底

holloware 底柱设备，底柱装置（中注管，底极等）
hollowing 拱曲
hollowness 凹，多孔性，空心，空心度
holmium 钬（Ho）
holoaxial 全轴（的）
holocamera 全息摄影〔照相〕机
holocentric 单心的
holocrystalline 全晶质（的），全（结）晶（的）
holo-diagram 全息析纹图
hologenesis 完全发生
hologram 全息图〔照片〕，衬衍图，综合衍射图
absorption (amplitude) ~ 吸收（振幅）全息图
acoustic(al) ~ 声全息图
artificial ~ 人工全息图〔照片〕，仿真全息图
blazed ~ 闪耀全息图
computer generated ~ 计算机全息图
diffusion〔lighting〕~ 漫射〔照明〕全息图
dual ~ ①双全息图②双像全息照片
Fourier transform ~ 傅里叶变换全息图
Fraunhofer ~ 夫琅和费全息图
Fresnel ~ 菲涅耳全息图
image ~ 像全息图
in-line ~ 同轴全息图，一列式全息图
microwave ~ 微波全息图
offset ~ 离轴全息图〔照片〕
phase ~ 相位全息图
projected 3D ~ 投影三维全息图
reflexion(lighting) ~ 反射（照明）全息图
thermoplastic ~ 热塑全息图
thick-film ~ 厚膜全息图
transmission (lighting) ~ 透射〔照明〕全息图
ultrasonic ~ 超声全息图〔照片〕

hologrammetry 全息摄影测量
holograph ①全息照相〔摄影〕②手稿文献，作者亲笔书写的原稿
magnetic ~ 磁性全息照相

multiplex ~ 多次曝光全息照相
volume ~ 体积全息照相
holography 全息照相术，全息摄影术，全息学
acoustic ~ 声全息照相术
acoustic(al) ~ 声全息术
colour ~ 彩色全息术
electron ~ 电子全息（技）术
electron-beam scanning acoustical ~ 电子束扫描声全息术
in-line ~ 同轴全息术
laser scanning acoustical ~ 激光束扫描声全息术
laser ~ 激光全息照相术
Lippmann ~ 李普曼全息术
off-axis ~ 离轴全息术
rainbow ~ 彩虹全息术
sandwich ~ 重叠全息照相法
three-dimensional ~ 三维全息术
ultrasonic ~ 超声全息术
underwater acoustic ~ 水下声全息摄影法
underwater ~ 水下全息摄影法
holohedral 全对称（晶形）的，全面的
holohedron 全面体
holohedry 全（面）对称，全晶形，全面像
hololens 全息〔光〕透镜
holomagnetization 全磁化
holometer 测高计
holometry 全息〔光〕照相干涉测量术
holomicrography 全息显微照相术
holomorph 全形
holomorphic 正则的，全纯〔形〕的
holomorphism 全面形，全对称形态
holonomic 完整的，完全的
holophone 全息录音机
holophonics 三维录音
holophote 全光反射装置，全反射镜
holoscope 全息照相机
holoscopic 近复消色差的，纵观全局的
holostone =holystone
holostore 全息存储
holotactic 全规整
holotape 全息录像带
holotype 全型，完模标本
holoviewer 全息观察仪〔阅读台〕
holster ①机架，机座，轧辊（台）架，轧辊堆放架②手枪套
holystone ①磨石②用磨石磨
homalographic 等面积的
homaxial 等轴的
home ①内部〔国内，局部，本地，家居〕的②产地，基地，源位，起始位置，出发点③自动录的，自动导引，自动瞄准④导航，归航，恢复原位⑤精确配合
"go ~"（船上）备用的发动机
machine ~ 机床原〔零〕位
mobile ~ 旅居汽车
smart ~ 智慧家居
homegrown 本国产的，土生的
homemade 国产的，自制的，手工制的，本地制的
homenergic 等能量的
homeomorphism =homeomorphy
homeomorphy 异质同晶（现象），异物同形，同坯
home-on 自动寻的〔瞄准，导航〕
home-on-jam 干扰寻的，干扰跟踪
homeostasis 自动（调节），动态平衡，体内平衡
homeostat 同态调节器
homeostrophic 同向扭转〔屈曲〕的
homepage 主页
homer ①自动导航设备，自动寻的弹头，导航弹头，自动引导〔导航，瞄准〕导弹②归航台，归航信标机〔指点标，指示器〕
Homeware 家庭软件（用于家庭事务的软件包）
homilite 硅硼钙铁矿
homing ①自动导引〔寻的，跟踪〕②归航，导航③回复原位，归位
~ on 瞄准
acoustic ~ 音响修正，声（辐射）自动引导〔寻的〕
active ~ 主动寻的〔导航，追踪〕
air-to-air ~ 空对空自动引导，空对空寻的
dual ~ 双归位
infrared ~ 红外线自动寻的，红外线归航
light ~ 光学导航，光学跟踪
passive ~ 被动寻的〔导航，追踪〕
radar ~ 雷达自动寻的
radio ~ 无线电（辐射）测向〔导航，寻的〕
sound ~ 声波导航，声波寻的，声（辐射）导航
target ~ （自动）寻的，目标搜寻
track ~ 跟踪导引〔寻的，导航〕
homoatomic 同原子的，同素〔种〕的
homocentric 同（中）心的
homocentricity 共心性
homocharge 纯号电荷

homochromatic 同〔均〕色的，等〔单〕色的
homochromic 同色异构体
homochromo-isomer 同色异构体
homochromy 同色
homochronous 同时〔期〕的，类同步的
homocycle 碳〔纯〕环，同素环
homodesmic 纯键（的）
homodisperse 均相分散
homodyne 零差〔拍〕，自差法
homoenergetic 均能〔同，高〕的
homoentropic 均熵〔同，高〕的
homoepitaxy 同质外延，均相外延
homofocal 共焦的
homogen 均质（合金）
homogeneity 同种〔质,性〕,均匀〔相,一〕性，等〔均，同〕质性，一致性，齐次性
dimensional ~ 量纲一致性,维量(纯一尺度）均匀性
homogeneous ①均匀〔质,相,一〕的,单一的，同〔划,齐,纯〕一的,一〔单〕相的,对等的，类似的②齐〔同〕次的，齐（性）的，单色的③同族〔源，质，性，类，种，次〕的
temporal ~ 时间齐次的
homogenization ①均（一）化作用，均匀化〔性〕②等〔均〕质化
ultrasonic ~ 超声均化
homogenize 使均匀〔质〕，变均匀，均匀化，扩散加热
homogenizer 均质〔化〕机
ultrasonic ~ 超声波均质机
homographs 同形词
homography 单应（性），对应（性）
homo-ion 同离子
homoiothermal 恒〔同〕温的
homo(io)thermic 调温的
homojunction 同质结，单质结
homolog =homologue
homologisation =homologization
homologise =homologize
homologization 均裂作用
homologize （使）相应〔同〕,（使）一致,（使）同系，（使）类似
homologous 相应的,类似的,对应的,同调〔系，族〕的
homolographic 等面积的
homologue ①同调②同系〔对应，相似〕
homology 相同〔当，应〕，符合，同调〔源〕，同系（现象），关系相同，（现象）对称，导体同形，相互射影，透射
coefficient of ~ 透射系数
homolysis 均裂
homometric(al) 同度量的，同X光谱的，同效的
homo-mixer 高速搅拌机
homomorphism 同态，异质同晶（现象）
homonym 同名异物，同音（异义）词
homonyms 异义词
homoperiodic 齐周期的
homophase 同相
homoplastic 同型的，相似的，同种移植〔成形〕的
homopolar 同〔单，无〕极的，共价的
homopolymer 均聚（合）物，同聚物
homopolymerisation 均聚合作用
homoscedasticity （数学）同方差性
homospecific 同种（特性）的
homostasis 稳态，平衡，同态
homostrobe 零差频选通，零拍（闸）门，单闸门
homotactic 等效的
homotaxial 排列类似的，等列的
homothermal 恒温的
homothetic （同）位（相）似的
homotope 同族（元）素
homo-treatment 均匀热处理
homotype 同范〔型〕，等模标本
hondrometer 粒度计，微粒特性测定计
hone ①（细）磨石，油石，镗〔珩〕磨头，磨孔器②刮路器③（镗）磨，珩磨
~ out 磨光，抛光，去毛刺
cylinder ~ 气〔液压〕缸珩磨头
road ~ 平路机
honer 搪〔珩〕磨机〔头〕
gear ~ 珩齿机
worm-shaped ~ 蜗杆珩轮，珩磨蜗杆
honestone 磨刀石
honeycomb ①蜂窝（器,结构,状物,状砂眼），整流器〔栅，格〕，蜂房（式）②蜂窝〔巢〕状的
honeycombed 有蜂窝夹层的，蜂窝结构的
honeycomb-filled 有蜂窝夹层的
honing ①珩磨，镗磨②喷砂清理③金属表面磨损④刮平（路面）
controllable increment ~ 定量珩磨
controllable pressure ~ 定压珩磨
crown ~ 鼓形珩齿

cylindrical ~ 珩磨外圆
double flank ~ 双面珩齿法
feed expansion ~ 定进给量珩磨
flat top ~ 平顶珩磨
free ~ 无支撑珩磨
free expansion ~ 定压珩磨
hole ~ 珩孔
liquid ~ 液体研磨，水砂抛光（处理）
positive ~ 刚性加压珩磨，强制珩磨
rigid ~ 强制珩磨
single flank ~ 单面珩齿
spark out ~ 修光珩磨
stack ~ 多件珩磨
wet blasting liquid ~ 湿喷珩磨

hood ①（帽）盖，帽，套，外壳，兜（帽），（防护，烟，排气，虹吸，机）罩，通风柜〔帽〕，（雷达荧光屏的）遮光板〔罩〕，挡〔遮〕板②（车）篷
acoustic ~ 隔声罩（内燃机）
annealing ~ 退火炉
arc furnace flame ~ 电弧炉排烟罩
blast ~ 防爆门
bowl ~ 转鼓盖
camera ~ 漏光防护罩，摄像机遮光罩
cantilever ~ 悬臂回转式排风罩
cap ~ 顶盖
cowl ~ （气）缸头罩
elevator ~ 升运器弯头
engine ~ 发动机罩
exhaust ~ ①排气缸，后气缸②排风罩
gas-shaft ~ 气管塞
laminar flow ~ 层流净化罩〔台〕
lens ~ 镜头遮光罩
range ~ 电灶排气外罩
roof ~ 雨厦（冲天炉的），顶罩，伞罩
screening ~ 屏蔽罩，防护罩
shield ~ （发动机的）罩边板
terminal ~ 接线端盖帽（电机）
transfer ~ 导流罩

hook ①（大，吊，铁）钩，钩形物，镰刀，环，扣，箍（圈），圈套，陷阱②爪，掣〔夹，卡〕子③线路中继，转播，变形线（扫描光栅失真）④用钩钩住，挂上，弯成钩形，弯曲
automatic reeding ~ 自动穿筘器
auxiliary ~ 副钩
belt ~ 带扣
bill ~ 打结钳
breast ~ 船首补强肘板
cant ~ 钩杆，活动铁钩
catch ~ 掣子爪，回转爪
clasp ~ 弯脚钩
clip ~ 双抱钩
clove ~ 双抱钩
crochet ~ 钩针
detaching ~ 过卷脱绳钩，分离钩
dog ~ 带钩撑杆，挽钩，抓钩
double ~ 双钩吊钩，山形钩
eye ~ 环眼吊钩，链钩
eye C ~ 环眼 C 形钩
eye ramshorn ~ 环眼双钩
grab ~ 抓钩，起重钩
grip ~ （拖拉机轮的）轮爪
hammer ~ 击锤锁扣，击锤卡钩〔枪〕
holdup ~ 运输钩（工作部件运输状态的吊钩）
hopper ~ with point 单钩
ice hook 冰锚
latch ~ ①挂〔锁，弹簧〕钩②掣子，卡子
lift ~ 吊钩
maintenance ~ 维护钩
marine ~ 船用吊钩
match ~ 双抱钩
monkey ~ 桩头钩
packing ~ 填料钩（更换填料用工具）
pick-up ~ 抓钩（登高工具），脚扣
pintle ~ 牵引钩
PN ~ （晶体管中的）PN 钩
point ~ 单钩
pole ~ 杆钩
ramshorn ~ 双钩
resilient ~ 扣发条的弹性钩
rider ~ 游码钩
screwed ~ 带钩螺钉，有螺纹的吊钩
shave ~ 镰刀钩
sister ~ 和合〔双抱，姊妹，安全〕钩
slip ~ 滑〔活〕钩，滑脱环
snail ~ 螺旋钩
snap ~ 安全钩，弹簧钩，弹簧扣
stay ~ 撑钩
wheel ~ 制动钩

Hooke ①胡克（胡克定律的发现者）②万向接头

hooker ①吊挂工，挂钩②旧船③码布机

hooking 屏幕变形，扫描光栅失真

hooklet 小钩子

hook-on 钩接式的，钳形的

hookup ①挂钩，悬挂〔联结〕装置，联结器，联系〔接〕②试验电路，接入电网〔系统〕，电路耦合，中继电台连锁，转播，联播电台③线路〔接线，接续〕图

hookwrench ①钩形〔带钩〕扳手②带钩螺钉钻子

hoop ①环（带），（环，轮）箍，圈，箍铁〔钢〕，轴环，（垫）圈②集电弓〔环〕③（热轧）带钢④弓形小门⑤分压环

rectilineal ~ 环箍筋

set ~ 定位环，紧定环箍

wire ~ 加强钢丝圈

hoop-iron 箍钢，箍铁，螺旋钢箍

hoot-collector 开关式集电极

hooter 汽〔警，号〕笛，警报器，吼鸣器，喇叭

hoover ①真空吸尘器②用真空吸尘器把…弄清洁

hop ①跳跃②起飞，飞过③（电波）反射

~ off （飞机）起飞

~ up （发动机）超过额定功率

wheel ~ 车轮垂直跳动

hopcalite ①钴，铜，银，锰等氧化物的混合物（防毒面具中用）②二氧化锰与氧化铜（3：2）的混合物

hopcheck hopcheck 工具（一种互联网工作软件）

hopper ①混合料，矿槽，料〔漏，戽，仓，贮，注入〕斗，布〔给〕料器，箱②斗仓③送斗箱，盛斗器，储卡机，储存设备，削波器④贮水〔液〕槽，贮煤器⑤计量器〔筒〕，接收器〔阀〕⑥底卸（式）汽车，漏斗车，有倾斜斗的手推车，开底式泥驳

~ for hearth layer burden 铺底料矿槽

batch ~ 装料斗，装载漏斗，定量装料仓

buffer ~ 缓冲器，缓冲斗

cake ~ 固结斗，沉淀斗

car ~ 车斗

card ~ （输入）卡片箱，卡片传送斗，储卡机

carryall loading ~ 轮斗式装运机

combustion chamber ~ 冷灰斗，沉渣斗

drainage ~ 排水井，排水沟

dry bottom ~ 冷灰斗

drying ~ 干燥箱

dust ~ 粉（尘料）箱

effluent ~ 排水井，排水沟

electronic scale ~ （混砂机上的）电子称量斗

extension ~ 伸缩装料斗

furnace ~ 冷灰斗

gate feed ~ 框式加料〔闸板给料，闸板给煤〕斗

granules ~ 粒料箱

ground ~ 卸煤沟，进料沟

hinged ~ 铰式斗车

ingot dumping ~ 翻锭斗

jet ~ 钻井液混合漏斗

measured ~ 定量斗

mixing cement ~ 水泥混合漏斗

pressurized ~ 正压料斗

primary ~ 一次料斗

read ~ （读卡）积卡箱

self-emptying ~ 自卸斗〔箱〕

self-unloading ~ 自卸斗〔箱〕

stocking-out ~ 定量装料斗

storage ~ ①储料斗②储仓，料仓

surge ~ 聚料斗

swinging ~ 吊斗

weighing ~ 计量斗，称量料斗

hopper-cooled 连续水冷却的

hopper-on-rails 行车式料斗

hopping ①跳跃，（电子）跳动②电波反射③船身上弯

mode ~ 模式跳越，模式过渡，跳模

hoppit 大钢斗，提升大吊桶

hop-up 赛艇，（发动机）超过额定功率

horary 时间的，每小时的

horicycle 极限圆

Horigraph 简易立体测图仪

horizon ①地平（线），水平（线）②地〔水〕平仪③地层，层位④视〔眼〕界，视距，见识，范围，前景

apparent ~ 视水平（线），视地平（线）

artificial ~ 仿真〔航空〕地平仪

gyro ~ 陀螺地平仪

intermediate ~ 中间视距

microwave ~ 微波地平线，微波正常传播距离

radar ~ 雷达作用〔直视〕距离，雷达水平线

radio ~ 电波水平（线），无线电地平（线）

round ~ 完整地平线

horizont 水平线，地平线，视界

horizontal ①水平的，地平的②横（向）的，卧式的③地平线，水平线〔面，物〕

horizontality 水平状态，水平位置，水平性（质）

horn ①弓〔触〕角，角状〔质，制〕物，悬出物，（pl.）鱼尾状长尖角（带材的端部缺陷）②号角，喇叭（形），口承，角状容器③操纵

杆，机臂，电极臂④角柄，垫铁，砧角⑤（空心件用的）悬臂〔轴状〕凹模⑥喇叭形〔圆锥形〕扬声器，漏斗〔号角，喇叭〕形天线，（天线的）喇叭形〔圆锥形〕辐射体，报警器
acoustic ～ 射声器，喇叭（筒）传话筒
aileron ～ 副翼杆，副翼操纵杆
air ～ ①空气扬声器，气喇叭②空气操纵杆③（导）气角④（导）气罩盖
anvil ～ 砧角
arc ～ 角形避雷器，防闪络角形件，消弧角
asymmetrical ～ 不对称型扬声器
Bessel ～ 贝塞尔喇叭
biconical ～ 双锥形喇叭
box ～ 喇叭形天线
broach ～ 导向块，导套
cellular ～ 分格号筒
coaxial ～ 同轴喇叭（筒）
control ～ 控制杆
corner ～ 角号筒（布置在墙角，利用墙壁延长其喇叭口张开部分）
coupler ～ 自动车钩抵角
cushioned ～ 有垫支承
electromagnetic ～ ①喇叭形天线②电磁式喇叭
elevator ～ 升降舵杆
exponential ～ 指数曲线形喇叭，（超声波加工机的）指数曲线形振幅扩大棒
feed ～ 号角形馈电器，馈电喇叭
flaring ～ 蜿展喇叭〔号筒〕
fork ～ 喇叭口
Gaussian ～ 高斯形变幅杆
high-frequency ～ 盆形电喇叭
hyperbolic ～ 双曲线喇叭〔号筒〕
hypex ～ 低音加强〔双曲线指数律，海派克斯〕喇叭
leading pole ～ 前极尖
lens-corrected ～ 透镜校正角〔修正角〕
magnetic ～ 磁喇叭（聚焦装置）
matched ～ 配音喇叭
matroos-pipe type ～ 烟斗型喇叭〔号筒〕
morning-glory ～ 蜿展喇叭，指数式喇叭
motor-operated ～ 电动喇叭
multiple ～ 复式喇叭（形天线）
parabolic ～ 抛物面喇叭
pedestal ～ 轴架导板
pick-up ～ 拾波喇叭
pole ～ 电极凸出部分，极尖
pyramidal ～ ①棱锥形天线②棱锥形号筒
rear-feed ～ 螺形喇叭
reentrant ～ 凹腔号筒
rudder ～ 方向舵杆，吊舵支架
sectorial ～ 扇形喇叭筒
straight ～ 直射式喇叭
tractrix ～ 曳物线喇叭
vacuum ～ 真空喇叭，真空报警器（利用负压进行告警的报警器）
vibrator ～ 振动式喇叭
wind-tone ～ 气动〔风哨〕喇叭
horn-cyclide 角形圆纹曲面
horn-gate （牛）角状浇道
horning 折叠，折边
hornpress 悬臂式压力机
horocycle 极限圆
horography ①时计业②时计
horologe 钟表，日晷
horologium ①钟表②时钟座
horology ①时计学，测时术②时计制造学，时计〔钟表〕制造术，钟表学
horosphere 极限球面
horotelic 常速的
horse ①马（力）(1 马力 =746 W）②片架,（有脚的）支〔塔,搁,台〕架,马架（刮板造型用）③绳索，铁杆④（高炉）炉底凝块，炉瘤（炉底结块）
film ～ 片架
jack ～ 台架
old ～ （高炉）炉底结块
shaving ～ 刨工台
sweeping mo(u)lder's ～ 车板架，马架，铁马（刮板造型工具）
horse-head 驴头，井架（升降机用）
horsepower ①马力（1 马力 =746 W），功率②畜力驱动
available ～ 可用功率
boiler ～ 锅炉马力（锅炉蒸发量单位，在 100 ℃时等于 15.6 kg/h）
boost ～ 助推发动机功率，加速功率
brake ～ 制动马力，轴马力
British ～ 英制马力（英制功率单位，1 英制马力 =745.7 W）
developed boiler ～ 锅炉马力（锅炉出力单位，1 锅炉马力 =34.5 磅 / 时或 15.6 kg/h）
duty ～ 标称马力，报关马力
dynamic ～ 指示〔动态，净实〕马力，输出功率
effective ～ 轴功率

equivalent ~ 当量功率
French ~ 法制马力,米制马力(1 米制马力 = 735.5 W)
indicated ~ 视在〔指示〕马力〔功率〕
meter ~ 米制马力
net ~ 净马力,有效功率
nominal ~ 标称马力,额定马力
normal ~ 额定马力,标称马力
polished rod ~ 光杆功率
rated ~ 额定功率,额定马力
real ~ 实际马力,指示马力
registered ~ 注册马力,登记马力
rim ~ 轮周功率
shaft ~ 轴马力,轴输出功率
shutoff ~ 空转功率
standard ~ 标准马力,额定功率
take-off ~ 起飞马力
taxable ~ (机动车辆的)收税马力
thrust ~ 推进马力
true ~ 实际马力
watt's ~ =British ~
weight ~ 以重力为单位的马力数

horsepower-hour 马力小时

horseshoe 马蹄形(物,的),U 形(物,的),蹄铁

hortonolite 镁铁橄榄石

hose ①软〔蛇,皮带,胶皮,真空胶〕管,水龙带,挠性导管②绳,钩环③接以软管,用软管灌水
armo(u)red ~ 包皮软管,夹金属丝软管
bag ~ 袋滤器
braided ~ 有编织物填衬软管
dust pick-up ~ 吸尘软管
fire ~ 消防水龙带
flexible ~ 软管
forcing ~ 增压器软管
gum ~ 树胶软管
gun ~ 喷枪软管,喷射器管
heavy-duty ~ ①高压软管②在困难条件下工作用软管
hemp ~ 麻织水龙带
mandrel wrapped ~ 有芯式夹布胶管
plastic-coated ~ 涂塑软管
pneumatic ~ 送风管,送气管
pressure ~ 耐压软管,高压软管
radiator outlet ~ 散热器出水软管
rotary ~ 水龙带
sand-blast ~ 喷砂软管
silicone ~ 聚烃硅氧塑料软管
single-wire braided ~ 单层钢丝软管
squirt ~ 喷灌用软管
steam ~ 通汽软管
wrapped ~ 布卷软管

hosepipe ①软管,水龙软管,蛇形管②用软管喷射③自动武器连续发射

Hoskin's metal 耐热耐蚀高镍合金(*w*(Ni)31% ~ 68%,*w*(Cu)10% ~ 19%,其余 Fe)

hospital 医院
intelligent ~ 智慧医院
virtual ~ 虚拟医院

host ①基质,晶核②主机,主人③许多,多数,大群
destination ~ 目的主机
distance ~ 远程主机
false ~ 假主机
foreign ~ 外来主机
network ~ 网络主机
single ~ 单主机
source ~ 源主机
virtual ~ 虚拟主机,虚拟服务器

Hostaflon 一种聚四氟乙烯

hostler 机车〔机器〕维修人

hostname 宿主名

hot ①热〔的〕②热〔激,猛,强〕烈的,厉害的③刺激性的,辣(味)的,不愉快的④最近〔新〕的(消息等),新鲜的,工作中的,才出炉的,才发行的⑤有〔高,强〕放射性的,通高压电的,高压电线的,不接地的⑥(车辆)快的

hotbed 温床
~ of carbon 热炭层

hot-blender 热混合机

hotbox ①轴瓦过热,轴承过热②(火车上的)热轴,过热的轴颈箱

hot-cast 热铸

hotching 跳汰机产物〔选矿〕

Hotchkiss ①订书机②霍契凯斯炮〔重机枪〕

hot-coining 热精压,热压花

hot-cold ①混风鼓风(古老高炉上用三分之二冷风及三分之一热风混合冶炼)②变化多端的

hot-die 热压模

hot-dip 热浸,浸镀,热镀

hot-electron 过热电子,场热电子

hot-finished 热轧的

hot-forming 热成形〔冲压,加工〕,热态变形

hot-galvanizing 热电镀,热镀锌

hot-gas 热气，废气，排出的气体
hot-junction 热接点
hotlist 热单
hot-metal 熔（融）金属
hot-mo(u)ld 热模塑
hot-neck （轧钢机）滚棒轴头
hotness 热度〔烈，心〕
hot-press ①热压（机，台），热冲，型锻，模锻②高温压块，热压烧结③轧光，使发光泽
hot-prestressing (compression) 加温强压处理
hot-quenching 热淬
hot-rolling 热轧〔压，碾〕
hot-set 热固，热定型
hot-setting 加温整定处理
hot-short 热脆（性，的），不耐热的
hotshot ①高速飞机〔车，船〕②熟练飞行员，熟练工人
hot-socketing 热插
　board ~ 在线热插
hot-spotting 局部加热，预先加热
Hotspur 郝司波铬镍钢
hot-strip ①热轧带钢〔材〕②热轧带划伤
hot-tinting ①（回）火色②氧化膜色
hot-top （鼓风炉熔炼）热炉顶，保温帽，冒口
hot-trimming 热修整，热精整
hotwell （凝汽器的）热水井，凝结水箱
　compartment ~ 分段热水井
　reheating ~ 回热式热井
　storage ~ 扩容凝结水箱，热水备用水箱
hot-wire ①热线（式的），热电阻线（的）②短路打火（汽车起动）
hot-workability 热加工性
hot-work(ing) 热作，热加工
hound 驱动，逐出
hour ①小时②钟点，时刻③（pl.）（规定的，一段，工作）时间④时机，（某一）时刻⑤一小时的行程
　busy ~ 忙时，最大负荷时
　golden ~ 黄金时刻，最好时间（视听率最高的广播时间）
　group busy ~ 群忙时（间）
　idle ~ 停机时间，窝工时间
　information ~ 新闻〔宣传，报道〕节目时间
　inverted ~ 逆时针（的）
　light ~ 轻负荷时
　non-peak ~ 非高峰期，平时
　off-peak ~ 轻负荷时，非繁忙时
　quiet ~ 静态时间
　slack ~ 轻负荷时
　temporal ~ ①时间②钟盘的时间等分
　term ~ 定时观测时（间）
hour-hand 时针
hourmeter 小时计
　engine ~ 发动机运转小时计
　working ~ 工时计，（运行）小时计
house ①房子〔屋，间〕，建筑物，大楼会议厅②室（内），库，车间，工段，厂房，（场）所，机构，商号〔行，店〕③（仪器，遮蔽）罩④收藏，覆盖，遮盖〔蔽〕，安放〔装〕，把…嵌入，给…装外罩
　automated clearing ~ 自动票据结算机构
　autoware ~ 自动化仓库
　cast(ing) ~ （高炉）出铁场，铸造浇注场，铸造车间
　cell ~ ①蓄电池室②电解厂房〔车间〕
　change ~ 更衣室
　clock ~ （工厂的）检工室
　dog ~ ①仪表室，工具室②高频高压电源屏蔽罩，（发射天线的）调谐箱，天线调谐设备房，（火箭）仪表舱，（放喷油器的）炉头喷气口，原料预热室
　factory-made ~ 工厂预制房屋
　fan ~ 通风机房
　gas ~ 煤气厂
　head ~ 总管理室
　hot ~ ①温室，暖房②〔陶瓷〕干燥室
　hydrogen-tight ~ 氢密封机座
　intelligent ~ 智能家居，智能住宅
　lamp ~ 灯罩，光源，矿灯（房）
　light ~ ①曝光台（彩色显像管制屏设备中）②灯箱，灯塔
　machine ~ 机器房
　oil ~ 油库
　picture ~ 电影院
　pouring ~ 铸造浇注场
　power ~ 发电厂，动力室〔房，厂〕，主发电机室
　printing ~ 印刷厂
　rear axle ~ 后轴箱
　round ~ （机车的）调车房，船尾小室
　screen ~ 筛分房，筛分车间
　software ~ 软件服务站，软件公司
　store ~ 仓库
　switching ~ 配电室
　test ~ 实验室〔站〕
　transformer ~ 变电站，变电室，变压器室

wheel ~ 驾驶室，操舵室
house-car 厢式货车，冷藏车
housed 封装的，藏室内的，藏壳内的
household ①家庭生活电气用具②家用的，一般用途的，普通的
housekeeping 保管，辅助〔整理，服务性〕工作，（计算机）内务（操作处理）
house-service 厂用的
housing ①（供给）房屋，住房（建筑），机〔厂〕房②（外，机，箱，阀）壳，（外，炉，屏蔽）套，（外，护）罩，（轴承）盖，（包装，曲轴，齿轮）箱③（构，机，框，支，骨，型芯，电刷）架，轴承座，机体，机座，（水轮机）机壳④卡箍，垫圈，柄穴，槽，沟，腔，（塞）孔，凹部，榫眼⑤遮蔽〔盖〕物⑥（pl.）润滑部位
~ of the closed top 闭口式机架
assembly ~ 组件盒
axle ~ 轴箱〔套〕，（汽车的）轴壳
banjo ~ 不可分箱体
bearing ~ ①（泵）轴承体，轴承箱②（电机）端罩
bell ~ 外壳〔罩，箱〕，漏斗状罩，钟状罩，飞轮壳，离合器壳
brushgear ~ 电刷座
burner ~ 喷燃器壳体
camshaft ~ 凸轮轴油箱，分配轴箱
compressor ~ 压气机气缸
connector ~ 连接器壳体
core ~ 气门芯套
coupling shaft ~ 接轴壳，联轴套
cradle ~ （锥齿轮切齿机的）摇台箱，（刨齿机的摆动）转盘
cutter spindle ~ 刀具主轴箱
end ~ 端盖
evacuated ~ 抽真空罩
fan ~ 风罩，风机蜗壳，风扇壳
fixed rolling spindle ~ 固定主轴座
flanged ~ 凸缘座
flexible repeater ~ 可挠增音机箱
gear ~ 齿轮箱体
gear shift ~ 变速箱
guide bearing ~ 轴承支架
hanging clean flow ~ 吊装式洁净层流罩
head ~ 磁头罩
integral ~ 整体桥壳
lapping ~ 研套
lens ~ 镜头箱
mill ~ 轧机机架
movable rolling spindle ~ 活动主轴座
open-top roll ~ 开口式机架
pin wheel ~ 针齿壳
pinion ~ 齿轮机架，齿轮机座
plummer block ~ 立式座
rack ~ 齿条罩
roll ~ 轧机机架
shifter ~ 变速杆罩
spiral ~ 蜗壳
steering gear ~ 转向器
streamlined ~ 流线型（机）壳，流线型盒
take-up ~ 滑块座
tracer ~ 仿形器罩
turbine ~ 涡轮壳体
two-piece ~ 剖分〔拼合〕式外壳
hoverbarge 气垫驳船
hoverbus 内河气垫交通艇
hovercar 飞行汽车，气垫车
hovercraft 气垫车〔船，艇〕，腾空船，悬浮运载工具
peripheral jet ~ 周边射流气垫船
sidewall ~ 侧壁气垫船
hoverferry 气垫渡船
hovergem 民用气垫船
hover-height 悬浮高度（气垫车）
hovering ①（潜艇）悬浮（在水下航速很小时保持深度和航向），垫升（离支持面航行），（气垫船）升腾，停悬（直升机），盘旋②覆盖，顶棚
hovermarine 气垫船，海上腾空运输艇
hoverpallet 气垫起重移位器
hoverplane 直升机
hoverplatform 气垫平台
hovertrain 飞行火车，气垫火车
hovertruck 气垫载重车
howl 啸声，振鸣，颤噪效应
howler ①啸鸣器，高声信号器，汽笛，警报器②大错
howling ①嚎，啸声，振〔蜂，嗥，吼〕鸣②颤噪效应③再生④极端的，显而易见的，荒僻的
acoustic ~ 声寄生振荡，声响啸声
fringe ~ 临振啸声
threshold ~ 临振啸声
howl-round 声反馈
Hoybide 霍伊比特（硬质合金名）
H-pad H 型衰减器
H-paper 覆铝箔纸

H-post ①工字杆②宽缘工字钢③工字形断面④（网络的）H 形节
H-projector H 面投射线
H-scope H 型显示器，分叉点显示器（信号为亮线，其倾斜度表示目标的仰角）
H-section ①工字形断面，宽缘工字钢②（网络的）H 形节
htm HTML 文件名扩展名
html HTML 文件名扩展名
hub ①〔轮〕毂，毂盘〔环〕，旋翼叶毂，（转轮）体②（衬）套，套节，（千分尺的）固定套筒，轴（套），柄③（电线）插孔④冲头，凸模⑤凸肩，（道路的）凸起，车辙⑥测站木桩〔柱〕，标桩〔柱〕⑦中心〔枢〕，多条道路交汇点⑧（磁带）盘心⑨（网络）集线器
accessory shaft ~ 副轴衬套
active ~ 有源集线器
airscrew ~ 飞机螺旋桨壳
brake ~ 制动〔刹车〕轮毂
bus ~ 总线插座〔中枢〕
centering ~ 定心毂
clutch ~ 离合器从动盘毂
column-split ~ 分列插孔
combination ~ 接插座，组合插孔
fan ~ 风扇（轮）壳
gear ~ 齿轮毂
impeller ~ 叶轮轮毂
intelligent ~ 智能集线器
pole ~ 极轭，磁轭
power locking wheeling ~ （汽车）电动锁止轮毂
program(me)-exit ~ 程序输出插孔
program(me)-out ~ 程序输出插孔
program(me)-suppress ~ （计算机）程序插孔
propeller ~ （螺旋桨）桨毂
root ~ 基本集线器
runner ~ （水轮机）轮转体，动轮毂
sectional ~ 组合轮毂
shifter ~ 拨叉凹口
spider ~ 支架毂，转子中心体（水轮发电机）
split ~ 拼合毂，可卸毂
stack ~ 堆栈集线器
three-way ~ 三面毂
hubbing ①压制阴模法，压模〔切压〕制模法，高压冲制，（无缝钢管）拉拔法②汇接
hubodometer 车轮转数计
huckle 背斜顶尖
hudge 吊桶，运矿箱
hue ①色，色调〔彩，泽〕，色相〔度〕，混合②形式，样子③喊声，嘈杂声
dominant ~ 主色调，支配彩色（彩色电视）
manual ~ 手控色调
relative ~ 对比色调
spectral ~ 光谱色彩，色调
huff-duff 高频无线电测向仪
huffer 带涡轮增压器的发动机（口语）
hulk ①废〔破〕船，残骸，外壳，巨大，笨重的船②庞然大物
oil ~ 油驳船
shear ~ 人字起重机船
Hull “赫尔”水陆汽车
hull ①（外）壳，皮，荚，外部②船壳〔体〕，（船，机）身，车盘，骨架③薄膜④去皮〔壳〕
buoy ~ 浮标体
convex ~ 凸包，凸形（外）壳，凸形（机）身
displacement ~ 排水体
false ~ 外壳（潜艇）
highly faired ~ 流线型船身
lower ~ 浮箱，下船体
planing ~ 滑行体
pressure ~ 耐压壳体
hull-borne （水翼船，气垫船）排水状态
huller 脱壳〔皮，粒〕机，去壳〔皮〕机，砻谷机
oil seed ~ 油菜籽剥壳机
hum 交流声，（发）嗡嗡声，（发）蜂音，（发）嚎声，杂音，馈电路频率干扰
crawling ~ “蠕动”哼声
geometry ~ 几何形状的交流干扰
heater ~ 丝极交流声
induction ~ 感应交流声
magnetic ~ （感应）交流噪声，磁噪声
picture ~ 图像交流干扰
residual ~ 残留交流干扰
static ~ 天电干扰哼声
human-in-the-loop 人在环路中
humanity 人文科学，人类
humanize 人格化
humanoid ①人形机②具有人类特性的
humanware 人件（指在控制系统中人的技术因素）
humectant ①湿润剂〔器〕，含水加入剂，保湿剂
humectation 湿润，增湿
hum-free 无交流声

humicap 湿敏电容
humiceram 湿敏陶瓷
humid （潮）湿的，湿润的
humidification ①加〔增〕湿，湿润，弄湿，喷雾给湿②湿润性，湿润作用
~ with bubbling-trough type 气泡加湿
~ with injection of water vapo(u)r 蒸汽加湿
~ with surface volatilization 水表面挥发加湿
~ with water spraying 喷雾加湿
humidifier 加〔增〕湿器，湿润器，喷雾器
electric ~ 电加湿器
infrared ~ 红外湿度计
ultrasonic ~ 超声波加湿器
humidiometer 湿度计
humidistat 恒湿器〔箱〕,保湿箱,湿度调节器,自动空气给湿调节装置
humidity 湿度，湿气，水分含量
organic semiconductor ~ 有机半导体湿度传感器
specific ~ 比湿
humidizer 增湿剂
humidness 湿度，湿气
humidor 恒湿室，蒸汽饱和室
humidostat 湿度调节仪，恒湿仪
humification 腐殖化，腐殖作用
humigraph 湿度计，湿度指示器
humiture 温湿度（华氏度数与相对湿度的和的一半）
hummeler 除芒器，去芒器
hummer 蜂鸣〔音〕器
humming （发）哼声，（发）蜂音
hump ①驼峰,凸起②（颠）峰值,（曲线）顶点,极大值③危机④费力⑤（使）隆起（成圆形）⑥急起移动
double ~ 双峰
potential ~ 势峰，电势凸峰
resonance ~ 共振峰
hunch ①厚片,大片〔块〕,圆形隆起物②预感,直觉③弯，弯成弓形④推，向前移动
hundred （一）百,百个，许多
great ~ 一百二十（一种计数单位）
hundredfold 百倍（的），一百重
hundred-percent 百分之百的，完全的
hundredth 第一百,百分之一（的）
hundredweight 英担，半分吨，1/20 吨（合英 112 磅，简写为 cwt，或 hwt，1 cwt=50.8 kg）
long ~ 长担（=112 磅）
hung 挂起
hunk 大块〔片〕,厚〔岩〕块
~ of cable 电缆盘
hunt ①打猎②追踪〔逐〕，搜索，寻找③（机器等）不规则摆〔波、振〕动，振荡，（仪器指示值与实测值间的）不稳定关系
hunter ①猎表，双盖表②寻觅〔搜索，搜寻〕器
cut ~ 开窗猎表，半猎表
phase ~ 寻相器
hunting ①猎振，追逐，搜索〔寻〕②寻找（平衡故障等）,探求〔索〕,寻线③乱调④（内燃机）游车，（不规则的）振荡〔动〕，摆〔摇，波〕动，（同步电动机）速度偏差，追摆，追逐器，自动振动过程，自摆过程，寄生振荡⑤偏〔逸〕航，曲折〔迂回〕行车⑥把数字“3”配置在表把方向的一种表盘
automatic ~ 自由选择，自由拨号
cumulative ~ 累积性振动
governor ~ 调速器周期性振动，调速器猎振
horizontal ~ 图像水平摆动（行频不稳）
impulse ~ 脉冲摆动，脉冲振荡
leak ~ 测〔检〕漏，泄漏点寻觅
level ~ 多层寻线，电平摆动
phase ~ 相位摆动
trouble ~ 故障检修
vertical ~ 图像上下摆动
hurricane-lamp 防风灯
hurry-up 匆忙的，紧急的，突击性的，应付紧急事故的
hurter 缓冲〔加强，保险，防护〕物，保护台座，防护短柱
hurtle （使）猛冲，（发出）碰撞（声），猛撞，（使）急飞
hush ①衰减，衰耗②安静，平息
hush-hush ①本底噪声降低②秘密气氛，保密政策③秘密的，秘而不宣的
husk ①外皮，壳，支架②无价值的（外表）部分③剥壳，脱壳
husker 砻谷机，剥玉米苞叶机
centrifugal ~ 离心砻谷机
disk ~ 砂盘砻
emery disk ~ 砂盘砻谷机
gear box ~ 齿轮变速砻谷机
impeller ~ 叶轮砻谷机
rubber belt ~ 胶带砻谷机
rubber disk and disk ~ 胶盘砂盘混合式砻谷机
rubber roll ~ 胶辊砻谷机

husker-sheller 剥玉米苞叶脱粒机
husker-shredder 剥玉米苞叶碎茎机（固定作业式）
hut 箱，盒
cable ~ 电缆分线箱〔配电房，汇接室〕
cross board ~ 转换〔配电〕盒
filter ~ 滤波器盒
gas cable ~ 充气电缆线路储气站
hutch ①箱，橱，容器，贮槽，煤仓②矿车，选〔洗〕矿箱，跳汰机筛下室，通过跳汰机筛板的细料③用洗矿槽洗④把…装在箱内
H-variometer 水平磁力仪
H-wave H 型波，水力波，横电磁波
hyaline ①透明的，玻璃状的②透明物〔层〕，玻璃质
hyalocrystalline 玻晶质，透明晶质
hyaloplasm 透明质〔浆〕
Hybnickel 改良 18-8 不锈钢（18-8 钢中加入 *w*（Al）3%）
hybrid ①混合（物），混合电路〔网络〕，混合计算机，混合波导连接，（波导）混合接头，节点，桥接岔路，等差作用，间生，杂（交）种②混合式的，桥接的，杂化〔种〕的，间生的
hybridization 混成，杂拼〔交〕，杂化（作用）
hybrid-type 混合式〔型〕的，桥接岔路型，差动式，复式
hycar 海卡（丙烯腈和丁二烯的共聚物），合成橡胶
Hycomax 铝镍钴系永久磁铁（*w*（Ni）21%，*w*（Co）20%，*w*（Al）9%，*w*（Cu）2%）
hydrability 水化性
hydra-cool 液压冷却
hydraguide 液压转向装置
hydra-headed 多头的，多中心的，多分支的
hyd-railway 液压导轨
hydra-matic 液压自动式
hydrant 消火〔给水〕栓，消防〔配水，给水〕龙头，取水管
chuck ~ 消火栓
fire ~ 消火栓，水龙头
hydrapulper 水力碎浆机
hydrargyrum 〈拉〉汞（Hg）
hydras 多功能图像外围设备
Hydraseal 海卓密封型离合器
hydrate ①水化〔合〕物，水合〔化〕（作用）②（使成）氢氧化物，（使）成水合物，（使）水合
~ of sodium 苛性钠，烧碱
hydrator 水化〔合〕器
hydratruck 液压传动起重车
hydraucone 喇叭口
hydraulic(al) ①水力（学）的，水工的，液力的，液压的（包括水压的和油压的），水硬的②液压传动装置，水力
hydraulically-driven 液压传动的
hydraulic-brake 水力闸，水压闸，液力闸，液压制动器，闸式水力测功
hydraulicking 水采，水力开采，水力冲挖，液身阻塞
hydraulic-lift 液压升降机
hydraulics 水力学，液压技术，液压系统
pulsed flow ~ 交流液压技术
hydraumatic 液压
hydraw 静水压挤拔
hydrazine 肼，联氨
hydride 氢化物
hydrizing 氢化，氢气保护热处理法
hydro-abrasion 液体研磨
hydroaeroplane （=hydro-airplane）水上飞机
hydro-alternator 水轮发电机
hydro(-)biplane 双翼水上飞机
hydroblast(ing) 水力清砂〔理〕
hydrobulging 液压胀形
dieless ~ 无模液压胀形
hydrocal 流体动力模拟计算器
hydrocaoutchouc 氢化橡胶
hydrocarbon 烃（类），碳氢化合物（类），油气
alkyl aromatic ~ 烷基代芳香烃
aromatic ~ 芳（族）烃
engine-out ~ 发动机排出的碳氢化合物
polar ~ 极性碳氢化合物
hydrocarbonaceous 含烃的，含碳氢化合物的
hydrocarbonate 酸性碳酸盐，碳酸氢盐
hydrocarbonylation 烃化法，烃化合成
hydro-check 液压制动缸
hydrochinone 水解苯醌，对苯二酚（显影剂）
hydrochloric 盐酸的，氢氯酸的，氯化氢的
hydrochloride 盐酸盐，盐酸（化）合物，氢氯化（合）物，氯化氢，盐酸
hydrochlorination 氯氢化反应
hydroclassifier 水力分级机
hydroclone 水力旋流器
hydroconsolidation 水固结作用
hydrocooler 水冷却器
hydrocooling 用水冷却，水冷

hydrocoupling 液力〔液压〕联轴器
hydrocracking 加氢〔氢压下〕裂化，氢化裂解，破坏加氢
hydrocrane 液压起重机
hydro-cushion 液压平衡〔缓冲，衬垫〕
hydrocut-shears 液压剪切机
hydrocyclone 水力旋流器，旋液分离器，（水流）离心除尘机
hydro-cylinder 液压缸
hydro-disperser 水力分散器
hydro-drawing 液压拉深
hydrodrill 水力钻具（钻砂堵用）
hydro-drill rig 液压钻车
hydroduct 水下冲压式喷射发动机（以海水为工质的水下发动机），水气波导
hydrodynamic(al) 流体动力（学）的，水力〔动，压〕的，液力的
hydrodynamically 水动力地
hydrodynamics 流体〔液体，水能〕动力学
hydrodynamometer 流速〔量〕计，水速计
hydroejector （冲灰的）水力喷射器，水抽子
hydroelasticity 液体弹性
hydroelectric 水（力发）电的
hydroelectrometer 水静电计
hydroenergy 水（力发）电站，水能
hydroextractor 脱水器〔机〕，水抽出器，离心机，挤压机
hydro-extrusion 液压挤压
hydrofeeder 液压（控制）进给装置
hydrofilter 水过滤器，水滤〔湿法，雨淋〕除尘器
hydrofine 加氢（催化）精制，氢化提纯
hydrofinish 流体抛光法（用高速流体洗净和加工表面）
hydroflaker 水力纤维离解机
hydroflap 水下舵〔翼〕，水襟翼
hydrofluidic 液体射流
hydrofluidics 液体射流技术〔学〕
hydrofluoric 氟化氢的，氢氟酸的
hydrofluoride 氢氟化物，氢氟酸盐
hydrofoil 水翼（船），着水板，浮筒
hydro-forging 水力应变法（离心铸造时用高压水使铸件表面晶粒细化）
hydroform(ing) ①液压挤压成型，液压（橡皮模）成型②临氢重整的
tube ~ 内高压成形
warm tube ~ 温热内高压成形
hydrogasification 加氢气化
hydrogasoline 加氢汽油
hydrogel 水凝胶
hydrogen 氢（H）
charged ~ 氢离子
dry ~ 干氢
free ~ 游离氢
heavy ~ 重氢（H^2）或超重氢（H^3）
nondiffusible ~ 非扩散氢
hydrogenate ①使与氢化合，使氢化，加氢，用氢处理，使还原②氢化物
hydrogenation 氢化〔加氢〕（作用），水合（作用）
hydrogenator 氢化器
hydrogen-cooled 氢冷的
hydrogeneration 水力发电
hydrogenerator 水轮发电机
suspended ~ 悬式水轮发电机
hydrogenisator 氢化蒸压器
hydrogenium 氢（气），金属氢
hydrogenization =hydrogenation
hydrogen-tight 氢密封的，不漏氢的
hydrogen-welding 氢焊
hydroglider 水上滑翔机
hydrogovernor ①水轮机调速器②液压调速器，（电）液调速器
hydrogyro 流体悬浮陀螺仪
hydrojet 喷液，液力喷射
hydrokeel 侧壁式气垫艇
hydrokinematics 流体运动学
hydrokineter 炉水循环加速器
hydrokinetics 流〔液〕体动力学，水动力学
hydrolastic ①液压平衡〔稳定〕的②（汽车的）液力补偿悬挂
hydroline 吹制油
hydrolization 水解
hydrolocation 水中〔声〕定位
hydrolocator 水中〔声〕定位仪
hydrolube 氢化润滑油
hydrolysis 水解（作用），加水分解
acid ~ （加）酸（水）解（作用）
hydrolyte 水解质
hydrolyzer 水解器
hydromagnetic 磁流体（动）力学的，水磁的
hydromagnetism 磁流体力学，水磁学
hydroman 液压操作器，水力控制器
hydromanometer 流体压力计，测压计
Hydro-master 带有真空加力装置的液压制动器
hydromatic ①液压自动控制的②液压自动传

动（系统）
hydromechanical 流体力学的，液压机械的
hydromechanics 流〔液〕体力学，水力学
hydrometallurgy 水冶，湿法冶金（学）
hydrometer ①（流体）比重计，石油密度计，浮计②流速表〔计〕
hair ~ 毛发湿度计
syringe ~ 吸管式〔虹吸（液体）〕比重计
thermometric ~ 测温比重计
variable immersion ~ 变容式比重计
hydrometry ①液体密度测定（法）②流速测定，测湿法
hydromica 水云母
hydromodulus 流量模数
hydro-monitor 水力测功器
hydro-motor 射水〔水压〕发动机，液压马达
hydronalium 海庄铝合金（耐蚀合金，含 Al, Mg, Si, Mn），铝镁（系）合金
hydronautics 海洋工程学
hydrone ①钠铅合金（*w*（Na）35%，*w*（Pb）65%）②（单体）水分子
hydronics 循环加热（冷却）系统
hydropaste 含铝涂膜浆
hydro-peening 喷（水清）洗，冲洗
hydrophilic 亲水的，吸湿的
hydrophilicity 亲水性
hydrophobic 疏水的，憎水的
hydrophone 水听器，水（中）听（音）〔水下听音，水下测音，漏水检查，含水听诊，水中地震检波〕器
gradient ~ 压差水听器
hull-mounted ~ 船壳水听器
line ~ 线列水听器
oil capsule-type ~ 油胶囊型水听器
piston ~ 活塞式水听器
pressure ~ 压强型〔声压式〕水听器
pressure-gradient ~ 压差水听器
ring ~ 环形水听器
shark-fin ~ 剑形水听器
split ~ 分裂式水听器
towed ~ 拖曳式水听器
hydrophotometer 水下光度计
hydropiercing 液压冲孔
hydroplane ①水上飞机，水翼（船），水面快艇②（潜水艇的）水平舵③乘水上飞机，掠过水面，水上滑行
hydroplaning 滑水
hydro-planing 漂浮现象，水面打滑（汽车在有水路面上高速行驶时引起的一种附着力变差的现象）
hydroplant 水电站
hydropneumatic 液（压）气（动）的，水气并动（用）的
hydropneumatics 液压〔流体〕气动学
hydropneumatolytic 汽化的
hydropolymerization 氢化聚合作用
hydropower 水力（发电）
hydropress 水〔液〕压机，装有橡皮垫的单作用液压机
hydropulse 水下脉动式喷射发动机
hydropupler 液压纸浆器
hydropyrometer 水测高温计，热量计
hydrorubber 氢化橡胶
hydroscope 水气计，验湿器，湿度计，水中望远镜，深水探视仪，水力〔液压〕测试器
hydroscopic 吸水〔湿〕的，湿度计的
hydroseeder 水力播种机（用喷灌的水流播种草籽的装置）
hydroseparator 水力分级〔分离〕器，分水机，沉降槽
hydrosizer （马铃薯）浮选机
hydro-ski 水橇，帮助水上飞机起飞的水翼
hydrosol （脱）水溶胶〔体〕液，悬体
hydrosolvent 水溶剂
hydrospinning 液压旋压成形法，液力旋压
hydrostable 对水稳定的，抗水的
hydro-stabilizer 水上安定面，水下稳定器
hydrostarter 液压起动机
hydrostat （汽锅）防爆装置，警水器定水位计，液体防泼器，水压调节器
hydrostatic(al) 静水的，静流体的，流体静力（学）的，静水（力）学的，液压（静力）的，（静）水压〔力〕的
hydrostatics 流〔液〕体静力学，水静力学
hydrostop 液压制动器，液压限位器
hydro-structure 水工结构
hydrotator 水流分级机〔分选机〕
hydrotator-thickener 水力浓缩槽，水力浓密机
hydrotaxis 向〔趋〕水性，趋湿性
hydrotechnics 水（力，利）工（程）学，水利技术
hydrotherm 热液
hydrothermograph 水热仪
hydrothermomagnetic 热磁流体
hydrotimeter 水硬度计

Hydro-T-metal 海德罗T锌合金（*w*（Ti）0.08% ~ 0.16%，*w*(Cu)0.4% ~ 0.7%，*w*(Mn）0.002% ~ 0.01%，*w*（Cr）0.003% ~ 0.02%，其余Zn）
hydrotransmitter 液力〔涡轮〕变矩器
hydrotransport 水力运输
hydrotrencher 液压挖沟〔壕〕机
hydrotropism 向水性，感湿性
hydrotropy 水溶助长性
hydroturbine 水涡轮，水轮机
hydroturbojet 水涡喷射发动机
hydrous 含（结晶）水的，水合〔化，状〕的，含氢的
hydro-vac 液压真空制动器
hydro-vacuum 液压真空（并用）的
hydrovalve 旋塞阀，液压开关〔阀，阀门〕
hydrovane （飞机的）着水板，水翼
Hydrox 水蒸气爆破管
hydroxide 氢氧化物
hydroxy 羟（基）的，氢氧（基，化物）的
hydroxygen 液态羟燃料，液态氧和氢组成的二元燃料
hydroxyl 羟基
hydrozing （防止表面氧化的）氢气（圈内）热处理，氢气保护热处理
hydryzing 氢气热处理（防表面氧化的）
hygristor 湿敏电阻（对环境湿度敏感的电阻元件）
hygroautometer 自记湿度计
hygrodeik 图示〔露点〕湿度计
hygrogram 湿度图，湿度自记曲线
hygrograph （自记）湿度计，湿度记录表〔器〕，湿度仪
  dew-point ~ 露点仪
  hair ~ 毛发湿度计
  soil microwave ~ 微波土壤湿度仪
hygrometer 湿度表〔计〕
  aspirated ~ 吸气湿度计
  capacitance ~ 电容湿度计
  coulometric ~ 库仑湿度计
  crystal oscillation ~ 晶体振荡湿度计
  dew-point ~ 露点湿度计
  eletroanalysis ~ 电解湿度计
  frost-point ~ 霜点湿度计
  hair ~ 毛发湿度表（计）
  microwave ~ 微波湿度计
  recording ~ 记录式湿度计，自记湿度表
  sling ~ 摆动湿度计
  spectrum ~ 光谱湿度计
  wet and dry bulb ~ 干湿球湿度表
  whirling ~ 旋转湿度计
hygrometric 测（量）湿（度）的，吸湿（性）的，降水的
hygrometry 测湿法，湿度测定（法）
hygronom 湿度仪，空气湿度参数测定仪
hygroplasm 液质
hygroscope 测湿仪，湿度器〔仪，计〕
hygroscopicity 吸湿性，吸水性，吸湿度，吸湿率
hygroscopy ①湿度测定（法）②潮解性，吸水性
hygrostat 恒湿器，湿度检定箱，测湿计
hygrostatics 湿度比学
hygrothermograph 温湿度计〔仪〕，温湿自记器
hygrothermoscope 温湿仪
hyjector 高压水力除渣〔灰〕器
hylotropy 恒熔〔沸〕性
Hymn 海姆合金
Hynico 海镍钴永磁合金，海镍钴磁铁
hyoid U字形的，舌骨（形）的
hyp 亥普（衰减单位，1亥普=1/10奈贝=0.87 dB）
Hypalon （=chlorosulfonated polye-thylene）氯磺酰化聚乙烯合成橡胶，海帕伦（硫化的塑料）
hyperacoustic （特）超声（波）的
hyperballistics 超高速弹道学
hyperbola 双曲线
  confocal ~ 共焦点双曲线
  equilateral ~ 等轴（直角）双曲线
  inverse ~ 反双曲线（的）
  spherical ~ 球面双曲线
hyperbolae （复数）双曲线
hyperbolic(al) 双曲线的，夸大的
hyperbolograph 双曲线规
hyperboloid 双曲面，双曲线体
  ~ of revolution （回转）双曲面
  ~ of two nappes 双叶双曲面
  biparted ~ 双叶双曲面
  pitch ~ 节双曲面
  uniparted ~ 单叶双曲面
hypercap 变容二极管的
hypercharacteristic 超特性的
hypercharge 超荷
hyperchromatic 多色差的，着色特深的
hyperchrome 浓色团

hyperchromic 增〔深〕色的
hyperco 海波可（高导磁率与高饱和磁通密度的磁性合金，由钴、铬和铁合成）
hyperconcentration 超浓缩
hyperconical 超锥的
hyperconjugation 超联结，超结合，超共轭（效应），二级共轭，贝克 - 内森效应
hypercritic(al) 超临界的，过于严苛的
hypercube 超正〔立〕方体
hypercylinder 超柱形〔面，体〕
hyperdisk 管理磁盘
hyperdistention 膨胀过度
hyperdop 双曲线多瓦浦测位测速器
hyperdrive 可超过光速的推进系统（假想的）
hyperelastic 超弹性的
hyperellipsoid 超椭圆体
hyperelliptic 超椭圆的
hyper(-)eutectic 过共晶的，过低〔共〕熔的，高级低共熔体（的）
hyper-eutectoid 过共析（体），超低〔高级〕共熔体
hyperfiltration 反〔逆〕渗透（法），超过滤
hyperfine 超精细的
~ splitting 超精细分裂
~ transition 超精细跃迁
hyperfluid 超流动的，超流体的
hyperfocal 超焦距的
hyperfragment 超（子）裂片，超（子）原子核
hyperfrequency 超高频
hypergeometric 超几何的，超比的
hypergeometry 多维〔度〕几何（学）
hypergol 双组分〔自燃式〕火箭燃料，用自燃燃料的推进系统
hypergolic 自燃的，自发火的
hypergon 拟球心阑透镜组，对称弯月镜
hypergraph 超图
hypergraphics 超图形
hypergravity 超重
hyperharmonic 超调和的
hyper-high-frequency 超高频
hyperjump 超跃度
hyperlan 高性能局域网
hyperlink 超链接
hyperloy （海波潞伊）高磁导率铁镍合金
hypermal （海波摩尔）高磁导率铁铝合金
hypermalloy 高磁导率铁镍合金（w（Ni）40% ~ 50%，其余 Fe）
hypermanganate 高锰酸盐
hypermatic 过黏的
hypermedia 超（级）媒体
hypermetric 超度量的
hyper(-)microscope 超级〔紫外线，缝隙式超〕显微镜
hypermonotectic 过偏晶
hypermultiplet 超多重（谱）线，超多重态
hypernet 超级网络
Hypernic （海波尼克）高磁导率铁镍合金，铁镍透磁合金（w（Ni）40% ~ 50%，其余 Fe）
Hypernik =Hypernic
Hypernorm （海波诺姆）铁镍钼系高磁导率合金，钼坡莫合金（w（Ni）79%，w（Mo）4%，其余 Fe）
hypernormal 超常态
hypernotion 超概念
hypernucleus 超（子）原子核
hyperon 超子
hyperosculation 超密切
hyperoxide 过氧化物
hyperpanchromatic ①高色（的），超全色（的）②高色胶片，（红光增感的）超全色胶片
hyperparaboloid 超抛物体
hyperphysical 超物质的，超自然的，与物质分离的
hyperplanar 超平面的
hyperplane 超平面
hyperpolarization 超极化
hyperpressure 超压，超高压力
hyperpure 超纯的
hyperquadric 超二次曲面（的）
hyperquantization 超量子化，二次量子化
hyperrectangle 超矩形
hyperreflexia 反射亢进，反射过强
hyperresolution 超分解，超归结
hyper-seal 超密封型
hypersensitive 过敏的，超灵敏的
hypersensitivity 超灵敏度，超灵敏性，超感光度
hypersensitization 超敏感
hypersensitized 超高灵敏度的，超感光度的
hypersensitizer 超增感剂
hypersensor 超敏感元件（集成电路过流或过压保护器件），超敏断路器
Hypersil 磁性合金
hypersonic 高超声速的（马赫数大于 5），（特）超声（速）的，超声频的
hypersonics 高超音速空气动力学

hypersorber 超吸器，活性吸附剂，（碳）流动床分离烃类的设备
hypersorption 超吸（附）法，移动床吸附法
hypersound 特超声
hyperspace 超（越）空间，多维〔度〕空间（大于三维的假想空间），深空（宇宙）空间
hyperspecialization 高度专门化
hyperspeed 超高速度
hypersphere 超球面
hyperstatic 超静〔稳〕定的
hyperstaticity 超静定性，静不定性
hyperstereography 超远距立体摄影
hyperstereoscopy 超体视，逾常立体感
hyperstructure 超级结构
hypersurface 超曲面
hypersusceptibility 感受性过强，过敏（性）
hypersynchronous 超同步的
hypertape 高速带
hypertext 超文本
hypertherm 人工发热器
hyperthermal 超高温的，过热的
hyperthermocouple 超温差电偶
hyperthermometer 超高温（温度）计〔表〕
hypertonic 高渗的，过渗压的
hypertorus 超环面〔锚环〕
hypertron 超小型电子射线加速器
hyper-vapotron 特超蒸发器（定义换热能力大于 1 000 W/cm^2）
hypervelocity 超高速，特超音速
hypervisor 管理程序
hypervolume 超体积
hypex 海派克斯喇叭，低音加强号筒
hyphen ①短线②连字符（“-”或“-”）
hyphenate 加连字符
hyphenation 用连字符连接
hypnocinematograph 睡眠动作描记器
hypo （五水合）硫代硫酸钠，大苏打，海波
hypobaric 低气压的
hypochromism 缺〔少〕色性
hypocrystalline 半〔亚〕结晶（的），半〔亚〕晶质（的）
hypocycloid 内〔次〕摆线，圆内旋轮线，内圆滚线，内〔次〕摆圆
  curtate ~ 短幅内摆线
  prolate ~ 长幅内摆线
hypodispersion 平均分布
hypodynamic 力不足的，乏力的
hypoelastic 次弹性的
hypo-eliminator 海波消除剂
hypoelliptic 次椭圆的
hypoeutectic 亚共晶（的），亚共熔（的），低级低共熔体（的）
hypoeutectoid 亚共析（的），亚共析体，低碳，低易熔质，低级低共熔体
hypoferrite 亚铁素体
hypofunction 机能减退
hypoid 准双曲面的
hypoids 螺旋传动，双曲线（的轮）转动
hypomonotectic 亚偏晶
hypo-osmoticity 低渗性，低渗压
hyporeflexia 反射减退
hyposteel 亚共析钢
hypostereography 超近距立体摄影
hyposulfite 次〔连二亚，硫代〕硫酸盐
hyposynchronous 次同步的，低于同步的
hypotenuse （直角三角形的）斜边，弦
hypothesis 假说〔设〕
  alternative ~ 备择假设
  class ~ 类假设
  ergodic ~ 遍历性假设
  general continuum ~ 广义连续假设
  identity ~ 同等假设
  quasi-ergodic ~ 准遍历假设
hypothetic(al) 假说〔设，定，想〕的，有前提的
hypotonic 低渗的，压力过低的，张力过弱的
hypotrochoid 次内摆线，内转迹线，长短辐圆内旋轮线
  curtate ~ 短幅内摆线
  prolate ~ 长幅内摆线
hypsogram 电平图
hypsograph 测高仪
hypsometer 沸点测高仪，沸点测定计，沸点气压计，用三角测量法测量高度的仪器
hypsometry （沸点）测高法〔学，术〕，高程测量
hypsothermometer 沸点测高器
hypsothermometry 沸点测高法
hy-Ra49 较高饱和磁感应强度钢
hysol 环氧树脂类黏合剂
hysteresigraph 磁滞曲〔回〕线记录仪
hysteresimeter 磁滞测定器〔测试仪〕，磁滞计
hysteresis ①磁滞（现象），滞后（现象，作用），滞变，迟滞（性）②平衡阻碍
  ~ of transformation 相变滞后
  asymmetrical ~ 非对称磁滞（回线）

dielectric ~　介质滞后，电滞（现象）
elastic ~　弹性滞后〔迟滞〕，吸振能力
electric ~　（介质）电滞
frame ~　帧滞后，帧磁滞（现象）
frequency ~　频（率）滞（后）
magnetic ~　磁滞（回线）
mechanical ~　机械滞后
plastic ~　塑性滞后（现象，作用）
rotary ~　回转磁滞
rotational ~　旋转〔循环〕磁滞，转动滞后
sheared ~　切变磁滞
switching ~　开关滞后，转换滞后
thermal ~　热滞后，温（度）滞（后）
tuning ~　调谐滞后现象

hysteresiscope　磁滞回线（显示）仪
hysteresisograph　磁滞回线记录〔测绘〕器〔仪〕
hysteretic　磁滞的，滞后的
hysterocrystallization　次生结晶作用
hysterset　功率电感调整（用电抗线圈调整功率）
hystoroscope　磁性材料特性测量器
hyther　湿热作用
hythergraph　温湿图
hy-therm　耐热的，抗热的
hytor　海托尔抽压机
hytron　哈管，海特龙（美国一种电子管型号）
Hyvac　海瓦克（真空泵）
hyzone　三原子氢

I

iaser 红外微波激射器
iatron 投影电位示波器，存储显示管
I-bar 工字钢〔铁〕
i-base 信息库
I-beam 工字梁〔钢〕
I-bolt 工字形螺栓
IC 集成电路
optoelectronic ~ 光电集成电路
icand 被乘数
ice ①冰（块）②结冰，冰结〔凝〕，冰冻，用冰覆盖，使冰冷
dry ~ 干冰
iceboat 破冰船，破冰设备，在冰上滑行的船
icebox 冰箱，严寒地带
ice-breaker 破冰船
ice-glazed 涂冰的，表面结冰的
ice-paper 透明纸（制图用）
icepoint 冰点
ice-prediction 预测冰
ichnography 平面图（法），径迹图（测定荷电粒子径迹的方法）
ichthyoid ①鱼（状）的，流线型的②鱼形体，流线型体
icicle 冰柱，垂冰，焊接时管子接头内的上部金属突出物，毛刺
icing 结冰，积冰（机翼上的结冰现象）
ickle =icicle
ico =iconoscope
I-column 工字柱
i-commerce 信息商务
icon 像，图像，像标，插画，图符〔标〕，图示
hourglass ~ 沙漏（计时）图标
IR ~ 红外线摄像管
watch ~ 手表图符
iconic 人像的，图像的，传统的
iconography ①插图，图解（说明）②画集③影象学，影象塑造术
iconolog 光电读像仪
iconometer 反光镜，测距镜，量影仪，光像测定器
iconometry 量影学
iconoscope 光电摄〔显，析，发〕像管，电子〔积储式〕摄像管，送像装置
iconoscope 光电摄像管
image ~ 移像（式）光电摄像管
iconotron 移像光电摄像管
icosagon 二十边〔角〕形
icosahedral 二十面体的
icosahedron （正）二十面体
idea ①思想，概〔观〕念②想法，主意，打算，计划，目的，意见，想象
ideal ①理想的，标准的，典型的，完美的②概念的，想象（中）的，空想的，虚构的，唯心论的③理想（数，子环，子代数，的东西），概念，设想④典型⑤最终目的
Ideal 铜镍合金（w（Cu）55% ~ 60%，w（Ni）40% ~ 45%）
idealine 糊状黏结剂
idealoy “理想”坡莫合金
idemfactor 幂等矩阵，幂等因子，归本因素
I-demodulator I 信号解调器
idempotency 等幂性，幂等
idempotent ①幂等②等幂的
ident （=identification）标志，打印，确定，辨认
identical ①相同〔等〕的，同一〔样〕的，恒等〔同〕的②恒等式
identifiability 可辨识性，能识性
identification ①识〔辨，鉴〕别（法），辨认，鉴定，证实，核对，发现，检验，身份证明②同一，等同，恒等③标志〔识，定，记〕，符号，打印④同化
automated fingerprint ~ system 自动指纹鉴定系统
automatic car ~ 汽车自动识别
automatic number ~ 号码〔编码〕的自动识别
bibliographic ~ 文献识别（指文献代号的鉴别工作）
blur ~ 模糊识别
called number ~ 呼叫号识别
circuit ~ 电路标识
coded ~ 编码符号，译码表示法
coded-light ~ 灯码识别
edge-like ~ 类似边识别
exchange ~ （通信）交换识别

explicit ~ 显示辨识
false ~ 错误辨识（混人，遗漏）
field ~ 字段标识，信息组标识
finger print ~ 指纹（人工智能）识别
network resource ~ （通信）网络资源标识符
network user ~ 网络用户标识符
network ~ 网络标识符
ground-objects ~ 地面物体识别
group ~ 群识别（印刷）
interrupt ~ 中断识别，中断标志
network ~ 网络识别
on-line ~ 在线辨识
pattern ~ 模式辨识
radio frequency ~ 射频识别(人工智能识别)
reference-free damage ~ 无参考信号损伤识别
speaker ~ 发音人辨认，扬声器识别
system ~ 系统辨识
tape ~ 带标识
target ~ 目标识别
temporary mobile subscriber ~ 临时移动用户标识
valid user ~ 有效用户识别
visual ~ 视觉识别

identifier ①标志〔标识，识别〕符，名称〔标〕②鉴别〔识别〕器，鉴定（用）试剂③鉴定〔检验〕人④自由电话查定电路
access control ~ 存取(访问)控制识别标志，存取（访问）控制识别符
access point ~ （通信）存取点标识符
arithmetic ~ 算术〔运算〕标识符
array ~ 数组标识符
block ~ 分程序标识符，块标识符；块识别程序
cell ~ 信元识别符
channel path ~ 通道通路标识符
character ~ 字符标识符
code ~ 代码标识符
communication ~ 通信标识符
context ~ 语境识别符
data ~ 数据标识符
data-base ~ 数据库标识符
data-use ~ 数据应用标识符
globally unique temporary ~ （通信）全局唯一临时标识符
key set ~ （通信）密钥标识符
location ~ 存储区标识符
location area ~ （通信）定位区标识符
logical channel ~ 逻辑信道识别符
message ~ 消息识别符，报文识别符
mobility management entity ~ （通信）移动管理实体标识符
mode ~ 方式标识符
optical fiber ~ 光纤标识符
packet flow ~ （通信）分组数据流标识符
packet temporary mobile subscriber ~ 分组临时移动（通信）用户识别符
paging-radio network temporary ~ （通信）分页无线网临时标识符
particle ~ 粒子鉴别器，粒子识别器
personal security ~ 个人保密标识符
physical cell ~ （通信）物理信元标识符
procedure ~ （计算机）过程标识〔志〕符
quality of service class ~ （通信）服务质量等级标识符
radio network temporary ~ （通信）无线网络临时标识符
random access preamble ~ （通信）随机访问前置标识符
routing area ~ （通信）路由区域标识符
section ~ 段标识符，节标识符
statement ~ 语句标识符
symbolic ~ 符号标识符
temporary logical link ~ （通信）临时逻辑链路标识符
terminal endpoint ~ 终端端点标识符
tracking area ~ （通信）跟踪区识别符
tunneling end ~ （通信）隧道终端识别符
undeclared ~ 未说明标识符
variable ~ 变量识别符

identifying ①识〔辨，鉴〕别，辨认，认出，鉴〔确〕定，验明，发现，给…做出标志，标记②视为同一，(使）等同，(认为…，成为）一致

identity ①同一（性），完全相同，一致②恒等（式）③本体，本〔个〕性④身份，(目标的）籍别〔国籍〕
international mobile subscriber ~ 国际移动（通信）用户身份

Idento-meter （热电动势法）材料鉴别仪

ideogram （=ideograph）表意文字（符号）

ideograph 表意文字〔符号〕
Chinese ~ 汉字

idioadaptation 个别适应

idioblast 自形变晶，细胞原体，异细胞

idiochromatic 自色的，本质（色）的

idioelectric ①非导体②能摩擦起电的（物体）
idiomorphic （矿物）自形的，整形的，自发的
idiophanism 自现干涉圈（现象）
idiostatic 同（电）位的，同势〔等位〕差的
I-display I型显示（径向图形扫描的三维空间显示，显示圆锥扫描天线系统的距离和方向）
idle ①闲置的，空闲的，停机的，（懒）惰的②无功〔效，用，根据〕的，空载〔转，位〕，怠速，慢车〔速〕③空转〔费〕，开慢车，低速轧制，虚度，（懒）惰
hot ~ 不规则〔不稳定〕空转
run ~ 空转，窝工
secondary ~ -hole 怠速用副喷口
two speed ~ （发动机）双速怠速(有两种转速）
idleness ①空转〔载〕②空闲时间，（机器的）空闲率
idler ①空转〔中界，过桥，支持〕轮，惰（跨，闲）轮，张紧带轮，支承滚轴，（传送带的）托辊②惰，无效〔功〕，空载〔车〕③闲频信号
capstan ~ 主导轴空转轮
chain ~ 张紧链轮
impact ~ 防冲托辊
return ~ 返回托辊
reverse ~ （汽车的）后退〔倒车〕用空套齿轮，反转空转齿轮
spool ~ 串联托辊
straight ~ 直托辊
track ~ 覆带惰轮〔诱导轮〕
tracking ~ 定心托辊
trailing ~ 从动空转轮
training ~ 防偏托辊
idling 空转，空载，闲置
idometer 测量仪表，探测仪
idotron ①光电管检验仪②油墨浓度和黏度调节器
ier ①乘数〔式，子〕②乘数寄存器，乘法〔倍增〕器
if-A-then-B-gate B“或”A 非门
iffy 富于偶然性的，可怀疑的，有条件的，未确定的
if-then 蕴含，如果…则
Igamid 一种聚酰胺系塑料
Igatalloy 钨钴硬质合金（*w*（W）82% ~ 88%，*w*（Co）3% ~ 5%，*w*（C）5.2% ~ 5.8%，*w*（Fe）< 2%）
I-ga(u)ge 工字形极限卡规
Igedur 伊盖杜尔铝合金
igelite 聚氯乙烯塑料
I-girder 单腹板梁，工字形大梁
igloo 手提透明塑胶保护罩
ignitability 可燃性
ignite 点火，引燃，发火
igniter 发火器〔剂，极，电极，装置〕，点火器〔剂〕，触发器〔极〕，（引燃）电极，传〔点〕火药，引爆装置，火花塞
~ for gaseous fuel 气体燃料点火炉
~ for heavy oil 重油点火炉
~ for solid fuel 固体燃料点火炉
~ with roof nozzle 顶燃式点火炉
advanced ~ 提前点火器
delay ~ 延期点火装置
flame ~ 点火装置
hypergolic ~ 自燃点火器，自燃起动燃料点火装置，自然发火装置
pyrotechnic ~ 电爆管
wipe make and break ~ 拂式断续点火器
wipe spark ~ 拂式点火花器
ignitibility （焦炭）可燃性
ignition 点〔发，着〕火，引燃，灼烧〔热〕，起爆，发火装置
~ control 点火控制
~ control module 点火控制模块
~ diagnostic monitoring 点火诊断监测
battery coil ~ 电池（线圈）点火
capacitive-discharge ~ 电容器放电点火（系统）
capacitor discharge ~ 电容放电点火
catalytic ~ 催化剂点火
coil ~ （发动机）点火线圈点火
compression ~ 压燃
compression sense ~ （发动机）压感点火
computer controlled coil ~ （发动机）计算机控制线圈点火
condenser-discharge ~ （发动机）电容器放电式点火
continuous AC ~ 连续交流点火
correct timed ~ 正时点火
delayed ~ 延迟点火
distributor ~ 分电器点火
distributorless ~ 无分电器点火
double ~ 双火花塞点火
dual ~ 双磁电机点火，双火花塞点火
dynamo ~ 发电机点火〔引燃〕
early ~ 提前点火
electronic ~ (system) 电子控制点火（系统）
fixed ~ 固定提前点火

full electronic ~ 全电子点火
head-end ~ 前端发火〔点火〕，由（火药）首端发火
high energy ~ 高能点火
hot-bulb ~ 热球点火（一种柴油机点火方法）
hot-wire ~ 电阻丝点火
integrated electronic ~ （发动机）集成式电子点火
intelligent dual spark plug ~ （发动机）智能型双火花塞点火
ion sensing ~ （发动机）离子传感点火
jump spark ~ 跳跃火花点火（高压磁电机点火）
low-tension ~ 低电压点火
magnetic ~ 磁石发电机点火
magneto ~ 磁电机点火
magneto capacitor-discharge ~ （发动机）电容放电式磁电机点火
make and break spark ~ 断续火花点火
map-controlled ~ system 地图控制点火系统
mapped ~ system 图像控制点火系统
multiple ~ 多火花点火
multiple spark discharge ~ （发动机）多火花放电点火
multipoint fuel injection-spark ~ （发动机）多点燃油喷射 - 火花点火
nozzle-end ~ 喷口端点火
pilot ~ 引燃
post ~ 自然点火（由于过热等原因，在点火开关关掉后发动机继续自己点火）
premature ~ 先期点火，过早着火
programmable ~ （发动机）程序（控制）喷射
programmed ~ （发动机）程序控制点火
programmed fuel ~ （发动机）程序控制燃油喷射
retarded ~ 延迟点火
self ~ 自燃
self-piloting ~ 预燃点火，自起动点火
single ~ 单电源点火系统
spontaneous ~ 自燃
surface ~ 热面点火
timing ~ 正时点火
twin ~ 双火花塞点火
two-point ~ 双重点火（由两个电源或两个同时作用的火花塞进行点火）

ignitionability 可点燃性，可触发性

ignitor =igniter

ignitron 点〔发〕火器，点火〔引燃，放电〕管，汞半波整流管

ignore ①不管〔顾〕，忽略〔略去〕不计，（计算机）不问，忽视②（电报）空点（子），无作用（符号）
instruction ~ 指令无效，指令无动作

I-groove 工形槽，平头槽

I-head 带顶置气门的气缸盖，I 形盖

ihrigizing （固体）渗硅

I-iron 工字钢〔铁〕

i-layer ①固有导电层②无杂质层

Ilgner 可变电压直流发电装置

ill ①有病的②坏的，有害的，拙劣的，不良的③难以处理的，麻烦的④不完全，不充分

ill-adapted 与…不协调的

illation 推定〔论〕，结论，演绎（法）

ill-condition 病态，病态条件

ill-designed 设计不良的，设计差的

ill-effect 有害作用〔影响〕，恶果

illegitimacy 非法（性），不合理，不合逻辑，不符合惯例

ill-equipped 装备不良的

illinium 钇或钷的旧称

illite 伊利石，伊利水云母

illium 镍铬合金（*w*（Ni）56% ~ 62%，*w*（Cr）21% ~ 24%，*w*（Cu）3% ~ 8%，*w*（Mo）4% ~ 6%，少量 Si、Mn、W、Fe）

ill-judged 判断失当所引起的

illness （疾）病，缺陷

illogic(al) 非逻辑（的），不合（缺乏）逻辑（的）

ill-posed 提法不当的，不适定的

ill-sorted 不配对的，不相称的

ill-timed 不合时（宜）的，不适时的

illuminance 照明度，施照度

illuminant ①照明的，发光的②发光物〔体〕，施照体，光源，照明剂
~ C C 光源（基准白，色温度为 6500 K 的发光体）
~ E E 光源（等能白色）

illuminate ①照（明，亮，射），使受辐射照射②阐〔说〕明，启发③（用灯、字、画）装饰

illumination ①照（明，亮，射），发光，光照②照明设备，照明学，照视法③（常用 pl.）灯饰，电光饰④阐明，解释，启发
ambient light ~ 周光照明，环境照明
aperture ~ 孔径照明
background ~ 本底照明

balancing ~ 均匀照明
dark field ~ 暗视场照明
dial ~ 仪表照明,(仪表的)刻度照明
diffused ~ 漫射〔扩散〕照明
dome ~ 天棚照明
equal ~ 相同照明
even ~ 均匀照明
general ~ 全面照明
highlight ~ 图像亮点照明
incident ~ 入射照明
interior ~ 室内照明
kohler ~ 柯勒照明
lens field ~ 透镜视场照明
natural ~ 昼光照明
overhead ~ 顶光照明
photocathode ~ 光(电)阴极面光照
photometer ~ 光度计(视场)的光照
priming ~ 固定照明
progressive ~ 循序照明,图像逐点照明
semidirect ~ 半直接照明
spherical ~ 球面照度
starlight ~ 星光照明
stray ~ ①寄生照明②杂散光照,散射照明
target laser ~ 激光束目标照明
threshold ~ 临界照明度

illuminator 照明器,照明装置,发光器〔体〕,照(明)灯,施照体〔器〕,反光镜〔板〕,(底片观察用)光源,启发者

illumine 照明〔亮,耀〕,启发

illuminometer (光)流明计

illuminophore 发光团

illusion 错觉,幻觉,错视,假象

illustrate 图解,插图,(用图解,举例)说明

illustration ①插图,图表〔解〕②实例,例(子,证,示,解,图)③(举例,用图表,具体)说明,注解
schematic ~ 简图,示意图

illustrative ①说明〔例证〕性的②直观的

illustrious ①杰出的,著名的②光辉的,辉煌的,有光泽的,明亮的

illuviation 淀〔淋〕积(作用)

ilmenite 钛铁矿

iluminite 铝电解研磨法,电解抛光氧化铝制品

image ①影〔图,镜,肖〕像,形〔景,映〕象,成像,像点②极为相似(的人或物),典型,翻版③比〔直,隐〕喻,印象,概念,思想④反射(信号)
~ by inversion ①镜像(作用)法②反演像,镜像
~ morphing 图像变形
~ retrieval 图像检索
~ warping 图像变形
absorbed electron ~ 吸收电子像
acceleration ~ of mechanism 机构的加速度影象
acoustic ~ 声像
aerial ~ 空间像,虚像
affine ~ 仿射影象
after ~ 余像,残留图(影)像,视觉暂留
anamorphic ~ 变形画面
anamorphotically squeezed ~ 畸形压缩图像
astigmatic ~ 像散成像
audio ~ 声频图像
backscattered electron ~ 背散射电子像
bit-plane ~ 位平面图像
bright field ~ 明场像
broad ~ 模糊图像
burned-in ~ 烧附图像
by-pass monochrome ~ 旁路单色〔黑白〕图像,平行单色图像
card ~ ①卡片信息〔内容,穿孔码〕②卡片映象
cathode luminescence ~ 阴极发光像
chain ~ 链式图像,循环图像
charge ~ 电荷图像,电像
charged latent ~ 带电潜影
checkerboard ~ 黑白格图像,棋盘图形
conoscope ~ 干涉图形
contrast ~ 强反差图像
core ~ 磁心映象,磁心(存储器)图像
dark field ~ 暗场像
degraded ~ 模糊的〔不清晰,降质〕图像
depth ~ 深度图像
developed ~ 显影图像
digital television ~ 数字电视图像
direct ~ (全息术中的)直接像
display ~ 复显图像
document ~ 记录图像
dot-sequential ~ 点序图像,逐点发送图像
double ~ 重〔双,回波图〕像
echo ~ 回波图像
electric(al) ~ 电像,电位起伏图,电荷图像
electron ~ 电子图像,电位起伏像
electrostatic latent ~ 静电潜像,静电复制像
erect(ing) ~ 正像,直立图像
false ~ 假〔误〕像

far infrared ~ 远红外成像
fault ~ 假〔失真〕图像
field-sequential ~ 场序制成像（基色场逐次传输），场序发送图像
fugitive ~ 易褪影象
fuzzy ~ 模糊图像
ghost ~ 幻象，散杂影象，假象，双（重图）像
half tone ~ 中间色〔半色调〕图像
hard ~ 硬图像，对比度强的图像，黑白鲜明的图像
harsh ~ =hard ~
hazy ~ 模糊图像
high-contrast ~ 高对比度图像，“硬”图像
high-key ~ 高调图像
incident ~ 入射图像
induced current ~ 感生电流像
infra-focal ~ 焦内图像
intensified ~ 放大像
inverse ~ 逆〔原〕像，倒像〔影〕
inverted ~ 倒像
isomorphic ~ 同构图形
K-M ~ K-M 图像，电子衍射图像
latent ~ 潜像
light ~ 光图像
line ~ 行式映象
live ~ （电视演播中的）活动图像
low-key ~ 软调图像
micro split ~ 微缝〔微分开〕图像
mirror ~ 镜像
movable ~ 活动图像
multiple ~ 多重〔多帧〕图像，复像
multispectral ~ 多谱图像（装置）
negative ghost ~ 负重像（黑白颠倒的图像）
negative(-appearing) ~ 负像
orbital ~ （卫星）轨道图像
original ~ 原（始）像
orthoscopic ~ 无畸变图像
out-of-focus ~ 散焦图像，不清晰图像
page ~ 静止图像
partial ~ 半帧
perceptual ~ 感像
perverted ~ 反像
photochromic micro ~ 光致变色微缩图像
photoelectrostatic ~ 光致静电像
photosurface ~ 感光面上的像
picture ~ 图像映象
point ~ 点像
positive(-appearing) ~ 正像
potential ~ 电位分布图，势像
primary ~ 逆像，原像
quote ~ 引证号镜像
radar ~ 雷达（图）像
real ~ 实像
recording ~ 录像
reflected ~ 反映象，反射图像
register ~ 叠加〔重合〕影象
rejection ~ 抑制图像
reproduced ~ 重显〔再现〕图像
residual ~ 残留图像，余像
retained ~ 烧附影象，保持的影象
retinal ~ 视网膜上的影象
reversed ~ 倒〔反，转〕像
sagittal ~ 矢量图像
scrambled ~ 失真图像
screen ~ 屏像
secondary ~ 二次图像，副〔次，重〕像
sharp ~ 清晰影象
slit ~ 缝隙像，（光学录音）推挽式声迹
soft ~ “软”图像，低对比度图像
sound ~ 声像
source ~ 源像
space ~ 立体像
split ~ 双像，（因同步不良而）分裂的图像
spurious ~ 伪像，副像，寄生图像
stereopair ~ 立体像
stigmatic ~ 斑点成像
still ~ 静（止图）像，固定图像
storage ~ 存储图像
superimposed ~ 重叠图像
synthesized ~ 合成像
target ~ 靶像，标线板像，目标物像
thermal ~ 热像（过载保护的一种检测方式）
three-colo(u)r ~ 三色图像，彩色图像
three-dimensional ~ 三维图像
transmitted electron ~ 透射电子像
true ~ 真像，（全息术中的）直接像
two-dimensional ~ 二维图像
velocity ~ of mechanism 机构的速度影象
virtual ~ 虚像
visible ~ 可见像，视像
wire-frame ~ 轮廓像
X-CT ~ X 光断层扫描图像
X-ray ~ X 射线照片，X 射线像
image-bearing 载像
image-convertor 光电图像变换管，光电变换器

germanium-mosaic ~ 锗 - 镶嵌变像管
imager 成像器，扫描器
thermal ~ 热像仪
imagery ①形象比（描述），比喻②成（作，刻，雕）像，群像，立体像③摄像（人造卫星上拍摄的照片总称）
continuous ~ 连续像（取样）（数字电视）
imagesetter （激光）照排机．照相制版机，图文输出机
image-space 像方
image-transcription 图像录制
imaginaries 复数，虚数
imaginary ①想象的，假〔设，幻〕想的，虚（构）的，虚数的②虚数
imagination 想象（力），假想，创造力
imagine 想（象），设〔料，猜〕想，推测，捏造
imagineering 人工复制，模拟
imaging 成像
acoustic(al) ~ by Bragg diffraction 布拉格衍射声成像
acousto-optic ~ 声光成像
catoptric ~ （使用多面镜的投影电视系统的）反射成像
dioptric ~ 屈光成像，折射成像
electromagnetic ~ 电磁成像
lens array ~ 透镜阵列成像
low-light-level ~ 低照度成像，微光成像
magnetic resonance ~ 磁共振成像仪
mosaic ~ 镶嵌成像
nuclear magnetic resonance ~ 核磁共振成像 (MRI)
photo-quality ~ 优质成像
point-source ~ 点光源成像
ultrasonic ~ 超声成像
imbalance 不平衡，不稳定（性），偏重，不相等
load-generation ~ 负载 - 发电失衡
maximum allowable ~ of opposing load 对称装载的最大不平衡量
temperature ~ 温度失衡
imbed =embed
imbedding 嵌入技术
imbedibility 嵌入性，埋入性，吸入性
imbibe ①吸〔入，收，取，液〕，浸透，透〔渗〕入②感受
imbibition ①吸收〔湿，水，入〕，渗透，加水②膨润（作用），吸胀作用③染印法
imbricate （使）成鳞状，作覆瓦状，（使）叠盖，搭盖
imbue ①深染，浸染〔透〕②吸水，灌注，充满③感染
imcompressible 不可压缩的
IMG 图像文件的一种格式
imictron 模拟神经元
imitate 模仿〔拟〕，仿造〔制，效，真，形〕，临摹，伪造
imitation 仿照，仿造品
imitator 模拟〔仿真〕器，模拟程序，模仿者
Immadium 高强度黄铜（w（Cu）55% ~ 70%，w(Zn)25% ~ 42%，w(Fe)1.5% ~ 2.0%，少量 Mn，Sn）
immalleable 不可锻的，无展性的，无韧性的
immaterial ①非物质的，无形的②不重要的
immeasurable 不可测量的，不可计量〔衡量〕的，无涯的
immediacy 瞬时性，暂时性，直接（性），刻不容缓
immediate 直接的，立即的，最接近的，紧〔密〕接的
immerse ①浸（入，渍，没），泡，沉入，落水，基础下沉②专心，埋头于，投〔陷〕入
immersion ①浸（入，渍，润，没，液），浸〔落〕水，油浸，沉入〔没〕②专心，热衷，陷入③显微镜液浸检法
~ in liquid preventives 浸泡缓蚀
immiscibility 不溶混（性），不混合（性）
immiscible 不混合的，不溶混的，非互溶的，非搅拌的
immittance 导抗，阻纳（导纳和阻抗的统称）
driving-point ~ of an n-port network n 端口网络的策动点导抗
input ~ of a two-port network 二端口网络的输入导抗
load ~ 负载导抗
output ~ of a two-port network 二端口网络的输出导抗
terminating ~ of a port 端口的端接导抗
transfer ~ 传递导抗
immix 混合，掺和，卷入
immobile 不（能）动的，固定的，静止的稳定的，不变的
immobiliser 停机装置，停车机构
electronic ~ 电子停机装置（防止非法起动发动机）
immobilization 固定，不动，制动（术）活动抑制，定位，降低流动性，缩小迁移率

immobilizer = immobiliser
immoderate　过度的，过分的，不适中的不合理的
immovability　不动（性），不变
immune　不受影响的，无响应的，免除的
immunity　①免除（性），免受（性）②抗扰性，不感受性，不敏感性，免蚀态
noise ~　抗扰度〔性〕
threshold ~　阈值抗扰度
immunization　免除〔疫〕，钝化处理
noise ~　消噪抗扰
immunize　免疫
immunizing　不敏感处理，高耐俯视处理，免疲热处理
impact　①碰撞，冲〔撞，打〕击，冲（力，量），动能，振动，爆发②脉冲③着陆，降落，弹着，命中，中弹，回弹，反跳④气流急剧滞止⑤影响，效果⑥装〔压〕紧，楔牢，装填，塞满
centric(al) ~　对心碰撞，正碰，中心冲击
eccentric ~　偏心碰撞
elastic ~　弹性碰撞
hydraulic ~　水击
notch wedge ~　楔击缺口冲击试验
photo ~　光控脉冲，光冲量
short-circuit ~　短路冲击
square ~　正冲
impacter　①冲击器〔机〕，冲击（式）破碎〔打桩〕机，反击破碎机②无砧座（模）锻锤，卧式对击锤，卧式锻造机③硬着陆宇宙飞船
impaction　撞击，压紧，碰撞
impact-modulator　对冲型元件，对冲型调制器
Impacto　音帕克托镍锰钼钢
impactor　=impacter
impair　①削弱，损伤〔害〕②减少〔弱，损〕③奇数
impairment　缺〔毁，减〕损，损伤
encoding ~　编码缺损
noise transmission ~　噪声造成的传输质量降低
residual ~　残留损伤，残余损伤
impaler　插入物〔架〕
imparity　不同〔称，等，齐〕，不平均，不均衡，差异
impaste　用糨糊封，用糊状物涂，使成糊状
impedance　阻〔电〕抗，（全，表现，交流）电阻，管阻
~ of listening　收听干扰
acoustic(al) ~　声阻抗
apparent ~　视在阻抗
asynchronous (single phase) ~　异步（单相）阻抗
backward field ~　反向（磁场）阻抗，负序（磁场）阻抗
balanced ~　平衡阻抗，对称阻抗
base ~　①基本阻抗（基本电压降除以基本电流）②基极阻抗③天线座阻抗
blocked ~　阻挡〔停塞〕阻抗
branch ~　支路阻抗
bridged ~　桥接阻抗
capacitive ~　电容性电抗，容抗
characteristic ~　特性〔征〕阻抗，波阻抗
clamped ~　箝位〔夹紧〕阻抗
cold ~　冷阻抗（线路）
complex ~　复（数）阻抗
complexor ~　复量阻抗
conjugate ~　共轭阻抗
constant ~　固定阻抗（调整器）
cyclic ~　相序阻抗
damped ~　阻尼〔衰减〕阻抗
direct-axis subtransient ~　直轴次瞬变阻抗
distribution ~　分布阻抗
driving-point ~　驱动〔激励，供电〕点阻抗，输入阻抗
dynamic ~　动态阻抗
excitation ~　励磁阻抗，激励阻抗
external plate ~　板（极电）路阻抗
fluid ~　流体阻抗（射流）
forward ~　正向阻抗
forward-field ~　正向（磁场）阻抗，正序阻抗
free ~　自由阻抗，短路输入阻抗
generalized ~　广义阻抗
grid ~　栅极阻抗
guide wave ~　波导管阻抗
helix ~　螺旋线阻抗
image ~　镜像〔影象，对象，对等〕阻抗
inductive ~　电感性阻抗，感抗
interaction ~　①互作用阻抗②转移阻抗
intrinsic ~　固有〔内在〕阻抗
inverse ~　逆〔反〕阻抗
iterative ~　累〔迭〕接阻抗
joint ~　总（和）阻抗，节点阻抗
leakage ~　漏阻抗
line ~　线路阻抗
load ~　负载阻抗，终端阻抗
locked-rotor ~ of control winding　堵转控制

绕组阻抗
locked-rotor ~ of exciting winding 堵转励磁绕组阻抗
matching ~ 匹配（用）阻抗
mechanical ~ 机械阻抗，力阻抗
mid-section ~ 半节阻抗
mid-series characteristic ~ 串中剖特性阻抗
mid-shunt image ~ 并中剖镜像阻抗
motional ~ 动态〔动生〕阻抗
mutual ~ 互阻抗，转移阻抗
mutual surge ~ 互波阻抗，冲击互阻抗（线路相互间的）
natural ~ 固有〔特性〕阻抗
negative phase-sequence ~ 负序阻抗
network ~ 网络阻抗
neuromuscular ~ 神经肌肉阻抗
nominal ~ 标称〔额定〕阻抗
non-reactive ~ 无电抗阻抗
normal ~ ①标准〔标称，常态〕阻抗②正入射阻抗
normalized ~ 归一〔标准〕化阻抗
open ~ 开路阻抗
operational ~ 运算阻抗
phasor ~ 复量阻抗，复数阻抗
plate ~ 板极阻抗，屏极阻抗，电子管内阻
plate-to-plate ~ 板极间阻抗，板 - 板阻抗
primary ~ 原边阻抗，初级线圈〔原线圈〕阻抗
probe equivalent ~ 探头等效阻抗
quadrature ~ 交〔横〕轴阻抗
quadrature-axis output ~ 交轴输出阻抗
reactive ~ 无功阻抗
receiving-end ~ 受电〔接收〕端阻抗
reciprocating ~ 倒易阻抗，共轭阻抗
reduced ~ 归一化〔折合，标称〕阻抗
referring ~ 折算阻抗
reflected secondary ~ 折算到一次侧线圈的二次侧阻抗（变压器）
rejector ~ 带阻滤波器阻抗
replica ~ 重复阻抗
self-surge ~ 行波〔浪涌，自冲击〕阻抗
sending-end ~ 送电〔输入〕端阻抗
slope ~ 动态阻抗，微分阻抗
slot ~ 槽阻抗
source ~ 电源阻抗
specific ~ 比阻抗，阻抗系数，阻抗率
spurious ~ 寄生〔杂散〕阻抗，伪阻抗
surge ~ 特性〔浪涌〕阻抗，波阻抗
terminating ~ 负载阻抗，终端阻抗
thermal ~ under pulse conditions 脉冲条件下的热阻抗
transfer ~ 传递阻抗
transient thermal ~ 瞬态热阻抗
transition ~ 过渡阻抗，转移阻抗
transverse ~ 横向阻抗
tuned ~ 调谐阻抗
unilateral ~ 单向阻抗
vector ~ 矢量阻抗，复（数）阻抗
virtual ~ 有效阻抗
wall ~ 墙壁声阻抗
wave ~ 波（动）阻抗
zero phase-sequence ~ 零序阻抗

impediment 阻〔妨，障〕碍（物）
regenerative ~ 再生干扰

impedimeter 阻抗计

impedometer （波导管）阻抗仪

impedor 阻抗器，(二端）阻抗元件
neutral ~ 中性点接地二端阻抗元件

impel ①推动〔进〕，激励②强迫，迫〔驱〕使，促成③冲动，刺激④抛，投

impellent ①推进〔动〕的②推动力〔物〕③发动机，推进器

impeller ①叶〔泵，波，工作，涡〕轮，(水轮机，水泵）转子，转子的叶片②压缩器，推进器，抛砂机，刀盘，叶轮激动器，旋转混合器
~ of blower 风机轮
~ of booster 增压轮
air ~ 气动叶轮，气动涡轮
booster ~ 辅助工作轮
box-shrouded ~ 壳内叶轮，离心泵叶轮
cased ~ 装在外壳内的叶轮，箱形叶轮
centrifugal ~ 离心式叶轮
close(d) ~ 闭式叶轮（风机，压缩机）（动力式泵），闭式工作轮
disk ~ 轮盘搅拌器，盘式激动器
double-sided ~ （泵或风机的）双吸式叶轮
governor ~ 调速（叶轮）泵
hooded ~ 闭式（叶）轮
non-clogging ~ 不堵式叶轮
oil ~ 油涡轮
open ~ 开式叶轮（泵）
paddles ~ 桨式搅拌器
receded disk ~ 离心式叶轮
screw ~ 螺旋式搅拌叶轮
shrouded ~ 闭式叶轮，有盖板的叶轮
supercharger ~ 增压器叶轮

unshrouded ~ 开式叶轮，无盖板的叶轮
water ~ 排水叶轮
impellor =impeller
impenetrability 不可（贯）入（性），不能贯穿（性），不（渗）透性，不可入性，阻碍性，不可测知，不可解
impenetrate 贯通，深深戳进，深入，渗透
imperative ①命令的，强制（性）的，绝对必要的，紧急的②命令，规则，必须履行的义务，不可避免的事
imperceptibility 极细
imperceptible 难以察觉的，细微的，看不见的
imperfect ①不完全〔善，美，整〕的，未完成的，不良的，有缺点〔陷〕的②非理想的，减弱的，缩小的
imperfection 不完全〔美，善，整〕（性），不足，不健全，缺〔弱〕点，缺陷，不完整度，机械误差
complex ~ 复式不完整性
crystalline ~ 晶体（格子）缺陷，晶体点阵缺陷
gross ~ 宏观缺陷
lattice ~ 晶格缺陷
point ~ 点缺陷
surface ~ 表面坑，表面缺陷
imperforate 无孔（隙）的，无气孔的，不穿孔的，不通的，闭锁的
impermanence 非永久（性），暂时（性）
impermanent 非永久的，暂时的
impermeability 不浸透性，防水性，气密性
impermeable 不（可）渗透的，防水的，密封的
impermeator （气缸的）自动注油器
impersonate 顶替
impersonation 模仿，冒名顶替
impervious ①不能透过的，抗渗的，密封的②感觉不到的，不受影响〔干扰〕的，不接受的
imperviousness 不透水
impetus （原，推）动力，动〔冲〕量，刺激，激励，促进，推动，冲击
impinge 碰撞，冲〔撞，打〕击，侵犯，紧密接触
impingement ①碰撞，冲〔撞，打〕击，冲突，振，（雾点的）动力附着②水锤
impinger 碰撞取样器，空气采集器，冲撞式粉尘捕集器，撞击式测尘计，撞击器
midget ~ 微型冲击式检尘器
implant ①播种，种〔移，培〕植，灌输，牢固树立②注〔播，嵌，植〕入，安放③插〔埋〕入物，移植物，植入管
volume ~ （放射源）体积植入法（被植入的体积为有规则固体形式，放射源分布在此体内及周边上）
implantation ①种〔移，培〕植②注〔插〕入，安放③规定，建立
ion ~ 离子注入（技术），离子移植（技术）
implate 用钢板盖上
implement ①工〔器，机，农〕具，器械，仪器，（pl.）全套工具②供给器具，提供方法③履〔执〕行，实施〔现〕，完成，补充，填满
foundry ~ 铸造工艺装备
measuring ~ 量具，测量仪器
implementation 供给器具，工具，仪器，履行，实施〔现〕，执行（过程，程序）
macro ~ 宏功能实现
microprogramming ~ 微程序设计实施
object ~ 对象实现
prone ~ 容易实现
implementor 设备，实现者
implet 网点
implicant 隐含数，蕴涵（项）
prime ~ ①素项，质蕴涵②必要项
implication ①纠缠，牵连，关系②隐含（式），蕴涵，含意〔蓄〕，意义③本〔实〕质④（常用 pl.）推断，结论
formal ~ 形式蕴涵
material ~ 实质蕴涵
implicator 隐含电路
implicit ①含蓄的，隐〔暗〕含的，暗示的，不讲明的，不明显的，隐式的，内含的，固有的②绝对的，无疑的，无保留的，盲目的
implicitization 隐含，隐式化
implicitly 隐式地
implode 爆聚，（向）内（破）裂，内向爆炸，压破
imploding 内部破碎
implosion ①从外向内的压力作用，挤压，压碎②内（向）爆（炸），内（破）裂，爆聚③内隐同步信号
furnace ~ 炉膛内爆
imply 隐含
imponderability 无重量，失重，不可称量
imponderable ①极轻的，无重量的，不可称量的，无法（正确）估计〔估价〕的②无重量〔不可量〕物，（pl.）无法估量的事物〔影响，作用〕

imporosity 无孔〔不透气，结构紧密〕性
import ①输〔引，导，移〕入②（pl.）进口（货，商品）③含义，意义〔思〕，重要（性）
free ~ 无税输入（品），自由输入（品）
importance 重要度
importation 输入，进口，进口商品
imposition 拼版
impositor 幻灯放映机
impost ①（进口，捐）税②拱墩〔基〕，拱端托，起拱点③把商品分类以估税
impound ①蓄水，（在贮水池中的）集水，筑堤堵水，修圩②扣押，没收
impoundment ①水池，（发电厂）凉水池②蓄水（量）
impoverishment ①贫化，缺乏，贫乏②合金成分的损失，损耗
impracticability 不实用性
impracticable 不能实行的，不现实的，做不到的，行不通的，难对付的，不实用的
imprecise 不精（明）确的，不精密的，非确切的，含糊不清的
impreg 树脂浸渍木材
impregnability 浸透性能〔本能〕，攻不破，牢固
impregnant 浸渍剂，浸渗，饱和
impregnate ①灌注，注入，浸渍〔透，渗，润，染〕，充满，饱和，包含②浸渍的，浸透的，饱和的③浸渍树脂
impregnating 浸渍
trickle ~ 滴浸（绝缘工艺）
impregnation ①注入，浸渍〔渗，透，染〕，饱和，充满，围岩中的浸染矿床②渗补
chromium ~ 铬化，渗铬
enamel ~ 上釉，上搪瓷
metal ~ 金属浸渍
vacuum ~ 真空浸渍
waxed ~ 蜡浸透
zinc ~ 渗锌，锌化
impregnator 浸渍机，浸渍设备
impress ①（施，外，附）加，盖〔压〕印，刻记号，压痕②给予（强烈）影响，使受（深刻）印象③引〔利〕用④传递，发送⑤从外部电源加（电压）到线路上
impression ①盖印，印记，痕迹，印〔压〕痕，模〔凹〕槽，模膛，模型型腔②印次〔数，刷〕，版，印刷品，印图③底色，漆层④印象，感想，影响，效果，感应⑤观念，意念
ball ~ 球凹（硬度试验），球印痕
bending ~ 弯曲模膛
blanking ~ 制坯模膛
blind ~ 平压印
blocking ~ 预锻模膛，雏型锻模
brightness ~ 亮度感应，亮度感觉
cutting ~ 切断模膛
die ~ 刻印模，模槽
die forging ~ 模锻模膛
drawing ~ 拔长模膛
edge rolling ~ 滚压模膛
expanding ~ 扩径模膛
finishing ~ 终锻模膛
full straightening ~ 全校正模膛
fullering ~ 卡压模膛
gathering ~ 积聚模膛
kiss ~ 适压印刷
locally straightening ~ 局部校正模膛
mo(u)ld ~ 模穴，模型内腔
necking ~ 卡细模膛
optical ~ 影象
piercing ~ 穿孔模膛
plugged ~ 嵌块，印刷标记
pre-blocking ~ 制坯模膛
revised ~ 修订版，订正本
trimming ~ 切边模膛
tube upsetting ~ 管坯镦粗模膛
visual ~ 视觉印象
imprest 预付款，垫款
imprint ①印（记），特征，印象，铭记〔刻〕，版本说明②刻上记号，印刷，盖（印）
cone ~ （硬度试验器）锥印痕
imprinter 刻印机，印戳机，印刷器，印码器
imprinting 压印
improper ①不适〔妥〕当的，不适应的，不合式〔理〕的，不规则的，非正常的②不正确的，错误的，假（的），不正当的
improve ①改进〔良，善〕②好转，进步，矫正，软化（精炼）
improvement ①改进〔良，善〕，进步，增进，好转，矫正②改进措施，经改进的东西
stage ~ 分级调质
improver ①改〔促〕进剂，改良者②实习生，学徒
viscosity index ~ 黏度指数改进剂
improving 改善
impulsator 脉冲发生器
impulse ①冲击〔动〕，碰撞，推〔振〕动，推（进）力，刺激②冲（量，力），动量③脉冲〔动〕

④发生〔出〕脉冲
blanking ~ 消隐（封闭）脉冲
break ~ 切断〔断路〕脉冲
brightening ~ 照明脉冲
chopped lightning ~ 雷电冲击截波
commanding ~ 指令脉冲
counter ~ 计数脉冲
crossover ~ 跨越冲击
delta ~ 三角形脉冲
density ~ 密度冲量
dial ~ 拨号脉冲
digit ~ 数位脉冲
direct ~ 正向脉冲
dotting ~ 点信号脉冲
double ~ 双脉冲，成对脉冲
echo ~ 反射〔回波〕脉冲
flow-rate ~ 流速脉冲，调整流量脉冲
fuel specific ~ 燃料比冲量
full lightning ~ 电冲击全波
full-wave voltage ~ （避雷器的）全波电压电击
gating ~ 门脉冲，选通脉冲
gravity ~ 重力驱动
inceptive ~ ①初始脉冲②占线脉冲
instantaneous ~ 瞬时传冲
linear ~ 力的冲量
linearly rising front-chopped ~ 线性上升波前截断冲击
lock-out ~ 同步脉冲
loop ~ （自动交换机的）回线脉冲
make ~ 闭路脉冲，接通电流脉冲
mark and space ~ 传号和空号脉冲
marking ~ ①传号脉冲②标记脉冲
nerve ~ 神经刺激，神经脉冲
nonprint ~ 不印脉冲，非印出脉冲
preliminary ~ 前发脉冲
rectangular ~ 方波冲击
residual ~ 剩余〔残留〕脉冲
revertive ~ 回送脉冲，反〔倒〕脉冲
rigid ~ 刚性冲击
shutdown ~ 关闭（发动机时的）冲量
sounding ~ 探测脉冲
space ~ 间隔脉冲
specific ~ 比冲，比冲量
starting ~ 起动脉冲，触发脉冲
steering ~ 控制脉冲
suppressor ~ 抑制脉冲
switch ~ 转换脉冲
tension ~ 电压脉冲
theoretical specific ~ 理论比冲量〔推力〕
tripping ~ 触发脉冲，起动脉冲
unit ~ 单位脉冲
unit doublet ~ 双元脉冲
variable duration ~ 可调宽度脉冲
welding ~ 电焊脉冲

impulser 脉冲发送〔传感，发生，调制〕器

impulsing 发送〔生〕脉冲，（脉冲）激励，振荡的冲击
loop-disconnect ~ 通、断线路输送拨号脉冲法

impulsion ①脉冲，冲动〔击〕②推动〔力〕，冲量〔力〕

impure 不纯〔洁〕的，含杂质的，假的

impurity ①杂质，夹杂〔掺和，不纯，污染，混合〕物，晶格掺杂，混杂度②不纯〔洁〕，污〔沾〕染
acceptor ~ 受主杂质
amphoteric ~ 双性杂质
background ~ 本底杂质
donor ~ 施主杂质
duplex ~ 复合夹杂
earthy ~ 泥状杂质
electrically activated ~ 电活性杂质
exogenous ~ 外来杂质
foreign-metal ~ 金属杂质
freeze-in ~ 凝入杂质
mid band ~ 中心带杂质
residual ~ 残留〔剩余〕杂质
self-slagging ~ 自生熔渣杂质
stoichiometric ~ 化学计量杂质
substitution ~ 置换型杂质
trace ~ 微量杂质

imref 密费，准费密能级（或化学势），倒费密

IN IN节点（数据通信中不连接其他节点的节点）
call ~ 调入

inaccessible 不能接近〔进入，达到〕的，难得到的

inaccuracy 不准〔精，正〕确（性，度），不精确的东西，错误，误〔偏〕差，疏忽〔漏〕

inaccurate 不准〔精，正〕确的，错误的，有误差的

inaction 故障，停车〔工〕，静止，不活动〔泼，跃〕

inactivate ①使不活动，减除〔失去〕活性，钝化使不旋光②钝性的，不旋光的

inactivation 钝化（作用），失活〔效〕

inactive ①不活动〔泼，跃〕的，不灵活的，钝〔惰〕性的，静止的②不起作用的，失〔无〕效的，无放射性的，无活性的，不旋（光）的，非现役的
optically ~ 非旋光的，不起偏振的
inactivity 不活动（性），不放射性，不旋光性，无功率，化学钝性
inadaptability 不适应性
inadaptable 不能适应的，无法适应的，不可改变的
inadequacy 不适当〔对应，相适应，协调〕，不足〔够，完全〕
inadequate 不适当〔对应，妥当，相适应〕的，不充分的，缺乏的，不（充）足的
inadherent 不粘结的
inadhesion 不粘性
inadmissibility 不允许（承认）
inalienable 不可分割的，不可剥夺的
Inalium 因阿铝合金（w（Si）0.5%，w（Mg）1.2%，w（Cd）1.7%，其余 Al）
inalterability 不变性
inapplicable 不能应用的，不适用的
inappreciable 微不足道的，小得难以觉察的，毫无价值的，不足取的
inappreciation 不正确评价，不欣赏
inapprehension 不了〔理〕解
inapproachable 难接近的，不可接近的，无可比拟的
inappropriate 不恰当的，不适当的，不相称的，不合适的
inaptitude 不适当，不合适，不熟练，拙劣，无能
inarmoured 非铠装的
inarray 内部数组
inaudibility 不可闻，听不见，无声
inauguration ①开始〔创，辟〕②开幕式，通车〔落成〕仪式
in-basket 篮内
inbeing 内在的事物，本质〔性〕
inbetweening 中间运动，插画
inblock 整体〔块〕，单块，两个以上气缸铸在一起
inboard 船〔舰，舱，舷，机〕内的，机上〔弹上〕的，内侧〔纵〕的
in-bound 进站
InBox 电子邮件收件箱
inbreak 侵入，崩〔陷〕落
in-bridge 并联，跨接，桥接，加分路
inbuilt 内装式的，埋设的，嵌入的，装入的，固定的
in-bus 内总线
incalculability 不可胜数，无数〔量〕
incandescence 白炽，白热，灼热
incandescent 白炽的，炽热的，极亮的，灿烂的，闪闪发光的
incapability 无〔不〕能
incapacitation 无力，不适合
incapacity 无（能）力，无资格，不适当
incarbonization 成碳作用
incasement 被覆，包装，装箱，箱，袋
incastar （非固定式擒纵机构）快慢针调整装置
in-cavity 内共振腔
incendiary 燃烧作用，燃烧弹，可引起燃烧的东西，引燃剂
incendive 可引起着火的，易燃的
incenter 内（切圆）心
incentive 刺激，鼓励，诱因
inception 开始，起始，初始位置，创办〔刊〕
fruit ~ 开始奏效
inceptive 开始〔端〕的
tax ~ 赋税优惠
incessancy 不停〔息〕，不间断性，（持续）不断
inch ①英寸（1in=25.4 mm）②少量，少许③渐进，渐动
assay ~ 分析英寸
circular ~ 圆英寸（面积单位，1 圆英寸相当于直径为 1in 的圆面积，即 1 圆英寸 = 0.785 $in^2 \approx 5.065\ cm^2$）
miner's ~ 平方英寸流量（美国西部用的流量单位，1 平方英寸流量 =1.5 $in^3/min \approx 24.585\ cm^3/min$）
inching ①微〔点，寸，渐，缓，蠕〕动，平稳移动，微调②一点点地，精密送料③低速转动发动机，瞬时断续接电，模型紧闭前缓慢施压的方法
incidence ①落下（的方向，的方式），进入②入射（角），冲〔迎，攻，倾，安装〕角③发生（率），影响（范围，方式，程度）④关联，接合
blade ~ 叶片安装角，叶片冲角
effective ~ 有效冲角
glancing ~ 掠入射
grazing ~ 切向入射，掠入射
negative ~ 负倾〔冲，攻〕角
normal ~ 法向〔正，垂直〕入射
oblique ~ 斜（入）射

positive ~ 正攻角，正迎角
random ~ 无规入射
steady-state ~ 定常迎角
variable ~ 可变倾角

incident ①事件〔变，故〕，差错，（数学）关联②易发生〔遭遇〕的，难免的，附带的，伴随而来的③入射的，传入的

incidental ①偶然（发生）的，易发生的，附属〔带，随〕的，伴随的②非主要的，较不重要的③附随事件④（pl.）临时费，杂费

incineration 烧尽，焚化，灰化，煅烧

incinerator 焚化〔煅烧，（放射性废料）燃烧，垃圾焚烧〕炉

incipience 早期，初步〔期〕，开始，发端

incipient 初期的，开始的，初步的

incipit ①〈拉〉（著作的）开头词②以每篇著作开头词编成的目录

incircle 内切圆

in-circuit 线路中（的），内部电路

incise 切（割，开，入），流切（雕）刻，蚀刻

incision 刻，切割，雕刻，切口，刀痕，切开

incisive 切入的，锐利的，尖锐的，深刻的，透彻的，轮廓分明的

inclination ①倾斜（角），偏斜，倾角〔度〕，磁倾角，交角，斜坡〔度，角〕，弯曲②偏角〔差，转〕③倾向

~ of bearing parting face 轴瓦对口面平行度
~ of weld axis 焊缝倾角
ball ~ 球形倾斜仪
banking ~ 倾角〔磁倾，倾斜〕计
bubble ~ 气泡测斜仪
equivolume ~ 等体积倾斜
inside ~ of twisting disc 揉盘内倾角
kingpin ~ 立轴内倾角，主销内倾
lateral ~ 横向倾斜计
longitudinal ~ 纵向倾斜计
magnetic ~ 磁倾（角）
maximum ~ of the mast forward and backword 门架最大前倾角和后倾角
pendulum ~ 摆式倾斜仪，单摆倾斜计
tool cutting edge ~ 刃倾角
transverse ~ 横向倾斜计
universal ~ 万向倾斜计
working cutting edge ~ 工作刃倾角

inclinator 倾斜器

inclinatorium 倾斜仪，磁倾仪

incline ①（使）倾斜〔偏向〕，弄斜②（使）倾向〔有意〕（于），有…的倾向③倾〔斜〕度，斜面

inclinometer 倾斜仪，测斜仪，量坡仪，磁倾计

in-place ~ 原位测斜仪
in-place borehole ~ 地中倾斜计

inclosed 密闭的，封闭的，闭合的，包装的

inclosure =enclosure

inclusion ①包括〔含〕，掺〔夹〕杂，蕴含②夹杂物，杂质，夹渣，包（裹）体，内含物

cinder ~ 夹渣，包渣
endogenous ~ 内在夹杂物
exogenous ~ 外来夹杂物
flux ~ 夹渣
line ~ 链状夹杂物
logical ~ 逻辑包含
macroslag ~ 宏观夹（杂熔）渣
sand ~ 夹砂，砂眼
slag ~ 夹渣，含渣，渣孔
tungsten ~ 夹钨

inclusive 包括（在内，一切）的，一切（开支，项目）计算在内的，内含的，可兼的，范围广的，内容丰富的，非遍举的

inclusive-NOR-gate “或非”门

inclusive-OR-gate “或”门

incoagulable 不可凝结的

incoercibility 不可压缩性，不可液化性

incoherence ①非相干性，不连贯（性），无条理性②无黏性，不胶结性，松散，无内聚性

incoherent ①不相干（关）的，不连贯的，无条理的②无黏性的，松散的，无内聚的

Incoloy 耐热镍铬铁合金（w（C）0.1%，w（Mn）1.5%，w（S）＜0.03%，w（Si）＜1%，w（Cu）＜0.5%，w（Ni）30%～34%，w（Cr）19%～22%，其余 Fe）

incombustibility 不燃性

incombustible ①不燃烧的，防火的②不燃物

income （定期）收入，所得，进款〔项〕

~ in advance 预收收益
after tax ~ 税后所得〔收益〕
but-for ~ 特殊原因的收入
operating ~ 营业〔经营〕收入
per capita ~ 人均收入

incoming ①进〔新，接着〕来的，引〔进，输，射〕入的，入射的，增殖的②进来〔料〕，来到，（pl.）收入

incommensurable ①（数学）不可通约的，无公度的②不能比较的，不能测量的，无共同单位〔尺度〕的，不合理的

incommutable 不能交〔变〕换的
incomparable 不可比较的，无双的，无共同衡量基础的
incompatibility 不相容性，非兼容性
incompatible 不能共存的，不相容的，不一致的，不协调的，不能溶合成一体的，互斥的，性质相反的，矛盾的，禁忌的
incomplete 不完全的，不完善的，未完成的，不足的，不闭合的
incompressibility 不可压缩性
incompressible 不能〔不易，不可〕压缩的，坚硬的
incomputable 不能计算的，数不清的，极大量的
incondensable 不能凝〔浓〕缩的，不冷凝的，不能缩减的
inconductivity 无传导性〔力〕，不导电性
inconel 铬镍铁耐热蚀合金，因康镍合金（*w*（Ni）80%，*w*（Cr）14%，*w*（Fe）6%）
inconel-X X镍铬铁耐热合金（*w*（Ni）72.86%，*w*(Cr）15%，*w*(Fe)7%，*w*(Ti）2.5%，*w*(Al）0.7%，*w*(Nb）1%，*w*(Si)0.4%，*w*(Mn)0.5%，*w*(C)0.04%）
incongruence 不相容性，不一致性，异元性
in-connection 输入连接，内连接
inconnector 内接符，内连接器
inconsequence ①不连贯，前后不符，矛盾，不合逻辑，不彻底性，不一贯性②不重要
inconsistency ①不一致（性），（前后）矛盾，不合理，不相容（性），不协调②不一致〔自相矛盾〕的事物〔言论，行为〕
inconsistent ①不一致的，不协调的，不合理的，不相容的，不成立的，（前后）不统一的，（前后）矛盾的，不合逻辑的②反复无常的，常变的
inconsonant 不协调的，不和谐的，不一致的
inconstant 不稳定的，不坚定的，反复无常的，易变的，无规则的
incontrollable 失控，不能控制的
inconvertibility 不能交换性，不可逆性
inconvertible 不能交换〔变换，转换，兑换〕的，不能反转的，不可逆的
incoordination 不协调性，不配合，不等同
in-core 堆（芯）内（的），铁心（内）
incorporate ①（使）结〔联，混〕合，（使）合并，使合并，（使）组成公司②包括〔综合〕（有），（安）装有，含有，把…包括进去③插〔引，输，加，编〕入④使具体化，体现
incorporated 合并的
incorporation 结合，合并，团体，公司
incorrect 不正确的，错误的，不恰当的，不妥的
incorrelate 不相关的
incorrodible 不锈的，防锈的，抗腐蚀的，不腐（蚀）的
incorruptibility 坚固性，耐用度，不腐败性
Incoterms 国际贸易条款准则
increase ①增加〔大，多，长，殖，强，进〕，提〔升〕高，上升②增（加）量，增大额
percentage ~ of area 断面增大率
increaser ①异径接头〔管〕，联轴器缩小套节②连轴齿套③增速器
harmonic gear ~ 谐波齿轮增速器
speed ~ 增速器，升速（变速）器，超速档
viscosity ~ 增黏剂
increment ①增加〔大，长，收，益〕，增加物〔量〕，增量〔值，额〕，余差②（计）加1
least command ~ 最小指令当量
least input ~ 最小设定当量
line ~ 增行
partial ~ 偏差，偏增量
incrementer 增量器
incrust 结壳，结瘤，长硬皮〔壳〕，镶饰
incrustant 水垢
incrustate ①表面硬化，结壳②硬垢覆盖的
incrustation ①用外皮包裹，结硬壳，结痂〔垢〕，硬〔渣〕壳，矿渣，水锈，水垢②（建筑物）表面装饰，镶嵌（物，细工）
scale ~ 水垢，水锈，锅垢
sediment ~ 积垢，锅炉水垢，沉积水垢
incrystallizable 不能结晶的
incubation ①保温，培〔孕〕育②人工老化
incubator 保温箱，恒温箱
incurvate ①凹入的，（向内）弯曲的②（使）（向内）弯曲
incurvation ①弯曲，内曲（现象）②挠度
incurvature 内曲率
incurve 内弯，（使）（向内）弯曲
Incus 音卡斯合金钢（*w*（C）0.55%，*w*（Mn）0.7%，*w*（Cr）0.7%，*w*（Ni）1.75%，*w*（Mo）0.7%，其余 Fe）
incuse ①印铸（花样），压印（硬币模型），铸印图案②铸印的
incycle 进入循环
indalloy 铟银〔英达洛依〕焊料（*w*（In）90%，*w*（Ag）10% 合金）
indebtedness 负债，债务

indefinite 不明确的，未确定的，不定的，模〔含〕糊的，无限（期）的，无穷的
indelibility 不能消除〔拭去〕，难忘
indemnity 赔偿
export ~ 出口补偿金
indent ①窝眼②刻成锯齿状，刻凹槽，刻痕，用榫眼接牢，压印③一式两〔数〕份地起草，向…正式申请④双联订单，契约，合同，（国外）订货单⑤（印刷，书写）缩进〔排〕一两字
conical ~ 圆台形窝眼
cylindrical ~ 圆柱形窝眼
hemispherical ~ 半球形窝眼
"R" ~ (pocket) 窝眼盘Ⅰ型窝眼
"square" ~ (pocket) 窝眼盘Ⅲ型窝眼
"V" ~ (pocket) 窝眼盘Ⅱ型窝眼
indentation ①压〔刻〕痕，凹槽〔痕，陷，入〕，缺口，呈锯齿形，印压，压坑②（印刷，书写）缩进，缩行，空格，弯入③成穴〔陷球〕作用
dynamic ~ 回跳法硬度试验，球印硬度试验
surface ~ （点焊、滚焊）表面凹陷，表面压痕（深度）
indenter （硬度试验）压头，刻痕器，球印器
crimp ~ 压接钳口
indenting ①压〔刻〕痕，压凹〔入〕，成穴，压大型窝②模压法，模腔挤压
indentometer 直读压痕硬度计
indentor =indenter
indenture 契约，凭单
independence 独立（性），单独，自立〔主〕，不依靠，无关（性）
~ of tracks 路轨隔离
device ~ （编程序时）与外部设备无关
independent 独立〔自〕的，单独的，自立〔主〕的，不依靠的，无关的，分（别）动的
indestructibility 不灭性，不损坏性
~ of matter 物质不灭（定律）
indestructible 无损的，破坏不了的，耐久的，牢不可破的
indeterminacy 不确定（性，度），测不准，模糊
kinematic ~ 动不定（性）
static ~ 静不定性，超静定性，超静定次数
indeterminate ①未定数，未知数②不定的，不确定的，不明确的，模糊的，仍有疑问的
multiple ~ 多次超静定的
statically ~ 静不定的，超静定的
three-fold statically ~ 三次超静定的

index ①索引，检索，目录②指数，系数，率，分数，幂③标志〔高〕，下标，符〔记〕号，示量，高程④指标〔引，示，南〕，指示〔定位〕器，针盘（刻度盘上的）指针，（铣床）分度头⑤食指，示指，参见号⑥（计算机）变址⑦转位，换档⑧指向
~ of asymmetry 非对称性指数
~ of basicity 碱度〔碱性〕指数
~ of cooperation 合〔协〕作指数
~ of coupling 耦合系数
~ of segment descriptor 段描述符索引
~ of symbols 符号表，图例
abrasion ~ 磨损指数
absorption ~ 吸收系数
accuracy class ~ 准确度等级指数
acoustic comfort ~ 声悦耳〔舒适〕指数
acousto-electric ~ 声电（变换）指数
air ~ 大气折射率
alphabetic-classed ~ 按字母顺序分类索引
antiknock quality ~ 抗爆指数
articulation ~ 传声准率，（传声）清晰（度）指数
ball ~ 钢球分度装置
cementation ~ （水泥）硬化率，黏结（性）指数
charge ~ 收费指数
class ~ 等级标志
coke button ~ 焦炭自由膨胀系数
colloid ~ 胶质价
compactibility ~ 压缩指数（粉末冶金）
comparative tracking ~ 相比起痕指数
composite noise exposure ~ 总噪声暴露指数
compressibility ~ 压缩指数
control performance ~ 控制性能指标
coordinate ~ 协调指标
corrosion ~ 腐蚀（深度）指数
cross ~ 交叉索引法
crystallographic ~ 结晶指数
cure ~ 固化度，固化指数，成形程度
cutting speed ~ 切割速比
database ~ 数据库索引
defective ~ 废品率
(dielectric) loss ~ 〔介质〕损耗指数
double ~ 复式分度
downlink assignment ~ （通信）下行链路分配索引
drum ~ 转鼓指数
durability ~ 耐用指数

electroacoustic ~ 电声效率，电声指数
Erichsen depth ~ 埃氏深度指标
excitation ~ 激发指数
exposure ~ 曝光指数
fault code ~ 故障代码索引
file ~ 文件索引
fine ~ ①细索引②细变址
FM ~ 调频度
frequency ~ 频率指数
ga(u)ge ~ 计量指数
glare ~ 闪光指数盘，闪光度盘
gross ~ 粗索引，略索引
group ~ 群折射率
hard-wired ~ 变址电路
harmonic ~ 谐波指数
hazard ~ ①危害指数②危险标志，危险性符号
hydrocabon emission ~ （发动机）碳氢化合物排放指数
jump ~ 跳越分度
Kovats ~ 科瓦茨指数，保留指数
liquidity ~ 流性指数
load ~ 额定载荷指数（轮胎侧壁上标定的代码数字）
master ~ 主索引
melt ~ 熔体指数
modified ~ 修正指数，修正折射率
modulation ~ 调制指数，调制度
mo(u)lding ~ 模塑指数
nitric oxide emission ~ （发动机）一氧化氮排放指数
numerical ~ 数标
orientation ~ 晶向指数
output ~ 产量指数
performance ~ （控制）性能指标，性能指数
permutation ~ 循环置换标题索引
plasticity ~ 塑性值，增塑指数
pollutional ~ 污浊指数
polytropic ~ of compression 压缩多变指数
polytropic ~ of expansion 膨胀多变指数
polytropic ~ of nozzle 喷嘴多变指数
process capability ~ 工序能力系数
proof tracking ~ 耐起痕指数
quality ~ 质量指标，品质指数
range ~ 距离指标，距离指数
rapid speech transmission ~ 快速语言传输指数
rating ~ 负载能力指标
reading ~ 读数标志
reflection ~ 反射率
refraction ~ 折射率，折光指数
reliability ~ 可靠性系数
resolving ~ 分辨率，分辨〔分解力，清晰度〕指数
retention ~ 保留指数，Kovats 指数
reversing ~ 反转标牌
shatter ~ 振裂指数，粉碎率〔系数〕，破碎指数
sliding ~ 游标
source ~ 资料索引
spectral ~ 光谱指数
speech transmission ~ 语言传输指数
station ~ 转位
step ~ 步长指数
subject ~ 主题索引
task status ~ 任务状态索引
temperature ~ 温度指数
thermal instability ~ 热不稳定指数
throwing ~ 抛掷指数
thumb ~ 书边标目
time ~ 记时，时标
time constant ~ 时间常数指数
timing ~ 定时指标，定时指示器
toe ~ ①转位（车床车头的）②分度
tool change time ~ （数控加工）刀具变更时间指数
track ~ 信息道索引，磁道检索
traditional ~ 传统索引
transposition ~ 交叉指数
turret ~ 转塔刀架转位
veiling glare ~ 杂光系数
vertical ~ 竖直度盘指标
viscosity ~ 黏度指数
volume ~ 卷末索引
work hardening ~ 加工硬化系数
zone ~ 晶带指数

indexation 指数法

indexer 分度器

indexing （标定）指数〔度〕，分度（法），索引，转位，转换角度，换档，改〔变〕址，变址数，加下标，标引，下标计算
aspect ~ （计算机）信息加下标
block ~ 跳齿分度
catchword ~ 关键词标引
compound ~ 复式分度（法）
consecutive ~ 相邻指数

continuous ~ 连续分度法
coordinate ~ ①坐标检索（法），对等检索②坐标法加标（号）③信息加下标④相关标引
correlative ~ ①语句信息标号②尾接指令③信息加下标，相关标引
cumulative ~ ①累积变址，多重变址②累积检索
datacode ~ 同类编码检索，数据码检索，坐标检索
differential ~ 差动分度法
independent ~ 独立变址
intermittent ~ 间断分度法
manipulative ~ ①键控检索②对应索引，相关标引
memory ~ 存储变址
rotary ~ 回转分度法
unilateral ~ 单面分度
word ~ 字索引
in-dialling 拨号，拨入
direct ~ （外线）直接拨入（分机）
India-rubber ①（印度，天然）橡胶，（弹性）橡皮②橡胶套鞋
indicant ①指示符，指征②指示的
dyadic ~ 二元指示符
indicate ①指示〔出，明〕，表示②简述③需要
indication ①指〔表，显，暗〕示，画出指示图表，说明②示值，示度，示数，读数，指标，表示法③象征，迹象，标记④信号（设备）
automatic date and time ~ 日期时间自动指示
battery ~ 电池指示
class ~ 报类标识
collision course ~ 航向防撞指示
distant ~ 远程指示，距离显示
echo ~ 回波指示
erroneous ~ 假象
false ~ 伪〔假〕指示
frequency-lock ~ 频率同步指示，频率锁定指示
group ~ 组号，分类标志
magnetic particle ~ ①磁痕，磁粉指示法，磁粉显示法②磁粉现象
non-relevant ~ 非相关指示，假象
off-course ~ 偏离航向指示
overflow ~ 溢出指示
phantom ~ 虚假指示
priority ~ 优先指示
production and technical ~ 生产和技术指标
relevant ~ 相关指示
remote ~ ①远距离指示，遥示②遥测
split ~ 等强信号指示
status ~ 位状指示信号
tape ~ 带结束指示
visual ~ ①可见指示②可见信号
weight ~ 砝码标称值
indicator ①指示器〔物，牌，剂，符〕，显示〔示功，示压〕器，标志器，计数器②测量〔计量〕仪表，千分表③指针，标记④示踪原子，标记子，示踪剂
acid-base ~ 酸碱指示剂
address routing ~ 地址路由指示符
airspeed ~ 空速表，风速计，空速计
altitude ~ 高度表，高度指示器
amount of unbalance ~ 不平衡量指示器
arm ~ 方〔转〕向指示器
attitude director ~ 姿态指示器
audible ~ 可听显示器，音响指示器
audio-radiation prospecting ~ 音响辐射勘探指示仪
audiovolume ~ 音量计
automatic fine-tuning ~ 自动频率微调指示器
azimuth ~ 方位角指示〔测定〕器
backoff ~ 补偿指示器
balance ~ ①平衡指示器②天平指针
ball float level ~ 浮球式液位计
bank(ing) ~ ①倾角计，倾斜计②磁倾计③触排指示器
battery condition ~ 蓄电池状况指示器
beam ~ 灯光指示器
bearing ~ 方位〔方向，偏位〕指示器
block ~ 闭塞指示器
blown fuse ~ 熔线熔断指示器
brake fluid level ~ （汽车）制动液液面指示器
branch(-on) ~ 转移指示器
burn-out ~ 烧毁指示器
business ~ 企业指标
busy ~ 占线指示器，示忙器
calling ~ 调用指示符，引入指示（计算机的）
camera timing ~ 摄像机定时指示器
card type ~ 图表式指示器
cathode ray null ~ 阴极射线指零仪
ceiling height ~ 升限指示器
charge ~ ①充电指示器，带电指示器，验电器②炉料牌
charge pressure ~ 充气压力指示器
chart supply ~ 记录纸储量指示器

chelatometric ~ 螯合指示剂
circulation ~ （玻璃制）机油显示器
cleaning web ~ 清洁带指示器
clearing ~ ①拆线指示器②话终指示器，话终吊牌
climb ~ 升速指示器
coarse ~ 粗测指示器
comparative ~ ①比较指示器②差动电流计
content ~ 内容显示器，信息显示器
continuous date ~ 慢爬换日
control format ~ 控制格式指示器
core ~ 型芯头，型芯定位座
crane slope ~ 坡度指示器
crest ~ 巅〔峰〕值指示器
cross pointer ~ 双针式指示器，交叉指针式指示器
current priority ~ 正在执行的优先（程序）指示器
cylinder expansion ~ 绝对膨胀指示器
Darwin turning ~ 达尔文旋转式指示器
date ~ 日历（指示）环〔器〕
day ~ 周历盘，周历指示盘，星期指示器
deflection ~ 偏度表
delta B ~ ΔB 指示器（磁性材料的 ΔB 测量仪）
depth ~ 深度尺，深度指示器
destination ~ 终点指示器
detonation ~ 点火指示器，爆燃指示器
dial ~ ①千分表，百分表②刻度盘指示器，度盘式指示
dial test ~ 刻度盘指示器，千分表
dial thread ~ 螺纹指示盘，乱扣盘
differential expansion ~ 相对膨胀指示器
digital speed ~ 数字转速表
digital strain ~ 数字应变仪
direction ~ （车身外部）转向信号灯，（仪表板）转向指示灯
discharge ~ 放电指示器
division ~ 刻度倍数指示器
draft ~ ①风压表，（炉子）通风计，差式压力计②船舶吃水测示仪，吃水标尺
dual ~ 双针指示器
dummy ~ 仿真指示器，等效指示器
dynamic strain ~ 动态应变仪
earth ~ 地磁测量仪
edgewise ~ 边缘读数式指示表，边转指示器
electrical point ~ 道岔位置电气表示〔复示〕器
electronic ~ 电子示功器，电子指示器〔显示器〕
electronic attitude director ~ 电子姿态指引仪
elevation ~ 仰角显示器，高度显示器
elongation ~ 伸长计
end-of-file ~ 文件终止标识符，文件结束指示符
engagement ~ 配合指示
engine ~ 示功器
engineer's ~ 机车信号机
engineman's ~ 机车信号机
equal zero ~ 零指示器
eyeball ~ （交换机用）眼环式指示器，眼球式指示器
fault ~ 探伤器，故障指示器
ferroxyl ~ 铁锈指示器〔剂〕
fiducial ~ 零位指示器，基点指示器
file position ~ 文件位置指示符
film ~ 胶片性能指示器
firedamp ~ 瓦斯指示器
fixed coil ~ 定圈式指示器
flag ~ 动作指示器
flap ~ 襟翼位置指示器
flight ~ 陀螺〔航空〕地平仪
flight-path deviation ~ 航迹偏差指示器
float type water level ~ 浮子式水位计
float-level ~ 浮子水位指示器
flow ~ 流量〔进料量〕指示器，流量计
fluorescence ~ 荧光指示剂
freeze-point ~ 卡点指示器
frequency ~ 频率计
frost-level ~ 结霜液位指示器
fuel ~ 油位指示器，燃料液位计
governor valve position ~ 调节阀开度计，调节阀行程指示器
grid type ~ 可见呼叫指示器，格子型指示器
ground ~ 地面指示器，接地指示器
group ~ 组合指示器
gyro horizon ~ 回转地平仪
halt ~ 停机指示器
heading ~ 航向指示器
heat ~ 温度计，热力指示器
height ~ 测高仪，高度计，高度指示器
helm ~ 驾驶指示器，舵角指示器
high interference ~ （通信）高干扰指示器
high-positive ~ 大于零指示位，正值指示字符
hybrid auto repeat request ~ （通信）混合式

自动重发请求指示器
hydraulic ~ 水压计
idle route ~ 路由示闲器
idle two-way selector stage ~ 双向选组级示闲器
image quality ~ 像质指示器，像质计
incidence ~ 倾角〔斜〕指示器
inside ~ ①内径测微指示计②内指示剂（中和滴定上用的石蕊）
inside dial ~ 内径千分表
intensity-modulated ~ 调幅指示器
jib angle ~ 臂架倾角指示器
juice level ~ 液位计
jumper ~ 分号表
knock intensity ~ 爆燃指示器
leakage ~ 泄漏指示器，泄漏检测器，检漏计
left-right ~ 零位指示器，左右方向指示器
length ~ 长度指示符
level ~ 水准器，料位〔水平，能级，电平，液位〕指示器，液面计，水平规
lever(-type) dial ~ 杠杆式千〔百〕分表
limit ~ 限流〔限幅，极限〕指示器
lion ~ 跨规〔跨于活塞销上，观测连杆变形〕
liquid ~ 液面计
load ~ 起重量指示器，测力计
load moment ~ 起重力矩指示器
load outreach ~ 载荷 - 幅度指示器
load-handling device position ~ 吊具位置指示器
load-lowering height ~ 下降深度指示器
Loran ~ 罗兰显示管，远距导航指示器，双曲线定位仪用显示管
low battery ~ （蓄电池）低电压指示器
low paper ~ 纸量不足指示器
Mach ~ 马赫数指示器
magneto speed ~ 磁式测速计
manifold-pressure ~ 增压表
master ~ 校准指示器
master sheet change ~ 感光板更换指示器
mismatch ~ 不匹配指示器，失配指示器
miss distance ~ 脱靶量指示器
mixture ~ ①混合指示剂②混合物〔液，气〕成分指示器③气体分析仪
motion ~ 运动〔运行，速度〕指示器
multiple-channel ~ 多点指示仪
needle ~ 指针式指示器
neon ~ 氖指示灯，氖管〔灯〕，霓虹灯
new data ~ 新数据显示器
nixie display ~ 数字显示指示器，数字管，数码管
"none" ~ 失配指示器
north-stabilized ~ 指北针
null ~ 零位指示器
obstacle ~ 障碍指示器，故障探测器
oil level ~ 油位计
omnibearing ~ 方位角指示器，全向方位指示器
optical ~ 光指示器，视力计，测微显微镜
out-of-sequence header ~ 电文页顺序以外标题显示器
outside ~ （液）外指示剂
overload ~ 超载显示器
owner ~ 自显指示器
paper jam ~ 卡纸指示器
paper size ~ 用纸尺寸指示器
paper tray ~ 供纸盘指示器
parity ~ 奇偶显示器
phase ~ 相位指示器，相位计，相位表
phase rotation ~ 相序指示器
phase sequence ~ 相序指示器
physical control format ~ （通信）物理控制格式标识符
pilot ~ ①导频（电平）指示器②飞行员指示器
pitch ~ ①螺距指示器②纵向倾斜指示器
plain position ~ 平面位置（雷达）显示器
plane position ~ 平面位置〔环视扫描〕显示器，平面示位图
plane repeater ~ 平面位置显示器
play ~ 播放指示器
pole ~ 极性指示器
pop-up ~ 机械指示器
position ~ 位置显〔指〕示装置，定位仪
potential ~ 带电指示器
power level ~ 电平指示器，功率指示器
precedence ~ 动作指示仪
precoding matrix ~ 前置编码矩阵显示器
pressure type water level ~ 压力式水位计
priority ~ 优先级指示器，优先权指示符
proximity warning ~ 避撞报警显示器
radiac ~ 射线指示仪
radius ~ 幅度指示器
rank ~ （通信）等级指示符
rate ~ 速率指示器，速度指示器
rate-of-roll ~ 倾斜角指示器
read-write check ~ 读写检验位，读写检验

指示器
received signal strength ~ 接收的信号强度显示器
redox ~ 氧化还原指示剂
reducing gear ~ 减速齿轮示功器
reed ~ 簧振指示器，振簧式频率计
remote ~ 遥示器，远距离指示器
resonance ~ 谐振指示器，共振指示器
reverse ~ 回动指示器
revolution ~ 转数表，转数计
ring-off ~ 话终〔空线，挂机〕指示器
role ~ 作用指示器〔符〕，任务显示器，工作指示位
route ~ 路由指示器，路由标志
routing ~ 传送标志符，路线标记，路线指示器
scaler-type ~ 定标式指示器
search ~ 搜索显示器
sector scan ~ 扇形扫描显示器
sense ~ 方向指示器
shadow-tuning ~ 阴影式调谐指示器
shaft revolution ~ 旋转轴转速指示器
shear-ga(u)ge length ~ （剪切机的）定尺指示器
shunting ~ 分路标识，（铁路上的）分路指示器
sight ~ 观测指示器，目测指示器
sight oil ~ 示油规，目测油标
signal ~ 信号指示器，信号器
smoke ~ 烟气浓度计
sonic water level ~ 声波式水位计
speed ~ 速度计，速度指示器，转速表
spot error ~ 斑点式误差指示器，失配指示器
stagger moving-target ~ 交错对消式动目标显示器
stall ~ 失速指示器
static airspeed ~ 静压空速表
statical strain ~ 静态应变仪
steering ~ 驾驶〔操纵，方向〕指示器
stock ~ 料线指示器，探料尺装置
stocking ~ 装载指示器
surface ~ 平面规，表面找正器
swing ~ 摆偏指示器
take-siding ~ 进入侧线指示器
tap position ~ 分接位置指示器
tap-change in progress ~ 分接转换指示器
target ~ 目标指示器，照明弹
telemetry strain ~ 遥测应变仪
temperature-conductivity ~ 温度 - 电导率测量仪
tempo ~ 节拍指示器
terminal time ~ （反应）结束时间指示器
terrain clearance ~ 绝对测高计，高度指示器，离地高度计，无线电测高计，(车辆)离地间隙指示器
thermometric ~ 测温仪表
thickness ~ 测厚计，厚度仪
thread ~ 螺纹指示器，螺距仪
timing ~ 定时表
trace type water level ~ 跟踪式水位计
traffic clearance ~ 电路通畅指示器
transient ~ 瞬变过电压指示器，瞬压指示器
transmitted precoding matrix ~ (通信)发射预编码矩阵显示器
tread wear ~ 轮胎花纹磨损指示器 (TWI)
turn ~ ①转弯指示器,方向指示器②转数计，匝数计
turn-and-slip ~ 转弯侧滑仪，(盲目飞行用)转弯倾斜指示器
ultrahigh dynamic strain ~ 超动态应变仪
up-and-down ~ （发条）紧松指示器
visual ~ 视觉指示器，目视指示器，目测指示器
volume ~ ①音量指示器，音量计②容积指示器
waiting-message ~ 待发信息数指示器
water level ~ 水位表，水平仪
width ~ 车宽灯，车宽指示计
wind ~ 风向仪
wire angle ~ 钢丝绳倾角器
Zeiss ~ 蔡斯杠杆式测微头
zero ~ 零位指示器
zone position ~ 分区位置指示器
indicator-off 指示指令断开
indicator-on 指示指令接通
indicatrix ①指标（线，图)，指示量〔线，面〕，特征曲线②（晶体）光率体，折射率椭圆体
spherical ~ 球面指标图形
indices index 的复数
diffusion ~ 扩散指数
time ~ 计时，时标
indicia ①标记，记号，象征②邮戳
indicial 指数的，单位阶跃的
indifference =indifferency
indifferency ①中立，中性，惰性②无差别③不重要

indifferent ①中性的，惰性的②不重要的
indiffusion ①不扩散②向内扩散③体内扩散
indigenous ①土〔国〕产的②生成的，固有的
indigestion 难理解，难领会
indigo 靛（蓝，青）
indirect-fired （有中间载热介质的）间接加热的
indirection 间接
indiscernible 分辨〔觉察〕不出的，难辨别的
indiscrimination 无差别〔选择〕，不加区别，混淆，任意
indispensability 必要〔需〕，紧要
indispensable 不可缺少的，必需的，主〔紧〕要的
indissolubility 不溶解性，不分解性，不均（匀）性，永久性
indissoluble 难溶的，稳定的
indissolvable 不溶解的，难溶解的
indistinct 不清楚的，不明显〔明了〕的，模糊的，微弱的，不易区别的，难辨认的，不确定的
indistinguishability 不可分辨性
inditron 指示〔字码，示数〕管（商品名）
indium 铟（In）
~ antimonide 锑化铟
individual ①个〔分〕别的，各个的，单独〔一〕的，个体〔人〕的②特殊的，独特〔自〕的，专用的
individualistic 单个的，专用的
indivisible ①极微分子，极小物，不可分的东西②不可分（割）的③除不尽的，不可约的，极微的
Indolene 英杜林（专供汽车污染试验用的标准汽油）
indoor 室内的，户内的
Indox 英多克斯钡磁铁（永磁材料）
indraft ①流入，吸入（物）②内向流，向内的气〔水〕流
indraught =indraft
induce ①感应，电感②诱导，诱发，引起，导出，招致③归纳
inducer ①电感器，感应器②诱导轮，导风轮（风机等的）导流器〔轮〕，导流片，叶轮③（空压机的）进口段
angled ~ 角形导流器
impeller ~ 导流叶轮，导风叶轮
separator ~ 分流式导流轮
induct ①感应②引入，引导，吸入③传授，介绍，使初步入门
inductance ①电感，感应系数〔现象，性〕②（发动机）进气③液感
aero-ferric ~ 带气隙的铁心线圈电感
antenna ~ 天线（调谐）电感
coil ~ ①线圈电感，感应电感②电感〔感应〕线圈
commutation ~ 换相电感
inherent ~ (of a capacitor) 固有电感〔电容器的〕
lead ~ 接线电感
lead-in ~ 引线电感
leakage ~ 漏（磁）电感
lengthening ~ 加感线圈
loading ~ 加感
loop ~ 回线〔环线，环路，回路〕电感，环形无线电感
lumped ~ 集中电感，集总电感
mutual ~ 互（电）感，互感系数
natural ~ 固有电感
peaking ~ 峰化电感
reciprocal ~ 反向电感，可逆电感，可逆感应系数
saturated ~ 饱和电感
self ~ 自感（系数）
series ~ 串联电感
shunt ~ 并联电感
stabilizing ~ 稳流电感
stray ~ 漏电感，杂散电感
tail reversing ~ 尾部变号电感
tank ~ 振荡回路电感
threshold ~ 临界电感
trimming ~ 微调电感
inductile 低塑性的，没有延性的
induction ①引入〔导〕，诱导（作用），感应，感应现象，感应密度，电感，磁感③吸气（入），进气（发动机）④归纳（法）⑤前言，绪论⑥入门，初次经验
actual ~ 有效感应，有效磁密度
air ~ 进气
air-gap ~ 气隙磁感应，气隙磁密度
back ~ （电枢的）去磁作用
complete ~ 完全归纳法
core ~ 铁心感应，铁心磁密度
cross ~ 横轴磁场作用，（正）交磁（场）感应
delta ~ δ 感应（磁心在周期性磁化下的感应变化）
dielectric(al) ~ 介电感应
earth ~ 地磁感应

electrodynamic ~ 动电〔动力，电磁〕感应
electromagnetic ~ 电磁感应
electrostatic ~ 静电感应
ferric ~ 铁磁感应
Ferri's ~ 费利感应，起始感应
finite ~ （有限）数学归纳法
incremental ~ 增量电感
intrinsic ~ 固有电感，内在〔固有，铁磁〕感应
line-frequency ~ 工频感应
magnetic ~ ①磁感（应）强度②磁感应
mathematical ~ 数学归纳法
mutual ~ 互感应
noise ~ 噪声感应（现象）
normal ~ 正常磁感应
peak ~ 陡化感应，最大感应
polarized ~ 极化（磁）感应
power ~ 电力线感应
reference surface ~ 基准磁半（表面磁）感应
remanent ~ 剩余磁感应
residual ~ 剩磁电感，剩余电感，剩余磁感应，剩磁值
saturation ~ 饱和感应，饱和（磁感应）强度
static ~ 静电感应
stray ~ 杂散感应
successive ~ 逐次归纳法
surface ~ 表面感应
touch ~ 触摸感应(机器人智能)
transfinite ~ 超穷归纳法
voltaic ~ 动电感应

inductioner 电感调谐设备
inductionless 无感应的，无电感的
induction-sealing 感应封接
inductive ①电感（性）的，有感的，感应的②吸入的，进入的，诱导的③归纳的，绪〔导〕言的
inductivity ①介电常数②感应性，感应率③诱导率，诱导性
electric ~ 电感应率，介电常数
magnetic ~ 磁导率，磁感应率，导磁系数
inductometer 电感计，可变电感器，亨利计
inductor ①电感器，感应器〔体，机，元件，线圈〕，电感线圈②手摇发电机，磁（石发）电机，磁极③诱导器〔物，体，剂〕
adjustable ~ 微调电感线圈，可变电感器
bifilar ~ 双线扼流圈
continuously adjustable ~ 连续可变电感器，平滑调整电感线圈
coupling ~ ①耦合电感器②耦合线圈
earth ~ 地磁感应器
film ~ 薄膜电感器
fixed ~ 固定电感器
ground equalizer ~ 接地均衡器线圈
inert ~ 无绕线感应体
iron core ~ 铁心感应线圈
magneto ~ 磁（石发）电机，永磁电机，磁石感应器
miniature fixed ~ 小型固定电感器
mutual ~ 互感线圈，互感应器
permeability-tuned ~ 磁导率调谐电感线圈，磁性调谐可变电感线圈
plate ~ 屏路扼流圈，板极扼流圈
plug-in ~ 插入式感应线圈，插换感应线圈
printed ~ 印制电感线圈
resonance ~ 谐振线圈，谐振感应器线圈
saturable ~ 饱和感应线圈
solenoidal ~ 螺线管（状）感应线圈
spark ~ 火花感应线圈
standard ~ 标准电感器
tail-sharpening ~ 后沿锐化线圈
variable ~ 可变电感线圈，可变电感器，可调电感器

inductorium （鲁门阔夫，火花）感应线圈
inductosyn 感应同步器
linear ~ 直线式感应同步器〔同步尺，传感器〕
rotary ~ 圆盘式感应同步器
inductotherm 感应电热器
inductuner ①调谐装置②电感〔感应〕调谐器〔设备，装置〕
induration 硬化（作用），变硬，固结（作用）
industrial ①工业公司，产〔工〕业工人②工业的，产业的
total ~ engineering 全面工业工程
industrialization 产业化
industrialize 工业化
industry 工〔实，产〕业
automotive ~ 汽车工业，汽车制造业
back yard ~ 小型工业
banking ~ 银行业，金融业
basic ~ 基础工业，重工业
bottleneck ~ （供不应求的）短线行业
compound ~ 综合性产业
computer ~ 计算机工业
distribution ~ 流通行业，商业
electric utility ~ 电力工业，电气公用事业

engineering ~ 机械（加工）工业，机械制造业
export-intensive ~ 出口密集型产业
fringe ~ 次要工业部门
high complex ~ 尖端复合工业
infant ~ 新兴产业
information ~ 信息〔情报〕产业
key ~ 基本〔主要〕工业
knowledge-intensive ~ 知识密集型产业
labo(u)r-intensive ~ 劳动密集型产业
large-scale ~ ①重工业②大规模工业
light ~ 轻工业
major ~ 大型〔重点〕工业
manufacturing ~ 制造工业
power ~ 电力工业，动力工业
process ~ 制造工业，加工工业
secondary ~ 第二产业
skill-intensive ~ 技术密集型产业
sophisticated compound ~ 尖端复合工业
staple ~ 原材料工业，基础工业
steel ~ 钢铁工业
sun-rise ~ 朝阳工业
sunset ~ 夕阳工业，没落行业
technology-intensive ~ 技术密集型产业
tertiary ~ 第三产业

in-edit （磁带）编辑（起）点，编辑开始

inediting 中编辑（软件数据处理过程中的一种编译法）

ineffective 无效的，效率低的，不适当的，不起作用的

ineffectiveness 无效

inefficiency 无效，效率低，效率差

inefficient 无效的，效率差的

inelastic 非弹性的，不弯曲的，刚性的，无适应性的

inelasticity 非弹性

inequable 不相等的，不均匀的

inequality ①不等（式，性，量），不平均〔衡，坦〕，不均匀，差别，互异，变动②均差
delay ~ 时延差
gain ~ 增益差
linear ~ 线性不等式

inequigranular 不等粒状的

inequilateral 不等边的

inequivalence “异”，不等效

inert ①惯性的，惰性的②中和的，中性的③无效的，不活泼的，钝的，稳定的

inertance ①惯性，惰性②声质量（声抗除以角频率的量）
acoustic(al) ~ 声惯量，声扭（声感抗对角频率之比）

inertia 惯量，惯性（物，力），惰性，惰性物，惰力
acoustic(al) ~ 声扭，声惯量
impulse ~ 冲击惯性
moment of ~ 惯性矩
referred ~ 折算惯量
rotary ~ 转动惯量
specific ~ 比惯量，惯量功率比
thermal ~ 热惰性（温升速率的倒数）
virtual ~ 虚拟惯性

inertial 惯性的，惰性的，惯量的

inertial-mass 惯性质量

inerts 惰性气体〔物质，组分〕

inessential 非物质的，无实质的，非本质的，不重要的

inestimable 难估量〔评价〕的，无法估计的，极贵重的，无价的

inevitable 不可避免的，必然的

inexact 不精确的，不精密的，不正确的

inexactitude 不精确，不精密，不正确

inexhaustibility 无穷无尽，不衰减性，源源不绝

inexhaustible 用不尽的，无穷尽的，不衰减的，源源不绝

inexplosive 不爆发的，不破裂的

inextensibility 非延伸性，无伸展性

inextensional 非伸缩的，不可开拓的

inextractable 不可萃〔提〕取的

infallibility （动作的）无（失）误性，无拒绝性，确实性，可靠性

infan 输入（端），扇入

infeasibility 不可行〔能〕性

infection ①抛掷干扰雷达的金属带②（坏）影响③感染

infeed ①横进给，横切②切入磨法，横向进磨③馈电
direct ~ 直接横向进磨，直接切入磨法
fault ~ 带故障馈电

infer ①推论，推断②意味着，意指

inference 推理，推论，推断，含意
Bayesian ~ 贝叶斯推断
variational ~ 变分推断

inferior ①下部的，下面的，（字母）下角的②差的，劣质的③在地球轨道内侧的，在太阳和地球轨道之间的

inferiority 次等，劣等，低级，下级
inferiors 下层子窗口（计算机）
infression 膨胀型衰退
infidel 失真的，不真实的，不精〔正〕确的，不保真的
infidelity 失真，不真实
infield 安装地点，运用处
infiltrant 浸渍〔渗〕剂
infiltrate ①渗透，渗入（液体）②渗滤，渗漏，浸润，抽取，通过过滤器
infiltration ①溶浸〔渗〕，渗透，浸渗，穿透，渗入，渗滤②渗入物，吸水量
chemical vapo(u)r ~ 化学气相渗入
infiltrometer 渗透计，透水性测定仪，测渗仪
single-ring ~ 单环渗透计
infinite ①无限的，无穷的，无限长的，无穷大②不定的
infinitesimal ①无穷小，无限小，微元②极小量
infinitude 无限，无穷（数），无限量
infinity ①无穷大，无穷性，无止境，无穷不连续点②大量，大宗③刻度值，（刻度盘的）终值
infix ①嵌入，插入，穿入②中缀，中加成分
inflame 燃烧，点火，引燃
inflammation 着火，发火，点燃，发光，起爆
inflatable ①可膨胀的，可吹胀的，可充〔打，吹〕气的②（pl.）喷制件
inflater =inflator
inflating ①膨胀，吹胀，打〔充〕气②加压
inflation ①充气，膨胀，填充②均匀伸长③通货膨胀
air ~ 充气
over ~ 过度打气
inflator ①增压泵，压送泵，（轮胎）充气泵，打气筒，吹胀器②充气者
inflect 使弯〔反〕曲，使向内弯曲，（反）挠
inflection ①（反）弯曲，（反）挠曲，内向弯曲，（射线的）偏转②拐折，回折（点），拐点
inflector 偏转器，偏转板
delay-line ~ 延迟线偏转器
inflexibility 刚性，非挠性，硬性，不弯曲性，不可压缩性
inflexion =inflection
inflow ①流入（量），吸入（量），流入水量②吸风，进气，渗透③支流，（河流的）上游④流入物
radial ~ 向心流
in-flow 入流
influence ①影响，效应，作用③感应，反应
Coriolis ~ 科氏加速度效应
operating ~ 工作条件影响
over range ~ 过范围影响
position ~ 位置影响，不平衡度影响
radio ~ 无线电干扰
steric ~ 位阻影响
influent ①流入液体，渗流②进水口③流〔注〕入的
influx ①流入（量），注〔移〕入，流注②注入（口）
influxion 流入
info =information
Info 因特网顶级域名
Infobahn 信息高速公路（一种高速信息系统）
Infobase INfobase 数据库系统
infobond 双面印制线路板点间连线自动操作装置
informatics 信息（学），信息科学，资料学
information ①信息（量），消息，情报，报告，资料，数据，报道，知识，新闻②查询，询问
~ technology 信息技术
a priori ~ 先验信息
accountability ~ 说明性资料
audio-visual ~ 声像情报，视听情报
average ~ 平均信息量
blue primary ~ 蓝基色信息
channel ~ 无线电遥控数据
chromatic ~ 色度信息
closed fuzzy ~ 闭合模糊信息
confidential ~ 机密情报
control ~ 控制〔误差，校正〕信息
digital ~ 数据，数字信息
dot ~ （电视接收机解码器所产生的）点信息
downlink control ~ （通信）下行链路控制信息
encode video ~ 编码视频信息，编码图像信息
essential ~ 基本信息
facial ~ 面部信息
father-son ~ （软件上的）父子信息
framing ~ 帧信息
general ~ 组织简介
graphic(al) ~ 图形信息，用文字表示的信息
half-tone ~ 半色调〔浓度，亮度梯度，灰度〕信息
homing ~ 自动引导信息
host-to-IMP control ~ 主机到接口报文处理

机的控制信息
incidental ~ 偶然信息，附带信息
intelligence ~ 情报资料
interleaving colo(u)r ~ 交错彩色信息，交织彩色信息
know-how ~ 技术秘密情报，专有技术情报，技术诀窍信息
machine-sensible ~ 机器能读出的信息
marginal ~ 边缘信息
metrical ~ 测量信息，可度量信息
monochrome ~ ①亮度信息②黑白图像信息
moving ~ 移动通信
mutual ~ 交互信息
number ~ 查号台查号
numerical ~ 数字信息
parts ~ 零部件信息
pictorial ~ 图像信息，图解信息
power ~ 功率信息，功率测量仪信息
precise ~ 精确数据，精确资料
prime ~ 原信息，素信息
protocol implementation extra ~ （通信）协议实施附加信息
quality ~ 质量信息
reference-phase ~ 基相信息
remote ~ 遥源信息
re-repairing ~ for tooling 工艺装备返修通知单
scientific ~ 科学情报，科学资料
semantic ~ 语义信息，意义信息
sense ~ 读出信息
sensory ~ 敏感元件信息
shape ~ 波形信息
shaped-size ~ 形状尺寸信息
source ~ 源信息
steering ~ 控制指令，控制信息
summarized ~ 相加数据，综合数据，综合信息
system ~ 系统信息
technical ~ 技术情报
telemetry ~ 遥测信息
type ~ 打印信息
update ~ 更新信息，修正信息
uplink control ~ （通信）上行链路控制信息
video ~ 视频信息，图像信息
information-write-wire 信息写入线
informatization 信息化
informon 信息量子（最小信息单位）
informosome 信息体
infotech 信息技术，IT 技术
infra-acoustic(al) 亚〔次〕声的，亚声频的，声下的，听阈以下的
infrabar 低气压
infrablack 黑外的
infradyne ①低外差（法），低层差（法）②超外差机
infragraph 红外分光光度计
in-frame 包含在一个帧内（的对象）
infranics 红外线电子学
infrared ①红外线，红外区，红外辐射②红外（线）的
extreme ~ 超红外（15 ~ 1 000 μm）
far ~ ①远红外线②远红外（6 ~ 15 μm）
forward-looking ~ 前视红外
middle ~ ①中红外线②中红外（3 ~ 6 μm）
near ~ ①近红外线②近红外（0.75 ~ 3 μm）
short ~ 短波红外线，短波红外区
infrarefraction 红外折射
infrasil 一种红外硅材料
infrasizer （超）微粒空气分级器
infrasonic 亚〔次〕声的，声下的，亚声频的，听阈以下的
infrasound 亚声，次声
infrastructure ①地基，基础，底座，下部结构②基本装卸设施③永久性防御设施
infrastructure-as-a-service 基础设施即服务（构成云计算的技术方法）'
infundibulum 漏斗（状器官）
infuse ①注入②浸渍，泡制
infusible 难〔不〕溶〔熔〕的，能注入的
infusion ①注入，浸入，浸渍②浸剂，注入物
infusibility 难熔性
in-gate 内浇道，输入门，入口孔
ingenious 有创造才能的，灵巧的，精巧的
ingenuity ①创造性，创造才能②巧妙，精巧
ingestion 吸收，摄取
ingoing 进来的，进入的，入射的
ingot ①锭（块，坯，料），棒，铸〔钢，金属〕锭，坯料，铸模②（刚玉或碳化硅的）结晶块，结晶
aluminium ~ 铝锭
badly bleeding ~ 冒顶〔补缩不好的〕钢锭
balanced ~ 平衡钢锭，无缩孔钢锭
bleb ~ 有泡钢锭
bled ~ 泄漏钢锭
capped ~ 封顶〔压盖〕（沸腾钢）钢锭
catched ~ 挂模铸锭（有粘模缺陷）

cheese ~ 八方钢锭
clinked ~ 开裂的钢锭
cogged ~ 初轧钢锭，初轧坯，大方坯
consumable (arc-melted) ~ 自耗（弧熔）锭
copper ~ 铜锭
direct ~ 直熔锭
dry ~ 有裂纹的钢锭
dummy ~ （连续铸锭时的）引锭器，引锭杆
forging-grade ~ 锻用钢锭
foundry ~ 生铁，铸铁锭
frozen ~ 凝固锭料
hollow ~ 空心坯
hot-topped ~ 热帽钢锭，带保温帽的钢锭
nonconsumable ~ 非自耗弧熔锭
raw ~ 粗锭
rectangular ~ 扁钢锭
rimming ~ 沸腾钢锭
rising ~ 鼓顶钢锭
rolling ~ 轧制用钢锭
scorched ~ 粗晶铸锭，过热铸锭（多针状组织）
semi-infinite ~ 半无限长锭料（区域熔炼）
slab ~ 扁钢锭，初轧板坯用钢锭
sound ~ 优质锭
squat ~ 短钢锭（剩余钢液浇注的）
stub ~ 残锭，锭头
tilt-mo(u)ld ~ 铰接式锭模铸锭
vertical ~ 垂直锭料（区域熔炼）
waffle ~ （约 76 mm × 76mm × 6.35mm 的）铝锭

ingotism ①粗晶（钢锭结构的缺陷），（树枝状）巨晶②钢锭〔铸件〕偏析

ingotting 铸锭

ingredient ①（混合物）成分，组分，拼分，拼料，配料，要素②（橡胶）填料
active ~ 有效成分
flux ~ 焊剂成分

ingress ①进〔侵〕入，进口，进口处，通道②进入（入境）权③初切

inhalation 吸入物〔剂，法〕

inhalator 吸入器，人工呼吸器

inhaler ①吸气泵，空气〔气体〕过滤器，吸入器〔管，者〕②防毒面具

inharmonic(al) 不调和的，不协调的，不和谐的

inhaust 吸入

inherent 固〔特，常，原〕有的，先天的，内在的

inheritance ①（金属的）遗传（本质），承受②固有

inhibit ①抑制，阻〔防，制，禁，停〕止②防腐蚀
axes ~ 轴禁止
counter ~ 计数禁止
mechanism ~ 机械锁住
pulse ~ 脉冲禁止，脉冲封锁
reset ~ 禁复位
set ~ 禁置位

inhibitability 缓蚀能力

inhibiter =inhibitor

inhibition ①抑〔遏〕制，制〔禁，防，阻，扼〕止②阻滞〔化〕（作用），延缓〔迟〕
address control ~ 地址控制禁止〔阻塞〕
auto ~ 自动阻尼〔抑制，阻化〕
rust ~ 缓蚀性
volatile ~ 气相缓蚀性

inhibitor ①阻化〔止，缓，聚〕剂，缓蚀剂，防腐蚀剂，抗氧化剂②（计算机的）禁止器，禁阻器，抑制剂〔物，器，因素，作用〕③（火药的）铠装
antigum ~ 防胶剂
chemical ~ ①化学抑制器，抗氧剂②缓蚀剂
corrosion ~ 缓蚀〔抗腐蚀〕剂，腐蚀抑制剂
flammable ~ 阻燃剂
gum ~ 阻胶剂（汽油中加入的抗氧化剂），胶质抑制剂
oil soluble rust ~ 油溶性缓蚀剂
oxidation ~ 抗氧化剂
polymerization ~ 阻聚剂
rust ~ 防锈用缓蚀剂，抗腐蚀添加剂
sequence ~ 时序禁止器，时序禁止电路
vapo(u)r phase ~ 汽相缓蚀剂，汽相膜缓蚀剂，汽相〔氧化〕抑制剂，挥发性缓蚀剂
water soluble rust ~ 水溶性缓蚀剂

inhibitory 禁止的，抑制的，迟滞的

inhibitory-gate "与非"门，禁止门

inhomogeneity 不（均）匀性，不纯一，不同类〔质，族〕，非同性〔种〕，多相性，杂色〔拼〕性

inhomogeneous 不（均）匀的，不纯一的，不同类〔质，族〕的，非同性〔种〕的，多相的，杂拼的，非齐次的，非均相〔质〕的，不均值的

inhour 核反应单位（1/周期（h）），倒时数

inhouse ①（机构）内部的，自身的，固有的，国内的②独特的

Ini 配置文件名后缀
init 初启
initial ①最初的，初始的，开头的，固有的，字首的②首〔大写〕字母，(pl.)（姓或名）首字母，起线
initialisation 初始化
initialism 首字母缩略词，略语
initialization ①起〔原，初〕始，初始化，安置初始值②预置〔定〕，设定③恢复④清除
loop ~ 循环预置（初始状态的），循环初始化
procedure ~ 过程初始准备
initialize 起始，预置（初始状态），初始化
initializer 初始程序
routine ~ 程序的初始程序
initializing 初始化
initiate 初启，开始，创始，起燃，起爆
initiation ①开〔创〕始，发生，产生②起动〔爆，燃〕，激发〔磁〕，引〔分〕发
combustion ~ 点火，发火，起燃，起〔启〕动
non-synchronous ~ 非同步〔引燃〕起动
session ~ 会话起动
thermal ~ 热引发（作用）
initiative ①起〔创，开〕始的，初步的②着手，第一步，开始，发端③主动（性），首创〔进取〕精神
initiator ①引爆器，点火器，起爆剂，引发剂②励磁机③起动程序，停启程序④起动站，广播端，发送端
polymerization ~ 聚合引发剂
inject ①注射〔入〕，喷〔发，引，入，内〕射，进〔放，引，吹，投，射〕入②注满③吹除（边界层）
ion ~ 离子注入（改变材料表面）
injection ①注射〔入〕，喷〔发，引，入，内〕射，进〔放，射，投，吹，通，灌〕入，加压②注射液〔剂，法〕，针剂③注频，进〔射〕入轨道（的时间或地点）④充〔注〕满⑤吹除（边界层）
air ~ 空气喷射，喷气
air-forced ~ （发动机）空气强制喷射
airless ~ 无气喷射，机械喷射
center fuel ~ （发动机）中央燃油喷射
center sequential fuel ~ 中央顺序燃油喷射
clamp ~ 钳注入
closed loop fuel ~ （发动机）闭环燃油喷射
common-rail turbo direct ~ （柴油机）共轨涡轮增压直喷
computerized fuel ~ （发动机）计算机控制的燃油喷射
continuous ~ （发动机机械式）连续燃油喷射
controlled direct ~ （发动机）可控直接喷射
digital ~ （发动机）数字式燃油喷射
digital electronic fuel ~ （发动机）数字式电子控制燃油喷射
digital fuel ~ （发动机）数字式燃油喷射
digital port fuel ~ （发动机）数字式进气门口燃油喷射，数字式电控多点燃油喷射
direct ~ 直接喷射，直接注入
disorder ~ 不齐喷油
electronic controlled fuel ~ （发动机）电子控制燃油喷射
electronic (controlled) fuel ~ system 电子控制燃油喷射系统
electronic fuel ~ （发动机）电子控制燃油喷射
electronic gasoline ~ system 电子控制汽油喷射系统
electronic multiport fuel ~ 电控多点燃油喷射
electronic single port fuel ~ 电控单点燃油喷射
electronically controlled gasoline ~ （发动机）电子控制汽油喷射
fuel sequential ~ （发动机）顺序燃油喷射
fuel(l)ing ~ 燃料喷射
fusible pattern ~ 压制熔模
gas ~ 气体喷射，喷气
grid ~ 栅极注频
immediate fuel ~ （发动机）直接燃油喷射
indirect fuel ~ （发动机）间接燃油喷射
intermittent ~ 间断喷油
manifold ~ 进气〔油，水〕歧管喷射
multiport fuel ~ （发动机）多点燃油喷射
optical ~ 光学注入（激光）
pattern ~ 压蜡
pilot ~ 引燃喷射
port fuel ~ (system) 进气道燃油喷射（系统）
pulsed secondary air ~ 脉冲式二次空气喷射
secondary air ~ 二次空气喷射（系统）
sequential electronic fuel ~ （发动机）电子顺序燃油喷射
sequential electronic multiport fuel ~ （发动机）顺序电子多点燃油喷射
sequential fuel spark ~ 顺序燃油喷射
sequential multiport fuel ~ （发动机）顺序多点燃油喷射
solid ~ 无气喷射

solid fuel ~ （发动机）机械燃油喷射
throttle body fuel ~ （发动机）节气门体燃油喷射
valve ~ 阀注射，阀进样
water ~ 喷水

injector ①注水〔入，射，油〕器，进样器，注模机，注入极，喷（油）嘴，喷射器〔泵，头〕，喷注器，发〔引〕射器②灌浆机③注射者
atomized spray ~ 雾化式喷嘴，雾化式喷注器
bilge ~ 舱底喷射器
by(-)pass ~ 旁通进样器，旁通注射器
chip ~ 铁屑喷射器（冲天炉用）
converging-diverging cones ~ 锥式喷嘴，发散锥式喷雾器
DC ~ 直流注入器
direct ~ 直接进样器
Giffard's ~ 吉法德（蒸汽）喷射器
grout ~ 灌浆机
hydraulic ~ 液力加液器
impinging (hole) ~ 冲击射流式喷头，流束互击式喷射器
lifting ~ 吸引喷射器
like-on-like impinging ~ （燃烧剂和氧化剂）同类互击式喷嘴
mechanical electronic unit ~ （柴油机）机械电子控制式泵喷嘴
mix plate ~ 带混合板的喷雾器，带反射盘的喷嘴，混合溅板喷嘴
non-split stream ~ 无分流进样器
on-cold column ~ 冷柱头进样器
premix ~ 预先混合喷射器，预混式喷嘴
restarting ~ 再生喷射器（机车、轮船、锅炉利用负压充水）
rocket motor ~ 火箭发动机喷嘴，火箭发动机头部
segmented ~ 分段式喷嘴
shower head ~ 莲蓬头式喷头
signal ~ 信号注入器
single-element ~ 单组元喷嘴
slit ~ 缝隙式喷嘴
slotted ~ 缝隙式喷嘴
splash-plate ~ 溅板式喷嘴
splash-ring ~ 溅环式喷嘴
splash-wall ~ 溅壁式喷嘴
split(-)jet ~ 缝隙式喷嘴
spray ~ 射流式喷嘴
spray-cup ~ 溅杯式喷嘴
spray-plate ~ 溅板式喷嘴
steam ~ 蒸汽喷射器，射汽喷射泵，汽抽子，射汽抽气器
swirl-nozzle type ~ 旋流〔旋涡〕喷嘴型喷射器
unit ~ 组合式喷射器（燃料泵和喷射阀组成一体）
universal ~ 双管喷射器
water jet ~ 水射流喷射器，水注喷射器
wax ~ 压蜡机

injectron 高压转换管，高压开关管

injury ①损失，伤害，毁坏，杀伤②伤痕③障碍

ink ①墨水，油墨②漆，印色③（画线用）紫色涂料
abrasive ~ 研磨油墨
canaigre ~ 消迹墨
China ~ 墨（汁）
etching ~ 耐酸漆
glossy ~ 亮光漆
heat-set ~ ①热干漆②热度定印墨
magic ~ 万能笔（可在油污金属面上划记印的）
magnetic ~ 磁性墨水，磁性油墨
mo(u)lding ~ 造型用涂料
printer's ~ （印刷）油墨
printing ~ （印刷）油墨
reflectance ~ 反光墨水
resistive ~ 电阻墨水
steel ~ 钢材划线用墨
sympathetic ~ 隐显墨水

inker （油）墨辊，印字，印字机，（油墨）印码机

inking 留迹（一种计算机中徒手画曲线的方法）

inkometer 油墨拉力计，墨水黏度计

inkwriter （电报）印字机，油墨印码器

inky ①（特写摄像时用）小型聚光灯，小功率白炽灯②有墨迹的，墨黑的

inlay ①镶嵌（物），镶嵌工艺〔材料，图案〕，插入物，衬垫，里层②型材，器材

inlead 引入（线）

inleakage ①漏泄〔电〕，渗〔漏，引，吸〕入量，引线，贯穿内部②不密封
~ of radioactivity 放射性贯穿内部

inlet ①（进）入口〔孔〕，进（气，水）口，浇道，（放，输）入孔，进水〔汽〕道②进入〔气〕，引〔注，吸，放，通，输，流〕入，嵌〔插〕入③输〔进〕入量④插〔镶〕入物，引入线

~ of pass 孔型入口侧
air ~ 进风口
batch ~ 分批进样
convergent-divergent ~ 收敛-扩散形进气口，渐缩放喷管，拉瓦尔喷管扩散段
direct probe ~ 直接探头进样
extra-air ~ 副进气口
fan ~ 通风机进口
feed ~ 进料口，加料口
inflation ~ 充气进口
manifold ~ 进气歧管
pressure ~ 增压管，接管嘴
receiver ~ ①收音机输入端②接收机输入端
spike ~ 带中心锥的进气口
spiral ~ 蜗管入口
static-pressure ~ 测静压孔
water ~ 加水孔

in(-)line ①一列式（的），一列（的），排成行的，串联的，轴向的，在（一直）线上的，联机的②（液压）进油管路
dual ~ 双列直插式

in-list 内目录

in-milling 横向铣削

in-movement 横向进给运动

innage 剩（余）油量，充液量

inner ①内部，里面，接近靶心②内部〔在，心，侧〕的

inner-cased 有内套的

inner-cooling 内冷

innocuous 无害〔毒〕的，安全的，良性的

innovation ①改革〔进，善〕，革〔创〕新②新设施〔发明，技术，方法，制度，事物〕，合理化建议

innovation-based 创新为本

innovator 革新者，改革者

innumerable 无数的，数不清的

innumerous =innumerable

inoculant 变质〔孕育〕剂，球化剂
chill reducing ~ ①抗白口孕育剂②石墨化孕育剂
nodularizing ~ 球化孕育剂
post ~ 二次孕育剂
stabilizing ~ 稳定碳化物孕育剂

inoculating 预防接种

inoculation ①孕育（作用，处理），加孕育剂法，变质处理，加制，培养〔植〕②接种，预防注射
inmold ~ 型内孕育
ladle ~ （在浇）包中孕育处理
late ~ 二次孕育
mo(u)ld ~ 型内孕育
post ~ 二次孕育

inoculator ①孕育剂，变质剂②接种器

i-node i 节点（计算机操作系统中包含文件信息的一种数据结构）

i-node tab i 节点标记（一种包含节点信息的列表）

inoperable 不能操作的，行不通的，不能实行的

inoperation 不〔停止〕工作，不操作

inoperative 不再可操作

inorfil 无机纤维

inorganic 无机的，无机（生）物的，无组织体系的，非自然生长所形成的，人造的，无特性的

inoxidability 不可氧化性

inoxidizability 不可被氧化性

inoxidizable 抗氧化的，耐腐蚀的

in-phase 同相（的）

in-pile 反应堆内部的

in-plant 近距离（控制）的，厂内的

in-point （磁带）编辑（起）点

inpolar 内极点

in-position 进入位置，到达位置
not ~ “非”电路，反相电路

in-process 加工〔生产，处理〕过程中的

input ①输〔引，导〕入，进〔供〕给②进〔给〕料，消耗〔进料〕量，进量③输入量〔额，端，功率，电压，信号，电路〕，需用功率
air ~ 进气量，风量
automatic ~ 自动输入，自动输送〔装入〕数据
battery ~ 蓄电池充电
bus grant ~ 总线允许输入
carry ~ 移〔进〕位输入端
chaining ~ 链式输入
Chinese character ~ 汉字输入
Chinese speech ~ 汉语语音输入
common-mode ~ 共态〔同模，同相〕输入
deterministic ~ 定型输入
dial ~ 拨码输入
differential ~ 差动〔分〕输入
dummy ~ 伪输入
earthed ~ (output) 接地输入（输出）
energy ~ （焊接）线能量
floating ~ 浮置输入

formatless ~ 无格式输入
free format ~ 自由格式输入
full-scale ~ 全部输入信号，满刻度输入（功率）
heat ~ 输入热量，热输入，热量耗费，供热
inhibit enable ~ 禁止起动输入
intermittent ~ 脉动输入（端）
inverting ~ 倒相输入
key-to-cassette data ~ 键（盘）-（磁）带数据输入
key-to-tape ~ 键（盘）-（磁）带输入
left right clock ~ 左右通道时钟输入
light ~ 光流输入
line ~ 线路输入，行输入
live ~ ①常通输入②恒定激励输入
lock ~ 同步输入
long range ~ 远程输入
mains ~ ①电源输入②电源电压〔功率〕
manual data ~ 手动数据输入
optical ~ （可见）光输入
oral ~ 口述输入
power ~ 输入功率，能量输入，电力输入
power ~ to compressor 压缩机功率输入
privileged ~ 特许输入
ramp ~ 斜坡输入，扫掠输入
random ~ 散乱输入
rated ~ 额定功率〔输入量，处理能力〕
reference ~ 标准〔额定，参考，基准〕输入
remote ~ 遥控〔遥测〕输入
request words ~ 请求控制字输入
secondary ~ 二次输入功率，副边输入功率（电动机及变压器通过电磁感应由一次回路传进到二次回路的功率）
serial data ~ 串行数据输入
signal ~ ①信号输入②输入端
sound ~ 声音输入
substantive ~ 直接输入
total ~ 统一输入信号，总输入信号
wobble ~ 扫描输入
work ~ 消耗（输入）功，指示功，机器的总功

input-bound 输入范围

input-output 输入 / 输出，输入 / 输出装置〔数据，方式〕
concurrent ~ 并行输入输出，同时进行的输入输出
graphic ~ 图形输入 - 输出（设备）
intelligent ~ 智能化输入输出
queue ~ 队列输入 - 输出
voice ~ 话音输入 - 输出

inquire 询〔访〕问，打听，追〔探〕究，调查

inquiry ①询〔探〕问，打听，探〔研〕究，调〔审〕查，查〔质〕询②询价
direct access ~ 直接存取询问
general ~ 一般呼唤
visual ~ 直观询问，可见询问

inquiry-with-update 查询更新处理

in-real 内真值

in-register 互相对〔配〕准，（三帧基色画面）叠合精确

in-row 行内的

inrush ①浸〔闯，流，侵，涌〕入，起动冲量〔电流，功率〕②突然崩坍
magnetising ~ 磁化冲量

inscape 内在的特性

inscattering 内散射

inscribe ①写〔记，题，刻〕上，雕②（使）内接〔切〕（圆的）③铭刻④题赠，给…注册

inscriber 记录器
magnetic ink character ~ 磁性描图墨水字符记录机

inscription 记入，刻，标题，题词，符号，注册
identification ~ 铭牌

insection ①齿纹，锉纹②切口，切断

insecure 不可靠的，不安全的，不稳定的，危险的

inselbildung 〈德〉小岛效应（当栅极电压低至某一数值时，阴极的发射限制在某一阴极小面积之内）

insensibility 不灵敏（性）

insensitive 不敏感的，不灵敏的，（对光，接触等）感觉迟钝的，低灵敏度的
phase ~ 非相位敏感的

insensitiveness 不灵敏度，（制动）稳定性

inseparable ①不可分离〔割〕的，不可拆的②（pl.）不可分的事物

insequent 斜向的

inseries 串联地，系列的

insert ①插〔嵌，接，引，代，介，放，夹〕入（物），插头，塞子，插页，衬垫〔套〕，垫圈〔片〕，轴瓦〔衬〕，刀片，芯棒，柄，卡盘，下线（电机的）②成品嵌衬，镶嵌法③（pl.）金属型芯，镶嵌件④内冷铁⑤电极头⑥加进，刊登，登载

aerial ~ 架空介入
carbon nozzle ~ 石墨喷管衬套
cast-in ~ 镶铸物
cent(e)ring ~ 定心用嵌入件
coaxial pad ~ 同轴衰减插头
connector ~ 连接器绝缘安装板
corner ~ ①角形插头②（在主图像）边角嵌入图像
diamond ~ 菱形插头
die ~ 凹模芯，凹模镶块，拉模坯，压模嵌入件，活块（金属型的）
die plate ~ 凹模镶块
ear ~ 耳塞
forging die ~ 锻模镶块
graphite ~ 石墨衬垫
groove ~ ①（耐磨的）活塞槽嵌入物（顶活塞环用）②带沟槽的轴瓦
inspectiondisposable ~ 不刃磨刀片
live ~ 实况节目插播
metallic ~ 镶铸物
neck ~ 颈口嵌件
Ni-resist ring ~ 高镍耐蚀铸铁镶环座
plain ~ 光滑轴瓦，平轴瓦
punch ~ 凸模芯，凸模镶块
replaceable ~ 可换刀片
retinacs ~ 石棉塑料镶块
reversible ~ 可换镶块
reversible cutting ~ 可转动刀片，可换刀片衬垫
rock drill ~ 凿岩机硬质合金衬片
rubber ~ 橡胶垫
segmented ~ 分段式衬套
separator ~ 分隔板，隔板头
shock hanger ~ 防振悬架垫
spring ~ 弹簧隔板
Teflon ~ 特氟隆夹入物，聚四氟乙烯嵌入物
title ~ 字幕卡
valve seat ~ 气门，座圈，阀座密封圈，阀门座插头
whirl ~ （喷嘴）涡流插芯

inserter ①插入物，插件，插入器，隔板，隔离物②镶套压配工具③插入者
data ~ 数据输入器，数据插入程序
oil ~ 插入注油器
piston ~ 装活塞器
piston ring ~ 活塞环压入器（装配时用）
slot ~ 嵌线机，嵌线器
wedge ~ 槽契插入机

insertion ①插〔嵌，接，引，代，介，放，夹〕入②插〔嵌〕入物，衬垫，嵌装件，插页，插入广告，射入轨道③安置，存放④登载
hand ~ 手工嵌线，手工下线
switch ~ 手控，开关插入
sync ~ 同步信号插入

inservice 在检修〔运行〕中进行的

inset(ting) ①插〔嵌，夹〕入，插〔嵌〕入物，插入晶，斑晶，插图〔画，页〕②镶边③水道，（潮水）流入④井底车场（采矿的）

inside ①内部〔面，侧，径〕，里面，内容，内部的东西，（游标卡尺的）内量爪②内部〔侧〕的，里面的，秘密的
valve ~ （内胎）气门芯

insignificant 无意义的，无价值的，无用的，不重要的，轻微的

insofar 就此而言

insolation 日射，晒（干），曝晒，日照

insolubilizer 不溶粘料

insoluble ①不溶解〔性〕的，难以溶解的②不能解决〔释〕的，不可解的（方程）③（pl.）不溶（解）物质

insolvency 无力偿付，资不抵债，破产

insonate （使）受（超高频）声波的作用

insonify 声穿透，声照射

inspect 检查〔验，修〕，观〔视〕察，调〔审〕查，探伤，试验

inspection 检查〔验，修〕，观〔视〕察，参观，调查，探伤，验收，目测②监督，校对，证明
acceptance ~ 验收检查
age-sampling ~ 时效抽样检验（法）
auto ~ 自动检测
casual ~ 不定期检查
chip ~ 芯片检验
commodity ~ 商品检验
contact ~ 接触法检查
cosmetic ~ 外观检查
curtailed ~ （简化）抽样检查，抽查
daily ~ 日检查，小检查，日常检验，例行测试
delivery ~ 出厂检验
dye-penetrant ~ (flaw detection) 着色渗透探伤
end play ~ 轴向间隙检查
face runout of mounting face ~ 安装面端面圆跳动检查
factory ~ 出厂检查

feeler ~ （用探针）触探
final ~ 成品检验
floor ~ 车间检验，就地检验
fluorescent magnetic particle ~ 磁性荧光法检查
fluoroscopic(al) ~ 荧光探伤
follow-up ~ 追踪检查
gamma-ray ~ γ 射线检测
hand ~ ①手检查②目视检查
incoming ~ 进厂检验，验收
line ~ 巡线，线路检查
magnaflux ~ 磁粉〔力〕探伤，磁粉检验
magnetic ~ 磁力探伤（法）
magnetic flux ~ 磁力探伤法
magnetic-particle ~ 磁粉〔力〕探伤
magnetographic(al) ~ 磁性检查
mechanical ~ 力学性能试验
Nital etch ~ 硝酸浸蚀检查
nondestructive ~ 非破坏性检查〔验〕，无损检测
outer ~ 外形检查
patrol ~ 巡回检查
penetrant ~ 渗透探伤，着色检查，着色探伤，浸透检查，浸渗检验
periodic ~ 定期检修〔查〕，小修，定期巡视
periodic ~ of tooling 工艺装备周期检定
profile ~ 齿形检验
radial play ~ 径向间隙检查
radiographic(al) ~ 射线检测〔探伤〕，射线透照检查
radiography ~ 放射线探伤，放射性检验
random ~ 抽查，抽检
regular ~ 定期检查
route ~ 线路（常规）检查，路由检查
routine ~ 常规〔例行，定期〕检查，定期维修
screening ~ 甄别鉴定，分类检查，筛选检查
sectional ~ 分段巡线
sequential sampling ~ 逐次抽样检查
service ~ 业务检查
shutdown ~ 停工检查
sonic ~ 听〔振〕声检验
strip ~ 解体检查，拆检
thermal ~ 热蚀检验
type ~ 型式检验
ultrasonic ~ 超声波探伤
visble dye (penetrant) ~ 着色渗透探伤
visual ~ 外观〔肉眼，直观〕检查
witness ~ 见证检验
zyglo ~ 油浸探伤，荧光探伤（透视）（法）

inspection-classification 检验分类

inspector 检查员，检验员，验收员，鉴定者，监工员
line ~ 巡线员
NDE ~ 无损检验师

inspectoscope 检验镜，金属裂缝探伤器，探伤仪，探伤镜，X 光透视违禁品检查仪

inspiration ①进〔吸〕气，吸〔汲〕入②启发

inspirator 呼吸器，喷汽注水器，注射〔入〕器，喷射〔注〕器

inspire ①吸〔进〕气，注入，灌注〔输〕②激起，启发③引起，产生

inspissation 蒸浓（法），浓厚化，浓缩作用，增稠

inspissator 蒸浓器，浓缩器

instability ①不稳定性〔度〕，不安定性〔度〕②动摇，不坚决
convectional ~ 对流（性）不稳定度
flute ~ 槽纹不稳定性
geometric ~ （图像）几何形状不稳定性
kink ~ 回线〔弯曲〕型的不稳定性
mirror ~ 磁镜不稳性
rolling ~ 对纵向轴线的不稳定性，横倾不稳定
sausage ~ 腊肠型不稳定性
shearing ~ 切变不稳定性
wriggle ~ 弯曲型不稳定性

install 安装

installation ①（整套）装置〔备〕，设备〔施〕，台，站②安装，装配，设置③计算法
atomic energy ~ ①原子动力装置②原子能工业企业
bearing ~ 轴承安装
bowl ~ 浮槽设备（浮槽式分级机）
camera ~ ①摄影机暗箱②照相设备
capacitor ~ 电容器成套装置
coal-burning ~ 燃煤装置，炉膛设备
commercial ~ 工业设备
computer ~ ①计算机安装②计算机站
cooling-fan ~ 冷却通风系统
cooperating ~ 合作安装，合作设施
dielectric heating ~ 介质加热成套设备
direct-fired ~ 直吹式燃烧系统
domestic ~ 生活（用电）设施

dust-collecting ~ 收尘装置，收尘设备
electric-driving ~ 电气传动成套设备
electro-heat ~ 电热成套设备
endless track ~ 履带行走系
exposed ~ 承受大气过电压（截波）的安装（方式）
health-monitoring ~ 剂量控制装置，剂量测量装置
heat(ing) ~ 加热器，暖气设备
humidifier ~ 加湿机
hydroelectric ~ ①水电站②水力发电装置
hydro-sand-blasting ~ 水力清砂装置
induction heating ~ 感应加热成套设备
industrial ~ 工业生产设备〔装置〕
land ~ 固定装置，陆用装置
laser alarm ~ 激光报警装置
marine ~ 船舶装置
microwave heating ~ 微波加热成套设备
missile-firing ~ 导弹发射装置
monotube ~ 直流〔单管〕锅炉设备
non-exposed ~ 非裸露安装，不承受大气过电压的安装方法
pipe ~ 管子安装〔铺设〕，布管
piping ~ 管路敷设，管路装置
power ~ 电力装置，动力装置，电力站
program(me) ~ 程序装置，程序机构
pump(ing) ~ 泵唧装置，唧送装置
ratproof electric ~ 防鼠型电气装置
refrigerating ~ 制冷装置
repeating ~ 中继装置，帮电装置
resin-casting ~ 树脂浇注设备
reversed ~ 反向安装
screening ~ 筛〔分〕选设备
spreader control ~ （集装箱）吊具控制装置
test ~ 试验装置，试验设备
transmitter ~ 发送装置，发射机装置
unit type ~ 单元机组
up-line ~ 安装，安入
wind tunnel ~ 风洞（设备）
wiring ~ 布线工程

installations installation 的复数
clock ~ 子母钟

installer ①安装工②安装用工具③支座

installing 安装〔置〕，装配〔置〕，装〔拧，插，按，接〕入，陈列，设置，建立，敷设

instal(l)ment ①安装，装配②（丛书、杂志的）一部，一期，（分期连载的）一部分③分期付款

instance ①例子〔证〕，实〔范〕例，样品②情况，场合③请求，提议④举例，引证

instancing 引出，引用

instant ①立刻的，即刻的，直接的，紧急的，迫切的，速溶的，本月的②瞬间，即刻，时，时刻
decision ~ 判定瞬间
significant ~ 有效瞬间

instantaneity 瞬时性，即时性

instantaneous 瞬时的，瞬态的，即时的，立即的，同时发生的

instantiate 事例创建

instantiation 示例，事例化

instantograph 快照，即取照相

instantophotography 一步摄影

instant-start 瞬时接入，瞬时起燃

instauration 恢〔修〕复，重建

in-step 同步的，相位一致的，同级的

instigation 刺激（物）

instillation 滴注（物），注入，滴剂，浸润物

instil(l)ment 滴注（物），注入，滴剂，浸润物

institute ①学会，协会，学术会议②研究所〔院〕，学院，专科学校③（pl.）（基本）原理〔则〕④建立，设立〔置〕，制定⑤开始，着手，创始，实行
annual ~ （学术团体的）年会
national ~ of legal metrology 国家法制计量研究所
NBS Institute for Basic Standards 美国标准局基准研究所
technical ~ 工业专科学校，工艺学院，技术研究院

institution ①建立，设立，设置，制定，规定②制度，惯例③学会，协会，学校，研究所，机关，公共设施

institutionalization 制度化

instoscope 目视曝光计（带光楔）

instroke 内向（压缩，排气）冲程

instron 拉伸强度试验机

instruction ①教育，通知②指令，指示，程序，说明（书），须知，指南，守则，细则，规程③码
~ of technical operation 技术操作规程
~ to attendants 操作规程
absolute ~ 绝对指令
access macro ~ 存取（访问）宏指令
accident prevention ~ （技术）安全规程
accumulator jump ~ 累加器转移指令
active ~ 活动指令（流水线计算机中处于执

行状态的指令）
alpha(nu)meric(al) ~ 字母数字型指令
assembler ~ 汇编指令
assembly ~ 汇编指令
audio-visual ~ 直观教学
B ~ 变址（数）指令，B 指令
blank(ing) ~ ①空(操作)指令②空白〔间隔，转移〕指令
blocking ~ 封锁指令
branch ~ 分支〔分岔，转移〕指令
branch-on-zero ~ 零转移指令，零跳转指令
calculating ~ 调整计算规程
call ~ 调用指令，调入指令
clear ~ 清除指令
compound ~ 复合指令
computer ~ 计算机指令，机器指令
computer-aided ~ 计算机辅助教学，计算机助教
computer-assisted ~ 计算机辅助教学
computer-managed ~ 计算机管理教学
conditional ~ 条件指令
conditional jump ~ 条件转移指令
constant ~ 常数指令
control ~ 控制指令，转移指令
conversion ~ 转换指令
data adjustment ~ 数据校对
data flow ~ 数据流指令
debug macro ~ 调整宏指令，排障宏指令
decision ~ 判定指令，判断指令
delay ~ 延迟指令
diagnostic ~ 诊断指令
disable ~ 非法指令，不能执行的指令
discrimination ~ 判别指令，判定指令
do-nothing ~ 无操作指令，空指令
drawing office ~ 绘图办公室说明
DS ~ 数据集指令
dummy ~ 空（操作）指令，伪指令
effective ~ 有效指令
elementary ~ 基本指令
emit ~ 放出指令
enabled ~ 起动指令
END ~ 结束指令
engineering ~ 工程细则，技术细则，工程说明书
entry ~ 进入指令，输入指令
executable ~ 可执行指令
execute ~ ①管理指令②执行指令
execution ~ 执行指令
exit ~ 出口指令
external transport ~ 外部输送指令
extra code ~ 附加码指令
extract ~ ①开方〔抽出，提取，析取〕指令②新词构成指令
fetch ~ 取指令
fitting ~ 安装〔装配〕说明书
fixed length ~ 定字长指令
format implicit address ~ 格式隐地址指令
function(al) address ~ 操作地址指令，功能地址指令
get ~ 取得指令
halt ~ 停机指令，停止指令
handling ~ 操作说明，使用说明
hard-wired ~ 硬连线指令
hold ~ 保存指令
house(-)keeping ~ 内务〔辅助，管理〕指令
ignore ~ 无动作指令，无效〔否定〕指令
immediate ~ 立即指令，零地址指令
immediate address ~ 直接〔立即〕地址指令
imperative ~ 执行指令，实行指令
interactive ~ 交互指令
internal manipulation ~ 内处理〔加工，操作〕指令
jump ~ 转移指令，跳变指令
key ~ 引导指令
label(l)ed ~ 有标号指令
load ~ 加载指令
load index register ~ 负荷索引〔输入变址〕寄存器指令
loading ~ 载重定额，载重规定
logic(al) ~ 逻辑指令
long ~ 长指令
look(-)up ~ 查找〔探查〕指令
machine ~ 计算机指令
macro ~ 宏指令
maintenance ~ ①维护指令②保养说明〔守则，指南〕，技术维护规程
memonic ~ 助记指令
memoric ~ 记忆指令
memory reference ~ 存储器取数〔访问〕指令
mixed ~ 混合指令
monitored ~ 监视指令
non-disable ~ 能执行的指令
noninterruptable ~ 不可间断的指令
nonoperable ~ 非操作指令
nonprint ~ 禁止打印指令

no(-)op(eration) ~ 无〔空〕操作指令，空白〔跳步〕指令，伪指令
object level ~ 目标级指令
one-address ~ 单地址指令
operate class ~ 操作类指令
operating ~ 操作规程，使用说明书，工作守则〔须知〕，业务规章〔须知〕
operation ~ 使用说明书
operational-address ~ 无操作码指令（指令中没有操作码，地址码本身包含操作）
optional stop ~ 条件停机指令
organizational ~ 组织指令
parameter setting ~ 参数置放指令
pause ~ 暂停指令
predefined ~ 预定义指令
preset ~ 程序机构信号〔指令〕
presumptive ~ 原始指令，假指令，伪指令
prewired ~ 预选程序，预编程序
privileged ~ 特权指令，特许指令（防止输入 / 输出设备误用），优先权指令
process ~ 工艺守则
program(m)ed ~ 程序指令，程序教学
put ~ 放置指令
rebuilding ~ 修复说明，修理指南
recursion ~ 递归指令
reference ~ 基准指令，引用指令
repair ~ 修理守则，修理指南
repetition ~ 重复指令
round-off ~ 舍入指令
save ~ 保存指令
scalar ~ 标量指令
service ~ 使用〔维护，操作〕规程，使用细则，业务规章〔须知〕
shared ~ 共用指令
shift ~ 移位指令
shift-jump ~ 移位 - 转移指令
shop ~ 工厂工作细则，车间守则，出厂说明书
short ~ 短指令
short format ~ 短型指令
single ~ 单指令
skeleton ~ 骨架指令
skip ~ 空（操作）指令，跳跃〔条件转移，空白〕指令
software diagnostic ~ 软件诊断指令
source designation ~ 源赋值指令，操作地址指令
source language ~ 源语言指令
source-destination ~ 无操作码指令（地址码包含操作）
stack ~ 栈指令
start I/O ~ 起动输入 / 输出指令
status input ~ 状态输入指令
status switching ~ 状态开关指令
steering ~ 导引指令
stop ~ 停机指令
store ~ 存储指令
subject ~ 源指令
subroutine ~ 子程序指令
successor ~ 后继指令
summation ~ 求和指令
supervisory ~ 管理指令
symbolic(al) ~ 符号指令
synthetic(al) ~ 合成指令
table-look-up ~ 探查表指令，引用表指令
TAS ~ 测试与置 1 指令
test ~ 测试指令
transfer ~ 转移指令
transpose ~ 转置指令
trapped ~ 设陷指令
unmodified ~ 非修改指令
variable length ~ 可变长度指令
waste ~ 空指令
word ~ 字指令
working ~ 操作说明书，操作规程，工作细则

instrument ①（量测）仪，仪器〔表〕，工具，器具〔械〕，装置，设备②手段，方法，（法定）文件，证书〔券〕，契约
~ with contact 带触点的仪表
~ with locking device 带有锁定装置的仪表
~ with optical index 光标式仪表
~ with suppressed zero 压缩零位仪表，无零位刻度仪表
absorption spectrum ~ 吸收光谱仪器
acceleration ~ 加速度仪表
adjusting ~ ①调节器〔仪器，装置〕②加减器
aerial measurement map ~ 航空摄影测量制图仪器
aerial surveying remote sensing ~ 航测遥感仪器
agricultural use ~ 农用仪器
air pollution monitoring ~ 大气污染监测仪器
air pressure measuring ~ 气压测量仪器

airphoto stereoscopic ~ 立体摄像仪，航空摄像仪
air-purged ~ 空气清洗式计量仪器
air-tight ~ 气密式仪器仪表
alignment ~ 准线仪
all-purpose ~ 多用仪表，通用仪表，多用工具
altazimuth ~ 经纬仪
alternating current/direct current ~ 交/直流电表
analog(ue) (measuring) ~ 模拟（测量）仪表
analytical ~ 分析仪器
angular ~ 测角仪
aperiodic(al) ~ 不摆式仪表，非周期性仪表
astatic(al) (measuring) ~ 无定向（测量）仪表，无静差（测量）仪表
automatic null balancing ~ 自动零位平衡仪器
automobile ~ 汽车仪表
azimuth ~ 立位仪，测角仪
balance ~ 天平仪器
binocular ~ 双筒（目视）仪器
biological electric ~ 人体生物电仪器
block ~ 闭塞器
bolometric ~ 测辐射热计
bore measuring ~ 孔径测量仪器
bow ~ 弹簧圆规
calibration ~ 校准用仪器〔仪表〕
calorimeter ~ 量热器
capacitance displacement measuring ~ 电容式位移测量仪
capacitance measuring wave ~ 电容式浪高仪
capacitive displacement measuring ~ 电容位移测量仪
capacitive rolling force measuring ~ 电容式轧制力测量仪
center(-)zero ~ （刻度盘）中心零位仪表
chart recording ~ 曲线记录仪，绘图记录仪
chill metal ~ 冷金属露点仪（电极式）
colo(u)r flying-spot ~ 彩色飞点扫描设备，彩色飞点析像器
combination-type gear inspection ~ 齿轮综合检查仪
computer digital display ~ 微机型数字显示仪表
computer flash alarm display ~ 微机型闪光报警显示仪
contour ~ 等高线笔，回转笔
controlling ~ 控制仪表
coordinate measuring ~ 坐标测量仪器
core ~ 堆芯仪表设备，活性区仪表设备
correlation-measuring ~ 相关测量仪
cross coil ~ 交叉线圈式仪表
cross pointer ~ 双针式测量仪表
current vortex displacement swing ~ 电涡流式位移振幅仪
curve drawing ~ 绘曲线仪，曲线板
curvilinear ordinates recording ~ 曲线坐标记录仪
data acquisition ~ 数据采集记录器
data logging ~ 数据采集记录器
dead beat ~ 不摆式仪表，（快）速（指）示仪表
deflectional ~ （指针）偏转式仪表
detecting ~ 检测仪器，探测仪器
dial ~ 指针式仪表，有刻度的仪表
differential measuring ~ 差动测量仪表
digital ~ 数字（式）仪表
digital display ~ 数字式显示仪表
digital display control ~ 数字显示控制仪
digital measuring ~ 数字测量仪表
digital programme display control ~ 数字程序显示控制仪
direct acting ~ 直接作用〔动作〕仪表
displacement measuring ~ 位移测量仪表
display ~ 显示仪表
diving ~ 潜水器
drafting ~ 制图仪器，绘图仪器
drawing ~ 制图仪器，绘图仪器
dynamic mechanical test ~ 动力机械测试仪器
dynamometer ~ 电力表，功率计
dynamometer-type ~ 电动式仪表
eddy-current testing ~ 涡流检测仪
edgewise ~ 边转仪器，边缘读数式仪器
electric conductivity ~ 电导率仪
electric optics ~ 电子光学仪器
electrical ~ 电工仪器仪表
electric(al) staff ~ 电气路签机
electric(al) tablet ~ 电气路牌机
electric(al) token ~ 电气凭证机
electroanalysis ~ 电解分析仪
electrochemistry analytical ~ 电化学分析仪器
electrodynamic(al) ~ ①电动系仪表②测力仪表，测力计型仪表
electromagnetic(al) ~ 电磁系仪表
electronic digital type stroboscopic ~ 电子数

字式频闪测速仪
electronic measuring ~ 电子测量仪器
electronic musical ~ 电子乐器
electronic optical ~ 电子光学仪器
electronic transit ~ 电子经纬仪
electro-phonic synthesis ~ 电声合成乐器
electrostatic ~ 静电系仪表，静电式测试仪器
emission spectrum ~ 发射光谱仪器
end ~ ①传感器，敏感元件②终端设备〔仪表，装置〕
environment monitoring ~ 环境监测仪器
exclusively electronic controlled ~ 专用型电控仪
expanded scale ~ 扩展标度尺仪表
explosion-proof ~ 防爆式仪器仪表
extension ~ 附加〔外接〕仪表
external measuring ~ 外径测量仪
fabric dye treating ~ 染整仪器
fabric electrostatic testing ~ 织物静电测试仪
face measuring ~ 表〔平〕面测量仪
fast-response ~ 灵敏仪器
Ferraris ~ 费拉里斯感应测试仪，感应式仪表
ferrodynamic ~ 铁磁电动系仪表
fibre ~ 纤维仪器
field ~ 现场仪表，携带式仪表，野外作业用具
fine measuring ~ 精密测量仪器，精密量具
first-order ~ 精密仪器
flame-proof ~ "d" 隔爆型仪表"d"
flash alarm display ~ 闪光报警显示仪表
flatness and straightness measuring ~ 平直度测量仪器
flow ~ 流量仪
fluorescence ~ 荧光仪表
flush-type ~ 嵌装式仪表，埋装式仪表，嵌入式仪器（装在凹处）
force measuring ~ 力测量仪表
ga(u)ge(d) ~ 校准（了的）仪表，标定（了的）仪表
geodetic ~ 大地测量仪器
geologic ~ 地质仪器
graphic(al) ~ 图示仪，自动记录仪
grinding wheel automatic balancing ~ 砂轮自动平衡仪
height-finding ~ 高度计
highly-damped ~ 高阻尼仪表，非周期仪表
hook-on ~ 钩接〔悬挂〕式仪表
hot-wire ~ 膨胀式仪表，热线式仪表
Human-response vibration measuring ~ 人体振动〔响应〕测量仪
humidity measuring ~ 湿度测量仪器（环境湿度测量）
illuminated-dial ~ 刻度盘照明的仪表
imitation indicating ~ 模拟式指示仪表
increased safety ~ "e" 增安型仪表"e"
indicating ~ 指示仪表
inductance displacement measuring ~ 电感式位移测量仪
induction-type ~ 感应式仪表
inductive displacement measuring ~ 电感式位移测量仪
inductosyn displacement measuring ~ 感应同步式位移测量仪
industrial ~ 工业自动化仪表（仪器仪表、计量标准器具及量具、衡器业自动化仪表）
industrical process measurement and control ~ 工业自动化仪表
inferred zero ~ 无零点仪器
infrared temperature remote sensing ~ 红外温度遥感仪
inspection ~ 检验（鉴定）仪器
insulation fault detecting ~ 绝缘损坏检示仪表
integrating ~ 积分仪表，积分器，累计仪器
intelligent ~ 智能仪器
internal measuring ~ 内径测量仪器
intrinsically safe ~ "i" 本质安全型仪表"i"
ionization type ~ 电离式仪表（核辐射仪表）
iron-vane ~ 铁片式仪表，动铁仪表
isotopic ~ 同位素仪表
kilovar ~ 千乏表，无功千伏安表，无功功率表
lab ~ 实验室仪器
laser alignment ~ 激光导向仪
laser diameter measuring ~ 激光测径仪
laser inside diameter measuring ~ 激光内径测量仪
laser orientation ~ 激光指向仪
laser outside diameter measuring ~ 激光外径测量仪
length measurement ~ 测长仪
length measuring ~ 长度计量仪器
lens-centering ~ 透镜中心仪
level measuring ~ 物位检测仪表
level((l)ing) ~ 水准仪
light ~ 轻便〔简易〕工具
light-section ~ 光截面仪

magnetic characteristic measuring ~ 磁特性测量仪器
magnetic field measurement ~ 磁场测量仪器
magnetic measuring ~ 磁测量仪器
magnetoelectricity vibration measuring ~ 磁电式振动测量仪
mains-operated ~ 交流电动仪表
marine ~ 船用仪器仪表
marine optical ~ 海洋光学仪器
master ~ 主控仪表，校准用仪表
measuring ~ 测量〔仪器〕仪表，测量器具，测试仪
measuring angle unit ~ 边角组合仪
mechanical quantity measuring ~ 机械量检测仪表
meridian (transit) ~ 子午仪
metrical ~ 计量仪器
micrometer ~ 光学经纬仪，微米经纬仪
microprocessor ~ 微处理器控制的仪器
mirror ~ 镜示仪表，转镜式仪表
monitoring ~ 控制仪器，监控仪器
mounting ~ 安装式电表
moving coil display ~ 动圈式显示仪表
moving magnet ~ 动磁式仪表
moving-coil ~ 动圈式仪表，磁电式仪表
moving-iron ~ 动铁式（电磁系）仪表，电磁式仪表
moving-scale ~ 动标度尺式仪表
moving(-)vane ~ 动叶式仪表，磁铁式仪表
multipurpose ~ 通用工具，万能工具
multipurpose and telemetering ~ 综合遥测仪器
multi-range (measuring) ~ 多量限〔测量〕仪表
multi-scale (measuring) ~ 多标度尺〔测量〕仪表
nautical ~ 航海仪，导航设备
navigation(al) ~ 导航仪表，航海仪器
neutron ~ 中子仪表
nondestructive inspection ~ 无损检测仪器
nuclear ~ 核仪器
nuclear radiation ~ 核辐射仪表
ocean ~ 海洋仪器
ocean temperature measuring ~ 海洋温度测量仪器
oceanographic ~ 海洋仪器
oil immersed ~ “O” 充油型仪表 “O”
optic fiber position measuring ~ 光纤式位置测量仪
optical ~ 光学仪器
optical gauging ~ 光学计量仪器
optical glass testing ~ 光学玻璃测试仪器
optical limb testing ~ 光学零部件测试仪
optical measuring ~ 测光仪器
optical metrological ~ 光学计量仪器
optical spectrum ~ 光谱仪器
optical system character testing ~ 光学系统特性测试仪
optical system parameter testing ~ 光学系统参数测试仪
optical system testing ~ 光学系统像质测试仪
optical testing ~ 光学测试仪器
OTF ~ 光学传递函数测定仪
panel-mounted ~ 盘装式仪表
panel-type ~ （配电）盘型仪表，（配电）屏型仪表
phase difference torque measuring ~ 相位差式转矩测量仪
photoelectric roll gap measuring ~ 光电式辊缝测量仪
photogrammetric ~ 摄影测量仪器
photographic recording ~ 摄影记录器
physical optics ~ 物理光学仪器
piezoelectricity vibration measuring ~ 压电式振动测量仪
plunger(-)type ~ 铁心吸引式测试仪表，插棒铁心式仪表
pocket ~ 袖珍仪表
pointer ~ 指针式仪表
polarizing ~ 偏振仪器
portable ~ 可携式仪表，便携式仪器仪表
portable multipurpose ~ 轻便综合观测仪
power measurement ~ 功率测量仪
precise ~ 精密仪器
precision micrometer inspection ~ 精密测微检定仪
preset (measuring) ~ 预调式（测量）仪器
pressure measuring ~ 压力仪表
pressurized ~ “p” 正压型仪表 “p”
primary ~ 一次〔初级〕测量仪表
professional ~ 工厂制（电子）仪器
profile testing ~ 轮廓仪（测量表面粗糙度用）
projected(-)scale ~ 投影标度尺仪表，投影刻度仪表
pulse jet electronic controlled ~ 脉冲喷吹电控仪

Pusey and Jones indentation ~ 赵氏硬度计
quick-setting ~ 快速安放仪表，快速整定仪表
radiation ~ 辐射仪，剂量仪
radio ~ 无线电测量仪器
rainfall measuring ~ 降水测量仪器
rain-proof ~ 防溅式仪器仪表
raster displacement measuring ~ 光栅式位移测量仪
reading ~ 指示（式）仪器
receiving ~ 接收器，受信机
record display ~ 记录型显示仪表
recording ~ 记录仪器
rectifier(-type) ~ 整流式仪表，有整流器仪表
reference ~ 标准仪器，校准用仪器
reflecting ~ 镜面仪表
registering ~ 记录仪器，自记器
remote sensing ~ 遥感仪器
remote(-)indicating ~ 遥测仪器，远距离指示仪器
resonance ~ 谐振式仪表
rolling-force measuring ~ 轧制力测量仪
roundness measuring ~ 圆度（测量）仪
scale measuring ~ 尺度检测仪表
scatter type ~ 散射式仪表(测物体厚度)
secondary ~ 次级仪表，二次仪表
sediment measuring ~ 泥沙测验仪器
self-contained ~ 不需辅助设备的仪表，独立〔整装，机内〕仪表
self-level(l)ing ~ 自动校平水准仪，自动校平仪器
self-registering ~ 自动记录仪器
sensing ~ 灵敏仪表，灵敏元件
set-up ~ 调定仪表，无零点（刻度不是从零开始）仪表
shadow column ~ 阴影指针式仪表
simple digital display ~ 简易型数字显示仪表
soft iron ~ 软铁心电磁测量仪表
solid scanning length measuring ~ 固体扫描式测长仪
sosin block ~ 双工闭塞机
space clock ~ 宇宙钟
spectroanalysis ~ 谱分析仪
spectrum measuring ~ 波谱测试仪器
static mass spectrometer ~ 静态质谱仪器，静态场质谱计
step-up ~ 无零点（刻度不是从零点开始）仪表
stereoscopic plotting ~ 立体测图仪
strain measuring ~ 应变测量仪器
strain-gauge torque measuring ~ 应变式转矩测量仪
streamer display ~ 光柱型显示仪表
string-shadow ~ 弦影指示仪表，弦线式仪表
strip-chart ~ 记录式仪表
stroboscopic ~ 频闪测速仪
substandard ~ 次标准仪表，副标准测试仪器（用国际计量标准校对过的具有高精度的实 验室仪器）
subtense ~ 弦线测角仪
suction-operated ~ 吸动仪表
summation ~ 总和器，加法器，总和仪表
supplementary ~ 辅助仪器，备用仪器
supporting ~ 辅助仪表
surface roughness measuring ~ 表面粗糙度测量仪
telemetering ~ 遥测仪器仪表
temperature measuring ~ 温度测量仪表
textile ~ 纺织仪器
thermal ~ 热系仪表，热电效应仪表，热电偶仪表
thermal analysis ~ 热分析仪器
thermionic ~ 热电子仪表
thermodynamic(al) ~ 热工仪表
thermoelectric ~ 热电式仪表
thermometric ~ 温度仪表
timekeeping ~ 计时仪器，测时仪器
torque measuring ~ 转矩检测仪表
totalizing ~ 总计仪器仪表，求积仪，积分仪
tracing ~ 描图仪器
transistor circuit flash alarm ~ 晶体管电路闪光报警显示仪
transit ~ 中星仪（测时仪器），经纬仪
triple tandem quadrupole ~ 三级串联四极质谱计
ultrasonic cleaning ~ 超声波清洗机
underwater sound ~ 水声仪器
unipivot ~ 单枢轴型仪表
universal ~ 通用测量仪表，万能仪，普用仪，全能经纬仪
vibrating torque measuring ~ 振弦式转矩测量仪
vibrating wire torque measuring ~ 振弦式转矩测量仪
vibrating-reed ~ 振簧系仪表（测频率）
vibration measuring ~ 振动测试仪器
vibration severity measuring ~ 振动烈度（测

量）仪
visual ~ 目视仪器
water quality monitoring ~ 水质监测仪器
wave ~ 波浪仪器
weather ~ 气象仪器
weather remote sensing ~ 气象遥感仪器
weight measuring ~ 重量检测仪表
yarn ~ 纱线仪器
zero ~ 零指示器，零位仪表
zero-center ~ 中心零位式仪表

instrumentality ①工具，手段，方法②媒介

instrumentation ①（量测）仪器〔表〕，工具，装置，测试〔测量〕设备②手段，方法③使用〔装备〕仪器，仪表化，仪表使用〔制作〕（法），器械操作，仪器制造学④实行〔现〕
automotive indicators and ~ 汽车信号装置与仪表
grenade ~ 发射装置（探空火箭的）
high level ~ 强放射性测量仪器，高功率测量仪器（反应堆）
high-speed photographic ~ 高速摄影机
microprocessor ~ 微处理机控制的检测仪表
process ~ 生产过程用检测仪
radiac ~ 放射性探测仪器
stick force ~ 驾驶杆测力装置
wind tunnel ~ 风洞测量设备

insubmersibility 抗沉性，不沉性

insuccation 浸渍（法），泡制

insufflation 吹进（空气或瓦斯等），吹入（法），吹入剂

insulance 绝缘电阻，介质电阻

insulant 绝缘体〔材料，物质，电阻〕
cellular ~ 泡沫保温材料，多孔绝热材料
gaseous ~ 气态绝缘剂
loose fill-type ~ 松散绝热材料

insulate ①绝缘，绝热，隔离〔绝，热，声〕，保温②包覆绝缘层

insulation ①绝缘，绝热，隔离〔热，声〕，保温②绝缘体，绝缘材料，隔层
~ in guy 拉线绝缘
A-class ~ A 级绝缘材料（耐温 105 ℃，如棉花，绢，纸等）
acoustic ~ 隔声
adiabatic ~ 绝热（隔层）
air ~ 空气绝缘（无尘干燥空气，可耐压 35 ~ 38 kV/cm）
air-spaced paper ~ 空气纸绝缘
air-spaced plastic ~ 空气塑料绝缘
anodized ~ 氧化膜绝缘
anticorrosion ~ 防蚀层
banding ~ 端箍〔绑带〕绝缘（端部绕组和绑带之间的绝缘）
bar ~ 线棒绝缘，排间绝缘
basic ~ 基本绝缘
B-class ~ B 级绝缘（如云母，石棉，玻璃丝等无机耐高温材料）
beaded ~ 串珠绝缘
belt ~ 带形绝缘，垫块绝缘（端部绕组层间），（绕组端部）层间绝缘，铠包绝缘（电缆的）
bore hole lead ~ （电机）轴心孔引线绝缘，穿心引出线绝缘
cambric ~ 黄蜡〔细麻〕布绝缘
C-class ~ C 级绝缘材料（如云母、石英、玻璃等）
cellular ~ 泡沫绝缘，蜂窝状绝缘
cellular plastic ~ 泡沫塑料绝缘
ceramic fiber ~ 陶瓷纤维绝热层
chain ~ 绝缘子串，链状绝缘子
commutator segment ~ 换向器片间绝缘
commutator V-ring ~ 换向器 V 形绝缘环
connection ~ 连接点绝缘（电机）
contact ~ (value) 闪光触点绝缘值
continuous ~ 连续绝缘，单质绝缘
core ~ 芯线绝缘（电缆的），铁心绝缘（电机的）
cryogenic ~ 低温绝热
damp proof(ing) ~ 防湿绝缘，防潮绝缘
dead air ~ 静止空气绝缘
defective ~ 绝缘不良
distance through ~ 绝缘穿通距离
double ~ 双重绝缘
earth ~ ①对地绝缘②主绝缘（电机的）
E-class ~ E 级绝缘（耐温 120 ℃）
electrode ~ 极间绝缘
electrodeposition ~ 电沉积绝缘
electrostatic winding ~ 绕组静电绝缘
enamel ~ 漆包绝缘
extrudable ~ 压挤绝缘，注射式绝缘
extruded ~ 挤包绝缘
faulty ~ 漏电绝缘，有故障〔缺陷〕绝缘
field-spool ~ 磁场线圈框架绝缘，（磁极）极身绝缘
film composite ~ 绝缘薄膜复合制品
flexible ~ 柔软绝缘
foam-thermal ~ 泡沫绝热材料
fully impregnated ~ 全浸渍绝缘

functional ~ 功能绝缘，内绝缘
ground(ing) ~ ①对地绝缘②主绝缘，槽绝缘（电机的）
H-class ~ H 级绝缘（耐温 180 ℃，如无机热稳定材料）
heat cured ~ 热固性绝缘
hot-face ~ 耐火绝缘
hub ~ 套筒绝缘
impact sound ~ 冲击声隔声（材料）
impregnated paper ~ 浸渍纸绝缘
indoor external ~ 户内外绝缘
intercoil ~ 线圈间绝缘，层间绝缘（电机的）
interlaminar ~ 层间绝缘，铁心叠片间绝缘，叠片漆（电机的）
interturn ~ 匝间绝缘
joint-sleeve ~ 接头套管绝缘
laminated ~ 分层〔多层，叠片〕绝缘
lamination ~ 叠（钢）片绝缘，冲片绝缘
lapped ~ 绕包绝缘
layer ~ 层间绝缘
major ~ 主绝缘
marine ~ 船用绝缘
mass-impregnated ~ 整体浸渍绝缘
mica ~ 云母绝缘
minor ~ 次绝缘，纵绝缘（电机匝间或层间的绝缘），局部绝缘
mo(u)ld(ed) ~ 模制（塑料）绝缘（材料），浇注绝缘
non-uniform ~ of a winding 绕组的分级绝缘
organic ~ 有机绝缘（材料）
outer ~ 外绝缘，外部〔保护〕绝缘
overhang ~ （电机线圈的）端部绝缘
phase ~ 相间绝缘
pole (cell) ~ 极身绝缘，磁极绝缘
poor ~ 不良绝缘
post cured ~ 二次固化绝缘
premium ~ 优质绝缘，高级绝缘
pressurized fluid ~ 密封绝缘油，（密封）加压绝缘液
protective ~ 保护绝缘，外绝缘
reflective ~ 反射保温材料，反射绝缘材料
refractory ~ 耐火材料绝缘
reinforced ~ 加强绝缘
rigid ~ 硬质绝缘
separator ~ 层间绝缘（槽内导线的）
silicone ~ 硅树脂绝缘
solid-cast ~ 浇铸固化绝缘
sound ~ 隔音〔声〕，声绝缘，隔声材料
strand ~ 单股绞线绝缘，单股导线绝缘
supplementary ~ 附加绝缘
tape(d) ~ 带（绕）绝缘
thermal ~ 隔热（层），保温层，热绝缘
thermal-blanket ~ 隔热层
tropical ~ （适用于）热带（的）绝缘，防潮绝缘
turn-to-turn ~ 匝间绝缘
turn(s) ~ 线匝绝缘，匝间绝缘
up-shaft ~ 轴孔引线绝缘
vacuum L-shield ~ 真空液氮屏绝热
vacuum multi-shield ~ 真空多屏绝热
varnished ~ 浸漆绝缘
vibration ~ 防振（材料）
winding overhang support ~ 绕组端部支架绝缘
wire ~ 导线绝缘

insulativity 绝缘性，绝缘度，体积电阻率，比绝缘电阻

insulator 绝缘子〔体，物，器，材料〕，隔热体，隔离物，隔振子，非导体，介质
~ with external fittings 外胶装绝缘子
~ with internal and external fittings 联合胶装绝缘子
~ with internal fittings 内胶装绝缘子
accumulator ~ 蓄电池绝缘子
anchor ~ 拉桩绝缘子
angle ~ 转角绝缘子
anti-pollution ~ 耐污绝缘子
base ~ 支座绝缘子，托脚绝缘子
battery bridle ~ 电池接线夹绝缘体
bell ~ 碗形〔单裙，铃形〕绝缘子
bench ~ 绝缘座
bracket ~ 卡口绝缘子，直（螺）脚绝缘子
bradfield leading-in ~ 天线引入线绝缘子
buckle ~ 茶台绝缘子
bushing ~ 绝缘管，套管绝缘子
cap-and-pin ~ 盘形悬式绝缘子，球形连接盘式绝缘子
cleat ~ 绝缘夹板，夹板绝缘子，瓷夹
cross-arm ~ 横担绝缘子
crossing ~ 跨越绝缘子
cross(-)over ~ 横跨用绝缘子
dead-end ~ 耐张绝缘子，耐拉绝缘子
distributing ~ 配线绝缘子
double petticoat porcelain ~ ①双裙瓷绝缘子②双重隔电子
double-shed ~ 双裙绝缘体

edge ~ 绝缘卡
egg ~ 蛋形〔拉线〕绝缘子
engine support ~ 发动机支架软座
faulty ~ 漏电〔不合格〕绝缘子
feeder ~ 馈电线绝缘子
fog-type ~ 耐雾绝缘子
fuse block ~ 熔丝瓷块绝缘体
glass ~ 玻璃绝缘子
globe strain ~ 球形耐拉绝缘子
grooved shed ~ 茶托绝缘子
guy ~ （天线）拉线绝缘子
heat ~ 热绝缘子，保温材料，绝热材料
high-tension porcelain ~ 高压绝缘子
globe ~ 球形绝缘子
knob ~ 鼓形绝缘子
lateral ~ 极侧绝缘子
lead-in ~ 引入绝缘子，穿墙绝缘子
line ~ 线路绝缘子
line-post ~ 装脚型绝缘了，线路柱形绝缘子
link ~ 拉杆〔串式〕绝缘子
long stem ~ 长形绝缘子
long suspension ~ 长悬式绝缘子
metallic ~ 金属绝缘子，四分之一波管回线
mica mo(u)lded ~ 粉云母模压绝缘物
motor type ~ 防震绝缘子，马达形绝缘子
multipetticoat ~ 多裙式绝缘子
mushroom ~ 宽裙式绝缘子，蘑菇式绝缘子
noise ~ 隔声罩（风机）
oil ~ 充油绝缘套管，油类绝缘体，绝缘油
partition ~ 绝缘导管〔套管，隔板，垫〕
pedestal post ~ 针式支柱绝缘子
petticoat ~ 裙式绝缘子
pin ~ 针式〔装脚〕绝缘子
porcelain ~ （瓷）绝缘子，
porcelain through ~ 瓷套管
post ~ 支柱绝缘子，装脚绝缘子
pot ~ 罐形绝缘子
pothead ~ 套管绝缘子
power ~ 电流绝缘体
rack ~ 架式绝缘子
rain-shield ~ 防雨绝缘子
refractory thermal ~ 耐火绝缘体
salt-resistive ~ 耐盐绝缘子
shackle ~ 茶台〔锁扣，穿心〕绝缘子
shock ~ 隔垫，橡皮块（防碰用）
sound ~ 隔声材料，隔声器
spool ~ 线轴式〔圆柱形，直脚形〕绝缘子
stand-off ~ 支座绝缘子，托脚绝缘子
stator screw ~ 定子螺纹绝缘片，起动器绝缘螺纹
stone ~ 石式粗陶低压绝缘子
strain ~ 耐张绝缘子
stretching ~ 耐拉绝缘子
suspension ~ 悬式绝缘子
swan neck ~ 弯脚绝缘子
swan neck pin porcelain ~ 弯脚绝缘子
tensioning ~ 耐拉绝缘子
thoroughfare ~ 穿墙绝缘管，穿越绝缘子
tie(-)down ~ 悬垂形绝缘子
transposition ~ （导线）换位绝缘子，交叉绝缘子
triple-shed ~ 三檐绝缘子
umbrella ~ 伞形绝缘子
wall ~ 穿墙绝缘子
window ~ 穿心绝缘子，引入绝缘子

insulband 绝缘绑（扎）带

insulcrete 绝缘（混凝土）板

insullac 绝缘漆〔涂料〕

insurance ①保险，保证②保险费，保险单③安全保障，安全措施
accident ~ 事故保险
machinery ~ 机器设备险

insure ①保险②保证

insusceptible 不灵敏的，不受…影响的，不接受…的

inswept ①流线型的，前端窄的，窄式的②流〔扫〕过

insymbol 内部符号

intact 无损伤的，未触动的，原封未动的，完整的

intaglio 凹雕，凹版印刷

intake ①吸〔引，输，收〕入，进〔吸〕气〔水〕，进给②进〔入〕口，通风孔，输入端③吸入量〔物〕，输入能量，引入〔进风〕量④进气装置〔巷道，道〕
admission ~ 进口
air ~ 入风（巷道），进气（管，口）
double-shock ~ 双激波进气口
helical duct ~ 螺旋进气道进气
low-pressure ~ 低压进水设备，敞开式进水口
masked inlet valve ~ 导流屏进气
nose air ~ 前进气口
ram ~ 冲压〔迎风〕进气口，全压接收管，全压受感器
tangential duct ~ 切向进气道进气
triple-shock ~ 三激波进气口，三激波进气

扩散段
vacuum ~　真空〔负压〕吸料
intandem　（轧钢机）串联〔列〕
intarometer　盲孔千分尺
intarsia　〈法〉（木）镶嵌
integer　①整数②总体,整体,整型（ALGOL 用）
individual ~　单个整数
normalized float-point ~　规格化浮点整数
prime ~　素数
rational ~　有理整数
rest exponent ~　余留指整数
single precision ~　单精度整数
integrable　可积（分）的
integral　①总体，整体，整数②积分③计算机中由整数表示数量的固定小数点制④集成⑤整数的，完整的，完全的，综合的，主要的，必备的⑥积分的，累积的⑦全悬挂的
contour ~　围线积分
convolution ~　卷积积分
curvilinear ~　线积分
definite ~　定积分
double ~　（二）重积分
Duhamel's ~　杜哈梅积分
elementary ~　初等积分
elliptic ~　椭圆积分
faltung ~　褶合积分
first ~　初积分
fractional ~　非整数次的积分
general ~　通积分，通解
improper ~　广义〔异常，奇异，非正常〕积分
indefinite ~　不定积分
iterated ~　累积分，叠积分
line ~　线积分
multiple ~　重积分
n-tuple ~　*n* 重积分
operating Joule ~　熔断焦耳积分
operational ~　运算积分
pre-arcing Joule ~　弧前焦耳积分
proper ~　常义积分，正常积分
pseudo-hyperelliptic ~　伪超椭圆积分，准超椭圆积分
rationalizable ~　可有理化的积分
regular ~　正则积分
repeat(ed) ~　叠积分，累积分
signless ~　正整数，无符号整数
singular ~　奇（异）解，奇（异）积分
special ~　特殊积分，特殊解
surface ~　面积分
volume ~　体积积分，容积积分
weighed ~　估量积分
integralization　整化
integrand　被积函数，被积式
integrant　成分，组成部分，要素
integraph　积分（描图，曲线）仪，积分器
integrate　①积分②结〔综，总〕合，集成，整化，汇集③累积，累计
~ communication adapter extended　综合通信可扩转接器
~ communication control processor　综合通信控制处理机
~ communication controller　综合通信控制器
~ gasification combined cycle　整体煤气化燃气蒸汽联合循环（洁净煤发电技术）
electromechanical ~　机 - 电一体化
epi-planar ~　表面集成
integration　①积分（法），求积②集成（化），整〔一〕体化，综〔结，集〕合，积算，累计
~ by decomposition　分解求积（分）法
~ by partial fraction　部分分数积分法
~ by parts　分部积分法
~ by reduction　归约积分法，渐化法
~ by substitution　代换积分法
~ by successive reductions　递推积分法
~ of instruments　仪器综合利用
computer telephony ~　计算机电话集成
design/manufacturing ~　设计 / 制造集成
digital ~　数字积分
dual-slope ~　对偶斜率积分
formal ~　形式积分法
grand-scale ~　超大规模集成（电路）
imformation ~　信息集成
intermittent ~　间歇累计，断续累计，间歇积分
knowledge ~　知识集成
large-scale ~　大规模集成（电路）
mechanical ~　仪器积分法，机械积分法
medium-scale ~　中规模集成（电路）
numerical ~　数值积分，数字积分
optical ~　光学集成
optimum-scale ~　最佳规模集成
partial ~　偏积分
point-by-point ~　逐点积分，近似积分
post-detection ~　检波后积分，检定后积分
predetection ~　检波前积分
right scale ~　适当规模集成（电路）

skew ~ 偏积分，非对称积分
small-scale ~ 小规模集成（电路）
step-by-step ~ 逐步积分
super-large-scale ~ 超大规模集成（电路）
system ~ 系统综合
tapered ~ 递变集〔结〕合
ultra large scale ~ 超大规模集成
universal description, discovery and ~ 统一描述、发现和集成（人工智能识别技术）
very-large-scale ~ 超大规模集成（电路）
view ~ 意图综合
virtual ~ 虚拟集成
web ~ 互联网整合（构成云计算的技术方法）

integrator ①积分器〔仪，机〕，电路，装置，元件②求积〔积累〕器③积分描图仪
analog(ue) ~ 模拟积分仪
automatic ~ 自动积分程序；自动积分仪
ball-and-disk ~ 球盘摩擦式求积仪
bootstrap ~ 有仿真线路的积分器，自举电路积分器
boxcar ~ 矩形波串积分器（一种脉冲信号处理器）
electromechanical ~ 电动机械积分仪
error ~ 误差积分器
flyball ~ 陀螺积分器
friction wheel ~ 摩擦轮积分器
gyro(scopic) ~ 回转积分器，陀螺积分器
hard limited ~ 硬限量积分器
incremental ~ 增量型积分器
inverse ~ 反演积分器，逆积分器
parallel-feedback ~ 并联反馈积分器
pip ~ 脉冲〔脉尖〕积分器
product ~ 乘积积分器
regenerative feedback ~ 正反馈积分器
roll ~ 倾斜角积分器
storage ~ 存储积分器，记忆积分器
summing ~ 加法积分器，总和积分器
system ~ 系统集成商
valve ~ 电子管积分机
wheel-and-disc ~ 摩擦轮式积分器

integrator-amplifier 积分放大器

integrity 完全〔整〕性，完整〔全，善〕
data ~ 数据完整性
fire ~ 耐火完整性
service ~ 服务完整性

integro-differential 积分微分的

integrometer ①矩求积仪②惯性矩面积仪

integronics 综合电子设备

intellectronics 人工智能电子学

intelligence ①智能〔力〕，理解力，知识②（导引，瞄准）信号，信息，指令③消息，报道，情报（机构）
~ computer aided design 智能计算机辅助设计
~ computer aided process design 智能计算机辅助工艺规程设计
acoustic ~ 声音（音响）情报，声学智能
artificial ~ 人工智能，智能模拟，仿真信息
centralized ~ 集中智能
cloud ~ 云（计算）智能
communications ~ 电信侦察
computational ~ 计算智能
current ~ 动态情报
dispersed ~ 分散式智能
distributed ~ 分散〔布〕式智能
distributed artificial ~ 分布式人工智能
electronic ~ 电子情报，电子侦察
hierarchic ~ 分级智能
hierarchical ~ 分级智能
machine ~ 机器智能
microprocessor ~ 微处理器智能
network ~ 网络智能
radio ~ 无线电侦察
robotic artificial ~ 机器人人工智能
silicon ~ 硅智能，人工智能

intelligencer 情报员

intelligent 智能
variable valve timing ~ （发动机）智能型可变气门正时

intelligibility 可理解性，明了（度），清晰度，可懂度
percent ~ 可懂率

intelligible 可理解的，易懂的，清晰的

intellimirror 智能镜像

intellisense 智能感知

Intelsat 国际通信卫星（组织）

intendance 监督，管理，行政管理部门

intensicon 增强光电导摄像管，增强硅靶视像管

intensification 增强，强化，加剧〔深〕，加厚（照相底片的），放大
copper ~ 铜盐加厚法
image ~ 图像强化，图像增强
sweep ~ 扫描（亮度）增强

intensifier 扩〔放〕大器，增强器〔剂〕，倍加〔增〕器，增压器，增辉器〔电路〕，强化因子，（底片）增厚剂，照明装置

air-over-hydraulic ~ 气（力）液（力）增力器
cascade image ~ 级联式像增强器
channel image ~ 通道式像增强器
electrostatic zoom image ~ 静电变倍像增强器
image ~ 图像增强器〔管〕，图像亮化器
magnetic ~ 磁（图像）放大器〔增强器〕
oil-to-oil ~ 全液压增压器
photocathode phosphor image ~ 光电阴极-磷光体像增强器
proximity focus(s)ed diode image ~ 邻近聚焦二极管图像增强器
reflection secondary emission image ~ 反射式二次电子发射像增强器
regenerative image ~ 再生式像增强器
resonance ~ 谐振增强器
single-ram ~ 单柱塞增压器
single-shot ~ 单作用增压器
sound ~ 增音器，声音放大器
spark ~ 火花增强器，双间隙火花塞
sweep ~ 扫描（亮度）增强器
triple ~ 三活塞增压器
wafer channeltron image ~ 薄片通道像增强器

intensify 加〔增〕强，强化，加剧，（底片）加厚

intensimeter ①X射线强度计②声强计

intension ①加强，强度②内涵

intensitometer X射线强度〔曝光〕计

intensity ①强（度），密〔集〕度，应力，光亮度，发光强度，（底片）明暗度②强烈，激烈
~ of breaking 拉（伸）应力，断裂应力
~ of hearth 炉底强度
~ of sieve-mesh 筛网张紧度，首面筛
accelerator ~ 加速器（的）束流强度
acoustic ~ 声强（度）
blast ~ 送风强度
calorific ~ （发）热强度
cavitation ~ 空泡强度
colo(u)r ~ 彩色信号强度，彩色亮度
combustion ~ 燃烧强度，炉膛热强度
disruptive field ~ 击穿电场强度
electric ~ 电场强度
electromotive ~ 电场强度
equifield ~ 等场强
field ~ 电〔磁〕场强度，电波强度〔场强〕
force ~ 力场强度
fringe ~ 条纹强度，干涉带亮度
illumination ~ 照明强度，照度
image ~ 图像亮度，（图）像强度
index ~ 标记亮度
(instantaneous) failure ~ （瞬时）失效强度
integrated light ~ 积分发光强度，集束发光强度
knock ~ 爆燃强度
legal required field ~ 规定场强，指定场强
light ~ 发光强度，光亮度，照度
limiting ~ 极限强度
luminous ~ （发）光强（度）
magnetic ~ 磁（场）强（度），磁化强度
magnetic flux ~ 磁通强〔密〕度
mean hemispherical ~ 平均半球面光亮度
mean spherical ~ 平均球面光亮度
melting ~ 熔化强度
mixing ~ 混合强度，混合效率
omnidirectional ~ 总强度
peak corona ~ 峰值电晕强度
pressure ~ 压强
pumping ~ 抽运强度
quenching ~ 淬火冷却烈度
radio field ~ 射频场强度，射电场强度，无线电场强
rain-echo ~ 雨滴反射信号强度
restraint ~ 拘束度
scalar (field) ~ 标量（场）强度
screen ~ 荧光屏亮度
sound ~ 声强（度）
source ~ 点源强度
specific combustion ~ ①燃烧室热容②燃烧负荷率
spot ~ 光点强度
threshold ~ 临阈〔界〕强度
vertical ~ 垂直磁强
visual ~ 可见（发光）强度
wear ~ 磨损度

intensive ①加强的，强的，强化的，密集的，充分的，内涵的②加强器〔剂〕

intent 企图，意向，目的，含义

interact 相互作用〔影响，感应，制约，配合，联系〕，反应

interactant 相互作用物，反应物（化学）

interaction ①相互作用〔影响，制约，配合〕，交相感应②人机对话③干扰，干涉
aeroelastic ~ 气动力弹性干扰
configuration ~ 组态相互作用

digital video ~ 数字视频交互
dipole-dipole ~ 偶极间相互作用
exchange ~ 交换作用
final-state ~ 终态相互作用
guest-host ~ 宾主作用
human-computer ~ 人机交互，人机互动
hyperfine ~ 超精细作用
jet-shock ~ 射流 - 激波干扰
long-range ~ 远程互作用
long-range Coulomb ~ 远程库仑效应
man-computer ~ 人 - 机联系
man-machine ~ 人机交互，人 - 机对话（机器人智能）
module ~ 模块交互作用
non-local ~ 非定域相互作用
operator ~ 操作员（与计算机的）交互作用
parametric ~ 参变量作用
phase ~ 相间作用
program(me) ~ 程序牵制，程序相互作用
reflection ~ 反射波相互作用
repulsive ~ 互相推斥作用，互斥力
shock ~ 激波相交
simple ~ 二因子交互影响
singlet ~ 单谱线作用
interactive 交互（作用）的，人 - 机对话的
compact disk ~ 交互光盘
digital video ~ 数字视频交互作用
human-machine ~ 人机交互
interactivity 互操作性
interannealing 中间退火
interassembler 交互汇编程序
interassimilation 粒间同化（作用）
interation 迭代
interband 带间的
interbedded 夹层的，层间的，镶嵌的，混合的
interblock ①信息记录组〔区〕②字组间隔，字区
interburner 中间补燃加力燃烧室
interbus 联络〔旁路〕母线
intercalary ①添加的，插入的，夹层的②闰的
intercalate 添入，插入，归档（指目录卡或文献资料卡放归原处）
intercalation ①隔行扫描②夹层③添〔插〕入，添加
intercalibration 相互校准，定标
intercardinal （方位）基点间的
intercarrier 内载波，载波差拍，互载
sound ~ 伴音载波差拍
video ~ 电视载波差拍，视频内载波
intercast 互动电视（集电视、电脑和 Internet 于一体）
intercell 注液电池
intercept ①截取〔断，击〕，遮断，阻止②相交，交叉，贯穿③窃〔侦，监〕听④截段〔距〕⑤遮光
radio ~ 无线电侦听
intercepting 截听技术，截取技术
interception ①截取〔获，住，击〕，遮〔切〕断，阻断〔隔，止〕，中止，拦截②相交，交叉跨越③窃听，雷达侦察④遮光（作用）
accurate ~ 精确交叉截获
ash ~ 除灰
radio ~ 无线电截听
interceptor ①拦截器，阻止器，遮断物，扰流板，中间收集器②截击机，拦截机，歼击机（雷达站），拦截导弹③截听器，窃听器④烟气进口与联箱间的水封⑤隔断
grease ~ 除油器
oil ~ 油收集器
interchange ①互〔交〕换（位置），交替，换接〔置，极〕，转换，反演②交换机③（道路）互通式立体交叉，道路主体枢纽
electronic data ~ 电子数据交换
fluid ~ （载热剂）流动换热，载热
heat ~ 热交换，热互换
ionic ~ 离子交换
multiple-structure ~ 复式交叉
power ~ 功率互换，能量交换
radiant ~ 辐射换热，辐射热交换
scheduled net ~ 规定交换量，计划交换量〔功率〕
terminal ~ 终端交换（器）
time slot ~ 时隙互换
interchangeability 可换性，可交换性，替代
interchanger 交换器〔机〕，热交换器
air ~ 换气器
heat ~ 热交换器
interchannel 信道间的，通道间的
intercolumniation 分柱法，柱〔塔〕间距离定比
intercom （=intercommunication）内部通信（装置），对讲电话装置，对讲机，互相来往，互通
wireless ~ 无线对讲机
intercombination 相互组合

intercommunication 对讲，双向通信
intercompilation （程序）编译间
intercondenser ①中间电容器②中间冷凝器
Interconnectability 可相互联结性
interconnect(ing) （相）互联（接），内联，横联接，（网络）互联
peripheral component ~ 外围器件互联（PCI 总线）
interconnection ①互联，内联，相互联接，联锁，中间接入②联络线
~ of network 电力网联络线
~ (of power systems) （电力系统的）互联
baseband ~ 基 (本频) 带互联
emergency ~ 紧急联络
local area network ~ 局域网互联
multilayer ~ 多层布线，多层连线
on-chip ~ 片上互联
open systems ~ 开放系统互联
optical ~ 光互联
shuffle ~ 正移互联
interconnector 联络线路，内部连接线
flame tube ~ 联焰管
interconversion 变〔互〕换，相互转换，互相换算，互变（现象）
interconvertible 可互（相转）换的
intercooler 中间冷却器〔剂〕
surface-type ~ 表面式中间冷却器
intercooling 增压中冷，中间冷却
intercoordination 相互耦合〔协调,关联,联系〕
intercorrelation 组间相关，组间关联
intercostal ①加强肋②肋间的
intercoupling 寄生〔相互〕耦合
intercross （相互）交叉
intercrystalline ①内结晶②晶（粒）间的，沿晶界的，结晶内的
intercyclus 控制周期
intercyele 循环间隔〔区间〕，步区，内周期，中间循环〔周期〕
interdendritic 枝晶间的
interdependence =interdependency
interdependency （内部）相关〔依〕性，相互依赖〔依存，关联，耦合〕
interdiction 禁止，制止，闭锁，阻断
interdiffuse 互相扩散〔弥漫〕，漫射
interdiffusion 相互扩散
interdigital （交）叉指形的，指状组合型的（晶体管构造）
interdisciplinary （各）学科间的，边缘〔综合，跨多种〕学科的
interelectrode 电极间（的）
interelement 元件〔元素，单元〕间的
interest ①兴趣②利息③利益，权益
interface ①（交，分，共，内）界面，离合〔接触〕面，面线，边界，结区，P-N 结②接口程序或设备的，连接电路（存储器电路用），联系装置（人 - 机通信用），相互关系〔作用〕，连接体③对接，接合，接口
audio cassette record ~ 声频盒式磁带录音接口
basic ~ 基本接口
braze ~ 硬钎焊面
buffered asynchronous communication ~ 有缓冲的异步通信接口
bus ~ 总线接口
bus-to-peripheral ~ 总线到外围设备接口
cartridge ~ 盒式接口
charge-liner ~ 炉料与炉衬的界面
coherent ~ 共格界面
common gateway ~ 通用网关接口
common ISDN application ~ 通用 ISDN 应用界面
compiler ~ 编译程序接口
compressed data ~ 压缩数据接口
computer ~ 计算机接口
connector ~ 连接器界面
crystal-vapo(u)r ~ 晶体 - 蒸气界面
data exchange ~ 数据交换接口 (界面)
data transmission ~ 数据传输接口
database ~ 数据库接口 (程序)
diffused ~ 漫散界面
digital audio ~ 数字音频接口
downstream ~ 转发端口
dynamic invocation ~ 动态激活接口
electronic ~ card 电子仪表板
electro-voice ~ 电声界面
extensible host controller ~ 扩展主控制器界面
facet(t)ed ~ 小面化分界面
gas chromatograph-mass spectrometer ~ 气相色谱 - 质谱仪接口
graphical user ~ 图形用户接口
human computer ~ 人工计算机接口
intelligent ~ 智能接口
intelligent communication ~ 智能通信接口
intelligent man machine ~ 智能人机接口
intelligent peripheral ~ 智能外围接口

intelligent printer ~ 智能打印机接口
intelligent user ~ 智能用户接口
interphase ~ 相间分界面
junction ~ 连接界面
light ~ 光界面
man-machine ~ 人 - 机联系〔对话，接口〕
mechanical ~ 机械接口，机械连接部（关节机构的末端）
media ~ 媒体接口
memory package ~ 存储部件连接
moving band ~ 传送带接口
Net BIOS extended user ~ Net BIOS 扩展用户接口
peripheral ~ 外围设备接口
physical ~ 物理接口，物理界面
planar ~ 平（面状）界面
private network-network ~ 专用网（络）到网（络）接口
product-dependent ~ 产品相关接口
program transfer ~ 程序传送接口
reaction ~ 反应界面
rotational head/tape ~ 转动头 / 带界面
serial ~ 串联〔行〕接口
social ~ 社会化界面
standard I/O ~ 标准输入输出接口
step-like ~ 阶梯（状）界面
subscriber distribution ~ 用户分配接口
telephone application ~ 电话应用接口
thermospray ~ 喷雾接口
uniform ~ 一致接口
user ~ 用户接口，用户界面
user communication ~ 用户通信接口
user network ~ 用户网络接口
vapo(u)r substrate ~ 蒸汽衬底间界面
Watson-Biemann ~ 瓦特森 - 比曼接口（气相色谱仪和质谱仪联用接口的一种形式）
weld ~ 熔合线，焊接界面

interfacial 两表面〔离合面〕间的，面际的，(分)界面的，边界的

interfacing 分界面，连接

interfere ①干扰〔涉，预〕，妨碍②抵触，冲突③过盈

interference ①干扰〔涉，预〕，妨碍，串扰，相互影响，噪声②过盈（量）
~ of equal inclination 等倾（角）干涉
~ of equal thickness 等厚（度）干扰
AC ~ 交流干扰
adjacent-channel ~ 相邻波〔信〕道干扰
alternate-channel ~ 相隔信道干扰
atmospheric ~ 天电干扰，大气干扰
back door ~ 后门干扰（与电力线同方向进入天线电路之干扰噪声）
beat ~ 拍频〔相拍，交调〕干扰
black spot ~ 黑点失真，黑点干扰（电视）
brush ~ 电刷干扰
cochannel ~ 同波道干扰
commonchannel ~ 同路干扰，同波道干扰
common-mode ~ 共模干扰
conducted ~ 电源线来的〔传导来的，馈电线感应〕干扰
constructive ~ 相长干扰，相长（性）干涉，（全息）结构干涉
cutter ~ 切齿〔刀具〕干涉
destructive ~ 相消干扰，相消（性）干涉，破坏性干扰
diathermy ~ 电热干扰
differential mode ~ 微分态干扰，异态〔差模〕干扰
distructive ~ 相消干扰
electrical ~ 电源干扰
favo(u)rable ~ 有效干扰
fillet ~ 过渡曲线干涉
fine-line ~ 网纹干扰
flank ~ 齿面干涉
heterodyne ~ 外差干扰
image frequency ~ 镜频干扰，像频干扰
image ~ 图像〔镜像，电视，影频〕干扰，虚源干涉
infeed ~ 切入顶切
inter-carrier ~ (通信) 内载波干扰
intersymbol ~ 码间干扰，符号间干扰
involute ~ 渐开线顶切，展成顶切
man-made ~ 人为〔工业〕干扰
meshing ~ 啮合干涉
minimum ~ 最小过盈，最小干涉
mode ~ 振荡模干扰
monkey-chatter ~ 邻信道边带干扰
motorcar ~ 汽车（发动机）干扰
near-by ~ 近区干扰
near-end ~ 近端干扰
optical ~ 光（波）干涉
over-reach ~ 越站干扰
precipitation static ~ 雨滴静电干扰
probe ~ 测针的干扰
Profile overlap ~ 齿廓重叠干涉
radio ~ 无线电干扰，射电干扰

ringing ~ 振铃干扰
second channel ~ 图像〔镜像，副通道〕干扰
secondary ~ 副干扰
selective ~ 窄带干扰，选择性干扰
set ~ 机内干扰，本身干扰
snow ~ 雪花干扰
static ~ 静电干扰，位阻影响
superconducting quantum ~ 超导量子干涉
temporal ~ 时间干涉
tertiary ~ 第三线干扰
transmitting ~ 传输干扰
Venetian blind ~ 条状波形〔百叶窗形〕干扰，（电视）同波道干扰，爬行（干扰）
wall ~ 缸壁干涉
whistle ~ 啸声干扰

interference-free 抗干扰的，无干扰的
interference-proof 抗干扰（的），防干扰（的）
interference-suppress 干扰抑制
interferent 干扰物
interferogram 干涉图（照片）
interferometer 干涉仪，干扰计
bore ~ 孔径干涉仪
carbon dioxide ~ 光波干涉式二氧化碳分析器
correlation ~ 相关干涉仪
equal inclination ~ 等倾干涉仪
equal thickness ~ 等厚干涉仪
Fabry-Perot ~ 法布里 - 珀罗干涉仪
flat ~ 平面干涉仪
ga(u)ge ~ 量块干涉仪
ga(u)ge measuring ~ 干涉比长仪
large aperture ~ 大孔径干涉仪
laser ~ 激光干涉仪
laser flat ~ 激光平面干涉仪
laser spherical ~ 激光球面干涉仪
long path ~ 长光程干涉仪
Mach-Zehnder ~ 马赫 - 泽德干涉仪
maser ~ 脉塞干涉仪
Michelson ~ 迈克尔逊干涉仪
microscope objective ~ 显微镜物镜干涉仪
mode-discriminating ~ 模式 - 鉴别干涉仪
plane ~ 平面干涉仪
polarization ~ 极化作用干涉仪，偏振干涉仪
prism and lens ~ 棱镜透镜干涉仪
projection ~ 映〔投〕射干涉仪
radial shearing ~ 径向切变干涉仪
schlieren ~ 纹影干涉仪
shearing ~ 错位干涉仪，切变干涉仪
speckle ~ 斑纹干涉仪
sphere ~ 球面干涉仪
sphericity ~ 球面干涉仪
zone-plate ~ 波带片干涉仪

interferometer-plate 干涉仪片
interferometry 干涉量度学，干涉测量法
continuous exposure (time-average) holographic ~ 连续曝光（时间平均）全息干涉法
differential ~ 差分干涉测量法
double exposure holographic ~ 双次曝光全息干涉法
electric speckle pattern ~ 电斑图干涉测量法
holographic ~ 全息干涉测量术，全息干涉法
laser ~ 激光干涉测量
multipass ~ 光倍增干涉法
multiple-beam ~ 多光束干涉法
optical holographic ~ 光学全息干涉测量技术
two-beam ~ 双光束干涉测量学

interferoscope 干涉镜，干扰显示器
interfinger ①楔形〔指状〕夹层②相互贯穿
inter-fingering 相互贯穿
interfix ①中间定位（软件），相关，相互确定②组配(把字母与数定配在一起,如 A1,B2 等)
interflectance 空间利用系数（照明的）
interflex 电子管和晶体检波器的组合
inter-reflection 相互反射，复反射
interflow ①过渡〔换向时阀口间的〕流量②混流，合流，互相渗透
interframe 帧间，邻帧
interfuse 使渗〔混,灌〕入,(使）混〔融〕合，使渗透，使弥漫，使充满
intergrade ①中间形式，中间级（配）②渐次变迁〔混合〕
intergrant 构成部分，成分
intergranular 晶（粒，格）间（的),（颗）粒间的，晶界的
intergranule 晶（粒，格）之间，颗粒间，晶界
intergrind 相互研磨
intergrowth 相互生长，共生，连生体
intimate ~ 密集共生

interionic 离子间的
interior ①内部〔心〕(的)，本质的②国〔室〕内的
non-pressurized ~ 透气舱，非密封舱

interjoist 跨距，跨度
interlace ①交错〔织，替〕②隔行扫描，隔行析像，间隔③交错存储〔操作〕(电子计算机）④夹层

cancellation ~ 取消交织（法）
character ~ 字符交错（帧发送二进位组数据的实时电视多路传输中的技术）
dot ~ 跳〔隔〕点扫描，点交错
even-line ~ 偶（数）行（间）扫描
frequency ~ 频率交错
horizontal ~ 隔行扫描
line ~ 隔行扫描
line and dot ~ 行点交织
progressive ~ 逐行交错
quadrupled scanning ~ 四场扫描法，隔三行扫描法
quadruple-staggered ~ 四重隔行扫描
sequential ~ 顺序隔行扫描
triple ~ 三间行扫描，隔二行扫描

interlacing 隔行，间行，隔行扫描，交错操作〔存储〕，交叉编织
fourfold ~ 隔三行扫描，四重隔行扫描
odd-line ~ 奇行扫描，奇数隔行
picture-dot ~ 隔点扫描，像点交错
pulse ~ 脉冲交错
subtractive-type ~ 相减式隔行扫描

interlamination 层间

interlanguage 相互语言，中间语言

interlap 内搭接，内覆盖

interlayer 中间层，夹〔隔，界，间〕层，层间的
cathode ~ 阴极介层，阴极中间层（在阴极基金属与阴极涂层界面上形成）
ceramic nanoparticles ~ 陶瓷纳米颗粒中间层

interleaf 插入（空白）纸，中间层，夹层

interleave ①交错〔织，叉〕，插入（空白）纸，插页②交叉存取③隔行，隔行扫描④分界⑤分解〔析〕⑥（pl.）（钢板弹簧）片间的减摩垫片

interleaver 交错器
synchronous ~ 同步交错器

interleaving ①隔行，隔行扫描②交错，交织③频谱交错④插页
~ of subscripts 下标插入（软件）
carrier ~ 载波交错，载波间置
frequency ~ 频率交错法，频率嵌入法
functional ~ 交错操作，操作交错（进行）
memory ~ 存储器交叉存取
multiprocessor ~ 多处理器交叉（存取）
odd-even ~ 奇偶交叉（存取）

interline ①各（铁路）线之间的连线，（两条线中间的）虚线②夹〔嵌〕入，在行间插入，隔行书写

inter-liner （为防止钢板弹簧间的磨损和噪声的）橡胶衬垫

interlingua 中间语言，国际语

interlink 结合，互连，链接，连环〔锁〕，连接

interlinkage 互联，连〔联，链〕接，交链

interlock ①联锁，闭锁，连接，互联，联动，同步结合，闭塞②联锁装置，联锁器〔法〕，安全开关③交替工作，相互关系
alcohol safety ~ system 防止酒后驾驶联锁安全系统
autobrake ~ 自动制动联锁系统
brake/transmission shift ~ 制动变速器换档互锁装置（车辆防盗装置）
fail safe safety ~ 失效保护安全联锁
gate ~ 门联锁，运输联锁系统
normally closed ~ 常闭触头，常闭联锁装置
normally open ~ 常开触头，常开联锁装置
off-position ~ 断路位置联锁
protective ~ 保安联锁装置，防护性联锁
reciprocal ~ 互相联锁，可逆联锁

interlocker 联锁器〔装置〕
electric table ~ 台式电联锁器
reverse ~ 换向互锁器
table ~ 桌上联锁装置

interlocking ①联锁，闭塞，联锁〔闭塞〕装置②可联动的
all relay coded ~ 全部继电电码式联锁
normal ~ 定位联锁，正常联锁
relay ~ 继电（集中）联锁（装置）
relay-operated ~ 继电联锁（装置）

interlocutor 对话者

interlude ①中间〔预算〕程序，辅助子程序，中间段②插算，插入物③间歇，间隔时间
statement ~ 语句（中间）段

intermediate ①中间片〔体，物，连接〕②（美国）大中型小客车③（pl.）半成品④中间的，中继的，中频的，居间的
polymerization ~ 聚合中间体
sound ~ （传）声介质

intermediate-frequency 中频

intermedium 中间物，媒介物

intermetallic 金属间（化合）的

intermetallics 金属间化合物，金属互化物

intermigration 相互迁移

intermingle （互相）混合，掺杂

intermingling 混合（物）

intermiscibility 互溶〔混〕性

intermission ①中止〔断〕，间断〔歇〕②停机③中间〔休息〕时间④幕间休息
intermittence 中断，间断，间歇性，周期性
intermittency 间歇现象，间歇性
intermittent 间歇的，断续的，中断的，脉动的，周期性的
intermitter 间歇调节器
gas lift ~ 间歇气举控制器
intermix ①混合，搅拌，混杂②密炼机
intermixture 混合物〔剂，液〕，混合
intermodal 综合运输的，（用于）联运的
intermodulation 相互〔交叉，内〕调制，交调
multiple-signal ~ 多信号相互调制
intermolecular （作用于）分子间的
intermountable 安装互换性
internal 内（部）的，国内的，固有的
internal-combustion 内燃的
internality 内特性
internals ①内部零〔部〕件②本质〔性〕
drum ~ 锅筒内件，锅筒内部装置
Internet 因特网，因特〔国际〕互联网
Mobile ~ 移动互联网
open buying on the ~ 因特网上的开放式购物
Internet-phone 网上电话
internetwork 互联网络
internetworking 网络互联，网际互联
internode 节间，波腹
internucleon(ic) 核子间的
interocepter 截取器
interoperability 互操作性，互用性
interoperate 互操作
interoperbility 互操作性，互用性
Interpedia 因特网百科全书
interpenetrate 互相贯通，渗透
interpenetration 互相贯通〔贯穿，渗透〕，穿插
interphase ①中间相，界面，间息期②相间的
interphone 内部〔机内〕电话（机），内线自动电话机，内部通信装置，内部通话设备，对讲（电话）机，互通电话机
button ~ 按钮式对讲机
interplanar 晶面〔平面〕间的
interplay 相互作用，相互关系
interpenetrating 穿插的，互相贯通的
interpolar 极间的
interpolate ①插，插入〔值〕，内插〔推〕②添改
interpolated 插值的
interpolater =interpolator
interpolation 插值〔内插，内推〕法，插入（物），添改，内插，补插，插值
analog(ue) ~ 相似内插法，类比插值法
backward ~ 后向插值
central difference ~ 中心差分插值法
circular ~ 环形内插法，圆弧插补
constrained ~ 约束插值
demand assignment-digital speech ~ 需求分配数字式语音插入
difference ~ 差分内插（法）
direct ~ 直接内插法
double ~ 二重插值
exponential ~ 指数插值
extra ~ 超插入法
geometrical ~ 几何插值法
graphic ~ 作图插值法，内插图解法
image ~ 图像插行，图像内插
inverse ~ 反内插法
linear ~ （直）线性内插法，线性插值（法）
message ~ 消息内插
moving-area field ~ 活动面积的场插入
narrow-band width ~ 窄带宽（信息）内插（法）
piecewise linear ~ 分段线性插值
quadratic ~ 二次插值法
rational ~ 有理插值
regressive ~ 回归值（法）
speech ~ 语言内插法
spline ~ 样条内插
weighted ~ 加权插值
interpolator ①插入器，内插器，插补器，（电报）转发器②分数计算器③校对机
line ~ 行间插入器
linear ~ 线性插补器
parabolic ~ 抛物线插补器
related ~ 相关内插器
interpole 极间极，辅助极，附加〔补偿〕磁极，整流极，（直流电机的）换向极
interpolymer ①共聚物②异分子聚合物
interpolymerization 共聚作用
interpose ①插入，放入，干预②调解
interposition 干涉，插入（物），介入
interpret ①解释，说明，②翻译，译码③整理实验结果〔分析〕④表演〔现〕
interpretation ①解释，说明，判读（地图，相片，复制品等）②翻译，译码③（实验结果）整理〔分析〕④表演〔现〕
~ of behavio(u)r 行为推断法

data-base ~ 数据库翻译
depth ~ 深度推断
semantic ~ 语义解释
signal ~ 信号译码〔释〕
simultaneous ~ 同时译释（同时译成两种或两种以上文字的译文）

interpreter ①解释〔翻译〕程序，解释器，翻译器，转换机②解说员，译员
card ~ 卡片翻译机，卡片解释程序
command ~ 命令解释程序
command string ~ 命令串解释程序
cycle steal ~ 周期挪用翻译机〔程序〕
end-of-character ~ 字符终止翻译程序
function ~ 功能解释程序
inhibiting ~ 抑制的翻译程序
language ~ 语言解释程序
pure ~ 纯解释程序
reader ~ 读入解释程序

interpreting 解释技术

interpretor =interpreter

interpretoscope 判读仪，译释显示器
zoom stereo ~ 可变焦立体判读仪

interprocess 工序间（的）

interprocessor 处理机之间
loosely-coupled ~ 松结合处理机
tightly-coupled ~ 紧密结合处理机

interprogram 交互节目

interreaction 相互作用〔反应〕

interrelation 相互关系，相互联系（性）

interrelationship 相互影响〔联系，关系〕，内在关系，干扰

interrogate 询问，质问，咨询

interrogation ①询问，访问，问号②触发响应的信号（组）
computer-assisted expert ~ 机助咨询
random ~ 无规则询问
system ~ 系统询问

interrogator ①询问器〔机〕，问答器②探测脉冲③质问者
airborne ~ 机载询问器
video data ~ 显示数据询问器

interrogator-responder （询）问（应）答机〔器〕

interrupt ①中断，断开，断电，遮断②妨碍，阻止，打扰③缺口，间隔
armed ~ 待命中断，特处理中断
attention ~ （引起）注意中断
automatic program(me) ~ 自动程序中断
batch processing ~ 成批处理中断
contingency ~ 偶然（性）中断
cycled ~ 周期性中断，循环式中断
cyclic ~ 循环中断
disabled ~ 禁止中断
disarmed ~ 拒绝中断，解除中断
enabled ~ 允许中断
error ~ 出错中断，差错中断
hardware priority ~ 硬件优先中断
independent ~ 独立中断
interrogate ~ 询问中断
involuntary ~ 偶然中断
malfunction ~ 错误中断，故障中断
master control ~ 主控制中断
microlevel ~ 微级中断
multilevel ~ 多级中断
non-inhibit ~ 非屏蔽中断
non-maskable ~ 非屏蔽中断
nonpriority ~ 非优先中断
not-busy ~ 空间中断，先工作中断
one-level ~ 一级中断
override ~ 优势中断，最优先中断
parity ~ 奇偶校验中断
power-fail ~ 断电中断
priority-ordered ~ 优先有序中断
process ~ 进程中断
processor error ~ 处理机出错中断
program(me) check ~ 程序校验中断
program(me) switching ~ 程序转接中断
regular ~ 正规中断
scanner ~ 扫描器中断
second-level ~ 二级中断
service ~ 服务中断
stack ~ 栈溢出中断
supervisor-call ~ 监控程序请求中断，进入管理程序中断
trapped-program(me) ~ 捕捉程序中断
vector ~ 矢量中断
voluntary ~ 随意〔自愿，有意〕中断

interrupter ①断续〔路，流，电〕器，斩波器，中断器开关，断续齿轮②障碍物
automatic ~ 自动断续器，自动开关
buzzer ~ 蜂鸣断续器
electromagnetic ~ 电磁断续器
hammer ~ 锤形衔铁断路器
induction 感应断续器
mechanical ~ 机械断续〔电〕器
motor-driven ~ 电动断续器
photo ~ 光电断路器

relay ~ 继电器式断续器
ringing ~ 铃流断续器
slow ~ 缓动断续器
interruption ①中断，停止，断续〔路，流〕，插入，复印②中断期③障碍〔遮断〕物
~ of contact 断接，断电路
concurrent ~ 同时（出现的）中断
controller ~ 控制器中断
direct current ~ 直流断路，整流器输出端开路
disabled ~ 禁止中断
enabled ~ 允许中断
forced ~ 强行断电
momentary ~ 瞬时断路
nonequivalence ~ “异”中断
optional multilevel ~ 任选多级中断
precise ~ 确切中断
priority ~ 优先中断
restart ~ 再起动中断
scheduled ~ 计划断电
service ~ ①停电，断电，停自来水②业〔服〕务中断
sudden load ~ 突然甩负荷
unscheduled ~ 非计划停电，事故停电
interruptor =interrupter
interscan 中间扫描
interscendental 半超越的
intersect ①横断〔切〕，贯穿②相交，交叉
intersection ①横切〔断〕，（直）交，相交，交叉〔点，线，集〕，合取，“与”②逻辑乘法〔积〕
~ at grade 平面交叉
~ of solids 相贯体
curved ~ 曲线交叉
four-legs ~ 四路交叉
offset ~ 错位式交叉
twin ~ 孪晶交叉
intersegmental 段间的
intersheathes 金属间层（电缆的）
intershield 中间屏蔽
intersnubber 中间缓冲器
intersolubility 互溶性，互溶度
interspace ①中间，空间，间隙，净空②星际③留空隙
intersperse 散布，交替，引入，更迭，点缀
~ in time （按）时间散布
interstage 级〔中〕间（的），过渡阶段
interstand 中间机座
interstep 级间的
interstice 空隙，间隙，裂缝，孔，第二气隙
air ~ （空）气（间）隙，气隙
interstitial ①空隙的，填隙式的，中间的，成裂缝的②填隙（子），填隙原子，节〔结〕点间，晶格节点间缺陷
interstitialcy 结点间，节间
interstratification 间层（作用）
intersymbol 码间，符号间（的）
inter-sync 内同步
intersystole 收缩间期
intertangling 卷曲，缠绕，交织
intertexture 交织，交织物
intertie 交接横木，交叉拉杆
intertrade ①互相交换，相互往来②国际贸易
intertrip 联动跳闸
intertripping 联锁跳闸
intertube 管间的，偏平流的
interturn 匝间的
intertwine （使）缠结，（使）缠绕在一起，编合，交扭
intertype 自动排印机（循环活字模）
interval ①间隔，空隙，距离②时间（间隔），时限，间歇③区间，范围，网孔大小，步长，周期，音程④休息时间，工〔幕〕间休息⑤差异〔别〕，悬殊
~ of service 换班时间，休息时间
accelerating ~ 加速周期
active scanning ~ 有效扫描间隔时间
arrival time ~ 信号到达时间差
augmented ~ 增大的音程
beam deflection ~ 横梁摆动周期
braking ~ 制动间隔
burst ~ 色同步脉冲周期
camera blanking ~ 摄像机消隐（脉冲）间隔
circuit off-state ~ 电路断态间隔
circuit reverse blocking ~ 电路反向阻断间隔
clamping ~ 箝位时间
class ~ ①（标度）分类间隔②类区间（一种选定的、用以数据分类的区间）
collision resolution ~ 冲突解决时间
colo(u)r burst ~ 彩色闪光时间，彩色同步选脉冲持续时间
conduction ~ 导通间隔
confidence ~ 置信区间，可靠期间
contention ~ 争用时间间隔
crack ~ 裂缝间隔
cut-off ~ 停车时间（间隔）

dead ~ ①间隔②（电报）空白
decile ~ 十分位距
demand ~ （电力）需用时限
diminished ~ 缩减的音程
drain ~ 换油期限
eutectoid ~ 共析转变（温度）范围
fiducial ~ 置信区间
field ~ 场期间，场扫描消隐时间
focal ~ 焦间节
forward blocking ~ 正向闭锁〔关断〕期间
hold-off ~ 关断间隔
horizontal blanking ~ （逐）行消隐时间，水平熄灭时间
idle ~ （换流器）闭锁期间
idle ~ (of an arm) 不导通间隔（臂的）
index ~ 分度跳越齿齿数
interruption ~ 中断时间
nested ~ 区间套
non-conduction ~ 不导通间隔
off-state ~ 断态间隔
open ~ 开区间
packet retransmission ~ 包重发间隔
photochromatic ~ 光色间隔
pitch ~ 音程
pivotal ~ 枢轴间隔
polling ~ 轮询间隔
post-sync field-blanking ~ （场）同步信号之后的消隐间隔
profile sampling ~ 轮廓采样间距
programmable ~ 程序控制的时间间隔
pulse ~ 脉冲间隔，脉冲周期
radar repetition ~ 雷达脉冲〔间隔〕周期
range ~ 间距
reaction ~ 反应区间
recording ~ 记录范围
recurrence ~ 脉冲周期，重复间隔，重现期
reflection ~ 反射时间
repetition ~ 重复周期
retrace ~ 回程间隔
retransmission ~ 重发间隔
return ~ 回程〔回归，复原〕时间
reverse blocking ~ 反向阻断间隔
sample ~ 取样间隔
sample-in counting ~ 有试样时的计数时间
scale ~ 刻度间隔，刻度值，分度值
scan flyback ~ 回描时间，回程时间
significant ~ 有效时间，有效间隔
silence ~ 寂静区间
sweep ~ 扫描时间
temperature ~ 温度范围〔间距〕
thread ~ 螺距
time ~ 时间区间
timelike ~ 类时间隔
time-space ~ 时空间隔
time-write ~ 写入时间间隔，打印时间
tolerance ~ 容忍区间
trace ~ 扫描时间
transient ~ 过渡期
transmission time ~ （通信）传输时间间隔
triplet ~ 三重线间的间隔
unit ~ 单位时间，单位间隔（绕组中的）
unsensitive ~ 不灵敏区
vertical blanking ~ 垂直消隐期间
video ~ 视频信号周期
weld ~ 焊接周期（电阻焊时焊接脉冲和间歇的总时间），（多脉冲电阻焊时）焊接时间
winding ~ 提升间歇时间，装卸载时间

intervalometer ①定时曝光节制器，曝光时间间隔计，定时器，间隔时间读出器，时间间隔测量器②投弹间隔调整器，定时发火器
photogrammetric ~ 空中照相定时器，航空照相时间间隔计

intervalve 级间的，闸阀间的，电子管间的，中闸管（的）

intervane ①旋流叶片（喷燃器）②翼间的

intervene ①插入，介入②干预，干涉

intervention ①插入，介入②干预，干涉
designer ~ 设计者干预
operator ~ 操作员干预

intervisibility 通视

intervolve 互卷，卷进，缠绕，互相盘绕

interweave 组合，交织，交叉，混杂

interwind 互相盘绕，互卷

interwinding ①中间绕组②绕组间的

interwork 互相配合〔连合〕，交互影响

interworking （机器零件）相互作用，交互工作，网络互通

intimate ①内心的，内部的，本质的②精通的③亲密的，紧密的④邻近的，相似的⑤暗示，通知

intorsion 缠绕，曲折，内扭转，内旋

Intra 音特拉钨钢（w（C）1.2%，w（W）1.3%，其余 Fe）

intra-array 内阵列的

intra-atom 原子之间，原子内部

intrabundle 绝缘股线间的，分裂导线单根导

线间的
intracavity 腔内，内腔
intracell 晶格之内（的），晶格内部（的）
intraconnection 内联，互联，内引线
intracrystalline 晶（粒）内的，穿晶的
intractable 难控制〔处理，加工〕的
intrados 拱腹（线），内弧面〔线〕，拱内圈
intraductal 管内的
intragranular （颗，晶）粒内的，晶体内的
intramolecular 分子内的
intranet 内联〔部〕网
intransitive 不可传递的，非可迁的
intranuclear （原子）核内的
intrared 红内的
intrasonic 超低频（的）
intricate 复杂的，交错的，交叉的
intrinsic(al) ①固有的，本征的②内在的，内部的，原设计的③本征电导的
introduction ①序〔前，引〕言，绪〔引〕论，入门，初步，介绍②进入，注射，进样
controlled impurity ~ 受控掺杂
disturbance ~ 加扰动
intromission 进入，插入
introscope 内壁检验器，内壁显微镜，内孔窥视仪
introspection 自我测量
introversion 内向〔曲，翻，弯〕
introvert 使内弯〔曲〕，使内倾
intrude ①硬挤进，强加②侵入，干涉
intruder 入侵飞机〔导弹〕
intrusion ①侵入（作用），干扰〔涉〕②（焊点边缘的）根须③材料的下沉
head ~ 磁头插入度（磁头深入磁带的程度）
intrusion-detector 防窃器
photoelectric ~ 光电探测〔防窃〕器
intubator 插管器
intuition 直观，直感，直觉（知识）
intuitively 直观地
intumescence ①膨胀（现象），泡沸（现象）②隆起（物）
inundation ①泛滥，充满②（水泥）浸水③惰性溶剂
inundator ①浸泡器②惰性填料
invacuo 〈拉〉在真空内
invagination 反折（处），凹入（部分），套叠
invalid 无效〔用〕的，不成立的，作废的
invalidate 使无效
invalidation 无效，作废
invalidity 无效〔力〕，丧失工作能力
invaluable 无法估价的，无价的，非常宝贵〔贵重〕的
invar 殷〔仪器，恒范，不胀，不变〕钢，（因瓦）镍铁合金（w（Ni）36%，w（Fe）63.8%，w（C）0.2%）
super ~ 超恒范钢，超殷钢（w（Ni）29% ~ 40%，w（Fe）50% ~ 70%，w（Co）< 15%；或 w（Ni）31.5%，w（Co）5%，其余 Fe）
invariability 不变性
invariable ①常数②不变的，恒定的
invariance 不变性，不变式
code ~ 码恒定性
ga(u)ge ~ 规范不变性
invariant ①不变量，不变式②因瓦里铁镍合金（w（Ni）47%，w（Fe）53%）③不变的，恒定的
~ of stress 应力分量不变式，分应力不变式
compliance ~ 柔度不变量
curvature ~ 曲率不变量
integral rational ~ 整有理不变式
loop ~ 循环不变量
metric ~ 度量不变量
modular ~ 模不变式
numerical ~ 不变数
projective ~ 射影不变性
shift ~ 位移不变（量，式）
stiffness ~ 刚度不变量
invaro 因瓦劳合金钢，因瓦劳锰铬钨钒钢（w（C）0.85% ~ 0.95%，w（Mn）1.0% ~ 1.25%，w（Cr）0.4% ~ 0.6%，w（V）0.25%，w（W）0.5%，其余 Fe）
invention 发明，创造
claimed ~ 有请求权项的发明
inventiveness 创造性，发明创造能力
inventor 发明人，创始人，创造者
inventory ①清单，报表，商品目录，物资单，盘存清单②设备，机器③资源，矿藏量，总量，库存量④负载，装料⑤存货（盘存）
beginning ~ 期初存货
book ~ 账面盘存
closing ~ 期末存货
cycle ~ 周期性贮存量
decoupling ~ 保险库存
fuel ~ ①（在反应堆中）燃料的总量②燃料装载（在燃料循环中）
liquid ~ 溶液流量

master file ~ 主文件清单
optimal ~ 最优库存量
roll ~ 轧辊备件总数，备用轧辊库存量
stock ~ 固定资本〔企业财产〕清单，存货清单

inverse ①反数，反量，倒数，逆元（素），逆矩阵②倒相的，反相的，倒置的，反向的，相反的，逆的③使倒转，使成反面
generalized ~ 广义逆
left ~ 左逆
micro ~ 微梯度（曲线，电极系测井）
multiplicative ~ 乘法逆元

inverse-feedback 负反馈

inversion ①颠倒，倒置〔转，像〕，反演，求逆，反向〔相，转，映，量〕，逆变〔转，增〕②转换〔化，变，位〕，（四杆机构的）机架变换③（电）换流，逆变流④“非”逻辑，“非”门（=NOT）⑤倒置物，颠倒现象
~ of kinematic chain 运转链换向
~ of Z-transform 逆 Z 变换，反 Z 变换
carrier gas ~ 载气逆流，（载气）反吹
(electronic)(power) ~ （电力）（电子）逆变
emulsion ~ 逆乳化
Fourier ~ 傅里叶逆变换
frequency ~ 频带倒置
gain ~ 增益反转
great ~ 对流层顶层
image ~ 倒像，像倒置
input ~ 输入信号反相
interference ~ 干扰消除〔倒置〕法
kinematic ~ for designing cam profile 设计凸轮轮廓的反转法
lateral ~ ①左右颠倒②图像（左右）倒置
line ~ 线性反演
loop ~ 循环反演
multiplicative Mobius ~ 乘积形式的莫比乌斯反演
noise ~ 噪声抑制，干扰抑制
optical ~ 偏振转向（现象）
picture ~ 图像（黑白）反转
polarity ~ 极性变换
population ~ 粒子数反转，布居反转
RF switching pulse ~ 射频开关脉冲倒置
sideband ~ 边带倒转
sync ~ 同步倒相
thermoelastic ~ 热弹转换
thyristor ~ 可控硅换流〔逆变〕
Walden ~ 旋光〔瓦耳登〕转化作用

inversive 反〔对，演〕的，倒转的，逆的，转化的

invert 反相，翻转，反转，倒置，转化，颠倒

inverted-rampress 反向压力机

invertendo 反比定理

inverter ①逆变器，变换〔压，流，频〕器，倒换〔倒相，反演，反相〕器，交换器，（反向，反相旋转）换流器，电流换向器，变换电路，转换开关②“非”门（电路）③倒相放大器④离子变频管
autonomous ~ 自激反相器，自激变换器
buffer ~ 隔离反相器，缓冲倒相器
cascode ~ 栅（地）- 阴（地）倒相器，渥尔曼反相器
chroma ~ 色度倒相器
complementary ~ 互补倒相器
DC-AC ~ 直流 - 交换逆变器
DCTL ~ （=direct coupled transistor logic ~）直接耦合晶体管逻辑反相器
drive motor power ~ （电动车或混合动力车）驱动电动机动力变换器
dynamic MOS ~ 动态金（属）氧（化物）半导体反相器
(electronic)(power) ~ （电子）（电力）逆变器
gate ~ 门反相器，门脉冲放大逆变器，栅（极）反相器
hex ~ 十六位反演器，十六位变换电路
horizontal ~ 水平偏转换向器，水平倒向器
interference ~ 干扰补偿器，噪声限制器，杂波抑制器
line commutated ~ （直流变交流的）有源逆变器
logical ~ 逻辑倒相器
mercury-arc ~ 汞弧逆变阀〔器〕
multi-phase ~ 多相换流器
noise ~ 噪声抑制器
parallel-type ~ 并联式变流器
phase ~ 倒相器
power ~ 功率逆变器
RCTL ~ 电阻耦合晶体管逻辑反相器
relaxation ~ 张弛逆变器，张弛换流器
rotary ~ 旋转反向变流机，旋转逆变器（直流变交流）
signal ~ 信号（极性）变换器
solid-state ~ 固态逆变器
static MOS ~ 静态金属氧化物半导体反相器
synchronous ~ 同步逆变器
thyristor ~ 晶闸管变频器

traction ~ 牵引逆变器
transistor ~ 晶体管倒相器
vertical ~ 垂直偏转换向器
vibrator ~ 振动变流器
voltage-regulated ~ 可调电压反用轮换器

invertibility 可逆性

inverting 换向

invertor =inverter

invest ①投资〔入〕②授予，使带有（性质）③（包）围，笼罩

investigation 调查（报告）,研究（论文）,勘测，探〔审〕查，试验
experimental ~ 试验研究
field ~ 现场试验，运转试验
noise ~ 噪声查验
qualitative ~ 定性分析〔研究〕，质量集中分析
risk ~ 风险研究
site ~ 厂址调查
spot field ~ 现场调查

investing ①熔模铸造②灌浆，涂层，覆层（法）

investment ①投资②包围，授予，覆盖③熔模铸造④被覆物
human ~ 人才投资，智力投资
liquid ~ 短期投资，临时投资
net ~ 投资净数

investments 包围覆盖，蜡模制造，熔模制造

investor 投资者

invigilator 监视器

inviscid 非黏（滞）性的,无黏性的,无韧性的，不能展延的，非半流体的

invisibility 不可见性

invisible 看不见的，无形的

invitation 请柬

invite 邀请，请求，请柬

invocation ①祈祷，祈求②召唤③行使，援引，发动
procedure ~ 过程引用

invoice ①发票，发货单，（货物的）托运②开发票，开清单
customs ~ 海关装货清单，海关发票
franco ~ 全部费用在内的发货单〔发票〕
pro-forma ~ 估价单，预开发票

invoke ①调用，引用，发动，行使②请求③引起，产生

involute ①（圆的）渐开线，渐伸线，切展线②渐伸〔开〕的，内旋的，内卷的，错综（复杂）的③卷起，恢复原状④消失
curtate ~ 缩短渐开线
filar ~ 线渐伸线
generated ~ 展成渐开线
plane ~ 平面渐开〔伸〕线
prolate ~ 延伸渐开线
spherical ~ 球面渐开线

involution ①乘方，自乘，幂②内卷，回旋③对合（变换）④退化，复位
~ of high order 高阶对合
focal ~ 焦点对合
point ~ 点列对合
skew ~ 双轴对合

involutory 对合的，内卷的

involve ①包含,包括,涉及②卷入,陷入,包围，占用③促成，需要④自乘，乘方⑤就是（把）

involvement ①包含②卷入,牵连③混乱,困难，复杂的情况，牵连到的事物

inwall 内衬

inward ①内部物,里面,实质②（pl.）进口税，进口商品③向内的，在内的，内部的，固有的

iodide 碘化物
magnetic ~ 磁性碘化物
silver ~ 碘化银
sodium ~ 碘化钠

iodide-process ①碘化物法②碘化物热离解法

iodination 碘化作用〔过程〕

iodine 碘（I），碘酊

iodization =iodination

ion 离子
air ~ 大气离子
basic ~ 阳〔正，碱〕离子
carrier ~ 载体离子
casual ~ 偶存离子，临时离子
cluster ~ 离子群，离子团
complex ~ 络离子，复离子
counter ~ 反〔对，抗衡〕离子
daughter ~ 子离子
dipolar ~ 偶极离子
foreign ~ 杂质离子
fragment(al) ~ 碎片离子
minus ~ 负离子
parent ~ 母离子
plus ~ 正离子
positive ~ 正离子

ion-baffle 电离阱

ion-exchange 离子交换

ion-exchanger 离子交换器〔剂〕
ionicity 电离度，电离性，离子性
ion-implant 离子注入
ionite ①富硅高岭石②离子交换剂
ionitriding 离子氮化，离子渗氮
ionizability 电离度
ionization ①电离（作用）②离子化（作用）
~ by light 光致电离
~ by sputtering 溅射电离
acoustic ~ 声致电离
atmospheric pressure ~ 大气压电离
collision ~ 碰撞电离
columnar ~ 柱状电离（沿粒子径迹的强电离）
cumulative ~ 累积（碰撞）电离，雪崩电离
dense ~ 强电离，稠密电离
desorption chemical ~ 解吸化学电离
electrolytic ~ 电离（作用）
extrathermal ~ 超热电离，非热电离
field ~ 场致电离
impact ~ 碰撞电离
medical ~ 电疗电离
meteoric ~ 流星电离
photo ~ 光（致）电离
primary ~ 初级〔一次，假〕电离
residual ~ 剩余电离，宇宙线电离
secondary ~ 次级电离
single ~ 一次游离
specific ~ 比电离，单位电离，电离密度
thermal ~ 热致电离
thermospray ~ 热喷雾电离
ionize 电离，离子化
ionizer 电离剂〔器〕，催（电）离素
ion-nitriding 离子氮化
ionocolorimeter （氢）离子比色计
ionodialysis 离子渗析
ionogen 电解质，可离子化的基团
ionogenic 生成离子的，离子化的，致电离的
ionogram ①电离图，电离层特性图，电离高频特性曲线图②电离层回波探测
oblique ~ 斜向探测电离图
ionography 离子谱法，（伴有离子移动的）电动色层分离法，电色谱法，载体电泳图法
ionometer ①离子计② X 射线强度计③氢离子浓度计
ionophone 离子扬声器
ionophoresis 电离电泳（作用）
ionoscope 存储摄像管
ionosonde 电离层垂直探测仪
ionosphere 电离层〔圈〕，离子〔亥维赛〕层
ionotron 静电消除器，离子消除器
ionotropy 互变（异构）现象，离子移变（作用）
ion-pair 离子偶，离子对
ion-trap 离子阱
iontron 离子消除器
IO-tube 超正析像管
iporka 艾波卡（低温绝缘材料）
I-profile 工字钢
ipsophone 录音电话机
I-rail 工字轨
iraser （=infrared amplification by stimulated emission fo radiation）红外激光〔射〕（器），红外线量子放大器，红外微波激射器
iraurite 铱金
irdome 可通过红外线的整流罩，红外导流罩，红外穹门
iridescence 虹彩，干涉色，虹晕
irid(i)oplatinum 铱铂合金
Iridite 铬化镀层
Iriditing 铬化，浸镀铬
iridium 铱（Ir）
iridosmine 铱锇矿，铱锇笔尖合金
irinterferometry 红外干涉测量
scanned ~ 扫描红外干涉测量法
iris ①虹膜（眼睛），虹（彩，状物），彩虹色②可变光阑〔圈〕③膜片，隔膜〔板，圈〕④窗孔
~ in 圈入（图像由中间一点渐现光亮而至显出全景）
~ out 圈出（图像由周围渐暗而达到全部消失）
auto ~ 自动光圈
capacitive ~ 电容性膜片〔窗孔〕
circular ~ 圆膜片，圆形光阑
close ~ 关闭光阑
coupling ~ 耦合光阑〔膜片，（窗）孔〕
lens ~ 透镜光圈，透镜可变光阑
lighting ~ 照明灯〔可变〕光阑
rejection ~ 抑制窗孔（波导管）
resonant ~ 谐振膜片，谐振窗
telecentric ~ 焦阑
iron ①铁（Fe）②烙铁，熨斗③铁心，铁基材料④（pl.）铁粉⑤熨平，矫直，用铁包，装甲
~ containing oxygen 含氧铁
acicular ~ 贝氏体铸铁，针状铸铁
active ~ ①有效铁心②活性铁

alloy(ed) ~ 合金铸铁
alumin(i)um cast ~ 高铝铸铁
alumin(i)um clad ~ 镀铝铁(板),铝皮铁(板)
angle ~ 角铁
annealing pig ~ 可锻铸铁(用)生铁
anti-checking ~ 防裂钩，扒钉
armature ~ 衔铁，引铁，电枢铁心
Armco (megnetic) ~ 磁性铁(直流继电器磁心用材料)，阿姆柯磁性铁，工业(用)纯铁(w(C) 0.0012%，w(Mn) 0.017%，w(P) 0.005%，w(S) 0.025%，其余 Fe，总杂质量< 0.1%)
armo(u)red cast ~ 钢筋铸铁
back ~ 护铁(刨刀的)，背铁(直线感应电动机)
bainite ductile ~ 贝氏体球(墨铸)铁
ball ~ 粒铁，熟铁
balled ~ 铁坯
band ~ ①扁铁条，带铁②铁箍
bar ~ 圆〔条，型〕钢
base ~ 原铁液(处理前的铁液)
basic ~ 碱性铁
beak ~ 端部尖嘴形铁砧，丁字砧，角砧
Bessemer ~ (底吹酸性)转炉钢，酸性钢
black ~ ①黑钢皮，黑铁矿②黑铁板，平铁
black sheet ~ 黑铁皮，马口铁
board edge ~ 包边
box ~ 槽钢
brand ~ 烙铁
break ~ 铁挡块，碎花铁片，护铁(刨刀的)
broken ~ 废铁
building ~ 建筑钢
bulb ~ 圆头铁条，球头角钢
burnt〔burned〕~ 过烧铸铁，过烧钢，脆铁
bushel ~ 碎铁
bushel(l)ed ~ 熟铁(搅炼炉铁)
cable ~ 钢索铁(制作钢丝绳的熟铁或低碳钢)
cap ~ 护铁(刨刀的)
carbonyl ~ 羰(基)铁，高纯度铁，化学纯铁
cast ~ 铸铁
caulking ~ 填隙器，堵缝凿，密缝錾
cemented ~ 烧结铁，渗铜铁(将多孔铁浸渗铜合金的制品)
chain ~ 链环
channel ~ 槽铁，槽钢，凹形铁
chateaquay pig ~ 含钛低磷生铁
checkered ~ 花纹钢，网纹钢
chilled ~ 冷硬铸铁
chromium ~ 铬铁(w(Cr) 25% ~ 30%，其余 Fe)
climbing ~ (爬杆)脚扣
clincher ~ 填隙器，堵缝凿，密缝凿
coddled ~ 混风生铁(高炉用冷热混合风冶炼的生铁)
coke ~ 焦炭生铁
cold pig ~ 冷生铁(即低硅生铁)
cold-rolled sillcon ~ 冷轧硅钢板
commercial ~ 商品铁，通用型铁
concrete ~ 钢筋
constructional ~ ①结构铁②建筑用钢铁
core ~ ①砂芯骨，型芯铁(铸造用)②铁心用铁
cramp ~ 夹子，钳子，铁钩，门形夹铁，两爪钉
cross ~ 十字铁
crude ~ 粗铁
crude pig ~ 沟铁，残铁(铁液罐及出铁沟内残凝铁)
dog ~ 抓钩，两爪铁扣
double ~ 工字铁，工字钢
double fag(g)ot ~ 双压挤熟铁(经过两次挤渣后的熟铁)
double plane ~ 带护铁的刨，双刀刨
double tee ~ 工字钢
dry ~ 低硅生铁
ductile ~ 球墨铸铁，延性铁
dug ~ 熟铁
dumb ~ ①(弹)簧托(架)，钢板弹簧支架，副钢板弹簧托架，副簧滑板②填缝铁条，汽车车架与弹簧链条之间的连接部分
duplex ~ 两用钢(碱性炼钢炉及酸性炼钢炉都适用的生铁)
Durex ~ 多孔铁(w(Cu) < 2%，其余 Fe)
edge ~ 角铁，边缘铁
electric(al) ~ ①电熨斗②电烙铁
electric(al) pig ~ 电炉生铁
electric(al) sheet ~ 电工用铁片
electric(al) soldering ~ 电烙铁
electrolytic ~ 电解纯铁
Emmel cast ~ 埃姆尔高级铸铁(w(C) 2.5% ~ 3%，w(Si) 1.8% ~ 2.5%，w(Mn) 0.8% ~ 1.1%，w(P) 0.1 ~ 0.2%，w(S) 0.1% ~ 0.15%)
eutectic cast ~ 低熔生铁，共晶生铁

fag(g)oted ~ 束铁，锻焊的层状熟铁
fashioned ~ （异）型钢
ferritic malleable cast ~ 铁素体可锻铸铁
ferrochrome ~ 铬铁
ferromanganese ~ 锰铁（合金）
ferronickel ~ 镍铁
ferrous ~ 亚铁，二价铁
fibrous ~ 纤维状铁，纤维断口铁
figured ~ 型铁
fire ~ 火钩
first ~ 初铁
flat hoop ~ 带钢，（平）箍钢
flat-bulb ~ 球头扁钢
fluted bar ~ 凹面方钢
foot ~ 挡铁
forge(d) ~ 锻〔熟〕铁
foundry ~ 铸铁，生铁
fresh ~ 初熔铁
frozen ~ 凝结金属，冷铁
full automatic ~ 全自动熨烫机
fused electrolytic ~ 熔铸电解铁
galvanized (sheet) ~ 镀锌铁(皮),白铁(皮),马口铁
gamma ~ γ 铁，伽马铁，灰度（调整）铁
glazed pig ~ 高硅〔脆性〕生铁
glazy pig ~ 高硅〔脆性〕生铁
grab ~ 铁撬棍
graphitic pig ~ 灰铸铁
grapple ~ 铁撬棍
gray (cast) ~ 灰铸铁
gun ~ 炮铁，钢性铸铁，半钢
hammered ~ 熟铁，锻铁
hard ~ 白口（铸）铁，冷硬铸铁
heavy ~ 厚镀层热浸镀锌铁皮
hematite (pig) ~ 低磷生铁，赤铁矿生铁
high webbed tee ~ 宽腰 T 字钢
high-duty cast ~ 高级优质铸铁
hoop ~ （打包窄）带钢，箍钢〔铁〕
hot ~ 铁液
hot-blown ~ 热风炉炼铁
hydrogen-reduced ~ 氢还原铁粉
ingot ~ 工业纯铁,锭铁（平炉炼的较纯铁），低碳钢
synthetic pig ~ 再制铁
cast alloy ~ 合金铸铁
inoculated cast ~ 孕育铸铁，变性铸铁
knee ~ 角铁，隅铁
knobbled ~ 熟铁
knotted bar ~ 节钢
Lanx cast ~ 特殊高级铸铁（w(C) 2.8% ~ 3.2%, w(Si) 0.8% ~ 1.2%, w(P) 0.3%, w(S) < 0.13%, w(Mn) 0.6% ~ 0.8%，其余 Fe）
lode ~ 脉铁（高硅全珠光体铁，易切削铁）
L(-shaped) ~ 不等边角铁
machinable cast ~ 易切削铸铁，软铸铁
machine cast ~ 机铸生铁
magnesium ~ 球（墨铸）铁
malleable ~ 可锻铸铁，韧性铁
marking ~ 烙印铁，打印记冲头
mat ~ 镀铝铁板
meehanite cast ~ 加制〔密烘，孕育〕铸铁
melted ~ 铁液
merchant ~ （商品）条钢，商品型钢
meteoric ~ 陨铁
Migra ~ 米格拉生铁（高强度铸铁原料）
mild ~ 软铁
mirror ~ 镜铁
modified cast ~ 孕育铸铁
mottled cast ~ 麻口铸铁，杂晶铸铁
mo(u)ld pig ~ 型铁，铸铁块
moving ~ （转）动铁心，动铁式
Ni-resisted cast ~ 高镍耐热铸铁，不锈镍铸铁
nodular cast ~ 球墨铸铁，可锻铸铁
oblique grooving ~ 槽刨刨铁
off-grade ~ 等外铁，不合格铁
oz cast ~ 铈硅钙球墨铸铁
pasty ~ 糊状铁
phosphoric pig ~ 高磷生铁
pig ~ 生铁，铸铁
plane ~ 刨刀，刨铁
plate ~ 中厚钢板
profile ~ 型铁，型钢，异形钢
puddled ~ 锻铁，搅炼熟铁
quadrant ~ 方钢
rapping ~ 起模棒，敲模棒，拍杆
reactive ~ 电抗铁（附加在变压器或电抗器中，以加大电抗）
recirculated ~ 回炉铁
red-short ~ 热脆铁（高硫铁）
reduced ~ 还原铁
refined pig ~ （保证成分的）再制生铁，精炼生铁
returning ~ 回炉铁
ribbon ~ 扁钢，窄带钢，棒铁

riffled ~ 花纹〔网纹，窄带〕钢
rising ~ 活动台砧
rod ~ 圆铁，条钢，棒钢，盘条
rolled ~ 轧制钢，钢材
rub ~ 磨（光用）铁
russian ~ 发蓝薄钢板
rustless ~ 不锈钢
scrap ~ 废铁，碎铁
searing ~ 烙铁
section(al) ~ 型铁，条钢，型钢
selfube ~ 多孔铜铁合金
S-H cast ~ S-H 铸铁（一种细共晶石墨耐磨铸铁）
shaped ~ 异形钢
sheet ~ 薄铁皮〔板〕，薄板坯，钢皮
short ~ 脆性铁
short-cycle malleable ~ 快速退火的可锻铸铁
shot ~ 铁丸，铁豆
Silel cast ~ 硅铸铁（w（Si）5% ~ 6%）
silicon ~ 硅钢，硅铁
silico-spiegel ~ 硅镜铁，硅锰铁
silky pig ~ 锦生铁（断口光亮的高硅生铁）
silvery pig ~ 高硅生铁（w（Si）7% ~ 15%），高炉硅铁
smoothing ~ 熨斗，熨铁，烙铁
soft (cast) ~ 软（铸）铁，易切削铸铁，熟铁
soldering ~ 烙铁（焊接用），钎焊烙铁
sow ~ 沟铁
sparry ~ 菱铁矿
specular ~ 辉赤铁矿，镜铁（矿）
speculum ~ 镜铁
spheroidal(-graphite cast) ~ 球墨铸铁
spherulitic (graphitic) ~ 球墨铸铁
spiegel ~ 低锰铁，镜铁
spongy ~ 海绵铁
spun-refined ~ 离心精炼铁
square ~ 角铁
stainless ~ 不锈铁，低碳铁素体不锈钢
steam ~ 蒸汽熨斗
steely ~ 炼钢用铁
strap ~ 带铁，扁钢，条钢
strip ~ 窄带钢，冷轧带钢
structural ~ ①型钢，型铁②结构钢
supporting ~ 顶铁
sweat ~ 焊铁
Swedish ~ 瑞典生铁
tamping ~ 捣板，铁夯
T-bulb ~ 圆形丁字（形）铁
thermit ~ 铝热还原铁
Thomas ~ 碱性转炉生铁，托马斯生铁（w（P）2%）
tinned sheet ~ 镀锡铁皮
tire ~ 拆轮胎棒
top plane ~ 护铁（刨刀面）
tough ~ 韧铁
tramp ~ （混）杂铁（块），过程铁质，煤中铁块
twist ~ 绞钳
tyre ~ 拆轮胎棒
undulated sheet ~ 波纹铁，瓦楞薄钢板
vermicular cast ~ 蠕墨铸铁
very open-grained pig ~ 极粗晶生铁
waffle ~ 对开式铁心，华夫饼烙模
welding ~ 烙铁
white ~ 白口铸铁
wrought ~ 熟〔锻〕铁
Yorkshire ~ 约克郡铁（特高级熟铁）
young ~ 糊状搅炼铁
Ironac （埃罗纳克）高硅耐蚀耐热铸铁（w（Si）14%，w（C）2.5% ~ 2.8%，w（P）0.6% ~ 0.8%，其余 Fe）
ironband 钢带
iron-carbon 铁碳合金
iron-clad ①金属覆层，包覆的金属②铁壳的，铠装〔装甲〕的
iron-compass 铁南针
iron-copper 铁铜合金
iron-core 铁心
divided ~ 分裂铁心
iron-dog 狗头钉
ironer ①（轧平和烫平洗净的衣服用）轧液机，轧布机②烫衣工
iron-foundry 翻砂厂，铸铁厂〔车间〕
iron-hand 机械手
ironing 变薄拉深，挤拉法，减径挤压，打薄，压〔熨〕平，整形
ironmaking 炼铁
ironmongery 五金器具，五金店（业）
iron-nickel 铁镍含金
iron-nickel-chromium 铁镍铬合金
iron-notch 出铁口
iron-oilite 多孔铁
iron-oxide 氧化铁（一般指 Fe_2O_3）
iron-oxidizer 铁氧化剂
iron-oxygen 铁氧系

iron-pyrite 黄铁矿
irons 铁粉
iron-sand 铸铁砂，磁铁矿砂
iron-stone 铁石，含铁矿石，菱铁矿
ironware 铁器，五金店
enamel(l)ed ~ 搪瓷铁器
ironwood 硬木，坚硬的木料
irony 含铁的，铁似的
irosita 铱锇矿
irosite 铱锇
irradiance ①辐（射）照度②发光，光辉
equivalent background ~ 等效背景辐射照度
noise equivalent ~ 噪声等效辐射度
scalar ~ 标辐（射）照度
irradiancy =irradiance
irradiant 射出光线的，辐照的，光亮的
irradiation ①辐照，照射，辐射，发光，热线放射，放热②光渗，光线③用紫外线照射
acoustic ~ 扩声
acute ~ 强烈照射
bulk ~ 总体辐照
electron beam ~ 电子束辐照
irradiator 辐射体〔器〕，照射器，辐射〔照〕源
high-level ~ 强放射性辐照器，高强度辐照器
irradome 红外整流罩
irrational ①无理数②非理性的，不合理的，不尽的
irreconcilability 不调和性，不可和解性
irreducibility 不可约性，既约性
irreducible 不可约的，不可还原〔简化〕的，既约的，不能分解的，不能减缩〔降低〕的
irreflexive 反〔非〕自反的，漫反射的
irrefrangible 不可折射的，不可违犯的
irregular ①不规则〔均匀，对称〕的②不整齐的，有凹凸的③非正规的东西④（pl.）等外品
irregularity ①不规则性，不匀度，不平整度，不正确②紊乱，参差不齐③（数）奇异性，奇点④（pl.）不规则的事物
~ of Newton's ring 光圈局部误差
cyclic ~ 周期不规则性
impedance ~ 阻抗不均匀性
internal ~ 内生紊乱
local ~ 单个微观不平度
macroscopic ~ 宏观表面缺陷，外观缺陷
operation ~ 工作事故
profile ~ 轮廓微观不平度
raster ~ （激光扫描中产生的）光栅不规则性
surface ~ 表面不平度〔奇异性〕，表面奇点〔缺陷〕
irrelative 非相对的，没关系的，不相干的
irrelevance ①不切题，不相干〔关〕②（计算机）不恰当组合
irrelevancy =irrelevance
irresolvable 不能分解〔分离，解决〕的
irreversibility 不可逆性
irreversible 不可逆的，单向的，不能反转的
irrigator ①灌溉车〔用具，设备〕，冲洗器，灌喷机②灌溉者
irrotationality 无旋（性），无旋涡现象
Irtran-1 艾尔特兰-Ⅰ红外透射材料（氟化镁）
Irtran-2 艾尔特兰-Ⅱ红外透射材料（硫化锌）
irtron 红外光电管
IR-wire （=information read wire）信息读出线
isa 锰铜（电阻用合金）
isabellier =isabellin
isabellin 锰系电阻材料（w（Cu）84%，w（Mn）13%，w（Al）3%）
isagoge （学术研究的）引〔导，序〕言，绪论
isallobar 等变压线
isallotherm 等变温线
isametral 等偏差线
isanabation 等上升速度线
isanomal 等异（常）线，等距常线
isanomaly 等异（常）线，等距常线
isarithm 等值线
isasteric 等容的
isatron 石英稳定计时比较器，质谱仪
I-section 工字形剖面，工字钢
isenerg(e) 等内能线
isenthalp 等焓线，节流曲线
isenthalpic ①等焓线②等焓的
isentrop(e) 等熵性
isentropic ①等熵线②等熵的
isentropity 等熵线
I-shape 工字形
isinglass ①鱼胶，云母②白云母薄片
island ①岛（状物）②甲板室，舰台，舰桥③支柱④（喷气式飞机中的）导管固定部⑤孤立的地区〔组织〕
~ of automation 自动化岛
~ of isomerism 同质异能区，同质异能"群岛"
conducting ~ （硅靶的）导电岛，导电微区
digital ~ 数字岛（一种专用网用户）
faulted ~ 层错岛
silicon ~ 硅岛
isle （小）岛，屿

cross ~ 交叉岛
Iso Ethernet 等时以太网
iso-abnormal 等异常线
iso-amplitude 等变幅线
is(o)aurore 极光等频（率）线
isoballast 等压载的
isobar ①等压线，（同量）异位素，（同量）异序素，核同质异位素②等权
adsorption ~ 吸附等压线
isobase 等基线
isobath 等（水）深线
isobathic 等深的
isobathye 等深的
isocandela 等发光强度
isocenter 等角点，航拍失真中心
isochasm 极光等频（率）线
isochore 等体积（线），等容线，等时差线
isochromate 等色线
isochromatic ①等〔单，同，一〕色的②正色的（摄影）
isochronal 等时的，发生于相等间隔时间内的
isochrone ①等时线，同时线②瞬压曲线
isochronic 等时的，同时完成的
isochronism ①等时振荡②等时性，同步
isochronization 使等时
isochronize 使等时，使发生在相等间隔时间内
isochronograph 等时计，等时图
isochronous 等时的，同步的，同时完成任务的
isoclinal 等（磁）倾线
isocline 等斜〔倾，向〕线
isoclinic 等倾的，等磁倾线
isocon 分流直像管，分流正析像管
dual-mode ~ 双模直像管
image ~ 分流直像管，分流正析像管
image-intensifier ~ 增强式分流直像管
isoconcentrate 等浓度线
isoconcentration 等浓度
isocorrelate 等相关线
isocount 等脉冲线，等计数（线），等放射性线
isocratic 等浓度的、成分不变的溶剂（洗脱液）
Isocure 艾索居里（冷芯盒黏结剂商品名）
isocurlus 等旋涡强度线
isocycle 等环核，等原子环
isodef 等亏率线
iso-deflection 等挠（度）
isodense 等密度线
isodimorphism 同二晶〔型〕（现象）
isodoublet 同位旋双重态，电荷双重态
isodromic 恒值的，等速的，同航线（飞行）
isodynam 等磁力线，等风力线
isodynamic ①等（热磁）力的，等能的②等（强）磁力（线）
isodyne 等力线
isoelastic 等弹性（的）
Isoelastic 高镍弹簧钢（*w*（Ni）36%，*w*（Cr）8%，*w*（Mn-Si-V）4%，*w*（Mo）0.5%，其余 Fe）
isoelasticity 等弹性
isoelectric 等电位的，等电位差的
isoelectrofocus(s)ing 等电（点）聚焦
isoelectronic 等电子的
isoenergetic 等能的
isoflux 等（中子）通量
isoformate 异构重整产物
isoforming 低温形变热处理，异构重整
isogal 等重力线
isogam(me) ①等重（力）线②等磁场强度线
isogeotherms 地下等温线
isogon ①等（磁）偏线②同风向线③等角多角形
isogonal ①等方位线，等角偏线②等角（的）
isogonality 等角变换
isogonic ①等（磁）偏线②等（磁）偏的，等偏角的
isogonism ①等角（现象）②等时性③准同型性，同步
isogor 等油气比
isogradient 等梯度线
isogram(s) 等（值）线图
isograph 求根仪，等（值）线图
magslip ~ 自整角机求根仪
isogrid 地磁等变线
isogyre 同消色线，等旋干涉条纹
isohedral 等面（的）
isohypse 等高线
isokom 等黏线
isol 孤点元
isolant 绝缘材料
Isolantite 艾苏兰太特（陶瓷高频绝缘材料）
isolate ①隔〔分，游〕离，离析②绝缘，隔绝③孤立④查出（故障）⑤抽数
isolater =isolator
isolating 间隔，孤立，离开
isolation ①隔〔分，游，脱〕离，孤立，单独②绝缘，介质，隔声，去耦③离析（作用），查出（故障）
~ of blunders 查出错误，找到故障

electrolytic ~ 电解分离
failure ~ 故障隔离
fault ~ 故障分离
focal ~ 焦聚分光
lateral ~ 横向隔离（晶体管工艺的）
microcircuit ~ 微电路隔离
sound ~ 隔声，声隔离
thermal ~ 绝热
vibration ~ 隔振

isolator ①绝缘体〔子，物〕，绝热体，隔振体，隔声体，隔离器〔开关〕②单面波导管，单向导电的导体，（微波）单向器，整流元件，去耦装置
broad band ~ 宽（频）带去耦〔隔离〕装置
cable ~ 电缆隔离器，电缆隔离开关
coaxial-line ~ 同轴电缆去耦装置，同轴电缆隔离器（一个方向的能流比反向有较大损耗）
earthing ~ 接地隔离开关
feed regulator ~ 电源调整器隔离器
optical isolator 光隔离器
shock ~ 隔振体〔器〕
vibration ~ 隔振器〔体〕
zero-permeability ~ 零磁导率隔离器

isolead (curve) 等提前量曲线
isoline 等值〔价，高，深，温〕线，等斜褶皱
isolit 绝缘胶木纸，绝缘胶纸板
isolite 艾索莱特（一种层压电木绝缘物）
isolith 隔离式共〔单〕块〔片〕集成电路
isolog(ue) 同构（异素）体，（对望）变换
isolux 等照度（的）
isomagnetic ①等（地）磁线②等磁的
isomarte 等成分线
isomer ①同分异构体②同质〔核〕异能素
optical ~ 旋光异构体
spin ~ 自旋异构体
valence ~ 价异构体

isomeride 同分异构体
isomerism 同分异构（性），同质〔核〕异能性，同素异性
spatial ~ 立体异构，空间异构

isomerization 异构化（作用）
isometric(al) ①等容线②等轴〔晶〕的，立方的③等体〔容〕积的④等角〔量，径，距〕的
isometrics 等容线，等体积线
isometrography 等角线规
isometry 等轴〔距，容〕
isomorph 同形，同构，（类质）同晶型体
isomorphic 同型〔形，构，态〕的，同晶型的，同素体的，类质同晶（型）的
isomorphism 同构，同（晶）型性，类质同象〔晶〕
copolymer ~ 共聚物同晶型（现象）
dual ~ 对偶同构
inner ~ 内同构
multiple ~ 对同态

isomultiplet 同位旋多重态，电荷多重态
isoneph 等值线
isonomalis 磁力等差线
isoombre 等蒸发线
iso-orthotherm 等正温线
isopac(h) 等厚度线
isopachyte =isopac（h）
isoparametric 等参数的
isopen 同相线
isoperibol 恒温环境
isoperimetric 等周的
isoperm ①恒导磁率铁镍钴合金②等渗透率线
super ~ 铁耗少的恒导磁率铁镍钴合金

isophase 等相线
isophasm 变压等值线
isophote 等照度线
isophotometer 等光亮度计
isopic 同相的，相同的
isopiestic ①等压线②等压的
isopiestics 等压线
isoplanar 同〔等〕平面的，共面的
isopleth 等值线，等浓（度）线
normal ~ 平均等值线

isoporic 等磁变线，等磁变的
isopotential 等（位）势线，等（电）位等势
isoprene 异戊二烯，2- 甲基丁二烯
isopressing 等（静）压
isopulse 等脉冲线，恒定脉冲（的）
isopycnal 等密度面，等密线
isopycnic 等密度面，等密线
isopyknic 等体积的，等容的
isoquant 同等产量，等量曲线
isoquat 等比力点
isorad 等拉德线（放射性的等量线）
isorheic ①等黏液②等黏的，恒流量的（在一个周期内流量不变）
isorotation 等旋光度
isosceles 等腰的，（二）等边的
isoscope 同位素探伤仪
isoscript 等时仪

isoseismal 等震线，等震的
isoshear 等切变线
isosinglet 同位旋单态，电荷单态
isosmotic 等渗压的
isosmoticity 等渗（透压）
isospace 同空间，同位旋空间，电荷空间
isospin 同位旋
isostasy （压力）均衡，地壳均衡
isostath 等密度线
isostatic ①等压的②（地壳）均衡的
isostatics （主应力）倾度线，等压线
isoster ①等容线②等体（积）线
isostere 等密度线，同电子排列体
adsorption ~ 吸附等量线
isosteric 等密度线
isosterism 电子等配性，同电子排列性
isostress 等胁强，等应力
isostructural 同型的，同（结）构（的），等结构的
isostructuralism 等结构性，同结构性
isostructure 同型，同结构，等结构
iso-surface 等面的
isotache(n) 等（风）速线，等速度曲线
isotachophoresis 等速电泳（法）
analytical ~ 等速电泳分析（法）
isotach(yl) 等（风）速线，等速度曲线
isotactic 全规的，全同立构的
isotacticity 全同（立构）规整度
Isotenax 艾索泰纳克斯（由改性环氧、粉云母和玻璃布组成的主绝缘）
isoteniscope 等张力计
isotherm 等温线
adsorption ~ 吸附等温线
critical ~ 临界等温线
distribution ~ 分配等温线
partition ~ 分配等温线
reaction ~ 反应等温线
reduced ~ 对比等温线
solid ~ 固态等温线
swelling ~ 等温膨胀性
isothermal ①等温（线）②等温（线）的
isothermobath 等温槽，深水等温线
isothyme 等蒸发量线
isotomeograph 地球自转测试仪
isotone ①等中子〔异位〕素，同中子异荷素，保序②等渗〔压，张〕性
isotonic 等中子（异位）的，等渗压的，发相同声音的
isotonicity 等张（力）性，等渗性
isotonism 同中子素现象
isotope 同位素
activating ~ 活化同位素
even-A ~ 偶 A 同位素，A 为偶数的同位素
fertile ~ 再生同位素，可变成易裂变的同位素，增殖性同位素
fissile ~ 可分裂同位素
heterobaric ~ 异原子量同位素
redioactive ~ 放射性同位素
tracer ~ 示踪同位素
isotopic ①同位（素）的②合痕的（拓扑学）
isotopy ①同位素学②合痕（拓扑学的）
isotrimorphism 同三晶型（现象）
isotron 同位素分析器
isotrope 均质，各向同性（晶体）
isotropic(al) 各向同性(的),迷向(的),均质的，无向性（的）
isotropic-plane 迷向〔极小〕(平)面
isotropism 各向同性（现象）
isotropy 各向同性（现象），无（方）向性，均质性
isotype 反映统计数字的象征性图表
isotypism 同型性
isovelocity 等（风）速线
isovel(s) 等速线
isovent 等平均风速线
isovols 等体积线，等容线
isovolumetric 等容的，定容的
isowarping 等挠曲的
I-spooler 工字轮
issue ①流〔发，放〕出，出口②发行（额，量，物），出版，(报刊)期号，版〔印〕次，发布，配给③问题，论点④结果，结局
back ~ 过期刊物
bulk ~ 普及版，通俗版
commencing ~ 创刊号
contemporary ~ 现代出版物，近期刊行出版物
emergency ~ 临时版
inaugural ~ 创刊号
provisional ~ 临时版
I-steel 工字（形）钢
ISUZU 五十铃（日本五十铃生产车型）
iswas 简单的计算装置
italic ①斜体的②（pl.）斜体字
italicise =italicize
italicize 用斜体字印刷

Italsil 意大利硅铝合金（*w*（Si）5%，*w*（Al）95%）

item ①条（目,款）,项（目,次）②物〔产〕品，东西，零〔元〕件③信息单位④作业，操作
active master ~ 现役主项
advance ~ 超前项
array ~ 数组项
back-up ~ 备份〔平行〕(研制）项目
contiguous ~ 相连项，相关项，邻接项
defined ~ 定义项
data ~ 数据项，数据细目
edit ~ 编辑项目
elementary ~ 基本项，微项
end ~ 个别项目，成品
exception ~ 异常项
faulty ~ 故障产品
identification ~ 识别项
line ~ 排列项，项目，行式项目（和一个项目有关的数据打印在同一行上）
noncontiguous ~ 非邻接（数据）项
non-repaired ~ 不修理的产品
numeric-pictured arithmatic ~ 数形算术项
off-the-shelf ~ 现用项目，实用项目
optional ~ 可选择项目
picture format ~ 图像格式项
repaired ~ 修理的产品
replacement ~ 更换零件目录
source ~ 源项
spanned ~ 跨项，跨组，共存项，共轭项（两区中同时存在同一项内容）
special-purpose ~ 专用件
string ~ 串项
study ~ 研究项目
subcontract ~ 转包合同项目

itemize 分类，分条，逐条列举

iterate 重复，反复，迭代，累接

iteration ①迭代（法），累接（法），逐步逼近法，反复法②迭接反复，重复
element value ~ 元素值迭代法
inverse ~ 反代，逆代
piecewise linear ~ 逐段线性迭代
primary ~ 初始〔基本〕迭代（法）
regula falsi ~ 试位迭代法
row ~ 行迭代
secondary ~ 副迭代，第二迭代
simultaneous row ~ 同时行迭代
staircase ~ 阶梯迭代
stationary ~ 定常迭代
total step ~ 整步迭代法

iterative 迭代的，迭接的，重复的

Itron 伊管（荧光显示管）

Ivanium 依瓦尼姆铝合金

I-variometer 倾角可变电容器

IVECO 依维柯（意大利工业车辆公司）〔依维柯〕生产车型

ivory ①象牙，象牙色，(pl.）象牙制品②厚光纸

IW-wire （=information write wire）信息写入线

ixodynamics 黏滞动力学

Ixolyte 红蜡石

ixometer 流度计，油汁流度计

J

jabber 颤音，抖动

jack ①千斤顶，(螺旋)起重器②插口，插孔，插座，塞孔③支柱，支撑物④动力液压缸，手持风锤⑤传动〔随动〕装置⑥(收放)作动筒⑦弹簧开关，簧片接点⑧起，举，扛，(用千斤顶)顶起，(用千斤顶)张拉(钢丝)，套料⑨增加，提高

banana ~ 香蕉(插头的)塞孔，香蕉插孔

body ~ 车身千斤顶

bolster screw ~ 车架螺旋千斤顶(救援起重机)

bottle ~ 瓶式千斤顶

break ~ 切断塞孔，断路接点塞孔

bridging ~ 并联塞孔，桥接塞孔

bumper ~ 保险杠起重器

busy-back ~ 占线测试塞孔，忙音塞孔

cable (reel) ~ 电缆卷轴架，电缆盘千斤顶

capsular ~ 扁千斤顶

carriage ~ 车轮起重器

ceiling ~ 平顶千斤顶

chimney ~ 旋转式烟囱帽

circle ~ 棘轮扳手(拧钻具用)

coil ~ 带卷升降车

connecting ~ 接线塞孔

cut-off ~ 串联切断塞孔

dial ~ 拨号塞孔

differential-screw ~ 差动螺旋起重器〔千斤顶〕

double-break ~ 双断塞孔，双断开关

earphone ~ 耳机塞孔

extraction ~ 拔桩机

five-point ~ 五簧片插孔

floor ~ (钻机用)托底千斤顶

forcing ~ (印花辊筒)装卸机

four-way ~ 四线塞孔

Freyssinet ~ 弗雷西内式双动千斤顶(预应力张拉设备)

garage ~ 修车起重机，车库(或工厂)用大型千斤顶

glassing ~ 磨光机，打光机

ground ~ 起重器，千斤顶

headset ~ 耳机插孔

hoisting ~ 千斤顶

hydraulic ~ ①液压千斤顶〔起重器,液压缸，升降车〕②水力千斤顶〔起重器〕

keyboard ~ 键盘接头

lagging ~ 拱架

lamp ~ 灯插口，灯座，管座

latch ~ 打捞器

level(l)ing ~ 调平用千斤顶〔液压缸〕

lifting ~ 千斤顶，起重器，举〔起〕重机

listening ~ 应答塞孔

local ~ 应答塞孔，本席插孔

Magnel-Blaton ~ 玛涅尔-布莱登式千斤顶(预应力钢筋混凝土用)

magnetic ~ 磁力连接器，(棒的)磁锁

make-busy ~ 闭塞按钮，闭塞塞孔

mud ~ 压浆泵

multiple ~ 复式插孔

operating ~ 业务线塞孔

pantograph ~ 菱形架伸缩千斤顶

phone-test ~ 控制电话塞孔

pin ~ 接触插孔，管脚插口

plug ~ 插孔

pup ~ 小型塞孔

rack-operated ~ 齿条小齿轮起重器

rack-pinion ~ 齿条千斤顶

rail ~ 起道机

ratchet lever ~ 棘轮杠杆千斤顶

retraction ~ ①升降机②(起落架的)收放机构

rim lift ~ 轮辋起重机

roof ~ 顶板螺旋千斤顶，液压顶柱

sawing ~ 锯台

simplex ~ 锚定支柱

sliding (screw) ~ ①机车用千斤顶②横式起重器，滑座螺旋起重器

spring ~ ①有簧(片)塞孔②触簧开关

swing ~ 横式起重机，折叠式千斤顶〔液压缸〕，脱轨车起重器

switch ~ 机键塞口，机键插孔

switch cover 开关罩，电键罩

telescope ~ 筒式千斤顶，伸缩式起重器

telescoping ~ 双重螺旋起重器

tension ~ 拉紧千斤顶(输送带用)

through ~ 转接塞孔

thrust ~ 推力测定计（发动机用）
tilt ~ 操纵摆动的液压缸
tip ~ 塞〔插〕孔，尖头〔单孔〕插座
track ~ 起道机，起轨器
traversing ~ 横移式起重器
traversing screw ~ 横移式〔滑座〕螺旋起重器
trip post ~ 解脱式顶柱
trouble ~ 故障信号塞孔
trouble back ~ 故障（返回）信号插孔
undercarriage ~ 底架千斤顶
wing ~ 机翼起重器

jackal 飞机所带干扰敌人无线电通信的设备

jackass 锚链孔塞

jackbar 钻机支柱

jackbit （可拆式，活，岩心）钻头，凿岩机钎子，手持式风钻钎子

jackblock 顶升构件法

jack-down （用千斤顶）降下

jackdrill 凿岩机

jackengine 辅助发动机，小型蒸汽机

jacket ①（封，夹，外，水，护，气缸）套，盖，罩，盒，外壳，膜，蒙皮，挡板，套管，套箱（无箱造型用）②铸坑
bosh ~ 炉腹外套
bundle ~ 光纤束护套
cable ~ 光缆护套
cast ~ 整铸套箱
column ~ 外柱，柱管
cooling air ~ 气冷式套筒
cylinder ~ 气缸水套
exhaust ~ 废气（预热）套
flask ~ 套箱
fuel (element) ~ 释热元件外壳〔套〕
hot ~ 热套，红套
lagging ~ 气缸保温套
launder ~ 流槽水套
mast ~ 转向柱套管
monkey ~ 渣口冷却套，渣口水箱
mo(u)ld ~ 套箱，型套
pouring ~ 套箱
Pyrex cooling ~ 硼硅酸玻璃冷却套，派勒克斯（硬质）玻璃冷却套
scale ~ 氧化皮壳（钢锭的）
single fiber ~ 单光纤套层
slip ~ 型套（无箱浇铸时套在砂型外面），套箱（脱箱造型用）
splash ~ 水套
steam ~ 汽套，气缸套，蒸汽加热套，蒸汽套管
tapered ~ 滑脱套箱

jacketing 外套，蒙塞，套式冷却，套式加温
water ~ 水套（冷却）

jackfield 插孔板

jackfurnace 修钎炉

jack(-)hammer 风镐，手持式风钻，手持〔锤击〕式凿岩机，凿岩锤，气锤

jacking 套料，四道粗纺机，（用千斤顶）顶起

jacking-machine 起皱机（制革用）

jack-in-the-box ①螺旋千斤顶②钢轨弯曲和矫直机③差动传动装置④虎钳⑤应偿联动机

jack(-)knife 大折刀

jackknifing 牵引机器相对拖拉机的转角，折裂

jack-ladder 索梯

jack-lamp 安全灯

jackleg ①轻型钻架，钻机腿，凿岩机把②千斤顶支柱

jacklift ①起重托架②千斤顶小车

jackmanizing 深渗碳处理，深度渗碳

jackmill ①锻钎机②修钎机

jacknut 起重螺母（装在气缸体上，拆卸时用）

jackplane 粗〔大〕刨，台车

jackplug 有插销的接线板

jack-post 轴柱

jack-pump 油矿泵

jackrod 钻杆

jackscrew ①调整螺钉，起重〔千斤顶〕螺旋，螺杆千斤顶，螺旋推拉起重器②螺旋正牙器

jackshaft ①中间（传动）轴，（车辆）半轴，增接轴，副轴，曲柄轴②暗〔盲，下水〕井，溜煤眼

jackstay ①撑杆②分隔索（汽艇用）

jack-up 用千斤顶顶起，起重

Jacob 木〔铁〕踏板绳梯，索梯

Jacobian 函数〔雅可比〕行列式

jacobsite 锰铁尖晶石

jacquard 杰卡织机，提花机
carpet ~ 地毯提花机
center-shed ~ 中开口提花机
cross border ~ 织横边提花机
double lift double cylinder ~ 复动式双花筒提花机
double-shed ~ 双梭口提花机
self-twilling ~ 自提地纹经线提花机（斜纹或缎纹，织亚麻花缎用）
single-lift ~ 单动式提花机

two-cylinder compound ~ 双花筒复合提花机
jadder 割刀机，截石机
jade ①玉，硬玉，翡翠②绿玉色
Jade Jade 语言（一种设计并行性任务级的计算机语言）
jadeite 翡翠，硬玉
jaff 复式干扰
jaffaite 树脂
jag ①锯齿状缺口，V 字形凹口，参差，传真失真②刻上缺口
jag-bolt 棘〔地脚〕螺栓
jagged 锯齿状的，有缺口的，带飞边的，参差不齐的，粗糙的，凹凸不平的
jagger （吊）砂钩
jaggy =jagged
Jakobit 雅可比特熔注制品
jal(l)opy 破旧的汽车，（过时的，老式的）飞机
J-alloy J〔钴铬〕耐热合金（*w*（Co）60%，*w*（Cr）23%，*w*（Mo）6%，*w*（Ti）2%，*w*（Mn）1%，*w*（C）2%）
jalousie 百叶窗，遮窗
Jalten J（贾尔坦）锰铜低合金钢（*w*（C）0.25%，*w*（Mn）1.5%，*w*（Si）0.25%，*w*（Cu）0.4%）
jam ①压〔挤，楔〕紧，咬〔卡，夹，楔，压，停，镊〕住，堵〔阻〕塞，使（机器等）开不动，发生故障②干扰，抑制，失真③轧伤，压碎
card ~ 卡片卡位，卡片阻塞
jamb ①壁炉侧墙，（平炉）炉门上前墙砖②矿柱③（pl.）炉壁撑条
door ~ ①侧门壁②炉门侧柱，炉门垛，前墙砖垛
post ~ 柱壁
jambo 凿岩机（手推）车，钻车
drill ~ 凿岩台车，钻车
jammer ①干扰发射机，人为干扰台，干扰器②人为〔电气，接收〕干扰③簧丝芯撑，U 形钢丝芯撑
automatic search ~ ①自动搜索干扰器②雷达搜索站自动抑制器
communication ~ 通信干扰器
deception ~ 欺骗干扰机
radar ~ 雷达干扰台，干扰雷达的发射机
jamming ①卡〔夹，滞，停，咬〕住，不灵活，阻〔堵〕塞②人为〔电子，接收〕干扰，抑制，干扰杂音〔噪声〕
active ~ 有源干扰，积极干扰
barrage ~ 封锁性〔全波段，阻塞〕干扰
carrier wave ~ 载波拥挤
radio ~ 对无线电台干扰
spot ~ 局部〔选择性，特定频率，定点〕干扰
jam-packed 塞〔挤〕得紧紧的
jamproof 抗干扰的
jam-to-signal 噪声信号比，干扰信号比
jam-up ①筛眼堵塞，磨具气孔堵塞②材料的端头
Janet 卫星散射通信设备
J-antenna J 形天线
Janus 双向天线
jap 手持式凿岩机
japan ①（亮，黑，假）漆②日本漆（的），日本漆器（的）③涂装〔黑〕
black ~ 深黑漆
japanner 涂装工
japanning 涂漆，涂黑
japee 喷气发动机，喷气式飞机
jar ①（广口）瓶，容器，缸②震击器③电瓶，蓄电池壳④钻杆⑤振动，噪声⑥加尔（电容单位，1 加尔 =1/900 μF；静电单位，1 加尔 = 10^3cm）
accumulator ~ 蓄电瓶，蓄电池容器
battery ~ 电池槽
bell ~ （烧结）钟罩，钟形烧结炉
bell sintering ~ 钟形烧结瓶
elementary ~ 电池槽，电瓷玻璃容器
fishing ~ 打捞振动杆
full bore hydrostatic ~ 大通径液压震击器
high-vacuum ~ 高真空瓶，高真空干燥器
hydraulic ~ 水力震击器
Leyden ~ 莱顿瓶
multiple-bar bell ~ 多棒钟形烧结炉
Nessler ~ 奈斯勒比色管
recorder ~ 计量瓶
syntonic ~ 共振瓶
Vacuum bell ~ 真空钟罩
jargon ①（本专业的）行话，术语②难懂的话
jarosite 黄钾铁矾
jar-proof 防振的
jarring ①振〔颤，抖〕动②炸裂声，振声③不和谐（的）
~ of ingot 振动铸锭法
jasper 碧玉，墨绿色
jato （=jet-assisted take-off）（喷气）助飞器，起飞用火箭助推器〔加速器〕
reverse ~ ①喷气制动，制动用喷气发动机②反向助飞器

jato-ramjet 有助推器的冲压喷气发动机
JAVA Java 语言（结构简单的面向对象的计算机语言）
JavaScript JavaScript 语言（互联网应用程序的计算机语言）
javelin 往钢包内扔铝块或铝饼（脱氧）
jaw ①（卡，夹）爪，颚，颚板（颚式破碎机），铰接叉头（万向接轴的），夹具②钳（口），虎钳，夹紧器，夹紧装置③销键④滑块，游标⑤凸轮⑥量爪〔脚〕
~ of spanner 扳手钳口
~ of the chair 轨座颚
air-actuated ~ 气动夹具〔卡爪〕
centering ~ 定心凸轮
chuck ~ 夹头爪，卡盘爪
contact ~ ①接触夹片，接触端②传电夹钳
cylinder ~ 轴环，圆筒凸耳
cylindrical ~ 圆柱〔柱面〕量爪
false ~ 虎钳口
grip ~ 颚形夹爪，夹紧颚爪
gripping ~ 夹爪
moving ~ 活动钳口
pivot ~ 开关接触片转动的固定爪
reel gripper ~ 卷取机卷筒的夹紧爪
rod ~ 叉杆
roller ~ 辊压板
safety ~ 安全卡（机车），安全卡爪，安全钳口（用软金属或木材制作的）
soft ~ 铁〔软钢〕卡爪
soft metal ~ 软金属钳口垫片
solid ~ ①固定爪，整体爪②普通接杆
step ~ 阶梯形卡爪
support ~ 支座夹片
swing ~ 动凿板，活动颚板
top ~ 上部凸轮，分离凸轮
vice ~ 虎钳口，虎钳爪
jaw-breaker 颚式轧碎〔碎石〕机
jaw-clutch 爪〔颚〕式离合器
jaype =japee
jayrator 移相段
Jazz Jazz 组合软件（可将不同功能的计算机软件集成在一起的软件包）
J-bolt J 形螺栓
J-display J 型显示，圆环型显示
jeep ①吉普车，小型水陆两用车②小型侦察联络飞机，小型〔护航〕航空母舰③有线电视系统
amphibian ~ 水陆两用吉普车
jungle ~ 丛林吉普车
jeepney 专线小型公共汽车
jeer 桁索
jel ①凝胶（体），（液）冻胶②形成胶体，胶化
jellied 成胶状的，胶粘〔质，凝〕的，外涂胶状物的，冻胶的
Jellif 镍铬电阻合金
jellification ①胶凝作用②冻结，凝结
jelling 胶凝，冻结，凝结
jelly ①明胶滤光片，（透明）冻胶，胶〔糊〕状物，液凝胶，浆②半透明滤光板③胶凝，凝固
lubricating ~ 凝胶润滑剂
petroleum ~ 矿脂，凡士林，石油冻〔膏〕
silicone ~ 硅（氧）胶
jellyfishing （电视图像中出现）水母状图像
jellygraph 胶版
jelly-like 胶状的
jellyware 胶件
Jelutong 杰路顿（木）（作木模样用）
jemmy ①起模杆（铸造）②铁钎③短铁撬棍④煤车
jenny ①移动式起重机，移动吊车，卷扬机②划线规③纺纱机
Jenolite 杰诺莱特化合物溶液（一种含磷酸锌的防腐除锈溶液）
jeopardising =jeopardizing
jeopardizing 辐射危害
jerk ①加速度，跃度②急牵〔引，扭，撞，跳，停〕，突然跳动，突振③冲击
jerkmeter 加速度计
jerky 冲击的，急拉的，不平稳的
jerrican 金属制液体容器
Jessop-H40 杰索普 H40，铁素体耐热钢（w（C）0.25%，w（Mn）0.4%，w（Si）0.4%，w（Cr）3.0%，w（W）0.5%，w（Mo）0.5%，w（Fe）0.75%）
jet ①（喷）射流，流束，水流，射线流，水舌②喷嘴〔口〕，喷射器，喷丝头③喷气发动机，喷气式飞机，发动机尾喷管④（套，支，连接）管，管端，筒⑤实验段气流，实验段断面⑥黑玉（色），煤玉〔精〕⑦喷出〔注，气，射，溅〕
accelerator ~ 加速器喷口
aeration ~ ①喷气发动机，喷气式飞机②通气喷嘴，充气射流
air removal ~ 抽气器，抽气射口
atomizing ~ 喷雾嘴
auxiliary ~ ①辅助喷管②副喷射口，副喷嘴

blow ~ 喷气飞机
cement throwing ~ 水泥喷浆，喷浆机
choked ~ 超声速喷流
compound turbo ~ 双级压缩机〔双转子空气压缩机〕，涡轮喷气发动机
confined ~ 有限射流
cutting ~ ①切割射流②开挖水射（水力开挖法中的）
dual ~ 双喷射器
electron ~ 电子束〔流〕
exhaust ~ 排气射流
fluidic ~ 液体射流〔喷射〕
frac-sand ~ 压裂喷砂器
gaseous ~ 燃气（喷）流
idling ~ （汽化器的）怠速喷嘴，慢速量孔
ionic ~ 离子束，离子注
jumbo ~ 巨型喷气机
lifting ~ ①引射器②喷气提升机
measuring ~ 计量喷嘴，针阀调节喷嘴
metering ~ ①限流嘴，限油喷嘴②测油孔（冷化器），量（油，水）嘴，量（油，水）射口
movable ~ 可偏转喷射流
multiple ~ 多孔喷嘴
normal ~ 标准气动量规，标准喷嘴
oil ~ （冷却活塞用）喷油嘴
open ~ 自由射流
oxygen ~ 氧气喷嘴〔射〕
peripheral ~ 圆周〔切向〕喷射
plasma ~ 等离子（射）流，等离子体射流〔喷焰〕
plug ~ 气动测头〔塞规〕
power ~ 动力喷嘴〔射流〕，主射口
pressure ~ 加压射流
propeller ~ 螺旋桨式喷气发动机
propulsive ~ （冲压式）空气喷气发动机，推进射流
reaction ~ 喷射流
resonant ~ 脉动式空气〔共鸣式脉动〕喷气发动机
sand ~ ①喷砂嘴，喷砂器②喷砂，喷砂处理
slow ~ （化油器的）慢速喷嘴，低速（用）喷口
snap ~ 气动测头〔量规〕
snap hand ~ 带柄外径气动量规，带柄气动卡规
solid ~ 连续〔密实〕射流
spinning ~ 喷丝头，喷丝帽（挤出来化纤原液）
spray ~ ①喷嘴，喷水口②喷水器，喷雾器
steam ~ ①蒸汽喷嘴，蒸汽的尾喷管，喷汽器，蒸汽燃气喷管（液体火箭稳定系统中）②蒸汽喷射
step up ~ 加浓喷口
straight ~ 单回路涡轮喷气发动机（带有轴向空气压缩机的）
supersonic ~ 超声速射流，超声速喷气发动机
supply ~ 供给射流
thrust ~ 喷管
turbine ~ 涡轮喷气发动机
Venturi ~ 文丘里型喷射器
wall-attached ~ 附壁射流
water ~ 水注〔流〕，喷水口〔管〕

Jetal 杰塔尔氧化处理法，杰塔尔法
jetblower 喷气鼓风机，喷射送风机
jet-burner ①喷灯，喷嘴燃烧器②喷射口，火口
jet-drilling 热力打眼，火力凿岩
jet-engine 喷气式发动机
jetevator ①喷气流偏转器，导流片②转动式喷管〔罩〕
jet-flow 射流
jetliner 喷气式航空班机
jetocopter 喷气式直升机
jetometer 润滑油腐蚀性测定仪
jet-O-Mizer 喷射式微粉磨机
jet-propelled 喷气（发动机）推动的
jet-propeller 喷气式推进器〔螺旋桨〕
jet-stream 喷射水流
Jetta 捷达（德国大众生产车型）
jetter 喷洗器，喷洗装置
jetting ①喷吹，喷射，吹氧，注射，灌注②冲孔，水力法钻探，水力沉桩法
jettison 抛投，投弃（货物，燃料，装备等），放出〔油，水〕，下坠
jettisoning 投下，抛掉，放出
jettron 气动开关（气流阻塞时产生电信号）
jewel ①宝石②（仪表，手表）宝石轴承③钻
conical ~ 锥形槽宝石轴承
discharging pallet ~ 出瓦
disengaging pallet ~ 出瓦
end stone ~ 端面宝石轴承
engaging pallet ~ 进瓦
entrance ~ 进瓦

exit (pallet) ~ 出瓦
hole ~ 通孔宝石轴承
olived hole ~ 弧孔钻
recessed ~ 槽形宝石轴承
right ~ 出瓦
watch ~ 钟表宝石

jewel(l)ery =jewelry

jewelry 珍宝，宝石，珠宝玉石工艺品

J-groove J形坡口〔槽〕

jib ①（旋，悬）臂，起重机臂，挺杆，扒杆，支架，人字起重机的桁②榫，扁栓③镶〔夹〕条④截盘（截煤机）⑤绞辘，横梁，凸梁
articulated ~ 铰接臂
box ~ 箱形臂架
cutter ~ 截煤机截盘
double lever ~ 象鼻架伸臂，四连杆式伸臂
double link ~ 组合臂架系统
electrode ~ 电极支架
fly(ing) ~ 副〔顶，飞〕臂，辅助臂架
hammerheaded ~ 旋臂
lattice ~ 桁架臂
load ~ 承重挺杆
luffing ~ 动臂
plate ~ 板式挺杆
swivelling ~ 转臂，转动的起重臂
telescoping ~ 伸缩（式）臂（架）

jibbing 臂架变幅，臂架俯仰

jib-boom 起重臂

jib-in 插入截盘（截煤机开始载槽时），开始载入

jiblength ①悬臂长度②（截煤机）截盘长度

jig ①夹〔卡〕具，夹紧装置，（挂，机，型，模，胎，装配）架，焊接平台②模型〔具〕，钻模，样板，靠模工作法③导（向）尺，导杆，导板，规尺④矿筛，筛选〔跳汰〕机，洗煤机，卷染机⑤衰减波群⑥清洗，分类，区分
air ~ ①气动夹具②气动筛选机
aligning ~ 直线校准用夹具
angle plate ~ ①角铁钻模〔样板，夹具〕②角板机架
assembling ~ 装配〔工作〕夹具，装配架
assembly ~ ①组装模具②装配夹具，装配架
boring ~ 镗孔夹具
box ~ 箱式夹具〔钻模〕
built-up ~ 组合夹具
circular ~ 周向布置的钻模
connecting rod ~ ①连杆定位〔对准〕器②连杆弯曲与扭转检查器
cooling ~ 冷却机械
core ~ 型芯夹具
core-setting ~ 型芯夹
Dee ~ 棣式漏斗形活塞式跳汰机
die bonding ~ 管心焊接模
drill ~ ①钻模②钻头夹，钻床夹具
electric(al) ~ 电动夹具
flexible ~ 万能夹具
fraise ~ 铣床夹具
grinding ~ 磨削加工用夹具
hydraulic ~ 液压夹具，水簸机，水力跳汰机
liquid plastic ~ 液性塑料夹具
magnetic ~ 磁力夹具
main bearing babbitting ~ 主轴承浇巴氏合金夹具
manual ~ 手动夹具
master ~ 总装装配架
milling ~ 铣床夹具，铣床夹紧装置
modular ~ 成组夹具
mounting ~ 安装工具，装配架
multiple ~ 多钻头钻模
piston ~ 活塞钻模，活塞式跳汰机
planing ~ 刨床夹紧装置
plate ~ 板式钻模，平板式夹具
pneumatic ~ 气动夹具
pulsator ~ 脉动跳汰机，凿岩机
pump ~ 滑柱式钻模
recessed ~ 挖入式钻模
rotary ~ ①旋转式固定架，旋转式钻模②回转夹具
template ~ 钻模板，模板式钻模
testing ~ 测试架，试验架，试验台
trunnion mounted ~ 转轴式钻模
tumble ~ 翻转式夹具
vanning ~ 机械振筛，跳汰机
welding ~ 焊接夹具
work ~ 工作架，操作架

jig-adjusted 粗调的

jig-borer 钻模镗床，坐标镗床

jig-boring ①镗钻模孔，（用钻模）钻孔②坐标镗削，细钻

jigger ①跳汰机，卷染机，提升绳上的夹车器（矿井），刮毛机，坩埚（坯）车制机②（矿井）筛，振动筛，振动器③盘〔卡〕车，辘轳，起重滑车，（小）滑车组④高频〔减幅振荡，可变耦合，衰减波〕变压器，耦合器⑤镂花锯，钢丝锯⑥提升挂钩工
hand ~ 手工磨光器
receiving ~ 接收用高频振荡变压器

transmitting ~ 发射振荡变压器

jigging ①筛，簸析法选，跳汰选②跳动的③振动，上下簸动④用夹具加工

coarse ~ 粗粒（跳）汰选

core ~ 磨芯头

jiggle 轻摇〔推，拉〕，轻轻跳动

jiggly 不平稳的，摇晃的

jig-mill 仿形〔靠模〕铣床

jigsaw 细〔竖，线〕锯，锯曲线机

jigtank 跳汰机旋槽，跳汰箱

jimcrow 弯轨机，轨条挠曲器

jimmy ①煤车②短撬棍③刨④小角尺

Jini Jini 技术（一种用于构件网络基础结构的计算机技术）

jinny 固定绞车（不用自重运行时）

jitter ①（信号的）不稳定性，速度偏差（对额定值），失稳，失（同）步②散开，破碎（扫描点错误移动时的图片失真），（图像）跳〔晃〕动，（传真接受图像）不稳定移动③脉〔抖，颤，波〕动，起伏

edge ~ （图像）边缘跳动

energy ~ 能量漂移

frame-to-frame ~ 镜头间的颤动，帧跳〔抖〕动

line-to-line ~ 行间跳动

phase ~ 相位抖〔跳〕动

picture ~ 图像跳动

pulse ~ 脉冲颤动

pulse-time ~ 脉冲宽度的波动

rise time ~ 上升时间跳动

time ~ ①扫描线距离标记的移动（脉冲重复频率不稳定所引起的），时间起伏〔跳动〕②距〔时〕标不稳定（脉冲重复频率不稳所致）③定时〔时标〕抖动

transit time ~ 渡越时间分散〔零散，起伏，涨落〕

jitterbug ①图像跳动，图像不稳定②跳动，抖动③手动摆移柄（砂光机）

jittery 振动，脉动

J-metal J 钴铬耐热钢（*w*（Co）60%，*w*（Cr）20%，其余 Fe）

j-number 虚数

job ①作业，工程，任务，工作，职业，职务②加工件，零〔部，工〕件③工地，零工，（分）包工（程）④事件，事情⑤成品〔果〕

background ~ 后台作业

batch ~ 成批作业

blocked ~ 分块作业

foreground ~ 前台作业

grease ~ 润滑液换新或重新加液（的作业）

hot ~ 急件

hot-line ~ 带电（作业）操作，活〔热〕线作业

odd ~ 零碎工作，散工

piece work ~ 计件工作

program(m)ing ~ 程序设计作业

rush repair ~ 紧急修理

stacked ~ ①叠层（式）工作，汇总（卡片）工作②成批处理作业，栈作业

straight ~ （无拖车的）货车

subject ~ 源作业

turnkey ~ 承包（使建筑安装工程达到投产或使用）

turnover ~ 大修

jobber ①零件印刷机②批发商，临时工

jobbing 计件工作，碎修，重复性〔次数〕很少的工作，做临时工

job-shop 修理车间，加工车间

closed ~ 封闭式加工车间

jobsite 现场，工作地点

job-splitting （现代资本主义企业中把全日工改为两个半日的）一工分做制

job-work ①临时〔包，计件〕工②单件生产，修理

jock 斜井矿车防跑车叉（装在矿车尾部）

jockey ①膜，薄膜，膜片，振动膜②导轮，张紧轮，惰轮③连接装置，连接夹具④矿车的无极绳抓叉，自动释车器（钢丝绳运输）⑤驾驶（员），操作（者）

disc ~ 圆薄膜，圆膜片

Scott ~ 斯科特型杆式连接装置

vulcan ~ 带偏心夹的连接装置

jog ①微〔摇〕动，轻推〔撞，摇〕②精密送料③啮合④慢进给，（刀具）缓慢进给，停顿在温度线上（合金相图的）⑤唤起，提醒⑥粗糙面，凹陷，凸出⑦突变（向）⑧割〔滑移，位错〕阶

dislocation ~ 位错的割阶

yield point ~ 屈服平台

jogged 拼〔啮，嵌〕合的

jogger 推杆，顶杆

joggers 从缓行突然转向快跑者（信息社会坐标系得分在 300 ~ 1 000 的人）

jogging ①电动机的频繁起动（电路），冲动状态②微动，轻摇〔推〕，缓步，慢速

joggle ①摇摆，摇②榫，榫接，啮合扣，定缝销钉③偏斜④滚折，折曲，下陷

joggling ①抖动②卷边③阶梯成形

join ①结〔联〕合，连〔联，焊〕接②参加，加〔收〕入③接合处〔点，面〕，接缝④接合程序⑤并集，统联

equi ~ 等联结，相等合并

picture ~ （屏幕录像中）片速帧频差均衡法

joinder 连接，结〔联，汇〕合

joiner ①细木工（工人），装配工，安装工，联系人②接合物

general ~ 万能木材加工机

wood ~ 木工接合器

joinery 细木工（车间，技术，行业，制品）

join-homomorphism 保联同态

joining ①接合，连接，聚〔结〕合②装配③木工（工作）

~ by mortise and tenon 榫槽接合

~ on butt 对头接（合）

~ with passing tenon 穿榫接合

~ with peg-shoulder 直榫接合

~ with swelled tenon 扩榫接合

hydro- ~ 液力胀接

interface liquid phase assisted ~ 界面液相辅助连接

magnetic pulse ~ 磁脉冲连接

wire ~ 导线接点，导线联结

joining-up 连结，接线，咬合

~ differentially 差接

~ in parallel 并联

~ in series 串联

joint ①结合，联合，连〔焊〕接②接头，接〔焊〕缝，接合面，分型面，合型缝，黏结〔胶接，胶合〕处③接榫（木模），关节，铰链，铰接（头）联轴器④组件⑤节点，结点

~ for parting 分型面

~ of framework 节点

~ on square 直角接（合）

~ with double strap 双搭板铆钉对接

~ with loose tongue 活榫接合

~ with single strap 单搭板铆钉对接

~ with staggered rivets 间行铆双面铆钉搭接

Hardy ~ 哈代式弹性万向联轴器

abutment ~ ①平〔对〕接缝②对抵接头，对（头）接（头）

abutting ~ ①对接②毗连接头，对抵（端接）接头

airtight ~ ①密封接头②气密〔紧密〕接合，不透气结合

angle ~ 角接，隅接

apron belt ~ 平板带接头（运输机）

articulated ~ 活接〔关节〕结合，分节连接

auxiliary bus bar ~ 小〔辅助〕母线端子

ball ~ 球窝接合，球窝（形）接头

ball-and-socket ~ ①球窝节②球窝接头，万向接头

bare universal ~ 开式传动无套管万向联轴器

bayonet ~ 插销节

bead ~ 填角焊缝，（圆）凸勾缝

beaking ~ ①尖口接（合）②削榫

bell ~ 有球形罩的联轴器

bell and spigot ~ ①插承接合，（管子的）套筒接合②钟口接头

bell-and-plain end ~ 套管接头（大小不同管子的搭接接头）

bellows ~ ①波纹管连接，膜盒连接②热补偿器

belt ~ 传动带接头

Bevel ~ 伯斐尔万向节

blind ~ 无间隙接头

blind ground ~ 磨口堵头〔柱塞〕

blind taper ~ 锥柱堵头，磨口锥塞

blown ~ （电缆铅皮外壳上）喷灯焊接处

bonding ~ 胶接接头

box ~ 套筒接合

bracket ~ 角板

branch ~ ①分支连接②三通接头，分线〔支〕套管〔接头〕

brazed ~ 钎焊接头，硬〔铜〕焊结合，黄铜接头，黄铜焊接点

break ~ ①间缝，断缝，错缝接合②间砌法

breeches ~ Y形接头

bridge ~ 架〔桥，跨〕接

bridle ~ 啮接

Bristol ~ 布瑞斯涛接头，六尖头式（带式输送机用）

Britannia ~ 不列颠式〔英式〕焊接（锡铜锑合金焊接）

broken ~ ①错列接头，错缝接合②断缝③间砌法

butt ~ ①对接接头②对头焊

butt and collar ~ 套管接合

butt riveted ~ 铆钉对接

butted ~ 对接，平接

butt-scarf ~ 斜对接

buttstrap ~ 搭板对接

cardan (universal) ~ 万向节，万向接头，铰链接头

cast ~ 浇铸连接，铸焊
cemented ~ ①水泥缝②水泥接合③胶（合）接头
cemented belt ~ 输送带胶接
center ~ 中缝
center revolving ~ 中心回转接头
chamfered ~ ①斜接② 45° 斜削接头
choke ~ 扼流凸缘接头（波导管），扼接圈连接
circular ~ 圆焊缝
circular cut ~ 圆槽接头（支架顶梁和立柱间的）
circular spider type ~ 十字叉连接
circumferential ~ 圆（接）缝，环形（接）缝
clasp ~ 钩接
clevis ~ 拖钩，脚架接头
clipper ~ 钳连接
close ~ 密缝
closed ~ ①无间隙接头②闭式连接
closed butt ~ 紧密对接
closed tee ~ 丁字形无间隙接头，丁字形紧密接合
cluster ~ ①丛接头，交聚接头，束状接头②几个物件集中一点的接头（梁或桁架的节点）
coaxial rotary ~ 同轴线旋转连接
coaxial rotating ~ 旋转式连接器
cogged ~ 雄榫接合
cogging ~ 齿节，榫齿接合
cold ~ 虚焊
cold solder ~ 虚焊（焊接失效）
collar ~ 轴环接合
compensation ~ ①调整缝②补强接头
composite ~ （焊接和其他方式并用的）混合接头〔合〕
composition ~ 铆焊并用接合
compression ~ ①承压缝②压（力）接（合）
compromise ~ 异形接头
concave ~ 凹（圆接）缝
concealed ~ ①盖板接合，交叠接合②暗缝，隐藏接缝
cone ~ ①锥形接头②圆锥节
cone-and-socket ~ 锥窝接合
constant velocity cardan ~ 等速万联轴器
contraction ~ 收缩缝，伸缩接合
convex ~ 凸（圆接）缝
coped ~ 搭接缝
corner ~ 角接接头，弯头连接
corrugated expansion ~ ①波纹管补偿器，波纹胀缩管②波形伸缩节（补偿器）
cotter(ed) ~ ①制销联轴器，销轴头②铰链接合，销接合，扁销连接
coupling ~ 联轴器连接，活节联轴器
cover plate ~ 鱼尾板接合
covered ~ 复接合
cramp ~ 钳接
cross ~ ①十字接头，四通，交叉连接②竖焊缝，立焊缝③错型（铸造）
cross-pin cardan ~ 用十字头的万向联轴器
cross-pin type ~ 万向联轴器
cruciform ~ 十字接头
cup-and-ball ~ 球窝（关）节
cushion disk ~ 有弹性盘的万能接头
cylindrical ~ 圆柱关节
dapped ~ 互嵌接合
dead ~ 死〔固定，不可分〕连接
detachable ~ 可拆接合
diagonal ~ ①斜接（头）②斜节理
diagonal cut ~ 斜开口（活塞环的）
die ~ ①分型面（金属型的）②分模面（压力加工模的）
dilatation ~ 膨胀缝，伸缩缝
diminishing bell butt ~ 高脚杯形套管接头（两根大小不同的管子对接焊时预先将小管的一端扩成杯形，然后焊接）
distributed ~ 分布关节
double fillet lap ~ 双面搭接焊
double jaw ~ 双重十字轴式等速万向联轴器
double passage swivel ~ 双通道旋转导气接头
double shear rivet(ed) ~ 双剪铆接
double universal ~ 等速双十字架万向联轴器
double-lap ~ 双盖板搭接接头
dovetail ~ 燕〔鸠〕尾接合
dowel ~ 暗榫〔缀缝，合钉，定缝钉〕接合
dry ~ 扭接，接触不良的接头，虚焊接头
dummy ~ 假〔半〕缝，假结合
edge ~ ①端接接头②边缘连接③边缘焊接头
edge-flange ~ 卷边接头
elastic ~ 弹性联轴器，挠性接头
elbow ~ 弯管接头，肘节
end-to-end ~ 对接，平接，对接接头
even ~ 平头接合，对接（接头）
expanding ~ 胀接
expansion ~ ①伸〔张〕缩接头，补偿节，膨胀节，补偿器②膨胀结合，炉墙的伸缩缝
eye ~ 铰链连接，活节，眼圈接合

fabric ~ 软性万向节，织料接合，织物挠性万向节
fabric universal ~ 软性万向节，织料接合
fantail ~ 鸠尾接合
faucet ~ ①龙头接嘴，套筒接合②（相同直径管子，其内管套接端经过缩小的）套管接头
feather ~ ①铰链②滑键结合
female ~ 套筒（轴承）接合（管端的），插承接合
field ~ ①安装接头，安装焊缝②现场接合
filled and grooved ~ 插榫平接
firm ~ ①卡钳②两脚规，测径器〔规〕
fit ~ 套筒接合
fixed ~ 刚性连接
flameproof ~ 隔爆接合面
flanged ~ 法兰接头
flanged flameproof ~ 平面隔爆接合面
flared ~ 扩口接合，胀接
flask ~ 分型面
flat ~ 平缝
flexible ~ 挠性连接，挠性接头
flush ~ ①平头接合，齐平接缝②无余高的焊接接头
flush-cut ~ 平头接合
folded ~ 咬缝，锁接
fold-over ~ 钩接
foxtail (wedge) ~ 楔形接合，楔连接
free ~ 万向联轴器
full hole tool ~ 贯眼型钻杆接头
gas welded ~ 气焊接头
gimbal ~ 万向联轴器
globe ~ ①球（关）节②球窝连接（接头）
glue ~ 胶接
groove ~ 凹（槽）缝，槽式接合
ground ~ ①接地接头②磨光接合，磨口连接
half-and-half ~ 对接接头
half-lap ~ 半搭接接头
halved ~ ①对搭接，重接②嵌接，相嵌结合
heading ~ 直角接（合），端接（合）
hem ~ 钩接，卷边接缝
herringbone ~ 人字榫
high ~ 凸缝
hinge(d) ~ 铰链接合，铰式接缝，铰接，活节，企口缝
hip ~ （桁架）上弦与斜端杆接点
hollow ~ ①空〔凹，透明〕缝②空心结合③开角焊接
Hooke's (universal) ~ （胡克）万向联轴器
hose ~ 软管接头
inclined T ~ 斜接 T 字接头
indented ~ 齿接合，齿合接缝
insulating ~ 绝缘接头〔套管〕
internal flush tool ~ 内平型钻杆接头
joggle ~ ①啮合接②榫接③肘接
joggled tap ~ 压肩接合
jump ~ 对（头）接
key ~ 键连接，键形接头
keyed (construction) ~ 楔形（工作）缝
kidney ~ 挠性接头，气隙耦合器
knuckle ~ 肘（形关）节，叉行铰链接合，叉形（铰链）接头，铰接，折向节点
knuckle-and-socket ~ 活节连接，链式球形连接
labyrinth flame proof ~ 曲路隔爆接合面
lap ~ 搭〔叠，重〕接接头
lapped corner ~ 转角搭接
lead ~ ①填〔灌〕铅结合②铅接
lead sleeve ~ 铅套筒接头〔连接〕(电缆)，电缆分支套管
leaky ~ 渗漏的接缝，不紧密的接合
ledge ~ 搭接接合
link ~ 链板
lipped ~ 唇接，半搭接
lock ~ 锁底接头，扣接合
manipulator ~ 机械手关节
match(ed) ~ 舌槽〔企口〕接合〔接缝〕，合榫
miter ~ ①斜削接头②斜接合
mixed ~ 复〔混〕合接头
mortise ~ 榫接
motional waveguide ~ 活动波导连接
mo(u)ld ~ 分型面
muff ~ 套管接头
muff coupling ~ 套筒联轴器，筒形万向联轴器
nipple ~ 带锥面密封的管接头
notching ~ 凹槽节
oblique T ~ 斜接 T 形接头
open ~ ①开口接合，管子明接②胶合间隙③开缝接头
open butt ~ 留缝〔开口，明〕对接
open-tee ~ 留缝丁字接头
opposite ~ 对接
orthogonal ~ 正交接合
overlap ~ 搭接接头，重叠接合

Perkins ~ （伯金斯）管卡，管接头
permanent ~ ①永久接合②固定接点〔头〕，固定连接
pillow ~ 球形接合
pilot ~ 验证接头（检验用焊接试件）
pin ~ 枢〔铰，销〕接，铰链（接合），活节连接，关节接头
pivot ~ 球形枢轴颈
plain corner ~ 平头角焊接
plain tee ~ 平头丁字焊接
plug lap ~ ①熔焊接头②电铆焊（上板熔穿的）搭接接头
plumb ~ 锡焊接
pole ~ 磁极连接〔线〕，磁极引线
pot ~ 滑块式万向联轴器
pressure-expanded ~ 压力膨胀接头，压力膨胀节
prismatic ~ 棱柱关节
propeller shaft slip ~ （万向）传动轴滑动接头
quick-release ~ 速卸〔脱〕接头
rabbet ~ 槽舌〔半槽，企口〕接合，嵌接
raked ~ 清缝
random ~ 无规〔序〕连接
reducing ~ ①异径接合②异〔缩〕径〔管〕接头
regular tool ~ 正规型钻杆接头
related ~ 搭接
revolute ~ 旋转关节
ring ~ ①环接，围缘接合②环结件③环形万向节，环形接头
rivet ~ 铆（钉）接（合）
rivet(ed) lap ~ 铆钉搭接
roll ~ ①孔型锁口，滚轧接合②轧辊联接器，轧辊梅花头
root of ~ 接头根部，焊缝部
rosin ~ 虚焊接，未焊牢的连接
rotary ~ 回转〔转动〕关节，回转（管）接头
rotating ~ ①旋转接头，旋转连接器，旋转连接②联轴器
Rzeppa constant velocity ~ 球笼〔分杆〕式等（角）速万向联轴器
saw-tooth ~ 锯齿（状）接合
scarf ~ ①嵌接，楔面接头，斜接〔嵌〕接头②斜接，斜焊
screw(ed) ~ 螺（纹套）管接头，螺旋接合
screwed socket ~ 螺纹套管接合
seal ~ ①密封接头②密封焊缝
secret heading ~ 暗榫接合
self-contained cardan ~ 球窝万向节
serration ~ 细键槽连接
shear ~ 搭接接头
shear V-type ~ V形坡口闭口接头
shell ~ 壳接
shoulder ~ ①肩接②肩关节（机械手的）
simple twist ~ 扭接
single bevel corner ~ 单边坡口角接头
single rivet ~ 单行铆接
single-shear ~ 单剪连接
skew ~ 斜接，斜曲〔交〕接合
sleeve ~ ①套管接头，套管连接（以金属套管连接导线），套筒接合②袖接
sliding ~ 滑动接合〔关节，接头〕，滑动缝
sliding universal ~ 滑叉万向联轴器
slip ~ ①伸缩结合，滑动结合，内外键槽连接②填料箱式伸缩节
slip universal ~ 滑叉万向联轴器
slip-type expansion ~ 套筒式补偿〔胀缩〕器
slot ~ 狭槽接
socket ~ ①套筒接合，套接②插承〔插座，球窝〕接合
solder ~ （焊接）接头，焊缝
spalled ~ 碎裂缝
spherical ~ ①球（关）节，球形接头②球窝关节③球形十字接头
spigot ~ ①插承接合，套筒连接〔接合〕，窝接②插管接头，连接器
splayed ~ ①斜接，斜角连接，多芯电缆的普通连接②楔形接缝
splice ~ 拼合接头，鱼尾板接合
spline ~ ①填实缝②花键接合，键槽连接
split ~ 拼接
square butt ~ 平头对（焊）接
stagger ~ 错（列）接（缝），错缝
starved ~ 缺胶（接头），接头处黏结剂不足，失效接缝
step ~ 齿式接合，台阶状接合，搭接（口）
stepped ~ 不平分型面，阶形切口搭接头
stitched wire ~ 编缝线结合（输送带用）
stop ~ ①停止器接合，隔离接头②（压力流体绝缘的）电缆接头（流体不连续的）③嵌固接头
straight ~ ①无分支连接（套管）②直接口，直线接〔拉〕头，直缝接头
straight halved ~ 对合接头
straight-through ~ ①直通连接，直接接头②无分支连接套管

strap lap ~ 夹板接合
strap(ped) ~ ①夹板接合②带搭板的对接③盖板接头④搭接焊缝，搭板接合
strength ~ ①坚固连接②加顶接头
struck ~ 斜刮缝
structural ~ 结构缝
submerged ~ 暗缝
supported ~ 支承〔托式〕接头
suspended ~ 浮接，悬式接头
suspension ~ 浮接，悬式接头
sweated ~ 熔焊接合
swing ~ 铰接，转轴〔活动〕连接
swivel ~ ①回转接头②转环〔旋转〕接合，铰接
table ~ 嵌接
tap ~ ①分接头（波导管）②分支接头，抽头接头
taper ~ ①管子套口接头②锥形连接
tee ~ ①T形接头，丁字（形）接头，三通②T形连接套管，T形电缆连接
telescope(d) ~ 插接套管接头②套管连接，伸缩管连接
tenon ~ 榫结合
tenon dowel ~ 嵌销接合
tension ~ 受拉接头〔接合〕，拉力接合
thermit ~ 铝热剂焊接，铝热焊接缝
thimble ~ 套（筒）接（头）
through ball ~ 通行球节
toe ~ 齿接
toggle ~ ①弯头接合②肘节关节（摇床等）③肘节④曲柄杠杆装置，增力装置
tongue(d)-and-groove(d) ~ （= T and G）槽榫接合，雌雄榫接合
tool ~ 钻杆接头
track cable ~ 承载索接头
Tracta universal ~ ①凸轮式万向联轴器②滑块式（等速）万向联轴器
transfer ~ 转移时的临时连接
transition ~ 过渡接头，中间接头
triangular rabbet ~ 三角〔半〕槽接合
trifurcating ~ 三芯分支接头，三芯电缆与三根单芯电缆的接线盒
trim ~ 托梁，承接梁
triple ~ 三头连接，丁字连接，电缆分支套管
tripod (mount) ~ 三球销万向节，三脚架结节
trunnion ~ 耳轴式万向接头
T-union ~ T联轴器接头
turning ~ 活动关节，（转动）铰链
twist ~ 扭〔绞〕接（头）
twisted sleeve ~ 金属套管扭接
Unicone ~ 尤尼康型快速拆卸管接头
unidiameter ~ 等直径连接套管（和电缆直径相同）
union ~ ①管子接头②连接器接头
universal ~ 万向联轴器，万向接头
universal and socket ~ 球窝节
universal (cardan) ~ 万向接头
upset ~ 键嵌接头
V-tooled ~ V形勾链，三角凿嵌缝
water ~ 水密接合，不漏水接合，防水接头
water-sealed ~ 存水接头，存水弯
waveguide rotary ~ ①波导环形网络②波导旋转接头
wedge ~ 楔接
Weiss constant velocity universal ~ 韦斯式球叉等速万向联轴器
welded corner ~ 角焊接
weld-on tool ~ 对焊钻杆接头
wire ~ 金属线缝接（输送带）
woggle ~ ①挠性连接，活动连接②挠性接头，活接头
wrapped ~ 缠绕接线头

jointbar ①鱼尾（连接）板②连接板

joint-box ①汇接室，分线箱②套管③电缆接线箱，接线盒

joint-cutting 切缝（的）

jointer ①管子工人，电缆焊接工②接合器，连接器，连接（导线的）工具，接缝器③修边〔接缝〕刨，整齿器，刨边机，长刨
saw ~ 连锯器

joint-fissure 裂缝

jointing ①填料，密封，封泥②填塞（油档）③接合，连接，焊接④研配⑤垫片⑥（薄板叠轧时的）折叠，合板⑦填缝
keyed ~ 嵌缝，键接
splayed ~ 八字形接合

jointless ①无（接）缝的，无法兰盘的（连接）②无接头的，无关节的

joint-packing 垫圈，接合填密

jointure 连接，接合（处）

joist 梁，工字钢，桁条
derrick floor ~ 钻台大梁
plate-girder ~ 工字板梁
two-way ~ 双向梁

Jolly 耐火砖成形机
jolt ①振动〔击，实〕，摇动，颠簸②顶锻，镦粗，锻薄
air ram ~ ①气动柱塞震击②气垫微震
anvil ~ 砧座震击
shockless ~ （弹簧）微振振实
jolter ①振实台，振实造型机②振动器
foundry ~ 造型振实机
plain ~ ①振实〔振动〕台②振实造型机
jolting 振动
jolt-packed 振实的
jolt-packing 震动填料
jolt-squeeze 震（实挤）压的
jordan mill ①锥形精磨机②低速磨浆机
joule 焦耳（能量单位）
international ~ 国际焦耳（1 国际焦耳 = 1.000 18 绝对焦耳）
joulemeter 焦耳计
journal ①（端）轴颈，辊颈，推力轴颈②耳轴，枢轴，支耳③（库存系统的）日报信息，（数据通信系统的）运行记录④杂志，（定）期刊，日报，航海日记，日记账
abstract ~ 文摘期刊〔杂志〕
adjustable thrust ~ 可调推力轴颈
bearing ~ 支承轴颈
blocking ~ 推力轴颈，有环轴颈
collar ~ 有环轴颈，推力轴颈
crank ~ 曲轴主轴颈
electronic ~ 电子杂志
end ~ 端轴颈
gudgeon ~ 轴颈，辊颈
king ~ 枢轴，主销
main ~ 主轴颈
neck ~ 轴颈
neck collar ~ 有环轴颈
pivot ~ 枢轴颈
pointed ~ 锥形轴颈
rod ~ 连杆轴颈
shaft ~ 轴颈，轴枢
spherical ~ 球轴颈
tail ~ 尾轴颈
thrust ~ 推力轴颈
vertical ~ 枢轴颈
worn-in ~ 磨合轴颈
journal-box ①（车辆）轴箱，轴颈箱②（轧辊的）轴承座
journaling 日志技术，记日志法，注记
journey 旅〔行，路〕程，移〔流〕动
forward ~ 送进孔型
joybox 操纵盒
joystick ①操作杆，远距离操纵手柄，控制手柄，控制杆，（飞机的）操纵〔驾驶〕杆，（汽车的）驾驶盘②十字显示线操作手柄，十字线跟踪环
positioner ~ 定位器操纵杆
jpg JPEG 格式文件名后缀
J-scan J 型扫描（有径向偏移的圆形扫描）
J-scope J 形显示器，圆环显示器
J-tree J 树
judas 监视孔
judder ①位移，不稳定，冲击②（发出）强烈振动（声），震颤（声）③声音的突然变化
clutch ~ 离合器颤〔振〕动
judge ①评价②断定，下结论
judg(e)ment ①判断（力）鉴定，审查②意见，看法
GO/NOGO ~ 合格或不合格判别
jug ①（带柄）水罐，水壶②液体计量器③化油器④（发动机）气缸⑤地震检波器
juggle 锯开时无疵裂的木材
jug-handled ①不匀称的②单方面的，片面的
juice ①电流（口语）②液体燃料，汽油，硝化甘油③浆汁
juicer 榨汁机
jukebox 托盘装碟式快速换碟机
jumble 掺杂（物），混合（物）
jumbo ①活动开挖架②钻车，移动式钻机台③隧道盾构，隧洞运渣车④渣口冷却器（高炉）⑤大型喷气式客机⑥巨型设备，庞然大物，体大（而笨拙）的东西⑦巨（特）大的，重〔巨〕型的
air motor-driven ~ 风动（大型）钻车
mine ~ 矿用钻车
shaft drill ~ 钻井机，凿井钻车
single-boom ~ 单臂架钻车
three-level ~ 三层钻车
track-mounted ~ 轨道上行走的钻车
tractor ~ 牵引式钻车
jumbogroup 巨群（频率）
jumbolter 杆柱钻机，锚杆钻机（钻孔和安装用）
jump ①跳跃〔动，变〕，突变，跨接，阶差，水跃，跃迁〔变〕，跳转（指令），转移（指令）②定起角③锻薄，折皱（缺陷），冲击打眼④出轨，脱轨柄
~ if not ①条件转移（指令，操作）②若非则转移

~ in brightness 亮度跃度，亮度落差
~ in potential ①位势跃〔陡〕变②电位跃值
conditional ~ 条件转移，条件跳跃指令
dynamic loop ~ 动态循环转移
energy ~ 能量跃迁
frame-to-frame ~ 帧间跳动
hydraulic ~ 水跃
loop ~ 循环转移
phase ~ 相位跃变，相位跳跃〔变〕
potential ~ 电位突〔跃〕变
pressure ~ 压力突增，压力跃变
projection ~ 放映画面跳动
quantum ~ 量子性跳变，量子跃迁
spark ~ 跳（发）火花
unconditional ~ 无条件转移
voltage ~ 电压突〔跳〕变
water ~ 水跃

jumper ①长钻，长凿，穿孔凿，跳动钻，桩锤，冲击钻杆，跳动器械②手⊥针子，开眼钎子，定位杆，心杆③跳线，跳杆，桥形接片，跨接片（电工），连接端，跨接〔轨〕线④棘爪，制轮爪，掣子⑤跳跃的人
bonding ~ ①金属片，搭接片②跨接线，搭地线
cable ~ ①连接电缆②中继电缆
flexible ~ ①活动连接器，挠性接合器②软跳〔接〕线
grounding ~ 接地跳线
puddle ~ 小火车，小汽艇，轻型越野汽车，小型低空侦察机
removable ~ 可移跳线
ribbon ~ 色带跳动器
saw ~ 锯齿器
short-circuiting ~ 短路金属片
wire ~ 跳线

jumping ①跳动，跃〔突〕变，图像跳动（同步不良所致），摇动，松弛②锻薄，顶锻，冲击，铆平

jumping-up 镦粗

jump-test （钢）顶锻检验

junction ①结（半导体中的），接合，连〔焊〕接，熔〔钎〕焊，接合处，接（合）点，接头②枢纽站，合流，中继线，汇接点③焊缝，焊点④过渡
abrupt ~ 突变〔阶跃〕结，陡结
abrupt transition ~ 突变结
alloy zener ~ 合金齐纳结
alloyed ~ 合金结
alloy-type ~ 合金结
base-collector ~ 基极 - 集电极结
bonding ~ 键合结
butt ~ 对〔抵〕接（头），对齐接头
cold ~ 冷结，冷接点，冷端（热电偶的）
collector ~ 集电（极）结
compensation ~ 补偿接点
degenerate doped p-n ~ 简并掺杂 p-n 结
diffused ~ 扩散结
diffusion-type ~ 扩散结
drain ~ 漏结
drain-substrate ~ 漏衬底结
electric wire connecting ~ 接线器
emitter ~ 发射结〔极〕
epitaxy ~ 外延结
fiber ~ 光纤接续（处）
fixed ~ of thermo couple （温差电偶的）恒温接头
floating ~ 浮动结
fly-over ~ 立体交叉
four-way ~ 四通（管接头）
fused ~ 熔成结，熔凝结
graded ~ 缓变结，坡度结
graded transition ~ 缓变结
graded wide-gap ~ 缓变宽禁带结
round ~ 接地结
grown ~ 生长结
hook ~ 钩结
hot ~ 热结，热接点，热端（热电偶的）
hybrid ~ 混合（连）接，混合接头，混合波导管连接
incoming ~ 输入连接，入中继线
LH ~ 低 - 高结
light-emitting ~ 发光结
measuring ~ ①测量接点，测量端（热电偶）②热接点，高温接点
nn ~ nn 结
null ~ 零位连接
one-sided step ~ 单边突变〔阶跃〕结
outgoing ~ ①输出连接②出中继线
overhead ~ 架空线网并线器
photovoltaic ~ 光电压结，光生伏打结
pipe ~ 管接头
planar ~ 平面连接器，平面结
pn ~ pn 结
pp ~ pp 结
progressive ~ 缓变结
rate-grown ~ 变速生长结

reference ~ ①参比〔考〕端，参比接点②支撑焊接处
remelt ~ ①再熔结②回熔结
scissor ~ 剪式连接（线路的）
scissors ~ 锐角交叉
second ~ 第二中心结，闸流管的中心结
segregation ~ 分凝结
semiconductor p-n ~ 半导体 p-n 结
solder drop ~ 焊滴结
star ~ 星形交叉
step ~ 阶跃结，突变结
superconducting ~ 超导结
tee ~ ① T 形接头，丁字形接头②三通，T 形连接（波导）
thermal ~ ①热电偶接合，热电偶（接点）②温差电偶结③热结点
thermoelectric(al) ~ 热电偶接头
tunnel ~ 隧道结
two-way ~ 岔道
vacuum ~ 真空热电偶，真空热丝交连

junctor ①联络线②连接机

juncture ①接合，连接②接缝，接合点，接头（点），焊接（点）③时机，关键〔头〕

junior 初级〔低级，新颖〕的，新出现的

junk ①零碎废物，（小块）废铁，废料②金属片，（大）块，碎〔厚〕片③（填缝用）绳屑，麻丝④旧汽车⑤假货⑥无意义信号，无用数据⑦帆船，海船
piston ~ 活塞火力岸

Jupiter ①丘比特（美国导弹）②弧光灯

jury ①应急的，备用的，临时（用）的②审查〔陪审，评判〕委员会，审查员
sound ~ 测听队

juryrigged 暂时的，临时配备的

just ①正，恰好②仅仅，只是③刚才④公正的，合理的

Justape 整行磁带全自动计算机（将信息磁带加工成整行磁带，后者可控制自动排印机或薄膜排印机）

just-as-good 代用的

justification ①整理位置，对齐（数据），整版，装版②（码速）调整③合理性，认为正当，证明正确

justify ①整版，装版，对齐②证明正确，调整（数据排列位置的）
left ~ ①左整列〔匀行，对位，对齐，移位〕②（打印页的）左侧调整（以便打印）
right ~ 右整列〔匀行，对位，对齐，移位〕

just-in-time JIT 准时制，零库存管理方法字形，与 KK 字形，与 Z 轴平行的单位矢量

justowriter 带穿孔打字系统

Justowriter 照相排字机

jut ①突出②突起部，悬臂，尖端

jute 黄麻（纤维），电缆黄麻包皮

jutter ①振动，摇动②抖纹（螺纹缺陷）

jutty 防波堤

juxtapose 并置，并列

juxtaposition ①并列，并置②接近，邻近③交叉重叠法④斜接

K

kaiserzinn 锡基合金(w(Sn)93%, w(Sb)5.5%, w（Cu）1.5%）

kal 粗铁

kalameined 防腐合金涂层材料

Kaldo-process 卡尔多炼钢法，斜吹氧气转炉炼钢法

kaleidophon(e) 示振器，光谱仪

kali 氧化钾，苛性钾，草木灰

kalium 钾（K）

kalk 石灰

chlor ~ 漂白粉

kallirotron 卡利罗管，负阻抗〔负电阻〕管

kallitron ①两个三极管为获得负阻抗而周期性组合②卡利管（由两个具有负阻特性的三极管做成的振荡器）

kaltleiter 正温度系数半导体元件

Kalvar 卡尔瓦光致散射体（一种激光选址膜），卡尔瓦（记忆装置）

kamagraph 油画复印机

K-amplifier K 增益放大器

kampometer ①热辐射计②视场测量仪，视场计

kangaroo 带斗门座起重机，“袋鼠”履带装甲运输车

kanne （=liter）升

Kanthal 铬铝钴耐热钢（w（Cr）25%, w（Al）5%，w（Co）3%，w（Fe）67%）

kaolin(e) 高岭土,（白）陶土，瓷土

kaolinite 高岭石〔土〕

kapillary 毛细管

kapnometer 烟密度计

kapok （吉贝）木棉(用于靠背缓冲或隔音材料）

karat ①米制克拉（宝石的重量单位，1 米制克拉 =0.205 3 g）②开（黄金纯度单位，纯金为 24 开）

Karbate 卡尔贝特无孔碳（碳和石墨制品，用耐蚀剂浸渍，在高压下不渗漏液体，作耐蚀衬里材料）

Karma 卡马(镍铬系精密级)电阻材料(w(Ni) 73%, w（Cr）21%, w（Al）2%, w（Fe）2%）

karmalloy 高电阻镍铬合金（w（Cr）20%，w（Fe）3%, w（Al）3%, w（Si）0.3%, w（Mn）0.15%，w（C）0.06%，其余为 Ni）

kart 微型赛车

Karting 卡丁车，微型赛车

karton 厚纸

katakinesis 放能作用

katallobar 负变压线

kataphoresis 电泳（法），阳离子电泳

katathermometer 冷却〔低温〕温度计，冷却（率）温度表，干湿球温度计

kate-isallobar 等负变压线

katergol 液体火箭燃料

katharometer ①导热析气计，气体分析仪②热导检测器，热导计③热导池

katharomctry 热导率测量术，气体分析法

kathetometer 高差计，测高计〔仪〕

kathetron 外控式三极汞气整流管，辉光放电管

kathode 阴极，负极

kation 阳离子，正离子

Katmai 微处理器（英特尔 Katmai 标志）

katogenic 分解的

kaurit 尿素树脂接合剂

kayser 凯塞（光谱学中波数的单位，波长的倒数，它所表示的能量为 123.976 6 × 10^{-6} eV）

K-band K 波段（波长 2.73 ~ 0.83 cm，频率 11 ~ 36 GHz）

k-bracing K 形撑架，K 形连接杆

Kbyte 千字节，1024 字节

K-capture K 层电子俘获

K-coil 校准线圈

k-connector k 连接符（一种数据结构的定义）

K-conversion K 转换

K-density K 稠性

K-display K 型显示器,K 型〔位移距离〕显示，方位 - 方位误差显示（器）

kedge(anchor) 小锚

keel ①龙骨，船脊骨②（平底）船③一平底船的煤，运煤平底船，煤的重量单位（相当于 21.2 长吨）④装龙骨⑤把（船）翻转,（使船）倾覆

bilge ~ 船身龙骨，船脊骨

center ~ 中竖龙骨

false ~ 副〔保护，假〕龙骨，龙骨（护）板，防擦龙骨（船的）

projecting ~ 倒挂龙骨
rocker ~ 弯龙骨
slab ~ 龙骨补强板

keel-line 龙骨线（打样），首尾线

keelson 内龙骨，内龙筋
center-line ~ 中心内龙骨，中央竖龙骨（船的）

keen alloy 铜基合金（w（Cu）75%，w（Ni）16%，w（Zn）2.3%，w（Sn）2.8%，w（Co）2%，w（Al）0.5%）

keen-edged 刀口锐利的，锋利的

keenness 尖锐（性，程度），锐敏度

keep ①（使）保持（某种状态），（使）继续，维持②保存〔管，留，有，卫，护〕，储备，备有③经营，管理，经售④制止，抑制⑤遵守，履行⑥握着⑦记载，记住⑧盒底（下承轴），（切割器）压力板，支持零件

keep-alive 点火电极，保弧，维弧

keeper ①柄，把，架②保位器，保持件〔器，片〕，卡箍，夹子，保通片，夹头③锁紧〔扣紧，止动〕螺母，定位螺钉，切断销④（永久磁铁）衔铁⑤门栓，带扣，刹车
dust ~ 防尘装置，防尘器〔罩〕
ferrite ~ 铁氧体保通片
knife ~ （切割器的）压刀板
magnet ~ 永久磁铁衔铁
oil ~ 油承
pad ~ 垫限位器
sickle ~ （切割器的）压刀板
time ~ 精密计时机构，测时计，计时员
twine ~ 绳夹

keeping 保持〔有，管〕，遵守，一致，协调
house ~ 内务处理，内务操作（程序的）保管，辅助工作，整理工作，服务性工作

keep-ring 保持环

keg （30 加仑（=136 L）以下的）小桶

Kelcaloy 凯尔卡洛伊（复合）钢（用克罗格电渣法生产的轧制复合钢）

K-electron K 层电子（围绕原子核的第一层上的电子）

kelly 方钻杆，传动钻杆

kelmet 油膜轴承，油膜轴承合金，铜 - 铅轴承合金（w（Pb）20% ~ 45% 的铅青铜）

kelve =kilve

Kelvin ①开尔文（热力学温度的计量单位，K）②能量单位（偶尔用作 kW · h 的名称）

Kelvinometer 热力学温度计

kemet 钡镁合金（吸气剂）

kemiform （化学腐蚀）摄影加工

K-emitter K 发射体

kenetron 大型热阴极电子二极管（用于工业整流和 X 射线设备），高压整流二极管

kennametal 钴碳化钨〔钨钛钴类〕硬质合金

kenopliotron 二极 - 三极管（三极管的阴极同时作为二极管的阳极）

kenotron 二极整流管，大型热阴极二极管，高压整流二极管

Kent 制图纸，绘图纸

Kentanium 硬质合金（w（TiC）70% ~ 80%，w（Ni）20% ~ 30%）

kentledge 压重料，压块，压载铁，压船舱用的铁块

kep ①夹子，夹器②门扣，安全扣锁③拉手，窗钩④罐座（采矿）
chain ~ 链式罐（笼）座

kepinterlock 罐托联锁系统

keramic 陶器的

keramics 陶器

keramzite 素烧黏土填料，有孔黏土，陶结块

keraunophone 闪电预示器

kerchsteel 克尔斯砷钢（结构钢）

kerf ①切〔截，锯〕口，切断沟，劈痕②锯槽，锯缝，切口（气割的）③截断，切开，剪断④采，掘
saw ~ 锯缝〔口〕
vertical ~ 竖截槽

Kerma 科玛（放射学中的一种动能单位，可用（Jkg^{-1}）表示），比释动能

kermet 克美特合金（用于飞机等的轴承减摩合金（w（Pb）33% ~ 37%，w（Fe）0.8%，w（Ni 或 Ag）2%，其余 Cu）

kernel ①核，核心，原子核〔实〕，中心②型〔砂〕芯③（积分方程的）影响函数④零磁场强度线，零位线，稳定电子群⑤颗粒⑥要点
atomic ~ 原子核
definite ~ 确定核（正定或负定核）
discontinuous ~ 不连续核
energy ~ 能量核
fault ~ 故障核
forward transformation ~ 正向变换核
inverse transformation ~ 反向变换核
normalizable ~ 可规范化核
operating system ~ 操作系统核心
point ~ 点源核，点源影响函数
reciprocal ~ 逆核，互反核
security ~ 安全核心
separable ~ 可分离核

kerning 调节字距，出格法
kerosene 煤〔火，灯，石〕油
kerosine =kerosene
kerus 克鲁司钨钢（*w*（C）0.7%，*w*（W）14%，其余 Fe）
ket 刃（矢量）
orthogonal ~ 正交刃
ketone 酮
ethyl styryl ~ 苏含香烯丙酮
methyl ethyl ~ 丁酮（$CH_3COC_2H_5$），甲基乙基酮
ketos 凯托斯铬锰钨钢（*w*（C）0.9%，*w*（Cr）0.50%，*w*（Mn）1.25%，*w*（W）0.50%，其余 Fe）
kettle ①电水壶，锅，小汽锅，勺，水壶，吊桶②槽箱
electric coffee ~ 电咖啡壶
electric tea ~ 电茶壶
electric ~ 电开水壶，电热水壶
first-over ~ 除铜精炼锅（炼铅）
lead improving ~ 铅精炼锅
liquating ~ （铅，锡精炼）熔析锅
pouring ~ 浇注勺
pump ~ 水泵吸水管的过滤笼头
still ~ 蒸馏釜
sulphur treatment ~ 加硫除铜精炼锅
kettleman 锅炉工
kevatron 千电子伏级加速器
kevlar 凯芙拉（强度很高的有机纤维，由芳香聚酰胺炼制成的）
key ①键，钥匙，（电，音）键，电门，电钥②按钮，开关，扳手，楔，栓，销，双头螺栓③拱键，钩形物，楔形砖④信息标号，关键码〔字〕⑤关键，纲要，索引⑥题〔图，表〕解，答案，图例⑦主要的，关键的，基础的⑧销〔插，锁〕上，啮合，拼合，用键固定，用销固定，楔固⑨键码，键控，按键，调整，发报，自动开关⑩密钥⑪楔铁（带有燕尾的锻模专用紧固零件）
~ of cock 旋塞阀键
~ of joint 缝连接
~ off 切断
~ on 接通
~ out 切断，断开
activate ~ 起动键
adjusting ~ 调整键，定位键
aligning ~ 校准键，定位键
alpha ~ α 键，扇形键
associative ~ 相联关键字〔码〕
ATM backup ~ ATM 备份密钥
attention ~ 警示键，终端联机键
axle stop ~ 止轴键
backspace ~ 返回键，回退键
bell ~ 振铃电键
box ~ 套筒扳手
break-in ~ 插话键
bridge ~ 电桥按键，桥路中的电键
bug ~ 双向报键，快（速发报）键，半自动发报键
cancel ~ ①清除键，消除键②符号取消键
cap ~ 套筒扳手
carriage restore ~ ①滑架复位键②行复位按钮（印刷机的）
carriage space ~ 托架空推键
center ~ 锥柄工具卸出斜铁，拆锥套楔，中心键，锁砖
centertap ~ （推挽放大器）中心抽头键控法，中点键控
check ~ 止动监听按钮，校正键
chroma ~ 色度键
cipher ~ 密码本，密码索引，暗号注解
ciphering ~ 加密键
clear ~ 清除键
clutch rolling ~ 离合器转键
code ~ 代码钥匙
coiled ~ 旋簧键
combined ~ 两用电键，多用电键
common ~ 公用密钥
concentration ~ 集合按钮
conversion ~ 转换键
copy quantity ~ 复印张数设定键
cotter ~ 扁销键
coupler yoke ~ 钩尾（扁）销
cross ~ 横向键
cryptographic ~ 密钥
cut-off ~ 切断电键，断路按钮
cut-out ~ 切断电键，断路按钮，断流按钮
cylindrical ~ 圆柱键（辊道圆锥齿轮用的）
data ~ 数据键
data communication ~ 数据通信密钥
database ~ 数据库关键字（数据库密钥）
depressed ~ 按钮，按键
derived ~ 导出关键字
dial ~ 拨号键
display ~ 显示电键
double-contact ~ 双触点电键

draw ~ 活动键，滑键
drill ~ （拔钻）楔铁
drive ~ 锥枢，横楔，传动键
eject ~ 弹起键
ejector ~ 推顶键
emergency ~ 应急电键
encoding ~ 编码键
encryption ~ 加密密钥
feather ~ 导向键，滑键
firing ~ 起动按钮，起动开关
fit ~ 配合键
flanged ~ 法兰扳手
flashing ~ 闪灯电键，闪烁电键
foreign ~ 对外码
forelock ~ 开口键
forward alignment ~ 前接键
forward wind ~ 速进键
function ~ 功能键，操作键
gain control ~ 增益控制键
gib ~ ①有头键②凹形键
gib-head(ed) ~ 嵌入键，弯头键，钩头楔键
grouping ~ 并席键
guidance ~ 导向键
high ~ 亮色调图像调节键
holding ~ 保持电键
hollow ~ 空心〔空底，鞍形〕键
home display ~ 自席显示电键
hook ~ 钩形扳手
implicit cipher ~ 隐（式密码）密钥
initiate ~ 起动键
INT ~ =internal ~
integral ~ 花键
internal ~ 内键
invalid ~ 无用键
jig ~ 钻模键
kennedy ~ 方形切向键
keyboard function ~ 键盘功能键
kingpin draw ~ 中心立轴活动键
latch ~ 弹键（门）锁，碰锁〔弹簧锁〕钥匙
listening ~ 监听键
load ~ 打入〔装载，输入〕键
locator ~ 定位销，定位键
locking ~ 制定键，锁键，锁定开关，制动开关，制动按钮
loose ~ 松键，活动键
low ~ 暗色调图像调节键
major ~ ①主键，主关键字②常用键
make-and-break ~ 开关
manipulated ~ 指键，手动键
manual load ~ 人工输入键
master ~ 万能钥匙，总电钥匙，总电键
measuring ~ 测试电键
message ~ 消息密钥，报文密钥
meter ~ 计数器电键，接入测量仪表按钮，滑线电键
mode shift ~ 工作方式转换器
monitoring ~ 监视键，监听键
multi-code ~ 复编码电键
multiple ~ 花键
network ~ 网络密钥
non-locking ~ 自动还原〔非锁定，自复〕电键
normal ~ 定位钥匙
nose ~ 钩头楔
offset hexagon bar ~ 偏颈六角杆键
order ~ 传号电键
over ride ~ 对消钮
passing ~ 共用电锁，总电键
personal automotive security system ~ 防盗点火钥匙，个人汽车安全系统钥匙
personal identification number ~ 个人识别号密钥
pin ~ 销键
plug ~ 插塞式开关，插塞电键
pole-reversing ~ 倒极（性）开关
positioning ~ 定位键
press ~ 按键，按钮
press-button ~ 非锁定按钮
primary ~ 主码
program(me) ~ 程序键
public ~ 公开密钥
pulley ~ 带轮键
push-turn ~ 按下按钮
record ~ 录像按键，录音按键
register ~ 寄存器〔计数器，记发器〕按钮
relay ~ 继电器式电键，转发电键
release ~ （带盒）弹出键，释放键
reset ~ 复位〔复归，回原，清除〕键
resetting ~ 置“0”开关，复位开关，复位键
retaining ~ 固定键
return ~ 回车键，确认键，返回键，结束键
reverse ~ 反向开关
reversing ~ 换向电键
rewind ~ 倒带（按）键
ring ~ 环键，卡环，振铃电键
root ~ 根号键，开平方键

round end ~ 圆头键
saddle ~ 空键，鞍形键
screw ~ 螺钉扳手，螺旋键，压下螺栓的传动杆
search ~ 搜索密钥，搜索关键字
securing ~ 定位销，定位键
selector ~ 选择器电键
self-check ~ 自校准开关
semicircular ~ 月牙键，半圆键
sending ~ 发送电键，发报电键
sequencing ~ 定序标准，定序准则
set ~ 柱螺栓键
shift ~ （打字机）字型变换按键
short-circuit ~ 短路键
shortcut ~ 快捷键
side ~ 快速发报键
signal(l)ing ~ 信号键，发信电键
single cycle ~ 单周键，单行键（打印机用）
skeleton ~ 万能钥匙
slip ~ 伸缩键
socket ~ 套筒扳手
solid ~ 固定键
sort ~ 分类键（用于分类的信息字）
space ~ 空格键，间隔键
space skip ~ 跳格键
split ~ 开口键，切断电键，切断按钮键
spoke ~ 辐条扳手
steering sprocket ~ 转向机构，链轮键
storage ~ 存储（检索的）关键字
straight ~ 平键
sunk ~ 埋头〔暗，嵌入，槽〕键
switch ~ 转换开关，电话电键，开关
symbolic ~ 符号键，符号关键码
talk(er) ~ 通话电键
tangent ~ 切向键
tape load ~ 送带键
taper ~ 斜〔楔，钩头楔〕键
"team-size"~ 交换机负荷转接开关
teamwork ~ （话务员）班组协作键
telegraph ~ 电键
test ~ ①测试电键②电讯密码
tightening ~ 斜扁销
tippy ~ 斜键，摇晃钥匙
tool holder ~ 刀夹钥匙
transfer ~ 转接电键
trip ~ 断路电键，开路电键
tubular ~ 管形螺钉扳手
turn ~ 总控键
universal ~ 通用键，万能键
unlocking ~ 钥匙
user ~ 用户密钥
valve ~ 阀簧抵座销，气阀制销，（轮胎）气门扳手
variable ~ 可变密钥
variable length ~ 可变长度密钥
wedge ~ 楔形键
Whitney ~ 半月销，半圆键，月牙键
wind-up ~ 发条钥匙
wood ~ 木楔
wooden ~ 木楔，木键
woodruff ~ 半圆〔月牙，月形〕键，月弧〔月牙，半月〕销
working ~ 工作密钥
write ~ ①写关键字②写入键

key-agile 密钥灵活

key-and-slot 滑键，导向键

keyboard ①键盘，电键，按钮，开关板②按钮式斜面台
alphanumeric ~ 字母数字键盘
companion ~ 伴随键盘，辅助键盘
console ~ 控制台键盘
figure ~ 字符键盘
input ~ 输入键盘
intelligence ~ 智能键盘
intelligent ~ 智能键盘
motorized ~ 电动键盘
phonetic ~ 速记键盘
printer ~ 打印机键盘
saw-tooth ~ 锯齿式键盘
storage ~ 存储式键盘
tactile ~ 触觉键盘

key-bolt 键螺栓，螺杆销

keycard 键卡

keycoder 键盘编码器

key-drawing 解释图，索引图

key-drive 键传动，键控

key-driver 键起子

keyed 有键的，键控的，楔形的，锁着的，用拱顶石连着的

key-entry 键入（的），键输入的

keyer 电键〔键控，调制，定时，计时，控制〕器，电键电路
automatic dot ~ 自动点键控器
field ~ 场开关
pulse ~ 脉冲键控器
pulsewidth ~ 脉冲宽度键控器

tone ~ ①音频键控器②音调〔纯音，单音〕调制器
vacuum-tube ~ 真空管键控器
vertical interval ~ 垂直扫描间隔定时器，帧（扫描）时间定时器
keyframe ①键架②关键帧
key-generator 选通脉冲发生器
keyhole ①锁眼，钥匙孔②键孔，螺栓孔③椭圆弹孔，掏槽孔，控制钻孔
key-in 键盘输入，插上，嵌上，通频带，通过区
keying ①锁上，插上②用键固定，楔紧③键控（法），按键，自动开关④调制，选择⑤发报，拨号（电话）
amplitude ~ 振幅键控
amplitude shift ~ 幅移键控，幅变调制（数字信号在载频上是通过改变载频的幅度）
anode ~ 阳极键控法
back-shunt ~ 后分路键控
binary phase-shift ~ 二进制相移键控
blocked-grid ~ 栅截止键控
break-in ~ 插话式键控
cathode ~ 阴极键控法
coherent phase-shift ~ 相干相移键控制
differential phase-shift ~ 微分相移键控法
frequency ~ 频率键控
frequency shift ~ 频移键控
nodal-point ~ 波节点键控
on-off ~ ①通 - 断按键，开 - 关键控，启 - 闭键控②振幅键控
phase ~ 相位键控
phase continuous frequency shift ~ 相位连续频移键控
phase shift ~ 相移键控
phase-shift ~ 键控移相，相移键控
plate ~ 板极键控法
rim ~ 磁轭打键（水轮发电机）
skip ~ 跳步〔格〕键控
time-shift ~ 时移键控
keyless ①不用钥匙上发条，用柄上发条②无钥匙（的），无缝（的），无键（的）
keymat 键盘衬垫
keynote ①基调，主旨，重点②基本方针，主要动向
key-off 切断
key-on 接通
key-on-flat 平键
keypoint 关键点
key-pulse 选通脉冲
keypunch 键控穿孔（机），盘式穿孔（机）
buffered ~ 有缓冲器的键盘穿孔机（在卡片穿孔前能校对数据的穿孔机）
numeric ~ 数字键控穿孔
printing ~ 印刷式键控穿孔机
keypuncher （键控）穿孔机操作员，穿孔员
keyseat 键槽〔座〕，销槽
keyseater ①键槽插〔铣〕床②键槽铣刀
drawcut type ~ 键槽拉床
keyseating 键槽
keysender ①键控发射机，电键发送器②按钮电键
key-sending 电键选择〔拨号，发送〕
keyset 键控装置
keysets ①配电板②转接板
keyshelf 电键盘，键架，键座
keyslot 键槽
keystone ①关键，主旨，要旨，根本原理②（光栅）梯形畸变，梯形失真③拱心石，冠石，嵌缝石④用拱顶石支承
field ~ 场梯形畸变〔失真〕
frame ~ 帧梯形畸变〔失真〕
line ~ 行频梯形畸变〔失真〕
keystoning 梯形畸变，梯形失真
keystroke 击键
shortcut ~ 快捷键
key-to-address-transformation 关键字地址转换
key-to-disk 键（盘）-（磁）盘结合输入器（小型的数据记录装置）
key-to-tape 磁带编码器
key-wall 齿墙，刺墙
keyway 键槽，销槽，销座，凹凸缝
axial ~ 纵向键槽
clutch ~ 端面齿槽
dovetail ~ 燕〔鸠〕尾键槽
reference ~ 参考键槽
keywell 基准钻孔
keyword 关键字
statement ~ 语句关键字
keyword-in-context （KWIC）上下文关键字
keyword-out-context 上下文外〔前后文外〕关键字
K-factor 径向压溃强度系数，热传导系数，（中子）增殖系数
k-family 网络通信路由算法
K-flow K 流变（表示不稳态蠕变）
kibble ①（凿井用）吊桶，木桶②把…碾成碎

块，粗磨

kibbler 粉碎机，破碎机

kick ①反冲（力），反击（力），后坐（力），冲击②弹力，轴向压力，反应力③纵向收缩（压延或压出），逆转④航向偏转，急冲（仪表指针），突跳，跳〔抖，翻〕动⑤反抗，对抗⑥（发动机）起动⑦（石油产品的）初馏点，汽油的发动性

back ~ （发动机起动时）逆转，回爆，逆火，反冲击

ballistic ~ 急冲，突跳（仪表指针）

flyback ~ 回扫（过程中的）电压脉冲

rudder ~ 方向舵偏转

kickback ①返程，回程，反冲，踢回，退还②逆转，倒转③佣金

kick-down ①下弯，下倾②（发动机）调低速

kicker ①喷射〔抛掷，顶出，弹踢，抖动，甩套〕器，推料机②冲击磁铁（快速引出束流用的），快引出〔脉冲〕磁铁，落下后反弹起来的物体③艇外推进器，舷外挂机，船用小型内燃机④（金刚石）侧刃⑤复进簧⑥发泡催化剂

dipole ~ 偶极冲击磁铁

full-aperture ~ 大开度冲击磁铁

log ~ 原木推送机

sand ~ 行走式砂处理机

stylus ~ 唱针跳槽器

kicking ①反冲②逆转

kickoff ①拨料〔甩出，推出〕机②（卫星与运载火箭）分离，断开，不归位式寻线机跳开

coiler ~ 拨卷机，推卷机

screw-type ~ 螺旋拨料机〔推出机〕

kick-on 跳出，不归位（式）寻线机跳接

kick-pedal 脚蹬起动踏板

kickpoint 转折点

kicksort 脉冲幅度分析，振幅分析

kicksorter ①振幅分析器，脉冲幅度分析器②选分仪

kickstand 撑脚架

kick-starter 反冲式〔跳动式〕起动机，（摩托车）脚踏起动器

kick-up ①向上弯曲②翻车器，翻罐笼

kidney ①小圆石，小卵石②（pl.）（吹炉，转炉）结块

kier 漂煮锅，精炼锅

boiler ~ 精炼锅，漂煮锅

boiling ~ 沸煮锅

kieselguhr 硅藻土

kieve 锡石泥精矿精选桶，锡矿的最后精选桶，洗矿桶

Cornish ~ 科尼什手动跳汰机（英国康威尔锡矿淘锡用）

kilfoam 抗泡剂

kill ①切断（电流），断电，断开，截断，刹住，停住（机器）②衰减，减轻，削弱，抑制③消去〔色，像〕，中和，去激励④破坏，摧毁⑤（钢）脱氧，变纯，镇静（炼钢），加脱氧剂⑥平整，小压下量轧制⑦沉积（浮选），沉淀⑧涂掉，删掉，放弃，结束，使失效

zero ~ 零消失，消零

killed 已断路的，已停电的，饱和了的，脱氧的，镇静的

killer 限制〔抑制，断路，吸收（无线电），（选矿）沉淀，瞄准〕器，（钢）脱氧剂，消光剂

~ stage 彩色通路抑制级

~ tube 彩色信道抑制管

automatic colo(u)r ~ 自动消色电路

chroma ~ 消色器

colo(u)r ~ 彩色抑制电路，消色器

echo ~ 回波〔反射信号〕抑制器

froth ~ 泡沫消除器〔剂〕

kiloparsec ~ on delay 延迟消色器

noise ~ 噪声限制器，静噪器，噪声抑制器

phosphor ~ 荧光粉猝减剂

regenerative colo(u)r ~ 再生性彩色抑制器，再生消色器

RF dropout ~ 射频信号失落消除器

spark ~ 电火花熄灭器，火花抑制器，消弧器，减弧器

spot ~ 亮点〔余辉〕消除器

virus ~ 病毒杀手；消毒程序，杀毒程序

weed ~ ①除草喷雾车，除草机②除草剂

killing ①切断电流（的），切断电路（的），断开的②脱氧（使钢镇静的），加脱氧剂③沉积（浮选）④平整（低压下量轧制）⑤破坏的，摧毁的

kiln ①窑干燥炉，烘干炉，（火）炉，（砖，瓦）窑，干燥器②（窑内）烘干，窑烧，窑烘

annular ~ 环式烘炉

apartment ~ 分室干燥炉

atmospheric pressure ~ 常压炉，常压加热炉

batch ~ 间歇式加热〔分批处理，分层式烘〕炉

bell ~ 钟罩式窑

boiling ~ 沸煮炉

calcining ~ 焙烧炉，焙烧室，煅烧窑

carboradiant ~ 金刚砂电炉

chamber ~　方窑，房式窑
circular ~　圆筒式干燥炉，圆窑
directly-fired ~　直接加热炉，直烧窑
doughnuts ~　蒸笼窑
down-draft ~　倒焰窑
fire ~　煅烧窑
gas ~　瓦斯窑
glost ~　釉料干燥窑，釉窑
hardening ~　硬化窑
high temperature shaft ~　高温竖窑
high temperature tunnel ~　高温隧道窑
jar ~　罩式窑
lumber ~　烘木炉，木材烘干窑
muffle ~　隔焰窑，马弗式窑
periodic ~　分批〔周期〕加热窑
pit ~　炼焦炉
progressive ~　连续运转窑
pushed-bar ~　推杆窑
roasting ~　焙烧窑，煅烧窑
roller-hearth ~　滚柱炉膛式窑
rotary ~　回转（干燥）炉，回转窑
semi-continuous brick ~　间歇运行砖窑
shaft ~　竖（式）窑
single-stack ~　单竖井式窑
superheated steam ~　过热蒸汽干燥器
top hat ~　钟罩式窑
truck chamber ~　钟罩式窑
tunnel ~　隧道窑（电瓷专用设备）
vertical ~　竖窑，立窑

kilnboy　干燥程序自动控制记录器
Kilo　通信中用的以代表字母 K 的词
kiloampere　千安（培）
kilobaud　千波德（信号或发报的速率单位）
kilobit　千（二进制）位，千比特
kilobyte　千字节
kilocharacter　千字符
kilocycle　①千周，千赫②（pl.）无线电广播
kiloelectron-volt　千电子伏特
kilogram(me)　千克，公斤
International Prototype ~　国际千克原器
kilogram(me)-force　千克力(kgf, 1 kgf=9.81 N)
kilogram(me)-force-meter　千克力米（kgf · m, 1 kgf · m=9.81 N · m）
kilohertz　千赫（兹），千周
kilohm　千欧姆
kilojoule　千焦（耳）
kilolambda　毫升（mL）
kiloliter　千升（m^3）
kilolumen　千流明
kilolumen-hour　千流明时
kilolux　千勒（克斯）
kilomega　吉（咖），十亿（10^9）
kilomegabit　吉（二进制）位（10^9 个二进制位）
kilomegacycle　吉周
kilometer　千米，公里
~ per hour　千米每小时
cable ~　电缆延长,电缆敷设长度（以公里计）
kilometer-ton　千米吨，公里吨
kilometrage　公里里程
kilometric(al)　千米的，公里的
kilo-oersted　千奥（斯特）
kilo-ohm　千欧（姆）
kilopackets　千（信息）包
kiloparsec　千秒差距（3 262 光年）
kiloroentgen　千伦琴
kilorutherford　千卢（瑟福）
kilostere　千立方米
kiloton　千吨，相当于千吨 TNT 的爆炸力，一千吨 TNT 当量
kilotron　整流管
kilovar　千乏，无功千伏安
kilovar-hour　千乏时，无功千伏安时
kilovolt　千伏（特）
kilovoltage　①以千伏计的电压②千伏电压，千伏（特）数
kilovolt-ampere　千伏安
quadrature ~　无功千伏安
rated ~　额定千伏安，额定容量
kilovolt-ampere-hour　千伏安小时
kilovoltmeter　千伏电压表，千伏计
kilowatt　千瓦（特）(kW)
kilowatt-hour　千瓦小时（kW · h），度（电能的单位）
kilowatt-hourmeter　电能表
reference ~　标准电能表
kilowatt-meter　千瓦计，电力计
kilowatt-year　千瓦年
kiloword　千字
kilve　①氟石（CaF_2）②含碳页岩
Kinamation　Kinamation 动画软件
kind　①种类，品种，形式，物品②性质，本质，特性③易采的（指矿石），柔软的，容易处理的
K-index　K 指数（磁扰强度量）
kindle　①点（着），点火〔燃〕，着火，燃烧，烧着，照亮（耀）②激〔引〕起，鼓舞

kindling ①生火,点〔着〕火,燃烧,发亮②(pl.)引火物质
kindred 相似(的),同种〔类,性质〕(的),同源(的)
kine ①(电视)显像管②屏幕录像,电影(院)
kine-klydonograph 雷击电流 - 时间特性曲线记录仪
kinema 电影(院)
~ colo(u)r 彩色影片,彩色电影
kinematic(al) 运动(学)的
kinematics 运动学,(CAD)动态仿真
~ of mechanism 机构运动学
forward ~ 运动学正解
inverse ~ 运动学逆解
kinematograph ①电影摄影〔放映〕机,活动电影机②电影制片(技)术,活动电影〔影片〕③放映,电影(院)④运动描记器
kinematography 电影摄影术〔学〕,活动电影〔影片〕
kinemograph ①转速图表②流速坐标图③活动影片
kinemometer ①灵敏〔感应式〕转速表②流速计
kinephoto 显像管录像,屏幕录像
kineplex 动态滤波多路
kinergety 运动能量
kinescope ①(电视)显像管,电子显像管②显像管录像,电视屏幕录像③眼折射计
all-glass ~ 全玻璃式显像管
aperture-mask tricolo(u)r ~ 多孔障板式三色显像管,荫罩式彩色显像管
blue ~ 蓝色(信道)显像管
colo(u)r ~ 彩色显像管
direct-viewing ~ 直视显像管
green ~ 绿色(信道)显像管
metal ~ 金属壳显像管
misconverged ~ 电子束发散式显像管
monitor ~ 监视显像管
multiplier ~ 倍增式显像管
one-gun shadowmask colo(u)r ~ 单枪障板〔荫罩〕式彩色显像管
penetration-type ~ 透射式(彩色)显像管
projection ~ 投影(式)显像管
recording ~ 录像〔传真〕显像管
red ~ 红色(信道)显像管
reflected beam ~ 反射式显像管
reflection-type ~ 反射式显像管
television ~ (电视)显像管
three-gun shadowmask colo(u)r ~ 三枪障板〔荫罩〕式彩色显像管
tricolo(u)r ~ 三〔彩〕色显像管
kinetheodolite (追踪导弹或人造卫星用)电影(定镜)经纬仪,摄影经纬仪
kinetic ①运〔活,能〕动的②动力(学)的
kinetic-control 动态控制
kinetic-potential 运动势
kinetics 动力〔运动〕学
~ of crystal growth 晶体生长动力学
~ of sintering 烧结动力学
combustion ~ 燃烧动力学
consistent subcritical ~ 相容次临界动力学
densification ~ 致密化动力学
disproportion ~ 歧化动力学
electrode ~ 电极动力学
fluid ~ 流体动力学
gas ~ 气体动力学
neutron ~ 中子动力学
reaction ~ 反应动力学
reduction 还原动力学
kinetocamera 电影摄影机
kineto-elasto dynamics 运动弹性动力学
kinetogram 电影
kinetograph 活动电影机,电影摄影〔放映〕机
kinetophone 有声活动电影机
kinetoscope (活动)电影放映机
kinetron 一种电子束管
kingbolt ①中枢销,主销,主(螺)栓,大螺栓②中心立轴,旋转(主)轴
king-piece 主梁〔柱〕,(桁架)中柱
kingpin ①中心〔中枢〕销,转向销,(转向节)主销②中心立轴③滚针
kingpost 主梁〔柱,杆,桩〕,(桁架)中柱,吊杆柱
king-rod (桁架)中杆〔柱〕,吊杆,主栓,大螺栓
king-size(d) 超过标准长度的,特长的,特别的,非常的
king-tower (塔式起重机的)主塔
kingtruss 主构架,有中柱的桁〔构〕架
kink ①扭〔弯,纠,绞〕结,结点,缠绕②铰链,环③扭〔弯,曲〕折,弯曲,转折点④(薄板缺陷)边部浪,(结构或设计)缺陷
curve of ~ 曲线的弯折(部分)
tooth ~ (电机)齿致脉动〔谐波〕
kinker (打结器的)扭结轴
kinking ①(放电缆或导线时)缠线②弯结,扭接

kinky 绞结的，弯曲的
kino ①开诺（一种充有稀薄氖气的二极管）②桉树胶③电影院
kinoform 显像形式，开诺全息照片，（位）相衍（射成像）照片
kinohapt 触觉计
kintal （一）百千克
kintoscope （活动）电影放映机
Kiosk kiosk 系统
kiosk ①小室，亭②变压器亭，室内配电亭③电话亭〔间〕
public telephone ~ 公用电话室
switching ~ 开关〔配电〕亭
transformer ~ 变压器亭，变压塔
kip （=kilopound）（一）千磅
kipp 脉冲
kipp-pulse 选通脉冲
kirkifier 线性整流器（其晶体管的基极相对于灯丝极保持较小的正电位，板极用作整流极）
kirksite （模具用）锌合金（*w*（Al）4%，*w*（Cu）3%，*w*（Zn）93%）
kirner 手工冲击钻
kirsite （基尔赛特）锌合金（*w*（Al）3.5% ~ 5%，*w*（Cu）4%，*w*（Mg）1%，其余 Zn）
kish ①（铁液内的）结集石墨，（铁液上的）浮碳，初生石墨②凝壳，渣壳，残留金属
kiss 缝口，接缝，啮合
die ~ 模具打靠
kisser 氧化铁皮斑点
kissing 开压边（内）浇道
kit ①（一套，全套，随身）工〔用〕具，元件，配套元件〔零件，器材〕，成套电路〔程序〕，（成套）仪器，（一组）仪表②工具箱〔包袋〕，用具箱〔包，袋〕，背囊，（小）桶③一〔整〕套，（一）组，全部
adaptation ~ 成套配合件
adapter ~ 成套附件
amplifier ~ （装配）放大器的整套零件，放大器的配套元件
applications software ~ 成套应用软件，应用软件包
circuit ~ 一套电路
clamping ~ 装夹工具
coil ~ 线圈组件
conversion ~ 改装用成套专用件，转换成套件
crystal ~ 晶体〔检波〕接收机的成套零件
cue ~ 指令跳光发生器
digital correlation ~ 数字相关器
expander board ~ 成套扩展电路板
extended card ~ 配套扩充插件
extra I/O package ~ 附加的成套输入输出组件
fly away ~ 随机器材包
maintenance ~ 保养箱，修理包
major system ~ 成套主系统（微计算机中的成套硬件和软件）
modification ~ ①改型工具，附件，附加器②改进的设备
overbore ~ （修理用）加大尺寸的缸套、活塞和活塞环组件
power supply ~ ①装备整流电源的整套零件②成套电源（设备）
prototyping ~ 配套样机部件
repair ~ 修理工具包
service ~ ①服务维修配件②维修箱
slave ~ 全套辅助工具
software ~ 配套（专用）软件
spare parts ~ 备（零）件箱
tire repair ~ 补胎工具箱
tool ~ 工具箱〔包〕，成套工具
underwater ~ 潜水装具
kite-camera 俯瞰图照相机
kitting 配套
klangfilm 有声影片
klaxon 电喇叭，电（警）笛
kleptoscope 潜望镜
klieglight 克利格〔白炽散光，强弧光〕灯
kliegshine 溢光灯的光，强弧光灯的光
klirr （波形）失真，（非线性）失真
klirr-attenuation 失真衰减量
klirrfactor 波形失真因数，畸变因数，非线性谐波失真因数
klischograph 电子刻版机
klu(d)ge ①组装〔杂牌〕计算机②临时办法
klydonogram 浪涌〔脉冲〕电压记录图，浪涌〔脉冲〕电压显示照片
klydonograph 浪涌〔脉冲〕电压记录器，过电压摄测仪
klystron 速（度）调（制）（电子）管
amplifying ~ 放大速调管，速调放大管
cascade ~ 级联速调管
double-cavity ~ 双腔速调管
double-resonator ~ 双腔速调管
drift ~ 漂移〔双腔，偏移式〕速调管
electrostatic focus(s)ing ~ 静电聚焦速调管
extended interaction ~ 分布（互）作用速

调管
external-cavity ~ 有外谐振腔的速调管
finite beam ~ 限（定电子）束速调管
frequency-multiplier ~ 倍频速调管
multicavity ~ 多腔速调管
multi-gap ~ 多隙〔腔〕速调管
multiple-beam ~ 多（电子）束速调管
multireflex ~ 多反射速调管
noise ~ 噪声速调管
outer-cavity reflex ~ 外腔式反射速调管
power ~ 功率速调管
reflex ~ 反射〔回复〕速调管
straight advancing ~ 直射式〔双枪〕速调管
three-cavity ~ 三腔速调管
travel(l)ing-wave ~ 行波速调管
two-cavity ~ 双腔速调管
two-gap ~ 双隙〔腔〕速调管
two-resonator ~ 双腔速调管

kmaite （绿）云母

K-Monel K蒙乃尔合金（*w*（Ni）66%,*w*（Cu）29%，*w*（Al）5%）

knack ①技巧，诀窍，窍门②习惯

knapper ①碎石机②破碎器③碎石工

knapsack ①背负式喷雾器（体）②背包〔囊〕
motorized ~ 背负式机动喷雾器

kneader ①混捏机，捏合机，叶片混砂机②搅拌机③碎纸机
~ for plastics 塑料捏合机
auger type ~ 螺旋式连续捏合机
batch ~ 批量搅拌机
continuous ~ for plastics 塑料混炼机
hot-air ~ 热气刀（印刷板工艺新技术）
loam ~ 黏土砂泥捏合机
plastic ~ 塑料捏合机
pressure ~ 加压式捏炼机
pulp ~ 碎浆机
rolling ~ 辊式捏合机
sand ~ 叶片式混砂机
sigma-type ~ 西格马型浆式捏合机
two-arm ~ 双臂捏合机

kneading 揉，揉搓〔碎，混，和，成团〕，捏，捏合〔制〕，混合，搅拌

knebelite 锰铁橄榄石

kneck 籽晶与晶体的接口处

knee ①膝部〔架，状物，形杆，形角〕②弯头〔管〕，肘〔曲〕管，曲材，肋材，（曲线的）弯曲处〔最大曲率处〕，拐点③合角铁④（铣床的）升降台⑤可调式工作台⑥用合角铁〔弯头管〕接合⑦直角的，膝形的
beam ~ 梁柱隅铁，梁尾接铁
hanging ~ 吊板（船的）
pipe ~ 管弯头，肘管，弯头管
soft ~ 曲线缓变弯折处
tank ~ 舱底接角

knee-and-column 升降台

knee-brace 膝形拉条，隅撑，角撑

knee-bracing 隅撑

knee-iron 隅铁，角铁〔钢〕

knee-joint 弯头结合，肘接，臂接

knee-piece ①（管）弯头，弯管②肘节③曲块〔片，缘〕④斜撑

knickpoint 转折点，裂点

knife ①（小,闸,刮,刨,手术）刀,刀〔刃〕口,刀片〔具〕，刨，刮板，切割器②（液压过滤器的）刮垢片③用（小）刀切，劈开，穿过
air ~ ①气刀②吹拂器
application ~ ①追肥铲刀②施肥开沟器
bale chamber ~ 固定切草刀
breaking ~ ①撞击刀（折断试验用）②轧刀
bush ~ 刮轴衬用的刀
cable stripping ~ 电缆剥皮刀
casing ~ 套管割刀，切管刀，切管器
chopper ~ 切碎器〔切碎装置〕刀片
circular slitting ~ 圆犁刀
clearing ~ （圆梳机的）起毛刀，三角起毛片
cut-off ~ 切料刀（饲料加工机械）
cutter ~ 切断刀
cutting ~ ①割〔切，铡〕刀②切割器
cylinder ~ 滚筒式切碎机刀片，滚筒刀（螺旋形刀片装在滚筒架上，如滚筒刀式铡草机上用的刀片）
dead ~ 底刀，固定刀片
diffusion ~ 切刀，切丝刀片
discharge ~ 卸料刮刀
doctor ~ 刮（胶）刀，剖刀
draw ~ 双柄拉刨，削皮刀，拉刮刀
erasing ~ 刮刀
flail ~ 甩刀，甩板，活动锤片
flywheel ~ 轮刀，转盘刀
free-swinging ~ 甩刀，铰接刀
group ~ 组合刀开关
hollowing ~ 弧刮刨
hot ~ 热切刀
laser ~ 激光手术刀
marking ~ 剁刀
mill ~ 磨刀

overhanging cutting ~ 悬重切刀（在固定刀之上可以上下移动的切刀）
palette ~ ①刮铲，刮勺②调色刀
pattern ~ 铣刀
planing ~ 刨刀
planishing ~ 手拉平口刨
plunger ~ 活动切草刀
punch ~ 穿孔刀
putty ~ 刮铲，刮勺，油灰刀
radio ~ 高频〔无线电〕手术刀
rag ~ 切布刀
ram ~ （捡拾压捆机的）柱塞剪切刀
scudding ~ 切纸刀
scuffle ~ ①单面平切铲②除草刀
serrated(-section) ~ 刻齿动刀片（切割器的）
shear ~ ①剪切机刀片②剪刀③剪切刀（捡拾压捆机的）
sickle ~ 切割器动刀片
slicer ~ 切片刀
slicing ~ ①切片刀②活塞剪切刀（捡拾压捆机的）
slitter ~ 纵剪机刀片
smooth-section ~ 光刃动刀片（切割器的）
smooth-edged ~ 光刃动刀片（切割器的）
spreading ~ 刮刀，涂胶刀
spring blade ~ 弹簧折刀
striking ~ 三棱刮（皮）刀
stripper ~ ①电缆刀②（电铲）铲刀
twine ~ 割绳刀
unhairing ~ 去毛刀
unloader ~ 卸料刮刀
veneer lathe ~ 旋（制薄）板刀
vent ~ 通气槽刀片（清理芯盒用）
wide-cutting ~ 宽幅平切铲
γ-ray ~ γ 刀

knife-edge ①刀刃，刀口②刃〔刀〕形支承③锐缘

knife-edged 极锋利的，极精密的

knife-equipped 装有割刀的

knife-machine 磨刀机

knife-plane 刀座
pivot ~ 支点刀座

knifer ①搅土〔剖土，划痕〕器②破皮机（破硬种皮用）③剖土机

knife-switch 刀开关
quick-break ~ 速断刀开关
tandem ~ 串刀开关

knifing ①（在切深孔型中的）切深（轧制）②刀割，刀切，切割

knit ①编织②接〔结，黏，联〕合，合并③缚紧，使紧凑，使结实

knitter ①针织机，编织机③编织者
flat jacquard ~ 普通〔平式〕提花针织机
four-feed ~ 四系统〔四路进线〕针织机，四吃线织袜机
hosiery ~ 织袜机
split foot ~ 光夹底织袜机
twin ~ 双系统编结〔针织〕机
two-feed ~ 双系统〔双路进线〕针织机，双吃线织袜机

knitting ①编织，编织物〔法〕，针织品②接〔结，黏〕合
dislocation ~ 位错编织
latch needle warp ~ 舌针经编机

knitwear 针织品

knob ①钮，旋〔按〕钮，手柄，球形捏手，球形柄，圆形把手②节，瘤，疙瘩，头部，（多肉缺陷）肥边③调节器④鼓形绝缘子
~ of key 键扣
~ up 拔出按钮
azimuth micrometer ~ 方位角微动手柄
bedreset ~ 可调〔换向，重复起动〕按钮
cage ~ 锁钮
catch ~ 带动锁钮
compensator ~ 补偿器旋钮
counter ~ 计数器操纵柄
elevation ~ 俯仰转螺（火炮瞄准具）
film rewinding ~ 倒片旋钮
film winding ~ 卷片旋钮
hand ~ 捏手，球形捏手，手柄
handle ~ 捏手
orienting ~ 方位手柄
palm grip ~ 十字把手
porcelain ~ 瓷柱，鼓形绝缘子
position fixing ~ 定位柄
press ~ 按钮
regulating ~ 调整捏手，调整按钮
rivet(ing) ~ 铆工模
rotary(-type) ~ 旋钮
setting ~ 调置钮
shift ~ （翻转）开关，开关按钮
split ~ 带槽分离式配线绝缘子
star ~ 链轮钮，星形捏手
stem ~ 销钉头
switching ~ 合闸按钮，切换旋钮
switch ~ 扳钮，开关手柄，合闸按钮，切换

旋钮
trim ~ 调整片钮
turn ~ 旋钮
knobbed 有〔多〕节的，圆头的
knobble ①节瘤，小节〔瘤〕，小圆块，小球形突出物②开坯,小压下量轧制（以除去氧化皮）③压平（表面上的）隆起
knobbling ①制铁坯（搅炼法一步操作），熔炼过的铁疙瘩②压平（表面上的）隆起③打落（氧化皮）④开坯，小压下量轧制
roll ~ 破鳞轧制
knobbly 有节〔疙瘩，圆形突出物〕的
knock ①敲，敲打〔成〕，打（击），碰（撞），撞②爆燃〔燃，击，轰〕，震动，敲击（信号），（机器）运动不规律，（发动机）停歇③破坏，消灭，击落④顶销
~ down ①拆开，拆卸，解体②撞〔打〕倒
~ out ①敲〔打，凿，放，抛，激发〕出，敲〔击〕落②（压铸）出模③落砂④分离，脱离
body ~ 车身前后方向晃荡（由于离合器接合过急而产生周期性滑转或发动机输出力矩不足而引起）
carbon ~ 积炭（引起的）爆燃
compression ~ （内燃机的）压缩爆燃
diesel ~ 柴油机爆燃
engine ~ 发动机爆燃〔声〕,（汽油机）爆燃,（柴油机）敲缸
fuel ~ 燃料爆击，敲
hone ~ 珩磨（头）振动
ignition ~ 点火爆燃（声）
piston ~ 活塞爆击，敲缸
side ~ 横向冲击，活塞松动
spark ~ 火花爆击
spark ~ control system 爆燃控制系统
taper ~ 圆锥顶销
knockability 出砂性（型砂）
knock-compound 抗（爆）震剂
knockdown ①可拆卸的，可分解的，锐不可当的,最低（价）的②易于拆卸的东西③击倒，降低
completeness ~ 整车解体出口（将整车拆成零件出口）
knocker ①门环②信号铃锤③爆燃剂④向顶锤⑤（果实）抖落器⑥推出器⑦脱圈器，花边筒子⑧清焦器
air ~ 气力抖动〔落〕器
coke ~ 除焦机
jar ~ 打捞工具（钻）
row ~ 平垄器
shell ~ 敲击器
tree ~ 果实抖落器
knocker-out 落砂工
knock-in 打入，敲入
knocking ①敲，击，碰撞②爆燃〔击〕，打落〔氧化皮〕敲击（信号）③水锤
knocking-out 拆除，打落，敲出，碰撞位移
knockmeter 爆燃计，爆燃传感器，爆燃仪
knock-off ①敲落，敲去②中止，停止，停止工作③（碰撞）自停装置④可连接的
knock-on ①撞击的，撞出的,（被）打出的（粒子）② δ 粒子③弹〔回，反〕跳
knockout ①顶〔打，敲，排，凿，抛，抖，推，击〕出，落砂（工作），脱模，出坯，分离，打砂芯，倒出铸件和壳，打箱，击倒②脱模机〔器，装置〕，拆卸器，拆卸工具，（模具）出件器，顶出器，喷射〔抛掷，分液，凝聚〕器，（压床）打料棒③抹去
bottom ~ 下方顶出，下顶料，下脱模
pneumatic ~ 气动落砂机
positive ~ ①直接式打料，刚性打料②刚性顶出器
pull-down bar ~ 下拉式打料杆
seed ~ 推种器（排种装置的）
sizing ~ 精压出坯杆
spring ~ 弹簧式顶件器
knock-pin 定位锁，顶销，止顶，顶出杆
knockrating 防爆率，抗爆值
knock-reducer 抗震剂
knock-sedative 抗震的
knop ①钮，电钮②节，瘤，圆形把手〔捏手〕，拉手，蕾形装饰
knot ①结，结点，绳〔纽，症〕结，木节，波节，瘤（华），节疤〔瘤〕，结节扣②难事〔题〕，疙瘩，关键，要点③节（kn，1 kn=1 mile/h=1.852 km/h）④一小群〔队〕⑤打〔连〕结，捆〔包〕扎⑥聚〔簇〕集
cat's-paw ~ 钢索栓钩结
ebonite ~ 硬橡皮扣
figure-8 ~ 8 字形结节
live ~ 活节
loose ~ 松节
noninvertible ~ 不易散纽结
running ~ （套绳）活结，圈套绳结
slip ~ 伸缩结，活结
sound ~ （木料）坚固节

stopper ~ 防止绳索穿过孔眼的结
twine ~ 绳结
knotbreaker 打回丝机，碎呢开松机
knotter ①打结器，结筛②除节机
Cormick ~ C 型打结器
Deering ~ D 型打结器
Jonson (vibrating) ~ 振动除节机
pressure ~ 压力除节机
vibrating ~ 振动式除节机
worm ~ 螺旋式结筛
knotty ①有节的，瘤状的②纷乱的，难解（决，释）的，困难的
knowbot 智能机器人，知识机器人；智囊
know-how ①专门技术〔技能，知识〕，实践知识，（生产）经验，专长②技术情报〔秘密，技巧〕③窍门，诀窍
knowledge ①知识，学问②理解，认识
knowledgeman 智慧人
knowledgeware 知识件
known ①已知的，有名的②已知数〔物〕
know-what 专有技术，技术知识，技术秘密
know-why 专有技术，技术原理，技术
knuckle ①关〔叉〕节，肘（状关）节，转向节，万向接头，铰链（接合），枢轴②钩爪，钩舌③炉节，炉喉，炉颈（平炉）
coil ~ 线棒鼻端
Elliont type ~ 埃利奥特变向关节（汽车前轴上下两叉间安装关节，并用销钉连结）
lower ~ （挖掘船身的）下部弯曲
overhead junction ~ 架空线网线岔
steering ~ 转向关节
knuckle-gear 圆齿齿轮，圆弧顶面连接齿轮（连接器）
knuckle-gearing 连接齿轮装置，圆齿齿轮装置
knuckle-joint ①铰链②（叉形）铰链接合，叉形接头，肘接头
knuckle-pin ①关节销，肘销②（万向）接头插销
knuckle-tooth 圆弧顶面齿（连接器齿轮），圆（顶）齿
knuckle-wheel 圆弧顶面齿轮（连接器），圆齿齿轮
knuckling 扭结（电缆）
knurl ①（硬）节，瘤②圆形按〔旋〕钮③滚花，压花（纹），刻痕
annular ~ 滚花
diamond ~ 网纹滚花
knurler 滚花刀〔机，工具〕
knukle-joint ~ 关节压花刀
knurling ①滚花，压花纹②滚花刀，压花刀③（轧辊）槽
diamond-shaped ~ 菱形滚花刀
hatching ~ 网纹滚花
rhombic ~ 菱纹滚花刀
straight(-line) ~ 直纹〔线〕滚花
knurlizer ①滚花刀②滚压辊轮
koalmobile 无轨自行矿车
kobitalium 科毕塔铝合金（w（Cu）1% ~ 5%，w（Ni）0.2% ~ 2.0%，w（Mn）0.25% ~ 0.20%，w（Fe）1% ~ 2%，w（Si）0.5% ~ 2.0%，w（Mg）0.4% ~ 2.0%，w（Ti）0.08% ~ 0.12%，其余 Al）
kochenite 琥珀树脂
kodatron 气体放电管
kohlenhobel 〈德〉刨煤机，煤刨
koldflo 冷挤压成形法
kollag 固体润滑剂〔油〕
kollergang 〈德〉轮碾〔碾砂，混碾〕机
kollermill 轮碾〔碾砂，混碾〕机
kolyseptic 防腐的
kominuter 〈德〉磨矿机，粉碎机
Konal （考纳尔）镍钴合金（w（Ni）70% ~ 73%，w（Co）17% ~ 19%，w（Fe）7.5%，w（Ti）2.5% ~ 2.8%）
Kone 双纸盆扬声器
Konel 柯奈尔代用合金（w（Ni）73.07%，w（Co）17.16%，w（Ti）8.8%，w（Si）0.55%，w（Al）0.26%，w（Mn）0.16%；或 w（Ni）46%，w（Co）25%，w（Fe）7.5%，w（Ti）2.5%，w（Cr）19%）
Konik(e) 镍锰钢（w（C）0.1%，w（Mn）0.35%，w（Si）0.08%，w（Ni）0.35%，w（Cr）0.12%，w（Cu）0.25%）
konilite 粉石英
konimeter 计尘器，（空气）尘量计
koniogravimeter =konimeter
koniscope 计尘器，检尘器，尘粒镜
konoscope 锥光偏振仪，锥光镜
konstantan 康铜，镍铜合金
Konstruktal 康斯合金（Al-$MgZn_2$ 系合金）
kontol 康托尔（缓蚀剂）
kontrastin （用作比较介质的）氧化锆
koolohm 大（功率）容量电阻（商品名）
koroseal 聚乙烯树脂〔塑料〕
korvisit 科维西特熔铸制品
kotron 硒整流器

K-out-of-n n 中取 K 码
Koval 科瓦尔铝合金(w(Si)1.0%,w(Fe)0.3%,w(Mn)0.7%,w(Mg)0.65%,其余 Al)
Kovar 可伐(镍基合金),铁镍钴合金(w(Ni)29%,w(Co)17%,w(Fe)54%,膨胀系数与玻璃接近,用作玻璃金属材料)
K-parallelism K 并行性(算法中可以同时执行若干个进程的性质)
k-point 弹性极限
krarupization 均匀(连续)加感
krarupize 均匀(连续)加感
k-rating k 评价指数(一种电视信号品质的衡量参数)
Kraut-cell 带垂直螺旋泵的高落式浮选机,克劳特型浮选机
Lamb ~ 兰姆波
hierarchical ~ 层次克里金法
kristallization 结晶
KR Monel KR 蒙乃尔合金(蒙乃尔合金 R-405 与蒙乃尔合金 K-500 的总称)
Kromal 克劳马尔钼高速钢(w(C)0.7%,w(Mo)9%,w(Cr)4%,w(V)1.25%,其余 Fe)
kromarc (可)焊接不锈钢(w(Cr)16%,w(Ni)2%,其余 Fe)
Kromax 克劳马科镍铬合金(w(Ni)80%,w(Cr)20%)
Kromore 克劳莫尔镍铬合金(w(Ni)85%,w(Cr)15%)
kromscope 彩色图像观察仪
Krovan 克劳凡铬钒钢(w(C)0.9%,w(Cr)1%,w(V)0.2%,其余 Fe)
kryogenin 冷却剂
kryometer 低温计
kryoscope 凝固点测定计
kryoscopy ①(溶液)冰点测定法②凝固点测定
kryptol ①石墨碳化硅黏土混合物(电炉炉衬用)②粒状碳(电极粒状物),(硅)碳棒③克利普托尔电阻材料
krypton 氪(Kr)
kryptoscope 荧光镜
krytron 弧光放电充气管
K-scan K 型扫描
K-scope 位移距离显示器,K 型显示器
K-space K〔波矢量,动量〕空间
K-truss K 型桁架
Kumanal 库马纳尔铜锰铝标准电阻合金
kumial 含铝铜镍弹簧合金(w(Al)1%~2.5%,w(Ni)5.8%~13.5%,w(Cu)84%~92.9%)
kumium 高电(热)导率铜铬合金(w(Cu)99.5%,w(Cr)0.5%)
Kundt 孔特常数
Kunial 含铝铜镍弹簧合金(w(Al)1%~2.5%,w(Ni)5.8%~13.5%,w(Cu)84.0%~92.9%)
Kunifer 铜镍合金
Kunnifer 库尼镍铜(w(Ni)5%,w(Fe)1%,其余 Cu)
Kupfelsilumin 含铜硅铝明合金(w(Si)12%,w(Cu)0.8%,w(Mn)0.3%,其余 Al)
Kuromore 镍铬耐热合金(w(Ni)85%,w(Cr)15%)
kurtosis (曲线的)峰态,尖峰值,峭度,突出度(分布曲线中的高峰程度)
Kut(t)ern 铜碲合金(w(Cu)99.5%,w(Te)0.5%)
K-value 曝光校正常数,K 值,黏度(值),K 系数,增殖系数
KWH-meter 千瓦小时电能表
Kwords 千字(概称),1 024 个字
kyanite 蓝晶石
kyanization 升汞防腐法
kyanizing 升汞防腐(用氯化汞浸渍木材)
kybernetics 控制论
kymogram (转筒)记录图,记波图
kymograph ①脉搏曲线记录器②飞机旋转自记仪③示波器,描记器(测记脉管血压)④转筒〔转动〕记录器⑤波形自记器⑥角功表
kymography ①转筒记录法②记波法③波形自动测量法
Roentgen ~ X 射线〔伦琴射线〕记录法

L

lab ①实验室，试验室〔所〕，研究室②暗室，洗印车间，洗印厂

Labdanum 劳丹脂

label ①标签〔号，牌，记，识〕，名〔厂〕牌，记录单，（电码）符号，信号识别符，纸〔签〕条②示踪〔迹〕③贴标签于…，标定，做记号，把…称为

beginning tape ~ 磁带起始标记

end file ~ 结束文件标号

ending tape ~ 磁带结束标记

file ~ 文件标号

file trailer ~ 文件尾部标号

header ~ 首（部）标（签）

heat ~ 测温纸

interior ~ 内标，内标号

reel ~ 带卷标号〔签〕

scale ~ 标尺刻度

statement ~ 语句标号，语句记录单

track ~ （磁）道标号

trailer ~ 尾部标记

zero ~ 零标号

label(l)ed 标记的，示踪的

label(l)er 贴标签机

label(l)ing ①加标〔记，签〕②示踪，标记③导〔引〕入示踪原子

labile ①不稳〔安〕定的，易变〔错〕的②滑动的

lability 不稳〔安〕定性，易滑性，非平衡

labilize 活化

Lambda-list λ 表

labor ①劳动，工作，苦工②劳动力③努力，争取④颠簸⑤详细完成

commercial ~ 商品化劳动

intellectual ~ 脑力劳动

intensive ~ 密集〔集约〕劳动

manual ~ 体力劳动，手工

laboratory 实验〔化验，研究〕室，试验室〔所〕，化学厂，药厂

assay ~ 试金（实验）室，分析实验室

assembly unit ~ 汽车总成试验室

cold ~ “冷”实验室（非放射性实验室）

computing ~ 计算实验室〔研究所〕

control ~ 化验室，检验室

ECG ~ 脑电图室

experimental ~ 实验室

express ~ 快速化验室

hot ~ 强放射性物质研究实验室，原子核实验室，（进行放射性材料的化学实验，金相检验等）“热”实验室

mobile nondestructive testing ~ 无损检测工程车

oil ~ 油脂实验室

research ~ 研究工作实验室

tracer ~ 同位素示踪剂实验室

wind tunnel ~ 风洞实验室，空气动力学实验室

laboratory-scale 试验用（规模）的，小型的

Labordoc Labordoc 劳务人口数据库

laborer 工人，劳动者

casual ~ 临时工，短工

labour =labor

labourer =laborer

labyrinth ①迷宫，曲径②迷宫〔曲径〕式密封，迷路

acoustic(al) ~ 声迷路〔宫〕

plain ~ 平齿式迷宫气封

step ~ 阶梯式迷宫密封

straight-through ~ 直通式迷宫密封

lac ①虫〔紫〕胶，清〔虫，假〕漆，虫脂②涂有虫漆的器具③十万，无数

bleached ~ 白虫胶

needle ~ 针状虫胶

Ningpo ~ 金漆

stick ~ 树枝虫胶

lacca 虫漆〔胶，酯〕

lace ①带子，花边，带接合〔卡子，扣〕②束紧，穿带子，交织③全（区）穿孔，一行〔一列〕全穿孔

lacer 系带的用具，胶带接合机

belt ~ 带扣〔卡子，接头〕

double-end ~ 双头绑扎机

jacquard card ~ 提花机纸板串连机，编纹板机

lacerate 撕裂，划破

laceration 划破，切削，劈〔撕〕裂

lace-up 用带子束〔结〕紧

tape ~ 穿带

lacing ①单〔联〕缀，束紧〔带〕，牵系②分编，导线，拉筋，接头③定子绕组端部绑扎④花边装饰

belt ~ 带结合〔接头，卡子，扣〕，引带接头

hood ledge ~ 支持机罩的减振镶边，机罩减振垫片

radiator shell ~ 散热器壳衬带

lack 失效，不足〔够〕，缺乏

~ of alignment 准线〔中心线〕偏斜

~ of fusion 未熔合〔焊透〕

~ of registration 配准不佳，对准不佳

~ of resolution 清晰度欠佳，分辨率不足，鉴别力损耗

~ of true colo(u)r rendering 彩色重现不真实

~ of uniformity 不均匀〔均衡，平衡〕性

lacker ~ of penetration 未熔穿〔焊透〕

lacker =lacquer

lackluster 无光泽（的），暗淡（的），无生气（的）

lacmus 石蕊，地衣蓝

lacquer ①亮漆膜，（真，亮，光，腊克）漆，涂装②涂装（镀锡）薄钢板，胶片〔膜〕，漆器〔膜〕③使表面光洁

antirust ~ 缓蚀漆

blank ~ 空白胶片

cellon ~ 硝化纤维清漆

Chinese ~ 生漆

clear ~ （透明）亮漆，清漆

dipping ~ 浸漆

effect ~ 真空涂装，美饰漆

enamel ~ （纤维素）瓷漆

Japanese ~ 深黑漆

masking ~ 保护漆

prime ~ 上底漆

pyroxyline ~ 硝〔火〕棉漆，焦木素漆

raw ~ 生漆

Rhus ~ 漆树漆，深黑漆

silicone ~ 硅树脂漆

silver ~ 银器用漆（防止银发黑的清漆）

spray ~ 喷涂

stop-off ~ 护皮漆，隔离漆，漆封

varnish ~ ①（清）漆②上（清）漆

zapon ~ 火胶棉〔硝基清，透明〕漆

lacquering 涂装，涂层，漆沉积

lacteous 乳（状，白）的

lactolite 乳酪塑料

lactometer 检乳器，乳密度计

lactoprene 人造〔聚酯〕橡胶，乳胶

lacuna ①脱漏（部分），（数）缺项，缺损②空〔间〕隙，小孔

lacunary ①空隙的，多小孔的，孔穴的②有缺陷的③缺项的

Lada Riva 拉达 · 里瓦（俄罗斯伏尔加汽车厂生产车型）

ladar 光雷达

ladder ①梯（子），梯形物，阶梯②（挖泥机）斗架，栅架③（分级机的）耙

~ of management 管理（阶梯）等级

access ~ 进入〔入口〕爬梯

bubble ~ 泡梯

companion ~ 升降梯

digging ~ （多斗挖土机的）挖土斗梯状支架

digital-to-analog ~ 数字 - 模拟转换阶梯信号发生器

diver's ~ 潜水梯

fire-escape ~ 太平〔救火〕梯

fire-fighting turntable ~ 云梯消防车

gangway ~ 舷梯

jack ~ 索梯，木踏板绳梯

Jacob's ~ 斗式提升机，斗带式升运机（输送谷物用），软梯

wharf ~ 舷桥

laddertron ①梯式输电系统（静电加速器的）②梯形管（毫米波漂移管）

Laddic 拉蒂克多孔磁心（多孔磁性逻辑元件）

lade 装（载），汲出〔取〕，载〔加，负〕荷，获〔取〕得，塞满

laden 装载的，装着货的

lading 装载（的货物），装货，加荷，重量，压力，汲取

ladle ①浇包，（盛钢）桶②（铸，长柄）勺，罐，锅③铲，（戽）斗

Bessemer ~ 底注盛钢桶，塞棒盛钢桶

bottom-pour(ing) ~ 底注包，下注盛钢桶，塞棒盛钢桶

bricked ~ 砖砌盛钢桶

buggy ~ 盛钢桶车，台车式盛钢桶

bulk ~ 大铸勺

bull ~ 大型〔起重机式〕盛钢桶，吊〔输送〕桶，转〔运浇〕桶

carrying ~ 运输桶〔包〕，载运抬包

casting ~ 铸勺，浇包

charging ~ 装料桶

converter-type ~ 倾转式浇包

covered ~ （浇小件用）带盖浇（注）包

crane bail ~ 有吊架浇包
cylindrical ~ 鼓形浇包
Denisov vacuum ~ 丹尼索夫出镁真空罐
D.M ~ 摇（动）包
drum ~ 封闭式金属桶，筒形容器（带活盖并砌有耐火材料内衬的封闭式装液体金属的筒形容器），鼓形浇包
foundry ~ 浇包
geared crane ~ 手摇吊包，齿轮传动起重机搬运的铁液包
hand ~ 长柄手勺，手浇包
hand-tipping type ~ 人工倾斜式桶
Kling-type ~ 克林式盛铁桶，梨形铁液罐
labiate ~ 转包，倾动式浇包，带嘴浇包
laggedhot-metal ~ 液态金属盛桶
lip-pour ~ 转〔翻〕包，唇注〔茶壶〕包
mixing ~ 混铁罐〔包〕
one-lip hand ~ 单嘴手勺，单嘴手浇包
open-top ~ 敞〔开〕口式铁液罐
perforated ~ 漏勺
pig-iron ~ 盛铁桶，铁液罐
pony ~ 小浇包，浇勺
pouring ~ 浇（注）包
radial ~ 回转吊包（配包转台）
rammed ~ 打结盛钢桶，捣制钢包
receiving ~ 储铁罐
reservoir ~ 铁液混合包
say ~ （铸）样勺，取样勺
shaking ~ 摇（动）包
shank ~ 手转铁液桶，手浇包（端包和抬包）
slag ~ 盛渣桶，储渣罐〔包〕
sludge ~ 渣包，盛渣桶，掏渣勺
soldering ~ 焊勺
stationary ~ 座包，固定（浇）桶
stopper ~ 底注式（浇）桶，漏桶
stoppered ~ 有塞棒的盛钢桶
sulky ~ 轻便双轮车式浇桶
tap ~ 盛铁〔钢〕桶，浇铸桶
tapered ~ 鼓形（浇）包
teapot ~ 茶壶式（浇）包，壶形桶
teeming ~ 盛钢桶，浇注桶，底注（浇）桶
tilting ~ 可倾桶，倾动式〔带包嘴〕浇包
tipping ~ 倾倒式浇注桶
top-pour ~ 倾注桶，倾动式浇包
torpedo ~ 鱼雷形铁（液）包，混铁炉式盛铁桶
transfer ~ 铁液〔渣〕罐车
trolley ~ 单轨吊包，悬挂式浇包
truck ~ 浇桶车
two-man ~ 抬包
vacuum ~ 真空铸罐〔抬包〕
wire-screen ~ 网勺，（金属丝）筛网漏勺

ladle-hoist 吊包
geared ~ 齿轮传动的浇包起重机，浇包传动机构

ladle-to-ladle 倒包，一勺一勺地

ladling 金属装桶，浇铸

laevo-configuration 左旋构型

laevorotation 左旋（现象）

laevorotatory 左旋的

lag ①滞〔迟，落〕后，时〔磁〕滞，延迟，卡住，错开，平移，偏置②惯〔惰〕性③外〔防护〕套，气缸保温套，气缸隔热层格④用绝缘材料保护，覆盖绝热层
~ in phase 相位滞后
~ of higher order 高次谐波滞后
altimeter ~ 高度差
beam acceptance ~ 电子束接收惰性
beam current ~ 束流残像
brake ~ 制动生效时间，制动延时
build-up ~ 增长滞后
capacitive ~ （光导摄像管的）电容性图像惰性〔残留图像〕
capacity ~ 电容时滞，时间常数
control ~ 调节〔整〕延迟，滞后操纵
corrective ~ 校正〔调准〕延迟
decay ~ 衰减〔变〕惰性，衰变迟滞
dependent time ~ 相依时滞
discharge ~ 放电残像〔滞后〕
distance velocity ~ 距离速度延迟，传动延迟
elastic ~ 弹性滞后
fluorescent ~ 余辉
hysteresis ~ 磁滞
image ~ 成像惰性〔滞后〕
indication ~ 指示延迟
injection ~ 喷油延迟角
instrument ~ 仪表惰性
inverse time ~ 反时滞，反时限
magnetic ~ 磁滞，磁惯性
measuring ~ 测量数值的指示滞后
phase ~ 相位滞后
photoconductive ~ 光（电）导惰性
pickle ~ 酸浸时滞性试验（镀锡薄钢板钢基耐蚀性的试验）
picture ~ 图像的惰性（图像由强到消失所保留的时间）

plant ~ 调节对象滞后
process ~ 过程延迟
shear ~ 剪滞（在薄壁结构中产生的限制弯曲作用的现象）
switching ~ 换接滞后
thermal ~ 热滞（热变电阻器中电流落后），热惯性，缓慢加热
time ~ 时滞，时间延迟，时间上的间隔
transfer ~ 换算〔传输，转移〕延迟
transmission ~ 传动〔发送〕延迟
valve ~ 阀的滞后，阀门迟关
zero ~ 零位延迟

lagged 绝热的，覆盖绝热层的，滞后的

lagging ①保温层，绝缘层，隔热材料②横（挡）板，隔〔护，衬〕板③滞〔落〕后，差距④贴皮（实物造型时加的余量），锅皮⑤外套，防护套⑥波纹的，凹凸不平的
cylinder ~ 气缸（外）套
laggingboiler ~ 锅炉隔热套层
lap ~ 搭接挡板
pipe ~ 管外保护层
quadrature ~ 滞〔落〕后 90°
sheet-metal ~ ①锅炉护板②金属薄板外套
shiplap ~ 披叠，搭叠

lag-in-turn 旋回滞后

lagoon （污泥）贮留池，废液氧化安定池，废液净化池

Lagrangian 拉格朗日算符〔算子〕（的），拉氏函数（的）

laid-up 拆卸修理

laitance （水泥）翻沫，（混凝土，水泥砂浆的）浮浆

lake 色淀，沉淀色料，媒色颜料
colo(u)r ~ 色淀
mineral ~ 铬酸锡玻璃

Lala 康铜（铜镍合金：*w*（Cu）45%,*w*（Ni）55%）

lamagal 镁铝耐火材料（*w*（Mg）60%,*w*（Al）40%）

lamb ①翼形〔蝶形，元宝〕螺母②（操舵）盘

lambda 希腊字母 λ（表示波长的符号），λ 定位系统，人字形缝尖

Lambda-expression λ 表达式

lamb-dip 兰姆凹陷

lambdoid(al) △形的，三角形的

lambert 朗伯（la，亮度单位，1 la=（10^4/π）cd/m^2）
foot ~ 英尺朗伯（ft · la，亮度单位，1 ft · la = 3.426cd/m^2）

lamel 薄片〔层，板〕

lamella 薄片〔层，板〕
carbide ~ 碳化物层
cementite ~ 渗碳体层
ferrite ~ 铁素体层
glide ~ 滑动（夹）层

lamellar 层状的，层纹〔薄片〕状的，多片〔层〕的，有条纹的

lamellated 薄片的，成层的，层状的

lamelliform 薄片形的

lamina ①薄片〔板〕，叶片②叠层，层状体，铺层片

laminac 聚酯树脂，泡沫塑料

laminagraph 断层照相机

laminal =laminar（y）

laminar(y) 薄片状的，叠片的，分层的，层状〔流〕的
sublayer ~ 次层流

laminar-like 层流状

laminate ①分〔成〕层，分成薄片②层压〔叠〕③包以薄片④层压板（塑料复合板，复合金属）
angle-ply ~ 斜交层压板
asbestos base ~ 层压石棉板
balanced ~ 均衡层压板
clad ~ 敷箔〔叠压〕板
copper foil ~ 覆铜箔层压板，印制电路底板
copper-clad ~ 覆铜箔层压板
cross-ply ~ 正交层压板
epoxy ~ 环氧薄片
glass ~ 安全玻璃
glasscloth ~ 玻璃布层压制品
orthotropic ~ 正交各向异性层压板
paper base ~ 层压纸板，胶纸板
phenolic ~ 酚醛层板
quasi-isotropy ~ 准各向同性层压板

laminated 分层的，叠〔薄〕片的，叠层的，薄片组成的

laminater 层压〔积层〕装置

laminating ①层压（法），层合（法）②包以薄片③分成薄层，卷成薄片④贴合
high pressure ~ 高压叠层
roll ~ 辊（压）层压
solvent ~ ①溶剂法制塑料薄片②胶黏合（薄板）

lamination ①叠片，铁心片，交替片组②层压〔合，叠〕，分〔成〕层③纹理④带状夹杂，层裂（轧件缺陷），起鳞⑤夹层⑥（pl.）刚玉

~ of pole 磁极冲〔叠〕片
armature core ~ 电枢（铁心）叠〔冲〕片
cross ~ 交错纹理
dynamic steel ~ 电工钢片，硅钢片
low-pressure ~ 低压层压（法）
pipe ~ 缩孔分层
rim ~ 磁轭叠片（水轮发电机）
skin ~ 表皮分层，大片分层（热轧板表面缺陷）
spring ~ 弹簧板，叠板簧
laminator 胶合〔涂布，贴膜，层压〕机
transfer ~ 转移涂层〔胶合〕机
laming 薄层〔板〕
laminiferous 薄板〔片〕的，由薄层〔膜〕组成的
laminography X射线分层（摄影）法，X射线层析法
laminwood 叠层木，层积材，胶合木
lamp 灯（泡，光），（电子，真空）管，电灯，照明器②照亮
adaptive front ~ （汽车）自适应前灯（可随动转向的前照灯和弯道照明灯的组合）
adverse-weather ~ 防雾前灯
air-cooled ~ （空）气冷（却电子）管，空气冷却照明器
alarm ~ 报警灯，危急信号灯
Aldis ~ 轻便信号灯（飞机和船舶用）
amalgam vapo(u)r ~ 汞齐灯
amber ~ 黄色信号灯
answer next ~ 副应答灯
antidazzle ~ 静光〔防炫〕灯
approved ~ 安全灯
arc ~ 弧光灯
assignment ~ 呼叫〔联络〕灯
astral ~ 无影灯
back ~ 尾灯
back-up ~ 倒车灯
ballast ~ 平稳灯，镇流管
bipost ~ 双接点聚光灯
blast ~ 喷〔焊〕灯
blocking ~ 停稳信号灯
bloop ~ 消声管
bracket ~ 托架灯，臂灯
brazing ~ 喷灯
built-in head ~ 内装〔插入〕头钉
Bunsen ~ 本生灯
busy ~ 占线指示灯
canary ~ 充气黄色灯泡
cap ~ （矿工用）帽灯，头灯
carbon (arc) ~ 碳弧〔棒〕灯，弧光灯
Carsel ~ 卡塞尔测光灯
ceiling ~ 吊〔悬〕灯，天棚灯
cell inspection ~ 电池检查灯
chargeable time ~ 报时灯，通话时长指示灯
clear ~ 透明灯泡
clearance ~ 净空〔嵌合〕灯，轮廓灯（车辆的）
clearing ~ 话终〔指示〕信号灯
codan ~ （信号）接收指示灯
coiled ~ 卷丝灯
coiled-coil ~ 叠螺旋〔螺线式〕灯丝灯泡
cold-cathode ~ 冷阴极灯（低压放电灯）
collimated ~ 准直灯
colour photographic ~ 彩色摄影用钨丝灯
continuous ~ 连续光谱灯
control ~ 仪表板灯，控制灯
Cooper-Hewitt ~ 低压汞灯，库柏-赫伊脱灯，玻璃管汞弧灯
Cooper-Hewitt ~ 低压汞灯，古柏-修伊脱灯，玻璃管柔弧灯
copying ~ 复制用灯泡，晒图灯
cord pendant ~ 吊灯
counter ~ 计数器信号灯
courtesy ~ （汽车）踏步灯，门控灯
cowl ~ （发动机罩上的）边灯
crater ~ 点源录影灯（特殊的充氖、氩或氦的辉光管），凹孔放电管
curve-and-fog ~ 当有雾和转弯时开的附加前灯
dark ~ 黑光灯
Davy ~ （矿工用）安全灯，德氏安全灯
daylight ~ 日光灯（泡）
daylight fluorescent ~ 日光型荧光灯
daytime running ~ 日间行车灯
dazzle ~ 汽车头灯，强光前灯
deck ~ （机车的）煤水车灯
detector ~ 检漏灯
deuterium ~ 氘灯
dial ~ 标度灯
differential arc ~ 差接电弧灯
dim ~ 磨砂灯泡
discharge ~ 放电灯
disconnect ~ 可拆灯泡
display ~ 指示灯
division ~ 区划灯
dome ~ 顶〔顶棚〕灯
doped mercury ~ 掺杂汞灯

dwarf ~　小型（电子）管，小型灯
electric safety ~　电矿灯
electrodeless discharge ~　（微波激发）无电极放电灯
engaged ~　占线信号灯
engine head ~　机车头灯
enlargar ~　（图像）放大灯
exciter ~　激励灯
exposing ~　曝光灯
extension ~　（带长电线的）携带式灯
fancy ~　装饰灯
figure ~　显字灯
filament ~　白炽灯，白热丝灯
finish ~　操作结束信号〔检验〕灯
finsen ~　汞（弧光）灯，紫外线灯
flame arc ~　弧光灯
flash ~　①闪光灯（泡），手电筒②脉冲管
flat-plate ~　平板电极（电子）管
flexible ~　活动电灯
flickering ~　闪光灯
floating ~　浮标灯
floor ~　落地（台）灯，立灯
fluorescence (discharge) ~　荧〔日〕光灯
focus(s)ing ~　聚焦灯
fog ~　（汽车）雾灯
frosted ~　闷光〔毛玻璃，磨砂〕灯泡
gabarite ~　车宽灯，车身外廓标志灯
garage ~　（带金属护网的）安全灯，工作灯
gas arc ~　煤气灯，充气弧光灯
glim ~　辉光〔阴极〕放电管
glow ~　辉光放电管，辉光灯
guard ~　保护〔告警〕灯
halide ~　检卤〔漏〕灯
hand ~　行〔手提〕灯
Harcourt pentane ~　哈尔考特戊烷灯（标准发光强度灯）
head ~　（汽车）头〔前〕灯，照明灯
heating ~　喷〔加热，焊接〕灯
Hefner ~　亥夫纳灯（德国光度标准）
high mounting stop ~　（汽车）高位式制动灯（常装在后窗玻璃）
high-low ~　（有两组灯丝的）变光〔明暗〕灯泡
high-wattage ~　高瓦特电灯
hold ~　占线指示灯
hollow-cathode ~　空心阴极灯
hood ~　机罩灯
hot-cathode ~　热阴极（电子）管
idle operator ~　空位表示灯
incandescent ~　白炽灯
inside-frosted ~　内表面闷光灯泡，乳白〔磨砂〕灯泡
instrument ~　仪表板灯
intensive arc ~　强弧灯
interior ~　内部照明灯
jack ~　安全灯
jacketed ~　套管灯，双层灯（钨丝卤素灯）
key ~　照键孔用小灯泡
kino ~　显像管
Kr-arc ~　氪弧灯
lampgaseous discharge ~　（荧光）气体放电管
lancingprojector ~　①放映机灯②聚光〔投光〕灯，幻灯
laser pumping ~　激光泵浦灯
license plate ~　牌照灯
light bias ~　光偏置灯，背景光灯
line ~　呼叫〔号〕灯
low-voltage natrium ~　低压钠灯
lumen standard ~　光通量标准灯
lumiling ~　管形灯（商业用）
luminous standard ~　光亮度标准灯
magazine arc ~　复式电极弧光灯
magic ~　幻灯
magnesium ~　镁光灯
malfunction indicater ~　故障指示灯
marker ~　标（志）灯，识别信号灯，示廓灯
Meggers ~　高频电源汞灯，梅格斯灯
mercury discharge ~　汞放电灯，汞弧灯，汞放〔避〕电器
mercury vapo(u)r ~　汞（蒸汽，荧光）灯
mercury ~　汞灯
mercury-arc ~　汞（弧光）灯，汞弧灯
mercury-tungsten ~　汞钨丝灯
meter ~　记录器指示灯
Michelson type cadmium ~　迈克尔逊型镉（电池）灯
midget ~　小型电子管
mill-type ~　耐〔防〕震灯泡
miniaturc ~　指示灯，小型灯泡
Moore tube ~　穆尔管（装饰广告用的一种放电管）
Morse ~　信号（探照）灯
multifilament ~　多灯丝白炽灯
navigation ~　航行灯，导航灯
negative-glow ~　辉光放电管〔灯〕
neon ~　氖灯，霓虹灯

neon arc ～ 氖（弧）灯，氖光〔霓虹〕灯，热阴极氖灯
neon glim ～ 氖光灯，霓虹灯泡
neon timing ～ 氖光测时灯
neon tube ～ 霓虹灯，氖管（灯）
Nernst ～ 氧化钍白炽灯泡，能斯脱灯
normal (indication) ～ 定位表示灯
obstruction ～ 障碍物标志灯
OK ～ 绿灯（表示“准备完毕”的绿色信号灯）
OL ～ 图像红灯（表示“正在送出图像信号”的红灯）
on-the-air ～ 表示“正在广播”的红灯
opal ～ 乳白色灯泡
open arc ～ 敞式〔无罩，室外〕弧光灯
optical sound ～ 光录音灯
osglim ～ 氖氦辉光灯，霓虹灯
osmium ～ 锇丝灯
osram ～ 钨丝灯
overrun ～ 照相散光灯
panel ～ 仪表盘〔屏〕灯
permanent glow ～ 不挂机监视灯
permanent (glow) loop ～ 不挂机监视灯
permissible (safety) ～ 安全灯
phasing ～ 定相灯
photoflash ～ 闪光灯
photoflood ～ 摄影〔照相〕灯，照相散光灯
pilot ～ 指示〔信号，表盘，监视，领航〕灯
pipe pendant ～ 管吊灯
Pirani ～ 皮氏计管，皮拉尼（真空）计管
plummet ～ 垂灯（矿山测量用灯）
point ～ 点光源，点形灯
polarity ～ 极性检测灯
portable ～ 检查用灯
position ～ 指示〔位置〕灯
prefocus ～ 聚光〔定焦〕灯
printing ～ 印刷〔晒像〕用灯
projection ～ 投射灯，电影放映灯泡，放映灯
pulsed ～ 脉冲灯
pumping ～ 脉冲灯，激发管
pygmy ～ 微〔小〕型灯，小灯泡（手电用）
quartz ～ 石英〔水晶〕灯
quartz-iodine ～ （石英）碘钨灯
recording ～ 录音指示灯
rectifier ～ 整流管
reflector ～ 反射灯
register ～ 记录（器）指示灯
repeater ～ 复〔应〕示灯，指令应答灯
resistance ～ 电阻灯（用以限制电路中电流）
ringing pilot ～ 振铃〔呼叫〕指示灯
ring-off ～ 话终〔拆线，挂机〕指示灯
rough service ～ 耐用〔防震〕灯
scale ～ 指示灯
sealed beam ～ 密封式前大灯
sealed-beam ～ （汽车）封闭式前照灯
searching ～ 探照灯
section ～ 分区〔分组〕指示灯
service ～ 轻便〔手提〕灯
shunt arc ～ 分流调节线圈弧光灯
shunt-wound arc ～ 分绕弧光灯
silica ～ 石英汞灯
slit ～ （狭）缝灯
sodium(-vapo(u)r) ～ 钠光灯，钠气灯
soldering ～ 焊接用喷灯
spectroscopic ～ 光谱灯
speed ～ 电子闪光灯，闪光管
spot ～ 聚光灯，点光源〔灯〕
standard ～ 标准灯〔光源〕,（支柱能伸缩的）落地灯
step ～ 脚踏灯
stop ～ 停车灯
straight-sided ～ 茄子形灯泡
strip ～ 管状灯，照明灯，灯管
strip-light ～ 顶灯，天幕灯，带形照明器
strobe ～ 闪光灯
sun ～ 日光〔太阳〕灯
tail ～ 尾〔后〕灯
tantalum ～ 钽丝灯
target ～ 灯塔，目标灯
television ～ 电视光源灯
telltale ～ 信号灯
time check ～ 报时灯
timing ～ 调时标灯，定时标灯
tiny ～ 小型电子管
torch ～ 喷灯
torpedo electric ～ 鱼雷发光器
transmission control indicator ～ 变速器控制指示灯
trouble ～ 故障指示灯，探查灯
trunk congestion ～ 中继线占用指示灯
tube ～ 管形灯（泡）
tungsten ～ 钨丝〔白炽〕灯
turn-down ～ 变光度灯泡
ultra-violet mercury xenon ～ 紫外汞氙灯
uviol ～ 紫外灯
vacant cathode ～ 空心阴极灯
vacuum ～ 真空白炽灯

vitalight ~ 紫外线灯（泡）
welding blow ~ 焊炬
xenon ~ 氙灯
xenon flash ~ 脉冲氙灯，氙闪光灯

lampadite 铜锰土

lampblack 灯黑，灯烟（不完全燃烧的碳氢化合物）

lampholder 灯头〔座〕
mogul ~ 大型灯座

lamp-hour 灯时

lamphouse （仪器上的）光源，灯箱

lamplight 灯光

lampshade 灯罩
enamel ~ 搪瓷灯罩
flat ~ 散射型灯罩

lan （=LAN）局域网
zero-slot ~ 零插槽局域网

lanai 外廊，门廊（上有顶棚的），门庭

lancc ①枪，矛②撞杆③喷枪〔管〕，喷氧管，喷水器④小刀，柳叶刀⑤切缝，用风枪吹
air ~ 风枪（松动堵塞物用），吹管，吹扫器
circular ~ 圆弧切口〔缝〕，圆弧切口冲模
multihole ~ 多孔喷枪〔管〕
oxygen ~ 氧（气喷）枪，氧气切割器，氧矛
pistol ~ 手枪式喷枪
soot ~ 吹灰枪〔器〕
spray ~ ①喷枪，喷水〔雾〕器②（喷雾机的）下悬喷管③（喷雾机的）喷杆
steam ~ （低压）蒸汽除冰器，（锅炉）蒸汽吹灰器
underleaf ~ 叶下喷杆

Lan-Cer-Amp 镧铈钕镨钇稀土合金（一种强烈脱硫剂，w（La）> 30%,w（Ce）45% ~ 50%，其余 Di（Nd,Pr）,Y）

lancet ①砂〔提〕钩（修型工具），矢状饰，小抢〔刀〕②（外科用）柳叶刀

lancing ①切口，切缝，气切割，氧断②用风〔水〕枪吹洗，吹灰
powder ~ 氧熔剂穿孔，氧矛熔剂切割

land ①陆地，地面，土壤，岸，国土，小岛，境界②齿刃〔格〕，（剃齿刀，钻头）刃带，棱，刃棱面，刀刃的厚度，凹模刃口平面，（活塞）环槽脊，（柱塞的）挡圈③（模具）合模面，分型面，唱片纹间表面，阀面，油封面，刮油面④焊接区，连接盘，焊接盘⑤台肩〔阶〕⑥（枪炮的）阳（膛）线⑦降落，到达，沉淀，登〔着〕陆，上陆（海底电缆）
bottom ~ 齿槽底面
cage riding ~ 引导保持架的表面
crescent-shaped ~ （内啮合齿轮泵中的）月牙形间隙
die ~ 凹模工作带
end ~ （后刀面上的）刀尖，棱边
face ~ 模具面〔切刃〕刃口
flash ~ 飞边桥（模）
helical ~ 螺旋刃带
land ~ of cuting tool 刀刃棱面〔刃带，厚度〕
pc ~ 印制导线
piston(ring) ~ 活塞（环槽间的）环岸〔脊〕
punch ~ 凸模面刃口宽度
recirculation ~ 回流台肩
relieved ~ 后刀面棱宽
root ~ 齿根面
scraping ~ （活塞环的）刮油面
second (piston) ~ 第二环岸〔脊〕（活塞第一和第二环槽间）
straight ~ ①（拉刀的）锋后导缘②冲裁模凹模的直刃部分
third ~ 第三个槽脊（从活塞顶部数起），第三活塞圈上面的活塞顶
third(piston) ~ 第三环岸〔脊〕（活塞第二和第三环槽间）
top ~ ①（活塞）端环槽脊②齿顶（面）
valve ~ 阀面
wear ~ 磨损带

landaulet 活顶式四门小客车

land-drainer 排水沟挖掘机

lander 罐座，槽，流〔斜〕槽，出铁〔钢，渣〕槽，登陆车〔舱，器〕

landfast （岸上）系缆柱

landing ①（电子）到达，降落，着陆，上陆（海底电缆的）②卸货处，码头，月台③沉陷，沉淀④升降平台，楼梯平台（电梯的），搭接缝⑤着靶，上靶（摄像管中），着屏（显像管中）
~ of beam 电子束着靶〔屏〕
beam ~ 射〔电子〕束沉陷
contact ~ 目视着陆
elevator ~ 升降机〔电梯〕平台
half pace ~ 半中平台
hybrid ~ 混合（着）落点（彩色显像管中，电子束尺寸在横向大于荧光粉点，而在纵向小于荧光粉点）方式
instrument ~ 盲目〔无线电导航〕着陆，仪表（引导，指示）着陆
negative ~ 负型落点（彩色显像管中电子束直径大于荧光粉点直径）方式

positive ~ 正型落点（彩色显像管中电子束直径小于荧光粉点直径）方式
rough ~ 硬着陆
uniform ~ 均匀着落（电子上靶）
landing-gear 飞机起落架，着陆〔降落〕装置
tail-wheel ~ （飞机的）尾轮起落架
landline 陆上通信〔运输〕线
landmark 陆标，地物，界标〔桩〕，里程碑
guiding ~ 方向标，标定点
landplane 陆上飞机
Landsat 地球资源探测卫星
landscape 风景画，横向版面
landside 犁侧板，耕沟壁
rolling ~ 滚动犁侧板，尾轮
stub ~ 短犁侧板
lane 车〔通〕道，航线，空中走廊
air ~ 气道〔廊〕，空中走廊，台卡导航仪的发射带
Decca ~ 台卡导航航路〔线〕
sea ~ 海上起落水道，海上航线
laner （=light activated negative resistance emitter）拉纳（光敏发光负阻发射体）
lang =language
Langaloy 一种高镍铸造合金（砂型铸造）
langbeinite 无水钾镁矾
lang-lay 同向捻法，顺捻
left-hand ~ 同向左捻
Langley 兰利（太阳辐射测量的单位）
language 语言，术〔用〕语，（机器）代码，（数学的）符号组
absolute ~ 机器〔绝对〕语言
algebraic manipulation ~ 代数操作语言
algorithmic ~ 算法语言，ALGOL 语言
all-purpose ~ 通用语言
application-oriented program(m)ing ~ 面向应用的程序设计语言
artificial ~ 仿真语言，人工语言
artificial intelligence ~ 人工智能语言
assembler ~ 汇编程序语言
assembly ~ 汇编语言，装配语言
associative program(m)ing ~ 组合程序设计语言
BASIC ~ BASIC 语言
binary ~ 二进制语言
bracket ~ 括号语言
build-in ~ 固有语言
card-based ~ 以卡片为基础的语言，卡片式语言
CC ~ （=compiler-compiler language）编译程序的编译程序语言
coded fuzzy ~ 编码的模糊语言
command ~ 命令语言
common base ~ 公用基本语言
Common Business Oriented ~ 面向商业的通用语言，COBOL 语言
compiler ~ 编译程序语言，汇编语言
computer ~ 计算机语言，机器语言
computer-dependent ~ 面向计算机的语言，与计算机相关的语言
computer-sensitive ~ 计算机可用语言
context-dependent ~ 上下文相关语言
conversational ~ 会〔对〕话语言
coon assembly ~ （计算机）通用汇编语言
data definition ~ 数据定义语言
database ~ 数据库语言
database access ~ 数据库存取语言
database definition ~ 数据库定义语言
database description ~ 数据库描述语言
data-independent user ~ 独立于数据的用户语言
description ~ 描述语言
descriptive ~ 描述语言
deterministic ~ 确定性语言
digital simulation ~ 数字模拟语言
ECC ~ 可扩充的编译程序的编译程序语言
effective ~ 现行〔执行，有效〕语言
executive-control ~ 执行控制语言，行政管理语言
extended ~ 扩充语言
extensible ~ 可扩充语言
fabricated ~ 人工语言
formal ~ 形式〔人工〕语言
formula manipulaton ~ 公式处理语言
FORTRAN ~ 公式翻译语言，FORTRAN 语言
general-purpose ~ 通用机器语言
graphic ~ 图像〔形〕语言
higher order ~ 高级〔次，阶〕语言
high(er)-level ~ 高级语言，程序设计语言
human ~ 人类〔自然〕语言
hypertext markup ~ 超级文本标记语言
implementation ~ 工具〔实现〕语言
infinite ~ 无穷语言
interactive command ~ 交互命令语言
interface definition ~ 接口定义语言
intermediate ~ 中间语言
interpretive ~ 解释语言

job control ~ 作业控制语言
kernel ~ 核心语言
list processing ~ 表〔表格，报表〕处理语言
low-level ~ 初级语言
machine ~ 机器〔计算机〕语言
machine-independent ~ 独立于机器〔与机器无关〕的语言
machine-oriented ~ 面向机器的语言
macro ~ 宏语言
macroassembly ~ 宏汇编语言
man-machine ~ 人-机（对话）语言，人-机（通信）语言
metacommand ~ 元命令语言
mill ~ 轧制专业用语
mnemonic ~ 简字语言
native ~ 本机语言，机器各单元间编码语言
network restructuring ~ 网络重构语言
NOMAD ~ 代数编译语言
number ~ 数字语言，计数制
object(ive) ~ 目标语言
OCR common ~ 光学符号识别通用语言
operating system command ~ 操作系统命令语言
original ~ 初始语言，源语言
pedagogic algorithm ~ 教学用算法语言
physical markup ~ 物理标记语言（人工智能识别技术）
polymorphic program(m)ing ~ 多形程序设计语言
portable command ~ 可移植命令语言
precedence ~ 优先语言
problem ~ 面向问题语言，解问题语言
problem-oriented ~ 面向问题的语言
procedure ~ 过程语言
procedure-oriented ~ 面向过程的语言
production ~ 产生式语言
program(me) ~ 程序语言
programming ~ 程序设计语言
query ~ 询问语言
register transfer ~ 寄存器传送语言
report program(me) generator ~ 报表程序的生成语言
representation ~ 表示语言
requirements specification ~ 需求规格说明语言
robot ~ 机器人语言
robot prograing ~ 机器人编程语言
scientific ~ 科学计算语言
semantic ~ 语义语言
simulation ~ 模拟语言
source ~ 源语言，原始〔被译〕语言
special purpose ~ 专用语言
standard generalized markup ~ 标准通用置标语言，标准广义标记语言
Stanford artificial intelligence ~ （美）斯坦福（大学）人工智能语言
stereo lithography ~ 立体固化图像语言
stratified ~ 成层〔排元〕语言（不能当作自己元语言使用的语言）
structured query ~ 结构化查询〔询问〕语言
symbol manipulation ~ 符号处理语言
symbolic assembly ~ 符号汇编语言
symbolic programming ~ 特号程序设计语言
syntax ~ 语法语言
synthetic ~ 人工语言
systems description ~ 系统说明〔描述〕语言
tabular ~ 列表语言，被译成的语言
target ~ 目的〔结果，目标〕语言
tree ~ 树语言
uniform command ~ 统一命令语言
unstratified ~ 非成层〔非排元〕语言（能当作自己元语言使用的语言）
VHSIC high level description ~ 甚高速集成电路高级说明〔描述〕语言
Web ~ 网络语言，Web 语言

laniard =lanyard
laniline 苯胺
laning 通道收缩
lansign 语言符号
L-antenna L 型天线
lantern ①灯，手〔幻〕灯，信号台（灯），灯笼，灯具②罩，外壳，砂芯架，网状芯骨③钝齿轮④润集电环
hand ~ 提灯
idiots ~ 电视机
magic ~ 幻灯（机），映画器
projection ~ 幻灯（机），映画器
red ~ 红信号灯
signal ~ 信号（提）灯
lanthanide 镧族〔稀土〕元素，镧系卤化物
lanthanite 镧石
lanthanon 镧系元素
lanthanum 镧（La）
lanworks 局域操作网（外部数据采集和集散控制系统）
lanyard 短索，牵索，拉火绳

lap ①折叠，搭接，互搭，余面②重皮〔叠〕，（瓦的）鳞比，遮盖（量），盖板，带卷的圈③折叠（管材缺陷），结疤（钢锭表面）④抛光，擦光，磨光〔合，配〕，研磨模〔具〕⑤一卷，一圈⑥加绝缘（使）成卷，（使）重叠
~ of coil　曲管卷
~ of splice　搭接长度
~ of valve　阀余面
~ over　（过）重叠，搭接，盖成鳞状
alumina ~　氧化铝研磨
angle ~　磨角
bonded abrasive ~　黏结磨料研磨
casting ~　铸件皱纹
center-hole ~　顶尖孔研具
cold ~　冷搭，未熔合，表面皱纹，重皮（钢件表面缺陷），冷折痕
diamond ~　金刚石研磨（器）
end ~　端搭叠
exhaust ~　排气侧余面，乏汽余面
external ~　研磨环
forward ~　前后重叠
grinding ~　磨石盘
inside ~　乏汽余面，内余面（汽阀的），内重叠〔遮盖〕
internal ~　内研磨杆
minus ~　（阀的）负重叠，负遮盖
multiple rivet ~　多行铆钉搭接
outside ~　外余面，进气余面
plus ~　（阀的）正重叠，正遮盖
pressing ~　冲压折叠（皱皮）
recurrent ~　波状重皮〔折叠〕，反复折叠（钢锭缺陷）
steam ~　蒸汽〔排汽〕余面
surface ~　表面结疤
surging ~　波状重皮〔折叠〕，反复折叠
teeming ~　浇注重皮〔折叠〕
top ~　上研磨盘
under ~　负重叠，遮盖不足
valve ~　阀余面
zero ~　①零遮盖②零开口

lapidary　宝石工（的），宝石雕琢术（的），宝石收集者

lap-joint　搭〔叠，重〕接

lap-jointed　搭接的

Laplacian　拉普拉斯算子〔符〕（的），调和算子（的），拉氏〔调和量〕算符（的），负曲率

lapless　无重叠〔搭接，余面〕的

lap-over　搭接

lapped　重叠的，搭接的，磨〔研〕光的
line ~　零遮盖的，零叠合的

lapper　①研磨机，磨床，研具②清棉〔成卷，成网〕机
breaker ~　头道〔排气式〕清棉机
hypoid ~　准双曲面齿轮研齿机
pneumatic ~　气动式研磨机
ribbon ~　并卷机
valve ~　阀配研工具

lapping　①绕包，搭接，搭〔重〕叠，余面②研磨，磨光，精研，抛光，擦准③截留，挪用
center ~　研中心孔
centerless ~　无心研磨法
chemical ~　化学研磨〔抛光〕
clamp ~　压紧研齿，（齿轮）无齿隙研磨
cold ~　未焊透
controlled ~　强制研磨
cramp ~　压紧研齿，（齿轮）无齿隙研磨
crossed-axes ~　交错轴研齿
cylindrical ~　研磨外圆
dwell ~　停留研磨
equalizing ~　配合研磨法
finish ~　精〔细〕研
flat ~　研平面
gear ~　研齿
hole ~　研孔，内擦准法
over ~　①重叠，搭接②超过，跨越，飞弧，跳火③堵塞，封闭
planetary ~　行星研磨
slice ~　（片）研磨
spherical ~　球面擦准法
ultrasonic ~　超声研磨
wet ~　湿式抛光（研磨）法
wire ~　导线重叠（法）装配

lapse　①（时间）经过，推移②错误，误差③下降，压降④失效，消失⑤垂直梯度，大气中正常温度梯度
time ~　①时滞，时延②慢速拍摄

lapstrake　搭接列板

laptop　膝上型（计算机）

lap-welded　搭焊的

lapwork　搭接（工）

laq　=lacquer

lareactors　（受控核聚变）激光聚变堆

large　大〔粗，多〕的，大规模的

large-diameter　大直径的，大号的

large-duty　高生产率的

large-eddy　巨涡

large-mesh 大筛〔网〕眼的
large-scale 大规模〔比例〕的，大型〔批〕的
large-screen 大屏幕，宽屏幕
large-signal 大信号
large-size(d) 大型的，大号的，大尺寸的
large-tonnage 大产量（的），大吨位的
largish 稍〔略〕大的，比较大的
larmatron 电子注准参量放大器，拉马管
larmotron 直流激励〔泵〕四极场放大器，拉莫管
larrupinglou “拉鲁平路”滚轮式扫雷坦克
larry ①手推车，电葫芦，称量车②薄浆，拌浆锄③灌薄浆
laryngophone 喉听诊器，喉头送话器
laryngoscope 喉镜
larynx 喉
artificial ~ 人工喉
lase 光激射，产生〔放射〕激光
lasecon 激（射）光转换器
laser ①激光，莱塞②激光器，光量子放大器
~ collimation 激光准直
~ trapping 激光捕获
acousto-optic ~ 声光激光器
acousto-optically tuned ~ 声光调谐激光器
acquisition ~ 搜索激光器
air-breathing ~ 吸气式激光器，气动激光器
alaxadrite ~ 金绿宝石激光器
amplitud-stabilized ~ 振幅稳定激光器
argon ion ~ 氩离子激光器
atomic ~ 原子激光器
atomic gas ~ 原子气体激光器
BSDH ~ 隐埋条形双异质结激光器
cascade ~ 串级光激射器
chelate ~ 螯合物激光器
chemical ~ 化学激光器
CO_2 ~ 二氧化碳激光器
coaxial pump ~ 同轴抽运激光器
coherent optical ~ 相干光激光器
colo(u)r center ~ 色心激光器
continuous wave ~ 连续（波）激光器
copper vapour ~ 铜蒸气激光器
crystal (line) ~ ①晶体激光器②固体激光器
CW ~ 连续（波）激光器
CW fiber coupled ~ 连续波光纤耦合激光器
CW flame ~ 连续波火焰激光器
DFB ~ 分布反馈激光器
DH ~ 双异质结激光器
dimer ~ 双原子激光器
diode pumped ~ 激光二极管泵固体激光器
dispersive ~ 扩散式激光器
distributed feedback ~ 分布反馈激光器
double hetero junction ~ 双异质结激光器
dual beam single mode ~ 双光束单模激光器
dual cavity ~ 双共振腔激光器
dual polarization ~ 双偏振激光器
dual-cavity ~ 双腔激光器
dual-diode structure ~ 双二极管激光器
dual-polarization ~ 双偏振激光器
dye ~ 染料激光器
dynamic ~ 气动激光器
electrically pumped ~ 电泵浦激光
electron beam pumped ~ 电子束抽运激光器
electro-optic tuned ~ 电光可调激光器
erbium glass ~ 铒玻璃激光器
excimer ~ 准分子激光器
excimer ~ 准分子激光器
extreme ultra violet ~ 超紫外激光器
Fabry-Perot injection ~ 法布里 - 珀罗（半导体）注入式激光器
fast-flow open-cycle CO_2 ~ 开环高速流动二氧化碳激光器
fiber ~ 光纤维激光器
fiber optics ~ 纤维光学激光器
field-effect semi-conductor ~ 场效应半导体激光器
flowing carbon dioxide ~ 流动式二氧化碳激光器
FM ~ 调频激光器
folded cavity ~ 折叠腔激光器
four-level ~ 四能级激光器
free electron ~ 自由电子激光器
free running ~ 自由振荡激光器
free-electron ~ 自由电子激光器
frequency controlled ~ 频（率）控（制）激光器
frequency modulation ~ 调频激光器
frequency stabilized ~ 稳频激光器
gallium arsenide ~ 砷化镓（GaAs）激光器
gamma ray ~ γ 射线激光器
garnet ~ 石榴石激光器
gas ~ 气体激光器
gas dynamic ~ 气动激光器
gas ring ~ 气体环形激光器
gas transport ~ 气体迁移激光器
gas(eous) ~ 气体激光器
generating ~ 激光发射器

glass ~ 玻璃激光器
helium cadmium ~ 氦镉（He-Cd）离子激光器
helium-neon ~ 氦氖激光器
He-Ne ~ 氦 - 氖气体激光器
heterojunction ~ 异质结激光器
heterostructure injection ~ 异质结构注入式激光器
high energy ~ 高能激光器
high-pressure tunable CO_2 ~ 高气压可调谐二氧化碳激光器
holmium-doped yttrium lithium fluoride ~ （=Ho:YLF ~）掺钬氟化钇锂激光器
homojunction ~ 同质结激光器
hot pressed polycrystalline ~ 热压多晶激光器
infrared ~ 红外激光（器）
infra-red-aimed ~ 红外瞄准激光器
initiating ~ 主控〔振〕激光器
injection ~ 注入式激光器
injection homogeneity junction semiconductor ~ 注入式同质结半导体激光器
injection junction ~ 注入式结型激光器（半导体二极管激光器）
inorganic liquid ~ 无机液体激光器
internally madulated ~ 内调制激光器
internally scanned ~ 内扫描激光器
iodine photodissociation ~ 碘光解激光器
iodine stabilized ~ 碘稳频激光器
ion ~ 离子激光器
ionic gas ~ 离子（气体）激光器
jodine stabilized ~ 碘稳频激光（器）
junction ~ （半导体）结型激光器
krypton ion ~ 氪离子激光器
large optical cavity ~ 大光腔激光器
layered ~ 层状激光器
light pumped ~ 光泵浦激光器
light pumping semiconductor ~ 光激励半导体激光器
liquid ~ 液体激光器
liquid crystal ~ 液晶激光器
liquid-dyc ~ 液体染料激光器
longitudinally excited atmosphere ~ 纵激大气压激光器
loop supply ring ~ 环形激光器
magnetic ~ 磁激光器
magnetic induction-pumped ~ 磁感应抽运（泵浦）激光器，磁感应激励激光器
magnetically confined ~ 磁聚焦〔约束〕激光器
magnetic-optical ~ 磁光激光器
man-portable ~ 便携式激光器
many-element ~ 多元激光器
megapulse ~ 兆瓦脉冲激光器
mesa surface ~ 台式激光器
metallic vapor ~ 金属蒸气激光器
metallic vapour atomic ~ 金属蒸气原子激光器
methane-stabilized ~ 甲烷稳频激光（器）
microcavity ~ 微腔激光器
millimeter wave ~ 毫米波激光器
(mode-)locked ~ 锁模激光器
molecular ~ 分子激光器
molecular association ~ 分子缔合激光器
molecular gas ~ 分子气体激光器
monomode ~ 单模激光器
MQW ~ 多层量子阱激光器
multicolor ~ 多色激光器
multiline ~ 多谱线激光器
multimode ~ 多模激光器
multipass ~ 多通激光器
multiplexed ~ 多路复用激光器
multistrip ~ 多带激光器
narrow line width tunable ~ 窄线宽可调谐激光器
narrow planar stripe ~ 窄平面条状激光器
narrow-beam injection ~ 窄束注入式激光器
near-infrared ~ 近红外激光器
neodymium crystal ~ 钕晶体激光器
neodymium-doped yttrium aluminium garnet ~ 掺钕钇铝石榴石（Nd:YAG）激光器
neodymium-pentaphosphate ~ 五磷酸钕激光器
nitrogen molecular ~ 氮分子激光器
NO molecular ~ 一氧化氮分子激光器
noble gas ~ 惰性气体激光器
noble gas atomic ~ 惰性气体原子激光器
one-pass ~ 单程激光器
optical fiber ~ 光纤激光器
pearlite ~ 亮皮
phonon(-terminated) ~ 声子激光器
photo-dissociation ~ 光解激光器
pulse ~ 脉冲激光器
pulse semiconductor ~ 脉冲式半导体激光器
pulsed gas dynamic ~ 脉冲式气动激光器
pulsing ~ 脉冲激光器
Q-spoiled ~ 调 Q 突变激光器

Q-switched ~ 调 Q 激光器
quantum well ~ 量子阱激光器
quantum-box ~ 量子箱激光器
quantum-wire ~ 量子线激光器
quantum-well ~ 量子阱激光器
quasicontinuous wave ~ 准连续激光器
quasi-molecular ~ 准分子激光器
radio frequency-excited ion ~ 射频激发离子激光器
Raman ~ 拉曼激光器（波长可调）
ranging ~ 激光测距仪
repetition frequency ~ 重复频率激光器
ring ~ 环形激光器
ruby ~ 红宝石激光器
scanning ~ 扫描激光器
segmented rod ~ 分节棒激光器
selfoc ~ 自聚焦〔光学纤维〕激光器
self-terminating ~ 自终止激光器
semiconductor ~ 半导体激光器
semiconductor distributed feedback ~ 半导体分布反馈激光器
semiconductor injection ~ 半导体注入式激光器
semi-insulated buried heterostructure ~ 半绝缘隐埋式异质结激光器
single-doped ~ 单掺杂激光器
single-frequency ~ 单频激光器
single-hetero-junction ~ 单异质结激光器
single-mode ~ 单模激光器
single-pulse ~ 单脉冲激光器
single quantum well ~ 单量子阱激光器
single-transverse mode ~ 单横模激光器
SLM ~ 单纵模激光器
solid state ~ 固体激光器
solid-state injection ~ 固态注入式激光器
soliton ~ 孤（立）子激光器
spin flip ~ 自旋反转激光器
strip semiconductor ~ 条形激光器
submillimeter (wave) ~ 亚毫米波激光器
sulphur ~ 硫蒸气激光器
super ~ 高能激光器
supermode ~ 超模激光器
super-radiant ~ 超辐射激光器
thin film ~ 薄膜激光器
time-sharing ~ 时分激光器
triangular-path gas ~ 三角形气体激光器
tunable ~ 可调谐激光器
tunnel-injection ~ 隧道注入式激光器.
twin ~ 双激光器
two-frequency gas ~ 双频气体激光器
ultraviolet dye ~ 紫外染料激光器
ultraviolet ~ 紫外线激光（器）
unimodal ~ 单模激光器
universal ~ 通用激光器
up-converting ~ 升频转换激光器
vented-bore ~ 出气孔型激光器
vertical cavity surface emission ~ 垂直腔面发射激光器
visible semiconductor ~ 可见光半导体激光器
waveguide ~ 波导激光器
wideband ~ 宽带激光器
X-ray ~ X 射线激光器
yttrium alumin(i)um garnet ~ 钇铝石榴石（YAG）激光器
zigzag ~ 锯齿形激光器

laser-bounce 激光反射
lasercom 激光通信
lasercomp 激光计算机排版机
laser-Doppler-velocimeter 激光多普勒速度计
lasereader 激光图表阅读器
laser-gyro 激光陀螺仪
laser-induced 激光感生〔感应，引发〕的
lasering 产生激光（的），激光作用
laserphoto 激光照片传真
laser-quenching 激光淬火
laserscan 激光扫描器
laser-scope 激光观察〔显示〕器
LaserWriter 激光打印机
lash ①冲〔打〕击②连接，耦合③齿〔游，余，空〕隙④鞭梢⑤ =LASH
LASH 子母货柜船船运
lasher ①溢洪道②拦河坝③系索④蓄水池
lashing ①连接，耦合②捆索，绳套
chain ~ 拉紧链轮
coil ~ 线圈端部绑扎
lash-up ①临时做成的器械②装置，计划，安排
lasing 产生激光（的），激光作用
filament ~ 丝状激光发射
last ①耐久力，耐久性②（最后）结局，末尾③最近的，最新（流行）的④刚过去的，上次⑤质量单位（相当于 4 000 磅，约为 1 814 kg）⑥英国谷容量单位（相当于 80 蒲式耳，约为 2.91 m^3）⑦继续，持续，持久
tyre ~ 轮胎耐久性
lastics ①塑料②弹料
last-in-chain LIC 链尾请求

last-in-first-out 后进先出法
lasting 持〔耐〕久（的），持恒（的），延长〔稳定〕（的）
accuracy ~ 精度耐久（性）
lastingness 耐久，坚固，耐磨，稳定
latch ①碰锁，弹簧锁，闩，闸门，挡器，弹键②掣子，卡齿，卡铁，掣爪③凸轮④闭锁，封闭⑤插销，制动销⑥压紧装置⑦寄〔锁〕存器门闩线路，锁存电路
blade ~ ①开关〔闸刀〕保险销②宽选通脉冲（闸门电路）
boom ~ 悬臂定位钩
bottom ~ 犁体锁销
brake ~ 制动爪〔掣子〕
Canadian ~ 压开锁
cleaning hole cover ~ 清洁孔盖闩
gated ~ 门控闩锁
hammer ~ 击锤卡榫
holding ~ ①卡子，掣子，定位销②擒纵器，挡器
holding-down ~ ①锁键②挡器，制动器③制动器驻栓
interlocking ~ 连锁销
knockout ~ 脱模锁紧销
lathereverse ~ 倒车保险器，倒闩
lever ~ 杆闩，杠杆掣柄，握柄键
night ~ 弹簧锁
plunger ~ 锁闩
quadrant ~ 掣子弧形板
rim night ~ 弹弓锁
scram ~ 事故棒锁闩，事故棒制动器
latching ①碰锁②锁住，封锁，阻塞
latch-lock 碰锁，弹簧锁
latch-up ①封闭，闭锁，锁定②计算器闭锁
late ①延迟的，滞后的②迟〔晚〕的③后〔晚〕期的④新近，不久前
late-model 新型的
latency ①潜伏（状态），潜在，潜在因素②等待〔数〕时间，执行时间（计算机执行一个任务所需的时间）
error ~ 错误潜伏期
interrupt ~ 中断等待时间
maximum ~ 最大等待时间
minimum ~ 最快存取
latensification 潜像增强（处理）
latent ①潜在〔伏〕的，隐蔽（的）②联系的
lateral ①侧面（部分），侧向②支线，分支管道，（灌田的）辅助管道，水平巷道③纵向平联（结系）④梯度曲线，梯度电极系测井⑤横（向）的，水平的，侧面的，单面的
bottom ~ 纵向下平联（结系）
differential ~ 差分侧位偏移
quick-coupled portable ~ 移动式快接喷灌支管
laterally-loaded 受侧向荷载的
latex 橡（胶）浆，胶乳，乳状液，（天然橡胶，人造橡胶）乳液
compounded ~ 填充胶乳，加填料胶乳
cord dip ~ 轮胎浸渍胶乳
natural rubber ~ 天然胶乳
preserved ~ 储备胶乳，稳定了的胶乳
latexometer 胶乳比重计
lath 板条，骨架
~ and a half 1 英寸 ×2 英寸（25.4 mm×50.8 mm）的板条
stiffened wire ~ 加劲钢丝网
Z-rib metal ~ Z 形钢丝网，Z 形肋网
lathe 车床
Lathe 数控车（数控加工软件的模块）
~ with lead screw 丝杠车床
automatic ~ 自动车床
axle finishing ~ 光轴车床
axle journal ~ 轴颈车床
backing-off ~ 铲齿〔铲工〕车床
ball ~ 制球车床，球面加工车床
bar (stock) ~ ①两脚车床②加工棒料车床
bench ~ 台式车床
bolt cutting ~ 车螺纹机，螺栓车床
boring ~ 镗床，镗车两用机床
brass finisher's ~ 加工有色合金的高速车床
buff(ing) ~ 磨〔抛〕光机
bulging ~ 旋压车床
camshaft ~ 凸轮轴车床
camshaft journal ~ 凸轮轴轴颈车床
capstan ~ 转塔车床
center ~ 卧式〔顶尖〕车床
chasing ~ 螺纹车床
chucking ~ 卡盘车床
chucking multitool automatic ~ 卡盘多刀半自动车床
combination ~ 组合〔万能〕机床
cone-pulley ~ 塔轮车床，锥形带轮车床
constant-throw turret ~ 等行程转塔车床
contour ~ 仿形车床
copy(ing) ~ 仿形〔靠模〕车床
core turning ~ 造芯机床，型芯车床

crank journal ~ 曲轴主轴颈车床
crank shank ~ 曲柄〔轴〕车床
crankpin ~ 曲拐销车床
crankshaft ~ 曲轴车床
cross-feeding turret ~ 横移转塔车床
double ~ 复式车床
double column vertical ~ 双柱立式车床
drill ~ 卧式钻床
drum ~ 回轮车床
duplicating ~ 仿形车床
end ~ 端面〔卡盘〕车床
engine ~ 卧式车床
face ~ 落地〔端面〕车床
filing ~ 锉刀车床
finish ~ 精整车床
finish turning ~ 精加工车床
forge ~ 锻件粗车床
forming ~ 仿形车床
gantry ~ 两脚车床
gap(-bed) ~ 马鞍车床，凹口车床
ga(u)ge ~ 样板机床
gear milling ~ 铲床
geared-head ~ 全齿轮车床
general purpose parallel ~ 卧式车床
geometric(al) ~ 靠模〔仿形〕车床
glass ~ 玻璃车床
globe ~ 球面车床
grid ~ 自动绕栅机
grinding ~ 车磨（两用）床，磨削车床
grooving ~ 沟道〔槽〕加工车床，挖沟车床
gun jet ~ 炮身车床
gun turning ~ 枪炮车床
hand ~ 手摇车床
horizontal ~ 卧式车床
hydraulic automatic ~ 液压自动车床
hydraulic coping ~ 液压仿形车床
jewel(l)ers ~ 玉工车床
magazine-type automatic ~ 料斗式自动车床
meter ~ 仪表车床
milling ~ 铣床
multi-position ~ 多工位联动车床
multi-spindle automatic ~ 多轴自动车床
multi-spindle horizontal automatic bar ~ 多轴棒料自动车床
multi-spindle horizontal automatic chucking ~ 多轴卡盘自动车床
multi-spindle ordinal work automatic ~ 多轴顺序作业自动车床
multi-tool ~ 多刀车床
parallel ~ 卧式车床
parallel-action multispindle automatic bar ~ 多轴平行作业自动车床
parallel-action multispindle horizontal automatic bar ~ 多轴平行作业棒料自动车床
pipe ~ 管子加工车床
pit ~ 落地〔地坑〕车床
plain bed ~ 普通床身式车床
plain turning ~ 无丝杠车床
pole ~ 足踏木车床
polishing ~ 抛〔磨〕光机
polygon ~ 多边形仿形车床，非圆仿形车床
power ~ 卧式〔机动〕车床
production ~ 无丝杠车床
profile-turning ~ 仿形车床
projectile ~ 炮弹车床
railway axle ~ （机）车轴车床
railway wheel ~ 车轮车床
ram (type) turret ~ 滑枕转塔车床
relieving ~ 铲齿车床
repetition ~ 仿形车床
reproducing ~ 仿形车床
right-angle (facing) ~ 直角（端面）车床
roll (turning) ~ 轧辊车床
rotary ~ 旋板机
scratch ~ 擦光机，磨光旋床
screw-cutting ~ 螺纹车床
scroll ~ 涡纹〔旋面〕机床
shaping ~ 成〔仿〕形车床
shell ~ 炮弹用车床
single column vertical ~ 单柱立式车床
single spindle automatic ~ 单轴自动车床
single spindle automatic ~ with rotating tools 单轴横切自动车床
single spindle turret automatic ~ 单轴转塔自动车床
single-spindle automatic ~ with sliding head 单轴纵切自动车床
single-tool axle ~ 单刀切削车轴车床
slicing ~ 截切〔切锭〕车床
sliding bed ~ 床身可接长的车床
sliding head ~ 滑动头架〔纵向车削〕车床
speed ~ 高速车床
spinning ~ 旋压机床
straight bed ~ 普通床身式车床
surfacing ~ 落地〔端面〕车床
T ~ 端面〔落地〕车床

thread-cutting ~ 螺纹车床
tool-making ~ 工具车床
toolroom ~ （万能）工具车床
tracer-controlled ~ 靠模车床
trimming ~ 修整用车床
turning ~ （立式）车床
turret ~ 转塔车床
uniaxial copying semi-automatic bar ~ 单轴仿形半自动车床
uniaxial multisword semi-automatic bar ~ 单轴多刀半自动车床
veneer ~ 旋板机
versatile ~ 多用车床
vertical ~ 立式车床
vertical turning and boring ~ 立式车床
watch maker's ~ 钟表车床
wax ~ 用虫胶剂或密封蜡固定工件的车床
wheel-tyre ~ 车轮〔轮箍〕车床
wood ~ 木工车床

lathedog 车床轧头，卡箍，鸡心夹头

lathe-hand 车工

lather ①泡沫，肥皂泡沫②起泡沫

lathing ①（钉）板条②用车床加工
metal ~ （抹灰用）金属网

lathy 板条状的，细长的

latices 乳胶，橡浆，乳状液

laticometer 胶乳比重计

latitude ①纬度〔线〕，纵坐标增量②活动余地，（胶片）宽（容）度，（曝光）范围③（pl.）地区〔方，域〕
~ of an emulsion 展度，胶片宽容度
density ~ 灰度范围
diffusion ~ 漫射宽容度
exposure ~ 曝光宽容度
north ~ 北纬

latrix 光存取晶体管阵列

latten ①金属〔热轧〕薄板（厚 0.45 ~ 0.55 mm），镀锡铁片②黄铜片，类似黄铜的合金片
extra ~ 热轧特薄板（厚 0.45 mm 以下）

Lattens 拉丁锌铜合金

L-attenuator L 型衰减器

lattice ①点阵，晶格，串列磁铁布局②格子，网〔栅〕格，格构，格架③网络④承重结构，支承桁架
active ~ （反应堆）堆芯栅格，非均匀堆芯
AG ~ 交变梯度格子结构
all-pass ~ 全通格子网络
atom ~ 原子点阵〔晶格，格子〕
body-centered cubic ~ 体心立方晶格〔点阵〕
brittle ~ 脆弱晶格，易碎晶格
carbon ~ 碳素晶格
centered ~ 定心栅格
clean ~ （反应堆）净栅
closely spaced ~ 紧密晶格〔点阵〕
close-over ~ ①密集点阵②紧装〔密集，密排〕晶格
close-packed ~ 密堆积点阵，密集晶格〔点阵〕
cluster ~ 群集栅格
coincidence ~ 符合点阵
complemented ~ 有补〔余〕格
compound ~ 复点阵
crystal ~ 晶格，晶体点阵
crystalline host ~ 晶格
cubic ~ 立方晶格〔点阵〕
deposit ~ 淀积层点阵
diamond ~ 变形〔金刚石〕点阵〔晶格〕
heterogeneous ~ （反应堆）非均匀栅格
host ~ 主晶格，主点阵
lawcentered rectangular ~ 面心长方点阵
layer ~ 层形点阵
lumped-uranium ~ 铀块栅格
moderator ~ 慢化剂栅格
modular ~ 模格
orthogonal ~ 直角点阵
paired ~ 成对晶格〔点阵〕
parent ~ 基质晶格，母点阵
phase ~ 相的点阵
point ~ 点晶格，点阵
property ~ 特性格
reactor ~ 反应堆芯栅格
reciprocal ~ 倒〔互〕易点阵〔晶格〕
slab ~ 板栅
space ~ 空间点阵〔栅格，晶格〕，立体〔空间〕格子
spin ~ 自旋点阵〔晶格〕
vortex ~ 涡流栅，涡旋点阵〔格子〕，涡串
wet ~ （反应堆）有水栅格

latticed 格构的，花格的，有格子的，制成格状的

lattice-site 晶格点，点阵位

latticework 网格（结构），格子（细工）

lattin =latten

latus 〈拉〉边，弦

launch ①起动，开始②发射，使（船）下水，（使）滑曳③创办，激励④汽艇，小船
clear ~ 正确发射

motor ~ 汽艇
pilot ~ 领航艇
launcher 起动〔发射〕装置，发射器〔架〕
wave ~ 电波发射器
launching ①起动〔飞〕,(船,沉箱)下水,腾空，发〔投〕射②(桥梁架设)滑曳，激励〔振〕③起动〔发射〕系统
catapult ~ 起飞喷射装置，弹射器发射
mode ~ 模发射
zero-length ~ 零长〔无导轨，垂直〕发射
launching-pad 发射台，起始点，跳板
launch-latch 挡弹扣(火箭发射架上的)
launder ①流〔水〕槽②洗涤〔煤,矿〕槽③(平炉等的)出钢槽④槽洗机
granulation ~ 水碎〔粒化〕流槽
lead return ~ 返铅流槽
primary ~ 初洗槽
Rheolaveur ~ 瑞氏洗槽(洗煤槽)
slag ~ 出渣槽
lautal 劳塔尔铝硅铜合金(*w*(Cu)4.5%~5.5%,*w*(Si)0.2%~0.5%,其余Al;或*w*(Cu)4.5%,*w*(Si)0.75%,*w*(Mn)0.75%，其余Al)
lautite 辉砷铜矿
lavodune 水力分级机
lavoflux 水力淘析器
law ①律，定〔规〕律，法〔定，规〕则，规程②原理
~ of belting 带的配置定律
~ of causation 因果律
~ of condenser 电容器容量变化律
~ of conservation of energy ①能量守恒(和转换)定律②能量不灭定律
~ of constant proportion 定比定律
~ of definite proportion 定比定律
~ of diminishing returns 减少补偿定律
~ of equal ampereturns 等安匝定律
~ of errors 误差律
~ of excluded middle 排中律
~ of extreme (light) path 极端光程律，光程最短定律
~ of gravitation (万有)引力定律
~ of great numbers 大数定律
~ of Guldberg and Waage 古德和瓦治定律，质量作用定律
~ of Hess 盖斯定律(热守恒定律)
~ of identity 同一律
~ of imagery 成像定律
~ of indestructibility of matter 物质不灭定律
~ of iterated logarithm 迭对数定律
~ of large numbers 大数定律
~ of partition 分配律
~ of probability 概率论
~ of reflection 反射定律
~ of refraction 折射定律
~ of segregation 分异定律
~ of similitude 同比律，相似定律
~ of small numbers 小数(定)律
~ of supply and demand 供求规律
~ of the mean (value) 平均值定律，中值定律
~ of total current 全电流定律
~ of volumes 气体体积定律，盖·吕萨克定律
adjective ~ 程序法
Archimedes ~ 阿基米德定律
associative ~ 结合律
Avogadro's ~ 阿伏伽德罗定律
bilinear ~ 双线性律
cancellation ~ 相消律
change-of-linkage ~ (法拉第)电磁感应定律，磁链变化定律
Child's ~ 蔡尔德定律，二分之三次方定律(二极电子管的伏安特性)
circuital ~ 环流定律
combination ~ 并〔组〕合律
common ~ 普通法，习惯法，不成文法
commutative ~ 可〔交〕换律
companding ~ 压扩律
complementary ~ 互余〔补〕律
conservation ~ 守恒(定)律
contrast ~ 对比定律
Coulomb's ~ (for magnetism) 库仑定律(磁的)
decay ~ 蜕〔衰〕变定律(放射性物质的)
displacement ~ 位移定律
distributive ~ 分配〔布〕率
emergency ~ 应急制度
emission ~ 电子发射定律
encoding ~ 编码律
equipartition ~ 均匀分布定律
equivalent ~ 互等定律
falloff ~ 衰减定律
Faraday's ~ 法拉第定律，电磁感应定律
Ferri-Porter's ~ 费里-波特尔定律(说明电视帧频与亮度的关系)
flux-cutting ~ 磁通切割律

general gas ~ 普通气体定律，理想气体方程
Grosch's square ~ 格劳希平方律(性能价格比)
Hooke's ~ 胡克定律
index ~ 指数律
inertia ~ 惯性（定）律
inverse square ~ 平方反比律
Joule-Lenz's ~ 焦耳 - 楞次定律
Kick's ~ 基克定律（关于物料破碎所需能量的定律）
Kirchhoff's ~ 基尔霍夫定律
Lambert's ~ 朗伯〔余弦〕定律
Laplace's ~ 拉普拉斯定律
law ~ of similarity 相似定律
layerstrong ~ of large numbers 强大数定律，大数强律
Lenz's ~ 楞次定律
marine ~ 海商法
mass action ~ 质量作用定律
Maxwell's ~ of reciprocity 麦克斯韦互等(变位)定律
Mendeleev's ~ 门捷列夫定律，元素周期律
model ~ 相似定律，模型定律
natural ~ 自然律
Newton's ~ 牛顿（万有引力）定律
Newton's ~ of motion 牛顿运动定律
noise velocity ~ 声强速度定律
normal ~ 正态（分布）律，高斯定律
normal ~ of error 平均误差律
objective ~ 客观规律
Ohm's ~ 欧姆定律
orientation ~ 取向律
parity conservation ~ 宇称守恒定律
Paschen's ~ 帕申定律（放电电压和气压与放电间隔乘积的关系）
periodic ~ 周期律
Planck's radiation ~ 普朗克（辐射）定律
power ~ 幂〔方次〕定律
pressure ~ 压力分布规律，压力定律
propeller ~ 螺旋桨功率
quantum ~ 量子定律
quasi-stable ~ 拟稳定分布律
Rayleigh-Jeans radiation ~ 瑞利 - 琼斯辐射定律
reciprocity ~ 倒易（定）律，互易律
reduced ~ 递减律
reproductive ~ ①再现定律②（计算技术中）重写规则
resultant ~ 结合分布律
right-hand ~ 右手定律
root ~ 方根定律
scaling ~ ①比例规律,定标律②相似〔缩尺〕定律
scattering ~ 扩展〔散射〕定律
simple-harmonic ~ 简谐〔正弦〕定律
Snell's ~ 斯涅尔定律（即折射定律）
statute ~ 成文法
Stefan-Boltzmann ~ 斯特藩 - 玻尔兹曼定律（说明完全辐射体的辐射密度和热力学温度的关系）
Thevenins ~ 等效发生器法则
three-halves power ~ 二分之三次方定律
threshold ~ 阈定律
Vegard's ~ 费伽定律（固溶体晶格常数与溶质金属原子浓度成正比）
weights and measures ~ 计量法，权度法
zero-one ~ 零一律

lawn ①细筛②草地〔坪,场〕③（上等）细〔亚〕麻布，细竹布

lawnmower ①割草机，剪草机②割草机式记录器③地毯剪毛机④射频前置放大器

lawrencium 铹（Lw）

lax 松（弛）的，缓慢的，不精确的

laxity ①松弛，疏密度②不严格，不正确，疏忽

lay ①位置，层，方向②绳索的股数及捻法，捻（向),绞,(电缆）绞距③方针,计划,安排,敷设，安〔放，布〕置④铺砌〔放，设〕，砌造⑤拟定，提出⑥瞄准⑦，犁铧⑧分红，价格,（销售）条件⑨局外的，外行的，非专业性的，非主导的，副的
~ down ①卸下②敷〔建〕设，覆盖③贮藏④提出,制订⑤放〔卧〕下,搁置⑥沉淀〔积〕作用，⑦付（款)，交出
~ of braiding 编织节距
~ of cloth 布（绝缘）层
~ of cutting 切削层
~ of individual wire 丝的捻向
~ of lapping 绕包节距
~ of wire （电缆）芯线绞距
~ of wire rope 钢丝绳的绞向
~ off ①卸荷②中止，制止，停止，停工③放样，下料④划分，画出，做标记
~ on ①用铁管输送②涂抹③安装，铺放
~ out 放样
Albert ~ 顺捻（钢丝绳的）
cross ~ 交股捻（钢丝绳的）

lang ~ （钢丝绳中，每股中的钢丝的捻向同全绳中各股的捻向相同的）同向捻法，顺捻
left-hand ~ 左捻，逆捻，左转扭绞，逆时针方向扭绞
left-hand ordinary ~ 交叉左捻
ordinary ~ （绳索）逆〔普通〕捻
regular ~ （绳索）逆〔普通〕捻
right-hand ~ 右捻，顺捻，右转扭绞，顺时针方向扭绞
right-hand lang ~ 右向顺捻，同向右捻
S ~ 右（手）捻
simple ~ 单绞
surface ~ 表面加工纹理
Z ~ 左（手）捻

lay-aside 放置，放下，放在一边

layboy ①自动折纸机②叠制（堆砌）装置

lay-by =lay-aside

lay-days 装卸时间，停泊时间

laydown ①沉淀〔积〕作用②放下，搁置③敷设，建造

layer ①（薄，垫，膜）片，（料，分，薄）层，衬垫，蒙皮②焊层，涂层③敷设机，铺放机，撒布机，掩埋机④圈（卷材的）
~ in slot 槽内绕组层
~ of a distributed winding 分布绕组的层
~ of cloth 布（绝缘）层
abnormal E ~ 异常 E 电离层
absorbed ~ 吸附层
acoustic matching ~ 声匹配层
aerosol ~ 烟雾层
affected ~ 影响〔作用，损伤〕层，加工变质层
Appleton ~ 阿普尔顿层，F 电离层（最高电离层）
as-deposited ~ 原淀积层
babbit ~ 巴比合金层
barrier ~ ①阻挡层，势垒②拦障，屏障
bearing running-in ~ 轴承磨合层
Beilby ~ 贝尔比层（金相试样表面检验时须蚀去的一层受变形的金属）
blocking ~ 阻挡层，闭锁层
bottom slot ~ 下层绕组（电机槽中的）
boundary ~ 边界〔界面，附面〕层
bridge ~ 架桥汽车
buffer ~ 缓冲〔过渡，减振，中间〕层
buried ~ 埋层（集成电路工艺用）
C ~ C 电离层
cable ~ 电缆敷设机（海底），电缆敷设船，布缆船
carburized ~ 渗碳层
Chapman ~ 查普曼层，D 电离层
charring ~ 炭化层
circulation ~ 环流层
coil ~ 线圈涂层
colo(u)r ~ 分色示高层，彩色地形剖面
compound ~ 化合物层
dense conducting ~ 强导电层
depletion ~ 耗散〔耗尽，过渡，空间电荷〕层
diffused ~ 扩散层
dipole ~ 偶极子层，双电荷层
double ~ of reinforcement 双重钢筋
drain ~ 排水管铺设机
dust ~ 防尘层
electric(al) double ~ 双电层，偶极了层
electro-deposited ~ 电沉积层
electrophoretic ~ 电泳涂层
electroplated ~ 电镀层
energy ~ 活力层
enriched ~ 富集层，浓缩层
epi ~ =epitaxial ~
epitaxial ~ 外延层
evaporation ~ 蒸发层，蒸涂层
exhaustion ~ 耗尽层
F ~ F 电离层（变化于 200 ~ 400 km 高空）
fast-freezing slag ~ 快凝渣层
film ~ 覆盖薄膜铺放机
flexible ~ 柔性层
flow ~ 流层
functional ~ 功能层
G ~ G 电离层（在 F2 层上部）
glassy ~ 玻璃膜
growing buffer ~ 生长缓冲层
gunned ~ 喷浆层
half-value ~ 半值〔半价，吸收，衰减〕层
hearth ~ 底层炉料，底料层，（烧）垫底料
Heaviside ~ 海维赛层，海氏层，E 电离层
heavy base ~ 重掺杂基区层
hidden ~ （神经网络的）隐层
inhibiting ~ 包覆层
interface ~ 中间层
intermediate ~ 过渡层，垫层
inversion ~ ①逆温层（其中温度随高度而增加）②反型层
Kennelly-Heaviside ~ 肯涅利 - 海维赛层，E

电离层（高度为 90 ~ 140 km 的反射电波的大气层）
layer-builtdouble ~ 偶〔双〕层,（不同性质的）双层荧光膜
logic link ~ 逻辑链路层
masking ~ 掩膜层
mulch ~ 土壤覆盖机，覆盖物铺放机
net ~ 布网船
neutral ~ of flexspline's toothed ring 柔轮齿圈壁厚中性层
nitride ~ 渗氮层
packet ~ 分组层
packing ~ 填充〔料〕层
pearlite ~ 亮皮
peer ~ 同等层
photographic ~ 感光层
photosensitive ~ 感光层
physical ~ （通信）物理层
pipe ~ ①管道敷设机，铺管机②铺管工，管道安装工
plastic ~ ①可塑层②塑料覆盖薄膜铺放机
pollution ~ 污〔秽〕层
presentation ~ 表示层（OSI 模型）
raffinate ~ （润滑油等溶剂精炼的）残油层
rail ~ 铺轨机
retarded ~ 滞止层
sensitive ~ 感光膜〔层〕，药膜
sharp ~ 特薄层〔片〕
side ~ 边铺料，侧边料（带式球团烧结机铺在两侧颗粒较大的料）
specular ~ 镜面〔反射〕层
sporadic E ~ 分散 E 层
strip ~ 带卷的圈,（钢带卷的）圈层
submono ~ 亚单原〔分〕子层
superficial ~ 表面层
superimposed ~ 叠加层
supernatant ~ 清液层
tenth-value ~ 十倍衰减层
tile ~ 瓦管敷设机
top-slot ~ 上层绕组（电机槽中的）
transition ~ 转变层，过渡层
transport network ~ 传输网络层
trapping ~ 阻挡〔吸收，陷获〕层
tread cushioning ~ 底胎面
velocity ~ 涡流层，速度层
vorticity ~ 涡流层
white ~ 渗氮白层，白色（亮）层
winch-hauled plastic pipe ~ 绞盘拖曳式塑料管铺设机
winch-hauled trenchless pipe ~ 绞盘拖曳式塑孔铺管机
layer-built 分层（制法，铺筑）的
layered 成层的，层的，片的
layering 层次化
hierarchical ~ of protocol 协议分层
layers 多层，分层
layer-stepping 分层式
laying ①铺放，布置，敷设，衬垫，安装②底层③瞄准④绞合，捻
~ out ①画线，划分，定线②设计
aided ~ ①半自动瞄准②半自动敷设
optical ~ 光学瞄准
track ~ （图像与伴音）磁迹（时间）对准
truck ~ 轨道敷设
vertical ~ ①铅垂敷设②铅垂瞄准
laying-off ①放样，下料②做标记③停工
laying-up 敷层
leachinghand ~ 手糊成形
prepreg ~ 预浸料铺叠
layoff 解雇，停工期间，关闭，休息
layout ①（总体）布置,布局,安排,规划,设计,陈列,形式②设计〔草,线路,设备布置,规划,流程，电路〕图，草〔方〕案，轮廓，外形，排样，打印格式③划分，划定，区分，画线，绘样，镶砌，敷设（线路）④（一套）工具，全套装备⑤数法表，图表⑥使用，算出
Belgian-type ~ （轧机机座的）横列式〔比利时式〕布置
blank ~ 坯料排样
broaching ~ 拉削方式
cable ~ 电缆敷设图，电缆配线详图
canard ~ 鸭式构图，鸭式设计形式
circuit ~ 电路布线，线路布置
circuit board ~ 电路板设计
connection ~ ①布线②接线图
cross block ~ 穿过式布置
data ~ 数据（打印）格式
deck ~ （录音机）走带机构布局
design ~ 设计草图
diagrammatic ~ 原理图，线图
die ~ 锻模设计图，热锻件图
digit ~ 数位配置
digitized ~ 数字化的设计图
double punch ~ 双排排样冲模
double-row ~ 双排排样
file ~ ①存储形式②文件格式

Garret type ~ （线材轧机的）阶梯式〔加特鞍式〕布置
general ~ ①总计划②总布置（图），总平面（图）③总体设计
line ~ 生产线布局
loop-and-trunk ~ 网路位置图
main ~ 母线，电源线
mask ~ 掩模设计
monolithic ~ 单块〔片〕电路设计
multistation die ~ 连续模多工位模具的布置
network ~ ①电力网布置②网络布线
oil-piping ~ ①油导管②导油装置
one-above-the-other ~ 纵向连接装置
one-way ~ 一元配置
pattern ~ ①模型〔样〕设计（图）②图案设计
pivot point ~ 垂直定位法
plant ~ 工厂〔车间，设备〕布置
principle ~ 总布置图
record ~ 记录结构〔布局，格式〕
schematic ~ 示意图，原理图
single-double line ~ 单双管式布置
single-row ~ 单行排列，单行配置
skeleton ~ 草〔简，原理，结构，轮廓〕图，初步布置
stock ~ （板料）排样
tape ~ 控〔磁〕带格式设计
tooling ~ 刀具设计
tow ring ~ 驱动环节设计，（自动机床）拖拉环设计
wiring ~ 装配〔安装，布线〕图
workshop plane ~ 车间平面布置

layover 中断期间
layshaft 副〔侧，中间，平行，并置，逆转〕轴
layup ①扭绞（电缆的），绞合，成〔敷〕层②接头，接合处③铺砌④树脂浸渍增强材料
mat ~ 织物敷层
spray ~ 喷涂积层法
lazuli ①天青石，青金石，琉璃壁，金精②天蓝色
lapis ~ ①天青石，青金石，琉璃壁，金精②天蓝色
Swiss lapis ~ 瑞士蓝宝石
lazyarm 吊臂
lazyboy （灯光用）伸缩吊杆装置
lazy-jack 屈伸起重机
lazy-tongs 惰钳，（自由活塞燃气发生器的）同步机构
L-band L 波段
L-bar （不等边）角钢，角板
L-beam （不等边）角钢
L2-cache 二级高速缓冲存储器
L-cathode L 型阴极
LC-filter LC 滤波器
LCF-meter 感容频率计
L-conversion L 变换
LCR-bridge 电感电容电阻测量电桥
LCR-meter 电感电容电阻测试器〔测定计〕，LCR 三用表
L-display L 型显示（器），双向距离显示（器）
LD-process 氧气顶吹转炉炼钢法，LD 炼钢法
leach ①沥滤（器，液），浸提〔出〕液，滤灰槽〔池〕②浸出〔析，滤〕
sand ~ 砂滤
leachability 可浸〔溶〕出性
leachable 浸〔析〕出的，可沥滤〔滤取，滤去〕的
leaching 浸出，浸析作用，沥滤（法），固-液萃取，淋洗，洗盐
calcine ~ 焙砂浸出
concurrent ~ 顺〔同〕流浸出
confined ~ 槽内浸滤
leadcold atmospheric ~ 常温常压浸出
selective iron ~ 优先铁浸出
lead ①引导，导向，指导，指挥②超〔导，提〕前，前置，瞄准提前量③导线，引线，（电）线头，引爆药柱，导管，导轨，（阀）导柱，管路，通路④导程（螺纹的），螺〔桨，导〕距，运送距离，行程，射角差，目标长度⑤铅（Pb），铅制品，测深锤，铅锤⑥镀铅，插铅条⑦引起，导致，通向〔往〕，输〔进〕入
~ of brushes 电刷超前
~ of crossing 辙叉导距
~ of helix 螺旋线导程
~ of screw 螺旋导程
~ of valve 阀导柱
acid ~ 耐酸铅
actinium ~ 锕铅，锕 D（铅的同位素 Pb^{207}，AcD）
admission ~ 提前进气
antimonial ~ 锑铅（合金），硬铅
arsenical ~ 砷铅合金（w（As）0.15%,w（Bi）0.10%, 其余 Pb）
Asarco ~ 高耐蚀铅合金（w（Cu）0.06%,w（Bi）0.02%, 其余 Pb）
axial ~ 轴心线

backward (brush) ~ 电刷后向超前，(电刷)后移
base bullion ~ (含有贵金属的)粗铅锭
beam ~ 梁式引线
bevel ~ 导锥，斜导程
black ~ 黑铅，石墨铅
blue ~ 蓝铅，金属铅
bullion ~ 生铅(通常含有银)
cable ~ 承缆靴
candle ~ (高熔点硬质合金)烛状导电棒
cast-in oil ~ 附〔镶〕铸油管
cathode ~ 阴极引(出)线，阴极支路
chemical ~ 化学纯铅
compensating ~ 补偿(导)线
constant ~ 固定超前
control ~ 操纵(导)管〔线〕
cupro ~ 铅铜合金
current ~ 电线
cutterbar ~ 切割器的前斜伸量(为了使割刀工作时能与联杆平行)
discharge ~ 溢流管道
double ~ 双引线
down ~ (天线的)引下线
exhaust ~ ①排气导程②提前排气
fabric inflating ~ 布制充气管
finish ~ 线圈外接头，线圈出线端
flat ~ 铅皮，铅薄板
flight ~ 螺(齿)距
flying ~ 软引出线
forward ~ (电刷)前移
fuel ~ 提前供(燃料)油
glass-beaded ~ 玻璃珠引线
ground ~ 地线，接地(引)线
hand ~ 铅锤，水砣
hard ~ ①硬铅②铅锑合金(w(Sb)6% ~ 26%)，铅锌合金
hollow ~ 滚刀的沟槽导程
individual ~ 单独引入线
instrument ~ 仪表导线
kinetic ~ 运动提前量
leafspark ~ 点火提前
lock-fit ~ (锁交)引线，触须状引线
loose ~ 散放引出线
main ~ ①母线②电源线，动力线③主引出线
mossy ~ 海绵状铅
oil ~ 油道，输油管
phase ~ 相位超前
pipe ~ 管子引入线
pitman ~ 连杆偏前量
plastic ~ 塑性铅(环氧树脂与铅粉末混合物，用于修补铸件缺陷)
pot ~ 石墨
power ~ 电力〔电源〕(引入)线，馈电线
pulse ~ 脉冲引线
red ~ ①红丹，铅丹，四氧化三铅②防锈〔缓蚀〕漆
regulus ~ 铅块，含锑铅
request ~ 要求的超前
right-angle ~ 直角引出线
ring ~ 塞环的引出线
seal ~ 铅封
sealing ~ 封印铅
secondary ~ 再生铅
sheet ~ 铅皮，薄铅板
short ~ ①短导程②细距的(螺旋线的)
shunt ~ ①分流器引线②校准过的导线
single ~ 单管线
softened ~ 软化铅(脱除砷、锑、锡等杂质的铅)
sounding ~ 测深锤
spongy ~ 铅绒，海绵状铅
start ~ 线圈起始端，线圈内引线
steam-generator ~ 主蒸汽管道
stem ~ (晶体管)底座引线
suction ~ 抽吸导管
supply ~ 馈电线，电源线
taper ~ 锥度导程
tea ~ 茶叶罐铅皮(w(Sn)2%)
tellurium ~ 碲铅(合金)
test ~ ①试验引线，探试线，测试端，试验端(接至仪表)②铅试剂，试铅(试验用高纯铅)
tinned ~ 镀锡引线
tip ~ 塞尖引出线
turbine ~ 汽轮机蒸汽管道
vacuum ~ 抽真空管道
valve ~ 阀门，导气程，阀导柱
voltage ~ 电压导程
wet ~ 粗铅
white ~ 白铅(粉)，铅白，碱式碳酸铅
work ~ 生铅，(鼓风炉，含银)粗铅
wrought ~ 加工铅
yellow ~ 铅黄，氧化铅，密陀僧
lead-acetate 醋酸铅
lead-circuit 超前电路
lead-coating 铅覆盖层，包铅，铅皮

lead-covered 铅包的，镀铅的
lead-covering 铅（包）皮
leaded ①加〔镀，填，含〕铅的②加四乙铅的，乙基化的，衬铅的
leaden ①铅（包，制）的②沉〔笨〕重的
leader ①领导者，指导者②引线，引带（磁带首尾空白部分），引出线（制图），引导，导管，导杆，水落管，排水沟，导火线③首项，领项，首部④标题，空白段，引片（胶片片头空白段），片头（影片）⑤点〔虚，指引〕线
chasing ~ 母丝杠
discharge ~ 废气管，放气管（机车的）
head ~ ①（影片）片头②（磁带）引带
identification ~ 片头，识别段
machine ~ 牵引片
projection ~ 放映片头
protective ~ 片头保护段
synchronous ~ 同步引导器
tail ~ 片尾，带尾
Leadermart 里德马特检索库
lead-hammer 铅锤
lead-in 引入（线），进线，导线，输入（端，线）
~ and change-over （调度电话）引入转换架
contact ~ 接触件导向口
house ~ 进户线
window ~ 穿窗引入线
leading ①引导，指导，前引，领先，超前，导前，前置量②导管，落水管，排水管③铅制品，加铅④主导的，第一流的，定向的，主要的，引导的
flue gas ~ 废气管
nine edge ~ 9位行供给〔输送〕
leading-edge 前沿
leading-in ①导入，引入（线），进线，输入端②引入的
leading-out ①导出，引出②分离，离析，放出③引（出）线
lead-lag 超前滞后
leadless ①无引线的，无导线的②无铅的
lead-lined 衬铅的，铅衬里的，用铅镶护的，用铅覆面的
leadman 测探手，锤手
lead-out 输出，引出（线，端），（唱片）盘尾纹，管线
lead-screw 丝杠，导（螺）杆
lead-sheathing 包铅，铅包皮
lead-through 引入，输入
lead-tight 铅密封的，不跑铅的
lead-time （电火花加工中）更换模具的时间，（产品）研制周期（从设计到实际投产），订货到交货的周期，超前时间
leadwork 铅衬，铅制品
leadworks 制铅工厂，铅矿熔炼工厂
leady ①铅（制）的，含铅的②铅色的，似铅的
leaf ①叶（瓣，片），张，箔，（薄，弹簧）片，（铣刀杆上的）调整垫，蔓叶线②阀门，天窗，挡板，节流阀，门扉③小齿，齿轴或齠轮的齿④组（如耙组）
~ of diaphragm ①光阑薄片②光圈瓣
~ of hinge 合叶片
acanthus ~ 叶板
auxiliary ~ 副片
back sight ~ 表尺板
bimetal ~ 双金属片
filter ~ 滤叶
gate ~ 整流栅叶片
harrow ~ 耙的单组
main ~ (of the spring) 钢板弹簧主片〔第一片〕
main ~ 主片
nibbed spring ~ 槽形弹簧片
rebound ~ of the spring 辅助弹簧片
spring ~ ①钢板弹簧主片〔第一片〕②弹簧片，板簧，片簧
trailing ~ （节流）挡板
leafing 漂浮，叶浮，金属粉末悬浮现象
leaflet ①散页的印刷品，传单，广告②小叶，叶片
leaf-valve 舌（簧片）阀，瓣状阀门
league ①同〔联〕盟，联合会，社团，盟约②种类，范畴③里格（距离单位，1里格 = 4.828 km）
Brass Pounder's ~ （美国）业余发报者协会
National Industrial Traffic ~ （美国）全国工业运输联盟
leak ①渗漏，漏泄，漏损，流失，漏水〔气，油，磁，电〕，耗散②漏孔〔道，洞，缝〕，不紧密连接③泄漏电阻，漏出量④分支〔路〕
~ through 渗透〔漏〕，滴漏
absolute ~ 标准漏泄器（校准检漏器用的）
calibrated ~ 校准漏孔
case ~ 表面泄漏
casing ~ 外壳〔机壳〕漏泄，机壳漏电
channel ~ 通道漏孔
compression ~ 漏气
grid ~ 栅漏（电阻）

jacket ~ 护套渗漏
membrane ~ 薄膜漏孔
minimum detectable ~ 最小可检漏量
natural ~ 自漏
reference ~ 标准漏孔
signal ~ 信号漏泄，信号漏损
virtual ~ 虚漏（泄），假漏
viscous ~ 黏滞漏孔

leakage ①泄漏（量），（渗）漏，漏泄〔损，出〕，渗出，漏油〔气，水，电，磁〕②过〔渗〕滤，滤波③漏出量，耗散④空隙，渗漏处
air ~ ①漏气，泄气，漏风②漏气量
air gap ~ 空隙泄漏
base ~ 管座漏电
belt ~ 相带漏泄〔磁〕
body ~ ①外壳漏电，机壳漏泄②管身漏泄
brow ~ （绕组）端部漏磁
bypass ~ 间接泄漏
charge pattern ~ 电荷起伏漏泄（图像模糊）
clearance ~ 不紧密，未密封，间隙漏泄
differential ~ 电枢齿端漏磁
earth ~ 接地漏电，向地下浸入，通〔对〕地漏泄
electrical ~ 漏电
end ~ 端部漏泄〔磁〕
flux ~ 漏通量，漏磁
heater-cathode ~ 灯丝阴极间漏泄
interlinked ~ 交链漏磁，漏磁链
internal ~ 内泄漏
joint ~ 接头空隙
junction ~ 结漏（电流）
magnetic(-flux) ~ 磁漏，漏磁
ohmic ~ 漏电阻
outward ~ 外泄漏
packing ~ 汽〔密〕封漏泄
pipeline ~ 管道泄漏
pole ~ 磁极漏磁
primary ~ 一次侧漏泄〔磁〕
pump ~ 泵的漏失
quantum ~ 隧道效应，量子漏泄
radiation ~ 辐射漏泄
shaft ~ （壳体与轴间间隙的）轴端漏泄
slot ~ 隙缝泄漏，槽壁间漏磁（通量），槽漏泄
spike ~ 尖漏
surface ~ 表面漏泄
tooth-tip ~ 齿尖漏磁（电机铁心）
volume ~ 绝缘漏泄，体积漏泄
zigzag ~ （齿间）曲折〔畸形〕漏磁

leakage-flux 漏磁通（量）

leakagemeter 检漏仪
earth ~ 对地泄漏测量计

leakance ①漏泄（性）②漏泄（传导）系数③漏电，漏泄电导④漏磁

leaker ①漏泄〔气〕构件，漏泄元件②（水压试验时）出汗，渗漏铸件，型漏，熔模铸型漏铁液，砂型跑火，漏钢

leak-free 密封的，不漏（电，磁）的

leak-in 吸入（量），漏风，漏入

leakiness （接头）不密实，易漏

leaking ①漏泄，耗散，透水性，渗漏（的）②漏出的，不密闭的，易泄漏的

leak-off 漏泄〔气，水〕的

leak-out 型漏，跑火

leakproof （真空）密封的，防漏的，不漏电〔磁，气〕的

leakproofness 密封性，气密性，密闭度

leak-test 漏泄试验，密封性试验

leak-tested 防漏试验的，密封性试验的

leak-tight 真空密封的，气密的，不漏（气）的，无漏损的

leak-tightness 密封性，气密性

leaky （有）漏隙〔孔〕的，漏泄〔水，电〕的，渗漏的，裂〔开〕缝的，松的，不密的

lean ①倾斜②倾向，偏向③缺肉（铸造缺陷）④贫（稀）的⑤倚，靠，依赖⑥未充满

leap 跳（跃），迅速行动

leapfrog 动力〔火力，机动〕夯，用动力夯

leapfrogging ①存储器跳步检验（检查故障用）②跳步过程，交互跃进

learning 学习，（专门的）知识
machine ~ 机器学习（能力），机器改进（能力）
multimedia distance ~ 多媒体运程教学
program(m)ed ~ 程序控制的学习
supervised ~ 监督学习

lease 租约，出租，租借

leased-line 租用线路，专用线路

leaser 分纱机

least 最小的，最少的

leather 皮带，皮革（制品）
American ~ 油布
chamois ~ 麂皮，油鞣革，羚羊皮
enamel(1)ed ~ 漆皮
hydraulic ~ ①液压装置皮碗②液压系统密封用皮革

imitation ~ 人造革，假皮
mountain ~ （皮）石棉
rock ~ 石棉
leatheret(te) 人造皮，人造革，假皮
leatheroid ①纸皮，薄钢纸②人造革
leave ①出发，离开，脱离，舍去②留下，剩下，保存，遗留，放置，递交，交付③放任，听任，让，使④模锻斜度
leaven ①酵母〔素〕，发酵剂②气味，色彩③引起渐变的因素，潜移默化的影响④使发酵⑤发生影响，使渐变，使活跃，使带…气味
leavening ①酵母②引起渐变的因素③气味，色彩④使发酵
leavings 残留物，残渣，渣滓
leaving-velocity 余速
lectotype 选型，选模式
lecture （学术）演讲，讲课，讲义
LED （=light emitting diode）发光二极管
connected type ~ 连体发光二极管
dichromatic ~ 双色发光二极管
edge emitting ~ 边发光二极管
heteromorphic ~ 异形发光二极管
light bar ~ 平面发光二极管
ledaloyl 铅石墨和油的合金（主要用作自润滑轴承）
ledatron 莱达管（采用法布里 - 珀罗谐振器产生毫米波、亚毫米波的器件）
ledbit 有铅垫板的沥青防水纸
Leddicon 铅靶管，氧化铅视像管
ledeburite 莱氏体，莱德布尔体
ledex 跳光机构（摄影）
ledge ①突出部分，凸耳，凸缘②横档，壁架，架子，栅，层③暗礁，浅滩④含矿岩层，矿脉⑤槽帮（结壳），副梁材（船的）
drip ~ （液态炉）渣栏
guide ~ 导板
retaining ~ 止动台肩
safety ~ 安全凸边
sand ~ 箱带，持砂条（砂箱内壁凸条）
ledgement 横线条
ledger ①底板，垫衬物，卧材，横木②注册，登记③总分类账
abstract ~ 作业费用总账
general ~ 总账，总分类账
magnetic stripped ~ 磁条寄存器
stores ~ 材料分类账
ledloy 莱德洛伊易切削加工钢（*w*（C）0.2%,*w*（Pb）0.2%,*w*（Mn）1.0%,*w*（S）0.25%，其余 Fe），含铅钢
Ledrite 铅黄铜(*w*(Cu)61%,*w*(Zn)35.6%,*w*(Pb)3.4%）
leer （玻璃）缓冷〔退火〕炉
lees （残，滓，沉）渣，沉淀〔积〕物，糟（粕），废物
leeway ①（活动）余地，可允许的误差②时间的损失，落后③风压（差，角）
lefkoweld 环氧树脂类黏合剂
left ①左（面，边，侧）②左面的，左向的③向左，在左侧
audio ~ 左声道
audio input ~ 左声道音频输入
audio output ~ 左声道音频输出
data output ~ 右通道数据输出
head lamp ~ （汽车）左前照灯
high beam ~ （汽车前照灯）左远光
lower beam ~ （汽车前照灯）左近光
rear ~ 后左（声道）
surround ~ 左环绕声（音响）
left-adjust 左调节
left-align 左对齐
left-component 左侧数，左边部分
left-hand ①左旋〔向，方，面，侧〕的②用左手的
left-handed ①（用）左手（做）的，左旋的，反时针的，向左旋转的②笨拙的
leftover ①屑物〔料〕，废物〔料〕②剩余物，剩下③延期
leg ①（支）腿，（支）柱，支架，（管，床，底）脚，牙爪②支〔竖，立，肘〕管，支线〔路〕，引线，竖立管道③焊脚，（角焊的）角边，角尺④（三相变压器中每相的）铁心，圆材，（三角形联结的）两股，相（位），臂⑤结构，构成，部分⑥子程序过程，子程序路线⑦犁辕钩
~ of a fillet weld 角焊缝的焊脚
~ of angle 角边
~ of circuit 电路臂，电网支路，相线
~ of frame 框架边
active ~ （射流）有源支路
air ~ 气腿，风动支架
aspiration ~ 柱形吸风筒，吸风塔
back ~ ①斜支柱，背面支柱，后〔床〕腿②磁体回轭，返磁导体（磁通量回路导体）
barometric ~ ①气压（真空）腿，气压柱②气压表管
box-type ~ 箱形（剖面）床脚

cathode ~ ①阴极引线②阴极臂
compression ~ 压柱
connecting ~ ①连（接）管②管接头，套管
dead ~ 盲管段
derrick ~ 井架大腿
dog ~ ①（板材的）双向折弯，死弯（钢丝绳由于使用不当造成的），折线（形的）②（唱片）引入槽误差
dust ~ 集尘管（除尘器的）
feeding ~ 溜送槽
fillet weld ~ 焊脚
flexible ~ 柔性支腿
hot ~ 热段
insufficient ~ 角焊缝焊脚太小
iron ~ 铁腿
landing ~ 支腿
legalcabinet ~ 床脚，台座，底部（机床的）
lift ~ 提升管
loading ~ 溜送槽（将物料溜送到斗式升运器的斗中）
machine ~ 机械架腿
magnetic ~ （变压器）铁心柱
marine ~ 卸料吊头（船用）
oleo ~ ①油压减振柱②油筒腿
pusher ~ 风动钻架
(radio) range ~ 无线电测距射束
return ~ 返磁导体（磁通量回路导体）
rigid ~ 刚性支腿
riser ~ 上升（支）管
saddle ~ U形铁砧
seal ~ ①垂直管式闸阀②闸式阀门③气动提升器④料封管
shear ~ ①剪股②起重臂，起重机挺杆，吊机臂③人字起重机
side ~ ①肘管②曲拐③弯头（双曲管的）
socketed ~ （两脚）规（的）脚
spacer ~ 隔离支柱
superheater outlet ~ 过热器出口联箱
support ~ 支柱，（稳定用）支脚
water ~ 水涨落速度装置，水支管，水夹套（锅炉下的）

legal ①法定权利②法律的，法定的，合法的，正当的

legend 图例，符号，代号，说明书，附图叙述性材料

legger （平袜）袜统机

legging 绑腿，裹腿，护胫

legibility 可读性，易解〔读〕，清晰度

legislation 立法，制定法律

lehr （玻璃）退火炉，（玻璃）缓冷炉
fuelless ~ 不加热〔无热（源）〕玻璃退火炉
heatless ~ 无〔不加〕热玻璃退火炉

Lemarquand 铜锌基锡镍钴合金（w（Zn）37%，w（Sn）9%，w（Ni）7%，w（Co）8%，其余Cu）

lemma ①前〔命，主〕题，题词②辅助定理，引理，预备定理

lemniscate 双纽线

length ①长度，距离，线段②持续时间，期间③程度，范围④段，节，根⑤字长，记录长度，块长
~ between couples 车钩间距
~ of a scale division 分格（度）长度
~ of action 啮合长度，作用长度
~ of blank bends 弯曲件展开长度
~ of coherence 相干（光的）长度，相关长度
~ of cut 切削长度，割刀行程长（切割器的），切割长度〔尺寸〕
~ of delay 延迟值
~ of elbow draft tube 肘形尾水管长度
~ of exposure 曝光持续时间
~ of fit ①配合长度②（螺纹）旋入长度
~ of flameproof joint 隔爆接合面长度
~ of flexspline 柔性花键轴长度
~ of haul 运距
~ of lay 绞（合节）距
~ of lead in 压入（部分）长度
~ of life 寿命，使用寿命
~ of magnetic path 磁路长度
~ of mean turn 线匝平均长度
~ of normal line 法线的长，法距
~ of penetration 渗透深度
~ of run ①运程滑走长度，运距②运转时间③展开长度（专指色谱）
~ of shift 值班时间，班次时间
~ of spanned chord 公弦长度
~ of stay (in drying chamber) （干燥室内）停留时间
~ of stroke 推料行程
~ of tangent line 切线的长，切距
~ of thread engagement 螺纹旋合长度
~ of time 持续时间，期间
~ of tooth 齿高
~ of travel 行程
active ~ ①（电枢绕组导线的）有效长度②（反应堆的）活性段长度

active core-packet ~ 有效铁心长度
active gage ~ 有效基长
active line ~ 扫描线长度，有效行长度
barb ~ 刺长
barrel ~ 辊身长度
base ~ 基线长（度）
base tangent ~ 公切线长度
bearing ~ 接触区长度
block ~ 字组长度,分组（码）长,信息组长，分程序的长度，块长
bond ~ ①键长②键距
boom ~ 悬臂长度
buckle wave ~ 翘曲波长，皱折波长
burst ~ 脉冲时间，脉冲串长度
cable ~ ①电缆长度②链（海上测距单位，1 链 =0.1 n mile 或 185.318 m）
calibrated focal ~ 实用焦距
campaign ~ 炉期，炉龄
cell ~ 加速区间长度
chamfer ~ 切削锥长度
chamfered corner ~ 倒角刀尖长度
characteristic ~ 换算长度，特性长度
chart scale ~ 记录纸标度尺长度
chisel edge ~ 横刃长度
code ~ 电码（信号）长度，码长
coiling ~ （鼓筒）钢丝绳容量
collapsing ~ ①伸缩长度②开始纵弯曲的（临界）长度
common normal ~ 公法线长度
concave arc ~ 凹板弧长
cone ~ 锥长（管壳锥形部分长度）
current ~ 当前长度
cutting ~ 可剪板宽
cycle ~ 周期时间，循环时间
cylinder threshing ~ 脱粒滚筒长度
datum ~ 基准长度
dead ~ 定长，截止长度
developed profile ~ 轮廓展开长度
effective ~ of locating face 周向定位面有效长度
effective path ~ 有效光程长度
effective shank ~ 前柄有效长度
electric ~ 电长度
equivalent focal ~ 等效〔值〕焦距
evaluation ~ 评定长度
extensometer gauge ~ 引伸计标距
face ~ 面长，辊身长度
feature ~ 长篇的，（电影）达到正片应有长度的
field ~ ①信息组长度②字段长度
final gauge ~ 断后标距
finite ~ 定尺长度
finned ~ （管子的）带肋长度，带翅片部分管长
fly-sheared ~ 飞剪剪切后的定尺寸长度
focal ~ 焦距
focal center ~ 光心高度
foreshortened ~ 缩减长度，折合长度
fusion ~ 焊缝长度
gap ~ ①间隙长度②隙宽
gate ~ 选通脉冲宽度，门信号宽度
ga(u)ge ~ ①标距，基准距离②测量长度，计量长度
half peripheral ~ of bearing liner 轴瓦半圆周长
hot ~ 热区长度
hue wave ~ 主波长
inside pitch line ~ 齿根高度
leg ~ （角焊缝的）焊脚长度
lineal scale ~ 直线刻度长度（仪表）
lug ~ （轮胎）抓地齿长度
machine ~ （计算机）字长
mid-focal ~ 中焦距
multiple ~ 倍尺（长度）
natural ~ 固有长度
no-flow ~ 非流动方向的长度
ON ~ ON 持续时间
optical (path) ~ 光学距离，光程
orifice throat ~ 孔道长度
outside pitch line ~ 齿顶高度
overall ~ 全长，总长
overhanging ~ 自由长度
pad ~ 瓦块长度（滑动轴承的）
panel ~ 节间长度
path ~ 路程长度，行程
planing ~ 刨程
projected ~ 投影长度，伸出长度
projected contact ~ （轧件同轧辊的）接触弧长的投影，咬入弧水平方向投影长度
proper ~ 真〔静〕长度
pulse ~ 脉冲宽度，脉冲持续时间
question ~ 问题应答长度
random ~ 不定尺，乱尺，长度不齐
record ~ 记录长度，录音时间
reduced ~ 折合〔换算，简约〕长度
reduced optical ~ 折合光程
register ~ 寄存器容量〔长度〕

registered ~ （船舶的）登记长度，寄存器中存储的数位数
relaxation ~ 张弛〔弛豫，衰减，阻尼〕长度
restrictive ~ 节流长度
search ~ 查找长度（机器翻译用）
slowing(-down) ~ 慢化长度
spring-loaded ~ 弹簧负载长度
step ~ 步长
string ~ 串长度，字串长，字段长
tine ~ （钉）齿长（度）
tonnage ~ 量吨长度
traversed ~ 行程长度
unbraced ~ 自由长度
wave front ~ 波前宽度（波前至峰值处距离）
weld ~ 焊缝长度
word ~ 字长
working ~ 工作〔有效〕长度
zone ~ 熔区长度，区域长度

lengthen 延〔拉，放，变，伸〕长

lengthener 伸〔延〕长器
boxcar ~ 脉冲加宽器，脉冲扩展电路

lengthening 伸长，延长

length-ga(u)ge 长度计〔规〕

length-machined 机切长度

length-mass-time 长度 - 质量 - 时间（单位制）

length-to-diameter ①长度直径比②（燃烧室）延伸率

lengthways （=lengthwise）①纵（向）②纵长的，纵向的，沿长度方向的

lens ①透镜，镜头，物镜，(凹凸）镜片，放大镜，晶状体，（汽车的）灯玻璃②扁平矿体，透镜状油矿
~ of Christofilos-Brookhaven type 克里斯托菲洛斯 - 布鲁克海文型透镜（静电强聚焦透镜）
~ of extreme aperture 最大相对孔径物镜，临界孔径物镜
~ with automatic diaphragm 自动光阑透镜
accelerating ~ 加速（电子）透镜
achromatic ~ 消色物镜
acrylic ~ 丙烯酸有机玻璃透镜（投影电视用的透镜）
adapter ~ 附加（适配）透镜
afocal ~ 远焦透镜
alternating-gradient ~ 交变陡度透镜（强聚焦透镜）
amasthenic ~ 共焦点透镜
amplifying ~ 放大透镜
anallatic ~ 视距镜，（光学）测距镜，移准距点透镜
Anamorphic ~ 变形物镜，艾奈莫尔弗（像变）透镜（投影电视上的光学透镜）
anamorphotic ~ ①变形透镜②失真物镜
ancillary ~ 附加（透）镜
antenna ~ 透镜天线
aperture ~ 针孔（电子）透镜，孔径（电子）透镜
aplanatic ~ ①消球差透镜②齐明透镜
apochromat ~ 复消色差透镜
aspheric surface ~ 非球面透镜
aspherical ~ 非球面透镜
aspherical correcting ~ 非球面校正透镜
astigmatic ~ 像散物〔透〕镜，散光镜
attachment ~ 辅助透镜〔镜头〕，附加（透）镜
autofocus ~ 自动对焦镜头
axicon ~ 锥（透）镜，展像（透）镜，旋转三棱镜
balsaming ~ 胶合透镜
Billet split ~ 比累对切透镜
bipotential ~ 双电位透镜
bitoric ~ 双复曲面透镜
blood tube ~ 血管镜
bloomed ~ 敷霜透镜，减小光反射透镜，无反射透镜，镀膜镜头
camera ~ 照相镜头，暗箱物镜
cathode ~ 阴极透镜，第一电子透镜
cathode grid ~ 抑制栅透镜
cemented ~ 胶合透镜
Chevalier ~ 薛瓦利透镜，双合透镜
close-up ~ 近摄镜，特写透镜
coated ~ 镀膜镜头〔透镜〕
collecting ~ 聚场镜头，会聚透镜
collector ~ 集光〔会聚，聚场〕透镜
collimating ~ 准直透镜
concave ~ 凹〔负，发散〕透镜
concave-convex ~ 凹凸透镜
concentration ~ 合聚透镜
concentric ~ 同心透镜
condenser ~ 聚光（透）镜
condensing ~ 聚光（透）镜
contact ~ 接触透镜，胶合透镜
continuous magnification ~ 连续变焦透镜
convergent ~ 会聚透镜，聚光镜
converging meniscus ~ 弯月形会聚透镜
convertible ~ 转换透镜

convex ~ 凸（正，会聚）透镜
cornea contact ~ 角膜接触镜
cowl lamp ~ 罩灯玻璃
critically corrected ~ 精密校正透镜
crossed ~ 最小球差单透镜
crown ~ 冕（牌）透镜
cylindrical ~ 柱面透镜
dialyte ~ 分离透镜
dioptric(al) ~ 屈光（透）镜，折射透镜
dispersing ~ 色散透镜
divergent meniscus ~ 弯月形发散透镜，凸凹发散透镜
double concave ~ 双凹透镜
double image ~ 双向透镜
dry system ~ 干镜头
dual ~ 双透镜
echelon ~ 阶梯透镜
electromagnetic amplifying ~ 电磁放大透镜
electromagnetic electron ~ 电磁电子透镜
electromagnetic ~ 电磁透镜
electron ~ 电子透镜
electrostatic ~ 静电透镜
equivalent ~ 等焦透镜
erecting ~ 正像透镜
extraction ~ 引出透镜
eye ~ 目镜
eyepiece ~ 目镜透镜
facet(t)ed ~ 多面体透镜
fast ~ 强光透镜，快镜
field ~ 物镜，向场透镜，电子透镜
filter ~ 滤光（透）镜
finder ~ 瞄准装置透镜，探测器透镜检像〔取景〕镜片
fish-eye ~ 鱼眼镜头〔物镜〕（视场角接近180°）
fixed ~ 固定（焦距）透镜
flat-field ~ 平扫描场透镜
floating ~ 浮置镜头
fly’s eye ~ 蝇〔复〕眼透镜（全息照相用）
focus(s)ing ~ 聚焦透镜，调焦镜
Fresnel ~ 菲涅耳透镜
gas ~ 气体（浓度）透镜
glare protection ~ 防眩光透镜
Glasser ~ 格拉泽透镜（螺线管透镜）
gradient refractive index ~ 梯度折射率透镜
high aperture ~ 大孔径透镜，强光透镜
high-power ~ 高放大率透镜
holographic ~ 全息透镜
hyperbolic ~ 双曲透镜
hyperchromatic ~ 多色差透镜
image ~ 图像透镜
image flattening ~ 像场修正透〔物〕镜
imaging ~ （电子）成像透镜
immersion (objective) ~ 浸液透〔物〕镜
ion ~ 离子透镜
lamp ~ （车）灯玻璃
lamp condenser ~ 光源聚光透镜
long-focus ~ 长焦距镜头，远摄镜头
macro ~ 超近（摄影）物镜，宏观照相镜头，低倍照相镜头，大镜头
magnetic ~ 磁透镜
magneto-static electron ~ 静磁电子透镜
magnifying ~ 放大（透）镜，凸透镜
manual zoom ~ 手控可变焦距透镜〔镜头〕
meniscus (shaped) ~ 弯月透镜，凹凸透镜
microphotographic ~ 缩微，摄影物镜
microshot ~ 微距摄影透镜
minus ~ 负透镜
mirror ~ 折反射式镜头
motorized zoom ~ 马达驱动的可变焦距镜头
mo(u)lded ~ 模制〔压〕透镜
mounted ~ 装配透镜
multifocal ~ 变焦透镜
ocular ~ 接目〔眼〕镜
pack-shot ~ 微距透镜
pancratic ~ 可调节物镜，可调光焦透镜
photographic ~ 投影透镜
pinhole ~ 针孔透镜
plano-concave ~ 平凹透镜
plano-convex ~ 平凸透镜
plastic ~ 塑料透镜
plastyle ~ 塑玻透镜
Pleogon ~ 普莱奥冈透镜（辐射畸变较小的透镜）
positive ~ 凸（正）透镜
power zoom ~ 电动变焦镜头
preset ~ 预调物镜
projection ~ 投影透镜，聚光透镜
rapid ~ 大（相对）孔径物镜
rapid rectilinear ~ 快速直线〔消畸〕透镜
reading ~ 读数镜，放大镜
reducing ~ 缩短管筒透镜
relay ~ 中继透镜（倍率变换时物方焦距不变的光学系统中的物镜），旋转透镜
resultant ~ 综合透镜
retro-type ~ 负透镜

scanning ~ 扫描〔扫掠,(测量)瞄准〕透镜
sectioned ~ 分割透镜
selfoc ~ 自聚焦透镜
simple ~ 单透镜
single-aperture ~ 针孔透镜
slit ~ 开缝透镜
slow ~ 小(相对)孔径物镜，小光强物镜
soft-focus ~ 柔焦镜头
speed ~ 大(相对)孔径物镜
spherical ~ 球面透镜
split ~ 剖开透镜，对切透镜
spread(ing) ~ 发散透镜，散光透镜
spreadlight ~ 偏光透镜
static ~ 静电透镜
step ~ 步长
step ~ 棱镜，分步透镜
stepped ~ 阶梯形透镜
string ~ 串长度，字串长，字段长
superchromatic ~ 超彩色透镜
supplementary ~ 附加镜，前置镜
taking ~ 取像透镜，拍摄镜头
tapered ~ 楔形透镜
test ~ 验光透镜
thin ~ 薄透镜
topogon ~ 小孔径宽视场镜头，弯月形透镜
toric ~ 复曲面透镜
toroidal ~ 曲面透镜
treated ~ 镀膜透镜，镀膜镜头
tube ~ 镜筒透镜
two-tube ~ 双筒透镜
ultra wide-angle ~ 超广角镜头
ultrarapid ~ 甚大相对〔光强〕孔径物镜
universal focus ~ 固定焦距透镜
univoltage ~ 单电压〔位〕透镜
unzoned ~ 简单〔未分区〕透镜(天线)
vari-focus ~ 变焦物镜，(可)变焦距透镜
viewing ~ 取景镜头
Wattson zoom ~ 瓦特逊可变焦距镜头
waveguide ~ 导波镜，波导透镜
wide-angle ~ 广〔大视〕角镜头〔物镜〕
wide-aperture ~ 大孔径物〔透〕镜
writing ~ 记录透镜
X-focus(s)ing ~ X 轴向聚焦透镜
Xpress ~ 特快镜
zoned ~ 分区透镜(天线)
zoom ~ (可)变焦距物镜〔镜头〕
zoomar ~ 可变焦距透〔物〕镜

lens-antenna 透镜天线
lenses =lens(pl.)
spectacle ~ 柔性焦距透镜组，软焦点透镜组
lenslet 微透镜
lens(o)meter 焦度计，检镜片计
lenticle 透镜体，扁豆体
lenticular (双凸)透镜状的，两面凸出的，扁豆状的，荚状的，(眼球的)晶(体)状的，凹凸式胶片的
ribbon ~ 条式双凸透镜
spherotoric ~ 复球面双凸透镜
lenticulation ①透镜光栅②双凸透镜形成③透镜光栅膜制造方法
hexagonal ~ 六角透镜光栅
lenticule 微透镜
lentigo 斑点
lentoid 透镜状结构，透镜状的
lentor ①伦托(CGS 制的运动黏度单位，现名 stoke，斯，St，1 St=10^{-4} m^2/s)②粘连③缓慢
lentous 有黏性的，黏着的
lepidolite 鳞〔红，锂〕云母
lepmoxurtic 尖〔凸〕峰态(的)
leptokurtosis 尖峰态，凸峰态
leptometer 比黏计
lepton 轻(粒)子(包括电子,正电子,中微子,μ 介子)
leptopel 微粒
lerrite 黄绿云母
lesion 故障，损坏，损害，伤痕，伤害，杀伤，疾患
less
balanced transformer ~ 无平衡变压器
output capacitor ~ 无功率放大器
output transformer ~ 无输出变压器
letdown 下降，减低〔少〕，排出，松弛，失望
leters
automatic partition of ~ 信函自动分拣
let-go 放〔脱〕开，释放，层压塑料缺胶脱层的地方
lethality ①杀伤力，死亡率②致命性，武器的效能
radiation ~ 辐射死亡率
lethargy ①勒(中子起始能量和中子能量的自然对数比)，衰减系数②不活泼
Letraset 拉突雷塞印字传输系统
letter ①字母，文字，铅字，符号②信，函件，无线电报③(常用 pl.)证书，许可证④(pl.)字体

~ of advice 发货〔汇款〕通知书
~ of attorney 委托书，委任状
~ of authority （=L/A）委托拨款证
~ of commitment （=L/C）保证书，承诺书
~ of credence 介绍信
~ of credit 信用证
~ of guarantee 信用〔商品保用〕保证书
~ of hypothecation （=L/H）抵押证书，索赔书
~ of indemnity （=L/I）认赔书
~ patent 专利证书
blade ~ 刀顶宽代号
bold-face ~ 粗体字母，黑体字母
call ~ （电台）呼号，呼叫字母
code ~ 码，字码，码字，电码文字
conventional ~ 假设符号，代表符号
descending ~ （伸至基线以下的）下行字母（如 g,p,y 等）
drive ~ 驱动器名
function ~ 操作字码〔母〕
key ~ 编码键
light-face ~ 细线体
lower case ~ 小写字母
night ~ 夜间电报
Roman ~ 罗马字母，罗马体铅字，正体字
sample size ~ 试样〔样本〕尺寸码
terminal code ~ 终端字码
upper case ~ 大写字母
vertical ~ 立体字
warrant ~ 质量保单

letterbox 字柜（模式）

lettering ①文字，写〔刻，印〕（的）字，写信，编字码，排字，（写）印刷字体②（图上）注记③注记配置，注记剪贴

letter-phone 书写电话机

letterpress 凸版印刷机的总称，铅印机，活版印刷（有插图的）本〔正〕文，书信复写机
web-fed rotary ~ 卷筒纸凸版轮转机

letup ①停止，放松，减小，休息②起层，成层

leucite 白榴石（钾铝硅酸盐）

leuco 无色（的），白（的）

leuco-sapphire 白宝石

leucoscope 光学高温计，感色计，感光计，色光光度计，白色偏光镜

levecon （=level control）（信号）电平调节〔控制〕，位面〔级位〕控制

Level 作图层别（数控加工软件中的命令辅助菜单）

level ①水平〔位，准，面〕，指标，标高②水平面〔尺，线〕，平〔台〕面③电〔声，磁〕平④（能）级，高〔程，强〕度，层，态⑤水平仪，水准仪〔泡〕，含量，范围⑥水平的，相等的，等电位的，均匀的⑦校〔拉，调〕平，水准测量，均衡
~ "0" "0" 电平
~ "1" "1" 电平
~ loader 水平式装载机
~ meter 料位计（利用电离辐射测量或指示）
~ of components 装件高度
~ of drive 激励电平
~ of factor 因子指标〔等级，量级〕
~ of maintenance 维修等级
~ of significance 显著水平
~ of the copolar component 同极分量电平
~ of the depolarized component 去极化分量电平
~ off ①整平，矫直②调水平，趋于平衡，使成水平，使稳定
Abney ~ 手水准仪，测角仪，爱尼式测斜仪
absolute ~ 绝对电平〔水平，标高，级〕
acceptable defect ~ 合格缺陷标准，容许缺陷程度
acceptable malfunction ~ 容许故障水平
acceptable quality ~ 验收〔合格〕质
acceptable reliability ~ （=ARL ~）可靠性合格标准，容许可靠性程度质量标准，容许质量指标
accepter ~ 受主能级，接受器能级，承受水平，接受级
access control ~ 存取控制级
acoustic ~ （=sound ~）声级，音级
adaptation ~ 适应电平
addressing ~ 寻〔定〕址级（数）
adjustable bench ~ 可调整的台式水准〔平〕仪
air (bubble) ~ （气泡）水准仪
alarm ~ 报警标准
algorithm ~ 算法级
aligning ~ 准直水平仪
altitude ~ 测高（度）水准仪
ambient ~ 背景〔环境〕电平
aspiration ~ 期望水平
audio ~ 声频电平，音频电平
average ~ 平均能级
average noise ~ 平均噪声级
axial source ~ 轴向声源级

background doping ~　本底掺杂能级
background-noise ~　背景噪声电平
balance ~　水准仪，衡准仪
band sound power ~　频带声功率级
band sound pressure ~　频带声压级
base ~　基准面，基数电平
basic impulse ~　基本脉冲电平
basic impulse insulation ~　基准〔本〕冲击绝缘水平
batter ~　测斜器
beacon triggering ~　应答器工作电平
bit ~　位级
black ~　黑色（信号）电平（电视的）
blacker-than-black ~　黑外电平
black-out ~　熄灭电平，消隐电平
black-to-white ~　黑（信号）至白（信号）间电平
blanking ~　熄灭〔消隐〕（信号）电平
block ~　气泡水准仪，平放水准器，封〔闭〕锁电平，箝位信号电平
blocked ~　封锁〔闭锁，阻挡〕电平
blue black ~　蓝路黑电平
box ~　圆水准器
bulk ~　装料高度
B/W Y ~　黑白方式的亮度电平
B-Y burst flag ~　B-Y（色差信号）色同步标志电平
carrier ~　载波电平
carrier-reference black ~　黑色信号载波电平
charge ~　①料面，料线②装料台
chip ~　小片级
chip ~　限辐电平，削波电平
circle ~　圆形水准器
clamp(ing) ~　箝位电平
colo(u)r ~　彩色信号电平
colo(u)r bar Y ~　彩条亮度电平
compensator ~　自动补偿水准仪
component harmonic distortion ~　谐波分量失真级
conduction ~　导带，导电能级〔态〕
confidence ~　置信〔可靠，可信，信任〕度，置信级，置信水平
control ~　①管理水平②控制电平
correct ~　校正水准，标准水准
crane datum ~　起重机停车面
cross ~　横向水准仪，横向巷道
cross test ~　纵横水准仪
cut-off ~　截止电平，限制电平
datum ~　基准面，海平面，零电平，基准水位
datum water ~　基准水平面，水准面，水准零点
dead ~　①空层，备用层，静态，无信号电平，静态电平②静水位，零电平③绝对水平，绝对高程
deep ~　深能级
deep-lying impurity ~　深位置的杂质能级
defect ~　缺陷标准
derated standard ~　标准失效率（1.5×10^{-6}/h）
derated-ten ~　10^{-7}/h 的失效率
die ~　凹模上面高度
dielectric ~　介电水平，绝缘水平
discrete ~　分离电平，分立能级
donor ~　施主（能）级
drift ~　漂移电平
dumpy ~　定镜水准仪
east-west ~　主水准器（中星仪）
effective perceived noise ~　有效感觉噪声级
electrical speech ~　语音电平
electron ~　电子水准仪，电子能级
elevation ~　仰角电平
empty upper defect ~　空缺陷上能级
energy ~　能（量）级
engineering ~　工程〔技术〕水平
engineer's ~　工程水准仪
equilibrium ~　平衡级
escape ~　脱离能级，逃逸能级
even ~　偶数层，偶数级
excitation ~　激发能级
exciton ~　受激能级，激子能级
exhaust smoke ~　排（出的）烟量
failure ~　失效级，故障位
fault ~　故障率水平
Fermi (energy) ~　费密能级
fiduciary ~　标准电平，可靠度，临界级
filled (band) ~　满带能级
filled lower defect ~　满充低缺陷能级
firing ~　燃烧面
fission ~　裂变能级
fixed ~　稳定水位
fixing ~　定影牢固度
flame ~　火焰高度
float ~　浮筒水准线，浮子室油面高度
floor ~　①地〔楼〕板平面②底层〔板〕③地面高度
flux ~　通量级，通量水平〔强度〕

flying ~ 快速水准测量
focus ~ 焦点水平
fog ~ 灰雾密度（缩微机械）
fore and back ~ 前后（视）水准测量
frame ~ 框架〔式〕不平仪
G black ~ （G=green）绿路黑电平
G peak ~ （G=green）绿（信号）峰值电平
gain ~ ①增益电平，增益级②放大系数，放大分贝数
graphetic ~ （字符）复制能力
Gravatt ~ 格拉瓦特（定镜）水准仪
grey ~ 灰度电平，灰度级
ground ~ 地平面，地面标高，地平高度，基极〔态〕
ground noise ~ 背景噪声电平
hand ~ 手水准，手持水平仪
hearing threshold ~ 听阈级
hearth ~ 炉底（标高，水平）
hierarchic(al) ~ 分级级数
high ~ 高能级〔电平，水位，水平〕
high-temperature ~ （热力装置循环中的）高温热源
Horrebow ~ 赫瑞鲍水准器，纬度水准器
hum ~ 哼声电平
illumination ~ 照度级，光照水平
impulse protection ~ 冲击保护水平（避雷器的）
impurity ~ ①不纯度②杂质能级
incline ~ 倾斜计，坡度计
incoming ~ 输入〔受电，接收〕电平
indenture ~ (for maintenance) 维修约定级
index ~ 竖直度盘指标水准器
initial ~ 基准面标高
injection ~ 注入电〔水〕平
inspection ~ 抽检百分比
insulation ~ 绝缘水平，绝缘等级
integrated ~ 集成度
intensity ~ 亮度（级），亮度电平，强度（级），场强电平
inter-cooling ~ 中冷度
interference ~ ①干扰电平②干涉电平
intermediate ~ 中等能级
interrupt ~ 中断级
intrinsic ~ 本征能级，内在电平
inversion ~ （激光的）反转能级
irradiance ~ 辐照度级
isothermal ~ 等温面
keying ~ 键控〔吸动〕电平
Last Cut ~ 最终层（数控加工软件创建切削层参数，定义最后的切削层深度）
leak ~ （泄）漏电平
coincidence ~ 符合水准器
round spirit ~ 圆水准仪
lift ~ （黑色）升降电平
light ~ 亮度级
line ~ 行〔线路，传输线某点信号〕电平
link ~ 链路级
loading ~ 加料刻度
longitudinal ~ 高低水准器
loudness ~ 响度级
low ~ ①低能级，低电平，低水（平）面，初级②低空，大气低层
low-light ~ 低照度，低亮度，微光
low-lying ~ 低能级
low-temperature ~ （热力装置循环中的）冷源，低温源
management ~ 管理级
maximum sound pressure ~ 最大声压级
mean water ~ 平均水位
metal ~ 金属液面
metastable ~ ①亚稳电平②亚〔准〕稳能级
modulation ~ 调制电平
multiple ~ 多能级
noise ~ 噪声〔干扰，杂音〕电平，噪声级，噪声水平
noise pollution ~ 噪声污染级
normal ~ 正常能级
nuclear ~ 核能级
occupied ~ 满能级，占有能级
octave band ~ 倍频带声级
odd ~ 奇数层〔级〕
oil ~ 油位，油面
open mouth ~ of champ 夹钳开口度
operation ~ 工作电平，工作能级
optical (tooling) ~ 光学水平仪
optical water ~ 光学水准仪
outgoing ~ 发送〔输出〕电平
overload ~ 过载电平，过载界限，过载（量）级，超荷级
oxygen ~ 氧含量
peak ~ 峰值电平，峰值级
pedestal ~ （图像信号和同步信号的）区分电平，封闭〔基准，熄灭脉冲，消隐脉冲〕电平
pilot ~ 导频电平
plumb ~ 水平仪，（铅垂）水准仪

power ~ 功率级，权级，（功率）电平，幂级
pre-pedestal ~ 预消隐脉冲电平
present ~ 原水平，规定高度
preset ~ ①预定能级②原水平，规定高度
pressure ~ 声压级，压强级
priming ~ 虹吸〔起动〕水位
priority ~ 优先级
process control ~ 过程控制级
profile section ~ 轮廓水平截距
program(me) ~ 节目信号电平
pumped ~ 抽运能级
pump(ing) power ~ 抽运功率级
quality ~ 质量标〔水〕准
quantization ~ 量化电平
quasi-Fermi ~ 准费米能级
quick-setting ~ 速调水平仪（装有速调水平头）
R black ~ 红路黑电平
radiation ~ 辐射能级〔强度〕
rail ~ ①轨面②测轨水准仪
recording ~ 录声级，记录电〔磁〕平，录音电〔磁〕平
reference ~ ①基准电平，参考电平，参考水准面，参照级②假定水准基点，假定水位
reference black ~ 黑色信号基准〔参考〕电平
reference sensitivity power ~ 参考灵敏度功率电平
reference sound ~ ①基准声级②声频基准磁平
reflecting ~ 反光水准仪
relative chroma ~ 相对色度电平
relative reverberation ~ 混响级
reserve ~ 备用量
resonance ~ ①共振（能）级②共振电平
resting ~ 嵌套级〔层〕
reversible ~ 回转〔活镜〕水准仪，可逆电平
ridging ~ （选择频率响应曲线上位置的）“安放电平”
ring ~ 环状保护级
RIV ~ （=radio interference voltage ~）无线电干扰电平
room noise ~ 室内噪声级
rumble ~ 唱盘噪声电平
safety trip ~ 事故防护的安全〔工作〕限度
sand ~ 砂位
saturation ~ 饱和度,饱和电平,饱和磁平(录音机)
sea ~ 海平面
self-level(l)ing ~ 自测水准仪
sensation ~ 感觉〔响度〕级
sensitivity ~ 响应级
set-up ~ 黑色升降电平
shallow ~ 浅能级
sight ~ 水准仪
signal ~ 信号级〔功率，电平〕
slice ~ 限制〔幅〕电平
slope ~ 测斜仪，测坡度计，斜准器
smoke ~ 排烟浓度（级）
snow ~ （雪花）噪声电平，噪声级
sound ~ 音级，声级
sound exposure ~ 声曝级
sound intensity ~ 声强级
sound pressure ~ 声压级，声压电平
source language ~ 源语言级(ALGOL-60用)
speaking ~ 话声电平
spectrum ~ 谱级，频谱电平
speech interference ~ 话音干扰电平
speed ~ 转速水平
spirit ~ ①水平尺②气泡水准仪③（乙醇）水准〔平〕仪
splitted ~ 分裂能级
spurious ~ 寄生电平
stack ~ 栈深度，堆栈级
standing water ~ 静水位
static ~ 大气干扰电级，天电干扰电平，静电级，天电级
stimulation ~ 刺激级，激励电平
stock control ~ 存量管制基准
storage ~ 存储级
strength ~ 强度水平，强度级
stress ~ 应力级，应力水平
stride ~ 骑〔跨〕式水准器
supply pressure ~ 供给压力值
surface (energy) ~ 表面能级
surge ~ 冲击〔浪涌〕电压电平
surveyor's ~ 测量水准仪
synchronizing ~ 同步信号电平
target ~ 目标级
telescope ~ 望远镜水准器
temperature ~ 温度范围
terminal laser ~ 激光低能级
test ~ 校核水准

thermal ~ 热能级，热级，耐热水平
threshold ~ 阈值，门限（信号）电平，阈电平
thrust ~ 发动机额定推力
tilting ~ 微倾水准仪
tolerance ~ 允许的辐射级，允许限度，允许剂量级
top ~ 顶层（存储栈的），最高水平，顶峰
transit ~ 经纬水准仪
trap(ping) ~ 陷阱〔获〕能级
trigger(ing) ~ 触发标准，触发〔起动〕电平
trip ~ 断路电平
tubular ~ 管状，水准管
turbulence ~ 湍流度
u ~ u 水平（可靠性水平，比标准水平高几百倍）
unblocked ~ 开启电平
universal ~ 圆形水准器
unoccupied ~ 未满能级，空能级
up ~ 高电平
vacant ~ 空级
vacuum ~ 真空能级，自由能级
vernier ~ 游标水准管
virtual ~ 虚能级，假想电平
vocal ~ 语音声级
voltage ~ 电压等级〔电平〕
volume ~ 强度级，响度级，体（积）级
wafer ~ 圆片级
water ~ 水位，水准器，水平面
white ~ 白色信号电平，白电平
winding ~ 提升水平
wye ~ Y 型水准器，回转〔华氏〕水准仪
Zeeman-splitted ~ 塞曼效应分裂能级
zero ~ 零电平，零（能）级，零水位，起点级，零标高
zeroth ~ 零级

level(l)er ①矫直机，校〔整，电，调〕平器，平路机，平土器，调平机构，平整机，水平仪②水平测量员，水准手③平煤机，平煤器④均化〔均涂，均染〕剂⑤涂布器，涂板器
~ with tension planishing rolls 张力平整辊组矫直机
agricultural land ~ 农用平地机
automatic noise ~ 噪声自动限制器
backed-up type roller ~ 带支承辊的辊式矫直机
bump ~ 吸振器，车身振动吸收器
hairspring ~ 游丝校平器
pendulum ~ 摆动式调平机构
oil ~ 油标，油位表
plate ~ 中厚板矫直机
rail ~ 钢轨平路机，平轨机
ridge ~ 平垄机〔器〕
roller ~ 辊式矫直机，辊式钢板压平机
rotary frame ~ 框架旋转式矫直机
sheet ~ 薄板矫平（直）机
stretching ~ 拉伸矫直机
tension ~ 张力平整机
tension-twisted ~ 张力拧扭矫直机
two-high roller ~ 两排辊子的矫直机，二重式多辊矫直机
uncoiler ~ 开卷 - 矫直机
voltage ~ 电压电平器

level(l)er-cultivator-harrow 平地 - 耕耘 - 耙地联合作业机

level(l)ing ①水准测量，校〔调，整，矫〕平，调正，矫正，矫直，调整②均化〔染，涂〕，流平性，匀饰性③求两点高度差
automatic video-noise ~ 自动视频杂波（电平）校平
camera ~ 摄像机平衡
cold ~ （金属）冷矫直
control ~ 校核水准测定
cross(-wise) ~ 横向调平
differential ~ （差别）水准测量
field ~ 水准〔平〕测量
flex ~ 往复弯曲式平整
fore-and-aft ~ 纵向调平
four-way ~ 纵横向调平（利用四个液压缸，两向四面调平）
head lamp beam ~ （汽车）前照灯光束高度校正
longitudinal ~ 纵向调平
power ~ 功率调整
profile ~ 纵断面水准测量
reciprocal ~ 对向〔往复〕水准测量
roller ~ 钢板压平，用辊式矫直机矫直（板、带材）
side-to-side ~ 横向调平
stadia ~ 视距测高
stretcher ~ （板、带材的）拉伸矫直
technical ~ 工程水准测量
two-way ~ 纵横向调平（利用两个液压缸，两向两面调平）
zone ~ 区域平均〔匀平，夷平，均化〕法

level(l)ing-up 整平，拉平，平衡

level-meter 电平表，电平指示器，水平仪，液位计，水位指示器
buoyancy ~ 浮力液位计
float ~ 浮子液位计
radio robot ~ 无线电自动遥控水位计
levelness 水平度
level-number 层号
Levels 层
Top of Cut ~ 初始层（数控加工软件创建切削层参数，定义的第一层的深度）
level-theodolite 水准经纬仪
Level-Trol 特罗尔液位调节器
level-up 找水平，拉平，使整齐，平衡
lever 杆，杠杆，拉杆，操纵杆，柄，把手，（pl.）杠杆系
~ of crane 起重机臂
~ of force 力臂
~ of stability 回复力臂，稳定力臂
actuating ~ 起动杆，击发杠杆
advance ~ 调节杆
air ~ 吸阀控制杆
angle ~ 肘节杆，角杆
apron ~ （车床）溜板箱手把
arresting ~ 止动杆
attachment ~ 属具操纵杆
automatic cocking ~ 自动扳机（火炮）
ball ~ 浮球杆
beat-up ~ 筘座脚
bell crank ~ ①直角（形）杠杆②双臂曲柄杆
bent ~ ①曲杆②直角（形）杠杆
binder ~ 系杆
binder-moving ~ 打捆装置移动杆
blocking ~ 连锁杆
bolt ~ 闩柄
booster power ~ 助推器动力杆
brake ~ 闸杆，制动杠杆，制动手柄，制动杆
brake foot ~ 脚踏闸杆
butter adjuster ~ 撞齐器调节杆
carburetor air ~ 汽化器〔化油器〕进气阀杆
catch ~ 掣子杆
champ ~ 夹紧把手
change ~ ①变速杆②（轻兵器的）快慢机
changeover ~ ①操纵杆②转辙柄
check ~ 止回杆
check lock ~ 锁紧杆
chisel bar ~ 撬杆
choke ~ （汽车的）吸气阀杆，阻气挺杆
chuck ~ 卡盘把手
clutch ~ 离合器分离杆，离合器操纵杆
collet ~ 夹头杆，游丝内桩
compensating ~ 平衡杆（车轮）
connecting ~ 拐臂，连杆
cranking ~ 起动曲柄
curved ~ ①曲杆②型杆
damper rigging ~ 抽阀开关杆
dead brake ~ 固定闸杆
dead-load ~ 起重杆
declutching ~ 离合器操纵杆
detached ~ ①叉式擒纵机构②分离杆
dog ~ 挡块促动换向杠杆
driven ~ 从动（杠）杆
easing ~ 检查控制杆，（安全阀）微升杆
ejection ~ 顶出杠杆
engaging ~ 开动〔接合，换档〕杆
English ~ 尖齿〔英国〕式擒纵叉
fall ~ ①补偿杆，平衡杆②绞辘杆
feed change ~ 进刀变速手柄
feed selection ~ 进给变速杆
feeler ~ 触〔深〕杆
fertilizer quantity ~ 排肥量调节杆
film winding ~ 卷片杆
flight spoiler control ~ 飞行扰流板操纵杆
footstock ~ 踏杆
fuel pump priming ~ 燃油泵给油杆
gag ~ （割草机切割器起落机构）止动杆
gas ~ 气塞杆
gear (shift) ~ 变速杆，齿轮变速手柄
ground throw ~ 地面扳道握柄（铁道）
guide ~ 导向杆，基准杠杆
guide vane ~ 导叶臂
hack ~ 架杆
hand ~ （手）柄，把手，手杆
harness ~ 系杆，（多臂机）提综杆
ignition ~ 点火时刻调整杆
index ~ （钟表）快慢针
isometric ~ 等长杠杆手柄
itinerary ~ 电锁闭控制杆
joint ~ 连接杆，曲杆
joystick ~ 球端杆
key ~ 键柄，（字，电）键杆
kick ~ （摩托车）脚踏起动杆
knee(-toggle) ~ 曲杆，肘节杆
knife ~ 割刀摇臂
knife-and-feed auger stop ~ （谷物联合收割

机的）切割器和运禾螺旋停止杆
land ~ 地轮操纵杆
lap and lead ~ 滑阀控制杆
level(l)ing ~ ①水平调节杆②提升斜杆调节手柄
lift (control) ~ 升降操纵杆，悬挂装置（液压提升机构）操纵手柄
lift lower ~ 悬挂装置起落手柄
link ~ 连〔摇，提环〕杆
live brake ~ 浮装闸杆
locking ~ 连锁〔锁定，锁紧〕杆，止动柄
master ~ 主操纵杆
master-control ~ ①主控制杆②吊挂式农具提升杆
nipping ~ 钳杆
offset hand ~ 偏颈手摇把
operating ~ 操纵杆
optical ~ 光（学）杠杆
overhead arm locking ~ 跨臂锁紧手柄
pedal ~ 踏杆，踏板
pilot ~ 控制手柄
pivoted ~ 回转杆
planter ~ 播种装置接合杆
point ~ 尖握柄，转辙杆，辙尖挺
power trip ~ 自动起落器离合操纵杆
projecting ~ 引长杆
reach ~ 前移操纵杆
reel speed adjusting ~ 拨禾轮调速杆
release ~ 放松杆，解脱子，离合器压盘分离杆，脱模杆
relief ~ 卸荷手柄，放泄阀等的释放操作手柄
reverse gear ~ 倒档操纵杆，换向传动手柄
reversing ~ 换向手柄，翻转控制杆，反转杠杆，回动杆
rocker ~ 摇杆，摇臂
rudder ~ 舵杆
saddle clamping ~ 滑鞍夹紧手柄
safety trip ~ 安全〔紧急〕触摆杆
seed rate ~ 排〔播〕种量调节杆
selector ~ 选速（器）杆，分配器手柄（悬挂装置的）
set ~ 锁紧手柄
setting ~ ①操纵〔定位，移动〕杆，拉档②转辙柄，倒换杠杆
shifter ~ 变速杆，齿轮拨叉
shift(ing) ~ 变速杆，拨杆，操纵杆（离合器的），变速手柄
signal ~ 信号杠杆
slotted ~ （沟槽）连杆，摇杆，摇拐
space function ~ 间隔动作杆
spacing ~ 间距调节杆
spark ~ 点火杆
spark timing ~ 发光〔火〕定时杆
spout-adjusting ~ 滑槽调节杆
standard ~ 调节杆
stop ~ 制动〔定位，止动，锁定〕杆，挡杆
straight line ~ 直叉锚式擒纵机构
striking ~ 操纵杆，变速杆，换档杆
switch ~ ①转辙杆②开关操纵杆
switching ~ 合闸手柄，合闸杠杆
swivel ~ 旋转操纵杆
table dog ~ 挡块促动工作台往返手柄
tactile ~ 触感测量杆
take-off ~ （功率）输出（操纵）杆
tension ~ 扳〔拉〕紧柄
thread chasing ~ 螺纹刻度手柄
throttle ~ 节流〔风门，油门〕杆，节流门操纵杆
throw-in ~ 起动杆
throwing ~ 闸杆
throw-out ~ 止推杆，解脱子，分离杆，停车杆
tilting ~ 倾斜杆，斜度调整杆
toggle(-joint) ~ 肘节杆
track ~ 起轨杆
transfer ~ 转换开关
transmission (shift) ~ 换档杆，变速杆
trip-over ~ 翻转控制杆（翻转犁的）
trip(ping) ~ 分离杆，离合杆
two-speed adapter ~ 双速接头杆
tyre ~ 装胎杆
uncoupler ~ 起构杆
uncoupling ~ ①互钩开关杆②离合器开关杆
unlocking ~ 抬闸（杠）杆
weight ~ 重锤杆
weighted ~ 均重杆
withdrawal ~ 分离操纵杆
working ~ 操纵杆，移动杆
yoke ~ 叉杆

leverage ①杠杆系，杠杆机构〔传动，作用〕②杠杆（效）率，杠杆臂长比③力矩
brake ~ 制动杠杆臂长比（或杠杆力臂比）
loosening ~ 松杆率

levers 杠杆系

leverstand ①联动柄座②转辙机

lever-type 杠杆式（的）

leviathan 大型洗毛机
levigate ①粉碎，研末②细磨，磨光，水磨③澄清，淘选，洗净
levin 电闪
levitate 浮动〔起〕，（使）飘〔悬〕浮，（使）升在空中
levitation 悬浮，漂浮
electromagnetic ~ 电磁浮置
levogyration 左旋
levogyric 左旋的
levorotary 左旋的
levorotation 左旋
levorotatory 左旋的
lewatit 离子交换树脂
~ M1 弱碱性阴离子交换树脂
~ M2 弱碱性阴离子交换树脂
lewis ①吊楔，起重爪②地脚螺栓
lewisson =lewis
lex 〈拉〉法律
lexeme 语义
lexical 词法的，词典的，词汇的
lexicon 词典，（专门）词汇
Ley 锡铅轴承合金（w(Sn)75% ~ 80%,w(Pb) 20% ~ 25%）
leyitron 莱维特朗（等离子体装置）
lha 压缩文件名后缀
L-head （气缸的）L 形盖
liability ①责任，义务，倾向性，不利条件②（pl.）负债
product ~ 产品责任
service ~ 服务责任
liable ①有（法律）责任的，有义务的②应付（税）的，应服从的③易于…的，可能的
liaison 联络（人），协作
liar 光学物镜，光学镜头
liberate 解放，释放出，使脱离〔游离，释出，逸出，起作用〕
liberation ①释放，解放，逸出，析出②游离
~ of gas 气体释放〔出〕，放气
electron ~ 电子释放，电子逸出
furnace (heat) ~ 炉膛容积热强度，炉膛放热
libname 静态数据库库名
libra ①磅（lb，质量单位，1 lb=0.453 592 kg）②镑（货币单位 £）
librarian ①库管理程序（使用操作系统的程序），程序库生成程序，图书（馆）管理员②磁带管理员
file ~ 文件库管理程序
library ①（程序）库，图书馆〔室〕②丛书，藏书，文库
application module ~ 应用程序模块库
back-up system ~ 备份系统程序库，备用系统库
chained ~ 链式程序库
compiler subroutine ~ 编译程序的子例（行）程（序）库，编译程序的子程序库
core image ~ 磁心（存储器）映象库，主存储器输入格式的程序库
direct access ~ 直接存取（程序）库
dynamic link ~ 动态链路程序库
electronic ~ 电子图书馆，自动化图书馆
extensive ~ 扩充程序库
fixed-point arithmetic ~ 定点运算库
function ~ 函数程序库
Hanzi font ~ 汉字字（型）库
job ~ 作业库
link ~ 连接程序库
load module ~ 输入模块库
object ~ 对象程序库
object module ~ 对象模块库，对象程序库
object program ~ 目标程序库
on-line cell ~ 主机控制（在线）的单元程序库
phase ~ 阶段库
private ~ 专用程序库
program(me) ~ 程序库
public ~ 公用程序库
routine ~ 程序库
search ~ 检索库
shared ~ 共享（程序）库
software ~ 软件库
source ~ 源（程序）库
subroutine ~ 子程序库
tape ~ ①（磁）带程序库②磁带库，胶带库
library-name （数据）库名
libration ①振〔摆〕动②天平〔秤〕动③平衡〔均〕
apparent ~ 视天平动
diurnal ~ 周日天平动
libratory 振〔摆〕动的，保持平稳的
licence =license
license ①执照，许可证②许可，特许
commercial operator ~ 操作许可证
full ~ 正式执照（使用无线电台的）
know-how ~ 专门技能许可证
sole ~ 独家许可

station ~ 无线电台执照

licensee ①领有许可证者，领有驾驶执照者②技术引进方，受方，买方，专利权购买者

licensing 许可证交易

entry ~ 开业审批

licensor 技术输出方，许方，卖方

lid ①盖（板，头），罩，帽，板盖（梳棉机的），炉盖，闸口，撑架楔②温度逆增的顶点③制止，取缔

break-out ~ 防消盖

close ~ 密合的盖子

truck ~ 后行李箱盖

lidar ①（=light detection and ranging, 又名 Laser radar）（激）光探测和测距，（激）光（雷）达，利达②（=laser infrared radar）激光红外线雷达

aircraft detection ~ 飞机探测激光雷达

lidded 有盖子的，有覆盖的，盖着的

lie ①躺，平放②位于，处在，存在，在③位置，状态，方向，（刮研，表面）花纹方向

lieu 场所

life ①生命〔活，存，物〕②寿命，使用期限，使用寿命，耐用度，耐久性，炉龄③实物，原形

~ of mo(u)lding sand 型砂寿命（复用性）

accelerated ~ 快速〔强化〕试验寿命

accuracy ~ 精确度寿命，炮身寿命

agree ~ 模拟寿命

all ~ 全寿命

artificial ~ 人工生命

B10 ~ B10 寿命（90% 额定寿命）

bath ~ 电解槽寿命

bench ~ 可使用时间

bit ~ 钻头寿命

burning ~ 使用寿命（灯泡）

burn-out ~ 灯丝〔烧毁，失效〕寿命

campaign ~ 高炉一代寿命，炉期，炉龄

combined equivalent ~ 综合当量寿命

core ~ 炉燃料〔堆芯〕寿期

creep rupture ~ 蠕变持久寿命

cutting ~ 刀具寿命

cycle ~ （达到破坏的）循环次数〔寿命〕

die wall ~ 模壁寿命

dynamometer ~ 台架试验寿命

endurance ~ 疲劳寿命，耐久寿命

estimated useful ~ 估计使用寿命

fatigue ~ 疲劳寿命，疲劳负荷（下使用）寿命

flex(ible) ~ 弯曲（疲劳）寿命，挠曲寿命

furnace ~ 炉子寿命，炉龄

half ~ 半衰期

L10 ~ L10 寿命（90% 额定寿命）

lining ~ 炉衬寿命

median ~ 中值寿命

mo(u)ld ~ 模〔铸〕型寿命

nominal ~ 标称寿命

observed mean ~ 平均寿命的观测值

operating ~ 工作寿命，使用寿命

optimum ~ 最佳使用期限

overhaul ~ 大修周期

package ~ 包装有效期

physical ~ 实用寿命

pot ~ 有效时间，贮放时间，（胶黏剂）适用期，活化期

preservation ~ 封存期

Q-percentile ~ 可靠寿命

rating ~ 额定寿命

redress ~ 重修寿命（砂轮耐用度）

roll dimensional ~ 轧辊直径的有效使用范围

rupture ~ 持久强度，寿命

rust-proof ~ 缓蚀期

service ~ 有效〔使用，运行〕寿命，使用期限

shelf ~ ①搁置寿命，贮藏寿命，存放期，贮藏期限②适用期

specified ~ 额定寿命，保证寿命

spreadable ~ ①（黏合剂）可涂期②使用期

storage ~ 保存期限，贮存寿命，保管时间，贮存的延续时间

thermal ~ 热寿命

tool ~ 刀具寿命，工具寿命

useful ~ 使用〔有效〕寿命，使用期限

working ~ 工作期限，使用寿命

lifeboat 救生艇〔船〕

lifelength 使用寿命

lifespan 存在时间，平均生命期，寿命

life-test 耐久试验，寿命试验

lifetime （使用）寿命，使用期（限），生存期，连续操作时间，一生，毕生

~ of the state 能态寿命

apparent ~ 表观寿命，近似寿命

bulk ~ (of minority carrier) 体寿命（少数载流子的）

comparative ~ 相对寿命〔期〕

device ~ 器件〔装置，实际〕寿命

half ~ 半寿命

microscopic ~ 微观寿命，真实寿命
operating ~ 工作寿命（显示器件）
power ~ 连续操作时间
reactivity ~ （反应堆）连续运行时间
true ~ 微观寿命，真实寿命
volume ~ 体内〔积〕寿命

lift ①升力，举力，升〔升，扬〕程，升角，开启角度②升降机，起重机，电梯，升液器，拉杆（悬挂装置的），起落机构，提升机构③移植，挖出，掘〔举，升〕起，起吊，提吊，提高，起落，上升④黑电平升降⑤运送，空运⑥除去，解除，撤销
~ of the pump suction 泵的吸高
~ on foil 机翼升力，叶片升力
aerodynamic ~ 气动升力
air ~ ①气动起重机，气动提升机②空气升力，空运，空气鼓泡③燃气流式提水机，燃气流式扬水工具
automatic rear wheel ~ 尾轮自动起落机构
balcony ~ 平台升降机
blast furnace ~ 高炉上料机
bogie ~ 转向架〔行走机构〕提升器
buffet-free ~ 自助式升降机
buoyancy ~ 浮升（力）
cable ~ 钢索起重机，卷扬机，钢索式起落机构
cam ~ 凸轮升程，凸轮升度
cassette ~ 录像磁带盒起落机构
clutch ~ 棘轮式自动起落机构
core ~ 偏〔漂〕芯
delivery ~ 扬程
draw(ing) ~ （泵）进气管，吸气管
dumbwaiter ~ 杂物电梯
effective lift 有效升力
electric(al) ~ 电梯，电力升降机
face ~ （车身设计）外表更新
foot ~ 踏板式起落机构
force ~ 压力泵，压送泵
fork ~ 叉形起重机，叉式升降机，铲车
front power ~ 前悬挂农具的动力起落机构
front-end ~ 前端装车机
full ~ （卷扬）全高
gas ~ 气举，气升，气体升液器，气力起重机
gate ~ 闸板升降机，气力起重机
hub ~ 轮毂式自动起落机构（由行走轮传动的）
hydraulic ~ ①液压提升器，液压起重机，液压起落机构②水头，扬程
jack ~ ①用千斤顶压出或用顶拔器拔出（零件）②起重车
lock and lock ~ 锁销与锁销提臂
low ~ ①低扬程②低扬程泵③低压的(水泵)
needle ~ 针阀升程
net ~ 有效升程，有效扬程
non-uniform ~ 不均匀分布的升力
one-end ~ 一端举升器（仅举升车辆的前端或后段）
paper ~ 纸提升机构
parallel ~ 平行四边形起落机构
pick-up ~ 捡拾器起落机构
plain ~ 普通起落机构
power ~ 自动〔动力式，机械式〕起落机构
profile ~ 叶〔翼〕型升力
pump ~ 泵的扬程
rack ~ 齿条式自动起落机构，爬梯式自动起落机构
rail ~ 升轨，起道
ram ~ ①冲压升力②活塞起重机③柱塞升程④撞头
ratchet ~ 棘轮式起落机构
reduced ~ of sleeve （调节器的）套筒减速升程
rope-operated ~ 绳索式起落机构
running ~ 滑行升力
sand ~ 扬砂管
service ~ 送货吊机
spiral water ~ 螺旋扬水机〔提水器〕
static ~ 提升高度，静压头
stern ~ 艉浮
suction ~ 泵吸入管，吸上高度
swing ~ 集装箱装卸车
table ~ 收割台起落机构(谷物联合收割〔获〕机的）
tippler ~ 自动倾卸升降机
top-lock ~ 顶销提臂
tractor (fork) ~ 拖拉机叉式升运器
valve ~ 阀片〔气阀〕升程
water ~ 提水器，提水工具，扬水机

liftability 起模性（型砂的）

liftcurve 升力曲线

lifter ①升降机，起重机，提升机，升降杆，起重机构，提升机构，举扬器，吸取器，电磁铁的衔铁②推料机，挖掘铲，挖掘机③扶禾器，谷穗导板，抬刀机构，提钩，(吊）砂钩，(阀）挺杆，拆卸工具，抄毛叉，立毛辊
air ~ 气动升降机构

armature ~ 衔铁提杆，衔铁推杆
bar ~ 杆式升降器
belt ~ ①起带器②带式起重机
belt slope ~ ①倾斜带式提升机②带式提升斜井
blade ~ （水压机的）剁刀升降机构
board ~ 插件板插拔器
cage ~ 升降机
collet ~ 起桩钳
coupling ~ 接合提升机构
cup ~ 带吸盘装置的板材升降台
die ~ 起模装置
drop ~ 升降钩
electric(al) loop ~ 电动活套支撑器
fork ~ 叉式升降机，万能升降车，叉车
grain ~ 扶禾器，扶茎器，谷穗导板
guide ~ 带导向槽的提升〔升降〕器
hydraulic loop ~ 液压活套支撑器
hydraulic valve ~ ①液压阀瓣升降杆②（气门）液压挺杆，（内燃机）气门的液压升降机构
lid ~ 启炉盖机
loop ~ 活套支撑器，撑套器，防折器
motor-drive oil ~ 电动油压升降机
needle ~ 举针杆
pike ~ 草垛提升机，堆垛机
pile ~ 垛板升降台
rail ~ 起轨器，升轨器，起道机
rick ~ ①堆垛机②草垛提升机
root ~ 块根挖掘机
rotary ~ 旋转挖掘器，回转式起重机
share-type ~ 铧式挖掘铲
spiked-wheel ~ 针刺轮式拔取器
squeeze ~ 挤压式挖掘铲
stalk ~ 扶茎器
stock ~ （连续冲裁用）板料升降器
tape ~ 挑带柱，带提升器
taper ~ 楔形举扬盘（摩擦锤的）
tool ~ （刨床在反行程时）自动抬刀装置，起刀架
top ~ 提顶臂
track ~ 起轨器
vacuum cup ~ ①真空吸取器②真空吸盘升降台
valve ~ ①起阀器，卸阀器，气阀拆卸工具②气阀挺杆，气阀提升凸轮
variable timing ~ （发动机）可变正时挺柱
vine ~ 扶茎器，扶蔓器
water ~ 提水器，提水工具，扬水机
wheel ~ 轮式挖掘铲
zero lash valve ~ 无间隙气阀挺杆，无隙阀门液压挺杆，无冲力阀门开启机构

lifter-loader 升运装载机

lifting 上提，提升，吊装，起重
~ and suspending 吊线（线圈下线工艺）
cutter ~ 让刀，抬刀
hydrostatic ~ 静压提升，静压顶起

lifting-screw 螺旋起重器

lift-off 搬走，卸下，离地，发射
cutter ~ 让〔抬〕刀

liftout ①向上顶出装置②顶料，脱模
pressure-pad ~ 压力垫顶出

lift-truck ①起升车辆，汽车吊②铲车，叉车，自动装卸车，升降式装卸车
cross-country fork ~ 越野叉车
electric flanks fork ~ 电动侧面式叉车
flanks fork ~ 侧面式叉车
flex arm type fork ~ 平衡重式越野叉车
fork ~ 叉车
forward fork ~ 前移式叉车
lateral stack fork ~ 侧向堆垛叉车
stacking fork ~ 堆垛叉车
suporting type fork ~ 插腿式叉车
telescopic fork ~ 伸缩臂式叉车

lift-type 悬挂式

lift-valve 升阀，支撑阀

ligament （丝）线，（韧）带，（细）线，灯丝，扁钢弦 straight ~ 直线吊线

ligand ①配合基，配合体②向心配合（价）体

ligasoid 液气悬胶

ligature 连字

light ①光（线，学）②灯（光），发光体，照明器，火（花），点火物，（车）窗③日光，白昼，黎明④具有低折射率的光学玻璃系列⑤（pl.）轻磅镀锡薄钢板（厚度在 0.18 mm 以下的）⑥轻的，轻便的，轻率的，不显著的，浅色的，发光的，光亮的⑦启发，见解，显露⑧照明，点亮，发亮
~ and shade 明暗，光与影
~ of the night sky 夜光（大气层上部发出的）
~ up 着火，点灯，开灯，点亮，照亮
abort ~ 紧急故障信号
accent ~ 加强灯光，强光灯，塑型光
achromatic ~ 白光，消色差光
actinic ~ 光化光
aeronautical ~ 航空灯

alpine ~ 紫外线，人工日光
ambient ~ 环境光，周围光，侧面光
anchor ~ 停泊光
anode ~ 阳极发光，阳极辉光，板极辉光
anti-lock brake system warning ~ （汽车）防抱死制动系统警告灯
back ~ ①后灯②背景光，后照光，(电视摄像照明)，(液晶）背面照明③暗闪④后窗
bank ~ 排灯，聚光灯，反光灯组
base ~ 衬底照明
beacon ~ 灯标
bias ~ 背景〔衬托，本底，偏置〕光
black ~ 不可见光，黑光（紫外线），低压汞弧荧光灯
blackout ~ 管制灯
blinker ~ 闪（烁）光
bloom ~ 晕光
body ~ 车内灯
booster ~ 辅助光
bounce ~ 闪光
bright ~ 强光
broad ~ 漫射光，散射光，散射灯
bunch ~ 聚束灯光
buoy ~ 灯浮，浮标灯
catch ~ 摄影光线，捕获光
ceiling ~ 云幕灯（测云高），顶棚照明，顶棚灯
center high-mounted stop ~ （汽车）中央高位制动灯
character ~ 电码灯（光），符号灯（光）
clearance ~ 净空灯，轮廓灯（车辆）
code ~ 符号灯
coherent ~ 相干光，相参光
collimated ~ 准直光，平行光
collision avoidance ~ 避免碰撞安全灯，防撞灯
converging ~ 会聚光，聚光灯
coston ~ 三色信号灯
course ~ 导航灯，航线灯标
courtesy ~ 门控车室照明灯，礼貌灯
cue ~ 演播室彩色信号灯，彩色提示灯
danger ~ 危险〔告警〕信号灯光
dark ~ 不可见光，暗光
dash ~ 仪表板灯
daytime running ~ （汽车）日间行车灯
diffused ~ 漫射光，散射光
dim ~ ①暗〔浅，小〕光灯②微亮
direct ~ 直射光
distance ~ （前灯的）远光
dome ~ 顶〔穹面，顶棚〕灯
driving ~ 车头灯，驾驶灯
edge ~ ①边缘照明②（照相）跑光
elliptically polarized ~ 椭圆偏振光
emergency ~ 紧急灯，(事故）信号灯
epipolarized ~ 外（表)〔表射〕偏振光
exciting ~ 激励〔活，发〕光
fill(-in) ~ 柔和光，辅助光
firing (signal) ~ 发射信号灯
flash ~ 闪光（灯，信号)，手电筒
flashing ~ ①闪光（信号）②脉冲光源
flat ~ 平淡照明，单调光
floating ~ 浮标灯
flood ~ 散光
floor ~ （演播室）辅助照明，落地照明
fluorescent ~ 荧光，日光灯
foundation ~ 基本光，衬底光
front spot ~ 前注光
garden ~ 照明灯
garish ~ 色光
glimmer ~ 微光
group flashing ~ 连续闪光，群合闪光灯
guiding ~ 指示灯，方向灯
heterochromatic ~ 杂色光
heterogeneous ~ 杂色光，杂散光
high ~ ①图像最亮部分②高亮度
homogeneous ~ 单色光，均匀光
hot ~ 主光（电视演播室中最重要的照明灯光)，热光
identification ~ 识别灯
incandescent ~ 白炽（灯）光
incident ~ 入射光
indicator ~ 指示灯
indirect ~ 间接光，反射光
infrared ~ 红外线
instrument ~ 仪表盘照明指示灯，仪表灯
inward-bound ~ 内向光
keg ~ 圆筒式聚光灯（500 ~ 750 W）
key ~ 主光，基本灯光
kicker ~ ①强聚光②辅助光
king ~ 主灯
klieg ~ 溢光灯，(强）弧光灯，白炽散光灯
landing ~ 降落信号灯光
lantern ~ 提〔挂〕灯，(灯笼式）天窗
laser ~ 激光
lightapproach ~ （航空站夜间着陆用的）进场〔着陆，指示〕灯

linearly polarized ~ 线偏振光，平面偏振光
low beam indicator ~ （汽车前照灯）近光指示灯
model(l)ing ~ 立体感灯光
moor ~ 停泊灯
naked ~ 外露灯光，无遮盖光线，没有灯罩的灯
navigation ~ 导航灯
neon ~ 氖灯，霓虹灯
nixie ~ 数字管，数码管
non-attended ~ 自动灯
non-polar ~ 非偏振光
numeral ~ 数字表示灯
obstruction ~ 障碍物标志灯
occulting ~ 明暗〔隐显，明灭相间，连闭〕灯
on-air ~ 播发信号灯
outline ~ （被摄物）轮廓的照明灯
overhead ~ 顶灯
overload ~ 过载信号器，过载信号灯光
parallel ~ 平行光（束）
parasitic(al) ~ 杂光
parking ~ 停车灯
pen ~ 光笔
phosphorescent ~ 磷光，荧光
pilot ~ ①领航〔领示，指示〕灯②点火器
pin spot ~ 细光束聚光灯
polar ~ 极光，偏光
polarized ~ 偏振光
pole ~ （电）杆（上的）灯，路灯
portside ~ 左舷灯
position ~ （飞机）航行灯，锚位灯，示廓灯
power ~ 电源指示灯
power failure ~ 停电照明灯
printing ~ 印片光
prismatic ~ 三棱玻璃罩
pulsating ~ 脉动光
pulsed ~ 脉动〔断续，脉冲〕光，闪光
pumping ~ 抽运光，泵光
punch ~ 穿孔指示器
Raman-shifted ~ 喇曼位移光
range ~ （飞机起飞着陆跑道的）边界灯
reader ~ 阅读器指示灯
ready ~ 就绪指示灯
rear ~ 背（景）光，逆光
recognition ~ 识别信号灯
rectilinearly polarized ~ 直线偏振光
return ~ 回光，反射光，（表示准备就绪的）应答灯光信号
rhythmic ~ 节奏断续灯光
rim(ming) ~ 轮廓光，边缘光
safety ~ 安全光，安全指示灯
scattered ~ 散射光
scotch ~ 反射光线
sense ~ 读出灯
set ~ ①照明设备〔装置〕②辅助背景照明
small ~ 小（功率）灯
sodium-vapo(u)r ~ 钠光灯，钠气灯
soft ~ 柔光
speed ~ 闪光管，频闪放电管
spot ~ ①点光源照明，局部照明②投光灯，头灯③聚光灯，反光灯
stagger ~ 斜线灯
stop ~ （汽车）制动灯，停车灯
stray ~ 杂散〔散射，漫射〕光
strobe ~ 频闪（灯）光
subdued ~ 柔光
sun ~ 太阳灯，日光
suspension ~ 吊灯，悬挂照明
tail number side ~ （汽车）后号码侧灯
taxi(ing) ~ 滑行灯
taxiway ~ 诱导路灯
telecentric ~ 远心照明
thermal ~ 温度指示灯，室温指示计，热量灯
traffic ~ 交通管理色灯
tutorial ~ 指导灯，指示灯
ultraviolet ~ 紫外线（辐射）
unpolarized ~ 非偏振光
vault ~ 地下室照明
warning ~ ①警告信号灯②发射信号灯
wing ~ 侧投灯光，侧身灯光
wreck ~ 沉船灯标

light-absorbent 吸光料
light-absorbing 吸收光的
light-ag(e)ing 光致老化
light-beam 光束〔注〕
light-control 照明调节，灯光调节
light-curve 光变曲线
light-diffusive 漫射光的
light-duty ①轻工作制，轻负荷②小功率（工作状态）的，轻（型）的
lighten(ing) ①照明，照亮，发光②减轻，缓和
lighter ①点火器，打火机，引火器，照明器，照明装置②驳船，平底船，交通艇③更轻的

cigar ~ ①火星塞②燃烟器，打火机
cupola ~ 冲天炉点火器
IC ~ 集成电路打火机
oil ~ （重）油点火喷嘴〔器〕
spark ~ 火花点火器

light-face 细体（字）

lightfastness 耐光度，耐光性

light-ga(u)ge 薄的（板材），细的（铅丝等）

lightguide 光（波）导

lighthead 曝光头，光电传感头

lighthouse ①灯塔，曝光台②拍摄荧光屏图像的设备
aerial ~ 航空灯塔

lighting ①照明，采光，点灯，灯光，灯光设备，光源，光线②点火，起动，发射，退火，减轻（画面的）明暗分布③像素描绘
accent ~ 逆光照明，重点照明，塑型照明
back ~ ①背面照明，后照明，背面补光，补托光，（摄像管）背景光②逆弧
black ~ 黑光照明（紫外线光照射有机染料面发光）
collective ~ 集中供电照明（一种车辆照明制度）
decorative ~ 布景照明
diascoptic ~ 透射光
direct ~ 直接照明
dramatic ~ 舞台照明
effect ~ 特技照明，效果照明
fill ~ 附加照明
flood ~ 泛光照明
front ~ 顺光照明
general diffused ~ 漫射光均匀照明
general scene ~ 舞台照明
high-key ~ 浓色调照明（降低灰和白之间层次，增加灰和黑之间层次）
hot ~ （演播室）主光照明
indirect ~ 间接〔反射，无影〕照明
individual ~ 独立供电照明
interior ~ 室内照明
key ~ 主（要）照明
louver ~ 隔栅照明，散光照明
low-key ~ 暗色调照明
mirror-trough ~ 镜面照明槽，槽形镜面照明器
North-West ~ 西北光线法，西北光斜照法
oblique ~ 斜侧照明，间接照明
overall ambient ~ 总照明，总背景照明
poor ~ 不良照明
ring ~ 环形照明器，照明环
stage ~ 舞台照明
strip ~ ①管状白炽灯照明②灯串照明
territory ~ 地面照明
translucent ~ （仪器的）内部照明，半透明照明

lighting-off 停止照明，熄灭，灭灯

lighting-up 点燃，点火，开灯，行车开灯时间

lightish ①淡色的②不太重的

lightmeter 照度计，光度计

light-negative 负光电导性（在光作用下，导电性降低），光阻〔负〕的

lightness ①轻，敏捷②明亮，亮度，（色彩）淡

lightning ①闪电，电光，雷（电）②闪电的，快速的
bead ~ 球状闪电
black ~ 黑闪
forked ~ 叉状〔分叉〕闪电

light-pipe 光导管，光导向装置

light-positive 正光电导性（在光作用下，导电性增加），空穴导光性

light-projector 发光器

lightproof ①耐光性，耐晒性②不透光的，遮光的

light-ranging 光测距

light-regulator 照明〔灯光〕调节器

light-resistant 耐光的

light-section 光切平面

light-sensitive 光敏的，感光的

lightship （航标）灯船，空载船

lightsome 发光的，明亮的，淡的（色彩），轻快的，敏捷的

lightspot 光点，亮点

light-struck 光照射的，（底片，印相纸等）漏过光的

light-tight 不透光的，防光的

light-up ①点火，点灯②点亮，照亮

light-valve 光阀

lightweight ①轻质的，轻便的，轻型的，标准重量以下的②空船重量，空载排水量

ligne 〈法〉“令”（1 令 =2.255 83 mm（法制）；或 =2.083 3 mm（瑞士制）），令（机心尺寸的型号）

ligneous 木材的，木质的

ligniferous 木性的，产木材的

ligniform 木质似的，呈木状的

lignin 木（质）素

lignite 褐煤

lignumvitae 铁犁木
ligroin(e) 挥发油，石油醚，粗汽油（汽油和煤油间的石油馏分）
like ①同样的，类似的，相像的，相似的②同类（事物）③喜欢
likelihood ①似真，似然，像有，相似②可能，可能发生的事物
conditional ~ 条件似然
maximum ~ 最大似然性
likeness ①相似性，类似②复制品，照片，外表
lilaceous 淡紫色的
liliquoid 乳状胶体
limacon （帕斯卡）蚶线，蜗形曲线
limb ①中部，肢（状物），边缘，翼②（分）度盘，分度弧，分度圈，测角器③零件，部件④电磁铁心，管柱，（变压器的）铁心柱，插脚，管脚
~ of electromagnet 电磁铁心
core ~ 铁心柱
ermagnet ~ ①电磁铁心，磁极铁心②铁心柱（变压器的）
magnet ~ 凸版（磁极）
microscope ~ 镜筒（显微镜）
myoelectric ~ 肌电臂
limber ①柔软的，可塑的②（船底龙骨两侧的）渠孔，通水孔③使柔软
lime ①石灰，氧化钙②用石灰处理
anhydrous ~ 干石灰，生石灰
burnt ~ 生石灰，烧石灰，氧化钙
calcium ~ 生石灰，未消石灰
carbonate-free ~ 纯石灰，纯氧化钙
caustic ~ 生石灰，氧化钙
chlorinated ~ 漂白粉
hydrated ~ 消石灰，熟石灰，氢氧化钙
killed ~ 消石灰，失效石灰
salt ~ 石膏，硫酸钙
siliceous ~ 含硅石灰，硅酸石灰
slack ~ 消石灰，熟石灰
slaked ~ 熟石灰
unslaked ~ 生石灰
white ~ 熟石灰，白涂料
lime-kiln 石灰窑
limelight ①石灰光，灰光灯②注意点
limen 阈，色〔声〕差阈
difference ~ 听觉锐度，差阈
limes 边界
limestone 石灰石〔岩〕，碳酸钙
magnesium ~ 白云石，镁质（石）灰石
liming 涂石灰，石灰处理
limit ①极限，极限值，限度，范围，界限②公差，极限尺寸③限定，限制，制约，约束
~ of audibility 可闻限度，听度极限
~ of integration 积分限〔范围，域〕
~ of intrinsic error 基本误差限
~ of perceptibility 觉察限度
~ of seed size 晶粒度范围
~ of stretching strain 伸长限度
~ of visibility 可见限度，能见度极限
acceptance ~ 验收〔合格〕极限（值）
age ~ （使用）年限，寿命
audition ~ 听阈
average outgoing quality ~ 平均质量检查界限〔检查最低限，检验指标〕
axle weight ~ （汽车）轴载荷限度
breaking ~ 断裂极限
cavitation ~ 涡凹限度
centrifugal ~ 离心力极限
chocking ~ 阻塞极限
clearance ~ ①飞机控制区域界限，净空（界）限②余隙极限
close ~ 窄极限，窄范围
commercial elastic ~ 技术弹性限度（当作与屈服点一样的）
condemning ~ 报废（尺寸）界限，废品率
confidence ~ 置信界限，置信极限，可靠界限
control ~ 管理范围，控制范围，控制极限
creep ~ 蠕变极限，蠕动极限
crushing ~ 抗破碎强度
dimension ~ 极限尺寸，尺寸公差
direct ~ 正向极限
ductility ~ 流限，屈服点
elastic ~ 弹性极限，弹性限度
endurance (fatigue) ~ 疲劳〔耐劳，持久〕极限
error ~ 误差范围
exact ~ 准确的限度，小公差
exacting ~ 精密极限
fatigue ~ 疲劳极限，耐久限度
fiducial ~ 置信限，置信范围
file ~ 文件存储容量范围
fitting ~ 装置〔安装〕范围，配合极限
flame failure ~ 熄火极限
flammability ~ 自燃的极限
flow ~ （塑性）流动极限，屈服强度

gear-meshing time ~ 啮合时限
go ~ 通过（端）极限
grading ~ （颗粒）级配范围
high(er) ~ 最大限度，上限，最大（上限）尺寸
high-low ~ 高低限值，上下极限
inferior ~ 最小限度，下限，最小〔下限〕尺寸
inflammability ~ 着火极限
inverse time ~ 反比时限
liquid ~ 流限，液态限
liquidity ~ 液态极限，流动性极限
low(er) ~ 最小限度，下限，最小〔下限〕尺寸
lower ~ of hearing 最低听觉，听觉下限，可听度频率下限
lower control ~ 控制下限，管理下限，行动下限
lower elevation ~ 仰角下限
lower-pressure ~ 压力下限，低压极限
magnetic ~ （磁化循环中）最大磁感应强度
manufacturing ~ 制造〔加工〕极限（尺寸）
mill ~ 轧制公差
natural stability ~ （输电系统的）自然稳定极限
no-repair ~ 免修（理）极限尺寸
not-go ~ 不通过（端）极限
obstruction gauge ~ 障碍界限
offset ~ 偏移极限
operating ~ 使用极限，极限工作条件
outer ~ 下限
overrange ~ 过范围限
plastic ~ （土的）塑限
prescribed ~ 给定极限，规定极限，已知范围
priority ~ 优先级范围
process ~ 处理〔加工，过程〕时限
pumping ~ 抽吸极限
quarter-wave ~ 四分之一波限
red ~ 红光极限（可见光）
resolving ~ 分解力极限
response ~ 灵敏限
shrinkage ~ 缩性界限
slipping ~ 空转限制
solubility ~ 溶解度
sparking ~ 换向器发火花的电机极限容量
specification ~ 规格界限，说明书规范，技术说明规范
sphericity ~ 球（圆）度极限值
stability ~ ①稳定极限②稳定边界
stall(ing) ~ 失速〔分离，分裂〕界限
stone wall ~ （涡轮液压机）极限点
structural ~ 结构强度极限
superior ~ 上限，最大限度
tearing ~ 抗拉〔扯〕裂极限
thermal ~ 发热限制，发热极限（电机功率的）
three-sigma ~ 3σ 范围（指统计量标准偏差），3σ 边界
tolerable ~ 容（许极）限
tolerance ~ 容许极限，公差限度
ultimate ~ 极限状态
upper ~ 上限（尺寸），最大尺寸
upper ~ of variation 上偏差
upper control ~ 控制〔管理，行动〕上限
utmost ~ （最大）极限
warning ~ 警戒线，告警限
yield ~ ①流动性范围②屈服点

limitary 有限（制）的，界限的

limitation ①限制，制约，限定，局限性②界限，极限，限度，限幅③缺点
~ of length of stroke ①冲程限度②路程限度
automatic load ~ 自动减载装置，自动限载装置
design-pattern ~ 设计〔计算，允许〕限度
package pin ~ 组件引线限制
ratc ~ 速度限制

limitator 限制器
height ~ 高度限位器

limitcator 电触式极限传感器

limited ①（被）限制的，有限（制）的②缺乏创见的③速度快的
tape ~ 受带限制的

Limited 有限公司
Shanghai General Motors Corporation ~ 上海通用汽车有限公司

limiter 限幅〔制，位〕器
action ~ 〔磁电速度计〕限幅器
altitude fuel ~ （柴油机）高原燃油限制器
amplitude ~ 限幅器
audio ~ 音频限制器
automatic beam intensity ~ （显像管）自动电子束强度限制器
automatic brightness ~ （ = ABL）自动亮度限制器
automatic noise ~ 自动限噪器
autonomous amplitude ~ 自动摆幅公差仪

balanced noise ~ 平衡式限噪器
blocked grid ~ 栅截止限幅器
bridge ~ 桥式限幅〔限制〕器
clipper ~ 双向限幅器
crab traversing ~ 小车行程限位器
crab traversing speed ~ 小车运行速度限制器
current ~ 限流器，电流限制器
demand ~ 需量限制器
derricking ~ 臂架变幅限位器
excitation ~ 励磁限制器
excitation forcing ~ 强磁限制器
extra ~ 外加限制器，附加限幅器
grid ~ 栅极限幅器
hoisting ~ 起升高度限位器
idle ~ 怠速限制器
integral action ~ ①积分限幅器，积分动作限制器②积分动作限制程序
load lifting ~ 起重量限制器
load moment ~ 起重力矩限制器
lowering ~ 下降深度限位器
noise ~ 噪声限制器，静噪器
overexcitation ~ 过励限制器
peak white ~ 白色信号峰值电平限制器
plate ~ 板极限制器
reactive-peak ~ 无功峰值限制器
regulator ~ 调节器限制单元
rudder travel ~ 方向舵偏转角限动器
series-type ~ 串联限幅器
shunt ~ 并联限幅器
signal ~ 信号限幅器
smoke pollution ~ （发动机）排烟污染限制器
soft ~ 软限制器，软限幅器
spot ~ 脉冲干扰限制器
static ~ 天电干扰限制器，静噪装置
stream ~ 防溅器，防溅砖（真空脱气时用）
thrust ~ 推力限制器
Van Leer ~ 范利尔限制器
vehicle speed ~ 车速限制器
video ~ 视频限制器，视频限幅器
volts per hertz ~ 伏赫比限制器
volume ~ 音量限制器，响度限制器

limit-ga(u)ge 极限量规，界限量规

limiting ①限制〔幅〕，约束②极限，极限的
automatic brightness contrast ~ 自动亮度对比度限制
cut-off ~ 截止限幅
frame ~ 画面（大小）限制，帧幅限制
hard ~ 硬限制，硬限幅，硬极限
negative ~ ①负值限制（信号）②负向限幅
overswing ~ 过幅限制
symmetrical ~ 对称限幅

limit-in-mean 平均极限

limitless 无限的，无极限的

limmer 沥青石灰石〔岩〕

limn 素描画

limnigraph （=limnograph）自记水位计

limnimeter 水位计

limonite 褐铁矿

limousine 轿车，大型高级轿车

limp 柔软的，易曲的，无力的

limp-diaphragm 柔软膜片

limping 瘸脚摆

limy ①胶黏的，胶的②似石灰的，含石灰的

linable 排成一直线的

linac 直线〔线性〕(电子）加速器
AG ~ 交变梯度直线加速器
continuous-beam ~ 连续束直线加速器
dielectric-loaded ~ 介质加载直线加速器
grid-focus(s)ed ~ 栅网聚焦直线加速器
helical ~ 螺旋线慢波结构直线加速器
helix ~ 螺旋波导直线加速器
high-duty cycle ~ 高（束流脉冲）工作比直线加速器
inter-digital field ~ 交叉指场直线加速器
single-cavity ~ 单（共振）腔直线加速器
surfboard ~ 行波直线加速器，波导加速器

linage 行数

linage-counter 行计数器

linagogue 缝线导引器

linatex 防锈胶乳

linatron 利纳特朗（波导加速器）

linchpin ①销，开口销，车轴销，保险销②制轮楔③关键

Lincoln Town Car 林肯城市（美国福特生产车型）

lincrusta 油毡纸

line ①直〔图，电，航，磁力，曲，路〕线，线路〔条〕，传输线②管路，管线，管道，导管，传送带，索，带钢③行，列，横队，系列，组④范围，方面，区，带⑤纹，痕⑥缘，翼型，炉型，炉衬，轮廓⑦（商品的）种类⑧长度单位（相当于 1/12in，即 2.1167 mm），线（磁通量单位，1 线 =1Mx=10^{-8} Wb）⑨（pl.）方向〔针〕，设计，草图，船体型线图⑩运输路线〔公司，系统〕排列（成线），排齐，排队，衬，镶，包，搪，画线

~ of action ①作用线②啮合线，接触线
~ of bearing 方位线
~ of blade profile 叶片骨线
~ of centers 连心线
~ of collimation 视准轴〔线〕，视直线
~ of contact ①瞬时接触线②物理中性线(电机的)
~ of cut 切割线
~ of departure ①抛落线，掷线，射线(弹丸离膛孔瞬间身管轴线的延长线)②出发线
~ of engagement 接触线，啮合线
~ of ferrite 铁素体条
~ of flo(a)tation 吃水线
~ of induction ①感应线②线(磁通量单位)
~ of magnetic field ①磁力线②线(磁通量单位)
~ of magnetic induction 磁感应线，磁力线，磁化线
~ of oils 油组
~ of profile peaks 轮廓峰顶线
~ of profile valleys 轮廓谷底线
~ of roll forging 辊锻线
~ of segregation 偏析区
~ of sight 视线，瞄准线
~ of slide 滑动线，坍方线
~ of striction 腰曲线，垂足限线
~ of vision 视线，视向
~ of weakness 弱线
~ per picture 每帧行数
absorption ~ 吸收(谱)线
abutment ~ 闭线，闭合边(力多边形的)
access ~ 选取线路
acoustic delay ~ 声(波)延迟线
action ~ 作用线，激励行
active ~ ①作用线，工作线，实线，有效线路〔网〕，工作线路②扫描线，正行程
actual ~ 实际行
addendum ~ 齿顶线
adiabatic ~ 绝热线
admission ~ ①(示功图上的)进气线②进气管道
aerial ~ ①航线②架空线路
agonic ~ 无偏(差)线，零磁偏线
ahead clutch ~ 前进离合器气管〔绳索〕
air ~ ①架空线②压气管，压风管路③航(空)线④空气管路⑤风道，风沟
air-gap ~ 气隙磁化线
allocated ~ (用)分配行(播送其他信息)
alternate long and short dash ~ 点画线
alternative ~ 比较(路)线，选取线
anchor ~ ①锚线，锚链②拉线，拉条
area tie ~ (电力系统)地区联络线
artificial ~ 仿真〔模拟，人工〕线
assembly ~ 装配〔流水〕作业线，生产线
astern clutch ~ 后退离合器气管〔绳索〕
atmospheric ~ 大气压力线
atom ~ 原子(谱)线
automated forging ~ 锻造自动生产线
automated press ~ 自动化冲压生产线
automatic crank quenching ~ 曲轴淬火自动线
automatic gas carburizing ~ 气体渗碳自动线
automatic induction quenching ~ 感应淬火自动线
automatic machining ~ 自动加工线
automatic packaging ~ 自动包装线
automatic sheet metal working ~ 板材自动加工线
available ~ 有效扫描行(产生图像的扫描线)
average-edge ~ 平均边缘线，(文字识别中字符笔画的)平均宽度
back roller ~ 后辊组(贝洛克式丝束直接成条机上丝束喂入区的由四辊组成的辊组)
backing ~ 前级真空管路
balanced ~ 平衡传输线，补偿管路
balancing automatic ~ 平衡自动线
bar ~ ①杆形线②画线
barge ~ 拖带船队
barreled production ~ 桶装生产线
base ~ (计时)基线，扫描行
base apex ~ 棱底线，基线
bead-supported ~ 绝缘珠支持线路
beam central ~ 等信号区
bearing ~ 基线
bearing center ~ 轴承连心线
bee ~ 最短距离，空中距离，捷径，直线
belt ~ 环行线，流水线
bend ~ 转折线(炉喉与炉身的交线)
bilge ~ 舱底吸水管
bit-sense ~ 位读出线
blackening ~ 黑度线
blanking ~ 落料〔冲裁〕生产线
blast ~ 空气〔鼓风〕管
bleed(er) ~ 放水管，排出管
blow-off ~ 放水〔排污，放气，排气〕管道
blue phone ~ 蓝色电话线(用于准备和火箭

发射之间的通信）
bond ~ 黏合（剂）层，胶层
border ~ 边缘，分界线
bosh ~ 炉腹水平线（炉腹与炉腰交线）
both-way trunk ~ 双向中继线，双向干线
bottom ~ of teeth 齿根圆（线）
bottom inwall ~ 炉腰水平线（炉腰与炉身交线）
brake ~ ①制动系统的管路②闸气管
branch ~ 支线
branch terminal ~ 尽头支线，分支终线
break ~ 断裂线
bridging ~ ①共用线②桥接线，跨接线
bright ~ 明线，亮线，闪烁线，亮度行
broken ~ ①虚线，折线②断线
broken parting ~ 分模线
bucket ~ （多斗挖土机的）铲斗链
bucket-brigade delay ~ 斗链延迟线
bundling ~ （冷轧带卷）机械化包装捆扎作业线
buried oil pipe ~ 地下油管
bus ~ ①汇流线，母线，总线②公共汽车路线
busy ~ 占线，忙线
buttcock ~ 尾线，船体纵剖线
by-pass ~ ①旁通管路，绕行管，支管线，旁路线②支路③回流管路
cache ~ 高速缓冲行
calendar ~ 日界线，国际换日线，国际日期变更线
calibration ~ （无线电遥测记录的）校准线
camber ~ ①中弧线，上弯线②脊线③叶形中心线
carbide ~ 线状碳化物
cardinal ~ 主线
carr(ier) ~ 载波线路
case drain ~ 壳体泄油管
casing ~ （下套管用）套管钢丝绳
cat head ~ 猫头钢丝绳
caustic ~ 焦散线
cell ~ 电解槽系列
center ~ 中心线
chain (dotted) ~ 点画线
chained ~ 链接行
charging ~ ①充液管路，加液管道②充气管路③送料管道
chart ~ 记录纸分度线
chemical-treating ~ （板，带材）化学清理和加工作业线
chord ~ （翼）弦线，弦方向，弦
chrominance delay ~ 色品延时线
circular ~ of position 圆形位置线
circulating ~ 环流〔循环〕管道
cleaning ~ （板带材的）清洗（脱脂）作业线
closing ~ 闭合线（使矢量多边形最后闭合的线），合闸线
clustered delay ~ （通信）群集延迟线
coax(i)al ~ 同轴线，共轴线，有同心导线的电缆
code ~ ①代码行，编码行②代码寄存器，(文字识别中的）记码区
coding ~ 指令字
coil build-up ~ 带卷（端头）焊接作业线，拼卷作业线
coil cut-up ~ 带卷（定尺）横剪作业线
coil feed ~ 开卷线，线圈馈电线
coil preparation ~ 带卷镀锡前的预整作业线（如矫直，焊接，切边，检查）
coiling ~ 带卷镀锡前的预整作业线（如矫直，焊接，切边，检查）
collateral ~ 平行线
collimation ~ 视准线
colo(u)rating ~ 着色机组
column ~ 柱子中心线
combined ~ and recording operation 混合接续制，长途连接制通信
command ~ 指挥线，命令总线
comment ~ 注解行
compensation ~ 补偿线，校正线
composite ~ 复合线路，混成线路
concentration ~ 公共线，总线
concentric ~ 公共线，同轴线
condensate ~ 凝结水管路
condition ~ 状态线，过程曲线
connecting fuel ~ 燃料管路系统
construction ~ 作图线
contacting ~ 啮合线
continuation ~ 连续行
continuous ~ 实线
continuous ~ of shafting 贯通〔连续〕传动杆
continuous assorting ~ （板材的）连续分选作业线
continuous casting and rolling ~ 连铸连轧机组（电线电缆）
continuous cross-linking ~ 连续交联机组

continuous galvanizing ~ 连续镀锌机组
continuous processing ~ 连续精整作业线(带材的矫直和剪切，板材的分选)
continuously-variable delay ~ 匀调〔连续可调〕延迟线
contour ~ 等高〔等值，轮廓，等强〕线
conveyer ~ 传送线，输送机线路
coronal ~ 日冕谱线
corrugated tank production ~ 波纹(瓦楞)油箱生产线
corrugating ~ 波纹〔瓦楞〕板辊压作业线
cotidal ~ 等潮线
course ~ 航线
credit ~ 出处说明，材料来源注解
creep ~ 蠕流线
crest ~ 峰线，脊线
crossover ~ 输送管
crown ~ ①路拱线②中凸线，隆起线
current ~ 测流绳
cutting plane ~ 破裂线，波浪线，剖面线
cutting(-up) ~ 剪切作业线
cut-to-lenght shear ~ (带材)定尺剪切板材作业线
cylinders in ~ 直列气缸
dash(ed) ~ 虚线，短画线，阴影线
dashing ~ (车身的)运动速率线
data ~ 数据传输线
date ~ ①国际换日线②电讯电头③日期
datum ~ 基准〔坐标，水准〕线
dead ~ ①死绳，空线，静线，停电线路，闲置线路②限期，安全界线
dead-level trunk ~ 空层中继线(备用段干线)
dedendum ~ 齿根线
dedicated ~ 专(用)线
delay ~ 延迟线，慢波线
delivery (pipe) ~ 给水管路，输送管路
demarcation ~ (分)界线
descending ~ 下降线
DEW ~ (=distant early warning ~)远程预警线，远程警戒雷达网
dial-up ~ (电话)拨号线路
die ~ ①分模线②(拉拔或挤压产品因模表面缺陷而引起的)纵向划痕
die forging automatic production ~ 模锻自动生产线
die forging production ~ 模锻生产线
die parting ~ 分模线
digit ~ (数)位(驱动)线
dimension ~ 尺寸线
diminishing ~ 缩线
direct ~ 直达线，直线，直通行
directed ~ 定向线，有向直线
directing ~ 导线
discharge ~ 压送管路，承压管路，排出管道
disengaged ~ 空〔闲〕线
dislocation ~ 位错线
display ~ 显示行〔线〕
distribution ~ 配电线路
dividing ~ ①分界线②分型线
dot dash ~ 点画线
dot(ted) ~ 点线，虚线
double ~ 双线(线路)，复线管路
down ~ 下行线路
down-stream ~ 卸出管
draft ~ 牵引线
drain ~ ①排水管路②放油管
drawn ~ 实线
drilling ~ 钻井钢丝绳
drive ~ (动力)传动路线〔系统〕
driver load ~ 激励级负载线
droop ~ 下降(曲)线，垂线
drop ~ 引入线
drop-out ~ 紧急放空线，排泄线
duct ~ ①电缆管道，电缆沟道②管道，管路
dump ~ (冲洗管道用的)排气管路
duplex ~ 双工电路
duplicate ~ 双线线路，平衡线路
earth ~ ①接地线②地下电缆线路
elastic ~ 弹性曲线
electric ~ 电力线路
electric field ~ 电力线
elevated ~ 高架道路
emission-spectrum ~ 发射(光)谱线
end ~ 结束行，终点行
end-point ~ 端点线
engaged ~ 占(用)线，忙线
enhanced ~ 增强谱线
equipotential ~ 等(电)位线，等势线
equivalent ~ 等位线
exhaust ~ ①(示功图的)排出曲线②排汽管路
expansion ~ ①引出线，(示功图)膨胀曲线②膨胀过程
exponential ~ 指数传输线
exponentially tapered ~ 指数(衰减)线路，指数锥削形传输线

extension ~ 分机〔引出，延伸〕线，尺寸，界线
extrusion moulding ~ for plastics 塑料挤出成型机组
face ~ of teeth 齿顶线
fall ~ ①吊索，起重索②瀑布线
fault ~ ①裂纹线②断层线
feed ~ ①馈线，进给线，供给线，供电线路②供应导管，给水管路
feedback ~ 反馈线，回授线
feeder ~ 馈〔支，补给〕线
fence ~ 围栏线路，警戒线
fiber delay ~ 光纤延迟线
field ~ 场力线
field-interval noise ~ 场（消隐）期间噪声行
filament ~ 流线，水条线
filler ~ 充注管
fine ~ 细（实）线
finishing ~ ①精整作业线②终点线
fire ~ 最高火界
firing ~ ①导火线②引爆绳（用来引爆顶板积存瓦斯）③流水作业线④工作线
first ~ ①一级品，高档商品②第一线
flash ~ 飞边线
flask ~ 分模线
flat ~ 平坦线（无损耗的行波传输线）
flat-film ~ 塑料挤出平吹薄膜辅机
flexible ~ 软管线路
flexible manufacturing ~ 柔性制造自动线
flexible transfer ~ 柔性（多工位）自动线
floating ~ 吃水线
flow ~ ①（气，金属变形）流线，晶粒滑移线②通量线③自喷线④流送管⑤金属纤维
flowing ~ 排水管线
fluorescent ~ 荧光谱线
flux ~ 通量线，磁力线
flyback ~ 回程线，回描行
focal ~ 焦（直）线
fold ~ 折（叠）线
fore ~ 前级管道，预抽管道
forging ~ 锻造生产线
forging flow ~ 锻造流线
form ~ 轮廓线
frame ~ （电影）分格线，（电视）分帧线
Fraunhofer ~ 太阳光谱黑线，夫琅和费谱线（鉴别物质元素用）
free ~ 空（闲）线
fuel ~ 油路，油管
fuel pump deliver ~ 燃料输送管路
full ~ 实线
furnace ~ 炉子断面
G ~ G线，表面波传输线
gas insulated ~ 气体绝缘线路
gasoline ga(u)ge ~ 汽油油量表传感线
gas-pipe ~ 煤气管线，煤气导管，气体管路，气体管系
ga(u)ge ~ ①铆行线，规线，轨距线，标线②应变电阻丝（箔）③压力表管路④脉冲管，计量管
generating ~ 母线，生成线
generating pitch ~ 产形节线
generating rolling ~ for tooth form of worm 蜗杆齿面成形线
generating rolling ~ of tool 刀具产形线
ghost ~ ①鬼线，幻影线（钢中磷偏析和氧化物渣滓造成的带状组织缺陷②寄生管
give-and-take ~ 计算不规则形面积的取舍线
grab ~ 牵索，救生握索
graded trunk ~ 分品中继线
graduation ~ 标〔分，刻〕度线
grain flow ~ 晶粒流线
graticule ~ 标度线，方格线
gravity-feed ~ 重力给水管路，自流给水管线
grid power ~ 输电线，输电线网
grinding ~ 磨削（烧伤）条痕
ground ~ 基线，地平线
group ~ 成组生产线
guide ~ ①控制线，检查线②标线，标记，引导线，分度线
Guillemin ~ 圭勒明仿真线，圭勒明电路
hair ~ ①发线，细线，发纹②毛发测量线，（仪表）十字线，瞄准线
handing ~ 牵索
hard ~ 设备与测试仪器连接线
harmonious body ~ 车身平滑线
Hartmann ~ （晶格）滑移线，哈特曼应变〔变形〕线
hearth ~ 炉缸水平线（炉缸与炉腹交线）
heat treatment automatic ~ 热处理自动线
heaving ~ 抛缆，引缆绳
heavy~ 粗实线
heel ~ 横倾线，倾侧线
helical ~ 螺旋线
heterogeneous ~ 非均匀线（特性不均匀的传输线）

hidden ~ 隐〔虚，暗〕线
high usage ~ 利用率高的线路
hinge ~ 枢纽线，绞合线
hot ~ 带电线路
hot-gas ~ ①热气管线②排出管
hydraulic grade ~ ①流水压力线②水力坡度线
ideal ~ 理想线路，无损耗线路
idle ~ 空线，闲线
ignition ~ 点燃线
image ~ 镜像线路，图像（扫描）线
imaginary ~ 虚线，假想线
(impedance) tapered ~ （传输线）阻抗渐〔递〕变线
inactive ~ （电视）无效行，虚描线
incoming ~ 引入线，进线
index ~ 指示〔分度，指标，刻度〕线
individual ~ 用户线路，专用线（路）
infrared ~ 红外谱线
inhibit ~ 截止线，“闭塞”信号传输线
initial ~ ①极轴，起线②初始行
inlet ~ 吸油管路
input ~ ①输入行，输入线②吸油管路
instrument ~ 测量线
intake ~ 吸油管路
interdigital ~ 叉指慢波线
interlaced ~ 交织线
interlocking ~ 联锁（用）线路
intersecting ~ 交线
invisible ~ 隐〔虚〕线
ion ~ ①离子线②火花线
irregular parting ~ 不规则的分型线
isobaric ~ 等压线
isodynamic ~ 等（磁）力线，等强磁力线
isogonic ~ 等偏（角）线
isolux ~ 等照度线
isometric ~ 等容线
isopachic ~ 等厚线
jack per ~ 同号，（电话）同一号码
jagged ~ 锯齿形状的线
jet ~ 喷嘴供液管路
joint ~ 分型线，混合线路
junction ~ 中继线，过渡线
Kapp ~ 卡普线（磁感应线，每条线表示 6 000Mx，即 6×10^{-5} Wb）
keel ~ 首尾〔套骨〕丝
kickback ~ 回扫线
Kikuchi ~ 菊池线（电子束入射于晶体时由电子散射所产生的谱线）
killed ~ 已断线路
land ~ 陆线
laser ~ 激光谱线
layout ~ 配置线，区划线
lead ~ ①测深绳②接受管，从泵到油罐之间的管线
leader ~ 带箭头指引线
leading ~ 导航线
leakage ~ ①泄漏管路②磁漏线
leased ~ 租用线路
Lecher ~ 勒谢尔线，测试线（测射频频率）
level ~ 等高线，水平线
life ~ 安全线，救生〔保险，安全〕带
lift ~ ①提升管线〔管路〕，立管②升力（作用）线
light shear ~ 轻型剪切机作业线
link ~ 联络线
listening-in ~ 监听线，听话线
live ~ 带电线路
load ~ ①负载线，负荷线，加感线路②载货吃水线
loading ~ 充气管路，液压管路，灌油管线
local ~ 市内线路，局部线路
log ~ 测程仪绳
long and short dash ~ 点画线
long span ~ 长杆距线路
loop ~ ①环形线路②回线，环线
lossy ~ 高损耗线
lower bosh ~ 炉腹底线，下炉腹线
lubber ~ 罗盘准线（航海的），校准线，航向标线
Lubber's ~ 校准线，留伯斯线（方向仪上的参考线）
Lüders ~ 〈德〉吕德斯线，滑移线（钢板冷变形后，表面出现的应变线缺陷）
luminance delay ~ 亮度延迟线
lumpy ~ 集总参数线路
magic ~ 调谐（指示）线
magnetic ~ (of force) 磁力线
main ~ 主〔总，干〕线
main mooring ~ 主系索，主缆
margin ~ 限界线
mask ~ （电视）分帧线，（电影）分格线
match ~ 对口线，对正线，检验边
match-terminated ~ 负载匹配（传输）线
mean ~ （二）等分线中（心）线，中弧线（风力机）

meander ~ 曲折线
mechanized press ~ 机械化冲压生产线
median ~ （轮廓）中线
medium ~ 中间线
medium transmission ~ 中长输电线路
meridian ~ 子午线
mesh ~ 网格线
meter system ~ 按量供电制线路
microstrip ~ 微带（传输）线，微波带状线（路）
mid-gap ~ 禁带中间线
mill ~ 轮碾机
modified ~ 修正线，变线
modular machine indirect transfer ~ 间接输送式组合机床自动线
modular machine plain transfer ~ 直接输送式组合机床自动线
modular machine tool flow ~ 组合机床流水线
modular machine transfer ~ 组合机床自动线
motor ~ ①电动机系列②供电给电动机的线路
mo(u)ld ~ （表示船壳形状的）型线
mo(u)lding ~ 造型生产线
mountainous ~ 越山线路，山区线路
multidrop ~ 多分支线
multiparty ~ 合用线，同线
multiple ~ 复式线，多重线
music ~ ①乐谱线②节目线路，传音线路
narrow ga(u)ge ~ 窄轨铁路
naught ~ 零位线
near-sonic ridge ~ 近声速分界线
neat ~ ①准线②墙面交接线③图表边线
neutral ~ ①中性线，中和线②中性层
night ~ 夜间线路
no ~ 无空线，全部（线路）占线
nodal ~ 结〔交〕点线，（波）节线
none ~ 失配线
nonflexible ~ 刚性线
nonswitched ~ 非转接线
normal ~ 法〔垂直，标准〕线
normalizing ~ 常化〔正火〕作业线
north(-and)-south grid ~ 坐标纵线
nose steadying ~ 防摇〔正常系，安全〕索
number ~ 实数直线
object ~ 可见轮廓线，外形线
oblique ~ ①斜线②（直角三角形的）斜边
off ~ 外〔离，脱〕线，脱机
off-gas ~ 废气管道
oil ~ 油路（系统）
oil supply ~ ①供油线②操作油管
open ~ 明线，开通路线
open-end ~ 终端开路线
open-wire (pole) ~ 架空明线线路
operating ~ ①作业线，操作线，特性曲线②操作管路，主管路
optical ~ of sight 视线
orange-cyan ~ 橙 - 青行，橙 - 青线
order ~ ①挂号线，记录线②指令线
orientation ~ 标定线
outgoing ~ 引出线
outlet ~ 输出线路，引出线，出口管线
overhead ~ 架空线路，架空管道
oxygen ~ 氧气供应管道
packaging conveyer ~ 包装流水作业线
painting ~ for motor 电机涂装生产线
pallet ~ 滑板（式铸工输送器）生产线
palletized transfer ~ 随行夹具输送式组合机床自动线
parallel ~ 并行线路，并联线路，平行线
parting ~ ①分模〔分离，飞边，接合，铸件上的分型〕线②模痕
party ~ 共用电话线路，合用线，同线电话
pass ~ （孔型的）轧制线
pattern-parting ~ 分模线，分型线
pay station ~ 公用电话线
peak ~ 波峰线
periodic ~ 梯形网络，链路
perpendicular ~ 垂直线，正交线
persistent ~ 光谱最后线
phantom ~ 鬼线，假想线
phase alternating ~ （正交调制）逐行倒相制（电视），PAL 制
phasing ~ 定相线
pickling ~ 酸洗机组，酸洗作业线
pick-up ~ 捡拾信号线，中继金属线
picture ~ 图像扫描线
pilot delay ~ 控制〔领示〕延迟线（线路）
pilot production ~ 试验〔实验〕生产（流水）线
Piobert ~ 皮奥伯特线（皮奥伯特效应产生的金属表面的线状缺陷）
pipe ~ ①管道，管路，导管②流水线
pipe extrusion ~ 塑料挤出管辅机
piping ~ ①管系②导管
pitch ~ ①节〔基，齿距，绝缘〕线②中心线（螺纹）中径线，分度线

pitch ~ of groove 轧槽中心
pivotal ~ 枢轴线
plain transfer ~ 直接输送式组合机床自动线
plastics sheet extrusion ~ 塑料挤出板辅机
plating ~ （带材）镀覆机组作业线
plug ~ 芯棒划痕（冷拔管缺陷）
plug-ended trunk ~ 端接插塞中继线
plugging-up ~ 闭塞线，障碍试验线
plumb ~ 铅垂线，垂直线，准线
point-to-point ~ 点对点线路，专用线
pole ~ 架空电线，电杆线
polygonal ~ ①折线②多角形线
power ~ ①电力〔输电，电源〕线②电源网络
power drag ~ 机动拉铲挖土机
pressure ~ ①耐压〔高压，压力，压送〕管路②压力线，啮合线（齿轮传动）
pressure sensing ~ 感压管
primary ~ 一次线
primary ~ of sight 主视线
primary transmission ~ 高压〔一次侧〕输电线
principal series ~ 主系线
principal vertical ~ （相片）主垂线
private ~ 专用线（路）
process ~ 生产（过程）流水线，工作顺序
processing ~ 工艺线
production ~ 生产〔装配,流水（作业）〕线，生产流程
program(me) ~ ①传音电缆〔线路〕，节目线路②程序行
projecting ~ 投射线，射程线
property ~ 地界（线），用地线
pull ~ 牵引钢索
pulsator ~ 脉动器真空管路
pulse ~ 脉冲管
pure ~ 纯系
quarter-wave ~ 四分之一波长线
quiet ~ 无噪声线路
radial supply ~ 辐射形供电线路
radio relay ~ 无线电中继线路
radio-frequency (transmission) ~ 射频传输线
raising ~ 起升绳
random ~ 试测线
range ~ 距离线，边界，限距
raster ~ 光栅线
reactive ~ 无功〔电抗〕线路
readable ~ 可读行
real ~ 实线
receding ~ 退缩线
recirculation ~ 回输管路
reclaiming ~ （废板）修整线
reclassified ~ 重选作业线
recoil ~ 回复线
refeed ~ 返料管
reference ~ 参比〔基准，起读，零位〕线
reflux ~ 回流管道（从冷凝器通到塔中）
regression ~ 回归线
rejected ~ 拒识行
relay ~ 中继线
relief ~ ①溢流管路②切片刀痕
remote ~ 遥控线路
resolution ~ 析〔解〕像线
resonance ~ ①共振（谱）线②谐振（传输）线
retrace ~ 回描〔扫〕线
return ~ ①回水管，回汽管②回扫线
reversed ~ 自蚀（光谱）线
rhumb ~ 等角〔航程，等方位〕线
ribbon ~ 带状线，扁线
rigging ~ 吊索
rigging datum ~ 装配根据线
right ~ 直线
right-turn pressure ~ （汽车动力变向机构的）右转压力管道
roll parting ~ （轧辊孔型的）零位线，中线
rolling ~ 轧制线（孔型设计时指孔型中心线）
root ~ 齿根线，波谷线
rotary shear ~ 回转式剪切作业线
roughing ~ 粗抽管路
rubber ~ 同心橡胶管
rural ~ 农村线路，农村电话线
sagittal focal ~ 弧矢〔径向〕焦线
sand ~ ①捞砂绳（顿钻用）②鼠尾（铸造缺陷）
satellite ~ 卫线，（光谱分析中的）伴线
scanning ~ 扫描线，分解〔析像〕行
scavenge ~ 换〔扫〕气管道
scoring ~ 黏着撕伤线
scroll shear ~ 花边（镀锡薄钢板）剪切作业线
seal ~ 拆焊线
section ~ 剖面线
secure ~ 安全〔保密〕线（路）
sense ~ ①读出线，传感线②液压控制管路，

方向导管
sense-digit ~ 位读出线
separating ~ 分像线
sequential ~ 相继行
serial production ~ 连续生产线
service ~ ①（用户）进户线，接户〔供电，引入〕线②业务线
service-water ~ 工业水管路
setbacks ~ 双折线
shade ~ 遮线，阴影线
sharp ~ 锐（谱）线
sheet ~ 图廓线，图纸中线
sheeter ~ 削痕
sheeting ~ 薄板精整作业线
shielded ~ 屏蔽线（路）
shock ~ 激波线
short dash ~ 虚线
side trimming ~ （带材）侧边纵剪作业线
singlc-link ~ 单节线
single-party ~ 同线电话线
singular ~ ①奇（异）直线，奇线②单向线路
sintering ~ 烧结线（指生产线）
skeleton ~ 轮廓〔骨架，中弧〕线
skew-wire ~ 绞合线线路
slag ~ 渣线，夹渣线
slitter ~ ①纵切线②圆盘剪切生产线，板料多条剪切线
slitting ~ 纵切流程，（带材）多刃圆盘纵剪作业线
slitting and coiling ~ （带材）纵剪和卷取作业线
slitting and shearing ~ （带材）纵剪和横剪作业线
slitting and trimming ~ （带材）纵剪和切边作业线
slop ~ 废线，不合格的管线
slotted ~ 开槽测试线
smooth ~ 平滑〔均匀分布参数〕线路
solid ~ 实线
solidus ~ 固液线，固相线
solution ~ ①溶液管道②液面线
sonic ~ 音速线，音速过渡线，扰动线
sounding ~ 测深索〔绳〕
spark ~ 火花（谱）线
spectrum ~ （频，光）谱线
speed ~ ①速度线②加速气管
spider ~ （光学仪器的）线网络，交叉瞄准线，叉丝
split ~ ①（锻模的）分模线②组合线，拼合线
spring(ing) ~ 起拱线
spur ~ ①输出线短分支②（短）支线（铁路）
spurious ~ 伪〔乱真〕线
stadia ~ 视距〔准距〕线
stagnation ~ 滞点〔临界点，滞止〕线
start-finish ~ 起止线
static ~ ①静压操纵管路，静压管②固定开伞索
station ~ 点〔站〕间线
steam (pipe) ~ 蒸〔供〕汽管道
steam return ~ 返汽管路
straight edge ~ 直母线
straight pitch ~ 节线，节直线
strain ~ 应变〔扭曲〕微细裂缝
strand ~ 搁浅线
strapped bar ~ 带杆线
stray ~ 空白线
streak ~ 条纹线
stream ~ 流线，通量线，流线型，流水线
strip ~ ①电介质条状线，带状（传输）线，传送带，条线〔纹〕②夹心线，带状线
strip-lacquering ~ 带材涂漆作业线
submarine ~ 水底线路
subscriber's ~ 用户专用线
suction ~ 吸入管路，吸油管路
supply ~ ①馈电线路，供电线路，电源〔供料，进给〕线②供水管线，供气管线，润滑油管道
surge ~ 喘振线，喘振特性
surging ~ 喘振边界线，浪涌线
suspension ~ 吊索，悬挂线，架空线，伞绳
sweeping ~ 流线
switched ~ 交换线路
tack ~ 黏结线
tangent ~ 切线
tap(ped) ~ T 接线路，分接线，抽头线，交线
teed ~ T 接线路
Telco ~ （能传送或接收声频和视频信号的）电话公司线路
telecommunication ~ 电信线路
telescopic ~ 伸缩套管，伸缩接头
teleset ~ 电话机〔电视接收机〕线路
telpher ~ 高架索道，电动（缆车）索道
terminal ~ 终线

terminated ~　有载线（路）
test ~　测量线
thick ~　粗线
through ~　直通线
tie ~　①联络线，连接线（输电系统），结线②直达连接线，对角线
time ~　等时线
tip ~　（齿）顶线
toll ~　长途电话线
top ~ of teeth　齿顶线
top inwall ~　炉身水平线（炉身与炉喉交线）
torsal ~　挠点线
total diagnostic communication ~　总诊断通信链路
track ~　架空轨道
trail ~　退曳线
train ~　列车线，列车风管
transfer ~　组合机床自动线，连续自动式生产线，专输管路〔线路〕
transfer press ~　多工位冲压生产线
transit ~　运输线路，照准线，视线，经纬仪导线
transmission ~　①传输〔输电，馈电，波导，谐振〕线②传动轴，传动装置
transmitting ~　输电线路
transposed transmission ~　换位的输电线路
transposition ~　换位线（连续梁图解法）
traverse ~　横向线
trolley ~　滑接线，架空线
trough ~　①向斜底线，槽线②槽形低（气）压线
trunk ~　中继线，干线，长途线
twin ~　①双线线路②平行传输线
twin bundled ~　双分裂导线线路
twisted-pair ~　①双绞线②缠绕双线
two-action ~　双向传输线
two-party ~　对讲电话线，两户合用话线
two-strand ~　双线加工的作业线
ungraded pole ~　同高架空线路
uniform ~　均匀线（特性均匀的传输线）
unloading ~　卸油导管
up ~　上行线（路）
up-hill ~　上行管道
upper bosh ~　炉腹顶线，上炉腹线
vacuum ~　真空管道
vane-type ~　翼片型慢波线
vanishing ~　没影线，消失线
vent ~　①通风管②出油路
very high speed digital subscriber ~　甚高速数字用户线
vibrational ~　振动（谱）线
visible ~　外形线，轮廓线
visual ~　视线
voice ~　话频线（路）
volume ~　等容线
vortex ~　涡（旋）线
wabbling ~　微摆线
wash ~　清洗管路
water ~　吃水线
wave ~　（电）波传播方向，波浪线
wedge ~　楔形高压线
weld ~　熔合纹，熔接痕
weld-fusion ~　焊缝熔合线
wet return ~　有水回管
Willans ~　威伦斯线（汽轮机汽耗 - 负荷关系线），总耗汽量曲线
wire ~　钢丝绳
wire-cleaning ~　线材清净作业线
witness ~　证示线
wobbling ~　微摆线
word ~　字线
X-ray ~　X 射线谱线
zero ~　零位〔基准，中性，起点〕线
zero-reactance ~　零电抗线
zigzag ~　曲折〔之字形，Z 形〕线，锯齿形曲线

lineage　①排成行，行数②系属，系，族③线状腐蚀坑

lineal　线状的，线性的

linear　①直线（式），（直）线性的，（直）线的，沿线的，沿轴作用的②平直的③一次的
rectified ~　整流线性

linearisation　=linearization

linearity　①（直）线性，线性度②（电视）逼真度
~ of raster　光栅线性，图像直线性
crossfade ~　（电视信道的）线性匀滑转换
deflection ~　扫描线性
end-point ~　端点线性度
frame ~　帧扫描线性，垂直线性
horizontal ~　水平线性，行扫描线性
independent ~　独立线性度
line ~　行扫描（直）线性
photometric ~　光度测量线性
terminal-based ~　端基线性度
trace ~　扫描〔轨迹〕直线性

transfer ~ 转换〔传输特性〕(直)线性
vertical ~ 帧(直)线性，垂直(直)线性，帧扫描线性
zero-based ~ 零基线性度
linearization 直线化，线性化
piece-wise ~ 分段线性化
linearize 线(性)化，直线化
linearizer 线性化电路
linearizing 线性化
linear-limited 受线性限制的
lineation 线条，画线，轮廓
line-B ①B线②变址寄存器
line-cone 线圆锥
lined ①衬里的，镶衬板的②带格子的
enamel ~ 搪瓷的
line-focus 线状焦点(X射线)，行聚焦
line-frequency 行频(率)，线路频率，工(业)频(率)
line-indices 反射线指数(X射线)
lineman =linesman
linen-tape 布卷尺
line-off 脱离装配线
line-of-sight 视线距离
lineograph 描线规，划线器
lineoid 超平面
linepan 中部槽
line-phasing 行同步
line-printing 行式印刷
liner ①衬板〔里，垫，料〕，内套〔衬〕，填料，炉衬，衬圈，垫片，嵌入物，镶条，轴瓦〔套〕②缸〔阀〕套，套筒〔管〕，火焰管〔筒〕③导向装置，导轨〔架〕④两梁间的横梁⑤直线规⑥(直线加速器的)共振器⑦(切割器的)定刀片⑧班机〔轮〕⑨定期船
aerial ~ 航空班机
automatic ~ and dryer (罐盖)自动注胶与烘干装置
back ~ 书脊烫印机
barrel ~ 衬套(采油设备)，桶衬
bearing ~ 轴承瓦
board ~ 裱纸板机
brake ~ 制动衬片
burner ~ 火焰管
cargo ~ 定期货船，运货班机
casing ~ 壳衬
cavity ~ 洞衬剂
compound ~ 注胶机〔罐〕
container ~ ①组合式挤压模内层衬圈〔芯筒〕②容器衬垫③模腔衬圈
cylinder ~ 气缸套〔衬垫，衬筒〕
dee ~ D盒镀层
die ~ (压)模(内)衬
draft tube ~ 尾水管里衬
dry ~ 干式气缸套
end ~ 底衬
finger ~ 护刃器定刀片
flanged bearing ~ 翻边轴瓦
graphite ladle ~ 石墨包衬
guide ~ 导轴衬，键槽〔导槽〕划线盘
hub ~ 毂衬垫
inner ~ 气密层
insert ~ 镶嵌式轴衬
joint ~ 接合衬垫(密封)
jolt-packed ~ 振筑衬里，振实制作的内衬
kiln ~ 窑衬
ladle ~ 预制包衬，浇包衬
layout ~ (工件上的)划线
mill ~ 磨矿机衬里
oven wall ~ 炉墙
pipe ~ ①管套，套管②铺管工
pit ~ 机坑里衬
plated ~ 有镀层的气缸套，镀覆气缸套
refractory ~ ①耐火材料衬里②衬耐火材料的火焰管
shaft ~ 炉身内衬，弧瓦
shaft bearing ~ 轴承衬套
shoulder-located cylinder ~ 有肩气缸衬筒
silicon ~ 硅砖，耐火材料〔衬垫〕
slot ~ 槽绝缘衬，槽衬
solid bearing ~ 单层轴瓦
tamped ~ 捣筑炉衬
taper ~ 锥楔形塞垫，斜垫，锥度套筒
track ~ 拨道杆，撬棍
wet ~ 湿式(气)缸套，湿缸套
linerboard 护面纸板
lines 线型，线条，型线图(船舶)
Piobert ~ 派奥波特线，滑移线
line-scan 行扫描
gating ~ 选通行扫描
line-screen 条形屏
lineshaft 传动轴，主轴
lineshape 线型，谱线形状
linesman 线路〔巡线，养路，架线〕工，线务员
linestand 线路支架
Linestar 莱因斯坦数字(显示)板(一种直流气体放电显示板)

line-to-ground ①线路对地的②线路接地
line-to-line ①两线间的，相间的②线间短路，混线
line-to-neutral ①从导线到中性点的，相的②单极的
line-transmitter 中继发报机
line-up ①调整，垫整，调节，调成一直线②阵容，联盟③（pl.）同相轴
~ of NC machine tools 数字控制机床群
sync ~ 同步信号对齐
linewidth ①行距②（光谱）线宽（度）
fluorescence ~ 荧光线宽
half-maximum ~ 半峰值线宽
nominal ~ 标准行距
lingering 拖延的，延长的，残留的，经久不消的
linguistics 语言学
program(m)ing ~ 程序设计语言学
liniment 擦剂，涂抹油〔剂〕
lining ①内〔砖，窑，炉〕衬，衬里〔垫料〕，套筒②轴瓦裹装〔找正〕，加衬，砌衬，搪，包
~ of shaft 炉身内衬
~ up ①对准中心，校正，调整②使平直，使均匀
acidproof brick ~ 耐酸炉砖衬
acoustic ~ 吸声衬垫
babbit ~ 巴氏合金衬
back ~ 衬板，背衬
basic ~ 碱性炉衬，碱性衬里
brake ~ ①闸衬片，制动衬片②制动面，刹车面
cast ~ 浇铸炉衬
clutch ~ 离合器摩擦片衬片
cotton brake ~ 闸带棉衬，棉质制动衬带
Crespi ~ 克里斯皮白云石打结炉衬
furnace ~ 炉衬
glass ~ 搪玻璃，搪瓷
grease-soaked ~ 浸透润滑脂的衬片，制动器的摩擦片
ladle ~ 内衬，桶衬
magnesite brick ~ 镁砖炉衬
metal ~ （非电解）镀覆金属，金属衬套
monolithic ~ 整体炉衬，整体衬砌
mo(u)ld(ing) ~ 模衬，坩埚衬里
rammed ~ 捣结〔捣实式，捣打〕炉衬
salvaged ~ 废炉衬，废衬砖
section ~ 剖面线法
shaft ~ 竖井衬层，炉身里衬
silicon ~ 硅砖炉衬
soffit ~ 底衬
stack ~ 炉身衬
stitch brake ~ （制动）闸边皮
stone-block ~ （磨矿机的）石块内衬
studio ~ 播音室〔演播室〕声衬
tamped ~ 捣实式炉衬，捣筑炉衬
tank ~ 槽衬里，电解槽内衬，油罐衬里
temporary ~ 临时支护
thin-skinned ~ 薄壁炉衬
ultrasonic wave ~ 超声波镀覆
vessel ~ 盛钢桶衬
vibrated ~ 振动打炉衬（法）
wall ~ ①炉衬，炉壁内衬②器壁衬里，墙衬
wave ~ （磨矿机的）波浪形内衬
white metal ~ 白合金衬层
working ~ 工作层，工作炉衬
woven ~ 织物衬里，编织的制动摩擦衬片
zoned ~ 特殊部位砖衬
lining-up ①砌〔内，炉〕衬②校正，校准③对准中心④调整，排列，排齐⑤准备制造，试制，预加工，制备
linisher 砂带
linishing （在抛光之前，用金刚砂之类磨料）擦光
link ①链，环，集电环，关节，铰链，铰接头，链带，环节②摆〔连，拉〕杆，杆件，构件，连支③ 网络节，连接指令，固定接线，中继线路，无线电〔微波接力，通信〕线路，通信，链路④ 连接设备〔部件，物〕⑤键，键合，链合⑥链接，连接，接线，连线⑦令（等于 20.12 cm）
~ in a system 系统连接
~ of chain 链节，链环
analog fiber ~ 模拟光纤链路
antijudder ~ 防动联杆
assembly line diagnostic ~ 跳接总成线连接线
asynchronous ~ 异步连接
attachment ~ 连接杆
basic ~ 基本链路
bent coupling ~ 互钩环
binary ~ 两副杆
bipolar d.c. ~ 双极直流输电
blade ~ 叶片连杆
bogie ~ 转向器连接架
box ~ 夹板集电环
brake ~ 闸连杆
brake beam strap ~ 闸梁系带环
breaking ~ （水轮机）脆性连杆

busy ~ 忙音〔占线〕接续片
cardan ~ 万向联轴器轴，平衡环
cartridge fuse ~ 管装熔断片
chain ~ ①链节②电视系统，录像系统
closed ~ 闭式链节
coil switching ~ 线圈转换开关
command ~ 传令线路
common ~ 普通〔从动〕炉排片
compression ~ ①（悬挂装置的）上拉杆，中央拉杆②压杆
connecting ~ 连接链节，连接杆，连杆
control ~ （悬挂装置的）上拉杆，中央拉杆
coupling ~ 连接链，连接杆，链子钩
crane ~ 吊车吊架
crank ~ 曲拐连杆
cranked ~ 过渡链节
cross ~ ①横向连接，横向耦合，交叉耦合②（聚合物）交联，交键
cross channel data ~ 交叉通道数据链路
curved ~ 弧形链节
data ~ 数据（自动）传输装置，数据（自动）中继器，数据链路，数据链路符
dial-up ~ 拨号链路
directional ~ 定向发送线路
disconnecting ~ 隔离开关，刀开关，闸刀，断开链路
distance ~ 定距链节
dog ~ 止转杆，止转棒轭
down ~ 下行线路
drag ~ ①（转向纵）拉杆，吊杆，牵引杆，铰链钩，偏心曲拐②（pl.）覆土机，拖链
draught sensing ~ （悬挂装置的）动调力拉杆
drive ~ 传动杆
driven ~ 从动件，从动炉排片
driving ~ 主动件，主动炉排片
earth satellite communication ~ 地球卫星通信链路
eccentric ~ 偏心连杆
elastic ~ 弹性构件
elevator ~ 吊环
end ~ ①端环②端键③终端连杆
equivalent ~ 等效构件
Eurovision ~ 全欧电视广播网
fiber ~ 光纤线路〔链路〕
fixed ~ 固定构件
flexible ~ 挠性构件
forked ~ 叉形连杆
fuse ~ 熔断片
generating ~ 滚比杠杆
guidance ~ 制导中继装置
guide ~ 导向集电环
heteropolar ~ 有极键
high-voltage d.c. ~ 高压直流输电
hoist ~ 吊环
HVDC ~ （=high-voltage d.c. ~）HVDC 输电
hydraulic ~ 液压测力环
information ~ 通信链路
infrared ~ 红外线路（用于彩色电视转播）
initial ~ 起始构件
inner ~ 内链节
input ~ 输入构件
intelligent optical communication ~ 智能光通信链路
intersatellite ~ 卫星间通信
ionic ~ 离子键
isolating ~ 隔离开关
laser space-to-ground voice ~ 激光空对地通话系统
lift ~ ①提升杆②（悬挂装置的）斜杆
line-of-sight ~ 视线线路〔链路〕
looped ~ 钩环，挂环
looped coupling ~ 互钩环
lower ~ （悬挂装置的）下拉杆
lug ~ （输送器的）爪式链节
magnetic ~ （雷电流测量用）磁钢片
master ~ 主连杆
master track ~ 履带主链节（环）
microwave radio relay ~ 微波中继通信线路，微波接力通信电路
monopolar d.c. ~ 单极直流输电
motion ~ 导向装置，运动链系
moving ~ 运动构件
multiplex ~ 复用链路
network connection ~ 网络连接链路
noswitched ~ 非转接链路
nozzle tube yoke ~ 嘴管轮联杆
offset ~ ①奇数链接头链节，偏置链节②八字套接链节
open ~ 开口链
open data ~ 开放式数据链路
optical data ~ 光数据链路
ordinary ~ 单价键
outer ~ 外链节
outgoing ~ 外向链路
output ~ 输出构件
pantograph ~ 缩图器连杆

pin ~ （套筒滚子链的）带轴链节
point-to-point data ~ 定点数据传输线
power ~ ①动力联合②动力线中的联络线
pressure ~ （悬挂装置的）上拉杆，（开沟器的）加压导杆
principal ~ 主键
pump ~ 泵连接杆
quaternary ~ 四副杆
radar microwave ~ 雷达微波中继装置
radio ~ 无线电链路〔通信线路〕
radius ~ 半径杆，摇杆，滑靴，导环
ratio ~ 滚比杠杆
rear ~ 后方通信线路
relay ~ 无线电中继线路
release ~ 复位杆，释放杆
repair ~ 备修链节
responder ~ 应答信道〔线路〕
reversible ~ 双向传输线路，可逆线路
rigid ~ 刚性构件
rod elevator ~ 杆条式升运器链节
satellite optical ~ 卫星光通信线路
servo ~ 助力传动装置，伺服系统
shackle ~ ①铐链②叉端连杆
shared ~ 共享链路
shifting ~ 移动键
shrink ~ （在热状态安上的）系紧夹
slotted ~ 槽孔链节
split ~ 组合链环
steering ~ 转向连杆〔联动装置〕
steering drag ~ 转向纵拉杆
stirrup ~ 框式连杆
straight ~ 直线滑槽连杆
stud ~ 日字形链节
superconducting ~ 超导链
suspension ~ 吊环，拉环，吊环
swing ~ 摆杆
tandem ~ 汇接链路，串接链路
telemetry ~ 遥测线路，远动通道
television station ~ ①电视台链②电视台中继线路
tension ~ ①拉杆②（悬挂装置的）下拉杆
tipping top ~ （悬挂装置的）车厢倾翻用上拉杆
torque ~ 扭接连杆
tractor ~ （悬挂装置的）拖拉机拉杆
transmission ~ 传输线路〔链路〕
trash ~ （输送带）除杂条杆
trilateral ~ 三副杆
union ~ 连接环，结合杆
universal ~ 万向连接杆，万向铰式支座
up ~ ①上行线路②地与通信卫星的联络
upper ~ （悬挂装置的）上拉杆
upper wishbone ~ 上部叉形连杆
ventilator ~ 通风器联杆
wireless ~ 无线电联系，无线电（通信）线路

linkage ①低副运动链，链接，连接，接线，接合，耦合，连接指令②联锁，联动〔悬挂〕装置，链系，链合，键（合），磁链，无线电中继线路，匝连③杆系，拉杆，推杆，臂，连杆〔杠杆，铰链〕机构，悬挂装置
basic ~ 基本连接〔联动〕（装置），基本连接指令
block ~ 滑块联动装置
brake ~ 制动杠杆
bucket ~ 铲斗悬挂铰链机构
chain-and-segment ~ 分段传动装置
closed ~ 强〔紧密〕耦合
clutch ~ 离合器分离机构〔联动装置〕
computing ~ 计算联动机构
conjugate double ~ 共轭双耦合
four bar ~ 四杆联动机构，四连杆机构
free ~ 浮动悬挂装置
front-mounted ~ 前悬挂装置
governor ~ 调速器联动装置，调速器联杆
inter axial-mounted ~ 轴间悬挂装置
magnetic (flux) ~ 磁链，磁通匝连数
mid-lift ~ 半悬链系
multiple ~ 重键
non-parallel crank four bar ~ 不平行四杆回转链系
parallelogram ~ ①平行四边形悬挂装置②平行四连杆机构
polar ~ 极性键
power ~ 动力悬挂装置
procedure ~ 过程连接
rear-mounted ~ 后悬挂装置
rocker-arm ~ 摇臂杠杆系统〔连杆系统，联动装置〕
side ~ 侧悬挂装置
single-axis ~ 单轴悬挂装置
sliding block ~ 滑块链系，滑块连杆机构
spark ~ 点火联动装置
steering ~ 转向联动装置，导向铰链装置，转向杆系
swinging block ~ 摆块链系，回转滑块联动

机构
three-point fixed ~ 固定式三点悬挂装置
three-point hitch ~ 三点悬挂装置
throttle ~ 节流联动装置
tie rod ~ 转向梯形机构
toggle ~ 肘节链系
transport ~ 运输用铰链机构
twin trapezoidal ~ （独立式后悬架）梯形双横摆臂
valence ~ 价键

linkage-mounted 悬挂式的
linkbase 链库
linked 耦合的，联系的
link-edit 连接编辑
linked-scanning 联动扫描
linker ①连接（编辑）程序②经纱成链装置③套口机，缝袜头机
circular ~ 圆形套口机
cross ~ 交联剂

linker / loader 连接装配程序
link-fuse 带接线片的熔断器
linking ①连接，缝〔耦，咬，结〕合②套口，连圈，连锁
program(me) ~ 程序连接
system ~ （电力）系统耦合

linking-up 接上，连接
link-transmitter 强方向射束发射机
link-up ①连接，联系，联络②连接物
linkwork 链系，杆系，联动装置，铰接机构
lino-film 莱诺照相排字机
linoleum （亚麻）油毡，油布，漆布
linotape 黄蜡带，(浸）漆（绝缘）布带
linotron 莱诺特朗照相排字机，莱诺管（一种产生字码的阴极射线管）
lintel 楣，(孔，门窗上承重的)（水平）横楣，过梁，(炉壁）横梁〔托圈〕
linter ①棉绒除去器，剥绒毛机②短绒，棉毛
cotton ~ 棉短绒，棉毛纤维

lintol =lintel
liny 画线的，似线的，细的，有皱纹的，皱纹多的
lip ①唇（部），铸嘴，浇注口，(轴承）挡边，(凹陷物的）边，端，(送话器的）口承，嘴子②凸出部，(凸）缘，法兰盘③悬臂，支架④刀刃，切削刀⑤百叶窗片，鱼鳞板⑥电缆吊线夹板挖斗前缘，挖土机舌瓣
~ of crucible 坩埚嘴
~ on tire （= ~ on tyre）轮箍唇
bearing ~ 轴瓦定位唇
bucket ~ 铲斗前缘
circular ~ 圆法兰
cowl ~ 外壳前缘
cutting ~ ①切削刃，刀刃②钻唇，钻刃
die ~ 压出机机头口型
diffuser ~ 进气扩压器的外壳（前缘）
edge ~ （磁带）边缘凸起变形
entrance ~ 进刃，引进刃
exit ~ 出刃，引出刃
guard ~ 护刃器唇（舌）
guide ~ 导向挡边
ladle ~ 盛钢桶浇注口，浇包嘴，桶唇
locking ~ （轴承衬圈的）制动唇
lower ~ （虹吸道的）出口唇
oil seal ~ 油封唇部
overflow ~ 溢口
race ~ 坐圈缘
scal(ing) ~ 密封唇，带唇边的密封件
shear ~ ①剪切唇②切变裂痕
shovel ~ 挖土机铲刃
skim-off ~ 分离器
stationary ~ 固定颚板

lip-guided 挡边导向〔引导〕的
lip-mike 唇用传声器
lipophilic 亲脂性的，亲脂的
liposoluble 脂溶的
lipping 卷边
lip-synchronous 与语言同步的
liquamatic 水力驱动的
liquate 熔〔离，偏〕析，熔解，液化
liquation ①熔解（分析)，液析，分凝，熔析，偏析②熔化，液化
liquefacient ①冲淡的，液化的，溶解性的②熔解物，解凝剂
liquefaction ①液化（作用)，熔解②冲淡，稀释
viscosity ~ 黏性液化

liquefiable 可液〔可熔〕化的
liquefied 液〔熔〕化的，(变成）液态的，冲淡的，稀释的
liquefier 液化器，液化剂，稀释剂
liquefy ①液化，变成液态，熔解〔化〕②冲淡，稀释
liquid ①液体，流体，液态，滴液②液体的，流动的，易变的，不稳定的，透明的，(成）滴的
bronzing ~ 金属漆液

cooling ~ 冷却〔切削，散热〕液
cryogenic ~ 低温冷却液
feed ~ 料液
flat display ~ 液晶平板显示器
hardening ~ 硬化液，淬火液
hydraulic ~ 液压流体
impregnating ~ 防腐液，注入液
lapping ~ 研磨液
make-up ~ 补充溶液
manometric ~ 测压液
masking ~ 涂液
milling ~ 研磨用液体
polar ~ 极性液体
preservative ~ 防腐液
product ~ 液体产物
quickening ~ 催镀液，处理汞（的）溶液
radiator ~ 散热器用液
stationary ~ 固定液，液相
supernatant ~ 澄清液体，清液层，上层清液
surfused ~ 过冷液
tethermometric ~ 测温液体
thin ~ 易流动〔黏度小〕的液体，稀液
tracer ~ 检测〔示踪〕液体
used ~ 废液，用过的液体
water ~ 水基液体

liquidate ①液化，（使）变成液体，熔解〔析〕，熔（化分）离②清理〔算，除〕，偿还，结束，破产③取消

liquidation ①液化，熔解②清理，清算，取消

liquid-bath 熔浴，熔池，液池

liquid-cooled 液冷（式）的，液体冷却的

liquidensitometer 液体密度（校正）计

liquidity ①液性，流动性②偿债能力

liquidize （使）液化

liquidmeter 液位计
antifrost type plate glass ~ 防霜式玻璃板液位计
automatic balance bobber type ~ 自动平衡浮子式液位计
boiler ~ 锅炉水位计
buoy type ~ 浮筒式液位计
direct reading ~ 直读式液位计
floatage type ~ 球式液位计
float-type ~ 浮力式液位计
illumination type plate glass ~ 照明式玻璃板液位计
magnetic bobber type ~ 磁性浮子式液位计
marker ~ 标记式液位计
plate glass type ~ 玻璃板式液位计
pressure type ~ 压力式液位计
puff type ~ 吹气式液位计
reflect type plate glass ~ 反射式玻璃板液位计
static pressure ~ 静压式液位计
transmission type ~ 透射式液位计
ultrasonic ~ 超声式液位计

liquidness 液态，液状，流动性

liquidoid 液相，固溶线

liquidometer 液位计，液面（测量）计，液体流量计

liquid-operated 液动的，液压的，液〔水〕力的

liquid-phase 液相

liquid-rocket(unit) 液体火箭发动机，液体燃料火箭

liquid-spreader 喷液器〔机〕,液料撒布器〔机〕
tanker-type ~ 罐式液肥撒布机

liquid-tight 不透液的

liquidum 液体
paraffinum ~ 矿脂，凡士林油

liquidus ①液（相曲）线，液态线，沸点曲线②液体〔相，态〕的

liquifaction =liquefaction

liquifier =liquefier

liquify =liquefy

liquogel 液状凝胶，液体胶

liquor ①液体，流体，（水）溶液，母液，碱液②使溶解，用液态物质处理
ammonia ~ 粗氨水
blow-off ~ 蒸发溶液
cathode ~ 阴极电解液
cold-leach ~ 常温浸出液
correction ~ 调整液
devil ~ 废液
effluent ~ 废液
fat ~ 油液，加脂液
filter ~ 滤（出）液，滤光液
gas ~ 煤气冷凝液
lignin ~ ①纸浆残液②木质素溶液（作型砂黏结剂用）
mother ~ 母液
not good ~ 次液，不合格溶液
pregnant ~ 母液，富液
process ~ 生产过程中的溶液
spent ~ 废液
spent steel pickle ~ 钢酸洗废液
sulphite ~ 亚硫酸盐废液，纸浆废液

water-leach ~ 水浸出液
yellow ~ 黄（碱）液
liquored 涂〔上〕油的
liquoring 涂〔上〕油
fat ~ 涂油〔脂〕
liquorstriction 液浸变形
L-iron 角铁〔钢〕
liropol 利罗波尔缝编机
lisimeter =lysimeter
lisoloid （内）液（外）固胶体，固体乳胶
LISP LISP 语言
list ①目录，单，清单，名册，一览表，明细表，表（格），报表②倾向性，倾（斜，侧）③木条，狭条，布条，边饰④列表，列入，列举，编目
~ of a stylus 唱针径向倾角
~ of cooperation part 外协件明细表
~ of elements 元素表
~ of factory standard tools 企业标准工具明细表
~ of metanotion 元概念表
~ of norm of materials consumption in process 材料消耗工艺定额明细表
~ of process key part 工艺关键件明细表
~ of purchased tooling 外购工具明细表
~ of special tooling 专用工艺装备明细表
~ of station facilities 工位器具明细表
~ of universal modular jigs and fixtures system 组合夹具明细表
~ of work in workshops 车间分工明细表
active ~ 现役表
argument ~ 自变量表，变元素
array ~ 数组表
assembly ~ 汇编表，汇编程序表
authorized data ~ （ = ADL）技术数据和技术情况一览表
chained ~ 链接表
circular ~ 循环表
circular linked ~ 循环链表
cross reference ~ 相互对照表
dense ~ 紧凑表
DO-implied ~ 隐循环表
doubly-linked ~ 双重连接表
drawing ~ 图样
equipment component ~ 全套设备部件零件表
exception ~ 货物残损报告
export ~ 出口商品目录
for ~ 循环表，循环元素表
free ~ 免收进口税的货物单
frequency allocation ~ 频率分配表
general ~ 总清单
identical argument ~ 相同变元素
indexed ~ 加下标表，索引表
jumper ~ 分号表
linear ~ 线性表
loading ~ 装货清单
loose ~ 松弛表
manual ~ 人工配货单
material ~ 材料明细表
neighbour cell ~ 邻信元目录
nonsense syllable ~ （传声试验用）单音字表
packing ~ 装箱〔包装〕明细表，装箱单
parts ~ 零件明细表，零件目录
polling ~ 登记（通信）表
proof ~ 验证表，检验目录，校对表
push-down ~ 后进先出表，下推表
push-up ~ 先进先出表，上推表
right part ~ 右部表
sailing ~ 船期表
shipping ~ 装箱单，发货清单
single-ended ~ 单终点（连接）表
slow-poll ~ 慢轮询表
source ~ 源程序单
spare parts ~ 备（用零）件表
special ~ of equipment 临时设备表
stock ~ 材料表，存货单
subscriber ~ 用户号码簿
superfault ~ 超故障表
threaded ~ 穿插表，线索表
type ~ ①打印表②类型表
uncommitted storage ~ 未用存储表
listel 平缘，平线脚，扁带饰
listen 听，收听，听取
listener ①听众，收听站②听音器
listener-in 无线电收听者
listening 听，收听
prefade ~ 预听，试听
listen(ing)-in 收听，监听
lister ①制表人，编目者②双壁开沟犁，开沟播种机，沟播机
bedder ~ 开沟做垄器
damming ~ 蓄水围坑双壁开沟犁，鱼鳞坑耕作双壁开沟犁
riding ~ 乘坐式开沟犁
toolbar ~ （装在通用机架上的）开沟犁
listerine 一种防腐溶液

lister-planter 开沟播种机，沟播机
listing ①列表，编排，排列②一览③镶边，倾斜，横倾
program(me) ~ 程序列表（输出）
liter 升，L（容量单位）
Mohr's ~ 莫尔升（相当于 1.002 L）
literacy 文化，素养
computer ~ 计算机文化〔素养〕
literal ①文字，字面值，文字上的错误，错排②文字（上）的
replicated ~ 重复文字
literals 文字常数
literation 缩略字
literature ①文学〔艺〕②文献，著作
anonymous ~ 隐名文献，不具作者姓名的文献资料
lithanode （铅蓄电池中的）过氧化铅
litharge 氧化铅（PbO），铅黄，黄丹，密陀僧，正方铅矿
lithe 柔软的，易弯（曲）的
lithergol 液固混合推进剂
lithesome 柔软的，易弯（曲）的
lithia 氧化锂，锂氧
lithium 锂（Li）
Lithocon 硅靶存储管
lithoconion 碎石器
lithography 平版印刷术
E-beam ~ 电子束曝光印刷术
electron beam ~ 电子束曝光印刷术
focused ion beam ~ 聚焦离子束光刻印刷术
holographic ~ 全息光刻印刷术
ion beam ~ 离子束曝光印刷术
offset ~ 胶版印刷术
soft ~ 软光刻
sub-half micron ~ 亚半微米光刻技术
substrate tube ~ 底管印刷术
X-ray ~ X 射线光刻
lithometer 结石测定器
lithomyl 膀胱碎石器
lithonite 锂云母
lithophotography 光刻照相术
lithopone 锌钡白，硫化亚铅，立德粉
lithoprinting 石印，胶印（照相）
lithotype ①利索型照相排字机②岩型
litre =liter
litter ①杂乱，零乱②废物，碎屑，折角条③担架
littery 杂乱的，碎屑的，不整洁的
LITTLE LITTLE 语言（计算机用）
little-Abner 轻便小型防空警戒雷达
lituus 连锁螺线
Liumogen 琉莫根〔橘黄色〕磷光体
live ①有电的，带电的②有效的，有作用的③放射性的④运转着的，配线中正极接地⑤活动的，可变的，实况播送的
live-end 有效端，加电〔压〕端
livelock 活锁
liveness ①活跃性，生动②混响度
liveplate 通风孔式板状炉排
liver ①阀，肝②硬化，肝化（涂料变质）
artificial ~ 人工肝
livering ①硬化，稠化②肝化（涂料变质）
live-roller 传动辊
live-rollers 转动辊，转动滚道
live-rolls 滚轴输送机
live-room （交）混（回）响室
liveware 人件，活件（影响计算机系统性能的三要素即人、硬件、软件）
lixiviating ①浸滤，浸析②去碱
lixivium ①浸滤液②碱液，灰液
lizzie 廉价的小汽车
Ll-cache 一级高速缓冲存储器
L-level 低能级，低电平
L-line L（谱）线
L-network L 形（四端）网络
L-nozzle L 型喷嘴
load ①载〔负〕荷，负载，负担，重物，装载量②加〔装〕载，加感，充填，装料〔药，弹〕，压力，用铅加重③装〔输，送，写〕入，寄存，取〔送〕数④（蓄能器）充气，（往仪器里）进样，充电
~ down 降负荷
~ in a system 系统负荷
~ on bit 钻压
~ per second 电波每秒通过的感线圈数
~ up 加〔升〕负荷，装载〔满〕
abnormal ~ 不规则载荷
active ~ 有源负载
additional ~ 附加负载
adhesion ~ 附着载荷
advertized ~ （工厂）规定载荷
alternate ~ 反复〔交变，交替〕载荷
anticipated ~ 预期负载
apex ~ 顶点载荷〔载重〕
apparent ~ 视载荷，近似载荷
appliance ~ 生活（用具）负载，民用负荷

applied ~ 外加负载，施加负荷，使用负荷
assumed ~ 假定〔计算〕载荷
auxiliary working ~ 副起升（额定）载荷
axial ~ 轴向载〔负〕荷
axle ~ 轴荷（重），轴载重
balanced polyphase ~ 多相平衡载荷
base ~ 基底负荷，（晶体管的）基极负载，基本负载
basic ~ 静力〔主要，基本〕载荷
beam ~ 电子束负荷，横梁负荷
bearing specific ~ 轴承比压
best point ~ 最佳负荷，经济负荷
blade ~ （剪切机上的）剪切力
block ~ 巨额负载，趸售负荷，基本负载
breakout ~ （安全装置的）断开力，脱开力
bucket ~ 相（位）稳定区充满
buckling ~ 压曲临界载荷，临界（纵向）载荷，折断载荷
buffeting ~ 抖振负载
calculated ~ 计算负荷，设计载荷
capacitive ~ （电）容性负载
capacity ~ 满载
car ~ ①车辆负载②装在车上过秤
catching ~ （装载机的液压）制动力
changing ~ 活〔交变，可变〕载荷
circumferential ~ 切向负荷〔载荷〕
coaxial dry ~ 同轴电缆功率吸收器
collapse ~ （失去稳定的）临界载荷，临界纵向负载，破坏〔极限〕载荷，断裂负载
combined ~ 综合载荷，混合载重
concentrated ~ 集中负荷〔载荷〕
condensive ~ 电容（性）负载
contact ~ 触点负载
continuous ~ 连续载荷，均匀加荷，均匀分布的载荷
contracted ~ 约定负荷，合用负载
cooling ~ 制冷负荷
core ~ （把程序等）调入内存
corner ~ 隅载荷
cracking ~ 破坏〔开裂，断裂，裂缝〕载荷
crush ~ 高峰载荷
crushing ~ 断裂〔破坏〕载荷
cyclic ~ 周期性负荷，中间负荷，腰荷
daily ~ 日负荷，昼夜负荷
day ~ 日间负荷
dead ~ 静载荷，恒载，固定载荷，静重，静负荷，（结构）自重
decrement ~ 减量装入
depletion ~ 耗尽型负载
discontinuous ~ 断续〔不连续，突变性〕负载
disposable ~ 自由载量，可用负载
disposal ~ 活动载荷
distributed ~ 分布载荷
domestic ~ 生活负荷，生活用电量
draft ~ 牵引力
drawbar ~ 挂钩拉力，挂钩牵引力
dummy ~ 虚〔假，仿真，等效〕载荷
dust ~ 含尘量，灰尘负荷（收尘器单位面积上的含尘量）
dwelling ~ 生活负荷
dynamic ~ 动负荷，动载荷
dynamic equivalent radial〔axial〕~ 径向〔轴向〕当量动负荷
edge ~ 边（缘荷）载
electromechanical failure ~ 机电破坏负荷
equipollent ~ 等力载荷
equivalence static ~ 换算静载，等效静载荷
equivalent ~ 当量负荷，等效负载
equivalent wheel ~ 等代轮载，当量轮载
even ~ 等负载，均布负载
exceptional ~ 特殊载重
excess ~ 过负载，超载
extra ~ （轮胎侧壁上标记）重载型（XL）
failing ~ 破坏载荷
failure ~ 失效载荷，破坏载荷
fan ~ 风扇特性负载（转矩随转速增大而增大）
fictitious ~ 假负载，模拟负载
flashy ~ 瞬间载荷
fluctuating ~ 脉动〔波动，变动〕负荷
fractional ~ 轻载，部分负载
fracturing ~ 致断负载
fringe ~ ①高频波动负荷②短周期变负荷
full ~ 满载，全负荷
fully-factored ~ 最大载荷
furnace ~ 炉膛（热）负荷
ga(u)ge ~ 计量〔标准〕负荷
gross ~ 毛重，总重，总载量，总负荷
gross rail ~ on axle 轴重（轴颈上）
guarantee ~ ①额定安全负载②额定安全重量
half ~ 半（负）载，半负荷
hard-starting ~ 重起动负载
head ~ 磁头加载
heaped ~ 堆集载荷

heavy-duty ~ 重负载
holding ~ 恒定〔固定〕负载运行方式
hook ~ 大钩载荷
ice ~ 复冰负载，复冰负重
impact ~ 冲击负载，突加负载
impulse ~ 冲击负荷
incoordination ~ 不匹配负载
increment ~ 增量输入〔装入〕
indeterminate ~ 不定（向）负荷
individual ~ 集中载荷
inductive ~ 电感（性）负载
interior ~ 中部〔板中〕载荷
intermittent ~ 间歇负载，脉冲负荷，断续短时负载
job ~ 作业装入
journal ~ 轴颈负荷
key tape ~ 键带信息输入
knife-edge ~ 刃口载荷，线载荷
lagging ~ 电流滞后的负载，电感性负载
landing-gear ~ （飞机）着陆轮载荷
latent heat ~ 潜热负荷
lateral ~ 横向负载
leading ~ 电流超前的负载，（电）容性负载
lifted ~ 起重量，起升载荷
light ~ （轮胎侧壁上标记）轻负荷，轻载
lighting ~ 照明负载，电光负载
limiting ~ 极限负载
linear ~ 线负载，单位长度负荷
live ~ 活载荷，动（力）负载，实用〔工作〕负载，有效负荷
long ~ 长件货物
loss ~ 负载损失，载荷损失
machine ~ 设备负荷率
mass ~ ①惯性力②惯性负载
maximum lifting ~ 最大起重量
maximum outrigger ~ 外伸支腿最大压力
maximum pavement ~ in working condition 地面最大作业载荷
mill ~ 轧机负荷
minimal polished rod ~ 最小光杆载荷
most efficient ~ 经济负荷
movable ~ 动载，活动载荷
net ~ 净负载，实际负载，有效载重
night ~ 夜间负荷，夜间负载
no ~ 空载〔车〕，无载（荷）
no-float ~ 空转，无载，虚功
no-live ~ 空载，空转，无载
nominal ~ 额定负载
non-axial ~ 偏心载荷
non-central ~ 偏心荷重，偏心载重
non-conforming ~ 不一致负载
nonreactive ~ 无电抗负荷，非电抗负载
normal ~ 垂直〔正常，额定，标称，法向〕负载〔载荷〕
off ~ 卸载〔荷，料〕
off-peak ~ 正常负载，非峰值〔非最大〕负载
ohmic ~ 电阻负载
on ~ 加载，在负载下，在应力状态下
ordinance ~ 规定载荷
oscillating ~ 摆动载荷，变载荷
panel ~ 节间载荷，节间载重
partial ~ 部分负载，分载
peak ~ 峰值负载，最高负荷，尖〔高〕峰负荷
penetration ~ 贯入载荷
permanent ~ 永久〔长期，静〕载荷
phantom ~ 人工〔仿真，假想〕载荷，虚负载
pin ~ （十字头）销负荷
piston rod ~ 活塞力
plug ~ 插塞载荷
point ~ 点载荷，集中载荷
pop-in ~ 突加载荷
power ~ 动力负载
pressure ~ 压力负荷，抗压应力
prevailing wheel ~ 经常车轮载荷
proof ~ 验证载荷，试验〔保证〕负载，标准〔安全〕负荷
pulsating cyclic ~ 脉动循环载荷
quiescent ~ 静〔固定，永久，长期〕负载，（本）底（负）载
railway ~ 铁路（用电）负荷
rated ~ 额定负载〔载荷〕
reactive ~ 无功〔电抗性〕负载
real ~ 有效〔有功〕负载
recurring ~ 反复载荷
reflected ~ （射流）反映负载
regular ~ 正则载荷
release ~ （安全装置的）断开力，脱开力
resistive ~ 电阻（性）负载，有功负载
return ~ 回载
reversal ~ 变向〔更迭，反向〕载荷
rolling ~ ①滚动载荷，滚动载重②轧制负荷
root-mean-square ~ ①方均根负载②有效负载

running ~ 运行〔工作〕负载，活动载荷
safe ~ 安全〔容许〕负载
safety ~ 安全〔容许〕负载
scatter(ed) ~ 分散装入〔负荷〕
sealing ~ （法兰连接的）密封紧力〔压力〕
seating ~ 固定载荷
sensible heat ~ 显热负载
service ~ 工作〔实用，有效〕载荷，供电负载
shakedown ~ 安定状态载荷
shear ~ 剪切负荷
shipping ~ 装运〔起运〕载重
shock ~ 冲击〔振动，突加〕载荷
side ~ ①边载荷，边载重②横载荷
single(-point) ~ ①集中载荷②单（点）载荷
skip ~ 料车荷重
snatch ~ 瞬时负荷
specific ~ 单位负载，负载率
specific electric ~ （电机）线（电）负荷（定子的安培导体数与转子周长之比）
specification ~ 额定〔设计〕载荷
specified (rated) ~ 计算〔设计，额定〕载荷
stalling ~ 停转负荷
standard ~ （轮胎标记）标准载荷（SL）
standing ~ 持续〔固定〕负荷
static ~ 静负荷，底负载
static equivalent ~ 当量静负荷
steady ~ 稳定〔不变，静〕载荷
stray ~ 杂散负载
suddenly applied ~ 骤加〔突加〕载荷
supercharge ~ 超载，过载
superelastic ~ 超弹性极限负荷
superimposed ~ 超负荷，叠加载荷
surcharge ~ 超载，过载
surge ~ 激增负荷
surplus ~ 超额负载〔荷〕
suspended ~ ①吊载，悬荷②浮沙
tandem-axle ~ 双轴载荷
tearaway ~ 断开〔脱开〕力
tension ~ 拉伸〔张力〕负荷
thermal ~ 热负荷，热应力
thrust ~ 轴向载荷，推力（载荷）
tipping ~ 倾覆载荷
tooth ~ 轮齿负载
top ~ 最高〔尖峰〕负荷
total gross ~ （列车）总重
total offered ~ 总负载
total suspended ~ 总起重量
traction ~ 牵引负荷
traffic ~ 通信〔传输，行车〕负载
train ~ 列车载重
transformation ~ 临界载荷，变换载荷
transient ~ 瞬载，动负载，动力冲击
transmitted ~ 间接〔传递〕载荷
travel(l)ing ~ 移动〔活动〕载荷
ultimate ~ 极限负荷
under ~ 欠载
varying ~ 变动〔不定〕负载
wheel ~ 轮压
wind ~ 风载
works ~ 自用负载，厂用电
worst dynamic ~ 危险动负载
yield ~ 屈服载荷
zero ~ 无载，空载，零负荷

loadability 载荷能力
loadable 适于承载的，可受载的
loadage 积载重，装载量，货重
loadamatic 随负载变化自动作用的
load-and-go ①（程序）装入立即运行，连续存取计算②不间断加载运行的
load-back 反馈（作用）
load-backrest 挡货架
load-band 负载区
~ of regulated voltage 特定负载区的电压调节范围
load-bearing 承载，受荷
loadblock 负载划区，负荷划区
load-carrying 载重的，负荷的
loadcell 重量传感器，载荷传感器
load-draft 满载吃水
loaded ①加（了）载的，受载（荷）的，有负荷的，有重量的②阻塞了的（过滤器）③加了填料的，灌过铅的④饱和了的⑤加感的⑥装着子弹的（枪、炮）
equally ~ 均衡负载的，等载的
loader ①装载〔料，填，运〕机，加载〔装货，输入，装弹〕器，自动储存送料装置②输入〔装入，装配，加载〕程序③载重车，装运工，装弹者
absolute ~ 绝对地址装入程序
air ~ 风动装载机
air powered crawler-mounted over shot ~ 风动履带式扬斗装载机
air-driven mine car ~ 矿山风动装车机
alternative front or rear ~ 前后换置式装载机
apron hay ~ 传送带式装干草机

articulated ~ 活节〔折腰转向〕装载机
auger grain ~ 螺旋装粮机
backhoe front end ~ 后挖前卸式挖装机
bag ~ 码包机，堆装机
bale ~ 草捆装载机
batch ~ 斗式装载机，分批装料机
belt truck ~ 带式装载机
boom ~ 转臂式装载机
bootstrap ~ 引导装入程序，输入引导子程序
bucket ~ 戽斗装载机，吊斗装运机，斗式装料机
bucket wheel ~ 斗式链轮装货机
bulk ~ 散粒〔散装〕物料装载机
bulk ship ~ 散料装船机
bundle ~ 禾捆装载机
car ~ 装车机
carrier hay ~ 传送带式装干草机
cartridge ~ 单轴片盒装片器
chain-type hay ~ 链耙式装干草机
collecting arm type ~ 立爪式装岩机
combined cutter ~ 联合采煤机，采煤康拜因
container ~ 装箱机，充填机
conveyer ~ 输送带式装载机
cop ~ 自动加〔换〕纡机构
crab claw type ~ 蟹爪式装岩机
crane-type ~ 起重机式装载机，转臂式装载机
cutter ~ 联合采煤机，截装（联合）机
diagnostic ~ 诊断装入程序
dirt ~ 装岩机
discharging ~ 装卸运输机
elevator type ~ 升运式装载机
entry ~ 平巷装车〔载〕机
eversible ~ 翻转式装载机
explosive ~ 装药器（矿山井下炮孔装填炸药）
feed ~ 装饲料机，牵引式饲料装运车
flight ~ 截装机
fork lift ~ 叉式装载机
four direction side ~ 四向装卸叉车
front end ~ 前置式装载机（装载斗装在前端）
gangway ~ 平巷装载机
gate-end ~ 平巷装载机
grab ~ 抓岩机
grab-type ~ 抓斗式装岩机，抓岩机，抓斗式装载机
ground-level ~ 落地装载车
gum ~ 除粉器
hay ~ 装干草机
hayrack boom ~ 梯臂式装车机
high lift ~ （飞机用）升降式装卸货装置
hopper ~ 料斗式装载机
initial program(me) ~ 初始程序的装入程序
jib ~ 旋臂装货机
jib-type automatic bale ~ 转臂式自动装草捆机
jumbo ~ 凿岩装车联合两用机
lehr ~ 连续式玻璃退火炉的装载（输送）机
level ~ 水平式装载机（抓取机构保持水平位置）
link(ing) ~ 连接装配程序
lorry ~ 自动装卸机，汽车式装载机
lorry-mounted hydraulic ~ 装在汽车上的液压装载机
low ~ 轻型装载机，低架拖车
magazine ~ 自动储存送料装置
manual grab ~ 手动抓岩机
mechanical ~ 装载机，机械装货器
mine-car ~ 装车机
muck ~ 装岩机
overcast ~ 铲斗后卸式装载机
overhead ~ 高架装载机
overshoot shovel ~ 前装后卸式单斗装载机
pickup ~ 捡拾装载机
pop-up bale ~ 带立捆装置的装草捆机
power ~ 采煤机，采煤机组，联合机组
program(me) ~ 程序的装入程序
relative ~ 相对（地址）输入程序，相对引导程序
relocatable ~ 浮动装入程序，可再定位的装配程序
rock ~ 装岩机
rotary grab ~ 中心回转式抓岩机
run time ~ 运行时间装入程序
scoop ~ ①铲斗式装岩机，铲斗装载机②勺斗式装车机
scraper ~ 刮板式装填器，刮斗装载机，耙斗装车机
scraper type ~ 耙斗式装岩机
self-propelled cutter ~ 自走式收割装载机
self-propelled tracked ~ 自行履带式运载装填车
semi-mounted rear ~ 半悬挂式后装载机
shearer ~ 采煤机，联合采煤机
ship ~ 装船机
shortwall ~ 窄工作面装煤机
shovel ~ ①铲斗装载机②支臂式装车机

side-delivering crop ~ 侧送式作物装载机
single-bale gripper ~ 夹持式单个草捆装载机
single-cylinder ~ 单缸式装载机
single-shovel ~ 单斗装载机
skip ~ 箕斗装载设备，可翻卸料斗，翻转装料斗
swath ~ 叉式装载机
swing ~ 转臂式装载机
system ~ 系统装入程序
tail ~ 后悬挂装载机（拖车，货车）
tail-board ~ 后升降平台式自动装卸机
telescopic ~ 伸缩臂式装载机
tension bar ~ 拉杆式装载机
tined ~ 抓爪式装载机
track ~ （转道上行走的）装车机
tracked ~ 履带式〔链轨式〕装载机
tractor ~ 拖拉机式装载机，牵引装载机
tripod ~ 三角架式垛草机
truck ~ 自动装卸机
weapons ~ 装弹车
well ~ 井下装载机
windrow ~ 料堆装卸机，草条（捡拾）装载机

loader-digger 挖掘装载机
loader-dozer 装载推土两用机
loader-harvester 收获运装机（装运蔬菜等）
loader-unloader 装卸机
load-factor 负荷因数〔系数〕，负荷率
load-ga(u)ge 载重计，测载器
loading ①装，填，装载，上〔加，装〕料，装车〔粮，药，弹〕，充填，充电，加感，充气（蓄能器）②载荷，加载，荷重③装入（程序，磁带盘），存入，输入④堵塞，饱和，填料（模具），填充物⑤铀离子吸附于树脂上（离子交换），气体中灰尘的聚集

~ of stock 填充配合剂
activity ~ 活动〔有效〕装入法
automatic font down ~ 自动字体下载
azimuth torque ~ 方位转矩加载
block ~ 程序块存入
boiler ~ 锅炉蒸发量
carrier ~ 载波加感
cartridge ~ 盒式磁带〔磁盘〕装换
check board ~ 交替〔棋盘式〕装载（轻水堆堆芯的一种装载方法）
cinder ~ 含灰量
coil ~ 加感，加负载
constantamplitude ~ 等幅加载
continuous ~ 连续加感，持续负载，对导体均匀加感
copper slot ~ （电机的）线负载
crane ~ 起重机装运〔起吊〕
crippling ~ 临界〔断裂〕载荷
crystal ~ 晶片负载
cyclic ~ 交变〔周期（性），循环〕载荷
dust ~ 烟气含尘量
dynamic ~ （程序）动态装入
economy ~ 经济负载，负载的经济分配（在机组间或发电厂间）
extra-light ~ 特轻加载
filter ~ 过滤器堵塞
gas ~ 气体填充
heavy ~ 重加感，重负载
high-speed storage ~ 高速存储输入（法）
imaginary ~ ①无功负载②虚负载
inductive ~ 加感，感性加载
lift ~ 升力分布
lumped ~ ①集中加感②集中负荷
mechanical ~ 机械装载，机械化装车
medium-heavy ~ 中等加感〔加载〕
monotonic ~ 简单负荷
normal ~ 标准载荷
off-normal ~ 不正常加负荷
overall ~ 满载，最大载荷
pallet ~ 集装箱装运，货架装运
pixel ~ 像素输入
preset ~ 按规定的曲线图加载
program(me) ~ 程序调入
quarter point ~ 四分之一跨度（载荷）
random ordered ~ 随机有序载荷
separate ~ 分装（式）
sleeve ~ 电缆接头加感
spar ~ 翼梁载荷
specific magnetic ~ 磁负荷，平均（气隙）磁密（电机的）
splash ~ 喷射加料
splice ~ 电缆接头加感
stockpile ~ 堆装材料
storm ~ （架空线路）暴风负荷
supercharge ~ 超载，过载
surge impedance ~ 自然功率（输电线的）
tape ~ 装（控制）带
tapered ~ 递变加感，渐变加感
third point ~ ①第三点载重（材料试验）② 1/3 跨度点载荷
three-point ~ 抗弯负载
through ~ 流水装卸法

thrust ~ ①推力负荷②推重比，功率重量比
top ~ 自顶装入
uniform ~ 均匀负荷〔加感〕
loading-back 相互作用的载荷，负荷反馈
loadline 载重吃水线
load-MOST 作负载用的金属氧化物半导体晶体管
load-off 卸载
loadometer ①载荷计，测压仪，测力计②轮载测定器③落地磅
load-on 加载，加负荷
load-on-call 调用装入，转换暂存
loadpoint （磁带）记录点
load-sharing 均分负载
optimum ~ 最佳载荷分配
load-shedder 自动甩负荷装置
load-shedding （电源过载时）切断某些线路的电源
geographically ~ 按地区减负载，分区减载
loadstone ①（极）磁铁矿，天然磁石〔铁〕，磁性氧化铁 $Fe_3O_4$②吸引物
load-supporting 承载（的）
load-up 加负荷，升负荷
loam 壤土，烂泥砂，麻泥，（做铸模等用的）黏泥和砂等的混合物，（亚）黏土，黏土浆，砂质黏土，黏土砂泥
finishing ~ 抹面泥（刮板造型用）
foundry ~ 造型黏土，黏泥
mo(u)lding ~ 造型黏土
skinning ~ （泥型的）抹料
loan ①借出（物），借〔贷，放〕款，公债②外来语
time ~ 定期贷款
lobar ①低压②压低的
lobe ①凸角，凸起部，突齿，裂片，浅片，圆裂片②叶型，叶片，瓣，（天线方向图的）波瓣，天线辐射图③瓣形叶轮，叶瓣（容积式空气压缩机用），（气球的）舵囊④正弦的半周
altitude ~ 高度瓣
antenna ~ 天线波瓣
back ~ （天线方向图的）后瓣
cam ~ 凸轮的凸角，凸轮凸部
major ~ 主瓣
minor ~ 旁瓣，（天线方向图的）后瓣，副瓣
parasitic ~ 副瓣（天线辐射图），寄生瓣
reference ~ 基准瓣
side ~ 旁〔后，副〕瓣
upper ~ 上部（凸轮）凸角
lobed 有突出部分的，叶形的
lobing ①天线射束的控制，天线扫掠，制导波束转动②（圆柱的）凸角
conical ~ 圆锥形（天线）扫掠
sequential ~ 波瓣顺序扫掠法
lobster 飞机上所带的探寻敌人反干扰或雷达的设备
lobular 小裂片〔小叶片〕（状）的
local ①本地〔本身，本机〕的②局部的③轨迹的
~ date management system 局域数据管理系统
localisation = localization
localise =localize
locality ①局部②位置，方向〔位〕③现场，场所
localizability 可局限性，可定位〔域〕性
localization ①定位〔域〕,探测,局部化②固定，限制③单元，位置，部位，地址
~ of sound 声源的定位〔测定〕
binaural ~ 双耳定位
fault ~ 故障定位，探伤
real time ~ 即时定位（机器人智能）
selective ~ 选择性定位
localizator =localizer
localize 定位〔域〕，测定（位置），局部化
localized 局部〔定域，固定〕的
localizer ①定位器，探测器②（飞机降落用的）航向无线电信标，（飞机着陆）指向标，定位信标③定位发射机④抑制剂
~ on course line 航线定位信标
equisignal ~ 等信号式定位器，等信号式无线电定位信标
field ~ 着陆用信标指示器，导航台
glide-path ~ 下滑信标，滑翔路径定位器
instrument landing system ~ 盲目着陆系统信标
leak ~ 检漏器
phase ~ 相位定位器（比较两信号相位的无线电导航发射机或定位器）
phase comparison ~ 比相定位器，比相定位标（双信号无线电导航发射机）
tone ~ 音频振幅比较式定位器
locant 位次，位标
locate ①探测，判明，寻找②定位，确定，位于③设置，安排
locater =locator
locating 定位，定位法

housing bore ~ （推力轴承利用）箱体内孔定位（式）
shaft ~ （推力轴承利用）轴定位（式）
sight ~ 观测〔观察〕定位法

location ①定线，定位，测位，测定，探测，配置②部位，位置，地点，场所③（存储）单元，地址④（pl.）定位件⑤现场，（电影）外景，外景拍摄场

~ of impressions 模腔的布排
~ of mistakes 错误勘定，寻觅错误
~ of root 勘根〔寻根〕法
absolute machine ~ 绝对机器单元
addressed ~ 访问单元
air conditioned ~ 空调场所
alphabetical ~ 字顺排列（法）
area ~ 区域定位
auditory ~ 声源定位
beam path ~ 声程定位
bearing ~ 轴颈，轴承位置
bit ~ 位单元(存放一位二进制数的存储处)，数位〔数字〕位置
calling ~ 调用单元〔地址〕
contiguous ~ 相连单元
cutter ~ （数控加工）刀具定位，刀具位置，刀具定位点
cylindrical ~ 柱面定位
decimal ~ 十进制数位〔单元〕
effective byte ~ 有效字节〔信息组〕位置
effective word ~ 有效字位置〔单元〕，有效字区
even ~ 偶数（存储）单元
fixed size ~ 定长单元
fringe ~ 条纹定位
global ~ 全程单元
ground ~ ①地面测位，地面目标探测②接地（故障）探测
interface ~ 联络站，中间站
isolated ~ 隔离〔受保护〕单元
job ~ 施工现场〔场所〕
leakage ~ 泄露定位
line ~ 线路选位，线路踏勘
memory ~ 存储单元（尤指字单元）
microphone ~ 传声器录音
multiple ~ 多单元，多位置
open memory ~ 开放式存储单元
original ~ 真实外景
outdoor ~ 室外装置〔设备〕，室外安装地点，外景
physical ~ 实际位置，物理位置〔单元〕
pitch line ~ 节根距
pivot ~ 枢轴位置
planar ~ 平面定位
point ~ 点定位
protected ~ （受）保护单元
radio ~ 无线电定位
run ~ 运行位置〔定位〕，操作位置
sequential memory ~ 顺序存储单元
stack top ~ 栈顶单元
storage ~ ①存储器单元〔地址〕②存储位置〔场所〕
target ~ 目标位置〔定位〕，目标搜索
temporary ~ 中间〔工作，暂时〕单元
transition ~ 转折〔戾〕点
trouble ~ 故障点测定

locator ①定位〔测位，探测〕器，定位子，定位销，雷达②定位程序，探测程序

~ of a crimping tool 压接工具定位器
~ of pipe 摆管器
casing collar ~ 套管接箍定位器
character ~ 字符定位格子
core ~ 型芯头，型芯定位座
echo ~ 回声定位器
erasure ~ 删除〔疑符〕定位子
errata ~ 误符定位子
fault ~ 故障位置测定器
hole ~ 孔定位器
lateral ~ 侧面定位器，（工作台）横向定位器
metal ~ 金属探测器〔探寻器〕
middle ~ 中间定位器
mine ~ 探矿仪，探雷器，地雷探测器
monoray ~ 探雷器
nest type blank ~ 坯料定位窝
outer ~ 外部探测器〔定位器〕
pipe ~ 探管仪，管道定位器
radio ~ 无线电探测器〔定位器〕，雷达
sonic ~ （水）声定向〔探测〕器
sound ~ 声波定位器〔测距仪〕，声源勘定器，声呐
uniform resource ~ 统一资源定位〔输入〕器

loci locus 的复数

stability ~ 稳定域，稳定性〔区〕界限

lock ①锁（扣），闩，栓，阀，闸（阀），船闸②固定，关闭，保险③制动楔，闭塞器，塞头，锁定器，定位器，锁合装置，闭锁（装置），保险器④阻塞，液压卡紧（阀芯），锁型（压铸），闭锁锻造⑤同步，牵引（频率），自动跟踪

~ for sweep 扫描同步
air ~ ①气锁扣，气闸，风闸，气塞〔封，锁，栓〕②双层风闸，锁风装置，密封舱，锁气室③（塑料表面）气窝，缩孔
auto door ~ （汽车）自动门锁
automatic ~ 自动锁相
automatic door ~ （汽车）自动门锁
automatic shift ~ （汽车）自动换档锁止（装置）
azimuth ~ 方位角锁定器〔制动锁〕
azimuth stowing ~ （非工作位置）方位角锁定器
ball ~ 截止阀
bar feed ~ （电）保险器
basin ~ 盆形船闸
bayonet ~ 插销栓〔节〕，卡口式连接，卡住〔销〕
blocking ~ 联动锁
bolt ~ 螺栓保险
breech ~ ①闩锁②闭锁卡铁，炮闩轴衬
bushing ~ 连杆轴瓦锁
cam ~ 偏心闩，偏心夹，凸轮锁紧
castor ~ （前轮或尾轮）定向锁
clasp ~ 自动弹簧锁
colo(u)r general ~ 彩色同步锁相
combination ~ 转字〔号码，暗码〕锁
corner ~ 角锁扣
counter ~ 平衡锁扣〔导锁〕
coupler ~ 自动闭锁
coupler knuckle ~ 钩锁
crimped ~ 接线柱
cross ~ 栓，闩，横锁
crossbolt ~ 横销锁
cylinder ~ 圆筒销子锁
dead ~ ①停顿〔滞〕②死锁
deck ~ （"跑车"式双座敞车车身的）后层门锁
deep-draft ~ 深（吃）水船闸
dial ~ 度盘〔标度〕锁挡
differential ~ 差速锁
display ~ 显像固定，定像
double (crank) ~ （铁路的）双曲柄闭塞器
double exposure ~ 防重拍机构
drawback ~ 内开锁（外用钥匙的）
drop ~ 锁住，锁紧
electric ~ 电锁器
electric firing ~ 电点火开关
electric switch ~ 电锁
electromagnetic ~ （汽车）电磁（门）锁
electron gun vacuum ~ 电子枪真空密封装置
emergency ~ 事故〔安全，备用〕闸
entrance ~ 进料密封装置
escape ~ 事故〔安全，备用〕闸
external ~ (signal) 外锁（信号）
facing point ~ 对向道岔锁闭器
feedcode ~ 进给代码闭锁
field-frequency ~ 场频锁
firing ~ 击发机构
focusing ~ 调焦锁
gas ~ 气锁〔闸，栓，塞，封，门〕
gate ~ （电气）门锁，栏木锁闭器
gimbal ~ 常平架锁定，框架自锁
ground safety ~ 着地安全锁（飞机落地时防止起落架缩回的装置）
ground track point ~ 轨道电路控制的道岔闭锁器
hardware ~ 硬件封锁（电路）
hold-open operating ~ 舱盖打开时的锁挡
horizontal ~ 行锁相
hydraulic ~ 液力黏着，（滑柱）卡死现象，液压锁定，液力阻塞，液压锁，液压卡紧（阀门）
ignition ~ 点火开关
infrared remote center ~ （汽车）红外线遥控中控锁
inside ~ （前轮）内转角
internal ~ (signal) 内锁（信号）
key ~ 键锁，钥匙锁，钥匙锁闭器，止动键
latch ~ 碰锁，弹键锁，弹簧闭锁
light ~ 暗室（箱）口的避光装置
line ~ 行同步〔锁定〕，电源（频率）同步〔锁定〕
lock ~ in ①锁定〔住〕②同步
man ~ 气闸，人孔闸
mode ~ 振荡模锁定，振荡型同步，波型同步
mortice ~ 插锁，暗锁
mortise ~ 插锁，暗锁
navigation ~ 船闸
nut ~ 螺母锁紧，制动螺母，固定螺母，螺母保险
parent ~ 家长锁码（播放到儿童不宜内容时，可自动跳过）
parking ~ （汽车）防盗锁，停车时传动系锁定器
phase ~ 相位同步，同相，锁相
phase line ~ 行同步锁相

picture ~ ①图像同步②锁像
pintle ~ 联节销的锁销
piston ring ~ 活塞环端接合
pivot beam ~ （翻转犁的）枢轴式犁辕锁定器
point ~ 辙尖锁
positioning ~ 销定位
power door ~ （汽车）电动门锁
pressure ~ 空气阀，气压阀，压力栓
reel ~ 拨禾轮锁定器
remote central ~ （汽车）遥控中央门锁
rim ~ （门缘）弹簧锁
rim latch ~ 带键的（门缘）弹簧锁
ring ~ 环锁，暗码锁
roller ~ 圆环锁
safety ~ 安全锁，保险锁，（升降机的）自动门锁
scale ~ 度盘锁挡
screen ~ 筛子定位器
seal ~ （旋塞的）孔堵，塞，插头
self-timer/shutter ~ 自拍快门锁，自定时快门锁
snap ~ 弹簧锁
sound ~ 声闸，声锁
spring ~ 弹簧锁
standardizing ~ 规格化封锁
steam ~ 汽封，（水泵）汽塞
steering ~ 转向保险〔极限〕，回转角限制器
steering gear ~ 转向装置保险
steering head ~ 转向头保险
stock ~ 门外锁
time ~ 时间同步〔锁定〕，定时锁（由钟表机构控制定时打开的锁）
timing-chain ~ 定时链锁节
track ~ 轨夹
transmission ~ 变速齿轮箱锁
trick ~ 数字转锁
tumbler ~ 摆动换向齿轮保险装置，杠杆锁
twist ~ 转锁
up-and-down ~ （飞机起落架）安全锁
vacuum (air) ~ 真空闸室
valve ~ 阀簧底座销，气门制销
vapo(u)r ~ 汽封，（燃油系统的）汽塞，（蒸）汽（闭）锁，蒸汽汽塞，汽嘴
warded ~ 撞锁，暗锁
wheel ~ 车轮抱死
wire ~ by satellite 卫星线锁
wire breakage ~ 导线断线锁闭器
wireless door ~ （汽车）无线遥控门锁
worm ~ 蜗杆止动
yale ~ 弹簧锁

lockage ①水闸高低度，闸程②水闸用材料③过闸，水闸通过④船闸系统〔使用〕

lockbox 锁箱（数字图像技术中）

lockdown 吸附（复印机械）

locked 闭塞的，截止的

locked-seam 潜缝的

locker ①（有锁的小）橱，柜，箱，室，冷藏间②锁扣装置
air ~ 气塞
chain ~ 锚链舱

locker-plant 抽屉式冷柜

lock-in 同步，锁定，关进

locking ①锁，锁闭〔定，紧〕②连锁，制动，结合，同步，关闭，封闭，堵塞
AM mode ~ 调幅锁模
approach ~ 接近〔进场〕锁定
back ~ 回闭锁
central ~ （汽车）中央控制门锁，中控锁
corner ~ （木工）直角组接
cross ~ 横锁
equidistant ~ 等距锁面
field ~ 场同步，场锁定
FM mode ~ 调频锁模
general ~ 强制〔集中〕同步（系统），同步锁相，台从同步
handle ~ ①手柄锁紧②手柄锁
injection ~ 注入同步〔锁相〕
latch ~ 键式锁闭
mains ~ 电源同步
memory ~ 存储器封锁
mode ~ 锁模，波模锁定〔同步〕，模式锁定〔同步〕，振荡模锁定，振荡型同步
normal ~ 定位锁闭
normal and reverse ~ 定反位锁闭
nose-to-nose ~ 对旬锁闭
nut ~ 螺母锁紧
order ~ of dislocation 有序位错固定
pin ~ 用锁销锁住
route ~ 路由闭塞
standstill ~ 止转（感应电动机）
stick ~ 保留锁定
toggle ~ 肘杆锁定
wheel ~ 车轮抱闸

locknut 锁紧〔自锁，防松，对开〕螺母

lock-on 锁定〔住〕，跟踪，捕捉，手柄

infrared ~ 红外（制导系统）跟踪〔锁定〕
optical ~ 光学制导系统捕捉，光学锁定〔跟踪〕

lockout ①切断，分离，松开，开锁②封〔闭〕锁，锁定，停工，停作③失步，同步损失④加压舱
sweep ~ （示波器）多扫描封锁电路
write ~ 写入锁定〔封锁〕

lockpin 锁销

locksmith 锁匠

lockstitcher 锁式线迹缝纫机

lock-unit 同步装置

lockup 锁（住），闭
network ~ 网络死锁
table ~ 表封锁

lockwasher 锁紧〔弹簧，止动，防松〕垫圈

lockwire 安全锁线

loco ①牵引机车，火车头②〈拉〉产地，现场

locomobile ①锅驼机②自动机车③自动推进的

locomotive ①牵引机车，火车头②（有）运转（力）的，（引起）运动的，移〔机〕动的
articulated ~ 关节式机车
battery ~ 电瓶机车，电池机车
bogie ~ 转向机车
booster ~ 辅助机车
changing ~ 调度机车
cold ~ 无火机车
compound ~ 复胀式（蒸汽）机车
consolidation ~ 2-8-0 式蒸汽机车
continuous current ~ 直流电机车
coupled axles ~ 联轴机车
cross compound ~ 双缸复胀机车
DC electric ~ 直流电力机车
diesel ~ 柴油〔狄塞尔，内燃〕机车
diesel-eletric ~ 柴油发电机机车
donkey ~ 窄轨机车，轻便机车
eight-coupled ~ 0-8-0 式蒸汽机车
eight-wheel ~ 4-4-0 式蒸汽机车
electric ~ 电力机车
fireless ~ 灭火机车
Garratt ~ 加拉脱关节机车
gas turbine ~ 燃气轮机车
gas-power ~ 煤气机车
gathering ~ 集中运输用电机车，聚运电机车
hump ~ 驼峰调车机车
individual axle drive ~ 独立轴机车
industrial-mining electric ~ 工矿电机车
internal combustion ~ 内燃机车
logging ~ 运木材机车
mining engine ~ 矿用内燃机车
northern type ~ 4-8-4 式蒸汽机车
overhead wire ~ 桥式电线机车
pilot ~ 辅助机车，调车机车
rack ~ 齿轨机车
radial ~ 转向机车
reel-and-cable troll(e)y ~ 电缆架线两用电机车
road ~ 列车机车
road switching ~ 列车调车机车
simple ~ 单胀式机车
single-unit diesel ~ 单节内燃机车
steam ~ 蒸汽机车
switching ~ 调动机车，调车机车
tank ~ 水柜式机车，带水柜机车
tender ~ 煤水机车
thermal ~ 热力机车
three-cylinder compound ~ 三缸复式机车
traction ~ 牵引机车
train ~ 列车机车
transformer ~ 变流机车
triple ~ 三联机车
troll(e)y ~ 有线电机车，架线式电机车
troll(e)y-cum-battery ~ 架线蓄电池两用电机车
Union Pacific ~ 4-10-2 式蒸汽机车
working face ~ 采掘面机车
yard ~ 调车机车，场用机车

locomotiveness 变换位置方法，位置变换性能

loctal 锁式的（电子管座或管脚）

locus ①轨迹，轨线，几何轨迹②空间位置，地点，场所，座位③根轨图，矢量图，圆图④位〔色，焦〕点
~ of journal center 轴心轨迹
achromatic ~ ①消色差（彩色）轨迹，消色差色线②消色差区，“白色”光源轨迹
cusp ~ 尖点轨迹
extraneous ~ 额外轨迹
frequency response ~ 频率响应轨迹〔图〕
Planckian ~ ①普朗克轨迹（黑体辐射颜色曲线）②消色差彩色的轨迹③黑体轨迹
root ~ 根轨迹，根轨图
spectrum ~ ①光谱轨迹，谱线轨迹②光谱色线
transfer ~ 传递函数轨迹图

lodar 罗达远程精确测位器

lodestone ①（天然）磁石②极磁铁矿，脉石③天然磁铁

lodox 微粉末磁铁
Lo-Ex 劳 - 爱克斯硅铝合金，低膨胀系数铝硅合金（用于内燃机活塞，含 Si,Ni,Mg,Cu, Fe，Al）
lo-fi ①低度传真，非高度传真②低度传真音域
loft ①输送机道②模线，型线板③放样间④放样，增进，促进，把…向高处发射
mo(u)ld ~ 放样间
lofting 放样，理论模线的绘制
engineering ~ 按样板裁切板状材料，工程裁料
log ①值班簿，(运行）日记，日志，记录表〔簿〕，履历书②测程器，测程仪，计程仪，电测图③原木，圆木④对数（符号）⑤测井，作记录⑥（计算机）存〔记〕入，联机
~ off 注销
aeronautic(al) communications ~ 航空无线电台工作日志
building ~ 建材
calliper ~ 孔径钻探剖面，钻孔柱状剖面
chip ~ 测程板，滑板计程仪
electric(al) pole ~ 电杆用材
hand ~ （船速）手控测程器
maintenance ~ 保养时程表，保养记录表
mine-prop ~ 坑木用材
Napier ~ 自然〔纳氏〕对数
optical ~ 光学测程器
plywood ~ 胶合板用材
program(me) ~ 节目时间表
real-time clock ~ 实时时钟记录
Sal ~ 水压计程仪，流压测程计
sample ~ 钻井取样记录
saw ~ 锯架
strip ~ 柱状剖面图，岩性录片图
system ~ 系统记录器
taffrail ~ ①船速仪②拖曳式计程仪
logafier 对数放大器
logarithm 对数
Brigg's ~ 常用对数，布氏对数
common ~ 常用〔普通，十进〕对数
complex ~ 复对数
denary ~ 常用对数，以 10 为底的对数
hyperbolic ~ 自然对数
Napierian ~ 自然对数，纳氏对数
logarithmoid 广对数螺线
logatom ①试音用音节（由世界语的元音、辅音组成）②试验字表
logbook 日志，记事簿，运行日记簿，值班簿，航程表
log-down （计算机）注销
logger ①记录器，工艺参数自动分析记录仪，仪表读数自动记录装置，自动记录仪，对数标度仪，测井仪②车站用起动机小车，采伐机械
data ~ ①数据自动测定，数据列表，数据记录器〔表〕，记录装置，数据输出器②巡回检测器
digital ~ 数字综合测井仪
handiness ~ 轻便测井仪
neutron ~ 中子测井仪
well ~ 测井仪
logging ①记录，登记，存入，记入②记录仪表读数③电测，测井④（计算机）存〔记〕入，（请求）联机
acoustic velocity ~ 声波测井
sonic ~ 声波测井
well ~ 测井
logic ①逻辑（学），(计算机的）逻辑部分，逻辑线路，逻辑〔条理〕性，推理（法）②合乎逻辑的，合理的
active ~ 有源逻辑
ad hoc ~ 专门逻辑
arbitration ~ 判优逻辑
array ~ ①数组逻辑②阵列逻辑
biasing ~ 偏值逻辑
Boolean ~ 布尔逻辑
carry ~ 进位逻辑
cellular ~ 单元〔细胞，网格〕逻辑
clocked ~ 定时逻辑（电路）
closed CMOS ~ 环形栅 CMOS 电路
CMOS ~ 互补金（属）氧（化物）半导体晶体管逻辑
combinational ~ 组合逻辑
compound ~ 复合逻辑
contact ~ 触点逻辑
current mode ~ 电流开关逻辑，电流型逻辑
current-hogging ~ 抢电流逻辑
current-switching-diode ~ 低电平逻辑（电流开关二极管逻辑）
diode ~ 二极管逻辑（电路）
diode transistor ~ 二极管晶体管逻辑（电路）
Dolby pro ~ 杜比定向逻辑，杜比逻辑环绕声
double rail ~ 双线逻辑
emitter-coupled ~ 电流开关逻辑（电路），（发）射极耦合逻辑

express ~ 直快逻辑
formal ~ 形式逻辑
hardwired ~ 硬连逻辑
high threshold ~ 高阀值逻辑（电路）
high-noise immunity ~ 高抗扰逻辑（电路）
hybrid transistor-diode ~ 混合晶体三 - 二极管逻辑回路
integrated injection ~ 集成注入逻辑电路
interface ~ 接口逻辑
low level differential ~ 低电平差动逻辑（电路）
majority ~ 多数〔择多，大数〕逻辑
mathematical ~ 数理逻辑
merged transistor ~ 合并晶体管逻辑
mixed ~ 混合逻辑，正负逻辑
modal ~ 模态逻辑
model ~ 模拟逻辑
multivalued ~ 多值逻辑
NRZ ~ 不归零逻辑
N-valued ~ 多值逻辑
odd-even ~ 奇偶逻辑
parallel-parallel ~ 并行 - 并行逻辑
partitioned ~ 分块逻辑
phase ~ ①阶段逻辑②状态逻辑，相逻辑
positive ~ 正逻辑
power-fail ~ 断电逻辑
priority resolver ~ 优先分辨逻辑
probabilistic ~ 概率逻辑
progammable macrocell ~ 可编程宏单元逻辑器件
program(m)ed ~ （由）程序控制（的）逻辑（程序可改变机器内部的逻辑结构）
propositional ~ 命题逻辑
random ~ 随机逻辑
refetch ~ 重取逻辑
resistance transistor ~ （=RTL）电阻晶体管逻辑
RZ ~ （=return-to-zero ~）归零（制）逻辑
sequential ~ 时〔顺〕序逻辑
serial ~ 串行逻辑
speed ~ 高速逻辑（电路）
static ~ 静态逻辑
symbolic ~ 符号逻辑
sync ~ （录像机）同步逻辑电路
transistor-transistor ~ （=TTL）晶体管 - 晶体管逻辑（电路）
transistor-transistor integrated ~ 晶体管 - 晶体管集成逻辑（电路）
transistor-transistor-transistor ~ 晶体管 - 晶体管 - 晶体管逻辑（电路）
tristate ~ 三态逻辑
tri-state ~ 三态逻辑（电路）
two-level ~ 两极〔二极，双电平〕逻辑
variable threshold ~ 可变阈值逻辑（电路）
voting ~ 阈值逻辑
wired ~ 布线逻辑

logical （合乎）逻辑（学）的，逻辑上的，合理的

logic-in-memory （具有）逻辑（功能的）存储器

logicor （=logic core）逻辑磁心

login （计算机）注册，记入，登录，进入（系统），签到，挂号
grace ~ 优惠登入
remote ~ 远程登录

logistic ①数理逻辑，符号逻辑②计算术③后勤④对数的⑤逻辑的⑥（善于）计算的⑦比例的

logistics ①逻辑（学）②输给系统
maintenance ~ ①技术保证②保养勤务

Logit 洛吉（1952 年提出用来代表分贝的别名），分对数

logitron 磁性逻辑元件（商品名）

log-log 两坐标轴都用对数的比例图

lognormal 对数正常〔态〕

logo 标识

logometer ①（测）电流比计，比率表②对数计算尺

logon ①（计算机的）注册，登录②构成信息的一个单位
automatic ~ 自动注册，自动记入，自动录入

logout ①注销，退出②运行记录，事件记录文件
automatic ~ 自动注销
diagnostic ~ 诊断记录
extended ~ 扩充记录输出
limited channel ~ 限定通道记录输出

logotype 广告等用的标识

log-ship 扇形计程器，手用测程器

Lohys 洛伊斯硅钢片（*w*（Si）2%）

lokav 中国蓝

lollipops 强聚焦直线加速器漂移管

lollypops =lollipops

lo-lo 吊上吊下方式

long ①长（的）②远距离的

long-decayed 长寿命的，长半衰期的
long-drawn(-out) 拉长的，长期的
long-duration 长期（载荷）
longeron ①纵〔大，翼〕梁，干骨②桅杆
body ~ 机身纵梁
longeval 长命的，耐久的
longevity ①（使用）寿命②长寿③耐久性
long-haul 远程
long-irradiated 长时间照射的
longitude 经度
longitudinal ①纵梁，纵骨②纵（向）的③经度的，经线的，轴向的
bottom ~ 船底纵向构件，底部纵材〔纵骨〕
main ~ 主纵梁
long-lasting ①耐用的，长寿命的②持久的，经久的
longn =longeron
long-period(ic) 长期的，长寿命的
long-playing 慢转（录音或放音）
long-range 远程〔距〕的，长距离〔射程〕的，作用半径大的，广〔大〕范围的，长期的，广泛的
long-run 长期（运行）的，将来一定会发生的
longshoring 码头装卸作业，港口作业
long-shot （电视，电影）远景，远摄
extreme ~ 大全景镜头
long-standing 可长期存在的，长期的
longstop 检察员，检查机
long-time 长期的，持久的
longulite 长联雏晶，联珠晶子
lonneal 低温回火
loofah 录发（单角散射仪）
lookahead 预先准备，先行，前瞻，预测，超前，前导
fast-carry ~ 快速超前进位
look-at-me 中断信号（计算机行话）
looker 检查员，观看的人
looker-on 旁观者
look-in 观察，（顺便）拜访
looking-glass ①镜子，窥镜②完全颠倒翻转的，乱七八糟的
lookout ①望台〔员〕，监视哨〔者〕，观景处②任务，工作③景色，远景，前途
look-through 透视，监听
look-up ①探求，探取，探索②检查③查阅
loom ①织（布）机②编织③绝缘软管④桨〔橹，桡〕柄⑤翼肋腹部⑥保护管〔套〕⑦隐隐呈现的现象
air-jet ~ 喷气投纬织机
bastard ~ 2×1 梭箱织机
box ~ 多梭箱织机
box loader ~ 大纡库自动织机
broad ~ 宽幅织布机
cam ~ 踏盘织机
carpet ~ 地毯织机
carrier ~ 片梭织机
central-pick ~ 中投梭织机
chain ~ 多臂织机（别名）
check ~ 格子布织机
circular box ~ 回转梭箱织机
circular revolving box ~ 回转式多梭箱织机
clip spot ~ 刺绣织机，浮点纹织机
Cooper ~ 科珀无梭织机（电磁投梭）
Cotron ~ 科特伦无梭织机（电磁投纬式）
curtain double rib ~ 双针床窗帘经编机
dandy ~ 脚踏式织机
Diloft needle ~ （=Dilo machine）迪洛针刺机
Disco ~ 迪斯科无梭织带机
dobby ~ 多臂织机
Dobcross ~ 链式多梭箱织机
domestic ~ 家庭织机，脚踏木织机
double rib warp ~ 双针床经编机
double-needle ~ 双导纬针织带机
draw (boy) ~ 手工提花织机
drop box ~ 升降梭箱织机
face-to-face ~ 层绒头织物织机
fancy ~ 花式织物织机
fast reed ~ 定筘织机
flyshot ~ 多幅狭布织机，多幅织带机
four-cell type magazine ~ 四梭箱自动织机
gripper ~ 片梭织机，剑杆织机
gripper-projectile ~ 片梭织机
gripper-shuttle ~ 片梭织机
hook ~ 提花织机
Kovo water-jet ~ 科伏喷水织机
Lever's ~ 列韦斯提花花边织机
loopcop-changing ~ 换纡织机
loose reed ~ 游筘织机
low-built ~ 无上梁织机
magazine ~ ①大纡库自动织机②自动换纬织机
Maratti ~ 马腊提经编机（德国制，米兰尼斯舌针圆形经编机）
missile ~ 抛射体织机，片梭织机
mock space ~ 双层梭子织机
multiphase ~ 多梭口织机，多相织机

multi-pick ~ 多段引纬织机，多梭口织机，多相织机
multi-piece ~ 多幅窄幅布织机，多条织带机
multi-space ~ 多幅窄幅布织机，多条织带机
multi-tier ~ 多层梭子织机
multitier-batten shuttle jacquard ~ 多层梭子提花织机
narrow fabric ~ 织带机，窄幅织机
needle ~ 针织机，针织编带机
omnipoint carpet ~ 全能色点簇绒地毯织机
oscillating shed ~ 摆动波形梭口织机
overpick ~ 上投梭织机
plain ~ 平纹织机
plastics circular ~ 塑料圆织机
projectile ~ 片梭织机，抛射体引纬织机
rapier ~ 剑杆式投纬织机，剑杆织机
Raschel (warp) ~ 拉舍尔经编机
ripple-shedding ~ 多梭口织机，波形开口织机，多相织机
rolling shed ~ 滚动梭口织机
Schwabe ~ 施瓦贝曲柄打纬重型织机
Schwabe's box ~ 施瓦贝凸轮式多梭箱织机
sheeting ~ 被单织机（阔幅被单织物用）
shuttleless ~ 无梭织机
single shuttle ~ 单梭〔箱〕织机
spring pick ~ 弹簧投梭织机
swivel ~ 挖花织机，加梭织机
tappet ~ 踏盘织机
treadle ~ 脚踏〔踏杆式〕织机
twin-rapier ~ 双层剑杆织机
velvet ~ 丝绒织机
vertical ~ 立经式地毯织机
Vincenzi Jacquard ~ 文森齐提花机（细孔型，织制大花纹用）
warp ~ 经编机
water-jet ~ 喷水（投纬）织机
wire ~ 起绒杆织机（织天鹅绒用）

loop ①回线，回路，电路②圈，环，环道，匝，框，盘管，蛇形管③封闭系统④循环（指令）⑤腹点，曲（弯）线，波腹，环形天线⑥翻筋斗（飞行），环状飞行⑦活套（轧制生产的轧材）⑧拉成弓形（芯片焊接工艺），木炭熟铁炉铁坯⑨（窄、小）眼，（狭）孔，洞，穴

loop 循环；波腹；环路，回路，回线
active ~ ①材料的堆内考验回路②放射性回路（堆内试验回路）③有源环状天线
AFC ~ ①自动频率控制环路②自动跟踪控制回路
alpha ~ α 形走带方式
anode ~ 板极回路，阳极回路，阳极电路
APC ~ ①自动程序控制回路②自动相位控制回路
armature ~ 电枢绕组元件
background ~ 后台环
B-H ~ ①磁滞环，磁滞回线〔曲线〕② B-H 回线
box ~ 环形天线，箱形天线
cathode ~ ①阴极回路②阴极圈，阴极吊环
central processing unit ~ 中央处理机主程序〔循环〕
central scanning ~ 中央扫描循环，中央访问主程序
closed ~ 闭合环路，闭环，闭合回线
cold ~ 冷回路，无放射性回路，冷环路
condensate drain ~ 疏水管路的水封
continuous ~ 连续循环，连续环路，循环播放
current ~ ①电流波腹〔环路，回路〕②当前循环
digital phase lock ~ 数字锁相环路
dislocation ~ 位错环
Doppler ~ 多普勒频率目标跟踪，多普勒闭环系统
endless ~ ①无限循环②循环磁带
expansion ~ ①伸缩弯管，膨胀圈②盘形管（膨胀）补偿器
feedback ~ 反馈回路〔电路〕，反馈环
fiber in the ~ 光纤用户环路
film ~ 影片框
flux-mmf ~ 磁通 - 磁势回环，磁滞回环
gamma ~ γ 铁区（铁碳相图）
gas ~ ①（原子反应堆中）气环，气圈②气体（波）腹
ground ~ ①（飞机着陆，起飞或滑行时的）急转弯②接地环路
hair pin coupling ~ 发夹式耦合环，U 形耦合环
heading control ~ 方向控制系统
herical ~ 螺旋活套
high-speed ~ ①快速循环存取区②快速访问环，快速循环取数区
home ~ 本地回路
hot ~ 放射性〔堆内试验，辐射，热〕回路
hysteresis ~ ①磁滞回〔曲〕线，滞后回线②磁滞环③平衡阻碍
inactive DO ~ 非现用循环

infinite ~ 无限循环，死循环
intermittent ~ 脉动回路
level ~ 水准环
limit ~ 极限环
line ~ 电话回路，线路回路
long wire-lock ~ 长线锁环路（电视网）
lyre ~ 琴式膨胀器
major ~ ①主回路②主循环
minor ~ ①局部回路，局部范围②小磁滞回线，局部磁滞回路③小循环
modification ~ ①变址环②数据改变环
multiple ~ 多（闭合）环路
multiple induction ~ 多次归纳循环
negative ~ （指示图的）负值部分
nested ~ 嵌套循环
omega ~ Ω 形走带方式
open ~ 开（口）回路，开（型）环（路）
oscillation ~ 振荡波腹
outer ~ ①补充电路②外层循环
phase-lock(ed) ~ ①锁相环路②相位同步回路
pickup ~ 拾波环，耦合环
platinum ~ 白金圈（分析用）
pointer ~ 指示字循环
pouring ~ 浇注环
primary ~ ①一次活套②一（次）回路，主回路
pumping ~ 排吸回线（内燃机示功图的）
quality ~ 质量环
rabbit ~ 兔耳形天线环
radio ~ 环形天线
rapid-access ~ ①快速访问环②高速存取循环，高速存取道③快速循环取数区
recirculating ~ ①再循环程序区②回路
regenerative (feedback) ~ 再生环路，正反馈环路
resonance ~ 调谐回路
rotable ~ 旋转环，旋转环形天线
rotating ~ 旋转环形天线
safety ~ 保险圈
seal ~ 水封环，密封圈
secondary ~ 二次活套
segment-feed ~ 分段馈电环
self-resetting ~ ①自重置循环②自恢复循环
series ~ ①鼻端（电机线圈的）②串联回路
servo ~ 伺服环路
shaping ~ 脉冲形成电路，脉冲整形电路
shielded ~ 屏蔽环形天线
single ~ 单循环
small-size ~ 小〔短〕循环
sodium ~ 钠回路
sound phase lock ~ 伴音锁相环
spiral ~ ①（可）调谐（的）环形天线②螺旋圈飞
square ~ ①方形环路②矩形回线
steam ~ 蒸汽环道，蒸汽旁通管路
stress-strain ~ 应力 - 应变回线
stripper ~ 分隔〔清齿，挡草〕环
subscriber's ~ 用户线路
surrounding ~ 外层循环
susceptance ~ 电纳环
suspension ~ 挂耳，挂环
tape ~ 循环带，无头带
terminal ~ 终点环线
test ~ 测试回路
thermal ~ 传热回路
towing ~ 拖圈
trig ~ ①制动圈②窥视孔
trunk ~ 中继线环路
vacancy ~ 空位环
voltage ~ 电压波腹，电压腹点
water ~ 水（回）路
wave ~ 波腹
wire ~ 线环，钢丝圈，钢丝绳套眼
wireless ~ 无线用户环路
wireless local ~ 无线本地回路
zero-static error ~ 零静态误差电路

loopback 回送

loop-coupled 回路连接的

looper ①活套挑，撑套器，防折器②捆束机，捆把机③套口机，缝袜头机，弯纱轮
mechanical ~ ①机械传动的活套挑②套口机

loop-free 无循环的，无环路的

loopfull 全环的

loophole ①环〔枪〕眼，窥〔透光，换气〕孔，窄窗②漏洞

looping ①环，圈②并联装置③旁通管道设施④旋涡，涡流⑤回路，回线⑥循环操作⑦成环，构成环形⑧形成活套，防止活套折叠
hand ~ 人工造成活套
manual ~ 人工造成活套
sound ~ 声循环

looping-in ①形成回〔环〕路②环形安装

loop-linked 环路连接的

loop-locked 闭环的

loopy 多圈的，一圈一圈的

loose ①松的，松散的，松动的，松开的，可换的，未接牢的，未固定的②自由的，无拘束的，空载的，无负荷的，不严谨的③解开，松开，放松，释放
break ~ 挣〔逃〕脱，迸发出来
cast ~ 解（绳）
come ~ 松开
get ~ 逃走
let〔set〕~ 放松〔走〕，发出
sit ~ 不注意，忽视
turn ~ 发射，开火，释放
wear ~ 磨松
work ~ （螺钉）松掉〔动〕

loose-flowing 缓缓流着的

loose-jointed （铰链）可拆开的，（关节）活络的

loose-leaf 活页的

loose-liner 活动衬管（炮）

loosen ①放松，松开②疏松，松土，浅耕

loosener 松土机，浅耕机

looseness ①松度②松动，松劲③释放

loose-packed 散装（的）

loping 脉动（输送石油产品）

lopper ①斩波器②峰值限制器③砍除器
amplitude ~ 限幅器，削波器

lopping ①（发动机）不均匀的运转②晃动，摇摇晃晃，东倒西歪，不稳

loprotron 整流射线管，射束开关管

lopsided 倾斜边的，偏重的

lor （=lorry borne）货车运输的

Lorac （=long-range accuracy system）罗拉克〔远程精密，精密无线电，双曲线相位〕导航系统

Lorad （=long-range detection）①罗拉德远距离探测系统②罗拉德方位测定器

Loran （=long range navigation）罗兰双曲线远程导航系统
sky-wave synchronized ~ 天波同步远程雷达导航系统

lorandite 红铊矿

loranskite 钇钽矿

lore （专门，特殊科目的）知识，（特殊的）学问

Lorentz-coil 笼形〔洛伦兹〕线圈

Lorentz-covariant 洛伦兹协变量〔式〕

Lorentzian 洛伦兹函数

lorenzenite 硅钠铁矿

loretin 试铁灵

lorry ①手〔小，货，推料〕车，矿车②运货汽车，货车（美国用 truck）③长形四轮车④（铁路）平板车⑤载货飞机⑥艇，船
agitating ~ （混凝土）搅拌车，搅拌运货车
breakdown ~ ①救险起重车，抢修工程车②救险〔汽车式〕起重机
bulk ~ 散装物货车，栏板式货车
bulk milk collection ~ 收集牛奶用奶罐车
flat hed ~ 平板货车
flying ~ 运货飞机
light general service ~ 通用轻型载货汽车
mechanized ~ ①机械化载重车②起重汽车
military motor ~ 军用货车
milk ~ 牛奶运输车
platform ~ 平板车
refrigerated ~ 冷藏汽车
sea ~ 货艇，小货船
sheeted ~ 有篷布遮盖的运料车
skip ~ 翻斗货车
tip(ping) ~ 倾卸车身运货车，翻斗车，自卸汽车

lorry-mounted 悬挂在货车上的，悬挂在汽车底盘上的

lose ①钟表走慢，降低②（时间，劳力等）白费，浪费③丢失，失去，摆脱
~ timing 失步
losscall ~ 呼叫丢失

loss ①损失，损耗，烧损，亏损，损害，衰减，减少〔小〕②遗失，错过，浪费③失败，废料④拒服式（对顾客不能立即服务的方式）
~ in〔of〕head 水头〔压头，落差〕，水头（水）位（抑）损，抑损
~ in weight 失重
~ of contrast 对比度减低
~ of excitation ①励磁损耗②失磁
~ of field ①磁场损耗②失磁
~ of ignition 点火失效，熄火
~ of life 使用寿命降低
~ of magnetic reversals 反复磁化损耗
~ of phase 断相，失相
~ of picture lock 图像失锁
~ of signal strength 信号衰减
~ of traction ①牵引力损失②打滑损失
~ of weight 失重，重量损失
~ on ignition ①烧损〔蚀〕，烧失量②灼减
~ through standing 储存时损失
abrasion ~ 磨耗损失
active ~ 有功损耗

active return ~ ①有源（四端）网络的反射损耗②回声衰减，回波损耗
aperture ~ ①孔径失真②孔径损失
armature ohmic ~ 电枢铜损
balancing ~ 平衡损耗，失配损耗
band ~ （电枢）绑线损耗，端箍损耗
banking ~ ①封火〔炉〕损失，埋火消耗量②空行时的燃料消耗③机组热备用损失
bend ~ 弯头（阻力）损失
bending ~ 弯曲损耗
bias erasure ~ 偏磁消除损耗
blade clearance ~ 动片与气缸间的漏气损失
blade windage ~ 叶片鼓风损失
brush ~ 电刷损耗
bucket ~ 叶片损失
call ~ 呼损
can ~ 外壳电气损耗（电机的）
carbon ~ 机械不完全燃烧损失，碳损
carryover ~ ①带出损失②级间余速损失③飞灰损失
cavitation ~ 气馈损失
charge ~ （气缸）不完全充气损失
chimney ~ 烟囱热耗
churning ~ ①尖涡损失②搅动损失
cinder ~ 大渣或飞灰热损失
circulating ~ 环流损失，平衡电流损失
clearance ~ ①间隙损耗，余隙损失②净空损失
coincidence ~ 符合误差，符合损失
cold ~ caused by heat inleak 跑冷损失
contact ~ 接点损失
contiguous transmission ~ 邻接传输损耗
contraction ~ 截面收缩损失
conversion ~ 转换损失，变换〔频〕损耗
core ~ 铁（心损）耗
corner ~ 转弯损失
counting ~ 计数损失，漏计数
cranking ~ 摇转损失
crop end ~ 切损
cross-path ~ 横向电流损耗
dead ~ ①固定损失②净损失③空匝损耗
dead-time ~ 空载（时间）损耗
detail ~ 清晰度降低〔损耗，衰减〕
dielectric ~ 介电损耗
diffraction ~ 衍〔绕〕射损耗
diffusion ~ 扩压损失
direct load ~ 直接负荷损失，欧姆铜耗（电机，换算至 75 ℃）
discharge ~ ①排气损失，出口损失②放电损失
disk (friction) ~ 叶轮摩擦损失，轮阻损失
distribution ~ 配电损失
draft ~ =draught ~
draught ~ ①（用于负压燃烧）通风阻力，烟道阻力②压力损失，压力减低
duct ~ ①管道损失②管道阻力
equivalent articulation ~ 等效清晰度损失〔衰减〕
excitation ~ ①励磁损耗②空载损耗（变压器的）
exhaust ~ 排气损失
exit ~ 输出端损失，出口水头损失
external heat ~ （向周围介质的）散热损失
fast-interface-state ~ 快速（抗紊乱）界面态损失
feeder ~ 馈电损耗
field form entry ~ 场畸变附加损失
field ohmic ~ 励磁电路铜损
fixed ~ 固定损耗，不变损耗（电机铁耗，通风耗，摩擦耗之和）
flash ~ 闪光留量
flue gas ~ 排烟损失
fluid ~ ①流体损耗，液体摩擦损耗②风摩耗（电机的）
forward ~ 飞向损耗
foundry ~ 铸造废品
gap ~ 间〔缝〕隙损耗
head ~ 水〔压〕头损失
hearing ~ ①听觉失灵②听觉损耗，听力损失
hood ~ 排气缸〔管〕损失
hydraulic ~ ①水力损失②液体损失
hydrogen ~ 氢还原减重，氢损法
hydrogen induced ~ 氢诱导损耗
hysteresis ~ ①磁滞损失〔耗〕②滞后损耗
I R ~ 电阻损耗
iatrogenic hearing ~ 药物性听力损失
idling ~ 空载损失，低速损失
ignition ~ 烧蚀量，灼烧量
impedance ~ 阻抗损耗，负载损耗（变压器的）
incremental hysteresis ~ 磁滞损耗增量，微增磁滞损耗
incremental transmission ~ 输电损失增量
insertion ~ 插入损耗，介入损失
interspace ~ 间隙损失
iron ~ 铁（心损）耗，金属烧损

junction ~ 汇接（中继线）损耗
kinetic ~ 动力损耗
knee ~ 弯头〔曲折〕损失
lead ~ （铅包电线中铅皮的）铅损
leakage ~ 漏泄损失，漏损
leaving ~ 余速损失
line ~ 线损，线路损耗
lip ~ 进口边缘损失
load ~ ①负荷损失，负载损耗②铜耗（串接变压器的）③甩负荷，卸载
load steam ~ 有负荷漏汽量
macrobending ~ 宏弯损耗
mean transmission ~ ①平均透射损失②平均隔声量
meter ~ 仪表显示损耗（铁和铜的能量损耗在仪表上示出）
microbending ~ 微弯损耗
mill ~ 压榨损失
minor ~ in pipe 管道局部阻力损失
mismatch-of-core-radii ~ 纤芯 - 半径失配损耗
network ~ 电力网损失，网络损失
no-load ~ 空载〔空转，开路〕损失
no-load steam ~ 无负荷漏气量
non-organic hearing ~ 非器质性听力损失
occupational hearing ~ 职业性听力损失
ohmic ~ ①电阻损失，欧姆损失②铜耗
open circuit ~ 空载损耗
packing ~ 敛集亏损
pitot ~ ①全压损失②总压损失
power mismatch ~ 输入失配损耗
profile ~ 叶型损失，型面损失
profile mismatch ~ 分布失配损耗
pulsation ~ 脉动耗损
pump(ing) ~ 排吸损失
rattler ~ （磨耗试验的）磨耗率
reactive ~ （电抗性负荷）无功损耗
recording ~ 录音损耗
reel ~ 拨禾轮损失（拨禾轮打落谷粒的损失）
relative leakage ~ at clearance 相对窜流损失
remainder heat ~ 余项热损失
restriction ~ 节流损失
return ~ ①回波〔反射波，回程，逆程〕损耗②失配衰减
rotational ~ ①转动损失②固定损失（电机中除铜损失外的全部损失）③（空载）旋转损耗（等于空载铁耗及通风摩擦损耗之和）
scale ~ ①氧化皮损耗②烧损
secondary ~ 二次侧损耗，二次损耗（由于涡流或磁滞），次级损耗
separation ~ 间隙损失
shadow ~ ①阴影损耗②屏蔽损耗
sheath ~ 包皮损耗，电缆铅耗
shock ~ 激波损失，冲击损失
skin ~ 趋肤效应损耗
slip ~ ①转差损耗②滑动损失
slitter ~ 剪切损失，分割边料
source-coupler ~ 光源 - 耦合器损耗
source-to-fiber ~ 光源 - 光纤损耗
spacing ~ 无信号损耗，空号损耗
spatter ~ 飞溅损失，溅损（焊条的）
specific ~ 单位损耗，比损耗
splicing ~ 接头损耗
stand-by ~ 备用〔无载，停工〕损失
steam friction ~ 汽阻损耗
strand ~ 涡流附加损失（同步电机定子绕组导体中的）
stray ~ 杂散损耗，分散损失，散开损失
structural return ~ ①匹配连接时的损耗②结构回路损耗
throtting ~ 节流损失
tip ~ ①叶端损失②顶部损失
total melting ~ 熔炼损耗，烧损
trailing section ~ 出口边损失
transition ~ 转变损失，过渡损失，转换损耗
transmission ~ 传输〔馈电，通话，透射〕损耗，输电损失，传递损失
treatment ~ 精制损失，处理损失
turbulence ~ 扰动损失，湍流损失
ventilation ~ 通流损失，鼓风损失
viscosity ~ 黏度降
viscous ~ 摩擦损失，黏滞损失
wake ~ 尾流损失
watt(ful) ~ 欧姆损失，电阻〔功率，有功〕损耗
windage ~ 通风〔鼓风，风阻〕损失

losser 衰减器
loss-factor 损失因素
loss-free 无损耗的
lossless ①无损耗的②无损失的
lossmaker 亏本生意，不断亏损的企业
lossy ①有损〔耗〕的②引起衰减的③耗散能量的
lot ①地区，地段，分段②批（量）③组，套，块④分配（器）⑤划分
~ for lot 以需订货
ball ~ 球批

Behm ~ 回声测声仪
metal ~ 同规格金属（多炉次）
pilot ~ 试生产批
powder ~ 粉料
(roller) ga(u)ge ~ （滚子）规值批

lo-temp （=low temperature）低温

lotio 〈拉〉洗液，洗剂，涂剂

lotion 洗（涤）剂，洗液，洗净，涂剂

loudhailer ①扩音器②强力扬声器

loudness 响度，音量，高声

loudness-level 响（度）级

loudspeaker 扬声器，喇叭，扩音器
armature ~ 舌簧扬声器，舌簧喇叭
background ~ ①电视伴音扬声器②（播音室，演播室）背景声扬声器
band ~ 薄带扬声器
base(tone) ~ 低音扬声器
Blatthaller ~ 布拉特哈勒扬声器，平坦活塞式（薄膜）扬声器
bucking coil ~ 反作用线圈式扬声器
cabinet ~ 箱式扬声器
capacitor ~ 电容（器）式扬声器，静电（式）扬声器
coil driven ~ 动圈式扬声器
column ~ 音柱，声柱，柱式扬声器
combination ~ 复合扬声器（高低音扬声器）
compound ~ 复合式扬声器
cone ~ 纸盆〔锥形〕扬声器
control ~ 监听扬声器
corner ~ 角隅扬声器
corrugated rim ~ 折环扬声器
crystal ~ 压电（晶体）扬声器
dome ~ 球顶形扬声器
double cone ~ 双圆锥形扬声器
double-coil ~ 双音圈扬声器
double-horn ~ 双喇叭扬声器
dynamic ~ 电动（式）扬声器，电动喇叭
electrodynamic ~ 电动（式）扬声器
electromagnetic ~ 电磁扬声器
electropneumatic ~ 电动 - 气动扬声器
electrostatic ~ 静电〔电容〕扬声器
equipolar ~ 等极式扬声器
excited field ~ 励磁（式）扬声器
foldback ~ 返送扬声器（演播室内提供伴奏音乐与效果的扬声器）
grandstand ~ 主看台扬声器（足球或棒球场看台用的扬声器）
high power ~ 大功率扬声器
high-pitch ~ 高音扬声器
high-resistance ~ 高阻扬声器
horn ~ 喇叭形〔号筒式〕扬声器
hornless ~ 无喇叭扬声器
indicial ~ 指数式扬声器
induction ~ 感应式扬声器
labyrinth ~ 迷宫式扬声器
loup(e)phantom-center-channel ~ 幻（觉）中通道扬声器
magnetic ~ 舌簧式扬声器，电磁式扬声器
magnetic armature ~ 舌簧式扬声器，磁框式扬声器
membrane ~ 膜式扬声器
mobile ~ 宣传车
monitor ~ 监听扬声器
moving coil ~ 动圈式扬声器，电动扬声器
moving-armature ~ 动衔铁式扬声器，舌簧式扬声器
moving-conductor ~ ①动圈式扬声器②电动扬声器
multicellular ~ 多格栅扬声器
mushroom ~ 蘑菇形扬声器
music-stand ~ 谱台扬声器
navy ~ 舰用扬声器
omnidirectional horn ~ 全向号筒式扬声器
outdoor ~ 室外扬声器
permanent magnet ~ 永磁式扬声器
permanent-magnet dynamic ~ 永磁动圈式扬声器
piezoelectric ~ 压电扬声器
playback ~ 播音室扬声器
pleated-diaphragm ~ 径摺纹振膜扬声器
pneumatic ~ 气动式扬声器
ported ~ 敞膜式扬声器
reed ~ 磁簧式扬声器
ribbon ~ 带式（铝带）扬声器
table ~ 平台式扬声器
treble ~ 高音扬声器
twin ~ 双扬声器

loup(e) ①（小型）放大镜，寸镜，接目放大镜②不定形铁块，熟铁块
pivot ~ 尖头放大镜
spectacle ~ 眼镜（上用的）放大镜

louver ①天窗，烟窗，通气窗，百叶窗，通风窗②遮光格片，遮光栅格，遮光罩，鱼鳞板，防直射罩③放热孔，放气孔（汽车上的），放气窗④扬声器栅板〔楞栅，音窗〕⑤喷燃器空气调节器

air ~ 空气调节孔，放气孔〔窗〕
inlet ~ （风机的）进口导流器
radiator ~ 散热器放气孔
sun ~ 遮阳板

louvre =louver

lovozerite 基性异性石

low ①最低限度〔记录〕,低点〔地,水平,数字,排档〕,低速齿轮,低频,低水准,低气压（区）,初速，最小分数②低的，低质的，小的，少的，下部的
all-time ~ 最低记录
direct ~ 低档直接传动（带齿轮箱的）
emergency ~ 减速传动
logic ~ 逻辑低（电平）
run (short) ~ 快用完，不够用，缺乏
transmission range ~ （汽车）变速器低速档档位（L）
temperature ~ 温度低限

low-activity 弱放射性的，低放射性水平的

low-alloy 低合金的

low-angle 小俯冲角的

low-binding 弱耦合，松弛耦合

low-boiler 低沸化合物

low-boiling 低温沸腾的，低沸点的

low-boom （桁架）下弦

low-duty ①小功率的，轻型的②小功率（工作状态）

low-end 低级的

low-energy 低能的，非穿透的，软的（辐射）

lower ①较低的，低位的，下部的，下面的，低级的②降〔使，放〕低，放下
off-normal ~ 下限越界

lowerator 降落机

lower-case 小写（的，字）

lowering 放下，下降，降低
positive ~ 强制下降

lower-key 较低强度的

lower-powered 低功率的，装有小型发动机的

low-expansion 低膨胀系数的

low-flash ①低温发火，低温闪蒸②低闪点的，低温发火的

low-freezing 低凝结（固）点的，低结晶温度的

low-frequency 低频（率）的

low-grade ①低品位的，低级的，劣等的，低质量的②平缓坡度

low-gravity 低密度的

low-head ①低架式，低式（连铸）②低水头③低扬程的，低压头的

low-hearth 精炼炉床

low-key ①低音（按）键②暗色调〔图像〕调节键③低调的，有节制的

low-level ①低水平的，低电平的②低能级的，③初级的

low-light 低照度

low-order 低位〔阶，次〕的

lowpass 低通（滤波器），低通的

low-pole 弱极性

low-powered ①低功率的，小功率的②装有小型发动机的

low-production 小量生产，小批生产

low-proof 乙醇成分低的

low-purity 低纯度，不纯的，污染了的

Lowrer 罗兰导航系统

low-resistance 低电阻〔阻力〕的

low-response ①低响应②低灵敏度③响应慢（的）

low-rise 层数少而无电梯的（楼房）

lows 低频

low-sintering 低温烧结的

low-tension ①低拉力,低张力②低(电)压(的)

low-test-gasoline 低级汽油

low-voltage ①低（电）压②欠压动作的，低电压的

low-water 低水位的，低潮的

low-wing 下单翼

lox ①液（体）氧（气）②加（注）液氧

loxic 扭转的，斜弯的，斜扭的

loxodrome ①等角航线，恒向线，罗盘方向线②等（斜）航线，方位线

loxolophodont 斜脊齿型

loxosis 斜位

loxygen 液氧

loz （=liquid ozone）液臭氧

Lo-Z （=low thermal expansion）低热膨胀

lozenge ①菱形②锭剂

lp drum 低压锅筒

L-pad L 形衰减器

LPE （=linear polyethylene）线形聚乙烯

lq （=liquid）液体

L-rest L 型刃状工作台

LRLTRAN （=Lawrence Radiation Laboratory translator）劳伦斯射线实验室的翻译程序（语言）

L-series L 系（光谱线的）

L-share 单面平切锄铲

LSI 大规模集成电路

L-square 90° 角尺
bare ~ 90° 角尺
double ~ 双用角尺
seated ~ 连座角尺
lubarometer 测大气压仪
lubber-line 校准线，航向标线
compass ~ 罗盘标线
lube ①润滑材料，润滑油②润滑
lubex （自润滑油中抽出）芳香族物
luboil （=lubricating oil）润滑油
Lubral 卢伯拉尔铝基轴承合金
lubricant ①润滑剂〔材料，油，液〕②分型剂（壳型）③涂料（金属型）④牛油、猪油和硬脂酸的混合油⑤润滑的
antiseize ~ （螺纹接合部等的）防止过热卡死润滑剂，防烧结剂
boundary ~ 边界润滑剂
consistent ~ 滑脂，软油，黄油，（固体）润滑剂
conventional type ~ 习用〔矿物〕润滑油
cutting ~ 切削液
die ~ ①模具润滑剂②模具涂料
dry(-film) ~ 干膜润滑剂
EP ~ （=extreme pressure lubricant）极压润滑剂，耐高压润滑剂
extreme-pressure ~ 极压润滑剂（常指承受重载荷的齿轮油）
grease ~ 润滑脂
grinding ~ 润磨液
oily ~ 油基润滑剂
semisolid ~ 半固体润滑剂，塑性润滑剂
silicone ~ 有机硅润滑剂
sluggish ~ 黏滞〔流动性低的〕润滑油
solid ~ 固体润滑剂，黄油，润滑脂
soluble ~ 水溶性润滑剂
spindle ~ 锭子（润滑）油
timepiece ~ 时计〔钟表〕润滑剂
lubricate ①（使）润滑②（加）润滑油，注〔涂，上〕油
lubricating 润滑（的）
lubrication ①润滑（作用）②润滑法
aerodynamic ~ 气体动力润滑
aerostatic ~ 气体静力润滑
automatic grease ~ system 自动润滑脂润滑系统
banjo ~ ①径向管子润滑②曲柄销的离心润滑③放射管〔离心〕式润滑
bath ~ 油浴润滑
boundary-film ~ 边界 - 油膜润滑
bullet ~ 弹丸润滑（模铸的弹丸）
cascade ~ 帘状润滑
center ~ 集中润滑法
centralized ~ 中心润滑（法），集中润滑
chain ~ 链注油，链润滑（法）
circulation feed ~ 环流润滑
cold sluggish ~ 低温下流动迟缓的润滑油
constant flow ~ ①恒流润滑②润滑油的循环供给
current ~ 流动润滑（作用）
dip-feed ~ 浸〔油〕浴润滑
drip ~ 滴油润滑（法）
drop ~ 滴〔注〕油润滑（法）
dry sump ~ ①干燥润滑法②压力循环式供油润滑法，干箱式供油润滑法（润滑中用两个泵，一个供油，另一个将箱底积油送回贮油槽）
environmental ~ 贯流式润滑（冷轧机油膜轴承、轧制润滑、轧辊冷却共用一个油路系统）
extreme boundary ~ 极限边界润滑，极压润滑
faulty ~ 不合规定的润滑（作用），润滑不当
filled salt ~ 充盐润滑（挤压润滑法）
film ~ 油膜润滑
fitting ~ 合适的润滑
flood ~ 浸入〔溢流，压力〕润滑
fog ~ 油雾润滑
forced ~ 加压〔强制〕润滑
hydrodynamic ~ 流体动力润滑
hydrostatic ~ 流体静力润滑，液体静压润滑
lard ~ 猪油膏润滑
lifetime ~ 一次润滑（保证全寿命期润滑），终生〔永久〕润滑
lubricatormechanical ~ 强制润滑
measured ~ 计量润滑
mechanical automatic ~ 机械自动〔加压，强制〕润滑
metered ~ 计量润滑
mist ~ 油雾润滑
mixed ~ 半流体润滑，混合润滑
needle ~ 针孔润滑法
occasional ~ 不定时润滑
oil-ring ~ 油环润滑
once-through ~ 单程润滑
one shot ~ 油枪润滑，集中润滑，注射润滑
packing ~ 填充润滑

pad ~ 填料润滑，油垫润滑
parched ~ 干涸润滑
periodical ~ 间歇〔间断〕润滑
phase-change ~ 相变润滑
pressure ~ 压力润滑法，加压〔强制〕润滑
proper ~ 适当〔可靠〕润滑
quasi-hydrodynamic ~ 半流体（动力）润滑
rheodynamic ~ 流变动压润滑
ring ~ 油环润滑（法）
roller ~ 滚柱润滑法
rotaprint ~ 接触〔压印〕润滑
self-contained ~ 压流循环润滑法
separate ~ 点润滑，局部润滑
shot ~ 滑脂枪润滑（法），注射润滑（法）
slinger type ~ 抛油环式润滑
spit ~ 飞溅润滑
splash ~ 飞溅润滑（法）
spray ~ 喷溅润滑
submerged ~ 浸入式润滑
viscous ~ 稠油〔黏滞〕润滑
waste pad ~ 绒垫润滑法
wick ~ 油绳润滑

lubricator ①润滑器，注油器，油杯〔嘴，盅，壶〕，润滑剂，加油器②加油工③防喷管，防溅盒
angle ~ 转角润滑器
atomized ~ 油雾器（气压传动）
ball ~ 钢珠式注油嘴
box ~ 油壶（润滑）
constant level ~ 恒定油位润滑器
drip feed (oil) ~ 点滴注油器
drop ~ 滴油器
Eslen thread ~ 埃斯伦缝线润滑器
flap ~ 垂片润滑器
flexible ~ 柔性连接润滑器
hand ~ 手动润滑器，手油壶，油枪
mechanical plunger ~ 压力润滑器，活塞式润滑器
multifeed ~ 多点润滑器
needle ~ 针孔润滑器，针孔油枪
rail head ~ 轨头涂油枪
shot ~ 滑脂枪
sight feed ~ 明给润滑器，滴油器，可控加油器
single ~ ①局部润滑器②单独润滑器
spring ~ 弹簧润滑器，弹簧注油器
Stauffer ~ 油脂杯润滑器，牛油环润滑器
wick(feed) ~ 油绳润滑器

lubricious （光）滑的，不稳定的

lubricity ①润滑性，润滑能力，含油性②光滑③不稳定性

lubrification 润滑（性能），涂油

Lubrifix 一种组装钻的结构

Lubrimetal 铅铜减摩合金，减摩铅青铜（铜与铅之组成质量比有 60/40,70/30,80/20）

lubritorium 润滑站，汽车（加）润滑的油站

lubritory =lubritorium

lubro-pump 油泵

Lucalox 芦卡洛克斯烧结（白）刚玉（高纯度 Al_2O_3 微粉，常温加压后，高温烧结而成），熔融氧化铝

lucarne 〈法〉天窗，老虎窗

lucent 〈法〉明〔发〕亮的，（半）透明的

lucero 〈法〉英国 IFF 及 Eureka-Rebecca 导航系统中应用的询问器 - 应答器

lucida 〈法〉（一星座中）最亮的星
camera ~ （摄像机）明箱，转写〔显画〕器

Lucidin 光泽汀

lucidity 清晰，透明，洞察力，清醒度

lucidus 光泽的

luciferase 荧光（素）酶

luciferin 荧光素

luciferous 发亮〔光〕的，有启发

lucifugous 怕（见）光的，避〔背〕光的

lucigenin 光泽精

lucimeter 总辐射平均强度表

lucipetal 趋光性

lucite ①有机玻璃，丙烯酸树脂，人造荧光树脂② 2- 甲基丙烯酸

luculent 光辉的，光亮的，透明的，明白〔显〕的，易懂的

Ludenscheidt 芦丁切伊特锡基合金（*w*（Sn）72%,*w*（Sb）24%, 其余 Cu）

ludlamite 板磷铁矿

ludwigite 硼镁铁矿

luff ①倾角〔斜〕，俯仰②船首的弯曲部③抢风行驶④（货物在起重时的）起落摆动⑤转船首向风行驶，使起重机吊杆起落，改变吊杆外伸长度，变幅

luffability 起重机臂倾角变化范围

luffer 变幅机构，俯仰机构

luffing 俯仰运动，上下摆动，变幅，起重机臂的升降

lug ①凸起边，凸，凸块，凸缘把，凸出部（分），突起点②耳，耳状物，耳轴，突耳，脐子，搭子，触角③环，把，柄，耳柄，手柄，手把，吊环，

针眼④套管，(连)接管，衔套⑤接线头〔片〕，焊片⑥轮爪，轮蹼⑦悬臂，钳，夹子⑧拖动〔曳，拉〕
aerial ~ 外部连接器，外部连线
attacting ~ 系耳
barrel ~ 枪管驻退耳，枪管凸耳
bolt-locking ~ 枪闩锁块
button-type ~ 带帽盖的发射环，带保护盖的发射托架
cable ~ 电缆接线头，电缆终端衔套
carrier hinge pin ~ 销扉轴连接耳
casing ~ 气缸猫爪
clamp(ing) ~ 压耳
commutator ~ 换向器接线〔升高〕片
connector ~ 连接接头，接线头〔衔套〕
earth ~ 接地连接板
energizing ~ 驱动用凸铁
engaging ~ 连接耳
engine ~ 发动机凸耳（箱体的），发动机支脚
external ~ ①外耳②外部接头
female ~ 凹耳
finger ~ 突缘
foot ~ 舌片，直管，爪，销钉
ground ~ 抓地爪，抓地板
guide ~ 导耳，导缘，履带板齿
launching ~ 发射环，发射托架
level(l)ing ~ 校平耳
lifting ~ （起重）吊〔挂〕耳
locking ~ 闭锁凸榫，闭锁卡铁（枪）
power ~ 电线接头
pressure ~ 螺旋夹（连接导线用）
projecting ~ 凸耳
recoil ~ 后坐凸耳，后坐横闩（后坐力大的步枪）
recoil piston rod ~ 驻退杆固定凸座
repelling ~ 推销铁
rope ~ 绳钩
separating ~ 定距耳
sidehill ~ 坡地〔防滑〕抓地爪
single ~ 单线夹
soldered ~ 焊连线夹，焊片
support ~ 支承凸缘
supporting ~ 支撑耳柄
tender back ~ 煤水车后端定位铁
terminal ~ ①终端盒（电缆），(终端）接线片，端子衔套②耳端子，耳接头
test ~ ①连接试样块（与金属本体铸在一起），本体试块②附铸试块
tow ~ 牵引环
tractor grip ~ 拖拉机覆带蹄齿
wheel ~ 车轮防滑钉〔板〕
wing ~ 翼耳

luggage 行李〔包〕，皮箱〔包〕，(随身）行李，皮箱〔包〕，红褐色
hand ~ 自理行包
piece ~ 计件行包

luggage-rack （车厢内座位上面的）行李架

luggage-van （火车的）行李车

lugging 振动，过载

lug-latch ①挡器，擒纵器②定位销③掣子，暗闩④爪，钩

lugless 无耳的，无突出物的

lukewarm ①温（吞）水②微温的，有点温热的

lull 催眠器
electronic ~ 电子催眠器

lumarith 留马利兹（一种防蚀层，防蚀涂料）

Lumatron 卢马管，热塑光阀（有存储的高分辨率投射显示器件）

lumber ①碎屑，废物②木材，板材，建筑材料③乱堆，伐木，制材④隆隆地行进
end matched ~ 端边企口板
factory ~ 加工用材
flat sawed ~ 顺锯木材
pattern ~ 制模板材
quarter-sawed ~ 径切板，径向锯材

lumberg 光尔格（光量单位，1 光尔格 $=10^{-7}$ lm · s）

lumber-mill 锯木厂

lumen ①流明（lm，光通量单位，1 lm=1 cd · s）②腔
beam ~ 光通量

lumen-hour 流明小时（lm · h，光量单位，1 lm · h=3 600 lm · s）

lumenmeter 流明计

lumen-second 流明秒

lumerg =lumberg

lumeter 照度计
holophane ~ 全辉照度计

lumicon 高放大率和高分辨力的电视系统

luminaire 发光设备，发光体，光源，照明器，灯具，全套照明装置

luminance ①发光度②〔光〕亮度，辉度③发光率
chroma ~ 色度（品）亮度
equivalent veiling ~ 等效罩纱亮度

luminant 发光的
luminary ①发光体，照明（器），灯光，名人②光的
luminated 夜光的，照明的
luminescence ①发光②冷光（荧光，磷光等）
cathode ~ 阴极辉光，阴极场致发光（电子束激发荧光物质），阴极发射光，电子致〔发〕光，（阴极）电子激发光
electro-photo ~ 电控光致发光
luminiferous 发光的，（传）光的
luminizing ①荧光合剂覆盖层②荧光涂敷
luminography 发光绘图法
luminometer 光度计，照度计
selenium cell ~ 硒光电池照度计
silicon photovoltaic cell ~ 硅光电池照度计
luminophor(e) 发光体，发光材料，发光化合物
luminosity ①（发）光度，亮度，发光本领，主观亮度②辉点③可见度
highlight ~ 最大亮度，最大发光度
relative ~ 相对发光度
visual ~ ①目视光度，目视光度测量②目视光度学
luminotron 发〔辉〕光管
luminous ①发光的，发亮的，照耀的，闪耀的，（有）光的，夜光的②明了的
luminousness 亮度，透光率
lumisterol 光甾醇，（感）光固醇
lumizip 照相排字机
lump ①块，堆，团，族②砂块，块煤③成块，成团④总共，总括，集中，集总，浓缩
~ of wood 方木，方条，小方材
ball ~ 熟铁块，管块，钢珠（钢锭缺陷），铁珠（铸件缺陷）
lumped 集中〔总〕的
lumped-circuit 集总电路
lumpiness 粒度，块度
lumpish 块〔团〕状的，笨重的，迟钝的
lump-sum 总数
luna 月球，月球，探测器
lunabase ①月岩②月海的
lunacast 登月电视广播
lunanaut 登月宇航员
lunar ①月（球）的，太阴的②新〔半〕月形的，似月的③微亮〔弱〕的④（含）银的
lunarite 月陆的
lunarnaut 登月宇航员
lunarscape 月景
lunate 新〔半〕月形的
lune 二角，弓形，半月形，（球面）二角形
~ of a sphere 球面二角形，球面弓形
lunette ①牵引环②弦月窗③凸凹两面的透镜④（潜泳的）护目镜⑤平面玻璃盖（表上的）
lung 肺，辅助肺部呼吸的装置
lungmotor 肺灌气机
lung-power 发声的力量
lung-protector 肺防尘保护器
lunik 月球探测站〔器〕，月球火箭〔卫星〕
lunk 选取中继线
lunkerite 热帽发热剂
lunokhod ①月行〔球〕车②月球火箭〔卫星，探测站〕
lunule 半月状的东西（或记号）
luppen 粒铁
lurch ①倾斜，突然一歪，东倒西歪②摆动，摇摆
lure ①吸引力，诱饵②潜艇噪声模拟器
lurid 青灰色的，苍白的，深浓色的，（火焰等）火红的
lusec ①流西克（漏损单位，mL · Pa/s）②真空泵抽气速度单位（等于 1 μmHg（0.133 322 Pa）压强下每秒一升的抽气速度）
lussatite 正绿方石英
luster ①光泽〔彩，亮，辉〕②光瓷，彩虹釉③闪光，发光，使有光泽〔彩〕
adamantine ~ 金刚光泽
bright ~ 镜面光泽
lustre =luster
Lustrex 苯乙烯塑料
lustring 光亮绸，（纱布等的）加光整理过程
lustrous 有光泽的
lute ①（密）封（胶）泥②腻料③密封橡皮圈，整修样板，镘板④封闭器⑤涂油⑥密封，封闭，堵塞⑦直规，靠尺
water ~ 水封，液封
lutecia 氧化镥
lutecium 镥（Lu）
lutetium =lutecium
lutil 金红石
luting ①密封，填塞，用泥封住②停闭，浓缩
lux 勒克司（lx, 照度单位，1 lx=1 lm/m^2）
luxe 豪华型，基本车型
comfort ~ （车辆型式）豪华舒适型（车型）
de ~ （车辆型式）高级的，豪华的
high de ~ （车辆型式）高级豪华式（型）
super de ~ （车辆型式）超豪华级（SD）

Luxistor 光导管（商品名）

luxmeter 照度计，勒克斯计

integrating ~ 积算照度表

Luxon 勒克松（视网膜照度单位）

luxurious

grand ~ （车辆型式）特别豪华型

special grand ~ （车辆型式）特别超豪华型 SGL

LX-7400 （东芝公司将各种媒体综合起来进行传输）多媒体综合局域网 （LAN）系统

lyase 裂合酶，裂解酶

lyate （两性）溶剂阴离子

lycopodium 石松子（粉）

lyddite 立德炸药

lye ①灰汁②碱液〔水〕

nitrate ~ 亚硝酸盐液

sulfite ~ 亚硫酸盐碱液，纸浆废液

lyear 光年

Lymar 光子铅板

lymphotome 增殖体切除器

lyndochite 钙钍黑稀金矿

Lynite 莱奈特铜铝合金（*w*（Cu）9% ~ 13.5%，其余 Al）

Lynx Lynx 浏览器（一种 UNIX 平台的字符模式网页浏览器）

lyogel 液凝胶，冻胶

lyo-luminescence ①液晶发光②水合发光

lyolysis 液解（作用）

lyometallurgy 溶剂〔萃取〕冶金

lyonium （两性）溶剂阳离子

lyophil （=lyophilous）冷冻干燥的

lyophilic 亲液的

lyophilization ①（低压）冻干法②升华干燥，冷冻脱水

lyophilize （冷）冻干（燥）

lyophilizing ①（低压）冻干法②升华干燥，冷冻脱水

lyophobic ①疏液的，憎液的②疏水的，憎水的

lyosol 液溶胶

lyse 溶解，溶化

lysimeter 渗漏测定计，液度计，渗水计

lysis 溶解，消散

M

maccaboy 雷达干扰探测器
macdougallin 仙人掌甾醇，甲（基）胆甾烯二醇
Mace 伤害性压缩液态毒气
macerals 煤的基本微观结构，（煤的）显微组分
macerate ①（在水中或苛性钾中）浸软〔化，渍，解〕②耗损
maceration ①浸渍（作用），浸化（作用）②损耗
macerator ①浸渍器，纸浆制造机，切碎机②果子剥离机③洗练机
crop ~ （农作物，谷物，果类）切碎机
Mach 马赫（特征数，声速倍数）
machin 机器，机械（装置），设备，工具
machinability 可（机械）加工性，切削性，可切削性
free-cutting ~ 易切削性
machinable ①可（机械）加工的，可切削的②机器可读的
machine 机器〔械，床，构〕，装置，设备，飞〔电，轧，发动，计算，打字，印刷，缝纫〕机，汽〔自行〕车，机动车辆，机械作用，试验机
abrasion ~ 磨耗（试验）机，耐磨试验机
abrasive ~ 研磨机，砂轮机
abrasive belt grinding ~ 砂带磨床
abrasive cutting-off ~ 砂轮切割机，磨切机，磨割机
abrasive lapping ~ 磨料研磨〔抛光〕机
abrasive sawing ~ 砂轮切断机
abrasive-jet processing ~ 磨料喷射加工机
absorption ~ 吸收机
absorption refrigerating ~ 吸收式冷冻〔制冷〕机
abstract ~ 抽象（计算）机
AC ~ 交流电机
AC point ~ 交流电动转辙机
accelerating ~ 加速器
accounting ~ （会计）计算机
acid blast ~ 喷酸液（腐蚀）机
acidifying ~ 浸酸机
acoustic timing ~ 声音〔音响〕计时机构
acyclic ~ 单极电机，非周期性电机
adding ~ 加法器〔机〕
adjustable multi-spindle vertical drilling ~ 可调式多轴立式钻床
adzing ~ 削枕机
aerated water ~ 汽水机，充二氧化碳机
aftertreatment ~ 精炼机
agitation-froth ~ 搅拌式泡沫浮选机
agricultural product processing ~ 农产品初加工机械
air ~ 通〔扇〕风机，风扇
air cooling ~ 气冷机
air cushioning ~ 气垫机，气垫汽车
air injection ~ 低压铸造机
air lay drying ~ 无接触热风烘燥机，悬浮烘燥机
air lift ~ 气升式浮选机，气动提升机
air refrigerating ~ 空气冷冻机，空气制冷机
airless shot blasting ~ （铸件）喷丸清理机
air-tight ~ 气密型电机
Akron ~ 阿克隆磨耗试验机
aligning ~ 理片机
alloy bush broaching ~ 合金轴瓦拉床
all-purpose ~ ①万能工具机②通用计算机
Almen ~ 阿尔门机（评价油类的润滑性能用）
alternating-current ~ 交流电机
aluminium capping ~ 铝盖卷封机
aluminium conductor ~ 铝线电机
aluminium foil coil-combining ~ 铝箔合卷机
aluminium foil coil-laminating ~ 铝箔分卷机
ammonia ~ 氨（气）冷冻机，氨制冷机
ammonia process diazo copying ~ 干式重氮复印机
Amsler ~ 阿姆斯勒磨损试验机
analog(ue) ~ 模拟（计算）机，模拟装置
Angle head cylindrical grinding ~ 端面外圆磨床
angle injection forming ~ 角式注射成型机
announce ~ 广播录音机
anthropomorphic ~ 拟〔仿、类〕人机械
antigravity ~ 反〔抗〕重力机
aquatic product processing ~ 水产品加工机械
arc welding ~ 弧焊机

arch bar drilling ~ 弓柄钻机
armature reaction-excited ~ 电枢反应励磁电机，反应式电机
armature winding ~ 电枢绕嵌机
armouring ~ 装铠机
array type ~ 阵列型计算机
array-type ~ 阵列计算机
article loading ~ 物品装载〔料〕机
aseptic filling ~ 无菌装填机，无菌灌装机
aseptic packaging ~ 无菌包装机
ashing ~ for photoresist 焚胶机（烧去光刻胶的机器）
assembling ~ ①安装机②配页机
asynchronous ~ 异步电机，异步机
asynchronous finite state ~ 异步有限自动机
auger ~ 螺旋制砖〔钻孔，加料〕机
auto teller ~ 自动取款机
automated teller ~ 自动柜员机
automatic ~ ①自动机床②自动机械
automatic assembling ~ 自动装配机
automatic bending ~ 自动弯曲机
automatic controlling ~ 自动控制机床
automatic die casting ~ 自动压铸机
automatic gas cutting ~ 自动气割机
automatic gear gobbing ~ 自动滚齿机
automatic gravure etching ~ 照相凹版自动腐蚀机
automatic inserting ~ 自动零件安装器
automatic jolt draw mo(u)lding ~ 自动起模振压式造型机
automatic mask alignment exposure ~ 自动掩模校准〔调整，对位〕曝光机
automatic programming ~ 自动程序设计机
automatic silk reeling ~ 自动缫丝机
automatic sorting ~ 自动分拣机
automatic switching ~ （道岔）自动转辙机
automatic teller ~ 自动出纳机
automatic tool changing NC ~ 自动换刀数控机床
automobile way analogue ~ 汽车道路模拟机
autosatin ~ 自动轧光机
auxiliary ~ 辅助机，预备机器
axial piston ~ 轴向活塞式机械
axle centering ~ 车轴定心机
axle grinding ~ 磨轴机
back spotfacing ~ 背锪孔钻床
back washing ~ （毛条）复洗机
bag clasping ~ 扣夹封袋机
bagging ~ 打包机，装袋机
balancing ~ 平衡机
ball warping ~ （球经）整经机
balling ~ 切边卷取机，绕〔起〕球机
ballistic testing ~ 冲击式试验机
band pickling ~ 带材酸洗机
band saw filing ~ 带锯锉齿机
band sawing ~ 带锯床
banderoling ~ 贴封条机
banding ~ 打捆机，绑扎机，金属带〔胶黏带〕捆箍机
band-knife cutting ~ 钢带裁剪机
band-sawing ~ 带锯机
banking ~ 培土机，推土机
banner bead winding ~ 钢丝圈卷成机
bar longwall ~ （长壁工作面用）链式截煤机
bar peeling ~ 棒料粗车机床
barbed wire ~ 制刺钢丝〔线〕机
bare ~ 裸（计算）机（未配软件的计算机）
bark stripping ~ 剥皮机，去皮机
barker ~ 剥皮机
Barotor ~ 高温高压卷染机
barrel lapping ~ 研精缸机
barrel-type shot blasting ~ 吹（金属）粒机，（清砂用）筒式喷〔抛〕丸机
base ~ 雏形〔基型〕机床
base pin ~ 管脚制造机
basket-type stranding ~ 筐篮式（钢丝绳）捻股机
batch-type ~ 间断式（烧结）机
bead ~ 压片〔条〕机
bead building ~ 撑轮圈机
bead covering ~ 包装机
bead running ~ 卷边机
beam ~ 刨皮机
beam drying ~ 经轴烘燥机
beam dyeing ~ 经轴染色机
bearing spacer grinding ~ 轴承套圈磨床
beating ~ ①打浆〔麻，茧〕机②清棉机
bed-type milling ~ 高刚性铣床
beer processing ~ 啤酒生产设备
beetling ~ 捶布机，搅打机
below resonance balancing ~ （硬质轴承）谐振平衡试验机
belt building ~ 黏带机
belt building ~ 胶带成型机
belt filling ~ 弹带装弹机
bench grinding ~ 台式磨床，台式刃磨机

bench tapping ~ 台式攻丝机
bend discharge ~ 立弯式连铸机，立弯机组
bending ~ ①（折）弯机，弯钢筋机②屈挠试验机
bending and quenching ~ （弹簧）成形淬火机
bending and shearing ~ 折弯剪切两用机
bending revising ~ 弯曲矫正机
bending roll ~ 滚弯机（三辊或四辊），弯板机
bevel gear burnishing ~ 锥齿轮研齿机，锥齿轮挤齿机
bevel gear cutting ~ 锥齿轮加工机床
bevel gear lapping ~ 锥齿轮研齿机
bevel(l)ing ~ 刨边机，倒斜边〔角〕机
bicycle wheel forming ~ 车圈成形机
big structure testing ~ 大型结构试验机
billing ~ 填〔造〕表机，会计机，票据（计算）机
billing ~ 票据（计算）机，记账机
binary input-binary output ~ 二进制输入输出机
binding ~ 打捆机，捆扎机
biochemical analysis centrifugal ~ 生化分析离心机
bipolar ~ 两极电机，双向电机
bit ~ （二进制）位计算机
blackleading ~ 涂石墨机
blade ~ 平路机
blanket hemming ~ 毛毯缝边机
blanket-type pneumatic ~ 多孔底压气式（浮选）机，毯式压气（浮选）机
blanking ~ 下料〔冲切〕机，模压机
blasting ~ ①发爆机，电爆机②喷砂机
block justifying ~ （铜锌版）整版机
bloom stamping ~ 方坯打印机
blooping ~ 消声打孔（贴片）机
blow squeeze mo(u)lding ~ 吹压式造型机
blowing ~ ①吹风机，鼓风机，锻炉风箱②增压器
board ~ 纸板机
board cutting ~ 锯板机
bob relief grinding ~ 滚刀铲磨床
bobbin spinning ~ 筒管（式）离心〔纺纱〕机
body necking-in ~ 罐身收颈机
boiling off ~ 煮练机
boiling sand ~ 沸腾撒砂机
bolt ~ （制）螺栓机
bolt head trimming ~ 螺栓头冲压机
bolt heading ~ 螺栓头镦压机
bolting ~ ①筛分机，机械筛②杆柱〔锚杆〕安装机
bomb-filling ~ 还原钢弹装料机
bonding ~ 焊接机，压焊机，黏合机
book block production ~ 书芯加工机
book sewing ~ 锁线订书机
book smashing ~ 书籍压平机
bookbinding ~ 装订机
bore face ~ 镗孔锪端面加工机床
boring ~ ①镗床，镗缸机②钻机，钻探机
boring facing and milling ~ 卧式铣镗床
both welding ~ 对焊机
bottle capping ~ 封瓶机，盖瓶机
bottle washing ~ 洗瓶机
bottling ~ 装瓶机，灌瓶机
bottom ramming ~ 炉底打结机，炉底捣筑机
bottom sealing ~ 封阳极机
bottom-facing ~ 转底光面机
bowl grinding ~ 辊筒研磨机
box corner staying ~ 纸盒订角机
box nailing ~ 打钉机
box type withering ~ 箱式萎凋机
bracket type ~ 座式（轴承）电机
braiding ~ 编织机
brain ~ 自动计算机
brake drum boring ~ 制动鼓镗床
branning ~ 钢板清净机
brattice drying ~ 转帘（隔布）烘干机
breast ~ 宽截盘截煤机
breeding ~ 饲养机械
brine making ~ 盐水配制机
Brinell's ~ 布氏硬度计（测试金属硬度）
briquetting ~ 制团〔压坯，压制〕机，成形机（冶炼设备）
broach sharpening ~ 拉刀刃磨床
broach(ing) ~ ①拉床②铰孔机，剥孔机
bronzing ~ 烫金机，擦（揩）金机
brush ~ ①清道机，扫街机②（沥青）涂抹机
brushing ~ 刷光机
bubble ~ 气泡式浮选机，（污水处理）气浮装置
bucket trenching ~ 斗式挖沟机
buffing ~ 抛光机，磨光机，（凹版滚筒）研磨机

building ~ ①（轮胎）装配床②配套机
building-block ~ 组合机床
bulb cutting ~ 切管机（电子管制造）
bulb-blowing ~ 玻壳吹制机
bulb-tubulating ~ 接管机
bulking ~ （化纤）膨化机
bumping mo(u)lding ~ 振实（式）造型机
bunching ~ 束线机，合股机
bunker icing ~ 冷藏车厢制冰机
burnishing ~ 辊光机，抛光机
burr-grinding ~ 去毛刺机
burring ~ 修整机（清理铸件），去翅机
butt stitch sewing ~ 对接缝合机
butt welding ~ 对焊机
buttock ~ 立槽割煤机，纵剖割煤机
by-level broaching ~ 双层〔分段〕拉床
byte ~ 字节式计算机
cable dredging ~ 钢索式挖掘机
cable-towed ~ 钢索牵引机
cake depositing ~ 糕饼入模机
calculating ~ 计算机，计数器
caldron type water-removing ~ 锅式杀青机
calendering ~ 压光机
calling ~ 振铃发电机，铃流发生器
cambering ~ 弯面〔预拱，钢轧钢梁矫直〕机
cam-ram ~ 凸轮夯实机
camshaft grinding ~ 凸轮轴磨床
camshaft polishing ~ 凸轮轴抛光机
camshaft special gear hobbing ~ 凸轮轴专用滚齿机
can capping ~ 预封机，封顶机
can seaming ~ 封罐机
candy processing ~ 糖果加工机械
canroy ~ 卷刷机
cantilever roll forging ~ 悬臂式辊锻机
capability vector ~ 权力向量机
capacitor spot welding ~ 电容贮能电焊机
carbide allay grinding ~ 硬质合金轮修磨机
carbide-tip tool grinding ~ 硬质合金工具磨床
carbon tissue transfer ~ 碳素（印相）纸过版机
carbon-dioxide ~ 二氧化碳冷冻机
card cutting ~ ①切卡片机②纹板冲孔机③踏花机
card punching ~ ①卡片穿孔机②纹板冲孔机③踏花机
card repeating ~ 提花纸板复制机
card sorting ~ 卡片分类机
card waste cleaning ~ 清纤机
carding ~ ①梳粉机（韧性金属粉末制造机械）②梳棉〔毛，麻〕机
cartoning ~ 制纸板盒〔箱〕机
carving ~ 刻模机，雕刻机，刻字机
cascade ~ 串联机
case sealing ~ 封箱机（纸箱关合并封口）
casting ~ 铸造设备，浇注机，铸锭机
casting layout ~ 铸件设计机（校核铸件尺寸），铸件测绘缩放仪
cathode spray ~ 阴极喷粉机，阴极材料喷涂机
cathode-casting ~ 阴极铸造机
caustic flaking ~ 苛性钠刨片机
ceiling drilling ~ 悬装钻机
cementing ~ 擦胶机，胶装机
centering ~ 中心孔加工机床，定中心机
centerless grinding ~ 无心磨床
centerless internal cylindrical grinding ~ 无心内圆磨床
centerless superfinishing ~ 无心超精机
centerless thread grinding ~ 无心螺纹磨床
centrifugal ~ 离心机，离心分离机
centrifugal balancing ~ 离心力式平衡机
centrifugal casting ~ 离心铸造机
centrifugal refrigerating ~ 离心制冷机，离心冷冻机
chain continuous broaching ~ 链形拉刀（连续）拉床
chain cutter mo(u)lding ~ 链刀起槽机，链刀造型机
chain cutting ~ 链式截煤机
chain saw ~ 链锯机
chain shotblasting ~ 履带式喷丸（清理）机
chamfered edge brushing ~ 倒棱（角）刷光机（宝石轴承加工用）
chamfering ~ 倒角机
chamfering spherical worm milling ~ 倒坡球面蜗杆铣床
chance ~ 概率计算机
channeling ~ ①滚槽机②截煤机
character ~ 字符机
character recognition ~ 电码组合识别机，字母识别机，字符识别机
charge ~ （反应堆）装料机
Charpy impact ~ 摆锤式冲击试验机
checkering ~ 刻花机，滚花机
chemical ~ 化学加工设备

chemical milling machine 化学铣削加工机
chemical milling ~ 化学铣削加工设备
chest drying ~ 箱式干燥机，多层干燥机
chopped ice ~ 碎冰制造机
chopping ~ ①切片机②打印机
chucker 2-axis slant bed ~ 双轴斜床身卡盘机床
chucking ~ 卡盘式机床
cigarette-rolling ~ 卷烟机
cipher ~ 密码机
circuit tracing ~ 电路绘图机，电路跟踪机，电子轨迹描绘机
circular arc milling ~ 圆弧铣床
circular dividing ~ 圆刻线机
circular face grinding ~ （圆工作台）平面磨床
circular grinding ~ 外圆磨床
circular hosiery ~ 圆袜机
circular jacquard weft knitting ~ 提花圆机
circular milling ~ 圆工作台铣床
circular saw blade sharpening ~ 圆锯片刃磨床
circular sawing ~ 圆盘锯床
circular seam sealing ~ 环形缝焊机
circular table milling ~ 圆工作台铣床
clamp forming ~ 垛堆机，集堆机
clay carving ~ 黏土切削机
cleaning ~ 清洗机，清理筛（除去原粮、油料中所含杂质）
clipping ~ 剪断机，切棒机
closing ~ 封口〔压盖，（铸工的）合型〕机
cloth emerizing ~ 金刚砂辊擦布机
cloth plaiting ~ 码布机，折布机
cloth slitting ~ 切布机，切绷带机
cloth spreading ~ 叠布机
cloth stamping ~ 织物打印机
coal winning ~ 采煤机
coal-winning ~ 采煤机
coating ~ 涂装机，上光机
cocoon cooking ~ 煮茧机
code ~ 编码机
coding ~ 编号机，编码机
coil downending ~ 翻卷机
coil inserting ~ 嵌（下）线机
coil opening ~ 松卷机（退火前带卷的）
coil spreading ~ 线圈拉型〔涨形〕机
coil winding ~ 打盘机，绕线机
coiling ~ 卷取〔卷料，盘簧，弹簧，盘绳〕机
coining ~ 冲压机，压印机
coke quenching ~ 熄焦机，焦炭消火机
cold air refrigerating ~ 空气式冷冻机
cold chamber die casting ~ 冷室压铸机
cold vapo(u)r ~ 低温蒸汽式冷冻机
cold-chamber (die casting) ~ 冷室压铸机
cold-roll-forming ~ 辊式冷弯〔成形〕机，成形机
colo(u)r sorting ~ 辨色分选机
column and knee type milling ~ 纵向升降（台式）铣床
column milling ~ 立柱式铣床
comber lap ~ 精梳成卷机，精梳成卷装置
combination cutting and loading ~ 采矿联合机，采矿康拜因
combined paper ~ 长圆网混合造纸机
combined tillage ~ 联合耕作机
combing ~ 精梳机
come-back bottle washing ~ 旋转式单向洗瓶机
commercial ~ （自动）售货机
comminution ~ 粉碎机械
commutating ~ 换向式电机
commutator ~ 换向器式电机
commutator undercutting ~ 换向器下刻机（刻槽机）
commutator welding ~ 换向器焊接机
commutatorless ~ 无换向器电机
compact(ing) ~ ①紧凑型电机，轻便电机②镇压器，压实机，压实工具，夯具
compound ~ 复励电机
compound milling ~ 双滚筒缩绒机
compound roll forging ~ 复合式辊锻机
compression refrigerating ~ 压缩式制冷机
compression-testing ~ 压缩试验机
concentrating ~ 选矿机
conditional probability ~ 条件概率计算机
conditioning ~ 水分检查机，给湿机（纺织）
conditioning tentering ~ 给湿拉幅机
cone winding ~ 锥形〔宝塔〕筒子络纱机
continuous broaching ~ 连续拉床
continuous casting ~ 连续铸锭机，连续铸造机
continuous drawing ~ 连续式拉丝机
continuous drilling ~ 连续工作式钻床，多工位钻床
continuous heading ~ 掘进联合机
continuous mo(u)ld-pouring ~ 连续灌浆机，绞龙式混砂机

continuous pallet-type sintering ~ 带式烧结机，连续台车式烧结机
continuous roll-forming ~ 连续式辊弯形机
continuous strand sinter ~ 带式（连续）烧结机
contour copying milling ~ 平面仿形铣床
contour engraving ~ 平面刻模铣床
contour squeeze mo(u)lding ~ 成形压头造型机
contouring ~ 仿形机床，靠模机床
controlled energy-flow ~ 可控式高速锤
convenient construction ~ 通用结构电机
conveying ~ 输送机械
cool core box core-making ~ 冷芯盒制芯机
coordinate ~ 坐标仪，测绘仪
coordinate inspection ~ 坐标检验机
coordinate measuring ~ 坐标测量机，坐标检测机
copper plate singcing ~ 铜板烧毛机
copying ~ ①仿形机床，靠模机床②复印机
copying and duplicating ~ 复制印刷机
copying milling ~ 仿形铣床
core ~ 型芯机，造芯机
core blowing ~ 型芯吹干机，吹芯机
core cutting ~ 钻型芯机
core drawing ~ 芯盒翻转机
core extruding ~ 挤芯机
core grinding ~ 磨芯头机
core jarring ~ 砂芯落砂机，振实造芯机
core knock-out ~ 出芯机，击芯机
core making ~（造）型芯机
core mo(u)lding ~ 造型芯机
core roll-over ~ 翻台式造芯机
core shooting ~ 射芯机
core tipping up ~ 翻台造芯机
core-drilling ~ 岩芯钻机
corn harvesting ~ 玉米收获机械
cornerwise glassing ~ 角向磨光机
corrosion testing ~ 腐蚀试验机
cotton processing ~ 棉花加工机械
cotton spinning ~ 棉纺机
counter ~ 反向计算机
counter-measure ~ （纺织机器）运转计时机
counting ~ 计数机，计算机
coupling ~ 管接头拧装机
course recording ~ 航线记录器
covering ~ 包线机
crab ~ 起重绞车
crabbing ~ 煮呢机（毛织物进行热煮定形）
crack-cleaning ~ 清缝机
cramp folding ~ 折边机，弯边压力机
crank-O-matic grinding ~ 全自动曲轴磨床
crankshaft grinding ~ 曲轴磨床
crankshaft journal grinding ~ 曲轴主轴颈磨床
crawl title ~ 旋转式字幕机
creasing ~ 压波纹机，折皱〔缘，边〕机，弯折机
creep & long-time strength ~ 蠕变与持久强度试验机
creep rupture strength testing ~ 持久强度试验机
creep testing ~ 蠕变试验机
creping ~ 绉纱〔绸〕机
crimping ~ 折边〔啮轧,弯皱,拷花,起皱纹,轧纹波〕机
crochet ~ 钩编机
crocodile shearing ~ 鳄口杠杆（式）剪切机
cropper ~ 剪（料）头机，收割机
cropping ~ （织物）剪毛机，切料头机
cross cut saw ~ 横割锯机
crossfield type DC ~ 交轴磁场型直流电机
cross-over brushing ~ 横刷机
cross-roll straightening ~ 斜辊横矫直〔正〕机（用于矫直圆钢，有两个矫直辊，分别具有凹面和凸面辊型，其轴线在空间交错）
crushing ~ ①压〔粉〕碎机②轧石机
cryptographic ~ 密码机
crystal edging ~ 晶体切割机
crystal-pulling ~ 晶体拉制机，拉晶机
cumulative compound ~ 复绕电机，复励电机
cup seaming ~ 包缝机
cupping ~ 深拉压力机
cupping testing ~ 杯突试验机，压凹〔深拉〕试验机
curing ~ 烘焙机，固化机
curved spray continuous casting ~ 弧形连铸机
curved stereotype casting ~ 圆铅版浇铸机
curving ~ 弯曲辊压机（弯瓦楞板）
cut-off ~ 切割机，切断（落料）机，切片机
cutter and tool grinding ~ 工具磨床
cutter finishing ~ 刀具研磨机
cutting ~ ①气（切）割机，下料压力机，裁切机②截煤机
cutting off ~ 切断机床
cycloidal gear hobbing ~ 摆线齿轮滚齿机
cylinder bearing bracket broaching ~ 气缸体

轴承座专用拉床
cylinder boring ~ 气缸镗床
cylinder boring and honing ~ 气缸镗磨床，气缸镗珩磨床
cylinder flat bed ~ 凸版平台印刷机
cylinder paper ~ 圆网抄纸机，圆网造纸机
cylinder reboring ~ 气缸镗床，镗缸机（修复用）
cylindrical electrical ~ 圆柱形电机，隐极（转子）电机
cylindrical grinding ~ 外圆磨床
cylindrical worm milling ~ 圆柱蜗杆铣床
cylindrical-rotor ~ 隐（磁）极电机，非突（磁）极电机
3D measuring ~ 三坐标测量机
dado-head ~ 开槽机
dairy packaging ~ 乳品包装机械
dairy processing ~ 乳品加工机械
dampening ~ 增湿机
damping ~ ①阻尼机（自动控制用）②给湿〔喷雾，调湿〕机
damp-proof ~ 防潮（电）机，耐潮（电）机
DC welding ~ 弧焊整流器
dead weight (load) ~ 基准测力机
dead weight testing ~ 重锤式（型砂）万能试验仪
deburring ~ 去毛刺机，倒角机
decal ~ 贴花机
deciphering ~ 译码器，译码机
decision ~ 决策（计算）机
decker ~ 浓缩机，圆网浓缩机
decode ~ 解码计算机
decoding ~ 译码机
decorating ~ 印花机
decrating ~ 出箱机
dedicated ~ 专用（计算）机
Deeley friction ~ 迪来摩擦机（用于评定油性、油膜强度的摩擦机）
deep-hole boring ~ 深孔镗床
deep-hole drilling ~ 深孔钻床
defibering ~ 纤维分离机
dehairing ~ 羊绒分梳机
deoxidizing ~ 降氧机，脱氧机
descaling ~ （锭，坯）清理机，修整机
deseaming ~ 焊缝清理机，焊刺清理机，凿〔修〕整锭面机
desk calculating ~ 台式计算机
desk-top copying ~ 台式复印机
determinate ~ 判定机
developing ~ ①显影机，显色机②洗片机
development ~ 掘进机
dewing ~ 喷雾机，给湿机
diaphragm shell mo(u)lding ~ 膜压壳型机
diathering ~ 诊断用振荡器
diazo ~ 重氮复印机，重氮晒图机
dictating ~ 指令机，录音机，口述记录机
die cast ~ 压铸机（钢模的），模铸机，钢模造型机
die drilling ~ 线模打孔机
die making ~ 刻锻模机
die pantograph ~ 钢模缩小机（印花雕刻用）
die planing ~ 模具刨床
die sinking ~ 刻锻模机，雕模铣床
die sinking milling ~ 凹模铣床
diehead threading ~ 套螺纹机，套丝机（用切线板牙或螺纹切头切削圆柱形外螺纹的螺纹加工机床）
dieing ~ 高速自动精密压力机，自动精密剪切机，模压机
digital ~ 数字计算机
digital universal strength testing ~ 数显式万能强度试验机
digital welding ~ 数字焊机
digital-computing ~ 数字计算机
dinking ~ 冲切机，平压切断机
dipping ~ ①浸机②淬冷机
direct-current ~ 直流电机
directly cooled ~ 直接冷却电机，内冷电机
direct-stress ~ 直接应力试验机（用于轴向拉伸 - 压缩载荷试验）
direct-to-can milking ~ 直接入罐式挤乳机
Disa Matic mo(u)lding ~ 迪沙（垂直分型）无箱射压自动造型机
disk finishing ~ 圆盘磨光机
dispersing ~ 金属箔抛散装置（反雷达用）
distribution accounting ~ 分配会计机
ditto ~ 复印机，复写器
dividing ~ 刻线机，分度机，刻度机
dobby ~ 多臂机
document-originating ~ 文件编制机
dosing ~ 计量机，投配机
double buffing ~ 复式抛光机
double drop ~ 双落料机
double horizontal milling ~ 复式卧铣床
double milling ~ 双轴铣床
double punching ~ 复式压力机，复式冲压机

double seaming closing ~ 卷边封口机
double shaping ~ 复式牛头刨床
double torsion ~ 双列（螺旋弹簧）缠绕机
double track packing ~ 双列包装机
double-axial tension testing ~ 双轴向拉伸试验机
double-casing ~ 双机壳（型）电机，内外机座（型）电机
double-column ~ 双柱式龙门机床
double-column jig boring ~ 双柱坐标镗床
double-column surface milling ~ 双柱平面铣床
double-end lacing ~ 双头绑扎机
double-fed asynchronous ~ 双馈电式（定转子供电的）异步电机
doubling ~ （薄板）折叠机，复制机
doubly slotted electrical ~ 定转子开槽的电机
dough kneading ~ 和面机，揉面机
dovetail ~ 鸠〔燕〕尾榫机
down-draft sintering ~ 下吸〔流〕式烧结机
draft(ing) ~ ①绘图机，制图机②通风机
drag-cup induction ~ 杯形〔空心〕感应电机
drainage ~ 排水机
draught(ing) ~ =draft（ing）~
draw ~ ①绘图机②抽线机③牵引机
draw bending ~ 弯管机
draw-bar ~ 牵引机，拉杆机
drawing ~ ①拉丝〔拔纹，起模，（玻璃或毛细管）拉制〕机，拉拔机（金属进行拉拔加工机），②制图机
drawing ~ for quartz 晶体提拉机
drawing-in ~ 穿经（引入）机
dressing ~ ①（铸件）去毛刺机②矫正机③修整机
drifting ~ 凿岩机
drill sharpening ~ 钻头刃磨床
drilling ~ 钻床，钻机，钻孔机
drip-proof ~ 防滴式电机
drop plate ~ 漏模造型机
drum twister laying-up ~ 盘绞式成缆机
drum type washing ~ 滚筒式洗衣机
drunken sawing ~ 切槽锯床
dry process electrostatic copying ~ 干式静电复印机
drying ~ 干燥装置，干燥机
dual-face grinding ~ 双端面磨床
dual-face milling ~ 双端面铣床
ductility ~ 延伸仪，延性试验机
duplex milling ~ 双轴铣床
duplicating ~ ①复印机②仿型机床
duplicating milling ~ 仿型铣床
dusting ~ ①喷粉机，揩粉机②除尘器
Dwight-Lloyd (sintering) ~ 带式〔直线，德怀特 - 劳埃德〕烧结机
dyeing ~ 印染机
dynamic balancing ~ 动平衡机，动平衡试验机
dynamic structure testing ~ 结构（强度）动力试验机
dynamo-electric ~ 电动发电机
dynamometer ~ 电力测功机
earth boring ~ 隧道掘进机，平巷掘进机
earth clamping ~ 堆藏覆土机
echo ~ 回声机，回波设备
eddy washing ~ 旋涡式清洁〔洗〕机
edge bonding ~ 封边机
edge-dressing ~ 板边加工机床
edge-trimming ~ 切边剪，剪边机
effect ~ 特技机器〔装置〕
efficiency testing ~ 效率测定机，效率试验机
electric ~ 电机
electric curtain ~ 电动窗帘机
electric operated mucking ~ 电动开挖机，电动运渣机
electric pipe milling ~ 电动自爬式锯管机
electric pipe threading ~ 电动套丝机
electric sewing ~ 电动缝纫机
electric sounding ~ 电气测探〔触探，水深〕机
electric tool-grinding ~ 电动木工刃磨机
electric tooltipping ~ 电焊刀片机
electric welding ~ 电焊机
electrical discharge ~ 电加工机床，电火花加工机床
electrical drilling ~ 电钻机
electrical etching ~ 电解腐蚀机
electric-resistance seam-welding ~ 电阻缝焊机
electrochemical forming ~ 电化学成形加工机床
electrodata ~ 电动数据处理机
electroforming ~ 电铸设备
electrolytic ~ 电解加工机床

electrolytic cleaning ~ 电解清洗机
electrolytic forming ~ 电解成型机
electrolytic grinding ~ 电解磨床
electrolytic honing ~ 电解珩磨机
electrolytic honing ~ 电解珩磨机，电解研磨机
electrolytic tinning ~ 电镀锡机
electromagnetic forming ~ 电磁成型机
electromagnetic rotating ~ 旋转电机
electromechanical engraving ~ 电子〔动〕刻版机
electromechanical interlocking ~ 电力机械联动设备，电力机械联锁装置
electron beam disconnection ~ 电子束切割机
electron beam welding ~ 电子束焊机
electron beam wiring ~ 电子束布线机
electronic accounting ~ 电子（会计）记账机
electronic cipher ~ 电子密码机
electronic invoicing ~ 电子会计机
electronic measuring leather ~ 电子量革机
electronic omnipotence testing ~ 电子万能试验机
electronic photoengraving ~ 电子制版机（照相版），电子蚀刻机
electronic sorting ~ 电子分拣机，电子分选机
electronuclear ~ （电磁）粒子高能加速器
electropneumatic point ~ 电动气动转辙机
electropneumatic switch ~ 电动气动换向〔转辙〕机
electroslag welding ~ 电渣焊机
electrostatic ~ 静电发电机，感应起电机，静电起电器
electrostatic printing ~ 静电印刷机
elevator ~ 起重机，升降机
elliptical gear cold-rolling ~ 椭圆齿轮冷轧机
elmendorf ~ 单板片削机，单板切片机
embossing ~ 压花机（成革表面压花）压纹〔凸印〕机
embroidery sewing ~ 绣花缝纫机
emergency ~ 应急〔备用〕机器
emery grinding ~ 金刚砂磨床
emery wheel ~ 砂轮机
emulsion ~ 乳化机
emulsion treating wasted water ~ 乳化液废水处理机
enclosed ventilated ~ 封闭通风型电机，防护型电机
encoded Turing ~ 编码图灵机
ending ~ （皮辊）烧头机
endurance testing ~ 疲劳试验机，持久试验机
engine salvage ~ 发动机修补机
engraving ~ 刻模铣床，刻模机，雕刻机，镌版机
entry-driving ~ 掘进机
enveloping worm chamfering milling ~ 倒坡环面蜗杆铣床
Erichsen ductility ~ 埃氏（金属板）延性试验机
escape wheel grinding ~ 擒纵轮磨床
evacuating ~ 排气机（电子管的）
excavating ~ 挖掘〔土〕机
excelsior cutting ~ 木丝机，锯屑机
exhausting ~ 抽〔排〕气机
expanding ~ （管材）扩径机，扩孔机
explosion-proof ~ 防爆式电机
exposure ~ 曝光机
express type ~ 高速（型）电机
external electrolytic universal grinding ~ 电解万能外圆磨床
external honing ~ 外圆珩磨床
extracting ~ 提液机，绞榨机，萃〔提〕取机
extruding ~ ①挤压机②挤芯（棒）机
extruding blower forming ~ 挤拉吹中空成型机
extruding honing ~ 挤压珩磨机
extruding plastic-blower forming ~ 挤出吹塑中空成型机
eyelet ~ 冲孔机，打孔机
fabric cyclic grinding testing ~ 圆轨迹起毛起球试验仪
fabric expansion strength test ~ 织物胀破强度试验仪
fabric fold renew testing ~ 织物折皱恢复试验仪
fabric pill testing ~ 织物起毛起球试验仪
fabric shrinkage testing ~ 织物缩水率试验机
fabric surface grinding testing ~ 织物平磨试验仪
fabric tearing strength test ~ 织物破裂强度试验仪
face grinding ~ 平面磨床
face milling ~ 端面铣床
facing ~ 刨床
fading ~ 衰落〔减〕试验器
Fagergren flotation ~ 法格伦型（回转子）浮选机

falling impact testing ~ 落锤式冲击试验机
falling tup ~ ①落锤机②打桩机
fanning ~ ①风选机②通风机〔器〕
farm ~ 农业机械，农场用机器
farmland improving ~ 农田建设机械
fatigue ~ 疲劳试验机
feeder ~ 送料器
feeding ~ 饲料分送〔进给〕机
felling ~ 伐木机
felting ~ 缩绒〔呢〕机，制毡机
fence erecting ~ 围栏建造〔安装〕机
ferrite-excited ~ 铁素体励磁电机
ferrotype ~ 上光机
fettling ~ 补炉机，清理（铸件）机
fiber crop initial processing ~ 麻类初加工机械
fibre dyeing ~ 纤维染色机
filament ~ 绕线机
file cutting ~ 锉刀切齿机
file maintenance ~ 文件处理机，资料保存机
file sawing ~ 锉锯床
filing ~ 锉锯机，锉床
filleting ~ 切片机（肉、禽、鱼的加工）
filling ~ 装料机，充填机
film cleaning ~ 影片清洁机，洁片机
film scanning ~ 电视电影放映机
film waxing ~ 影片上蜡机
film-plating ~ 镀膜机
fin-cooled ~ 散热筋型电机
fine boring ~ 精密镗床，金刚镗床（使用金刚石或硬质合金刀具的高速精密镗床）
fine module hobbing ~ 小模数滚齿机
finishing ~ 精整〔修〕机，精加工机床
finite-state ~ 有限状态的时序机
fire-damp-proof ~ ①防火防潮型电机②防沼气式电机
fireproof ~ 防爆式电机
five-roll ~ 五辊矫直机
fixed-program ~ 固定程序机
fixing ~ 固着〔定，色〕机
flaking ~ 轧片机
flanging ~ 折边压床，折边机，外缘翻边机
flaring ~ 旋转扩口机
flashing ~ 光球机，闪光机
flask drop-down ~ 落箱机
flaskless mo(u)lding ~ 无箱造型机
flat grinding ~ 磨盖板机
flat knitting ~ （针织）横机
flat purl ~ 平型反〔倒〕针编织机
flat screen printing ~ 平网印花联合机
flat seaming ~ 绷缝机，缝合机
flat weft knitting ~ 平型纬编针织机
flattening ~ 矫直机，整平机
flexible shaft ~ 挠性轴机床
flexure test ~ 挠曲试验机
flint glazing ~ 磨光机
flo(a)tation ~ 浮选机
floating ~ 焊锡机
floor type horizontal boring ~ 有台卧式镗床
floor waxing ~ 地面打蜡机
floor-type boring ~ 落地镗床
floor-type milling ~ 落地铣床
flour mixing ~ 和面机
flour sifting ~ 筛粉机
fluorochemical vapor ~ 氟化物气〔氟化物蒸发〕冷却电机
flutes milling ~ 铣槽机
flying ~ 飞机
foam extinguishing ~ 泡沫灭火设备
foam slab ~ 板状泡沫塑料制造机，泡沫塑料成形机
fogging and spraying ~ 喷烟喷雾两用机
foil laminating ~ 压金属箔机
folding ~ 折叠机，万能折弯机
folding ~ (for corrugated tank) 波纹（瓦楞）板成形机
forcing ~ （印花辊筒）装卸机
forge milling ~ 重型铣床
forging ~ 锻造机
form milling ~ 仿形铣床
form printing ~ 表格印刷机
four-colo(u)r ~ 四色印刷机
framelift mo(u)lding ~ 框式造型机
freezing ~ 冷凝机
fret-sawing ~ 电蚀锯床（线电极切割）
friction drilling ~ 摩擦钻床
friction electric ~ 摩擦起电器
friction glazed ~ 摩擦研磨机
friction-abrasion testing ~ 摩擦磨损试验机
frictional wear lubrication testing ~ 摩擦磨损润滑评定试验机
frog-leg ~ 蛙腿绕组电机
froth type extruding ~ 发泡式挤出机
fruit harvesting ~ 果类收获机械
fruit pricking ~ 水果通心机
fruit processing ~ 果品加工机械

fuelling ~ 燃料装料机
full universal radial drilling ~ 万能摇臂钻床
fulling ~ 缩呢机，缩绒机
fume-resisting ~ 防烟式电机
funicular ~ 静力试验机（用绳索运转的）
furnace (skelp) threading ~ 焊管坯装炉机
gadding ~ ①钻床，钻机②开石机
gag straightening ~ 矫直机
gang lapping ~ 多盘式研磨机
gang slitter nibbling ~ 多圆盘分移剪切机
gang slitting ~ 纵剪机
gang-sawing ~ 排锯，锯木架
gantry planing ~ 龙门刨床
gantry type milling ~ 龙门镗铣床
gas cutting ~ 气割器，瓦斯切割器
gas welding ~ 气焊机
gas-cooled ~ 气冷式电机
gas-pressure welding ~ 气压焊接机
gas-proof ~ 防瓦斯型电机，气密型电机
gas-tight ~ 密封式电机
gate cutting ~ 浇注系统切割机
gauffer ~ 压纹机，皱褶机
gauging ~ ①（宽度，厚度）测量装置②测长机
gauzing ~ 贴纱布机
gear burnishing ~ 齿轮辊光机，挤齿机，齿轮挤〔抛〕光机
gear burr ~ 去齿轮毛边机
gear chamfering ~ 齿轮倒角机
gear cutting ~ 切齿机，齿轮加工机床
gear form-grinding ~ 成形砂轮磨齿机
gear full tooth quenching ~ 齿轮全齿淬火机床
gear grinder ~ 磨齿机
gear hobbing ~ 滚〔削〕齿机
gear honing ~ 齿轮珩轮珩齿机
gear lapping ~ 珩齿机
gear planing ~ 刨齿机
gear polishing ~ 齿轮抛光机
gear roll testing ~ 万能齿轮检查仪
gear running test ~ 齿轮跑合检查仪
gear shaping ~ 插齿机
gear shaving ~ 剃齿机
gear slotting ~ 齿轮插床，插齿机
gear tooth rounding ~ 齿轮修圆机床
gear-generating ~ 齿轮展成加工机床，齿轮滚铣机床
general binding ~ 通用装订机
generalized sequential ~ 广义（的）顺序机
general-purpose ~ 通用机床，通用电机
ginning ~ 轧花机，轧棉机
glass forming ~ 玻璃成型机
glass papering ~ 砂纸〔带〕磨光机
glassing ~ 磨光机，打光机
glazing ~ 抛〔研，磨〕光机，上光机，打光机（用于整饰革表面），施釉机械
Gleeble ~ 焊接热循环模拟装置
glossing ~ 上光机
gob-stowing ~ 充填机
gof(f)er ~ 压纹机
gooseneck ~ 鹅颈式压铸机
gouging ~ 冲裁机
grab sampling ~ 手洗〔简单〕取样机
grading ~ ①分级〔分选，筛分〕机②土工〔路基〕平整机
graduating ~ 分度机，刻度机
grain harvesting ~ 谷物收获机械
grain processing ~ 粮食加工机械
grain sizing ~ 粒料分选机
grain threshing ~ 谷物脱粒机
graining ~ 压纹机，磨版机
gravity balancing ~ 重力式平衡机
gravity die casting ~ 金属型铸造机
gravity pouring ~ 沉积机（涂荧光屏用）
gravure ~ 照相凹版印刷机
Greenawalt type sintering ~ 盘式烧结机
Greenbat ~ 卧式锻造机（热顶锻型）
grinding ~ 磨床
gritting ~ 铺砂机
grooving ~ 开槽〔刻槽，切缝〕机
ground ~ 地面机械架
ground effect ~ ①地面效应机，地效机②气垫车
grouting ~ 水泥搅拌机
guillotine cutting ~ 闸刀式切纸〔布〕机
gummer ~ 锯齿板磨锐机(轧花机与清花机的）
gumming ~ 上胶机
gun boring ~ 炮管镗床
gun drilling ~ 枪孔〔炮身，深孔〕钻床
hacksaw(ing) ~ 锯〔弓锯，金属锯〕床
hammer ~ 锤击试验机
hammer riveting ~ 锤铆机
hammering ~ 锤细机（制造灯丝时用来减小钨丝直径的机械）
hand sheet ~ 手工抄纸器
hard bearing general balancing ~ 硬支承通用平衡机

hard mortar specimen forming ~ 硬炼成形机
hardboard ~ 硬纸板〔高压板〕机
hardening ~ 淬火机（床）
hardness testing ~ 硬度试验机
hard-rock tunneling ~ 硬岩石掘进联合机，硬岩石掘进康拜因
harvesting ~ 作物收获机械
hauling ~ 拖运机，牵引机
heading ~ ①压头机，镦头机，（螺栓头）镦粗机，冷镦机②掘进联合机，掘进康拜因
hearth ring ~ 炉圈翻砂机
heat ~ 热机
heat sealing ~ 热封机，熔〔焊〕接机
heat setting ~ 热定形机
heat stretching ~ 热拉伸机
heat treatment ~ 热处理机械
heat-tight ~ 隔热电机，耐热电机
hermetic ~ 密封型电机
herringbone gear cutting ~ 人字齿轮加工机床
hide pulling ~ 剥皮机
high precision hobbing ~ 高精度滚齿机
high precision leadscrew turning ~ 高精度丝杠车床
high-altitude ~ 高海拔电机，高原电机
high-frequency fatigue testing ~ 高频疲劳试验机
high-frequency resistance welding ~ 高频电阻焊机
high-frequency thermosetting ~ 高频热合机
high-frequency welding ~ 高频焊接机
high-pile knitting ~ 长毛绒针织机
high-speed balancing ~ 高速平衡机
high-speed gear shaping ~ 高速插齿机
high-temperature testing ~ 高温试验机
highwall-drilling ~ 立式钻机
hob sharpening ~ 滚刀刃磨床
hobbing relieving ~ 铲齿机，滚刀铲背机
hole enlarging ~ 扩孔机（宝石轴承加工用）
hole grinding ~ 内圆磨床，磨孔机
Holtz ~ 霍耳茨感应电机
homopolar ~ 单极电机
homopolar ~ 单极直流电机
honing ~ ①珩床，搪磨床，珩磨机，磨气缸机②（条石）磨孔机
hooking ~ 码布机
hoop-driving ~ 打箍机
hopping telecine ~ 跳光栅式电视电影机
horizontal band sawing ~ 卧式带锯床
horizontal bench milling ~ 卧式台铣床
horizontal boring ~ 卧式镗床
horizontal forging ~ 平锻机
horizontal gear hobbing ~ 卧式滚齿机
horizontal gear shaping ~ 卧式插齿机
horizontal gear shaving ~ 卧式剃齿机
horizontal internal broaching ~ 卧式内拉床
horizontal internal cylindrical honing ~ 卧式内圆珩磨机
horizontal jig boring ~ 卧式坐标镗床
horizontal knee type milling ~ 卧式升降台铣床
horizontal plunger die casting ~ 卧式压铸机
horizontal surface broaching ~ 卧式外拉床
horizontal surface milling ~ 单柱平面铣床
horological ~ 钟表工业用机床
hose building ~ 胶管成型机
hose-proof ~ 防水式电机
hosiery ~ 织袜机
hot chamber ~ 热室压铸机
hot chamber die casting ~ 热室压铸机
hot dimpling ~ 热压波纹机，热压曲面机
hot reeling ~ ①旋进式热轧机，热卷取机②热管材料整径〔均整〕机③摇纱〔落丝，缫丝〕机
hot-metal sawing ~ 热锯机
household sewing ~ 家用缝纫机
husking ~ 砻谷机
hydraulic ~ 液压机，水压机
hydraulic boring ~ ①液压镗床②液压磨孔机
hydraulic gravity die casting ~ 液压金属型铸造机
hydrodynamic ~ 液力机械
hydroelectric synchronous ~ 水轮（同步）发电机
hydrokinetic ~ 液力机械
hydrostatic ~ 水压机，液压机
hypothetical ~ 理想机器
ice scouring ~ 锯冰机
ice-cream ~ 冰淇淋机
ice-cream freezing ~ 冰淇淋凝冻机
ice-making ~ 制冰机械
idealized multioperation ~ 理想化多功能计算机
impact ~ 冲击试验机
impervious ~ 密封式电机
impulse ~ 脉冲发送器，自动电话拨号盘

inactive ~ 停用的机器
inching surface grinding ~ 缓进给（深切）平面磨床
incising ~ 刻痕机
independent (type) transfer ~ 单机联线，单能机组合自动线
index ~ 索引机
index table ~ 转位〔分度〕工作台机床
indexing ~ ①分度机②转位机
in-draw texturing ~ 同时拉伸变形机，内拉伸变形机
induction ~ 感应电机，异步电机
inductor ~ 感应电机
industry sewing ~ 工业用缝纫机
inertia vibrating knock-out ~ 惯性振动落砂机
inertia welding ~ 惰性气体焊接机
influence ~ 静电发电机，感应起电机
information logical ~ 信息逻辑机
information lossless ~ 信息无损计算机
information processing ~ 信息处理机
infrared drying ~ 红外线烘燥机
ingot scalping ~ 钢锭剥皮机床，钢锭表面修整机
ingot slicing ~ 切锭机，钢锭切割机床
in-house ~ 自用机，（机构）内部用机
injection ~ 注射成形机，喷射机
injection mo(u)lding ~ （塑料）注射成形机
injection plastic-blower forming ~ 注射吹塑中空成型机
injection rinsing ~ 喷（射冲）洗机
ink-jet printing ~ 喷墨印刷机
in-line pallet transfer ~ 板架轴向式连续自动工作机床
in-line plain transfer ~ 普通轴向式连续自动工作机床
inner-cooled ~ 内冷电机
inserting ~ 零件自动插入机
instrumental gear cutting ~ 仪表齿轮加工机床
insulating ~ 涂装机
insulating-tube winding ~ 绝缘管（筒）卷管机
intelligence ~ 智能机
intelligent ~ 智能机
intelligent inference ~ 智能推理机
interlock ~ 棉毛机
interlock stitch sewing ~ 绷缝缝纫机
internal broaching ~ 内拉床
internal cylindrical grinding ~ 内圆磨床
internal grinding ~ 内圆磨床
internal honing ~ 内圆珩床
internal spark-erosion grinding ~ 电火花内圆磨床
internal thread broaching ~ 内螺纹拉床
internal thread grinding ~ 内螺纹磨床
interpole ~ 间极电机，有整流（磁）极的电机
interweaving winding ~ 交织式绕线机
intrinsically safe ~ 防火花机器，防爆机器
inverted ~ 转子接在电源上的感应〔同步〕电动机
inverter tube ~ 倒管机
ion etching ~ 离子蚀刻机
ionization cleaning ~ 电离清洗机
irrigation and drainage ~ 排灌机械
isostatic pressing ~ 等静压机
jacquard ~ 提花织机
jarring ~ 冲击〔振动，振实（式）造型〕机
jarring mo(u)lding ~ 振实式造型机，振动造型机
jet-pierce ~ 热力穿孔机
jet-type watering ~ 远射程喷灌机
jewel press ~ 压钻机
jig grinding ~ 坐标磨床
jig vertical drilling ~ 坐标立式钻床
jig-boring ~ 坐标镗床
jigging ~ （绞）盘车，镟铲
joggling ~ 折曲机
jointing ~ 接合机，接榫机
joist shearing ~ 工字铁剪机
jolt mo(u)lding ~ 振实造型机
jolt ramming ~ 振实（式）造型机
jolt rock-over pattern draw mo(u)lding ~ 翻箱式振实（起模）造型机
jolt squeeze draw mo(u)lding ~ 起模式振压造型机
jolt squeeze pattern drawing ~ 起模式振压造型机
jolt squeeze stripper mo(u)lding ~ 顶箱式振压造型机
jolting ~ ①镦锻机②振实造型机
jolt-squeeze rotalift mo(u)lding ~ 翻转式振压造型机
journal polishing ~ 轴颈抛光机
junior ~ 小型〔简易，新式〕机床
jute necking ~ 黄麻梳麻机
Keller ~ 自动机械雕刻机

kerving ~ 截煤机
key ~ 主导机械，关键性机械
key punch ~ 键控穿孔机
key slotting ~ 键槽插床
key-actuating ~ 键控机
keyseating ~ 开键槽机
keyseating milling ~ 键槽铣床
keyway milling ~ 键槽铣床
keyway slotting ~ 键槽插床
kibbling ~ 粉碎机，磨碎机
knapping ~ 碎石机
kneading ~ 捏合〔混捏，搅拌〕机，搓揉式混砂机
knee and column milling ~ 升降台铣床
knife ~ 磨刀机
knitting ~ 针织机
knock-boring ~ 冲击钻探机
knockout ~ 落砂〔取出〕机
knotting ~ 结网机，打绞机
knurlizing ~ 活塞修复机（加工废旧活塞和扩大活塞裙的）
lacerating ~ ①拉力试验机②切碎装置
lacing ~ 绑扎机
lamina explosion-proof ~ 窄隙防爆式电机
laminated pole ~ 叠片磁极电机
laminating ~ ①覆膜机（印刷品表面贴塑料薄膜）②层压机
land level(l)ing ~ 平地机
land-smoothing ~ 平地机，铲运机
lapping ~ ①精研〔研磨，磨准〕机，搪磨工具②走合工具（活塞）③缠绕机，卷板机
large-capacity NC turning ~ 大容量数字控制车床
large-scale gear shaving ~ 大型剃齿机
large-scale high precision hobbing ~ 大型高精度滚齿机
large-size ~ 大容量电机，大型电机
laser ~ 激光加工机
laser cutting ~ 激光刻录机
laser eyelet ~ 激光打孔机
laser process ~ 激光加工机床
laser-beam cutting ~ 激光切割机
laser-beam drilling ~ 激光打孔机
laser-beam welding ~ 激光焊接机
laundry ~ 洗衣机
layout ~ 测绘缩放仪
lead screw measuring ~ 丝杠测量仪
leadscrew grinding ~ 丝杠磨床
leadscrew milling ~ 丝杠铣床
least squares support vector ~ 最小二乘支持向量机
leather shoes sewing ~ 皮鞋缝纫机
left-hand ~ 左侧操作机床
legged ~ 步行式车辆
length measuring ~ 测长机
length-setting ~ for balance-staff 摆轴定长机（仪）
level filling ~ 粒位式充填机
level(l)ing ~ ①（板材）矫正机，矫平机②平路〔整，地，土〕机
lever universal strength testing ~ 杠杆式万能强度试验机
lift pin stripper mo(u)lding ~ 顶箱式造型机
lifting ~ 起重机
light-duty ~ 轻型机床〔机械〕，小功率机床
line boring ~ 钻轴机
linear cutting ~ 线切割机床
linear milling ~ 龙门镗铣床
linear sequential ~ 线性序列机
linear stator ~ 直线定子电机
linear synchronous ~ 线性同步电机
linishing ~ 砂带磨光机，带式抛光机
linotype ~ 划线机
liquid filling ~ 灌装机
liquid state ~ 流体状态机
listing-adding ~ 记账加数两用机
live ~ 可以使用的机器
loading ~ ①带载机组②装料机
loading and unloading ~ 装卸机械
lock producing ~ 制锁机械
logical ~ 逻辑（计算）机，逻辑装置
long-core ~ 长铁心电机
longitudinal dividing ~ 长刻线机
long-shunt compound ~ 长并复励电机
loop wheel ~ 台车（单面圆形钩针纬编机）
low-temperature testing ~ 低温试验机
lustring ~ 上〔柔〕光机
magneform ~ 金属磁成形机，磁力成形机
magnetic cobbing ~ ①磁选机②磁性分离机
magnetic pulverizer polishing ~ 磁力研磨抛光机
magnetic stripe accounting ~ 磁条会计机
magnetoelectric ~ 永磁（式）电机
make-up ~ 成形机，贴合机
manufacturing-type ~ 专用机床
marble ~ 制球机（制造玻璃等非金属球的

设备）
marine ~ 船用电机
marking ~ 打字机，印字机
mascerating ~ 皱片机
mashing ~ 搅糊机
mass centering ~ 质量定心机
master reference ~ 控制底板参考机，主参考机
matching ~ for V-belt V 带配组机
material testing ~ 材料试验机
matrix cutting ~ 铜模雕刻机
Maybach impact testing ~ 梅氏冲击试验机
MDES milling ~ 多工位铣床，组合铣床
measuring ~ 测长机，量具测准机
mechanical heading ~ 掘进联合机，掘进康拜因
mechanical sharpening ~ 锻钎机
mechanical tapping ~ 机械放液〔流〕机，叩击器
mechanical-air ~ 压气机械搅拌式浮选机
memory ~ 存储器，记忆机
merry-go-round ~ 立式车床，立车
metal decorating ~ 印铁机，铁皮印刷机
metal material testing ~ 金属材料试验机
metal slitting ~ 圆盘式剪切机
microhole drilling ~ 微孔钻床
microset presetting ~ 精密预调仪
micro-to hard-copy ~ 缩微片缩小放大复印机
mightiness spinning ~ 强力旋压机
milking ~ 挤奶机
milking pipeline ~ 管道式挤乳机
mill ~ 制粉机械
mill engraving ~ 钢芯雕刻机，钢芯轧纹机
milling ~ ①铣床②缩绒机，缩呢机
milling and centering ~ 铣削定心两用机床
mimeograph ~ 油印机
mincing ~ 剁碎机，切碎机
mining ~ 采矿机械
mirror ~ 带有磁镜的热核装置
mirror surface ~ 镜面磨削机（床）
mist spray damping ~ 喷雾给湿机
mitreing ~ 成角切削机床
mixing ~ ①混合〔搅和，混砂〕机②调和器
mobile-charging ~ 无轨装料机，汽车式装料机
modular duplex milling ~ 复式组合铣床
module ~ 模块化机床
molecular sieve deoxidizing ~ 分子筛脱氧机
monoblock ~ 单次拉丝机
moorwood ~ 浸镀锡机
mortising ~ 制榫机，榫槽机
mortising slot ~ 凿槽机
mother ~ 机床，工作母机
motive power ~ 动力机械
mo(u)ld and die copying ~ 靠模机床
mo(u)lding ~ 造型机
mo(u)lding ~ with down sand frame 模板压实造型机
mo(u)lding ~ with top sand frame 压板压实造型机
moulting ~ 脱羽机（家禽脱羽毛）
mount seal ~ 封口机
movable shaping ~ 移动式牛头刨床
moving mo(u)ld casting ~ 动模铸锭机
mucking ~ 装岩机
multichannel ~ 多道（分选）机
multi-die ~ 多次拉丝机
multi-drill head ~ 多轴钻床
multi-drilling ~ 多轴钻床
multi-duplicating ~ 连晒机
multielation automatic cold moulding ~ 多工位自动冷成形机
multihead automatic arc welding ~ 多弧自动电焊机
multihead electronic embroidery ~ 多头电脑刺绣机
multihead embroidery ~ 多头刺绣机
multilayer plastic-blower forming ~ 多层吹塑中空成型机
multilevel storage ~ 多级存储机
multi-negative ~ 连拍照相机
multiparameter testing ~ 多参数综合测试装置
multiple operator arc welding ~ 复式弧焊机，多站弧焊机
multiple electrode welding ~ 多焊丝焊机
multiple printing ~ 多形式打印机
multiple punching ~ 多头压力机，多头冲压机
multiple shearing ~ 复式剪床
multiple spindle automatic ~ 多轴自动车床
multiple station dial index ~ 多面度盘式回转机床
multiple station in-line transfer ~ 多工位直列式连续自动工作机床

multiple station rotary transfer ~ 多工位回转式连续自动工作机床
multiple-address ~ 多地址计算机
multiple-head broaching ~ 复式拉床
multiple-working-station-drilling ~ 多工位钻床
multiplex ~ 多路复用装置，多工机
multiprocessing ~ 多用伐木联合机
multi-roll withdrawal ~ 多辊拉坯机
multi-roller vertical ~ 多辊立式压延机
multi-spindle drilling ~ 多轴钻床
multi-spindle head ~ 多主轴箱机床
multi-spindle vertical drilling ~ 多轴立式钻床
multi-spline hobbing ~ 花键轴滚铣床
multistation ~ 多工位机床
multistation cold heading ~ 多工位冷镦机
multistation mo(u)lding ~ 多工位造型〔成形〕机
multitape Turing ~ 多带图灵机
multi-transferring ~ 连续转印机
multiunit ~ 多部件计算机
multi-winding ~ 多绕组电机，多相电机
nailing ~ 敲钉机
nanoscale ~ 纳米尺度机器
N/C ~ （=numerical control ~） 数控
NC laser-beam cutting ~ 数控激光切割机
NC laser-beam processing ~ 数控激光加工机
near/contact photoetching ~ 接近／接触式光刻机
needle die polishing ~ 模孔针磨机
needle grinding ~ 模孔针磨机
needle-punching ~ 针刺机
net-braiding ~ 编网机
nibbling ~ ①复杂零件分段冲裁压力机，振动剪，冲型剪切机②步冲轮廓机
nipping ~ 压平机
non ventilated ~ 无风扇电机
noncircular gear milling ~ 非圆齿轮铣齿机
noncircular gear shaping ~ 非圆齿轮插齿机
nondestructive inspection ~ 无损探伤机
non-determinstic Turing ~ 不确定图灵机
nonmetal material testing ~ 非金属材料试验机
nonmetallic material testing ~ 非金属材料试验机
non-pallet transfer ~ 直接输送式组合机床自动线
non-protected ~ 非防护型电机
non-reversible ~ 不可逆式电机
non-salient pole ~ 隐极电机
non-slip multi-die ~ 多次式无滑移卷筒拉丝机
non-tension washing ~ 松式绳洗机
normal spinning ~ 普通旋压机
notching ~ 开槽机，齿形刀片裁剪机
nubbin cut off ~ 割头机
numbering ~ ①编号印字机，号码（印刷）机②计数机，自动记号机
numerical assembling ~ 数控装配机
numerical control ~ 数（字）控（制）机床
numerical control die casting ~ 数控压铸机
numerical control gear hobbing ~ 数控专用滚齿机
numerically controlled vertical drilling ~ 数控立式钻床
nut driving ~ 拧螺母机
nut facing ~ 螺母端部加工机
nut fastening ~ 拧螺母机
nut planking ~ （自动）高速螺母制造机
nut shaping ~ 螺母成形机，螺母加工机
nut tapping ~ 螺母攻丝机
nut-castellating ~ 冠形螺母开槽机
object ~ 目的计算机
OCR ~ （=optical character recognition ~） 光学符号识别机
office ~ 办公（用）计算机，事务（用）计算机，办公机械
office-printing ~ 复印机，复制机
offset print(ing) ~ 胶（板）印（刷）机
oil extracting ~ 榨油机械
oil roll ~ 辊式涂油机
oliving ~ 弧形孔加工机（宝石轴承加工用）
one-man ~ 单人操纵机
one-pass ~ 联合筑路机
one-process automatic hosiery ~ 单程式自动织袜机
open ~ 开启型电机
openside planer milling ~ 悬臂龙门镗铣床
openside planing ~ 悬臂龙门刨床
optical measuring ~ 光学测量仪
optical profile grinding ~ 光学（工具）曲线磨床
original ~ 原型（主轴箱移动式）自动机床
oscillating groove grinding ~ 摇摆式沟道磨床
oval bow ~ 椭圆形连铸机
overexcited synchronous ~ 过励（磁）同步

电机
overhead grinding ~ 悬挂式砂轮机
overhead revolving slab charging ~ 架空式板坯回转装料机
overhead travel(l)ing drilling ~ 悬动钻床
overhung cold roll forming ~ 悬臂辊式冷弯成形轧机
overlock stitch sewing ~ 包缝缝纫机
overprint ~ 盖印机
oxy gasoline cutting ~ 氧 - 汽油切割机
packaging ~ 打包机，包装机
packing ~ 打包机，包装机，装填机，包衣机（药片包制各种薄膜）
packing and stitching ~ 打包缝口机
pad stamping ~ 打印机
pantagraph engraving ~ 缩放仪刻模铣床
pantograph dividing ~ 缩放刻线机
paper ~ 造纸机
paper tensile strength testing ~ 纸张抗张强度试验机
parallel inference ~ 并行推理机
parallel surface grinding ~ 双端面磨床
paring ~ 剥皮机
part wrapping ~ 半裹式裹包机
partiality vibrating knock-out ~ 偏心振动落砂机
parting ~ 切锭机床，切坯机床
patent hosiery ~ 平袜机
pavement milling and shaping ~ 路面铣刨机
paving ~ 铺路机
paying out ~ 放线机（架线时用）
peening ~ 喷砂机，喷丸机，锤击机
peg-inserting ~ 纹钉镶嵌机，插纹钉机
pelleting ~ ①丸粒成形机，成粒机②压片机
pen ruling ~ 划线机
perching ~ 验布机
percussion riveting ~ 风动铆钉机，冲击式铆钉机
perfect (adhesive) binding ~ 无线胶订机
perforating ~ 穿孔机
permanent mo(u)ld casting ~ 金属〔永久〕型铸造机
permanent-magnet ~ 永磁电机
Petro-forging ~ 内燃式〔压缩空气，佩特罗式〕高速锤
photo composing ~ 照相排版〔字〕机
photo exposure ~ 曝光机
photo-etching ~ 光刻机
photogravure proofing ~ 凹印打样机
phototype ~ 照相制版机
phototypesetting ~ 照相排字机
pig ~ 铸铁机
pile pressing-in ~ 压桩机
pillar type vertical drilling ~ 圆柱立式钻床
pin cropping ~ 剪削机
pin push-off mo(u)lding ~ 顶箱式造型机
pinion shaft gear shaving ~ 轴齿轮剃齿机
pin-lift mo(u)lding ~ 顶箱式造型机，顶杆造型机
pipe fitting thread turning ~ 管接头车丝机
pipe handling ~ 铺管机
pipe thread turning ~ 管子车丝机
pipe-expanding ~ 扩管〔口〕机
pipeline ~ 用螺钉连接管系〔道，路，线〕机
pipe-swabbing ~ 管材清理机（用活塞式刷子）
piston pin superfinishing ~ 活塞销超精加工机
piston ring superfinishing ~ 活塞环外圆超精加工机
plain grinding ~ 普通磨床，外圆磨床
plain surface ~ 光滑面电机
plain milling ~ 平面铣床，普通铣床
planer drilling ~ 龙门钻床
planer milling ~ 龙门刨铣床
planer-type ~ 多刀刨床（修整锭坯的）
planetary milling ~ 行星式铣床
planing ~ ①（龙门）刨床②播种机，种植机
planing and jointing ~ 刨平和接合两用机
planing and shaping ~ （牛头）刨床
planing-type generating ~ 刨削式展成加工机床
planomilling ~ 刨式铣床，龙门镗铣床
plant protection ~ 植物保护机械
planting ~ 种植机械
plasma arc welding ~ 等离子弧焊机
plasma argon arc welding ~ 等离子氩弧焊接机
plasma degumming ~ 等离子去胶机
plasma spraying ~ 等离子弧喷涂设备
plasma welding ~ 等离子电弧焊接设备
plasma-arc cutting ~ 等离子弧切割机
plastic circular knitting ~ 塑料圆织机
plastic film mulching ~ 地膜覆盖机械
plastic plate mo(u)lding ~ 塑料复制版浇铸机
plastic thermosetting ~ 塑料热合机
plastic welding ~ 塑料焊接机
plastic-blower forming ~ 塑料中空成型机

plastic-laying ~ 塑料薄膜覆盖机
plastics aggregate ~ 塑料团粒机
plastics bottle blow moulding ~ 塑料瓶吹塑成型机
plastics extrusion ~ 塑料挤出机
plastics extrusion-blow moulding ~ 塑料挤出吹塑中空成型机
plastics extrusion-stretch-blow moulding ~ 塑料挤拉吹中空成型机
plastics injecting ~ 塑料注射成型机
plastics laminating ~ 塑料复合机械
plastics plunger injection moulding ~ 柱塞式塑料注射成型机
plastics profile splicing ~ 塑料异型材拼装机
plastics rotational moulding ~ 塑料滚塑成型机
plastics testing ~ 塑料试验机
plate bending ~ 板料折弯压力机，卷板机
plate-edge bevel(l)ing ~ 斜边刨床
plate-edge planing ~ 板边刨床，刨边机
plate-level(l)ing ~ 钢板矫平机，压直机
plate-straightening ~ 中厚板矫直机
plate-working ~ 钢板精整机
platform weighting ~ 台秤，台式称量机
plier spot welding ~ 点焊钳
plotting ~ 测图仪
plow-type trenching ~ 犁式挖沟机
plunge external grinding ~ 全面进磨外圆磨床
plunger core ~ 挤芯机
plunger injection forming ~ 柱塞式注射成型机
plunger-type briquetting ~ 柱塞式团矿机
ply separation ~ 层离机
pneumatic die casting ~ 气动金属型铸造机
pneumatic dressed ~ 气动剁斧机
pneumatic high speed grinding ~ 风动高速磨床
pneumatic knock-out ~ 风动（型芯）落砂机
pneumatic sand ~ 风动撒砂机
pneumatic shot blasting ~ 喷丸清理机，气动喷丸机
pneumatic strapping ~ 气动捆扎机
point ~ 转辙机
pointing ~ 锻尖机，轧尖机
Polak ~ 布拉格冷室铸机
polishing ~ 抛光〔轧光，摆锤轧光〕机
polygon grinding ~ 多角形磨床
polyphase reluctance ~ 多相磁阻电机
pop rise forming ~ 膨化成形机
portable wood planing ~ 手提式木电刨
pot broaching ~ 筒形拉刀拉床
powdering ~ 上粉机
power ~ 动力机，发动机
power generating ~ 动力机械
power scraper ~ 机动铲运机
power supply for electrochemical ~ 电解加工电源
power tamper ~ 电动捣固机
powerful ~ 强力电机
precision fine pitch ~ 精密小齿距插齿机
precision presetting ~ 精密预调机床
preforming ~ 压片机
prehumidifying ~ 预润湿机，预增湿机
preshrinking ~ 预缩机
press ~ 压床
press testing ~ 压力试验机
pressing-sintering-melting ~ 压制烧结熔化机
pressure engraving ~ 轧钢芯机，轧花（雕刻）机
pressure face ~ 压切掘进机
primitive ~ 原型机
principal ~ 主机
print electrical ~ 印制绕组电机
printing ~ 印刷机，印花机
printing-and-developing ~ 晒版显影机
printing-down ~ 晒版机
probabilistic ~ 随机元件计算机，概率机
probe ~ 探针仪
processing ~ 洗片机
production ~ 专用机床
profile ~ 仿形机床，靠模机床
profile bending ~ 型材卷板机
profiling ~ 仿形机床，靠模机床
projecting ~ 放映机，投影机
projection welding ~ 凸焊机
proportioning ~ 配比计量机
protected ~ 防护型电机
prototype ~ 原型机，样机
pull testing ~ 拉力试验机
pulling ~ ①拉丝机②拔管机③拔桩机
pulling-in ~ （钢丝）牵引穿模机，穿模带头机
pull-through ~ （机组）穿料装置
pulp ~ 浆粕抄造机
pulping ~ 研碎〔捣碎，研磨，打浆〕机
pulse ~ 脉冲发生器
pump lam black ~ 吸油烟机
pumping ~ 泵，抽水机

punch ~ 压力机，冲床
punch cutting ~ 凸模雕刻机
punch testing ~ 冲击试验机
punched-card ~ 穿卡机，卡片穿孔机
punching 冲压〔轧切，冲孔〕机，冲床
push-off mo(u)lding ~ 带顶杆的造型机
putting-down ~ ①沉降机，沉积机②澄清机
quantum-mechanical memory ~ 量子力学存储器
quarrying ~ 采石机
quartering ~ 曲柄轴钻孔机
quenching ~ 淬火机
quintuple Turing ~ 五元组图灵机
rabbeting ~ ①车边机②制凸凹榫接机
raceway grinding ~ 轴承滚道磨床
rack cutter gear shaping ~ 齿条刀插齿机
rack shaping ~ 齿条插齿机，梳齿机
radar ~ 雷达机
radial arm boring ~ 旋臂钻床，摇臂钻床
radial drilling ~ 摇臂钻床
radial forging ~ 径向锻机，精锻机
radial precision forging ~ 精锻机
radial rotor ~ 凸极电机
radiant singeing ~ 辐射式烧毛机
radiator ~ 带散热器的电机
radioactivity nuclear computer developing ~ 放射性核素电算体层显影仪
radiographic testing ~ 放射线探伤仪
radiusing ~ 齿轮倒角机，去毛刺机
rail cambering ~ 钢轨弯曲机，弯轨机
rail relaying ~ 更换钢轨机
rail trimming ~ 钢轨研磨平整机
rail-ending ~ 钢轨端面铣床
railway track maintenance ~ 铁路线路养护机械
rainfall dump box ~ 百叶窗式翻斗壳型机
raise drilling ~ 天井钻机
raising ~ 起毛机
ram impact ~ ①捣锤冲击机②打夯机
ram type bending ~ 压头式弯机
ram-and-inner-frame ~ 锤头内架式高速锤，锤 - 架式高速锤
ramie carding ~ 苎麻梳麻机
ramie opening ~ 苎麻开松机
ramming ~ 打夯机
Raschel warp knitting ~ 拉舍尔经编机
rasping ~ 磨光机
rattling ~ 抗磨试验机
reaction ~ 反作用电机
real-time ~ 实时计算机，快速计算机
recessing ~ 割槽机，切槽机
reciprocating ~ ①往复式机械，往复〔活塞〕式发动机②往复式织袜机
recoiling ~ 卷取机，重卷机
recording ~ 录音机
rectifying ~ 矫形机
reduce roll ~ 锻轧机
reducing ~ 磨碎机，粉碎机
reducing and enlarging ~ 缩放机
reduction ~ 破碎机
reeding ~ 穿筘机
reeling ~ ①（管材）均整机，整径机，滚轧机②卷取机③摇纱〔络丝，缫丝，绕线〕机
reel-to-reel ~ 开盘式录制设备
refacing ~ 修面机，光面机
reference load calibration ~ 基准测力机
refrigerating ~ 制冷机，冷冻机，冷藏车
relieving ~ 铲齿车床
reluctance ~ 磁阻电机，反应式同步电机
reluctance-synchronous ~ 磁阻〔反应〕式同步电机
removal felling ~ 移动式伐木机
rereeling ~ 复摇机
research ~ 实验飞机，研究用飞行器
reserve ~ 备用机
resilience testing ~ 回弹性试验机
resin finishing ~ 树脂整理联合机
resistance butt welding ~ 电阻对焊机
resistance welding ~ 〔电〕阻焊机
resonant ~ 共振发生器
re-spooling ~ （线材）复绕机，再绕机
retouching ~ 修版机
revacycle ~ 按无瞬心包络法加工直齿锥齿轮的机床
reverse torsion ~ 扭转疲劳试验机
revolving-armature type ~ （旋）转（电）枢式电机
rewinding ~ 复卷机
rib knitting ~ 罗纹机
ribbed surface ~ 翅面电机，散热筋（表面冷却）型电机
ribbon lap ~ 并卷机
rice milling ~ 碾米机
riffle ~ 电光机，缎光机
rifling ~ 拉来复线机
rigid charging ~ 固定式装料机

rim-chilling ~ 轮缘表面淬火装置
ring guide drawing ~ 环形导轨并条机
ring-rolling ~ 轧环机（对环形锻件进行辗扩而减小壁厚）
rinsing ~ 洗麻机
road ~ 筑路机
road mix ~ 筑路拌料机
road oiling ~ （路面）浇沥青机
roast meat ~ 烤肉机
Robert's shotting ~ 罗伯特(球状)喷粉机(用高速水喷金属液）
roboting ~ 机器人，机械手
rock ~ 装岩机，抓岩机
rock boring ~ 钻岩机，凿岩机
rock drilling ~ 钻岩机
rocker(-action) swaging ~ 摆式轧机，摆锻机
rocker-arm resistance welding ~ 摇臂电阻焊机
rockover draw mo(u)lding ~ 翻台（起模）式造型机
rockover mo(u)lding ~ 翻台造型机
rock-tunneling ~ 岩石巷道掘进联合机
rod ~ 制条机
rod boring ~ 杆式镗床
roentgen ~ X 射线机，伦琴射线机
roll ~ 滚轧机
roll bending ~ 弯曲机，弯板机
roll boring ~ 轧辊镗床
roll branding ~ 轧辊打印机
roll coal winning ~ 滚筒采煤机
roll forging ~ 轧辊锻压机
roll grinding ~ 轧辊磨床
roller buffing ~ 擦皮辊机
roller ending ~ 皮辊烧边机
roller knock-out ~ 滚筒落砂机
roller printing ~ 滚筒印花联合机
roller section-straightening ~ 辊式型材矫直机
roller stretcher ~ 辊式板材拉伸矫直机
roll-grinding ~ 轧辊磨床
rolling ~ ①卷板机，轧钢机②成圆机，搓圆机
roll-oper and pattern draw mo(u)lding ~ 翻台式（起模）造型机
roll-over ~ 翻型机（铸造的）
roll-type briquetting ~ 对辊制团机，对辊压制机
rooter ~ 壁板沟槽铣床（木工）
rotary bending ~ 转模弯曲机
rotary core ~ 旋压式挤芯（棒）机
rotary grinding ~ 转台磨床
rotary index ~ 多工位转台式机床
rotary milling ~ ①回转铣床②滚筒式缩绒机
rotary piston ~ 旋转活塞发动机
rotary stepped ~ 旋转式步进电机
rotary swaging ~ 旋（转）锻（打）机，环锻机
rotary transfer ~ ①多工位转台自动线，回转式自动线②回转式输送机
rotary tube expanding ~ 斜轧式扩管机
rotating beam type ~ 转杆式（疲劳）试验机
rotating cantilever beam type ~ 转梁式（疲劳）试验机
rotating electrical ~ 旋转电机
rotating soldering ~ 旋转式焊接机
rotating-armature ~ （旋）转（电）枢式电机
round cornering ~ 切圆角机
round sintering ~ 圆盘烧结机
rounding ~ 车圆机
routing ~ 手动靠模铣床
rubber flab testing ~ 橡胶松弛试验机
rubber fray testing ~ 橡胶摩擦磨损试验机
rubber spreading ~ 涂胶机
rubber testing ~ 橡胶试验机
rubberizing ~ 注液胶机
rubbing ~ ①摩擦机，搓擦机②脱壳机，脱壳器
rubylith cutting ~ 红宝石切割机
rule bending ~ 弯铅线机
ruling ~ 刻线机
running balance indicating ~ 动平衡机
running-in ~ 试运转装置，配研装置
sack filling ~ 装袋机
saddle stitching ~ 骑马（鞍形）订书机
saddle tank ~ 驮箱式喷雾机（拖拉机双侧悬挂药液箱的）
samming ~ 均湿机
sampling ~ ①制样机②切布样机
sand carving ~ 喷砂雕刻机
sand mo(u)lding ~ 造型机
sand preparation ~ 型砂处理设备
sand projection ~ 抛砂机
sand slinging ~ 抛砂机
sanding ~ 磨绒机
satellite control ~ 分〔分集中，从属〕联锁机
satinizing ~ 研光机
sausage ~ 带螺旋式输送机的造型芯机
saw grinding ~ 锯齿修磨〔锯齿刃磨，锉锯

（齿）〕机
saw sharpening ~ 锯齿修磨〔锯齿刃磨，锉锯（齿）〕机
saw(ing) ~ 电锯，锯床
scaling ~ ①剥皮机床②去锈机，去垢机
scanning ~ ①扫描机②数据输入机
scarfing ~ ①嵌接机②火焰清理机
scavenging ~ 清扫机，清除机
sceam welding ~ 缝焊机
Schenick ~ 谢尼克金属疲劳试验机
Schickard's ~ 什卡尔机
school ~ 教练机
scoring ~ 刻痕机
scouring ~ ①冲浇机，洗涤机②脱壳机，砻谷机
scraping ~ 铲刮机
screen printing ~ 网板〔丝幕〕印刷机，筛网印花机
screen(ing) ~ 筛选机，筛（砂）机
screw ~ 螺纹切削机，制螺钉机
screw chasing ~ 螺纹切削机
screw milling ~ 螺钉头沟槽铣床
screw nicking ~ 螺钉头开槽机
screw riveting ~ 螺旋铆机
screw rolling ~ 滚螺纹机
screw shaving ~ 制螺母及螺钉头机（加工螺母及螺钉头的车床）
screw-driving ~ 螺杆传动机床
screwing ~ 螺纹车床，制螺旋机
screw-slot milling ~ 螺钉头沟槽铣床
screw-thread milling ~ 螺纹铣床
screw-thread rolling ~ 螺纹滚轧机
scribing ~ 划线机
scroll sawing ~ 线锯床
sealing ~ 封口机（对容器进行封口），压盖机，封焊机
seam sealing ~ 缝焊机
seam welding ~ 缝焊机
second reduction ~ 精碎机
second-hand ~ 旧机器，二手设备
section working ~ 定型材料工作机
section-bending ~ 型材弯曲机
sector gear polishing ~ 扇形齿板抛光机
seed processing ~ 种子加工机械
seeding ~ 播种机
Sekur ~ 斯库尔携带式硬度计
self-cooled ~ 自冷式电机
self-excited ~ 自励电机
self-learning ~ 自学习机
self-organizing ~ 自编机，自组织机
self-running felling ~ 自行式伐木机
self-ventilated ~ 自通风电机
selvedge stamping ~ 印边机
selvedge-trimming ~ 剪边机，修边机
semiguarded ~ 半防护式电机
semi-hard type balancing ~ 半硬支承平衡（试验）机
semi-low head ~ ①立弯式连铸机②半低架式机组
semi-self-propelled ~ 半自走〔半悬挂，牵引〕式机具
sending ~ 发射机，发送机
sensitive drilling ~ （高速）手压钻床
separately-cooled ~ 他冷式电机
separating ~ 分离机
separation-of-charge ~ 静电起电机
sequential ~ 时序机
serial ~ 串行计算机
series ~ ①串励电机②串行计算机
series excited ~ 串励电机
service-test ~ 使用试验机
setting ~ 拨齿机
setting-out ~ 除屑机
seven-roll Abramsen ~ 拉伸矫直机，艾布拉姆森七辊（管材）矫直机
sewing ~ 缝纫机，锁线订书机
shaft ~ 轴类加工自动机
shaft-sinking ~ 井筒开凿机
shaping ~ ①牛头刨床②成形机
shaving ~ ①剃齿机②刨花机③削片机④刮里机（制革用）
shearing ~ ①剪床，剪切机，机动剪机②剪毛机③刮布机
shearing and bending ~ 剪切折弯两用机
shearing crocodile ~ 杠杆式剪断机
sheet handling ~ 码纸机
sheet metal perforating ~ 金属薄板冲孔机
sheet-doubling ~ 薄板折叠机
shell core ~ 壳芯机
shell mo(u)ld ~ 壳型（造型）机
shifting ~ 换档机构
shock ~ 冲击机
shock test ~ 冲击试验台
shockless jarring ~ 无振冲击机
shockless jolt mo(u)lding ~ 微振造型机，无冲击振实（式）造型机

shoe making ~ 制鞋机械
shoot core ~ 射芯机
shoot squeeze mo(u)lding ~ 射压造型机
short thread milling ~ 短螺纹铣床
shot concrete ~ 混凝土喷射机
shot-blasting ~ 抛丸（清理）机
shotcrete ~ 喷浆机
shoulder grinding ~ 挡边〔台肩〕磨床
shovel(l)ing ~ 挖土机，铲土机
shrimp peeling ~ 虾仁机
shrink packaging ~ 收缩包装机
shunt-excited ~ 并励电机
shuttle transfer ~ 往复式连续自动工作机床
side broaching ~ 侧拉床
side planing ~ 边刨机
siding ~ 边缘修整机
sieve ~ 筛分机
sieving ~ 筛选机，筛粉机
sifting ~ 筛选机
silk reeling ~ 摇纱机，缫丝〔络丝〕机
silkworm ~ 桑蚕机械
simple beam impact ~ （摆式）冲击试验机
simple lever-type weighing ~ 杠杆式简易秤
simultaneous draw texturing ~ 同时拉伸变形机，内拉伸变形机
singeing ~ ①点火机②烧毛机
single ~ ①间苗机②单机
single acting ~ 专用机床
single address ~ 单地址计算机
single arm planing ~ 单臂刨床
single operator welding ~ 单站（弧）焊机，单工使用焊机
single purpose ~ 专用机床
single rotation ~ 转子发动机
single side ~ 单面印刷机
single upright ~ 单柱车床
single yarn power ~ 单纱强力机
single-block ~ 单次拉丝机，单卷筒拉丝机
single-column jig boring ~ 单柱坐标镗床
single-revolution ~ 回转印刷机
single-row ~ 单行机具
single-spindle automatic chucking ~ 单轴自动卡盘车床
single-station way type ~ 单工位导轨式机床
single-wire drawing ~ 单次拉丝机
sinking ~ 井筒开凿机
sintering ~ 烧结机
size ~ 施胶机，上胶机
sizing ~ ①分级机，径选机②浆纱机③上胶机，胶黏机
skelp threading ~ 焊管坯装炉机
skimming ~ ①离心机，（牛乳）分离机②撇渣机③抛光机
skin-making ~ 造皮机
skinning ~ 剥皮机，去皮机
skip hoist type charging ~ 翻斗爬式加料机
skiving ~ 切片机
slabbing ~ ①平面铣床②切块机③三截盘浅截深联合机
slab-milling ~ 板坯剥皮（修整）机床，板坯铣床，大型平面铣床
slicing ~ 钢锭切分机
slideway grinding ~ 导轨磨床
sliding vane refrigerating ~ 滑片式制冷压缩机
slip wire drawing ~ 滑动拉丝机
slitting ~ （带材）纵切（成窄带）机组，（带材）纵向切分机组
slitting and re-reeling ~ 纵切复卷机
slitting shear ~ 切条机
sliver lap ~ 条卷机
slivering ~ 制条机
slot ~ （投币式）自动售货机
slot and keyway milling ~ 开缝键槽铣床
slotless ~ 无槽电机
slotted wheel cutting ~ 沟轮切断机
slotting ~ 插〔立刨，铡〕床
slotting saw sharpening ~ 开槽锯刃磨机
slush ~ 脱水机
smart ~ 智能机，智能设备，灵巧设备
smooth(ing) planing ~ 细〔精〕刨床
snag grinding ~ 砂轮机，琢磨磨床
snap gage grinding ~ 卡规磨床
soft bearing general balancing ~ 软支承通用平衡机
soft type balancing ~ 软支承平衡（试验）机
softening ~ 软麻机
soldering ~ 焊接机
sonic washing ~ 超声波洗涤机
sorting ~ 分选〔级，拣〕机
sounding ~ 测深机〔仪〕，触探机
source ~ 原始计算机，源程序计算机
sowing ~ 播种机
soybean processing ~ 豆制品加工机械
spading ~ 铲土机
span milling ~ 翼梁（用）铣床

spark erosion ~ （电）火花腐蚀加工机（床）
spark sintering ~ 火花烧结机
spark-erosion drilling ~ 电火花穿孔机
spark-erosion grinding ~ 电火花磨床
spark-erosion sinking ~ 电火花成形机床
sparkle wire cut electric discharge ~ 电火花线切割机床
special ~ ①专用机②专用机床③特种电机，专用电机
special balancing ~ 专用平衡机
special power-pack set ~ 专用联动机床
special type spinning ~ 特种旋压机
specimen ~ 样机
spherical worm milling ~ 球面蜗杆铣床
spin forming ~ 旋压成形机床
spindle band stretching ~ 锭绳〔带〕拉伸机
spindle hardening ~ 锭杆淬火机
spin-forging ~ 旋转锻机
spinning ~ ①旋压机床②离心机（制混凝土用）③离心纺纱机
spiral bevel gear chamfering ~ 弧齿锥齿轮倒角机
spiral bevel gear finishing ~ 弧齿锥齿轮拉齿机，弧齿锥齿轮铣齿机
spiral bevel gear grinding ~ 弧齿锥齿轮磨齿机
spiral bevel gear roughing ~ 弧齿锥齿轮粗切机
spiral filament forming ~ 绕丝机（游丝成形机）
spiral tamping ~ 螺旋捣固机
splicing ~ 粘接机
spline shaft grinding ~ 花键轴磨床
spline shaft hobbing ~ 花键轴铣床
splint cutting ~ 割木片机
split pattern mo(u)lding ~ 拼合木模样制型机
spooling ~ 绕线机，钢丝的打轴机
spot and butt welding ~ 点焊对焊两用机
spot welding ~ 点焊机
spray ~ 喷雾机，喷洒机
spray coating ~ 喷涂机
spray damping ~ 喷雾给湿机
spraying ~ 喷浆〔雾，洒〕机
spring coiling ~ 卷簧机
spring testing ~ 弹簧试验机
sprinkling ~ ①喷水器，喷淋器②喷灌机，人工降雨机
square hole grinding ~ 方孔磨床
squaring ~ 牛头刨床
squaring up ~ 方边刨床
squeegeeless screen printing ~ 无刮墨板丝网印刷机
squeeze ~ ①压榨机②压实造型机
squeeze mo(u)lding ~ ①压铸机②压力成形机，压实（式）造型机
squeeze stripper mo(u)lding ~ 顶箱（起模式）压实造型机
squeezing ~ 压榨机，挤压机
stacking ~ 堆垛机，铁心叠压机
staking ~ ①打桩机②拉软机
stack mo(u)lding ~ 叠型造型机
stamping ~ 捣碎〔冲压，打印〕机，锤击机
standing ~ 停开的机器，不在运转的机器
standing-wave ~ 驻波指示器
stapling ~ 订书机
star lapping ~ 行星研磨机
starching ~ 上浆机
starting ~ 起动机
static ~ 静电起电机
static-dynamic universal testing ~ 动静万能试验机
station drilling ~ 连续自动钻床，程序自动钻床
station index ~ 转位加工机床
stationary ~ 定置机
stationary riveting ~ 固定铆机
station-type drilling ~ 工位式钻床
statistical ~ 统计机
steam damping ~ 蒸汽给湿机
steam-jet refrigerating ~ 蒸汽喷射制冷机
steel ball grinding ~ 钢球磨床
steel bar drawing ~ 钢筋冷拔机
steering ~ 舵机
step-and-repeat ~ ①连拍〔连晒〕机②逐步反复加工机
step-and-repeat negative ~ 连拍照相机
step-and-repeat printing-down ~ 连晒机
sterile packaging ~ 无菌包装机
sterilization ~ 杀菌机
stickiness pressing ~ 胶黏压合机
stitching-bonding ~ 缝编机
stock-core ~ 挤芯机
stocking ~ ①装料机②织袜机
stockpile discharge ~ 堆料卸料机
stock-removing ~ 切削机床
stoping ~ 回采机械

stowing ~ 充填机
straight bevel gear broaching ~ 直齿锥齿轮拉齿机
straight bevel gear milling ~ 直齿锥齿轮铣齿机
straight bevel gear roughing ~ 直齿锥齿轮粗切机
straightening ~ 矫直〔正〕机
straight-in grinding ~ 直进外圆磨床（用径向进刀法磨圆形工件）
straight-line ~ 直线式拉丝机
straight-line sintering ~ 带式烧结机
strand casting ~ 单流连铸机
strand pig casting ~ 单线铸铁机
stranding ~ ①绞线机②制绳机
strap bevel(l)ing ~ 传动带（接头）斜切机
strapping ~ 带卷捆扎机，捆带成包机
straw cutting returning field ~ 秸秆切碎还田机械
stretch breaking ~ （丝束）牵切机，拉断法直接制条机
stretching ~ ①拉伸矫直机，伸展机②拉幅机
strike-off ~ 机印打样机
strip ~ ①拉荒机床，粗加工机床②起模机，抽锭机③剥皮机
strip-on-edge winding ~ 扁绕机
stripper ~ 起模机，卸料机
stripping ~ ①剥离电铲②起模机③卸料机④划线机
stripping-plate mo(u)lding ~ 漏模造型机
S-type ~ 弧形连铸机，弧形机组
submerged arc welding ~ 埋弧焊机
submerged plunger diecasting ~ 柱塞式浸注压铸机
submersible ~ 水中用电机
suction ~ ①气吸式捡拾机②吸尘机
super finishing ~ 超精机，超精加工机床
superconducting ~ 超导电机
superconducting electric ~ 超导电机
super-conductive electric ~ 超导电机
support vector ~ 支持向量机（人工智能识别）
surface ~ 浮纹压光机
surface aeration ~ （污水处理）表面曝气机
surface broaching ~ 外拉床
surface grinding ~ 平面磨床
surface milling ~ 平面铣床
surface printing ~ 凸纹滚筒，印花机，表面印花机
surfacing ~ 端面切削机床
swaging ~ 旋转锻打机，旋锻机，环锻机，型锻机
sweeping ~ 扫路车，扫街机
swing cross-cut sawing ~ 摆动（架）式锯床
swing-forging ~ 摆锻（开坯）机，摆式轧机
swing-frame grinding ~ 旋架磨床
swinging ~ 打麻机，弹棉机
swinging and jarring ~ 摆辗机
swinging grinding ~ 摇摆研磨机
switch ~ 转辙器（电车）
switched-reluctance ~ 开关磁阻电机
synchronous ~ 同步电机
syntax ~ 语法机
table planing ~ 龙门刨床
tablet ~ 压块〔饼，片〕机
tablet compressing ~ 压片〔制片，压块〕机
tabulating ~ 制〔列〕表机
talking ~ 唱机，留声机
tamping ~ 打夯〔砸道，压形，成形〕机，捣固机（炼焦作业）
tap flute grinding ~ 丝锥沟槽磨床
tap grinding ~ 丝锥磨床
tape ~ ①自动收报机②磁带录音机
tape recording ~ 磁带录音机，带式记录机
taper hobbing ~ （准渐开线型）锥齿轮滚齿机
taper honing ~ 锥度珩磨机
tap-hole stopping ~ 堵铁口机，泥炮
taping ~ 包带机
tappet ~ 挺杆冲击锤式钻机
tapping ~ ①攻螺纹机②开（铁）口机
target ~ 专用目的计算机
tea drifting-sifting ~ 茶叶飘筛机
tea firing ~ 焙茶机，茶叶干燥机
tea leaf roasting ~ 茶叶炒干机
tea twisting ~ 茶叶揉捻机
teaching ~ （装有电子计算机的）教学机
technic testing ~ 工艺试验机
tedding ~ 干草干燥机
telecesium ~ 放射性铯深部疗机，远距离铯疗机
telecobalt ~ 放射性钴深部治疗机，远距离钴疗机
tempering ~ 调温机
template milling ~ 样板铣床，仿形铣床
tenoning ~ 制榫机，开榫机
tensile-testing ~ 拉伸试验机

tentering ~ 伸幅机，拉幅机
terry knitting ~ 毛圈针织机
testing ~ （材料）试验机
textile ~ 纺织机械
thermal ~ 热机
thermal fatigue testing ~ 热疲劳试验机
thermal transfer process ~ 热转印机
thinning ~ 压薄机，轧薄机
thrashing ~ 脱粒〔打谷，捶击〕机
thread chasing ~ 螺纹车床
thread grinding ~ 螺纹磨床
thread milling ~ 螺纹铣床
thread opening ~ 开线头机，开回丝机
thread peeling ~ 旋风式螺纹铣床
thread plug gauge grinding ~ 螺纹塞规磨床
thread rolling ~ 螺纹滚压机床
thread sawing ~ 螺纹锯床，线锯锯床
thread sealing ~ 塑料线烫订机
thread sewing ~ 锁线机，串线机
thread turning ~ 螺纹车床
thread whirling ~ 旋风式螺纹铣床
threading ~ ①螺纹加工机床，攻螺纹机 ②焊管坯穿炉装置
threading dies grinding ~ 圆板牙铲磨床
three-address ~ 三地址计算机
three-arm pickling ~ 三摇臂式（分批）酸洗机
three-bearing ~ 三轴承（型）电机
three-dimensional copying milling ~ 立体仿形铣床
three-dimensional engraving ~ 立体刻模铣床
three-dimensional pantograph engraving ~ 立体缩放仪刻模铣床
three-dimensional profiling ~ 三向靠模铣床，成形面靠模铣床
three-head milling ~ 三轴铣床
three-phase ~ 三相电机
three-point mounted ~ 三点悬挂式机具
three-roll bending ~ 三辊弯板机
threshing ~ 脱粒机
throwing ~ 捻丝机
tie drilling ~ 轨枕钻机
tie scoring ~ 轨枕锯面机
tiering ~ 仓库（用）起重运输机
tile draining ~ 排水瓦管敷设机
tile laying ~ 瓦管敷设机
tile trenching ~ 瓦管管道挖掘机
tillage ~ 土壤耕作机械
tilling ~ 土壤耕作机具
timber working ~ 木工机床
timbering ~ 支架机，支柱机
timing ~ 校表仪
tin ~ 镀锡机
tire bending ~ 轮箍弯机
tire test ~ 轮胎试验机
tire-trueing ~ 轮胎正圆机
tissue ~ 薄页纸造纸机
two-tool ~ 双刀刨齿机
tobacco processing ~ 烟草加工机
Toepler-Holtz ~ 托普勒 - 霍耳兹电机
toggle-joint riveting ~ 肘节铆机
toggle-type tablet ~ 肘杆压片机
tom-tom scouring ~ 锤式精炼机
tonguing and grooving ~ 制榫机
tool and cutter grinding ~ 工具磨床
tool milling ~ 工具铣床
tool profile grinding ~ 工具曲线磨床
toolbar ~ 装在通用机架上的机具
tool-grinding ~ 刃磨机
toolroom ~ 工具机
top squeeze mo(u)lding ~ 上压式造型机
torque ~ （低转速）大转矩机械
torsion ~ 绕簧机，扭簧机
torsion testing ~ 扭转试验机
totalising ~ 加注计算机，加数计算机，加法（求和）计算机
tow collecting ~ 丝条集束机
tracing ~ 描图机，电子轨迹描绘器
track oiling ~ 轨道上油机
track-laying ~ 铺轨机
traffic recorder ~ 话务量记录机，话务员记录机
transfer ~ ①传递机，传送装置②（组合机床）自动（生产）线，连续自动工作机床③轮转印刷机
transfer printing ~ 转移印花机
translation ~ 翻译机
transverse planing ~ 滑枕水平进给式牛头刨床
trash-cleaning ~ 清污机
travelling horizontal boring ~ 移动式卧式镗床
travelling-type radial drilling ~ 滑座式摇臂钻床
traverse shaping ~ 水平移动式牛头刨床
trenching ~ 挖沟机
tribotesting ~ 磨损试验机

trickle impregnating ~ 滴漆机
Tricot warp knitting ~ 特里科经编机
trimming ~ 剪边机，切边剪
trowelling ~ 地面抹光机
tub scouring ~ 槽式洗涤机
tub sizing ~ 槽式施胶机
tube bending ~ 弯管机
tube sorting ~ 理筒管机
tufting ~ 簇绒机
tumbling ~ 倒棱机（宝石轴承加工用）
tunnel ~ 隧道掘进机
tunnel boring ~ 隧洞掘进机
turbine scutching ~ 透平式打亚麻机
Turing ~ 图灵（计算）机
turn-around ~ 钢锭回载机
turning ~ （立式）车床
turning tool universal radial drilling ~ 车式万向摇臂钻床（机床的底座下部装有滚轮和撑脚）
turnover jolt squeeze mo(u)lding ~ 转板式振压造型机
turn-table mo(u)lding ~ 转台式造型机
turret-type coordinate boring ~ 转塔坐标镗床
turret-type vertical drilling ~ 转塔立式钻床
twin roller stretching ~ 双辊拉伸机
twine ~ 捻线机，制线机
twist drill grinding ~ 麻花钻头刃磨机
twist drill milling ~ 钻头铣床
twisting ~ 捻线机，捻丝机
two-bearing ~ 双轴承型电机
two-bearing roll forging ~ 双支承辊锻机
two-field induction ~ 双磁场异步电机
two-lap lapping ~ 双盘研磨机
two-ply laminating ~ 双贴层压机
two-row ~ 双行作业机具
tying ~ 捆结机，打捆机，扎捆机
tyre building ~ 轮胎成型机
tyre retractor ~ 轮胎翻新机
tyre shaping ~ 轮胎定型机
ultra-intelligent ~ 超级智能机
ultrasonic ~ 超声加工机
ultrasonic bonding ~ 超声焊合机，超声焊接机
ultrasonic cleaning ~ 超声清洗机
ultrasonic welding ~ 超声焊机
undercutting ~ 下刻机
unipolar ~ 单极电机
unit head ~ 组合头钻床
universal ~ 万能工作机械，通用机械
universal 2-axis slant bed ~ 双轴斜床身万能机床
universal gear hobbing ~ 万能滚齿机
universal knee type milling ~ 万能升降台铣床
universal radial drilling ~ 万向摇臂钻床
universal thread grinding ~ 万能螺纹磨床
universal thread milling ~ 万能螺纹铣床
universal tool grinding ~ 万能工具磨床
universal votary head milling ~ 万能回转头铣床
universal wheelwright ~ 万能制轮机
untwisting ~ 解捻机，松捻机
updraft sintering ~ 鼓风烧结机
upset forging ~ 镦锻锻造机
upsetting ~ ①平锻机，镦粗机②振实造型机
vacuum board ~ 真空纸板机
vacuum deposition ~ 真空镀膜机
vacuum forming ~ ①真空成形机②（纸张）真空抄片机
vacuum packaging ~ 真空包装机
vacuum preserve freshness ~ 真空保鲜机
valve refacing ~ 磨阀面机
vat ~ 网槽造纸机
v-bed flat ~ 横机（平型纬编针织机）
vector ~ 向量机
vegetable harvesting ~ 蔬菜收获机
vending ~ 自动销售机，（小商品）自动售货机
veneer cutting ~ 截夹板机，截镶板机
veneer lathe rotary peeling ~ 单板旋床
veneer peeling ~ 截夹板机，剥镶板机
ventilated frame ~ 机壳表面冷却式电机
versatile ~ 多用机床
vertical balancing ~ 立式平衡机
vertical band sawing ~ 立式带锯床
vertical drilling ~ 立式钻床
vertical gear hobbing ~ 立式滚齿机
vertical gear shaping ~ 立式插齿机
vertical gear shaving ~ 立式剃齿机
vertical injection forming ~ 立式注射成型机（热塑性塑料的注射机）
vertical internal broaching ~ 立式内拉床
vertical internal cylindrical honing ~ 立式内圆珩磨机
vertical knee type boring ~ 立式升降台镗床
vertical knee type milling ~ 立式升降台铣床
vertical milling ~ 立式铣床

vertical surface broaching ~ 立式外拉床
vertical surface milling ~ 立式平面铣床
vertical tapping ~ 立式攻丝机
vibrating squeeze mo(u)lding ~ 振实造型机
vibration fatigue ~ 振动疲劳试验机
vibratory shakeout ~ 振动落砂机
virtual ~ 虚拟机
virtual exercise ~ 虚拟训练机
voice-recording tape ~ 磁带录音机
voting ~ 投票计算机
vulcanizing ~ ①热补机②（橡胶）硫化机③补胎机
Wagner casting ~ 瓦格纳金属型铸造机
wagon weighing ~ 称车机
walking ~ 迈步式车辆，步行机
wall bore ~ 壁装钻床
wall drilling ~ 墙装钻床
wall ironing ~ 罐壁烫压机
warming ~ 暖气机
warp knitting ~ 经编机
warp-rebeaming ~ 倒轴机，并轴机
wash bow ~ 洗碗机
waste grinding ~ 碎胶机
waste silk spinning ~ 丝纺织机
watch gear hobbing ~ 手表齿轮滚齿机
water dripping irrigation ~ 滴水灌溉设备
water scooping ~ 吸水机，戽水机
water-air-cooled ~ 水外冷空气循环式电机
water-gas ~ 水煤气发生器
watering ~ 喷灌机
waterproof ~ 防水式电机
water-tight ~ 不透水型电机
wave winding ~ ①波形绕法绕线机②波状绕组电机
wax injection ~ 压蜡机（熔模）
waxing ~ 上蜡机
way grinding ~ 导轨磨床
weak ~ 功率小的机器
weariness testing ~ 疲劳试验机
wear-test ~ 磨损试验机
weather-protected ~ 风雨防护式电机
weaving ~ 织机
web-fed gravure rotary press ~ 卷筒纸凹印轮转机
web-fed letterpress rotary ~ 卷筒纸凸版轮转机
Webridge continuous casting ~ 三联结晶器连铸机，韦布里奇连铸机
wedge inserting ~ 槽契插入机
weft knitting ~ 纬编机
weighing ~ 磅秤，地秤，台称，称量计，衡器
wet abrasive blasting ~ 湿喷砂机，液体研磨机
wheel abrator ~ 转轮喷砂机（清理带材或线材用的）
wheel abrator-type ~ 砂轮式清理机
wheel cutting ~ 切齿机
wheel mo(u)lding ~ 齿轮制型机
wheel stretching ~ 轮压展机
wheeling ~ 滚压机，薄板压延机
wheel-quartering ~ 卧式双轴对钻钻床
whipping ~ ①打擦机，搅打器②搅乳器③打蛋机
whisk(ing) ~ ①打擦机，搅打器②搅乳器③打蛋机
wide range spraying ~ 高射程喷雾机（病虫害防治）
Wimshurst influence ~ 维姆胡斯静电感应起电机
winch ~ （洗染布时用的）绞盘机
wind ~ 风力机，风车
windiness ~ ①吹风机②风力发动机
winding ~ ①绕线机，绕嵌机，络纱机②提升机③卷切机
Wira fiber diagram ~ 维拉式纤维长度仪
wire braiding ~ 金属丝编带机
wire covering ~ 金属丝包编机，包（金属）线机
wire cut electric discharge ~ 电火花线切割机
wire drawing ~ 拉〔拔〕丝机
wire lying ~ 换网机，铜网接头机
wire stitching ~ 钢丝订书机
wire tensioning ~ 钢筋冷拉机
wire twisting ~ 绞线机
wire weaving ~ 金属丝〔网〕织机
wire-coil wrapping ~ 电线包装机
wire-coiling ~ （钢丝）绕丝机
wire-coiling stripping ~ 线盘卸下机，卸线卷机
wobbler ~ 摇摆机构
wood mo(u)lding ~ 木饰线条机
wood wool making ~ 刨丝机，木丝制造机
wood-falling ~ 伐木机
woodworking band sawing ~ 木工带锯机
woodworking circular ~ 木工圆锯机

wool scouring ~ 洗毛机
word ~ 文字计算机
working ~ 加工机
worm feeding core extrusion ~ 螺旋挤芯机
worm grinding ~ 蜗杆磨床
worm hobbing ~ 蜗杆滚齿机
worm milling ~ 蜗杆铣床
worm-gear hobbing ~ 蜗轮滚齿机
wrapping ~ 卷包〔包扎，打包，塞头，皮带助卷〕机
wringing ~ 挤水机
yarn lustering ~ 纱线上光机
zinc plate grining ~ 平印锌板磨版机
zip fastener making ~ 拉链制造机械

machineability =machinability
machinebuilding 机器制造业，机械〔机器〕制造
machine-cleaning 机械清洁的
machined 已加工的
machine-dependent 与机器相关的
machine-dried 机械干燥的
machinehours 机器运转时间
machine-imprinted 打机械标记的
machine-language 机器〔计算机〕语言
machine-laying 机械化敷设（水管等）
machinelike 像机器一样的，机器似的
machineman 印刷工，钻石工人
machine-readable 机器可读的，可直接为计算机所使用的
machinery ①机器（制造），机械（制造，装置，设备），机构②工具，手段，方法
accessory ~ 辅助机械设备
agar processing ~ 琼脂加工机械
agricultural ~ 农业机械
air conditioning ~ 空气调节机
aquatic product breeding ~ 水产养殖机械
aquatic product harvesting ~ 水产捕捞机械
aquatic product storing transporting ~ 水产储运机械
artificial leather ~ 人造革生产设备
artificial plate ~ 人造板机械
arts and crafts processing ~ 工艺美术品加工机械
asbestos board ~ 石棉板制造机组
automatic mechanical strapping ~ 机械式自动捆扎机
ball-point pen producing ~ 圆珠笔生产设备
bookbinding ~ 装订机械
brick manufacturing ~ 制砖设备
bridge construction ~ 桥梁施工机械
butter ~ 乳油制造机
cement ~ 水泥设备
ceramic ware manufacture ~ 陶瓷器生产设备
cereal harvesting ~ 谷物收获机械
chemical ~ 化工设备
clay tile manufacturing ~ 制瓦设备
coal ~ 采煤机械
coal mine support ~ 煤矿支护机械
coal planing ~ 刨煤机
combination ~ 联合机械
compact ~ 压实机械
concrete ~ 混凝土机械
construction ~ 施工机械，工程建筑机械
dairy ~ 挤奶和奶制品加工机械
drawing ~ 拉拔设备
drill hole ~ 穿孔机械
drying ~ 干燥机械
earthmoving ~ 运土机械，土方机械
electric ~ 电力机械
electrical ~ 电机
electronic auxiliary ~ 无线电通信辅助设备
elevating and conveying ~ 升运和输送机械
excavating ~ 挖掘〔泥，土〕机
excavation ~ 开挖机械
farm ~ 农业机械
farming ~ 畜牧机械
feed processing ~ 饲料加工机械
fertilizer ~ 施肥机械
fiber glass manufacture ~ 玻璃纤维制造设备
field ~ 田间作业机械
finned aquatic product processing ~ 水产品罐头加工机械
finned fruit processing ~ 水果罐头加工机械
finned meat processing ~ 肉类罐头加工机械
finned vegetable processing ~ 蔬菜罐头加工机械
fire ~ 消防设备
fish meat processing ~ 鱼糜加工机械
fish processing ~ 鱼制品加工机械
fish product processing ~ 鱼类加工机械
fishery ~ 渔业机械
food ~ 食品加工机械
food canning ~ 罐头食品加工机械
forestry ~ 林业机械
foundry ~ 铸造机械
furnishing ~ 装修机械

generating ~ 发电设备，发电机
glass manufacture ~ 玻璃制造设备
glued wood processing ~ 胶合木加工机械
grassland building ~ 草原建设机械
gypsum board ~ 石膏板制造机组
hoisting ~ 起重机械
holographic printing ~ 全息照相印刷机
hydraulic transport ~ 水力输送装置
investment casting ~ 熔模铸造设备
kelp processing ~ 海带加工机械
land reclamation ~ 土地开垦机械，垦荒机械
latex product ~ 胶乳制品机械（又称乳胶制品机械）
lens processing ~ 镜片加工机械
loading-unloading ~ 装卸机械
logging ~ 木材采集机械
maintenance ~ 养路机械
marine ~ 船用机械，轮机
metal forming ~ 锻压机械（机械压力）
metallurgical ~ 冶金机械
metalworking ~ 金属加工机械
mineral wool board ~ 矿棉板制造机组
mining ~ 矿山机械
mortar material processing ~ 灰浆制备机械
motion picture education ~ 电影电教机械
nuclear ~ 核（动力）装置，核机构
packaging ~ 包装机械
paper ~ 造纸机械
pastry processing ~ 糕点加工机械
pavement construction ~ 路面机械
pen ~ 制笔机械
pencil producing ~ 铅笔制造机械
petroleum refining ~ 炼油设备
pharmaceutical ~ 制药机械
pile-driving ~ 桩工机械
plastics ~ 塑料机械
plate making ~ 制版设备
pneumatic ~ 风动机械
port cargo handling ~ 港口装卸机械
preserved fruit processing ~ 果脯、蜜饯加工机械
printing ~ 印刷机械
pumping ~ 泵，抽运机械
quick-frozen vegetable processing ~ 速冻蔬菜加工机械
reclaim rubber ~ 再生胶生产设备
refractory ~ 耐火材料设备
rice treatment ~ 制米机械
rolling mill ~ 金属轧制设备
rubber ~ 橡胶机械
salt processing ~ 制盐机械
screening ~ 筛分设备
seeding ~ 播种机械
separating ~ 分离机械
shakeout ~ 落砂设备
shaping ~ 成形机械设备
shellfish processing ~ 贝类加工机械
silvicultural ~ 营林机械
sizing ~ 筛分设备
smelting ~ 冶炼设备
steel bar processing ~ 钢筋加工机械
steel smelting ~ 炼钢设备
stone processing ~ 石材加工机械
sugar manufacturing ~ 制糖机械
synthetic detergent ~ 合成洗涤剂生产设备
tape-editing ~ 磁带剪辑机械
tea processing ~ 茶叶加工机械
three-dimensional printing ~ 立体印刷机
track laying ~ 铺轨机械
traction ~ 牵引机械
tunnel construction ~ 隧道施工机械
vulcanization ~ 硫化机械
water lifting ~ 扬水〔抽水，提水〕机械
wood working ~ 木工机床
yard operation ~ 场上作业机械
machine-shaping 加工成形
machineshop 机工车间，机械车间
machine-tool 机床
adaptive controlled ~ 适应控制机床
aggregate ~ 组合机床
center column type modular ~ 中央立柱式组合机床
electrochemical ~ 电解加工机床
electron beam ~ 电子束加工机床
heavy duty ~ 重型机床
ionbeam ~ 离子束加工机床
modular ~ 组合机床
modular drilling ~ 钻削组合机床
multiple station modular ~ 多工位组合机床
numerically controlled ~ 数控机床
plasma ~ 等离子加工机床
precision ~ 精密机床
rotary index type modular ~ 回转分度（头）式组合机床
single station modular ~ 单工位组合机床
small duty modular ~ 小型组合机床

special ~ 特种加工机床
trunnion type modular ~ 回转鼓轮式组合机床
turret type modular ~ 转塔式组合机床
machine-tooled 机（械）制（造）的，机加工的
machine-wound 以绕线机绕制的
machining ①机械加工，切削加工②机器
abrasive flow ~ 磨料流加工，挤压珩磨
abrasive jet ~ 磨料射流加工
adaptive control ~ 自适应机械加工
anode-mechanical ~ 阳极机械加工
chemical ~ 化学加工
chemical etching ~ 化学刻蚀
combined 复合切削
composite ~ 复合材料机械加工
contour ~ 仿形加工，成形加工
cutting ~ 切削加工
electro-arc contact ~ 放电接触加工
electro-beam ~ 电子束加工
electrochemical ~ 电化学加工，电解加工
electrochemical burnishing ~ 电解擦削加工
electrochemical generating ~ 电解展成加工
electro-discharge ~ 电火花加工，放电加工
electrolytic ~ 电解加工
electron beam ~ 电子束加工
electroplating ~ 电刷镀
electrospark ~ 电火花加工
faulty ~ 不合格的机加工，（机）加工不当
finish ~ 精加工
form ~ 精加工
gas-mixed electrochemical ~ 混气电解加工
ion ~ 离子加工
ion beam ~ 离子束加工
laser ~ 激光（机械）加工
laser beam ~ 激光加工
macroinstruction nontraditional ~ 特种加工
magnetic abrasive ~ 磁性磨料加工
magnetic abrasive electrochemical ~ 磁性磨料电解研磨加工
micro electrochemical ~ 微细电解加工
micro-abrasive jet ~ （陶瓷材料）微细磨粒喷射加工技术
non-conventional ~ 特种加工
optical chemical ~ 光化学加工
photoetching electrochemical ~ 光刻电解加工
plasma arc ~ 等离子弧加工
plasma jet ~ 等离子喷射加工，等离子体射流加工
precision ~ 精密机械加工
reciprocating travelling wire electrical-discharge ~ 往复走丝电火花线切割加工
rotary ultrasonic ~ 超声旋转加工
rough ~ 粗加工
skive-action ~ 刮削加工
spray cast ~ 喷射铸造
spray forming ~ 喷射成形加工
stream electrochemical ~ 电液束加工
ultraprecision ~ 超精密机械加工
ultrasonic enveloping ~ 超声展成加工
ultrasonic generating ~ 超声展成加工
unidirectional travelling wire eletrical-discharge ~ 单向走丝电火花线切割加工
water jet ~ 水射流加工
wire electrical-discharge ~ 电火花线切割加工
machinist 机械工人，机械师
machinofacture ①机械制造②机加工产品
machmeter 马赫数指示器，马赫（数）表，M 表
Mach-number-varied 随马赫数变化的
machometer 马赫（数）表，M 表
Mach-wave 马赫波
macle 双晶，短空晶石，矿物中的暗斑
macor 玻璃陶瓷
macro ①大的，长的，大量的，粗视的，宏观的②宏观（组织）③宏指令
access ~ 存取宏指令，访问宏指令
error ~ 查错宏功能，错误处理宏指令
in-line ~ 在线宏指令，直接插入宏指令
keyword ~ 关键字宏指令
Macro Macro 计算机
macroacervation 大堆成长（作用）
macroanalysis 宏观分析，总体分析，常量分析
macro-architecture 宏体系
macroassembler 宏汇编程序
resident ~ 常驻宏汇编程序
symbolic ~ 符号宏汇编程序
time-share ~ 分时宏汇编程序
two pass ~ 二次扫描宏汇编程序
macroatom 大原子
macro-autoradiography 宏观放射自显影术
macro-axis 长（对角）轴，斜方晶体成三斜晶体中的长轴
macroband 宽带
macrobending 宏（观）弯曲
macrobiota 大型生物区（系）
macroblock 宏模块
macrobody 宏功能体

macro-call 宏调用
macrochemistry 常量化学，化学反应可用肉眼观察的化学
macrocinematograph 放大电影〔微距电影，微距电视〕摄影机，放大电影放映机
macrocinematography 微距电影摄影术（超近摄技术）
macrocircuit 宏电路
macroclastic 粗屑的
macrocode 宏代码（每个代码代表几个指令）
macrocoding 宏编码
macrocorrosion 宏观腐蚀
macrocosm 宏观世界，整个宇宙（任何大的）整体
macro-cracks 宏观裂缝
macro-crossassembler 宏交叉汇编程序
macrocrystalline 粗（粒）结晶，大（块）结晶
macrocyclic （包含15个原子以上的）大环的
macrodefinition 宏定义
library ~ 库宏定义
source ~ 源宏定义
macro-diagonal 长对角轴
macrodispersoid 粗粒分散胶体
macrodocument 宏观文献（指综合或广泛的文献，如书籍、专题论文、论文集等）
macrodome 长轴坡面
macroeffect 宏观效应
macroelement 宏组件，宏〔常量〕元素，宏单元
macroetching 粗形浸蚀，宏观浸蚀
macroexamination 宏观检查，宏观研究
macroexercise 宏观运用，宏观检验
macroexpansion 宏（指令）扩展
conditional ~ 条件宏扩展
macroexpression 宏表达式
conditional ~ 条件宏表达式
macrofarad 兆法拉
macrofeed 常量馈给，常量进给
macrofiber 长纤维
macrofissure 宏观裂缝
macrofractography 断口低倍〔宏观〕检验
macrofunction 宏功能
successor ~ 后继宏功能
macrogeneration 宏生成，宏产生
macrogenerator 宏生成程序
general-purpose ~ 通用宏功能生成程序
macrograin 粗晶粒，宏观晶粒
macrogram 宏程序
macrograph =macrography
macrography ①宏观图，放大〔低倍〕照片②眼检查，宏观检查
macrohardness 宏观硬度，粗视硬度
macroheterogeneity 宏观不均匀性
macroinstruction 宏指令
append ~ 附加宏指令
call ~ 调用宏指令
conditional ~ 条件宏功能，条件宏指令
debug ~ 调试宏程序，调试宏指令
declaration ~ 说明宏指令
declarative ~ 说明宏指令
exit ~ 出口宏指令
file definition ~ 文件定义宏指令
macroion storage ~ 存储器宏指令
outer ~ 外部宏指令
programmer defined ~ 程序员定义宏指令
macroion 大（分子）离子，高（分子）离子
macrolanguage 宏语言
macrolattice ①大网格②大晶格
macro-lens 超近摄镜头
macrolibrary 宏（程序）库
macrologic 宏逻辑
macromer 大分子单体
macromeritic 粗晶粒状的
macrometer （光学）测距仪，测远仪
macromethod 宏观方法，常量法，大量分析
macromolecule 高分子，大分子
polymer ~ 聚合物大分子，高分子
macromonomer 大分子单体
macromutation 大突变
macron ①宏观粒子②长音符
macronigram 无线电报
macro-order 宏指令
double precision floating ~ 双精度浮点宏指令
macrooscillograph 标准示波图，常用示波器
macroparameter 宏参量，宏参数
macroparticle 大粒子，宏观粒子
macrophase 宏阶段
macrophoto 宏观照相，低倍照相
macrophotogrammetry 超近摄影测量
macrophotograph 宏观照相，宏观照片，放大照相〔照片〕
macrophotography 放大照相术，宏观〔微距〕摄影术
macrophysics 宏观物理学
macropinacoid 长轴面

macro-pipelining 宏流水线操作
macro-pores 一般气孔，颗粒间孔隙
macro-porosity 肉眼〔宏观，大〕孔隙
macroporous 大孔的
macroprism 长轴柱
macroprocessing 宏功能处理
macroprocessor 宏加工程序，宏处理程序
macroprogram(ming) 宏程序
macroprototype 宏指令记录原形
macropyramid 长轴锥面
macroradical 宏根
macroroutine 宏程序
macros ①宏指令〔命令〕②麦克罗斯碱性耐火制品
macroscheme 宏功能方案
macroscopic(al) 宏观的，低倍放大的，肉眼可见的，粗视〔量〕的
macroscopic-void 大空洞，大孔
macroscopy 肉眼检查
macrosection 磨片组织图，宏观金相试片，粗视剖面，宏观断面（图）
macrosegregation 严重偏析，宏观偏析
macroseismograph 强震仪
macroshape 表面形状，宏观（几何）形状
macroshot 微距摄影，微距镜头
macroshrinkage 宏观缩孔
macroskeleton 宏程序纲要
macroslip 宏观滑移
macrosome 粗粒体
macrosonics 强声学
macrostate 宏观状态（系统的统计描述）
macrostatement 宏语句
prototype ~ 模型宏语句
macrostatistics 宏观统计学
macrostrain 宏应变
macrostress 宏观应力，宏观组织应力
macrostructure ①宏观（金相）组织，粗视（低倍，肉眼可见的）组织②宏观结构〔构造〕，大型构造
macrosubstitution 宏代入，宏置换
macrosuccessor 宏功能后继（符）
macrotrace 宏观探索，宏观查找，宏追踪
macroturbulence 宏观紊流，大尺度紊动
macro-variable 宏变量
macroviscosity 宏观黏性
macrovoidratio 大孔隙比
macula ①太阳的黑点②缺陷，伤斑，暗斑，瑕疵
maculate ①弄脏，沾污②有斑点〔污点〕的，不清洁的
maculation 斑点，污点
maculose 斑结状的
macyscope 互补色眼镜，红绿眼镜
made ①特制的，人工造的②完成的，制造的③捏造的
made-to-measure 特制，定制
made-to-order 定制的
made-up ①人工的，制成的，预制的②编制的，配制的③弥补的④决定了的⑤组成的
madistor 晶体磁控管，磁控型半导体等离子体器件，磁控等离子体开关
diode ~ 二极管型磁控管
transistor ~ 晶体管型磁控管
mafelsic 镁铁硅质
mafic 镁铁质（的）
magacycle 兆周
Magal 铝镁合金
magaluma 镁铝合金
magamp （=magnetic amplifier）磁放大器
magaseism 剧震
magawatt-hour ①兆〔百万〕瓦时②千度
magazine ①杂志，期刊②箱，盒③库房，仓库④储料容器⑤线圈框架⑥（火炉的）燃料室⑦料斗，自动储存送料装置
automatic ~ 自动装（底）片暗匣
charging ~ 装料台
chart ~ 记录纸箱〔盒〕
de-piling ~ 装料台
egg box ~ 卵箱式（刀具）库
film ~ 胶卷暗盒
input ~ ①输入储卡箱，输入储存箱②输入库
interchangeable ~ 互换式暗盒
mechanical controlled ~ 机动料斗
mechanized ~ ①机械化供应的仓库②自动供弹箱
output ~ 接卡箱
plate ~ 底片暗盒
substrate ~ 基片暗箱
tape ~ 磁带盒，卡式磁带
underground ~ 地下仓〔弹〕库
Web ~ 网络杂志
wire reel ~ 焊丝盘的盒
Magclad 双镁合金板（用劣质镁合金包在优质镁合金板上）
magdolite 两次煅烧白云石
Magdolo 马格多洛碱性耐火制品

Magdonit 马格多尼特碱性耐火制品
magdynamo 永磁直流发电机组，磁石发电机，（点火用）高压永磁发电机，（充电用）直流发电机组
magenta 深〔绛〕红色（的），红色胺染料，（碱性）品红，洋红（染料，色的）
maghemite 磁赤铁矿
magic tee =magic T
magicore 高频铁粉芯
magic(-)T ①混合接头② T 形波导支路〔岔路〕
Magmalox 马格马洛克斯熔铸制品
magmeter 直读式频率计（0 ~ 500 Hz）
Magnacard 磁性凿孔卡装置
magna-check 磁力探伤机
magnaduor(e) 铁钡永磁合金，马格那多尔磁性合金，镁铝合金
magnaflux ①磁力探伤法，磁粉探伤法，电磁探矿法②磁力探伤（机）③磁通（量）
Magnaglo ①磁性粉末，磁力线探伤用粉末②电磁紫外线探伤法
Magnalite 马格纳来特铝合金，铝基铜镍镁合金，磁性粉末
Magnalium 马格纳里镁铝（铜）合金（*w*（Cu）1.75%，*w*（Mg）1.75%，其余 Al；或 *w*（Cu）0% ~ 2.5%，*w*（Mg）1% ~ 10%，*w*（Ni）0% ~ 1.2%，*w*（Sn）0% ~ 3%，*w*（Si）0.2% ~ 0.6%，*w*（Fe）0% ~ 0.9%，*w*（Mn）0% ~ 0.03%，其余 Al）
magnascope 放大〔扩大，放像〕镜
Magnavolt 旋转放大机（商品名）
magnechuck 电磁吸盘，电磁卡盘
Magnedet （=magnet detonator）磁电雷管
magneform 磁力成形
magner 无功功率
magnescope 放像镜，变倍幻灯
magnesia 氧化镁，镁砂，菱苦土，菱镁矿
magnesia-alumina-silica 硅镁铝合金
magnesia-chrome 镁铬合金，铬镁
magnesia-insulated 氧化镁绝缘的
magnesial 镁（质）的，（含）氧化镁的
magnesian 镁（质）的，（含）氧化镁的
Magnesil 用作磁放大器心子的磁性合金（商品名）
magnesioferrite 镁铁矿
magnesite 菱镁矿，菱苦土矿，菱镁土，镁砂
grain ~ 煅烧镁砂
magnesite-chrome 镁铬合金
magnesium 镁（Mg）
magnesium-reduced 镁还原的
magneson 试镁灵
magnestat 磁调节器，磁放大器
magne-switch 磁（力）开关
magnesyn 磁电式自动同步机，转子有永久（固定）磁极的磁自动同步机
magnet ①磁铁，磁体②有吸引力的人或物
adjusting ~ 调整用磁钢片，磁分路调整片
alni ~ 铝镍磁铁，永磁铁合金
alnico ~ 铝镍钴磁钢，铝镍钴铁
alnico V ~ 铝镍钴 V 形磁铁
alternate ~ 交置磁铁
AVF ~ 磁场沿方位角变化（的）磁铁
axial ~ 条形磁铁，磁棒
beam ~ 电子束会聚磁铁
beam positioning ~ 电子束位置调节磁铁
beam-bending ~ 电子束偏转磁铁
bending ~ （束流）偏转磁铁，（束流）弯转磁铁
blowout ~ 磁性灭弧（用）磁铁
blue horizontal shift ~ 蓝色平移磁铁
blue lateral ~ 蓝色横向（位置）调整磁铁
built-up ~ 复合磁体，组合磁铁
centering ~ （显像管）中心（位置）调整磁铁，中心调节器
ceramic ~ 陶瓷磁铁，铁淦氧磁铁，铁磁陶瓷，烧结磁铁（陶瓷和磁粉压合并烧结而成的永久性磁铁），陶（质）磁体
cobalt alloy permanent ~ 钴合金永磁铁
cobalt-rare earth ~ 稀土 - 钴磁铁
code bar drive ~ 编码条驱动磁铁
colo(u)r equalizing ~ 彩色均衡用磁铁
Columax ~ 磁铁（*w*（Co）24% ~ 25%，*w*（Al）8%，*w*（Ni）13%，*w*（Cu）3%，*w*（Nb）0.7% ~ 1%，其余 Fe）
crane ~ 起重磁铁，（吊车）电磁吸（铁）盘
cryogenic ~ 低温磁铁，超导磁铁
cyclotron-like ~ 类回旋加速器型磁铁
dump ~ 泄束磁铁
edge purity ~ 边缘色纯化磁铁，边缘色纯度调整磁铁
elementary ~ 单元磁铁
event ~ 步调磁铁
exciting ~ 激励磁铁，励磁磁铁
field ~ 励磁磁铁，场磁铁〔体〕
field equalizing ~ （致）均匀（磁）场磁铁，均场磁铁
field neutralizing ~ 磁场中和磁铁

focus(ing) ~ 聚焦磁铁
framing ~ 图像位置调整磁铁，成帧磁铁
green horizontal shift ~ 绿色平移磁铁，绿位磁铁
green lateral shift ~ 绿色侧移磁铁，绿位磁铁
high-flutter ~ 高颤磁铁，大调变度磁铁
holding ~ 吸持磁铁，保持磁铁
horseshoe ~ 马蹄形磁铁
impulse ~ 脉冲磁铁
inducing ~ 施感磁铁
kicker ~ 冲击磁铁（快速引出束流用的），快引出磁铁
KS ~ KS 磁铁（永久磁铁的商品名）
lamellar ~ 多层薄片式磁铁，叠片式磁铁
laminated ~ 叠片磁铁，积层磁铁
lifting ~ 起重磁盘，起重磁铁，磁力起重机
locking ~ 锁定磁铁，吸持磁铁
low-dimensional lattice ~ 低维晶格磁性体
low-flutter ~ 低颤磁铁，小调变度磁铁
magnetic-acousticblue static convergence ~ 蓝静会聚磁铁
MHD ~ 磁流体磁体
molecular ~ 分子磁体
motor ~ 电动电磁铁
moving ~ 动磁式唱头
MT ~ MT 像磁铁（铁铝碳合金）
nanoscale ~ 纳米尺度磁铁
OP ~ （铁钴氧化物）烧结磁铁，强顺磁性磁铁
pincushion ~ 枕形失真调整磁铁
platinum cobalt ~ 铂钴磁铁，铂钴磁钢
plunger ~ 插棒式磁铁
polarized ~ 极化磁铁，永久磁铁
powder ~ 压粉磁铁
precipitation hardening type ~ 沉淀硬化型磁铁
print ~ 印字电磁铁
pulley ~ 磁轮（选矿用）
pulsed superconducting ~ 脉动超导磁铁
purity ~ （彩）色纯（度）调节磁铁
radial convergence ~ 径向会聚〔聚焦〕磁铁
rare earth ~ 稀土磁铁
red horizontal shift ~ 红色定位磁铁，红位磁铁
red lateral shift ~ 红色定位磁铁，红位磁铁
rigid ~ 硬磁铁，刚性磁铁
rim ~ 沿边磁铁，外磁场中和磁铁
rotary ~ 衔铁可以转动的电磁铁
samarium-cobalt ~ 钐钴磁铁，钐钴磁钢
selector ~ 拨号电磁铁
septum ~ 切割（板）磁铁
single-reversal permanent ~ 单反向永久磁铁
sintered ~ 烧结磁铁
snap ~ 速动永磁铁
soft ~ 软磁铁，暂时磁铁
stepped focusing ~ 阶梯型聚焦磁铁
subsidiary ~ 辅助电磁铁
super ~ 超强（磁）场磁铁
superconductive ~ 超导磁体
superlattice type ~ 规则点阵型磁铁，超上阵型磁铁
switching ~ 合闸磁铁
temporary ~ 暂时磁体，暂时磁铁
tension ~ 节动磁铁
timing ~ 延时磁铁（继电器）
tractive ~ 牵引电磁铁
tripping ~ 切断电磁铁，解扣电磁铁
vertical ~ 上升（电）磁铁
wiggler ~ 摇束磁体（用以增大束截面）
magnetic-acoustic 磁声的
magnetic(al) 磁（性）的，磁铁的，（可）磁化的，能吸引的
magnetically-focused 磁聚焦的
magnetic-core 磁心
magnetic-coupling ①磁耦合②电磁联轴器
magnetic-current 磁流，磁通
magnetic-curve 磁力线
magnetic-field 磁场
magnetic-film 磁（性薄）膜
magnetic-flux ①磁通（量）②磁性焊剂
magnetic-flux-density 磁通密度，磁感应强度
magnetic-flux-leakage 磁漏
magnetic-flux-linkage 磁链
magnetic-induction-pumping 磁感应抽运，磁感应泵
magnetic-iron 磁铁
magnetic-lag 磁滞，磁化滞后，磁惰性
magnetic-order 磁有序
magnetic-particle 磁性颗粒，磁粉
magnetic-pole 磁极
magnetic-pulley ①电磁带轮，磁轮②磁力滚筒
magnetic-pump 电磁泵
magnetics ①磁（力）学②磁性元件③磁性材料
magnetic-sensing 磁敏的
magnetic-susceptor 磁感受器

magnetic-suspension 磁悬（法）(区域熔炼)
magnetic-synchro 磁同步
magnetisability 磁化率，磁化能力，可磁化性
magnetisation =magnetization
magnetise 起磁，励磁
magnetism 磁学〔性，力〕，磁力现象
apparent ~ 视在磁性
blue ~ 蓝色磁性（南极磁性）
earth's ~ 地磁
free ~ 自由磁性，视在磁性
red ~ 红色磁性（北极磁性）
remanence ~ 顽磁，剩磁
remanent ~ 剩磁
residual ~ 余〔剩，残〕磁（性，值）
specific ~ ①磁化率②饱和磁化强度
spontaneous ~ 天然磁性
subpermanent ~ 次恒磁，亚恒磁
terrestrial ~ 地磁（学）
magnetite ①磁铁矿，磁铁石②四氧化三铁锈层
magnetizability 磁化能力，可磁化性
magnetization ①磁化强度②磁化，起磁
adiabatic ~ 绝热磁化
anomalous ~ 反常磁化，异常磁化
athwartship ~ 横向磁化
back ~ 反磁化
circuital ~ 螺线管的磁化，环形磁化
circular ~ 圆形磁化（磁力线成圆形）
circumferential ~ 周向磁化
constrained ~ 强制磁化
cross ~ 横向磁化，正交磁化
flash ~ 闪〔瞬时，脉冲电流〕磁化
forced ~ 强制磁化
lamellar ~ 薄片磁化
oblique ~ 斜向磁化
perpendicular ~ 垂直磁化，横向磁化（磁化方向与磁带边缘成直角）
remanence ~ 剩余磁化
remanent ~ 剩余磁化强度
residual ~ 剩磁化，剩余磁化强度
reversible ~ 可逆性磁化
saturation ~ 饱和磁化强度
solenoidal ~ 纵向磁化，螺线管磁化
spontaneous ~ 自发磁化，自然磁化，自发磁化强度
superposed ~ 重叠磁化，辅助磁化
magnetize 磁化，起〔传，激，励，受〕磁，激励，吸引
magnetizer ①磁化机〔器〕，励磁装置，充磁装置②传〔感〕磁物，导磁体
shunt excited ~ 并励励磁机
magneto ①永磁发电机-直流发电机组，磁（石发）电机，永磁发电机，手摇磁石发电机②磁石式（的），永磁式（的）
armature type ~ 电枢式磁电机
automatic timed ~ 自动定时磁电机
booster ~ 起动磁电机，助力磁电机
calling ~ 振铃手摇发电机，振铃磁电机
magneto dynamo （点火用）高压永磁发电机，（充电用）直流发电机组
handle ~ 手摇磁电机，手摇（永）磁（发）电机
high frequency ~ 高频（永）磁（发）电机
HT ~ 高压磁电机
ignition ~ 发火用磁电机
magneto optics 磁光学
plastic-bonded ~ 黏结磁钢
rotating pole type ~ 转极式磁电机，（旋）转（磁）场式磁电机
rotating sleeve type ~ 旋转套筒式磁电机
shielded ~ 隔电磁电机
starting ~ 起动磁电机，点火磁电机
timing ~ 定时磁电机
twin spark ~ 双发火磁电机
magnetoaerodynamics 磁（空）气动力学
magnetobiology 磁生物学
magnetobrems 磁韧致辐射
magnetocaloric 磁（致）热的
magnetocardiogram 磁性心电图
human ~ 人体磁性心电图
magnetocardiograph 磁体心脏记录仪
magnetochemistry 磁化学
magnetoconductivity 磁导率
magnetocrystalline 磁晶（体）
magnetodiode 磁敏二极管
magnetoelasticity 磁致弹性
magnetoelectret 磁驻极体
magnetoelectricity 电磁学，磁电学
magnetoemission 磁致发射
magnetoencephalograph 脑磁波描记器
magneto-fluid 磁流体
magneto-fluid-mechanics 磁流体力学
magnetogasdynamics 磁（性）气体动力学
magnetogenerator 永磁电机，磁（石发）电机
magnetogram ①磁力图②磁强记录图
magnetograph 磁强（自动）记录仪，磁针自记仪（器），地磁（强度）记录仪，地磁计

magnetohydrodynamics ①磁流体（动）力学②磁流体发电学
magnetoilmenite 磁钛铁矿
magnetoionic 磁离子的
magnetology 磁学
magnetomechanical 磁机械的，磁力学的，旋磁的，磁 - 力的
magnetometer ①磁强〔磁力〕计②地磁〔磁力〕仪
aerial ~ 航空磁力仪
airborne ~ 航空磁强计
astatic ~ 无定向磁力计
earth-field ~ 地磁场磁强计
electron spin resonance ~ 电子自旋共振磁强计
flux gate ~ 磁通门磁强计
fluxgate ~ 磁通门磁力仪，饱和式磁力仪
Hall effect ~ 霍尔效应强磁计（地磁仪）
Kew-pattern ~ 地磁变化记录仪
nuclear magnetic resonance ~ 核磁共振磁强计
nuclear precession ~ 核子旋进磁力仪
optical pump ~ 光泵磁力仪
pendulum ~ 摆式磁强计
proton-precession ~ 质子旋进磁力仪
resistance ~ 电阻式磁强计
saturable ~ 饱和磁强〔磁力〕计，饱和地磁〔磁力〕仪
sea proton-precession ~ 海洋质子旋进磁力仪
torque ~ 转矩磁力计
vibrating sample ~ 振动探针式磁强计
vibration sample ~ 振动样品磁强计
magnetometry ①测磁学，测磁法②磁力测定
magnetomotance 磁通势
magnetomotive ①磁力作用的，磁动力的②磁势
magneton 磁子（磁矩原子单位）
Bohr ~ 玻尔磁子
magneto-ohmmeter 永磁发电机式欧姆表，摇表，兆欧表
magneto-optic(al) 磁光的
magnetophone ①磁带录音机〔器〕②磁电话筒③磁石扩音器
HF ~ 高频（磁场）磁性录音机
magnetophotophoresis 磁光致迁动，磁光泳（现象）
magnetophoto-reflectivity 磁光反射系数
magnetopiezoresistance 磁致压电电阻
magnetoplasma 磁等离子体
magnetor 磁电机
magnetoresistance ①磁致电阻，磁控电阻②磁阻效应
transverse ~ 横向磁致电阻
magnetoresistivity ①磁致电阻率②磁阻效应
magnetoresistor 磁（致电）阻器,磁控电阻器，磁敏电阻器
magnetoscale 磁尺，磁栅
magnetoscope 验磁器
magneto-siren 磁警报器
magnetostatics 静磁学
magnetostriction ①磁弹性②磁致伸缩（现象）③磁力控制
anisotropic ~ 各向异性磁致伸缩
forced ~ 强迫〔强制〕磁致伸缩
Joule ~ 正磁致伸缩
longitudinal ~ 纵向磁致伸缩
positive ~ 正磁致伸缩
magnetostrictive 磁致伸缩
giant ~ 超磁致伸缩
magnetostrictor 磁致伸缩体，磁伸缩振子
magnetotelephone 永磁电话，磁石式电话
magnetothermodynamics 磁性热力学
magneto-thermoelectric 磁热电的
magnetotransistor
vertical ~ 纵向磁敏晶体管
magneto-turbulence 磁性湍流
magnetoviscous 磁黏性的
magnetrol 磁放大器
magnetrometry 磁力测定术
magnetron 电磁管，磁控（电子）管
anode tank circuit ~ 阳极谐振电路型磁控管
backward wave ~ 返波式磁控管
beam injection ~ 电子注入磁控放大管
beam-type ~ 束射型磁控管
boot ~ 长阳极磁控管
cathode-ray ~ 阴极射线磁控管
cavity ~ ①谐振腔式磁控管，空腔谐振磁控管②多腔磁控管
cavity tunable ~ 谐振腔可调磁控管
circular electric mode ~ 同轴磁控管，圆电模磁控管
coaxial cavity coupled ~ 腔耦同轴磁控管
coaxial electric mode ~ 同轴磁控管，圆电模磁控管
cold ~ 冷阴极磁控管
controlled-beam ~ 可控注磁控管

CW ~　等幅振荡磁控管
cyclotron ~　回旋加速（器的）磁控管
cylindrical anode ~　圆柱形阳极磁控管
ditherable ~　颤动调谐磁控管
double-ended ~　双端出线磁控管
eight-segment ~　八腔磁控管
frequency-modulated ~　调频磁控管
Habann ~　分辨阳极磁控管
hob-type ~　橘形磁控管
hot ~　①热阳极（式）磁控管②处于工作状态的磁控管
hot-cathode ~　热阴极（式）磁控管
interdigital ~　交错阳极磁控管，叉指磁控管
inverted ~　反磁控管
multicavity ~　多腔磁控管
multiresonator ~　多腔磁控管
multisegment ~　多腔〔节，段，部，瓣〕磁控管
multislot ~　多槽磁控管
multisphere wheel ~　多腔环形磁控管
plane-parallel ~　平行平面电极磁控管
plasma ~　等离子体磁控管
power ~　大功率磁控管
pulse modulated ~　脉冲调制磁控管
rapid tuning ~　速调磁控管
resonator ~　谐振腔磁控管
rising-sun ~　橘形〔旭日式，升日式，复腔〕磁控管
slot ~　槽缝磁控管
split-plate ~　瓣形阳极磁控管
stripped ~　耦腔式〔均压环式〕磁控管
strip-type ~　耦腔式磁控管
travel(l)ing wave ~　行波磁控管
tunable ~　可调（谐）磁控管
unimode ~　单模磁控管
vane type ~　叶片式磁控管（阳极空腔分成等扇形的磁控管）
waveguide ~　波导磁控管

magnettor　（二次）谐波型磁（性）调制〔放大〕器

Magnico　马格尼可铁钴镍合金（*w*（Cu）3%，*w*（Al）8%，*w*（Ni）14%，*w*（Co）24%，*w*（Fe）51%）

magniferous　含镁的

magnification　①放大，放大率，放大倍数②扩大，增大〔强，益〕
~ in depth　轴向放大率
~ of circuit　①谐振（曲线）锐度，谐振点电压升高倍数②电路放大率
angular ~　角度放大率
axial ~　轴向放大率
lateral ~　横向〔水平〕放大率
longitudinal ~　轴〔纵〕向放大率
normal ~　正常放大率
objective ~　物镜放大率〔倍数〕
photomacrographic ~　低倍〔宏观〕摄影放大
power ~　功率放大，功率倍数
transversal ~　横向放大率

magnified　放大的

magnifier　放大〔扩展〕器〔镜〕
binocular ~　双筒放大镜
double ~　双重〔合〕放大镜
focus(s)ing ~　聚焦放大镜
note ~　音频放大器
sweep ~　扫描扩展器

magnify　增加〔强〕，升高，放大

magniphyric　微粗斑状的

magni-scale　放大比例尺

magnistor　①磁变管（具有电子管特性的铁陶瓷元件）②磁开关

magnistorized　应用磁变管的，磁存储的

magnitude　①量，量级，数量②长度，尺寸，大小，值③程度④重要，巨大
~ of current　电流量，电流强度
~ of interference　过盈量
~ of power　功率值
absolute ~　绝对（数）量〔值〕
error vector ~　错误向量量级
relative ~　相对值

Magno　马格诺（电阻线用）镍锰合金（*w*（Mn）5%，其余 Ni）

magnon　磁振子，磁（量）子（磁性材料中自旋波能量子）

magnonorm　手表防磁性能测试仪

magnoscope　电听诊器

magnotest　手表磁性检查仪

Magnox　（罐装反应堆铀燃料元件用的）镁合金（常见的有 Magnox B 和 Magnox Al2，后者：*w*（Al）0.8%，*w*（Be）0.01%，其余 Mg）

Magnuminium　锰铝镁基合金，马格努镁

magslep　①旋转变压器②（无触点式）自整角机③（遥测或遥控用的无触点式）自动同步机

magslip　①旋转变压器②（无触点式）自整角机③（遥测或遥控用的无触点式）自动同步机

Maguel　高强度钢丝的张拉锚固法

mahogany　桃花心木，红木

mahony 互补滤波姿态融合算法的一种
mail 邮件
domestic express ~ 国内特快专递
video ~ 视频邮件
voice ~ 语音信箱，有声邮件
mailbot 邮政机器人；邮件服务程序
mailbox 信箱区（存储器中的公用单元），邮箱
voice ~ 语音信箱
mailer 邮件程序
Maillechort 铜镍锌合金（*w*（Cu）65% ~ 67%，*w*（Ni）16% ~ 20%，*w*（Zn）13% ~ 14%，其余 Fe）
mailplane 邮航机
mailcar 邮政车
main ①主要的，基本的，总的②（pl.）电源，电力线，电力网，馈电线，总〔干，主〕线，总〔干〕管
air ~ 空气主管路，总气管
alternating-current ~ 交流电网〔电源，干线〕
blast ~ 总风管
collecting ~ ①总〔干，集流〕管②母线
crossover ~ 桥管
dead ~ 无载母线
dead-end ~ 死头〔尽头，终端〕管
direct-current ~ 直流电源
distribution ~ 配电总线〔干线〕，配水总管
electric ~ 主电线，输电干线
exhaust steam ~ 总排气管
feeder ~ 馈电干〔总〕线
force-feed ~ 增压输送管路
gas ~ 总气管，煤气总管
heating ~ 供暖干管，暖气总管
high-tension ~ 高压馈电线
house ~ （配电）干线
hydraulic ~ 总水管
interconnecting steam ~ 互联蒸气总管
lighting ~ 照明网络〔干线〕
neutral ~ 中（性）线
power ~ 输电线，电力输送线
pressure ~ 压力总管，压力主管
pump ~ 泵排出管、泵输出管
pumping ~ 增压管路，增压总管
rising ~ 总立管，总升管，直上干线，上升干线，立柱母线
service ~ 给水总管，用户（干）线，分〔支〕干线
steam ~ 主蒸气管
supply ~ 馈电干线，供电干线，供应总管，给水总管，供电网，电源
water ~ 总水管，引水主管路
windlass ~ 抽风总管，大风道
mainboard 主板
mainframe ①主〔总〕配线架，主机架，底盘②大型机③主机
manifestly 显然地，明白地
mainkey 主键
mains 电力网，电力线，馈电线，干线
mainscan 主扫描
mainshaft 主轴，第二轴（变速箱）
mainspring 主发条，主弹簧
alarm ~ 闹钟发条
resilient ~ 回弹发条，S 形发条
reverse ~ 反转发条，S 形发条
tapered ~ 变截面发条
mainstay ①中坚，台柱②大桅牵条
main(-)stream 主流，主要倾向
main-supply 供电干线，电源（的），主供油〔水〕管
maintainability ①运转的可靠性②保持能力③保养〔维护〕性能，（可）维护〔修〕性
maintain(ing) ①保存，保留，含有，保持，坚持②维护〔持〕，保养，维修③运用，运转④制止，抑制
maintenance 维修〔护〕，保养〔持，管〕
breakdown ~ 故障维修
condition monitored ~ 状态监测维护
contact ~ 直接维修
corrective ~ ①安全改进维护②故障检修，修复性维修③设备保养
current ~ 日常保养
deferred ~ 逾〔延〕期维修
field ~ 现场维修
file ~ ①资料保存〔护〕②存储维护，卷宗更新，存储带更新
graphic file ~ 图形文件维护
heavy ~ 大修（理）
medium ~ 中修
on-line ~ 不停产〔机〕检修
operating ~ ①维护②小修，日常修理
ordinary ~ 日常维修
periodic ~ 定期维修
preventive ~ 预防（性）技术保养〔维修，维护〕，预检
productive ~ 生产维护
remedial ~ 出错〔补救〕维修，修复维护
repetitive ~ 修复性维修

routine ～　日常〔例行〕维修，经常性养护
running ～　经常维修，巡回小修
scheduled ～　进度维护，预定检修
second line ～　中修
third line ～　大修
unscheduled ～　出错维修，修复维修，非计划性维修
yearly ～　年度维修
maintenance-free　不需维护〔修〕的
main-water　自来水
maislot　信槽
major　①主要的，较长的，较大的，较多的，优的②专科，主科，主修，专门研究③多焦镜片
vis ～　不可抗力
majorant　强〔控制、优〕函数
majority　①（大）多数,过半数②多数逻辑（计算机用语）
majorization　优化
make　①生产，制造，产生，制定，决定，做，作②引起，使得③构成，组成④闭合，接通⑤型号，牌号，商标⑥制造法
～ to order　期货生产
～ to stock　现货生产
make-and-break　①断续，闭开，先接后离②继续器③通与断（电路）
make-before-break　先接后断，先闭后开
make-busy　闭塞，占线
make-out　①填写，开列②完成③证明，说明④了解，理解⑤辨认出，看出⑥起草
make-position　接通〔闭合〕位置
maker　①制造者〔厂〕，制造机构②接合〔接通〕器
contact ～　①断续器，开关②接合器
decision ～　决策者
motor ～　电机厂
noise ～　①辐射器（声响扫雷具的）②噪声发生器，噪声源
packing ～　密封接合器
route ～　路由换算器
system ～　整机制造〔装配〕厂
top ～　一流〔权威〕制造厂〔制作者〕
maker-up　排版工，制品装配工
makeshift　权宜之计，暂时代用品，临时措施
make-time　接通时间（开关）
make-to-order　按订货生产
make-up　①组成，构成②接通，闭合③补充〔给，偿〕，补足④配装，配料，化装，排版
～ of charge　配料
emergency ～　事故馈电线
evaporated ～　蒸发补给水
feed-water ～　补给水
fuel ～　燃料补充
low-level ～　下限水位（到此水位时，开启补水阀门）
makeweight　（磅秤上）补充重量的东西，充数〔相抵（消）〕之物
making　①作，制造，构造，加工②结构，物质③闭合，接通④性质，素质，(pl.)要素
～ gap by arc　（电弧）隙加工
decision ～　决策
mixture ～　配料，配料计算
plastic ～　可塑法成型
making-up　①装配，包装，制作〔造，配〕，修理②拼版③补偿〔充，足〕
mal　失灵，故障
maladjusted　调整〔校准〕不良的，不适应的
maladjustment　失配〔调〕,不适应,不一致（性）
maladministration　管理不善
malakograph　软化率计
malalignment　不对准,不同轴性,轴线不对准,相对位偏，偏心率
malaxation　①糅合，拌和②揉捏法
malcolmize　不锈钢表面渗氮处理
malcomising　渗氮热处理，不锈钢表面的硬化处理
malcompression　未压紧，压制不到
malconformation　①不均衡性，不成比例性②畸形
malcrystalline　残晶的，过渡形结晶的
maldistribution　①分布不均，分布不准②非分配
male　①阳〔正〕的,凸形的,公的②插入式配件,被包容的，被套的
dovetail ～　鸠尾〔楔形〕榫
voice ～　音响插件
malformation　结构变形，不正常部分
malformation-crystal　残缺晶
malformed　畸形的
malfunction　①故障状态，事故，故障②错误动作，不正确〔常〕工作，不正确的动作，功能不正常③失灵，动作失调
program sensitive ～　①程序检测误差②特定程序错误
mall　商场，手用大锤
electronic ～　电子商场

virtual electronic ~ 虚拟电子商场
virtual ~ 虚拟商业街
mallaunching 发射不灵，不成功的发射
malleability ①可锻〔塑〕性，可压延性，加工性②韧性
malleabilization 锻化
malleable 可锻的，韧性的
ferritic ~ 铁素体可锻铸铁
malleabl(e)ize 可锻化
malleableness 展〔韧〕性，可锻性
malleablising =malleablizing
malleablizing ①可锻化处理②韧铁退火，脱碳
malleate ①锻，锤薄②压延
malleation 锻，压延
mallet 大〔木，手〕锤
bumping ~ 撞击锤
rawhide ~ 皮锤
round ~ 木锤
wood ~ 木锤
malloy 镍钼铁超（级）导磁合金（w（Ni）79%，w（Mo）5%，w（Fe）15%，w（Mn）0.5%）
malobservation 观测〔观察〕误差
maloperation ①不正确维护〔运转，操作〕，维护不当②步进电机失效③失去作用，停止运转
Malott 马罗特易熔合金（w（Sn）34%，w（Bi）46%，w（Pb）20%）
malposition 位置不正，错位
mammoth 马木斯式起重机，巨型的
man …员，工人，操作，使载人
dolly ~ 电视摄像机小车操纵者
follow-up ~ 监督员，生产现场检查员
iron ~ 可代替人工的机器，通用摄像机，钢铁工人
light ~ 照明工作人员
machine ~ ①机械员②印刷工③司机
material ~ 仓库管理员
mill ~ 轧钢〔滚轧〕工人
milliampere ~ 弱电工程师
sound ~ 音响效果技术员，录音员
space ~ 宇宙飞行员
start-up ~ 起动调整工〔队〕
trouble ~ 故障检修员
winch ~ 绞车司机
manage ①管理，经营，处理②驾驶，操纵③运用
management ①管理，经营，领导②管理处〔部门〕③操纵，控制
~ information system 管理信息系统
board ~ 看板管理
bottom line ~ 底线管理，利润管理
business ~ 企业管理，经营管理论
centralized resource ~ 集中式资源管理
cloud remote ~ 云端远程管理（机器人智能）
cluster ~ 集群管理
common ~ information system element 通用管理信息系统单元
computer aided production ~ 计算机辅助生产管理
configuration ~ 配置管理
conventional ~ 传统管理，因袭管理
decentralized ~ 分权管理
departure ~ 离境管理
direct space ~ 直接存取存储区的管理
directory ~ 目录表管理（数据库的）
diversified ~ 多种经营
engineering ~ 工程管理
evolved packet system connection ~ （通信）衍生包系统连接管理
evolved packet system session ~ （通信）衍生包系统段管理
first-line ~ 生产第一线管理
graphic ~ 图表经营管理法
image ~ 图像管理
integrated network ~ 综合网络管理，集成网络管理
integrated waste ~ 废物管理一体化
inventory ~ 库存管理
job ~ 作业控制
library ~ 库管理
memory ~ 存储器管理
mobility ~ （通信）迁移率管理
operating system ~ 操作系统管理
operations ~ 经营〔业务〕管理
product information ~ 产品信息管理
production ~ 生产管理
project ~ 工程项目管理
quality ~ 质量管理
radio resource ~ 无线电资源管理
records ~ 档案管理
result ~ 成果管理，目标管理
top ~ 最高管理当局〔部门〕
total quality ~ 全面质量管理
traffic ~ 通信管理
works ~ 工厂管理
manager ①管理人，经营者，经理②管理程序

acting ~ 代经理
basic call ~ 基本呼叫管理程序
deputy ~ 副〔代〕经理
disc file ~ 磁盘文件管理程序
file ~ 文件管理程序
floor ~ 摄像现场主管（现场导演）
hierarchy ~ 分级管理程序
hetwork resource ~ 网络资源管理程序〔系统〕
node ~ 节点管理器
partition-segmented memory ~ 分段式存储器管理程序
plant ~ 厂长，工厂管理处
program ~ 程序主管员
programming ~ 程序设计主管人
resource ~ 资源管理程序
works ~ ①工厂厂长②总工程师

managership 经理身份
manauto 手动 - 自动（开关），手控 - 自控
man-carried 便携的，轻便的
man-carrying 载人的，有人驾驶的
mandatory ①必须遵循的，强制（性）的②命令〔运〕的，指示的③代理人，代办者④委托的
mandoor 进人门，人孔
mandrel ①（圆形）心轴，紧轴，铁心，型芯，滑块②（涂有放射物质的）半导体阴极金属心③扩管锥体，胀管器锥体④鹤嘴锄，丁字镐⑤拉延⑥随心轴转动

air ~ 空心轴
built-up ~ 组合〔膨胀〕心轴
casing ~ 套管整形器
coiler ~ 卷取〔线〕机的卷筒
cone ~ （双）锥形心轴
expanding ~ 可调〔胀〕式心轴
expansion ~ 可调〔胀〕式心轴
fixed ~ 定径心轴
gang ~ 串叠心轴〔铁心〕
manifoldcollapsed ~ 收缩状态的卷筒（卷取机的）
piercing ~ 冲头，穿轧〔孔〕芯棒
plug ~ 定径心轴
power ~ 动力心轴
roll ~ 组合式轧辊的辊轴，套装轧辊的辊心
screw ~ 螺旋心轴，丝杠
self-centering ~ 自动定中的心轴
slide cone ~ 滑锥心轴
solid ~ 整体〔实心〕心轴
swaging ~ 型锻心轴〔棒〕
taper ~ 锥形心轴，带梢心轴

mandril =mandrel
mandrin 细探针
manengine 坑内升降机
maneton （曲）轴颈，可卸曲柄夹板
maneuver ①机动②演习③操纵，调度④运用

abrupt ~ 急剧〔突然〕操纵
programmed ~ 程序机动

maneuverability 可控〔机动，灵活，操纵，运用〕性
maneuverable 机动的，可调动的，操纵灵活的
Manganal 含镍高锰钢（*w*（Mn）12%,*w*（Ni）3%，*w*（C）0.6% ~ 0.9%）
manganese 锰（Mn）
manganic 锰的，三价〔六价〕锰的
manganin ①锰铜②锰铜镍合金（*w*（Cu）86%，*w*（Mn）12%，*w*（Ni）2%），锰铜镍线

enamel ~ （漆包）锰铜线

manganizing 渗锰
mangcorn 混合粒
mangelinvar 钴铁镍锰合金（*w*（Co）35%，*w*（Fe）35%，*w*（Ni）20%，*w*（Mn）10%）
mangle ①压延〔研光，轧板，轧布，辗压〕机，辊式板材矫直机②碾压③切割，切碎④撕裂，破坏

high pressure ~ 高压轧液机，重型轧车
hot ~ 板材热矫直机
impregnating ~ 浸染〔浸轧，压液〕机车
Kusters ~ 库斯特式轧液机（利用气囊均匀加压，使轧辊无变形）
padding ~ 轧染〔打底，浸染，浸轧〕机
starch ~ 上浆机
swimming-roller ~ 泳浮辊轧液机
water ~ （压力）脱水机

mangler ①研光〔压延〕机②轧机操作人员
mangling 板材在多辊式矫直机上矫直
Mangonic 镍基锰合金(*w*(Ni)97%,*w*(Mn)3%)
manhandle 人力操作
manhole ①人孔（供人出入以修理、清除用），检查〔修〕孔，探孔②舱口

concealed ~ 隐蔽孔
dome ~ 干汽室人孔，储罐人孔
drum ~ 锅筒人孔
loading ~ 装设加感线圈的进人孔（地下线路）

manhour 工时，一人一小时的工作量

Manic 铜镍锰合金（w（Mu）15% ~ 20%，w（Ni）9% ~ 21%，其余 Cu）

manifest ①显示，声明，宣言②货〔舱，清〕单③明白〔明显，显然〕的

manifold ①集合〔汇流，集流，连通〕管，集流箱〔腔〕,歧管,总管,集管②复写〔印〕③簇，流形④分流器，分油器，复式接头⑤（液压）集成块⑥许多的，多样的，各种各样的

burner ~ 喷燃器燃料管
bypass ~ 旁路接头
choke ~ 节流管汇
circuit ~ 回路底板，回路油路板
cooling ~ 冷却集管
cylinder ~ 汇流排
divided ~ 歧〔分路导，分支歧〕管
floor ~ 钻台管汇
hot-spot intake ~ 借热进气管
hydraulic ~ 液压歧管，液压油路板
induction ~ 讲气〔讲油，吸水〕管
initial-state ~ 初态流形
injector ~ 喷雾器集流腔，喷雾器管道
intake ~ 进气歧管，吸入分支管
kill ~ 压井管汇
nozzle ~ 多喷头插座（座内为一集流腔）
pressure ~ 集流管
quasi-complex ~ 拟（准）复流形
sandwich ~ 积层式油路板
solid ~ 整体油路板
spray ~ 喷水减温器〔箱〕
steam ~ 锅筒，集汽箱
suction ~ ①吸入口底板②吸入支管，进气歧管
terminal-state ~ 终（点状）态流形
vacuum ~ 真空歧管，排气歧管
vent ~ 通风歧管，通风管联箱
water-cooled exhaust ~ 水冷式排气歧管

manifolder 复写机

manifolding 歧管装置，复印〔写〕

manikin （试验用，广告用）人体模型

man-induced 人为的

manipulation ①控制，操作〔纵〕,键控②处〔管〕理③变换④转动，翻侧⑤计算⑥打键，键控⑦钢管工艺试验的总称

~ of electrode （焊条）运条焊
array ~ 数组处理
bit ~ 二进制处理，位处理
byte ~ 字节操作〔处理〕
character ~ 字符处理〔操作〕
data ~ 数据操作
device ~ 设备操纵
incorrect ~ 误操作
manual ~ 手操作，人工控制，手动操作
mathematical ~ 数学变换，数学运算
remote ~ 遥控，远距离操作
stack ~ 栈处理
string ~ （字符）串〔段〕处理
symbol(ic) ~ 符号处理
wrong ~ （错）误操作

manipulator ①控制〔键控〕器，操作机，操纵装置，操纵型机器人，机械手，推床，自动焊机工作台②操纵者③指键，电键

articulator ~ 关节型机械手
assembled ~ 组合式机械手
ball ~ 球状铰链机械手，球窝机械手
ball-joint ~ 球承机械手，球节机械手
castle ~ 高架式机械手，双柱窝式机械手
continuous acting ~ 连续轨迹机械手
fixed sequence ~ 固定顺序操作机
floor ~ 无轨操作机
forging ~ 锻造操作机，锻造翻钢机
general-purpose ~ 万能机械手〔键控器〕，通用操纵器
grip type tilting ~ 夹辊式翻钢推床
master-slave ~ 主从操纵器，仿效机械手
punching ~ 冲压机械手
remote underwater ~ 遥控水下机械手
remote-control ~ 遥控操作机，遥控人员
robot ~ 机器人末端操作器
robotic ~ 机械手
sensorless ~ 无传感器机械手
servo ~ 伺服机械手
slave ~ 仿效机械手
universal ~ 万能机械手〔翻钢推床〕
vacuum gripper ~ 气吸式机械手
welding ~ 焊件支架

manipulator-operated 机械手控制〔操作〕的

man-machine 人 - 机的，人与机器的

man-machine-dialog 人 - 机对话

man-made 人造（为，工）的

man-minute 一人一分钟的工作量

manned 载人的，有人操纵〔驾驶，操作，管理〕的

manner ①方法，方式，样式，种类②态度③规矩④惯例

direct ~ 直接法
intuitive ~ 直觉〔观〕方式〔状态〕

manning 配备人员
mannipulation
file ~ 文件处理，文件加工
mano-contact 压力接点
manocryometer 加压熔点计，融解压力计
manograph ①压力计，压力记录器，记压器，测压器②气压表
manometer （流体）压力〔强〕计，气压表
alarm ~ 报警气压计
aneroid ~ 无液压力计，空盒气压计
bellows ~ 波纹管〔膜盒式〕压力计
capacitance ~ 电容气压计
depth ~ 深度压力计
diaphragm ~ 膜片压力表
differential ~ 差示〔动〕压力〔强〕计，微压计
electrical ~ 电动压力表
gas ~ 气体压力计
helical ~ 螺旋式压力计
hot wire ~ 热效压力表，热（电阻）线压力表
inclined tube ~ 斜管式压力计
integrating ~ 累计压力计
interferometric ~ 干涉压力计
ionization ~ 电离压力计
laser interferometer ~ 激光干涉气压计
liquid (column) ~ 液柱（体）压力计
mapwell-type ~ 杯式压力表
mercury ~ 水银压力计，U 形压力计
multiple ~ 组〔联〕合压力计
multiplying ~ 倍示压力计
pendulum ~ 摆式压力计
photoelectric membrane ~ 光电膜测压计
plate ~ 膜片压力计
pressure ~ ①压力计〔表〕，差示〔动〕压力计②比压表
projection ~ 投影压力计
quartz fiber ~ 石英丝测压计
radiometric ~ 辐射测量压力计
remote indication ~ 远距离（指示式）压力计
reservoir-type ~ 带容器式压力计
resistance ~ 电阻式真空（度）计
ring ~ ①环形天平式压力计②环秤压力计
single-column ~ 单管式压力计（一种风压表）
spoon ~ 管簧压力计
spring-tube ~ 弹性管式压力计
thermoelectric ~ 温差电压强计
two fluid ~ 双液面流量计
vacuum ~ 真空压力计
viscosity ~ 黏度压力计
water ~ 水柱压力计
manometric(al) ①测压的，用压力计量的②压力〔差〕的
manometry 测压术
differential ~ 示差测压术
manoscope 气体密度测定仪，流压计
manoscopy 气体容量分析〔密度测定〕(仪)
manostat 稳〔恒〕压器，压力继电器
starting ~ 起动稳压器
man-pack 单人可携带的，便携式无线电收发装置
man-portable 手提式的，轻便的
manpower 人力（功率单位，相当于 1/10 马力即 73.5 W），劳动力
man-rate （对火箭或宇宙飞船的安全载人飞行进行）安全评定
mansion 大厦
intelligent ~ 智能大厦
man-time 人次
mantissa 假数，(对数的）尾数
mantle ①机套，套筒，外皮，外壳，罩盖，幕②覆盖层③（高炉）环壳
gas ~ 汽灯罩
manual ①手动〔控，调〕的②手册，指南，说明书，便览③键盘（风琴）
automatic ~ 半自动（的），自动 - 手动（人工）的
coding ~ 编码手册
fault reporting ~ 故障报告手册
instruction ~ 使用〔指令，程序〕手册
maintenance ~ 保养〔维修〕手册
manufacturing standards ~ 制造标准手册
operating ~ 说明书，操作规程〔手册〕
overhaul ~ 检修手册
power plant buildup ~ 动力装置装配手册
quality ~ 质量手册
repair ~ 修理手册
security ~ 安全手册
service ~ ①操作〔维修〕规程，使用〔保养〕细则②维修〔使用〕手册
shop ~ 工厂规程
technical ~ 技术手册〔规范，细则〕
tube ~ 电子管手册
manuf ①制造（业），生产②产品③工厂
manufactory 制造厂，工厂

manufacture ①制造（业），生产②产品③工厂
~ feature class 加工特征类
commercial ~ 工业制造〔生产〕
intelligent ~ 智慧制造
job-lot ~ 单件小批生产
quantity ~ 大量生产
semiserialized ~ 半连续性生产
serialized ~ 连续生产，流水生产
series ~ 成批生产，系列生产
small-lot ~ 小规模制造〔生产〕，小批生产
virtual ~ 虚拟制造
wholesale ~ 大量生产

manufacturing 制造，制造的，工业的
~ automation system 制造自动化系统
~ system engineering 制造系统工程
advanced ~ technology 先进制造技术
agile ~ 灵捷制造，敏捷制造
computer aided ~ 计算机辅助制造〔生产〕
intelligence ~ 智能制造
laminated object ~ 层叠式目标原型加工，分层实体制造
laser additive ~ 激光增材制造
low temperature freezing ~ 低温沉积冷冻制造
rapid prototyping ~ 快速原型制造
repetitive ~ 大量（成批）生产
virtual ~ 虚拟制造
virtual reality ~ 虚拟现实制造

manufacturing-oriented 从事生产的，与生产有关的

manumotive 手动〔推〕的

manumotor 手推车

manuscript ①手〔底，原〕稿，加工图②数字控制指令表，直接指令单

many-body 多体的

man-year 一人在一年内完成的工作量，人年（计算编程序的时间单位）

many-stage 多段〔级，极〕的

many-turn 多匝的

many-valley （半导体）多谷的，有多谷形能带的

Map Map 程序（一种绘制网络连通性的计算机软件）

map ①变换，变址，映象，映射②图，图像③测绘④标记⑤计划，设计，拟订
base ~ 工作草图，底图
bit ~ 位图
conformal ~ 保角变换〔映象〕(图)，保形变换图
contour ~ ①等高线图，等值线图②等场强线图③轮廓〔外形〕图
dynamic ~ 动态式地图（表示有活动性的内容，如运输线路图、移民图、军事演习图等）
field strength contour ~ 等场强线图
flow ~ 流线图，流谱，气流景象
flux ~ 液流〔气流，通量〕图
general ~ 总图
Karnaugh ~ 卡诺图（简化开关函数的方格图）
key ~ 总图，索引图
land-use ~ 地域图
line ~ 路线图
magnetic ~ 地磁图
mappernetwork ~ 电力网图，网络图
memory ~ 存储变换，内存映射
outline ~ 略〔草〕图，轮廓〔外形〕图
planimetric ~ 平面图
progress ~ 进度图
radar ~ 雷达图
reference ~ 基准图
relief ~ 地形图，模型〔立体〕地图
scale ~ 比例图，标尺图
sketch ~ 略〔草〕图，示意图
spot ~ 点示图
system ~ 系统图
televised ~ 电视图

mapper ①绘图仪②制图员③映象程序
automatic field ~ 自动场强测绘仪
radiometric ~ 热辐射计测绘仪

mapping ①绘图，测绘②映象，映射③变换，交换④符合，对应⑤夹砂，飞翅，鼠尾（铸件的），出龟裂
address ~ 地址变换（虚拟存储器中，逻辑地址变为实在地址）
adjoint ~ 伴随映射
affine ~ 仿射映象〔射〕
antitone ~ 反序映象〔映射〕
bicontinuous ~ 双连续映象
bump ~ 凹凸映射
conformal ~ 保角〔保形〕映射，保角变换，合形〔保角〕转绘
contraction ~ 收缩映象
data structure ~ 数据结构变换
direct ~ 直接变换〔映射〕
drive ~ 驱动器映射
embedding ~ 嵌套映射

epsilon-free gsm ~ ε 无关 gsm 映射
equiareal ~ 保积映射
ground ~ 地图测绘
homomorphic ~ 同态映射〔映象〕
identity ~ 恒等映射〔映象〕
induced ~ 导出映射
interior ~ 内映象，开映象
inverse ~ 逆映象〔映射〕
isotone ~ 保序映象
order-convex ~ 有序凸映象
robot simultaneous localization and ~ 机器人同步定位与地图构建（机器人智能）
simultaneous localization and ~ （基于激光雷达的）同步定位与建图（机器人智能）
software ~ 软件变换〔映射〕
software memory ~ 软件存储变换〔映射〕
storage ~ 存储变换，存储映射，存储映象
symplectic ~ 辛〔耦对〕映射
texture ~ 纹理映射
transposed linear ~ 转置线性映射
video ~ ①全景显示②频谱扫描指示③光电法摄影

mappist 制图者

MAP/TOP 宏汇编程序 / 技术和办公室协议网络

mar ①划痕，擦伤②损坏，破损③缺点

marag(e)ing ①马氏体时效②高强度热处理③时效〔沉淀，弥散〕硬化

marble 大理石〔岩〕

marcalator 商场自动楼梯

marcasite 白铁矿，二硫化铁（FeS_2）

march(ing) ①进展〔行，步〕，发展②行变程③边界〔境〕
~ "1" s and "0" s 跨步"1"和"0"（法）（半导体存储器的测试法）

marcomizing 不锈钢表面渗氮处理

marconigram 无线电报

marcus 大铁锤

mareogragh 自动水位计，潮汐自记仪

margarite 珍珠云母

marge 边缘限度，界限

margin ①边缘，界〔极〕限，容许极限，阈②余量，裕度，储备③储备量，安全系数，差距④页边，空白
~ of aging 老化容限
~ of drill 钻头刃带，钻锋圆边
~ of energy 后备能量，能量储备
~ of error ①最大容许误差，误差量②误差界限〔范围〕
~ of lift 升力限度
~ of power 功率储备〔极限〕
~ of safety 安全系数，可靠程度
~ of stability 稳定储备量，稳定系数〔界限〕
burnout ~ 热烧坏，过热氧化损坏
capability ~ 能力裕度，系统出力裕量（系统总出力与最高负荷之差）
cavitation ~ 气蚀裕量
ceiling ~ 上升极限
contribution ~ 贡献毛利，创利额
current ~ 工作电流范围〔容限〕，电流裕度
draft ~ 通风裕量
effective ~ 有效余量
end ~ 片尾
error ~ 误差容限，允许误差
fading ~ 衰落余量〔储备〕
gain ~ ①增益余量〔裕度〕（反馈系统中）②增益容〔界〕限（伺服系统中）③放大〔增益〕范围
gain stability ~ 增益稳定裕度
implementation ~ 执行界限
impulse time ~ 脉冲时间裕度
justified ~ ①边缘调整②合理余量〔余裕度〕
limiting ~ 限幅边际
maneuver ~ 机动限度，机动能力储备
markjustify ~ 匀行裕度，排列余量
memory ~ 存储〔记忆〕余量
noise ~ 噪声容限
overload ~ 过载范围〔裕度〕
phase ~ ①相补角②稳定界限③相位余量〔裕度，储备〕④允许相位失真
power ~ 备用功率
right ~ 右空边（打印页的）
rolling ~ 轧制裕量
safety ~ 安全线〔系数，裕度，限度，范围，余量〕
shutdown (reactivity) ~ 停堆（反应堆）深度〔余度〕
singing ~ 振鸣稳定度，振鸣边际
stability ~ 稳定储备〔裕度，边际〕
stall〔surge〕~ 喘振边界〔极限〕
static ~ 静（态）幅度，静余量
thrust ~ 推力限度〔余量〕

marginal ①旁侧的，边缘的，临界的②有决定意义的，决定性的③富裕的

marginalia ①（pl.）旁注，页边说明②次要的东西

margin-perforated （凹口）边缘穿孔的

margin-punched 边缘穿孔的
margins 利润，边缘
marigraph 验潮计
marine ①海的，海上的，船用的②海运业③船舶
maritime ①海运〔事,港〕的,港口的②近〔航〕海的，海上的，海岸的，海员的
mark ①标记，符〔型，标〕号②特征，象征，目标③做标记，斑点，刻度④商标，牌号⑤打印⑥痕迹
abrasion ~ 摩擦痕迹〔抛光〕，摩擦〔磨蚀〕刻痕
adjustment ~ 调整〔安装〕标记
alignment ~ 对准标记（打印纸的）
all ~ 全穿孔，全标记
angle datum ~ 角度基准标记，参考标记
assembling ~ 装配记号
azimuth ~ 方位标记
bench ~ ①水准标点〔记〕，基准点〔标记〕，标高〔志〕，试射点②标准检查程序（计算机的）
block ~ ①块标志②字组符号，（分）程序〔段〕符号
brand ~ 工厂印记，商标
bruise ~ 碰痕
bulk head ~ 防水壁标记
care ~ （装卸）注意标记
catcher ~ 夹痕（咬夹机构在板材上造成的印痕）
center ~ （冲）中心孔〔冲窝〕标记，定心
chatter ~ ①颤〔震〕痕②振痕〔纹〕（刀具振动痕迹），振颤纹〔痕〕（拉拔缺陷）
check ~ ①微裂纹，铜线表面拉痕缺陷（V形的）②发裂③检验记号〔标记〕
coil wrench ~ 板卷折印（钢板卷表面缺陷）
collar ~ ①辊环痕，环形痕迹（轧制缺陷）②辊印
contact ~ 刀痕，接触标记
containing ~ 容量刻度
core ~ 型芯头，铁心上符号
counter ~ ①对口印②暗号③戳记，（附加）记号
cross ~ 十字〔交叉〕痕迹，（珩磨）网纹
cue ~ ①尾接指令标记，指示标记，(pl.)（表示电视节目接近结尾的）提示标记②插图③换片信号
cut ~ 裁切标记
date ~ 日戳
datum ~ ①（基准点）标高②基（准）点，水准点
dead center ~ 死点标记
defensive ~ 保护性商标
disjunction ~ 基标（卜兰节测速仪小刀所刻之标记）
document ~ 文档标记
dog ~ 硬〔碰〕伤（钢锭缺陷），牙〔爪〕痕（轧材硬伤）
draw ~ 深冲划伤，拉拔伤痕
drum ~ 磁鼓标记，（磁鼓）记录终端符号
dye ~ 染色测流法
emblem ~ 厂标
end ~ ①终了符号，结束符②终端标记，结束标记
ending quotation ~ 结束〔终止〕引号
enter ~ 进口轧痕
erosion ~ 浸〔酸，烧，腐〕蚀痕
feed ~ ①波纹②走刀痕，（加工表面）进刀痕
fiducial ~ 基准符号，坐标点
field ~ 字段标记，信息〔符号〕组标记
film plane ~ 胶片平面标记
finger ~ ①指纹，指印（表面腐蚀情况）②手迹
finish ~ 加工符号，粗糙度符号
floating ~ 浮标
flow ~ 波流痕，流线谱
gear ~ 传动链痕迹，（误差反应在工件上的）传动机痕迹
graduation ~ 分度符号，分〔刻〕度线
grease ~ 油斑，油渍
grip ~ 夹〔卡〕爪印
group ~ （信息）组标记〔号〕
hazardous substances ~ 危险品包装标志
height ~ 标高，高度标记
hold ~ 保持符号，占有标记
hole ~ 圆孔测标
identification ~ ①识别标记〔开关〕，标志，记号②商标
index ~ ①指数〔标，示器〕②索引，目录，商标③枪管上的瞄准线④工具编号
indicative ~ 包装储运指示标志
jarring ~ 横纹（冷拔管表面缺陷）
joint ~ ①接合限度〔痕迹〕，（制品表面）模型（接合）缝②连接符号
land ~ 地面标记，界标
lighted ~ 灯标
location ~ 装配标记

main scale ~ 主刻〔标〕度线
manipulator ~ 推床痕（轧材缺陷）
markga(u)ge ~ ①定位刻线②印痕③计量标记
match ~ 装配标记，配合符号
measuring ~ 测标，丈量标
milling ~ 铣削刀痕
mould ~ （模锻）飞边
movable ~ 可动刻度〔标记〕
obstruction ~ 危险信号，障碍物标志
orientation ~ 取向〔定位〕标记，参考点
parallax correction ~ 视差校正记号
phaseable ~ 定相标记
picture start ~ 图像起始标记
pock ~ 麻点（金属）
polarity ~ 极性标记〔号〕
position ~ 定位符号〔标记〕
pressure ~ 压痕（无损检测）
printer start ~ 印片机挂片起始记号
punch ~ ①冲孔标记，原点，起标点②打〔冲〕标记
punctuation ~ 标点符号
quotation ~ 引号
radar band ~ 雷达频带内（连续发射脉冲的）指点标
ragging ~ ①（因轧辊刻痕和堆焊在轧件上造成的）辊印②压花③刻纹
reader's ~ 校对符号
reference ~ ①基〔标〕准点，零点②基准标记〔志〕③参考〔标记，标高〕刻度
retrieval ~ 检索标记
revolution ~ ①切削〔走刀〕痕迹②残留面积③（工件与刀具的）回转摩擦声
roll ~ （轧件上的）辊印，轧痕
roller ~ 滚痕，沟痕
root mesh ~ 齿轮齿根啮合印痕
rust ~ 锈印
sand ~ 夹砂，（非金属）夹杂（物）
scale ~ ①氧化铁皮印痕，氧化麻点②刻度线，刻度，标线③分划标记
scratch ~ 划痕（钢板表面缺陷）
scuff ~ 咬合痕
sector ~ （区）段标记
segment ~ （区）段标记
seizing ~ 卡挤〔抱轴，黏附〕伤痕
setting ~ 定位符号，定位（分度）线
shadow ~ 缩痕（压铸件缺陷）
shatter ~ 震〔发〕裂痕
shipping ~ 收发货标志
shrink ~ 缩痕（压铸件缺陷）
shrinkage ~ 收缩标志
skew running ~ （定圈）偏移滑〔滚〕迹
slip ~ 划痕（带钢表面缺陷）
space ~ 间隔符
spreader ~ 展痕（薄板表面的人字形裂缝）
stamp ~ 刻印，钢印
steel ~ 钢的标号
strain ~ 应变痕
strobe ~ 选通脉冲
subscale ~ 子〔辅助〕刻度，副标度〔线〕
time ~ 时标，时间标记
timing ~ 定时记号，时标
tool ~ 刀痕
tool withdrawal ~ 退刀伤痕
tooth ~ 走刀〔切削〕痕迹
trade ~ 商标
traverse ~ 螺旋斑痕
verification ~ 检定〔验证〕标记
water ~ 吃水线，水线标志
weld ~ ①焊接痕，焊波②焊缝记〔符〕号
wire ~ 线号
witness ~ （测量）参考（标）点，联系点
word ~ 字标志〔记〕，字符号
zero range ~ 零距离标记

marker ①划线规②指示〔标识，记分，显示，标志，标号〕器，打印装置（包装机械），（电线电缆）打印机，划印器，指向标③划线工，信号〔记分〕员④标识，标记〔志〕，时标
calibration ~ 校准指示器，校准标记〔频标，时标，标识〕
compass locator at outer ~ 罗盘远距指点标
concentrator ~ 集中器，标识器
controlled ~ 可调指示器
deleted ~ 删除标志
destination warning ~ 终端警告标志
dial tone ~ 拨号音标识器
disk ~ 圆盘式划行器
distance ~ 距离刻度
drift ~ 偏差指示器
end-of -reel ~ 带卷尾标志
event ~ 标记装置
head ~ 磁头标志
ink ~ 油墨打印机
load point ~ （磁带）信息起止点标记
martensitebar ~ 杆式划行器
metal ~ 划笔（金属板上用）

photosensing ~ 光〔摄影〕读出标记
radar range ~ 雷达测距基线
radio ~ 无线电指点标
range ~ ①距离标识器〔校准器〕②距离刻度指示器〔标识器，校准器〕(雷达中的)
range-height ~ A 型显示器，距离 - 高度指〔显〕示器
reflective ~ 反射标记（磁带始端和终端的）
row ~ 划行器
sector ~ 段标，区段标志
selector ~ 选择指示器〔指点标〕
sighting ~ 指示器，照准标
stack ~ （存储）栈标志
tape ~ 磁带（始端）标记，磁带（终端）标记
time ~ 计时器，时标
zone ~ 区域指点标

market ①市场，销路②需要③买卖，交易，行情
idea ~ 思潮总汇
ready ~ 畅销市场
spot ~ 现货市场

marketability 适销性

marketing 市场（销售）学，经营〔销〕学

marking ①打印，做记号，印〔压〕痕，记号，划线，条纹，标志〔记，识，号〕②冲眼（供钻孔用）
electrochemical ~ 电解刻印
electrolytic ~ 电解刻印机
jack ~ 塞孔符号

marking off =marking-on
origin ~ 原产地标志
plate ~ 板材标号
river ~ （断口上的）河状条纹，河流（状）纹理〔条纹〕
size ~ 尺寸标注
skid ~ 划迹〔痕〕(高速轴承中一种严重的显微磨损）
stretcher strain ~ 滑移线痕(轧材矫直时的)，拉伸变形纹
tag ~ 特征记号
ultrasonic ~ 超声刻印
wash ~ 水〔冲刷〕痕

marking-on 划线

marking-out 划线，(立标桩)，定线，做记号

Markite 导电性塑料

marks 痕迹
roller ~ 滚痕，沟痕

mark-sense 标记读出

marl 泥灰（岩，石）

Marlex 马来克司聚乙烯

marlin(e) 绳（细）索

marmatite 铁闪锌矿

marmoration 用大理石贴面〔表面装饰〕

marquchck （*Ms* 变态点）分级淬火及回火处理

marque 商品的型号〔式样〕

marquee 大帐篷，大门罩

marquench ①等温〔分级〕淬火，马氏体淬火②淬火时效

marrer 乳光玻璃板

marresistance 抗划痕性，耐擦伤性

marriage 结合，配合，(运筹学中的）匹配问题

marrow ①精髓〔华〕，最重要的部分，实质②活力，生气

marry ①连接，接长②啮合③铰接

marshal ①整理〔顿〕，调度，安排②引导，带领

marshalling ①排列，编排，(列车）编组，整理②零件成套供应

Mar-straining 马氏体常温加工，马氏体形变时效

marstressing ①马氏体形变热处理，马氏体应力②碳氮共渗淬火后冷处理法（使表层存有残余压应力，以减少其剥离或疲劳损坏的因素）

mart 市场
call-a ~ 计算机化超级市场

martemper ①马氏体等温淬火，间歇〔分级〕淬火②马氏体回火，分级回火

martempering 马氏体等温〔分级〕淬火
martenaging ~ 马氏体回火，中间等温回火

martenite 合成平炉炉底打结料

martensite 马氏体
cell ~ （位错）网络马氏体
coarse ~ 粗针马氏体
covariant packet ~ （相同变态）群集马氏体，集〔群〕状马氏体
cryptocrystalline ~ 隐针〔晶〕马氏体，无组织马氏体
cubic ~ 立方马氏体
dilute-alloy ~ 低合金马氏体
dislocated lath ~ 位错化板条马氏体
lath ~ 板条马氏体
lenticular ~ 透镜状马氏体
martialfine ~ 细针马氏体
massive ~ 大块状马氏体

packet ~　束〔捆〕状马氏体，群集马氏体
plate ~　片状马氏体
quenched ~　淬火马氏体
tempered ~　回火马氏体
unidirectional ~　无定向马氏体
untwinned ~　非孪晶马氏体
α ~　α 马氏体

martial　①军事的，战时〔争〕的②火星的③（含）铁的

Martin　平炉，马丁炉

martingal(e)　方形接线，弓形接线〔拉线〕

martingual　方式接线，弓形拉线

Maru　丸（用于日本船名上，相当于汉语“号”）

marworking　①形变热处理，奥氏体过冷区加工法②加工马氏体淬火（形变热处理的一种）

“M”-ARY　多状态，多条件，多元

marzut　重油

mascerator　皱片机

mascon　质密区，质量密集（指月球表面下层高密度物质的集中）

mase　激射，产生和放大微波

maser　脉塞（受激辐射式微波放大器），微波量子放大器

acoustic ~　声脉塞
beam ~　射束脉塞，射束量子放大器
circulator ~　循环器脉塞，循环器微波激射器
coupled cavity ~　耦合空腔脉塞，耦合空腔微波激射器
crystal ~　①晶体脉塞，晶体微波激射器②晶体量子放大器
CW ~　①连续波脉塞②连续微波激射器
CW optical ~　①连续波激射器②连续波光激射器
cyclotron ~　回旋脉塞，回旋微波激射器
gas-discharge optical ~　气体光学脉塞
gyrotron ~　陀螺振子微波激射器
high-gain ~　①高增益脉塞，高放大系数脉塞②高增益微波激射器
infrared ~　红外激射器，红外脉塞
light quantum ~　光量子脉塞，光量子放大器
molecular beam ~　分子束微波激射器
optical ~　①光量子放大器②激光（器），光脉塞（器）
pulsed ruby optical ~　脉冲红宝石激射器
radio-frequency ~　射频脉塞，射频微波激射器
ruby ~　红宝石脉塞，红宝石微波激射（量子放大）器
solid ~　固体脉塞，固体激波激射器，固体量子放大器
“staircase” ~　“阶梯”激射器
traveling-wave ~　行波脉塞，行波量子放大器

mash　①混合物，矿浆②捣烂，捣碎

masher　捣碎〔磨碎，压榨，搅糊〕机

potato ~　①木柄手榴弹②产生无线电干扰的天线，干扰雷达天线

mashy　磨碎的，稀烂的

Mask　限定层（数控加工 Mastercam 软件中的命令辅助菜单）

mask　①掩模〔膜〕，面具，面罩，伪装，遮蔽，屏蔽，掩蔽，掩码，屏蔽码，蒙片②时标，时间③分离，分离字④表征码

additional spectrum emission ~　辅助频谱发射屏蔽
adjustable ~　可调屏幕〔掩模〕
aperture ~　①（多）孔（障）板，孔（眼）掩模②有孔障板，（彩色显像管）荫罩
apertured shadow ~　①荫罩②影孔板，多孔障板
arc welding ~　电弧焊护罩
arithmetic trap ~　运算陷阱屏蔽
bit ~　位屏蔽
cell interconnection ~　单元互连掩模
channel ~　通道屏蔽，通道掩码
chrome ~　铬掩模
cipher ~　密码消隐，密码隐蔽
coding ~　编码盘
colo(u)r ~　彩色障板，彩色遮蔽
colo(u)r correction ~　彩色校正膜片
copy ~　①复制掩模，二次主掩模②复印版
diffusion ~　扩散掩蔽
double wire ~　双线掩模
easel ~　蔽光框，障板
emulsion ~　乳胶掩模
etching ~　腐蚀〔蚀刻〕掩模
figure ~　数码遮掩装置
finder ~　寻像的护罩
fine pitch ~　细节距影孔板
fine-dot shadow ~　细点荫罩
fixed ~　固定屏幕
focus ~　聚焦网，聚焦栅（极）〔孔板〕
framing ~　（图像）限制框
gradient ~　梯度掩模
gray-scale ~　灰度掩模

inlay ~ 插入遮〔罩〕片
interrupt ~ 中断掩字〔屏蔽〕，隐中断字
massnonzero ~ 非零屏蔽（屏蔽位不为零）
master ~ 母掩模，母版
mesa ~ 台面掩模
metal ~ 金属膜片〔掩模，屏蔽〕
metal aperture ~ 金属孔掩模
movable ~ 可动掩模
opaque ~ 不〔半〕透明罩
oxidation ~ 氧化掩模
oxygen ~ 氧气面罩
peephole ~ 窥孔掩码
photo aid ~ 辅助光蚀掩模
photoetched evaporation ~ 光刻蒸发掩模
planar ~ （彩色显像管）荫罩板
plase-shitting ~ 相移掩模
production ~ 生产（用）掩模
program ~ 程序屏蔽
protective ~ 防毒面具
rejection ~ 金属膜掩蔽
safety ~ 防护面罩
shadow ~ ①网板，孔板②（彩色显像管的）荫罩③障板
signal ~ 信号挡板
slit-type ~ 开槽式影孔板，开槽式荫罩
spectrum emission ~ 频谱发射屏蔽
system ~ 系统屏蔽（中断控制用的寄存器）
transistor ~ 晶体管掩模
vertical grill-type ~ 影条板
welding ~ 电焊眼罩
whole vision ~ 全视面罩
zero ~ 零屏蔽（屏蔽位为零）

maskant ①保护层，保护涂料，可剥漆②掩蔽体

masked ①戴着面罩的②屏〔遮，隐，掩〕蔽着的，有伪装的

masking 遮〔掩，屏〕蔽，伪装，涂保护层
aural ~ 听觉掩蔽作用
camera ~ 摄影机镜头罩
drain ~ 漏（极）掩蔽
electric(al) ~ 化装（彩色信号比校正），电掩蔽
electronic ~ 电子化装，电子掩蔽
field ~ 像场遮挡
isolation ~ 隔离掩蔽，隔离屏蔽
overlay ~ 覆盖遮蔽
photographic ~ ①摄影遮光②光刻掩蔽
physical ~ 物理掩蔽（法）

masks 掩膜

masonite （贴面，绝缘，保温用）绝缘纤维板，夹布胶木板

masonry （砖）石工（程），砌筑，圬工（建筑物，技术），砖石建筑，围砌，炉墙
block ~ 矩形空腔谐振器，直角平行六面体，长方六面体
brick ~ 砌砖工程，砖（砌圬）工
dressed ~ 细石工，敷面圬工
green ~ 未硬化的砌体
stone ~ 砌石工程，石圬工

masout 黑〔重〕油，铺路油

MasPar 美国并行计算机厂商

masque 面具，面罩

mass ①物质，质量②块，团③大量，成批，大部分，多数，密集的
~ of data 大量数据
~ on physical scale 物理标度质量，物理原子量
acoustic ~ 声质量
active ~ ①有效〔作用〕质量②放射性材料
additional ~ ①附加〔补充〕质量②附加物质③混合物
apparent ~ 视在质量
cake ~ 结块体
counterbalancing ~ 抵衡质量
dissimilar air ~ 异气团
distributed ~ 分布质量
equivalent ~ 等效质量
flow ~ 质量流量
generalized ~ 广义（的）质量
ground ~ 基质，金属基体，合金的基体
gyrating ~ 旋转质量，回转质量
heat retaining ~ 储热物质，蓄热体
imaginary ~ 假想质量
lining ~ 衬料
lumped ~ 集中质量
massenfilterspongy ~ 海绵体
operating ~ 工作负载
ore ~ 矿体
oscillating ~ 摆锤，自动砣
parasitic ~ 寄生质量
pasty ~ 糊状物质
payload ~ 有效负载质量
phase ~ 相位量（传输量的虚部，其单位为度或弧度）
proof ~ 检测质量
proper ~ 原质量，静质量

radiation ~ 辐射质量
ramming ~ 捣打料，捣打混合物
recirculating ~ 再循环流量
reduced ~ 折算质量，约化质量
refractory repairing ~ 耐火补炉料
relativistic ~ 相对论质量
rest ~ 静质量
rotating ~ 旋转质量
rudder ~ 方向舵杆
shrinkage ~ 收缩量
solid ~ 实体
specific ~ 相对体积质量，相对（质量）密度
spring ~ 弹性体
sprung ~ 缓冲质量
stamp ~ 打结料，捣结料（冶金用）
transversal ~ 横质量
untanking ~ 器身重量，不带油箱的重量（变压器）
virtual ~ 虚质量，附加质量
massage 按摩
motor ~ 电动按摩器
massenfilter 滤质器
masseur 按摩器
electronic ~ 电子按摩器
mass-filter 滤质器
mass-float 惯性浮体
mass (-) flow 流量
reduced ~ 折合质量流量
mass-flux 质量通量
mass-force 惯性力
massicot 氧化铅，铅黄
massive ①笨重的，巨大的，粗大的②整块的，实心的③大规模的，大量的
massiveness 又大又重，巨大，重量
mass-manufacture 大量制造
mass-market 大量销售〔买卖〕的
mass-reflex 总体反射〔分光〕
mass-separator 质量分离器，同位素分离器
mass-spectrograph 质谱仪
mass-spectrography 质谱分析，质谱法
mass-spectrometer 质谱仪，质谱分析器
quadrupole ~ 四极质谱仪
mass-spectrometry 质谱分析〔测量〕，质谱学
mass-synchrometer ①同步质谱仪②高频质谱仪
mast 桅（杆），（电，天线，起重）杆，（铁，天线，系留）塔，（连接）支柱，支座〔撑，架〕，（栓）柱，门架，桅形井架
A- ~ A形井架
aerial ~ 天线杆〔塔，柱〕
antenna ~ 天线杆〔塔，柱〕
brake ~ 闸杆
cantilever ~ 前开口式井架
cargo ~ 岸上卸船桅杆
collapsible ~ 伸缩套管天线杆
composite tubular ~ 多节套管天线杆
derrick-style antenna ~ 格形天线杆
extended ~ 伸缩门架
guyed antenna ~ 拉线式天线杆
jury ~ （船上）应急桅杆
lattice ~ 格形杆
nozzle ~ （喷雾器）喷杆
panzer ~ 钢管连接用电极
pitot ~ 空速管柱
radar ~ 雷达天线杆
stayed ~ 拉力杆，拉线杆
steering ~ 转向柱
telescopic ~ 伸缩套管式天线
transmission ~ 输电（线）杆
traverse-type ~ 天线主杆
tubular ~ 套管天线杆
master ①主管，雇主，老板②教师，教练③师傅，技师④名家，硕士，船〔校，院〕长⑤靠模，校对规⑥主盘（原版录音片），母版，母片⑦基本的，仿形的，标准的
~ of Science 理科硕士
air ~ 气动伺服〔加力〕制动器
artwork ~ 照相原图，照相底图
bond ~ 环氧树脂类黏合剂
bus ~ 总线主控（计算机的）
chain ~ 链葫芦
chuck ~ 卡盘扳子
control ~ 检查工长
drive ~ 自动传动装置，液压传动
forge ~ 锻造加热控制装置
glass ~ 玻璃主盘
grind ~ 磨削靠模
height ~ 高度规
helical ~ 螺旋主盘
hob ~ 挤〔模〕压制模的原〔阳〕模
iron ~ 铁器制造业者
lacquer ~ 蜡克主盘
magnetic ~ （节目）原版磁带
metal ~ 金属母盘，金属主盘（录音用）
operating system ~ 操作系统要素
passed ~ 名家，能手

pattern ~ 母〔主〕模型
plunge ~ 切入磨基型（磨床）
production ~ 印制电路模板
quill ~ 套筒式校对规
sketch ~ 相片转绘仪，草稿底图
station ~ 站〔局，台〕长
step ~ 阶梯磨削基型（磨床），纵磨兼切入磨基型（磨床）
timing ~ 定时主脉冲（源）
tool ~ 标准工具，标准量具，高精度工具
torque ~ 转矩传感器，转矩检测装置
wax ~ 录声蜡主盘

masterboard 母板

Mastercam 集设计和制造、数控机床自动编程于一体的CAD/CAM软件

masterclock 母钟，母钟脉冲

master-control 主调整，中心〔中央，主，总〕控制

master-controller 主控制器，主令控制器

masterdom 控制（权，力）

mastering 为主的，总的，母盘刻录

masterkey 万能钥匙，总电钥〔键〕

master-slave 主从的（机械手），仿效的

mastery ①精通，熟练，技巧②控制，掌握③优势，优胜

masthead 杆〔柱，桅〕顶

mastic ①地板蜡②膏，胶③树脂，胶黏剂，厚浆涂料，封泥封胶，油灰
gum ~ 乳香，玛，树胶，玛脂

mastication 塑炼

masticator 撕捏〔割碎，捏合，塑炼〕机，立式黏土搅拌〔搓揉〕机

masurium 化学元素Ma，锝的旧名

masut 重〔黑，铺路〕油

mat ①垫（物，子）栅网，（包装货物的粗糙）编织物，薄毡②底板③罩〔表〕面，面层④无光泽的，粗糙的，未抛光的
bar ~ 钢条网
binocular ~ 双筒望远镜遮片
curing ~ （混凝土）养护覆盖
damping ~ 阻尼垫
earth ~ （接）地网
feed ~ 可移式拧螺栓机
glass ~ 玻璃纤维板，玻璃垫
ground ~ （接）地网，地垫
mica ~ 云母垫，云母板
rubber ~ 橡胶垫，橡胶毯
stand ~ 台式拧螺栓机
step ~ 踏板垫〔毯〕
vacuum ~ 真空吸水板

matacolizing （铸铁表面的）铝熔射喷涂

matador(e) 无人驾驶飞机

Mataline ①钴铜铝铁合金（w(Co)35%，w(Cu)30%，w(Al)25%，其余Fe）②含油轴承

match ①匹配，配比②相配，协调③均整，均调④假型，胎模，假箱⑤火柴，火绳，导火线
approximate ~ 近似符合
arithmetic limit ~ 运算限制符合
associative memory ~ 相联存储符合
conjugate ~ 共轭匹配
die ~ 对模
envelope ~ 匹配封装
equal ~ 等于符合
greater-than ~ 大于符合
image ~ 镜像匹配
less than ~ 小于符合
memory ~ 存储器符合
metameric ~ 条件配色
miss ~ 失配，失谐，不重合
pattern ~ 胎模，假箱〔型〕
permanent oil ~ 油砂胎模
plaster ~ 石膏胎模
Q- ~ 同轴（匹配）套管，匹配短截线
quick ~ 速燃导火索
sand ~ 砂胎模
wood ~ 木胎模

matchboard （假）模板

matcher ①匹配器②制榫机
end ~ 多轴制榫机

matching ①匹配，配合②微调③选配④调整⑤协调，均衡
~ at the boundary 晶界的匹配度（状态）
~ collars and grooves 间距套管颈圈与轴承座内槽口相套合
~ of exponents 对阶
~ of pulses 脉冲（刻度）均调〔均整，调整，校准〕
~ of stages 级间匹配（压气机），各级的协调
acuity ~ 分辨率匹配，视觉敏锐度匹配
additive colo(u)r ~ 加色匹配
broadband ~ 宽频带匹配
card ~ 卡片对比
chart ~ 图像（与）地图叠合
colo(u)r ~ 配色，调色

conjugated ~ 共轭匹配
cycle ~ ①脉冲导航②相位比较
echo ~ 回波匹配
elastic ~ 弹性匹配法
exponential ~ 指数（性）匹配
fingerprint ~ 指纹匹配
impedance ~ ①感应淬火②阻抗匹配
index ~ 折射率匹配
limited-buffer rate ~ （通信）有限缓冲速率匹配
luminance ~ 光亮度匹配
matrix ~ 阵列匹配
parts selection ~ 零件选配
pattern ~ 模式配对，模式匹配
pip ~ ①脉冲刻度校准，脉冲刻度均整抗匹配，反射脉冲调整②标记调节
pulse ~ 脉冲均调〔调整，校准〕
Q ~ ① Q 匹配②四分之一波长匹配
rate ~ 比率匹配
resonance ~ 谐振匹配
slug ~ （四分之一）短线匹配法
stage ~ 级间匹配
stub ~ 短截线匹配
subtractive colo(u)r ~ 减色调配
template ~ 模板匹配

matchjoint 合榫，舌槽（企口）接合
matchless ①不匹配②无敌〔双，比〕的
matchlock 旧式毛瑟枪，火绳枪
matchmaking ①火柴制造②媒介
match-merge 符合归并
match-plate 模板，分〔对，双面〕模板
plastic ~ 塑料双面模板
mat-covered 有保护层的，有垫子盖的
Mate 配合
Check ~ 一致性检查（UG NX 的主要功能模块，CAD 模块，计算机辅助设计模块）
mate ①配合，啮合，搭配，连接②配对物③啮合部分，配合面④副手，助手
pinion ~ 小齿轮对
mated 成对的，成双的
material ①材〔原，资〕料，物质，物资②部件，设备，用具，器材③内容，素材，（技术）资料④物质的，实质的，实体的
hot ~ 强放射性物质〔材料〕
ablation ~ 消融材料，烧蚀材料
abrasive ~ （研）磨（材）料，研磨剂
absorbent ~ 吸收性材料，吸收剂，吸收体
acceptable ~ 合格原料
acid-sensitive recording ~ 酸敏记录材料
acoustic ~ 隔音〔隔声，声学〕材料
active ~ ①放射性材料，放射性物质②活性材料，活性物质
active emitting ~ （电子）活性发射材料
adhering mo(u)lding ~ 涂型材料，（铸型）涂料
agar impression ~ 琼脂印模材料
air-equivalent ~ 空气等效材料
anode ~ 阳极材料
antifriction ~ 减摩材料，滑润剂
antisun ~ 抗光物质，防光物质（抵抗日光照射作用的物质）
apparent ~ 透明材料
astrophotographic ~ 天文照相感光材料
attenuating ~ 衰减〔吸收（性）〕材料
audio visual ~ 视听材料，直感教具（如唱片，幻灯片，录音带，录像带等）
azidoquinone photosensitive ~ 叠氮醌类光敏材料
backed frictional ~ 衬背摩擦材料
backing ~ 底层材料，背（贴）材（料），敷底物
barrier ~ ①防潮材料②隔板
basic ~ ①碱性材料②原料
basis ~ ①主要成分材料，基础材料②镀前表面
belt ~ 传动带衬（料）
beneficiated burden ~ 精料
blank ~ （电解）种板材料
blasting ~ 炸药
breakout ~ 易磨损材料
bred ~ 增殖〔生〕材料
breeder ~ 燃料原料，再生材料，变成为核燃料的中子吸收剂
bulk ~ ①粒状材料②松散〔疏松，统装，散装〕材料
camouflage net ~ 伪装网材料
carrier ~ 载体，负荷体
cementing ~ 黏结剂，固结材料
char-forming ~ 烧结材料
charge ~ ①配料②载质，（火箭）燃料
charging ~ ①炉料②批料
charing ablative ~ 碳化烧蚀材料
cladding ~ ①镀层，覆盖层②覆盖材料
code ~ 法规材料（技术安全运行监督条例允许的材料）
code-practice ~ 收发电文

compensated intrinsic ~ 补偿本征〔质，能〕材料
composite ~ 成层材料，合成材料
condemned ~ 报废器材
condensed ~ 冷凝物质
conducting refractory ~ 导电难熔材料
conductive ~ 导电材料
construction(al) ~ 建筑材料，结构材料
contact ~ 电接触器材，接触物质
contaminating ~ 沾染物质
covering ~ 涂料
crude ~ (s) 原料
crystal active ~ 晶体激活材料
cushion(ing) ~ ①缓冲材料，衬垫材料，弹性垫料②附加料③（铸型，型芯）补强剂，（铸型的）容让性材料
damping ~ 隔音材料，隔声材料，吸音材料
depleted ~ 用过的核燃料，贫化〔贫乏的〕物质，缺乏某种同位素的元素
detecting ~ 探测物质，检波材料
diamagnetic ~ 抗磁（性）材料，反磁（性）材料（磁导率小于1）
diluent ~ 冲淡剂，稀释剂
discrete ~ 松散材料
dissipative ~ 有损耗材料，耗散材料
dopant ~ ①掺杂材料②合金材料
doping ~ ①涂料②掺杂材料
dusty ~ 粉末材料
elastomer ~ 弹性〔合成橡胶〕材料
elastooptic ~ 光弹性材料
electrical engineering ~ 电工材料
electromotive ~ 电动（势发生）材料
electron-emissive ~ 发射电子物质
end-resistance ~ 终端电阻材料
enriched ~ 浓缩物，浓集〔加浓〕物质
exotic ~ 特殊材料，稀有材料，耐高温材料（熔点高于1650 ℃）
expanded ~ 发泡材料
expendable pattern ~ 熔模材料，燃模材料
extinguish ~ 灭火材料
extrinsic(al) ~ 非本征材料
feed ~ 原料，进料，供料
ferromagnetic ~ 铁磁材料
ferroxcube ~ 铁氧体软磁性材料
fertile ~ 增殖性物质，燃料（原料）
fettling ~ 炉衬材料
filament ~ 灯丝材料
filling ~ 填充材料，掺加物，填（塞）料
finishing ~ 最后合金料
fissible ~ 可裂变材料
fissile ~ 可裂变物质，核燃料
fissionable ~ (s) 裂变物质，核分裂性物质，核燃料
fluorescent ~ 荧光材料，荧光物质
foreign ~ ①杂质，夹杂物②外来物质，异物
four-level ~ 四能级材
full density ~ 全密度材料
fusionable ~ 热核燃料
gasket ~ 填料
getter ~ 吸气剂
graded ~ 级配材料
grafting ~ 接合材料
graphite-base composite ~ 石墨基合成材料
grate-layer ~ 铺底料，垫底料（烧结）
heat insulating ~ 隔热材料，热绝缘材料
heat sensitive ~ 热敏材料
heat-sensitive ~ 易燃物质，易燃剂
heat-transfer ~ 载热体〔剂〕，散热，传热〔热转移〕介质
heterojunction ~ 异质结材料
high-expansion ~ 高膨胀系数材料
high-index ~ 高折射率材料
high-loss polyiron ~ 高损耗铁粉材料
honest ~ 好料
host ~ 基质材料
hydrophobic ~ 疏水性材料
in process ~ 在制品
incendiary ~ 燃烧剂
inert ~ 惰性物质，不易化合的物质
insulating back-up ~ 外部隔热材料
insulating ~ 绝缘材料
intelligence ~ 智能材料
intermediate ~ 中间产物
intrinsic ~ 本征（半导体）材料
invest ~ 覆盖材料
jointing ~ 接合密封〔填密〕材料，填料
lagging ~ 绝热材料，保温材料
laminated ~ 层压材料
laser ~ 激光加工工作物质
lead wire ~ 导丝材料
light ~ 小截面材料，薄型材
line ~ 线路器材
liner ~ 衬料
lining ~ （轴承）衬（材）料
loading ~ ①填料②加感材料

local ~ 地方材料
low work function ~ 低逸出功材料
magnetically hard ~ 硬磁（性）材料
magnetically soft ~ 软磁（性）材料
materialelectrical resistant ~ （电气）绝缘材料
materialityphotofading ~ 光褪色材料
mechanically-resistant ~ 硬质材料
memory ~ 信息存储材料
mending ~ 补炉材料
metalliferous ~ 金属物料
microphotographic ~ 缩微摄影材料
minus ~ 次品
moderating ~ 减速剂，缓和剂
moisture sensitive resistance ~ 湿敏电阻材料
monolayer ~ 单层材料
mo(u)lding ~ 成形材料，模制材料
multidoped ~ 多掺杂材料
non-retentive ~ 软磁性材料
normal impact ~ 标准抗冲击材料
nuclear ~ 可裂变物质，核燃料，核反应堆材料
off-ga(u)ge ~ 短尺〔等外〕轧材
opposing ~ 对偶材料
optical holographic storage ~ 光全息存储材料
outgoing ~ 选取的产物，取试样
packing ~ 隔离料，填充剂，填料（粉末冶金）
paramagnetic ~ 顺磁性材料
parent ~ 原材料，母料
patching ~ 修补〔补炉，填塞〕材料
permanent luminescent ~ 永久性发光材料
permanent magnetic ~ 永磁材料
phosphorescent ~ 发磷光物质
photochromic ~ 光致变色材料
photocuring polymer ~ 固化型光敏高分子材料
photodegradation polymer ~ 降解型光敏高分子材料
photopolymerize ~ 光聚合材料
photovoltaic ~ 光伏材料
picture ~ 图像内容，图像素材
piezoelectric ~ 压电材料
piezoresistive ~ 压敏电阻材料
pit run ~ 未筛（土石）料
plastic-rigid ~ 刚塑性材料
plus ~ （筛）面料，筛下料
polishing ~ ①光泽〔擦亮，上光，修饰〕剂②磨料
polycrystalline ~ 多晶物质，多晶体
porous acoustic 多孔吸声材料
potting ~ 封装材料
powder metallurgy ~ 粉末冶金制品
powder metallurgy friction ~ 粉末冶金摩擦材料
prime ~ 首涂材料，打底材料
probe ~ 示踪物质
proprietary ~ (s) 专利品，专卖材料
pulverulent ~ 粉状物料
quantum-well ~ 量子阱材料
quasi-isotropic ~ 伪均质材料，类无向性材料
raw ~ ①原料②（原）材料的
reclaimed ~ 再生材料，回收材料
rectangular hysteresis ~ 矩形磁滞（特性）材料
reducible ~ 能〔可〕还原的物质
reference ~ 标准物质参比物
refractory patch ~ 补炉材料
reinforcement ~ 加固材料，加强材料
rejected ~ 废品，废料，废弃物
resistive ~ 耐火材料
retentive ~ 硬磁性材料
return of ~ 退料
reversal ~ 反转材料
rheopectic ~ 流变材料
rigid ~ 刚性材料
rigid composite ~ 硬质复合材料
rim and angle ~ 边角料
rough ~ 原料
scattering ~ 散射体〔剂〕
screening ~ 屏蔽材料
section ~ 型材
seed ~ 播加物质（磁流体发电机中）
seepy ~ 透水材料
self-electro-optic effect ~ 自电光效应材料
self-luminescent ~ 自发光体〔物质〕，荧光体
semifinished ~ 半成品，半制品
settled ~ 沉渣
sheathing ~ 外壳材料
shielding ~ 隔离料，填密料
side-layer ~ （烧结）边铺料，侧面铺料
sink ~ （浮选中的）重料
sintered electrical contact ~ 烧结电触头材料
sintered friction ~ 烧结摩擦材料

sizing ~ 胶料
skin ~ 表皮材料，蒙皮材料
sorbing ~ 吸附材料
spent ~ 废物，渣滓，废料场，渣堆
square hysteresis loop ~ 方形磁滞回线材料
stabilizing ~ 稳定（处理）材料
starting ~ 原（材）料，（起）始（物）料
stealth ~ 隐身材料
stock-run ~ 堆场材料
stores-issued ~ 厂发材料
strength imparting ~ 加强物料
super crystal lattice ~ 超晶格（新）材料
superconducting ~ 超导材料
super-lattice magnetic ~ 超晶格磁性材料
supporting ~ 补强材料
surfacing ~ 铺面（材）料
thermal-protective ~ 隔热材料
tool tip ~ 刀头材料，镶刀头材料
top ~ 顶料，盖料
tracer ~ 示踪物质
type K sheathed therinocouple ~ K 型铠装热电偶材料
unfired ~ 生〔欠〕烧物料
uranium-bearing ~ 含铀物质
virgin ~ 纯净（原）材料
volatile rust preventive ~ 汽相缓蚀材料
weighting ~ 填料，填充物
wet mixing friction ~ 湿法生产摩擦材料
working-laser ~ ①激光激活材料②激光工作物质
yielding ~ 能流动材料（塑性变形的）
zeolite cation-exchange ~ 沸石阳离子交换剂
zone-refined ~ 区域提纯材料

materiality ①物质〔实体〕性，重要（性），重大②（pl.）物质，实体

materials 必需品，用具，设备，媒体
recording ~ 记录媒体

mathematic(al) ①数学（上）的，数理的②极正确的

mathematics 数学
~ of computation 计算数学
floating-point ~ 浮点运算
fuzzy ~ 模糊数学
operational ~ 运算数学

mating 配合的，接合的，配套的，相连的

matricon 阵选管（字符产生阴极射线管）

matrix ①基〔母，本〕体，基质〔块〕②母〔基〕岩，矿脉，杂矿石③矩阵，方阵，真值表，母式，间架，行列，矩阵变换电路④模型⑤容器⑥填料，结合料
acoustic ~ 声阵
active ~ 有源矩阵（薄膜晶体管）
adjoint ~ 伴随（矩）阵
adjugate ~ 转置伴随矩阵
admittance ~ 导纳矩阵
almost triangular ~ 准三角形矩阵
amplification ~ 放大矩阵
antisymmetric(al) ~ 反对称矩阵
associate(d) ~ 结合〔相伴，共轭转置〕矩阵
augmented ~ 增广（矩）阵
bidiagonal ~ 两对角线矩阵
block-tridiagonal ~ 块三角阵
blue colo(u)r difference ~ 蓝色差矩阵，B-Y 矩阵
bordered symmetric ~ 加边对称矩阵（数学）
branch admittance ~ 支路导纳矩阵
branch-path incidence ~ 支路 - 回路关联矩阵
bus admittance ~ 节点〔母线〕导纳矩阵
chain ~ 链接矩阵
channel ~ 信道矩阵
characteristic ~ 特征矩阵，本征矩阵
circulant ~ 循环矩阵
column ~ 直列矩阵
column-reduced standard echelon ~ 化列标准阶梯矩阵
commutation ~ 可换（矩）阵
companion ~ 友（矩）阵，伴随矩阵
conformable ~ 可相乘（矩）阵
confusion ~ 混淆字模
congruent ~ 相合（矩）阵
conjugate transposed ~ 共轭转置矩阵
conjunctive ~ 共轭相合（矩）阵
consistently ordered ~ 相容次序矩阵
controllability ~ 可控性矩阵
copper ~ of sufficient porosity 多孔铜基体
copper base ~ 铜基合金基体，铜质型片
core ~ ①磁心矩阵，磁心点阵②活性区矩阵
corediode storage ~ 磁心二极管存储矩阵
covariance ~ 协方差矩阵
cross-bar addressed dot ~ 正交线寻址点矩阵
crossed-grid ~ 交叉网格矩阵
crosspoint relay ~ 交叉点继电器矩阵
crystalline ~ 结晶基体
damping ~ 阻尼矩阵

decoder ~ 译码矩阵
degenerate ~ 退化矩阵
Denavit Hartenberg ~ D-H 矩阵
dense ~ 稠密矩阵
diagonalizable ~ 可对角化矩阵
diagonally dominant ~ 对角占优矩阵
difference ~ 差分矩阵
diode ~ 二极管矩阵
distribution ~ 分布矩阵
divergent ~ 发散矩阵
document term ~ 文件 - 术语矩阵
doubly stochastic ~ 双随机矩阵
dyadic ~ 并矢矩阵
echelon ~ 阶梯矩阵
element stiffness ~ 单元刚度矩阵
elementary ~ 初等矩阵
encoding ~ 编码矩阵
equivalent ~ 等价矩阵
error ~ 误差矩阵
father ~ 父版
ferrite core ~ 铁氧体磁心矩阵
finite ~ 有穷矩阵
first-moment ~ 一阶矩阵
flow ~ 流程矩阵
frequency setting ~ 频率定值矩阵
gating ~ 控制矩阵
generalized stochastic ~ 广义随机矩阵
generated ~ 生成矩阵
gradient ~ 梯度矩阵
hi-lite ~ 黑底高亮度彩色显像管
horizontal decision ~ 水平决策矩阵（法）
identity ~ 单位矩阵
impedance ~ 阻抗矩阵
imprimitive ~ 非原本矩阵，非素（矩）阵
incidence ~ 关联矩阵
indefinite ~ 不定矩阵
information ~ 信息矩阵
interlocking ~ 连结体
inverse ~ ①矩阵反演，矩阵求逆②逆矩阵
inverse inductance ~ 逆电感矩阵
inverter ~ 反相器矩阵
lambda ~ λ 矩阵
launching ~ 发射管（列），发射槽（列）
loop admittance ~ 回路导纳矩阵
loop-impedance ~ 回路阻抗矩阵
magnetic ~ 磁存储矩阵
matrix ~ out of register ①合模不正②花纹错位
modal ~ 模态矩阵
memory ~ 存储矩阵
metal ~ 金属模板
metallic ~ 金属基体
mirror ~ 镜面矩阵
moment ~ 矩量矩阵
negative ~ ①底板，底片②阴模③负矩阵
negative stable ~ 负稳定矩阵
normal ~ 正规〔法〕矩阵
null ~ 零矩阵
operator precedence ~ 算符优先矩阵
optical memory ~ ①光学存储器矩阵②光学记忆元件矩阵
orthogonal ~ 正交矩阵
output ~ 输出矩阵
parity ~ 一致〔奇偶〕校验矩阵
parity-check ~ 均等核对矩阵
partially filled transition ~ 填入部分元素的转换矩阵
partitioned ~ 分块（矩）阵
passive ~ 无源矩阵
pearlitic ~ 珠光体基
permutation ~ 置换矩阵，排列矩阵
polymeric ~ ①聚合物基体②聚合物模板
porous ~ 多孔基体
positive ~ ①正片，阳模②正矩阵
positive definite ~ 正定矩阵
precedence ~ 优先矩阵
predecessor ~ 先趋矩阵
primitive ~ 素（矩）阵
primitive connection ~ 原始连通矩阵
program(me) switching ~ 节目切换矩阵
program(me) timing ~ ①程序定时矩阵②定时〔时标〕脉冲发生器
pyramid ~ 锥形矩阵
reachability ~ 可达性矩阵
receiver ~ 接收矩阵变换电路（彩色电视），（电视）接收机矩阵
recovery diode ~ 再生〔恢复〕式二极管矩阵
rectangular ~ 矩形（矩）阵，长方（形矩）阵
reducible ~ 可约矩阵
relational ~ 联系矩阵，关系矩阵
relay ~ 继电器矩阵
resolvent ~ 预解矩阵
response ~ 反应矩阵
resultant ~ 结式矩阵
row ~ 行矩阵

scattering ~ 散射矩阵，S 矩阵
scrambling ~ 密码矩阵（电路）
screw ~ 旋量矩阵
selection core ~ 选择磁心矩阵
shift ~ 移位矩阵
similarity ~ 相似矩阵
singular ~ 奇异〔退化，降秩〕(矩)阵
skew ~ 斜对称（矩）阵
skew-symmetric ~ 反〔斜〕对称矩阵
sparse ~ 稀疏矩阵
spin ~ 旋转矩阵
square ~ 方阵
state-transition ~ 状态传递〔转移〕矩阵
stiffness ~ 刚度矩阵
stochastic ~ 随机矩阵
storage ~ 存储矩阵
stress ~ 应力矩阵
system ~ 系数矩阵，体系矩阵
transfer ~ 转移矩阵
transformation ~ 变换（矩）阵
transition ~ 转换〔过渡，跃迁〕矩阵
transposed ~ 转置矩阵
tridiagonal ~ 三对角线矩阵
tungsten ~ 钨多孔模，钨海绵体
unit ~ 单位矩阵
unitary ~ 酉矩阵，单式〔正交〕矩阵
unreduced ~ 不可约矩阵
U-skew ~ 酉斜对称（矩）阵
U-symmetric ~ 酉对称（矩）阵
vertical decision ~ 垂直决策矩阵法
video ~ 视频（信号分配）矩阵
wafer ~ 晶片矩阵，圆片矩阵
wax ~ 蜡模

matrixer 矩阵变换电路

matrixing ①换算，折合，重算②矩阵化③字模铸造
linear electronic ~ 线性电子矩阵化

matrizant 矩阵积分级数

matt ①无光泽的，暗淡的②粗糙的

matte ①锍，冰铜②遮片③无光泽的
Bessemer ~ 转炉锍，转炉冰铜，镍高锍
blast furnace ~ 鼓风炉锍，鼓风炉冰铜
lead ~ 粗铅，冰铅，铅锍
lead copper ~ 铅铜锍，铅冰铜
leady ~ 含铅锍，含铅冰铜
mixed ~ 混合锍，混合冰铜
molten ~ 熔融锍，熔融冰铜
nis ~ 镍锍，镍冰铜
primary ~ 原生冰铜，原生锍
reverberatory ~ 反射炉锍，反射炉冰铜
solidified ~ 凝固锍，凝固冰铜
static ~ （摄影）静止蒙罩法，电子遮挡插入法（在图像的某些区域插入另外的画面）
white ~ 白锍，白冰铜

matte-fall 提锍率，冰铜出产率

matter ①物质〔料，体〕，材料，要素，成分②题材，内容，(印刷，书写的）物品③（pl.）情况④事情，事件，问题
colloidal ~ 胶质，胶体
colo(u)ring ~ 色素，着色剂，色料
dead ~ ①（燃料的）残渣②无机物
dissolved ~ ①干残余量，干残渣②溶解物
foreign ~ 杂质，夹杂物，外来物（质）
gritty ~ 硬粒物质
interstellar ~ 星际物质
mineral ~ 矿物质
oily ~ 油脂
printed ~ 印刷品，印张
subject ~ ①主题，要点，内容，题〔素〕材②学科，科目③原因，起因
suspended ~ 悬浮物，悬浮质
tarry ~ ①煤胶物质②光磨（无进给磨削）
technical ~ 技术问题
volatile ~ 挥发物，挥发（性）物质

matting ①席（子），垫（子，层，块），(栅）网，柴排，蒲包，麻袋，(包装货物的粗糙）编织品，编席的材料②无光泽表面，褪光③炼锍，造锍④（焊前）清洗工序
hair ~ 坐垫（的）棕毛填料

Mattisolda 银焊料

mattress 垫子，褥垫

mature ①成熟的，深思熟虑的②到期的，期满的，完成的③稳定，老化，时效

maturity ①成熟(度，时期)，壮年(期)②老化，陈化③完成，完备，到期

maturometer 成熟度测定计

mat-vibrated 表面振捣的

Maud 钢丝绳冲击钻机

maul 手用大锤
spiking ~ 手用大锤
track ~ 道钉锤

mavar ①参量放大器，低噪声微波放大器，可变电抗混频放大②导航系统③脉伐

max-flow 最大流

maxi （=maximum）最大（量，的），最高值（的）

Maxilvry 奥氏体不锈钢

maximization 最大值化，极大值化，极限化
~ over discrete 离散集合上的最大化
maximize ①使达到〔增加到，扩大到〕最大（值），使极大，极大化②充分重视
maximum ①极大值,最大值,最高值②最大的，极大的
~ a posteriori 最大后验
bare ~ 绝对最大值
critical ~ 临界最大值
global ~ 全局最大值
main ~ 主峰
proper ~ 正常〔真〕极大
subsidiary ~ 辅峰
maxirolling 预变形轧辊（锻压机的）
maxite 高速钢，硫碳酸铅矿
maxivalence 最高价
maxterm （极）大项
maxwell 麦克斯韦（Mx，磁通量单位，1 Mx = 10^{-8} Wb）
maxwellmeter 磁通计，麦克斯韦计
Maxwell-turn 麦（克斯韦）- 匝（磁链单位）
Mayari R R 低合金耐热钢
maycoustic 隔声用人造石
mayday 无线电话中的求救信号（等于无线电报中的 SOS）
mayer 迈尔
mayonnaise 低温残渣
Maypress 冷挤压压力机，梅氏压力机（底传动肘杆式冷挤压压力机）
MAZAK 压铸锌合金（含 Al、Cu、Mg、Fe、Pb、Cd、Sn、Zn）
mazarine 深蓝色（的）
Mazda 马自达（日本马自达生产车型）
maze ①迷宫，迷网，曲径②混乱
radiation ~ 发射迷宫网，辐射曲径
mazily ①迷宫式地②弯弯曲曲地
mazout 重油，黑油
mazy 迷宫式的，弯弯曲曲的，混乱的，复杂的
M-carcinotron M 型反向波管
MCL MCL 语言（一种结构式的机器人汇编语言）
m-commerce 移动商务
MCS （=machining coordinate system）加工坐标系（数控加工过程中 UG NX 等软件的坐标系，数控加工的功能术语）
M-curve M 曲线（大气校正折射率与高度的关系曲线）
meacon ①虚造干扰设备（接收敌人信号并以同样频率播出此信号，以扰乱敌人导航系统），假象雷达干扰设备，干扰信号发出设备②虚造干扰，假象雷达干扰，发出错误信号以干扰
meager 贫（瘠，乏）的，不足的，不充分的，量少的，（枯燥）无味的
meagre =meager
meal 粗粉
bore ~ 钻粉
fossil ~ 硅藻土
mount ~ 硅藻土
wood ~ 木粉填料
mealiness 粉状，粉性
mealy ①（粗）粉状的②有斑点的
mean ①平均值,中项,中（间）数②（pl.）手段，方法,工具③意思,意味着,打算,计划④平均，平均的，中间的，中等的
arithmetical ~ 算术平均值
conditional ~ 条件均值
cumulative ~ 累加平均，累积平均
daily ~ 逐日平均
extrapolated ~ 外推平均
geometrical ~ 几何平均值，等比中项
harmonic ~ 调和平均值，调和中项
population ~ 总平均，全平均
progressive ~ 累加平均
proportional ~ 比例中项
quadratic ~ 均方值，二次方平均值
residual ~ 残余平均
running ~ 相继平滑值，移动平均值
sample ~ 样品〔试样，采样〕平均（值）
serial ~ 系列平均值，序列平均值
unweighted ~ 未加权平均数
meander ①曲折，弯曲部②（回纹）波形饰，万字（卍）形花纹
meandrine 弯弯曲曲的,有螺旋形（回旋,盘旋）面的，纵合状的
meandroid =meandrine
meandrous 弯弯曲曲的，螺旋形的，（锯齿）波状的
meanfield 均匀场
meaning ①意义〔思，味〕,含义②意图，企图，目的③有意义的，意味深长的
geometric ~ 几何意义
meanness ①平均，普通，中等，中间②劣等
means ①方法，方式，手段②工具，设备，装置③剂④资产，收入
~ of escape 消防安全措施
antihunt ~ ①稳定方法②稳定器，阻尼器

anti-sweep ~ 反扫器材
beam splitting ~ 分色器
dipping coil primary ~ 电磁式检测设备
engaging ~ 接通装置，接通机构
error measuring ~ 偏差检测〔误差测量〕装置
graphic ~ 图形法
guide ~ 导向装置
hydrodynamic ~ 水力动力法（高速成形法）
information storage ~ 信息存储方式
lexical scan ~ 词法扫描法
measuring ~ ①量度工具，测量装置，测量器②测量方法
operating ~ 操作工具
photo-reproduction ~ 照相复制设备
polarizing ~ 定位装置
storage ~ （信息）存储方法

mean-time-between-failure 平均稳定〔平均故障间隔〕时间

mean-time-to-failure 故障（发生）前平均（工作）时间

mean-value 平均值〔数〕

meas =measure（ment），measuring

measles （图像）斑点，起花（指印制电路板上出现的树脂气泡群集）

measly ①没用的，没有价值的，劣质的②微小的，少量的，不充分的

MEASTON （=measurement tonnage）容积〔装运〕吨位（1 容积吨 =40 立方英尺 =1.132 67 m^3）

measurand ①被测数，被测物理量②被测性能③被测对象④被测情况，被测环境，被测状态

measuration ①测量，测定②测量方法，测定法③求积法

Measuray X 光测厚计

measure ①测量，测定②措施，手段③量度，尺度，比例尺，计量单位④限度，界限，程度
~ of capacity 容量
~ of curvature 曲率
~ of discontinuity ①不连续的测度②振幅
~ of precision 精确量度，精密程度
~ of skewness 偏度
~ of spread （概率）分布测度
~ off 量出，区划
~ up to 合格，合标准
~ with 符合，达到，满足，胜任
above ~ 非常，极（度），过度
acceptable acceleration level ~ 容许加速级度量法，容许加速测量
automatic corrective ~ 自动纠正措施
board ~ ①板积计（量）②板英尺（1 板英尺 = 1/12 立方英尺 =$2.36 \times 10^{-3} m^3$）
capacity ~ 容量
car rolling resistance ~ （铁道）车辆溜放阻力测定装置
circular ~ 弧度法
common ~ ①公约数②公测度，公度
cubic ~ 体积，容量
data transmission utilization ~ 数据传输效率
double ~ 双面修饰
electronic countermeasures ~ 电子反对抗，电子反抗干扰
end ~ ①端面量具，端度器②量块
expeditious ~ 应急措施
folding pocket ~ 折尺
greatest common ~ 最大公测度
interior ~ 内测度
lens ~ 检镜仪，透镜检查仪，焦度计
linear ~ 长度测量，长度（单位）
liquid ~ ①液量单位②液体量器
loose ~ ①粗测，按松散体积（松方）的容量计量②松方
map ~ 测图器
material ~ 实物量具
metric ~ 公制计量
potential trouble ~ 潜在故障预防措施
precautionary ~ 预防措施，预防办法
preliminary ~ 初步措施
preparatory ~ 初步措施
radian ~ 弧度（法）
reliability ~ 可靠性的测量
running ~ 纵长量度
safety ~ 安全〔保安，保险〕措施，安全规程
shrinking ~ ①收缩度②放尺
solid ~ ①容量测定②体积，容积
square ~ 面积
surface ~ 板面计，干板英尺
tape ~ 卷尺，皮尺
wheel circumference ~ 轮周量尺
yard ~ 码尺（指直尺或卷尺）

measured ①量过的，实测的，根据标准的②有分寸的，精确的，几经推敲的

measure-kernel 测度核

measurement ①（测，计，度，丈）量，（实验）测定，尺寸，大小，量〔宽，深，高，长〕度，容量，计算单位，测量结果②测量〔测定〕法，度量（衡）制③（pl.）规范
~ of quantities 量的测定，计量，量方
~ over pins 双针检查法
absolute ~ 绝对测量法
acting position ~ 工作位置（动作位置）检测
active ~ 主动测量
actual ~ 实（际）测（量）
adaptive ~ 自适应测量
angularity ~ 角因素的测定
balance ~ 重量试验，重量平衡测定，天平法测量
bridge ~ ①电桥测量法②桥式电路测定
chrominance-noise ~ 色度杂波测量
commercial ~ 工业测量，技术测量
comparative ~ 比较测量，比较测定法
complementary (method of) ~ 互补测量〔法〕
dead-beat ~ 不摆测量
diaphragm ~ 小孔测量
difference ~ 差分测量，差动测量
dispersion ~ 色散测定
distance sum ~ ①距离和测定②椭圆测位制③差 - 和定位
distance-difference ~ 双曲线测位制，双曲线定位
duplex ~ 复合测量
electric ~ 电测学
electrotechnical ~ 电工测量
end-to-end ~ 直通测量（线路）
fien grain ~ 微粒测定
fine ~ 精密测量
flow ~ 流量测量
flux-traverse ~ 通量穿透测量
foil activation ~ 箔活化测量
full-scale ~ 全尺寸测量
gated noise ~ 门控噪声测量
gross activity ~ 总放射性测量，总活度测量
horizontal universal length ~ 卧式万能测长仪
hum ~ 哼声测量，背景噪声测量
impulse ~ 冲击测量
inductive TDR ~ 电感时域反射计测量
inferential ~ ①独立测定②推理估测
in(-)situ ~ 〈拉〉实地测量，原位测量
insulation ~ 绝缘电阻测量
isotope ratio ~ 同位素丰度测定
knockout ~ 击出测量法（用自由振荡共振幅度增大的测量法）
laser Doppler velocity ~ 激光多普勒测速
laser-used ~ 激光测量
level ~ ①水平面测量②电平测量
loop ~ 环路测量
measurerpitch ~ ①（犁体）垂直间隙测定②螺距测定
micrometric ~ 精密测定
modulation ~ 调制（深）度测量
mu-beta ~ μ - β〔增益和相角〕同时测试
national ~ 国家计量系统
non-newtonian flow ~ 非牛顿流体流量测量
null (method of) ~ 指零测量〔法〕
objective ~ 客观量度，客观测量
observation ~ ①观察②定性测量
omnidirectional ~ 总〔各向辐射〕强度测量
on-line ~ 在线检测
optical energy gap ~ 光禁带宽度测量法
over-pin gear ~ 齿轮跨球〔棒，针〕测量
over-pins ~ 圆棒测量法
passive ~ 被动测量，自动分选
pattern ~ 天线辐射图案测绘
performance ~ 性能〔工作状况的〕测定，性能度量
photopic ~ 光像测量
polargraphic ~ 极谱测量
probe ~ 探针测量
proceeding ~ 顺序测量
process ~ 过程测量
projective ~ 射影度量，射影测度
quantitative ~ 定量（测量）
range ~ 测距
real-time precision level ~ 实时精确声级〔电平〕测量
relative ~ 相对测量
remote ~ by carrier system ~ 载波制遥测
repetition ~ 复（角）测（法）
RIV ~ 无线电干扰电压测量
second by second ~ 逐秒测量，（变参数）连续测量
shadow ~ “影”测量法（用几个彼此遮蔽的探头测量束流）
shunt telephone ~ 听度测量，监听
sound ~ 声波测距（法），声源标定
swell ~ 隆起测定
SWR ~ 驻波比测量
Tallysurf oxide ~ 泰勒雪夫氧化物测量（用测表面粗糙度的仪器测量氧化物厚度）

telemetering ~ 遥测
thermoelectric ~ 热电测量
three wire ~ 三线测螺纹法
timber ~ 木材体积测量
tunnel ~ 风洞测量
voice-ear ~ 通话试验

measurer ①测量器，测量元件〔仪表，仪器〕②测量员
airmixture ~ 掺气浓度测量仪
cloud height ~ 云高测量仪
comparison ~ 比较器，比值器
double beam mercury ~ 双光测汞仪
fuel consumption ~ 燃油消耗量测量仪
height ~ 高度表，测高仪，高程计
laser cloud height ~ 激光智能云高仪
leaf ~ 叶面积仪
optical-electricity rainfall ~ 光电水滴式雨强计
parallax ~ 视差量测仪，视差杆
pulsating pressure ~ 脉动压力测量仪（水流脉动测量）
riverbed topographic ~ 河床地形测量仪
simple type soil nutrient ~ 简易型土壤速效养分测定仪
soil nutrient ~ 土壤养分测定仪
vibration ~ 测振仪，振动计
wheat ~ 配麦器

measuring ①测量，度量，测定②测量的，测定的
~ by repetition 复测法，复量法
holographical interference ~ 全息干扰计量
linear ~ 长度测量
on line ~ 在线遥测
remote ~ 远距离测量，遥测

measuring-chain 测链
measuring-line 测线〔绳〕
measuring-tape 测〔卷，皮〕尺
meat ①肉②内容，实质③（释热元件的）燃料部分
meaty ①肉（似）的②内容丰富的，重要的，扼要的，有力的
mecalix 切削力测定仪
mecarta 胶木
mechanic ①技师，技工，机械工人②机械的，机动的
instrument ~ 仪表机械工
master ~ 机械工长，总机械师
motor ~ 机械员，司机
radio ~ 无线电装配员〔技术员〕

mechanical ①机械的②机械学的，力学的，物理上的③无意识的
mechanically-actuated 机动的
mechanically-driven 机械传动的
mechanically-minded 有机械知识的，懂得机械的
mechanically-operated 机动的，机械操作的
mechanically-propelled ①机械化的，机动的②机械推进的
mechanicalness 机械性，自动
mechanician 机械师，机工，机械技术人员
mechanics ①力学，机械学②机械部分③例行手续，技术细节，技巧
~ of bulk materials handling 散装材料起重运输机械
~ of fracture 断裂力学
~ of materials 材料力学
analytical ~ 分析力学
automobile ~ 自动车机械学
classical ~ 经典力学，古典力学
crushing ~ 破碎力学，断裂力学
fine ~ 精密机械
flow ~ 流体动力学
fluid ~ 流体力学
fracture ~ 断裂力学
Newtonian ~ 牛顿力学
power ~ 动力学
quantum ~ 量子力学
quantum statistical ~ 量子统计力学
rational ~ 理论力学
relay ~ 继电器力学
statistical ~ 统计力学
theoretical ~ 理论力学
wave ~ 波动力学
wear ~ 磨损力学

mechanisation =mechanization
mechanise =mechanize
mechanism ①机构，机械装置，机械学，机构学②机制，机理③技巧，手法
abstract ~ 抽象机制〔原理，机构〕
adaptation ~ 自适应机构
aided tracking ~ 半自动跟踪机构
air operated ~ 风动机构
answer back ~ 振铃应答机构，自动回答机构
antenna tilt ~ 天线仰角机构
antiparallel-crank ~ 逆平行四边形机构
articulated ~ 铰链机构
attachmen line 附着线

automatic device ~ 自动上条装置机构
automatic firing ~ 自动点火装置
automatic spark ~ 点火时间自动调节器，自动点火提前装置
auto-orientation ~ 自取向机理
balance ~ 摆轮机构，摆轮结构
Bayes’ ~ 贝叶斯法则
beam and crank ~ 横梁曲柄机构
beater ~ 拍打〔冲击，间歇输片〕机构
Bell and Howell ~ 贝尔浩间歇机构
bleeder ~ 取样器，采样机构
block structure ~ 分程序结构原理
blocking ~ 闭锁机构
body dumping ~ 车厢倾卸机构
bogie turning ~ 台车回转装置
boom hoisting ~ 悬臂俯仰机构
braking ~ 制动机构
breakback ~ 复位（安全）机构，碰返（安全）机构
breech-closing ~ 关闩机构
bringing-back ~ 使反向运动的机构，使返回的机构
caging ~ 锁定机构
cam ~ 凸轮机构
cambering ~ 辊形磨制自动装置（轧辊磨床上的）
carriage return ~ 小车返回机构
central clamping ~ 中央夹紧机构，（定）中心夹紧机构
centric slider-crank ~ 对心曲柄滑块机构
centrode ~ 瞬心线机构
chain-and-ducking dog ~ ①带自动升降爪的链条机构②拖运机，移送机
charge ~ 装料机构
charge-driven piston ~ 分离机构
chart drive ~ 送纸机构，拖带机构，记录纸传动装置
climbing ~ 爬升机构，顶升机构
clockwork ~ 钟表机构
closing ~ 开闭机构
cognate ~ 同源机构
collapse ~ 破损机构
collecting rapping ~ 阳极振打装置
complex ~ of combustion 燃烧全进程
constructive ~ 构造机构（学）
control ~ 操作机构，控制机构
counter-recoil ~ 复进机
countershaft ~ 副轴机构
counting ~ 计算机，计数机构
coupling ~ 耦合器，联接机构
crank ~ 曲柄机构
crossed crank ~ ①交叉曲柄机构②交叉铰接方形转向架
depth ~ 定深器
depth-feed ~ 径向进给机构
derricking ~ 变幅机构
despin ~ 消旋装置
detent ~ 定位器，制动机构
diaphragm-operating ~ 薄膜致动机构
differential ~ 差速机构
discharge rapping ~ 阴极振打装置
discharging gear release ~ 放出机构
dislocation ~ 位错机制
dissipative ~ 损耗机理
distant signal ~ 预告信号机构
dividing ~ 分度机构
docking ~ 对接机构
double swing lever ~ 双摆四连杆机构
double-crank ~ 双曲柄机构
drawing ~ 卸料装置，出料装置
drive ~ 驱动机构，传动装置
drum back-sight ~ 鼓形表尺
dwell ~ 间歇运动机构
eccentric crank ~ 偏心曲柄机构
ejecting ~ （水压机）推出机构
ejection case ~ 抛壳机构
electric gap-crossing ~ 越隙机制（束流通过加速间隙时，束流场与加速电压场的相互作用机制）
electric motor signal ~ 电动臂板信号机构
electrical point operating ~ 电动转辙机
elevating ~ ①提升机械②高低机（火炮）
empty case ejector ~ 排筒机构
engaging ~ 啮合机构，接合机构
escapement ~ 擒纵机构
feed gearing ~ 齿轮进给机构，进刀机构
feed(ing) ~ 进给〔排种，供料〕机构
feel servo ~ 反作用伺服机构
field ~ 地面起落机构
fill ~ 装料机构
film moving ~ 转片装置
film traction ~ 胶片传送机构
finger tilt ~ 钩式翻钢机
firing ~ 击发机构，点火机构
flail ~ ①甩刀装置②扫雷装置
forming ~ 压块机构

free valve ~ 自由阀机构，活动阀机构（阀打开时，弹簧力对阀不起作用，这样可减少阀杆及其导向的损耗）
free-wheeling ~ 空转机构
fuse ~ 引信，起爆机构，信管装置
gate-lowering ~ 闭闸（机械）装置，下闸装置
generating ~ 展成机构（切齿机的）
geneva ~ 马氏机构，十字轮机构，槽轮机构
glide ~ （自动换片机）滑动装置
governing ~ 调节机构
gripper feed ~ 抓爪进给机构（印刷机）
gripping ~ 夹钳装置（拉伸矫直机的），卡紧装置
ground drive ~ 地轮〔行走轮〕驱动机构
gyro ~ 方向仪
hammer striking ~ 打锤机构
head-positioning ~ 磁头定位机构
higher pair ~ 高副机构
hold-closed ~ 保持合闸机构
homeostatic ~ 适应性机能
homing ~ ①自动引导装置，自动瞄准装置②归航装置③寻的机构
hopping ~ 电波跳跃反射机理
hydraulic lift ~ 液压悬挂〔起落〕机构
ignition advance ~ 提前点火机构
impact ~ 触发机构
implement attaching ~ 悬挂装置
indexing ~ 自动车转位机构，间歇机构，分度机构，跳步机构
indication ~ 显示机构，指示机构
influence firing ~ 非触发引信
initiating ~ ①起动装置②（引信）引发机构
integrating ~ 积分机，积分机构
interlocking ~ 联锁机构
intermittent ~ 间歇（输片）机构
inversion ~ 反转机理
jack ~ 起重机构
kickoff ~ ①卸卷机构，卸料机，推出机②解脱装置，分离机构
kill ~ 杀伤机制，衰减〔抑制，断开〕机理
knockout ~ 出坯机构，出坯装置
knotting ~ 打结器
level(l)ing ~ 调平机构，水平调节机构
lifting ~ 起落机构
link ~ 连杆机构
loader ~ 装载机构
lock ~ 锁定机构，制动机构
lower pair ~ 低副机构
magazine feed ~ 自动储存送料机构
magnetic film ~ 涂磁胶片传动机构
magnetization ~ 磁化机理
make-and-break ~ 开闭机构，通断机构
Maltese cross ~ 马尔蒂〔十字车〕机构
manipulator ~ 翻卷机
mechanismactuating ~ 操作〔传动，驱动，执行〕机构，起动装置
mechanismfeeler ~ 仿形机构，检测机构
mechanismictraversing ~ 旋转结构
mechanismprojector ~ 投影机（构）
micrometer-driven tuning ~ 微量调谐机构
mirror scanning ~ 扫描镜装置
Mitchell ~ 米契尔间歇机构
modified-roll ~ ①补充旋转运动机构，（滚齿机的）差动机构②滚比修正机构
molten zone moving ~ 熔区移动机构
motor closing ~ 电动机接通装置
offset crank ~ 偏心曲柄机构
oil-operated servo ~ 液压伺服马达
one-way clutch ~ 单向离合机构
on-off servo ~ 开 - 关伺服系统，开 - 关随动系统
open-cycle ~ 开路循环机理
orientation ~ 迎风机构
oscillating ~ 摇头机构
output ~ 输出机构
over-center ~ 偏心自锁机构
parallax offset ~ 视差校正器，视差补偿机构
path-generating ~ 再现轨迹的连杆机构
pellet-dropping ~ 小球降落机构（用以制备合金晶体管）
pen-driving ~ 光笔驱动机构，笔尖记录装置
percussion ~ 击发机构
photon generation ~ 光子产生机构
plane-of-bend selecting ~ 转角机构
planetary gear drive ~ 行星齿轮传动机构
pneumatic fast pulldown ~ 气动快速传动装置，气动快速拉带机构
positive scroll cam ~ 积极式沟槽凸轮机构
power take-off ~ 动力输出机构
preset ~ 预调机构，预调装置，预定程序机构
prestressing ~ 预应力机构
print ~ 打印机构
processor multiplexing ~ 处理机多路转换机构
punch block ~ 穿孔机构

pusher ~ 推料机构装置
quadric crank ~ 摆杆曲柄连杆机构，四连杆机构
rack ~ 齿条机构
radius-changing ~ 变幅机构
ram driving ~ 冲压驱动机构
rapping ~ 振打装置
ratchet ~ 棘轮机构
ratio change ~ 滚比修正机构
reducing ~ ①减速机构，减速器②粉碎装置
reduction ~ 还原动力学
reel servo ~ 磁带盘伺服机构
reel-type feed ~ 卷筒式进料机构
regulating ~ 调速机构
release ~ 分离〔安全，断开〕机构
reliability ~ 可靠性机理
relief ~ 保险〔安全，减荷，释荷，让刀〕装置
repeating ~ 连打〔打簧，自鸣〕机构
reperforator ~ 复凿机构
replacement ~ 置换机理
reset ~ 重复定位机构
residue extraction ~ 排渣设备
retaining ~ 锁紧机构，制动机构
retaining differential ~ 制动差动机构
retarding ~ 减速机构。
reversing ~ 换向〔反向，回动〕机构
revolving valve ~ 旋转阀分配机构
rocker ~ 摇杆机构
roller ~ 双圆盘机构
roller gear cam ~ 滚子凸轮机构
roll-separating ~ 辊缝〔轧辊〕调整机构
rotation detection ~ 旋转检出机构
running ~ 行走机构，行走装置
safeguarding ~ 安全机构
scotch-yoke ~ 曲柄移动导杆机构
scramming ~ （自动）紧急刹车〔脱出〕机构，快速停堆机构
screw feed ~ 螺旋加料机构
security ~ 安全机构
selector ~ 选择机构，换向机构
separating ~ ①分离机构②脱粒机构
servo stroking ~ 变量机构
servo-operated ~ 伺服传动机构
setting ~ 固定装置，合位机构
shaft position ~ 调轴机构
shift ~ ①译码机②换字体机构（打字机的）
shifting sleeve keyless ~ 无键滑动套筒机构
shredding ~ 切碎装置
shutdown ~ 停止机构，切断机构
sight ~ 瞄准具
sine-cosine ~ 正弦余弦机构
slewing ~ 转动机构（如起重机转臂的），抛掷机构
slitting ~ （多刀盘）纵切机（将带材剪成窄条）
snap-over ~ 弹簧机构
solenoid-operated closing ~ 电磁〔螺线管〕闭合装置
space ~ 间隔机构，留间隙机构
speed shifting ~ 变速机构
spheric(al) ~ 球面运动机构
spreader hoisting ~ （集装箱）吊具起升机构
spreader level(l)ing ~ （集装箱）吊具水平保持机构
sprinkler oscillating ~ 喷灌装置（喷嘴的）摆动机构
stacking ~ 叠卡机构，整卡机构
steering ~ 操纵〔控制，转向〕机构
stepping ~ 阶跃机构，步进机构
stoker drive ~ 机械炉排拖动机构
stopper ~ 限制机构，限动机构
strengthening ~ ①强化机理②加固机构
striking ~ 打点机构
stripper ~ ①脱锭机构②芯棒抽出机构③卸卷机构（卷取机的）
stroking ~ ①活塞行程调节机构，变量机构②往复运动机构
swing and tilt ~ 移轴机构
swing-type check ~ 回转止回机构
switching ~ 开闭〔切换，转换，转辙〕机构，开关装置
take-up ~ （传送带的）张紧装置
tape ~ 卷带机构
telescoping ~ 伸缩机构
tilting ~ 摆动机构，变量机构
timing ~ 定时机构
toggle ~ ①弯头接合，肘接②系墙螺栓③肘节关节（摇床等）④曲柄杠杆装置，增力装置
tool-relief ~ 自动抬刀机构
tooth-angling ~ 搂齿倾斜机构，齿的倾角调整机构
transfer ~ ①拖运机构，移送机构②自动（输送）机构〔机械，装置〕，机械手
transfer bar ~ 推杆机构
transmitting ~ 传动系

trigger ~ 扳机机构，击发机构
tripping ~ 释放〔倾翻，脱扣，抛掷，跳闸，断路〕机构
turnover ~ 翻转机构
tying ~ 打捆装置，捆扎装置
up-cut parallel chin shears with floating eccentric axis ~ 浮动偏心轴下切式平行刃剪切机
vacancy ~ 空位机理
vacuum retarding ~ 真空减速机构
vane-actuated ~ 风翼机构
variable-drop ~ 播量调节机构
walking ~ 行动式机构，步行机构
wedge ~ 楔块机构
winding ~ ①绕线机构②发条
withdrawal ~ 取锭机构(真空电弧炉的构件)
zero teeth difference type output ~ 零齿差输出机构
zone travel ~ 熔区移动机构

mechanismic ①机构的，机械装置的②机理的
mechanist ①机械师，机工②机械（唯物）论者
mechanistic 机械学的，机械论的
mechanization 机械化
~ of telegraph relay 电报中继的机械化
forestry ~ 林业机械化
system ~ 全盘〔综合，系统〕机械化
mechanize 机械化，(为…而)使用机械
mechanized 机械化的
mechanizer 进行机械化的人
mechanocaloric ①功-热的②热机的③机械致热的，用机械方法使温度产生变化的
mechanoceptor 机械感受器
mechano-chemistry 机械化学
mechano-electronic 机（械）电（子）的
mechanograph ①模制品②机械复制品
mechanography ①模制法②机械复制法
mechano-linguistics 机器语言学（利用计算机进行语言研究）
mechanology 机械学，机械学论文
mechanomorphic 机械作用的，似机械的
mechanomorphosis 机械变态
mechanoreception 机械感受
mechanoreceptor 反应机械刺激的感觉器官
mechanostriction 机致伸缩，力致伸缩
mechanotherapy 机械〔力学〕疗法
mechanotron 机械〔力学〕电子传感器
mechatronics 机电一体化，机械电子学
media medium 的复数
electronic ~ 电子舆论工具
external ~ 外部设备，外部媒体
input ~ 输入装置，输入设备
recording ~ 记录媒体
saturated ~ 饱和介质
streaming ~ 流式媒体
temper ~ 回火介质
universal ~ 通用存储媒体
visual ~ 视觉媒体

mediacy 媒介，中间状态
medial ①居中的，中间的②平均的，普通的
median ①中间值，中数，中位数②正中，中
sample ~ 样本中位数
mediant 中间数
mediate ①介于其间，处于中间②调解③作为引起…的媒介④中间的，间接的
mediator 介体，媒剂，媒质，催化剂
mediaware 媒体件
medichair （电子传感）医疗器
medicospot 医用聚光笔
mediocre 普通的，中等的，平常的，第二流的，无价值的
mediography 多种材料表
mediophric 中斑晶的
mediphysic 显微斑晶的（斑晶尺寸在 0.008 ~ 0.04 mm 之间）
medium ①媒质，媒体，介质②手段，方法③平均值④平均的，中等的⑤机构，装置
absorbing ~ 吸收媒质，吸收介质，吸收剂
active ~ 激活媒质，工作介质
actuating ~ 工（作介）质（如水、蒸汽等）
ambient ~ 周围介质
amplifying ~ 放大媒质
automated data ~ 数据自动传送媒体（如磁带等)，自动数据载体
binding ~ 黏〔结〕合剂
blank ~ （计算机）参考〔间隔〕介质
cementing ~ ①黏结介质，黏结剂②渗碳剂
circulating ~ 通货，流通的媒介
clear ~ 透明黏合媒质
cold-producing ~ 制冷剂
cooling ~ 冷却媒质，冷却剂，制冷介质
culture ~ 培养基
data ~ 数据记录媒体，数据载体，数据媒体
dielectric ~ 电介质
dispersive ~ 弥散介质
dual-purpose ~ 两用介质（反应堆中同时作冷却剂和减速剂用的介质）
educational ~ 教育媒体

filtering ~ 过滤剂，过滤液
fluid ~ 流体，流质
fluxing ~ 助熔剂，造渣剂
foreign ~ 外部媒体
graphitizing ~ 石墨化剂
gyroelectric ~ 旋电介质
high-index coupling ~ 高折射率耦合媒质
hydraulic ~ 工作液体（液压系统的）
impacted ~ 击打介质（打印机的）
input ~ 输入媒体，输入手段
intermediate ~ 媒介物
isolation ~ 绝缘媒质
layered ~ 分层媒质
machinable ~ 机器可读的存储媒体
magnetic recording ~ 磁性载声体，磁载声体，磁性记录载体
megameterempty ~ 空白媒体
moving gaseous ~ 气流介质
nitrocarburizing ~ 氮碳共渗剂
nonerasable ~ 不可清除介质，不可擦媒体，固定存储介质〔材料〕
nonreusable ~ 不可重用的媒体
normal deviate ~ 正常中位绝对差（指或然误差）
optically dense ~ 光密介质
output ~ 数据输出装置
pack boriding ~ 固体渗硼剂
packing ~ 填料介质，填密介质
parting ~ 分型剂
passive broadcast ~ 无源广播媒体
perception ~ 感觉系统〔媒体〕
perfect ~ 理想介质
permeable ~ ①可渗透介质②磁导介质
permeating ~ 渗透介质，浸渗介质
physical ~ 实际媒体
porous resistive ~ 多孔电阻性介质
portable data ~ 便携式数据记录媒体
pressure ~ 液压介质
quenching ~ 淬火介质
reducing ~ 还原剂
refractive ~ 折射介质
resisting ~ 黏性介质，有阻力介质
resistive ~ 电阻性介质
scintillating ~ 闪烁物〔体〕
sensitized ~ 感光媒质
slagging ~ ①助熔剂②焊药
spacer ~ 隔离介质
spheroidizing ~ 球化剂
stagnant ambient ~ 静止周围介质
storage ~ 存储介质，存储材料，记录材料，信息存储体
telemetering ~ 远程测量装置
transfer ~ 转换介质，代用材料，代用介质
virgin ~ 未用媒体，未用介质

medium-drying 中速干燥的
medium-duty ①中批生产，中等生产②正常工作情况的，在一般运行条件下工作的，中型的
medium-frequency 中频（300 kHz ~ 3 MHz）
medium-grade 中级品位，中级的
medium-grain 中等磨粒，中粒
medium-lived 中等耐久〔寿命〕的
medium-pointed 中度削凿加工的
medium-scale 中（型）规模的，中等的，中比例尺的
medium-term 中项，中期的
medley 混合物，杂拼物，混杂
meehanite 孕育〔变性，密烘〕铸铁
meet ①交（切）点，交切〔叉〕②应付③遇到④“与”（计算机用）
meet-homomorphism 保交同态
meg 小型绝缘试验器
mega 兆，百万，10^6，大，强
megabar 兆巴（气压单位，声压单位，1 兆巴 $=10^{11}$ Pa）
megabit 兆〔2^{20}〕位，兆〔2^{20}〕比特（二进制数位，记作 Mbit）
megabyte 兆〔2^{20}〕字节（记作 Mbyte，MB）
megacoulomb 兆库仑
megacurie 兆〔百万〕居里（1 兆居里 $=3.7\times10^{16}$ Bq）
megacycle 兆〔百万〕周
mega-electron-volt 兆电子伏
megaerg 兆〔百万〕尔格（1 兆尔格 $=10^{-1}$ J）
megafarad 兆法（拉）
megaflop （=million floating-point operation）百万次浮点运算
megafog 警雾（信号）扩音器，雾信号器
megagauss 兆高斯（1 兆高斯 $=10^2$ T）
megagon 多角形
megahertz 兆周 / 秒，兆〔百万〕赫（兹）（记作 MHz）
megajoule 兆焦耳
megaline 兆力线（磁通单位，1 兆力线 $=10^2$ Wb）
megalograph 显微图形放大装置
megameter ①高阻〔迈格，兆欧〕表，摇表②大公里（1 000 km）

megampere 兆〔百万〕安（培）
meganode 频率从 0.1 ~ 10 GHz 的无线电噪声源
megaparsec 百万秒差距，3×10^6 光年
Megaperm （镍锰铁）高导磁率合金（*w*（Ni）65%，*w*（Fe）25%，*w*（Mn）10%）
megaphenocryst 大斑晶
megaphone 扩音器，喇叭筒
megapoise 兆〔百万〕泊（黏滞度单位，1 兆泊 =0.1 MPa · s）
Megapyr 铁铝铬电阻丝合金
megarad 兆拉德（1 兆拉德 =0.01 MGy）
megaroentgen 兆伦琴（1 兆伦琴 =0.258 kC/kg）
megarutherford 兆卢（瑟福），（放射性强度单位，每秒 10^6 次衰变）
megascope ①粗视显微镜②扩大照相机，显微幻灯
megasweep 摇频振荡器
Megatane 高挥发性、高能量、含有多种添加剂的优质汽油
megatechnics 超级工艺
megaton ①兆〔百万〕吨②百万吨级（核弹爆炸力计算单位）
megatonnage 百万吨级
megatron 塔形（电子）管，盘封三极管，试验高压绝缘子的仪器
megavar 兆〔百万〕乏（无功功率单位）
megavolt 兆〔百万〕伏（特）
megavolt-ampere 兆〔百万〕伏安
megawatt 兆〔百万〕瓦（特）
megerg =megaerg
megger ①高阻〔兆欧，迈格〕表，摇表②测高阻〔兆欧〕计，绝缘试验器
megohm 兆〔百万〕欧（姆）
megohmit(e) 绝缘物质，换向器云母片
megohmmeter 兆欧〔高阻，迈格〕表，摇表
high ~ 超高阻表，超绝缘测试仪
logarithmic ~ 对数律刻度高阻计
megv =megavolt
megw =megawatt
mejatron 特殊观察用扁形显像管
mekapion 电流计
mekometer 光学（精密）测距仪，晶体调制光束精密测距仪，（枪炮的）测距器
mekydro 液压齿轮
mel ①唛（耳）（音调单位）②蜂蜜
melaminoplast 蜜胺塑料
melange 〈法〉混合油〔物〕
melanocratic 暗色的
melanoscope 红外（线）镜
melatopes 光轴影
meldometer 高温温度计，熔点测定计
meliorate 修〔改〕正
meliority 改正〔良，善〕，进步，卓越，优越性
mellotron 电子琴
mellow ①柔软的，松散〔软〕的②柔和光，柔和色，圆润音③淡的④使软，使成熟
mellozing 金属喷涂
melmac 密胺塑料，三聚氰胺树脂
melochord 谐和音调，协奏器
melocol 脲 - 甲醛，三聚氰胺 - 甲醛树脂黏合体
melodeon 侦察接收机
melograph 音谱自记器
melt ①熔化〔炼，解，融〕②熔料〔体〕③（渐渐）消失
consumable ~ 自耗电极熔化
drip ~ 滴熔（即电子轰击熔炼）
fine ~ 全熔炼
iron ~ 铁液
polymer ~ 聚合物熔体
waste cell ~ （电解槽）废电解质
meltability 熔度，可熔性
meltableness 熔度，可熔性
meltage 熔解量，熔解物
meltback 反复焙〔熔〕炼，回熔
meltdown 熔化〔毕，毁，掉〕
meltenmetal 易熔金属
melter 熔炉，熔化器，熔炼工，炉工，炼钢工
melt-growth 熔融法生长
melting 熔化〔解，炼，融〕
~ with partial oxidation 部分氧化熔炼法
arc ~ （电）弧熔化，电弧熔炼
atmosphere ~ 控制气氛熔炼法（控制压力、成分）
boat ~ 烧舟熔化
cold-hearth ~ 冷床熔炼法（自耗炉及非自耗炉中炼钛、锆、铌等）
cold-mo(u)ld arc ~ 水冷坩埚电弧熔炼
congruent ~ 共熔，一致熔化
consutrode ~ 自耗电极熔化
dead ~ 静炼，不氧化熔炼法
delayedheat ~ 余热熔化
drip ~ 吹灰熔炼，滴〔吊，悬〕熔
duplex ~ 双联（法）熔炼
electron beam ~ 电子束熔炼

electron bombardment ~ 电子轰击熔炼
eutectic ~ 共晶熔化
flash ~ （薄钢板锡镀层的）软熔，发亮处理
incongruent ~ 异成分熔化（作用）
levitation ~ 悬（浮）熔炼（法），（无坩埚）悬浮熔融
membranefractional ~ 分（步）熔化
nonconsumable electrode ~ 永久电极熔炼（法）
retractable ingot ~ 曳锭熔化
skull ~ 凝壳熔炼，自凝坩埚熔炼，渣壳熔炼，熔渣
zone ~ 区域熔炼〔熔化，精炼〕（法）

melting-down 熔化〔毕，掉〕
melting-point 熔点，熔化温度
melt-off 熔耗的
melt-pulling 熔体拉制〔伸〕
meltshop 熔炼车间
melt-stoichiometry 熔体计量
meltwater 熔融液
member ①（组成）部分，构〔零，机，杆，组，元，部，成〕件②要素，成员，一员，一分子，部③（环中）原子数，节，段④项，元，端，边
~ in bending 受弯构件
~ in shear 受剪构件
axial loaded ~ 纵载构件
bottom ~ 船底成件，船底杆件，船底梁
boundary ~ 限制器，停车器
bow ~ 拱架，拱助，弓形构件
brake beam tension ~ 闸梁受拉条
build-up ~ 装配部件
catch ~ 抓挡件
closure ~ 截流件
companion ~ 控制构件（试验时）
construction ~ 构件
cross ~ 横（向）构件，横梁〔板，臂，线，件〕，线担
draft responsible ~ 牵引力传感器，力调节器测量器
driven ~ 被动机构，从动构件
driving ~ 驾驶机件传〔主〕动构件
external ~ 套〔包容，外构〕件
female ~ 包容零件
first ~ （等式的）左端〔边〕
flexure ~ 受挠杆件
frame ~ 构件
girth ~ 加固件
grip ~ （机械手的）抓手
guide ~ ①导向器〔板〕，导引构件②发射导轨
haunched ~ 突起构件，托梁构件
internal ~ 被包容件，内套件
latticed ~ 缀合杆
linking ~ 连杆，黏合〔接合〕剂
male ~ 凸状部分，右肢部分
radiator cross ~ 散热器横条
rear frame ~ 后横梁
rivet(t)ed ~ 铆接杆件
safety ~ 安全〔事故〕棒，（反应堆）事故控制元件
second ~ （等式的）右端〔边〕
side ~ （机车的）大梁，（车架的）侧梁
strength ~ 重要零件〔构件〕（承受大载荷的构件）
suspension ~ 悬吊部件，吊材〔杆，索〕
tension ~ （受）拉杆（件）
tie ~ ①系紧构件②系件
torque ~ 抗扭构件
torque summing ~ 转矩相加器
torsion ~ 受扭构件
transverse ~ ①（起重机的）挺〔吊〕杆②横梁〔臂〕，横向撑
truss ~ 桁架杆件
web ~ 腹杆
wing ~ 翼构件
X-cross ~ X 形横梁

membrane ①薄膜，隔膜，隔板，膜（片）②振动片③光圈④表层
bursting ~ 防爆膜
cation ~ 阳离子隔膜
composite ~ 复合膜
dense ~ 致密膜
dialysis ~ 透析膜
electrodialysis ~ 电渗析膜
granular ~ 筛网过滤器
homogeneous ~ 均质膜电极
ion exchange ~ 离子交换膜
microfiltration ~ 微滤膜
microporous ~ 微孔膜
moistureproof ~ 防潮膜
piezodialysis ~ 压渗膜
porous ~ 多孔膜，多孔过滤器，素瓷膜
proton exchange ~ （燃料电池）质子交换膜
reverse osmosis ~ 反渗透膜
rubber ~ 橡皮薄膜，橡皮造型（研究电场用）
semipermeable ~ 半透膜

toroidal ~ 环形隔板，弹性油箱（水轮发电机的）
transduction ~ 传感膜
ultrafiltration ~ 超滤膜
vibrating ~ 振动膜
memento 备忘手册，纪念品，警钟
memex 麦麦克斯存储器
memister 存储电阻器
memistor =memister
memnescope 瞬变示波器（观察非周期过程）
memo ①备忘录，记录，摘要，笔记②便条③章程
weight ~ （货运）重量单
memoir ①（研究，学术）报告，论文，（pl.）论文集，纪要②传记，（pl.）回忆录，言行录
memomotion ①时间比例标度变化②慢速〔控时〕摄影，延时慢速摄影
memonic 记忆的
memorability 著名，显著，重大
memorandum 笔记本，便条〔笺〕，备忘录
explanatory ~ 说明书
memorandum-book 备忘录
memorize ①存储②记忆
memorizer 存储器
memory ①记忆，记忆力，纪念②存储，存储器，记忆装置，（信息）积累器，（自动化）记录器
~ calibration 存储 - 标定
~ stick 记忆棒
acoustic ~ 声存储器
acoustic digital ~ 声数字存储器
active ~ 快速〔主动式〕存储器
add-on ~ 添加存储器
address ~ 地址存储器
addressable ~ 可寻址〔编址，访问〕存储器
addressed ~ 编址存储器
archival ~ 数据〔档案〕库存储器
associative ~ ①联合〔相联〕存储器②内容定址存储器③伴随存储器
automatic play ~ 自动记忆播放
auxliary ~ (unit) 辅助存储器
backing ~ 后备〔后援，备用〕存储器，外存储器
back-up ~ 后备存储器
beam-addressed ~ （光）束选址存储器
biax ~ 非破坏读出存储器，双轴磁心存储器
bidirectional associative ~ 双向相关存储器；双向联想记忆
bipolar ~ 双极存储器
bipolar random access ~ 双极型随机存储器
bit addressable random access ~ 位可编址随机存取存储器
bit image ~ 位图像存储器
bit organized ~ 位选存储器（即电流重合法存储器）
bit-by-bit ~ 按位〔打点式〕（光）存储器
bit-oriented ~ 按位存取存储器
block learn ~ 程序块学习存储器
block-oriented random access ~ 按区随机存取存储器
bootstrap ~ 辅助程序存储器，引导程序〔指令〕存储器
bubble ~ 磁泡存储器
bubble domain ~ 泡畴存储器
buffer ~ 缓冲存储器（用于主存与外部设备之间），超高速缓冲存储器（用于主存与中央处理部件之间）
bulk ~ 大容量（外）存储器，档案（资料）存储（器）
byte ~ 二进位组存储器，信息组存储器，字节存储器
byte-addressable ~ 字节可寻址存储器
cache buffer ~ 超高速缓（冲）存储器
capacitor ~ 电容（器）存储器
carousel ~ 转盘式磁带存储器
CCD ~ 电荷耦合器件存储器
CD-read-only ~ CD 只读存储器
cellular logic-in ~ 细胞逻辑存储器
central address ~ 集中编址〔中央地址〕存储器
character ~ 字符存储器
charge coupled ~ 电荷耦合存储器
circulating ~ 动态存储器，循环〔回转，延迟〕存储器
coherent time-domain optical ~ 相干时域光存储器
coincident-current ~ 电流重合（法）存储器
communication buffer ~ 通信缓冲存储器
complementary MOS ~ 互补金（属）氧（化物）半导体存储器
computer optical disk archival ~ 计算机光盘档案存储器
content addressed ~ 内容定址存储器，相联存储器
control ~ 控制存储器
coordinate addressed ~ 坐标（协同）寻址存储器

core matrix ~ 磁心矩阵存储器
core-rope ~ 磁心 - 线（圈）存储器（固定存储器）
cryoelectronic ~ 极低温记忆装置
cycle access ~ 循环访问存储器
cycle-shared ~ 周期共用存储器
cyclic ~ 循环存储器
cylindrical magnetic thin film ~ 管状磁膜存储器，镀磁线存储器
2D ~ 线选存储器，二度（重合）存储器
3D ~ 电流重合法存储器，三度（重合）存储器
data addressed ~ 数据地址存储器
data buffer ~ 数据缓冲存储器
dedicated ~ 专〔特〕用存储区，主存（储器）保留区
delay line ~ 延迟线存储器
demand paged virtual ~ 请求分页的虚拟存储器
destructive readout ~ 破坏（信息）读出存储器
digital ~ 数字存储器
discrete bit optical ~ 打点式〔逐位式〕光存储器
disk-based ~ 磁盘存储器
distributed logic ~ 分布逻辑存储器
dynamic ~ 动态存储器
dynamic programmable random access ~ 动态可编程随机存取存储器
dynamic random access ~ 动态随机存取存储器
dynamic relocation ~ 动态重新分配存储器，动态再定位存储器
dual-ported ~ 双端口存储器
eddycard ~ 涡流卡片存储器
electrically alterable ~ 电改写存储器
electrically programmable read-only ~ 电可编程序只读存储器
electrostatic ~ 静电存储（器）
erasable programmable read only ~ 可擦除可编程只读存储器
erasable read-only ~ 可擦只读存储器
etched-permalloy toroid ~ 蚀刻的玻莫合金环存储器
expanded ~ 扩充内存，扩展存储器
external ~ 外部记忆装置，外存储（器）
external selection ~ 字选存储器
fast access ~ 快速存取存储器
ferrite core ~ 铁氧体磁心存储器
ferroelectric ~ 铁电存储器
fiber-optic ~ 光导纤维存储器
file ~ 外存储器，文件存储器
film ~ 薄膜〔照相胶片〕存储器
fine striped ~ 微条状存储器，微带存储器
first in last out ~ 先进后出存储器
first-in first-out ~ 先进先出存储器
fish only ~ 只查存储器
flash ~ 闪速存储器
flat-film ~ 平面膜存储器
fully parallel associative ~ 全并行相联存储器
fusible read-only ~ 熔性只读存储器
gated ~ 选通存储器
global ~ 全局存储器
high-speed ~ 快〔高〕速存储器，快〔高〕速记忆
hologram ~ 全息照相存储（器）
holographic ~ 全息存储器
honeycomb ~ 蜂房式存储器
hypothetical ~ 虚拟存储器
immediate-access ~ 立即访问〔即时存取，快速存取〕存储器
inherent ~ 固有存储，固有记忆
inner ~ 内存储器，运算存储器
intelligent ~ 智能存储器
interlacing ~ 交叉（存取）存储器
interleaving ~ 交叉（存取）存储器
intermediate ~ 中间存储器
internal ~ 内存储器，运算存储器
laminated ferrite ~ 叠片铁氧体存储器
laser ~ 激光存储器
laser coding ~ 激光编码存储器
laser-addressed ~ （用）激光选址（的）存储器
last-in first-out ~ 后进先出存储器，下推存储器
latent image ~ 潜像存储器
linear ~ 线（性）存储器
linear selection ~ 字选存储器
liquid ~ 液体存储器
local ~ 局部存储器
logicalized ~ 逻辑化存储器
long short-term ~ 长短期记忆
long term ~ 长期存储器
long-access ~ 慢访问存储器
look aside ~ 后备存储器

low-access ~ 慢速存取存储器
magnetic ~ 磁存储器，磁性存储元件
magnetic associative ~ 磁相联存储器
magnetic bubble ~ 磁泡存储器
magnetic card ~ 磁卡片存储器
magnetic core ~ 磁心存储器
magnetic disk ~ 磁盘存储器
magnetic drum ~ 磁鼓存储器
magnetic ferrite core ~ 铁氧体磁心存储器
magnetic film ~ 磁膜存储器
magnetic plate wire ~ 磁镀线存储器
magnetic random access ~ 磁性随机存取存储器
magnetic tape ~ 磁带存储器
magnet-optic ~ 磁光存储器
main ~ 主存储器
mainframe ~ 主体存储器
manetoholographic ~ 磁全息照相存储器
mass ~ 大容量〔海量〕存储器，信群存储器
mass cache ~ 大容量超高速缓冲存储器
mass optical ~ 大容量光存储器
mated-film ~ 耦合膜存储器
medium access ~ 中速存取存储器
megabit ~ 兆位存储器
message ~ 消息存储器，报文存储器
metal card ~ 金属卡片存储器
metal-alumina-semiconductor ~ MAS 存储器（金属 – 氧化铝 – 半导体存储器）
metallic thin film ~ 金属（薄）膜存储器
metal-nitrid-oxide semiconductor ~ MNOS 存储器（金属 – 氮氧化物 – 半导体存储器）
mixing ~ 混合存储器
monolithic ~ 单片存储器
monolithic ferrite ~ 叠片铁氧体存储器
MOS dynamic ~ 金属氧化物半导体动态存储器
multicore magnetic ~ 多磁心存储器
multidimensional access ~ 多维存取存储器
multiple-coincidence magnetic ~ 多度重合磁存储器，多符合磁存储器
multiple spindle disk ~ 多轴磁盘存储器
multiport ~ 多端口存储器
myriabit ~ 万位存储器
NDRO ~ =nondestructive read-out ~
NMOS ~ n 沟道金属氧化物半导体存储器
nondestructive read-out ~ 不破坏读出的存储器
non-erasable ~ 不可擦〔非可清〕存储器，固定〔只读〕存储器
non-leak ~ 永久存储器
nonvolatile ~ 非易失性存储器
off-line ~ 脱机〔线〕存储器
operate ~ 操作存储器
optical associative ~ 光学相联存储器
optoelectronic associative ~ 光电子相联存储器
outer level ~ 外级存储器
page ~ 页存储器
page-oriented program ~ 面向页的程序存储器
parallel ~ 并行存储器
passive ~ 被动式记忆，被动式存储（器）
pattern ~ 图像存储器
peripheral processor ~ 外围处理机存储器
permanent ~ 固定〔永久（性）〕存储器
photographic ~ 照相〔永久性〕存储器
photographic data ~ 照相数据存储器
picture ~ 图像存储器
position ~ 位置记忆
power mirror ~ （汽车）电动后视镜存储器
power seat ~ （汽车）电动座椅存储器
preprocessing high-speed ~ 预处理高速存储器
price ~ 价格存储器
primary ~ 主存储器
private ~ 专用存储器
private local ~ 专用局部存储器
program ~ 程序存储器
programmable read only ~ 可编程序〔程序可控〕只读存储器
push-down ~ 下推存储器
quantum multiplexing ~ 量子多路复用存储器
quasi-random access ~ 准随机存取存储器
quick-access ~ 快速存储器，高速〔存取〕存储器
random access ~ 随机存取存储器
rapid-access ~ 快速存取存储器
read only ~ 只读存储器
read-mostly ~ 主读存储器
read-only ~ 只读存储器，固定〔永久性〕存储器
real ~ 实在存储器（与虚拟存储器相对）
record ~ 录制存储，记录存储器
refresh ~ 更〔刷〕新存储器
regenerative ~ 再生存储器
register ~ 寄存器（式）存储器
rod ~ 磁棒〔棒式，磁杆〕存储器
rope ~ 磁心线存储器
scratch ~ 暂时存储器

scratch pad ~ （便笺式）高速暂存存储器，工作存储器
search ~ 相联〔内容定址〕存储器
secondary ~ 辅助存储器，副存储器，外存储器
self-addressing ~ 自寻址存储器
self-refreshed dynamic ~ 自更新的动态存储器
semirandom access ~ 半随机存取存储器
serial ~ 串行存储器
serial access ~ 串行存储器
shared central ~ 共用中央存储器
shared main ~ 共用主存储器
shift register ~ 移位寄存器式存储器
single-level ~ 单级存储器
slice ~ （单）片式存储器
slow-access ~ 慢速存取存储器
stack ~ 栈存储器
stack virtual ~ 堆栈虚拟存储器
static ~ 静态存储装置
sticking ~ （阴极射线管等的）荧光屏图像保留现象
stratified-charge ~ 分层电荷存储器
structure ~ 结构存储器(存储数据流结构的)
subtract ~ 相减存储器
superconducting ~ 超导存储器
superintegrated ~ 高密度集成存储器
swap ~ 调动存储器
switched ~ 反转存储器
tape ~ 磁带记忆，磁带存储（器）
telephone directory ~ 电话号码存储器
temporary ~ 暂（时）存（储）器
terminal ~ 终端存储器
text ~ 文本存储器，电文存储器
thin-film ~ 薄〔磁〕膜存储器
three-D holographic ~ 三维全息照相存储器
transfer ~ 转移存储
transistorized ~ 晶体管存储器
translation ~ 译码存储器，翻译存储器
twistor ~ 磁扭线存储器
ultrahigh access ~ 超高速存取存储器
ultrasonic ~ 超声波存储器
video ~ 显存，视频存储器
virtual ~ 虚（拟）存（储器）
virtual common ~ 虚拟公用存储器
volatile ~ 易失〔非永久性〕存储器
wire ~ 磁线存储器
wired-in ~ 绕定〔硬件〕存储器
word ~ 字存储器
word organized ~ 字选存储器
write only ~ 只写存储器
write-lock ~ 写保护存储器，锁定写“内存”
zero access ~ 零极快速存储，立即访问存储器

memory-scope 存储式示波器，长余辉示波器
memorytron （阴极射线式）存储〔记忆〕管
memoscope 存储管式示波器，记忆管示波器
memotron （阴极射线式）存储〔记性〕管
mend ①修理〔补，改〕②校正，恢复
mendeleeffite （=mendeleyeuite=mendelyeevite）钙铌钛铀矿
mender 修理工，报废板材
meniscus ①凹凸透镜②弯月〔液〕面（由液体表面张力引起），半月板（零件）③驼峰
menotaxis 不全定向
menstruum 溶剂，溶媒
mensurability 可测性
mensurable 可度量〔测量〕的，有固定范围的
mensuration ①测定〔量〕法，求积法，（长度，面积，体积）测量，测量术②测定，测量
mental 精神的，智力的，心理的
mention 叙述，提到
menu 显示集合，程序〔项目〕单，（图形）要素单，菜单，选单，项目单
child ~ 子菜单，子选单
command ~ 命令菜单，命令选单
communication ~ 通信菜单，通信选单
pull-down ~ 下拉菜单〔功能表〕
screen ~ 屏幕菜单，屏幕选单
skip to next ~ 跳过下一菜单
system ~ 系统菜单
title bar ~ 标题栏菜单，标题栏选单
window ~ 窗口菜单，窗口选单

mephitis 臭〔毒〕气，恶臭
mer 基体
Meral 米拉尔含铜铝镍合金
mercantile 商业的，贸易的，重商主义的
mercast 冷冻水银法（熔模铸造），水银模铸造
Mercedes-Benz 默谢台斯 - 本茨〔奔驰〕(德国戴姆勒 - 本茨〔奔驰〕生产车型）
mercerizer 丝光机
merchandise ①商品，货物②经商，推销
merchant ①商人②商人的，商业的
merchrome 异色异构结晶
mercoid 水银（转换）开关

Mercoloy 铜镍锌耐蚀合金(w(Cu)60%, w(Ni) 25%, w (Zn) 10%, w (Fe) 2%, w (Pb) 2%, w (Sn) 1%)
mercomatic 前进一级后退一级变速机（汽车用）
mercurate 汞化，汞化产物
mercurial ①汞制剂，水银〔汞〕的②易变的，活泼的
mercury ①水银，汞（Hg）②水银柱，温度计
merge ①融合，合〔归〕并，数据并合，联接，（图像的）并接，合并程序，组〔配〕合②消失，沉没③溶解，吸收
high order ~ 高阶合并
low order ~ 低阶合并
sort ~ 分类组合〔合并〕
sorting ~ 分类归并
mergence 合并，结合，消失
merger ①合〔归〕并②联合组织〔企业〕，托拉斯
merging 熔合
cascade ~ 级联归并
T/2 way ~ T/2 路合并
meridian ①子午线〔圈〕，经线②中天，正午，中午，十二点整③顶〔极〕点，绝顶，高潮，全盛时期
first ~ 本初〔格林尼治〕子午线
Greenwich ~ 格林尼治子午线
magnetic ~ （地）磁子午线
prime ~ 本初子午线〔圈〕(格林尼治子午线〔圈〕)
reference ~ 基准子午线
meristem 分生〔分裂〕组织
merit ①优点〔值〕，价值②准则，标准，指标〔数〕③特征④灵敏
band ~ 带宽指标，带宽优值
gainband ~ 增益（通）带宽（度）指标
power-band ~ 功率通带指标
radio ~ 无线电通信优值
meritocratic 高级学者统治阶层的，英才教育的
merocrystalline 半晶质
merohedrism （结晶）缺面体，缺面形
meromorphism 映入自同构，半〔亚〕纯
meron 半子
meros 排档间距
merosymmetry （结晶）缺对称〔缺面体〕
merotomy 分成几部分，裂成几块
merotropism 稳变异构（现象）
merotropy 稳变异构（现象）
merron 质子
merry-dancers 北极光
merry-go-round 钢液罐回转架（连铸用），转盘〔台〕
mersion 沉入，浸入
merwinite 镁硅钙石
mesa ①台面，高台②台（面）式晶体管
epitaxial ~ 外延生长台面式晶体管
mesenchym(e) 间（光）质
mesh ①（筛）目，（筛）号（粒度单位），每平方英寸(6.451 6 cm^2)孔眼数②网络〔格，眼，孔，丝，目〕，筛孔〔眼〕③孔，槽，座④啮合，衔接⑤栅，栅网
~ generation 网格生成〔剖分〕
~ (of a system) （系统的）网孔
~ of cable network 电缆网络分布图
absorption ~ 吸收格〔栅〕
Cartesian cut cell ~ 笛卡儿切割单元格网格
collector ~ 收集栅（网）
dual ~ 二重格网，对偶格网
field ~ 场网
fine-structure ~ 小孔网，细〔密〕网
grid ~ 栅极网孔，栅（门）
hexagonal ~ 六边形网格
impeller ~ 叶轮啮合
independent ~ 独立回路，独立网孔
integral ~ 结合网（摄像管中和聚焦极接在一起的网）
interior ~ 内环
link-pin ~ 节销式啮合
medium ~ 中筛
metal ~ 金属网，钢丝网
minus ~ 筛下（料，物）
moving ~ 移动网格
plate ~ 节板式啮合
plus ~ ①筛上（料，物）②大于筛孔，正筛孔（颗粒大于筛孔）
progressive ~ 累进网格
redundant ~ 补充〔附加〕回路，附加〔多余〕网络
screen ~ 筛眼〔孔，号〕
separate ~ 分离网
sieve ~ 筛眼〔孔，号〕，标准网目
silent ~ 无声啮合
storage ~ 存储（栅）网，储荷网络
strainer ~ 滤网
target ~ 靶网
three-dimensional ~ 三维网格

tight ~ 无隙啮合
tooth ~ 轮齿啮合
triangular ~ 三角形网格
wire ~ （金属，钢，塑料）丝网，线网
worm ~ 蜗杆啮合
mesh-belt 织网〔钢丝网〕运输带，织带
meshing 啮〔咬〕合，衔接，钩〔搭〕住，结网
switch ~ 交换网
meshingtester 啮合检查仪
single flank ~ 单面啮合检查仪
mesh-line 网格线
mesh-wire 网线
meshwork 网络〔筛〕，网状物〔织品〕
meshy 网状的，多孔的
mesic 介子的
mesionic 介（子）离子的
mesitoyl 酰
mesityl 基；2，4，6- 三甲苯基；3，5- 二甲苯甲基
mesitylene （=mesitylol）；1，3，5- 三甲基苯
mesityloxy 氧基；2，4，6- 三甲苯氧基
mesne 中间的
mesochronous 平均同步的
mesocolloid 介胶体
mesodynamics 介子动力学
mesoform 内消旋式〔型〕
mesohydry 氢原子振动异构（现象）
mesoionic 介（子）离子的
mesolyte 中介电解质
mesomerism ①中介（现象）②型键〔稳变，缓变〕异构（现象）③共振（现象，状态）
mesomorphism 介晶现象
mesomorphous 介晶状态
meson 介子，重电子
heavy ~ 重介子
K ~ K 介子，重介子
L ~ 轻介子
mesonium 介子素（介子与电子组合成的耦合系统）
mesopelagic 中深海（水深 200 ~ 1 000 m）
mesophase 中间相
nematic ~ 向列型中间相
mesoplast 细胞核
mesopore 间隙孔
meso-position 中位
mesosphere 散逸层，中大气层
mesostasis 最后充填物
mesothorium 新钍（MsTh）
mesotomy 内消旋体离析
mesoton 重电子，介子
mesotron 介子，重电子
mesotype 中型
message ①信〔消〕息，情报，报道②报文，电文，文电，电报，通话〔信〕，话传电报
~ center 信息中心，电报中心
assembler error ~ 汇编程序错误信息
audiotime ~ 音频时间信息
binary ~ 二进制信息
cancel ~ 作废信息〔信号〕，撤销信号
coded ~ 编码信息
compile-time ~ 编译时信息
console ~ 控制台信息
control ~ 控制信号〔信息〕
diagnostic ~ 诊断信息
discrete ~ 离散信息
duplicate error ~ 重复错误报文〔信息〕
encrypted ~ 密码信息
error ~ 误差〔查（出）错〕信息，错误（标志）信息〔报文〕
extra ~ 附加报文，附加信息
fatal error ~ 严重错误信息
fox ~ （电传打字机的）检查信息〔报文〕
group address ~ 群地址信息
high-priority ~ 高优先级信息（消息，电报）
metaldata association ~ 数据相关信息
multiaddress ~ 多地址信息
network ~ 网络报文
pacing ~ 定步报文（网）
restricted ~ 密电，密件
session started ~ 会〔对〕话起动信息
synchronization status ~ 同步状态信息
text ~ 文本式报文，文本信息
toll ~ 长途通话
wireless ~ 无线电讯〔电报〕
message-oriented 面向消息的（信）
message-switching 信息转接，消息交换，数据转换
messaging 通信
interpersonal ~ 个人间报文通信
videotex ~ 可视图文报文收发
videotext 图文电视
messenger ①通信员，信使，传令器②吊索，悬索，电缆吊绳③钻孔取样器
Messenger Messenger 软件包（一种用于情报检索的软件包）
messmotor 积分电动机，积分马达

meta-assembler 元汇编程序
metabond 环氧树脂类黏合剂
metacenter （浮体的）定倾中心，稳定中心
metacentre =metacenter
metacharacter 元字符
metacolizing 铸铁表面渗铝法
metacompiler 元编译程序
meta-computer 元计算机
metacryst 变晶，次生晶
metadurain 变质暗煤
metadyne ①放大机,（旋转式）磁场放大机（伺服机构用）②微场扩流（直流）发电机（供电压调整或变压用）
meta-element 母体〔过渡〕元素，过渡金属
metafile 图文元件
metafilter 层滤机
metafiltration 层滤
metage 称量，容量的检定
meta-hyperdocument 元超文档
metainstruction 中间指令
metaisomeride 位变异构体
metaisomerism （双键）位变异构现象
metaisomers （双键）位变异构体
metakliny 基团位变
meta-knowledge 元知识
metal ①金属，五金，合金，齐，成分，成色，淦②铸铁（溶液）③轴承合金〔衬瓦〕④（pl.）轨条〔道〕
~ alkylide 烷基金属
A ~ A镍铬耐热钢（*w*（Cr）14%，*w*（Ni）35%，*w*（C）0.35%，*w*（Si）1%，*w*（Mn）0.5%，其余Fe）
absorbent ~ 吸收型轴承合金（具有将其他成分吸收到自己体内的性质）
accumulator ~ 蓄电池〔极板〕合金〔金属〕
acid ~ 耐酸铜合金〔金属〕（*w*（Sn）10%，*w*（Pb）2%，*w*（Cu）88%）
acid-resistance ~ 耐酸合金
active ~ 活泼金属，活性金属
Adamant ~ 锡基巴比合金（以Sn为主体的Sn-Sb-Cu轴承合金）
added ~ 熔接金属，外加金属，填充金属〔焊丝〕
admiralty ~ 含锡黄铜，耐海水金属，海军黄铜（*w*（Cu）70%，*w*（Zn）29%，*w*（Sn）1%）
admiralty gun ~ 海军炮铜（*w*（Cu）88%，*w*（Sn）10%，*w*（Zn）2%）
advance ~ 先进铜镍合金（与康铜相似，*w*（Cu）54% ~ 55%，*w*（Ni）44% ~ 46%）
Advance ~ 高比阻铜镍合金，阿范斯电阻合金（*w*（Cu）56%，*w*（Mn）1.5%，其余Ni）
Aich ~ 艾奇合金（*w*（Cu）56%，*w*（Zn）42%，*w*（Fe）1%），含铁四六黄铜
Aitch ~ 艾奇合金（*w*（Cu）60%，*w*（Zn）38% ~ 39%，*w*（Fe）1% ~ 2%）
Ajax ~ 埃杰克斯合金〔黄铜〕（一种轴承合金，*w*（Ni）25% ~ 50%，*w*（Fe）30% ~ 70%，*w*（Cu）5% ~ 20%）
Albata ~ 阿尔巴达黄铜（*w*（Cu）50%，*w*（Zn）40%，*w*（Ni）10%）
Albatra ~ 一种铜合金（*w*（Zn）20%，*w*（Ni）20%，*w*（Pb）1.25%，其余Cu）
Albion ~ 夹铅锡箔
Alco ~ 铅基轴承合金（*w*（Ba）1% ~ 2%，*w*（Ca）0.5% ~ 1%，其余Pb）
Alfenide ~ 阿尔弗尼德〔铜锌镍〕合金（*w*（Cu）60%，*w*（Zn）30%，*w*（Ni）10%）
Alger ~ 阿尔格锡锑（轴承）合金（*w*（Sb）10%，*w*（Cu）0% ~ 0.3%，其余Sn）
alkaline earth ~ 碱土金属
Allan's ~ 阿兰（活塞环）合金，阿兰铜铅合金，阿兰无锡青铜（*w*（Cu）55%，*w*（Pb）45%）
Allen's ~ 阿林合金，阿林高铅青铜（*w*（Cu）55%，*w*（Pb）40%，*w*（Sn）5%）
amalgamated ~ 混汞金属
antifriction ~ 减〔耐〕摩金属
arc cast ~ 电弧熔铸的金属，弧熔金属锭
Argentine ~ 赛银锡锑基合金（*w*（Sn）85%，*w*（Sb）15%），锡锑合金
as-cast ~ 铸态金属
ash ~ 杂黄铜
ashbury ~ 锡锑铜铸合金（*w*（Sn）80%，*w*（Sb）14%，*w*（Cu）2%，*w*（Zn）1%，*w*（Ni）3%）
associated ~ 共〔伴〕生金属
Atbas ~ 镍铬钢（*w*（Ni）22%，*w*（Cr）8%，*w*（Si）1.8%，*w*（Cu）1%，*w*（Mn）0.25%，*w*（C）0.25%，其余Fe）
Auer ~ 奥厄火石合金，发火合金（*w*（稀土金属）65%，*w*（Fe）35%）
Aurora Babbitt ~ 奥罗拉巴比特合金（*w*（Sn）5%，*w*（Sb）9% ~ 15%，*w*（Pb）80% ~ 86%，*w*（Cu）< 0.5%）
babbit ~ 巴氏〔轴承〕合金，乌金

Badin ~　巴丁合金（w（Si）18% ~ 20%，w（Al）8% ~ 10%，w（Ti）4% ~ 6%，其余 Fe）
Bahn ~　（铅基）轴承合金（w（Pb）98.34%，w（Al）0.2%，w（Ca）0.65% ~ 0.73%，w（Na）0.58% ~ 0.66%）
Baros ~　镍铬合金（w（Ni）90%，w（Cr）10%）
base ~　①贱金属，碱金属②基底金属（合金中的主要金属），底层金属，母材，被焊零件金属
bath ~　白铜，电镀槽用金属
bazar ~　（巴札）镍银合金（w（Ni）8% ~ 19%，其余 Ag）
bearing ~　轴承合金，轴瓦
bell ~　（铸）钟青铜，钟铃合金（w（Cu）88%，w（Sn）12%，或 w（Cu）76%，w（Sn）24%），钟铜（青铜）
Benedict ~　①镍黄铜合金（w（Cu）57%，w（Sn）2%，w（Pb）9%，w（Zn）20%，w（Ni）12%）②白铜（w（Cu）60%，w（Ni）16.5%，w（Zn）18%，w（Pb）4.5%，w（Sn）1%）
Benet ~　铝镁合金（w（Mg）3% ~ 10%，微量 W，其余 Al）
Bidery ~　白合金（w（Zn）88.5%，其余 Pb 和 Cu）
binding ~　拜恩丁锌合金（w（Zn）93.5%，w（Sb）3.7%，w（Sn）2.8%），硬化锌合金
blue ~　蓝（锌）粉，蓝铜锍（w（Cu）约 62%）
Bobierre's ~　鲍氏黄铜（w（Cu）66%，w（Zn）34%）
bond ~　烧结〔多孔〕金属
bonded ~　包层金属板
bourbon ~　包尔邦锡铝合金（锡铝各一半）
bowl ~　粗铸锑（99% 纯的铸锑）
box ~　轴承合金，减摩合金
bracket ~　托架轴承合金
Brant's ~　低熔点合金（w（Pb）23%，w（Sn）23%，w（Bi）48%，w（Hg）6%）
brazing ~　钎焊合金，金属焊料（包括硬焊料和软焊料）
Britannia ~　不列颠合金（锡锑铜合金）
Brown ~　布朗黄铜（w（Cu）85%，w（Zn）15%）
bush ~　轴承合金（w（Cu）72%，w（Sn）14%，w（黄色黄铜）14%）
cadmium ~　（轴承）镉合金
calcium ~　含钙铅基轴承合金（w（Cu）1.35%，w（Ca）1.75%，w（Na）0.10%，w（Sr）0.1%，w（Ba）1.0%，其余 Pb）
capping ~　浇灌金属（为固着钢丝绳端头于握绳器内而灌入的合金）
capsule ~　铅锡合金（w（Pb）92%，w（Sn）8%）
carrier ~　载体金属
cathode base ~　阴极基金属
Causul ~　镍铬铜合金铸铁（w（Ni）19%，w（Cu）4%，w（Cr）1.5%，w（C）2.2% ~ 2.8%，其余 Fe）
cemented ~　渗碳〔烧结〕金属
cementing ~　黏结剂金属
ceramic ~　金属陶瓷
Chinese art ~　中国工艺品用铅锡黄铜（w（Zn）10%，w（Sn）1%，w（Pb）15% ~ 20%，其余 Cu）
Chinese speculum ~　中国镜铜（w（Cu）80% ~ 83%，w（Sb）8.5%）
clad ~　包层金属板，包层钢板，复合金属（板）
coated ~　被覆金属，包镀金属
cold liquid ~　低于浇温的金属液
composite ~　复合金属，双金属
composition ~　合金
compound ~　合金
connecting rod ~　连杆（孔）轴承合金
corrugated sheet ~　瓦楞（薄钢）板
crank ~　曲柄颈轴承合金
crank pin ~　曲柄销衬套合金
Dalton ~　铋锡铅易熔合金（w（Bi）60%，w（Sn）15%，w（Pb）25%，熔点 92 ℃）
Dandelion ~　铅基白合金，铅基锑锡轴承合金，丹得来昂轴承合金（w（Pb）72%，w（Sb）18%，w（Sn）10%）
D'Arcet ~　达氏易熔合金，铋铅锡低熔点合金（w（Bi）50%，w（Pb）31.2%，w（Sn）18.8%；或 w（Bi）50%，w（Pb）25%，w（Sn）25%）
Davis ~　镍青铜（w（Cu）65%，w（Ni）30%，w（Fe）4%，w（Mn）1%）
Delta ~　δ 合金〔黄铜〕，耐蚀高强黄铜（w（Cu）60%，w（Zn）36%，w（Sn）2%，w（Fe）1%，w（Pb）1%）
deposit ~　淀积〔溶敷，电积〕金属
die casting ~　压铸〔型铸〕轴承合金
direct ~　直接金属（直接由矿石炼得的金属）
disturbed ~　（金相样品磨光面上的）紊乱金属

Dore ~ 金银合金，金银块
Dow ~ 道氏合金,道氏（镁铝）合金（w（Al）10% ~ 16%,w（Mn）0.15% ~ 3%,w（Zn）0.6%，其余 Mg）
draw ~ 拉制金属
ductile ~ 韧性金属
Dukes ~ 杜克斯耐蚀热合金（w（Ni）40%，w（Cu）30%，w（Fe）30%）
duplex ~ 双金属
Durana ~ 杜氏合金，铜锌合金，杜拉纳黄铜（w（Cu）65%,w（Zn）30%,w（Sn）2%，w（Al）1.5%，w（Fe）1.5%）
Durna ~ 杜尔纳黄铜（w（Zn）40%,w（Fe）0.35%，w（Mn）0.42%，w（Sn）1%，其余 Cu）
Dutch ~ 荷兰合金（含 Zn 达 12% ~ 20% 的高锌黄铜）
Dutch white ~ 白色饰用合金（w（Sn）81%，w（Cu）10%，w（Sb）9%）
earth ~ 土金属
Eel Brand antifriction ~ 伊尔布兰德减摩合金（w（Sb）15%,w（Sn）6%,w（Ni）1%，w（Cd）1.5%，其余 Pb）
electric ~ 电用金属，高频金属
electrode ~ 电极合金
electron ~ 镁铝合金
electronegative ~ 负电性金属
electropositive ~ 正电性金属
English ~ 英国合金（不列颠合金，w（Sn）87%,w（Cu）2%,w（Ni）2%,w（Sb）6%，w（W）1.5%,w（Bi）0.5%,w（黄铜）1%）
Everest ~ 重型轴承铅合金（w（Sb）14% ~ 16%，w（Sn）5% ~ 7%，w（Cu）0.8% ~ 1.2 %,w（Ni）0.7% ~ 1.5%,w（As）0.3 ~ 0.8%，w（Cd）0.7% ~ 1.5，其余 Pb）
excess weld ~ （焊缝）补强金属
expanded ~ 板网（薄金属板交替切槽或冲槽后拉张而成的网）,网形铁板,多孔〔拉制〕金属网
expanded sheet ~ 钢丝网板，压延金属板
expanding ~ 膨胀合金（含铋合金，冷凝时膨胀的金属）
Fahrig ~ （法里）锡铜轴承合金（w（Sn）90%，w（Cu）10%）
feed ~ 原料金属
Fenton bearing ~ 锌基轴承合金（w（Zn）80%，w（Sn）14.5%，w（Cu）5.5%）
ferrous 黑色金属，铁（类）金属
Ferry ~ 费瑞电阻丝合金
field-intensifying ~ 强化电场的金属层
filament-reinforced ~ 纤维加强金属
filler ~ 填充金属，焊料，焊丝
fine ~ 精炼纯金属
finishing ~ 精炼金属
fitting ~ 配〔附〕件
fluent ~ 液态金属
flux ~ 助熔金属
foreign ~ 异金属夹杂
Frary('s) ~ 弗雷里合金（w（Ca）0.1% ~ 1%，w（Ba）0.2% ~ 2%，w（Hg、Sn）0.25%，余 Pb）；钡钙铅合金（w（Ba）1% ~ 2%，w（Ca）0.5% ~ 1%，其余 Pb）
free cutting ~ 易切削金属
front sheet ~ 车前板制件
furnace ~ 粗金属
furnace sump ~ 炉槽金属
fuse ~ 熔丝合金，易熔合金
G ~ 铜锡锌合金（w（Cu）40%，w（Sn）50%，w（Zn）10%）
gilding ~ 手饰铜，铜金青铜，制造子弹头壳的铜合金（w（Cu）90% ~ 95%,w（Zn）5% ~ 10%）
graphite ~ 石墨铅基合金（轴承合金,w（Pb）68%，w（Sn）15%，w（Sb）17%）
gun ~ 炮铜
Hanover ~ 汉诺威合金（硬轴承合金,w（Sn）87%，w（Sb）8%，w（Cu）5 %）
heat ~ 热冒钢，冒口，切头
heat-transfer ~ ①热传导金属②（液态）金属载热剂
heavy ~ 重金属（金，水银，白金等），重炮，巨弹，重型坦克
Heckenham ~ 黑肯哈姆铜镍合金（w（Cu）56%，w（Ni）44%）
Hercules ~ 赫氏铝黄铜，赫氏合金（w（Cu）67%，w（Zn）31%，w（Al）2%）
Hoskin's ~ 耐热耐蚀高镍合金（w（Ni）34% ~ 68%，w（Cu）10% ~ 19%，其余 Fe）
hot ~ （取自高炉的）高熔金属，熔融金属，液态金属，铁液
Hoyt's ~ 候特合金，锡基轴承合金
Hughes' ~ 休斯〔轴承〕合金（w（Pb）76%，w（Sn）14%，w（Sb）10%）
Husman ~ 一种锡基轴承合金，胡司满（轴

承）合金（w（Sb）11%，w（Cu）4.5%，w（Pb）10%，w（Zn）0.4%，其余 Sn）
Hutchinson ~ 铋锡合金（用于热电偶，w（Sn）10%，w（Bi）90%）
hybrid ~ 石墨化钢
Hydra ~ 海德拉合金钢（w（C）0.3%，w（Cr）3.5%，w（W）9% ~ 10%；或 w（C）0. 26%，w（Cr）3%，w（Mo）0.5%，w（Ni）2.5%）
inhibited admiralty ~ 防腐蚀海军金属
integral ~ 整体〔浇铸〕轴承（合金）（即把轴承合金浇铸在轴承座上）
interchangeable ~ 可换轴承合金
Isoda ~ 铅基巴氏合金（w（Sb）10% ~ 20%，w（Sn）5% ~ 20%，其余 Pb）
Jacama ~ 铅基轴承合金（w（Pb）71%，w（Sn）10%，其余 Sb）
Jae ~ 铜镍合金（w（Cu）30%，w（Ni）70%）
Kemler ~ 铝铜锌合金（w（Zn）76%，w（Al）15%，w（Cu）9%）
key ~ 母合金，母体金属，中间合金，钥匙青铜（w（Cu）80%，w（Sn）10%，w（Pb）5%，w（Zn）2%）
Kinghoren ~ 金霍恩合金（铜锌合金，w（Cu）58.5%，w（Zn）39.3%，w（Fe）1.15%，w（Sn）0.95%）
KK ~ KK 铜镍合金
Konel ~ 康内尔代用白金（w（Ni）73.03%，w（Co）17.16%，w（Ti）8.8%，w（Si）0.55%，w（Al）0.26%）
Kunheim ~ 稀土金属与镁的合金，发火合金
laminated ~ 双金属
large ~ 前轴承（合金）（车床主轴的）
lead hattery ~ 蓄电池铅合金（w（Sb）7% ~ 12%，w（Sn）0.1% ~ 0.5%，其余 Pb）
lead-base babbit ~ 铅基巴比〔铅基轴承〕合金
leaded gun ~ 加铅炮合金，含铅炮铜
less noble ~ 次贵金属
less-common ~ 稀有金属
Lewis's ~ 路易斯易熔合金
light ~ 轻金属
lining ~ （轴承）衬金属
Lion ~ 拉昂锡基轴承合金（w（Cu）3% ~ 8%，w（Sb）3% ~ 8%，其余 Sn）
Lipowitz ~ 利玻维兹低熔合金
live ~ 活动金属〔部件〕，带电金属
loose ~ 松料（壳体直壁上因材料流动过速形成的曲面）
Lurgi ~ 铅基钙钡轴承合金（w（Ca）0.5% ~ 1%，w（Ba）2% ~ 4%，其余 Pb）
Mach ~ 马赫铝镁合金（w（Mg）2% ~ 10%，其余 Al）
Macht ~ 铜锌合金（w（Cu）60%，w（Zn）38% ~ 38.5%，其余 Fe）
Macht's ~ 马赫蒂合金（w（Cu）55%，w（Pb）45%）
Mackenite ~ 耐热合金（镍铬系，镍铬铁系）
Magnolia ~ 铅锑锡〔马格诺利亚〕（轴承）合金（w（Pb）78%，w（Sb）16%，w（Sn）6 %）
Mallory ~ 无锡高强度青铜（w（Mn 或 Al）< 4%）
Malott ~ 马罗特易熔合金（w（Sn）34%，w（Bi）46%，w（Pb）20%），锡铅铋易熔合金
mat ~ 未抛光的金属
Mathesius ~ 马西修斯铅 - 碱金属合金（含有锶或钙的铅 - 碱金属合金）
matrix ~ 基体金属，黏结金属
McGill ~ 麦吉尔铝铁青铜（w（Al）19%，w（Fe）2%，其余 Cu）
Meehanite ~ 密烘铸铁
metalalkali ~ 碱金属
metalcontact ~ 接点〔触头〕金属
metalGuillaume ~ 铜铋合金（w（Bi）35% ~ 38%）
metalMisco ~ 米斯科合金（w（Cr）12% ~ 30%，w（Ni）30% ~ 65%，其余 Fe）
metalogicZam ~ 电动机电枢用合金，锌基轴承合金
metalSalge ~ 一种锌基轴承合金（w（Sn）10%，w（P）1%，w（Cu）4%，其余 Zn）
minor ~ 次要〔稀有〕金属
Mira ~ 米拉耐酸合金（w（Cu）74.69%，w（Zn）0.6%，w（Pb）16.35%，w（Sn）0.91%，w（Fe）0.43%，w（Ni, Co）0.24%，w（Sb）6.78%）
misch ~ 铈镧稀土合金（w（Ce）50%，w（La）45%，余为稀土金属）
molten ~ 金属液，熔融金属，已熔金属
moly-B ~ 钨钼合金
Monel ~ 蒙乃尔合金（w（Ni）68%，w（Cu）28%，w（Fe）2.5%，w（Mn）1.5%）

Montegal ~ 镁硅铝合金（w（Mg）0.95%，w（Sn）0.8%），蒙蒂盖尔合金
Mota ~ 莫达合金，锡基高强度轴承合金，内燃轴承合金（w（Sn）85% ~ 87%，w（Cu）4% ~ 6%，w（Pb）8.5% ~ 9.5%）
Mungoose ~ 曼古司合金（铜镍锌合金）
Muntz ~ 蒙知黄铜，四 - 六黄铜，锌铜合金，熟铜（w（Zn）40% 或 35% ~ 45%，其余铜）
Newton ~ 低熔点合金（w（Bi）56%，w（Pb）28%，w（Sn）16%）
Nico ~ 尼科铜镍合金（w（Cu）90%，w（Ni）10%）
noble ~ 贵金属
non-ferrous ~ 非铁金属，非金属
nontransition ~ 非过渡金属
nylon-coated ~ 尼龙覆面钢
Oda ~ 欧达铜镍（系）合金（w（Cu）45% ~ 65%，w（Ni）27% ~ 45%，w（Mn）1% ~ 10%，w（Fe）0.5 ~ 3%）
oil impregnated ~ 含油轴承合金
old ~ 废金属
ounce ~ 铜币合金（w（Cu）84% ~ 86%，w（Zn）、w（Sn）、w（Pb）各为 4% ~ 6%，w（Ni）< 1%）
parent ~ 底层金属（焊接用语），母体金属（合金）
Paris ~ 帕里斯镍铜合金（w（Ni）6% ~ 16%，w（Sn）2%，w（Co）1%，w（Fe）1 % ~ 5%，w（Zn）5%，其余 Cu）
Parr ~ 镍铬铜耐蚀合金
Parson's Mota ~ 派森莫达合金（轴承合金，w（Sn）86% ~ 92%，w（Cu）3% ~ 5%，w（Sb）4.5% ~ 9%）
passive ~ 惰态（有色）金属
pattern ~ 制型合金（金属），金属型材料
pen ~ 含锡黄铜（w（Cu）85%，w（Zn）13%，w（Sn）2%）
pierott ~ 锌基轴承合金（w（Sn）7.6%，w（Cu）2.3%，w（Sb）3.8%，w（Pb）3%，其余 Zn）
pig ~ 金属锭，金属铸块
pin ~ 销钉用黄铜（w（Cu）62%，w（Zn）38%）
Pinkus ~ 铜合金（黄铜：w（Cu）88.05%，w（Zn）6.9%，w（Sn）2.5%，w（Pb）1.8%，w（Ni）0.3%，w（Sb）0.45%；青铜：w（Cu）72.5%，w（Sn）14.7%，w（Pb）8.8%，w（Zn）1.5%，w（Sb）2.5%）
piped ~ 缩孔金属
pitch-on ~ 涂沥青（的）薄钢板
plain ~ 普通金属，滑动轴承合金
plastic ~ 塑性合金（w（Sb）10% 的高锡青铜轴承合金）
plated ~ 电镀〔电积，沉积〕金属
platinum ~ 铂族金属
pot ~ 低级黄铜，（含锌锡的）铜铅合金
precious ~ 贵金属
Prince's ~ 一种高锌黄铜（w（Zn）84.4%，w（Sb）15.2%； 或 w（Cu）61% ~ 83%，w（Zn）39% ~ 17%）
pyrophoric ~ 自燃金属
Queen ~ 锡锑焊料
Rakel ~ 雷克铜铝合金（w（Al）10%，w（Zn）1%，w（Mn）1%，其余 Cu）
rare ~ 稀有金属
rare-earth ~ 稀土金属
raw ~ 粗金属，金属原料
reactive ~ 活性金属，活泼金属
reactor grade ~ 反应堆级金属
receding ~ 缩头锭（沸腾钢缺陷）
red ~ 红（色黄）铜（w（Cu）80% 以上的黄铜）
refractory ~ 耐高温〔高熔点〕金属（在 2000 ℃以上）
Regel ~ 瑞格尔合金（含铜的锡锑轴承合金，w（Sn）83.3%，w（Sb）11%，w（Cu）5.7%）
reguline ~ 块状金属
regulus ~ 铅锑合金
Renik's ~ 瑞尼克镍钨合金（w（W）94%，用于切削工具）
resistant ~ 耐蚀金属
resultant ~ 产品〔产出〕金属
rich gold ~ 金色黄铜（w（Zn）10%，w（Cu）90%）
ronia ~ 罗尼阿黄铜（含少量 Cr，Mn，P 的黄铜）
rope capping ~ 缆索封头合金
Rose ~ 铅铋锡易熔合金（w（Pb）28%，w（Bi）22%，w（Sn）50%）
Rose's ~ 罗斯易熔合金（w（Bi）50%，w（Pb）25%，w（Sn）25%）
Rosslyn ~ 罗斯林包铜薄钢板，不锈钢 - 铜 - 不锈钢复合板
Saxonia ~ 锌合金（w（Sn）5%，w（Cu）6%，w（Pb）3%，w（Al）2%，其余 Zn）
scarce ~ 稀有金属

Schwing ~ 施温橡胶 - 钢板黏合工艺
secondary ~ 再生〔重熔，回炉〕金属
semi-finished ~ 坯，半成品轧材（如初轧坯、小方坯、板坯等），半成品金属
Sendait ~ 电石渣还原精炼的高级强韧铸铁
sheet ~ 金属板〔皮，片〕
simple ~ 纯金属
sintered powder ~ 烧结热压粉末金属
sintering ~ 烧结金属，金属陶瓷
sluggish ~ 冷金属液（低于浇注温度的）
slush ~ 软〔易熔〕合金
smear ~ 切屑
soft ~ 软金属，轴承用减摩金属
sound ~ 优质〔无缺陷的〕金属
sparkle ~ 起泡金属
speculum ~ 铜锡〔镜用〕合金，镜齐，镜青铜（*w*（Cu）65% ~ 70%，*w*（Sn）30% ~ 35 %）
Sperry's ~ 斯佩瑞铅基轴承合金（*w*（Sn）35%，*w*（Sb）15%，其余 Pb）
spun-in ~ 离心浇铸轴承（合金）
star ~ 精（制）锑，锑金属锭
Sterling ~ 斯特林黄铜（*w*（Cu）66%，*w*（Zn）33%，*w*（Pb）1%）
Sterro ~ 斯特罗黄铜，铜锌铁合金（*w*（Cu）55% ~ 60%，*w*（Zn）38% ~ 42%，*w*（Fe）1.8% ~ 4.7%）
Stirling ~ 斯特林合金，斯特林黄铜
submicron ~ 超微〔细〕金属粉末
Sun ~ 氯气烯（表皮）层压金属板
synthetic ~ 烧结金属
Tandem ~ 坦德姆锡青铜（*w*（Cu）78%，*w*（Sn）22%）
target ~ 靶极金属（作 X 射线管中靶子的金属）
tempering ~ 中间合金
terne ~ 铅锡合金（*w*（Pb）80% ~ 80.5%，*w*（Sb）1.5 ~ 2%，*w*（Sn）18%；或 w（Pb）85% ~ 90%，*w*（Sn）10% ~ 15%）
Thermit ~ 铝热焊金属粉（*w*（Sb）14% ~ 16%，*w*（Sn）5% ~ 7%，*w*（Cu）0.8% ~ 1.2%，*w*（Ni）0.7% ~ 1.5%，*w*（As）0.3% ~ 0.8%，*w*（Cd）0.7 ~ 1.5%，其余 Pb）
thermostat ~ 双金属
through ~ 金属支架
Thurston ~ 瑟斯顿锡（基）轴承合金（*w*（Sb）19%，*w*（Cu）10%，其余 Sn）
tinning ~ （含）铅锡（各半的）合金
Tissiers ~ 锌铜合金（*w*（Cu）97%，*w*（Zn）2%，其余 Sn 和 As）
Titanor ~ 钛钢（切削工具钢），钛工具钢
Tourun Leonard's ~ 轴承用韧性锡青铜（*w*（Sn）90%，*w*（Cu）10%）
trace ~ of seawater 海水中的痕量金属
transition ~ 过渡金属
trumpet ~ 管乐（器）黄铜（*w*（Cu）67% ~ 75%，*w*（Zn）21% ~ 31%，*w*（Si）1.75% ~ 5%）
Tutania ~ 图塔尼阿锡锑铜合金
Tyseley ~ 泰泽利饰用铸锌合金（*w*（Al）8.6%，*w*（Cu）8.6%，*w*（Si）0.5%，其余 Zn）
Ulco ~ 由尔科合金（铅基轴承合金，*w*（Ba）1% ~ 2%，*w*（Ca）0.5% ~ 1%，其余 Pb）
Ulcony ~ 由尔康合金（铜铅轴承合金 *w*（Cu）65%，其余 Pb）
uncommon ~ 稀有金属
underlying ~ 底层金属
union ~ 铅基碱土金属轴承合金（*w*（Ca）0.2%，*w*（Mg）1.5%，其余 Pb）
valve ~ 阀用铅锡黄铜（电子管金属，*w*（Si）3%，*w*（Pb）7%，*w*（Zn）9%，其余 Cu）
Victor ~ 维克托金属合金（*w*（Cu）50%，*w*（Ni）15%，*w*（Zn）35%）
virgin ~ 原金属，自然金属
Vulcan ~ 沃尔坎耐蚀铜合金（*w*（Cu）81%，*w*（Al）11%，*w*（Cr）0.7%，*w*（Ni）1.5%，*w*（Fe）4.4%，*w*（Si）1%，*w*（Sn）0.4%）
Warne's ~ 白色装饰用合金（*w*（Zn）37%，*w*（Ni）26%，*w*（Bi）26%，*w*（Co）11%）
washed ~ 精炼生铁（去除一部分锰、硫、磷）
welding base ~ 焊条金属
white ~ 轴承合金，巴比合金，（银白色低熔点）白合金，白铳，白水铜
wild ~ 冒涨金属，猛沸金属
Wood ~ ①铋基低熔点合金②伍德易熔合金（*w*（Bi）50%，*w*（Pb）25%，*w*（Cd）12.5 %，*w*（Sn）12.5%）
Yamato ~ 亚马托铅锡锑轴承合金（*w*（Sb）10% ~ 12%，*w*（Sn）5% ~ 20%，其余 Pb）
yellow ~ 黄铜（*w*（Cu）60%，*w*（Zn）40%），黄金

Z ~ Z珠光体可锻铸铁
zone-purified ~ 区域提纯金属
metalanguage 元语言
metalastik 金属橡胶结合法
metalate 使金属化
metalation 金属化作用，金属原子取代
metal-back 金属壳，金属衬垫
metal-bearing 含金属的
metal-ceramic 金属陶瓷（的）
metalclad 铁壳〔装甲，铠装〕的，金属包层
metaldehyde （四）聚乙醛，介乙醛
metal-enclosed 密闭在金属壳中的，金属装的
metalepsis 取代（作用）
metalform （混凝土）金属模板
metal-fuelled 液态金属燃料的
metal-grade 金属级品位
metalikon 金属喷镀法，渗金属法
metal-inert-gas 金属焊条惰性气体
metalinguistic 元语言的
metalist 金属工人
metalization =metallization
metall =metallurgy
metallation 金属取代
metal(l)er 钣金工
metallergy 异性变（态反）应性
metallic 金属（制）的
metallicity 金属性，金属特征
metallics 金属物质，金属粒子
revert ~ 金属物返料
metallide 金属与金属化合物，电解电镀
metalliferous 含金属的
metallike 似金属的
metallikon 喷镀（金属），（液态）金属喷涂（法）
Metalline 梅达林铜钴铝铁合金（w（Cu）30%，w（Co）35%，w（Al）25%，w（Fe）10%）
metalline 金属（似，性，质，制）的，含〔产〕金属的，含金属盐的
metal-lined 有金属衬里的
metal(l)ing 喷镀金属，金属包镀
metal(l)isation =metal（l）ization
metal(l)ization ①敷〔镀〕金属，金属喷镀②金属化
Al ~ 敷铝
ceramic ~ 陶瓷金属化
equipotential ~ 等电位金属化
multilayer ~ 多层金属化
overlay ~ 叠镀
metal(l)izator 金属喷涂器
metal(l)ize ①金属喷镀，包镀金属，敷金属②金属化
metal(l)izer 喷镀金属器，金属〔合金〕粉末（材料）
metallocene 金属茂（合物）
metalloceramics 金属陶瓷
metallochrome 金属（表）面着色
metallograph ①（带照相机的）金相显微镜②金相照片③金属版
colo(u)r ~ 彩色金相照片
metallographer 金相学家
metallographical 金相的
metallographist 金相学家
metallography 金相学
ion transmission ~ 离子透射金相学
powder ~ 粉末金相学
quantitative ~ 定量金相学
metalloid 类〔准，半，非〕金属
metallometer 金属试验器
metallomicroscope 金相显微镜
metallomicroscopy 金相显微术
metallorganics 金属有机物
metal(l)oscope 金相显微镜
metal(l)oscopy 金相显微（镜）检验
metallostatic 金属静力学的
metallothermy 金属热还原法
metallotrophy 金属移变作用
metallurgic(al) 冶金的
metallurgist 冶金学家，冶金工作者
metallurgy 冶金学
adaptive ~ 物理冶金
dry ~ 火法冶金学
fabrication ~ 冶金学
ferrous ~ 钢铁〔黑色〕冶金学
fiber ~ 纤维冶金
igneous ~ 火法冶金（学）
powder ~ 粉末冶金（学）
process ~ 冶金工艺学，生产冶金学
process physical ~ （生产）过程物理冶金学
reactor ~ 反应堆材料冶金学
vacuum ~ 真空冶金学
wet-process ~ 湿法冶金，水冶
Metallux 微型金属薄膜电阻器
metalock 冷修补法（铸锻件）
metalogic 元逻辑
metalorganic 有机金属的，金属有机物的
metal-organic 有机金属的，金属有机物的

metal-oxide 金属氧化物（绝缘膜）
metal-oxide-semiconductor 金属 - 氧化物 - 半导体
metal-powder 金属粉末，爆粉
metalsmith 金工
metalsorter 金属鉴别仪
metalster 金属膜电阻（器）
metalware 金属器皿
metalwork 金工，金属制造，金属件
metamagnet 亚磁体
metamagnetism 变磁性
metamathematics 元数学
metamember 元成员，元成分
empty ~ 空元成员
productive ~ 产生性元成员
metamer 条件等色（光谱结构不同而看上去完全相同的颜色），位变异构体
Metamic 铬铝陶瓷金属，铬 - 氧化铝金属陶瓷（w（Cr）70%，w（Al_2O_3）30%）
metamict 混胶状，蜕晶质，晶体因辐照而造成的无定形状态
metamorphic 变质作用的，变形现象的
metamorphism 变质〔化，形，态〕
load ~ 承载变性
metamorphose 变化〔形，态，质，性〕
metaniobate 偏铌酸盐
metanometer 甲烷指示器〔计〕
metanotion 元概念
metanthracite 石墨
metaobject （高分辨率）元物体（虚拟现实中）
meta-orientation 间位定向
metaosmotic 亚渗透的
metaphysics ①元物理（学）②形而上学，玄学，抽象论
metapole 等角点
meta-position 间位
metaproduction 元产生式
metaprogram 元〔亚〕程序
metarals 单相（组织）
meta-rule 元规则
metascope 红外线探测〔指示，显示〕器
infrared image ~ 红外（磷光体）成像观察仪
meta-signalling 元信令
metasilicate 硅酸盐
metasomatism 交代作用，交代变质（作用）
metasomatose 交代作用，交代变质（作用）
metastability 亚稳度，亚稳定性
metastable ①亚〔介，准，似，暂时〕稳（定，态）的②暂时稳定，介稳度
metastasis ①移位变化，失 α - 微粒变化（现象），变形〔态〕②同质蜕变，新陈代谢
metastatic ①新陈代谢的②变形〔态〕的，转移性的
metastructure 次显微组织，介结构
metasymbol 元符号
metasynchronism 亚同步
metasystem 元系统
metatheorem 元定理
metatheory 元理论
metathesis 复分解（作用），置换〔易位〕（作用）
metavariable 元变量
meteorfax 避免流星干扰传递信息
meteorite 陨石〔铁〕
meteorogram 气象图
meteorograph 气象计，气象记录器
meteorology 气象学
radio ~ 无线电气象学
meteosat 气象卫星
meter ①米②（测量仪）表，（测量）计，计数〔算〕器③计测，量度④表头
Aanderaa oceanographic current ~ 安德拉海流计
AC induced polarization ~ 交流激发极化仪，幅频仪
acoustic Doppler current ~ 声学多普勒海流计
acoustics oceanographic current ~ 声学海流计
acoustics vector oceanographic current ~ 声学矢量海流计
active energy ~ 瓦（特小）时计，电度表
air ~ 气流〔风速，量气〕计
air permeability ~ 透气度仪（透过纸张空气）
airspeed ~ 空〔风〕速表
alpha ~ α 射线测量计
ampere ~ 安培计
ampere-hour ~ 安（培小）时表
analog ~ 模拟式仪表
angle ~ 测角器，倾斜计
apparent energy ~ 伏（特）安（培小）时计，全功电度表
astatic ~ 助动重力仪
attraction ~ 引力计
audibility ~ 听力〔听度，闻度〕表〔计〕
audiofrequency ~ 声频率计
audio-noise ~ 噪声计

automatic tracking direct radiation ~ 自动跟踪直接辐射表
AVO ~ （安培、伏特、欧姆）万用（电）表
back resistance ~ 反向电阻测量计
back-scatter density ~ 反散射密度计
back-scatter thickness ~ 反散射式厚度计
balanced load ~ 平衡负载电度表，平衡负载仪表
balling-up rate ~ 球化分选仪
band ~ 波长计
batch ~ ①计量箱，给料漏〔量〕斗②给料量计③分批计
battery ~ （蓄）电池充放电用的安时计
beat ~ 拍〔差〕频测试器
bellows ~ 波纹管式流量计
belt weight ~ 带秤
bend ~ 弯头水表
Benoist's penetro ~ 本诺阿 X 射线硬度计
bias ~ 偏畸变计，偏流计
blast ~ 测风计（测风压和风量）
breakdown test ~ 耐破度仪（测定纸或纸板破裂压强）
brightness ~ 亮度计
C ~ 电容表〔计〕
call ~ 计数寄存器，呼叫〔通话〕计数器
calorie ~ 量热器，热量计
camera tube lag ~ 摄像管余像测量仪
candle ~ 烛（光）米（lx，照度单位，现改为勒（克斯））
capacitance ~ 电容测试器，法拉计〔表〕
capacitance type moisture ~ 电容式水分计
capacity ~ 电容测试器，电容计
carbon equivalent ~ 碳当量仪
carbon potential ~ 碳势计〔仪〕，表面碳浓度计（气体渗碳用）
carbon to hydrogen ratio ~ 碳氢比值仪（带有 β 辐射源）
casting-surface-roughness ~ 铸件表面粗糙度测定仪
cavity ~ 标准谐振腔，空腔谐振器
cavity frequency ~ 空腔〔谐振腔〕频率计
centrifugal granularity ~ 离心沉降式粒度分布仪
check ~ 校验仪表，控制仪表
chronaxie ~ 时值〔计时〕计，电子诊断器
cirscal ~ 大转角动圈式电表
climb ~ 升降速度表
clock ~ 钟表机构计数器，钟表式计数器
cloud chamber dew-point ~ 云雾室露点仪
coercive ~ 矫顽磁性测量仪
coercive force ~ 矫顽磁力计，矫顽磁场强度测定器
colo(u)r difference ~ 色差计
colo(u)r temperature ~ 色温表
combination water ~ 复式水表
commercial frequency ~ 工业用电频率计，市电〔工频〕频率表
commutator-type ~ ①整流式计数器②马达计数器
compactness ~ 紧实度计
compound ~ 复合流量计
concentration ~ 浓度计
conductivity ~ 电导率表
consistency ~ 稠度计，浓度计
consumption ~ 流量表，耗量表
contact resistance ~ 接触电阻测量仪表
contactless intraocular pressure ~ 无接触性眼压计
contamination ~ （放射性）污染测量
copper-oxide ~ 整流式仪表
coulant ~ 电量计
coulomb ~ 库仑〔电量，安时〕计
counter-type frequency ~ 计数式频率计
counting-rate ~ ①计算速度测定器②脉冲频率计，脉冲每秒计数器
coupled exposure ~ 联动曝光表
coupling ~ 耦合度测试器
crack ~ 裂缝探测仪
crest ~ 幅〔峰〕值计
crosstalk ~ 串音测试器
crystal diode power ~ 晶体二极管功率计
crystal impedance ~ 晶体阻抗计
cumulative demand ~ 累积最大需量电度表
cup ~ 环状风轮，风速仪
current ~ 流速仪，电流表
current direction ~ 流速流向仪
current distribution ~ 电流分布测量器
current square ~ 平方刻度电流表
cut ~ 切削速度指示计，切削速度计
D C kilowatt hour ~ 直流电表
DC integrating ~ 直流积量计
dead-beat ~ 不摆仪表，速示仪表
decibel ~ 分贝表〔计〕，电平表
demand ~ 最大负荷测试器，（最高）需量计
density ~ 密度表，密度测量仪
detector frequency ~ 检波频率计

dew-point ~ 露点仪
dielectric-type moisture ~ 电容式〔电介质〕湿度计
differential pressure ~ 差动式压力表，压差计
differential scan measuring heat ~ 差示扫描量热计
differential thermal analysis ~ 差示热分析仪
digital frequency ~ 数字频率计
digital phase ~ 数字相位表
digital power ~ 数字功率表
dip ~ ①磁倾角测量仪②栅（流）陷（落式测试）振荡器
direct radiation ~ 直接辐射表
direction ~ （无线电）定〔测〕向器
directive ~ 单转向计数器
direct-reading ~ 直读计，直读定标器，直读式仪表
disk ~ 盘式仪表，盘式流量计
displacement ~ 位移量测计，变位流量计，浮子式液体密度计
distance ~ 测距仪〔器〕
distortion (factor) ~ 失真（系数）测试器，失真系数计，失真度表
Dopler oceanographic current ~ 多普勒海流仪
dose rate ~ 剂量率计
double-rate ~ 双费制电度计
double-tariff (system) ~ 双价〔二部电价制〕电度表
doubling time ~ 倍增时间〔双重时间〕测量计，双时间仪，双倍计时仪
drift ~ 偏差〔偏流，漂移〕计，测斜仪，偏移测量仪
dry-type ~ 干式水表
dual ~ 双读表
dynamic ~ 测力计
dynamic digital torque ~ 动力数字转矩计
dynamic strain ~ 动态应变仪
dynatron frequency ~ 负阻管频率计
earth-current ~ 地电流测量器，泄地电流表
echo ~ 回声测试器
eddy-current thickness ~ 涡流厚度计
effective-call ~ 有效呼叫计数器，接通计数器
effusion ~ 流量计
Ekman current ~ 厄克曼海流计
electric moisture ~ 电动湿度计
electrical digital ~ 数字仪表
electricity ~ 电量计，电（度）表
electrodynamic ~ 电动式仪表
electrolytic ~ 电解库仑计〔表〕，电解式仪表
electromagnetic blood flow ~ 电磁式血流量计
electromagnetic coupled SWR ~ 电磁耦合式驻波比计
electromagnetic current ~ 电磁流速仪
electromagnetic oceanographic current ~ 电磁海流计（测量海洋波浪）
electromagnetic type discharge ~ 电磁式流量计
electromagnetic ~ 电磁系电表
electromechanical indicating ~ 机电式指示电表
electron beam power ~ 电子束功率计
electronic automobile weight ~ 电子汽车衡（测定汽车所载货物的重量）
electronic blood pressure ~ 电子血压计
electronic detonation ~ 电子爆燃仪（测定燃料的辛烷值）
electronic dynamic automobile weight ~ 动态计量电子汽车衡
electronic kilowatt hour ~ 电子式电度表
electronic millisecond ~ 电子毫秒表
electronic static automobile weight ~ 静态计量电子汽车衡
electronic time ~ 电子毫秒〔测时〕表〔计〕
electronic torque ~ 电子式测矩计，电应变式扭矩仪
electronic weigh ~ 电子皮带秤
electrophoresis ~ 电泳仪
electrostatic ~ 静电系电表
electrothermal ~ 热电表，热丝电流表
elongation ~ 伸长计（量仪）
energy ~ 电度〔能量〕表，火表，累积式瓦特计
engine air flow ~ 发动机吸入空气流量仪
engine hour ~ 发动机（小）时计
error ~ 误差测量计，失配测量器
excess ~ 积算超量功率〔电度〕表，最大需量计
excess energy ~ 超量电度表
exposure ~ 曝光计，曝光表
extension ~ 延伸仪
fall-off ~ 偏振测量仪
fallout ~ 辐射量测试器
fatigue ~ 疲劳强度计

feed-through power ~ 馈通功率测量仪
ferrite frequency ~ 铁氧体频率计
fiber-optic displacement ~ 光纤位移计
field strength ~ 场强计
field test oil consumption ~ 田间试验油耗仪
film resistance ~ 薄膜电阻测试仪
fish ~ 鱼量计
fish/meat fresh ~ 鱼、肉鲜度仪
float ~ 浮子式流量计，浮尺
float current ~ 浮标流速计
flow ~ 流量计，流量表
flow volume ~ 流量仪表
fluid density ~ 液体密度表
fluidity ~ 流度计
flutter ~ 频率颤动测试器
flux ~ 磁通表
FM ~ 调频度测试器
forming uniform ~ 成形匀度仪（测定纸页）
forward power ~ 正向（传输）功率计
Frahm frequency ~ 弗拉姆〔振簧式〕频率计
free froat flow ~ 浮子式流量计
frequency ~ 频率计
frequency carrier deviation ~ 载频偏移计
frequency deviation ~ 频（率）偏（差）计
fuse-type temperature ~ 热熔型温度计
g ~ 加速度计
gamma heart function ~ γ 心脏功能仪
gamma radiation thickness ~ γ 射线厚度计
gamma-ray ~ γ 射线强度计，γ 剂量计
gas ~ ①气表，火表②气体流量计，煤气（量）计
gas-pressure ~ 气压表
Gauss ~ 高斯〔磁强〕计，磁感应（测定）计
general radiation ~ 总辐射表
geothermal gradient ~ 海底温度梯度计
gloss ~ 光泽计
Gm ~ 跨导计，电子管电导测量仪
goniasmo ~ 万能角度尺
gradient ~ ①磁偏计，测斜仪②高度指示器，重力陡度计
graphic ~ 自动记录仪器
grassot flux ~ 动圈式磁通计
gravity ~ 重力仪
grid-dip ~ 栅流陷落式测试振荡器，栅陷振荡器
ground-speed ~ 地速计
Hall power ~ 霍尔功率计
hardness ~ 硬度计
head ~ 落差（流量）计〔表〕
heat ~ ①热电偶，温度传感器②量热计
heat flux ~ 热流计
Heenan hydraulic torque ~ 希南液力转矩计
helical vane type water ~ 螺翼式水表
heterodyne frequency ~ 外差式频率计
heterodyne wave ~ 外差式波长计
Hopkinson-Thring torsion ~ 霍普金森 - 思林（反光镜式）扭力计
hot thread current ~ 热线（膜）流速仪
hot-wire turbulence ~ 热线湍流计
house-service ~ 家庭用仪表，普通用户电度表
humidity ~ 湿度测量计，湿度计
hysteresis ~ 磁滞计，磁滞测定器〔计〕
illumination ~ 照度计
impulse ~ 脉冲积算器，脉冲计数〔算〕器
incidence ~ 倾角计〔表〕
incident light ~ 入射光式曝光表
inclined tube pressure difference ~ 斜管压差表
inductance ~ 亨利计，电感表
induction ~ 感应式电度表
inertia ~ （摆轮转动）惯量测试仪
infrared distance ~ 红外测距仪
insulation resistance ~ 高阻表
integral sound level ~ 积分声级计
integrated demand ~ （平均）累计（最大）需量计
integrating ~ 积分（量）计〔器〕，积算表，积分计算仪
integrating ampere hour ~ 累计安 - 时计，累计电量计
integrating apparent energy ~ 累计视在〔表观〕功率计
integrating kilowatt-hour ~ 积算电度表，积算千瓦时计
integrating reactive watthour ~ 积算无功瓦时计
intensity ~ 强度测量计
International Prototype ~ 国际米原器
International Standard ~ 国际米原器
ion ~ 离子〔射线力，电离压强〕计，电离压力表
ion-activity ~ 离子活度计
ionization ~ 电离（强度测量）计
isotope silt ~ 同位素含沙量仪

Johnson power ~ 微分功率表
joint ~ 测缝仪
Kall Fiser moisture ~ 卡尔 · 费休水分计
kidney function ~ （同位素）肾功能仪
kilovar-hour ~ 千乏时计，无功电度计〔表〕
kilowatt- ~ 千瓦〔电力〕计
kilowatt-hour ~ 千瓦时计，电度表
lagged-demand ~ 时滞需量计（具有时滞特性的最大需量计）
laser current ~ 激光流速仪
laser distance ~ 激光测距仪
laser Doppler blood stream ~ 激光多普勒血流计
laser Doppler current ~ 激光多普勒流速计
laser granularity ~ 激光颗粒分布测量仪
laser level ~ 激光水平〔准〕仪
layer thickness ~ 膜层测定仪
LCR ~ 电感、电容、电阻测定计，三用表
lens ~ 检镜仪，焦度计
level ~ 水平〔水位，液位，电平〕指示器，水平仪，电平表〔计〕，物位计
life ~ 寿命测定计
light ~ 照度计，曝光表，测光表，电表
light flux ~ 光通量计
light intensity ~ 照度计
lighting ~ 照明〔电光〕（用户）电度表
lightning-current ~ 雷电电流计
light-spot type ~ 光点指示式测量仪表
liquid ~ 液体流量表
liquid displacement ~ 液体排代计
liquid level ~ 液位计
liquid scintillator activity ~ 液体闪烁（放射性）活度计
lithium chloride dew-point ~ 氯化锂露点仪
load ~ ①载荷计，测荷仪，压下负荷表②测压计，测力计③（称货车的）落地磅秤
logarithmic divided ~ 对数刻度计
loop-type field-strength ~ 环形天线场强计
loss ~ 损耗（电度）表
luminance ~ 光通量计
magnet ~ 磁通计
magnetic field ~ 磁场〔强度〕计
magnetic scale width ~ 磁栅式宽度计
magnetic-flux ~ 磁通（量）表
magnetoelectric ~ 磁电系电表
magneto-resistance power ~ 磁阻功率计
master ~ 标准仪表，基准仪表
master frequency ~ 总频率计，积量频率计
mechanical rotor oceanographic current ~ 机械转子式海流计
memorizing ~ 记录仪表
mercury ~ 水银电度表，水银电动式安（培小）时表
message ~ 通话计数器
meterbearing ~ 方位指示〔显示〕器
meterdrop size ~ 滴谱仪
meterimpedance ~ 阻抗计
meter-inspurious power ~ 乱真〔仿真〕信号功率测量仪
meterpeak programme level ~ 峰值节目电平表
microwave moisture ~ 微波水分计
microwave distance ~ 微波测距仪
microwave power ~ 微波功率计
microwave thickness ~ 微波厚度计
milk ~ 奶量计
modulation ~ 调制（测试）器，调制（深度测量）计
moisture ~ 湿度计，测湿计，湿度〔水分〕仪（带有快中子源）
most demand kilowatt hour ~ 最大需量电度表
motor ~ 电动式电度表〔积算表，仪表〕，电磁式仪表
motor integrating ~ 电动式积算仪
multi-charge kilowatt hour ~ 多费率电度表
multirate ~ 复费率电度表
multivolt ~ 多量程伏特计〔电压表〕
national prototype ~ 国家米原尺（国际米原尺的复制品）
neutron moisture ~ 中子（土壤）水分仪
neutron soil moisture ~ 中子土壤水分计
noise dose ~ 噪声剂量器
noise figure ~ 噪声指数计
noise level ~ 噪声电平表
nuclear radiation level ~ 核辐射物位计
nuclear radiation thickness ~ 核辐射厚度计
null-type impedance ~ 零式阻抗计
nutating-disk ~ 摆盘式水表，圆盘容积流量计
oceanographic current ~ 海流测量仪
oil ~ 量油计
orifice ~ 锐孔流量〔速〕计，孔板〔孔口〕流量计，测流〔量水〕孔
overcompensated ~ 过补偿电度表
overflow ~ 全忙计数器，溢呼（次数）计〔表〕

overload ~ 超〔过〕载测量器
overtaking ~ 接近速度指示器
panel ~ 配电板式〔嵌镶式，面板用〕仪表
parking ~ 停车计时器，汽车停放时间收费计时器
peak ~ 巅值〔峰值〕电度表
peg count ~ 占线计数器
pendulum ~ 摆动式振动积算表
percentage modulation ~ 调幅测试仪〔器〕
period ~ （反应堆）周期计，周波表
permanent-magnet ~ 永磁式仪表
permeability ~ 渗透计，透气性测定仪
pH ~ 氢离子浓度计，酸碱计，pH 计
phase ~ 相位（差）计〔表〕，相位测试仪〔指示器〕
photoelectric ~ 光电表
photoelectric dew-point ~ 光电露点仪
photoelectric dust ~ 光电量尘计
photoelectric length ~ 光电式长度计
photoelectric width ~ 光电式宽度计
photoelectricity type propeller current ~ 光电式旋桨流速仪
pincers ~ 钳形表
piston ~ 活塞式计量仪表
pitot ~ 皮托流速计，空速计
plate orifice ~ 孔板测流计
pneumatic thickness ~ 气动厚度计
pointer-stop ~ 在满刻度位置有指针阻挡装置的电表
polyphase ~ 多相（位）电度表，多相（位）计数器
position ~ 通话计时〔计次〕器
positive-displacement ~ 正位移（液体）流量计，正压移动泵，容积式流量计
potential ~ 电位差计
power ~ 功率表〔计〕，瓦特表
power factor ~ 功率因素表
prepayment ~ 预付式电度表
pressure differential ~ 压差式（流）量计，压差式耗量表
primary ~ 一次（测量）仪表，初级测量仪
profile ~ 表面测量仪，(表面粗糙度）轮廓仪
program ~ 响度计，音量表
project ~ 投影式比长计
propeller ~ 螺旋桨式水表
propeller current ~ 旋桨式流速仪
propeller-type speed ~ 螺旋桨式速度计
proportioning ~ 配料〔量〕计
proximity ~ 邻近〔接近〕探测仪
pulse sound level ~ 脉冲声级计
pure radiation ~ 净全辐射表
pygmy current ~ 微型流速仪
Q ~ Q 值计，Q 表，品质〔质量〕因数计
qantum ~ 光量子能量测定仪
quantity ~ 安时〔电量〕计
quotient ~ 流比计
radar speed ~ 雷达测速器
radar wave direction ~ 雷达波向仪
radiation ~ 射线〔伦琴〕计，辐射（强度测量）仪
radiation current ~ 辐射电流表（气象观测辐射强度）
radiation survey ~ 辐射〔放射〕测量仪
range ~ 测距器
ratio ~ ①比率〔值〕计，流比计②电流比率计
reactance ~ 电抗测定计
reaction type frequency ~ 反馈式频率计
reactive kilovoltampere-hour ~ 无功电度表，无功千瓦时计
reactive power ~ 无功功率〔伏安〕计，乏计
reactive-factor ~ 无功功率因数表
recording ~ 自记计数器，自记〔记录式〕仪表
rediation prospecting ~ 辐射勘探仪
redox potential ~ 氧化 - 还原电位测定仪
reed frequency ~ 振（动）簧（片）式频率计
reentrant-type frequency ~ 半同轴〔凹腔式〕频率计
reference power ~ 标准功率计
regularity ~ 均匀度试验器
regulation ~ 稳定度测量器
residual magnetic field measure ~ 剩磁测量仪
resistance strain ~ 电阻应变仪
resistance type moisture ~ 电阻式水分计
resistance type propeller current ~ 电阻式旋桨流速仪
resonance frequency ~ 谐振式频率计
reverberation time ~ 混响时间（测试）计
revolution ~ 转数表〔计〕
ride ~ （测量路面行驶质量的）测振仪，平整度测定仪
RMS ~ (=root-mean-square ~）方均根测量仪
RN ~ (=radio noise ~ ）无线电干扰仪
road wheel torque ~ （主）动轮转矩计
Robert radio current ~ 罗伯特无线电测流仪

roentgen ~ 伦琴射线计，X 射线计
roentgen rate ~ 伦琴辐射强度（测量）计
rotary vane ~ 叶轮〔旋翼〕式水表
running ~ 纵长〔直线〕米，延米，按每米计
running time ~ 计时器
S ~ 信号强度计，信号强度指示器
scaling moisture ~ 称重式水分计
secondary ~ 二次（测量）仪表
selective level ~ 选频电平表
sensible-heat ~ 热量表
service ~ 通话计次器
shunted ~ 有分流器的电流表
signal ~ 信号指示器
silt ~ 含沙量测量仪
single-disc polyphase ~ 单盘式多相计数器
single-phase kilowatt hour ~ 单相电度表
sinter ~ 烧结点测定仪
sky radiation ~ 天空辐射表
slip ~ ①转差（测定）器，转差计，测滑表②速度表
slope ~ ①（电子管）互导测定器，跨导计②量斜表，斜率计
slot ~ 投币式电度表
smoke-density ~ 烟（尘）密〔浓〕度计
smoothness ~ 平滑度仪(测定纸面凹凸程度）
soil flintiness ~ 土壤坚实度仪
sound ~ 声级〔噪声，测声〕计
sound level ~ 声级计
sound pressure ~ 声压计
speed ~ 速度计〔表〕
spin-rate ~ 角速度计
spring-loaded thrust ~ 弹簧测力计
sprinkling irrigation beat strength ~ 喷灌打击强度仪
standard ~ ①标准仪表，标准计②标准米
standing-wave ~ 驻波测定器〔指示器〕
station ~ 基准仪〔尺〕，标准量具
statistical sound level ~ 统计声级计
steam ~ 蒸汽流量计
steam consumption ~ 蒸汽消耗计
stop ~ 制动距离测量仪
strain ~ 应变计〔仪〕
summating ~ 累计计数器
summation ~ 加法器，总和电度表
supply ~ ①馈路电度表，电量计②电源表
suppressed-zero ~ 无零点仪表
surface tension ~ 表面张力计
surface type ~ 面板用〔式〕仪表
survey ~ 测量器，测量仪
susceptibility ~ 磁化率计
sweep Q ~ 扫描观测式 Q 表
switchboard ~ 配电板仪表
SWR ~ 驻波比测量器
T S ~ 特斯拉计（霍尔效应磁强计）
tan δ ~ ①损耗角测试仪，tan δ 表②介质损耗测量仪
tautness ~ ①应变计②伸长〔拉力〕计③紧度计
tearing ~ 撕裂度仪（纸或纸板撕裂）
telephone ~ 电话计数器
temperature ~ 温度测量器，温度计
tension ~ 引伸计，张力计
thermal ~ 测热仪表,热测量〔热线式〕仪表，热电式仪表
thermocouple ~ 热电偶仪表
thickness ~ 厚度计
three-phase kilowatt hour ~ 三相电度表
three-wire ~ ①三线制电量计②电位计，分压器
thrust ~ 推力计〔器〕
thyroid function ~ （同位素）甲状腺功能仪
torque-type power ~ 转矩式功率计
totalizing ~ 累计计数计
total(l)ing ~ 计数综合器，求积计数器
tracking ~ 循迹表
tractive force testing ~ 牵引力测试仪
traffic ~ 话务量计
train ~ 偏差测定计（测量目标实际位置的偏差）
transistor ~ 晶体管测试器
transistor-alpha ~ 晶体管放大系数测定器
transmission density ~ 透射式密度计
transmission thickness ~ 透射式厚度计
transmission-level ~ 传输电平表
transmittance ~ 能见度测量仪，大气透射计
trip ~ 短距离里程表
trolley belt weigh ~ 滚轮皮带秤，机械皮带秤
TTL〔through the lens〕exposure ~ 内测光曝光表
turbid water sounding ~ 浑水测深仪
turbidity ~ 浊度计
turbine ~ 涡轮流量计
UHF heterodyne wave ~ 超高频外差频率计
ultra project ~ 超精度投影〔光学〕比较仪
ultrasonic blood flow ~ 超声血流计
ultrasonic current ~ 超声流速仪

ultrasonic thickness ~ 超声测厚仪
ultrasonic wave silt ~ 超声地形淤厚仪
ultraviolet radiation ~ 紫外辐照计
underwater illuminance ~ 水下照度计
underwater light absorption ~ 水下光吸收仪
underwater quanta ~ 水下光量子仪
underwater radiance ~ 水下辐射亮度仪
underwater spectral irradiance ~ 水下光谱辐照度计
underwater spectral light absorption ~ 水下光谱吸收仪
universal ~ 万〔通〕用（电）表
VAH ~ 伏安小时计
vapor measuring moisture ~ 测水蒸气的水分计
var-hour ~ 无功电度表
vector ~ 矢量计
velocity ~ 速度测量器
venturi ~ 文丘里（流量）计〔管〕，文氏速度计
vibrating wire drawing force ~ 振弦式拉力计
vibration ~ 测振计〔仪〕，振动计
vibration type silt ~ 振动式测沙仪
viscosity ~ 黏度计
visibility ~ 能见度测定器
visual exposure ~ 视觉〔光学〕曝光表〔计〕
visual impedance ~ 阻抗显示装置
voice unit ~ 音量表
volt-ampere ~ 视在功率表
volt-ampere-hour ~ 电度表
volume ~ 流量〔风量，容量，响度，音量〕计
volume fuel flow ~ 容积式燃油流量计
vortex precession flow ~ 旋进流量计
vu ~ 音量表，声量计
waste ~ 漏水计
water ~ 水（量）表
watt-hour ~ 有功电度表，瓦特小时计
wattless component ~ 无功电度表，乏时计
wave ~ 波长计，示波器，示波仪
wave direction ~ 波向仪
wavelength ~ 波长计
wet-test ~ 湿式气流测量仪
wheel ~ 轮式计量器
white level ~ 白度仪（纸或纸板）
wide ~ 宽刻度仪
wide-range ~ 宽量程仪表
wind ~ 风速计
windlass ~ 风速表，风力计
wirewound potential ~ 线绕电位器
wobble-disk ~ 摆盘式水表
wow flutter ~ 失调测定器
X-radiation thickness ~ X 射线厚度计
X-ray fluorescence content ~ X 荧光含量仪
X-ray fluorescence thickness ~ X 荧光厚度计
X-ray intensity ~ X 光强度（测定）计
zero center ~ 中心指零式仪表

meterage 计量，测量费，量表使用费
meter-candle-second 勒（克斯）秒
meter-in 在压力管路中的液压调节
metering ①计量，测量②记录，登记，计数③限油，调节（燃料）
dipstick ~ 量（量深度）
electronic fuel ~ 电子燃油计量（装置）
fuel ~ 燃料调节
lean ~ 贫油调节
meteringdilution ~ 稀释〔冲淡〕测定（法）
multiple ~ 多次测量〔计数〕，复式读数
personal ~ 个人剂量测量法
remote ~ 遥测（术）
repeated time and zone ~ 重复计时计次表
reverse-current ~ 反流计量，逆流测量
summation ~ 求和测量法，累积计量法
zone ~ 按区（域）统计
meter-kilogram-second 米 - 千克 - 秒单位制
meterman 计量员，读表者，仪表调整者
meter-monitored 有仪表监视的
metermultiplier 仪表量程倍增器
meter-out 回路管中的液压调节
meter-rate 电表计费率
meter-stick 量尺
mete-wand 计量基准
mete-yard 计量基准
method ①方法，方式，手段②规律，条理，顺〔秩〕序
~ by inversion 逆点法
~ by series 方法〔系统〕观测法
~ by stair-case wave 阶梯波形法
~ by trial(s) 试合〔探〕法
~ of absorption measurement （转矩）吸收测量法
~ of addition 增量法，叠加法
~ of agreement 契合法
~ of approach 逐渐趋近法，（逐次）渐近法
~ of attributes 属性检验法
~ of carrier distillation 载体分馏法

~ of chain relative 锁比法
~ of column analogy 柱比法
~ of compensation 补整法
~ of constant deviation 恒偏法
~ of control sample 控制试样法，固定曲线法
~ of difference 差异法，差分法
~ of dimensions 维量〔因次，量纲〕法
~ of direction finding 探向方法
~ of elimination 消去法，消元法
~ of exchange of members 构杆交换法
~ of exhaustion 穷举法
~ of false position 试位法
~ of finite difference （有限）差分法
~ of finite element 有限元法
~ of fixed points 定点法
~ of fractional step 分步法
~ of images 镜像法，反映法
~ of induction 归纳法，感应法
~ of influence coefficient 影响系数法
~ of inspection 观察法，检验法
~ of intersection 相交法，交会法
~ of inversion 反演法
~ of isocline 等倾法
~ of iteration 迭代法
~ of least squares 最小二乘法
~ of linearization 线性化法
~ of maximum likelihood 极大似然法
~ of modal balancing 振型平衡法
~ of moment 动差法，矩量法
~ of moving average(s) 移动平均法
~ of multiplexing 多工法，多路复用法
~ of noncontact measurement （转速）非接触测量法
~ of opening 开拓方法
~ of operation 运行方式，运转〔操作〕方法
~ of persistent graph 持续曲线法
~ of perturbation 摄〔扰〕动法
~ of primary superposition 一次重叠法
~ of projection 射影法，投影法
~ of purification 净化法，提纯法
~ of quadrature 求积（分）法
~ of radiolocation 无线电定位法
~ of relaxation 松弛法
~ of release control 复原方式
~ of repetition 复测法，反复法
~ of residue(s) 消减〔扣除，剩余〕法
~ of separate joint displacement 节点移位法
~ of sounding 测探法
~ of steepest descent(s) 最陡下降法
~ of successive approximation 逐步近似法
~ of successive displacement 逐次置换法
~ of successive division 辗转相除法
~ of successive interval 毗连区间法
~ of successive substitution 逐次代换法
~ of sweeping out 扫出法，括去法
~ of tangent offsets 切线支距法
~ of testing shaft alignment 假轴找中法
~ of trials and errors 尝试〔试探，逐步逼近〕法
~ of truncation 舍项法
~ of undetermined coefficients 未定〔特定〕系数法
~ of virtual displacement 虚位移法
~ of weighting 权重法
a priori ~ 演绎法
absolute ~ 绝对法
access ~ 存取（访问，接入）方法
accumulation ~ 累积法，存储法
acidimetric ~ 酸量滴定法
ACURAD ~ 艾克拉德高速精密压铸法，双柱塞压铸法
additive ~ 叠加法
additive congruentical ~ 加同余法
adjustment assembly ~ 调整装配法
air tinting ~ 回火颜色法
air-gap ~ 空隙法，气隙法
allcone ~ 垂直运动法
Allcone ~ 加工长锥距锥齿轮的方法
Alplate ~ 镀铝〔镁，铍〕法
Alrak ~ （铝及铝合金）表面防蚀化学处理法
alternate ~ 迭代〔交错〕法
Alubond ~ 铝化学防蚀薄膜法
Alumilite ~ 硬质氧化铝膜处理法
Aluminibond ~ 钢〔铁〕心铝制品的热浸镀铝后铸着法（先将钢铁坯料浸入熔融铝液中，使其表面产生一层铝铁的金属间化合物，然后再将铝浇在上面）
angle beam ~ 斜射法
anti-copying ~ （电解加工）反拷法
aperture photographic ~ 针孔摄影法
apex matching ~ 顶点匹配法
approximation ~ 近似〔尝试，逐次逼近〕法
arc air gouging ~ 电弧气割法，压缩空气电弧割槽法
area ~ （求）面积法

area normalization ～ 面积归一化法
Asarco ～ （铜及铜合金的）连续铸造法
ascending ～ 上行法，爬高法
asdic ～ 超声水下探测法，声呐法
assembly line ～ （装配）流水作业法
asymptotic ～ 渐近法
attack polishing ～ 浸蚀抛光法
autocollimation ～ 自准直法
automatic phasing ～ 自动相位同步法，自动定相法
automatic repeating ～ 自动中继法
automatic syntax ～ 自动句法识别方法
auxiliary plane ～ 辅助面法
averaging ～ （求平）均值法
Ayrton-Mother ring test ～ 故障点测试法，艾尔顿 - 马瑟环路测试法（测定电缆股线短路点的方法）
back and forth ～ 往返法
back titration ～ 反滴定法
back tracking ～ 回溯法，追踪法
back-to-back ～ 反馈法，背靠背法
backup ～ 后援法，后备法
balancing ～ （链轨拖拉机）重心平衡确定法
ballistic ～ 冲击法
bar ～ （焊缝）贯通法磁粉探伤
baseline ～ 基线法
batch ～ （分）批处理法
batch ～ of operation 分批作业法，间歇操作法
Baıza ～ （贝泽）热压硬质合金法
beam roughing ～ 平轧法
beam-scanning ～ 射〔电子〕束扫描法
beat-down ～ 逐次差拍法
best beat ～ 最佳差拍法
best-fit ～ 最优拟合法
block iterative ～ 块迭代法，成组迭代法
Blondel's ～ 勃朗德尔法（用反馈负载试验直流电机的方法）
bolometer ～ （电阻）测辐射热法
Boucherot starting ～ 波切洛特起动法（笼型电动机的起动方法）
boundary tag ～ 边界标志法
boundary-contraction ～ 边界收缩法
brake ～ 制动测量法
branch ～ 分支法
branch-bound ～ 分支界限法
bridge ～ 电桥法，桥接〔路〕法
bridge circuit ～ 电桥电路法（测电晕用）
Bridgman ～ 布里兹曼法（晶体生长法）
broadside ～ 永久磁铁磁矩决定法
burning-on ～ 熔接法
butterfly ～ 蝶形孔型轧制法（轧制角钢）
buzz stick ～ 绝缘棒探测法（探测绝缘子的）
cadmium test ～ 镉试验法（用以检验蓄电池故障）
Campbell's ～ 坎贝尔法（测互感的方法）
Canaris ～ 肯纳利斯加铝热剂铸锭法
capacitance ～ 电容法，电容测定法
capacity bridge ～ 电容桥法
carbide ～ 碳化钙测型砂水分法
carbothermic ～ 碳热还原法
carpet ～ 列线图，升力系数与迎角、M 数关系曲线作图法
carrier ～ 载流〔载波〕法，搬运法
Caspersson's ～ 卡斯波森中间罐多流浇注法，雨淋式注钢法
casting-forging ～ 模压铸造（液态冲压铸造）
castomatic ～ 钎料棒自动铸造性
center-to-center ～ 中心接连法
chained program access ～ 串行（或链式）程序的取数〔存取〕法
change on one ～ 不归零法
characteristic ～ 特性曲线法，特征法
chemical coprecipitation ～ 化学共沉淀法
China-clay ～ 陶瓷法（在旋转圆盘周围研究纵层流转换到紊流的方法）
chipless machining ～ 无屑加工法
chopped beam ～ 断续〔斩断〕波束法
Chubb ～ （应用二极整流管的）交流波峰值测量法
circular broaching ～ 直齿锥齿轮拉齿法
classified groups assembly ～ 分组装配法
cleavage ～ 解理法
click ～ 听声调谐法
close-spaced ～ 窄间隔法，密排法
coherent-impulse ～ 相干脉冲法
coincidence ～ 符合法，重合法
colorimetric ～ 比色法，色度法
colo(u)r matching ～ 配色法
column analogy ～ 柱比拟法
comparison-patch ～ （电视测量杂波用的）小块比较法
compatibility ～ 相容法，变形协调法
compiler routine ～ 编译程序法
compiling ～ ①编译法②编码法
complete Chinese character input ～ 汉字整字

输入法
computational ~ 计算方法
condenser compensation ~ 电容器补偿法
conjugate beam ~ 共轭梁法，虚梁法
conjugate gradient ~ 共轭梯度〔斜量〕法
Conradson ~ 残碳测定法
Consel arc ~ 熔极式电弧炉熔解法
content-based access ~ 按内容存取法
continuation ~ 连续（方）法，延拓（方）法
continuous ~ 连续磁粉探伤法
continuous converting ~ 连续吹炼法
continuous variation ~ 连续浓度变更法，等摩尔系列法
continuous-field ~ 连续磁粉探伤法
control chart ~ 控制〔检验〕图法
conventional ~ 常规〔习惯，惯用〕方法
convergence ~ 收敛法，逐次近似法
coordinate grid ~ 坐标网格法（成形性能试验）
coordinate transformation ~ 坐标变换法
core-drill ~ 取芯〔套料〕钻探法
correlation ~ 相关法
counterflange ~ 反〔假〕翼缘法孔型设计
cracking ~ 加热分裂法
criss-cross ~ 方格计数法
critical path ~ 统筹（方）法，临界〔关键〕路线法，主要矛盾线路法
Cronak ~ 常温溶液浸渍法（锌防蚀法）
Croning ~ 克朗宁壳型铸造（法）
crossed axes shaving ~ 交叉轴剃齿法
cross-section ~ 剖面法
crude ~ 近似法
curvature-area ~ 曲率面积法
curve fitting ~ 曲线拟合法
curved-crystal ~ 弯曲晶体法
cut and try ~ (or try and error method) ①尝试〔试探，试凑〕法②逐次逼近法
cut researching ~ 逐段检验法
cut searching ~ （线路故障）逐段寻找法
cut-in ~ 插接法
cutting plane ~ 割〔切除〕平面法
cyclex ~ （弧齿锥齿轮的）粗铣精拉法，铣拉法
cyclic current ~ 回路电流法
cyclone smelting ~ 旋涡熔炼法
Cyclo-Polloid ~ 克林格恩贝格铣齿法
cyclosteel ~ 旋风式微粉铁矿石直接炼钢法
damped ~ 阻尼法
declining balance ~ 余额递减法
decoration ~ 染色法
deductive ~ 演绎法
deflection ~ 偏移〔偏转，致偏〕法
descent ~ 下降法
detached contact ~ 分离接点法
dexbolt ~ 二次减径螺钉镦锻法
diagonal ~ ①斜配孔型轧制法②对角线法
difference ~ 差分〔动，别〕法
differential ~ 差动法，微分法
differential feedback ~ 差动反馈法
diffused-collector ~ 集电极扩散法
digit by digit ~ 逐位法
digtial ~ 数字法
dimensional ~ 因次理论法，量纲法
direct deflection ~ 直（接）偏（转）法
direct-arc melting ~ 直接电弧熔炼法
direct-vision ~ 直观法，直接目测〔显影〕法
discretionary array ~ 选择〔随意〕阵列法
discretionary wiring ~ 选择布线法〔连接法〕
dispersion ~ 分散法，弥散胶体（涂覆树脂）法，标准离差法
disruptive disk ~ 圆盘断裂法（确定爆燃力的）
distribution free ~ 自由分布法，非参量法
dividers ~ 两脚规法（用杠杆指示器确定金属变形的方法）
Doble ~ 杜布尔探测法（探测绝缘子）
dominant pool ~ 留钢法（倾动平炉）
dot density ~ 点〔像素〕密度法
dot sequential ~ 点序法，逐点传送法
double arc ~ 双电弧法
double current ~ 双向电流法（用双向电流表示“0”和“1”），交直流法
double epitaxial ~ 双外延法
double impression ~ 布氏硬度锤击测定法
double-bar and double-yoke ~ 双条双轭法（测量磁感应）
double-index ~ 双分度法
double-transmission ~ 双透射法，双工发送法
dragging ~ 拉法
Drouily's ~ 控制电解粉末粒度法
dry ~ 干磁粉检验法
duality ~ 二重法，对偶法
dummy load ~ 虚负载法
duplex spread-blade ~ 双重双面法
duplex spread-blade cutting ~ 复合双面切削法
dye penetrant testing ~ 着色渗透探伤法
dynamic coated ~ 动态涂渍法

Dynapak ~ 高速高能锻造法
economic order quantity ~ （=EOQ）经济订货量法
efflux cup ~ 流杯法（测黏度方法）
effusion ~ 隙透法（测定蒸汽压力）
ekstrom ~ 光束扫描电视摄像法
elastic center ~ 弹性中心法
electric(al) analog(ue) ~ 电比拟法，电模拟法
electrolytic(al) separation ~ 电解分离法
electrophoresis ~ 电泳法
electrospark denudation ~ 电火花剥蚀法
Eloid ~ 厄利康铣齿法
elution ~ 洗脱〔洗提，冲洗，淋洗〕法
elutriation ~ 淘析法，水析分级法
encapsulation ~ 掩盖法
enclosing-square ~ 方框法
end contact ~ 通电磁化法
Enlund ~ 快速测碳法
enthalpy potential ~ 焓差法
envelope ~ ①包迹法，包络法②包气试漏法
epitaxial ~ 外延（生长）法
epitaxial diffused ~ 外延扩散法
Epstein ~ 爱普斯坦法（测试铁的涡流、磁滞等的方法）
equal-deflection ~ 等偏转法
equal-inclination ~ 等倾角法
equimolar series ~ 等摩尔系列法，连续浓度变更法
equivalent ~ 当量法
error ~ 误差法，尝试法
escalator ~ 迭代法，梯降法
etch cut ~ 腐蚀截割法
etch out ~ 腐蚀切割法
etch pits ~ 腐蚀坑法
Eulerian ~ 欧拉测流法
expanded tube ~ 管材扩张（制模）法
expansion ~ 展开（成级数）法
experimental-analogic ~ 类比实验法，模拟实验法
explosion ~ 爆炸法，速燃法（体积不变），排他法
extraction spectrophotometric ~ 萃取光度法
extrapolation ~ 外插〔推，差〕法
extrusion ~ 挤压法，压涂法
eye-and-ear ~ 耳听目测法（校验电度表）
eye-and-key ~ 目键法
fall-of-potential ~ 电位降法，电压降测阻法
false loading ~ 假负载法
false zero ~ 虚零法（找海底电缆故障点的方法）
feasible ~ 实现法，可行法
field ~ 区域法，网格法
finite element ~ 有限元法
first angle ~ 第一角画法
first-fit ~ 首次满足法
fitting assembly ~ 修配装配法
fixed array ~ 固定阵列法
fixed-setting ~ 固定调整法，固定安装法
flared flange ~ 蝶形孔型系统设计
flat-and-edge ~ 平竖轧制法，平 - 立轧制法
flat-down ~ 六角钢的平轧法
flexibility ~ 柔度法
flicker ~ 闪变法
flip-chip ~ 倒装（晶片）接合法〔焊接法〕
floating collector ~ 浮动收集法
floating zone refining ~ 区熔提纯法，浮区精炼法
flop-in ~ 增加〔成长〕法（按束强度的增加观察共振的方法）
flow ~ 流水作业法
flow-through ~ 直流法
fluorescent penetrant ~ 荧光探测〔伤〕法
fluorescent penetrant testing ~ 荧光渗透探伤法
focusing ~ 聚焦法
forced-decision ~ （=FD）强制决策法
form copying ~ 靠模法
Formate ~ （美国专利的）成形法，半滚切法
forming ~ 成形法
four probe ~ 四探针法
fractionated sedimentation ~ 分步沉降法
freezing ~ 冻结法（光弹性试验法）
frequency keying ~ 频率键控法
frequency spectrum ~ 频谱分析
frequency stabilizing ~ 频率稳定法，稳频法
Fretz-Moon ~ 弗雷茨 - 穆恩连续式炉焊管法
Full bridge measurement ~ 全桥测量法
fusible foil ~ 熔箔法
galvanostatic ~ 恒电流法
gas carbonizing ~ 气体渗碳法
ga(u)ge-matic ~ 塞规自动控制尺寸法（内圆磨的）
generating ~ 滚切〔滚齿〕法
generating-forming ~ 半展成法
Gerlach's ~ 格拉希法（内标法）
Gibson ~ 古卜森法（流量测定法）

gradient projection ~ 梯度投影法
gradient-related ~ 梯度相关法
grading ~ 分品法，分级法
graphic access ~ 图形存取法
graphic differential ~ 线图微分法
graphic(al) ~ 图解〔示，表〕法
graphical instrument ~ 图示法
grass-hopper pipe coupling ~ 导管装配的分组法
gravity model ~ 重力模型法（电子运动）
grid ~ 网格法
grid neutrodyne ~ 栅极中和法
grid shadowing ~ 栅极屏蔽法
guarded-plate ~ 保护平板法（测导热系数）
half tone ~ 半色调法
half-deflection ~ 半偏转测（电池内阻）法
half-sum ~ 升降中点法（测定渗透压）
hand lay up ~ 手工积层法
hash addressing ~ 散列编址法
Haynes-Shockley ~ 海因斯 - 肖克莱法（测定半导体电阻率的方法）
heat-pole ~ 热线法
Helixform ~ 螺旋成形法
heterodyne ~ 外差法
heterostatic ~ 异位〔势〕差连接法
heuristic ~ 启发性方法，直接推断法，探试法，探索法
hit and miss ~ 断续法（内燃机调节的），尝试法
hole production ~ 基准孔装配法
homoepitaxy ~ 同质外延法
Hooker extrusion ~ 胡克挤压法（将拉延所得厚壁工件再进行正挤压的方法）
hot probe ~ 热探针法（测量半导体导电类型的方法）
hot-metal ~ （电冶）热装法
Huffman-Mealy ~ 赫夫曼 - 密莱法（时序电路的综合法）
hump ~ 峰值法
hydrophilic ~ 亲水法
hydrothermal ~ 水热法
identification ~ 鉴定法，识别法
idiostatic ~ 同位〔势〕差连接法，等电位法
image ~ 镜〔电，源〕像法
imbedding ~ 嵌入法
immersed ~ （探伤）水浸法
immersion ~ （探伤）水〔油〕浸法，（探伤）浸没法
impact ~ ①冲击法②钢流氩气保护法
impregnating ~ （探伤）浸透法
impression ~ 印模法
impulse frequency ~ （脉）冲（电）流频率法
impulse momentum ~ 冲量法，脉冲法
index ~ 指数法
indigeneous ~ 土办法
inductive ~ 归纳法
induflux ~ 疲劳（电磁）测定法
infeed ~ 切入法
infinite-pad ~ 无穷反衬法（光符识别用）
infinitesimal ~ 无穷小法，微元法
integral square-error ~ 误差平方积分法
integrating comb ~ （流体力学中的）冲量法，汇集排管法
intercept ~ 截距法，截断法
interchangeable assembly ~ 互换装配法
interferometric null ~ 干涉测量零点法
interflectance ~ 预定照度法
interframe Hadamard ~ 帧间哈达马德（变换）方法
interior extrapolation ~ 内外插法，交叉法（定量法）
interpolation ~ 内插法
interpretation ~ 判读〔译码，翻译〕方法
interval ~ 时间间隔法
invest shell casting ~ 熔模壳型铸造法
ion implantation ~ 离子注入法
isocline ~ 等倾法
isolation ~ ①隔离法，分离计算法②漏抗单独〔分离〕计算法（不利用敷设管计算漏抗的方法）
isopiestic ~ 等压法
Jacquet's ~ 杰奎特电解抛光法
Jannin ~ 贾宁磨损检测法
jet electrolysis-plating ~ 喷射式电镀法
jet piercing ~ 热焰喷射钻孔法
Jona's ~ 分段绝缘法（电缆）
junction potential ~ 接点电势〔位〕法
Kapp ~ 直流电机效率试验法，电机温升测试法
Kellog (hot-top) ~ 钢锭顶部电加热保温法
Kelvin ~ 开尔文法（用检流计作为一个桥边的测定检流计内部电阻的方法）
key ~ 电键法
keyed access ~ 键取数法
keyed sequential access ~ 键控顺序访问法
knife-edge ~ 刀口检验法，刀边法

Kohlrausch bridge ~ 考劳希电桥法（特殊电阻的测量法）
Kranenburg ~ 直接水压式成形法（凹模中加水，工件直接受水压，可进行深拉伸）
Kranz Triplex ~ 可锻铸铁制造法（炉料铸铁和钢各一半）
Lagrangian ~ 拉格朗日测流法
large sample ~ 大样法
laser alignment ~ 激光找中心法
laser schlieren ~ 激光纹影〔条纹〕照相法
laser synthetic ~ 激光合成法
last-in first-out ~ 后进先出法
Laue ~ 晶体法，劳埃法（利用单晶产生X线衍射的方法）
layer ~ 成层（铸锭检测）法
leakage ~ 漏磁法（测定高电阻的方法）
leapfrog ~ 跳步法，跳点法
least square 最小二乘（方）法
light (cross)-section ~ 光切（断）法
line relaxation ~ 线性张弛法
line reversal ~ 回线法（测温用）
linear rehash ~ 线性再散列法
line-sequential ~ 行序制（彩色电视）
load(ing) back ~ 反馈法（测定电机损耗温升的方法）
lobe switching ~ ①波瓣晃动法，波瓣转换法②等（强）信号法
loop ~ 环路〔回路〕电流法
loop-gain ~ 环路增益法
loss of charge ~ ①放电测高阻法②电荷漏减法
loss-summation ~ 损耗相加法（求效率的间接方法）
lumen ~ 流明法，光通法
machine hour ~ 机器小时〔工时〕法
magnetic ~ 磁选法，磁（测）法
magnetic pole ~ （磁粉探伤的）磁极法
maintenance-test ~ 维护测试法
malmedie ~ 螺母锻造法
Mance's ~ 曼斯法（测量电池内阻的方法）
manometric ~ 测压法
Marvibond ~ （氯乙烯叠层金属板的）滚压叠层法
mask epitaxial ~ 掩蔽〔模〕外延法
masking ~ 掩蔽法
master slice ~ 母片法
master-meter ~ 标准仪表比较检验法
matrix-decoding ~ 矩阵译码法
maximum signal ~ 最大信号法
Mcleod ga(u)ge ~ 压缩计法
MDO ~ 多学科设计优化方法
Meissner ~ 迈斯纳（无线电操纵）法
melt-pulling ~ 熔体 - 拉伸法
melt-quenching ~ 熔融淬火法
memory gradient ~ 记忆梯度法
mesh ~ 网络法
metal-foil heat treating ~ 金属箔的热处理法
meter supplying ~ ①按表〔量〕供电法②按表〔量〕供电方式
metered-leak ~ 计量器计量漏率法
method ~ of weighted mean 加权平均法
methodcascade ~ ①级联法，逐级测量法，串级连接法②阶梯形多层焊，串级叠置法（多层焊的）
methoddispersion and mask ~ 色散和遮蔽（模板）法
methodflop-out ~ 缩减法（按束强度的缩减观察共振的方法）
methodinternal standard ~ 内标法
methodMoire-holography ~ 莫尔全息照相法
methodplanar ~ 平面法（晶体管制造）
methodSach's ~ 萨却残余应力测定法
metlbondtime window ~ 时间窗口法（峰鉴定法）
mid(dle)-square ~ 中平法，平方取中法
mination ~ 电流效率测定法
minicrystal diffusion ~ 微晶扩散法
minimax ~ 极大极小法
mirror ~ 镜像法
mirror and scale ~ 镜尺法
modular design ~ 定型设计法
Moire ~ 密栅云纹法
Moiro ~ 密栅云纹法
moments ~ 矩量法
momentum-transfer ~ 冲量法，动量转移法
Monic ~ 随机搜索法
Morton-Haynes ~ 摩尔顿 - 海因兹法（测量半导体载流子寿命的典型方法）
motor ~ 发动机（开车）法
multiple correlation ~ 多因素相关法
multiplicative reconstruction ~ 图像倍增恢复〔重建〕法
Murray's circuit testing ~ 默里环线试验法（测定送电线路故障点的方法）
negative ~ 负〔底〕片法
Nelson ~ 螺栓电弧压力钎焊法

Nertalic ~ 耗极氩弧焊法
network-analog(ue) ~ 网络比拟法
nibbling ~ 步冲（轮廓）法，渐进法
nil ~ 零位法
node ~ 节点电位法
node-pair ~ 导纳法，结点电压法，节点电位法
node-shift ~ ①（波）节移法②角（度偏）移法
noise compensation ~ 噪声补偿法
noiseless forging ~ 摆动辗压法
nonconservative freezing ~ 不守恒凝固法
nondifferential ~ 无差动法
nonfeasible ~ 非现实法
nonfractionation sedimentation ~ 不分割沉降法，非分别沉降法
non-parametric ~ 非参数法
nonreturn-to-zero ~ 不归零法（外存储器的一种记录方式）
nonstationary ~ 不定常法
norm reducing ~ 范数化约法，减模法
normal beam ~ 法向柱法
normal line ~ 垂线法
normalization ~ 归一化法
null ~ 指零〔零位，零点，衡消，平衡，消除，补偿〕法
null carrier ~ 载波零点法
null measuring ~ 零位测量法
null-shift ~ 零移动法
number telling ~ 数字显示法
numerical ~ 数值（计算）方法
numerical-graphic(al) ~ 数值图解法
object-image coincidence ~ 物像重合法
objective ~ 客观（测试）法
offset ~ ①偏装法②残余变形测定法（测定屈服点）
offset subcarrier ~ 副载波偏移法
one-half ~ 二分之一法
one-level ~ 一级方法
one-probe ~ 单探针法
one-signal ~ 单信号法
one-step ~ 单步方法
one-wattmeter ~ 单瓦特计法
open hash ~ 开散列法
open-circuit transition ~ 开路过渡法
opposition ~ 补偿〔反接，对接，对抗〕法
optical interference ~ 光波干涉法
optimization ~ （最）优化方法，最佳化法
optimum seeking ~ 优选法
oral ~ 口述法
orifice ~ 小孔法
oscillating crystal ~ 回摆晶体法
outcome-oriented ~ 结果指向法
oval-round ~ 椭圆 - 圆形孔型系统轧制法
oval-square ~ 椭圆 - 方形孔型系统轧制法
over lap ~ 重叠法
overpressure ~ 过压试验法
PAF ~ 质点和力计算法
Palloid ~ 渐开线齿锥齿轮滚齿法，克林恩贝格滚齿法
parallel connection ~ 并联接法
parallel loading ~ 平行装载法
partial-enumeration ~ 部分列举法
partition ~ 分离法
partition allocation ~ 分区法
partitioned access ~ 分区存取法
path generation ~ 通路形成法
Pauli's ~ 波利法（测电阻变化）
peaking-strip ~ 透磁合金（传感器）测磁法
peg ~ 两点校正法
penetrant ~ 透过法（超声探伤）
performance ~ 性能曲线法
perpendicular drop ~ （做）垂线法
perturbation ~ 摄动法，微扰法
phantom loading ~ 虚负荷法，虚加载法
phase-plane ~ 相平面法
photocolorimetric ~ 比色法
photoelasticity ~ 光弹法
photoetch(ing) ~ 光刻蚀法
photographic reduction ~ 光刻方法
photo-lithographic ~ 摄影刻印术
photon correlation ~ 光电相关法
photoplasticity ~ 光塑性法（成形性能试验）
ping-listen-train ~ 脉冲监听序贯法
pip matching ~ 等信号区法，脉冲标示校准法
pipe ~ 管中试验法（研究、试验声响材料吸声率的方法）
plunge ~ （简单）切入法
plunge-cut ~ 切入（式）磨削法
Pohlman ~ 波尔曼超声显像探伤法
point-down ~ （六角钢的）立轧〔顶角直轧〕法
point-to-point comparison ~ 逐点比较法
policing ~ 管理办法
polka-dot ~ （圆）点光栅法
polygon ~ 折线法

post emulsifiable dye penetrant testing ~ 后乳化性着色渗透探伤法
post emulsifiable fluorescent penetrant testing ~后乳化性荧光渗透探伤法
postmortem ~ 算后检查法
post-tensioning ~ 后张法
potentiostatic ~ 恒电位法
powder arc ~ 粉末弧法，石墨电极小孔法
powder pattern ~ 粉末图形法
power ~ 幂法
predictor-corrector ~ 预示〔侧〕校正法
pressing bend ~ 压力弯曲方法
prism ~ 棱镜法
probabilistic ~ 概率（统计）法
probe ~ 探针测试法
processing ~ 加工法
prod ~ （磁粉探伤的）双头通电磁化法，圆棒电极磁性探伤法
programming ~ 程序设计〔编制〕方法
progressive ~ 前进法，分段焊接法
progressive block ~ 连续块焊法，分段多层焊
projective ~ 射影法，投射法
provisional ~ 暂定方法
pseudo-potential ~ 赝〔伪〕势法
pull-in ~ 频率牵引法
purifying ~ 精炼法，净化法
pyramid ~ 角锥（形）法
pyrometallurgical ~ 火法冶金，高温冶金法
Q-meter ~ Q 表指示法
quadratic rehash ~ 二次再散列法
quality ~ 高质法（调整内燃机发出动力的）
quantity ~ 变量法
quater dividing ~ （取样的）四分法，四分取样法
queue access ~ 队列存取法
quick look ~ 快速解析法
quick marking ~ 快速画线法
Quine's ~ 奎因法（简化开关函数的方法）
radioresonance ~ 射频共振法
ratio ~ 比值法
Rayleigh ~ 瑞利法（求轴的临界转速的方法）
RC bridge ~ RC 电桥法，（电）阻（电）容电桥法
reactance bridge ~ 电抗桥接法
reactance synchronizing ~ 电抗同步法（小型发电机的同步方法）
receptance ~ 动柔度方法
recording analysis ~ 记录式分析法
rectification ~ 整流法（测量半导体导电类型的方法）
reed ~ 簧片振动法
reflection ~ 反射（式探伤）法，映射法
regula falsi ~ 试位法
reiterative ~ 反复逼近法
relative ~ 比较法
relaxation ~ 松弛〔弛豫，迭弛（渐近），逐次近似〕法
rendezvous ~ 对接法
repetition ~ 复测法，反复法
resetting ~ 复位法
residual (field) ~ （磁粉探伤的）剩磁法
residual resistivity ~ 剩余电阻率法
resintering ~ 重烧结法
resistance network ~ 电阻网络模拟法
resistance-neutralization ~ 电阻中和法
resistance-shunt ~ 电阻分流法
resistor tap-change ~ 电阻器式抽头切换法
resonance ~ ①谐振（测定）法②（超声探伤的）共振法
resonance-antiresonance ~ 谐振 - 反谐振法，传输线路法
response ~ 响应（方）法
retardation ~ （自）阻尼法，扼流圈法
retarding potential ~ 滞后电位法
retrocession welding ~ 后退焊接法
revacycle ~ 直齿锥齿轮拉齿法
reverse digit sorting ~ 逆向数位排序法
rigorous ~ 严格方法，定点法
ring ~ 环铁法（磁力测定）
ring design ~ 环形设计方法
RMS-horsepower ~ 方均根马力法（计算周期性断续工作方式等效功率的方法）
rocking die ~ 摆动锻造法，摆动辗压法
rod-drop ~ （反应堆）落棒法
root-squaring ~ 根（的平）方法，平方根法
rosette ~ 系列法（度盘检验的）
rotating scanner ~ 旋转扫描法
rounding-off ~ 数的舍入法，整数法
rubber modeling ~ 橡皮膜模拟法
saddle-point ~ 鞍点法
sand-blasting ~ 喷砂清理法
scaling ~ 比例法，缩尺法
scenario ~ 描述法，脚本法，情景法
schedule ~ 列表法，表格法
screen ~ 屏蔽法

scribed circle ~ 圆形网格法
sectioning ~ 分段法
sedimentation sizing ~ 沉降分级法
selected ordinate ~ 选择波长法
self-adjusting arc ~ 电弧自生调节焊法
self-burning ~ 自蔓燃烧法
self-generating ~ 滚铣法（齿轮的）
semi-flat band ~ 半带法
semimicro ~ 半微量法
sequence program control ~ 顺序程序控制方法
set ~ 永久变形测定法
setover ~ 跨距法，纵置法，偏置法
shadow-moire ~ 影移法
shared-dead-time ~ 均分死时间法
sharp diode ~ 二极管电容充电峰值电压测量法，电压峰值测量法
shell-coated ~ 覆型，覆模法
shortcut ~ 捷算〔简便，简化〕法
shrinking-raster ~ 图像收缩法
sieve ~ ①筛法（计算机的）②筛选法③逐步淘汰法
silk screen ~ 丝网印制法
simplex ~ 单纯形法
single current ~ 单向电流法
single dividing ~ 简单分齿法
single indexing ~ 单齿分度法
single side-single side ~ 双重单面法，简单单面法
single-setting ~ 一次调整法，旋转法
skeleton ~ 简要法
skip ~ 跳焊法
slitting-up ~ 全切开法
slope detection ~ 斜率鉴定〔频〕法
slope-deflection ~ 角变位法
sloperatio ~ 斜率比法
soapsuds ~ 皂沫法
solution ~ 溶液法
solvent traveling ~ 剂移动法
spatial filtering ~ 空间滤波法（速度测定方面的）
special jobbing ~ 特殊零配制
spectrophotometric ~ 光谱〔分光光度〕分析法
spline fit ~ 试配法
spot wobble ~ 光点摆〔飞点摇，电子束摆〕动法
spray-up ~ 喷射成形法，喷附法
spread-blade ~ 双面法，双面切削法
stadia ~ 视距（测量）法，平板仪测量法
standardizing performance ~ 性能标准化法
starting-charge-only ~ （区域熔炼）纯始料法
state-transition ~ 状态过渡法
statistical ~ 统计法，平均法
step-back ~ 分段反向焊法
stepwise ~ 分段（逐次计算）法
straified charge ~ 分层进气法
straight (flange) ~ （钢梁）直配孔型轧制法
straightforward ~ 直接方法
straight-penetration ~ 直接贯入法
streamlined ~ 合理化方法，合理化作业法
stretched-wire ~ 张线法（载流线测量法）
stripping ~ 脱锡法（镀锡薄板锡层厚度测定法）
stroboscopic ~ 频闪观测法，闪光测频法
sublimation ~ 升华法
substitution ~ 代入〔替代，补偿〕法
subtense ~ 视距法
superposition ~ 叠加法，重叠法
Swiss welding ~ 左向焊法
syntax-directed ~ 面向语法的方法
synthetic ~ 综合法
Tainton ~ 高电流密度锌电解法
take-up ~ （轧材的）收集或验收方法
tangent-cone ~ 截锥法
tangent-drop ~ 掠滴法
Taylor ~ 泰勒法，（把金属丝封入玻璃管在高温下拉成细丝的）拉丝法
telescope and scale ~ 望远镜尺度法
template ~ 仿形法，靠模法
thermit ~ 铝热（剂）法
thermoelectric ~ 热电势法（测钢的转变点）
thermolator ~ （液体）导热压铸法
third angle ~ 第三角画法
three-plug ~ 三弧法（成品圆孔）
three-thread wire ~ 三线测螺纹法，三钢丝法
three-tone ~ 三音法
thrufeed ~ 贯穿进给法
time band ~ 时间区带法（峰鉴定法）
time-current ~ 时延与电流有关的起动法
time-sharing ~ 时间划分法
time-vector ~ 矢量分析法，频率法
tongue-and-groove ~ 闭口式孔型轧制法，闭口孔直轧法

total combustion ~ 完全弧烧法，全能量法
total energy ~ 全能量法，完全弧烧法
tracer ~ ①针描氧割法，仿形加工法②同位素示踪法
transfer ~ 进位〔转移，迁移取样〕法
transformed section ~ 变换截面法
transit time ~ 渡越时间法
transmission-beam ~ 透射法
transposition weighing ~ 交换称量法
trans-quantitative ~ 转化定量法
traverpass shaving ~ 对角（线）剃齿法
traverse ~ 导线法，移测法
trepanning ~ （测动）圆槽释放法
trial-and-error ~ 尝试〔试算，逐次逼近〕法
trial-batch ~ （分）批试（验）法
triangulation supported ~ 三角形夹持法（行波管慢波线）
try and cut ~ 尝试法
Tswett's ~ 茨维特法（吸附色谱法）
tufftride ~ 碳氮共渗法，扩散渗氮
two tone ~ 双音信号法
two-reaction ~ 双反应（分析）法
two-scale ~ 双刻度法
two-trace ~ 双线扫描法，双迹法
unitool ~ 单一刀盘法
vacuum-thermal ~ 真空热还原法
vane-wheel ~ 叶轮（测流）法
vanishing-phase ~ 相消失法
variable-metric ~ 可变度量法，变尺度法
variational ~ 变分法
varley's loop ~ 华莱回路法（借电桥测定线路障碍的方法）
vector graphic ~ for kinematic analysis of mechanism 机构运动学分析的矢量图解法
velocity polygon lever ~ 速度多边形杠杆法
velocity-area ~ 速度面积法
versacut ~ 多用刀盘法
Villela and Bain's ~ 维贝氏晶粒度测定法
visible sound ~ 超声显像探伤法
visioplasticity ~ 直观塑性法
visual ~ （电视中测量杂波的）可视测量法
visualization ~ 显像法，观察法
voltage breakdown ~ 电压击穿法
volume-curve ~ 曲线求积法
volumetric ~ 体积比配料法
Voos ~ 乌氏硅热还原 V_3O_8 法
vortex telecommunications access ~ 涡式通信访问法
Waelz ~ 华尔兹回转窑烟化法
wake traverse ~ 尾迹移测〔测量〕法
wandering block ~ 连续块焊法
water column coupling ~ 水柱耦合法
water washable dye penetrant testing ~ 水洗性着色渗透探伤法
weir ~ 溢流测定法
Wenner ~ 温纳（由频率互感精确测定电阻）法
wet mechanical ~ 机械湿选法
WF ~ 工作因数法，动作时间标准法
whipping ~ 抖焊运条法
Wiechert ~ 维谢尔法，接地电阻测定法
wire ~ 热电偶测金属熔点法
wire bonding ~ 金属线接合法
wire-drag ~ 热线测阻法
wire-orbit ~ “线”轨法（用载流线模拟轨道的方法）
worst-case ~ 最坏情况法
X-ray absorption ~ X 射线测量密度法
Y-delta starting ~ 星形三角形起动法
yoke (magnetizing) ~ 磁轭法(磁粉探伤法)，（磁粉探伤的）极间法
zero ~ 指零〔平衡，衡消，零位〕法
zone transport ~ 区域传输法
zone-area ~ 分区面积法
zyglo penetrant ~ ①荧光探伤法②杰格罗油浸（荧光）探伤法

methodology ①方法论，分类研究法②方法，方法学
retrieval ~ 检索方法

methods-time-measure 工作方法及工时测定

methyl 甲基，甲烷基

methylbenzene 甲苯

methyl-methacrylate 有机玻璃，异丁烯酸甲酯，甲基丙烯酸甲酯（$C_3H_5CO_2CH_3$）

meticulous 过细的，仔细的，精确的

metier 多部位的干式纺丝机
split-draft ~ 热风分向干式纺丝机
updraft ~ 热风上行式干纺机

metlbond ①金属黏合法②酚醛，环氧树脂类及无机黏合剂

met-L-check 金属染色探裂法

metodology (=methodology) 方法论

metraster 曝光表

metre =meter

metrechon 双电子枪存储管

metredynamometer 子宫收缩力计

metric ①米制的②度量的③度量，尺度
non-positive ~ 非正度规
metrics 计量〔测量〕学
behavio(u)r ~ 仿生计量〔测量〕学
performance ~ 性能度量
metrizable 可度量的
metrization 度量化，引入度量
metro 地下铁道，大都市地区政府
metrograph 汽车速度计
metrohm 带同轴电压电流线圈的欧姆计
metrolac 胶乳比重计
metrology ①度量衡学，计量学②度量衡制，计量制③度量衡
dimensional ~ 尺寸测量（法）
metron 密特勒恩（计量信息的单位）
Metron 甲基一六零五
metronome ①节拍声②节拍器（电子乐器）
metronoscope 眼肌失调矫正器
metroscope 测长仪
Metrosil 含有碳化硅和非线性电阻的半导体装置
MeV 兆电子伏（10^6 eV），百万电子伏
mezzanine 多层构架（热电厂汽机房与锅炉房间的多层中间建筑），夹层间
M-filter M 式滤波器
constant ~ 定 M 式滤波器
mho 西（门子）（S，电导单位）
mhometer 电导计
MHz 兆赫
Mic 米克（电感单位，1 米克 =10^{-6}H）
mic =microphone
mica 云母
cosa ~ 致密钠云母
segment ~ 换向器用云母片
micabond 迈卡邦德绝缘材料
micadon 云母电容器
Micadur 米卡杜尔（由环氧浸渍剂、云母和玻璃布组成的主绝缘）
micafolium （胶合）云母箔
Micalastic 米卡拉斯蒂克（由环氧浸渍剂、粉云母和玻璃布组成的主绝缘）
micalex 云母玻璃，米卡列克斯（绝缘材料），（压黏）云母石
micanite 人造云母，云母塑胶板，层合云母板
molding ~ 塑型云母板
Micapal 米卡派尔（由改性环氧黏合剂、云母和玻璃布组成的主绝缘）
micarex （压黏）云母石，云母玻璃，云母板
micarta ①胶合云母纸板②胶木③层状酚塑料④米卡他绝缘板⑤有机玻璃⑥电木纸
micell ①胶束，微胞，胶态分子团②晶子，巢（橡胶纤维及其他复杂物质的单位结构）
ionic ~ 离子胶束
mickey 雷达手，雷达设备
micom 微型计算机
micoquille 薄曲面玻璃（曲率半径为 7 英寸即 0.177 8 m）
micro ①微〔型，小，量，细，观〕的，显微的②微米③测微计，千分表
microacoustic ①听弱音的②弱音助听器
micro-actuator 微驱动器
microadjuster 微量〔精密〕调节器
microalloy 微（量）合金
microampere 微安
microanalyser 微量分析仪，显微分析器
electron probe ~ 电子扫描（X 射线）显微分析仪，X 射线微区分析仪
micro-analysis 微观分析（个体分析）
ion microprobe ~ 离子探针微分析
microanalyzer ①微量分析器②电子探针微量分析器
X-ray ~ X 射线微区分析器
micro-anastigmat 显微消像散透镜
microarchitecture 微体系结构（微计算机的体系结构）
microassembler 微汇编程序〔器〕
microassembly 微型组装（电路）
microautograph 显微放射自显影照相
microautography 显微放射自显影术
microautoradiogram 显微放射自显影照相
microautoradiograph 微射线自动照相（术），显微放射自显影照相
microbalance 微量天平
vacuum ~ 真空微天平
microbalancer 微量秤
microband 窄带
microbar 微巴（压强单位，1 微巴 =10^{-1} Pa）
microbarometer 精测气压计，微气压表
microbeam 微光束
micro-bearing 微型轴承
microbibliography 缩微目录
microbiophotometer 微生物浊度计
microbonding 微焊
microbore ①微孔，小孔②精调刀头
microbridge 微型电桥
highly resistive super-conductive ~ 高电子迁移率晶体管高电阻超导微桥

microburner 小型燃烧器，微焰灯
microbus 微型公共汽车
microcache 微程序缓冲存储器，微程序缓存
microcal(l)ipers 千分尺，测微计
microcamera 微型摄影机，缩微照相〔摄影〕机
microcartridge 微调夹头〔卡盘、镗刀、刀头〕
microcassette 微型盒式磁带机
microcasting 微铸造
microcator 指针测微计，弹簧头测微器
microcell 微型吸收池，微蜂窝（移动通信中），微型电池
micro-chad 微查德（10^{10}中子/（$m^2 \cdot s$））
microcharacter 显微划痕硬度（试验）计
microchecker （杠杆式）微米校验台，微动台
microchronometer 瞬时计，微计时器，测微〔精密〕时计
microcinematography 显微电影照相术
microcircuit 微（型）电路
cer(a)met ~ 金属陶瓷微型电路
digital ~ 数字微电路
hybrid ~ 混合微电路
hybrid opto-electronic ~ 光电子混合微电路
integrated ~ 集成微型电路
microcleanliness 显微纯〔清〕洁度
microcode 微指令，微（代）码，微编码，微程序〔编码〕设计
microcoding 微编码，微程序设计
microcollar 微动轴环
microcolorimeter 微量比色计
microcomponent 微型元〔组〕件
microcomputer 微型（电子）计算机
bipolar bit-slice ~ 双极位片微型计算机
built-in ~ 内装式微型计算机
built-in instrument ~ 机内仪器（用）微型计算机
high-end ~ 高级微型计算机
IL ~ 集成注入逻辑微型计算机
modular structure ~ 模块〔积木〕结构式微型计算机
monoboard ~ 单板微型计算机
one chip ~ 单片微型计算机
personal ~ 个人用微型计算机
portable ~ 便携式微型计算机
single-board ~ 单块（插件）式微型计算机，单板机
single-chip ~ 单片机，单片微型计算机
slice ~ （单）片式微型计算机
stand-alone ~ 独立微型计算机（系统）

microconformation 微构像
micro-connection 微连接
microconsole 微控制台
microcopy 显微照片，缩微本〔稿，照片〕，缩影印刷品，缩影〔微〕复制
microcorrosion 显微腐蚀，微观腐蚀
microcoulomb 微库（仑）
microcoulombmeter 微库计，微电量计
microcrack(ing) 显微裂纹〔缝〕
microcrazing 显微裂纹
micro-creep 显微蠕变
microcryptocrystalline 微隐晶（的）
microcrystal 微晶体，微晶
microcrystalline 微晶（的）
microcrystallinity 微晶性
microcrystallography （显）微（结）晶学，微观晶体学
microcycle 微周期
microdamage 显微损伤
microdefect 微缺陷
microdensitometer 显微〔微观〕（光）密度计，测微光度计
microdetector 微量测定器，灵敏电流计，微能测定器
microdevice 微器件
microdiagnostics 微诊断法，微诊断程序
microdial 精密〔确〕标〔刻，分〕度盘
microdiecast 精密压铸
microdiskette 微型软磁盘
micro-dist(ancer) 精密测距仪
microdot 微粒的
microdrive 微型驱动器
microdrum 测微鼓，微分筒
microdurometer 薄样〔材〕硬度计
optical ~ 光学显微硬度计
micro-dynagraph 手表微力矩走时记录仪
microeffect 微观效应，显微效应
microelectromechanical 微机电
microelectronic 微电子（学）
microelectronics 微电子学，微电子技术
microelectrophoresis 微量电泳（法）
microelement ①微型元件，超小型元件，微型组件②微量元素
capacitor ~ 微型电容器件
diode ~ 微型二极管元件
inductor ~ 微型电感元件
resistor ~ 微型电阻元件
microenvironment 微环境，（人造）小环境

microfabrication 微细加工
microfacsimile 缩微像传真
microfarad 微法（拉）(10^{-6}F）
microfaradmeter 微法计
microfeed 微动送料，微量进给
microfiche 显微照相，缩微胶片，缩微（照相）卡片（0.101 6 m×0.152 4 m 卡片上有 6×12 帧面缩微照相）
microfield 微场，微指令段
microfiler 缩微胶卷机
microfilm 缩微胶卷，显微胶片，微薄膜
microfilmcomputer input/output ~ 计算机输入/输出缩微胶卷
roll ~ 缩微胶片卷
microfilmer 缩微电影摄影机，缩微摄影机，缩微翻拍机
microfilming 缩微摄影
computer output ~ 计算机输出缩微摄影
microfiltration 微量过滤（法），超滤（作用）
microfinishing 精（密）磨（削），精滚光
microfission 微裂变
microfissure 显微裂纹
microflare 微喷发
microflash 高强度的瞬时光源
micro-flaw 发裂纹，显微裂纹
micro-flip-flop 微型触发电路
micro-fluctuation 微观脉动
microfluorometer 显微荧光计
microfluoroscope 显微荧光镜
microflute 小槽，微槽
microfocus(s)ing 显微测焦法
microfolio 缩微包
microform 缩微印刷品，缩微过程
microformer 伸长计
microforming 微成形
microfractography 显微断谱学
electron ~ 电子显微断口图像〔金相〕学
microfracturegraphy 显微断口检验法，显微断口分析，显微断谱学
microfreeze 微冻结
microfuse 细〔微型〕熔丝
micro-galvanometer 微量检流表，微量电流计
microgel 微粒凝胶
microgenerator 微型发电机
microgram(me) 微克（质量单位）
micrograph ①显微照片②显微传真电报③微写器④显微放大器
micrographics 缩微技术（包括缩微像的记录、检索和复制等）
micrography ①显微照相术，显微绘图术②显微检查③微写
microgrid 微网格，微细网眼
microgrinding 微量磨削
microgroove （唱片）密纹
microguide 微型导管
micro-H 微 -H 圆形无线电导航法
microhardness 显微硬度
microhenry 微亨（利）(10^{-6}H）
microhm 微欧（姆）($10^{-6}\,\Omega$）
microhmmeter 微欧（姆）计
microholography 微型全息术
microhoning 精珩磨
microimage 微型图像，（录在胶片上的）微像（记录），（缩微胶卷等的）缩微影象
micro-inch 微英寸
microinching 微动，慢速运动
microindicator 测微指示器，指针测微器，纯杠杆式比较仪，米尼表，米尼测微仪
microinhomogeneity 微观不均匀性
microinstruction 微指令，微程序
horizontal ~ 横向微指令
prefetch ~ 预取微指令
micro-interferometer 显微干涉仪
microjet ①微型喷气发动机②微射流
micro-joining 微连接
microkernel 微内核
microkit 微计算机套件
microlamp 微灯，小型人工光源，显微镜（中照明）用灯
microlaterolog 微侧向测井
micro-lathe 钟表台式车床
microleakage 微漏
microlens 微透〔摄，距〕镜
microlevel ①微级水平仪②微级
microliter 微升（10^{-6}L）
microlites 微晶
microlith 微块，微晶
microlithography 光刻技术
excimer laser ~ 准分子激光光刻技术
optical ~ 光刻技术
microlitre =microliter
Microlock 丘辟特导弹制导系统
microlock ①微波锁定②卫星遥测系统
microlog 微电极测井
micrologic 微逻辑
micrology 微型体学，微元件学

microlug 球化率快速测定试棒
microlux ①微勒（克斯）(10^{-6} lx）②杠杆式光学比较〔长〕仪
microm 微程序只读存储器
micromachine ①微型机械②微电机
electrical ~ 微电机
micromachining 显微机械加工
focused ion beam ~ 聚焦离子束微细加工
micromag 微放大器，直流微放大器
micromanipulation 显微操纵，精密控制
micromanipulator ①显微操作设备，显微检验设备，微型操纵设备②精密控制器③小型机械手，微型机器人
micromanometer 微压力表，微气压计，测微压力〔气压〕计
differential ~ 差示微压计
tilting ~ 倾斜式微压计
micromation ①微型化，微型器件制造法②缩微化（通常指把磁带信号转换成缩微胶片）
micromatrix 微矩阵，微矩阵变换电路
micromechanics 微观力学
micromechanism 微型机构，微观机构
micromechatronics 微机电一体化
micromerigraph 空气粉尘粒径测定仪
micromeritics ①粉体学，粉末工艺学，微标准学②微晶（粒）学③测微学
micro-mesh 微孔（筛）
micrometer ①千分尺，测微计，测距器，（光学）小角度测定仪②微米（10^{-6} m）
air ~ 气动测微仪
annular ~ 圆径千分尺
azimuth ~ 方位（角）千分尺，方位（角）测微计
base tangent ~ 公法线千分尺
beam ~ 可换尺身千分尺
bifilar ~ 双螺旋线千分尺
capacitance ~ 电容（式）测微计〔器〕
capacitive ~ 电容（式）测微计〔器〕
circular ~ 圆径千分尺
comparator ~ 比较千分尺，钟表千分尺
contact ~ 接触测微计〔器〕
continuous sheet ~ 连续式钢板测厚计
contrast ~ 对比测微计
digimatic ~ 数显千分尺
electric ~ 电动量仪，电测微计
eyepiece ~ 目镜千分尺，目镜测微计，目镜微分筒
filar ~ 游丝测微器
flying ~ 快速测微仪〔计〕，飞测千分尺
fringe count ~ 条纹计数式测微计〔干涉仪〕
guide inside ~ 支承式内径千分尺
horizontal ~ 卧式测微仪
hub ~ （镗床装刀用）中心千分尺
hydrostatic ~ 液体静压测微计
impersonal ~ 超人差测微器
inductive ~ 电感式测微计
inside ~ 内径千分尺，内径测微仪
inside cal(l)ipers ~ 内卡钳千分表
lens ~ 透镜测微器
limit ~ 极限千分尺
micron ~ （精密）千分尺
object ~ 物镜测微计
ocular ~ 测微目镜，接目〔目镜〕测微计
optical ~ 光学测微器
outside ~ 外径千分尺，外径测微计
plate ~ 公法线千分尺
pneumatic ~ 气动量仪，气动测微仪
point ~ 点测头千分尺，点测微计
position-filar ~ 位丝测微计
radio ~ ①无线电测微计②辐射微热计，显微辐射计
radioactive ~ 放射性测微计
reading ~ 读数测微器
recording ~ 自记测微器
removal lens ~ 移镜微分筒
ring ~ 环状测微计，圆径千分尺
scale ~ 测微计，千分尺
slide ~ 游标千分尺
spark ~ 火花测微计，火花放电显微计
spiral ~ 螺旋测微目镜，螺旋读数显微镜
stage ~ 台式测微计
stick ~ 杠杆式千分表
tenthousandth ~ 万分尺
thread ~ 螺纹千分尺
vernier ~ 游标千分尺
welding ~ （焊缝的）检验卡规
micrometering 微测（量）
micromethod 微量（测定）法
micrometric(al) 测微（术）的，测微计的
micrometry 测微法，测微数量
micromicro 皮，p（10^{-12}）
micromicroampere 皮安（培）(pA，10^{-12}A）
micromicrocomputer 微微型计算机
micromicrofarad 皮法（拉）(pF，10^{-12}F）
micromicron 皮米（pm，10^{-12}m）
micromillimetre 纳米（nm，10^{-9}m）

microminiature 微（小）型，超小型
microminiaturization 超小型化，微（小）型化
micromodule 微型组件，超小型器件
micromorphology 微观形态学，微形态结构〔分析〕
micro-motion 微运动，微动，分解动作
micromotor 微型〔超小型〕电动机
drive ~ 驱动微电动机
electromagnetic ~ 电磁型微马达
piezoelectric ~ 压电微电机
micromotoscope 微动摄影装置
micron ①微米（10^{-6}m）②百万分之一③微小
~ of mercury 微米汞柱（1 微米汞柱 =10^{-3} 托 =0.133 Pa）
microneedle 微针状体
micronet 微型网络
micronics 超精密无线电工程
micronization 微粉化
micronizer 微粉磨机，声速喷射微粉机，超微粉粉碎机，微粒化设备，喷射式磨机
micronormal 微电位（曲线，电极系测井）
microobject 显微样品
microobjective 显微物镜
micro-ohm 微欧（姆）（μΩ，10^{-6}Ω）
micro-omega 微奥米伽（定位系统）
microoscillograph 显微〔测微，微型〕示波器
micro-packaging 微构装（技术）
micropane 玻璃缩微片
microphenomenon 微观现象
microphone 传话〔扩音，传声，送话，微音〕器，话筒，麦克风
adp ~ 压电晶体传声器
antinoise ~ 防噪声送话器〔微音器〕
astatic ~ 不定向传声器
boom ~ 悬挂式麦克风〔传声器，送话器〕，自由移转传声器，头戴连杆送话器
breast ~ 带式送话器，胸挂送话器（话务员用）
breastplate ~ 胸挂式传声器
capacitor〔condenser〕~ 电容式传声器，电容式话筒，电容微音器，静电传声器
cardioid ~ 单向〔心形方向性〕传声器
contact ~ 接触式传声器
crystal ~ 晶体话筒，晶体〔压电式〕传声器
differential ~ 差动式话筒，差动式〔双炭精〕传声器
directional ~ 指向性传声器
dynamic ~ 动圈式话筒，电动送话〔传声〕器
ear ~ 耳塞式传声器
effect ~ 效果传声器
electret capacitor ~ 驻极体电容传声器
electrodynamic ~ 动圈式话筒
electronic ~ 电子传声器，电磁送话器
electrostatic ~ 电容式〔静电式〕话筒，电容式传声器
flame ~ 弧焰〔火焰〕传声器
gradient ~ 压差传声器
hand ~ 手持话筒
hand-held ~ 手持式话筒
hidden ~ 窃听器
highpolymer ~ 高聚合物传声器
idle ~ 哑静话筒，空闲传声器
inductive ~ 感应传声器
lanyard ~ 颈挂式传声器
lapel ~ 佩带式传声器
lavalier ~ 项链式传声器
light ~ 光敏传声器
lightweight ribbon ~ 轻型铝带传声器
linear noise-cancelling ~ 线性抗噪声传声器
lip ~ 唇用传声〔微音〕器，唇式碳粒传声器
machine-gun ~ 强指向性传声器（机枪形传声器）
magnetic ~ 电磁式送话器〔传声器，话筒〕
magnetostrictive ~ 磁致伸缩传声器
mainvocal ~ 主声微音器
measuring ~ 测试传声器
moving coil ~ 动圈传声器
moving-coil type ~ 动圈式传声器
moving-conductor ~ 电动传声器
multipath ~ 多路传声器
multiple ~ 复合式传声器
non-directional ~ 全向传声器，无向传声器
omni directional ~ 全指向性传声器
omnidirectional ~ 全向传声器
open-air ~ 振速传声器
pencil ~ 铅笔式传声器
personal ~ 颈挂式传声器
piezoelectric ~ 压电式传声器，晶体传声器
polydirectional ~ 多向性（指向性可调的）传声器
pressure ~ 压强式〔声压式〕传声器
pressure gradient ~ 压差式传声器
pressure-operated ~ 压强传声器
probe ~ 探管传声器
push-pull ~ 推换式传声器
radio ~ 无线电传声器

resonance ~ 谐振拾音器
rf ~ 射频传声器
ribbon ~ 带式传声器，铝带式话筒
rice ~ 炭精话筒，炭精送话器
skull ~ 骨导式传声器
solid-back ~ 调度用〔坚背式〕传声器
speaker ~ 对讲传声器
stand ~ 座式微音器
stereo crossed ~ 立体声交叉传声器
stereoz ~ 立体声传声器
Sykes ~ 赛克斯线圈式传声器
talkback ~ 对讲传声器
thermal ~ 热线传声器
thistle ~ 全向传声器
two-element ~ 双元传声器
ultra-directional ~ 超指向性传声器
velocity ~ 振速〔速率式〕传声器
wave-type ~ 波型传声器
wireless ~ 无线传声器，无线话筒

microphonic 扩音器的，送话器的，颤噪的
microphonicity 颤噪效应引起的噪声，颤噪声
microphonics ①颤噪效应，颤噪声②微音扩大学
gun ~ 电子枪颤噪效应
target mesh ~ 靶网颤噪效应
microphonism 颤噪效应，颤噪声，传声〔送话〕器效应
microphonoscope 微音听诊器，扩音听筒
microphony 颤噪效应，颤噪声
microphotodensitometer 微光（显像）密度测定器
microphotoelectric 微光电的
microphotogram ①显微传真电报，显微照相图②分光光度图
microphotogrammetry 分光光度术
microphotograph 显微镜传真，显微照相，缩微胶卷，显微照片
microphotography 显微照相术〔晒印法，印片〕
microphotometer 微光度计，测微光度计
iris ~ 可变光阑测微光度计
motor(-driven) impersonal ~ 电动超人差〔无人差〕测微器
photoelectric ~ （光电）测微光度计
microphotometry 显微光度术
microphotoscope 显微电影摄影机
microphysics 微观物理学
micropipet(te) 微量吸移〔移液〕管（点样用）
microplasma 微等离子体〔区〕
microplastometer 微（量）塑性计
micropluviometer 微雨量器
micropolarimeter 测微偏振计
micropolariscope 测微偏振镜，偏（振）光显微镜
microporosity 微孔（性，率），（显微）缩松，微管，微裂缝
microporphyritic 微斑状
microposition 微定值，微定位
micropositioner 微动台
micropot 微型电位计
micropowders 微细研磨粉，超细粉
micropower 微（小）功率
micro-pressure-gauge 微压计，千分压力计
microprobe 微探针，显微探针
electron ~ 电子（微）探针
ion ~ 离子微探针
laser ~ 激光微探测器，激光微探针
scanning ion ~ 扫描离子微区探针
microprocessing 显微处理，显微加工
microprocessor 微处理器〔机〕，微信息处理机
bit slice ~ 位片式微处理器
calculator-oriented ~ 面向计算器的微处理器
chip ~ 单片式微处理器〔机〕
large-scale integrated ~ 大规模集成微处理器〔机〕
monolithic ~ 单片微处理器〔机〕
micro-profilometer 显微轮廓仪，表面粗糙度仪
microprogram 微程序
microprogrammability ①微程序控制性②可编微程序性
microprogram(me) 微程序（设计，编制）
structured ~ 结构化微程序设计
microprojection 显微投射〔映象，投影〕
microprojector 显微映象〔投影，投射〕仪，显微放映机（放映显微镜幻灯片用）
micropulser 矩形脉冲发生器，微脉冲发生器
micropulverizer 微粉磨机
micropump 微型泵
rotary ~ 旋转式微泵
micropunch ①微穿孔②微穿孔机
micropyrometer ①精测〔显微，微型，小型〕高温计②微温计，微小发光体〔发热体〕测温计
microradiogram X射线显微照片，显微放射照片
microradiograph 显微X射线照相，显微X射线照相，X光照相检验

microradiography ①显微X射线检验（法）②显微X射线照相术
contact ~ 接触式（短焦距）显微射线透照术
microradiology 显微X射线法
microradiometer 微辐射计
microray ①微射线②微波
microreader 显微（照片）阅读器
microrefractometry 显微折射率测量法
microreplication 微复制
microreproduction 微缩复制
microrobotics 缩微机器人
microroughness 微观粗糙度
microroutine 微例（行）程（序）
micros 微指令
microscale ①微刻尺度，微刻标度②微量
microscanning 细光栅扫描
microscope ①显微镜②微观
acoustic ~ 声学显微镜
atomic force ~ （=AFM）原子力显微镜
ballistic electron emission ~ 弹道电子发射显微镜
binocular ~ 双目〔筒〕显微镜
biological ~ 生物显微镜
blink ~ 闪视（比较）镜，闪亮显微镜
C-mode scanning acoustic ~ C型-声学扫描显微镜
comparison ~ 比较显微镜
compound ~ 复式显微镜
dark field ~ 暗场显微镜
electron ~ 电子显微镜
electrostatic electron ~ 静电电子显微镜
emission electron ~ 发射电子显微镜
feeler ~ 接触式（测微）显微镜
field electron ~ ①场致发射电子显微镜②场效应（液晶）显示（器）
field emission ~ 场（致）发射〔自动电子〕显微镜
field-ion (emission) ~ 场离子（发射）显微镜
fluorescence ~ 荧光显微镜
fly television ~ 飞（点扫）描电视显微镜
flying-spot ~ 扫描〔快速计数〕显微镜
flying-spot television ~ 飞（点扫）描电视显微镜
focusing ~ 聚焦显微镜
heating ~ 高温显微镜
high-power ~ 高倍显微镜
high-temperature metallurgical ~ 高温金相显微镜
high-voltage electron ~ 高压电子显微镜
high-voltage transmission electron ~ 高压透射电子显微镜
holographical ~ 全息显微镜
hot-stage ~ 温台显微镜
infrared ~ 红外显微镜
inner-surface interference ~ 内表面干涉显微镜
interference ~ 干涉显微镜
inverted ~ 倒置显微镜
ion(ic) ~ 离子显微镜
large-screen emission ~ 大屏幕发射式电子显微镜
laser ~ 激光显微镜
laser scanning ~ 激光扫视显微镜
line ~ 指标显微镜
low-power ~ 低倍显微镜
machine-tool ~ 机床显微镜，对刀显微镜
magnetic ~ 磁式（电子）显微镜
magnetic resonance force ~ 磁共振力显微镜
metallurgical ~ 金相〔冶金〕显微镜
micrometer ~ 测微显微镜
micrometric ~ 微分显微镜
microscope-micrometerindex ~ 指标显微镜
monocular ~ 单目显微镜
multiple-bean interference ~ 多光束干涉显微镜
multi-teaching head ~ 示教显微镜
operation ~ 手术显微镜
optically large-field emission ~ 场致发射显示显微镜
phase ~ 相衬〔相位〕显微镜
phase-contrast ~ 相衬〔位相差〕显微镜
photoelectric ~ 光电显微镜
polarization ~ 偏光显微镜，极化显微镜
polarizing ~ 偏光显微镜
pricker ~ 刺点显微镜
projection ~ 投射型显微镜
quantitative ~ 定量显微镜
quantitative image analysis ~ 定量图像分析显微镜
reading ~ 读数显微镜
readout ~ 读数显微镜
reflection electron ~ 反射电子显微镜
scale ~ 刻度显微镜
scanning Auger electron ~ 扫描俄歇电子显微镜
scanning electron ~ 扫描电子显微镜

scanning laser ~ 扫描激光显微镜
scanning optical ~ 扫描光学显微镜
scanning probe ~ 扫描探针显微镜
scanning transmission electron ~ 扫描透射电子显微镜
scanning tunneling ~ 扫描型隧道显微镜
scanning ~ 扫描电子显微镜
solid image ~ 立体图像显微镜，体视显微镜
spiral micrometer ~ 螺旋测微目镜，螺旋读数显微镜
stereo ~ 体视显微镜
televised ~ 电视显微镜
television ~ 电视显微镜
time ~ 时间显微镜
tool maker ~ 工具显微镜
toolmaker's ~ 工具显微镜
toolroom ~ 工具显微镜
transmission electron ~ 透射电子显微镜
ultra ~ 超显微镜
ultrasonic ~ 超声显微镜
ultraviolet ~ 紫外线显微镜
universal tool maker ~ 万能工具显微镜
universal ~ 万能显微镜
vernier ~ 游标显微镜

microscope-micrometer 显微测微计
microscopic(al) ①微观的②显微镜的，高倍（放大）的
microscopium 〈拉〉显微镜（星）座
microscopy ①显微术，显微学②显微镜检查法
fly-spot ~ 飞点扫描显微术（利用阴极射线）
interferometric ~ 干涉测量显微镜法
light ~ 光学显微术
scanning electronic ~ 扫描电子显微术
scanning probe ~ 扫描探针显微术
scanning tunneling ~ 扫描隧道显微术
transmission electron ~ 透射电子显微镜法
microscratch 微痕
microscreen 微型显示屏
microscrew 测微螺旋
microsecond 微秒（10^{-6}s）
light ~ 光微秒（即1微秒内光在空间的传播距离）
microsection 显微断面，显微磨片，金相切片，（显微）镜检（查）用薄片
microsegregation 显微偏析
microseism 微震，脉动
microseismograph 微震计
microseismology 微震学
microseismometer 微震计
microsensor 微型传感器
microshrinkage 显微缩孔〔收缩，缩松〕
microsize ①微小尺寸②自定尺寸③自动定寸
ga(u)ge ~ 千分规
Microsoft 微软公司
microsoftware 微软件
microsome 微（粒）体
microspeech 微型语音器
microspecimen 显微磨片
microspectrograph 显微摄谱仪
microsphere 微球，精密圆球
bioceramics ~ 生物陶瓷微球
glass ~ 玻璃微珠
microspheric 微球状的
microspindle 千分测微螺杆，千分尺轴
microstat 显微镜载物台
microstate 微观状态
microstation 微型工作站
microstatistics 微统计学
microstep 微步（进）
microstone 细粒度油石
microstoning 超精加工
microstorage 微存储器
microstrip 微波传输带，微波不对称开路传输线，微带，缩微胶卷
microstroke 微动行程
microstructure 微观结构，显微结构，显微组织，微观组织
colony ~ 晶团显微组织
microswitch 微型开关，微动开关
margin ~ 微型限位开关
microsyn 微动（自动）同步器，精密自动同步机
microsystem 微系统
microtasimeter 微压计
microtechnic 显微〔精密〕技术
microtechnology 微米技术
silicon lithographic ~ 硅光刻微米技术
microtelephone 微型话筒
microtest 精密试验
microtext 缩微文本，缩微版
microthermometer 微〔精密〕温度计
micro-to-mainframe 微机到主机
microtome ①金相〔薄样〕切片机②切断器，切片刀
rotary ~ 转动〔手摇〕切片机
sliding ~ 滑动〔推拉〕切片机

microtomy 检镜用薄片切断术
microtransducer 传感器
integrated ~ 集成传感器
microtransparency 透明缩微复制品
microtron 电子回旋加速器
CW ~ 连续波电子回旋加速器
microtronics 微电子学
microtubules 微管
microturbulance 微湍
microtwinning 微孪晶
microup 超小型电子管
microvac(uum) 高真空(1.333×10^{-6} ~ 1.333×10^{-1} Pa)
microvariometer 微型变感器
microvibrograph 微震计
microviscosimeter 微黏度计
microvolt 微伏（特）(10^{-6} V)
microvolter （音频）微伏表，交流微伏计
microwatt 微瓦（特）
microwave 微波
microwelding 微焊接
fusion ~ 微熔焊
joints electron beam ~ 线与线焊点电子束微焊接
laser ~ 激光微焊接
multibeam electron beam ~ 多束流电子束微焊接
parallel-gap ~ 平行间隙微焊接
penetration distance and laser ~ 穿透距离与激光微焊接
resistance ~ 电阻微焊接
resistance spot ~ 电阻微点焊
sheet-to-sheet resistance ~ 片对片电阻微焊
single scan electron beam ~ 单扫描电子束微焊接
microwire 微丝，微导线，超精细磁线
micrurgy 显微放大技术
mid ①中央的，中间的②中间，中部
midar 弥达（近程移动目标显示雷达）
midband 中频（带）
midbandwidth 中心带宽
midco 四刃钻头
mid-coil 半线圈
mid-diameter 平均直径
middle ①中间〔部，项〕②媒介③中间〔部，等〕的
card ~ 衬纸
center ~ 中点
middle-bracket 中间等级的
middling ①中间产品，中级品②中等的，普通的
mid-engined （汽车）发动机在车身中部的
mid-equalizer 中频均衡器
midface 中间面
midfeather 中间间隔，中间隔壁，隔〔挡，承〕板
mid-frequency 中频，中心频率
mid-gear ①中间齿轮②中档（速率）
midget ①小设备〔零件，型物〕②微型焊炬，小型焊枪
mighty ~ 微型磁放大器
mid-IR 中红外（线）
midline 中线
mid-mounted 轴间悬挂的
midnormal 垂直平分线
Midop 测量导弹弹道的多普勒系统
mid-ordinate 中（央纵）距
mid-part 中（间砂）箱
mid-plane 中平面
midpoint 中点，中性点，中点值
midpotential 等（电）位的
mid-range ①中距②波段中心③中心值，中点值，中列数，极值中数
mid-section ①节〔段〕中剖，中间截面〔剖视〕②半节〔段〕的
mid-series ①半串联②串中剖
midship 中部（船的）
mid-shunt 并中剖，（半）并联
midspan 中跨
midsplit 中分，中间分频
midst 正中，中间
mid-tap 中心抽头
midterm ①中间的，期中的②中项
mid-wing 中翼
mierocard 缩印卡，缩微卡片
mieroosmometer 微渗（透）压（强）计
mighty 强大的，有力的，巨大的，非凡的
migration 迁移，移动，徙动，进位
grain-boundary ~ 晶粒间界迁动
hole ~ 空穴迁移
vacancy ~ 空位徙动
mike ①千分尺，测微器②话筒，送话器，传声器，麦克风，微音器
dead ~ 无载话筒（闲置备用传声器）
fifle ~ 强指向传声器，枪式传声器
hot ~ 工作中的传声器

machine-gun ~ 直线式传声器
off ~ 离线传声器
miking 千分尺测量
mikra mikron 的复数
mikras =mikra
Mikrokator 扭簧式比较仪
Mikrolit 陶瓷刀具
Mikrolux 杠杆式光学比较〔长〕仪
mikron =micron
Mikrotast 组合杠杆式可调比较仪
Mikro-tester 米克洛硬度试验机
mil ①密耳（量金属线直径和薄板厚度的单位，1 密耳 =0.001 英寸 =2.54×10^{-5} m）②密位，角密耳（圆周的 1/6 400 弧长所对的圆心角，即 1/6 400 周角），千分角③千分之一磅（1 磅= 453.6 g）④毫升，立方厘米
circular ~ 圆密耳（截面积单位，相当于直径为 1 密耳的圆面积）
milageangular ~ 角密耳(1 角密耳 =360°/6 400= 3.37′)
mortar ~ 臼研机
milage =mileage
mild ①低碳的（钢）②软性的，柔软的，适度的
mile 英里（1 英里 =1 609 m）
aeronautical〔air〕~ 航空英里（1 航空英里 =6 080 英尺 =1 853 m）
English ~ 英里（1 英里 =1 609 m）
nautical ~ 海里（1 海里 =1 852 m）
statute ~ 法定英里（1 法定英里 =5 280 英尺 =1 609 m）
mileage ①英里程（以英里为单位计算的距离）②按英里计算的运费③汽车消耗 1 加仑汽油所行的平均英里程
gasoline ~ 汽油里程（1 加仑汽油所行驶的里程，汽油消耗定额）
mileometer 里程计，路码表
miles （pl.）英里
(fuel economy) ~ per gallon 每加仑（耗油）行驶的英里数（汽车燃油经济性）
mil-foot 密耳－英尺（电阻单位，指长度为 1 英尺、直径为 1 密耳导线的电阻，1 密耳 =25.4×10^{-3} mm，1 英尺 =304.8 mm）
mil-graduated 密位分度，千分之一分度
mil-inch 千分之一英寸（相当于 0.025 4 mm）
military 军事〔用，队，人〕的，陆军〔战〕的，军队，军部，军人
milk ①乳（状液），乳剂②蓄电池个别单元充电不足③（通过电线）窃听电话或电报，套出（消息）④榨取
milker ①挤奶机，挤奶装置，挤奶器②（电池）充电用低压直流发电机③子同位素发生器
isotope ~ 子（体）同位素发生器
milkglass 乳白玻璃
milkiness ①乳状，乳白色②（浑）浊度③浑浊性④阴暗
milking ①蓄电池个别单元充电不足②乳浊③一次挤奶量
Mill 数控铣（数控加工 Mastercam 软件中的模块）
mill ①工厂②碾磨，研磨③碾磨〔研磨，粉碎，磨，磨粉〕机，（锻）轧钢〔压延，滚轧〕机，压榨机（提取蔗汁的设备）④铣，铣刀，铣床⑤轧钢〔制造〕厂，轧钢车间⑥开放式炼胶机，开炼机⑦轮机⑧清理滚筒，清选机⑨锯（木）⑩搅拌选矿千分之一英寸（相当于 0.025 4 mm）
~ off 铣成
aerofall ~ 气吹磨碎机，气落式磨矿机（无介质磨矿机）
air separator ~ 带空气分离的粉碎机
Airich ~ 艾里奇混砂机（碾轮与碾盘同时做反向回转的单轮混砂机）
all-pebble ~ 全（部）砾（石）磨机
all-pull ~ 斯蒂克轧机，张力轧机
annular roller ~ 环形辊柱粉碎机
antifluting ~ （带钢平整机前的）防折轧机
areofall ~ 气落式磨机
Assel ~ 阿塞尔无缝钢管轧机（三辊斜轧）
attrition ~ 磨盘式磨粉机，双盘式磨碎机
autogenous ~ 自磨机
backed type of ~ 有支撑辊的轧机
balanced ~ （上辊不传动的）二辊式轧板机
ball ~ ①球磨机②用球磨机磨碎，球磨
ball grinding ~ （细）球磨机
ball rolling ~ 钢球轧机
ball-race ~ 球道研磨机
band ~ ①带式锯床②带锯制材厂
bar rolling ~ 小型轧机（生产简单断面和异形断面的小型轧材）
bark ~ 碾（树）皮机
batch ~ ①（间歇式）混砂机②间歇操作式磨机
beater ~ 冲击式碾磨机
becking ~ 轮箍粗轧机（用于轮箍扩径）
Belgian ~ 比利时式轧机，横列式型钢轧机

Belgian looping ~ 比利时式〔横列式线材活套〕轧机
Belgian rod ~ 比利时式线材轧机，横列式线材活套轧机
Belgian wire ~ 比利时式线材轧机，交替二辊横列式线材轧机
beneficiation ~ 选矿厂，选煤厂
big ~ 开坯轧机，粗轧机
billet ~ 钢坯轧机，坯料轧机
blade ~ 叶片式筒型洗矿机
block ~ 成组轧机
blooming ~ 初轧机，开坯机，钢坯延压机
blooming slabbing ~ 方坯 - 板坯初轧机
blower ~ 风扇磨煤机
bolting ~ 筛分机
boring ~ 镗床
bowl ~ 球磨机，中速辊磨
breakdown ~ 开坯轧机，开坯（粗轧）机
broadside ~ 宽展机座轧机（用于增大板坯宽度）
bruising ~ ①破碎机，碎矿机②磨碎机
buhr ~ 磨盘式磨粉机，砥石磨粉机
bumper ~ 撞（击弹）回式分选器，反射式分选器
burring ~ 磨盘式磨粉机，砥石磨粉机
bur(r)stone ~ 石磨机
butt ~ 端面铣刀，立铣刀
carbide end ~ 硬质合金立〔端〕铣刀
cement ~ 水泥厂
centrifugal ~ ①离心磨矿机②球磨机
chaser ~ ①螺纹梳刀机②(装有穿孔底板的）干式辊碾机，碾碎机
Chilean ~ 智利式磨碎〔辊碾〕机，轮碾机
chopper ~ 切碎碾磨机
clack ~ ①棘轮钻机②手搬钻机
cleaning ~ 滚净筒〔光筒，光机〕
cleanser ~ 清整转筒
close continuous ~ （英国）多机轧制的连续式轧机（一根轧件同时在几个机座中轧制）
close type plastics mixing ~ 密闭式炼塑机
close-type rubber mixing ~ 密闭式炼胶机
cluster ~ 多辊〔开坯，粗轧〕（式）轧（钢）机
cogging ~ 初轧〔开坯，粗轧〕机
coil-skin pass ~ （成）卷（带）材（的）平整机
coining ~ 压花机，花纹压机
cold ~ 冷轧机
cold finish rolling gear ~ 冷精轧齿轮机
cold pipe ~ 冷轧管机
cold reduction ~ 冷轧机，冷轧管机
cold strip continuous ~ 带钢冷连轧机
cold tandem ~ 连续冷轧机，串列式冷轧机
cold-reducing ~ 冷轧管机
colloid ~ ①胶态〔乳液，胶体〕磨②竖式转锥磨机（锥体为瓷制或金属制，可磨软矿物）
colloidal ~ 胶体〔高速回转冲击式〕磨碎机
colo(u)r ~ 涂料研磨机
combination ~ 串列（粗轧）- 横列（精轧）联合轧机，半连续式轧机，联合轧钢机
compact ~ 紧凑式轧机
compartment ~ 多室磨碎机
compound double-stand type rolling ~ 复二座式轧机
compound (tube) ~ （磨水泥的)多仓磨(机)，复式磨（机）
concentrating ~ 选矿厂
cone ~ ①斜轧〔菌式，蘑菇式〕穿孔机②圆锥形磨矿机
cone-roll piercing ~ 菌式〔蘑菇式〕穿孔机
conglomerate ~ 砾岩破碎机
conical ~ 圆锥球磨机
continuous ~ （用于板带材无头轧制的）连续式轧机
continuous butt-weld ~ 连续式炉焊管机组
continuous repeater ~ 连续式活套轧机
continuous train ~ 连续式轧机
continuous variable crown ~ 连续可变凸度轧机
copper ~ 轧铜厂
cotter ~ 销槽铣刀
crank fulling ~ 曲柄缩绒机
cross wedge rolling ~ 楔横轧机
cross-country ~ 越野式（型材）轧机（机座成三排串列式布置），穿梭式轧机
cut-up ~ 切造车间
cyclone ~ 旋风磨碎机
cylinder ~ ①圆筒碾磨机②滚筒印模③缸体磨床
Daelen ~ 戴伦轧机（早期的万能轧机）
Daido’s planetary ~ 大通式单辊行星轧机
deairing pug ~ 真空练泥机
deformed rolling ~ 周期断面轧机
Diescher ~ 狄舍尔轧机，无缝管延伸机
direct rolling ~ 无锭轧机

disher ~ 圆盘形穿轧机
disintegrating ~ 粉碎机，磨煤机
disk ~ 盘式磨粉机，车轮轧机，辗轮滚轧机
dodder ~ 绒布面清选机
Dorr ~ 多尔型管磨机
double cold reduction ~ 再冷轧用轧机
double duo ~ 双二辊式〔复二重式〕轧机
double ended ball ~ 双头〔双流式，双锥滚筒式〕球磨机
double two high ~ 复二辊轧机，复二重式轧机
double-stand ~ 双辊轧粉机
dough ~ ①调面机②调浆机（橡胶用）
Dowlais ~ 双二辊式轧机，复式双辊滚轧机
drag-over ~ ①二辊周期式薄板轧机（薄板坯或叠板从上辊返回）②递合式轧机
duo ~ 二辊（式）〔二重式〕轧机
duo skew-roll piercing ~ 二辊式斜轧穿孔机
duplex ~ 双面磨粉机（中间双面动磨盘在两定磨盘间旋转）
eddy ~ 涡流式碾磨机，涡流粉碎机
edge ~ 碾碎机，轮碾机，轮碾式混砂机，碾子
edge runner ~ 双辊〔碾盘〕式碾碎机
edger ~ 立辊轧机，轧边机，（用于轧制锭，板坯或厚板侧面的）轧边机座，立辊机座
edging ~ 立轧机架，立辊轧机，轧边机
E-MKW ~ 不可逆式八辊轧机
end ~ 立铣刀，端铣刀
end runner ~ 双辊研磨机，碾磨机
equalizing rolling ~ 平整辊机
E-type ~ E 型磨，中速球磨机
Evans ~ 伊万斯带钢轧机
expanding ~ （管材）扩径机
extension boring and turning ~ 大型立式铣床
face ~ 平面铣刀，端面铣刀
face lapping ~ 平面研磨机
fan ~ 风扇磨煤机
feed ~ 送料磨
finishing rolling ~ 精（密）轧机，终轧机
flaking ~ 压扁机
flat-rolling ~ 扁钢〔材〕轧机
flat-stone ~ 平面石磨
flint ~ 砾磨机
fluted-roll ~ 槽纹辊
foil ~ 箔带轧机
forming ~ 成形机，冷弯机
four-high ~ 四辊轧机
four-stand tandem ~ 四机座连续式轧机
four-strand ~ 四线式轧机
Fuller-Lehigh ~ 富氏球磨机
fulling ~ ①漂洗机②缩呢机，缩绒机
gang ~ ①框锯，直锯②排铣机，排式铣床③框锯制材厂
gap ~ 凹口研磨机
Garrett ~ 加勒特式线材轧机
gas welding tube ~ 瓦斯焊管机
gear hot rolling ~ 齿轮热轧机
getting-down ~ 开坯机座轧辊
glazing ~ 电子管密封玻璃管制造机
globe ~ 球磨机
gravity ~ 捣碎机，重力式磨（煤）机
Grey ~ 格雷式轧机（用于轧制宽缘钢梁）
grinding ~ 碾磨〔磨碎，磨矿〕机，辗轮混砂机
ground (tilling) ~ 旋耕碎土机
guide ~ （带）围盘（的）轧机（不用人工操作）
Hametag(eddy) ~ 旋涡磨机
hammer ~ ①锤式粉碎机〔研磨机〕②锻工场
hand sheet ~ 人工操作的板轧机
Hardinge ball ~ 哈丁奇圆锥球磨机
Hardinge conical ~ 哈丁奇圆锥球磨机
helical chip end ~ 斜刃刀片立铣刀
hollow ~ 空心铣刀，筒形外圆铣刀
hoop ~ 箍铁轧机，带轧机，带钢压延机
horizontal electrolytic piercing ~ 卧式电解穿孔机
horizontal vertical ~ 平 - 立辊万能轧机
hot ~ 热轧机
hot strip continuous ~ 带钢热连轧机
hot-alumin(i)um ~ 铝材热燥拉幅器
hulling ~ ①砻谷机②脱壳机，去皮机
Hyswing ball ~ 希斯文离心球磨机
impact ~ ①冲击〔撞击〕式磨机②竖井〔锤击〕式磨煤机
inclined-roll elongation ~ 斜轧延伸机
inserted end ~ 镶齿端铣刀
interlocking side ~ 交齿侧铣刀
intermediate rolling ~ 粗轧机，中间轧机
iron ~ 炼铁厂
jar ~ 缸式磨机，实验用磨碎机
jet ~ 喷射碾机，喷射磨，气流粉碎机，流能磨（高效的干法超微粉碎设备）
jig ~ ①坐标镗床②靠模铣床，仿形铣床
jobbing ~ 小型或中型型钢轧机，零批轧机

jobbing sheet-rolling ~ 中板〔(单张轧制的)板材，零批薄板〕轧机
Jokro ~ (实验室用)六辊磨浆机
jordan ~ 锥形精磨机，低速磨浆机
jumping ~ 浮动式轧机(机架可升降的三辊式轧机)
Kessler ~ 周期式带钢轧机，凯斯勒轧机
kibbling ~ 筒式磨碎机，粗磨机
kiln ~ 联〔综〕合干燥磨碎机
kneading ~ 混砂〔搅拌，捏合〕机
knife ~ 切碎机
Krause ~ 钢板冷轧机，克劳斯轧机
laminating rolling ~ (贵金属)箔片轧机
Lampen ~ 拉姆潘单球磨，(实验室用)单球球磨机
Lauth ~ 劳思式(三辊中厚板)轧机
leader ~ 精整轧机
light plate ~ 中板轧机
line trace ~ 轮廓仿形铣床，跟踪(式)仿形铣床
loam ~ 黏土砂泥(麻泥)捏合机
looping ~ 活套式轧机，线材轧机
low-level ~ 低液面排矿磨碎机
low-side roller ~ 低面滚磨机
mandrel ~ 芯棒式无缝管轧机
Mannesmann piercing ~ 斜轧穿孔机，曼内斯曼式穿孔机
Marcy ~ 马雪型磨机(低排料水平式或格子排料式)
merchant ~ 条钢轧机
merchant-bar ~ 小型轧机
micron ~ 微粉磨机
mine ~ 竖井式磨煤机
mixing ~ ①混砂机②混合辊
MKW ~ 八辊轧机，偏八辊轧机
mobile hammer ~ 锤式移动粉碎机
modular horizontal floor ~ 卧式落地组合铣床
mortar ~ 臼研机，砂浆拌和机
mouse ~ 超小型静电起电机，静电电动机
muck ~ 熟铁扁条粗轧机
non-twist ~ 无扭转(线材)轧机
omni ~ 全(部)铣(削)
one-way rolling ~ 非可逆式轧机
open type plastics mixing ~ 开放式炼塑机
open-train ~ 横列式轧机
open-type rubber mixing ~ 开放式炼胶机
oscillating ~ 振动研磨机
overflow ball ~ 溢流式球磨机
overhang roll type ~ 悬臂辊式轧机
pack ~ 叠板轧机
package ~ 打包用带钢轧机
paddle-type ~ 桨叶式磨机，高速〔锤击式〕磨(煤)机
pan ~ 碾碎机，碾盘式碾磨机，磨石(机)，研磨盘
pass-over ~ 二辊周期式薄板轧机，递回式轧机
pebble ~ 磨机，球磨机，砾磨机
pendulum ~ 摆式轧机
pestle ~ 捣锤
PFI ~ (实验室用)PFI 球磨机(挪威制)
piercing ~ 穿孔机
Pilger ~ 皮尔格式轧管机，周期式轧管机
pinch pass ~ 平整机
pipe ~ 轧管机
pit ~ 竖井磨煤机
plait ~ 卷料机，卷取机
planetary ~ 行星轧机(用于热轧带钢及有色金属带材)
planishing ~ 平整机，轧光机
plate ~ 轧板机
plug ~ 自动轧管机
pneumatic ~ 气铣刀
pony-roughing ~ 中间〔预精〕轧机
pot ~ 球磨机，罐磨机
precision ~ 定径轧机
press-piercing ~ 压力穿孔机，推轧穿孔机
primary ~ 开坯轧机
puddle (rolling) ~ 熟铁轧机
pull-over ~ 二辊周期式薄板轧机，递回式轧机
pulverizing and grinding ~ 研磨机械
Puppe ~ 普培式万能钢梁轧机
quarto ~ 四辊式轧机
raw ~ 生料磨(机)
Raymond ~ 雷蒙德研磨机
reducing ~ (管材)减径机
reducing sizing ~ 减径 - 定径机
reduction ~ 开坯机座，工作机座，冷轧板材轧机
reeling ~ ①均整〔整径，滚轧，卷取〕机②摇纱机③制丝厂，缫丝厂
refining ~ 精研机
reinforcing bar ~ 钢筋轧机，周期断面型钢轧机
repiercing ~ 扩径机

rerolling ~ 再轧机
reversing ~ 可逆（式）轧机，回动滚轧机
rigid ~ 强力铣床
rim discharge ~ 盘式〔周边卸料〕碾磨机
ring roll ~ 环滚研磨机
ring rolling ~ 环形材轧机，（锻压）扩孔机
ring-ball ~ 中速球磨机（E 型球磨机）
rockright ~ 摇摆式冷轧管机，罗克莱特（冷轧管）轧机
rod ~ 线材（盘条）轧机棒磨机
rod repeater ~ 活套式线材轧机
rod-rolling ~ 线材轧机
Roeckner tube rolling ~ 罗克内尔式大口径管材壁厚减薄用轧机
Rohn ~ 罗恩式多辊轧机（用于轧制极薄带材）
roll ~ 辊式破碎机，轧钢机
roll crushing ~ 对辊破碎机
roll piercing ~ 穿轧机
3-roll planetary ~ 三辊行星轧机
roller ~ ①（滚式）滚压机，压延机②混砂机，混砂碾③（辊式）粉碎机，辊式中速磨
roller ring ~ 中速辊式磨（煤）机
rollers attrition ~ 辊式研磨机
rolling ~ ①碾磨厂②滚轧机，轧钢机
rotary piercing ~ 芯棒旋转的穿孔机
rotary rolling ~ 蘑菇形轧辊的穿孔机，蘑菇形轧辊的管材扩径机
roughing ~ 开坯机，粗轧机
rumbling ~ 清砂滚筒
run-down ~ 中间机座
sack ~ 十字型四辊万能轧机
sampling ~ ①取样车间②采样磨（机）
sand ~ 混砂机
saw ~ ①锯木厂②大型锯机
scale ~ 除锈滚筒
scouring ~ 脱壳机，砻谷机
screen-type ~ 筛型磨碎机，周边排矿式磨碎机（经筛子排出）
section ~ 型钢轧机
section steel rolling ~ 分类轧钢机
Sendzimir ~ 森吉米尔式轧机，二十辊冷轧机，森式极薄钢板多辊轧机
seven-stand forming ~ 七机座成形机〔辊弯机〕
shake ~ 摆动筛架
shaping ~ 成形机，冷弯机，粗轧机（型钢的）
sheared plate ~ 切边中厚板轧机
sheet ~ 薄板轧机，薄板压延机
sheet-bar ~ 薄板坯轧机
shell end ~ 圆筒形端铣刀，空心端铣刀，套式〔装〕立铣刀
side ~ 侧铣刀，三面铣刀
side lapping ~ 端〔侧〕面精研机
Simons ~ 小四辊冷轧机，西蒙斯轧机
Simpson ~ 辛普森〔碾轮式〕混砂机
single reversing ~ 单机可逆式轧机
single stamp ~ 单锤碎矿机
single-column vertical boring and turning ~ 单柱式垂直镗孔和车削两用车床，立式转塔〔单柱立式〕车床
single-planetary ~ 单辊行星轧机
single-stand ~ 单机座轧机
single-strand ~ 单线式（线材）轧机
sinking ~ 减径机
six-high cluster ~ 六辊轧机（用于冷轧带材）
sizing ~ 定径机
skelp ~ 焊管坯轧机
skew ~ 斜轧式轧机
skew rolling ~ 斜轧机
skin ~ 表皮光轧机，平整机
skin-pass ~ 表皮光轧机（冷轧用）
slab(bing) ~ ①二辊式万能板坯初轧机，扁钢坯轧机②阔面铣刀，平面铣刀
slabbing-blooming ~ 板坯 - 方坯初轧机
slant ~ 斜轧式轧机
sledge ~ 锤磨
slick ~ 旋转模〔斯利克〕锻轧机
slitting ~ ①滚剪机②开槽〔切口，薄型盘〕铣刀
slotting end ~ （键）槽立铣刀
slug ~ 冲击式磨机
smoothing ~ 精切机
solid end ~ 整体端铣刀，整体立铣刀
solid wheel rolling ~ 整体车轮轧机
spike ~ 钉碎机，针碎机
sprue ~ 浇冒口清理滚筒
stamp ~ ①捣碎机，碎矿机②捣矿厂
Steckel ~ 斯特克尔式轧机（带炉内卷取机，用于热轧带材），可逆式炉卷轧机
steel ~ 轧钢厂，炼钢厂
Stiefel ~ 自动轧管机，斯蒂费尔式轧机（轧制无缝管）
stone ~ ①碎石〔岩石破碎，磨石〕机②石粉工场
straddle-type ~ ①跨式铣刀，双面铣刀②跨

鞍式减径 - 定径机（轧辊的支点位于两侧）
straightaway ~ 串列式（小型型钢）轧机
strand ~ 型钢轧机的成型机架，多辊型钢轧机
strip ~ 带材轧〔薄板压延，带钢轧〕机
strip and skelp ~ （连续式）带材和焊管坯轧机
structural ~ 结构钢〔钢轧钢梁〕轧机
suction ~ 吸磨机
Sweden ~ 瑞典二重式芯棒轧管机，瑞典式自动轧管机
Swedish ~ 自动轧管机
Sympson-type sand ~ 辛普森碾轮式混砂机
tandem ~ 连轧机，串列（或纵列）式轧机
taper ~ 楔形扁材轧机
temper ~ 硬化冷轧机，表面光轧机
tension reducing ~ 张力减径机（管材）
thrashing ~ 脱粒机
thread ~ 螺纹铣刀
three compartment ~ 三室磨碎机
three-high ~ 三辊式轧机
three-race ~ 三环槽式磨碎机
three-roller ~ 三辊中速磨
three-strand rod ~ 三线式型钢（棒材）轧机
threshing ~ =thrashing ~
tie-plate ~ 钢轨垫板轧机
timber ~ 木工厂，锯木厂
tin ~ 镀锡薄钢板轧机
tinplate ~ 镀锡薄钢板轧机
tread ~ 脚踏轧机（如轧花机等）
tricone (ball) ~ 三维式球磨机
trio ~ 三辊（式）轧机
triplet ~ 三连轧机
trunnion ~ 耳轴磨
tube ~ ①制管厂②轧管机，管式磨管机③滚筒式球磨机
tube ball ~ （溢流式）圆筒形球磨机
tumbling ~ 滚筒式磨机
tungar ~ 硬质合金镶片铣刀
turning ~ （立式）车床
two-high ~ 二辊式轧机
U-MKW ~ 可逆式八辊轧机
unidan ~ （水泥）多仓式磨机
uni-temper ~ 复〔双〕二辊式平整机
unitized ~ 单台传动开炼机
universal ~ ①万能铣床②万能轧钢机
vertical spindle ~ 立轴磨煤机
vertical warping ~ 直框整经机
vibrating ball ~ 振动磨
vibration ~ 振动磨碎机
vortex ~ 旋涡磨机
warm-up ~ 加热辊
washing ~ 洗涤碾磨机
welding-and-forming ~ 成形焊（管）机
wet ~ ①湿磨机②洗涤机（橡胶）
wet emery ~ 金刚砂湿磨机
wheel ~ 碾碎机，碾磨机
wheel disk ~ 车轮轧机
wind ~ 风车，风力机
winnow ~ 风选机
wire(-rod) ~ 线材轧机
Yoder pipe-and-tube ~ 约德式连续焊管机
zigzag ~ 之字形〔越野式〕轧机
millable ①可轧的，可铣的②适合于（锯床）锯的
millbar 熟铁初轧条
millcourse 磨槽
milled 铣成的，滚花的，滚槽纹的
cross ~ 网状滚花，交叉滚花
mill-engine 压榨〔压轧〕机
miller ①铣床，铣工②制粉厂
auto ~ ①自动铣床②自动连续混砂机
bench ~ 台式铣床
copy ~ 靠模铣床，仿形铣床
drum ~ 鼓形铣床
face ~ 端面铣床
gantry ~ 龙门移动式镗铣床
grinding ~ 研磨机
horizontal ~ 卧式镗铣床
index ~ 分度式铣床
knee-type ~ 升降台式铣床
manufacturing ~ 生产型〔专用,无升降台式〕铣床
pattern ~ 模具铣床
plane ~ 平面铣床
planer-type ~ 刨式铣床，龙门铣床
production ~ 专用铣床
rack ~ 齿条铣床
ram type ~ 滑枕式铣床
skin ~ ①表皮铣床（飞机制造用）②表皮光轧机，平整机
slab ~ 大型平面铣床
slot ~ 键槽铣刀
spar ~ 翼梁铣床
surface ~ 平面铣床
tooth edge ~ 齿边倒圆铣刀

turret ~ 转塔式〔带六角头回转〕铣床
universal ~ 万能铣床
vertical ~ 立式铣床，立辊，立辊轧机
wood ~ 木铣床
miller-borer 铣镗两用床
millesimal ①千分之一的，千分的②千分之一
millhand 研磨〔制粉，纺纱〕工人
milliammeter 毫安表，毫安（培）计
air thermometer ~ 空气温度（计）毫安计
differential ~ 差动式毫安计
milliampere 毫安（mA）
milliamperemeter 毫安计
milliangstrom 毫埃（mÅ，10^{-13} m）
milliard ①十万万，十亿②（pl.）无数
milliarium ①距离单位（1.48 km）②里程碑
millibar 毫巴（1 毫巴 =100 Pa）
millibarn 毫靶（恩）〔1 毫靶恩 =10^{-27} cm^2〕
millicoulomb 毫库（仑）（mC）
millicron 纳米（nm，10^{-9} m）
millidegree 毫度
millier 吨
millifarad 毫法（拉）（mF）
milligal 毫伽（重力加速度单位，1 毫伽 =10^{-3} cm/s^2）
milligamma 纳克（ng，10^{-9} g）
milligoat 对方向不灵敏的辐射探测器
milligram 毫克（mg，10^{-3}g）
millihenry 毫亨（利）（mH，10^{-3}H）
millihg 毫米汞柱（1 毫米汞柱 =133.322 Pa）
milli-inch 密耳（1 密耳 =0.001 英寸 =2.54 × 10^{-5} m）
millilambda 纳升（nL，10^{-9} L）
millilambert 毫朗伯（亮度单位，1 毫朗伯 =10 π^{-1} cd/m^2）
milliliter 毫升（mL，10^{-3}L）
millilitre =milliliter
millilux 毫勒（克斯），（mlx，10^{-3}lx）
Millimess 一种测微仪
millimeter 毫米（mm）
~ of mercury 托（毫米汞柱）（1 托 =133.322 Pa）
millimetre =millimeter
millimicro 10^{-9}（十亿分之一）
millimicrofarad 纳法（拉）（nF，10^{-9}F）
millimicromicroammeter 飞安（培）计
millimicron 纳米（nm，10^{-9} m）
millimicrosecond 纳秒（ns，10^{-9} s）
millimol 毫摩尔（mmol，10^{-3}mol）
millimu 纳米（nm，10^{-9} m）
milling ①铣②（研，碾）磨，磨碎，磨整③漏斗开采④选矿⑤轧制滚花
~ off 研光
chemical ~ 化学蚀刻〔抛光，铣切，铣削，加工〕
circular ~ 圆铣，铣圆，封闭式循环铣削
climb ~ 顺铣，同向铣削
contour ~ ①等高走刀曲面仿形铣法②成形铣削，外形铣削
conventional ~ 逆铣
copying ~ 靠模铣
dead ~ 重压
dive ~ 径向（横向）快速滚铣
down(-cut) ~ 向下铣切，同向铣切，顺铣
edge ~ 侧压下，轧边
electrochemical ~ 电化学铣削
end ~ 端铣削
face ~ 端面铣削，铣面
face and side ~ 平侧铣法
fine ~ 细铣，精铣
fly ~ 飞刀铣削
form ~ 成形铣削
gang ~ ①组合（多刀）铣削，排（式）铣（削）②（在一块金属板上）多零件同时化学腐蚀法
gear ~ 铣齿
generating ~ 滚齿铣
hand ~ 手研
incremental copy ~ 行进式仿形铣削
ion ~ 离子铣削，离子蚀刻
line ~ 直线铣削
millioctave broach ~ 圆拉法
plain ~ 平〔卧〕铣
planetary thread ~ 旋风铣螺纹
plunge-cut ~ 切入铣削，插进式铣削
pocket ~ 凹坑铣削
relief ~ 铲背铣削
rod ~ 棒磨
roll ~ 周边铣削
scroll ~ 铣螺旋线
side ~ ①侧铣②套式端面铣削
slab ~ ①平面铣法，平面铣削，阔面铣法，阔面铣削②周边铣削
stamp ~ 捣磨
station ~ （在带有）转台（的）铣（床上加工）
step ~ 步进式铣削，循环程序铣削
straddle ~ （用两把铣刀同时加工的）跨铣（法）

stroke ~ 行切，直线进给曲面仿形铣（铣刀在一次进给中，只有上下和纵向或一个方向的移动）
surface ~ 面铣，辊铣
template ~ 靠模铣，仿形铣
templet ~ 靠模铣，仿形铣
three-dimensional ~ 立体铣削
through ~ 轴向（纵向）滚铣
tracer ~ 仿形铣
UG/Core &Cavity ~ 型芯和型腔铣（UG NX CAM 的主要功能模块，CAM 模块，计算机辅助制造模块，可完成单个或多个型腔、任意类似型芯形状的粗加工）
UG/Fixed-Axis ~ 固定轴铣（UG NX CAM 的主要功能模块，CAM 模块，计算机辅助制造模块，产生 3 轴联动加工刀具路径、加工区域选择功能）
UG/Nariable Axis ~ 可变轴铣（UG NX 的主要功能模块，CAM 模块，计算机辅助制造模块）
UG/Planar ~ 平面铣（UG NX 的主要功能模块，CAM 模块，计算机辅助制造模块）
UG/Sequential ~ 顺序铣（UG NX 的主要功能模块，CAM 模块，计算机辅助制造模块）
up ~ 对向铣，仰〔迎，逆〕铣
vibratory ~ 振动球磨
water jet ~ 水射流铣削
wire ~ 线材轧制
wire-rod ~ 线材轧制

millioctave 毫倍频程，千分之一倍频程
milliohm 毫欧（姆）
milliohmmeter 毫欧计，毫欧表
million ①兆，百万（10^6）②（pl.）无数
millioscilloscope 小型示波器
milliphot 毫辐透（照明单位，1 毫辐透 =0.001 lm/cm^2）
millipore 微孔隙的，微孔
milliradian 毫弧度
milliscope 金属液温度报警器
millisecond 毫秒（ms，10^{-3} s）
millivolt 毫伏（mV，10^{-3} V）
millivoltammeter 毫伏安计
millivoltampere 毫伏安（mVA，10^{-3} VA）
millivoltmeter 毫伏计
milliwatt 毫瓦（特）（mW，10^{-3} W）
mill-mixer 粉碎混合〔搅拌〕机
millrun ①未分等级的，未经检查〔检验〕的②普通的，平均的
millstone 磨石
mill-turn 铣车床
millwork ①工厂机械的安装②磨光工作
millwright 装配工人，机器安装工人，设计师，机械制造者，水车工，磨轮机工
milrule 弦线角度尺
milscale 千分尺，千分度盘
miltonite 熟石膏
mimeograph 滚筒油印机，复写机
mimesis 模拟，模仿
mimetic 模拟的，模仿的，类似的
mimetism 模仿（性），拟态
mimic(al) ①模拟的，模仿的，拟态的，假装的，假的②直观的③仿造物，仿制品，模拟盘
mimicking 模仿、模拟
mimicry 模仿〔拟〕，仿制（品），拟态
Minalith 木材防腐剂
Minalpha 锰铜标准电阻丝合金（*w*（Mn）12%，*w*（Ni）2%，其余 Cu）
Minargent 铜镍合金（*w*（Cu）56.8%，*w*（Ni）39.8%，*w*（W）2.8%，*w*（Al）0.6%）
mince 剁碎，粉碎
mincer 绞碎〔绞肉，粉碎〕机
motor meat ~ 电动绞肉机
min-cut 极小截
mind ①精神，智慧②记忆③想法，思维，意见④留心，注意⑤照料
computer ~ 计算机思维
minder 看守〔守护，照料〕人
dust ~ 防尘指示装置
route ~ 无线电导航装置
mine ①矿（山，井），铁矿②资源，富源，（知识、资料等的）源泉③坑道，火坑，地雷坑④（触发，遥控）地雷，水〔鱼〕雷，火箭炮弹⑤开采，挖掘，布雷
mine-barrage 雷幕
mine-detector 货〔探〕雷器，金属探测器
miner ①矿工②开采机，联合采矿〔煤〕机
auger ~ 钻采机
continuous ~ 联合采矿〔煤〕机
intelligent ~ 智能挖掘机
mineragraphy （金属）矿相学
mineral ①矿物（质）的，无机的②矿物，矿产，无机物③（=mineralogy）矿物学
~ black 石墨
minesite 敏勒炸药
minesweeper 扫雷艇，扫雷舰
mine-sweeping 扫雷

mine-thrower 迫击炮
mine-timber 坑木
mingle 混合，掺杂
mingler 拌和输送机
mini ①小型计算机②微型汽车③缩型，缩影④微，小
miniature ①缩影，模型②小型的，缩小的，小规模的③袖珍的，微小的④（用显微镜方能阅读的）超缩微品⑤使…小型化
miniaturisation = miniaturization
miniaturization 小型化，微型化
minibar 小型条信号（发生器）
minibike 小型摩托车
minibul 小型推土机
minibus 微型客车
minicam 小〔微〕型照相机
minicar 微型汽车
minicartridge 小型盒式磁带
miniclad 小型封闭组合电器
minicom 小电感比较仪
minicomputer 小〔微〕型计算机
all-LSI ~ 全大规模集成小型计算机
disc-based ~ （使用）磁盘（的）小型计算机
disc-operated ~ 字盘操作微型计算机
slice ~ （单）片式小型计算机
minicooler 微型致冷器
minicrystal 小型晶体，微型晶体
minidiode 小型二极管
minidisk 小（型）磁盘
miniemulator 小型仿真程序
minification ①缩小率，（尺寸）缩小②减少，削减
final ~ 精缩，终缩
minifier 缩小镜
miniflow 微流
minigroove 密纹
minihost 小型主机
minikin ①微小的东西，最小铅字②微小的
Mini-log 单元式晶体管封装电路
minim ①量滴（液量最小单位）②最小物，微小（物），很少的一份③米宁（药剂液量单位）
minimal 极小的，最小的，最低的
minimality 最小（性）
minimalization 极小化，取极小值
minimax ①极大极小，最大最小②极小化最大③鞍点
minimeter ①指针测微计，测微仪②千分比较仪③空气负压表
Fortuna ~ 可调倍率式杠杆比较仪
Hirth ~ 海司单杠比较仪
minimicro 小型（计算）机
minimization ①求最小值②最小化，最简化，极小化③化为最〔极〕小值
structural risk ~ 结构风险最小化（人工智能识别统计决策）
minimize 使达到最小值，使…成极小
minimo 小型本，缩印版
minimode 微型
minimovie 电视上放映的电影
minimower 微型割草机
minimum ①极小值，最小值②最小的，极小的，最低的
adverse ~ 综合最小值
bare ~ 绝对最小值
breakdown ~ 最低击穿（电压）
global ~ 全局最小值，全域极小
improper ~ 非正常极小
irreducible ~ 最小限
local ~ 局部小点值
proper ~ 正常极小，真极小
minimum-access 最快存取，最优存取
mining ①采矿，矿业，采矿学②采矿的③布雷
data ~ 数据采集，数据开采
offshore ~ 水下开采，海底开采
overburden ~ 剥离（采矿作业）
strip ~ 露天开采
minioscilloscope 小型示波器
minipad 小垫片
mini-plant （实验室规模）试生产（用小型）设备
miniprint 缩印品（比原版小，比缩微品大的复制品，可用放大镜阅读）
miniprocessor 小型处理机
minipump 小〔微〕型真空泵
mini-SOSIE 最小编码低能脉冲序列法（商标名）
minisub 小型潜水艇
minisupercomputer 小型超级计算机
minitel 迷你电脑网（法国）
minitrack 电子跟踪系统（追踪卫星或火箭用），（相位比较角）无线电跟踪系统
minitransistor 小型晶体管
minitrim 微调
Minitron 米尼管，米尼特朗数字管（白炽灯丝型字母数字显示管）
minitube 小型〔袖珍〕电视机
minituner 小型调谐器

minitype 小型，微型
minium 红铅粉，红丹，铅丹
miniwatt 小功率
Minofar 餐具锡合金（*w*（Sb）17% ~ 20%，*w*（Zn）9% ~ 10%，*w*（Cu）3% ~ 4%，其余 Sn）
minolith 防火防腐剂
minometer 微放射计，袖珍剂量计用的充电计数仪
minophyric 细斑状
minor ①子（行列）式，余子式②较小的，次要的③局部的④选修科，次要科目
minorante 劣函数，弱函数
minor-caliber 小口径
minority 少数
Minovar 米诺瓦合金（*w*（Ni）34% ~ 36%），低膨胀高镍铸铁
mint ①造币厂②巨大，巨额，大量③富源④崭新的，完美的，新造的
mintage 铸币
minterm 小项
mint-mark 刻印
mint-weight （货币的）标准重量
minuend 被减数
minukes 小型核武器
minus ①负号，负数，负的②零下，零下的③减，减号④阴极的⑤缺陷⑥失去
binary ~ 二目减（算符）
plus ~ 加减（符）
minuscule ①小写字母②很小的，很不重要的
minute ①分（钟），瞬间，分（平面角的单位），角度的弧分②精细的，微小的③详细的④记录，备忘录
~ of angle 分（角度单位）
~ of arc 弧分
angular ~ 角分（1/60 度）
milliampere ~ 毫安·分
minuteness 微小，精密，精确，详细
minutes 会议记录
minutia 细节（特征）
Minvar 镍铬（低膨胀）铸铁（*w*（Ni）29%，*w*（Cr）2%，其余 Fe 或 *w*（Ni）36%，*w*（Cr）2%，其余 Fe）
mioro-chilling 微粒激冷（法），粉粒细化晶粒（法）
Mipolam 麦波郎（塑料专用名）
Mipora 米波拉（保温材料）
Mira〔**miralloy**〕 米拉合金（铜基合金，*w*（Cu）74% ~ 75%，*w*（Pb）16%，*w*（Sb）0% ~ 0.68%，*w*（Sn）1% ~ 8%，*w*（Ni）0.25% ~ 1%，*w*（Zn）0% ~ 0.06%，*w*（Fe）0.4%）
Mirabilite 米拉比来铝（镍）合金（*w*（Ni）4.1%，*w*（Pb）0.04%，*w*（Si）0.3%，*w*（Fe）0.4%，*w*（Na）0.04%，其余 Al）
~ alloy 米拉比来铝（镍）合金
mirage 蜃景，海市蜃楼
acoustic(al) ~ 声幻影〔蜃差〕（由于大温度梯度引起声波形失真）
inferior ~ 下蜃景（超短波反常传播）
superior ~ 上蜃景（超短波异常传播）
Miralite 米拉特耐蚀铝合金（*w*（Ni）4.1%，*w*（Fe）04%，*w*（Si）0.3%，*w*（Pb）0.04%，*w*（Na）0.04%，其余 Al）
miran （= missile ranging）米兰系统，导弹射程测定系统，测定导弹弹道的脉冲系统
mired 迈尔德，微（倒）度（色温单位，如 2000 K 温度的倒数为百万分之 500，则其色温为 500 迈尔德）
mirror ①镜，反射镜，反光镜，反射器②反射，反映
acoustical ~ 声镜
analyzing ~ 分析反射镜
angle ~ 角镜
antiparallax ~ 反视差镜
articulated ~ 万向转镜
aspherical ~ 非球面（反射，反光）镜
automatic dim ~ （汽车）可自动调光后视镜
azimuth ~ 方位镜
back〔rear〕surface ~ 后表面（反射）镜
beam splitter ~ ①色〔光〕束分裂镜②（摄像系统）分光镜，分色镜
chill ~ 冷镜面法（露点测量仪）
cold ~ 冷镜，冷反光镜
collecting ~ 聚光镜，聚场镜
colo(u)r selective ~ 分色镜，选色镜
concave ~ 凹面镜
confocal ~ 共焦反射镜
convergent ~ 会聚镜
convex ~ 凸镜
corner ~ 隅角镜
current ~ 电流反射镜
dichroic ~ 分色镜，二向色镜
diffraction-limited ~ 衍射限镜
dynamic current ~ 动态电流镜
electromagnetic ~ 电磁（波反射）镜〔面〕
electron(ic) ~ 电子反射镜

ellipsoidal ~ 椭球面（反射）镜
end ~ 端（面）镜
epi ~ 外镜（显微镜）
facet ~ 分段镜
facetted ~ 组合反射镜
flap ~ 回转平面镜
flip ~ 回转镜
flip-flop ~ 翻动转镜
front-surface ~ 前涂反光镜，前表面反射镜
glide ~ 滑动（平）面
half ~ 半反射镜
half-transmitting ~ 半透射镜
hyperboloidal ~ 双曲面（反射）镜
index ~ 标镜，目标定位镜，标度镜
levelling ~ 调平镜
liquid ~ 液体镜
long arm ~ 长臂（后望）镜
magnetic ~ 磁镜，磁塞
margin ~ 内表面镀膜反射镜
mischmetalcollimating ~ 平行光镜，准直管
multilayer dielectric ~ 多层介质反射镜
neutron ~ 中子反射层
outgoing ~ ①输出镜②出端反射镜（光学补偿器的）
parabolic ~ 抛物面（反射）镜
plane ~ 平面（反射）镜
plumbing ~ 垂准镜
polarizing ~ 极化反射镜
polygon ~ 多角镜（十二边光学角度器），光学多面体
projecting ~ 投射镜
radio ~ 天线反射器
rearview ~ 后方反射镜，反视镜
reference ~ 后视镜
reflective ~ 反光镜
reversing ~ 反像镜
rotating ~ ①旋（转）镜②回转反射镜
segmented ~ 分节镜
spherical ~ 球面镜
split ~ 缝隙镜
telecentric ~ 远心（平面）镜
telescope-axle ~ 侧镜（工具经纬仪望远镜的）
tracking ~ 循迹反光镜
triple ~ 三垂（直）面反射镜
viewing ~ 视镜（电视接收机），观测镜
mirror-image 镜像
mirroring 镜反射，镜像，对称（镜像）变换
server ~ 服务器镜像
mirror-lined 内镜面镀层的，背面镀反射膜的
mirror-phone 磁气录音机
mirror-smooth 平滑如镜的，镜面一样光滑的
misadjusted 失调的，误调的
misadjustment 误调整，误调谐，失调
misaim 失准，灯光不正确投射
misalign 不重合，位移，未对准，不同心
misalignment ①（中心线，轴线）未对准〔不对中，不重合〕②（中心线，轴线）非直线性〔不重合〕③不同心，偏心④偏差，角度误差⑤调整不当，失调
acceleration ~ 加速角误差
allowable ~ 允许安装误差
angular ~ 角度误差，角度失准，角位移，角偏差
axle ~ 轴安装误差
lateral ~ （轴的）横偏，横向位移
linear thrust ~ 推力向量线性位移，推力线性不同心
parallel ~ 平行度偏差，不平行性
thrust ~ 推力偏心率
misapplication 应用不当，不正确使用
misarrangement 不正确配置，错误布置
misassembly 不正确装配
miscalculation 计算错误，不准确的计算
miscarriage ①错误，误差②不成功
miscellanea ①杂集，杂记②其他
miscellaneous ①混杂的，各种各样的，多方面的②其他
mischance 故障，障碍
mischcrystal ①混晶②固溶体
mischief 故障，损害
mischmetal ①稀土金属混合物（合金，w（Ce）≥ 50%，w（La）≥ 45%）②铈镧稀土合金，米希金属（镧族金属的合金）
cerium ~ 含铈的稀土元素合金
Mischrome 铁铬系不锈钢（w（Cr）16% ~ 30%，w（Co）0.25% ~ 2.5%，其余 Fe）
miscibility 可混性，可混物，掺混性，溶混能力，相溶性
partial ~ 有限溶解，部分溶解
miscible 可（溶）混的，可〔易〕混（合）的
misclassification 错分类，误分类，分错
misclosure 闭合差，非圈闭油捕
misconduct 处理失当，办理不善
misconnection 误接，错接
misconvergence 会聚失调，不会聚，无收敛，收敛失效〔不足〕

colo(u)r ~ 色彩散聚，色失聚，基色分像错迭
miscount ①错算，误算②计数错误
miscut 切割错误
miser ①钻探机，凿井机②管形提泥钻头，钻湿土用大型钻头
misfeed 误传送，误馈送，传送失效
misfire 不燃弧，不点弧，失燃，不着火，不点火
misfit ①不吻合，不合适，错配②不配合的零件
lattice ~ 晶格失配
misfocusing 散焦
misform 做成奇形怪状，弄成残缺不全
misframe 错帧
mishandling 不正常运转，违反运行规程
mishap ①事故②损坏停车
mishmash 混杂物，杂烩
misidentification 错误辨识
misinformation 误传，传错消息
misinterpret 误解译，误判断
misjudg(e)ment 判断错误，估计错误
mismachined 不正确加工的
mismanagement 经营管理不善
mismatch ①失调，解谐，失谐②配合不符，零件错配③不重合，失配，未对准，错差④错缝，错型（铸造时的）
endwise ~ 纵向错移，端面错移
load ~ 负载失配，负荷失配
quadratic phase ~ 二次相位失配
random ~ 任意失配，随机失配
sidewise ~ 侧向错移
mismate 组合〔配合〕不当，错配合
misoperation ①操作不当，失去平衡，误动作②异常运行
misorientation ①错误取向②错向，失向，误向
misphasing 分相
misplacement 错位
misplug （插塞）错插
misprint ①误打印，打印错误②印错
misproportion 不匀称，不成比例
misreading 读数错误
misregister 记录〔指示〕不准确
misregistration ①记录错误②配准不良，对准不良，位置不正③不协调（电视彩色）④（图像）重合失调，重合不良⑤误读
character ~ 字符位置不正（文字识别用）
document ~ 文件偏移，文件未对准
dynamic ~ 动态重合不良
kinescope ~ 显像管重合不良
line ~ 行位不正
misregistry = misregistration
misrepresentation ①错误表述〔示，达〕②误传，虚报
misrouting 错误指向，不正确指向
misrun 浇铸不满，未铸满，浇不足，滞流缺肉（铸造缺陷）
miss ①失败，失误②错过，失去，错漏③脱靶，没命中
operate ~ 运算误差，操作误差
miss-cropping 下料重量超差
missdistance 脱靶距离，差距
guidance ~ 制导误差
misshape 弄歪曲，弄扭
misshapen 畸形的，异形的，残缺的，奇形怪状的
missile ①导弹，飞弹②火箭③投射器，打掷器④信号弹，照明弹
aerodynamic ~ 有翼导弹
antimissile guided ~ 防空导弹，反导弹
antisubmarine ~ 反潜导弹
ballistic ~ 弹道（式）导弹，弹道火箭
beam-riding ~ 驾束式导弹（受光束、波束引导）
cruise ~ 巡航导弹
guided ~ 导弹
high angle ~ 远程导弹
homing ~ 自动寻的导弹，自控导弹
intercontinental ~ 洲际导弹
optical tracked ~ 光学跟踪导弹
pilotless ~ 飞弹，带翼导弹
rocket ~ 火箭弹
stand-off ~ 航空导弹
sub-sea ~ 潜对舰导弹
tactical ~ 战术导弹
telemetering ~ 遥测弹
unguided ~ 非制导导弹
winged ~ 有翼导弹
missilery 导弹技术，导弹学
missile-silo 导弹发射井
missing ①故障，失误②遗漏，未打中③掉点，掉线（彩色显像管涂屏缺陷）④（发动机）不着火
mission ①使命，（战斗）任务，飞行（任务）②（汽车的）变速器③按规划运行，计划性运行目标（电力网的）

engine ~ 发动机变速器
gear ~ 齿轮变速系统，齿轮变速器，齿轮传动装置
missive 公文，公函
miss-out 不发火
miss-trip 误跳闸，误解扣
mist （油，烟，轻）雾，湿气
mistake ①错误，误差②事故
mister 弥雾机，细粒喷雾发生器
mistermination ①端接错误，终接失配②失配，失谐
mistiming 误时
Mistram 导弹弹道〔轨迹〕测量系统
mistuning 失谐，误调
mistying 不正确捆扎
misuse 误〔滥〕用
miswork 工作出错
miter ①斜接②节锥成 45° 角的圆锥齿轮③斜接规，斜接面
secret ~ 暗斜度
square ~ 斜角尺
tongue ~ 斜拼合
wheed ~ 等径锥齿轮，传动装置成 45° 角斜接
mitigation 缓冲，减轻，缓和，调节
shock ~ 缓冲
mitis 可锻铸铁件
mitre = miter
mitre-box （木工用）45° 角尺，轴锯箱
mitre-gear 等径锥齿轮，等径正角斜齿轮
mitre-wheel 等径锥齿轮，正角斜齿轮
mitron 电子调谐式柱形磁控管，（通过）电压控制（可在宽频带范围内进行）调谐磁控管，宽带磁控管，交叉指型电压调谐磁控管，米管
Mitsubishi 三菱
mix ①混〔溶〕合，搅拌，拌和②配料〔合〕③混频④混合，混合物
closed ~ ①密实混合料，密级配混合料②按最小空隙原则的配合比
commercial ~ 商用混合估评法
core ~ （型）芯砂
cupola gun ~ 冲天炉喷补料
field ~ 工地拌和
fine ~ 细粒混合料
friction-type ~ 摩擦粉料
Gibson ~ 吉布森（混合比例计算）法：①评价计算机内部处理能力的方法②利用水流冲击作用测量、计算流量的方法
harsh ~ ①干硬性混合料②粗糙搅拌
instruction ~ 指令混合比例
rag ~ 碎布胶料
ramming ~ ①搪炉料，搪包料②填充物
refractory gun ~ （耐火）喷浆
sand ~ 型砂
whirl ~ 摆轮式混砂（机）
mixable （可）溶混的
mix-bed 混合床
mix-crystal 混合晶
mixed 混合的，混频的
mixed-core 混合堆芯
mixed-grained 多种粒径混合的
mixed-in-place 就地〔工地〕拌和的，路拌的
mixed-in-transit 自动（搅拌）机搅拌，在运输过程中拌和的
mixed-phase 混波相位
Mixee 粉末混合度测量仪
mixer ①混合机，混合器，混料器，搅拌器②混铁炉③混频器，混频管，变频器④第一检波器（超外差接收机中）⑤混合控制台，调音台
A-B cut ~ A-B 图像混合器(一级图像混合器)
A-B-C-D cut ~ A-B-C-D 图像混合器，四端网络图像混合器（二级图像混合器）
anchor ~ 锚式混合〔搅动〕器
arm ~ 叶片式拌和〔混合，搅拌〕机
audio ~ ①音频混合器，音频混频器②（电视）混频控制台，混频控制板③调音台
automatic tenfold ~ 自动十仓混合机，自动十格混棉机
balanced crystal ~ 平衡晶体混频器
balanced product ~ 平衡乘积混频器
Banbury ~ （橡胶等）密闭式混炼器，密炼机
bantam ~ 非倾倒式拌和机
barrel ~ 滚筒式混砂机
batch-type seed ~ 分批式〔定量式〕拌种器
beverage ~ 饮料混合机，饮料配合缸
blanking ~ （逆程）消隐混合器
central sound ~ 中心设备声频混频器，主调音台
central vision ~ 中心设备视频混频器，主视频混合器
centrifugal sand ~ ①离心搅砂机②摆轮式混砂机
coincidence ~ 符合信号混合器，符合混频电子管
colo(u)r ~ 色彩混合器，混色器，调色机

column ~ 混合柱〔塔〕
compulsory ~ ①螺旋桨叶式搅拌运输机②桨叶式搅拌机③桨式混合机
concrete ~ 混凝土搅拌机
concurrent flow ~ 顺流〔同流〕混合器
core ~ 芯砂搅拌机
countercurrent ~ 逆流式拌和机
crystal ~ 晶体混频器
cube ~ ①带立方体滚筒的混凝土搅拌机②立方形搅拌机
de-airing ~ 真空搅拌机
decimeter ~ 分米波段混频器
double balanced ~ 双平衡混频器
double cone ~ 双锥型混合机
double-input ~ 双输入混频器
double-Z-arm ~ 双曲臂和面机
dubbing ~ ①混录调音台②复制混合器
dust ~ （药）粉末混合器
edge runner ~ 湿碾混合机，湿碾机
effects ~ 音响效果混合器
electrode ~ 电极粉料混合器
end-over-end ~ 直立圆筒混合机
flat hearth type ~ 平床混合炉
floating concrete ~ 混凝土搅拌（机）船
flow ~ ①连续混砂机②流体混合器
forced concrete ~ 强制式混凝土搅拌机
frequency ~ 混频器
gate ~ 枢式混合器
gear pump type wax ~ （失蜡精密铸造）齿轮泵式搅蜡机
gravity ~ 重力混合机〔搅拌机〕
gravity concrete ~ 自落式混凝土搅拌机
half-bag ~ 小型混凝土拌和机
harmonic ~ 谐波混频器
heater ~ 加热拌和机
heptode ~ 七级混频管
hot-metal ~ 混合炉，混铁炉
image-reject ~ 图〔镜〕像抑制混频器
intensive (type) ~ 强制搅拌机，辗轮转子混砂机，逆流强力转子式混砂机
internal ~ 密闭式混合机，密炼机
jet type ~ 喷射混合器，射流式混药器
kneader type ~ 搓式混砂机，搅拌机
knob-a-channel ~ 多路调音台,多路分调（旋钮）混合台
knothol ~ 隔膜混合器
loam ~ 黏土拌和器，辗泥机
local oscillate ~ 本机振荡混频器
lock-in ~ 同步混频器
marker ~ 标志信号混合器
meal ~ 混粉器
metal ~ ①金属混合罐〔炉，包〕②混炉，混铁包
microwave receiving ~ 微波接收混频器
mixercircular pan ~ 圆盘式混凝土搅拌机
mnemonicssynthesizer ~ 合成混频器
mode ~ 混模器
mortar ~ 灰浆搅拌机
multichannel ~ ①多路混合器②多路调音台
multimal ~ 双碾盘（连续）混砂机
multiple-pass rotary ~ 多行程转轴拌和机
multiple-pin ~ 多叶式混合器
next-channel ~ 相邻通路混合台
non-tilting-drum ~ 直卸料式拌和机
optical ~ 光学混频器
OR ~“或”门
paddle (type) ~ 叶片式搅拌机，桨式搅拌混合机，转臂式混砂机
pencil ~ 笔形混频管
pentagrid ~ 五栅混频器
planetary compulsory ~ 行星式搅拌器
primary ~ 一次混合机
propeller ~ 螺旋桨式搅拌混合器
puddle ~ 搅拌〔混砂〕机
pulverizing ~ 粉碎〔松土〕拌和机
putty-chaser-type ~ 研磨混合机
rake ~ 耙式混合器
rat-race ~ 环形波导混频器
ribbon ~ 螺旋带式混合机，螺旋叶片式搅拌机，螺条混合器
ring ~ 环形混频器
road ~ 筑路拌料机
roll ~ 辗轮式混砂机
rotary ~ 滚筒搅拌〔混合〕机
rotating pan ~ 转盘混合器，转锅式拌和机
rotation ~ 行星摆转混砂机
rotoil sand ~ 立式叶片混砂机
Royer sand ~ 带式松砂机
screw land type ~ 螺带式混合机
screw wax ~ （失蜡精密铸造）螺旋搅蜡机
seed ~ 拌种器
shaft ~ 竖〔轴〕式混合器
sigma ~ （∑形）捏合机
signal ~ 信号混合器
single-pass ~ 单行程拌和机
single-shaft paddle-type ~ 单叶片式混砂机

skip ~ 翻斗混合车〔器〕
sound ~ 声音信号混合器
split-drum ~ 裂筒式拌和机
stereo ~ 立体声调音台
stirring-type ~ 搅式拌和机
studio ~ 演播室混合台
tandem ~ 联列式（混凝土）搅拌机
ten-fold ~ 十仓混合机，十格混棉机，十格混料仓，十格混料箱
tiller-type ~ 翻土式搅和机，复式拌和机
tilt ~ ①低频失真校正电路，行畸变校正电路②倾斜混波器
tilting ~ 斜鼓形搅拌机，倾斜搅拌机
tilting-type ~ 可倾混铁〔混合〕炉
tipping ~ 可倾式搅拌机
transit ~ 自动搅拌机，运送拌和机
transport ~ 搅拌车
travel(l)ing paddle ~ 活动桨式搅拌器
trough ~ 槽式拌和机
truck ~ 汽〔货〕车式搅拌机，混凝土拌和车，混凝土搅拌输送车
tumbling ~ 转筒混合器
two-speed wax ~ （失蜡精密铸造）双速搅蜡机
unblanking ~ 开锁混频器，开启混频管
vane type wax ~ （失蜡精密铸造）叶片式搅蜡机
vertical revolving arm ~ 立式搅拌机
video ~ 视频混合器
vision ~ 视频混合器
V-type ~ V 型混合机
Z-blade ~ 曲拐式搅拌机

mixer-duplexer 混频双用器，混频 - 天线转换开关两用器
plug-in ~ 插入式混合天线开关

mixer-lorry 汽车搅拌机

mixer-settler 混合沉降器

mixing ①混合，搅拌②混频③混合物的形成
additive ~ ①叠加混合②相加混频③加色法混合
blade ~ 用（平地机）刀片拌和
camera ~ （电视）摄像机信号混合
center ~ 集中拌和
counterflow ~ 逆流式拌和
four-wave ~ 四波混频
high level ~ 高电平混频
ladle ~ 桶内混合
light ~ 光信号混合
multiplicative ~ 相乘混合，相乘混频
network ~ 网络混合
non-composite video ~ 全电视信号混合
torch ~ 焊枪内混合（气体）
zero-hour ~ 无间歇拌和（法）

Mixtruder 挤炼机

mixture ①混合②混合物〔体，剂〕③炉料
additive colo(u)r ~ 加（色）法混合
autolean ~ 自动贫化燃烧混合液
borderline ~ 饱和混合物
charge ~ 配料
cleaning ~ 洗涤液，洗涤混合液
close-boiling ~ 窄沸（点）混合物
core ~ 型芯混合料
correct ~ 标准混合物〔混合比〕
eutectic ~ 低熔〔共晶〕混合物
exothermic ~ 发热剂
explosive ~ 可燃〔爆炸〕混合气
first fire ~ 速燃点火药
free burning ~ 自燃混合气
freezing ~ 冷冻剂，冷凝剂
graded aggregate ~ 级配混合集料
harsh ~ ①干硬性混合料②粗糙搅拌料
heavy ~ 重混合气，浓混合气
ignition ~ 可燃混合气
isomorphous ~ 类质同晶型混合物
lean ~ 贫油混合气，贫（灰）〔少灰，少油〕混合料
magnesia ~ 镁剂，镁氧混合剂
molten ~ 熔融混合物
mo(u)lding ~ 型料，型砂，造型混合料
normal ~ 正常混合物
phase ~ 相的混合物
poor ~ ①稀混合气，贫（油）混合气②劣质混合物
propellant ~ （火箭）混合推进剂，（喷气发动机的）混合燃料
rare ~ 贫（混凝土）拌和物
ready-made ~ 现成配料，备好配料
resulting ~ 合成混合物
rich ~ 浓混合气，油脂混合物
rooting ~ 补强混合物
saturated air ~ 饱和的（可燃蒸气）空气混合物
signal ~ 信号的混合，复合信号
slow-running ~ （发动机的）空转混合气
starring ~ （炼锑）成星剂
starting ~ （发动机的）起动混合气

stoichiometric(al) ~ 按化学反应比例混合的混合物，理论〔理想配比〕混合物
subtractive colo(u)r ~ 减色法混合
thermit(e) ~ 热剂
weak ~ 稀混合气
weakest ~ 过稀可燃混合气

mm'-filter 双（m）导出型滤波器

mnemonic ①记忆存储器，记忆符号，助记符号②（帮）助记（忆）的

mnemonics ①寄存②记忆术

mnemotechny 助记术

Mobidic 移动式数字计算机

mobile ①运〔移，流，机〕动的，易变的，轻便的，可携带的②运动物体，可动装置，发动机，汽车
snow ~ 雪地汽车

mobilgrease 脂膏

mobility ①移〔流，机，能〕动性②迁移率③活动度④淌度⑤机械导纳⑥流度（黏度的倒数）
ambipolar effective ~ 双极性有效迁移率
carrier ~ 载流子平均漂移速度（单位电场内的），载流子迁移率
conductivity ~ 导电迁移率
cordless terminal ~ 无绳终端移动性（业务）
differential ~ 微分迁移率
dislocation scattering ~ 位错散射迁移率
drift ~ 漂移率，迁移率
electron(ic) ~ 电子迁移率
electroosmotic ~ 电渗迁移率
high-field ~ 高场迁移率
hole ~ 空穴迁移率
ion(ic) ~ 离子迁移率，离子淌度
mechanical ~ 机械导纳，力导纳
polar ~ 极性迁移率
surface ~ 表面迁移率
transfer ~ 传递导纳，传递迁移率
vacancy ~ 空位迁移率

mobiljumbo 自行钻车

mobiloil 流动〔润滑，机〕油

mobilometer 淌度计

mobiquity 通过性（在一定速度下长距离越野行驶的能力）

mobot ①移动式遥控〔自动〕装置，人控机器人②流动机器人

mock ①制造模型，制造样板②假的，模拟的③模拟，模仿

mockup ①模型，实物模型，1∶1模型，样机②伪装物，假雷达③制造模型，制造样机

modal ①模态的②最普通的，典型的③形式上的，方式上的
band ~ 频带模（态）
product structural data ~ 产品结构数据模型

modality 模态，形态，样式，程式

mode ①方式，式，型②状态，模（式，态），波型，图③众数（统计）④方法，手段
access ~ 读出方式
acoustic ~ 声模
acoustical ~ 声学振荡型，声学模
addressing ~ 编址〔寻址，选址〕方式
air ~ 空气模
alter ~ 变更方式，修改方式
answer ~ 回答模式
anticipation ~ 先行方式，先行形式
antisymmetric ~ 反对称〔非对称〕（振荡）模式
Aperture-priority ~ 光圈优先式
asynchronous response ~ 异步应答方式
asynchronous transfer ~ （=ATM）异步传输方式
automatic ~ 自动方式，自动化模式〔方法〕
back-and-forth ~ 前后（扫描）方式
background ~ 后台方式
balance check ~ 平衡检验式，检衡式
basic ~ 基模（态）
batch processing ~ （程序）组〔批量〕处理方式
beam rider ~ 波束制导方式
bearer control ~ 承载信道控制模式
betatron ~ 电子感应加速器的振荡模式（自由振荡模式）
binary ~ ①二进制，二进法②二进制方式
block by block ~ 逐段工作方式
bound ~ 限制模，束缚模
burst ~ 脉冲串式（信息传送的方式），突发模式，成组方式
byte ~ 二进制位组式，信息组式，字节式
byte-interleaved ~ 字节交叉方式
card ~ 卡片状态（读或穿时的）
cavity ~ ①谐振腔模式②空腔谐振模
channel burst ~ ①通道分组传输方式②通道成组方式
character ~ 字符方式
circle-dot ~ 圆点式（存储法）
circuit control ~ 电路控制方式
circular magnetization ~ 圆形磁化模式

circular polarization ~ 圆极化波模
cladding ~ 包层模（式）
cladding-guided ~ 包层传导模
column-binary ~ 竖式二进制方式
computer-controlled ~ 计算机控制系统
computing ~ 计算方式，（计）算（状）态
contention ~ 争用状态
control ~ 控制方式〔状态，系统〕
conversational ~ 对话方式
core ~ 纤芯模
coupled ~ 耦合模式
cut-off ~ 截止模式
cylinder ~ ①环记录方式（磁盘的）②同位标磁道组方式（把同位标磁道组作为一个连续存储区的方式）
data ~ ①数据状态②数据传送方式
decay〔disintegration〕~ 衰变方式，衰变型
dee cross ~ D盒内横向振荡模式
defocus dash ~ 散焦-长划方式，去焦-注入方式
degeneration ~ 简并模（式），退化（振荡）模（式）
depletion ~ 耗尽型
dipole ~ 偶极子〔对称振子〕振荡型
dipole-layer ~ 双极层模
domain ~ 畴模式
dominant ~ 主型
dot-dash ~ 点划法
double ~ 双模（式），双振荡型（磁控管）
doughnut ~ 环状模
dual ~ 双模（式）
dump ~ 转储方式
dynamic scattering ~ 动态散射模式
E ~ E型波，E模，（横磁波的，电磁波的）E传播模
eigen ~ 本征模
enhancement ~ 增强型
enlargement ~ 增强型
enrichment ~ 浓缩模，富集模
extensional ~ 外延式
failure ~ 失效模式
fall-back ~ 低效方式运行
fault ~ 故障模式
foreground ~ 前台（操作）方式
freeze ~ 保持式
functional ~ 功能模式，工作状态
fundamental ~ ①主模，主振型②基谐型，振荡主模
ghost ~ 重像〔重影，幻象〕模（式）
guard ~ 保护方式
H ~ H型波，横电波，H模
higher ~ 高次模
higher harmonic ~ 高次模
higher-order ~ 高次模
highly oscillatory ~ 强振荡形态
high-order beam ~ 高阶电子注模式
high-order transverse ~ 高阶横波型
hold ~ ①保持〔存，留〕式②保持状态
hybrid ~ 混合模
immediate ~ 立即（地址）方式，即时方式
implicit ~ 隐方式
indexed ~ 变址方式
interactive ~ 对话方式，交互方式
interfering ~ 竞争模式
job-program(me) ~ 工作程式，程序工作方式
leaky ~ 漏（泄）模
linearly polarized ~ 线性偏振（极化）模
linelock playback ~ 行锁定重放方式
load ~ ①装载式，装运式②传送方式，装入方式
local ~ 本地（传送）方式
local burst ~ 局部分段式（传送）
locate ~ 定位式，配位式
location ~ 单元状态
low density ~ 低密度记录方式
magnetron ~ 磁控管振荡模（式）
manual ~ 手控〔人工，手动〕式
mapping ~ 变换方式
master ~ 主控方式
minor ~ 小调式
mode-controllerplural operating ~ 多种工作方式
modededicated ~ 专用模式
move ~ ①移动式，可动型②传送方式③定界符不传送的数据传送
multispeed floating ~ 多速度无静差作用，多速无差调节法
natural ~ of vibration 固有振动模态
noisv ~ 噪声方式，干扰形式，杂波形式，嘈杂状态
non-axial ~ 轴外模
non-overlap ~ 非重叠方式
nonpacket ~ 非包方式，非分组方式
non-privileged ~ 非特惠方式
nonsupervisor ~ 非管理状态

normal ~ ①简正（振动）方式〔模式〕②正常〔固有，自然〕振荡模
normal response ~ 正常应答方式
normalized ~ 正规模式，正则化模态
off-axis ~ 离轴模式，轴外模
off-order ~ 非正常模式
on-line ~ 联机方式
operating ~ ①工况，运行〔工作〕状态②工作制度，运行〔操作〕方式
optical ~ 光模，光学模式
oscillation ~ 振荡模，振动方式
overlap ~ 重叠方式，并行方式
parallel ~ 并行式
parallel-serial ~ 并 - 串联方式
passive ~ 被动方式，惰态方式
pause ~ 暂停工作状态
phase degenerate ~ 相位简并模
pixlock playback ~ 图像锁定重放方式
playback ~ 再现〔重放，复现〕状态
point ~ 点〔多点，点集〕式
point display ~ 显示点方法，点显示法
polar vibrational ~ 极化振动模
preaddressed ~ 预定址方式
preset ~ 预置方式
principal ~ 主（振）型，主模
privileged ~ 特惠模式
problem (solving) ~ 解题方式，解题法
product structural data ~ 产品结构数据模型
program ~ 程序方式
pulse ~ ①脉冲形式②脉冲组合形
read-in ~ 写入方式
ready ~ 预备式
real-time ~ 实时方式
repeller ~ 反射极振荡模
reset ~ 回零〔复位，恢复，重置〕方式
resonant ~ 谐振模（式）
roll subsidence ~ 衰减倾侧运动，衰减滚动
septate ~ 旁模
sequential ~ 按序方式
serial ~ 串行方式
service ~ ①预检方式②服务方式
short-hold ~ 短暂保持方式
simplex ~ 单工方式
single ~ 单模（态）
single-block ~ 一次闭锁方式
site-independent ~ 地点无关方式
slave ~ 从属〔从动，被动〕式
sliding ~ 滑模
space-charge ~ 空间电荷波模式
spatial ~ （通量）空间分布
spurious ~ 乱真模，杂乱模式，寄生模式，副振荡模
stand-by ~ 准备方式，备用式（的）
static power down ~ 低功耗待命状态
storage ~ 存储模式
straightforward ~ 简明模型，简明方式
substitute ~ 置换方式，转接方式
supervisor ~ 管理状态，管态，管理方式
supervisory ~ 管态，管理程序方式（一种中央处理器的工作状态）
switching ~ 开关方式
synchronous transfer ~ 同步传输方式
system ~ 系统状态
TE ~ TE 模，横电模
teach ~ 示教状态，示教方式
time sharing ~ 分时型
TM ~ TM 模，横磁模
transit-time ~ 渡越时间工作状态
transmission ~ 传输模
transmit ~ 发送方式
transparent ~ （通信）透明方式
transverse ~ 横模
transverse electromagnetic ~ TEM 模，（描述激光的）横电磁模
transverse magnetic ~ 横磁〔TM〕模，TM 波
trapped ~ 集中振荡模
trapping ~ 捕捉状态
trigger ~ 触发模式
tropospheric ~ 对流层振荡模
unacknowledged ~ （通信）未确认模式
unbound ~ 非限制模
uncoupled ~ 非耦合振荡模
user ~ 使用状态
vector ~ ①矢量运算方式②矢量式
vibration deflection ~ 偏移振型
waveguide ~ 波导振荡模
wide view ~ 广角影象模式
zeroth ~ 零次波型
zigzag ~ 锯齿模
mode-controller 可控模
transverse ~ 可控横模
model ①模样〔型〕，样品，样机②样板，标本③模型的，典型的④仿造，模造
~ on 模仿，仿效，仿制
abstract ~ 抽象模式
acquisition ~ 学〔获，取〕得模式

aeroelastic scaled ~ 气动弹性缩尺模型
analytical probability ~ 解析概率模型
assembly ~ 装配模型
Atlas statistical ~ 阿特拉斯统计模型
attribute-based ~ 属性设计模型
autoregression ~ 自回归模型
band ~ （能）带模型
bead-spring ~ 珠簧模型
body ~ 车身模型
broadcaster ~ 广播（设备）模型
cascade ~ 级联模型
cell ~ 电解槽模型
closed water ~ 闭式水模
cluster ~ 群集模型
cochlear ~ 蜗壳形模型
cold ~ 冷态模化（设备）
collective ~ 综合模型
communication protocol ~ 通信协议模型
component object ~ 组件对象模型
conceptual ~ 概念模型，概念造型
console ~ 落地式
control volume ~ 控制面模型
cooperative management ~ 协同管理模型
cordwood ~ 积木式微型组件
crystal ~ 晶格模型
cybernetic ~ ①控制论模型②模拟控制机
data base data ~ 数据库数据模型
decision ~ 决策模型
decomposable ~ 可分解模型
degradation ~ 退化模型，劣化模型
descriptive ~ 描述性模型
deterministic ~ 确定性模型
diffusion ~ 扩散模型（法）
document object ~ 文档对象模型
drag ~ （模拟）阻力模型
dual ~ 对偶模式
dynamic ~ ①动力模型②动态模化
dynamic "scale" ~ 动力学相似模
dynamically similar ~ 动力相似模型
econometric ~ ①估算〔计量〕经济模型 ②经济计量模式
elementary ~ 基本模型，原理模型
endogenous ~ 内在模式
entropy ~ 熵模型
error ~ 误差模型
experimental ~ ①实验模型②试样
faulted deposited layer ~ 层错淀积层模型
free-fall ~ 自由落体模型
full-scale ~ 实尺〔原物大小〕模型
Gaussian ~ 高斯模型
generalized ~ 广义模型
goal consistency ~ 目标相容性模式
graphic ~ 立体图，三维图
half-scale ~ 半尺寸模型，1 : 2 模型
hierarchical data ~ 分级数据模型
honeycomb ~ 蜂巢（夹层结构）模型
hump ~ 驼峰模型
image degradation ~ 图像劣化〔退化〕模型
image force ~ 像力模型
in-line ~ 共线场模型
input-output ~ 投入 - 产出模式
integrated-circuit ~ 集成电路模式组件
interstitial-substitutional ~ 填隙替位模型
inverse ~ 逆模型
iterative array ~ 迭代阵列模型
kinetic ~ 动力学模型
line-charge ~ 线（磁，电）荷模型
living ~ 生物模型
log-linear ~ 对数线性模型
lumped ~ 集总模型
manufacturing ~ 制造模型
many-valley ~ 多谷模型
master ~ 母模，母型
Master ~ 主模型（即要加工成形的部件模型，也称为加工工件，UG NX CAM 数控加工操作术语）
mathematical ~ 数学模型
Maxwell ~ 麦克斯韦模型（表示材料流变性质的力学模型）
mesoscale ~ 中间比例模型
mobile acceptor ~ （氧化物阴极的）移动受主模型
mounted ~ 悬挂型
multi-disciplinary ~ 多学科模型
muscle servo ~ 肌（肉）伺服模型
network ~ 网络模型
numerical ~ 数值模型
on-line ~ 在线（操作）模型，联机模型
optical relief ~ 光学立体模型
OR ~ 运筹学模型
overlay ~ 叠加模式
package ~ 小型的，小尺寸的
parameter-varying ~ 变参数模型
pendulum ~ 钟摆式
physically-based ~ 基于物理的模型
pilot ~ ①实验，〔试选，先导，试验性〕模

型②引导式，导引式
pitching ~ 俯仰模型，相对横轴振动试验模型
prediction ~ 预测模型
preproduction ~ 试验模型，试制样品，样机
pressure-plotting ~ 压力分布（测定）模型
process ~ 过程（控制）模型
product ~ 产品数据模型
production ~ （成批）生产模型
program behavior ~ 程序功效模型
psychoacoustic ~ 心理声学模型
quasi-particle ~ 准〔似〕粒子模型
reliability ~ 可靠性模型
research ~ 实验〔研究，调查〕模型
residual stress ~ 残余应力模型
rubber ~ 橡胶模
scale ~ 缩尺〔成比例的，几何相似〕模型
self-propelled ~ 带发动机的模型，自动模型
sliding-filament ~ 滑丝模型
soft ~ 软件模型
solid ~ 实体模型
space ~ 立体模型
spatial channel ~ 空间信道方式
spin ~ 螺旋（试验）模型
stability ~ 稳定性试验模型
standard ~ 标准样品，样机，标准型式
standard floor ~ 标准落地式
static ~ 静力实验模型
statistical ~ 统计模型
stochastic ~ 随机模式
structural ~ 结构〔几何相似〕模型
subjective perceptual ~ 主观听觉模型
supersonic dropping ~ 超声指向标
surface pressure ~ 表面压力试验模型
syntactic ~ 句法模型，结构模型
table ~ 台式
thermoregulatory ~ 温度调节模型
thin-skin ~ 薄膜模型
topology ~ 拓扑模型
trap ~ 陷阱模型
traffic ~ 通信模型
trailed ~ 牵引型
turbulence ~ 湍流模型
utility ~ 实用模型，实用新型
void model ~ 空隙率模型
wire-supported ~ 张线式悬挂模型
wood ~ 木模（样）
working ~ 工作模型，实用模型

model(l)er 塑造者，造型者
model(l)ing ①模样制造，模型试验②模拟，模拟试验③仿形，靠模④模化，成形⑤建模
advanced ~ extension 高级建模及延伸
automatic ~ 自动模化
data ~ 数据建模
environment scanning and 3D ~ 环境扫描与3D重建（机器人智能）
feature-based ~ 特征建模
finite element ~ 有限元建模
fused deposition ~ 熔融沉积成形
geometric ~ 几何建模，形状表示〔记述〕法
information ~ 信息建模
injection ~ 注射成形
product ~ 产品建模
profile ~ 仿形，靠模
solid ~ 立体〔实体〕建模
surface ~ 表面建模，曲面造型
tool ~ 工具建模
UG/Assembly ~ 装配建模（UG NX 的主要功能模块,CAD 模块,计算机辅助设计模块）
UG/Features ~ 特征建模（UG NX 的主要功能模块，CAD 模块）
UG/Free form ~ 自由形状建模（UG NX 的主要功能模块，CAD 模块，计算机辅助设计模块）
UG/Solid ~ 实体建模（UG NX 的主要功能模块，CAD 模块，计算机辅助设计模块）
view ~ 意图模型化（数据库用）
wire-frame ~ 线框建模
modelocker 锁模器
mode-locking 锁模
active ~ 主动锁模
passive ~ 被动锁模
models （pl.）模型
dynamic programming ~ 动态规划模型
integer programming ~ 整数规划模型
linear programming ~ 线性规划模型
vine Copula ~ 藤 Copula 模型
modem 调制解调器，调制反调制装置
analog telephone ~ 模拟电话调制解调设备
analog television ~ 模拟电视调制解调器
baseband ~ 基带调制解调器
broadband ~ 宽（频）带调制解调器
cable ~ 有线电视网调制解调器
chip ~ 芯片调制解调器
dialback ~ 回拨调制解调器
digital ~ 数字式调制解调器

digitally programmable ~ 可编程序的数字调制解调器
duplex ~ 简单双向调制解调器
fan-out ~ 扇出调制解调器
fax ~ 传真调制解调器
fiber optic ~ 光纤调制解调器
handshaking ~ 信号交换调制解调器
intelligent ~ 智能调制解调器
intelligent buffered communication ~ 智能缓冲通信调制解调器
local ~ 本地调制解调器
microwave ~ 微波调制解调器
optical ~ 光（学）调制解调器
sensing ~ 读出调制解调器
simple ~ 简单双向调制解调器
smart ~ 智能调制 - 解调器
video ~ 视频调制 - 解调器
viewdata ~ 图像数据调制解调器
voice-band ~ 话路调制解调器
wideband ~ 宽带调制解调器

moder 脉冲编码〔信码〕装置
pulse ~ 脉冲编码装置〔电路〕

moderate ①适度的，中等的，温和的②缓和，减速，慢化，降低

moderater = moderator

moderate-size(d) 中型的，中等大小的

moderation ①慢化，减速，延时作用②适度，节制，稳定
neutron ~ 中子慢化

moderator ①缓冲器，调节器②缓和〔减速，慢化，阻滞〕剂
direct impact ~ 对冲型元件
graphite ~ 石墨减速剂
organic ~ 有机慢化剂

moderator-coolant 减速〔慢化〕冷却剂

moderator-reflector 慢化反射层

mode-reconversion 波型〔振型，波模〕再变换

modernization ①现代化②改装

modest 合适的，适度〔中〕的，有节制的，普通的

modesty 适度，节制，中肯

modicum 少量，一点点

modifiable 可变更〔改进，调整〕的，可缓和〔减轻〕的
address ~ 地址可变的

modification ①变形〔态，性〕②改变，变化③修正，改进〔型〕④变质〔孕育，改善〕处理
addendum ~ ①齿顶高修正②齿高变位量
axial ~ 齿向修形（齿轮传动）
center distance ~ 中心距变动量
composite interface ~ 复合材料界面改性
electron beam surface ~ 电子束表面改性
equidistance ~ 等距修形
laser surface 激光表面改性（包括激光涂覆、激光合金化等）
lead ~ 齿向修形（刃具）
moved distance ~ 移距修形
polymeric ~ 聚合物改性
profile ~ 齿形修整〔缘〕
root ~ 修根
rotated angle ~ 转角修形
surface ~ 表面改性
tip ~ 修缘，修顶
tooth-thickness ~ 切向变位（齿轮）
trellis coded ~ 网格编码调制
wood ~ 木材改性
zero ~ 零调制，调零

modificator 变质剂，孕育剂

modified 改良的，变形的，修改的，重建的，变更的

modifier ①调节器，改进器，改变装置②变质〔孕育，改性，变性，改良，调节〕剂③变址数，修改量
burning rate ~ 燃速调节剂
colo(u)r carrier ~ 彩色载波修正器
foam ~ 泡沫控制剂
image ~ 图像修饰仪
length ~ 长度修改因子
modulationnon-fading ~ 不衰退孕育〔变质〕剂
network ~ 网络改良器
phase ~ 调相器，整相器，调相机，相位补偿器

modify ①改变，修改，修正，改进，限制，减轻②变址③变质〔孕育，改善〕处理

Modify 修整（Mastercam 数控加工软件的主菜单区）

modillion 托饰

moding 波模的，振荡模的，传输模的，模变，跳模
double ~ 双振荡型〔模〕

modioliform 蜗轴状的，（车）毂状的

modish 流行的

modul 模，模数，模量

modulability ①调制能力，调制本领②组合能力

modular ①模的，模数的，系数的，模块的②预制的，制成标准件的，定型的③积木式的，组合的，模块化，组件化，组件的④定型⑤标准化程度

modularity ①模型性，标准性模式②组合性，积木性，模件性③调制性，调制率④模块化，积木化⑤模化制度
functional ~ 操作模式化，功能模块化〔积木性，调剂性〕
LSI components ~ 大规模集成电路积木部件
processing ~ 处理模式化〔模型性，模件化〕

modularization 模块化，积木化

modularized 模块化的

modulate 调制〔节，整，谐，幅，变〕，转〔变〕调

modulater =modulator

modulation ①调制〔节，整，谐，幅，变〕，转〔变〕调，缓和②变换
~ of fringes 条纹调制模式
absorption ~ 吸收式调制
absorptive ~ 吸收式调制
acoustooptic ~ 声光调制
active light ~ 光源调制
adaptive differential pulse code ~ 自适应微分脉码调制
adaptive digital pulse code ~ 自适应数字脉码调制
amplitude ~ 幅度调制
amplitude-phase ~ 振幅相位调制
angular ~ 角调制（调频与调相）
anode-screen ~ 阳极 - 帘栅极调幅
audio frequency ~ 音频调制（录像机用）
backplate ~ 信号板调制
base width ~ 基区宽度调制（即厄雷效应）
bearing-dependent phase ~ 方位调相
binary ~ 二进制调制，二元调制
binary pulse code ~ 二进制脉冲编码调制
Chireix ~ 异相调制
choke ~ 扼流圈调制
chopper ~ 断续器调制
chroma ~ 彩色信号调制
class A ~ 甲类调制，A 类调制
class B ~ 乙类调制，B 类调制
code ~ 编码调制
coded phase ~ 编码相位调制
conductivity ~ 电导率调制（半导体中因载流子浓度的变化引起半导体电导率的变化）
controlled carrier ~ 可控载波调制
cophasal ~ 同相调制
cosinusoidal ~ 余弦调制
counter ~ 解调，反调制
cross ~ 交叉调制（由外界干扰信号产生的一种互调制）
curbed ~ 约束调制
data ~ 数据调制
deflection ~ 偏（向）调制
delta ~ Δ 调制（编码调制方式），增量调制，三角调制
differential ~ 差异调制
digital amplitude ~ 数字调幅，数字幅度调制
digital control pulse code ~ 数字控制脉码调制
dipole ~ 偶极调制（用磁表面的两个极性表示二进制数）
displacement ~ 脉冲（相）位调制，位移调制
duration time ~ 时间（宽度）调制
dynamic ~ 动态调制
effective percentage ~ 有效调制度
eight-fourteen ~ 8-14 位调制
excessive ~ 过调制
extraneous ~ 寄生调制
focus ~ 聚焦调制
fork-tone ~ 叉音调制
fractional ~ 分数调制
frequency ~ 频率调制，调频
frequency amplitude ~ 调频调幅
frequency band ~ 频带调制
frequency-division ~ 分频调制
frequency-slope ~ 频率 - 斜率调制
Heising ~ 板极定流调制（射频振荡器和调制器电子管通过公共的电感馈电，使板流恒定不变），阳极定流调制，海辛调制
high-level ~ 高电平调制
high-power ~ 高电平〔功率〕调制
image ~ 像频调制
incidental frequency ~ 临时频率调制
incidental phase ~ 寄生调相
intensification ~ 亮度调制
intensity ~ ①强度调制②射线管电子束调制
isochronous ~ 同步调制
length ~ （脉冲）宽度调制，长度调制
lobing ~ 扫描调制
loss ~ 吸收调制
low carrier ~ 低载频〔弱载波〕调制
low-level ~ 低电平〔功率〕调制

mechanical ~ 机械调制
multiple ~ 复调制，多级调制
multistep ~ 多级调制
negative ~ 负极性调制
new scan velocity ~ 新型扫描速度调制器
on-off ~ 电键调制，启 - 闭调制
out-phasing ~ 反相调制，移相调制
percentage ~ ①调制深度②调制度（百分数）
percentage beam ~ （超正析像管的）束调制度（百分数）
permeability ~ 磁导率调制
permutation ~ 变换调制
phase ~ 调相，相位调制
phase shift ~ 相移调制
phase time ~ 相时调制
polar ~ 极化调制
polarization ~ 偏振调制
position ~ （脉冲）相位调制，脉位调制
positive ~ 正调制（电视的），正极性调制
pregroup ~ 前波群调制
primary-current ~ 原电流调制
pulse ~ 脉冲调制
pulse-amplitude ~ 脉冲幅度调制
pulse-code ~ 脉（冲编）码调制
pulse-count ~ 脉冲计数调制
pulse-duration ~ 脉冲持续时间调制，脉（冲）宽（度）调制
pulse-frequency ~ 脉冲调频，脉冲频率调制
pulse-interval ~ 脉冲间隔调制
pulse-length ~ 脉冲宽度调制
pulse-number ~ 脉冲数〔脉冲密度〕调制
pulse-position ~ 脉冲位置调制
pulse spacing ~ 脉冲间隔调制
pulse-time ~ 脉冲 - 时间调制
pulse-width ~ 脉（冲）宽（度）调制
push-pull ~ 推挽调制
quadrature ~ 正交调制，直角相位调制，90° 移相式调制（电视）
quantized pulse ~ 量化〔分层〕脉冲调制
quantizing frequency ~ 量化调频
quiescent-carrier ~ 静态〔抑制，抑止〕载波调制
reference ~ 基准调制
residual ~ 寄生调制，残余调制
residual frequency ~ 残余调频，寄生频率调制
scan velocity ~ 扫描速度调制
self-pulse ~ 自生脉冲调制
self-pulsed ~ 脉冲自调制
series ~ 串联调制
servo ~ 伺服调制
sound ~ 伴音调制
space ~ 场调制
spiral-beam ~ 螺旋电子束调制
square-law ~ 平方律调制
start-stop ~ 起止调制
subcarrier amplitude ~ 副载波调幅
subcarrier frequency ~ 副载波频率调制
suppressed carrier ~ 抑制载波调制
sweep frequency ~ 扫描调频
tone ~ 音调（色调）调制器
transformer ~ 变压器调制
two-tone ~ 双音（频）调制
variable carrier ~ 可变载波调制
voice ~ 声频调制
whistle ~ 干扰信号调制，啸声调制

modulator 调制器，调幅器，调节器
acousto-optic ~ 声光调制器
amplitude ~ 调幅器
audio-frequency shift ~ 声频频移调制器
aural ~ 伴音信号调制器
balanced ~ 平衡〔对称〕调制器
blue colo(u)r difference ~ B-Y〔蓝色差〕调制器
channel ~ 信道调制器
chromaticity ~ 彩色〔色品信号〕调制器
commutator ~ 换向调制器
delta ~ Δ 增量调制器
double balanced ~ 双平衡调制器
electro-optic ~ 电光调制器
FM ~ 调频器
G-Y ~ G-Y〔绿色差〕调制器
hard-switch ~ 刚性开关调制器
hard-tube ~ 高真空管调制器，硬管调制器
hard-type ~ 真空管调制器
impact ~ 对冲型（放大）元件
laser ~ 激光调制器
latching magneto-optic ~ 锁（闩）式磁光调制器
light ~ 光调制器，调光器
magneto-optic ~ 磁光调制器
membrane light ~ 薄膜光调制器
message ~ 消息调制，报文调制
multivibrator frequency ~ 多谐振荡器式调频器
optical phase ~ 光调相器

phase ~ 调相器
phaseshift ~ 相移调制器
product ~ 乘积调制器（输出信号正比于载频信号和调制信号的乘积）
pulse ~ 脉冲调制器
pulse-code ~ 脉（冲电）码调制器
pulse-phase ~ 脉冲调相器
pulse-position ~ 脉位调制器
pulse-width ~ 脉宽调制器
pulse-network ~ 脉冲网络调制器
red colo(u)r difference ~ R-Y〔红色差〕调制器
ring ~ 环形调制器
summing impact ~ 加法对冲元件
transverse impact ~ 对冲型元件
video-audio ~ 视 - 音频调制器
visual ~ 视频信号调制器

modulator-demodulator 调制解调器

modulatory 调制的，调节的

module ①模，模数②系数③模量④阶⑤（微型）组件，（电子表）机芯，程序片，存储体⑥模件，模块，程序块，功能块⑦（集成电路用）设备，部件⑧因数，率，比，圆柱半径量度，计量单位⑨舱
accelerator control ~ （汽车）加速踏板控制模块
access control ~ 存取控制模块
active pipeline ~ 活动流水线模块
active processor ~ 活动处理机模块
air bag control ~ 安全气囊控制模块
air bag system diagnostic ~ （汽车）安全气囊系统诊断模块
air control ~ （汽车空调）通风控制模块
air solenoid ~ （汽车）空气电磁线圈模块
air suspension control ~ （汽车）空气悬架控制模块
alternate fuel control ~ 代用燃油控制模块
array ~ ①阵列模块②数组模块
assist power control ~ 附件动力控制模块
asynchronous communication ~ 异步通信模块
audio control ~ 音响控制模块
axial ~ 轴向模数
battery backup ~ 电池备用组件
battery power control ~ 蓄电池电源控制模块
binary logic ~ 二进制逻辑微型组件
blower ~ 鼓风机模块
body ~ 车身模块
body computer ~ 车身电子计算机模块
body control ~ 车身控制模块
bubble data ~ 磁泡数据模块
bubble memory ~ 磁泡存储器模块
buffer ~ 缓冲器模块（组件）
cabin pressure acquisition ~ 座舱压力采集组件
calendar ~ 日历组件，日历表机芯
card ~ 插件模件（微处理机的）
card level ~ 插件级模件
cellular phone ~ 蜂窝式电话模块，手机模块
center electronic ~ 中央电子模块
center timer ~ 中央计时器模块
central control ~ 中央控制模块
central security ~ 中央安全模块
chassis control ~ （汽车）底盘控制模块
circuit ~ 电路组件
circuit control relay ~ 电路控制继电器模块
circular ~ 端面模数
command ~ 指令组件，指挥〔指令〕舱
communicating ~ 通信模块
communication ~ 通信模件，通信模式
communication terminal ~ 通信终端模块
completed ~ 成品机芯
computation ~ 计算模型，计算组件
computer ~ ①计算机模〔组〕件②计算机样机〔模型〕
constant control relay ~ 恒定控制继电器模块
contact sense ~ 接触读出模件
control ~ 控制模块
convenience charging ~ 便捷充电模块
cordwood ~ 积木式微型组件
core load ~ 调入内存模块
cruise control ~ （汽车）巡航控制模块
cutter ~ 刀具模数
dash integration ~ （车身控制系统用）仪表板集成模块
data display ~ 数据显示模块
dedicated autonomous ~ 专用自主模件
definition ~ 定义（性）模块
diagnostic ~ 诊断模块
diagnostic/energy reserve ~ 诊断 / 储能模块
digital ~ 数字微型组件
digital circuit ~ 数字电路模块
digital input ~ 数字输入模块
digital logic ~ 数字逻辑模块
disk pack driving ~ 磁盘组驱动部件
display ~ 显示模块

display control ~ 显示器控制模块
distributing and regulating ~ 擒纵及调速组件
distributorless ignition system ~ （发动机）无分电器点火系统（控制）模块
door control ~ （汽车）车门控制模块
double ~ 双模
drive motor control ~ 驱动电动机控制模块
driver-door ~ 驾驶员门控制模块
driver-seat ~ 驾驶员座椅控制模块
electronic ~ 电子仪器舱，数字式电子模块
electronic body control ~ 车身电子控制模块
electronic brake control ~ （汽车）电子制动控制模块
electronic control ~ 电子控制模块
electronic distributorless igjntion system ~ （发动机）无分电器电子点火系统模块
electronic motor control ~ 电动机电子控制模块
electronic suspension ~ （汽车）电子悬架模块
electronic transmission control ~ （汽车）变速器电子控制模块
emergency call ~ 紧急呼叫模块
emission controlled ~ （发动机）排放（物）控制模块
energy processor ~ 能量处理组件
engine control ~ 发动机控制模块
engine system control ~ 发动机系统控制模块
English ~ 英制模数
evaluation processor ~ 处理机评价模件
execution ~ 执行模块
failure mode effects ~ 故障模式效果模块
fiber termination ~ 光纤终端模块
fluidic ~ 射流组件
fuel indicator ~ （汽车）燃油指示器模块
fuel injection pump control ~ （发动机）喷油泵控制模块
fuel pump driver ~ （发动机）燃油泵驱动器模块
function ~ 功能模块
functional ~ 功能块组件
gating ~ 选通微型器件
governer electronic ~ 调速器电子模块
governor control ~ 调速器控制模块
grip ~ 手爪模件，夹钳组件
heater vent ~ 暖风装置通风模块
house-keeping ~ 内务操作模块
hybrid ~ 混合微膜组件
ignition control ~ （发动机）点火控制模块
ignition diagnostic ~ （发动机）点火诊断模块
ignition discharge ~（发动机）点火放电模块
illumination control ~ （汽车）照明控制模块
inch ~ 英制模数
injection drive ~ （发动机）喷油器驱动模块
input ~ 输入模块
instrument panel ~ 仪表板模块
integral control relay ~ 综合控制继电器模块
integral relay control ~ 集成继电器控制模块
integrated air fuel ~ （发动机）整体式空气燃油模块
integrated airbag ~ （汽车）集成式安全气囊模块
integrated fuel system ~ （发动机）集成式燃油系统模块
intelligent power ~ 智能化动力模块
interface ~ 接口模块
job-sequencing ~ 作业定序模块
lead/lag ~ 超前滞后组件
left door control ~ （汽车）左门控制模块
load ~ ①装载程序②寄存信息段〔块〕，输入程序片，装入模块，装配组件
logic ~ 逻辑模块
lunar ~ 登月舱
membrane ~ 膜组件
memory ~ ①存储器（容量）模数②存储体，存储模块，存储（微型）组件
memory mirror ~ （汽车）后视镜记忆模块
memory seat ~ （汽车）座椅位置记忆模块
micro ~ 超小型器件
microcircuit ~ 微电路模块
microcomputer timing ~ 微型计算机计时模件
multifunctional ~ 多功能模块
natural gas vehicle ~ 天然气汽车模块
normal ~ ①法向模型②法向模数，法面模数
NOx control ~ （发动机）氮氧化物控制模块
object ~ 目的程序模块，结果模块
operand fetch ~ 取操作〔运算〕数功能块
output drive ~ 输出驱动模块
overlay load ~ 覆盖装入〔装载〕程序模块
passenger door ~ 乘客侧车门控制模块
passenger seat ~ （汽车）乘客座椅（控制）模块
passive belt control ~ （汽车）被动式安全带控制模块
pellet ~ 片状微型组件
personality ~ 个性模件

plug-in ~ 插（入组）件
potted circuit ~ 微膜组件
power ~ 动力模块
power control ~ 电源控制模块，动力控制模块
power seat ~ （汽车）电动座椅控制模块
power steering control ~ （汽车）动力转向控制模块
power supply ~ 电源（微型）组件
powertrain control ~ 动力系控制模块
powertrain engine control ~ （发动机）动力系控制模块
powertrain fuel control ~ （发动机）动力系燃油控制模块
powertrain ignition control ~ （发动机）动力系点火控制模块
powertrain test control ~ （发动机）动力系测试控制模块
processing ~ 处理模块
program(me) ~ 程序模块
program security ~ 程序保密模块
programmable speedometer/odometer ~ 可编程车速里程表模块
programmer ~ 程序编制组件，程序编制微型组件
programming ~ ①程序设计方法，编制程序法②程序（设计）模块，编程序模块
pump laser ~ 抽运〔泵〕激光器模块
quad driver ~ （汽车）四驱动器模块
rear door ~ （汽车）后门模块
rear integration ~ （车身控制）后集成模块
reenterable load ~ 可重入装配模块
register transfer ~ 寄存器传送模块
relay ~ 继电器模块
relocatable ~ 浮动（程序）模块，可再定位模块
remote antitheft ~ （汽车）遥控防盗模块
representative ~ 表现模，表示模
resettable clock ~ 可清除时钟模件
restraint control ~ （汽车安全装置）约束控制模块
ride air ~ （汽车）行驶平顺性空气模块
right door control ~ （汽车）右门控制模块
scheduler ~ 调度（程序）模块
seat belt timer control ~ （汽车）座椅安全带定时器控制模块
seat control ~ （汽车）座椅控制模块
security ~ 保密模块，保密组件
semiconductor ~ （半导体）模块
sensing and diagnostic ~ （汽车安全气囊）传感和诊断模块
sensor actuatibn ~ 信号执行模块
sensor diagnostic ~ 传感器诊断模块
sequential alarm ~ 顺序报警器
side impact sensing ~ （汽车）侧碰撞检测模块
simulation ~ 仿真模型
sort ~ 分类程序模块
source ~ ①源组件〔程序〕，原件〔原始〕程序②源（程序）模块
stabilizer trim control ~ 安定面配平控制组件
stacked wafer ~ 叠片组件
standard ~ 标准模数，模数标准系列
storage ~ 存储体（磁心存储器的）
subscriber identity ~ （通信）用户识别模块，用户身份验证模块
sum ~ 加法组件
supercompact optoelectronic ~ 超小型光电子模块
supplemental restraint system diagnostic ~ （汽车）辅助约束系统自我诊断模块（主要指安全气囊和充气张紧式安全带）
suspension steering ~ （汽车）悬架转向模块
synchronous transport ~ 同步传输模块
thermoelectric cooling ~ 热电致冷器
thermoelectric heating ~ 热电发热器
thick film ignition ~ （发动机）厚膜点火模块
thin film magnetic ~ 薄磁膜组件，磁膜模块
tinkertoy ~ 堆叠式微型组件
tire inflation ~ 轮胎充气模块
tool ~ 工具模数
trailer control ~ 挂车控制模块
transaxle control ~ （汽车变速）驱动桥控制模块
transmission control ~ 传动（变速器）控制模块
transmission control switch ~ 变速器控制开关模块
transverse ~ 端面模数
transverse operating ~ 端面节圆模数
transverse working ~ 端面节圆模数
truck body control ~ 货车车身控制模块
two-card ~ 双卡（片）模块
unit ~ 单位模数
universal identity ~ 通用全同模块

universal subscriber identity ~ （通信）通用用户识别模块
variable control relay ~ 可调控的继电器模块
variable load control ~ 可变载荷控制模块
variable valve timing ~ 可变（发动机）气门正时控制模块
vehicle control ~ 汽车控制模块（控制动力系、底盘或车身）
vehicle dynamics ~ 车辆动态（控制）模块
Versa ~ European (bus) 欧洲维萨模块（总线）
video display ~ 视频显示组件，视频显示模块
voice recognition ~ 话音识别模块，话音识别组件
wiper control ~ （汽车）刮水器控制模块

modulo ①模（数，量）殊余数（计算机中被特殊数目除后之余数）②按模计算

modulometer 调制表，调制计

modulus ①模，模数②振幅（相量的）③比，率，系数④模量⑤模件，组件⑥基本单位
~ of a machine 机械效率
~ of continuity 连续模
~ of decay ①衰减系数②衰变模量
~ of resilience ①回弹系数，回能模数②回能模量
~ of rigidity 刚量模量〔系数〕
~ of rupture 挠曲〔极限〕强度，折断系数，断裂模数
~ of torsion 扭转（弹性）模量
apparent ~ 视模数，割线模数
bending 抗弯模量，弯曲系数
bulk ~ 体积弹性模量，体积压缩性
chord ~ 弦向模量
complementary ~ 补模
complex shear ~ of elasticity 复切变模量
dynamic ~ of elasticity 动态弹性模量
elastic ~ ①弹性模量②弹性组件③弹性计量单位
elongation ~ 延伸系数
equilibrium ~ 平衡模量
factor ~ ①商模②因子模
fineness ~ 细度模数〔系数〕
fracture ~ 断裂模量
normal ~ 法向模数
piezoelectric ~ 压电系数
reduced ~ 换算模数
relaxation ~ 松弛模量
restraint ~ 约束模量
secant ~ 视〔割线，正割〕模量
secant bulk ~ 割线体积弹性模量
section ~ 剖面模数，截面系数，断面系数
shear ~ 切变模量
sonic bulk ~ 以声速计算的弹性模量
tangent ~ 正切（弹性）模量
tensile ~ 抗拉模量
torsional ~ 扭振模量
transverse ~ of rupture 弯曲强度极限
working ~ 加工率
Young's ~ 杨氏模量，弹性模量

modus 方式，方法，程序

Moelinvar 莫林瓦合金

mogas 车用汽油

mogister （= mos shift register）金属氧化物半导体移位寄存器

mogullizer 真空浸渗设备

Mohm 莫姆（力迁移率的单位，等于力欧姆的倒数）

mohole 超深钻，莫霍钻探（计划）

Mohshardness 莫氏硬度

moiety 一半，二分之一，一部分
chemically bonded ~ 化学键合部分

moil ①十字镐，鹤嘴锄②一字形钻头

moire ①波动光栅，莫尔条纹②波纹（电视接收机屏上影象的干扰），网纹干扰

moirepattern 水纹图样，波纹图样

moissanite 碳硅石

moist-cured 保持湿润的，湿润处理的

moistener 湿润器，喷水装置

moistness 湿度，湿气，水分

moisture 水气，水分，湿气，湿度
absolute ~ 绝对湿度
adventitious ~ （燃料的）外部水分
cellular ~ 毛细水分
free ~ 游离〔表面〕水分
free surface ~ 外水分，表面水分
hygroscopic ~ 吸湿水分，湿存水
mobile ~ 游离水分
relative ~ 相对湿度
steam ~ 蒸汽湿度

moisture-catcher 去湿装置，去湿槽

moisture-free 干燥的，不含水分的

moisture-penetrability 透湿性，透湿度

moisture-proof ①耐湿性，耐湿度②防湿，防潮

moisture-tight 防潮的，抗湿的

moisturo-fight 防潮的，抗湿的

mol 物质的量的单位摩（尔）（以符号 mol 表示）

ground ~ 基本摩尔
molal 摩尔的，摩尔浓度的
partial ~ 偏摩尔的
molality ①质量摩尔浓度（mol/kg）
molar ①物质的量浓度（mol/L）②磨碎的③摩尔的
molarity 物质的量浓度（mol/L）（每 1 L 溶液中溶质的摩尔数）
mold = mould
molding = moulding
Mole 莫尔式管道测弯仪
mole ①塑孔，暗沟②塑孔器③摩尔
giant ~ 巨鼠型掘进机
gram(me) ~ 摩尔
slurry ~ 泥浆掘进机
molectron 集成电路，组合件
molectronics 分子电子学（电子器件超小型化技术）
molecular 分子的，摩尔的
molecularity 分子性，分子状态
molecule ①分子②摩尔③微点，微小颗粒
complex ~ 复分子，络分子
ionized ~ 离子化分子，分子离子
non-polar ~ 非极性分子
polar ~ 极性分子
tagged ~ 标记分子，示踪分子
mole-electronics 分子电子学（电子器件超小型化技术）
moler 硅藻土
moletron 分子加速器
moletronics （= molecular electronics）分子电子学
molion 分子离子
mollerising = mollerizing
mollerizing 钢铁〔表面〕热浸铝法，液体渗铝
mollient 缓和剂，软化剂
mollification 软化，缓和
mollifier ①软化剂②软化器
molten 浇铸的，熔融的，铸造的
moltivariate 多元〔变〕(的)，多变量〔数〕(的)
moly 钼（Mo）
moly-B 钨钼合金
molybdena 氧化钼
molybdenum 钼（Mo）
molybdenum-copper 钼铜合金
molybdenum-permalloy 钼镍铁导磁合金，钼坡莫合金
molybdenum-silver 钼银合金
Molykote 二硫化钼润滑剂
molysite 铁盐
moment ①力〔弯，挠〕矩，动量②瞬间③因素，要素④时机，机会
absolute Yth ~ 绝对 *Y* 阶矩
area ~ 挠矩面积，面积矩
breaking ~ ①断裂力矩②切断瞬间
capsizing ~ 倾翻力矩
carry-over ~ 带过力矩，传递力矩
central ~ 中心矩
central factorial ~ 中心阶乘矩
centroidal ~ 质心矩
cohesion ~ 黏聚力矩
control ~ 控制力矩，控制系统单元力矩
control surface ~ ①控制面力矩②舵力矩
core ~ 柱心力矩，核矩
critical ~ ①临界力矩②临界时限③决定性时刻
current ~ 电流矩（电流和长度乘积）
damping ~ 阻尼矩，衰减矩
dead-load ~ 自重力矩，恒载力矩
deviation ~ 惯性离心力矩
diamagnetic ~ 逆磁矩
dipole ~ 偶极矩
disturbing ~ 颠覆〔倾斜，扰动〕力矩
driving ~ 旋转〔转动，传动，驱动〕力矩
dynamic ~ 动态力矩
electric ~ ①电矩②偶极矩
electrokinetic ~ 动电力矩
end ~ 端力矩，端（弯）矩
ensemble ~ 总体矩
even twisting ~ 固定转矩，不变的转矩
factored ~ 计算力矩
factorial ~ 阶乘矩
first ~ 一次矩，一阶矩
flywheel ~ 回转力矩，飞轮力矩
geometric ~ 几何矩
geometrical ~ 几何（面）矩
heeling ~ 横倾力矩
hogging ~ 负弯矩
impulsive ~ 冲量矩
induced ~ 感生力矩
inertia(l) ~ 惯性矩，惯性力矩
kinetic ~ 动力矩
left-handed ~ 左转〔反时针旋转〕力矩
lifting ~ 倾覆力矩
load ~ 起重力矩
magnetic ~ 磁矩

out-of-trim ~ 失配平力矩
overturning ~ 倾覆力矩
perturbed ~ 扰动力矩
pitching ~ 俯仰力矩
polar ~ 极矩
product ~ 积矩
quadrupole ~ 四极矩
quenching ~ 灭弧时刻，猝熄时刻，灭弧点，猝熄点
restoring ~ 复原力矩
righting ~ 恢复力矩，稳定力矩
rim ~ 轮缘转矩
rupture ~ 断裂力矩
sagging ~ 正弯矩，下垂力矩
second ~ 二次矩，二阶矩
secondary ~ 副力矩，二阶矩，次要力矩
section ~ 截面抗矩
specific magnetizing ~ 磁化强度
stability ~ 安定〔稳定，恢复〕力矩
stalling ~ 失速〔使气流离体〕力矩
synchronizing ~ 进入同步（的）瞬间
transition ~ 跃迁矩
trimming ~ 平衡力矩
turning ~ 转矩，动力矩
twisting ~ 扭转〔旋转〕力矩，扭〔转〕矩
ultimate bearing ~ 极限弯矩
upsetting ~ 倾覆力矩
virtual ~ 虚力矩
yawning ~ 方向力矩，盘旋力矩

momental 惯量的，力矩的

momentary 瞬时的，短暂的，瞬息间的，时时刻刻的

moment-of-inertia 惯性（力）矩，转动惯量

momentum ①动量，（总）冲量，冲力②要素③动向④势头⑤力量
aggregated ~ 总动量
angular ~ 角动量，动量矩
azimuthal ~ 方位动量
crystal ~ 晶体（内）动量
electrokinetic ~ 电动量
leaving ~ 输出动量
spin angular ~ 自旋，角动量

monad ①单位〔元，体，轴，值〕②一价物，一价基③不能分的，不可分的

monarkite 硝铵，硝酸甘油，硝酸钠

monatomic 单原子的

monaural 单耳的，单耳听感的，非立体声的

monaxial 单轴的

monazite 独居石，磷铈镧矿

Monel(metal) 蒙乃尔合金（铜镍合金）

monergol 单一组成喷气燃料

money 金钱，货币，财富
base ~ 基准货币
caution ~ 保证金
dear ~ 高利借款，高利率
easy ~ 低利货款
electronic ~ 电子货币
flat ~ 不兑换货币，名义货币
idle ~ 闲散资金，游资
margin ~ 预收保证金
ready ~ 现金
soft ~ 纸币
standard ~ 本位货币
virtual ~ 虚拟货币

monheimite 铁菱锌矿

monic 首一的

monica （飞）机尾（部）警戒雷达

monifold 歧管
variable intake ~ （发动机）可变进气歧管

Monimax 莫尼马克斯合金（w(Ni)47%，w(Mo)3%，其余Fe），钼镍铁（高导磁）合金

monitor ①控制装置，控制〔监视，监控，传感，监听，监测，指示〕器，控制测量仪表②保护装置，安全装置③喷水枪④通风顶⑤记录器⑥剂量计⑦监控〔督〕程序
actual ~ ①线路监视器②输出监视器
air ~ ①大气污染监视器②（空气）放射性检验器③广播节目监视器
air activity ~ 大气污染监测器
air-foam fire ~ 空气泡沫消防炮
air-particle ~ 空气（中悬浮）粒子（放射性）监测器
alarm ~ 报警监视器
announce ~ 广播监察器
area ~ 特定范围放射线检测器，（放射性）定区监测仪
arrhythmia ~ 心律失常监护器
associated particle ~ 伴生粒子监测器
audio ~ 监听设备，监听器
average-power-range ~ （反应堆）平均功率范围监测器
baby ~ 新生儿监护仪
background ~ 本底监测器
blast furnace wall ~ 高炉炉壁监测仪
brewing SSTV ~ 混合式慢扫描电视监视器
camera ~ 摄像机监控器，预检监视器

childbirth ~ 分娩监护仪
colo(u)r ~ 彩色图像监控器
combine harvester damage ~ 联合收割机损失监视仪
combine harvester rotary ~ 联合收割机转速监视仪
commentator's ~ 广播监视器
control store ~ 控制存储监视器
counter ~ 计数管监测器，控制计数管
DAC ~ 数（字）- 模（拟）转换器监督程序
data comunication ~ 数据通信监督程序
dose ~ 剂量仪
drowsiness ~ （驾驶员）瞌睡监视器
ECG ~ 心电图监护仪；心电图监测器；心电监护仪；心电监护
effect ~ 效果监察器（电视）
electro-cardiogram ~ 心电图监护器
electrocardiograph remote ~ 心电遥测仪器
flux ~ （中子）通量监测器
foil ~ （活化）箔监测仪
gas ~ 气体监测器，空气污染度监视器
H / L ~ 高位 / 低位监视器
hand and foot ~ 手足（放射性）监测器
hardware ~ ①硬件监视器②硬件监督程序
health ~ 环境保护监视器，剂量计
hierarchic(al) ~ 分级监督程序
hydraulic ~ 水枪
in-core flux ~ 堆芯通量监测器
keying ~ 键控监测器
landscape ~ 横向监测器
line ~ 线路〔输出〕监视（听）器
line strobe ~ 线扫描示波器
line view ~ 行图像监视器
loudspeaker ~ 监听扬声器
multisync ~ 多制式监视器
net ~ 网位仪
off-line ~ 脱机监听器
on-the-air ~ 主监察器
panel ~ 屏面控制器
panoramic ~ 扫调〔全景〕监视器
phase ~ 相位指示器，相位计
picture ~ ①图像（信号）监视器②（电视）图像监视管
pilot ~ 自动驾驶仪
portrait ~ 立式监视器
power-level ~ 功率监测器
program(me) ~ 节目监视〔监听〕器
PROM ~ PROM 监控程序
pulse ~ 脉冲控制器
seed ~ 播种监视仪
sequence ~ ①顺序监督程序②顺序监测〔控制〕器
shutdown ~ （加速器）事故停机监察器
software ~ 软件监督程序
sound ~ 声监控器，伴音监听器
studio ~ 广播监听机，演播室监视器
survey ~ 普查辐射仪〔剂量计〕
tape ~ 磁带监视器，磁带监视电路
television ~ 电视监控
time-sharing ~ 分时监督程序
tire pressure ~ 轮胎气压监测器
tractor trip computer ~ 拖拉机油耗监视仪
transitional ~ 过渡监督程序
transmission ~ 主监察器
UV-flow ~ 紫外流监测器
vehicle condition ~ 汽车状况监控器
vehicle maintenance ~ 汽车维护监控器
video ~ 视频监视器
water ~ 水放射性记录〔监测〕器，水位控制器
water quality ~ 水质监控器
waveform ~ 监视示波器，波形监视器
yarn starching ~ 纱线上浆率监测仪
monitoring ①监测〔控，视〕②控制操作③剂量测定
air ~ 大气（污染）监测，广播节目监视
blind ~ （在看不到传声器的情况下）监控传声
colo(u)r ~ 彩色图像监控
engine health ~ 发动机安全检查〔缺陷监督〕
fault ~ 故障监测
process ~ （工艺）过程（的）控制〔监督〕
quality ~ 质量控制〔检查〕
routine ~ 常规监测
signal ~ 信号（波形）监视
simulation ~ 模拟监督
tandem connection ~ 串级连接监测
monitorscope （麻醉时用）监护听诊器
monkey ①活扳手②打桩锤③渣口，通风道，风眼④起重机小车⑤芯轴⑥锤
drop ~ ①模锻（件）②活扳手
grease ~ 汽车修配工具
pile ~ 桩锤
monkey-chatter （两相邻波道边带差频所引起的干扰）啁啾声，交叉失真，交叉调制，邻道干扰，串话

monkey-engine （锤式，卷提式）打桩机
monkey-hammer 落锤
monkey-spanner 活扳手，万能螺旋扳手，活旋钳，螺钉扳手
monkey-wrench 活扳手，螺钉扳手，活旋钳，万能螺旋扳手
mono ①单音的，单一的，单色的②单声道重播③单声道唱片
monoaccelerator 单加速器
monobasic 一（碱）价的，一元的
monobath 单浴
monobel ①硝铵②硝酸甘油③锯屑④食盐炸药⑤单贝尔
monobloc 整体的，单元的，单块的
monoblock ①整块，单体，单块②单元机组③（铸成整体的）壳体，整体机组④整块的，单体的
ebonite ~ 正铸胶壳
monobrid 单片组装法
monocable 架空索道
monochord 单弦（音响测定器），单弦琴，单音听觉器，弦音计，调和，和谐
monochroic 单色的
monochroism 光的各向同等吸收
monochromatic 单色的，单色光的，单能的
monochromaticity 单色性
monochromatism 单色性，全色盲
monochromatization 单色化，单色法
monochromatizing 成单色，单色处理
monochromator 单色器〔仪，光镜〕，单能化器
monochromator =monochrometer
polarizing ~ ①偏振单色镜〔仪〕②极化单色仪
monochrome ①单色②单色影片，单色照片，黑白照片③黑白电视〔图像，影片〕
by-pass ~ （彩色电视中）单色图像信号共现（原理）
monochrometer 单色仪，单色光镜，单能化器
double ~ 双单色仪
grating ~ 光栅单色仪
X-ray ~ X射线单色器
monochromic(al) 单色（图像，影片）的
monoclinic 单斜（晶系）的，单结晶的
monocode 单码
monocoil 单线圈的，单线管的
monocolo(u)r 单色
monocomparater ~ 单像坐标量测仪
monocontrol 单一控制，单一调节
monocoque ①硬壳式机身，单壳机身②硬壳〔无大梁，薄壳〕结构③承载式车身，无架式车身
monocord 单软线，单塞绳
monocrystal 单晶体，单晶
monocrystalline 单晶（体，质，形的）
monocular ①单目的，单筒的（光学仪器）②单筒望远镜
monocycle 独轮车，单环，单周期，单循环
monocyclic 单周期的，单循环的
monodirectional 单向的
monodisperse 单分散（性）
monodispersity 单分散（性）
monodrill 单粒播种机
monodrome 单值
monodromy 单值（性）
monoenergetic 单色的，单能（量）的
monoergic 单色的，单能（量）的
monofier 振荡放大器
monofilm ①单膜②单分子层，单（层）分子膜
monoforcal 单聚焦的
monoformer 函数电子射线变换器，光电单函数发生器
Monofrax 高密度耐火材料
monofrequent 单频（率）的
monofuel 单元燃料，一〔单〕元推进剂
monogenetic 单色的，单性的，单成的
monogram （车头上的）标牌
monograph ①单篇论文，专题论文，（专论）单行本②记录③图
advanced research ~ 高级研究专论集
power ~ 功率图集
monographist 专题论文的作者
monohedron 单面体
monoid 独异点
monolayer ①单层，单原子层，单分子层②单层的
monolever 单手柄
monolith 整（体）料，整体，单块
monolithic ①整体（铸，烧结）的，单块的，单片的②单块，单片
monolock 单锁
monomark （表示商品等的）注册标记，略符，略名，符号
monomer 单分子物体，单体，单基物，单元结构
monomer polymer 单体聚合物

monometallic ①单金属的，单本位（制）的②单金属
monomial ①单项式②单项（式）的
monomolecular 单（一，层）分子（的）
monomorph ①单晶物②单晶的
monomorphism 单一同态，单态
monomorphous 单（晶）形的，单一同态的
monomotor 单电动〔发动〕机
monomultivibrator 单稳态多谐振荡器
mononuclear 单核（的）
mono-operation （录音机）单声道工作
monooxide 一氧化物
monopack 多层彩色片
monophase 单相（的）
monophone 送受话器，收发话器
monophonic ①单声道的②单声部的
monophony ①单音②单声道
Monophoto 莫诺照相排字机
monoplane 单翼（飞）机，单平面
monopolar 单极（的）
monopole 单极
monopolistic 垄断的，专利的
monopoly ①垄断（权），专利（权，品），专卖权②垄断公司，垄断集团
complementary ~ 互补垄断
discriminating ~ 差别垄断
fanchise ~ 特许经营专卖
government ~ 政府专卖，国家垄断
monoprocessor 单处理机
monoprogrammed 单道程序的
monopropellant 单元（火箭，喷气）燃料，单组元推进剂，单一组分的液体火箭燃料
liquid ~ 单组元液体推进剂
monopsony 买方独家垄断，独家买主
monopulse 单脉冲
monorail ①单轨〔线，通道，频道〕②单轨索道
overhead ~ 悬挂单轨
monorail-tramway 单索道
monoreactant 单元燃料，单一反应物
monorobot 小型会计机
mono-rotor 整体转子
monoscience 单项学科，专门学科，专论
monoscope 单像管，存储管式示波器
monoseaplane 单翼水上飞机
monoseeder 单粒播种机
monospar 单梁
monospline 单项样条
monostability 单稳（状）态
monostable 单稳电路
monotactic 构形的单中心规整性
monotechnic 单种工艺〔科技〕的（学校），专科学校
monotectic 偏共晶的，偏晶体
monotelephone ①单工电话②单听筒
monotone 单调〔音，色〕
monotonic 单调的
monotonicity 单调性，单一性
monotony 单调（性），单一性
monotractor 单轮驱动拖拉机
monotrailer 单轴挂车
monotriglyph 单排档
monotron ①莫诺〔直越式，无反射极的，单腔〕速调管，单像管②莫诺特龙硬度检验仪
monotropic ①单变〔性，值〕的②单变化
monotube 单管
monotype 单型，单型的
monovacancy 单空位
monovalent 单价的，一价的
monovariant 单变（量，度）的
monovolume 单卷
monofile ~ 单文件，单卷
monowheel 单轮
monox 氧化硅
monoxid(e) 一氧化物
monstrometer 坑道钻孔方向计
montage ①装配，安装②（镜头）剪辑，剪辑画面，蒙太奇
montant 竖杆（嵌板的）
Montegal 蒙蒂盖尔合金，镁硅铝合金（*w*（Mg）0.95%，*w*（Si）0.8%，*w*（Ca）0.2%，其余Al）
montejus 压气〔蛋形〕升液器
montgolfier 热空气气球
moonbuggy 月球车
mooncraft 登月飞船
moonik 月球火箭，月球卫星
moon-knife 月牙刀
moonman 登月太空人
moonmark 月球陆标
moonmobile 月球车
moonport 月球火箭发射站
moonscooper 宇宙车，月球标本收集飞船
moonscope （人造）卫星观测（望远）镜
moonshot ①月球探测器②向月球发射
moontrack 卫星跟踪
mooring-buoy 系船浮筒

mooring-mast 系留塔
moorings 系船用具
mop ①擦光辊，抛光轮，布轮②挡渣器
cloth finishing ~ 抹光布轮，抛光布轮
mopboard 踏脚板
moped （装有排量小于 50 mL 发动机的）机动脚踏两用，助动车
mopeds ①两用车胎②轻型摩托车胎
Mo-Permalloy 钼波马合金（含钼的铁镍合金），钼镍铁永磁合金（*w*（Mo）3.8%，*w*（Ni）78.5%，其余 Fe）
Mo-Perminvar 钼波民瓦尔合金（含钼的镍钴铁合金）
mopstick 拖把柄
mop-up ①（线路）全程②擦干，扫除③结束，做完
mordant ①金属腐蚀剂，酸洗剂②金箔黏着剂③媒染剂
Morgoil ①摩戈伊尔铝锡轴承合金（*w*（Sn）6.5%，*w*（Si）2.5%，*w*（Cu）1%，其余 Al）②铝锡合金轴承
Morino-type 森野型
morphology ①表面波度，表面几何形状②组织，结构，形态（学）
cored dendritic ~ 包心树枝晶形态
dendrite ~ 枝状结构，枝状形态
fuzzy ~ 模糊形态学
habit ~ （晶体的）习惯形态，（结晶）典型形态，惯析晶体形态学
integrated ~ 集成形态学
morphotropism ①准同形性②变形性
morphotropy 变晶影响，变形性
mortality ①死亡数，死亡率②失败数，失败率
mortar ①砂浆，胶〔灰〕泥②研钵③迫击炮
refractory ~ 耐火泥
stamp ~ 捣锤研碎机
mortgage 抵押（物）
mortice = mortise
mortise ①榫眼，孔，漕，沟②凿榫③切削④接榫
stub ~ 短粗榫眼
mortise-and-tenon 镶榫接头
mortiser 凿榫机，链插床
electric chain ~ 电动榫孔机
mortising 接榫
Mosaic WWW 客户程序（用于向用户提供 Internet 资源访问）
mosaic ①（感光）镶嵌幕②镶嵌光电阴极③马赛克④锦幕
annotated ~ 有注记镶嵌图，相片平面图
antimony-cesium ~ 锑铯嵌镶幕
barrier grid ~ 障栅嵌镶幕（电视）
charge-storage ~ 电荷〔储荷，电荷存储〕嵌镶幕，电荷存储镶嵌板
double-sided ~ 双面嵌镶幕
iconoscoe ~ 光电摄像管镶嵌面
two side ~ 双面嵌镶幕
mosaicker （相片）镶嵌仪
mosquito-craft 鱼雷快艇，小舰艇
motalin 含五羰基铁抗爆燃料
Motaloy 莫达洛伊锡合金
mote ①尘埃，微尘〔屑，粒〕②瑕疵，小缺点
mothballing 防腐，涂防腐油
mother ①航空母机②母盘，母模
motherboard 主板，母板
mother-ship 航空母机，运载飞机，（航空，潜水，水雷，登陆艇）母舰
motility 游动，游动现象
motion ①动，动作，摆动，窜动，运行②运动机构，运转机械③移位④行程，运转⑤输送
~ of translation 线性运动，平移（运动）
alternating ~ 往复运动，交变运动
angular ~ 角运动，转动，圆周运动
apparent diurnal ~ 周日视动
automatic full beam ~ 满轴自停装置
ballistic 冲击运动
bouncing ~ 图像跳动
box link ~ 夹板集电环运动，连杆运动
chaos ~ 不规则运动
circumferential ~ 环流，绕流，圆周运动
click ~ 棘轮运动机构
climb ~ of dislocation 位错（的）攀移运动
closed link ~ 封闭式集电环运动
compound ~ 复合〔复摆〕运动，纵横进给
conflicting ~ 不相容〔互相排斥〕运动
coupled ~ 耦合运动
creep ~ 蠕〔微，点〕动
crisscross ~ 交错运动
cross ~ 横向运动
cycle ~ 周期运动，循环运动
cycloidal ~ 摆线运动
cycloidal helical ~ 摆线螺旋运动
daily ~ 周日运动

damped ~ 阻尼运动
derrick ~ 俯仰动作
differential ~ 差速〔相对，行星〕运动
direct ~ 顺行，直接运动
dislocation glide ~ 位错滑移运动
eddy ~ 紊（流运）动，涡（流运）动
end ~ 端运动
epicyclic ~ 行星〔外摆线，周转圆〕运动
error ~ 振摆运动
escapement ~ 擒纵器（毛条复洗机压辊压紧装置）
exponential ~ 非周期〔按指数规律〕运动
feed ~ ①合闸动作②进给动作
fine ~ ①微动②微动装置
first ~ 直接运动，初始的运动
force ~ 力操纵机构
forward ~ 前进运动，移动，工作行程〔冲程〕
galloping ~ 跃动，阶跃运动
generating ~ 展成运动（切齿机的）
geneva ~ ①间歇运动（在下止点有充分停止时间的动作）②间歇工作盘，马尔特十字花槽盘
Hacking's box ~ 偏心盘式多梭箱机构
harmonic ~ ①谐（和）〔谐波，正弦〕运动②谐振动
heat ~ 热运动
heave ~ 法向移动，升降运动
idle ~ 空动，空〔怠速运〕转，空行程
impending ~ 临界传动
impulsive ~ 脉动，扰动
increment ~ 附加运动
indicial ~ 示性运动
inertial ~ 滑行距离
irrotational ~ 无旋〔无涡，非旋转〕运动
jerking ~ ①跃动，跳动，颠簸运动②不均匀〔间歇，断续〕运动③冲击运动④冲撞，急跳，颠簸⑤爬行，蠕动
jerky ~ 爬行，蠕动
jigging ~ 摆动，往复运动
laminar ~ 层状运动，层流
link ~ ①链动机，连杆运动机②链节运动③运动链系
lost ~ ①空转，空动②无效运动③滞后运动④空程，游隙
mass ~ 整体运动
natural ~ 固有振动，自然振荡
one-dwell ~ 单停歇运动
oscillating ~ 振动〔荡〕，摆动
parallel ~ 水平移动，平行运动，四连杆机构运动
phugoid ~ 长周期运动，起伏运动
pitching ~ 纵向运动，俯仰运动
pivoting ~ 旋转运动，摆动
positive ~ 强制〔无滑动〕运动
potential ~ 位置运动，有势运动
primary ~ 主运动
projectile ~ 抛物线运动
proper ~ 自行，固有运动，自然运动
quadrature ~ 正交运动
random ~ 不规则运动
rectilinear ~ 直线运动
relative ~ 相对运动
resultant ~ 合成运动
retarded ~ 减速运动
rise-dwell-return ~ 升 - 停 - 回运动
rolling ~ 滚动，转动，倾侧运动
secondary ~ 副运动
seesaw ~ 往复运动，上下运动
shock ~ 冲击波传播，振动，激振运动
sifting ~ 筛选
simple periodic ~ 简谐运动
slow ~ 微动，慢动作（工业电视）
snaking ~ 曲线运动，蛇形运动
spin ~ 自旋运动
square transfer ~ 横向移动（轧材的）
squeeze ~ （机械手）夹取运动
star-wheel ~ 间歇〔星形轮〕运动
stationary ~ 定常运动
steady ~ 定常运动
step ~ 步进，逐帧放像（摄录放像机用）
stirring ~ ①涡动，紊动②湍〔涡，紊〕流
stop ~ ①停车装置，止动装置，停止机构②停止运动（断续作用的停止装置）
throw-over ~ 回转
torque ~ 转矩操作机构
total lost ~ 总失动量
transient ~ 瞬变〔暂态〕过程，瞬时〔非定常〕运动
transportation ~ 牵连运动
travel ~ 移位，位〔转〕移，变换，移动量
turbulent ~ 涡（旋）动，紊（流运）动，湍动
two-dwell ~ 双停歇期运动
undulatory ~ 波动
uniform ~ 等速运动
upside-down ~ 倒转运动，倒动

variable ～ 变速运动
violent oscillatory ～ 大幅度振动
whirling ～ 涡动
wiggle ～ 摆动（运动）
wigwag ～ 左右摆动，左右摇摆，汽车摆头

motional 运动的，动态的，（由运）动（产）生的

motivation ①机能②动力，推动

motivator ①操纵机构，操纵装置，操纵面，舵②激励手段
heave ～ 法向操纵装置

motive ①原动的②移动的，活动的，运动的，不固定的③动机，激励

motivity 发动力，原动力，储能，备用能力

motobloc 拉丝机，拉拔机，拉床

motocrane 汽车起重机，汽车吊

motometer ①转速表，转速计②发动机工作小时计

motomixer 混凝土搅拌汽车

moto-paver 自动铺路机

motor ①发动机，电动机，马达，摩托，助推器②汽车，内燃机③机械能源④双矢旋量⑤用电动机驱动的
abutment ～ 凸轮转子发动机
AC ～ 交流电动机
AC commutator ～ 交流换向器式电动机
AC commutatorless and brushless ～ 交流无刷无换向器电动机
AC series ～ 交流串励电动机
AC series wound ～ 交流串励〔串绕〕电动机
AC shunt ～ 交流并励〔并绕〕电动机
AC shunt wound ～ 交流并励〔并绕〕电动机
acceleration ～ 加速发动机（电动机）
AC-electronic ～ 离子变频式交流电动机
across-the-line ～ 直接〔全压〕起动电动机
actuating ～ ①驱动电动机②伺服电动机
adjustable varying-speed ～ （具有下降特性的）可调速电动机，可调变速电动机
adjustable-speed ～ 调〔变〕速电动机
aerial ～ 航空发动机
aerial turning ～ 天线旋转（用）电动机
air ～ 气动马达
air-gap reluctance ～ 气隙磁阻电动机
air-gap torque ～ 干式力矩电动机
air-over ～ 带风扇通风的电动机，外通风电动机
all-watt ～ 全瓦（特）电动机（感应电动机功率因数近于 1 的）
alternating-current ～ 交流电动机
alternating-current commutator ～ 交流换向器电动机
alternating-current torque ～ ①交流陀螺修正电动机②交流转矩电动机
alternating-current torque ～ 交流力矩电动机
antenna-positioning ～ 天线旋转位置控制电动机，天线旋转俯仰电动机
antifouling ～ 防污电动机
apogee ～ 远程控制电动机，遥控电动机
arch ～ 拱式电动机（定子仅占转子圆周一部分的感应电动机）
armature-controlled ～ 电枢电压可调的（直流）电动机
Armstrong ～ 阿姆斯特朗活塞液压马达
asynchronized synchronous ～ 异步化同步电动机
asynchronous ～ 异步〔感应〕电动机
Atkinson ～ 阿特金森电动机，单相分励换向器型电动机
automatic idle speed ～ （汽车）自动怠速电动机
autosynchronous ～ 自动同步电动机
average sized ～ 中型电动机
axial flux ～ 轴向磁通电动机
axial rotary plunger ～ 轴向回转柱塞（式）液压马达
axially movable ～ （转子）轴向可动的电动机
baffery ～ 电池电动机
balancing ～ 平衡电动机
ball piston ～ 球塞〔钢球〕式电动机
bare ～ 无配件电动机（无起动器、滑轮等）
biphase ～ 两相平衡电动机
bipolar ～ 两极电动机
bisynchronous ～ 双倍同步速度电动机
bonded ～ 定子和端盖组合在一起的电动机
boost ～ 助推器，加速器
Boucherot-(squirrel-cage) ～ 双笼型电动机
box-frame ～ 箱形机座电动机，（箱）框形电动机，封闭式电动机
Brotherfood ～ 活塞液压马达
brush ～ 换向器电动机
brushless ～ 无刷电机
brushless direct current ～ 无刷直流电动机
brushless wound-rotor induction ～ 无刷绕线转子感应电动机
built-in ～ 内装〔机内〕电动机
cage ～ 笼型电动机

cam-type axial piston ~ 斜盘式轴向柱塞马达
canned ~ 密封（式）发动机，装在密封壳内的发动机，全密封电动机
capacitor ~ 电容式（单相）电动机
capacitor-run ~ 电容器运行电动机
capacitor-start ~ 电容器起动电动机
capstan ~ 主动轮电动机（录音机的），主导电动机（录音机的）
cascade ~ 级联电动机（有特殊绕组使具有两种特性的感应电动机）
cascade responding stepping ~ 级联型应答式步进电动机
ceramic permanent-magnet ~ 铁淦氧（铁氧体）永磁电动机，陶瓷永磁电动机
change pole ~ 变极电动机（极对数可变）
change speed ~ 分级调速式电动机，多速电动机，变速电动机
chemical fuel ~ 普通燃料火箭发动机
chopper ~ ①断路电动机②斩波器供电电动机
clock ~ 电钟电动机，定时电动机
close-ratio two-speed ~ 近比率双速电动机
clutch ~ 离合式电动机
combination ~ 组合式电动机
commercial ~ 商用〔工业用〕电动机
commutator ~ 换向器电动机
compensated ~ （带）补偿（绕组的）电动机
compensated repulsion ~ 补偿式推斥电动机
compound rotor asynchronous ~ 复合转子异步电动机
compound(-wound) ~ 复绕〔励〕电动机
compressed air ~ 气动马达
concatenated ~ 级联〔串级，链系〕电动机
concatenation ~ 串级〔级联，链系〕电动机
condenser ~ 电容电动机，电容起动电动机
condenser run ~ 电容运转电动机
conical rotor ~ 锥形转子电动机
consequent-poles ~ ①交替磁极式电动机（有绕组极与无绕组极交替分布）②变极双速电动机
constant-field commutator ~ 恒励磁换向器电动机
continuously rated ~ 连续额定运行电动机
continuous-time-rated ~ 连续（额定）运行电动机
converted-fed ~ 换流器供电的电动机
cooled ~ 冷却式发动机
counter compound-wound ~ 差复励电动机
cowl ventilated ~ 机壳风冷型电动机
crescent gear ~ 内啮合齿轮马达
cross-feed ~ 交叉馈电式电动机
cumulative compound ~ 积复励电动机
cup ~ 杯形电动机
current-displacement ~ 深槽电动机
DC ~ 直流电动机
DC electronic ~ 整流器供电的直流电动机，离子式直流电动机（由整流器馈电）
DC series ~ 串励直流电动机
dead ~ 关闭的电动机
decompounded ~ （以并励为主的）差复励电动机
deep well pump asynchronous ~ 深井水泵用异步电动机
deep-bar ~ 深槽笼型电动机
deep-slot ~ 深槽（笼型）感应电动机
definite-purpose ~ 专用电动机
deluge proof ~ 防水电动机
Denison ~ 轴向回转柱塞（式）液压马达，丹尼森液压马达
Deri ~ 双套电刷推斥电动机
Deri brush-shifting ~ 德里移刷（调速整流，调速换向）电动机
despun ~ 反旋转〔反自转〕电动机
diaphragm ~ 隔膜〔膜片阀控制，光阑驱动〕电动机
diesel ~ 柴油〔狄赛尔〕发动机
differential (wound) ~ 差绕〔差励〕电动机
differential-field ~ 他励差绕直流电动机
differentially-compound wound ~ 差复励电动机
diode-driven DC ~ 二极管（整流）供电的直流电动机
direct-connected ~ 直（接）连（接）〔同轴〕电动机
direct-current ~ 直流电动机
direct-current constant speed ~ 直流稳速电动机
direct-current torque ~ 直流力矩电动机
direct-current traction ~ 直流牵引电动机
direct-current type selsyn ~ 直流自动同步机
disc ~ 圆盘形电动机
distributive responding stepping ~ 分步型应答式步进电动机
dither ~ 高频振动（用）电动机
double ~ ①双电动机②双（电）枢电动机
double commutator ~ 双换向器电动机
double-reduction ~ 两级减速电动机

double-unit ~ 双电动机机组（两台电动机同轴）
doubly-fed commutator ~ 定转子供电的换向器电动机
doubly-fed repulsion ~ 双馈推斥电动机
drag-cup ~ 拖杯式电动机（两相高速交流电动机）
drag-cup induction ~ 空心杯转子感应电动机
drag-cup type rotor ~ 空心杯〔拖杯形〕转子电动机
drip-proof ~ 防滴式电动机
dropping speed ~ 软〔具有下降〕速度特性的电动机
drum ~ 鼓形电动机，磁鼓电动机
dual-capacitor ~ 双电容器电动机（起动运行时均接入电容器的单相电动机）
dual-field ~ 复励电动机
duocentric ~ 同心双转子电动机
duosynchronous ~ （旋）转（电）枢式同步电动机
dynamoelectric ~ 旋转换流机
eddy-current ~ 涡流电动机
either-rotation ~ 双向电动机
electric ~ 电动机
electric point ~ 转辙电动机
electric vehicle ~ 电动机车电动机，牵引电动机
electrohydraulic pulse ~ 电液脉冲电动机
electromagnetic adjustable speed asynchronous ~ 电磁调速异步电动机
eletromagnetic low speed ~ 电磁式低速电动机
electro-pneumatic ~ 电动气动马达
electropneumatic point ~ 电动气动转辙机
Enor ~ 埃诺罗式（叶片液压）马达
epicycle ~ 行星减速电动机
erection torque ~ 竖起力矩电动机，（陀螺）定向电动机
excited low speed synchronous ~ 励磁式低速同步电动机
explosion ~ ①爆燃式发动机②内燃机
explosive ~ ①内燃发动机②脉动式空气喷气发动机
external rotor hysteresis synchronous ~ 外转子式磁滞同步电动机
externally reversible ~ 双向起动可逆电动机（但在运行时不许反转）

face mounted ~ 端面（安装）式电动机
face-type ~ 凸缘型电动机
fan ~ 风扇电动机
fan-ventilated ~ 风扇冷却电动机
Ferraris ~ 费拉里电动机（两相感应电动机）
fiberglass ~ 玻璃纤维（绝缘）电动机
field-control ~ 可调磁场型〔磁场可控式〕电动机
finned ~ 带散热片的电动机
fixed-displacement ~ 定（容）量马达
flameproof asynchronous ~ 防爆异步电动机
flange (mounted) ~ 法兰（安装型）电动机，凸缘型电动机
flea-size ~ 微型〔超小型〕电动机
fluid (pressure) ~ 液压马达
fluidic stepping ~ 射流式步进电动机
fluid-power ~ 液压马达
follower ~ 随动电动机
follow-up ~ 随动电动机
foot-mounted ~ 底座〔落地〕安装型电动机
force ~ 执行电动机
four-pole ~ 四极电动机
fractional (horsepower) ~ 低功率〔小功率〕电动机（功率小于 735 W）
frame suspended ~ 底座悬置型电动机
frequency modulation ~ 调频〔频率调制〕电动机
frost-proof ~ 耐寒式电动机
full starting ~ 全电压起动电动机
fully-enclosed ~ 全封闭式电动机
fully-flameproof ~ 全防爆型电动机
fungus resistance ~ 防霉电动机
fungus-proofing ~ 防霉电动机
gear speed-down ~ 齿轮减速电动机
gear(ed) ~ 齿轮电动机，内装减速器的电动机
generator ~ 发电电动机
gimbaled ~ 万向架固定式电动机，悬挂式电动机
governor ~ 调速器电机构，调速电动机，调速器用电动机
guarded type ~ 防护型电动机
harmonic ~ 谐波电动机
haulage ~ （电）机车
head wheel ~ 磁头鼓电机
heat-pipe ~ 热管（冷却）电动机
heat-resistant ~ 耐热〔高温〕电动机
heavily compound-wound ~ 过复励电动机

heavy-duty ~ 重型〔大功率〕电动机
Hele-Shaw ~ 径向活塞式液压马达
high-slip ~ 高转差（率）电动机
hoisting metallurgical ~ 起重冶金电动机
home ~ ①家用电动机②国产电动机
home going ~ 备用发动机
horse ~ 马拉传动装置
Hunt's ~ 亨特电动机（定子为Y-Y联结，转子为Y-△联结的感应电动机）
hybrid stepping ~ 混合式步进电动机
hydraulic ~ 液压马达
hydraulic control ~ 液压控制马达
hydraulic oscillating ~ 摆动液压缸，摆动液压马达
hydraulic slave ~ 液压随动马达
hypersyn ~ 超同步电动机
hypersynchronous ~ 超同步〔有补偿的异步〕电动机
hysteresis ~ 磁滞电动机
immersed torque ~ 湿式力矩〔潜没式液压〕马达
immersible ~ 浸入型电动机，潜水电动机
impulse stepping ~ 脉冲步进电动机
increased-safety ~ 增安型电动机
induction ~ 感应〔异步〕电动机
inductor ~ ①作为发电机的感应电动机②感应子式电动机
in-line (plunger) ~ 直列式柱塞马达
inside-out ~ 反结构〔(旋)转(电)枢式〕同步电动机
instrument ~ 仪表电动机
integral horsepower ~ 功率大于735 W的电动机，整数马力电动机
integrated ~ 内装〔机内〕电动机
integrating ~ 积分电动机
interconnected cage ~ 笼型电动机
interlocking ~ 自动同步机
intermittent-duty ~ 断续负载的电动机
intermittent-rated ~ 断续定额电动机
internal rotor hysteresis synchronous ~ 内转子式磁滞同步电动机
internally geared ~ 内装减速器的电动机
interpole ~ 辅助极〔带(中)间极(的)，有整流极的〕电动机
inverse-speed ~ 反速〔串励特性〕电动机
inverted ~ 反结构〔(旋)转(电)枢式〕电动机
inverted repulsion ~ 反推斥电动机（定子短路，转子通过电刷，换向器与电源相连）
inverter-induction ~ 逆变器
Janney ~ 轴向回转柱塞液压马达
jet ~ 喷气〔火箭〕发动机
Johns Thoma ~ 轴向回转柱塞（式）液压马达
kick ~ 加速〔辅助〕发动机
Lacour ~ 拉库尔电动机（三相并励电动机）
Latour ~ 拉吐尔电动机（自励单相换向器式电动机）
Latour-Winter-Eichberg ~ 拉吐尔-文特-爱切伯格电动机（补偿推斥式电动机）
level-compound excited ~ 平复励电动机
linear ~ 直线〔线性〕电动机
linear direct-current ~ 直线直流电动机
linear induction ~ 直线感应电动机
linear pulse ~ 直线脉冲电动机，直线步进电动机
linear stepping ~ 直线步进电动机
linear synchronous ~ 线性同步电动机
linear traction ~ 直线牵引电动机
line-fed ~ 直接馈电电动机（不经过变压器和其他变换装置）
line-start ~ 直接〔线路〕起动电动机
liquid ~ 液体火箭发动机
liquid fuel ~ 液体燃料发动机
load-start ~ 有载起动电动机
lobed rotor ~ 罗茨马达
long-hour ~ 持续运行的电动机
loop ~ 环流电动机
Lundell ~ 伦德尔式电动机，爪极式电动机
machinery speed-down asynchronous ~ 机械减速异步电动机
magnetic stepping ~ 磁步进电动机
master ~ 主驱动电动机
metal-clad ~ 铠装〔金属加固〕电动机
micro-stepping ~ 微型步进电动机
midget ~ 小〔微〕型电动机
mill ~ 压延用电动机
mine ~ 矿用电动机
minertial ~ 小惯量电动机
model ~ 作为试验样品的电动机
Modutrol ~ 莫杜特罗尔电动机，控制电动机
molecular scale ~ 分子尺度电动机，分子尺度发动机
monocyclic-start induction ~ 单相〔单周期起动〕感应电动机
moving window ~ 动窗式电动机

multiarmature DC ~ 多（电）枢直流电动机
multiple ~ ①复频电动机（可接入不同频率的电源）②多级发动机
multiple-cage ~ 多笼型电动机
multi-speed asynchronous ~ 多速异步电动机
multistep responding stepping ~ 多段型应答式步进电动机
nanometer scale ~ 纳米尺度电动机
navy ~ 海军用电动机，船用电动机
neutralized series ~ 有补偿的串励（换向器）电动机
no-lag ~ 补偿式感应电动机
non-excited synchronous ~ 反应式〔无励磁绕组的〕同步电动机
non-standard ~ 非标准型电动机
non-synchronous ~ 异步电动机
nonventilated ~ 自冷电动机
nose suspended ~ 鼻式悬挂电机
obliquely slotted ~ 斜槽式电动机
odd-frequency ~ 畸频电动机（在非标准频率下工作）
oil ~ ①液压马达②柴油机
oilgera ~ 径向回转柱塞液压马达
open ~ 开敞型电动机
open loop method stepping ~ 开环型步进电动机型
operating ~ ①操作〔执行〕电动机②执行机构
optical ~ 光学电动机
orbit ~ 摆线转子马达
oscillating ~ 摆动（液压）马达，摇摆液压缸
oscillating armature ~ 振动电枢式电动机
oscillatory ~ 摆动式液压马达
outboard ~ ①舷外挂机②外置电动机，外装电动机
outdoor ~ 户〔室〕外型电动机，露天电动机
over-duty ~ 过载电动机
overhung-type ~ 外悬（装）型电动机
pancake ~ 短轴型〔短铁心，扁平型〕电动机
paraffin ~ 煤油发动机
parallel excitation ~ 并励电动机
partial ~ 残缺电动机（无轴，无外壳，无端罩等）
pecking ~ 步进电动机
pedestal bearing ~ 座式轴承电动机
pen ~ 移动笔尖机构
permanent-capacitor ~ 永久电容器电动机，电容运行电动机
permanent-magnet direct-current ~ 永磁直流电动机
permanent-magnet synchronous ~ 永磁同步电动机
permanent-split-capacitor ~ 固定分相的电容器式电动机
permissible ~ 防爆〔密闭〕型电动机
permosyn ~ 永磁同步电动机
peroxide ~ 过氧化氢发动机〔用过氧化氢作为氧化剂〕
petrol ~ 汽油发动机，汽油机
3-phase slip-ring induction ~ 三相绕线转子感应电动机
3-phase squirrel-cage and induction ~ 三相笼型感应电动机
phase-wound ~ 相绕式电动机
phonic ~ （调谐或同步用）蜂音电动机
phono ~ 唱机或录音机用电动机
piezoelectric ~ 压电电动机
pilot ~ 伺服〔辅助〕电动机
piston ~ 活塞液压马达
pivoting ~ 铰链吊挂式发动机
plain squirrel-cage ~ 正常结构的笼型电动机
planar ~ 平面电动机
planar stator ~ 平面定子电动机
plunger ~ 柱塞式液压马达，柱塞液动机
p-m step ~ 永磁步进电动机
pneumatic ~ 风动马达，气动马达
pole change ~ 换极电动机
pony ~ 辅助〔起动，伺服，小型〕电动机
positioning ~ 位置控制电动机
positive displacement ~ 容积式〔正排量〕（液压）马达
pot ~ 高速电动机（两极三相的笼型电动机，电源频率为 100 ~ 170 Hz，转速高达 9 000 r/min）
pressurized ~ 充高压气体的密封电动机
pressurized-enclosure ~ 增压防爆型电动机
primary ~ 主〔原始〕电动机
prime ~ 原动机
print(ed) ~ 印制电路电动机
protected ~ 防护型电动机
pulley ~ 电动机带轮
pulsating ~ 往复运动的电动机
pulse ~ 脉冲电动机
quiet ~ 低〔无〕噪声电动机
racking ~ 推压电动机
radial ~ 径向（液压）马达

rare earth permanent magnet synchronous ~ 稀土永磁同步机
reaction ~ 反应式〔反作用式〕发动机，喷气〔火箭〕发动机
reactor-start ~ 电抗器〔电抗线圈〕起动电动机
reciprocal ~ 往复式发动机
reciprocating ~ 往复运动的电动机，往复式发动机
recorder ~ 记录器〔寄存器〕电动机
rectifier-driven ~ 整流器馈电的电动机
reel ~ 带盘电动机，磁带盘电动机
refractory liner ~ 有耐火衬套的火箭发动机
regenerative ~ 再生冷却式液体火箭发动机
relay selsyn ~ 中继自动同步电动机
reluctance ~ 磁阻电动机（凸极无励磁同步电动机），反应式同步电动机
repeating ~ 步进电动机
repulsion ~ 推斥式电动机
resistance-start ~ 电阻起动电动机
responding stepping ~ 应答式步进电动机
reversecompound-wound ~ 差复励电动机
reversible ~ 可逆〔双向〕电动机
reversing ~ 双向旋转马达，可逆〔双向〕电动机
revoluting field induction ~ （旋）转（磁）场式感应电动机
rewind(ing) ~ 重绕电动机，倒带电动机
ribbed ~ 肋片型〔散热片型〕电动机
rib-cooled ~ 散热肋冷却型电动机
Richter ~ 里克特电动机（笼型转子，定子有两套串联的起动绕组）
Rigg ~ 里格径向柱塞液压马达
ring ~ ①环形电动机②环锭精纺机用电动机
ripple current ~ 脉动（电流）电动机
rocket ~ 喷气〔火箭〕发动机
rolling vane ~ 旋转式叶片马达
rotary ~ 回转马达，摆动液压缸
rotary abutment ~ 旋转隔板马达
rotary field ~ 有旋转磁场的电动机
rotating electric stepping ~ 旋转型步进电动机
rotating electro-hydraulic stepping ~ 电动油（液）压步进马达（旋转型）
rotor ~ 转子式发动机
round frame ~ 圆机壳电动机（无突出轴承）
round-body ~ 圆机座电动机
Schmidt ~ 施蜜特活塞液压马达
Schon-Punga ~ 匈 - 本加电动机（补偿式单相感应电动机）
Schrage ~ 施拉盖（变速感应）电动机，三相并励换向电动机
screw ~ 螺杆马达
screwdown ~ 轧钢机用电动机
self braking asynchronous ~ 自制动异步电动机
self-drive ~ 自起动电动机
self-excited ~ 自励电动机
self-synchronous ~ 自动同步机
self-ventilated ~ 自然通风电动机
selsyn ~ 自整角机
separate electrical ~ 单独电动机
separately excited ~ 他励电动机
series ~ 串励〔串绕〕电动机
series conduction ~ 单相串励〔交流串励〕换向器电动机
series parallel ~ 串并联电动机
series-characteristic ~ 串励（特性）电动机，反速电动机
series-wound ~ 串励电动机
service ~ 辅助电动机
servo ~ 伺服电动机，动力传动装置
shaded-pole ~ 罩极〔有屏蔽极的〕电动机
shell-type ~ 封闭型电动机
shipboard-type ~ 船用电动机
short-hour ~ 短期工作电动机
short-period ~ 短期工作发动机
shunt ~ 并励〔并绕〕电动机
shunt-conduction ~ 并励整流式交流电动机
shunt-wound ~ 并励电动机
silent ~ 无噪声电动机
simplex ~ 感应式同步电动机（感应起动，同步运行），同步感应电动机
sine ~ 正弦电动机
single phase asynchronous ~ 单相异步电动机
single-winding multispeed ~ 单绕多速电动机
skeleton(-type) ~ （内部结构）开敞型电动机
slave ~ 随机电动机
slewing ~ 回转电动机（扫描用）
sliding-sleeve ~ 滑阀配气发动机
sliding-vane ~ 叶片电动机
slotless direct-current ~ 无槽直流电动机
small-power ~ 小功率电动机
solid-state ~ 固态电动机
sound-proof ~ 声处理的电动机
special-duty ~ 特用〔特殊工作制〕电动机

speed-changer ~ 同步器电动机
speeder ~ 调节原动机速度的伺服电动机，同步器电动机
spin ~ 旋转发动机
spinner ~ 双转子电动机
split-field ~ 串励绕组分段式直流电动机
split-phase ~ 分相电动机（有辅助起动绕组的单相感应电动机）
split-phase asynchronous ~ 分相异步电动机
split-pole ~ 分极电动机
spring ~ ①发条驱动用电动机②发条传动装置③发条盒
squirrel-cage induction ~ 笼型感应电动机
stabilized shunt-wound ~ 稳定并励电动机
stalled torque ~ 在反接〔逆转〕状态中的电动机
stand ~ 轧机电动机
stand-by ~ 辅助电动机
starter ~ 起动电动机
step ~ 步进电动机
step-by-step ~ 步进（式）电动机
stepper ~ 步进电动机
stepping ~ 步进电动机
stop motion ~ 间歇驱动电机，步进电动机
stow ~ 可变磁阻变速电动机（空心磁极中有活动铁心）
straight shunt-wound ~ 直并励电动机
straight (tubular) ~ 直管式〔无喷管喉部的〕发动机
Sturm ~ 斯特姆式叶片液压马达
sub-fractional horsepower ~ 功率小于 37 W 的电动机
submersible ~ 潜水式电动机，防水电动机
supersilent ~ 高〔绝对〕无噪声电动机
supersynchronous ~ 超同步电动机，定子旋转起动式同步电动机
sustainer ~ 主发动机，主火箭发动机，续航发动机
swashplate ~ 斜盘发动机
sweep ~ 扫描（用）电动机
synchro ~ 同步电动机，自动同步机
synchro differential ~ 差动同步电动机
synchronous ~ 同步电动机
synchronous induction ~ 同步感应电动机
synchronous-asynchronous ~ 同步异步〔感应〕电动机（异步起动，同步运行）
tandem ~ 级联〔串联〕电动机，双电枢共轴电动机
tap-field ~ 有分段〔分励〕励磁绕组的电动机
telechron ~ 电钟用电动机
thermoguard ~ 内装热保护装置的电动机
thermomatic ~ 内装热保护装置的电动机
three-phase alternating-current ~ 三相交流电（动）机
three-phase asynchronous ~ 三相异步电动机
three-phase commutator ~ 三相交流换向器电动机
thrust ~ 喷气〔火箭〕发动机
thyristor ~ 晶闸管电动机
thyristor feed direct-current ~ 晶闸管供电直流电动机
tilt ~ 俯仰操纵电动机
time ~ 计时电动机
timing ~ 定时〔时限〕电动机
torque ~ ①力矩电动机，转矩〔力矩〕电动机②陀螺修正电动机，罗盘矫正电动机③合闸用电动机
toy ~ 微型电动机
traction ~ 牵引电动机，行走电动机
travel ~ 移动〔升降〕电动机
tray type armature ~ 盘式电枢电动机
trimming ~ 微调电动机
triple ~ 横联三（电）枢电动机
triple-barrel ~ 三缸发动机
tube cooled ~ 管道通风式电动机
tube-type ~ 圆筒型机座电动机
tubular ~ 管状电动机
tuning ~ 调谐电动机
twin six ~ V 型十二缸发动机
two-axis stepping ~ 平面步进电动机
two-in-one ~ 二合一电动机
two-value capacitor ~ 双值电容式电动机（起动和运行时有效电容不同的电容器电动机）
unit ~ 步进电动机
universal ~ 通用〔交直流两用〕电动机
valve control ~ 调节活门的传动装置
vane ~ 叶片式液压马达
vane air ~ 叶片式气动马达
variable displacement ~ 变容量〔可变排量〕（液压）马达
variable reluctance stepping ~ 磁阻〔反应〕式步进电动机
variable reluctance type stepping ~ 变磁阻型步进电动机
varying-field commutator ~ 有变动磁场的整流式电动机

varying-speed ~ 变速电动机
vernier ~ （一种低功率因数的）微型〔微调〕电动机
vibrating ~ 振动电动机
vibratory ~ 产振电动机，电动振抖装置
voice coil ~ 音圈电动机
Warren ~ 瓦伦式同步电动机
washer ~ 洗衣机电动机
Waterbury axial plunger ~ 沃特伯里轴向回转柱塞式液压马达
weather protected ~ 防潮电动机
West type ~ 韦斯特轴向回转柱塞（式）液压马达
wide adjustable speed ~ 宽调速电动机
wild ~ 变速电动机（摄影机）
wind ~ 风力发动机
winder ~ 提升机电动机
winding ~ 提升〔卷扬用〕电动机
worm ~ 蜗轮减速电动机
wound field ~ 绕线磁极式电动机
wound-rotor ~ 绕线式转子电动机
wrap-round ~ 侧置助推器
Y series three-phase asynchronous ~ Y 系列三相异步电动机
zero ~ 低速电动机（0 ~ 300 r/min），带减速器电动机

motor-alternator ①同步电动发电机②电动机交流发电机（组）
motorbicycle 摩托车
motorbike 机器脚踏车
motor-blower 电动鼓风机
motorboat 汽艇，小艇，自动艇
motorboating ①汽艇声②低声频或次声频振荡，类似汽艇发动机声的干扰噪声
motor-booster 电动升压机
motor-borne 汽车运输的
motor-breaker 电动机驱动断续器
motorbus 公共汽车，大（型）客车
motorcab 出租汽车
motorcar 小汽车，电动车
motor-coach 机动车辆，（长途）公共汽车
motor-converter 电动〔串级〕变流器，电动机 - 发电机组
motorcycle 机器脚踏车，摩托车
motor-dom 汽车行业，汽车界
motor-drive 电动机拖动
motordrome 汽车场，汽车试车场
motordynamo 电动机 - 发电机组，电动直流发电机
motored ①有电动机的，有发动机的②联动的
motoreducer 带减速器的电动机
motorette （线圈）绝缘寿命试验用模型
form-wound ~ 模绕线圈试验装置
motor-field 电机磁场
motor-generator 电动发电机（组）
induction ~ 感应电动机拖动的发电机，感应电动机 - 发电机组
motorgrader 自动平路〔平地〕机
motoring ①发动〔电动〕机驱动〔回转，拖动〕②汽车运输
motor-in-wheel 车轮电动机
motorisation = motorization
motorist 汽车驾驶人
motorization 机械〔机动，摩托〕化
motorized 装有发动机的，电动的，机械化的
motorlaunch 汽艇
motorlorry 载重〔运货〕汽车，载货汽车
motormaker 电机厂，汽车制造厂
motormeter ①转数计②感应式〔电动式，电磁作用式〕电度表③电动机式积算表④汽车仪表⑤运动力计
motor-oil 电动机润滑油，马达油，发动机油
motor-omnibus 公共汽车
motorplane 动力飞机
motorpump 电动泵
motor-roller 机碾，机动压路机
motorscooter 小型机车，低座小摩托车
motorship 汽船
motorspirit （车用）汽油
motortilter 倾卸汽车
motor-trolley 轨道车，轨行摩托车
motorway ①汽车道，快车道②公路干线，高速公路
mottle ①斑点，混色斑纹，杂斑模纹②麻口，表面麻口
mottling 麻点，斑点，麻口化
moulage ①印模术，印模材料②蜡模样
mo(u)ld ①模型，模具，铸型，结晶器（连铸设备）②样板，曲线板③制模，造型④模制，铸造，浇注，压制⑤形状，花边⑥封装⑦霉
~ bottom half 下型
~ cover half ①上型②定模（压铸机）
~ top half 上型
air set ~ 自硬型
angle ~ 角模，V 形压模
anode ~ 阳极铸模

baked ~ 干型
block ~ 整体铸型（熔模）
book ~ ①叠型铸型，串排立浇砂型②铰接式金属型，链式金属型
Boolean choice ~ 布尔选择模型（计算机软件）
built-up ~ 组合压铸型
cambered ~ 弧边定模
carbon ~ 石墨型
cast(ing) ~ 铸型
center-gated ~ 浇道对中模具
ceramic ~ 陶瓷铸型
ceramic shell ~ 陶瓷壳型
chill ~ 冷硬铸型，金属铸型，金属型，冷硬型
close ~ ①封闭铸型②合型
clot ~ 硬塑料（制砖）模型
CO_2-silicate ~ 二氧化碳 - 玻璃砂型
collapsible ~ 分片模，分室模
cooling ~ 强制冷却铸型
copper ~ 铜模，铜坩埚
core ~ 组芯造型，型芯组成的铸型
core assembly ~ 型芯铸型
cored ~ 有型芯孔模
cored-up ~ 组芯造型
core-sand ~ ①组芯铸型②型芯砂型
core-up ~ 组芯铸型
covered floor ~ 盖型地面铸型
curved ~ 弧形结晶器（连铸）
cut-off ~ 溢出式塑模
die ~ 压铸型（压力铸造用的），压型
die box ~ 负压造型阴模型
dip ~ 下压型
dispensable ~ 一次型
draw ~ 铸（塑）模，薄壁模子
drawback ~ 对开金属型
ear ~ 耳模
electroformed ~ 电化成形模，电铸模
emergency ~ 事故锭模
Erical ~ 挤压锭模，可压锭模（模壁可向内挤压）
evacuated ~ 空腔模
expendable ~ 一次（铸）型
family ~ ①一模多铸铸型②多腔铸型
female ~ 阴模，凹模
fired ~ 烧结好〔熔烧过〕的（熔模）铸型，熔模
flash ~ 挤压模，溢出式铸塑模
flexible ~ 铸塑软模具
floating chase ~ 双压塑模，浮套模
floor ~ 地铸型，地面造型
fluted ~ 波形模，带槽沟锭模
foam ~ 泡沫塑料模
foundry ~ 铸型
full ~ casting 泡沫塑料实型铸造（注入铁液后，泡沫塑料模样燃烧气化，铁液占据空间）
gang ~ 连模，成组模板（立模）
glass ~ 玻璃（铸）型
graphite ~ 石墨型，石墨坩埚
grease-graphite ~ 润滑脂石墨混合物
green sand ~ 湿〔潮，湿砂〕型
ground ~ 地面铸型，地坑造型
ingot ~ 钢锭模，铸锭模
injection ~ 塑料注射成型机，注（塑）模（具）
invested ~ 熔模铸型
investment ~ 蜡模（铸型），熔模铸型
iron ~ ①金属型②钢锭模
jelly ~ 胶模
Junker ~ 水冷铸〔铜〕模
lateral slide ~ 旁滑式模
latex ~ 浸胶塑模
loam ~ 砂型，黏土型
male ~ 阳模，凸模
master ~ 原模〔型〕，母型
matched ~ 合型
metal(lic) ~ 金属型
monolithic ~ 整体铸型
multiple ~ ①叠型铸型，多型腔铸型②多次模塑法
multiple-part ~ 多箱铸型
nailing ~ 加钉型
narrow-end-up ~ 上小下大钢锭模
open ~ 明浇铸型（无上型），敞口铸型
original ~ 电铸原模
overflow ~ 溢流铸模，挤压模
permanent ~ 永久铸型，金属型
plaster ~ 石膏模（型）
plastigel ~ 塑性凝胶模
positive ~ ①阳模，不溢式注射模②全压式模具
potting ~ 灌封模套
press ~ 压型（熔模铸造）
raised ~ 抬型
reduction ~ 还原坩埚
re-entrant ~ 侧凹模
removable-flask ~ 无箱铸型

reproduced model ~ 实物模铸型
reverse ~ 倒型
roast sand ~ 干（砂）型
rubber ~ 橡胶硫化模，橡胶衬里塑模，橡胶模
running ~ 模筛样板
sand ~ 砂型
sandwich ~ 夹层模（双面层压材料间夹有泡沫塑料）
section ~ 型模
sectional ~ 拼合型，镶合砂型
self-curing ~ 自硬砂型
semiclosed top ~ 半封顶锭模，瓶口锭模
sheet ~ 片料吹（气塑）模
shell ~ 金属壳型
single split ~ 组合模
slip flask ~ 脱箱铸型，滑脱砂箱铸型
solid ~ 整体模，整体铸型
solid block ~ 整体结晶器
solid-bottom ~ 带底钢锭模
spinning ~ 离心铸型
split ~ 组合〔可拆，拼合，对开〕模
split-ring ~ 组合模
stack ~ 叠型铸型
stagnant ~ 不动模型
straight ~ 直结晶器（连铸）
stripper-plate ~ ①脱模板塑模，丁字塑模②漏模造型
suction ~ 抽吸成形，负压成形，吸铸，负压铸造
sweeping loam ~ 刮泥（铸）型
temporary ~ 一次（铸）型
thermit ~ 热剂模（型），铝热（法焊补）铸型
thicknessing ~ 贴皮型
thin-walled ~ 薄壁结晶器
tilt ~ 倾动铸型
tube ~ 内胎〔吹管〕模
tube-in-tube ~ 套管式结晶器
two-part ~ 两分（体）铸型
unit ~ 整体模，单塑模
unsplit ~ 整体式结晶器
watch-case ~ 表壳式压模
water cooled ~ 水冷铸型

mo(u)ldability 成形性，可模性

mo(u)ldboard 模〔样，型，底，平〕板，犁壁
general-purpose ~ 通用型犁壁，螺旋形犁壁（英），（带斜元线的）熟地圆柱形犁壁（美）
shiftable ~ （平地机或犁上的）可拆换刀片

mo(u)ldenpress 自动压力机

mo(u)lder ①毛轧板，薄板坯②铸工，造型工③造型物④毛轧机，（复制用的）电铸板
injection ~ 注塑机

mo(u)ldery 造型车间

mo(u)lding ①造型，制模，压模②压制，嵌条，模压③模制零件，模压件，铸造物④模制，浇铸，造型（法）⑤线条（装饰），线脚（凸凹）⑥固定，支架，安装⑦电子管脚
air set ~ 自（然）硬（化）法造型
all-core ~ ①组芯造型，制模，压模，翻砂②型工③压制件，模制零件，铸〔塑〕造物
assembly ~ 装配建模
autoclave ~ 热压模制，蒸压罐模制（法）
bag ~ 橡皮袋模制
band ~ 运输带上造型法
blow ~ 吹模〔吹塑〕法
box ~ 有〔砂〕箱造型
can ~ 瓶罐模制
carbon-dioxide ~ 二氧化碳砂造型
cement-bonded ~ 水泥砂造型
centrifugal ~ 离心铸造
cold ~ 冷塑（法），常温压制
compression ~ ①（唱片）压塑②压模法③压力铸造（法）
continuous core ~ 挤（捧状）芯
covered floor ~ 盖型地面造型
diaphragm ~ 膜压造型
diffusion ~ 扩散造型
dip ~ 浸渍成形〔模塑〕
double shot ~ 二极模塑造型
dough ~ 捏塑造型
drip ~ 成形件
dump box ~ 翻斗制壳（法）
extrustion ~ 挤压造型，压挤成形
flask ~ 有箱造型
fusible pattern ~ 熔模铸造
heatronic ~ 高频电热模（塑）法
hood ~ 发动机罩嵌线装饰
injection ~ ①喷射〔压力〕铸造法②压射〔注塑〕成形③注射
injection blow ~ 注射吹塑，注坯吹塑
insert ~ 镶嵌造型
jet ~ ① 喷模法②射塑
laminated ~ 层压模制
layer ~ 分层压制模制

loam ~ 黏土造型
lost-wax ~ 熔模法造型
louver ~ 缀模
machine ~ 机械〔器〕造型
matched die ~ 合模加热造型
mechanical ~ 机械造型，机器造型
micro ~ 微模塑
microinjection ~ 微注射成形
multiple ~ 叠型铸型，多型腔铸型，多模，多次模塑法
oddside~ 假箱造型
one-shot ~ 一步（发泡）成形
open sand ~ 敞开式造型
paste ~ 糊塑法
pit ~ 地上造型，地坑造型
plate ~ 板造型
polymer microinjection ~ 聚合物微注射成形
powder ~ 粉末模制
powder microinjection ~ 粉末微注射成形
powder sinter ~ 粉末烧结成形
preform ~ 塑坯模制法
pressure ~ 压铸型铸造（法），加压模塑，高压造型
pulp ~ 浸渍浆液模塑
radiator grill ~ 散热器护栅嵌条
radiator shell ~ 散热器罩嵌条
reentrant ~ 凹穴造型
removable flask ~ 脱箱造型
resin transfer ~ 树脂传递模塑成型
rodding ~ 加杆造型
rotational ~ （中空制品的）旋转模制，旋转浇铸，滚塑
sand slinging ~ 抛砂造型
scotia ~ 凹圆线（饰）
shell ~ ①壳型法②壳型铸造，壳型造型
slush ~ ①冷凝模塑（法），搪塑②溶胶塑料灌注造型③薄壳模塑
snap flask ~ 活〔无，脱〕箱造型
solvent ~ 溶剂成型
spray ~ 喷涂成型
squeeze ~ 压实造型
stack ~ ①分层压制，分层模制②叠型造型，双面型箱造型
strickle ~ 刮板造型
sweep ~ 刮板造型
template ~ 刮板造型
tignt-flask ~ 有箱造型
transfer ~ ①传递模塑法②连续自动送进造型，转移造型
turnover ~ 翻转造型，带湿芯的造型
two part ~ 两分体造型
vacuum ~ 真空模塑（法）
vibratory squeezing ~ 微振压实造型
wax ~ 蜡型，蜡铸型

mo(u)lding die 压模，塑型模

mo(u)lding press 模制机，模压机

mo(u)ldproof 防霉的，不透霉的

mo(u)ldwash 铸型涂料

mouldy ①（空射的，空投的）鱼雷，水雷②发霉的，霉烂的

moulim ①打麻机②打麻工艺

mount ①固定，安装，装配，装置，架设②固定件，支架，装配台，机架，机座，机构，管脚
angular ~ 斜角架
antenna ~ ①天线架②天线安装机械，架设天线机构
barreter ~ 镇流电阻器座
bayonet ~ 卡口〔物镜〕座
block ~ 组合装配
bolometer ~ （电阻）测辐射热的测量头
C ~ C（型物镜）座
calibrated ~ 校准〔正〕架
claw ~ 瞄准镜插座
cope and drag ~ 上下型架
CRT ~ 电子束管〔示波管，阴极射线管〕支架
crystal ~ ①检波头②晶体座③晶函
direct ~ 直接定位装卡，直接安装
focusing ~ 调焦座
gimbal ~ 万向架，常平架
iris ~ 可变光阑套
lens ~ 镜头座
locking ring ~ 固定环支座
micrometer lens ~ 微调焦座
mobile tracking ~ 随动跟踪装置
mouthing dynamic ~ 减振架
resilient base ~ 弹性底座安装
rigid ~ 刚性支座，固定安装
rubber ~ 橡胶垫架
self-propelled ~ 自动架
shock ~ 防振座，减振架
side-play ~ 偏移量
skid ~ 固定滑履
slide ~ 幻灯片框
stud ~ 螺柱装置，铰轴安装
sunk ~ 下降支座

swivel ~ ①销轴式安装②转座，转台
telescopic ~ 套管式装配，伸缩式固定
three-axis ~ 三轴标
tongue ~ 耳环安装
turret ~ 回转架，回转托
unit ~ 组件安装
waveguide ~ 波导头，波导管支架

mountable 可安装〔装配，固定〕的

mounter 装配工，安装工

mounting ①安装，装配〔架〕，固定②机〔托，框〕架，装置③底盘④芯轴
antishock ~ 防冲装置，缓冲橡皮
button ~ 小型精体座
cardan ~ 万向悬架，常平架
ceiling ~ 倒置安装（电动机底座在上部的安装方式）
cell ~ 框格〔孔格〕式固定〔安置〕
clamp ~ （加）垫圈固定
clevis ~ U形夹（式）安装座，用U形夹进行安装
close coupled ~ 近联式悬挂（工作部件靠近拖拉机后轴的悬置装置）
coude ~ 折轴装置
engine ~ 发动机悬挂法〔固定方式〕，发动机架
face ~ 端面安装
float ~ 浮动安装法
flush ~ ①埋入装置，嵌入装置②平藏〔口〕安装
gasket ~ 填密板式连接
gimbal ~ 万向悬挂架，常平架框
grazing incidence ~ 掠射式装置
isolation ~ 隔离〔振〕装置
linkage ~ 悬挂装置
midship ~ 中间支承
offset ~ 偏置悬挂
overhung ~ 外伸安装，悬臂（式）安装
panel ~ 配电盘装框，（配电）屏装配，面板安装
plug-in ~ ①插入式固定，插（入式安）装②有脚管座
projection type ~ 凸出式结构
radiator ~ 散热器座
reflection plane ~ 利用激光反射的模型固定装置
sectional ~ 片式串联连接
section-type ~ 片式串联连接
self-propelled ~ 自动架
shock ~ 防振支承
silent block ~ 无声铰链架装置，无声块架装置
spider ~ 星形机架
spring ~ （加）弹簧安装
straddle ~ 跨式架
tandem ~ 片式（串联）安装
three-point linkage ~ 三点悬挂装置，装在三点悬挂装置上
tool ~ 刀架
tractor ~ （把农具）悬挂在拖拉机上
tripod ~ 三脚架
up-side-down ~ （集成电路组装的）倒装(法)
Wadsworth ~ 瓦兹渥斯装置，瓦兹渥斯反射棱镜
wheel ~ 车轮压装
wire ~ 线固定式（晶体振子的固定方式）

mountings 配〔附，零〕件，固定件

mouse 图形输入器，鼠标（器）

mousetrap 鼠笼式打捞器，瞬时弹，反潜弹

mousing-hook 防脱钩

mouth ①口，开度②排出口，炉口，进口，狭窄部分，收口部分，喇叭口
bell ~ ①喇叭口，漏斗口，锥形孔②锥形底③测流喷嘴④钟形（入口）套管（用以保护同轴电缆）
belled ~ 喇叭口（插座的）
cross ~ 鸭嘴笔

mouthing 承〔漏斗形开，喇叭〕口
fish ~ ①（轧制表面）裂痕②轧机鳄鱼嘴

mouthpiece ①连接管，接口管②喷嘴，口承③端头④话筒，送话器
Borda's ~ 波沃达排气口，空气导管出口

mouton 夹板锤

movability 可（能，流）动性，迁移率
~ of dislocation 位错的可动度〔性〕

movable ①活动的，可移动的，可拆卸的②（pl.）动产

move ①移〔推，开〕动②动议，提议③措施，步骤，手段④外提，外移（计算机）
epsilon ~ ε 动作，ε 移动

movement ①运动，动作，移动，可动机构，机构〔件〕，机械（装置）②动程，活动范围③钟表机芯
~ in depth 景深移动
automatic ~ 自动机芯，自动机构
bar ~ 传动轴
bulk ~ （某种物质的）整体运动

central ~ 有心运动
complete ~ 完整机芯，成品机芯
cross(wise) ~ 横向动作，横向运动
cutting ~ 主运动，切削运动
D'Arsonval ~ ①达松瓦耳传动机构②达松瓦耳运动
disengaging ~ 分离运动，停车运动
end ~ 端移动
full indicator ~ 全跳动
geneva ~ 马尔特十字花槽盘装置，间歇工作盘装置，间歇式送料机构
homing ~ 回归到原位的动作，还原动作
jiwelled ~ 细马机芯
lever ~ 叉瓦式机芯，锚式机芯，擒纵机构
mass ~ 整〔块〕体运动
meandering ~ 曲折移动，迂回运动
meter ~ 仪表的测量机构
mu-factor ~ 放大系数，放大率
oscillating ~ 振荡，振动
oscillatory ~ 摆动，振动
play ~ 接头间隙
positional ~ 间歇运动，间歇机构
quick-motion ~ 粗装定机构，粗瞄，粗调
ram ~ 滑枕运动
recoil ~ ①后座运动，反冲运动②复原运动，复原作用
rectilinear ~ 直线运动
retrogressive ~ 逆动
roll ~ 轧辊调整〔移动〕速度
rough ~ 半成品机芯，粗糙机构
setting ~ 定位运动
shuttling ~ 循环运动，往复运动
side ~ 侧向移动
switch and lock movement （铁道）转辙装置
switch-and-lock ~ 转换锁闭器，转辙锁定器
table revolving ~ 工作台回转运动
time ~ 计时机构
to-and-fro ~ 往复运动，来回摆动
tool backlash ~ 退刀（动作）
up-and-down ~ 垂直运动，升降运动
watch ~ 钟表机芯

mover ①发动机，原动机②推进器③（推）动力④机器⑤动子
air ~ 压气引射式通风机，（局部通风用）压风喷管
dirt ~ 运土机
earth ~ 堆土机，挖土机
material ~ 运料车
pipe ~ 移管机，（喷灌装置）管道移动器
prime ~ ①（车辆）原动机②牵引机〔车〕③会出主意的人
programmable data ~ 可编程序的数据移动器〔传送器〕
rock ~ 除〔捡，集〕石机
trash ~ 清除杂质输送器
tree ~ 挖树机

movie ①电影，影片②电影院
digital loop ~ 数字循环移动
holographic ~ 全息电影

movieola 电影控制器

movietone 疏密法录声的有声电影，有声电影

moving ①活〔移，运〕动的②移〔主，运，开〕动，位移③可调（的）
wedge ~ 楔形移动

moving-coil ①可转线圈②动圈式的

moving-conductor 动导体（式）

moving-iron ①动铁（式）②软铁

moving-magnet 可动磁铁，动磁

moviola ①音像同步装置②声画编辑机
sound ~ 声音剪辑机，声画编辑机

mower 割草机，剪草机
cutterbar ~ （往复运动）切割器式割草机
direct-connected ~ 悬挂式割草机
disc rotary ~ 盘式旋转割草机
double-bladed ~ 双动刀片割草机
drum rotary ~ 滚筒式旋转割草机
flail ~ 甩刀式割草机
lawn ~ 草坪剪草机，雷达噪声限制器
multiaspecttraction ~ 牵引式割草机
reciprocating cutter bar ~ 往复式割草机
sand-blast ~ 喷砂灭草机
semi-mounted ~ 半悬挂式割草机
towed rotary ~ 牵引式旋转割草机
tractor-hitched ~ 机引式割草机
trailer ~ 牵引式割草机
walk type ~ 手扶割草机

mower-conditioner-windrower 割草-铺条联合作业机

mower-crusher 割草压扁机

mower-shredder 割草切碎机

Moyno-pump 莫伊诺草螺杆泵

mposites 自补强陶瓷基复合材料

M-profile M断面图

M-quenching 马氏体淬火

M-region M区域，马氏体区域

M-scope M型显示器

MSX MSX 标准（一种计算机硬件和软件的标准）
mu ①电子管放大系数②希腊字母 μ ③亩（等于 0.067 hm^2）
mu-antenna μ 型天线
mucilage ①胶水②黏液〔质，胶〕
mu-circuit 放大电路
muck ①腐殖土，软〔污，淤〕泥②垃圾，废〔碎〕屑，废渣〔料〕③熟铁扁条④污物，脏东西，粪，肥料，弃土（堆）
  slag ~ 渣堆
mucker ①装岩工，装岩机司机②装岩机
  clamshell ~ 抓岩机
  multileaf mechanical ~ 多爪式抓岩机
  wheel-mounted ~ 车轮行走式装岩机
mud ①泥（土，浆），滤泥，淀渣，沉淀物，涂料②没价值的东西③不清晰的无线电或电报信号
  boring ~ 钻渣，镗屑
  core ~ 腻芯料
  daubing ~ 搪料，腻料
  drilling ~ 泥浆（钻井用）
mudding 涂抹（泥料，浆料）
  core ~ 型芯抹光
muddrag 疏浚〔挖泥〕机
muddredge 疏浚〔挖泥〕机
muddrum 疏浚〔挖泥〕机
muddy ①多泥的，泥泞的，肮脏的②不透明的，浑浊的
mudguard 挡泥板
mudjack 压浆泵
mudpump 油泥机，泥浆泵
mu-factor 放大系〔因〕数，放大率，μ 系数
muff 套筒，衬〔轴，保温〕套
  butt ~ 对接套筒
  carburetor ~ 化油器扩散管
  ear ~ ①耳机，听筒，受话器②耳机橡皮套，耳机缓冲垫，减噪耳套
  radiator ~ 散热器套
muffle ①套筒②马弗炉，隔焰炉③消声器
  ignition ~ 点火马弗炉
muffler ①消声器②马弗炉③消弧片（熔断器的）
  concentric cylinder ~ 套〔集〕筒式消声器
  dissipative ~ 消声器
  intake ~ 进气消声器
  mobile ~ 活动消声器，汽车消声器
muffling 减音，消声，隔声
mug （工程质量单位）马格（9.81 N 的力产生 1 m/s^2 加速度的质量）
mu-H-curve 磁导率 - 磁场强度曲线
Mulberry 穆尔伯莱铀抗氧合金
mulcher ①表土疏松机②土壤覆盖机③碎土镇压器
mulching-machine ①表土疏松机②覆盖敷设机
mule ①纺纱机②后推机车，小型电动机车，轻型牵引机③规，模板
  cam shaft ~ 凸轮轴式走锭细纱机
  condenser ~ 走锭废纺机
  self-acting ~ ①自动机②走锭精纺〔纺纱，细纱〕机
  twiner ~ 走锭拈线机
  twisting ~ 走锭拈线机
mull （辗）混砂，粉碎，磨碎
Mullarator 辗轮 - 转子式混砂机
mull-buro 轮碾式移动〔轻便〕混砂机
muller ①研磨〔辗碎，碾砂，（碾轮式）混砂〕机②滚〔辗，摆〕轮③研杆，搅棒
  batch-type ~ （间隙式）混砂机
  centrifugal ~ ①离心〔摆轮〕式混砂机②快速混砂机
  jarring rotor sand ~ 辗轮转子混砂机
  jarring wheel sand ~ 辗轮式混砂机
  reflux sand ~ 逆流式混砂机
  sand ~ 混砂机
  speed ~ 快速〔摆轮式〕混砂机
  swinging wheel sand ~ 摆轮混砂机
  two jarring wheel sand ~ 双辗盘混砂机
mullite 富铝红柱石（耐高温材料，$w(Al_2O_3)$ 72%，$w(SiO_2)$ 28%）
mulser 乳化机
multiaccelerator 多重加速器
multi-access 多路存取〔访问，进入〕
multiadapter 多用附加器
multiaddress 多地址〔位置〕（的）
multi-agent 多智能体
multi-amplifier 多级放大器
multianalysis 全面〔详细，多方面〕分析
multiangular 多角的
multianode 多阳极（的）
multi-aperture(d) 多孔的
multiar 多向振幅比较电路，多向鉴幅电路
multi-arch 多〔连〕拱的
multiaspect 多方面〔向，位〕，多道
multiband 多〔宽〕频带
multibank 复台式，复接排

multibarrel 多管〔筒〕(式)的
multibeacon 三重调制信标点，组合信标
multi-beam 多光束，多(电子)束，复光柱
multibearing 多支座的
multiblade 多叶片(的)，多刀(的)
multibreak ①多重开关②多断点的
multibucket 多斗(式)
multibulb 多(灯)泡的，多管的
multiburst 多波群，多脉冲群
multibus 多总线
multican ①分管型燃烧室②多分管的
multicapt 电子手表多用测试仪
multicarbide 多元〔复合〕碳化物
multicast 多点发送，多目标分组发送，复播技术，组播(通信)
multicasting 立体声双声道调频广播(用两台调频发射机播送一个立体声节目，要用两台调频接收机接收)
multicathode 多阴极的
multicavity 多共振器的，多盒的，多室的，多槽的
multicell 多室的，多孔的，多网格的，多管的，多单元的
multicellar 多室的
multicellular 多网格的，多孔眼的，蜂窝形的
multichain 多链(的)
multichamber 多层，多〔复〕室
multichannel 多路(的),多通〔信,频〕道(的)
multicheck 多用校表仪
multichip 多片(式)
multicircuit 多电路的，多线路的
multi-class 多类
multiclone 多管旋风收尘器，旋风收尘器
multicoat 多层，复层
multicoil 多线圈〔绕组〕(的)
multicollector 多集电极
multicollinearity 多次共线性
multicolo(u)r 多色(的)，彩色(的)
multicolumn 多层柱
multicomponent 多成分(的)，多组分(的)
multicompression 多级压缩
multi-computer 多机组，多计算机(系统)
multicomputing 多值计算
multiconductor 多触点
Multicon(n) 麦帖康(移像光电摄像管)
multi-connector 复式连接器
multiconstant 多常数
multi-cooler 双盘冷却机
multi-coordinate 多坐标
multicore 多芯的
multi-correlation 多元相关
multicoupler 多路耦合器
multicrank 多曲柄
multicut 多刀切削
multicutter 多刀
multicycle 多循环(的)，多周期(的)
multicyclone 多管旋风分离器，多旋风子
multi-cylinder 多缸(的)
multideck 多层(的)
multidemodulation 多解调电路
multidiameter 阶梯轴的，多径的
multidigit 多位
multi(-)dimensional 多维的，多因次的，多面的，通用的
multidirectional 多向的
multi-disc 多片
multidisciplinary 多学科的
multi-display 矩阵显示
multidither 多重抖动
multi-documentation 联运单凭证
multidomain 多畴
multidraw 多点取样
multi-drill 多轴钻，多钻头
multidrop 多站(线路)
multiduty 多用途的
multiecho 多次回声，颤动回声
multi-electrode 多电极
multielement 多元素，多元件
multi-Elfin 多位埃尔芬数字板(直流气体放电显示板)
multiemitter 多发射极
multiengine 多曲柄式发动机，多发动机(的)
multienhancement 多重增强，多次增强
multi-exhaust 多排气口
multifee 复式收费
multifeed 多点供电〔水，油〕的
multi-fidelity 多精度
multifilament 复丝
multifile 多文件
multifinger 多触点(的)
multiflame 多焰
multiflash 多闪光装置
multi-focus 多聚焦，多电极聚焦
multifold 多倍的，多重的
multifont 多字体〔型〕
multiformity 多形性

multiframe 复帧，多帧
multifrequency 多频（的），复频（的），宽频带（的）
multipledual tone ~ (pushbutton dialling) 双音多频（按键拨号）
multifunction 多值函数；多功能
multigap 多隙（的）
multigauge 多用规，多用检测计，多用测量仪表
multigraph ①多重图②（旋转式）排字印刷机，油印机
multigreaser 多点润滑器
multigrid ①多栅（的）②多栅极（的）
multigun 有数个电子枪的，多管的，联装的
multiharmonograph 多谐记录仪
multihead 多传感头，多引入线端
multihearth 多层炉
multihole 多孔
multi-homing 多归属
multihop 多次反射
multi-hosting 多重主机，多重主控
multiimage 多重图像，复像，分裂影象
multi-industry （工业的）多种经营
multiinjector 多喷嘴
multi-input 多端〔路〕输入
multi-jack 复接插孔，复式塞孔
multi-job 多道作业，多重工作
multi-jobbing 多作业操作
multijunction 多结
multikey 多键
multikeyway 多键槽
multilaminate 多（薄）层的
multilateral 多边的，多层的，多方面的
multilayer 多层（的）
multilead 多引线（的）
multi-legs 复式的
multilevel 多电平（的），多级（的），多层（的），多水平（的）
multiline 多线（的），多生产线（的），复式线路
multilink 多层板，多链路
multi(-)lith ①简易平版印刷品②简易影印机，胶版印刷机
multi-load 多负载
multilobe 多叶（的）
multiloop ①多回路的②多匝的，多环的
multimedia 多媒体，多种手段（方式）的
multimediabridge 多媒体网桥
multimember 多构件（的），多元（的）
multi-merger 多角兼并
multimeter 万用表，多量程仪表，多用途计量器
digital ~ 数字（式）万用表
pocket ~ 袖珍万用电表
multimetering ①多点〔次，路〕测量②复式读数③多次计算
multimodal 多峰
multimode 多波型，多模（态），多方式
multi-modelity 多峰形性
multi-mull(er) 双碾盘（连续）混砂机
multi-nitriding 多段渗氮法，多次渗氮（处理）
multinodal 多节点的
multinode 多节点
multinomial ①多项式②多项的
multinozzle 多喷嘴，多喷管
multioctave 多倍频程
multioffice 多局制
multi-order 多阶的
multi-orifice ①多孔板②多孔（的）
multioutlet 多引线
multioutput
single-user multiinput ~ （通信）单用户多输入-多输出
multipacting 次级电子〔发射〕倍增，多级电子倍增
multipactor ①次级电子倍增效应②高速微波功率开关③多级电子倍增器
multiparameter 复参数，多参数
multi-part 多元件（的），多部件（的）
multiparticle 复粒子
multiparty 多方会议
multipass ①多次通过，多通道〔路径，途径〕（的），多（通）路的，多（次行）程的②多路的，多线的（螺纹），多道（焊接的）
multipassing 多道焊
multipath ①多路，多径②多路的，多头的（螺纹）
multipayoff 多性能指标
multiphase 多相（的）
multiphaser 多相发电机
multiplane 多翼飞机
multi-plate 多片，多盘
multiplaten 多层的
multiple ①复式的，多重的，倍数的②倍数③复联，并联④多路系统，多次线路，多用电路

central〔common〕battery ~ 共电制复式塞孔盘
code division ~ 码分多路复用
coding pulse ~ 脉冲编码（多路）系统
common ~ 公倍（数）
decimal ~ 十进倍数
graded ~ 分品复接
integer ~ 整数倍数
integral ~ 整倍数
least ~ 最小公倍数
least affine ~ 最小放射倍式
multiple-addresspartial ~ 部分复接
series ~ 串并联，复联
sheet bar ~ 倍尺薄板坯
slip ~ 顺差复接
straight ~ 直接复接
the least common ~ 最小公倍数
trunk ~ 出线复接，干线复接

multiple-address 多地址，多址
multiple-beam 复光束，多光束
multiple-bridge 多臂电桥，多档电桥，群桥
multiple-cable 复电缆
multiple-connection 并联连接，复接，复接线
multiple-connector 多路插头，多路接头
multiple-contact 多触头的，多触点的，多接点的
multiple-cut 多刀切削
multipled 并联的，复接的
multiple-die 复锻模
multiple-drill 多轴钻床
multiple-drilling 多孔钻法
multiple-error 多重误差，多级误差
multiple-film 多重片
multiple-frequency 倍频，谐波频率
multiple-grid 多栅
multiple-hop 多次反射
multiple-machine-head 多切削头
multi-objective 多目标的
multiple-order 多级的，多次的
multiple-output
single-input ~ （通信）单输入多路输出
multiple-pass 多次通过，多路，多程
multiple-path 多路
multiple-pin 多刀（式），多测针
multiple-plug 复式插头
multiple-programming 多程序（设计）
multipler 多路转接器，多路复用器，多路开关选择器
multiple-roll 多滚筒，多辊
multiple-rotor 多转轴
multiple-series ①混〔复，串并〕联，并联-串联②双重级数
multiple-stage 多级的
multiple-start 多线的，多线路的
multiple-story 多层
multiple-surface 多面的，纵树形的
multiple-switch 复联开关
multiple-switch-board 复式交换机
multiplet ①相重项②多重谱线
multiple-threaded 多线螺纹的
multiple-tooling 多刀切削
multiple-track 多路的，多信道的，多车道的
multiple-tuned 多重调谐的
multiple-turn 多匝的
multiple-unit ①连接的，接合的②多元的③多发动机的，多（机）组的
~ of measurement 倍数计量单位
multiplex ①多路传输〔复用，转换，通风〕②多倍制图仪③多工（操作）④复式的，多重的，多模的，倍数的
~ section shared protection ring 多路复用转换部共用保护环
coded orthogonal frequency division ~ 编码正交频分复用
computer input ~ 计算机输入多路转换器
FM ~ 调频立体声，调频多工器
frequency-division ~ ①频率分割多路复用，分频多工②分频多路传输〔转换〕
near instantaneously companding audio ~ 丽音技术（准瞬时压扩音频复用）
pulse time division ~ 脉冲时分多路复用
sound ~ 多种伴音（音响）
space division ~ 空间分隔多工制
system ~ 系统多路转换
time ~ 定时〔时间分割〕多路传输
time-division ~ 时（间）分（隔）多路传输〔多路复用〕
multiplexer ①多路调制〔扫描，转换〕器（模拟或线性），多工器② IQ 信号混合器③扩程器④能调整几个输入或输出的缓冲器⑤信号倍增〔倍加，连乘〕器⑥处理实时输入输出的专用计算机⑦程序存储专用计算机传输器⑧乘数⑨多路转换器
add-drop ~ 分插式多路复用器，上、下线多路复用器
address ~ 地址多路复用器

analog(ue) ~ 模拟多路转换器，模拟多路调制器，模拟量多工器
asynchronous ~ 异步多路转换器
channel division ~ 通道分组多路器
channel ~ 信道多路复用器
character ~ 字符多路复用器
communication ~ 通信多路复用器，通信多路转换器
communication input-output ~ 通信输入输出多路复用器
data ~ 数据多路复用器
digital ~ 数字信号复接器
diode ~ 二极管转换开关
distributed time-division ~ 分布式时分多路复用器
film ~ 电视电影多路设备
flexible ~ 灵活复用器
frequency division ~ 频分多路传输
intelligent ~ 智能多路复用器
intelligent synchronous ~ 智能同步复用器
intelligent time division ~ 智能时分多路复用器
near instantaneous companded audio ~ 准瞬时压扩声音复用
optical add-drop ~ 光分插复用器，光上、下线多路复用器
traffic ~ 多路转换器

multiplexerfilter 复用器滤波器
rod ~ 棒状复用器滤波器

multiplexing ①复用②多路调制③尺度放大，倍加，倍增
asynchronous time-division ~ 异步时分多路方式
asynchronous ~ 异步多路复用
byte ~ 字节多路转换
channel multiplexing ~ 通道复用
colo(u)r ~ ①彩色信号多路传输系统②彩色副载频正交调制（美国彩色电视系统用）
colo(u)r-division ~ 色分复用
inverse ~ 反向复接（技术）
low-level ~ 低电平放大
multichannel ~ 多通道转换
optical wavelength division ~ 光波分复用
orthogonal frequency division ~ （通信）正交频分多路复用
process ~ 进程多路转换
spatial ~ 空间多路法
time-division ~ 时分多路转换
wavelength division ~ 波分复用

multiplexor = mutiplexer

multipliable 可增加〔增殖，加倍〕的，可乘的

multiplicable 可增加〔增殖，加倍〕的，可乘的

multiplicand 被乘数

multiplication ①乘法②倍增，相乘，放大，扩大③繁殖，增殖
~ of fast dislocations 快位错的增殖法
abridged ~ 捷乘法
adder tree ~ （用）加法器树形（的）乘法
analog(ue) ~ 模拟乘法（器）
avalanche ~ 雪崩（式）倍增
block ~ 分块相乘
complex ~ 复数乘法
deviation ~ 频移倍增
digital-analog(ue) ~ 数（字）模（拟）乘法（器）
double-length ~ 双倍〔字〕长乘法
electric ~ 电乘法器
electron-gun density ~ 电子枪射束密度倍增
error ~ 误码增殖
frequency ~ 倍频，频率倍增
gas ~ 气体倍增（利用气体电离）
global step ~ 全局步进乘法
inner ~ 内乘法
ionizing ~ 电离倍增（作用）
left-handed ~ 左乘法
multiple field ~ 多字段乘法
octal ~ 八进制乘法
outer ~ 外乘法
pulso-rate ~ 脉冲重复倍频，脉冲重复频率倍增
reciprocal ~ ①倒数相乘②增殖率倒数
right ~ 右乘法
scalar ~ 纯量〔标量〕乘法
secondary ~ 二次（电子）放大
secondary-emission ~ 次级电子放大〔倍增〕，二次放射（电子）倍增
serial-parallel ~ 串并行乘法
short-cut ~ 简化乘法
source ~ 中子源增殖
stored carry ~ 存储进位乘法
vector ~ 矢乘，矢量乘法

multiplicator = multiplier

multiplicatrix 倍积

multiplicity 重复度，多样性，多重性，集，相重数，阶

spin ~ 自旋多重性

multiplier ①乘数②系数③乘法器，倍增器④扩（量）程器⑤放大器⑥增殖器⑦增益器⑧分流电路⑨扩程电阻

AM-AM ~ 调幅-调幅乘法器

analog(ue) ~ 模拟乘法器，模拟式乘法运算器

binary ~ 二进制乘法器

capacity ~ 电容倍增器

channel electron ~ 渠道式电子倍增器

coefficient ~ 系数〔比例〕乘法器

constant ~ 标度因数，恒定乘数

cross-field ~ 正交场乘法器

decimal ~ 十进制乘法器

deflection ~ 偏差倍增器

digital ~ 数字乘法装置

dissector ~ 析像管（内的电子）倍增器

dynamic crossed-field electron ~ 动态交叉场光电倍增器

dynamometer-type ~ 测力计〔功率计〕式乘法器

electric(al) ~ 电动倍加器，电乘法器

electrodynamic ~ 电动（式）乘法器

electron ~ 电子倍增〔乘法〕器

error ~ 误差乘法器

flexible channel ~ 适应性通道倍增器

FM-AM ~ 调频-调幅倍增器

four-quadrant ~ 四象限乘法器

frequency ~ 倍频器

frequency-separation ~ 频率分离式乘法器

image ~ 像倍增器

image dissector ~ 析像倍增管

instrument ~ ①仪表扩（量）程器②仪表附加电阻

interpolating ~ 插值乘法器

last ~ 最后乘子，尾乘式

mark-space ~ 符号区间〔象限〕乘法器

mesh ~ 网络倍增器

meter ~ ①仪表量程倍增器②测量仪表扩程器

modulation type ~ 调制式乘法器

modulator ~ 调制倍频器

molecular ~ 分子倍增〔放大〕器

multiaperture-cone channel ~ 多孔锥渠道倍增器

one-quadrant ~ 单象限乘法器

one-shot ~ 串-并行乘法器

oscillatory frequency ~ 振荡频率倍增器，倍频器

paired ~ 双乘法器

parallel ~ 并行乘法器

parametric ~ 参量倍增器

pendulum ~ 摆动式（电子）倍增器

phase ~ 相位倍增器

photoelectric ~ 光电倍增器〔管〕

photoelectron ~ 光电倍增器

phototube ~ 光电倍增管

prefix ~ 词头乘数，乘数词头

pulse rate ~ 脉冲速率乘法器

range ~ 量程扩大器，倍率器，扩程器〔仪〕

rate ~ ①比率乘数②比例乘法器

reactance frequency ~ 电抗式倍频器

reference frequency ~ 基准倍频器

resistive film ~ 阻膜倍增器

resolving power ~ 分辨力倍增器

secondary-electron ~ 次级电子倍增器

secondary-emission ~ 次级发射倍增器

serial ~ 串行乘法器

simplex ~ 单纯形〔因子，乘数，乘子〕倍增器

single-channel ~ 单渠（道）电子倍增器

slide ~ 滑臂〔杠杆〕式乘法器

speed ~ 倍速器

split range ~ 对分量程乘法器

step ~ 步进式〔阶梯式〕乘法器

time division ~ ①时间划分乘法器②时间脉冲倍增器

transistor frequency ~ 晶体管倍频器

TSE image ~ 透射二次发射像增强器

two quadrant ~ 二象限乘法器

variable ~ 变量乘法器

“venetian blind” ~ “百叶窗”形倍增器

vibration ~ 振动乘法器

voltage ~ 电压倍增器，倍压器

multiplier-detector 倍增管-探测器

multiplier-guotient 乘商

multiplier-phototube 光电倍增管

multipling 复接

multiploid 多倍体

multiply ①乘，乘法②倍数〔量〕的③多层〔股〕的

logic(al) ~ 逻辑乘，逻辑积“与”

step ~ 步（进）式乘法

multiplying 多路

multipoint 多位置的，多点（的）

multipolar 多极（的）

multipole　多极
multipolymer　共聚物
multiport　多端网络，多端口
　reactance ~　电抗多口网络，电抗多端对偶网络
multiposition　多位置（的），多级（的）
multiprecision　多倍精度
multipriority　多优先级，多优先权
multiprobe　多探针法
multiprocessing　多道〔多重，多机〕处理
　asymmetrical ~　非对称多道处理技术
　shared source ~　共用资源多道处理
　sharing ~　共享〔共用，分担〕多重处理
multiprocessor　多重处理程序计算机，多处理机，多处理装置
　autonomous ~　独立多处理机
　memory shared ~　公用存储器的多处理机
multiprogram　多重程序，多程序
multiprogramming　①多道程序②多（道）程序设计，程序复编
　executive control ~　行政管理〔执行控制〕多道程序设计
　hierarchical ~　分级多道程序设计
　master/slave mode ~　主从式多道程序设计
　priority ~　优先级多道程序设计
　program(me) competition ~　程序争用的多道程序设计
multipurpose　多用途（的），万〔通〕用（的）
multirange　多量程〔刻度，波段，范围〕（的）
multireflector　多层反射器
multireflex　多次反射
multi-resonant　多谐（振荡）的
multi-roll　多辊，多滚柱
multirotation　变旋（现象），变（异）旋光（作用），旋光改变（作用）
multirow　多行〔列〕的
multirunning　多道程序设计
multisampling　多抽样
multi-scale　通用换算，多刻度，多次计数
multiscaler　①多路〔万能〕定标器②通用换算器，通用换算线路
multiscan　多扫描，显示器的多屏扫描
multiseater　多座机，多座飞机
multisection　多节（的），多段
multisector-tube　多渠道倍增管
multisensor　多传感器（的）
multisequencing　多机工作（用几个计算机同时执行一个程序的不同部分），多序列执行
multiseries　混联的，多系列的
multishift　多班（制）的
multishock　①激〔多〕波系②多激波的
multislot　多槽（的）
multispace-dyer　多间隔染色机（用于绞纱间隔染色）
multispecimen　多试件
multispiral　多螺线
multi-spot　复斑，重斑
multistability　多〔双〕稳定性
multistable　多稳态的，多稳定的，多稳的
multistage　①多级②多级的，多段的
multistage-separation　多级分离
multistaging　增加级数
multistandard　多标准
multi-start　多头的，多线的，复线的（螺纹）
multistation　多站，多台
multisteaming　多（数据）流（传输）
multistep　多级的，多步的，阶梯式的
multistory　多层的
multistrand　多股（的），多流股钢
multistudio　多用演播室
multiswitch　复接机键〔开关〕
　digital ~　复式拨码盘，多位数字开关
multisync　多帧同步
multitandem　多级联接
multitap　①转接插座，多插头插座②多插头的
multitape　多带
multi (-) task　多重任务
multi-tasking　多（重）任务处理
　preemptive ~　抢先式多任务
multiterminal　①多端的，多接头的，多接线端子的②多端网络
multitester　万用表，多用测试器
multithreading　多线程
multitone　多频音
multitool　多刀工具，多刀
multitrack　多（信）道，复声道，多声道，多磁迹，多轨
multitrade　多边贸易
multitron　甚高频脉冲控制的功率放大器
multitube　①多电子管，复用〔复极〕真空管②多管（的）
multitude　①集，组②大批，大量
multitudinous　（繁）多的，大批（量）的，各色各样的
multi-turn　多匝的，多圈的，多转的，多螺线的

multiunit 多元〔重,组〕的,多部件〔单位〕的,复合的
multiuser 多用户
multivalence 多价,多种价值性,多义性
multivalency 多价,多种价值性,多义性
multi-value 多值
multivalve 多(电子)管的
multivariable 多变量的,多元的
multivator 多用〔万能〕自动测试仪,复式变换器
multivector 多重矢量
multivertor 复式变换器(可进行模/数或数/模两种转换的)
multivibrator 多谐振荡器
astable ~ 不稳〔自激〕多谐振荡器
astatic ~ 自激多谐振荡器
biased ~ 截止〔偏置〕多谐振荡器
bistable ~ 双稳多谐振荡器
burst-delay ~ 延迟色同步脉冲多谐振荡器
cathode-coupled ~ 阴极耦合多谐振荡器
clock ~ 时间间隔发送器,节拍多谐振荡器
digital monostable ~ 数字单稳态多谐振荡器
driven ~ 从〔随〕动多谐振荡器
Eccles-Jordan ~ 双稳态多谐振荡器,双稳态触发电路
flip-flop ~ 双稳态多谐振荡器
free running ~ 自激多谐振荡器
gate ~ 门信号多谐振荡器(方波发生器)
gate-producing ~ 门信号多谐振荡器(方波发生器)
horizontal ~ 行〔水平〕扫描多谐振荡器
horizontal blanking ~ 横向消隐脉冲
hybrid ~ 复合式多谐振荡器
keyer ~ 键控多谐振荡器
master ~ 主控多谐振荡器
monostable ~ 单稳态多谐振荡器
one-cycle ~ 单周〔单程,单稳态〕多谐振荡器
one-shot ~ ①冲息〔单稳态〕多谐振荡器②单稳电路
range ~ 按距扫描〔距离扫描〕多谐振荡器
ring ~ 环形多谐振荡器
single-shot ~ 单稳〔单冲,单周期〕多谐振荡器
start-stop ~ 单稳多谐振荡器
synchronized ~ 稳定〔外控同步〕多谐振荡器
tracking monostabillity ~ 磁迹跟踪单稳态电路,磁迹跟踪单稳态多谐振荡器
variable ~ 可调多谐振荡器
width ~ 脉冲宽度可控多谐振荡器
multiviewports 多视屏口
multivoltmeter 多量程伏特计〔电压表〕
multi-wall 多层
multiwave 多波(段)(的)
multiway ①多向〔路〕(的)②多位(加工)形式③复合(的)
multiwheel 多轮(的)
multi-wheeler 多轮汽车,多轴汽车
multiwire 多线的,多股的,复线的
multi-zone ①复区带②多区的,多域的
mu-meson μ 介子
mumetal 镍铁高磁导率合金(w(Fe)20%,w(Ni)75%,w(Cu)5%)
mu-meter 侧滑测定仪
mumetron 微米测微表
mummy 褐色氧化铁粉
municipal 市的,市营的,公用的
munitions 军需品
Munsell 蒙赛尔云母
muscovite 白〔钾,优质〕云母
mush ①噪声,干扰②分谐波③软块,糊状物
mushroom 蘑菇菌,蕈,钟形泡蕈,阀(舌),蘑菇状物〔烟云〕,伞形的
mushy ①多孔隙的②固-液相的③浆糊状的④性能失灵的
muslin 细(薄)棉布,软棉布
muster ①样品②检验〔阅〕③清单,花名册
mut ①损坏的,变形的,残缺不全的②(相)互的
mutability 易变性
mutant 突变株(体)
mutation 转〔突〕变,变更〔化,换,异〕,更换
mutator 水银〔汞弧〕整流器
mute ①静噪,噪声抑制,(电影)画面,无声(影)片②消声器,弱音器③无声的,哑的
bias ~ 偏置抑制杂波
dub out ~ 复制输出抑制
low level ~ 低电平静音
RF ~ 射频杂波消除
video ~ 视频高密度电视唱片系统
mutegun (铁液口)堵眼机
Mutemp 铁镍合金(w(Ni)30%,w(Fe)70%)
mutilation 损坏,毁坏,残缺,变形,肢解

muting　噪声抑制
　dub ~　复制静噪
　EE ~　电 - 电抑制
　internal reference ~　内基准抑制
　motor ~　马达静噪
　record ~　录制杂波消除
　reference oscillator ~　基准振荡器抑制
　sync edge ~　同步边缘静噪
mutlisystem　多系统
mutograph　①（早期的）电影摄影机②拍摄
mutual-inductance　互感，互感系数
mutual-induction　互感应
mutual-inductor　互感器
mutually　互相的，互助
mu-tuning　动铁〔磁性〕调谐
mu-watt　微瓦
muzzle　喷嘴，喷〔枪，炮〕口
mycalex　（压黏）云母块，云母玻璃
mykroy　米克罗依（绝缘材料）
mylar　聚酯树脂〔薄膜〕
myocardiograph　心肌运动描记器
myocinesimeter　肌收缩计
myoculator　眼肌运动矫正器
myodynamometer　肌力计
myoelectricity　肌电
myrialiter　万升
myriameter　万米
myriawatt　万瓦（特）
mystery　奥秘

N

nacelle ①导流罩②吊舱，短舱，（气球的）吊篮
radio loop ~ 无线电环形天线盒
Nada ①纳达铜合金（w（Cu）91.75%，w（Ni）3.75%，w（Sn）3.75%，w（Pb）0.75%）②纳达抗变色铜合金
nadel 针状凸起
nadir 最低点，最下点，最低温度
naevus 斑点
nagger ①手持凿岩机②钎子
nahcolite 苏打石
nail ①钉②纳尔（布匹长度单位，1 纳尔 = 5.7155 cm）③爪
anchor ~ 锚
back ~ 平钉
barbed ~ 不规则钉，带齿钉，刺钉
blind ~ 暗钉
brad ~ 角〔无头，曲头〕钉
clasp ~ 钩头钉，扒钉，扁钉
clasp-headed ~ 钩头钉
clinch ~ 抱钉
cut ~ 方钉，切钉
double pointed ~ 双头螺栓，接合销
draw ~ 起模钉
hook ~ ①钩钉②集索环
hook foundry ~ 型箱用的钩头钉
hooked ~ ①曲钉，钩钉②集索环
joist ~ 搁栅钉
lining ~ 半圆头钉
mo(u)ld ~ 型钉
pilot ~ 安装钉
pipe ~ 弧面芯撑，管子芯撑
plate ~ 钩头道钉
rag ~ 棘钉，棘螺栓
rose ~ 圆花钉
screw ~ 螺钉，木螺钉
secret ~ 暗钉，隐钉
sheathing ~ 壁板钉
spike ~ 长折钉，小钉，道钉
spring draw ~ 弹簧起模钉
stamped ~ 压制钉
stub ~ 短而粗的铁钉
toed ~ 斜钉
tree ~ 木栓〔钉〕，定缝销钉
wire ~ 圆钉
nailability 受钉性
nail-driver 打钉机
pneumatic ~ 气动打钉机
nailer ①制钉工人②射钉枪③钉（箱，板）机，订书机
air ~ 风动钉钉机
nailery 制钉厂
nail-extractor 拔〔起〕钉钳
nailing ①插（型）钉②坩埚红热处理（坩埚使用前慢热至发红处理）③敲打用的④极好的
nailpicker 检钉器
Nak 钠钾共晶合金（w（Na）56%，w（K）44%）
naked 无绝缘的，裸的，无保护的
naker 半圆鼓
Nalcite 离子交换树脂
name 名，名称，名字
cell ~ 单元名
data base data ~ 数据库数据名
declarator ~ 说明符名称〔定义〕
entry ~ 入口名
file ~ 文件名
file extension ~ 文件扩展名
generic ~ 属名
local ~ 车间编号
macro ~ 宏功能名字
phase ~ 阶段名
physical ~ 实体名字
program ~ 程序名称
scientific ~ 学名
section ~ 段名，节名
segment ~ 段名
set ~ 集名，组名
subscripted qualified ~ 下标限制〔定〕名
trade ~ ①商品名称，商标名②商号，店号
nameboard 船名板
nameplate 铭牌，名牌
NAND “与非”
nanism 矮小
nano 纳（诺）（n，10^{-9}）
nanoammeter 纳安计
nanoamp(ere) 纳安（培）（nA，10^{-9}A）
nanocircuit 超小型集成电路

nanocrystal 纳米晶
nanoelectronic
silicon ~ 硅纳米电子技术
nanofabrication 纳米制造，纳米生产
nanofarad 纳法（拉）（nF，10^{-9}A）
nanogram 纳克（ng，10^{-9}g）
Nanograph 镜面仪表读数记录用随动系统
nanohenry 纳亨（利）（nH，10^{-9}H）
nanojoining 纳米连接
nanolithography 纳米光刻技术
nanometer 纳米（nm，10^{-9}m）
nanon 纳米（nm，10^{-9}m）
nanoparticle 纳米粒子
composite silver ~ 复合银纳米颗粒
metallic ~ 金属纳米粒子
monolayer-protected metal ~ 单分子修饰的纳米金属粒子（通过有机分子对具备纳米结构的纳米材料表面进行修饰及功能化）
nanophotogrammetry 缩微摄影测量（术）
nanoprocessor 纳秒处理机
nanoprogram 纳程序
nanopropeller 纳米推进器
nanorod 纳米棒
silicon carbide ~ 碳化硅纳米棒
nanoscope 纳秒〔超高频〕示波器，纳诺镜
nanosecond 纳秒（ns，10^{-9}s）（十亿分之一秒）
nanosensor 纳米传感器
nano-technology 纳米（加工）技术
nanotransistor 纳米二极管
nanotube 纳米管
carbon ~ 碳纳米管
graphitic ~ 石墨纳米管
multiwall carbon ~ 多壁碳纳米管
multiwalled ~ （MWNTs）多壁纳米管
nested carbon ~ 嵌套碳纳米管
single-walled ~ （SWN）单壁纳米管
nanowatt 纳瓦（nW，10^{-9}W）
nanowelding
direct resistance ~ 直接电阻纳米焊接
electron beam ~ 电子束纳米焊接
indirect resistance ~ 间接电阻纳米焊接
ion beam ~ 离子束纳米焊接
laser ~ 激光纳米焊接
resistance ~ 电阻纳米焊接
nanowire 纳米线
20-atom ~ 20个原子的纳米线
carbon ~ 碳纳米线
CdS ~ 硫化镉纳米线
silicon ~ 硅纳米线
napalm 凝固汽油（弹），（制造汽油弹的）纳磅油，胶化汽油，凝汽油剂
nape 颈背，项，后颈
Na-photocell 钠光电池
naphtha 石脑油，（粗）挥发油，粗汽油，原油，石油
precipitation ~ 沉淀石脑油（测定润滑油沉淀值的汽油溶剂）
solvent ~ 溶剂油，溶剂轻汽油
naphthaometer （石油产品）闪点测定仪
naphthene 环烷
naphthol 萘酚
nappe ①推覆体，推铺②射流，（溢流）水舌③外层，表面④叶
napper 起绒〔拉绒，拉毛〕机
Narite 纳丽特合金（*w*（Al）13% ~ 15%，*w*（Ni）1%，*w*（Fe）5%，其余Cu）
Narmtape 钠姆合成树脂黏结剂
narrow-band 窄（频）带的
narrow-base 窄基底，窄基区
narrow-beam ①窄射束②强指向性射束（天线）
narrowing 缩小，收缩，变窄
pulse ~ 脉冲变窄〔压缩〕
narrow-neck 细管颈（显像管）
Nasa 纳塞（导电玻璃）
nascence 发生，起源
nascency 发生，起源
nat 奈特（一种度量信息的单位，1奈特=1.443 bit）
natlock 全国电视台锁相（系统）
PAL colo(u)r ~ PAL制彩色方式全国电视台锁相
natrium 钠（Na）
natrometer 测钠计，钠量计
natron 泡碱，氧化钠，含水苏打
natural ①天然的，自然的②固有的③正常的，普通的
naturalness ①自然②纯真，逼真度
nature ①自然（界），原始状态②特性〔征〕，性质，本性③种类，品种，类别④树脂
naught 零，无，无价值
nautical 海上的，航海的，船舶的
nautilus 潜水器
nautophone 雾信号器（航海用），高音〔电动〕雾笛
nauts （=nautical miles）海里
navaglide 飞机盲目着陆系统

navaglobe 远程无线电导航系统
navaho （美国）地对地导弹，超声速巡航导弹
navaid 助〔导〕航设备〔装置，系统〕(如雷达信标)
naval 海军的，海洋的，船用的，船舶的
navamander 编码通信系统〔设备〕
navar 导航雷达，无线电空中航行操纵系统，指挥飞行的雷达系统，无线电导航
navarho 一种远程无线电导航系统
navascope 机载雷达示位器，(飞行员用的)导航仪，导航设备
navascreen 导航屏幕（指挥飞行的投影装置）
navaspector 导航谱（指示装置）
nave ①毂，轮毂②衬套，轴套③中心
sectional ~ 可拆卸衬套
naviders 航海比例规
navigation ①导〔领〕航②航行（学),航海术，航空，海上交通③船舶（总称）
all-weather ~ 全天候航行
auto mapping, localization and ~ 自主建图定位和导航（机器人智能）
blind ~ 仪表导航
circular ~ 圆形导航法
constant ~ 定角导航（方式)，提前追踪法
fixed lead ~ 定角导航法，提前跟踪法
ground reference ~ 地文导航
inertial ~ 惯性导航
infrared ~ 红外导航
intelligent route ~ 智能路径导航(机器人智能)
long range ~ 罗兰（远程导航）系统
omnibearing-distance ~ 全方位 - 距离导航，方位与距离综合导航，极坐标系导航
radio ~ 无线电导航
space ~ 宇宙航行
waypoint ~ 航路点导航
navigator ①导航仪，领航仪②导航员，领航员③导航系统
automatic celestial ~ 自动天体导航仪
autopilot ~ 自动驾驶领航仪
Operation ~ （ONT), UG 的操作导航器（用来管理当前 Part 文档的数控加工操作及刀具路径，是一个图形用户界面）
radar ~ 雷达导航系统
star ~ 天文〔体〕导航
navigraph 领航（手）表
navimeter 纱线卷装硬度测定计
naviplane 两栖气垫运输工具
Navsat 导航卫星网
navstar 导航星
navvy 挖土机，掘土机
steam ~ 蒸汽挖掘机，汽力掘凿机，单斗挖土机
navy 海军
N-bomb 核弹
N-cascade N 级联
N-channel N 型沟道
N-characteristics N 形特性曲线（电压 - 电流曲线形状）
n-connected n 连通的
N-cube N 立方体
n-dimensional n 维的
N-display N 型显示器
near-ambient 近环境
near-design 接近设计
near-field 拟域，拟体，近场
nearside （机器）近〔内，左〕侧
near-sonic 跨声速的，近声速的
near-spherical 类球状，近似球形的
neatline 图案（内）边线，准线
Nebelwerfer 烟雾放射器
nebulization 喷雾（作用）
nebulizer 雾化器，喷雾器
necessary ①必要〔需，然〕的②必需品
necessity ①必要性，必然性②必需品
nech 卡槽
neck ①颈（部)，管颈，轴颈，颈状物，环形槽②断面收缩，缩颈
~ down 颈缩，缩口，试样局部断面收缩
~ in 缩头
~ in operation 割缺口
~ in tension 拉伸缩颈
blade ~ 叶根颈部
bottle ~ ①瓶颈②隘路，难关，关键
drill ~ 钻颈
filler ~ ①漏斗颈②接管嘴
funnel ~ 管锥，管颈锥形部分
riser ~ 口颈
side ~ 侧管嘴
necked-in 向内弯曲（边缘)，缩径，收口
necked-out 向外弯曲（边缘)，扩径，外翻边
necking ①缩口，缩颈②冲槽（锻件下料时）③缩颈现象（拉伸试验时）④（轧辊）辊颈加工⑤断口⑥断面压缩
billet ~ 钢坯切口
necktie 领带（交变梯度聚焦的相稳定区）
need ①需要，必需，必要②(pl.)必需品，

要求
full-load ~ 满负荷耗量
needle ①针，磁〔指，探，唱，喷〕针②针状物，针状结晶③横撑木
astatic ~ 无定向磁针
beard ~ 钩针，弹簧针
bent-shank ~ 曲柄唱针
cactus ~ 仙人掌式唱针
cement ~ 水泥硬固检验计
closed-end ~ 闭端（管状）针
detachable ~ 可拆卸针头，活动针头
dip ~ 磁倾针，磁倾计
enriching ~ 加浓针，燃油量控制针
fiber ~ 纤维唱针
laser ~ 激光针
latch ~ 钩针
left-right ~ 左右向指针，航向指针
magnetic ~ 磁针，指南针
mariner's ~ 罗盘针
metering ~ 调节针（阀），测针（阀）
nozzle ~ 喷嘴〔喷油器〕针阀
pick-up ~ 唱针
Proctor ~ 葡氏压实锤，葡氏密实度测定针
recording ~ 录声针
reproducing ~ 唱针
sapphire ~ 宝石唱针
shank ~ 工形针
slow-running ~ 低速调整针
steering ~ 控制（指令）指针
touch ~ 触〔探，试〕针
tracer ~ 触针，描形针
negaohm 负温度系数的金属电阻材料（氧化铬与氧化铜的混合物），负电阻材料
negater 倒换器，"非"门
negation ①非，否定②"非"操作，求反
negative ①负的，阴性的②否定的，反对的③负值〔数，像，片〕，复印品④底片，底板⑤否定，否认
~ after image 负余像，负残像
black ~ 黑色为负（正极性调制）
colo(u)r-separation ~ 分色底〔负〕片
dupe ~ 复制负片，翻底片
film ~ 软片
glass ~ 玻璃底片，硬片
light ~ 负光电导性
master ~ 头版（唱片模版），主底片，金属头版
metal ~ 金属母盘〔主盘，底片〕，原始负盘，头版（唱片模版）
original ~ 原底片，原版，原版负片
picture ~ 负像
sound ~ 有声底片
negative-bath 底片浴（槽）
negative-going 负向的
negativity （电）负性
negator "非"电路〔元件〕，倒换器
negatoscope 底片观察盒，看片箱
negatron ①阴〔负〕电子②双阳〔屏〕极负阻管
negatronnegentropy 负平均信息量，负熵
neghold 底片夹
neglect 忽视，忽略，疏忽
neglectable =negligible
negligeable =negligible
negligible 很小的，可以不计的，可忽略不计的
negotiability 流通性，可转移性，流通能力
negotiation ①谈判，协议交涉②流通，转让
neighbo(u)r 邻近，邻近值
downstream ~ 转发节点
neighbo(u)rhood ①邻域②邻近，近处
Nemag （=Negative Effective Mass Amplifier and Generator）奈迈（负有效质量放大器与振荡器）
nemaline 纤维状的，纤维质的
nematic 向列的（液晶），丝状的
twisted ~ 扭曲排列的向列相畸变
nemo 室外广播，实况转播，实况广播
nentronite 囊脱石
neocognition 认知机
neocuproine 新亚铜试剂
neodymium 钕（Nd）
Neogen ①镍黄铜（w（Zn）27%，w（Ni）12%，w（Sn）2%，其余Cu）②内奥根烷基苯硫酸盐型阴离子活化剂
neoid 放射螺线
neo-light 氖灯方向指示器，霓虹信号灯，氖灯
Neomagnal 铝镁锌耐蚀合金（w（Al）90%，w（Mg）5%，w（Zn）5%）
neomanoscope 观照片镜
neon ①氖（Ne），氖气②霓虹气〔光，灯〕③氖光灯
Neonalium 铝合金（w（Cu）6% ~ 14%，w（Fe、Si）0.04% ~ 1%，其余Al）
neoprene 氯丁橡胶，氯丁二烯橡胶，聚氯丁橡胶
neostron 频闪观测管
neotron 充气式脉冲发生管

neotype 新模，新模标本，补型
neper 奈培（衰减单位，1 奈培 =8.686dB）
nepermeter 奈培计
nepheline 霞石（脂光石）
nephelinite 霞岩
nephelometer 浑浊度表，烟雾计，能见度测定仪，散射浊度计
forward scattering ~ 前向散射浊度计
side-scatter ~ 侧向散射浊度计
nephelometry ①浊度测定法，散射测浊法②测云速和方向法
nephelotitrator 浊度滴定器
nephograph 云摄影机
nephometer ①比浊计，浊度计②量云器
nephoscope 测云器，云速计
nephrite 软玉
neptunium 镎（Np）
Nergandin 内甘丁 7-3 黄铜（*w*（Cu）70%，*w*（Zn）28%，*w*（Pb）2%）
nerve （弹性）复原性，回缩性
nerviness 回缩性
nesa 透明导电膜
nesacoat 氧化锡薄膜电阻
nesatron 敷氧化铟透明导电层的玻璃
nesh 热脆
nesister 负阻半导体器件，双极场效应晶体管
nesistor =nesister
nesslerization 等浓比色法
nest ①一套（形状相似，一个比一个小）的器具，嵌套②座，槽③插孔，塞孔座，定位圈④多联齿轮，塔式齿轮⑤程序套，数据套
blank ~ 坯料定位窝
graphite ~ 石墨巢孔（铸件缺陷），石墨粗大疏松组织
punching ~ 冲窝
rollaway ~ 滚道，滑槽
roller ~ 滚柱窝
tube ~ 管束，管簇
nestable 可套上的，可套起来的
nested 内装的，嵌套的，窝形的
nestification 嵌套，叠加，套用
nesting ①无交错突出的②不同直径刀盘的③嵌置，嵌套，套用，（板材）套裁
parentheses ~ 括号重数
push-down ~ 下推嵌套
subroutine ~ 子程序嵌套
net ①网，网络，网织品②无线电网③双工通信中同频电台组④净重〔数，值〕⑤要点⑥纯净，净的
~ of covering 覆盖网
advance ~ 高级网络
boom ~ 栅栏网
catch ~ 保护网（防止高压输电线故障而伤害其下面车辆和行人的保护网）
convolutional ~ 卷积网络
convolutional neural ~ 卷积神经网络
dissipative ~ 有耗〔耗散〕（电）网络
distributing ~ 配水〔电〕网
ferrite ~ 网状铁素体，铁素体网
graded ~ 等级网格
guard ~ 保护〔防护，安全〕网，保护〔控制〕栅极
jet ~ 喷网
nannoplankton ~ 微型浮游生物网
plankton ~ 浮游生物网
polar ~ ①极坐标网，极网②基准网
push ~ 推网
reconnaissance ~ 无线电侦察网
reference ~ 参考网，基准网
refined ~ 加密网格，细网格
safety ~ ①保护网，安全网②抑制栅（极）
simple ~ 简单网
traverse ~ 导线网
triangulation ~ 三角测量网
wire ~ 金属丝网，金属栅栏（丝）
World Standard Service ~ 世界标准服务网
Wulff ~ 乌尔夫网，经纬网（金属结晶学的），乌氏网
netic 奈提克（磁性合金）
netmask 网络屏蔽，网络掩码
netnews 网络新闻
netphone 网络电话
netron 磁控管
netscape 网景
netserver 网络服务器
netter 渔船
gill ~ 刺网渔船
netting ①进行（无线电）联络，联络通信②调整，调节③净额服务
Netview 网络检视软件
netvoice 语音对讲机
Netware Novell 公司推出的局域网操作系统
network ①网②网格，格栅③网络，系统④电路，线路，电力网，网路⑤格子砖⑥格孔板⑦晶格⑧交流电源点阵
~ of pipes 管网

~ provider　网络提供者网
AC ~　交流网络〔电网〕
access ~　（=AN）接入网
active ~　有源网络
active optical ~　（=AON）有源光网络
acyclic ~　非循环网络
adaptive ~　自适应网络
adaptive fuzzy neural ~　自适应模糊神经网络
adaptive neural ~　自适应神经网络
add ~　加法网络
aerial ~　①天线网②架空电力网
Alcatel intelligent ~　阿尔卡特智能网
alignment ~　匹配网络
all area ~　全域网
all pass ~　全通网络
anticipation ~　加速电路，超前网络，预期网络
antihunt ~　防振网络
artificial ~　模拟〔仿真〕网络
artificial neural ~　人工神经网络
Asia-Pacific Network　亚太网络
assign ~　分配网络
asynchronous sequential ~　异步时序网络
asynchronous telephone ~　异步电话网
ATM passive optical ~　异步传输方式无源光网
attenuation ~　衰耗〔减〕网络，衰耗器
aural sensitivity ~　听觉灵敏性网络
automatic ~　自动网络
automatic switching ~　自动交换网
automatic voice ~　自动电话网
auto-regressive ~　自回归网络
A-weighting ~　A 计权网络
backbone ~　骨干网，中枢网络
balanced ~　平衡〔对称〕网络
band-separation ~　频带分离网络
baseband ~　基（本频）带网络
baseband local area ~　基（本频）带局域网
batch and interactive ~　成批和交互式处理网（络）
Bayes ~　贝叶斯网络
bearer ~　承载网络
belief ~　信念网络
bilateral ~　双向〔对称〕网络
binary logic ~　二进制逻辑网络
biological neural ~　生物神经网络
bionics adaptive ~　仿生学适配网络
bitonic merging ~　双调归并网络
bleeder ~　旁漏网络
bridge ~　桥接网络
bridged-T ~　桥接 T 形网络
broad band relay ~　宽频带中继网络
broadband communication ~　宽（频）带通信网
broadband integrated fiber optic ~　宽（频）带综合光纤通信网
broadcast switching ~　广播交换网络
broadcasting ~　广播网
buffered ~　缓冲网络
building-out ~　附加（平衡）网络，补偿网络
bus ~　总线型网
business information ~　商业信息网
campus ~　校园网
cancellation ~　抵消网络，补偿电路
cantilever ~　Γ 形网络
carbide ~　碳化物网
carrier ~　载波网
cascaded ~　级联网络
cellular ~　蜂窝（通信）网
cellular digital packet data ~　蜂窝数字分组数据网
cementite ~　渗碳体网
centralized ~　集中式网络
centralized computer ~　集中式计算机网
chain ~　链式〔连锁〕网络
channel ~　信道网络
China Education Research Network　中国教育和科研计算机网
China Internet Network Information Center　中国互联网络信息中心
circuit switch ~　电路交换网
circuit switching data ~　电路交换数据网
city ~　城区网络，城区电力系统，城区电力网
closed ~　闭环网络，封闭网络
coding ~　编码器，编码网络
combined ~　组合网络
common user ~　公用用户网络
communication ~　通信网
communications ~ international　国际通信网络
compensating ~　补偿〔校正〕电路〔网络〕
compensating ~　补偿网络
complementary ~　互补网络
complex ~　复杂网络
compromise ~　折中网络
computer ~　计算机网络
computer communication ~　计算机通信网

condenser ~ 电容电路
connected ~ 连通网络
connection-oriented ~ 面向连接的网络
connection-transformation ~互连变换网络
constant-resistance ~ 恒定电阻网络
contact ~ 触〔接〕点网络
coplanar ~ 共平面网络
cordless telecommunication ~ 无线通信网
core ~ 核心网
coupling ~ 耦合网络，耦合回路
coupling/decoupling ~ （通信）耦合-非耦合网
coaxial ~ termination 同轴网络终端
cross ~ 交叉网络
crossbar alignment ~ 纵横调整网络
crossover ~ 选〔分〕频网络
crypt communication ~ 密码通信网络
cubic ~ 立体网络
customer access ~ 用户接口网络
customer communication ~ 用户通信网
customer premises ~ 用户住宅基本网
cyclic queueing ~ 循环排队网络
dalta ~ 三角形电路
data ~ 数据网络
data alignment ~ 数据调整网络
data bank ~ 数据库网络
data communication ~ 数据通信网络
data smoothing ~ 数据过滤〔平均〕网络
dead ~ 无〔去〕源网络
decentralized loop ~ 分散环形网
decoding ~ 译码网络
de-coupling ~ 去耦网络，退耦网络
deemphasis ~ 去加重网络
deep belief ~ 深度信念网络
deep feedforward ~ 深度前馈网络
delayed connector ~ 延时连接网
democratic ~ 共同控制网（络），等权网
despotic ~ 主钟控制网（络）
diagonal ~ 对角线网络
differential ~ 微分网络
differentiating ~ 微分网络
digital communication ~ 数字通信网
digital data ~ 数字数据网络
digital home ~ 家庭数字网
digital telecom ~ 数字电信网
digital telephone ~ 数字电话网
digital visual frequency ~ 数字视频网
discrimination ~ 鉴别网络
dispatch ~ 调度网络
dispersion ~ 弥散网络
dissipative ~ 有耗网络
distributed ~ 分布式网络
distributed computer ~ 分布式计算机网络
distributed computer control ~ 分布式计算机控制网络
distributed multiaccess interactive ~分布式多路存取交互网络
distributed system ~ 分布式系统网络
distribution ~ 配电网络，分布网络，分配网络
district telephone ~ 市内〔地区〕电话网
dividing ~ 分频〔选频〕网络
Doba's ~ 脉冲放大器的成形电路
domestic satellite communication ~ 国内卫星通信网
dual ~ 对偶电路〔网络〕，二元〔互易〕网络
earth satellite ~ 地球卫星网
eight-pole ~ 八端网络
electrical power ~ 电力网
electronic financial ~ 电子金融网络
electronic mail ~ 电子邮件网络
emergency ~ ①事故供电网，备用电网②紧急灾情通信网
encryption ~ 加密网络
energized ~ 通电〔赋能，被激励〕网络
enterprise ~ 企业网
equalizer ~ 均衡网络，均衡器，校正四端网络
equivalent ~ 等效〔值〕网络
(equivalent) thermal ~ （等效）热网络
expand nonstop ~ 无休止扩展网络
facsimile oommunication ~ 传真通信网
fan-in ~ 扇入〔输入〕网络
fan-out ~ 扇出〔输出〕网络
fault-tolerant ~ 容错网络
fax ~ 传真网
fiber ~ 光纤网络
fiber optic ~ 光纤网络
fiber optic communication ~ 光纤通信网
fiber optic transmission ~ 光纤传输网络
filter ~ 滤波网络
fixed ~ 固定网
flexible ~ 柔性网络
forces ~ 军用（通信）网
fork ~ 分支网络
forward transmission RC ~ 正向传输阻容网络

four-pole ~ 四端网络
four-terminal ~ 四端网络
frequency emphasizing ~ 频率增强网络
frequency hopping ~ 跳频网
frequency hopping mobile ~ 跳频移动网络
frequency selective ~ 选频网络
frequency weighting ~ 频率加权网络
frequency-converting ~ 变频网络
frequency-sharping deemphasis ~ 频率锐化去加重网络
full service ~ 全业务网
functionally distributed ~ 功能分布式网
gate ~ 选通网络
general switched telephone ~ 通用电话网
generalized activity ~ 广义活动网络
generalized clustered ~ 综合群集网
global ~ 全球计算机网络
global area ~ 全球网
global communication ~ 全球通信网
global intelligent virtual ~ 全球智能虚拟网
global tracking ~ 全球跟踪网
GTS data ~ 环球通信系统数据网
half-section ~ 半节网络
hazardless NAND ~ 无冒险"与非"网络
heterogeneous ~ 多机种网络
hierarchic ~ 加权网
hierarchical computer ~ 分级计算机网络
hierarchically structured ~ 分层结构网络
high pass ~ 高通网络
high-peaking ~ 高频峰化网络
high-speed digital ~ 高速数字网络
high-tension ~ 高压电力网
home ~ 宿主网络
home public land mobile ~ 内部公用陆地移动通信网络
homogeneous ~ 同机种网（络）
honeycomb ~ 蜂窝状网络
host ~ 主网络
hybrid communication ~ 混合通信网
hybrid cube ~ 混合立体网络
hybrid data communication ~ 混合数据通信网
hybrid fiber coax ~ 光纤同轴混合网
hybrid neural ~ 混合神经网络
ideal ~ 无损耗网络
image communication ~ 图像通信网
infocom ~ 信息通信网络
information ~ 情报网，信息网
integrated access ~ 综合存取网络
integrated computer ~ 综合计算机网络
integrated data ~ 综合数据网
integrated digital ~ 综合数字网（络）
integrated digital communication ~ 综合数字通信网
integrated ~ 综合网络
integrated service digital ~ 综合业务数字网
integrating ~ 积分电路〔回路〕
intelligent ~ 智能网（络）
intelligent building distribution ~ 智能大厦综合布线系统
intelligent data ~ 智能数据网络
intelligent digital ~ 智能数字网络
intelligent integrated information ~ 智能化综合信息网
intelligent mobile communication ~ 智能移动通信网
intelligent service ~ 智能服务网
INTELSAT communication ~ 国际电信卫星通信网络
interactive ~ 交互式网络
interactive data ~ 交互式数据网
intercity ~ 城市电网
inter-connected ~ 互联电网
interconnection ~ 互联网络
interlaced ~ 多回线电力网
international virtual private ~ 国际虚（拟）专用网
internet protocol connectivity access ~ 因特网协议连通性访问网络
inter-office ~ 局间网络
interstage ~ 级间耦合网路
inverse ~ 回〔归〕路，反演电路，倒量〔倒电，反演〕网络
inverted L ~ 倒L形网络
isolated ~ 独立网络
iterated ~ 累接〔链形，滤波〕网络
iterative ~ 迭接网络，累接网络
Java advanced intelligent ~ Java高级智能网络
junction ~ 中继网
junction line ~ 中继线网
ladder ~ 梯形〔链形〕网络
land mobile ~ 陆地移动通信网
large artificial nerve ~ 大型人工神经网络（高速逻辑电路）
lattice ~ X形网络
layer ~ 层次网
layered ~ 分层网络

lead lag ~ 超前 - 滞后网络
leased-line ~ 租用专线通信网
level(l)ing ~ ①水准网②调整网
lightwave ~ 光波网络
line ~ 线路网
linear ~ 线性网络
linear feed forward ~ 线性前馈网络
linear time-sequence ~ 线性时序网络
linear time-varying ~ 线性时变网络
linked ~ 链接网络
local ~ 本地网
local area ~ 局域网
local area communication ~ 局域通信网
local area wireless ~ 局域无线网
logic ~ 逻辑网络
long haul ~ 远程网络
long-distance direct-dialing ~ 长途直拨网
long-distance radio ~ 长途无线电网络
long-haul radio ~ 远程无线电网络
long-range ~ 远程网络
long short-term memory neural ~ 长短记忆神经网络
loop ~ 环形网络
lossless ~ 无损耗网络
low-tension ~ 低压电力网
lumped ~ 集总网络
matrixing ~ 换算电路，矩阵网络
media-sharing ~ 媒体共享网络
medium-voltage ~ 中压供电网，中压（电力）网络〔系统〕
mesh ~ 全连接网络
meshed ~ 环形网络，网状网络
mesh-operated ~ 网式操作运行的网络
message exchange ~ 消息交换网
message-switched ~ 消息交换网，报文交换网
metropolitan area ~ （大）城（市区）域网
microwave ~ 微波网络，微波通信网
mission-oriented ~ 面向任务的网络
mobile ~ 移动式网络
mobile radio communication ~ 移动通信网络
model ~ 模拟网络
multi-access ~ 多路存取网络
multibranch ~ 复式〔多支路〕网络
multidimensional ~ 多维网络
multidomain ~ 多域网络
multidrop ~ 多点网络
multidrop communication ~ 多站通信网络
multihost ~ 多主机网络
multilayer ~ 多层薄膜网路
multimedia ~ 多媒体网络
multimedia broadcast single frequency ~ 多媒体广播单频网络
multi-operator core ~ 多操作员核心网
multipath mobile radio ~ 多路径移动无线电网络
multiple access fiber-optic ~ 多址光纤（通信）网
multiple function ~ 多功能网络
multiple-feed ~ 复馈电力网
multiplexed packet ~ 多路复用包网络
multipoint ~ 多点网络
multi-port ~ 多端网络，多口网络
multiserver ~ 多服务器网络
multistage interconnection ~ 多级互联网络
multiterminal ~ 多终端网络
multi-wavelength optical ~ 多波长光网
mutually synchronized ~ 互同步网络
narrowband integrated service digital ~ 窄带综合业务数字网
national ~ 国家网
neural ~ 神经网络
neural logic ~ 神经逻辑网络
neural-type ~ 神经型网络
next generation mobile ~ 下一代移动网络
noise shaping ~ 噪声频谱成形网络
nonblocking ~ 无阻塞网络
nondissipative ~ 非消耗网络，无耗（散的）网络
non-planar ~ 不同平面（四端）网络，非平面网络
nonreciprocal ~ 非互易〔不可逆〕网络
non-symmetrical ~ 不对称四端网络
notch ~ 微分积分混合电路
Novell ~ Novell 网
n-terminal pair ~ 双 *n* 端网络
odd-even ~ 奇偶网络
office ~ 办公用网络，办公室网
office automation ~ 办公自动化网络
off-line access ~ 脱机存取网，离线存取网
oligarchic ~ 少数控制网（络），特权网
one-energy-storage ~ 单储能元件网络
one-port ~ 单口网络，二端网络
one-terminal-pair ~ 二端〔单口〕网络
open ~ 开放式网络
open business ~ 开放式商业网
open data ~ 开放式数据网络

open loop ~ 开环网络
optical ~ 光纤网络
optical access ~ 光接入网，光访问网
optical neural ~ 光神经网络
optical subscriber ~ 光纤用户网
optical synchronous digital ~ 光同步数字网
originating ~ 始发网络
orthogonal tree ~ 正交树网络
overall ~ 工作总纲
overhead ~ 架空线路
overhead-underground ~ 架空 - 埋地混合网络
packet ~ 包（交换）网络，分组（交换）网
packet data ~ （通信）分组数据网络
packet radio ~ 包无线电网络
packet switch data ~ 分组〔包〕交换数据网
packet switch telephone ~ 分组交换电话网
packet switched ~ 分组交换网
packet-switched data ~ 包〔分组〕交换数据网（络）
parallel-serial ~ 并串行网络
parse ~ 语法分析网络
passive ~ 无源网络
passive optical ~ 无源光网
passive optical ~ 无源光纤网
peaking ~ 高频补偿〔建峰〕网络
personal communication ~ （=PCN）个人通信网，专用通信网
phase equalizing ~ 相位均衡网络
phase shift ~ 相移网络
photonic ~ 光子网络
pin block ~ pin 单元网络
piping ~ 管网
planar ~ 平面网络
plane separation ~ 平面分离电路
planning ~ 设计网络
plant ~ 厂内网络，厂内〔用〕电力网
plesiochronous ~ 准同步网络
point-to-multipoint ~ 点对多点网络
point-to-point communication ~ 点对点通信网络
post-emphasis ~ 后加重网络
power ~ 电力网
pre-emphasis ~ 预加重网络，（频响）预校网络
primary ~ 主网络，一次网络，一次电力网
private intelligent ~ 专用智能（情报）网
private packet ~ 专用包网（络）
private wire ~ 专用通信网
private telecommunication ~ 专用通信网
proeutectoid ferrite ~ 先共析铁素体网
program relaying ~ 广播中继网
project ~ 作业网络图
protecting grounding ~ 保护接地网
public ~ 公用网
public data ~ 公用数据网
public land mobile ~ 陆上公用移动通信网
public packet data ~ 公用分组（交换）数据网
public packet switching ~ 公用包交换网（络）
public switched telephone ~ 公用电话交换网
quadrature ~ 正交电路，无功电路〔网络〕
quadripole ~ 四端网络
queuing ~ 排队网络
radar information ~ 雷达信息网
radio ~ 无线电通信网，无线广播网
radio access ~ （通信）无线接入网
radio communication ~ 无线电通信网
radio overlay ~ 无线重叠网
radiotelephony ~ 无线电话网
random-noise-weighting ~ 随机噪声〔杂散噪声〕加权网络
rate ~ 比率网络
RC ladder ~ 阻容梯形网络
RC peaking ~ 阻容峰化网络
reactance two-terminal pair ~ 二端对电抗网络
rectified ~ 整流网络
recurrent convolutional ~ 循环卷积网络
recurrent ~ 重复网络，链形线路〔电路，网络〕
recurrent neural ~ 回归神经网络，循环神经网络
regional ~ 局域通信网
regional distribution ~ 区域配电网
remote access data processing ~ 远程存取数据处理网络
resistance ~ ①电阻网络②衰减器
resistive ~ ①电阻网络②衰减器
resistive matrix ~ 无源换算电路，电阻〔无源〕矩阵网络
ring ~ 环形网络
ring-operated ~ 环（形运行的电）网
router level ~ 路由器层网络
routing ~ 选路网络，路由选择网络
satellite computer ~ 卫星计算机网络
satellite data communication ~ 卫星数据通信网
satellite communication ~ 卫星通信网
satellite worldwide ~ 全球卫星网络

satellite-aided digital ~ 卫星辅助数字网
scientific communication ~ 科学通信网
scramble ~ 不规则网络，杂混网络
secondary ~ 二次电力网，二次网络
secondary distribution ~ 二次配电网，低压配电网，二次配线网
secure communication ~ 保密通信网
selective ~ 选择性网络
self-healing ~ 自愈网
self-optimizing/organizing ~ 自动优化 / 组织网络
semantic ~ 语义网络
sequential ~ 时序网络
serial ~ 串行网络
serial parallel ~ 串并行网络，串并联网络
service provider ~ 业务提供者网络
shared ~ 共享网络
short-range ~ 短程网络
signal ~ 信号网络
signal shaping ~ 信号整形网络
signalling ~ 信令网，信号网
signal-shaping ~ 信号波形校正网络
simulative ~ 模拟网络，衰耗均衡器
single node ~ 单节点网络
single stage ~ 单级网络
single stage interconnection ~ 单级互联网络
single-terminal pair ~ 二端网络
slice latch ~ 片式闩锁屏蔽网络
slice mask ~ 片式闩锁屏蔽网络
slotted envelope ~ 时间片分割法网络
small size ~ 小型网络
smart global ~ 智能全球网
space communication ~ 空间通信网
space division ~ 空分网络
space tracking data ~ 空间跟踪数据网
squaring ~ 平方（律传输特性的四端）网络
stabilized feedback ~ 稳定反馈网络
stabilizing ~ ①稳定电路②校正电路③稳定器端网络
star ~ 星形网，星状网
star/ring ~ 星 / 环网
static ~ 静态网
station ~ 厂〔局〕内电力网
straight-forward ~ 直通网络，直进网络
structurally dual ~ 有对耦结构的网络
structurally symmetrical ~ 有对称结构的网络
sum-and-difference ~ 求和求差网络
supertension ~ 超高压电力网
supply ~ 馈电网，供电网
swap ~ 交换网络，调动网络
switched ~ 开关〔交换〕网络
switched communication ~ 交换式通信网络
switched digital ~ 交换式数字网络
switched message ~ 交换式消息网络
switched telecommunications ~ 转接远程通信网络
switched virtual ~ 交换式虚拟网络
switching ~ 交换网
symmetric ~ 对称网络
synchronization ~ 同步网络
synchronous communication ~ 同步通信网
synchronous optical ~ 同步光纤网络
T ~ T 形网络
take-off ~ 发送网络
tandem ~ 汇接网络
telecommunication management ~ 电信管理网
telecommunication ~ 电信网络，远程通信网络
telematic ~ between administrations （行政）管理当局间的电传信息网
telemetry data ~ 遥测数据网
telephone communication ~ 电话通信网
telephone switching ~ 电话交换网
teleprinter ~ 电传网
teletex ~ 智能用户电报网
television transmission ~ 电视传输网
terminal ~ 终端网络
terminal-switched ~ 终端交换网络
three pass ~ 三通网络
three-dimension cross linked ~ 三维交联网络
three-phase ~ 三相电力网
time division ~ 时分网络
time-sharing ~ 分时网络
time-varying ~ 时变网络
timing ~ 定时网络
token ring ~ 令牌环网
totally transparent optical fiber ~ 全透明光纤网
trading partners ~ 贸易伙伴网络
traffic ~ 交通网络
transfer ~ 转移网络，转接网
transit ~ 转接网
transition ~ 转移网络
transmission ~ 输电网，电力网，传输网络
transmit ~ 传递网络
transport ~ 传递网

traverse ~ 导线测量网
two-port ~ 二端口网络，四端网络
two-terminal pair ~ 四端网络，二端口网络
unbuffered ~ 无缓冲网络
underlying ~ 基本网络
unilateral ~ 单向网络
universal ~ 通用网络
universal personal telecommunication ~ 通用个人电信网
video ~ 视频网络
video communication ~ 视频通信网
videotex ~ 可视图文网
viewdata ~ 图像数据网
virtual local area ~ 虚（拟）局域网
visual communication ~ 可视通信网
voice communication ~ 话音通信网
voice ~ 语音网络
waiting ~ 等待制网络
weighting ~ 计权〔加权，衡重〕网络
wide area ~ 广域网
wireless intelligent ~ 无线智能网
wireless sensor ~ 无线传感器网络
wireless telecommunication ~ 无线电信网
wireless wide area ~ 无线广域网
wireless ~ 无线网络
worldwide intelligent ~ 全球智能网
worldwide telecommunication ~ 全球电信网络
worldwide ~ 全球网络

networking 联网，建网
any-to-any ~ 全球计算机联网（技术，方法）
computer ~ 计算机联网
multiple satellite ~ 多卫星联网

networks 网络
feed-forward and feed-back neural ~ 前馈和反馈神经网络
forward feed neural ~ 前向神经网络
multi-layer feed-forward neural ~ 多层前馈神经网络
multilayer feed-forward neural ~ 多层前向神经网络
polynomial feed forward neural ~ 多项式前向神经网络
three-layered feed-forward neural ~ 三层前馈神经网络

Neuristor 一种 pnpn 结构的负阻开关

neurocomputer 神经计算机

neut 中子弹

neutral ①中间〔性，和〕的，不带电的，非彩色的②中性，中线③中性物质，中性点〔线，面〕④中间位置，空档
common ~ 公共中性点（线）
earthed ~ 接地中线〔中点〕
floating ~ ①浮电位〔不接地〕中性线②浮动中心，浮置中线
generator ~ 发电机中性点
grounded ~ 接地中（性）点
insulated ~ 不接地中（性）点，（对地）绝缘中线
oscillating ~ 振荡中性点（三相不接地系统）

neutralator 中线补偿器，中性点接地电抗器

neutraliser =neutralizer

neutrality ①中性②中和③稳定平衡，临界稳定
charging ~ 电荷中和

neutralization ①中性化，中和，平衡，中和法②失效，抵消，抑制
coil ~ 线圈中和，感应中和
cross ~ 推挽式中和
grid ~ 栅极中和
Hazeltine ~ 哈泽泰阳极中和
plate ~ 阳极板中性化，板极中和，屏极中和
push-pull bridge ~ 推挽电桥中和法
Rice ~ 赖斯栅极中和
shunt ~ 电感〔并联，分路〕中和

neutralizer ①中和剂②平衡〔中和〕器③缓冲器
ground-fault ~ 接地事故消除器

neutralizing ①中和，平衡，抵消②中和的；平衡的
bridge ~ 桥接抵消（极间电容）法

neutrator 中性点补偿器

neutretto 中介子

neutrin 微中子

neutrino 中微子，微中子

neutrodon 平衡〔中和〕电容器

neutrodyne ①中和〔衡消〕接收法②中和式高频调谐放大器

neutron 中子

neutronics 中子（物理）学

neutrovision 中子视

newel （螺旋梯）中柱，楼梯栏杆柱

new-look 最新样式

Newloy 耐蚀铜镍合金（*w*（Cu）64%，*w*（Ni）35%，*w*（Sn）1%）

newsfeed 新闻传送线

newsfeeds 新闻背景

newspaper 报纸
electronic ~ 电子报纸

Newt 牛特（英国运动黏度单位）
newton 牛顿（国际单位制力的单位，N）
Newvicon 钮维康管，碲化镉（靶）视像管
nexus ①联系，互联，连接②网络③节，段④连杆⑤连接
n-fold n倍〔重〕
N-girder N形梁
Niag 尼阿格黄铜（*w*（Cu）47.1%，*w*（Zn）40.7%，*w*（Pb）2.8%，*w*（Ni）9.1%，*w*（Mn）0.3%）
Nib 半字节（四位），四位组
nib ①尖端，尖头②笔尖③字模④模孔，眼孔⑤楔尖劈⑥凸出部，凸边
diamond ~ 金刚钻头
nibble ①半字节（四位），四位组②分段冲截
nibbler 步冲轮廓机，毛坯下料机，板料切锯机
electric ~ 电冲剪
nibbling 复杂零件的分段冲裁，步冲轮廓法
nibs 小瑕疵
nicad 镍镉蓄电池
Nicalloy 尼卡铁镍合金（*w*（Fe）51%，*w*（Ni）49%），镍锰铁软合金，高磁导率合金
nicarbing 气体表面硬化法，气体氮碳共渗，气体软氮化法
ni-carburizing 氮碳共渗
Nicasil 镍-硅镀层（德）
niche 合适处
Nichicon （尼其）电容器
nichrome 镍铬（耐热）合金
nichrosi 镍铬硅合金（*w*（Cr）15% ~ 30%，*w*（Si）16% ~ 18%，其余Ni）
nick ①刻痕，裂痕，缝隙，缺口，微凹②分屑槽③正确时刻
nickalloy 一种镍铁合金（变压器铁心材料）
nickel ①镍（Ni）②镀镍
ferro ~ 铁镍合金，镍铁
grade A ~ 甲级镍（纯熟精镍）
Inco ~ 因科镍，可锻镍（*w*（Ni）99.55%，*w*（Mn）0.15%，*w*（Cu）0.1%，*w*（C）0.05%，*w*（Fe）0.15%）
Inco chrome ~ 镍铬耐热合金，因科镍合金
Raney ~ 催化剂镍，拉内镍
tungsten ~ 钨（基）镍合金
Z ~ Z非磁性高强度耐蚀镍合金（*w*（Ni）94%，*w*（Al）4.4%，*w*（Si）0.5%，*w*（Ti）0.4%，*w*（Fe）0.35%，*w*（Mn）0.3%，*w*（Cu）0.05%）
nickelage 镀镍
nickel-clad 包镍板，包镍，覆镍
Nickelex 光泽镀镍法
nickelferrite 镍铁，镍铁体
nickelic 高镍，三价镍
nickeliferous 含镍的
Nickelin 铜镍锌〔铜镍锰高阻，尼格林铜基耐蚀〕合金
Nickeline 尼克拉英锡基密封合金（*w*（Sn）85.74%，*w*（Sb）8.8%，*w*（Cu）4.75%，*w*（Pb）0.43%，*w*（Zn）0.28%），镍克林电阻材料
nickeling 镀镍
nickelizing 渗镍
nickel-lined 衬镍的
Nickeloid 铜镍耐蚀合金（*w*（Ni）40% ~ 45%，其余Cu）
nickelous 镍的
Nickeloy 镍铁合金（*w*（Ni）50%，*w*（Fe）50%），铝铜镍合金（*w*（Al）94%，*w*（Cu）4.5%，*w*（Ni）1.5%）
nickel-pecker 开锉机，锉刀开凿机
nickelplate 镀镍，覆镍
nicking 作刻痕，在…刻V形缺口，弄缺
~ and breaking 刻痕折断法
nickings 煤屑，焦屑
Nickoline 尼可林铜镍合金（*w*（Ni）20%，*w*（Cu）80%）
Nicla 尼克拉黄铜（*w*（Zn）39.41%，*w*（Cu）40% ~ 46%，*w*（Pb）1.75% ~ 2.5%，*w*（Ni）12% ~ 15%，其余Al）
Niclad 包镍钢板，（合轧）镍钢板（镍板与软钢在一起轧制成的钢板），包镍耐蚀高强度钢板
Nicloy 尼克洛伊铁镍合金（*w*（Ni）3.5%或5%或9%，其余Fe）
nicofer 镍可铁
Nicol 尼科尔偏光镜，尼科尔（偏振）棱镜
Nicral 一种铝合金（*w*（Cr）0.25% ~ 0.5%，*w*（Cu）0.25% ~ 1%，*w*（Ni）0.5% ~ 1%，*w*（Mg）0.25% ~ 0.5%，其余Al）
Nicrite 尼克利特镍铬合金（*w*（Ni）80%，*w*（Cr）20%）
Nicrobraz 镍铬焊料合金（适用于奥氏体钢或高铬不锈钢）
Nicrosilal （尼克罗西拉尔）镍铬硅耐蚀合金铸铁
Nicrotung 镍铬钨合金
Nida （拉制用）尼达青铜（*w*（Cu）91% ~ 92%，*w*（Sn）8% ~ 9%）
nielloed 发黑的，涂黑的，发黑处理的（金属

表面处理）

nife 镍铁（合金磁心）

nigger ①遮光板，膜片②光阑

niggerhead ①丁字头②低劣的橡胶，（平炉）不熔块③绞车卷筒④拖缆桩，系船柱，系索柱⑤黑色压缩烟砖

nightlatch 弹簧锁

night-television 微光（摄像）电视，夜光电视

night-visibility 夜间能见度

nigrescence 变黑，发黑

nigrometer 黑度计

Nihard 含镍铸铁，镍铬冷硬（合金）铸铁〔件〕（w（C）3.3% ~ 3.5%，w（Si）0.75% ~ 1.25%，w（Ni）4.5%，w（Cr）1.5%，其余 Fe）

nikalium 镍铝青铜

nil 零，零点，无

nile 奈耳（反应性代用单位，=0.01）

Nilex 尼雷克斯镍铁合金（w（Ni）约 36%，膨胀系数非常低）

nill 铁屑

Nilo 镍洛低膨胀系数合金（含 Ni，Fe，Cr，Co）

nilometer 水位计

precise ~ 精密水位仪

ultrasonic ~ 超声水位仪

nilpotent 幂零

Nilstain 镍尔斯坦镍铬耐蚀合金（w（Cr）18% ~ 20%，w（Ni）8% ~ 10%，w（C）< 0.2%，w（Mn）< 2%，其余 Fe）

nilvar 尼尔瓦合金（一种与因瓦合金相仿的低膨胀性合金，w（Ni）36%）

Nimalloy 尼马洛伊镍锰系高导磁率合金

Nimocast 尼孟镍克（镍基）合金铸铁

nimol 耐蚀高镍铸铁（w（Ni）12% ~ 15%，w（Cu）5% ~ 7%，w（Cr）1.5% ~ 4%，w（C）2.75% ~ 3.1%，w（Si）1.25% ~ 2.0%，w（Mn）1% ~ 1.5%）

Nimonic 尼蒙克镍铬合金（w（Ni）75%，w（Cr）20%，w（Ti）3%），镍铬钛耐热合金

nine 九

eleven ~ s 十一个 "9"（表示半导体纯度的用语）

niobate 铌酸盐

lithium ~ 铌酸锂

niobium 铌（Nb）

nioro 铜金镍合金，金镍低熔合金

Niostan 尼奥斯坦锡化铌（Nb_3Sn）超导磁性线材

nip ①夹子②转动方向相反的两个轧辊的进入作用，压辊间隙③（钢板弹簧）各片曲度半径差④咬入⑤夹紧，压紧〔缩，榨，轧〕

apron ~ 皮圈钳口

double ~ 双接口

Nipermag 尼珀马格永磁合金，镍铝钛永磁合金（w（Ni）30%，w（Al）12%，w（Ti）0.4%，其余 Fe）

nipper 叼纸牙，压书机

nippers ①钳，剪钳②夹子，镊子

adjustable cut ~ 活刃剪钳

champagne ~ 剪钳

cutting ~ 剪钳，虎钳

diagonal cutting ~ 斜嘴钳

end cutting ~ 中心剪丝钳

nail ~ 起钉钳

plain-cut ~ 普通剪钳

wire rope ~ 钢丝钳

nipple ①短管接，螺纹接头，螺纹接套，管接头，连接管②（喷灯）喷嘴③电极接头④注油嘴

bell ~ 喇叭口短节

casing ~ 套管短节

close ~ （管）螺纹接口，螺纹接头〔管〕

coupling ~ 车钩突榫，车钩套

die ~ 丝锥接套，螺纹接套，母锥

electrode ~ 电极接头

equal ~ 等径螺纹接套

grease ~ 油脂枪喷嘴，油脂嘴

inlet ~ 进口螺纹接套

inspection ~ 衬环，检查用的短管

joining ~ 接合螺管

lead-in ~ 引入线短接管

pipe ~ 短节

reducing ~ 交内径内螺纹接头，异径管接头

running ~ 短螺纹接套，短管接头

shoulder ~ 螺纹口套管

source ~ 螺纹接口，短管接头

spoke ~ 轮辐钢丝螺母

tubing ~ 油管短节

union ~ 联管锥，管子接头，两端有螺纹的接管

niproll 夹持〔展平〕辊

Niranium 钴镍铬齿科用铸造合金（w（Co）64.2%，w（Cr）28.8%，w（Ni）4.3%，w（W）2%，w（C）0.2%，w（Si）0.1%，w（Al）0.7%）

Ni-resist ①耐蚀高镍铸铁（w（C）3%，w（Ni）14%，w（Cu）6%，w（Cr）2%，w（Si）1.5%，其余 Fe），含镍奥氏体铸铁②耐蚀镍合金

Ni-speed 一种能控制硬度和内应力的高淀积率的镀镍过程

Nissan 日产（日本汽车制造商）
nit 尼特（亮度单位，1 尼特 =1 cd/m^2）
Nital 硝酸甲醇或乙醇溶液（一种金相试剂）
nitemper 气体渗氮处理
nitempering 氮回火，气体渗氮
Ni-tensilorin 镍铸铁（*w*（Ni）1% ~ 4%）
Ni-tensyl 特种铸铁（镍及硅铁作孕育剂）
niter 硝石，硝酸钠
nitometer 尼特计
niton 氡（Nt）（radon，Rn 的旧名，即镭射气）
nitra-lamp 充气灯泡
nitralising （钢板涂搪瓷前）硝酸钠溶液浸渍净化法
nitralloy ①渗氮合金②渗氮钢（含 Cr，Mo，Si，Mn，或 Al 等合金元素）
graphitic ~ 石墨体渗氮钢
nitrate 硝酸盐，硝酸根
hydrogen ~ 硝酸
nitration ①硝化②渗氮
nitriability 渗氮性
nitridation 渗氮
nitride ①氮化物②渗氮，硝化
cubic boron ~ 立方氮化硼
manganese ~ 含氮锰铁（*w*（N）4%）
metal ~ 金属渗氮物
nitriding 渗氮
blank ~ 坯料渗氮
glow-discharge ~ 辉光放电渗氮，离子渗氮
ionic ~ 离子渗氮
multiple-stage ~ 多段渗氮
selective ~ 局部渗氮
soft ~ 液体氮碳共渗
nitrification 硝化（作用），渗氮
nitrite 亚硝酸盐
nitrizing 渗氮法
nitro 硝基
nitro-alloy 渗氮钢，渗氮合金
nitrocarburizing 气体氮碳共渗，氮碳共渗
nitrocellulose 硝化纤维素，硝化棉
nitrocotton 硝化棉，硝化纤维素
nitrodope 硝化涂料，硝化漆，硝基清漆
nitroenamel 硝基磁漆
nitrogen 氮（N）
nitrogenation 渗氮（作用）
nitrogen-hardening 渗氮硬化
nitrogen-sealed 氮气密封的
nitroglycerin(e) 硝化甘油，甘油三硝酸酯
nitrograph 氮气浓度含量测定器，硝基描记器
nitroguanidine 硝基胍
nitro-lac 硝基漆，硝化基纤维
nitro-lacquer 硝基漆，硝化基纤维
nitrometal 硝基金属
nitrometer 测氮管，氮量计，氮素测定器，氮定量器
nitro-paper 硝化纸
Nitrosilal 尼亚西拉尔镍硅铸铁（*w*（Ni）18%，*w*（Si）6%，少量 Cr，其余 Fe）
Nivaflex 发条合金
nivan 尼凡镍铬钒钢
nivarox 尼瓦洛克斯（一种低温度系数的合金游丝材料）
nivation 霜蚀，雪蚀
niveau 水平仪
Ni-Vee 尼微铜基合金（*w*（Cu）80% ~ 88%，*w*（Ni）1% ~ 5%，*w*（Sn）5% ~ 10%，*w*（Zn）2% ~ 5%）
nixie 数字管，数码管
n-material n 型材料（半导体）
NO 一氧化氮
net specific ~ （发动机）一氧化氮净排放率，净一氧化氮比排放量
no-arm （电路的）非桥臂
nob ①球形门柄，雕球饰②冒口
no-bake 自硬的
no-bakenobbing ①挤压，粗轧铆钉模②制熟铁坯③熟铁锤炼（作业）
nobelium 锘（No）
noble ①贵重的，稀有的②惰性的
no-carry 无进位（的）
nocticon 电子倍增硅靶视像管
noctilucence 夜〔磷〕光，生物（性）发光
noctirsor 暗视器
nocto-television 红外线电视，暗电视
noctovision 红外线电视，暗视
noctovisor ①红外线摄像机〔望远镜〕②红外电视发射机
nocturnal 用于夜间指示时辰的计时仪器
nod 摇摆，上下〔前后〕摆动，倾斜
nodal ①（波）节的，节点的②枢纽的，中心的，关键的③部件的，组合件的
nodalizer 波节显示器
nodding 点头，摆动
noddle 结核，结核体
node ①节点，结点，结②波节，波点③重点④交点，轨迹相交点⑤分支
access ~ 存取节点，访问节点，接入节点

brother ~ 同级节点，兄弟节点
collector ~ 集电极节
conic ~ 锥顶，锥顶点
current ~ 电流波节
datum ~ 参考节点，基准节点
dummy ~ 虚拟节点
end ~ 终节点
feature ~ 重要节点
fiber ~ 光纤节点
four-fold ~ 四重（位错）节
frontier ~ 末梢节，边界节点
gateway GPRS support ~ 网关通用分组无线服务支持节点
GPRS support ~ 通用分组无线服务支持结点
lower level ~ 下层节点
lowest level ~ 最低层节点
minor ~ 小（次）节
network ~ 网络节点
nonterminal ~ 非终结符节点
numbered ~ 已编号节点
optical access ~ 光接入节点
optical shuttle ~ 光信息往返节点
parent ~ 亲代节点
partial ~ 次节，不全节
polyphase ~ 多相节点
potential ~ 电势〔位〕波节
pressure ~ 压力波节点
radial ~ 径向节点
reducible ~ 可归约节点
remote ~ 远端网络节点
service ~ 业务节点
SNA ~ 系统网络体系结构的节点
successor ~ 子节点，后继节点
switching ~ 交换节点
thin ~ 窄节点
tip ~ 端节点，梢节点
two-fold ~ 二重（位错）节
velocity ~ 速度（波）节点
vibration ~ 振动带，振动结
wave ~ 波节
wide ~ 宽节点

node-locus 节点轨迹
nodical 交点的
nodose 有节的，节点多的
nodular 节点的，球〔粒，节，榴〕状的
nodularization 球化
nodularizer 球化剂
nodule ①根瘤②球，粒③小结，小节④岩球，矿瘤⑤高炉团粒铁⑥球状体
graphite ~ 石墨球

nodulizer 球化剂，成粒机
nodulizing ①附聚〔烧结〕作用，（回转窑）粒铁法②烧〔熔，粘〕结（的）
noematachometer 思考速度测验器
nog 木栓〔钉，砖，梢〕
wood ~ 木榫，木栓

noggin 诺金（液量单位，1 诺金 = 0.25 品脱 =0.142 dm^3）
Noil 诺伊尔青铜（w（Sn）20%，w（Cu）80%）
noise ①噪声，噪声，杂音②干扰
agitation ~ 热噪声，热杂音
airborne ~ 空气噪声，大气噪声
anode shot ~ 阳极散粒噪声
anti-ground ~ 消除背景噪声
atmospheric ~ 天电干扰〔噪声〕
audio-frequency ~ 音频噪声
average ~ 噪声电压的平均值
background ~ 背景噪声，本底噪声
background modulation ~ 背景〔本底〕调制噪声
background voltage ~ 基底电压噪声
basic ~ 基本〔本底，固有〕噪声
beam ~ 电子束（电流）噪声，束电流杂波
broad band stationary ~ 宽（频）带稳态噪声〔杂波〕
bubble ~ 气泡噪声（由蓄电池电液气泡所引的）
bulk ~ 体噪声，电流噪声
burner ~ 燃烧噪声
burst ~ 突发〔脉冲〕噪声
carbon ~ ①碳质电阻噪声②碳粒噪声
carrier ~ 载波干扰〔噪声〕
case ~ 壳体噪声
circuit ~ 电路干扰〔噪声〕
clipped ~ 已整流（或已经过削波）的噪声电压，（已）削波噪声，限幅噪声（电压）
clutter ~ 杂波噪声
colo(u)r ~ 彩色信号杂波
colo(u)red ~ 有色噪声
common mode ~ 共模〔态〕噪声
contact ~ 电流（接触）噪声，1/f 噪声
continuous random ~ 连续无规噪声
converter ~ 变频噪声
correlated ~ 相关噪声
cosmic ~ 宇宙（射电）噪声，射电噪声
cosmic radio ~ 宇宙射电〔无线电〕噪声

crackling ~ 喀啦声，杂音
cross-colo(u)r ~ 亮度串色
data ~ 速度测量误差，偶然误差
delta ~ 噪声
detector ~ 检波器噪声
drumming ~ 振动噪声
electrical ~ 电气干扰，电噪声
electromagnetic ~ 电磁干扰，电磁噪声
ergodic ~ 遍历噪声
excess ~ 过量噪声，超噪声，闪变噪声
excessive ~ 过量噪声
film-grain ~ 胶片颗粒噪声（图像）
fine-grain ~ （细粒）涨落噪声，微起伏噪声
flame ~ 火焰〔燃烧〕噪声
flat ~ ①白噪声②频谱上能量平均分配的起伏噪声
flat random ~ 无规则白噪声
flat-channel ~ 平路噪声（等频率特性电路内的起伏噪声），平直幅频的起伏噪声
flick ~ 闪光噪声
flicker ~ 闪变〔散粒〕效应噪声，闪变〔烁〕噪声
fluctuation ~ 起伏噪声，起伏干扰
fluid-coupling ~ 液压联轴器噪声，伴流噪声
full shot ~ 全散粒噪声
gas ~ （放电管气体游离所产生的）噪声，白噪声的噪声源
grain ~ 颗粒噪声（由颗粒电导引起的噪声）
granular ~ 颗粒噪声
grid ~ 栅极噪声
grid-interception ~ 栅流分布起伏噪声，栅极截取噪声
ground ~ ①大地噪声②原底〔基底，本底，背景〕噪声
hash ~ 杂乱干扰噪声，由火花产生的噪声
hum ~ 交流声，哼声
hydrodynamic ~ 流体动力学噪声
hypertriangular ~ 超三角形噪声
impulsive ~ 脉冲噪声，脉冲杂波
incremental ~ 增量噪声，微分噪声
induced grid ~ 栅流感生起伏噪声
inherent ~ 固有噪声
integrated ~ 积分〔累积〕噪声
interception ~ 电流再分布起伏噪声
interpulse ~ 脉间噪声
Jansky ~ 宇宙（射电）噪声
jet ~ ①喷注噪声②火箭噪声
Johnson ~ 散粒噪声，热（激）噪声，散粒效应噪声，（电阻）热噪声
just perceptible ~ 最小可辨噪声〔杂波〕
just tolerable ~ 最大容许噪声〔杂波〕
mains ~ 电源噪声
man-made ~ 人为〔工业〕噪声
mechanical ~ ①机械噪声②电子管中的喀啦声
meter ~ 仪表噪声
microphonic ~ 颤噪噪声，传声器效应引起的杂音
modal ~ 模式噪声
mode partition ~ 模分配噪声
multiplicative ~ 相乘噪声
negative-going ~ 负向噪声
noncoherent carrier ~ 非相干载波噪声
opposite-polarity ~ 异极性噪声
oscillator ~ （本机）振荡器噪声
overall ~ 总噪声
parasitic ~ 杂音
parc ~ 亮度串色
partition ~ ①电流分配噪声②分配噪声（行波管电子注中的电子被波导截获引起的噪声）
pattern ~ 图形杂波（周期性干扰）
peaked ~ 峰化起伏噪声
peaked and flat ~ 脉冲和平坦〔滑〕噪声
photocurrent ~ 光电流噪声〔杂波〕
photoelectron shot ~ 光电子散粒噪声〔杂波〕
photovoltaic ~ 光电管噪声，光电流起伏噪声
picture ~ ①显像噪声②图像（上的）杂波
pinging ~ ①颤噪声，传声器效应噪声②微音效应
pink ~ ①粉红噪声②突发性噪声，随机噪声
pore ~ 由空隙电导引起的噪声
pseudo-random ~ 准〔伪〕随机噪声
quantization ~ 量化噪声，分层噪声
quantizing ~ 量化噪声
radio ~ 无线电噪声，射电噪声
random ~ 随机〔无规则，杂乱〕噪声，杂波
RC-limited bandwidth ~ 阻容限制的带宽噪声
reactor ~ 反应堆噪声（反应堆功率涨落）
recurrent ~ 复现噪声，复现杂波
reference ~ 基准噪声，参考噪声（1 000 Hz 频率，10 ~ 12 W 能量所产生的电路噪声）
resistance ~ 电阻噪声
ripple ~ 电源交流〔波纹电压〕噪声
room-temperature ~ 室温噪声
rotational ~ （可变电阻器的）旋转噪声

running ~ 运转噪声
Schottky ~ 肖特基噪声，散粒效应噪声
scintillation ~ 闪烁噪声
secondary ~ 次要〔附属〕声音
servo ~ 伺服系统噪声
set ~ 本身固有噪声，机内噪声
shot ~ 散粒〔散弹，起伏〕噪声
site ~ 地形干扰，地形起伏引起的干扰
snow ~ 雪花噪声（电视）
solar ~ 太阳射电噪声
solid-borne ~ 固体声，固体噪声
speckle ~ 散斑干扰，斑点噪声〔杂音〕
spurious ~ 寄生噪声
static ~ 静电噪声，天电噪声
stochastic ~ 无规则分布噪声
structure-borne ~ 结构传递的噪声
surface ~ ①（唱针）划纹噪声②表〔地〕面噪声
temperature ~ 温度噪声，热噪声
thermal agitation ~ 热噪声
top ~ 局部〔初级〕噪声
tube ~ 电子管噪声，管生噪声
velocity ~ 速度分布噪声
video ~ 视频带噪声
visible ~ 可见噪扰（在电视机屏上），可见噪声
weighted ~ 权重〔计权〕噪声
white ~ 白噪声
word ~ 字噪声

noise-contaminated 噪声污染
noise-field 噪声场
noise-figure 噪声指数
noise-immune 抗噪声（的），抗扰（的）
noisekiller 噪声抑制〔消除，吸收〕器，静噪器
noiselessness 无声
noisemaker 噪声源
noisemeter 噪声计
objective ~ 客观噪声计，绝对噪声测定表
noiseness 噪声（特性）
noise-reducing 降低噪声的
noise-shielded 防噪声的
noisiness ①噪声特性②噪声量③杂乱性
no-leak 不泄漏（不漏气，不漏油等）
no-leakage 无泄漏
no-lines 无空线，全部占线（电话的）
no-load 空载
Nomag 非磁性高电阻合金铸铁（w（Ni）9% ~ 12%，w（Mn）5% ~ 7%，w（Si）2.0% ~ 2.5%，w（C）2.5% ~ 3.0%）
nomenclature ①命名（法）②专门术语，符号③名词汇编，术语表，目录
nominal ①标称的，额定的②名义上的，有名无实的
nominator ①提名〔任命，推荐〕者②分母
nomogram 列线〔诺谟，线示〕图，图表，列线图解
right-angled ~ 直角诺谟图，直角列线图（解）
slide-rule ~ 计算尺型列线图
nomograph ① =nomogram ②计算图表
nomography 列线图解术，计算图表学
nomotron 计数管，开关电子管
nonadditivity 非相加性
nonagenary 九十进制的
nonagon 九边形
non-attended 无人值守的
nonawelding 纳米焊接
ultrasonic ~ 超声纳米焊接
non-axiality 不同轴性
nonblinking 数字表稳定显示和闪烁显示的能力
non-central 无心的，偏心的
non-checkered 不起花纹
non-circularity 非圆性
non-coherent 非相干（的），疏松的，松散的，不粘聚的
non-cohesive =non-coherent
noncoincidence 不一致
non-coking ①不结焦②非焦化
non-collinear 非共线的
non-colo(u)r 原色的
non-commutative 非交换的，不可换的
non-compensable 不能补偿的
non-concentricity 不同心程度
noncondensing 背压（式）的，不冷凝的
nonconductor 非导体，绝缘体，电介质，电介体
non-conforming 不合格品
non-conformity 不合格，不整合
nonconjunction “与非”
nonconservation 不守恒
non-conservative 非保守的
nonconsumable 非自耗的
non-contact ①无接点，无触头②无接触
noncontinuity 非连续性
noncoplanar 非共面的，非同面的，异（平）面的
Noncoralium 农科拉利铝锑锌锰合金（w（Sb）16%，w（Zn）0.7% ~ 2.5%，w（Mg）1.5% ~ 3.5%，其余 Al）

non-corrodibility 耐蚀性
non-corrodible 耐蚀的
non-corrosibility 防腐性
non-corrosiveness 无腐蚀性
noncrack-sensitive 不产生裂纹的
non-critical 非关键
non-criticality 非临界性
non-crystallosilicon 非晶硅
non-cutting 非切削的
noncyclic(al) 非周期的，非循环的
non-defective 良品，合格品
non-deflecting 不挠曲的，非偏转的，不变形的
non-deformability 抗变形能力
nondegenerate(d) 非简并的，非退化的，常态的
non-delay 不延发
non-delimiter 非定义〔定界〕符
non-dense 疏的，非密的，无处稠密的
nondestructive 非破坏（性）的
nondetachable 不可拆开的
non-detectable 不能检测的
non-determinacy 不确定性
nondigit 非数字
nondimensional 无因次的，无量纲的
nondimensionalization 无量纲化
non-directional 非定向的，无方向性的
non-discoloring 不变色的
nondisjunction “或非”，“或非”门，“或非”运算
non-elasticity 非弹性
nonelectrogenic 非电生的
non-electrolyte 非电解质
non-equilibrium 不平衡
non-equivalence “异”，非等价
nonequivalent-to-element 反重合元件，异元件
nonesuch 典范，典型
nonex 诺耐克斯玻璃，（透紫外线）铅硼玻璃
non-existence ①缺乏②没有，不存在
non-expendable 多次使用的，可回收的，能恢复的
nonextractable 不可萃取的
nonextractible =nonextractable
nonferrous 有色金属的，非铁的
nonflammability 不燃性
non-fluctuating 非脉动的
non-functional ①不作用的，无功能的②非函数的
non-fusibility 抗熔性
non-fusion 没有焊透
non-glare 无眩光，防眩
Non-gran 南格蓝青铜（w（Cu）87%，w（Sn）11%，w（Zn）2%）
Nongro 农格洛镍铁合金（w（Ni）36%，其余 Fe）
non-grounded 不接地的，非接地的
nonhardenable 不能淬硬的
non-harmonic 非谐波的
non-heat-treatable 不可热处理的
non-hermetic 不气密的，不密闭的
non-homing 不归位的
non-homogeneity 不均匀性
non-homogeneous 非均匀性，不均匀的，非齐次的
non-Hookeian 无〔非〕胡克定律现象（应力和应变不成直线关系）
nonhygroscopic 防湿的，抗湿的
non-ignitibility 非燃性，不可燃性
non-ignition 不着火，耐火性
nonillion 1×10^{54}（英，德）；1×10^{30}（美，法）
non-inclusion 非金属夹杂物
non-inflammability 不（可）燃性，不易燃性
non-injector 不吸引喷射器
noninjurious 无害的，（燃料）无毒的，不伤害的
non-interacting 不互相影响的
non-interactive 非交互的
non-interchangeability 不可互换性
non-interference 不相互干扰
non-intersect 不相交
non-intervention 不干涉
nonisoelastic 非等弹性的
non-isometric 非等距的
nonisothermality 非等温性
nonisotropic 各向异性的
nonius 游标，游标尺
nonlinearity 非线性
 backlash ~ 间隙非线性
 line ~ 水平扫描非线性
 line time ~ 行正程非线性
 non-loadscan ~ 扫描非线性
 small ~ 弱非线性
nonlinearitynon-conducting 不传导的，绝缘的
non-line-of-sight 非视距
non-load 空载，无载
nonlocalizability 不可定位性
non-locating 不定的，浮动的
non-locking 非锁定，不联锁
non-loss 无损耗

non-magnetics 非磁性物
non-melt 非熔化（的）
nonmetal 非金属
non-metallics 非金属物质〔材料，夹杂物〕
nonmicrophonic 无颤噪效应
nonmoderator 非慢化〔减速〕剂
non-modulation 非调制
non-mutilative 非破坏性的
nonnegativity 非负性
nonnegligible 不可忽略的，重大的
nonnegotiable 不可谈判〔流通〕的，不准转让的
non-noise 无噪声
non-normal ①非正规的，异常的②不垂直的
non-normality 不垂直性，非正态性
nonnumeric(al) 非数字〔值〕的
nonode 九极管
non-operative ①不工作的，不动作的②无效的
non-opinstruction 无操作指令，空指令
non-orientable 不能定向的
non-orthogonal 非正交的
nonorthogonality 非正交性
nonosat 纳卫星（1 ~ 10kg）
nonoscillating 不振荡（的），不摆动（的）
non-oscillatory =nonoscillating
non-overloading 不超载的
non-oxidation 无氧化
non-oxidizability 不可氧化性，抗氧化性
nonparallelism 平行度误差
non-peak 无峰值
nonpenalty 不惩罚，无惩罚
non-performance ①非性能②非完成，非执行
non-periodicity 非周期性
nonperpendicularity 垂直度误差
nonphase-inverting 不反相的
nonpickup 不吸动值
non-planar 非平面的，空间的，曲线的
nonpolarity 无极性
non-polishing 不易磨光，耐磨
non-porosity 无孔性
non-positive 负的，非正的
non-power 不作功的
nonpressurized 不加压的，常压的（在常压下工作）
non-prismatic 变截面的
nonproliferation 禁止扩散，不扩散
non-propelled 非自动推进的，非自动给料的
nonradial 非径向的
non-rattling 减振
nonreactive 非电抗性的，无反馈的，惰性的
nonreactivity 惰性，无反应性，不灵敏性
nonrecognition 不识别
non-recoil 无反冲，无后坐
non-refuelling 不加油
non-regeneratability 不可更新性
non-regular 非正规的，非正则的
non-removable 固定的，不可拆卸的
nonrepeatability 不可重复性
non-repudiation 不可否认性
non-residue 非剩余
non-resistance ①无电阻②无阻力
non-return 不返回的，止回的，单向的
non-return-to-zero 不归零制
non-reversibility 不可逆性
non-rust(ing) ①不锈②防〔不〕锈的，抗蚀的
non-salient 不凸出的
non-sampling 非抽样（的）
non-scale 无氧化皮，不起皮
nonscaling ①不相似的②非定标的
non-self-maintained 非自持的，非独立的
non-series-parallel 非串并联的，非混联的
nonserviceable 在故障状态，失修状态，不适用
non-shattering 不易脆的，不震裂的，不碎的
nonshorting 非短路的，无短路的
nonsingularity 非奇异性
non-skid ①防滑装置，防滑器②不滑的，防滑的
non-slip ①防滑梯级②防滑的，不滑的
nonsoftware 非软件（的）
non-soluble ①不溶解物②不溶解的
nonsolute 非溶质
nonsparkability 无火花性
non-static ①不引起无线电干扰的，无静电干扰的②无静电荷的，不积聚静电荷的
nonstationarity 非平稳性，非定常性，非稳定性
nonstoichiometry 非化学计量〔计算〕，偏离化学计量（比）
non-storage 非积储式
nonstraightness 直线度误差
non-supervision 无监督
non-swelling ①不膨〔溶，浸〕胀的②非膨胀性的
non-symmetric(al) 不对称的，非对称的
non-synchronous 非同步的，异步的，不同期的
non-tacky 非黏性的，不黏的
nontask 非任务
non-technical 非技术性的

non-terminal 非终结符号
nonthermal 非热能的
non-tilting 非倾侧（式）的
non-time-delay 瞬息作用，无时间延迟
non-topping 无顶面铣
non-tracking ①无（电花）径迹②非跟踪
non-translational 非平移的
non-transparency 不透光性
non-tunable 不可调的，不调谐的
non-type 不标准（的）
non-typical 非定型的
nonuniformity 不均匀性度，不一致性
non-uniqueness 非唯一性
non-unity 非同式（的）
non-utility 不用，无用
nonvariant 不变的，无变量的，恒定的
nonvibrator 无振子
non-viscous 非黏性的，理想的（气体，液体等）
non-volatile ①不挥发的②非易失性的③持〔永，长〕久的
non-volatility 不挥发性
non-vortex 无涡流的，无旋的
non-watertight 不防水的，透水的，漏水的
non-weldable 不可焊接的
non-yielding 不屈服的，刚性的
nonzero 非零值，非零
nook ①工作面的外露角②凹角处，角落，隐匿处
no-operation 空操作，无操作指令，空指令，无操作，停止操作指令
no-ops 无操作，空操作，停止操作指令
noose 套索，套绞，活结，设圈套
no-parallax 无视差
no-pull 零冲力，无冲力
NOR ①“或非”②“或非”门
exclusive ~ “同”（逻辑电路）
power ~ 大功率“或非”电路
Noral 一种铝锡轴承合金（w（Sn）6.5%，w（Si）2.5%，w（Cu）1%，其余 Al）
noram 不捣实
no-raster 无光栅，无扫描
Norbide 一种碳化硼
nordo （=no radio）表明飞机上没有无线电设备的信号
no-return 无返回区（雷达图像上的）
noria ①戽车，升降机，斗式升运器②戽斗水车③多斗挖土机
norilskite 铂铁镍齐
norium 混合稀土金属
NOR-logic “或非”逻辑
norm ①范数，模方②定额，规范，标准，规格
labour ~ 劳动定额
mean square error ~ 方均误差范数
normability 可模性
Normagal 铝镁耐火材料（w（Al_2O_3）40%，w（MgO）60%）
normal ①法线，垂直，正交②标准的，额定的，正常的，正规的，常态的③正交的，垂直的，法向的
common ~ 公法线
contact ~ 接触点法线
half ~ 半正常
inflectional ~ 拐法线
inward ~ 内向法线
long ~ 长电位曲线，长电位电极系测井
polar ~ 极法线〔距〕
positive ~ 正法线
principal ~ 主法线
surface ~ 曲面法线
wave ~ 波面法线
normal-air 标准空气
normalcy =normality
normalisation =normalization
normality ①常态，标准状态②规定浓度，当量浓度③正规〔常，态〕性
asymptotic ~ 渐近正态法
normalizable 可规范化的
normalization ①归一〔正规，标准，规范，规格〕化②（热处理的）正火
automatic number ~ 数值自动规格化
decimal ~ 十进制规格化
internal ~ 内标归一化
pulse ~ 脉冲标准化，脉冲整形
range ~ 距离校正，距离归一化
signal ~ 信号标准化，信号整形
normalize ①（使）标准〔归一，规范〕化②校正③正火（热处理的）
normalized 标准化的，规格化的
normalizer 标准化部件，规格化装置，规范器
normalizing ①正火②常化③校正，正常〔规格，标准〕化
diffusion ~ 高温扩散正火
double ~ 两次正火
normalizingnon-synchronizing =non-synchronous
normative 正常的，规范的，标准的，定额的
normativenormatron 模型计算机，典型计算机（供教程序设计用的）

norol ①无滚子的②汽车坡路停车防滑机构
NOR-operator “或非”算子，“或非”算符
northing ①北进，北航②指北偏差
nose ①鼻，鼻形物②突出部分，伸出部分③物端，前端，刀尖④焊缝根部面积，钝边面积⑤最长线（信号方向图的）⑥管口，喷嘴⑦折焰角
~ of bainite 贝氏体鼻子
~ of cam 凸轮尖
~ of punch 冲模头
bayonet spindle ~ 锁紧盘式主轴端部（德国生产的车床，一般都采用这种形式）
cam-lock spindle ~ 凸轮锁紧式主轴端部
double ~ （芯轴的）双塔轮式前端
four-point ~ 四点测角头
gas port ~ 煤气烧嘴口
hog ~ 单刃钻
hot ~ 头部（测量数据）传感器
non-pointed ~ 钝头部
pivoted ~ 枢接头部
radiused punch ~ 凸模端部圆角
spindle ~ 轴头，主轴端〔鼻〕，主轴头部
tool ~ 刀尖
transparent ~ 头部整流罩
nosed 楔形前端（送轧坯料的）
nose-dip （车辆制动时）前端低头现象
nose-dive （车辆制动时）前端低头现象
nose-down （车辆制动时）前端低头现象
nose-heavy 头重
nosepiece ①顶，端，接头②喷嘴，救火水龙头③显微镜的管嘴
revolving ~ （显微镜的）换镜旋座〔转盘〕，物镜转换器
nose-pipe 放气管口
noseplate 分线板，分线盘，前底板
nose-spike 头部减振针，顶针
nose-up （汽车起步时）前端扬起现象，昂头（飞）
nosing ①鼻，头部②机头整流罩，头部整流罩③缩口
streamlined ~ 机头整流罩
no-spark 无火花
NOT “非”，“否定”
notable ①值得注意的，显著的②著名的
notation ①符号，记号，标记②计数法③符号表示法，标志法
base ~ 基本符号，基本记号，根值记数法，基数制，基数记数法〔表示法〕
binary ~ 二进制记数法，二进位符号
binary-coded decimal ~ 二 - 十进制记数法，二进制编码的十进制记数法
binary-decimal ~ 二 - 十进制记数法（用二进制数字表示十进制数）
biquinary ~ 二五混合进制记数法
central difference ~ 中心差分记法
coded-decimal ~ ①（二进制）编码的十进制记数法②十进制编码
complementary ~ 补数记数法
contracted ~ 简略符号，略号，代号
decimal ~ 十进制记数法
denary ~ 十进制记数法
dummy-index ~ 哑指标记号
duodecimal ~ 十二进制（记数法）
duotricemary ~ 三十二进制（记数法）
exponential ~ 指数记数法
fixed radix ~ 定根值记数法
fixed-point ~ 定点表示法
fixed-radix ~ 固定基数记数〔表示〕法
floating-point ~ ①浮点计〔记〕数法②浮点记号
foot ~ 脚注
hexadecimal ~ 十六进制，十六进制记数法
infix ~ ①插入记号②插入表示法，中缀表示法
mixed radix ~ 混基数记数法
mixed-base ~ ①混基记数法②混基符号
octal ~ 八进制计数法
operator ~ 算子符号
parenthesis-free ~ 无括号表示〔标序，算序〕法，无括号标序〔算序〕记号
Polish ~ 波兰表示法
positional ~ 按位记数法，位置记数〔表示〕法
prefix ~ 无括号标序法，无括号标序记号
prime-and-dot ~ 点撇符号
quadruple ~ 四元组表示（法）
quinary ~ 五进制记数法
radix ~ 基数（表示，记数）法
sexadecimal ~ 十六进制，十六进制记数法
shorthand ~ 简化符号
ternary ~ 三进制记数法，三进制
transistor ~ 晶体管符号
two-scale ~ 二进制记数法，二进制
notcarry 不进位，非进位
NOT-carry “非”进位
notch ①换级触点（控制器的），步进触点②凹③凹〔槽，切，缺〕口，分屑槽④等级⑤选择器标记⑥划道（缺陷）

chev(e)ron ~ 山形缺口
cinder ~ 出渣口（高炉的）
circumferential ~ 圆形缺口，圆周槽口
gauging ~ 基准凹台（量规通止的基准）
iron ~ 出铁槽〔口〕
izod ~ V型缺口
keyhole-type ~ 钥匙孔式槽口
luminance ~ 亮度陷波器（避免亮度串色）
metal ~ 金属（流）出口
nozzleadjustment ~ 安装标记，调整标记
radial ~ 径向切口
range ~ 距离选择器标尺
retrienval ~ 检索缺口
run-off ~ 放渣孔（平炉）
slag ~ 出渣槽〔口〕
tuyere ~ 风嘴〔口〕孔
vernier ~ 游标尺凹槽

notchback 客货两用汽车

notch-diplexer 天线共用器（允许两个发射机共用一根天线工作的滤波器）

notcher 断屑器
film ~ 片边缺口机（生产软片用）

notching ①做凹口,开槽②多级的(指继电器),阶梯式的,下凹的
double ~ 开槽叠接

NOT-core 非磁心

note ①笔记,备忘录,草稿②注解,注释③符号,记号，标志，音符④纸币，票据⑤注意，记下，指出〔示〕
advice ~ 通知单
carrier's ~ 提单，取货证
caution ~ 危险〔警戒〕标志
consignment ~ 发货通知书
cover ~ 保险证明
foot ~ 脚注
technical ~ 技术说明〔备忘录，文稿〕
weight ~ 货运重量单

notekeeping 记录

NOT-element “非”元件，“非”门电路

NOT-function “非”功能

NOT-gate “非”门

not-go-end 止端，不过端

nothingness ①无，空，不存在②没有价值

notice ①情报，消息②通知，通〔公，布，警〕告③注〔留〕意④短评，简介⑤标志，警号
caution ~ 危险〔警戒〕标志
clearance ~ 出〔入〕港证

noticeable 显著的，重要的，显而易见的

notification 通知单〔书〕

notify 通知，通告，通知书

noting 注释法，计算法
tonnage ~ 载重计算法

notion ①意见，想法②概念，观念③意图

NOT-operator 求反算子，“非”算子

no-touch 不接触，无触点

nought 无，零，小数点后无零的数目

noumenon 实体，实在

Novalite 诺瓦铝合金（w（Al）85%，w（Cu）12.5%，w（Mn）1.4%，w（Fe）0.8%，w（Mg）0.3%）

novelty （全）新产品

novenary 九进制的

novendenary 十九进制的

novice 初学者，新手，生手

novice-operator 见习技术员，新技术员，新的操作人员

noviciate ①新〔生〕手②见习期

Novikov gear hob 圆弧齿轮滚刀（诺维柯夫齿轮滚刀）

novitiate ①新〔生〕手②见习期

Novoid 一种含硅石的防水、油、酸的粉，诺瓦硅基粉末

Novokonstant 标准电阻合金（w（Mn）12%，w（Al）4%，w（Fe）1.5%，其余 Cu）

novolac （线型）酚醛清漆〔树脂〕

novolak =novolac

no-voltage 无电压，零电压

no-wear 无损，无磨损

nowel ①阻力②刮路板③拖运装置④吊铲⑤下型

now-toughened 已经韧化的

nox 诺克斯（弱照度单位，1 诺克斯 =10^{-3} lx）

noy 诺伊，纳（可觉察到的噪声单位）

noz =nozzle

nozzle ①喷嘴，喷油嘴，喷口②（水）管嘴③注口④排气管⑤接管组，套管⑥出铁口，铸口⑦喷嘴型波导管天线⑧发动机尾喷管
adjustable ~ 可调喷嘴
afterburner ~ 加力〔强化〕燃烧室喷嘴
anti-icing ~ 防冰喷嘴
augment ~ 助推喷嘴，加速喷嘴
bevel mounted ~ 斜切喷嘴
bib ~ （自来水）龙头，旋塞
bicomponent ~ 组合管口，组合注口
bit ~ 钻头钻管
blast ~ ①喷砂嘴②风嘴③鼓风槽
bleeder ~ 抽气管

blowoff ~ 喷嘴，喷枪
boom jet ~ 喷杆喷嘴
booster ~ 助推器喷管
branch ~ 溢流管
burner ~ ①燃烧喷管〔嘴〕②喷灯嘴③焊炬喷嘴
carboloy ~ 硬质合金喷嘴
centrifugal ~ ①（燃料的）径（向）流喷嘴②离心喷嘴
charging ~ 带电荷喷嘴（指雾滴中带有电荷，增加其附着力）
check ~ 自动关闭喷嘴
choke ~ 阻气喷嘴
clamshell ~ 蚌壳式〔双阀瓣，双调节片〕可调喷管
concentric ~ 环列嘴，同心圆喷嘴
cone (spray) ~ 雾锥喷嘴，圆锥喷头
conical seat ~ 锥面（螺纹）配合的喷管
constrictor ~ 收敛形喷嘴
contracting ~ 收缩喷嘴
contracting-expanding ~ 拉瓦尔喷管，缩放喷嘴，超音速喷管
convergent ~ =contracting ~
convergent-divergent ~ =contracting-expanding ~
converging ~ =contracting ~
converging-diverging ~ =contracting-expanding ~
critical-flow ~ 临界截面喷管
Crocco-type ~ 克罗柯式喷管，单侧壁喷管
Curtis ~ 扩放喷管，寇蒂斯喷管
cutting ~ 喷割嘴
deflector ~ 导流喷头
directional ~ 调向喷头
discharge ~ 排渣喷嘴
disk solid-cone ~ 可调圆片式实心雾锥喷嘴
dispersing ~ 喷枪
distributing ~ 导入喷嘴，分配喷嘴
driven ~ 高压远射程喷嘴
duplex fuel ~ 双级燃料喷嘴
dust ~ 喷粉头
E-D type ~ “E-D”型喷管，“膨胀 - 偏转”式喷管
ejector ~ 喷口，喷嘴
even spray ~ 等宽式喷嘴
expanding ~ 扩张型喷管（拉伐尔喷嘴）
eyelet ~ 带固紧环的喷嘴
eyelid-type ~ 可调节的双瓣式喷嘴
fan ~ 扇形雾喷头（狭缝喷头）
fanging ~ 接收〔混合〕喷嘴
female ~ ①阴喷嘴②带内螺纹的喷嘴
final ~ 排气喷嘴
fine ~ 细孔喷油嘴
fixed ~ 不变截面喷嘴
fixed exit ~ 定出口截面喷管
flap ~ 活动喷嘴
flapper ~ 挡板喷嘴
flat-fan ~ 扇形雾锥喷嘴
flat-spray ~ 扇形雾锥喷嘴
flexible ~ 可调喷嘴
flooding ~ 冲洗喷嘴
flow ~ 流量测量喷嘴，流量计喷嘴，测流嘴
flow-limiting ~ 限流嘴
foil ~ 导叶通道（导叶形成的喷嘴通道）
free-running ~ 自流式水口
fuel spray ~ 喷油嘴
fuel truck ~ 加油枪
gas ~ ①气体喷嘴，排气孔，排气口②（焊炬）喷嘴
gas-discharge ~ 排气喷嘴
gauze ~ 滤网式嘴管，带有格栅的喷管
gimbaled ~ 万向喷头
granule ~ 喷粒头
gravity reinjection ~ 重力再注入喷嘴（未完全燃烧的颗粒在重力作用下返回到喷嘴）
gunjet ~ 喷枪式〔远射程〕喷嘴
hard center ~ 硬芯喷嘴，耐磨插芯喷嘴
high-dispersion ~ 细雾化喷嘴
hollow ~ 空壁喷管，夹壁喷管
hose ~ 软管喷嘴，水卷带接头
inner ~ 内水口
iris-type ~ 光圈式（可调）喷管
jet ~ ①反动式喷嘴②抽气器喷嘴③尾喷管，喷嘴，喷射管
jet-pipe ~ 反动式喷嘴
Laval ~ 拉伐尔喷管，缩放喷管〔嘴〕
lubricating ~ 润滑喷嘴，润滑油枪
male ~ 带外螺纹的喷嘴
master ~ 校对〔测量〕喷嘴
metering ~ 定径喷嘴
monitor ~ 水枪喷嘴
negative throat ~ 渐缩喷嘴
no-drift ~ 防飘流喷嘴
nucleuspitch ~ 俯仰喷嘴（卫星部件）
offset ~ 非对称喷管，偏置喷管
orientation system ~ 定向喷嘴
pf ~ 煤粉喷燃器
pintaux ~ 轴针式喷嘴，轴针式喷油器

plasma ~ 等离子气体喷嘴
plug ~ 塞式喷管
positive throat ~ 缩放喷嘴
primary ~ 一次喷嘴
probe ~ 受油嘴（空中加油的）
propelling ~ 尾喷管，推力喷管
pump ~ 喷吸泵〔嘴〕
quenching ~ 喷射冷却器
range ~ 多头旋转喷嘴（成圆截面喷灌）
reactive jet ~ 反动喷嘴
reducing ~ 异径管接头
refueling ~ 加注嘴，加油嘴
reversed ~ 反喷嘴
roll ~ 滚动喷嘴（卫星部件）
rotor tip ~ 旋翼梢的喷口（直升飞机）
segment ~ 组合式喷管
shear-plate ~ 涡流片式喷嘴
shielded ~ 保护气体的喷嘴
slidegate ~ 滑动水口
sliding ~ 滑动水口
slot ~ 缝式喷嘴
sluice ~ 节流喷管
sluicing ~ （水力除灰沟的）冲灰喷嘴
solid-stream ~ 窄雾锥〔实心流束〕喷嘴
sonic ~ 声速喷管
spin ~ 切向喷管，旋转喷管
spray ~ 喷嘴
stopper ~ 浇注嘴，注口，塞孔（底注的）
supersonic ~ 超声速喷嘴
supply ~ 供给喷嘴
suppressor ~ 消声喷管
suppressor ~ 消声喷管
swivel ~ 旋转喷管
throatable ~ 喉部可调喷管
throat-tap flow ~ 长颈式流量喷嘴
throttle ~ 节流喷嘴
thrust-lift ~ 推力升力喷管
thrust-reverse ~ 反向推力喷管
trailer ~ 马蹄形喷管
vacuum ~ 吸气嘴
variable ~ 可调喷嘴
variable geometry ~ ①可变叶角喷嘴②可调导叶
variable swathe-width ~ 可调喷束宽度的喷嘴
variable turbine ~ 可变截面废气涡轮增压器喷嘴
variable-angle ~ ①可调导叶，可转导叶②可变角度的喷嘴
Ventury-type expanision ~ 文丘里喷嘴，超音速喷嘴
vernier ~ 微调喷管
weld-in ~ 焊入式喷嘴
wide-jet spray ~ 宽幅喷嘴
widespray ~ 宽幅喷嘴
window ~ 有观察孔的喷管

nozzle-end 喷管根〔端〕部
nozzleman 喷水〔喷砂，喷枪操作〕工
nozzling 打尖，锤头
N-precess 硅铁粉发热自硬化法
N-process 硅铁粉发热自硬砂法，N 法
NR （=natural rubber）天然橡胶
N-region N 区，剩余电子区，电子电导区
N-scan N 型显示，N 型扫描
N-scope N 型显示器
nsec 纳秒（nanosecond 的缩写）
n-semiconductor n 型半导体
NTC-unit 负温度系数元件
N-truss N 形桁架
***n*-tuple** ① *n* 倍，*n* 重② *n* 元组〔数〕，*n* 元向量
***n*-tupling** *n* 倍（的）
nub ①小块，节，瘤②要点，核心
nubilose 喷雾干燥器
Nubrite 光泽镀镍法
nu-bronze 努青铜（*w*（Cu）95.8%,*w*（Ni）3.25%，*w*（Mn）0.25%，*w*（Si）0.70%）
nucleal =nuclear
nuclear 原子核的，核的
nucleary 核的，成核的，核心的，主要的
nucleation ①生核，成核②成核作用，晶核的形成③集结④人工造雨法
bulge ~ 隆丘成核
crack ~ 裂纹形核
heterogeneous ~ 非自发〔非均质〕成核，复相成核
homogeneous ~ 自发成核，均质成核
stacking fault ~ 堆垛层错成核
sympathetic ~ 相互激发的核作用
nucleator （成，生）核剂
nucleon 核子
nucleonic 核子的
nucleonics 核子学，原子核工程
nucleus ①环②（原子）核③晶核④核心，中心，心⑤核心程序
~ of crystal 晶核，结晶中心
~ of reversed domain 反磁化核
compound ~ 中间核，复核

even-A ~ 偶 A 核，偶质量数核
germ ~ 晶体中心
magic ~ 幻核
nuclidestem ~ 主链
potential ~ 有力〔潜力，潜在，潜势〕晶核
resident ~ 常驻核心程序
target ~ 靶核
nuclide 核素
nugget ①（点焊）熔核，（焊点）点核，焊珠②矿块，天然贵金属块，块金
Nu-gold 饰用黄铜（w（Zn）12.2%）
nuisance 障〔妨〕碍，噪扰，损失〔害〕，公害
null ①零位，零，零值，空行②无用的，无效的③零的，空的，零位的
aural ~ ①无声，消声②零听度，听力零级，听觉零点，静位
nullator 双线无损单口网络
nullification ①抑制，作废，取消，废弃②无效
nullifier 自动零位器
nullify ①作废，取消，废除②使等于零
nulling 指零
self ~ 自指零
nullity ①零度数，零维数②独立的闭合回路数，独立网孔数（网络的）③无效，无效的行为，（全）无
nullo 〈拉〉①零②遥控飞机
Nulloy 纽洛（硬质合金名）
nullreading 零读数
null-set 零集，空集
Nultrax 线位移〔直线运动〕感应式传感器
nulvalent 零价的，不活泼的，不起反应的
number ①数（字），数目，数量②号码，编号
~ of bogie 台车数量
~ of clearance hole 容屑孔数
~ of convolution 波数（波纹管）
~ of cycles per second 频率，每秒周期数
~ of daylights 层数
~ of flutes 容屑槽数，圆周齿数
~ of gashes 槽数
~ of pass 凝汽器流程数
~ of starts 头数，齿数
~ of stations 工位数
~ of teeth 齿数
~ of teeth spanned 跨齿数
~ of thread turns 螺纹圈数
~ of threads 头数（滚刀）
~ of working lines 钻井绳数
Abbe ~ 阿贝常数，色散系数
absolute ~ 绝对数〔值〕
abstract ~ 抽象数，不名数
abstraction ~ 抽象数，不名数
abundant ~ 过剩数
acid ~ 酸值
actual ~ 实数
alternation ~ 交变周期数
aperture ~ 光圈数
aperture stop ~ 孔径数
Arabic ~ 阿拉伯数字
artificial ~ 对数
atomic ~ 原子序数
average sample ~ 平均检查量〔抽查数，取样量〕
azimuthal quantum ~ 角量子数
basic ~ 基本数，轴承号码
binary ~ 二进制数
Biot ~ 比渥（准则）数
block ~ 成组传送号，区组数
Brinell ~ 布氏硬度值
broken ~ 分〔小，折〕数
cable ~ ①电缆号码②电报号码
caliber ~ 机芯编号〔序数〕
call ~ ①呼号②引入数，子程序号③书号，书码，号码④调用数，（程序）调用编号
capacity ~ 承载（量）数
capacity exceeding ~ 超位数（超过存储单元最大长度的数）
cardinal ~ 基〔纯，序〕数
carry ~ 进位数，移位数
cavitation ~ 气穴〔气蚀，涡空〕数
cetane ~ （柴油的）十六烷值
charge ~ ①负载量②载荷数③炉料号，批号④账号，电荷数⑤原子序（数）
chip ~ 芯片编号
code ~ 电码号，序〔代〕号
coke ~ 焦值
colo(u)r ~ 色数〔度〕
commutation ~ 换相数
complementary ~ 补数
complex ~ 复数
compressibility ~ 压缩数，压缩特性数，压缩系数
concrete ~ 名数
condensation ~ 凝结数，冷凝（缩）量
condition ~ 性态〔条件〕数
conjugate complex ~ 共轭复数
construction ~ 工厂编号，工程号

conventional ~ ①习用编号，习用数②标志数
coordination ~ 配位数
crate ~ 箱号
critical Mach ~ 临界马赫数
critical Reynolds ~ 临界雷诺数
cryolac ~ 冰凝值，乳凝冰值
current ~ 当前数，现行编号
cut ~ 切断序数
cutter ~ 刀号
cylinder ~ ①圈数，环数（磁盘的）②柱面（编）号
dash ~ 零件编号
data ~ 数据编号，资料编号
data area ~ 数据区编号
dead ~ 空号
decimal ~ 十进位数，（十进）小数
deficient ~ 亏量〔数〕
dependency ~ 相关数
designation ~ 赋值数，指定数，标志数（字），标准指数
Diesel ~ 柴油值，柴油指数
digit order ~ 数位，数字位（数）
directed ~ 有符号数
directional ~ 方向数
distribution ~ 分布系〔号〕数，分配号数
double ~ 合刊（两期合出）
double precision ~ 双（倍）精度数
double-length ~ （双）倍长数，倍准数
drum ~ 磁鼓号（数）
duobinary ~ 双二进制数
dyadic ~ ①二进制数②二元数
dynamical ~ 动力势差数
edge ~ 边缘标号，片边号码
eight-digit ~ 八位数
eight-digit binary ~ 八位二进数
element ~ 振子数（天线）
engine indentification ~ 发动机识别号码
Engler ~ 恩氏黏度值
Erichsen ~ 杯突深度值
Euler ~ 欧拉数（用于流体动力学）
even ~ 偶数
excess air ~ 过剩空气系数
Faraday's ~ 法拉第常数
field ~ ①视野数②视场直径
file ~ 文件号（数）
file sequence ~ 文件顺序号
flash guide ~ 闪光指数
flip-flop ~ 触发计数
floating ~ 浮点数
Fourier ~ 傅里叶数（用于热传导）
fractional ~ 分数
fracture ~ 断口度数
frame ~ ①帧数②帧编号，帧序号③机座号（电机）
F-stop ~ 光圈数
Gardner colo(u)r ~ 加德纳色数
ga(u)ge ~ 线〔板〕材号数
Gauss ~ 高斯随机数
generation ~ ①生成数②世代号〔数〕
grain co-ordination ~ 晶粒配位数
grain fineness ~ 晶粒度（读数），平均粒度，（砂）细度
grain size ~ ①晶粒号，粒度，颗粒尺寸②结晶粒度，晶粒大小
Grashof ~ 格拉肖夫（准则）数（流体力学中表示自由对流特性的一种无量纲参数）
guide ~ 诱导系数
halt ~ 停机号
hardness ~ 硬度值，硬度指数
Hartmann ~ 哈特曼数（当导电的流体在横向磁场中流过时，磁力即呈现反向的黏滞作用，哈特曼数就是相对力的量度）
hexadecimal ~ 十六进制数
hierarchy ~ 分层数，层次数
host ~ 主机号
hyper frame ~ 超帧数
hypercomplex ~ 结合代数
identification ~ 成套设备编号，机器编号，识别数
identification sequence ~ 识别序列号〔数〕
idle ~ 空号
imaginary ~ 虚数
index ~ 指数
inflow Mach ~ 进口马赫数
inlet Mach ~ 进口马赫数
input sequence ~ （SWIFT 系统中）发报序号
installation tape ~ 安装带号，装配带号，磁带安装号
integral ~ 整数
internal ~ ①内部数②内部编号
International Standard Book ~ 国际标准书号
International Standard Serial ~ 国际标准连续出版物号
intersection ~ 相交数
inverse ~ ①倒数②反数

iodine ~ 碘值
irrational ~ 无理数
item ~ 项号，项次码
jet ~ 量孔〔喷嘴〕符号（刻印在量孔或喷嘴上，表示它们的孔径或每分钟流量的符号）
Knoop ~ 努氏硬度值
Knudsen ~ 努森（准则）数
lacking ~ ①缺号②期刊缺期
lattice coordination ~ 点阵〔晶格〕配位数
lead ~ ①车床特性(交换齿轮架速比为1：1时切削的每一螺纹扣数)②导数
line ~ 行〔线〕数(电视清晰度指标)
local Mach ~ 当地马赫数
logarithmic viscosity ~ 比浓对数黏度
logical ~ 逻辑编号
long ~ 多位数，长数
Loschmidt('s) ~ 洛喜密脱数（一立方米理想气体在标准温度和压强下的分子数）
lot ~ 批号
low Mach ~ 低马赫数
Mach ~ 马赫数(速度与声速的比值)
magic ~ 幻数
magnetic quantum ~ 磁量子数
magnetic Reynolds ~ 磁雷诺数（Rem）
mark ~ 标号
mass ~ （原子）质量数
merit ~ （热轧钢材）质量系数
mesh ~ 目数，网〔筛〕号
mesh Reynolds ~ 网格雷诺数
meter guide ~ 米指数
mixed ~ 带分数
mixed-base ~ ①混合基记数法②混合基数的数
mode ~ 模数
model ~ 型号
Modell ~ 莫氏耐磨性指数
Mohs' scale ~ 莫氏硬度值
multiple-length ~ 多倍长数
n-bit ~ *n*进制数
n-digit ~ *n*位数
neutralization ~ 中和值
nodule ~ 球数
noise rating ~ 噪声评价数
normal random ~ 正态随机数
normalized ~ 规格化数
nucleon ~ 核子数
occupation ~ 填充数
octal ~ 八进制数
octane ~ 辛烷值
odd ~ 奇数
odd-charge ~ ①奇原子序数②奇电荷
one-figure ~ 单值〔位〕数
operation ~ 操作号码，运算数
order ~ 序号，指令编号
ordinal ~ 序数
ordination ~ 原子序（数）
out-of-range ~ 超位数
output sequence ~ （SWIFT系统中）收报序号
oxidation ~ 氧化值
page frame ~ 页面坐标号
Parson's ~ 特性比，帕森斯数
parts ~ 件号，部件号码
Peclet ~ 佩克莱特（准）数（等于雷诺数同普朗特数的乘积）
penetration ~ 针入（度）数
perfect ~ 完全数
performance ~ （汽油）功率指数，功率值，特性〔性能〕数
permeability ~ 透穿数
personal identification ~ 个人身份密码，个人（身份）识别号码，（数字手机的）个人密码
piece ~ 件号
pitch ~ 节数
positional ~ ①位置数②按位记数
positive ~ 正数
power ~ 功率指数（驱动轮输入功率同车辆总重与车速乘积之比）
Prandtl ~ 普朗特数，普朗特准则
precipitation ~ 沉淀值
prime ~ 质数，素数
process ~ 过程号
program identification ~ 程序标识号
proton ~ 质子序数
pulse ~ 脉波数，脉动数
quadrate-free ~ 无平方因子数
quality ~ 特性指数
quanta ~ 量子数
quantum ~ 量子数
radix ~ 基〔底〕数
random ~ 随机数
rational ~ 有理数
read-around ~ ①读出次数②整个阅读数字③周围读数
real ~ 实数
recurrent ~ 循环数
recurring ~ 循环小数

reel ~ 卷号
reference ~ 基准数〔码〕，参考数
reflected ~ 反射码
rejection ~ 拒绝数
residue ~ 残数，留数
resolvable ~ 可分解（单元）数
resonant-mode ~ 谐振模数
Reynolds ~ 雷诺数
road octane ~ 道路辛烷值，行车辛烷值
Rockwell hardness ~ 洛氏硬度值
round ~ （取）整数
rounded ~ 取整〔舍入，约整，圆整〕数
round-off ~ 取整数，舍入数
sample ~ 样品号，采样号
sand toughness ~ 砂子韧性（读数）
saponification ~ 皂化值
schedule ~ 表示管壁厚度系列（耐压力）的号码
scratch hardness ~ 划痕硬度值，刮刻硬度值
screen ~ 筛号
screening ~ 屏蔽（系）数
segment ~ （区）段号
semantic routine ~ 语义程序编号
sequence ~ 顺序号
serial ~ ①序号，系列号，编号②串联数，成批号码
shell ~ 壳层内粒子数，壳层序数
short ~ 少位数，短字长
sieve ~ 网目，筛号
signed ~ 带正号或负号的数
simple ~ 单值，基数
slot ~ 箱位号
softness ~ 软化度
software version ~ 软件版本号
square free ~ 无平方因子数
stop ~ ①孔径数②光圈指数，*f* 数
sublet ~ 副约号
surd ~ 不尽根数
swelling ~ 膨胀指数，膨胀率
system frame ~ 系统帧编号
Taylor ~ 泰勒（准则）数
temper ~ 回火后硬度（读数）
transport ~ 迁移数
transposition ~ 交叉序号
trigger ~ （代理运营制电话中的）触发号
turbulence ~ 紊流度
turn ~ 匝数（绕组的）
universal access ~ 通用存取（接入）号
valence ~ （化合）价数，原子价数
vehicle identification ~ 车辆识别代号
Vickers pyramid ~ 维氏棱锥硬度值
Vickers-hardness ~ 维氏硬度值
viscosity ~ 黏度值
wave ~ 波数
weight ~ 重量系数，（加）权（系）数
whole ~ 整数，全数
Wolf ~ 沃尔夫数，黑子相对数

number-crunching 数据捣弄
numbered 已编号的，已达到限定值的
numbering 编号，数字，号码，号数
numberless 无（号）数的
number-letter 数字和字母的
number-to-voltage 数码 - 电压交换
numerable 可计数的，数得清的，可计算的
numeral ①数词②（pl.）数码③数（字）的，代表数目的，示数的
designation ~ 指定数，标志数（字），标准指数
hexadecimal ~ 十六进制数
numeralization 数字化，编码化，数字式
numerary 数的
numerate 数，以数字标记，计算，读数
numeration 命数〔计算，读数〕法，编号
numerator ①分子（分数的）②计数器，计数管③信号机，示号器，回转号码机④计算者
numeric ①数字〔值〕②分数，不可通约数③数（目）字的，数值的，用数字表示的
numerical 数的，数量〔值，字〕的，用数表示的，表示数量的
numeric-alphabetic ①（数）字符②字母数字的
numer-mite 数字控制钻床
numeroscope 数字记录器，示数器，数字显示器
Nural 努拉尔铝合金（*w*（Mg）3% ~ 12%，*w*（Mn）0.2% ~ 0.5%，*w*（Si）0.2% ~ 1.0%，其余 Al）
nut ①螺母②"坚果"级煤块（30 ~ 50 mm 的小块煤）③上〔拧，装〕螺母
~ of the earphone 耳机压盖
acorn ~ 盖形螺母
anchor ~ 固定螺母，锁紧螺母
arbor ~ 刀杆螺母
back ~ 支承〔支持，限动，锁紧，防松，底座〕螺母
ball ~ 滚珠螺母
binding ~ 夹紧螺母，扣紧螺母
black ~ 粗制螺母
blind ~ （盲孔）螺母，螺盖

block(ing) ~ 防松螺母
box ~ 盖螺母
bright ~ 精制螺母，光制螺母
cage ~ 锁紧螺帽
cap ~ 盖形薄螺母，外套螺帽，锁紧螺母
capstan ~ ①带孔螺母②槽形螺母
caption ~ 外加螺母
carriage ~ 车架螺母，拖板螺母
castellated ~ 槽顶〔槽形，翼形〕螺母
castle ~ 槽顶〔槽形，翼形〕螺母
castle circular ~ 六角圆顶螺母
caulking ~ 自锁螺母
check ~ 防松螺母
circular ~ 圆螺母
clamp ~ 紧固〔压紧，夹固〕螺母
clasp ~ 对开螺母
clip ~ 夹紧螺母
collar ~ 环形〔接头，凸边，凸缘〕螺母
counter ~ 埋头螺母，锁紧螺母
crown ~ 槽顶螺母
die(s) ~ 钢板螺母，六角形板牙，螺母状板牙
differential ~ 差动螺母
distance ~ 隔垫用螺母
eared ~ 翼形螺母
eye ~ 环首〔吊环，有眼〕螺母
filling ~ 充油螺母
flush ~ 平顶螺母
fluted ~ 槽顶螺母
fly ~ 翼形螺母
four-pin driven ~ 四锥孔螺母
gib ~ 翻边锁紧螺母
graduating stem ~ 递动杆螺母
gravity ~ 重心铊
grip ~ 夹紧〔防松，固定〕螺母
gromment ~ 封线体螺母
half ~ 对开〔开合，开缝〕螺母
handle lock ~ 手柄锁紧〔防松〕螺母
hex ~ 六角螺母
hold down ~ 固脚螺母
inverted flared ~ 倒锥式连接螺母，管子接头螺母
jam ~ 保险〔防松，锁紧，安全，止动〕螺母
knurled ~ 滚花薄螺母
latch ~ 锁紧螺母
lifting ~ 扁环螺母，环形螺母
lock ~ 防松〔锁定，锁紧，保险，制动〕螺母
milled ~ 周缘滚花螺母
mother ~ 主螺母
nipple ~ 接管螺母
operating ~ 操作螺母，行程螺母
packing ~ 填密〔衬垫，密封，压紧，紧塞〕螺母
pin ~ （带）销螺母
pinnacle ~ 六角槽顶螺母
plate ~ 带铆接凸缘螺母
poising ~ 平衡铊
radiator closing ~ 散热器螺母
rating ~ 调节螺母（钟摆的）
retainer ~ 防松螺母，止动螺母
right-and-left ~ （带左右螺纹的）连接螺母，牵紧螺母
safety ~ 锁紧〔安全，保险〕螺母
screw ~ 螺母
securing ~ 锁紧螺母，扣紧螺母
self-locking ~ 自锁螺母
serrated ~ 细齿螺母
sleeve ~ 套筒螺母，螺旋联轴器，螺旋帽，螺栓帽管套，松紧套管螺母，连接螺母
slit ~ 开缝螺母
slotted ~ 有槽螺母，开槽螺母
socket pilot ~ 内六角导向螺母
spherical seat ~ 球座螺母
spigot ~ 导向螺母
splined ~ 带槽螺母
split ~ 拼合〔开缝，对开〕螺母
star knob ~ 星形捏手螺母
stay ~ 撑条螺母
stop ~ 防松螺母
stripped ~ 螺纹牙齿断缺的螺母
stud ~ 柱螺栓螺母
tail ~ 尾管螺母
thumb ~ 翼形螺母
tie-rod-ball ~ 横联杆球头螺母
timing ~ 摆轮调整螺母
union ~ 活接头〔联管，管接〕螺母，连接〔接头〕螺套
wing ~ ①翼形螺母②闹钟上条螺母
wrist pin ~ 肘节销螺母

nutation ①下垂〔俯〕，垂〔点〕头②章动（地轴的微动，转体轴的振动），盘旋
nutator 章动器
nutpick 取坚果果仁的工具
nut-runner 上螺母器
nutsch (filter) 吸滤器
nutted 上了螺母的

nutting 上〔拧〕螺母

Nu-value γ 值，色散倒数（透明材料色散率倒数）

nuvistor （超）小型抗振（电子）管

n-valued 多值的

N-weapon 核武器

nyctometer 暗视计

Nykrom 高强度低镍铬合金钢

nyktomat 黑夜视力计

Nylafil 玻璃纤维增强尼龙

Nylaglas 玻璃纤维增强尼龙

Nylasint 烧结用尼龙粉末材料

nylon ①尼龙，耐纶，酰胺纤维②（pl.）尼龙〔耐纶〕织品

nucleated ~ 晶核尼龙（微晶尼龙）

stretchy ~ 弹性尼龙

supper tough ~ 超韧尼龙

Nyreg 玻璃纤维增强尼龙塑料

nystagmograph 眼球震颤描记器

nytron 碳氢（化合物）硫酸钠清洁剂

sound field ~ 声场不均匀度

O

oakum 麻絮〔丝〕，填絮

oar ①桨（状物），橹，翼②桨船③划手

obeli obelus 的复数

obelisk ①方尖塔,尖柱②剑号（文字脚注标记）

obelus 剑号（文字脚注标记）

oberon 控制炸弹的雷达系统

object ①物体，实物，物品，事物②目标，目的③对象，客观④项目，科目，课程⑤反对，对立，不赞成，抗议

alias ~ 别名实体

geometric(al) ~ 几何对象

ground ~ 地面目标

group ~ 组实体

managed ~ 受管对象

metameric ~ 条件等色物体

primitive ~ 基本物体（虚拟现实中的）

strong ~ 强对比度景物

visibility ~ 能见度目标物

object-glass 物镜

objection ①反对，不承认，异议②缺陷，缺点，妨碍，障碍

objectionable 有异议的，不适宜的，不好的，不能采用的，有害的

objective ①物镜②目的，目标，对象③客观的，真实的，实体的，物体的

achromatic ~ 消色差物镜

anastigmatic ~ 消像散物镜

aplanatic ~ 消球差物镜

apochromatic ~ 复消色差物镜，消多色差物镜

catadioptric ~ 折反射物镜

compatibility ~ 兼容性目标

dry ~ 干物镜

high-power ~ 高倍物镜，强光物镜

immersion ~ 浸液物镜，浸没物镜

linear ~ 线性目标函数

managed ~ 管理目标

micro ~ 显微（镜）物镜，小型物镜

multiple ~ 多重目标函数

noise ~ 噪声标限

photogrphic ~ 照相物镜

plan apochromatic ~ 平场复消色差物镜

poly-lens ~ 多透镜物镜

projection ~ 投影物镜，放映物镜

relay ~ 换向物镜

three-lens ~ 三透镜物镜

objec(tive)-micrometer 物镜测微计

object-lense 物镜

object-line 轮廓〔外形，等高，外围，地形〕线

object-oriented 面向对象的

object-plate 检镜片

object-staff （测量的）准尺

oblate 扁球状的，扁圆的

oblateness 扁圆形，扁球，扁率

obligation 义务，职责，责任，契约，证书，债务

obligatory ①约束的，受限制的②要求的，必须履行的，义不容辞的

oblique ①斜的，歪的，斜交的，不垂直的②间接的③倾斜④歪曲

oblique-magnetization 斜向磁化

obliqueness ①倾斜，不正，歪斜②斜度，斜角，倾度③歪曲

obliterate ①清除，消除，除去，消灭，擦去，涂掉，删去②平整，轧光③磨损，破裂，擦伤

obliteration 磨损

oblong ①长方形的，伸（拉）长的②椭圆形的

obscuration 模糊，阴暗

obscure ①模糊的，含糊的，不可视的，不清楚的，暗的，不著名的，无名的②遮蔽，弄暗，阴暗

observability 可观察性，能观察性

observable ①可观察到的，可探测到的②值得注意的，显著的③应该遵守的④可观察量〔事物〕，观察符号，现象

observance 遵守，惯例，习惯，仪式

observation ①观察，检查，监视，注视，观察，探测，测量②遵守，执行，实行③实验④（pl.）观测值，观测结果，观察报告

aerological ~ 高空气象观测

casual ~ 随机观测

equal ~ 等精度测量

fictitious ~ 虚拟观测

konoscopic ~ 会聚偏振光对晶面两次折射特性的观测

mass ~ 大量观测

nonreciprocal ~ 单向观测

reciprocal ~ 对向观测
redundant ~ 多余观测
simultaneous ~ 同步观测
stereoscopic ~ 立体像观察（法）
tuft ~ 丝线法观察流谱
visual ~ 目观测，目测法，外部观察，直观研究法
weighted ~ 加权观察

observator 观察器，观测器

observatory 观察所，观测〔天文，望，气象，观象〕台
astronomical ~ 天文台
chronometric ~ 测时天文台
magnetic ~ 地磁观测所
Royal Greenwich ~ 格林尼治皇家天文台

observe ①观察，观测，监视，侦察，注视②遵守③评述④举行⑤看到，知道

observer ①观察员，评论员，观测员②见证人，旁观者，目击者③遵守者④观察器，观测器
automatic ~ 自动观测（记录）仪
dual state ~ 双重状态观测器
plot ~ 测绘员
state ~ 状态观测器

obsidian 黑曜岩

obsolescence ①废弃，退化②不合时宜，快要过时，陈旧，逐渐废弃
~ free 长时适用的

obsolescent 逐渐要废弃的，已经废弃的

obsolete ①废弃的，已废的②陈旧的，旧的，过时的③退化的④失去时效的，不能用的

obstacle ①障碍（物），阻碍，妨碍，干扰②雷达目标
auto avoiding ~ 自主避开障碍物(机器人智能)

obstruction ①妨碍，阻碍，干扰②阻塞，遮断③障碍（物）
regular line ~ 班线阻滞

obstructive 阻碍（的），妨碍（的），障碍（物），引起阻塞的

obtain ①获得，得到，达到②存在③流行，通行

obtend 对照，对立，反对，对比

obturate ①紧塞，气密②闭塞，塞住（……的）孔

obturation 闭塞，紧塞，气密

obturator 阀片，疏水阀，紧塞具，气密装置，密封装置，填充体，障塞器，封闭体，塞子

obtuse ①钝边，钝角②钝的，（感觉）迟钝的，钝角的③不快的，圆头的④抑制（声音）

obverse 正面

obversion 翻转，回转，转换，转弯，将表面反过来

obviate 排除，免除，消除，避免，事前预防

obvious 明显的，明白的，显著的，清楚的，显而易见的

occasion ①时机，机会，场合②近因，原因，理由，根据③时刻④需要，必要⑤（pl.）事物
paging ~ （通信）调页时机

occasional 偶然的，临时的，非经常的，不多的

occlude ①封闭，关闭，锁住，埋住，阻塞，遮断②吸收，吸留，吸气，回收③保持，包藏，夹杂，咬合

occluder 限光器，光线限制器

occlusion ①闭锁，关闭，封闭，闭塞，阻塞②断气，停气③吸收，吸附作用，吸气作用，保持，咬合④夹杂物
slag ~ 夹渣

occult ①秘密的，看不见的②隐藏，变暗

occupancy 占有率，占用，居住（期间）
storage ~ 存储器占有率

occupation ①从事②占有〔用，据，领〕（期间）③职业，专业，商务，业务，（经常，永久性的）工作

occur 发生，出现，存在，被想起

occurrence ①存在，发生，出现，出现率，具体值（数据库中的）②事故，事件，情况，现象，机会③传播，扩张，分布
indication-defining ~ 指示定义性出现
operator-defined ~ 算符定义性出现
oscillatory ~ 振荡现象
random ~ 随机〔偶然〕事件
record ~ 记录具体值
set ~ 集〔具体〕值

oceaneering 海洋工程

ocean-going （行驶）远洋的

oceanic ①大洋的，海洋〔产〕的，（汪洋）大海的②（pl.）海洋工程学

oceanography 海洋学

oceanology 海洋开发技术

ocher 赭石，赭黄色
Dutch ~ 铬黄及白垩

ochre =ocher

ocpan 锡基白合金（w（Sn）80% ~ 90%，w（Sb）10% ~ 15%，w（Cu）2% ~ 5%，w（Pb）< 0.25%）

octadentate 八齿，八合

octadic ①八进位制的，八价的②八个一组的

octagon ①八角②八角形（的），八边形（的）
octahedral 八面的，八面体的
octahedrite 锐钛矿（TiO_2），八角形二氧化钛晶体
octahedron （正）八面体
octal 八面〔边，角，进制〕的
binary ~ 二 - 八进制
binary-coded ~ 二 - 八进制的，二进制编码 - 八进制的
octane （正）辛烷，辛烷值
octangular 八角的
Octanium 欧克达合金（*w*（Co）40%，*w*（Cr）20%，*w*（Ni）15.5%，*w*（Fe）15%，*w*（Mo）7%，*w*（Mn）2%）
octant 八分体〔区〕，八分圆（圆周的八分之一），八分仪（具有 45° 臂，90° 范围，与六分仪相似）
octantal （航海）八分仪误差
~ in form 八分误差（测向器的）
octapole 八极
octarius 八分之一加仑
octastyle 八柱式
octavalent 八价的
octave 八（音）度，倍频程（八度）
octavo 八开（本，纸，大小）
octet(te) ①八位二进制数字，八位二进信息，八位位组②八角体，八偶体，八重峰
octivalent 八价的
octode 八极管
octodenary 十八进制的
octonal ①八进制的，八进位（数）的②倍频
octopod 八腿机器人
octopole 八极（的），八极装置
octovalence 八价
octuple 八倍〔重，维，路〕的
octupole 八极（的）
ocular ①目镜②目镜的，视觉（上）的，眼见的
achromatic ~ 消色差目镜
compensation ~ 补偿目镜
diverging ~ 散光目镜
goniometer ~ 测角目镜
graduated ~ 分度目镜
helioscopic ~ （天文）回照目镜
micrometer ~ 测微目镜，接目测微计
negative ~ 内焦点目镜
orthoscopic ~ 消畸变目镜
positive ~ 外焦点目镜
template ~ 轮廓目镜
widefield ~ 广视场目镜
working ~ 观察目镜
oculated 黑子的，斑点的
odd ①奇数的，单数的，单个的②多余的，过量的，剩余的③附加的，临时的，零散的，补充的，额外的④奇怪的，不平的，偶然的⑤不完全的，无配对的，不固定的
test ~ 奇次谐波测试
TST ~ 奇次谐波测试
odd-even 奇偶的
oddment ①库存物，库存量②残渣剩余物，碎屑，零碎物
oddness ①奇妙，奇异②奇（数）
odd-parity 奇〔负〕字称性，奇同位
odds ①不等式，不均②差别，区别，优势③可能机会，可能性，希望，有利条件④不和，相争
~ and ends 残余，零碎物件，零碎东西
odd-shaped 畸形的
oddside 砂型假箱，半永久胎模，假型
odevity 奇偶性
odex 六腿机器人
odograph ①计长器，里程表，计步器，测距仪，自动计程仪②航线记录器，航程记录仪
odometer 里程表，测距器，速度表，自动计程仪，计步器，轮转计
automobile ~ 车速里程表
digital ~ 数字里程表
radar ~ 雷达车速表
odometry 测程法，测距法
odontograph 画齿规
odontoid 齿形的
odontometer 渐开线齿轮公法线测量仪
odorimeter ①气味计②气味测量计
odo(u)r ①味，气味，香气，臭味②迹象③声誉
oenometer ①酒精定量计②酒度计
oeolotropic 各向异性的
oersted 奥斯特（磁场强度单位）
oerstedmeter ①磁场强度计②奥斯特计
off ①断开，关闭，截止，脱离，隔着②废除，取消，松开，离开③完，掉，去④在外，远离的，离开的，旁的⑤较差的，（可能性）极小的
offal 碎屑，垃圾，废物，废料，次品
off-angle 斜的
off-axis 偏〔离〕轴的
off-balance 不平衡（的），失去平衡（的），倾倒（的）

off-bar 把……挡〔关〕在外面
off-bear 移开，除去，取走，拿去
off-beat ①次要的，临时的②非传统的，不规则的，自由的③弱拍
off-blast 停风
off-bottom （离开炉底）全部溶化
off-center ①偏心，中心错位，中心偏移②不平衡的，不对称的
off-centered 偏离中心的
off-centering ①中心偏移，光栅偏移②偏心（的）
permanent-magnet ~ 永（久）磁铁偏心
off-cut ①切余板〔纸〕，切余钢板，不正常的尺寸，切下之物②尺寸不正常的，大小不标准的，尺寸不标准的
off-cycle 非周期的
off-design 非设计工况，非计算的
off-diagonal 非对角线的，非对角的
off-dimension 尺寸不合格（常指铸件）
off-duty ①备用的，未运行的，未值班的②失职
off-emergency 紧急开关
offending ①不精细的②损坏了的③令人不愉快的
off-energy 损失能量的
offer ①提供，提出，给予，贡献②表示（要），企图③出售，出价④呈现，造成，发生⑤插入，填入，嵌入
package ~ 整批发价
offering ①提出〔议，供〕，给予，贡献，礼物②插入（的），填入（的），嵌入（的）
off-gas 抽气，废气，气态废物
off-ga(u)ge ①非标准的，不合规格的，厚薄不均的，等外的②超差
offgoing 出发的，离开的
offgrade 低级的，等外的，（品位）不合格的，号外的
off-ground 接地中断，停止接地
off-grounded 未接地的，与地断开的
offhand ①自动的，无人管理的②即时（的），事先没有准备（的），事先没有想到（的）
off-heat 废品（钢），熔炼废品，熔炼不合格
off-hook 摘机（数传机处于响应状态）
off-hour 工作时间以外的时间，业余时间
office ①办公室，办事〔管理〕处，营业〔事务〕所，（商）号，公司②局，室，处，科，社，部，政府机关③职务〔位，责〕，任务，机能，公职④（pl.）服务，帮助
central ~ 中央电话局，电话总局，中心局，中心站
drawing ~ 绘图室，设计室
electronic ~ 电子办公室
head ~ 总局〔社，店，公司〕，总行，总机构
home ~ 家庭办公室
load-dispatching ~ （负荷）调度所
magneto central ~ 磁石式电话总局
main ~ 总局〔社，店，公司〕
patent and trademark ~ 专利局
radio center ~ 无线电总局，无线电中央站
receiving ~ 接收站〔台，处，局〕，收报处
regional verification ~ 区域检定所
remote ~ 远端，远端局
repeater ~ 中断站
small ~ /home ~ 小型办公室 / 家庭办公室
tandem ~ 中继电话站，中继局
terminal ~ 终端局
trunk-line ~ 长途电话局，干线局
U.S. Patent Trademark ~ 美国专利数据库
officer 官员，高级职员，办事员，军官，警官，高级船员
budget ~ 会计师
chief executive ~ 最高主管人，总裁，董事长
official ①公职〔务，认〕的，官方的，正式的，法定的②官员，职员，行政人员
offing 视界范围内的远处海面，海面，洋面
off-interval 关闭间隔
off-iron 铸铁废品，等外生铁（成分不合格）
off-key 不正常的，不合适的
offlet 放水管
off-limits ①止步，禁止入内，禁止通行②超出范围的
off-line 离线的，外线〔脱机，脱线〕的，脱离主机单独工作的，不在铁路沿线的
offline 脱机，未联网的
off-lining 脱机处理
off-load 断开负载，甩负载，卸载，减载，卸货，非载荷的
off-loader 卸载机（器）
off-loading ①卸载，减荷②分出负载
off-lying 离开的，偏移的，遥远的
off-melt 废品（指熔炼的成分不合格），废品钢
off-normal 离位的，偏位的，越界的，不正常的
off-on 断开 - 接通，开 - 关
off-path 反常路径（的），不正常通路（的）
off-peak 非峰值的，非最大的，正常的，额定的
off-position ①释放位置，断开位置，关闭状态②不工作状态，开路状态，断电状态，“开路”位置

off-premise 备用设备

off-print ①（书刊中选文的）单行本②翻印，抽印

off-punch ①不定位穿孔②偏穿孔

off-rating 不正常状态，非标准条件，非额定工况，非标准规范，超出额定值

off-ratio （彩色）密度不平衡

off-resonance 非共振，离开共振

off-roader 越野汽车

off-scale 超出受光范围

off-scourings 垃圾，渣滓，废物，废品，污物

offscum 废渣

offset ①错移，静差②偏移（位置，中心），位移，不重合，失调，齿升，相对位置，横距，区距（数据区的）③残留误差，剩余形变，调整偏差，剩余偏差，不均匀性，起步时差④抵消，补偿（值），弥补⑤分支，支管，偏置，支距⑥胶版，透印⑦（底座）阶宽⑧（船体）型值⑨阴阳榫接缝⑩可拆除的，拖挂的，横向移动的

~ of tooth trace 齿线的偏移量

axle ~ 轴偏移〔置〕

below-center ~ （偏轴齿轮的）下偏置

blank ~ 垂直轮位

carrier-frequency ~ 载频偏置

double ~ ①双效补偿，双效抵消②二级起步时差③双偏置④双支距（测量），双灯插管，双偏置管

double jump ~ 双齿组齿升量

frequency ~ 频率偏置

in-line ~ 离开排列

null ~ 零点偏移

oilcollision ~ 碰撞偏置

pipe ~ 乙字形连接管

precision ~ （载频）精确偏置

quarter-line ~ 四分之一行频间置

scheduled frequency ~ 规定频率差度

segmentation ~ 分段偏置

single ~ 一级起步时差

spring ~ 单边弹簧〔弹簧偏置〕式（换向阀）

tangent ~ ①切线支距，切线垂距②切线偏移（量）

target ~ 对目标偏移的校正

wedge-type ~ 楔形齿升量

zero ~ 零点偏移，零点漂移

offsetting ①支距测法，偏置法②偏位，偏移，补偿，位移，斜率，倾斜③离心率，偏心距④不均匀性⑤抵消

offside 对侧，后面，反面

off-size 尺寸不合适，非规定尺寸，等外品

off-smelting 熔炼废品，熔炼不合格

off-specification 不合格的，号外的

offspeed 转速偏离

offspring 二次粒子，次级粒子，产物，结果

off-square 脱方（轧件缺陷），经纬缩率差（纺织）

off-standard （不合）标准的

off-state ①截止态②断（开状）态（的），熄火状态（的）③断电状态

off-sulphur 去硫的

offtake ①取〔减，夺，耗，移〕去，扣除②分接（头），泄水处，排水渠〔管〕，排气管（口），出口，支管，出风道③排出

off-test 未经检验的，未规定条件的

off-the-air-signal 停播信号

off-the-shelf ①现成的，准备好的，成品的，制成的，预制的②畅销的，流行的

off-time 非正常状态，不正常时间，停止〔间隙，停机，断开〕时间

offtrack 偏离磁道〔磁迹〕，出线，出轨

off-tube ①闭锁管，断开管②带有断开电子管的

off-tune 失调〔谐〕式的

off-white ①（近于）纯白的，灰白色的，米黄色的②缺白，着色

oft-repeated 多次重复的

Ogalloy 奥格多孔轴承合金，（w（Cu）85% ~ 90%，w（Sn）8.5% ~ 10%，石墨 0% ~ 2%），含油轴承

ogee 双弯曲线（的），S 形（的，曲线，嵌线）

ogival 卵形的，蛋形的，尖拱的

ogive ①尖顶部②拱形体，卵形体〔部，线〕，头部尖拱③齿拱顶（尖顶圆弧齿形的齿顶）

false ~ 整流罩，风帽

ohm 欧姆（电阻单位，符号为 Ω）

acoustic ~ 声欧（0.1 Pa 的声压产生 1 cm^3/s 的体积速度时，声力阻抗为 1 声欧）

BA ~ （=British Association ohm）英制欧姆（1 英制欧姆 =0.987 Ω）

Congress ~ 法定欧姆

international ~ 国际欧姆（1 国际欧姆 =1.000 495 Ω）

mechanical ~ （力阻抗单位）力欧姆

reciprocal ~ 欧姆的倒数，姆欧（mho）即西门子

true ~ 电磁制欧姆，实际欧姆

ohma 欧马（1861 年提出的电势实用单位的最早名称）

ohmad 欧马德（旧的电阻实用单位，1881 年由欧姆代替）

ohmage 欧姆电阻〔阻抗，数〕

ohmal 铜镍锰合金（*w*（Cu）87.5%，*w*（Mn）9%，*w*（Ni）3.5%）

ohmer 欧姆表，欧姆计，（直读式）电阻〔欧姆〕表

ohmic 欧姆的，电阻性的

ohmmeter 电阻表，欧姆计，欧姆表

digital ~ 数字欧姆表

magneto ~ 永磁电阻表，摇表，永磁发电机式欧姆表

ohm-meter 欧姆米（电阻率的单位 Ω · m）

ohm-metre =ohm-meter

oil ①油，润滑油，机油，石油②加油，上油，润滑

abies ~ 松节油，松香油

admiralty fuel ~ 船舶燃料油

aero ~ 航空润滑油，航空油

air-set ~ 常温凝固油

alkyl naphthenate ~ 烷基环烷油（耐寒性精密机机油）

alloyed ~ 掺合油，添加植〔动〕物油的润滑油

ambutte-seed ~ 黄葵油

annealing ~ 退火油

artificial ~ 合成油

astral ~ 星〔煤，灯〕油，变质精制石油

automobile ~ 车用润滑油

automotive gas ~ 汽车用粗柴油

base ~ 基础油，原油

batch ~ 翻砂〔铸造，制造绳缆〕用油

black mineral ~ 重〔燃料，重矿物〕油

blasting ~ 硝化甘油，炸油

bleach ~ 无色润滑油，漂白油

bloomless ~ 不起霜润滑油

blue ~ 蓝油，从重页岩油或地蜡制得的润滑油

bobbin ~ 锭子油

bodied ~ 聚合油，叠合润滑油

boiled ~ 熟（炼）〔干性，清〕油

boiler ~ 石油锅炉燃料，重〔燃料，残渣〕油

brake ~ 制动油，制动液

branded ~ 优质油

break-in ~ 跑合用油，试转用油，磨合油（新设备试转磨合用的高性能润滑油）

bright quenching ~ 光亮淬火油

brockie ~ 陶瓷业用润滑油

bubbly ~ 多泡油

buffing ~ 磨光油，磨革油

bunker ~ 船用（燃料）油，重油

bunker A ~ A 级重油

burning ~ 煤油，灯油

cameline ~ 亚麻籽油

carbolic ~ 酚油

casting ~ 铸件油，铸芯油

castor ~ 蓖麻油

chill ~ 激冷油（冷铁涂料）

China wood ~ 桐油

churning ~ 混合油

clean ~ 轻质油，新油，未加裂化油的油料，无添加剂润滑油，透明油，（pl.）轻质石油产品（汽油，煤油，馏出燃料）

coal ~ 煤焦油

cold test ~ 耐冷油（冷凝试验用油）

cold-settled cylinder ~ 低温沉降气缸油（在低温沉降中脱过蜡的馏出油制成的气缸油）

colza ~ 菜籽油（拔丝润滑剂）

condenser ~ 电容器油

corrected ~ 合格油

corrosion-inhibitive ~ 防腐油，防锈油

cracked fuel ~ 裂化重油

crude ~ 原油

cut-back ~ 稀释油

cutting ~ 切削液

dead ~ 重油，（蒸馏石油的）残油

denuded ~ 去垢油，解吸油

dielectric ~ 介电〔绝缘，变压器〕油

diesel ~ 柴油，狄塞尔油

diester ~ 由二元酸酯合成的润滑油

diluted soluble ~ 稀释乳化油，稀释溶性油

doped ~ ①防爆润滑油②含添加剂的油

driver's ~ 采矿工用油，煤矿井用低黏度油

drying ~ 干性油，快干油，干燥剂

ductile base ~ 优等延性油，黏性（铺）路油

dust-laying ~ 防尘油

dynamo ~ 电机油

earth ~ 石油，地沥青

electric ~ 绝缘油，变压器油

electrion ~ 高压放电润滑油

emoline ~ 艾摩林（低黏度）油

emulsifiable ~ 可乳化的油

engine solar ~ 发动机太阳油，柴油机燃料，粗柴油

EP gear ~ 极压齿轮油

fatty cutting ~ 切削液

fix(ed) ~ 硬化〔脂肪，非挥发性〕油
fluid ~ 润滑油，液态油
flux ~ 稀释剂，软制油，半柏油
fossil ~ 石油
frankincense ~ 兰丹油
fuel efficient ~ 节约燃油的润滑油，节油机油
furnace ~ 燃料油，锅炉重油，炉用燃油
good ~ 提纯油
governor ~ 调速油
graphited ~ 石墨润滑脂，石墨化的油，含有石墨的油
grease ~ 润滑油，机油
green ~ 绿油（绿色石油馏分），新鲜油，高级石油
grinding ~ 磨削液，研磨液
gummy ~ 胶质油
hard ~ 硬油，铝皂润滑脂
harness ~ 皮革（润滑）油
harvester ~ 农业机械用润滑油
heat-bodied ~ 聚合油，叠合油，重油，厚油
heavy ~ 重油，原油，重柴油，高黏度油，杂酚油
heavy-duty ~ 重型油，重型发动机油，苛刻操作条件下用油（含 4% 的各种添加剂）
high-flash ~ 高闪点油
hydraulic ~ 高压油
hydrocarbon ~ 烃油（矿物润滑油）
illuminating ~ 灯油
immersion ~ （显微镜用的）浸油
inhibited ~ 阻化油
lacquer ~ 喷漆（用）油
light gas ~ 轻粗柴油，轻瓦斯油，轻汽油
light slushing ~ 铸模用润滑油
lignite tar ~ 煤焦油
livered ~ 硬化油
lock ~ 原油
locomotive ~ 气缸油
long ~ 长油（的，度）
loom ~ 织机油，重锭子油
lube ~ 润滑油
lubricating ~ 润滑油，润滑脂
make-up ~ ①配制油，补给油②补充润滑油，添加润滑油
martempering ~ 分级淬火用油
mineral ~ 矿物油，石油，液体石蜡
mineral seal ~ 重质灯油
mobile ~ 机器油，流性油，内燃机润滑油，发动机润滑油
mother ~ 原油
motor ~ ①（电动机）润滑油②（发动机）燃料油
mo(u)ld ~ 脱模油
neat ~ 纯净油，不渗水油
new concept engine ~ 新概念润滑油（化学合成润滑油）
noncongealable ~ 防冻油，抗冻油
non-fluid ~ 油脂，厚质机油，润滑油
offset ~ 印刷油
pale ~ 浅色润滑油，苍色油
passivated ~ （变压器）耐用油，耐氧化油
petrolatum ~ 矿脂，凡士林
phenol ~ 苯酚润滑油
pickling ~ 缓蚀油
pilot ~ 操纵油，调节油，控制油
pocketed ~ 困油
polyethylene ~ 聚乙烯润滑油
polymerized ~ 聚合油
preservative engine ~ 防护机器油
primary ~ ①初级油，原（煤）油②一次油
priming ~ 透层油
putty ~ 油灰油
range ~ ①重煤油②炉灶用油
rape ~ 菜籽油（用于润滑、钢的热处理和食用）
raw ~ 原料油，粗制油，未精制的油料
red ~ ①（中性）红油②油酸，十八烯酸
reduced fuel ~ 锅炉燃料油，（重质）重油
refiltered ~ ①再度过滤的油，（用过滤法）回收油②再生油
refined ~ 精制〔炼〕油
refuse ~ 不合标准的润滑油，废油
residual ~ 重油，石油残渣
resin-free ~ 无树脂物的润滑油，不含树脂的润滑油
rock ~ 石油
roily ~ 污油，乳化油
rolling ~ 冷轧润滑油，轧辊表面润滑用乳化液
running-in ~ 磨合油
rust preventive ~ 缓蚀油
scavenge ~ ①废油②（轴承）回油
sensitive ~ 脉冲油
shale ~ 页岩油
short ~ 聚合程度不大的油，短油
siccative ~ 干性油
silicon ~ 硅油

silicone ~ 硅（氧）油
slab ~ 胶块油，白色矿物油
slide ~ 润滑油，黑色润滑剂（闪点为282℃）
slushing ~ ①抗蚀油②涂油
smooth ~ 研磨用润滑油
solid ~ 润滑脂
solidified ~ ①固化油②氧化油
soluble ~ 乳化液，切削液
sour ~ 酸性油，含硫轻油，未中和油
spindle ~ 锭子油，主轴润滑油
stand ~ 熟油
steel-hardening ~ 钢材淬火油
stitching ~ 滚压油，缝纫机油
stripping ~ 洗涤油
subzero ~ 低温润滑油
sunned ~ 润滑油
superquench ~ 特质淬火油（临界冷却速度快的），高级淬火油
sweet ~ 无硫油
tailor-made ~ 精炼油
tall ~ 妥尔油（亚硫酸盐纸浆制造过程中产生的一种树脂状可皂化的油状液体，可用于制 造肥皂、清漆等）
tar ~ 煤焦油，煤馏油
tempered ~ ①轴承表面防护油膜②调合油
tempering ~ 回火油
thick ~ 重〔厚，稠〕油
thin ~ 轻油，稀油
transmission ~ ①变速器油，传动油②汽车传动油
tung ~ 桐〔快干，干性〕油
turbine ~ 透平油
univis ~ 乌尼维斯油（含有提高黏度指数添加剂的润滑油）
vacuum ~ 真空油
very-high-pressure ~ 极压润滑油
viscous ~ 黏性油
voltol ~ 电聚合油，高电压油
winter ~ 耐冻（低凝点）油，冬季润滑油
wood ~ 桐油

oil-bath 油浴（锅），油槽
oil-bearing 载油的，含油的
oil-can （加）油壶，运油车
oilcloth 油布
oil-coat 油布
oil-core 油泥芯
oildag 石墨膏，石墨润滑剂，胶体石墨，石墨润滑油（导电敷层材料）
oiled ①上油的，油浸的，涂油的，加油的②（油）润滑的③油化的，化成油状的④浇（拌）了沥青的
oiler ①油井②加油器，油壶，油杯，注油器③油船，加油船，涂油机④狄塞尔发动机⑤加油工，润滑工

banjo ~ 长油嘴加油器，长嘴油壶，伸长管加油器
chain ~ 链式加油器
collar ~ 环形注油器，加油环
dip ~ 滴油器
drop-feed ~ 滴油器，点滴注油器
fountain ~ 自动注油器
independent ~ 润滑油环，自加油器
multiple-wick ~ 多点润滑器
push-bottom ~ 按底式油壶，按底式润滑器，薄膜润滑器
sight-feed ~ 可视滴油润滑器
siphon wick-feed ~ 虹吸油芯注油器
stock ~ ①板料润滑装置，座架加油装置②（纺织厂用除尘油的）涂油装置
thermal drop-feed ~ 热差点滴加油器

oil-filled 充油的，油浸的
oil-film 油膜
oil-filter 机油过滤器
oil-fired ①用液体燃料发动的②燃油的
oil-free 无油的
oil-gas 石油气
oilgear ①液压传动装置②甩油齿轮，润滑齿轮
oil-holder 润滑器，注油器，油杯
oil-hole ①油孔②油位表
oil-hydraulic 液压的，油压的
oil-immersed 油浸（没）的
oil-impregnated 油浸渍的，浸过油的
oil-in 油入口，进油口
oiliness ①油性，润滑性②油质
oiling 涂〔加，注〕油，润滑，加油法

cascade ~ 环给油，油环润滑，梯流润滑
constant circulating ~ 等速环流润滑
flood ~ 压力〔油箱，飞溅〕润滑
intermittent ~ 间歇加油法，间断油润滑

oil-in-water 油在水中弥散，水包油
oilite 含油轴承合金，石墨青铜轴承合金

super ~ 多孔铁铜合金（w(Fe)75%，w(Cu)25%）

oillet 孔眼，视孔
oil-limiter 限油器
oil-line 油道〔路，管〕

oilostatic ①油压的②液压的
oil-out 出油口
oil-overflow 充满油的
oil-plant 炼油厂
oil-proof 防〔不透，耐，不漏〕油的，油密的
oil-relay 油动机，油继电器
oil-seal 油封
oil-sealed 油封的
oil-skin ①油布，防水布②（pl.）一套防水衣
oil-soluble 油溶的，可溶于油的
oilstone 油石
oil-tank 油箱
oil-tanker 油轮，运油车
oil-tight 不透油的，不漏油的，油封的
oil-transferring 石油输送
oil-trap 捕油器，集油槽
oil-way 润滑油槽，油路，加油孔
oily ①（含）油的，多油的，油性的，油质的②加油润滑的，涂有油的
Oker 铸造改良黄铜（*w*（Cu）72%，*w*（Zn）24.5%，*w*（Fe）2.32%，*w*（Pb）1.1%）
Oldsmoloy 铜镍锌合金（*w*（Cu）45%，*w*（Zn）39%，*w*（Ni）14%，*w*（Sn）2%）
oleaginous ①润滑的，含油的，多脂肪的，油质的②产油的
oleaginousness 含油量
olefine （链）烯烃，烯烃族
oleiferous 油性的，含油的，润滑的
olein 油精，三油精，（甘油三）油酸脂，（三）油酸甘油酯
  tallow ~ 牛油软脂
oleo-damper 液压缓冲器
oleometer 量油〔油密度，验油〕计
oleophilic 亲油的
oleophobic 疏油的
oleorefractometer 油折射计
oleoresin 含油树脂，含油松脂
oleosol ①润滑脂②油溶胶
oleo-strut 油压缓冲装置
olfactometer 嗅觉计
olfactronics 嗅觉电子学
oligodynamic 微动力的
oligodynamics 微动作用，微动力学
oligomer 寡聚物，低聚物，齐聚物
oliver 脚踏铁锤
olivin(e) 橄榄石，橄榄油石（宝石的一种）
O-man （=overhead manipulator）万能机械手，架空式机械手
ombrometer 雨量计
  radio robot ~ 无线电自动遥控雨量计
ombroscope 报雨器
omega ①希腊字母的末尾一字（Ω，ω）②最终，结论③奥米伽远程导航系统
omegatron ①高频质谱仪，回旋高频质谱计，奥米伽器（高频质谱仪）②真空管余气测量仪
omission 省略，忽略，删除，遗漏，忘记
omit 省略，遗漏
omitted 省略了的，省去的
omni 〈拉〉全，全部，总，遍
omnibearing 全方位（的），全向（导航）的
omnibus ①公共汽车②总括的，混合的，多项〔用〕的，公用的
omnidirectional 全向的，无定向的
omnidistance 全程，至无线电信标（测得）的距离
omnifont 全字体
omniforce 全向力
omnigraph （发送电报电码的）自动拍发器，缩图器
omnimate 简化的自动生产设备
omnimeter 全向经纬仪
omninet 全向网
omniplane 垂直起落飞机
omnirange ①全程，全方向，全向（无线电）信标②全向导航台，短距离定向设备
  visual ~ 光学显示全向无线电信标
omnitenna 全向天线
omnitron 全能加速器
omnium 总额，全部
omnium-gatherum 混合物〔剂，气〕，杂凑
omphalos 中心点，中枢
omtimeter 高精度光学比较仪
on
  log ~ 注册，登录；进入系统
  rolling ~ 穿轧
on-and-off 时通时断
on-axis 同轴的
once-forbidden 一次禁戒的
once-through 直流的，直通的，单向流动的，单流程的，一次（操作，通过，完成）的
ondograph 高频示波器，电容式波形记录器
ondometer ①波长计，波形测量器②频率计
  acoustics ~ 声学式测波仪
  electric contact ~ 电接触式测波仪
  gravity type ~ 重力式测波仪
  pressure type ~ 压力式测波仪

ondoscope 辉光管振荡指示器，示波器
ondulateur 时号自记仪
ondulation 波浪式振荡，波动
mains ~ 电源（电压）波动
one 一，一个，单独，同一的，同样的，完整的，唯一的
binary ~ 二进制的“1”
square ~ 起点，同等情况
one-address 单地址（的）
one-course 单层的
one-cylinder 单缸的
one-dimensional 一元的，单因次的，线性的，单维的，单向的
one-eighty 180° 的，180° 转弯的
one-jet 单喷嘴〔喷口，射流〕的
one-kick 单次的，一次有效的
Onemack 奥涅马克剑式无梭织机
onemeter 组合式毫伏安计
on-engine 随机的
one-parameter 单参数的
one-pass ①一次进给（切削）②一次通过
one-phase 单相的
one-piece 整体的，不可分开的，单片的
one-piece-forged 整锻的
one-screen 双驼峰砂（砂粒集中在相隔一个筛号的两个筛号上）
one-seater 单座汽车，单座飞机
oneset 整体的
one-setting 一次调整
one-shot ①一次通过（编程序），一次起动②单镜头拍摄（电视摄像机）③冲息，单脉冲，单冲④一次完成的，一次使用（的），只有一次的
one-sided 单侧的，片面的，单向的
one-size 同样大小的，同粒度的，均一尺寸的，等大的
one-stroke 单行程，一次行程
one-to-one 一对一（的）
one-way ①单向〔行，程，路，面〕（的）②单向通信
on-fibers 给光型纤维
onflow ①支流，洪流②流入，供气
on-ga(u)ge 标准的，合格的，符合公差的
on-impedance 开态〔接通，动态〕阻抗
on-interval 接通间隔
onlay ①盖板，接合板，贴胶②修整，最后加工，修饰，离嵌体
on-line ①在线，联机，联运，直接②联机〔线，用〕的，在线的，线内的，主机控制的③与主机连在一起工作的④并机，并入电网
central file ~ 主文件联机，中心文件联机
debug ~ 调整联机，联机程序的调整
vary ~ 使联机
on-load ①装〔加，负〕载②带负载〔荷〕的
on-log 注册，登录，首次联入计算机
only 唯一的
came ~ 单镜头照相机
on-mike 靠近话筒，正在送话
on-off ①开关（的），离合（的），时断时续的②双位的③通 - 断，起 - 停④联机 - 脱机
log ~ 请求联机 / 脱机
on-peak 峰尖值的，最大的，最高的
on-period 接通时期，工作〔制动，通电〕状态
on-position 接通〔接入，动作，闭合〕位置，工作〔合闸，通电，制动〕状态
on-resistance 导通阻值
onset ①开始，发动②攻击，动手，发作
on-state ①开态，通电状态②接通时的，（处于）接通（状态下）的
on(-)stream ①投产，进行生产②在流程中，在运转中
on-switch 起动开关
on-target 目标照准（指示器），目标上的
Ontario 铬合金工具钢（w（C）1.48%，w（Cr）11.58%，w（V）0.29%，w（Mo）0.75%，w（Mn）0.29%，w（Si）0.34%）
on-the-air ①正在发射（电波的）②正在播音，正在广播
on-time 工作时间，接通持续时间
ooze ①渗〔滴，漏〕出，分泌②分泌物，渗出物
opacifier 遮光〔不透明，不透光〕剂
opacimeter ①暗度计，光密度计，透明度测定仪，浊度计②显像密度计，黑度计
opacity 不透明性，不透明度，遮光性，暗度，浑浊度，蔽光性
exhaust gas ~ 排气烟度
opal ①蛋白石，乳白色玻璃②乳白的
opalescence 乳（白）光
opalescent 发乳白色光的
opaque ①不透明的，无光泽（的），不透光的②迟钝的，晦暗的③不传导的（对电，热等）④遮光涂料，黑暗
opaqueness ①不透（明）性〔度〕②蔽光性，浑浊度
open ①开的，张开的，断路（的），多孔的，有空隙的，疏松的②切断，断开，开启，开放，

开始③泄露，解释，说明，表示④断路，开路，⑤室外，空地，露天
air to ~ 通气
all-port ~ 中立开口阀，全部油口打开
bond ~ 焊缝裂开，焊接断开，耦合断开
fail ~ 出故障时自动打开
flow to ~ 流开
gate ~ 门通
lock ~ 闭锁在断开状态中（电力开关）
normal ~ 常开（阀），常通（阀）
running ~ 空转，空运行
throttle full ~ 全节流
open-air 户外〔露天，野外〕的，开启式
opencast 露天矿
open-delta 开口三角形（联结），V 形（联结）
OpenDoc OpenDoc 接口（一种软件部件技术）
opened 断开的，开路的
open-end(ed) ①开端的，开环终端的，开放的，开口的②无底的，无限制的，无终止的，可扩充的，③固定的④开口端
opener ①扳直机，直弯机②开罐头器，（瓶塞）开启工具，开沟器，开松机，开启机构
cocoon ~ 开茧机
cot ~ 松毛机
double ~ 复式开棉机
drum ~ 圆筒开棉机
jute ~ 黄麻开包机
photoelectric door ~ 光电开门器
root ~ 麻根开松机（用于黄麻）
scroll ~ 蜗杆式开幅器，螺旋开布机
spring ~ 开簧器
throttle ~ （化油器）节气门开启器
tow ~ 短麻开松机
wool ~ 开毛机
open-flux-path 开磁路
open-grained 粗粒的，粗晶的
open-grid 自由栅，悬栅
opening ①开口，缝隙，通路，口径，开度，窗孔，孔口，穴②切断，断开，开放，开始，跳闸③辊缝，掀板④空地
~ between rolls 轧辊间距离
~ of cock 旋塞开度，管塞口
~ of jaws 卡盘卡爪张开量
~ of tuyere 风口，喷口，吹风管嘴
access ~ 检查孔，检修孔，检查口
admission ~ 进气孔，进汽孔
air exhaust ~ 排气口
air supply ~ 进气口
center ~ 中心孔
charging ~ 装料门，加料口
clear ~ 净孔〔空，宽〕，有效截面（涵管等的）
commutator access ~ 换向器视察窗
daylight ~ 压板间距（压机的）
die block ~ 凹模洞口，弯曲模开口宽度，落料模冲裁刃口部与漏件部的单向间隙
discharge ~ 吐出〔泄水，通风〕口，出料孔，卸料口
drip ~ 出渣口（液态炉）
exhaust ~ 排气口
feed ~ ①加料孔，进料口②排种孔
filler ~ 填充孔，注入口
gate ~ 门的宽度
insertion ~ 插口（缩微）
intake ~ 进风口
iris ~ ①光孔②膜孔
jaw ~ 扳手开度，开口处
joint ~ 缝口，缝隙
lens ~ 透镜孔
lens diaphragm ~ 透镜光阑孔
mask ~ 掩模窗孔
mechanicalness ~ 机械孔径（光阑孔）
mill ~ 轧辊开度
mill roll ~ 辊隙
nozzle ~ 喷油孔，开式喷油嘴的截面
outlet ~ 排出孔
refill ~ 加油口
roll ~ 轧辊开度
root ~ 间隙，（焊缝）根部间隙，焊缝底距
screen ~ 筛孔，筛眼
sieve ~ 筛眼，筛孔
slot ~ ①齿缝开度②（槽口）宽
static ~ 静压测孔
suction ~ 抽风口，吸气口
throat ~ 喉宽，（焊机）悬臂（间）距离
valve ~ 阀孔，阀门通口，阀瓣开度
v-window ~ 井架大门
water table ~ 天车台开孔
wrench ~ 扳手开度
opening-time 断开时间，动作时间
open-jet 开放式喷气式飞机
open-lattice （反应堆）无盒栅格
openness 疏松
open-resonator 开端式谐振腔
open-riser 明冒口
open-routine 开型程序，直接插入程序
open-steel 沸腾钢

openwork 露天开采
operability （可）操作性〔度〕
operable 可操作〔运算，运转〕的，切实可行的，实用的
operameter 运转〔转速，动数〕计，计算轮转的仪器
operand 运算数〔量，域，对象〕，基数，操作数
byte-oriented ~ 按字节的操作数
positional ~ 定位操作数
prefetched ~ 预取数
top ~ 栈顶运算对象
operate ①运行，工作，运转，开动，起动，运用，移动②操纵，控制，操作③运算，计算④动作，起作用⑤完成，引起，决定
operated 开动的，起动的，操作的
remotely ~ 远距离操纵的，遥控的
operating 工作的，运行的，操作的，控制的
equilibrium ~ 稳定运行，均衡运行
Operation 操作(UG NX 数控加工的功能术语。用户设定好各种加工参数后，让计算机（或数控机床）独立完成的加工动作过程。)
operation ①运转〔行，用〕，起动，工作，实施，开采②操作，控制③动作，作业，工序，程序，运算指令，操作指令，行动计划④运算（过程，步骤），计算⑤作用，效果，有效范围⑥作战，飞行，行动计划
~ in storage 库场作业
ambient ~ 环境条件下〔常态下，室温〕操作
array-array ~ 数组 - 数组运算
asynchronous ~ 异步运行
attended ~ 伴随〔维护，连接〕操作
automatic ~ 按钮控制，自动操作
automatic train ~ 列车自动运行（装置）
auxiliary ~ 辅助操作，外部操作，程序修改
batch ~ 批处理
bilevel ~ 双电平工作
bitwise ~ 逐位运算，逐位操作
book-keeping ~ 程序加工运算，内务〔管理〕操作
branch ~ 分路动作（计算机的），分路运算
branching ~ 转移运算，转移操作
byte-oriented ~ 按字节运算，按字节操作
call back ~ 回叫操作
capacity ~ 全容量操作，满载量操作
center ~ 顶尖操作，定中心操作
chained sequential ~ 链锁程序操作
clear ~ 清除操作（计算机的）
closed-circuit ~ 通路操作
closure ~ 闭包运算
coasting ~ 惰力运转
coherent ~ 相干运转（激光器）
cold ~ 低放射性物质的工作，非放射性的工作，冷态运行，低温运行（反应堆）
collation ~ “与”（逻辑运算）
complementary ~ 求补操作，求反操作，求反运算，补码算子，补运算（一种布尔运算）
concatenation ~ 并置运算
concurrent ~ ①并行运算，并行操作②同时操作，同时运算
conditional ~ ①有特种符号的运算②条件运算
constrained current ~ ①强励运行（电机的）②强制励磁
contact-type ~ of explosive forming 直接式爆炸成形
continuous counter-current ~ 连续对流操作
conversational mode ~ 对话式操作
crossband ~ 跨频率的发送与接收
CW ~ （=continuous-wave ~）连续波运转
cycle ~ 循环作业，循环操作
deburring ~ 去飞翅工序
dial system tandem ~ 自动转接控制（自动电话的）
digital ~ 数字运算
digitwise ~ 按位（数字）运算
diplex ~ 同向双工运用
direct-cut ~ 硬切换
directing ~ 控制程序
double-precision ~ 双（倍）精度操作〔运算〕
dual ~ 二元操作，双态操作，二元运算，对偶运算（布尔代数用），双重控制（自动和人工 控制）
duplex ~ 双工工作〔操作，通信〕
dyadic ~ ①双项〔二元，二算子，并失，二操作数〕运算②双运算数操作③双值运算（两个运算对象）
electro-pneumatic ~ 电动 - 气动控制
elementary ~ 基本操作，初等运算
equivalence ~ “同”门操作
evolutionary ~ 渐近操作（法），调优运算
fail-safe ~ 防障运行，安全运行
failure-free ~ 无故障运行，正常运行
false ~ 误动作（保护装置的）
faulty ~ 误操作
filtering ~ （电子计算机的）信息选取，筛选操作

finishing ~ 精整
fixed-cycle ~ 固定周期运算〔操作〕
floating-point ~ 浮点运算
full duplex ~ 同时双向操作
gang tool ~ 刀具组合程序
gathering ~ 积聚工序
global copy ~ 全局复写操作
grouped-frequency ~ 频率组合制
half-duplex ~ ①半双工通信②半双向操作
handling ~ 维护，管理〔服务，装卸〕工作
hands-off ~ 脱手操作
hook ~ 线路中断操作，挂钩操作
hot ~ 高温运行，高温工作，有关高放射性物质的工作
housekeeping ~ ①管理指令，辅助指令，程序加工操作②内务操作
identical ~ 相同运算
illegal ~ 非法操作
imperative ~ 命令性操作，强制性操作
inclusive-OR ~ “或”操作
incorrect ~ 不正确动作，误动作，误操作
indexing ~ 寻址操作
initialization ~ 初值发送运算
in(-)phase ~ 同相运行
instrumental ~ 自动操作
interlace ~ 交错操作
interlocked ~ 联锁操作，互锁操作
intermittent ~ 间歇运行，断续运行，间歇操作
internal ~ 内表面加工
in-time ~ 定时管制法
inverse ~ 逆运算
invertor ~ 逆变器运行
irreversible ~ 不可逆运算，不可逆工作状态
isolated ~ 单独〔不并列，单机〕运行
iterative ~ 迭代操作
job ~ 加工方法
join ~ 联合运算
jump ~ 转移操作
large over-voltage ~ 大过电压运用
linear phase ~ 线性相位特性工作
load negative ~ 存负操作
lock seaming ~ 锁缝操作
logical ~ 逻辑操作，逻辑运算
loop ~ 循环操作
machine elementary ~ 计算机基本操作
machining ~ 机械加工，切削加工
make-break ~ 通断操作
manual ~ 手动操作，人工控制〔接续，操作〕，手工生产
marginal ~ 边缘操作
married ~ ①混合操作②图像伴音相继预选
master ~ 主要工序
master slave ~ 主从运转
matching ~ 匹配运算，配对操作
matrix ~ 矩阵运算
milling ~ 铣削操作
miss ~ ①拒绝动作②误操作，误动作
monadic ~ 单值操作，单值运算，一元运算
multi-mode ~ 多方式操作
multiple ~ 并联运行，平行工作
multiple carrier ~ 多载波运用
multiple sequence ~ 多序操作
multiple turning ~ 多道车削程序
multishift ~ ①同时间进行数种问题的运算②多移位运算
NAND ~ “与非”操作，“与非”运算
neither-NOR ~ “或非”操作
nesting ~ 上〔下〕推操作
no-delay ~ 无延迟接续
no-failure ~ 无故障工作，正常工作
no-load ~ 空负荷运行
noncommutative ~ 非交换操作
non-numerical ~ 非数字操作
nonproductive ~ 辅助操作
nonstop ~ 连续操作
non-vector mathematic ~ 非向量算术运算
NOR ~ “或非”操作，“或非”运算
normalizing ~ 正火处理
NOT ~ “非”操作，变反操作
NOT-AND ~ =NAND ~
NRZ ~ 不归零（制）操作
nulling ~ 零位调整，归零
off-center ~ 偏中心运用，不平衡运行，不对称运行
off-line ~ 脱机操作，独立操作，离线运算
once-through ~ 一次操作，一次运算，单循环
one step ~ 单拍操作（单脉冲或单循环），单步操作
one-at-a-time ~ 时分操作
one-line ~ 联机〔联用，在线，机内〕操作
one-shot ~ ①一次起动操作，单拍操作②单步操作（单脉冲或单循环）
one-time ~ 一次有效利用，只能使用一次
on-off ~ 闭合-断开〔接通-断开，开-关〕操作

out-of-step ~ 失步操作，失步运行
overhead ~ 辅助操作
parallel ~ 并联运行〔工作，运用，运转〕，并行操作，并行处理
peak ~ 最高速运转
pedal ~ 足踏操纵，足踏传动
peripheral ~ 外部（设备）操作，外围操作
phasing ~ 调相运行
pilot ~ 引导操作（开始应用计算机时，人引导计算的操作）
pipeline ~ 流水线运算，流水线操作
power closing ~ 电力接通操作
predepature ~ 发运
prelife ~ （为提高仪器可靠性能）正式使用前的试用操作
preliminary ~ 试行运转，预备操作，试运行，试车
preregister ~ 预信号操纵
pressure ~ 增压运行，微正压运行
primitive ~ 原始操作
privileged ~ 特许操作
production limiting ~ 限制性工序
progressive ~ 连续操作，分级操作
pseudo ~ 伪运算〔操作，指令〕，虚拟操作
pulling ~ ①下拉操作②拉晶操作
pulsed ~ 脉冲状态工作
pusher ~ 补机推送
push-push ~ 同相工作（指 D 盒）
push-to-type ~ ①推键式工作，打键型操作②按钮起动打印操作，按钮操纵的电报操作
random ~ 无规则动作
real time ~ 实时工作，实时运算，快速操作
red-tape ~ ①红带运算②程序修改，辅助操作，内务操作
refloat ~ 打捞工程
remote ~ 遥远操作，远距离操作，遥控
reset ~ 积分作用，积分运算，重调动作
retouching ~ 修改操作，修版
reversible ~ 可逆运转
rupturing ~ 遮断操作，切断操作
scalar-array ~ 标量数组运算
scale ~ 标度操作
secondary sizing ~ 二次定形加工
sequential ~ 时序操作
serial ~ 串行操作，串联工作（信息通过计算机时在某一时间内只用一个通路）
serial-parallel ~ 串 - 并行操作
shaping ~ ①刨削操作，成形操作②整形作用
Sheffer stroke ~ “与非”操作
simultaneous bus ~ 同时总线操作
simultaneous peripheral ~ on-line (spool) 假脱机，并行联机外部操作
single-axial mode ~ （激光器）单轴模式工作
single-shot ~ 单步操作，单拍操作
single-unit ~ 单机牵引
slave ~ 从动运行
sliding pressure ~ 滑压运行
split word ~ 分字段运算
spot sequential ~ 点继（续）运行
stand-off ~ 间接式爆炸成形（用水，空气等）
step-sizing ~ 按顺序筛分
storage ~ 存储操作
straight-cut ~ 纵向切削操作
stroke ~ “与非”操作，加横运算
suction ~ 负压运行
switching ~ 调度工作
synchronous ~ 同步运行
tap-change ~ 分接变操作
TAS ~ 测试与置“1”操作
terminal ~ 集装箱装卸作业操作（的）总称
time averaging ~ 按时间取平均数
time-consuming ~ 费时的操作
time-sharing ~ 分时操作
tool ~ （利用）工具操作
triangulation ~ 三角测量（术）
unary ~ 一元运算，单值运算，一元操作
variable-pressure ~ 变压运行
viewdata ~ 图像数据工作〔控制〕
waterworks ~ 给水系统管理
welding ~ 焊接操作
wet bottom ~ 液态除渣
wet grinding ~ 湿磨操作
working ~ ①工序②工作行程，工作冲程
write ~ 写入操作
yearly ~ （电站）年运行小时数
operational ①使用的，工作的②计算的③运行的，操作（上）的，运算的，运转（用）的
operation-system 操作系统
operative ①工作的，动作的，操作的，运算〔行，转〕的②有效的，现行的
operator ①操作员，技术员，（技术）工人，技师，驾驶员，机务员，装配工，司机，值班人员，操作人员，话务员，报务员②操作机构，伺服机构，执行机构，控制器③算子，算符，运算子，操作符，操作数
active ~ 现役操作符

adjoint ~ 伴（随）算符，伴随运算子
admittence ~ 导纳算子
AND ~ “与”算符，逻辑积算符
apply ~ 应用操作符
assemble ~ 汇编算符
assembler ~ 汇编程序（操作）算符
associate ~ 关联算子
asynchronous ~ 异步算符，异步算子
bearing ~ 方位测定员
biharmonic ~ 双调和算子，重调和算子
bilinear ~ 双线性运算号〔子，符〕
bounded ~ 有界算符
calling apply ~ 调入应用操作符
catenation ~ 连接算符
coboundary ~ 上边缘运算子
coder ~ ①译码算子②译电员
communicating ~ 交换算子
commuting ~ 对易算符，可换算符
complementary ~ 求反算符，补码算符
complex ~ 复数算子
concatenation ~ 并置运算符
conjugate ~ 共轭算子
console ~ （控制台）操作员
curl ~ 旋度算符
current ~ ①电流算符②当前算符
cylinder ~ 活塞式伺服马达，活塞式执行机构
data flow ~ 数据流操作符
decomposable ~ 可分解算子
definite ~ 有定算子
degeneracy ~ 退化算子
derivative ~ 微分算子
diadic ~ 双值算子
difference ~ 差分算子
differential ~ 微分算符，微分算子
displacement ~ 位移算子
door ~ 门的自动开闭装置
enabled ~ 起动算符，起动操作符
exchange ~ 交换算符
exclusive OR ~ “异”算符，“异 - 或”算符
explicit unary ~ 显式一元算符
file ~ 文件运算（操作）符
functional ~ 功能操作符
gradient ~ 梯度算子，梯度运算符
halver ~ （二）等分算子
ideal ~ 理想求值系统
impedance ~ 阻抗算子，阻抗算符
infix ~ 插入算符，中缀运算符
information ~ 查询台话务员
kinematical ~ 运动算子
lathe ~ 车工
machine ~ ①机床工人，计算机操作员②机械算子
majority logic ~ 多数逻辑算符
modal ~ 模态运算子
moment ~ 力矩算符，力矩运算子
monadic ~ ①单一算符，一元算符，一元算子②单值操作
monitor ~ 电台监听员
nilpotent ~ 幂零算子
non-positive ~ 非正算子
normal ~ 正规算子
pneumatic ~ 气动伺服马达，气动执行机构
polarizing ~ 配极运算子
PPI ~ 平面位置显示器雷达操纵员
preclosed ~ 准闭算子
prefix ~ 前置运算符
range ~ 距离测定员，距离操作手，测距器
reactance ~ 电抗算符
real ~ 实际求值系统
real part ~ 实（数）部算子
recorder ~ ①记录工作者，录音员②记录器
regular ~ 正则算子
relational ~ 关系运算子
root ~ 根算符
rotation ~ 转动算符
sash ~ 框格升降器
sequential ~ 顺序运算符，顺序算子
shift ~ 移位算子
singular ~ 奇异算子
skew-symmetric ~ 反对称算子
space-exchange ~ 空间交换算子
stack ~ 栈算子
string ~ 串算符
subscript ~ 下标算符
suffix ~ 后缀算符
symbolic ~ 符号算子
symmetrizing ~ 致对称算符
symmetry ~ 对称性算子
tensor ~ 张量算符
top ~ 栈顶算符
trouble ~ 故障测试员，故障检测员
union ~ 合并操作符
unitary ~ 单式〔保范〕算子，酉〔幺正〕算子
vector ~ 矢算子，向量算符，向量自旋算符
welding ~ 焊工

zero ~ 零算符

operon 操纵子

ophitron ①微波振荡管②奥菲管（周期静电聚焦返波管）

ophthalmo-eikonometer 比像计，光像测定器

ophthalmoscope 眼底镜

opisometer 曲线计，计图器（测量地图等曲线距离的）

op-patenting 织洛老式淬火法

oppose 反对，使…对立

opposed ①对面的，相反的，对置的，反向的②相对的，反对的，对抗的

opposed-piston 对置活塞

opposing ①反作用的，反向的，相反的②对接

series ~ 反向串联

opposite ①对立（的），反向的，对置的，相对的，反相的，对应的，相反（的）②反面，对立面，对立物

opposition ①反接，反相，移相②反作用，对抗，对立，相对，对置③障碍物

in-phase ~ 反相的

phase ~ 反相（位）

oppress 压制（抑，迫），重压

O-probe 含氧量探测器

solid electrolyte ~ 固体电解质（液态金属）含氧量探测器

opsearch （=operational research）运筹学

optic ①镜片（指光学仪器中的透镜、棱镜等）②光（学）的，视觉的

super ~ 超级万能光学测长机

optical ①光（学）的，光导的，旋光的，视觉的②旋光性，旋光度

cross talk ~ （由受抑全反射引起的从一根光纤到相邻一根光纤的）光泄漏，光串扰

optical-erase 光擦除，光消迹

optical-superposition 光学图像叠加（设备）

opticator ①光学扭簧测微仪②（仪表）光学部分

optician 光学家，光学技工，光学仪器制造商

opticity 旋光性，光偏振性

optics 光学，光学器件，光学系统

active ~ 能动光学

adaptive ~ 自校准光学

adiabatic ~ 绝热电子光学系统

beam ~ 束流光学

binary ~ 二元光学

changeable ~ 可置换光学装置

coated ~ 镀膜（加膜）光学，涂敷光学

coherent ~ 相干光学

collimating ~ 平行光学

colo(u)r ~ 颜色光学

cone-channel condenser ~ 圆锥波道聚光器

diffraction ~ 衍射光学

direct imaging ~ 直接成像系统（采用三个氧化铅摄像管和一个分光棱镜）

electron ~ 电子光学

fiber ~ 纤维光学

focus(s)ing ~ 聚焦光学器件

gauss ~ 高斯光学（装置）

geometrical ~ 几何光学

GRIN ~ 梯度折射率光学

high-density electron beam ~ 强流电子光学

hologram ~ 全息摄影光学

image ~ 成像光学

information ~ 信息光学

infrared fiber ~ 红外纤维光学

integrated ~ 集成光学

laser ~ 激光光学

light-gathering ~ 聚光器

magnetron ~ 磁控型电子光学系统

micro ~ 微光学

microwave ~ 微波光学

passive ~ 惰态光学

physical ~ 物理光学

physiological ~ 生理光学

plasma ~ 等离子光学

polarizing ~ 偏振光零件

precision ~ 精密光学装置

projection ~ 投射〔影〕光学（系统）

quantum ~ 量子光学

ramp ~ （电极与电子注互为倾斜的）电子光学系统

receiving ~ 接收光学装置

reflecting ~ 反射光学器件

reflective ~ 反射光学（系统）

refractive ~ 折射光学

short ~ 短电子光学系统

space-charge ~ 考虑空间电荷的电子光学系统

spectroscopic ~ 光谱光学

spherical ~ 球面光学

transient ~ 瞬态光学

woven-fiber ~ 编织纤维光学

zoom ~ 变焦光学器件

optidress 光学修正

optima optimum 的复数

alternate ~ ①交替最优法，交替最佳法②更换优化（条件）

optimal 最佳〔优〕的
optimalize 最佳化，最优化
optimatic 光电式高温计
optimeter ①光学计②光学比较仪，光电比色计
projection ~ 投影式光学比长计
Zeiss ~ （德国）蔡司光学比较仪
optiminimeter 光学测微计
optimisation 优化
design ~ 设计优化
optimization ①最佳化，最优化，优选法②最佳条件〔参数〕选择，最佳条件选配，最佳特性确定
adaptive ~ 自适应最优化
adaptive control ~ 最优适应控制
code ~ 编码优化
constrained ~ 约束优化
dynamic ~ 动态最优化
graphical ~ 图解最优化
least mean-square ~ 最小方均最佳化
online real-line ~ 在线实时优化
peep hole ~ 窥孔优化（技术）
process ~ 过程最佳化，最佳处理，最优处理，过程优化
process sequence and ~ 工艺排序优化
random-perturbation ~ 随机扰动优化
system ~ 系统最优化
trajectory ~ 轨迹优化
optimize ①最佳化，最优化②优选，（使）最恰当，确定…的最佳特性，选择…的最佳条件
optimizer ①最佳化器，最优化器②最佳控制器
disc file ~ 磁盘文件优化程序
record current ~ 记录电流佳化器
optimum ①最佳条件〔方式〕，最优值②最佳的，最适宜的③最优的
alternation ~ 择一最优
global ~ 全局最优值
optinet 光学网络，光学通信网
option ①选择，取舍，任选②选料，选件，选择功能，选择权，任选项，备选样机③（pl.）供选择的附件④随意
backward ~ 反向选择
buffering ~ 缓冲任选
character generation ~ 字符发生选择
configuration ~ 配置选择，构形选择
exclusive ~ 排斥任选
input ~ 输入任选
memory protection ~ 存储保护区
memory scan ~ 存储扫描区
metal ~ 母片金属选择（集成电路制造）
prewired ~ 预配选择（部件）
skip ~ 跳跃任选
stack ~ 栈选择（区）
stream ~ 流选择
unbuffered ~ 无缓冲任选
optional ①任意的，随意的，可选择的，不是必需的，非强制的②任选附件，任选功能
options 选择
configuration ~ （通信协议）配置选择
optiphone 特种信号灯
optoacoustics 光声学
opto-coupler 光耦合器
optoelectronic 光电子的
optoelectronics 光电子学
opto-isolator 光隔离器，遮光器
optomagnetic 光磁的
optometer 测眼仪，视力计
optometry 验光，视力测定
optophone 盲人光电阅读装置，光声器
optotransistor 光电晶体管，光敏晶体管
opto-ultrasonics 光超声学
opt-out 排除，停止
optron 光导发光元件，光电子
optronic 光导发光的
optronics 光电子学
OR “或”门
dot ~ 点“或”
exclusive ~ “异”，按位加“异 - 或”逻辑电路，“异 - 或”运算，不可兼或（数理逻辑）
inclusive ~ “或”（逻辑电路）
wired ~ 线“或”
orang-peel (grab) 多爪的，多瓣的（抓斗）
orb ①球（体），天体，眼珠②轨道③成球形，弄圆④包围
orbed ①球状的，圆的②被包围的
orbicular 球状的，圆的
orbit ①轨道②活动范围③窝，承窝④沿轨道飞行〔运行，旋转〕，围绕作圆周运动，环绕
propeller ~ 推进器轨道
scaling ~ 相似轨道
wire ~ “线”轨道（用载流线模拟的轨道）
orbital ①轨函数（相应于一组确定量子数的状态函数）②轨道的，范围的
orbiter 轨道飞行器〔卫星，火箭〕
orbitron ①弹道式钛泵，轨旋管，轨道管②奥比特朗（电离气压计）

order ①（次，顺，程，秩，有）序，序列②指〔命〕令，指示，规则〔程〕③等级，阶，次，(数量)级，位，序模④种（类），目⑤调配，管理，处理，整理〔顿〕，安排⑥订货〔购，制〕，订货单，汇兑〔寄，票〕⑦工况，状况⑧柱式〔型〕，式样⑨指令计算机

~ of a wave 波级
~ of accuracy 准〔精〕确度
~ of connection 接线〔连接〕顺序
~ of contact 接触密切阶数
~ of diffraction 衍〔绕〕射级
~ of interference ①干涉级②干涉条纹数
~ of magnitude 绝对值的阶，绝对值的大小，数量级
~ of matrix （矩）阵阶
~ of reaction 反应级（数）
~ of reflection 反射级
~ of spectrum 光谱级
~ of units 位数
~ of zeros 零点的重数，零点的阶
absent ~ 缺序
absolute ~ 绝对指令
accept ~ 承兑通知，认可通知单
ascending ~ （由小而大的）递升顺序，升序（排列）
bad ~ 失调
base ~ 基本指令
blocking ~ 阻塞〔闭锁，封闭〕指令
branch ~ 分支〔转移〕指令
break-point ~ （射流）返回指令，连接指令，分割点指令，断点指令
bridging ~ 返回指令，连接指令
calling ~ 发送〔传送，呼叫〕程序
cell change ~ 信元变更指令
chronological ~ 年月日次序，按时间顺序
clearance ~ 断路〔清除〕指令
coded ~ 编码指令
columnar ~ 柱型
composite second ~ 复合二阶项
conditional ~ 条件指令
conditional-stop ~ 条件停机指令
consistent ~ 相容次序，一致序（数）
current ~ 现〔即〕时指令
current transfer ~ 现行转移指令
delivery ~ 提货单，栈单
derivate ~ 导数的阶
descending ~ （由大而小的）递降顺序
discriminating ~ 判别指令
dummy ~ 假指令，伪指令
execution ~ of node 节点执行次序
expanded ~ 伪指令
exponential ~ 指数阶
extra ~ 附加位，附加指令
extra pseudo ~ 附加〔外加，补充〕假指令
firing ~ 发火次序，点火次序〔指令〕
first ~ 一次〔等，阶〕，原序，初指令
first ~ of solution 第一次近似解
fractional ~ 分数阶
fringe ~ （干涉）条纹级次
higher ~ 高次，高级
ignition ~ 发火次序
implicit word ~ 隐式字序
inconsistent ~ 非一致序（数）
initial ~ 初〔起〕始指令
input ~ 输入指令
intermediate range ~ 中间程序
job ~ ①任务单，通知单②作业〔加工〕顺序
lexicographic(al) ~ 词典顺序
link ~ 耦合〔返回，连接〕指令
logic(al) ~ 逻辑指令
long-range ~ 长〔远〕程序
low ~ 低位〔阶〕，下一位，低次
magnitude ~ 数量级，级次
mail ~ 邮购，函购
memory reference ~ 存储访问〔取数〕指令
micron ~ 精密级
missing ~ 缺序，缺级
money ~ 汇款单
monotone ~ 单调次序
numerical ~ 表数〔数字〕次序
operational ~ 运算〔操作〕指令，运算次序
output ~ 输出指令
post office ~ 邮局汇票
random ~ 随机位，任意〔随机〕顺序
reference ~ 转接〔控制〕指令
round-off ~ 舍入〔化整〕指令
routine ~ 保养规程，维护细则，维护使用指南
row-major ~ 主行顺序
running ~ 动作次序，运转状态
select ~ 选择指令〔命令〕
sense ~ 读出指令
shift ~ 移位指令
shipping ~ 运货单，发货单
short-range ~ 短〔近〕程序
single ~ 一位，一阶

spectral ~ 光谱级，(纯度)
stack ~ 栈指令
standing ~ ①规程〔章，则〕，操作规程②长期订单
steering ~ 控制〔操纵〕信号，控制（转向）指令
subtree ~ 子树次序
tally ~ （作）总结指令，结算指令
technical ~ 技术规程
transfer ~ 导向指令，转移指令
transition ~ 转变次序，跃进次序
weight in working ~ 整备重量
wheel ~ 轮位
wireless ~ 无线电指令
work ~ 工作令，工作通知单，操作说明书
working ~ ①操作规程②运转情况，工况，工作状态
zero ~ 零序〔次，阶，级〕
order-disorder 有序 - 无序，规则 - 不规则
ordered 有序的
order-function 次序函数
ordering ①排列次序，调整，整理，有序化（转变）②命令，订货
~ by merging 合并排序，并项成序过程，并入过程
complete ~ 完全有序（化）
distinctly different ~ 互异排序
partial ~ 半定序，部分定序
plant ~ （发电）设备排列次序
tree ~ 树形排序
orderly 有（秩，顺）序的，整齐的，有规则的
order-notify （= O/N）货到通知单
order-writing 写出指令
ordinal ①次〔顺，按〕序的，依次的②序数
singular ~ 特异序数
ordinance 规格，章程，法令，法规
ordinary 寻〔平，正，通，照〕常的，普通的，一般的，有秩序的，规则的
ordinate ①纵〔竖〕坐标②纵距，竖标距③弹道高度④有规则的，正确的
ordination ①整顿〔理〕，排列，分类②规则，规格，命令
ordinatometer 纵距量测器
ordnance 武器，军械，装备，（各种）炮
ordus 有序线
ore 矿石〔物，砂〕
oreide 高铜黄铜
nickel ~ 镍黄铜（w（Cu）63% ~ 65.5%，w（Zn）30.5% ~ 32.75%，w（Ni）2% ~ 6%）
oreing （高碳钢的）矿石脱碳法
ORELA 奥雷拉（美国橡树岭电子直线加速器）
ore-seeking 寻矿
OR-function “或”函数
inclusive ~ “或”函数
organ ①元〔机〕件，部件，元素，工具②机构，机关③器官
adaptive artificial ~ 自适应人工脏器
arithmetic ~ 运算器
electronic ~ 电子琴
end ~ 灵敏元件，传感器
FM intelligent ~ 智能调频电子琴
majority ~ 多数元件
photoelectric ~ 光电风琴
transmission ~ 传动机构
organic ①有机的②有系统的，有组织的③结构的④固有的
organism ①有机体，有机组织，生物体②组织，结构，构造，编制③创立
marine fouling ~ 海洋附着生物
organization ①组织，机构，编〔体〕制，构造（成），结构②团体，协会，公司③有机体④体系
back tracking ~ 回溯结构
bit memory ~ 位存储结构
central processor ~ 中央处理机结构
direct ~ 直接编制
industrial ~ 工业企业
interface ~ 接口结构
logical ~ 逻辑结构
memory ~ 存储器组织
missile ~ 导弹结构
modular ~ 模块〔积木〕式结构
originalmicroprocessor ~ 微处理机结构
pipeline ~ 流水线结构（计算机设计用）
program(me) ~ 程序结构，程序组织
set-associative ~ 成组相联结构
standards development ~ 标准研究机构
organize ①组织，筹备，编制，创办〔立〕，成立②使有条理，使有机化，使成有机体
organogel 有机凝胶
organolite 离子交换树脂
organo-metal(lics) 金属有机化合物
organosilane 有机硅烷
organosilicon 有机硅（化合物）
organosol 有机溶胶
orgatron 电子琴

orichalc(h) 黄铜
oricycle 极限圆
orient ①定〔取〕向，定（方）位，排列方向，标定，调整②确定地址③正确地判断，修正
orientability 可定向性
orientable 可定向的
orientate =orient
orientation ①定〔取〕向，定（方）位，校正〔排列〕方向②方位，方〔倾〕向性
~ of face 前面工作方位
~ of flank 后面，工作方位
active ~ 强制定向排列
basal ~ 摄影基线定向
channel ~ 声道定向
consumer ~ 用户至上
crystal ~ 晶（体取）向
crystalline ~ 晶（体取）向
crystallographic ~ 晶（体取）向
fade-out range ~ 信号渐弱式导航定向
grain ~ 晶粒取向
ideal ~ 理想取向
image ~ 图像取向
job ~ 职位定向
magnetic ~ 磁性取向
one-way ~ 单向取向
picture ~ 图像旋转（防止烧坏靶面），图像取向
planar ~ 沿面取向
preferred ~ 择优定向（结晶），最佳〔优先〕取向
production ~ 生产至上
radio-range ~ 无线电定向
terminal group ~ 端组定向，端子组排列方向
oriented ①定〔有〕向的，（排列）取向的②与…有关的，有关…的③从事于…的，根据…制成的，着重…的，适于…的
orifice ①（小）孔，小洞，（孔，管）口，锐孔〔口〕，隙，眼②节流孔，注〔流〕孔，量孔，针〔漏〕孔，测流孔，阻尼孔③喷嘴〔管，口〕，小管的口端④隔板〔片〕，光阑，孔板，遮光板⑤凹模孔⑥阻隔⑦调整光圈
beam ~ 射线孔，（光）束孔径
carrier-ring ~ 环室孔板
constant-deceleration ~ （液力缓冲装置）等阻尼节流孔
gas ~ 煤气喷嘴
ga(u)ge ~ 校准孔（如喷嘴），标准孔
injection ~ 喷嘴
inwardly projecting ~ 内部喷嘴全收缩注孔
jet ~ 喷〔油〕嘴，喷管〔口〕，排气喷孔，射流口
metered ~ 计量孔，测流量孔
metering ~ 测流口，测量用孔口
normal ~ 标准板孔
nozzle ~ 喷（嘴）口，喷孔
propellant ~ 燃料喷嘴
reentrant ~ 内缩排水孔，内狭泄水孔
restriction ~ 节流孔板
settable ~ 可变节流口
shaped ~ 型线孔口
single spout ~ 单孔喷嘴
slit ~ 缝隙口型，裂缝，槽口
throttle ~ 节流孔板，节流圈
warming-up ~ 加热管路限流孔板
origin ①起〔来〕源，由来，开〔始〕端②起〔始，出发〕点，起始地址；（坐标）原点③（力的）作用点④震源⑤焦点⑥（pl.）原因⑦（数据）源，发信端
band ~ 谱带基线，谱带起始线
blackbody ~ 黑体源，绝对黑体
grid ~ 坐标原点
infrared ~ 红外辐射源
noise ~ 噪声源
system basic ~ 系统原点
time ~ 时间基点，基准时间
original ①正本，原稿〔件，型，形，物，文，作，著，像，图〕，模型②原始〔来，状，先，文，图，本，物〕的，最早〔初〕的，开始的，初期的，固有的，本来的，③独创的，新颖的，崭新的
half-tone ~ 半色调原稿
line ~ 线条原稿
picture ~ 图像原样
wax ~ 蜡盘（录音）原版
originality ①原始〔来，本〕，固有，本原②独创性〔力〕，创造力，创新〔见〕，独特，新颖
originate ①起源〔因，点〕发生，开始，出现，发源②产生，引起③创始〔办，作，立〕，首创，发明
origination ①开始，产生，出现②创作〔办〕，发起〔明〕③起点〔因〕④编制
data ~ 数据初始加工（使成机器可读形式），数据机读化
originator 创造者，发明者，创办人，发起人，源发站

O-ring O形圈〔环〕，密封圈〔环〕，环垫
orioscope 偏振光镜，偏光仪
Orlikon 一种地对空导弹
Orlitherm 奥利塞姆（一种由改性环氧、粉云母和玻璃布组成的主绝缘）
orlop ①最下甲板②锚链
ormolu ①锌青铜，奥姆拉铜锌锡合金（*w*（Zn）0% ~ 25%，*w*（Sn）6% ~ 17%，其余Cu）②镀金物，镀金用的金箔，金色黄铜
ornament 饰件，装饰（品）
radiator ~ 散热器饰件
ornithopter 扑翼机
oroide 铜锌锡合金（*w*（Zn）16.5%，*w*（Sn）0.5%，*w*（Fe）0.3%，其余Cu）
orometer 高山气压计
Oronite 抗热蒸汽的涂料
Orotron 奥罗管（一种用开口腔与反射光栅的电子振荡器）
orpiment 三硫化二砷，雌黄
Orthatest 奥托比较仪
orthicon 正析（摄）像管，低速电子束摄像管，直线性光电显像管
electrostatic image ~ 静电超正析像管
filed-mesh image ~ （分离）栅网超正析像管
image ~ 超正析像管，移像式正析像管，低速电子束摄像放大管
image intensifier ~ 图像增强析像管
intensifier image ~ 增强式移像直像管，增强式超正析像管
multiplier ~ 倍增式超正析像管，倍增式直像管
non-blooming image ~ 无晕超正析像管
storage ~ 存储正析像管，存储式直像管
orthiconoscope 低压电子束正析像管〔直像管〕
image ~ 超正析（摄）像管，图像正析（摄）像管，移像直像管
ortho ①正，直，原②邻（位）
ortho-axis 正（交）轴
orthocartograph 正射投影测图仪
orthocenter 垂心，重心
orthochromatic 正色的
orthochronous 正确时间（的）
orthoclase （正）长石
orthocode 垂向码
orthocomplement 正交补
orthocorrection 垂向校正
orthodiagraph 正摄像仪（一种精确摄制身体内器官的大小、形状和结构的X射线仪），X线正影描记器
orthodiagraphy X射线正摄像术
orthodox 正〔传〕统的，旧式的
orthodrome 大圆弧，大圆圈线
orthoferrite 正铁氧体，正〔原〕铁淦氧
orthogon 矩形，长方形
orthogonal （相互）垂直的，正交的，直角〔交〕的，矩形的
complex ~ 复数正交
orthogonality 正交（性），直交（性），相互垂直
orthogonalizable 可正交化的
orthogonalization 直〔正〕交化，使相互垂直，使正交
orthograph 正视图，正投影图
orthographic(al) ①正交的，直角的②（用）直线（画，投射）的
orthography ①正投影法，正射法，正交射影②剖面③表音法，正字法
orthohelium 正氦
orthohexagonal 正六方（形）的
orthometric 正交的，垂直的
orthomorphic 等角的，正形的
Orthonic 奥索尼克（磁性材料）
orthonik 具有矩形磁滞环线的铁心材料
orthonormal ①标准化的，正规化的②规格化正交的，标准正交的
orthonormality ①正规化，标准化②规格化正交性
orthonormalization ①规一正交化，规格化正交②正规〔标准，正交，规一〕化
orthopan 全色的
orthopanchromatic 全色（的）
orthophosphate 正磷酸盐
orthophot 正射投影装置
orthophotoscanner 正射像片扫描器
orthopole 正交极，垂极
orthopositronium 正阳电子素（由一个正电子和一个负电子结合而成的准稳定体系）
orthoprojector 正射投影仪
orthoquartzite 正石英岩
orthoradioscopy X射线正摄像术
orthorhombic 斜方（晶系）的，正交（晶）的
orthoroentgenograph X线正影描记器
orthoscanner 垂向扫描器
orthoscopic 无畸变的，直线式的，平直的
orthoscopicity 保真显示性
orthoscopy 无畸变
orthosilicate 原硅酸盐〔酯〕

orthoterion 牵伸器
ortho-test ①正式试验，正规试验②杠杆式比较仪
Zeiss ~ 蔡司奥托比较仪
orthotron ①波导放大器②正交场行波管
orthotropic 正交转动对称的，正交各向异性的
orthovanadate 原钒酸盐
Osbornite 奥氏博尼特（硬质合金商品名）
oscar ①左轮手枪②潜艇
osciducer 中频偏移传感器，振荡传感器
oscillate ①振荡，振〔摆，波，脉，颤〕动，颤振②摇摆，动摇，游移③发生，发杂音
oscillation ①振荡，振〔波，脉，颤〕动，（一次，来回）摆动，颤振②振幅
absorbed ~ 阻尼〔吸收〕振动
acoustical ~ 声振动，音波
autonomous ~ 自持〔激〕振荡
avalanche ~ 雪崩振荡
back ~ 回程振荡
Barkhausen-Kurz ~ 巴克豪森-库尔兹振荡，拒斥场型振荡
build-in ~ 固有振荡
built-in ~ 固定振荡
commensurate ~ 共量振荡
constrained ~ 制约〔约束，强迫〕振荡
continuous ~ ①等幅〔非衰减，连续〕振荡②等幅波
continuous amplitude ~ 等幅振荡
continuously-running ~ 连续振荡
convergent ~ 减幅振动，衰减振动
damped ~ 阻尼〔衰减，减幅〕振荡〔动〕
decay ~ 衰变振荡
dying ~ 阻尼〔衰减，衰灭〕振荡
electric ~ 电振荡，电波
electromagnetic ~ 电磁振荡，电磁波
electron pendulum ~ 电子摆振动
forced ~ 强〔受〕迫振动〔荡〕
forced non-linear ~ 非线性强迫振荡
frame timebase ~ 帧扫描振荡
free ~ 自由振荡〔动〕
frictional ~ 摩擦振摆〔动〕
fundamental ~ 基本振荡，基波
hard ~ 强振荡
harmonic ~ 谐（波）振（荡）
heat-driven ~ 热致振动，热振荡
hydromagnetic ~ 磁流体振荡
increasing ~ 升〔增〕幅振荡
intermittent ~ 间歇〔断续〕振荡
interrupted ~ 间歇振荡
isochronous ~ 等时振荡
local ~ 本机〔身〕振荡，本振
magnetic flux ~ 磁振荡
natural ~ 基本〔固有，自然，本征〕振荡
non-control crystal ~ 无控晶体振荡
parasitic ~ 寄生振荡
periodic ~ 周期摆动〔振荡〕
persistent ~ 等幅〔持续〕振荡
pressure ~ ①电压振荡②压力振荡，压力变〔波〕动
pulsative ~ 脉冲（式）振荡
pure ~ （纯）正弦振荡，正弦波
quenching-frequency ~ ①猝歇〔熄〕振荡②歇振频率振荡
rectilinear ~ 周期振荡，（直）线性振荡
relaxation ~ 张弛〔弛豫〕振荡
resonance ~ 共〔谐〕振
self ~ 自激振荡〔动〕
self-excited ~ 自激振荡
self-induced ~ 自激振荡
self-sustained ~ 自持〔自激，非阻尼，等幅〕振荡
shock ~ 激波脉动
side ~ 侧摆动
soft ~ 软振荡
speed ~ 转速波动，转速振荡
spontaneous ~ 自发振荡
spurious ~ 寄生〔乱真〕振荡
squegging ~ 断续〔间歇〕振荡器
steady ~ 稳态〔定〕振荡〔动〕
steady-state ~ 稳态振荡〔动〕
subaudio ~ 亚音频〔声波〕振荡
subharmonic ~ 次谐波振荡
subspan ~ 次档距舞动
sustained ~ 持续振荡，外差式等幅振荡
tieline ~ 联络线振荡
undamped ~ ①无阻尼振荡〔振动，摆动〕，等幅〔无衰减〕振荡②等幅波
oscillator 振荡〔振动，摆动，加速，发生〕器，振（动）子，振荡管
active maser ~ 超高频量子振荡器
alignment ~ 校直摇频振荡器，校准振荡器
anharmonic ~ 非（简）谐波振荡器
Armstrong ~ 调屏〔板〕调栅振荡器
audio ~ 声频振荡器
audio interpolation ~ 音频误差振荡器，声频内插（式）振荡器，音频差频振荡器

audio-frequency ~ 声频振荡器
backward-wave ~ 返波（管）振荡器，回波振荡器
bias ~ 偏置振荡器
blocking ~ 间歇振荡器，闭〔阻〕塞振荡器
bridge-stabilized ~ 桥式稳频振荡器
burst-controlled ~ 短脉冲串〔群〕控制振荡器（电视），色同步控制振荡器，猝发振荡器
burst-locked ~ 色同步锁定的（副载波）振荡器
buzzer ~ 蜂鸣振荡器
calibrating ~ 刻度校正振荡器
capacitance ~ 电容（反馈，回授）振荡器
capstan ~ 主导振荡器
cathode-pulsed triode ~ 阴极脉冲调制三极管振荡器
cavity-stabilized ~ 空腔稳频振荡器
cesium atomic ~ 铯束原子振荡器
chopping ~ 间歇〔断续〕作用发生器，断续振荡器
clock ~ 电子钟振荡器
closed ~ 闭合振荡器，闭合振荡回路，闭路振子，封闭式振子
code ~ 编码信号发生器
coherent ~ 相干发生器，相干振荡器
Colpitts ~ 三点式电容反馈振荡器
concentric-line ~ 同轴线〔管〕振荡器
crystal ~ 晶体振荡器
crystal voltage controlled ~ 压控晶体振荡器
damped harmonic ~ 阻谐振荡器
decade ~ 十进制振荡器
Delaup ~ 德劳振荡器（调谐式阻容振荡器）
dipole ~ 双极振荡器，偶极子振荡器，偶极振子
discharge impulse ~ 脉冲发生器
dispersal ~ 扩散振荡器
divided-plate ~ 分瓣阳极振荡管
double ~ 双式〔赫兹，偶极子〕振荡器
doublet ~ 赫兹振荡器
double-transit ~ 双腔（双渡越）速调管
driving ~ 激励振荡器（主振荡器）
extended interaction ~ 分布作用振荡管
external sine-wave ~ 长线槽路正弦波振荡器，外接正弦波振荡器
external-line triode ~ 外接线三极管振荡器
Fessenden's ~ 费生登振子（水下电动低频声源）
fixed ~ 固定频率振荡器
fork ~ 音叉振荡器
fractional-mu ~ μ 小于 1 的振荡器
frequency-marker ~ 频标振荡器
gas-tetrode relaxation ~ 充气四极管张弛振荡器
grid resonance-type ~ 栅极调谐式振荡器，调栅振荡器
grid-dip ~ 栅陷振荡器
harmonic ~ （简）谐振子，谐振（荡）器，谐波发生器
Hartley ~ 三点式电感反馈振荡器
heating ~ 加热振荡器（高频加热）
Heil ~ 海尔振荡器（利用电子流速度调制原理产生高频振荡）
helitron ~ 螺线管振荡器
heterodyne ~ 外差〔本机，差频〕振荡器
hollow-space ~ 空腔振荡器
horizontal ~ 行扫描振荡器
hunting ~ 搜索〔不规则〕振荡器
independent drive ~ 主振式振荡器，他激振荡器
injected beam-backward wave ~ 注入式返波振荡管
injection-locked ~ 注入锁定振荡器
interlocked ~ 连锁振荡器，内同步振荡器
inverter ~ 倒相振荡器
keyboard ~ 按钮〔键盘〕调谐频率的振荡器
king ~ 主振荡器
kipp ~ 单振子
labile ~ 易变〔遥控〕振荡器
laser ~ 激光振荡器
Lecher ~ 勒谢尔振荡器，传输线振荡器
line ~ ①行扫描（信号）发生器②传输线振荡器
line-stabilized ~ 传输线稳频振荡器
local ~ 本机〔局部〕振荡器
locked ~ 锁相振荡器
locked-in ~ 同步〔锁定〕振荡器
magnetic ~ 磁控振子
marker ~ 标记脉冲发生器
maser ~ 脉塞，微波激射振荡器，分子振荡器
master ~ 主控振荡器，主振器
Meissner ~ 麦斯南振荡器，电感反馈振荡器
mercury arc ~ 汞弧振荡器
microwave transistor ~ 微波晶体管振荡器
motor-truck ~ 电动机调谐振荡器
negative-resistance ~ 负阻振荡器
neon ~ 氖管振荡器

noise squelch ~ 镇噪振荡器，噪声抑制振荡器
note ~ 音频振荡器
numerically controlled ~ 数控振荡器
obliterating ~ 消声振荡器
octave band ~ 倍频带振荡器
open ~ 敞式振子
optical maser ~ 激光振荡器
optical parametric ~ 光参量振荡器
parametric ~ 参量振荡器
pencil-tube ~ 笔形管振荡器，超小型管振荡器
phase-locked ~ 锁相振荡器
phonograph ~ 唱机振荡器，唱机振荡电路
photoparametric ~ 光参量振荡器
piezoelectric ~ 压电振荡器，晶体振荡器
pile ~ 反应堆振动器，振荡式中子测定器
pilot ~ 导频振荡器，主控振荡器
pilot frequency ~ 导频振荡器
plate-pulsed triode ~ 板极脉（冲）调制三极管振荡器
positive-grid ~ 正栅振荡器
Potter ~ 泊脱振荡器，阴极耦合多谐振荡器
primary ~ 初级振荡器，原始振荡器
pulsative ~ 脉冲振荡器
pulse-regenerative ~ 脉冲再生振荡〔发生〕器
push-pull ~ 推挽（式）振荡器
quadrature ~ 正交振荡器
quartz ~ 石英晶体振荡器
quartz-crystal ~ 石英晶体振荡器
quenching ~ 猝熄振荡器
RC ~ 阻容振荡器
RC decade ~ 十进位阻容振荡器
reactivity ~ 反应性振荡器
receiver ~ 本机振荡器
receiver voltage ~ 接收机电压振荡器
receiver local ~ 接收机本机振荡器
recurrence-rate ~ 控制重复频率的信号发生器
reentrant ~ 凹状空腔振荡器
reentrant cavity ~ 凹状空腔振荡器
reference ~ 基准振荡器，参考振荡器
reflection ~ 反射（速调管）振荡器
relaxation ~ 张弛振荡器
relaxation ~ optically tuned 光调谐张弛振荡器
repeller-type ~ 反射型振荡器
resistance-stabilized ~ 电阻稳定振荡器
resonance-type CR ~ 谐振式阻容振荡器
retarding-field ~ 减速电场振荡器，正栅振荡器
ringer ~ 振铃信号振荡器，铃流发生器
rubidium-controlled ~ 控振荡器
saw-tooth ~ 锯齿波振荡〔发生〕器
scan ~ 扫描振荡器，扫描振子
secondary ~ 次级振荡器
self-excited ~ 自激振荡器
separate-excited ~ 分〔他〕激振荡器
series feed ~ 串馈振荡器
service ~ 测试（用）振荡器
shifting ~ 漂移振荡器
shock-excited ~ 震激振荡器
signal ~ 信号发生器
slave ~ 他激振荡器
spark ~ 火花振荡器，火花发生器
spiral(l)ing-beam ~ 旋束振荡管
square-wave ~ 矩形波发生器，方波发生器
squegging ~ 断续振荡器，间歇振荡器
stable local ~ 稳定本机振荡器
start-stop ~ 间歇〔断续，双稳态多谐〕振荡器
subcarrier ~ 副载波振荡器
subharmonic phase-locked ~ 次谐波锁相振荡器
super-inducting ~ 超导谐振器
supply ~ 信号源，信号发生器
surface acoustic wave ~ 声表面波振荡器
sweep ~ 扫描〔频〕振荡器
swept frequency ~ 扫频振荡器
switching ~ 换接式振荡器，开关振荡器
synchronized-timing ~ 同步定时振荡器
transitron ~ 负跨导管振荡器
triangular-wave ~ 三角形波发生器
tritet ~ 多谐晶体振荡器
tube ~ 电子管振荡器
tuned ~ 调谐振荡器
twice-horizontal frequency ~ 水平双频振荡器
variable ~ 可变频率振荡器
variable crystal ~ 可变晶体振荡器
variable frequency ~ 变频振荡器
velocity-modulated ~ 速度调制振荡器
vertical ~ 场振荡器
video frequency ~ 视频振荡器
voltage controlled ~ 压控振荡器
voltage-tuning ~ 调压式振荡器
wide-band voltage tunable ~ 宽带电压调谐振荡器
wide-range ~ 宽频带〔波段〕振荡器

oscillatory 振荡〔动〕的，摆动的，摇动的，舞动的（架空线）

oscillatory-damped 振荡性衰减的，防振的

oscillatron 示波管
oscillector 振荡（频率）选择器
oscillight 电视接收管，显像管
Farnsworth ~ 阴极射线管
oscillion 振荡器管，三极振荡管
oscillistor 半导体振荡器
oscillogram 波形图，示波图，振荡图
oscillograph 示波器，录波器，快速过程（脉冲）记录仪
acoustic ~ 示声波器，声波示波器
bifilar ~ 双线示波器
Blondel ~ 布朗德尔示波器，单回线磁电式示波器
Braun tube ~ 阴极射线管示波器，布劳恩管示波器
cathode-ray ~ 阴极射线示波器
direct-writing ~ 直接记录示波器
double ~ 双线示波器，双电子束示波器
double-beam ~ 双（束射）线示波器
dual-trace ~ 双线示波器
Duddell ~ 杜德尔示波器，可动线圈式示波器
Dufour ~ 杜符示波器（观察不稳定过程的阴极示波器）
electromagnetic ~ 电磁式示波器
galvanometer ~ 回线示波器，电流计示波器，振子式示波器
gas-focus(s)ed ~ 气体聚焦示波器
Hathaway ~ 十二回线示波器
heat writing ~ 热电式示波器
indicating ~ 指〔显〕示式示波器
Irwin ~ 鄂文示波器（热线示波器）
light-beam recording ~ 光线示波器
loop ~ 回线（式）示波器，环线示波器
low-frequency characteristic ~ 低频特性图示仪
mirror ~ 镜式示波器
moving-iron ~ 有可动钢带的电磁式示波器，动铁式示波器
multichannel ~ 多路示波器，多回线示波器
multielement ~ 万用示波器，多振子示波器
multiple ~ 多射线示波器
pen ~ 描笔式示波〔记录〕器
photographic recording ~ 照相示波器
piezoelectric ~ 压电〔晶体〕示波器
projection ~ 投影〔射〕示波器
rapid-record ~ 快速记录示波器
single-beam ~ 单线示波器
soft iron ~ 电磁示波器
static ~ 静电示波器
storage ~ 存储示波器
string ~ 弦线式示波器
travel(l)ing-wave ~ 行波示波器
two-gun ~ 双（电子）枪示波器，双线示波器
oscillography 示波术，示波法
surge ~ 脉冲示波术
oscillometer 示波器，示波计
recording ~ 记录式示波器
oscillometry 示波测量术，高频指示
oscilloprobe 示波器测试头，示波器探头
oscilloscope 示波器〔仪，管〕
calibrated ~ 校正示波器
cathode-ray ~ 阴极射线示波器
double ~ 双线示波器
double-beam ~ 双线示波器
dual-beam ~ 双电子束示波器，双线〔迹〕示波器
dual-channel ~ 双迹〔双电子束〕示波器
dual-tarce ~ 双迹〔双线，双电子束〕示波器
envelope ~ 包线〔迹，络〕示波器
film-recording ~ 胶片记录示波器
general purpose ~ 通用示波器
high-speed ~ 高速（记录）示波器，快速扫描示波器
kine ~ （电视）显像管示波器
light beam ~ 光线示波器
line strobe ~ 选行示波器
line-selector ~ 分行示波器，行选示波器
multi-purpose ~ 多用途示波器
multitrace ~ 多线示波器
null-indicating ~ 零点指示示波器
programmable ~ 程控示波器
protable ~ 便携式示波器
random-sampling ~ 随机取样示波器
sampling ~ 采〔取〕样示波器（用于测视 100 MHz 上下的高速波形）
storage ~ 存储示波器
superwide band ~ 超宽频带示波器
TV line selected ~ 选行示波器
vector ~ 矢量示波器
oscilloscopy 示波术
oscillosynchroscope 同步示波器
oscillotron 阴极〔电子〕射线示波管
oscitron 隧道二极管振荡器
osculate 密切，相切，（面，线）接触
osculating 密切的
osculation 吻合率，密〔相〕切，接触

Osmayal 欧斯马铝锰合金（*w*（Mn）1.8%）
osmiridium 铱锇矿，铱锇合金
osmium 锇（Os）
osmolarity ①渗透压浓度（mol/L）②渗透性
osmometer ①渗透〔压〕计②嗅觉计
osmometry 渗透压力测定法
osmondite 奥氏体变态体（淬火钢400℃回火所得的组织）
osmophilic 耐高渗透压的
osmoregulation 渗透压调节
osmoregulator X射线透视调节器
osmosalts 防腐盐（一种木材防腐剂）
osmosar =osmosalts
osmoscope ①渗透试验器②助嗅觉器
osmose 渗透（作用），渗透性
osmosis =osmose
osmosize 渗透
osmotaxis 渗透性
osmotic 渗透的
osmotropism 向渗性
osnode 自密切点
osophone 助听器，奥索风
osram 锇钨灯丝合金，灯泡钨丝
osseosonometer 骨导音检查器
ostensible 表面的，诡称的
osteophone 助听器
OTDR-plugin 测试模块卡
otophone 助听器，奥多风
otophonum 助听器
ought 零
ounce ①英两，盎司（1常衡英两=（1/16）lb=28.349 g；1金衡英两=（1/12）lb=31.104 g，简写oz）②少〔微〕量
out ①外（面，部）的，在外的（向外）伸出的，输出的②移动的，位移的，偏离的③断开的④特大的⑤出口，外部〔面，观〕⑥发射⑦完结，熄灭
rough ~ 粗制
serial ~ 串行输出
tap ~ 敲出，攻出螺纹
outage ①停〔静〕止，停（间）歇，停炉，停机（状态），运转中断，不活动②停〔断〕电，供电〔电流〕中断③断线率④（发动机关闭后）油箱内的剩余燃料⑤储运损耗，减耗量，排出量⑥放出孔，出口，排气〔液，油〕孔⑦（油罐、油槽内为了液体膨胀）预留空间〔容积〕
cascade ~ 串级式断电，串级停电事故
emergency ~ 事故停机，紧急停运
forced ~ 强制停机，强制停堆，事故停电
forced line ~ 线路被迫停电
forced partial ~ 限制出力
generation ~ 发电事故，停止发电
line ~ 线路停电
maintenance ~ 检修停机
persistent-cause forced ~ 持久性强迫断电
sheduled ~ 计划停电
outarray 外部数组
outa-sync 不同步，失调
outbalance ①重〔优〕于，胜过②在效果上超过
out-beat ①外摆动，偏摆②脉冲
outboard ①外侧〔置，部，装，端〕的，船〔舷，机〕外的②外装电动机，外侧
outbond 外砌的，横叠式的
outbound ①出境的，离开（中区，港口）的②输〔射，引〕出的③出站④（pl.）边境
outbreak ①爆发〔燃〕②冲破，溃决③破裂，中断④脉冲
outburn 烧完〔光〕，燃烧时间超过
outburst ①（辐射）爆发〔炸，燃〕，突发，突然飞散，喷出②冲破，溃决③（pl.）脉冲，尖头信号④闪光⑤突然放气
out-bus 外总线
outclass 超过，胜过，优于
outcome ①结果〔论，局〕，成〔效〕果②产量，输出（量）③出口，排气口
outconnection （流线）外〔改〕连接
outconnector （流线）改接符
outcut 切口
outdegree 输出端数
outdevice 输出装置，输出设备
outdiffusion 向外扩散
outdistance 远远领先〔越过，超越〕
outdo 高过，超过，优于
outdoor ①表面的，外部的②室外（式）的，露天（式）的
outer ①外部〔边，侧，层，界，面〕的，表面的，②客观的③外线
outer-cavity 外腔（式的）
outerface （磁带的）外面
outermost 最外面的，最远的，最高〔后〕头的
outer-product 外积，矢积，向量积
outer-sync 不同步，不协调，失调
out-expander 输出扩展电路
out-fade 信号衰减
outfall ①出口，排泄口②突〔冲〕击，击③抛下，排出④暗沟

outfan 输出（端），扇出

outfire 熄火，灭火

outfit ①（成套）设备〔装备，装置，仪器，用具，工具，器件〕，附具，附属装备，备〔配〕件②准备，配备，装配

accommodation ~ 舱室设备

developing ~ 显影设备

diving ~ 潜水设备

electrometric titration ~ 电势滴定装置

first aid motor transport ~ 汽车抢修工具

gas welding ~ 气焊机（组）

ga(u)ge ~ 测量头，表头

hot-patch ~ 热补设备

metering ~ 计量工具（指电表用变压变流器等）

oxyacetylene welding ~ 氧（乙）炔气焊设备

repair ~ 修理工具，修补设备

sound pick-up ~ 录音设备，录音装置

tool ~ 成套工具（箱）

welding ~ 焊接设备，焊接机组

workshop ~ 车间（成套）设备〔仪器，备用工具〕

outflow 流出（物，量），溢出，外流，流动

outgas 除〔放，排，释，去，漏〕气，逸出气体

outgate 输出门（电路），溢流口

outgo ①优于，超〔胜〕过②支出，费用③出发，流出，出口④结果，产品

outgoing ①输〔引，流，逸〕出的，离开的②出发（的）③费用，支出

outgrowth ①结果，生成物，结疤②副产品，派生物

outlay ①费用，成本，经费②支付〔出〕，花费

first ~ 初投资，建筑费用

initial ~ 初投资，设备成本

outleakage 漏（出），漏电，漏出量

outlet ①输〔放，引〕出口，出口，排泄〔气，油，水，奶〕口，出口管②引（出）线，输〔引〕出端③电源插座④出口截面⑤输〔排，流〕出⑥销路，出路

air ~ 空气（导管）出口，排气口，回风口

air-supply ~ 供气出口

appliance ~ 设备（电源）插口

exhaust ~ 排气〔排水，放油〕孔

factory ~ （网上）厂家直销站

gas ~ 排气管，导气管，出气口

ground ~ ①接地引出线，接地插头②穿墙出线

heat ~ 热气出口

light ~ 电灯头

line ~ 线路出口

louvered air ~ 透气百叶板〔窗〕

oil discharge ~ 放油口

primary ~ 第一个出口，初级引出线，长途电话中心局

receptacle ~ 插头（出口）

relief ~ 放泄口〔孔〕

socket ~ 电气插座

tandem ~ 汇接长途电话中心局

tangent ~ 中间出料口

outlier 离开本体的东西，分离物

outline ①外形（线，图），轮廓（线，图），略图，剖面，回路，外（形）线②大纲，提要，摘要，梗概③草拟出，画轮廓〔草图〕④概述〔略〕

~ of scanned area （扫描区域）目标轮廓

~ of video signal 视频信号包线〔轮廓〕

brief ~ 提要

character ~ 脱机〔可识〕字符，字符外形

contour ~ 轮廓

font ~ 字形外形，字形尺寸

front ~ ①正视图，前视图②垂直投影

general ~ 概要

tooth ~ 齿形，齿廓

out-list 外部目录

outlook ①展望，远景②观点，见解，看法③视野

outlying 在外的，远离（中心）的，外围的，分离的

outmilling 对向铣切，逆铣

outmost =outermost

out-of-alignment 未对准的

out-of-balance 不平衡的，失去平衡的

out-of-band （频）带外的

out-of-beat 偏振，瘸步

out-of-center 偏离中心

out-of-commission 损坏，不起作用，停用

out-of-control 无法控制，失控

out-of-core （反应）堆外，铁心外

out-of-date 落后的，陈旧的，过时的

out-of-focus 散焦的，离焦的，焦点失调的，不聚焦的，不清晰的，模糊的

out-of-frame 帧失调

out-of-gear 脱开齿轮，不啮合

out-of-line 不在一直线上的，出线的，离开定线的

out-of-operation 不工作的，不运转的，断开的

out-of-order 无次序，混乱，有毛病，出故障，失灵，失效

out-of-phase 不同相位的，与相位不符合的，失〔脱，异〕相
out-of-plane 离面
out-of-plumb 垂直度误差
out-of-proportion 不成比例的
out-of-repair 失修的，破损的
out-of-roundness 圆度误差
out-of-service ①报废的，毁坏的，损坏的②未投入运行的，不能工作的③停止运行的
out-of-shape 形状不规则的，走样的
out-of-size 尺寸不合格的，尺寸不合规定的
out-of-square 倾斜的，歪的
out-of-step 失步〔调〕的，不同步的，不合拍的
out-of-sync 失步，不同步
out-of-tolerance ①公差外的②超差
out-of-tone 失调
out-of-true 不精确
out-of-work ①停止不动的，不工作的②切断
out-phase 反〔异〕相，相位不重合，异相制
out-primary 初级绕组线头，初级（线圈）端，初级绕组出线头
output ①（生）产量，生产能力，效率，流量，产品，出力，出产②输出，输出额〔量，线，功率，信号，端〕，功率（输出），出口③引出〔线〕，引线输出端④计算结果
~ in metal removal 出屑量
~ in stock removal 出屑量
~ of hearth area 单位炉床面积产量
~ of plant 发电量
acoustic wattless ~ 无功声输出
actual ~ ①实际产量②有效输出
AF ~ 声频输出，低频输出
aggregate ~ 总产量
angle ~ ①角输出②角坐标
annual energy ~ 年能量输出
apparent ~ 视在输出，表观输出
assembler ~ 汇编（程序）输出
audio clock ~ 音频时钟输出
available ~ 有用功率，有效输出（功率）
balanced ~ 对称输出，平衡输出
beat ~ 拍频信号输出
binary-coded ~ 二进制编码输出
block ~ 字组输出，块输出
boiler ~ 锅炉蒸发量，锅炉出力
cancel(l)er ~ 补偿设备输出电压
capacity ~ 设备（能力）产量
capital ~ 资产产值
carry ~ 进位输出（端）
carry-propagate ~ 进位传送输出
cascode video ~ 射地 - 基地视频输出电路
chaining ~ 链式输出
Chinese character ~ 汉字输出
clock ~ 同步脉冲输出
colour ~ 彩色输出
complementary ~ 双相输出
corrected ~ 修正功率，修正输出力
crane ~ （起重机）起重能力
cutting ~ 切削量
daily ~ 日产量
data-directed ~ 数据定向输出
designed ~ ①计划产量②设计出力
desired ~ 期望输出值
dimensional ~ 标称输出功率
discrimination ~ 鉴频输出，鉴别输出
disturbed-one ~ 干扰“1”输出
dome ~ （波导）穹面输出
dynamo ~ 发电机（功率）输出
economic ~ 经济功率（汽轮机）
effective ~ 有效出力〔输出，功率〕，实际（生）产量
encoder ~ 编码器输出
engine ~ 发动机输出功率
engine continuous ~ 发动机持续功率
final ~ ①终端输出，末级输出②最终结果
firm ~ 恒定输出，正常输出
forecast ~ 计划产量
frame ~ 帧扫描输出
generated ~ 发电出力〔容量，功率〕
gross ~ 总产值
Hanzi input and ~ 汉字输入 - 输出
heat ~ ①热输出量，发热量，传热量，热值②热（量）输出，散〔放〕热，燃烧热，热功率
high ~ 高出力，大功率，大容量
horizontal ~ 水平（扫描）输出，行（频）输出
hourly ~ ①每小时产量②小时制功率
increased ~ 提高出力，超发
indicated ~ 指示功率〔出量〕
isolated ~ 去耦输出
kilowatt ~ 输出功率，输出千瓦
large ~ 大输出，大量生产
left channel ~ 左通道输出
light ~ 光辐射，光输出，发光效率
limited ~ 限定〔极限〕输出功率
line ~ 行输出，水平扫描输出

lumen ~ 光输出，光强（度）
machine ~ 机床产量
maximum ~ 最大产量，最大输出〔功率〕
microfilm computer ~ 缩微胶卷计算机输出
momentary ~ ①瞬时功率，瞬时容量②短时输出量
motor ~ 电动机出力，电动机输出
multi-user multiple-input multiple ~ （通信）多用户多输入 - 多输出
net ~ 净输出
net ~ at terminal （发电机）出线端净出力
nominal ~ 额定出力，标称出力，标称输出
non-spiking ~ 非峰值输出信号
off-line ~ 脱机输出，间接输出
one ~ “1”输出
on-line analog(ue) ~ 在线模拟量输出
peak ~ 峰值〔最大〕输出功率，尖峰出力
permanent ~ 长期〔恒定〕输出功率
procedure value ~ 过程值输出
pump ~ 泵排量，泵出量，泵的供液量
rated ~ 额定输出，额定输出功率，额定出力，产量定额
real ~ 实际出量，有效输出〔功率〕
refrigerating ~ 制冷量
reproducing ~ ①重现输出②放音输出（录音机）
request words ~ 请求控制字输出
residue ~ 剩余输出
right ~ 右声道输出
sawtooth ~ 锯齿波输出
segment ~ 节段输出
serial data ~ 串行数据输出
shaft-end ~ 轴端出力
sound ~ 声音输出，音频输出功率，声效率
specific ~ 比输出（量），比功率，功率系数，单位出力，单位（输出）功率
specified ~ 额定输出
speech ~ 语言输出（设备）
spike ~ 峰值输出
spiking ~ 峰值〔最大〕输出信号
standard ~ 产量定额
static ~ 静态输出（端）
steam ~ 蒸发量
stripped ~ 贫化物产量〔额〕
storage ~ 存储器输出
store ~ 存储器输出
sum ~ 和数输出
sum product ~ 和积输出
super woofer ~ 超重低音输出
surround left ~ 环绕声左通道输出
surround right ~ 环绕声右通道输出
thermal ~ 热功率输出，散热率
thrust ~ 输出推力
torque ~ 输出转矩
total ~ 总产量〔功率，输出〕
transient ~ 瞬时功率，过渡功率
true ~ 实输出
ultimate ~ 最大功率〔出力〕，极限容量
undistorted ~ 无失真功率输出
uniphase ~ 定相输出
unit power ~ 单机出力
video input- ~ 视频输入 - 输出
wattage ~ 输出瓦（特）数
wattless ~ ①无效功率②（四轮驱动车辆）寄生功率
work ~ 输出量
zero ~ “0”输出

output-limited 受输出限制的
outrange 射程〔打得〕比…远，射程超过，比…能看得远，超（出）量程，超出作用距离范围
outreach ①前伸距，极限伸距，起重机臂②超过，胜过，优于
outrigger （支）架，外伸支腿，承力外伸支架，（外伸）叉架，悬臂梁，舷外铁架
outright 明白的，十分的，彻底的
outrush 高速流口，出口压力头
outscriber 输出记录机
out-secondary 副绕组出线头，次线（线圈）端
outset 外偏距
outshot ①凸出部分②废品
outside ①外部〔表，面，侧，观〕，表面②极端〔限〕③（游标卡尺的）外量爪④外部〔表，面，侧，观〕的，表面的，肤浅的⑤室外的，⑥极端的，最高〔多〕的，最大限度的⑦局外的，外行的⑧在海上，出线〔界〕
outside-in 从外（侧）向内（侧）的，从外缘向中心的
outsize ①特大（号）②特别大的
outsized 特别大的
outsole 基底〔线〕，脚
out-sorting ①选择，分类②类别
outsourcing 外承包
outspent 废的，用过的
outsqueezing 压出，榨出
outstanding ①杰出的，显著的②未完成〔解决，偿还〕的

outstretch 伸〔拉〕长，展开，扩张
outstrip 提前，超过，胜过，超前，超出，优于
outstroke 排气冲程
out-sync 不同步，失步，失调，不协调
outthrust 冲出（的），突出（的），突出物
out-to-out 总长〔宽〕度，总〔外廓〕尺寸，全长〔宽〕
out-trunk 去〔出〕中继线
outturn 产量
outward ①外部〔面，表，形，界〕的，表面的②向外的③物质的，客观的④明显的，公开的，可见的
outwash 消除，洗去，冲刷〔蚀〕，刷净
outwear 磨坏，用完，过耗
outwell ①铸造②倒掉〔去〕
outwork 户外〔野外，露天〕工作
outworn ①过时的，已废除不用的，陈旧的②磨损的，磨坏的，破损的
oval ①椭圆的，卵形的②椭圆形，卵形线③椭圆钢
~ of Cassini 双极方程曲线，卡西尼卵形线
coiled ~ 椭圆形旋管，椭圆形蛇形管
ovalisation =ovalization
ovality 椭圆度，卵形度
ovalization 成椭圆形
ovaloid ①卵形面②似卵形的
ovbd =overboard
ovcst =overcast
oven ①炉，烘〔火，烤〕炉，窑，烘箱，干燥箱〔机〕②恒温箱〔器，槽〕③加热室
ag(e)ing ~ ①老化炉②老化（试验）箱
anneal ~ 退火炉
automatic electric ~ 自动电热烘箱
bake ~ ①烘箱，烘炉②恒温器
baking ~ 烘箱，烘炉，干燥炉
breeze ~ 焦末化铁炉
burnout ~ 燃烧炉
chromatograph ~ 色谱仪加热炉
colo(u)r ~ 铅丹炉
compound ~ 联立炉
constant temperature ~ 恒温槽
continuous annealing ~ 连续退火炉
core ~ 烘型芯炉
crystal ~ 晶体恒温箱，晶体炉
dielectric core ~ 高频烘芯炉，电介质烘芯炉
drawplate ~ 拉板炉，活底炉
dry ~ 干燥箱，烘箱，烘干炉
drying ~ 烘炉
dry-off ~ 烘炉
Dutch ~ ①马弗炉②荷兰式炉
electric ~ 电炉（箱形），电烘箱，电烤箱
electric bulb ~ 电灯式干燥箱
electrical drying ~ 电热干燥箱（电热烘房）
electronic ~ 电子烤炉，微波炉
flattening ~ 平板炉（制玻璃）
glass ~ 玻璃退火炉
graphite ~ 石墨炉
hot wave ~ 热波炉
japanning ~ 上漆炉，涂漆炉
Koppers horizontal-flue ~ 考柏斯水平烟道（炼焦）炉
line ~ 线炉（一种环炉）
microwave ~ 微波炉
recuperative ~ 换热炉
reel ~ 立式回转烘芯炉，转炉
retort ~ 甑式炉
roasting ~ 焙烧炉
shelf-type core ~ 架式烘芯炉
special atmosphere ~ 保护气氛炉
steam drying ~ 蒸汽干燥箱（蒸汽烘房）
steam pipe ~ 蒸汽加热炉
steam-heated ~ 蒸汽干燥器
temperature-controlled ~ 恒温槽
thermostatic ~ 恒温（加热）炉
tower ~ 立式烘芯机
travel(l)ing tray ~ 活动盘炉
vertical chamber ~ 立式炼焦炉
vertical core ~ 立式烘芯炉
water-jacketed ~ 水套加热烘箱
wraparound ~ 壳芯电热炉
oven-dried 烘干的
ovenstone 耐火石
over ①越过，翻过来②重复③过度的，完成的④“报文完，请回复”（无线电通话用语）
double ~ 折边，卷边
rolling ~ 翻转起模
Step ~ 步距（UG NX 数控加工的功能术语）
turning ~ 转台起模
over-abundance 过剩
overactive 过度活化的，过多的，过分的
overage ①超出的，过多的②逾龄（的），过老化（的）③人工时效过度
overagitation 过度搅拌
overalkalinity 过碱度
overall ①总的，全面的，综合的，所有的，轮廓的，包含一切的②一般的，普遍的③（pl.）

工作服，工装裤
overamplification 放大过度，过量放大
overanneal 过（度）退火
overarm ①横杆，悬臂，横臂②支撑的③（支持刀杆的）悬梁
overbaking 过烘烤，焙烧过度，烧损
overbalance ①过平衡，超（出）平衡②过量，超重③重〔优，多〕于
overbank ①翻摆②倾斜过度，大坡度转弯
overbanking ①失去平衡②超过，超值
overbending 过度弯曲
overbias 过偏压
overblow ①过吹（转炉的），加速鼓风（高炉的）②吹过〔散〕，狂吹
overboard-dump 卸载
overbunch(ing) 过聚束
overburden ①超载，过载，过重，过负荷②表土（层），覆盖面③（高炉）过重料
overburdensome 超〔过〕载的，过重的
overburn(ing) 烧毁〔损〕，过烧
overcapacity ①后备生产率②过负荷，过容量③设备过剩
punching ~ 穿孔过载容量
overcast 支撑架空管道（拱形）支架，架空支架
overcenter 超出车身，外突于车身
overcharge ①过重，超载②加料过多，过量装载③充电过度④增压
overcharging ①过充电②过荷，超载③图面紊乱
over-chute 跨渠槽，溢流斜槽
overcoating 外敷层，保护涂层
overcoil 挑框游丝，摆轮游丝的末圈
overcome 克服，征服
overcommutation 超前换向，过换向，过（度）整流
overcompensate 过补偿，补偿过度
overcompound 过〔超〕复励
overcontrol 过分操纵，过度控制
overconvergence 过会聚，过度收敛
overcool(ing) 过冷
overcorrection 过校正，过调，再调整
overcount 过计数
overcouple 过耦合
overcritical 超临界的，过于危险的
overcross 上跨交叉
overcure 过（分）硫化，过（度）熟（化）
overcurrent 过电流
time ~ 时限过电流
overcut ①过度切割〔刻划〕②切〔割〕断③过（度）调制④顶槽⑤挑顶⑥孔腔扩大量（工件孔腔与电极的尺寸差）
overcutter 顶槽截煤机
overdamp 超阻尼，剩余阻尼，阻尼过度，过度衰减，强衰减
overdeepening 过量下蚀
overdelicate 超灵敏的，过于精致的
overdesign 保险设计，大储备计算
overdetermined 超定的，过定的
overdeveloping 显影〔像〕过度
overdevelopment 显影〔像〕过度
overdimensioned 超尺寸的
overdischarge 过（量）放电〔卸料〕
overdischarging ①（活塞发动机的）提前排气②（蓄电池的）过放电
overdistension 膨胀过度
overdraft ①过度通风②过压缩（轧压时的）③轧件上弯，下压力④透支
overdraw(ing) ①张拉过度②超支
overdrive ①（汽车变速器）超速档档位，超速传动〔行驶〕，增速传动装置，加速移动②激励过度，过压，过载，过驱动③使用过度
automatic selective ~ 自动换档的超速传动
automatic transaxle ~ （汽车）带超速档的自动变速驱动桥
automatic ~ 自动超速档档位
transmission range ~ 变速器超速档档位
OverDrive OverDrive 微处理器，OverDrive 技术（英特尔公司处理器技术）
overdriven ①超速传动的②过载的，过激（励）的③上动的
overdub ①加录②加录的音响
overdue 过时的，过期的
overedger 包缝机
overemulsification 超乳化
overexcitation ①过（度）激发②过激励〔励磁〕
overexcite 过（度）激发，过激励〔励磁〕
overexpansion 过度膨胀
overexpose 使感光〔曝光，照射〕过度
overexposing （摄像管靶光）过照射，过曝光
overexposure 曝光过度，过度曝光〔感光，照射，辐射〕
overfall 溢水（道），溢流（堰），溢出（口），滚水坝，外溢
overfatigue 疲劳过度
overfeed ①上饲②过量供给〔进给，馈送〕，过装料
overfill 过满，满出，过量填注

overfilled 过充满（轧制缺陷）
overfinish 过度修整
overfire 过度燃烧，过热，烧毁〔损〕
overflash 闪络，飞弧
over-flood （化油器）燃油溢出，流出过多
overflow ①溢，溢流〔出〕，外〔上，满〕溢，泄出，横流，边缘泄漏②满，充〔堆，涨，过〕满，充斥，过剩
~ of whites 白色过强
~ with internal chaining 使用内链的溢出
arithmetic ~ 算术溢出
characteristic ~ 阶码溢出
cylinder ~ 环溢出（磁盘记录的），同位标磁道组溢出
exponent ~ 阶溢出，阶上溢
high-water ~ 溢水管
link ~ 连接溢出
product ~ 积溢出
radiator ~ 散热器溢流管
runner ~ 浇道溢流
screen ~ 筛上料流
slag ~ 熔渣溢出
stack ~ 栈溢出
overflux ①超通量②过励磁，过激励
overfocus 过焦（点）
overfrequency 过频率，超频率，超过（额定）频率
overfuel 燃料供给过量，过量给油
overgassing ①（燃烧中）过度供给燃气，放气过多②过吹（水玻璃砂）
overga(u)ge ①超过规定尺寸的，等外的②正偏差轧制
overgild 给…表面镀金，把…染成金黄色
overgrade 定级过高
overgrind 研磨过度，过度粉碎
overground ①过磨的，过度粉碎的，研磨过度的②地上的
overgrowth 附生，附晶生长
overhang ①伸〔突，撑〕出，外伸，悬垂，悬距，伸〔突〕出在…之外〔上〕②突出物，突出部分③上架式安装法④横罩⑤悬臂〔张臂〕式的
front ~ 前悬
rear ~ 后悬
overhaul ①大〔检，折，翻〕修，修理〔配〕，检查，彻底〔仔细，分解，拆开来〕检查②追，赶③超运
annual ~ 年度检修，年修
general ~ （设备的）全面检查，大修
maintenance ~ 日常修理，日常维护
major ~ 大修，总检修
minor ~ 小修
top ~ ①大修②拆卸气缸检修
overhead ①（在）头上的，上面〔跨〕的，在上面通过的，过顶的，高架的，离地面的，架空的②总括的，经常的③普遍的，平均的④未分类的，间接的⑤塔顶馏出的⑥总开销，管理费（用）⑦辅助操作⑧开销比特，系统比特，附加比特
executive ~ 执行总开销
line ~ 线路开销
operating system ~ 操作系统开销
serial ~ 串行开销
overhearing 串音
overheat 超温，过热，过度回火
overheater 过热器
overhoisting 超起升
overhours ①加班时间，加班加点（费）②在规定时间之外
overhung 吊装的，悬装的，悬臂（式）的
overinflation 过度充气，过量打气
overirradiation 过度辐照，过度辐射
overladen 过载的，装货过多的，过负荷的
overlag （电子光学法）前景和背景的混合
overlap ①（部分，正，信号区，波段）重叠，交叠，搭接（部分），覆盖（面）②叠加，相交，交错③（部分）一致〔相同〕，（时间等）巧合，复合④并行，复用⑤跨〔超〕越，跳〔超〕过，叠〔超〕复⑥飞弧，跳火花，溢流⑦封闭，堵塞⑧焊瘤，（焊接的）飞边
~ of knives 剪刃量重叠
~ X 扫描光点 X 方向重叠
~ Y 扫描光点 Y 方向重叠
angular ~ 重叠角
band ~ 频带重叠
basic thread ~ 螺纹接触基准高度
bearing ~ 主轴颈与曲柄销的重叠量
gate ~ 栅覆盖层
gate-drain ~ 栅 - 漏覆盖面
profile ~ 啮合系数
pulse ~ 脉冲重叠
read-punch ~ 读卡穿孔重叠
resonance ~ 共振叠加
valve ~ 气门重叠
overlapping 重叠绕包
overlay ①外罩，（涂）盖层，表层，涂复层②重叠，叠加，（计算机）重复占位③程序段落，

程序分段，共用存储区④改印装置⑤镀，涂，覆盖，堆焊，包⑥压倒，压制
dynamic ~ 动态覆盖
form ~ 格式重叠
intelligent underlay ~ 智能双层网
program ~ 程序覆盖，程序重叠
segmentation ~ 分段重叠
spraying ~ 喷镀堆焊
supervisor ~ 重叠管理程序
surface ~ 表面堆焊

overlength 过长，剩余长度

overload ①过载，超载，超〔过〕负荷②过度充电③使负担过重
colo(u)r ~ 色过饱和，色过载
dynamic ~ 动力过载
exceptional ~ 额外超载
instantaneous ~ 瞬时过载
level ~ （操作）定额过载
permissible ~ 容许过（负）载
slope ~ 斜率过载
sustained ~ 持续过载

overloader （装载斗作业时越过车顶的）斗式装载机，翻转式装载机

overloading 过载，超载
plate ~ 屏极过载

overlock 包缝（机）
three thread ~ 三线包缝机

overlook ①俯视〔瞰〕②监视〔督〕，指导③耸立④过目，读⑤忽视〔略〕，漏看

overlooker 监视者，视察员，检查员

overlubricate 过量润滑

overlying 叠加（的），覆盖（的）

overman 工头，监工

overmastication 过度研磨

overmeasure ①余量，留量，裕度，容差，剩余②高估，估计过高

overmelt 过度熔炼

overmix 过度混合，拌和过度

overmoderate 过度缓和〔慢化〕

overmodulation 过调制

overneutralizing 过中和，过补偿

over-oxidation 过（度）氧化

overpass ①渡过，超越②立体交叉，上跨通道，上跨路〔桥〕，天桥③忽略④超过，优于

overplate 覆盖层上的镀层

overplot 过度绘制

overplus 过剩，过多，剩余（数量），超出的数量

overpotential 过电位，超电压〔电势，电位〕

overpower ①超功率，过功率，过负荷②打败，克服，胜过，供给…过强力量

overpowered ①有剩余电力的，有剩余动力的②被压倒的

overpressure ①过剩〔剩余〕压力，超压力②压力上升〔升高〕
~ peak 超压峰值
stagnation ~ 临界点剩余压力

overpressurization 过量增压，产生剩余压力，使超〔过〕压

overprint 加〔添，复〕印

overprinting ①附加印刷（印在空白区的标记）②重印③越界印刷

overproof 超差，超过标准（的）

overpunch 上部〔额外，三行区〕穿孔

overquench 过度淬火，过冷淬火

overrange 过范围，超出额定〔正常〕界限，溢出

overrate ①估计〔评价，定额〕过高，高估，超过定额值②逾限〔过量〕率

overreach ①超越②延长动作（时间）③普及

overreaching =overreach+ing
~ (for a distance protection system) （距离保护系统的）超范围

overreduction 过（度）还原〔缩小，简化〕

overregulate 过调节

overreinforced 钢筋过多的，超筋的

overrelaxation 过度松弛，超松弛（法）

override ①超〔越，胜〕过，超越（限度），占优势，克服②超线〔控〕，过载，过量负荷，凸出③盈余，上升④对消，取而代之，补偿，人工代用装置⑤不考虑，废弃⑥滥用⑦应急控制，辅助控制⑧倍率修调
feed(rate) ~ 进给速度修调
power ~ 功率超过给定值
spindle ~ 主轴修调

override-facility 人控功能

overrider （汽车）保险杠挡块

overriding ①占优势的，基本的，主要的②超越，仪器过载

overrigid （具有）多〔冗〕余（杆件）的（结构）

overrranging 超出额定范围

overrun ①超出，超过，超过限度〔正常范围，额定界限〕②超速，越程，超限运动③溢流④消耗过度⑤空刀行程⑥超过播出时间⑦切出量〔长度〕
data ~ 数据过量运行

relay ~ 继电器超限运行
thermal ~ 热超限
overs ①伸放数（印刷用语）②筛渣，筛除物
oversampling 过采样
oversaturation 过饱和
overscan 过扫描（扫掠）
horizontal ~ 水平过扫描
oversee ①监督（视），管理②省略，忽视
overseer 监视者，视察员，管理人
overset ①翻转〔倒〕，颠〔倾〕覆，推翻②排字过多〔密〕
oversheath 外护套
over-shoot ①超调，过调（节，整，量），过冲〔摆〕(量),超越度②（曲线的）突起,突增，脉冲跳增，尖头信号，尖峰，过度特性的上冲〔峰突〕③过辐射，过平衡④越过，超过，作用〔动作〕过度⑤溢〔逸〕出
leading-edge ~ 前沿过冲
maximum ~ 最大过调量，最大超越度
peak ~ 尖峰超越量，过冲峰值
pose ~ 位姿超调
spike ~ 过度峰突，过度特性上冲
overshot ①打捞筒〔器〕，套管打捞器②上部比下部突出的
~ with slot 开窗打捞筒
overside ①从船边的(装或卸货物)②越过(船只等的）边缘③在唱片反面的
free ~ 船上交换价格，到港价格
oversight ①监视，观察②失察，疏忽，忽略③误差
oversintering 过烧（粉末冶金）
oversize ①过〔特，加〕大的，超过尺寸的，安全系数过大的②超过尺寸，尺寸过大，带有余量〔非标准〕的尺寸③筛上物④超差
~ for machining 切削余量
cumulative ~ 筛余物
overslaugh ①妨碍，阻止②解除职务
oversleeve 袖套
overspeed ①超(转)速,过速,超速传动〔运行〕②飞升
transient ~ 瞬态超速
overspill 溢出物
overspray 过喷，喷溅性，飞漆
over-spring 上装游丝，摆轮上接簧
over-square 超短行程的（内燃机）
overstability 过度稳定性，超安定性，超稳定性
overstable 超稳定的，很稳定的
overstaggered 过参差失调的
overstan 过鞣，鞣度
oversteer 过度转向〔弯〕
compliance ~ 柔性过度转向
overstock 过度储备，过裕量
overstokering 上给煤，上给燃料
overstrain ①过度〔超限，残余〕应变②过载，疲劳过度
overstress ①过应力，超限应力，逾期应变②过载，超载③使…受力〔应力〕过大④过电压
overstroke ①扳过头②大于缸径的活塞冲程
overstuff 多油，涂油过多，装填过度
overswelling 冒槽，沸腾，沸涌
overswing =overshoot
oversynchronous 超同步的，过同步的
overtake ①超越〔过〕，追〔赶〕上，超〔越〕车②压倒
overtaking 超越，超车
overtemperature 过热（温度），超温
overtempering 过（度）回火
overtension ①过（电）压②过应力③过压极化④电压过高
overthrow ①推翻，废除②破坏，倾覆③天桥
armature pickup ~ 衔铁吸合过度
inertia ~ 惯性过动，惯性破坏
overtone ①泛〔陪，谐〕音，谐波②（pl.）附带意义，色彩③晒（像）过度
overtop 过高，高出，超过〔出〕
overtorque 过转矩，过力矩
overtravel ①超〔越〕程，多余行程②过调，再调整③大移动④切出量
armature dropout ~ 衔铁释放超行程，衔铁回动过调
contact ~ 触点超（行）程
overturn 倾覆，倾倒，推翻，毁灭
overuse 过度使用，用过头，滥用
overvaluation 高估，估计〔评价〕过高
overview ①综述，概述②观察，概观
overviscosity 回黏性
overvoltage 过电压，超（电）压，（开关的）最高电压
abnormal ~ 异常〔事故〕过电压
impulse ~ 冲击过电压
instantaneous ~ 瞬时过电压
resonance ~ 谐振（造成的）过电压
static ~ 静电过电压（避雷器）
sustained ~ 持续过电压
switching-surge ~ 操作过电压

travel(l)ing ~ 行进波过电压
overwashing 超清洗，过洗
overweight 过重（的），超重（的），超载（的），超额（的）
overwhelm ①粉碎，压倒，推〔打〕翻②埋〔浸，淹〕没
overwidth 超宽
overwind 上卷式，过卷，卷得过紧
overwinding 附加绕组，过绕，过卷扬
overwrite ①写满，写得过多②（冲掉）改写，重写，修改③写在…上面
overwriting 写满，过记录
overzoom 失速，气流分离
oviform 卵形的
ovoid ①卵形体〔物〕②卵形的
ovonic 双向的
ovonics 交流控制的半导体元件，双向开关半导体器件
own ①自己〔身〕的，固〔特〕有的②拥〔具，占，所〕有③同意，承认④（计算机）专用码，扩充工作码
owner ①所有者，物主，业主②（计算机）文件编写人
ownership 所有权，主权
individual ~ 独资企业
oxalate 草酸盐〔酯〕，乙二酸盐
oxalating 草酸盐处理
Oxally 奥克萨力包层钢
oxidability 可氧化性〔度〕
oxidable （可）氧化的
oxidant 氧化剂
oxidate ①氧化物②氧化
oxidation 氧化作用，氧化（层）
anodic ~ 阳极氧化
catalytic converter for ~ （发动机）氧化催化转化器
chemical vapo(u)r-phase ~ 化学气相氧化
dry O ~ 干氧氧化
electrolytic ~ 电解氧化
gas-phase ~ 气相氧化，气相腐蚀
internal ~ ①内氧化②表面层下腐蚀
metalloid ~ 铁伴随元素的烧损
microarc ~ 微弧氧化
mild ~ 轻度氧化
open-hearth slag ~ 平炉渣氧化作用
phase ~ 相氧化
pressure ~ 加压氧化
pyrogenic ~ 高温氧化
selective ~ 分别氧化，局部氧化
vapo(u)r-phase ~ 气相氧化
wear ~ 摩擦腐蚀
oxidation-reduction 氧化还原（作用）
oxidative 氧化的
oxide ①氧化物〔皮，层〕②氧化的
~ of alumina 刚玉，氧化铝
alumin(i)um ~ ①氧化铝，刚玉②矿物陶瓷
antimony ~ 氧化锑，锑白
basic ~ 碱性氧化物
calcium ~ ①氧化钙②生石灰
cupric ~ 氧化铜
cuprous ~ 氧化亚铜，一氧化二铜
deuterium ~ 氧化氘，重水
diphenyl ~ 二苯醚，二苯基氧
ferric ~ 氧化铁，三氧化二铁
ferrous ~ 氧化（亚）铁
gamma ferric ~ 伽马铁氧体
gate ~ 栅氧化层
heterogeneous ~ 异质氧化物
loosened ~ （氧化物）碎鳞，疏松的氧化层
magnesium ~ 氧化镁
magnetic ~ 磁性氧化铁
masking ~ 掩模氧化层
metal ~ 金属氧化物，金属绝缘膜
nitrous ~ 一氧化二氮，氧化亚氮，笑气
red ~ 铁丹，氧化铁，西红粉
red lead ~ 红铅粉（四氧化三铅）
stannic ~ 氧化锡
stannous ~ 氧化亚锡
tight black ~ 密黑氧化
zinc ~ 锌白，氧化锌
oxide molybdenum 氧化钼
thorium ~ 钼钍氧金属陶瓷
oxidic 氧化的
oxidiser =oxidizer
oxidizable 易氧化的
oxidization 生锈，氧化（作用）
oxidize ①使氧化，（使）生锈②使脱氧③使增加原子价
oxidizer 氧化剂
particulate trap ~ 微粒捕集氧化器（捕集柴油机排气中的微粒并烧掉）
periodic trap ~ 周期性捕集氧化装置（捕集柴油机排气中的微粒并烧掉）
oxidizing 氧化的
oxido-reduction 氧化还原（作用）
oximeter 光电血氧〔色〕计

oxogroup 桥氧基
oxonation 羰化反应
oxyacetone 氧丙酮，丙酮醇
oxyacetylene 氧（乙）炔
oxyaustenite 氧化奥氏体，氧化 γ 铁固熔体
oxycalorimeter 耗氧热量计
oxy-carbonitride 氧碳氮化物
oxycardiorespirograph 心率及呼吸率仪
oxychloride 氯氧化物
Oxycon 铅靶管，氧化铅视像管
oxydation =oxidation
oxydol 过氧化氢，双氧水
oxyferrite 氧化铁素体
oxyful 过氧化氢，双氧水
oxygen 氧（气）（O）
heavy ~ 重氧
top blowing ~ 顶吹氧
oxygenant 氧化剂
oxygenate ①充氧②（使）氧化，以氧化合，用氧处理
oxygenator 氧合器
oxygen-bearing 含氧的
oxygen-blown 吹氧的
oxygen-free 无氧的，不含氧的
oxygenium 氧（气）
oxygenize 氧化，充氧，用氧气处理
oxygenous 氧（气）的
oxygon(e) 锐角三角形
oxygon(i)al 锐角的
oxyhalide 卤氧化物
oxyhalogenide 卤氧化物
oxyhemoglobinometer 血红蛋白氧合计
oxyhemograph 血氧测定器
oxyhydrate 氢氧化物
oxyhydrogen 氢氧（气）
oxyiodide 碘氧化物
oxyliquid 液氧炸药
oxyluciferin 氧化荧光
oxyluminescence 氧发光
oxymeter 量氧计
oxymuriate 氯氧化物
oxynitride 氮氧化物
oxynitriding 氧氮化，氧氮共渗
oxynitrocarburizing 氧碳氮共渗
oxyosis 酸中毒
oxysorb ①吸氧②吸氧剂
oxysulfide 氧硫化物，硫氧化物
oxysulphide =oxysulfide
oylet 孔眼，视孔
oyster ①透镜形零件②蚝③扁豆形的
oz （=ounce）盎司（1 盎司 = 28.35 g）
ozokerite 地〔石〕蜡
ozonator 臭氧发生器，臭氧化器
ozone 臭氧，新鲜空气
ozonization 臭氧化作用
ozonizer =ozonator
ozonometer 臭氧计
ozonoscope 臭氧测量器

P

P 轮胎例壁标记，表示最高使用车速为150km/h

pace ①步，步调〔速，伐〕，速度②一步（约0.75 m），一测步（约0.9 m），步距〔测〕③（梯）台，梯步，梯阶④整速，定速，定步，匀速

half ~ 半梯台，半叠接

incentive ~ 物质奖励的作业速度

pacemaker ①心律电子脉冲调节器，（心脏电子）起搏器②领步人

cardiac ~ 心脏起搏器

electronic ~ 电子起搏器

pacer ①定速装置，调搏器②步测者，领步人

heart ~ 电子起搏器

load ~ （材料试验机）均匀加载装置，定速负荷试验装置

strain ~ 定速应变试验装置

pachimeter 测重机，弹性切应力极限测定计

pachometer 测厚计

pachymeter =pachometer

pacing ①步测，整〔定〕速②基本的，有决定性的③定步（接收方控制发送方传输速率的技术）

pack ①束，包，捆②部件，组件，接头，单元，容器③密封，充填，填塞，填料④打包，包装，压缩，堆叠（电机的）⑤叠（铁心）片

alternative ~ 可换容器，选择容器，选择部件

back ~ ①背包②背负式火箭发动机

ball ~ 滚动组件

battery ~ 蓄电池组，（后备）电源

cam ~ 凸轮部〔组〕件

coil ~ 线圈组件，盘管组件

diode ~ 二极管集成组件

film ~ 盒装胶片（亮光下装入照相机用），胶片剂量计，软片包

flat ~ ①扁平包装〔封装，组件，外壳〕②扁平集成电路，平封半导体网络

hydraulic power ~ 液压动力组件〔机组〕，液压联动机构

mill ~ ①单张薄钢板②叠（轧）板（材）

pillow ~ 填充纸板

plate ~ 极群组

power ~ 电源（组），动力单元〔装置，组〕，供电部分

sheet ~ 钢板叠

tuner ~ 调谐器组件

package ①包〔封〕装，打包，装箱，密封②外〔管〕壳③（标准）部件，组〔插〕件，接头，装置，成套设备，包装标志和包装试验④一组，一束⑤组合程序，程序包⑥（薄板叠轧时的合板）

~ (for power semiconductor device) 管壳（电力半导体器体用）

additive ~ 混合添加剂

application ~ 应用程序包

ball ~ 滚动体，滚动组件

blister ~ 泡状包装

buoy motion ~ 浮标运动监测装置

calibration ~ 校正备用特定组件（当ECM或PROM有故障，能运用这种组件供车辆行驶到修理厂）

case ~ 管壳〔外套〕封装

Cer-DIP ~ （=ceramic dual in-line ~）陶瓷双列直插式封装〔组件〕

chip-scale ~ 多种规格的芯片封装

cocoon ~ 茧式包装

collapsible ~ 可折叠包装

console ~ 控制台部件

consumer ~ 销售包装

debugging ~ 调试程序包

domestic ~ 内销包装

double in-line ~ 双列直插式组件

engine diagnostic ~ 发动机故障诊断组件

expert ~ 专家包

flat ~ 扁平组件〔包装，封装，外壳，管壳〕

floating-point ~ 浮点程序包

hermetic ~ （气）密封装

individual chip ~ 单片组装

in-line ~ 直插式封装

integrated circuit ~ 集成电路组件〔封装〕

internet ~ exchange 网间包交换

plug-in ~ ①（有插塞的）可替换部件②插入件，嵌配件

portion ~ 一次用量

power ~ 发电装置，动力机组，整装电源组机

program ~ 程序包

recovery ~ 回收舱

routine ~ 程序包

sensory ~ 传感组件
skin ~ 贴体包装
software ~ 软件包，软设备组件
spare ~ 储备〔备用〕组件
subroutine ~ 子程序包
telemetering ~ 遥测组件
transistor ~ 晶体管外壳
utiliy ~ 应用程序包
variable information processing ~ 可变信息处理软件包
variable length data ~ 可变长度数据包
velocity ~ 加速器〔舱〕，测速仪器舱
video ~ 录像磁带盒

packaged ①成套的，组装的，集装的②小型的，袖珍的③快装的④典型的，综合的

packager 打包〔包装〕机

packaging ①包〔封，集，组〕装②被覆，外层覆盖③插〔组〕件④包装材料
functional ~ 组件封装
gas ~ 充气包装
integral ~ 集成组〔包〕装
over ~ 余量包装
packagerchild-resistant ~ 儿童安全包装
rust prevention ~ 封存包装
tamperproof ~ 防盗包装
volumetric ~ 立体包装

pack-carburizing 装箱（固体）渗碳

packer ①包装工②封隔器，打包〔捆〕机，包装机③压实器，压土机，镇压器，装填器④灌浆机
anchor ~ 卡瓦封隔器
auger ~ 螺旋装料器
automatic ~ 自动包装机
base ~ 底板垫塞物
can ~ 条筒揿压器
crowfoot ~ 爪〔网〕形镇压器，壁钙型封隔器
hold-down ~ 悬吊式堵塞器
hook-wall ~ 悬吊式堵塞器，壁钩型封隔器
inflatable ~ 胶囊封隔器
open hole ~ 裸眼封隔器
roller ~ 滚子式镇压器
soil ~ 镇压器
sprocket ~ 星轮式镇压器

packet ①（一）束，（一）组，（一）盒，（一）捆②汽封包，包，（小件）包裹③信〔消〕息包，（报文）分组，数据包〔网〕
~ handler 分组〔包〕处理程序（器）
binary instruction ~ 二进制指令包
charge ~ （固体摄像器件中）电荷包
core ~ 铁心（叠片）段
crossbar ~ 纵横交叉包
data ~ 数据分组，数据包
file ~ 文件袋
glide ~ 滑动小件
instruction ~ 指令包
phase ~ 相群
pulse ~ 脉冲群〔链，束，系列〕

packetize （把信息或数据）分包〔组〕

packetizer 分组器

packfong 铜镍锌合金（w（Cu）20% ~ 40%，w（Ni）16% ~ 37%，w（Zn）32% ~ 41%，w（Fe）0% ~ 2.5%）

pack-hardening 装箱渗碳（硬化）

pack-house 仓库，堆栈

packing ①打包②包装（物）③装填，油封，动密封，密封④填〔垫〕料，衬垫，垫圈，衬料，填充（物）⑤存储，组装，合并⑥敛集，压缩，压紧⑦密集度⑧图像压缩（非线性扫描引起的几何失真）⑨送话器中炭精末结块⑩（晶格中原子的）排列
air ~ 气密填料
airtight ~ 不透气填料〔密〕，密封件
buta-heli-grid ~ 由网形截面螺旋带缠成的填充物
carbon ~ 碳素垫料
channel ~ 信道合并
chip ~ 切屑填塞
chord ~ 弦杆配置
close ~ 密堆积，密集〔排〕，紧密包装，密实充填
coil ~ 盘条形填料
cup ~ 皮碗密封，杯〔碗〕形填密法
dumped ~ 填料，堆积填充物
elastic ~ 弹性垫料〔密封〕
fabricated ~ 夹布密封
flange ~ 凸缘密封垫
flange mo(u)lded ~ 帽形〔领圈形，凸缘式〕模压填密件
floating ~ 活动密封垫
foot ~ 底脚垫
gauze ~ 网状填料
gland ~ 填料（离心泵）
graphite ~ 石墨填料〔衬垫〕
jam type ~ 压紧式填料
joint ~ 填充垫圈，接合填密，接合包装，紧束

journal ~ 轴颈密垫
labyrinth ~ 汽封，迷宫式密封（件），曲径轴封
leather ~ 皮垫（密封）
lip ~ 唇形密封，带唇边（环形）密封（件）
liquid ~ 水封器，液力密封，水压式阀
meridian lossless ~ 无损压缩音频技术
metallic ~ 金属垫料
multiple-lift ~ 散装
O-ring ~ O 形环密封件，O 形环油封
overhang ~ 端部衬垫
pin ~ 枢孔填板
powder ~ 粉末装填
rod ~ 推杆密封环
rubber ~ 橡胶衬垫〔垫圈，密封垫〕
saddle ~ 马鞍形填料
self-sealing ~ 自紧密封
sheet ~ 封〔填〕密片
stacked ~ 规则填料
steam ~ 汽密封
trim ~ （汽车车身内部装用）密封填充物，车厢内衬
vacuum ~ 真空包装
washpipe ~ 冲管密封
wood ~ 木填块

packingless 无〔不能〕密封的
packing-up 包装
packless 无包装〔填充，衬垫，填料〕的
packplane 货舱能脱换的飞机
pack-rolling 叠板轧制
packsand 细（粒）砂岩
pack-shot 微距镜头
pack-sintering 装箱烧结
pact 合同，条约，公约
pacteron 铁碳磷母合金（压制铸铁粉末时加入的液相形成剂）
pad ①垫片〔圈〕,衬〔密封,缓冲〕垫②法兰盘，凸缘③（固定）衰减〔耗〕器，延长器，微调电容④底座，台基，垫座⑤焊盘，焊接点〔区〕，压点⑥装填，插入，填充⑦轴瓦，(推力轴承的）推力瓦⑧冒口补贴，冒口残根，墨滚，底漆
attenuation ~ 衰减器
axle ~ 轴垫
battery ~ 电池盘
bearing ~ 乌金轴瓦，轴承垫
bonding ~ 焊盘〔片〕,结合片，焊接区〔点〕，压焊点
coaxial ~ 同轴衰减器
colo(u)r ~ 着色橡胶圈（轮胎外侧面装着白色盘状胶圈）
crash ~ 防振垫
crush ~ 凸出高度
die ~ 压料垫，顶料板，冲模垫
distortion ~ 失真衰减器
drill ~ 钻垫
ear ~ 耳垫
ejector ~ 推件盘
electric ~ 电热垫，电暖器
elongation ~ 延长器，外延衰减器
felt ~ 毡〔绝缘〕垫
filler ~ 软衬
floor ~ 脚踏板
forming ~ 造型垫
grounding ~ 接地板，(定子机座上的接地垫）
guide ~ 导向块
holding ~ 压料板〔圈〕
integrating ~ 积分衰减器
jack ~ 千斤顶垫座
key ~ 键延长器
landing ~ 降落场
launch(ing) ~ 发射台
level(l)ing ~ ①水准基座②调平垫片〔衬垫，底座〕
line ~ 线路衰减隔离器
locating ~ （铸件上的）工艺卡头
masking ~ 掩蔽衰减器
metal ~ 金属液层
mixing ~ 混〔拌〕合器，混频器
molded pulp ~ 纸浆模制衬垫
molten ~ 熔融减摩垫（热挤压模壁与工件间的润滑剂熔化膜）
monitor/control ~ 监督控制板
oil ~ 油垫
punch ~ 凸模压板
radiator ~ 散热器组
recoil ~ 后座缓冲垫〔枪〕
resistance ~ 电阻衰减器
rest ~ 支承块
riser ~ 冒口根，缩颈泥芯，易割冒口圈，冒口贴边
safety ~ 安全〔保险〕垫
sanding ~ 砂布抛光件〔轮〕
scratch ~ 高速暂存存储器
seat ~ 垫块，座衬
shock ~ 减振垫
splice ~ 拼合衬垫

steel ~ 钢安全臼
step ~ 输送带中部加厚层
surging ~ 推力瓦片，缓冲衬垫，摩擦轮垫
switching ~ 自动转接衰减器
thrust ~ 推力轴承衬
thumb ~ 凹形垫
tie ~ 轨道垫板
waste ~ 绒垫
Padar 被达，无源雷达，无源探测定位装置（一种轰炸机用无源探测系统）
padded 填塞的，充填的，装有填料的
padder ①微调〔垫整〕电容器②轧车，轧〔浸〕染机，浸轧机
double ~ 两道轧染机
oscillator ~ ①振荡微调电容器②（超外差接收机）垫整电容器
padding ①填〔垫〕料，衬垫，填充（物），填满（空白区）②连接，结合③统调，垫整，跟踪④浸〔轧〕染⑤冒口贴边⑥使平直，使均匀
exothermic ~ 发热贴片
oscillator ~ 本机振荡器统调
parallel ~ 并联调整
resistive ~ 吸收衰减
paddle ①桨，叶（片）②踏板③闸门，开关④搅拌桨〔棒〕⑤用搅料棒搅拌
brake ~ 制动踏板
trip ~ 脱扣桨片〔踏板〕
water bowl ~ 饮水器阀门
paddler 明轮船桨手
paddle-wheel 径向直叶风扇轮，桨轮
P-address 程序转移地址，调换数据地址
padeye 垫板孔眼
p-adic p 进
padlock 挂〔扣，荷包〕锁
pad-out 填充
page ①页（面，式）②记录③寻呼
front ~ 标题页
hologram ~ 全息图面
home ~ 主页，网页
memory ~ 存储页面
viewdata ~ 图像数据页面
virtual ~ 虚拟页
web ~ 网页
wireless ~ 无线寻呼
pager 寻呼机
synthesized ~ （频率）合成寻呼机
pagination 分页，标记页数，加页码
paging ①分页（法），页式（调度），页面调动，页控制法②无线寻呼
demand ~ 请求式页面调度
pail ①（提，吊，木，铁）桶，罐，壶②一桶的量
pailomelane 硬锰矿
paint ①涂料，油漆，颜料涂漆，色漆②画，描绘，描述③涂装，刷涂，涂色④填充
~ package 着色软件包
acid seal ~ 防酸封漆
alumin(i)um ~ 铝涂料，铝〔银灰〕漆
anti-carburizing ~ 渗碳防护涂料
anticorrosive ~ 防腐涂料〔油漆〕
antiglare ~ 防眩涂料，无光漆
antirust ~ 缓蚀涂料，防锈漆
baffle ~ 覆面漆，盖面涂料，掩护色油漆
beaded ~ 涂料，油漆（色漆）
bituminous ~ 沥青涂料
celluloid ~ 透明油漆
chameleon ~ 热变〔示温，变色〕漆
concealment ~ 覆面漆，盖面涂料，隐蔽色油漆
dipping ~ 浸涂
enamel ~ 瓷漆
finish ~ 面漆
fire-retardant ~ 耐火漆，防火涂料
flat ~ 无光漆
fortified ~ 掺有酚基树脂的涂料
fungicidal ~ 防霉漆
glazing ~ 发〔有〕光漆
graphite ~ 石墨涂料
heat-indicating ~ 变色漆，示温漆
heat-sensitive ~ 示温漆
hold ~ 货仓面漆，耐蚀漆
lead-and-oil ~ 油铅，油漆
luminous ~ 发光涂料
matt ~ 无光泽涂料
mo(u)ld ~ 铸型涂料
oil ~ 油脂漆，油脂涂料
oleoresinous ~ 油性漆
paste ~ 厚漆
prepared ~ 浓油漆，调好的漆
ready mixed ~ 调和漆
red lead ~ 铅〔红〕丹漆
sharp ~ 快干漆
sound-deadening ~ 隔声涂料
spray ~ 喷涂
strip ~ 可剥性涂料

textured ~ 装饰用涂料
thermal ~ 示温漆（漆色随温度变化）
thermoindicator ~ 热变涂料，示温漆，变色漆，温度指示漆
traffic ~ 路标涂料
trick ~ 装饰用涂料
underwater ~ 防水漆，防水涂料
varnish ~ 清漆涂料
water ~ 水性涂料

paint-burner 旧颜料烧除器

paintcoat 涂层

painted 着了色的，上了漆的

painter 涂装工（具）
air ~ 喷涂器

painting 上〔着〕色，涂漆〔料〕，涂装，涂料施工
electrostatic ~ 静电喷涂
fluidized bed ~ 流化床涂
hot melt ~ 热熔敷涂装

pair ①对，副，偶，对偶②成〔配，线〕对③对绞④双室〔腔〕的
~ of arm 臂对
astatic ~ 无定向双磁针（系统）
balanced ~ 平衡双股线，平衡〔对称〕线对
ball screw ~ 滚珠丝杠副
bevel gear ~ 锥齿轮副
binary ~ 二进制〔双稳态〕触发器
bound ~ 界偶
bunched ~ 群聚对，线束对
by-pass ~ 旁通〔路〕对
coalescence ~ 聚合晶粒对（偶）
conjugate ~ 共轭对，耦合对
contrate geat ~ 圆柱齿轮端面齿轮副，端面齿轮传动
cord ~ 塞绳线对
coupled ~ 耦合（线圈）对
cylindrical ~ 圆柱副
digit ~ 位偶〔对〕
electron ~ 电子偶〔对〕
electron-hole ~ 电子空穴对
electron-positron ~ 正负电子对
extra ~ 备用（电缆）线对
fiber twisted ~ 光纤双绞线对（系统）
formate ~ 半展成齿轮副，半滚切〔半展成〕传动
gear ~ 齿轮副
generated ~ 展成副
goto ~ 串联隧道管对
helical ~ 螺旋副
helix ~ 螺旋副
higher ~ （链系的）线点对偶，高副
homologous ~ 对应线对
interstitial vacancy ~ 填隙空位偶
ion ~ 离子偶〔对〕
isomorphous ~ 同形偶
kinematic ~ 运动副
lead-screw ~ 丝杠副
lone electron ~ 未共（享）电子对
long-tailed ~ 差动放大器
lower ~ 低副，（链系的）面接对偶
mated ~ 磨合，配磨
multiple ~ 复接线对
pole ~ （磁）极对，杆对
pressure ~ （链系的）压接对偶
pusher-barge ~ 推驳搭配
rolling ~ 滚动副
rotary ~ 回转副
shielded ~ 屏蔽〔隔离〕线对
sliding ~ （链系的）滑动对偶
split ~ 劈分线对
spur gear ~ 直齿轮副
subscript ~ 下标偶
terminal ~ 端子对
transfer ~ 变换对
transposed ~ 交叉线对
turning ~ （链系的）回转偶，旋转力偶
twisted ~ 扭绞线对，扭绞双线电缆，双芯绞合线
unshared ~ 未耦合的电子偶
vacancy ~ 空位偶〔对〕
video ~ 视频信号导线对
vortex ~ 涡动〔旋涡〕偶
X-gear ~ 变位齿轮副
X-zero gear ~ 非变位齿轮副，标准传动，零传动

pair-annihilation （正负电子）对湮没

pairing ①配〔对〕偶，配对，（核子等）成对〔双〕，行偏对偶现象②（薄板坯的）摞〔双〕合，双层轧制，叠轧③并行（两场扫描行并在一起）④电缆芯线对绞
~ of lines 对偶线，行对偶，（行扫描的）并列现象，叠行现象（隔行扫描奇偶数行重叠的现象）
actual ~ 真并行，实际并行
fight-crew ~ 战斗人员配对
ion ~ 离子配偶

quad ~ 四线对绞（电缆）
selective ~ 选〔组〕配
visual ~ 视觉并行
pairwise 成对（地），对偶（地）
Pajero 帕杰罗（日本三菱生产车型）
pal 帕耳（固体振动强度的无量纲单位）
palaeomagnetic 古地磁的
palau 钯金（合金）（*w*（Pd）80%，*w*（Au）20%）
PAL-D/K system 中国等采用的一种 PAL 电视制式
pale ①桩，栅（板），尖板条，围篱②境界③暗淡的，淡色的，浅色的，弱光的
pale-yellow 浅黄色
palid 铅基轴承合金（*w*（Pb）82% ~ 90%，*w*（Sb）5% ~ 11%，*w*（As）4% ~ 7%）
palirrhea 反流，回流，再度漏液
palisade 栅（栏）
electric ~ 电栅栏
palisado =palisade
Palium 铝基轴承合金（*w*（Cu）4.5%，*w*（Pb）4%，*w*（Sn）2.6%，*w*（Mg）0.6%，*w*（Mn）0.3%，*w*（Zn）0.3%，其余 Al）
palladium 钯（Pd）
palladium-copper 钯铜合金（*w*（Pd）70%，*w*（Cu）25%，*w*（Ni）< 1%，其余 Ag）
palladium-gold 钯金（热电偶）合金
pallador 铂钯热电偶
pallas 钯金铂合金
pallesthesiometer 水下扬声器
pallet ①平板架，托板〔架，盘〕，货架，底板，造型底板②集装箱〔架〕③爪，掣子④抹子⑤垫衬，锤垫⑥（电话机）衔铁，调色板，（风琴等的）调节瓣⑦随行托板，随行夹具，可换〔随行〕工作台⑧小车，（带式烧结机）烧结小车
anvil ~ 砧面垫片
box ~ 框盒板台
circular ~ 等臂式叉瓦
discharging ~ 出瓦
full perimeter base ~ 十字形底架货板
gathering ~ 齿板拨钉，集结棘爪，拨齿凸轮
knock ~ 可拆卸的货板
post ~ 立式托盘
reversible ~ 双面托盘
shuttle ~ 梭动随行工作台
stack ~ （压力机上的）送料车，叠料架
strip ~ 可拆叉
texture ~ 色彩纹理板
washboard ~ 分级滑〔抖动〕板
workholding ~ 随行夹具
palletization 托〔货〕盘化，夹具化
palletize 用托盘（装运），放在托盘上
palletizer 堆垛机，码垛机
palletron 高压电子谐振器
palliative ①减轻（剂）②减尘剂，防腐剂
pallograph 船舶振动记录仪
palm 手掌，掌状物
anchor ~ 锚爪〔齿，掌〕
palmeter 帕耳计
Palmtop 掌上型机
palnut 一种单线螺纹锁紧螺母
palpatorium 触诊器
palpitation 脉动
palstance 角速度
PAL-system PAL 制，逐行倒相制
pan ①盘，槽，容器，浅箱，池，底壳②底座，垫木③全，总④滤斗，碾盘，犁底层⑤摄全景（使摄影机上下左右移动），摇镜头⑥面位显示，平移画面，扫描
blueing ~ 上蓝锅
boat ~ 舟皿
braking ~ 制动式刮板运输机
catch ~ 人孔里盖
chip ~ 承屑盘
clutch housing ~ 离合器下壳
coil-type ~ 盘管锅
drain ~ （油）底壳，放油盘，泄油槽
draw-off ~ 泄流板，侧线出料塔盘
drip ~ 盛油〔屑〕盘，油〔酸〕样收集器
dry ~ 干式轮辗机
dust ~ 畚〔簸〕箕
electric heating ~ 电热锅
electric sauting ~ 电炒锅
electronic frying ~ 电煎锅
end ~ 端板，侧板
engine dust ~ 发动机防尘盘
evaporating ~ 蒸发锅〔盘，皿〕
felt ~ 毡垫
frying ~ 电煎锅
grain ~ 谷粒盘，谷粒抖动板
mixing ~ 混碾机
mucking ~ 装岩溜槽，湿润容器
press ~ 压力机枕木
scale ~ 砝码盘，秤盘，天平盘
scraper ~ 铲斗，刮土戽斗
shaker ~ ①平格振动筛②抖动板，滑板

sky ~ 强光灯
sludge ~ （炼镁合金用）大口软钢坩埚
sump ~ 贮槽上的漏盘
swish ~ 快速摄影
tote ~ 托盘，装运箱（机械车间中储藏并移送工件用钢箱）
washboard ~ 分级滑〔抖动〕板
wet ~ 湿辊磨机，湿磨碎机，黏土拌和机旋转槽，湿润容器
whip ~ 快速摇摄

panadapter =panadaptor
panadaptor 扫调附加器，影象接收器
panalarm 报警系统〔设备〕
panalyzer =panalyzor
panalyzor 调频发射机综合测试仪，全景分析仪
Panaplex 帕纳普莱克斯数字板（直流气体放电多位显示板）
pan-breaker 心土铲，深耕铲
pancake ①盘形混凝土块②（飞机）平降③扁平形的，盘形的，平螺旋状的，使扁平
pancaking 平坠
panchromate =panchromatic
panchromatic ①全〔泛〕色的，色的②全色性
ortho ~ 正全色的
panchromatograph 多用色谱仪
pandicon ①多位气体放电数字管②直列指示管
pandown 摄影机垂直摄全景，镜头下移
pane ①窗玻璃，方框②（螺母）棱面，锤头，锤尖
panel ①板（条），栅栏，底板，方格，栅格②操纵板，控制板，仪表板，配电盘，面板，电屏③画面，图片④（一）批，（一）组⑤小组（委员会）
AC plasma display ~ 交流型等离子体显示板
access ~ 观察板，检修窗，检查口
acoustical ~ 隔声控制板
blank ~ 备用面板
bracket ~ （配电盘的）副盘，辅助盘
brake ~ 制动鼓盖
button ~ 按钮型控制板
cabinet ~ 配电盘
choke ~ 扼流圈盘
cockpit ~ （飞机的）仪表盘
coil ~ 线圈盘
console ~ 控制盘，操纵板
contactor ~ 开关板
control ~ ①调节画面②控制板〔盘，屏〕，操纵板，配〔接〕线板
copper-clad ~ 敷（铜）箔（叠层）板
curtain ~ 管屏
data ~ 数据处理盘
distribution ~ 配电盘
drop ~ （柱顶）托板
dynamo ~ （直流）发电机（控制）盘
electroluminescent ~ 场致发光板
electrophoretic image display ~ 电泳图像显示板
end ~ 终端屏〔盘〕
entrance-exit ~ 进路集中装置控制板
fascia ~ （操作控制台上的）仪表板
feeder ~ 馈电盘〔板〕
flight ~ 航行驾驶仪表板
fluorescent display ~ 荧光显示板
fluorescent indicator ~ 荧光显示板
flush ~ 平镶板
front ~ （前）面板
full graphic ~ 全图示控制面板
fuse ~ 熔丝盘
gas ~ 气体显示板
gate-end ~ 平巷配电箱
graphic ~ 全模拟盘，图表板，图示控制盘，图解式面板，有线路图的配电板，测量系统图示板
heating ~ 散热板
high-tension ~ 高压配电板
incoming ~ 进线配电盘
indicator ~ 指示屏，信号显示板
instrument ~ 仪表盘〔屏，板〕，操纵盘
jack ~ 塞孔盘，接线盘〔板〕
key ~ 键盘
kinegraphic control ~ 远距离控制板
large area EL display ~ 电致发光大屏幕显示屏
lay ~ 横纹镶板
liquid crystal display ~ 液晶显示屏
machine control ~ （数控机床）机床控制面板
magnetic ~ 磁接触器盘
main ~ 主控制屏，主配电盘
meter ~ 仪表盘〔板〕
multicore ~ 多芯线嵌板，多层预制板
operating ~ 控制板，操纵盘，操作面板
outer ~ 外翼
outgoing ~ 馈电盘
patch ~ 接插板
patch(ing) ~ 接线〔编排，转插〕板，配电盘
plasma display ~ 等离子体显示板
pneumatic ~ 配气板

power ~ 电源板，配电盘
printed ~ 印刷版
protection ~ 继电保护屏
quarter ~ （车身）后围外侧板
radiant ~ 辐射板，隔热屏
radio ~ 无线电仪表板
rear ~ 后面板
relay ~ 继电器盘，（电气）保护盘
repeater ~ 复示屏板，指令显示屏
ribbon ~ 回带管屏
roof ~ （汽车）顶板〔盖〕
schedule ~ 程序转换盘
semigraphic ~ 半图式（控制）面板
separation ~ 分流排
side ~ 侧板〔壁〕
solar ~ 太阳能电池板
solid ~ 厚镶板
sound ~ 隔声板
starting ~ 起动操纵盘
subdivided ~ 复分镶板
summation ~ 总（输出）功率记测板
surveying ~ 测量平板仪，测量图板
switch ~ 控制盘〔板，屏〕，配电板
technical ~ 技术委员会
terminal ~ 终端面板
transom ~ 通气屏
tube ~ 管屏
vernier ~ 精调整盘
wing ~ 翼片
wire-wrapped ~ 绕焊底板
wood-based ~ 木质人造板

panel(l)ing ①镶板，嵌板细工，门心板②分段法
body ~ 镶嵌体
wood ~ 木镶板

panhead （螺钉的）锥形头，载锥头，皿〔盘〕形头

panhydrometer 通用（液体）密度计

panic 惊慌，紧急

paniculate 圆锥花状的

panimation 全动画片

panlite 聚碳酸酯树脂

panning ①摄全景，摇镜头，摄影机的水平移动拍摄，随动摄影②淘洗重矿物工艺

panoplay 摄全景动作

panoram 全景（图，镜）

panorama ①全景（图），活动画景②全景装置③摇镜头，遥摄

panoramic 全景的，频谱扫调指示的

panotrope 电唱机

panpot 假〔电位计移动〕立体声录音法

panradiometer 全波段辐射计

pan-shaped 圆盘形的

pan-shot 全景摄影术，全景拍摄

pant ①脉〔晃，振〕动②整流罩

pantachromatic 多色的

pantagraph 缩放仪，受电弓

Pantal 潘达尔铝合金（含 Mg，Mn，Si，Ti 等）

pantechnicon 大型仓库

pantelegraph 传真电报

pantelegraphy 传真电报（学）

pantelephone 灵敏度特高的电话机，无失真电话机

panting 脉〔波，晃，振〕动

pantodrill 自动钻床，全能钻床

pantograph ①缩图器，缩放仪，比例画图仪器②（电车的）导电弓，集〔受〕电弓
skew ~ 斜角缩放仪
suspension ~ 悬式缩放仪

pantometer 经纬〔万能〕测角仪
stereo ~ 立体万能测量仪

pantomorphism 全形性，全对称性，（结晶）全对称现象

pantoscope ①广角透镜②广角照相机

pantoscopic 广角的，大角度（透镜，照相机）的

pants 罩，（起落架轮的）整流罩
wheel ~ 机轮整流罩

pan-up 镜头上移

panzer ①装甲车，铠装输送机②装甲的，铠装的

panzeractinometer 温差电感光计

paper ①纸②论文③证券，票据，纸币
abrasive ~ 砂纸
adsorbent-loaded ~ 带吸附剂纸
alumina-impregnated ~ 氧化铝浸渍过的纸
anti-burning ~ 阻燃纸
antiseptic ~ 消毒纸
anti-tarnish ~ （防锈）封装纸
art ~ 铜版〔美术〕纸
aseptic ~ 无菌纸
asphalt ~ 沥青纸
atlas ~ 印图纸，绘图纸
bakelized ~ 电木〔胶木，酚醛塑胶〕纸
bibulous ~ 吸墨〔吸水〕纸，滤纸
board ~ 纸板，厚纸
Bristol ~ 图案纸，（绘图用）上等板纸，细料纸板
bromide ~ 溴素〔放大，相片〕纸

building ~ 防潮纸，油毛毡
cambric ~ 葛纹纸
carbon ~ 复写纸
carborundum ~ （金刚）砂纸
chemically modified ~ 化学改性纸
chromatographic ~ 色谱纸
circular probability ~ 圆概率坐标纸
coated ~ 涂〔盖〕料纸
coding ~ 程序纸
commercial ~ 商业文件
condenser ~ 电容器纸
core disk ~ 铁心叠片绝缘纸
cross-section ~ 方格纸，坐标纸
design ~ 绘图纸
developing-out ~ 显像纸
diagram ~ 电报纸
dielectric ~ 绝缘纸
drafting ~ 绘图纸
egg-shell ~ 光厚绘图纸
electronic ~ 电子报纸
emery ~ （金刚）砂纸
enamel ~ 铜版纸，蜡图纸，印图纸
facsimile ~ 传真感光纸
felt (glass) ~ 绝缘纸
ferroprussiate ~ 晒图纸，蓝图纸
filter ~ 滤纸
fireproofed ~ 防火纸
fish ~ 青壳纸，钢纸
flint ~ 粗砂纸
flint-glazed ~ 蜡光纸
flong ~ 字板纸
floor sanding ~ 粘砂纸，粘砂硬化纸板
flying ~ 快速移动纸（打印机的）
foil ~ 箔纸，衬底纸
friction feed ~ 摩擦输纸（打印机用）
gas-light ~ 缓感光印相纸
glass ~ 玻璃粉砂纸
graph ~ 毫米纸，方格纸
grease-proof ~ 防油纸，不透明纸
gummed ~ 胶纸
heliographic ~ 晒图纸
ice ~ （制图用）透明纸
impregnated ~ 绝缘浸渍纸
incombustible ~ 耐火纸
indicator ~ 试纸
insulating asbestos ~ 石棉绝缘纸
insulation ~ 绝缘纸，隔电纸
interleaving ~ 衬垫纸
ion exchange cellulose ~ 离子交换纤维素纸
kraft ~ 牛皮纸
lining ~ 衬纸
litmus ~ 石蕊试纸
log ~ （半）对数坐标纸
logarithmic normal probability ~ 对数标准〔正态〕概率（图表）纸
logarithmic (coordinate) ~ 对数坐标纸
log-log ~ 复对数坐标纸
maniflod ~ 复印纸，打字纸
Manil(l)a ~ 马尼拉纸（电缆绝缘纸）
metallic ~ 金属箔
metallized capacitor ~ 敷金属电容器纸
mica ~ （粉）云母纸
mimeograph ~ 蜡纸，油印纸
multigraph ~ 蜡纸，复印纸
oiled ~ 油（绝缘）纸
ozalid ~ 氨熏（正像）晒图纸
paraffin(e) ~ 蜡纸
parchment ~ 假羊皮纸，硫酸纸
pH test ~ pH 试纸
photocopying ~ 光感复印纸
plotting ~ 比例纸，方格绘图纸
pole ~ 试极纸
pole finding ~ 相对端点试纸（相对两端有电流通过试纸成红色）
power ~ 超薄电池
primer ~ 雷管纸
probability ~ 概率（坐标）纸
reagent ~ 试纸
recording ~ 记录纸（自动记录仪表用）
rubber-coated ~ 涂胶纸
ruled ~ 方格纸，坐标纸
scale ~ 方格纸，坐标纸
section ~ 方格纸
sensitized ~ 感光纸
sheathing ~ ①隔〔绝〕热纸②衬纸③柏油纸
sheet ~ 硬纸板
single-log ~ 半对数坐标纸
soft-sized ~ 吸水纸
square(d) ~ 坐标纸，方格纸
starch iodide ~ 碘化淀粉纸
starch (test) ~ 淀粉试纸
stencil ~ 油印用蜡纸
stripping ~ 条纹纸
tarpoulin ~ 防潮纸
timer ~ 校仪表用纸
tissue ~ 薄〔棉，纱〕纸

tracing ~ 描图〔透明，透写〕纸
varnish ~ 涂漆〔绝缘〕纸，浸渍（绝缘）纸
vulcanized ~ 硬化纸板，刚纸
waterproof abrasive ~ （防）水砂纸，水磨砂纸
water-soluble ~ 水溶纸
wax-coated ~ 蜡（质记录）纸
Whatman's ~ 一种色层分离滤纸
white manifold ~ 复印纸
wrapping ~ 包装纸
paperboard 纸板
paper-glosser 纸面加光机
papermachine 造纸机
open type ~ 自然〔开式〕领纸造纸机
pick type ~ 附有领纸装置的造纸机
paper-making 造纸
paper-mill 造纸厂
paper-pile （色谱）纸堆
paper-punch 纸张穿孔器
paper-tape 纸带，纸条，纸质磁带
papreg 胶压纸板，层压板
papyrograph 复写器，复〔誊〕写版
par 同等，等价
paraballoon 充气（抛物形）天线
parabola ①抛物线②抛物面反射器
cubical ~ 抛物挠线，三次抛物线
hyperbolic ~ 双曲抛物线
interlaced ~ 交织抛物线
receiving ~ 抛物面接收天线
parabolic(al) 抛物线的
paraboloid ①抛物面（天线），抛物体②抛物面反射器
~ of revolution 回转抛物面
cut ~ 截抛物面
dipole-fed ~ 偶极子馈电抛物面
elliptic ~ 椭圆抛物面
horn-fed ~ 喇叭馈电抛物面天线
split ~ 裂瓣抛物面
transmitting ~ 发射抛物面天线
truncated ~ 截顶抛物面
paraboloidal 抛物面的，抛物线体的
parabscan 抛物面扫描器
parachor 等张比容〔体积〕
parachute ①降落伞②（竖井井筒内的）防坠器，（巷道用）保险器③跳伞，空投，伞降
final recovery ~ 回收系统
paracon 聚酯（类）橡胶质
paraconductivity 顺电导（性）
paracrystallinity 次〔仲〕晶度
para-curve 抛物线
paradox 佯谬，疑题
crystal ~ 结晶佯谬
paradropper 伞兵运输机
para-electric ①顺电材料②顺电的
paraffin(e) 石蜡，煤油，链烷（属）烃
liquid ~ 液体石蜡，白油，无色蜡油
parafocus 仲聚焦
paraform (aldehyde) 仲〔多聚〕甲醛，$(CH_2O)_x$
paragenesis 共生
paragraph ①段，节②尺寸段
paragutta 假橡胶，合成树胶
parallactic 视差的
parallax 倾斜线（几何），视差，取景视差
annual ~ 周年视差
binocular ~ 双目视差
chromatic ~ 色视差
diurnal ~ 周日视差
instrumental ~ 仪器视差
relative ~ 相对视差
secular ~ 长期视差
space ~ 空间声差，声方位差（声波来自运动物体，且运动速度与声速相当时）
stereoscopic ~ 立体视差
parallaxometer 视差计
parallel ①并行〔联，列〕的②类似的，同样的③平行（线），纬线④并联，并列⑤垫（板，片）⑥导轨
~ in 并行输入，并网
~ inlet 并联输入
~ to grain 顺纹
adjustable ~ 活动平（行）垫片，可调（整）平（行）垫铁
box ~ （划线或测量用）方箱
degree ~ 斜平行垫铁，调整平垫铁
die ~ 拉模孔的圆柱形部分
ga(u)ge ~ 块规，量规
in ~ ①并联②并行
inverse ~ （闸流晶体管）反并联
optical ~ 光学平晶，平行平晶
serial to ~ 串并行转换
taper ~ 双楔固定平行垫板
parallel-axis 平行轴
parallel-by-bit 位并行
parallel-by-character 字符并行
parallel-current 并联电流
paralleled 并行的
parallelehedra 平行面体

parallelepiped(on) 平行六面体
rectangular ~ 直角平行六面体
parallel-feedback 并联反馈，并联回授
paralleling 并联，并列，并行，并车，并联运行
ideal ~ 理想并联（运行），准同步并车（发电机）
random ~ 不规则并联，非同期并车
rectangular ~ 矩体，长方体
parallelism ①平行度，平行性，并行论②类似，对应，比较
wave-particle ~ 波粒二象〔对应〕性
parallelogram 平行四边形
crossed ~ ①平行四边形②电流换向器③方向转动的曲柄
data ~ 数据并行
period ~ 周期平行四边形，周期网
parallelometer 平行仪
parallelopiped(on) 平行六面体
parallel-resonant 并联谐振的
parallel-serial 并 - 串行〔联〕，复联，混联
parallel-stays 平行性拉线
paraloc 参数器振荡电路
paralyse 关闭，使无效
paralysis 停顿，间歇
paramagnet 顺磁物，顺磁体
paramagnetic 顺磁（性）的
paramagnetism 顺磁性
paramagnon 顺磁振子
parameter ①参数〔量，变数〕，补助变数②半晶轴③系数
admittance ~ 导纳参量，Y 参量，容许参数
bunching ~ 群聚参数，组参数
call-by-value ~ 赋值参数
characteristic ~ 特征参数
circuit ~ 电路参数
critical ~ 临界参数
datum ~ 基准参数
device ~ 器件参数
dimensionless ~ 无因次〔无量纲，无维〕参数
direction ~ 方向参数
distributed ~ 分布参数
DO ~ 循环参数
duty ~ 运转参数，工况（工作状态）参数
dynamic ~ 动态参数
effective aspect ratio ~ 有效伸长率，有效展弦比参数
empirical ~ 经验参数
explicit ~ 显式参数
form ~ 形状参数
formal ~ 形式参数
function ~ 功能参数
gyromagnetic resonance ~ 回转磁谐振参量
hybrid ~ 混合参量，h 参数，杂系参数
inherent ~ 主要〔基本，固有，本征〕参数
key system ~ 键系统参数
kinetic ~ 动力参数
language-dependent ~ 相依语言的参数
lattice ~ 晶格参数，晶格常数
level ~ ①能级参数②校平参数
line ~ 线路参数
linkage ~ 杆系参数
loading ~ 负荷参数
location ~ 位置参数
lumped ~ 集总参数
minor ~ 次要参数
mix differential ~ 混合微分参数
MTF ~ 调制传递函数参数
natural ~ 特性参数，自然参数
normalized ~ 归一化参量
nuisance ~ 多余参量〔数〕
operating ~ 操作参数
operation(al) ~ 使用参数，运行参数
optimum gas ~ 最佳煤气燃烧参数
optimum relaxation ~ 最优松弛参数
order ~ 有序参数
performance ~ 性能参数
pneumatic ~ 气压参数
preset ~ 预〔固〕定参数
primary ~ 初级线圈参数，一次参数
procedure ~ 过程参数
profile ~ （折射率）分布参数
program(me) ~ 程序参数
reduced ~ 折算参数，简约参数
running ~ 工作参数，变化参数
scalar ~ 标量参数
screw ~ 旋量参数
servo ~ 随动〔跟踪，伺服〕系统参数
similarity ~ 相似准则〔数〕
spreading ~ 散射参数
statistical ~ 常轨数，统计参数
steadiness ~ 稳定参数
straggling ~ 偏差〔误差，离散〕参数
stray ~ ①杂散〔补充，寄生〕参数②随机变量
string ~ 串参数

thermal ~ 热力参数，热力指标
two-port ~ 四端（网络）参量
variable ~ 可变参数
X ~ （=interaction ~）X参数（相互作用参数）
parameterizable 可参数化的
parametric 参数的，参量的
parametrix 拟基本解（数学解）
parametrization 参数化（法）
parametron ①参数器②参数激励子，变感〔变参数〕元件，入口元件③变参管
quantum flux ~ 量子磁通变感元件
semiconductor ~ 半导体参量器，半导体参数激励子
spectacle type ~ 眼镜式参数〔量〕器
paramorph 同质异晶（形）体
paramorphism 同质异晶（现象），同质异形性，同质假象，全变质作用
paramount ①最高的，头等的，至上的②高过，优于
paramp （=parametric amplifier）参量放大器
paranox 巴拉诺克斯（一种润滑油多效添加剂）
paraphase 倒相
paraphernalia ①零星器具②（机械的）附件
parasite ①寄生（物），寄生阻力，废阻力，附加（物）②（天线）反射器③（pl.）天电干扰，寄生振荡〔现象，效应〕
parasitic(al) 寄生的，附加的
parasitics 干扰，寄生现象
parastat 拾声器臂的附件
paraton(e) 巴拉东（一种黏度添加剂）
paravane 扫雷器，防水雷器，防潜艇器
paraxial 旁〔近，等〕轴的
parcel ①盘丝（成盘的成品钢丝）②部分
parch ①干透，焦（干）②烘，炒
parchment 羊皮纸
Pardop （=passive range Doppler）被动测距的多普勒系统
parelinvar 恒弹性材料
parent ①母体，根源②原始的，起始的
natural ~ 天然放射系的母体
parentheses （parenthesis 的复数）括弧，圆括号，插句
parenthetic(al) 插入（句）的，括弧（中）的，作为附带说明的
parer 浅耕机，灭茬机
parfocal ①齐焦②等焦距（接物镜的）
parget 石膏，灰泥
paring 刨花，切片，切屑
parison （玻璃，塑料等）型坯
parity ①同〔平，均〕等，均势，同位②类似，相同③平价，等价④字称（性），奇偶性
bit ~ 位奇偶
drum ~ 磁鼓（的）奇偶检查，磁鼓奇偶差
even ~ 偶数奇偶校验，偶同位，偶字称性
lateral ~ 横向奇偶性
tape ~ 带奇偶（校验）
park 园，场，材料库，停车场，停车，驻车，（自动变速器）驻车档
eco-industrial ~ 生态工业园
industrial ~ 工业区
parkering 磷化处理，磷酸盐处理
parkerize 磷酸盐被膜（缓蚀）处理，（加接触剂的）磷化（金属缓蚀）处理
parking 驻车档（P）
parochor 等张比容，等张体积
parscope （气象雷达）示波器
parse （语法）分析
canonical ~ 规范分析
parser （句法）分析程序
bounded context ~ 限界上下文分析程序
fast-back ~ 快返回分析程序
operator precedence ~ 算符优先分析程序
part ①部分，成分②零〔元，部，配〕件③（书籍等的）篇，部④分开，分离，分隔
~ of condensation 密部
~ of rarefaction 疏部
~ per billion 十亿分之几，十亿分率
~ per million 百万分之几，百万分率
active ~ 有源部〔零〕件
assembly ~ 装配〔组装〕件，组合零件
awaiting ~ 备件
back ~ 后支架，后框架
bandwidth ~ （通信）带宽部分
base ~ 下部，（机械设备的）底座
bridge ~ 架桥器材
buyable spare ~ 可外购备件
coined ~ 精压零件
component ~ 部件，零件
cooperation ~ 外协件
critical ~ 主要机件，要害部位
cycle valve ~ 气嘴
decimal ~ 小数部分
deep-recessed ~ 深腔零件
depot spare ~ 库存备件
diamond ~ 轧辊方形缝
discrete component ~ 分立元件

dispersed ~ 分散（内）相，分〔弥〕散质
drawn ~ 拉制件
driving ~ 主动部件
duplicate ~ 备件，备品
embedded ~ 嵌入部分，埋置部分，预埋件
exponent ~ 阶部分，指数部分
exterior ~ of ingot 钢锭头
fabricated ~ 互换配件，现成构件
faulty ~ 报废零件
fitting ~ 配件，零件
fixed-point ~ ①小数部分，尾数②（浮点表示法中的）定点部分
fractional ~ 小数
function ~ 功能部分，（指令的）操作部分
genuine ~ 纯牌产品，非仿造品
groove ~ 型缝（轧辊的）
identical ~ 可互换零件
imaginary ~ 虚（数）部（分）
index ~ 变址部分
inlet ~ 埋入部分，埋入件（水轮机的）
integral ~ ①整数部分②主要部分
interchangeable ~ 通用件
left ~ 左部（计算机软件）
licence ~ 特许零件
live ~ 带电部分，带电零件
loaded ~ 有负荷的零件
loose ~ ①可拆部分，松动部分②备品
lower ~ of register 寄存器的低位部分
machinery repair ~ 机械修理用备件，车辆用备件
mask ~ 罩框部分
matching ~ 配件
metacompiler ~ 元编译程序部分
miscellaneous ~ 附件，辅助部分，其他部件
odd ~ 多余零件
operation ~ 指令操作码，运算代码
operator ~ （指令的）操作码〔运算〕部分
optional ~ 任选零件
out-of-tolerance ~ 超差零件
peculiar ~ 专用零件
pellet ~ 球状部件
piece ~ 零件
prefabricated ~ 预制构件
printed ~ 印制元件
purchase ~ 外购件
real ~ （函数）实数部分
rejected ~ 不合格部件或零件，废品
renewable ~ 更新部件
renewal ~ 更〔替〕换（的）零件
replacement ~ 备用零件
replenishment spare ~ 补充备件
reserve ~ 备品，备件
rough ~ 半成品，毛坯
second ~ 半旧零件
secondary ~ 从动部分
self-winding ~ 自动部件
service ~ 修理用零〔部〕件
sheet-metal ~ 钣金零件
side ~ 侧面机件
slot ~ 槽部
sound ~ 合格部分，合格部件
spare ~ 备品，备（用零）件，配件
specification ~ 说明部分
straight ~ 展长轧辊型缝
structural ~ （结）构（零）件，机械零件
substandard ~ 次等零件，不合格零件
substitute ~ 代用（零）件
supplementary ~ 补充配件
surrounding ~ 周围〔辅助〕附件
undersize spare ~ 缩小（修理）尺寸的备件（如轴瓦）
unpack numerical ~ “分出数字部分”的指令
unsprung ~ 非悬挂部分
upper ~ of register 寄存器的高位部分
vital ~ 要害部位，关键零件
vulnerable ~ 易损零件
wearing ~ ①易损件②磨损部分

partake ①分担，分享，参与②略带，有几分

PartGeometry 零件几何体（UG NX CAM 数控加工的功能术语）

partial ①部分的，局部的，单独的，个别的②偏（微分）的③零件的，部件的

partial-automatic 半自动的

participant 参加者

particle ①颗粒，微粒②质点③粒子，粉粒
abrasive ~ 磨粒
active ~ 放射性粒子，活性粒子
alpha ~ α 粒子
bombarding ~ 轰击粒子，施轰粒子
cathode ~ 阴极（涂层）粒子
charged ~ 带电粒子
coated ~ 涂敷粉粒，包覆粉粒（用电镀或其他化学方法在金属粉粒表面镀敷一层另一种金属）
crystalline ~ 结晶颗粒
diffusant ~ 扩散源质点

elementary ~ 元质点，元粒子，基本粒子
emerging ~ 出发粒子，原始粒子
emulsion ~ 乳胶粒
energetic ~ 高能粒子
fine ~ 微粒子
finely ground ~ 小颗粒
foreign ~ 杂质粒子〔粉粒〕
fundamental ~ 基本粒子
highly charged ~ 多荷电粒子
hot ~ 强放射性颗粒
incandescent ~ 发光粒子
incoming ~ 入射粒子
insulating ~ （电）介质粒子，绝缘质点
ionised ~ 电离粒子
material ~ 质点，物质粒子
needle-shaped ~ 针状磁粉
oncoming ~ 入射粒子
point ~ 质点
recoil ~ 反冲粒子
shot-like ~ 粒状物
shower ~ 簇射粒子
suspended ~ 悬浮粒子
ultimate ~ 基本粒子，最小颗粒

particle-hole 粒子 - 空穴

particolo(u)red 杂色的，斑驳的

particular ①特殊的，特别的，个别的②项目③特点，特色④（pl.）细节，详细资料

particularity 特殊性，特质，精确，细目

particulate 散粒，细粒

parting ①分离，分割②夹层③剖截（冲压），切断，掀（开叠）板④分离性腐蚀（合金的）⑤分型面，砂型分界线⑥道岔，错车道
~ of the pass 孔型锁口
carbonaceous ~ 碳质分型剂
dry ~ 分型粉，界砂
electrolytic ~ 电解分离
liquid ~ 分型液
matched ~ 凸凹分型面，双面模板分型面
roll ~ 辊缝锁口
walnut ~ 胡桃壳（分型）粉

parting-down 挖砂

Partinium 一种铝合金（*w*（Al）88.5%，*w*（Cu）7.4%，*w*（Fe）1.3%，*w*（Zn）1.7%，*w*（Si）1.1%；或 *w*（Al）96%，*w*（Cu）0.65%，*w*（Sn）0.15%，*w*（Sb）2.4%，*w*（W）0.8%）

partition ①分配〔布，开，类，区，块，段〕②区〔划〕分③隔断墙，隔板
busbar ~ 母线隔板，母线间隔
functional ~ 功能划分
logic ~ 逻辑划分
node ~ 节点划分
pc board ~ 印制电路板划分
phase ~ 相间隔板
secondary ~ 辅助分区
sound-resisting ~ 隔声间壁

partitioned 分配的，分布的，隔离的

partly-mounted 部分悬挂的，半悬挂式的

partner 配对齿，合伙人

partography 纸分配色谱（法）

party ①班组②（一）方③用户
calling ~ 呼叫用户
first ~ 甲方
maintenance ~ 修理队，修理工作组

party-line 合用线，同线电话

parvafacies 分相

pascal 帕（斯卡）(Pa)（压强单位，$1\ Pa=1\ N/m^2$）

pass ①通路②孔型，轧道③焊道，焊蚕（焊滴凝成蚕形的行列）④通切层⑤扫描⑥传递⑦遍（数）
~ by value 按值传送
analysis ~ 分析遍（程序的）
auto-by ~ 自动旁路
backing ~ 底焊焊道
band ~ 带通，通（频）带
blocking ~ 粗轧孔型
bloom ~ 初轧孔型〔轧槽，道次〕，开坯道次〔轧槽〕
boiler ~ 锅炉烟道
bottom ~ 下轧槽，（pl.）下排孔型（三辊式轧机的中下辊间的孔型）
box ~ 箱〔矩〕形孔型
breakdown ~ 粗轧孔型，延伸孔型
bull-head ~ 辊身平孔型
butterfly angles ~ 轧制角钢用蝶式孔型
closed ~ 闭口孔型〔轧槽〕
code generation ~ 代码生成遍
cogging-down ~ 开坯孔型，延伸孔型，开坯道次
conjugate ~ 共轭孔型
convection ~ 对流烟道
dead ~ ①空轧孔型，非工作孔型②空轧道次
dead-beam ~ 闭口梁形轧槽
diagonal ~ 斜配孔型，对角孔型
diamond ~ 菱形孔型
down ~ 下行烟道
drawing ~ 拉模孔

dummy ~ 立轧送料孔型，空孔孔型〔道次〕，不用（的）孔型
edging ~ 轧边孔型
elongation ~ 延伸孔型
even-numbered ~ 偶数（轧制）道次
extra ~ 外加遍数（程序扫描的）
false ~ 空走轧道
final ~ ①终轧孔型②最后焊道
final optimization ~ 最终优化遍
finishing ~ 精轧孔型，精轧〔成品〕道次
fish plate ~ 接轧板孔型
former ~ 预轧孔型，成品前孔
forward ~ 送进孔型
Gothic ~ 弧菱形孔型
guide ~ 导轨面
hand round ~ 手工喂料轧制的圆孔型
hat ~ 帽形孔型，立轧梯形孔型
high ~ 高通（滤波器）
intermediate ~ 预轧孔型，中间轧制孔型
joist ~ 工字钢孔型
knife ~ 切深孔机
last ~ 精轧孔型，终轧道次
leader ~ 成品前孔，预精轧孔型，精轧前孔型
leading oval ~ 成品前椭圆孔型
live ~ 工作孔型
live beam ~ 开口梁形轧槽
low ~ 低通的
lower ~ 下孔型，下轧道
merge ~ 合并通过，组合通过
odd-numbered ~ 奇数（轧制）道次
off-round ~ 立椭圆孔型
open square strand ~ 开口方形直通系统
pinch ~ ①开坯孔型②平整道次（在平整机座上）③轻〔精〕冷轧
plain barrel ~ 平孔型
planishing ~ 平整道次，光轧道次
pony-roughing ~ 中间道次
rail ~ 钢轨孔型
reducing ~ 减径孔型，开坯孔型
rolling ~ 轧制道次
root ~ 根部焊道
run ~ 轧制道次
semi-butterfly ~ 半蝶式孔型
shallow ~ 空轧〔立轧，送料〕孔型，空轧道次
shaping ~ 粗轧孔型
short ~ 短路
slab ~ 扁平孔型（板坯初轧的），板坯〔框形〕孔型
sleeper ~ 钢枕孔型
slitting ~ 切分孔型
squabbing ~ （钢轨）梯形立轧孔型
straight beam ~ 梁形直孔型，梁形正配孔型
strength reduction ~ 强度削减扫描
swabbing ~ 送料孔型
symmetrical ~ 对称孔型
temper ~ 平整道次
tilting ~ 翻钢道次（轧）
tongue-and-groove ~ 闭口孔型，直孔闭孔型
top ~ 上轧槽，(pl.)上排孔型（三辊式轧机的中上辊间的孔型）
trapezoidal ~ 梯形孔型
triangular finishing ~ 三角精轧孔型（Y 形轧机的）
upset ~ 立轧道次，立轧孔型
weld ~ 焊接通道
wire-rod ~ 线材孔型
Zee-bar ~ Z 字钢孔型
zone ~ 熔化通过，区域熔融

passage ①流通部分②通〔气，水，风，流〕道③阀柱（塞）槽
~ of chip 切屑排出通路
admission ~ 进路，进气〔汽〕道
air channel ~ 通风〔排气〕道，风管
blade ~ 叶片流道
branched ~ 分管，支管
cooling ~ 冷却液通道，冷却系统
drain ~ 排水道
drainage ~ 排水道
escape ~ 卸荷槽
exhaust ~ 排气通路，出风道
flow ~ 流〔通〕道
flow-limiting ~ 限流通路
impeller ~ 叶片间距
leakage ~ 泄油流道
lower intake ~ 下部进路
peripheral ~ 循环通路
radial ~ 径向通〔风〕道
restricted oil ~ 堵塞的油道
signal ~ 信号通路
zero ~ 过零
zone ~ 熔区通过，区域通过

passage-way 通路〔道〕
pressure-equalizing ~ 均压管道，压力平衡管道

passameter 杠杆（式）卡规，外径指示规

pass-band 通带，传输频带

channel ~ 信道通带
filter ~ 滤波（器）通带
radio-frequency ~ 射频通带
receiver ~ 收音机通带，接收机通带

pass-by 旁路，迂回，旁通

passimeter ①内径指示规，杠杆式内径指示计，内径精测仪②自动售票机③计步器，步数机

passing ①经过的，通过的②合格的③经〔通，轧〕过，传送
message ~ 消息传送，信息传递
pinch ~ 平整（板材在平整机座上轧制）

passivant 钝化剂

passivate 钝化

passivation 钝化（作用）
glass ~ 玻璃钝化
multi-layer dielectric ~ 多层介质钝化法
nitride ~ 氮化物钝化法
silicon nitride ~ 氮化硅钝化

passivator 钝化剂

passive ①被动（式）的，消极的，钝〔惰〕态的②无源（的）

passivity ①被动（性），消极，不抵抗②钝性〔态〕，无源性

passkey ①万能钥匙②磁锁钥匙

passometer =passimeter

pass-out ①抽气②支管

pass-test 测试通过，检验合格

pass-the-buck 推卸

paste ①糊料〔剂〕，浆糊，涂胶，（软）膏②（蓄电池的）有效物质
alumin(i)um ~ 银灰〔铝〕涂料
antiscuffing ~ 抛光膏，研磨膏
bakelite ~ 电木膏，胶木膏
carbon ~ 碳膏，碳胶，电极糊
clamping ~ 箝位油膏，紧固用油膏
conductive ~ 导电糊膏
core ~ 型芯黏合膏
cutting ~ 切削液
diamond ~ 金刚石研磨膏，金刚石磨浆
emery ~ 金刚砂糊，研磨膏
emulsifiable ~ 乳膏
filling-in ~ 填充糊（状物）
green ~ 生阳极糊
grinding ~ 磨削用冷却剂
insulation ~ 绝缘胶
lapping ~ 研磨膏
lime ~ 石灰膏
masking ~ 防渗碳涂料
polish ~ 抛磨膏，糊状抛磨料
rubbing ~ 抛光膏〔浆〕
solder(ing) ~ （钎）焊膏〔油〕，钎焊焊剂
spongy lead ~ 海绵状铅泥
superconducting ~ 超导浆料
tapping ~ 攻螺纹（糊状）润滑剂
vinyl ~ 乙烯树脂糊

paster ①涂胶纸，贴笺纸②涂胶机
roll end ~ 卷筒纸端部粘贴机，封头纸粘贴机

pasteurizer 杀菌机，巴氏灭菌〔消毒〕器
flash ~ 瞬间杀菌机

pasting ①黏合②胶合（的）③涂胶

pat ①饼子，扁块，小块（试样）②（水泥安定性试验的）试〔扁〕饼，馒头形水泥试块③冲头导向卸料板④轻拍⑤恰当的
pressure-sensitive ~ （压力测量器的）压力灵敏块

patch ①补丁〔缀，片〕，挡布，盖〔塔，连接〕板，补胎片，炉衬修补，铁板上打补丁②碎片〔屑〕，斑点〔纹〕③临时性的线路，插入（程序补）码，（目标程序）修补
~ of dislocations 位错块，位错片
blind ~ 堵孔板
blowout ~ 轴圈，管接头
bug ~ ①（程序的）错误补块②勘误号，订正号，错误标记码
chafing ~ （内胎）衬带
cinder ~ （钢锭表面）黏结的氧化皮疤
contour ~ 按炉子侵蚀外形修炉
field ~ 现场修补
getter ~ 金属吸气膜
image ~ 像斑
jamb ~ 炉头修补
monolithic ~ 整体修炉
pickling ~ 酸洗斑点
program(me) ~ 程序补片
signal-selector ~ 信号选择器脉冲
skull ~ 翻皮（钢锭缺陷）
slag ~ 夹渣，渣块（锭内缺陷）
spot ~ 零补
sticking ~ 补片，贴胶
tyre hot ~ 热补胎胶

patchboard 接线盘，配电盘，接线〔转插，配线〕板，转接插件

patchcord （配电盘的）软线，插入线，中继〔调度〕塞绳，连接电缆

patching ①补炉，修型，（炉衬，泥芯，砂型）修补，搪衬②临时性接线

patching-in 临时（性）接线
patch-panel 接线〔转插，编排〕板
patchplug 转接插头
patent ①专利（权，证），专利品②专利的，特许的③批准专利④（钢丝）韧化处理，铅浴淬火
letters ~ 特许证书，专利证
parent ~ 本源专利
petty ~ 小专利（有时是“实用新型”的非正式叫法）
product ~ 产品专利
secret ~ 机密专利
patentability 专利性
patented 经过索氏体化处理的
patentee 专利权所有人
patenting 索氏体化处理，（线材的）拉丝后退火处理，铅浴淬火，钢丝韧化处理
air ~ 空气淬火，风冷索氏体化处理
direct ~ （线材）直接拉后退火，直接韧化处理
double-lead ~ 二次索氏体处理
lead ~ 铅浴索氏体化处理，铅浴等温淬火
salt ~ 盐浴淬火，盐浴等温处理
patentizing =patenting
patera 插座，接线盒
paternoster 链斗式升降机
(elevator) bucket ~ 斗链（升降机的）
path ①轨迹，路线②通路，途径，路径③绕组支路，线圈分支④轧辊型缝
~ of action 啮合轨迹
~ of contact 啮合线
~ of load 伸臂差距（起重伸臂最大与最小变幅差距）
access ~ 存取（访问）路径
active call ~ 工作呼叫电路
adapter ~ 连接路线
adiabatic ~ 绝热（曲）线，绝热线路
alternate ~ 第二通路，并联通路（电流的）
approach ~ 啮入轨迹，渐近轨迹
arm ~ 桥臂支路
auto exploring shortest ~ 自主寻找最短路径（机器人智能）
beam ~ 声程
cam ~ 凸轮槽
canonical ~ 正则路线，典型轨迹
card ~ 卡片导轨
center-of-gravity ~ 重心运动轨迹
chafing ~ 摩擦挡布
circular ~ 圆周轨迹
circular cutting ~ 环形刀路〔痕〕
closed ~ ①闭合回路②通路
composite ~ 组合通路
computed ~ 运算途径
consolidation ~ 综合方式
convergence zone ~ 辐合带的声径
crankpin ~ 曲柄圆
creep ~ （电花）径迹
crowned roller ~ 滚柱轴承的凸形滚道
current directory ~ 当前目录路径，现行目录路径
cutter ~ 刀具轨迹
cycloidal ~ 圆滚线轨迹，旋轮轨迹
data access ~ 数据存取通路
diffusion ~ 扩散程
digit ~ （磁鼓）数字道
direct ~ ①直连波束②直接路径，直接通路
dog-leg ~ 折线轨迹〔线〕
elevated ~ ①递升路线②上升途径（无线电波传播的）
equisignal glide ~ 等信号滑翔道
extreme ~ 极端光程
false glide ~ 模拟滑翔道
feedback ~ 反馈通路，反馈路径
film ~ 片路，片道
flow ~ 流程，物料流动路线，流迹，流动道
flux ~ 磁通路径，磁通轨迹
free ~ 自由行程
glide ~ 下滑路线，滑翔道
inner wheel ~ 内轮迹，内车道
instruction ~ 指令通路
instrument landing system glide ~ 仪表导降系统滑翔道
invocation ~ 行使路线
jet ~ 射流轨迹
leakage ~ 漏电〔漏磁〕路径，泄漏通路
low-impedance ~ 低阻抗回路
magnetic return ~ 磁通量回路
main power ~ 主要能流
major ~ ①优路线（数）②主通路
mean free ~ 平均自由程
minor ~ 劣路线（数）
multiple wire ~ 多线通路
normal ~ 正常路径〔弹道，电导〕
optical ~ 光程，光径
parabolic ~ 抛物线轨迹
piston ~ 活塞行程

program ~ 程序路径
pulsed glide ~ 脉冲滑翔道（飞机盲目降落用的信标系统）
random ~ 随机路线
ray ~ ①射线路径②光程
recess ~ 啮出轨迹
reconverging fan-out ~ 再收敛扇出通路
reflection ~ 反射路径
roller ~ ①滚道②辊式输送机
rupture ~ 断裂途径
serpentine ~ 蛇线轨迹
shared ~ 共用通路
slack ~ 松弛路线
slipper ~ 支承导环（例如立式车床工作台的）
sneak ~ 潜通路
strain ~ 应变过程
tangential ~ （曲线中的）直线段，共切线段
tape ~ 走带通道
tool center ~ 刀具中心轨迹
tool ~ 刀具轨迹
transmission ~ 传递通路，传输路径，传输通道
transverse ~ of action （端面）啮合线
virtual ~ 虚路
vortex ~ 涡流轨迹
wavelength ~ 波长路径
working ~ 工作行程

pathfinder 领航机，导航器，导引装置，航向指示器

path-loss （通信）路径损耗

pathway ①通道②轨迹，轨线，航迹③弹道

patina ①铜绿〔锈〕②（金属或矿物的）氧化表层

patination 生锈，布满铜绿

patinous 有锈的

patodrill 自动（全能）钻床

patrix 阳模，上模

patrol 巡查〔视，线〕

patrolman 巡线员，(电线等的）保线员

patten ①平板②柱基，柱脚

pattern ①模样〔型，式〕，木〔阳〕模样，(铸）型，模板②标本，样本〔品〕，规范③图形，(天线）辐射〔方向〕图，帧面，图像，特性，(轮胎）花纹，曲线④晶体点阵，结构⑤光栅⑥喷涂直径

~ of equipotentials 等位线图
acceptance ~ 接受图
acoustic ~ 声波图，声波曲线
address ~ 地址形式
antenna ~ 天线方向性图，天线辐射图
7-bar ~ 日字形七划图形，显示数字的数字管图形
bar ~ 线条形图形（电视）
beam ~ 波束方向图，波束光栅，方向性图，方向特性
beat ~ 拍频波形图
bit ~ 位的形式，位的组合格式，位模式
Bitter ~ 毕特（粉纹）图（直接观察铁磁性体磁畴构造的方法）
boring ~ 钻孔排列，炮眼排列
buckling ~ 翘曲图形
built-up ~ ①组合模样②空心模样
calibrated ~ 准校测视图
camera-scanning ~ 摄像管扫描图，照相机扫描图形
cardioid ~ （天线）心形方向图
cardioid space ~ 心形（曲线）方向性图
center (line) ~ 方形偏析（钢）
character ~ 字形
charge ~ ①充电曲线②电荷起伏〔分布〕图
cheek ~ 中铸型
chev(e)ron ~ ①加工成人字形虚线（分度的）②人字形花样（脆性断口的放射状线条）
chreomosome ~ 染色体图形
circuit ~ 电路图形（印制电路）
circumferential ~ 纵向花纹
clean ~ 无副瓣方向图
coded data ~ 编码数据模式
coincidence ~ 符合图样
colo(u)r bar generator ~ 色带发生器信号图样
colo(u)r resolution ~ 彩色分解力测试图
complex ~ 复模式，复图像
conductor ~ 导线分布图（印制电路）
constant circulation flow ~ ①等环量流型②自由涡流型
contact (area) ~ 接触斑点（齿轮的）
contouring ~ “等高线”图案，恒值线图案
cope and drag ~ 两片铸型，具有上下两部分的铸型
cope match-plate ~ 上模底板
cope ~ 上铸型
copy ~ 复制图
crack ~ 裂缝分布图
crawling ~ 蠕动图形
cross-country tread ~ 越野花纹
cross-gamma ~ γ 校正测试图

cross-hatch ~ ①网状光栅②方格〔测试〕图，棋盘格测试图③网状花纹，网纹图形
crystalline ~ 结晶式样
customized ~ 定型模式
cut foundry ~ 塑料制模样
data ~ 数据模式
decay ~ 混响衰减图
developed ~ ①显影图②展开图
dictionary ~ 基准图型
diffraction ~ 衍射图〔花〕样，绕射图样
directional ~ （辐射）方向（性）图
distorted ~ 变形（的）模
disturbance ~ 扰动图形
dot ~ 光点图形
dot-blur ~ ①点模糊图案②存储矩阵，记忆矩阵
double contraction ~ ①双重收缩型②母型
double-pivoted ~ 双轴尖式（仪表等），双支枢式
drive ~ ①驱动图形（传真）②驱动斑纹
electrically generated test ~ 电测试图
electron channeling ~ 电子通道花样
E-plane ~ E 平面分向图
epoxy resin ~ 环氧树脂铸型
etch ~ 腐蚀图形
expanded polystyrene ~ 泡沫聚苯乙烯模样（铸）
eye ~ （脉冲编码调制的）眼孔图样
far-field interference ~ 远场干涉图
fiber ~ 光纤图形，纤维组织
field ~ 场分布图，场图〔型，线〕，方向性图
figure ~ 数字模式
finely-spaced grid ~ 细间隔的栅形图案
flat-back ~ 平接模
flood ~ 注水系统
flow ~ ①流型，流线谱，气流结构②活动模
frame pulse ~ 帧脉冲同步码
free vortex flow ~ 自由涡流型，等环量流型
frequency-interleaved ~ 交错频率信号图
fringe ~ ①干涉图②等色线排列③条纹图像，干扰带图像（光测弹性模型中干扰带分布图像）
frozen stress ~ 冻结应力条纹图
full ~ 实体模样
functioning ~ 功能模式
fusible ~ 熔模
gasifiable ~ 气化模，燃模
gasified ~ 气化模，燃模
gated ~ 带浇注系统的铸型
gating ~ 浇注系统模样
gear ~ 齿轮驱动误差图形
gear contact ~ 齿轮（工作面）接触斑点
grand master ~ 原型（三次收缩型），制造母模的型
grating ~ 栅格测试图
grid ~ 网格
gridiron ~ 方格，棋盘格
grinding ~ 齿面磨纹
gripping ~ 轮胎防滑花纹
ground ~ 底样
ground echo ~ 地面回波图形
gypsum ~ 石膏模
half-tone charge ~ 半色调电荷图
height ~ 垂直方向性，垂直方向图（垂直面内的）
herringbone ~ 人字（式，形）焊纹
highway tread ~ 公路花纹
hole ~ 穿孔模式
holographic interference ~ 全息干涉图
horizontally interlaced ~ 水平隔行扫描图形
image ~ 图像，电荷像
informative ~ 信息模式，可提供数据的图形
infrared radiation ~ 红外辐射图形
ingot ~ ①钢锭（低倍组织）试样②钢锭方框型偏析
insert ~ 组合模（板）
integral ~ 整模式
intensity ~ 辐射图形
interference ~ 干涉特性图，干涉图（案）
interference far-field ~ 远场干涉图形（激光辐射的）
interference near-field ~ 近场干涉图形（激光辐射的）
interferometer ~ 干涉仪测得的图样
interlaced burst ~ （正负半周对称）交错（的正弦）脉冲群图
investment ~ 可熔模样，蜡模样
iron filled epoxy ~ 铁粉填料环氧树脂模样
isopachic stress ~ 等厚应力条纹图
Laue diffraction ~ 劳埃衍射图
lead ~ 引线图案
light ~ ①（录音的）光带②光图案
line ~ 光谱图
linearity ~ 线性图案
load ~ 负载曲线图
lobe ~ 波瓣〔方向〕图

logical ~ 逻辑图
loose ~ 单体模（样），不带模板的模（样）
loose piece ~ 有活块的模样
loudness ~ 响度图，等响图
lug ~ （有）活块模样
magnetic powder ~ 磁粉图样〔案〕
magnetizing ~ 磁化特性曲线，磁化图形
mains hum ~ 交流干扰图像
mask ~ ①掩模图案②点阵结构，晶架
master ~ ①母模样，原始模样，标准模样②主模样③金属芯盒④双重收缩模（样）
match plate ~ 双面模板
measurement ~ 测量模式
mercast ~ （冰冻）水银模样
merging ~ 归并模式
metal ~ 金属型
metallization ~ 金属化图形，金属化互连图
mode ~ 模式图样，振荡型图，波型图案
Moire ~ 波纹图形，莫尔图形
monochrome test ~ 黑白测试图
motion ~ 流线图
mounted ~ 模板
mud and snow ~ 雪泥花纹
multiburst test ~ 多波群测试图形
multicast channel subframe allocation ~ （通信）多路发送子帧分配模式
multiple part ~ 多开模样
nanometer ~ 纳米图形
natural ~ 实样模样，实物模样
near-field ~ 近场图样
needle ~ ①针形图案②尖峰状（表面）（外延生长面不良）
negative ~ 负片图案，底片图
nodal ~ （振动）节型
odd-side ~ 单面模板
one-off ~ 随机的，一次模
one-piece ~ 整体模样
optical ~ ①光学图样，光带图形（测唱机速度用），反光图案②光斑
original ~ 原稿，原图
oscilloscope ~ 示波（器屏幕）图（形）
overall ~ 总体图式
parted ~ ①分开模②分块模样
phosphor ~ 荧光图案，荧光屏图像
picture charge ~ 图像电位起伏〔分布〕图
pit ~ 麻点图像
plaster ~ 石膏模
potential ~ 电位起伏图
powder ~ 粉纹
predictable ~ 实验模型，试验样品
prototype ~ 样板模式，原型模式
pulse ~ 脉冲图形
radiation ~ 天线辐射（方向）图，天线方向性图
radio frequency ~ 交变脉冲图形
rainbow ~ 彩色带〔条〕信号图
random ~ 无规则晶体点阵，无规图样
raster ~ 光栅（图）
ray ~ 声径图
recognizable ~ 可识别模式
rectified ~ 直流探伤图形
relaxation ~ 松弛格式
reradiation ~ 二次辐射图样
resist ~ （光致）抗蚀图形
resolution ~ 分辨力〔清晰度〕测试图
reverberation ~ of sound of short duration 短音混响波形
river ~ 河流花样
rotating-crystal ~ 旋转晶体衍射图
roulette ~ 螺线图形
roundelay refuelling ~ （反应堆）插花式换料（法）
row-of-character ~ 字符行模式
rubber ~ 橡胶模样
salt ~ 盐模样
scale ~ 铁皮痕（酸洗缺陷）
scanning ~ 扫描图形
sectional ~ （分块）组合模（样）
segmented ~ 多模模板，叠层（料）组成模（样）
shell mo(u)lding ~ 壳型铸造用模板
single ~ 整体模样，实样
skeleton ~ ①骨架模样②轮廓模样
solid ~ ①整体模样②实样
spatial ~ 空间图形
special ~ ①骨架模样②（电视测试图）特殊图案
speckle ~ 光斑图，斑纹图
spectral ~ 光谱特性〔分布〕曲线，光谱图
split ~ ①分块模拼合木模样②对分〔解体，分体，组合〕模样
split plate ~ 双面模板
spray ~ ①雾化状态②喷流型
spurious ~ 寄生图像
sputtering ~ （阴极）溅散图
starburst ~ 星形〔星芒〕图案（一般为 13 划，

可显示所有字母、数字与少量符号）
stationary ~ 静止图（像）
step-and-repeat ~ 分步重复图形
storage ~ 存储模式
stored change ~ 存储〔累积〕电位起伏
stream ~ 流线谱，流型
streamlines ~ ①流线图②流线谱
striated ~ ①条纹图形②线性光栅
string ~ 串模式
stripe ~ 色条信号图
stripping ~ 漏模
stucco ~ ①毛粉饰型板②灰泥模
styrofoam ~ 泡沫塑料模
submatrix ~ 子矩阵模式〔图像〕
sweep ~ 刮板模样
system ~ 系统连接方式
taxi ~ 飞机临场方向图，飞机滑行路线
temperature ~ ①温度场②温度影响范围
temporary ~ 简易模样，单件或小批生产的模样
test ~ ①标准图形（电测试用），试验图，测视图②测试码模式③测试卡
three-piece ~ 三开模样
undercut ~ 有侧凹模样
velocity distribution ~ 速度分布场
vertical-coverage ~ 垂直作用范围
volatile ~ 气化模
voltage ~ 电位〔压〕起伏图，图像电荷分布图
vortex ~ 涡流图〔谱，系，分布〕
wave ~ 波形，波谱
wax ~ 蜡模样
wear ~ 磨耗图纹
Widmanst atten ~ （钢中）魏氏（体）组织
wiring ~ 布线图（印制电路的）
word ~ 字模式
X-ray ~ X 射线图
patterning ①制作布线图案，（集成电路的）图案形成②（干扰造成的）背景重叠，图像重叠
patternmaker 模样工，翻砂工
patulous 张开，展开的
paucity 微量，小量，贫乏
paul =pawl
paulin 焦油（防水）帆布，篷布
paulite 砷铝铀云母
pause ①间歇，间隔，停息，暂停，中止，停顿②延长号③空声带
inter-train ~ 脉冲休止间隔
zero ~ 零值停止
pave ①铺路②安排，准备
paver ①铺路机②摊铺机，铺料机③铺砌工
all-in-one ~ 联合筑路机，筑路康拜因
asphalt ~ 沥青混凝土摊铺机
bituminous ~ 沥青铺路机
mechanical spreading ~ 机动摊铺机
rail-type concrete ~ 轨道式混凝土摊铺机
travel(l)ing form ~ 移动式摊铺机
twin ~ 双鼓式混凝土搅拌摊铺机
pavier =paver
paving 铺砌（的），铺面（材料）
rubber ~ 橡胶衬料
pavio(u)r 铺路工〔机，材料〕
pawl ①棘〔掣，卡，挡，推〕爪，制轮爪，止动爪，卡子，掣子②倒齿③钩住
antenna elevation ~ 升高天线用摇柄
belt feed ~ 输弹勾
belt holding ~ 弹带扣勾
catch ~ 抓子钩，挡爪
check ~ 止回棘爪
driving ~ 推动爪，棘轮爪，传动爪
falling ~ ①棘爪②下降卡子
grip ~ 夹子
indexing ~ 定位爪
lock ~ 锁定爪，止动爪
parking lock ~ 停车锁棘爪（用于锁止自动变速器从动轴）
ratchet ~ 棘轮爪，棘轮掣子
retaining ~ 止动爪，制动爪
reverse conveyer ~ 输送器回动爪
roller ~ 滚筒擎子
safety ~ 安全凸爪，停止擎子
spacing escapement ~ 间隔擒纵机爪
stop ~ 制动爪
vertical ~ 上升爪
pawn 抵押，典当
Paxboard 一种绝缘材料
Paxfelt 一种绝缘材料
Paxolin 一种酚醛层压塑料
pay ①支付②给予③工资，报酬④收费的
positive ~ 实际支付（数字图像技术中）
payable ①可付的，应付的②有利的，合算的
pay-as-you-view （计时）收费电视，投币式电视
paying ①填缝②有利可图的③支付
paying-off 放线，开卷，松卷
paying-out ①支付，补偿②放电缆

payload ①营业载荷，有效载荷，有用载重②负载（机器人性能参数）③（工厂，企业等的）工资负担
final ~ 净有效负载
free-coasting ~ 惯性飞行时的有效载荷
instrument ~ 仪表有效载荷
rated ~ 额定有效载荷
payloader 运输装载机
payment 支付（额），付款（方法）
cash ~ 现金支出
electronic ~ 电子支付
mobile ~ 移动支付
telephone bill ~ 电话账单支付
time ~ 分期付款
payoff ①结果，成果②放线装置，松卷装置③性能指标④偿还，付清
scientific ~ 科研成果
payroll 工资单，计算报告表
P-band P- 波段（225 ~ 390 MHz）
PC （=personal computer）个人计算机
palm ~ 掌上型个人计算机
P-channel P 型沟道
P-display P 显示，平面位置显示
PDP electron beam addressed ~ 电子束寻址等离子体显示板
pea 豌豆级煤（美国无烟煤粒级（9/16 ~ 3/16）in=4.8 ~ 14.3 mm,英国商用煤粒级（1/2 ~ 1/4）in=6.4 ~ 12.7 mm）
peach 桃红色
peacock ①一种轰炸机目标导航系统的大型发射机②飞机无线电发射机系统
pea-green 豆绿色
peak ①峰，峰值，最大值，顶点，尖点，波尖②锚爪③尖舱，齿顶尖，引入尖脉冲
absorption ~ 吸收峰值，吸收最大值
base ~ 基峰，标准峰
black ~ （电视图像）最大黑色信号电平，最黑点的信号电平，黑色信号峰值
chromatographic ~ 色谱峰
corrosion ~ 腐蚀尖峰
degradation ~ 降解峰
double amplitude ~ 双幅度峰值,全幅值（正负峰之间的）
flux ~ 最大通量
fused ~ 重叠峰
ghost ~ 假〔鬼，外来〕峰
inert ~ 稳定峰（指在 20 ~ 25℃时一个组分校正保留值不变的峰）
interference ~ ①干涉高峰点②干涉峰值
isotope ~ 同位素峰
leading ~ 前延峰，伸舌头峰，谱带伸前，峰头
load ~ 负荷尖峰，最大负荷，高峰负荷量
moment ~ 力矩峰值
negative ~ 最大负值，负峰值
negative-going ~ 负脉冲峰
non-gaussian ~ 非高斯峰，拖尾峰
positive ~ 最大正值，正峰值
power ~ 功率尖峰，功率峰值
primary ~ 第一波峰（电致发光光谱的）
pulse ~ 脉冲峰值
resonance ~ 谐振（曲线）峰（值）
reststrahlen ~ 余辉带的反射峰
satellite ~ 伴峰
saturated adsorption ~ 饱和吸收峰
solvent-interstitial Snoek ~ 溶剂 - 间隙原子斯诺克峰
strange ~ 假峰
tailed ~ 拉尾峰
trajectory ~ 最高道顶，弹道最高点
transfer ~ 传送峰值
transient ~ 瞬间峰值，合闸尖峰电流
voltage ~ 电压巅〔峰〕值
white ~ 电视图像最白点的信号电平
peak-and-bold 峰值保持
peaked ①有尖顶的②最大值的，峰值的
peaker ①峰化器，脉冲整形器，加重高频设备，锯齿电压中加入脉冲设备，微分电路，峰化电路，脉冲修尖电路②透磁合金探针（测量磁场用）
high ~ ①高频增益提高电路②微分电路，高频补偿电路，脉冲修尖电路③加重高频成分的设备，高频峰化器
peak-holding 峰〔极〕值保持
peaking ①剧烈增加，将频率特性的高频部分升高②脉冲修尖，脉冲峰化，加强脉冲，引入尖〔窄〕脉冲③微分法
cathode ~ ①阴极高频补偿②阴极（高频）峰化（用选择阴极电路元件的方法提高频率特性）
flux ~ 局部通量剧增
high-frequency ~ 高频峰化
series ~ 串联建峰（用串联法使频率特性高频部分升高）
shunt ~ 并联峰化（用并联法使频率特性高频部分升高），分路（并联电路）升高法

video ~ 视频峰化
peaklines 峰值线
peakload 巅（值）负荷，尖峰负荷，最大负载
peak-peak 最高峰值
peak-seeking 寻峰
peak-to-peak （正负）峰（之）间的，由最大值到最小值，信号〔振荡〕总振幅
peak-to-zero 从峰值到零，从最大值到零，峰零时间
peaky ①有峰的，尖的②尖顶〔有峰，峰形，有最高值〕曲线
peal 钟声，（发）隆隆声，敲响
peamafy 坡莫菲高导磁率合金（*w*（Fe）20%，*w*（Ni）80%）
pean =peen
pearl ①珍珠，珠状物②微粒③灰白色
pearlescent 珠光，珍珠色
pearlite ①珠光体②珍珠岩
beaded ~ 球状珠光体
coarse ~ 粗（晶）粒珠光体
coarse lamellar ~ 厚层状珠光体
divorced ~ 断离状珠光体
emulsified ~ 乳状化珠光体（即索氏体）
fine ~ （淬火）托氏体
globular ~ 球状珠光体
granular ~ 球状珠光体
sorbitic ~ 索氏体
spheroidized ~ 粒状珠光体
very fine ~ （淬火）索氏体
pearlitic 珠光体的
pearlyte 珠光体
pear-push 悬吊（式）按钮
pear-switch 悬吊（梨形拉线）开关
peashooter 驱逐机
peat 泥煤，泥炭（土）
pebble ①卵石，砾石，（透明）水晶②（轧制金属的）粒状表面，疙瘩状表面
pebbling （塑性变形引起的）橙皮状表面
peck 配克（粒状物的容量单位，1 配克 =2 加仑 =9.09 L）
pecker ①接续器，簧片②穿孔针③十字镐
wood ~ 除节机
peculiar ①独特的，特有的，特殊的②专用零件
peculiarity ①特性，性质②奇特
pedagogical 教育学的，教育法的
pedal ①足部的，垂足的②（脚）踏板
accelerator ~ 加速（器）踏板，油门控制（器）板
adjustable ~ 可调式踏板
anti-dazzle ~ 防眩踏板
brake ~ 制动踏板，脚踏闸
clutch ~ 离合器踏板
gear shift ~ 变速踏板，换档踏板
hard ~ 笨踏板（制动效率低）
kick ~ 脚蹬起动踏板
push ~ 推板
release ~ 分离踏板，松放踏板
reverse ~ 换向踏板
shift ~ 控制踏板
stirrup type ~ 蹬形踏板
throttle ~ 风门踏板，油门踏板
pedal-dynamo 脚踏发电机
pedal-rod 踏板拉杆
pedestal ①支〔底，基，垫〕座②轴承座，轴架③消隐〔熄弧，熄灭〕脉冲电平④焊接凸点，焊接台柱
antenna ~ 天线座架
azimuth ~ 测量方位角机械底座，方位台座
blanking ~ 消隐脉冲电平，（电视）熄灭脉冲电平
bonding ~ 焊接凸点
burst ~ 猝发电平（同步彩色标示脉冲中的矩形脉冲分量）
camera ~ 摄像机台座〔机架〕
colo(u)r bar ~ 彩色消隐脉冲电平
engine ~ 发动机台架
floor ~ 落地式轴承台
grey ~ 灰度台阶，灰度基线
horizontal sync ~ 水平同步脉冲基底电平
main ~ 总轴架
plain ~ 整体轴架
silicon ~ 硅基座，硅台座
solid ~ 整体轴承
sync ~ 同步基座（熄脉冲的顶部）
pedicab 三轮车
pedimeter =pedometer
pedion 单面（晶）
pedipulator 机械腿，步行机
pedodynamometer 脚力测定器
pedometer 间距规，步程计，计步器，里程计
pedrail 履带
peek-a-boo （一组卡片的）同位穿孔
peel ①（锻造操作机的）钳杆，（悬臂）装料杆，推杆②粗加工③剥皮，脱壳④橙皮，橘皮
~ back ①剥离，削落②剥壳（翻斗制壳的一种缺陷）

charging ~ 装料（机推）杆
mo(u)lder's ~ 造型用铁铲子，铸工铲凿
orange ~ 桔皮面（铸件缺陷或硅片表面不正常状况等）

peel-back （壳型）脱壳

peeler ①坯料剥皮机（床）②坯料修整（清理）机（床）③单板旋切机④磁激发〔激励，反射〕器
abrasive ~ 磨擦去皮机
hydraulic ~ 水压剥皮器
rotary ~ 坯料去皮车床

peeling ①剥皮，去皮②鳞剥③（热处理引起的）脱皮，起皮④凿净铸件，铸件表皮，落砂（清理）

peen ①锤头，尖头（锤的）②管脚③销，针，枢，栓，支杆④插头，引线⑤外螺纹
ball ~ （锤的）圆头
straight ~ （锤的）直头

peener 喷丸〔砂〕机
air ~ 气动喷丸〔砂〕机

peening 喷丸处理，喷珠硬化，喷射（加工硬化法）锤击，轻敲，用锤尖敲击
hammer ~ 以锤头打铁
hand ~ 手锤敲击硬化
hot ~ 热打铁，热锤击，热喷丸，高温喷砂处理
shot ~ 喷丸硬化
soft ~ 柔琢，柔剁，轻凿
stress ~ 喷砂〔丸〕强化

peep ①窥视②吉普车（同 jeep）

peeper 定位放大镜（镶嵌用）

peephole 窥视孔

peep-sight ①瞄准器（枪炮的）②窥视孔

peep-sight 瞄准器（枪炮的）窥视孔

peer-to-peer 对等

peg ①木栓，木钉，栓钉，插头，插塞，销子②木桩，标桩③标记，标高
bayonet ~ 灯头插脚
bobbin ~ 筒子插钉
draw ~ 起模木棒，起拉螺钉
ga(u)ge ~ 按钮
level(l)ing ~ 平栓
rubber ~ 橡胶直浇道（模）棒
runner ~ 浇道棒

pegelschreiber 〈德〉水准记录装置，电平记录器

pegging 销子连接

pegmatite 伟晶岩，黑花岗石

pegtop 陀螺（形的）

pein 锤头

pek 油漆，涂料

pelage 砂纸，砂皮，毛皮

pellet ①小球，小弹丸，颗粒，粉末②（小，切，圆）晶片，片状器件，圆形木楔
germanium ~ 锗小片，锗切片
getter ~ 收气剂丸
needle ~ 撞针头
nickel ~ 镍珠，镍丸
silicon ~ 硅片

pelleter 制粒〔制片，压片〕机

pelletization 粒化，制粒

pelletizer 造球机，成球机，球团机，制粒机
disk ~ 圆盘造球机

pelletron 球链式静电加速器

pellicle 薄膜，薄皮，（照相）胶片

pellicular 薄壳型的

pellucidity 透明〔澈〕度，透明性

pelorus 方位仪，哑罗经，罗经刻度盘

pen ①墨水笔，笔（尖）②栏，圈，围③光笔，光写入头
border ~ 绘图笔（画轮廓线用的）
bow ~ 小圆规，划线笔
contour ~ 曲线笔
control ~ 控制笔
electric marking ~ 电（标志）笔
electronic ~ 电子笔，光笔
graphic light ~ 绘图光笔
instrument ~ 仪表（记录）笔
light ~ 光笔，光写入头
plot ~ 绘图笔
railroad ~ 双线笔
recorder ~ 自动记录器记录笔，记录笔尖
recording ~ 记录笔尖
ruling ~ 绘图笔，鸭嘴笔
selector ~ 选择笔
sonic ~ 声笔
stencil ~ （刻蜡纸用的）铁笔
swivel ~ 曲线笔
tracing ~ 自记笔，描迹笔尖

penalty ①负担，代价，罚款，惩罚②（质量、性能的）恶化，损失

pencil ①铅笔，记录头，书写头②束，簇③射〔光，线〕束，光线锥
~ of curves 曲线束
~ of lines 线束
~ of matrix 矩阵束
beam ~ 电子束

cathode-ray　电子束，阴极射线束
china marking ~　划磁笔
chinagraph ~　特种铅笔，化学铅笔
colo(u)r ~　笔型测温计，测温笔
concrete ~　预应力芯棒
electron ~　电子锥〔束，笔〕
ever sharp ~　活芯铅笔
indicator ~　指示器记录头
light ~　光束，光线
metal ~　焊条
oblique ~　斜光锥
plane ~　平面束
test ~　试电笔
voltage ~　电压写头
penciled　①成射束状的，光线锥的②用铅笔写的
pendant　①悬挂物，悬架，钩环②吊架，悬架式操纵〔按钮〕台③附录，附属物
cord ~　电灯吊线
(teach) ~　示教盒
pendence　①斜面②斜度
pending　①下垂的，悬挂的②未决的，不定的
pendulant　摆动的，振动的，悬挂的
pendular　摆动的，振动〔子〕的
pendulate　摆动，振动，振摇
pendulosity　摆性
pendulous　摆动的，振动的，悬挂的
pendulum　①振动体②摆（锤）③摆动的
astatic ~　无静差摆
ballistic ~　冲击摆，弹道摆
bob ~　连叉摆（摆杆直接连接在叉轴上，而摆锤直接用螺纹与摆杆连接）
centrifugal ~　离心摆，离心调速器
coincidence ~　符合摆，重合摆
compensation ~　补偿摆
compound ~　复摆，物理摆
coupled ~　耦合摆
cycloidal ~　①圆滚摆②摆线摆
damped ~　阻尼摆
dummy ~　静摆
equivalent ~　引用摆（相当于物理摆引用长度的单摆）
gravity ~　重力摆
gridiron ~　组合格状摆（摆杆由整个金属丝连接而成），杆式〔栅形，伸缩〕补偿摆
gun ~　冲击摆，弹道摆
hypothetical ~　虚摆
invariable ~　定长摆
invert ~　逆立摆（摆锤在摆动中心上方）
isolating ~　单摆
master ~　自由摆，主摆
mathematical ~　单摆，数学摆
mercurial ~　汞摆，温度补偿摆
minimum ~　最短摆（其悬点能使摆具有最短的引用长度）
mock ~　假摆，模拟摆
physical ~　物理摆，复摆
resonance ~　共振摆
second ~　秒摆
simple ~　单摆
slave ~　从动摆
sphere ~　球面摆
torsion ~　扭摆
pene　=peen
penetrability　①（可）穿透性，贯穿性②渗透性〔力〕，透明性，透明度③焊透性
air ~　透气性，透气率
penetrable　可渗透的，可穿透（过）的，能贯穿的
penetrameter　=penetrometer
penetrance　穿透（性），贯穿，透射，透过
penetrant　渗透剂，贯入料，渗透液
dye ~　着色渗透剂，非破坏试验中的染料（着色）渗透剂
fluorescent ~　着色渗透剂，荧光渗透液
post-emulsification ~　后乳化性渗透液
penetrate　①透〔穿，渗，灌，贯，陷，进〕入，贯穿，穿破②弥漫，充满，填满
penetration　①贯穿，穿〔浸，渗，熔，焊〕透，侵入②穿透率〔性〕③穿透深度，针入度，（焊接）熔深
~ of current　有效肤深，透入深度
~ of extraction field　（离子）引出场的弛垂
~ of hardness　有效淬硬深度
~ of the tool　进刀
barrier ~　势垒穿透
carbon ~　渗碳
corrosion ~　侵蚀深度
fusion ~　①渗透熔接②焊透深度③化学粘砂
hardness ~　①有效淬硬〔火〕深度②淬透性，硬化度
inadequate ~　未（焊）透
incomplete ~　未焊透
intergranular ~　①粒间穿透②晶（格）间穿透
joint ~　接头焊透层
metal ~　①机械粘砂②物理粘砂③金属渗入（砂粒间），机械砂粒

poor ~ 未（焊）透
pressure ~ 压力穿透
root ~ 根部熔深，根部焊透层
sand ~ （机械）粘砂
side ~ 侧面熔深
slag ~ 炉渣侵蚀
spray ~ 喷射深度，喷雾射程，油束射程
weld ~ 焊穿，焊透深度，熔深

penetrative （能）贯穿的，（有）穿透能力的

penetrator ①（硬度计）压头，穿头②过烧（焊）
diamond ~ 金刚石压头（硬度试验机的）

penetrometer 透度计，透光计，针式硬度计，贯入度仪，针入式测定计，稠密度计（测润滑脂等用）

penetron ①介子，重电子（旧称）②利用 γ 射线的材料厚度测定器，γ 射线穿透仪③电压穿透式彩色管

peniotron 潘尼管（日本式快波简谐运动微波放大器）

penstock ①闸门，给水栓，压力水管，进水管（水轮机的）②（有耐火内衬的与高炉送风管连接的）短铸铁送风管

pent =pentode

penta （流速仪装置上的）五个接触点，五氯酚

pentacarbonyl 五羰基化物
iron ~ 五羰铁

pentadecagon 十五边形

pentagon =pertagram

pentagram 五角，五角星形，五角形，五边形

pentagrid （五栅）七极管

pentahedron 五面体

pentamethide 有机金属化合物，五甲基化物

pentamirror 五面镜

pentane （正）戊烷，戊级烷

pentangular 五角的

pentaprism （屋）脊，五棱镜

pentatron 具有一个公共阴极和两组电极的电子管（如双三极管、双五极管和阴极射线管等），五极二屏管

Pentium 微处理器（英特尔奔腾标志）

pentode 五极管
beam ~ 束射五极管
duplex diode ~ 双二极五极管
focus-compensating ~ 聚焦补偿五极管
line output ~ 水平扫描末级五极管，行扫描输出五极管（电视接收机）
low-slope ~ 低跨导五极管
power ~ 功率五极管
radio-frequency ~ 射频五极管
sharp cut-off ~ 锐截止五极管
twin diode ~ 双二极五极管
variable-mu ~ 变 μ 五极管

pentolite 喷托莱特（烈性炸药）

pentop 笔触式计算机

pentoxide 五氧化物
phosphorous ~ 五氧化二磷（P_2O_5）

pent-up 被抑制的，壅高的，被拦住〔阻挡的〕

pentyl 戊（烷）基，季戊炸药

penumbra 半（阴）影

pepperbox 接收机

peptizate 胶溶体

peptization 胶溶作用，分散作用，解胶

peracidity 过酸性

peralkaline 过碱性

Peraluman 皮拉铝合金，优质镁铝锰合金（*w*（Mg）0.5% ~ 6%，*w*（Mn）0.3% ~ 1%，其余 Al）

perambulator ①测距仪，间距规②测程车，测程器

perbunan 丁腈橡胶，别布橡胶

perceive ①知觉，发觉，觉察②理解，看出

percent 百分率，百分数
~ of pass 合格率，通过率
pitch ~ 节距系数

percentage 百分率，百分比，比率
~ of pole embrace 极弧系数
~ of wear and tear 折旧率
beam modulation ~ （超正析像管的）束调制度（百分数）
brake ~ 制动率（车轮载荷与制动力之比），制动比
contraction ~ 收缩（百分）率
coupling ~ 以百分比计的耦合系数
marking ~ 记号百分率
modulation ~ 以百分比计的调制深度
mol ~ 摩尔百分数
picture modulation ~ （视频）图像〔信号〕调制（深度）百分率
return line ~ 回描率，回扫率
ripple ~ 波纹〔脉动〕百分数
shear fracture ~ 塑性断口百分率
wake ~ 伴流率，尾流率

percentile 百分之一，百分位，百分比下降点，按百等分分布的数值

perceptibility 判别〔感觉，理解〕力

perceptible 可感觉到的，显而易见的

perception 感知过程，察觉作用，知觉
artificial ~ 人工识别
machine ~ 机器理解
stereo ~ 立体感
perceptron 视感控器（模拟人类视神经控制系统的电子仪器），感知器，感知机
perceptual 感性的，（五官所）知觉的
perch ①棒，杆，主轴②英制丈量单位（长度：相当于 5.029 m，面积：相当于 25.29 m^2，体积：相当于 7.008 m^3）
spring ~ 弹簧座，装弹簧的夹具
percolate 渗透〔漏，流〕，渗滤
percolation ①渗透〔滤，流〕（作用），深层渗透，地面渗入②（化油器浮子室内燃油过热沸腾）发动机运转不稳定现象，热渗现象
upward ~ 上向渗滤（浸出）
percolator ①渗滤器，渗流器②过滤器
percussion 冲击，振动，激动，击发
percussion-grinder 撞碎机
perdistillation 透析蒸馏作用
perdurability ①延续时间②耐久性，持久性
perduren 硫化橡胶
perfect ①理想的，完全的②正确的，精确的③熟练的，精通的④无黏性的
perfecting-press 两面印刷机
perfection ①完整数②完整性③完成，完善，完美
crystal ~ 晶体完整（性）
crystalline ~ 结晶完整性
macro ~ 宏观完整性
micro ~ 微观完整性
perfectness 完全〔整〕性
perfector 双面印刷机
perflation 通风，换气
perflecto-comparator 反射比较仪
perflectometer 反射头，反射显微镜，全反射（测量）计
Perflow 半光泽镀镍法的添加剂
perfoot 极点，顶点
perforate 打〔穿，钻〕孔，多孔冲裁
perforation ①穿〔凿，钻，射〕孔②片孔，孔眼，齿孔
chadless ~ 无屑穿孔
multiple ~ 复穿孔
perforator 穿孔〔凿孔，钻孔，凿岩〕机，射孔器，螺旋钻
casing ~ 套管射孔器
jet ~ 喷射式射孔器
justifying ~ 齐行排字穿孔机
keyboard ~ 键盘穿孔机
mallet ~ 锤式冲孔机
punch ~ 冲击式凿孔机
receiving ~ 接收凿孔机，复凿机
stick ~ 金属棒凿孔机，锤击穿孔机
perform ①施〔实，执〕行，完成②运用，使用③表演，演奏
performance ①运行特性，工作性能②效果，效率，行为，表现，成绩③完成，运行，实行④生产力
~ per liter 升功率（发动机的）
air ~ 空气动力性能
antenna RF ~ 天线射频性能
cascade ~ 叶栅特性
coast ~ 反拖特性
combustion ~ 燃烧性能
common-mode ~ 共态性能
complete ~ 通用特性线
cost ~ 性能价格〔成本〕比，成本效率，价格性能，单位成本率
decision support ~ 决策支持表现
direct-current ~ 直流工作特性
dynamic ~ 动态〔力〕特性
emission ~ 排气性能
estimated ~ 估计〔算〕性能
flicker-brightness ~ 闪光与亮度关系
heat-shielding ~ 隔热性能
lightning ~ 雷电性能
line ~ （输电）线路运行特性
maintenance-free ~ （具有）无需维修的性能
mid-range ~ （发动机的）中等运转性能
optimum ~ 最佳性能
overall ~ 总指标，总性能
peak ~ 最大生产力，最佳性能
reference ~ 参考性能，正常工作情况下的操作
resolution ~ 分解性能
running ~ 运行特性，运行性能
service ~ 使用性能
software ~ 软件性能
specified ~ 保证性能
stall ~ 失速特性，分离特性
task ~ 工作特性
thermal ~ 热力特性
timekeeping ~ 守时性能，走时精度
turning ~ 转弯特性，旋转特性
unfailing ~ 可靠性能

performer 执行器，执行者，能手

performeter ①工作〔动作〕监视器②自动调谐控制谐振器

Perglow 光泽镀镍法的添加剂

perhapsatron 或许器（产生稳定自压缩放电的环形管式装置）

perhydrol 强双氧水（w（H_2O_2）30%）

pericenter 近中心点

periclase 方镁石

pericon （红锌及黄铜的）双晶体

pericycloid 周摆线

peridot 橄榄石

peridotite 橄榄岩

perifocus 近焦点

perigee 近地点，（弹道）最低点

perigon 周角（360°）

peril （巨大的）危险，损失

perilune （人造月球卫星在轨道上的）近月点

perimeter ①周长，周边，周围②圆度③视野计

wetted ~ 湿（润范）围，润周

period ①周期，循环②时期〔代〕，期间，时间（间隔）

~ of commutation 换向周期，整流周期

~ of duty 运行时间，运行期

~ of element 元素周期，元素的阶

~ per second 周/秒，赫（兹）

acceleration ~ 加速反应期，加速周期

action ~ 作用期

active field ~ 有效场周期

amortization ~ 清偿期，偿还期限

bedding-in ~ 走合时间，跑合期

boiling ~ （转炉）沸腾期，石灰氧化期

break-in ~ ①（磨合）试运转期②故障期，间断期

breaking-in ~ ①溶解期，开动期②试车期，试验期

burning-in ~ （电子管等的）老化时间

burst ~ ①爆炸时间②爆发期间

carbonizing ~ 增碳期

charge ~ 加料期

conducting ~ 通导周期

constant failure-rate ~ 恒定失效率期

conversion ~ 逆周期

cooling ~ 等待期

damping ~ ①阻尼时间②激后复原期

dark ~ 阴影周期

debugging ~ 早期失效期，调整期（计算机程序）

decay ~ 蜕变周期

deenergized ~ ①释放期间（继电器的）②脉冲间隔

demand-assessment ~ 最大负荷估计周期

depreciation ~ 折旧年限

digit ~ 数字信号周期

discharge ~ 放电（持续）时间

drain ~ 换油周期

eclipse ~ 蚀（周）期

electron ~ 电子运动周期

ensurance ~ 保用期

error-free running ~ 正常运行期，正常工作期，无误运转期

fiber ~ 纤维（轴向）等同周期

field blackout ~ 场消隐周期

fining ~ 精炼期

flash ~ 爆燃期，发火周期

flux ~ ①（电，磁，热，光，辐射）通量变化周期②反应堆周期

frame ~ 帧周期

frame suppression ~ 帧（扫描回程）熄灭时间

free ~ 自由振荡周期，固有周期

guard ~ 防护周期

half-life ~ 半衰期，半排出期

half-value ~ 半衰期，半寿命，半排出期

heat soak ~ 暖机阶段

heating ~ 暖机阶段，加热阶段

heating-up ~ 加热时间，升温时间

holding ~ ①吸持时间②保持时间③等待降落时间④保存（存储）时间

horizontal blackout ~ 行扫描熄灭脉冲时间，水平消隐脉冲周期，行消隐周期

horizontal blanking ~ 水平回描消隐时间

horizontal flyback ~ 水平回扫周期

hunting ~ 振荡周期，摆动周期

identity ~ 等同周期

idle ~ ①停车时间②无功周期，空转时间

idling ~ 停产期，停产时间

inaction ~ 无效期，不作用期，钝化周期

incubation ~ 孕育〔酝酿，诱导，潜伏〕期

induction ~ 诱导期

inhibition ~ ①抑制期②诱导期

inoperative ~ 非运行期，停机期

inverse ~ 逆电势期

killing ~ 镇静期，脱氧期

line ~ 行扫描周期

line-return ~ 行扫描回程期间

median ~ 平均周期

memory ~ 记忆时间，存储期间
non-generating ~ 非发电时期
normal charging ~ 正常充电时间
occupation ~ 工作周期
off ~ 断开〔断电，间歇〕期间
off-blast ~ 停风期
off-peak ~ 非峰荷期间
oil drain ~ 油工作寿命，换油周期，不换油工作时间
on ~ 并列期间，接通时间，投入时间
one-tenth ~ 1/10 衰减期
oscillating ~ 振荡周期
overhaul ~ 无大修工作期间，发动机工作寿命
oxidizing ~ 氧化期
pause ~ 停机时间
peakload ~ 高峰负荷周期
picture ~ 帧周期，帧时间
pitch ~ 齿距周期
pitching ~ 纵摇周期
presentation ~ 呈现期，显示期
probable ~ 试用期
pulsation ~ 脉动周期
pulse ~ 脉冲周期
quiescent ~ 静止期（指脉冲发送时，两个脉冲之间的时间）
recurrence ~ 重复周期
recurring ~ （循环小数）循环节
refining ~ 精炼期
repetition ~ 重复周期
resting ~ 间歇周期
re-testing ~ 检定周期
retrace ~ 回描时间
return ~ 重现〔回复，逆程〕期
rotation ~ 自转周期
run-in ~ （出厂前）先期运用阶段，试用阶段，跑合期
running ~ ①运转时间，运转周期②动作时间，动作周期
running-in ~ 磨合期，跑合期
scavenging ~ 吹气期，扫气期
short-circuit ~ ①短路持续时间②（直流电机的）换向周期
shutdown ~ 停炉期，停工期
slag-formation ~ （转炉）造渣期，硅锰氧化期
smoke ~ （转炉冶炼第三期）棕黄色薄雾期
soak ~ 浸泡时间，停留时间（在热井中滞留时间），暖机阶段（汽轮机低速或高速暖机加热阶段）
soaking ~ 均热期
stand-by ~ ①调谐期间②准备期
starting ~ 起动〔始〕时间
start-up ~ 试车周期，起动周期
stationary ~ 停留时间
tail-out ~ 收尾时期
timing ~ 延迟期间
transmission gap repetition ~ （通信）传输间隔重复周期
turn-on ~ 起动周期
undamped ~ of oscillation 等幅振荡周期
wear-out ①磨损周期②终结期
work-up ~ 工作周期，起动周期
zeroth ~ （第）零周期

periodic
oxidizer ~ （发动机）周期性捕集氧化装置

periodic(al) ①周期的，定期的②间歇的，断断续续的③期刊，杂志

periodicity ①周期（性，数），定期〔间发〕性，循环〔间歇〕性②频率，周波
hidden ~ 潜周期性
imperfect ~ 非周期性，非均匀性（变化）

periodization 周期化

periodmeter 周期计，频率计

periodogram 周期图

periodometer 傅里叶分析仪，调和分析仪

peripheral ①周围的，周边的，圆周的②外围设备，附加设备
shared ~ 共用外围设备

peripheral-limited 受外围设备速度限制的

peripheric 周围〔边〕的，圆周的，四周的

periphery ①周围〔边，线〕，圆周②圆柱（体）表面，外面，外围
armature ~ 电枢圆周，电枢周缘

periscope 潜望镜，窥视窗

peristaltic ①蠕动的，有压缩力的②螺状的③起于两导体之间的

peritectic 包晶体（的）

peritectoid 包晶体，转熔体

peritrochoid 外摆线圆

peritron 荧光屏可轴向移动的阴极射线管

perk ①动作灵敏②过滤，渗透③窥视④详细检查

perlit 高强度珠光体铸铁

perlite 珠光体，珍珠岩
expanded ~ 膨胀珍珠岩（隔热、隔音材料）

permachon 扫描转换管

permachrome 坡莫克若莫（彩色显像管）

permaclad 碳素钢板上覆盖不锈钢板的合成层板，珀马克拉德不锈钢覆面钢板
permactron 双注电子波管
permag 清洁金属用粉
permaliner 垫整电容器
permalloy 坡莫合金（强磁性铁镍合金），透磁合金（*w*（Ni）78.5%，*w*（Fe）21.5%）
chrome ~ 铬透磁钢，铬透磁合金，铬坡莫合金（含铬的铁镍导磁合金，*w*（Ni）78%，*w*（Cr）3.8%，其余 Fe）
resin ~ 树脂（状）坡莫合金
resist ~ 高电阻坡莫合金，强磁性铁镍合金
permanence 永〔持，耐〕久（性），稳定度〔性〕，安定度
permanent 永久的，不变的，持久的
permanent-magnet ①永久磁铁②永磁的
permanganate 高锰酸盐
potassium ~ 高锰酸钾
Permanite 波马奈特钴钢（*w*（Co）17%）
Permant 波曼特铁镍合金（*w*（Ni）36%）
permatron 磁（场）控（制）管，贝尔麦特管（热阴极二极管）
Permax 波马克司镍铁合金
permeability 渗透率〔度，性〕，透气性，透穿性，磁导率，贯穿率，穿透率
~ of free space 真空磁导率
acoustic ~ 传声性
air ~ ①空气磁导率②透气度，空气渗透率
amplitude ~ 振幅磁导率
baked ~ ①干透气性②硬化后透气性
bulk ~ 体磁导率
complex ~ 复磁导率
cyclic ~ 正常磁导率〔系数〕，周期磁导率
dielectric ~ 介电常数，电容率
differential ~ 微分磁导率，动磁导率
dry ~ 干透气性
effective ~ 有效磁导〔渗透〕率
gas ~ 透气性
green ~ 湿透气性
incremental ~ ①增量磁导率②微分磁导率
intrinsic ~ 固有〔本征〕磁导率
low ~ 低透水性
magnetic ~ 磁导率〔系数，性〕
membrane ~ 膜透率
moisture ~ 透湿性
mo(u)ld ~ 铸型透气性
normal ~ 正常磁导率
relative ~ ①相对磁导率②相对渗透率
reversible ~ 可逆磁导率
sand ~ 型砂透气性
space ~ 空间〔真空〕磁导率
specific ~ 比磁通密度，相对磁导率
tensor ~ 张量磁导率
vacuum ~ 真空磁导率
water vapo(u)r ~ 水蒸气渗透性，透湿性
permeable 可渗透的，渗透性的
permeameter ①磁导计（测量磁导率）②渗透计，渗透性试验仪
NS ~ NS 磁导计
Spillane ~ 斯皮兰渗透性试验仪
traction ~ 拉力磁导计
yoke ~ 框式磁导计
permeance ①磁导（磁阻的倒数），磁导性②渗入，透过
air-gap ~ 气隙磁导（率）
inch ~ 每一英寸（25.4 mm）槽的磁导（电机的）
leakage ~ 漏磁导（率）
slot ~ 槽部磁导
unit ~ 单位磁导率
permeate 渗入，渗透，透过
permeater 透气性测定仪
electric ~ 电测透气性试验仪
permeation 渗透（作用），渗气，贯穿
tritium ~ 氚渗透
Permendur(e) 波门杜尔铁钴合金（高磁导的铁钴合金，*w*（Co）50% ~ 70%，*w*（V）2%，其余 Fe）
Permenorm 波曼诺铁镍合金（用于磁放大器，*w*（Ni）50%，*w*（Fe）50%）
Permet 波梅特铜钴镍合金（一种铜镍钴永磁合金，*w*（Cu）45%，*w*（Ni）25%，*w*（Co）30%）
Permicron 微米波数（1951 年提出的 1 微米内波长数的名称）
permillage 千分率〔比〕
Perminvar 帕明瓦恒高磁导率合金（低磁滞高磁导的铁镍钴合金）
permissible 容许的，许可的
permit ①容许，许可②许可证，执照
landing ~ 卸货许可证，上岸准许证
permittance ①电容性电纳②电容③许可，准许
permittimeter 电容率计
permittivity 电容率，介质常数，介电系数
complex dielectric ~ 复介电常数，复电容率
differential ~ 微分介质常数，微分〔动〕介电系数

relative ~ 相对电容率，相对介电常数
Permivar 镍铁钴高导磁率合金（w（Ni）25%，w（Fe）30%，w（Co）45%;或w（Ni）45%，w（Co）25%，w（Fe）30%）
permometer 连接雷达回波谐振器用的设备
permutability 换排性，转置性，可置换性
permutable 可变更的，能交换的，可（代，置）换的，可排列的
permutation ①排列②置换③重新配置，取代
circular ~ 循环排列，圆周排列
code preserving ~ 保码排列
even ~ 偶排列，偶置换
identical ~ ①元排列②同等排列
migratory ~ 可移排列
odd ~ 奇排列，奇置换
reciprocal ~ 反排列
permutator ①转换开关②交换器，变换器，机械换流器
permute ①交换，排列，改变…的序列②（滤砂）软化
permutite ①滤砂，软水砂②人造沸石
permutoid 交换体
perovskite 钙钛矿
peroxidation 过氧化反应〔作用〕
peroxide 过氧化物
hydrogen ~ 过氧化氢（H_2O_2）
perpends 竖缝
perpendicular ①垂直的，正交的②垂线③垂直面
after ~ 艉垂线
forward ~ 艏垂线
perpendicularity 正交，垂直（性，度）
perpetual 永久的，永恒的，不间断的
perpetuity ①永久，永恒②永存物
persistence 持久性，持续，（荧光屏上）余辉（保留时间），（时间）常数
~ of energy 能量守恒
~ of pattern 图像发光的持续性
~ of screen 荧光屏余辉持久性
~ of vision 视觉暂留
less ~ 短余辉（时间）
phosphor ~ 荧光粉余辉
pulse ~ 脉冲宽度
steady ~ 长余辉，持久余辉
persistency =persistence
persistent 持久的，稳固的，不变的
persister 冷持管
persistron 持久显示管〔器〕
personal 个人的，自身的，专用的
personality 个性化
remote antitheft ~ （汽车）个性化遥控防盗（装置）
personnel ①（全体）人员②人事部门
mill ~ 轧机操作人员
persorption 吸混（作用），多孔性吸附
perspective ①透视（图）②展望，远景③观点④整体各部分的比例⑤（声音）立体效果
angular ~ 斜透视，成角透视
bird's eye ~ ①鸟瞰图，透视图②大纲
isometric ~ 等角透视
oblique ~ 斜透视
perspectivity 透视（性），明晰度
perspectograph 透视纠正仪
persuader （超正析像管的）电子偏转板，阻转电极
persymmetric 广对称的
pert ①附属（物）②有关的
pertain ①属于②适于③关于，与…有关
pertaining 附属（物），从属的，有关系的
pertinax 焙结纳克斯胶（电木），胶纸板，酚醛塑料
pertinent ①适〔恰〕当的，贴切的，中肯的②相关〔应〕的，与…有关的③（pl.）附属物
perturb 干扰，烦扰，扰乱
perturbance 扰动，干扰
perturbation ①干扰，扰动，扰乱②破坏③波动④断裂
internal time varying ~ 周期性内扰动
intracavity ~ 腔内扰动（激光器）
magnetic ~ 磁扰
pseudo-random ~ 伪随机扰动
velocity ~ 速度波动，速度起伏
wriggling ~ 弯曲型扰动
perturbator 扰动器（产生局部脉冲扰动场的磁铁）
pervaporation 全蒸发（过程）
perveance 导流系数，电子管导电系数
pervious ①透光的，有孔的，透水的②能透过的，能接受的
perviousness 可透性，透水性，渗透性
pesticon =（photoelectron stabilized photicon）（光电子稳定的）高灵敏度摄像管
pestle 杵，捣槌
petalite 透锂长石
petrissage 揉捏法

petrochemical ①石油化学产品②石油〔岩石〕化学的
petrochemistry 石油化学，岩石化学
Petro-forge 内燃（高速）锤
petrography 岩相〔类〕学
petrol ①汽油，挥发油②石油（产品）
antiknock ~ 抗爆汽油，高辛烷值燃料
ethyl ~ 乙基石油醚，（含四）乙基（铅）汽油
heavy ~ 重汽油，低级汽油
leaded ~ 含铅汽油
lubricated ~ 加润滑油的汽油
motor ~ ①车用汽油②发动机汽油
petrolat 矿脂，凡士林
petrolatum ①矿脂，凡士林②石蜡〔缓蚀，轴承封存包装〕油
petroleum 石油（产品）
crude ~ 原油
lacquer ~ 漆用汽油
rude ~ 原油
petrolift 燃料泵
petronol 液体石油脂
petrosapol 石油软膏
petroscope 显微薄片观察仪
petrosio 液体矿脂
petticoat 裙状物，筒，有圆锥口的软管，裙状绝缘子
peucine 沥青，树脂
Peugeot 标致（法国标致集团生产车型）
Peugeot-Renault 标致 - 雷诺（公司）
pewter 白镴（锡基合金），铅锡锑合金，锡锑铜合金，点铜锡
Dutch ~ 荷兰白镴（w（Cu）10%，w（Sb）9%，w（Sn）81%）
French ~ 法国锡合金（w（Sn）82%，w（Pb）18%）
plate ~ 锡锑合金板
Roma ~ 罗马铅锡合金，白镴（w（Pb）30%，w（Sn）70%）
tin ~ 锡锑合金（w（Sn）91%，w（Ti）7%，w（Cu）2%）
yellow ~ 低锌黄铜，顿巴合金
pexitropy 冷却结晶作用
Pexol 强化松香胶
PG-wire 芯线，铁心
phacometer 透镜折射率计
phaeton 敞式汽车，大篷车，游览车
phanerocrystalline 显晶质
phanotron 热阴极充气（二极）管
phantasmagoria ①幻觉效应（屏幕上影象骤然缩小或增大的光学效应）②变幻不定的场面
phantastron ①延迟管，幻像延迟电路，幻像多谐振荡器（利用密勒回授电路的单管弛张振荡器），准确脉冲延迟线路② =fantastron
phantom ①幻像〔影，觉〕，错觉②仿真，模型③部分剖视图④幻像电路⑤空幻的，虚的
liquid ~ 液相
phantoming 构成幻路，架成幻路
phantophone 幻像电话
pharoid 辐射加热器
pharos ①光通量②灯塔，航（线）标灯
phase ①相（位），位〔周，定，调，物，金，振〕相②状态，形势，阶段③方面
allotropic ~ 同素异形相
alpha ~ α - 相
amorphous ~ 无定形相，非晶相
approach ~ 渐近相位，啮入相位
aqueous mobile ~ 含水流动相
assembly ~ 汇编阶段
balanced ~ 平衡相（位），等载相（位），对称相（位）
binder ~ 黏结相
bonded ~ （化学）键合（固定）相
burst ~ 彩色同步信号的副载波相位
center ~ （输电线的）处在中间位置的相线
coexisting ~ 共存相
colo(u)r ~ 彩色相位
compile ~ 编译阶段
complex tetrahedral ~ 复杂的四面晶相
concept(ual) ~ 初步〔草图〕设计阶段
continuous ~ 连续相（胶体中的）
crystalline solid ~ 晶状固相
debug ~ 调试阶段
definition ~ 技术设计阶段，确定技术经济条件阶段
differential ~ 微分相位
diol ~ 二醇基（键合）相
disperse ~ 弥〔分〕散相
displaced ~ 位移相
distortion aligned ~ 畸变排列相
excess tetrahedral ~ 过剩四面体晶相
execution ~ （指令）执行阶段，执行状态
external ~ 外（连续）相
fault ~ 故障相
fetch ~ 读取阶段
fissile ~ 裂变相
fixed ~ 固定相（位），参考相（位）

generic ~ 类分相（金相）
in ~ 同相（位）
initial ~ 初始相
in-phase-quadrature ~ 同相位 - 正交相位
intermediate ~ 中间相
lagging ~ 滞后相位
last ~ 终相
last pass ~ 最后通过阶段
launching ~ 发射阶段，发射时间范围（人造卫星的）
leading ~ 超前相
leading-in ~ 超前相位
lean ~ 疏相（铸）
level-dependent ~ 电平相关相位
load ~ 带载相，负荷相
locking ~ ①固定相②同步相③锁相
massive ~ 块状相
master ~ 基本相位
mesomorphic ~ 介晶相
metalloid ~ 似〔准〕金属相
minus ~ 反相，负相位
mobile ~ 流动相
nematic ~ 向列相
neutral ~ 中线相位
nodular growth ~ 球状成长相
object ~ 目标（程序执行）阶段
open ~ 开路相，断（路）相
optimizing ~ 优化阶段
out ~ 相位不重合
overlapping ~ 交叠相位
overloaded ~ 过载相
plus ~ 正相位
polar ~ 极性相
positive ~ 正相位，正相序
powered ~ 主动段
product ~ 子相，生成相
program(me) ~ 程序阶段
programmed turn ~ 程控转弯阶段（导弹的）
proper ~ 适宜相位
Q ~ Q 相位，相移 90° 载波，正交载波
quadrature ~ 正交相位，90° 相位移
random ~ 随机相位
raster ~ 光栅相位
recess ~ 啮出相位，渐离相位
reference oscillator ~ 振荡器基准相位，振荡器初相
reinforcing ~ of composites 复合材料的增强相
relative ~ 相对相
retarding ~ 推迟相位，滞后相位
reversed ~ 倒相
run ~ 运行阶段
same ~ 同相，同位
second ~ （变速器）二档啮合或二档行驶
sigma ~ 西格玛相，σ 相
smectic ~ 层列相，近晶相
specific ~ 特定相
split ~ 分（裂）相（位）
starting ~ 起动相位
suspended ~ 悬浮相
sweep ~ 扫描信号相位
topologically close-packed ~ 拓扑密排相
travel(l)ing ~ 前进相（位），移动相（位）
vapo(u)r ~ 汽态，（蒸）汽相
phase-advancer （相位）超前补偿器，进相机
shunt ~ 并励进相机
phase-angle 相（移）角
phase-back 返回，后退，相反
phase-balancer 相位平衡器
phase-changer 相位变换器，变相器
phase-coherent 相位相干〔相参〕的
phase-control 相位控制
phased 定相（位）的，调（整）相（位）的
picture ~ 图像同步的
phase-delay 相（位）延迟
phase-detecting 检相
phase-down 停止（活动），关闭
phase-insensitive 对相位变化不灵敏的，相钝的
phase-inverter 倒相器
phase-locked 锁相的，相位同步的
phasemass 相位量（传输量的虚部，其单位为度或弧度）
phasemeter 相位计，相差计，功率因数表
phase-modulated 调相的
phase-out （逐渐）停止，中止
phaser 移相器，相位计，相位器，声子量子放大器，激声
non-reciprocal ferrite ~ 非互易铁氧体移相器
phase-sensitive 相敏的
phaseshift 相移
phase-splitter 分相器，分相电路
phase-to-phase 相位之间的，相位对相位的
phase-unstable 相位不稳定的
phasigram 相图
phasing 定相，调整相位
back ~ 反相

channel ~ 声〔信〕道相位调整
error ~ 误差调相
external ~ （天线）外部定相
field ~ 帧定相，场定相
pulse ~ 脉冲相位调整，脉冲定相
store ~ 存储器定相
sweep ~ 扫描定相
phasing-in 同步
phasitron ①调频管②调相管
phasmajector ①简单静像管，静像发射管②发出标准视频信号的电视测试设备
phasograph 测量相位畸变的电桥
phasometer ①相位计②功率因数表
phasor ①相量，相位复（数）矢量，相图②彩色信息矢量
carrier ~ 载波矢〔相〕量
composite ~ 合成相量
d，q ~ d，q 轴相量，直角坐标相量
proper ~ 特征相量
solenoidal ~ 无散相量
phasoraph 相位畸变测量电桥
phasotron 稳相加速器，同步〔调频〕回旋加速器
pH-controller pH 计，pH 调节器
phenakistoscope 频闪观测器
phene 苯
phenol （苯）酚，石炭酸
phenolic 酚醛的，苯酚的
phenolics 酚醛塑料，酚醛树脂
Phenolite 费诺利（酚醛塑料）
phenolplast 酚醛塑料
phenomena =phenomenon 的复数
phenomenal ①现象的②从感觉得到的③显著的，非常的
phenomenology 现〔表，唯〕象学
phenomenon 现象，征兆
afterimage ~ 残像现象
ageing ~ 老化现象
attendant ~ 伴随现象，伴生现象
back lash ~ 回差现象，牵引现象
carrier transport ~ 载流子输运现象
chance ~ 随机现象，偶然现象
choking ~ 阻塞现象（风洞的）
critical ~ 临界现象
Dellinger ~ 德林格尔现象（电离层因太阳影响而引起的短波无线电通信障碍的现象）
dip ~ 谷值现象
electro-optical ~ 电光学现象
extra-sintering ~ 额外〔同化〕烧结现象
Fraunhofer's diffraction ~ 夫琅哈费衍射现象
Fresnel's diffraction ~ 菲涅耳衍射现象
mixing ~ 混频现象
necking ~ 颈缩现象
periodic ~ 周期现象
Perkin's ~ 珀金现象（电流反向时石墨棒导电率减小）
polarization ~ 极化现象，偏振现象
power swing ~ 指针振摆现象
pre-precipitation ~ 预沉淀现象，预析出现象
pull-in ~ 牵引现象
residual ~ 残留现象
resonance ~ 谐振现象，共振现象
shaft ~ 轴（对叶轮振动场的影响）效应
skip ~ 跳跃现象
spot softening ~ 真空管漏气放电现象
stone wall ~ 极限现象（涡轮液压机）
transient ~ 瞬变现象，过渡过程，暂态
ziehen ~ 频率牵制现象
pherope 远距离图像传输设备
phi-coefficient φ 系数
Philisim 一种炮铜（w（Cu）86.25%，w（Sn）7.4%，w（Zn）6.35%）
philosophy ①基本原理，基本观点，特点②哲学
circuitous ~ 电路原理
design ~ 设计原则〔理〕
philsim 菲尔西母合金
phlegma 冷凝液
phlegmatizer 缓燃剂，阻遏剂
phlogopite 金云母
phon 方（响度级单位）
phonautograph 声波振动记录仪
phone ①（=telephone）电话机②送受话器，听筒，耳机
cellular ~ 移动电话，蜂窝电话
cordless ~ 无绳电话
digital cell ~ 数字蜂窝（式）电话
digital video ~ 数字式可视电话
dual-band handy ~ 双频手机
hand-free ~ 免提电话
multifunction ~ 多功能电话机
picture ~ 可视电话，图像电话
ringmagnet ~ 环形磁铁听筒
screen ~ 可视（屏幕）电话
smart ~ 智能电话
smart cell ~ 智能蜂窝电话
standard data ~ 标准数据电话（装置）

Web ~ 网上电话，网络电话，万维网电话
phoneline 电话线
digital ~ 数字电话线
phonemeter 通话计数器，测声器
phonetic 语音的，音标的
phoneticize 用语音符号表示
phonevision 电话电视，有线电视（一种用电话电缆传送的收费电视）
phoney 假的，伪造的
phonic ①声音的，语音的，有声的②（pl.）声学，语音学
phonmeter ①测声器②音量计
phono ①声音②留声机，唱机
phono-bronze 铜锡系合金
phonocardiograph 心音图仪，心电图机
phonochemistry 声化学
phonodeik 声波显示仪
phono-electrocardioscope 心动微声示波器
phonogram ①录音片，唱片②话传电报
phonograph 唱机，留声机
electric ~ 电唱机
laser ~ 激光唱机
stereo ~ 立体声唱机
tape ~ 磁带放音装置
phonolite 响岩
phonometer 声强计，测声仪，声级计
phonometry 声强（度）测量法
phonomotor 电唱〔录音〕机用电动机
phonon 声子（晶体点阵振动能量子）
acoustic ~ 声频声子
ion ~ 离子声子（晶体点阵振动能量子）
surface ~ 表面声子
phonophone 振子频率调节器
phonophonesis 超声透入
phonophore 报话合用机
phonophote 声波发光机
phonophotography 声波照相法
phonoplug 信号电路中屏蔽电缆用插头
phonopore 报话合用机
phono-radio 电唱收音（两用）机
phonorecord 唱片
phonoscope ①声波自动记录仪（记录振动波形）②验声器③微音器
phono-selectoscope 声频选择器（滤去低频声波）
phonosensitive 感音的
phonostethograph 听诊录音机
phono-telemeter 声波测距仪
phonotelemetry 声遥测术，无线电声学测距
phonovision =phonevision
phonozenograph 声波测向〔定位〕器
Phoral 铝磷合金
phoresis 电泳现象
phoropter 综合屈光检查仪
phoroptor =phoropter
phos-copper 磷铜焊料（w（P）7% ~ 10%）
phosphate 磷酸盐〔酯〕，磷肥
phosphating （金属表面）磷酸盐（缓蚀）处理，磷化，磷酸盐化〔敷层〕
phosphatizing 磷化，磷酸作用，渗磷
phosphide 磷化物
phosphine ①磷化氢②膦
phosphor ①黄磷②荧光粉〔剂，体〕，磷光体，发光物质
all-sulfide ~ 硫化物荧光材料
aluminized ~ 铝化磷光体
cascade ~ 多层磷光体
composite ~ 复合磷光体
decay characteristic ~ 荧光屏的余辉特性，磷光体的衰变特性
electron-beam scan ~ 电子束扫描荧光粉
equal-energy ~ 等能荧光体
excited ~ 受激磷光粉
green willemite ~ 绿光硅酸锌荧光体
green-emitting ~ 绿色荧光体
long-lag ~ 长余辉磷光体
persistent ~ 有余辉磷〔发〕光体
primary ~ 基色磷光体，基色荧光粉
rare earth ~ 稀土类磷光质〔荧光粉〕
red-emitting ~ 红色磷光体
scintillation ~ 闪烁磷光体
screen ~ 屏荧光粉
short-persistence ~ 短余辉磷光体
single-component ~ 单一磷光体，单一荧光粉
tricolor ~ 三基色荧光粉
up-conversion ~ 向上转换型磷光体〔荧光粉〕
phosphor-bronze 磷青铜
phosphor-copper 磷铜（w（P）0.25%）
phosphorescence 磷光
phosphorescent ①磷光性的，（发）磷光的②磷光质
phosphorimetry 磷光测量（法）
phosphoriser 钟罩（冶炼时在金属熔液中添加易蒸发或低熔点金属时用的工具）
phosphorization 增磷，磷化作用
phosphorize 磷化，引入磷元素
phosphorogen 磷光增强剂

phosphorometer 磷光计
phosphorophotography 磷光照相术
phosphoroscope 磷光镜，磷光计
phosphor-photocathode 荧光体光电阴极
phosphorus 磷（P）. 磷光体，发光物质
phoswich 叠层闪烁体（由余辉时间长短不一的磷光体组成）
phot 辐透，厘米烛光（照度单位，1 辐透 =10^4lx）
photaceram 光敏微晶玻璃
photelometer 光电液体分析仪，光电比色计
photetch 光蚀刻，光刻（技术）
photic ①光的②发光的③感光的，受光的④透（日）光的
photicon ①辐帖康管（一种光电高灵敏度摄像管）②光电摄像管，高灵敏度摄像管
flashed ~ 辐帖康闪光灯
photoelectron stabilized ~ 光电子稳定式摄像管
pulse-biased ~ 脉冲偏压式移像光电摄像管
photion 充气光电二极管
photistor 光敏晶体（三极）管
photo ①光（致，电，敏）②照相，照片
wire ~ 有线传真，传真照片
photoabsorption 光吸收
photo-acceptor 光感受器
photo-achromatism 照相消色差
photoactivate 光敏化，用光催化
photoactive 光敏的，感光的
photoactor 光电变换器件，光敏器件
photoageing 光老化
photoalidade 照片量角仪
photoammeter 光电电流表
photo-amplifier 光电放大器
photoangulator 摄影量角仪
photoaugetron 光电倍增器
photobattery 光电池
photo-beat 光（频差）拍
photobiology 光生物学
photocarrier 光生载流子
photocartograph 摄影测图仪
photocartography 摄影制图
photocatalysis 光催化（作用）
photocathode 光（电）阴极
alkali halide ~ 碱卤光电阴极
antimony ~ 含锑光电阴极
bialkali ~ 双碱光电阴极
gallium-arsenide ~ 砷化镓光电阴极
image tube ~ 移像管光电阴极
lead salt ~ 铅盐类光电阴极
load resistance ~ 负载电阻光电阴极〔元件〕
mosaic ~ 镶嵌光电阴极
opaque ~ 不透明光电阴极
rubidium antimonide ~ 锑化铷光电阴极
transparent ~ 透明光电阴极
photocell 光电元件，光电管〔池〕
aspect ~ 方位光电管，平面形光电池
barrage ~ 阻挡层光电管
barrier-film ~ 阻挡层光电管
barrier-layer ~ 阻挡层光电管
blackbody ~ 全吸收光电管，黑体光电管
blanking gate ~ 产生熄灭脉冲的光电管，猝灭选通脉冲光电管
blocking layer ~ 阻挡层光电管
block-layer ~ 层状光电池
boundary-layer ~ 边界层光电池
cadmium ~ 镉光电管〔池〕
cadmium sulfide ~ 硫化镉光电池〔管〕
caesium ~ 铯光电管
central anode ~ 中心阳极光电管
diffused junction ~ 扩散结光电管
electrolytic ~ 电解光电池〔元件〕
front-effect ~ 半透明光电阴极光电管，前效应光电管
front-wall ~ 前膜光电池
germanium ~ 锗光电池〔管，元件〕
infrared ~ 红外光电池
load-resistance ~ 负（荷电）阻光电管〔元件〕
multiplier ~ 光电倍增管
polycrystalline film ~ 多晶膜光电池
potassium ~ 钾光电池
push-pull ~ 推挽〔对称〕式光电管
rectifier ~ 障层光电管〔元件〕，整流光电管
selenium ~ 硒光电池，硒光电管，硒光电元件
silicon ~ 硅光电池
thin film ~ 薄膜光电池
vacuum ~ 真空光电管〔元件〕
violet ~ 紫光电池
photo-ceram ①感光陶瓷，感光（微晶）玻璃②摄制图案美化陶瓷
photochange 光致变化
photo-charting 摄影制图
photochemical 光化（学）的
photochemistry 光化学
photochopper 光线断路器，遮光器
photochromatic 彩色照相的
photochrome 彩色照相，彩色照片

photochromic ①光致变色的，光彩色的②（pl.）光敏材料③光致变色底片
photochromism 光致变色现象
photochromo-lithography 彩色照相制版平印术
photochromy 彩色照相术
photochronograph ①摄影计时仪，照相记时仪，活动物体照相机②定时〔记录〕摄影机
photoclino-dipmeter 摄影测斜仪
photocoagulation 光焊接，光致凝结
photocoagulator 光凝结器
photocolorimetry 光比色法，光色度学
photocompose 照相排版，光学排字
photocomposer 照相排字机
photocon 光（电）导元件，光导器件
photoconductance 光(电)导(率),光电导(值)
photoconduction 光电导，光电导性〔率〕
photoconductive 光（电）导的
photoconductivity 光电导性〔率〕
extrinsic ~ 外赋光电导性
volume ~ 体积光电导性
photoconductor ①光电导体②光敏电阻
allochromatic ~ 掺质光电导体
extrinsic ~ 非本征光敏电阻〔探测器，光电导体〕
film ~ 薄膜光电导体
germanium ~ 锗光电导体，锗光敏电阻
lead salt ~ 铅盐类光电导体〔红外探测器，光敏电阻〕
multielement ~ 多元光电导体〔光敏电阻，红外探测器〕
photoconverter 光转换器（变光的图像为数字的电信号的装置）
photocopier 影印装置，影印机
photocoupler 光（电）耦合器
photo-curing 光固化
photocurrent 光电流
~ versus light intensity 光电流对光强度的关系曲线，照明特性
bulk ~ 体内光电流
chopped ~ 截光电流
quench ~ 淬火光电流
photod 光电二极管
photodamage 光致损伤
photodarlington ①光电复合晶体管②光敏达林顿放大器
photodecomposition 感光分解（作用），光致离解，光解作用
photodefectoscope 光电探伤仪
photodensitometer 光稠计，光密度计，光密度摄影仪
photodensitometry 光密度分析法，光密度摄影测量法
photodestruction 光裂解，光化裂解
photodetachment 光致〔电〕分离
photodetection ①光（电）探测，光检测②摄影检测，照相检测法
photodetector 光电检测器
avalanche ~ 雪崩光电检测器
lead sulfide ~ 硫化铅光电检测〔红外检测〕器，硫化铅光敏电阻
quantum-counting ~ 量子计数光电检测器
semiconductor ~ 半导体光电检测器
photodeuteron 光致氘核
photodevelopment 光显影
photodichroic 光致二向色的
photodichroism 光敏二向色性，光二向色性
photodiffusion 光致扩散，光电扩散
ultrasonic ~ 超声光电扩散
photodiode 光电〔光敏，光控〕二极管
avalanche ~ 雪崩光电〔敏〕二极管
diffused ~ 扩散型光电二极管
distributed-emission ~ 分布发射光电二极管
modulated barrier ~ 调制势垒光敏二极管
multiplier ~ 光电倍增二极管
narrow-base ~ 薄〔窄〕基底光电二极管
negative ~ n 型光电二极管
p-i-n ~ PIN 光电二极管
quadrant silicon ~ 四象限硅光电二极管
reach-through avalanche ~ 拉通型雪崩光敏二极管
Schottky barrier PIN ~ 肖特基势垒 PIN 光敏二极管
semiconductor ~ 半导体光敏二极管
silicon ~ 硅光敏二极管
superlattice avalanche ~ 超晶格雪崩光敏二极管
tunnel ~ 隧道光电二极管
photodisintegration 光致蜕变〔分解，离解〕，光核反应
photodissociation 光解作用，光致分〔离〕解
photodrama 影片
photoduodiode 光电晶体管
photoduplication 照相复制法
photodynamic （在光中）发荧光的，光动力的
photoeffect 光电效应
external ~ 外光电效应

inner ~ 内光电效应
outer ~ 外光电效应
secondary ~ 次级光电效应
photoelastic 光（测）弹（性）的
photoelasticimeter 光弹性仪
photoelasticity 光弹性（学），光致弹性
convergent-light ~ 会聚光致弹性
photoelectret 光驻极体
photoelectric(al) 光电的
photoelectricity 光电学，光电现象
photoelectroluminescence 光控场致〔电致〕发光，光致〔电〕发光
photoelectrolytic 光电解的
photoelectromagnetic 光电磁的
photoelectrometer 光电计
photoelectron 光电子
noise ~ 噪声光电学
photoelectronics ①光电子学②光电装置
photo-electro-type 光电铸版
photoelement ①光电管，光电池，光生伏打电池②光电元件③感光材料
crystal ~ 晶体光电元件
photoemission 光电（子）发射，光电放射
field-induced ~ 场致光电发射，场感应发光
surface ~ 面光电发射
photo-emission 光反射
photoemissive 光（电）发射的
photoemissivity 光（电子）发射能力，光电子发射率
photoemitter ①光电（子）发〔放〕射体〔器〕②光电源
photoengraving ①照相制版，影印版，照相凸版术〔印刷〕②光刻，照相蚀刻法③光镂，光机械雕刻
photoenlarger （照片）放大机
photoetch(ing) ①光蚀刻，点像蚀刻法，光刻（技术）②照相版，影印版
photoexcitation 光致激发，光激励
photoexcited 光激的
photoexciton 光激子
photoextinction 消光
photo-fabrication 光加工，光镂，照相化学腐蚀制造法（制造分划板的一种方法），光电制造
photofet 光控场效应晶体管
photofission 光致（核）裂变
photoflash ①照相闪光灯②闪光灯照片
photoflood 超压强烈溢光灯（摄影用）
photofluorogram 荧光屏图像照片
photofluorograph 荧光照相器
photofluorography 荧光屏图像摄影〔照相〕，（X射线）荧光照相法
photofluorometer 荧光计
photofluoroscope 摄影仪，荧光屏照相机，荧光屏
photoformer ①光电波形〔函数〕发生器②光电管振荡器
photogene 余影，余像
photogenerator 光电信号发生器
photogenic 发（磷）光的，由于光而产生的
photogeology 摄影地质学
photogoniometer 摄影经纬仪，照相测量经纬仪，照相量角仪，光电测角计，光测角仪
photogram ①传真电报②照片，照相
radio ~ 无线电传真照片
photogrammeter 摄影经纬仪
stereo ~ 立体照相测量仪
photogrammetry 摄影测绘〔量〕（学）
aerial ~ 航空摄影测量（学）
analytical ~ 解析摄影测量
architectural ~ 建筑摄影测量
close-range ~ 近景摄影测量
digital ~ 数字摄影测量
electron microscope scanning ~ 扫描电子显微摄影测量
engineering ~ 工程摄影测量
fully digital ~ 全数字化摄影测量
industrial ~ 工业摄影测量
non-topographic ~ 非地形摄影测量
real-time ~ 实时摄影测量
softcopy ~ 软拷贝摄影测量
terrestrial ~ 地面摄影测量
two-media ~ 双介质摄影测量
ultraclose-range ~ 超近摄影测量
underwater ~ 水下摄影测量
X-ray ~ X射线摄影测量
photograph ①照片②摄影，照相
composite ~ 组合摄影〔照片〕（由多镜头同时拍摄的一组照片）
electron transmission diffraction ~ 电子透射衍射照相
fetus heart sound ~ 胎儿心音图机
full colo(u)r ~ 彩色照片
heart sound intensity ~ 心音强度图机
oral cavity X-ray ~ 口腔X射线摄影机
photoelastic ~ 光（测）弹性照相
Polaroid ~ 一次成像摄影

schlieren ~ 条纹摄影，纹影仪照片
smear ~ 扫描摄影
stereo ~ 立体显微照相
streak ~ 纹影照相，条纹照相
X-ray ~ X 射线摄影仪

photographic(al) 摄影的，照相的

photographone ①光电话②光学录音机

photography 摄影术，照相术
additive colo(u)r ~ 加色（法）彩色摄影
aerial ~ 航空摄影（术，学）
air ~ 航空摄影（术）
close-up ~ 特写摄影
3-D ~ 三维摄影
day-for-night ~ 白昼拍摄夜间效果的摄影术
dry ~ 干印术
electronic ~ 电子照相术
eye-bottom ~ 眼底（显微镜）摄影
frame ~ 分格〔幅〕摄影术
geologic orbital ~ 地质(卫星)轨道摄影(术)
hologram ~ 全息摄影
hyperaltitude ~ 高海拔摄影（术）
infrared ~ 红外摄影
micro-dispersion colo(u)r ~ 微细分光彩色摄影
multiple-frame ~ 多重分幅摄影
powder ~ 粉末照相术
reflected light ~ 反射光摄影
satellite ~ 卫星摄影学
smear ~ 扫描（快速）摄影
spark ~ 闪光照相，电火花摄影
stereoscopic ~ 立体摄影
time-lapse ~ 慢速摄影（术）
ultrarapid flash ~ 超速闪光摄影
ultraviolet ~ 紫外摄影
vertical ~ 垂直（航空）摄影
Wing ~ 偏斜照片
X-ray ~ X 射线照相术

photogravure ①影印凹版，影写版②照相制（凹）版法，（用）照相凹版（印刷）

photogrid （金属冷加工过程的）坐标变形试验（法）

photogun 光电子枪

photohalide 感光卤化物

photohardening 光坚膜，光硬化（作用）

photohead 光电传感头

photoheliograph 太阳照相仪
meniscus ~ 弯月形（透镜）太阳照相仪

photohole 光（空）穴

photohyalography 照相蚀刻术

photoimpact 光控〔电〕脉冲，光冲量

photo-induced 光诱导的，光导致的

photoinduction 光诱导，光感应

photoinitiation 光致引发

photoinjection 光注入

photointelligence 摄影侦察

photo-interpretation 照片判读〔辨认〕

photointerpreter 照片识别器，照片判读装置

photointerpretometer 照片判读仪（与袖珍立体镜连用，可做高程和平面测量）

photoionization 光（致）电离，光电离作用，光化电离（作用）
extrinsic ~ 非本征光电离

photoisomerism 感光异构（现象）

photojournalism 新闻摄影工作，摄影报道

photoklystron 光电速调管

photolabile 对光不稳的，不耐光的

photolayer 光敏层

photolettering 照相排字

photolightprocess 光刻法

photoline 光线

photolithograph 照相平版印刷品

photolithography 光刻法，影印法，照相平版印刷（术）
~ limit 光刻极限

photolocking 光锁定

photolog 摄影记录

photology 光学

photolometer 光电比色计

photoluminescence 荧光，光致〔激〕发光
radio ~ 辐射光致发光

photolysis 光（分）解（作用）

photolyte 光解质（物）

photom 光度学，测光术

photomacrograph 宏观照片，粗型照片

photomacrography 低倍放大摄影，宏观照相〔摄影〕（术），粗型照相（术）
infrared ~ 红外（线）低倍放大摄影

photomagnetic 光磁的

photomagnetism 光磁性

photomagnetoelectric 光磁电的

photomapper 立体测图仪

photomask 光掩膜，遮光膜
chemically reversed ~ 化学法做掩膜板
electroformed ~ 电镀形成光掩膜
metal ~ 金属光掩膜
metal-etched ~ 用金属薄膜腐蚀成的光掩膜

photomasking 光（学）掩蔽，感光掩蔽

photomaton 自动摄影机
photomechanical ①照相制版的②光（学）机械（的）
photomechanics 照相制版工艺，光测力学
photomemory 光存储（器）
photomeson 光介子
photometer 光度计，曝光表，分光计，测光仪
Abney flicker ~ 阿贝尼闪变光度计
acuity ~ 敏锐度光度计
box ~ 箱〔盒〕形光度计
Bunsen ~ 本生（式）光度计
contrast ~ 对比光度计
diffusion ~ 漫射光度计
dispersion ~ 色散光度计
distribution ~ 分布光度计
electronic ~ 电子光度计
filter ~ 滤色光度计
flame ~ 火焰光度计
flicker ~ 闪烁〔变〕光度计
fluorescent ~ 荧光光度计
globe ~ 球式光度计
grease-spot ~ 油斑光度计
illumination ~ 照度计，勒克斯计
infrared ~ 红外光度计
integrating ~ 积分光度计
interference ~ 干涉光度计
Joly wax block ~ 焦利蜡块光度计
light scattering ~ 光散射光度计
Martens polarization ~ 马顿斯偏光光度计
micro-photoelectric ~ 微光电光度计
microscope ~ 显微镜光度计
objective ~ 客观光度计
photoelectric ~ 光电光度计
photographic ~ 照相光度计，曝光表
polarization ~ 偏振〔光〕光度计
radial ~ 径向光度计
Rumford ~ 伦福德光度计
selenium ~ 硒光度计
shadow ~ 影象光度计，比影光度计
spectral ~ 分光测光仪，分光〔光谱〕光度计
sphere ~ 球面光度计
spherical ~ 球形光度计
split-field ~ ①分场光度计②对比光度计
subjective ~ 主观光亮度
telescopic ~ 天文光度计
underwater ~ 水下光度计
universal ~ 通用光度计
visual ~ 视觉〔目测〕光度计
wavelength-scanning ~ 波长扫描光度计
wax block ~ 蜡块光度计
wedge ~ 劈片光度计，尖劈刀光度计
photometric 测光的，光测的，光度计〔学〕的
photometry 光度学，测光学，测光术，计光术
analytical ~ 分析光度学〔测量法〕
binocular ~ 双目光度学
celestial ~ 天体光度学
differential ~ ①示差光度测量②示差测光
heterochromatic ~ 多〔异〕色光度学，多色测光法
homochromatic ~ 同色光度测量（学）
illumination ~ 照度测定〔量〕，明度测定，照明光度学
photoelectric ~ 光电测光术，光电光度学
photographic ~ 照明光度学
physical ~ 物理光度测量法
three-color ~ 三色光度测量，三色测光
visual ~ 目〔直〕视光度学，视觉测光法，主观计光术，目视测光，目视光度测量
photomicrograph ①显微摄影，显微照相，显微放大②拍显微照片
colo(u)r ~ 彩色显微照相版
hot-stage ~ 高温显微照相
infrared ~ 红外（线）显微照片
photomicrography 显微照相〔摄影〕术，缩微照相（术）
cine ~ 显微电影（通过显微镜拍摄的电影）
photomicrometer 显微光度计，光学测微计
photomicrometrology 显微摄影测量术
photomicroscope 显微摄影〔照相〕机，摄影〔照相〕显微镜
photomicrosensor 微型光传感器
photomilling 光铣法
photomission 光电发射，光发射
photomixer 光电混频器，光混合器
photomixing 光混频
photomodulator 光调制器
photomontage 集成照片（制作法），合成照片
photomosaic 光（电）〔感光〕镶嵌幕
photomultiplex 多倍（投影测图）仪
photomultiplier 光电倍增管
dynamic cross-field ~ 动态交叉场光电倍增器
head-on ~ 端窗式光电倍增管
high temperature ~ 耐高温光敏倍增管
range ~ 距离光电倍增管
photomural 大幅照片
photon 光（量，电）子

gamma ~ γ 光子
light ~ 可见光子
optical ~ 可见光子
stimulated emission of ~ 光子受激发射
virtual ~ 虚光子
photon-bunching 光子（集）束（效应）
photonegative 负趋光性的，负光电性的，电导率与照度成反比的
photonephelometer 光电浊〔混〕度计
photoneutron 光（激，致）中子
photonics 光子学
photonoise 光噪声
photonon 光钟
photo-optics 光学照相
photooxidation 感光氧化作用，光（致）氧化（作用）
photo-oxide 光氧化物
photoparamp 光参量放大器
photopeak 光（电）峰
photoperiodism 光周期性，光周期现象
photoperspectograph 摄影透视仪
photophone 光电话机，光音机〔器〕，光声机，光通话，光声变换器，传真电话机
colo(u)r ~ 彩色电视电话
photophore 内腔照明器
photophoresis 光泳（现象），光致迁动
photophysics 物理光学
photopia 光适应，眼对光调节
photopic 适（应）光的
photopion 光介子，光（生）π 介子
photoplane 航摄〔摄影〕飞机
photoplast 简易照片量测仪
photoplastic ①光塑性的②光塑的③光塑料
photoplasticity 光塑性
photoplate 照相底片，（乳）胶片
photoplotter 光电绘图机
photopolarimeter 光偏振表
photopolymer 干膜，感光〔光敏〕聚合物
photopolymerization 光（致）聚（合）作用
photopositive 正趋光性的，正光电导性的，电导率与照度成正比的
photo-potentiometer 光电电位器
photoprint 影印，照相复制
photoprinter 光印机，影印机
photoprinter-rectifier 纠正晒像机
photoprocess 光学处理〔加工〕
photoproduced 光致的，光形成的
photoproduct 光化〔致〕产品
photoproduction 光（致产）生，光致作用
photoproton 光（致）质子
photoptometer 光觉〔敏，度〕计
photoptometry 辨光测验法
photoradar 光雷达
photoradiogram 无线电传真照相〔图片，电报〕
photoreaction 光化〔致〕反应
nuclear ~ 光致核反应
photoreader 光电读出〔数〕器，光电阅读器
photoreading 光电读数〔出〕
photoreceptor 光感受器
photorecon 摄影侦察
photoreconnaissance （空中）摄影侦察
photorecorder 摄影记录器，自动记录照相机
photorectifier ①光电二极管，光电检波器②光电整流器
photoreduction 照相缩版〔小〕，光致〔化〕还原（作用）
photorelay 光控继电器，光开关
photorepeater ①照相复印机，光重复机，（光）复印机②精缩照相机，（分步）重复（照相）机③（快速高分辨率分步）重复机
photoresist 光致〔敏〕抗蚀剂，感光性树脂，光刻胶，感光胶，感光耐蚀膜，光阻材料
negative ~ 负性光刻胶
positive ~ 正性光刻胶
photoresistance 光敏电阻，光导层，内〔半导体〕光电效应
photoresister 光敏电阻（器）
photoresistor 光敏电阻（器）
photoresistor-cell 光敏元件，内光电效应光电管
photoresponse ①光响应，感光反应②光电活〔敏〕度，光灵敏度
surface ~ 表面光响应
photo-restoration 照片修复
photo-reversal 光再生，光复原作用
photoroentgenography （X 射线）荧光照相〔摄影〕
photoscanner 光扫描器
photoscanning 光扫描
photoscintigram 闪烁照相法
photoscope 透视镜（荧光屏）
photosensibility 感光度
photosensitiser =photosensitizer
photosensitive 光敏的
photosensitiveness 光敏性，感光性
photosensitivity 光敏性，感光性，感光灵敏度
photosensitization 光敏作用

photosensitizer 光敏（化）剂，光敏材料，感光剂，照相增感剂

photosensor 光敏元件，光敏器件，光（电）传感器

differential-type ~ 差动式光电传感器

quantum ~ 量子型光传感器

reflection-type ~ 反射型光传感器

thermoelectric-type ~ 热电效应型光传感器

photoset （自动）照相排版

photosetter 照相排字机

display ~ 带显示屏的照相排字机

photosetting （自动）照相排版，（自动）薄膜排版

photo-signal 光（电流）信号

photosource 光源

~ of neutron 光中子源

photospallation ①光致散裂反应②散裂光核反应

photospot （摄影）聚光（灯）

photostability 耐光性，不感光性，（对）光稳定性

photostable 不感光的，耐光的，见光安定的，（对）光稳定的

photostat ①影印法②直接影印机③照相复制，用影印机复制

photostereograph 立体测图仪

photostudio 照相馆，摄影场〔棚〕

photosurface 光敏面，感光面

photoswitch ①光控继电器②光控〔电〕开关

photosynthesis 光合作用，光能合成

photosyntometer 光合计

photo-tape 光电穿孔带

phototaxis 趋光性，向光性

phototelegram 传真电报

phototelegraph ①传真电报（机）②传真发送

phototelegraphy 传真电报术，电传真

colo(u)r ~ 彩色传真电报学

phototelephone 传像电话，光电话

phototelephony 光电话学，光传电话，传像电话

phototelescope 照相望远镜

phototheodolite 照相经纬仪，照相量角板

photothermionic 光热离子的

photothermomagnetic 光热磁性的

photothermometry 光计温术，光测温学

photothyristor 光（控）闸流管

phototimer 曝光计，曝光表，摄影计时器，光电定时计

phototiming ①光同步，光计时②曝光计，摄影计时器

phototonus 光敏性

phototopography ①照相地形图，照相地形测量②摄影（地形）测量学

phototoxis 光线损害，光辐照损害

photo-tracer 光电描迹器

Phototransistor 光敏晶体管，光电晶体管

avalanche ~ 雪崩光电晶体管

bonded-barrier ~ 接合势垒光电晶体管

diffused base ~ 扩散基极光电晶体管

diffused emitter collector ~ 扩散发射极集电极光电晶体管

double-base ~ 双基极光电晶体管

germanium ~ 锗光电晶体管

graded-junction ~ 缓变〔梯度〕结光电晶体管

high-speed heterojunction ~ 高速异质结光敏晶体管

junction ~ 结型光敏晶体管

narrow-base ~ 窄基极光电晶体管

photo-transmission 传真

radio ~ 无线电传真

phototriangulation 摄影三角测量

phototriode 光电〔敏〕三极管

phototroller 光控继电器

phototron 矩阵光电管

phototronics 矩阵光电管，矩阵光电电子学

phototropism 向光性，趋光性，光色互变（现象）

negative ~ 背光性

phototropy 光色互变（现象）

phototube 光电管，光电池，光电元件

gas (filled) ~ 离子〔充气〕光电管

multiplier ~ 光电倍增管

soft ~ 软光电管（即充气光电管）

phototype 摄影制版，珂罗版

phototypesetter 照相排字机

phototypesetting 照相排字〔版〕

phototypography 照相印制术

photounit 光电元件

photovalve 光电元件，光电管

photovaristor 光敏变阻器，光敏电阻

photoviscoelasticity 光黏弹性

photovision 电视

photovoltage 光电压，光伏

surface ~ technique 表面光伏技术

photovoltaic 光电（池）的，光致电压的，光生伏打的

photovulcanization 光硫化（作用）

photox 氧化铜光电池

photoxylography 雕版，照相木版印刷术

photran 光通〔激〕晶闸管，光控管
photronic 光电池的
phot-second 辐透秒（曝光单位）
phrase ①成语②短语，片语，词组
leftmost prime ~ 最左素短语（计算机用语）
prime ~ 素短语
phraseology 成〔术，用〕语
pH-recorder 氢离子浓度记录仪
phrenograph 膈动描记器
phthalate 酞酸盐，邻苯二甲酸盐
phthalocyanin(e) 酞花青（染料），酞菁
phugoid ①长周期运〔振〕动②长周期的，浮沉的，起伏的
pH-value pH 值，氢离子浓度的负对数值
physical ①物理的，自然（界）的②实际的，物质的，有形的
physicochemistry 物理化学
physico-metallurgy 物理冶金
physics ①物理学②物理性质〔过程，现象〕
~ of condensed state 凝聚态物理
earth ~ 地球物理学
health ~ 保健物理，有害辐射防护学
marine ~ 海洋物理学
plasma ~ 等离子体物理学
quantum ~ 量子物理学
reactor ~ 反应堆物理学
relativistic ~ 相对论（性）物理学
semiconductor ~ 半导体物理学
transistor ~ 晶体管物理（学）
ultra wideband ~ 超宽频物理层
physiochemistry 生理〔生物〕化学
physiograph 生理现象测定仪，生理仪
physisorption 物理吸附
piano
electric ~ 电钢琴
piano-accordion 键盘式手风琴
pianoforte 钢琴
pianotron 电子钢琴
pibal ①测风气球②高空测风（报告）
pic 图画，图像，照片，电影
pica 12 点字，派卡（印刷字母规格和字行长度单位）
picein 云杉苷（$C_{14}H_{18}O_7$）
pick ①（风，十字）镐，（鹤嘴）锄②选择，采集，挑选③拾起，拾取，掘，挖，拣，撬④接收到…信号⑤滚齿，截齿
air ~ 风镐
beater ~ 捣击镐
bot ~ 钎子（打出铁口）
coal ~ 采煤镐，刨煤镐
cutter ~ 截煤机截齿
cutter chain ~ 截链的截齿
hand ~ 精选，手捡，人工挑选，手拣
miner's ~ 矿工镐
mining ~ 采矿用镐
navvy ~ （挖）土镐
pneumatic ~ ①气动挖掘机②松土机③风镐④气镐
radial ~ 扁截齿，径向截齿
tamping ~ 夯镐，砸道镐
tipped ~ 镶硬合金的截齿
pickaback ①机载的②自动分段控制的
pickax 手镐（短柄双刃的），鹤嘴锄
picked ①精选的，（仔细）挑选的，（用锄、镐）挖掘过的②（有）尖（锋）的
picker ①鹤嘴锄，十字镐②采摘机，采棉机，摘果机，玉米摘穗机，检出器，拣选机③弹棉机，清棉机，卷花机④起模针⑤推杆，顶杆⑥筛子
automated stock ~ 仓库自动取货机
bale ~ 升包机
Birtley coal ~ 伯特利型选矸机（利用煤和矸石的不同导电性）
blowing ~ 气流分绒机
cherry ~ ①动臂装卸机②斜臂式起重机③移车器④车载升降台（用于修理高空电线、发射台上的宇宙飞船等）
coal ~ 选煤机
composed ~ 单程清棉机
conveyer ~ ①手（工拣）选运输机〔输送带〕②手选工人
corn ~ 玉米收割〔摘穗〕机
cotton ~ 摘棉机
electric ~ 电动卷花机
finisher ~ 末道清棉机
gad ~ 鹤嘴锄，凿子
intermediate ~ 二道清棉机
mechanical ~ ①机械筛②机械选矿厂，机械拣选机
mixing ~ 和毛机，混棉清棉机
narrowing ~ 挑针器
pipe ~ 管状分离轮
rag ~ 开碎布机，开呢片机
revolving roll ~ 滚轴筛
roller ~ 滚轴筛
shoddy ~ 开纱头机，废纱机

spindle ~ 摘锭式采棉机
spiral ~ 螺旋分选器
sweep stone ~ 捡石机，集石机
tea-leaf ~ 采茶机
picker-husker 摘穗剥苞叶机
maize ~ 玉米摘穗剥苞叶机
picker-sheller 摘穗脱粒机
picket ①标橛〔桩〕②尖（木）桩③前哨，哨兵④用桩〔栅〕围住
radar ~ 雷达巡逻机
picketage 定标
picketboat 雷达哨艇
picking ①选出，选择②掘，刨③清棉
hand ~ 手捡，人工挑选，手拣
picking-up 选择，采集，收集
pickle ①酸洗液，稀酸液（冶金）②泡淹酸洗，酸蚀，酸浸③（浸渍用）盐水
chrome ~ 铬酸清洗
pickler ①酸洗装置，酸洗设备②酸洗液
acid dip ~ （沉浸式）酸洗装置
strip ~ 带材酸洗装置
tower ~ 塔式酸洗机
pickling ①酸洗，酸浸，酸蚀，浸渍，刻蚀，强浸蚀②点取（图形输入的一种操作）③封藏
acid ~ 酸洗，酸浸，酸渍，酸蚀
alkaline ~ 碱洗
black ~ 初〔黑，粗〕酸洗
cathode ~ 阴极腐蚀
cathodic ~ 电解酸洗（工件阴极）
dead ~ 呆液酸洗
electrolytic ~ 电解浸蚀
engine ~ 发动机封藏
white ~ 二次酸洗，光亮酸洗
pick-mattock 鹤嘴锄，镐
picknometer ①比重瓶〔管，计〕②比色计
pick-off ①拾取，采取，脱去，摘去，截止②发送器，传感器，敏感元件，接触元件③自动脱模装置
delay ~ 延迟发送器
electrical ~ 电（接）触点，电传感器
infrared ~ 红外传感器〔敏感元件〕
laser ~ 激光传感〔接收〕器
optical ~ 光学传感器
photocell ~ ①光电池，光电元件②光电管传感〔检出〕器
photodetector ~ 光探测器，光电元件
photoemission ~ 光发射传感器，光发射元件
position ~ 位置传感器
pick-test 取样试验，抽样检查
pick-tine （旋转）锄齿，钩形刀齿
pick-tube 摄像管
pick-up ①拾取，拿起，读出，挑选，抽出②拾音（器），拾波（器），捡拾（器），激光头，唱头，（读出）传感器，发送器，敏感元件，待取（信息的存储）单元，电视摄像（管）③灵敏度，敏感度，干扰④吸收，吸取，抓取，吸入装置⑤轻型货车，小吨位运货汽车，皮卡，客货两用车⑥（开）始动（作），吊装⑦（汽车）加速（度）⑧辊印（薄板表面）⑨污染，夹杂，熔入，黏着，烧伤，黏附物
~ of engine 发动机的加速性能
~ of metal 金属黏着（拉模口的）
~ of valve seat 阀座翘陷
AC ~ 交流干扰
acceleration ~ 测加速度传感器
acoustic(al) ~ 拾音器，电唱头
AF hum ~ 音频交流声干扰
antenna ~ 天线噪声，天线电路中（产生的）起伏电压
apron ~ 带式捡拾器
beam type optical ~ （光）束拾音器
brush ~ 刷式捡拾器
cam-type ~ 凸轮式捡拾器（用凸轮机构改变搂齿角度）
canvas-type ~ 帆布带式捡拾器
capacitance sensitive ~ 电容式敏感拾音器
capacitive ~ ①（电）容式拾波②（电）容式传感器
capacity ~ 电容式传感〔拾音〕器
carbon ~ ①增碳，吸碳②碳化，渗碳
carbon contact ~ 碳触点拾音器
ceramic ~ 压电陶瓷拾音器
coil ~ 感应传感器
contact ~ 接触传感器
contactless ~ 无触点传感器
crystal ~ 压电晶体拾音器
data ~ 数据传感器
differential pressure ~ 压差传感器
direct ~ ①直接摄影②直接传感③正常极性下的起动电流
dump ~ 堆料吸取
dynamic ~ ①动态〔动力〕传感器②电动〔动圈〕拾音器
ear-corn ~ 玉米穗捡拾器
electrodynamic ~ 电动拾音器，动圈拾音器

electromagnetic ~ 电磁（式）拾音器，电磁传感器，电磁唱头
electromechanical ~ 机电传感器
electronic ~ 电子拾音器
engine ~ 发动机支台
error ~ 误差传感器，失配信号传感器
field ~ ①野外广播，实况转播，现场报道②室外摄影
film ~ ①电视播送影片②电视片摄像
fluid damped ~ 液体减振传感器
gas ~ 吸气
heat ~ 热敏传感器
high definition ~ 高清晰度〔分解力〕摄像（管）
hum ~ 哼声拾声器
integrated optical disk ~ 光盘集成光学头
lateral ~ 横向传感器
live ~ ①直接录音②广播室实况广播③（电视）室内摄影
magnetic ~ 电磁式拾波〔音〕器，磁性拾音器，电磁感应器
mechanical ~ 机械拾音器，机械唱头
motion-picture ~ ①电影拾音器②电影摄影③电视电影机〔扫描器〕
moving-coil ~ 动圈〔电动〕拾音器
needle ~ （磁）针式拾音器
neutral ~ 在预去磁系统条件下决定的起动电流（继电器的）
no-contact ~ 无触点拾音器，无触点拾波器
null ~ 零位传感器
oil ~ （连杆）油勺
one-point ~ 单点拾音器，单点电视摄像管
optical ~ 光学拾波器，光学摄像管，光拾音器
outdoor ~ ①室外摄像②实况转播
phonograph ~ 唱〔留声〕机拾音器，留声机唱头
photocell ~ 光电管受光器
photoelectric ~ 光电拾音器
piezoelectric ~ 晶体拾音器，压电拾声器
piezoelectric ceramics ~ 压电陶瓷拾音器
piezoelectric vibration ~ 压电振动传感器
piezoresistive ~ 压敏电阻传感器
potentiometric ~ 电位计式传感器
raddle ~ 链板式捡拾器
radiation responsive ~ 辐射响应接收（机）
reflex ~ 反光拾音器（光学录音）
reluctance ~ 磁阻拾音器
remote ~ ①远距离电视摄像，远距离拾波②电视实况摄像
retractable finger ~ 伸缩指式捡拾器
roll ~ ①（轧件上的）辊印，轧痕②滚动角传感器
self coupled optical ~ 自耦合光拾音器
sensitive ~ 敏感元件，传感器
sheet ~ 薄板分送机
small bore ~ 小孔传感器
sound ~ ①拾音器②拾音头
spring-cushioned ~ 弹簧缓冲〔浮动〕式捡拾器
stereo ~ 立体声唱头〔拾音器〕
stiff-finger ~ 刚性指式捡拾器
stop ~ 止动传感器
stray ~ 干扰感应（器），杂散噪声拾波器
studio ~ 播音室直播，演播室直播（摄像）
suction ~ 气吸式捡拾器
synchro ~ 同步传感器
telemetering ~ 遥测传感器
television ~ 电视摄像
temperature ~ 温度上升
threshold ~ 临界灵敏度，阈传感器
tool ~ 自动抬刀架
torque ~ ①扭力计②转〔力〕矩传感器
variable-inductance ~ （可）变（电）感拾音器
variable-reluctance ~ 变磁阻传感器，变磁阻拾波器
variable-resistance ~ 变阻拾音器
vibration ~ 拾振器，振动传感器
voltage ~ 电压传感器
windrow ~ 禾铺〔草条〕捡拾器
picnometer ①比重计〔瓶，管〕②比色计
pico 皮（可）(10^{-12})
picoammeter 皮安培计
picocomputer 微微计算机
picofarad 皮法（pF，10^{-12} F）
picohenry 皮亨（pH，10^{-12} H）
picojoule 皮焦耳（pJ，10^{-12} J）
picologic 皮逻辑（电路）
piconet 微微网
picosat 皮卫星（小于 1 kg）
picosecond 皮（可）秒（ps，10^{-12} s）
picotite 铬尖晶石
picral 苦味酸酒精（溶液）
picrate 苦味酸盐
pictest 杠杆式千分表，靠表，拔表
pictogram 象形〔曲线〕图
pictograph ①象形文字，绘画文字②统计图表

pictorial ①绘画的，有插图的，图示的②画报
picture ①图画，图像，影象图，照片，图片，电影②形象，概念，描写，想象，实况③摄影镜头，帧，帧面
~ in digital form 数码式图像
~ of large image scale 大面积图像
~ rich in detail 清晰图像，细节丰富的图像
busy ~ 图像动乱
computer ~ 计算结果图像，计算机图像
contact ~ 接触面图
contour ~ 等高线图
crisp ~ 匀边图像（使图像轮廓鲜明）
DC ~ 图像直流分量
deep dimension ~ 有深度感的图像，深维图像
digital ~ 数字图像
double image effect ~ 重影效应图像
electronic ~ 电子图像
endoscopic ~ （医用电视的）内窥图像
ERTS ~ 地球资源技术卫星图像
framing SSTV ~ 慢扫描电视帧间图像
frozen ~ 静态图像，凝固图像
full-resolution ~ 高分辨率图像
hard ~ 对比度强的图像，黑白鲜明的图像
hazy ~ 模糊图像
image ~ 图像
interlaced ~ 隔行（扫描）图像
IR ~ 红外图像
latent ~ 潜像
low-key(ed) ~ 软调图像
middle-key(ed) ~ 色调适中的图像
monitoring ~ 监视图像
motion ~ 电影
moving ~ 影片
narrow-angle ~ 小偏转角显像
navigation ~ 导航图
negative ~ 负片，负像
news ~ 新闻影片，印刷照片
noise-free ~ 无噪（扰）图像，无杂波图像
non-animated ~ 静止图像
normal azimuth ~ 正常方位图像
panoramic ~ 全景图像
partial coincident ~ 叠合半帧，部分重合图像
perturbed edges ~ （由量化引起）边缘紊乱的图像
positive ~ 正片，正像
projecting TV ~ 投影电视图像
radar screen ~ 雷达屏幕图像，环视显示器雷达图像
radio ~ 无线电传真，电视图像
ragged ~ 失真图像，波纹状图像
reconverted analog ~ 再恢复的模拟图像
satellite-cloud ~ 卫星云图
scale ~ 鳞纹（干扰）
silhouette ~ 剪影，廓影
soft ~ “软”图像，低对比度图像
sound ~ 有声电影
split ~ （因同步不良而）分裂的图像
split field ~ 分场图像
standard ~ （电视）标准图像
stationary ~ 静止图像
stereoscope ~ 透视照片，立体照片
stereoscopic motion ~ 立体电影
sticking ~ （阴极射线管）荧光屏图像保留，烧附图像
still ~ 静止图像
talking ~ 有声电影
television folded ~ 电视图像卷叠（俗称卷边）
thermal ~ 红外线暗视器摄取的图像
truncated ~ 截像
two-field ~ 两场合成图像（隔行扫描中）
ultrarapid ~ （超速拍摄的）慢动作影片
video ~ 显像，显示
visual ~ 可见图像，直观曲线（图形）
washed-out ~ 淡白图像，模糊图像
weak ~ “软”图像
picturephone 电视〔伴像，可视〕电话
analog(ue) ~ 模拟电视电话
face-to-face ~ 可视电话，图像电话
Picturetron 一种电子束管
picul 担，石（我国过去采用的重量单位，1 石 =100 市斤 =50 kg）
pie 盘形绕组，饼式绕组，饼式线圈
piece ①（一）块〔片，件，个，段，根，支〕②断〔碎，切〕片，部分③零件，部件④（待加工的）毛坯⑤结合⑥修理，修补⑦装置⑧样品
accumulator side ~ 蓄电池侧垫板（容器壁和极板间）
all-or-nothing ~ ①开启杆，开锁杆②全鸣或不鸣件③钩簧
anvil ~ （千分尺的）可换测砧
back ~ 反向角钢
bed ~ ①垫〔底，座〕板②（机）床身
bevel arm ~ 斜三通管
binding ~ 线夹
bluff ~ 护片，副片，钩块，爪件

bracing ~　加劲杆，斜撑〔梁〕，横梁
breaking ~　安全零件，保险零件，保险连接件，安全连接器
bridge ~　①（车床的）马鞍，过桥②过渡弯管，弯管头
bridging ~　①桥接片②挑（梁）板
bucket locking ~　（末）叶片锁块
cable ~　电缆段，定长度电缆
camber ~　向上弯曲的构件
cap ~　①覆盖零件，盖（轴承的）②帽木
carbon ~　炭棒
caulking ~　填密件，敛缝片
check ~　①自动停车器，制速器②支柱，支架
contact ~　接触元件，接触片
corbel ~　①支架，托加②支臂，悬臂③挑出块
critical ~　主要部件，关键性部件
cross ~　过梁，联接板，十字管头，十字架，横档，绞盘横杆
cross connecting ~　万向节十字头
die ~　模具拼块，拼合模块
distance ~　定距片，隔板，垫片
draw ~　①压延件②深冲（用）材料③活块
dust ~　通道片（电机铁心中的）
ear ~　①受话器盖，耳承②（头戴）耳机，耳塞
elbow ~　①弯头②翼形配件
extension ~　①延伸件②内外螺纹管接头
extremity ~　端件（如配帽、喷口、管接头等）
fastening ~　紧固件
feather ~　榫舌，暗销
filler ~　垫片，填隙片
filling ~　垫片，填隙片
first ~　粗加工工件
fitting ~　配合件
force ~　撑杆
forge(d) ~　锻件
four-way ~　四通管头，十字头
gap ~　（床身）过桥〔凹口〕镶块，马鞍镶块
gate ~　锁块
head ~　①头戴受话器，耳机②帽子③流口④扉页
heart ~　心形针，心轮，桃轮
heel ~　跟片（继电器），铁心底座（继电器），轭铁，动片
In-Process Work ~　（=IPW）处理中的工件
inserted ~　①镶入件，嵌入加强块②砂型骨
interconnecting ~　连接部
iron pole ~　软铁极片
keel ~　龙骨构件
kinzel test ~　焊接弯曲试验片
leg ~　立〔撑〕柱
lengthening ~　接长料，接长杆件
loose ~　活块
main pole ~　①主极靴②主磁极铁心
make-up ~　配件，补充零件，附加零件
mantel ~　①壁炉台②罩套构件
master ~　样件
mending-up ~　修补芯头（用）薄板
mo(u)lded ~　铸造零件
nose ~　①测头管壳②喷嘴③换镜旋座
ocular ~　目镜
pole ~　①极片，磁极片，磁极②极靴，（磁）极（铁）心
protecting ~　护板
radial pole ~　径向磁极块，径〔辐〕向极靴
red gun convergence pole ~　红枪会聚极靴
red gun pole ~　红枪极靴
reducing ~　缩小管接
repair ~　备用件，备品，配件
rocker ~　浮动块
rough turned ~　粗车〔削〕工件
set ~　定位块，调整块
setting-up ~　固定垫片
side ~　①侧板，侧壁，颊板②车尾机架③胎壁
sighting ~　目镜，瞄准镜
slot ~　有槽拼（模）块
snore ~　（泵的）吸管
spacing ~　（叶片的）隔金，隔板，定距片
special ~　①成形机件②异形管件
splice ~　镶接片
steam tail ~　进汽部尾管
stiffening ~　①填料②助力法，加强法
stop ~　停止块，行程限制器
stop-off ~　补砂块（铸造用）
stopping-off ~　加强肋（木模的）
string ~　纵梁，楼梯基
strutting ~　斜撑，拉条，支柱，支撑件
suction ~　进气管，吸入连接管
surprise ~　预打拨爪，奇异机件
T ~　T形块，T形接头
tee ~　①T形连接件，T形管②三通管
terminal marking ~　端子号牌
test ~　试件〔块，片，样〕，样品，制取试样的金属块，钢材取样块
thickness ~　①厚薄〔间隙〕规②试厚泥块（铸冶用）

time ~ 时间间隔
timing ~ 计时部件
toe ~ 凸轮镶片
transition ~ 渐缩管，大小头，过渡件
trigger ~ ①扳柄，闸柄，制动器，掣子，拉档②触发器
turning ~ 单拱架
water tail ~ 进水部尾管
wearing ~ 摩擦片
wedge test ~ 楔形试片，三角试片
work ~ 工件，分部工程
yoke ~ 轭构〔架，铁〕

piecemeal 逐点〔件，段〕，一部分一部分地，渐进地，零碎地

piecewise ①分段的，片断的②分段地

piecework ①计件工作②单件生产

piecing ①接头②短纤维附入（纱疵）
automatic broken-end ~ 自动接断头

piedmontite 红帘石

pi-electron π 电子

pier ①（桥，墙）墩，支座②码头③窗间壁〔墙〕，扶壁，间壁，（角，支）柱
anchor ~ 锚墩
end ~ 终端杆
ex ~ 码头交货
foundation ~ 基座，基墩
wall ~ 墙墩，扶壁，窗间墙

pierce ①工艺孔②钻〔穿,冲〕孔③刺〔穿,钻,进〕入，渗透，刺穿，贯穿〔通〕，突破

piercer ①钻孔器，穿孔机②冲床，冲压机③冲头④冲孔，钻孔⑤芯棒
internal ~ （挤压中空件的）内穿孔针
turf ~ 草地疏松透气器，草地更新器

piercing ①刺〔贯〕穿②穿〔钻，冲〕孔③突破④刺穿的，锐利的
armo(u)r ~ 穿甲的
die ~ 拉模钻孔（金刚石的），冲孔模
fusion ~ 熔化穿孔
multiple ~ 多孔冲孔
rotary ~ 回转冲孔，旋转穿孔，辊式穿孔

pieze 厘巴（cbar），皮兹（MTS 制的基本压力单位，1 皮兹 =1kPa=10^3 N/m^2）

piezocaloric 压热（的）

piezocell 压电电池

piezochrom(at)ism 受压变色

piezocoupler 压电耦合器

piezocrystal 压电晶体

piezocrystallization 加压结晶

piezodielectric 压电介质的

piezodiode 压电二极管

piezo-effect 压电效应

piezoelectric(al) 压电的

piezoelectricity 压电（学，性，现象，效应）

piezoelectrics 压电体

piezoga(u)ge 压力计

piezoid （压电）石英片，石英晶体
resonating ~ 谐振压电石英片
transducing ~ 压电换能石英片，做换能器用的压电晶体

piezoisobath 加压等深线

piezolighter 压电点火器

piezo-luminescence 压电〔压致〕发光

piezomagnetic 压（电）磁的

piezomagnetism 压磁性〔现象，效应〕

piezometer ①压力〔强，缩，觉〕计②测压计③流压计④材料压缩性测量计

piezometric 量压的，测压（计）的

piezometry 压力测定

piezooptic 压光的

piezo-oscillator 压电振荡器，晶体（控制）振荡器

piezophony 压电〔晶体〕送〔受〕话器

piezoquartz 压电石英，压电晶体

piezoresistance 压电电阻，压力电阻效应

piezoresistive 压阻（现象）的

piezoresistor 压敏〔压电〕电阻器
silicon ~ 硅压敏电阻器

piezoresonator 压电〔晶体〕谐振器

piezo-sensor 力敏元件，压电传感器

piezotransistor 压电晶体管

pig ①（金属）锭〔块〕，铸块，生铁块②铅罐③管道除垢器
~ up 生铁增碳
acid ~ 酸性生铁
Bessemer ~ （底吹酸性）转炉钢，酸性钢
chill cast ~ 机〔冷〕铸生铁
cinder ~ 夹〔炉〕渣生铁（用铁矿石及含铁熟铁炉渣混合料冶炼的生铁）
conversion ~ 炼钢生铁
forge ~ 锻造用生铁
glazed ~ ①高硅生铁②脆性生铁
machine cast ~ 机铸铁
malleable ~ 制造可锻铸铁的生铁
open grain ~ 粗晶生铁
sand-cast ~ 砂铸生铁
special ~ 特殊生铁（指低铜低磷生铁，供

电炉冶炼特殊钢之用）
steel ~ 炼钢生铁
steely ~ 钢性生铁
stock ~ （存）锭
Thomas ~ 碱性转炉生铁，托马斯生铁
pigboat 潜水艇（俗语）
pigeons 干扰，噪扰，杂波，寄生振荡
pigging-back 生铁增碳
piggyback ①机载的，机上的，在肩上（的），在背上（的），在铁道平车上（的）②自动分段控制的③工作面链式运输机
carrier ~ 副载波调制
pig-iron 坯〔毛，铣，生〕铁
mottled ~ 麻口（铸）铁
pigment ①颜料，色料，着色粉②（橡胶）填充料
black ~ 炭黑
electrophoretic ~ 电泳色料
fluorescent ~ 荧光颜料，荧光色素
heat-indicating ~ 示温颜料
nacr(e)ous ~ 珠光颜色
pigtail ①抽头，引（出）线②引出端，输出端③软辫线，柔韧铜辫，（电）刷辫④挠性接头⑤电刷与刷握连接用的软电缆⑥（灯丝的）卷尾支架⑦尾光纤
pike ①矛，针（头），刺，尖头②十字锹〔镐〕，鹤嘴锄③（收税）关卡，通行税
pilage 砂布，砂纸
pile ①桩，柱②包，束③堆，垛，叠④电堆，电池组，核反应堆，热电堆⑤大量⑥堆积，堆叠
anchor ~ 锚桩
atomic ~ 原子反应堆
batch ~ 材料储备（量）
carbon ~ 炭堆，炭精盒，稳压用炭棒（堆），层叠炭板变阻器
fender ~ 缓冲棒，（防）护桩
filling ~ 灌注桩
follower ~ 送桩
galvanic ~ 电堆
ga(u)ge ~ 定位桩
grooved ~ 企口板桩
guide ~ 定位桩
jetted ~ 射水沉桩
live storage ~ 消耗（煤、料）堆，活贮（煤、料）堆
muck ~ 熟铁扁条束
neutron ~ 中子（反应）堆
open ~ 露天（矿）堆
puddled bar iron ~ 扁熟铁束
scrap ~ 废料堆
screw ~ 螺旋桩
sheet ~ 板桩
sigma ~ 西格玛堆（由材料和一个中子源组成的装置，研究物质吸收截面和其他中子的性质）
slab ~ 扁（钢）坯堆，初轧板坯垛
slap ~ 搭接熟铁条（将熟铁条搭接好准备压焊）
spur ~ 斜桩
thermoelectric ~ 热电堆，温差电堆〔池〕
voltaic ~ 伏打电堆
pile-drawer 拔桩机
pile-driver 打桩机
skid ~ 滑动打桩机
pile-engine 打桩机
pile-hammer 打桩机
piler ①堆积〔集，垛〕机②垛板机③集草器④堆垛装置
floating sand ~ 打砂桩船
grain ~ 装粮机，谷物集堆机
mender ~ 次品板堆垛机
reject ~ 废板堆垛机
sheet ~ 垛板机
slab ~ 初轧板坯堆垛机
pile-up 积存，堆积（组装）
pilework 打桩工程
piling ①桩（基），桩材②堆积〔垛，存〕③打桩
anchored sheet ~ 打锚定板桩
concrete ~ 混凝土桩
pill ①丸（剂），片②小球，子〔炮〕弹③终端片
pillar ①座，（支）墩②主〔支，台，矿，煤〕柱③（显微镜）基柱
center ~ （乘用车车身）中间立柱，B 柱
distribution ~ 地上接头盒
feeder ~ ①馈电杆②地线分支箱
front body hinge ~ 车身前立柱，车身前部的铰链支柱，A 柱
guide ~ ①导柱，导杆②保（带）柱
saddle ~ 鞍座柱（自行车，机器脚踏车的）
transformer ~ 变压器塔〔柱〕
windshield ~ 风挡柱
pillar-bolt 柱形螺栓，螺撑
pillaret 小柱
pillaring （高炉的）冷料柱
pillion （摩托车等）后座

pillow 枕块，垫（板），衬板，轴枕〔瓦，衬〕，（轴承）座
air ~ 空气垫座，气动枕座
footstep ~ 立轴承垫座，（推力轴承的）承力瓦块球面座
pillowphone 无声辐射听筒，枕形受话器
pilot ①领航员，飞行员，驾驶员，驾驶仪，控制器，导向器，导杆，调节装置②引导，指引，指示，领示，领航，导频，监督，控制③引导信号，领示指示④控制导线⑤导销，先导阀，（液压机构中的）伺服阀⑥小规模试验性质的生产，试验性的，（典型）试验的⑦主控的，引导的，先导的⑧（机车）排障器
~ in command 机长
automatic ~ 自动驾驶仪
back ~ （拉刀）后导部
carbureting ~ 气化式引燃器，空气煤气混合式引燃器
double ~ 双导（阀），双先导（的）
duct ~ 控制回路
expanding ~ 扩张引导，膨胀引导
gas ~ 煤气引燃器
lot ~ 批量试制
master ~ 总信号灯
mechanical ~ 自动操纵器，机械自动驾驶仪
robot ~ 自动驾驶仪，机械驾驶器
single ~ 单液控，单先导（的）
spring ~ 弹簧退让式导销，浮动导销
traffic ~ 多路转换器
pilot-actuate 光导控制
pilotage 操纵，操作，驾驶（术），领航（术）
radar ~ 雷达驾驶〔领航〕术
pilotherm （双金属片控制的）恒温器
piloting 领航，驾驶，操纵，控制，（过程的）半工厂性检查
internally ~ ①内控②自控
pilotless 无人驾驶〔操纵〕的，无驾驶员的
pilot-operated ①由伺服电动机控制的②驾驶员操纵的
pilot-plant ①中试装置②试验工厂
pilot-tube 指示灯
pi-meson π 介子
pimple ①疙瘩，小突起②疱状凸起（冲压件表面）③（由硬伤痕造成的）唱片缺陷
pimpling 粗糙度，凸起
pin ①扣〔别，大头〕针②销（钉），（螺，箱）栓，轴销，柱销，枢轴③插头，引线，管脚④支杆，撑杆⑤销〔钉，扣，扼〕住
adjusting ~ ①固定〔定位，锁紧，调整〕销②校正针
aligning ~ 定位销，定心棒，调心棒，调心销钉
alignment ~ 定位〔对中，准线〕销
anchor ~ 带动销（镗杆的），联结轴销，固定销，锚定销，联接销，锚式擒纵叉销
angle ~ （双）角度（梳）针
antifreeze ~ 防粘螺栓
arm spool ~ （缝纫机）插线钉
armature ~ 衔铁防粘销钉
arming ~ （炮弹）保险销
assembling ~ 定位销
backing ~ 挡销，支销
ball ~ 球轴颈
banana ~ 香蕉（形）插头
banking ~ ①制动销，限制销②调节器销③圆盘销，圆盘钉
base ~ （电子）管脚
battle ~ 环销
bearing ~ 轴针
beat ~ 节拍调整销
belaying ~ 套索桩，系索栓
bogie ~ 转向架转轴
bouncing ~ 跳针，弹跳杆（汽油爆燃测定机指示器）
box ~ （砂）箱（定位）销
break(ing) ~ 剪断（保险）销，安全销
butt ~ 铰链销
cam follower ~ 凸轮从动滚轮销
catch ~ ①挡杆②带动销
chain ~ ①测杆②链销
clamp ~ ①（千分尺的）制动把，夹销②销紧轴柄，锁紧销
clevis ~ ①牵引钩联结销②马蹄钳栓，U 形联结器销③ U 形夹销④叉杆销⑤ U 形钩
closing ~ 合型销
clutch operating ~ 离合器压盘销
compensation ~ 补偿引线（集成电路）
connecting ~ 联接销
connector ~ 塞子，插头，插销，接线插脚
contact ~ ①插针②接片，接触柱
core ~ ①销钉，中心销②心杆，穿孔杆③成孔销
cotter ~ ①扁销②开尾销，开口销
coupler knuckle ~ 钩舌销，车钩关节销
crank ~ 曲柄〔曲轴，拐轴〕销
cross ~ 十字销，插销

cross arm ~ 横担销针（装绝缘子用）
data input ~ 数据输入端
dedicated ~ 专用引线
detent ~ ①定位销②止动销
different cross ~ 差速器装置
dowel ~ 销钉，定缝销钉，暗钉，木钉，定位销，合销，柱销
draw-bore ~ 榫销
drawing ~ 图钉
drift ~ ①冲子，穿孔器②心棒，心轴③锥柩④尖冲钉⑤紧配合销⑥铆钉整孔销⑦对准钉孔用的销子
drive ~ 定位销
driven-in ~ 插入销
dutchman ~ ①防转插入销（钉）②补缺块
ejector ~ 出坯杆，起模杆，推出机杆，顶出杆，推杆
emitter ~ 发射极触针
end ga(u)ge ~ 端部定位销
fast ~ 紧固销
feeler ~ 触针，探针，测头
fitting ~ 定位销，锁紧销，导销
fixed ~ 固定销
fixed box ~ 砂箱定位销
flask ~ 砂箱定位销
foot ~ 地（脚）钉，尺垫
gate ~ 浇口（模）棒
ga(u)ge ~ ①量规上限尺寸销钉②塞规，内径杆规③测量头④挡料销
groove ~ 槽针
guard ~ （保）护销，叉头钉
gudgeon ~ 耳轴销，活塞销，十字头销，轴头销
guide ~ 导销，导柱，导向钉，定位销，定向销，定位针
hair ~ 细销，发针
hammer ~ 锤销
hanger ~ 挂钩销
holding ~ 固定〔紧固〕销
hole forming ~ 穿孔针
hollow ~ 套销
hook ~ ①钩销②绝缘子弯脚钉
housing ~ 压紧螺钉
ignition ~ 发火针，点火电极
impulse ~ 圆盘钉
in-line ~ 排齐销
inserted ~ ①插销②挡料销
insulator ~ ①绝缘子球头〔直脚，脚钉〕②绝缘子连接插销③绝缘体销
jigger ~ 顶料销
joint ~ ①联接销②连接线，焊接引线
keep ~ 扁销，开尾销，固定销
knock ~ 定位销，顶销，止顶，顶出杆
knockout ~ 顶杆，顶出〔件〕杆（压铸壳型），顶出针（熔模铸造）
knuckle ~ 关节销，钩销，（万向）接头，插销
latch ~ 掣子销，插销
lift ~ ①起模针②起模顶杆③电梯竖井，升降机竖井
link ~ 连杆销，联接销，折页销
locating ~ ①定位销（工件的）②（定位）测针
location ~ 定位销，制动销
main ~ 中心销，主销
male ~ ①销钉，栓钉②端轴颈
marking ~ 测〔标〕钎
marking-off ~ 划线针
master ~ ①主销②中心立轴
measuring ~ （液）量（控制）针
metering ~ ①量针②定径销
mooring ~ 系船柱
mo(u)lding ~ 铸型用销钉
nest ~ 定位销
normal ~ 垂直（制动）销
over ~ （测量用）滚柱
overspeed trip ~ 危急保安器脱扣销，超速脱扣销
parallel ~ 平行销，等直径销
pawl ~ 爪销
pilot ~ 导正销，定位销
piston ~ 活塞销（钉）
plain ~ 平销，光销
plug ~ ①塞钉，插钉②插头，插销
plunger ~ 跳针
pole ~ 杆销
positioning ~ 定位销
preventer ~ ①保险销，安全销②止动销
pricking ~ 刺针
probing ~ 探针
punch ~ （尖）冲头
punching ~ 冲子，锥子，冲孔器，扩孔器冲头
push-off ~ 推出杆，托杆
reamer ~ 扩孔器销
register ~ 定位销，固定销

regulator ~ 调速器销
residual ~ 防磁钉
rest ~ 支承销
retainer ~ 开口销，固定销
retaining ~ 制动销钉，定位〔止动〕销
retention ~ 止动销，定位销
rigging ~ 装配销
ring ~ 环眼链销
riser ~ 冒口模棒
riveting ~ 杆铆钉，铆销
rod ~ 叉杆销，U 形夹销
roller ~ 滚针，滚轮销
ruby ~ （锚式擒纵机的）冲击销，圆盘钉
runner ~ （直）浇道棒
saddle pivot ~ 鞍座系紧螺栓（自行车，机器脚踏车的）
safety ~ 安全销，惯性保险栓，保险销，（安全）别针
sand ~ 铸型用销钉
set ~ 销钉，固定销
setback ~ 惯性销
shackle ~ ①钩环销，链钩销②吊钩轴
shear ~ 安全销，剪切销
slipper ~ 十字头闸瓦托销
slotted ~ 方榫式定位销，有槽销
spacer ~ 隔离销，调整销，限位销
spark ~ 引火针
spider ~ 行星小齿轮轴
splint ~ 开口销
split ~ 开口销，开尾销
sprue ~ （直）浇道（模）棒
staking ~ 测针
steady ~ 定位销，锁紧销，固定销
steering king ~ 转向主销
stopper ~ 塞头栓，挡销，锁销，限制销，止动销
straight ~ （绝缘子）直脚钉，圆柱销
striking ~ 三棱刮皮刀
stripper ~ 起模顶杆，脱模销
stripping ~ 推杆，顶箱杆，起模顶杆
stub ~ 套销
stylus ~ 指销
support ~ 支钉，支销
swing link ~ 摆杆销
swivel ~ 铰接销
tapping ~ 捅（出铁口）杆
terminal ~ 引线插头，尾销
thrust ~ ①推力轴颈②（压力机）推力销（模具）顶杆
thumb ~ 图钉
time ~ 定时针，定时销
toe ~ 心轴
tracer ~ 仿形器指销
track (link) ~ 链轨销，履带销
transposition ~ 交叉用的绝缘子直螺脚
trip ~ 松放销
universal center ~ 万向节中心销
valve ~ ①阀销②电子管管脚
valve base ~ 电子管管脚
vertical contact ~ 顶插棒（铝电解槽）
via ~ 通路引线
wrist ~ 肘节销，活塞销
yoke ~ 十字轴，连杆叉头销，轭销

pinacoid 轴面（体），平行双面（式）
pinblock （万向联轴器）十字头，十字形轴头
pinboard ①插销〔接线，转接，插接〕板②插接（控制）盘③定位板（刮芯用）
pincers ①钳子，夹子②铁钳，拨钉钳，钢丝钳③（水稻插秧机）秧夹
carpenter's ~ （木工用）胡桃钳
hole ~ 打孔钳
pinch ①挟，捻②夹紧，压紧〔折，迫，力〕，压〔箍，收〕缩③困难④变薄⑤（一）撮，微量⑥管脚⑦收缩效应⑧等离子线柱
~ off 夹断（电）
thermal ~ 热夹〔热收缩〕效应
pinchbeck ①金色铜，铜锌合金②冒牌货③波纹管〔状〕的
pinchcock ①夹紧活嘴②管夹，节流夹，弹簧夹，活嘴夹
pinched 压〔夹〕紧的，（自）收缩的
pincher ①（条钢的）折叠（缺陷），（薄板的）折印（缺陷）②（pl.）钳子，铁钳，夹锭钳
radio ~ （修理）无线电（用）钳子，扁嘴钳
pinching-out ①压出②冷拔
pinch-off ①夹断，箍断②（间隙过大产生的）交错断裂
pinch-point 扭点，饱和蒸汽与冷却剂最小温差点
pinch-preheated 利用放电收缩预热的
pincushion （光栅的）枕形失真，（放针用的）针插
side ~ 左右〔二侧〕枕形失真
top bottoms ~ 上下枕形失真
pine 松木
red ~ 红松

pinetree 松树

pi-net(work) π 四端网络，π 型网络〔电路〕

ping （水）声脉冲，声呐脉冲，声脉冲信号，中频声脉冲，来自（回声测距）声呐设备的脉冲信号，网络专用诊断包

pinger 声波发生〔射〕器，水声测位仪，声脉冲发生〔射，送〕器

sonar ~ 声呐脉冲发射器

ping-pong 往复转换工作

pinhole ①针孔，小孔，销孔，塞孔②气泡，（皮下）气孔③针眼（钢锭缺陷）

pinholing 针眼，小气眼，砂眼

pinion 齠轮，小齿轮，副齿轮，传动齿轮（齿轮副中较小的），齿杆

bevel ~ （小）锥齿轮，（小）斜齿轮

bevel drive ~ 主动小锥齿轮

cloth ~ 布齿轮（麻布，帆布等制成的）

cone ~ 小锥齿轮

crowded ~ 小齿轮组，挖土机压力机件的齿轮

escape ~ 擒纵齿轮

fly ~ ①制动器轴小齿轮②风轮轴，飞齿轴

lantern ~ ①针齿〔灯笼式〕小齿轮②（爬梯式起落机构的）滚柱小齿轮③销轮

lazy ~ 惰轮，空转小齿轮

loose ~ 空转小齿轮

mill ~ （人字）齿轮座的齿轮轴

minute ~ 分针小齿轮

planetary ~ 行星小齿轮

rack ~ 与齿条啮合的小齿轮

setting ~ 过轮片，过齿轴

shank ~ 连轴小齿轮

shrouded ~ 凸缘小齿轮

sliding ~ 离合轮

spiroid ~ 锥蜗杆

spur ~ 小正齿轮，柱形直齿轮

star ~ ①链轮②行星小齿轮（分速器的）

pinion-file 锐边小锉

pink ①粉红色②刺，扎，穿小孔③（发动机）发爆燃声

pinking 爆燃，爆燃声（发动机）

pin-lift 顶杆（指手工造型机顶杆系统）

pinning ①销连接，销住，锁住②上开口销③打小桩④阻塞⑤闭合

pinouts 引脚

pinpoint ①针尖②一点点③准确定位，准确测定，目标定点（精确测定目标位置）④航空照片⑤定点的，极精确的⑥挑选，鉴别

pins 插脚

pin-spanner 叉形扳手，带销扳手

face ~ 叉形带销扳手，钩板子

pint 品脱（液体容量的度量单位。英制：1 品脱 =0.57 L；美制：1 品脱 =0.47 L）

pintle ①枢，立〔配流〕轴②扣钉，航针，扣针，针栓③舵销，舵栓，舵针④（重型滚柱链的）链节销⑤开口〔链接〕销

throttling ~ 油门调节针阀

pin-wheel 直升机

pion π 介子

contaminant ~ 夹杂 π 介子

Pioneer 耐蚀镍合金（*w*（Ni）65%，其余 Cr、Mo、Fe）

pioscope 乳脂测定器

pip ①（广播）报时信号〔声响〕②（荧光屏上的）脉冲，尖头信号，峰值③反射点④针头⑤标记，记号，突起⑥筒，（导）管⑦短促的高音调声，高音调脉冲

echo ~ 反射脉冲

fuel injection ~ （柴油机）高压油管

marker ~ ①指向脉冲，标记脉冲②校准标记

six ~ 广播电台发出的六响报时信号

sync ~ 同步标记，同步信号

pipage ①管系，管道②沿管蒸馏③沿管传递

pipe ①管（道），导管，输送管②最大桶（液量单位，=477 dm^3）③缩孔，缩管，长形缩孔④筒（管）⑤用管子输送，装管子

accordion ~ 波纹管

additional ~ 支管，接长的管子

admitting ~ 进气〔水，入〕管，输入管

air ~ 通风管道，（空）气管

air blast connection ~ 高压空气导管

air set ~ 空气冷凝管

angle ~ 弯〔曲，角〕管

antipriming ~ ①多孔管，筛孔管②防止汽和水进发管

anti-vacuum ~ 反压力导管，空气导管

ascending ~ 直〔注入，压入，增压〕管

bare ~ 裸〔光，无螺纹，不绝缘〕管

bellows ~ 波纹管

belly ~ 直吹管

bilge ~ 船底吸水管

black ~ 黑铁〔非镀锌，无镀层〕管

blank ~ 空管，没有孔的管，管内过滤器

blast ~ 废〔排，放〕气管，吹管，鼓风管

bleeder ~ 放气〔放水，排出〕管

blower ~ （吹送机的）吹送管

blow-off ~ 放气〔水〕管，排污〔出〕管，

吹除管
boom ~ （喷雾器）喷杆（管）
bostle ~ 环风管
brake ~ ①制动系统管路②制动器干线，制动液〔油〕管
branch ~ 套〔支，歧〕管，三通，叉管
breeches ~ 叉管，三通管
burn-out ~ 通气孔
bustle ~ 环风管，围管，风圈（高炉）
butt-welded ~ 对缝焊管
case ~ 套管
casing ~ 套管，钻管，井壁管
central ~ 中心缩孔，中心缩管
charge ~ 加料管，装料管
clad ~ 复合管
clay ~ 瓦管，陶（土）管
closed ~ 一端封闭的管子
coating ~ 涂釉水管，喷镀管道
coating steel ~ 镀锌钢管
coil(ed) ~ ①盘管，蛇形管，旋管②线圈
coiled-cooling ~ 复绕冷却管道，双管冷却管
cold Pilgered ~ 周期（皮尔格）式冷轧管
collecting ~ 联箱，汇流管
collecting electrode ~ （电收尘器的）集尘电极管
collector ~ 集水管，集汽管
communicating ~ 连通管
compensating ~ 平衡〔调整，补偿，膨胀〕管
conduit ~ ①管道②导（线）管③暗渠管④地下线管
connecting ~ ①连接管，导压管，结合管②管接头
cooling coil(ed) ~ 蛇形冷却器，冷却盘管
corrugate(d) ~ 波纹管
creased ~ 褶形管，虾米弯头
cross ~ ①十字（形）管②交叉管
crossover ~ 联通〔架空，过桥，跨接，立体交叉〕管
cylinder-type ~ ①圆筒式管②钢筋混凝土管
damp(en)ing ~ 消声器
delivery ~ ①导管，输出管，压送管②送风管，排水管
distance ~ 远距离输送管，撑管
double helix corrugate ~ 双螺旋弹簧管（仪表元件）
down ~ 溢（流）管，回管，旁通管
drain ~ 排水管，泄水管
dribble ~ 泄放管
drift ~ 漂移管，流管，通风管
drip ~ ①冷凝水泄出管②泄放管，排出道③滴管
drive ~ ①主动管②（自流井）竖管
dry ~ ①蒸汽收集器，过热蒸汽输送管②干汽管，集汽管
dust ~ 防尘套杯
eduction ~ 放〔排〕气管，排泄管
elbow ~ 弯头，弯管，肘管
equalizing ~ （压力）平衡管，平压管
escape ~ 出气管，排气管，排水管
exhaust ~ 排气总管，废气管
exhaust suction ~ 排气喷射器
expansion ~ 伸缩管，膨胀管，膨胀节，补偿管
expulsion ~ 燃料强迫排出管
extra strong ~ 特厚壁钢管，特粗管，粗管
faucet ~ 承接管
feed ~ 进料〔供给，给水，输送〕管
filler ~ 注入管，注油管，加水管
fitting ~ 管接头配件
flexible ~ 软（导）管，挠性管，蛇〔柔性〕管
flow ~ ①流管，输送管，循环水管，出〔溢〕水管②分配管（热水系统中为供热水的管）
food ~ 食道
freeing ~ 排气〔水〕管
funnel ~ 铁烟囱，漏斗管
gargle ~ 排气管，放气管
ga(u)ging pressure ~ 超压防护管
grain ~ ①谷物输送管②输种管
ground ~ 接地导管，地下管道
hawse ~ 锚链孔，锚链筒
heat ~ （导）热管（利用毛细作用与蒸汽传热的新型热传导器件）
heating ~ 加热管，暖气管，供暖管
helical-welded ~ 螺旋焊管
hoisting ~ 套管（钻探用）
hush ~ 消声管，消声筒
induction ~ 吸〔进〕入管，进口管，送水〔气〕管
ingress ~ 导入管
intake ~ 进水管，取水管
jacket ~ （水）套管
jet ~ （尾）喷〔射流，排气，喷射〕管
jet injection ~ 喷射器喷管
jump-welded ~ 对缝焊管，焊缝管
knee ~ 弯管，曲管
lance ~ 钻管，矩形缩管

leak-off ~ 溢流管，泄流管
leg ~ 短铸铣送风管，冷凝器气压管
lift ~ 提升管，虹吸管
lifting ~ ①扬水管②引上线（用）管，提升管③上升分线管
line ~ 总管，干线用管，管道，管线
live steam ~ 主汽管，新汽管
lock-bar ~ 凸缘管
loop ~ ①环状管②高压缸环形进气管
looping ~ 管式围盘，围盘管
lucite ~ 透明塑料管
lyre-shaped ~ 回头弯管
main gallery ~ 主轴承润滑油管
make-up ~ 补给水管
mechanical ~ 机械缩孔
micro ~ 晶间缩孔，显微缩孔
named ~ 有名管道，已命名管道（客户机与服务器之间的一个软件连接）
offset ~ 偏置管，迂回管
off-take ~ 排水管，排气管
oil-ga(u)ge ~ ①油压表油管②机油尺管
one way heat ~ 单向导热管
open ~ 外缩孔，开口缩孔，明缩管
overhead ~ 架空管道
perforated dry ~ 多孔集汽管
petticoat ~ 烟罩
play ~ 游管
primary ~ 初次缩孔（铸锭）
punch ~ 直开浇道管
purge ~ 排气管
radiating ~ 散热管
radiator vent ~ 散热器通风透气管
ram ~ ①增压管②全压管③冲压（空气）管
ram-air ~ ①冲压（空气）管，增压管②全压管，总压管
reducing ~ ①渐缩管②异径管
reel ~ ①（盘条）卷取导管②拨禾轮管轴
release ~ 放泄管，缓解管
relief ~ 放水管，减压管
ribbed ~ 肋片管，内螺纹管
rifled ~ ①输送黏油的内螺纹管（约有三米长的螺纹）②带肋管,翅管③焙烤管④（有）镗线（的）管
ring ~ 环形管
rod ~ 喷（水）管
run ~ （盘条）卷取导管
runner ~ ①浇注系统，浇道，铸道②流通管
run-off ~ 泄水管
sand(er) ~ 撒砂管
scavenge ~ ①排气管（内燃机的），吹气（清洗）管②回油管
scavenger ~ 排出管
screen ~ （有）筛滤（板的）管（子）
screened ~ 衬管
seal water ~ 水封（用）水管
seamless ~ 无缝（钢）管
secondary ~ （钢锭）二次缩孔
serpentine ~ 蛇形〔蜿蜒，螺旋〕管，盘管
service ~ 接户线管，给水〔进给〕管
shower ~ 喷射管
skid ~ 炉底滑管，滑道管
sleeve ~ 袖套，联轴器，套管
slip ~ 滑管，伸缩接头
slit ~ 有缝管
sluicing ~ 洗涤管，喷淋管
smoke ~ 烟囱
socket(ed) ~ 套接（承口）管，套管
sparge ~ ①喷水管②喷液管③（反应堆）（事故冷却水的）配水管
spigot and faucet ~ 承插管
spigot and socket ~ 窝接式接头管
spill ~ 溢流支流
spiral ~ 螺盘管
spiral taper ~ 锥形螺盘管
spirality corrugate ~ 螺旋形弹簧管（仪表元件）
sprinkler ~ 洒水管
spun ~ 旋制管
stack ~ 排出管，排气管
stand ~ 竖〔储水〕管，水鹤
stay ~ （支）撑管，支持管
stoneware ~ 陶制管
suction ~ ①吸（入）管，空吸管②吸水管，吸气管③虹吸管
sullage ~ 冒口
supply ~ 输送〔供水，供油，供气〕管
tail ~ ①排气管②溢流管③尾（喷）管④泵吸入管
take-off ~ 放水管，取出管
tap ~ 泄水管
T-branch ~ 三通管，T 形管
tee ~ 丁字管，T（形）管，三通管
telltale ~ （溢水）显示管
template ~ 异径管，样板管
thermal ~ 热导管（防冰装置的导管）
torch ~ 喷射管，喷灯
T-piece ~ T 形（固定芯头）铸管

train ~ 列车闸管
transition ~ 大小头管节，变径管
union ~ 连接管
voice ~ 传话管
warming ~ 加热管
warning ~ 溢流管，溢水管
weeping ~ 泄〔滴〕水管
welded steel ~ 焊接钢管
welding torch ~ 焊枪管
winding ~ 弯管，风管
worm ~ 螺旋管，蜗形管，蛇形管
zamplate ~ 特形管

pipe-fitter 管子工

pipe-insert 水管套座

pipelayer ①管道敷设机，铺管机②铺管工，管道安装工

pipe-laying 管子敷设，管道铺设，管道安装

pipeline ①管道，输油管，输送管②流水线③管系④供给系统
active ~ 活动流水线
execution ~ 执行流水线
hydraulic ~ ①输水管路，水管系②液压管路
instruction ~ 指令流水线
offshore ~ 海底管路
overhaul ~ 大修工艺过程
power ~ 动力管系
pressure ~ 加压管路

pipelining ①管衬里②管道敷设〔安装〕③管路输送④流水线技术〔操作〕

pipeloop 管圈，环形管线，循环管线

pipe-mill 轧管机

pipe-mover （喷灌装置）管道移动器

piper ①送风管②管道工

pipe-strap 管卡，管环，管子支吊架

pipet(te) 吸〔滴，球，吸移，吸量〕管，移液管
Andreasen ~ 安氏型砂粒度测定仪
band ~ 谱带点样管（薄层及纸色谱用）
calculated ~ 校准吸移管
certified ~ 检定吸移管
gas ~ ①验气管球②验气吸移管，气体吸量管
measuring ~ 带刻度吸管，计量吸管
microbulb ~ 微球形点样管
microliter ~ ①微升点样管②微升移液管
plain ~ 光面吸移管
transfer ~ 移液吸（移）管
volumetric ~ （容量）吸移管
whole ~ 全节〔无刻度〕吸量管，全容吸移管

pipettor 吸移管，吸量器，移液器

pipework ①管道系统，管道工程②输送管线

piphigram 压熵图

piping ①管系，管路②接管，导管，管连接③管道布置，导管系统④沿管路输送⑤敷设管路⑥缩孔，缩管⑦笛声，尖锐声音⑧吹笛的，高调子的
above ground ~ 地上配管，地上管线
air supply ~ 供（空）气配管（管道）
blowdown ~ 泄料管路，放空管路，放气管路
condensate return ~ 凝结水再循环管路
distribution ~ 配油管道
exhaust ~ 废〔排〕气管道，排水管道
feed ~ 供水管道
fuel ~ 输煤管路，燃料输送管系
hydraulic ~ 水管系
line ~ 管系，管道
live steam ~ 主汽管道
open-air ~ 露天管线
pressure ~ ①压缩空气管道②压力管道，增〔耐〕压管路，压送管路
pump(ing) intake ~ 泵的入口管

pip-squeak ①控制发射机的钟表机构②不重要〔无价值〕的东西

pipy ①管形的，有管状结构的②（发）尖音的，笛声的

piracy 盗版，非法复制，侵犯版权

pirate （软硬件）盗版者

pi-section π 形节

pistol ①焊接工具，枪式焊接器②金属喷镀器，手持喷枪③手枪，信号手枪
air sprayer ~ （压缩）空气喷射器，喷枪
blow ~ 吹嘴
drying ~ 干燥枪
machine ~ 冲锋枪
pyrotechnic ~ 信号枪
revolving ~ 左轮手枪
spray ~ 喷雾枪，手枪式喷雾器
wire ~ 喷丝枪，金属丝喷制枪

pistolgraph 快速摄影（机）

piston 活塞，柱塞
~ with struts 有嵌入补偿器的活塞
air ~ 气动活塞
autothermatic ~ 带补偿镶片的可控热膨胀重型活塞
autothermic ~ 热自动补偿活塞（为限制变形和膨胀装有嵌片的活塞）
back ~ 后活塞（波导管的）
baffled ~ 带折流顶的活塞

blowing ~ （磨损的）漏气活塞
bowl in ~ （发动机）活塞凹顶，活塞顶内燃烧室
box ~ 空心活塞
brake servo ~ 制动器伺服活塞，（制动器助力器）辅助缸活塞
buffering ~ 缓冲器活塞
cam grinding ~ 磨成椭圆形活塞（活塞销方向直径为 0.005 ~ 0.010 英寸，即 0.127 ~ 0.254mm）
cam ground ~ 裙部磨成椭圆形的活塞（活塞销方向为椭圆的短径）
cam shaped ~ 仿形〔靠模〕加工活塞
cavity ~ 凹头活塞
choke ~ 扼流活塞（波导）
counter-recoil ~ 复进活塞
differential ~ 差动活塞（直径有两个尺寸以形成压力差），多极活塞，差径活塞
divided skirt ~ 导缘开缝活塞
double-walled ~ 闭式活塞，双壁活塞
drawback ~ 回程活塞（如在铆机中的）
dummy ~ 平衡活塞，假活塞
force ~ 阳模，模塞
full skirted ~ 全裙活塞，（全）侧缘活塞
hole-boring ~ 扩眼活塞
hour-glass ~ 沙漏形活塞
injection ~ 压射冲头，压塞
invar strut ~ 镶有恒范钢片的活塞，殷钢嵌片活塞
jigger lifting ~ （液压）提升活塞
knurled ~ 滚花活塞（用滚花使活塞裙部外径扩大）
labyrinth ~ 迷宫式活塞，卸荷活塞（反动汽轮机）
lift ~ 提升〔起落〕液压缸活塞
loose-lifting ~ 松动活塞，大间隙活塞
open ~ 明活塞（可看到活塞在筒内的运动）
opposed ~ 对置活塞
oscillating ~ 活塞振荡
oversize ~ （修理用）加大尺寸的活塞
pick-up ~ 传感器活塞
pilot ~ 导柱，导向活塞，控制活塞
plunger ~ 柱塞
pot type ~ 筒式活塞，普通活塞
ram ~ 压力机活塞
ram-retraction ~ （可控式高速锤）锤头返回活塞
relay ~ ①从动〔继动，自动转换〕活塞②调节器一次滑阀
relief ~ ①阻气〔辅助，放气，调压〕活塞②冲击式缓冲器
ring ~ 筒形活塞，环形活塞
rotary ~ 旋转活塞
seized ~ 卡住活塞
separator ~ 隔离器活塞
set ~ 调整活塞
shunting control ~ 调车控制活塞
single-piece ~ 整体活塞
skeleton-skirt ~ 骨架侧缘活塞
slack ~ 迟滞活塞，大间隙活塞
slipper ~ 滑块活塞
solid ~ 实心活塞，盘形活塞
soluble-cored ~ 用可溶性型芯制造的活塞
speed-setting ~ 转速调整活塞，配速活塞
split skirt ~ 裙部开槽的活塞，导缘开缝活塞
standard ~ 标准尺寸活塞
step-up ~ 加力活塞
stiff ~ 刚性活塞
supported ~ 平衡活塞
T slot ~ 带 T 形槽活塞
trunk ~ 筒状活塞，柱塞

pistonphone 活塞发声仪（测声强用），活塞式发声器

pit ①坑，槽，陷阱②凹坑〔痕，点，穴〕③缩孔，砂孔④点蚀处，麻点，锈斑⑤腐蚀，侵蚀⑥铸锭坑⑦均热炉⑧矿井
air ~ ①通气孔②气坑〔穴〕③通气矿井
amco soaking ~ 蓄热式均热炉
bottom center-fired ~ 中心燃烧式均热炉
burial ~ 缓冷坑
cable ~ 电缆沟
casting ~ 铸（锭）坑
cell-type soaking ~ 分隔式均热炉
cinder ~ 渣坑，轧屑坑
circular ~ 圆形均热炉（烧嘴切向布置）
cuttings ~ 切屑接收器，收屑器，排屑槽，切屑坑
dead soaking ~ 加热保温坑（锭、坯的），均热坑
dirt ~ 尖点，（钢锭的）斑点
dislocation etch ~ 位错腐蚀炕
draw-in ~ 电缆拉入坑
drop ~ 凹坑
elevator ~ 升运器喂料坑，电梯底（层地）坑
engine ~ ①排水井②修车坑
etch ~ 浸〔腐〕蚀坑，腐蚀斑

etching ~ ①蚀刻（法）②侵蚀
eye ~ 视孔
generator ~ 发电机机坑
granulating ~ 炉渣粒化池
grease ~ （钢板上的）油印标记，痕迹
hunch ~ 渣坑
ingot ~ ①均热炉②铸锭均热坑
inspecting ~ 检修〔检车，修车，检查〕坑
inspection ~ 检查坑，修车坑，检验井
ladle ~ 出钢坑
lift ~ 电梯竖井，升降机竖井
looping ~ 环形孔（轧钢机的），环形带坑
melt ~ 地炉，（坩埚炉）地坑
mo(u)ld(ing) ~ 造型地坑
occasional mo(u)lding ~ 通气造型地坑，硬（砂）床
one-way-fired ~ 单向均热炉
pole ~ 电杆基坑
pouring ~ 浇注坑
prospect ~ 探井
receiving ~ ①接受坑，喂送坑②接受箱
recuperative soaking ~ 换热式均热炉
roll change ~ 换辊用坑，换辊装置安设坑
sand ~ 磨光玻璃表面上的凹坑，砂坑，砂眼
scale ~ ①铁皮坑②轧屑回收池，氧化皮坑（锻件上的）③锈坑（俗称缺肉）
service ~ 检修坑
settling ~ 沉淀池
skip ~ 翻斗料车坑
slag ~ 渣坑，轧屑坑
soaking ~ ①等温坑，均热炉②浸池
steel ~ 凹坑（薄板表面缺陷）
test ~ （超速）试验井（汽轮机转子和轮盘超速试验用）
traverser ~ 移车台坑
vertically fired ~ 垂直供热均热炉，中心换热式均热炉

pitch ①间距，②齿〔节，辊，极，螺，捻，行〕距，铆间距③沥青，树脂④斜度，倾斜，纵摇，纵倾，俯仰（角），坡度，高跨比⑤音调，高度，顶点⑥纹槽间距（唱片）⑦峰的方位角宽度
~ of beat 拍频音调
~ of boom （起重机，挖土机）臂的倾斜角
~ of cascade （叶）栅（节）距
~ of centers ①顶尖高度②轴心高度
~ of drills 钻头轴距（多轴钻床的）
~ of holes ①钻井倾角②孔间距
~ of pipe 管子斜度
~ of scanning 扫描行宽（度）
~ of signal note 信号音调
~ of sleepers 轨枕距
~ of transposition 换位节距（线圈的）
~ of turn 匝距
~ of waves 波距，波长
~ of weld 焊线距
~ of winding 绕组节距，线圈节距
angular ~ 齿距角
array ~ 排距，行距
autocoarse ~ 桨距自动调整装置
axial ~ 轴向螺距
axial base ~ 轴向基圆齿距
axial diametral ~ 轴向径节
back ~ 后（节）〔背节，背景〕距，反螺旋
base ~ 基圆齿距
basic ~ 基节
body ~ 犁体倾斜度，犁体垂直间隙
boom ~ 悬臂倾斜角（起重机）
bore ~ （发动机）缸心距
bottom ~ ①铧尖犁梁距离②犁体倾斜度，犁体垂直间隙
circular ~ 齿距
circumferential ~ 齿距
coal tar ~ 煤焦油（沥青），柏油
coarse ~ 大模数，大齿距
coil ~ 线圈节距
commutator bar ~ 换向片节距
controllable ~ 可调螺距
cylinder ~ 缸心距
diagonal ~ 对角间距，斜齿纹，斜齿（纹）距
diameter ~ 整（节）距，（直）径节（距）
diametral ~ （齿轮）齿距
diametrical ~ ①全〔整〕（节）距②（齿轮的）齿距
divided ~ 分隔螺距
double ~ 双向坡
electrolytic tough ~ 电解韧铜
equalizer ~ 均压（线）节距，均压（线）跨距（直流电机的）
equipotential ~ 等位距
even ~ ①偶数螺距（每英寸长螺纹数为偶数）②不变坡度
feather ~ 顺桨螺距
field ~ 极距
fin ~ 散热片距
fine ~ ①小螺距，小节距②细距
fractional ~ 分数极〔节〕距

frame ~ 帧距
full ~ ①全（节）距，整（节）距②正常齿距
garbage ~ 垃圾沥青
grid ~ 栅（丝）距
ground ~ 地沥青
hard ~ 固体沥青，硬沥青
helical ~ ①螺距②导程
helix ~ 螺距
inclination ~ 倾斜度
instant ~ of screw 螺杆瞬时节距
lignite ~ 褐煤沥青
linear ~ 直线节距
medium ~ 中模数
milling ~ 滚花节距
mineral ~ 地沥青，柏油
nominal line ~ 标称行距
normal ~ ①法向齿距，螺距②标准行〔间〕距
oil ~ 石油沥青
perforation ~ 孔距
point ~ 节点
polar ~ 极距
pole ~ （磁）极距
poling tough ~ 插树精炼铜，火精铜
propeller ~ （螺旋）桨（螺）距
quarter ~ 高跨一与四比，四分之一高跨比，1 ：4 坡度
radial ~ 径向节距
raster ~ 光栅线间距
reference ~ 分度圆齿距
resultant ~ 总节距
row ~ 行距
scanning ~ 扫描行距
segment ~ （整流子）片距，换向片节距
slight ~ 缓倾斜
slot ~ （线）槽（节距）
stearin ~ 硬脂沥青
steep ~ ①黏质沥青②大螺距（螺纹）③急倾斜
step ~ 步距
strand ~ 绳股捻距（钢丝绳的）
thread ~ 螺距
tooth ~ 齿节，齿距
track ~ 履带节距，（磁）道（间）距
transverse ~ 端面齿距，横距
transverse base ~ 端面基圆齿距
transverse circular ~ （端面）齿距
transverse diameter ~ 端面节径
tube ~ 管心距
vane ~ 叶栅栅距
variable ~ 变斜度，（可）变节（螺栅）距
virtual ~ 虚螺距
water-tight ~ 水密铆距
winding ~ 绕组节距，线圈节距
wire ~ 钢丝捻距
working ~ （节圆）齿距
zero thrust ~ 无推力螺距
zero torque ~ 无扭力螺距

pitch-damper 俯仰阻尼器

pitcher ①（产生俯仰力矩的）俯仰操纵机构②水罐③投掷者

pitching ①前后颠簸，俯仰②纵摇

pitching-in ①切入（量）②切口③空刀距离

pitching-moment 俯仰力矩

pitch(o)meter ①螺距测量仪，螺距规②齿距规

pitchover （火箭垂直上升后）按程序转弯

pitchstone 松脂岩

pitfall ①陷阱②缺陷，毛病

pith ①木髓，精髓②核心，要点

pitman ①连（接）杆，摇杆②机工，钳工③转向垂臂，转向器臂
chute ~ 滑槽枢轴，卸载管轴
linkage ~ 悬挂装置铰接轴
needle ~ 打捆针（机构）连杆
pan drive ~ 抖动板传送连杆，谷粒盘传动连杆
plunger ~ 柱塞连杆
shoe ~ 清粮器（传动）连杆
steering ~ 转向装置轴销
tipping ~ 倾翻轴，倾卸轴

pitometer （测流速的）皮氏压差计，流速计，皮托管测压器

pitot 空速管，皮托管

pitot-type 皮托管

Pitran 压电晶体管

pitting ①点（状）（腐）蚀②孔蚀，腐蚀坑③剥蚀，锈斑④凹痕，麻点状
~ of contact 触点烧坏
electric ~ 电流点蚀
initial ~ 初期点蚀，初始麻点，初始剥蚀
isolated ~ 孤立麻点，孤立锈坑
mechanical ~ 麻点

pit-type 地坑型，立柱可移式龙门型（刨床）

pivot ①枢轴，心轴，支枢，轴销〔颈，尖，榫〕②铰链③中枢，支点，基点④主元（素）⑤旋转中心⑥钻石轴尖
balance ~ 杠杆支点，天平支点

ball ~ 球支枢
central ~ 中枢，中心枢轴
check pawl ~ 止回爪枢
complete ~ 全主元（法）
conical ~ 以圆弧与轴体过渡的轴颈（如摆轴颈）
fixed ~ ①支枢②固定枢轴，（固定）支点
footstep ~ 球面枢轴
head ~ 上枢轴
heel ~ 轨跟枢（岔轨的）
knuckle ~ 转向节枢轴
needle ~ 指针轴
pillow ~ 球面中心支枢
spring ~ （钢板）弹簧销
threaded ~ 螺纹枢

pivotal ①枢轴的②中枢的，关键性的
pivoted 装在枢轴上的，回转的
pivot-end 尖头，顶端，尖端
pivoting 绕枢轴转动
pix 图画，图像，照片，电影
pixdetector 视频检波器
pixel （电视图像的）像点，像素
pixlock 图像锁定
placard ①名牌，标签②揭〔告〕示，布告，公告
place ①地点，位置②（数）位③区域，地带，段④距离⑤空间，容积⑥放置，配置⑦次序，步骤⑧装入，接入
~ in circuit 接通，电路接入
~ in operation 开工，投入生产，交付使用
binary ~ 二进制数位〔符号〕
decimal ~ 小数位
digit ~ 一位数的位置
filling ~ 装料平台
finished black ~ 黑钢皮
fire ~ 炉膛（燃烧空间），壁炉
gaping ~ 孔，（管等的）缺口
gapping ~ 间隙
landing ~ 码头，卸货处
logical ~ 逻辑位置
spilly ~ ①未焊透，未熔穿②起层，结疤③发纹，发裂
steamy ~ 漏汽点
sticking ~ 顶点
storage ~ 堆栈，仓库
units ~ 个位

place-coefficient （设计机场跑道的）作用位置系数
placement ①方位，部位，位置②布置，放置，安排③布局（确定计算机逻辑元件的位置）④链接
loudspeaker ~ 扬声器布置
placer ①（含金）砂矿②敷设器，放置器，灌注机③浇筑工人
coil ~ 嵌（下）线机
fertilizer ~ 施肥开沟器
track ~ 轨道定位装置
placing ①装〔配，设〕置②装入③浇注（混凝土）
cable ~ 电缆敷设
camera ~ 摄像机布位
plagiodont 斜齿型
plague ①灾害，祸患②折磨，困扰，纠缠
black ~ 黑斑，黑死病
purple ~ 紫疫，紫斑（Au-Al 合金加热缺陷）
white ~ 白斑，（肺）结核
plain ①平面（的）②单纯（的），简单（的），普通（的），一般（的）③平滑（的）④平原
silicon ~ 硅原
plain-dressing 光面修整
plainness 平面度
plain-thermit 粗铝热剂
plait ①辫（绳）②编，织，折叠，（打）褶，卷起
plaiter 折叠机，折布边，码布机
plan ①计划，规划，设计，方案②平面〔规划，轮廓，设计〕图，简图，图样③图〔程序，进程，时间〕表
~ of site 总布置图
~ of wiring 线路图，布线图
allocation ~ ①地址〔存储〕分配方案②配置图
block ~ 方框图
body ~ 机身〔弹体〕平面图，正面图，横剖型线图
butterfly ~ 辐射式（排列）布置
chain sampling ~ 连锁抽样方案
channel ~ 频道方案，频道设计，信道规划
comprehensive ~ 整体计划，综合计划工作
construction ~ 施工平面图
core ~ 中心平面布置
cost ~ 成本计划
decision ~ 判定方案
demerit sampling ~ 权数抽样方案
far-reaching ~ 远景规划，长远计划
floor ~ ①平〔楼〕面布置图②地面（标高）图
flow ~ ①流程图②输送线路图

foundation ~ 基础平面图
framing ~ 船体结构图
general ~ ①总图②总体规划
ground ~ ①地〔底〕画图②水平投影③零米标高图④初步计划，草案
grouping ~ 组群方式
horizontal ~ ①水平投影②平面图
instrumentation ~ 监测示意图
job ~ 工作计划，作业计划
key ~ 索引图，原理草图，总图
lateral ~ 侧（面）视图
layout ~ ①规划，设计②平面图
longitudinal ~ ①纵剖画图②垂直投影，前视图
manufacturing ~ 工艺方案
marshal(l)ing ~ 编组计划
master ~ 总体规划，总（平面）图，总布置图
mixing ~ 搅拌机，搅拌工场
network ~ ①网络规划②（电力）网〔网络〕布置图
outline ~ ①提纲②初步计划
pattern ~ 模型设计
piping ~ 管系图，管路图
plot ~ 厂区总平面图，区划图，地区图
reference ~ 基准计划
rolling ~ 逐年延展计划，滚动计划
rough ~ ①初步计划②（设计）草图
section ~ 剖面图
sensible ~ 切合实际的计划
setting ~ 装配平面图
sheer ~ 侧视图，侧面图
site ~ （总）平面布置图，总设计图，总计〔规〕划
sketch ~ 草图，示意图
turnaround ~ 检修计划
vertical ~ 垂直投影，立面图
wiring ~ 线路敷设图

planar ①平（面）的，一个平面上的②二维的

planchet ①圆片，圆垫②金属坯料（压印前周边已光整的）

plane ①（平，表）面，翼面②程度，水平，阶段，级③刨，镘（刀）④飞机⑤线图⑥投影⑦刨削，刨平，弄平，整平⑧平面的，平坦的
~ of datum 基准平面
~ of delineation 图像平面，投影平面
~ of direction 瞄准面
~ of illumination 被照射面
~ of perspectivity 透视平面
~ of polarization 偏振面，极化面
~ of projection 投影面
~ of reference 参考面，基础面
~ of regression 回归平面
~ of symmetry 对称面
adjoining ~ 接合面
adz(e) ~ 刮刨
aerospace ~ 航天飞机，宇宙飞行器
amphibious ~ 水陆两用飞机
angle ~ 角刨
assumed working ~ 进给剖角面
astragal ~ 圆缘刨
axial ~ 轴平面
azimuth ~ 方位面
back focal ~ 后〔反〕聚焦面
badger ~ 槽刨
balancing ~ 修正面，平衡面
banding ~ 线脚刨
barrier ~ 阻障层
basal ~ 底（平）面，基面
base ~ 基准平面
bead ~ ①圆角刨②型刨
bedding ~ （顺，垫）层面
bench ~ 台刨
blade ~ 叶栅（投影）平面
blanking ~ 辅助分度盘
box ~ 槽刨
bull-nose ~ 牛头刨
carpenter's trying ~ 木工粗刨
carrying ~ 支承〔承压，升力〕面
central lateral ~ 中心侧向平面，中心线纵断面图
circular ~ 圆刨（刨圆面用的木刨）
closest packed crystal ~ 密集晶（体平）面
colo(u)r ~ （多电子束彩色电视管的）彩色面
complex ~ 复（数）平面
contour ~ 等值面，等高面
convergence ~ （多电子束阴极射线管的）会聚平面
coordinate ~ 坐标平面
core ~ 磁心板
cornice ~ 鱼鳞（花纹）面
crystal ~ 晶面
cut ~ 剖面
cutting ~ ①切削平面②破断面③波浪形切面
dado ~ 沟〔开〕槽刨（刀）
datum ~ 基准（平）面

diatropic ~ 纬向面，垂缕（平）面
directrix ~ 准平面
double ~ 榫舌刨
double iron ~ 双刃刨
equiphase ~ 等相平面
fault ~ 断层面
fillister ~ 凹刨
fluting ~ 凹刨
focal ~ 焦（点平）面
force ~ 粗刨
fracture ~ 破裂面，断面
generating ~ 发生平面
glide ~ 滑动面，滑移面
glider ~ ①滑翔机②滑行〔动〕物
gliding ~ 滑移面，滑动面
global functional ~ 全局功能层
grain-boundary ~ 晶粒边界面
grooving ~ 开槽刨
ground ~ ①水平投影，地平面②屏蔽面，接地面
GTP-control ~ 通用分组无线服务隧道效应控制平面
GTP-user ~ 通用分组无线服务隧道效应用户平面
gusset ~ 角撑板
habit ~ 惯析面，惯态平面
hand ~ 手刨
heel ~ 圆刨
horizontal ~ ①水平面②红木一字刨
hyperbolic(al) ~ 双曲平面
image ~ 像面
indexed ~ 标高平面
jack ~ 粗刨，大刨
jointer ~ 木工长刨
junction ~ 过渡层平面，结平面
knife ~ ①刨（刀）②刮削器
land ~ ①（拖拉机牵引的）大型平地机②陆上飞机
limit ~ 分界面，临界面
low angle stacking fault ~ 低角度堆垛层错面
magnetic core ~ 磁心面
match ~ 合榫刨，开槽刨（刨企口板用）
meridian ~ 子午面
miter (cutting) ~ 斜割刨
moulding ~ 样板刨
mouth of ~ 刨削口
net ~ 点阵平面
neutral flow ~ 中性面，中和面
nodal ~ ①（波）节（平）面②振动节面
normal ~ 法平面，垂直面
normal neutral ~ 几何中性面
nozzle-exhaust ~ 喷管出口面
number ~ 实数平面
object ~ 物面，目标平面
observation ~ 侦察机
ogee ~ 凹槽刨，浅脚刨
parameter ~ 参数平面
parametral ~ 参变平面
phase ~ 相平面
physical ~ 物理平面，实际〔体〕平面
picture ~ 显像面，帧面
pilotless ~ 无人驾驶飞机
pinch ~ 夹紧面，紧缩面，扭面
pitch ~ 节（平）面
plow ~ 槽刨
polarization ~ 极化面，偏振面
P-Q ~ 功率 - 无功功率平面，P-Q 平面
principal ~ 主平面，物像平面
profile ~ 侧面
push-button ~ 无人驾驶飞机，遥控飞机
P-V ~ 压容图，PV 图
rabbet ~ 槽刨，边刨，开槽工具
rebate ~ 窄槽小刨
rectifying ~ 从切（平）面
reference ~ 基准面，参考面
relay mounting ~ 继电器安装平面
robot ~ ①自动控制的靶机②无人驾驶飞机
rolling ~ ①轧制面②横倾平面，滚动平面
rotor ~ 旋翼机（直升机）
round(ing) ~ 圆刨，弧面刨
sagittal ~ 径向平面
sail ~ ①围壳舵②滑翔机
sash ~ 起线刨
scraper ~ 刮刨
scrub ~ 粗刨
secant ~ 切断平面
section ~ 剖面
setting ~ 装配平面图
shear ~ 切变面，剪断面，剪切平面
shipborne ~ 舰载飞机
shooting ~ 大型刨
shoulder ~ 榫槽刨，切肩刨（修切半槽）
side ~ 边刨
single inclined ~ 单倾斜面
slip ~ 滑移〔滑动〕面，（侧）滑面
slotting ~ 裁口刨

smooth(ing) ~ （木工）细刨
solar ~ 太阳能飞行器
space rocket ~ 太空火箭飞机
space ~ 航天飞机
spoke shave ~ 辐刨
stop chamfer ~ 带调整装置的倒棱刨
sustaining ~ 支持面
symmetry ~ 对称面
tail ~ 横尾翼，水平安定面（飞机的）
tapered ~ 斜平面
throat ~ 喷管临界截面
thumb ~ 指形刨（半槽边倒圆角用）
tool back ~ 切深剖面
tool orthogonal ~ 主剖面，正交面
torsal ~ 挠切面
transverse ~ 端平面，端面
trenching ~ 沟槽刨，开槽刨
trying ~ 平刨，大刨，长刨
T-S ~ 温熵图
twin gliding ~ 双〔孪〕晶滑移面
twin(ning) ~ 孪〔双〕晶面
user ~ 用户平面
wing ~ ①（机）翼（平）面②僚机
working reference ~ 工作基面
wrapping ~ 包装板
zone ~ 晶带（平）面

planeness 平面度，平整度

planer ①（龙门）刨床，手刨②刨煤机③刨床工
bending ~ 曲面刨光机
bevel gear ~ 锥齿轮刨床
buzz ~ 刨床
closed ~ 龙门刨床
coal ~ 刨煤机
copying ~ 仿形刨床，靠模刨床
double helical gear ~ 人字齿轮刨床
double housing ~ （双柱式）龙门刨床
drag ~ 刮路机
edge ~ 刨边机
electric ~ 电刨
fine ~ 精加工刨床
finishing ~ 精加工刨床
flame ~ 龙门式自动气割机
frame ~ （移动式）龙门刨床
keyway ~ 键〔销〕槽刨床，刨槽机
open side ~ 单臂龙门刨床
panel ~ 刨板机
pit ~ 落地〔地坑〕刨床
road ~ 铲路机，平路面机
scarf ~ 斜口刨床
shale ~ 刨土机
side ~ 边缘刨床，侧刨机
smoothing ~ 细刨床
squaring ~ 修边刨
traverse ~ 滑枕水平进给式牛头刨床
universal ~ 万能刨床
variable-speed ~ 变速刨床
widened ~ 宽式刨床
wood ~ 木工刨床
woodworking ~ 木材加工刨床

planet ①行星齿轮②行星
primary ~ 一级行星齿轮

plane-table 平板仪，平板绘图器

plane-tabling 平板仪测量

planform 俯视图，平面图

planicart 立体测图仪

planicomp 解析测图仪

planigraphy 层析 X 射线照相法

planimegraph （面积）比例规，缩图器

planimeter 求积〔面积，测面，平面〕仪，积分器
compensating ~ 补偿求积仪
polar ~ 定极求积仪

planimetry ①测面法，平面几何②面积法，求积法

planing ①刨削，刨平，整平②刨工③滑行④（pl.）刨屑
abrasive ~ 磨削
angle ~ 斜面刨削，斜刨法
angular ~ 斜面刨削，斜刨法
form ~ 仿形刨法
gang ~ 排刨
internal circular ~ 刨圆孔法
job ~ 刨（削）工
long ~ 龙门刨削
rotary ~ 旋转刨（法）
smoothing ~ 细刨

planisher ①打平器〔锤〕②精轧机座③光〔精〕轧孔型④平整机

planish(ing) ①锻〔辗，磨，刨〕平②研〔抛，磨，轧〕光③精轧
stretch ~ ①旋压成形，旋压加工②强力旋压，变薄旋压

planitron 平面数字管

planizer 平面扫描头

plank 厚（木）板，板条
bolster spring ~ 车架承簧板

gang ~ 跳板
spring ~ 簧板
planker 溜〔滑〕板
planking ①板材②铺板，地板③船壳板
wood ~ 木模板
planner 计划员〔者〕，设计员
planning ①计划，规划②设计③分布
case based process ~ 基于实例的工艺决策
contingency ~ 应〔权〕变计划
cost ~ 成本计〔规〕划
dynamic path ~ 动态路径规划（机器人智能）
enterprise resource ~ 企业资源规划
frequency ~ 频率分配，频率规划
general ~ 基本方案
integrated ~ 整体规划
intelligent resource ~ 智能资源规划
manufacturing resource ~ 制造资源计划
material requirement ~ 物〔材〕料需求计划
motion ~ 运动规划
open ~ 自由式平面布置
path ~ 路径规划（机器人智能）
process ~ 工艺设计
process sequence ~ 工艺路线决策
production ~ 生产规划
river basin ~ 流域规划
route ~ ①路由计划，航线计划②定线（线路途径的选定）
plano-concave （一面）平（一面）凹的
plano-conformity 平行整合
plano-convex （一面）平（一面）凸的
planography 平版印刷（术）
planogrinder 龙门磨床
planoid 超平面
planometer ①平面规②测平仪，测面仪③平面求积仪
planomiller 刨式铣床，龙门铣床
planox （=plane oxidation）平面氧化
plansifter 平面回转筛
plant ①（工）厂，车间，工场，室②装置，设备③发电厂，电站④电源
~ without storage 无库容的水电站，径流式水电站
accumulator ~ 蓄电池室〔装置〕，充电室
active carbon treating water ~ 活性炭处理（电镀）废水设备
air separation ~ 空气分离设备
air-breathing power ~ 空气喷气动力装置
air-conditioning ~ 空（气）调（节）装置
annual storage ~ 年调节水库电站
arms ~ 兵工厂
asphalt mixing ~ 沥青混凝土搅拌设备
atmosphere generating ~ 常压煤气发生设备
atomic power ~ 核电厂
automatic(al) flour banding ~ 面粉自动筛选、混合和包装机组
batcher ~ ①分批投配设备，分批加工装置②混凝土搅拌厂
bedding ~ 储料场
biomembrane treating water ~ 生物膜法水处理设备
blowing ~ 压缩空气装置
boost(er) power ~ ①助推动力装置②火箭助推器
breaking ~ 粉碎设备，破碎装置
breeder ~ 增殖（反应）堆电站〔厂〕
by-product ~ 副产品回收装置
casing head gas ~ 气体〔天然气〕汽油厂
cementing ~ 渗碳装置
central heating ~ 供暖总站
central reprocessing ~ 中心（核燃料）后处理厂（一厂处理多堆、多站燃料）
chop-thresher ~ 切碎脱料装置
chuting ~ 斜槽运输设备
coal handling ~ 输煤设备，输煤装置
coal-preparation ~ 煤粉制备装置
coke dry-quenching ~ 干熄炼焦装置
coke-oven ~ 焦化厂
common ~ 公用设备
compact ~ 紧凑型工厂，一体化工厂
complete demineralisation ~ （水）全化学除盐装置
continuous proportioning ~ 连续式配料设备
contractor's ~ 施〔包〕工设备
converter ~ ①转炉设备②变流〔频〕装置
converting ~ 换流变电站，整流站
cooling ~ ①冷却装置，冷却设备②冷藏库
cross-compound ~ 交叉双轴（汽轮）机组
crushing ~ ①破碎设备②轧石厂
curved mo(u)ld horizontal run-out ~ 弧形连铸机
deaerization ~ 除气器，除氧器
destructor ~ 垃圾处理〔焚化〕厂
diesel (engine) ~ 柴油机发电厂
district-heating ~ 区域供暖锅炉房
dry-quenching ~ 干熄炼焦装置
electric power ~ 发电厂

emergency power ~ 事故备用电站
exchange ~ 市内电话设备，(用户) 交换设备
fish meal ~ 鱼粉加工机械
fission power ~ 裂变发电厂
flash sterilizing ~ 闪蒸灭菌设备
floating ~ 水上机械设备
free-piston ~ 自由活塞燃气轮机装置
fuel electric ~ 火力发电厂
full-blown power ~ 大型配套发电厂
full-scale ~ 工业设备，足尺寸设备
full-time storage ~ 多年〔完全〕调节电站
gas liquefaction ~ 气体液化设备
gas separation ~ 气体分离设备
gas washing ~ 气体洗涤设备，洗气设备
gas-fired ~ 燃气采暖装置
gas-making ~ 煤气厂，造气装置
generating ~ ①电站，发电厂②发电设备
geothermal (power) ~ 地热发电站
geothermal steam ~ 地热蒸汽发电厂
grit-arresting ~ 飞灰收集装置
grit-extraction ~ 飞灰收集装置
hardening ~ 淬火车间，热处理车间
haulage ~ 运输设备
heat-engine ~ 火电厂
heating ~ 采暖锅炉房
high-temperature sterilizing ~ 高温灭菌设备
hydraulic power ~ 水（力发）电站
hydroelectric power ~ 水力发电厂
industrial power ~ 企业自备电厂
industrial steam ~ 工业〔自备〕热电厂
industrial X-ray TV ~ 工业 X 射线电视装置
inside ~ ①内部装置②室内设施〔线缆〕
insulation oil conditioning ~ 变压器油处理设备
internal ~ 内部设备
internal-combustion power ~ 内燃机电厂
iron-smelting ~ 炼铁厂
isolated ~ 专用（发电）装置，孤立发电装置
jobbing ~ 修理厂
Lurgi-Spülgas carbonization ~ 鲁吉内热式炭化炉
machine-building ~ 机器制造厂
magnesium ~ 炼镁车间
magnetic ~ 磁选设备
magnetohydrodynamic ~ （ = MHD ~ ）磁流体（动力）装置
magnetoplasmodynamic ~ 磁等离子动力装置
marine power ~ 船舶动力装置
membrane separation ~ 膜分离装置（水处理设备）
metallurgical ~ 冶金厂，冶炼厂
microwave sterilizing ~ 微波灭菌机
mine mouth (power) ~ 矿口发电厂
mixer-settle type ~ 混合沉降器萃取设备
mixing ~ ①搅拌机，搅拌设备②搅拌工场
MPD-steam ~ 磁等离子（发电机）和汽水循环发电厂
multifired power ~ 多燃料电厂
natural steam power ~ 地热发电厂
non-break AC power ~ 无中断交流电源设备
nuclear ~ 核电站，核装置
nuclear power ~ 核动力装置，核电厂，原子能发电厂
nuclear steam electric ~ 核（蒸汽）电站
nuclear turbojet power ~ 核能透平喷气动力装置
nuclear-MHD ~ 核磁流体电站
oil fired power ~ 燃油（发）电厂
oil(-extraction) ~ 炼油厂
one-unit ~ 单机组电站
on-site ~ 陆用装置，工地现场装置
on-site reprocessing ~ （反应堆或核电站）现场后处理工厂
OTEC power ~ 海洋热能转换发电站
overflow type power ~ 溢流式（水）电站
packaged ~ ①小型装置，可移动装置②密封装置
pilot ~ ①中间（试验性）工厂②实验装置，半工业性装置
polymerization ~ 聚合装置
pondage type power ~ 蓄水池式发电厂
pontoon pile driving ~ 水上打桩机
powdered fuel ~ 制（煤）粉装置，粉状燃料厂
power ~ ①发电厂，动力厂②动力设备电源设备
power-and-heating ~ 热电站，热电厂
power-gas ~ 带燃气发生器的燃气轮机装置
prefabricated ~ 预制场
process ~ 制炼厂
prototype ~ ①样机（试制）工厂，原型工厂②实验装置
public utility ~ 公用事业发电厂
pump(ing) ~ 泵站
radio ~ 无线电台〔站〕
ramjet-turbojet power ~ 冲压式涡轮喷气动

力装置
rare gas recovery ~ 稀有气体提取设备
reduction ~ 还原车间，还原设备，冶炼厂
refining ~ 精炼车间
refrigerating ~ 冷冻装置，制冷厂
refuse-burning ~ 燃烧垃圾发电厂
reheat ~ （蒸汽）再热装置
remote signalling ~ 遥信装置，远距离信号装置
reserve ~ 备用装置
resin casting ~ 树脂浇注设备
robotized ~ 自动化工厂
rubbish sorting ~ 垃圾分选设备
run-of(f)-river ~ 径流式水电站，河流式水电站（无调节水库的）
screening ~ 筛选装置，筛分设备〔工场〕
self-conditioned power ~ 自动调节动力装置
self-contained ~ 自给企业（指设备自给）
self-supply power ~ 自备动力厂，自备发电厂
semiclosed cycle ~ 半闭式循环（燃气轮机）装置
semihoused ~ 半露天装置
semioutdoor ~ 半露天装置
sentinel ~ 紧急装置
sewage treatment ~ 污水净化站，污水处理厂
Siemens-Martin ~ 平炉车间
single capacity ~ 单容调节设施〔对象〕
sinter ~ 烧结车间
stand-by ~ ①工地设备②辅助设备③备用机组
station ~ 发电厂
stationary ~ 固定设备，陆用设备
steam ~ 蒸汽动力厂，蒸汽动力装置
steam raising ~ 蒸汽发生装置，蒸汽发生器，锅炉机组
steam-electric power ~ 火力发电厂
steamgenerating ~ （核动力）蒸汽发生装置
steam-power ~ ①蒸汽〔火力〕发电厂，热电厂②蒸汽动力装置
steel ~ 炼钢厂
storage ~ ①蓄能式水电站，蓄能式水力发电厂②贮藏室，仓库
suction ~ ①吸尘装置②抽吸泵站
supercritical ~ 超临界参数装置
superimposed power ~ （电厂的高压）前置装置
superposed ~ （发电厂）前置设备，叠置装置
superpressure ~ ①超高压设备，超高压装置②超临界压力动力设备，超临界压力发电厂
switch(ing) ~ 开关设备，电力开关站
tamping ~ 压（实造）型设备，捣筑设备
technical ~ ①技术设备②机械化机组
test(ing) ~ 试验站〔设备，车间〕
thermal ~ 热电厂，火电厂
tinning ~ 镀锡车间
topping ~ ①前置机组②初馏装置③叠置装置
total energy ~ 全能电站（总效率 70% 以上，指供电、供汽、供热和其他用途综合利用的电站）
transforming ~ 变电站
transmission ~ 升压变电站
trickling cooling ~ 喷洒冷却装置，凉水池，冷水塔
turborocket power ~ 涡轮泵式（燃料）输送系统发动机
ultrasonic wave sounding ~ 超声波探测装置
unit ~ ①单元机组②成套动力〔发电〕装置③单元布置的电站
unit boiler and turbine ~ 锅炉汽轮机单元机组
unit power ~ 成套动力装置
utility power ~ 公用事业电站
vacuum-pressure impregnation ~ 真空压力浸渍设备
vapour phase drying ~ 气相干燥设备
variable load ~ 调峰电厂，调荷电厂
vibrating off ~ 除颤装置
vital ~ 关键设备
waste gas catalyst pacifying ~ 废气催化净化装置
waste recovery power ~ 燃垃圾电厂
weigh batching ~ 按重量配料厂，称料分批设备
wet-type fettling ~ ①湿式修补炉床材料的准备装置②水力清砂装置
wind tunnel ~ 风洞
winning ~ 提升设备
zinc electrolyzing ~ 锌电解设备〔车间〕
zinc-desilverization ~ 加锌除〔提〕银设备

planter ①种植〔播种，栽植〕机②安装工③下检波器装置
belt-feed ~ 带式（排种器的）播种机
broadcast ~ 撒播机
broadcast-crop ~ 撒播作物播种机
checkrow fertilizer ~ 带施肥装置的方形穴播机
direct-connecter ~ 悬挂式播种机

forward ~ 前悬挂式播种机
hill ~ 穴播机
hopper ~ 箱〔筒〕斗式播种机
integral ~ 悬挂式播种机
mulch ~ ①带覆盖薄膜的播种机②茬地（覆盖）播种机
plate ~ 排种盘式播种机
runner ~ 带滑刀式开沟器的播种机
seed strand ~ 留保苗带的播种机
square-cluster ~ 方形穴播机
square-pocket ~ 方形穴播机
suction ~ 气吸（排种器）式播种机
surface ~ 撒播机
sweep ~ 平铲式垄播机
tiller ~ 耕耘播种机，留茬地播种机
track ~ 轨道播种机
trailing drill ~ 牵引式条播机
tree ~ 植树机
two-row check row ~ 双行方形穴播机
vacuum ~ 真空〔气吸〕（排种器）式播种机
wheel-mounted ~ 装轮式播种机

planting ①夹〔基，底〕板，基（础）底（层）②种植

plant-scale 大规模的，工业规模的

plasm(a) 等离子体〔区，气体〕
anode ~ 阳极等离子体
arc ~ 电弧等离子区
cold ~ 冷等离子体
combustion ~ 燃烧等离子体
confined ~ 受限〔约束，可控〕等离子体
electron ~ 电子等离子体
energetic ~ 高能等离子体
gas discharge ~ 气体放电等离子体
ionospheric ~ 电离层等离子体
magnetoactive ~ 磁活化等离子体
microwave-induced ~ 微波感应等离子体
pinch ~ 箍〔收〕缩等离子体
seeded ~ 籽晶等离子体
shocked ~ 受冲等离子体
stripped ~ 完全（电离的）等离子体

plasma-activated 等离子激活的

Plasmac 等离子体字母数字显示板

plasmagram 等离子体色谱图

plasmaguide （充）等离子体波导管

plasmaprinter 等离子体记录仪（用等离子体放电进行硬拷贝，快速印刷输出）

plasma-pump 等离子泵

plasmaron 等离极化子

plasmatron ①等离子（体）管，等离子流发生器②等离子（体）弧焊机

plasmoid 等离子粒团，等离子体状态
decelerated ~ 慢化等离子粒团

plasmon 等离子体激元〔振子〕

plastalloy 细晶低碳钢，铁合金粉末

plastelast ①塑弹性物②弹性塑料

plaster ①灰泥，墙粉，灰浆，涂层②烧〔熟〕石膏③抹灰泥，粘贴④用熟石膏处理
~ of Paris 熟〔烧〕石膏
casting ~ 铸模型（用）石膏
hair fibered ~ 麻刀灰泥
impression ~ 印模石膏
pattern ~ 制模型（用）石膏
rubber adhesive ~ 橡皮膏，胶布
sticking ~ 橡皮膏，粘皮膏

plastering ①抹灰泥，粉饰〔刷〕②灰泥面，石膏层，石膏制品

plastic ①塑料，塑胶，电木②塑料制品，胶质物③塑料的，合成树脂做的④塑性的，可〔易〕塑的
stratified ~ 层压塑料

plastication 增塑，增模，塑化作用，塑炼

plasticator 塑炼机，压塑机

plasticimeter 塑性计

plasticine 造型材料，型砂，蜡泥塑料，（塑造模型用的）代用黏土

plasticiser =plasticizer

plasticity ①塑性，可塑性，适应性，受范性②塑性力学，受范体力学
transformation-induced ~ 高强度及高延性

plasticization 增塑，塑炼

plasticizer 增塑〔增韧，塑化〕剂
crosslinking ~ 交联性增塑剂
fire-retardant ~ 阻燃增塑剂
insecticidal ~ 杀虫增塑剂
polymeric ~ 高分子〔聚合型〕增塑剂
secondary ~ 次级增塑剂，助增塑剂

plasticizing 增塑
physical ~ ①外增塑②物理增塑

plasticone 聚苯乙烯绝缘膜片

plasticorder 塑度计

plastics 塑料，塑胶，电木
aerated ~ 泡沫塑料，多孔塑料
cast ~ 铸塑塑料
cellular ~ 泡沫塑料，微孔塑料
coated ~ 涂膜塑料
cold ~ 低温塑料

expandable ~ 充气塑料，泡沫塑料
expanded ~ 泡沫塑料，多孔塑料
fiberglass reinforced ~ =glassfiber reinforced ~
foamed ~ 泡沫〔多孔，海绵〕塑料
glassfiber ~ 玻璃纤维〔增强〕塑料，玻璃钢
glassfiber reinforced ~ 玻璃纤维增强塑料，玻璃钢
insulating ~ 绝缘塑料，粉压塑料，胶木粉，电木粉
insulating mo(u)lding ~ 绝缘模压塑料，粉压塑料，胶木粉
irradiated ~ 照射塑料，光渗塑料
irregular ~ 无定形塑料
laminated ~ 层压塑料（制品），塑料层板
lignin ~ 木质素塑料
metallized ~ 掺金属塑料，导电塑料
modified ~ 改性塑料
optical ~ 光学塑料，有机玻璃
record ~ 唱片塑料
reinforced ~ 增强塑料（一般指玻璃纤维增强）
rigid ~ 硬质塑料
silicone ~ 有机硅塑料
sponge ~ 多孔塑料
stratified ~ 层压塑料
sun-resistant ~ 耐晒塑料
thermoplastic ~ 热塑性塑料
thermosetting ~ 热固性塑料，热凝塑料
unicellular ~ 单孔塑料，闭孔泡沫塑料

plastification 塑化
plastifier 塑化剂
plastiga(u)ge 塑料线间隙尺（测曲轴轴承和连杆轴承游隙用的）
plastigel 塑性〔增强〕凝胶
plastigraph 塑度计
plastimets 金属塑料复合材料
plastisol 塑料溶胶，增塑溶胶，塑料分散体
plasto-elasticity 弹塑性力学
plastograph 塑性形变记录仪，塑性变形（曲线）图描记器
plastomer 塑料，塑性体
plastometer 塑性〔度〕计，塑〔柔，范〕性仪
cam ~ 凸轮塑性计（一种用一定速度压缩以求材料变形抗力特性的试验装置）
plastometry 塑性测定法
platability 可镀性
plate ①板，金属板，玻璃板，平板，板材，片状体②阳〔板〕极，极板，电容器板③干版，照片，插图，铅版，底〔胶〕片④镀，电镀

access ~ 检查孔盖板，看火孔盖
accumulator ~ 蓄电池极板
achromatic phase ~ 消色差位相版
adjustable contact ~ 调整触片
aluminium ~ （厚）铝板
anchor ~ 地基〔基础，基础金属，系定，锚定〕板
angle ~ 角铁板，角板，弯板
antifreeze ~ 防磁粘片，隔磁片（继电器）
aperture ~ ①孔板，片窗板，格子，栅网②光圈挡片
apron ~ ①点火门②裙板，前护板，闸门
armo(u)r ~ 护〔甲，防弹钢〕板
back ~ ①支承板，固定板②信号板③后〔护，衬，背〕板④支点离合器圆盘
background ~ 背景（幻灯）片
backing ~ ①后板，背板②传动圆盘③模具垫板
back-up ~ 垫片
baffle ~ ①隔〔阻，衬，挡〕板②折流板③遮护板
bank ~ 破料板
base ~ 基〔底，垫，座〕板，基准平面，基座，平板，底板高
batten ~ 缀（合）板
battery ~ 蓄电池极板
bead ~ 侧边盖板（修轮胎用）
bearing ~ 支承板，垫板，座板，底垫
bed ~ ①底〔床，座，台〕板②机座，地脚板（轧机）③道岔垫板④底刀（板）⑤炉底⑥底座
bent ~ 波形板
binder ~ （拉深加工的）防皱压边板，压边托料板
birefringence compensating ~ 双折射补偿板
blankoff ~ 盲〔底〕板
bloom base ~ 支柱座板
blow ~ 吹砂板
boiler end ~ 锅炉锅筒封头
boss ~ 轮毂板
bottom ~ ①垫板②底板③下夹板，主夹板
bracing ~ 撑板
brake foot ~ 闸踏板
breaker ~ 分流板，多孔板
bridge ~ 架接板
buckle(d) ~ 托箍板，凹凸板
built-up ~ 组合模板，双面模板
bulb ~ 球头扁钢

bunter ~ 阻弹板
bush(ing) ~ 钻模板
butt ~ 盖〔搭，夹，衬，镶，底，连接〕板，包铁
buttcover ~ 拼接板，鱼尾板
button ~ 凸点钢板
cam ~ 平板形凸轮，凸轮盘
canted tie ~ 斜面垫板
carrier ~ ①顶板，承板②炉腰环梁
carrying ~ 炉腰环梁
cast ~ 整铸双面模板（铝的）
catch ~ 拨〔导夹，收集，接受〕盘
cathode ray ~ 阴极射线平板
caul ~ 均压板
caution ~ （机器上）使用须知铭牌
cell ~ 窝眼盘
center ~ 中心板，拨盘
chafing ~ 防擦板
change gear ~ 交换齿轮架〔板〕
channel(l)ed ~ ①菱形网纹钢板，条纹板，皱纹板②有沟金属板
check ~ 止动板，挡板
checker ~ （菱形）网纹钢板，花纹钢板
checkered ~ 网纹钢板，花纹钢板
cheek ~ 碎矿机颊板，破碎机颊板
chequered ~ 网纹〔花纹〕钢板
chloride ~ 铅阳极板，铅蓄电池极板
clad ~ 包装〔复合，装甲，涂层〕板
clamp(ing) ~ 夹板，压板〔铁〕
cliche pattern ~ ①快换组合模板②镶嵌模板，拼合模板
clutch ~ ①离合器（摩擦）片②压盘
clutch back ~ ①离合器挡板②离合器盖
clutch driven ~ 离合器从动盘
clutch driving ~ 离合器主动盘
coarse ~ 厚（钢）板
coke ~ 镀锡（薄）钢板
cold ~ 冷凝板
collar ~ 圆盘
collecting ~ （静电除尘器）集尘板，沉淀极，沉降电极，阳极板
colo(u)r ~ 显色板
colo(u)red ~ 套〔彩〕色板
column ~ 塔板
combined maintaining ~ 双力压片，组合压板
comparator ~ 千分表平板，量仪平板
contour ~ ①成形吹板②压型板③仿形〔靠模〕样板
cooling ~ 冷却板，散热板，散热片
cope ~ 上（型）模板
copper ~ 镀铜层
copper-clad base ~ 包铜底板
core ~ ①铁心叠片②型芯板，芯片
core blow ~ （砂芯）吹砂板
core-retainer ~ 芯套
counter ~ 对面板
cover ~ ①盖板，盖子②防护玻璃（荧光屏前面的）
cross polarizer ~ 正交极化板
crown ~ 顶板
crushing ~ 臼板，颚板
crystal ~ 片状晶体，晶片
cut-off ~ ①（烟筒）风挡，节流板，挡板②节气门，炉门，闸门，闸板
damper ~ （烟筒）风挡，节流板，缓冲片，闸板，气闸
dash ~ 缓冲板
data ~ 铭牌，参数标牌
dead ~ ①障热板②固定板③无孔板，盲板
deck ~ ①波纹钢板，瓦楞钢板②盖〔台面，脚踏〕板
deflector ~ ①反射板②偏转板
deformed ~ 变形〔凹凸，混凝土嵌缝〕板
dial ~ ①标度盘，指针板②拨号盘，面板，表面
diamond ~ 金刚石板，花纹板（防滑用）
die ~ ①拉模板②印模③凹模，模板
dish ~ 弯边圆钢板
dish(ed) end ~ 凹形封头，碟形封头
dispersion ~ 空气分布板（沸腾焙烧炉）
distance ~ 隔板
distribution ~ ①配电盘②分配盘③筛盘
distributor ~ ①配电板，配电盘②分电器盖，磁电机盖
dog ~ 制动爪安装板，挡块安装板，卡爪盘
double breaking ~ 阶梯形板
doubling ~ ①双面盖板②壳板
draft check ~ 阻风挡板
drag ~ 刮板，阻板
draw(ing) ~ 拉模〔起模，牵引〕板
dressing ~ 校正平台
drill ~ 钻模板
driver ~ ①（车床的）拨盘②带动盘，驱动圆盘，传动板
driving ~ ①拨盘②带动盘，驱动圆盘，传动盘

dry ~ ①有灰斑（缺陷）的镀锡薄板②干片③干板
dry streak ~ 有灰斑（缺陷的）镀锡薄钢板
dull ~ 无光镀锡薄钢板，镀锡铅合金薄钢板
dummy ~ 隔板
dump ~ ①倾卸板，翻转板②卸渣炉排
duty ~ 机器铭牌，性能标志板
earth ~ 接地板
echo ~ 混响板
edge-cell seed ~ 槽口式排种盘
electric hot ~ 电炉
electrolytic tin ~ 电镀锡薄板，电镀马口铁
electromagnetic steel ~ 电工钢板
end ~ ①封头②端盖〔板〕，顶〔盖〕板③压板，压圈（电机的）④底板，底型（金属型）⑤ 裂纹终止板
engine-type ~ 发动机标牌
engraving ~ 雕刻合金板（铅锑合金）
equipotential ~ 等势〔等位，分压〕片
escutcheon ~ 铭牌，门把手垫板，孔罩板
eutectic ~ 低共熔片，冻片
eye ~ 闸缸推杆头
face ~ ①面板②卡〔花，转〕盘③荧光屏④划线平台〔板〕
faure ~ 涂浆〔富尔〕极板
female center ~ 有孔中心板
fence ~ 导板（圆锯的）
field ~ 场极电板，静电场起电板
figure ~ 转盘，拨号盘
filler ~ 填板，密封垫
filter ~ 滤光板，滤波片
finger ~ ①指孔盘，回转板，防止被手指污染的防护板（层）②压指，压板，齿压板（电机的）
finished black ~ 黑钢皮，精轧黑钢板
firing ~ 装料板
fish ~ 接合板，鱼尾板
flange ~ 凸缘板，翼缘板
flash ~ 快速电镀
flattener ~ 调整板（共振器场的）
floating web ~ 浮动辐板（水轮发电机的）
floor ~ ①底〔楼，基础，铺〕板②（地板用）花纹钢板
flush ~ ①平装开关面板②平槽滤板
flush filter ~ 平槽压滤板
flywheel ~ 飞轮摩擦板
focus ~ 聚焦阳极
follower ~ ①随动板，仿形圆盘②填料函压盖（板）
foot ~ 支柱垫板，（脚）踏板，脚板〔盘〕
formed ~ 铸制极板
former ~ 仿形样板，靠模样板
foundation ~ ①支承板②底座
four-jaw ~ 四爪单动卡盘
front ~ 前板
front level(l)ing ~ 前刮土板
full ~ 整体上夹板结构（除摆夹板外，把其他夹板合并为一块平板的机心结构）
ga(u)ge ~ ①样板，定位板，检验用三棱尺②仪表操纵板③起模板
grease ~ 厚（棕榈）油的热镀锡薄钢板
green ~ 装甲板（不经热处理的）
grid ~ ①格子板，栅板，铅板，（蓄电池）涂浆极板②（沸腾炉的）布风板
ground ~ 接地板
guard ~ ①防护板，安全板，保护罩②止板③衬板
guide ~ 导向板，支承板
gusset ~ 结〔节〕点板，连接板，加固板，角撑板，缀板
half-wave ~ 半波晶片，半波（偏振）片
head ~ ①顶板，封头，端盖②阴极，负极
heavy ~ 厚板，厚钢板
high-resolution ~ 高清晰〔高分解力〕底片
hinge(d) ~ 铰链装合板，铰折板，合页
hold(ing)-down ~ 下压板（用于切断模，防止切时板料向上弹跳）
holographic coding ~ 全息编码板
horizontal-deflection ~ X 板，水平偏转板
horn ~ 轴箱导板（机车）
hot ~ ①加热板②平板电炉③煤气灶
hub ~ 毂衬，（泵、风机叶轮的）后盖板
hull ~ 船身板，车身装甲板，车座钢板，热轧造船钢板
Hynack steel ~ 海纳克护膜耐蚀钢板（用海纳克络酸溶液处理）
identification ~ （汽车等）牌照
image ~ 图像（信号）板
image intensifier-microchannel ~ 图像增强器微通道板
impact ~ ①击碎凹板（锤式粉碎机的）②挡板，反射板
index(ing) ~ 分度盘，刻度盘，标牌
inlay clad ~ 双金属板（单面或双面复层的）
inner-ram ~ 内滑块
inspection ~ 监视孔盖，检查孔盖

interceptor ~ 翼缝扰流板，截流板
intermediate ~ ①中链〔间〕板②夹片（油泵的）
internal stripping ~ 漏模（底）板
iron ~ 厚钢板
jack up ~ 千斤顶托座
jacking ~ 车身用千斤顶垫板
jam ~ 螺纹板，锁板
jaw ~ 颚板，钳口板，侧板（碎石机上）
jig ~ ①夹具板②钻模板
keep ~ 压板，制动板
key ~ ①钥匙孔板②盖板，连接板③键盘④搭板
keystone ~ 瓦垄钢板，波纹钢板
kiss ~ 轻压印版
knee ~ 连接板，三角铁
knife ~ 切豁器定刀片
knockout ~ ①推〔甩，脱模〕板②顶击板，打料板
lacquered ~ 涂装镀锡薄钢〔铜〕板
laminated pressure ~ 叠片式压板
laminated-fabric ~ 层压纤维板
land-mass simulator ~ 地面情况模拟板（用于存储地形信息的雷达模拟系统）
lapping ~ 研〔精研，研磨〕板
large face ~ ①大花盘②(称量)托盘③握盘，圆盘
lay ~ 分线板
lenticular ~ 透镜状板
letter press ~ 活字板
level(l)ing ~ （检定）平板，标准平板
lifting ~ ①起模板（木模）②平台升降台
light ~ ①中板，中钢板②轻磅镀锡薄钢板（厚度为 0.20 ~ 0.28 mm）
light ga(u)ge ~ 薄板
liner ~ 垫板，衬砌板
link ~ 链节板
lobe ~ 凸轮板，突起板，基础板
lobe(d) ~ 凸轮板，突起板
locking ~ 计数轮
loose cavity ~ 带空腔活动模板
lug ~ ①接线板，接线片②焊片，焊耳
manhole ~ 人孔盖，检查孔盖
margin ~ 内底边板
marking ~ ①标记板②画线平台
marking-off ~ 划线板
massive ~ ①大平板②厚板
master ~ ①靠模板，样板②测平板
match ~ 双面〔对型〕模板
mating ~ 垫板（压模），对偶件
medium ~ 中厚钢板
memory ~ 存储（器）板，磁心板
mother ~ ①第一模盘，母模②模〔样〕板
mottled ~ 有杂斑模纹的镀锡钢板
mo(u)lding ~ 模底板
moving ~ 移动模板
name ~ ①铭牌，名牌②报刊名③商标，标牌
nave ~ 轮毂垫圈，衬管垫圈
negative ~ ①阴极板，负极板②底片
nest ~ 模穴套板，冲头板
nomenclature ~ 牌子（商标），标牌，技术数据
notch ~ ①凹口板②棘轮
notched ~ 周缘凹口盘
nozzle ~ 喷嘴弧段，喷嘴盖板
nozzle division ~ 喷嘴叶片，导向叶片
number ~ 号码盘，编号牌，号盘
object ~ 检镜片
offset ~ 胶印版
on-ga(u)ge ~ 合格板，标准板
orifice ~ ①（锐）孔板，节流孔板，挡板②光阑
outer ~ 外链板，外片
overlay clad ~ 两层或三层的双金属板
packing ~ 密封垫，密封垫圈
partition ~ ①导向片叶，喷嘴叶片②隔板，隔墙
pasted grid ~ 涂浆式（蓄电池）极板
patch ~ 拼接板
pattern ~ 模板
pawl ~ 推爪板，止动爪板
perforated ~ 多孔板
phosphor ~ 磷光板
phosphor dot ~ ①磷嵌镶屏②感光镶嵌幕
photographic ~ 照相底片，干版，摄影玻璃底片，感光版
pickle(d) ~ 酸洗钢板
pickup ~ 信号板
picture ~ 单（静）像管靶面
pinch ~ 扣板
plane ~ 平板，平面绘图仪
Plante-type ~ 普兰特式（蓄电池）极板，铅极板
plotomat ~ 自动绘图机
plus ~ 正极（蓄电池的）

polarizing ~ 起偏振片
pole ~ 磁极钢板
porous ~ 多孔板，素烧瓷板
port ~ 配流盘
positive ~ ①阳极（板），正极（板）②正片
prefocus ~ 定焦盘
pressure ~ 压板，（离合器上），推力瓦片，（泵）压力侧板，压盘
prime ~ 一级镀锡薄钢板
printed ~ 印制电路板
printing ~ 印刷版，锌版
processed ~ 安装板，样板
profile ~ 仿形样板，靠模样板
punch ~ 凸模接头，凸模固定板（冲模的）
punch locator ~ 冲模导向板(兼起退料作用)
quarter-wave ~ 四分之一波（晶）片
quartz ~ 水晶片，石英片
radar control ~ 雷达控制盘〔台，板〕
rail ~ （主轴箱）滑动导轨
rails tie ~ 垫板
Rajchman ~ 雷奇曼存储板
rapping ~ （砂型）起模板，敲模垫板
rating ~ 铭〔标〕牌，定额牌
record ~ 唱机，声盘放送器
reflector ~ 反射极（速调管）
residual ~ 防磁粘片，隔剩磁片（继电器的）
rest(ing) ~ 底板，支承板
reststrahlen ~ 剩余射线滤光板
retaining ~ 固定板，支承板
ribbed ~ ①肋板②带散热片的阳极，肋形板极
rider ~ 承料板
riffled ~ 花纹钢板
rivet-back ~ 铆钉垫圈
roller ~ 滚筒板
roof ~ 承梁板
rosette ~ 插座式极板
rotary ~ 转阀芯
rotor ~ 转动板，转盘，动片
ruled counting ~ 分格计数板
runner ~ 镜板，转环（推力轴承）
run-off ~ 引出板，助焊板
run-on ~ 引弧板
sagging ~ 隔板（凝汽器的），中间管板
sandwich ~ 夹层板
screen ~ 筛板，过滤板
screw ~ 搓螺纹板，板牙，螺纹模
scruffy ~ 锡污（镀锡薄）板
sealing ~ ①密封板，密封垫，嵌缝片②板状墙皮，包覆板
second ~ 第二板极
see-through ~ 彩色板
segmental pattern ~ 组合模板
segmented ~ 分段（偏转）板
sensitive ~ ①感光板，感光玻璃片，灵敏板②感光面（光电阴极的）
serrated ledger ~ 刻齿定刀片
serration ~ 锯齿板
set thrust ~ 推力挡板
setting ~ 垫板，定位板
shear ~ 剪切板，切边的中厚板
sheffield ~ 覆银铜板
shifter ~ 开关板
shin ~ 犁胫板
ship ~ 造船钢板
shoe ~ ①支撑板②底〔座〕板③蹄片，闸瓦
shouldered sole ~ ①钩形底板，异形板②牛腿垫板，墩肩垫板
sieve ~ ①筛板，栅板②多孔板③过滤板
signal ~ ①信号板②摄像管输出板
siliconized ~ 硅钢片
sill ~ 底系定板
silver ~ 银器，镀银器皿
sine ~ 正弦规，正弦板
six-way ~ 六孔底板（铸锭的），六流底盘
sketch ~ 异形板，非标准板
skin ~ 面板，盖板
skirt ~ 围板，挡板
sleeper ~ 金属轨枕
sleeper joint ~ 枕木〔底梁〕接合板〔鱼尾板〕
slipper ~ 滑动面的薄铁板
slotted ~ 切口〔带槽，长方眼筛〕板
slotted crank ~ 月牙板
smash ~ 缓冲板，镇定板（为保证颠簸时船用锅炉正常工作，装于锅筒中）
snail locking ~ （十二角凸轮板）蜗形锁紧平面凸轮
snatch ~ 扣链板
sole ~ （基础）底板〔座〕，基础板，钢轨垫板
solid ~ ①定模〔定模底，固定〕板②实心板，未开孔的板
spear ~ 盖板，搭板，夹板，衬板，镶板，连接板
spectacle ~ 双孔板
spectroscopic(al) ~ 分光板
spill ~ 挡板

spinner ~ 撒播盘，撒肥盘
splash(ing) ~ 挡溅板
splice ~ 拼〔镶，连〕接板
split ~ 单面模板
spot ~ 滴式板
spray ~ 隔沫板，喷漆挡板
spring bearer ~ 弹簧压板
spring clip ~ 弹簧夹板
spring coupling ~ 弹簧箍圈，弹簧夹，弹簧连接板
stack-cooling ~ 炉身冷却板
stacked ~ 堆积式承载板
stamped ~ ①成形钢板②异型金属板，异型金属薄片
stationary swash ~ ①固定的斜盘②固定隔板
stator ~ 定片（电容器的）
stay ~ 垫〔座，缀，撑〕板
steel spring ~ 弹簧钢板
stop ~ 止动片
storage ~ ①存储板②靶（摄像管）
straight electrolytic tin ~ 普通电镀锡薄钢板，双面等厚镀层的镀锡薄钢板
strain ~ 拉线板
strike ~ 挡〔冲击，击碎凹〕板
striking ~ 锁舌片
strip ~ 带坯，轧坯
stripper ~ ①脱模板，漏模板②冲模退料板，卸卷器③分馏柱塔板④挤压板⑤导板
stripping ~ ①漏〔脱，起〕模板②（有色金属的）母板
surface ~ ①划线台②平台〔板〕③验平板
swash ~ 斜盘
swing ~ 摇〔振〕动平板
swirl ~ 涡流片（喷雾机的）
swivel ~ 转盘，旋转板，分度板
swivel angle ~ 转盘角板，倾转台
tabled fish ~ 凹凸接板，嵌接鱼尾板
tagger ~ 极薄镀锡薄钢板（厚度在 0.18 mm 以下）
tamping ~ 夯板
taper ~ 楔削板，楔形变断面板材
tear ~ 扁豆形花纹钢板
terminal ~ 接线板，终端片，端子板
terne ~ 镀铅锡合金钢板
test ~ 检验片，样板（光学），检光板（偏光显微镜用）
thin-ga(u)ge ~ 薄钢板，钢皮
thrust ~ 推力板，推力轴承瓦片
tie ~ ①系〔固定〕板，连接板②锚板③（钢轨）垫板
tin ~ 马口铁
tinned ~ 马口铁，镀锡铁皮
toggle ~ 肘板，推力板
top ~ ①钢板弹簧舌片，钢板弹簧第一片②母板，顶板
tourmalin(e) ~ 电石屏
transfer ~ 阀瓣（自动变速器控制阀体和油槽板之间的油路中用）
transverse ~ 挡板
tread contour ~ （外）胎面样模
trough ~ 槽形板
Tudor ~ 都德阳（电池）极板
tuned ~ 板极回路调谐（的），板极调谐（的）
turbogrids ~ 叶轮式格子塔盘
twine guide ~ 导绳板（打结器的）
universal ~ 齐边中厚钢板（万能轧机轧制的）
universal angle ~ 万向转台
universal mill ~ 齐边中厚钢板（万能轧机轧制的）
universal steel ~ 齐边〔万能，通用〕钢板
upper mounting ~ 上平台，上托板（平板机）
valve ~ ①阀瓣〔盘，头〕②配流盘
vent ~ 气道压板
vernier ~ 游标板
vertical(-deflection) ~ Y 板，垂直偏转板
vibrating ~ 振动片，唇管片，振动切入板
waist ~ 腰部托板
wall ~ 墙板，承梁板
water-cooled head ~ 水冷顶板
wave ~ 波片
wear ~ 防磨耗板，（泵）侧板
wearing ~ 耐磨板，摩擦片
web ~ 连接板，组合型材腹板
whirtle ~ 拉模板
yoke ~ 联板，（组装在一起的）一组磁头板（可读写多条磁道），轭板
zone ~ 波带〔域〕片

plateau ①平稳状态，平稳〔停滞〕时期②曲线的平稳段，坪（辐射计数管计数率对电压的特性曲线的平直部分），平顶（常指特性曲线）
Geiger ~ 盖革坪（盖革计数管计数率对电压的特性曲线的平直部分）
potential ~ 势坪

plate-coupled 板极耦合的

plated 电镀的，覆以金属膜的
steel ~ 包钢板，装甲的

plate-detection 板极检波（的）
plated-through-hole 金属化孔
plate-follower 板〔阳〕极输出器
plate-girder 铁板梁
platelet 片状物，薄层（悬浮体粒子），片晶
plate-load 阳极负载
plate-machine 制皿机
plate-modulated 阳〔板〕极调制的
platen ①台板，机床工作台，电极台板，焊机床面，移台②压纸卷筒，（印刷机）压印版，（砂带磨）压磨板，压片玻璃板，压板③型板，（固）定型板（压铸）④屏，管屏⑤滑块，冲头
cylindrical ~ 柱面字辊
die ~ 模板
jacking ~ 千斤顶压板
moving die ~ 移动模板
ram ~ ①滑块台板②水压机压板
straight ~ 平面字辊（打印机的）
tube ~ 管屏
plater ①涂层〔涂镀〕装置②光泽压光机③电镀〔喷镀〕工人，金属板工
plates 板材，片状体
floor ~ 波纹板
micromachine planar capacitor ~ 微机械平板电容器
through ~ 裂纹传播板
plate-shaped 板状的
platform ①平〔站，装卸，导航，工作〕台，走台，脚手架②（海洋钻井的）栈桥③（导弹、卫星）发射平台
airborne radar ~ 机载雷达平台
bottom supporting ~ 坐底式〔钻井〕平台
cage ~ 装罐台
canvas-type ~ 帆布输送带收割台
converter charging ~ ①转炉加料台②吹炉加料台
despun ~ 反旋转台，反自转台
drilling ~ 钻井平台
dumping ~ 倾卸台
electronic commerce services transaction ~ 电子商务交易平台
foot ~ 工作平台
foot path ~ 桥式起重机的桥
helicopter ~ 直升机起落平台
inertial guidance ~ 惯性制导平台
in-sack drier ~ 成袋粮食干燥台
jack-up drilling ~ 自升式钻井平台
jigging ~ 振动台，倾卸台
landing ~ 卸货平台
lifting ~ 升降台，举重平台
measuring ~ 观测台
moving ~ 活动搬运台
multimedia home ~ 多媒体家庭平台
pouring ~ 浇注台
rolling ~ 轧钢机台
service ~ 操作平台，工作台
skid ~ ①滑台②载重手推车
space ~ 宇宙空间站，航天〔太空〕站
stellar-inertial stable ~ 天体惯性导航稳定平台
Stewart ~ 斯图尔特平台
teeming ~ 铸锭台（冶金）
tension leg ~ 张力腿平台
trailer ~ 牵引式平板车，平板拖车
water-cooled copper melting ~ 水冷铜坩埚熔化台（真空铸锭炉）
weighting ~ 秤台，地磅台
winch ~ 绞车操纵台
platform-car 平板货车，平台车
platform-carriage 平板四轮车
platform-crane 月台起重机
platina 铂，白金（Pt）
Birmingham ~ 伯明翰白铜（*w*（Zn）75%，*w*（Cu）25%）
Mock ~ 高锌黄铜（*w*（Zn）55%，*w*（Cu）45%）
platine （装饰用）锌铜合金（*w*（Zn）57%，其余 Cu）
plating ①电〔喷〕镀，镀敷，镀金属②装甲，覆以金属板，（全部）船壳板，包蒙皮③（制革，造纸的）熨平，印纹④制（金属）板
alloy ~ 合金电镀
barrel ~ 滚〔筒〕镀
bottom ~ 底板，船底板
bright ~ 光亮电镀
brush ~ 笔镀，笔镀法，刷镀
chemical-reduction ~ 化学还原涂敷
dip ~ 浸（渍）镀
displacement ~ 置换〔排代〕电镀
electrochemical ~ 电（化学）镀
electroless ~ ①无电镀，化学镀②化学淀积
flame ~ 火焰喷涂，（金属）喷涂
flash ~ 薄镀板，薄镀（层）
gas ~ 气相扩散渗镀
hard (chrome) ~ 镀硬铬
immersion ~ 浸镀

ion ~ ①离子镀②离子涂敷
jet ~ 喷镀
metal spray ~ 金属喷涂
multilayer ~ 多层电镀
parcel ~ 部分电镀，局部电镀
peen ~ （金属粉末）扩散渗镀法
plastic ~ （真空）塑料金属喷涂
porous chromium ~ 松孔〔网络〕镀铬
pulse ~ 脉冲电镀
rack ~ 挂镀
rack ~ 挂镀
rubber ~ 金属镀胶
scaled ~ 鳞片状镀层
sealed nickel ~ 密封镍，镍封
spongy chromium ~ 松孔镀铬
spray metal ~ 金属喷涂
strike ~ 触击电镀
terne ~ 镀铅锡合金层
vapo(u)r ~ 汽化渗镀

plating-out 电解法分离
platinic 铂的，白金的
platiniferous 含〔产〕铂的
platiniridium 铂铱合金（铂与铱的自然合金）
platinite 代白金，代铂钢，赛白金（*w*（Ni）45%，高镍合金钢）
platinization 镀铂（作用），披铂
platinize 镀铂，披铂，使与铂化合
platino 金铂合金（*w*（Au）8%，*w*（Pt）11%）
platinode 伏打电池的阴极
platinoid ①铂铜，赛〔假〕白金（*w*（Cu）61%，*w*（Zn）24%，*w*（Ni）14%，*w*（W）1%～2%），镍铜锌电阻合金②镍铜锌合金电阻丝③铂系合金④铂状的，白金状的
platinoiridita 铂铱
platinoiridium 铱铂合金
platinor 普拉其诺尔代用白金（*w*（Cu）45%，*w*（Pt）18%，*w*（Ni）9%）
platinorhodium 铂铑合金（热电偶用）
platinotron 大功率微波管，铂管，磁控放大管，高原管（用作放大称增幅管，用作振荡器称稳频管）
platinotype 铂黑印片术，铂黑照片
platinum 铂（Pt），白金
sponge ~ 铂绒
spongy ~ 铂绒

platinum-black 白金黑粉，铂墨〔黑，炱〕（用于有机合成，作触煤）
platinum-lamp ①白金丝的白热电灯②白金螺旋丝的白金酒精灯
platnam 普拉特纳姆镍铜合金（*w*（Ni）54%，*w*（Cu）33%，*w*（Sn）13%）
platometer 测面仪，面积仪，（平面）求积仪，积分器
platter ①母板，小底板②未精整锻件（飞边等尚未去掉）③唱片④大浅盘
platy-monocrystal 片状单晶
platy-structure 板状构造
play ①游〔间〕隙，窜动量，空程，自由行程②摆〔浮〕动③使用，工作，活动，作用④处置⑤喷〔照〕射⑥播放，放音
~ in the tuning mechanism 调谐机构的回差
armature ~ ①电枢游隙②衔铁游隙（继电器）
axial ~ 轴向游动〔隙〕，轴向间隙
back ~ 空程空〔游〕隙
end ~ 轴向间隙，轴端余隙，端隙
forward ~ 顺向张力
free ~ ①空转②齿隙③游动④间隙，余隙，自由行程
freedom from ~ 无间隙〔余隙，游隙〕
ga(u)ge ~ 轨隙，量规游隙
internal ~ 内部游隙〔间隙〕
pitch ~ 齿隙
radial ~ 径隙，径向游隙
reverse ~ 倒向张力
side ~ 轴端余隙，轴向间隙，边〔侧〕隙
song reserve ~ 歌曲预存（音响）
squeeze ~ 强迫，压力
surface ~ 游动花纹（金属液面的）
wheel ~ 车轮轴毂间隙

playable 可放音〔放出，播放〕的
playact 表演，装扮，假装
playback ①复〔重，反〕演，重放，（磁带）录返②读数，读出③播放，放音〔像〕（设备）
~ on mono 单声道放音
double speed ~ 倍速放像
frame-for-frame ~ 逐帧再现，逐帧重放
frame-to-frame ~ 逐帧直接再现
laser hologram ~ 激光全息图再现
record ~ 录返
repeat ~ 重（复）播放
special ~ 特技放像
speed-up ~ 快速录放
teach-in ~ 示教再现（机器人）

player ①唱机，播放器，自动演奏器②演奏者
audiotape ~ 磁带放音机
bit ~ 小型显示器

hi-fi record ~ 高保真唱机
laser disc ~ 影碟机
mini disc ~ 小影碟机
optical reflective ~ 反射式光学电视唱机
record ~ （电）唱机，唱盘
solid state audio ~ 数码存储音频唱机，随身听
sound ~ 留声机
tape ~ 磁带录音机的放音装置
video disc ~ 视盘放像机
video disk ~ 视盘放像机
video low ~ 长时间播放视频系统
videotape ~ 磁带放像机

playing 演奏，比赛
long ~ 慢转（录音或放音），（唱片）密纹，慢放，长时间播放，慢速录像机

play-over 直接播放（录音）

pleiobar ①高压区②高压等值线

pleiotropy 多效性

plenary 充分的，完全的，绝对的

plenty ①丰富，富裕，大量，许多②很多的

plenum ①充实②送气通风，压力通风系统，强制通风，进气增压③增压室，小室，容器④增压的
air ~ 风室
distribution ~ （配）风室

pleochroic 多（向）色的

pleochroism 多（向）色性，多〔复〕色（现象）

pleochromatic 多（向）色的

pleochromatism 多向色性，多色（现象）

pleomorphic 多晶的

pleomorphism 多形性，多晶形（现象），同质异形（现象）

plethysmograph 体积描记器
respiratory inductive ~ 呼吸感应体积描记法

plex 丛（软件用语），堆叠

plexicoder 错综编码器

plexiglass 胶质〔化学〕玻璃，耐热〔丙烯〕有机玻璃，聚异丁烯酸树脂（制介电性有机玻璃）

plexor 叩诊锤
filter ~ 滤波式天线共用器

pliability 柔韧性，可挠〔锻，弯〕性，（可）塑性

pliable 易挠的，易弯的，柔韧的

pliancy =pliability

plication 皱纹，褶皱

plidar 多色激光雷达

pliers 钳子，扁嘴〔克丝，老虎〕钳，夹〔手〕钳
battery ~ 长钳
belt punch ~ 接合带冲钳
bent nose ~ 歪嘴钳
broad nose ~ 阔嘴钳
chainmaker ~ 扁嘴钳
circlip ~ 卡簧手钳
coiling ~ 发条钳
combination ~ ①剪钳，钢丝钳②鲤鱼钳③万能钳
combination ~ with side cutting jaws 花腮钳
combination cutting and twisting ~ 万能钳子
cutting ~ 剪〔手，扁嘴，钢丝，克丝〕钳
drip mo(u)lding ~ 成形件装拆钳
end cutting ~ 钢丝〔克丝，剪，手，扁嘴〕钳
expanding ~ 扩边钳
forming ~ 轧印钳
gripping ~ 夹管钳
joint ~ ①手〔铰，鱼尾，平口，扁〕钳②尖嘴钳，剪丝钳③圆口钳，圆头钳
lap joint ~ 搭接钳
long flat nose ~ 尖嘴钳
nipper ~ 尖嘴钳，剪丝钳
piston ring ~ 活塞环张口钳
plug ~ 塞钳
punching ~ 冲孔钳
round ~ 夹圆钳
round nose ~ 圆鼻钳
sealing ~ 铅印钳，密封钳
slip joint ~ 鲤鱼钳
swage ~ 轧印钳
thin nose ~ 扁嘴（克丝）钳
top-cutting ~ 钢丝钳，克丝钳

p-limit 比例极限

plinth 接头座，底座

pliobond ①合成树脂结合剂②功率电子管（带有控制栅极的负阻四级管）

pliodynatron 负互导管（帘栅压高于屏〔板，阳〕压的四极管）

pliofilm 氢氯化橡胶（软片，薄膜），胶膜（容器）

pliotron ①功率电子管（带有控制栅极的负阻四极管），功率三极管②空气过滤器

plioweld 橡胶（与）金属结合法

plodder 蜗压机，螺旋挤压机

plodding 模压

plomatron 栅控汞弧管

plot ①地区，小区②（曲）线，图表③测绘板，绘图板④计划⑤测〔标〕绘，绘制〔图〕，画曲线，作图，设计⑥区分，划分⑦计〔策〕划

Bode ~ 波特图
calibrating ~ 标定曲线，校准曲线
counter ~ 预防措施，防止
flux ~ 磁场图，磁力线
frequency ~ 频率特性曲线
gain and phase ~ 幅 - 相特性曲线
graphical ~ 图表，图像，图示法
ground plane ~ 水平距离显示
layout ~ 设计图的绘制
log-log ~ 双对数坐标图
log-magnitude ~ 对数增益图
mechanical template ~ 模板机械（制）图
performance ~ 工作图，（工作）特性曲线，特线图
polar ~ ①极坐标图②速矢端迹，流速分布曲线
radar ~ ①雷达测绘板②雷达目标指示图
root locus ~ 根轨迹图
semilog ~ 半对数图
sonar ~ 声呐标图
surface ~ 水面目标测绘板
time history ~ 随时间变化的曲线图

plot-observer 观测标绘员，测绘员

plot(o)mat 自动绘图机

plotter ①标绘〔描绘，绘迹，坐标自记〕器②标图板，绘图机〔仪，器〕，笔录仪③绘图员④计划者
aircraft ~ 航迹描绘器
analytic ~ 解析绘图仪
automatic antenna pattern ~ 天线方向（性）图自动测绘器
console optical -display ~ 控制台光显示绘图仪
coordinate ~ 坐标绘图机
curve ~ 绘图器
digital ~ 数字描绘器，数字绘图仪
digital incremental ~ 数字增量绘图仪
digital point ~ 数据点标绘器（根据数据标绘出曲线的仪器）
dot-matrix ~ 点阵绘图机
electromechanical ~ 机电式绘图仪
field ~ 绘图板
flat-bed ~ 平板绘图仪
flight-path ~ 飞行扫描图
graph ~ 制〔绘〕图仪
graphics ~ 绘图机
incremental ~ 不连续曲线描述器，增量式绘图仪
ink ~ 墨水描迹器，墨水绘图机
intelligent ~ 智能测绘仪
intelligent peripheral ~ 智能外设绘图仪
laser ~ 激光绘图机
navigation ~ 导航用测绘板
optical display ~ 光显示绘图仪
pinhole ~ 打孔机，穿孔机
raster ~ 光栅绘图器
ray ~ 光线绘迹器
reading ~ 读数装置，记录装置
reflection ~ 反射标绘器
sound ray tracking ~ 声线轨迹仪
X-Y ~ X-Y 绘图仪〔器〕

plotter-digitizer 测图仪 - 数字化器

plotting ①测绘，绘图，标图，绘曲线②标定，标航路③求读数，计算刻度
character ~ 字符型绘图
data ~ 数据绘图
remote ~ 路线遥测，航向遥绘

plough ①犁，（皮带输送机）刮清器，刮板，刨煤机②槽刨，开沟器，平地机③切书边刀④耕⑤刨煤，犁煤
~ back ①再投资（利润转投资）②（把草等）犁入土中
alternate ~ 双向犁（双犁梁上下交替耕作），键式犁
barpoint ~ 棒钢铧尖犁，伸出凿尖犁
belt mo(u)ld board ~ 带形壁犁
bottom ~ 铧式犁
breakaway ~ 带有脱钩（安全）装置的犁
breaker ~ 开荒犁（装有近似螺旋形犁体）
breast ~ ①有壁犁②胸顶犁（旧式人力犁由胸顶推）
brush ~ 铲掘机重型犁（灌木地区用）
buster ~ 双壁开沟犁，双壁起垄犁
butting ~ 搅上器，双板犁
cable ~ 钢索牵引犁
checker ~ 筑埂犁
cylinder (disk) ~ 垂直圆盘犁
digger ~ ①犁式挖沟机②翻耕犁
ditching ~ 犁式挖沟机
double-bladed ~ 双铧犁
double-breasted ~ ①双壁开沟犁②松土器③壅土机，培土器
double-shared ~ 双铧犁
double-wing ~ 双壁（开沟）犁
drainage ~ 开排水沟犁
earthing-up ~ 培土器，培土犁

excavating ~ ①挖掘犁②起苗犁
frame ~ 架式多铧犁
gang ~ 多铧犁，联犁
gang disk ~ 多组圆盘犁
grubber ~ ①掘根犁②深耕中耕机
harrow ~ 垂直圆盘犁
kentish ~ （单犁体）转壁双向犁
lifting ~ ①掘起犁，挖掘犁，起苗犁②挖掘铲
Lobbe ~ 鲁勃型高速刨煤机
mechanical snow ~ 排雪机
(mechanical) trench ~ 犁式挖壕机
mole ~ 开沟犁
multibottom(ed) ~ 多铧犁
multifurrow ~ 多铧犁
multishare ~ 多铧犁
offset ~ 偏置（悬挂）犁
one way ~ ①双向犁（英）②单向犁（美）
paring ~ ①浅耕机②灭茬机
paring ~ 浅耕机，灭茬犁机
pendant ~ 步犁
pick-up ~ ①悬挂式犁②键式犁
pivot ~ 翻转犁（犁架翻转角为 60° ~ 90°）
plastic ~ 塑料贴面犁
reversible ~ 翻转犁，双向犁
reversible fore-carriage ~ 前导轮架式双向犁
revolving snow ~ 掘雪犁
ridge ~ 起垄犁，培土犁
sand ~ 刮（砂）板
screw ~ 螺旋形犁
semi-integral ~ 半悬挂式犁
side-frame ~ 侧架犁
sidehill ~ 双向犁
single ~ 单铧犁，单体犁
single-mo(u)ld board ~ 单壁犁
slick ~ 光面犁壁犁
soilless ~ 不黏土犁
spinner-type ~ 双向犁，翻转犁
steam ~ ①蒸汽机引犁②绳索牵引的平衡犁
steering ~ 操向犁（带操向轮）
subbase ~ 双层犁
sulky ~ 乘式犁
swing ~ 摆杆步犁
throw-over ~ 可换向犁
trailed tractor ~ 机引犁
trailing chisel ~ 牵引凿形松土犁
trash ~ 除草（覆盖）犁
trench(er) ~ 深耕犁，挖沟犁
truss-frame ~ （平）架式犁
turn-about ~ 翻转犁（绕纵轴转动）
turnover ~ 翻转犁（绕横轴翻转）
turnwrest ~ 转壁双向犁
two-way ~ 单向犁（英），双向犁（美）
two-way alternative ~ 键〔翻转〕式双向犁
unit ~ 悬挂犁
upland ~ 山地犁，坡地犁
V-type snow ~ V 形双犁式除雪机
walking single-bottom ~ 单体步犁
wheatland (harrow) ~ 垂直圆盘犁
winch ~ 绞盘绳索牵引犁

plow =plough

pluck ①拉，拽，扯②抓住③弹，拨④采，摘

plucker ①摘取〔采集，拔取〕装置②抓棉〔抓包，拔毛，开纱头〕机③拔毛工人，（水果，茶叶等）采摘工人④除尘机⑤混毛机，混毛清毛机
wool ~ 羊毛除杂机

plug ①塞（子），旋〔插，盖，柱，栓〕塞②插头，接头，接插头③芯棒〔杆，子〕④柱销，衬套⑤（消防，给水）栓，消防龙头⑥火花塞⑦插入，塞住，用插头连接⑧反接制动，反相制动（异步电动机）
~ of clay 泥塞
~ -and-play 即插即用
~ -and-socket 插头插座
~ board 配线〔接线，插接〕板
adapter ~ 转接插头
air ~ 气栓，气塞
aligning ~ ①卡口插座②管钥，定向电键
angle ~ 弯插头
attaching ~ ①小型电源插头②电话塞子
attachment ~ （连接）插头
ball ~ 球阀
banana ~ 香蕉形插头
beam ~ 束流吸收器
blank ~ 塞子，栓
blanking-off ~ 浇口塞
bleeder ~ 放油塞，放泄塞
blind ~ 绝缘插头，空插头，伪装插头，废堵
boiler ~ 锅炉塞（易熔的）
bowl drain ~ 油杯放油塞
cannon ~ 圆柱形插头，加农插头
catch ~ 挡住螺栓
cell voltage ~ 电池单元电压指示器
choke ~ 塞头
clean-out ~ 疏水阀
clearing ~ =clean-out ~
closing ~ 合型柱塞

coaxial ~ 同轴插头
cold ~ 冷式火花塞
connector ~ 塞子，插头，插销
consent ~ 万能插座
cordless ~ 无软绳插头
core hole ~ （铸造工艺孔用）堵塞
cylindrical ~ 缸径规
detachable ~ 可卸插接板
detent ~ ①止动销，止销②制动销
disconnecting ~ 断路插头
drain ~ 放油〔水，气〕塞
drift ~ 冲头
dummy ~ 空塞子，终端塞子
expanding ~ 排泄塞子，放气堵头（或堵头系柱形帆布袋，可胀大），胀形塞，斜塞
expansion ~ 膨胀塞
feeler ~ 测孔规
filling ~ 注入塞
fire ~ 消防〔消火〕栓
flit ~ 可拆式电缆接线盒
floating ~ 浮动塞棒〔顶头〕
flow ~ 自喷油嘴
force ~ ①模塞②上模，凸模，阳模③冲头
fuse ~ ①熔线塞②插塞式熔丝
ga(u)ge ~ 塞规
ga(u)ging ~ （气动）塞规
glow ~ 电热塞
guide ~ 导向插头
hard ~ 热型火花塞，硬插头
heater ~ ①加热器塞②预热塞（柴油机）③电热塞
Hi-Lo set ~ 不完全接触塞块法（检验螺纹旋入性的方法）
hot ~ 热型火花塞
ignition ~ 火花塞，电嘴
jumper ~ 插座
level ~ 水准塞，油位棒，油针
light-up ~ 点火塞，火花塞，点火电嘴
local ~ 局部转换开关，局部插头
loose ~ 活动镶块（压铸型）
lubricating ~ 油盅，注油栓
magnetic ~ 电磁铁，螺线管
male ~ 插头，插塞
matching ~ 耦合元件，匹配插头
metal ~ ①出铁口冻结②（清扫凝汽器管的）金属丝刷
metering ~ 计量孔塞，计量塞
Mettex ~ 螺旋嵌固金属塞
multiconductor ~ 多脚插销
multiple-pin ~ 多脚插头
needle ~ 针塞，针形阀塞
non-spill vent ~ 防溢通风塞
orifice ~ 节流塞
overload ~ 过载安全销〔塞〕，过载防护推力销
patch-program ~ 变程板（变动程序的小插接板）
phasing ~ 调相插塞
phone ~ 耳（机）塞
piercing ~ 金属锥芯（铸后冲出）
pipe ~ 管塞，丝堵
plasma ~ 等离子火花塞
polarized ~ 固定极性插头
program patching ~ 程序修改插接板
radiator ~ 散热器塞
receptacle ~ 插头
relay ~ 继电器插座板
remote ~ 远距离转换开关
resistance ~ 附电阻的插塞
reversing ~ 换向开关，反向开关
rotating ~ （反应堆）旋转屏蔽塞
runner ~ 浇口盆（拔）塞
safety ~ 安全塞，熔丝塞，熔线塞
screened sparking ~ 屏蔽火花塞
screw ~ ①螺旋塞②安全塞③螺旋接线柱
sealed ~ 密封式电热塞，屏蔽式电热塞
selection ~ 选择插件板
shank ~ 方头塞
sheathed ~ 屏蔽式电热塞,密封式电热塞(发动机起动用）
short reach ~ 短螺纹火花塞
shrouded sparking ~ 有罩火花塞
soft ~ 冷型火花塞，低温型火花塞
spark(ing) ~ 火花塞，电火花插头
split ~ 香蕉插头
spout ~ 注口塞，出口塞
stone ~ 瓷火花塞，瓷绝缘子火花塞
stopper ~ ①塞规②塞头③停止器
switch ~ 电门插座，插头，墙上插座
tamping ~ （硬）炮泥
tapered ~ 锥形螺塞，锥度塞规
track-rod ball ~ 横联杆球塞
transit ~ 塞套
tuning ~ 调谐杆
two-pin ~ 两脚插头
vent ~ 通风孔塞，液孔塞，排气塞

wedge ~ 楔形塞，楔形闸板
pluggability 可插性
pluggable ①可插的②可反接制动的
plug-ga(u)ge 圆柱塞规
taper ~ 锥度塞规
plugger ①（手持式）凿岩机②填塞物
plugging ①堵塞，封顶，加盖②反接〔相，向〕制动，逆流制动
plugging-up 堵〔闭〕塞
plug-hole 插〔塞〕孔
plug-in ①插座，插入②组合式的，可更换的，插入式的，带插头接点的
pluging ①压入法②倒转（测量）③跳进的④翻内孔，内缘翻边
plug-in-user-interface 插入用户界面
plug-selector 塞绳式交换机〔选择机〕，塞绳式交换台〔选择台〕
plug-stick 塞杆
tap-hole ~ 堵口〔渣口〕塞杆，泥塞杆
plug-type 插入式的，插头型的
plum 填料
plumb ①铅垂，测锤，线砣，垂线，垂准器②垂直，竖直③垂直的，正确的④用铅锤检查垂直度，灌铅，用铅封
optical ~ 光测悬线
plumbagine 石墨（粉）
plumbaginous （含）石墨的
plumbago 石墨，炭精，粉状石墨，天然石墨
plumbean （正）铅的
plumber 管子工，白铁皮工人
plumbery 铅管工厂，管工车间，铅器
plumbicon 光导摄像管，氧化铅（光导）摄像管，铅靶管
panchromatic ~ 全色铅靶管，全色氧化铅视像管
plumbing ①铅管系统，管道装置，管道工程②波导管，波导设备③铅垂测量
microwave ~ 微波波导管
radio-frequency ~ 射频波导管
plumbism 铅（中）毒
plumbite （亚）铅酸盐（二价铅）的
magneto ~ 氧化铅铁淦氧磁体
plumbless 深不可测的
plumbline ①铅垂线，垂直线②探测，检查（用铅垂线）
plumbness 垂直
plumbsol 银锡软焊料（银锡合金中加少量的铅，熔点 220 ~ 250℃）
plumbum 〈拉〉铅（Pb）
plume 卷流，火舌，烟柱
plummer 轴台
plummer-block 推力轴承
plummet 铅锤，垂线砣，垂球，铅垂线
laser ~ 激光垂准仪
optical ~ 光测悬锤
Plumrite 普鲁姆里特黄铜（w(Cu)85%，w(Zn)15%）
plunge ①插〔浸，陷，埋〕入②下〔急〕降，（猛烈）冲击③大坡度倾斜，倒转
plunger ①活塞，柱塞，插棒②滑阀③钟罩（铸造用），冲杆，模冲，阳模④（波导管）短路器，短路插棒，（电磁铁）活〔插棒式，可动〕铁心，阀挺杆⑤撞针，销⑥推杆
Bayonet ~ 拜氏冲头（压铸机）
choke ~ 波导管阻波突缘，扼流活塞
counter ~ 反料柱塞，反向柱塞
index(ing) ~ 分度销
magnet ~ 电磁阀柱塞，电磁杆
mo(u)ld ~ 阳模，凸模
pilot ~ 导阀柱塞
pot ~ 压料塞
press ~ 压力机柱塞〔冲杆〕
roller carried ~ 滚道柱塞，滚子支承柱塞
shift ~ 移动插塞
shorting ~ 短路塞
spring ~ 弹簧定位销，弹簧锁销
spring-loaded ~ 弹簧柱塞
stop ~ 停止柱塞，限位柱塞
tappet ~ 阀门提〔挺〕杆，推杆活柱
thrust ~ 推力销
trip ~ 危急保安器销棒
tuning ~ ①调谐活塞②调谐铁心
waveguide ~ 波导活塞
plun-jet 气动量塞（气动测量头）
reverse ~ 回流式气动量塞
plural 多个的，复数的
plurality ①复数（性），多元②大多数③许多
~ of control(s) 复杂控制，控制的复杂性
pluramelt 包（不锈钢）层钢板
plus ①正号，加号②正（量，数，极）③附加物〔额〕④正的，加的⑤加上
macro ~ 宏功能加
Plus Plus 存储器系统（一种分布式共享存储系统）
plus-minus ①正负，加减②调整
pluto ①放射性检查计②海上搜索救援飞机
plutonium 钚（Pu）

pluviograph （自记）雨量计
pluviometer 雨量计
pluvioscope 降水测定器，雨量计
ply ①层，层片，（绳）股②厚度③折叠，叠加，弯，绞合④（轮胎）帘布层
casing ~ 骨架层
peel ~ 可剥保护层
radial ~ 径向帘布层
reverse step ~ 橡胶输送带加厚边
plyboard 层压板
stout heart ~ 硬芯胶合板
plycast 熔模壳型
plyer ①拔管台，拉管台②拔管小车，夹钳小车③（pl.）钳，手钳，虎钳
plyglass 胶合玻璃
plying ①通过②绞合③折，弯
plymax 镶铝装饰用胶合板
plymetal 包铝层板，涂金属层板，夹金属胶合板，双金属
plyoverlap 布层打褶
ply-rating 线网层率（橡胶轮胎的）
plywood 胶合板，层压板
preserved ~ 防腐胶合板
superpressed ~ 硬化胶合板
P-network P型网络
pneudraulic 气动液压的
pneudyne 气动变向器
pneuma-lock 气动夹〔锁〕紧
pneumatic ①气动的，风动的，气力的，风力的，气压的，由压缩空气推动〔操纵〕的②（有）空气的，（有）气体的③气体力学的
pneumatics ①气体力学，气动力学②气动技术③气动装置④轮胎
pneumatology 气体力学，气体（治疗）学
pneumeractor 测量石油产品量的记录仪
pneumistor 气动放大器
pneumodynamics 气体（动）力学
pneumoelectric 气电的
pneumohydraulic 气动 - 液动〔压〕的
pneumonics 压气（射流自动）学
pneumostatic 气动的，静气的
pneumotransport 风动输送
pneutronic 电子气动的，电控气压的
poach ①漂洗②踩成泥浆，加水拌匀③把…戳入
poaptor （纵向力）操纵装置〔机构〕
pock 麻点，痘痕
pocket ①袋，槽，坑，凹处②套，罩③（空）穴，气孔，（铸件的）砂眼④料仓，矿穴⑤袖珍的，紧凑的，压缩的，便携的
air ~ ①气孔②气袋，气泡③气眼，砂眼（铸件）
cage pall ~ 保持架球兜孔
chip ~ ①容屑槽②（磨具）气孔
cinder ~ 沉渣室
corner ~ 死角
dirt ~ 尘坑，防尘室
filter ~ 滤槽
fork ~ 叉槽，进叉口
gland ~ 填料箱，密封盒
leak-off ~ ①抽气室（轴封）②泄漏孔
measuring ~ ①量矿器，量煤器②配料槽③计量箱，给料漏斗
nozzle ~ 注口座
oil ~ 储油箱
pitch ~ 树脂囊
push pole ~ 推杆插口
reject ~ 废弃卡片袋
skip ~ （高炉的）翻斗料坑
slag ~ 渣坑，沉渣室
spring ~ 弹簧腔，弹簧套
stagnant ~ 死滞区
steam ~ 汽囊，汽袋（锅炉用）
thermometer ~ 温度计套管，温度计插座
valve ~ 阀座
pocketing 压窝，内腔加工
pocketscope 小型〔袖珍，轻便〕示波器
pocket-size 袖珍型的，小型的
pockhole 气孔，气泡
pockmark 麻坑〔点〕，斑点（钢锭表面缺陷）
pod ①容器，箱，（发动机，塔门）吊舱②（钻头）纵槽，有纵槽的螺旋钻③发射架
rocket ~ 火箭发射架
poid 形心（曲线），拟正弦线
poidometer 重量计，加料计，定量给料测定器
poikilitic 嵌晶结构的，斑状的
point ①点，小数点②位置③尖端，针尖，指针，末端，岔〔辙〕尖，转辙器④测试点，接触点⑤（温，程，强）度⑥瞬时，时刻⑦交点，特点⑧使尖锐，强调⑨指向，指出
~ in 对准
~ of application 施力点，作用点
~ of contact 接触点，切点
~ of contraflexure 反弯点，拐点，转变点
~ of crossing 交叉点
~ of curve 曲线起点

~ of emergence 露头点（位错的）
~ of engagement 啮合点
~ of fluidity ①流源②屈服点（金属的）
~ of ignition 燃烧点，着火点
~ of impingement 碰撞点（喷流的）
~ of support 支点
~ of tangent 切点
~ of the compass 罗经点，罗盘上的点（共32个，各相隔11°15′）
~ of tongue 尖轨端
~ of transition 临界点
~ of zero voltage 电压零点
~ source of light 点光源
accessible stationary ~ 可达逗留点
accumulation ~ 聚点
actual zero ~ 绝对零点，基点
Airy ~ 爱里点（两点支承的梁的自重变形最小的支点）
anchor ~ 固定〔锚定〕点，止〔死〕点
angular ~ 角点，角顶
anode tapping ~ 阳极分接点（自感应线圈），阳极抽头（线圈）
antipodal ~ 对映点，对跖点
anti-principal ~ 负主点
apex ~ ①钻尖，顶点②反射点（电波由电离层反射时的）
ash fusion ~ 灰熔化温度，灰熔点
attaching ~ 归属点
balanced null ~ 稳定零点
base ~ 基点，小数点
bearing ~ 支承点
bedding ~ 固定点
bifurcation ~ 歧点
binary ~ 二进制小数点
blade ~ 刀尖
bleeding ~ ①抽气口②收集点，收取点
body nodal ~ 机身节点，机身质心
boiling ~ 沸点
bonding ~ 结（合）点，焊点
boom ~ 伸臂末端（起重机）
branch ~ 转移点，分支点
break ~ ①断〔转折，转效〕点②（伽马校正电路）拐点
breakaway ~ 断裂〔电，流，脱〕点
breakdown ~ 击穿点，屈服点
breaker ~ 断闭点
breakeven ~ ①平滑转折点，盈亏平衡点，平均转效点②盈亏临界点
breaking ~ ①断裂点，破损点②击穿点③破损强度，击穿电压
breakover ~ 转折点
breakthrough ~ 临界〔转折，（离子交换）漏过，穿透，突破〕点
brittle ~ 脆裂点，脆化点，脆化温度
bubble ~ ①始沸点，（起）泡点②饱和压力点
bubbling ~ 饱和压力点，起泡点
burbling ~ 失速点，汽流分离点
burning ~ 燃点，着火点，燃烧温度
calling ~ 调用点
capacity ~ 容载限点
casing anchor ~ 气缸止点，气缸固定点
catch ~ 支撑点
center ~ ①中（心）点，圆心点②顶尖式侧块（量块附件）
change ~ 变异点
channel ~ ①成沟点②齿轮转动时油层中形成未充满沟槽之温度
check ~ ①水准基点，核对基准点②检查点，校验点，检查部位③抽点检验
chill ~ 冻结〔冰冻，凝固〕点
clear ~ 回零点，归零点
clinkering ~ （熟料）成熟点，熔接点
cloud ~ ①（混）浊点，始凝点②（图像上）云斑
cluster ~ 聚点
clutch ~ 离合点，接合点（当液力变矩器的涡轮转速赶上泵轮转速时之点）
cobalt ~ 钴点（计温学的基准点）
compressive yield ~ 抗压屈服点
condition ~ （曲线图上的）状态点
congealing ~ 冻结〔凝聚，凝固硬化〕点
conjugate ~ 共轭点
control ~ ①检测点②检测站③控制点
control-metering ~ （系统）控制记录点（电力系统的）
core ~ 核〔中〕心点
corona ~ 电晕放电尖端
corresponding ~ 对应点
counter ~ 对点，对位，对偶
crank ~ 顶点，止点，回行点（曲柄的）
critical ~ 临界点，驻点
crossbar contact ~ ①横条式接点②纵横制交换机接点
crossing ~ 交点
crossover ~ ①交叉〔相交，跨越〕点②会聚光线发散点

crucial ~　临界点
crystallizing ~　结晶温度
culminating ~　①极〔顶，最高〕点②转折点③绝顶
Curie ~　居里点（磁铁失磁温度），磁性转变点
cuspidal ~　尖点，歧点
cut ~　①分馏点，分馏温度②分馏界限③割点
cut-in ~　接通点，开始工作点
cutting ~　刀口，刀锋
cut-off ~　①断开点②截止点③熄火点
cutter contact ~　（数控加工）刀具接触点
datum ~　基（准）点，参考点，固定点
dead ~　止〔静，哑，死〕点
death ~　（冲程的）止点，死点
decimal ~　（十进位）小数点
declinating ~　罗盘修正台
delivery ~　供电点
demix(ing) ~　混合物分层的临界温度，分层点
departure ~　航线起点，出发点
designed load ~　设计负荷（工况）点，计算工况
dew ~　露点
diamond ~　①金刚石（压）头（硬度试验机用），金刚石笔②铁轨菱形交叉处
dip ~　谷值点
directing ~　基准点
discontinuity ~　间断点，不连续点
dispersion ~　弥散点，色散点
distribution ~　配线点
distributor ~　配电器触点
divergence ~　分歧点
double melting ~　双重熔点
drag ~　下型芯头
drill ~　钻尖〔心，头〕
drive ~　驱动点，策动点
drop ~　①滴点，下降点，下落芯头，下线点，引入点②划线针
dropping ~　初馏点，（润滑脂）滴点
dry ~　①终馏点，干点②（不用酸的）铜版雕刻（术），铜版雕刻针，铜版画
earth ~　接地点
effective hitch ~　有效悬挂点，悬挂机构转动瞬心
empty ~　卸料点
end ~　①终点，终端②全蒸发温度③筛分终点
energy metering ~　电度表连接点（电力系统用）
entrance ~　进口端，输入点
entry ~　指令转移点，子程序进入点，入口点
equipotential ~　等（电）位点
eutectic ~　共晶点，最低熔点，低共熔点
eutectoid ~　①易熔点②（固态熔液）低共熔点，共析点
exhaust ~　排汽点，油汽点
exhaustion end ~　耗尽端，离子交换器工作循环结束端
expendable drive ~　可耗式触探头
exploratory ~　试验点（绘制根轨迹图）
external ~　尖端（螺纹攻的）
extreme ~　①极值点②端点
feed(ing) ~　馈电点
fiducial ~　（基）准点
fire ~　燃点，起爆点，闪点
firing ~　①燃烧〔着火〕点，闪点②起动点，发射点③电离点，导通点，放电开始点
flammability ~　燃点
flare ~　燃点，着火点
flash ~　闪（燃）点，着火点，起爆温度
flashing ~　闪（燃）点，引火点
flex ~　拐点
floating ~　浮（动小数）点
floc ~　絮凝点
fly-by ~　路径点
focal ~　焦点
fractional fixed ~　小数定点制（小数点在数的最左边的定点记数系统）
frost ~　霜点
fusing ~　①熔点，发火点②（核）聚变温度
fusion ~　①熔点②（核）聚变温度
ga(u)ge ~　标（定）点，计量基准点
ga(u)ge-tapping ~　①仪表分接点②压力接头
generator star ~　发电机星形接法的中性点
gold ~　金点（计温学的基准点）
grid ~　格点
half-amplitude ~　半幅度点
half-power ~　半功率点
hardening ~　硬化点
harmonic ~　谐和〔调和，谐音〕点
heat distortion ~　热变形点
heavy ~　粗黑点（图形上）
high ~　（剃前刀具）增高齿顶
hot ~　热点，过热点
ice ~　冰点
identifier ~　识别符指示字

igniting ~ 着火温度，着火点
ignition ~ 着火〔发火〕点，燃点
image ~ 像点，像素
incongruent ~ 固液异成分熔点
index ~ 标定点
infinity ~ 无限大点（欧姆计刻度上）
inflection ~ ①拐〔回折，转折〕点②偏转位置
initial ~ 原点，初始位置
inner dead ~ 内止点
instantaneous annealing ~ 瞬时退火点，瞬时熟练点
integral ~ 整数点
intercept ~ ①拦截点，截击点②交会点
interchange ~ 交接点
interference ~ 干涉点
internal ~ （攻螺纹）定心孔
intersecting ~ 交（会）点，转角点
inversion ~ 转化点，反演点
isoabsorptive ~ 等吸光点
isolated singular ~ 孤立奇（异）点
jig ~ 基点
key ~ 关键，要点
kindling ~ 燃点，着火点
knee ~ 拐点，曲线弯曲点
knick ~ 裂点
knuckle ~ 关节点
landing ~ （电子束）着落点
lattice ~ 阵〔格，网，晶格结〕点
lattice transformation ~ 晶格转变点，有序-无序变化点
load ~ ①荷载作用点，加感点②（计算机）输入点，（磁带）信息起止点
loading ~ 加感〔负荷，加载〕点
long floating ~ 多倍精度浮点
lower dead ~ 下止点
magneto breaker arm ~ 磁电机断电器臂接触点
making-breaking ~ 断续点
martensite deformation ~ Md 点（奥氏体形变后的 Ms 点）
martensite finish(ing) ~ Mf 点，下马氏点，马氏体转变终止点
mass ~ 质点
matching ~ 匹配点，平衡工作点
material ~ 质点
Mb ~ 马氏体淬火发生爆炸声时的温度
Md ~ Md 点（过冷奥氏体形变后的 Ms 点）
mean ~ 中点
measuring ~ 测量点，计量起点
median ~ 重心，中点
meeting ~ 交〔会合，相遇〕点
melting ~ ①熔点②熔化温度
memory ~ 存储点，记忆点
mesh ~ 网点，网格点
Mf ~ 马氏体转变终止温度
misaligned contact ~ 错开了的接触点
mouth reference ~ （通信）端口参考点
Ms ~ Ms 点，马氏体转变开始温度，上马氏点
multiplication ~ 多重混合点
necking ~ 颈缩点
neutral ~ ①中性〔中和，临界〕点②零点
nodal ~ 节〔结，会聚〕点
no(n)-slip ~ 中性点，临界点
normal ~ 正位点
nucleating ~ 成核点
null ~ 零点
offset ~ ①偏移点②读数起点（分度盘）
operating bias ~ （射流）工作偏压点
outstanding ~ 方向标，标定点
oxygen ~ 氧点（计温学的基准点）
panel ~ 节点
parametric singular ~ 参数奇点，流动奇点
peak ~ 最高点，峰值点
peritectic ~ 包晶点，转熔点
picture ~ 像素，像点
piercing ~ 贯穿点
pin ~ （多孔镀铬的）点状孔隙
pitch ~ （齿轮啮合的）节点
pivot(ing) ~ 铰链〔枢接，支枢〕点，转动中心
plait ~ 褶点，临界点（溶解温度）
plotted ~ 标出点
postulated ~ 假设点
pour(ing) ~ 浇注〔流（动），倾（倒），凝固〕点
power ~ 电源插座，墙边插座
prefixed ~ 前定点
principal ~ 主〔要，基〕点
public safety answering ~ （通信）公共安全应答点
quadruple ~ 四相点
quiescent ~ 静（态工作）点
quiescent operating ~ 静态工作点
radix ~ 小数点
railway ~ of frogs 铁路道岔转辙器

recalescence ~ 复辉点，（磁性材料）突放热量临界温度
reciprocal lattice ~ 倒易阵点
reentry ~ 重入点，返回点（从子程序再返原程序）
reference ~ 基准〔参考，控制〕点
reflection ~ 反射点
regular ~ 正则点
reheat-return ~ 再热蒸汽引入点（进入汽机处）
relay ~ 中继点，中继站，转播站
remanent ~ 残留点
repeating ~ 重复调谐点
rescue ~ 重入点，重新起动点
resonance ~ 谐振点，共振点
rest ~ 静止点，平衡点
restart ~ （程序的）再起动点，重入点
reversal ~ 反向点，转折点
roll-back ~ 重算点
run-on ~ 转动点
saddle ~ 鞍点
sagging ~ 软化点
salient ~ ①折点，凸点，突出之处②要点
saltation ~ 沉积点，盐析点
sapphire ~ 蓝宝石轴承
saturation ~ 饱和温度
scanning ~ 扫描光点
scriber ~ 划线（用）侧块（块规附件）
secondary focal ~ 次焦点
self-ignition ~ 自燃点，自燃温度
service access ~ 业务接入点
set ~ ①给定点，给定工况，额定值②凝结点，硬化温度③检查点，控制点
setting ~ ①下落点②凝结点，凝固点③调整点
sharp ~ （图像的）边界点，（图像）轮廓线上的点
sharp melting ~ 明确熔点
signaling transfer ~ 信号转接点
silent ~ 静点，零拍点，无感点
silver ~ 银点（计温学的基准点，960.8℃）
singing ~ 振鸣点
singular ~ 奇（异）点
sintering ~ 烧结点，软化点，软化温度
smelting ~ 熔点
softening ~ 软化温度，软化点
soldering ~ 焊接点，焊封
solid ~ 凝固点
solidification ~ 冻结温度，凝固点
solidifying ~ 凝固点
spark ~ （火花塞的）点火电极，火花电极
sparking ~ 发火点
spiral ~ 螺线极点
split ~ 修薄横刃钻尖
split-off ~ 分离点，析分点
spotting ~ 基准点
spray ~ 喷电针尖，放电针
springing ~ 回升点
stadia ~ 视距点
stagnation ~ ①滞流点②临界点③驻点，停止点
stall ~ 失速点
stalling ~ ①极限负荷，最大负荷②气流分离点
standard ~ 标准道岔
star ~ 中性点（星形接法的）
starting ~ 起动点，起点，出发点
station ~ （测量）三角点，测点
stationary ~ 驻〔定，留，不动〕点
steam ~ ①沸点②水汽化点（计温学的基准点）
sticking ~ 顶〔住〕点，症结
stop ~ 停止点
striking ~ 熔断点（熔丝）
stylus ~ ①划线针②记录针
sulfur ~ 硫沸点（计温学的基准点）
switching ~ ①开关点，开关站②中继站
switchover ~ 转换点
symmedian ~ 类似重心
take-off ~ 分接点
tangential ~ 切点
tapered ~ 锐角尖
tapering ~ 锥形端
tapping ~ ①分支点②抽头点
tee ~ T 接点
terminal ~ ①终点②发电机出线端
test ~ 测（试）点，试针
three-way ~ 三通管
tool ~ 刀锋
tool center ~ （数控加工）工具（位置）中心，（数控）刀具参考点
tool centre ~ 工具中心点
tooling ~ 基准点（模样及铸件加工用）
tooth ~ 齿顶，齿尖
torsal ~ 挠切点
touch down ~ ①接地点②着地点
tracer ~ 靠模指，仿形触头

tracing ~ 描绘点，轨迹点，描迹针
transfer ~ 转移点，过渡点
transition ~ 转变〔过渡，临界〕点
traverse ~ 横断点
trigger detection ~ 触发检测点
triple ~ 三相点，三态点
tungsten ~ 钨接点
turning ~ ①转折点，拐点②回转中心，回转点，换向点
upper hitch ~ ①上悬挂点，(悬挂装置的)上拉杆联结点②(牵引装置的)下挂结点
valley ~ 谷(值)点
vaporizing ~ 蒸发温度，沸点
viscous pour ~ 黏滞倾点
vitrification ~ 玻璃化温度
vortex ~ 漩涡截面
way ~ 航向点
white ~ 消色差点，白点
witness ~ (测量)参考点
working pitch ~ 啮合节点
yield(ing) ~ 屈服点，拐点，击穿点，流动点，软化点
zero ~ ①零位，零点，起始点，原点②(温度)零度

point-blank 近距离平射(的)，在一条直线上
point-device 非常精确的
point-doublet 点双联
pointed 尖锐的，尖的
pointer ①指针，指示器，指示字②转辙器③地址计数器
activation ~ 激励指示字
bearing ~ 方位指示器
case ~ 状态指示字
demand ~ 用(电)量指针
drill ~ 钻头刃磨机，钻头磨床
facing ~ 对向转辙器
follow-up ~ 从动针
hairline ~ 指示器，瞄准器
index register ~ 变址寄存器指示器
joystick ~ 操纵杆式(光标)指示器
lance ~ 矛形指针
null-reading cross ~ 指示零位的交叉指针
push ~ 压尖机
reversing ~ 换向指针
set ~ 系指针
skewer ~ 磨木锭子机
source program ~ 源程序指示字
spear ~ 矛形指针，箭头指针
spiral point drill ~ 万能钻头刃磨机
split ~ 叉式指针
stack ~ 栈指示字
station ~ 示点器，三杆分度仪，三角分度规
string ~ ①弦控指针(仪表的)②串指示字
track ~ (磁)道指示器
track ball ~ 转球式(光标)指示器
trailing ~ 背向转辙器
ultrasonic pen ~ 超声指示笔
voltage pen ~ 电压指示笔
wire ~ 钢丝压尖机
wrist reference ~ 手腕参考点
writing ~ 自动记录器

point-focused 点聚焦的，聚焦成一点的
point-group 点集，点群
pointing ①指(示)，瞄准(的)②磨〔削，压，轧〕尖③标点④(用材料)嵌填⑤点取(图形输入的一种操作)
~ of tag end 锻头
point-junction 点结合，点接触
pointless 钝的，无尖头的
point-load 点(电荷)负载，集中负载
pointolite 点光源
pointsman 扳道工，扳闸手，转辙员
point-to-point ①点至点的，逐点的②点位控制，定向无线电传送，干线无线电通信
point-vortex 点涡流
pointwise 逐点(的)
pointy 非常尖的，有明显尖状突出部的
poise ①平衡②砝码，秤锤，重量③泊(P)(黏度单位，1 P=10^{-1} Pa · s)④(使)平衡，悬着
counter ~ ①衡重体，平衡物，砝码②平衡网络③地网
dynamic ~ 动平衡
sliding ~ 游码，滑码
poising ①平衡②平衡器
balance ~ 摆轮平衡器
poison ①毒(物，药，质)②毒害，毒化③抑制剂，有害的中子吸收剂，反应堆残渣④有毒的，加了毒的，放入毒物的⑤(使)中毒，毒杀，放毒⑥沾污，弄坏⑦阻碍，抑制(催化剂等)
burnable ~ 可燃残渣，可燃吸收体
fission ~ 裂变(产物)毒物
isotope ~ (中子的)同位素吸收体
nuclear ~ 核毒物(指核的有害吸收剂)
poisoning 中毒，毒害，(阴极等)毒化
cathode ~ 阴极中毒
poke 袋，囊，存数(BASIC 语言的命令)

poker ①搅拌（铁）杆②火钳，拨火棍
poking 拨火，添火，透炉，棒插，棒触
polacrilin 离子交换树脂（制药片用）
polar ①极性，极面，极线，极线图②偏振元件③磁极的，极性的，极坐标的
cubic ~ 极三次曲线
dynamic ~ 动态极坐标
lift/drag ~ 升力 / 阻力系数
reversed ~ 反接，反相，反极性
shock ~ 激波极线，布兹曼极线
polar-echo 极化回波，偏振回波
polarimeter 偏振表，偏振〔旋光，偏光，极化〕计
underwater ~ 水下偏振仪
polarimetric 测定偏振〔旋光，极光〕的
polarimetry 旋光（测定）（法），偏振（测定）（法），测偏振术
Polarine 一种马达润滑油
polariscope 偏振〔极化，偏旋〕光镜，起偏振镜，偏振仪，旋光计
polariser 起偏振器，起偏振镜
polaristrobometer 偏振计，旋光计
polariton 电磁声子，极化声子
polarity 极性，偏光性，配极
~ of transformer 变压器绕线方向
additive ~ 加极性（变压器）
alter ~ 交替极性，变更极性
magnetic ~ 磁极性
output ~ 输出端极性
positive picture ~ 正极性图像
reverse ~ 反极性接法，反接
reversed ~ 反极性，异极性
single ~ 单极（型）
straight ~ 正极性，正接
subtractive ~ 减极性
polarium 钯金合金（*w*（Pd）10% ~ 40%，少量 Pt，其余 Au）
polarizability 极化〔率，性（强）度〕
polarizable 可极化的
polarization ①极化（强度），极化作用（继电器的）②配极变换③偏振，偏光④定位（印制电路板用）
abnormal ~ 反常偏振，反常极化
aggregate ~ 集偏振化
anodic ~ 阳极极化
cathodic ~ 阴极极化
chromatic ~ 色偏振
circular ~ 圆极化，圆偏振
clockwise and anti-clockwise ~ 顺时针和逆时针极化
concentration ~ 浓差极化
cross ~ 横向极化，交叉极化
dielectric ~ （电）介质极化
dipole ~ 偶极子极化
elliptic ~ 椭圆偏振
horizontal ~ 水平极化
induced ~ 激发极化〔电位〕
lattice ~ 晶格极化
linear ~ ①线极化②线偏振
magnetic ~ 磁极化强度，体积磁偶极矩
molar ~ 摩尔极化（度）
on-beam ~ 波束轴向极化
opposite circular ~ 反向圆偏振（激光信号）
orientation ~ 取向极化，定向极化
residual ~ 剩余极化
rotary ~ 旋光性
spontaneous ~ 自发极化（强度）
vertical ~ 垂直极化
polarize 使极化，使偏振
polarized 极化的，偏振的
polarizer 起偏（振）器，偏光镜，极化镜，偏振片
infrared ~ 红外偏振器
optical fiber ~ 光纤偏振器
polaroid ~ 偏振光镜，人造起偏振镜，极化镜
pulse ~ 脉冲极化仪（测金属耐蚀性用）
polarogram 极谱，极谱图
polarograph 极谱仪，极谱记录器，旋光计，方形波偏振图
alternating current ~ 交流极谱仪
oscillographic ~ 示波极谱仪
pulse ~ 脉冲极谱仪
polarographic 极谱（法）的
polarography 极谱学，极谱（分析）法
oscillographic ~ 示波极谱法
oscilloscopic ~ 示波极谱法
polaroid ①起偏振片，（人造）偏振片②一次成像（摄影），即显胶片
polaron 极化子
polaron-anomalies 极化子变态
polaros-cope 偏振光镜
polar-sensitive 极性灵敏的，对电流方向灵敏的，已极化的
polaxis 极（化）轴
pole ①极，电极，磁极，极点②杆，柱，桩，电杆③杆（长度单位，1 杆 =5.5 码 ≈5 m）

~ (of a d.c. system) （直流系统的）极
~ (of an equipment) （设备的）极
abutment ~ 中缩磁极（中间截面小的磁极）
analogous ~ ①模拟极②热正极
angle ~ 角杆，转角电杆
annular rotor ~ 环形转子磁极
austral ~ 南极
boreal ~ 北极
common ~ （输电线和电话线的）公用电杆
commutating ~ 换向极，整流极，辅助极
compact ~ 紧致极点
compensating ~ 补偿极，换向极，附加极（直流电机）
complex ~ ①复极②复极点
consequent ~ ①庶极②屏蔽极，罩极，中间极③交替极（位于两个极性相反的磁极间）
dead-end ~ 终端杆
distributing ~ 分线杆
electron ~ 电子极，镁铝合金电极
fictitious magnetic ~ 假想磁极
field ~ ①（场）磁极②磁场线圈架
ground ~ 接地柱
guyed ~ 拉线杆
hemispherical rotor ~ 半圆形转子磁极
high-tension ~ 输电线路电杆，高压电杆
intermediate ~ 换向极，间极，附加极（直流电机的）
joint ~ 同架电杆，组合电杆
junction ~ 接线杆，分线杆
lattice ~ 格子形电杆，X 形电杆，格栅柱
leading ~ 导磁极，领头极点
level(l)ing ~ 水准尺
like ~ 同性极
line ~ 线路电杆
magnet ~ 磁极
magnetic ~ 磁极
main ~ ①主（磁）极②主杆
minus ~ 负极，负端子
monosalient ~ 单凸极，单显（磁）极
mope ~ 圆木杆，支撑管道用杆
negative ~ 阴极，负极
non-salient ~ 隐极
north ~ 北极，N 极
obliquely slotted ~ 斜槽磁极
opposite ~ 异性极，对极
pike ~ 杆钩，撬杆，杆叉
plus ~ 励磁极
point ~ 点极
positive ~ 阳极，正极
projecting ~ 凸极，显磁极
pull-off ~ ①双撑杆②锚定柱，系定杆
Q ~ 四极
range ~ 标〔花〕杆（测量用）
ribbon-wound ~ 扁（线）绕磁极
ring ~ 环形极
salient ~ 凸极，显极
shaded ~ 屏蔽磁极，罩极
shifter ~ 移动带杆
shipper ~ 移动带杆
shoulder ~ 杠棒
side ~ ①侧杆②电车吊线杆
single ~ ①单杆②单极（的）
solid ~ 整块磁极，实心磁极
south ~ 南极，S 极
spliced ~ 叠接（电）杆
splicing ~ 叠接（电）杆
split ~ 分裂磁极
square ~ 方棒，角钢
stayed ~ 拉线杆，牵拉杆
storm-guyed ~ 耐风暴加固电杆
telegraph ~ 电杆，电线柱
test ~ 试线杆
totem ~ 图腾柱，推拉输出电路
transmission ~ 输电线杆
treated ~ 防腐（电）杆
trolley ~ （电车）触轮杆，接电杆，受电杆
trussed ~ 桁构式杆〔柱〕
unlike ~ 异名极
vierendeel ~ 空腹杆
pole-amplitude 极幅
pole-chain 蛇链，测链
pole-changing 极数转接（多速电动机）
polectron 聚乙烯咔唑树脂
poled 已接通的，连接的
pole-distance 极距
pole-face 极面，极端
poleless 无极的，无电杆的
pole-mounted 安装在电杆上的
pole-piece 极靴〔部〕，磁极片
electromagnetic ~ U 形电磁铁
pole-reverser 换极开关
pole-strength 极强，磁极强度
pole-tip 极尖
leading ~ 磁极前端，前极边，前极尖
police ①修正，校正（陀螺仪的）②管辖，控制

net ~ 网上警察
policing 管制
policy ①策略，政策②保险单
account ~ 账户策略（用户访问系统资源的规则）
cargo ~ 货物保险单
fetch ~ 读取规则
insurance ~ 保险单
intranode ~ 内部节点管理
placement ~ 布局规则
poling ①支撑②立杆，架线路③插树，还原（炼铜），吹气（炼锡）④极化
polish ①抛光，磨光，研光，精加工②抛光剂，磨料③擦光漆，虫胶清漆④光泽⑤高纯度水处理
chromium ~ 铬抛光剂
dipping ~ 浸渍抛光
first ~ 底层抛光
press ~ ①高度光泽②压光
underhand ~ 人工研磨
polisher ①抛光机，磨光机，擦光机②擦亮剂③抛光工人④（水处理）终端过滤器，高纯度水处理装置
body ~ 车身擦光〔抛光〕用工具
electric ~ 电动抛光机
mandrel ~ 铁心抛光机
pivot ~ 顶尖研磨器，枢轴抛光机
pneumatic ~ 气动抛光机
spherical ~ 球面磨光器
polish-grind 抛光，研磨，精加工
polishing ①抛光，磨光②车色③轻微磨损④磨料
acid ~ 酸蚀抛光
belt ~ 砂（皮）带抛〔磨〕光
chemical ~ 化学抛光
diamond ~ 金刚砂抛光
dip ~ 浸渍抛光
electrochemical ~ 电化学抛光
electrolytic ~ 电解抛光，电解研磨
high ~ 镜面抛光
hydration ~ 水合精磨法，水合抛光，水合光泽处理
jet ~ 喷射抛光
relief ~ 凸磨光，（显微切片）抛光
track ~ 滚道〔导轨〕抛光
ultrasonic ~ 超声抛光
water jet ~ 水射流抛光
wet ~ 湿法抛光
polital 波利塔尔铝合金（*w*（Si）1.1%，*w*（Mg）0.75%，*w*（Mn）0.40%，*w*（Ni）0.15%，其余Al）
politure 抛光，光泽
poll ①登记通信，挂号通信（多路使用计算机时）②轮询，查询（计算机网络用语）
polling 轮〔探，查〕询②登记，转态过程，对终端设备的定时询问（数据传输）
automatic ~ 自动轮询
device ~ 设备转态，设备轮询
hub ~ 轮转查询
roll-call ~ 轮叫探询
time-sharing ~ 分时轮询
token-passing ~ 令牌传送查询
pollutant ①污染物，污染剂②污染的
pollute 污染，弄脏
polluter 污染者，污染物质
pollution 污染，沾污，浑浊
atmospheric ~ 大气污染
atmospheric ~ simulation program 大气污染模拟试验程序
background ~ 背景污染，本底污染
environmental ~ 环境污染，公害
information ~ 信息污染
local ~ 局部污染
noise ~ 噪声污染
Polonez 波罗乃兹（波兰华沙轿车厂生产车型）
polonium 钋（Po）
polorus 方位盘
poly 多，聚，复
polyacetal 聚甲醛
polyacrylate 聚丙烯酸酯
polyacrylonitrile 聚丙烯腈〔膦〕
polyaddition 加（成）聚合（作用）
polyallomer 聚异质同晶体
polyamide 聚酰胺，尼龙
polyamine 聚（酰）胺，多胺
polyaromatics 聚芳塑料
polyarylester 聚芳酯
polyarylsulphone 聚芳基砜
polyatomic ①多原子的，（有机）多元的②多碱的，多酸的
polyatron 多阳极计数（放电）管
polybenzine 聚合汽油
polyblend 聚合混合物，塑料橡胶混合物，复合高聚物，高聚物共混体
polybond 聚硫橡胶黏合剂
polybutadiene 聚丁二烯

polybutene 聚丁烯（润滑油）
polycarbonate 聚碳酸酯
polycell 多元
polycentric 多（中）心的
polychlorobutadiene ①聚氯丁二烯②氯丁橡胶
polychlorodifluoroethylene 聚二氟氯乙烯
polychloroprene 聚氯丁烯，氯丁橡胶
polychlorovinyl 聚氯乙烯
polychrestic 有多种用途〔意义〕的，多能的
polychroism 多色（现象），多向色性
polychromatic 多色的
polychromator 多色仪
polycondensate 缩聚物
polycondensation 缩聚（作用）
polycrystal 多晶，多晶体
polycrystalline 多（结）晶的，复晶的，多晶体的
polycrystallinity 多晶性，多晶结晶度
polycyclic 多相的，多环的（化学）
polycylinder 多柱面，多圆柱（体），多气缸
polydichlorostyrene 聚二氯苯乙烯
polydiene 聚二烯
poly-dimensional 多维的，多因次的
polydirectional 多（方）向（性）的
polydisk 垂直圆盘犁
polydispersity ①聚合度分布性②多分散性
polydomain 多畴
polyelectrolyte 聚合电解质，高分子电解质
acrylic ~ 丙烯酸（类）聚电解质
polyenergetic 多能（量）的，非单色的
polyester 聚酯
water-extended ~ 充水聚酯
polyether 聚醚，多醚
polyethylene 聚乙烯
cellular ~ 泡沫聚乙烯
crosslinked ~ 交链聚乙烯
irradiated ~ 照射聚乙烯，光渗聚乙烯
polyethylene-lined 聚乙烯衬里的
polyflon 聚四氟乙烯（合成）树脂
polyfoam 泡沫塑料
polyfunctional 多作用的，多机能的，多函数的，多重（性）的
polyglass 苯乙烯玻璃〔塑料〕
polyglycerine 甘油聚合物
polyglycerol 聚丙三醇，聚甘油
polyglycol 聚（乙）二醇（一缩二乙二醇的商品名）
polygon ①多面棱体，多面棱镜，多面体②多角形，多边形，封闭折线
equilibrium ~ 平衡多边形，索多边形
funicular ~ 索多边形
regular ~ 正多角形，正多边形
string ~ 索多边形
polygonal 多角的，多边形的
polygonation 多角形测量法
polygonization 多边化，多角化
polygonometry 多角法，多角形几何学
polygonous 多角的，多边的
polygram ①多字母（组合），多码②多能记录图
polygraph ①复写器②多种波动描记器③测谎器
polyhalide 多卤化物
polyhedra polyhedron 的复数
polyhedral 多面（体，角）的
polyhedron 多面体，可剖分空间
regular ~ 规则多面体
stacking fault ~ 堆垛层错多面体
polyhybrid 多混合（电路，波导连接）
polyimide 聚酰亚胺
polyiron 铁粉，多晶形铁粉，树脂羰基铁粉
polyisobutane 聚异丁烷
polyisobutylene 聚异丁（乙）烯
polyisoprene 聚异戊二烯
polylaminate 多层的
polylateral 多边〔角〕形的
polylight 多灯丝灯泡
polyline 多线
polylith 多块
polymer 聚合物，聚合体，高聚物
addition ~ 加聚物
base ~ 原料聚合物
bead ~ 珠状聚合物
biological ~ 生物高分子，生物聚合物
blending ~ 共混聚合物
block ~ 成块〔整体，嵌段〕聚合物
bulk ~ 本体聚合物
coil ~ 螺旋状聚合物
comb ~ 梳形聚合物
condensation ~ 缩聚物
coordination ~ 配位聚合物
crystalline ~ 结晶聚合物
derived high ~ 衍生高聚物
electron-transfer ~ 电子转移聚合物
epoxy ~ 环氧聚合物
equibinary ~ 平衡二元聚合物
filled ~ 填充聚合物
fluorinated ~ 氟化聚合物

friction ~ 摩擦聚合物
functional ~ 功能高聚物
graft ~ 接枝聚合物
half ~ 低聚物
high ~ 高（分子）聚（合）物
high molecular ~ 高分子聚合物
insulating ~ 绝缘聚合物
ligand ~ 配位体聚合物
living ~ 活性高聚物，活性聚合物
low ~ 低聚物
metallosiloxane ~ 金属硅氧烷聚合物
optically active ~ 旋光性聚合物，光活性聚合物
orientated ~ 取向聚合物
paste ~ 糊状聚合物
popcorn ~ ①端聚合物② ω-聚合物③米花状聚合物
preformed ~ 预制聚合物
primary high ~ 一次性聚合物，初级高聚物
proliferous ~ 增生性的聚合物
reactive ~ 反应性聚合物，活性聚合物
resinous ~ 树脂状聚合物
ribbon ~ 条带聚合体
rigid ~ 刚性聚合物，硬质聚合物
sheet ~ 片状聚合物
solid ~ 固态聚合物
soluble ~ 可溶性聚合物
space ~ 立体聚合物
spiral ~ 螺旋状聚合物
stereo-directed ~ 立体定向聚合物
stereograft ~ 立构规整接枝聚合物
stereospecific ~ 立体有择聚合物，立体定向聚合物
syndiotactic ~ 间同立构聚合物
tactic ~ 立体异构聚合物，有规（立构）聚合物
terminated ~ 封端聚合物

polymeric 聚合（物）的
polymeride 聚合物
polymerisate =polymerizate
polymerism 聚合（现象）
polymerizability 可聚合性
polymerizate 聚合产物
polymerization 聚合（作用，反应）
bulk ~ 本体聚合
chain ~ 链锁聚合
condensation ~ 缩聚合（作用）
coordination ~ 配位聚合
free radical ~ 自由基聚合
graft ~ 接合聚合，融聚合
granulation ~ 成粒聚合
in situ ~ 原地聚合
isomerization ~ 异构化聚合
mass ~ 本体聚合法，大块聚合法
photochemical ~ 光化聚合（作用）
popcorn ~ 端聚合作用
reverse ~ 可逆聚合
semi-pearl ~ 半悬浮聚合
surface-activated ~ 表面敏化聚合作用
template ~ 模板聚合
topochemical ~ 拓扑〔局部〕化学聚合
topotactic ~ 局部定向聚合
transannular ~ 跨环聚合

polymerize （使）聚合
polymerizer ①聚合剂②聚合反应器③高温焙烘机
polymesomorphism ①多态介晶②多态液晶
polymeter ①复式物性计，多测计②多能湿度计，温湿表
polymethylene 聚甲烯〔撑〕，环烷烃，聚亚甲基
polymolecular 多分子的
polymorph 多晶形物，多形物
polymorphic 多晶（型）的，多形的，多种组合形式的
polymorphism 多形现象，多晶型（现象）同素异构，同质异相
polymorphous 多晶型的，多形的
polymorphy 多晶型现象
polynary 多元的
polynome 多项式
polynomial 多项式（的）
binary ~ 二进多项式
bivariate ~ 双变量多项式
~ chaos 随机多项式
characteristic ~ 特征多项式
code ~ 代码多项式
code word-locator ~ 码字定位多项式
cyclic ~ 循环多项式
cyclotomic ~ 割圆〔分圆〕多项式
degree-n ~ n 阶多项式
error-evaluator ~ 误差计值多项式
error-locator ~ 错误〔误差〕定位多项式
factorial ~ 阶乘多项式
generalized ~ 广义多项式
generalized ~ chaos 广义随机正交多项式
generator ~ 生成多项式

irreducible ~ 既约多项式，不可约多项式
isobar ~ 等权多项式
linear ~ 线性多项式
minimal ~ 最小多项式
monic ~ 首一多项式
multivariate ~ 多元多项式
primitive ~ 本原多项式，原始多项式
q-ary ~ q 进（制）多项式
quadratic permutation ~ 二次置换多项式
reciprocal ~ 反多项式
second-order ~ 平方〔二阶〕多项式
polynuclear 多环的，多核的
polyolefin(e) 聚烯烃
polyoptimal 综合最优〔佳〕化
polyoxide 多氧化物
polyphase 多相（的）
polyphenyl 聚苯
polyphenylene 聚丙烯，聚亚苯基
polyphone 多音符号，多音字母
polyplanar 多晶平面（工艺）
polyplane 多翼飞机
polyplant 聚合装置
polyplexer 天线互换器，天线收发转换开关
polypropylene 聚丙烯
atactic ~ 无规聚丙烯
isotactic ~ 等规聚丙烯
polyranger 多量程仪表
polyreaction 聚合反应
polysalt ①高分子盐②聚合盐
polysemy 多义性，一词多义
polysilicon 多晶硅
polysiloxane 聚硅氧烷
polyskop 扫频显示信号发生器，扫频仪
polysleeve 多路的，多信道的
polyspast 滑车组，复滑车
polyspeed ①多种速度的②均匀调节速度的
polystage 多级的
polyster 聚酯
polystyrene 聚苯乙烯
expandable ~ 可发（泡）性聚苯乙烯
high impact ~ 耐冲性聚苯乙烯
polystyrol 聚苯乙烯（高频绝缘材料）
polysulfide 多硫化合物，聚硫化物
polysulfone 聚砜
polytechnic ①综合性工艺学校，工业学校〔大学〕②各〔多〕种工艺的，多种科技的
polytetrafluoroethylene 聚四氟乙烯
polythene 聚乙烯
polythermal 多种燃料的
polytonality 多调性，多音性
polytope ①多面体，多胞形②可剖分空间
polytrifluorostyrene 聚三氟苯乙烯
polytrope 多变〔元〕性，多变过程〔曲线〕
polytropic(al) 多变的，多变性的
polytropism （同质）多晶（现象）
polytropy 多变现象，多变性
polytype 多种类型
polyunit 叠合装置
polyurethane 聚氨基甲酸（乙）酯，聚氨酯（类），聚亚胺酯
polyvalence 多价
poly-V-belt 多楔带，多条 V 带
polyvinyl 聚乙烯（化合物，基）
polyvinylidene 聚乙二烯
polyzonal 多区带的，多区域的
Pomet 烧结纯铁，纯铁粉烧结材料
pommel ①球端，圆头，球饰②前鞍，（马鞍）前桥③（铸压）柱塞
pompholygometer 测气泡计
pompom ①上向式凿岩机②大型〔多管高射〕机关炮
poncelet 100 kg · m
pond 槽，池
cooling ~ 冷却（水）池
settling ~ 沉淀池，澄清池
pondage 蓄水（量），（水库的）调节容量
ponderability （重量）可称性
ponderable ①能估计的，可称的②可考虑的情况
ponderance ①重量②重要，严重
ponderancy ①重量②重要，严重
pontil （取熔融玻璃用的）铁杆
pontoon ①起重机船，趸船②浮船〔筒，桥〕，浮码头③潜水钟〔箱〕
lifting ~ 打捞浮筒
pony ①小型轧机中间机座②小型的
pony-size 小型的，小尺寸的
pood 普特（俄罗斯重量单位，1 普特 =16.38 kg）
pool ①池，坑②储集场，库③（可选用部件的）组合，联合④池阴极（汞整流器的），（熔）池，溶液阴极⑤联合电力系统
boiling molten ~ 沸腾状熔池（焊接）
cask unloading ~（装烧过的核燃料）容器卸料池
communication ~ 通信库，通信站
data ~ 数据库，数据源
electric power ~ 电力网系统，联合供电网

free core ~ 自由存储区（可自由使用的主存储区）
hydraulic power ~ 水力联合系统
literal ~ 文字库
mercury ~ 汞阴极，汞池
molten ~ 熔池，熔穴
molten weld ~ 焊接熔池
page ~ 页面区，页面池
power ~ 联合电力系统，联网，有储备容量的电力网
weld ~ 焊接熔池
pool-cathode 电弧放电液态阴极，汞弧阴极
poop ①船尾（楼）②情报材料，消息③尖锐脉冲④喇叭声，啪啪声⑤冲打
poor 弱的，不良的，劣质的
poor-compactibility 低成形性，压塑性不良
poorish 不充分的，不大好的
poorness 贫乏，不足
pop ①爆裂声②间隙振荡③（计算机中的）上托，退栈
~ and empty stack 堆栈变空，空栈上托
pop-in 爆裂
pop-off 出气冒口，溢流冒口
pop-out 气泡，气孔
popper ①除草器，刈草工具②爆破者③爆竹，枪④炮手，射手
poppet ①随转尾座②装轴台，托架，支架③提动阀芯，锥阀芯，菌形阀芯，圆盘阀，管阀
back ~ 后顶尖座，后随转尾座
pilot ~ （液压）控制提升阀
poppet-head 顶尖架（车床的）
popping ①爆音，汽船声（收音机低频振荡）②间歇振荡③突然鸣叫，突然跳出，突然进入④间歇的，阵发性的
popularization 大众化，通俗化，普及
populate ①居住于②繁殖，增加〔殖〕，粒子数增加③填充
population ①人口，人数②总体，全体③数目，个数，多数，（能级）布居，密度④粒子〔集居，占有，填满〕数⑤组，族，群
~ of level 能级个数，能级填满数
atom ~ 原子布居
finite ~ 有限总体
inverted ~ 反转分布
normal ~ 正规总体（数）
sampling ~ 抽样多数
terminal laser level ~ 端子激光能级粒子数
track ~ 径迹数
pop-up ①发射，弹射②后进③暗冒口④上托
stack ~ 堆栈上托
poral 细孔的，多孔粉状金属吸热材料
porapak 聚苯乙烯型色谱固定相
porasil 多孔硅胶珠
porcelain ①瓷器，瓷料，瓷制品②瓷的，瓷质的
electric ~ 绝缘瓷
electrotechnical ~ 电瓷
suspension ~ 瓷质悬挂隔电子
ultra ~ 超高频瓷
porcelain-clad 有瓷套管的
porcelainite 莫来石，白陶岩
porcellanite 白陶土
porch ①（脉冲）边沿②黑电平肩
back ~ 后沿，（消隐）后肩
back-back ~ 水平同步信号后延（时间），后肩区（电视信号）
black ~ 黑肩
front ~ 前沿，前肩
pore ①细〔气，微，毛〕孔②孔隙③钉孔（电镀）
communicating ~ 连通孔
idiomorphic ~ 自发孔，自形孔
intercommunicating ~ 连通孔，互联孔
interconnected ~ 连通孔，互联孔
interlocking ~ 连通孔
micro ~ 微孔
pore-creating 造孔，成孔
pored 有孔的
porefilling 填孔
pore-forming 造孔，成孔
pore-free 无孔的
poriform 毛孔状的
poriness 多孔性，孔隙率，疏松性
porism （希腊几何）系，系论，不定命题定理
poromeric 透气的，多孔聚合物的
poroplastic 多孔而可塑的
poroscope 测孔计
porosimeter 孔率〔隙，度〕计
porosint 多孔材料
porosity ①多孔性，孔隙性〔度，率〕，（气）孔率，（疏）松度②孔（隙），（密集）气孔，松孔，砂眼③多孔部分〔结构〕
active ~ 有效孔隙
apparent ~ 开口气孔率
coarse ~ 粗大气孔群
dynamic ~ 有效〔动态〕空隙率

fine ~ 微气孔群
green ~ 生〔压〕坯孔隙度
gross ~ 严重疏松和气孔
induced ~ 次生孔隙
intercommunicating ~ 穿通性疏松
interdendritic ~ 枝晶间缩松
isotropic ~ 无向孔隙
pinhole ~ 针（孔）状疏松
primary ~ 原生孔隙，原生疏松
sand ~ 型砂空隙度
shrinkage ~ 缩松，松心
sintered ~ 烧坯孔隙度
true ~ 全气孔率
weld ~ 焊缝气孔

porous ①多孔的，疏松的，有孔的②能渗透的，素烧（瓷）的，可透水的
fine ~ （多）细孔的，疏松的

porous-free 无孔的

porousness 多孔性

porphyritic 斑（状，岩）的
crystalline ~ 结晶斑状的

porphyrize 粉碎，研细，磨成粉

porpoise 波动，前后振动

Porsche 保时捷（德国汽车制造商）

port ①孔，气门，入〔出，喷〕口，通道②端口，连接口，通信口，口（网络用语）③港，航空站④极对（电机）⑤（船）左舷，（飞机）左侧
accelerated graphics ~ 图形加速端口
access ~ 进入孔
actuator ~ 执行器油缸通油口
admission ~ 进气口，给水口
air ~ ①风口，风门，气道②飞机场
bidirectional test ~ 双向测试口
bus ~ 总线端口
by-pass ~ 旁通孔
cap end ~ 盖端排油口
checker ~ 蓄热室出口
compensating ~ 补偿量孔，辅助量孔
cylinder ~ 气缸口，油缸口
direct-vision ~ 直视〔窥视，目〕缝
discharge ~ 卸料口，出料口
drain ~ 泄口
eduction ~ 排出口，排气口
exhaust ~ 排气口，排出孔
external event ~ 外部事件口
flushing ~ 冲洗孔
gallery ~ 加料门（平炉）
gas ~ ①排气孔②煤气口，煤气喷出口（平炉）
ga(u)ge ~ 接仪表口，测量口
inlet ~ 入口
input ~ 输入口〔端〕
intake ~ 进气〔进水，入〕口
interface ~ 接口端口
jet air suction ~ （发动机）进气口二次空气喷射
main air ~ 主风口
memory access ~ 存储器存取口
off ~ 断路位置
open-hearth ~ 平炉喷口
outlet ~ 出口
output ~ ①输出口〔端〕②出油口
overfire air ~ 二次风口
Pitot ~ （皮托管）总压口，皮氏管口
power-fail ~ 电源故障口
pressure ~ ①压力孔，压力腔，压气入口，泄压门②取压孔
pump and motor fluid ~ 泵和液压马达间的液流阀
relief ~ 放气口
scavenge ~ ①排泄口②换气口，扫气口
spill ~ 泄油孔
switch ~ 连接孔
two ~ 双口的，二端对的，四端的
viewing ~ 观察口，观察窗

portabelt 轻便带式运输机

portability ①可移植性②轻便性，可携带性，便携性

portable 携带式的，轻便的，可移动的，手提式，便携式

portafloat 浮动滚装系统

portage ①搬运，运输②运费③货物④水陆联运

portainer 集装箱式码头起重机，岸边集装箱起重机

portal 入口，桥门，门形架，门座（起重机的），可移动的出入口（虚拟现实中）
cross frame ~ 交叉式门座
trussed ~ 桁架式门座

portative ①轻便的，可拆卸的，可携带的②用作支撑的，有力搬运的

portcrane 港口起重机

portcul(l)is 吊门，吊闸

ported ①装有气门的，装有排气口的②用气门关闭的
centrally ~ 中心配流的

porter ①轮式车，搬运车②搬运工人
implement ~ ①自动底盘，自走式座盘②通用机架
porterage ①搬运费②搬运业
portfire 点火装置，导火筒，引火具
portfolio 投资组合，投资额
porthole ①观察孔，墙孔②孔道，隙③气门，舷窗
porting 研孔
portion ①部分，段，份②分配
boiler ~ （精馏塔的）加热蒸发部分
changeover ~ 过渡段
density ~ （彩色电视频谱）密度分布
jacketed ~ （气缸）有水套的部分
locking ~ 导锁部分
magnitude ~ 尾数部分
quadrature ~ 相移 90°，直交相位
threaded ~ （套管的）螺纹部分
toothed ~ 齿线（锯的）
portrait ①肖〔画，雕〕像，照片，半身像②生动的描写③形式，相似
portrayal 描绘，描述
portside 左边的，惯用左手的
portveyer 码头输送机，（一种）集装箱输送机
pose 位姿，姿态
alignment ~ 校准位姿
attained ~ 实到位姿
command ~ 指令位姿
programmed ~ 编程位姿
posiode 正温度系数热敏电阻
posion 阴离子，阳向离子
posistor 正温度系数热敏电阻
positex 阳〔酸〕性橡浆，阳〔酸〕性乳胶
positing ①假设②布置
high speed electrode ~ 高速电镀
metal electrode ~ 金属电沉积
position ①位置，地点，方位，布局②状态，境地③（发射）阵地④座席，立场，看法⑤安置，配置，定位⑥工位
~ of rest 休止位置
aligned ~ 协调位置
angular ~ 角位，（目标的）角坐标
apparent ~ 视位置，估计〔预料〕位置
application ~ 制动位置
armed ~ 发火位置
backward ~ 反转位置，回程位置
bit ~ 位单元（一位数的位置）
blank ~ 轴向轮位修正量
bridge ~ 电桥位置，跨接点
call display ~ ①简式交换机，有应答塞孔的交换机②号码指示位置
camshaft ~ （发动机）凸轮轴位置
center deadhead ~ （液压泵的）无输出流量位置
charging ~ 装料位置
clearance ~ 空档位置
closed ~ ①停止位置②空位③关闭位置，闭合位置④封闭状态
cocked ~ （开关的）准备拨动位置
cold ~ 冷态
collect ~ 夹紧位置
combined line and recording toll ~ 混合接续制长途台座席
coupled ~ 复式交换机
course ~ ①导航区②航向位置
cracked ~ 很小的开度位置（阀的），有裂缝的位置
crank angular ~ （发动机）曲柄相位角，曲柄转角位置
crossover ~ 中间位置，零位，过渡位置
dead ~ 死点位置
dead-ahead ~ 原位置
detent valve ~ （阀）定位位置
digital angular ~ 数字角位置
direct ~ of telescope 正镜位置
display ~ 显示位置
driving ~ 操作位
enable ~ 起〔启〕动位置
entry ~ ①登记项位置②入口位置
extreme out ~ （滑阀）完全离开极端位置
false ~ 试位法
firing ~ 燃烧进给点
fix ~ 定位
flat ~ 平焊位置
free ~ 空档（位置），无动作位（置）
full-application ~ 全闭合位置
gate lateral ~ （跟踪）门横向位置，波门水平位置
graduating release ~ 阶段缓解位
guard ~ 保护位（用来避免溢出时信息的丢失），备用位
hold ~ 稳定姿态〔位置〕
holding ~ 吸持位置（继电器的），自保位置，保持（开或关的）位置
home ~ 原位，静止位置
horizontal ~ 横焊位置

horizontal fixed ~ 固定横向焊位置
horizontal overhead ~ 仰角焊位置
horizontal vertical ~ 横角焊位置
idle ~ 空载〔空转，停止〕位置
in-between ~ 中间位置（接通和切断之间）
in-line ~ 顺利布置
interstitial ~ （晶格中）结点间隙
inverted ~ of telescope 倒镜位置
lap ~ （蒸汽机滑阀的）遮断〔重叠〕位置
latched ~ 锁定位置
lifting ~ 上升位置
low order ~ （最）低位
make ~ 闭合位置
manual ~ 手动位置，手操作位置
manual lever ~ 变速杆位置
most significant ~ 最高有效位
neutral ~ 空档，中和〔性，立〕位置
night ~ 夜班台
no-flow ~ 中间位置(调节系统中滑阀的位置)
normal ~ 正常位置，工作状态
normal ~ of telescope 正镜位置
no-side-draft ~ 非偏牵引位置，均衡牵引状态
null ~ 零位
off ~ 断路〔不动作〕位置
off-normal ~ 非正常位置
on ~ 合闸状态，通电状态，接通位置
open ~ ①（电）断开位置②（晶格）空胞
operating ~ 工作〔吸合，动作〕位置
overhead ~ 仰焊位置
park/neutral ~ 驻车 / 空档位置
phase ~ 相位
present ~ 现时位置
primary ~ 初期位置，基本位置
pull-up ~ （衔铁）吸持位置
random skip ~ 随机跳位
recording ~ 记录台
reference ~ 参考位置，基准位置，原位
release ~ （闸的）放松位置，缓解位置，释放位置
release brake ~ 制动器松开位置
reset ~ （非偏置开关的）复位位置
response-switch ~ 频率特性开关位置
rest(ing) ~ 静止位置
retracted ~ 内缩位置
reverse ~ ①反转〔后退，反常〕位置②（望远镜的）反位，倒镜位置
riding ~ 安放位置
rigging ~ 装配位置
roll ~ 滚动位置，滚动角
scaling ~ 小数点位置
service application ~ 常用制动位
shift ~ （乘除时小数点）移动位置
sign ~ 符号位置
slide ~ 滑块位置
soft ~ 软位置
stick ~ 操纵杆位置
straight-ahead ~ of steering wheels 转向轮〔正方直行〕位置
switch ~ 连接位置
tandem ~ ①串联式配置，直线排列，一前一后排列②转接台
target present ~ 目准瞬时位置
throttle solenoid ~ （发动机）节气门电磁线圈位置
through ~ 转接台
tilting ~ （转炉的）倾转角
toll enquiry ~ 长途查询台
transmission park neutral ~ （汽车）变速器驻车空档位置
two-stable ~ 双稳定状度
underhand ~ 平焊位置
unit ~ 个位数位置
vacant lattice ~ 晶格中空位，点阵空位
vertical welding ~ 立焊位置
waiting ~ 待料位置
weld ~ 焊位（焊缝在空间位置）
window ~ 窗口（脉冲）位置，波门位置
zero ~ 零位，起始位置

position-drive （汽车）行驶档位
automatic transmission ~ （汽车）自动变速器行驶档位，D 档位

positioner ①定位器，定位装置，位置控制器②（控制滑阀的）反馈装置，反馈放大器（控制阀的）③焊接变位器,(焊接用)转动换位器，转胎④胎具，夹具⑤操纵台
coil ~ ①围盘固定器②卷材固定装置
core ~ 下芯夹
digital ~ 数字式定位器
edge ~ 边缘定位器
fork ~ 间距可调货叉
magnetic ~ 磁力垛板机
mold ~ 压模定位器
oil throttle ~ （油门）位置控制仪
throttle ~ （发动机）节气门怠速定位器
valve ~ 阀位（置）控制器
welding ~ 焊接胎架，可动焊接工作台

position-finding　定位测定，位置测定
position-indicator　示位器
bunker ~　料〔煤〕斗装量指示器
positioning　①定位，调位，位置控制②配置③固定装置，定位装置
~ in　定位操作
~ of beam　射束位置调整
automotive satellite ~ system　汽车（卫星）定位系统
beam ~　电子束位置调节
coarse ~　粗调定位
dynamic ~　动力定位
pass ~　孔型配置
position-invariance　位置不变
position-park-neutral　（汽车）驻车 - 空档
automatic transmission ~　（汽车）自动变速器驻车 - 空档档位
position-setting　定位
positive　①正的，阳性的，正确的，合理的，确定的，可靠的，肯定的②正片〔面，像，量，压，数〕③阳极
black ~　黑色为正（负极性调制）
light ~　正光电导性
metal ~　①金属正片，金属二版②母版（唱片模版）
picture ~　正像
sound ~　有声正片
positive-going　正向的，朝正向变化的
positive-sequence　正序
positor　复位器
positron　阳电〔正电，正〕子
positronium　正〔阳〕电子素，电子偶素
posology　剂量学
possibility　可能性，（pl.）可能发生的事
~ of trouble　故障率，事故率
bare ~　万一的事情
equally likely ~　同概率〔公算〕的可能性
remote ~　极小的可能性
post　①柱，杆，支柱，座，架②接线柱，接线端子③岗位，位置④站，所，台⑤邮政，邮寄
aiming ~　标杆
air-and-water ~　气与水加注站
bevel(l)ing ~　磨角器，磨角架
binding ~　接线柱，缚杆，接线端子，传杆
block ~　闭塞（信号）控制站
bracket ~　托臂支柱
bumper ~　缓冲柱
bumping ~　挡〔防撞，防冲，缓冲〕柱
capacitive ~　电容柱
clip ~　卡夹接线柱
collapsible steering ~　伸缩式转向管柱，伸缩转向轴管
control ~　控制点〔台〕，操纵室〔台〕
copying tool ~　仿形刀架
crown ~　桁架中柱
distance ~　路程标
end ~　端柱，端压杆（桁架）
face tool ~　端面刀架
finger ~　路标，指示牌
fulcrum ~　支承销
gag lever ~　限位杆，挡杆
gantry ~　①枢轴承②振荡柱
guide ~　①（冲压模的）导柱②方向标，路标
heel ~　承重柱，带加固环的支柱，（闸门的）侧立柱，门轴柱，柱脚
horizontal tool ~　水平刀架
joggle ~　啮合柱
kilometer ~　里程标
king ~　主柱〔杆，桩，梁〕，梁式桁架，（装载机的）转臂支柱
longitudinal tool ~　纵刀架
lower tool ~　下刀架
mark ~　标杆
middle ~　桁架中柱
queen ~　①双竖杆桁架，双柱架②桁架副柱、
radial tool ~　径向刀架
relieving tool ~　铲刀架
rocker tool ~　摇杆刀架
Samson ~　起重柱，吊杆柱（船用）
screw ~　螺旋〔千斤顶〕柱
sighting ~　视标
sign ~　标杆，路标
signal ~　信号柱，信号杆
spur ~　斜桩
steering ~　转向柱
stop ~　停止柱
stripping ~　顶杆
swivelling tool ~　回旋刀架
terminal ~　线头接栓，接线头端子
tool ~　刀架，刀座
transverse tool ~　横刀架
tuned ~　调谐销子
turret tool ~　转塔刀架
upper tool ~　上刀架
vertical tool ~　垂直刀架
wrap ~　绕接接线柱

post-acceleration ①（电子束）偏转后加速，后段加速，后加速度②加速后的
postamble 后文，后信号（记录信息的），后同步
postamplifier 后置放大器
post-and-lintel 连梁柱
post-annealing 焊〔气割〕后的退火
postbaking 后烘干，后焙烘
postboost 关机后的，主动段以后的，被动段的
post-Brunak 铝板剩余药层去除法
postclimax 后顶极群落，后演替顶极，后极相
postcombustion 补充燃烧
post-condenser 后冷凝〔凝缩〕器
post-cracking 次生裂缝，后发开裂
postcritical 超过临界点的，临界后的
post-Cronak 锌板剩余药层去除法
post-cure 二次硬化，二次硫化，辅助硬化，后固化
postdetection 后检波，检波〔验〕后（的）
post-detector ①检波（器）后的②后置检波器
post-edit 算后〔后置〕编辑（编辑先前计算的结果）
program ~ 程序后编辑
post-edition 最后校定
postemphasis 后〔去，减〕加重
post-equalization 后均衡（频应）复元，后均衡校正
posterior ①后部②后面的，以后的，其次的③经验的
postfactor 后因子
post-forming 后成形
postheating 后（加）热，焊后加热
post-ignition 后期点火
posting 过账
facsimile ~ 传真传送
terminal-digit ~ （按）最终的数字结构记录
postinjection 补充喷射，后引入
fuel ~ 补充喷油
post-installation 装配后的
postirradiation 已辐照，辐照后
postlude 尾部（程序库等的）
library ~ （程序）库尾部
postmortem 算后检查，事后剖析
comparison ~ 比较检错（程序）
postmultiplication （自）右乘
postnormalize 后规格化
postoffice 邮局
mobile ~ 邮政车
postpolymerization 后聚合（作用）
postponement 延期，搁置
postposition 后置〔位〕，放在后头
Postprocess 后处理（UG NX 数控加工的功能术语）
postprocessing 后加工，后部工艺，错后处理
post-processor ①后处理机②后处理程序
postselection ①后选择②补充拨号
postselector 有拨号盘的电话机
post-shrinkage （成形）后收缩
post-stall 过失速
post-stressed 后加应力的，后张的
post-stressing 后加应力，后张
post-stretching 后拉伸
post-tensioning 后加拉力（的），后张〔拉〕（的）
posttest 事后试验
post-treatment 后处理，继续处理
postulate ①假定〔设〕②要求③先决条件，必要条件④公理，基本原理
posture 形势，态度，姿态〔势〕
post-write 写后的
postzone 后带
pot ①罐，壶，盆，盒，箱，器皿②坩埚，釜锅，熔锅③电位计，分压器
cast-iron ~ （铸）铁坩埚，铸铁罐
cementing ~ 渗碳箱
clay ~ 黏土坩埚
cold catch ~ 低温载液罐
dash ~ 缓冲筒，减振器，阻尼延迟器
explosion ~ 油断路器中起爆灭弧室
fire ~ 火炉，火盒，坩埚，熔锅
furnace ~ ①杯，盘②溜槽③蒸发器
ingot ~ 送锭车的锭座（翻斗）
ladle ~ 浇包
lift ~ 升液斗，提升罐
liquating ~ 熔析锅〔炉〕
loading coil ~ 加感线圈箱
measuring ~ 量杯
melting ~ （熔化）坩埚，熔化罐
pan ~ ①混频电势〔位〕计②双声道声像控制器
photo ~ 光穴
quad ~ 全景声像控制器
quenching ~ （开关的）灭弧室，猝熄室
re-dipping ~ 二次镀锡锅
safety ~ 安全臼
separate ~ 装料用的储室
silencing ~ 消声器，消声筒
silica ~ 石英坩埚

soldering ~ 焊罐
spelter ~ 锌熔液槽
still ~ 沉淀槽
sublime ~ 升华皿
transfer ~ 铸压模制的加料室
vitrified ~ （陶）瓷坩埚
vortex ~ 涡斗

potamometer 水力计

potash 钾碱，碳酸钾，氢氧化钾，钾碱火硝
caustic ~ 苛性钾碱，氢氧化钾

potassa 氢氧化钾，苛性钾

potassium 钾（K）

potcher 漂白机，漂洗槽

poteclinometer 连续井斜仪

potence ①潜力，潜能，能力②效能③力量④（用于全夹扳手中支撑摆轮轴下端的）摆轴吊架

potency =potence

potential ①势，位，电势，电位，电动势，电压②潜能③蕴藏量，（动力）资源④位〔势〕函数⑤潜在的，可能的⑥电压的，电势的
~ to ground 对地电位，对地电势
above earth ~ 对地电位
accelerating ~ 加速电位，加速电势
action ~ 动态电势
advanced ~ 超前电位，提早势，前进位函数
appearance ~ ①出现电位②表观电势，外观电位③出峰电势
back-lash ~ 反栅极电位
barrier ~ 位垒，势垒
baseline ~ 空白电位
breakdown ~ 击穿电压
bucking ~ 补偿电压
built-in ~ 内建势
bulb ~ 玻壳〔管壁〕电位
bulk ~ 体电势
carbon ~ 渗碳气体的渗碳能力，碳势
chemical ~ 化学势
clamp bias ~ 箝位偏置电平
cochlear ~ 耳蜗潜势
cold-post ~ 冷阴极电压
collecting ~ 收集电势，收集电压
combined ~ 总电位〔势〕
complex ~ ①复电位②复位函数
concentration ~ 浓差电势
contact ~ 接触电位〔势〕
counter ~ 阻尼电位，反电位
cross-over ~ 临界电位（在利用二次发射的电子束射管中，使二次发射系数等于 1 的电位）
dee ~ （回旋加速器的）D 形电极电势
deflecting ~ 偏转电压
deionizing ~ 去〔消〕电离电位
disruption ~ 击穿电势
earth ~ 地电势，地电位
electrodynamic ~ 电动势
electrokinetic ~ 动电势，动电位，电动势
electromagnetic ~ 电磁位，电磁势
electrostatic ~ 静电势，静电位
equilibrium ~ 平衡电势，平衡电位
extinction ~ 熄火电位，消电离电位
field ~ 场势
firing ~ 点〔发〕火电位，点火〔起始放电〕电压，引燃电位
flashing ~ 着火电位
flashover ~ （绝缘子）闪络电位
floating ~ 漂游〔漂移，浮置〕电位，浮置发射极电位
focus electrode ~ 聚焦电极电位
four ~ 四元电位
fracture ~ 断裂位能
glow ~ 辉光电位，辉光放电电位
graded ~ 分段电势
gravitational ~ 引力势〔位〕，重力势〔位〕
grid-anode ignition ~ 栅极 - 阳极着火电位
grid-cathode ignition ~ 栅极 - 阴极着火电位
ground ~ 地电位，地电势
high-tension ~ 高压
impact ~ 冲击电势，冲击电位
induced ~ 感应电势
interatomic ~ 原子间势〔位〕
ionic ~ 电离电势
liquid (junction) ~ 液（体接触）面电位差
magnetic ~ 磁势，磁位
magneto motive ~ 磁动势，磁位
magnetostatic ~ 静磁势，静磁位
mask ~ 屏蔽电势，屏蔽电位
migration ~ 徙动电位，移动电位
over ~ 过电位
oxidation-reduction ~ 氧化 - 还原电位
partial ~ 化学势
passivation ~ 钝化电位
periodic ~ 周期势，周期电势
perturbing ~ 微扰势
pitting ~ 点蚀电位，局部腐蚀势
polarization ~ 极化电位，极化电势

priming ~ ①引燃电压，着火电势，着火电位③发光电压
redox ~ 氧化还原电位
reference ~ 参考电位，基准电势，标准电位
reflector ~ 反射极电势，反射极电位
repulsive ~ 排〔拒〕斥势，拒斥电位
resting ~ 静态电位
scalar ~ 标势，标位，无向量位
screen ~ 屏蔽电位，帘栅电位，荧光屏电位
separation ~ 分离势
shaft ~ 轴电位，轴电压
spark ~ ①火花电压②击穿电压
sparking ~ 闪电电压，闪络电压
spike ~ 尖峰（值）电位
sticking ~ 饱和电位，极限电位
stopping ~ 遏止电势，遏止电位，截止电位
striking ~ 起弧〔着火，放电〕电位，闪击电势
suppressor ~ 抑制栅电位
surface ~ 表面势，表面电势，表面电位
synchronizing ~ 同步信号电平
target cut-off ~ 靶截止电位〔势〕
thermodynamic ~ 热力学势，自由能
threshold ~ 阈电压
vector ~ 矢势，矢位
velocity ~ 速度势
Wentzel ~ 温侧势
Yukawa ~ 汤川（秀树）势
zero ~ 零电势，零电位
Zeta ~ Z 电势，Z 电位

potentiality ①可能性，潜势，潜（在的可）能②（pl.）潜力
hydroelectric ~ 水电蕴藏量

potentialoscope 电势（存储）管，记忆示波管

potentiation 势差现象

potentiometer ①电位计，电位差计，电位器，电势计②分压器
AC ~ 交流电位差计
azimuth ~ 方位角电位计
bearing ~ 方位〔角〕分压器〔电位计〕,（仰角）斜度分压器
bias control ~ 偏置调整电位器
capacitance ~ 电容电位计，电容分压器
carbon composition film ~ 合成碳膜电位器
centering ~ 定心电位器
coefficient ~ 系数设置电位计
conductive plastic ~ 导电塑料电位器
contactless ~ 无触点电位器
continuous ~ 连续变化电位计，滑动触点式电位计，滑动触点分压器
contrast ~ 对比度调整电位计，对比度调节电位器
coordinate ~ 坐标式电位计
cosine ~ 余弦分压器，余弦电位计
data ~ 数据输出分压器〔电位计〕
DC ~ 直流电位差计
differential computing ~ 微分计算电位器
digital ~ 数字（式）电位计〔器〕
Drysdale ~ 极型交流电位计（附调节相位变压器和振动式检流计）
electronic ~ 电子电位计
fader ~ ①信号（音频和视频）电平比调整电位计②双路混合器
filament ~ 灯丝分压器，灯丝电位计
follow-up ~ 跟踪电位计，反馈〔回授〕电势计，随动〔伺服〕系统电势计，跟踪分压器
function ~ 函数电位差计
function generating ~ 非线性电位计
functional ~ 函数分压器，函数电位器
gang ~ （多连）联动〔同轴〕电位器
graded ~ 非线性电势计
grid ~ 栅极分压器
height ~ 高度分压器
horizontal centering ~ 水平中心位置（调整）电位器
induction ~ ①感应（式）电位计②单绕组线性旋转变压器
interpolating ~ 内插式电位计
linear ~ 线性电位计
luminance ~ 亮度（调节）电位器
magnetic ~ 磁位（差）计
magnetic sensing ~ 磁敏电位器
magneto ~ 磁敏电位器
magneto-resistance ~ 磁阻电位计
metal film ~ 金属膜电位器
metal glaze ~ 金属玻璃釉电位器
metal oxide film ~ 金属氧化膜电位器
minimum range ~ 小距离用分压器
multi-turn ~ 多圈电位器
narrow-gate range ~ 精确距离电位计
nonlinear wound ~ 线绕非线性电位器〔计〕
normalization ~ 距离校正分压器
null ~ 零值电位计
optical ~ 光电位器
pickup ~ 测量传感器电位计

preset ~ 预调式电位器
quadratic ~ 平方电位计
quadrature ~ 正交电位计
range ~ 距离分压器，量程电位器
range-transmitting ~ 距离（数据）输出分压器
rectilinear ~ 线性变化电位器
regulator ~ 调节（器）电压计，调节（器）电位器
resolving ~ 解算电势计
servo-balance ~ 随机电位计，伺服电位计
simple ~ 线性电位计
sine ~ 正弦电位计
sine-cosine ~ 正弦余弦电位计
skid ~ 防侧滑电位计
slide-wire ~ 滑线式电势〔位〕计
slope ~ 互导调整电位计，跨导调整电位器
solid ~ 实心电位器
step ~ 步进式电位器
string ~ 弦线电位计
tapered ~ 抽头式分压器，递变电阻分压器，非线性递变电阻的电位计
tapped ~ 抽头式电位计
thin film ~ 薄膜电位器
universal ~ 通用电位计
vernier ~ 微调电位器
wire wound ~ 线绕电位器
zero ~ 调零电位计

potentiometor=potentiometer

potentiometry 电势〔位〕测定法，电位法

potentiostat 恒（电）势器，稳压器，电压稳定器

pothead ①端套，终端套管②配电箱
cable ~ 电缆端套

potin 铜锌锡合金

pot-life （胶黏剂）适用期，（燃料的）罐贮寿命

potline 电解槽系列

potometer 蒸腾计，散发仪

potroom 电解车间

potted 罐装的，封装的，密封的

pottery 陶器
black ~ 黑陶
fine ~ 精陶

potting ①制陶②装罐，灌封，封装，灌注

pouch ①盒，袋②装入袋中
utility ~ 工具袋

pounce 印花粉，吸墨粉，去油粉

pound ①磅（重量单位，略作 lb，1 lb=0.453 6 kg）②（英）镑（英币单位）③重击（声）

poundage ①按磅的收费数②磅数

poundal 磅达（pdl）（英制力单位，1 磅达 =0.138 255 N）
foot ~ 英尺磅达（英制力矩或功的单位，1 英尺磅达 =0.042 140 1 N · m）

pounder ①一磅重的东西②杵，捣具③鞭状天线
brass ~ 黄铜鞭状天线，无线电信员
paddy ~ 碾米机

pound-foot 磅力英尺（英制力矩或功的单位，1 磅力英尺 =1.355 818 J）

pound-inch 磅力英寸（英制力矩或功的单位，1 磅力英寸 =0.113 J）

pounding 打碎，捣碎，击碎

pour ①倒（出），倾注②浇注〔灌，铸〕，转包，（混凝土）浇筑块③流出，涌来④浇注系统

pourability 可浇注性，流动性

pourable 可浇注的，可灌入的

pourer 铸锭工，浇铸工

pouring ①浇注②溢〔放，倒〕出
back ~ 补浇注
basket ~ 中间罐〔包〕浇注
bottom ~ 下注，底注
cold ~ 低温浇注
direct ~ 直接浇注，上注，顶注
Durville ~ 翻炉浇注法
gravity-assist ~ （重力）浇注
indirect ~ 下注，顶注，间接浇注
mechanical displacement ~ （机械）置换（自动）浇注
paste ~ 灌浆
pressure ~ 气压浇注，压力浇注，压力铸锭
rising ~ 底注
stack ~ 叠型浇注
vacuum-assist ~ 负压浇注

pouring-tip 浇包嘴

pour-welding 熔焊，熔补

p-overflow 页溢出

powder ①粉，粉末②火药，炸药③压粉，研粉④敷粉
abrasive ~ 磨料粉，金刚砂粉，研磨粉
acicular ~ 针状粉
aged alloy ~ 时效合金粉末
alundum ~ 人造金刚砂粉，刚铝石粉
Ancor iron ~ 海绵铁粉
angular ~ 角状粉
atomized ~ 雾化粉
ball milled ~ 球磨粉
black ~ 黑火药

bleaching ~ 漂白粉
brazing ~ 粉状硬钎料
burnishing ~ 研磨粉
carbonyl ~ （铁，镍，钴等的）羰基粉末
cemented carbide ~ 硬质合金粉末
coating ~ 熔敷粉末
colloidal ~ 胶态粉末，超细粉末
comminuted ~ 粉碎粉
composite ~ 复合粉
detonating ~ 起爆火药
diamond ~ 金刚石粉末，金刚砂
double-base ~ 双基火药
emery ~ 金刚砂粉（末）
etching ~ 磨毛粉，蚀刻粉
ferromagnetic oxide ~ 铁氧体磁铁粉
fluidized ~ 流化粉末
free-flowing ~ 易流动性粉末
grinding ~ 磨光粉，气门砂，凡尔砂
Hoganas ~ 霍加纳海绵铁粉
ignition ~ 点火药
infrared ~ 对红外线敏感的粉末
insulating mo(u)lding ~ 绝缘模压塑料粉，胶木粉，电木粉
lapping ~ 研磨粉
leafy ~ 薄片状粉末
liquid-disintegrated ~ 液碎铁粉，雾化铁粉
master alloy ~ 中间合金粉
mo(u)lding ~ 塑料粉，压（制成形）粉
nanostructured ~ 纳米结构粉末
nodular ~ 球状粉末，粒状粉末，瘤状粉
parting ~ ①分型粉〔剂〕，脱模剂，离型粉②隔离粉，分离砂
phosphor ~ 荧光粉
polishing ~ 研磨粉，抛光粉
press ~ 压（制成形）粉
punching ~ 显印粉末
Pyron iron ~ 派朗海绵铁粉
reduced ~ 还原粉
ribbon ~ 带状火药
scaling ~ 助焊剂
soldering ~ 粉状钎焊剂
stick ~ 筒装炸药（爆破工程用）
straight iron ~ 纯铁粉
Swedish ~ 瑞典海绵铁粉
Swedish Hoganas ~ 瑞典海绵铁粉
Swedish iron ~ 瑞典海绵铁粉
technical ~ 工业粉末
ultrafine ~ 超细粉末
union-melt ~ 合熔焊粉
Vasco ~ 钨钒钢粉末
vitallium ~ 钴钼铬合金粉，维他合金粉
voluminous ~ 多孔粉末
welding ~ （粉状）焊剂，焊粉

powder-coal 粉煤

powder-coated 喷粉

powdered （成）粉末的，碾〔研〕成粉末的，粉碎的

powdered-metal 粉末金属

powdering ①撒〔洒，敷〕粉，洒炭黑②分型粉

powdery 粉状的，易成粉状的

powdex 粉末树脂过滤器

powdiron 多孔铁（*w*（Cu）0% ~ 10%，其余 Fe）

power ①动力，电力，电源，能源，能力②功率，效率，力量，能量③放大率，放大倍数（透镜的）④幂，乘方⑤发动机⑥给…以动力，拖动，驱动
~ at the drawbar （拖拉机）牵引功率
~ electronics 电力电子（技术）
~ of cohesion 内聚力
~ of lens 透镜焦强〔度〕
~ of ten 十的幂
~ per cylinder 单缸功率（发动机的）
~ per pound 每磅功率（指引擎单位重量的功率）
A ~ 原子能
absorbing ~ 吸收本领，吸收能力
active ~ 有功功率，有效功率
actual ~ 实际功率，有效功率
adhesive ~ 附着力，内聚力
AF ~ 声频功率，低频功率
after ~ （剩）余功（率），滞后功率（核能透平的）
algebraic apparent ~ 视在功率的代数和
apparent ~ 视在功率，表观功率
applied ~ 输入〔外加〕功率
ascending ~ ①上升功率，上升力②升幂
astern ~ 倒车功率
atomic ~ 原子动力，核动力
auxiliary ~ 厂用电，备用电
available ~ 有效〔可用，匹配负载〕功率
B ~ 阳〔屏〕极电源，B 电源
backing ~ 倒车功率，后退功率
back-up ~ 后备电源
base active ~ ①功率因数为 1 时的总功功率（同步电机的）②额定输出功率

base apparent ~ 总的额定视在功率（同步电机的）
binding ~ 结合力
blanket ~ 再生区功率（反应堆的）
blind ~ 电抗功率，无功功率
brain ~ ①智能，能力②科学工作者，智囊
brake ~ （内燃机）有效功率，（发动机）制动功率
caking ~ 烧结能力
calibration ~ 标准功率，检定功率
caloric ~ 热〔卡〕值，发热量
calorific ~ 卡值，热值，发热量
candle ~ 坎（德拉）
carrier ~ 载波功率
catoptric ~ 反射能力，反射屈光本领
charging ~ 蓄电池再充电耗电量
chromatic discrimination ~ 辨色能力
climbing ~ 上升力
coincident demand ~ 同时〔最大〕需用功率
combined ~ ①相量功率，复数功率②（电和热的）混合功率，组合功率
commercial ~ 市电，工业用电
competitive ~ 竞争力
complex ~ 复（数）功率，相量功率
consumed ~ 消耗功率，耗散功率
continuous ~ 连续（运用）功率，持续功率，持续生产力
conventional ~ 常规电厂发电量
corrected ~ 校正功率，折合功率
covering ~ ①覆盖能力②视力作用范围③拍摄范围
cross ~ 互换功率
cross-country ~ （汽车的）越野能力，长程行车能力
daily diversity ~ 日参差功率
DC ~ 直流功率
declared ~ 标定功率
delivered ~ 输出功率
derating ~ 减额功率
dioptric ~ 折光本领，焦度
direct ~ 直幂
disaster ~ 事故备用容量
dispersive ~ 色散率，色散本领
dissipated ~ 耗散功率
dissipation ~ 耗散功率，耗损功率
dissolving ~ 溶解力
distributed ~ system 分布式开关电源系统
drag ~ 阻力动力（克服阻力所消耗的动力）
draw ~ 抽运功率
draw-bar ~ 牵引功率
driving ~ ①激励功率，励磁功率②驱动功率
dump ~ ①储备功率②倾销电力
dyeing ~ 染着力
dynamometric ~ 有效功率
effective ~ 有效功率，有功功率
effective isotropic radiated ~ 有效全向（各向同性）辐射功率
emanating ~ 辐射功率，发射功率
emergency ~ 紧急备用动力，备用电源
emergent ~ 出射功率，出现功率
emissive ~ ①放射功率，辐射功率②发射能力〔功率，强度，本领〕
equivalent ~ ①等效功率②等值屈光本领
etalon optical ~ 标准光强度，标准光学厚度
even flowing ~ 匀流功率，等功率传动
exchangeable ~ 可交换功率，可转换功率（电力系统）
exciting ~ 励磁功率，激励本领，励磁率
extraction ~ 萃取能力
fictitious ~ 无功功率，虚功率
fine ~ 小功率
fire ~ 火力〔电〕
firm ~ 稳定〔保证，安全〕功率，可靠电力〔出力，功率〕，基本电力
first ~ 一次方，一次幂
flame radiating ~ 火焰黑度，火焰辐射率
floating ~ 浮力，减振弹簧架
flowing ~ 流动性
fluctuating ~ 波动功率，振荡功率
fluidic ~ 流体动力
fluxing ~ 渣化能力，助熔能力，结渣率
focal ~ 焦度，倒焦距，光焦度，屈光本领
forward ~ 正向（传输）功率
friction ~ 摩擦功率
full ~ 满功率
fundamental ~ 基波功率
fusion ~ 热核能，聚变能
garbage ~ 垃圾发电
generative ~ 原动力，发生力
great ~ 强大功率〔电力〕（100 kW 以上）
green ~ 绿色能源
gross ~ 总功率（包括损失）
hauling ~ 曳力，牵引力，拖力
heater ~ 加热器功率，电热功率，灯丝功率
heating ~ ①发热能力，发热量②燃烧热③加热功率，热值

hiding ~ （漆的）覆盖能力
high ~ 高放大率
holding ~ ①握〔支撑,支持〕力②吸持（衔铁）功率，吸持本领③固接强度
homopolar ~ 零序功率（三相系统的）
horse ~ 马力
hunting ~ 振荡功率
hydraulic ~ ①水力，水能，液体力②液力传动，液压动力③液压功率④水力发电
illuminating ~ 亮度，照明本领
imaginary ~ 无功功率
incident ~ 入射波功率，正向功率
incremental delivered ~ 输出功率增量，供电增量
indicated ~ 指示功率
ingoing ~ 进入功率，入射功率
initial ~ 起动功率，初始功率
interchange ~ 互换功率，换接功率
interference ~ 干扰功率，噪声功率
internal ~ 内（部）功率，电磁功率
jet ~ 喷射力，反冲力，喷气动力，喷气推动功率
lateral magnifying ~ ①横向放大率，水平放大率②线性放大系数，放大倍数
leakage ~ 漏泄〔耗衰，耗散〕功率
lens ~ 透镜光学能力
lifting ~ 提升能力，起重力
lighting ~ 亮度，照明功率
liquid ~ 汽油，液体燃料
load diversity ~ 负荷分散功率
luminous ~ 发光本领，发光能力，辐射能力，发光功率
magnetic ~ ①磁功率②磁力
magnifying ~ 放大倍数，放大能力
main ~ 主电源，主动力
mass ~ ①单位质量作用力②功率质量比
maximum gate ~ 最大门功率
maximum output ~ 最大输出功率
mean effective ~ 均方根功率，平均有效功率
mean gate ~ 门极平均功率
melting down ~ 熔化能力
memory ~ 存储能力
mesh ~ 匹配功率
modulation ~ 调制功率
motive ~ 原动力
multiplying ~ 放大率，倍率
natural dissipated ~ 固有消耗功率
negative ~ ①阴极电源接头，接负电②负乘方，负幂
net ~ 净动力，净功率，有效功率
net calorific ~ 净热值，低（位）发热量
net electrical ~ 净〔发电机出线端〕电功率
net feed-drive ~ 净功率，有效功率
no-discharge ~ （水泵）零流量功率
noise ~ 噪声功率，干扰功率
no-load apparent ~ 空载表观功率
nominal ~ ①额定〔名义，标称〕功率②额定容量，标称容量
non-firm ~ ①备用功率，特殊功率②特殊电力，备用电力
non-reactive ~ ①无〔非〕电抗功率②有功功率
normal ~ 正常功率，基本电源
normal rated ~ 额定功率，标称〔额定〕设计功率，常用功率
nuclear ~ 核能，核动力，原子能
off-peak ~ 非最大功率，峰（值）外功率，非尖峰功率
on ~ 开油门的，接通电源的
operate ~ 操作〔运行〕功率
operating ~ 负载功率
outcoming ~ 应急电源
output ~ 输出功率
overflow electric ~ 溢流损失〔等效〕电力
overspeed ~ 超速功率，极限功率
oxidizing ~ 氧化力
patent ~ 专利权
peak ~ 峰值功率，最大功率，尖峰功率
peak envelope ~ 包络线峰值功率
peak gate ~ 门极峰值功率
peak music ~ 音乐峰值功率
penetrating ~ 贯穿本领，穿透力，渗透性
phasor ~ 相量功率，复数功率
photographic ~ 摄影分辨率
polymerizing ~ 聚合能力
potential ~ ①水力蕴藏量②潜在功率
primary ~ ①最大可用功率②初始能量
prime ~ 基本功率
propulsive ~ 推进功率，牵引功率
PTO ~ 动力输出轴功率
pull-out ~ 牵出功率，失步功率
pulse ~ 脉冲功率
pulsed magnet ~ 脉冲磁场功率
pump ~ 泵耗电力
pumping ~ 抽汲功率，泵供液量
radiant ~ 辐（射）功率

radiated ~ 辐射功率
radiating ~ ①辐射功率，辐射强度②发射本领，辐射能③散热能力
rated ~ 额定〔设计〕功率
rated apparent ~ on line (valve) side 额定网侧（阀侧）表观功率
rated d.c. ~ 额定直流功率
reacting ~ 无功功率
reactive ~ 无功〔效〕功率
real ~ 有效功率
received ~ 接收功率
received signal code ~ 接收信号代码功率
reduced ~ ①降低功率②折算功率
reducing ~ 消色力，还原能力
reference ~ 参考功率，基准功率
reference signal received ~ 基准信号接收的功率
reflection ~ ①反射能力，反射功率②反射比③反光能力
refracting ~ ①折射率，折射能力②屈折力
relative narrowband transmit ~ 相对窄带发射功率
resisting ~ 抗力，阻力
resolution ~ ①分辨能力〔本领，率〕②分解力，析像能力
resolving ~ ①分辨（能）力，分辨率②解像（能）力，析像能力③鉴别力
reverse ~ 逆功率
rotatory ~ 旋转能力，旋光本领
second ~ 二次幂，平方
secondary ~ ①超出保证功率部分②二次功率
sending ~ 发送功率，发射功率
service ~ 厂用电力，服役功率（电站内部所需能量）
short-circuit ~ 短路容量
socket ~ 插接〔座〕电源，（通过插销的）外接电源
solvent ~ 溶解能力
source ~ 电源功率
source-to-fiber coupled ~ 光源 - 光纤耦合功率
specific ~ 单位出力，单位功率，比功率，功率系数
spike leakage ~ 波尖漏过功率
stabilizing ~ 稳定能力
stand-by ~ 后备〔备用〕功率
staying ~ 持久力，耐久性
steam ~ ①蒸汽动力②火电厂发电量
steaming ~ 蒸汽生产额
stopping ~ ①制动功率，制动能力②阻止本领
stray ~ 杂散功率
sun-generated electric ~ 太阳电源
supporting ~ 承重量，承载能力
surplus ~ ①剩余功率②（汽轮机）过负荷功率
sustaining ~ 持续力，支持能力
switch mode ~ 开关式电源
symbolic ~ 形式幂，形式指数，符号幂
thermal ~ 火力，热力，热能
thermoelectric ~ ①温差电势，热电势②热电功率，热电动势率
thermonuclear ~ 热核能
third ~ 三次幂，立方
threshold ~ 极限功率，阀值功率
throughput ~ 传输功率（变压器）
throwing ~ 覆盖性（电镀），着电效率，电镀能力，泳透力，分散〔散蚀〕能力
thrust ~ 推进功率，推进动力
tidal ~ 潮汐发电功率，潮汐力
topping ~ 前置功率
towing ~ 曳引力
tractive ~ 牵引功率，牵引（能）力
transmitted ~ 传输功率，辐射功率
true ~ 实际功率，有效功率
turbojet ~ ①涡轮喷气动力装置②涡轮喷气发动机推力
unit ~ 一次方〔幂〕
vector ~ 矢量功率，复数功率
virtual ~ 潜在功率，虚功功率
wasted ~ 耗散功率，损失功率
water ~ 水能，水力
wattful ~ 有功功率
wattless ~ 无功功率
wave ~ 海浪发电，波浪发电
wetting ~ 润湿（能）力
wind ~ 风力
working ~ 使用动力
power-actuated 用机械传动的，机动的
powerboat 机动艇，汽艇，摩托艇
power-controller 功率调节器
powerdozer 推土机
sapper ~ 轮式推土机
power-driven 电力驱动的，机械传动的，机动的
powered 有动力装置的，动力的，机动的，供电的，机力操纵的
air ~ 气动的
power-factor 功率因数

lagging ~ 滞后功率因数
magnetic ~ 磁功率因数（磁滞角的余弦值）
powerforming 功率重整
powerful ①强大的，强有力的②有功效的③大功率的，大倍数的
powerhouse 发电站，电厂，动力间
power-hungry 功耗大的
powering ①动力〔马力〕估计②供电
A-B ~ （电容传声器的）A-B 供电
phantom ~ 幻像供电，幻像电源
power-law 按幂函数规律的，幂定律的
powerless 无动力的，无能的，无效的
power-lifter 动力提升机构，动力起落装置
power(-)line 电源线，输电线
power-making 产生动力的，发电的
powerman 发电专业人员，动力工作者
powermeter 功率计〔表〕
coaxial peak pulse ~ 同轴峰值脉冲功率计
Johnson ~ 微分功率表
torque-tacho ~ 转矩转速功率测量仪
power-off （发动机）停车，关油门（的），切断电源（的）
power-on （发动机）开车，开油门（的），接通电源（的）
power-operated 机〔自，电〕动的，具有补助能源的
power-output 输出功率，动力出量
powerplant ①动力装置，发动机，发电机组②动力厂，发电厂
boost ~ 助推动力装置
PowerPoint 图形演示软件
power-producing 牛产动力〔能量〕的
power-production 动力生产
Powerstat 调压自耦变压器（商品名）
power-take-off 分出功率，动力输出（轴），动力输出轴驱动装置
power-train 动力系
power-wasting 耗能的
P-pulse PAL 制相位识别脉冲
practicability （切实）可行性，实用性
practicality ①实践性，实用性②实物〔例〕
practically-minded 有实际〔践〕经验的
practice ①实际，实践②实验，实习③习惯（作法），（通常）作法④工艺，操作规程
beam ~ 束流试输
cold rolling ~ 冷轧法
flush ~ 冲渣操作，出渣
ga(u)ging ~ 测〔计〕量方法〔技术〕
job ~ 施工方法
mo(u)lding ~ 造型法，翻砂
orthodox ~ 惯例
pit ~ 铸坑操作
routine ~ 操作规程
safe ~ 安全技术，安全规章
scrap ~ 废钢炼钢法
standard ~ 标准操作规程
workshop ~ 现场实习
practitioner 专业人员
data base ~ 数据库设计员
praetersonics 超声（波）的，高超声波学，极超短波晶体声学，特超声（学）
Pragilbert 普拉吉伯（磁通势单位，1 普拉吉伯 =4 π A）
pragmatic 实际的，实用主义的
pram ①小车，滚车，手推车②平底船
Pramaxwell 波拉麦克斯韦（磁束的实用单位）
prank ①不正常的动作，（机器的）不规则转动②装饰，点缀
Praoersted 普拉奥斯特（磁化力的单位，1 普拉奥斯特 =4 π A/m）
praseodymium 镨（Pr）
pravity 障碍，故障
praxis ①实践，应用②习惯，惯例
pre-acceleration 预加速，先加速
preaccelerator 预加速器
DC ~ 静电型预加速器
preaccentuator ①预增强器②（预）频率校正电路③预加重器
preact ①提前，超前②提前（修正）量③预作用
prc-adjusted 预调（的）
pre-admission 预进（气）
preaeration 预曝气
preag(e)ing 预老化，人工老化，预时效
power ~ 功率预老化
prealloy 预合金
preamble ①序言，绪论，预兆性事件②引导程序
preamp =preamplifier
preamplification 前置（级）放大
preamplifier 前置放大器
acoustic emission ~ 声发射前置放大器
audio ~ 前置声频放大器
camera ~ 摄像机前置（视频）放大器
infrared ~ 红外前置放大器
luminance-channel ~ （摄像管）亮度通道预放器
microphone ~ 微音器（话筒）前置放大器

parametric ~ 参量前置放大器
pick-up tube ~ 摄像管预放器
self-equalizing ~ 自动均衡前置放大器
signal ~ 前置信号放大器
tunable ~ 可调谐前置放大器
preanalysis 预分析，事前分析
pre-annealing 预（先）退火
pre-anodize 预阳极化
pre-arcing 预放电，预燃（光谱分析）
prearrange 预先安排，预定
preassembling 预装（配）
prebaking ①预先烘干②预先退火
prebend 预（先）弯（曲）
pre-blanking 预熄灭，预匿影
preboiler 预热锅炉
prebox 前置组件
prebreakdown 击穿前的，预击穿的
pre-built 拼装式（的）
prebunch 预群聚
prebunched 预聚束的
pre-burning ①预燃②老化
precalcined 初步锻烧的
precalculated 预先计算好的
precarburization 预先碳化，预先渗碳
precarious ①不稳〔确〕定的，不安全的，危险的②根据不足的，靠不住的
precast ①预先浇注的，预制的②装配式的
precast-forging （半）液态模锻
precast-prestressed 预制预应力的
precast-segmental 装配式预制的
precaution ①预防，预防措施，保护（措施）②谨慎，小心
fire ~ 防火装置
precedence ①领先，优先，优先权②优越性
higher order ~ 高级优先（法）
operator ~ 算符优先
preceding 以前的，上述的
precess 进动，旋进
precession 进动，旋进，向前的运动
~ of equinoxes 岁差，（分点）差异
apparent ~ 视进动，表观运动
gyroscopic ~ 陀螺进动
precessor 旋进磁铁
prechamber （发动机）预燃〔热，真空〕室，前室
precharge 预先充电
precheck 预先校验，预先检查
precicheck 指针式精密校表仪
precious ①贵重的，宝贵的②彻底的，完全的，非常，极
precipitability 沉淀度，沉淀性，临界沉淀点
precipitable 可沉淀的，可淀析的，析出的
precipitant 沉淀剂，脱溶物，淀析剂
precipitate ①沉淀物，沉淀，脱溶物②凝结的水汽，冷凝物③使沉淀，使（水蒸气）凝结
grain boundary ~ 晶界脱溶物
precipitation ①沉淀（作用），沉积（物），脱溶（作用），沉降，析出②降水（量），下雨量
absorptive ~ 吸附沉淀
cellular ~ 网状析出
coherent ~ 共格沉淀
electric ~ 电集尘（法），电沉淀
electrical dust ~ 电收尘法
electrostatic ~ 静电沉淀，静电集尘
fractionated ~ 分级沉淀
nodular ~ 球状沉淀
reciprocal ~ 相互沉淀（作用）
sonic ~ 声波集尘
precipitation-hardening 沉淀〔时效，析出〕硬化
precipitator ①沉淀器，沉淀剂②吸尘〔除尘，聚尘，电滤〕器
column ~ 沉淀柱，置换柱（用细粒铁溶液置换铜）
corrugated ~ 百叶窗除尘器
cottrell ~ 静电除尘器
dry type electric ~ 干式电除尘器
dust ~ 除尘器，除尘室，降尘室
electric ~ 静电集尘器
electric plate ~ 电板除尘器
electric rodcurtain ~ 棒帘式电收尘器
electrostatic ~ 静电式除尘器，静电沉淀器，电滤器
Elex ~ 板式电除尘器，平板式电集尘器
hot ~ 高温（电气）除尘器
pipe ~ 管式除尘器
plate ~ 板式电气除尘器
rod-curtain ~ 棒屏沉淀器，静电沉淀器，电滤器
static ~ 电气除尘器，静电除尘器
thermal ~ 热沉淀器
tubular type electric ~ 管式电除尘器
wet type electric ~ 湿式电除尘器
precipitron 静电滤尘器（商品名）
precis 〈法〉①摘〔概〕要，大意，梗概②摘…的要点，写…的大意

precise ①精密的，精确的，准确的②明确的，正确的
precision ①精密度，准确度，精确性，精度②精确，正确，精密③（作业）精度（机器人性能参数）
attainable ~ 可达到的精（密）度
double ~ ①二〔双〕倍精密度②双精度（的）
high ~ 高精密度
instrument ~ 仪表精（确）度
long ~ 多倍精度，多倍字长
machining ~ 加工精度
multiple ~ 多倍精度，多倍字长
operational ~ 运算精度
required ~ 精度要求
single ~ ①单精度②单字长
timing ~ 时间读数精度，定时精度
triple ~ 三倍精度，三倍字长
precision-machined 精（密）加工的
precleaner ①预清机，粗选机②（空气）粗滤器
aspirator-type ~ 吸气风扇式粗选机
precleaning 预清洗，预清理
preclusion ①预防，排〔消〕除②防〔阻〕止，妨碍
precoat ①预涂层，面料层，（在过滤器表面涂敷的）滤料层②形成滤层，形成滤垫
investment ~ ①面（层涂）料②易熔模型的保护层
precoating 预浇面层，预涂层，底漆，挂面料，熔模涂料
precoding 预编码
unitary ~ （通信）单式预编码
pre-collector 预净除尘器，前级除尘器
pre-column ①前置柱②柱前③预分离柱
precombustion 预燃
precomminution 预粉碎
pre(-)compaction 预压，初步压块
precompensation 预（先）补偿
phase ~ 相位预补偿
precompiler 预编译程序
precompression 预（加）压（力），预压缩
precompressor 预压器，填装置
precomputed 预先计算的
preconceive 预想
preconcentration 预（精）选，预先富集
precondensate 预缩（合）物
precondenser 预冷凝器
precondition ①先决条件，前提②预（先）处理，预先安排，预老化，预稳定
pre(-)conditioning 预处理
precontamination 初期沾污〔染〕
precontrol 预先控制
precoolant 预冷剂
precooler 预冷（却）器，前置冷却器
air ~ 空气预冷器
deaerator steam ~ 除氧器蒸汽预冷器
precooling 预冷却
precorrection 预（先）校正
gamma ~ 非线性预校正，γ-预校正
precorrector 预校正器
precracking 早期纹裂
fatigue ~ 疲劳预裂
precritical 临界前的，亚临界的
precuring 预固化
precursor ①预报器②初级粒子，前驱波，先驱物，产物母体③前身，前兆，先质
predecessor ①前人〔辈，任〕②前趋〔驱〕，（被代替的）原有（事）物
allowed ~ 容许前置符
immediate ~ 直接前驱块
predecomposition 预分解
predefine 预定义，预先确定，预先规定
predeflection 预偏转
predeformation 预变形，反变形
predeposition 预淀积
predesign ①初步设计，草图设计，概略设计②预定
predetection 检波前的，检验前的
predetector 预检波器
predetermine 预（先决）定
predicable 可预测〔预示，断定，预报〕的
predicate ①（数理逻辑的）谓词②断定
predication 断定，判断，推算，预测
predict 预言〔示，测，计〕
predictability 可预测〔言，示〕性
prediction ①预言〔计，报，测，示，料〕②前置量
~ (in picture coding) 预测（图像编码中）
adaptive ~ 自适应预报
adaptive multichannel ~ 自适应多声道预测
gross ~ 粗略预计
lead ~ 提前量测定
linear ~ 线性预测
load ~ 负载预计，负荷预计
model ~ 模型预测法
nonlinear ~ 非线性预测
optimum ~ 最佳预测

performance ~ 性能预测，性能估计
planar ~ （数字电视的）平面预测
plane ~ 平面预测
previous line ~ （扫描）前行预测，前扫描线预测
previous value ~ 前值预测
real-time ~ 实时预报
reliability ~ 可靠性预计

predictive 预言性的
generalized ~ control 广义预测控制

predictor ①预测器，预报器②预示公式，预示算子③预测值④射击指挥仪
grade crossing ~ 道口信号预报器
poisoning ~ 中毒预报器

prediffusion 预扩散

predigestion ①预先消化，使容易消化②简化，使易懂
~ of data 数据的预先加工

predischarge 预放电，预排气，预先卸载

predispersor 前置分光器，光谱分级器

predissociation 预离解（作用），预分离

predistorter 前置补偿器，预修正〔预失真〕电路

predistortion ①预失真，预畸变②预矫正，（频应）预矫
phase ~ ①相位预矫②相位预失真

predistribution 初步分配，预先分配

predominant ①主要的，占优势的，有力的②支配的

predomination ①优越〔势〕，支配②显著，突出

predose 辐照前，照射前

pre-drawing 预拉伸

pre-drier 预烘机

predrive 预驱动，预激励，前级激励

pre-dry 预先干燥（的）

predryer 预干燥器

predrying 预干燥

Preece 普里斯（电阻率单位名称）

pre-echo ①预试反射波②预回波

pre-edition 预先编辑

preelaboration 预加工，前加工

preelection 预〔优〕先的选择，预选〔定〕

pre-electrolysis 预电解

preemergency ①备用，备急②辅助

preemphasis 预修正〔加重，补偿〕，（频应）预矫
audio ~ 音频预加重
video ~ 视频预加重

preemption 优先购买（权），抢先，先占

preemptive 优先的，优先购买（权）的，抢先的，先取的

preenvelope 预包络

pre-equalization ①（频应）预矫②预均衡

pre-equalizer 前置均衡器

preestablished 预定的，预先确定的

pre-estimate 预测〔算〕

pre-etching 预腐蚀

preeutectic 先共晶的

pre-evaporator 初步蒸发器，预蒸发器

pre-expander 预扩展器

pre-expansion 预发泡

prefabricate ①预制品②（工厂）预制，预装配

prefabricated 预制的

prefabrication 预制（品）

prefactor 前因子

prefade 预衰落（衰落前的电平调整）

prefading （节目电平的）预调节

prefault 故障前的

prefer ①更喜欢，宁愿选择②提出，提起，建议

preferable 优越的，更可取的，较好的

preference ①优先②选择权③优先权

preferential 优先的，择优的

preferred 优选的，较可取的

prefetch 预取

prefiguration 预示〔兆，想〕，原型

prefill 预装填，预先充满

prefilter ①粗滤器②前置滤波器
non-oil impregnated ~ 非油浸式粗滤器

prefiltration 粗滤

prefiring ①预点火，预烧②点火前的，起动前的

prefix 字首，前缀，首标，词头
~ of code word 码字首
condition ~ 条件词头，条件前缀
international ~ 国际前置符号
statement ~ 语句前缀

preflex 预弯，预加弯力

prefluxing 预涂熔剂

prefocusing 预（先）聚焦，初聚焦
electrostatic ~ 静电预聚焦

preform ①塑坯预塑，预制件，锭料，坯料，雏形，盘料，压片②预制，预成形，初步加工
cast ~ 铸造预成形件
fiber ~ 光纤预制件

preformation 预成形

preformed 预成形的，预制成的

preformer 预压机，制锭机，预成形机
dual-pressure ~ 弹簧模预压机
preforming 预成形，预制，制坯工序
preframe 预装配
pre-grinding 预磨，预先磨细
pregroove 预刻槽
pregroup 前群，团体前
prehardening ①预硬化②初凝
preheat 预热，初步加热
carburetor ~ 进入汽化器的空气预热
preheater 预热器〔炉〕
air ~ 空气预热器
double undulated ~ 双波纹板回转式预热器
grate ~ 箅式预热器
Ljungstrom air ~ 容氏〔回转式〕空气预热器
notched undulated ~ 齿形波纹板(再生空气)预热器
recuperative air ~ 蓄〔同流换〕热式空气预热器
regenerative air ~ 再生〔回转〕式空气预热器
scrap ~ 废钢预热装置
shell-and-tube ~ 壳管〔管板〕式预热器
still ~ 蒸馏釜预热器
preheating 预热
preheat-starting 预热起动
preignition ①预燃（作用），早燃②提前点火，早期点火
preinstallation 预装（配），预安装
pre-ionization 预电离，先电离
pre-ionized 预电离的，先电离的
prelimer 石灰混合器
preliminary ①初步的，初级的②预备的，序言的，开端的③准备工作④（pl.）序言
pre-liquefier 初步液化器
preload ①预(加)载,预荷载②预压③预加料，预装入
axial ~ 轴向预加负荷
build-in ~ 固有预压，初始压力（继电器触点间的）
preloading ①预先负载，初载②预压③预先加料
prelude 序部，序言，序曲
library ~ （程序）库序部
standard ~ 标准序部
statement ~ 语句序部
pre(-)magnetization 预磁化
Premaloy 普累马洛依合金(w(Ag)80%,w(In)15%，w(Cd)5%)
premastering 前置主控，(原版盘)预制作
premise ①前提，假定②房产
customer ~ 用户所在地
premium ①奖金〔品〕②保险费，佣金，额外费用，贴水③优质，质量改进的
insurance ~ 保险费
premix ①预混合料②预先混合
premixer 预混合器
premixing 预拌，预混合
premode 前方式，前模式
premodification 预先修改
premodulation 预调制
premo(u)lding 预先铸模
Premuffler 前置消声器
premultiplication （自）左乘，前乘
prenormalize 预规格化
preoiler 预（先）加油器
pre-oiling 预先润滑
preoperation 空转，试运行，试运转
preoperative 操作前的，运行前的
pre-oval 粗轧椭圆孔型
preoxidation 预氧化
prepaging 预约式页面调度，预分支
preparation ①准备，预备，调制，预加工，配制②制剂，制备（品）③（pl.）准备工作〔措施〕
~ in quantity 成批制备
coal ~ 煤的制备，煤粉制备
data ~ 数据准备
edge ~ ①边缘整理，坡口加工②接边加工（焊）
feed ~ 备料
fuel ~ 燃料制备，燃料富化
mo(u)ld ~ 整模
powder ~ 粉末制备
sample ~ 试样准备，试料制备
single groove ~ 开单面坡口
size ~ 粒度准备
stock ~ 备料
surface ~ 表面预加工，表面处理
volume ~ 成卷准备，成卷配备
weld ~ 焊缝坡口加工
wet ~ ①湿选法②湿制剂
preparator 选矿机
preparatory 准备的，预备的，初步的
prepare ①准备，预备②做出，制定，制备，配制
preparer 调制机
preparing 制备

extrusion expansion pellet food ~ 挤压膨化颗粒饲料制备
prepayment 预付（款）
prepay-set 投币式（公用电话机，自动售货机）
prepiercing 预冲孔
preplace 预置
preplanning 预先计划
prepolishing 预抛光
prepolymer 预聚物
pre-position 事前定位，预定位
prepreference 最优先的
pre-preg ①（印制电路板用的）半固化片，聚酯胶片②预浸处理
prepress 预出版
prepressing ①预压②（pl.）预压坯块
prepressing-die-float 预压浮沉模，预压弹簧模
prepressurization 预加压
preprint 打样，试印样
preprocessing ①预加工，预处理②加工前的
data ~ 数据预处理
preprocessor ①预处理机②预处理程序
transmission ~ 传输预处理机
preproduction 试制，小批生产，试验性生产
pre-profiling 初成形，预成形
preprogram 预先编程序
preprogrammed-controlled 预编程序控制的
prepulsing 预馈脉冲，发出超前脉冲
prepump 前级泵，预抽泵
prepunching 预穿孔（的）
prepurging 洗炉，清炉（光亮退火等热处理时清除炉内气体）
prequenching 预淬火
prerecord 预记录，预录制
prereduction 预先还原
prerefining 预先精炼，初步提纯
preregulator 前置调节器
prerelease （蒸汽机）提前排气
prerequisite ①先决条件，必要条件②必须预先具备的
prerequisites 预备知识，先决条件（prerequisite 的复数）
preroast 预先焙烧，初步焙烧
pre-roll （图像）预滚动
prerotation 预转〔旋〕
prescaler 预引比例器，预换算装置
prescope 前作用域
prescoring 先期录音，预录
prescribe ①规定，命令，指示②吩咐
prescription ①质量要求②规定，说明③惯例，传统④时效
prescriptive 规定的，指示的，命令的，约定俗成的，惯例的
preselection 预选〔定〕，前置选择（法）
preselector ①预选器，前置选择器②高频预选滤波器
relay ~ 中继预选器
RF ~ 射频预选器，射频预选滤波器
stepping ~ 步进式预选器
presence 存在
present ①现在，目前②现有的，现成的③导向，引起④发出，显示
presentation ①提出，指示，呈现，存在，表示②外观③图像，影象，显像，扫描，显示④报告书，文献，赠本
~ of information 数据输出，信息显示，信息图像
aural-null ~ 有声无声显示
coded decimal ~ 编码的十进制表示法
expanded ~ 扩展扫描，扩展显示
graphical ~ 图像显示，图解表示法
monochrome ~ 单色显像，黑白显像
push-through ~ 满屏显示，全显示
range-azimuth ~ 距离 - 方位显示
tactile ~ 感觉显示，触觉显示
present-day 现代的，现在的
preservation 保存，储藏，维持，防腐，预防
oil ~ 油封
signal ~ 信号保存
preservative ①防腐剂，保护料②防腐的，保存的，预防的
preservatize 用防腐法，给…加防腐剂
preserve ①保存，保持②防腐
preserver 保护装置，安全装置
preset ①预定的，预调的②预〔微，初〕调，调整③安装程序④初〔预〕凝（结）
automatic ~ 自动程序调整
presetter 预调装置，机外对刀装置
tool ~ （机外）刀具预调仪，刀具预调装置
preset-time 规定时间，给定时间
presetting ①预置②预调
preshaping 预（先）成形
preshaving 剃前
preshoot 倾斜，下垂，前〔预〕冲，前置尖头信号
president 主席，总裁，董事长，总经理
presinter 预烧，初步烧结，初步熔结，压结前烧结

pre-slag 前期渣
presmelting 预熔炼
presoaker 预浸泡机
presort 预分类，预排序
prespark 预燃
pre-springing （焊件的）预弯
press ①压，按②压缩，挤压，冲压，压锻③压床，冲床，压锻机④夹具⑤压呢机，打包机，熨衣机，印刷机⑥压辊脱水⑦印刷厂〔品〕，出版社〔物〕，印刷，出版⑧芯柱
~ for mo(u)ld extrusion 铸型落砂冲锤机
~ of fluidity （金属的）液性压力
adjustable-bed ~ 工作台可调式压力机
air ~ 气动压力机
air box ~ 风动压缩机
amalgam ~ 汞齐挤压机，汞齐加压机
angle ~ 直角双向加压式压力机
angle molding ~ 角冲模压机，有垂直及水平柱塞的铸压机
aniline ~ 苯胺印刷机
arbor ~ 心轴装拆压力机，手扳压机，手扳冲床，矫正机
arch ~ 拱门式冲床〔压力机〕
asbestos ~ （钢丝镀锌擦净用）石棉（擦拭）夹
atm ~ 大气压力
autoclave ~ 压热（硫化）锅
automatic ~ 自动压力机
automatic cold upsetting ~ 自动冷镦机
automatic forging ~ 自动锻压机
automatic multiple die ~ 自动多工位压力机
baby ~ 预压
bale ~ 打包机，包装机，填料压机
baling ~ 包装机，打包机，填料压机
ball automatic cold upsetting ~ 钢球自动冷镦机
balling ~ 压块机
bark ~ 压皮机
belt ~ 压带机
belt filter ~ 带式压滤机
bench ~ 台式压床，台式压机
bending ~ 压弯机
blank ~ 落料压力机
blanking ~ 冲压机，冲裁压力机，烫金机，压箔机
blanking and embossing ~ 轧凹凸机
block ~ 模压机
block proofing ~ 铜锌版打样机
blocking ~ 烫金机，压印机
blotter ~ 压滤机
boarding ~ 热压定形机
board rotary ~ ①工作台回转式压力机②转轮印刷机③滚筒式压呢机
bolt automatic cold upsetting ~ 螺栓自动冷镦机
box filter ~ 压滤箱，箱式压滤机
brick ~ 压砖机
briquette ~ 压块机，压片机
briquetting ~ 压块机，压片机
bull ~ 型钢矫正压力机
bundling ~ 小包机，扎束机
Bussman-Simetag ~ 巴塞式上下双动水压机
cabbaging ~ 包装压实机（废钢用），打包机
cam ~ 凸轮机
can end ~ 罐头封顶压力机
carousel bale ~ 双（转）箱打包机
C-frame ~ 开式压力机
chromatic ~ 彩色印刷机
clicker ~ 冲床，带刀切割压力机
clipping ~ 切边压力机
coining ~ 压印压力机，压花压力机，精压机
coning ~ 精密模锻
copper-plate ~ 凹版印刷机
couch ~ 双辊挤压机，横式挤压机
crankless ~ 无曲柄压力机，无曲轴压床
crankshaft ~ 曲柄式压床，曲轴压力机
crimping ~ 卷圆压力机
cross shaft ~ 曲轴横放（前后方向布置）压力机
cupping ~ 深拉压力机，引伸压力机
curing and moulding ~ 模压机
cutting ~ 冲切机
cutting-out ~ 切断压力机，冲切机，切断机
cylinder ~ （水平双网）挤浆机
diamond coil hot ~ 框式线圈热模压机
die ~ 泡沫塑料片材切割机
die hobbing ~ 模压制压力机
die spotting ~ ①定心模压机②模具研配压力机，修整冲模（用）压力机
die stamping ~ （压）凹凸印刷机，封缄印刷机
dieing out ~ 冲床，冲裁压力机
direct rotary ~ 轮转印刷机
dishing ~ 车轮轮辐压弯机
double-action ~ 双动（式）冲床〔压床〕
double-roll ~ 双辊压力机

down stroke hydraulic ~ 下冲式液〔水〕压机
drawing ~ 深拉压力机，拉伸压力机
drawing hydraulic ~ 拉深液压机
drill ~ （台式）钻床
drop ~ 模锻压力机，落锤
drum cylinder ~ 回转平台印刷机
dry offset ~ 干胶印机
drying ~ 榨干机
dual-pressure ~ 双向压力压机，弹簧模压机
Duovit ~ 杜沃维特压力机（一种拉延复杂零件用的低速压力机）
Duplex ~ （美国 Duplex 公司）圆压式凸版印刷机
Dynapak ~ 高能束压机
eccentric ~ 偏心压力机
edge cutting hydraulic ~ 切边液压机
electric screw ~ 电动螺旋压力机
embossing ~ 压印机，压花机
end cover ~ 电机端盖压床
end forming ~ 端部整形机
end wheel ~ 轮端成形压力机
etching ~ 铜板印刷机
extruding ~ 挤压（成形）机
extrusion ~ 挤压机，冲床
extrusion hydraulic ~ 挤压液压机
fagoting ~ 打捆机
fast forging hydraulic ~ 快锻液压机
Fastraverse (platen) ~ 快速双效液〔水〕压机
fibercone ~ 双锥辊挤浆机
filter ~ 压滤机（分离油和固体杂质）
filter belt ~ 带式压榨过滤机
fine blanking ~ 精密落料冲床，精密冲裁压力机
flanging ~ 弯〔翻〕边压力机
flat-bed ~ ①平台印刷机②平板压烫机，平板热压机（间歇式转移印花用）
floating die ~ 弹簧模压机
fly ~ 螺旋压力机，飞轮式压力机
flying ~ 螺旋摩擦压力机
flywheel ~ 飞轮传动压力机
food particle ~ 粗饲料压粒机组
foot ~ ①脚控压力机，脚踏印刷机②平压机
foot-lever ~ 脚踏压力机
forge ~ 锻压机
forging ~ 锻压机
forging hydraulic ~ 锻造液压机
forming ~ 成形压力机，弯压机
four point ~ 四点〔四曲拐〕曲轴压力机
frame crank ~ 单柱曲柄压力机
frame filter ~ 框式压滤机
friction ~ 摩擦压力机
gag ~ 压直机，矫正压力机，压平机
gang ~ 排式压床，复动压力机
gap (frame) ~ 马鞍压床，开式单臂压力机，C 形单柱压力机
ga(u)ge ~ 矫正压力机
gear quenching ~ 齿轮淬火压床
gilding ~ 烫金机
glazing ~ 压光机
glue ~ （木工的）胶夹
gravity ~ 金属挤压机
grease ~ 压油机（油脂的）
Guerin ~ 格林式橡胶模成形压力机
hammering ~ 锻（造）压（力）机
hand hydraulic ~ 手动液压机
hand-arbor ~ 手扳压床，手扳压机
heading ~ 压头〔镦头，镦粗〕机
hemming ~ 折边压力机
hobbing ~ 切压机
horn ~ ①筒形件卷边接合偏心冲床②悬壁〔柱状〕工作台压力机
hot ~ 热压，热压机
hot forging ~ 热模锻压力机
hot isostatic ~ 等静热压机
hot-sizing ~ 热校正压力机
hot-stamping ~ 烫印机，热压机
hydraulic ~ ①液压〔水压，油压〕机②液压冲床
hydraulic cold ~ 液压冷压机
hydraulic forging ~ ①液〔水，油〕压锻机②液压冲床
hydraulic hobbing ~ 液压滚齿机
hydraulic inverted ~ 上压式液压机
hydraulic mo(u)lding ~ 液压成形机
hydraulic screw ~ 液压螺旋压力机，液压螺旋锤
hydraulic wheel ~ 液〔水〕力压轮机
hydrodynamic mo(u)lding ~ 液力成形机，液力模压机
hydrostatic ~ 液压机，水压机
impact extruding ~ 冲挤压力机
indirect rotary ~ 胶版转轮印刷机
intaglio printing ~ 塑料凹版印刷机
iron ~ 压印机
job ~ 压板印刷机
jointing ~ 板材压合机

kick ~ 脚踏压力机
knitwear ~ 针织品熨烫机
knockout ~ 脱模力，甩力
knuckle (joint) ~ 肘杆式〔肘板，曲柄连杆式〕压力机，精压机
laminating ~ 层压压机
lapping impact test ~ 研配试冲压力机
lapping test module ~ 研配试模压力机
lead cable ~ 电缆包铅压机
letter ~ 书信复印器，凸版印刷机，铅印机
levelling arbor hydraulic ~ 校正、压装液压机
lever ~ ①杠杆式压床，杠杆式压力机②手扶杠杆印刷机
lever punch ~ 杠杆式压床，杠杆式压力机
link ~ 联杆式压力机
liquid ~ 液〔油，水〕压机
litho(graphic) ~ 平版印刷机
lubricating ~ 油泵，润滑油压入器
lying ~ 压书机
mandrel ~ 手动压力机
marking ~ 压印〔刻印，压痕〕机
mechanical ~ 机械压力机
mechanical forging ~ 机动锻压机
Messing cone ~ Messing 双锥辊挤浆机
minting ~ 硬币模压机
module lapping ~ 模具研配压力机
moisture screw ~ 气液螺旋压力机
mole ~ 暗沟塑孔器
more directions forging hydraulic ~ 多向模锻液压机
mo(u)ld ~ 压模机，压型机
mo(u)lding ~ ①翻制电铸版压型机②模压机
mounting ~ 镶样机
mud ~ 滤泥机
multi-colo(u)r rotogravure ~ 多色轮转凹版印刷机
multi-daylight ~ 多层压力机
multi-opening ~ 多层压机
multiple ~ 多效压机，多动压机
multiple-die ~ 多冲模冲床，连续冲床
multipunch ~ 多头冲床
multistation transfer ~ 多工位自动压力机
multi-story ~ 多层式印刷机
multi-unit web rotary ~ 多机组卷筒纸轮转印刷机
non-rotary ~ 固定模台压力机
normal forging hydraulic ~ 普通模锻液压机
notching ~ 冲缺口压力机，冲槽机
numerical-control turret punch ~ 数控回转头压力机
numerical-control ~ 数控压力机
nut automatic cold upsetting ~ 螺母自动冷镦机
offset ~ 胶（版）印（刷）机
offset printing ~ 胶印机
oil ~ ①液〔油〕压机②榨油机
oil filter ~ 液〔油〕压过滤器
open front ~ 开式压力机
open rod ~ 柱式液压机
open-back inclinable ~ ①开式双柱可倾压力机②前后送料的可倾式冲床
openside ~ 单臂压力机
overhanging ~ 悬臂冲床
pack hydraulic ~ 打包、压块液压机
packing ~ 填料压机，包装机，打包机
paper blotter ~ 框式压滤机
paraffin ~ 石蜡压滤机
percussion ~ ①撞压机②（上移式）螺旋压力机
percussion boring hydraulic ~ 冲孔液压机
percussion screw ~ 撞击螺旋锤，撞击螺旋压力机
perfect transfer ~ 全连续自动压力机
pick-up ~ 捡拾压捆机
piercing ~ 穿〔冲〕孔机
pill ~ 压片机
pillar ~ 柱式压力机
plain ~ 平压榨
plate printing ~ 凹版手摇印刷机
platen ~ 印压机
platen curing ~ 平板硫化机
plunger ~ 柱塞式压力〔捆〕机
pneumatic wax ~ 气动压蜡机
pole ~ 打桩机，立柱机
powder metal ~ 粉末制品成形压力机，金属粉末压实机
powder moulding ~ 粉末成型压力机
preforming ~ 预压机，压片机，制锭机
printing ~ 印刷机
progressive-die ~ （带卷料送进装置和废料切刀的闭式）连续冲压压力机
punch ~ ①冲床，压力机，压孔机②片材造型机
quenching ~ 成形淬火机（板簧的）
quick draw ~ 快速拉深压力机
rack ~ 齿轮齿条传动压力机

rail ~ 压轨机
ram ~ 冲压机
recessed plate ~ 凹板式压滤机，厢式压滤机
reducing ~ 缩口用压力机
relief printing ~ 凸版印刷机
retort ~ 蒸馏罐压制机
ring roll ~ 环-辊压力机
ring-type fixture notching ~ 外定位冲槽机
riveting ~ 压（力）铆（接）机，铆钉机
robotized ~ 机器人压力机
rodless angle ~ 无杆角式压力机
roller ~ 滚压机，对辊成形机，轧辊式极压（成形）机
rolling ~ ①压平压力机，研光机②滚动印刷机③压延
rotary ~ 旋转式压片机
rotary filter ~ 旋叶压滤机
rotogravure ~ 轮转照相凹版印刷机
rubber printing ~ 橡皮版印刷机
scrap ~ 废料打包〔压块〕压力机
scrap balling ~ 废铁压块压力机
screen process ~ 丝网印刷机
screw ~ 螺旋压力机
screw automatic cold upsetting ~ 螺钉类制品的自动冷镦机
segment notching ~ 整流子切槽专用压力机
shank-type gear quenching ~ 曲柄式齿轮淬火机
shaving ~ 整修压力机
shingling ~ 挤渣压力机
single-action ~ 单动式压力机
single-crank arch ~ 单曲柄拱式冲床〔压力机〕
single-piece frame ~ 整体机身式压力机
size ~ 施胶机
sizing ~ 精整压力机
slapping ~ 管端扩口压力机
slurry ~ 淤浆压榨机
sodium ~ 压钠（丝）器，钠丝压制器
solid-back type frame ~ 后封闭整体床身C形压力机
spindle ~ 螺旋压力机
spotting ~ 修整冲模压力机
squeezing ~ 挤压机，压榨机
stagger cut ~ 对板料做曲折送进以连续落料冲孔的压力机
stamping ~ ①模压机，冲压机②压印〔压箔，烫金（属箔）〕机③打印机
staving ~ 扩孔机
steam hydraulic ~ 蒸汽液压机
steeping ~ 浸压机
Stokes ~ 斯托克斯凸轮式压机
stone ~ 压石机
stop-cylinder ~ ①停转式凸版平台印刷机，间歇滚筒印刷机②自动停滚式印刷机
straightening ~ 压直机，矫正机
straight-side ~ 闭式压力机
straight-side crank ~ 双柱曲柄压力机
straight-side drawing ~ 闭式拉延压力机
straight-side edge cutting ~ 闭式切边压力机
straight-side (knuckle joint) ~ 闭式双柱（肘节式）压力机
stretch-draw ~ 张拉成形压力机
suction ~ 吸水压榨，真空压榨
Sweetland ~ 斯威特兰叶状压滤机
swelling ~ 膨胀压力机
swinging die ~ 摆动碾压机
tablet(ting) ~ 压片机
tandem ~ 双联印刷机
tankage ~ 油渣压榨机
test ~ 打样机
tilting head ~ ①摇头压榨机，上回转台压榨机②摆头印刷机
toggle ~ 肘杆式冲床，肘杆式压力机
toggle brick ~ 杠杆压砖机
transfer ~ 连续自动压力机，多工位压力机
trimming ~ 修整压力机，修边压力机，切边机
tube ~ ①管压机，管材挤压机②管式压滤机③内胎硫化热压器，内胎个体硫化机
tube-end belling ~ 管端扩口压力机
tube-end sizing ~ 管端定径压力机
turret punch ~ 转塔式六角孔冲床，六角零件压力机
tyre ~ ①轮胎装卸压床②轮箍压机③外胎硫化机
tyre shaping and curing ~ 轮胎定型硫化机
underdrive ~ 下传动机械压力机，下部驱动式冲床
unit type ~ 机组式印刷机
unitized ~ 自给式平板机
up-packing ~ 上压式压力机
upsetter forging ~ 镦锻压力机
upstroke ~ 上行式压力机
valve forging ~ 阀门锻造压力机
vertical cylinder ~ 立式凸版平台印刷机
vertical triple action ~ 立式三动冲床

Vincent ~ 模锻摩擦压力机
vulcanizing ~ 加压硫化机
washing ~ 洗涤式压滤机
water ~ 水压机
wax ~ 压蜡机
wax injection ~ 压蜡（模）机
web ~ 卷筒纸轮转印刷机
web-fed offset rotary ~ 卷筒纸胶印轮转机
wedge ~ 楔式热模锻压力机
welding ~ 焊接压力机
welding rod extrusion ~ 焊条压涂机
wet ~ ①湿压机②纸板机③去液压榨机
wheel ~ 车轮装配压力机
wheel mounting hydraulic ~ 轮轴压装液压机
winding arbor extraction ~ 脱管机
wiring ~ 卷边压力机，嵌线卷边机
worm ~ 螺旋压力机
zigzag ~ 交错送料

pressboard 压制〔厚纸，绝缘用合成纤维〕板
varnished ~ 漆纸板，浸渍纸板

press-button 按钮，电钮
mon-locking ~ ①自动还原按钮②非锁定按钮③自复按钮

pressed 加压的，压制的，模〔冲，挤〕压的

pressel 悬挂式电铃按钮

presser 加压〔压实，压紧〕器，承压滚筒
land ~ 镇压器
tension ~ 张力压烫机（用以测试织物形态稳定性）

press-fit 压（入）配合

press-in 压入，压进

pressing ①压制〔榨，滤〕，冲压②冲压件，模压制品
cold flow ~ 冷挤压
die ~ ①模压②片材造型
double-ended ~ 两端压制
extrusion ~ 挤压，压制
graded ~ 分段压制
high rates ~ 高能束压制
hot ~ ①热压②（唱片表面产生的）水纹效应
liquid ~ 液压模锻
magnetic ~ 磁场压制
mouthpiece ~ 挤压
one-direction ~ 单向压制
vibratory ~ 振动压制

pressman ①模压工②印刷工人

pressofiner 螺旋压榨机

pressostat 恒压器，稳压器

presspahn 压〔纸，（木浆）压制〕板

presspaper 厚纸板

press-powder 压粉

presstite 普列斯塑料

pressure ①压力，压强②电压③（大）气压（力）④压缩，压迫，挤压⑤强制
~ at expulsion 排气压力
abutment ~ 支撑〔拱座，支座，支承，桥台〕压力
acoustic radiation ~ 声压
acoustomotive ~ 声压
actuating ~ 作用〔工作，起动，驱动〕压力
admission ~ ①进气压力②容许压力
allowable ~ 许用压力
ambient ~ 外界〔周围，环境〕压力
applied ~ 外加压力，外加电压
atmospheric ~ （大）气压（力）
authorized ~ 容许〔规定，极限〕压力
back ~ 反压（力），吸入压力，背压，回压
backing ~ ①托持压力，托持压强②前级压强③背压
bar ~ 大气压力
barometric ~ 大气压，气压
base ~ 本底压力，基础压力
bearing ~ ①轴承压力②支力，支承压力
blank-holder ~ 压边力（锻压机械）
blanking ~ 下料力，冲裁力
blankoff ~ 极限（低）压强
blast ~ ①（鼓）风压（力）②爆炸压力③瞬间燃烧压力
blow-off ~ 吹除压力
boost ~ ①升压，增（益）压（力）②吸入管压力
brake mean effective ~ 制动平均有效压力
breakaway ~ 始动压力
breakdown ~ ①破坏压力②击穿压强
briquetting ~ 成形压力，压制压力
bubble point ~ 饱和压力
built-up back ~ 排放背压力
bursting ~ 爆破压力
case ~ 外壳压力
charging ~ 补偿压力，充气压力
circumferential ~ 圆周〔周边，切线〕压力
closing ~ （安全阀）回座压力
combustion ~ 燃烧压力
compensator ~ 缓冲压力
compression beginning ~ 压缩始点压力
compression end ~ 压缩终点压力

constant ~ 恒压
control-oil ~ 控制液压力，脉冲液压力（液压调节系统中的）
cracking ~ 开启压力（压力阀的）
dead-end ~ 止点压力，支点压力
deadhead ~ （油泵）零流量压力
delivery ~ 排气压力，出口压力
differential ~ 分〔差〕压，压差，压力降
directionless ~ 无向压力，静压力
discharge ~ ①输送压力，供给压力②排出压力，出口压力，排气压力
disruptive ~ ①击穿电压②击穿气压
downstream ~ 阀后压力
drain ~ 放出压力（液力传动中的）
draught ~ 轧制（压）力，压缩力
drawing ~ 拉伸力
drum ~ 汽包压力，卷筒压力
dwell ~ 保压压力
dynamic ~ 动压力，动压强，速压头，冲击压力
effective ~ 有效压力
ejection ~ 出坯压力，脱模压力
electric ~ 电压
electron partial ~ 电子分压
end ~ ①端压，轴向压力②终压力
entrance ~ 进口压力
equivalent hydrostatic ~ 当量液压
even ~ 均匀压力
excess hydrostatic ~ 超静液压力
excess sound ~ 峰值声压
excessive ~ ①超压，过压②剩余压力，多余压力
exhaust steam ~ 排汽压力
expulsion ~ 喷射压力
extraction ~ 抽气压力
extra-high ~ 超高（电）压（3 000 V 以上）
extreme ~ 极端压力，极限压力
face ~ 端面比压
fan ~ 风机出口压力
ferrostatic ~ 铁液静压力，钢液静压力
filling ~ 充气压力，填料压力
fine ~ 净压，吸入压
flash ~ 扩容压力
flow rating ~ 额定排放压力
flow-line ~ 流管压力
fluctuating ~ 脉动压力
fluid ~ 流体压力，静液压力，液压
follow-up ~ 自动加压，恒压
foundation ~ 基底压力
full ~ 全压力
furnace back ~ 炉内反压
ga(u)ge ~ 表（计）压（力），计示压强
grain ~ 结晶颗粒压力
head ~ 排出〔输送，水头，出口〕压力
heavy ~ 高压
high ~ ①高电压②高压（力）
hold ~ 限档压力，保压压力
hold down ~ 压料力，压制力
hydraulic ~ 液压
hydrostatic ~ ①流体静压力②流体静压强③（静）水压（力）
impact ~ ①碰撞压力②速度头，滞点压力③冲击压力，动压力
impressed ~ 外加压力
indicated ~ 指示压力，表压力
inflation ~ 充气压力，气胀压力
injection ~ 喷射〔压射，喷注，喷油，注射，注入〕压力，压射比压
inlet ~ 进口压力（气体分离设备），进气压力（燃气轮机），吸气压力
intake ~ 进气压力（内燃机）
interface ~ 接触面压力，比压
intrinsic ~ 内压
ironing ~ 熨平压力
jolt ~ 有效振实，振实力
journal ~ 轴颈压力
kick-off ~ 反冲启开压力，起动压力（采油设备）
kinetic ~ 动压
kiss ~ 接触压力
knife ~ （剪切机）剪刀的剪切力
knock-out ~ 顶出力
lateral ~ 旁压力〔压强〕
level ~ 定压，恒压
line ~ 管路压力，液〔气〕压系统操作压力
loading ~ ①箱内气体压力②增压压力
manifold ~ 歧管压力，管道内压力
manifold absolute ~ 歧管绝对压力
manometer ~ 表压
mean effective ~ 平均有效压力
mercury absolute ~ 汞柱压力
metallostatic ~ 金属静压力
minimum audible ~ 最小可听声压（音响）
needle opening ~ 针阀开启压力
negative ~ 负压力，负压强
nominal ~ 标称〔标定〕压力

nonshock fluid ~ 无冲击流体压力
normal ~ ①正〔法向〕压力②正常压力（760 mm 汞柱 =101 325 Pa），正常压强，标准压力
omnilateral ~ 全侧向压力
opening ~ （安全阀）开启压力，启跳压力
operating ~ 操作压力，工作压力
ordinary ~ 常压
osmotic ~ 渗透压力，浓差压
override ~ 调压差值
partial ~ ①部分压力，局部压力②分压力，分压强
peak ~ 最高压力，峰值压力
peakload ~ 最大载荷压强
peripheral ~ 切线压力
Pitot ~ 皮托管压力，总压力
pneumatic ~ 气压
popping ~ 起座压力
pore ~ 孔隙压力
power steering ~ 动力转向压力
precharge ~ 充气压力
preliminary ~ 初压，预压
pressurization ~ 压送压力，增压压力
proof ~ 耐压试验压力
pulsating ~ ①脉动电压②脉动压力
radiation ~ 辐射压力，辐射压强
ram ~ ①冲压②速度头③全压力
rated ~ 额定压力，指示压力
reduced ~ 对比压力，换算压力，减压
reduced osmotic ~ 比浓渗透压
reference ~ 基准压力，参考压力，参比压力
refusal ~ 极限压力
relevant ~ 相应压力
relieving ~ 排放压力
reseating ~ 回座压力
reset ~ 原始压力
residual ~ ①剩余压力②负表压
response ~ 开启压力（压力阀）
resultant cutting ~ 合成切削压力
return ~ 回（程）压（力），背压，反压力，回油压力
reverse ~ 反（向）压力
riser ~ 冒口压力
roll ~ 轧制压力
rupture ~ 破坏压力
safe ~ 容许压力，安全压力
safe working ~ 容许工作压力
saturated vapour ~ 饱和蒸汽压
scavenge ~ 扫〔换〕气压力
set ~ 调定压力，设定压力
shock ~ 冲击压力，激波压力
shrink fit ~ 热套表面〔配合〕压力
side ~ 侧压，侧面压力
sonic ~ 声〔音〕速压力，临界压力
specific ~ 比压
speed ~ 动压力
stagnation ~ 滞点〔滞止，驻点〕压力，全压
stalled ~ 极限压力
static ~ 静压力，静压强
stylus ~ 针压
subatmospheric ~ ①真空度，真空计压力②负表压，亚大气压力
subcritical ~ 亚临界压力
sublimation ~ 升华压力
superatmospheric ~ （正）表压
supercharge ~ 增压压力，进气压力
superhigh ~ 超高压
supply ~ 电源电压
support ~ 支承压力，支承反力，支座反力
surge ~ 峰值压力，冲击压力
surplus ~ ①剩余压力②表压
take-hold ~ 维持〔稳定前级〕压强
throat ~ 临界截面压力，喉部压力（喷管）
throttle ~ （透平）进口压力，调速气门前压力
tighten ~ (torque) 紧固力（力矩）
transmission ~ 传输电压
triaxial ~ 三向压力
trimmer ~ 缓冲压力
uniform ~ ①等压力②均匀压力
uplift(ing) ~ 扬压力，上举力，浮托力，反向压力
upset ~ 顶锻压力
upstream ~ 阀前压力，进口压力
upward ~ ①向上压力，向上托力②反向压力
variable ~ 不定压，变动压力
velocity ~ 速度压力，速度头，动压力
wall ~ 侧压力

pressure-actuated 压力传动的
pressure-air 高压空气，压缩空气
pressure-break （层压塑料内的）压裂缝
pressure-cast 加压铸成的，压力铸造的
pressure-charging （发动机）增压
pulse ~ 脉冲增压
pressure-controller ①电压调整器，升压器②（自动）压力控制器，压力调节器
pressure-creosoted 加压浸油的

pressure-dependent 随压力变化的
pressuregraph ①压力自记仪，压力曲线图②压强记录器
pressure-head ①压头②压力感受器③扬程
pressure-pad-force ①压边力②压料力，压板压力
pressure-plotting （绘制）压力分布图
pressure-resistant 承受住（一定）压力的
pressure-sensing 压力传感的，压力指示的
pressure-sizing 精压（冶金）
pressure-tight ①密闭的，密封的②压力密闭的，气密的③耐压的
pressuretightness 气密性，不渗透性
pressuretrol 自动调压器，压力控制装置
pressure-vessel 压力容器
pressurization ①加压，增压②压紧，压密，气密，密封，加压密封③压力输送，挤压
piston ~ 活塞压送（燃料）
pressurize ①增压，加压，产生压力②压入，压进③密封④使耐压
pressurizer ①压力保持装置，稳压器，增压装置，加压器②体积补偿器
pressurizing ①压力升高，加压②（反应堆释热元件的）压进，压入，密合
pneumatic ~ 气动密合
presswork ①压力加工②压制成品，冲压成品
prestage ①前置级②（火箭）初步点火
Prestal 锌铝超塑性材料（商品名）
prestarting 起动前的
prestige 声誉，威望
prestone 低凝固点液体乙二醇防〔抗〕冻剂
prestore 预存储
prestrain 预应变
prestress 预（加）应力，预拉伸
prestretching 预先拉伸
presume 假定〔设〕，设想，足以推定，以为
presumption ①假定，推测②或然率，可能性
presuperheater 预过热器
presupposition ①预想，预料②前提，先决条件③推测
pretension ①预拉，预张②预应力，预加载
pretensioning （钢丝绳的）预拉伸，先张技术
pretersonic 超声（波）的（频率大于 500 MHz）
pretest ①预先检验，事先试验②试验前的
pre-TR 前置收 - 发开关
pretranslator 预译器
pre-travel 预行程
pretreating ①预加工，初加工，预处理②准备工序
caustic ~ 碱洗，碱预处理
pretreatment ①预处理，预清理②粗加工，初步加工
pretrigger ①预触发器，前置触发器②预触发
pretriggering 预先触发
pretuning 预先调谐
preupset 预镦粗
prevailing 现行的，通行的，主要的
pre-valve 输入级电子管
prevenient ①以〔在〕前的，领先的，预期的②预防的，妨碍的
prevent ①防止，预防②阻止，制止
preventability 可预防性，可制止性
preventer ①防护装置，防止器，预防剂，警告装置②预防方法
annular ~ 环形防喷器
blowout ~ 防喷器，防喷装置，封井器
burning ~ 防燃器
interference ~ 防干扰装置
leak ~ 防漏剂
ram type ~ 闸板防喷器
rust ~ 缓蚀剂
prevention 预防（方法），防止〔护〕，阻止，妨碍
accident ~ 安全技术，事故预防（措施）
collision ~ 防撞，防碰撞
corona ~ 电晕防护
corrosion ~ 耐腐蚀，缓蚀
hangup ~ 防错，意外停机预防
maintenance ~ 安全设施，安全措施
wear ~ 防止磨损
preventive ①预防的，阻止的②预防方法，预防措施③预防剂
aqueous rust ~ 缓蚀液，水基防锈剂
freezing ~ 防冻剂
leak ~ 防漏剂
rust ~ 缓蚀剂〔油〕
preventor=preventer
preview ①预检，预观②预演，试映
previewer 预检器
colour ~ 彩色预检器
previous ①以前的，上述的②初步的③预先的
prewashing 预洗，预先洗涤
preweld 焊接前，预焊
prewetting 预湿
prewhirl 预旋
prewire ①预制线，预连线②预穿线（磁心的）

prewood 浸胶木材

price ①价格，价钱②造价③定〔估，标〕价

~ free alongside ship （=f.a.s.）船边交货价

~ free on board （=f.o.b.）离岸价，船上交货价

base ~ 基价

bedrock ~ 底价，最低价格

bottom ~ 最低价，底价

ceiling ~ 最高限价

competitive ~ 投标价，标价

cost ~ ①原价，成本价格②生产成本

cost unit ~ 成本单价

cost-oriented ~ 按成本定价法

cost-plus ~ 成本加成定价法

credit ~ 赊（购）价（格）

current ~ 时价，市价

disposal ~ 处理价格

ex-quay ~ 码头交货价

factory ~ 出厂价格

famine ~ 缺货（时的）高价

floor ~ 最低价，底价

freight absorption ~ 运费免收定价法

godown ~ 仓库价格

going-rate ~ 现行价格定价法

hire-purchase ~ 分期付款价

in-bond ~ 关栈价格

market ~ 市价

net ~ 实价，净价

outside ~ 最高价格

point-of-production ~ 产地定价法

preemptive ~ 先占定价法

pricing ~ 定价（法）

relative ~ 比价

rendu ~ 全部费用在内的价格

reserve ~ 最低价格

skimming ~ 先高后低定价法

spot ~ 现货价

striking ~ 约定价格，协定价格

transfer ~ 调拨价，转账价格

unit ~ 单价

upset ~ 开拍底价，最低价格

prick ①刺痕，扎气孔②扎（穿）

pricker ①冲子，锥子，扎气孔针，通气针②触针（电缆试线用）③砂钉，抓钉（在轴或板上凸出的针状物）

priles （叠轧时的）三型板

prill ①金属（小）球，金属颗粒②使（固体）变成颗粒状，使（粒状，晶体材料）变成流体

prilling 造粒（工艺）

air ~ 喷射造粒

primacord （用季戊四醇四硝酸酯做的）导火索（导火速 7 000 m/s）

primage 水分带出量（锅筒中随蒸汽带走的）

primarket 初级市场

primary ①基本的，主要的，第一位的②最初的，初次的③原始的，原的，初级的④初级线圈，原线圈，一次线圈⑤原电子，一次电子⑥原色，基色⑦（油漆）底子

~ of transformer 变压器原线圈

additive ~ 加色法基色

arithmetic ~ 算术初等项

bar ~ 条形一次绕组

Boolean ~ 布尔初等〔一次〕量

camera ~ 摄像机基色

chrominance ~ 色度基色

coarse chrominance ~ 窄带色度信号（NTSC制的 Q 信号）

display ~ 显像三基色，接收机基色

fictitious ~ 假想基色

format ~ 格式初等项

ICI standard ~ 国际照明委员会标准三基色

luminance ~ 亮度基色

negative ~ 负原粒子(带负电荷的基本粒子)

non-physical ~ 非物理基色，假想基色

outside ~ 初级线圈外端

red ~ 红基色

subtractive ~ 减色法三基色，相减（合成）基色

taking ~ 摄像三原色

prime ①质数，素数②字母右上角的小撇③精华，最好部分④最初，初期⑤最初的，原始的，（pl.）（钢板）一级品⑥首要的，主要的⑦最好的，第一的⑧给…打底子，灌注，装填

positive ~ 离心吸入，自然回水

relative ~ 互质，互素

primeness 初期，基本，主要

primer ①发火器，起爆器，火帽，雷管，点火器②发火极③（催硬）底涂剂，（防锈用）底涂料，底漆④初给器，起动注油器⑤最初，初步，入门（书）

active ~ 活性底漆

carburetor ~ 汽化器起动注油器，汲油按钮

engine ~ 发动机起动器，发动机起动液压泵，发动机起动注油器

etching ~ 磷化底漆

exhaust-gas ~ 排气起动器

exploding ~ 柴油爆发添加剂
hand ~ 手动起动（燃料）泵，手动泵油杆
inert ~ 惰性火帽
oil ~ 油性底层涂料，油质底漆
wash ~ 蚀洗用涂料（金属表面）
zinc rich ~ 富锌底漆
primes （钢板）一级品
cold-rolled ~ 优质冷轧板
priming ①起动，（涂）底漆，（打）底子②起爆，发〔点〕火，装雷管③引火〔起爆〕药，点火剂〔药〕④（泵起动前）注〔灌〕水〔液，油〕，（汽化器浮子室）注油⑤蒸汽带水，汽水共腾⑥栅偏压⑦靶的制备（存储管）⑧触发，激励
bottom ~ 底部点火，下部点火
oscillator ~ 振荡器触发
pump ~ 泵的起动注水〔液，油〕
reservoir ~ （用泵）增压加油〔水，液〕
spot ~ 填补
thermionic ~ 热发射激励
primitive ①本原，原始，原函数②基元，原色③原语④基本的⑤简单的⑥原始的，老式的⑦体素，因素
commutative ~ 可交换原语（软件）
dispatcher ~ 调度程序原语
semaphore ~ 信号量原语（软件用语）
principal ①主要的，重要的②（主要）屋架，主构〔材，梁〕
arched ~ 拱形大桁梁
principium 原理，原则，基础，初步
principle ①原理，原则，法则②因素，本质，组成部分③（要）素
~ of conservation of energy 能量守恒定理
~ of superposition 叠加原理
active ~ 有效成分，有效要素
action ~ 作用量原理
adiabatic ~ 绝热原理
air bleed ~ 放气原理
all-or-none ~ 全有或全无原理
analog(ue) ~ 类比原则
Archimedes' ~ 阿基米德原理
back-current ~ 反向电流原理
Bragg-Gray cavity ~ 布拉格 - 格雷空腔原理
building-block ~ 积木式结构原理
by-passed monochrome ~ （彩色电视）单色图像信号共现原理
cardinal ~ 基本原理
Carnot ~ 卡诺原理
combination ~ ①并合原理，并合原则，组合原理②化合原理
complementarity ~ 互补原理，互余原理
correspondence ~ 对应原理
counting ~ 读数原理
crossband ~ 不同频率收发原理
discrete maximum ~ 离散最大值原理
Doppler's ~ 多普勒原理
double site ~ 双位置原理
double-guide ~ 双导原理
duality ~ 对偶（性）原理
dynamic similarity ~ 动力学相似原理
energy conservation ~ 能量守恒原则〔定律〕
envelope ~ 包容原则
exclusion ~ 不相容原理
extremum ~ 极值原理
first ~ 基本原理〔则〕
flexibility ~ 弹性原则
four-bar linkage ~ 四连杆原理
functional ~ 实用原则
governing ~ 指导原则
half-supply voltage ~ 半供电压原则（对晶体管功率级，集电极发射极电压应小于供电电压之半）
indeterminate ~ 测不准原理
invariance ~ 不变性原理
least time ~ 最小时间原理
lever ~ 杠杆原理
linear motor ~ 直线驱动原理（用电磁输送钢铁液）
majority ~ 多数原则〔理〕
maximum material ~ 最大实体原则，最大材料原理
maximum modulus ~ 最大模原理
maximum-likelihood ~ 最大似然原理
minimax ~ 极大极小原理
Muller-Breslau ~ 变位线〔影响线〕原理，穆勒布勒斯劳原理
once-through ~ 直流原理，非循环原理
Pauli exclusion ~ 泡利不相容原理
pulsed-envelope ~ 脉冲包络原理
radical ~ 基本原理
reaction ~ 反作用原理，反动原理
relativity ~ 相对性原理
resolution ~ 分解原理
scaling ~ 相似原理（指加速轨道）
similarity ~ 相似原理
storage ~ 积累原理，存储原理

stroboscopic ~ 频闪观测原理
superposition ~ 叠加原理
symmetry ~ 对称性原理
synthetic-bass ~ （借助奇次谐波）人工低音重放原理
ultimate ~ 基本原理
uncertainty ~ 测不准原理，不定性原理
variation(al) ~ 变分原理
velocity-sorting ~ 速度分选原理
working ~ 工作原理，动作原理

print ①印刷，印行，出版②晒图③印刷品，出版物④正片⑤铸型，芯头，型芯座
~ through （磁带层间）串印，复印（效应）
all ~ 全印制电路
answer ~ 标准拷贝
augmented core ~ 增大型芯头
balanced ~ 悬臂芯头，平衡芯头
barrel ~ 鼓式打印
blue ~ 蓝图
clearance ~ 推动芯头
cope ~ 上（型）芯头
cope and drag ~ 垂直芯头
core ~ ①泥芯头②砂芯头③型芯座
embossed plate ~ 凸板打印
end ~ 终端印刷
flat ~ ①非变形拷贝②反差平淡的照片
flying ~ 飞印
memory ~ 存储印刷，存储器印刷
offset ~ 胶版印刷
oxide ~ （钢的）氧化物的痕（法）
ozalid ~ 氨熏晒图
paper ~ 版样
parting-line ~ 分型面芯头，水平芯头
photographic ~ 影印
positive ~ ①正像，正像复印品②正片
reduction ~ 缩小复制
reference ~ 标准正片
release ~ 发行正片（拷贝）
silver ~ 银盐感光照片
slag ~ 渣灰印迹法，渣印法
sulfur ~ 硫印，硫黄检验（法）
tail ~ 燕尾（槽式）芯头
tail core ~ 燕〔榫〕尾芯头
tie-bar ~ 组芯芯座
top ~ 型芯记号
trial ~ 试样拷贝
vocal ~ 声纹

print-drier 晒印干燥器

printed-circuit 印制电路

printer ①印刷〔印字，打印〕机，印刷器②晒图机③印片机④印刷工人，排字工人
alphanumeric ~ 字符打印机，字母数字打印机
array ~ 阵列打印机
band ~ 带式打印机
bar ~ 杆式打印机
belt ~ 带式打印机
chain line ~ 链式宽行打印机
character ~ 字符〔符号〕打印机
character-at-a-time ~ 单字符打印机
charactron ~ 显字管印刷装置
Chinese character ~ 汉字打印机，中文收报机
colour television set with ~ 彩色电视复印机
comb ~ 梳式打印机
computer forms ~ 计算机表格打印机
console ~ 控制台打印机
contact ~ 印相机
continuous matrix ~ 浮雕片连续印片机
correspondence ~ 书信打印机
counter wheel ~ （有）数字轮（的）印刷器
CRT ~ 阴极射线管印刷器
daisy wheel ~ 菊花轮式打印机
data ~ 数据记录〔打印〕器
dedicated ~ 专用打印机
digital ~ 数字〔指型〕打印机
digital strip ~ 条形打印机
dot ~ 点式打印机，点式印字机
dot-matrix ~ 点阵式字模打印机
drum ~ 鼓式打印机
dye-line ~ 重氮复印机
electric static ~ 静电打印机
electromagnetic ~ 电磁打印机
electronic ~ 电子印刷机，电子打印机
electrosensitive ~ 电灼式印刷机
electrostatic ~ 静电印刷〔复印〕机，静电式打印机
facsimile ~ 传真机
facsimile ~ 传真打印机
feeltape ~ 纸条式电报印字机
five-colo(u)r electrostatic ~ 彩色静电复印机
flash photo ~ 闪光摄影印刷机
flying ~ 飞行式印字机，高速打印机
flying disk ~ 字盘式打印机
flying drum ~ 字轮式打印机
gang ~ 排字〔整行〕印刷机
graphic ~ 图式打印机
Hayes ~ 海氏印字（电报）机，传真复印机

high speed ~ 高速打印机
high-speed line ~ 高速行式打印机
hit-on-the-fly ~ 飞击式打印机
impact ~ 冲击式打印机
impact line ~ 击打式行式打印机
ink mist ~ 墨水雾化打印机
ink-jet ~ 喷墨打印机
in-line ~ 在线打印机
intelligent ~ 智能打印机
keyboard ~ 键盘印刷〔打字〕机
laser ~ 激光打印机
line ~ ①行式印刷机，行式印刷装置②宽行打印机，行式打印机③行录制器④划线机
line-at-a-time ~ 宽行打印机，行式印刷机
line-a-time ~ 宽行打印机，行式印刷机
liquid crystal ~ 液晶式打印机
matrix ~ 点阵打印机，字模印刷机，触针打印机
microform reader/ ~ 微型阅读 / 打印机
monitor ~ 监控打印机
Morse ~ 莫尔斯电报机
Morse five-unit ~ 莫尔斯五位印字机
mosaic ~ 点式打印机，矩阵式打印机
multilobe ~ 多瓣型打印机
multiple original ~ 多份原件打印机
network ~ 网络打印机
non-impact ~ 非击打式印刷机
numeric ~ 数字打印机
off-line ~ 脱机〔离线〕打印机
on-the-fly ~ 高速旋转印字器，飞击式打印机
page ~ ①页式印刷机②页式印字电报机
parallel(channel) ~ 并联（通路）打印机
projection ~ 投影印刷〔晒相〕器
raster ~ 光栅打印机
reducing ~ 缩小（印像）仪
RX-computer forms ~ 兰克硒静电复印机（与电子计算机联机的）
serial ~ 串行打印机
single action ~ 单字打印机
solid ink jet ~ 喷墨式打印机
space ~ （纱线）间隔印花机
step ~ 间断（式）复印机
strip ~ 带材表面涂层印花机
stylus ~ 触针打印机，针阵打印机
tape ~ ①带式打印机②纸条印字电报机
telegraph ~ 印字电报机
thermal ~ 热敏式印字机
thermal line ~ 电阻行列式打印机
transforming ~ 航空照片纠正仪
type ~ ①打印机②印字电报机
type wheel ~ 轮式打印机
type-bar ~ 杆式打印机
wheel ~ 轮式打印机
wire ~ 型版印刷机，线点阵印刷机，针式打印机
wire matrix ~ 针极印刷机，针极打印机
xerographic ~ 静电复印机，静电照相印刷机

printergram ①印字电报②电传打字机

printer-plotter 打字绘图机（在记录纸上同时打出数据并画出色谱图）

printery 印刷所

printing ①印刷，印制，印刷术〔业〕，印（照）片，晒印〔图〕②印染③印刷字体④（pl.）印刷用纸⑤镀

anastatic ~ 凸版印刷
blue ~ 晒蓝图
chromaticity ~ 套色板，套色印刷
dot-character ~ 点阵字符打印
electron ~ 电子印刷术
electron beam ~ 电子束印刷法
electrostatic ~ 静电印刷〔复制〕
flexographic ~ 橡皮版印刷，苯胺凸版印刷
grid ~ 印格
heading ~ 标题印刷
hit-on-the-fly ~ 飞击式打印（印刷）机
multicolo(u)r ~ 彩色印刷
multiplex ~ 多道印刷，多路传输印字
office ~ 复印，复写
offset ~ 胶印，橡皮版印刷
optical ~ ①光复制，光复印②投影晒相
phosphor ~ ①涂覆磷光体印刷法②用印刷法涂荧光质
photographic ~ 照片印刷，影印
process ~ 彩色套印
projection ~ 光学印刷，投影晒印
reflex ~ 贴印法（包括硫印）
relief ~ 凸版印刷
smoke ~ 静电复印
three dimension ~ 三维印刷
time-out ~ 暂停打印，打印超时
web ~ 卷筒纸印刷

printing-machine 印刷机

print-member 印刷构件，印刷组成部分

print-meter 调节晒片时间的测时计

print-on-alarm 报警打印

printout ①印出，打印输出②打印出的计算结果

memory ~ 存储信息转储
static ~ 静态印出
print-through ①磁带透印②拷贝串移
prionotron 调速（电子）管
prior ①先前的，居先的，预先的②更重要的，优先的③先验的
priority ①（在）先，先前②优先，优先级，优先权③次序
access ~ 存取优先级
address ~ 地址优先级
assignment ~ 指定优先（级）
claims ~ （专利）已向其他国家做过申请
dispatching ~ 调度优先级
double ~ 双优先
dynamic ~ 动态优先（级）
execution ~ 执行优先权
frequency selection ~ （通信）频率选择优先
high ~ 高优先权
inherent ~ 固有优先（权）
input ~ 输入优先（权）
internal ~ 内部优先级
interrupt ~ 中断优先权
low ~ 低级优先（权）
optional ~ 任选优先
preemptive ~ 抢先优先（权）
program ~ 程序优先级
rotation ~ 循环优先（数）
selecting ~ 选择优先权
software ~ 软件优先权
task ~ 任务优先级
priority-rating 优先检定，优先等级
prise ①杠杆，撬杆，撬棒②杠杆作用
prism ①棱晶〔镜，柱（体）〕②光谱，(pl.)光谱的七色③折光物体
achromatic ~ 消色差棱镜
analysing ~ 分光棱镜
beam splitter ~ 分束棱镜，分光棱镜
coincidence ~ 合像棱镜
colo(u)r splitting ~ 分色棱镜，分光棱镜
corner cube ~ 直角棱镜，直角棱柱体
cross ~ 正交棱镜
cube corner ~ 直角棱镜，直角棱柱体
deflecting ~ 转折棱镜，致偏棱镜
deviating ~ 偏折棱镜
deviation ~ 偏折棱镜，偏向（反射）棱镜
dichroic ~ 二向色棱镜，分色棱镜
dihexagonal ~ 复六方柱
disk ~ 带棱镜的扫描盘
dispersing ~ 色散棱镜
ditetragonal ~ 复正方柱
double image ~ 双像棱镜
Dove ~ 梯形棱镜，道威棱镜
drawing ~ 描绘棱镜
echelon ~ 阶梯棱镜
erecting ~ 正像棱镜
glass ~ 棱镜
guiding ~ 导引棱镜
half ~ 半棱镜
image rotation ~ 转像棱镜，成像旋转棱镜
image-inverter ~ 倒像棱镜
interference ~ ①干扰棱镜②干涉棱镜
inverting ~ 转像棱镜，倒像棱镜
measuring ~ ①测量棱镜②测距仪楔形镜
penta ~ 五棱镜
polarizing ~ 偏振（光）棱镜
polygon ~ 多角棱镜
radio ~ 电波棱镜，无线电棱镜
range finder ~ 测距棱镜
rectangular ~ 直角棱镜，矩形棱镜
reflecting ~ 反射棱镜
reflex ~ 反射三棱镜
refracting ~ 折射棱镜
regular ~ 正棱柱
relieving ~ 松弛棱镜
resultant ~ 综合棱镜
reversing ~ 反像棱镜，转像棱镜
ridge ~ 屋脊形（五面体）棱镜
roof ~ 屋脊棱镜
roof-angle ~ 脊角棱镜
salt ~ 石盐棱镜
scan ~ 扫描棱镜
separating ~ 分像棱镜
spectroscope ~ 光谱棱镜
square ~ 四角棱柱体
triangular ~ ①三柱棱②三面体棱镜
triple ~ 三（垂面）棱镜
truncated ~ 截棱柱，斜截棱柱
prismatic ①（三）棱形的，棱柱（形）的，棱镜的②分光的
prismdiopter 棱镜屈光度，棱镜折光度
prism-level 棱镜水准器
prismoid 平截头棱锥体，棱柱体
prismy ①棱柱〔镜〕的②虹色的
prisoner 固定销，〔定位，锁紧〕销
privacy ①隐蔽②保密③私用室
computer ~ 计算机隐私，计算机安全性

data ~ 数据保密
database ~ 数据库保密
private ①个人的，专用的②保密的，隐蔽的③(pl.)第三导线(从插塞外壳引出的)④(pl.)第四导线(从灯泡引出的)
privilege ①特权，优惠②特许操作
privileged 特许的，优先的
prize ①杠杆，杠杆的柄，撬杠②奖金，奖品，奖
pro ①为了，按照②正面，赞成
pro rata 按比例(分配的)，成比例的
proactive 前摄的，先行一步的
probabilistic 概率的，随机的
probability ①概〔或然，机〕率②可能性③可能发生的事情〔结果〕
~ a posteriori 后验概率
~ after effect 后效概率
~ of busy 占线概率
~ of detection 发现概率
~ of error per digit 每位错误概率
~ of loss (电话)呼损概率
a priori ~ 先验概率
acquisition ~ 占用概率
attachment ~ 附着概率
average ~ 平均概率
Bayes ~ 贝叶斯概率
conditional ~ 条件概率，条件机率
empirical ~ 经验概率
error ~ 错误概率，误差概率
false dismissal ~ 漏警概率
false-alarm ~ 虚警概率
general ~ 总概率
intuitive ~ 直观概率
inverse ~ 逆概率
iterated fission ~ 反复裂变概率
joint ~ 联合概率
loss ~ ①损耗概率②呼叫消失率，呼损率
miss ~ 漏报概率，失误概率
occupation ~ 占有概率
outage ~ (通信)中断概率
posterior ~ 后验概率，事后概率
prior ~ 先验概率
remote ~ 低的或然率，极小的可能性
statistical ~ 统计概率
survival ~ 生〔幸〕存概率
transition ~ 跃迁概率，转移概率
zero ~ 零概率
probable ①可能的，大致的②或然的，公算的，概率的，机率的③假定的④有希望的事
probang 除鲠器，食管探子(外科用语)
probation ①检验，验证，鉴定②试行，见习(期)，预备期
on ~ 试用
probative 检〔试〕验的，鉴定的，证明的，提供证据的
probatory 检〔试〕验的，鉴定的，证明的，提供证据的
probe ①探针〔头，测器〕②传感器③试样，模型④探空火箭，测高仪⑤变送器⑥附件⑦横销⑧试验值⑨探测，探查
acoustic ~ 声探针，声感应头
active electronic ~ 有源电子探头
angle ~ 斜探头
blunt ~ 无尖锋探针
capacitance ~ 电容探针，电容探头
capacity ~ 电容探示器
cathode follower ~ 阴极输出器探头
coaxial ~ 同轴探针，同轴探头
cold ~ 低温探针
combined Pitot-static ~ 总静压探测管，全压和静压探测管
conducting ~ ①电试笔②电导探针
coupling ~ 耦合探头
crystal ~ 晶体传感器，晶体探头
crystal RF ~ 晶体射频探头
current ~ 电流探针
demodulator ~ 检波点，检波部分，检波头
diamagnetic ~ 抗磁探针
electric ~ ①试探电极②电试探器
electron ~ 电子探针
electron-beam ~ 电子束探测器
fast-response ~ 灵敏传感器
flow measuring ~ 流量测量器
fluorescent ~ 荧光探测器，闪烁探测器
four(-)point ~ 四点探针(法)
gas ~ 气体分析〔取样〕器
ga(u)ge ~ 压力计感应塞，计量传感器
germanium ~ 锗晶体探针
hard-faced ~ 硬膜探头
high frequency ~ 高频探针，高频探头
hotwire ~ 热线风速仪
hunting ~ 振动探示器，摆动探头
immersion ~ 液浸探头
impact ~ ①冲击探头②冲击探查
impact pressure ~ ①全压测针②冲压测量管，总压管
in-line four-point ~ 四点一列探针(测薄膜

电阻用）
ion ~ 离子探针
laser ~ 激光探针
logic ~ 逻辑探针
magnetic ~ 磁探针，探磁圈
normal ~ 直探头
null-type yaw ~ 对零式（三孔）方向测针
optic ~ 光学探头，光学传感器
peaking-strip ~ 透磁合金探针（测量磁场用）
pick-up ~ 接收探测器〔头〕
Pitot ~ 皮托管，总压力测量管
plasma ~ 等离子体探测仪
pressure ~ 压力传感器
pyrometer ~ 高温计探头
rake ~ 梳状测针，梳状探头
rectifying ~ 整流探针
refractory ~ 耐火取气管，陶瓷取气管
remote ~ 微细探针
resistance ~ 电阻探头
scintillation ~ 辐射闪烁探测器，闪烁探针
shielded ~ 屏蔽探针
software ~ 软件监视程序
sound ~ 声波探测器，声探头，探声器，声频探头
static ~ 静压力管
straight beam ~ 直探头
surface ~ 表面传感器
survey ~ 测针，探针
temperature ~ 温度传感器
test ~ 试验检测器，测试探头
touch trigger ~ 触发式测头
traversing ~ 横向移动探针
tuning ~ 调谐探针，可调探针
valve ~ 电子管探示器
water column ~ 水柱耦合探头
wire ~ 探针
yaw ~ 偏流测向探头

probe-microanalyser 电子探针微量分析仪，探针显微分析仪

prober ①探针器，探测器②多探针检验台
multipoint ~ 多针探器
wafer ~ 晶片检测器

probit 概率单位，根据常态频率分配平均数的偏差计算的统计单位

problem ①问题，题目，疑问，难题②成为问题，难对付的
adjoint ~ 伴随问题，共轭问题
benchmark ~ 基准问题（检验计算机性能的）
bottle-neck ~ 关键问题，瓶颈问题
boundary value ~ 边界值问题，极限值问题
capacitated transportation ~ 限量运输问题
circle ~ 圆内格点问题
dynamical ~ ①动力问题②动态问题
emptiness ~ 空虚性问题
fault-location ~ 故障定位问题
indirect ~ 反问题，反命题（设计问题）
initial-value ~ 初值问题
iterative ~ 迭代问题
linear minimization ~ 线性极小化问题
location ~ 布局问题
marching ~ 步进式问题
marriage ~ 匹配问题（运筹学中的）
maximum ~ 极大值问题
Mayer ~ 迈耶问题，端点最小问题
multiple pulse ~ 多脉冲振荡问题
n-stage decision ~ n 步决策问题
one-dimensional ~ 一维问题，一向问题
optimal control ~ 最优控制问题
postoptimality ~ 优化后问题
properly posed ~ 适定问题
quadratic dual ~ 二次对偶问题
quasi-static ~ 拟静态问题
restricted ~ 约束问题，限制问题
routing ~ 走线问题（机器的）
staggering ~ 难题
test ~ 检查（计算机的）题目

problem-board 插塞〔排题，解题插接〕板

probolog （检验热交换器管路缺陷的）电测定器

procedure ①工序，顺序，程序，工艺规程②方法，过程，作业③步骤，手续
alignment ~ 校直程序，调整过程
automatic setting ~ 自动调置步骤，自动装置手续
chain ~ 连锁分类法，循环分类法
data base ~ 数据库程序
data flow ~ 数据流过程
decision ~ 判定程序
design ~ 设计方法，设计程序
drive-in ~ 驱入步骤
elementary ~ （通信）基本过程
emergency ~ 应急操作步骤
established ~ 规定程序（例如试验的）
exacting ~ 要求严格的加工过程
experimental ~ 实验程序〔步骤〕
handling ~ 操作程序
heat treatment ~ 热处理规范

hold account ~ 封存程序
hot ~ 热加工过程
implementation ~ 实现过程
implicit ~ 隐过程
in-line ~ 直接插入子程序，联机程序
input ~ 输入程序
intuitive recovery ~ 直觉校正过程
invoked ~ 被调用过程，被调用程序
irreversible ~ 不可逆过程
iterative ~ 迭代过程
laboratory ~ 实验（室）程序，实验室研究方法，实验步骤
layout ~ 设计程序
layup ~ （增强塑料）敷层方法
least-squares ~ 最小二乘法
list ~ 列表程序
location free ~ 浮动过程
manufacturing ~ 制造程序，加工过程，生产方法
mesh ~ 网络法
nested ~ 嵌套程序，嵌套过程
normal ~ 常规
numerical ~ 计算方案，计算程序
office ~ 管理方法
offset ~ 屈服过程
operating ~ 操作程序，工作方法
output ~ 输出程序
predefined ~ 预定好的顺序，预定过程
preprocessor ~ 预处理程序过程
pure ~ 纯过程
radio ~ 无线电通信工作程序
safety ~ 安全规程
setting-up ~ 调整顺序
set-up ~ ①准备程序，调整程序②调整〔装配〕步骤
sizing ~ 精压操作程序
software ~ 软件编制过程
standing operating ~ 标准操作规定，标准做法
start-up ~ 起动程序
step-by-step ~ 步进〔按步，逐步〕法
step-test ~ 逐步试验法，分级试验法
straightforward ~ 简单方法
sublimation ~ 升华法
token passing ~ 令牌传递规程
trial and error ~ 选配〔尝试，试凑〕法
uniform test ~ 统一试验程序
welding ~ 焊接施工，焊接工艺过程

proceduring 过程化

proceed ①继续进行②着手③发出，发生

proceeding ①程序，进程，做法，处置②进行，行动③(pl.)科研报告集，记录汇编，会议记录，会报④议程

proceeds 收入，收益

process ①工序，过程，程序，工艺规程，工艺过程②方法，手续③加工，处理
~ of heterodyning 外差法
A ~ A 法，自硬砂法
ABC ~ 污水三级净化过程，污水化学沉淀法
acid ~ 酸性（炼钢）法
(acid) Bessemer ~ 酸性转炉法
activation ~ ①敏化过程（光电阴极）②激活过程（阴极）
Acurad ~ 阿柯拉德双柱塞压铸法
adaptive ~ 自适应过程
addition ~ 加成法，加法工序
additive ~ ①相加过程，叠加过程②加色法（电视的）③添加法（印制电路版工艺用）
Adeline steelmaking ~ 阿德莱熔模铝热离心浇注法
adiabatic reversible ~ 绝热可逆过程
AEG ~ （金属板）杯突试验
Aero case ~ 艾罗表面硬化法（碳化钙作渗碳剂）
aeroform ~ 爆炸成形
ageing ~ 时效过程〔作用，方法〕
Alco Gyro cracking ~ 气相裂化过程
Aldip ~ 热镀铝法，铝喷镀法
Alfin ~ 铁心铝铸件的热浸镀铝后铸塑法
alkali reclaiming ~ 碱性再生方法
alkaline ~ ①碱液电镀锡法（镀锡薄钢板的）②自硬砂法
Alplate ~ 铝锌法热镀锌
Alumilite ~ （铝的）阳极氧化法
anti-doming ~ 防止（彩色显像管）荫罩局部隆起的工艺
Aplataer ~ 阿普拉特尔热镀锌法（铅锌法热镀锌）
arc air ~ 电弧喷气切割法
ARD ~ 塑料模样熔模铸造法
Ardeform ~ 阿德福姆方法（将奥氏体不锈钢在液态氮气化状态下加工，以提高材料强度）
Ardelt ~ 阿达特砂型离心铸管法
argon-oxygen-decarburizing ~ 氩氧脱碳法（炼钢）
Armstrong ~ 双金属轧制法
assembly ~ 装配工艺，装配过程

Atomloy ~ 表面硬化处理
Atrament ~ 抗蚀磷化法，磷酸盐处理法
autoclave ~ 压热器法
autofrettage ~ 预应力箍紧法
bag ~ 布袋收尘法
Baryta ~ （钢铁的）定碳法
basic ~ ①碱性（炼钢）法②基本制法
basic Bessemer ~ 碱性转炉法
basic open-hearth ~ 碱性平炉法
batch ~ ①程序组处理②分批〔批量，间歇〕法，间歇加工〔过程〕③批量制法〔生产，处理〕，成批处理
beam-lead ~ 梁式引线工艺
binding ~ （程序的）联编过程
birth and death ~ 增消过程
black heart ~ 黑心可锻化处理
Blaut Lang ~ 布劳特兰（不锈钢）电解抛光法
blocked ~ 成块处理
blow-off ~ 停吹气压
blue-screen ~ 蓝幕法
bomb (reduction) ~ 钢弹〔金属热〕还原法
buffer engaging ~ 缓冲接合过程
burried layer ~ 埋层法
C ~ 杰·克洛宁壳型铸造法
Capaco ~ 凯帕克石膏型铸造（法）
carbon ~ 炭纸印像法
carbon-dioxide ~ （水玻璃）二氧化碳硬化砂法
carbothermic ~ ①碳热还原法②碳热（制镁）法
cascade ~ 级联过程
cast preform ~ 铸造预成形锻造法
cast shell ~ 毛管铸造法（无缝钢管生产的）
cementation ~ 渗碳过程，渗碳法
cementing ~ 烧结过程，渗碳过程，渗碳硬化法
centrifugal immersion ~ 离心浸涂（合金）法
ceramic shell ~ 熔模铸造（法）（涂挂制壳）
chamber ~ 铅室法
chemical ~ 特种加工（用化学方法）
chemicometal ~ 化学还原法制造金属粉末
Chesterfield's ~ （切斯特菲尔德）带钢淬火法
Chinese word ~ system 汉字处理系统
chip microprocessor ~ 单片式微处理机工艺
circulation degassing ~ 真空循环脱氧法
cire-perdue ~ 熔模铸造法
cloudburst ~ 喷丸硬化法，钢球喷射法
CO_2-sodium silicate ~ 二氧化碳 - 水玻璃硬化砂法
coal-coking ~ 炼焦法
coating ~ 涂装工艺
cocoon ~ 喷覆塑料膜法
coking ~ 焦化过程
cold box ~ 冷芯盒法
cold metal ~ 冷料法
cold scrap ~ 冷装废钢法
cold-set ~ ①润滑脂的冷炼制取法②常温硬化法
colo(u)r ~ 彩色（传输）过程
combustion casting ~ 爆炸铸造法
commercial scale ~ 大规模生产法
como-cast ~ （铸型）浸入（溶液）铸造法
compilation ~ 编译过程（计算机软件）
complex ~ 多相过程
compressive ~ 压缩加工法
Comstock ~ （康姆斯托克）热压硬质合金法
concurrent ~ 并行进程
conservative ~ 守恒过程
constant pressure ~ 定压过程
constant-enthalpy ~ 等焓过程，节流过程
consumable arc-melting ~ 自耗电极电弧熔炼法
continuous extrusion ~ 连续挤压法
continuous production ~ 流水作业，连续性作业
continuous weld ~ 连续式炉焊管法
conversion ~ 转化过程，转化法
converter ~ 转炉炼钢法
converting ~ ①转炉炼钢法②吹炼法，吹炼过程
cooled sinter ~ 冷却烧结（矿）工艺
core assembly ~ 组芯（造型）法
Cottrell ~ （科特雷尔）静电除尘法
counting ~ 计数法，计数过程
crab ~ 壳型铸造（法）（热硬化性树脂和砂混合制作铸型法）
cracking ~ 干馏〔裂化，热裂〕法
creosoting ~ 注油法，油炼法
Cronak ~ 锌板防蚀处理，科朗纳克铬盐处理（法）
croning ~ （克朗宁）壳型铸造（法）（热硬化性树脂和砂混合制作铸型法）
cryochem ~ 低温化学法
cryogenic metalworking ~ 金属低温加工法
crystallization ~ 结晶法，（铅的）结晶除银法
cupola-Bessemer-electric ~ 冲天炉 - 转炉 - 电炉三联法（熔炼）

cut-and-try ~ 逐次〔连续〕接近法，累次近似法
cyclosteel ~ 循环式直接炼钢法
D ~ ① D- 法，壳型吹成法②迪氏壳型铸造法
data ~ 数据处理
deathnium ~ 复合过程
decision ~ 决策〔判断，决定〕过程
deepetching ~ 深层刻蚀技术
de-lavaud ~ 离心铸管法
Deshaw ~ 德肖电解液除锈（法）
deterministic ~ 判断过程，确定过程
diagonal ~ 对角线方法，对角线程序
diaphragm ~ 隔膜法
diazo ~ 重氮复制法
Diescher ~ 狄舍尔法，狄舍尔式轧机上的轧管法
differential annealing ~ 局部退火的深拉（拉延）法
diffusion ~ 扩散转印法
digital ~ ①间断过程②数字程序
dip ~ 保护层沉浸涂镀法（板材的）
direct electric ~ 电阻直接加热处理，电阻直接加热，正淬火法
direct steel ~ 直接炼钢法，一步炼钢法
directed fiberpreform ~ 直喷毛坯法，纤维坯料法
discharge ~ 排出过程
discharge spreading ~ 放电扩散过程
Disco ~ 低温渗碳法
discrimination ~ 鉴别过程
distillation ~ 蒸馏法
domain-switching ~ 磁畴开关过程
Doppelduro ~ 乙炔火焰表面热处理法
drawing ~ ①回火过程②拉丝过程
dry ~ ①干法冶金②干冶金分析法③干制法（水泥）④干磁粉检验⑤干法复制
dry cleaning ~ （煤）干选方法
drying-out ~ 干燥过程（停机后通入空气吹去湿汽）
dry-press ~ 干法成形
duplex ~ 双炼〔二联，混合〕法
Dupry ~ 直接炼铁法
E ~ 热自硬造型法
electric ~ 电熔炼法，电炉炼（钢）法
electric arc ~ 电弧焊法
electric ingot ~ 电渣法，电渣熔炼法
electric spark ~ 电火花加工
electro-aluminothermic ~ 电铝热法，电铝热还原法
electroarcing ~ 电火花加工
electrochemical ~ 电化（学）法
electrochemical back-etch ~ 电化反蚀法
electro-colo(u)r ~ 电解着色法
electrode ~ 电极反应过程
electrofax ~ 电子摄影法
electrogas ~ 气体保护（电）焊方法
electrolytic refining ~ 电解精炼法
electrolytic stream-etch ~ 电解液流腐蚀法
electrometal furnace ~ 电炉炼铁法
electron-beam ~ 电子束熔炼法
electrotyping ~ 电铸成形
Elo-Vac ~ 电炉 - 真空脱碳脱气法
Emmel ~ 埃姆尔铸铁炼制法（高温加锰铁、硅铁的高硅珠光体铸铁）
endoergic ~ 吸能过程，吸热过程
EPIC ~ 外延钝化集成电路工艺，氧化物隔离法
ergodic ~ 各态历经过程
eutectoid ~ 共析法
exoergic ~ 放能过程，放热过程
expansion ~ ①膨胀过程②展开过程
extraction ~ 提炼过程，提〔萃〕取工艺
F ~ 热芯盒造型法
faxfilm ~ 塑料印相检验法
Feran ~ 轧制铝包钢法
ferrosilicon ~ 硅铁熔炼法，镁热还原硅铁法
film extruding ~ 挤膜成形
finite ~ 有限程序，有穷过程
Fink ~ 液态渗铝法，氢气保护热镀铝法
fitting ~ ①装配过程②拟合法
flame seal ~ 火焰镀（锌）法
flashing ~ 光球工艺
flash-melting ~ 闪光融熔法
flat film ~ （薄管）压平成膜法
flow ~ 流水作业
flow-brightening ~ 流动光亮法
fluid compression ~ 液态（金属）压制法
forming ~ 成形过程，冶成过程
frozen mercury ~ 冰冻汞模熔模铸造法
full-mo(u)ld ~ 实模铸造法
fusing ~ of intermediate 熔焊法
gas integral ~ 全汽化过程
gelatine ~ 胶版
generating ~ 滚齿法
glass extrusion ~ 玻璃润滑热挤压法
Grusz ~ 格鲁兹双金属铸造法（钢外壳盐浴

预热）
Guerin ~ ①格林橡胶凹模成形法，格林橡胶膜冲压法②金属薄板成形法
HAE ~ HAE 电镀非金属硬膜法
Haefely ~ 卷烘处理（绝缘的）
Hall ~ 霍耳方法（电解还原制备金属轴）
halogen ~ 卤化（电镀锡）法
Hametag ~ 哈默塔克铁粉生产法（用钢切碎研磨），旋磨法
Hansgirg ~ 高温碳素还原制镁法
Hardas ~ 硬质氧化铝膜处理法
Hausner ~ 高频镀铬法
Herman ~ 赫尔曼法（钢丝的厚锌层快速热镀锌法）
high-frequency ~ 高频炉法
Hinsdale ~ 钢锭铸造法
Hooker ~ 胡克薄壁管（或药筒）挤压法，正向冲击挤压法
host ~ 主进程
hostel-like ~ 类（似）站（的）进程
hot box ~ 热芯盒造型法
hot-metal ~ （电冶）热装法
HPN ~ 低氮低磷钢吹炼法（碱性底吹转炉）
hydride ~ 氢化处理法
hydromatic ~ ①液压自动工作法②双作用液压成形法③凹模充液橡皮囊成形
hydrospark forming ~ ①水中放电成形法②电水锤成形法
hypercarb ~ 过共析渗碳法
IK ~ 固体渗铬法
imperial smelting ~ 铅锌鼓风炉熔炼法
impulse reflection ~ 脉冲反射法（超声波探伤）
induction ~ 吸入过程
industrial ~ 工艺过程，生产过程
Inkrom ~ 固体渗铬法
innovation ~ 修正过程
insert ~ 镶铸法
inspection assorting ~ 检查分选法
Iridite ~ 浸镀铬法
Iriditing ~ 浸镀铬法
iron-powder ~ 铁粉切割法，加铁粉氧炔切割法
iron-rich powder ~ 铁粉氧炔切割法，富铁粉切割法
irreversible ~ 不可逆过程
isoentropic ~ 等熵过程
isolated ~ 孤立〔绝热〕过程
isometric ~ 等〔定〕容过程
iterative ~ 迭代过程
jet-smelter ~ 喷射熔炼炉直接炼铁法
Jewelform ~ 朱欧尔成形法（易融合金制造的成形模的商标名）
Junghans-Rossi ~ 荣汉斯 - 罗西连续铸造法，有色金属连续铸造法
Kalling-Dommarfvet ~ 石灰粉脱硫法
Kalvar ~ 微泡法
Keller ~ 开勒法（串联配置几个环形变薄拉延模，以加工圆筒形工件）
kiln ~ 回转窑（直接炼铁）法
KIS ~ 高效应埋弧自动焊接法
KK-X ~ 高效埋弧自动焊接法
Koehring ~ 凯林热压法
Kratky ~ 克拉基热压法
Lamex ~ 拉米克斯法（用电解法从钚合金中提取钚的过程）
Lanz-pearlite ~ 铸型预热浇注法（预热温度为 100 ~ 500℃）
Lavite ~ 拉维特法（利用电流直接加热盐浴炉进行退火的方法）
LD ~ 氧气顶吹转炉炼钢法，LD 法
LD-Kaldo ~ 氧气顶吹和斜吹转炉炼钢法
LD-Vac ~ 氧气顶吹转炉 - 真空脱碳脱气法
lead lubrication ~ 熔铅润滑拉丝法
level(l)ing ~ 水准测量，整平横断面
limit ~ ①极限法，极限步骤②求极限的过程
Linz-Donawitz ~ LD 炼钢法，氧气顶吹转炉炼钢法
long-time production ~ 长线〔预加应力〕法
lost wax ~ 熔模铸造法
Lundbye ~ 高速钢镀硬铬法
Lundin ~ 伦丁热镀铝法（钢丝热镀铝法）
LWS ~ LWS 底吹氧气转炉炼钢法
Madaras ~ 马达拉斯直接炼铁法（天然气喷入反应罐法）
magnesium chloride ~ 氯化镁（制镁）法
magnesium (reduction) ~ 镁（热）还原法
magnetic ~ 磁选法
magnetic mo(u)lding ~ 磁型铸造法
malcolmizing case hardening ~ 快速氮化表面硬化处理法
Mannesmann ~ 曼式轧管法
Mansfeld copper ~ 曼斯非尔德炼铜法
manufacturing ~ 制造过程，工艺过程
Maprodent ~ 熔模铸齿法
Marco ~ 增强塑料大型制品真空注入树脂模制法

marform ~ （用）橡皮模压制成形法（一般上模为橡皮模）
Marino ~ 马里诺钢丝电镀锌法
Martin ~ 平炉法
Marx regeneration ~ 强碱再生过程
Masher ~ 马歇尔钢瓦挂铅青铜法
maskless ~ 无掩模法，无掩模工艺
matchplate ~ 石膏型加压整铸铝模板法
Mayer ~ 迈约法（精密冲裁法）
Mckenna ~ 麦克金纳 WC-TiC 粉末制造法
melt-back ~ ①熔化过程②回熔法
mercast ~ 冷冻汞模铸造
metallayer ~ 金属喷镀（法）
microcast ~ （难加工合金的）精密铸造法
microelectronic fabrication ~ 微电子制造工艺
minimization ~ 求极小（值）法
moderating ~ 减速〔慢化〕过程
monitoring ~ 监视进程
Monocast ~ 树脂砂衬离心铸管法
moving mo(u)ld casting ~ 移动模铸造法
multicapacity ~ 多容（调节）过程
multiple ~ 并联法（电解）
N ~ 水玻璃快干造型法
Naeser ~ 内赛雾化铁粉生产法
NDur ~ 马氏体形变热处理
net shape ~ 净成形
Neuflex ~ 纽弗莱克斯法（锆基燃料元件的一种溶解过程）
Nicaro ~ 尼加罗炼镍法
non-backing ~ 无背衬焊接法
non-gas nonflux ~ 无气体无焊剂焊接法
non-knocking ~ 无爆过程
non-pressure ~ 常压法
nonsteady deformation ~ 非稳定变形过程
normal ~ 正态过程
no-time ~ 附带加工
Nuemeyer ~ 纽梅尔方法（用凸模台肩压住已挤出壳件的周边，进行缩径和正挤压以得到壁厚减薄的台肩式壳件）
offset ~ 胶印法
one-cycle ~ 单循环过程
OS ~ OS 精密冲裁法（连杆机构带动两组凸、凹模，上动时进行冲裁，下动时进行修边）
Osburn-shaw ~ 陶瓷型铸造（法）
Ospray ~ 奥斯泼雷加工法，喷粉（直接）锻造法
Owen ~ 欧文浮选法
oxidized pig iron ~ 生铁喷雾粒化法
PAC ~ PAC 黑色金属压铸法
parkerizing ~ 磷化处理
Parlanti casting ~ 帕兰蒂铝模铸造法
Parsons Duncan ~ 帕森斯 - 邓肯法（钢锭上部加热的一种铸锭方法）
Partex penetrant ~ 帕太克斯浸油探伤法
pasted ~ 挤压法，钨膏灯丝制造法，糊状法（有色冶金）
permanent-backed resinshell ~ （金属型）覆树脂砂壳型法，树脂砂覆砂造型
Perrin ~ 培林法（渣洗炼钢）
photoetching ~ 光刻法
photo-mask ~ 光刻工序
photomechanical ~ 制版
photoprinting ~ 光电法彩色涂覆过程，光电印制过程
physical ~ 特种加工（用物理方法）
Pidgeon ferrosilicon ~ 皮氏硅铁（还原制镁）法
pig and ore ~ （平炉）生铁矿石法
Pilger ~ 皮尔格轧管法，周期式轧管法
plug mill ~ 自动轧管法
plug roll ~ 芯棒轧管法
pluramelt ~ 复合金属法，电渣复合金属法
plycast ~ 熔模壳型铸造法
polytropic ~ 多变过程
porous plug ~ 多孔塞吹氩除气法
positive ~ 正像工艺（印制电路）
Post ~ 后处理
Potter ~ 波特钢丝镀锌法
powder cutting ~ 铁粉氧焰精整
powder-gasification ~ 粉状（燃料）气化过程
program(me) ~ 程序（执行）过程
Prolerizing ~ 普罗勒废钢铁处理法
Properzi ~ 普罗佩兹液态拉丝法
Protal ~ （为使铝件表面生成不溶性表层，喷上含碱性氟化物的钛、铬盐溶液的）铝表面 防腐蚀化学处理法
PSM ~ 压制烧结弧熔法
puddling ~ 搅拌炉熟铁冶炼法，普德林炼熟铁法
push bench ~ 顶管法，埃尔哈特制管法
Pylumin ~ 铝合金涂装前铬酸浸渍处理法
pyrogenic ~ 火法
Q-switching ~ ① Q 开关过程② Q 调制
quartering ~ 四分法工艺过程
quasi-isobaric ~ 准等压过程

random ~ 随机过程
Randupson ~ 伦道普森水泥砂造型（法）
rate-limiting ~ 速率限制过程
reducing smelting ~ 还原熔炼法
Reisert ~ 雷泽特钢互挂（青）铜法
remote batch ~ 遥控批量（数据）处理，远程成批处理
repetitive ~ 迭代法
reproduction ~ 再生产过程，复制过程
reversible ~ 可逆过程
roheisenzunder ~ 生铁喷雾粒化法
Rossi ~ 罗西（振动）连续铸钢法
rotor ~ 氧气斜吹旋转转炉炼钢法，卧式转炉法
rotovert ~ 高速旋转的氧气顶吹转炉
roundabout ~ 间接过程
round-the-clock ~ 连续过程
routing ~ 程序，工序，工艺规程
rustless ~ 不锈钢冶炼法
Sabin ~ 萨平缓蚀〔防锈〕法〔层〕
sand casting ~ 砂型铸造
Sandberg ~ 碳钢局部索氏体化处理层
Saniter ~ 萨泥特萤石脱硫法
scaling-down ~ ①缩小比例尺度过程②降低计数比率过程③分频过程
Schliha metal-spraying ~ 施利哈金属喷涂修补法
Schmidt-Philipp ~ 施米德水玻璃二氧化碳硬化砂法
Schoop ~ ①金属喷镀②金属丝喷涂法③用压缩空气喷镀〔涂〕
Schori ~ 肖瑞金属（粉末）喷涂法
Schweitzke casting-round ~ 施韦策克双金属挂轴瓦法
scrap and coke ~ （平炉）废钢焦炭炼钢法
scrap and pig ~ （平炉）废钢生铁法
screen ~ 假背景（电视）摄影，背景放映，银幕合成（电影）
search ~ 搜索〔检索，觅数〕过程
Sejournet ~ 昔界尔奈特热挤压玻璃粉润滑法
self-setting silicate ~ 水玻璃自硬砂（法）
semi-pyritic smelting ~ 半自热熔炼法
Sendzimir ~ 森氏带钢渗氮浸渍镀锌法
Sendzimir coating ~ 分解氨热镀锌法，森氏镀锌法
Sendzimir galvanizing ~ 分解氨热镀锌法，森氏镀锌法
series ~ 串联法（电解的）
servarizing ~ 镉铝浸镀法
Shaw ~ 陶瓷型法，肖氏造型法，肖氏精密铸造法
Sheffield ~ 舍菲尔德平炉法
Sheppard ~ 铝阳极氧化处理法
sherrite ~ 连续薄板电镀锌〔铜〕法
Shimer ~ 氰化浴中快速渗碳法
shorter ~ 火焰表面硬化处理
Siemens (Martin) ~ 平炉炼钢法
Siemens open hearth ~ 平炉炼钢法
Sieurin ~ 制海绵铁法
signal ~ 信号处理
Silflex ~ 西尔弗莱克斯镀锌法（热镀锌法）
silicate ~ 水玻璃二氧化碳硬化砂法
silk screen ~ 丝网漏印（厚膜电路工艺的）
silver halide ~ 银盐复制法
Simplex ~ 辛普莱克斯法（生产低碳铬铁的方法）
single-capacity ~ 单容（调节）过程
single-press ~ 一次压制法
single-step ~ 单步法
singular ~ 特殊手续，特别（工艺）过程
SIP ~ 埋入式吹氧法
slick ~ 摇摆滚锻工艺
slurry mo(u)lding ~ 灌浆成形，陶瓷型铸造
Smalley ~ 斯马雷钢铁脱硫法
snead ~ 直接加热法（电流通在工件上加热）
soda ~ 苏打法，苏打软水法
solarmic ~ 金属陶瓷法
solid-state cementation ~ 固态置换方法
Sonnichsen ~ 宋尼申电焊钢管法
Sorel ~ 索雷尔电炉炼铁法
Soro ~ 索罗铸轧法
spheri-cal ~ 颗粒煅烧法
spinning ~ 旋开过程
spray gun ~ 金属喷镀
spray-on ~ 喷雾法，喷镀法
stationary ~ 平稳〔稳定〕过程
steady deformation ~ 稳定变形过程
Stelmor ~ 盘条轧制控制冷却法
step and repeat ~ 分步重复工序
step-by-step ~ 逐次逼近求解过程
Sterling ~ 斯特林炼锌法
Stiefel ~ 自动轧管法
stiff-mud ~ 可塑法
stochastic ~ 随机过程
stroh steel hardening ~ 合金钢和碳钢混合浇铸法

subscripting ~ 下标变量计算过程
subtractive ~ ①除去杂物过程，精制过程②减色法
superrefining ~ 高度精炼法，碱性平炉双联法
supporting ~ 辅助过程
swage ~ 锻细，型锻，陷型模锻
switching ~ ①整流过程，转换过程②线〔电〕路转换〔换态〕过程
Taccone ~ 模压式造型法
Talbot ~ 塔尔伯特（铸铁管）防腐法
Talbot duplex ~ 塔尔伯特双联炼钢法
Talbot ingot ~ 塔尔伯特液心钢锭轧制法
Taylor ~ 泰勒拉丝法
Taylor White ~ 泰勒怀特特殊热处理法
technical ~ 工艺过程
technological ~ 工艺过程，工艺规程
template ~ 仿形铣齿法
Tenifer ~ 液体碳氮共渗法
tension electric ~ 电流直接加热淬火法
thermal ~ 热力过程
thermit ~ 铝热剂法
Thomas ~ 碱性转炉炼钢法，托马氏法
Thorex ~ 托雷克斯过程（从辐照过的钍中提取铀 233 的工艺过程）
thread-generating ~ 蜗杆车齿
three-D ~ 三次扩散工艺
three furnace ~ 三联（炼钢）法
through-flow ~ 冲溢浇铸法（复合轧辊的）
TIG arc welding ~ TIG 焊接法，钨极惰性气体保护电弧焊法
tita(nizing)-nitriding ~ 镀钛氮化法
Tocco ~ 高频加热淬火法
top and bottom ~ 顶底（炼镍）法
trapped-air ~ 吹塑薄膜挤出法
Trauwood ~ 特劳伍德线材直接电流加热法
triplex ~ 酸性转炉、平炉、电炉三联炼钢法
tubular ~ 管轴成形法
two-colo(u)r ~ 双色复制法
Ugine-Sejournet ~ 尤金 - 塞焦耐特热挤压法（金属材料的）
ultrasonic ~ ①超声压铸法②超声检验法
Umklapp ~ ①倒逆〔反转〕过程②碰撞过程
unicast ~ 陶瓷型法
unichrome ~ 光泽镀锌处理
unit ~ ①基本〔单元〕过程②单元作业〔操作〕
up-and-down blanking ~ 上下落料法
vacuum ~ 真空法，负压铸造法
vacuum-sealed (moulding) ~ 薄膜负压造型法
vapometallurgical ~ 气化冶金方法
vapour blast ~ 蒸汽喷砂清理法
vapour-liquid ~ 汽液交换过程
Verson-Wheelon ~ 维森 - 惠朗成形法（挠性液压芯和橡皮垫的成形法）
vibrocast ~ 振动压铸法
voltol ~ 电聚过程，高压电处理过程
wafer ~ 圆〔晶〕片加工
warm box ~ 温芯盒法
wash-primer ~ 涂料蚀洗处理
water-gas lapweld ~ 水煤气搭焊钢管法
watertown ~ 炮筒离心铸造
Watts ~ 瓦茨（炼锌）法
Weber ~ 韦伯炼铁法
Wessel ~ 韦塞尔半自动金属型铸造法
wet ~ 湿法（磁粉检验）
wet cleaning ~ （煤）湿选工艺，水选法
Wetherill ~ 韦瑟里尔负压〔真空〕吸铸法
Wheelon forming ~ 橡皮囊液压成形法
Whistle hydro-dynamic ~ 坯料直接加液压的成形方法
Wieberg ~ 威伯格海绵铁生产法
William’s (continuous) ~ 威廉连铸法
withdrawal ~ 拉下脱模法
Witten ~ 威顿法（不锈钢熔炼系与电炉双联的精炼方法）
Wohlwill ~ 沃威尔粗金电解精炼法
Wollaston ~ 沃拉斯顿细丝拔制法
Worcra ~ 沃克拉一步炼铜法
workpiece ~ （工件）加工过程
zone-melting ~ 分区熔化法
zone-void ~ 区熔空段法

processability 可加工性，成形〔制备〕性能
process-bound 过程限制的
process-control （生产）过程控制，（工艺）程序控制，工艺管理
process-controller 工艺过程控制装置，过程控制器
process-focused 过程为中心
processing ①处理，加工②调整，配合③操作，配制，作业④工艺设计，工艺过程
array ~ 数组〔阵列〕处理
background ~ 后台处理（一般处于次优先位置的处理）
batch ~ ①间歇过程〔加工〕，分批〔间歇〕法②批量生产，（成）批处理
centralized data ~ 数据集中处理
Chinese character information ~ 汉字信息处理

coherent optical ~ 相干光处理
cold ~ 常温加工
colo(u)r ~ 彩色信号处理
concurrent ~ 并行处理
concurrent peripheral ~ 外部设备同时处理，同时外围处理
consecutive ~ 串行〔顺序，连续〕处理
data ~ 数据处理
decentralized data ~ 分散数据处理
diagnostic error ~ 诊断错误处理
digital ~ 数字处理
digital picture ~ 数字图像处理
distributed ~ 分布式处理
distributed query ~ 分布式询问处理
dry diazo ~ 干法重氮复制
electric spark ~ 电火花加工
electrical ~ 电加工
electro-hydraulic ~ 电液压加工
file ~ 案卷处理
film ~ 胶片冲洗加工
foreground ~ 前台处理
gamma ~ γ 显影
graphic data ~ 图形数据处理
half-tone ~ 半色调处理
in distributed ~ 输入分布处理
image ~ 图像处理
immediate ~ 即时处理
information ~ 信息处理，情报整理
in-line ~ 在线处理
inline data ~ 嵌入式数据处理
integrated data ~ 综合〔集中〕数据处理
interrupt ~ 中断〔插入〕处理
invariant ~ 不变量处理
ion beam ~ 离子束加工
job ~ 作业处理〔加工〕(计算机用语)
laser ~ 激光加工
list ~ 表处理，编目处理
metallo thermic ~ 金属热还原处理
multi-lingual ~ 多语言处理
multiple strip ~ 机组作业线上的多条带材精整
natural language ~ 自然语言处理
neighborhood ~ 相邻处理
nonreal-time ~ 非实时处理
off-line ~ 脱机〔脱线〕处理，间接处理
on-line ~ 联机处理，直接处理
on-line real-time ~ 在线实时处理
on-site ~ 在位处理，现场处理
optical ~ 光学处理，光信息处理
out distributed ~ 输出分布处理
overlap ~ 并行处理
parallel and pipeline ~ 并行和流水线处理
pattern information ~ 图像信息处理
picture ~ 图像处理，图像加工
plex ~ 从处理（计算机软件）
point ~ （图像）点处理
post ~ 后加工，后处理
prior ~ 初次〔预先〕加工
pseudo-colo(u)r image ~ 伪色图像处理
rapid thermal ~ 快速热处理
random ~ 随机处理
recovery ~ 回收〔重新，恢复〕处理，回收〔恢复〕加工
sequential ~ 按序处理，顺序处理
serial ~ 串行处理〔加工〕
serial-by-bit ~ 按位串行处理
signal ~ 信号处理
single thread ~ 单线处理
stacked job ~ ①成批〔连续〕题目处理②栈式作业处理
strip ~ 在机组作业线上精整成卷带材
tape ~ 磁带处理
time-sharing ~ 分时处理〔加工〕
top priority ~ 最高优先处理
transaction ~ 交易处理
transform ~ 变换域处理
ultrasonic ~ 超声处理（利用超声振动使物体物性或状态发生变化）
welding image ~ （机器人）焊接图像处理
wet metallurgical ~ 水冶处理，湿法冶金处理

procession ①行列，列队行进②一（长）行〔排〕

processor ①处理机〔器〕②处理程序〔系统〕③加工机（械）④加工者
acid air ~ 酸性气体处理机
acoustic data ~ 音响数据处理机，音响数据处理程序
advanced micro-programmable ~ 高级微程序处理机
all-on-one ~ 单板处理机
alpha(nu)meric message ~ 字母数字信息处理器
array ~ 阵列〔数组〕处理机
assembly language ~ 汇编语言处理程序
attached support ~ 增援处理机
automatic data ~ 自动数据处理机
auxiliary ~ ①辅助处理机②辅助处理程序
back-end ~ 后端（处理）机

bamboo ~ 竹材加工机械
binary image ~ 二进制图像处理机
bipolar ~ 双极化处理器
bit ~ 位处理器
built-in data ~ 内装式数据处理机
calling ~ 调用处理程序
camera ~ 摄像信号处理器，摄影冲洗机
cellular array ~ 细胞〔单元〕阵列处理机
central ~ 中央处理装置，中央处理机
command ~ 命令处理程序
compression expansion ~ 压缩扩展处理器
concurrent ~ ①并行加工程序②并行处理机
data ~ ①数据处理器②数据处理程序
digital data ~ 数字数据处理机
digital signal ~ 数字信号处理器
digital speech ~ 数字语音处理器
digital voice ~ 数字话音处理器
dissimilar ~ 异种处理机
dormant ~ 静止处理机
down ~ 羽绒加工设备
dry ~ 干式处理器
dual ~ 双处理机
edge tracker ~ （电视）边沿跟踪器（信息）处理机
electronic data ~ 电子数据处理机
feed ~ 饲料加工机
fiber optic ~ 光纤处理机
file ~ 文件处理机，文件处理程序，外存储器信息处理机
film ~ 胶片显影冲洗机
front end ~ 前置处理机
front-end ~ 前端处理器
gateway ~ ①入口处理机②网间连接处理机
geometry ~ 几何信息处理系统，几何信息处理机，几何处理程序
graphic ~ 图形处理机
graphic data ~ 图形数据处理机
graphic display ~ 显图处理机
guided probe ~ 引导探头处理器
harmful gas ~ 有害气体治理设备
high-end 64 bit ~ 高端 64 位处理器
host ~ 主处理机
information ~ 信息处理机
input ~ 输入处理机
instruction ~ 指令处理机
intelligent picture ~ 智能图像处理器
interface message ~ 接口通信处理机
invariant operation ~ 不变运算处理程序
jet-spray ~ 喷雾式洗片机
KARAOKE ~ 卡拉 OK 处理器
language ~ 语言加工程序
large associative ~ 大型相联处理机
linear ~ 线性（信息）处理器
list ~ 编目处理机
logic ~ 逻辑处理器，逻辑处理程序
loosely coupled ~ 松联结处理机
macro ~ 宏处理〔加工〕程序
massively parallel ~ 大规模并行处理机
message ~ 消息处理机，报文处理机
microprogrammable display ~ 微程序控制显示处理器
modular acoustic ~ 模块化声音处理机
monopulse ~ 单脉冲信息处理机
multi-associative ~ 多相联处理机
multibus ~ 多总线处理机
multi-list ~ 多道程序处理机
multi-microprogrammed ~ 多道微程序处理机
multioperation ~ 多操作处理机
NC language ~ 数值控制语言处理机
network access ~ 网络存取处理机
network front end ~ 网络前端处理器
nonnumeric ~ 非数值计算处理机
on-line ~ 联机处理机
optical signal ~ 光信号处理器
output ~ 输出处理机
parallel ~ 并行处理机
peripheral ~ 辅助处理〔计算〕机，外部设备用计算机，外围处理机
pickle line ~ 连续酸洗（作业）线上的清除鳞〔破鳞〕机
pipeline ~ 流水线处理机
pixel ~ 像素处理器
plate ~ 干版显影冲洗机
polyphase ~ 聚合处理机
post ~ ①后信息处理机②后信息处理指令
quick inquiry ~ 快速查寻〔询〕处理机
RAM ROM pattern ~ RAM 和 ROM 特性检验处理器
recipient ~ 接收处理机
satellite ~ 卫星处理机
sequential ~ 顺序处理机，顺序处理器
serial control ~ 串行控制处理机
shared ~ 共用处理机
signal ~ 信号处理机
single chip ~ 单片处理机
slice ~ 片式处理器

speech ~ 语言处理器
storage ~ 存储处理机
superconductive digital ~ 超导数字处理器
supervisor ~ 总管处理机（阵列机中的）
surround sound ~ 环绕声处理器
technology ~ （工艺信息）处理机〔器〕
tightly-coupled ~ 紧密结合处理机
transaction ~ 事务处理机
TV chroma ~ 电视色度处理器
vector instruction ~ 向量指令处理机
video ~ ①雷达显示处理机②视频处理器
video signal ~ 视频信号处理机
word ~ 文字信息处理机

procetane 柴油的添加剂

procteurynter 直肠扩张器

proctor 轧梭保护器，代理人

proctoscope 直肠镜

procure ①取〔获〕得，弄到，物色，采购②实现，达成，完成

prod ①竹签，锥（子）②刺激，激励，戳，刺③接点，触头④热〔温差〕电偶

pole ~ 电杆腐朽测试器
test ~ 测试用探棒

prodigy 天才，神童

produce ①产品，制品，成果②产额，生产量③生产，制造④产生，引起

producer ①发生器，产生器，（煤气）发生炉，制造机②振荡器，发电机③制造者，生产者

aerosol ~ 烟雾发生器
alumina ~ 氧化铝厂
annular ~ 环形发生炉
coal gas ~ 煤气发生炉
cross draft gas ~ 平吸式煤气发生炉
cyclone ~ 旋风（煤气）发生炉
differential pressure ~ 差压激励器
down draught ~ 回流式发生炉，倒风发生器，向下通风发生器
gas ~ 煤气发生炉，燃气发生炉
harmonic ~ 谐波发生器
heat ~ 热源
neutron ~ 中子发生器，中子源
power ~ 动力源
pressure-gas ~ 高压煤气发生炉
retort ~ 甑式发生炉
rotary body ~ 回转炉体煤气发生炉，转井式煤气发生炉
slagging gas ~ 放液渣的气体发生炉
slag-tap gas ~ 出渣气体发生炉
sound ~ 扬声器，唱头
spark ~ 发火花器
spray ~ 喷雾器
suspension ~ 悬浮气化煤气发生炉
water bosh ~ 水封（气体）发生器，水封煤气发生炉
water-bottom gas ~ 水封〔底〕煤气发生炉
water-gas ~ 水煤气发生器
water-jacketed ~ 水套气体发生器，水套煤气发生炉
water-lute ~ 水封气体发生器，水封煤气发生炉
water-sealed ~ 水封气体发生器，水封煤气发生炉
wet-bottom gas ~ 湿底〔水封〕煤气发生炉

producibility ①可生产（性），可制造性②生产能力③可延长（性）

product ①产物，产品，生成物②积，乘积③结果④分量，成分

~ of inertia 惯性积
accepted ~ 合格（产）品
after ~ 后〔副，二次〕产品
approved ~ 定型产品
auxiliary ~ 副产品，次要产品
between ~ 中间产品
BH ~ 磁能积
binary ~ 二进制乘积
black ~ ①黑色石油产品②石油重油
borderline ~ 副产品
bottom ~ ①（塔釜）残液，残余油②残留产物
carbon ~ 炭素制品，炭砖
combustion ~ 燃烧产物
component-wise ~ 按分量逐个做出的乘积
condensation ~ 浓缩体，凝聚物
cross ~ 矢量〔向量〕积，叉积
cup ~ ①上积（数学的）②筛上产品
decay ~ 衰变产物
degraded ~ 次品
disintegration ~ 蜕变产物
dot ~ 标〔数〕量积，点积〔乘〕
double ~ 二重积
elaboration ~ 加工产物，精心制作的产品
end ~ 最后制品，成品
energy ~ 能（量）积
final ~ ①最终乘积②成品，最终产品
fine ~ 细粒产物
finish(ed) ~ ①成品，产品②光制品

fission ~ 裂变〔核裂〕产物
flat ~ 扁平轧材
formulated ~ 按配方制造的产品，制剂
gain-bandwidth ~ 增益带〔频〕宽积
GB ~ 增益带〔频〕宽积
gross ~ 总产量，总产值
gross national ~ （= GNP）国民生产总值
hardware ~ 小五金制造机械
head ~ 初产〔馏〕物
homogeneous ~ 同类产品
inner ~ 内积
in-process ~ 中间产物，中间生成物
insulating laminated ~ 绝缘层压制品，积层塑料，层压塑料
insulating molded ~ 绝缘模压制品
intelligent consume ~ 智能型消费品
intermediate ~ ①部分乘积②中间产品，半成品
intermodulation ~ （相）互调（制）分量
ion ~ ①离子积②溶解度乘积
I-T ~ 电流有效值（I）与电话干扰系数（TIF）之积
Kroll reactor ~ 克罗尔海绵金属
kV-T ~ 电压有效值（kV）与电话干扰系数（TIF）之积
laminated ~ 层压制品
linear ~ 定尺钢材〔产品〕（如管材，板材，扁材，梁形材）
logic(al) ~ 逻辑积
magnetic ~ 磁性制品，磁铁制品
manufactured ~ 产〔成，制〕品
mass-distance ~ 质径积
mass-radius ~ 质径积
melter ~ 有色金属半成品，熔炼产品
metric ~ 度量积
mill ~ 轧制成品
modulation ~ 调制分量，调制积
molded ~ 模制品
net national ~ 国民生产净值
Np ~ 电子空穴浓度乘积
outer ~ 外〔矢〕积，向量积
oversize ~ 筛余〔上〕物，过大〔超过一定尺寸〕的产品
partial ~ 部分（乘）积
phasor ~ 相量积
power-delay ~ 功率时延（乘）积
prepared ~ 成品
pyrolysis ~ 热解产物
rail steel ~ 旧轨再轧钢材
reduced ~ 归纳积
refinery ~ 石油加工产品
rejected ~ 废品，不合格品
residual ~ 副产品，残余产品，残油
residuary ~ 残留产品
return ~ 返料，返修品
scalar ~ 纯量积，点积，标（量）积，无向积，数积
secondary ~ ①二步〔次〕产品②副产品
semifinished ~ 半成品
solubility ~ 溶（解）度积
speed power ~ 速度功率乘积
spoiled ~ 废品
standard ~ 标准产品
staple ~ 主要产品
straight ~ 纯产品
sub-quality ~ 不合格产品，次级品
sub-standard ~ 等外品
sum ~ 和积
tensile ~ 抗拉积
through ~ 筛下物
transmutation ~ ①人造同位素②转变产物
triple ~ 三重积
tubular ~ 管材
ultra-poor ~ 超差品
vector ~ 矢（量）积，向量积，有向积
waste ~ 废品，次品
wear ~ 磨损生成物
wedge ~ 楔积
wire ~ 钢丝制品

productile 可延〔伸〕长的，延长性的

production ①生产，制造②产品，制品，（研究）成果，著作③生产量④形成，提出
actual ~ 实际产量
aggregate ~ 总产量
ascertainable ~ 小批生产
batch ~ 成批〔批量，分批，间歇〕生产
belt ~ 流水作业，传送带生产线作业
belt-line ~ 流水线生产
cellular ~ 单元生产
cleaner ~ 清洁生产
commercial (scale) ~ 大规模生产
continuous line ~ 流水线生产
crude ~ 半制成品
current ~ ①流水作业〔生产〕②当前产生式（计算机软件用语）
flow(-line) ~ 流水线生产

full ~ 成批生产
high ~ 大量生产
high-run ~ 大批生产
in-line ~ 流水线生产
job-lot ~ 单件〔个〕生产
just in time ~ 准时化生产
large scale ~ 大量成批生产，大规模生产
large-lot ~ 大批（量）生产
lean ~ 精益生产
line ~ 流水作业
mass ~ 批量〔成批，大量〕生产
mill ~ 轧机生产能力
module ~ 模块〔组件〕化生产
multiline ~ 分类〔多线〕生产法
multi-media ~ 多媒体制品
multiple ~ ①多次操作生产②多次〔重复〕发生
one off ~ 单件生产
pair ~ 粒子偶生成，电子 - 正电子偶生成，电子对生成
per capita ~ 人均产量
pilot ~ 试制，试验性生产
pilot-line ~ 初步小规模生产
power ~ ①产生功率②单位重量的功率（电源设备）③动力生产，电力生产
quantity ~ 大量〔大批，连续〕生产
scheduled ~ 计划产量
serial ~ 成批〔批量〕生产
series ~ 成批生产，系列产品
short-run ~ 小量〔短期〕生产
single day ~ 日产量
single part ~ 单件生产
single-piece ~ 单件生产
small serial ~ 小批生产
small-scale ~ 小量生产
steel ~ 炼钢
surface ~ 表面生〔形〕成
television-monitored ~ 现场电视监测生产法，现场控制生产法
trial ~ 产品试制
ultimate ~ 总产量
volume ~ 批量生产，成批生产
war ~ 军工生产
yearly ~ 年产量

production-grade 产品等级，产品档次

production-scale 大规模的，生产规模的

productiveness 生产率，多产

productivity 生产率〔量，能力〕
aggregate ~ 综合生产率
bare ~ 原始生产率
dynamic ~ indexes 动态生产指数
heat ~ 发热量
labor ~ 劳动生产率
marginal ~ 边际生产率
multifactor ~ 多要素生产率
net value ~ 净值生产率
partial-factor ~ 部分要素生产率
specific ~ 单位生产率
static ~ ratios 静态生产率
total ~ 全要素生产率

productized 按产品分类的

product-mix 产品构成，产品组合

pro-eutectoid ①先共析体②先共析〔晶〕的

profession ①职业，专业，工种②同行，同业

professional ①职业的，业务的，专业的，专门的②专业人员，专家，内行
microsoft office ~ 微软（公司）办公专业软件（系统）

professionless 没有专业或未受过专门训练的

proficiency 熟练，精通
professional ~ 业务能力

proficient ①精通的，熟练的②专家，能手

profile ①轮廓，外形〔观〕，（叶，翼，齿，线）型②断〔剖，截，切〕面（图），侧面图，分布图③型材④靠模⑤标杆⑥靠模〔仿形〕加工
~ in （齿廓）中凹
~ in elevation 立剖图，注有标高的纵断面图
~ in plan 水平剖面（图）
~ out （齿廓）中凸
active ~ 有效〔作用〕齿廓
aerofoil ~ 翼型剖面
axial ~ 轴向（截面）齿廓
basic ~ （螺纹）基准牙形，基本齿廓
basic rack ~ 基本齿廓，基准齿廓
blade ~ 叶片轮廓〔剖面〕，叶型
carbon ~ 碳浓度分布特性
cast ~ 铸制型材
circular-arc ~ 圆弧齿廓
concave ~ （叶片）内弧形面，叶谷
concentration ~ 浓度分布曲线
conjugate ~ 共轭齿廓
constructed ~ 示意剖面图
contacting ~ 啮合齿廓
convex ~ （叶片）背弧型面，叶峰
corresponding ~ 同侧齿廓

countdown ~ 发射程序表
counterpart ~ 配对〔相应〕齿廓，对偶齿廓
cross ~ 横剖面
curved ~ 内凹轮廓，曲线轮廓
cusped ~ 尖头翼（型）
customer ~ 客户背景，客户画像
datum ~ 基准齿廓
density ~ 密度分布型〔剖面图〕
die ~ 拉模孔型
diffusion ~ 扩散曲线，扩散分布（图）
doping ~ 掺杂剖视图，杂质分布（图）
energy ~ 能线图
equatorial ~ （球）环带外形
fiber ~ 纤维纵切面（图）
flank ~ 齿廓，齿形，后面截形
flat temperature ~ 均匀的温度分布（图）
flat velocity ~ 平均速度分布（图）
flow ~ 流动剖面
furnace ~ 炉膛断面〔轮廓〕
generated ~ 展成〔包络〕齿廓
grade ~ 坡度纵剖面
graded index ~ 渐变型折射率分布
gravity ~ 重力剖面
hardness ~ 硬度分布〔梯度〕
hasty ~ 速测断面图
high-level ~ 标高断面
horizontal ~ 水平剖面
impurity ~ 杂质分布（图）
interior ~ 内剖面（图）
involute ~ 渐开线齿形〔廓〕
lateral ~ 横剖面（图）
load ~ 负载〔荷〕曲线
longitudinal ~ 纵剖面（图）
low-drag ~ 低阻叶型
master ~ 标准剖面（图）
mating ~ 配对〔共轭〕齿廓
normal ~ 法向齿廓
opposite ~ 异侧齿廓
parallel roll ~ 平辊型（轧辊辊身是圆柱形）
pin-tooth ~ 针轮齿廓
power delay ~ 电源延迟分布
pressure ~ 压力分布（图），压力场
radial ~ 辐射状剖面
rail ~ 轨道断面
reference ~ 基准齿廓
resistivity ~ 电阻率分布
roll ~ 轧辊辊型
sag ~ 凹形纵断面
serrated ~ 锯齿形断面
temperature ~ 温度曲线〔分布（图），场〕
thermal endurance ~ 耐热概貌
thread ~ 螺纹牙形
tooth ~ 齿廓，齿形
topping tooth ~ 切顶齿廓
traced ~ 描迹轮廓
transverse ~ 端面齿廓
user ~ 用户轮廓（文件），用户配置文件
velocity ~ 速度分布（图），速度场

profile-paper ①格子纸②断面图

profiler 制造锻模（专用）铣床，靠模〔仿形〕工具机，靠模铣床

profile-turned 靠模车削的

profiling ①仿形切削，靠模加工，压型②型材
face ~ 端面仿形〔靠模〕车削
three-dimensional ~ 成形面加工（在三向靠模铣床上）

profilograph 轮廓曲线〔测定〕仪，表面光度仪，（表面粗糙度）轮廓仪，机械面精（度）测（验）仪，（测平整度用）自记纵断面测绘器，验平仪，显微光波干涉仪
electronic ~ 电子表面粗糙度测量仪
Photoelectrical ~ 光电式轮廓仪
wire-drawing die ~ 拉丝模模孔检查仪

profilometer =profilograph

profilometry ①表面粗糙测定法②轮廓测定法

profilooks （锅炉控制室内的）发电负荷及预期负荷指示器

profiloscope 拉模孔粗糙度光学检查仪

profit ①利益，得益②利润③有益于
operating ~ 经营利润

profitability 获利能力，盈利率

profondometer 深部异物定位器

proforma 〈拉〉形式上的，预计的

profusion ①充沛，丰富，大量，过多②浪费
wanton ~ 浪费

progenitor ①原（始）粒子②正本，原书，原本③前身，起源

progeny ①次级粒子②结〔成〕果

prognoses prognosis 的复数

prognosis 预知〔测，报〕

prognostication 预言〔示，测〕，前兆，征候

program =programme

programing =programming

programmability 可编程序性
FPLA output ~ 现场可编程序逻辑阵列的输出可编程序性

instrument ~ 仪表程序控制性
programmable 可编程序的，程序控制的
program(m)atics 程序（设计）学，程序设计技术
programme ①程序②程序表，进度表，图表③计划，大纲，方案④节目⑤编程序，拟定程序
accounting ~ 记账程序
account-receivable ~ 收账程序
allocation and loading ~ 地址分配和装入程序
application source ~ 应用源程序
application ~ 应用程序
arithmetic test ~ 运算测试程序
assemble ~ 汇编程序
assembly ~ 汇编〔组装〕程序
assembly debug ~ 汇编排错〔调试〕程序
assembly language ~ 汇编语言程序
audit ~ 审〔检〕查程序
automatic machine ~ 自动机械加工程序（国际商业机器公司）
background ~ 后台程序
baseball computer ~ 自动答问计算程序
benchmark test ~ 基准检测程序，（计算机的）试验程序
binary dump ~ 二进制转储程序
binary search ~ 对分检索程序
blue-ribbon ~ 无错程序，一次通过程序
boot-leg ~ 自引程序
bootstrap ~ 辅助程序
bootstrap input ~ 引导输入程序
branching ~ 线路图
build-virtual-machine ~ 虚拟机构造程序
bundled ~ 附随程序
canned ~ 录音节目，存储程序
chain ~ 链接程序
chain addition ~ 链式添加程序
chain maintenance ~ 链式维持程序
channel ~ 通道程序
check ~ 检验〔测试〕程序
coded ~ 编码〔上机〕程序
collate ~ 整理程序
colo(u)r matching ~ 配色〔调色〕程序
command ~ 命令程序
compact ~ 压缩（编码）程序
compiling ~ 编译程序
computer ~ 计算机程序
computer dependent ~ 专用计算机程序
concordance ~ 索引程序
construction ~ 施工计划，施工进度表
control ~ 控制程序
controlled postmortem ~ 受控检错程序
conversion ~ 转换程序，变换程序
correction ~ 校正程序
crash ~ 应急措施，应〔紧〕急计划
data management ~ 数据管理程序
dead ~ 停用程序
debugged ~ 调试程序
dedicated ~ 专用程序
dependent ~ 相关程序
diagnostic ~ 诊断〔查〕程序
disc bootstrap ~ 磁盘引导程序
dump ~ 转储〔清除，消除〕程序
dynamic ~ 动态程序（含有变参数的程序）
dynamic relocation ~ 动态再定位程序
electronic circuit analog ~ 电子电路模拟程序
electronic stabilization ~ 电子稳定性程序（车辆转弯时的稳定性）
emulation ~ 仿真〔仿效〕程序
evaluation ~ 鉴定〔求值〕程序
executive ~ 执行〔检验〕程序
explicit ~ 显程序
external ~ 对外（广播）节目
externally stored ~ 外存程序，配线程序
family ~ 系列程序
fault location ~ 故障定位程序
file editor ~ 文件编辑程序
file management ~ 文件管理程序
file update master ~ 文件更新主程序
firmware ~ 固件程序
foreground ~ 优先程序，前台程序
freely-locatable ~ 浮动程序（可自由分配存储单元的程序）
functional element ~ 子程序
general ~ 通用〔综合〕程序
general interpretative ~ 通用解释程序
general purpose ~ 通用〔标准〕程序
generating ~ 生成程序
graphics conversion ~ 图形转换程序
heuristic ~ 探索〔助解，启发，发展〕程序
house-keeping ~ 内务程序
Human-model ~ 人像模型程序
IMPACT ~ IMPACT 程序，综合管理程序，设计分析控制技术程序，库存管理与控制技术程序
intelligent shift ~ （汽车）智能换档程序
interactive ~ 人机对话程序

interconsole message ~ 控制台信息（控制程序）
interpre(ta)tive trace ~ 解释性的追踪程序
interpretive ~ 解释程序
introspective ~ 自省程序
job ~ 作业程序，工作计划，加工程序
joint ~ 联播节目
kernel (test) ~ 核心（检测）程序
legal ~ 合法程序
library ~ 程序库程序，库存程序
link loader ~ 连接装入程序的程序
list processing ~ 表处理程序
live ~ 实况广播节目，直播节目
loading ~ 输入〔加载〕程序
local ~ ①地方节目②局部程序
machine language ~ 机器语言程序
macro assembly ~ 宏汇编程序
macroblock characterization ~ 宏模块表征程序
macro generating ~ 宏功能生成程序
main ~ 主程序
mainframe ~ 主机程序
maintenance ~ 保养大纲，维护〔修〕程序
manual code ~ 手编程序
mass storage dump/verify ~ 大容量存储器转储 / 校验程序
master ~ 主程序
merge ~ 归并程序
MIS ~ 医学信息系统程序，MIS 程序
modularized ~ 模块化程序
monitor ~ 监督〔控、视〕程序
multimedia authoring ~ 多媒体创作程序
network control ~ 网络控制程序
nonresident ~ 非常驻程序
object ~ 目标程序
objective ~ 目标程序，结果程序
operating system ~ 操作系统程序
operational ~ 操作程序，运算程序
optimally coded ~ 最佳〔优〕编码程序
overlay ~ 重叠程序
paint ~ 着色程序
parallel active tracking ~ 并行有效跟踪程序
parsing ~ 分析程序
part ~ 部件工作程序，工件工作程序
payroll ~ 工资计算程序
peripheral control ~ 外围控制程序
peripheral conversion ~ 外围转换程序
PL ~ 产生式语言程序
plugged ~ 插入程序〔节目〕
possibility-intended ~ 可能的预期程序
post processor ~ 后置信息处理程序
post-edit ~ 算后编辑程序
postmortem ~ 算后检查程序
precompiler ~ 预编译程序
preedit ~ 预编辑程序
prewired ~ 预配程序，保留程序
problem ~ 解题程序，问题程序
processing ~ 处理程序，加工程序
production ~ ①生产计划，生产纲领②工作程序，运算程序
programming ~ 编制程序的程序
proprietary ~ 专有程序
proving ~ 验证程序
pseudo-application ~ 伪应用程序
read initial ~ 读入初始程序
real-time debug ~ 实时调试程序
recycling ~ 再循环程序
reenterable ~ 可重入〔用〕程序
reentrant ~ 重入程序
reference ~ 引用程序
relocatable ~ 可再排〔可重分配，可再定位，浮动〕程序
rendering ~ 绘图程序
research and development ~ 研究和发展计〔规〕划
resident control ~ 常驻控制程序
reusable ~ 可重用程序
rolling ~ 轧制图表〔程序〕
routing ~ 路径选择程序
running ~ 操作〔运算〕程序
sample ~ 抽样程序
scheduler ~ 调度程序
scrutinizing ~ 检验程序
segmented ~ 分段程序
self-diagnostic ~ 自诊断程序
self-modification ~ 自修改程序
self-relocating ~ 自再定位〔自浮动〕程序
sensitive fault ~ 故障敏感程序
sequence ~ 顺序程序
serial ~ 串行程序
service ~ 服务程序
service logic ~ 服务逻辑程序
simulation ~ 模拟〔仿真〕程序
snapshot ~ 抽点打印程序
source ~ 源程序
specific ~ 专用程序
stand-alone ~ 独立程序

standard ~ 标准程序
standardization ~ 标准化程序
star ~ （手编）无错程序
status word ~ 状态字程序
steering ~ 导引程序
storage print ~ 存储单元打印程序
stored ~ ①存储程序②内存程序
subject ~ 源程序
supervisor ~ 管理〔监查〕程序
supervisory ~ 管理〔监查〕程序
supervisory control ~ 监督控制程序
support ~ 支援〔维持，应用，后援，辅助〕程序
switching ~ （开关）开闭程序
symbolic ~ 符号程序
synthetic test ~ 综合检测程序
table driven ~ 表控制程序
target ~ 目标程序
task ~ 任务程序，作业程序
terminal application ~ 终端应用程序
terminator ~ 终结程序
test ~ 试验程序
tracing ~ ①跟踪程序②调机程序
track-while-scan ~ 跟踪扫描程序
translator ~ 翻译程序
typical ~ 典型节目
unbundled ~ 非附随程序
United Nations Environment ~ 联合国环境规划署
user ~ 用户程序
utility ~ 辅助〔实用，应用〕程序
vaccine ~ （病毒）免疫程序
workpiece ~ 加工程序
written-out ~ 输出程序

program(me)-controlled 程序控制的

program(me)-interrupt 程序中断

programmer ①程序设计器，编程员，程序设计〔编制〕员〔器〕，程序装置〔机构〕②节目转接器

application ~ 应用程序设计员
automatic ~ 自动程序设计器
junior ~ 初级程序员
mechanical ~ 机械程序设计器
microprocessor ROM ~ 微处理机只读存储器的程序部件
microprocessor-based ~ 采用微处理机的程序编制机
ML ~ （用）机器语言（编程序的）程序设计员
multi-linear ~ 多级线性程序器
portable PROM ~ 简便式可编程序只读存储器的程序设计机
professional ~ 专业程序设计员
PROM ~ PROM 写入器
semi-automatic ~ 半自动程序设计器〔装置〕
timer ~ 计时程序器

program(m)ing ①程序设计，编程（序）②计划，规划③广播〔播送〕节目

absolute ~ 绝对程序设计，绝对（值）编程
assembler language ~ 汇编语言程序设计
automated statistical analysis ~ 自动统计分析程序设计
automatic ~ 自动编程（序），自动程序设计
calibration ~ 校验程序设计
card ~ （穿孔）卡片程序设计
compiler ~ 编译程序的程序设计
computer-aided ~ 计（算机）辅（助的）程序设计
concave ~ 凹形规划法
convex ~ 凸形规划法
CPU unit ~ 中央处理器的程序设计
diagnostic ~ 诊断程序设计
dual linear ~ 对偶线性规划
dual nonlinear ~ 对偶非线性规划
dynamic ~ 动态规划，动态程序设计
egoless ~ 无私程序设计
explicit ~ 显式编程
external ~ 外部程序设计
generalized linear ~ 广义的线性规划
goal (directed) ~ 目标编程〔程序设计〕
independent modularity ~ 独立模块化程序设计
infinite ~ 无限规划
integer ~ 整数规划（法）
interactive ~ 交互编程，交互程序设计
interpretive ~ 解释程序设计
interval linear ~ 区间线性规划
linear ~ 线性规划（法）
linearity ~ 线性程序设计
machine code ~ ①机器代码程序设计②手编程序
machine language ~ 机器语言程序设计
manual data input ~ 人工数据输入编程
mathematical ~ 数理规划法，线性规划
minimal-access ~ 最快取数程序设计
minimum access ~ 最小存取程序设计，最

小取数程序设计
mixed integer ~ 混合整数规划
mixed language ~ 混合语言程序设计
mixed linear ~ 混合线性规划
modular ~ 模块化程序设计
multiple ~ 多道程序设计
network ~ 网络规划法
nonlinear ~ 非线性规划
off-line ~ 离线编程
optimum ~ 最佳程序设计
parallel ~ 并行程序设计
parametric ~ 参数规划，参数（程序）设计
partition ~ 分块规划
pin board ~ 插接式程序设计
plex ~ 丛的程序设计
plug PROM ~ 插入式可编程序只读存储器的程序设计
preset ~ 预编程序
probabilistic ~ 概率规划
quadratic ~ 二次规划（法）
random access ~ 随机存取程序设计
semi-automatic ~ 半自动程序设计，半自动编程
serial ~ 串行程序设计，串行编程
structured ~ 结构程序设计
symbolic ~ ①符号编码②符号程序设计
system ~ 系统程序设计
task ~ 任务〔作业〕编程
teach ~ 示教编程
visual ~ 可视程序设计

programs 程序

progression ①前进，进展，增进，上升②级数，数列③一系列
arithmetic ~ 算术〔等差〕级数
geometric ~ 几何〔等比〕级数
harmonic(al) ~ 调和〔谐波〕级数
infinitive ~ 无穷级数
stall ~ 失速区的扩大

progressive ①前进的，进步的，发展的②顺序的，累〔渐，增〕进的

progressivity 进展性，发展性

prohibition 禁止，禁令

project ①投影②计划，设计③投射〔出〕④工程，项目，题目，发展方案，工程科研项目，草图⑤方案⑥事业，企业
major ~ 重点工程〔方案〕，大型计划
research and development ~ 研究与发展计划，研究与发展方案
software ~ 软件计划，软件项目
specified ~ 按技术规范编制的计算或设计
turn-key ~ 统包项目
water-conservancy ~ 水利工程

projectile ①抛射体，炮〔导，飞〕弹，弹丸，火箭，投射弹②入射〔轰击〕粒子③投射的，投影的
atomic ~ 原子炮弹（轰击原子粒子）
rocket ~ （喷气）火箭
signal ~ 信号弹

projecting ①凸埋式管道，设计，计划②投〔射〕影③凸〔伸〕出的，投影〔射〕的

projection ①发〔投〕射，抛②突〔凸〕出（部分），凸台，吊砂③投影，投影图，投影法，放映，图案④射出⑤设计，计〔规〕划
anaglyphic ~ 立体放映
armature ~ 电枢的齿〔凸台〕
axonometric(al) ~ 三视图，轴测投影
clinographic ~ 斜射投影法
conformal ~ 保形〔共形，保角，正形〕射影
conformal cylindrical ~ 圆柱正形投影
conformal double ~ 正形双重投影
conic ~ 圆锥形投影法
diametric ~ 正二等轴测投影
film ~ 电影放映车
first-angle ~ 第一象限投影法，首角投影法
front ~ ①正面〔直接〕投影，前投影②前放影法（背景）
geometric ~ 几何投影法
globular ~ 球面投影
gradient ~ 梯度投影
indexed ~ 标高投影
inverse ~ 逆向投影
isometric(al) ~ 等角〔等距〕投影
minute ~ 极微小突出部分，摩擦面的粗糙度
multi-image ~ 多图像投影
orthogonal ~ 正投影，正射〔交〕投影
orthographic ~ 正投影，正视图投影
perspective ~ 透视投影，立体投影
polar ~ 极投影
polyconic ~ 多圆锥射〔投〕影
rear ~ 背面投影，背景放映（利用银幕做背景进行合成）
rear hub ~ 后毂突出部
rear-screen ~ 背景放映法，后屏幕投影
reflective ~ 镜像投影
stereographic ~ 球极平面射影，球面〔立体〕投影

tangent conical ~ 切圆锥投影
trimetric ~ 三度投影，正三等轴测投影
upright ~ 垂直投影
zenithal ~ 方位投影

projectionist ①电视播放员，电影放映员②投影图绘制者

projection-type 投射式，投影式

projective 投射〔投影，射影，凸出〕的

projectivity ①射影对应（性），射〔投〕影，射影变换②直射

projectometer 投影式比较测长仪

projector ①投影仪，投影机，放映机，幻灯②聚光〔投光，放映，探照〕灯③投射器，发射器，发射装置，射声器，辐射源④设计者

cannon-type ~ 短管式喷射器
ceiling ~ 云幂灯，测云高度射光器
contour ~ 轮廓〔仿形〕投影仪
filmstrip ~ 幻灯卷片投影仪
flame ~ 火焰喷射器，打火机
floodlight ~ 强力〔汛光〕探照机
floodlighting ~ 放映机
ground signal ~ 信号枪，地面信号发射器
harmonic wire ~ 谐波定向天线
large-screen television ~ 大屏幕电视投影机
large-screen ~ 大屏幕投影机
measuring ~ 轮廓投影仪
microcomputer type measuring ~ 微型计算机型测量投影仪
microfilm ~ 显微胶卷放映机
mirror ~ 镜面聚光灯〔探照灯〕
motion picture ~ 电影放映机
opaque ~ ①投射式放映机，反射型（电视）放映机②投影电视机，非透明投影仪
optical ~ 光学投影仪
overhead ~ 高架式放映机，回复式投影仪，投影器，书写幻灯机
panoramic ~ 透视投影器
profile ~ 轮廓投影仪，轮廓测定投影器
rear ~ 背景放映机
rocket ~ 火箭发射装置
scale ~ 标度放大器，刻度投影器
signal ~ 信号放映机〔发射器〕
sketch ~ 投影转绘仪
slide ~ 幻灯机
sound ~ 扬声器
sound slide ~ 声像同步幻灯机
spectrum ~ 光谱投影仪，映谱仪
supersound ~ 大功率扬声器
television ~ 电视投影仪
three-dimensional ~ 立体电影放映机
trumpet ~ 扬声筒
underwater sound ~ 水（下）声发射器，水下扬声器

projecture 凸出（物）

prolate ①扁长的（椭圆体），椭圆形的②延长的

prolegomenon （常用 pl.）前（序）言，绪论

proliferate ①增〔繁〕殖，增生②（使）激增，（使）扩散，迅速扩大

Prolite 钨钴钛系硬质合金（w(Co)3% ~ 15%，w(TiC)3% ~ 15%）

prolog(ue) ①序，序幕〔言〕，开场白②开端

prolong ①冷凝管②延长，引伸，延期

prolongation ①延长〔期〕，拖延②延长部分

special ~ on forging 锻件取样块

prolonged 持续很久的，长期〔延长〕的

PROM （=programmable read-only memory）可编程序只读存储器

erasable ~ 可擦可编程序只读存储器
microprocessor-controlled ~ 微处理器控制的可编程序只读存储器

Promal 特殊高强度铸铁

pro-metacenter （浮体的）前定倾中心

prometal 耐高温铸铁

promethium 钷（Pm）

prominence 突出，凸出物

prominent ①突起的，凸出的，杰〔突〕出的，显著的②重要的，著名的

promise ①允许，约定，允诺②希望，有希望，有可能

promote ①促进，加速，增进，助长②发起，倡议，支持③提升

promoter 促进〔加速，助催化，助聚〕剂，激发器

octane ~ 抗爆剂

prompt ①（回答等）及时的，敏捷的，迅速的，瞬时的，准时地②促使，推动③催款单，付款期限（协定）④提示符

prone ①有…倾向的，易于…的②俯伏的，倾斜的

prong ①叉子，干草耙，叉形挖掘铲，尖头挖掘锄，尖，尖头，叉股，齿尖②引脚（电子管的），股（音叉）③射线（径迹）

cage ~ 保持架爪
slit ~ 裂缝插脚

PRONOSTIA 用于轴承加速退化测试的试验平台

pronounce ①发音②断言，断定，表示
pronunciation 发音（法），读法
proof ①证明，证据，验证②试验，考验，检验，验算，性能达到要求的，试验过的，合标准的，③防…的，耐…的，防护的，有耐力的，不可贯穿的④校样，校模（校验压铸模尺寸）
~ by induction 归纳证明（法）
below ~ 不合规定，不合格
corroding ~ 酸洗〔腐蚀〕试验
die ~ 模具灌铅检验法（检查模腔精度用）
duty-paid ~ 完税凭证
formal ~ 形式证法〔证明〕
foul ~ 毛校样
foundry ~ ①最后校样，（制版前的）付型样②纸型
lead ~ 注铅检测（锻模尺寸）
machine ~ 机器校样
noise ~ 防噪声的，抗噪的，隔声的
press ~ 清样，机样
process ~ 工艺验证
synthetic ~ 综合证明
zero ~ 零证明，零检查
proof-charge 试验装置
proofer 检验台
bucket ~ 料斗检验台
proofing ①防护②防护器，防护剂③上〔刮〕胶④证明，试验（法），验算⑤胶布⑥使不透〔漏〕，浸渍
proofmark 验证记号，验讫记号
proofness ①试验②耐性，耐力③坚固性，不穿透性
rub ~ 耐磨程度
tarnish ~ 防锈性
proof-plane 验电盘〔板〕
proof-press 校样印刷机
proofreading 校对，校读
proof-spirit 标准酒精
prop ①支座，支柱，撑条，架②螺旋桨
bottom ~ （炉底）支柱
breaking ~ 复式支架
Dobson ~ 多布森液压支柱
Dowty ~ 道迪型支柱，液压支柱
frictional ~ 摩擦支架
non-yielding ~ 刚性支承
walking ~ 自移式支架
propaedeutics 预备知识，基本原理〔训练〕
propagation ①传播〔输〕，传送②普及③繁殖，增殖④扩散，蔓延
acoustic-pulse ~ 声脉冲传播
anomalous ~ 不规则传播
beyond-the-horizon ~ 超越地平线传播，超视距传播（无线电波碰到物体时，传播方向的无规则变化）
carry ~ 进位传送
dendrite ~ 枝状生长
differential mode ~ 异态传播
direction ~ 定向传播
discharge ~ 放电传播〔扩展〕
duct ~ 波导（型）传播
error ~ 错误〔误差〕传播
fault ~ 故障传播
ground scatter ~ 地面散射传播
guided ~ 导向传播，波导传播
hop ~ 电离层连续反射传播，跳跃传播
ionospheric radio ~ 电离层无线电传播
longitudinal ~ 纵向传播
multihop ~ 多跃传播，多反射传播
multimode ~ 复式传播，（波导管中）多波型〔模式〕传播
non-standard ~ 反常波传播
normal-mode ~ 简正〔振荡〕波传播
overland ~ 地面传播
pressure ~ 压力传播，压力传递
radio ~ 无线电波传播
rectilinear ~ （光）直线传播
sign ~ 符号传送
sonic ~ 声的传播
turbulence ~ 湍流传播
uncertainty ~ 不确定性传播
wave ~ 波动传播
propagator ①分布函数，传播函数②传播者
propane 丙烷
propanone 丙酮
propcopter 螺旋桨直升机
propel 推进
propellant ①推进剂，喷气燃料，火箭燃料②推（进）的，（有）推动（力）的
ball ~ 球形药
colloidal ~ 胶体推进剂
composite ~ 复合推进剂
double-base ~ 双基推进剂
gun ~ 发射药
homogeneous ~ 均质推进剂
hybrid ~ 混合燃料
jet ~ 喷气发动机燃料
non-hypergolic ~ 非自燃推进剂

polybutadiene composite ~ 聚丁二烯复合推进剂
porous ~ 多气孔火药
rocket ~ 火箭推进剂，火箭燃料
solid ~ 固体推进剂，固体燃料
unrestricted ~ 无铠装火药柱

propellent =propellant

propeller ①螺旋桨，（船舶）推进器②（泵，风机的）工作轮，叶轮
aerial ~ 飞机螺旋桨，空气推进器
air ~ ①飞机螺旋桨，空气推进器②送风机
all direction ~ （船舶）全向推进器
bow ~ 艏推进器，艏螺旋桨
bow steering ~ 艏转向推进器
coaxial contrary rotating ~ 同轴对转推进器〔螺旋桨〕
constant speed ~ 定速螺旋桨
contra ~ 导叶
contra-turning ~ 整流推进器
cycloidal ~ （船舶）平旋推进器
fan ~ 风扇叶片
feather ~ 顺位（变距）螺旋桨，顺桨的螺旋桨
fixed pitch ~ 定距螺旋桨
geared ~ 齿轮减速螺旋桨
hydraulic ~ 喷水推进器
hydraulic-automatic ~ 液压自动螺旋桨
hydromatic ~ 液压自动变距螺旋桨
hydrometric ~ 流速仪
jet ~ 喷气带动的螺旋桨
marine ~ 船舶推进器
reaction ~ 反作用式螺旋桨
right bladed ~ 顺时针转螺旋桨
screw ~ 推进器，螺旋桨
sprinkling ~ （船舶）喷水推进器
tandem ~ 串列螺旋桨
three-blade ~ 三叶螺旋桨
tractor ~ 牵引式螺旋桨
variable ~ 调距螺旋桨
Voith-Schneider ~ 平旋推进器

propeller-blade 螺旋桨叶

propeller-driven 螺旋桨带动的

propeller-wing 螺旋桨翼

propene 丙烯

proper ①正常的，常态的②真（正）的，固有的，特有的，适当的，妥当的，完完全全的③本身，本部，正文

property ①特性，性能，性质②所有物，所有权③地产④参数⑤（pl.）道具
acidic ~ 酸性
additive ~ 相加性，加和性
adhesion ~ 黏附性质，胶黏性质
anisotropic ~ 各向异性
blocking ~ 黏结〔附〕性能
bulk ~ ①总体〔整体，大块，厚层〕性质②堆积性能
bulking ~ 松散性
cohesive ~ 黏结性
combustion ~ 燃烧特性，燃烧参数
congruence ~ 同余性质
continuation ~ 连续特性，延拓特性
cutting ~ 切削能力，可切削性
deadlock ~ 死锁特性
decay ~ 衰变性能
directing ~ 定向性
directional ~ 各向异性，方向性（金属在不同方向的力学性能）
directive ~ 指向性，定向性
dual ~ 双重特性
dynamic ~ 动力特性，动态特性
elastic ~ 弹性
excess ~ 超存品
extensive ~ 广延量（热力学参数）
extrinsic ~ 非本征特性
fire-resisting ~ 耐热性
flow ~ 流动性
greasy ~ 润滑性能（物质的）
green ~ 湿态性能
group ~ 群体特性
heat-insulating ~ 绝热性能，保温性能
high-temperature ~ 高温性能〔特性〕
index ~ 特性
inertial ~ 惯性
intellectual ~ 知识产权，智能产权
intrinsic ~ 本征特征，固有性质
inversive ~ 反演性质
iron magnetic ~ 铁磁性
key ~ 主要特性，基本性能
knock out ~ 出砂性
leveling ~ 漆膜流平性，均涂性能
machine ~ （切削）加工性
machining ~ 可机械加工性
magnetic ~ 磁性，磁特性
mechanical ~ 机械性能
memory ~ 存储能力，存储性能
metric ~ 度量性质

periodic ~ 周期性（质）
physical ~ 物性，物理性质
piezoelectric ~ 压电特性
powder flow ~ 粉末流动性
processing ~ 工艺性能
reciprocity ~ 互易特性
regulating ~ 调节特性
rustless ~ 不锈性
structure-breaking ~ 结构破裂性质（指物质结构）
thermal ~ 热力特性
wear ~ 耐磨性
wicking ~ 毛细管特性

propfan 无导管风扇喷气（发动机），开式转子发动机，无涵道风扇

prophylactic 预防（性）的，预防法〔剂，器〕

propinquity 接〔邻〕近，近〔类〕似

propionitrile 丙腈

propjet 涡轮螺旋桨喷气发动机

proplasm 造〔模，铸〕型

Proplatina 镍铋银合金

Proplatinum =Proplatina

proplet 桨梢小翼

proportion ①比，比例②部分，分量③（pl.）面积，大小，尺寸，容积④调和，使成比例，协调
~ by addition 合比
~ by inversion 反比
~ by subtraction 分比
~ of deformation 变形比例
compound ~ 复比例
dimensional ~ 尺寸比例〔大小〕
direct ~ 正比例，正比
equivalent ~ 当量比（定律）
gating ~ 浇道比
geometric ~ 几何比，等比
inverse ~ 反比例
reciprocal ~ 倒数比（定律）
slender ~ ①长细比例，细长比②柔性系数
tooth ~ 齿形比例

proportionable ①成比例的②相称〔当〕的，可均衡的

proportional ①按〔成〕比例的，均衡的，相称的②比例数，比例项③（数字的）比例量
mean ~ 比例中项
third ~ 比例第三项

proportionality ①比值，比例（性）②相称，均衡

proportioner ①比例调节器，比例器，比例装置②定量器，定量装置，剂量器
flow ~ 液流分流器，流量调节器

proportioning ①（按比例定量）配合，使成比例②定量，配量
~ by trial method 试验配合法
~ by volume 体积配合法
empirical ~ 经验配合
feed ~ 配料

proportionment ①按比例划分，定量配剂②均衡，相称
multiple ~ 倍比

proposal ①提出，提〔建〕议，申请②计划③投标
rationalization ~ 合理化建议

proposition ①提〔建〕议，陈述，主张②命〔主〕题，定理③计划，事情，问题④目的
categorical ~ 直言命题
contradictory ~ 矛盾命题
contrary ~ 逆命题，相反命题
equivalent ~ 等值命题
inverse ~ 逆命题
Pythagorean ~ 勾股定理
singular ~ 奇异命题，特称命题

propound 提出，建议

proprietary ①所有权，所有人②专利的，专用的

proprietorship ①独资企业②投资额
sole ~ 独资企业

proprio motu 〈拉〉自动

propulsion ①发动机，动力装置②推力，推进，（向前）推动，驱动③推进器
atomic ~ 核发动机，核动力装置
electric ~ 电力牵引〔推进〕
hybrid ~ 混合燃料推进
jet ~ 喷气推进（器）
laser fusion ~ 激光聚变推进（器）
marine ~ 船舶推进装置
ramjet ~ 冲压喷气推进，冲压式发动机
reaction ~ ①反冲推进②喷气发动机
rocket ~ 火箭推进，火箭发动机
turbo-electric ~ 涡轮发电动力装置

propulsor 喷气发动机，火箭发动机〔推进器〕
liquid ~ 液体（燃料）火箭发动机
solid ~ 固体（燃料）火箭发动机

propyl 丙基

propylene 丙烯

prorata 按〔成〕比例

prosign 同一符号

prospect ①视野，境界②展望，前景，远景，期望③预探，探查，勘测

prospecting 勘探，探矿

prospectus ①计划（任务）书，说明书②（讲义等的）大纲，（计划书等的）样本③（即将出版的书等的）内容简介

pro-spin 顺（螺）旋

prosthesis 取代，置换，弥补（术），修补物

protactinium 镤（Pa）

protection ①保护，保护装置，保护措施②防止

~ (of a power system component) （电力系统组成部分的）保护

~ system 保护系统

access ~ 存取保护

air gap asymmetry ~ 气隙不对称保护(装置)

asterisk ~ 星号保护

back-up ~ 后备保护

breaker fail ~ 断路器失灵保护（装置）

Buchholz ~ 巴克霍尔茨保护装置，瓦斯继电保护（装置）

carrier current ~ 高频保护装置，载波电流保护装置

cascade ~ 分级保护

cathodic ~ 阴极保护（装置),阴极防蚀（法）

chip input ~ 集成电路输入保护

choke ~ 抗流圈保护，扼流圈保护

(circuit) local back-up ~ （电路）近后备保护

circulating current ~ 环流保护（装置），差动保护（装置）

contact ~ 防止接触，防止碰线

continuous curve distance-time ~ 平滑时限特性距离保护装置

corrosion ~ 防蚀

cross ~ 防止碰线，防止混线

crowbar ~ ①过压保护装置②急剧短路保护（装置）③撬杆保护

data ~ 数据保护

definite time-lag ~ 定时滞保护（装置）

differential current ~ 差动电流保护（装置）

distance impedance ~ 距离阻抗保护（装置）

divided-conductor ~ 绕组支路断线保护(装置)

earth-fault ~ 接地故障保护（装置）

emergency ~ 故障防护

entry ~ 进路保护装置

environmental ~ 环境保护

error ~ 误码保护

excess voltage ~ 过电压保护

explosion ~ 防爆（装置）

eye ~ 眼保护罩

field-loss ~ 励磁电路断开保护

file ~ 文件保护

flame failure ~ 灭火保护

impedance ~ 阻抗保护（装置）

impressed current ~ 外加电流保护

inherent overheating ~ （电机的）内部的过热保护

international ~ 国际安全标识

interturn ~ 匝间（短路）保护（装置）

inverse time current ~ 反时限（过）电流保护（装置）

key ~ 存储键保护

know-how ~ 技术知识保护

leakage ~ 泄漏保护（装置）

lightning ~ 避〔防〕雷（装置）

line ~ 输电线路保护（装置）

loss of synchronism ~ 失步保护（装置）

low-voltage ~ 低〔欠，无电〕压保护

main ~ 主保护

memory ~ ①存储器保护②存储保护

moisture ~ 防潮〔湿〕

network ~ 电力网保护，网络保护

no-voltage ~ 无〔失〕压保护（装置）

occupant crash ~ （汽车）乘客碰撞防护

open-phase~ 断相保护（装置）

out-of-step ~ 失步保护（装置）

overall differential ~ 整体差动保护（装置）

overall unit ~ 单元总体保护（装置）

over-current ~ 过电流保护

overpower ~ 过载保护

over-range ~ 过量程保护（装置）

overspeed ~ 过速保护

overvoltage ~ 过电压保护，防止过电压

page-by-page memory ~ 逐页存储保护

patent ~ 专利保护

phase-comparison ~ 相位比较式保护（装置），相差保护（装置）

phase-failure ~ 断相保护（装置），相故障保护（装置）

pilot ~ 纵联保护（装置），引线保护（装置）

power ~ 功率保护装置

primary ~ 一次保护（装置）

privacy ~ 秘密保护，隐私保护，保密

radiation ~ 辐照防护，辐射防护

radio-link ~ 无线电保护（装置）

read-jump ~ 读出转移保护

rear axle ~ 后轴护板
refractory ~ 防火装置，耐火保护层，耐热涂层
relay ~ 继电器保护（装置）
remote back-up ~ 远后备保护
reserve ~ 后备保护（装置）
reverse-phase ~ 反相保护
rust ~ 缓蚀
scan ~ 扫描防护（射束电流抑制）
self-balance ~ （相电流）自动平衡保护
split bus ~ 分相母线保护（装置）
starting open-phase ~ 起动时断相保护装置
stepped curve distance-time ~ 阶梯时限特性距离保护装置
storage ~ 存储（器）保护（装置）
(substation) local back-up ~ （变电站）近后备保护
surge ~ 过电压保护，高峰电压保护
tie bus differential ~ 连接汇流条差动保护
underfrequency ~ 低频率保护装置
underreaching ~ 继电器失灵保护装置
voltage-phase-balance ~ （电压）衡保护装置
write ~ 写入保护

protective 防护的，保护的

protector ①防护罩〔器〕，防护装置②保安器，熔断器
Buchholz ~ 巴克霍耳茨保护装置，瓦斯继电器
car lightning ~ 车辆避雷器
coherer ~ 避（声）振器
corner ~ 护角
crown-block ~ 防碰天车装置
drill pipe ~ 钻杆护箍
edge ~ 护棱
eye ~ 护目镜
hose ~ 软管防护套
lightning ~ 避雷装置
mutual-induction ~ 电磁铁线圈的屏蔽罩
network ~ ①网络保护装置②开关站
noise ~ 噪声防护器
organic solderable ~ 有机可熔焊保护层
plate ~ 片状避雷器
point lightning ~ 尖端型避雷器，避雷针
rubber sacked ~ 皮囊式保护器
screening ~ 屏蔽保护器
subscriber's ~ 用户保护装置
surge ~ 浪涌保护电路
thread ~ 护丝
transient over voltage ~ 瞬态过压保护器
vacuum lightning ~ 真空避雷器
wire netting ~ 线网护罩

protectoscope 掩望镜

protium 氕（氢的同位素，相对原子质量为1的氢）

prot(o)actinium 镤（Pa）

protocol ①协议，草约②会议记录
address resolution ~ 地址转换协议
ATM address Resolution ~ 异步传输方式〔ATM〕地址转换协议
bisync ~ 双同步协议（计算机网络用语）
bit-oriented ~ 面向比特协议
border gateway ~ 边缘网关协议
byte-oriented ~ 面向字节协议
Camel access ~ Camel 访问协议
channel ~ 信道协议，通道协议
common management information ~ 通用〔公共〕管理信息协议
data demand ~ 数据要求协议（计算机网络用语）
file transfer ~ 文件传送协议
GPRS tunneling ~ 通用分组无线服务隧道效应
host-to-host ~ 主机到主机协议（计算机网络用语）
hypertext transfer ~ 超级文本传输协议
IMP ~ 接口报文处理机协议
intelligent network access ~ 智能网存取协议
internet ~ 网间协议
internetworking ~ 网络互联协议
interprocess communication ~ 进程（间）通信协议
light-weight ~ 轻型协议
link ~ 链路协议（计算机网络用语）
logical ~ 逻辑协议（计算机网络用语）
Manufacturing Automation ~ （高档数控机床）制造自动化协议（MAP）
medium access ~ 媒体存取协议
mobile internet ~ 移动（通信）因特网协议
network access ~ 网络访问协议
packet data ~ 分组数据协议
packet data convergence ~ （通信）分组数据会聚协议
packet layer ~ 分组层协议
packet pipe ~ 分组传输线路协议，包路由选择协议
proxy mobile internet ~ 代理移动（通信）因特网协议
radio link ~ 无线电链路协议

real-time transport ~ 实时传输协议
real-time transport control ~ （通信）实时传送控制协议
session initiation ~ （通信）会话启动协议
simple network management ~ 简单网络管理协议
simple object access ~ 简单对象访问协议
stream control transmission ~ （通信）流控传输协议
transmission control ~ /internet ~ 传输控制协议 / 网际协议
verbal ~ 口头协议

proton ①质子，阳质子，正质子②氢核
negative ~ 负质子，反质子

protonium 质子素

proton-synchrotron 质子同步加速器

protoparaffin 原石蜡

protopetroleum 原（生）石油，原油

prototype ①样机〔品〕，（设计）原型，母模，足尺模型，试验模型，原器，模型机②典型，标准③实验性的
evolutionary ~ 进化式原型
experimental ~ 实验模型，试验样机
increasement ~ 递增式原型
international ~ 国际原器
throwaway ~ 抛弃式原型
virtual ~ 虚拟原型（样机）

prototyping ①样机②研究，模型研究③（快速）原型法
rapid ~ 快速成形，快速原型制造技术
software ~ 软件样品，软件样品设计（法）

protoxide 氧化亚物，低（价）氧化物

protract ①拖延，拖〔延〕长（时间），突〔伸〕出②（用量角器或比例尺）制图，绘制，描绘

protractile 可伸出的，可外伸的

protractor ①角度尺②分度规〔器、仪〕
angle ~ 角度尺，斜角规，分角规
bevel ~ ①斜角规②万能角度尺
bubble ~ 气泡式分度规，气泡式角度尺
horn ~ 角度尺
optical bevel ~ 光学角度尺，光学倾斜度规
semi-circular ~ 半圆角度尺
sine ~ ①正弦尺〔规〕②正弦角度尺
spark ~ 火花时间测定器
universal ~ 万能角度尺
universal bevel ~ 万能角度尺
V-edge ~ V 形角度尺
vernier bevel ~ 游标斜分度规，万能角度尺
vernier ~ 显微半圆角度规，万能角度尺，游标分度器
whole circle ~ 全圆分度器

protrusion ①伸〔突，凸，推〕出，伸〔推，挤〕进②突〔隆〕起（物，部），凸出物
fiber ~ ①光导纤维束②玻璃纤维毛刺
injector ~ 喷嘴端伸出量

protuberance 切根突角，挖根凸角

prove ①证明，验算，检验，考验②结果是，后来表明是③结果表明，原来是

prover 校准仪
pipe ~ 标准体积管

provide ①提供，设置②形成，达到③维持④规定，装载

provider 供应者

provision ①准备，预备，保证②预防措施③供给，供应，规定，条款④设备，装置
~ for earthing 接地装置
safety ~ 安全措施，安全设备
technical ~ 技术条件

provisional ①假定的②暂时的，临时的

proviso 附文，（附带）条件

prow ①船头，（飞行器）头部②突出的前端

prowess ①杰出的才能〔技巧〕，技术，本领②威力，英勇

prox =proximate

proxicon 近距（离）聚焦摄像管

proximal 最接近的，近似的，邻近的，近侧的

proximate ①最接近的，近似的②即将发生的

proximeter 着陆高度表

proximity 接近，近似，近程

proximity-fused 备有近爆引信的，装有近发〔无线电〕引信的，装有近炸信管的

pruner 修剪机
hydraulically operated ~ 液压操作修枝整形机

pruning 修剪
alpha-beta ~ α - β 剪枝算法

pruning-saw 修枝锯

pry ①撬杠，杠杆，起货钩，杠杆作用，撬动②窥视〔探〕，盯着看，探问〔听，索〕，追究

pry-out 撬出，用撬杠撬起

PS ①（=prestress）预应力②（=poly-styrene）聚苯乙烯

p-scope P 型显示器，平面位置显示器

psec （=picosecond）皮（可）秒，（$1ps=10^{-12}s$）

P-semiconductor P 型半导体，空穴导电型半导体

psephicity 磨圆度

pseudo ①假的，伪的②冒充的，似是而非的
pseudoadsorption 假吸附（作用）
pseudo-alloy 假合金
pseudo-asymmetry 假不对称
pseudo-carburizing 伪渗碳
pseudo-code 伪（代）码
pseudo-color 伪彩色（像）
pseudo-complement 伪余
pseudo-compound 假化合物
pseudo-convergent 伪〔准〕收敛
pseudo-critical 伪〔假，准〕临界的
pseudocrystal 伪〔假〕晶
pseudo-cycloid 伪旋轮线
pseudodielectric 赝电介质，准〔假〕电介质
pseudo-dipole 赝偶极子
pseudoelasticity 伪弹性
pseudoeutetic 伪共晶（体）
pseudo-flat 赝平面
pseudo-host 伪主机
pseudohyperbolic 假双曲线的
pseudo-instruction 伪指令
pseudointegration 假积分法
pseudoion 假离子
pseudo-language 伪语言
pseudo-lens 幻视透镜，拟透镜
pseudo-linear 假〔伪〕线性的
pseudo-lock 伪锁相，赝锁相
pseudomorph ①假象，假同晶②赝形体
pseudomorphism 假象
pseudomorphy 假同晶，假象
physical ~ 物理性假同晶（现象）
pseudo-norm 伪模
pseudonormal 伪〔准〕法线
pseudo-operation 伪〔虚拟〕操作，伪指令〔运算〕
assembler ~ 汇编程序伪操作
pseudo-order 假指令，伪指令
pseudopearlite 伪珠光体
pseudoperiod 赝〔伪、准〕周期
pseudophotoesthesia 光幻觉
pseudoplastic 假〔拟〕塑性体
pseudo-program 伪程序
pseudorandom 伪〔赝〕随机，虚拟随机
pseudo-register 伪寄存器
pseudoscalar 伪〔假〕标量
pseudo-seed 赝籽晶
pseudo-shock 伪冲激波
pseudosound 假声
pseudo-sphere 伪球面（曳物线的旋转面）
pseudo-spiral 伪螺线，准螺线
pseudo-static 伪静态的
pseudostationary ①假稳的，似稳态的，准稳定的②伪定常的
pseudo-steel 烧结钢，假钢
pseudostereo 伪立体声，赝式立体声
pseudo-tensor 伪张量
pseudo-ternary 伪三进制的，伪三元
pseudo-thermostatic 伪恒温的
pseudotrajectory 虚假弹道，虚假轨迹
pseudo-variable 伪变量
pseudo-vector 伪矢量，轴矢量
pseudo-viscosity 假黏度，非“牛顿”黏度
psi （=pounds per square inch）lbf/in^2（压强单位，$1lbf/in^2$=6.894 7 kPa）
psophometer ①杂音表②噪压计，噪声〔声〕计
psychogalvanometer ①心理电流反应检测器②心理电流计
psychologist 心理学家
robot ~ 心理学研究自动机，心理机
psychology 心理学
psychometry ①精神测定法，智力测验器②心理测量学
psychophysics 心理物理学
psychrometer （干湿球）温度计，干湿表
aspiration ~ 通风干湿表
Assmann ~ 阿斯曼干湿表
resistance ~ 电阻〔干湿球〕湿度表
sling ~ 手摇干湿表
psychrometry 湿度测定法，测湿学
p-terphenyl （对）三联苯〔联三苯〕
PTFE （=polytetrafluoroethylene）聚四氟乙烯
PTM ①相对调制②脉时调制
PU （=polyurethane）聚氨基甲酸酯，聚氨酯
publication ①发表〔布〕，公布②发行，出版③刊物，出版物
electronic ~ 电子出版物
external ~ 对外出版物，公开文献
publishing 出版
desktop ~ 桌面印刷
virtual ~ 虚拟出版
web ~ 网上出版物
puck ①定标器②冰球
pucker ①拉延件壁上皱纹②折叠③（使）起皱〔缩拢〕，皱纹〔褶〕，皱起
puckering ①深压延件壁部的波纹②皱皮（焊缝），皱纹〔褶〕

puckle 锯齿波振荡电路
puddle ①搅炼〔拌〕②熔池，焊接熔池③胶土④直浇道窝
puddler 捣密机，搅捣机，搅炼炉②搅炼者，捣浆器
puddling ①搅炼（法）(制熟铁方法）②捣成浆
ore ~ 铁矿搅炼法
puddling-furnace 炼铁炉，搅炼炉
puff ①喷，吹②爆发〔燃，鸣，音〕
puffer 提升小绞车，小型发动机
steam ~ 蒸汽喷射烫衣机
puffing ①晶胀现象②烧爆③（织物的）蓬松装饰
pug ①揉捏〔捣实，拌土〕机②小火车头③泥料，黏土④隔声灰泥⑤煤和黏结剂的搅拌箱（团煤）
pugging ①隔声层，隔声材料②捏练
pugmill 搅〔拌，捏〕土机
continuous flow ~ 连续式小型搅拌机
pulcom 小型晶体管式测微指示表
pull ①拉（力），牵引（力）②拖曳，拖〔曳，拉〕③拉手，把手④出栈
~ of gravity 重力
back ~ 后拉力，后张力
counter ~ 反拉力
cylinder ~ 液压缸杆回缩行程的拉力
directional ~ 直牵引力（牵引力的纵向水平分力）
draw-bar ~ 牵引杆拉力，拉杆拉力，挂钩牵引力
effective ~ 有效拉力
electromagnet ~ 电磁拉力
electrostatic ~ 静电引力
hot ~ 热裂
magnetic ~ 磁引力，磁铁（吸）引力
radial ~ 径向拉力
rim ~ 车轮牵引力〔回转力〕
wheel ~ 车轮拉力
pull-back ①牵手式安全装置②阻力，拉回
deflection yoke ~ 偏转线圈轴向活动量
pull-behind 牵引式
pull-broaching 牵引拉削
pullbutton 拉钮
pull-down ①拆线，断开②下拉，缩穴，结疤③拖曳柄④拉晶⑤拉开（电影胶片）
pneumatic ~ 气动输带装置
puller ①拔〔拉〕出器，拔〔拆〕卸器，钳子，回柱〔掘根，拔麻，拔秧，拉单晶〕机②拔具，拉模③拉轮器
automatic ~ ①自动牵引机，自动拔桩机②自动拔出器
ball-bearing ~ 滚动轴承拆卸工具
bit ~ 卸钻头器
bushing ~ 套筒拆卸器，轴衬拆卸器
car ~ ①推车机②拖车绞盘
card ~ ①拔插件手把②插件板插拔器
core ~ 型芯拉出器
crystal ~ 拉（单）晶机
cylinder liner ~ 气缸套拉出器
disk ~ 拔盘器
electric rivet ~ 电动拉铆枪
hub ~ 轮毂拆卸器
ingot ~ 拉锭器
key ~ 拔键器
nail ~ 起〔拔〕钉器〔钳〕
pile ~ 拔桩机
pin ~ 拔销器
piston ~ 活塞式拉晶机〔器〕
pneumatic rivet ~ 气动拉铆机
post ~ 回柱机
prop ~ 回柱机
rod ~ 钻杆提取器
sleeve ~ 套筒拉出器，拔套器
Snezhko air-operated ~ 斯内兹柯式风动拔棒机
spike ~ 道钉撬
steel ~ 钻杆提取器
universal ~ 万能式拆卸器
waste ~ （纺织）打回丝机，随呢开松机
wheel ~ 拆轮器，卸轮器
pulley ①滑轮，带轮②滑车③滚筒
angle ~ 导轮〔辊〕，转向滑轮
assembly ~ 滑轮组
band ~ ①带动滑车②带轮
bearing up ~ 紧轮
belt tensioning idler ~ 紧带惰轮
belt tightening ~ 游轮，带张紧轮
bend ~ 转向滚筒
block ~ 滑轮组
brake ~ 闸轮
change ~ 变速轮
click ~ 棘轮
clutch ~ ①离合带轮②同步带
cone ~ ①锥轮②塔轮，快慢轮
cone ~ with steps 塔轮
counter ~ 中间带轮

counterweight ~ 配重滑车
crowned ~ ①天车轮②凸面滑轮
cut ~ 工作冲程带轮
dancing ~ 均衡轮，调整轮
dead ~ 惰轮，空转轮，中心轮，定滑轮
deflecting ~ 转向滑轮
differential ~ 差动滑车
drive ~ 主动带轮，传动轮
driven ~ 被〔从〕动轮
driving ~ ①传〔主〕动带轮②主动轮
fast ~ 固定轮，紧轮
feed ~ 主动滑轮
fixed ~ 固定滑轮
flywheel ~ 滑轮飞轮
follower ~ 从动带轮
follow-up ~ 从动滑轮
foot ~ 尾部滚筒
free ~ 空转轮，惰〔游〕轮
gallows ~ 张力惰轮
grooved ~ 槽轮，V 带轮
guide ~ 导轮，压带轮
head ~ ①主滑轮，主动带轮②上滚轮〔升运器的〕，天轮③端部滚筒
hoist(ing) ~ 起重滑轮，提升天轮
hover ~ 气垫滑轮
idle ~ 空转〔游滑〕轮，惰轮，导轮
idler ~ ①导轮②支承滚筒，张紧滚筒③传动〔传送〕带张紧轮
jobbing ~ 导轮，张紧轮
jockey ~ ①辅〔导，滑，张紧〕轮②托辊，托轮（运输带用）
Koepe ~ 戈培轮，摩擦轮
loose ~ 游（滑）轮，游滑带轮
magnetic ~ ①鼓式磁铁分离器②磁力分离滚筒
measuring ~ 测量带轮
motor ~ 电动机带轮
motorized head ~ 电动滚筒
movable ~ 滑动轮
mute ~ 导向带轮
parting ~ 拼合轮
pouring ~ 导轮
pressure ~ 摩擦滚筒
pump ~ 泵轮
rope ~ 绳索轮，滑轮
scored ~ 槽轮
sheave ~ 滑车（滑轮）
single ~ 单体滑车
single-drive ~ 单速带轮（以定转数转动的带轮）
snub ~ （运输机）空载带支持滚筒，张紧滚筒
snubbing ~ 摩擦滚筒
speed ~ 变速带轮，变速滑轮
split ~ 拼合带轮
step(ped) ~ 级轮，宝塔（带）轮
straight face ~ 圆柱滚筒
straining ~ 张力轮
swell of ~ 滑轮槽
tackle ~ 滑车组，复滑车
tail ~ 导轮
take-up ~ 拉紧轮，收线轮
tension ~ 张紧轮
tight ~ 固定轮
tight and loose ~ 固定轮和滑动轮，定轮与游轮
tightening ~ 张力轮
traversing ~ 横式（起重）滑车
variable diagonal ~ 可变交叉带轮
variable-speed ~ 无级变速带轮
V-groove ~ V 形（带）槽轮，V 带轮
winding ~ 绕线滑轮

pulley-block 滑车组，滑轮组
Pulleying 过卷
pull-grader 牵引式刮土平地机
pull-in ①引入，拉入②引入同步③进入同步频率④接通⑤频率牵引
pulling ①拉，牵引②振荡频率的改变，频率牵引③回收，回采④同步⑤图像伸长部分（扫描时引起的非线性几何失真）⑥拉制（如晶体）
~ in step 拉入同步，引入同步
~ into tune ①频率牵引，拉引调谐②强制调谐
~ of frequency 频率牵引
~ of magnetron 磁控管频率牵引
~ of oscillator 振荡器频率牵引
~ on machine 皮辊套管机
~ on white 白色展延“尾巴”，白色拖带的线条
~ on whites 白像拖尾
beam ~ 电子束偏移
crystal ~ ①拉（单）晶法，单晶拉制②晶体提拉法
frequency ~ 频率牵引
magnetron ~ 磁控管频（率）牵（引）
pulse ~ on vertical synchronizing pulses 垂直同步脉冲的行移
spike ~ 拔棒

pulling-down 拉缩
pull-iron 牵钢
pull-off ①使不同步，使失步②拉开③拐弯架线拉张器④软定位器（电车线路的）
pull-on 拉（手柄，杆等）
pull-out ①拉出②使不同步，使失步
regulation ~ 调整范围外的负荷，失调负荷
pull-over ①递回，拔送②拔送器
pull-rod 拉杆〔棒〕，牵引杆
brake ~ 拉闸杆
pullshovel 反铲，拉铲
pull-type 牵引式
pull-up ①吸引，吸动②拉，拉起（动作）③张开④（层压板）脱层⑤使遵守⑥停止，停车
active ~ 有源负载，有源电阻
pulmotester 肺功能测定器
pulmotor ①人工呼吸器②自动供氧人工呼吸器
pulp ①浆，泥浆，矿浆②使成浆，制浆，浆化
wood ~ 绝缘用木材浆料，木（纸）浆
pulp-dresser 纸浆洗涤机
pulper 搅碎〔浆粕，碎浆〕机
pulpit 控制室〔台〕，操纵台
control ~ 控制台，操纵台
operator's ~ 操纵台
pulsactor 磁脉冲发生器
pulsafeeder 脉动电源，脉动给〔供〕料机
pulsar 脉冲射电源，脉冲星
pulsatance 角频率，圆频率
pulsatile 脉动的，打击的，打击乐器
pulsating ①脉〔波，跳〕动，颤动，摆动②交流电的角频率③拍④间断
pulsation ①脉〔波，跳，振〕动，间断，（交流电的）角频率②冲动，冲程
current ~ 电流脉动，电流双幅值
pulsator ①脉动器，断续器，振动筛，脉动跳汰机，搏动式人工呼吸器②凿岩机③蒸汽双缸泵④液压拉伸压缩疲劳试验机
abrasion ~ 间歇式耐磨试验仪
pulsatory 脉动的
pulsatron ①双阴极充气三极〔脉冲〕管②一种超声波清洗机③脉冲加速器（中子发生器）
pulscope 脉冲示波器
pulse ①脉冲，加脉冲②脉〔搏，摆，振，跳，起〕动，脉搏③半周（期），脉量
~ on 开启，起动
acceleration ~ 加速冲量，加速脉冲
action ~ 动作冲量，触发〔作用〕脉冲
actuator switching ~ 激励器转换脉冲
A-D conversion ~ 模拟 - 数字转换脉冲
add ~ ①加法脉冲②相加脉冲
advance ~ 推进脉冲
amplitude ~ 振幅脉冲
annoying ~ 扰动脉冲
antiparalyse ~ 起动脉冲
automatic strobe ~ 自动选择〔自动选通〕脉冲
bias ~ 偏压〔置〕脉冲
binary ~ 二进制脉冲
blackout ~ 熄灭脉冲，消隐脉冲
brightness ~ （扫描）照明脉冲，亮度脉冲
broad ~ ①宽脉冲②开槽脉冲，帧同步脉冲
burst ~ 短脉冲，色同步脉冲
burst blanking ~ 彩色同步信号消隐〔熄灭〕脉冲
burst gate ~ 短促选通脉冲，色同步门脉冲
camera ~ 摄像脉冲
carry ~ 进位（指示）脉冲
cascode ~ 栅 - 阴输入脉冲
channel ~ 信〔通〕道脉冲
chopped ~ 削顶脉冲
chrominance ~ 彩色脉冲
clock ~ 计时〔定时，时标，时钟，同步，节拍〕脉冲
colo(u)r indexing ~ 彩色指示〔定相，指引〕脉冲
command ~ 指令脉冲
commutator ~ 定时脉冲
complement ~ 补码脉冲
composite blanking ~ 复合消隐脉冲
corona ~ 电晕〔放电〕脉冲
correction ~ 校正脉冲
cosine ~ 余弦脉冲
count ~ 计数脉冲
cross ~ 交叉脉冲，零点脉冲
dark ~ 暗脉冲
data ~ 数据脉冲
data-in ~ 数据输入脉冲
dating ~ 控制〔整步，同步〕脉冲
debunched(beam) ~ 散聚（束）脉冲，去聚（束）脉冲
decaying ~ 衰变脉冲
decoded trigger ~ 译码触发脉冲
degraded ~ 递降脉冲
delay ~ 延迟脉冲
dial ~ 拨号脉冲

differentiated ~ 微分脉冲
digit ~ 位脉冲
digit bit ~ 数字二进位脉冲
digit drive ~ 数字驱动脉冲
digital ~ 数字脉冲
direct ~ 直达脉冲
disabling ~ 封闭〔截止〕脉冲，闭〔阻〕塞脉冲
disassembling ~ 禁止脉冲
discrete ~ 离散脉冲，不连续脉冲
divided ~ 分频脉冲
drive ~ 激励〔触发，驱动〕脉冲
driving ~ 起动脉冲
edit ~ 编辑脉冲，剪辑脉冲
elevation window ~ 俯仰窗口脉冲
emergency ~ 呼救脉冲（信号）
emitter ~ 发射器脉冲，（发）射极脉冲
enable ~ 起动〔起动，准备，使通〕脉冲
enabling ~ 起动〔起动，准备，开门，使通〕脉冲
equalizing ~ 平衡脉冲，均衡脉冲
equidistant ~ 等距离脉冲
erase ~ 擦除脉冲
erasing ~ 擦除脉冲
error ~ 误差信号脉冲
event ~ 事件脉冲
extinguishing ~ 熄火脉冲，擦〔消〕除脉冲
fast laser ~ 激光短脉冲
fast-rise ~ 陡沿脉冲
field ~ 场（频率）脉冲
firing ~ 点火〔起动，引燃〕脉冲，发射脉冲（火箭发动机）
flat-topped ~ 方脉冲
flyback ~ 回扫脉冲，扫描逆程脉冲
frame drive ~ 帧频起动脉冲
framing window ~ 成帧窗孔（上下限幅）脉冲
full-read ~ 全读脉冲
full-sized ~ 全幅脉冲
full-write ~ 全写脉冲
gate ~ 门〔栅〕脉冲，选通脉冲
gating ~ 控制〔选通〕脉冲，门脉冲
ghost ~ 寄生脉冲
giant ~ 窄尖大脉冲，巨脉冲
grid ~ 栅控制脉冲，栅极脉冲
Guassian ~ 高斯脉冲
half-line ~ 半直线脉冲，射线脉冲
half-write ~ 半写脉冲
high-power ~ 强脉冲
horizontal blanking ~ 行消隐脉冲
horizontal-drive ~ 行起动脉冲
incoming sync ~ 输入同步脉冲
index ~ 标志脉冲，指引脉冲
inhibit ~ 禁止脉冲
initiating ~ 起动脉冲，触发脉冲
intensification ~ 加亮〔照明〕脉冲
interstrip ~ 行间脉冲
inverted ~ 反极性脉冲，倒脉冲
inverted field ~ 场频倒脉冲
inverted frame ~ 帧频倒脉冲
key ~ 键控脉冲
kickback ~ 回扫脉冲
leading Eq ~ 前平〔均〕衡脉冲
locking ~ ①锁定脉冲②同步脉冲
lockout ~ 整步脉冲，同步脉冲
main ~ ①主脉冲②探测脉冲
make ~ ①闭合脉冲②接通脉冲
marker ~ ①标志〔识，示〕脉冲，指向〔示〕脉冲②同步脉冲，信号脉冲
master ~ 主控脉冲，主脉冲
missed ~ 漏失脉冲，失误脉冲
negative going ~ 负（向）脉冲
negative keying-out ~ 负选通输出脉冲
overflow ~ 溢出〔溢流〕脉冲
overshoot ~ 过冲脉冲
partial drive ~ 半选驱动脉冲（磁心存储器中的）
partial-select input ~ 半选输入脉冲
peaking ~ 削尖脉冲，峰化脉冲
pedestal ~ 基座脉冲
pick ~ 起动脉冲，触发脉冲
picture sync ~ 帧同步脉冲
pile-up ~ 累积脉冲
pilot ~ 导频脉冲
pointed peaky ~ 尖顶脉冲
position ~ 定位〔时〕脉冲，位置脉冲
positive-going ~ 正（向）脉冲
positive ~ 正脉冲
post-write disturb ~ 存入后〔写入后〕干扰脉冲
potential ~ 电压脉冲
preread disturb ~ 读前干扰脉冲
pure-tone ~ 单频脉冲
quench ~ 消隐〔熄灭，置“0”〕脉冲
range ~ 距离脉冲
read ~ 读数脉冲

received ~ 接收脉冲
rectangular-shaped ~ 矩形脉冲
recurrent ~ ①周期（性）脉冲②重复脉冲，复现脉冲
reference ~ 基准〔标志，参考〕脉冲
reference trigger ~ 基准触发脉冲，主触发脉冲
reply ~ 应〔回〕答脉冲
reset ~ 复位〔复原，清除，置“0”〕脉冲
response ~ 回答脉冲
revertive ~ 回送脉冲
sampling ~ 抽样〔取样，选通〕脉冲
sensitizing ~ 照明脉冲
serrated ~ 顶部有切口的帧同步脉冲，缺口脉冲
set ~ 脉冲，置位脉冲
set-reset ~ ①脉冲②置位复位脉冲
setting ~ 脉冲，控制〔置位〕脉冲
sharp ~ 尖脉冲
shift ~ 偏移脉冲，位移脉冲
shock ~ 冲击脉冲
shutter ~ 快门脉冲，快门卡
sign ~ 符号脉冲
sin^2 2T ~ 正弦平方 2T 脉冲
sorting ~ ①遴选脉冲②分类脉冲
spacing ~ 间隔脉冲（数据传输用）
spike ~ 窄〔尖〕脉冲
spontaneous laser ~ 自发激光脉冲
sprocket ~ 定位〔读出，轮齿，计时，时钟〕脉冲
spurious ~ 假〔乱真，寄生〕脉冲
square ~ 矩形脉冲
square-topped ~ 平顶脉冲
squitter ~ 断续脉冲
start ~ ①起动脉冲，触发脉冲②指令脉冲
steep ~ 陡前沿脉冲
steep-sided ~ 陡脉冲
step ~ 阶跃脉冲
strip ~ 行同步脉冲
strobe ~ ①选通脉冲②读取脉冲
strobing ~ =strobe ~
subtract ~ 相减脉冲，减法脉冲
sum ~ 和数脉冲
sump ~ 集合脉冲，合成脉冲
suppressor ~ 抑制〔闭塞，封闭〕脉冲
sweep-initiating ~ 扫描起动〔始〕脉冲
switching ~ 控制〔转换〕脉冲
synchronizing ~ 同步脉冲，整步脉冲
tachoderived ~ 测速导出脉冲，转速导出脉冲
tape frame ~ 带帧脉冲
tape H ~ 带行脉冲
timed ~ 计时〔同步，定时，时控〕脉冲
time-demand ~ 读取时脉冲
time-of-day clock ~ 自然时标脉冲
timer timing ~ 定时器〔计时器〕计数脉冲
timing ~ 时标脉冲，定时脉冲
triangular ~ 三角形脉冲
trigger ~ 触发脉冲
trigger timing ~ 定时触发脉冲
turn-off ~ 关断脉冲，熄火脉冲
versine shock ~ 正矢冲击脉冲
vertical ~ 垂直脉冲
vertical sync ~ 帧〔竖直〕同步脉冲
video ~ 视频脉冲
voltage synthesis ~ 电压合成调宽脉冲
walking strobe ~ 位移频闪脉冲
window ~ 窗口脉冲
wipe ~ 短促脉冲
write ~ 写入脉冲
write half ~ 半写脉冲
zero ~ 零（点）脉冲，基准脉冲
pulse-column 脉冲塔
pulse-controller 脉冲控制器
pulse-converter 脉冲变换器
pulse-counter 脉冲计数器〔管〕
pulsed ①脉冲的②脉冲调制的，受脉冲作用的
pulse-duct 脉动式（空气）喷气发动机，冲压管
pulse-echo 脉冲反射
pulse-height 脉冲高度，脉冲振幅
pulse-jamming 脉冲干扰（台）
pulsejet 脉动式（空气）喷气发动机
ducted ~ 脉动〔导管〕式空气喷气发动机
resonant ~ 共振式脉动发动机
pulse-length 脉冲宽度，脉冲长度
pulse meter 脉冲计，脉搏计
pulse-modulated 脉冲调制的
pulse-on 起动
pulse-phase-modulation 脉（冲）相（位）调制
pulser ①脉冲发生器，脉冲源②脉冲装置
acoustic emission ~ 声发射朋冲发生器
burst ~ 短促脉冲发生器
coil ~ （非线性）线圈脉冲发生器
hard-tube ~ 高真空〔“硬性”〕电子管脉冲发生器
key ~ 电键发送器
low-level ~ 低电平脉冲发生器

power ~ 大功率脉冲发生器
pulse-repetition-rate 脉冲重复频率
pulse-wave ①脉冲波②伸缩波
corneal ~ 角膜脉（冲）波
pulsewidth 脉冲宽度
pulse-width-modulation 脉宽调制
pulsiloge 脉搏描记器
pulsimeter ①脉冲计②脉搏计
pulsing ①脉冲调制，脉冲产生②脉动
after ~ 寄生脉冲（发生在主要脉冲后面）
air ~ 气动脉冲
grid ~ 栅极脉冲馈给
multifrequency ~ 发送脉冲的多频法
pulsoclipper 脉动〔真空传动〕剪毛机
pulsojet 脉动式（空气）喷气发动机
pulsometer ①蒸汽抽水机（无活塞的排量泵）②气压扬水机，真空唧筒③（特殊计时刻度面的）脉搏计〔表〕，脉冲〔振〕计
pultrusion 拉出〔挤拉〕成形法
pulverability （可）粉化性
pulverescent 粉状的
pulverise =pulverize
pulveriser =pulverizer
pulverizable 可以粉化的，可成粉末的
pulverization ①磨碎，粉化，研末②雾化，喷雾③金属喷镀
waterproof ~ 湿法粉碎
pulverizator 粉碎器
metal ~ 金属喷镀器
pulverize ①（使）磨成粉状，磨粉②雾化
pulverizer ①磨粉机，粉碎机，碎土镇压器，碎石器②雾化〔喷雾，喷射〕器，喷嘴
air-swept ~ 通风式磨煤机
ball ~ （圆筒）球磨机
ball-race ~ 中速球磨机
beater ~ 锤式粉碎机
coal ~ 磨煤机
fan coal ~ 风扇磨煤机
impact ~ 锤磨机，锤击式磨煤机
jet ~ 喷磨机，旋涡磨机
ring roll ~ 辊式粉碎机，环辊粉磨机
roller ~ 辊式粉碎机
single section ~ 单列碎土〔单组碎土〕镇压器
sprocket-wheel ~ 星轮式碎土器
swing-beater ~ 摆锤式粉碎机
tandem ~ 串列式碎土镇压器
pulverulence ①粉末状态②易碎性
pulvimixer 松土〔打松〕拌和机
pummel 球端，圆头
pump ①泵，抽水机，抽气机，打气筒②抽吸，用泵抽③激励
~ up 泵送，唧送
absorbent ~ 吸附泵
absorption ~ 吸收泵，吸附泵
acceleration ~ 加速泵（汽化器的）
adjustable blade propeller ~ 可调节叶片的螺旋桨泵
air ~ 抽气机，空气压缩机
air injection ~ （发动机）空气喷射泵
air lift ~ 气动升液〔扬水，抽水〕泵
air operated ~ 压缩空气驱动泵
air powered ~ 气动（液压）泵
airtight screw ~ 密闭式螺杆泵
angled plunger ~ 斜轴式轴向柱塞泵
anticorrosive ~ 耐腐蚀泵
anti-roll ~ 减摇泵
appendage vacuum ~ 备用〔附属〕真空泵，高真空维持泵
artesian well ~ 自流井用抽水机
ash ~ 灰浆泵，灰渣泵
ash water ~ （水力除灰）冲灰泵，冲洗泵
ash-handling ~ 灰浆泵，灰渣泵
ash-sluicing ~ 灰浆泵
aspirator ~ 吸气泵，抽气泵
aspiring ~ 吸气〔抽气，抽水〕泵
atmospheric ~ 空气压缩机，抽气泵
attached ~ （主机）附备泵
automatic Sprengel ~ 自动施普伦格尔真空泵（将高真空泵与喷水抽气泵相连的自动抽真 空装置）
automatic tyre ~ 自动轮胎打气泵
auxiliary acceleration ~ 辅助加速泵
axial ~ 轴流泵
axial flow ~ 轴流泵
axial piston ~ 轴向柱塞泵
backing ~ 前级泵
baffled ~ 有挡板的泵
balanced suction ~ 双吸泵
ball ~ 球形泵
ballast ~ 压载〔气镇，镇定，平衡〕泵
barrel ~ 桶式喷雾泵，桶式泵
barrel oil ~ 油桶手摇泵（从油桶把油泵出用）
barrel-type ~ 筒式泵，分段式离心泵
beam ~ 摇臂泵
bellows ~ 隔膜泵，风箱式泵
bilge ~ 舱底泵

blower ~ 增压泵
boost ~ 接力泵
booster ~ 增压〔前置，中继水〕泵
booster air ~ 辅助空气泵，(汽轮机的)起动抽气器
booster oil diffusion ~ 增压〔辅助〕油扩散真空泵
borehole ~ 深井泵，钻井泵(一般为离心泵，悬挂在钻井内)
bottle ~ 玻璃水银扩散泵
bottom hole ~ 井底沉没式泵
broadband light ~ 宽(频)带光泵
bucket ~ 活塞泵，斗式唧筒，(喷雾用)手摇带阀活塞泵
bulk-injection ~ (化油器)喷射泵
bull deep-well ~ 杆式深井泵
burr ~ 舱底泵，污水泵
canned ~ 密封泵
canned motor ~ 屏蔽泵
cargo oil ~ (船)装油泵
cartridge-type ~ 插装式泵
cement ~ 水泥灌浆泵
Cenco ~ 森科高真空回转油泵
centrifugal ~ 离心泵
centrifugal well ~ 离心式井泵
centripetal discharge ~ 向心泵
ceramic ~ 陶瓷泵
chain ~ ①链斗式提水器②链式水车③链泵
charge ~ 加料泵，供给泵，灌注泵
chopper-type ~ 带切碎器的泵
circulating ~ 循环泵，环流(水)泵
clean-up ~ 清除泵，吸收泵
close coupled ~ 共轴式泵
cloverotor ~ 三叶(瓣)转子泵
coal slurry ~ 煤水泵
cold ~ 低温泵，低温原油泵
combination ~ 复合泵
combined suction and force ~ 吸压(两用)泵，联合真空压力泵
compressing ~ 增压泵，压送泵
compressor vacuum ~ 压气机真空泵
concrete ~ 混凝土泵
condensate ~ 凝水泵
condensate centrifugal ~ 离心式凝水泵
condensing-water ~ (汽轮机)循环水泵
conduction ~ ①导电泵(电磁泵)，直流电磁泵②传导泵
constant delivery ~ 定量泵
constant displacement ~ 定量泵
constant flow ~ 定排量泵
constant output ~ 恒功率泵
constant pressure ~ 恒压泵，定压泵
contactor ~ 混合〔料〕泵
controlled-volume ~ 可控排量泵，泵式注入器
cooling ~ 冷却泵
corrosion free ~ 耐蚀泵
cottage ~ 手压泵，手动泵
crescent gear ~ 内啮合齿轮泵
cryogenic ~ ①低温(抽气)泵，深冷(抽气)泵②冷凝泵
cryogenic fluid ~ ①低温流体泵，深冷流体泵②冷剂泵
cryogetter ~ 低温吸气泵
cryosorption ~ 冷凝吸附泵
cutter ~ 带切碎器的泵(用于抽汲液体厩肥)
cycloidal ~ 摆旋泵
data ~ 数据泵
deep-well ~ 深井泵
Denison ~ 丹尼森泵(轴向活塞泵)
diagonal ~ 斜流泵
diaphragm ~ 隔膜〔板〕泵
diaphragm metering ~ 隔膜计量泵
differential ~ 差动泵
differential ion ~ 差动电离泵
diffuser ~ 导叶泵
diffuser casing ~ 扩散〔压〕泵
diffusion-ejector ~ 扩散喷射泵
discaling ~ (轧制钢板)氧化皮冲洗泵
displacement ~ 活塞泵，排代泵
donkey ~ 辅助泵，蒸汽(往复)泵
dosage ~ 剂量泵，计量泵
dosing ~ 计量泵，加药泵
double ~ 双联泵
double acting hand ~ 双作用手动泵
double air ~ 复式空气压缩机
double stage vane ~ 双级叶片泵
double suction centrifugal ~ 双吸离心泵
double-ply ~ 双联抽油泵
downhole engine ~ 井底水力活塞泵
Downton ~ 达温特曲柄式手摇泵
drainage ~ 疏水泵
draining ~ 排水泵
drawing ~ 吸入〔抽出〕泵
dredge ~ (吸，挖)泥泵，排污泵
drowned ~ 潜水泵，深井泵
drum ~ 回转泵

dual ~ 复式泵，双缸泵
dump ~ 抽吸泵，回油泵
duplex ~ 双缸〔双筒，联式〕泵
duplex power ~ 双缸曲柄泵
duplicate ~ 备用泵
eccentric ~ 偏心转子泵
effluent ~ 污水（排除）泵
ejector ~ ①喷气引射泵，喷射泵②水〔汽〕抽子
electric ~ 电动泵
electric submersible ~ 电动潜油泵（把原油举升到地面的采油机械）
electrical fuel ~ （发动机）电动燃油泵
electroimpulse ~ 电脉冲泵
electro-ion ~ 蒸发离子泵
electromagnetic ~ 电磁泵
electronic ~ 电子泵
elevator ~ 提升泵，（供暖系统的）升水器
emergency ~ 备用泵，应急泵
emulsion ~ 乳（浊）液输送泵
enamel lined ~ 搪瓷泵
end-suction ~ 单侧吸入泵
evaporator getter ~ 蒸发吸气泵
ever-primed ~ 水备起动水泵（不需要注水起动）
excavating ~ 吸泥泵，挖泥泵
exhaust ~ 排气泵
express ~ 高速泵
external circumferential piston ~ 凸轮泵
external gear ~ 外（啮合）齿轮泵
external mixing centrifugal ~ 外混合式离心泵
extraction ~ 抽〔排〕气泵，凝结水泵
feathering ~ 顺桨泵，螺旋桨式泵
feed ~ ①进给泵②给水泵
filter ~ 过滤泵，滤液用泵
fire ~ 消防泵
fire vehicle ~ 车用消防泵
fixed delivery ~ 定容量泵
flexible-hose ~ ①挠性软管泵②无脉动泵
floating ~ 浮动泵
flood ~ 疏水泵，溢流泵
flow control ~ 可控流量泵，计量泵
flushing ~ 冲洗泵
fly ~ 摆动泵
foot ~ 脚踏泵
force lift ~ 增压泵
forcing ~ 增压泵，压力泵
fore ~ ①预抽真空泵②前置泵，前级泵
forevacuum ~ 预抽真空泵
fractionating ~ 分馏泵
fracturing ~ 压裂泵
fuel ~ 燃油泵
fuel injection ~ （发动机）喷油泵
fuel jettison ~ 应急放油泵
Gaede-type ~ 盖德回转式真空泵
gas bubble ~ 气泡〔气举，曼木特〕泵
gas lift ~ 气举泵
gas-ballast ~ 气镇泵，载气泵
gear(ed) ~ 齿轮（传动）泵
gear-on-gear ~ 外啮合齿轮泵
gear-within-gear ~ 内啮合齿轮泵
general service ~ 通用泵
geothermal heat ~ 地热热泵
Gerotor ~ ①盖劳特泵②摆线泵，回转泵③常压（7×10^6 Pa）液压泵
getter ion ~ 吸气剂离子泵
getter-ion ~ 吸气离子泵
glandless ~ 无轴封泵
ground source heat ~ 地源热泵
grouting ~ 灌浆泵
hand ~ ①手泵，手压泵，手摇泵②（手力）唧筒
hand by-pass ~ 手增压泵（内燃机的）
head ~ 水头〔升水，甲板冲洗〕泵
heat ~ 汽泵，热泵
heater-drip ~ 加热器疏水泵
Hele-Shaw ~ （海伦 - 肖型）回转径向柱塞泵
helical rotor ~ 单螺杆泵
helico-centrifugal ~ 螺旋离心泵
hermetic screw ~ 密闭式螺杆泵
herringbone ~ 人字齿齿轮泵
high speed ~ 高速泵
high speed fuel ~ 高速燃油泵
high-lift ~ 高扬程水泵，高压泵
high-low ~ 高低压泵
high-specific speed ~ 高比转速泵
hoist ~ 起重机液压泵
holding ~ ①前支泵，预真空泵②维持泵
hot water circulating ~ 热水循环泵
hot well ~ ①热井泵，热水池泵②凝结水泵
house service ~ （电厂的）工业水泵，厂用水泵
Humphrey gas ~ ①内燃水泵②汉弗莱气爆水泵
hurling ~ 旋转泵
hydraulic ~ 水压泵，液压泵

hydraulic air ~ 射水空气泵
hydroseal ~ 液体密封泵，水封泵
hyperbolic screw ~ 双曲线式螺杆泵
Hyvac ~ 高真空泵
idler gear ~ 内啮合齿轮泵
immersed ~ 沉没式泵
immersible ~ 潜水泵
IMO ~ 三螺杆泵，叶莫螺杆泵
impeller ~ 叶片泵
inclined ~ 斜式泵
independent ~ 单动泵
induction ~ 感应泵，交流电磁泵
inertia impulse ~ 惯性脉冲泵
injection ~ （发动机）喷油泵
injector ~ 注射泵
in-line plunger ~ 直列式柱塞泵
inline (type) ~ 管道式泵
integral ~ 复合泵（装入式）
internal combustion ~ 内燃泵
internal external rotary ~ 次摆线泵，余摆线齿轮泵
internal gear ~ 内啮合齿轮泵
internal mixing centrifugal ~ 内混合式离心泵
ion ~ 离子泵
ion-evapor ~ 离子蒸发泵
ion-getter ~ 离子吸气泵
ionization ~ 离子泵
ionization vacuum ~ 电离真空泵
Janney ~ 轴向回转柱塞泵
jerk ~ 脉动作用泵，高压燃油喷射泵
jet ~ 喷射泵
jetting vacuum ~ 喷射真空泵
jury ~ 辅助泵，备用泵
Kinney ~ 金尼泵（柱塞机械泵）
labyrinth ~ 迷宫泵
leakproof ~ 密封泵
lift ~ 提升〔升液，升水〕泵
liquid ring ~ 液环泵
liquid ring vacuum ~ 液环真空泵
liquid-solids handling ~ 杂质泵
lobe ~ 罗茨泵，凸轮泵
lobed element ~ 罗茨泵，叶片泵
low-lift ~ 低扬程泵，低压泵
low-pressure vacuum ~ 高真空泵
low-suction ~ 低压泵
lubricant ~ 润滑唧泵，液压泵
magnetic ~ 电磁泵，磁力泵
main scavenging ~ 主扫气泵，主排气泵
make-up ~ 供〔给〕水泵，补充水泵
marine ~ 船用泵
measuring ~ 计量泵
medium lift ~ 中扬程泵，中压泵
membrane ~ 隔膜泵
mercury diffusion ~ 水银扩散泵
mercury vacuum ~ 水银真空泵
mercury-vapour ~ 水银蒸汽泵
metal fractionary ~ 金属分馏真空泵
metal-water-jet ~ 金属喷水抽气泵
metering ~ 计量泵，限量泵
Meyer ~ 米耶（往复）泵
micro-electrolytic ~ 微量电解泵
mine ~ 矿用泵
mixed flow ~ 混流泵
molecular ~ 分子泵，高真空泵
molecular sieve sorption ~ 分子筛吸收泵
molten metal ~ 金属液泵
mono ~ 单螺杆泵
monoblock ~ 直联泵，单体泵
monoplunger ~ 分配式液压泵
mortar ~ 灰浆泵
motor reciprocating ~ 电动往复泵
mud ~ 抽泥泵，泥浆〔污水〕泵
multicell ~ 泵组
multiple ~ 多联泵
multiple centrifugal ~ 多级离心泵
multiple-nozzle ~ 多喷嘴扩散泵
multiplex hydraulic ~ 多联液压泵
multipurpose ~ 多用泵
multistage centrifugal ~ 多级离心泵
multistage hydraulic ~ 多级液压泵
Nash ~ 纳希泵，液封型真空泵
non seal ~ 无密封泵，无填料泵
nylon-roller ~ 尼龙滚子（旋转）泵
off-gas ~ 抽气泵
oil diffusion ~ 油扩散泵
oil diffusion ejector ~ 油扩散喷射泵
oil feed-back ~ 回油泵
oil scavenger ~ 回油泵
oil-driven ~ 油动泵
oilgear ~ 回转活塞泵，径向柱塞泵
oil-line ~ 输油泵，送油泵
opposed-impeller ~ 对置叶轮（离心）泵
orb-ion ~ 弹道〔轨旋〕离子泵
orbitron ~ 轨旋式泵
orbitron ion ~ 弹道〔轨旋〕离子泵
oscillating displacement ~ 往复泵

oscillating-column ~ 振动泵
paddle ~ 叶片泵
pendulum ~ 摆泵
Penning ~ 彭宁放电泵
peripheral ~ 涡流泵，旋涡泵
peristaltic ~ 蠕动泵
petroleum ~ 重油泵，原油泵
piezoelectric ~ 压电泵
piston ~ 柱塞泵，活塞泵
piston metering ~ 柱塞计量泵
piston plunger ~ 差动柱塞泵
pistonless steam ~ 蒸汽抽水泵
pit ~ 矿井泵
plug-in ~ 芯式泵，插装式泵
plunger ~ 柱塞泵，滑阀泵
pneumatic ~ 空气压缩机
positive-displacement ~ 正排量〔容积式，正位移〕泵
power ~ 机械驱动泵
pregreasing ~ 预润滑泵
pressure ~ 压力〔增压〕泵
primary ~ 初始（引液）泵，起动注油泵
primary coolant ~ 一次回路（载热剂）主循环泵，主冷却剂循环泵
process ~ 流程泵
propeller ~ 旋桨泵（流体流动与旋桨轴平行），桨叶〔轴流〕泵
proportioning ~ 分配〔比例，定量，配量〕泵
pulp ~ 纸浆泵
punchtandem ~ 双联泵
pusher ~ 空气压缩机
quantum ~ 量子泵
Quimby ~ 双螺杆泵
radial piston ~ 径向柱塞泵
radial(ly) split casing ~ 径向分段〔剖分〕壳式泵
ram ~ 柱塞泵
reaction water ~ 反冲式水泵，反作用式水泵，反击式水泵
reactor coolant ~ 反应堆冷却剂泵
reciprocating ~ 往复〔活塞〕式泵
reciprocating vacuum ~ 往复活塞式真空泵
reflux ~ 回流泵（抽回流液用）
regenerative ~ 再生泵，涡流泵
reserved ~ 备用泵
return ~ 排气泵，抽空泵
return-drain ~ 疏水泵
reversible ~ 双向旋转泵
rocking arm ~ 杆式泵
rod ~ 杆式泵
roller ~ 滚子泵
Roots ~ 罗茨泵，机械增压泵
Roots vacuum ~ 罗茨真空泵
rotary ~ 回转〔螺旋，旋转（真空）〕泵
rotary block radial ~ 旋转缸体径向泵
rotary jet ~ 旋喷泵
rotary oil ~ 回转油真空泵，旋转式油泵
rotary oscillating ~ 回旋振荡泵
rotary piston vacuum ~ 定片真空泵
rotary plunger vacuum ~ 滑阀真空泵
rotodynamic ~ 叶片泵
rotoplunge(r) ~ 梭心转子泵
roughing ~ 初级〔前置〕泵，低真空泵
salt-water-service ~ （用于化学水处理装置的）盐水泵
salvage ~ 救助泵
sand ~ 扬砂泵，抽沙泵
sanitary ~ 卫生泵
scavenger ~ 部分换油泵（闭式回路的），（轴承）回油泵
scavenging ~ 清洗〔换气，回油，扫气〕泵
scoop ~ 斗式泵
screw ~ 螺旋泵，螺杆泵
screw impeller ~ 螺旋桨式泵
scum ~ 吸泥泵，污水泵
seated valve ~ 座阀配流泵，单向阀配流泵
secondary lubricating ~ 从动润滑泵，惰行泵
self-fractionating ~ 自馏真空〔自行分馏，净化〕泵
self-priming ~ 自吸起动泵，自吸泵
self-priming centrifugal ~ 自吸离心泵
semi-rotary ~ 半回转泵，叶轮泵
service ~ 辅助泵，备用泵，值勤泵，日用泵
service water ~ 工业水泵
sewage ~ 排泄〔污水〕泵，排水唧筒
shaft ~ 矿井泵
shutdown cooling ~ 停堆冷却泵
sickle ~ ①叶轮泵，活翼式泵②镰式泵
simplex ~ 单缸泵
sine ~ 正弦泵
single-suction centrifugal ~ 单进口〔单吸式〕离心泵
single-valve knapsack ~ 背负式单阀泵（喷雾器的）
sinking ~ ①沉没式泵②凿井水泵③潜水泵
sleeve ~ 套筒活塞泵

sliding gate ~ 滑片泵
sliding-vane ~ ①叶片泵，滑（动翼）片泵 ②刮板泵
sliding-vane rotary vacuum ~ 旋片真空泵
slippage ~ 补油泵
slipper ~ 滑履泵（径向柱塞泵的）
slit ~ 缝隙泵
slot ~ 缝隙泵
sludge ~ 排泥泵，汲泥泵
sluice ~ （除灰系统中的）冲洗泵，冲灰水泵
slurry ~ 泥浆泵，排浆泵
slurry agitator ~ 泥浆混合泵
slush ~ 泥浆泵，抽泥泵，汲泥泵
solid ~ 固体吹散泵
sorption ~ 吸附泵
spinning ~ 纺丝泵，抽丝泵
spiral ~ 螺旋泵，离心泵
split flow ~ 分流泵，双联泵
spool valve ~ 滑阀配流泵
spray ~ 喷雾机
Sprengel ~ 施普伦格尔真空泵
spur-gear ~ 直齿齿轮泵
sputter ion ~ 溅射离子泵
squeegee ~ 挤压泵
squeezer ~ 挤压泵
squirt ~ 喷射泵
stage ~ 多级泵
steam ~ 蒸汽泵
steam ejection vacuum ~ 蒸汽喷射真空泵
steam feed ~ 汽动给水泵
steam jet ~ 蒸汽喷射泵〔机〕
steam-jet air ~ 射汽抽气器
stoneware ~ 陶制泵
storage ~ 蓄水泵，蓄能泵
sublimation ~ 升华泵，提纯泵
submarine ~ 潜水泵
submerged ~ 潜水〔液下，沉没〕泵
submergible ~ 潜水泵，液下泵，沉没泵
submergible motor ~ 潜水电机与潜水电泵
submersible ~ 潜水〔液下，沉没〕泵
succeeding ~ 顺序起动泵，继动泵
sucker rod ~ 杆式泵
sucking ~ 抽气泵，抽吸泵
sucking and forcing ~ 吸抽加压泵，双动泵
suction ~ 吸水〔吸入，抽吸，抽气，真空〕泵
sump ~ 井底水窝水泵，油池泵
Sundstrand ~ 组合泵（由内齿轮泵和特殊轴向柱塞泵组成的）
sundyne ~ 切线增压泵，部分流泵
supercharge ~ 增压泵
super-pressure ~ 超高压泵
surge ~ ①薄膜式泵，隔膜式泵②涌浪泵
tandem vane ~ 双联叶片泵
tangent ~ 切线泵
test ~ 试压泵
thermal ~ 热力泵
thermoelectromagnetic ~ 热电磁泵
titanium getter ~ 钛泵
titanium sublimation ~ 钛升华泵
torque flow ~ 旋流泵
trailer ~ （汽车牵引的）移动式消防泵
transfer ~ 输液泵
travel(l)ing-field electromagnetic ~ 行波电磁泵
tread ~ 脚踏泵
treble ~ 三联泵
triode ~ 三极泵
triple-barrel ~ 三联式筒泵（三个泵筒与一个吸液管相连，由三拐曲轴驱动三个活塞产生均匀液流）
triplex ~ 三级泵，三（汽）缸（式）泵
trochoid ~ 摆线转子泵
trochoidal vacuum ~ 余摆线真空泵
tubewell ~ 管式深井泵
tubing ~ 管式泵
tubingless sucker rod ~ 无管抽油泵
turbine ~ 水轮泵，水力抽水机，涡轮泵，（叶轮通道出口有扩散器的）离心泵
turbo-molecular ~ 涡轮分子泵
turbulence ~ 涡流泵
Turo ~ 吐罗泵，无阻塞离心泵
twin ~ 双缸泵
two stage ~ 双级泵，串联泵
two-way ~ 双向泵，可逆泵
ultrahigh vacuum ~ 超高真空泵
underflow ~ 浓浆泵，低流泵
unit ~ 单位泵，电动泵
unit fuel injection ~ （柴油机）分列式喷油泵，单体泵
universal ~ 通用泵
vacion ~ 钛泵（磁放电型高真空泵）
vacseal ~ 水压封闭泵
vacuum ~ 真空泵
vacuum air ~ 真空（抽）气机
vacuum booster ~ 预抽真空泵
vane ~ 叶轮泵，叶片泵，滑片泵

vapour ~ 蒸汽〔扩散，冷凝〕泵
variable ~ 变量泵
variable displacement ~ 变量〔变容式，可调流量〕泵
variable stroke ~ 变量泵
Varian ~ 瓦里安泵（高真空离子泵）
volumetric ~ 容积式泵
volute ~ 螺旋泵，蜗壳（式离心）泵
vortex ~ 旋涡泵
water ejector ~ 喷水抽气泵（机械真空泵）
water jet ~ 水喷射泵，射水抽气泵
Waterbury ~ 沃特伯里轴向柱塞泵
water-jet air ~ 射水抽气泵
waveguide ~ 波导管增压器
wear ~ 耐磨泵（有磨损作用的物料的吸料泵）
Weir ~ 威尔泵，蒸汽直接联动式活塞泵
well ~ 井泵
Wesco ~ 摩擦泵，黏性泵
wet-pit ~ 排水泵，深井泵，液下式泵
wheel ~ 齿轮泵
windmill ~ 风车〔力〕泵
wing ~ 轮叶〔叶片〕泵，叶式唧筒
wobble ~ 手摇泵
Worthington ~ ①温辛顿泵②蒸汽往复泵，双缸泵

pumpability ①可泵性，泵唧性②输送量，供给量，唧量
pumpable 可用泵抽的
pumpage 泵的抽运量〔能力〕，泵送
pumpcrete 泵浇（送）混凝土
pumpdown 抽空，抽气，降压
pumper 抽水机，装有水泵的消防车
pumper-decanter 泵送倾注洗涤器
pump-frequency 泵激频率，激励频率，泵频
pumphouse 泵房
pumping ①抽吸〔运，水〕，泵送②捣冒口
ash ~ 水力除灰
cryogenic ~ 低温排气，冷凝排气
heavy ~ 强抽运
line ~ （向）管线（中）泵送
magnetohydrodynamic ~ 磁流体动力抽运
optical ~ 光泵激，光抽运
sun ~ 日光抽运
swept ~ 扫掠抽运
thermal ~ 热转移
threshold ~ 阈抽运

pumping-back 回抽（作用）
pump-line ①泵的电缆控制线②泵管，抽气管道
pump-out 抽空，抽〔排，汲〕出
pump-station 泵房，泵站
pump-turbine 水泵 - 水轮机，可逆式水轮机
reversible ~ 可逆式水泵水轮机

pump-unit 泵装置，涡轮泵组
punch ①穿孔器，穿孔机②冲床，冲压机③打印机④凸模，冲头，大钢针，戳子，阳模冲子⑤穿孔，冲孔，凿孔
~ through 穿通，击穿
automatic ~ ①自动穿孔，自动冲孔②自动穿孔机
backing-out ~ 顶出器，冲床顶出杆
back-up ~ 反向凸模
bell center ~ 钟形中心冲头，自动定心冲头
belt ~ 工业用带冲压机，工业用带冲孔机
bit ~ 小孔凸模
blanking ~ 下料冲模，切割模（冲切皮革等非金属材料）
bottom ~ 下冲杆，下模冲
carbide ~ 硬质合金凸模
card-proof ~ 卡片验证机
center ~ ①中心冲头，中心冲②定心冲压机
counter ~ ①冲孔机垫块②反向凸模③（冷挤）对向冲头
curling ~ 卷边凸模，卷边冲头
cutting ~ 剪切冲头
designation ~ 标志孔
dot ~ 冲子
dotting ~ ①冲眼②中心冲头
draw ~ 拉延冲头
drift ~ 锥形冲头
ejector ~ 出坯杆
expander ~ 扩管器冲头
facing ~ ①刮削凸模②端面冲头，精整冲头
figure ~ 数字冲压机
floating ~ 浮动冲模
formed ~ 成形冲头
forming ~ 成形冲头
free ~ 无导向凸模
function ~ 功能孔，标志孔（卡片上的）
gag ~ 由斜楔驱动的浮动凸模
gang ~ 多孔穿孔机，排冲床，排冲压机
ga(u)ge ~ 定位〔工艺〕孔冲头
hand ~ ①手动冲孔机，手动冲压机，手冲床②手动穿孔
header ~ 顶冲头
heading ~ 镦制冲头
hollow ~ 空心冲头，冲孔机

insert ~ 镶入冲头，嵌入冲头
interstage ~ 行间穿孔
letter ~ 印记冲模
lever ~ 杠杆式冲床，杠杆式冲压机
low ~ 低位穿孔
lower ~ 下冲杆，下模冲
male ~ 凸〔阳〕模，冲头
manual ~ 手控穿孔机
marking ~ 打印记机
multiple ~ ①多模〔头〕冲床②多凸模冲模，复式冲模
multiplying ~ ①按比例扩大穿孔机②计算穿孔机
nail ~ 钉形冲头
notching ~ 凹口（局部落料）冲头
passing ~ 预冲孔冲头
pilot ~ 定距铡刀
pin ~ ①尖冲头②小直径凸模
plunger ~ 拉伸成形机上的压紧凸模
preform heading ~ 初镦冲头
prick ~ ①中心冲头，针孔冲②圆头凿，冲心凿，（划线用）中心冲
recessing ~ 有槽凸模
reproducing ~ （电报的，卡片的）复制穿孔机
riveting ~ 铆冲器，铆卡
round ~ ①圆冲头②圆形凸模
screw ~ 螺旋冲压机
self-centering ~ 自定心冲孔器
serial ~ 串行穿孔
short-run ~ 小批生产用凸模
shoulder ~ 台肩式凸模
sizing ~ 精压冲杆，精压模冲
sleeved type ~ 导套式凸模，套筒式凸模
solid ~ 整体冲头，实心冲头
spacing ~ 定距冲头
spherical ~ 球状凸模，球底面模
spot ~ ①打点穿孔，点穿孔器②单孔穿孔机
staff ~ 平衡轴冲头
staking ~ 凿缝〔铆接，压凹接合〕凸模
stripper ~ 脱模冲头（压铸模用），顶件冲头
summary ~ ①总计穿孔②总计穿孔机，输出凿孔机，结果凿孔机
trimming ~ 精整〔切边，修整〕冲头
upsetting ~ 镦锻冲头

punch-die 凸凹模
puncheon ①短柱②打印器
puncher ①穿孔器，冲孔器，冲床，打印器②冲压〔模锻，钻〕工，穿孔机操作员，报务员
coal ~ 冲击式截煤机
pneumatic ~ 风动冲压机
register hole film ~ 软片定位打孔机
toggle ~ 手动冲床
tuyere ~ （转炉）风嘴清孔机

punch-holder 凸模固定板，凸模夹持器，上模板
punching ①凿〔穿，冲〕孔，冲片，冲眼②冲压，冲锻，模压，模锻
punchings 冲孔屑
punch-off 不穿孔，穿孔偏离
punch-on 穿孔
punch-out ①冲掉芯料②穿孔输出
punch-pliers 打孔钳，打孔钻
punch-through （晶体管）穿通（现象）
~ (between two PN junction) 穿通（在两个PN结之间）

puncture ①（电，绝缘）击穿，穿孔②（车胎）漏气
insulation ~ 绝缘击穿

punner 夯（具），手夯，硪
punning 打夯，夯实
punt ①铁杆②平底船
punty （取熔融玻璃用的）铁杆
pup ①低功率干扰发射机②标准耐火砖③可调焦聚光灯
pupil ①瞳孔②光孔，光瞳
emergent ~ 出射光瞳，出射光孔
entrance ~ 入射光瞳，入射光孔
exit ~ 出射光瞳，出射光孔

pupinization 加感，加负荷
purchase ①起重装置，绞盘，复滑车，滑轮（组）②杠杆作用，杠杆率，（杠杆的）支点，机械利益③绳索④倍率⑤购置
net ~ 进料净额
single ~ ①单滑车②单分支
tackle ~ 起重滑车

purchase-block 起重滑车（组）
purchaser 需方，买方
purchasing 购物
electronic ~ 电子购物

pure ①纯（净）的，纯粹的，清洁的②纯正的，真实的
analytically ~ 分析纯（的）
chemically ~ 化学纯（的），三级纯（的）
commercially ~ 工业纯（的），商业纯（的）
spectrally ~ 光谱纯（的）
spectroscopically ~ 光谱纯（的）

technically ~ 工业纯（的），四级纯（的）
pureness ①纯净〔粹，洁〕，清洁②纯度
purgation 净化，清洗
purge ①清洗，清除②换气③净化，提纯，精炼④冲净，肃清，吹扫
air ~ （空）气（清）洗
back ~ 反冲
canister ~ （发动机）炭罐清污
charcoal canister ~ （发动机）活性炭罐清污
evaporative emission canister ~ （发动机燃油）蒸发排放物炭罐清污
gas ~ 气体清洗
vacuum ~ 真空驱气
purger 净化器，清洗器
gas ~ 放空气器
purging 清洗，吹洗，净化，洗炉（光亮退火等热处理时清除炉内气体），换气
puridryer 净化干燥器
Baker Deoxo ~ 去氧纯净干燥器
purification 精制，精炼，净化，提纯，清洗
batch ~ 分批提纯，分批净化，间歇式净化
data ~ 数据精化，数据精炼
fine ~ 净化，精洗，精制
floating zone ~ 浮区提纯法
pre-reduction ~ 还原前净化
primary ~ 初次净化，一次提纯
zone ~ 逐区提纯，区域提纯，区域精制
purifier 净水装置，净化〔提纯，精练〕器，清洗装置，清粉机
air ~ 空气
baffle ~ 带有隔板的净化器，格子式净化器
centrifugal oil ~ 离心净油器，离心式过滤器
colo(u)r ~ 色纯器，纯色器
exhaust ~ 排气净化器
oil ~ 净油〔滤油，油分离〕器
radioactive gas ~ 放射性气体净化装置
steam ~ 汽水分离器，蒸汽净化器
stive ~ 粗筛去糁机
purity ①纯净〔粹，正，色〕，洁净，纯化②纯度，品位③分压和总压之比
colo(u)rimetric ~ （颜）色纯（度），比色（分析）纯度
excitation ~ ①激发纯度（色度学用）②色纯度
gas chromatographic ~ 气相色谱纯度
mode ~ ①波型纯净度，波模纯度②模式纯度
percentage ~ 纯度百分率
spectral ~ 光谱纯度
spectrographic ~ 光谱纯度
spectroscopical ~ 光谱纯度
spectrum ~ 频谱纯度
technical ~ 工业纯度
purolator 滤油器
puron 高纯度铁
purple 紫色，紫红
purpose ①目的，用途②意义，效用③企图，打算，决定
purpose-made 特制的，按特殊订货而制造的
purr （发出）低沉的振动声（汽车发动机声等）
purse 钱包
electronic ~ 电子钱包
pursuit ①追赶〔踪，击〕，驱逐②追求，寻求③从事，实行，工作，事务，研究，职业④歼击机
lead ~ ①引导跟踪方式②沿追踪曲线接近
pure ~ 纯跟踪式
purview ①权限，范围②眼界，视界③条款部分
push ①推，推动②压按（电钮）
foot ~ 脚踏按钮
on ~ 推进，进栈
pendant ~ 悬垂式按钮，悬吊开关
pushfloor ~ 刀开关
push-and-guide 推入
push-and-pull 推拉，推挽
push-button ①自动复拉〔开关，控制〕按钮②远距离操纵的，遥控的，按钮操纵的
carrier-break ~ 载波切断按钮
locking ~ 锁定按钮
trip ~ 解扣按钮
push-button-starter 按钮起动器
push-button-tuner 按钮调谐装置
push-cut 推削，推切
push-down ①叠加，叠合②下推（栈）③（后进先出）存储器
stack ~ 堆栈下推
pushdozer 推土机
pusher ①推进器，推动器②推杆③推料〔钢，车，出〕机④推进式飞机⑤顶推机车，顶推机构⑥手持式凿岩机
air cylinder ~ 气动推料机
bloom ~ 初轧方坯推出机
car ~ 推车机，推车器
coil ~ （卷取机的）带卷推出器，卸卷机
coke ~ 推焦机
crop end ~ 切（料）头推出机
cross ~ （炉用）横向出料机

demand ~ ①按钮②推手
ingot ~ 推锭器，钢锭推出机
lever ~ 杠杆式推钢机
plunger ~ 柱塞式推钢机
pneumatic ~ ①风动推杆②风动推车机
ram-type ~ 杆式推钢机
roller ~ 辊式推料装置，辊式推钢机
slab ~ 初轧板坯推进〔出〕机
sled ~ 滑橇推动机
squaring ~ 对正挡板，对正推板（板带材剪切时用的）
stock ~ 装炉推料器，推料机
pusher-type 推送式的，（强）压式的
pushfiller 回填机，填土机
push-fit 推入配合，推合座
pushing ①推，推挤，变薄挤压②推焦，出焦
frequency ~ 频率推移，推频
magnetron ~ 磁控管频推
phase ~ 相位推出，电子相移
pushloading 推式装载
push-off 推出器
push-out 推出，排出
push-piece 按钮
push-pull ①推拉器②推挽③推挽（式）的，差动（式）的
quiescent ~ 静态推挽
shunt regulator ~ 并联调整推挽电路
single ~ 单端推挽
pushrake 推集机
push-rod 推杆
pushswitch 按钮
push-to-talk 按键通话
push-up ①上推②掉砂（铸件缺陷）③砂眼，型穴
put ①拨动，移动②推，掷③装，放④发射⑤附加，添加⑥表达，说明⑦提出⑧使，令
~ a gloss on 磨光，擦亮（使具有光泽），掩饰，掩盖
~ in circuit 接入电路
~ in series 串联接入
~ into excitation 投（入）励（磁）
~ on stream 投入生产，开动
~ on trial 进行试验
~ out ①放出，伸出②生产，出版③熄灭，关掉，清除
~ through 接通，穿过，完成
~ to earth 接地
~ to test 试验
putt ①（高尔夫球）轻打②把（球）轻轻打入洞里
stay ~ 带定位装置式（换向阀）（滑阀动作终止后就停留在该位置上）
putty 油灰，封泥，腻料
glass ~ ①窗用油灰②（磨玻璃或金属的）锡粉，铅粉，宝石磨粉
lacquer ~ 整（匀）面用油灰，腻子
puttying 刮腻子
putty-powder （擦玻璃、金属用）油灰粉，去污粉，（二）氧化锡（擦粉）
p-well P 阱
p-wire （=private wire）测试〔专用〕线，塞套引线
pycnometer 比色计，比重瓶〔管，计〕
pyelometer 肾盂测量器
pygmy 微小的，微型的
pyknometer =pycnometer
pyller 塔门，标塔
pylon ①塔门，（机床）标塔，定向塔，（高压输电线的）桥（或铁）塔，塔状物②柱台，支架，悬臂，挂梁，标杆③定向起重机④（机身下的）吊架，柱架
fuselage ~ 机身挂梁
jettisonable ~ 可分离〔抛弃〕挂梁
pylorodilator 幽门扩张器
pyod 热（电）偶，温差电偶
pyra 塔（集成电路的）
pyramid ①锥形，角锥，角锥〔棱锥，四面〕体②金字塔
colo(u)r ~ 色棱锥（体）
regular ~ 正棱锥
truncated ~ 截棱锥，斜截棱锥
pyranol 比喃油，不烂油（一种代用品绝缘油）
pyranometer ①日射〔辐射〕强度计②（平面）总日射表
pyranon （纸电容器用）电介浸渍器
pyrasteel 铬镍耐蚀耐热钢（*w*（Cr）25% ~ 27%，*w*（Ni）12% ~ 14%，*w*（C）0.1% ~ 0.35%，少量 Mo，Se，Ac）
pyretography 发热记录，温度记录
pyrex 硼硅酸（耐热）玻璃，（派勒克斯）耐热〔硬质〕玻璃
pyrgeometer 地面〔大气〕辐射强度计
pyrheliometer （直接）日射强度计，日温计，太阳热量计
dark cylinder ~ 暗筒式日照计
focusing ~ 聚焦式日照计

pyricon 热（释）电视像管
pyrite 黄铁矿
copper ~ 黄铜矿
pyritohedron 五角十二面体（黄铁矿中常见的晶体型）
pyrobitumen 火成沥青，焦性沥青
pyrocarbon 高温炭，高温石墨
Pyrocast （派罗卡斯特）耐热铁铬合金（w(Cr) 22% ~ 30%，其余 Fe）
pyroceram ①耐高温玻璃，耐热玻璃②耐高温陶瓷黏合剂
pyrochemistry 高温化学
pyrochlor 焦氯油（不燃性变压器油，商品名），烧〔焦〕绿石
pyrocondensation 热缩（作用）
pyroconductivity 热电导，高温导电性
pyrodigit 一种数字显示温度指示器
pyrodynamics 爆发动力学
pyroelectric ①热电的②热电物质
pyroelectrice 热电体
pyroelectricity 热电学，热电现象
pyroferrite 热电铁氧体
pyrofoam 泡沫焦性石墨
pyrogenic ①热性的，热解的②发热的，由热引起的，焦化的③火成的
pyrogram 裂解色谱图
pyrograph 裂解色谱，热谱
pyrographite ①焦（性）石墨②热解（定向）石墨，高温炭，高温石墨
pyrography 裂解色谱法，热谱法，烙烫画（法）
pyroheliometer 太阳热量计，日射强度表
pyrohydrolysis 热水解
pyro-hydro-metallurgical 水冶火冶联合的
pyroil 皮罗依（润滑油多效能添加剂商品名）
pyrology 热工学
pyrolusite 软锰矿
pyrolysis 热解（作用），高温分解
flash ~ 闪热解，快速热解
pyrolytic-chromatography 热解色谱法
pyrolyzate 热解产物，干馏物
pyrolyze 热（分）解
pyrolyzed-polymer 热（解）聚合物
pyrolyzer 热解器
Curie point ~ 居里点热解器
pyromagnetic 热磁的
pyromagnetism 高温磁学，热致内（禀）磁性，热磁性
Pyromax 派罗马克斯电热丝合金（w（Al）8% ~ 12%，w(Cr)25% ~ 35%，w(Ti)< 3%，其余 Fe）
pyrometallurgy 火法冶金学，高温冶金（学）
pyrometamorphism 高热变质，热力变质，高温变相，热变相
pyrometer 高温计
absorption ~ 吸收式光学高温计
autographic ~ 自动记录高温计
automatic ~ 自动指示高温计
Barber ~ 巴贝尔高温计（高精度光学高温计）
bioptix ~ 比色光学高温计
brightness-temperature ~ 光学〔亮度温度〕高温计
colo(u)r ~ 比色（光学）高温计，色测高温计
colo(u)r-extinction ~ 吸色高温计
disappearing-filament ~ 隐丝式光测高温计
electric ~ 电测高温计
ferrotemp ~ 测铁液高温计
hand ~ 手提式高温计
infrared ~ 红外线高温计
Leeds-Northrup ~ 望远镜型光电高温计，利兹-诺思拉普型高温计
lens ~ 透镜高温计
microwave ~ 微波测温计
millivoltmeter ~ 毫伏计式高温计
monochromatic ~ 单色高温计
optical ~ 光测高温计
photocell ~ 光电管〔光电池〕高温计
polarizing (optical) ~ 偏振光测高温计
radiation ~ 辐射高温计
resistance ~ 电阻高温计
spectral-sensitive ~ 光谱灵敏高温计
suction ~ 真空〔空吸式〕高温计
surface ~ 表面高温计
thermocouple ~ 热电偶高温计
thermoelectric ~ 热电高温计
two-color ~ 双色高温计
variable intensity ~ （隐丝式）光测高温计，可变强度高温计
viscosity ~ 黏性高温计
visual (optical) ~ 目视（光测）高温计
pyrometric 高温测量的，高温计的
pyrometry （测)高温学〔术〕,高温测量学〔术,法〕
optical ~ 光学高温测量术
Pyromic 镍铬耐热合金（w（Ni）80%，w（Cr）20%）
pyromorphous 火（成结）晶的
pyroparaffine 焦石蜡，重质蜡

pyrophoric 自燃的，引起火的，生火花的

pyrophoricity 自燃

pyrophorus 引火物，自燃物

pyrophyllite 叶蜡石

pyroplasticity 热塑性

pyropolymer 焦化聚合物

pyro-probe-ribbon 热解取样带

pyroprocessing 高温冶金处理〔加工，回收〕

pyro-refining 火法精炼

Pyros 派罗斯耐热镍合金（w（Ni）82%，w（Cr）7%，w（W）5%，w（Mn）3%，w（Fe）3%）

pyroscan 一种红外线探测器

pyroscope ①高温仪，辐射温度计，辐射式高温计②测温熔锥

pyrosol 高温熔胶，熔融胶

pyrostat ①高温保持〔恒温，调节，传感〕器②恒温槽

pyrotechnic(al) 信号弹的，火花信号的，令人眼花缭乱的

pyrotechnics ①烟火制造术②烟火药学③信号弹

pyrotechny 烟火制造术

Pyrotenax 一种高韧性、不燃、耐高温的矿物绝缘（低压）电缆

pyrotic ①腐蚀的②腐蚀剂

pyrotron ①磁镜热核装置，高温器（高温等离子体发生装置）②皮罗特朗（带磁塞的捕获器）

pyroxylin(e) 低氮硝（化）纤维素，火棉，可溶硝棉，焦木素

pyrrhotine 磁黄铁矿

Q

Q ①品质因数，Q 值②谐振放大系数③轮胎侧壁标志（该种轮胎限速为 160km/h）
basic ~ 空载品质〔质量〕因数，空载 Q 值
external ~ 有载的 Q 值，外 Q 值（储存能量与外部负载所耗能量之比），外品质因数
internal ~ 无载〔空载〕品质因数，无载 Q 值
loaded ~ 有负荷时的 Q 值，有载品质因数，有载 Q 值
tank circuit ~ ①振荡电路品质因数②槽路品质因数
q-ary q 进位制
Q-ball 球状压力感受器
Q-boat 伪装猎潜舰
Q-branch Q 支
Q-character ①特征值②特征位
Q-code Q 缩语电码，Q 编码
Q-communication Q（转换）开关
q-conjugate q 共轭元
Q-control ① Q- 控制器，Q- 开关②质量控制
Q-demodulator Q（信号）解调器
Q-factor 品质因数，Q 值
q-feel ①动压载荷感觉②速度〔动力〕感觉
Q-grating 防滑钢网格
Q-indicator Q 指示器，Q 图示器
Q-loaded 加载品质因数
Q-matching ① Q 匹配②四分之一波长匹配
Q-meter Q 表，品质因数计，优值计
Q-particle Q 粒
Q-quality 品质因数
Q-section 四分之一波长线段
Q-signal Q 信号（国际标准电报三字编码的第一字）
Q-spoiling Q 突变
Q-switch(ing) 光量开关，Q 开关
Q-tempering 淬火回火
Q-terminal Q 信号输出端
quad ①方形，四边形②四芯线组〔电缆，导线〕③象限，象限仪，四分仪④四倍（的），四重的，由四部组成的⑤嵌块，空铅
center ~ （电缆）中心四绕组
long pair twist ~ 长对四心绞线组
short pair twist ~ 短对四心绞线组
spiral ~ 扭绞四心电缆
star ~ 星绞（四线组），星形四心线组
quadding 用空铅排版
quadergy 无功能量，千乏小时
quadrable 可用等价平方表现的，可用有限代数项表示的，可自乘的
quadrajet 四喉管式（化油器）
quadraline 四声道线（路）
quadrangle ①四角形，四边形②四合院
steering axle ~ （汽车的）前轴转向梯形
quadrangular ①四棱柱②四角形的，四边形的，方形的
quadrant ①象限，象限仪，四分仪②鱼鳞板，扇形体〔板，座，舵〕，扇形齿轮，扇形指示架③换向器④圆周的四分之一⑤分角
brass ~ ①黄铜（铜锌合金）②黄铜的③黄铜轴衬
bubble ~ 带气泡水准的测角仪
cable ~ 绳轮，滑轮，天轮，拉线盘
change gear ~ 交换齿轮架，交换齿轮架
meridian ~ 子午线四分仪
radio navigation ~ 无线电导航区
range ~ 表尺，象限仪
regulator ~ 调整器扇形齿轮
rudder ~ 方向舵扇形体
slot ~ 有槽扇形体
spark ~ 点火杆扇形齿轮
throttle ~ 节气门操纵杆弧座
throttle-lever ~ 节气门杆扇形板
toothed ~ 扇形齿轮，扇形齿板
quadrantal 象限的，扇形的，鱼鳞板的
quadraphonic 四声道立体声的，四轨录音放音的
quadraphonics 四声道立体声，四轨录音放音
quadraphony 四声道立体声
quadrasonics =quadraphony
quadrat 填空白的嵌条，铅块，嵌块，空铅
quadrate ①（正，长）方形（的，物）②（使）成正方形，（把圆）作成等积正方形，四等分③平方（的），二次（的）④（使）适合，（使）一致
quadratic ①二次（的），平方（的），象限的②（正）方形的③二次方程式，二次项④（pl.）二次方程式论

quadratrix 割圆曲线
quadratron 热阴极四极管
quadrature ①求面积，求积分② 90° 相位差③正交
Gaussian ~ 高斯求积法
in ~ 正交
phase ~ 90° 相位差
time ~ 90° 时间相移，90° 时差
quadrature-lagging 后移 90°，滞后 90°
quadrature-sampled 正交取样的
quadravalence 四价
quadric ①二次（的）②二次曲面，二次锥面③方形的
stress ~ 应力二次式
quadricorrelator 自动调（节）相（位）线路，自动正交相位控制电路
DC ~ 调节正交彩色副载波相位的电路
variable ~ （增益）可变自动正交相位控制器（线路）
quadricovalent 四配价的
quadricycle 特省油汽车
quadrilateral 四边形（的），四角形的，四方面的
non-planar ~ 非平面四边形
skew ~ 挠四边形
quadrinomial 四项的，四项式（的）
quadriplane 四翼飞机
quadripolar 四极的，四端的
quadripole ①四端网络，四端电路②四极（子），双偶极
quadripolymer 四元聚合物
quadripuntal 四孔的，穿四孔的
quadrivalent 四价的
quadrode 四极管
quadrophony 四声道立体声
quadruple ①四倍〔重，路，工〕的②四倍器，四元组
arithmetic ~ 算术运算四元组
optimized ~ 优化四元组
quadrupler ①四倍器，四频器，四倍倍压器，乘四装置②四倍乘数
voltage ~ 电压四倍器
quadruplet （一式）四份的，四件一套（的东西）
quadruplex ①四倍的，四重的②四（路多）工的，（同一线路中）四重线号的③四路多工系统
direct-current ~ 直流四（路多）工系统
quadruplicate ①四倍的，（反复）四次的②（复制，抄写）一式四份的，第四（份）的③四次方的④使成四倍〔重〕，乘以四，放大四倍⑤一式四份中之一，（pl.）一式四份的文件
quadruplication ①（放大，增到）四倍，增加三倍②乘以四，反复四次，一式四份
quadrupling 四倍
quadrupole 四极（的，场，子）
AG ~ 交变梯度四极子
quadword 四字
quake ①振〔摇，颤〕动，颤抖②地震
after ~ 余震
quake-proof 耐震的，抗震的
quaky （易）震动的，颤动的，颤抖的
qualification ①技术指标②条件，技能，熟练程度③鉴定，判定，合格（性，证明，证书），资格证明书，执照④（限制）条件，限定
constraint ~ 约束条件
data ~ 数据分类〔限制，条件〕
pointer variable ~ 指示字变量限制
qualificatory ①资格上的，使合格的②限制性的，带有条件的
qualified ①经过鉴定的，（鉴定）合格的，适合的②有限制的
qualify ①考核，使合格，证明合格②限制③减轻④看作
qualimeter X 射线硬度测量仪
qualimetry 质量计量学
qualitative ①性质上的，质量的②定性的③合格的
qualitatively 从质量方面看，定性地
qualities 品质（quality 的复数）
handling ~ 操纵品质
quality ①质量，品〔性〕质，特性，性能②纯度，精度③音品，音色，品位，等级④优质（的），高级（的）⑤参数〔量〕
~ of lot 批量质量，批量品质
ablative insulating ~ 隔热性，烧蚀绝热性
aerodynamic ~ 空气动力性能〔特性，升阻比〕
antiknock ~ 抗爆性，防震品级
archival ~ 保存质量
automobile dynamic ~ ①汽车动力性能②汽车动力学
average outgoing ~ 实际平均质量，平均出厂质量
commercial ~ 商业等级钢（不按一定化学成分及物理性能规格生产的钢），商业级（质量）镀锌薄板
cutting ~ 切削能力

drawing ~ ①压延性能②深冲〔拉制，深拉〕性
driving ~ 行驶性能
fair average ~ 中等品
fit ~ 配合质量，配合等级
flow ~ 气流参数，流动特性
forging ~ 可锻性
heat-proof ~ 热稳定性
home ~ （电视图像的）接收质量，广播接收质量
ignition ~ 点火特性
image ~ （图）像质（量），图像品质
lasting ~ 寿命，耐久性
long-time ~ （电子管等的）长期（使用后的）特性
machine ~ 可加工性
machining ~ 可加工性
mass ~ 蒸汽干度，（蒸汽）含汽率
overall ~ 综合质量
persistent ~ 余辉性质
picture ~ 图像质量
poor flow ~ 流动性不良
Q ~ 品质因数
reference signal received ~ 基准信号接收的质量
refractory ~ 耐火性，难熔性
reproduction ~ 重视性，一致性
rerolling ~ 热轧半成品，初轧（方，板）坯
running ~ ①运转的质量，使用性能②流动性
staying ~ 持久性，耐磨性，耐度
steam ~ ①蒸汽品质②蒸汽干（燥）度③蒸汽参数
surface finish ~ 表面光洁程度
tolerance ~ 螺纹精度
tooling ~ 切削性能
venting ~ 透气性
video home system high ~ 高画质家用录像机
volumetric ~ 容积含汽量，容积干度
wearing ~ 耐磨性，抗磨性
working ~ 加工性

quant （局）量子
quanta （quantum 的复数）量子
quantacon 光电倍增管
quantal 局量子的
quantameter 光量子能量测定器
quantasome 光能转化体，量子换能体
quantic 代数形式，齐次多项式
Quanticon 光导式摄像管
quantification 以数量表示，量化，定量
~ of aviation accident probabilities 航空事故概率的量化
quantifier 计量器，计量计，配量计，配量斗
quantify ①定量，表示分量②使定量，量化
quantile 分位点，分位数
Quantimet 定量电视显微镜
quantiser =quantizer
quantitate 测定〔估计〕…的数量，用数量表示〔说明〕
quantitative ①定量的②量的，数量的
quantity ①量，数量，值，数②参数③大量
~ of illumination 光照量，曝光量
actuating ~ 作用量，动作量
alternating ~ 交变量，变量
balanced periodic ~ 对称交变量，对称周期量
calibrating ~ 校准量
command ~ ①指令量，指令变量②控制量③控制变量
complex harmonic ~ 复数谐量，谐和复量
damped sinusoidal ~ 衰减〔阻尼〕正弦量
datum ~ 基准量，参考量
definite ~ 定量
derived ~ 导出量
dimensionless ~ 量纲为 1 的量
double precision ~ 双（倍）精度量
energizing ~ 激励量
extensive ~ 内涵〔扩大，广延〕量
final ~ ①最终②答案
generalized (sinusoidal) ~ 广义（正弦）量
harmonic ~ 周期量，谐波量
integral ~ ①积分值②整数值
light ~ 光通量
limiting ~ ①极限量②影响量
luminous ~ 光度量
mass sensitive ~ ①质量灵敏值②随质量而变的值
mechanical ~ 力学量
minute ~ 极少量，不显著的值，微量
modulated ~ 调制量
monotonic ~ 单调量
negative ~ 负量，负值
negligible ~ 可略去量
non-integral ~ 非整数量
normal ~ 正态量
oscillating ~ 摆动值，振荡量
own ~ 固有量
per-unit ~ 单位量（即实际值与基准值之比）

phasor ~ ①相量②复（数）量（表示复数形式的量）
photometric ~ 光度值
physical ~ 物理量
positive ~ 正量
pseudoscalar ~ 伪标量，假标量
pulsating ~ 脉动量
radiant ~ 辐射量
random ~ 偶然〔随机〕自变量
rated ~ 额定参数（变压器）
real ~ 实数
reciprocal ~ 倒数量
reduced ~ 折合〔缩减，约化〕量
reference ~ 标准〔基准，参考〕量
regulated ~ 被调量，调节量
relative ~ 相对值
ripple ~ 波纹量，脉动量
root-mean-square ~ 均方根值，有效值
scalar ~ 标〔无向，数，纯〕量
simple-harmonic ~ 简谐量
tapping ~ 分接参数
theoretical ~ 理论数量
threshold ~ 临界量，临界值，阈值，门限值
trace ~ 微〔痕，示踪〕量
undulating ~ 脉动值
unit water ~ 水耗率
variable ~ 变量，可变量
vector ~ 矢量

quantivalence 化合价，原子价

quantization ①量化，分层，把连续量转换为数字量，变量分区（法），取离散值②量子化（作用）脉冲发送的选择
~ of amplitude 脉冲调制，振幅量化
~ of magnetic flux 磁通量子化
signal ~ 信号量化
time ~ 时间量子化

quantize ①取离散值，连续量变数字量②脉冲调制③数字转换④量子化⑤量化，分层

quantized 量子化的，量化的

quantizer ①分层器，量化器，脉冲调制器②数字转换器，编码器③连续 - 不连续数据变换器
binary ~ 二进制数字转换器，二进制量化器
differential ~ 差值量化器
digital ~ 数字转换器
DPCM ~ 差分脉冲编码调制量化器
linear ~ 线性变换器，线性脉冲调制器，线性分层器
logarithmic voltage ~ 对数电压分层器〔量化器〕
nonlinear ~ ①非线性分层器②非线性脉冲调制器
photo data ~ 光电数据量化器

quantizing 量子化，量化
amplitude ~ 振幅量化，幅度分层
equal interval ~ 等间隔量化，线性量化
nonuniform ~ 非均匀量化
predictive ~ 预测量化

quantometer ①冲击电流计，测电量器②光量计，光子计数器，光谱分析仪③辐射强度测量计，剂量计④红外光电光栅摄谱仪
secondary emission ~ 次级发射光量计

quantorecorder 光量计，辐射强度测量计，光子计数器

quantum ①定额②总计，总量，总和③数，数量④量子⑤时限⑥量程（分时系统用）
energy ~ 能量量子
flux ~ 磁通量子
lattice vibration ~ 晶格振动量子
light ~ 光量子，光子
time ~ 时间段，时间量子

quantum-mechanics 量子力学

quark 夸克（理论上设想的三种不带整电荷的更基本的粒子的通称）

quarl(e) ①大块耐火砖②异形耐火砖

quarrel ①菱板②方头的工具

quarry-faced 粗面的，毛面的

quarrymaster 露天打眼设备，露天矿钻机

quarry-pitched 粗琢的，粗凿的

quart ①夸脱（1/4 加仑。英制 : 1 夸脱 =1.136 5 L；美制 : 1 夸脱 =0.946 L）②一夸脱的容器

quartation ①四分（取样）法②（硝酸）析银法

quarter ①四分之一，四等分，四开②（一）刻钟③季（度），一学季④方位（角），象限⑤方面〔向〕，来源，出处⑥地区，（零件的）相互垂直⑦船（舷）后部
forward ~ 船的前部

quarter-bell 每一刻钟报时的钟铃

quarter-cut 径锯，圆材的四分割

quarter-deck 后（部）甲板

quartering ①四等分，四分法②四分取样法③成直角的

quarter-jack 钟内每一刻钟报时的装置

quarterly ①季刊②（按）季度的，每季的，四分之一的

quarternary 四元的，四进制的，四级的

quarter-phase 双相位的，两相的
quarter-rotary-cut 径面旋切的
quarter-turn 直角回转
quarter-wave 四分之一波长
quarter-wave-stack 四分之一波长膜系
quartet(te) ①四位字节②四个一组，四件一副〔套〕③四重线
transistor ~ 配对成套的四个晶体管
quartic ①四次的②四次（曲）线的
quartile 四分位数，四分点（的）（频率分布距一端为 3/4，另一端为 1/4 的点）
sample ~ 样本四分位数
quarto 四开（的，本）
quartz 石英，水晶
acoustic ~ 传声石英
arenaceous ~ 石英砂
candle ~ 石英灯，汞气结晶灯
doped ~ 掺杂金属的合成石英
fused ~ 熔（凝）石英，熔凝水晶，石英玻璃
piezoelectric ~ 压电晶体，压电石英
quartz-bar 石英棒
quartz-crystal 石英晶体
quartz-indicator 晶体〔石英〕指示器
quartzite 石英砂，石英岩
quartz-printer 打印式石英校表仪，石英频率检查仪，石英频率测定器
quartz-timer ①数字式石英校表仪②晶体定时器
Quarzal （夸尔扎耳）铝基轴承合金（*w*（Cu）5%，*w*（Ni）0% ~ 1%，*w*（Fe）0% ~ 1%，*w*（Ti）0% ~ 0.5%，其余 Al）
quash ①取〔撤〕销，废除，使无效②镇压
quasi-adiabatic 准绝热的
quasi-asymptote 拟渐近线
quasi-bessemerizing 锭模吹氧铸造法
quasi-conductor 半导体，准导体
quasi-continuum 准连续集〔区〕
~ of level 准连续能级
quasi-discontinuity 准不连续性
quasi-divisor 拟因子，亚因子
quasi-elastic 准弹性的，拟弹性的
quasi-equality 拟等值
quasi-equilibrium 准平衡
quasi-field 拟域，拟体
quasi-gravity 准重力，人造重力
quasi-instruction 拟指令，伪指令
quasi-insulator 准绝缘体，准绝缘子
quasi-language 拟语言
quasi-linear 准线性的，拟线性的
quasi-linearization 拟线性化
quasi-liquid 似液体，半液体
quasi-monochromatic 准单色的，准单能的
quasi-neutrality 准中性
quasi-normal 拟正规
quasi-one-dimensional 准一维的
quasi-optical 准光学的，似光学性的
quasi-optimal 近似最佳，准最佳
quasi-ordering 拟序
quasi-orthogonal 准正交的
quasi-particle 准粒子，拟粒子
quasi-peak 准峰值
quasi-periodicity 准周期性，拟周期性
quasi-random 拟随机（的）
quasi-reflection 准反射
quasi-resonance 准共振，准谐振
quasi-sine-wave 准正弦波
quasi-stability 拟稳定性，似稳态
quasi-stable 拟稳定的，准稳态的，准稳定的
quasi-static 准静力的，准静态的，拟稳的
quasi-stationary 拟〔半〕稳定的，准稳态的，准静（止）的
quasi-steady 准稳定的，准定常的，准恒定的
quasi-steady-state 拟稳状态
quasi-sufficiency 拟充分性
quasi-synchronization 准同步（法）
quasi-synchronous 准同步的
quasi-two 准二元
quasivariable 准变数
quasi-vibration 准振动
quaterdenary 十四进制的
quaterfoil 四叶式〔形〕
quaternary ①四元的，四价的②四进制的③四变数的④四部组成的
quaternion 四元数，四个一组（的东西），（pl.）四元法
quaternionic 四元的
quatrefoil =quaterfoil
quaver 震颤，振动
quay ①（金属组织的）基体②码头，堤岸
Queen-Duck 无线电操纵靶艇〔游靶〕
queen-post 双柱架，桁架副柱
queen-size 大号的，仅次于特大号的
quench ①猝灭，猝熄，熄灭②抑制，阻尼，减振，阻封③断开④淬火（法），淬硬，骤冷
quenchagent 淬火剂
quench-aging 冷淬时效，淬火（后自然）时效，马氏体时效处理

quencher ①淬火器（具）②猝〔熄〕灭器，猝熄物③猝灭剂④消声器，减振器，阻尼器⑤冷却池
quench-hardening 淬（火）硬（化），急冷硬化
quenching ①猝灭，猝熄，熄灭②抑制，阻尼，减振③断开④淬火（法），淬硬⑤冷却，浸渍⑥阻塞（无损检测）
air ~ 空（气）冷（却淬火）
B ~ 贝氏体淬火（法）
cold ~ ①冰冷处理②冷淬，冷介质淬火，零下淬火
cryogenic ~ 冰冷处理
delayed ~ 延时淬火
device ~ 器件熄灭
die ~ 模压〔压床，模具〕淬火
differential ~ 差温〔局部，阶差，分级〕淬火
double ~ 双介质淬火
down ~ 急冷，快速降温
dry ~ ①空冷淬火，干式淬火②干法冷却
external ~ 外部熄灭
figure 8 ~ “8”字形摆动淬火
flush ~ 冲水淬火，溢流淬火
fog ~ 喷雾淬火
gas ~ 气体介质淬火
harden ~ 淬硬
high ~ （钢板）高压喷水连续淬火
high-frequency ~ 高频感应加热淬火
hot ~ 高温淬火，热淬，分级淬火
hyperacoustic ~ 超音〔超声波〕猝熄
interrupted ~ 双介质淬火
mild ~ 软淬（火）
Ms ~ （Ms 变态点）分级淬火
pipe ~ 喷水冷却
plastic ~ 塑料淬火（用塑料为淬火介质）
pot ~ 固体渗碳直接淬火
progressive ~ 分级（顺序）淬火，分段淬火（法）
regenerative ~ 再生〔复式，（渗碳件的）二次〕淬火
roller ~ 滚动淬火
shot die ~ ①（凸模不淬）凹模喷丸处理②模压淬火
simple time ~ 普通单一水淬法
slack ~ 不完全淬火（得到马氏体中混杂着铁素体、珠光体及贝氏体等组织），欠速淬火（晶粒）细化热处理，调质
spark ~ 火花猝熄
spot ~ 局部淬火
spray ~ ①喷水〔喷射，喷液〕淬火②火花速熄，火花猝熄
static ~ 静淬火法（缓慢加热，快速冷却）
stepped ~ 分级淬火
subthermal ~ 亚温淬火
thermo ~ 热浴淬火
through ~ 淬透
time ~ ①定时淬火（严格控制在淬火池中时间的保温淬火）②马氏体等温淬火
timed ~ 双介质淬火
zig ~ 夹具淬火
quenchometer 冷却速度试验器
quern 手动碾磨机，（小型）手推磨
quernstone 磨石
query 查询，询问，（数据传输的）问号
automatic response ~ 自动应答询问
batch ~ 成批询问
cue-response ~ 询问反应标志，信息标号应答询问，指示 - 回答询问，尾接应答询问
fixed logic ~ 固定逻辑询问
interactive ~ 交互〔人 - 机对话式〕查询
prestored ~ 预存询问
skeletal ~ 提纲式询问
question ①问题，疑问②怀疑，讯问，探究
open ~ 存在的〔待研究的〕问题
questionable 可疑的，不可靠的
questionnaire 调查表，征求意见表
quetsch （浆纱机的）上浆装置
queue ①队列②（信息）排队
~ of interrupt 中断排队
active page ~ 活动〔有效〕页（面）队列
activity ~ 活动队列
address ~ 地址排队
allocate ~ 分配队列
batch word ~ 分批字队列
broadcast ~ 广播队列
channel ~ 通道（调度）排队
device waiting ~ 设备等待队列
dispatcher ~ ①发送队列②调度队列
done ~ 完成项队列
first-in first-out ~ 先进先出排队
frame ~ 帧队列
hold ~ 扣留队列
inactive ~ 待用队列
input work ~ 输入作业队列
job ~ 作业排队
message ~ 通信快车（软件）
operand ~ 操作数队列

output work ~ 输出排队
priority ~ 优先排队
push-down ~ 下推队列
push-up ~ 上推队列
scheduling ~ 调度队列
sequential ~ 顺序队列
subpool ~ 子存区队列
tandem ~ 多行排列

quibinary 五 - 二进制的
quick-access 快速存取
quick-acting ①速动的，快动的②快速的，高速的，灵敏的
quick-action 速动，快动，快作用
quick-adjusting 迅速调整的，（快）速调（整）
quick-blow 急速冲击
quick-break ①速断②快速断路③迅速熔断的（指熔丝）
quick-change （可）快速调换的，（快）速变（换）的
quick-charging 快速充电的
quick-cutting 高速切削
quick-detachable 可迅速拆卸的，易拆卸的
quicken ①加速，使快②使（曲线）更弯，使（斜坡）更陡
quick-freeze （使）速冻，快冻，快冷
quick-hardening 快速硬化
quick-make ①快速闭合，快速接通②瞬时开关，快速开关
quick-mounting （迅）速装（配）的
quick-operating 快速的，速动的，迅速操作的
quick-release 速释，速断
quick-replaceable 快速更换的，易换的
quick-response ①快速反应（的），快速响应（的）②灵敏的，惯性小的
quick-return 快速返回，快速回行，急回运动
quicksilver ①汞，水银②汞锡合金③涂汞（于）④似汞的，易变的
quickstick 快粘
QUICKTRAN 快速翻译程序
quid （一）镑（单复数相同），英镑
quid pro guo 〈拉〉①赔偿，补偿〔交换，代替，相等〕物②弄错
quiescent 静（止）的，静态的
quiescing 禁止（操作）（多道程序计算机的停机过程）
quieter 内燃机的消声装置
quieting ①镇静，脱氧（冶金）②降低基底噪声，静噪（声）
quietness 安静，无噪声
maximum ~ 最小噪声
quietus ①静止状态②（债务）偿清，解除③平息，制止
quill ①衬套，套筒〔套管，主，钻〕轴②小镗杆③滚针④导火线⑤羽毛管⑥切料模⑦卷在线轴上
main spindle ~ 主轴套管
spring-backed ~ 弹性套管
quiller 卷纬机
quillotine 剪断机
quilt 用垫料填塞
Chance’s Euphon ~ 钱斯 - 尤丰吸音垫（纸或帆布中衬玻璃丝）
quilter 绗缝机，衲缝机
quinary ①五进制（的），五个一组（的）②五倍的，五元的，第五位的
quincuncial 五点形的，梅花形的
quincunx 五点形，（五点排列成）梅花形
quindenary 十五进制的
quinhydrone-electrode （醌）氢醌电极
quinquangular 五角（形）的，五边形的
quinquepartite 由五部分组成的，分为五部分的
quint ①五度（音）②五件一套
quintal ①公担（100 kg）②公担（英制重量单位。英国：1 公担 =112 lb=50.802 35 kg；美国：1 公担 =100 lb=45.359 237 kg）
quintant 五分仪（具有 144 度范围，现通称六分仪）
quintessence ①精髓〔华〕，典型（范）②实体，本〔实〕质
quintet(te) ①五重线②五件一套，五个一组
quintic 五次（的）
quintillion （英、德）1×10^{30}，（美、法）1×10^{18}，增加五倍
quintode 五极管
quintuple ①五（倍，路重）的②乘以五③增加四倍
quintupler ①五倍器②五倍压器③五倍频器④（使）成五倍，乘五装置，五倍乘数
quire 一刀（纸）
quirk ①深槽，火道②深槽饰，沟，凹部③三角形的东西，菱形窗玻璃④（使）突然弯（扭）曲
quits 对等的，两讫的，两相抵消的
quittance ①免除（债）②领收，收据，付款，缴纳，计算，复原③酬报④赔偿
quiver ①（使）颤〔抖，摇〕动（声，光，翼等），（使）微震，震颤，颤声，一闪②箭袋③大群④（能装一套东西的）容器

Q-unloaded 无载品质因数
quoin ①楔子，楔形石，楔形支持物②突〔屋〕角，隅石（块）③角落
quoit ①铁（绳，橡皮，金属）圈②抛，掷
quorum 法定人数，法定决议票数
quota 限额，份额，分数，定量
  days ~ 一昼夜的限额
  import ~ 进口限额，输入限额
  man-hour ~ 工时定额
  output ~ 产量定额
  workpiece ~ 计件工作定额
quotation ①引用，引证②引文③报价单，估价单④行市，行情
  contextual ~ 原文引用
  forced ~ 人为行情
  spot ~ 现货行情，产地行情
quote 引号，引文
  string ~ 行引号
quotidian ①每日（天）的②平凡的，普通的
quotient ①商（数），系数②份额，应分得的部分
  ~ of difference 增量比
  Callier ~ 卡利尔商，Q 因子
  diameter ~ 直径系数
  diametral ~ （蜗杆的）直径系数
  differential ~ ①微商，导数②微分系数
  load inflation ~ 负载轮胎压力系数
  purity ~ 纯度（系数）
  reciprocal ~ 反商系数
  Taylor ~ 速长比，泰勒比值
quotient-meter 商值表
quotiety 率，系数
Q-value ①Q 值，品质因数，优值②核反应能量（值）③等于 1×10^{18} 英（制）热（量）单位（即 1.05506×10^{21} J）值
QWERTY 标准键盘

R

rabbet ①插座，插孔，塞孔②半企口，缺口，凹部③刨刀④槽，槽口⑤榫接，嵌接⑥榫头，槽舌接合
copper's ~ 桶工用槽刨
keel ~ （船舶）龙骨镶口
mounting ~ 安装接榫
rabbit ①样品容器②跑兔装置③气动速送器
pneumatic ~ ①气动传送器②气动兔（指转移放射源用的小盒）
running ~ （在A型显示器上）跑动的干扰信号，窜动干扰信号
rabble ①（长柄）耙，搅拌耙，搅炼棒②（焙烧炉的）机械搅拌器
steel ~ 钢渣棒
rabbler ①刮刀，铲子，②铁耙，搅拌器③加煤工，司炉
rabbling 搅拌，搅炼
race ①（球轴承的）座圈，（织布机的）梭道，定梭板②水道，路线，轨道，（螺旋桨）滑流③途径，方法，特性④竞赛，竞争⑤（种）类，界，属⑥（因阻力或负荷减少而）急转
~ of engine 发动机空转
ball ~ 球轴承坐圈，滚道
counter ~ （滚动轴承）对座圈
critical ~ 临界追赶
external ~ 外座圈
head ~ ①上游②引水渠，引水槽③卡锁（高温）硬度试验
inner ~ 内套，内环，内座圈
logical ~ 逻辑追赶
non-critical ~ 非临界追赶
out(er) ~ 外座圈，外环
roller ~ 滚子轴承座圈
signal ~ 信号追赶
worm bearing ball ~ 蜗杆球轴承座圈
race-lip （轴承套圈）挡边
racer ①旋转机构②（滚动轴承）座圈，轴承环③赛车，赛艇，竞速飞机④参加（速度）比赛者
racetrack ①（比赛用）跑道②（共振加速器中）粒子轨道③跑道形放电管（热核反应实验用）④跑道形电磁分离器
raceway ①（滚动轴承）座圈，滚道，轨道②电缆管道③输水管④（鼓风炉风嘴处焦炭的）燃烧空窝
~ for wiring 电线管路
common ~ （鼓风炉风嘴处焦炭的）公共燃烧空窝
crowned ~ 凸度滚道
metal ~ 金属线槽，电线保护用铁管
rachet = ratchet
rachialbuminimeter 脑脊髓液白蛋白定量器
rachigraph 脊柱描记器
rachiometer 脊柱弯度计
racing ①空〔逸，急〕转②控制不稳，紊乱，摆动，振荡③发动机超速④竞赛⑤赛车
engine ~ 发动机超速转，发动机高速空转
rack ①齿条〔轨，棒〕②架，台，框架，机架，固定架③导轨，滑轨④格栅，网，固定洗矿盘⑤震响，破坏
~ of fusion 熔合不良，熔化不良
Abt ~ 齿轨铁道
adapter ~ 适配架
ageing ~ 老炼台，老化架
assembled ~ 组合梳刀，组合齿条
assembly ~ 装配架
base ~ 基本齿条
basic ~ 基本齿条，标准齿条
bomb ~ 挂弹架
cabinet ~ 机箱架，托座
cable terminal ~ 电缆转接架
chain transfer ~ 链式齿条冷床
charging ~ 装料台架
chart ~ 图架
coil ~ 线圈架
common conjugate ~ 共轭齿条
complementary ~ 对偶齿条
connecting ~ 配线架
control ~ 控制台，控制板，操纵板，（喷油泵）控制齿杆（条）
counterpart ~ 铲形齿条
double-helical ~ 人字（齿）齿条
endless ~ 环道，履带运行线
gear ~ 齿条，牙条
generating ~ 齿条形刨齿刀
grease ~ 润滑脂注入架

helical ~ 斜齿条，斜齿齿条
hot ~ ①轧制机台，压延机台，放钢锭等的热床台②热钢材冷却台架
inspection ~ （汽车）检修台
involute ~ 渐开线齿条
jack and pinion ~ 千斤顶
ladder ~ 阶梯形齿条
launching ~ 发射导轨，导轨式发射装置
lifting ~ 提升齿条，爬梯
manipulator ~ 推床齿条
mounting ~ 安装支柱，装配架，工作台，底盘，底架
negative ~ 底片架
nut-type ~ 蜗线齿条
open-type ~ 单面机架
pin ~ 销齿条
pinion ~ 齿臂〔杆，板〕
pipet(te) ~ 吸移管架
plating ~ 挂具（电镀）
power steering ~ 动力转向齿条机构，转向加力器齿条
ratchet ~ 齿条
reference ~ 基本齿条
refinery loading ~ 炼油厂起重机
relay ~ 继电器架
remote-control ~ 远距离控制起重机
repeating-coil ~ 转电线圈架
screw ~ 斜齿条
sector ~ 扇形齿板
service ~ 洗车台
space-stop ~ 间隔架
spur ~ 正齿齿条
storage ~ ①带卷垛存台架②存放架③货架
straw ~ ①逐秆器键箱②平台式逐秆器
stripping ~ 剥片架
supervisory ~ 控制屏
tank-truck loading ~ 油罐车装载架器
tool ~ 工具架
trash ~ ①拦污栅②护板，挡泥板
vine ~ 藤茎分离筛
wagon ~ 拖车式挡栏饲槽，移动式自喂架
worm ~ 蜗杆传动齿条

rack-and-pinion 齿条-小齿轮，齿轮齿条副，齿条齿轮传动
racking ①挤压，拉长，拉伸，延长②推压动作③齿条传动④注入⑤台架⑥船体横向扭曲
rack-jack 齿条起重器，齿条千斤顶
rack-mounted 安装在机架上的
rackscope 支架式示波器
rackwork ①齿条，齿条加工，齿条机构②调位装置③对光旋钮，调焦旋钮
racon （= radar beacon）雷达信标，雷达应答器，雷达响应指标，雷康，无线电信标
rad 拉德（rad，吸收辐射剂量单位，1 rad = 10^{-2} Gy）
RADAC （= rapid digital automatic computing）快速数字自动计算
radameter 防撞雷达装置
radan ①多普勒导航仪②雷达导航
radar ①雷达，无线电探向和测距，无线电定位②雷达装置，无线电定位器

acquisition ~ 搜索〔目标指示〕雷达
AI ~（= aircraft interception ~）拦截飞机雷达
air search ~ 防空雷达
air surface vessel ~ 飞机用水面舰艇搜索雷达
air surveillance ~ 对空监视雷达
airborne ~ 机载雷达
airborne laser ~ 机载激光雷达
air-route surveillance ~ 航路监视雷达
approach control ~ 进场指挥〔引入机场〕雷达
azimuth scan ~ 方位雷达
battle-field search ~ 战场侦察雷达
beam ~ 定向雷达
bistatic ~ （同 semiactive ~）双分雷达（收-发分设雷达）
brute force ~ 强力〔真实孔径〕雷达
chirp ~ 线性调频〔脉冲压缩〕雷达
coherent optical ~ 相干光雷达
coherent-pulse ~ 相干脉冲雷达
comprehensive guidance ~ 复合制导雷达
continuous wave ~ 连续波雷达
correlation ~ 相关雷达
decorrelation ~ 抗相关干扰雷达（抗海面杂波干扰雷达）
directing ~ 引导雷达
Doppler ~ 多普勒雷达（活动目标显示雷达）
Doppler navigation ~ 多普勒导航雷达
early warning ~ 远程警戒雷达，预警雷达
electronically agile ~ 电子敏捷雷达
electronically steerable phased array ~ 电子相控阵雷达
FM ~ 调频雷达
forward looking ~ 前方警戒雷达，前视雷达
frequency-agility ~ 频率捷变雷达

frequency-diversity ~ 频率分集雷达
frequency-modulated ~ 调频雷达
frescan ~ 频率扫描雷达
GCA ~ 地面临场雷达
ground mapping ~ 测描地面雷达
ground(-based) ~ 地面雷达
guidance ~ 制导雷达
guided ~ 导向雷达
gunfire control ~ 炮瞄雷达，火控雷达
hand ~ 便携式雷达
harmonic ~ 谐波雷达
height-finding ~ 测高雷达
hologram ~ 全息雷达
image-forming ~ 成像雷达
infrared ~ 红外雷达
infrared tracking ~ 红外线跟踪雷达
infrared-ray ~ 红外线雷达
instrumentation ~ 测量雷达
into-ground ~ 探地雷达，地质雷达
laser ~ 激光雷达
laser Doppler ~ 激光多普勒雷达
laser Doppler ~ 激光多普勒雷达
lunar ~ 月球探测雷达
marine ~ ①船舶雷达②海用雷达，航海雷达
meteorological ~ 气象雷达
microwave holograph ~ 微波全息雷达
microwave ~ 微波雷达
millimeter wave ~ 毫米波雷达
missile-track ~ 导弹跟踪雷达
monopulse ~ 单脉冲雷达
monostatic ~ 单基地雷达，有源雷达
moving target indication ~ 动目标显示雷达
multifunction array ~ 多功能相控阵雷达
multilasered optical ~ 多元激光雷达
multistatic ~ 多基地雷达
navigation ~ 导航雷达
noise ~ 噪声雷达
optical ~ 光雷达
optical Doppler ~ 光学多普勒雷达
over-the-horizon ~ 超视距雷达
pencil shape beam ~ 锐方向性射束式雷达
perimeter acquisition ~ 环形目标指示雷达
phase array ~ 相控阵雷达
phase-comparison ~ 相位比较雷达
phased-array ~ 相控阵雷达
photo ~ 光雷达
proximity warning ~ 近程警戒雷达
pulse ~ 脉冲雷达
pulse compression ~ 脉冲压缩雷达
pulse Doppler ~ 脉冲多普勒雷达
pulse-Doppler ~ 脉冲多普勒雷达
pulse-modulator ~ 脉冲调制器雷达
Raman scattering laser ~ 喇曼散射激光雷达
range ~ 测距雷达
real aperture ~ 真实孔径雷达
reconnaissance ~ 搜索〔侦察和目标指示〕雷达
relayed ~ 中继雷达
secondary ~ 二次雷达（应答机），次级雷达
selective beacon ~ 选择（波束）信标雷达
semiactive ~ 半有源雷达（收发不在一处的雷达）
shore-based ~ 海岸雷达
side-looking ~ 旁视雷达
sonic ~ 声波雷达
sound ~ 声呐，声（雷）达，声波定位器〔测距器〕
stereo ~ 立体雷达
surveillance ~ 监视雷达，警戒雷达
synthetic aperture ~ 合成孔径雷达，综合孔径雷达
synthetic aperture laser ~ 合成孔径激光雷达
tail warning ~ 护尾雷达，机尾警戒雷达
target tracking ~ 目标跟踪雷达
tracking ~ 跟踪雷达
track-while-scan ~ 跟踪搜索雷达
true motion ~ （目标）真实运动显示雷达
ultra-wideband ~ 超宽带雷达
underwater laser ~ 水下激光雷达
V-beam ~ V 形波束〔射束〕雷达
vehicle on-board ~ 车载雷达
velocity ~ 测速雷达
volumetric ~ 立体（显示）〔三度空间，三坐标，空间显示多目标〕雷达
warning ~ 警戒雷达
weather laser ~ 气象激光雷达
X-beam ~ X 型波束雷达

radar-altimeter 雷达测高仪
radar-directed 雷达操纵的，（用）雷达指挥的
radargrammetry 雷达图像测量学，雷达图像测量技术
radar-guidance 雷达制导
radar-homer （有）雷达自动引导头（的导弹），雷达自动瞄准头
radarman 雷达操纵员
radarmap 雷达地图

radarproof 防〔反〕雷达的
radarscope 雷达示波器，雷达屏，雷达显示器
radarsonde 雷达探空仪
raddle ①杆，棒，圆木②伸缩筘，排条器③输送带式逐稿器④赭石
Radechon 雷得康管，阻挡栅式存储器
radiac 核辐射测定，辐射仪
radiacmeter 剂量计，核辐射测定器
radiagraph 活动焰切机
radial ①半径的，径向的，辐向的，星形的②放射的，辐射（状）的③射线，光线④子午线轮胎
radial-inward 向心式的
radialization 辐射，放射
radialized 辐射状的，放射的
radian ① = rad ②弧度（角），弦（2π rad = 360°，1 rad = 57.295 78°，1° = 0.017 45 rad）
~ per second 弧度／秒（角速度单位）
radiance ①发光度，光辉②辐射度，辐射亮度（常用单位为：$W/(sr\cdot m^2)$）
~ factor 辐射亮度〔强度〕系数
infrared spectral ~ 红外光谱辐射度
photon ~ 光子辐（射）亮度
shower ~ （陨石）簇射辐射
spectral ~ 光谱辐射（度）
radiancy = radiance
radiant ①辐射的，发光的，发热的②光〔热，辐射〕源，辐射点③（电炉，煤气炉）白炽部分
radiate ①辐射，发射②散热③发光，照明④播送
radiation ①发光，照〔辐，放〕射②（放）射线，辐射能〔线，热〕③散热器④放射形，辐射状排列⑤射线疗法
actinic ~ 光化学辐射
alpha ~ α 辐射
annihilation ~ 湮没辐射
back ~ 反向辐射
background ~ 背景辐射，本底辐射
beamed ~ 定向辐射
blackbody ~ （绝对）黑体辐射
bremsstrahlung ~ 韧致辐射
build-up ~ 总辐射，累积辐射
capture ~ 俘获辐射
cavity ~ 空腔辐射
characteristic ~ 标识辐射，特性（伦琴）辐射
chopped ~ 调制辐射
cut-off ~ 辐射阀
diffused ~ 漫辐射，扩散辐射
electromagnetic ~ 电磁能辐射
excited ~ in transmission 透射中的激发辐射
far infrared ~ 远红外辐射
far-ultraviolet ~ 远紫外辐射
fluorescent ~ 荧光性〔特有（波长）〕辐射
fringe ~ 边缘辐射
gamma ~ γ 辐射
general ~ 连续辐射
head-on ~ 正面〔迎面，直接定向〕辐射
heterogeneous ~ 杂〔不均匀，多频〕辐射
high-energy ~ 高能辐射，穿透辐射
homogeneous ~ 单色辐射，均匀辐射
impact ~ 撞击辐射
impulse ~ 脉冲辐射
incident ~ 入射辐射，投射辐射
indirect ~ 间接辐射，地物反射
infrared ~ 红外（线）辐射
ionizing ~ 电离辐射
isopleth ~ 辐射等值线
isotropic ~ 各向等强辐射
monochro(mat)ic ~ 单色辐射
multiple ~ 多波束辐射
nocturnal ~ 红外辐射，夜间辐射
nonscattered ~ 非散射辐射
nuclear ~ 核辐射，放射性辐射
occupational ~ 职业性照射
penetrating ~ 贯穿辐射，穿透性辐射
point-sound ~ 点声源辐射
polarized ~ 极化辐射，偏振辐射
positron ~ 阳〔正〕电子辐射
primary ~ 原（始）辐射，初级辐射
radio ~ 无线电辐射
radio-frequency ~ 射频辐射
receiver ~ 接收机（振荡器）辐射
recombination ~ 复合辐射
resonance ~ 谐振辐射，共振辐射
secondary ~ 次级辐射
selective ~ 选择性辐射
shock wave ~ 激波放射状延伸
short-wave ~ 短波辐射
spontaneous ~ 自发辐射
spurious ~ 寄生辐射，附加辐射，乱真辐射
stem ~ 靶茎辐射
stimulated ~ 受激辐射
stray ~ 杂散辐射
super-radiance ~ 超辐射
supervoltage ~ 高能辐射，高压辐射

sustained ~ 持续辐射，等幅波辐射
temperature ~ 温度辐射，热辐射
transmitted ~ 穿透〔透过，漏过〕辐射
ultraviolet ~ 紫外线
visible ~ 可见辐射（波长 0.4 ~ 0.76 μm）
X ~ X 射线辐射

radiation-counter 辐射计数器〔计数管〕
radiation-induced 辐射〔照射〕诱导的
radiation-initiated 照射引发的
radiationmeter 放射线计，辐射（强度）测量计
radiative 辐射的，发射的，发光的，发热的
radiativity 辐〔放〕射性，发射率〔性〕
radiator ①辐射器，辐射体②散热体〔器〕，散热片，暖气片，冷却器，（汽车等）水箱，取暖器③发射天线

~ of sound 声辐射器，声源，扬声器
acoustic ~ 声（频）辐射器
active ~ 有源辐射器
air ~ 空气散热器
air heating ~ 热气散热器
banked ~ 散热器组
barb ~ 芒刺〔悬挂〕式散热器
bonnetted ~ 带罩散热器
built-in ~ 墙内散热器
cellular ~ 蜂窝式散热器
coiled ~ 盘管〔螺旋管式〕散热器
concealed ~ 藏置散热器，藏置炉片
constrained acoustic ~ 制约式声辐射器
convector ~ 对流放热器
core type ~ 空心〔蜂窝〕式放热器
crossflow ~ 横流散热器
dielectric ~ 介质辐射器，介质天线
direct-indirect ~ 传导兼对流式放热器
directional discontinuity ~ 定向间断（环形）辐射器
double-horn ~ 双号筒辐射器，双喇叭扬声器
driven ~ 激励辐射天线，有源天线
electric ~ 电气散热器，电气辐射器
electrode ~ 电极辐射片，电极散热片
engine ~ 发动机散热器
far infrared ~ 远红外辐射器
fin ~ 翅式散热器，叶片式散热器
finned (plated) ~ 肋片（平板）式散热器
flanged ~ 凸缘片式散热器，肋条式散热器
flat-tube ~ 扁管散热器
full ~ 完全辐射体，黑体
gas ~ 煤气〔燃气〕放热器
gilled (tube) ~ 管片式散热器
grey ~ 灰体辐射器
heat(ing) ~ 供暖散热片，暖气（炉）片，热辐射器，热散射器
honeycomb ~ 蜂房式散热器
horn ~ ①小喇叭形天线②喇叭形辐射器
isotropic ~ 全向辐射器，全向天线，无方向天线，各向同性辐射体
leading ~ 前缘散热器
naked ~ 无保护罩的散热器
nose ~ 车头散热器
one-column ~ 单柱散热片
open ~ 开路辐射器
panel ~ 嵌入式散热器
parabolic ~ 抛物镜面天线，抛物面辐射器
partial ~ 灰体
partitioned ~ 分段式放热器
perfect ~ 完全辐射体，绝对黑体
photosynthesis ~ 光合有效辐射仪
pointed ~ V 形散热器
primary ~ 一次辐射器〔辐射体〕，原辐射体
reactive ~ 电抗〔无源〕辐射器
rod ~ 介质棒辐射器
secondary ~ 次级辐射体〔辐射器〕
sectional ~ 可分式散热器
selective ~ 选择性辐射体
sloping ~ 斜散热器
spherical ~ 球状〔全向〕辐射器
steam ~ 暖气片
tower ~ 塔式天线
tube ~ ①管式散热器〔辐射器〕②电子管散热器
upright ~ 立式冷却器
V front ~ V 形散热器
vee ~ V 形散热器，V 形辐射天线

radiator-fan ①散热器风扇②散热片
radical ①基本的，根本的②基础，基本原理③根，根式，根号④基，原子团

anion ~ 阴离子团

radices radix 的复数
Radician 远程预警线操作员
radii radius 的复数
radio ①无线电，X 射线②无线电广播〔通信〕③无线电设备，收音机④射频的，高频的⑤射电的，放射的

aerodrome control ~ 机场联络（无线）电台
aeronautic(al) ~ 导航无线电设备
amplitude modulation ~ 调幅收音机
auto ~ 汽车收音机

autodyne ~ 自差式接收机〔收音机〕
beamed ~ 定向无线电通信
clock ~ 自动定时开关的收音机
crystal ~ 晶体接收机，矿石收音机
directional ~ 无线电测向〔定向〕
directive ~ 定向无线电
facsimile ~ 无线电传真
ground-to-plane ~ 地空通信无线电台
helmet ~ ①钢盔式〔飞行帽式〕无线电设备②通信帽
interplane ~ 飞机间无线电通信，飞机间通信无线电装置
line ~ 有线载波通信
manpack microwave ~ 背负式微波（电）台
meteo-burst ~ 流星余迹无线电通信系统
minitrack ~ 微型跟踪无线电
one-way ~ 单向无线电通信
personal ~ 小型〔袖珍式〕收音机
phono ~ 电唱收音两用机
plane ~ 航空无线电台
pocket ~ 袖珍式收音机
portable ~ 手提收音机
seat ~ 车厢（内装设的）收音机
ship-to-shore ~ 船（舶同海）岸通信（无线）电台，海对陆电台
signal-seeking ~ 自动搜索的无线电接收机
software ~ 软件无线电台
transistor ~ 晶体管〔半导体〕收音机
two-way ~ 收发两用无线电台〔设备〕，双向无线电通信
vehicular ~ 车载流动无线电设备
wired ~ 有线射电〔射频〕,有线载波（通信）

radioacoustic 无线电声学的，广播声学的
radioacoustics 无线电电声学
radioactinium 放射性锕
radioactivation 辐射激化，放射活化（作用）
radioactive 放射性的，放射引起的
radioactivity ①放射现象②放射性③放射能力④放射学
airborne ~ 大气中的放射性
alpha ~ α 放射性
artificial ~ 人工放射性
beta ~ β 放射性
high ~ 高放射性
induced ~ 诱导〔感应〕放射性
natural ~ 天然放射性〔放射学〕

radioactor 镭疗器
radioaerosol 放射性气溶胶
radio-altimeter 无线电测高计，射电测高计
radioamplifier 高频放大器
radioanalysis 放射性分析
radioassay 放射性测量
radioautogram 无线电传真，放射自显影照相
radioautograph 放射自显影照相，自动射线照相，放射性同位素显迹图，无线电传真
radioautography 放射自显影法，自动射线照相术，无线电传真术
radioautopilot 无线电自动驾驶
radiobeacon 无线电指向标，无线电信标
radiobearing 无线电定向
radiobiology 放射〔辐射〕生物学
radiobuoy 无线电浮标
radiocarbon 放射性碳
radiocardiography 放射心电图测定，心脏放射描记术〔法〕
radiocast 无线电广播
radiochemistry 放射化学
radiochromatogram 放射色谱图,放射色层(分离）谱
radiochromatograph 放射色谱仪，辐射色层（分离）法
gaseous phase ~ 气相辐射色谱，气相辐射色谱仪

radiochromatography ①辐射色层分离法，放射色谱（法）②辐射色谱学
radiochrometer 射线硬度测量计，X 射线穿透计
radio-circuit 高频电路
radiocobalt 放射性钴
radiocolloid 放射性胶质〔体〕
radiocompass 无线电罗盘
radiocontamination 放射性污染
radiocontrol 无线电控制〔操纵〕
radiode 盛镭器，镭疗器
radiodetector 无线电探测器，雷达，检波器
radiodiagnosis X 光〔放射性〕诊断
radiodoppler 多普勒无线电技术
radioecho 无线电回波，无线反射电信号
radioeclipse 射电食
radioecology 放射生态学
radioed 无线电传送的
radioelectret 放射性驻极体
radioelectronics 无线电电子学
radioelement 放射性元素
radio-equipped 无线电装备的
radioexamination X 射线〔伦琴射线〕透视法，射线检验法

radiofacsimile 无线电传真
radiofication ①无线电广播普及化②无线电化，装设无线电
radiofluorescence 辐射荧光
radio-free 不产生无线电干扰的，无射电干扰的
radiofrequency 射〔高〕频，高周波，无线电频率（约 $1 \times 10^4 \sim 3 \times 10^{12}$ Hz）
quench-modulated ~ 歇振调制射频
radiogen 放射物（质）
radiogenic ①放射产生的②适用无线电广播的
radiogeodesy 无线电大地测量学
radiogoniograph 无线电定向计
radiogoniometer 无线电测向计〔方位计，测角器，探向器，定向台〕
radiogoniometry 无线电测〔定〕向术，无线电方位测定法
radiogonioscope 无线电测向器
radiogram ①无线电报②X（射）线照片，射线照相〔片〕③收音电唱两用机
auto ~ 收音电唱两用机
radiogramophone 收音电唱两用机
radiograph （X，伦琴）射线照相，射线底片
flash ~ 放射线闪光摄影
magnification ~ 放大摄影仪
X ray ~ X线造影检查仪
radiographer X射线摄影师
radiography 射线透照术，射线底片，（X）射线照相术，射线摄影
computer ~ 计算机X射线成像仪
film ~ 射线照相法
flash ~ 超高速射线透照术，闪光射线透照术
gamma-ray ~ γ射线摄影术
metal ~ 金属X射线分析（法）〔照相术〕
multiple tube ~ 多重管放射线摄影
neutron ~ 中子照相术
xero ~ 静电放射线照相术，干放射性照相术
X-ray ~ X射线照相术
radioheating 射频加热，高频加热
radiohm 雷电欧（高阻线）
radioindicator 放射性示踪剂，同位素指示剂，示踪原子
radio-instrument 无线电测量仪器
radio-interferometer 无线电干涉仪〔干扰计〕
radio-isophot 射电等辐透，射电〔频〕等照度
radioisotope 放射性同位素
daughter ~ 子〔派生〕放射性同位素
radiokymography X射线动态摄影术，X线记波照相〔描记〕术
radiolabel 放射性同位素示踪〔标记〕
radiolocate 无线电定位
radiolocation 无线电定位（学），雷达学
radiolocator 无线电定位器，雷达（站）
radiologia 放射学
radiologic(al) 放射（学，性）的，（应用）辐射（学）的
radiologist 放射学家，应用辐射学家
radiology （应用）辐射学，放射学，X射线学
radiolucent 辐射透明的，透射的
radioluminescence 射线发光（现象），辐射发光
radiolysis 辐射分解，辐照分解，辐解作用
radiolytic 辐射分解的，辐解的
radioman ①无线电人员〔技师，值机员，报务员，话务员〕②电力线探伤员
radiomasking 无线电伪装
radiomaterial 放射性物质
radiomateriology ①X射线材料检验（学）②材料的辐射检测
radiomaximograph 大气（天电）干扰场强仪
radiometal 无线电高导磁性合金，无线电金属（铁镍合金，*w*（Ni）50%，*w*（Fe）50%）
radiometallography 射线金相学
radiometallurgy 辐射冶金术
radiometeorogram 无线电气象图解
radiometeorograph 无线电高空测候仪，无线电气象仪〔探空仪，测风仪〕
radiometeorology 无线电气象学
radiometer 辐射计，辐射仪，射线探测仪，射线探伤机
acoustical ~ 声辐射计
blackbody ~ 黑体辐射计
boresighted ~ 觇孔辐射计
cooled cell ~ 冷却元件辐射计
cooled detector ~ 冷却探测器辐射计
Dicke's ~ 狄克辐射计（精测微波噪声功率仪）
gated ~ 选通辐射计
high-resolution infrared ~ 高分辨红外辐射计
infrared ~ 红外辐射计
infrared temperature profile ~ 红外温度轮廓辐射计
interferometric ~ 干涉辐射计
laser ~ 激光辐射计
meteosat dual-channel ~ 气象卫星双信道辐射计
microwave ~ 微波辐射计
optitherm ~ 光热辐射计
resonance ~ 共振〔谐振〕辐射计

scanning ~ 扫描辐射计
scanning multichannel microwave ~ 扫描微波多通道辐射计
small-field ~ 小视场辐射计
solar burst ~ 太阳辐射爆发辐射计
spin-scan ~ 自旋扫描辐射仪
submersible spectral ~ 水下光谱辐射仪
temperature-humidity infrared ~ 温湿红外辐射仪
thermal detection ~ 热探测辐射计
unchopped ~ 非调制辐射计
wide-angle ~ 宽角〔宽视场〕辐射计

radiometry 辐射度〔辐射测量，无线电探测〕学
microwave ~ 微波辐射测量（学）

radio-micrometer 辐射微热〔显微辐射，无线电测微，放射热力测微〕计

radiomovies 电视电影

radion （放）射（微）粒

radionavigation 无线电导航

radionics 无线电电子学，射电电子学，无线电工程

radionuclide 放射性核素，放射性原子核

radiop 无线电相关工作人员，无线电话务员

radiopacity 辐射不透明度〔性〕

radiopaque 不透射线的，射线透不过的，辐射不透明的

radioparency X 线〔射线〕可透性

radioparent 透射线（的）

radiophare ①无线电指示台，雷达探照灯②（海上）无线电信标，船舶通信电台

radiophase 辐射态，辐射相

radiophone 无线电话，无线电收发话机
duplex ~ 双向无线电话

radio-phonograph 收音电唱两用机

radiophony 无线电话学〔术〕

radiophoto 无线电摄影〔传真〕

radiophotography 无线电传真〔摄影〕术

radiophotoluminescence 辐射光致发光

radiophotostimulation 辐射光致发光〔激发〕

radiophototelegraph 无线电传真电报

radiophototelegraphy 无线电传真电报（学）

radiophysics 无线电物理学

radiopill 无线电丸(可吞下的微型无线电发射机)

radiopilot 无线电测风〔控制〕气球

radioprotector 辐射防护装置〔剂〕

radioprotectorant 辐射防护剂

radioquiet 不产生无线电干扰的，无射电干扰的

radiorange 无线电轨（信标），射电轨，无线电航向信标，等信号区无线电信标，无线电测得的距离

radio-receiver 无线电接收机

radio-recorder 收（音）录（音）两用机

radioresistance 辐射阻抗，抗辐射性，耐辐照度

radioresistant 耐辐射的，抗辐射的，辐射阻抗的

radioscintigraphy 放射性闪烁摄影法

radioscope ①放射镜②剂量测定用验电器③X〔伦琴〕射线透视镜

radioscopy 射线检查法，X 射线透视法，X 射线检验

radiosensitive 辐射灵敏的，对射线敏感的

radiosensitivity 辐射灵敏度〔性〕

radioset 收音机，无线电接收机

radioshielded 射频屏蔽的，防高频感应的，对高频屏蔽的

radio-signal 无线电信号

radio-sondage 无线电探空

radiosonde ①无线电高空测候器，无线电探空仪，气象气球②无线电测距器
time-interval ~ 时距探空仪

radio-source 射电源

radiospectrography 无线电频谱学

radiospectroscopy ①放射光谱学，无线电频谱学②电磁能全景接收技术

radio-spectrum 射频频谱

radio-star 无线电星，电波星，射电星

radiostat 中放晶体滤波式超外差接收机
stenode ~ （在中频放大器中装有晶体滤波器装置的）超外差收音机

radio-surveying 无线电勘测

radiosusceptibility ①辐照灵敏度②辐射敏感性

radiotechnics 无线电技术

radiotechnology 无线电工艺

radio-telecontrol 无线电遥控

radiotelegram 无线电报

radiotelegraph 无线电报机〔术〕

radiotelegraphy 无线电报学〔术〕
multiplex ~ 多路〔复工〕无线电报学

radiotelemetric 无线电遥测的

radiotelemetry 无线电遥测术

radiotelephone ①无线电话（机）②用无线电话，对讲电话机

radiotelephonic 无线电话的

radiotelephony 无线电话学〔术〕

radio-telescope 无线电望远镜

radioteletype 无线电电传打字机〔打字电报设备〕

radioteletyper 无线电传打字机
radiotelevision 无线电视
radiotelevisor 电视接收机，无线（电）电视机
Radiotheodolite 无线电经纬仪
radiother 放射指示剂，示踪原子
radiotherapy 射线〔超短波〕治疗法
radiothermics 射频加热术
radiothermoluminescence 辐射热致发光
radiothermostimulation 辐射热致发光
radiothermy 高频电疗法，热放射疗法
radiothorium （放）射（性）钍
radiotick 无线电时间信号
radiotolerance 耐辐射照度，耐辐射性，辐射容限
radiotolerant 耐辐照的，耐辐射的
radiotracer 放射示踪剂，放射示踪原子
radiotransmission 无线电波传播
radiotron 电子三极管，真空管
radio-tube 电子管，真空管
radiovision 电视，无线电传真
radiovisor ①电视接收机②电视接收机中的显像管（旧称）③光电继电器装置
radiowarning 无线电报警
radist 空中目标速度测量装置，无线电导航系统，无线电测距
radium 镭（Ra）
radium-bearing 含镭的
radius ①半径，范围，界限②辐（条）③径向射线，放射线，辐射线④倒圆
~ of action ①有效距离，（天线）吸收表面②作用半径，活动半径
~ of clean-up （挖土机的）工作半径，切削半径
~ of convergence 收敛半径
~ of curvature 曲率〔变〕半径，圆角半径
~ of gyration 转动〔回转，惰性〕半径
~ of gyration of area 断面二次半径
~ of inertia 惯性半径
~ of run-out 径向圆跳动
~ of rupture 断裂半径
~ of stereoscopic vision 体视半径
~ of torsion 扭转半径
action ~ 作用半径，有效距离
base ~ 基圆半径
bend ~ 弯转半径
bending ~ 挠曲半径
bilge ~ 底边半径，舭部半径
blade ~ 刀尖圆角半径
characteristic ~ 特性半径
corner ~ 圆角半径，刀尖圆弧半径
counterbalance ~ 平衡块伸距
crane ~ 起重机（伸臂活动）半径，起重机伸距
critical ~ 临界半径
cruising ~ 续航力
curvature ~ 曲率半径，弯曲半径
datum ~ 零点半径
dendrite ~ 枝状晶体半径
die ~ 拉深〔压延〕模模口圆角半径
drainage ~ 排油半径
draw ~ 深冲模〔拉延凹模〕圆角半径
drawing punch ~ 拉延凸模圆角半径
edge ~ 棱角半径
electron ~ 电子半径
equivalent ~ 当量半径
equivalent sectional ~ 等效半径
fillet ~ ①（内）圆角半径②齿根（过渡）圆弧半径，齿根圆角半径
flank ~ 侧面曲率半径
focal ~ 焦（点）半径
full ~ 终端半径（加速的）
geometrical mean ~ 几何平均半径
gorge ~ 咽喉半径（蜗杆副咽喉的起环曲面的母圆半径）
handling ~ 吊车伸出臂半径
hydraulic ~ 液（水）力半径
load ~ 装载半径（起重机）
nose ~ 刀尖（端点）半径
outer mapping ~ 外映射半径
outside ~ （齿）顶圆半径
pitch ~ 节圆半径
pitch cone ~ 锥距，节锥半径
polar ~ 极半径
punch ~ 凸模圆角半径
punch-nose ~ 凸模端部半径
reciprocal ~ 半径倒数，倒半径
rolling ~ 滚动半径
root ~ ①齿根半径，根部半径②（焊缝）坡口圆角半径③缺口半径
rounded cutting edge ~ 刃口圆弧半径，切削刃钝圆半径
spectral ~ 谱半径
swinging ~ （起重机臂）工作半径，伸出长度
tail ~ (of crane) （起重机，吊车）后部旋转半径
tare ~ （已称过容器皮重的）配衡体半径

transversal passability ~ 横向通过半径
turning ~ 回转半径
working ~ 工作半径，作用半径
radiused ①辐射（式）的②切成圆角的，切成圆弧的
radiusing 使成圆角
radix ①根②基，基数③底，语根
binary ~ 二进制基数
floating-point ~ 浮点基数
nonclassical ~ 计算制的特殊底数
radlux 辐射勒克司
radnos 没有无线电信号
radom(e) （= radar dome）(钟,屏蔽,整流）罩，（雷达）天线罩，（微波）天线屏蔽器
~ of sandwich type 多层天线罩
aircraft ~ 飞机整流罩，飞机流线型天线罩
airfoil shaped ~ 翼型天线〔整流〕罩
dielectric ~ 电介质整流罩
infrared ~ 红外整流罩
missile-borne ~ 导弹天线罩
multiple-layer sandwich ~ 多层结构天线罩
radon 氡（Rn）
radux ①计数制的基数②远距离双曲线低频导航系统
Radux-Omega 雷达克斯 - 奥米加甚低频双曲线导航系统
raff ①大量，大批，许多②废料，碎屑
Raffinal 高纯度铝（w（Al）99.9% 以上）
raffinate ①萃取残液②（润滑油溶剂等精制提炼的）提余液③残油，残液
raffinator 单动盘磨机
raffle 废物，绳索什物
raft ①垫，板，座板，底板，垫层②排基③筏④一大堆，大量
life-saving ~ 救生筏
rafter ①椽子②木材筏运工③装椽子于
angle ~ 角椽
collar ~ 轭椽
compass ~ 轮椽
kingpost ~ ①单支柱桁架②（桁架）中柱椽，吊杆柱椽
rafting ①合金②熔合物
rag ①飞翅②除去毛刺③压花，滚花，刻纹④轧槽堆焊，轧辊焊纹⑤破布，擦布，擦拭材料⑥磨石⑦无价值的东西
rag-bolt 棘螺栓，地脚螺栓
ragged 粗糙的，不规则的，不平坦的，参差不齐的
ragging ①（轧辊的）刻槽，刻纹②划伤③凹凸不平的，粗糙的，行的不规则性
rags
mixed ~ 成形，装配
Rahmen 〈德〉①框架结构②环形天线
rail ①铁路，钢〔铁，导〕轨②栏，杆，扶手，护栏，横木〔条，杆，梁〕，移动板③ 铺铁轨，由铁路运输④（电子射线管荧光屏上）栅栏干扰⑤梁
anti-derailing ~ 防止脱〔出〕轨铁轨
anvil faced ~ 抗磨钢轨，耐磨钢轨
approach ~ 引轨
back ~ （织机的）后梁
back cross ~ （织机）后横挡
bolt ~ 枪机导槽〔轨〕
bridge ~ ①桥形钢轨②桥式起重机钢轨
broad-footed ~ 宽底轨
bull-headed ~ ①双〔圆〕头钢轨，工字钢轨②小圆头栏杆
carriage ~ （打印机的）滑架导轨
check ~ ①碰头挡，会挡②护轨
chute ~ 滑（运）轨（道）
closure ~ 导轨，合拢轨
cog(ged) ~ 钝齿轨
collector ~ 集电轨
conductor ~ ①接触轨，导电轨②母线
control cooled ~ 缓冷法制钢轨
crab ~ （桥式起重机）横行移动小车的梁，绞车梁
dead-stop ~ 止车轨
docking ~ 棚厂操作轨
easer ~ 外承轮轨
edge ~ 护轮轨
fence ~ 防护梁
flange ~ 平底钢轨，宽底〔槽形，电车〕轨
former ~ 前导轨
gapless ~ 无缝钢轨
gear shift ~ 变速杆，变速排挡扶手
grid ~ 槽形轨，电车轨，铁路网
grooved ~ （有）槽（导）轨
ground ~ 接地引线
guide ~ 导轨
knuckle ~ 肘形轨
lead ~ ①导轨②合拢轨
live ~ ①载电轨②（地磅）活动轨
locking and unlocking ~ （索道的）挂结和脱开轨道
lower frame ~ 车架下梁

magazine ~ （料斗）送料轨道
make-up ~ 标准短轨
negative ~ 负轨道，负汇流条，负限
nonfloating ~ 固定护栏
notched speed sensing ~ 刻槽测速钢轨
overhead conductor ~ 架空导电轨
parting ~ 中横挡
pit ~ 矿用钢轨
positive ~ 正轨迹，正限
power ~ （推式悬挂输送机牵引链）运行轨道
rack ~ 齿轨
railroad ~ 钢轨，铁轨
ramp ~ 坡接轨
recoil slide ~ 后座滑轨（火炮）
relayable ~ 重新铺用的钢轨，废钢轨，旧钢轨
rerolled ~ （可以）重轧的钢轨，废轨
ring ~ 环形导轨
roof ~ 上边梁，顶盖纵梁
rub ~ ①（敷设机的）导板，导轨②（汽车等防擦坏的）防擦挡条
safety ~ 护轨
side ~ 护轨，护轮
skid ~ 滑轨（移动重物用），滑道
slide ~ 滑座，滑板，导轨
sorbite ~ 索氏体钢轨
standard-ga(u)ge ~ ①标准轨距（1.435 m）钢轨②标准（量）规
stock ~ （转辙器）本轨
strut ~ 横撑，横挡
switch ~ 铁道侧线，转辙轨
third ~ 第三轨（有轨电车或电动机车的输电轨），导电轨，接触轨
tongue ~ （铁路）尖轨
toothed ~ 齿轨
tram ~ 电车轨道，运料车道轨，吊车索道
traveller ~ 行车轨道
upper ~ ①上部（导）轨，上导槽②（内燃机组合式活塞环的）上导片
upper frame ~ 车架上梁，顶架横梁
Vignole's ~ 丁字轨，阔脚轨
zero-length ~ 零长〔超短型〕导轨

railage 铁路运输，铁路运费
railboat 石英舟
railcar （单节）机动有轨车
railhead ①铁路端〔终，起〕点②轨头〔顶〕③垂直〔横梁，刨床〕刀架
railing ①铁路装运②栏杆，扶手③栅形干扰（电子射线管荧光屏上）
railless 无轨的道路
railmotor 铁路公路联运的
rail-mounted 载于铁轨上的，轨道式的
railroad ①铁路，铁路系统，铁道部门②轨道（设备），滑轨装置③用铁路运输，给…筑铁路
railway 铁道，铁路设施，铁路公司
aerial ~ 高架铁道，架空铁道
cable ~ 缆车铁道，索道
cog ~ （火车爬坡时）有嵌齿的铁轨
constructor's ~ 折移式轻便铁路，临时铁路
field ~ （临时的）轻便铁道
funicular ~ 铁索吊车，空中缆车，缆索铁道
light ~ ①窄轨铁路②轻便铁路
rack ~ 齿轨铁道
rapid transit ~ 高速铁路
surface ~ 路面铁路
suspended ~ 高架铁道，悬架铁道
suspension cable ~ 悬索铁路
trunk ~ 铁道干线

railway-sleeper 铁路枕木
rain ①电子流②下雨
~ of electrons 电子流
rainer 喷灌装置，人工降雨装置
manure ~ （液体）肥料喷洒装置
raingauge 雨量器
raingun 远射程喷灌器，远程人工降雨器
rainmaker ①喷灌设备，人工降雨设备②参加人工降雨的气象和航空工作人员
rainproof 防雨的，不透雨的
raintight 防雨的，不漏雨的
raise ①举起，提高，升高，增加，竖起②引起，发生，发动，发展，改善，开始③（自下而上的）掘进④使自乘⑤和…建立无线电联系
~ to a power 自乘
~ to third power 立方
raiser ①挖掘机，挖掘器②提升器③上升管④浮起物⑤（经纬线）浮点
track ~ ①扛轨器②起道机
water ~ 扬水机，提水机
raising ①上升的②箱圈，中接箱③压纹④起伏成形⑤带凸缘的拉延⑥曲线翻边
steam ~ ①锅炉点火，产生蒸汽②蒸汽〔汽化〕蒸发
rake ①前刀面，前倾面②倾角斜角③倾斜（度）④搂（草）机，（草）耙，叉⑤逐稿器⑥火钩，挡栅⑦梳状皮托管⑧（刮板式输送机的）刮板
axial ~ 轴向前角，轴倾角

ballast ~ 道砟耙，碎石耙
bottom ~ 后角
cabinet ~ 机箱架
forth ~ 前倾角
front ~ 前倾角，前角
negative ~ 负前角，负倾角
positive ~ ①正前角②前倾度
radial ~ 径向前角，刀面径向角
resultant ~ 合成前角
rockover ~ 抓斗爪
scrub ~ 灌木搂集机
shoving ~ 推料耙
side ~ （刀具）横向前角，横截面前角
stirring-up ~ 翻料耙
stone ~ 搂石器，集石机
sweep ~ （悬挂式）集堆机，集草器
tail ~ 杆状延长筛
timber ~ ①木材集堆机②掘根耙
tine ~ 搂齿杆，齿耙
tool back ~ 刀具纵向前角（切深平面内）
tool orthogonal ~ 刀具前角
tool side ~ 刀具横向前角（进给平面内）
top ~ ①削角②前倾角③纵坡度（角），纵倾斜（角）④削头

raker ①耙路机②搂草机③耙路工④撑脚，支柱，斜撑⑤火耙

rakish 快速型的（指船舶）

ram ①冲头，夯锤，砂舂，撞击〔压实〕器，（发动机进气）冲压管②（压力机）压头，活〔柱〕塞，滑板〔座，块，枕〕，（液压机）活动横梁③动力（液压）缸，作动筒，升降机，压力扬汲机④（炉用）推钢机⑤顶〔挑，撞〕杆⑥拖板⑦（船首水线下的）冲角⑧船的总长度
air ~ ①风动锤②风动撞击机③空气压缩机
charging ~ 推料杆，装料推杆
common ~ 手夯，手锤
dump ~ 倾卸液压缸，翻斗液压缸
ejector ~ 喷筒活塞，推顶活塞
explosion ~ 内燃（机式）打夯机
external ~ 外〔分〕置式液压缸
gravity (return) ~ 重力回程柱塞
hydraulic ~ ①液压缸②液压顶，液力压头③液压机冲头④水力夯锤⑤液压作动筒⑥水（力冲）压机，水压扬汲机，液压撞击机，水锤泵
main ~ 主锤（多锤水压机）
one-way ~ 单作用液压缸
pneumatic ~ 风捣锤，风动撞击机
portable ~ 外〔分〕置式液压缸
press ~ 压力机滑块，压力机压头
pusher ~ 推杆
remote ~ 分置式液压缸
roller ~ 滚动导轨柱塞（指在滚动导轨上滑行的柱塞）
square ~ 方形压头，方形撞杆
steam ~ ①汽动（活塞式）推钢机②直接作用蒸汽气缸③汽动锤体，汽动撞头④汽锤打桩机
telescopic ~ 伸缩式液压缸

ram-air 冲压空气

ramal （分）支的

ramark 雷达信标

ramaway ①错位（铸件缺陷）②落〔掉〕砂

ram-baler 柱塞式压捆机

ramet 碳化钽（合金），金属陶瓷（硬质合金）（*w*（Ni 或 Co）8% ~13%）

ramie 苎麻

ramification ①分支，支线，支脉，支流②门类，细节③衍生物④结果

ramify （使）分支，（使）成网眼

Ramix 莱米克斯高氧化镁打结耐火材料

ramjet ①冲压式喷气发动机②装有冲压式喷气发动机的飞行器
jato ~ 火箭加速冲压式空气喷气发动机

ram-jolt 振实

rammability 夯实性

rammer ①夯，撞锤②压头，冲头，冲压③型砂捣碎锤，舂砂器④夯实机⑤造型机⑥输弹机⑦压力机
air ~ ①气锤，风镐②气动活塞
butt ~ 平头锤
explosion ~ 爆炸夯
flat ~ 平头捣锤
frog ~ 蛙式打夯机，跳跃式打夯机，爆炸夯
hand ~ 手夯；手工捣锤
jolt ~ 振实（式）造型机
peen ~ 扁头夯砂锤
pegging ~ 手工砂舂
pin ~ 扁头砂舂，三角头夯砂锤
pneumatic ~ 风冲子，气动夯锤，风动捣砂机
power ~ 动力夯
sand ~ ①撞锤，风锤，风冲子，捣固机②型砂捣击锤，气动冲砂器〔砂冲子〕
squeeze ~ 振压造型机
vibratory ~ 振动冲击夯

ramming ①夯，击，捣，落锻②舂砂，舂实，抛（砂）③速度头④（空气的）惯性压缩
butt ~ 对捣
impeller ~ 抛砂造型，抛砂紧实
inertia ~ 惯性增压
jolt ~ 振实
squeezing ~ 压实
ramoff 落（掉）砂
ramollescence 软化作用
ramollescent 软化的
ramp ①倾斜端头②接线夹，接线端钮，鳄鱼夹③等变率（电流或电压的），斜坡（信号）④倾斜，斜面，（弯曲的）坡道⑤（数值的）线性变化⑥滑轨⑦（冷焦用的）焦台⑧装料斜桥，凸轮滑边⑨缓冲器
aft ~ （进气口）后调节板
current ~ 电流脉冲前沿
feeding ~ 枪弹进膛导条
jug handle ~ 壶柄式匝道
loading ~ ①装载坡台，装载码头②供弹斜面
motorized ~ 自动梯
one-way ~ 单向坡道
quieting ~ 消声锥面，消声锥度（凸轮接触面的轮廓形状，防止接触挺杆时发生噪声）
rerailing ~ 复轨器
sight ~ 表尺座
slitter ~ 圆盘剪旁的带卷台
spiral ~ 螺旋式溜槽，螺旋形自动分选滑料装置
sweep ~ 扫描斜坡
terminated ~ （某一值的）有限直线上升
vertical ~ 发射台
viscous ~ 黏性坡道
voltage ~ 电压斜线上升
rampart ①防御物，保护物，壁垒②（用壁垒）防护
ramp-function 斜坡函数
ramrod ①推弹杆，（枪的）通条②笔直不弯的，生硬的
rand ①边，缘，卡圈②滑阀（阀柱塞）的台肩，凸缘
randanite 硅藻土
random ①随机过程，随机抽样②随机的，随意（选择）的，偶然的，无规则的
random-error-correct 纠正随机错误，纠正随机差错（码）
randomization ①不规则分布的形成②随机化，概率化
randomize 随机化
randomizer 随机函数发生器
randomness 随机性，无序性，不规则性，偶然性
positional ~ 位置无序性
random-walk 随机移〔游，行〕动，无规行走
range ①度盘标度，范围，量程，区域，波段，幅度，界限②距离，射程，航程，续航力③序，组，行，列，线④归类，分类，整理，排列⑤调整，对准，测距⑥分布在…的范围内⑦沿…巡航
~ of a DO-loop 循环体
~ of conics 二次曲线列
~ of metric thread cut 公制螺纹螺距范围
~ of nominal tension 额定电压范围
~ of points 点列
~ of response ①视场（光学仪器）②响应范围
~ of Whitworth thread cut 英制（惠氏）螺纹螺距范围
acceptance ~ 作用〔目标截获〕距离
actuating ~ 作用范围，动作范围
Adcock ~ 爱德考克无线电信标
amplitude ~ 振幅范围，衰减程度
A-N radio ~ 分区式无线电导航设备，A-N分区式无线电信标
audible ~ 可听范围，可听区域
aural (two course) ~ 音响式（双航向）无线电信标
automatic ~ 自动测距
azimuth ~ 方位范围
battle-sight ~ 直射距离
beacon ~ 信标有效距离
boiling ~ 沸腾范围
capture ~ 俘获范围，同步范围
coating ~ 涂层联合机
compressive shrinkage ~ 机械防缩机
contrast ~ 对比度范围，反差范围
correlation tracking and ~ 相关跟踪测距系统
critical temperature ~ ①临界温度范围②相变区，变态区域
daily ~ 逐日差程
decimeter ~ 分米波段
decisive ~ 有效距离，可达范围，作用距离
degaussing ~ 消磁站
detection ~ 探测距离，搜索距离
deviation ~ 偏差范围，偏移范围
digital transmission ~ （汽车）数字式变速器档位

dimensional ~ 尺寸范围
disjoint ~ 分隔范围，不相交域
distance ~ 通达距离
distortion ~ 失真范围，畸变范围
DO ~ 循环语句域
dual ~ ①双量程②双波段③双距离
dynamic (writing) ~ 动态（书写，记录）范围
effective ~ ①标度尺的工作部分②有效测量范围③有效距离④有效量程
elastic ~ 弹性范围
electric ~ 电灶，电炉
engagement ~ ①啮合范围，接合范围②捕获距离
enlargement ~ 放大幅度
estimation ~ 预测区域，预测范围
exhaustion ~ 耗损范围
extended ~ of DO 循环扩充（区）域
extrapolated ~ 外推量程
extrapolated ionization ~ 外推电离程（α 粒子、质子的）
extrinsic ~ 杂质导电区
field ~ 视野范围
first voltage ~ 第一级电压范围（30V 以下的电压）
fixed course ~ 固定航线距离
flow ~ ①流动区②（透平）通流部分
four course IF radio ~ 四航向中频无线电信标
freak ~ 不稳定可闻区，不稳定接收范围
free transmission ~ 通带范围
frequency ~ 频带，频率范围，波段
full-scale ~ 仪器的全量程，（仪表）满刻度
gamma ~ 伽马〔图像灰度〕校正范围
high ~ ①大比例②大刻度③高灵敏度量程
hold ~ 同步〔“陷落”，牵引，保持〕范围
hold-in ~ ①同步（保持）范围②同步带③捕捉范围
hunting ~ 振荡范围，摆动范围
indicating ~ 指示范围，显示范围
indication ~ 示值范围
instrument ~ 仪表量程
integrating ~ 积分区间
intermediate ~ 中程
interquartile ~ 四分位数区间〔间距〕
level(l)ing ~ 调平范围
lift ~ 升程（悬挂装置的）
limited coverage ~ 受限制的〔有限射程〕范围
load ~ 负荷范围
lock-in ~ 同步范围，牵引范围
locking ~ ①同步范围②锁定范围
loop ~ 环形天线式全向无线电信标
low ~ ①低倍率（级）②低量程，低档
luminous ~ 光程
main steam ~ 蒸汽总管线
maneuvering ~ 机动范围
martensite ~ 马氏体（温度）范围
martensitic ~ 马氏体转变区
melting ~ 熔化（温度）范围
momentum ~ 信号间隔
multiple-track ~ 多路〔多信道〕无线电信标
multi-track ~ 多信道无线电信标
night ~ ①夜（射）程，夜间通信距离②夜间传输〔发射〕范围
noise ~ 噪声区，干扰区
nominal ~ 标称范围，标称距离
omni-bearing ~ 全方位无线电信标
omnidirectional(radio) ~ 全向无线电信标
operating ~ ①有效距离，作用距离②工作范围③工作间隔
oppositely equal ~ 反向等点列
optical ~ ①视距②光视距，直观距离
orientation ~ 取向范围
over ~ 超量程，超出正常范围
oversea ~ 海上工作有效距离
performance ~ 性能范围
plush ~ 长毛绒整理机组
polymer-homologous ~ 同系聚合物
power ~ 功率区段，功率范围，功率量程
present ~ 瞬间距离，现时距离
pull-in ~ 牵引〔同步，捕捉〕范围
pull-in ~ on synchronization 捕捉带
radio ~ 无线电航（向信）标,无线电测（得的）距（离），等信号区无线电信标，射电（无线电）轨
radio-frequency ~ 射频波段
receiving ~ 接收波段
reduction ~ 压缩范围
regulating ~ 调节范围
resonance ~ 共振区，谐振区
retention ~ ①保持同步范围②陷落范围③同步区
safe ~ of stress 疲劳极限，应力安全范围
scale ~ 刻度量程，标度范围，刻度范围
semi-interquartile ~ 半内四分（位数间）距
sensitizing ~ 敏感区
setting ~ 整定范围
shrink ~ 过盈量

sintering ~ 烧结温度范围
size ~ 尺寸〔粒度，块度〕范围
slant ~ （倾）斜距（离）
slewing ~ 变速范围（步进电机的）
solidification ~ 固化温度范围
spectral ~ 光谱限度，光谱范围
spectrum ~ 光谱区
speech ~ 声频范围
spurious-free dynamic ~ （通信）无寄生动态范围
steering ~ 操纵范围，转向范围
subpower ~ 低于额定功率范围
successive ~ 移动范围，逐次距离
supersonic ~ 超声波段，超声频段
synchronizing ~ 同步范围，整步范围
tack ~ 黏性期
thermal ~ ①热区②热中子区
third voltage ~ 第三级电压范围（175 ~ 250 V）
throttling ~ 调节范围
tolerance ~ 公差带，公差范围
tonal ~ ①色调梯度，灰度范围②音频频段
tone ~ 色调范围
tower-down ~ （发动机的）最小喷射量与最大喷射量之比
transmission ~ 变速器档位
two-course ~ 双航向信标
useful ~ 有效范围，有效测量范围
variable ~ 变量〔可变〕范围
visibility ~ 视距，能见范围
visual ~ 可视距离，可见范围，视觉范围
visual-aural ~ 视听指向标，可见可听〔声影显示〕范围
volume ~ 音量范围，音域，音程
wave ~ 波段，波幅
working ~ （仪表）工作范围

rangeability （被调量的）变化幅度，可调范围
range-azimuth 距离 - 方位
rangefinder 测距仪〔器，计〕
laser ~ 激光测距仪
Q-switched ~ Q 开关〔调制〕激光测距仪
satellite ~ 卫星测距仪
stereoscopic ~ 立体式测距仪
range-normalized 归一化距离的
range-notch 测标
ranger ①测距仪②板桩横挡
geodetic ~ 大地测距仪
sound ~ 音响测距仪
rangesetting 射程表尺数
range-tracking 距离跟踪的
range-viewfinder （联合）测距检景仪，测距探视仪
ranging ①测距，测程②距离调整③排列，行列④分类，评定⑤位置⑥捣固⑦广泛搜索
air-to-air laser ~ 空对空激光测距
echo ~ 回波测距
fine ~ 精密测距
flash ~ 频闪测距，光测距
laser detection and ~ 激光探测和测距
radioacoustic ~ 电声测距法
sound ~ 声波测距，声测，高空探测
rangingsonobuoy 测距声呐浮标
rank ①顺序，排列②等级③分类④秩，列
~ of matrix 矩阵的秩
~ of switches 选择器级
full ~ 满秩（数学术语）
linear ~ 线性序
ranking ①排列②顺序，序列③等级④秩评定（数学术语）
ranum （= random number）随机数
raob 无线电气象探测，无线电探空（仪）观测
rap ①松动（模样），扩砂，敲打（模样）②（包缠管道用的）绝缘体，潮湿绝缘体
rapcon 雷达临场指挥中心，雷达引导（进场）控制装置
rapid 快的，急的，敏捷的，迅速的
Rapid 快速（在进行数控加工过程中，UG NX 等软件创建的运动形式）
rapid-coner 高速络筒机
rapidity ①快速性，迅速度，迅速②速度，速率
rapid-setting 快凝〔结，裂〕的
raplot （荧光屏上的）等点绘图法，雷达标图法
rappage 起模胀砂
rapper ①轻敲锤（取模样用）②振动器③松模样工具（敲模棒或振动子）
rapping ①（锻造中）轻击修光②（起模中）松模样，（铸造中）扩砂，敲掉
rapport ①相关，比例②关系，联系
rap-rig 速立脚手架
rare 稀少的，稀薄的，珍贵的
rare-earths-cobalt 稀土 - 钴合金
rarefaction ①稀少〔薄，化〕，纯净，稀疏（作用）②膨胀波
rarefied ①（变）稀少〔薄，疏〕的，被抽空的，变纯净的②极高的
rarefy （使）变稀少〔薄，疏〕，（使）变纯净，抽真空，排气，使纯化

rarity ①稀薄〔疏〕②稀有〔罕〕，杰出③珍品〔贵〕，罕见的事物

raser 雷泽，电波激射器

rasher 薄片

rasp ①木锉②粗锉③用木锉锉④搓，擦，摩擦，粗刮⑤锉磨声

bastard flat ~ 粗扁木锉

second cut flat wood ~ 中扁木锉

smooth flat wood ~ 细扁木锉

rasper 锉床，锉刀

raspings 锉屑，锯屑

raster ①光栅，扫描场②屏面

binary ~ 二元光栅

blank ~ 纯净〔非调变,未调制,没有回描的,逆程补偿〕光栅

full ~ 满光栅，全光栅

keystone ~ 光栅梯形畸变

non-interlaced ~ 逐行扫描光栅

peak white ~ 白色电平〔峰值白色〕光栅

polka-dot ~ （圆，跳）点光栅

pure ~ 洁净光栅，无杂色光栅

rectangular ~ 矩形光栅，长方形光栅

scanning line ~ 扫描行光栅

shrinking ~ 收缩光栅

shrunken ~ 皱缩光栅

stationary ~ 稳定光栅

rasterline 光栅线

rasura 〈拉〉碎片，锉屑

rat 表面凸起，多肉（铸造缺陷）

Ratan 雷达电视导航设备

ratch = ratchet

ratchet ①棘轮，棘轮机构②棘爪，棘齿③齿杆，齿弧

ratchet and pawl 棘轮机构，棘轮和掣爪

brake ~ 制动棘轮机构，制动爪

end ~ 端面棘轮

ribbon feed ~ 色带输送棘轮

ratchet-feed 棘轮进给〔进刀〕

ratcheting ①啮合，联轴器②离合器③（核）棘轮效应

rate ①比率，比值，定值，差率，变化率，速率，速度，频率②流量，消耗量③强度④程度，分等⑤价格，估价

~ of activation 激活速度

~ of charge 充电率，充电时间

~ of correction 校正率

~ of curves 曲线斜率

~ of data signalling 数据（信号）传送率

~ of decay 衰减速度，衰减率

~ of decent （垂直）下降速度

~ of deposition ①沉积率，沉淀率②焊着率

~ of discharge ①放电率，放电时间②流量率，出口流量

~ of disintegration 蜕变速率

~ of driving 冶炼强度，鼓风率

~ of enrichment 选矿系数，选矿率，选矿等级

~ of failures 失效率，故障率

~ of fall 衰减率，降落率

~ of flow 流量〔速，率〕

~ of incidence 入射率

~ of information throughput 信息吞吐率，信息传送速度

~ of inherent regulation 自动调节速度

~ of keying error 键入错误率

~ of metal removal 出〔切〕屑率

~ of rate 加速率，速率导数

~ of reduction ①锻造比②还原速率

~ of return 回收率，投资收益率

~ of revolution 转速

~ of rise 陡度，增长（速）率，（曲线）上升斜率

~ of rise restriking voltage 再击穿〔暂时恢复〕电压上升率

~ of rotation 转速

~ of scale formation 生垢率

~ of self-regulation 自调节速度

~ of setting 沉降速率

~ of speed 速（度变化）率

~ of throughput 生产率，通过速率

~ of upward gradient 上升梯度变化率

~ of twist （枪，炮）来复线缠度

~ of work 功率，工作强度

ablation ~ 烧蚀率

accuracy ~ 准确度等级，精确度

aging ~ 老化率

angular scanning ~ 扫描角速率

antenna contraction ~ 天线缩短率，天线缩短系数

attendance ~ 出勤率

attrition ~ 损耗率，磨损程度

available bit ~ 可用比特率

basic failure ~ 基本失效率

beam pulse ~ 束（流）脉冲重复率

bearing ~ 方位变化

beat ~ 拍（频差）率

bit ~ 比特率，(二进制数)位速率
bit error ~ 误码率
block error ~ 信息组差错率
blowing ~ 鼓风速率，风量
boiler steam ~ 锅炉蒸发量，锅炉出力
burning ~ 燃烧率，燃烧速度
burn-off ~ 焊耗速率
burn-out 断线率
bus transfer ~ 总线传输速率
call completing ~ 接通率
cell error ~ 单元误码
cell misinsertion ~ 信元错插率，信元误插率
chance ~ 几率，概率
channel ~ 通道速率
character ~ 字符传输率
character error ~ 字符差错率，误字率
charging ~ ①进料速率，加料速度②充电率③充电时间(常数)
chronometer ~ 计时表日差
circulation ~ 循环速度，循环倍率
clock ~ 时标速率(计算机内字或位的传递速度)，时钟(脉冲重复)频率，同步脉冲重复频 率
coal ~ 煤耗率
code ~ 码率
collision ~ 碰撞频率
colo(u)r-picture ~ 色相频率，彩色影象频率
colo(u)r-sequence ~ 换色(频)率，色序率
combination ~ 组合率
combustion ~ ①燃烧强度②炉排热强度③炉膛热负荷
communication interruption ~ 通信中断率
conservation ~ 保持率
constant false alarm ~ 恒定虚警率
consumption ~ ①消耗率②流量
conversion ~ 转换速率
coolant-flow ~ 冷却剂流率
cool-down ~ 冷却速度，冷却速率
corrosion ~ 腐蚀速率，腐蚀率
count ~ 单位时间运算次数，计数率
creation ~ (晶体管电子空穴对的)产生率
creep ~ 蠕变(速)率
critical ~ 临界率
curing process ~ 硬化速度，硫化速度
current ~ ①流速，电流〔气流〕强度②(变压器的)电流变换系数，电流比
cutting ~ 刻纹率
cycle heat ~ 循环热耗(率)
cycling ~ 重复率
cyclotron-off background ~ 回旋加速器停机本底(量)
daily ~ 日差(秒/日)
data-signalling ~ 数据传输率
decay ~ ①衰变率②下降率，下降速度
defect introduction ~ 缺陷引入率
densification ~ 致密速率
deposition ~ 熔敷速度
depreciation ~ 折旧期〔率〕
digit ~ 数字率
diminishing ~ ①递减收费制②递减率
discharge ~ ①排出量，排出率，放电率②放电时间(常数)
discount ~ 贴现率，折扣率
display refresher ~ 显示更新速度
divergence ~ 扩张度
document reject ~ 文件拒读率
dose ~ 剂量率
dose ~ in 入射剂量率
dose ~ out 出射剂量率
dot-flicker ~ 点闪率
drift ~ 漂移率，偏移率〔度〕，位移率，移动值
effective bit ~ 有效位速，有效比特率
element error ~ 单元出错率，元件故障率
emission ~ 发射强度，发射率
equilibrium failure ~ 平衡故障率
equivalent bit ~ 等效比特率
error ~ 误差〔差错，(电报)变字，误码〕率
exchange ~ 交换率，汇价
expansion ~ ①膨胀率②空间，区域③展成级数
exposure ~ 辐照率
fading ~ 衰退率
failure ~ ①失效〔故障，事故〕率②平均寿命
fatality ~ (事故)死亡率
feed ~ 进给量，进给(率)
field ~ 场速率，场频(率)
field repetition ~ 场(重复)频(率)
filtering ~ 过滤速率，滤波速率
firing ~ ①加热速度，燃烧速度②燃料耗量
flat ~ (电话)按时计费制，(电力)包灯收费制，包价，按期付费，普通收费
flicker ~ 闪烁率(显示用)
floating ~ ①浮动率②无静差作用率③(蓄电池)浮充率
flow ~ 流速，流率

fluid emission ~ 流体发射速度，射流速率
flutter ~ 振动率，颤动率
force ~ 力比
fouling ~ 污染速度，污染度
frame ~ 帧频
frame repetition ~ 帧频，帧重复率
frequency sampling ~ 频率采样率
fuel ~ 燃料消耗率
fuel evaporation ~ 燃料 - 蒸发量比，燃料产汽率
fuel firing ~ 燃料燃烧率
furnace liberation ~ 炉膛容积热强度
gas flow ~ 气流量，耗气率
gear reduction ~ 传动比，传动系数
generation ~ 产生率，发生率
governor response ~ 调速器反应率
grate burning ~ 炉排热强度
grinding ~ ①磨碎速度②磨细度
gross production ~ 最大生产能力
guaranteed bit ~ （通信）保证比特率
heat ~ ①热消费率②加热速度，加热率③热容量
heat absorption ~ （受热面）吸热强度
heat consumption ~ 耗热率，热耗
heat liberation ~ ①放热速率②（炉膛容积或炉排的）热强度
heat release ~ ①放热率②炉膛容积热强度
heating ~ 加热速度，加热速率
heat transfer ~ 表面传热系数
high ~ ①高速②高效率
horizontal (repetition) ~ 水平扫描频率，行扫描频率
impulse frequency ~ 脉冲频率
incidence ~ 入射率
infeed ~ 横切比例，切入〔送进〕率
infiltration ~ 吸收速度，渗入速度
information ~ 信息接收速度，数据接收速度
informational ~ 信息率
injection ~ 喷吹率
insulation aging ~ 绝缘老化速度
interface migration ~ 界面迁移率
internal ~ of return 内部收益率
interstitial ~ 填隙率
ionization ~ 电离速度
job ~ 生产定额
lapse ~ ①递减率②温度垂直梯度，温度直减率
leak(age) ~ 漏失〔损，气，电〕率
lightning trip-out ~ 雷电跳闸率
loading ~ 升负荷速度
machine hour ~ 机器小时率
maintenance ~ 维护率
mass ~ of emission 卸料速度，排放（材料）速度
mass-transfer ~ 质量交换速度
maximum bit ~ 最大比特率
melt-off ~ （焊条）熔化率
memory ~ 存储速率，记忆速率
memory access ~ 存储器存取速度
merchant ~ 商业汇价
message data ~ 信息〔数据〕传递速率
migration ~ 迁移速度，移动速度
modulation ~ 调制率，调制速率
momentary ~ 瞬时速率，瞬时日差
net ~ 净速率
net heat ~ 净热耗
net station heat ~ 电站净热耗
nominal ~ of rise （冲击波）标称上升率
nozzle heat transfer ~ 喷管传热率
nucleation ~ 形核率
Nyquist ~ 奈奎斯特率（在给定频带宽度内的最大发送脉冲信号率）
operating ~ 运算速度
outage ~ 停机〔停电，事故〕率
outgassing ~ 除气率
output ~ 产量，生产率
packet loss ~ （通信）分组损耗率
page fault ~ 缺页率
peak data-transfer ~ 瞬时数据传输率
picture ~ 摄影速度
picture repetition ~ （电视）帧频，帧重复频率
piece ~ ①单件（生产）时间②计件工资
piece work ~ 单件生产率
plant heat ~ 全厂热耗率
plant-send-out heat ~ 电厂净热耗率
pouring ~ 浇注速度
power ~ ①电费，电力（电）费率，电（力电）价②功率（变化）
priming ~ 预写速率，准备速率
print-out ~ 印出速度
prioritized bit ~ 优化比特率
pulling ~ 拉速，拉晶速率
pulse ~ 脉冲重复频率
pumping ~ 抽气速率，抽运速率
quenching ~ 淬冷率
radiation ~ 辐射强度

random drift ~ 随机漂移率
range ~ 临近速度，接近速度
range scanning ~ 按距扫描速度
reaction ~ 反应（速）率
read ~ 读速度，读出率
recombination ~ 复合（速）率
recovery ~ 回收率
recurrence ~ 重复（频）率
reduction ~ 减速〔传动，转速〕比
reflux ~ 回流速率
refresh ~ 刷新速率
reject ~ ①废品率②拒绝率，拒识率
rejection ~ 废品率，舍弃率
related ~ 相关率
relative ~ 相对率
rep ~ 重复（频）率
repeat frequency ~ 重复频率
repetition ~ 重复（频）率
reset ~ ①恢复系数，恢复速度，置零速度②恢复〔返回，复位〕率
residual error ~ 漏检故障率
response ~ ①灵敏度②响应速度，反应速度
return to ~ 回程差，返回差
roll ~ 侧倾率
rolling ~ 轧机生产率
rotation ~ 转速
royalty ~ 提成率，专利权税率
sampling ~ ①采样比，取样比，抽样率②取样频率，抽样频率③脉冲重复频率
scan(ning) ~ 扫描频率，扫描速度
service ~ 服务学
setting ~ 凝结率
shear ~ ①剪切程度②切应变速率
short interruption ~ 瞬断率
signalling ~ ①信号率②信号发送速率，信号发送速度
slew(ing) ~ ①转换速度，转换速率②旋转速度，步进速度③上升速率，摆率（输出电压最大变化率）
slip ~ 滑移率
source ~ 信源率，信号率
source modulation ~ 源调制频率
space ~ ①（沸腾焙烧炉的）直线速度②空间速度
spark ~ 火花频率
specific repetition ~ 特定（脉冲）重复率
specified ~ ①额定量，给定量②规定（消）耗（燃）料率
spiraling ~ 径向扩张率
spreading ~ 涂布率
spring ~ ①弹簧刚度，弹簧劲度系数②弹簧应变率
standard ~ 规定标准，规定定额
steam ~ 汽耗率，汽耗
step meter ~ 级差电费制，用电量递减收费制
stepping ~ 步进速度
strain energy ~ 应变能释放率
strain ~ 应变速率
stroke-incidence ~ 雷击事故率
sweep (recurrence) ~ 扫描（重复）频率
systematic drift ~ 系统漂移速率
taking ~ 摄影速度
temperature lapse ~ 温度递减率
throughput ~ 生产率
time ~ 时间（变）率，时间放电率
toggle ~ （计算机）计时频率
traffic ~ 通信量速率
transformer ~ 变压系数
transition ~ 跃迁率
transmission ~ ①传输速度②传输率
transportation ~ 运价率
trip-out ~ 跳闸率
true counting ~ 真计数速率
tuning ~ ①调谐率②调谐速率
undetected error ~ 漏检故障率
up-to-standard ~ 合格率
variable bit ~ 可变位速率，可变比特率
velocity ~ ①速度比率②天线缩短率（天线实际长度对电长度之比）
vertical ~ （隔行扫描中）场频,（逐行扫描中）帧频
warble ~ 调频深度，调频度
watch ~ （手）表差
water ~ 耗水率，水消费率
weight ~ 重量流量
wire burn-off ~ 焊丝熔化率
worker-hour ~ 人工小时率
yield ~ 屈服率

rate-controlling ①速率控制，速度控制②微分控制

rated ①额定的，定额的，标称的②计算的，设计的

rate-grown 变速生长的

Ratematic 自动校正快慢仪

ratemeter ①脉冲计数器②速率计，测速计③（辐射）强度测量仪

rate-sensitive 对速度（变化）灵敏的，感受速度的

rating ①生产率，额定功率，额定值，额定性能，出力②计算，测定，鉴定，评价③参数，特性，规格④额定值的确定⑤流量

~ of machine ①电机的规格，机械的规格②机械（或机器）的定额
ability ~ （汽车的）动力定额
accuracy ~ 精确度，准确度
actual output ~ 有效输出率，有效生产率
audience ~ 视听率
basic dynamic capacity ~ （基本）额定动负荷
basic static capacity ~ （基本）额定静负荷
black spot ~ （烟度仪）烟度
boiler ~ 锅炉额定蒸发量
burden ~ 额定负载，额定装载量
capacity ~ 额定功率，额定容量
carrier power-output ~ 载波额定输出功率
class ~ 额定等级，级别
cold fouling ~ 耐冷污值
compression ~ 增益压缩比
contact ~ 触点额定值，触〔接〕点容量，触点规格
contact current-carrying ~ 触点额定载流量
continuous ~ ①固定负载状态②长期运转的额定值，持续功率，连续运行定额
continuous maximum ~ 持续最大功率，持续最高额定值
contrast ~ 对比度系数
conversion ~ 变换比
crane ~ 起重机定额，起重机载重量
current ~ 额定电流
designed ~ 设计出力，设计容量
discharge withstand current ~ 额定耐放电电流
dissipation ~ 耗散功率
double voltage ~ （变压器的）双额定电压
duty-cycle ~ 反复使用定额，持续定额，断续负荷定额
engine (power) ~ 发动机额定功率，发动机功率定额
fractional ~ 分数功率（从 1/20 马力到 1 马力的功率，1 马力 = 735 W）
furnace ~ 炉膛热负荷
gross ~ 总定额，毛定额
gross combination weight ~ （汽车、列车）总重额定值
hammer ~ 锻锤的规格
heat ~ 火花塞特性热值
heating ~ 热功率
hourly ~ ①一小时的定额②一小时的功率
intermittent ~ 短时出力，断续负载额定出力
interrupting capacity ~ 额定断路功率
kilovolt-ampere ~ （电压调整后的）千伏安额定容量，额定千伏安
knock ~ 爆震，震〔爆击〕率，抗爆值
light ~ ①轻载运行②低功率
load ~ 负荷定额，额定负载
load-break ~ 遮断容量
loudness ~ 响度评定
machine tool duty ~ 机床连续工作时的额定输出功率
manufacturer's ~ = nameplate ~
maximum (continuous) ~ 最大（持续）功率〔定额，额定值〕
maximum economic ~ 最经济出力
mechanical current ~ 机械破坏极限电流定额
merit ~ 性能评价，质量评定
nameplate ~ 额定功率，铭牌出力
nominal ~ ①额定值②标准规格③额定出力
normal ~ 额定出力，正常额定值
octane number ~ 辛烷值
one-hour ~ 一小时功率，一小时运转定额
opinion ~ （图像质量）评价等级
output ~ ①（额定）输出功率，输出率②产量
periodic ~ 周期性负载工作能力
power ~ 额定功率
pressure-temperature ~ （机组的）额定热力参数，压力和温度等级
radiator ~ (s) 散热器容量
rim inverse voltage ~ 反向电压方均根额定值
RMS inverse voltage ~ 反向电压额定有效值
SAC ~ 横断面淬火性（测定法）
service ~ ①使用等级，使用评价②运行功率，运行额定值
short-time ~ ①瞬时定额②短时出力，短时额定出力
short-time thermal ~ 短时发热容许电流
single-voltage ~ 单额定电压（的），单电压额定值
standard ~ 标准额定值，标准定额
stoker ~ 炉排燃烧率
sub-fractional ~ 小分数功率（小于 1/20 马力（= 36.8 W）的功率）
summation watt ~ （变阻器的）体积功率
surface ~ 表面粗糙度等级
switch ~ 开关额定值

tappered ~　分级功率
thermal ~　①热功率，热定额②耐热等级
thermal burden ~　热负载额定值
time ~　①额定工作时间②连续〔断续，短时〕运行功率
tonnage ~　载重率
virtual ~　①有效额定值②虚额定值
voltage ~　额定电压
wattage ~　额定瓦特数
wear ~　相对磨耗率
ratio　①比，比率，比例，比值，传动比②系数，关系
~ of flow to mean flow　径流模数
~ of gross to tare weight　总重皮重比
~ of gun currents　（三电子）束电流比
~ of inertia　惯性比
~ of lens aperture　透镜孔径比
~ of less inequality　劣比（较小不等式的比值）
~ of peak white-to-black level　黑白电平峰值比
~ of similitude　相似比
~ of slope　坡率
~ of the three colour primary signals　三基色信号比
~ of winding　匝数比，绕圈比
acoustic ~　声学比（混响声强与直达声强之比）
activity ~　①活度比率，使用率，活动率②激活率，活化比，放射性比率
actuating ~　致动比
adjacent channel interference ~　邻频道干扰比值
adjacent channel leakage ~　相邻信道泄漏率
adjacent channel rejection ~　相邻信道抑制比
AFC correction ~　自动频率控制校正系数
air-fuel ~　空气 - 燃料比，空 - 燃比
amplitude ~　振幅比
aperture ~　①相对孔径②孔径比，镜头直径与焦距之比，图像宽高比
area ~　收缩面积比，节流面积比
area(-expansion) ~　①（扩散器，喷嘴）面积比②相对膨胀
aspect ~　①（飞机）展弦比②（船舵）深度比，纵横比③帧的纵横尺寸比④（焊缝）成形系数
availability ~　可用率，利用率
available ~　可用率
average power ~　（通信）平均传输能源值
axial contact ~　轴向重合度，轴向重合系数
axial polarization ~　轴向极化比
back-to-front ~　正反比
bandwidth expansion ~　频带展宽比
bias ~　转移系数，（差速器）转矩分配比
blade aspect ~　叶片相对高度，叶高弦长比
blade-to-jet speed ~　叶片气流速比
blowback ~　回放比，放大比
boost (pressure) ~　增压比
bore stroke ~　缸径冲程比
boss ~　内外径比
break-make ~　通断比
breeding ~　（核燃料的）增殖系数
brightness ~　亮度比
build-in compression ~　固有压缩比
by-pass ~　旁路比，旁通比，函道比
camber ~　弧度比，弯度比
capacity ~　容量比，容量因子
cascade pitchchord ~　叶栅节弦比
cell loss ~　信号丢失比
change gear ~　（交换齿轮）速比，传动齿轮速比
characteristic ~　特征比
charge ~　①充电比，装填比，配料比②炉料组成③满载系数
charge-to-mass ~　（电）荷质（量）比
chip compression ~　切屑收缩比
circulating ~　①循环倍率②冷却倍率
closed ~　密接变速比（变速器中从低速档到高速档的速比值比较接近者）
coke ~　焦比
coke replacement ~　焦炭置换比（喷吹燃料量与焦炭节省量之比）
collected-current ~　①收集电流比②二次〔次级〕发射有效系数
colo(u)r ~　色比
common ~　公比
common-mode rejection ~　①共模（共态信号）抑制比②（模拟机）同信号除去比
commutating ~　整流比（干式整流器的正向电阻与反向电阻之比）
compression ~　压缩比，压缩率
compressor pressure ~　压缩机增压比
conduction ~　导通比
contact ~　重叠系数，啮合系数，重合度，接触比
contraction ~　收缩比
contrast ~　反差比，对比度系数，反衬率，对比率

control ~ （闸流管）控压比，控制系数，板栅电压比
conversion ~ 转换比
convexity ~ 圆度比
core ~ 电缆芯（直）径比
cornering ~ 横向力系数（拐弯时离心力与物体重量的比值）
creep ~ 蠕变化，塑流比
critical ~ 紧迫系数，临界比
cross ~ 交比，非调和比，重比
crystal ~ 晶体整流系数
current ~ 电流比，（变压器）电流变换系数
current standing wave ~ 电流驻波比
cutting ~ 切屑厚度比
cylinder ~ 气缸容积比
damping ~ 衰减率，衰减系数，阻尼比，阻尼系数
decay ~ 衰减系数，衰变率
deformation ~ 变形比
delay ~ 延迟系数，慢波比
depth-span ~ 高跨比
deviation ~ 偏移系数
diameter ~ 内外径比
diaphragm pressure ~ 隔板前后压力比
die fill ~ （体积）压实比
die swell ~ 挤出胀大比
direct ~ 直接比，正比（例）
discrimination ~ （滤波器）鉴别力比，（滤波器）通带与阻带信号之比
disk ~ 盘面比
dispersion ~ 分散率，离散率
distribution ~ 分布系数，分配比
divergence ~ 扩张比
diversity ~ 差异比，差异度
division ~ ①标度比②分频比
double ~ 交比，重比
down-time ~ 停机时间比率
drag-lift ~ 阻升比
drag-to-weight ~ （车辆）拉力与重量之比
drawing ~ 拉延比，拉延程度（拉延系数的倒数）
drive ~ 传动比
drop-off to pick-up ~ （继电器）返回系数
drop-out-pick-up ~ 释放 - 吸合比
drum-to-rope ~ 绞筒和钢丝绳直径比
DU ~ 载波噪声比
duty ~ ①负荷〔能率〕比，负载比②占空率，占空因数，占空系数③脉冲平均功率对峰值功率的比
dynamic pressure ~ 动压比
efficiency ~ 相对效率，效率比
elastic ~ 弹性比，弹性系数，弹性模量
elasticity ~ 弹性比
electron charge-to-mass ~ 电子（电）荷质（量）比
endurance ~ 耐久比（疲劳极限 / 破裂强度）
equilibrium ~ 平衡比值
error ~ 误差比，出错率
evapo(u)ration ~ （蒸发器的）蒸发倍率
excess air ~ 过剩空气系数，过剩空气率
expansion ~ 膨胀比，膨胀率
explosion ~ （燃料）爆燃比
extinction ~ 消光系数，消声系数
face contact ~ 纵向重合度，纵向重合系数
fastest ~ 最小传动比
fatigue ~ 疲劳比，耐久比
feed ~ 馈电比
feedback ~ 回授比，反馈系数
filtering ~ 过滤率
flexibility ~ 调速伸缩率，弯曲度，灵活度
flow stress ~ 流动应力比
flux ~ 通量比
flyback ~ ①顺逆向速度比②回描率，回扫率
focal variation ~ 变焦倍比
forging ~ 锻造比
forward-to-back ~ （定向天线）前后比
forward current transfer ~ 正向电流转移系数
free-settling ~ 自由降落系数
frequency dividing ~ 分频比
frictioning ~ 异速比例
front-to-back ~ （定向天线的）方向性比，（天线方向性）前后比
front-to-rear ~ 天线方向性前后比
front-to-side ~ of antenna 天线前侧向防卫度
fuel-air ~ 燃料成分比，燃 - 空比
fuel-to-oil ~ 燃油润滑油比
gap span ~ （翼）隔（翼）展比
gap-chord ~ ①节弦比②相对栅距
gating ~ 浇道比
gear ~ 齿数比，齿轮速比
gear-stage velocity ~ 级速比
geometric ~ 几何级数
grid-control ~ 栅（极）控（制）系数，栅控比
gullet-to-chip area ~ 容屑系数
gyromagnetic ~ 回（转）磁比（率）

harmonic ~ 调和比
heat-exchanger thermal ~ 热交换的回热度
highlight-to-lowlight ~ 对比度系数，反差系数
horizontal retrace ~ 水平回扫时间比
hot standing wave ~ 热驻波比
hub(-tip) ~ 轮毂比
humidity ~ 湿度比，比湿度
hum-to-signal ~ 哼声信号比
hydrogen/carbon ~ （燃油）氢碳比
image ~ ①镜像比②镜频（波道的）相对增益
image interference ~ 镜频抗拒比，镜频抑制比
image rejection ~ 镜（频）抗拒比
impulse ~ 脉冲比，脉冲系数，断续比
inflation ~ 吹胀比
input common-mode rejection ~ 输入共模抑制比
insertion ~ 插入系数
integrated cancellation ~ 积累抵消率，积累抵消系数
intelligible crosstalk ~ 可懂串话比
interlacing ~ 隔行比（隔行扫描）
intermittent ~ 间歇运动比
internal area ~ 内面积比
internal breeding ~ 内部再生系数
internal efficiency ~ 相对内效率
intrinsic stand-off ~ ①本征变位比，本征偏离比②分压比
inverse ~ 反比（例）
inversion ~ 转换比
involute contact ~ 渐开线接触比，渐开线重叠系数
ionization ~ ①离子流比②电离电势比③电离能力比
isotopic abundance ~ 同位素丰度比
jam-to-signal ~ 干扰信号比
jar-to signal ~ 噪声信号比
lay ~ 扭绞系数（绞距和心线平均直径的比）
LC ~ 电感电容比
length-to-diameter ~ ①长度直径比②（燃烧室）延伸率
lift (-) drag ~ 升阻比
line-use ~ 线路使用系数
link(age) ~ 链系比
load ~ 载重比，载荷比
log-likelihood ~ 对数似然比
loss ~ 损耗比（对变压器而言，指满载时的铜耗与铁耗之比）
low reactance-resistance ~ 低电抗电阻比，低Q值
luminance-chrominance amplitude ~ 亮度信号-彩色信号幅值比
machinability ~ 相对可加工性
magnification ~ 伸缩比，放大比
magnitude ~ 增益
main exciter response ~ ①主励磁机反应系数②主励磁机电压上升速度
mains interference suppression ~ 电源干扰抑制比
manipulation ~ 焊条焊着率
marked ~ （变压器的）标称变比
mark-space ~ 传号（脉冲与）空号（脉冲之）比
mark-to-space ~ 标记占空比，脉冲信号荷周比，传号-空号比，标空比（脉冲宽度与重复周期之比）
mass ~ ①相对流量②质量比，相对质量
mass area ~ ①单位面积质量②质量面积比
mass-surface ~ （铸件）体积-表面积比
mean blade width ~ 平均叶径宽比，平均翼宽比
melting ~ 熔化比，（高炉）铁焦比
mirror ~ 反射系数，（磁镜）镜比
mismatch contact ~ 失配重叠系数
mixed fuel burning ~ （燃料）混烧率
mixture ~ 混合物组分比，（燃料空气）混合比，燃料混合比例系数，配比
moderating ~ 减速比，减速系数，慢化系数
modified contact ~ （锥齿轮的）修正（齿形后）总重合度
modular ~ 弹性模量比，弹率比
modulation ~ 调制度，调制比
molar ~ 摩尔分数
mole ~ 摩尔分数
mulling ~ 混合比
net braking ~ 净制动率
network restoration ~ 网络恢复比
noise ~ 噪声比（输出端噪声功率与输入端噪声功率之比），相对噪声功率
no-load voltage ~ ①空载电压比②（变压器的）电压比
nominal transformer ~ 标称电压比，标称变换系数
normalized ~ 归一化比值
notching ~ 换级比
nozzle area ~ 喷嘴面积比（喷嘴出口截面与临界面面积比）

nozzle opening ~ ①接管开孔比②孔径比
numeric ~ 数值比
one-to-partial select ~ “1”与半选（输出）比
one-to-zero ~ “1”与“0”（输出）比
on-off time ~ 开关时间比
open area ~ （喇叭形天线的）开口面积比
operating ~ 运行率（正常工作时间与开机时间之比）
optional gear ~ 可变齿轮速比
overall contrast ~ 总对比系数，总反衬比
overall gear ~ 总速比，总传动比
overall magnitude ~ 外形尺寸比
overlap ~ （沿齿线方向的）重合度，纵向重合度
overshoot ~ 过冲比，尖头信号相对值
pantograph ~ 缩放比
partition ~ ①分配系数②分配比，容量因子
peak-average ~ 峰值 / 均值比
peak-to-valley ~ 峰（值）谷（值）比
penetration ~ 熔合比
periodic reverse ~ 换向比
phase control ~ 相位调整比，相位控制比
picture ~ 图像纵横比
picture aspect ~ 图像宽高比，帧面宽高比
picture synchronizing ~ 图像（信号）- 同步（信号）比
picture-to-sound ~ 图像 - 伴音载波振幅比，图 - 声比
picture-to-synchronization ~ 图像（信号）- 同步（信号）比
pilot to noise ~ 引导信号与噪声之比，引噪比
pinion ~ 传动齿轮比
pitch diameter ~ 螺距直径比
pitch-chord ~ 节弦比，相对栅距
plastic strain ~ 塑性应变比
Poissin ~ 泊松比（弹性体荷重伸长率），横向变形系数
porosity ~ 孔隙比
power ~ 功率比
power amplification ~ 功率放大系数
power control ~ 功率控制系数
power standing wave ~ 功率驻波比
power-to-length ~ 比功率(每单位长度的功率）
power-to-volume ~ ①单位工作容积的功率②（发动机）升功率
power-to-weight ~ 单位重量功率，功率重量比
power-weight ~ 功率 - 重量比，单位重量的功率
pressure ~ 压力比
productivity ~ 利用系数
profile contact ~ 齿廓接触系数
projection ~ 凸出比
propagation ~ 传播比，传播常数
propeller width ~ 螺旋桨宽度比
protective ~ （避雷器的）保护比
pulsation ~ 脉动节拍比
pulse compression ~ 脉冲压缩比
pulse duration ~ 脉宽周期比，脉冲占空系数
pulse to bar ~ 脉冲对条信号比
pulse-time ~ ①脉宽周期比②脉冲占空系数
purification ~ 净化比，提纯比
quantum-charge ~ 普朗克常数同基本电荷之比
radio field-to-noise ~ 无线电场强噪声比
radio-frequency protection ~ 射频保护率
radius variation ~ 变辐系数
rake ~ （船）倾斜比，斜率
ram ~ 冲压比，（气体的）动态压缩比
ram pressure ~ （内燃机）惯性增压比
reactance ~ 无功电压降对感应电动势的比值
reactance-to-resistance ~ （电）抗 -（电）阻比，品质系数
reactivity ~ 竞聚〔反应〕率
read-around ~ 读出比，读数比
real-to-random ~ 真实计数与偶然计数的比率
reciprocal ~ 反比
recovery ~ 回收率，提取率
rectification ~ 整流比
recycle ~ 再循环比，循环系数
reduction ~ 还原〔减速，破碎，缩小，压缩，传动〕比
register ~ 机械传动比〔齿轮比，速度比〕
rejection ~ 废品率，舍弃率
relevance ~ 相关比
replacement ~ 置换比
reproduction ~ 重现比
resetting ~ 复归〔返回，恢复〕系数
resolution ~ ①析像系数，分辨系数②图像分辨率，分解率
resonance ~ 谐振放大系数，谐振率
response ~ 响应比，反应系数
restoration ~ 恢复率
resultant gear ~ 总传动比，总齿轮比
retrace ~ 逆程率，回描率（回描时间占扫描周期的百分数）
reverse ~ 倒档传动比

ripple ~ ①脉动系数（最大值最小值之差与平均值之比）②波纹因数，脉动因数
rise-span ~ 高跨比
sag ~ 垂跨比
same-size ~ 1∶1 比例
saturation ~ 饱和度
scaling ~ 定标比
scavenging ~ 换气比，扫气比
secondary-emission ~ 次级发射系数
secondary-to-primary-turn ~ 电压比
sheave-to-wire ~ 槽轮〔摩擦轮〕和钢丝直径比
shrinkage ~ 收缩率，收缩比
shunt ~ 分路系数
sieve ~ 筛比，筛分比
signal noise ~ 信（号）噪（声）比
signal static ~ 信号电波强度与天电强度之比
signal to interference plus noise ~ 信号与干扰正噪声比
signal-to-crosstalk ~ 信号串音比
slender ~ 长细比，细长比，柔性系数
slenderness ~ 细长比，长度直径比，柔性系数
slide-roll ~ 滑动滚动比
slip ~ ①转差率②（锅炉）汽水两相速度比
slower gear ~ 一档传动比
SN ~ 信噪比
solidity ~ 实积比，密实度比
spacing-height ~ 间高比
span-depth ~ 跨深比
specific heat ~ ①比热比②绝热指数
speech-noise ~ 信噪比
speed ~ 速度〔传动，转速〕比
square ~ 矩形比，矩形系数
squareness ~ （矩形磁滞回线的）矩形比
stage work ~ 压级功比
stand off ~ 分压比
standing wave ~ 驻波比
static forward current transfer ~ 静态正向电流传输比
stationary-wave ~ 驻波比
step-down ~ ①（变压器）降压电压比②下降系数③减速传动比
step-up ~ ①（变压器）升压电压比②升高系数
stoichiometric ~ （燃料组合的）化学计算比
strain ~ 应变率
stroke-bore ~ 冲程缸径比
subsidence ~ 衰减比
taper ~ 锥度比
thermal ~ 回热度
thermal efficiency ~ 相对有效热效率
threshold signal-to-noise ~ 阈值信（号）-噪（声）比
throttle-flow ~ 节流流量（对设计流量之）比
thrust-weight ~ 推力 - 重量比
tooth ~ （电机）齿槽宽度比
torque-to-inertia ~ 转矩 - 惯矩比
total contact ~ 总重合度，总重叠系数
transformation ~ 变压系数，变换系数
transformer ~ ①（变压器）变压系数，电压比②变流比
transition ~ 转换比，跃迁比
transmission ~ 传动比，转速比
transmission-gear ~ 传动比，转速比
transport ~ 位移率
transvers contact ~ 端面重合度，端面重叠系数
transverse sensitivity ~ 横向效应系数
turndown ~ 调节比，燃烧设备的最大输出与最小输出之比，开度，关闭度
turnover ~ 周转率
turn(s) ~ ①匝（数）比,线匝比②（变压器）电压比
tuyere ~ 风口比
unitary ~ 单位换算比
unity contact ~ 重叠系数为 1
upset ~ 镦粗比，顶锻比
utility ~ 实用率，应用率
utilization ~ 利用率
variable compression ~ 可变压缩比
variance ~ 方差比
velocity ~ 速比
viewing ~ 视距比
void ~ 空隙比
voltage turns ~ 伏匝比
water ~ ①含水率②冷却水与排气量之比
water-cement ~ 水灰比
wave amplitude ~ 波幅比
weakening ~ （磁场）削弱比
wide-band ~ 宽带比
width-diameter ~ 宽径比
work ~ （发动机）功比，工作效率
workpiece ~ 效率
yield ~ 屈强比

ratiometer ①电流比（率）计②比值计，比率表

ration 定量，定额
blower ~ 鼓风机增压比
intrinsic stand-off ~ 本征空载比
lay ~ 电缆敷设比
operation ~ 运算率，运行率
rational ①纯理论的，有理的，合理的②有理数
rationale 理论，理论基础，根本理由，（基本）原理
rationality 有理性，合理性，理由，（pl.）合理的意见
rationalizable （可）有理化的
rationalization 有理化，合理化
rationalize ①使（有）理化，合理化②据理说明
ratio-printer 投影晒印器，比率晒印器
ratio-test 比率检验法，检比法
ratio-turn 匝数比
ratio-voltage 电压比，比例电压
rato 火箭助推起飞装置，起飞辅助火箭
ratrace 差接变压器
ratran 三雷达台接收系统
rat-tail ①鼠尾（铸造缺陷）②天线水平部分与引下线的连接线
rattan 藤材
rattle ①（使）发咔嗒声，拍击②振动，扰乱③响度，爆炸声④急响器
rattler ①滚筒，清理滚筒②磨砖机，磨耗试验机③货运列车，有轨电车④咯咯响的东西
anti-shoe ~ 闸瓦（减振）减声器
brick ~ 砖磨损试验机
tube ~ 洗管器，清管器
rattling 滚筒清理法
ravel ①解开，拆散〔开〕，绽裂，松散〔碎〕，剥落（out）②拆（散抽）纱，拆布
raven ①飞机反雷达②测距测速与导航
raw 生的，原（状）的，未处理的，未加工的，粗糙的
rawin 无线电（高空）测风仪，雷达测风，雷达气球
rawinsonde 无线电高空测风仪
ray ①光线，射线，辐射状直线②半径③微量，丝毫
alpha ~ α 射线
axial ~ ①近轴光线②近轴射线
beta ~ β 射线，β 辐射
canal ~ 极隧射线，（电子管）阴极射线
cathode ~ 阴极射线
characteristic Roentgen ~ 标识伦琴射线，标识 X 射线
chief ~ 主光线
cosmic ~ 宇宙（射）线
death ~ 杀伤性射线，死光
delta ~ δ 射线
diffracted ~ 绕射线，衍射（光）线
diffused ~ 漫射线，漫射光线
directed ~ 指向射线
electric ~ ①电子束②电磁波束
electron ~ ①电子注〔束，射线〕②电磁波
emergent ~ 出射线
energetic gamma ~ 高能射线
field ~ 场射线
gamma ~ γ 射线，丙种射线
geometrical optics ~ 几何光束，几何光学射线（从属于几何光学定律）
grazing incidence ~ 旁掠射线
ground ~ 地面射线，地面波
guide ~ 定向射线
hard ~ 硬性射线
heat ~ ①热（射）线②红外光
homocentric axial ~ 共轴复心射线
incident ~ 入射（光）线
indirect ~ ①反射射线，反射波②无方向射线，间接射线
infinite ~ 平行射线
infrared ~ 红外线
Lenard ~ 列拿德射线（从特种真空管中薄玻璃窗或金属箔冒出来的阴极射线）
light ~ 光射线，光线
luminous ~ 光束，可见光线
marginal ~ 边部光线，边光，周边光线
near ultraviolet ~ 近紫外线（波长接近可见光的紫外线）
negative ~ 阴射线，负射线，负电荷离子射线
oblique ~ 斜射（光）线
obscure ~ 暗线，模糊射线
paraxial ~ 旁轴射线，近轴光线
positive ~ 阳射线，正射线，正电荷离子射线，阳极射线
primary ~ 原射线，初级射线
radial ~ 放射线
radiant ~ 辐射线
radioactive ~ 放射线，放射性射线
refracted ~ 折射线
retrograde ~ 逆行射线
rim ~ 沿边光线
Roentgen ~ 伦琴射线，X 射线
secondary ~ 次级射线

skew ～ 不沿光轴光线，不交（过）轴光线，（偏）斜光线
sound ～ 声线，声辐射线
ultraphotic ～ 不可见射线（红外和紫外线）
ultrared ～ 红外线
ultraviolet ～ 紫外线
ultra-X ～ 超 X 射线
visual ～ 可见射线
vita ～ 维他射线（λ=0.32 ～ 0.29 μm）
zonal ～ 区域射线
rayage 射线用量规定
raydist （研究传输现象用的电磁波）相位比较仪，周相比较仪
raying 照射，辐射
rayl 雷（耳）（声阻抗率单位，等于 1 N/m^2 声压能产生 1 m/s 质点速度的声阻抗率的值）
Raylay 光导管（商品名）
rayless 无光线的，黑暗的
raymark 雷达信标，雷达指向标
Rayo 瑞欧镍铬合金（w（Ni）85%，w（Cr）15%）
rayon ①人造丝，人造纤维②一种雷达干扰发射机
cuprammonium ～ 铜铵纤维
rayotube 光电高温计
ray-proof 防辐射的，防射线的
Raysistor ①雷通管，全波整流管②光导管③光控变阻器
razon ①（VB-3）导弹②无线电控制炮弹③拉松式制导炸弹
recombination 复合，再化合，恢复
anionoid ～ 阴离子催化聚合
bulk ～ 体复合
dissociative ～ 离解复合
electron-hole ～ 电子 - 空穴复合
impact ～ 碰撞复合
induced ～ 诱导复合
preferential ～ 择优复合
spontaneous ～ 自发复合
RC-filter RC 滤波器
R-code R 缩语电码
RCS （=reference coordinate system）参考坐标系（数控加工过程中 UG NX 等软件的坐标系）
R-cut ① R 截割，平行截割② R 切片
reabsoption 再吸收
reacceleration 再加速
reaccess 再存取，重存取
reaccommodation 再调节，再适应
reach ①到达，达到，伸到②伸出长度，臂长③作用半径，活动半径，工作半径（机器人性能参数）④棒，拉杆，活塞杆，车子前后轴联接杆，纵梁⑤保护区
boom ～ 起重机臂伸出极限长度，（起重机）伸臂长度
dumping ～ 翻斗后铲尖与前轮水平距离
normal ～ 正常区段，正常范围
over ～ 延长动作（时间）
shovel ～ 挖土机工作半径
under ～ 缩短动作
reachability 可达性
reach-through 透过，穿通
react 反应，起（反）作用，恢复原状
reactance 电抗（器），反应性
～ in direct axis 直轴电抗，纵轴电抗
acoustic(al) ～ 声抗（声阻抗中虚数部分）
backward order ～ 负序电抗
belt ～ 相带漏抗
capacitive ～ 电容电抗，容抗 Xc
capacity ～ 容抗
common ～ 互感
component ～ 电抗分量
condensive ～ （电）容（性电）抗
coupling ～ 耦合电抗
cyclic ～ 相序电抗
d-axis ～ d 轴电抗，直轴电抗
differential leakage ～ 差漏抗，电枢齿端漏抗
direct sub-transient ～ 直接次瞬态电抗
direct-axis magnetizing ～ 直轴磁化电抗，纵轴磁化电抗
end-connection ～ 绕组端部漏抗
equivalent ～ 等效电抗
fundamental ～ 基波电抗
harmonic leakage ～ 谐波漏（电）抗
impulse ～ 冲击电抗
inductance ～ 感抗
inductive ～ 感（性电）抗
integratable ～ 可集成电抗
internal ～ 内电抗
leakage ～ 漏（磁电）抗
loop ～ 回线电抗，环线电抗
magnetic ～ ①磁抗②感抗
mechanical ～ 机械反作用力，力抗
motional ～ 动生阻抗，动态阻抗
mutual ～ 互电抗
negative ～ 负电抗，（电）容（电）抗
normalized ～ 标准化电抗，归一化电抗
null sequence ～ 零序电抗

parallel ~ 并联电抗
percent ~ 百分电抗，电抗百分数
positive ~ 感抗
primary leakage ~ 一次（侧）的漏抗
protective ~ 保护电抗，保护电抗器
quadrature axis ~ 正交轴电抗
quadrature sub-transient ~ 正交初始瞬态电抗
reflected ~ 反射电抗
resonance ~ 共振反应
sequence ~ 相序电抗
specific ~ 电抗率
specific acoustic(al) ~ 声比抗，声抗率
standstill ~ 止转电抗
static direct ~ 静态直轴电抗
starting ~ ①起动电抗②起动阻力
strain ~ 杂散电抗，寄生电抗
sub-transient ~ 过渡〔次瞬变，起始瞬态〕电抗
sustained ~ 稳态电抗
synchronous ~ 同步电抗
tooth-tip ~ 齿间漏电抗

reactant ①成分，组成②试剂③反应物〔体，剂〕

reactatron （晶体二极管）低噪声微波放大器

reacting （起）反应的

reaction ①反应②反作用（力），反力，反冲③（正）反馈，回授④反向辐射

~ of composites interface 复合材料界面反应
acceptor ~ 受主反应
amphoteric ~ 两性反应
back ~ ①逆反应，反向反应②可逆反应
bearing ~ 支承反力
breeder ~ 增殖反应
cage ~ 笼闭反应
capacitance ~ ①电容性反应②电容反馈
capacity ~ 电容反馈，电容再生
capture ~ 俘获反应
cell ~ 电能反应
chain ~ 链式反应，连锁反应
colo(u)r ~ 比色反应，显色反应
condensation ~ 缩合反应
consecutive electrochemical ~ 连串电化学反应
copper-stripping ~ 除铜反应
deferred ~ 延迟反应
degradation ~ 降解反应
disproportionating ~ 歧化反应
divergent ~ 发散反应
double ~ ①双（重）反应②双（重）反馈
elastic ~ 弹性反应
end ~ ①终结反应②支座反力
endothermal ~ 吸热反应
endothermic ~ 吸热反应
equivalent concentrated ~ 等价集中反力
eutectic ~ 共晶反应，共晶转变
eutectoid ~ 共析转变
exoergic ~ 放热反应，放能反应
exothermic ~ 放热反应
foreign body ~ 异物反应
freezing in ~ 凝入反应
fusion ~ ①聚变反应②熔合反应
heterogeneous ~ 非均匀反应
homogeneous ~ 单相反应，均匀反应
induced nuclear ~ 诱发核反应
inductive ~ 电感反应，电磁反应
isothermal ~ 恒温反应，等温反应
lateral ~ 侧反力，侧反应
light ~ 光致反应
monotectic ~ 偏晶反应
mutual exchange ~ 相互反应
negative ~ ①负反力，负反动度②负反馈
normal ~ 正交反力
nuclear ~ 核反应
opposing ~ 对抗反应，对峙反应
overall reduction ~ 综合还原反应
pairing ~ 配偶反应
phonochemical ~ 声化反应
photoallergic ~ 光过敏反应，光变应性反应
photonuclear ~ 光（致）核反应
photosensitized ~ 光敏反应
polar ~ 极性反应
preflame ~ 预燃反应
pyrolytic ~ 热解反应
qualitative ~ 定性反应，定性检验
resonance ~ 共振反应
retarted ~ 推迟反应
rhythmic ~ 间歇反应
runaway ~ 失控（核）反应
runaway chain ~ 失控连锁反应
side ~ 支反应，副作用，次要的影响
simultaneous ~ 联立反应
support ~ 支承反力
syntectic ~ 综晶反应
syringe ~ （注射器）针管反应
thermal ~ 热中子反应
thermal booster ~ 热引发反应（金属热还原）
thermal-neutron ~ 热中子反应
thermonegative ~ 吸热反应

thermonuclear ~ 热核反应
torque ~ 反转（力）矩，反作用扭矩
zero order ~ 零级反应
reactionary ①反应的，反作用的②反动的
reaction-coupled 电抗耦合的
reactionless 无反应的，惯性的，惰性的
reactionlessness 反应（上的）惰性
reaction-propelled 反作用（力）推进的
reaction-type 反馈式，反作用式
reactivation 重激活，再生，恢复
reactivator 再生器，复活器
reactive ①反作用的，反应的，活性的②电抗的，无功的③反馈的，回授的
reactiveness 反应性，活动性
reactivity ①反应性〔度，率〕②电抗性，再生性③活动性，反作用性，活化性〔度〕
build-in ~ 剩余反应性，剩余感性，后备反应性
built-in ~ 剩余〔后备〕反应性
clean ~ 新堆〔净堆，未中毒〕反应性
excess ~ 剩余反应性，后备反应性
pile ~ 反应堆反应性
reactor ①电抗器，电抗线圈，扼流圈，电焊阻流圈②定子叶轮③反应堆，反应器
absorption-controlled ~ （用）吸收（中子法）控制的反应堆
advanced thermal ~ 改进热（动力反应）堆，转换反应堆
air ~ 空心扼流圈
air core ~ 空心扼流器，空心电抗器，空心电抗线圈
air injection ~ （发动机）空气喷射反应器
air-cooled ~ 空气冷却（反应）堆
airplane ~ 飞机用（反应）堆
annular core pulse ~ 环形堆芯脉冲反应堆
anode ~ 阳极电抗器
aqueous homogeneous ~ 水均匀反应堆
back-mix-flow ~ 逆〔反向〕混流反应器
bare ~ 裸（反应）堆，无反射层（反应）堆
beam ~ 中子束（反应）堆
beryllium-reflected ~ 铍反射层（反应）堆
boat ~ 舟形反应器（一种热解器）
boiling ~ 沸腾反应堆，沸水堆
breeder ~ 增殖反应堆
burner ~ ①燃烧堆②燃烧炉
bus ~ 母线电抗器
bus sectionalizing ~ 母线分隔电抗器
cast-in-concrete ~ 混凝土芯电抗器
cavity ~ 腔式反应堆
cavity propulsion ~ 腔式推进（反应）堆
center tap ~ 中心抽头电抗器
ceramic ~ 陶瓷材料或金属陶瓷材料的反应堆
charging ~ 充电扼流圈
chemical processing ~ 化工辐照用（反应）堆
chemonuclear ~ 化学化工（用）反应堆
circulating fuel ~ 循环燃料（反应）堆
circulating-solution ~ 循环溶液（反应）堆
clean ~ 净（反应）堆
clean-up ~ 气体吸收反应器
CO_2-graphite ~ 二氧化碳（冷却）石墨（慢化反应）堆
commercial ~ 工业反应堆，商业反应堆
commutating ~ 整流电抗器，整流扼流圈
compact ~ 紧密堆
controllable ~ 可控反应堆
controlled fusion ~ 受控聚变堆
controlled magnetic core ~ 磁心控制扼流圈
controlled thermonuclear ~ 受控聚变堆
convergent ~ 功率下降中的（反应）堆，收敛（反应）堆
converter ~ 转换反应堆，转换堆
core-blanket ~ （包含堆芯与再生区的）双区反应堆
core-type ~ （铁）心式电抗器，内铁型电抗器
critical ~ 临界（状态的反应）堆
deuterium-moderated ~ 重水慢化（反应）堆
deuterium-uranium ~ 重水铀反应堆
development ~ 研究发展用反应堆
direct-current controllable ~ 直流可控电抗器，饱和扼流圈，磁放大器，助磁式电抗器
direct-current excited ~ 直流可控电抗器，饱和扼流圈，磁放大器，助磁式电抗器
direct-current excited iron-core ~ 直流可控电抗器，饱和扼流圈，磁放大器
direct-cycle integral boiling ~ 直接循环一体化沸水堆
dust-cooled ~ （气流）粉尘冷却（反应）堆
dust-fuelled ~ 粉末燃料（反应）堆
enriched-fuel ~ 浓缩燃料（反应）堆
enriched-uranium ~ 浓缩铀反应堆
epithermal ~ 超热中子反应堆
equalizing ~ 均流电抗器
experimental ~ 实验性（反应）堆
exponential ~ 指数反应堆
fast ~ 快中子反应堆，快堆
fast breeder ~ 快中子增殖反应堆

fast breeding ~ 快中子增殖反应堆
fast burst ~ 快（中子）脉冲（反应）堆
fast ceramic ~ 快中子陶瓷（燃料反应）堆
fast plutonium ~ 快（中子）钚（反应）堆
fast thermal coupled ~ 快热耦合（反应）堆
fast-fission ~ 快（中子）裂变反应堆，快（中子）堆
fast-neutron ~ 快中子堆
feed(er) ~ 馈电（线路）电抗器，馈（电）线扼流圈
finite ~ 有限（体积反应）堆
fission-type ~ 核裂变反应堆，核反应堆
fixed bed ~ 固定床反应器
flame ~ 火焰反应器
flat-flux ~ 平坦通量反应堆
flow ~ 连续反应器
fluidized bed ~ 流化床反应器
fluidized solid ~ 流化固体反应堆
fluidizing ~ 沸腾焙烧炉
fluorination ~ 氟化器
flux trap ~ 通量阱（反应）堆
fog ~ 雾冷反应堆
frequency-sensitive ~ 频敏变阻器
fuel assay ~ 燃料试验（反应）堆
full-scale ~ 一比一模拟堆，全尺寸（反应）堆
fully reflected ~ 全反射层（反应）堆
fused-salt ~ 熔盐（反应）堆
fusion ~ 热核反应堆，聚变反应堆
gas core ~ 气体活性区（反应）堆
generator ~ 发电机扼流圈
granular-graphite-cooled ~ 颗粒状石墨（慢化）冷却（反应）堆
graphite-moderated ~ 石墨减速反应堆，石墨慢化（反应）堆
graphite-uranium ~ 铀石墨（反应）堆
heat ~ 热化反应堆
heavy-water ~ 重水反应堆
helium-cooled ~ 氦冷（反应堆）
heterogeneous ~ 非均匀（反应）堆
HF saturable ~ 高频饱和扼流圈
high flux beam ~ 高通量（中子束）堆
high-enrichment ~ 高浓缩燃料（反应）堆，高加浓（反应）堆
high-flux ~ 高中子通量反应堆，高通量反应堆
homogeneous ~ 均质反应堆，均匀（反应）堆
homogeneous solution-type ~ 均匀溶液（反应）堆，水锅炉（堆）
hot ~ 热态（反应）堆
hot clean ~ 热净（反应）堆
hybrid fusion-fission ~ 聚变 - 裂变混合反应堆，混合式聚变 - 裂变堆
hyperformer ~ 超重整反应器，钴 - 钼催化剂土重整的设备的反应器
in-core thermionic ~ 热离子元件放在堆芯内的反应堆，堆内热离子（反应）堆
integral ~ 一体化（反应）堆
intermediate ~ 中能（中子反应）堆
intermediate spectrum ~ 中能中子谱（反应）堆
interphase ~ 相间电抗器，中心抽头平滑扼流圈
irradiation ~ 辐照用（反应）堆
isotope production ~ 同位素生产（反应）堆
laboratory-size ~ 实验室型反应器
land-based prototype ~ 陆上模式反应堆
lattice ~ 非均匀反应堆，格栅反应堆
light water ~ 轻水堆
liquid-immersed ~ 液浸〔油浸，油冷〕电抗器
liquid-moderator ~ 液体慢化剂（反应）堆
liquid-suspension ~ 液态悬浮燃料（反应）堆
loop-type ~ 回路式反应堆
low-enrichment ~ 低浓缩（铀）（反应）堆
low-flux ~ 低通量（反应）堆
lumped ~ 非均匀（反应）堆
marine gas cooling ~ （= MGCR）船用气冷（反应）堆
mark Ⅱ gas cooled ~ 第二代气冷(反应)堆，改进型气冷堆
mark Ⅲ gas cooled ~ 第三代气冷(反应)堆，高温气冷堆
medical therapy ~ 医疗用（反应）堆
membrane ~ 膜反应器
mobile ~ 移动式（反应）堆
mockup ~ 模拟（反应）堆
moderated ~ 慢化（反应）堆
molten-salt breeder ~ （= MSBR）熔盐增殖（反应）堆
moving bed ~ 移动床反应器
mutual ~ 耦合电抗器
Na-K-cooled ~ 钠钾冷却（反应）堆
naked ~ 裸堆，无反射层（反应）堆
naval ~ 船用（反应）堆，舰艇用（反应）堆
near-natural uranium ~ 稍加浓铀（反应）堆，近天然铀（反应）堆
near-thermal ~ 近热（反应）堆（中子平均

能量接近于热中子的反应堆）
neutral ~ 中性线接地电抗器，中和电抗器
neutron chain ~ 中子链式（反应）堆
nitration ~ 硝化反应器
no-core ~ 无铁心扼流圈，空心扼流圈
non-aqueous fluid fuel ~ 无水流态燃料（反应）堆
non-autocatalytic ~ 负温度系数（反应）堆，自稳定（反应）堆
non-saturable ~ 不饱和扼流圈，不饱和电抗器
nuclear ~ （原子）核反应堆
once-through ~ 燃料一次循环反应堆，直流冷却反应堆
one-velocity ~ 单能中子（反应）堆
open ~ 敞口反应器
open-pool ~ 水池型（反应）堆
organic-cooled heavy-water-moderated ~ 有机（物）冷却重水慢化（反应）堆
out-of-core thermionic ~ 堆外热离子（反应）堆
package ~ 装配式〔快装式，小型轻便〕反应堆
pancake ~ 扁平反应堆（具有大的堆芯直径高度比的反应堆）
paralleling ~ 并联电抗器
partially reflected ~ 部分反射层（反应）堆
pebble-bed gas-cooled ~ 煤球炉式气冷（反应）堆，球形燃料气冷堆
pilot ~ 中间试验规模的反应堆，试验性反应堆
pilot-plant ~ 原型反应堆，中间规模（反应）堆
plasma ~ 等离子体（反应）堆
plutonium recycle test ~ （= PRTR）钚再循环试验（反应）堆
plutonium-and-power ~ 产钚发电两用（反应）堆
plutonium-regenerating ~ 钚再生（反应）堆
polymer ~ 聚合反应器
pool ~ 池式反应堆
power-plus-plutonium ~ 产钚发电两用（反应）堆
pressurized-water ~ 压力水冷反应堆，压力反应堆
prompt ~ 瞬发中子（反应）堆
prompt critical ~ 瞬发临界（反应）堆
protective choke ~ 防护扼流圈
push pull ~ 推挽式（反应）堆
radiation-processing ~ 辐照处理（反应）堆
reduction ~ 还原反应器
reduction moving-bed ~ 动态床还原反应器
reflected ~ 有反射层（反应）堆
reflector moderated ~ 反射层慢化反应堆
regenerative ~ 再生（反应）堆
runaway ~ 失控（反应）堆
saturable ~ 助磁式电抗器，饱和电抗器，饱和扼流圈
saturated core ~ 饱和电抗器，饱和扼流圈
seed core ~ 强化堆芯反应堆
seed-blanket ~ 点火区 - 再生区反应堆（即轻水增殖堆）
seed-blanket breeder ~ 点火区 - 再生区增殖堆
series ~ 串联电感器，串联扼流圈，附加电感器
shield test ~ 屏蔽试验（反应）堆
shunt ~ ①分路电抗器②分流扼流圈
single-energy ~ 单能中子（反应）堆
single-fluid breeder ~ 单流体（熔盐）增殖堆
slab ~ 平板（反应）堆
slow ~ 慢（中子反应）堆
slow-fast ~ 慢快（中子）双区（反应）堆
slurry ~ 浆态反应器
soaking ~ 吸收电抗器
sodium ~ 钠冷反应堆
sodium-cooled ~ 钠冷（反应）堆
sodium-deuterium ~ 钠（冷）重水（反应）堆
sodium-graphite ~ 钠（冷）石墨（反应）堆
solid-bed ~ （催化剂）固体床反应器
solid-core ~ 固态堆芯（反应）堆
solid-water ~ 水（冷）固体（慢化反应）堆
source ~ 中子源（反应）堆
spiked ~ 强化（反应）堆
split-flow ~ （冷却剂）分流反应堆（冷却剂从堆芯中间进去，从两端流出，或相反）
starting ~ 起动电抗器，起动扼流圈
stirred bed ~ 搅动床反应器
subcritical ~ 次临界（反应）堆
suspension ~ 悬浮液（反应）堆
swimming-pool ~ 水隔离〔游泳池〕型反应堆
tank ~ 釜式反应器
thermal graphite ~ 石墨慢化热中子反应堆
thermal neutron ~ 热中子反应堆
thermionic ~ 热离子反应堆
thermoemission ~ 热发射（反应）堆
thermonuclear ~ 热核（反应）堆，聚变（反应）堆
toroidal ~ 环状（反应）堆
track ~ 轨道电抗器

training ~ 教学用（反应）堆，训练用（反应）堆
transparent ~ 透明反应器
trickle bed ~ 涓流床反应器
tubular ~ 管式反应器
tumor-treatment ~ 肿瘤治疗用（反应）堆
uncooled ~ 无冷却剂（反应）堆
universal arc suppressing ~ 通用熄弧电抗器
unreflected ~ 无反射层（反应）堆
uranium zirconium hydride ~ 铀氢（化）锆堆（即 TRIGA 堆）
uranium-fuelled ~ 铀（反应）堆
uranium-production ~ ①生产铀反应堆
valve ~ （换流）阀电抗器，阀侧电抗器
variable ~ 可变电抗器
variable-flux ~ 可变中子通量反应堆
variable-moderator ~ 可变慢化剂（反应）堆
vertical epitaxial ~ 立式外延反应器
virtual ~ 虚拟反应堆
void free ~ 无空穴（反应）堆
water boiler ~ 沸水反应堆，水锅炉反应堆（一种水均匀反应堆）
water ~ 水冷反应堆，水慢化反应堆，轻水堆
water-cooled and water-moderated ~ 水 - 水（反应）堆，水冷却慢化（反应）堆
water-solution enriched ~ 浓缩铀水溶液（反应堆）
water-water energetic ~ （= WWER）水 - 水动力（反应）堆
zero-energy ~ 零功率反应堆
zero-power ~ 零功率反应堆
zirconium hydride space power ~ 氢化锆空间动力反应堆

reactor-converter 反应堆转换器，反应堆换能器

reactor-irradiator 反应堆辐照器

read ①读，读出，读数②解释，理解，识别（数据）判读③标明
~ and write 直读式记录，读 - 写
~ by sound 收听
~ forward 正向读出，正读，顺读
~ in 写入，记录
~ off 读（数），读出
~ out 显示，读出
backward ~ 反（向）读，回读，倒读
column-binary ~ 竖式二进制读出
forward ~ 正读，顺读
manual ~ 人工输入，人工读出
scatter ~ ①分散读写②分散读入
unformatted ~ 无格式读

readability ①清晰度②可〔易，便〕读性，读出能力

readable 易读的，清楚的，明白的，值得一读的
machine ~ 可直接为计算机所使用的，机器可读的

readatron 印制数据变成数字数据系统，印制数据读出和变换装置

readdressing 现编址，再寻址

reader ①读者②读本③读出〔读数，指示〕器，阅读机，输入机④阅读程序
adaptive character ~ 自适应字符阅读器
alpha(nu)meric ~ 字母数字阅读机
automatic card ~ 自动读卡机
automatic tape ~ 自动穿孔带读出器
background ~ 后台读设备
badge ~ 标记阅读器，符号阅读器
bar code ~ 条形码读出器
brush ~ （计算机的）电刷读入机，电刷阅读器
card ~ 读卡机，读卡器，卡片阅读机，卡片阅读器
character ~ 字符读出器〔阅读器，输入机〕
charge ~ （剂量计用）电荷计算装置
Chinese optical character ~ 汉字光学符号读出器
code ~ 代码阅读器，代码输入机
continuous stationary ~ （光符号识别用）连续固定阅读器
data ~ 数据读出器，数据阅读器
document ~ 文件阅读器
film ~ 显〔缩〕微胶卷阅读器
five track ~ 五单位输入机
handwriting ~ 手写体阅读机
high speed card ~ 高速读卡器
input ~ ①输入阅读程序②输入阅读器
intelligence card ~ 智能卡片阅读器
intelligent card ~ 智能读卡器
journal ~ 报刊杂志读取机
labelling ~ 标号卡阅读器
magnetic character ~ 磁性字符读取机
magnetic document sorter ~ 磁盘文件分类读出机
magnetic ink character ~ 磁墨水字符阅读器
magnetic ink document ~ 磁墨水文档阅读机
magnetic optical-character ~ 磁光字符阅读器
magnetic tape ~ 磁带（输入）机，读带机
marked page ~ 标记页面阅读器

mark-sense character ~ 符号识别读字机
microfilm ~ 缩微胶卷阅读器
microform ~ 微型阅读机
micro-opaque ~ 缩微不透明件阅读器
multifont ~ 多（种）字体读出装置
optical ~ ①（计算机的）光输入机，光阅读机②光学读数头
optical character ~ 光学字符阅读机
optical mark ~ 光学标志阅读机
optical scanner ~ 光（学）扫描阅读器
oscillogram trace ~ 示波图读出器
page ~ 页式阅读机
photoelectric ~ 光电输入机〔阅读器，读出器〕
portable ~ 手提式阅读器，小型轻便缩微胶卷阅读器
printing ~ 印刷阅读机
retina character ~ 网膜字符读出器
smart card ~ 智能卡阅读器，智能卡输入器
tagging ~ 特征阅读器
tape ~ （计算机的）读带机
tape cartridge ~ 盒式（磁）带机
tardy ~ 慢速阅读机
terminal badge ~ 终端标志阅读器
video ~ 视频阅读器
videoscan ~ 视频扫描阅读器
wand ~ 棒形阅读器，阅读棒；条码阅读器
zero ~ 零位读出器

readercopier 阅读复制器
microform ~ 缩微印刷品阅读复制器

reader-input 读出器输入
tape ~ 磁〔纸〕带读出器输入

reader-printer 阅读印刷器
microform ~ 缩微印刷品阅读印刷器

reader-sorter 读出分类器

reader-typer 读数打印装置

read-in 读入，写入，记录

readiness ①准备，准备状态，备用状态②容易，迅速

reading ①读，读数，读出②（仪表）指示（数），示量，量测记录，计数
back ~ 左读数，反向读数
backward ~ 反读，反向读出
balance ~ 天平读数
bubble ~ 水准器读数
capacity-discharge ~ 电容放电法读出
clock ~ 针盘读数
destructive ~ 破坏性读数，抹掉信息读出
direct ~ 直接读数，直读式
distant ~ 遥测读数
forward ~ 右读数，正向读数
full-scale ~ 最大读数，全尺寸读数，满标值
ga(u)ge ~ 仪表读数
instantaneous ~ 瞬时读数
lip ~ 唇读法
meter ~ 计量表读数，计数器读数，仪表读出
mirror ~ 镜测读数，镜示读数（法）
numerical ~ 读数
palm ~ 推入读出
preliminary ~ 预先读出
proof ~ 校对，校读
radio-frequency 射频（扫描快速）读出
redistribution ~ 重新分配读数法
register ~ 寄存器读数，计数器读数
remote-control ~ 遥测读数
rod ~ 标尺读数
rough ~ 粗略读数
scale ~ 标度读数，刻度盘读数
sound ~ 收听，音响收报
staff ~ 测尺读数，水准尺读数
subjective ~ 主观读数（法）
theodolite ~ 经纬仪读数
vernier ~ 游标读数
zero ~ 起点读数，零读数

readjust ①重调②微调③校正，修正，校准④重安装

readjustment ①重调，再调整②微调③修正，校准

readout ①示值读数，读出②结果传达，结果输出值③数（字）显（示）装置④轧制带材厚度指示仪
cyclical ~ 周期读出
destructive ~ 相消〔破坏，抹去〕信息读出
direct ~ 直接读出
double ~ 加倍读出
electrical ~ 自动读出，电读出
end ~ 最终读出
in-line ~ 在线〔即时，联机〕读出
nixie ~ 数码管读出装置
nondestructing ~ 不破坏读出
nondestructive ~ 不破坏读出，无损读出
numerical ~ 数值读出
on-screen binary ~ 屏幕上的二进制读出
optical ~ 光读出
self test automated ~ 自检读码
sequence-number ~ 程序号读出
seven-segment ~ 七段读出

start ~ 起始读出
sum ~ 和数读出
visual ~ 目视读出，可见读出
readout-tube 读出管
ready ①有准备的，准备好的，现成的，现有的②简便的，轻便的③迅速的，立即的④就绪
character ~ 字符就绪
data set ~ 数据装置就绪，数据集就绪
data terminal ~ 数据终端就绪（状态）
device ~ 设备就绪，设备准备好状态
time-sharing ~ 分时就绪
ready-made ①现成的，制好的②预先准备的
ready-mixed 预拌的，搅拌好的，掺〔混〕合好的
ready-witted 灵敏的，机智的
reaeration ①再充气，再吹风②还原，复氧
reag(e)ing ①重试线②反复时效③再老化，反复老化
reagent 试剂〔药〕，反应物〔力〕
carburizing ~ ①增碳剂，渗碳剂②碳化反应
chemical ~ 化学试剂
colo(u)r ~ 显色试剂
electrophilic ~ 亲电子试剂
etching ~ 浸蚀剂，腐蚀剂
fluidizing ~ 流化剂
guaranteed ~ 保证试剂
location ~ 定位试剂（斑点或谱带显色剂）
precipitation ~ 沉淀剂
reducing ~ 还原剂
spray ~ 喷显试剂，显色试剂
staining ~ 着色试剂
streak ~ 涂显剂，喷显剂
tagging ~ （衍生化）标记试剂
real 实的，真实的，现实的，实际的，有效的，实部
out ~ 外部真值
real-ear-response 真耳响应（曲线）
realgar 雄黄，二硫化二砷，鸡冠石
realign ①改线，重新定线②（使）重新排列，重新组合，改组，整治（河道）
realignment ①（轴的）找重心，定中心②重定路线，改线③重新排列，重新组合
realisation = realization
realistic 逼真的，现实的，实际的
reality 真实（性），现实（性）
augmented ~ 增扩现实
virtual ~ 虚拟现实，灵境技术
realizability 现实性，可实现性
realization ①实现，完成②认识，了解，领会
realm ①区域，领域，范围，界，类，门②王国，领土
real-time 实时的，快速的
realty 房地产，不动产
reamed 铰的，铰过的
reamer ①铰刀，铰床，扩孔锥，扩孔器，整孔钻②（柑橘）锥形榨〔压〕汁机
adjustable ~ 可调（节）铰刀
adjustable blade ~ 刀片可调铰刀
adjustable hand ~ 可调式手铰刀
align ~ 对准铰刀，长铰刀
angular ~ 斜角铰刀
ball ~ 球面〔菊形，玫瑰〕铰刀
bit ~ 锥形铰刀
block-type ~ 盘形铰刀
bottoming ~ 精铰刀，平底铰刀
bridge ~ 桥工铰刀，铆钉孔铰刀
broach ~ 锥形铰刀
burring ~ 去毛刺手铰刀，锥形手铰刀
bushing ~ 套筒扩孔器
carbide burnishing ~ 硬质合金无刃铰刀
carbide pull-reamer 硬质合金拉铰刀
carbide tipped ~ 镶硬质合金的铰刀
center ~ 中心孔铰刀
chuck(ing) ~ 机用铰刀
drill ~ 钻铰复合刀具
end ~ 不通孔铰刀，前锋铰刀
end cutting ~ 端切削铰刀
expanding ~ 可调〔可调径，扩张式〕铰刀
expansive hand ~ 可胀手铰刀
flat ~ 修光铰刀
floating ~ 浮动铰刀
ground ~ 磨齿铰刀
hand ~ ①手铰刀②手动扩孔机
inner ~ 内扩孔锥，内扩孔铰刀
inserted ~ 镶齿铰刀
Jobber's ~ 机用精铰刀
machine ~ 机用铰刀
Morse taper ~ 莫氏锥度铰刀
multiple-diameter ~ 复合铰刀
outer ~ 外扩孔锥，外扩孔器
parallel ~ 平行铰刀，（圆柱）直槽铰刀
pilot ~ 导径铰刀
quick set ~ 快调（手）铰刀
ridge ~ 切除磨损的气缸端部凸起用的铰刀
rose ~ （钟表机床用的）星形铰刀，玫瑰形铰刀

seat ~ 阀座修整铰刀
shank ~ 带柄铰刀
shell ~ 筒形〔套形，空心〕铰刀
side-cutting ~ 侧铣铰刀
spade ~ 双刃铰刀，扁钻形铰刀
spiral taper ~ 螺旋槽式锥铰刀
spring ~ 弹簧铰刀，扩张铰刀
stepped teeth ~ 阶梯齿形铰刀
straight ~ 直槽铰刀
stub screw machine ~ 短型机用铰刀
taper pin hole ~ 锥销孔铰刀
three-groove chucking ~ 三槽机用铰刀
through ~ 长铰刀
tube ~ 扩管孔器
undersize ~ 下限尺寸铰刀
reaming ①铰削〔孔〕②扩孔③清除毛边
align ~ （用组合铰刀）铰同心孔，（装）配铰（孔）
line ~ （用组合铰刀或长铰刀）铰同心孔
precision ~ 精密铰孔，精铰
reamplifying 再放大，重复放大
reanneal 重〔再〕退火
reaper ①收割机②收割者
self-rake ~ 摇臂收割机
side-delivery ~ 侧向铺放收割机
reaper-binder 割捆机
reaper-chopper 收割切碎机
reaper-thresher 收割脱粒机，谷物联合收获机
rear ①后部，尾部，背面，后方②背面〔背后，后方〕的③竖〔举，建〕起
springing ~ 后悬置弹动
rear-axle （汽车）后桥
rear-end ①（机具）后端②（火箭或发动机）尾部
rearer 中耕机
rearloader 后（悬挂式）装载机
rearmost 最后（面）的
rearmounted 后悬挂（式）的
rearrange 重新布置〔整理，排序〕
rearrangement ①重新整理〔配置，排列〕②调整〔配〕，整顿，移项，反演，变〔换〕位
statement ~ 语句重排
rearview 后视图，背面
rearward ①在后面，在后部②向后面，向后方③后方，后部
rearward-facing 向后的，顺气流安装的，安装在尾部的
rear-wheel 后轮
reason ①理由，理智②推论，推理，解释
reasonable ①合理的，有（道）理的，讲道理的②适〔相〕当的，比较好的③（售价）公道的
reasonableness 合理性
reasoning 推理，推论，推导
approximate ~ 近似推理
case-based ~ 基于实例的推理方法
reassemble ①重新装配，复装②重编
reassign ①重新指定，再分配〔派〕②重赋值
reassignment 再分配，再赋值
interrupt ~ 中断重指定
re-assort 再分（类）
reattachment 重附着，回贴
Reaumur 列氏温度计（的）
reaustenitizing 重新奥氏体化
rebabbiting 重新浇注巴氏合金
rebank 撞摆
rebar （螺纹）钢筋
rebate 减少，回扣，打折扣，折让，议让
rebatron ①（ = relativistic electron bunching accelerator）大功率电子聚束（加速）器②高能电子聚束（加速）器
S-band ~ 厘米波段的大功率电子聚束加速器
rebatron-harmodotron 利用聚束原理的毫米波发生器
Rebecca 无线电应答式导航系统，雷别卡（能提供距离和方位的）导航系统，飞机雷达
Rebecca-Eureka 无线电应答式导航系统
rebed （修理时）浇注轴承
rebinding 再新结合
reblading 重装叶片，修复叶片
reblending 再混合，重混合
reblowing 后吹，再吹
reboard 回舱（航天飞行）
reboiler 重沸（腾）器，再煮锅，再蒸馏锅，加热再生器
rebore 重镗，再镗，重钻〔磨〕
reborer 修刮机，重镗孔钻
reboring 重镗孔
reborner 转化炉
rebound 回跳，回跃，反弹，弹回，跳回，跳开
pendulum ~ 摆锤式弹性试验机
rebreaker 再割机（拉断法直接成条机的后道工序）
rebreather 换气器
rebroadcast 重播，转播
rebroadcasting 无线电转播

rebuilder 修理机
rebush 换衬
rebust(ing) 分垄，破垄
recalescence 复辉，（在某一临界温度值）金属骤然放热
recalibrate ①重新校准，再校准，复校②重新刻度，重标定
recalibration 重新校准，再校准，复校
recall ①二次呼叫，重呼②选出，取消，撤去
recapitulation 扼要说明，概括，摘〔概〕要
recapper 轮胎翻新器
recapture 重俘获，恢复
recarburation （二次）增碳作用，再渗碳，再碳化
recarburization = recarburation
recarburizer 再增碳剂
recarburizing 增碳作用，再渗碳
recast(ing) ①重铸②重作③重算④改订
reca(u)lk(ing) 重凿〔捻〕缝
recede ①向后倾②撤回③降低，跌落，缩减，贬值，失去重要性
receipt ①收据②收到，接收，签收
equipment ~ 设备交接单
net ~ 净收入，实收
receive ①接收，接受②容纳，安放，安装③承受，顶住，挡住
receiver ①存储器②接收机，接收器，受话器，收报机，接收装置，收音机，听筒③容器，蓄汽室，储气室，贮槽，槽车④前床，前炉，转化炉⑤输入元件
~ of remote-control system 遥控（信息）接收器
~ of ultrasonics （探伤器的）超声波的受波器
AC-DC ~ 交直流两用接收机〔收音机〕
acid ~ 盛酸器，储酸器
acoustic intercept ~ 窃听器，监听接收机
acousto-optic ~ 声光接收机
air ~ 储气器〔室，筒〕，压缩空气罐
all band intercept ~ 全波段截听接收机
all wave ~ 全波段接收机
all-electric ~ 通用电源接收机
all-mains ~ 交直流两用接收机
all-wave ~ 全波接收机
amplitude modulation ~ 调幅（波）接收机
amplitude-modulation frequency modulation ~ 调幅 / 调频接收机
approach ~ 着陆接收机
aural ~ （电视）伴音接收机，广播接收机，收音机
auto alarm ~ 自动报警接收机
auto-dyne ~ 自差式接收机
automatic alarm ~ 自动报警接收机
autosyn ~ 自动同步感受器
ball ~ 转播用接收机
band ~ 单波段收音机
bandspread ~ 带展接收机
barrage ~ 双天线抗干扰〔消噪声〕接收机
battery ~ 电池（式）接收机，电池式收音机
beacon ~ 信标接收机
beat ~ 外差式接收机，外差式收音机
beat frequency ~ 外差式收音机，拍频接收机
big-screen ~ 大屏幕电视（接收）机
bipolar ~ 双磁极受话器
blackbody ~ （辐射能的）绝对黑体吸收器
blackened ~ 涂黑接收器，（热电元件）涂黑片
blackened-gold-foil ~ 涂黑金箔接收器
broadcast ~ 广播收音机
calibration ~ 校准（定标）接收机
card ~ 卡片接收器，接卡箱
cathode product ~ 阴极产物接收器
check ~ 监控接收机
code ~ 收码器
coherent ~ 相干接收器
colo(u)r ~ 彩色电视接收机
colo(u)r-television ~ 彩色电视接收机
commercial ~ 民用接收机
communication ~ 通信接收机
compatible monochrome ~ 兼容制黑白电视接收机
condenser ~ 电容式听筒
console ~ 落地式收音机，落地式接收机
crystal ~ ①晶体收音机，矿石收音机②晶体检波器，晶体耳机
crystal audio ~ 晶体管收音机
crystal video ~ 晶体管电视机，晶体视频接收机，宽带晶体电视接收机
crystal-controlled ~ 晶体稳频〔控制〕接收机
cubic ~ 立方律（调制特性电视）接收机
cupola ~ 冲天炉前炉
cylinder drainage ~ ①集汽水阀门②凝汽筒
cylindrical ~ 圆柱形受话器
dallying ~ 空转接收机
dash ~ 信号立板，接收机
data ~ 数据接收机
digital data ~ 数字数据接收机
direct pick-up ~ （接力）转播用接收机

directional ~ 定向接收机
direction-finding ~ 测向接收机
directive view ~ 直观式（电视）接收机
distant ~ 远距离接收机
double circuit ~ 双调谐电路接收机
double head ~ 双耳受话器，头戴式双耳机
double range ~ 中短波收音机
drainage ~ 冷凝罐，凝汽罐
dual range ~ 双波段收音机，中短波收音机
dual standard ~ 双标准电视接收机（可接收两种行数标准不同的电视信号）
dual-diversity ~ 双重分集接收机
duoscopic ~ 双重图像电视接收机
dynamic ~ 电动式受话器
ear ~ 头戴式耳机，头戴式听筒
electrically tuned ~ 电子调谐接收机
electrodynamic ~ 电动式受话器
electromagnetic ~ 电磁式受话器
electronic-countermeasures ~ 电子对抗接收机
electrostatic ~ 静电式受话器
elevation ~ 仰角（瞄准）接收机
eliminator ~ 交流收音机（替代直流的收音机）
emergency ~ 应急接收机
exalted-carrier ~ 恢复载波接收机
facsimile ~ 传真电报接收机
ferret ~ 侦察（电视）接收机
field-sequential colo(u)r ~ 场序制彩色电视接收机
filter vacuum ~ 滤液真空接收器
filtrate ~ 滤液接收器
FM ~ 调频接收机
four circuit ~ 四调谐电路接收机
four-valve ~ 四灯收音机
frequency modulated ~ 调频接收机
FS ~ 移频接收机
glide slope ~ 盲目降落接收机，滑行着陆接收机
glide-path ~ 滑行着陆接收机，盲目降落接收机
gray ~ = grey ~
grey ~ （辐射能的）灰体吸收体
guidance ~ 制导用接收机
hand ~ 听筒，手持式受话器
hand transmitter ~ 便携式收发两用机
head ~ 头戴式耳机
headband ~ 头戴式耳机
headset ~ （头戴式）耳机，头戴送话器
heterodyne ~ 外差式接收机
high frequency amplification ~ 高放式收音机（对高频信号直接进行放大）
high-fidelity ~ 高保真度接收机
high-frequency-amplification ~ 直放式接收机
high-intermediate-frequency ~ 高中频超外差式接收机
home projector ~ 家用投影电视接收机
homing ~ 自动寻的系统接收机
homodyne ~ 零拍接收机
hook ~ （卫星对接系统中的）挂钩接头
hot metal ~ 熔融金属接收器，液态金属接收器
hyper-frequency waves ~ 微波接收机
infrared ~ 红外线信号接收器
infrared remote control ~ 红外线遥控信号接收器
integrated-circuit ~ 集成电路收音机
intercarrier ~ 载波差拍（电视）接收机
intercept ~ 截听接收机，监听接收机
intermediate-frequency ~ 中频式接收机，超外差式接收机
lamp ~ 电子管收音机，电子管接收机
large-screen ~ 大屏幕电视接收机
laser ~ 激光接收机
line ~ （长）线接收器
linear array ~ 线列（阵）接收机
link ~ 中断接收机，接力接收机
loop ~ 环形天线接收机，探向接收机
loran ~ 劳兰导航系统接收机
low noise ~ 低噪声接收机
low-temperature ~ 低温受器，（循环的）冷源，吸热体，冷却器
mains ~ 交流收音机
microwave ~ 微波接收机
microwave television ~ 微波电视接收机
microwave transmitter ~ 微波收发两用机
mobile ~ 轻便接收机，便携式接收机
mobile TV ~ 汽车〔移动式〕电视接收机
monaural ~ （头戴式）单耳受话器
monochrome ~ 黑白电视接收机
Morse ~ 莫尔斯收报机，莫尔斯电报机
moving-coil ~ 动圈式受话器，电动式耳机
moving-conductor ~ 电动式受话器
multi-band ~ 多波段收音机
multiple response ~ 多路接收机
multiple-band ~ 多波段接收机
multirange ~ 多波段无线电接收机
multisystem colo(u)r television ~ 多制式彩

色电视接收机
neutralized ~ 衡消接收机，中和式接收机
neutrodyne ~ 中和接收机，衡消接收机
noise-free ~ 低噪声接收机，无噪声接收机
non-standard primaries ~ 非标准基色彩色接收机
n-th power-law ~ （显像管有）*n* 次幂（调制）特性（的）电视（接收）机
oil ~ 油盘，集油器，储油器
one-valve ~ 单管接收机
optical digital ~ 光数字接收机
optical superheterodyne ~ 超外差光接收器
optical synchro ~ 光学同步接收器
PAL-N ~ 色度锁相新型 PAL 制接收机
panoramic ~ 扫调〔全景，侦察〕接收机
people’s ~ 普及式收音机，民用收音机
permanent-magnet ~ 永磁受话器
phase-linear ~ 线性相位特性接收机
phase-lock loop ~ 自动调相接收机
phone ~ 电话机受话器
phono-radio combined ~ 电唱收音两用机
photometric ~ 光度计
picture ~ 电视（接收）机，图像信号接收机
piezo ~ 压电受话器
piezoelectric ~ 压电（晶体）受话器
piezoelectric ceramics ~ 压电陶瓷受话器
pilot ~ 导频接收器
porable ~ 便携式接收机
powerful ~ 高效接收机
precision lightweight GPS ~ 精密小型全球定位系统接收机
pressure ~ 压力发送器
programmable TV ~ 节目预选电视接收机
projection ~ 投影（式）电视接收机
public address ~ 有线广播接收机，公共接收机，扩音机
pulse modulation ~ 脉冲调制（用）接收机
quartz-crystal controlled FM ~ 石英晶体控制调频接收机
radar ~ 雷达接收机
radio ~ 无线电接收机
radio control ~ 无线电对讲接收机
radio-frequency check ~ 射频监测接收机
radio-range ~ 无线电测距接收机
rebroadcast ~ 转播接收机
reed type ~ 舌簧式受话器
reference ~ 基准接收机〔受话器〕
reflex ~ 来复式收音机〔接收机〕
regenerative ~ 再生收音机〔接收机〕
relay ~ 中继〔接力，转播用〕接收机
remote control door lock ~ （汽车）遥控门锁接收器
retransmission ~ 转播〔电视中继〕接收机
retroactive ~ 再生接收机
right-hand ~ 右旋极化波接收机，接收圆形极化波信号的接收机
ring armature ~ 环形衔铁受话器
satellite ~ 卫星接收机
satellite TV ~ 卫星电视接收设备
scatter communication ~ 散射通信接收机
selsyn ~ 自动同步接收机
set-top ~ 机顶接收器
short-wave ~ 短波接收机
single head ~ 单耳受话器
single-circuit ~ 单调谐回路收音机
single-sideband ~ 单边戴接收机
slag ~ 集渣前炉，盛渣罐，熔渣罐
slave ~ 子接收机，分接收机
spaced ~ 分隔接收机
split sound ~ 伴音〔中频〕分路（放大）电视接收机
stabilidyne ~ 高稳式接收机
starting ~ （内燃机）起动空气罐
stereo ~ 立体声（双声道）收音机
stereo 4-channel ~ 四声道立体声收音机
stereo radio ~ 立体声收音机
stereo-television ~ 立体声电视接收机
still picture broadcasting ~ 静止图像广播接收机
straight ~ 直接放大式接收机，高放式接收机
superheterodyne ~ 超外差接收机
telegraph ~ 收报机
telephone ~ 电话耳机，听筒，收话器
teleprinter ~ 电传打字电报接收机
television ~ 电视接收机
three-circuit ~ 三调谐电路接收机
three-way ~ 三调谐电路接收机，三用接收机
two-band ~ 两波段接收机
two-channel stereo ~ 双声道立体声接收机
two-circuit ~ 双调谐电路接收机
two-way ~ 交直流两用接收机，双频道接收机
ultra short wave ~ 超短波接收机
ultradyne ~ 超外差接收机
ultra-high frequency ~ 超高频接收机
ultrasonic ~ 超声波接收机
universal ~ 通用（电源）接收机（交、直

流电源均可用）
unrestored television ~ 无恢复式电视机（无直流恢复或部分直流恢复的电视接收机）
vacuum ~ 真空接受器，真空脱气罐
very-narrow-beam ~ 极窄束接收器，高方向辐射接收器
vest-pocket ~ 小型接收机，袖珍接收机
video ~ 视频（信号）接收机
viewdata ~ 图像数据接收器
vision ~ 电视接收机，电视机
voice ~ 话音接收机
warning ~ 监视接收机，报警接收机

receiver-transmitter 收发报机，收发两用机，送受话器
autodyne ~ 自差（式）收发机
universal asynchronous ~ 通用异步收发器
very high frequency ~ 超短波收 / 发信机

receiving
home community ~ 家庭共用视听系统

recenter 回到中心位置

recentralization ①再（次）集中②恢复到中心位置，导弹返回控制波束中心

recentrifuge 再次离心

receptacle ①容器②插座，塞孔，插孔③仓库
convenience ~ 插座
electrical connector ~ 电插座
female ~ 插孔板，插座
flush ~ 墙插座
flush plug ~ 埋入式插座
lobe ~ 插接瓣插座
microphone ~ 传声器插孔
microphone speaker ~ 传声器扬声器插座
plug ~ 插座，插孔板
power ~ 电力插座，电源插孔，电源板
sorter ~ 分选器
surface plug ~ 露出插座
tripod ~ 三脚架插孔

receptance ①动柔度②敏感率，敏感性③接受率
cross ~ 异向〔交叉〕动柔度

receptance-based 基于接收量的

reception ①接收法②接收
adaptive ~ 自适应接收
aural ~ 伴音接收
ball ~ （电视）中继接收系统
cardioid ~ （用）心形方向图接收
coherent ~ 相干接收
complaint ~ 申告接收
control ~ 验收
diplex ~ 同向双工接收
discontinuous ~ （通信）非连续接收
diversity ~ 分集接收
double ~ 双工接收（法），双倍接收（法）
double detection ~ 双重检波〔超外差〕接收
endodyne ~ 自差接放
exalted carrier ~ 恢复载波接收法
figure-of-eight ~ 用“8”字形方向特性接收
heterodyne ~ 外差式接收法
infradyne ~ 低外差接收（法）
line-of-sight ~ 视距信号接收
minimum ~ 最小信号接收
neutrodyne ~ 中和接受法，衡消接受法
positive ~ 正信号接收，正像接收
rake ~ 分离多径接收，瑞克接收
rebroadcasting ~ 中继接收，转播接收
reconditioned carrier ~ 再调节载波接收
reconditioner-carrier ~ 调整载波接收，恢复载波接收
reflex ~ 来复式接收法
regenerative ~ 再生式接收（法）
retroactive ~ 再生式接收法
superheterodyne ~ 超外差式接收
superregeneration ~ 超再生接收法
supersonic ~ 超音频接收
supradyne ~ 超外差接收法
video ~ 视频（信号）接收
visual ~ ①记录接收②视觉接收
visual distance ~ 视距信号接收
zero-beat ~ 零拍接收法

receptivity ①感受性〔率〕, 吸收率, 吸收能力, 可接收度，接〔吸〕收性能②容量，容积
caloric ~ 热容量
calorific ~ 热容（量）

receptor 接收器，感受器，受纳体
internal ~ 内部感受器

receptor-coder 感觉编码器

recess ①切口，凹进（部分），凹槽，凹座②退刀槽，电机槽③加深，开（凹）槽，车（内）槽
~ of press ram 压力机滑块上的模柄孔
body ~ 颈部
circular ~ 圆形槽
oil ~ 油腔
sprue ~ 钳口的凹入部分

recessed ①带切槽的②隐藏式的

recessing 开（凹）槽，车退刀槽
internal ~ 内开槽

shallow ~ 压凹，浅拉延，浅成形
recession ①退离，后退②凹处
recessional 后退的，退出的
recessive 倒退的，逆行的
rechain 重新丈量
rechamber 扩大腔膛
rechannel(l)ing 使改道，改变…用途
recharge ①再次装料，更换释热元件②再充电，二次充电
battery ~ 电池再充电
recharger 再装填器
recheck 再检查，复查
rechipper 精削〔复研，复切（木片）〕机
rechromatograph 再次用色谱法分析
rechuck 再〔重新〕卡〔夹〕紧
rechucking （对称件）半模造型（法）
Recidal 易切削高强度铝合金（w（Cu）4%，w（Fe）1.5%，w（Mg）0.6%，w（Ni）< 0.25%，w（Si）0.7%，w（Ti）0.2%，w（Zn）< 0.2%，w（Mn）< 0.1%，w（Sn）< 0.1%，w（Pb加 Cd）0.6% ~ 0.14%，其余为 Al）
recipe ①诀窍，窍门，方法②处方，制法
recipher 译成密码，密（码文件）
recipience 接受，容纳
recipient ①容器，接收器，信息接收器②接收〔受〕者，领〔承〕受人③接受的，容纳的
reciprocal ①倒数②相互〔互易，可逆，互逆〕的③往复的④倒的，倒数的⑤交互〔互易〕的⑥彼此相反的⑦互惠的
~ of ohm 欧姆的倒数，西门子
weight ~ 权倒数
reciprocate 互换（位置），作往复运动，前后转动，上下移动，来回，交替，互给
reciprocating 往复〔摆动，交替，前后转动，上下移动〕的
successive ~ 连续往复
reciprocation ①互给，互换，往复，往返②往复运动
reciprocator ①往复式机器，活塞式机器②抖动器
reciprocity ①相关〔互易，可逆〕性，倒易，反比②交互作用，相互关系③互利〔惠〕
recirculate ①再〔重复，封闭，回路〕循环②回〔逆环〕流③信息重记，信息重复循环
recirculation ①二次循环，重复循环，逆环流，闭合循环②再选
exhaust gas ~ （发动机）废气再循环
recirculator ①再循环管，再循环器②再循环系统管路
recision ①废除〔弃〕，取消，作废②削减，稀释
reckoner ①计算表〔器，手册〕②计算者，薄钢板记数垛放工③（钢）管壁减薄轧机
ready ~ 计算便览，简便计算表
reckoning ①计〔推，核〕算②设计，估计，推测
dead ~ ①位置坐标推算法②航位推算法，航迹推算法，盲航法，（无法观测天象时，只根据测程器，罗盘等）推算船位③预估
reclaim ①再生②矫正，改正③收回④重新使用⑤开垦，填筑，翻造，革新⑥再生胶
reclaimer ①回收设备（装置），再生装置，（旧料）复拌机，取矿机，掉粒捡拾器，谷粒回收器，（装走存料用）贮存场装载输送机，取料机②再生胶厂，脱硫剂③回收程序，无用单元收集程序
compact · 简易〔小型〕旧砂再生装置
oil ~ 废油再生装置
pulp ~ 纤维回收机
road ~ 沥青路面养护机
sand ~ 旧砂再生装置
scraper ~ 刮板取料机
wheel ~ 斗轮取料机
reclaiming 回收，再生，翻造
centrifuge ~ 离心机法（废润滑油）再生
reclamation ①回收，复原，恢复，翻造②再生，修整③再次分选
reclamp 再夹（住）
reclassification 再〔重新〕分类，再次分级
recleaning 精选，再选
reclocking 重复计时
recloser ①自动开关②复合继电器，自动接入继电器③自动重复充电装置
reclosing 重合，再投入，再次接通，重合闸
multiphase ~ 多相重合闸
single-shot ~ 一次重合闸
reclosure 重合闸，再次接入，自动接入
delayed ~ 延迟重合闸
Reco 雷科磁性合金（铝镍钴铁磁合金，w（Ni）19% ~ 20%，w（Co）20% ~ 24%，w（Al）5.6% ~ 7.0%，w（Cu）3% ~ 7%，w（Ti）5% ~ 6.5%，其余 Fe）
recoat （用油漆等）再涂，重涂
recodification 重编码
recognition 识别，分辨，承认
automatic ~ 自动识别
automatic character ~ 自动字符识别

automatic speech ~ 自动语音识别
automatic syntax ~ 自动语法识别法
automatic target ~ 目标自动识别
automatic volume ~ 自动文件卷名识别
character ~ ①字符识别，字体识别②文字识别③特征辨认
Chinese automatic ~ 汉字自动识别
Chinese character ~ 汉字识别
Chinese speech ~ 汉语语音识别
computer character ~ 计算机字符识别
conflict ~ 冲突识别
electronic audio ~ 电子声音识别
electronic speech ~ 电子语音识别
emotion ~ 情感识别（机器人智能）
fault ~ 故障识别，故障探测
file location ~ 文件位置识别
hand written numeral ~ 手写数字（人工智能）识别
intelligent character ~ 智能字符识别
language ~ 语言识别
men's face ~ 人脸识别
optical character ~ 光学字符（人工智能）识别
packet address ~ 包地址识别（网）
palmprint ~ 掌纹识别
pattern ~ ①图样识别，图像识别②模式识别，识模
phonetic ~ 语音识别
run-on cursive character ~ 全无限制的整句（人工智能）识别（技术）
speech ~ 语音识别，话音识别
text ~ 文本识别
trigger ~ 触发器识别
voice ~ 语音识别
word ~ 字码识别

recognize 分辨，认识

recognizer ①识别器，测定器②识别程序〔算法〕
actual ~ 实在识别算法
bottom-up ~ 自底向上识别算法
bounded context ~ 限界上下文识别算法
context-free grammar ~ 上下文无关文法识别程序
field ~ 场测定器
finite state ~ 有限态识别程序
Floyd production ~ 弗洛德产生式识别程序
goal-oriented ~ 面向目标的识别程序
intelligent gas ~ 智能气体识别仪
intuitively-built ~ 直觉建立的识别程序
predictive ~ 预示识别算法
revised ~ 修正识别算法
spectral comparative pattern ~ 谱线比较式图像识别器
speech ~ 语言识别器，语音识别器
syntax ~ 语法识别程序
top-down ~ 自顶向下识别算法
word ~ 字码识别器

recoil ①反冲，跳回②重绕，再绕③（枪炮的）后坐力，后坐距离，（产生）反作用，反冲力
aggregate ~ 集合反冲

recoilatom 反冲原子

recoiler 卷取机，重绕机，收卷机
duplicate ~ 双位卷取机

recoiling ①反冲，回跳②重绕，再绕

recoil-operated 受反冲力而动作的（枪炮）

recombiner ①复合器②复合剂③接触器

recommendation ①建议，劝告，推荐，介绍（信）②可取之处③建筑及维护规则

re-compaction 再压制

recompilation 重新编译，再编译

recompility 重新编译性

recomplementation 再求补，再补法

recompounding 重配料，重配合

recompression 再压，再压缩

recomputation 重新计算，重新估计

recon 侦察，搜索，勘察，探测

reconciliation 调和〔解〕，和解〔谐〕，一致，甘愿
~ of inventory （工艺过程的）产品〔物料〕平衡，产品的变动

recondition ①还原，回收，再生②修理，修整③重调节④重车〔削〕，重磨

reconditioner ①调整机②（油的）净化装置，再生装置
card ~ 卡片调整机

reconditioning ①修理，模孔修磨，重磨，重车，重调节，重新激活，整新，再处理，回收②反复条件脱溶
dry ~ 旧砂过筛处理
sand ~ 旧砂处理

reconfiguration ①再组合，重新组合②结构变换，重新配置，改变外形
dynamic ~ 动态再配置，动态重构
manual ~ 人工改变系统结构
manufacturing resource ~ 制造资源重构
off-line system ~ 脱机重组

reconnaissance ①侦察，搜索②勘测〔查，察〕，踏〔草〕勘，草〔采〕测，选线〔点〕，调查研究③侦察队〔车〕

radar ~ 雷达探空，雷达探测
reconnection 恢复原先接线，重新接入，再连接
reconstitute 重新构成，复制
reconstruct ①重建，再建，按原样修复②再现，重显
reconstruction ①重〔再，改〕建，翻修，改造②（影象等）再现，重显③改建物
general ~ 大修，翻修
hologram ~ 全息图再现
image ~ 图像重显，图像组成
line ~ 行重构
optical ~ 图像光学恢复
reconstructor 再现器
image ~ ①显像管，复像管②图像重显装置，图像组成器
reconversion ①再转换②恢复原状，复旧
reconvert 再变换
recooler 重冷却器，二次冷却器，预冷器
re-coordination （交通信号）连动的再开动
recopper 换铜，将导线换以铜线
record ①记录，录音②唱片，记录带，已录磁带③资料，数据
acetate ~ 醋酸纤维唱片
addition ~ 补充记录
beat ~ 差拍录音
cable ~ 电缆说明书，电缆配线卡
camera ~ 相片
chained ~ 连锁记录，链式数据
cinetheodolite ~ 电影经纬仪胶卷记录
coarse groove ~ 粗纹唱片
computer administrative ~ 计算机管理记录
contour ~ 轮廓图
current ~ 当前记录
cylindrical ~ 爱迪生式唱片录音
dual-groove ~ 双（纹）槽录音
dummy ~ 伪记录
duplicated ~ ①备份记录，双份资料②重复记录
film ~ 缩微胶片记录
fixed length ~ 等长记录
frequency ~ ①频率唱片（校准用唱片）②频率记录
gramophone ~ 唱片
histogram ~ 高速记录，摄影记录
home ~ ①寻的记录，引导数据，住所记录②原始记录，起始记录（记录链中的第一个记录）③内档
inventory ~ 财产目录登记
leader ~ 标题记录
long-playing ~ 密纹唱片，慢转唱片
LP ~ = long-playing ~
maintenance ~ 维修记录
master ~ ①主数据，基本数据②基本记录，不常变记录
microgroove ~ 密纹唱片
monophonic ~ 单声道唱片
no-home ~ 无原位记录，“无家”记录，无地址记录
nonpolarized return-to-zero ~ 非极性归零制记录
on ~ 留有记录的，公开发表的，有史以来的
original ~ 原始记录
owner ~ 主记录
performance ~ 运行图
phonograph ~ 唱片
physical ~ 实际记录
reference ~ 参考记录，（编辑程序的）编辑记录
RZ ~ 归零（制）记录
semifixed length ~ 可变长度的定长记录
source ~ 源记录，原始记录
standard playing ~ 标准唱片（每分钟78转），普通唱片
strip ~ 条纹记录
terminator ~ 终结符记录
trailer ~ 后续记录，后续资料，尾部记录（为前面各组记录所共有的尾部），总结记录
trend ~ 趋势记录
undefined ~ 未定界记录，不定长记录
unformatted ~ 无格式记录
unit ~ 单元记录，穿孔卡片
wax ~ 蜡盘录音（法）
recordance 记录
record-at-a-time-processing 每次处理一个记录
recorder ①录音〔像〕机，记录器，印码电报机，自动记录仪②录音〔像〕员，记录员
adjustable-span ~ 可调（测量）间隔记录器，可调（电压）范围自动记录器
air-distance ~ 飞行距离记录器
all solid-state type digital ~ 全固态数字录音机
audio-card ~ 磁卡录音机
audiopage ~ 音频页录音机
audiotape ~ 磁带录音机
automatic balance display ~ 自动平衡显示记录仪

automatic hysteresis loop ~ 磁滞回线自动记录器
automatic level ~ 自动电平记录器
automatic pattern ~ （天线）方向性图自动记录器
battery-fed ~ 电池式录音机
bell ~ 浮钟计压器
binaural ~ 双声道录音机
carbon dioxide ~ 自动记录 CO_2 气体分析仪
carbon monoxide ~ 一氧化碳记录器（记录其在空气中的含量）
cartridge video tape ~ 卡盘式录像机
cassette tape ~ 盒式磁带〔暗盒式狭带〕录音机
cathode-ray ~ 阴极射线记录器
chopper-bar ~ 点线记录器
circle diagram ~ 圆图记录仪
collision pulse ~ 碰撞脉冲记录器，汽车“黑盒子”
colo(u)r mobile video tape ~ 彩色磁带录像车
combustion ~ 记录式燃烧室气体分析仪
commercial data ~ 大量生产数据自动记录器
computer display ~ 微机型显示记录仪
continuous line ~ 带状记录器
course ~ 航向记录器
data ~ 数据记录器，自记式仪表
DCC（~）（=digital compact cassette ~）数字盒式磁带录音机
delay ~ 延时记录器
demand ~ 需量记录器
depressor bar type ~ 打点记录器
dictaphone ~ 唱片式录音机
differential ~ 压差记录器
differential pressure ~ 自动记录差动压力计，差压自动记录仪
digital compact cassette ~ 数字盒式磁带录音机
digital event ~ 数字式记录器
digital video ~ 数字录像机
digital flight data ~ 数字式飞行数据记录器
digital video tape ~ 数字磁道录像机
dionic ~ 导电率记录仪
disk ~ 唱片录音设备，翻片机，唱片录音机
distance ~ 遥测记录器，航向自记器，步测仪，计距器，里程表
dotting ~ 打点式记录器
double-chart ~ 双表〔自动〕记录器
double-track ~ 双轨录音机
drum ~ 磁鼓记录器
dual pen ~ 双笔记录仪
dual-track ~ 双轨〔双声迹〕录音机
dual-track tape ~ 双轨磁带录音机
dynamic ~ 动态记录器，动力记录器
eccentricity ~ 偏心记录仪
editing videotape ~ 编辑用磁带录像机
electromagnetic ~ 电磁录音机
electromechanical ~ 机电译码记录器
electronic video ~ 电子式电视录像机，电子视频记录装置
endless tape ~ 循环磁带录音机
engine speed ~ 发动机转速表
facsimile ~ 传真记录器
film ~ 胶片记录器，影片录制器
focus sunshine ~ 聚焦日照计
galvanometer ~ （录音用）电流计式调光机，检流计记录器（摄影记录）
gamma-ray thickness ~ γ 射线测厚仪
governor valve position ~ 调节阀行程记录仪
graphic ~ 图解记录器
graphic train ~ 列车运行图记录器
half-track ~ 半轨〔双磁迹，半声道（磁带），双声道（磁带）〕录音机
helical scan video ~ 螺旋扫描录像机
helical video tape ~ 螺旋扫描磁带录像机
helix ~ 螺旋扫描录像机
high definition video tape ~ 高清晰度录像机
histogram ~ 无线电遥测记录器〔摄影机〕
home ~ ①家用录音机②局内收报记录器
impulse ~ 脉冲自动记录器
incremental ~ 步〔级〕进记录器
indicating ~ 指示记录器
ink ~ 印码机，带墨水〔带涂料，自动图示〕记录仪，绘制记录器
instrumentation ~ 模拟记录器
intermittent ~ 间歇〔打点式〕记录器
isodose ~ 等剂量记录器
kinescope ~ （电视）屏幕录像机
laser ~ 激光录制器
laser beam ~ 激光录入机
laser-beam COM ~ 激光束计算机输出缩微摄影机
level ~ ①自记水位计②电平记录仪，能级记录仪
lightning ~ 雷击记录器
line ~ 划线式自动记录仪
longitudinal video tape ~ 纵向（磁迹）磁带

录像机
long-term tape ~ 长时间磁带录像机〔录音机〕
loop tape ~ 循环磁带录音机
magnetic ~ 磁录音机，磁〔性〕记录器
magnetic drum ~ 磁鼓记录器
magnetic oxygen ~ 磁力测氧仪
magnetic tape ~ 磁带录音机，磁带记录器
magnetic transient ~ 磁性瞬变过程记录器
memory ~ 存储式记录仪
microfilm ~ 缩微（胶片）拍摄机
micromation ~ 微型记录器
mileage ~ 里程记录器，里程表
mobile videotape ~ 移动式磁带录像机，磁带录像车
monoaural track ~ 单声道录音机
monophonic ~ 单声道录音机
multi-audio-track video tape ~ 多声迹〔多路伴音〕磁带录像机
multichannel ~ 多声道录音机
multiple X-Y ~ 多路 X-Y 记录器
multipoint ~ 多信道〔多点式〕记录器
multitrack tape ~ 多轨磁带录音机，多磁迹录像机
narrow-span ~ 低压记录器
one-and-half head video tape ~ 1.5 磁头磁带录像机
optical sound ~ 光学录音机
outboard ~ 外围记录器
oxygen ~ 电磁测氧仪
pen ~ 笔尖〔描笔式〕记录器
pen-and-ink ~ 自动收报机，自动（笔墨）记录器
phonograph(ic) ~ 录音机
photographic ~ ①屏幕录像机②胶片记录器
photographic(al) sound ~ 光学录音机，影片录音机
photopen ~ 光电笔记录器
polar diagram ~ 极坐标记录器
potentiometer ~ 自动记录电位差计，电势计式记录器
power ~ 功率自记器
printing rate ~ 打点记录式校表仪
probability distribution ~ 概率分布测试仪
profile ~ ①表面粗糙度记录器②地表平面度记录仪
pulse code modulation ~ 脉（冲编）码调制录音机〔记录器〕
quadrosonic ~ 四声道录音机
quadruplex television tape ~ 四磁头磁带录像机
quadruplex videotape ~ 四磁头磁带录像机
radio ~ 收录两用机
radio cassette tape ~ 盒式收录两用机
ratio ~ 比例记录器
receiver ~ 二级记录器
reel-to-reel ~ （开）盘式录音机
relay-type ~ 继电式自动仪表，继电器式记录器
remote ~ 远距离记数〔录〕器
rotate digital audio tape ~ 旋转磁头式数字录音机
scanning ~ ①扫描记录仪②带材边缘定位仪
scratch ~ 划痕〔划针式〕记录器
seismic ~ 地震记录器
siphon ~ ①波纹收报机②虹吸印码机，虹吸记录器
siphon rainfall ~ 虹吸式雨量计
sound-on-film ~ 胶片录音机
steel-tape ~ 钢〔磁〕带录音机
stereo ~ 立体声录音机
stereo radio ~ 立体声收录机
stereo-tape ~ 立体声磁带录音机
stockline ~ 料线记录器
strip chart ~ 长图记录仪
strip-chart ~ ①长条记录纸式记录表，长图式记录仪②多带录音机
sunshine ~ 日照计
surge-voltage ~ 过电压记录器
telex signal ~ 用户电报信号记录仪
tipping-bucket rainfall ~ 翻斗式雨量计
twin-track ~ 双轨录音机，双磁迹录音机
two-head video tape ~ 双磁头磁带录像机
two-track ~ 双声迹录音机，双声道录音机
undulation ~ 波度仪
variable-area ~ 可变宽度〔调变面积式〕录音器
variable-paper-speed ~ 可变纸带速率记录器
vehicle event data ~ 行车记录仪
vertical-gust ~ 垂直气流加速度计
video ~ 视频信号记录器，录像器
video cassette ~ 盒式磁带录像机
video disk ~ 视频磁盘录像机
video (magnetic) tape ~ 磁带录像机
videotape ~ 磁带录像机
watch rate ~ 校表仪
wire (type) ~ 钢丝录音机

X-Y ~ X-Y 记录仪
recorder-controller 记录 - 控制器
recording ①存储，记录，录音②唱片，录音磁带〔胶片，节目〕③录像
actual ~ 正式录音
after ~ 后期录音（法）
alternate-field ~ 隔场录像
alternating current biased ~ 交流偏置录音法
analog ~ 模拟记录，模拟存储
carbon pressure ~ 碳压记录法
clinical television ~ 医用电视录像
close-perspective ~ 近摄，近拍
colo(u)r ~ 彩色录像，彩色热塑录像（用单电子束同时记录三基色信号）
colo(u)r kinescope ~ 彩色显像管记录，彩色屏幕录像
constant amplitude ~ 恒幅刻度
constant current ~ 恒流录音（方式）
constant linear velocity ~ 定（线）速录音法
constant-velocity ~ 恒速记录（机械型），恒速录音
contour ~ 等强录音
direct videotape ~ 直接磁带录像
distant ~ 远距记录
double system sound ~ （用录音机与摄影机）声像同步录制系统
double-track ~ 双轨迹录音
electrographic ~ 电记录，示波记录
electrolytic ~ 电解液记录法
electrosensitive ~ 电火花刻蚀记录（法），电敏（火花刻蚀）记录法
electronic video ~ 电子录像
electrostatic ~ 静电记录（法）
embossed groove ~ 压刻式（唱片）录音（法）
field television video ~ 场〔半帧式〕电视录像
film TV ~ 胶片电视录像，电视屏幕录像
frame television video ~ 帧电视录像
frame-by-frame picture ~ 逐帧录像（法）
gramophone ~ 唱片录音
groove ~ 翻片，机械录音
group coded ~ 成组编码记录
helical ~ 螺旋〔线〕扫描记录（法）
hill-and-dale ~ 深划〔垂直，竖向〕录音
ink mist ~ 印迹记录
instantaneous ~ 即时〔现用〕录音
kinescope ~ 屏幕录像
lateral-cut ~ 横刻录音
live ~ 现场录音，（电影声画）同期录制
location sound ~ 外出录音
longitudinal ~ 纵向记录
magnetic ~ 磁记录
master ~ 主盘录音，声底录音
microgroove ~ 密纹录音
monochrome ~ ①单色信号记录②黑白录像
multitrack ~ 多轨〔多迹，多声道〕录音
music ~ 音乐录音
nonreturn-to-reference ~ 不归零记录
nonreturn-to-zero ~ 不归零制记录
nonreturn-to-zero change ~ 非归零变化记录方式
nonreturn-to-zero change on-one ~ 不归零按“1”变化记录
nonreturn-to-zero-mark ~ 非归零标志记录方式
non-volatile ~ 长时间记录
OB ~ （ = outside broadcasting ~ ）实况录音，实况录像
photosensitive ~ 光敏性记录
program(me) ~ 广播录音
rear program(me) picture ~ 背景节目录像
rectified ~ 整流信号记录
reference ~ 备查〔基准，监视〕录音
relay ~ 中继录音
return ~ 数字间有间隔的记录
return-to-bias ~ 归偏制记录，归零记录法
return-to-reference ~ 返回基准记录法，归零记录法
sound-on-sound ~ 双声迹录音
stereophonic ~ 立体录音法
tape ~ 磁带录音
television ~ 电视录像
thermoplastic ~ 热塑记录
two-level ~ 二级记录
variable-density ~ 疏密〔可变密度〕（制）录音
vertical ~ 垂直〔深刻〕录音
video tape ~ 磁带录像
recordist 录音〔像〕员
frame by frame picture ~ 分解法图像录制员
recoup 补偿，赔偿，扣除
recoupling 机械闭合与开断
recourse ①求助，求援②追索权
recover ①恢复，回复原状，退出螺旋②收回，回收（率），再生，分离，萃取，利用（废料）③补偿，弥补，赔偿④重新获得⑤重新装盖，改装封面

recoverability （可）恢复〔修复，复原〕性，可复性
recoverable 可收回的，可补偿的
recoverer 回收器
acid mist purifying ~ 酸雾净化回收器
recovery ①恢复（期），复位，矫正，还原，退出螺旋②收回，回收（率），再生，（废物）利用③回缩 ④分离，萃取⑤合金过渡系数，收获率〔量〕，采收率，（冷轧后）清除应力退火
automatic ~ 自动校正〔恢复，还原〕
crew ~ 船员恢复
dynamic crosstalk ~ 动态串音重建
elastic ~ 弹性复原
head ~ 压头恢复
on-board refilling vapor ~ 车载加油时蒸气回收（装置）
over ~ 过恢复
second line ~ 第二线中修(到修理车间中修）
shock ~ 激波〔压力〕恢复
skin ~ 再渗碳
slip ~ 空转回收
spontaneous ~ 自然恢复
static ~ 静态回复
suppression ~ 抑制恢复
timing ~ 定时恢复
waste ~ 废物回收
waste heat ~ 废热回收
water ~ ①排水利用，水回收②水蒸气的凝结
recovery(-)creep 回复蠕变，蠕变松弛
recrement ①废物，废品②浮渣，渣滓，铅渣③杂质
recruitment ①复原②招收〔募〕，补充
~ of loudness 强音复聪
loudness ~ 响度复原
recrusher （二）次（破）碎机
recrystal 再结晶
recrystallization 再结晶，重结晶
secondary ~ 二次再结晶
rectagraver （等粗直线和矩形）半自动刻图仪
rectangle 长方形，矩形，直角
rectangular ①矩〔长方〕形的②（成）直角〔正交，方格式〕的
rectangularity 矩形性
loop ~ 回线矩形性
rectenna 硅整流二极管天线
rectiblock 整流片
rectifiability 可矫性
rectifiable ①可矫〔修〕正的，可调整的，可精馏的，可整流的②可求长的，可用直线测度的
rectificate ①整流，检波②精馏③求长
rectification ①整流，检波②精馏，提纯③矫频④调整，校正⑤求长（法）
~ by leaky grid 漏栅整流，漏栅检波
absolute value ~ 绝对值整流
anode bend ~ 阳极整流（利用阳极特性弯曲部分整流）
biphase ~ 全波〔双相〕整流
cumulative ~ 聚积整流
cumulative grid ~ 栅极检波
dot ~ 点发光度增强（再现图像上亮度的非线性增强）
(electronic)(power) ~ （电力）（电子）整流
full-wave ~ 全波整流
grid ~ 栅路整流，栅漏〔极〕检波
grid-leak ~ 栅漏检波
half-wave ~ 半波整流
one-half period ~ 半波整流
resistance ~ 电阻（性负载）整流
simple ~ 简单〔板极〕检波
single-wave ~ 半波整流
video ~ 视频（信号）检波
rectificatus 〈拉〉精馏〔制〕的，矫正的，调整的
rectifier ①整流管〔器〕,检波〔精馏，矫正〕器，（高频）检波器，（高频）解调器②纠正仪
~ for contact protection 消除火花用〔接触保护用〕整流器
accumulator ~ 蓄电池（充电）整流器
aluminium ~ 铝（电解）整流器
atmospheric(al) arc ~ 大气弧整流器（用于高压大功率）
back-to-back ~ 推挽式整流器
bias ~ 偏压电路整流器
bidirectional silicon controlled ~ 双向晶闸管
biphase ~ 双相〔全波〕整流器
blocking-layer ~ 阻挡层整流器
bridge ~ 桥式整流器
cesium-vapour ~ 铯汽〔铯蒸发〕整流管
chemical ~ 电解整流器
cold-cathode ~ 冷阴极整流管
colloid ~ 胶质整流器
composite barrier ~ 复合阻挡层整流器
conductivity modulated ~ 电导率调制整流器
constant-voltage ~ 定〔稳〕压整流器

contact ~ 干式〔金属，接触〕整流器
controlled ~ 可控（电压）整流器
controlled avalanche ~ 受控雪崩整流器
Coopel-Hewitt ~ 汞整流器，古柏-修伊特整流器
copper (disk) ~ 氧化铜整流器
copper sulfide ~ 硫化铜整流器
copper-oxide ~ 氧化铜整流器
Cottrell ~ 科特雷尔整流器（高压小电流）
crystal ~ 晶体整流器，晶体检波器
crystal video ~ 晶体视频整流器
cuprous-oxide ~ 氧化亚铜整流器
Delon ~ 德龙整流器（一种高压整流器）
diametric ~ 全波整流器
differential ~ 差动整流器
discharge-tube ~ 充气〔放电〕管整流器
disk-type ~ 干式〔金属〕整流器
double-way ~ 三相桥式线路整流器
double-Y connected ~ 双星形联结整流器
dry ~ 干片〔固体，金属〕整流器
electrolytic ~ 电解液整流器
electronic contact ~ （电子）接触整流器
(electronic)(power) ~ （电力）（电子）整流器
embedded ~ 堆〔叠片〕式整流器
end cell ~ 末端电池整流器
epitaxial silicon controlled ~ 外延硅控整流器
flat-base ~ 扁平接触冷却的整流器
focus ~ 聚焦整流器
full-wave ~ 全波整流器
full-wave mercury ~ 全波汞弧整流器
gaseous ~ 充气管整流器
gas-filled ~ 离子整流器〔闸〕
gate-controlled ~ 栅可控整流器
germanium ~ 锗整流〔检波〕器
glass-bulb ~ ①汞弧整流器②玻璃壳整流阀
glow cathode ~ 辉光阴极整流器
Gretz ~ 桥接〔格列茨〕全波整流器，桥式整流器
grid-controlled ~ 闸流管，栅极控制整流器
half-wave ~ 半波整流器
half-wave diode ~ 半波二极管整流器
half-wave thyristor ~ 半波晶闸管整流器
heavy-duty ~ 强功率整流器，强力〔大功率〕整流管
high-voltage ~ 高压整流器
hold-off ~ 偏压（电源）整流器
hydrogen-filled ~ 充氢整流管
ignition ~ 均匀点火器，引燃〔点火〕
insulated gate ~ 绝缘栅整流器
iron-container ~ 铁壳整流器
jet-wave ~ 射波〔喷汞静止〕整流器
light activated silicon controlled ~ 光控硅可控整流器，光控晶闸管，光激晶闸管
liquid ~ 液体〔电解〕整流器
magnesium-copper sulphide ~ 镁-硫化铜整流器
magnetically controlled superconducting ~ 磁控超导整流器
Marx's type gap resistance ~ 马克斯放电间隙式整流器
mercury ~ 水银整流器
mercury pool ~ 汞弧整流器
mercury-arc ~ 汞弧整流阀〔器〕，汞弧管
mercury-jet ~ 汞流整流器
mercury-tank ~ 汞弧〔槽〕整流管
mercury-vapo(u)r ~ 水银整流器，汞弧整流管〔器〕
metal(lic) ~ 金属〔干片，半导体〕整流器
metal-tank mercury-arc ~ 金属槽汞弧整流器
multibulb ~ 多管臂（汞弧）整流器
multiple ~ 复合电路整流器
multiple voltage ~ 多倍压整流器
natural ~ 晶体〔矿石〕检波器
nodon ~ 铝铅（电解）整流器（电解质为磷酸铵，铝为阴极，铅为阳极）
non-stabilized ~ 非稳压整流器
one-way (type) ~ 半波整流器
pendulum ~ 振动式整流器
perfect ~ 理想整流器
phase-regulated ~ 可控相位整流器
phase-sensitive ~ 相敏检波器，鉴相器
plate ~ 屏〔板〕极检波器，板极整流器，屏极电路电源整流器
pool-cathode ~ 汞弧（阴极）整流器
potential ~ 电位整流器
potential source ~ 电压源整流器
power ~ 电源整流器，整流电源，大功率整流器
pulsed ~ 脉冲整流器
pumped ~ 抽气式整流阀
pumpless (mercury-arc) ~ 无泵式汞弧〔水银〕整流器
Rectigon ~ 雷克契康整流器（钨氩管整流器）
regulated ~ 稳压整流器
RMS ~ 有效值整流器，方均根检波器〔整流器〕

rotary ~ 旋转整流机〔器〕
rotating silicon ~ 转动式硅整流器（放在发电机转子内作励磁整流用）
sealed ~ 密封式整流阀
seibt ~ 低压真空管全波整流器
selenium ~ 硒整流器
semiconductor ~ 半导体整流器
semiconductor-controlled ~ 可控半导体整流器
Seyfert ~ 赛弗特整流机（同步电动机用旋转式机械整流装置）
sheet ~ （带支持辊的）薄板矫直机
silicon ~ 硅整流器
silicon controlled ~ 硅控整流器
single-way ~ 单路〔半波〕整流器
slab ~ 平板整流器
snook ~ 旋转机械整流机，旋转回臂高压整流器
stabilized ~ 稳压整流器
stationary ~ 静止〔固定〕整流器
switching mode ~ 开关型整流设备
synchronous ~ 同步整〔变〕流机
tank ~ 铁壳（汞弧）整流器
three-phase ~ 三相整流器
thyristor ~ 晶闸管整流设备
transition ~ 过渡（整流）阀
tungar ~ 钨氩〔吞加，充电整流〕管
tunnel ~ 隧道整流管
uncontrolled ~ 非稳压整流器
unregulated ~ 非稳压整流器
valve ~ 电子管整流器
vapo(u)r ~ ①汞弧整流器②蒸汽精馏器
varistor ~ 非线性电阻整流器
voltage-doubling ~ 倍压整流器
voltage-multiplying ~ 电压倍增整流器，倍压整流器
wye ~ Y〔星〕形全波整流器

rectiformer 整流变压器
rectifying ①改正，矫正②整流，检波③精馏，提纯④调准⑤（曲线）求长
cold ~ 冷轧
rectigon 热离子气体二极管
rectilineal = rectilinear
rectilinear ①直线性的，直线运动的，直线组成的，用直线围着的，无畸变的②环箍筋
rectilinearity 直线性
rectiplex 多路载波通信设备
rectistack 整流堆
rectometer ①精馏计②挂布〔绸〕机（手工量布叠布工具，用于丝绸等珍贵织物）
rector 氧化铜整流器
rectoscope 直肠镜
rectron 雷克管，电子管整流器
rectum 〈拉〉直（线）的
recu(i)le = recoil
recuperability 恢复力，可回收性
recuperation ①恢复，复原，挽回，弥补②再生，回收③同流换热（法），同流节热（法），间壁，换热，蓄热，继续收热（法），余热利用，再生利用法
recuperative ①反馈〔回授，复原，再生〕的②同流〔间壁〕换热的，有保热装置的，复热的
recuperator ①同流〔隔道，间壁，回流〕换热器，能量回收器，废油再生器，蓄热器②复进机
recur ①回想，回到②复现，再现③循环，递归
recurrence ①递推，递归②循环，重复，复现，再发生③再熟化
recurrent ①复现〔再现，周期，循环〕的②递归的③经常发生的，周期性发生的
recursion ①循环，递推，递归②回冲击，回击③后坐力④返回⑤回程
linear Boolean ~ 线性布尔递归
recursive 递推的，递归的，循环的
recursiveness 递归性
~ of stack automation 栈自动机的递归性
recurvate 反弯（曲）的，向后弯的
recurvation 反（向）弯（曲）
re-cut 重切（削），再切（削），再挖
recutter 第二次切碎装置
recutting （模具的）修理，修整
recycle ①再循环，重复利用，再生②压延
~ back 反向循环
recycling 再循环，（重）复循环
internal ~ 内部循环
red ①红（色）的②赤（热）的，烧热的③（磁石）指北（极）的④磁铁北极
~ Fox 雷德福克斯镍铬耐热耐蚀钢（多种类型，例 310 型：*w*（C）0.2%，*w*（Cr）25%，*w*（Ni）21%，其余 Fe）
first visible ~ 波长最长的可见光
glowing ~ 红热
jeweller's ~ （红色）饰金磨粉
lead ~ 红丹
redact ~ 编辑，修订，（输入数据的）校编
redaction ①编辑，校〔修〕订②修订〔新版〕本
redar 红（外）光测距仪

redeem 缓冲，阻尼，熄灭
redefine 重新定义，再定义
redemption ①缓冲，阻尼，熄灭②修复，补救，恢复，改善
redented 齿的，锯齿形的
redeposition 再沉淀
reder = redar
redesign 重新设计，重算，重建
redetermination 新定义，重新确定，重新测定
redevelopment ①改建，复兴，再发展②再显影，照相加厚
red-hardness 热硬性，红硬性
redial （电话）重拨
automatic ~ 自动重拨
rediffusion ①（无线电或电视节目接收后的）播放，转播，电视放映②（英国）有线广播
~ on wire 有线广播，有线电视〔转播〕
redirecting 重新定向，改变方向
redistribution （电荷）重新分布，重新分配
redix 环氧树脂
redline 划掉，取消
redo ①再循环②改写，再做
redouble ①（再）加倍，加强，倍增，激增，增添，重复②再做③重折，重叠④反响
redox 氧化还原（作用）
redoxite 氧化还原树脂
red-pencil 检查，删除，改正，修正
redrawing ①再拉拔，多级拉深②回火
dies ~ 重复拉模
inside-out ~ 反向再拉延，反拉延
reverse ~ 反向再拉延
Redray 镍铬合金（*w*（Cr）15%，*w*（Ni）85%）
redress ①调整，矫正，纠正，修整，重车，（轧辊）重磨，补偿〔救，正〕②重新穿上，重新修整③使再平衡
redresser （高频）检波器，（高频）解调器
redrilling 重新钻孔
redrive 重打（桩），重钻进
redsear 热脆（的）
red-short 热脆的
Redstone "红石"导弹
reduce ①缩减，减少，降低②简化，约掉，还原，约分，通分，换算，折算③处理，整理④压延，轧制，（横断面）减缩⑤归一化
reduced ①减缩的，经压缩的，减小的，简化的，下降的②换算的③还原的④轧制的
~ to vacuum 折合到真空（值）
as-cold ~ 冷轧成的
reducer ①减压〔速，振〕器，减压阀②异径管节，变径接头，缩节管，渐缩管③扼流圈，节流器④还原器，还原剂，减黏剂⑤简化器，简约器⑥切碎器⑦粗纱机，练条机
air ~ 气压减压器
automatic data ~ 自动数据简化器
bell and spigot ~ 承插式大小头
concentric ~ 大小头
cone ~ 铁炮式粗纱机
conic ~ 锥齿轮减速器
cutting ~ 等密度减薄液
cylindrical ~ 正齿轮减速器
dandy ~ 二道粗纱机
data ~ 数据变换器，数据简化器
eccentric ~ 偏心异径管接头
expansion ~ 起痂（铸造缺陷）
gill ~ 针梳练条机，针梳粗纱机
heliocentric-type ~ 行星齿轮减速装置
intensity ~ 减强器
interference ~ 干扰抑制器
motorized ~ 带电动机的减速器
noise ~ 消声器
packaged ~ 小型减速机
pin-cycloid planetary ~ 摆线针轮减速器，针轮行星减速器
pressure ~ 减压器
seed flow ~ 种子流节流器
self-flow ~ 自流式节流阀瓣（芯）
shock ~ 减振器，缓冲器，缓冲装置
slab ~ 初轧板坯齐边压力机
speed ~ 减速器
street ~ 单向联轴器的减速器
stretch ~ （管材的）张力减径机，拉力减径机
tailing ~ 减尾剂
union ~ 渐缩管接头
vacuum-operated load ~ 真空下降负荷限制器
viscosity ~ 减黏剂
worm ~ 蜗轮减速器
reducibility ①还原性，还原能力②可约性，可归性
flow graph ~ 流向图可约性
reducible ①可缩小的，可减少的②可简化的，可约的③可还原的
reducibleness ①可还原性②可简化性，可约性③可折合性，可折算性④可磨碎性，可粉碎性⑤可减低性
reducing ①减低，减速，缩小②还原③简化④折合

hot ~ ①热压缩②热轧
stretch ~ （钢管的）张力减径，拉力减径
tube ~ 减径

reductant 还原剂
viscosity ~ 减黏剂

reductibility 还原性

reduction ①缩减，压延，减薄，减小，减速②简化，通分，约简③处理，整理，换算，变换，归算，归并④还原
~ in pass 道次压下量
~ in tooth thickness 齿厚减薄量
~ of a fraction 约分
~ of a transformation 变换的简约化
~ of area ①面积缩小②断面收〔压〕缩率
~ of base television bandwidth 电视基频带宽压缩
~ of cross-sectional area 断面收〔压〕缩率
~ of data 信息简缩变换，信息简化，数据处理〔还原〕
~ of detection efficiency 检波效率降低
~ of edge 轧边
~ of heat 减热
~ of porosity 孔隙度降低
~ per area （轧件通过轧辊的）每道次压下量
~ per pass （轧件通过轧辊的）每道次压下量
~ to center 归心计算
~ to standard conditions 归算至标准条件
area ~ 断面减缩率，减面率
articulation ~ 清晰度降低
automatic data ~ 自动数据简化
catalytic converter ~ （发动机）催化转化器还原
cold ~ （减厚）冷轧，冷压缩〔碾压〕,(管子)冷减径
cold-rolling ~ 冷轧压缩（量）
contrast ~ 对比率缩小
data ~ 数据简缩〔整删，处理，简化，变换〕
digital audio coding with bit rate ~ 数字音频压缩编码
dimensionality ~ 降维
direct ~ 直接归约
Dolby noise ~ 杜比降噪
dual-ratio ~ 双减速比机构
edge ~ 侧边压缩
electrolytic ~ 电解还原
excitation ~ 减励磁
field ~ 场衰减
forging ~ 镦粗
gain ~ 增益衰减
Goldschmidt thermit ~ 金属热还原法
idle state signaling ~ （通信）闲置期间信令缩减
intermediate ~ 中间归约
light ~ 小压下量
matrix ~ 矩阵简化
maximum power ~ 最大功率下降
noise ~ 噪声降低，降噪
non-selective catalytic ~ （发动机）非选择式催化还原
observation ~ 实验结果归化，观察结果处理
off-line data ~ 独立数据处理
on-line data ~ 在线数据处理，联机数据简化
overall ~ 金属总压下量
over ~ 过度还原〔缩小，简化〕
percent ~ 还原率，压缩率
performance ~ 性能下降，特性归化
powder ~ 粉末还原
power ~ 功率减小
pressure ~ ①压（力）降（低），电压下降，减压②节流
prime phrase ~ 素短语归约
real-time data ~ 实时数据简化
redundancy ~ 冗余（度）压缩
result ~ 测量结果归化，实验资料处理
size ~ ①减缩尺寸②打小，磨〔粉，研，破〕碎
sizing ~ （管材定径时的）减径（量）
stagnation pressure ~ 总〔滞止〕压力减小
state ~ 状态简化（简化开关函数的方法）
strand ~ 铸坯轧压（连铸）
successive ~ 逐次简化
supplementary ~ 副减速器
telemetry data ~ 遥测数据处理
vacuum-thermal ~ 真空热还原

reduction-gear 减速齿轮

reductive ①减少〔小〕的，缩小〔减〕的②还原的，恢复的③还原剂，脱氧剂

reductor ①（减速齿轮）减速机，减速齿轮传动②还原器③减压器④缩放仪⑤变径管⑥电压表附加电阻
rear axle ~ 后桥减速器，后（输）轴减速器

Redulith 含锂的合金

redundance = redundancy

redundancy ①多余，过剩，累赘②多余信息，多余〔剩〕度③重复④超静定（性）⑤冗余码〔位〕
active ~ 主动〔有源〕备份，主动〔常用〕冗余

code ~ 码剩〔冗〕余度
incremental ~ 增量冗余
modular ~ 模块冗余度
process ~ 加工余量
stand-by ~ 备用位〔码〕
triple modular ~ 三重模件冗余
redundant ①多余〔冗余，累赘，重复〕的②超静定的③多余信息部分④冗余码，冗余位
statical ~ 静力多余约束
reduplicate 重复，加倍
reduplication 重复加倍
reduster 再除尘器
Redux 树脂黏结剂
redye 复染，复涂（漆）
reecho 再反射，再回音，（回声）反射
reed ①衔铁②舌簧，簧片，振动片③内裂，钢板缝状夹渣，弯翘端裂缝（因较多凹痕或不适当弯翘张力引起），(pl.)（钢坯）梳状裂纹④（齿轮）导向键⑤（钢）筘⑥（爆破）导火线
angle ~ 斜齿筘
bastard ~ 不同齿密的筘
double mechanical ~ 双簧类
vibrating ~ 振簧，振动片
reeded 有沟的，有凹槽的，有折皱的
re-editing 再编辑
reef ①折叠②危险的障碍③矿脉
barrier ~ 可折叠铁栏
reefer 冷藏车，冷藏货船，冰箱
reek ①烟，雾，水蒸气②臭气③用烟熏，（用焦油）熏涂（钢锭铸模表面）④冒烟，冒水蒸气，散发
block ~ 雾状（伤痕）区
reeking 熏黑，钢锭模表面熏涂（用焦油熏涂铸模表面，使之附着煤烟）
reeky 冒烟的，冒水蒸气的，烟雾弥漫的，散发臭气的
reel ①卷筒〔轴，尺〕，线轴，绕线筒〔管，架，木芯〕，盘架②摇纱机，手纺车，纱〔丝〕框，绷架③（电缆，影片，磁带）盘，（磁带）卷④滚筒，鼓〔滑〕轮，转子，轮⑤卷〔退〕绕⑥压花〔纹，平〕⑦绞车〔盘〕，卷取机
bolting ~ 转筒筛
cable ~ 卷索轴，缆索卷筒，电缆卷筒
cam-action ~ 偏心拨禾轮
cartridge-enclosed tape ~ 盒式磁带卷
check-wire ~ 尺度索卷绕轮
closer ~ 合绳机工字轮
coiling ~ 带材卷取机
collecting ~ 滚筒式捡拾器，捡拾滚筒
cone-type feed ~ 定心圆锥式开卷机
delivery ~ 松卷机
drum ~ 筒式卷取机
feed ~ ①开〔拆〕卷机，进料卷取机②进给卷盘，供带盘
file ~ ①一盘文件带②磁带馈给卷轴
finger ~ 搂齿式拨禾轮
flat-rope ~ 扁钢丝绳绞轮
floor ~ 地上卷取机
friction ~ 辊筒式卷纸机
Garret ~ 加勒特式小型型钢〔线材〕卷取机
hank ~ 摇绞机
hot-strip ~ 热轧带钢卷取机
Koepe ~ 戈培轮，摩擦轮
laying ~ 伊登堡式线材卷取机，铺料〔中心出料〕式卷线机
laying-up ~ 合绳机工字轮
machine ~ 机器磁带盘（机器上的磁带盘，一般不取下）
mandrel payoff ~ 卷筒式开卷机
measuring ~ 卷尺
meter wrap ~ 纱框测长机
multifile ~ 多文件磁带卷
oval ~ 椭圆卷轴，椭圆绕线轴
payoff ~ 开卷机，拆卷机
pick-up ~ （捡拾器的）捡拾轮
pocket size ~ 袖珍带盘
Pope ~ Pope 表面卷纸机
pouring ~ 侧出料式线机，加勒特式线材卷取机
power ~ 带钢卷取机，动力摇纱机
pull ~ 张力卷取机
raking ~ 搂集轮，搂集滚筒
ribbon ~ 带材卷取机
roller ~ 辊式卷取机
scrap ~ 废料卷取机
shifting winding ~ 浮动式卷取机（可沿轴向移动）
single ~ 单面摇纱机
skein ~ 摇纱绞机
spider ~ 十字形卷线轴
spreading ~ 撒布轮，抛撒轮
stack ~ 轴式卷纸机
stock ~ 棒料架
supply ~ 绕线车，（录音）供带（轮）盘
take ~ ①卷带盘（录音）②卷线车，卷线筒，卷线盘③取出卷轴

take-up ~ 接收（磁带）盘
tension ~ 张力卷筒
thin-stock ~ 小型型钢卷取机
uncoiling ~ 开卷机，拆卷机
unwind ~ 开〔拆〕卷机
winder ~ 卷取机
winding ~ ①卷〔绕〕线筒②辊式卷线机
wire ~ 绕线盘，焊丝盘
wire-drawing ~ 拔丝工字轮（细丝用）

reelability 可绕性

reelable 可卷〔绕〕的

re-electrolysis 再〔二次〕电解

reeler ①卷取〔拆卷，开卷〕机②（轧管用）均整机，矫正机

reeling ①压花，压纹②压平，滚压，矫直③卷，绕④摇丝，绕丝⑤划槽
strip ~ 带材卷取成卷

re-emission ①二次辐射，次级辐射②再发射，二次发射

re-energised 重获活力

reenergization 重振

reenergize 重供能，重新激励，使又通上电流

re-enforced ① = re-inforced ②增强的，加固的

reenforcement = reinforcement

re-engage ①重新接入②再（啮）合

re-engagement ①再联锁〔啮合〕②再次投入〔起动〕

reengined 换过发动机

re-engineering 重〔改〕建，再设计，企业再造
business process ~ 业务流程再造，业务流程再设计

reenterability 可重入性

reenterable 可重新进入的

re-entering 再入，再返

reentrant ①再进入的②凹腔的③凹腔型（微波管结构）

reentry ①再进入②重返大气层

re-equip 重新装备

reerection 重新组装

re-evacuation 再抽空〔汲出，排出〕

re-evaporation 再汽化〔蒸发〕

reeving 支索（由卷筒或滑轮绕出来的）
~ of pulley block 滑轮组倍率

reexpansion 再〔重复，二次〕膨胀

refabrication 再制备〔制造，加工〕

reface 修面，（阀面）重磨，更换衬面，更换摩擦片（如离合器）

refacer 光面器，磨光机，表面修整器

valve ~ 阀面磨光机，阀研磨机

refacing ①（表面，阀面）重磨，修整表面②更换衬面〔摩擦片〕

refer ①涉及，折合，参考②访问（存储器），用户访问③把…归类于，认为起源于

referable ①可归〔起〕因于…的，与…有关的②可交付的③可参考〔看，阅〕的④可涉及的

reference ①参考文献〔资料，书目〕②标准，基准，依据③坐标，参考（物），标记，访问（存储器）④引用⑤证明〔推荐，鉴定〕书⑥读数起点，起始位置，起始条件⑦参考的，基准的
~ of reference 基准的基准
~ to storage 访问存储器
absolute ~ 绝对引用
array element ~ 数组元素引用
chrominance-carrier ~ 彩色载波（频率）基准，彩色载波标准，色度载波基准信号
clipping ~ 限幅基准（电平）
computer-assisted ~ 机助查阅
cross ~ ①相互对照引用，前后〔相互〕参照②交叉〔相互〕关系
file ~ 文件访问，文件引用
fixed phase ~ 固定相位基准
frequency ~ 基准〔标准，参考〕频率
function ~ 函数引用
global variable ~ 全程变量引用
independent ~ 独立引用
input ~ ①输入访问②输入基准值
integrated ~ 累积反射
irregular ~ 乱反射，不规则反射
master ~ 原始基准，主基准
message ~ 信息访问
message output ~ 收报参数
multiple repeated ~ 多次重复访问，多次重复引用
non-coherent ~ 非相干基准
non-retained ~ 不被保留的参比物，无保留值的参比物
no-valid ~ 无效引用
output ~ 输出访问
permanent ~ ①标准②校准器③标准源
phase ~ 相位基准
qualified ~ 限定引用
roll axis ~ 滚动轴基准
selected ~ 选定基准（脉冲）
structure ~ 结构访问〔引用〕
subprogram ~ 子程序引用

subroutine ~ 子程序引用
symbolic ~ 符号访问，符号引用
system clock ~ 系统时间基准
terminal ~（接线）端子标记
three-axis ~ 三轴基准
timing ~ 时间基准标记，时间控制标记
upward ~ ①向上引用②向上基准
variable ~ 变量引用
voltage ~ ①电压基〔标〕准②基准〔参考〕电压
waveform ~ 波形依据，波形基准
white ~ 基准白（色）

referent （涉及的）对象，讨论目标，被谈到的事物

referential 参考（用）的，作为参考的，咨询的，对…有关的

re-FIFO 重新进行先进先出，再先进先出

refigure 重新描绘〔塑造，表示，计算〕，恢复形状

refile ①重锉②再传送

refill ①再装满，再填满，补充②在铸型中补浇金属，新补充物，再装品，替换物

refiller 注入装置，加油装置，注入器

refine ①提纯，精制，精炼②细化③改良，改善④清扫〔除，理，洗〕，澄清⑤加工

refinement ①净化，精制，精炼②改进，改善③细化④细致，精致⑤经过改进的装置〔设计〕
grain ~ 晶粒细化（法）
stepwise ~ 逐步求精法
thermal ~ 提高热经济性，热力设备的改进

refiner ①精制〔炼，选，磨〕机，提纯器，精磨机②匀料〔匀浆，磨浆〕机，磨浆机③（玻璃窑）澄清带
ball mill ~ 球磨精研机
Bauer ~ 鲍尔双动盘磨机
conical ~ 锥形（纸浆）精制机
continuous zone ~ 连续区域精炼炉，连续区熔炉
crossflow zone ~ 纵横〔正交〕流动区域精炼〔提纯〕炉，正交流动区域提纯器
disc ~ 盘磨机，圆盘磨
Eureca ~ Eureca 磨浆机
grain ~ 晶粒细化剂
Jordan ~ ①约旦式旋转精研机②锥形磨浆机
reciprocating ~ 往返互换提纯器
solar zone ~ 太阳能区域精炼炉
three-component ~ 三元系区域精炼炉
three-stage ~ 三段区域精炼炉
transport ~ 熔区传输精炼炉
triple withdrawal ~ 三重回收区域精炼炉
zone ~ 区域精炼炉〔熔炼器〕
zone-void ~ 熔区空段精炼炉

refinery 精炼〔精制，提炼〕厂

refining ①精炼，精制，提炼，熔炼②调质③匀料，匀浆
air ~ 精炼（使金属物还原），吹炼
batch zone ~ 分批区熔提纯
blister ~ 粗〔泡〕铜精炼
cage zone ~ 笼式区熔提纯
case ~ 渗碳层细化淬火
complete set for oil ~ 油脂精炼成套设备
core ~ ①（渗碳工件的）核心细化处理②细化渗碳件心部组织的淬火（或正火）
electrolytic ~ 电解提纯
electronickel ~ 镍电解精炼
electroslag ~ 电渣精炼〔重熔〕
furnace ~ 炉内精炼
grain ~ 细晶化，晶粒细化
hammer ~ （晶粒）锻压纯化
heat ~ ①（晶粒）加热细化②调质处理晶粒细化处理
horizontal-boat zone ~ 水平舟区熔提纯
kettle ~ 锅精炼（低熔点金属）
ladle ~ 桶中精炼（脱除铬、磷、硅、钒等）
liquation ~ 熔析精炼
mechanical ~ 加工退火，机械调质
microscale zone ~ 微量区域精炼
multipass zone ~ 多次通过区域精炼
multiple zone ~ 多熔区区域精炼
preliminary fire ~ 预先火法精炼，初步火法精炼
pseudo-continuous zone ~ 假连续区熔提纯
pyrometallurgical ~ 火法精炼
spray ~ 喷吹精炼（向铁流吹氧及石灰粉、铁矿粉等）
stepped ~ ①分段精炼，分级精炼②分级调质
thermal ~ 热精炼，调质处理
top-blast ~ 顶吹氧精炼
vor ~ （钢）真空氧化〔吹氧〕精炼
zone ~ 区域提纯法，区域熔炼

refinishing 精制，整修

refit(ting) 整修，修理，改装，重新装配

reflect ①反射〔映，光〕，弹回，折回②有影响，有关系

Reflectal 锻造铝合金，反射铝合金（*w*（Mg）0.3% ~ 1%，其余 Al）

reflectance ①反射②反射率〔能力,系数,比〕,反光度
amplitude ~ 振幅反射率
apparent ~ 表观反射比
background ~ 背景反射（性能），基底反光（能力）
diffuse ~ 漫反射系数
direct ~ 定向〔单向〕反射比
directional ~ ①定向反射比②（光）定向反射系数
luminous ~ 光反射比,光反射系数,视感反射能力
radiant ~ 辐射反射比
regular ~ 正常〔单向〕反射率
spectral ~ 光谱反射比
reflected 反射的
reflectible 可反射〔映出〕的
reflecting 反射的
reflection ①映象，反射，反映，倒影②反映物,反射波〔热,作用〕③折射,偏转④考虑,思考，见解
back ~ 背反射，背射法
diffuse(d) ~ 漫反射
direct ~ 定向〔镜面，单向〕反射
frustrated ~ 受抑反射
glide ~ 滑移反射
heat ~ 热反射能力
ion ~ 离子反射〔弹〕
ionospheric ~ 电离层反射
multipath ~ 多重反射
normal ~ 正反射
plane ~ 平面映射
reflex ~ 回复反射
regular ~ 正〔单向，规则，镜面〕反射
regulating ~ 可调反射
residual ~ 剩余反射
scattered ~ 扩散反射，漫反射
specular ~ 单向〔定向，镜面，正〕反射
sporadic ~ 散乱反射，不规则反射
total ~ 全反射
twin ~ 孪晶反射
zigzag ~ 多次〔曲折〕反射
reflective ①反射〔映〕的②反射比
reflectivity 反射性〔率，系数，能力〕
diffuse ~ 漫反射系数
luminous ~ 光反射系数
spectral ~ 光谱反射系数
reflectoga(u)ge ①（金属片）厚度测量器②超声波探伤仪
reflectogram ①反射图（探伤器波形图）②（超声波检查的）探伤图形
reflectometer 反射比测定仪，反射计〔仪〕,反光白度计，反射系数计
generalized ~ 广义反射计
sweep ~ ①扫描反射计②扫频反射计
time-domain ~ 时域反射计
reflectometry 反射法
time-domain ~ 时域反射法
reflector ①反射器〔物，体，镜，层，板，极〕,抛物面反射体，天线，反射望远镜，中子反射器，反光罩〔板〕②反光圈，紧圈③反映者
~ for passive relay 无源中继用反射器
all-graphite ~ 全石墨反射层
angle ~ 角形反射器，角形反射天线
beam ~ 射〔波〕束反射器，反射器
bottom ~ 底部反射体
coded passive ~ 编码无源反射器
cold-mirror ~ 二向色反光镜
compensated ~ 补偿反射器
confusing ~ = confusion ~
confusion ~ 扰乱〔干扰〕反射器，假目标
corner ~ ①角形反射器②角形（反射器）天线
coude ~ 折轴反射望远镜
cut paraboloid ~ 截抛物面反射器
diamond mesh ~ 菱形网（状）反射器
dichroic ~ 分色反射镜
diffuse(d) ~ 漫（反）射罩
distributed Bragg ~ （= DBR）分布布喇格反射器
electric lamp ~ 电灯反射镜
elliptical ~ 椭圆反射镜〔光器〕
elliptical glass ~ 椭圆线反光镜
fe(e)d ~ 有源反射器
fused silica ~ 熔融氧化硅反射器
grating ~ 网〔栅〕状反射器
herringbone ~ 人字形反射器
hourglass ~ 沙漏型反射器
ingress ~ （自动测图仪的）入射反射镜
intensive ~ 探照反射器
interference ~ 干涉反射镜
lamp ~ ①白炽灯反射罩②灯管〔光〕反射器
laser end ~ 激光谐振腔端面反射体
mattress ~ 多层反射器，天线反射阵
multifocus ~ （汽车前照灯）多焦点反射镜
multiregion ~ 多区反射层
nonfertile ~ 非再生核燃料的反射层

open-work ~ 网状多层反射器
outer ~ 外部反射层
outermost ~ 最外部反射层，表面反射层
parabolic ~ 抛物面镜
penta ~ 五角反射器
plane sheet ~ 平板反射器
pump ~ 泵反射器，抽运反射器
quadrant ~ 圆弧形〔四分之一圆形〕反射器
quasi-hyperbolic ~ 准双曲形反射器
radiation coupled ~ 无源〔辐射耦合〕反射器
regenerative ~ 再生反射器
retrodirective ~ 后向反射器
round surface ~ 弯曲面反射体
screen ~ 金属网反射器
shaped dish ~ 变形碟式反射器
sodium ~ 钠反射层
spider-web ~ 蛛网式天线反射器
spun-barrel ~ 桶形反射器
square-on ~ 直角〔自准直〕初调器
tilting ~ 上下可动反射镜
trough ~ 槽式反射器

reflectoscope 超声波探伤仪，反射测试仪，反射系数测量〔试〕仪，反射镜
supersonic ~ 超声波反射探伤仪
virtual plan-position ~ 消视差平面位置显示器

reflex ①反射（光，热，作用，现象），反映〔光，照〕，映象，倒影，复制品，来复（式），回复②来复式收音〔接收〕机③习惯性思维〔行为〕方式④反射的，折转〔回〕的，反作用的，来复的
bass ~ 低声频反射

reflex-amplification 来复式放大

reflex-code 反射码
binary ~ 二进制反射码

reflexed 反折的，下弯的

reflexible 可反射的，可折转的

reflexion 反射，反射波

reflexive 自反的，反射的，折转〔回〕的

reflexivity 自反性，反射性

reflow 回〔逆，反〕流，退潮

reflowing ①（镀锡薄钢板为获得光亮表面的）软熔，回熔（技术）②回〔逆，反〕流，退潮
thermal ~ （电镀锡薄钢板镀锡层的）软熔发亮处理

reflux ①倒〔逆，反，回〕流②洒淋回流③用竖式（回流）冷却器加热或沸腾，分馏，回流加热④凝结液
finite ~ 实际回流
infinite ~ 无限回流，全回流
zonal ~ 熔区回流（区域熔炼）

refocus 再聚焦

reform ①改革，改造，改良，革新②换算，变换，还原，矫正③重〔再〕做，重新组〔形〕成

reformat ①（数据或信息的）格式转换②（汽油）重整产品

reformation ①重作，重整，重新组〔形〕成②矫正，改善，改造

reformer ①改革〔良〕者②重整炉，裂化粗汽油炉，增加汽油辛烷值的炉
gas ~ 煤气转化器（从高热值的工业用煤气转化低热值的家用煤气）

reformulate ①重新制定②再阐述

refrachor （化合物的物理常数）等折比容

refractability 耐火性〔度〕

refractable 可折射的，折射性的

refraction ①折射（作用，度），折光差〔度〕，屈折〔光〕②（对眼睛的）折射度测定
convective ~ 对流折射
magnetic double ~ 磁场致双折射
mean ~ 平均大气折光差
overwater ~ 水面折射
prismatic ~ 棱镜折射
specific ~ 折射系数，折射率〔度〕
tropospheric ~ 对流层折射

refractiveness 折射性
core ~ ①型芯耐火性②型芯抗热折断能力

refractivity ①折射系数，折射率差②折射性，折射本领

refractograph 折射图

Refractoloy 镍基耐热合金（*w*（C）0.03%，*w*（Mn）0.7%，*w*（Si）0.65%，*w*（Cr）17.9%，*w*（Ni）37%，*w*（Mo）3.03%，*w*（Co）20%，*w*（Ti）2.99%，*w*（Al）0.25%，*w*（Fe）19%）

refractometer 折射计，折光仪，屈光度计
differential ~ 差动式折射计，示差折光计
dipping ~ 蘸液〔浸液〕折射计
V-prism ~ 棱镜折射仪

refractometry 折射（分析）法，量（测）折射术
critical angle ~ 临界角测折射率术

refractor 折射器，折射镜，折射望远镜
elbow ~ 折轴折射〔反光〕望远镜
visual ~ 目视折射〔折光〕望远镜

refractoriness 耐火性〔度〕，耐熔性〔度〕，耐热度

~ under load 负重软化温度，负重耐火度

refractory ①耐火的，耐熔的②耐火材料，耐熔物质

cast ~ 浇注〔熔注〕(成形)耐火材料，整体耐火材料

castable ~ 浇灌耐火材料，熔铸耐火块，熔铸砖，耐火浆料〔涂料，塑料〕

electro-cast ~ 电炉熔铸耐火材料

fireclay ~ 黏土质耐火材料

grog ~ 熟料，熟料耐火材料

insulating ~ 隔热耐火材料

miscellaneous ternary ~ 三元混合耐火材料

plastic ~ ①耐火浆料，(补炉用)喷浆料②耐火涂料，耐火塑料

runner ~ 填沟耐火材料，修补铁沟用耐火材料

refractory-lined 耐火材料衬里的

refractoscope 折射测定仪，光率仪

refrangibility 屈折性〔度〕，(可)折射性〔度，率，能力〕

refrax 金刚砂砖，碳化硅耐火材料

re-freeze 再〔重新〕结冰，重新冻结

refresh ①再生，更新，恢复，刷新②小修，翻修③补充〔装上〕供应品

RAM ~ 读写存储器刷新

refreshment 更新，翻修，翻新

refrigerant ①制冷〔致冷，冷却，清凉〕剂，冷冻介质，制冷物，冷却液〔物〕②制冷〔冷却，退热〕的

refrigeration 制冷(作用，学)，冷冻(法，作用)，冷却，致冷，冷藏法

refrigerator 压缩机式冰箱，制冷器〔机〕，冷气机，冷冻器〔机〕，(电)冰箱，冷柜，冷藏室〔箱，库〕

absorption ~ 吸收式制冷机〔冷冻器，冷冻柜，冰箱〕

absorption type ~ 吸收式冰箱

appliance ~ 家用冷冻箱

compression-type ~ 压缩式冷冻机

cryogenic ~ 低温制冷器

electric ~ 电冰箱，电冷藏库

halogen ~ 氟利昂冷冻机

household ~ 家庭冰箱

reach-in ~ 大型冷柜

regenerative gas ~ 回热式气体制冷机

refrigeratory ①冷却器，冰箱②制冷〔冷却，消热〕的

refringence 折射(率，本领)

refueller ①燃料添加工②汽油加油车

refuel(l)ing (中途)加油，给…加燃料

air ~ 空中加油

refund 归还，偿还，退还

refurbish 重新磨光〔擦亮〕，再刷新，整修

refusal ①拒绝②优先(取舍)权

~ of excitation 励磁消失〔损耗〕

refuse ①再熔化，重新熔化②废物，渣，矸石③拒绝④无用的，不合格的，报废的

refusion 再熔，重熔

ref-volt 基准电压

regain ①收〔取，返〕回，回收〔到，潮〕，恢〔收〕复，复得②重新占有，增加

regelation 复冰(现象)，再冻，重新凝结

Regelmetall 〈德〉瑞格尔合金，标准轴承合金

regenerant ①再生物〔剂〕，回收物②交流换热，蓄热，再生，反馈

regenerate ①还原(存储设备)，回收，再生，回授，(使)正反馈②更新重写③蓄热，回热，交流换热(流)④革新，改良

regeneration ①再生，改良，革新②恢复，复活，(存储设备)还原③交流换热(法)，蓄热(作用)，回热，脱硫④正反馈放大，正回授放大

burst ~ "点燃"信号还原，短促信号恢复

critical ~ 临界反馈〔正回授，再生〕

cyclic ~ ①连续再生②循环再生

downflow ~ 顺流再生

energy ~ ①能量再生②升压电路

in-place ~ 就地再生，交换器内再生

positive ~ 正反馈，正回授

pulse ~ 脉冲正反馈，脉冲再生〔恢复〕

signal ~ 信号再生〔整形〕

slow ~ 慢速重放

straight ~ 直流再生

synchronizing ~ 同步再生

upflow ~ (离子交换器里)逆流再生

regenerative ①正反馈的，再生的②回热的，蓄热的，交流换热的

regenerator ①回〔预〕热器，回热炉②蓄热器〔室〕，蓄冷器，交流〔再生〕换热器③再生〔发〕器，还原器，再生电路④再生者，改革者

airflow sand ~ 气流式砂再生器

centrifugal sand ~ 离心式砂再生装置

coke-oven ~ 焦炉热再生器

contraflow ~ 逆流式热交换器

counterflow ~ 逆流热交换器

crossflow ~ 交叉流回热器，横流回热器

digital ~ 数字再生器

heat ~ ①回热器②交流换热器③换流节热器
hydraulic sand ~ 水力旋流砂再生器
impulse ~ 脉冲再生器，脉冲振荡器
passive subcarrier ~ 无源副载波再生器
recuperative ~ 间壁式回热炉
regenerative ~ 再生式交流换热器
sand ~ 砂再生设备
stirring-type sand ~ 搅拌式砂再生机
subcarrier ~ 副载波恢复电路
vibrating abrasive sand ~ 振动研磨式砂再生机
vibrating- crashing sand ~ 振动破碎式砂再生机

regime(n) ①制度，规范②状〔情，工〕况，状态，自然现象的特征③方式，方法④领域，范围
biperiodical ~ 双周期性状态〔方法〕
loading ~ 负荷状态，带载方式
self-oscillating ~ 自激振动状态

regiment ①（pl.）大群，大量，多数②编组③集中管理

regimentation 严密组织，严格管理，集中统一〔管理〕

regio 〈拉〉区，部（位）

region ①区域，范围，领域，地带②频带
~ of streaking （图像）拖尾区域
above-threshold ~ 超阈值区（激光区）
achromatic ~ ①中性色区域②（色度图的）无色区，白区，消色差区
active ~ 激活区，活化区，有源区
angular ~ 角度空间，角范围，角区
audible ~ 声频区，声频频段
axial ~ 轴向范围，轴面
back filled ~ 反填充区，回填区
barrier ~ 阻挡层区域，势垒区
base ~ 基（极）区，基（本）区
black ~ 黑色（信号）区域
blacker-than-black ~ 黑外区
bottomed ~ 饱和区，导通区
breakdown ~ （电压）击穿范围，（材料）击穿区
bulk transition ~ 体内转变区
bulk-behavior ~ 体特性区，大块性质区
clutter ~ 乱反射区（域）
coexistence ~ 双相区
coherently scattering ~ 相干散射区
collector ~ 集电区
colliding-beam target ~ 对碰束相互作用区
communication ~ 联系区，（管理程序）交流区
confusion ~ 模糊区（杂乱信号区）
core ~ 堆芯，活性区，（反应堆）芯区
counting ~ ①计数区域②（计数器）工作范围
crystalline ~ 晶区
current-bearing ~ 有电流区
D ~ D区，D电离层（离地球表面40~64 km的电离层的最低部分）
delimited ~ 定义域，限定范围
depletion ~ 耗尽区，（晶体管）空区
disposal ~ （放射性）废弃物处理区
distorted ~ 畸变区域，失真区
drain ~ （场效应电子器件中）漏区
duct ~ 叶列间隙
emitter ~ 发射区
end winding ~ 绕组端部区域
epithermal ~ 超热能区
evanescent ~ 渐消失区
excluded ~ 禁区
exponential ~ 指数（分布）区
extrinsic ~ 非本征区，外赋区
faculous ~ 光斑区
fast fission ~ 快中子裂变区
field-effect ~ 场效应区
filamentary ~ （位错的）丝状区，（位错的）线状通道
fingerprint ~ 指纹区
fissile ~ 裂变区，活性区
flat ~ 平直区（反应堆中心，中子流均一的部分）
floating ~ 浮区，浮置区
forbidden ~ 禁区，禁带
Fraunhofer ~ 远场，远区，辐射区
fuel ~ （反应堆）燃料区，（高温气冷堆）换料组，换料单元
fundamental vibration-rotation ~ ①近红外区②基本振动转动区
fuzzy ~ 模糊区域
gate ~ 栅（极）区
heterogeneous ~ 多相区
infra-black ~ 黑外区（比黑色更黑的区域）
infrared ~ 红外区域
interface ~ 分界面区
inter grain ~ 粒间区
intermediate ~ 中间区域，中能量区
inversion ~ 反转区
key-in ~ 通过区（域）

key-out ~ 阻挡区（域）
laminar ~ 层流区
lobe ~ 波瓣区
machining ~ 切削域
microwave ~ 微波波段
mixture ~ 两相区，混合物区
n-doped ~ N 型掺杂区
negative conductance ~ 负电导区
negative differential resistance ~ 负（微分）阻区
nonrelativistic ~ 非相对论性范围
optical ~ 光学波段
paraxial ~ 近轴范围，傍轴区
plasma boundary ~ 等离子边界区域
plastic ~ 可塑范围
polar ~ 近极区域，极地
radio-frequency ~ 射频范围
reacting ~ 活性区，反应区
reactive near-field ~ 反应近场区
regrown ~ 再生区
reject ~ 否定区域，拒绝区域，抑制区
rejection ~ 拒斥域，否定区域
resonance ~ 共振〔共鸣，谐振〕区
saturation ~ 饱和区
seed ~ （反应堆的）点火区，点燃区
sensitive ~ （辐射计数管等）灵敏区
shadow ~ “死”区，静区，阴影区
shock ~ （流动）突变区，激波区
silencing ~ “静”区
simple ~ 单叶区域
sink ~ 振荡中断区
slipped ~ 切变区，滑脱区
source ~ 源区，源（极）区域
space charge ~ (of semiconductor) 空间电荷区（半导体的）
threshold ~ （临）阈（区）域
transition ~ （半导体）渡越区，渐变区（段）
ultra-white ~ “白”外区，超白区
Zener ~ 齐纳〔雪崩〕区

regional 区域（性）的，局部的，全地区的

regionalization 地区化，区域化

register ①寄存〔计数，记数，记发，加法〕器，（自动）记录器，记忆装置，信号机②调风〔气〕器，通风〔调温〕装置，节气门③自动记录的数④登记簿中的项目⑤对准（显示器件），对齐，定位，重合⑥记录（表，员），登记（簿，表，员），注册（簿，员），挂号，计数，存储

A ~ ①A 寄存器，被加数寄存器②运算寄存器，累加寄存器
access function ~ 存取操作寄存器
accumulation ~ 积累寄存器
accumulation-quotient ~ 累加 - 商寄存器
accumulator ~ 累加寄存器〔计数器〕
actual ~ 工作〔现行，有效〕寄存器
addend ~ 加数寄存器，第一加数寄存器
adding storage ~ 求和〔加法〕存储寄存器
address ~ 地址寄存器
address counter program ~ 地址程序计数器
addressable ~ 可编〔寻〕址寄存器（暂时存储单元）
air ~ 空气挡板，调气装置，空气调节器，（锅炉）配风器
analog shift ~ 模拟移位寄存器
argument ~ 自变量寄存器，变元寄存器
arithmetic ~ 运算寄存器
asynchronous shift ~ 异步移位寄存器
augend ~ 被加数寄存器
B ~ 变址〔数〕寄存器
background ~ 辅助〔后备〕寄存器
backing ~ 后援〔后备，辅助〕寄存器
base ~ ①基地址寄存器②变址〔数〕寄存器
base board ~ 底板节气门
bit ~ 位寄存器
boundary ~ （存储地址的）边界寄存器
boundary address ~ 界地址寄存器
bucket-brigade shift ~ 组桶式移位寄存器
buffer ~ 缓冲寄存器
buffer address ~ 缓冲器地址寄存器
carry ~ 进位寄存器
carry-storage ~ 进位寄存器
cash ~ 现金出纳机，现金收入记录机，电计算装置
channel address ~ 分路地址寄存器
channel system address ~ 通道系统地址寄存器
chimney ~ 烟道节气门，烟道挡板
circulating ~ 循环〔移位〕寄存器
close ~ 精确配准
code ~ 代码寄存器
code address ~ 代码地址寄存器
code shift ~ 代码移位寄存器
code storage ~ 代码存储寄存器
color ~ 颜色寄存器
command ~ 指令寄存器
command address ~ 命令地址寄存器
complex multiplier ~ 复数乘数寄存器

controllable ~ 调节挡板，调节门
core ~ 型芯头，型芯定位座
counter ~ 计数寄存器
criterion ~ 判定〔标〕寄存器
cycling ~ 循环寄存器
data output ~ 数据输出寄存器
data path ~ 数据通路寄存器
demand ~ ①（最高）需量记录器，用量计量计〔器〕②最大需用瓦时计
descriptor base ~ 描述符基地址寄存器
dial pulse incoming ~ 拨号脉冲入局记录器
disconnection ~ 拆线寄存器，释放信号记发器
doubling ~ 加倍〔倍加〕寄存器
dual rank ~ 双列寄存器
dynamic ~ 动态寄存器
electric cash- ~ 电动现金出纳机
electronic cash ~ 电子现金出纳机，电子收银机
exchange ~ 存储寄存器
extension ~ 扩充寄存器
fare ~ ①里程计②计费器
file ~ 文件寄存器
file address ~ 文件地址寄存器
file buffer count ~ 文件缓冲计数寄存器
file data ~ 文件数据寄存器
flip-flop ~ 触发寄存器
gas ~ 气压自记器
half-shift ~ 半移位寄存器
halving ~ 平分寄存器
high-limit ~ 上限寄存器
hold ~ 保持记忆装置，保持寄存器
home location ~ 主叫用户位置寄存器
idler ~ 空闲记录器
impulse ~ 脉冲寄存器〔计数器〕
increment ~ 增量寄存器，加 1 寄存器
index(ing) ~ 指数〔变址〕寄存器
in-out ~ 出入寄存器
instruction ~ 指令寄存器
internal function ~ 内操作寄存器，状态寄存器
knife ~ 刀片对心（切割器刀片中心与护刃器中心对正），切割器对心
latch ~ 闩锁〔暂存〕寄存器
left-right shift ~ 左右移位寄存器
limit ~ 界限寄存器
line ~ 用户（通话）计次器
location stack ~ 位置组号寄存器
log ~ 计程仪航程指示器
M ~ 被乘数寄存器
maintenance control retry ~ 维护控制重算寄存器
mark(er) ~ 标志寄存器，时标寄存器
mask ~ 选择〔参考，时标，计时，屏蔽〕寄存器
mechanical ~ ①机械记录器②机械配准
memory ~ 存储寄存器
message ~ 通话计次器
modifier ~ 修改寄存器，变址（数）寄存器
MOS shift ~ 金属氧化物半导体移位寄存器
motion ~ （磁带）运转寄存器
M-Q ~ 乘数 - 商寄存器
multiplicand divisor ~ 被乘数 - 除数寄存器
multiplier-quotient ~ 乘数 - 商寄存器
n-digit product ~ *n* 位乘积寄存器
network ~ 网络记发器
next-available block ~ 下次可用字组寄存器
operand ~ 操作数寄存器
operated stack ~ 操作组号寄存器
operation ~ 操作码寄存器
order ~ 指令记录器〔寄存器〕
originating ~ 发端记录器
outpulsing ~ 输出脉冲记录器
page ~ 页面（地址）寄存器
parametron shift ~ 变参数移位寄存器
pointer ~ 指针式计量器
position ~ 座席计次器
prefix ~ 前置寄存器，头标寄存器
pressure ~ 记压器，压力自记仪
procedure base ~ 过程基址寄存器
product ~ 乘积寄存器
program ~ 程序寄存器
programme ~ 程序寄存器
push-down ~ 后进先出寄存器
quantizer ~ 量化器寄存器
quotient-multiplier ~ 商 - 乘数寄存器
R ~ R 寄存器，低阶数位数寄存器
receiving ~ 接收寄存器
relay ~ 继电器式寄存器
relay check-in check-out ~ 继电检入检出寄存器
return code ~ 返回码寄存器
ring ~ 动态寄存器，环形寄存器
scalar ~ 标量寄存器
scratch pad ~ （超高速）暂时寄存器，中间结果寄存器
sequence ~ （指令）顺次序寄存器
serial ~ 串行〔接〕寄存器

serial-parallel ~ 串-并行寄存器
series half shift ~ 串行平分移位寄存器
series-in-series-out ~ 串入串出寄存器
service ~ 通话计次器
shift ~ 移位寄存器
sickle ~ 刀片对心
sign ~ 符〔信〕号寄存器
stack ~ 栈寄存器
stack-oriented ~ 面向堆栈的寄存器
state ~ 状态字寄存器
static ~ 静态寄存器
status ~ 状态寄存器
status word ~ 状态字寄存器
stepping ~ 步进式寄存器
storage ~ 存储寄存器
storage buffer ~ 存储器缓冲寄存器
storage data ~ 存储器数据寄存器
store ~ 存储寄存器
successive approximation ~ 逐次逼近寄存器
sum-product ~ 和-积寄存器
switch ~ 开关寄存器
SYN ~ 同步寄存器
table base ~ 表基址寄存器
tally ~ 计数器
temporary ~ 暂存器
temporary storage ~ 暂存寄存器
terminal ~ 终端寄存器
terminal address ~ 终端地址寄存器
time ~ 计时器
time-sharing base ~ 分时基寄存器
times-three ~ 乘三寄存器
timing ~ 自动计时器，定时记录〔寄存〕器
top ~ 栈顶寄存器
transmitter ~ 发送寄存器
trigger ~ 触发寄存器
two rate ~ 双价电度累计装置
upper limit ~ 上限寄存器
visitor location ~ 访问者位置寄存器
water stage ~ 水位表
Z ~ 零寄存器，Z 寄存器

register-A 运算寄存器

registering 记录，配准

registerquad 四倍字寄存器

register-translator 寄存翻译〔译码〕器

registor = register

registration ①登记（证），注册（证）②（仪表）读数，示值，（自动）记录③配〔对，套〕准，（图像）重合，对正〔齐〕，定位
auto(matic) ~ 自动配准〔重合〕
automatic signal ~ （彩色摄像机）自动信号配准
camera ~ （彩色）摄像机的彩色配准
colo(u)r ~ 彩色图像混合，分色图像精确叠合，彩色配准，彩色会聚，彩色重合
equipment ~ 产品定型，产品注册
image ~ 图像配准，光栅重合
longitudinal ~ 纵向记录〔配准〕
optical ~ 光对准，光学叠合，光学配准
percentage ~ 百分比读数〔记录〕
scan ~ 色度信号配准
temporal ~ ①（按）时间配准②不同时间拍摄的图像配准
zone ~ 按区域记录

registre = register

registry ①记录②（电视图像）配准，重合

reglet 平嵌线

reglowing 再辉，再炽热

regmagenesis 断裂作用

regradation ①倒〔后，衰〕退②更新，复原作用

regrading 重整坡度，再分类

regrating 重轧，重磨，重擦，修整

regress ①复归，回归②逆行③衰退〔减〕，退化〔步〕

regression ①退化，衰退，衰减②回归，复还，回应
least-square ~ 最小二乘回归
mean-square ~ 方均回归

regressive 递减的，累退的

regressor 回归量

regrind(ing) ①重磨削，修磨，再次研磨，磨合〔配〕②二次粉碎物料，回收物料

regroover 再次刻纹机，恢复胎面花纹设备，胎面开槽机，重新挖〔压〕槽的工具

reground 重新研磨的

regrowth 再生长，再增长

regula(e) 方嵌条

regular ①有规则的，有规律的，整齐的，端正的②正规的，正常的③标准的，定期的，固定的，不变的

regularity ①规律〔一致，规则〕性②整齐（度），匀称，调和③正规〔常〕，经常，定期

regularization 正则化，调整

regulate ①方嵌条②调整〔正，节，准〕

regulating ①调节，控制，调整，校准〔正〕②调节的

stepless speed ~ 无级调速

regulation ①调整，调节，控制，校准，稳定②规章，章程，规则，细则，条例③调整率

~ drop-out 失调负荷

~ in steps 分级调整，分档调节

~ of line voltage 线路电压调整，(线路)电压变动范围，(线路)电压调整率

~ pull-out 失调负载

anti-spin ~ 防滑转调节(系统)

astatic ~ 无定位调节

cathode ~ 阴极稳压

close ~ 狭窄范围调节

coarse ~ 粗调(整)

construction and use ~ 规定设计和运转的法则

continuous speed ~ 无级调速

crude ~ 粗调

direct voltage ~ (额定)直流电压调整值

dynamic ~ 动态调整率

extraction steam ~ 抽汽调节

fine ~ 精〔细，微〕调(整)

flat gain ~ 平增益调整

furnace-draft ~ 炉膛通风调节，炉膛负压调节

hand ~ 手(动)调整〔节〕，人工调节

harmonic ~ 谐波脉动率

heat ~ 热(量)调节

inductive direct voltage ~ 感性直流电压调整值

inherent ~ ①固有变动率，内不等率②自行调节，自平衡，自均衡

inherent direct voltage ~ 固有直流电压调整值

line ~ 线路电压调整(率)，线路压差(率)

maintenance ~ 维护规程，保养细则

manual ~ 人工调整，手调节，手控

negative ~ 负压稳定

negative-supply ~ 负压稳定

pollution ~ 污染管理

poor ~ ①不良调节②电机转速宽范围的自调节③电力系统经过大电抗的电压调节

positive ~ 正压稳定

power ~ 功率调整

preset ~ 预选装置调节，预调

pressure ~ ①压力调节②电压调节

primary frequency ~ 一次频率调节

process ~ 过程调节

radio communication ~ 无线电通信规程

ratio ~ ①变压比调节②比例调节(热能动力装置中随燃料供应而变的空气供应的调节)

relative ~ 相对调节

relative direct voltage ~ 直流电压调整率

resistive direct voltage ~ 阻性直流电压调整值

rotation ~ 转速调节

safety ~ 安全规程，安全守则

service ~ 工作规则，操作规程，维护规程

stabilized voltage ~ 稳定电压调整值

static ~ 静调节

step ~ 有级调整〔节〕

stepless ~ 无级调节，平滑调节

technical ~ 技术规程，技术规范，技术条例

three-coil ~ 三线圈调整

throttle ~ 节流调节

total direct voltage ~ 总直流电压调整值

voltage ~ ①电压变动率②电压调整〔节〕，稳压

regulative 调整的，调节的，管理的

regulator ①调节器，调整器②稳定器，校准器③稳流器，稳〔减〕压器④调整剂⑤调压阀⑥标准钟，标准计时仪⑦调整〔整理〕者

~ by ferro-resonance 铁磁谐振式调压器

accrolock ~ 快慢针调节结构(内外夹与游丝无间隙的快慢针结构)

air ~ 送风调节器，空气调节器

arc ~ 电弧调节器

astatic ~ 无定向调节器

automatic feed water ~ 自动供水调节器

automatic tension ~ ①自动电压调整器②自动张力补偿器

auxiliary ~ 辅助调节器

backward acting ~ 反向作用式调整器

blast ~ 风量调节器

booster ~ 增压器调压装置

brightness ~ 亮度调节器，亮度控制器

bristle ~ 鬃毛调速器(16世纪以鬃毛代替游丝的原始摆轮游丝系统)

buck-and-boost ~ 升降电压调节器

bus ~ 母线电压调整器

calibration ~ 校准用调节器，校验调节器

canister purge ~ (发动机)炭罐清污控制器

capacity ~ 功率〔出力〕调节器

carbon pile ~ 碳堆调压器〔稳压器〕

center depth ~ 中央深浅调节器(控制圆盘耙全部圆盘入土深度一致)

chamber ~ 调节室

circuit ~ 电路电压调整器

coasting ~ 惰转调节器

combination flow ~ 节流旁通复合式流量调节器

compensated ~ 补偿调节器（一般指稳压器）
compression ~ 压实度调节器
constant current ~ 恒流调整器
contact voltage ~ 分级电压〔位〕调整器
continuous ~ ①自动调节系统②连续作用调节器
controller ~ 自动控制器
current ~ 电流调节器，稳流器
damper ~ ①调节阀②阻尼调节器，风门调节器，调节挡板
dead-band ~ 静区〔非线性〕调节器
dead-zone ~ 死区〔非线性〕调节器
delivery ~ 进给调节器
differential ~ 差动调节器
direct-operated ~ 直接作用自力式调节阀
discharge ~ 流量调节器
discharge voltage ~ 放电调压器，放电稳压器
double-acting ~ （电压）双向调节器
draft ~ 通风调节器，负压调节器
draught ~ ①牵引力调节器②通风调节器
dual-channel ~ 双通（道）调节器，双路调节器
duplex ~ 双联调节器
electrode ~ 电极调节装置，电极调节器
electrohydraulic ~ 电动水力调节器,电（动）液（压）调速器
electromechanical ~ 机电调节器，电动机调节器
electronic vibrating-contact ~ 电子式振荡触点调整器
emission ~ 电子放射稳定器
feed ~ 给料调节器，加料控制器，供给调节器
field ~ 场强〔励磁〕调节器，励磁变阻器
fineness ~ 磨碎细度调节器，粉末分选器
flyball ~ 离心调节器
forward-acting ~ 前动作型调整器
fuss type automatic voltage ~ 振动式自动电压调整器
gas ~ 气体调节器，（燃气发动机的）节流阀
gland steam ~ （汽轮机）轴封供汽调节器
gravity ~ 重力调节，离心调整器
ground-speed ~ 前进速度调节器
heat ~ 调热器，温度调节器
high-voltage ~ 高压调速器，高压稳压器
humping speed ~ （铁道）车辆溜放调速设备
hydraulic ~ 液动调节器
indoor ~ 户内式电压调整器
induction ~ 感应式（转数）调节器
induction voltage ~ 感应调压器
Isenthal automatic voltage ~ 振荡型〔爱生塔尔〕自动稳压器
isochronal spiral ~ 等时螺线调节器
jet ~ 射流调节器
level ~ ①液面调节器②电平调节器
line ~ 管系减振器
line-voltage ~ 电源电压调节器
liquid-immersed ~ 油浸式电压调整器
load ratio voltage ~ 带载电压调整器，有载调压器
magneto voltage ~ 感应式电压调整器
manometer ~ 风压调整器
margin ~ 边限调整器
meter ~ 计量器，定量器
multi-utility sound ~ 多用声校准器
neon voltage ~ 氖电压指示器，氖管稳压器
on-load ~ 带负荷调节器，带负荷分接开关
on-off ~ 开合调节器，振荡式调节器
parallel ~ 分流〔并联〕调节器
phase ~ 相位调节器
pilot ~ 导频控制器
pilot actuated ~ 间接作用〔辅助能源，滑阀控制〕调节器
pilot wire transmission ~ 领示线自动增益调节器
pilot-operated ~ 指挥器操作型自力式调节阀
pilot-operated pressure ~ 指挥器操作型自力式压力调节阀
potential ~ ①电压〔势，位〕调节器②调压变压器
pressure ~ 压力〔电压〕调节器，减压器，减压安全阀
proportional ~（自动）比例调节器
raster size ~ 光栅尺寸稳定器
reel tension ~ 卷取机的张力调节器
relay ~ 断续式调节器，继电调节系统
rocking-sector ~ 扇形摆动式电压调整器
secondary ~ 副调整器
self actuated ~ 测量元件控制调节器
self-operated flow ~ 自力式调节阀
series ~ 串联调节器，（弧光灯用）串联稳压器
shifting coil voltage ~ 移圈式调压器
shunt ~ 分路调节器，并联调节器，并联稳压器
silverstat ~ 接触式调节器

single-stage ~ 单级减压器〔表〕，单级调节器
slip ~ 转差率调节器
solid-state ~ 半导体（电压）调节器
sound level ~ 声级校准器
step ~ ①步进式调整〔节〕器②分级调压器
step induction ~ 步进式感应电压调整器
stepless voltage ~ 无级电压调整〔节〕器
stepped sliding ~ 滑接阶式调节器
straight-line type ~ 接点直线运动式调节器
switch-type voltage ~ 分级电位调整器
tank ~ 车内液体气体控制设备，贮液槽调整器
tension ~ 电压调整器
three-element ~ 三冲量调节器
three-unit ~ （继电器，电压调节器，电流调节器等）三合一式调节器
throttle-pressure ~ 节流压力调节器
trimming ~ 微调调节器
voltage ~ 电压调节器，稳压器
weight-lever ~ 权杆调节器
window ~ 车窗开闭调节器，汽车玻璃升降器

regulatory 规章的，法定的
regulex ①磁饱和放大器②电机调节器
reguli regulus 的复数
reguline 平滑黏附的电解淀积，熔块状的
regulon 调节子，调节单元
regulus ①（熔矿所得的）金属渣，熔块②硫化复盐
Venus ~ 锑铜合金（*w*（Sb）50%，*w*（Cu）50%）
regurgitate 反喷，回流，逆流
rehabilitation 修复，复原，修理，整顿
rehandle 重复装卸，重复搬运
rehandling ①改铸②再处理③改造，重新整顿
reharden(ing) 再硬化，重淬火
reheader 二次成形凸缘件镦锻机
reheat ①重热，再加热，二次加热，级间加热，中间再热②燃尽③（发动机）加力④复燃室，加力燃烧室
cold ~ ①低温再热②冷中间再热管路（通向中间再热器的导汽管）
exhaust ~ ①（透平）排气再热②燃尽
friction(al) ~ 摩擦再热
hot ~ ①高温级再热②再热器至汽轮机之间的再热器管道
sensor ~ 感测加热（微波炉用）
reheater ①再〔加，回，预，重〕热器，中间加热器，重热炉②灯丝加热器③（金属等）重新加热工
cold ~ 低温级再热器
gas ~ （船用）烟气加热式（蒸汽）再热器
live-steam ~ 新汽加热式中间再热器，汽-汽换热器，汽-汽过热器，新蒸汽再热器
moisture separator ~ 汽水分离再热器
pendant ~ 悬吊式中间再热器
platen ~ 屏式中间再热器
radiant ~ 辐射式再热器
reheating ①再热②（汽轮机）级间加热
reheator 再热器
reify 使（概念）具体化
reignition 反点火，逆弧，二次点燃〔起动，电离〕
reimbursement 补偿
rein ①手柄，把手，摇柄②控制
reindex(ing) ①变换〔改变〕符号，符号变换②重订指标
reinforce ①加强〔劲，固〕，给…加（钢）筋，增强，补充〔足，强〕，得到增援②增强〔加固〕物，增强材料，枪炮后膛较厚部分
reinforced 加固的，加强的，补强的，加〔钢〕筋的
aluminium cable steel ~ 钢芯铝线，钢芯铝电缆线
one-way ~ 单面加筋
reinforcement ①加厚〔强，固〕，补强，增强②加强物〔件，筋〕，钢筋③（电缆的）加强层④护炉设备⑤芯骨，砂钩
abrasion-resistant ~ 耐磨损加〔增〕强
bar ~ 粗钢筋
bursting ~ 防爆钢筋
compression ~ ①抗压钢筋②压缩加强法
compressive ~ 受压钢筋，抗压钢筋
distribution ~ 分布钢筋
double ~ 双重钢筋，复筋
fabric ~ ①钢筋网②（织物）加强件
felt ~ 毡状增强体
flake ~ 片状增强体
helical ~ 螺旋钢筋
hoop ~ 环状钢筋
marginal ~ 边缘钢筋
mat ~ 钢筋〔丝〕网
mesh ~ 网形钢筋
metal filament ~ 金属丝增强体
microballoon ~ 微球增强体
mushroom ~ 环辐钢筋
natural ~ 天然增强体
negative ~ 负力矩〔压力，弯矩〕钢筋，负

挠钢筋
particle ~ 颗粒增强体
platelet crystalline ~ 晶板增强体
prestressed ~ 预应力钢筋
rib ~ 加强筋
root ~ 焊缝反面加强
shear ~ 抗剪钢筋
spiral ~ 螺旋钢筋
steel mesh ~ 网状钢筋
stiff ~ 坚硬〔劲性〕钢筋
temperature ~ 温差钢筋
tension ~ 受〔抗〕拉钢筋
web ~ 抗剪〔梁腹，横向〕钢筋，箍筋
weld ~ 焊缝补强
whisker ~ 晶须增强体
wire-mesh ~ 钢丝网配筋，网状钢筋，钢筋网

reinforcer 强化〔增强〕剂，增强填料〔材料〕，加固物

reinjection ①回收，回送②再喷入③抑制

reinsert 重新引入〔插入，埋入〕

reinsertion 直流成分恢复，直流量再生〔恢复，再次插入，重置〕
carrier ~ 载频〔载波〕重置
DC ~ 直流分量再生〔恢复，重置，重插入〕

reinspection 再次检查，复查

reinstallation 安装

reinstate 修复，复原，使恢复原状〔位〕

re-interlocking 再联锁

reionize （复合成分子后的）再电离

reiteration 重复，反复，迭代

reject ①拒绝〔收〕，剔除，排斥〔出〕，呕出，舍弃，报废，滤去②抑制，干扰，阻碍，衰减③等外品，下脚料，次品，不合格（产）品，废品〔料，弃物〕，筛余粗料，尾矿④遭拒绝者
selective ~ 拒选

rejection ①阻碍，抑制，衰减②废弃，报废，拒斥③（pl.）废品
~ of accompanying sound 伴音拒斥〔抑制〕
~ of heat 散热
adjacent channel ~ 邻（频）道抑制
amplitude-modulation ~ 调幅抑制
automatic ~ 自动报废
background ~ 本底扣除
clutter ~ 消除本机干扰
common-mode ~ 共态抑制，同相抑制
commutation ~ 对易关系，交换关系
final ~ 最终舍选，确定报废
heat ~ ①排热，散热②热损失，热损耗
image ~ 图像载波〔镜像干扰〕抑制
interference ~ 干扰抑制，反干扰能力，抗干扰度，抗扰性
kinetic energy ~ 排出动能
mode ~ 模式抑制
noise ~ 噪声抑制
off-band ~ 偏带信号衰减
sound ~ 伴声载波抑制
trap ~ ①用陷波器抑制②陷波频率抑制
waste-heat ~ 废热损失，排气热损失，向热机冷源排热

rejector 拒〔除〕波器，抑制器，带阻〔除〕滤波器，阻抗陷波器，（分离器）掺杂物排除器，混〔杂〕音分离器
hand ~ 护手安全装置
image ~ 镜（频）抑制器，图像抑制器
intercarrier sound ~ 载波差拍伴音抑制器
tramp-iron ~ 铁质夹杂物排除器，金属夹杂物分离器

rejig 重新装备

rejuvenation ①恢复过程，复原，再生②（使粘胶）嫩化

rejuvenator ①（电子管）复活器，再生器②破皮机，破壳机③松土器

rekindling 重点火

rel 利尔（磁阻单位，等于1安培匝/麦克斯韦）

relatching （脱钩安全器等的）再接合

relation ①关系（式，曲线），联系，比（率，例关系），方程（式），定律②讲，（叙）述，报告
biorthogonality ~ 双正交关系
energy-charge ~ 能量 - 电荷比
equivalence ~ 等价〔值〕关系
human ~ 人际关系
identical ~ 恒等式，全等式
industrial ~ 劳资关系
inverse ~ 反比关系
irreflexive ~ 反自反关系
lead-lag ~ 超前滞后关系
linear ~ 线性关系
metric ~ 度量关系
nonlinear ~ 非线性关系
orthogonality ~ 正交（性）关系
precedence ~ 优先关系
projective ~ 射影关系
proportional ~ 比例关系
radius-mass ~ 质（量半）径关系

reciprocal ~ 互反〔倒数〕关系
recurrence ~ 递推〔推递〕关系
reflexive ~ 自反关系
response colo(u)r ~ 色感度
scaling ~ 比例〔尺度〕关系
transitive ~ 传递关系
relational 有（比例）关系的，关系曲线的，关系式的
relationship ①（相互）关系，关系〔特性〕曲线，关系式，联系，共同性②合围③媒质
energy-momentum ~ 能量动量关系
ongoing sales ~ 随时销售关系
power-dissipation/rise-time ~ 功率耗散 / 上升时间关系式
semiempirical ~ 半经验公式
relative ①相对的②比较的，成比例的③有关系的，关联的
relativistic 相对论（性）的
relativity ①相对性，相关性②相对论
general ~ 广义相对论
special ~ 狭义相对论
relativization 相对性〔化〕
relator 关系符
conditional ~ 条件关系符
relaxation ①衰减，削弱，减轻②缓和③弛张〔豫〕④缩短⑤平衡的自动恢复
~ of power series 幂级数的松弛（性质）
cross ~ 交叉弛豫
dielectric ~ 介电松弛
explicit ~ 显式松弛
keep-alive ~ 保活弛张
key ~ 特征松弛
strain ~ 应力松弛
stress ~ 应力松弛
univariate ~ 单变化松弛（法）
relaxometer ①张弛测量器②应力松弛仪
relaxor 张弛振荡器
beam ~ 锯齿波发生器，锯齿扫描振荡电路
relay ①继电〔替续，继动〕器，伺服机②备用品，备用设备，补充物资③接替者④转播（的节目），中继（站，卫星）⑤转运，接力，传达，分程传递⑥（继电器）保护
~ deenergized 失磁〔释放〕的继电器
~ picked up 吸起的继电器
AC earth ~ 交流接地继电器
accelerating ~ ①加速继电器〔替续器〕，多级式继电器②（无线电）加速转播
acknowledging ~ 接受继电器，认收继电器
acoustic ~ ①声防护②声中继器
add-and-subtract ~ 增减继电器
admittance ~ 导纳型继电保护装置
air ~ ①气动〔压〕继电器〔替续器〕，电触式气动测量仪②气动继动，气动（自动）转换，空气传递
air flow ~ 风速继电器
all-or-nothing ~ 全有或全无继电器，逻辑运算继电器
allotter ~ 分配继电器
angle impedance ~ 角阻抗继电器
annunciator ~ 信号器继电器，信号装置继电器
approach ~ 接近继电器
arbitrary phase-angle power ~ 任意相角功率继电器，有功 - 无功功率继电器
arc interlocking ~ 电弧（联锁）继电器
automatic ~ 自动转播〔中继〕
automatic homing ~ 自动复位继电器
auxiliary ~ 中间〔辅助〕继电器
back bridge ~ 反桥接继电器
back firing detective ~ 逆弧检测继电器
balanced ~ 平衡〔差动〕继电器
balanced vane ~ 平衡叶片式继电器
banked ~ ①遥控继电器②继电器组，组合继电器
bar ~ 棒式〔杆接〕多触点继电器
barometric ~ 气压计继电器
beam ~ 平衡杆式〔旋转衔铁〕继电器
bias(ed) ~ 偏置继电器，带制动的继电器，偏压〔极化〕继电器
bimetal ~ 双金属继电器
bistable pulse ~ 双稳脉冲继电器
blinker ~ 吊牌〔闪灯，闪光（警戒）〕继电器
block(ing) ~ 闭〔联〕锁继电器
booster ~ 升压继电器（终接器）
box sounding ~ 音响器
bridge-cut-off ~ 断桥〔分隔〕继电器，桥式断路继电器
burn-out ~ 烧断继电器
busy ~ 占线继电器
cage ~ 笼型继电器
capacitance ~ 电容式继电器
carrier-actuated ~ 载频驱动〔激励〕继电器
cascade ~ 级联继电器
center zero ~ ①中间零位继电器②中间位断开式极化断电器③三位辅助继电器
center-off polarized ~ 中位断开式极化断电器

centrifugal ~ 离心力继电器
chain ~ 串动继电器
change-over ~ 切换继电器
check ~ 校验〔比测，核对〕继电器
clapper ~ 衔铁吸入式继电器，铃锤〔拍合〕式继电器
clearing ~ 话终继电器
close-differential ~ （动电流和释放电流相近的）近差继电器
closing ~ 合闸继电器
coaxial ~ 同轴继电器（动作时不致引起波偏转的）
colorimetric ~ 光波波长继电器
compelling ~ 闭锁继电器
compound-wound ~ 复绕〔复励式，多线圈〕继电器
conductance ~ 电导继电器
connector ~ 终接器继电器
contact ~ 触点式继电器
contactless ~ 无触点继电器
continuous-duty ~ 持续运行继电器
control ~ 控制〔监测〕继电器
counter-electromotive force ~ 反电动势继电器
counting ~ 计数继电器
crosspoint ~ 交叉点继电器
crystal can ~ 晶体密封继电器
current ~ 电流继电器
current limiting ~ 限流继电器
cut-in ~ 接入式继电器
cut-off ~ 断路〔流〕继电器
cut-out ~ ①断路〔流〕继电器②（汽车）断流器
dash-pot ~ 缓冲器，继电器，油壶式继电器
DC reverse-current ~ 直流反流继电器
decoding ~ 译码继电器
definite time ~ 定时限继电器
delay slug ~ 阻尼环式延时继电器
delay(ed) ~ 缓动〔延迟，延时〕断电器
dependent time-lag ~ 变时限〔滞〕继电器
diaphragm ~ 膜片式继电器
differential ~ 差动继电器
directional ~ 方向〔定向，极化〕继电器
directional ground ~ 接地方向继电器
directional power ~ 功率方向继电器
discriminating ~ 选择〔谐振，鉴别〕继电器
distance ~ 远距继电器
diverter ~ 具有分流器的继电器
double-acting ~ 双侧作用继动器
double-armature ~ 双衔铁继电器
double-pole ~ 双组触点式继电器，双极继电器
draw-out ~ 抽出式继电器
drive control ~ 继电切换器，切换继电器
drop ~ 脱扣〔吊牌〕继电器
dry reed ~ 干簧继电器
duo-directional ~ 双向继电器
duplicate ~ （双套制中的）备用继电器
dynamoelectric ~ 电动式继电器
earth leakage ~ 对地泄漏（信号）继电器
earth-fault ~ 接地（故障）继电器
earth-sensing ~ 接地〔漏电〕敏感继电器
ebonite-reed ~ 胶木簧片继电器
economizer ~ 节电继电器
electric protection ~ 电力保护继电器
electrodynamic ~ 电动式继电器
electromagnetic ~ 电磁式继电器，继电表
electromagnetic contactless ~ 无触点电磁继电器
electromagnetic type ~ 电磁式继电器，继电表
electronic frequency trend ~ 电子频率趋势继电器
electronic time ~ 电子时间继电器
electrostrictive ~ 电致伸缩（介质的）继电器
electrothermal ~ 电热继电器
energizing circuit ~ 激励〔电源〕电路继电器
Eurovision ~ 欧洲电视中继（系统）
even number ~ 偶数继电器
excitation-loss ~ 失磁〔励磁损失〕继电器
exit ~ 出口〔终端〕继电器
extremely inverse ~ （特性极陡的）极端反时限继电器
extremely inverse current ~ 反时限电流继电保护装置
fast ~ 快〔高〕速继电器
fault ~ 事故继电器
ferreed ~ ①铁簧继电器②双稳或闩锁的干式舌簧开关
field ~ 励磁继电器
field application ~ 励磁继电器
field economizing ~ 弱励磁继电器
field protective ~ 失磁〔（磁）场保护，励磁保护〕继电器
field-accelerating ~ 励磁加速继电器
field-application ~ 供磁继电器
field-forcing ~ 强化磁通变动率继电器
field-loss ~ 失磁继电器

final impulse operating ~ 终端继电器，末端脉动式继电器
flasher ~ 闪光〔闪弧，断续〕继电器
flashing ~ 闪光继电器，断续继电器
flashover ~ 闪络〔飞弧，跳火〕继电器
flat ~ 扁（平）型继电器
flip-flop ~ 脉冲〔触发〕继电器
float ~ 浮子继电器
floor ~ （电梯的）楼面〔分层，底层〕继电器
flow ~ 流通〔流量〕继电器，流量控制继电器
fluidic ~ 射流继电器
fluid-supply suspension ~ 断流继电器
flush-mounted drawout ~ 平装抽出式继电器
flutter ~ 振动式继电器
flux differential ~ 磁通差动继电器
frame ~ 帧中继
frequency ~ 谐振〔频率〕继电器
frequency-trend ~ 频率趋势〔变率〕继电器
fuel pump ~ （发动机）燃油泵继电器
full-field ~ （电动机控制用）满励磁继电器
function ~ 函数继电器
fuse-type temperature ~ 熔丝型热动继电器
galvanometer-type ~ 电〔检〕流计式继电器
gas ~ ①闸流管，闸流管继电器②气体〔瓦斯〕继电器
gas detector ~ 瓦斯〔气体〕继电器
gas-actuated ~ 瓦斯〔气体〕继电器
gas-discharge ~ 电离继电器
gas-filled ~ 充气〔离子，电子〕继电器，离子开关
gasket sealed ~ 垫片密封继电器
generator-field accelerating ~ 磁场调节增速继电器（通过调节发电机磁场使电动机增速的继电器）
generator-field decelerating ~ 磁场调节减速继电器（通过调节发电机磁场使电动机减速的继电器）
graded time-lag ~ 可调延时〔分段延时〕继电器
ground ~ 接地保护继电器
ground directional ~ 接地定向继电器
ground handling ~ 地面牵引用电继电器
ground preference ~ 接地保护继电器
ground-fault ~ 接地（故障）继电器
group ~ 组〔群〕继电器
group marking ~ 线群占线继电器，群信号继电器
guard ~ 保持〔保安，防护〕继电器
half-crystal can ~ 半晶体密封继电器
hand reset ~ 复位〔还原〕继电器
headlight ~ 头灯继电器
heavy ~ 大电流切换继电器
hesitating ~ 缓动继电器
high limit ~ 高限压力中继器，定值器
high selector ~ ①高选继动器②棱形阀③高压选择阀
high speed ~ 高速继电器
hold(ing) ~ 保〔吸〕持继电器
homing ~ 复位式继电器
hoop-drop ~ 落弓式继电器
hot-wire ~ 热线式继电器（热敏继电器）
hydraulic ~ 液压替续器，液压继动阀
impedance ~ 阻抗继电器
impedance-time ~ 延时阻抗继电器
increment ~ 增量继电器
independent time-lag ~ 定时限继电器
indicating ~ 指示〔吊牌，信号〕继电器
induction ~ 感应式继电器
induction cup ~ 感应杯式继电器
induction disc ~ 感应圆盘式继电器
initiating ~ 始〔起〕动继电器
instantaneous ~ 瞬〔速〕动继电器
instrument ~ 仪表〔计数，记录〕继电器
integrating ~ 积算〔积分型〕继电器
interlock ~ 联锁继电器
interposing ~ 干预〔断路〕继电器
inverse-definite time ~ 反定时限继电器
inverse-time induction ~ 感应式反时继电器
ionic ~ 离子继电器
jet ~ 射流继电器
keep ~ 保持〔保护，止动〕继电器
key ~ 键控继电器
kipp ~ 冲息多谐振荡器，单稳触发器
knife-edge ~ 刃式〔刀口〕继电器
latch(ed) ~ 闩锁〔自锁〕继电器
latch-in ~ 自锁〔自保持〕继电器
latching ~ 闩锁〔自锁〕继电器
leakage ~ 漏电〔接地〕继电器
light ~ 光〔电〕继电器
light-sensitive ~ 光敏继电器
line ~ ①线路继电器②有线中继
liquid level ~ 液面浮动继电器
load level(l)ing ~ 负荷平衡继电器
local remote ~ 本地 - 远地〔切换〕继电器
lock on ~ 同步继电器

locker ~ 闭锁继电器
lock-in ~ 闭塞继电器
lockout ~ 连锁〔保持〕继电器
lock-up ~ 闩锁〔自保持〕继电器
low coil power ~ 灵敏〔低线圈功率〕继电器
low-energy ~ 灵敏〔低能耗〕继电器
magnetic ~ 磁（性）继电器
magnetic key ~ 磁力继电器
magnetoelectric ~ 磁电式继电器
manual-automatic ~ 手控 - 自动转换继电器
manual-reset ~ 人工复位继电器
marginal ~ 定限〔边缘〕继电器
master ~ 主控继电器
maximum ~ 过载〔极限〕继电器，过电流〔电压〕继电器
maximum and minimum ~ 极值继电器
memory ~ 极化〔存储式，剩磁型磁性闩锁〕继电器
mercury contact ~ 汞接〔水银触〕点继电器
mercury plunger ~ 水银插棒式继电器
mercury-needle ~ 汞针继电器
meter(ing) ~ = instrument relay
meter-type ~ 仪表〔电流计〕式继电器
mho ~ ①电导型阻抗继电保护装置②电导继电器
mho-impedance ~ 电导阻抗继电器
microphone ~ 微音器〔话筒〕继电器
microwave radar ~ 微波雷达中继
minimum ~ 低载〔值〕继电器
modified impedance ~ 变形〔修正〕阻抗继电器
motor-field failure ~ 电动机磁场故障继电器
mo(u)lded ~ 模制〔浇注绝缘〕继电器
moving core type ~ 动圈〔磁电〕式继电器
moving-iron ~ 动铁式继电器
multicircuit ~ 多路继电器
multiple arm ~ 多杆〔多接点〕继电器
multiple metering ~ 复式计数继电器
multipole ~ 多极继电器
multirestraint ~ 多持线圈继电器
multiwound ~ 多绕组继电器
multi-zone ~ 分段限时继电器
negative-phase ~ 反向〔负相位〕继电器
network ~ 网络继电器（保护低压网络），电力网继电器
network master ~ 网络主继电器，功率方向继电器（带有电压保持线圈）
neutral ~ 中性〔中和，无极〕继电器，中性线〔非极化，非极性〕继电器
neutral current ~ 中（性）线电流（检测）继电器
neutral-polar ~ 组合继电器
neutral-tongue ~ 中簧继电器（继电器簧片通过弹簧保持中心位置）
no bias ~ 非偏置〔极化〕继电器
no-excitation detection ~ 无激励检测继电器
non-contact(or) ~ 无接头〔无触点〕继电器
non-drawout ~ 非抽出式〔固定安装〕继电器
non-locking ~ 非锁定电键〔继电器〕
non-metering ~ 计数器切断继电器
non-polarized ~ 中和〔非极化，无极化〕继电器
nonsafety ~ 弹力式〔非安全型〕继电器
nonvital circuit ~ 非安全电路继电器
normal indication ~ 定位表示继电器
normal point control ~ 定位控制继电器
normal position repeating ~ 定位复示继电器
normally deenergized stick ~ 正常失励保留〔自闭〕继电器
normally energized ~ 正常励磁继电器
normally energized stick ~ 正常励磁保留〔自闭〕继电器
notching ~ 加速〔多级式，脉冲次数〕继电器
no-voltage ~ 失压〔无电压〕继电器
offset-mho ~ 偏置电导继电器
ohm ~ 欧姆〔电阻〕继电器
oil dash pot ~ 注〔缓冲〕油壶继电器
open ~ 开启式继电器
open-phase ~ 开相〔断相〕继电器
operational ~ 运算〔工作〕继电器
out-of-step ~ 失步继电器
over… ~ 过…继电器
over and under… ~ 过和欠…继电器
overcurrent ~ 过载〔过电流〕继电器
overfrequency ~ 过〔超〕频继电器
overload ~ 过载继电器
overload time ~ 过载限时继电器
over-notching ~ 过脉冲继电器
overpower ~ 过功率〔负荷〕继电器
overtemperature ~ 过热继电器
pad ~ 衰减器继电器
passive ~ 无源中继
pendulum ~ 振动子继电器
percentage ~ 比率继电器
percentage-differential ~ 比率差动继电器
phase comparator ~ 相位比较继电器

phase comparison ~ 相差〔相位比较式〕继电器
phase failure ~ 断相继电器
phase-rotation ~ 相序〔反相，相位旋转〕继电器
phase-sequence ~ 相序〔对称分量〕继电器
photoemissive ~ 光电发射继电器
pilot ~ 控制〔引示，辅助〕继电器
pilot differential ~ 引线〔带辅助导线的〕差动继电器
pilot shorting ~ 辅助导线短路继电器
pilot wire ~ 辅助线继电保护装置，线路纵（联）差（动）保护装置
pivoted ~ 支点〔旋转，枢轴〕继电器
plugging ~ 停车〔防逆转〕继电器
plug-in ~ 插入式继电器
plunger ~ 插棒〔螺管，活塞〕式继电器
pneumatic ~ 气压〔气运〕继电器，气动替续器
polar(ity) ~ 极性〔化〕继电器
polarity-directional ~ 极化继电器
polarized ~ 极化继电器
polarized monostable type ~ 边稳定〔单稳态型〕极化继电器
polarized-latching type ~ 闩锁型极化继电器
polyphase directional ~ 多相方向继电器
position busy ~ （座席用）占线〔占位〕继电器
potential ~ 电压继电器
potential fuse failure ~（断开）故障熔丝(的）电位继电器
power ~ 功率继电器
power cut-off ~ 电源切断继电器
power steering ~ （汽车）动力转向继电器
power-off ~ 失电〔电源切换，停电用转换〕继电器
power-transfer ~ 电源切换〔电力传输〕继电器，故障继电器
preselector ~ 预选器继电器
pressure-sensitive ~ 压敏继电器
primary ~ 一次侧〔初级〕继电器
private real-time ~ 保密实时转播
product ~ 乘积继电器
programming ~ 程序〔顺序〕继电器
protect ~ 保护继电器
protection fault ~ 故障保护继电器
pump motor ~ （发动机燃油）泵电动机继电器
pusher ~ 推杆式继电器
quick-releasing ~ 速释继电器
quotient ~ 商数〔比例〕继电器
radar ~ 雷达中继（站）
radio ~ 无线电中继
railway signal ~ 铁路信号继电器
raise interlock ~ 上升联锁继电器
ratchet ~ 棘轮式继电器
rate-of-change (of …) ~ 微分〔变化率〕继电器
ratio-balance ~ （电流比）差动继电器，比例〔率，值〕平衡继电器
ratio-differential ~ 比率差动继电器
reactance ~ 电抗继电器
reactive power ~ 无功功率继电器
reclosing ~ 重闭〔重接,中断,自复,重合闸,自接入〕继电器
rectifier ~ 整流器继电器
rectifier bridge ~ 整流电桥式继电器
reed ~ 舌簧〔衔铁〕继电器
register ~ 记录继电器
regulating ~ （在自动线路内的）调节继电器
reinforcing ~ 加强继电器（减轻主继电器的电流负载）
release ~ 复归〔话终，释放〕继电器
release-free ~ 自由释放继电器
relief ~ 辅助〔交替〕继电器
remanence ~ 剩磁继电器
rematching ~ 再〔连续〕匹配继电器
remote pick-up ~ 远距离电视摄像中继
repeater ~ 转发〔帮电，中继〕继电器
repeating ~ 转发继电器
replica temperature ~ 仿形温度继电器
reset ~ 复原〔位〕继电器
residual current ~ 剩余〔零序〕电流继电器
resistance ~ 电阻继电器
resonant-reed ~ 谐振簧片继电器
restoring ~ 回复继电器
restraint ~ 制约式〔牵制式（继电器动作取于两个信号量之比）〕继电器
reverse ~ 逆流继电器
reverser lock ~ 反向器〔换向开关〕锁定继电器
ringing ~ 振铃〔呼叫〕继电器
ringing-trip ~ 振铃〔呼叫电流〕切断继电器
rotary interrupter ~ 旋转断续继电器
rotary solenoid ~ 旋转螺管式继电器
safety ~ 安全〔断路，闭锁〕继电器
seal-in ~ 自保持继电器（辅助继电器）

secondary ~ 次级继电器
selective ~ 谐振〔选择性〕继电器
self-polarizing ~ 自极化〔电流极化〕继电器
self-restoring ~ 自复归继电器
semiconductor ~ 半导体继电器
sequence ~ 动作次序继电器
sequential ~ 程序〔顺序动作〕继电器
service restoring ~ 重合闸〔恢复运行〕继电器
shield ~ 屏蔽〔保护〕继电器
short-wave ~ 短波中继
shunt-field ~ 磁分路式〔并励场电路中的〕继电器
shutdown ~ 断路〔切断〕继电器
side-stable ~ 侧稳继电器
signal ~ 信号继电器
single-acting ~ 单侧作用继电器
single-element ~ 一元〔单元件〕继电器
skip ~ 跳越继电器
slave ~ 从动〔辅助，随动〕继电器
slew ~ 停止继电器
slip ~ 转差继电器
slip sensing ~ 空能继电器
slugged ~ 缓动〔延时〕继电器
solenoid ~ 螺线管（式）继电器
solenoid actuated ~ 螺线管（起动）式继电器
solid state ~ 固态继电器
solid state metering ~ 固态计数继电器
sounding ~ 音响器
speed ~ 速度〔转速〕继电器
stalling ~ 失速继电器
starting ~ 起动继电器
starting guide ~ 起动用继电器
static ~ 静态〔无触点〕继电器
steering ~ 控制继电器
step-back ~ 跳返〔话终〕继电器
step-by-step ~ 步进继电器
step-out ~ 失调继电器
stepping(-type) ~ 步进〔分段动作〕继电器
stick ~ 吸持〔联锁，保持，自保持〕继电器
supersensitive ~ 超灵敏继电器
supervisory ~ 管理转接器，监视继电器
supplementary ~ 辅助〔中间〕继电器
supply ~ 供电继电器，电源继电器
surge ~ 冲击〔波前陡度〕继电器
switching ~ 转换〔开关操作〕继电器
tattle-tale ~ 故障指示继电器
telegraphy ~ 电报继电器
television cable ~ 有线电视中继
television international program(me) change ~ 电视国际中继〔转播〕
television radio ~ 无线电中继电视
temperature ~ 温度〔热动〕继电器
temperature limiting ~ 过热〔限温〕继电器
thermal ~ 热敏〔热动，热放，温差（电偶）〕继电器
thermal electrical ~ with partial memory function 部分记忆电热继电器
thermal electrical ~ with total memory function 全记忆电热继电器
throw-over ~ 固定双位继电器
time delay ~ 缓动〔延时〕继电器
time limit ~ 延时〔缓动〕继电器
time pulse ~ 定时脉冲继电器
time-element ~ 延时继电器
timing ~ 延时〔定时，时限，时间〕继电器
torn-tape ~ 撕断纸条式电报接转
torque converter clutch ~ 液力变矩器(锁止)离合器继电器
totalizing ~ 综合继电器
touch ~ 感触继电器
track ~ 轨道〔拨轨（用)〕继电器
tractive armature type ~ 衔铁上升式继电器
transfer ~ 切换继电器
translating ~ 变换继电器
translay ~ 纵差〔感应差动〕继电器
trip free ~ = release-free ~
under … ~ 欠…继电器
vane ~ 扇形〔翼片，叶片形〕继电器
verification ~ 校核〔监控〕继电器
vibrating ~ （电报）振动继电器
voice-operated ~ 声控〔音频控制〕继电器
voltage ~ 电压继电器
voltage responsive ~ 电压继电器
voltage sensing ~ 压敏继电器
voltage-sensitive ~ 压敏继电器
weighted armature ~ 重衔铁继电器
wiper-closing ~ 接帚闭合继电器
wire spring ~ 线簧继电器

relay-contactor 继电器接触器

relaying ①继电器②继电保护③转播，中继，接力
AC pilot ~ 交流辅助〔交流引线（纵差）〕继电保护（系统）
carrier ~ 载波中继（制），高频〔载波继电〕保护

carrier-current ~ 载频中继
DC pilot ~ 直流辅助继电保护系统
directional pilot ~ 定向纵联继电保护
ground ~ （继电）接地保护
photovision ~ 电视转播
pilot ~ 控制继电方式
radar ~ 雷达中继发送
wire ~ 有线中继

relay-out （加以）保护

relay-set 继电器组〔装置〕，继电保护屏

release ①泄放，释放，脱扣，排放，断开，解除，免除②断路〔脱扣〕器③释放机构〔装置，线圈〕④发表〔行〕

~ of work hardening 加工硬化的消除
anchor ~ 闹钟卡子
auto still ~ 自动静止释放
automatic ~ 自动释放〔开锁〕器
ball ~ 球形继电器
barometric ~ of parachute 气压开伞（机构）
Beta ~ Beta版本（软件产品用于测试目的的版本）
bimetal ~ 双金属（片）开关〔断路器〕
brake ~ 松开制动器
call ~ 调用释放〔解除〕
direct ~ 直接〔串联，一次电流〕释放
disconnector ~ 拆线器
electric time ~ 电气定时解锁（器）
electrodynamic shutter ~ 电磁快门按钮
electromechanical hand time ~ 机电式人工限时解锁器
electron ~ ①电子释放②释电子的
end ~ 终端安全释放机构
first party ~ 单方（话终）拆线
flash ~ 闪光继电器
friction ~ 摩擦式释放器，摩擦式松脱（安全）器
furnace heat ~ ①炉膛释热②炉膛容积热强度，（层燃烧）燃烧热强度
glazed ~ 玻璃封闭的人工解锁器
last party ~ 双方（话终）拆线
line ~ ①线路断开②线路脱扣装置
low-voltage ~ 低压释放，电压降低时电路的自动切断
mo(u)ld ~ 离型〔脱模〕剂，分型粉
no-load ~ 无载跳闸，无载释放
normal ~ 正常解锁〔释放〕
no-voltage ~ ①失压脱扣器②无（电）压释放
overcurrent ~ ①过电流脱扣器②过流释放
overload ~ ①过载脱扣器②过载释放
permissive ~ （自动闸）允许解除，（自动调节装置）容许撤出
power deck lid ~ （汽车）行李舱盖电动释放
premature ~ 预先释放
remote trunk ~ （汽车）行李舱盖遥控释放
roll ~ 脱辊
rotary ~ 旋转释放
screw ~ 螺旋式限时解锁器
shutter ~ 快门开关
speed-sensitive ~ 超速放气阀
spring ~ 弹簧安全器，弹簧式脱开装置
swingback ~ （工作部件的）摆回式安全器
swingback safety ~ （工作部件的）摆回式安全器
tension ~ 解除张力，松弛作用
time ~ 延时〔限时〕释放器
under-voltage no-close ~ 欠压无闭合断路器
wire ~ 尺度索松放器

release-push 释放按钮〔开关〕

releaser 排除〔释放，卸料〕器，释放〔排气〕装置，吸排器

releasing ①释放，解除，放弃，抛下②吐出，放出③分离④脱扣，断开

relevance 关系，关联，适当

relevant 相应〔有关，相关，适当，恰当，中肯，切合，贴切，成比例〕的

relexation ①弛豫〔缓〕，衰减，松〔张〕弛（作用），缓和，放松，休息②削弱，减轻，缩短

reliability ①可靠〔安全，确实，准确〕性②强度

achieved ~ 实际〔工作〕可靠性
communication ~ 通信可靠度
component ~ 元件可靠性
cumulative ~ 总可靠性
engineering ~ 工程〔技术〕可靠性
expected ~ 可靠性的期望值
functional ~ 工作可靠性
inherent ~ 固有〔内在〕可靠性
kit ~ 一套可靠性措施
minimum acceptable ~ 最低容许可靠性
parallel ~ 并联可靠性

reliable （工作）可靠的，（使用）安全的，确实的

relic ①残余〔残留，蚀余〕的②残余〔留〕物，残片

relicon 液晶屏电子束管

relief ①间〔离〕隙②后角，背面③释压，卸〔去〕载，溢流④铲齿，解〔消〕除，释放⑤无输出，降〔减〕压⑥防护的⑦起伏〔立体，凸起〕的
air ~ 放气门
angular cutter ~ 斜向让刀
axial ~ ①倒锥，（钻头铰刀的）离角②开口量
bearing bore ~ 轴瓦削薄量
compression ~ 泄压旋塞阀
corner ~ 拐角空刀
end ~ 齿端修薄，端形（端切口），副后角
maximum ~ 最大铲磨量
normal tip ~ 法向的齿顶修缘
primary ~ （枪孔钻的）钻尖后角
root ~ 齿根修正〔形〕，修根
secondary ~ （刀具）副后（隙）面，副后角
side ~ （刀具）副后角
skirt ~ 活塞侧缘凹口，裙部凹槽
strain ~ ①应变消除②溢流〔出气〕冒口
surface ~ 表面起伏〔浮突，凸起〕
thermal ~ ①限热②消除应力退火
tip ~ 齿端修圆〔整〕，（齿形）修缘，修顶
transverse tip ~ 圆周方向齿顶修缘
working ~ 工作后角，切削过程中的后角

reliefgraph 地形模型刻图仪

reliever ①减压装置，解脱器②辅助炮眼③接替者，救济者

relieving ①铲齿，铲背②解除③放气④分离，脱开，释放⑤卸载，减轻，减压，降低，下降，缓和⑥替换，调换⑦显露
cutter ~ 让刀，抬刀
furnace stress ~ 炉内加热消除应力

re-light(ing) 重复点火（发动机），再次起动

reline ①（更）换衬里，更换衬套，重换衬套②重砌内衬③重浇轴瓦④重新划线

reliner 换衬器

relining 换（炉）衬，重装衬垫，大修
~ of bearing 轴承重挂白合金
~ of brakes 换闸衬

reloader ①复载机②转载机，换装机

reload(ing) ①重新加载，再放电，再〔重新〕装载〔填，货，弹〕②换胶片

relocatability 浮动（性），（可）再定位（性）

relocatable 浮动〔可再定位〕的

relocation 再分配，重新安置，改变位置，改线，重新定线，转移，变换
dynamic memory ~ 动态存储器重新分配，动态存储单元再定位
dynamic program ~ 动态程序置换〔再定位〕
processor storage ~ 处理机存储器再分配

re-lubrication 再〔重新〕润滑

relucent 光辉〔明亮〕的

reluctance ①磁阻，阻抗②比磁阻，磁阻系数
air ~ 空气磁阻
air gap ~ 气隙磁阻
apparent ~ 视在磁阻，表观磁阻
gap ~ 气隙磁阻
leakage ~ 漏磁阻
magnetic ~ 磁阻
specific ~ 磁阻率
variable ~ 可变磁阻

reluctancy = reluctance

reluctivity 磁阻率〔系数〕
magnetic ~ 磁阻率〔系数〕

reluctometer 磁阻鉴质仪（检查钢制品质量）

relugging 花纹块翻新

reluster 无光泽

rem 雷姆，人体伦琴当量

remachine 再〔重新〕（机械）加工

remagnetize 再磁化，重新起磁

remain ①剩余，余留②留待，尚需③保持，继续是，仍然是
~ off 保持截止

remainder ①剩余（物），残渣〔余，料〕，余〔边〕料②余数〔项〕

remake ①重做〔制〕，改造〔作〕，翻新，修改②重制物，重新摄制的影片

remalloy 磁性合金，（勒马罗伊）铁钴钼合金〔磁钢〕（w（Co）12%，w（Mo）17%，其余 Fe）

remanence ①剩（余）磁感应②剩余磁通密度③顽磁（性），剩磁
magnetic ~ 顽磁，剩磁

remark ①注意〔视〕，观〔觉〕察②表示（意见），陈述③评语，意见④（pl.）备考，附注，摘要，要〔论〕点
general ~ 概要，总论

remarkable 显著〔希奇，值得注意〕的

rematch ①再匹配②复〔重〕赛

remediable 校正〔纠正，修补，补救，可挽回〕的

remedial 治疗（上用）的，补救的，校〔纠〕正的，改造的，修补的

remedy ①补救（办法），修理，校正，补偿，治疗②药品
~ of the trouble 排除故障

remelter 再熔器〔炉〕

remelt(ing) 再熔（法）
electroslag ~ 电渣重熔

vacuum induction ~ 真空感应炉重熔（法）
remembering 存储，记忆
remembrance ①记忆，存储②备忘录，纪念（品）③（pl.）问候，致意
remesh 重〔再〕啮合
remetal 更换金属挡板
reminder ①催单，录忘手册②纪念品③提示（者，物）
remission ①缓和，减轻，松弛②免除，减〔赦〕免③汇款
remit ①减轻，缓和，松弛②免除，减免③延期，推迟④（使）恢复原状〔位〕⑤传送，移交，提示，汇〔寄〕款⑥移交的事件
Remitron 充气管（商品名，用于计算系统）
remittance ①汇付②汇款，汇兑基金
remixer 复拌机
remixing 再混合，重拌和，复拌
remnant ①剩余（的，物），残余的②残〔痕〕迹，余烬③零料④残存者
remodel 重制，翻新，改型〔造，建，作，装，编〕，重新塑造
remodulation 再〔重复，二次〕调制
remodulator 二次调制器
remolten 再度熔化的
remontoir 定力擒纵机构，上发条装置
remontoire ①定时冲击钟摆装置（由主能源周期上紧发条或提升重锤而使钟表工作机构力矩均匀的装置）②冲量稳定器
Remos （由干苔藓制成的多孔板）吸声材料
remote ①远距离的，远程的②模糊的，外界的，间接的，极少的，细微的③遥控的④实况广播，实况摄像
infrared ~ control 红外线远程控制
iris ~ 光圈遥控
remoteconnection 远程连接
remote-control 遥控，远距离控制〔操纵〕
~ at audiofrequency 音频遥控
~ of transmission 遥控传动装置
wireless ~ 无线电遥控
remote-detector 遥测器
remote-indication 远距离指示，遥测
remote-indicator ①遥示器②复示器
remote(ly)-operated 遥控的，远程控制的
remote-measurement 遥测，远距测量
remotion ①移动，迁移②排除，除去③去除器④切削
remotored 电动机重新投入，换以新电动机的
remotron 多阴极气体放电管

remo(u)ld ①改〔重〕铸，重塑②改型③（轮胎）热补翻新
remous 涡流，旋风，螺旋桨后的湍流，上升或下降气流，颠簸气流
removability 可拆性，可移动〔除去〕性
~ of slag 脱渣性
removable 可更换〔拆卸，移动〕的，活动〔轻便〕的
removal ①移动，迁移②排除，除去③去除器④切削
~ of electrons 电子逸出〔偏出〕
~ of shuttering 拆模
chip ~ 排屑
frost ~ 除霜器
metal ~ 金属切除（量）
pin ~ 拔销器
piston ~ 卸活塞器
rust ~ 除锈，除锈器
snow ~ 除雪机
stock ~ 切削（量）
theoretical stock ~ 理论磨削量
vertex ~ 顶点删除
water jet rust ~ 水射流除锈
remove ①切削，切〔铿，磨〕掉②除〔消，拆〕去，清理〔除〕③移动〔置〕，迁移④距离，间隔⑤程度，阶段
remover ①消除〔洗净，洗漆，脱（涂）膜〕剂，（渗透检验的）洗净液②去除〔移去，脱离〕器，排除装置，拆卸工具③搬运者，移动者
chain rivet ~ 拆链器，链条拔销器
corrosion ~ 防腐剂
dent ~ 去凹器（用硬木制成专供平整表壳及去除凹痕的工具）
electric rust ~ 电动除锈机
glass ~ 除玻璃（碎片）器
grease retainer ~ 护脂圈拆卸工具，密封圈拆卸器
hand ~ 时（分，秒）针拆卸工具，拔针器
noise ~ 反干扰机，噪声抑止器
oil ~ 集油器
paint ~ 脱漆剂
plastic ~ 塑料薄膜揭除机
rust ~ 除锈机
snap ~ 开口环〔弹性卡环〕装卸器
spot ~ ①余辉〔亮度〕消除器②除斑剂
stud ~ 双头螺栓拧出器
tank cap ~ 箱盖脱离器
tap ~ 卸（拆）断丝锥器

temper ~ 退火工具
tramp-iron ~ 铁质夹杂物排除器
varnish ~ 除漆器〔剂〕, 沉淀色料去除剂
removing 除去，迁移，切〔削，锉，磨〕掉
stock ~ 切削
Remscope 长余辉同步示波器（商品名）
remtron 多阴极气体放电管
remuneration 报酬，补偿
Renault 雷诺（法国雷诺汽车制造商）
render ①提出〔供〕, 给予②重发, 再生〔现〕,（使）反映〔应〕③初涂，打底，抹灰，粉刷④提炼〔取〕, 熬（取）⑤绘图器
rendering ①翻译②初涂，打底，粉刷③透视〔示意，复制〕图④（油）提炼与加工⑤绘制，绘形
colo(u)r ~ ①分色表②彩色发送器③现色性，彩色再〔重〕现
half tone ~ 灰度再现
surface ~ 表面绘制〔形〕
tone ~ 色调再现
volume ~ 体积绘制〔形〕
rendezvous ①相遇，交会，集合，会合（点），使在指定地点会合②宇宙飞船的会合，(使…)在空间会合
in-space ~ 深空会合
rendition ①再现，复制，重现②翻译，解释③给予
chromatic ~ 彩色再〔重〕现
contrast ~ 对比〔反衬〕度重现
gray-scale ~ 灰度重现
monochrome ~ 黑 - 白重现
Rene 雷内镍基高温耐蚀合金
renewable 可更新〔回收，重复，继续，恢复〕的，可重新使用的
renewal ①复原, 更换, 更新, 重订, 补充②（pl.）备件
~ of facing 换衬片，换摩擦片
renew(ing) ①复原，更新，重新开始，重订②（pl.）备件
renormalization 重正化，再归一化
renovation 革新，更新，恢复
renovator ①更新器, 更新机具②革新〔修复〕者
label ~ （洗瓶机的）商标清除机
rent ①裂缝，裂口，裂隙②租，租金
Renyx 压铸铝合金（w（Ni）4%, w（Cu）4%, w（Si）0.5%，其余 Al）
reometer 电流计,（血）流速（度）计
reoperate 翻新，修理，重新运转
reorder ①重（新安）排②再订购（同类物品）
reordering （重）排序
data ~ 数据排序
reorganization 改组〔编，革〕, 整理
re-orient 重新定向
reorientation ①重新取向〔定向〕②重定方向〔方位，方针〕
reoxidation 再次氧化
repack ①拆修（轴承）②改装，重新包装，再装配，换填料
repackaging 再装配，重（新包）装
repaint 重新涂（装），重涂装（的东西）
repair 修理〔补，正〕, 维〔检〕修，改正
~ on technical condition 视情修理
adjusting ~ 平衡修理
alternate ~ 应急修理
capital ~ 大修
cold ~ 冷态检修
current ~ 现场〔日常〕修理
damaged beyond ~ 损坏不能修的
emergency ~ 应急〔事故〕修理
extensive ~ 大修理
gunned ~ 喷浆修理
heavy ~ 大修
hot ~ 热态检修
maintenance ~ 日常维修〔保养〕
major ~ 大修
minor ~ 小修
node ~ 节点修复
permanent ~ 大〔治本，永久〕修理
prophylactic ~ 定期检修，预防检修
running ~ 小修，日常〔临时〕修理
scheduled ~ 定期检修
shop ~ 厂修
spot ~ 现场修理
thorough ~ 大修
unit ~ 部件换修（法）
un-wheeling ~ 架修，落轮修
repairability ①可修性②可修理性
repairable 可修理〔修补，补偿，补救，弥补，纠正，恢复〕的，待修的
repairer 修理工，检修工
repairman 修配〔检修〕工，修理人员
repairshop 修理厂
mobile ~ 汽车修理厂〔场，(车）间〕
reparation ①维〔整〕修工程②修理〔复, 缮〕, 弥补，补救〔偿〕, 恢复③赔款〔偿〕
repaste 再涂

repatching 修补
repay ①付〔偿〕还②报答，回敬
repeatability ①（可）重复性，反复〔再现〕性②重复定位精度（机器人性能参数）
distance ~ 距离重复性
path ~ ①路径重复性②（机器人）轨迹重复精度
path velocity ~ 路径速度重复性
point to point ~ （机器人）点位重复精度
(unidirectional) pose ~ （单方向）位姿重复性
repeat-back 回复信号发送装置，指令应答装置〔发射机〕
repeated ①重〔反〕复的②围盘轧制的
repeater ①复示器，增音器，转发器，中继器〔机，台〕，重发器，帮电机②围盘，活套轧机的机座③连发手枪（或步枪）④循环小数
active satellite ~ 主动卫星转发器
attended ~ 有人（值守）增音站
automatic gain control ~ 自动增益控制中继器
branching ~ 分支中继器
broadcast telegraph ~ 广播式电报转发器〔帮电机〕
carrier ~ 载波增音器〔机〕
carrier telephone ~ 载波电话增音机
communication satellite ~ 通信卫星转发器
data ~ ①数据重发器②数据信号〔传送〕放大器
digital optical ~ 数字光中继器
drop ~ 分接中继器，本地端接中继器
end ~ 终端中继器
flat ~ 扁钢围盘
forked ~ 双路转发器
frogging ~ 换频中继器
gyro compass ~ 回转罗盘转发器，陀螺罗盘中继器〔转发器〕
impulse ~ ①脉冲重发器②脉冲转发器〔中继器〕
incoming ~ 来向增音机
intermediate ~ ①中间增音机〔中继器，帮电机〕②中转站
klystron ~ 速度调制管增音〔放大〕器
laser ~ 激光中继器
negative impedance telephone ~ 负阻抗电话中继器
one-way ~ 单向增音机〔帮电机，转发器，中继器〕
picture ~ 电视转播机
power line carrier ~ 电力线载波增音机
pulse ~ 脉冲转发器
radar ~ 雷达转发器
regenerative ~ 再生式帮电机〔中继器，转发器〕
relay ~ 中继转发器
reverse ~ 反围盘
ringing ~ 振铃信号转发器
R-Theta ~ 方位-距离指示器
signal ~ 信号复示器〔中继器〕
square ~ 方形孔型用围盘
strip ~ 窄带材用围盘
submarine cable ~ 海底电缆增音机
submarine optical fiber cable ~ 海底光缆中继器
submerged ~ 海底增音机〔中继器〕
switching selector ~ （电话）选局中继器，分区接换器
synchro ~ 同步重发器，同步转发器
telegraph ~ ①电报转发〔中继〕器②电报帮电机
telephone ~ 电话增音器
television ~ ①电视转发〔放大〕器②电视重发器，电视填空发射台（机）③电视转播机
terminal ~ 终端转播机，终端增音器
through ~ 中间增音器〔机〕，中间帮电机
voice frequency ~ 音频增音器
repeater-indicator 中继指示器，转发指示器
repeater-transmitter 中继发送机，转发机
repeating ①重〔反〕复，循环②转播〔发〕，中继，接力，（增音）放大③围盘轧制
impulse ~ 脉冲重发
radio ~ 无线电转播
repeator 增音〔转发，中继〕器
repel ①拒绝，排斥②推开，弹回
repellant ①防水布，防护剂，防雨胶，防水的②排斥力，排〔相〕斥的③弹回的
repellence 抵抗〔相斥，排斥〕性
repellency 抵抗〔相斥，排斥〕性
repeller ①反射〔排斥〕极，板极，离子反射极②栏板，导流板③弹回装置④（液力变矩器）被动涡轮
repelling 排斥推开弹簧
repercolation 再渗滤（作用）
repercussion ①弹回，跳开，反撞，后坐力②反应，影响
reperforator ①接收穿孔机，收报凿〔穿〕孔机②复式穿孔机

repertoire ①清单②专门技术，特殊技巧
~ of computer 计算机指令系统
code ~ 指令表，指令系统〔代码〕
instruction ~ ①指令程序②指令系统
statement ~ 语句库
repertory ①仓库，库存②（代码）指令表，指令系统③节目单④操作码代表的操作⑤搜集
code ~ 指令（代）码，指令表，指令系统
instruction ~ 指令表，指令系统
repetend （小数的）循环节
repetition ①重复〔现〕，反复②再现〔演〕
image ~ 图像重复〔现〕
rephosphorization 回磷
rephotograph 重摄
repickup 重拾〔起，取〕，重发送
repivoting 轴尖修理
replace ①更〔替〕换，代替②复原〔位〕，移位③归还
replaceability 替换性
replaceable ①可置换〔更换，代换，互换，替换，代替，取代〕的，可拆的②装配的③交换式
replacement ①替换件〔物〕淘汰②替〔更，置，代〕换，代替，取代③位移，复位，归还
double ~ 互〔置〕换
page ~ 页面替换
track ~ 磁道更换
replacer ①置换器，换〔拆〕装器②装卡〔拆装〕工具
shaft bearing ~ 轴承拆卸器
replating 金属堆焊〔焊补〕
replay 重放〔播〕
replenish 再装满〔加料，填满〕，补足〔充〕
replenisher ①补充〔调节，充电〕器②感应起电机（保持平方律电表指针电位用的）
replenishment ①（再）补充〔给〕，充满〔实，填〕②容量
replete ①充〔装，填〕满的，充实的，充分供应的，补够了的，饱和〔满〕的②无线电转播
replica ①复制品，复型，拷贝，模型，摹写品②复制光栅，复制试样③仿形
negative ~ ①复制凹模，负复型，负片拷贝②甲醛树脂复型
positive ~ 复制凸模
sheath ~ 外膜，包络复制品，蒙皮模制器
replicate ①重复〔现〕，复制，折〔弯〕回，折转，反叠②复制的，折〔弯〕回的，折转的③同样的样品
replication ①复制品②回声③重复〔现〕，复制
replicator 重复符号
replotting 重复描绘
reply 回答，答复
repoint ①锻伸〔补焊〕铧尖②重嵌灰缝，重勾缝
repointing 锻伸〔补焊〕铧尖
repolish 再抛光〔磨光〕
report ①报告〔导〕，通报，记录，表报，报告书②做报告，提出报告
AD ~ 美国军事技术、国防科研文献报告
buffer status ~ （通信）缓冲状态报告
completion ~ 完工报告
inspection ~ 检验〔鉴定〕报告
observation ~ 观测报告，实测记录
outturn ~ 货物交接报告〔清单〕
progress ~ 进展报告
research ~ 研究报告
specialist ~ 专题报告
surveyor's ~ 鉴定证书〔报告〕
reportage 报道，通信
reporter ①报告员，通信员②记者，新闻广播员③指针，指示器
aircraft position ~ 飞机方位指示器
reporting 数据传送
repose ①休止②蕴藏③寄托④坐落，基于
reposition 贮藏，复位
repository ①贮藏室，仓库，容器②博物馆，陈列室
repousse 〈法〉模锻的，模锻件，凸纹〔面〕
reprecipitation 再沉淀
represent ①代表，表示〔现〕，显示，象征②描述，说明，阐述〔明〕③相当于，意味着④模拟
representation ①（表示）图像，表象②代表，代理（人），表示〔现〕（法）③表达式④模型〔拟〕⑤说明，建议，主张，描述〔写〕，叙述⑥显示，重显〔现〕，再现
~ of a group 群（的）表示〔现〕
~ of surface 曲面表示〔象〕（法）
binary code decimal ~ 十进制数的二进制代码（的）表示（法）
biquinary ~ 二五混合进制（数的）表示（法）
complemented ~ 补码表示（法）
computer ~ 计算机模拟法
conformal ~ 保角〔形〕表示法
developed ~ 展开图示法
diagrammatic ~ 图示法，图解〔形〕表示
fixed-base ~ 固定基数〔记数〕表示（法）

fixed-point ~ 定点表示法
floating-point ~ 浮点表示法
graphic(al) ~ 图示，用图表明，图解法
hardware ~ 硬件表示法
hybrid ~ 混合表示（法）
iconic ~ 图像表示（法）
load ~ 负载表示法，负荷模拟法
matrix ~ 矩阵表示（法）
modular ~ 模表示
nine's complement ~ 反码（十进制）
normal ~ 正规表示
null ~ 空白表示法
numerical ~ 数值表示
one dimensional ~ 一维表示（法）
perspective ~ ①透视表示法②余辉残留图像显示
phasor ~ 相量表示
positional ~ 位置记数〔表示〕法，定位表示法
product ~ 乘积表示〔象〕
reverse Polish ~ 逆波兰表示法
revolved ~ 回转图示法
serial ~ 数的串行表示
spherical ~ 球面表示〔象〕
symbolic ~ 符号表示（法）
ternary incremental ~ 三进制增量表示法（+1，0，−1）
true ~ 真表示
vector ~ 矢量表示（法）
visual ~ 直观表示

representative ①有代表性的，典型的②代表，样品

repress ①再压〔缩〕，补充加压，重压②抑制，约束，制止

repressurize 再增压

reprint ①再版②翻印，转载

reprocessing ①再加工〔处理〕，精制，改制②再生，（核燃料的）回收

reprod （= receiver protective device）接收机保护装置

reproducer ①再生器，再现设备，累加信息重现装置②扬声器，扩音器③复凿机，复穿〔孔〕机④复制器〔机〕⑤再生程序
accumulating ~ ①累积再现〔重复〕设备〔装置〕②累积扬声器③累加复（穿）孔机
disc ~ （= disk ~）留声机，唱机
disc ~ record player 留声机，唱机
film ~ 胶片复制装置，胶片放声机
image ~ 显像管
laser beam image ~ （=LBIR）激光束图像重现器
laser beam image ~ 激光束图像重现器
magnetic recording ~ 磁录音〔像〕机
magnetic tape sound ~ 磁带放音机
optical sound ~ 光学扬声器，光学唱头〔机〕，光学录音磁头
photographic sound ~ 影片〔光学〕录音机
picture ~ ①图像再现〔重显〕设备②放映机
punch ~ 复穿〔孔〕机
sound ~ ①扬声器，唱头②放声装置

reproducibility ①再现〔再生，复现，重现，还原，重复，复演〕性②重复能力，再生率，增殖率
~ of test 试验结果的复验〔再现〕性

reproducible 可再生〔再现，复制，重复〕的

reproducing ①重显〔现，演〕②放音

reproduction ①复制（品），复写，翻版，仿制〔造〕，②再〔重〕现〔放，显，演，发，生〕，再生产（过程）
~ in colo(u)r 彩色重显〔现〕
~ of image 图像重显〔现〕
acoustical ~ （重）放声，还音
additive colo(u)r ~ 加色法彩色再现
data ~ 数据再生〔复制〕
half tone ~ 灰度再现
multichannel ~ 多通道放音
noisy ~ ①干扰图像重现②噪声重发
photographic ~ ①摄影复制②光学还原
roundabout ~ 迂回再生产，间接再生产
video ~ 放像机
voice ~ 话音再生，话音再现

reprogrammable 可重复编程，可改编程序的

reprogram(me) 程序重调，改编〔变〕程序

reprogramming 改〔重〕编程序

reprography 复印〔制〕术

republication 再〔翻〕版〔印〕

republish ①再版，重新发表②翻印

repugnant ①不一致的，不相容的，不可混的②矛盾的，对抗性的，相斥的

repulsion ①推〔排，拒〕斥②反驳，驳斥③斥力
~ of electrons 电子推斥
coulomb ~ 库仑斥力
electromagnetic ~ 电磁排斥
electrostatic ~ 静电（推）斥（力）
mode ~ 模态互斥

mutual ~ 互斥
space-charge ~ 空间电荷拒斥力
repulsive 排〔推〕斥的，斥力的
repulverize 再次〔重新〕粉碎
repurification 再净〔纯〕化
repurifier 再（提）纯器
reputation 信誉
request 请〔要〕求，需要②点播（节目）
asynchronous ~ 异步要求
input-output ~ 输入输出请求
interrupt ~ 中断要求
one-shot ~ 单发请求
pacing ~ 定步请求
queue ~ 排队请求
repeat ~ （通信）重发请求
request ~ for comments 请求说明
scheduling ~ （通信）调度请求
symbol ~ 符号请求〔申请〕
requirement ①要求，必要条件，技术条件②需要，需要物〔量〕，必需品③规格
detail ~ 细节（技术）要求〔规格〕，详细要求
functional ~ 功能要求，功能条件说明书
man-hour ~ 工时需要，单位产量所需工时
manufacturing ~ 生产（制造）技术要求〔条件〕
matching ~ 配合条件，装配要求
quality ~ 质量规格
space ~ 间隔要求，空间要求
technical ~ 技术要求
unit labo(u)r ~ 单位必要劳动量
requisite ①必〔需〕要的，必不可少的②必需品，必要条件，要素
requisition ①要求〔请求〕②申请（书），通知（单）③必要条件
store ~ 领料单
reradiate 反向辐射，再辐射，转播
re-railer 复轨器
reread 重读
rerecording ①转〔再，重〕录②唱片录音
reregister 再对准〔配准，定位〕，重复对准
reroll 再轧，二次轧制
rerollable （可以）重新再轧的
reroute 绕行，改道
rerun ①重新运行〔开动〕，再运行〔开动，起动〕②再处理〔试验，蒸馏〕③重算（程序）④再度上映（影片，电视片）
tape ~ 磁带倒带
resampling 重采〔取〕样
resaw 再锯
line-bar ~ 悬臂（再）锯机
rescaling 尺度改变，改比例
rescap 封装阻容
rescatter 重再散射
reschedule 重安排〔调度〕
rescind 解除，取消，撤回
rescrape 刮研〔光〕，重刮
rescreen 再筛分〔选〕
rescreener 再筛分用筛
reseal 再（密）封
research ①（科学，学术）研究，探索②调查
advanced ~ ①远景〔探索性〕研究②先进研究
applied ~ 应用研究，发展新产品研究
area ~ 区域检索
chaining ~ 链式〔循环〕检索
computerized operations ~ 计算机（化）运筹学
engineering ~ 工程研究
engineering and technological ~ 工程技术研究
fundamental ~ 基础理论研究
management science operations ~ 管理科学的运筹学
operation ~ 运筹学
scientific ~ 科学研究
staged ~ 分段搜索
researcher 研究人员
research-on-research ①（对研究方法和发展过程的）系统研究，科学管理②科学学
reseat 研磨，修整
reseater 阀座修整器，阀座修整工具
reseau ①〈法〉网，网络〔格〕，网状组织，晶格，点阵②光栅，滤屏，栅网③线路，电路
resection ①反切法，截点法，后方交会（法）②交叉，截断
reseller 转售商
value added ~ 加值转售商
resemblance ①类似（处），相似性〔点，物〕，相似程度②外表〔观〕，外形特征
resemble 类〔相〕似
reservation ①保留，储备，备用②限制，条件③预定〔约〕
bandwidth ~ 带宽预约
block ~ 区保留
reserve ①备品②预定〔备，约〕③谨慎，小心④保留〔存〕，储备⑤备用的，预备的

capacity ~ 备用功率，备用容量
common ~ 公积金
convertible ~ 外币储蓄
heat ~ 蓄热
hot ~ 暖机预备，预备用（设备）
initial ~ 期初储备
momentary ~ 瞬时〔短时〕备用
phase ~ 相位余量
power ~ ①备用功率，功率后备②动力（发条）储备量，走时延续性
storage battery ~ 备用蓄电池组，蓄电池组容量
system ~ （电力）系统储备

reservoir ①容器,贮〔储〕存器②储液〔油,水〕箱，钢瓶③储液槽
air ~ 储气筒〔罐，缸，器〕
coolant ~ 冷却液储存器
external ~ （鼓风炉）前床
feeding ~ 蓄水池
grease ~ （轴承内的）黄油集贮区
heat ~ 储热器，热库，热源
hydraulic ~ 液压（系统）储液器，液压蓄能〔力〕器
main braking ~ 主制动储气缸
metal ~ 金属液池
oil ~ 储油器，油箱，油滴接斗
pondage ~ ①调节池②蓄水池
pressure ~ 蓄压〔势〕器，压力储液箱〔槽〕
pressurized ~ ①充〔加〕压储液箱②外部加压式储液器（密闭式储液器）
steam ~ 储汽筒
storage ~ ①蓄水池②备用水箱
supplementary ~ 副油箱，辅助油箱，辅助储存器
tape ~ 磁〔纸〕带缓冲〔存储〕器
vented ~ ①带通气孔的储液器，开放式储液器②无压储液池

reset ①重定〔调，置，排，配〕②转换，转接，换向，翻转③复原〔位，归〕，返回，回到零位，置“0”④微调⑤清除⑥复原装置
~ direct 直接复位
~ enable 可复位
automatic ~ 自动重调，自动复位〔置零〕
carry ~ 进位复位〔清除〕
check ~ 校验复位
counter “0” ~ 计数器清零
cycle ~ 循环计数器复原
divided ~ 分段重置，分段反馈
hand ~ 人工重调，手动复原〔归〕
hard ~ 硬复位
horizontal ~ 行复位，水平复位
line alternation ~ 行交替复位〔置零〕
manual ~ 手动〔人工〕复位
power-on ~ 加电复位
soft ~ 软复位
system ~ 系统复位
thirty-second distribution ~ 30s 调表制（29s 前回零，30s 后进位制）
vertical ~ 垂直〔扫描〕复位
zero ~ ①零位复位，原点复位②零点同步〔重调〕

reset-input 复位输入

resettability ①可重调性②（振荡的）再调谐能力

resettable 可复位的，可重调的

resetter 复归机构，恢复元件

resetting ①恢复，复位〔归〕②重新接入，重安装〔调节，调整〕③重复调定，重复定位

reshaper 整形器
collar rim ~ 轮圈整形机

reshaping 整形，修整
pulse ~ 脉冲整形

resharpen 再磨锐，重新磨〔变〕锋利

reshear （钢板）重剪机，精剪机

reshuffle ①重配置〔安排〕②改组，转变

resid 残油，渣油

residence ①保〔滞〕留②常驻，驻留，居住
electronic ~ 电子住宅
system ~ ①常驻系统②系统程序存储区，系统程序常驻区

resident 驻留的，固有的
core memory ~ 磁心存储器常驻区

residua residuum 的复数

residual ①残留,残〔剩〕余②残〔留〕数（的），偏差，剩〔残〕余（的）③残余物，残渣（的）④有后效的

residuary ①余〔残，留〕数，偏差②残〔剩〕余（的），残留的

residue ①杂质，残余〔残留，剩余〕物②余项〔式〕③余〔残，滤〕渣，废料
filter ~ 滤渣
gum ~ ①树脂残渣（发动机内）②（发动机中的）焦油沉淀
modulo-*n* ~ 模 *n* 余数
process ~ 工艺残渣〔废料〕
quadratic ~ 二次剩余

screen ~ 筛渣，筛余
sieve ~ 筛余渣
residuum ①余数②剩余〔残留，残余〕物
resile 弹回，回弹，回复原来位置
resilience ①弹，弹性，变形能力②回弹（储）能③斥力，弹力④弹性变形⑤冲击韧度
dynamic ~ 动力〔态〕弹性
elastic ~ 弹性回能，弹能
proof ~ 总弹（回）性
torsional ~ 扭转回能，扭转弹性形变
ultimate ~ 极限弹力
resiliency 弹性，回弹性
resilient 有弹性的,有回弹力的,弹〔跳〕回的,能恢复原状的
flexible ~ 挠弹性
resiliometer 回弹仪
Bashore ~ 巴肖氏弹性试验机
resillage 网状裂纹
resin ①树脂〔胶〕,松香②树脂状沉淀物，用树脂处理
abietic ~ 松香树脂
acaroid ~ 无色素树脂
acetal ~ 缩醛树脂，聚甲醛树脂
acetaldehyde ~ 乙醛树脂
acetone ~ 丙酮树脂
acrylic ~ 聚丙烯树脂，丙烯酸树脂
alcohol-soluble ~ 醇溶性树脂
aldehyde ~ 聚醛树脂
allyl ~ 丙烯树脂，烯丙基树脂
amide-epoxy ~ 酰胺 - 环氧树脂
amine ~ 氨基树脂
amine aldehyde ~ 胺醛树脂
aniline formaldehyde ~ 苯胺 - 甲醛树脂
animi ~ 硬树脂，树脂
A-stage ~ 甲阶树脂，可熔阶段树脂
casting ~ 铸模树脂，充填树脂
cation ~ 阳离子交换树脂
cation-anion ~ 阳 - 阴离子树脂
cold curing ~ 冷固性树脂
cold-set ~ 冷凝树脂
condensation ~ 缩聚树脂
conducting ~ 导电胶
contact ~ 触压树脂，接触成型树脂
cresol ~ 甲酚树脂
cured ~ 凝固（熟化）树脂，硬树脂
cyclized rubber ~ 环化橡胶树脂
electroconductive ~ 导电胶
electrolyte exchange ~ 电解质交换树脂
electron exchange ~ 电子交换树脂
epoxide ~ 环氧树脂
epoxy ~ 环氧树脂，环氧（树脂）清漆
ethenoid ~ 乙烯型树脂
ethoxyline ~ 环氧树脂
exchange ~ 离子交换树脂
fluorine ~ 氟树脂
foamed vinyl ~ 泡沫乙烯树脂
formaldehyde-phenol ~ 酚醛树脂
furfural ~ 糠醛树脂
furfuryl ~ 糠基树脂
gelcoat ~ 胶衣树脂
grinding-type ~ 研磨型树脂
hard ~ 固体树脂，硬树脂
heat convertible ~ 热固树脂
hexaphenol ~ 已（苯）酚树脂
ion exchange ~ 离子交换树脂
lac ~ 虫胶树脂
methyl silicone ~ 聚甲基硅酮树脂
moulded ~ 模制树脂
natural ~ 天然树脂
neutral ~ 中性树脂，碱不溶树脂
oil modified ~ 油改性树脂
one-stage ~ 一步法树脂
phenol ~ 酚醛树脂
phenol ether ~ 酚醚树脂
phenol formaldehyde ~ （苯）酚（甲）醛树脂
phenol-aldehyde ~ 酚醛树脂
photoetch-resist ~ 光致抗蚀剂树脂
photosensitive ~ 感光树脂，光敏树脂
piezoelectric ~ 压电树脂
polyester ~ 聚酯树脂
polyvinyl ~ 聚乙烯树脂
rubber ~ 橡胶树脂
silicone ~ 硅酮树脂，有机硅（氧）树脂
straight ~ 净树脂，未加调节剂的树脂
synthetic ion-exchange ~ 合成离子交换树脂
tetrafluoro-ethylene ~ 聚四氟乙烯树脂
thermoplastic ~ 热塑（性）树脂
thermosetting ~ 热固性树脂
thiourea ~ 硫脲（甲醛）树脂
urea ~ 尿素树脂
vinyl ~ 乙烯基树脂
vinyl acetate ~ 醋（乙）酸乙烯树脂
vinyl silicone ~ 乙烯基硅树脂
weak base anion-exchange ~ 弱碱性阴离子交换树脂
white ~ 白松脂，松香

resina 〈拉〉树脂，松香〔脂〕
resinate 树〔松〕脂酸盐
resinder （树脂结合剂）砂带磨光机
resinification 树脂化（作用）
resinify 使树脂化
resinoid ①类树脂，热固（性）树脂，（已）熟（化）树脂②芳香萃（酒精萃取物）
resinol 树脂醇，松香油
resinous 阴〔负〕电性的，像〔含〕树脂的
resintering 重烧结
resiode 变容二极管
Resisco 铜铝合金（*w*（Cu）90.5% ~ 91%，*w*（Al）7% ~ 7.5%，*w*（Ni）2%，*w*（Mn）0% ~ 0.1%）
resist ①抵〔反〕抗，阻止〔挡〕②保护层，抗蚀剂③绝缘层
optical ~ 光刻胶，光致抗蚀剂
photo ~ 光致抗蚀剂，光刻胶
photosensitive ~ 感光胶，光敏抗蚀剂
shock ~ 防震器，防震装置
Resista 铁基铜合金（*w*（Cu）0.2%，*w*（P）0.2%，其余 Fe）
Resistac 耐蚀耐热铜铝合金（*w*（Cu）88%，*w*（Al）10%，*w*（Fe）2%）
Resistal ①铝青铜（*w*（Cu）88% ~ 90%，*w*（Al）9% ~ 10%，*w*（Fe）1% ~ 2%）②耐蚀硅砖（商品名）
Resistaloy 雷西斯塔洛伊（耐蚀）黄铜（*w*（Al）2%，*w*（Ni）1%，*w*（Si）0.5%，*w*（Fe）0.25%，*w*（Cu）59%，其余 Zn）
resistance ①抵抗（力）②阻力，阻尼③电阻，电阻器④稳定性
~ in parallel 并联电阻
~ in series 串联电阻
~ of failure 抗破坏强度
~ of friction 摩擦阻力，抗磨强度
~ of materials 材料力学
~ to abrasion ①耐磨性，抗磨②腐蚀阻力
~ to aging 抗老化性，抗老化能力
~ to bending strain 抗弯曲应变力，抗弯曲性
~ to bond 抗黏着
~ to cold 耐冷性，（润滑油的）低温不稠化性
~ to corrosion 抗腐蚀能力，耐腐蚀性
~ to cutting 切削抗力，抗切削性
~ to deformation ①变形抗力，抵抗变形②金属〔轧件〕对轧辊的单位压力
~ to failure 抗破坏强度
~ to ground 对地电阻
~ to heat shocks ①耐热震性②耐激冷激热性，抗热骤变性
~ to impact ①抗冲击，耐冲击性②冲击阻力
~ to sparking ①击穿电阻②抗火花性能
~ to suction 吸阻
~ to tracking 爬电电阻，表面漏泄电阻
~ to wear 耐磨性，抗磨性
abrasive ~ 耐磨能力，耐磨强度，耐磨性
acid ~ 耐酸性
acoustic(al) ~ 声阻
active ~ 有效电阻
additional ~ ①附加阻力②附加电阻
adjustable ~ 可变〔调节〕电阻〔阻抗，阻力〕
adjusting ~ 调节电阻
aerodynamical ~ 空气动力的阻力
ageing ~ ①抗老化性能②耐久性③时效电阻
air churning ~ 空气涡流〔扰动〕阻力
alkali ~ 耐碱性
all-in ~ 全部投入电阻（变阻器的）
antenna surge ~ 天线波电阻，天线特性电阻
anti-inductive ~ 无电感电阻
anti-interference ~ 抗臭氧剂
arc ~ （电）弧（电）阻，耐电弧性
artificial ~ 模拟〔仿真〕电阻
attrition ~ 耐磨性
back ~ ①逆〔反〕向电阻②背部阻力
backward ~ 反向电阻
balancing ~ 平衡电阻
ballast leakage ~ 镇流漏泄电阻
base spreading ~ 基极扩展电阻
bath ~ 电解质电阻，电镀液电阻
bead ~ ①珠电阻②珠状热敏电阻
bruise ~ 抗机械损伤性能
buckling ~ ①抗弯阻力，抗弯性②抗弯强度
buffer ~ 阻尼〔缓冲，放电〕电阻
burning ~ 耐燃性
burn-out ~ ①抗烧毁能力②烧穿电阻
cathode degeneration ~ 阴极负反馈电阻（器）
ceramal ~ 金属陶瓷电阻
ceramet ~ 涂釉电阻，金属陶瓷电阻
chalking ~ 耐粉化性
characteristic on-state slope ~ 通态斜率电阻
chipping ~ 耐崩裂性
choking ~ 扼流电阻
coaxial type ~ 同轴型电阻
coil ~ 线圈电阻
cold ~ ①抗〔耐〕冷性②冷〔态〕电阻
compression ~ 抗压强度
constriction ~ 集中电阻

contact ~ 接触〔触点〕电阻，瞬变电阻
contactless variable ~ 无接触可变电阻
core ~ 湍流核心阻力
corona ~ 耐电晕性，耐电晕（破坏）能力
corrosion ~ 耐〔抗〕(腐)蚀性，耐蚀力
crack ~ 抗裂性
creep ~ ①蠕变〔滑〕阻力，抗蠕变力②蠕变强度
critical damping ~ 临界阻尼电阻
crushing ~ 抗压强度
cubic ~ 体电阻
curve ~ 非线性电阻
cutting ~ 切削阻〔抗〕力，切削力
damp heat ~ 耐湿热
dark ~ 暗电阻，无光照电阻
DC plate ~ 直流板阻
dead ~ 吸收〔消耗〕电阻，整流电阻
demagnetizing ~ 退〔去〕磁电阻
departure ~ 离场阻力
derived ~ 并联电阻
despiking ~ 阻尼〔削峰〕电阻
detrimental ~ 废阻力
dielectric ~ 绝缘电阻，介质电阻
differential anode ~ 阳极微〔差〕分电阻，交流电阻
direct-current ~ 直流电阻
dirtiness ~ （热交换器管壁上）垢膜热阻，污垢热阻
discharge ~ 缓冲电阻，放电电阻
divider ~ 分压电阻
drain-source ~ 漏（极）-源极电阻
draw-bar ~ 牵引阻力
dummy ~ 假负载电阻
dynamic ~ 动态阻力，动态电阻
earth ~ 地（面）电阻，接地电阻
eddy ~ 涡流阻力
effective ~ ①有效电阻②交流电阻
effective flow ~ 有效流阻，动态流阻
elastic ~ 弹性阻力
electric ~ 电阻
electrolytic ~ 电解（质）电阻
end-ring ~ 端环电阻
equalizing ~ 均衡电阻，均压电阻
equivalent parallel ~ 等效并联电阻(晶体的)
equivalent thermal network ~ （等效）热网络热阻
erosion ~ 抗腐蚀性
essential ~ 内阻
external cathode ~ 阴极输出器（的）外电阻
fatigue ~ 抗疲劳强度
field ~ 励磁线圈电阻
flame ~ 耐火性
flexing ~ ①抗挠曲阻力②抗弯性能，抗弯强度
flow ~ 流阻，抗流变
forward DC ~ 正向直流电阻
forward slope ~ 正向斜率电阻
frame ~ 线绕可变电阻
frictional ~ 摩擦阻力
fungus ~ 耐霉性
gate ~ 栅电阻
go-and-return ~ 环线电阻
grading ~ 分段电阻（电晕屏蔽）
grease ~ 抗油性
grid-cathode ~ 栅-阴电阻
grip ~ 滑动阻力
ground leakage ~ 漏地电阻
head ~ ①正〔迎〕面阻力②头部力③有害阻力④废阻力⑤龙骨角铁
heat ~ ①热阻②耐热，耐〔抗〕热性，耐热力〔度〕
heater ~ ①发热器电阻②灯〔热〕丝电阻
hydraulic ~ 流体阻力，水阻力
ice-point ~ 冰点相变阻力
increment negative ~ 负微分电阻
incremental ~ ①增量电阻②微分阳极电阻③交流电阻与直流电阻之差
induced ~ 诱导〔感应〕阻力
inductive ~ ①感抗②有感电阻
inertial ~ 惯〔惰〕性阻力，惯抗
inherent ~ 内阻
input ~ 输入电阻
insulation ~ 绝缘电阻
interface ~ 面〔层〕间电阻
internal ~ 内阻力，内电阻
internal slope ~ 内电阻斜率，动态内电阻
ionization ~ 抗电离（性）
joint ~ ①总和〔合成〕电阻②结点电阻
junction ~ 接触电阻，P-N 结晶体管电阻
Koch ~ 科克电阻，（光电池或光电管）光照电阻
leakage ~ 漏〔流〕电阻，泄漏电阻
light ~ 耐光性
loop ~ 回〔环〕线电阻
lumped ~ 集中〔总〕电阻
magnetic ~ 磁阻

matched load ~ 匹配（负载）电阻
measuring ~ 测量电阻，标准电阻
mechanical shock ~ 抗机械冲击性能
membrane ~ 薄膜电阻
mildew ~ 防霉性
mutual ~ 互导的倒数，互电阻
neck ~ 颈缩抗力
negative ~ 负（电）阻
neutralizing ~ 补偿〔中和，抵消〕电阻
Nickeline ~ 镍克林电阻
noise ~ 噪声（等效）电阻
non-essential ~ 外部电阻
non-reactive ~ 无电抗电阻，纯电阻
normalized ~ 标准化电阻，归一化电阻
off ~ 断开电阻，关态电阻
ohmic ~ 欧姆电阻，直流电阻
ohmic base ~ 基极欧姆电阻
ohmic collector ~ 集电极欧姆电阻
oil ~ 抗油性，耐油性
on ~ 接通电阻
outflow ~ 外流阻力
oxidation ~ 耐〔抗〕氧化能力
performance ~ 运转阻力
phase ~ 相阻
photoconductive ~ 光敏电阻
pipe ~ 管路阻力
plain ~ 欧姆电阻
plate ~ ①板〔屏〕极电阻②电子管内阻
potentiometer ~ 电位器电阻，分压变阻器
precision ~ 标准电阻，精密电阻
preventative ~ 防护（短路）电阻
primary ~ 一次电路电阻
print ~ 耐压痕性
profile ~ 翼剖面阻力
pull-out ~ 拔出阻力，拔拉阻力
pulse ~ 脉冲电阻
radiation ~ 耐辐射性
reactive ~ 电抗
reactor ~ 电抗器电阻
real ~ 实电阻，欧姆电阻
reflected ~ 反映电阻
regulation ~ 调节电阻，电位〔分压，变阻〕器
relative wear ~ 相对耐磨性
repeating ~ 耦合电阻
resonant ~ 谐振电阻
rotor wave ~ 转子波阻
running ~ ①运转阻力②行驶阻力
scoring ~ ①刮伤（表面）阻力②抗粘撕性
secondary ~ ①二次侧电阻②二次侧线圈电阻
seizure ~ 抗咬合性
separation ~ 分层阻力
series source ~ 串联源电阻
sheet ~ ①薄层〔膜〕电阻②表面电阻
shock ~ ①耐震强度，冲击强度②抗冲击性
shunt ~ 分流〔路〕电阻，并联电阻
skid ~ 抗滑阻力
skin ~ 表面阻力
slide ~ 滑动电阻
slider ~ 滑线电阻
slip ~ 滑阻力，滑动电阻
soldering ~ 耐焊接性
source ~ 电源电阻，内（电）阻
spalling ~ ①耐热震性，耐激冷激热性②抗热剥裂性，抗热碎性
spark ~ （电极间的）火花电阻
specific ~ ①比电阻，电阻率②固有电阻
specific acoustic ~ 比声阻，声阻率
split ~ 抗劈强度，抗裂强度，抗劈应力
spreading ~ 扩散〔展〕电阻
stabilizing ~ 稳流电阻
steady(ing) ~ 镇流〔稳流，平衡〕电阻
stretching ~ 抗拉〔张〕力
support(ing) ~ 支撑反力
suppression ~ 抑制〔控制〕电阻
surge ~ 浪涌〔防冲击〕电阻
tarnish ~ 抗蚀力，耐蚀性
tear ~ 抗扯强度，抗扯性，抗扯〔耐磨〕力
temper ~ 回火稳定性
temperature-compensating ~ 温度补偿电阻
thermal ~ 热阻
thermal-conduction ~ 传导热阻
thermal-convection ~ 对流热阻
thermal-shock ~ 抗热冲击〔急变〕性
tractive ~ 牵引阻力
translatory ~ 平移〔动〕阻力
true ~ 实〔真〕电阻，直流电阻
tube ~ 管阻
tubular ~ 管形电阻
ultimate ~ 极限阻力，极限〔瞬时〕强度
uniform ~ 均匀强度，均匀阻抗
unit ~ ①电阻率②单位电阻
variable ~ 可变电阻
via ~ 通路电阻
vibration ~ 抗振性，抗振力
virtual ~ 有效电阻
viscosity ~ 黏性阻力，黏滞阻力

volume ~ 体积电阻
wall ~ 管壁热阻
water ~ ①水阻力②抗〔耐〕水性
wear ~ 耐磨性
wearing ~ ①耐磨性②磨损阻力，抗磨力
weathering ~ 耐候性
withdrawal ~ 拔出阻力，抗拔力
wrinkle ~ 抗皱性能

resistanceless 无电阻的

resistance-reactance 电阻电抗比

resistance-stable 电阻稳定的

resistant ①耐久〔坚固，稳定〕的，抵抗〔反对〕的②防腐剂
~ to rust 缓蚀（性）
~ to tarnishing 缓蚀
corrosion ~ 耐〔抗〕腐蚀的
erosion ~ 抗蚀材料
fire ~ 耐高温的，耐火的
overpressure ~ 耐压的
water ~ 耐水性，耐水度，耐水的

resistent = resistant

resister = resistor

resisticon 高速电视摄影〔像〕管

Resistin 雷西斯廷铜锰电阻合金（w（Mn）10% ~ 15%，其余 Cu）

resisting 稳定〔坚固，耐久〕的
corrosion ~ 耐蚀的，抗腐蚀的
erosion ~ 耐侵蚀的，耐磨的

resistive 有阻力的，电阻（性）的

resistive-capacitive 阻容的

resistivity ①电阻率②抵抗性力③比阻〔值〕
bulk ~ 体电阻率
electrical ~ 电阻率
heat ~ 热阻率
mass ~ ①（质量，体积）电阻率②比（电）阻
specific ~ 电阻率，比抗性〔电阻〕
surface ~ 表面电阻率
thermal ~ 热阻率
volume ~ 体电阻率
zero ~ 零值电阻率

resisto 镍铁铬（电阻）合金（w（Ni）69%，w（Fe）19%，w（Cr）10%，w（Si）1%，w（Co）0.4%，w（Mn）0.5%）

resistojet 电阻加热电离式发动机

resistor 电阻（器），阻滞器
adjustable ~ 可调〔变〕电阻器
antiparasitic ~ 寄生振荡抑制电阻（器）
ballast ~ 镇定电阻，镇流电阻
bleeder ~ 泄漏电阻（器），分泄电阻器
booster ~ 附加电阻器
build-out ~ 匹配〔补偿，附加〕电阻（器）
bulk ~ 体电阻器
calibrating ~ 校准电阻（器）
carbon composition film ~ 合成碳膜电阻器
carbon film ~ 碳膜电阻器
cathode degeneration ~ 阴极负反馈电阻（器）
cathode-bias ~ 阴极偏压电阻（器）
Chaperon ~ 查佩龙电阻器（特殊绕制的低残余电抗的电阻器）
composition ~ 组合电阻（器）
control ~ 控制电阻（器），可调电阻（器）
current-viewing ~ 电流显示电阻
decade ~ 十进电阻器
decoupling ~ 去耦电阻（器）
deposited-carbon ~ 碳膜电阻（器）
dial typc variable ~ 度盘式可变电阻（器）
diffused ~ 扩散电阻，集成电阻
dropping ~ 减〔降〕压电阻（器）
enamel(l)ed ~ 珐琅电阻（器）
fan-duty ~ 具有风扇特性的电阻器（用于电动机电枢或转子中的电阻器，其电流和转速成正比）
figure-eight ~ 8 字形电阻器
film ~ 薄膜电阻（器）
fixed ~ 固定电阻器
flexible ~ 柔软电阻
fusing ~ 熔断电阻器
gas-sensitive ~ 气敏电阻器
gate-biasing ~ （场效应管）栅偏置电阻
heat ~ 热稳元件
heat-variable ~ 热敏〔变〕电阻（器）
high-frequency ~ 高频电阻器
high-voltage ~ 高压电阻器
humidity sensitive ~ 湿敏电阻器
humidity-dependent ~ 湿敏电阻器
integrated ~ ①集成电阻（单块的）②薄膜集成电阻
junction ~ 结型电阻
lamp ~ 变阻灯，灯泡电阻（器）
level variable ~ 电平电位器
light ~ 光敏电阻（器）
light-dependent ~ 光敏电阻
light-sensitive ~ 光敏电阻（器）
limiting ~ 限流电阻
liquid ~ 液体（介质）电阻器
loading ~ 负荷电阻，镇流电阻

load-shifting ~ 负荷转移用电阻器，(与负载)耦合(的)电阻器
low ~ 低值电阻器
magneto ~ 磁敏电阻器
metal film ~ 金属膜电阻器
metal glaze ~ 金属玻璃釉电阻器
multivalue ~ 多值电阻器和电阻箱
noninductive ~ 无感电阻器
non-ohmic ~ 非欧姆电阻器，非线性电阻器
non-wire-wound ~ 非线绕电阻器
photosensitive ~ 光敏电阻器
pigtail ~ 有抽头的电阻器
pinched ~ 扩散致窄的电阻(器)
printed ~ 印制电阻(器)，印成电阻(器)
pull-up ~ 负载电阻，工作电阻
screen ~ 屏栅电阻器
semiconductive ~ 半导体电阻器
semi-fixed ~ 半可变电位器
sensitive 敏感自动调整电阻器
series ~ 串联电阻器，附加电阻器
sheathed ~ 管状电阻器
sliding ~ 滑触变阻器，滑线电阻
solid ~ 实心〔固体，合成〕电阻
standard ~ 标准电阻器
stopping ~ 制动电阻
suppressor ~ 抑制干扰电阻〔器〕
tape-wound ~ 带绕电阻器
temperature-dependent ~ 热变电阻(器)
thermal ~ ①热敏〔变〕电阻②热控管
thermosensitive ~ 热敏电阻器
thick film ~ 厚膜电阻器
thin film ~ 薄膜电阻器
thin film type ~ 薄膜电阻器
Thomas ~ 托马斯标准电阻器
Thyrite ~ 碳化硅陶瓷电阻，泰利特电阻(器)(一种非线性电阻)
timing ~ 时基〔时标〕电阻
tunnel ~ 隧道电阻(器)
ultraviolet photo ~ 紫外光敏电阻器
variable ~ 可变电阻(器)
voltage-sensitive ~ 压敏电阻器，非线性电阻(器)
voltage-variable ~ 随电压变化的电阻器
wire-wound ~ 线绕电阻器

resistron 光阻(摄像)管
resite 丙阶酚醛树脂，不熔酚醛树脂
resitol 乙阶酚醛树脂，半熔酚醛树脂
resiweld 环氧树脂类黏合剂
resizing ①(工件)恢复到所要求的尺寸，重定尺寸，尺寸修复②弹壳重整形
resleeve ①换衬套，换套(筒)②换气缸套
resnatron 谐腔四极管，分米波超高功率四极管
radial flow ~ 径向通量分米波超高功率四极管
resojet 脉动式喷气发动机
resol 甲阶酚醛树脂，可熔酚醛树脂
resolutic
visual ~ 视觉分辨率(机器人性能参数)
resolution ①解，题解②清晰度，分辨度〔力，率〕③分解力，分离度④分解，溶解，解析⑤分辨⑥解决，决定⑦变〔转〕化
~ into factors 因数分解
~ line 解〔析〕像线
~ of polar to cartesian 极坐标-直角坐标转换〔换算〕
address ~ 地址解析
angular ~ 角(坐标)分辨率
apparent ~ 可见分辨率，(视在)清晰度
azimuth ~ 方位角分辨率
bearing ~ 方位分辨率
center ~ 中心分辨
chromatic ~ ①彩色分解力②彩色清晰度
chrominance ~ ①彩色分解力②彩色清晰度
complex ~ of the identify 单位变换的复分解
controlled ~ ①可控〔调〕分辨率②控制精度
conversion ~ 转换分辨力
corner ~ ①转角〔角隅〕分辨率②(光栅)角分解力，角清晰度
cross-track ~ 横向分辨率
depth ~ 深度分辨率
edge ~ (光栅)边缘鉴别力〔分辨率，清晰度〕
elevation ~ 高度〔仰角〕分辨能力
energy ~ 能量分辨(能)力
fine ~ 高鉴别〔分辨〕能力
fine detail ~ (图像)细节分解力，细节清晰度
high ~ ①高分辨率，高分辨能力②高清晰度，高分解力
horizontal ~ 水平分辨力〔分辨率，清晰度，分解力〕，行分解力
image ~ 图像清晰度，图像分解〔辨〕力
limiting vertical ~ 极限〔最高垂直〕分解力
measuring ~ 测试分解力，测试清晰度
phase ~ ①相位分辨率②相位分辨能力
range ~ ①距离分辨率②距离分辨能力
reproduced image ~ 显〔收〕像清晰度〔分解力，分辨力〕
scan ~ 扫描分辨率，扫描清晰度

scanner ~ 扫描仪分辨率
skirt ~ ①边缘分辨力②边缘清晰度
spatia ~ 空间分辨率
spot-size ~ 斑〔光〕点（大小）分辨率
spurious ~ 伪分辨〔解像〕
structural ~ （屏幕）结构（所限的）分解力〔清晰度〕
ultra-high ~ 超高清晰度（图像）
vertical ~ 垂直析像能力〔分解度，清晰度，分辨率〕

resolve 判定，析像

resolvent ①分解物②溶剂〔媒〕③解决办法④预解（式）⑤使溶〔分〕解的，有分〔溶〕解力的

resolver ①分解〔析，相〕器，解算装置，求解仪②旋转变压器③溶剂
angle ~ 分角器
ball ~ ①球形解算器②球坐标分解器
digital ~ ①数字解算器②数字式旋转变压器
electrical ~ 旋转变压器
electronic ~ 电子分解器
magslep ~ 无触点同步机解算装置
magslip ~ =magslep ~
omnirange ~ 全向（无线电）信标分解器
phase ~ 分相器
servo ~ 伺服解算器
spherical ~ 球坐标分解器
subcarrier ~ ①副载波分解器②自整角机
synchro ~ 同步分析器
vernier ~ 微动分解仪〔器〕

resolving ①分解，溶解，消除，解决②分辨③决心

reso-meter 谐振频率计

resonance ①谐〔共〕振，共鸣②共振性
acceptor ~ 电压谐振，串联谐振
acoustic(al) ~ 共鸣，声谐〔共〕振
amplitude ~ 波〔振〕幅共振
boominess ~ （机）箱〔盒〕共鸣〔振〕
cabinet ~ （机）箱共振〔鸣〕
cold ~ 冷电子管回〔槽〕路谐振
complex ~ 复谐〔共〕振
coupling ~ 耦合共振
current ~ 电流〔并联〕谐振
cyclotron ~ 回旋共振
difference ~ 差共振
dimensional ~ 尺寸共振（扬声器共鸣箱）
displacement ~ 位移共振
double ~ 双共〔谐〕振，双共鸣
double-humped ~ 双峰共〔谐〕振
dynamic ~ 动态〔瞬态〕谐振
electric ~ 电谐振
electron paramagnetic ~ 电子顺磁共〔谐〕振
electron-spin ~ 电子自旋共振
ferromagnetic ~ 铁磁共振
first-harmonic ~ 基波谐振（共振）
frequency ~ 频率谐振
giant ~ 巨共振
intrinsic ~ 内禀〔本征，固有〕共振
inverse ~ 电流谐振，并联谐振
knock out ~ 击出共振（加速束流与高频场相互作用形成的高频共振）
multiple ~ 复共〔谐〕振
natural ~ 固有〔自然〕谐振
nozzle wake ~ 喷嘴尾流共振
nuclear magnetic ~ 核磁共振断层摄影装置
parallel ~ 并联共〔谐〕振
partial ~ 部分谐振，偏谐振
particular ~ 局部谐〔共〕振
period ~ 固有谐振，周期谐振
periodic ~ 固有谐振，周期谐振
phase ~ 相位谐〔共〕振
rejector ~ 拒斥器谐振，衰减器谐振
secondary ~ 次级线圈谐振
series ~ 电压共〔谐〕振，串联共〔谐〕振
series phase ~ 串联相位谐振
sharp ~ 锐共振
spurious ~ 寄生振荡，乱真共振
subharmonic ~ 次调和〔谐波〕共振
submerged ~ 潜没〔覆盖〕谐振（电视中因电子线路慢衰减而引起图像模糊）
sympathetic ~ 共鸣
voltage ~ 电压谐振，串联谐振

resonant 谐〔共〕振的

resonant-bump ①共振不均匀性（指磁场）②再生器

resonant-iris 谐振膜片，谐振窗

resonate ①谐振，共鸣②使共振，使共鸣③调谐

resonating ①调谐②谐振的，共振的，共鸣的

resonator ①谐振〔共振，共鸣〕器〔腔〕②辅助排气消声器
acoustic(al) ~ 声共振器，共鸣器
buncher ~ 聚束〔输入〕谐振腔
cavity ~ ①空腔谐振器②谐振腔③容积共振器
closed-end ~ 闭端式谐振腔
coaxial (cavity) ~ 同轴谐振器，同轴空腔共振器

combined ~ 复合式谐振器
concentric line ~ 同轴线谐振器
concentric(al) ~ 同轴共振器
confocal ~ 共焦谐振器
couple ~ 耦合腔
crystal ~ 晶体谐振器
dielectric(al) tube ~ 介质管谐振器
double ~ 双腔谐振器
ellipsoid ~ 椭圆形旋转式谐振器
extended interaction ~ 分布（互）作用谐振腔
Fabry-Perot ~ 法布雷 - 佩特谐振器（产生毫米波、亚毫米波的谐振器）
flat-roof ~ 平顶谐振器
helical ~ 螺旋形谐振器
Hertz ~ 赫兹共振〔谐振〕器
hole-and-slot ~ "槽孔"谐振器，孔隙型谐振器
intake air ~ 进气谐振器
laser ~ 激光谐振腔，激光谐振器
Lecher wire ~ 勒谢尔线谐振器
luminous ~ 辉光共振〔谐振〕器
multiple cavity ~ 多腔谐振系统（磁控管）
multiple mirror ~ 多镜面谐振腔
nodal seal ~ 波节封接谐振器
Oudin ~ 奥丁谐振器（可调线圈）
passive ~ 无源谐振腔
piezoelectric ~ 压电（晶体）谐振器〔子〕，压电振子
piezoelectric ceramics ~ 压电陶瓷谐振器
quartz ~ 石英谐振器
quartz-steel ~ 石英钢片谐振器
reentrant ~ 凹腔谐振器
reentrant cavity ~ 凹型空腔谐振器
rising-sun ~ 升日型谐振腔（磁控管）
rutile ~ 金红石谐振器
sounder ~ 音响器共鸣箱，集音箱
surface acoustic wave ~ 声表面波谐振器
toroidal cavity ~ 环形空腔谐振器
travel(ling)-wave ~ 行波谐振器
unperturbed ~ 未〔无〕激励谐振器
wide-range tunable ~ 宽带可调谐振器

resonator-tron 谐振电子管，谐腔四极管，分米波超高功率四极管

resonatron 谐振（电子）管，谐腔四极管，分米波超高功率四极管
axial flow ~ 轴向通量分米波超高功率四极管
radial flow ~ 径向通量分米波超高功率四极管

resonon 共振子（共振态）

resonoscope 谐〔共〕振示波器

resorption ①再吸收，吸回（作用）②熔蚀

resorting ①求助，依靠，采取②手段③再分类

resound 反响，回答，传播

resounding 共鸣（声）的，共振的，反响的，有回声的

resource ①资源，物力，储藏②手段，方法，对策，机智③物资，设备
energy ~ 能源
fixed ~ 固定资源，固定设备
green energy ~ 绿色能源
hidden ~ 地下资源
human ~ 人力资源
lending ~ 货款来源
network ~ 网络资源
pecuniary ~ 财力
potential water power ~ 水力（资源）蕴藏量
remote ~ 远程资源
reusable ~ 可重用资源
scheduling ~ 调度资源
shared ~ 共享资源
software ~ 软件资源

respect 关系，方面，着眼点

respirator 呼吸器，防尘面罩，防毒面具，口罩
automatic oxygen ~ 自动给氧呼吸器
isolated type ~ 隔绝式呼吸面具

respirometer 呼吸（运动）器，透气性测定器

resplicing 重编接

respond ①回答②响应，反应③起反应，配合，符合

respondent 调查对象

responder 应答机，响应器〔站〕，回答器
electronic aural ~ 电子音响信号应答器
radar ~ 雷达应答机

response ①响应，答复，反应②响应〔特性〕曲线，频率特性③灵敏度
acceleration ~ ①加速度反应②过载反应
accelerometer ~ 加速度计的灵敏度〔特性〕
amplitude ~ 振幅特性曲线，振幅频率特性
amplitude-frequency ~ （振）幅 - 频（率）响应
aperture ~ 孔径〔阑〕特性（曲线）
band-pass ~ 带通响应
bar ~ （彩色）条响应
bass ~ 低音响应，低音特性曲线
blue ~ 蓝光响应
boost-buck ~ 增减压响应（励磁控制系统的）
bounce ~ 跳动响应

cardioid polar ~ 心形极坐标响应
close-talking ~ 近讲响应
colo(u)r ~ ①色感②彩色响应③光谱感应灵敏度
complex frequency ~ 复频响应
control ~ 操纵〔控制〕反应，控制响应，调节作用
convergent ~ 收敛〔衰减〕响应
cross ~ 交叉响应
dead-beat ~ 无摆〔速示，非周期〕响应
degrading impulse ~ 递降脉冲响应
duration ~ 低频响应，持续时间响应
dynamic ~ 动态响应，动力特性
energy ~ 能量特性，动力特性
excitation ~ 励磁响应，电压上升速度（励磁机的）
excitation system nominal ~ 励磁系统标称响应（V_E）
exciter ~ 励磁机响应速度，励磁机电压上升速度
eye ~ 眼睛响应，眼睛反应，视觉灵敏度
flat ~ 平坦响应（曲线）
floating ~ 漂浮〔浮动〕响应，无静差作用
frame-to-frame step ~ ①帧间阶距②帧间跳动响应
frequency ~ 频率响应，频率〔干扰运动，瞬变过程〕特性
frequency vs. time ~ 频率 - 时间响应
galvanic skin ~ 皮肤电反应
Gaussian frequency ~ ①高斯频率响应②正态频率特性
governing ~ 调节响应
gray-tone ~ 灰度响应，灰度特性
human dynamic ~ 人体动态响应
image ~ 像频响应，镜道〔频〕响应
impulse ~ 脉冲响应，冲击响应
impulse-forced ~ 脉冲响应
indicial ~ ①指数特性，指数响应②单位阶跃响应
inquire ~ 询问应答
instantaneous ~ 瞬时反应
lateral ~ 侧向干扰运动，侧向运动频率特性
lead ~ 受铅性
luminosity ~ 亮度响应，亮度（特性）曲线
magnetic ~ 磁反应，磁响应
maximum flat ~ 最大平坦响应（曲线）
negative ~ 否定应答
non-oscillatory control ~ ①非振荡控制响应②非振荡过渡特性
normal ~ ①正规响应②法向反作用力
normalized ~ 规格化响应，标准化响应
omnidirectional ~ 全向响应
optical acoustic ~ 光声响应
ordinal ~ 顺序响应（曲线）
ortho telephonic ~ 正交电话响应
overall frequency ~ 总频率响应，总频率特性曲线，整机频率响应
peak ~ 最大灵敏度，峰值响应
phase ~ 相位响应
phase frequency ~ 相（位）频（率）响应，相位 - 频率响应
phosphor colo(u)r ~ 磷光体彩色响应，荧光粉彩色响应
photopic ~ 白昼视觉响应，日光视觉响应
play back frequency ~ 重放频响
positional ~ of carbon microphone 碳粒传声器倾斜角特性
positive ~ 肯定应答
power ~ 功率响应
pressure ~ 声压响应
pulse ~ 脉冲响应（特性曲线）
quarter-power ~ 四分之一功率点的响应
random access ~ （通信）随机访问响应
rate ~ ①微商作用，速率响应，导数响应②（仪器）惯性
recording frequency ~ 录放（电声）幅频响应
red ~ 红色（信号）响应
reproducing amplitude frequency ~ 录放电声幅频响应
resolution ~ 分解力响应，分辨率，析像系数
resonance ~ 共振特性〔反应〕，谐振响应（特性）
resonant vibration ~ 共振频率，共振特性
optimum amplitude ~ 最佳幅值响应
scope ~ 示波器响应，显示器响应
sinusoidal ~ 正弦〔频率〕特性
skirt ~ 边缘响应
spectral ~ 光谱响应，频谱响应
split-second ~ 瞬时动作（几分之一秒的）
spurious ~ （接收机）假信号响应（特性），噪声影响（特性），无线电干扰
steady-state ~ 稳定态（反应）特性，稳定态灵敏度
steering ~ 可转向性，可操向性
step ~ 瞬态〔过渡，阶跃〕特性，阶跃响应
step-forced ~ 阶（跃）扰（动）响应
system ~ ①系统频率特性②系统反应

system transient output ~ ①系统干扰性，系统频率特性，动态系统的反应②瞬变过程
temporal ~ 瞬态响应
thermal ~ 热力特性，热效应，热反应
transient ~ ①过渡〔瞬时，瞬态〕反应②瞬时（反应）特性
unit-step ~ 单位阶跃响应
unwanted ~ 非灵敏度
video ~ 视频响应

responser ①（雷达）应答器，响应器②询问机应答器，询问机接收部分

responsibility ①责任②可靠性③反应〔响应〕性，响应度
extended producer ~ 生产者（环境保护）责任延伸制
peak ~ 峰值负载（供电）量，峰值负载能力
safety ~ 安全责任（条例）

responsive ①响应的，易起反应的②敏感的

responsiveness 响应性〔度〕，反应性

responsivity 响应性〔度〕，反应性

responsor = responser

respooling 重绕

resquaring （按规定尺寸和精度将钢板）剪切成方形，切成矩形

rest ①停止，休止②架，座，刀架③放置④其余（部分）
arm ~ 扶手，靠手，拾音器臂架
back ~ 后刀架
back ~ with zipper 后开式背托架
ball forming ~ 车球刀架
ball-turning ~ 车球刀架
capstan ~ 转塔刀架
center ~ 中心架，顶尖架，中心台
compound ~ 复式刀架，（车床）小刀架
compound tool ~ 复式刀架，复式刀座，（车床）小刀架
contact arm ~ 凸轮随动板（接触臂上与凸轮接触的部分）
curve forming ~ 车弧形刀架
cut-off ~ 切断刀架，横刀架
follow(er) ~ 随动刀架，跟刀架，随行中心架
foot ~ 脚踏板，脚架，搁脚
front ~ 前刀架
hand ~ ①扶手②手摇刀架
hand tool ~ 丁字（形）刀架（木工车床）
head ~ 头枕
journal ~ 轴颈支承
micrometer tooth ~ 微米支齿点（磨工具用）
narrow T ~ 狭T字刀架（木工车床）
needle ~ 打捆针（行程范围）限止器
pivoting slide ~ 回转刀架
plain ~ 简易（普通）刀架
rail ~ 轨座，钢轨支架
roller ~ 靠辊（钟表车床附件，靠放锉刀用）
slider ~ 滑动刀架
sliding ~ 滑座，滑动刀架
steady ~ 固定支架，固定中心架
table ~ 工作台（支）座
tool ~ 刀架，刀座
tooth ~ 刀齿支片，支齿点，刀齿支承板（工具磨床的）
top ~ ①（上）刀架，小拖板②车顶托架
travel(l)ing ~ 活动支架，跟刀架
tripod ~ 三脚架
upper slide ~ 上部（滑动）刀架，复刀架，小拖板
work ~ 工件架，中心架，（工件）托架

restart 再起动，重新起动〔发动，开始〕
checkpoint ~ 检验点再起动
deferred ~ 延迟再起动，延迟重新起动
orderly ~ 序再起动
warm ~ 热（态）再启动

restarting 再起动，重新起动

resting ①静止的②静置，停留

restitution ①恢复，复原②（变形体）复原性能③赔偿④归还，偿还⑤测图，成图⑥建立（模型），重建（模型）⑦取代，纠正（航摄像片）⑧解调

restitutor 恢复器（图像），测图仪

restorability 可恢复性，恢复性能

restoration ①恢复，复原②复位③修复，重建，翻修④还原，去氧，回收，再生⑤归还
algebraic approach ~ （图像）代数修复
carbon ~ 复碳法
DC ~ 直流（分量）恢复，直流分量再生，（黑电平）箝位
direct current ~ 直流（分量）恢复，直流分量再生，（黑电平）箝位
interactive ~ ①（图像）相互作用修复（法）②会话复原
inverse filter ~ 反向滤波复原
least-squares filter ~ 最小二乘滤波复原
manual ~ 人工复原
photo ~ 光再生，光复合作用
red ~ 红色（电平）恢复

restore ①（使）恢复,（使）复原②修复,重建,翻修③还原，去氧，回收，再生④重新起动，（把电）再接通⑤拉〔束〕紧⑥提高，增加⑦归还⑧再写，重写
print ~ 恢复打印码
restorer 恢复器，恢复设备，复位器，还原设备
blue ~ 蓝电平恢复器
DC ~ 直流分量恢复线路，直流分量还原〔恢复〕器
diode ~ 二极管恢复线路
restoring ①恢复，回复，复原（作用）②重新起动，再接通
restrain 抑制，制止，约束，限制，箝制
restrainer ①限制器②抑制〔制约，酸洗缓蚀〕剂
restraint ①抑制，制止，约束②限制〔阻尼，减振〕器③安全带④收缩
bias electrical ~ 电气偏置制动
elastic ~ 弹性约束
passenger side inflatable ~ （汽车）乘客位充气约束（安全气囊和安全带预收紧器）
rear head ~ （汽车乘客）头部后方约束（保护装置）
supplemental ~ system 辅助约束系统（安全气囊）
supplementary inflatable ~ 辅助充气式气囊保护装置，辅助充气式约束（气囊）
trivial ~ 无用约束
voltage ~ ①电压限制器②电压阻尼器
restrict ①限制〔定〕，约束，保密②节流，制〔禁〕止
restricting ①限制（的），扼流（的）②保护套，表面复层，限燃层
restriction ①限制，限定，约束②油门，节气门，节流，节流口，节流器③扼流圈
global ~ 全局约束
loop ~ 循环限制
multipoint ~ 多点约束
nonnegative ~ 非负限制，非负约束
nonnegativity ~ 非负性约束
real ~ 实域局限
restrictive ①限制（性）的，约束（性）的，特定的②节〔扼〕流的
restrictor ①节气门，闸阀，闸板，节流板，节流阀，限流器②限制器，定位器
derivative ~ ①差动开关②差动式限动器
integral ~ ①积分限制器②积分开关
laminar ~ 层流流阻器
orifice ~ 孔板，节流孔板
ring-gap ~ 环隙节流堵
turbulence ~ 湍流阻尼器
restrike ①重燃（电弧），再触发，再点火②打击整形
~ of arc 电弧再触发，再点火
restriking ①校正，整形，校准工序②矫形锻压，整形锻压③再闪击
restringing 更换导线
restructure 重新组织，调整，改组
reststrahlen 剩余射线
resulfurize （= resulphurize）再硫化，再用硫处理
resulfurized 回硫
resulphurize = resulfurize
result ①结果，答案②成果，效果③产物
freak ~ 反常结果
net ~ 最终结果，净结果
repeatable ~ 有复验性的结果，有再现性的结果
reproducible ~ 有复验性的结果，能重复的结果
resultant ①合力，合（成矢）量，组合，综合②结果③产物，生成物④终结式，消元式，结式⑤合（成）的，组〔综〕合的⑥总的⑦结果的⑧有结〔效〕果的
force ~ 力的合成，合力
stress ~ 内力
resume ①重新开始，恢复，再继续②收〔取〕回③摘要，概要，简历
résumé 〈法〉摘要，文摘，梗概，大略
resumption ①恢复，再继续〔开始〕②再取回，重新占用
resuperheat 再过热，中间再热
resuperheater 再过热器
resupinate 形状颠倒的，扁平的，倒置的，仰向〔翻〕的
resurfacer 表面修整器
resurfacing 翻修，重做面层，重修表面，重铺路面
~ of rail 钢轨焊补
~ of tyres （火车）轮箍重旋
resuscitator 复苏器
resynchronization 再同步，二次同步，恢复同步
periodic ~ 周期（再）同步法，循环同步法
resynthesis 再合成
retail 零售
retailoring 还原熔炼
retain ①保持，维持，保留②夹持，卡住，制动③记忆④挡，拦，顶住，留住，残留

retainer ①护圈,(轴承)保持架,定位〔保持,夹持〕器②挡板,隔环,限位器,隔栅,抵住物,止动器,止动装置,锁片③传动座
ball ~ 球滚动体护圈
ball bearing ~ 球轴承保持架〔器〕
button die ~ 嵌入式圆形凹模的固定板
coil-spring ~ 盘簧底圈〔承座〕
cone-lock punch ~ 锥体锁止冲头护圈
feed ~ 隔料栅〔网〕
flue-dust ~ 集灰斗
grease ~ 护脂圈
heat ~ 保热器,蓄热体
labyrinth oil ~ 迷宫式集油器
lint ~ ①皮棉夹持器②纤维夹持器
molybdenum (feed) ~ 钼隔料网
oil ~ 护油圈,润滑油保持环
packing ~ 填密函盖
pin ~ 挡料锁保持器
punch ~ 凸模固定板,凸模夹持板
ribbon (steel) ~ 浪形(钢制)保持架
roller ~ 辊子保持器
seal ~ 密封护圈
shaft oil ~ 护油圈
solid ~ 实心护圈(滚动轴承的),整体护圈
spring ~ 弹簧座圈,弹簧限位器
strainer ~ 过滤器卡簧
valve ~ 阀门盘
work ~ ①工件定位器②操作挡板

retaining ①保留,保持,维持②制动

re-tap 用丝锥重新通过

retapering 修尖,使尖细

retard 延缓,推迟,减速,制动
full ~ 全延迟点火
spark ~ 点火滞后,推迟点火

retardancy 阻(滞)…性,阻(滞)…能力

retardant ①缓凝〔阻滞,阻化,抑制〕剂②阻滞〔止〕的,使延迟的
flame ~ 防火,防爆,阻燃

retardation ①延迟,阻滞,制动,抑制②减速(度,作用)③光程〔相〕差④推〔延〕迟量
flame ~ 阻燃性
magnetic ~ 磁滞(现象)
optical ~ 光迟后
phase ~ 相位推迟
polymerization ~ 聚合抑制(作用)
steric ~ 位滞(现象)
thermal ~ ①保温②热迟延

retarder ①减速〔阻尼,制动,延时〕器,延迟〔隔离〕线圈②抑制〔阻化,阻滞,延迟,缓凝,阻聚〕剂③隔离扼流圈④制动运输机⑤开沟深度限制板
car ~ 矿车减速器,车辆缓行器
compression ~ 发动机制动(器)
draft ~ 通风减速板,通风阻流器
ear ~ 阻穗板(剥玉米苞叶的装置)
eddy current ~ 涡流阻尼器
grade ~ (自动变速器)自动减速装置
group ~ 线束减速器,线束缓行器
hydraulic ~ 液力减速器
master ~ 主控减速器,主控缓行器
polymerization ~ ①聚合抑制剂②阻聚剂
Rotobrake ~ 盘形制动器
screw ~ 螺旋减速器
stone ~ 石块分离器,除石块器
wagon ~ 车辆减速器,车辆缓行器

retarding 减速,延迟,迟滞

retemper ①再次回火②改变稠度〔成分〕③重新调和

retention ①保存〔留,住〕,阻挡,滞留,抑制,隔离②保持(力),维持③记忆,存储
complete ~ (放射性废物的)全部滞留
data ~ 数据保持
image ~ 残留影象,余像,图像保留
net ~ 净保持量
picture ~ 残留图像
quality ~ 质量保持率
screw ~ 螺纹防松装置
self ~ 自锁

retentiongram 保留分析图,保留分析曲线

retentivity ①保持性〔力〕,缓和性②顽磁性,剩磁
~ of vision 视觉暂留
magnetic ~ 顽磁性,顽磁感应强度,剩磁

retest 重复试验〔测试〕,再试验

rethread 重新喂料,重新穿进

rethresher ①二次脱粒装置,复脱器②除芒器

rethreshing 复脱

retiary 网(状)的

reticle-on-target 十字分划对准目标

reticular ①网状的,标线的②复杂网络形式的,错综复杂的

reticulation ①网纹,网状物,网状组织〔结构〕②建立(配电)网络

retic(u)le ①调制盘,分划板,密位分划板,焦点板,标线片,光栅〔网〕②分度线〔镜〕,标线,十字线,刻线,交叉线

AM ~ 调幅调制盘，调幅分度线，调幅分划板
amplitude-modulation ~ 调幅分度线，调幅分划板，调幅调制盘
checkerboard ~ 棋盘形调制盘
fine ~ 精密十字标线，精密调制盘
fixed ~ 固定十字标线
font ~ 字形格
frequency-modulation ~ 调频调制盘
master ~ 掩模原版
picket-fence ~ 栅状调制盘
radial ~ 辐射式调制盘
scope-sight ~ 光学瞄准具十字线
split ~ 狭缝调制盘
spoke ~ 辐条状调制盘
retiform 网状的，有交叉线的
retighten 重新固定〔拉紧，拧紧〕
retime ①重新定时②改变整定值，改变动作定时③监察工时测定
retina （视）网膜
retinacs 耐热石棉塑料
retinol 松香油
retinometer 视网膜计
retinoscope 视网膜镜
retirement （设备）报废，(车辆)注销
normal ~ 正常报废
retool 重新装备，重装〔组〕，装以新设备
retooling 再加工
retort ①（蒸馏，曲颈）罐〔器，瓶，甑〕，干馏釜，容器，烧结罩②炉，转炉，马弗炉③提纯，蒸馏④扭转，拧转
cast-iron ~ 铸铁蒸馏罐
coke-oven ~ 炼焦炉
externally fired ~ 外热（干馏）釜
horizontal ~ ①横式甑②（水）平罐③卧式炭化炉
hydromatic ~ 水静压式杀菌机
moving chain-grate ~ 移动链箅炭化炉
oil shale ~ 页岩油干馏炉
vacuum ~ 真空蒸馏甑
vertical ~ 立式炭化炉
vertical transportable ~ 竖式移动甑
zinc ~ 锌蒸馏罐
retortion ①扭〔拧〕转，扭回②反投〔射〕
retouch 修饰，润色（照片绘画等）
retrace ①折回，返回，倒转，逆行②回归，回扫描③回程，逆程④回顾，回忆
blank vidicon ~ 消隐光导管回描
field ~ 场扫描回程，场回描，帧回描
flyback ~ 回扫
frame ~ 帧回描
horizontal ~ 行回扫〔描〕，水平回扫〔描〕
line ~ 行逆程，行回扫
receiver ~ （电视）接收机回扫线
sawtooth ~ 锯齿形信号回描〔程〕
sweep ~ 扫描回程，回描
vertical ~ 垂直回描，帧回描
retracker 复轨器
retract ①收缩，缩回②拉回，移回③退回，退刀，回程④取消，撤回
Retract 退刀（在进行数控加工过程中，UG NX 等软件创建的运动形式）
retractable 能缩进的，能〔收〕缩式的，可收〔伸〕缩的，伸缩自由的
retracter ①取〔移，曳〕锭器②收缩器，收缩装置③牵开器，拉钩
geared ~ 锭蜗杆，取锭蜗杆（自耗电弧炉的构件），齿轮移锭器
ingot ~ 曳〔取〕锭器
retractile 可收缩的，可回缩的
retractility 伸缩性，可缩进
retracting ①缩进〔回〕，收缩②退回〔刀〕，回程③拉回
retraction 缩进〔回〕，移〔撤〕回，收缩（力）
retractor = retracter
retractor （汽车乘客安全带）卷收器
auto-emergency locking ~ （汽车乘客安全带）自动紧急锁止式卷收器
automatic locking ~ （汽车乘客安全带）自动锁紧式卷收器
emergency-locking ~ （汽车）紧急锁紧式安全带卷收器
non locking ~ （汽车乘客安全带）非锁紧式卷收器
retral 在后面的，向后（面）的，倒退的
retransmission 中继，转播〔发〕，重发
passive ~ 无源转播
retransmit 中继，中继站发送，传播重〔转〕发，传输
retransmitter 中继〔转播，转发〕发射机
automatic ~ 自动转报机
retransmitting 转播，中继
retransposing 重交叉〔易位〕，再转置
retreader 翻新器
retreat ①再处理〔加工，精制，提纯〕②再选③放弃④后退，退却
retreater 退降温度计

retreatment 再处理，再加工
retrench ①减少，紧缩，节省②删除，省略
retrial ①再试验，再实验②再审，复审
retrieval （可）取〔挽〕回，（可）恢复，（可）修补〔正〕，（可）弥补，（可）补偿，可重新得到，（数据，信息）检索，（信息的）恢复
automated record keeping and data ~ 资料的自动积累及检索
computer-aided information ~ 机助情报检索
computerized information ~ in the interact 人机对话方式计算机情报检索
coordinate ~ 协同检索
data ~ 数据〔资料〕检索
database ~ 数据库检索
deterministic ~ 确定（性）检索
document ~ 文件〔献〕检索
false ~ （对信息的）假检索
file ~ 文件检索
information ~ 情报检索
machine (information) ~ 机器（情报）检索
multidisciplinary information ~ 多学科情报检索
multi-lingual information ~ 多语种情报检索
ordered ~ 有序检索
stochastic ~ 随机检索
structure ~ 结构检索
subject ~ 主题检索
retrieve ①收〔取〕回，恢复，保持②更〔纠，修〕正，补偿③检索，找回，读出
retriever ①取回者，恢复器②自动引下器③运载履带式车辆的平板挂车④抢险车
ear ~ 拾穗器
retrieving 挽救，补救，恢复
retrigger 再触发器
retrim(ming) 再调平〔平衡，配平〕，重新调整
retro 制动〔减速〕火箭
retroact ①倒行，回动，回转②再生③反馈④起反作用，逆反应
retroaction ①再生，②反作用，逆反应③反馈
retroengine 制动发动机
retrofire 发动（制动发动机），（制动发动机）点火发动
manual ~ 手控制动发动机点火
retrofit 改型〔装，进〕，式样翻新
retroflection = retroflexion
retroflexion 反曲，翻转，折回，回射
retrofocus 焦点后移，负焦距
retrogradation ①后退，倒退，逆行②退减作用③变稠
retrogression ①后〔倒，消，衰〕退，退步，退化②逆行，逆反应③逆向运动，反向运动④回归
retropack 制动〔减速〕发动机，制动装置
retroreflection 后向反射，回复反射
retroreflector ①后向反射器〔镜〕，折回反射镜，反光镜②空心角隅棱镜
retro-rocket ①制动火箭，减速火箭②制动发动机
retrorse 向后〔下〕弯的，后翻的
retrospective 有追溯效力的
retroversion ①倒退，回顾②后倾，翻转
retry 再试，复算，重算
instruction ~ 指令重复执行
retubing 更换管件
retuning 重调〔谐〕
Return 返回（在进行数控加工过程中，UG NX 等软件创建的运动形式）
return ①返回，回程〔位，路，复，归〕，归〔送，偿〕还②恢复，复原③反射④输出量⑤收益，利润率
~ of dial 拨号盘回复原位
~ of material 退料
~ on capital 资本收益率
~ on sales 销售利润率
abnormal ~ 异常返回（计算技术）
aircraft ~ 飞机信号反射
alternate ~ 交错返回
background ~ 背景反射（信号）
beam ~ 电子束逆（行）程，光点回程，扫描回程
blowdown ~ 排污回收
carriage ~ ①复原，字盘返回②回车③另起一行④（电传打字机的）滑动架回位
chaff ~ 箔条反射
common ~ 公共回线
completion ~ 完成返回
decoy ~ 假目标反射〔回波〕（信号）
earth ~ 地电〔接地，大地〕回路
echo ~ 混响输入
foundry ~ 回炉铁
gravity ~ （重力）自动回流，重力回流
grid ~ 栅极引线，栅极回线〔路〕
ground ~ ①大地返回（电路），接地回路②地面反射
heat ~ 热（量）回收，回热
increasing ~ 递增收益

land ~ 地面反射，地面回波
metallic ~ 金属回线
monopoly ~ 垄断收益，专卖收益
nil ~ 填“无”字报表
non ~ 不归零制（磁记录）
power ~ 自动返回，自动回行
radar ~ 雷达反射
rail ~ 轨道（电流）回路
rain ~ 雨反射（导航用语）
sea ~ 海面反射（信号）
ship ~ 船舰反射（信号）
short ground ~ 短线接地
snappy ~ 弹回运动（在弹簧作用下回到原来位置）
soft ~ 软回车（符），自动换行（符）
subroutine ~ 子程序返回
threshold ~ 起码利润，临界收益
vertical ~ 竖直回水（管）
wet ~ （汽暖系统中的）“湿”冷凝水管，回水管

returnability 可返〔收〕回性，可多次使用性，多次使用可能性，回正性

returns ①返回料，回炉物，返回钢②研究成果③利润率
foundry ~ 回炉料
scrap ~ 废钢回收，回炉废料

return-to-bias ①归零②归偏制

return-to-zero 归零制（磁记录），归零点，归零，复零

return-to-zero-change-for-one “1”归零法

reunion ①再结合〔联合，会合，合并，统一〕，重聚②重叠式〔联合式〕带式运输机

reusability 复用性，重新使用的可能性

reuse ①重新使用，重复使用②可重复使用的
frequency ~ 频率复用

rev （发动机）一次回转，旋转

Revacycle 无瞬心包络圆拉法，直齿锥齿轮拉齿法

Revalon 铜锌合金（w（Cu）76%，w（Zn）22%，w（Al）2%）

revaluate 对…重新估价

revalue = revaluate

revalve 更换电子管

revalving ①更换电子管②更换阀门

revamp ①修理〔补，改〕，重修，重建，整修②翻新，改进③部分地再制，部分地再装备

revaporizer 二次蒸发器

revcur （= reverse current）反向电流

revenue 收入，税收，年收入，总收入
expected ~ 期望收益

reverb ①（录制音乐时以电子仪器产生回音效果的）混响②混响机

reverberate ①混响②反射③弹回，反冲
spring ~ 弹簧混响器

reverberation ①反响，回响〔荡〕，（交）混（回）响②反射〔焰〕，反射物〔光，热〕③在反射炉中的处理
artificial ~ 人工混响
electronic ~ 电子混响
room ~ 室内混响
studio ~ 播音室〔演播室〕混响
synthetic ~ 人工混响

reverberator ①反射器〔炉，镜〕②反焰炉③混响器
electronic ~ 电子混响器
gun-feed ~ 料枪给料反射炉

reverberatory ①反射炉，反焰炉②混响的

reverberometer 混响计〔仪〕，混响时间测量计

reversal ①反极，改变符号，变号，反〔换，倒〕向，改变方向，极性变换②反转，倒转③反行程，反向运动，倒车，逆行④倒车装置
~ of a spectral line （光）谱线的自蚀
~ of curvature 反曲率
~ of diode 二极管反接
~ of magnetism ①反复磁化，磁性反转，磁极变换②反磁化
~ of phase 倒相
~ of pole 极性变换
aileron ~ 副翼反效应
channel ~ 声道倒换（试听立体声时左右声道倒换）
crash ~ 紧急倒车
dupe ~ 复制反转影片
flow ~ 回流，逆流
line ~ 谱线变换，谱线反转
load ~ 负载反向，负荷反向，反向加载
loop ~ 循环倒换
magnetic ~ 磁性反转，反向磁化，逆磁化
magnetization ~ 反（向）磁化
phase ~ 反〔倒〕相，相位改变 180°
photo ~ 光再生，光复合作用
plug ~ ①反接倒转②反接制动
pump stroke ~ 泵回程
scanning ~ 扫描（电流）倒相
sign ~ 变号（指正、负号）
trailing ~ 负拖尾

reverse ①回动装置，回动齿轮，逆转机构，换向机构②倒车，倒档，变换极性，反演，反转，换向③相反的，可逆的，反向的，颠倒的，倒退的，回程的
conveyer pawl ~ 输送机棘爪回动（法）
feed ~ 进给换向，反向传送
manual ram ~ 手动滑枕反向
power ~ 动力反向
read ~ 倒转读出，反读
transmission range ~ （汽车）变速器倒档档位（R）
reverse-curvature 反曲率
reverse-drawing 反拉深
reverse-flow 逆流的
reverse-gear 回动装置，回行机构，逆转装置，回动齿轮，倒车齿轮
reverse-lever 回动杆，反转杠杆
reverse-power 逆功率
reverser ①换向器，反向器②换向开关，回动〔逆转，反向，反演〕机构③自动反转轮④翻钢机
auxiliary ~ （自动）反转辅助轮，辅助换向轮
current ~ 电流换向开关
disconnecting switch ~ 隔离反向器
phase ~ 倒相器，反相器
plow ~ （双向）犁翻转机构
polarity ~ 极性换向器
pole ~ 换极开关
sign ~ 符号变换器，倒换器，反演器
thrust ~ 反推力装置（喷气发动机的）
reversibility 可逆性，反转性
microscopic ~ 微观可逆性
reversible 可逆的，双向的，回行的，能反转的，换向的，转换的
reversing ①换向，反向，反演②回动③逆转④反向的，逆转的，倒转的，可逆的
forced ~ 强迫换向
reversion ①颠倒，转换，反转〔向〕，倒〔逆〕转，回行〔归〕②复原〔归，员〕，恢〔回〕复，退回③（硫化）返原
manual ~ 转入手控
reversor = reverser
revert 返料，回炉物料，下脚料
nickel-bearing ~ 含镍返料
Revex 直齿锥齿轮粗拉法
review ①检查，观察②回顾③评论
design ~ 设计评审
high spot ~ 重点考查
post-installation ~ 运行考核（安装后的检查）
readiness ~ 安装完〔启用前〕检验
revise 修订，修正
machine ~ 机器校样
revision ①修〔校〕计，修正〔改〕②修订本
revival ①复活〔兴〕，恢复，再生②再流行，重新出版
revivification （活性）恢复，复活（作用），再生
revivifier ①复活剂②再生器③交流换热器④叶片式松砂机
revocation 撤回〔销〕，废除，取消
capability ~ 权力撤除
revolute ①旋转，转动②旋转的，转动的③外卷的，后旋的
revolution ①回〔旋，公〕转②循环③转数④旋转体
~ of polar to Cartesian 极坐标 - 直角坐标转换
~ per minute 每分钟转数（r/min）
~ per second 每秒钟转数（r/s）
complete ~ ①（公转）周转②完全运行
constant ~ 恒速转动
counter ~ ①反转②逆循环
normal ~ 正常转数，正常转速
permissible ~ 容许转数，容许转速
rated ~ 额定转数，额定转速
synchronous ~ 同步旋转
revolutionary 回〔绕，旋〕转的
revolve ①转动，旋转②运行③循环④解算
revolver ①旋转器，旋转体②转炉③转轮，滚筒④快速访问（磁）道，快速循环取数区⑤磁迹旋转器⑥解算器⑦循环式
black-ash ~ 黑灰旋转炉
condenser ~ 聚光器〔镜〕旋转〔转换〕器
engraving disc ~ 轮形旋刻刀
multi-channel ~ 多通道旋转变压器
revolving 旋转的，周期的，循环的，回转的
revulcanization 再硫化
revultex 浓缩硫化乳胶
reward 报酬，收益，奖赏
rewelding 重复焊接，缺陷焊补，返修焊
rewind ①倒带，倒片②重绕，重缠，反绕，再绕③拧紧④（用摇把）发动⑤倒带装置，倒片装置
auto ~ 自动倒带
horizontal ~ 横向复卷机
motor ~ 电动倒片
rewinder ①重绕〔卷取，倒筒，复摇，复卷，反轴〕机②倒带〔片〕装置，再卷装置③重绕〔倒片〕器

slitter ~ 纵切复卷机
rewinding ①重绕②倒带，反绕，卷带
tape ~ 倒带
rewiring 重新布线，重新接线
reword ①重复，重说②改说
rework 再制，重做，返工，二次加工
reworking 再加工，修理，返修
rewritable 可再写性
compact disk ~ 可多次写入的可录光盘
rewrite ①重写，再记入②再生③改写稿
rewriting ①重写②再生
code ~ ①代码再生②代码重写
rex 控制导弹的脉冲系统
Rex-78 耐热钢（w（Ni）18%，w（Cr）14%，w（Cu）4%，w（Mo）4%，w（Ti）0.7%，w（V）0.2%，w（C）0.1%）
reyn 雷恩（英制润滑油动力黏度单位，1 雷恩 = 1/689 500 Pa · s）
Reynolds-averaging 雷诺平均
RF （或 Rf）（ = flow rate = rate of flow）比移值，移动率
RFI-immune 不受射频干扰的
rhabdom(e) 感杆束，（复眼的）视轴
rhe 流值（流度的绝对单位）
rheidity 流动性
rhenium 铼（Re）
rheobase 基本电流，稳定的阴极电流
rheocasting 流变铸造（压铸）
rheochord 滑线变阻器
rheoforming 流变成形
rheogoni(o)metry 流变测角法
rheogram 流变图
rheograph ①电流〔电压〕曲线记录仪②示波器③流变记录器
rheology 流变学，液〔河〕流学
quantitative ~ 定量流变学
rheometer ①电流计②流速计，（血）流速（度）计，黏质流速计，流变仪
capillary ~ 毛细管流变计
pressure capillary ~ 加压细管流变仪
revolving ~ 旋转流变仪
rheometry 流变测定法〔测量术〕
rheomicrophone ①微音器②流变传声器
rheonome 电流变换器，电流调节器，神经反应测定器
rheo-optics 流变光学
rheopecticity 触变性
rheopexy 触变性
rheophore 电极
rheoreceptor 趋流感受器
rheoscope （电流）检验器，检电器
rheospectrometer 流谱计
rheo(s)tan 变阻合金，高电阻铜合金（w（Cu）84%，w（Mn）12%，w（Zn）4%;或 w（Cu）52%,w（Ni）25%,w（Zn）18%,w（Fe）5%）
rheostat ①变阻器，电阻箱②可变电阻
adjustable starting ~ 可调起动变阻器
automatic ~ 自动（磁场）变阻器
balancer field ~ 均压机励磁分流电阻
carbon ~ 碳质变阻器
coarse-adjusting ~ 粗调变阻器
continuous ~ 平滑调节变阻器
decimal ~ 十进变阻器
digital ~ 数字式变阻器
dual ~ 双圈变阻器
field ~ （励）磁变阻器
filament ~ 丝极变阻器
frequency sensitive ~ 频敏变阻器
immersed ~ 液体变阻器
liquid ~ 浸液〔液体〕变阻器
master ~ 主变阻器
power ~ 电力变阻器
regulating ~ 变阻器
regulating starting ~ 起动调节变阻器
rotor ~ 转子变阻器
slide ~ 滑线（式）变阻器，滑线电阻（器）
slider ~ 滑触变阻器
standardizing ~ 调节〔标准化〕变阻器
transmitting ~ 传动〔传导〕变阻器
wire-around ~ 线绕变阻器
rheostatic 变阻器的，电阻的
rheostriction 夹紧〔紧缩，箍缩〕效应
~ pinch effect 夹紧〔紧缩，箍缩〕效应
rheotaxial 液（相外）延的，液延生长的
rheotome （周期）断流器，中断电流器
rheotron 电子感应〔电磁感应，电子回旋〕加速器
rheotrope 电流转换开关
rheovisco-elastometer 流变黏弹计
rheoviscometer 流变黏度计
rhexistasy 破坏平衡
rhinemetal 铜锡合金
rhinestone 一种水晶，仿制的金刚石
rhino 水陆两用汽车
rhizagra 牙根钳
rho ①希腊字母 ρ ②（ = rho meson）ρ 介子

③ ρ 单位（离子剂量单位）
rhochrematics 流通学，物流学（企业内部物质生产流程及情报系统管理学）
rhodanizing 镀铑
rhodita 铑金
rhodite = rhodita
rhodium 铑（Rh）
rholite 熔剂
rhombohedral 菱形的，菱形（六面）体的，三角晶（系）的
rhombohedron 菱形（六面）体，菱面体
rhomboid 平行四边形，长菱形，长斜方形
rhomboidal 长斜方形的，长菱形的
rhombus 菱形，斜方形
rhometal 镍铬硅铁磁合金（*w*（Ni）36% ~ 45%，*w*（Cr）2% ~ 5%，*w*（Si）2% ~ 3%，其余 Fe）
Rhotanium 钯金合金（*w*（Pd）10% ~ 40%，其余 Au）
rho-theta 距离角度导航，测距和测角的导航计算机
rhumb 罗盘方位（单位），航程〔等角，航向〕线，等方位线
rhumbatron ①环状共振器，环状谐振腔②空腔共振器，空腔谐振器
soft ~ 谐振放电器
rhyometer = rheometer
rhysimeter 流体流速测定计
rhythm 节律，节奏，律动，周期性的变动
alpha ~ 阿尔法（脑波）节律
rhythmic(al) ①间歇的，有节奏的，有规则的②匀称的，调和的，协调的
rhythm-law 节奏规律
rhythmophone 心律扩音器，心搏扩音器
rib ①肋，肋条，棱，筋②（活塞胀圈槽之间的）凸缘③加厚部，加强部
absorbent ~ 吸声肋条
bearing ~ 凸缘
centering ~ 对中用凸缘
compression ~ 受压肋
flexible ~ 可伸缩肋
form ~ 保形肋
ginning ~ 轧肋（轧棉机的）
guide ~ 引导〔导向〕挡边
kerbing ~ 防擦线
loose ~ 平挡圈
nose ~ 机头肋
pattern reinforcing ~ 模型加强肋
radiating ~ 散热肋，散热片
radiation ~ 散热肋片
reinforcing ~ 加强肋
rim fit ~ 轮圈安装线
separable ~ 分离式挡边
stiffening ~ 加强肋，钢筋
strengthening ~ 加强肋
tip ~ 末梢肋
wheel ~ 轮辐
ribber 罗纹机
multi-design ~ 多花式罗纹机
ribbing ①加肋（冷却用），压肋②肋状排列，肋条，肋材构架③棱纹，凸条④散热片
ribbon ①带，带状物②条，条板，发条③金属带，钢带④紧带（仪表的游丝），钢卷尺⑤带状电缆
copying ~ （打字机）色带
fault ~ 层错带
fiber ~ 光纤带
ink ~ （记录器用）纸带
inked ~ （有）油墨（的）色带
lead-frame ~ 引线框架带
stamping steel ~ 镶条，密封条（汽车门窗上的）
ribboner 打麻机，碎茎打麻机
ribmet 带筋钢，钢筋（竹节钢，螺纹钢等）
rice coal 米级无烟煤（粒度为 3.2 ~ 6.3 mm）
richer 富化器，增稠装置
coasting ~ 强制怠速加浓装置
richtext 复杂文本，富文本
ricker ①堆垛机②圆木料（直径小于 150 mm 者）
ricochet 反跳，回弹
riddle ①粗〔盘，格，筛架，手动〕筛②（过）筛，筛落，分级，清选③（马铃薯）筛式分选器，筛砂机
dressing ~ 下筛，细筛
gyratory ~ 偏心吊筛，偏心振动筛
inertia circular vibrating ~ 惯性圆振动筛砂机
inertia lateral vibrating ~ 惯性横振动落砂机
inertia linear vibrating ~ 惯性直线振动筛砂机
oscillating ~ 振动筛
roller ~ 滚筒筛砂机
rotary ~ 旋转筛，圆筒筛
shaker ~ 抖动（分离）筛
step ~ 阶梯式清选筛
two-frequency vibrating ~ 双频率振动筛砂机
wind ~ 风选筛
riddler 振〔振动，摆动〕筛

riddling 过筛，分级，清选
riddlings 粗筛余料，筛屑，细粒
ride ①乘坐〔车〕，行驶②乘波〔驾束〕飞行
ride-control 车辆减振器
rideograph （测量路面行驶质量的）测振仪，平整度测定仪
rider ①导向套，游码，制导器，滑动秤锤，滑套②斜撑，支撑③附文，附加条款
balance ~ 天平游码
ridge ①脊②纹③隆起④波峰⑤钢带单向皱纹（由于辊型不正确引起的）
~ at press 段间凸起
cut ~ 限幅，截幅，截峰
shallow ~ 浅沟，浅槽
spiral ~ ①螺纹，螺线脊②螺旋扇
tear ~ 撕裂脊
wave ~ 波峰〔脊，颠〕
ridge-former 起垄〔筑埂，培土〕器
ridger ①起垄机〔器〕②培土〔开沟〕器
mouldboard ~ 犁壁式起垄器，起垄犁
tie ~ 起垄器
ridging ①隆脊（脊状磨损）②起皱（齿面损坏方式之一）③脊棱
ridgy 有脊的，隆起的
riding ①按曲线运动，波束制导②安放，叠置③乘车，行驶
gain ~ 增益曲线
rieselikonoscop(e) 移像式光电稳定摄像管
riffle ①压花，刻痕②（板带材侧缘的）皱纹③用金刚砂水磨④格条，摇床⑤微波
riffler ①沉砂槽，除砂盘②条板③试样缩分器④双头锉
spinning ~ 旋转缩分器
riffling ①压花，刻痕，凿沟，轧辊刻纹②用金刚砂水磨③用沉砂槽澄砂纯化④攻螺纹
rifle ①膛线，来福线②拉制来福线③步枪
army ~ 步枪
bicycle ~ 长管单发手枪
buggy ~ 长管前膛单发手枪，单发前膛手枪
express ~ 大初速步枪
laser ~ 激光枪
machine ~ 冲锋枪，自动步枪
magazine ~ 带弹匣的步枪
recoilless ~ 无后坐力炮
rifler ①波纹锉②牙轮钻头③窄刨
rift ①裂缝〔口〕，空隙②断裂，断层线③分裂
rifting 拉螺纹
riftzone 破裂带，断裂带
rig ①装置，装备，设备，成套器械②试验台，钻塔〔机，架〕③夹具④索具⑤谷物脱粒设备⑥装配，安装
balancing ~ 平衡试验装置
boring ~ 钻车，钻探架，钻探设备
burn out ~ 临界热负荷试验架，烧毁试验台架
burtoning boom ~ 联杆索具
drill ~ ①穿孔机②钻车，凿岩机③钻机④钻架⑤架式钻床
drilling ~ 钻机
floating ~ 钻探机船（勘探石油等）
head ~ 主锯机
irradiation ~ 辐照试验台，辐照台架
irrigation ~ ①灌溉装置②人工降雨装置，喷灌装置
jackknife ~ 折叠式钻机
land-bound ~ 地面活动的设备
maintenance ~ 维修架
out-of-pile ~ （反应）堆外台架
petroleum drilling ~ 石油钻机
pulley ~ 带悬吊滑车的凿岩机支架
return-circuit ~ 反向导流器
semisubmersible ~ 半潜式钻机
simulator ~ 模拟装置
spiral drilling ~ 螺旋钻机
spray ~ 喷射式凿井机
sprinkler ~ ①喷溉装置，人工降雨装置②洒水设备
thermal-shock ~ 热冲击试验设备
threshing ~ 脱粒机组（包括脱粒机和相应的拖拉机或其他动力机）
turn-down ~ 翻料装置
turn-over ~ 翻面装置，翻板机
unloading ~ 塔式卸料机，卸矿塔
rigesity 糙度
rigger ①装配工②索具，束带滑车③（船上）索具操纵人员④（带传动）张紧装置
rigging ①装配，悬挂，组装模板②索具③机构，设备④（演播室）灯光预置
bell ~ 警钟装置
bell operating ~ 料钟开闭〔操纵〕装置
brush ~ 刷握
compensation brake ~ 平衡闸装置
internal ~ ①内部装配②内部吊索
model ~ 模型装配
running ~ 活动吊索
spring ~ 弹簧配重机构，弹簧装置
uncoupling ~ 脱钩机构

right　①正确（的），精确（的）②直（角）的，垂直的③右边的，右旋的，右面的④直接，正好，立刻⑤权，优惠权，专利〔有，用〕权
~ of priority　优先权
audio input ~　右声道音频输入
data output ~　右通道数据输出
exclusive ~　专利权，专有权
headlamp ~　（汽车）右前照灯
lower beam ~　（汽车前照灯）右近光
pan ~　电视摄像机转向右方，镜头右转
patent ~　专利〔专有，特许〕权
preemption ~　优先权
private ~　专用权
set ~　校正，矫正
surround ~　右环绕声
right-about　相反方向，向后转，转变
right-about-face　向后转，根本转变
right-aligned　向右对准的
right-hand　右向的，右方的，顺时针方向的
right-hand wise　顺时针方向，右旋
righting　复原，改正，修正
right-justified　右侧对齐的
right-justify　右侧对齐
right-of-way　①杆线权，有架线权的地带②通行权③道路用地
rightsizing　规模优化
rigid　①刚度②刚性〔固定，坚硬〕的③严格的，严密的
rigid-body　刚体
point ~　点刚体
rigid-frame　刚性构架，刚性车架
rigidimeter　刚度计
rigidity　①刚性，刚度②硬度③稳定性④（陀螺）定轴性
flexural ~　抗弯刚度，挠曲刚度
magnetic ~　①磁刚性②磁刚度
shearing ~　剪切刚度
static ~　静态刚度
torsion ~　扭转刚性
rigidization　硬化，强化
riglet　平条，扁条
rigol　眉毛板，檐板
rigorous　严格的，严密的，精确的，精密的
rig-test(ing)　台架试验，试验台上的试验
rim　①边，缘，凸缘，轮缘〔辋〕②齿圈，齿环③垫环，支圈，承垫④磁轭（水轮发电机的）
anchor ~　锚环，锚缘（船）
braking ~　制动环，闸板（水轮发电机的）
circular ~　轮辋
clincher ~　（汽车轮的）紧钳轮辋
collapsible ~　可分开的轮辋，组合轮辋
collar ~　轮圈，轮缘
drop center ~　凹槽轮缘，深凹式轮辋
drum ~　胎压条，小钢圈，鼓形轮辋，鼓形轮缘
extra ~　外加轮缘
flat base ~　平底轮辋
floating ~　浮动磁轭（水轮发电机的）
full tapered bead seat ~　全斜底轮辋
gear ~　齿槽轮辋，齿轮轮缘
guard ~　防爆环，防爆圈
guide blade ~　导向叶片出口边
lug ~　带抓地板轮辋
petticoat ~　深凸槽轮辋
plain steel ~　简单钢轮缘
roll ~　卷边
rotor ~　转子磁轭（水轮发电机的）
semi-drop center ~　半深槽轮辋
semi-flat ~　半平底轮辋
separable ~　可分开轮辋
special sand ~　砂土地专用轮辋
spider ~　①支架轮缘②磁轭（水轮发电机等）
split ~　拼合轮辋
spur ~　正齿轮轮辋
steering ~　转向轮辋（钢轮式拖拉机前轮加宽的）
straight base ~　平底轮辋
substandard ~　窄口轮缘
tyre ~　轮胎钢圈，胎环
well base ~　深钢圈，凹形轮缘
wheel ~　轮缘
wide drop center ~　深槽宽轮辋
wide flat base ~　平底宽轮辋
wide-base ~　阔口轮辋
rimer　= reamer
rimhole　皮下气泡（缺陷）
rimmer　①轮辋②沸腾钢
rimming　①套上轮缘②沸腾的（钢）
rind　①外观，表面②（外）壳，硬层③削〔剥〕皮
ring　①钢领，环，圈，箍，环状（物）②环形电路，回路③计算环，环状存储器④（风机叶轮的）盘⑤按铃，呼叫，打电话⑥卷绕，环绕
abutment ~　定位环
Adamson ~　阿达姆松连接环，炉筒补强环
adapter ~　接合环（带切槽多层密封件的），连接〔中间，过渡〕环，接圈，附加套环

adjustable ~ 控制环
adjusting ~ 定位环
advance ~ 提前点火（调节）环
AG ~ 交变梯度环
air ~ 冷却环
aligning ~ ①调心〔球面〕外衬圈②调心圈
aligning housing ~ 球面外衬圈
alligatoring ~ 齿环
anchor ~ 锚环，圆环面
anti-ballooning ~ 气圈环
anticorona ~ 防晕〔等位，均压〕环
anti-drag speed ~ 减阻增速环
antiextrusion ~ 挡圈
aperture setting ~ 光阑装置环
apron ~ 裙圈，活塞下裙部胀圈
arc ~ （电）弧环，分弧环，防闪络环，引弧环（绝缘子）
arcing ~ 消弧环，环形消弧器（改善高压场分布的金属环）
arrester grading ~ 避雷器均压环
attachment ~ 接合圈，联结环
austenitic-steel retaining ~ 奥氏体钢护环（汽轮发电机的）
backup ~ ①支承环②保护圈，垫圈③密封圈的保护垫圈
baffle ~ 挡环，挡圈
balk ~ 阻环，摩擦环
band shroud ~ （透平叶片的）覆环，包箍，围带
banding ~ ①绑环，端箍②护环（汽轮发电机的）
band-saw ~ 带动皮盘（带锯用）
base ~ ①底座圈，基座圈，底环②垫圈③基区环（半导体）
bead ~ 钢丝圈
bead forming ~ 撑轮圈
bead lock ~ 轮胎侧边的撑圈
bead wire ~ 侧边金属丝制胎圈
binary ~ 二进位〔制〕计算环
binding ~ 定位〔调整，锁紧〕环，卡环
bit ~ 位环
blade ~ 叶栅
blocker ~ 挡圈，挡环
booster ~ 环增强器（作注入器用的同步加速器）
boss ~ 毂箍，轮毂箍
box section ~ （转炉）箱形断面托圈
brake ~ 制动器接合盘，制动器止推环
breech ~ 炮尾环
bridle ~ 吊线环，跨接线杆吊环
broken ~ 开口圈，缺口圈
brush ~ 刷环
brush-rocker ~ 移动刷架〔电刷摇移〕环，移刷环
bucket ~ ①动叶环，叶片环②叶栅，叶列
building ~ 工作环，胎圈（软胎）
bull ~ ①研磨圈②（中速磨煤机的）垫环，磨环③船首系缆圈
burner ~ ①喷灯〔口〕环②（喷气发动机）喷嘴环
bus ~ 集电环（电机的）
bush(ing) ~ 衬环，轴套
butt-jointed shell ~ 对接炉身环箍
cage ~ 隔（离）圈，笼端环
cam ~ ①凸轮环②（叶片泵）定子③三角座圈，三角圆环
cambridge ~ 楔形环（V形镇压器的），V形环
carbide draw ~ 硬质合金拉延环
carboatomic ~ 碳环，碳原子环
carbon ~ 碳环
carbon seal ~ 石墨密封圈〔环〕
carrier ~ ①垫圈②导环，承环③隔板套
casing ~ ①密封圈②表壳衬圈
caulking ~ ①隔环②垫圈③加固圈，加劲圈④密封圈，胀圈
electronic gas ~ 电子煤气灶
centering ~ ①定心环②合轴环③定位圈④裂口圈
check ~ ①挡圈，弹簧挡圈，止动环②锁紧环
chev(e)ron ~ 人字密封圈，V形圈
chuck ~ 夹圈，锁紧环，压环
circular distributor ~ 环形整流子，集电环，配电环
clamp ~ 压〔夹，锁〕紧环，锁紧圈
clamping ~ 压圈，夹圈，锁环，夹紧环
clinker ~ 熟料结圈
clip ~ ①弹簧挡圈②锁紧环③扣环④开口环
closing ~ 止动环，卡〔挡，锁紧〕圈
clutch ~ 离合器环
coin-silver ~ 银质接触环
collecting ~ 集流〔电，水，汽〕环
collector ~ ①汇流〔集流，集电，整流〕环②集电环③（离心压气机）蜗壳
combined ~ 组合式活塞环，组合环
commutative ~ 可换环，交换环

commutator ～ 换向器环
commutator shrink ～ 换向器绑圈，换向器箍环，换向器压圈
complete matrix ～ 全矩阵环
compound piston ～ 由几部分组成复式活塞环
compression ～ 压缩环，（活塞）气环
compression inner ～ 活塞环扩张器
compression piston ～ 活塞压环
concentration ～ 集索圈
concentric ～ 同心环
condensing ～ （激）冷圈
conduct lock ～ 导纱保险环
conducting ～ 导电环，导环
conformable oil ～ 弹簧胀圈油环
connecting ～ 连环
container ～ ①预应力圈②容器环，模腔衬环
contention ～ 争用环
contour ～ ①凸轮环②定子（叶片泵的）
cord junction ～ 集索圈
corrugated packing ～ 波纹金属垫圈（管道）
counting ～ 环式计算装置
cramp ～ 扣环
cromflex oil (piston) ～ 钢制带胀圈的（活塞）油环
crosstalk damping ～ 防串话环
cup ～ 胀圈，皮碗
curb ～ 转盘，转车台
curl ～ （起重机）转盘
cushion ～ 垫圈
cutting ～ ①环刀②切断环
dead ～ ①紧固环②绝缘环
Debye ～ 德拜环（德拜晶体衍射圈）
decade ～ 十进（制）计数环
diaphragm packing ～ （迷宫式）隔板汽封环
die drawing ～ 拉模孔壁磨损圈
diffusion ～ ①扩散环②离心泵（的）盘
distance ～ ①定距〔间距，间隙〕环②垫圈③隔环
drag ～ 摩擦环
draw ～ ①牵引环，拉延环②拉深模（口）镶环
drip ～ 滴油圈，润集电环
dummy ～ 填密环，均压环
dynamic mounting ～ 减振环形架
elastic ～ ①弹性环，弹性圈，弹簧垫圈②卡环
end ～ ①锁紧环，轴承挡圈，压圈，压板，卡环，推力环②端板（铁心），端环，端箍，绑环（绕组）③护环（汽轮发电机）④短路环（笼型转子或阻尼绕组）
engine mounting ～ 发动机装配回转架
equalizer ～ 均衡环，均压环
equipotential ～ 等势〔等位，均压〕环
expander ～ ①胀圈②（炉筒的）伸缩接头③补偿环
expanding ～ 伸缩圈，皮碗弹簧圈
expansion ～ ①伸缩圈②胀圈③（辐流式汽轮机中）叶片与叶轮接合处的弹性胀圈
eye ～ ①吊环，吊眼，耳柄，提手②衬圈，衬套，套管③出射光瞳
facing ～ 衬片环
felt ～ 毡环，毡垫圈，毡质阻油圈
field ～ 机座环形部分（直流机的）
filler ～ ①垫圈②倒角〔圆〕环
film ～ ①胶片环②环状胶片剂量计（戴在手指上的）
fire ～ 燃烧环（某些二冲程柴油机顶上第一活塞环）
firing ～ 测热圈
fleeter ～ 拔丝圈
follower ～ ①附环②压圈③随动圈④压极（电机的）
fuselage ～ 机身框架
gap-gas segregating ～ 气隙隔板（汽轮发电机的）
gasket ～ 垫圈〔片，板〕，密封垫〔片，板〕，垫〔填〕料环
gate ～ 调节环（涡轮机）
gate operating ～ 导叶操作环
ga(u)ge ～ 环规
gimbal ～ 万向悬架环，平衡环
grading ～ 屏蔽〔均压，分段〕环
Gramme ～ 环形电枢
grip ～ 夹圈，锁紧环，压环
gripping ～ 压缩套
guard ～ 护圈，保护〔隔离，挡油〕环，电晕保护环，推力护环
guide ～ ①导（向）环，控制环②调速环（水轮机的）
gun ～ 回转炮塔，旋转枪架
guy ～ 集索圈
Haidinger ～ 等倾干涉条纹
half keystone ～ 单面梯形（活塞）气环
hanging ～ 吊环，提手
hearth ～ 壁炉盖
heel ～ 加固圈，肋环
hoisting ～ 吊环

holding ~ ①调整环，定位环②绑环，箍环（线圈的）
impingement ~ 挡油环，V形压边圈（精冲用）
index ~ 分度圈，分度环
inner ~ ①内圈（滚动轴承的）②内环弹簧（缓冲器的）
insert ~ ①可熔镶块②镶嵌垫环③（焊接接口）嵌条
iris ~ ①锁光圈孔②可变光圈
jack ~ 塞孔圈
joint ~ ①密封圈，接合垫圈，接合密封环②环接
junk ~ 填料函压盖，密封环〔圈〕，衬圈
keystone ~ 梯形环
labyrinth ~ ①迷宫环，汽封环，阻汽环②曲折密封圈
lantern ~ ①套环，灯笼式环②水环（填料函密封水供水环）
lanyard ~ 背带环
lead ~ ①导环②准环
lens-adapter ~ 透镜适配圈
lip ~ 炉顶钢圈，炉头钢圈
lobed ~ X形圈
lock ~ ①锁环，紧箍②密封圈
loose ~ 游环，松圈
machine key ~ 键控铃〔半自动〕呼叫
magnet ~ 环形磁铁
man ~ 手摇发电机振铃
manifold ~ 集合环，集流环
mantle ~ 垫环，支圈
master ~ 校对环规
mating ~ 接合环
matrix ~ （矩）阵环
mouth ~ 密封环
multichannel slip ~ 多槽集流环
multi-piece ~ 组合式油环，装配式刮油环
narrow-face ~ （接触面很窄的）窄面环
neck ~ 颈环，带环形槽的环
norm ~ 规范环，巴拿赫环
nozzle ~ ①导叶栅〔环〕②喷管③箍环④涡轮导向器，定子叶轮，（涡轮机）喷嘴环
ogee ~ S形圈
oil ~ 甩〔抛〕油环，（轴承的）油环，（轴承的）护油圈，滑油胀圈，活塞刮油环
oil control ~ （活塞环）油环
oil throw ~ 抛油圈
oil-catch ~ 挡油圈
orifice ~ 孔环
outer ~ 外（座）圈，外环
oversize piston ~ ①加大活塞环②修理尺寸的活塞环
packing ~ 垫圈，胀圈，填密环，填密圈
pick-up ~ 自动〔液力〕联结器环
piezometer ~ 环形流压计
pile ~ 桩箍
pinion ~ （齿轮座齿轮轴的）压装齿圈，齿轮冠，压装齿轮
piston ~ 活塞环
plated ~ （镀多孔性铬层等的）有镀层活塞环
porting ~ 节流孔板
pressing ~ （定子）压圈
pressure ~ ①压缩胀圈，密封圈，耐压环，压力密封环②气环（活塞环）
primary ~ 准质环，准素环
program ~ 程序环
proving ~ 检验环，测力环
pushing out ~ 撑环
quad ~ X形圈，方形密封环（断面稍成X状）
range ~ ①距离比例尺②距离刻度圈，距离比例圈
reaction ~ ①导向环，定子环（柱塞泵的）②止推环，反作用环
relieved compression ~ 卸荷气环
relieving ~ 保险环
resistance ~ 端环，短路环（电机的）
retainer ~ 挡圈，卡〔扣，固定，夹持〕环
retaining ~ 卡〔绑，扣〕环，固定〔定位，止推，支撑〕环，挡圈，扣套，护环（汽轮发电机的）
retaining snap ~ 锁圈，固定开口环
return circuit ~ ①反向导流器②弯道
revolving ~ 转环，油环
rolling ~ （回转窑）滚圈，领圈
roof ~ 顶箍
rotating ~ 旋转环
rotor ~ ①转子环②磁轭（水轮发电机的）
rotor end ~ 转子端环（笼式电动机）
round wire snap ~ 钢丝挡圈
scale ~ 分度环，刻度环
scope ~ 瞄准镜，目镜和物镜的调整环
scraper ~ 刮油环，刮油胀圈
scraping ~ 刮油环，刮油胀圈
screw ~ 环首螺钉
seal ~ 密封环，密封圈，封闭环
seating ~ 垫圈
self-healing ~ 自愈环路

separate ~ ①（转炉）独立托圈②分离型套圈
shading ~ ①校正绞圈②短路〔隔离，屏蔽，罩极〕环
shared protected ~ 共享保护环
shell ~ ①（容器）筒节②环箍，筒夹
shield ~ ①挡圈②屏蔽环
shift(ing) ~ 调整圈，移动环
shock ~ 减振环
short ~ 短路环（减小变压器片漏磁用）
short-circuit ~ 短路环
short-proof ~ ①引弧环②短路防止环
shoulder ~ 轴肩挡圈
shrink ~ 热套圈，热套环，预应力圈
shroud ~ 包箍，箍〔复，护〕环，围带
shrunk ~ 套环，缩圈，紧圈，热压轮圈，烧嵌环
shrunk-on ~ 缩圈
Simmer ~ 轴密封环，翻唇垫圈
skid ~ 防集电环
slap ~ 松动活塞环
slewing gear ~ 转盘，转车台
sliding plate ~ 垫圈
slinger ~ ①吊环②轴承油环
slip ~ ①滑块，集电〔汇流，集流〕环②（离合器的）分离推力环
snap ~ ①扣环，卡环，止动环②开口环③弹性挡圈，弹簧锁环，弹簧垫圈
socket ~ 座环，套环
spacer ~ 隔离环，间距环，隔离垫圈
spacing ~ ①隔离圈，隔环②限位环
spigot ~ 接头箍圈
spit ~ 挡油板〔圈，盖〕
splash ~ 润滑油环，润滑油圈，溅油环
split ~ 开口环，扣环
split collector ~ 分瓣式集电〔汇流〕环
split thread ~ 开口带线圈
stabilizing ~ （轴承）止推环，定位圈
stand ~ 座环
standard thread ~ 标准螺纹环规
stay ~ （水轮机）座环
steam ~ 环形喷嘴〔配汽〕室
stepped ~ 直切环
stop ~ ①止动环，止推环②定位环
stopper ~ 止动圈，定位圈
strap ~ 耦合环
stud ~ 齿环（放电器的）
stuffing ~ 填料压盖，填料函
supporting ~ ①支承环，卡环，绑环②垫圈③端箍（电机绕组的）
tensioner ~ 扩张环，胀环
thrower ~ 甩油环，润滑油圈，润滑油抛油圈
thrust ~ ①推力环②定子压圈
toothed ~ 齿环
top ~ 炉顶钢圈，炉头钢圈
torus ~ 锚环
towing ~ 联结环
Townend ~ 减阻整流罩，（发动机）唐纳得式整流环
track ~ ①定子环，凸轮环②遗迹圈（电刷在换向器上留下的）
trunnion ~ ①转炉托圈②耳轴环，管套环
union ~ 联管节
verge ~ ①钟表摆轮②罗盘顶转环
wedging ~ 压缩套
wheel detachable side ~ 轮胎压圈
wipe ~ 擦油圈
wiper ~ 刮垢环，清洁环，加油环
write inhibit ~ 禁止写入环（计算机的）
write permit ~ 允写环
yoke ~ ①磁轭圈，轭环②（磁电机）换向器

ring-bolt 带环螺栓，环端螺栓

ring-bus 环形母线

ringdown ①响铃②振铃信号
~ signalling 低频监察信号

ringer ①电铃，振铃机②鸣钟器，信号器③圆环切屑，环状切屑
extension ~ ①备用铃流（发电机的）②分机振铃器③（电话）分铃
harmonic ~ 选频铃
magneto ~ 磁石式振铃器
phonic ~ 蜂音呼叫器
series ~ 串接感应器〔振铃机〕
shunt ~ 分流振铃机〔感应器〕
station ~ 电话机的附加铃

ring-ga(u)ge 环规
taper ~ 锥度环规

ringing ①振铃，呼叫②阻尼振荡，减幅振荡③跳动，瞬时扰动④拉模环形，沟状磨损⑤瞬变
~ of pulse 脉冲振铃，脉冲信号中有振铃现象
code ~ 编码信号振铃
cross ~ 交扰振铃
defective ~ 错误呼叫
filter ~ 滤波器振铃现象（滤波器的阻尼振荡）
harmonic ~ 选频振铃
interrupted ~ 断续振铃，信号振铃

keyless ~ ①无钥信号②无键振铃，插塞式自动振铃
line scan ~ 行频抖动，行扫描抖动
machine ~ 自动振铃〔信号〕，铃流机振铃
magneto ~ 磁石式振铃
manual ~ 人工振铃，手摇呼叫
party line ~ 同线振铃
power ~ 交流铃，机振铃
pulse ~ 脉冲瞬变，脉冲振铃
ringlet 小环，小圈
ringlock 环扣式
ring-off 话终振铃
ring-of-ten circuit 十进制环形电路
ringoid 广环
ring-oiling 油环润滑
ring-out 呼出振铃
ring-up 呼叫振铃
rinse 漂〔清，冲〕洗，漂清
alkaline ~ ①碱化作用，用碱溶液洗涤②碱性洗液
negative resist ~ 负性光刻胶漂洗剂
rinser 清洗装置，冲洗器
automatic ~ 自动清洗机
rinsing ①漂清，冲〔涮，漂，水〕洗②冲料，冲浆
dunk ~ 浸水清洗
riometer ①噪声探测仪②电离层吸收测定器③无线电暴探测计
rip ①裂缝〔口，痕〕②洗涤器，清洗器③刮板，刮刀④切〔撕，裂，锯，凿〕开，凿掉，锯掉，暴露
ripener 催热剂
ripper ①松土机，耙路机②粗齿锯，（小材）纵切锯③平巷掘进机④拆缝线（屋顶）用具⑤粗齿锯操作者，撕裂者，拆缝线者
casing ~ 套管纵向割刀
grade ~ 耙路机
half ~ 细木锯
impact ~ 冲击式挑顶机
road ~ ①（道路）松土机，耙路机②镐式平巷掘进机
ripping = rip
die ~ 磨损拉模的磨光，拉模的重磨
ripple ①波〔鳞，皱〕纹，微〔涟，纹，皱〕波，焊缝波纹②脉动，波动，（交流）哼声，（电源）交流声③波纹（录音）④脉冲，电波⑤表面张力波⑥磁化分布⑦粗钢梳
commutator ~ ①换向器波纹，换向器脉动电压②整流波纹电压，整流波纹，整流涟波
mains ~ 电压脉动
output ~ ①输出脉动②输出干扰声，输出干扰电压
percent ~ 波纹度
power-supply ~ 电源脉动〔波纹，脉冲〕
pulse ~ 脉冲波动，脉动
slot ~ （线）槽脉动，齿谐波
storage ~ 存储器重叠
tooth ~ 齿纹波，齿形波纹
weld ~ 焊缝波纹
rippling 鳞皱，波纹状压痕（齿面破坏的形式）
~ through 行波传送
ripsaw 纵割〔粗木，粗齿〕锯
half ~ 细木锯
rip-trim 精密（钢板）切边装置
rise ①上升，升起②提高，增长，增加③起源，发生④矢高，拱矢
~ per tooth 齿升量（每齿走刀量）
cam ~ 凸轮升度，凸轮升程
fading ~ 上衰落
inductive ~ 电感性电压升高（由超前电流引起的）
modulation ~ 调制度增高〔加深〕
relative speed ~ 转速升高率，相对转速升高
specific temperature ~ 比温升（单位面积上一瓦产生的温升）
time ~ （电动势）随充电而增长，（电动势）随时间上升
vertical ~ of arch 拱的矢高
riser ①竖〔升，立〕管，排水管柱②提升装置，提升器，升降器③冒口（铸件的）④气门，气口，溢水口⑤升高片（换向器的），换向器竖片⑥焊线槽（换向器的）⑦集电器接线叉⑧（梯级的）竖板，起步板
atmospheric ~ 大气压冒口
blind ~ 暗冒口
closed ~ 暗冒口
commutator ~ 换向器升高片，换向器竖片
dummy ~ 暗冒口
gate ~ 冒口（铸件的）
heel ~ 侧冒口
lead ~ 引线头
live ~ 热冒口
main ~ 总立管，主立管
marine ~ 海底取油管（采油）
neck-down ~ 易割冒口
open ~ 明冒口

return ~ 再循环上升管
ring ~ ①环状冒口②调整垫片，垫模板
runner ~ ①直接冒口②补缩横浇道
scum ~ ①除渣冒口②集渣冒口③集渣包
side ~ 侧冒口，边冒口
skim ~ 除渣冒口
steam ~ 上升管（锅炉的）
tray ~ 塔盘蒸汽上升口
washburn ~ 易割冒口
whirl ~ 离心集渣冒口
William's ~ 大气（压力）冒口
riser-gating 撇渣暗冒口浇注系统
riser-head 冒口
rising ①上升，增长，升高，升起②发泡，涨起③超过
risk 风险，冒险，危险（性）
air ~ 空运险
hearing ~ 听力保护，听力保险
potential ~ 潜在风险
rival 竞争者，对手
rive ①裂缝，裂片，碎片②扯裂，分裂，劈开
rivelling 条纹
intergranular ~ （焊点边缘的）根须
rivet ①铆钉②铆接，铆
binding ~ 结合（装配）用铆钉
black snap head ~ 粗制（半）圆头铆钉
blind ~ 盲铆钉，空心铆钉
brazier head ~ 扁头铆钉
burnt ~ 热处理铆钉
button head ~ 圆头铆钉
caulked ~ 敛缝铆钉
cone-head ~ 锥头铆钉
countersunk not chipped ~ 半埋头铆钉
cup head ~ 半圆头铆钉
die head ~ 冲垫铆钉
double ~ ①双行铆钉②双行铆接
facing ~ 复面铆钉
full head ~ 圆头铆钉
mushroom ~ 扁〔平〕圆头铆钉
quilting ~ 定位铆钉，紧缝铆钉
screw ~ 螺纹铆钉
self-plugging ~ 抽芯铆钉（带有芯子的铆钉）
service ~ 临时（结合用）铆钉
set-head ~ 型头铆钉
shop ~ 厂合铆钉
single ~ 单行铆钉
skin ~ 蒙皮铆钉
snaphead ~ 圆头铆钉
snapped ~ 圆头铆钉
split ~ 开口铆钉
stitch ~ 缀缝铆钉，绗合铆钉
strap ~ 带铆钉
strength ~ 强力铆
sunk (head) ~ 埋头铆钉
tack(ing) ~ （临时用）结合〔定位，平头〕铆钉
tap ~ 螺旋式铆钉
thin head ~ 扁平头铆钉
Thompson ~ 部分空心铆钉
truss-head ~ 大圆头铆钉
tube ~ 空心铆钉
tubular ~ 空心〔管形〕铆钉
upset ~ 膨径铆钉
riveter 铆机
rive(t)ter ①铆接机，铆枪②铆工
air ~ 风头〔风动〕铆钉机
bull ~ 重型铆钉机
butt ~ 对头铆接
compression ~ 风动铆钉机
jam ~ 窄处铆接机，气动铆机
pneumatic compression ~ 气动压铆机
pneumatic hand ~ 气动铆锤，铆钉枪
shop ~ 厂铆
spinning ~ 扩口铆机
squeeze ~ 压铆机
rivet(t)ing 铆接，铆（接法）
chain ~ ①链铆钉②并列铆接，链式铆接
cherry ~ 抽芯铆接
close ~ 密铆
cold ~ 冷铆
cross ~ 交互〔交叉，十字形〕铆接
diamond ~ 菱形铆接
electromagnetic ~ 电磁铆接
field ~ 现场铆接，安装铆接
flush ~ 埋头铆接
lap ~ 互搭〔搭接〕铆，叠式铆接
machine ~ 机动铆接
multiple ~ 多行铆接
pin ~ 同时形成两个铆钉头的铆接
registration ~ 定位铆
semi-lozenge ~ 半阶式铆接
single ~ 单行铆接
slug ~ 无头铆钉铆接
snake ~ 正常交错铆接
snap ~ 型铆，窝模铆接
staggered ~ ①交错铆接②间行铆接

stop ~ 消除铆接漏缝，排除铆接的不紧密性
tight ~ 防漏铆接，紧密铆接
treble ~ 三行铆接
water-tight ~ 水密铆接（不漏水的）
zigzag ~ 交错铆接
r-meter 伦琴辐射计，伦琴计，X 射线计
ro 滚装设备
road ①路，道路②方法，手段
approach ~ 引路，引道
belt ~ 环形路
feeder ~ 专用线，分路支线
haul ~ 进出道，交通道
high ~ 公路
main access ~ ①主要专用线②主要便道
occupation ~ 专用道路
skip ~ 支路，分道
spur ~ 岔路
toll ~ 有养路费公路，高速汽车专用公路
turnpike ~ 收费的高速汽车公路
roadblock 路障，问题，困难，难题，难关，障碍，阻碍
engineering ~ 工程难题
roader ①停泊场用船②铺路机
roadheader 炮头式平巷掘进机
roadpacker 夯路机，道路夯击机
road-roller 压路机，路碾
tandem ~ 双轮〔串列〕压路机
roadster ①双门〔座〕敞篷轿车，（活顶）跑车②锚泊地工作船，停泊场用船
roak 表面缺陷，发裂（轧长的气泡）
roaming 移动，移像，漫游，跨区转接
roar （发动机的）噪声
roast 焙烧，烘，烤，煅烧
flash ~ 飘悬焙烧法
sweet ~ ①死烧②全脱硫焙烧
roaster ①焙烧炉②烘烤机
blind ~ 马弗（焙烧）炉，套（式）炉
compressed asphalt ~ 压制（地）沥青烘烤机
flash ~ 闪速〔飘悬〕焙烧炉
hearth ~ 床式焙烧炉
muffle(r) ~ 套式（焙烧）炉，马弗（焙烧）炉
multihearth ~ 多层焙烧炉
rabbit ~ 搅拌焙烧炉
smalls ~ 矿末煅烧炉
suspension ~ 飘悬〔悬浮〕焙烧炉
Wedge ~ 韦奇型多膛焙烧炉，宽轴多膛焙烧炉
roasting 焙烧
air ~ 空气中焙烧，氧化焙烧
green ~ 半〔初步，不完全〕焙烧
pot ~ 锅焙烧
shower ~ 飘悬焙烧
sulphating ~ 硫酸盐化焙烧
sweet ~ ①死烧②全脱硫焙烧
thorough ~ 充分焙烧
robber 限流阴极
robot ①机械手，机器人②自动机，自动装置，自动仪器，自动控制飞行器，自动交通信号③遥控机械装置，遥控设备④巡视软件⑤自动操纵的，遥控的
~ system 机器人系统
accompanying ~ 陪伴机器人
adaptability ~ 自适应机器人
adaptive ~ 适应控制〔自适应〕机器人
anthropomorphic ~ 拟人机器人，人形机器人
applied ~ 应用机器人
arc welding ~ 弧焊机器人
articulated ~ （多）关节型机器人
autonomous ~ 自律（型）机器人
autonomous mobile ~ 自律移动机器人，智能移动无人平台
bank ~ 银行机器人
bio- ~ 仿生机器人
biped ~ 两足机器人
bone section operating ~ 骨科手术机器人
brains control ~ 脑控机器人
business ~ 商务机器人
cartesian ~ 笛卡儿坐标机器人
cartesian coordinate ~ 直角坐标型机器人
catering ~ 餐饮机器人
chess ~ 弈棋机器人
children accompanying ~ 儿童陪伴机器人
cleaning ~ 清洁机器人
cognitive ~ 全息机器人
collaborative dual-arm ~ 双臂协作机器人
collaborative multiaxis ~ 柔性多关节机器人
collaborative ~ （柔性）协作机器人
consumer-oriented ~ 消费类机器人
continuous path controlled ~ 连续轨迹控制机器人
cosmic ~ 宇宙机器人
cutting ~ 切割用机器人
cylindrical ~ 圆柱坐标机器人
cylindrical coordinate ~ 圆柱坐标机器人
deliver and sort parts ~ 传输 / 分拣机器人
developmental education ~ 益智教育机器人

digital control ~ 数字控制机器人
distributed ~ 送货机器人
domestic ~ 家用机器人
dummy ~ 假人，机器人
education ~ 教育机器人
electric ~ 机器人，电动机械手，电气自动机
electromechanical ~ 机电传动机器人
electromotive ~ 电动机器人
electronic ~ 电子机器人，电子自动装置〔仪器〕
Entertainment ~ 文娱机器人
flexible ~ 灵活机器人
flexible joint ~ 软连接机器人，关节机器人
floor-mounted ~ 落地式机器人
gantry ~ 门架式机器人
gantry-mounted ~ 门架行走式机器人
general ~ 通用机器人
glass-cleaning ~ 擦玻璃机器人
grab ~ 抓取机器人
guidance ~ 导引机器人
heavy ~ 重型机器人
heuristics ~ 职能机器人
high technology ~ 高技术机器人
home ~ 家用机器人
home accompanying ~ 家庭陪伴机器人
humanoid ~ 类人〔人型〕机器人
hydraulic ~ 液动机器人
industrial ~ 工业机器人
intelligence ~ 智能机器人
intelligence chaperonage ~ 智能陪护机器人
intelligence educational ~ 智能教育机器人
intelligence mobile ~ 智能移动机器人
intelligent child education ~ 智能儿童教育机器人
intelligent early education ~ 智能早教机器人
intelligent elderly care service ~ 智能养老服务机器人，智能健康管理机器人
intelligent ~ 智能机器人
intelligent service ~ 智能服务机器人
intelligent surgical ~ 智能手术机器人
intelligent underwater ~ 智能水下机器人
intelligent vacuum cleaner ~ 智能清洁机器人
interactive ~ 协作机器人
knowledge ~ 知识机器人；智囊，智能机器人
library ~ 图书馆机器人
light-load hybrid ~ 轻载复合型机器人
low technology ~ 简式机器人
mail ~ 邮递机器人；自动邮递程序
(manipulating) industrial ~ （操作型）工业机器人
marine ~ 海洋机器人，水下机器人
medical and rehabilitation ~ 医养康助机器人
medical ~ 医疗机器人
men-machine teamwork ~ 人 - 机协作机器人
mobile ~ 移动机器人，移动式遥控〔自动〕装置
mobile locomotive ~ 移动式机器人
mobile remote-controlled ~ 移动式遥控机器人
modular ~ 模块化机器人
multi-arm ~ 多臂机器人
multi-legged ~ 多腿机器人
nanometer ~ 纳米机器人
NC ~ 数控机器人
numerical-control ~ 数值控制机器人
nursing ~ 护理机器人
ocean space ~ （OSR）海洋探测机器人
off-line programmable ~ 离线编程机器人
operating ~ 操作机器人
orthogonal ~ 直角坐标型机器人
packaging ~ 包装机器人
palletizer ~ 码垛机器人
parallel ~ 并联机器人
pendular ~ 摆动机器人
personal ~ 人形机器人
pet style ~ 宠物机器人
pick and place ~ 搬运机器人
playback ~ 示教再现（型）机器人，录返机器人，（先）学（后）演机器人
pneumatic ~ 气动机器人
point to point controlled ~ 点位机器人
polar ~ 极坐标机器人
pose to pose controlled ~ 点位控制机器人
pose-to-pose controlled ~ 姿势控制机器人
professional education ~ 专业教育机器人
programmed ~ 程控机器人
prosthetic ~ 关节式机器人
public service ~ 公共服务机器人
PUMA ~ 智能机器人
radio ~ 无线电遥控设备
record playback ~ 录返机器人，记忆再现式机器人
rectangular ~ 直角坐标机器人
remote controlled ~ 遥控机器人
SCARA ~ SCARA（=selectively compliant arm for assembly）机器人
self-contained mobile ~ 独立式移动机器人

sensor-based ~ 基于传感器的机器人
sentiment accompanying ~ 情感陪伴型机器人
sentiment type ~ 情感型机器人
sequence ~ 程序控制机器人，顺序控制机器人
service ~ 服务机器人
shopping ~ 购物机器人
shopping guide ~ 商场导购机器人
single programmed repeatable ~ 单程序重复型机器人
six-axis industrial ~ 六关节工业机器人
slave ~ 机器人
smart collaborative multiaxis hybrid ~ 智能柔性多轴复合机器人
smart companion ~ 智能陪护机器人
smart elderly care ~ 智能养老陪护机器人
sophisticated ~ 精密的机器人
special ~ 特种机器人
special-purpose ~ 特种机器人
specific scene type ~ 特定场景型机器人
spherical ~ 球坐标机器人
spine ~ 脊柱式机器人
spot welding ~ 点焊机器人
stacking ~ 码垛机器人
storage ~ 仓储机器人
supermarket ~ 超市机器人
sweeping ~ 扫地机器人
teaching and playback ~ 示教再现型机器人
teleoperated ~ 远距离操作机器人
television ~ 电视自控装置
trajectory operated ~ 轨迹控制机器人
translating ~ 翻译机器人
understand human emotional companion ~ 理解人的情感的陪护机器人
universal underwater ~ 水下（作业）通用机器人
vacuum cleaner ~ 清扫机器人
verbal software ~ 会说话的软件机器人
walking assistant ~ 辅助行走机器人
wall-climbing ~ 爬壁机器人
warning ~ 警戒用机器人
welding ~ 焊接机器人

robotics 机器人学，机器人技术，机器人工程学
Roboting 无人吊运车操纵系统（商品名）
robotization 自动化
robotology 机器人技术
robotron 处理数据用的计算机
robustness 强度，坚固性
~ against channel error 抗信道差错的坚韧性

roc 无线电制导的电视瞄准导弹（海军用）
rock ①岩石②摇〔振，波〕动③不稳定状态
dinas ~ 硅石
rockair 机载高空探测火箭
rocker ①摇杆〔轴，臂，床〕②振动〔振荡，摇摆〕器，摇摆器③摇床，淘沙盘④刷架（电刷装置的），（车床换向齿轮的）摆架⑤铰链⑥翻斗车
~ for intermediate crown 振荡器
drill ~ 钻杆
tool-post ~ 刀架球形垫圈
rocker-arm 摇臂〔杆，拐〕，往复杆，弹动杆
rocker-bar 摇〔半径，天平〕杆
rocket ①火箭②火箭发动机
antisubmarine ~ 火箭式深水炸弹
armo(u)r-piercing ~ 穿甲火箭
assisted take-off ~ 火箭助推〔加速〕器，起动火箭
depth-charge ~ 火箭式深水炸弹
escape ~ 宇宙火箭
freight ~ 运载火箭
hybrid ~ 固液组合火箭发动机
nuclear-thermal ~ 热核（推进）火箭
ocean-spanning ~ 洲际火箭
outer-space ~ 宇宙火箭
pencil ~ （高空气象观测用）小型火箭，超小型火箭
production-type ~ 成批生产的火箭
ram ~ 复合式冲压火箭发动机
retrograde ~ 制动火箭，减速火箭
solid ~ ①固体燃料火箭②固体燃料火箭发动机
sounding ~ 探测火箭
stage ~ 多级火箭
step ~ 多级火箭
super ~ 超型火箭，大功率火箭
unguided powder ~ 杀伤爆破火箭弹
rocket-assisted 火箭助推的，火箭助飞的
rocket-boosted （用）火箭（作）助推（器）的，火箭加速的
rocket-borne 火箭运载的
rockete(e)r 火箭发射〔操纵，专业〕人员，火箭专家，火箭设计者
rocket-powered 装有火箭发动机的
rocketry 火箭科学〔技术，实验〕
rocketsonde 气象探测火箭
rocking ①摇动，摇摆，摆动②淘沙盘洗选，摇床洗选③刷握架的换位④移动刷架（电动机的）⑤旋转式调谐控制

Rocklinizing 罗克林碳化钨表面硬化法（用放电振动枪将碳化钨粉打在钢制零件或工具表面上）

rockoon ①（气球带到高空发射的）高空探测火箭②火箭（探空）气球（观测宇宙线、地磁、极光等用）

rockover 翻台，大翻转

rockshaft ①（内燃机的）摇臂轴②（提升）杠杆轴③填充井

rock-wood 铁梨木

rod ①（拉，推，连，杠）杆，棒②（细）棒材，盘条圆钢③线材，钢筋④标尺，测杆，水准尺⑤ 避雷针⑥竿（长度单位，等于 5.03 m）

absorbing ~ 承受（力和振动等）棒，吸收棒

accelerator ~ 油门拉杆，加速器拉杆，加速杆

adjuster ~ （反应堆）调节棒

bare ~ 裸焊条，无药焊条

bearing ~ 支杆

binding ~ 系杆，连接杆

blade ~ 副连杆，内连杆（V形发动机用）

blade and fork ~ 刃叉式连杆，叉形连杆（V形发动机用）

boning ~ 测杆

booster ~ （反应堆）点火棒，增益棒

bore ~ 钻杆

boring ~ ①镗杆②钻杆

boss ~ （主）机轴

brace ~ 撑杆，连接杆

bull ~ ①钻杆②盘条

bus ~ （汇流）母线，汇流条，汇流排

carbon resistance ~ 碳电极

carrier ~ 顶杆

carrying ~ ①包扎防腐带②绑线（电枢的）③护环（发电机转子的）

check ~ ①牵条，抑止杆②检验棒

chill ~ 棒状内冷铁

cleaner ~ ①除草杆②清洁器杆

cleaning ~ 通条

coil ~ 盘条

connecting ~ （发动机）连杆，结合杆，活塞杆

contact ~ 导电棒，接触棒

core ~ 芯棒，（型，砂）芯骨

covered filler ~ 有药皮焊条

dip ~ 量油杆，浸量〔机油〕尺，水位指示器

direct-babbit(t)ed connecting ~ 在大头瓦内直接浇注巴氏合金的连杆

distribution ~ 分布钢筋

draw-in ~ 内拉杆，拉入杆

drill ~ ①钻杆②带孔棒③钻头棒料④钎子

dump ~ ①抛草杆，翻卸杆②抛掷杆

ejector ~ 顶坯〔出坯，顶出，抛壳钩〕杆

end ~ 端测规

end measuring ~ 内径规杆

exhaust ~ 排气阀拉杆

extension ~ ①拧接钻杆，接杆②伸缩尺，伸长杆

feed ~ 光杆

feeder ~ 捣冒口棒

feeding ~ ①进给杆，光杆②捣冒口棒，补缩捣杆

fender ~ ①防护杆②分禾器杆

field ~ 标杆

filler ~ ①焊条②嵌条，填丝

flat ~ 超公差线材（因辊缝加大造成的）

float ~ 浮标

floating ~ （有可变支点的）“浮动”杠杆，变支点杠杆

ga(u)ge ~ 量杆，料尺，探料尺

gear shift ~ 变速杆

grade ~ 水准标尺，坡度尺

grass ~ 挡草杆

green ~ 热轧盘条

ground ~ 接地棒

guard ~ 扶手，护栏

guide ~ 导（向）杆

guide tape ~ 导带柱（录音机）

hanger ~ 吊杆，悬杆

hard-facing ~ 镀硬面焊条

head ~ 头杆（辙尖）

heavy ~ 粗盘条（线径 9.45 ~ 14 mm）

high resistance refractory ~ 高阻耐烧金属棒

high-tension lightning ~ 高压避雷针

hound ~ （汽车的）驱动杆，扭杆，推力杆，导向杆（将后车轴的驱动力传给车架或者是确定车轴与车架相对位置用的杆）

latch ~ 键杆

lateral ~ 横向推力杆

length ~ 测杆

level ~ 量油杆

level(l)ing ~ ①水平尺，水准杆，水准尺②油尺

level(l)ing lift ~ （悬挂装置的）可调提升〔斜拉〕杆，水平调节起落杆

light ~ 细盘条（线径 5.39 ~ 9.45 mm）

lightning ~ 避雷针

longitudinal ~ 纵向推力杆
measuring ~ ①量杆，内径规②液位置杆
metering ~ 量油杆，液位量杆，油尺
mother ~ 主连杆
nozzle valve ~ 喷嘴针阀塞杆
omnibus ~ 母线（电工）
opener draw ~ 开沟器拉（导）杆
overlapping ~ ①重叠（控制）棒栅〔棒组〕
part-length ~ 局部控制棒，短控制棒（压水堆用）
permeable ~ 透磁棒
plunger ~ 柱塞杆，冲头杆
pump ~ ①水泵杆②捣冒口棒
rack ~ 齿条（断面为圆形的齿条）
radius ~ 半径杆，旋臂，推杆
reach ~ 拉杆
reference ~ 测杆
regulating ~ 控制棒，调节棒，微调杆
reverse ~ 回动杆
rigging ~ 控制杆
sag ~ 系杆，（防下垂的）吊杆
scram ~ 安全棒，事故棒，快速停堆棒（反应堆用）
screw ~ 螺（旋）杆，丝杠
seed ~ 籽晶杆
selector ~ 变速叉杆，选择器杆
self-reading ~ 自读水准杆
semi-patented ~ 半铅淬火盘条（盘条轧出后进行控制冷却，使近似铅淬火过程）
shim ~ ①填塞棒，粗调棒②（反应堆）补偿棒
shipper ~ 移动杆
shut-down ~ 安全棒，事故棒，停堆棒（反应堆用）
slag ~ 挡渣棒
slider ~ ①滑块②拉杆，连杆
sounding ~ ①探测杆，探棒，探针②塞规③发声位置探测杆
spike ~ 道钉型钢
splite core ~ 拼合芯棒
starting ~ 引弧棒
start-up ~ （反应堆）起动棒
stay ~ ①撑杆，拉线杆，拉线桩，终端杆，中间杆②长螺栓，地脚螺栓③缀条④锚栓
steering ~ 舵〔转向，操纵〕杆
steering drag ~ 转向纵拉杆
stemming ~ ①炮眼封泥棒②堵塞棒
stock ~ 探尺
stopper ~ ①塞棒铁心②柱塞杆③定程杆
straight tension ~ 直接受拉钢筋
strut ~ ①支柱②轨撑
sucker ~ ①抽油杆②深井泵活塞杆
surfacing welding ~ 堆焊填充焊棒
surveyor's ~ 测量标尺，水准尺
switch ~ 转辙器连接杆
switching ~ 开关绝缘棒
tail ~ ①导杆，活塞尾杆（机车）②节制杆
tap-hole ~ 出铁口塞棒，钎子
tappet ~ 挺杆，提杆
target ~ 标杆，觇板水准尺，觇尺
thief ~ 泥浆取样杆
through ~ ①通杆②双头活塞杆
throw ~ （尖轨）扳动杆
tie ~ 贯穿螺栓，拉杆，系杆，轨距连杆
track ~ ①系杆②轨距杆
trial ~ 探尺
truss ~ 车身骨架支柱
upset ~ 螺旋轴端
vent ~ 通气针
wading ~ 测流〔测深〕杆
wantage ~ ①液面（高度）计②缺量计
water-hardened wire ~ 水冷盘条
welding ~ 焊条，填充焊丝
wire ~ ①盘条，线材②焊丝，焊棒

rodding ①使小圆棒通过钢管内以检查钢管内径②用棒捣实③下芯骨④管道通条
~ of cores （铸造用）芯骨

rod-line 抽油杆

rodometer ①压电轴向计②轴线测定器

roentgen ①伦琴（辐射量单位，在 1 mL 空气中生成正负电荷各为一静电单位的射线或 γ 射线的剂量，1 伦琴 =0.258 mC/kg）②伦琴射线，X 射线

roentgendefectoscopy X 射线探伤法，伦琴射线探伤法

roentgen-equivalent 伦琴当量

roentgenkymography X 线记波照相术

roentgenofluorescence X 射线荧光

roentgenogram 伦琴射线照相，X 光照相，X 射线照片

roentgenography 伦琴射线照相术，X 射线照相

roentgenology 伦琴射线学，X 射线学

roentgenoluminescence X 射线发光

roentgenomateriology X 射线检验，X 射线照相检验

roentgenometer 伦琴计，X 射线（辐射）计

roentgenoscope ① X 射线〔伦琴射线〕透视机，X 光机② X 射线显示器，伦琴射线荧光指示器

roentgenoscopy X 射线〔伦琴射线〕透视法

roger 通信术语代码

roke ①夹皮（钢锭缺陷）②纵裂纹（钢材表面因气泡轧长并露出表面的缺陷）③小孔，麻点④花斑裂纹，发纹（轧锻件缺陷）⑤深口（表面缺陷）⑥矿脉

rolandometer 大脑皮质沟测定器

roll ①滚动，转动，侧滚②滚压，滚轧③轧制，轧薄④碾平〔薄，压，光〕⑤（轧）辊，辊子，滚轮，滚筒⑥压路机⑦（pl.）轧机⑧车辆侧倾，横向摆振⑨（图像）滚动

~ back 回溯

~ forward 前卷

~ in pairs 两张（薄板）叠轧

~ of wire 铁丝盘，盘条

angle ~ 角度矫正机

apron ~ 运输带的托辊，运输带滚轴

backing ~ 支承辊，供布〔纸〕辊

backspin ~ 传动托辊

back-up ~ 支承辊，支撑轧辊

balanced top ~ （二辊周期式薄板轧机的）非传动上辊

banded ~ 辊身表面压嵌着氧化皮的轧辊

barrel ~ ①横辊②筒形辊③辊身

beading ~ ①波纹轧辊②滚筋机

beater ~ 打浆辊

belling ~ （胀管器）胀珠（制造管子的喇叭口）

bending ~ ①弯曲辊，顶弯辊（连铸）②卷板机

billy ~ 轧机机座进口或出口处的水平导向辊

bottom pinch ~ 下牵引辊，下咬进（曳料）辊

break ~ （抛光机上的）带钢压紧辊

breakdown ~ 粗轧〔开坯〕机座轧辊

breaker ~ ①轧碎机滚筒②对轧辊③破鳞辊

breaking-down ~ 粗轧轧辊

breast ~ ①中心辊，胸辊（造纸）②悬辊（橡胶）③机架辊，递辊

bridle ~ 活套张紧辊

bulk ~ （成卷包装的）卷（装）

calender ~ ①压延辊②砑光机③压延机

cam ~ 凸缘滚辗

cambridge ~ V 形镇压器

carry-over pinch ~ 牵引辊，拉辊

chill ~ 冷硬（铸造）轧辊

chill-pass ~ ①冷硬轧槽铸造轧辊②冷硬孔型轧辊，激冷槽轧辊

cloth rewinder ~ 法兰绒辊，布辊

coiler ~ 成形辊（带材导入多辊卷取机用的）

cold ~ 冷碾，冷轧，冷滚压，常温滚压

collar ~ 凸缘轧辊

combined ~ 综合滚动

composite ~ 组合式（支撑）轧辊

composite back-up ~ 组合式落料模

concave ~ 凹面轧辊，凹面辊，带槽轧辊，孔型轧辊

conditioner ~ 压扁辊，压平辊

conical ~ 锥形滚柱，锥形镇压器

corrugating ~ 波纹〔瓦楞〕轧辊（轧制波纹板用），槽纹辊

cradle ~ 摇台滚动，摇台摆角

cradle test ~ 摇台检查角

crash ~ 防振垫

crimping ~ ①槽纹辊②深槽纹辊（牧草通过此辊后即折曲成 S 形）

cross ~ ①横轧辊②斜置轧辊

crush ~ ①（砂轮）非金刚石修整轮，成形砂轮修整轮②滚压轮③辊碎机，对辊（破碎）机

cylinder ~ 圆筒（光面）镇压器

dancer ~ ①跳动辊，张力调节辊，（松紧）调节辊②浮动滚筒

dandy ~ 压胶辊，压纹辊（造纸用）

delivery ~ 导辊

depressing ~ 升降辊

discaling ~ 齿（面轧）辊，碎鳞轧辊

double ~ 双滚筒

drag ~ 压辊，空转辊

draw ~ 进料〔引入，紧缩，拉伸〕辊

dull ~ 毛面辊

dummy ~ 空转辊，支承辊，传动轧辊

edger ~ 立辊，轧边辊

expander ~ ①胀管器辊子②（胀管器）胀杆

felt widening ~ 麻花辊

felt wrapped ~ 压光辊

film ~ 软片轴

finish ~ 给油辊

flaking ~ 轧坯机

forging ~ ①锻制轧辊②辊锻机

frame ~ 帧滚动

full ~ 轻度凸面轧辊

fully-suspended ~ 双支点轧辊

gap ~ 锻造辊筒

getting-down ~ 开坯机座轧辊

grain ~ 麻口细晶粒合金铸铁轧辊

green ~ 铸铁轧辊

grid ~ 方格压印滚筒（水泥人行道修筑用具）
gripping ~ 拉料辊，擒料辊
head ~ 驱动滚筒，传动辊
holl-O-cast ~ 铸造空心轧辊
home ~ 主辊，主滚筒
idle ~ 传动〔空转，从动〕轧辊
idler ~ ①无载托辊，空转辊②空转轮，惰轮，跨轮
jack ~ 手绞盘
jump ~ 扁钢轧辊（平辊身两头带辊环的）
kibbler ~ 辊式破碎机
killing ~ 矫形滚筒
knobbling ~ 开坯轧辊，压轧辊
land ~ 镇压器
leader ~ 成品前（预精轧）机座的轧辊（横列式交替二轧辊机的）
loop back ~ 活套辊
looper ~ 活套辊
mill ~ 轧辊
modified ~ 修正滚动
muck ~ 熟铁扁条轧辊
necked-and-rough turned ~ 全加工轧辊
oil film ~ 采用油膜轴承的轧辊
open-end ~ 悬臂辊（轧环圈用）
picking ~ ①采棉辊（采开铃棉花）②（玉米）摘穗辊
picture ~ 图像滚动
pin ~ 销辊，销轴
pinch ~ ①夹送辊，摩擦辊②领纸辊③拉辊
pipe ~ 管道的辊式〔滚动〕支座
plain-barrel(l)ed ~ 平辊
pony ~ 卷轴，盘卷，筒，卷线管
power application ~ 通电辊
pressure ~ 开坯轧辊
profiling ~ 压型辊
pull-out ~ 拉出辊，拉料辊
pull-over ~ 递回轧辊
push head ~ 顶推靠球
ragged ~ 堆焊〔刻痕〕轧辊
ragging ~ 有槽轧辊
reducing ~ 开坯轧辊
rider ~ 浮动滚子，接触胶皮辊
rope ~ 绳筒，钢索卷筒
sand ~ 软面轧辊（采用砂型铸造）
scarfing ~ 焊管坯斜边成形轧辊
seam welding ~ 滚焊滚轮
section ~ 型材轧辊
seeder ~ 去籽辊（选种筛中的）
shaped ~ 型钢轧辊，有槽轧辊
shaping ~ 粗轧辊
sheep skin ~ 羊皮覆面辊
sheet-metal smoothing ~ 金属板平轧机
shingling ~ 挤渣轧辊
single ~ 单向滚动
sink ~ 导辊
size ~ 定径辊
skew table ~ 垛板辊道的辊子，斜辊
skewed ~ 不平行轧辊
skin-pass ~ 表皮光轧机（冷轧用），平整机
sleeved ~ 组合式轧辊，双层轧辊
slitting ~ （带材）纵切圆盘刀心杆
smoothing ~ 钢板精轧辊
snapping ~ 摘穗辊
spool ~ 圆盘辊
squabbing ~ 阶梯轧辊
squeegee ~ 橡胶覆面的挤干辊
squeeze ~ 压水辊，挤干辊（布或毛毡覆面的）
squeezer ~ 压液辊，轧水辊
stop ~ 碰停转筒
straight ~ 平面辊（不带凸缘）
straightener ~ 调直〔校平，矫直〕辊
strain ~ 张力辊
stranding ~ 条钢粗轧机，条钢粗轧辊
stretch ~ 张力辊，松紧辊，延伸辊
stripper ~ 回送辊（自动轧管机的）
sweat ~ 蒸汽滚筒
tail ~ 从动辊（输送器的）
threading ~ 螺纹滚花辊
tilting pinch ~ （辊式翻钢机的）翻钢夹紧辊
tongue ~ 凸舌轧辊
tread ~ 车轮凸缘和踏面的辗轧辊，主轧辊
trommel ~ （钢）管壁减薄轧机
underdriven ~ 空转辊，从动辊
up ~ 向上滚动
variable ~ 变速滚动
web ~ 车轮辐板辗轧辊，斜辊
wind-up ~ 收卷辊
wiper ~ 擦拭辊（带材卷取时除油用）
wire ~ 线材轧辊
wire-rod ~ 线材卷盘条
withdrawal ~ 拉辊，夹送辊
withdrawal and reducing ~ 拉轧辊（连铸）
wrapper ~ 外卷辊，（带材）助卷机辊

rollability 可轧制性（金属轧制变形的能力）

roll-back 退回重来，重新运行，重绕，反绕，后翻，滚回，反转

roll-batcher （辊式）卷布机
roll-box ①轧辊箱②卷捆室
rolled 轧制的，碾制的
as-hot ~ 热轧成的
rotary ~ 扩径轧制的
rough ~ 轧辊矫正的
rolled-in-scrap 废钢〔料头〕轧入
roller ①滚子〔柱，筒，轮，珠，轴〕，导轮，滑轮，托带轮②辊，轧辊③碾压〔滚轧，压辊〕机，压路机，路碾，碾压机④滚针（滚针轴承的）⑤胀管器⑥镇压器⑦双圆〔冲击，保险〕盘
action ~ 动辊，活动滚轮
back ~ 后罗拉
background ~ 满地〔印花〕辊筒
batch ~ 卷取辊
batching ~ 卷布辊
beater ~ 打浆辊
belt ~ ①带轮，辊②滚柱〔轴，筒〕
bench ~ ①台辊②立式轧面机
cam follower ~ 凸轮推杆滚轮
canvas ~ 帆布输送带辊轴
capstan ~ ①竖滚柱②（录音机）输带辊③主导轴惰轮
carrier ~ ①链轨托轮，履带托轮②导（纱）辊③承载辊子，托辊
carrying ~ 拖动辊，支承辊
casing ~ ①胀管器②套管修整器
chat ~ 焙烧矿石辊碎机
cleaning ~ （磁头）清洁轮
clearer ~ 清辊
clearside ~ 净边压路机，净边路碾
clod breaking ~ ①碎土镇压器②（马铃薯收获机的）土块碾碎气胎辊
cloth ~ 卷布辊
coil ~ 螺旋形镇压器
conical ~ 锥形滚柱，锥形滚轴
consolidating ~ 压辊，压棉罗拉
contact ~ ①（纸带）压紧轮②滚轮（电车接电轮）③（焊接）接触滚④（镀锡前带钢）电（加）热辊
cord ~ 导纱辊
covering ~ 覆土压土轮（播种机的）
crowned ~ 桶形滚柱
cultipack ~ 碎土〔耕耘〕镇压器
cylindrical ~ 圆柱滚子
day ~ 周历圆盘
dead ~ 不传动（的）辊道
die ~ 滚压成形轧辊
doubling ~ 贴合辊
dumping ~ 翻车滚笼
earth ~ 镇压器
embossing ~ 螺旋辊子，压花辊子
emery-covered ~ 金刚砂卷布〔导布〕辊，磨辊
engraved ~ 螺旋辊子，压花辊子
expanding ~ 伸张式（多组）镇压器，展幅机，拉幅机
feed ~ 送纸轮（打印机的）
flax ~ 亚麻碎茎机
godet ~ 导丝轮
grip ~ 夹持辊
hour-glass ~ 凹面滚子
idler ~ 导〔托，惰〕辊，张紧辊，空转滚柱
impedance ~ ①（磁带录音机）惰轮②（录音机的）阻抗滚轴
indent(ed) ~ ①凹双压路机②凹纹滚子
jockey ~ ①导〔辅，惰〕轮，张紧轮，支持轮②导辊，张力辊
land ~ 镇压器
lay-on ~ 压带轮
leading diabolo ~ 导向凹面镇压轮
leather ~ 压革机
lifter ~ 挺杆滚轮
linseed ~ 亚麻脱粒辊
live ~ 传（转）动辊
loose ~ 游轮，中间轮
magnetic ~ 显影轧辊
magnetic tracer ~ 磁导轮（氧割机的）
marking ~ 圆盘划行〔划印〕器
master ~ 范凸轮滚子，触轮
mill ~ 轧钢工
mouse ~ 匀墨辊
needle ~ （轴承的）滚针，针状滚柱
pavement ~ 压路机
pendulum ~ ①摇摆转子②摆锤辊子
pin ~ 滚柱〔测量齿厚或节圆直径用〕
pinch ~ 夹送〔紧带，压，压紧〕轮，压紧辊
pinking ~ 压花滚刀，压花滚子
pipe ~ ①滚管机②管道辊式〔滚动〕支座
plain ~ ①光面辊②光面〔圆筒〕镇压器
plain water-filled ~ 平面〔圆筒〕充水镇压器
pneumatic-tyred ~ 轮胎式压路机
primary charger ~ 充电辊
pyramid ~ 宝塔式传墨辊
quill ~ ①滚针（轴承的）②细长滚柱
return ~ 支承轮，托带轮

ridge ~ 压垄辊
running ~ 导辊
section ~ 分节式压路机，分节路碾
seed ~ 排种槽轮
segment ~ 分隔环式镇压器
serrated ~ ①槽纹滚筒②齿形辊
sheep foot ~ 羊足碾
sheep-foot ~ 羊脚滚筒，羊脚压路机，羊脚镇压器，凸轮式镇压器
silage ~ 青贮料压实机
sinking ~ 液下导线辊
slab centering ~ 初轧板坯定心辊
slatted ~ 板条（焊制）辊
slitting ~ 滚剪机
snub ~ 缓冲托辊，摩擦滚子
sole leather ~ 底革辊筒机
sorting ~ 分选辊，分级辊
spike ~ ①钉齿辊，销钉辊②钉齿式镇压器
spiky ~ 羊足碾
spiral wound ~ 螺旋滚子
square ~ 等长径滚子，方滚子
steam ~ ①蒸汽滚筒②蒸汽压路机
straight trunnion end needle ~ 直销头滚针
street ~ 压路机，路碾
stretching ~ 张力〔拉伸〕辊
stripper ~ ①喂送辊②摘穗辊③摘棉铃辊
supporting ~ ①随动轮②托轮，支承轮〔辊〕，支承滚柱
table ~ ①辊道②单圆盘
take-up ~ 拉紧装置
tamping ~ 夯实〔夯击式〕压路机
tamping-type ~ 夯击式压路机
tandem ~ ①串列滚筒②双轮〔串联式〕压路机
taper foot ~ 锥形销齿式镇压器
tappet ~ 止推辊，推杆滚轮，挺杆滚轮
thread ~ 滚丝机
tilting ~ 翻钢辊（辊式翻钢机的）
tinning ~ 镀锡辊（带材）
toothed ~ ①钉齿辊②爪式〔齿形〕镇压器③齿形排种轮
top ~ 顶端滚柱
tracer ~ 靠模滚子
track ~ 链轨支重轮，履带支〔负〕重轮
track-carrier ~ 链轨托轮，履带托轮
trench ~ 沟槽压路机，沟槽路碾（滚压狭条路面用）
trip ~ ①（机引犁的自动起落离合器的）离合杆滚轮②排出滚轮（卷捆式捡拾压捆机的）
troughing ~ 凹槽滚轮（带式输送器的）
under ~ （筐篮式钢丝绳机框架的）托轮
vibratory ~ 振动压路机
water-ballast ~ 水镇重压路机，水镇重路碾，充水镇压器
wobble wheel ~ 摆轮式〔摆动式轮胎〕压路机
wound ~ 螺旋辊子

roller-crusher 辊式压碎机，辊式压扁机
roller-hearth 辊道炉床，滚道炉炉膛
rollerman ①轧钢工②压路机驾驶员
rolleron 陀螺舵
rollformer （梳麻机）自动卷条装置
rollgang 输送辊道
rollhousing 轧机机架
roll-in ①辊压，卷边②转入，返回③（辅助存储器暂存内容）转入（主存储器）
roll-in/ roll-out 换入 / 换出，滚进 / 滚出
rolling ①滚压〔轧，动〕，滚轧，轧制，辊压，压光，压延，碾练，压光，轮碾②垂直面倾斜（摄影机），（摄影机）横摇，侧滚，横滚③起伏④滚圆⑤鸣响的
~ in rail 钢轨内移
~ of sections 型钢轧制
~ of wire rods 线材轧制
~ off 用芯棒碾轧钢管坯
~ on 穿轧
~ on edge 轧边，立轧
bloom ~ 初轧
broadside ~ 宽展轧制
checker plate ~ （菱形）网纹（钢）板轧制，花钢板轧制
coil ~ 成卷轧制
continuous casting and ~ 连铸连轧
corner ~ 斜轧（钢板）
deformed ~ 周期断面轧制
edge ~ 卷圆
flat die thread ~ 搓螺纹
guide ~ 导卫轧制（借助导卫装置进行轧制）
hard ~ 滚压硬化
hot-groove ~ 热辊轧制
liquid ~ 液态轧制
loose pack ~ 松叠轧制（板坯粗轧后，经过酸洗，浸入含有悬浮木炭粉的水中，然后将二至四块粗轧板叠合，再进行热轧）
packing ~ 叠板轧制
parallel ~ 等断面轧制
periodic ~ 周期断面轧制

Pilgrim ~ 皮尔格〔周期式〕轧管
pinch pass ~ 平整，光整冷轧
plate ~ 中厚钢板轧制
plug ~ ①自动轧管②芯棒轧管法
ply ~ 叠轧
powder ~ 粉末轧制成型
pure ~ 纯滚动，完全滚动
reducer ~ 辊锻
ring ~ 环轧
rod ~ 线材轧制
rotary ~ ①滚压扩管②滚压轧制
sandwich ~ ①夹层滚轧，夹层碾压，夹心轧制，包层轧制②双金属及多层板材轧制③异种金属薄板叠轧法
semi-tandem ~ ①半连轧②双锭跟踪轧制
sheath ~ 包壳轧制
skin ~ 光整冷轧，平整
skin-pass ~ ①表皮光轧②平整冷轧，光整冷轧
spread ~ 横轧,宽展轧制(用以增加板材宽度)
stretch ~ 拉伸矫直（板、带材的）
tandem ~ 连轧，交叉轧制
taper ~ 斜坡轧制
temper ~ 硬化冷轧，表面光轧，平整（板、带材的）
thread ~ 搓〔滚压〕螺纹
tongue-and-groove ~ 闭口孔型轧制
true ~ 纯滚动，真正滚动
tyre ~ 轮箍轧制
wedge ~ 楔形轧制

rolling-up 卷起

roll-off ①（管坯）碾轧，轧去，滑离②（频率响应）下降，衰减，跌落
roll-on ~ ①滚装②滚上（船）滚下（船），开上开下

roll-out ①辊〔轧〕平，拉出〔长〕，延伸，轧去，卷边，扩口〔展〕②（主存储器）转出，（辅助存储器）转入③样机初次展览④光修转数，无进给光磨转数

roll-over ①倾翻，翻倒，翻转，翻（转砂）箱，转台②图像跳动，塌角

rollover 滚改（器）

rolls 轧机，辊碎机
bending ~ 弯板机
close-set ~ 小开口辊碎机，闭置对辊机
cluster ~ 多辊（式）轧（钢）机
forging ~ 辊锻机
giant ~ 大型对辊破碎机
hammer ~ 锤碎机
live ~ 滚轴运输机
monkey ~ 小型辊式破碎机
powder ~ 粉末轧机
ring ~ 碾环机，扩孔机
tooth ~ 齿辊式破碎机

Rolls-Royce 罗尔斯·罗伊斯（汽车和飞机发动机公司）

rollstore 滚动储存

rolltruck 桶件运输小车

roll-up 卷起

rom 罗姆（SI 制电导率单位）

ROM 只读存储器
custom ~ 定制的只读存储器
floppy ~ 柔性只读存储器
non-volatile programmable ~ 非易失可编程序只读存储器
reprogrammable associative ~ 可再编程序的相联只读存储器

Romanium 罗曼铝合金（w（Ni）1.7%,w（Cu）0.25%,w（W）0.17%,w（Sb）0.25%,w（Sn）0.15%，其余 Al）

ROM-RAM ROM 兼 RAM 电路

ROM-RAM-CPU 兼含 ROM、RAM 的 CPU

rondelle 丸

rondure ①圆形（物）②优美的弧度

Roneo ①复写机②（用复写机）复写

rontgen = roentgen

rood ①路得（英国面积单位，1 路得 = 1/4 英亩 = 1 011.7 m^2）②十字架

roof （车身）车顶，天窗，炉顶，屋顶，天棚，顶部
basic ~ 碱性炉顶
cab ~ 司机室顶（板）
checkerboard ~ ①格板炉顶②填充物上层③方格盘
electric ~ 电动天窗
moon ~ （车身）月亮天窗（玻璃是有色的）
plain ~ 炼钢炉平顶，主炉顶
port ~ ①喷出口顶②气窗拱
sliding ~ 活动车顶（汽车的）
sun ~ （汽车）太阳天窗
suspended ~ ①吊砖炉顶（反射炉的）②悬吊拱
swing-type ~ 旋转炉顶（电弧炉的）
wagon ~ 筒形屋顶，斜顶形屋顶
zebra ~ ①斑马状炉顶（酸碱性耐火砖交叉排列的炉顶）②联合式屋顶

roof-bolter 杆柱机，锚杆机
Roofloy 耐蚀铅合金（w（Sn）0.25%，w（Mg）0.02%，w（Bi）0.02%，其余 Pb）
roofmaster ①金属顶梁②悬臂式机械支架，悬臂式液压支架（长壁工作面用）
roofstick （车顶）桁架
rooftop 屋脊状的，脊顶的
roof-topping （通量）拉平，（通量分布曲线）顶部的切削
rooftree ①栋梁，屋脊梁②屋顶
room ①房（间），室，（车）间②场所，位置③空间，余地，机会，范围④舱
air blowing ~ 风淋室
air process ~ 空气干燥室，风干室
anechoic ~ 消声室，无回声室
assorting ~ 分选工段
blast ~ ①鼓风室②喷砂室③广播室
central dispatching ~ 中心调度〔信号〕室
changing ~ 更衣室
chip ~ （刀具的）排屑槽
clean ~ 净室（软件开发方法）
clipping ~ 安装间
code ~ 译码室
colo(u)r mobile control ~ 彩色（电视）转播车
continuity apparatus ~ 播出节目串编控制室
control ~ 控制〔调整，配电，仪表，操作，调度〕室，指挥舱
cross flow clean ~ 水平层流式洁净室
dead ~ 消声〔沉寂，静〕室，静〔盲〕区
down flow clean ~ 垂直层流式洁净室
drawing ~ ①绘图室②会客室③休息室
dressing ~ 修整工段，清理工段
echo ~ 回声室，混响室
ECG ~ 心电图室，心电检测室，心电图检查室
electrical ~ 电气设备间〔室〕
electrical control ~ 电厂主控制室
electrotherapy ~ 电疗室
emergency battery ~ 事故蓄电池室（厂用事故电源），应急〔备用〕电池室
etching ~ ①腐蚀制版车间②酸洗间
finishing ~ ①成品车间②油漆间
fire ~ 火室，锅炉房
forward torpedo ~ 首鱼雷舱
head ~ 峰值储备（播控设备在额定电平以上的不失真储备电平或储备功率）
lever ~ 操纵室
live ~ （交）混（回）响室，同期录音室，回声室，活跃室
lock ~ ①隔音室②锁定区
main kiln ~ 炉子工作区
mixing ~ 混录室
mobile control ~ 转播车
operating ~ 工作〔操作，（电话）交换〕室
panel ~ 配电盘室
plating ~ 电镀间
prefab clean ~ 装配式洁净间
press ~ 冲压〔锻压，印刷〕车间
pressure hoisting gear ~ 耐压升降装置室
pumping ~ 抽水房，泵房
recording ~ 录音室，录像室
reverberation ~ 混响室
rumbling ~ 滚光间，（铸件）滚筒清理车间
sampling ~ 取样室
shield ~ 屏蔽室
silence ~ 静室（试验零件和机组噪声用的）
simulating shell ~ 伪装弹室
stamping ~ 模锻车间，冲压车间
steering ~ 驾驶室
store ~ 库房
stripping ~ 剥片间（冶金），脱模间
strong ~ 保险库
sweating ~ 蒸汽室
switchboard ~ 开关室，控制室
switch ~ ①配电室，开关间②电话交换室③机键室
tank ~ 电解（车）间
tool ~ 工具间
underwater battery plotting ~ 反潜武器操纵部
variable temperature check-out ~ 变量温度检查室
rooster 敌我识别器，飞机问答机
root ①根，根源，根部，齿根，螺纹根，（焊缝）根部，叶根，牙底②开根，求根，开平方（根）③榫头
~ of thread 螺纹牙底
~ of weld 焊缝根部，焊根，焊接点焊缝顶部
characteristic ~ 特征根
closed ~ 无间隙的
common ~ 公根
cube ~ 立方根，三次根
cubic ~ 立方根
distinct ~ 相异根，不等根
double ~ 二重根，重根
equation ~ 方程的根
extracting ~ 开方

fake ~ 假根（一种子目录）
imaginary ~ 虚根
latent ~ 本征根
multiple ~ 多重根，重根
n-th ~ *n*次幂根，*n*次方根
open ~ 根部有间隙的
primitive ~ 原根
square ~ 平方根，二次根
surd ~ 不尽根
rootage ①生根，固定〔着〕②根部③根〔来〕源
rootdozer 除根机，掘土机
rooter 拔根器，除根〔犁路，挖土，翻土〕机
road ~ 犁路〔除根，掘土〕机
root-floating 根式浮点运算
square ~ 平方根 - 浮点运算
rooting ①扎根,加固,加强②求根,开平方（根）
~ of blade 叶片安装
root-mean-square ①方均根，方均值②有效值③方均根的
rooty 多根的，似根的
rope ①绳，钢丝绳，钢〔绳，绞〕索②干扰雷达用的长反射器③捆，扎，绑，拉，拖，缚④绳（英制长度单位，1 绳 =20ft=6.096 m）
Albert lay wire ~ 艾伯特顺捻钢丝绳，同向捻钢丝绳
alternate lay wire ~ 混合捻钢丝绳
anti-rotating ~ （由二层或二层以上各按相反方向绞合而成的）抗转绳（使各层的扭转作用相互抵销）
armo(u)red ~ （带金属编织层外皮的）钢丝绳
band ~ 扁钢丝绳
bright ~ （未镀锌）光亮钢丝索
bull ~ 传动索，钻采用钢丝索
cable ~ ①缆索②电缆
carrying ~ 吊重绳
coarse laid wire ~ 硬绳
coarse-wire ~ 粗钢丝绳，硬钢丝绳
colliery wire ~ 煤矿用钢丝绳
concentric flattened strand wire ~ 同心式扁平股钢丝绳
concentric wire ~ 同心式钢丝绳
conductor ~ 导绳
continuous ~ 无极绳，环绳，环索
derricking ~ 臂架钢丝绳（改变挖掘机臂架倾角用）
drag ~ ①拖拉〔牵引〕钢丝绳，吊铲钢丝绳②牵索
endless ~ 无极绳，环索，环绳
equal laid wire ~ 平行捻钢丝绳
flat ~ 扁钢丝绳
flat-strand ~ 异形股钢丝绳
floating ~ 动轮钢丝绳
fly ~ 传动钢丝绳
governor ~ 安全绳
grab ~ 系索
ground ~ 下部牵引钢丝绳
guest ~ ①辅助缆索②扶手绳
guide ~ ①导向绳②罐道钢丝绳
hanger ~ 吊缆，吊索
haulage ~ 运输〔牵引〕钢丝绳，拖缆
hauling ~ 运输〔牵引〕钢丝绳
Hercules wire ~ “大力神”多股钢丝绳
hide ~ 皮带，皮绳
keystone strand wire ~ 表面钢丝绳（外表由楔形钢丝股组成，增加其耐磨性）
Lang lay ~ 同向捻〔顺捻，平行捻，兰氏捻〕钢丝绳
locked coil wire ~ 密封钢丝绳
Manil(l)a ~ 马尼拉〔粗麻，白棕，吕宋〕绳
marlin(e) clad wire ~ 包麻钢丝绳
mooring wire ~ 锚用钢丝绳
non-spinning wire ~ 普通捻〔交互捻，逆捻〕钢丝绳
Paraflex wire ~ “帕拉弗雷克斯”钢丝绳（股内钢丝成线接触的钢丝绳）
pit ~ 矿用钢丝绳
plow steel wire ~ 铅淬火高强度钢丝绳，特号钢丝绳
preformed wire ~ 预成形钢索，不松散钢丝绳
pull ~ ①牵索②信号绳（井筒内的）
racking ~ 支索
regular lay ~ 普通捻〔交叉捻，逆捻〕钢丝绳
return ~ 尾绳
reverse laid ~ 交叉捻钢丝绳，逆捻钢丝绳
rubber ~ 防撞（钢丝）绳（位于两容器间，防止容器相撞的绳）
seal construction ~ 带芯股钢索
Seale filler wire ~ 西尔式带填充丝钢丝绳
Seale Warrington wire ~ 西尔瓦灵顿混合式钢丝绳
Seale wire ~ 西尔式钢丝绳
selvage wire ~ 编织钢丝绳
selvedge wire ~ 编织钢丝绳
stage ~ 吊盘钢丝绳
standing ~ 拉索，牵索
star wire ~ 梅花股芯钢丝绳

stop ~ 掣索
strand ~ 股绞绳
tapered ~ 变断面钢丝绳
tarred ~ 油浸绳
track ~ 承载钢索〔索道〕
tram ~ 运输钢丝绳
trip ~ ①（机引犁，播种机自动离合器）操纵杆拉绳②桩锤活索
trol(l)ey ~ 架空吊车索
trulay wire ~ 不松散钢丝绳
universal-lay ~ 顺捻〔平行捻〕钢丝绳
untuned ~ 未〔非〕调谐的长反射器
winding ~ 起重索，提升钢丝绳
wire ~ 钢索，钢丝绳，金属线绳

rope-chaff 干扰绳
rope-clip 抱索器
rope-grip 索夹
ropeology 钢丝绳数据
ropeway ①架空索道②钢丝绳道
aerial ~ 架空索道
ropewinder 卷绳器
ropiness ①黏性，黏度②成丝性
ropy ①黏的，黏性的②成丝的，可拉成长线的，像绳子的
Ro-Ro 滚装，滚上（船）- 滚下（船），开上开下
roscoelite 钒云母
rose ①灯线盒，接线盒②记录盘（罗盘的）③喷雾器，（莲蓬式）喷嘴，（吸水管末端的）滤器，洒水器④玫瑰（红），淡红色
~ A 玫瑰红刚玉，铬刚玉
ceiling ~ 挂线盒，（天花板）灯线盒
compass ~ 罗盘刻度盘，罗经（度）盘
jet ~ 多孔喷嘴，喷雾器
wind ~ 风向图，风力图，风玫瑰
Rosein ①罗新镍铝合金，（*w*（Ni）40%，*w*（Al）30%，*w*（Sn）20%，*w*（Ag）10%）②品红
rosette ①灯线盒，接线盒，插座②菊花状共晶组织，菊花状（B 型）石墨③三向（测）应变片花④套筒⑤喷头
ceiling ~ （天花板）灯线盒
graphite ~ 菊花状石墨
strain ~ ①应变片花②接线盒
strain-ga(u)ge ~ 应变片花
rosin 松香，松脂，树脂
rosser ①剥皮机②剥皮工
roster 花名册
rot ①（使）腐（烂），枯，朽，烂，风化②蜕〔裂〕变，分裂③弄糟④腐烂〔朽〕的东西⑤旋度，涡度
rotaing-field 旋转磁场
rotamer 旋转异构体
rotamerism ①几何异构现象②旋转异构现象
rotameter ①转子式测速仪，旋转式流量计，转子流速〔流量〕计②（线）曲率测量器，曲线测长计
balanced-pressure ~ 压力补偿转子流量计
rota-miller 圆柱铣刀铣外圆（工件不动）
rotamower 旋转式割草机
rotap （精）饲料细碎度测定器
Ro-Tap 罗太普筛分机
rotaped （轮式拖拉机）框式半履带装置
rotaplane 旋翼机（直升机）
rotapulper 回转式碎浆机
rotary ①旋转运行的机器，转缸式发动机，旋转钻井机，转轮（印刷）机②旋转的，转动的，翻转的③环形的④循环的，轮流的
fullcut ~ 中央传动式旋耕机
major minor ~ 主要路与次要路环形交叉
rotary-transformer ①旋转变量器②旋转变压器③共定子式电动发电机（= dynamotor）
rotascope （高速）转动机（械）观察仪
rotate ①旋转，回转，转动②循环，循环位移
rotating 旋转的，回转的
rotation ①旋〔回，自〕转，转动②旋度，旋光③循环，轮流，交替④旋涡
~ of beam 射线转动，波束转动
axial ~ 绕轴旋转
coherent ~ 一致转动，相关转动
complete ~ ①（公转）周转②完全运行
condenser-shaft ~ ①聚光镜轴线旋转②电容器轴的旋转
Faraday ~ 法拉第旋转（平面波在铁氧体中的旋转现象）
head ~ 磁头走向
improper ~ 异常旋转，反射旋转
incoherent ~ 非一致转动
left-handed ~ 左向旋位，左旋，左旋光，左转
magnetic ~ 磁旋，磁致旋光，磁转偏光
magneto-optic(al) ~ ①磁致旋光②磁光的
optical ~ 旋光度，旋光性，偏振光偏振面的转动
polarization ~ 偏振旋转，极化旋转
progressive ~ 往复旋转，往复传动
proper ~ 真转动
race ~ 空转，逸转，（螺旋桨的）滑〔射〕流旋转

register ~ 寄存器循环移位
reversible ~ 可逆转动
right-handed ~ 右向旋转
Arago's ~ 阿拉哥旋转（铜质圆盘在磁场中旋转）
specific ~ 旋光率
specific magnetic ~ 磁致旋光率
steady ~ 定常转动，等角速度转动，稳定旋转
weld ~ 焊缝转角
yawing ~ ①绕垂直轴的转动②偏航运动

rotational ①旋转的，转动的②循环的，轮流的③有旋度的
rotative 旋转的，转动的
rotator ①转子，转动体，旋转体〔器，机〕，翻料器，转动装置②旋转反射炉
rotatory ①旋转的，转动的②循环的，轮流的③旋光的
rotatrol ①电动放大器②旋转控制机
Rotatruder 旋转输送机
rotermeter 转子流量计
rotobaler 卷捆式捡拾压捆机
rotobeater 滚刀式切碎机，旋转式茎秆切碎器
rotoblast 转筒喷砂，喷丸
rotoblasting 喷丸（除鳞）
rotocap （发动机）气阀旋转机构
rotochute 螺旋降落伞，高空降落伞
rotocleaner 滚筒式清选器，旋转式清粮筒
rotoconditioner 旋转式给湿机
rotocultivator 旋耕机
rotocycle 旋转切碎机，旋转式茎秆切碎器
rotodome 旋转天线罩
rotodyne 有旋翼的飞行器
rotoformer 真空圆网抄纸机
rotoforming 旋转成形法
rotograph 旋印照片，无底片黑白照片
rotogravure 轮转凹板印刷术〔品〕
rotometer 旋转流量计
rotomolding 旋转模塑
roton 旋子，旋转量子
rotopiler 旋转式堆垛机，旋转式集草机
rotopiston 旋转活塞
rotoplug 转塞
rotor ①转子，电枢②转动体，旋转部分，回转器③转片，动片④滚筒，转筒，转轮，工作轮，叶轮⑤旋度⑥螺桨效应⑦自动锤（通常指能作 360° 转动的全自动锤）⑧纺纱杯，转杯，气流杯

antitorque ~ （直升机）反扭矩旋翼
articulated ~ 活节式回转器，关节型旋翼（直升机的）
auxiliary ~ 辅助螺旋桨，辅助旋翼（直升机的）
bimetallic ~ 双金属转子（磁滞式电动机）
blocked ~ 制动〔止转，堵转〕转子
built-up ~ 圆盘（组成的）电枢，圆盘（组成的）转子，（圆盘）组合式转子
built-up disk ~ 组合叶轮转子
cage ~ 短路式转子，笼型转子
cultivating ~ 耕耘滚（筒）刀
cutting ~ （绿篱修剪机的）旋转切刀
deep-cage-bar ~ 深笼型转子
distributed polar ~ 分布磁极绕组转子，隐极式转子
distributor ~ 配〔分〕电器转子
divided winding ~ 复绕组〔分开式绕组〕转子
double-wound ~ ①双线绕式转子②双笼型转子
dummy ~ （反动式透平的）平衡盘
end-ring ~ 带端环的〔带短路环的〕转子
extended bar ~ 深槽式〔深槽笼型〕转子
female ~ 凹形转子（螺杆压气机的）
flail ~ 甩刀式滚筒
flicker ~ 撒播轮
gashed ~ 整锻转子
Graef ~ 筒式旋转氧气炼钢炉，平吹旋转炉
hollow-conductor-cooled ~ 内冷发电机转子
induction ~ 感应电枢
inner ~ ①内转子②内齿轮（齿轮泵的）
integral-disk ~ 整锻转子
lead ~ 铅液螺旋搅拌器（鼓风炉炼锌）
level(l)ing ~ 均布轮
male ~ ①凸形轮②凸形〔凸极，被包容〕转子③被包容转子，凸形转子
multi-piece ~ 多段（组合）转子，组合转子
open-gap-cooled ~ 开启气隙冷却转子
outer ~ ①外转子②外轮齿（齿轮泵的）
overhung ~ 外悬（装）型转子
phase-wound ~ 绕线式转子
p-m ~ 永磁转子
printed ~ 印制（线路）电动机
rigid ~ ①整体转筒，刚性转子②硬式旋翼，刚性负载旋桨
rod ~ 抽油杆旋转器
rod fastening ~ 拉杆转子
sand slinger ~ 抛砂机头
sash-bar ~ 倒 T 字形线棒的笼型转子
scutching ~ 打麻滚筒，梳棉滚筒

short-circuited ~ 笼型转子
shredding ~ 茎秆粉碎轮刀
subcritical ~ 亚临界转子（工作转速低于临界转速的转子），刚性转子
supercritical ~ 超临界转子（工作转速大于临界转速的转子），挠性转子
tail ~ 尾部螺旋桨，尾部旋转翼
throttling-type ~ 深槽转子
wound ~ 绕线转子

rotorcraft 旋翼飞行器，旋翼机
rotorcycle 轻型单座旋翼机，飞行摩托
rotorforming 离心造型
rotorjet 喷气旋翼
rotoscoop 回转杓，旋转戽斗式脱水机
roto-sifter 回转筛
rotospeed 旋转切碎器，旋转式茎秆切碎器
rotosyn 旋转同步装置
rototrol 旋转式自励自动调整器，自励（电机）放大机，旋转式自动调节器
rotovator ①旋转式松土机②旋耕机
rot-proof 防腐（的）
rotproofness 防腐性，耐腐性
rotten ①腐烂〔朽，败〕的②风化的，崩裂的，易碎的，不坚固的，不牢的，脆的③劣等的，无用的④讨厌的
rotten-stone 磨石，抛光石
rotter 自动瞄准干扰发射机，定向干扰自动发射机
rotundity 圆（形物），球形
roturbo 涡轮泵
rouge 红铁粉，铁丹，过氧化铁粉，三氧化二铁
rough ①粗（糙），粗（未）加工（状态），粗制品，毛坯②粗〔废〕矿③草图〔样〕④粗糙的，未加工的，凹凸不平的⑤近似的，粗略的

~ cut ①初步剪接 ②草拟（规划等）
~ down ①粗轧②延伸（轧）
~ out 粗制

roughage ①粗材料②粗饲料
rough-and-ready ①粗糙但还可以用的，（估计）大致上差不多的②草率的
roughcast ①粗涂，打底（子）②粗制，粗略制成，草拟，制毛坯③（打底用的）粗灰泥
roughen 使粗糙，变粗糙，凿毛
rougher ①粗轧机座②预锻模膛③粗选槽，粗选机④粗轧机⑤锥形轧槽

four-high ~ 四辊粗轧机
pony ~ 预轧机，第二架粗轧机

roughing 粗加工，初步加工②粗选③粗轧

~ down 粗轧
ratio control ~ 变滚比粗切
taper ~ 收缩粗切

roughness ①粗糙度②近似，约略③不平稳，颠簸

~ across the lay 横向粗糙度
~ along the lay 纵向粗糙度
~ of engine 发动机运转不稳
~ of surface 表面粗糙度
engine ~ 发动机（工作）不平稳

rough(o)meter ①粗糙度仪，轮廓仪②路面平面度测定仪
rough-plane ①粗刨②粗糙面
roulette ①压花刀具，滚花刀具②（一般）旋轮线，转迹线③滚花，压花
round ①圆（形）的，圆柱形的，圈状的，弧形的，球形的②圆片，环，横档，圆钢筋，圆形物③绕（一）圈的，往复的，一周的④整个的，大概的，整数的⑤巨大的，完全的⑥一连串，一系列⑦周围，周期，范围，循环，环绕，圆周⑧使旋转，弄圆，倒圆角⑨（整发的）（炮，子）弹

dummy ~ 训练〔假，练习〕弹
end ~ 齿端修圆
surface conditioned ~ 经平面修整〔车削〕的圆钢

round-about ①迂回线路，环形交叉②迂回的，间接的，绕道的
round-down 放松（滑车），降低（悬挂的滑车）
roundel 圆形物，圆粒，圈

deflecting ~ 偏光镜
red ~ 红色表示镜
signal ~ 信号光环
spreadlight ~ 偏光镜

rounder （面包）成圆机
roundhouse 调车房，圆形机车车库，后甲板舱室
rounding ①使成圆形，弯成圆圈②舍入（成整数）③倒圆，倒角④圆的⑤防磨缠扎绳⑥脉冲圆形畸变

~ off 舍入
character ~ 反复修正符号（用字母，数码，符号来修正一系列的行信号，以使屏幕上显示的一条斜线光滑）
cutting edge ~ 切削刃钝化
leading edge ~ 前缘圆角

roundish 略圆的，带圆形的
roundlet 小圆，小的圆形物
round-meshed （带）有圆孔的
roundness ①圆形，球形，圆度，球度②无零数

round-off　①舍入，舍去零数，化成整数，四舍五入②修整
roundout　（着陆前）飞机拉平，使飞机平稳降落的动作
round-robin　①循环法，一系列，一阵②循环的，依次的
roundup　①综述，摘要②集拢，归整
route　①通路，航线，路线，路程，路由②航程③方法，道路④特形铣
~ stand-by　后备线路方式
access ~　存取路由
alternative ~　候补路由
application-dependent ~　应用相关路由
communication ~　通信路由
electronic ~ guidance system　电子行车路线导向系统，电子线路引导系统
explicit ~　显式路由
multi-touch hunt for ~　多点触碰寻径（机器人智能）
process ~　工艺路线
star ~　星形相交路线
transmission ~　输电线路路线，传输路线，传输路由
variable ~　可变路由（选择）
routed　路由守护（寻径）程序
Router　路径（Mastercam 数控加工软件的模块）
router　①发送程序，布线程序②刨圆削片联合机③槽刨④缩放刻模机⑤路由器
channel ~　通道路由器；通道布线程序，信道路由器；信道布线程序
electric ~　电动木铣
encrypting ~　加密路由器
intelligent call ~　智能呼叫路由器
routine　①程序，常规，例（行）程（序），例行工作，例行公事②子程序，分程序③日常工作，过程，工作状态④日常的，经常的⑤定期的，例行的，常规的
accounting ~　计费程序，记账程序
action ~　运行程序
assembler ~　汇编程序，装配程序
assembly ~　汇编程序
asynchronous adaptive ~　异步自适应发送程序，异步自适应布线程序
benchmark ~　水准程序，基准程序（用来衡量计算机或软件优劣用的试验程序）
bootstrap ~　辅助程序，引导指令
bootstrap loading ~　引导装入程序
closed ~　闭（合）程序，闭型例行程序
column-adding ~　按列相加程序
compiler ~　①编码〔编制，编制器〕程序②程序编制器
compiling ~　编译程序，编码程序，编制程序的程序
condensing ~　压缩程序
converse ~　转换程序
conversion ~　转换程序
coordinator ~　配位仪程序
core memory reentrant ~　内存复归程序
core resident ~　主存储器固定例（行）程（序），磁心存储器（中的）常驻程序
covering ~　覆盖程序
debugging-aid ~　诊断程序，排故障程序
dedicated executive ~　专用执行程序
direct-insert ~　直接插入例（行）程（序），开型（子）程序
disk merge ~　磁盘分类合并程序
disk sort ~　磁盘分类合并程序
dummy print ~　伪印刷程序
dump ~　①（信息）转储程序②打印程序③清除程序
dynamic tape and memory dump ~　动态磁带与存储器转储程序
efficient ~　经济工况
error ~　查误程序，查错程序
error correcting ~　错误校正程序，纠错程序
exception scheduling ~　异常调度程序
executive ~　①执行程序②检验程序
floating-point ~　浮点程序
function evaluation ~　函数求值子程序
generalized ~　通用程序，广义例（行）程（序），广义程序
generating ~　编辑〔形成〕程序，生成（程序的）程序
generation ~　生成程序
generator ~　生成程序的程序
heuristic ~　试探程序，探索程序
house-keeping ~　内务程序
implication ~　隐含程序
inclusive ~　相容程序
input ~　输入程序
interface ~　接口程序
interpretive ~　翻译程序，解释程序
interrupt ~　断开程序
justification ~　证明程序
library function ~　库函数程序
library ~　库存程序（计算系统）

linked ~ 闭型程序
loader ~ 输入程序，装入程序
load(ing) ~ 输入程序，装入程序
main ~ 主程序
maintenance ~ 定期维护，例行维护，维护程序
malfunction ~ 故障〔误动作，定错〕程序
master ~ 主程序，管理程序
minimal access ~ 最快存取程序
minimal latency ~ 最快存取程序
minimum access ~ 最快存取程序
normalization ~ 正规化例（行）程（序）
object ~ 目标程序，结果程序
open ~ 开型程序，直接插入程序
operating ~ 运行工况
operator ~ 运算程序
outboard record ~ 外围记录程序
output ~ 输出程序
patch ~ 插入程序
preimplication ~ 预蕴含程序
print ~ 印刷程序
program(me) loading ~ 程序的装入程序
random access I/O ~ 随机存取输入输出程序
read ~ 读数程序
readdressing ~ （改）变地址程序
reenterable ~ 可重入程序
rerun ~ 重算〔恢复，再生，再运行，重复运行，重新操作〕程序
restart ~ （机器出错后的）重算程序
roll-back ~ 重算程序，重新运行程序
runtime administration ~ 运行时管理程序
service ~ 使用程序，服务程序
shared ~ 共用例（行）程（序），共用程序
simulated ~ 模拟（例行）程序
source ~ 源程序
status ~ 状态程序
steering ~ 执行〔控制，导引，操纵〕程序
stored ~ 存入程序
supervisory ~ 管理程序
test ~ 试验程序，检验程序
testing ~ 试验程序，试验常规
time sequential ~ 操作时序
trace ~ 检验〔跟踪〕程序
tracing ~ 跟踪〔检验，追踪〕程序
utility ~ 辅助〔应用，实用，实用例行〕程序
working ~ 工作程序，操作程序

routineer 定期测试装置，定期操作器

routing ①发送，发送指令②轨迹，通路指示，程序安排，运动定向③靠模铣切法，特形铣④运输路线⑤路径选择⑥定通道⑦布线
adaptive ~ 自适应路径选择
alternate ~ ①更替通路〔通信〕，更替路径选择②迂回中继，辅助中继
automatic alternative ~ 自动替代路由选择
dynamic ~ 动态路由选择
flooding ~ 扩散式路径选择（网）
message ~ ①信息通路，信息路线②报文路径选择
radial arm ~ 旋臂式定线机
random ~ 随机路径选择
source ~ 源路由
transaction ~ 事务（交易）路由确定

routinization ①程序化②经常化

rovalising 金属磷酸膜被覆法

rove ①粗纱②将钢丝绳穿入滑轮中

rover ①三道粗纱机②月球车

roving ①粗纱②（电机的）股线松包③游动的，巡回的，不固定的

row ①排，行，列，序列②（矩阵的）行，天线阵列
~ of character （用符号表示信息的）字母行
~ of dots 点线
~ per inch 每英寸行数，行 / 英寸（1 英寸 = 25.4 mm）
binary ~ 二进制行
bucket ~ 叶栅
card ~ 卡片（上的一）行孔
check ~ 一排方格
exhaust ~ 末级，末级叶栅
formal ~ 形式行
matrix ~ 矩阵的行
stationary blade ~ ①固定叶列，静叶列②导流器

rowboat 划艇

rowdrill 中耕作物条播机

rower 行标

rowing 行化

rowing-boat 划艇

roxite 罗赛特（电木塑料）

royal 极好的，宽大的，极大的

royalty ①使用（提成）费，提成支付②版税，专利权税，专利权使用费，稿酬

royer 带式松砂机

Roylar 聚氨酯弹性塑料

R-register R 寄存器（保留 10 位以下数字的寄存器）

R-scan R 型扫描（准确距离显示器）
R-scope R 型显示器（扫描扩展并有精密的定时设备）
R-sweep R 型扫描
rub ①（摩）擦，擦净，擦伤（处），擦印②研磨，磨损，磨耗，磨碎
rubber ①橡胶，橡皮，生胶，硫化胶②粗纹锉，磨石，摩擦物，磨光机③包以橡皮④橡皮的，橡胶的
acrylic ~ 丙烯酸（类）橡胶，聚丙烯酯橡胶
acryl-nitrile ~ 丙烯腈橡胶
air-foam ~ 泡沫橡胶，多孔橡胶
automobile battery ~ 车用蓄电池橡胶
bivinyl ~ 丁烯橡胶
black ~ 炭黑橡胶
broken ~ 塑炼胶
buna ~ 布纳橡胶，丁纳橡胶
butadiene ~ 聚丁橡胶
butyl ~ 异丁（烯）橡胶，丁基橡胶
cellular ~ 泡沫橡胶
cold ~ 低温硫化橡胶，冷聚丁苯胶
compounded ~ 复合橡胶，填料混炼
connection ~ 导电橡胶，斑马橡胶
crepe ~ 〈法〉皱纹薄橡皮板
crude ~ 生橡胶，粗橡胶
cushion ~ 缓冲（用）橡胶，垫层橡胶，海绵状橡皮
cyclized ~ 环化橡胶
dead milled ~ 重压橡皮，重捏橡胶
dimethylbutadiene ~ 二甲基丁二烯橡胶，甲基橡胶
duprene ~ 氯丁橡胶
expanded cellular ~ 泡沫橡胶，多孔质橡胶
external ~ 外摩擦橡皮（水轮发电机的）
ficus ~ 印度榕橡胶
flexible ~ 可伸缩橡皮管
fluorosilicone ~ 氟硅酮橡胶
foam ~ 泡沫橡胶，海绵橡胶
froth ~ 泡沫橡胶
gas-expanded ~ ①微孔橡胶②闭孔泡沫橡胶
gum ~ 天然橡胶
hair-bonded ~ 毛毡橡皮
hard ~ ①硬橡皮，硬质胶，硬橡胶②胶木
herb ~ 草胶，草本橡胶
Hevea ~ 天然〔巴西橡胶树〕橡胶
hot ~ 热聚合橡胶
hull ~ 薄膜橡胶
hydrochloride ~ 盐酸橡胶
impoverished ~ 失去弹性的橡皮
India ~ 橡皮，橡胶，印度橡胶，天然橡胶，弹性橡皮
latex ~ 橡（胶）浆，（橡胶）乳液，胶乳
lifeless ~ 无弹力橡皮
loaded ~ 填料橡胶
masticated ~ 人造橡胶
natural ~ 天然橡胶
nervy ~ 回缩性能良好的橡胶
nitrile ~ （丁）腈橡胶
polyether ~ 聚醚橡胶
polyster ~ 聚酯橡胶
polysulfide ~ 硫化橡胶
porous ~ 微孔橡胶，海绵橡胶
powder ~ 粉状橡胶
raw ~ 生橡胶
reclaimed ~ 再生橡胶
regenerated ~ 再生橡胶，翻造橡胶
rigidified ~ 硬化橡皮
scorched ~ 早期硫化橡胶
scum ~ 泡沫橡胶
sheet ~ 橡皮板，橡胶片
shredded ~ ①磨碎的旧胶皮，橡胶屑②橡皮边料
silicone ~ 硅酮橡皮，硅（氧）橡胶
slab ~ 胶板〔块〕，板状橡胶
snappy ~ 优质弹性橡胶
sol ~ 溶胶（体）橡胶
strained ~ 应变〔弹性疲劳的，拉长了的〕橡胶
synthetic ~ 合成橡胶，人造橡胶
thio ~ 聚硫橡胶
tough ~ 硫化硬橡胶
toughening ~ 韧性橡胶
unicellular ~ ①闭孔泡沫胶②微孔海绵胶
unidirectional cord reinforced ~ 单向帘线增强橡胶（轮胎）
virgin ~ 天然橡胶
vulcanized ~ 硫化橡胶，（硬）橡皮
yielding ~ 缓冲橡皮
rubber-banding 橡皮式聚束
rubber-covered 橡胶绝缘的，包橡皮的，橡胶覆盖的
rubberize 贴胶，上胶，涂（橡）胶
rubberizing 贴胶，涂胶，上胶
rubberlike 橡胶状的
rubbermeter 橡皮计，橡皮硬度计
rubberstone 磨石

rubber-tyred 轮胎式的
rubbing ①擦，摩擦，擦伤②研磨
~ down 抛磨，抛光
rubbish 碎屑，铁屑，垃圾，废物
rubbishing ①垃圾的，废物的②无价值的，微不足道的
rubbishy ①垃圾的，废物的②无价值的，微不足道的
rubble ①毛〔乱，粗，块，碎〕石，石碴②碎砖，破瓦③齿轮贴纸测绘法
rubidium 铷（Rb）
rubiginous 锈色的，赤褐色的
rubine ①红宝石②玉红
rub-out signal （指示）错误（的）信号
rubrax 矿质橡胶（软化剂）
rubric ①红字，红色印刷，红字标题②（编辑的）按语
ruby 红宝石（制品，钟表轴承）
balas ~ 浅红晶〔宝〕石，玫红尖晶石
scientific ~ 合成红宝石
synthetic ~ 合成红宝石
rubytine ①宝石叉瓦②研磨粉
ruck ①皱，褶②一堆（东西），一群（人）③弄〔起，变〕皱
ruckbildung 软化现象
ruckle ①皱，褶②弄皱
rudder ①（方向）舵②指针，指导原则
bow jet ~ 艏喷水转向舵
diving ~ 升降舵
elevating ~ 升降舵
flank ~ 倒车舵
float ~ 水中舵
vertical ~ 方向舵
rudderstock 舵杆
rude 粗糙的，未加工的
rudiment （pl.）基础，基本原理，初步，入门，雏形，萌芽
rudimental 基本〔础〕的，初步的，起码的，根本的，不成熟的
rudimentary 基本〔础〕的，初步的，起码的，根本的，不成熟的
ruff 轴环
ruffian 无线电盲目投弹〔轰炸〕系统
rug ①反雷达干扰发射机②（地，车，厚毛）毯
absorbent ~ 吸声毯
rugged ①（凹凸）不平的，粗（糙）的，起伏的②最硬的，特别坚固的，稳定的③严格的，（气候）恶劣的
ruggedization 加强，加固，强化
ruggedize ①加强，加固②使耐用
ruggedness ①强度②坚固性，耐久性，耐用性③凹凸平面度，高低平面度
rugosity ①皱曲，皱纹，凹凸不平，不规则②粗糙度③粗糙微体
rule ①规则，规律，法则，定律，准则，定则，标准②章程，规章，条例③尺，刻度尺，比例尺④管理，支配，控制
~ of combination 组合规则，组合律
~ of conversion 变换规律，换位规则
~ of correspondence 对应规则
~ of elimination 消元规则，消去规则
~ of sign ①符号律②正负号规则
~ of superposition 重叠规律
~ of three 比例的运算规则
~ of thumb ①经验法则，经验方法②（安培）右手定则③手工业方式
~ on orientation 定位规律
ad hoc ~ 〈拉〉特定规则
Admiralty ~ of heating 英国海军部振荡器加热法则
aiming ~ 瞄准尺，表尺
bandwidth ~ 带宽法则
basic ~ 基本规则〔条例〕
batter(ing) ~ 坡规，定斜规
Bayes' ~ 贝叶斯法则
Bayes decision ~ 贝叶斯决策规则，贝叶斯判定规则
binary multiplication ~ 二进制乘法规则
calliper ~ 卡尺
chain ~ 链锁法
circular slide ~ 计算盘
code ~ 编码规则
commutation ~ 对易定则，交换定则
comparing ~ 比例尺
computing ~ 计算尺
concatenate ~ 连接规则
contraction ~ ①缩尺②缩写规则
convex ~ 凸面卷尺
copy ~ 仿形尺，放大尺
corkscrew ~ 螺旋法则
decision ~ 判定〔判决，决策〕规则
disk slide ~ 计算盘
dividing ~ 刻度尺，比例尺
electronic slide ~ 台式电子计算装置
else ~ 否则规则
expansion ~ 胀尺（可锻铸铁件经退火后尺

寸比模样增大）
fetch ~ 读取规则
flexible ~ 卷尺
floating ~ 镘板
foot ~ 英制尺
formation ~ ①形式〔成〕规则②构造规则
ga(u)ging ~ 轨距尺
general ~ 总则
ground ~ 程序
guide ~ 准则，导则
guiding ~ 样板，量规，规准，指导法则
hand ~ 手定则（右手或左手定则）
hard-and-fast ~ ①硬性规则，严格的规则，不许变动的规则②精确的标准
hook ~ （带）钩尺
joint(ing) ~ ①接榫规②砌砖长尺
Lenz's ~ 楞次定则
lever ~ 杠杆定则〔定律，定理〕
line ~ 线路维护规程
machinist's ~ ①机工规尺②划线机
mesh network ~ 网目规定
middle third ~ 三等分法（压力线不超出截面核心范围的法则）
moulder's ~ 缩尺（模型工）
narrow ~ 狭轨，窄尺
non-touching loop ~ "不接触回路"法则
octet(te) ~ 八角定则
optimum ~ 最佳判决定则
orientation ~ 取向法则，取向定则
pattern-maker's ~ ①模型工用缩尺②缩尺，模样工缩尺
phase ~ 相律
phase-contrast ~ 相衬定则
placement ~ 布局规则
plumb ~ 垂规，垂线尺
pocket ~ 木折尺
power ~ 幂规律
precedence ~ 优先规则
Prince's ~ 普林斯尺
product ~ 乘法定则
production ~ ①形成规则，生成规则②产生式规则（计算机用语）
rough ~ ①粗略近似法②规章草案，准则草案
Routh's ~ 卢斯定则（定长方形薄板、椭圆形薄板和椭球等回转半径之值）
scaling ~ 定标法则，比例法则
scheduling ~ 调度规则
scramble ~ 杂混规则
set ~ 定位尺
shrink ~ ①收缩定律②缩尺
shrinkage ~ 缩尺，模样工缩尺
Simpson's ~ 辛普生（抛物线总计）法则
slide ~ ①计算尺②滑尺，无游标卡尺
slide caliper ~ 卡尺，游标卡尺，滑动卡规
slide ~ 计算尺
sliding ~ 计算尺
spin-selection ~ 自旋选择定则
storage ~ 存储规则
straightedge ~ 直线尺，划线角尺
sum ~ 求和规则，求和定则
syntax ~ 语法规则
three-edged ~ 三棱尺
thumb ~ ①安培右手定则，经验法则〔方法〕，凭感觉〔眼力〕的试验法②计算中的近似法
thumb slide ~ 翼形滑尺
trade practice ~ 行业实用章程
working ~ 操作惯例，工作细则
zigzag ~ （木）曲尺

ruled 直纹面

ruler ①直规，直尺②划线板
curve ~ 曲线定规〔样板，板〕
dividing ~ 刻度尺，比例尺
Guillery ~ 吉耳列利玻璃尺（测定布氏硬度印痕直径用）
machine ~ 划线机
slide ~ ①计算尺②滑尺，无游标卡尺

rules rule 的复数
catalog(ue) ~ 编目规则，编目条例
directive ~ 规程

ruling ①划线，刻度②管理，支配③支配的，重要的
~ of a ruled surface 直纹面的母线

rulley 四轮卡车

rumbatron 共振腔（早期名称）

rumble ①噪声，转盘噪声，隆隆声（指发动机在低频不稳燃烧时发出的声音），低频音②（在）滚筒（里）混合，转筒清理，在磨箱里磨光③磨箱，滚筒，转筒④振动
turntable ~ 转盘噪声

rumbler 清理滚筒

rumbling ①滚光②滚筒清理

run ①运行〔转，算〕②驱〔转，开〕动，操纵，驾驶，管理，控制③跑〔流，移，滚〕动④试车，试验，试运转⑤架设，敷设（线路）⑥熔铸，熔化⑦路程，路线，焊道
~ back ①向后退刀②反流

~ down ①变弱，(渐)停，消耗，用完〔尽〕②减少(工作)③查〔找，搜〕出④放松发条⑤表停
~ hot 运转发热，逐渐变热，(高炉)热行
~ in 注入
~ into 撞上，碰上，跑〔流，注，插〕入，达到
~ of micrometer 测微器行差
~ out ①径向圆跳动②跑〔流，伸，突〕出，离开③缺〔疲〕乏④结束，期满
~ to run 两次运转的对比
~ true 无偏差旋转，无跳动运转
back ~ ①反转，逆行②背面〔底焊〕焊缝
bench ~ 试验台试验
blank ~ ①空转②空白分析③空机操作(无试样)
cable ~ 电缆敷设(路线)，索道线路，电缆主干
calender ~ ①砑光②压延〔制，光〕③滚压
calibrating ~ ①校准运转，校准试验②检验螺纹头
card ~ ①卡片通过②卡片运用
cathode ~ 阴极沉积过程
commercial ~ 工业生产
commissioning test ~ 投料试生产
conduit ~ (电缆)管道路线
dry ~ ①空转，试车②演习，预排演(广播前的)，预先操作，发射前准备③无核燃料反应堆的试验
duct ~ 电缆管道
elimination ~ 预运转
engine ~ 发动机试车
final ~ 最后的焊道
firing ~ 点火试验
frequency ~ 频率特性试验
furnace ~ 加热处理
green ~ 试动转，试车，磨合运转(发动机装配后初步试车)
heat ~ ①热试车〔试转，运转，运行〕②加热〔发热，耐热，工作，老练，老化〕试验
hot ~ ①热(放射性的)循环②(高炉中的)热行
ingot ~ 铸锭车过道
kiln ~ 炉况，炉子工况
lower ~ 下分支
making overlapping ~ 多层焊
melt ~ 熔合线
model ~ 同型产品总产量
motoring ~ ①发动机试运转②发动〔电动〕机方式运行③无蒸汽方式运行(发电机作为调 相机运行)
outside ~ 室外布线，外线装置
package ~ 套班运行
penalty ~ 补做试验(对上次试验不满意而补做)
pipe ~ 管道〔路，段〕，导向管，管路装置
quiet ~ 均匀〔稳态，无声〕运转，平稳操作
return ~ ①倒转②返回行程③返回区④(管道的)逆行段⑤无载分支⑥回空分支输送机
root ~ 焊根(封底)焊道，根部焊道，焊根第一焊道
runner ~ low 消耗殆尽
sealing ~ 封底焊(焊主焊缝后)
split ~ 交流水蒸气鼓风(水煤气发生器，交替通水蒸气)
steam ~ 蒸汽鼓风
tape ~ 走带
temperature ~ 发热试验(电机等)
test ~ ①试验运行，试车，(机器)试运转②实验程序〔规范〕
tire ~ 轮胎行驶里数
top ~ ①顶边(履带的)②顶浇
trial ~ 试行〔航〕，试车，试运转
trip ~ 试运转
up ~ 上行(水蒸气，煤气)，向上输送
vertical ~ 垂直敷设(电缆)

runabout 轻便小汽车，小型飞机，小汽艇，轻便货车

runaway ①逸出，飞逸②失(去)控(制)，超出控制范围，超越，超速③事故，破坏，击穿，剧变，(挂车)脱钩，脱钩的挂车，(发动机)飞车④(反应堆功率或反应性的)失控上升⑤脱离控制的，(物价)飞涨的，易起急剧变化的⑥决定性的
thermal ~ 热耗散〔散逸，散发，溃散〕

rundle ①梯级②绞盘头

rundown ①减少，缩减②扫描周期〔一周〕③撞坏④滑行，停止⑤慢停堆⑥用乏了的，(钟等)停了的⑦失修的，破烂的

run-free ①空转，无载运转②开路

rung ①轮辐，车辐②梯子横档，梯级

run-home 瞄准目标

run-in ①磨合运转，跑合试车②试车，试运转，机器试转③插入〔补加〕部分

run-length 扫描宽度

runnability 流动性

runner ①转〔动,奔,辗〕子②叶〔滚,惰〕轮,(导)滑车,导向滑轮,工作轮,转轮(水轮机)③(液力离合器的)从动轮④转动体,(移动重物的)承辊⑤(内,横)浇道,流道⑥碾碎机,压碎机,排种机⑦镜板(推力轴承)⑧操作者,运转者⑨油槽
bearing ~ 轴承滚圈
casting ~ 流铁沟
center ~ 中注管
down ~ 直浇道
edge ~ ①磨轮,轮碾子,碾子,混料机,轮碾机②碾轮式混砂机
feed ~ 排种器
flat ~ 平滑板
fountain ~ 搭接式横浇道(由下箱流向上箱)
gate ~ 浇道
glass ~ (计算尺的)指示器
grain ~ 谷物排种器
guide ~ 导向板
iron ~ 铁液沟,流铁沟,流铁槽,出铁槽
lip ~ 压边浇道
main ~ 主铁液沟
moving ~ 工作轮,转动轮,转子
pencil ~ 雨淋式浇道
propeller ~ 螺旋桨式叶轮,螺旋桨叶型转子(大流量小压头水轮机)
punch-out ~ 残铁铁液沟(排出撇渣器小坑内残留铁液用)
ring ~ 环形横浇道
riser ~ 出气冒道
rocking ~ 移动式铁液沟(一端可移动,供两个铁液罐用)
roughing ~ 下渣沟
safety ~ 安全转子
seed ~ 排种器
separate ~ 移动式铁液沟
spinner ~ 旋涡集渣浇道,旋涡浇道
sprue ~ ①浇道②(注射塑模内的)流道
syphon ~ 底注浇道
throttle ~ 节流浇道
tilting ~ 移动式铁液沟
under ~ 下磨盘转动的磨粉机
whirling ~ 回旋除渣器
runner-cut 转轮擦痕
runners 流道结块
running ①运行〔转,动〕,转〔流,开〕动,滑行,滑动②工作,作用③行程④熔化,浇注⑤蒸馏物⑥走时精度⑦流通的,供电的,输能的
~ down 全熔化,耗尽
~ of gear 齿轮的跑合
~ off 放渣(炼钢操作工序)
~ out ①跑号(模子磨损不正常,拉拔后钢丝尺寸增大)②跑火(铸造缺陷)③漏炉,跑钢(炉子,坩埚)⑦金属冻块(跑火后)⑤溢出⑥超差⑦偏转
astern ~ 倒车,倒转
back-to-back ~ 对组〔背靠背,反馈〕运行
bottom ~ 底注(法)
coupled ~ 重联运行(热力电动车的)
dry ~ 空运行(程序的检验运行)
easy ~ 轻负荷运行
even ~ 均衡运行,平稳运行
first ~ 初馏物
free ~ ①空转②自由振荡,自激③不加负荷〔无人监视〕运转④滑行⑤不同步(的)
gantry ~ 在悬架上运转
hard ~ 困难工作条件
harsh ~ 不稳定运转(发动机的)
idle ~ 空转,惰转,空行程
impeded ~ 运转不良
initial ~ (汽轮机的)暖机
loose ~ 空转
multiple unit ~ 多机组(重联)运行
no-load ~ 空载运转,空转
off design equilibrium ~ 变工况运行
open ~ 开路运行
open-phase ~ 断相运行,非全相运行
paired ~ 并列运行
push-pull ~ 可逆运行
race ~ 空转
reverse ~ ①回程,倒车②返测
rough ~ (发动机)不平衡运转
shunt ~ ①滞缓②潜动③漂移
silent ~ ①无声运行,无声转动,无噪声转动②平稳运行
slow ~ ①空转②低速转动
sluggish ~ 不灵活运转
true ~ 无摆差转动
uphill ~ 反浇(内浇道向上倾斜)
running-away ①(挂车)脱钩②(发动机)飞车,超速
running-free 空载的,空转②自由振荡
running-hot 旋转到过热状态
running-idle 空转,空载运行
running-in ①试车,试运转②跑合,磨合③配研
running-light 空载运行,空转

running-on ①转动（带或绳在滑轮上的）②缠绕③并圈④套罗口⑤发动机过热自燃运转
running-out 惯性运动
run-off ①径流，流量，流量率②溢出，流出，排水，泄漏③流放口④出轨⑤（曲线的）缓和长度
run-of-tab 引板
run-of-the-mine ①不按规格〔质量〕分等级的，粗制的②（质量）一般的，不突出的
run-on ①连〔持〕续②（不换行而）接排③发动机在电点火断开后的继续着火
run(-)out ①溢流，流〔放，溢，输，滑〕出，滑行，溜驶，惰走②缺乏，用尽③（径向）跳动，振摆，偏转，偏心（率）④空刀，退刀纹，螺纹尾部⑤烧穿，铁液穿漏，跑钢，跑火（铸造缺陷），漏箱（底），漏炉⑥浇注不足⑦金属冻块⑧片尾（影片末端空白部分）⑨越程
~ of thread 退刀纹，螺纹尾部
~ of timing gear 正时齿轮的摆动
axial ~ 轴向摆动，轴向（端面）圆跳动
circular ~ ①圆跳动②径向圆跳动，径向振摆跳
diameter ~ 径向圆跳动
face ~ 轴向圆跳动
metal ~ 漏箱，漏铁液
radial ~ ①径向圆跳动②切削刃在径向与旋转表面的总偏差
tangent ~ 切线（超高）延伸段
total ~ 全跳动
unloaded radial tire ~ 无载荷轮胎径向偏心
runover ①看过，复查②超过③超篇幅〔版心〕排印
runtime 运行时间，运转时间
run-to-completion 从运行到完成的工作方式
run-up ①起动，试车，试运行，试运转，发动试验，点火②加快速度，开足马力，迅速增大③上坡
~ of engine 发动机转数增加
runway 单轨架空道，吊车道，跑道，滑槽，（起重机）走道，输送道，滑道
crane ~ 天车滑道，起重机走道
landing ~ 起飞降落跑道
wet ~ 湿跑道
rupture ①爆裂，破裂，断裂，折断，挠曲②击穿（绝缘）
cleavage ~ 沿解理面断裂
intracrystalline ~ 晶（粒）内断裂
line ~ 管路破坏
longterm stress ~ ①长期应力作用下的损坏②持久强度
plastic ~ 塑性破裂
stress ~ 蠕变试验
rural 乡村的，农村的
Ruselite 耐蚀压铸铝合金（w（Al）94%，w（Cu）4%，其余 Mo 及 Cr）
rush ①冲击，敲打②急增③闪现，突击④繁忙，迫切需要
current ~ 电流骤增，电流冲动，电涌，冲击电流
power ~ 功率冲击，功率骤增
rushes 工作样片
Russar 鲁西诺夫超宽角照相物镜
rust ①（铁）锈，生锈②衰退，停滞③锈色
white ~ 白锈，白膜（镀锌层表面缺陷）
rusteaten ①锈蚀②锈坏的
rustic 结构粗糙的
rustiness 生锈，锈蚀
rust-inhibiting 缓蚀的
rust-inhibitive 缓蚀的
rustle （随电影伴音出现的）沙沙声
valve ~ 电子管噪声
rustling 沙沙声
rust-preventative 缓蚀剂，缓蚀油
rust-preventer 缓蚀剂
rust-preventing 缓蚀的
rust-prevention 缓蚀
rust-proof 缓蚀的
rust-protective 缓蚀的
rust-resisting 缓蚀的
rusty ①生锈的②陈旧的
rut ①车辙②轮距，轨距③凹坑，压痕
ruthenium 钌（Ru）
rutherford 卢（瑟福）（放射性强度单位，每秒 10^6 次衰变）
rutherfordium 铲（Rf）
Ruticon 鲁蒂康管，皱纹成像管（加均匀电场的方法是用低电压放电）
rutile 金红石
rutter ①刨②刮土机，平路机③航迹图
rydberg 里德伯（光谱学单位）
rymer 铰刀，铰床
ryotron 薄膜感应超导电装置
RZ Rz 镁铝铸造合金
Eureka ~ 尤利卡 Rz 镁锆铸造合金（w（Zn）4.5%，w（Zr）0.6%，w（稀土类）1.25%，其余 Mg）

S

S 轮胎侧壁标志（允许最大使用时速为 180km/h）
Saab 萨博〔绅宝〕（瑞典萨博 - 斯堪尼亚汽车公司生产车型）
Sabathecycle 等容等压混合加热循环，萨巴蒂循环
Sabenite 萨本尼特（硬质合金商品名）
sabot ①锉刀垫板②滑木〔铁，轨，道〕③镗杆④衬套
Sabrejet 佩刀战斗机
sabulous 沙质的，含沙的
saccharascope 发酵糖定量器
saccharimeter （旋光）糖量计，糖度表
saccharoid 粒状物，砂糖状物
saccharometer =saccharimeter
sack ①袋，包，罩，套②撒克（重量单位，1 撒克 =101.6 kg）③装袋，打包
sacker 灌包机（物料灌进包装袋），装袋器
sackful ①袋（度量单位）②满袋（的）
sackholder 夹袋器，袋夹
sackloader 装包机，袋包装船机
saddening ①再加热②小变形锻造，小压下量轧制，轻轧③媒染（后）固着处理，色泽深化处理
saddle ①鞍（座，部，形物），床鞍②滑板，滑动座架③座板，凹座，踏板④管托，支管架，托梁⑤起重小车⑥转向架⑦凹谷（谐振曲线的），鞍点
bearing ~ （滑动轴承的）轴承座
Berl ~ 马鞍形填料
carriage ~ 刀架滑鞍，刀架座，滑台座
conduit ~ 管托（管子夹头）
cross gantry ~ 横动门架座
cutter ~ （鞍式）刀架
cylinder ~ 鞍形气缸座
Intalox ~ 矩〔槽，英特洛克斯〕鞍形填料
link ~ 滑动鞍，月牙座板，月牙板鞍
main ~ 纵向刀架，纵滑板，主刀架
pipe ~ 管座
principal ~ 主座板
revolving tool-box ~ 转塔刀架
second ~ 副座板
slide ~ 滑板
tower ~ 支架，刀架
turret ~ 回转刀架
saddleback ①屋脊状支架②鞍背
saddle-backed 凸起的，鞍状的，鞍背形的
saddle-backing 凸起
saddletree 鞍座架
saddling 座板
sadic （=solid-state analog-to-digital computer）固态模拟 - 数字计算机
safe ①保险箱，安全容器②安全〔保险，稳定，可靠〕的
amalgam ~ 混汞掘出机
fail ~ ①故障防止，差错防止，失效保护②故障（自动）保险（的）③事故保险装置
safeguard ①保险板〔器，装置〕，防护〔安全〕装置②防护，保护③安全措施
safe-light 安全灯
saferite 两面磨光嵌网玻璃
safety ①安全（性），可靠（性），保险，稳定②保险装置，安全设备③安全措施
road ~ 安全行车
safrole 黄樟（油）素
sag ①下垂〔沉，降〕，倾斜，弛垂②垂〔弛，挠〕度③铸件截面减薄（因沉芯或上箱下沉）④塌箱，塌芯
~ of the span 架空明线的垂度，档间弛度
core ~ 砂芯下沉，沉芯（湿强度不够引起的）
spring ~ 弹簧弯〔垂〕度
saggar ①烧箱〔盆〕②退火罐③（耐火）匣钵
reduction ~ 还原箱
sagger =saggar
sagging ①下垂，沉降②垂度，挠度③（搪瓷制品表面）凹凸（缺陷），瓷层波纹④流挂
saggy 松弛的，下垂的
sagitta ①矢（数学的），弯矢②挠曲〔下垂〕的指针
sagittal 矢（状），弧矢〔箭形，径向〕的
sail ①帆，篷（风车）翼②（潜水艇的）驾驶指挥塔
windmill ~ 风力发动机工作轮叶，风车轮叶
sailboat 帆船
sailcraft 帆船
sailer 帆船
air ~ 滑翔机

fishing ~ 风帆渔船
motor ~ 机帆船
sailplane ①滑翔机②驾驶台水平舵
sailship 帆船
salability 产品易售性
salamander ①（高炉的）炉底结块，炉瘤②烤〔焙烧，筒形烘〕炉③耐火保险箱④石棉壁板
salary 薪金
sale ①销售，卖（出）②销售额
~ on account 赊销
absolute ~ 无条件销售
approval ~ 试销
arrival ~ 货到即售
auction ~ 拍卖
dull ~ 滞销
package ~ 搭配销售，一揽子推销
salesmanship 推销术
salesmen 推销员，售货员
salicylate 水杨酸盐〔酯〕
sodium ~ 水杨酸钠（$C_7H_5O_3Na$）
salience ①凸出部，凸起部②特征，特点③显极性，凸极性
saliency =salience
salient ①凸角，突出部②扇形地背斜轴③凸出〔凸起，显著，突出，卓越〕的
saliferous 含盐的
salification 积盐，盐化
salimeter =salinometer
saline ①（含）盐的，咸的②盐水
salinity 盐分，含盐量，盐（浓）度
salinometer 含盐量测定计，盐液密〔定〕度计，盐（比）重计，盐表，测盐计，盐液比浮计，（电导）调浓器
sally ①凸出部②钝角
salometer 盐（液）密度〔比重〕计，盐液浓度计
saloon ①轿车，普通乘用车，三厢式乘用车② =satellite balloon ③卫星气球，辅助气球
royal ~ 皇家级乘用车
super ~ 超豪华级汽车
salpingograph 输卵管造影器
salpingoscope 咽鼓管镜
salt ①盐，咸度②含盐的，咸的
double ~ 复盐
fuse ~ 熔盐
Glauber's ~ 芒硝，元明粉，十水合硫酸钠（$Na_2SO_4 \cdot 10H_2O$）
green ~ 绿盐，四氟化铀
ice cream ~ 岩盐（淬火）
Rochelle ~ 罗谢尔盐，四水（合）酒石酸钾钠（压电晶体）（$NaKC_4H_4O_6 \cdot 4H_2O$）
Seignette ~ 酒石酸钾钠，赛格涅特盐（$NaKC_4H_4O_6$）
soda ~ 苏打，碳酸钠
saltation 跳跃，跳动，突然变动
salter 加盐机
salting-out 盐析（作用），加盐分离
salt-mist-resistance 防盐性，耐盐雾
saltpeter 硝石，硝酸钾
saltus ①跃幅，振幅②急变，飞跃
~ of discontinuity 不连续度〔振幅〕
salty 盐的，咸的
salvage ①抢救，救捞，抢修②废料，残料③废物利用④石油捕集器（炼油厂下水道的）
~ of casting 铸件修补
salvaging ①废物利用〔处理〕②抢修工程，打捞（船舶）
salve 油膏剂
salver 金属盘，托盘
samarium 钐（Sm）
samica 粉云母（纸）
sample ①样品，试件，样本②标本，模型，实例③取〔采，试，抽〕样④试用，抽查⑤取连续变量的离散值⑥信号瞬时值
~ of a signal 信号样本，信号样值
balanced ~ 平衡样本
bath ~ ①电解质试样②熔体试样
blank ~ （采用比色法的）空白试样，零试样
boat ~ （研究管子金属的）船形（金属）试样
bulk ~ 大块样品，原始试样，总试样
check ~ 检验〔检查，控制质量〕用试样
control ~ 对照试样
dip ~ 勺（取试）样
dry-out ~ 无水试样
dump ~ 已化验的试样
engineering ~ 样机，样品，模型，试样，试件
foil ~ ①箔样品②箔靶
grab ~ ①手工取样②定时取集的样品
interpenetrating ~ 贯穿样本
key ~ 标准样品
ladle ~ 包内取样
macro ~ 常量试样
master ~ 标准样品
molten test ~ 熔液试样

multivariate ~ 多元样本
non-reproducible ~ 非重复性试样
official ~ 法定试样
pilot ~ 试选〔制〕样品
pit ~ （浇注时从液流中）截取（的）试样
proof ~ 试样，样品
random ~ 随机样本〔取样，采样〕
shot ~ 试样
spoon ~ ①（熔池）勺样②熔池取样
tapping ~ 出铁〔出钢，放出〕样（由炉内放出金属的样品）
thief ~ 泥泵〔液体，粉末〕试样，抽取样
trade ~ 贸易货样
undisturbed ~ 原状试样
sample-and-hold 取样保持
sampled-data 取样数据
sampler ①采〔取，抽进〕样器〔机〕②样板，规（具），模型③快速变〔转〕换器，分配器④脉冲调制器（将连续信号变为脉冲的装置）
aerosol ~ 大气微粒取样器
air ~ 大气采样器
amplitude ~ 振幅取样器（脉冲调幅系统中的）
composite ~ 复合取样器
echo ~ 回波采样器，混响取样器
full stream ~ 自动顺向全宽截流取样机（与带式运输机同向运动）
gas ~ 气体采样管
Geary-Jennings ~ 吉里詹宁斯型自动取样机（螺旋直路式），吊斗式取样机，走架式取样机
hang moving ~ （河流）悬移质（水样）采样器
headspace ~ 液面上取样器
moving ~ （河流）推移质（沙样）采样器
position ~ 脉位采样器
projectile ~ 冲击式取样器
riffle ~ 分样器
riverbed ~ 河床质采样器
synchronous electric ~ ①同步采样器②同步电子开关
thief ~ 粉末取样器
wet ~ 湿料取样器
zone ~ 区层取样器
sample-to-sample 两个取样之间（的）
sampling ①采〔取，抽，进，选〕样，试件采样②抽样检验（法）③标本化④脉冲调制，变为脉冲信号⑤连续选择（三色电视信号）
~ (of a signal) 取样（信号的）
age ~ 时效抽样检验法
air ~ 空气捕集
biased importance ~ 有偏重要采样
capsule ~ 封囊进样
cluster ~ 分组取样，成串取样
convenient ~ 方便〔任意〕性抽样
discrete ~ ①选通分立取样，离散采样②（定时）发出信号
duplicate ~ 重复抽样
group ~ 分层〔分组〕抽样
headspace ~ 液面上取样
importance ~ 重要性抽样
increment ~ 小样取样
judgement ~ 鉴定性抽样
lot-acceptance ~ 认可抽样检验
non-orthogonal ~ 非正交取样
orthogonal ~ 正交取样
quota ~ 定额抽样
random ~ 随机取〔采〕样
sequential ~ 序列抽样
skip-lot ~ 跳越批次抽样法
stochastic ~ 随机采〔抽〕样
stratified ~ 分层抽样
systematic ~ 系统抽样（法），等间隔抽样
timing ~ 时间量化，脉冲调幅，定时取样
two-stage ~ 二次进样（法）
work ~ 作业分析抽检法，工作抽样
zigzag ~ 交错抽样，Z 字形抽样
samploscope 取〔抽〕样示波器
sanatron 窄脉冲多谐振荡管（一种线性定时波型振荡管）
sanborn 雷达员训练装置
sanction ①制裁②认可，批准
sand ①砂，型〔铺〕砂②粗矿石，尾矿③砂磨④喷〔撒，填〕砂
air set ~ 自硬砂
all-purpose ~ 统一砂
antiquated ~ 废砂，黏砂
artificial ~ 人工砂
back(ing) ~ 背砂
back-up ~ 背砂
bank ~ 岸砂（黏土少于 5% 的天然砂，铸造用砂）
bedding ~ 垫芯砂，垫箱砂
bonding ~ 肥砂
burned ~ 枯砂（黏土烧失）
burnt ~ 枯砂
burnt-in ~ 机械黏砂，包砂

burnt-on ~ 黏砂，起隔子
casting ~ 型砂，铸造用砂，铸型（用）砂
cement bonded ~ 水泥砂
chamotte ~ 熟料砂
close ~ 填密〔密级配，密实〕砂
CO_2 process mo(u)lding ~ 水玻璃二氧化碳硬化砂
CO_2-sodium silicate ~ 二氧化碳（水玻璃）砂
coated ~ （壳型铸造）涂覆树脂（的）砂，(树脂）覆膜砂
coating ~ 树脂砂
cold-setting ~ 自硬砂
conditional ~ （就地）处理砂（破碎，磁选，过筛后的砂）
core ~ 芯砂，造芯混合料
cut ~ 均质砂
facing ~ （复）面砂
fat ~ 肥砂（含黏土多的砂）
fire ~ 耐火砂，防火砂
floor ~ ①背〔填〕砂②旧砂
fluid(ized) ~ 流态砂
ganister ~ 硅砂
glass ~ 高纯度（硅）砂，玻璃用砂
green ~ 湿砂
gummy ~ 肥砂，含黏土多的砂（铸造用）
heap ~ 堆〔背，铸造用〕砂
heaving~ 流砂
identical ~ 统一砂，单一砂
lean mo(u)lding~ 瘦型砂
light ~ 松砂
loam ~ 烂泥砂，高黏土型砂
manufactured ~ 人工砂
match ~ 假型砂
medium strong mo(u)lding ~ 半肥砂
mild ~ 瘦（型）砂
mo(u)lding ~ 型砂
no-bake ~ （油改性树脂）自硬砂
normal ~ 标准砂
oil-bonded ~ 油砂
open ~ 粗砂，开级配砂
parting ~ 分型砂，分离砂
peak ~ 主要粒度砂（在一筛号上占砂样重35% 以上）
pit ~ 坑砂
precoated ~ 覆膜砂，面砂（用油或树脂预先处理过的型砂）
prepared ~ 混好的型砂，制备型砂
quartz ~ 硅〔白〕砂
rebonded ~ 加黏土回用砂
resin-bonded ~ 树脂砂
return ~ 旧砂，回用砂
screened ~ 过筛砂
self-setting ~ 自硬砂
shakeout ~ 落箱砂
sharp ~ 纯〔多角，尖，精硅〕砂
shell ~ 壳型砂
silica ~ 硅砂
silicate-bonded ~ 水玻璃砂
siliceous ~ 硅（质）砂
silver~ 硅砂，银砂
spill ~ 散落砂
stamp ~ 压碎砂，人造砂
stratified ~ 层夹砂
strong ~ 强黏力砂，肥砂
system ~ 单一〔系统，再生〕砂
tap ~ 分型砂，界砂
temper ~ 调匀砂
tempering ~ 回性砂，回火〔调质〕砂
thermosetting ~ 加热硬化砂
top ~ 粗砂
unbonded ~ 不含黏结剂型砂
unit ~ 标准〔统一，单一〕砂
used ~ 旧砂
washed-out ~ 水洗砂
weak ~ 瘦（型）砂
sandblasting 喷砂处理
sand-blower 喷砂器
sand-box ①砂箱②沙盒（一种独立环境，使在执行 Java 应用小程序时无须接触任何操作系统）
sand-casting 砂型铸造，翻砂
sandcloth （金刚）砂布
sanded 铺砂〔有小斑点，用砂纸打磨过〕的
sander ①撒〔喷〕砂机②砂（轮磨）光机，抛光机，带式磨床，滚光筒〔机〕
air ~ ①气力喷砂机，风动撒砂器②风动砂轮磨光机
belt ~ 砂带磨床，砂带磨光机，带式砂光机
centerless ~ 圆棒砂光机
disk ~ 砂轮〔圆盘〕磨光机，砂轮磨床，圆片磨
drum ~ 辊式磨光机，砂鼓磨床
electric ~ 电动砂光机
hand block ~ 人工进料窄带砂光机
oscillating ~ 往复式砂带磨床，振动式磨光机
pneumatic ~ 气动磨光机
pneumatic belt ~ 气动砂带机

power ~ 自动砂纸打磨机
scroll ~ 内弧表面砂光机
spindle ~ 砂轮磨光机
variety ~ 棱角〔线脚〕砂光机
vertical head ~ 立转带式砂光机
sand-glass 计时沙漏
sanding ①喷砂清理，砂磨②砂纸打光
blast ~ 喷砂处理
drum ~ 滚筒磨光
sandiver 玻璃浮沫
sandmark ①砂印（轧制时落入耐火材料等物形成的钢板表面缺陷），夹砂②水印（铸件表面缺陷）
sand-shell-mo(u)lding 砂型铸造
sandslinger 抛砂机（铸工的），投砂器
bracket-type ~ 单轨〔壁行〕式抛砂机
sandstone 砂石〔岩〕
sandwich ①层状结构，夹〔多，分〕层结构，夹心（结构），复合板，夹层板②层状的，多层的③夹入
honeycomb ~ 多孔夹，多孔层状结构
metal ~ 金属填料夹层结构
sandwiching ①夹层②夹层铺〔材〕料
sandwich-type 夹层的，夹层式，多层状的，交错多层形的
sandwich-wound 叠〔分〕层绕的
sanforizer 预缩整理机
sanforizing 防缩〔皱〕处理
sanidine 透长石，玻璃长石
sans serif 匀称字体，无衬线
santodex 黏度指数改进（添加）剂
Santolube 润滑油添加剂
Santopour 降低矿物油凝固点的一种添加剂，山道普尔
sanvista 电子色盲治疗仪
sap ①边材②渗碳钢软芯③逐渐侵蚀
milk ~ 乳状液
saponifiable 可皂化的
saponification 皂化（作用）
sapphire 蓝宝石，人造白宝石
female ~ 淡色蓝宝石
sapphire-encased 青玉包裹的
sapphirine 假〔像〕蓝宝石的
sapwood 边材
sarah （=search and rescue and homing）急救无线电指向标，搜索、营救及归航设备
saran 萨冉树脂，偏氯纶树脂
sardonyx 红条纹玛瑙
sark 衬垫物
sarking 衬垫材料
sash ①框（格）②窗框钢，钢窗料
door ~ 门窗框
saw ~ 锯架
sasse 水闸
satchel ①图囊②套，罩③小帆布袋
satco 萨特科铅（基轴承）合金
satcom 卫星通信
satellite ①（人造）卫星②追随者，附属物③（摄谱术上的）伴线④行星齿轮⑤附属〔辅助，卫星〕的⑥同步通信卫星⑦卫星中继站，卫星转播器
active ~ 有源卫星，主动卫星
aeronautical communication ~ 航空通信卫星
artificial ~ 人造卫星
asynchronous communication ~ 异步通信卫星，非静止通信卫星
broadcasting ~ 广播卫星
communication ~ 通信卫星
computer ~ 计算机的卫星机，计算机辅助机
dark ~ 暗卫星，哑卫星
double ~ 复式行星齿轮
earth observation ~ 地球观测卫星
earth remote sensing ~ 地球遥感卫星
electronic reconnaissance ~ 电子侦察卫星
geodetic ~ 测地卫星
geostationary ~ 同步卫星，对地静止卫星
geosynchronous communication ~ 同位通信，对地同步通信卫星，静止通信卫星
global communication ~ system 全球通信卫星系统
ground-viewing ~ 地面观察卫星
instrumented ~ 测量卫星
intelligence ~ 智能卫星
leasing ~ 租用卫星
lunar ~ （人造）月球卫星
manned ~ 人造卫星
maritime ~ 海事卫星
multiple access ~ 多路通信卫星
navigational ~ 导航卫星
paddlewheel ~ 有（太阳电池）翼（帆板）卫星
passive ~ 无源卫星（利用人造卫星作为反射体，进行空间通信）
passive communication ~ 无源通信卫星，被动式通信卫星
photoreconnaissance ~ 摄影侦察卫星

random ~ 随机卫星（通信用）
reconnaissance ~ 侦察卫星
remote sensing ~ 遥感卫星
repeater ~ 中继卫星
retransmitter ~ 中继卫星
returnable ~ 可返回卫星
single access ~ 单通路卫星
stationary ~ 静止卫星，同步卫星
stationary communication ~ 静止通信卫星
synchronous ~ 同步卫星

satellite-borne 卫星载的

satelloid 准卫星，带动力装置的人造卫星，卫星体，载人飞行器

satellorb 模拟人造卫星的观察与研究气球

saticon 塞蒂康视像管，硒砷碲视像管

satin ①加光泽②轧光

satisfaction ①满意②偿还
overall ~ 总体满意度

satisfactory 令人满意的，良好的

satisfice 满意解决法

satisfier 满足因素，满意因素

saturability ①饱和额，饱和度②饱和能力

saturable 可饱和的，可浸透的

saturant ①饱和〔浸渍〕剂②（使）饱和的，浸透的

saturate 使饱和〔浸透〕

saturation ①饱和(度)②浸透③章度(色度学)
banding ~ 色饱和度条带效应
black ~ 黑色饱和（视频信号幅度超过标准电平时极黑区失真）
carbon ~ 碳化作用，渗碳作用
chamber ~ （展开）槽饱和（薄层色谱中展开槽内部空间被展开剂蒸汽饱和）
core ~ 铁心饱和
phosphor ~ 荧光粉饱和度，荧光粉最大光辐射

saturator ①饱和器，饱和剂②浸渍机
double-screen ~ （非织造织物的）双网型浸渍机

saturex 饱和器

Saturne 萨图（法国的质子同步加速器）

saturnism 铅中毒

saucerman ①星球人②外太空人

sauconite 锌蒙脱石

save ①节约②拯救③储蓄④保存
RAM ~ RAM 保存〔护〕

saveall ①节省器〔装置〕，节约装置②防溅器③挡雾罩④承油碟⑤（白水）回收装置〔机〕
disk ~ 盘式（纤维）回收机
floatation ~ 飘浮式（纤维）回收机
Waco filter ~ 双鼓回收机

saver 保护手段，回收〔节气，节约〕器〔装置〕
battery ~ 电池保护元件
crane ~ （冲压自动线的）料垛送进装置
gage ~ 压力计缓冲器
metal ~ 型芯（减薄金属的型芯）
space ~ 空间节省符

saveset 存储集

saving ①补救的②节约的，保留〔存〕的，无损失的，除外的③救助，保存，节约储蓄金，节省额

saw 锯（床，齿状，开）
Adam's ~ 长柄小锯
annular ~ 圆锯
arm ~ 手锯
back ~ ①镶边手锯，脊锯②弓形锯
back reinforced knife ~ 夹背刀锯
band ~ 带锯
barking ~ 原木清扫锯
belt ~ 带锯
blade ~ 片锯
buzz ~ 圆（盘）锯
chain ~ 链锯，叠锯
chest ~ 小手锯
circular ~ 圆（盘形）锯
circular rip ~ 纵切圆锯
cock ~ 钢丝锯，线锯
compass ~ 斜形狭圆锯，截圆锯
concrete power ~ 混凝土动力锯（缝机）
cross cut ~ ①横割锯②截锯
crown ~ 筒形锯
dicing ~ 钻石轮划片机
dimension ~ 方板锯，定尺锯切机
disk ~ 圆盘锯
double ~ 复齿锯
double cut(-off) ~ 双轴圆盘锯床
double spine ~ 复齿锯
double-swage ~ 双压料锯
drag ~ 往复〔横截〕锯
drunken ~ 摇摆〔斜轴，切槽，开槽〕锯
electric band ~ 电动带锯
electric bone ~ 电动骨锯
electric chain ~ 电（链）锯
electric chest bone ~ 电动胸骨锯
electric circular ~ 电圆锯
electric jig ~ 电动曲线锯

electric pipe ~ 电动锯管机
electric plaster-bandage ~ 石膏电锯
end ~ 截头锯
endless ~ 带锯
gang ~ 排锯，多盘锯
gasoline-powered chain ~ 油锯
gate ~ 框锯，排锯
ground-off ~ 磨边锯
grub ~ 石锯
gullet ~ 齿槽锯，钩齿锯
hack ~ 弓锯
head ~ 原木锯，圆材锯
hot drop ~ （杠杆式）热锯
hot-wire ~ 电热线锯
iron (cutting) ~ 截铁锯
jack ~ 横（截）锯
jib ~ 竖线锯
jig ~ 窄锯条机锯，锯曲线机
jigger ~ 往复式竖线锯
jump ~ 升降圆锯机
lightning tooth cross-cut ~ 闪齿横割锯
link tooth ~ 链锯
lock ~ 曲线截锯，细木锯
metal ~ 金工锯，锯片铣刀
metal slitting ~ 锯片铣刀
mill ~ 框锯
mill-cut ~ 磨切锯机
mitre ~ 横切锯，斜切锯
oscillating ~ 摆锯
overhead ~ 吊截锯
pad ~ 嵌锯
panel ~ 带锯，板锯
parallel circular ~ 多圆盘锯
pendulum ~ 摆锯，吊截锯
piercing ~ 弓〔钢丝，斜形狭圆〕锯
pit ~ 坑〔大，直〕锯
plain metal slitting ~ 锯片铣刀
planer ~ 刨锯
pneumatic ~ 气锯
portable saber ~ 手提式往复锯
power ~ 动力锯（床），机械锯（床）
radial ~ 大定向圆锯，转向锯
rail ~ 切轨锯
razor ~ 剃锯
reciprocating(-type) ~ 往复（式）锯，滑座（式）锯
reversible ~ 两刃锯
ribbon ~ 带锯
rim ~ 圆锯
ring ~ 圆锯
rip ~ 纵割锯，粗木锯
rotary ~ 圆盘锯，回转式锯
running ~ 往复锯
sash ~ 框锯，弓锯
scroll ~ 线〔云形截，钢丝〕锯
segment ~ 节锯（锯制薄木用）
segmental ~ 镶齿圆锯
separating ~ 分牙锯
shuttle ~ 往复（式）锯，滑座（式）锯
single-conical ~ 半锥形〔单斜，单凸面〕圆锯
skewback hand ~ 弯背手锯
skip-tooth ~ 间断齿锯
slash ~ 开槽锯
sliding ~ 滑座（式）锯
slitting ~ 开槽锯
slurry ~ 多刃锯
snipper ~ 裁切锯（裁切复杂形状用）
span ~ 框锯
split ~ 粗齿锯
staggered-tooth metal slitting ~ 错齿三面刃锯片铣刀
swing ~ 摆锯
swing up ~ 倒摆式截锯
taper ~ 斜形狭圆锯
tenon ~ 开榫锯
turning ~ 曲线锯
undercut trimmer ~ 脚踏截锯机
veneer cutting ~ 单板锯，镶板锯
wafering ~ 多刃锯
web ~ 框锯，排锯
whip ~ 狭边粗木锯
wobble ~ 摇摆锯
sawbuck 锯木架
sawdust 锯屑，锯末，木屑
saw-edged 锯齿形的
sawer 锯工
saw-horse 锯架
sawing 锯（法），锯切〔开〕
wire ~ 砂线切割
sawmill 锯木厂，制材厂，（大型）锯机
saw-shaped 锯齿形的
saw(-)tooth ①锯齿②锯齿形的③锯齿波
saxaphone 顶馈直线性天线（列）
saxsophone 低压扩容器
Saybolt 赛波特黏度

S-band S波段（1 500 ~ 5 200 MHz）
S-bend S形弯（曲）
scab ①痂，结疤（钢锭的），包砂，铸件表面粘砂，起痂，炉瘤②瑕疵③孔，眼（导线表面的）④拼接板
blind ~ 起痂（铸造缺陷）
body ~ 气疤（铸造缺陷）
core ~ 芯骨
erosion ~ 侵蚀铸瘤（铸造缺陷），剥蚀结疤
expansion ~ 起痂〔皮〕（铸造缺陷），膨胀结疤，包〔夹〕砂
scabbiness ①瑕疵②结疤
scaffold ①脚手〔鹰，台〕架②吊盘③棚料，顶棚（冲天炉的）④附着物
charging ~ 加料平台
hanging ~ 吊盘
jenny ~ 活动脚手架
needle ~ ①针栅闸门②修理工的脚手架
rolling ~ 带滚轴（的）脚手架
swinging ~ 吊脚手架
scaffolding ①（搭）脚手架（用的材料），鹰架②架子③棚〔悬，挂〕料④搭棚
conduit ~ 线管壳
confinement-controlled ~ 空间受限制的密封，限压缩力的密封
hange ring ~ 悬空脚手架
scalability 可量（测）性，可伸缩性，可缩放性，可扩展性，可分级性
scalage ①降低比率，缩小比值②估量，衡量
scalar ①常系数（装置）（输出与输入之比为常数）②数〔无向，标，纯〕量（的）③梯状的，分等级的
decade ~ 十进算量
scalariform 阶状〔梯子状，梯级〕的
scalarization 标量化
scalding 焊补
scale ①刻〔标，分〕度②（刻）度盘，标盘〔尺〕，刻度〔比例，缩〕尺③（pl.）秤，天平④规模，等〔品〕级⑤进位制，计〔记〕数法⑥音阶⑦鳞片，氧化皮，附着物，水〔锅〕垢⑧换算，换标，分划，改变比例，确定比例⑨称重，过秤
~ of equal temperament 等程音阶
~ of just temperament 自然音阶
~ of sixteen 十六分标
~ of two 二进位法，二分标
abac ~ ①列线图标度线②诺谟图标尺
angle ~ 角度盘，角度标尺
anvil ~ 锻屑，锻渣
arbitrary ~ 任意标度，议定标度
arithmetic ~ 算术级数，等差尺度
ASA ~ 美国感度标准
atomic ~ 原子尺度
auditory ~ 听觉灵敏度标度
bank ~ 倾斜标度盘
bar ~ 图解比例尺
batch(er) ~ 自动式（混料）计量器，进料量斗，配料秤
Baume ~ 波美标〔度〕，波氏比重计
beam ~ 杆式磅秤
belt ~ 带秤，计量运送带
bench ~ ①台秤②小型的，实验（室）规模的
Benoist's ~ 本诺依氏计（测X射线硬度）
Beranek ~ 白瑞纳克度标（噪声分类度标）
bevel ~ 斜角尺，歪角曲尺
bigness ~ 粗测
biquinary ~ 二元五进制
Boyle ~ 玻义耳压力标
Breanek ~ 贝拉尼克音标（一种任意噪声音标）
Brinell ~ 布氏硬度（刻）度盘，布氏硬度标尺
British standard screen ~ 英国标准筛规
Brockmann ~ 布罗克曼标度（表示氧化铝活性级别的表）
built-in platform ~ 地秤
calculating ~ 计算尺
calibrated ~ ①校准标度，校准刻度②测（分）度标（尺）
cam ~ 凸盘秤
Celsius ~ 摄氏温度计〔温标〕
center zero ~ 双向刻度（中心为零）
centigrade ~ 百分标，百分刻度，摄氏温标
chroma ~ 色（饱和度）标（度）
chromatic ~ 半音音阶
chromium oxide ~ 氧化铬皮（不锈钢表面的氧化皮）
coal ~ 煤磅
coefficient ~ 比例因子
colo(u)r ~ ①比色刻度尺②（彩）色（温）标③火色温度计
commercial ~ 工业规模（的），大规模（的）
common counter ~ 普通台秤
computing ~ ①计算刻度②计算尺
concentric ~ 同心环
contraction ~ 缩（小比例）尺
copper ~ 铜渣，铜屑

core setting ~ 下芯量具
cotton roll ~ 棉卷秤
counter ~ 案秤
counting ~ 计数盘
crane ~ 吊车衡，吊秤
crane electronic ~ 吊车电子秤
cross-gamma ~ 交叉灰度
cycloid ~ 圆形氧化皮
decimal ~ 十进制
deflection ~ ①方向分划②横表尺③修正标尺
degree ~ ①已校准的标尺②分度尺，分度规③刻度④（调节）标度
denary ~ 十进法
diagonal ~ 对角线刻〔标〕度，斜线尺
dial ~ ①刻度盘②标度字盘秤，带表盘秤③圆弧尺
diatonic ~ 全〔自然〕音阶
differential ~ （带有）差动（控制系统的）天平
dimension ~ （尺寸）比例尺，尺标，尺寸比例
DIN ~ 德国标准感光度
diopter ~ 照准仪分划，视度分划
distance ~ 线性比例（尺）
dormant ~ 自重天平
double ~ 双刻度，二重标度
drafting ~ 绘图（比例）尺，曳引标度
drawing ~ 绘图比例尺
drawn-in ~ 残余氧化皮层（带材酸洗时未清除的）
electromechanical metering ~ 机电两用定量秤
electromechanical unit batching ~ 机电结合配料秤
electromechanical unit metering ~ 机电结合定量秤
electronic ~ 电子秤，电子天平
electronic batching ~ 电子配料秤
electronic crane ~ 电子吊秤
electronic (loadcell) ~ 电子秤
electronic metering ~ 电子定量秤
electronic railway ~ 电子轨道衡
electronic truck ~ 电子汽车秤
equal listener response ~ 等闻响应标度（噪声标度）
equally tempered ~ 等程音阶
exaggerated ~ 扩大比例
expanded ~ ①扩展〔展宽〕的刻度②展宽（的）表盘
exposure ~ 曝光标
extension ~ ①延长〔扩展〕刻度②伸缩尺
factor ~ 标度因子，刻度系数，尺寸系数
Fahrenheit ~ 华氏温标
fathom ~ 测（水）深尺，英寻尺
fire ~ 耐火氧化皮
fish ~ ①鳞状脱皮，鳞斑，白点②鱼鳞
fixed-radix ~ 固定基数记数法
flake ~ 斑鳞
fleck ~ 鳞斑
flesh ~ 人体秤
flesh dialyze bed ~ 人体透析病床秤
forging ~ 锻〔铁〕鳞，锻造氧化皮
frequency ~ ①频率刻度②频标
full ~ ①按实物大小，足尺比例，实尺②满度，满刻度（的），全标度，全尺寸（的）③原尺寸的，实物尺寸（的）④自然的
full gray ~ 全灰度等级
furnace ~ 炉内氧化皮
graduated ~ ①分度尺，比例尺②标度，刻度，分（度）标
gas ~ 气体温标
grainsize ~ 晶粒度
graphic ~ 图上〔示〕比例尺
gray ~ 灰度级，灰（色标）度
grid ~ 网格比例尺
gritty ~ 带砂表皮（铸件的）
hammer ~ 锻（铁）鳞，（氧化）铁屑
hard ~ ①硬垢②硬度计
hardness ~ ①硬度计，硬度表②硬率
heavy ~ （钢锭的）厚氧化皮
high ~ 上刻度，刻度上段，高读数
hook ~ 带钩尺
hopper ~ 库秤，自动戽斗定量秤
hydrogen ~ 氢温标，氢标度
image ~ 图〔镜〕像比例尺，像标
incrustation ~ 水垢
indicator ~ 定尺指示器（剪切机上的）
inductosyn ~ 感应同步尺
insoluble ~ 不溶性屑垢
intensity ~ 强度标
international practical temperature ~ 国际实用温标
iron ~ ①铁锈，氧化（铁）皮②含铁炉渣
iron hammer ~ 锻鳞，铁鳞
iron oxide ~ 氧化铁层〔膜〕
just ~ 自然律，自然音阶
Kelvin (temperature) ~ 热力学温标（以 −273℃ 为零度）

kinematic viscosity ~ 运动〔动力〕黏度表
Knoop ~ 努氏（硬度）标度
lever ~ 杆秤
line ~ 直线标度，线性标度
linear ~ 线性标度尺，线性刻度
livestock ~ 牲畜秤
log ~ 对数标尺，计算尺
logarithmic ~ ①计算尺②对数刻〔标，分，尺〕度
log-log ~ 重对数（图）尺
loudness ~ 响度标度
low(er) ~ 刻度下段，低读数
luminosity ~ ①发光度盘②亮度标度
machine package ~ 机械包裹秤
machinery batching ~ 机械配料秤
magnetic ~ 磁尺
main ~ （卡尺，千分尺的）尺身
major ~ 大音阶
marking ~ 标度尺
marquois ~ 平行线尺
master ~ 标准秤
measuring ~ 量〔标，刻度，比例〕尺
meter ~ 米尺
meter full ~ 刻度范围，最大量程
metering ~ 定量秤
metric ~ 米尺
milkglass ~ 毛玻璃标度盘
mill (roll) ~ 轧屑，轧制铁鳞，热轧钢锭表面氧化皮
minor ~ 小音阶
Moh's ~ (of hardness) 莫氏硬度（计）
monochrome ~ 单色刻度盘，黑白标度
monorail ~ 悬挂小车称重器
motortruck ~ 汽车磅（美），汽车地秤
multiple ~ 多重刻〔标〕度
Munsell colo(u)r ~ 芒塞尔色标
narrow ~ 窄尺，条尺
natural ~ ①实物大小②自然〔固有〕量〔数〕③直径比率④自然〔普通〕比例尺（1 ： 1）
NBS-A time ~ （美）国家标准局原子时标
Norton ~ 诺顿标度（砂轮硬度分级）
not to ~ ①超出量程②不按比例尺
nuclear ~ 核子秤
number ~ 记数法，数标〔记〕
offset ~ 偏置尺，支距尺
overhead truck ~ 吊车秤，（架空）车秤
packing ~ ①包装秤②定量填充机
pan ~ ①盘秤②（硬水）锅垢
phon ~ 方标（响度单位标准）
photometric ~ 光度标，光度比
pilot plant ~ 试验厂规模，中间厂规模
pipe ~ 管垢
piston pull ~ 活塞拉〔测〕力计
pit ~ （落）地磅（秤）
pitch ~ 俯仰角度标
platform ~ 地上衡，台秤，地磅
platform counter ~ 台秤
plotting ~ ①比例尺，刻度尺②制图比例（尺）
post ~ 邮政秤
power ~ ①测功率②测功机磅秤
precision ~ 精密线纹尺
primary ~ （加热时形成的）初次氧化皮
proportion ~ 配料秤
proportional ~ 比例尺
pyrometric ~ 高温表
radix ~ 基数计数制，基数记数法
railroad track ~ 轨道衡
range ~ 距离刻度，距离（刻）度盘，量程刻度
Rankine (temperature) ~ 兰氏温标（以华氏度数表示的热力学温标）
rate ~ ①价目表②比率表
ratio ~ 比例标尺
real-time ~ 实时度标
rectilinear ~ 直尺
reference ~ 基准标度
representative ~ ①惯用比例尺，代表性比例尺②典型规模
Ringelmann's ~ 烟尘浊度计，粉尘测定仪（商品名）
roll ~ 氧化皮，鳞皮
rusty ~ 锈层，锈垢
sand ~ 砂垢
saturation ~ 饱和标度
Saybolt ~ 赛氏黏度级
self-indicating ~ 指示秤
set-back ~ 零调整刻度盘
set-point ~ 定点标度（调节时的）
set-up ~ ①无零点刻度盘②无零（点）标度
shadowgraph ~ （带有）投射标度（的）天平
shrink ~ 缩尺
SIL ~ 语言干扰级标度
size ~ 粒度比，分级比
slide ~ 滑（动标）尺，计算尺
sliding ~ ①计算尺，滑尺，游标②比例相应增减制，递减率

slow time ~ 慢速标度
sone ~ 音响标度，响度标度
sorting ~ 分类秤
special type ~ 特种秤
spot ~ 定点标记
spring ~ ①弹簧秤②弹簧压力标（测定弹簧压力的）
square-law ~ 平方标度
standard ~ 基（标）准尺，标准刻〔尺〕度
standard sizing ~ 标准筛序表（以标准 200 目筛网为基准，按 2 的比例制定的筛序表）
steel material ~ 钢材秤
step ~ 分级标度
step gray ~ 灰度等级
stop ~ 光阑刻度（盘）
suppressed ~ ①压缩刻度，压缩度盘②无零标度
suppressed-zero ~ 无零点刻度盘
suspension ~ 吊秤
tail ~ ①两钢板之间（或端部）的鳞片状氧化皮缺陷②压入的氧化皮（板、带材表面缺陷）
tank ~ 油罐秤
technical ~ 工业规模
temperature ~ 温标
ternary ~ 三进记数法
thermodynamic (temperature) ~ 热力学温标
thermometer ~ 温度计换算法
thermometric ~ 温（度）标
three-square ~ 三棱尺
time ~ 时间刻度〔比例，量程〕，时标
track ~ 车辆秤，地磅，称量车
travelling ~ 活动秤
triangular ~ 三棱尺
triple ~ 三重刻度，三重标度
truck ~ 地中衡
tuning ~ 调谐刻度（盘）
Tyler ~ 泰勒式筛号尺寸
uniform ~ 等分标度，等分度盘
U.S. standard screen ~ 美国标准筛规
variable time ~ ①变速标度②可变时标
vernier ~ 游标（刻）度盘，游标尺
Vickers hardness ~ 维氏硬度表
visibility ~ 能见度等级
wage ~ 工资等级
water ~ 水垢〔锈，碱〕
Weibull ~ 威氏概率数值表
weighing ~ 秤，天平
wind ~ 风级
scaled 按比例（变化）〔有刻度，鳞片状，有相似轨道〕的
scale-down ①分频②按比例缩小
scale-equipped 带（磅）秤的
scale-free 无氧化皮的
scalelike 鳞状的
scalene 不规则〔不等边〕三角形（的）
scalenohedron 偏三角面体
hexagonal ~ 六方偏三角面体
scale-off ①鳞〔片，剥〕落②去除水垢③用比例尺定出尺寸
scale-of-sixteen 十六分标，十六分刻度线
scale-of-ten ①十分标②十进位的计数元件系统
scale-of-two ①二进位（法），二分标（的），二定标的②二进位的双稳计数元件系统
scaleover 过刻度
scale-paper 坐标纸，方格纸
scaleplate 标尺，刻度板，字盘，标度盘
scaler ①定标器，定标电路，自动记录仪②（电子）计数器，计数电路，（定标）脉冲计算器③换算器〔电路，装置〕④脉冲分频〔频率倍减〕器，风镐，锤子，除壳器⑤去垢剂，除锈剂
binary ~ 二进制换算电路，二进制计数器
biquinary ~ 二五混合进制计数器
coincidence ~ 符合定标器
decade ~ 十进刻度〔制定标器，位换算电路〕
decatron ~ 十进管计数〔定标〕器
decimal ~ ①十进制计数器②十进位定标器
gated ~ 选通定标器
impulse ~ ①脉冲（分频）计数器②脉冲定标器
needle ~ 针束除锈机
pneumatic ~ 气动除锈器
predetermined ~ 被控脉冲计数器
ring ~ 环形脉冲计数器
robot ~ 自动计算装置
rotary drum ~ 转鼓式去鳞机
sickle ~ 镰状刮器
variable binary ~ ①可变（比例的）二进制计数器②变系数二进制分频器
scaler-printer ①自记脉冲计数器②带印刷装置的定标器③定标印刷机
computing weighing ~ 带计算装置的秤
scale-stable 比例尺不变的
scale-up 按比例增加，按比例放大
scaliness 起鳞程度

scaling ①定标，定比例②按比例增减，比例率③（电脉冲）计数（换算）④起氧化皮，起鳞皮，结（水）垢，剥落⑤去锈⑥乐器音调的调准
analog ~ 模拟定标
boiler ~ 去锅炉水锈
decade ~ 十进换算〔标度，制刻度〕
flame ~ （钢丝）热浸镀锌，（锌镀层）火焰加固处理
progressive ~ 顺序鳞剥，进行性鳞剥
surface ~ 表面鳞剥
scallop ①扇形，贝壳形②粗糙度（轧制表面的），凹坑（毛边）③垂直像素畸变④弧形切削残余⑤（防止焊缝交叉）弧形缺口
scalloping 开扇形孔，（轮周边）加工成扇形缺口
scalp ①拔顶（从残油中取出有价值的成分而降低残油质量的方法）②刮光，修整，剥皮
scalper ①骨锉，手术刀，骨刀②全面修整机（板坯和钢坯的）③刮板④除谷皮〔谷粒粗洗，碎锤劈石〕机⑤护筛粗网
high frequency electric ~ 高频电手术刀
laser ~ 激光手术刀
scalping ①修整（粗轧坯和板坯的），（钢锭）剥皮，刮光②筛出粗块
die ~ 模具修刮表面（对线、杆和管材），拉模剥光
dies ~ 精整冲裁，精（整）拉（拔）
scaly 鳞状的
SCAMP 简用型微处理器
scan ①扫描，扫掠，搜索②仔细研究③记录
access ~ 取数扫描
automatic ~ 自动扫描，自动搜索
cheque board ~ 棋盘格扫描
compensated ~ 展开式扫描
conical ~ （圆）锥形扫描〔掠〕
diagnostic ~ 诊断扫描
directed ~ 控制扫描
divided slit ~ 分划扫描
field ~ 帧扫描，场扫描
intensity modulation ~ 亮度调制显示器
line ~ 行扫描，水平扫描
long ~ 慢（速）扫描，长扫描
medium ~ 中速扫描，中等长度扫描
noctovisor ~ 夜视电视扫描，红外线扫描
non-interlaced ~ 逐行扫描
program ~ 节目浏览，节目检索
raster ~ 光栅扫描
reading ~ 读出〔显示〕扫描
roster ~ 值班搜索
round-looking ~ ①四周搜索②环视扫描
short ~ 快（速）扫描，短时扫描
simple ~ 单点扫描
slow ~ 慢扫描
spot ~ （光）点扫描
stack ~ 栈扫描
textual ~ 句文〔子〕扫描
writing ~ 记入〔录贮，记录〕扫描
scan-a-graver 制版用光电自动装置
scanatron 扫描管
scandium 钪（Sc）
scan-in 扫描输入
scanister 扫描装置〔器，仪〕
scanmaker 扫描仪，扫描生成器
scanner ①扫描仪，扫描设备〔装置，机构，器，程序〕，扫掠机构，扫掠天线②析像器扫描设备，析像器扫描程序③多点测量仪，巡回检测装置④探伤〔检验，调整，调节，光电继电〕器⑤雷达站操作者
acoustic ~ 声扫描器
aircraft ~ 飞机天线旋转机构
all-round looking ~ 环视扫描器，全面扫掠装置，四周搜索装置
analog image ~ 模拟图像扫描器
azimuth ~ 方位扫掠器
bar-code ~ 条形〔线代〕码扫描器
beam ~ 束流扫描器
belt ~ 鼓形扫描器（早期机械扫描装置）
camera film ~ 电视电影摄像机
capacitor ~ 电容扫描设备（转接信号用）
channel ~ 信道扫描器
colo(u)r ~ 电子分色机（印刷制版用），电子彩色扫描器
colo(u)r-slide ~ 彩色幻灯片扫描器，彩色飞点幻灯机
compiler ~ 编译程序的扫描程序
computed axial tomographic ~ 电子计算断层扫描机（简称 CT）
continuous film ~ 均匀拉片（电视电影）扫描器
disk ~ 析像盘
drum ~ 鼓形扫描器
dual-slide ~ 双联幻灯片析像器
eagle ~ 飞机雷达投弹瞄准器扫掠装置
edge ~ ①带材边缘位置调整器，带材对中调节器②成卷带材裂边检查仪
electronic color ~ 电子分色机
envelope delay ~ 包络延迟特性测定器
ether ~ 全景接收机

facsimile ~ 传真扫描器
fiber optic ~ 光纤扫描器
film ~ 电视电影（放映）机
flying-spot ~ 飞点扫描〔析像〕器
follow ~ 跟踪扫掠器，追踪扫描装置
gamma (scintillation) ~ γ（闪烁）扫描仪
hopping film ~ 跳光栅式（电视电影）扫描器
image ~ ①图像扫描器②析像器
infrared horizon ~ 红外线水平扫描传感器
interrupt ~ ①中断〔断续〕扫描设备②中断扫描程序
jump ~ 跳光栅式（电视电影）扫描器
large-angle ~ 宽〔大偏转〕角扫描器
laser ~ 激光扫描测量装置
laser beam ~ 激光束扫描器
laser colour ~ 激光分色机
laser line ~ 激光行扫描器
lens drum ~ 透镜轮扫掠器（电视）
light-spot ~ 光点扫描器，飞点电视放映机
lock-and-follow ~ 同步跟踪扫描装置
main ~ 主（雷达）天线
microimage ~ 缩微影象扫描器
multibeam interval ~ 多射束间隔扫描器
multimusic ~ 多段音乐扫描装置
multispectral ~ 多光谱扫描仪
OB ~ 实况电视摄像车
optical ~ 光扫描器
optical ~ 光（学）扫描仪
optical character ~ 光学字符扫描器
photoelectric ~ 光电扫描器，光电探伤仪
picture ~ 图像扫描器
radioactivity nuclear flashing ~ 放射性核素闪烁扫描仪
rapid ~ 快速扫描器
scintillation ~ 闪烁扫描器，闪烁仪
semiautomatic ~ 半自动描记测听计
signal ~ 信号扫描器
slide ~ 电视幻灯机
television film ~ 电视影片扫描器，电视电影（放映）机
thermal infrared multispectral ~ 热红外多光谱扫描仪
thin-film image ~ 薄膜成像扫描器
TLC ~ 薄层扫描器，光密度计
twin-lens film ~ 双镜头电视电影扫描器，双镜头电视电影机
UV ~ 紫外线扫描器
visual ~ 可见光扫描器

scanner-recorder 图像记录器，扫描记录器
scanning ①扫描，扫掠②观测，检测③搜索（标）④展开
~ in darkness 暗靶扫描
~ in reception 图像合成扫描（显像）
~ in transmission 图像分解扫描（析像）
alternate ~ ①隔行扫描②影片间歇扫描法
alternate-line ~ 隔行扫描
beam ~ 电子束扫描
bright(ness) ~ 明暗扫描
circular ~ ①圆周扫描，圆周扫掠②环形搜索
close ~ 细（密）扫描
coarse ~ 疏扫描，精扫描
constant ~ 等速扫描
disk ~ 圆盘扫描
electron-beam film ~ 胶片电子束扫描录像
electronic boresight ~ 电子孔径瞄准器扫描
elliptical ~ 椭圆扫描
fine ~ 高质扫描，多行扫描
floodlight ~ ①（电视）直视播送②（雷达）空间扫掠③用强弱不变的光线扫描④多孔盘扫描
flying-spot ~ 飞点扫描
frame ~ 帧扫描，纵扫描
full-size ~ 全尺寸〔全幅，足尺度〕扫描
helical ~ 螺旋扫描，螺旋扫掠
image deflection ~ 移〔偏〕像扫描
interlaced ~ 隔行扫描
interlaced spot ~ 隔点扫描法
interleaved ~ 隔行扫描
intermeshed ~ 隔行扫描，间隔扫描
intermittent ~ 间歇扫描
isochronous ~ 同步扫描，等时扫描
jump ~ 跳跃扫描（法）
keystone ~ 梯形扫描
light beam ~ 光束扫描
light spot ~ 光〔飞〕点扫描
line interlaced ~ 隔行扫描
line jump ~ 隔〔跳〕行扫描
linear ~ 线性扫描
line-by-line ~ 逐行扫描
magnetic ~ 磁（偏转）扫描
mark ~ 特征扫描，标记扫描
multiple ~ 多带扫描，复扫描
multiple interlaced ~ 隔多行扫描
multiple spot ~ 复光点扫描
multiplex interlaced ~ 复式隔行扫描
multispiral ~ 多螺旋扫描

odd-line interlacing ~ 奇数隔行扫描
orthocode ~ 垂向码扫描
orthodox ~ 正规扫描
orthogonal ~ 正交扫描
point-by-point ~ 逐点扫描
progressive ~ 逐行扫描，顺序扫描
quadruple ~ 四重间隔〔四场，隔三行〕扫描
random ~ 散乱扫描，省略隔行扫描
range ~ 按距扫描
rectilinear ~ 直线扫描
retrace ~ 回（程扫）描
sector ~ 扇形扫描
sequential ~ 连续〔顺次，顺序〕扫描
spiral ~ 螺旋扫描
staged ~ 隔行扫描
staggered ~ 隔行扫描
triple ~ 三重扫描
wide-angle ~ 广角扫描

scannogram 扫描记录
scan-out 扫描输出
scan-round 循环扫描
scansion ①扫描，扫掠②析像，图像分解
scant ①不足〔缺乏,欠缺〕的②使不足,减少,限制
scantling ①草图②样品③少量④材料尺寸
scanty 不够尺寸的
scape 柱身
scapple 削平
scar ①缩裂（钢锭），斑疤，炉疤②（pl.）（化铁炉中）冻结物
scarabee 蜕螂线
scarce ①珍籍,善本②缺乏〔不足,稀少,罕见,难得〕的
scarcement 壁阶，梯架
scarf ①槽，切口，凹线②斜（切）面，斜角，斜嵌槽③嵌接,嵌配,榫接④修整,清理,气刨,烧剥（表面缺陷的火焰清理）
half ~ 半叠接
lap ~ 互搭楔接
splayed ~ 成八字形楔面
tabled ~ 叠嵌接
scarfer ①钢坯烧剥器②火焰清理机③铲疵工④嵌接头，嵌接片⑤（焊接件的）坡口切割机
edge ~ ①火焰清理机②铲疵工
hot ~ 热轧件火焰清理机
scarfing ①嵌接②割口，切口③斜嵌槽④精整，表面缺陷清除，火焰清理，气刨，气割清理，修切边缘，烧剥
~ half and half 对半嵌接
edge ~ 滚切边（滚形时）
hot ~ ①烧剥②热轧件的火焰清理③高温修切边缘
powder ~ 氧熔（剂）气刨，喷铁粉火焰清理
surface ~ ①表面嵌接②火焰表面清理
torch ~ 火焰烧剥
scarfweld 斜面焊接，嵌焊
scarifier 翻路〔耙路，松土耕耘〕机
screen ~ 清筛机
scarifier-scraper 松土平地机
scari-seeder 耕耘松土播种机
scarlet 猩〔深，鲜〕红
scarph =scarf
scarred 有痕迹的，有疤的（金属显微组织）
scatter ①散射〔布〕, 耗〔消，分，扩，色〕散，撒，漏泄②分散度
coal ~ 分煤设备
gap ~ （多路磁头）缝隙离散
random ~ 随机散射，乱散射
Rayleigh ~ 雷利散射
read ~ 读分散
total ~ 全散射
scatterance 散布，散射
scattered 散射的，耗散的
scatterer 散射体，扩散〔散热，撒布〕器
scattergram （试验结果）分布图
scattering 散射〔布〕, 耗〔消，分，扩，色〕散
acoustical mode ~ 声模散射
back ~ 反散射，反射离散
coherent ~ 相干〔参〕散射
critical ~ 临界散射
diffraction ~ 衍〔绕〕射散射
diffuse ~ 漫散射
electromagnetic ~ 电磁波散射
Huang ~ 黄昆散射
incoherent ~ 不相参〔非相干，杂乱〕散射
intervalley ~ 谷间〔际〕散射
intravalley ~ 谷内散射
point ~ ①点散射②实验点的分散
polar optical ~ 极性光学模式散射
positron-electron ~ 正负电子散射
radio ~ 无线电波散射
random ~ ①无规散射②无规扩散
resonance ~ 共振散射
specular ~ 镜面散射，反射散射
spin-flip ~ 自旋反向散射
two-valley ~ 双能谷散射

scatterometer 散射仪〔计〕，散射测定计
scatterometry 散射测量
scatter-read 分散读出，分散读取（把外存储器的数据分别读到主存储器有关的各部分中去），集中写分散读
scavenge ①清除，清洗，排出，净化，除垢②换气，扫气③精炼，纯化④部分换油（闭式传动装置）⑤（矿）扫选
scavenger ①清除〔净化，脱氧，精炼（加入），防积炭添加，电荷捕捉〕剂②清除器，扫气泵，尾矿扫选机③换气管，排气管
oil ~ 回油器
oxygen ~ 化学除氧剂
suction-type sewer ~ 吸污车
scavenging ①清除，清洗，排出，净化，除垢②换气，（二冲程发动机）扫气③精炼，纯化④部分换油⑤（矿）扫选⑥（炭罐）清污
counterflow ~ 逆流换气
cross ~ 横流换气法
loop ~ 回流换气法
through ~ 直通清除
uniflow ~ 直流扫气，直流换气
scenario ①剧情说明，电影剧本②方案
scend 上颠，上颠幅度（船体）
scene ①景象，实况，风景，场面②现场
cut-in ~ 插入镜头
dim ~ 暗景
follow ~ 移动摄影
live ~ 实况录像
visual ~ 视觉景色，图像景色
scene-dependent 随景物而变的
scenery 景物，布景
scenioscope 超光电（摄）像管
scenograph 透视图
scenography 透视图法
scentometer 气味计
s-centre s- 中心，位置中心
sceptron 谱线比较式图像识别器
S-chamber S（展开）室，S（展开）槽，夹层槽
schedule ①一览〔（图），时间，进度〕表，目录，清单②日程，（预定）计划，作业计划③规范，程序，（工艺）制度，方式④安排，调度，预定⑤管子号
~ of prices 估价表
~ of quantities 数量表，数量清单
bending ~ 钢筋表
casting ~ 出铁时间表，出铁程序
charging ~ 装料程序
cooling ~ 冷却制度
detail ~ 零件明细表，详细计划表
heating ~ 加热规范
job ~ 工程进度
main ~ 正表
maintenance ~ 维修图表，维修作业表
manufacturing ~ 生产计划，生产进度（表）
master ~ 主要作业进度表，总进度表
numbering ~ 编号一览表
on ~ 准时，按（预定）计划，按时间表
operating ~ 工作时间表
packet ~ 分组发送安排（模块）
pass ~ ①孔型系统，孔型安排②轧制规范〔方案，计划〕
pressure ~ 压力图表
progress ~ 进度〔时间〕表
pushing ~ 推焦顺序
rating ~ 检定程序表
rolling ~ 轧制制度，轧制程序表
routine ~ 例行测验表
sailing ~ 船舶班期
seasonal rate ~ 季节价目制
sintering ~ 烧结制度
welding ~ 焊接工艺程序
work ~ 工作进度表
scheduler ①调度程序②程序机（专门用在生产上的一种计算机），生产计算机③生产计划员，调度员
channel ~ 通道调度程序
foreground ~ 前台调度程序
job ~ 作业调度程序，工程进度
master ~ 主调度程序
scheduling ①编制目录，（编）制（时间）表②调度，安排③工序，程序
aggregate ~ 总进度计划
algorithmic ~ 算法调度
buffer ~ 缓冲调度
chain ~ 链式调度
channel ~ 通道调度
clock-time ~ 时钟调度
cost ~ 成本预算计划
critical path ~ 判别通路〔路径〕表
dead line ~ 限期调度
forward ~ 提前调度（法）
graphical ~ 图示日程计划（法）
independent partition ~ 独立区域调度（法）
inventory ~ 库存日程计划（以生产计划为基础的）

job ~ 作业调度，排作业时间表
job shop ~ 车间作业进度表，单位生产
list ~ 表调度
memory ~ 存储调度
operation ~ 作业日程（安排）
personnel ~ 人员配备计划
production ~ 生产作业计划（及调度）
proportional fair ~ （通信）分摊比例合理调度
real-time job ~ 实时作业调度
runway ~ 跑道调度
semi-persistent ~ （通信）半持续调度
serial ~ 串行调度

scheelite 白钨矿，萤石，重石

scheelium 钨（W）

schema 模式；概略，概要；图解，简图；规划

schematic ①略图，简图，概略②图解〔简图，略图，原理图，概略，示意〕的
complete ~ 总〔原理〕图
electrical ~ 电气原理图
logic ~ 逻辑框图

scheme ①图表，图解，线路〔设计，平面，系统，示意，框，略〕图②电路，线路③计划，方案，系统，方式，形式，大纲
allocation ~ 配线图，定位图
block ~ ①框图②图解③大纲
capability ~ 权力方案
coding ~ 编码方案，编码规则
colo(u)r ~ 配色法
computational ~ 计算线路
coupling ~ ①耦合方案②耦合电路
decoding ~ ①译码电路②译码线路图
difference ~ 差分格式
dope vector ~ 内情向量方案
double-error correction ~ 双磁道纠错法
equivalent ~ 等效电路
flow ~ （工艺）流程图
generation ~ 生成图〔模〕式
high resolution numerical ~ 高分辨率数值格式
Godunov-type ~ 戈杜诺夫式方案
kinematic ~ 传动系统图，运动系统
labeling ~ ①代码电路②标号方案
line-oriented macro ~ 面向行的宏功能方案
memory skewing ~ 存储斜移方案
modulation and coding ~ 调制和编码表
numbering ~ 编码制
pilot ~ （小规模）试验计划
polling ~ 轮询方案
randomizing ~ 随机式计划，随机图表
skewing ~ 斜移方案
splitting ~ 劈因子格式〔方案〕
staggered difference ~ 交替差分格式
stochastic ~ 随机图式
time-sharing ~ 时间划分制〔方案，电路（将信号按时间分配）〕
transfer ~ 读出和记录电路，转移电路，转移方案
twelve-ordinate ~ 十二纵标格式
two-cycle ~ 推挽电路，双循环电路
wiring ~ ①接线图②线路架设方案
X-Y ~ 二维图

Schiffli 谢弗里刺绣机

schist 片岩，页岩

schistose 片状的，层状的

schizomorphic 压碎变形的

schlieren ①（条）纹②条纹照片，条纹法摄影，纹影法③纹影仪

scholarship ①学识，学术成就②奖学金

school ①学校②学派③研究所
business ~ 商学院
custom ~ 经验管理学派
law ~ 法学院

schoolship 教练舰，教练船

schooping 金属喷镀

schoop-plating 金属喷镀

schorl 黑电气石

schort ①回线，环线②短线

schubweg 移动距离

schungite 次石墨

schwingmetall 施温橡胶 - 钢板黏合工艺

sciagram X 射线照片

sciagraph 端面图，投影图

sciagraphy ①投影法② X 光照相术

scialyscope 隔室传真装置（将手术情况投影于另一暗室中的装置）

science 科学（研究），学科
American Society for Information ~ 美国信息科学学会
behavio(u)ral ~ 行为科学
biomaterials ~ 生物材料科学
empirical ~ 实验科学
frontier ~ 边缘科学
intelligence ~ 智能科学
management ~ 管理（科）学，经营科学
natural ~ 自然科学
physical ~ 自然科学
soft ~ 软科学

top ~ 尖端科学
science-oriented ①采用科学成果的，根据科学研究成果制成的②面向科学的
scienology 科学学
scientific 科学（上）〔学术（上），应用科学，有系统〕的
scientist 科学家，科学工作者
scinticounting ①闪烁计数②用闪烁的方法测量放射性
scintigram 闪烁扫描图，闪烁（曲线）图
scintigraph 闪烁扫描器
scintigraphy 闪烁扫描术
scintilla ①微分子②闪烁③火花④少量
scintillant 闪烁材料
scintillation ①闪烁（现象），闪光②起伏，（调制引起的载频）变化③（在雷达屏幕上）目标急速移动
scintillator 闪烁器，闪烁体
plastic ~ 塑料闪烁器〔体〕
scintillometer 闪烁计（数器）
scintilloscope 闪烁镜，闪烁仪
scintilogger 闪烁测井计数管
scintiscan 闪烁（扫描）图
scintiscanner 闪烁扫描机（诊断癌及肿瘤疾病）
scissel 边料，切边（金属板的）
scission ①裂开②切开③分离
neck ~ 颈（剪）裂
scissoring 修剪，剪波
scissors ①剪刀②剪形夹
Scissors （软件中的）图形剪切工具
sclerometer （回跳）硬度计，肖氏硬度计，测硬器
Scleron 司克莱龙铝基合金（商品名）
scleroscope ①回跳〔肖氏〕硬度计②测硬器
sclerotization 硬化
scobs 锯屑，刨花，锉屑
scolio(so)meter 脊柱侧凸测量计
scoliotone 脊柱侧凸矫正器
scone 锭剂
scoop ①勺（戽）②洞，穴，口，凹处③铲，箕式清沟器，杓铲挖掘机④收集器⑤用勺取出，挖空
air ~ 空气收集器，进气口
cable-drawn ~ 钢索传动斗
clamshell ~ 抓斗，蛤斗
dirt ~ 挖土铲斗，铲运机
earth ~ 挖土铲斗，铲运机
inlet ~ ①吸气口，吸风口②（槽的）进风斗（汽轮发电机的）
projecting ~ 凸出风斗（汽轮发电机转子上的）
socket ~ 长柄浇勺
ventilator ~ 通风口，通风斗
wind ~ （集气器）吸气口，招风斗
scoop-channel 斗式水槽
scooper ①（翻）斗式升运机②勺子，戽斗，铲斗
scoopfish 在航采样戽
scoopmobile 铲运机
scooptram 铲运机
scoop-type 戽斗式
scoop-wheel 疏浚车轮，扬水轮
scooter ①小型〔轻便〕摩托车②喷水炮，注射器③窄式开沟铲
cabin ~ 座舱〔跨斗〕式摩托车
motor ~ 小型摩托〔机〕车
web crawlers ~ 巡视软件
scope ①范围，视界，视野，余地，辖域，作用域②指示〔显示，示波〕器③物镜，观测设备④阴极射线管
~ of declaration 说明作用域
~ of identifier 标识符作用域
~ of name 名字作用域
A ~ A 型显示器，A 型扫掠
alignment ~ 调〔校〕准用示波器
azel ~ 方位角和俯仰角显示器
azimuth ~ 方位显示器
B ~ B 型显示器，距离方位显示器
C ~ C 型显示器，方位角 - 仰角显示器
coarse-range ~ 距离粗测器
colo(u)r video ~ 彩色映象〔视频信号〕示波器，彩色显像器
condition prefix ~ 条件前缀域
console ~ ①控制台显示器②控制台阴极示波器
double-trace ~ 双踪〔迹〕示波器
dual beam ~ 双线示波器
expanded ~ 扩展（扫描）式指示器
fiber ~ （光学）纤维彩色图像器，纤维式观摩器
fine-range ~ 精确距离显示器，距离精测器
G ~ G 型显示器（与 C 型显示相似，还能显示距离）
hard ~ 硬度计
I ~ “I”型〔极坐标，径向图形扫描的三维空间〕显示器
ignition ~ 点火检查示波器（检查汽车点火系统故障用）

J ~ J型〔圆环〕显示器（圆形时间基线，表示距离）
K ~ K型〔移位距离〕显示器
L ~ L型显示器，双向距离显示器
laser gyro ~ 激光陀螺〔回转〕仪
memory ~ 存储式同步示波器，长余辉示波器
microsound ~ ①微型示波器②小型测振仪
O ~ O型显示器
optidress projector ~ 光学修正投影显示器
palace ~ 宫腔
PPI ~ 平面位置显示器
projector ~ 投影显示仪
R ~ R型显示器（扫描扩展并有精密的定时设备）
range ~ 距离指示器
range finder ~ 测距瞄准器，测距仪
repeater ~ 附加〔加接〕显示器，中继指示器
rifle ~ 来福探测仪（黑夜探测微光或黑体辐射波用）
snooper ~ 夜视器，夜间探测器
sound ~ 异音探测器，听音器
synchro ~ ①同步指示仪〔测试仪，示波器〕②（汽车的）点火整步器
trigger ~ 触发显示器
volume ~ （气体）体积计
scopic 视觉的，广泛的
scopometer （视测）浊度计
scorch ①（汽车等）开足马力跑，飞跑②烧焦③焦化，（过早）硫化
scorcher （纸型）干燥机
scorching ①电极跳动（电弧炉熔毕前），自动换电极②横晶，穿晶③过早硫化（橡胶的）④弄焦，焙（煅）烧
Scordes （= sferics correlation detection system）天电相关检测系统
score ①划线（器）②刻痕，划痕，擦伤，伤纹③二十④理由，根据⑤分数，得分，点，计数，计算
articulation ~ 清晰度百分数
scoreboard 记录板
scored 有伤纹的，刮伤的
scoria 炉〔熔，金属，铅析，火山〕渣
lead ~ 铅析渣(粗铅氧化除杂质时产生的浮渣)
scorification ①铅析（金银）法②渣化法，结渣，成渣，烧熔（法）
scorifier 试金坩埚，渣化皿
scoriform 熔渣形的，渣状的
scorify ①煅烧②析取③造渣，渣化
scoring ①计算，记分②划线，做记号③划痕，刻痕，擦伤，蚀洞④粘连，胶合（齿轮齿面失效形式）
scotch ①擦伤②止转棒（车轮的），挡车块，停车器，刹车（底片），切口③压碎
brake ~ 制动瓦
scotia 凹圆线（饰）
scotograph 射线照片，X光照片
scotography ①暗室显影（法）②X光摄影术
scotonon 暗钟
scotophor 斯考脱弗尔，暗光磷〔荧〕光粉，阴极射线致色体
scotopic 微光的
scottsonizing （奥氏体不锈钢的）表面强化处理
scour ①清除，净化，去壳，脱壳②冲刷，洗涤③（渣）侵蚀
scourer ①砻谷〔去壳，谷物脱皮，打光〕机②剥壳机，洗刷器
drum ~ 转鼓精练机
impact pneumatic ~ 撞击吸风打麦机
open ~ 平幅煮练机
wheat ~ 打麦机
scout ①探测，侦察，搜索②侦察船〔机〕，勘察员
air ~ 航空侦察机
drill ~ 轻型钻探机
speed ~ 高速侦察机
scoutplane 侦察机
scow 驳船，平底船
landing tank-carrying ~ 坦克登陆驳船
scragging ①冲击载荷试验（车架及机车弹簧的）②预应变，预变形
scram ①紧急〔自动〕刹车，急速停车，故障停车，快速解列②急速关闭③紧急〔事故〕停堆
gravity ~ 重力降棒快速停堆
junior ~ 紧急降功率，非完全紧急停堆（反应堆的）
scramble ①爬，攀②扰频，加扰，置乱，倒频③量化④编码⑤加密
data ~ 数据扰码
scrambler 扰频〔倒频，（脉冲）量化，编码，保密〕器
frequency ~ 扰频器，倒频器
mode ~ 搅模器
speech ~ 语言编号〔搅乱，保密〕装置
voice ~ 声音倒频器
scrambling 扰乱，扰码，扰频，量化，编码
~ (in digital transmission) 扰码（数字传输中）
~ (in television) 加扰（电视中）

scramjet （超音速）冲压式喷气发动机

scrap ①碎屑，残余，渣，切屑②废料，料头，边角料③废弃，报废④炸碎⑤搭边⑥碎片的，废的

cast-iron ~ 铸铁屑，废铸件，旧铸件

coolant ~ 冷却废钢（转炉降温用）

detinned ~ 除锡切边（镀锡薄钢板的），除锡废钢

dormant ~ 报废器材，废钢

foundry ~ 废铁

home ~ （厂内）返回钢，返料，回炉料

junk ~ 小块废铁

mill ~ ①本厂废钢②（轧材）切头

plate ~ 下脚板料，废板料，料头

process ~ 生产废钢，边角料废钢

prompt industrial ~ 边角料废钢，加工厂废钢

punched ~ （冲剪）边角料

recirculating ~ 返回废钢，回炉废钢，再用废料，回料

return ~ 返回废钢，回炉废钢

runner ~ 回炉冒口〔浇道〕

wire ~ 废线材，线材切（料）头

scrapalurgy 废钢利用

scrapbook 剪贴簿

scrape ①刮，擦，研②（刮）削③挖洞，挖空④摩擦

scraper ①刮刀〔板，削器，除机，料机，垢片〕②平土〔铲土，铲运，扒矿〕机③防尘圈④油环⑤消字器，橡皮擦，电耙

angle ~ 带角度刮刀，蜗旋形刮刀

angle blade ~ 斜铲平地机（铲刀可从垂直、水平和倾斜三个面上调节）

automatic lift trip ~ （悬挂式）铲斗自动起落平地机

blade ~ 刮铲式平地机

bowl ~ 斗式铲运机

buck ~ ①铲形耙斗②弹板刮土机

bucket ~ 戽斗链式刮土机

cable ~ ①塔式挖掘〔索式铲运，缆索挖土〕机②缆索抓斗

cableway power ~ 塔式挖掘机

cake ~ 滤饼刮板

cant ~ 三角〔棱〕刮刀

carbon ~ ①（气缸）积炭刮除器，油烟刮除器②刮煤机

carry (load) ~ 铲运机

carryall ~ 通用〔轮式刮板〕铲运机

casing ~ 清管器

clean-up ~ 刮（土）板

cotton ~ ①落棉捡拾器②棉铃收获机

curved ~ 凹磨圆形刮刀

drag (line) ~ ①电耙②拖铲③拉索耙运机④拖曳刮土机

earth-moving ~ 运土括土机，铲土机

electric ~ 电动刮刀

flat ~ 平面刮刀

folding ~ 折合式耙斗

hauling ~ 拖曳〔运土〕刮土机，铲运机

heart ~ 心形刮刀

land ~ 平地机

mark ~ 划线器

motor ~ 自动铲运机

motorized ~ 拖拉机式铲运机

mo(u)lding ~ 造型（用）刮板

mud ~ 刮泥机

oil ~ 刮油机

ore ~ 扒矿车

pipe ~ 刮管刀，清管器

power ~ 机动刮刀

pulling ~ 拉铲，拖拉刮土机

pushloading ~ 推式铲运机

push-type ~ 推土机

road ~ 平路〔刮路，刮土，铲运〕机

roller ~ （混砂机）刮砂板，刮砂滚刀

sand ~ 混砂刮板，刮砂板

scaling ~ 铲刮机

shuttle-action ~ 梭〔往复〕式刮板输送器

slackline ~ 拖铲挖土机，松绳塔式挖土机

slip ~ 滑行挖土机，刮土铲运机

steel ~ 刮（钢）刀，刮板

tandem-bowl ~ 串联斗式铲运机

three-cornered ~ 三角刮刀

three-square ~ 三角刮刀

tongue ~ 舌板式铲运机

triangular ~ 三角刮刀

tube ~ 清管器

tyre-type ~ 轮胎式铲运机

wheel ~ ①碾轮（表面粘砂）用刮板②轮式铲运〔土〕机

wirerope-operation ~ 绳拉式矿耙

scraping 刮削

scrapless ①无屑〔无碎片，无渣〕的②无废料排样

scrappage ①废物，废材②报废率

scrappy 碎料，零碎〔剩余〕的

scratch ①擦伤，刮痕，擦痕②刻线，标线③喀啦声④压条印（在瓷砖表面上压上条痕）⑤拉缸⑥暂存区，暂存文件
pickle house ~ 酸洗痕（钢板缺陷）
scratch-hardness 划痕硬度
scratchpad ①便条〔笺〕②便笺式〔高速暂存〕存储器
scream ①发啸声，尖叫声②振荡，振动
screed ①样板，准条（定墙灰厚度用）②用样板刮平③裂片
screen ①屏幕，(荧)光屏，银幕，投影屏②屏栅，光栅，帘栅极③护〔挡，闸，遮光〕板，隔离屏，焊接屏风，面罩④筛（子），粗眼筛，筛分机，滤网⑤屏蔽，防护网罩⑥分类，甄别⑦过筛，筛选⑧晶格，点阵⑨滤光镜
~ capture 屏幕截取
~ of the points 扩散板
~ out 筛分
acoustic ~ 声屏蔽，隔声板，声障板
aiming ~ 调式屏幕，大灯对光屏幕
air ~ 气体过滤网
air release ~ 筛网式通气塞
air-in ~ 进气过滤网
Al-backed ~ 复铝屏
anti-dazzling ~ 遮光片，防眩屏
antigravity ~ 抗重力筛（筛料自下而上筛过），反重力式筛分机
armo(u)r glass ~ 防弹玻璃板
ash ~ 灰尘过滤网
aspirating ~ 振动吸力筛
assembly line monitor ~ 组装线监控画面
autostereoscopic ~ 自动立体（荧光）屏
background ~ 黑底荧光屏
back-light(ed) translucent ~ （背）后照明透视屏
band ~ 带条筛，带形筛
bar ~ ①铁栅筛，格筛②横木拦鱼网③（清花机的）分离筛
beaded ~ 粒状荧光屏
black ~ ①暗色滤光镜，（塑料）中灰滤光屏②烟色屏，黑底荧光屏
black surrounded ~ 黑底屏
black-matrix ~ 黑底屏，黑矩阵屏
blue ~ 蓝辉光荧光屏
bottom (water) ~ 炉底水帘管，水筛炉底（由水、汽管组成），制粒器
buckwheat ~ 无烟煤筛分机
bull ~ 碎料筛
burn-in ~ （高温功率）老化筛选
cascade ~ ①级联〔串级，级〕屏蔽②多层屏
chart ~ 坐标〔图形〕投影屏
checkerboard colo(u)r dot ~ 彩色嵌镶幕
circular ~ ①圆孔筛板②圆形格筛
cleaning ~ 清洗筛
clinker ~ 烟尘过滤网
cloth ~ ①布筛②布袋收尘器
coarse ~ 拦污栅
colo(u)r ~ ①彩色荧光屏②彩色滤光片
colo(u)r line ~ 有色阴影线荧光屏，彩（色线）条（荧光）屏
colo(u)r picture ~ 彩色电视屏
compressor impeller ~ 压气机入口防尘网
conical ~ 锥形格〔多边，滚筒〕筛
contact ~ 接点屏蔽〔银幕，荧光屏〕
credit ~ 信用审查
crimped wire ~ 皱纹金属丝网格（在空气过滤器里的）
cross ~ 十字形〔交叉〕滤色镜
cylindrical ~ 圆筒筛，滚筒筛
cylindrical surface(d) ~ 柱面屏（阴极射线管）
damping ~ ①缓冲屏②阻尼栅③整流网④整流栅
dark-tint ~ 中灰滤光屏(置于显像管屏幕前，用来减少环境光的影响)
dark-trace ~ 暗线荧光屏，暗迹（荧光）屏
delay ~ ①持久荧光屏，余辉光屏②金属过滤网
diaphragm ~ 平（板）筛（浆机）
diffuser ~ 散射屏
diffusing ~ 漫射（遮光）屏，漫射遮光装置
display ~ ①壁式电视荧光屏②显示屏
dot fluorescent ~ 点荧光屏（彩色显像管的）
double ~ ①双层筛②双涂层屏
drag ~ 刮板筛，耙式筛
drum ~ 滚动筛
drying ~ 百叶窗（汽水）分离器
earth ~ ①（接）地网②接地屏蔽
electroluminescent ~ 电发光屏
electron-transmissive ~ 电子透射屏
ELF ~ 强介电陶瓷与荧光层的接合屏
E.L.transfluxer ~ 场致发光多孔磁心存储器光屏
faraday ~ 法拉第屏，静电屏蔽
fast ~ 短余辉荧光屏
filter ~ （过）滤网
finder ~ 检像镜，寻像屏，投影屏
fine (mesh) ~ 细网

fire ~ 防火墙，火隔
flat-white nondirectional ~ 均匀白色漫射屏
flip-flow ~ 弛张筛
floor ~ 炉底水帘管，水筛炉底（由水、汽管组成），制粒器
fluorescent ~ 荧光屏，荧光板
front ~ 风挡
front projection ~ 前投式屏幕
frosted ~ 毛屏
furnace outlet ~ 弗斯顿管,(炉膛)出口管屏，捕渣管束
gauze ~ 网屏
glass ~ ①风挡②玻璃荧光屏
granulating ~ 制粒器，水帘管
grinding ~ 粉碎筛
grizzly ~ 格栅，铁栅筛
ground(ed) ~ ①（接）地网，接地屏蔽②接地帘栅
gyratory ~ 旋转筛，偏心振筛
hair ~ 发网筛，细金属丝筛
hand ~ 焊工面罩
head ~ 焊工面罩
heat ~ 隔热〔绝热〕屏，绝热体
honeycomb ~ 整流格，整流网，蜂窝屏板
hot ~ ①热烧结矿条筛（机尾部）②热烧结矿筛分
hummer ~ 电磁簸动
hydraulic ~ 压力〔液压〕过滤网
impact ~ 冲击筛，振动筛
inclined ~ 斜筛
induction ~ 磁屏
intake ~ 进口拦网，进料过滤网
intensifying ~ 增强〔加亮荧光，增光，增感〕屏
intercepting ~ ①承影幕②截光屏
jigging ~ 振动筛
knocker ~ 振动除节机
knotter ~ 除节机
lace ~ 辫带式过滤网
lamp ~ 灯罩
LCD ~ 液晶屏幕
lead (foil) ~ ①铅防护屏，铅箔增感屏②铅屏蔽
lead-oxide ~ 氧化铅靶面
leahy ~ 凸轮冲击筛
lens ~ 透镜遮光片，(透镜屏）光阑
lenticulated ~ 透镜状屏幕
light-emitting ~ 发光（荧光）屏，(光发射）荧光屏
lip ~ 分级筛
long-persistence ~ 长余辉荧光屏
luminescent ~ 荧光屏
magnetic ~ ①磁屏（幕）②磁屏蔽
mesh ~ ①筛（子），网筛②网孔
metallized ~ 金属背〔化〕荧光屏
mica-supported ~ 云母衬底屏
mirror backed fluorescent ~ 背面反射式荧光屏
mirror reflection fluorescent ~ 金属背〔镜反射〕荧光屏
monitoring display ~ （交通）监控视屏
mosaic ~ 感光嵌镶屏
multichrome penetration ~ 多色穿透式荧光屏
multilayer phosphor ~ 多层荧光屏
multiple-colo(u)r phosphor ~ 多层彩色荧光屏
multirap ~ 多冲击筛（机械冲击式振动筛）
navar ~ 导航屏幕（指挥飞行投影装置）
needle-slot ~ 细缝筛
neon-grid ~ 氖栅屏
nonpersistent ~ 无余辉荧光屏
normal-speed ~ 正常速度〔衰减，余辉（衰减率的）荧光〕屏
oil cleaner ~ 过滤网
opaque ~ 不透明屏（幕），无光泽屏（幕）
optical ~ 光屏
oscillating shaking ~ 摇动筛
outer ~ 电缆外编织层
panoramic ~ ①全景宽银幕②扫调屏
perforated ~ 多孔板筛
persistence ~ 余辉荧光屏
persistent ~ （有）余辉荧光屏
phosphor ~ 荧光屏
phosphor coated internal ~ 内侧面涂粉的荧光屏
phosphorescent ~ ①荧光屏②磷光屏
photographic ~ 滤色屏
photometer ~ 光度计屏，曝光表玻璃罩
picture ~ 图像屏幕，荧光屏，显像屏
polarizing ~ 偏光镜
potassium chloride ~ 氯化钾屏，暗迹屏
power ~ 机械筛，机动筛
probabilistic ~ 概率筛
projection ~ 银幕，投影屏，投射屏
protection ~ 防护屏（幕）
protective ~ ①防护屏，掩护幕②保护屏蔽
protractor ~ 测角投影屏
pulp ~ 筛浆机，浆筛

pulsating ~ 摆〔脉，振〕动筛
radiator ~ 散热器护栅
rear projection ~ 背景屏幕，后〔背〕投式屏幕
recleaner ~ 精选筛
reducing ~ 减光屏
reflective viewing ~ 反射式银幕〔观看屏，屏幕〕
resonance ~ 共振筛
retaining ~ 阻滞筛
revolving ~ ①旋转筛②圆〔转〕筒筛，多边筛
roll ~ 滚轴筛
roll(er) ~ 滚动筛，辊轴筛
roll-up ~ 卷式银幕
rood ~ 十字梁
rotary ~ 转筒〔滚筒，回转〕筛
rotary sliver ~ 圆筒除节机
rotor driven ~ 振动筛
safety ~ 保险挡板
salt ~ 荧光（增感）屏
scalping ~ 粗粒筛
schlieren optical ~ 纹影屏
scintillation ~ 闪烁屏
selector ~ 可变偏心筛（偏心度可变的）
separating ~ 分级〔选别，分离，清选〕筛
shadow-mask ~ 荫罩屏，影孔板式荧光屏
shaft ~ 筒筛，回转筛
shaker ~ 摇动〔抖动，大，分离〕筛，摇筛器
short-persistence ~ 短余辉荧光屏
shower ~ 淋浴管式过滤网
sifting ~ 细分筛
silk ~ 丝网
sizing ~ 分级筛，筛子（筛分用）
slag(ging) ~ 捕渣管束〔筛〕，弗斯顿管
slotted ~ 缝筛，长方孔筛
slow ~ 长余辉荧光屏
slurry ~ 矿泥筛，煤泥筛
smoked ~ 烟幕
spring-supported ~ 弹簧减振筛
square-netting ~ 方孔筛板，方形编织滤网
stamp mortar ~ 捣研筛
steam ~ 汽水分离器
Stevenson ~ 百叶箱
storage ~ 储荷屏
swinging ~ 摆动〔摇（动），振动〕筛
tint ~ 色辉〔色调〕荧光屏
touch-sensitive ~ 触敏屏幕，摸感屏幕
transmissive viewing ~ 透过式银〔屏〕幕
triple-component ~ 三色荧光屏
trommel ~ 转筒筛
unbalanced-throw ~ 惯性筛
vapo(u)r deposited ~ 蒸发荧光屏
vibrating ~ 摆动筛，振动筛
viewing ~ 银幕，观看屏
vortex ~ 旋流筛
water ~ ①水过滤网，水帘，拦污栅②水冷壁
wide-meshed ~ 粗筛网
wind ~ 挡风板，风挡
wire ~ 金属丝网筛，铅丝纱
wire-mesh ~ ①金属网筛，铅丝筛，丝网②线网屏蔽
wobbler ~ 振动筛
wooden ~ 木挡板，木隔板
woven ~ 编织筛

screener ①筛（网）②筛分工③筛选器，筛选〔分选，分级〕机
screenerator ①筛砂松砂机②在地砂内加入新砂的专用机械
screen-grid 屏栅极
red ~ 红枪帘栅极
screening ①遮护②筛选，筛分，过筛③屏蔽，隔离④图像修改技术（把有规则的点阵模式添加到原始用像上的方法）
silk ~ 丝网（印制电路）法
wet ~ 湿筛法
screenings 筛屑〔余物，下产品〕
screen-plate 帘栅极 - 板极
screen-reflector 金属网反射器
screen-scrape 屏幕擦写
screw ①螺钉，螺旋（桨），螺旋输送机②起重器，千斤顶③旋（量），拧④攻螺纹，车螺纹
~ cutting 车〔切〕螺纹
~ down 用螺旋拧紧，用螺钉固定
~ off 拧下（螺钉）
~ on 拧上（螺钉）
~ out 拧出（螺钉）
~ up ①拧紧〔上〕（螺钉）②卷成螺钉状③扭歪
abutment ~ 止动螺钉
adjusting ~ 调节螺钉，调〔校〕正螺钉
aerial ~ 飞机螺旋桨
aiming ~ 瞄准调节螺钉
air adjusting ~ （发动机化油器）空气调节螺钉
allen ~ 六角固定螺钉
anchor ~ 基础螺栓，地脚螺栓

attachment ~ 止动〔连接，装配，紧固〕螺钉
backing-up ~ 止动螺钉
ball ~ 滚珠丝杠
ball-jointed ~ 万向球铰螺杆
band ~ 带式螺旋
banking ~ 止动螺钉
bench ~ 台虎钳
binding head ~ 扁头结合螺钉（特别指电器上的），圆顶宽边接头螺钉
bleed ~ 带孔螺钉（放气用）
body ~ 犁体螺钉
bottle ~ ①螺旋起重机②松紧螺旋扣
brazier head ~ 扁头螺钉
butterfly ~ 蝶形螺钉
button-head(ed) ~ （半）圆头螺钉
cap ~ 有头螺钉（直径在 11 mm 以上者），内六角〔有帽，紧固〕螺钉
capstan ~ ①转塔丝杠②绞盘螺钉
chamfer head ~ 埋头螺钉，沉头螺钉
check ~ 压紧〔止动，定位〕螺钉
cheese ~ （凸）圆头螺钉
clip ~ 游标螺钉（经纬仪垂直圆上调整游标的螺钉）
closing ~ 螺纹规，螺塞
coach ~ 方头〔六角头〕木螺钉
collar head ~ 头带缘螺钉
conical ~ 锥端（紧定）螺钉
constant taper ~ 等螺距锥体螺杆
core ~ 铁心调整螺钉
cored ~ 空心螺杆
cornet ~ 闹钟用摆轴承螺钉
countersunk (head) ~ 埋头螺钉
cross ~ 左右交叉螺纹
cup head ~ 半圆头螺钉
decreasing lead ~ 减螺距螺杆
differential ~ 差动螺旋，差动装置螺钉
discharge ~ 卸料螺旋，卸粮螺旋
dog ~ 定位〔固机，紧固，偏心头〕螺钉
dormant ~ 埋头螺钉
double-thread ~ 双线螺纹
double worm ~ 麻花钻，双扭螺钻
dowel ~ 两头螺钉
down-feed ~ 垂直丝杠
draw ~ 起拉螺钉，起模螺钉
driver ~ 传动螺杆
driving ~ ①导螺旋②主〔导，传动〕螺杆
eared ~ 翼形螺钉
earth ~ 挖穴钻，土钻
Edison ~ 圆螺纹，爱迪生螺钉
elevating ~ 上升螺旋，升降丝杠，螺旋起重器
endless ~ ①蜗杆②螺旋输送机，螺旋推进器
expansion ~ 可调螺钉，扩开螺钉
external ~ 螺钉
eye ~ 有眼〔吊环〕螺栓，环首螺钉〔栓〕
faller ~ 针板螺杆
feed ~ ①丝杠②进给螺杆③螺旋输送〔给料〕机
female ~ ①内螺纹②螺母
filling ~ 螺纹规
fillister head ~ 有槽圆头螺钉
fine-pitch ~ 小螺距螺钉，细牙螺钉
fitting ~ 紧配连接螺栓
fix(ing) ~ 定位〔调整，固定〕螺钉
flat ~ 平头螺钉
flux ~ 磁通调整螺钉
fly-head(ed) ~ 翼形螺钉，蝶形螺钉
focusing ~ 对光螺旋，定影螺钉，聚焦调节螺钉
foot ~ 地〔底〕脚螺钉
force ~ 力旋量
forcing ~ ①加压〔紧固〕螺钉②起重器，千斤顶
full blader ~ 实体螺旋
full-flighted ~ 全螺纹螺杆
gib ~ 调整楔用螺钉，夹紧调整螺钉
globoid ~ 滚珠丝杠
grain ~ 运谷螺旋，谷粒螺旋（推运器）
ground ~ 地脚螺钉
grub ~ 平头螺钉，埋头螺钉，木螺钉
guide ~ 导螺杆，丝杆
hand ~ ①手动螺杆②手力起重器，手力千斤顶，手动螺旋起重器③翼形螺钉
handle set ~ 车辆止动螺钉
helicoid ~ ①螺钉②丝杠③蜗杆
hex(agonal) ~ 六角螺钉
Hindley ~ 球面蜗杆
hold-down ~ 止动螺钉
holding ~ 紧定〔止退〕螺钉，紧固螺钉
hook ~ 钩形螺钉
housing ~ 压紧螺钉，压下螺钉
Hunter's ~ 差动可逆式螺旋桨
image ~ 映象旋量
impedance ~ 节流螺钉
inch ~ 英制螺纹
inside ~ 螺母

internal ~ 内螺纹
jacket band ~ 套带螺钉
jack(ing) ~ 顶起螺钉，螺旋千斤顶，千斤顶螺杆
key ~ ①螺钉把②螺旋键
knurled ~ 滚花螺钉
lag ~ 方头（木）螺钉
latch ~ 弹键螺钉，门栓大螺钉
lead ~ ①丝杠，导杆②（唱片）引入（纹）槽
leading ~ 丝杠，导螺杆
lentil-headed ~ 扁头螺钉
level(l)ing ~ 校平〔水准〕螺钉〔旋〕
lever latch cap ~ 手柄弹键盖螺钉
lift(ing) ~ 螺旋起重器，升降螺杆，千斤顶螺杆，起模螺钉
limit ~ 止动螺钉
linkage level(l)ing ~ 悬挂装置，调平螺杆
locating ~ 止动螺钉
lock ~ 锁紧螺钉
log ~ 木螺钉
long bent point ~ 长弯头画线针
lubricating ~ 黄油枪，油膏杯，润滑螺旋
male ~ ①外螺纹②螺钉
marine ~ 船用螺旋桨
marking ~ 标号螺钉
mass ~ 平衡螺钉（在双金属摆轮上快慢螺钉外的其他螺钉）
master ~ ①标准螺旋②母丝杠
mean time ~ 快慢螺钉
measuring ~ 测微螺钉，微动螺钉
meter ~ 普通〔米制〕螺纹
micrometer ~ 测微螺杆
micrometric ~ =micrometer ~
mill ~ 轧机压下螺钉
milled ~ 滚花头螺钉
minus ~ ①一字槽头螺钉②左旋螺纹
mirror ~ 镜螺旋
mixing ~ ①混合用螺旋②螺旋混合机
mixture adjust ~ （发动机）怠速混合气浓度调节螺钉
multiple flighted ~ 多导程螺杆
multiple-thread(ed) ~ 多头螺杆
mushroom head ~ 菌头螺钉
neck(ed) ~ 细颈螺钉，颈口螺旋
nut ~ 螺母
odd-pitch ~ 非标准螺距螺纹
one start ~ 单头螺纹
Parker Kollon ~ （金属）薄板螺钉
pattern ~ 起模螺钉
perpetual ~ ①蜗杆②无限螺旋，轮回螺旋
Persian ~ 螺旋排水机
Philips ~ 十字槽螺钉
pilot ~ 支持螺钉
pinching ~ 固定螺钉，夹紧螺钉
pivot(-point) ~ 枢轴螺旋
plain ~ 平螺钉，简单螺钉
plug ~ 螺塞，堵头螺钉
plus ~ 十字槽头螺钉
plus-minus ~ 调整螺钉
power ~ 传动螺杆，传力螺钉
pressure ~ 压下螺钉
propeller ~ 螺旋桨螺旋推进器
pusher ~ 推进式螺旋桨
quadruple ~ 四线螺旋
quarter ~ 快慢螺钉
rag ~ 棘螺栓，地脚螺栓
raised head ~ 凸头螺钉，高头螺钉
rapid ~ 大节距螺钉
recalibration ~ 定位螺钉，调整螺钉，重新校准螺钉
reduction ~ 螺旋还原反应器
regular thumb ~ 对称翼形螺钉
residual ~ 防粘螺钉，隔磁片
restriction ~ 节流螺旋杆，节流尖头螺钉，带螺纹的针阀
retaining ~ 固定螺钉
retention ~ 定位〔紧固，止动〕螺钉
reverse ~ 回动丝杠
reverse-flighted ~ 双向螺杆
rigging ~ 装配螺钉，系紧螺钉，松紧螺旋扣
right-and -letf ~ 左右旋螺栓
right(-hand) ~ 右旋螺钉
round(-headed) ~ 圆头螺钉
seat ~ 定位螺钉，安装螺钉
self-tapping ~ 自攻螺纹螺钉，自动攻螺纹螺杆
set ~ 调节〔无头，止动，定位，紧定〕螺钉
setover ~ 偏距螺钉
setting ~ 定位〔止动，调整〕螺钉
setting-up ~ 固定螺钉，锁紧螺钉
sharp V ~ 全 V 形螺纹螺钉，锐角〔非截顶三角〕螺纹
shoulder ~ 有肩螺钉
SI ~ SI 螺钉，米制螺钉
single flighted ~ 单头螺杆
slotted head ~ 槽头螺钉

slow motion ~ 微动螺钉〔旋〕
socket ~ 凹头螺钉，承接螺钉
socket cap ~ 圆柱头内六角螺钉
socket head ~ 凹头螺钉，内六角〔窝〕头螺钉
socket head cup ~ 内六角螺钉
sole ~ 底板螺钉，地脚螺钉
spacing ~ 空号螺钉
speed adjust ~ 速度调节螺钉
square ~ 方纹螺旋
squeezing ~ 挤〔滚〕压螺钉
steering ~ 转向螺杆
step ~ ①止杆螺钉②带阶梯螺钉
stone ~ 棘螺钉，地脚螺钉，锚定螺栓
stop ~ 止动螺钉，紧定螺钉
stop-adjusting ~ 止动挡块
stopper ~ 止动螺钉，紧定螺钉
strain ~ 张力螺钉（使叶片簧产生张力的）
stretching ~ ①夹紧螺钉，拉紧螺钉②调整螺杆
stud ~ 柱螺栓螺钉
sunk ~ 埋〔沉〕头螺钉
synchronizing ~ 校准螺钉
tangent ~ ①切线螺旋，微动〔调〕螺旋②正切转螺旋
tangential ~ ①切向螺旋②轴向移位蜗杆
tap ~ 丝锥
tappet adjusting ~ 阀间隙调整螺钉
tapping ~ 自攻螺钉
telescopic feed ~ 伸缩进刀螺旋
temperature ~ 温（度补）偿螺钉（补偿摆上的）
terminal ~ 端接子，接线螺钉
thread-cutting ~ 自攻螺钉
thread-forming ~ 自攻螺钉
three-start ~ 三线螺纹
throttle adjust ~ （发动机）节气门调节螺钉
thumb ~ 翼形〔蝶形，指旋〕螺钉
timing ~ 调时螺钉，快慢螺钉（装在双金属摆轮横梁方向上的一对螺钉，以调节摆轮转动 惯量，获得所需的周期）
tommy ~ 虎钳丝杠，贯头螺钉，旋棒螺钉
tractor ~ 推进式螺旋桨
transmission ~ 传动螺杆
triple (threaded) ~ 三线螺纹
truss-head ~ 大圆头螺钉
tuning ~ 调节螺钉
turnbuckle ~ 紧线〔花篮，接合，旋扣〕螺钉
union ~ （管接头）对动螺旋
vented ~ 排气螺杆
V-threaded ~ V形螺旋，三角形螺旋
wall ~ 墙螺栓，棘螺栓，墙锚栓
wheel ~ 手轮锁紧螺钉
Whit ~ 惠氏螺纹
wing ~ 翼形螺钉
worm ~ 蜗杆（螺钉）

screw-cap ①螺旋盖②螺旋灯头

screwdown ①用螺旋拧紧②压下，旋下③螺旋压下机构
preset ~ 程序调整的压下装置

screw-driven 螺杆〔旋〕传动的

screwdriver 一字〔十字〕旋具，旋凿
~ with voltage tester 试电笔
electric ~ 电动螺钉旋具
electronically controlled ~ 电子控制（螺钉）旋具
offset ~ 偏置旋具
plug ~ 旋动插塞螺钉用的小旋具
pneumatic ~ 气动螺钉旋具

screwed 有螺纹的

screwer 螺纹刀，开（手）表旋具

screw-in 拧进去的，拧入式的

screwing 车削螺纹，螺纹连接的，螺栓连接的

screw-jack 螺旋起重器，（螺旋）千斤顶

screw-pitch 螺距，螺节

screw-press 螺旋压力机，蜗杆压榨机

screw-propeller 螺旋桨
antagonizing ~ 游标螺钉

screw-socket 螺口，螺口插〔灯〕座

screwstock 螺钉条料

screw-thread 螺纹

screw-topped （瓶等）有螺旋盖的

screwwrench 螺旋扳手
universal ~ 万能螺旋扳手，活扳手

screwy 螺旋形的

scribbler 粗梳机，预梳机头道梳理机

scribe ①画线，划痕〔线，抨〕，划（晶）片②雕合，合缝
pen ~ 笔尖划线法（集成电路不掩模制造用）

scribecoat 刻线，刻图

scribe-coating 刻图（膜），刻线

scriber 画线针〔器〕，划线器，划片器
~ and breaking 划线折断法
offset ~ 弯〔偏〕头划线针
point ~ 尖画线针

scrim 沙罩，柔光镜，散光器

scrip 字条，收据
script ①原本②笔迹，手迹
artificial ~ 人造文字（如速记）
camera ~ 摄像机活动提示，摄像原稿
cursive ~ 草写体
machine ~ 机器可读数据，机器能读出的数据
scriptron 字母数字管（显示字母及数字用的电子束管）
scroll ①涡（卷），旋涡形②蜗（形）管③蜗壳④卷轴，卷状物⑤卷成卷轴形⑥滚屏⑦包角
inductor ~ 涡形吸管〔诱导管〕
spiral ~ 螺旋槽
scroop 轧轧的响声，丝鸣
scrub ①洗涤，擦（洗），刷，磨②涤〔洗〕气，气体洗涤，除尘，净化
scrubbed 精制的，纯净的
scrubber ①洗涤器〔塔〕,涤气器〔塔〕,空〔煤〕气洗涤器，（湿式）除尘器，过滤器②擦洗〔洗皮，圆筒碎散〕机③刮器，硬刷④旧砂（湿法）再生装置
caustic ~ 碱洗气器
column ~ 洗柱器
cone-ended ~ 锥端滚筒擦洗机
corrugated (plates) ~ （汽鼓里的）百叶窗式汽水分离器，波纹板洗涤器
crossflow nucleation ~ 错流核晶洗涤器
cyclone ~ 旋风洗涤〔集尘，除尘，涤气〕器
dust ~ 防尘器
gas ~ ①湿式除尘器②气体洗涤器
jet ~ 喷射洗涤器（冲天炉烟气除尘）
pneumatic ~ ①气动〔体〕洗涤器②空气洗涤塔③扬砂再生设备
rotary ~ 离心洗涤器，离心涤气机
sand ~ 旧砂干法清洗装置，洗砂机
slot ~ 百叶窗式除尘器
tower ~ 洗涤塔
tray ~ 盘式洗涤器
vent ~ 废气洗涤器
Venturi ~ 文丘里雾化器（除尘装置中）
water ~ 水洗塔
scruff 浮〔炉，铁，锡〕渣，锡铁合金的机械性混合物
scruple ①英分，斯克鲁普尔（药量名，1 斯克鲁普尔 =1.296 g）②极微的量
scrutiny 细看，仔细检查，详尽的研究，推敲
SCS （=stored coordinate system）已存坐标系（数控加工过程中 UG NX 等软件的坐标系）
scuba （配套的）水下呼吸器，潜水呼吸用器
scudding 刮面
scuffing ①刮〔磨，擦，划〕伤②（齿轮）咬接（表面）塑性变形③烧剥
~ of cylinder bore 气缸镜面擦伤，拉缸
break-in ~ 试运转时（表面）的磨伤或擦伤
cold ~ ①冷发动机工作时的磨损（活塞环与气缸面）②低温磨损
scuffle-knife 单面平切铲，除草刀
scuffler ①两端可伸缩的行间中耕器②浅耕松土耙③中耕松土机
scull （浇包）结〔渣，凝〕壳
casting ~ 铸造披缝
sculpture 雕刻，雕塑
scum ①熔〔浮，撇，吐〕渣，渣滓，清炉渣块，铁渣（冲天炉打炉后的），渣气孔，水垢，鳞屑②清除渣块，（去）泡沫
scumble 涂油墨层，涂暗色，涂不透明层
scummer ①撇（浮）渣勺，除渣勺②除渣器
scumming ①撇渣②暗斑（搪瓷制品表面）③起脏，糊版（平版）④（pl.）浮渣
scupper 溢流口，排水口
scurf ①表皮屑，秕壳，渣壳，沉积物②刮除（皮，屑等）
scutate 盾形的
scutch ①圬工小锤，刨锤②清棉，打散〔开，笞〕
scutcheon ①（=escutcheon）孔罩②盾饰③钥匙孔盖
scutcher 打麻〔清棉，开幅〕机
breaker ~ 粗打麻〔揉麻梳麻，头道清棉〕机
finisher ~ 末道清棉机
single breaker ~ 单打手头道清棉机
scuttle ①煤斗，煤桶②车颈③小舱口，天窗，舷窗
scythe ①长柄大镰刀②果园〔草地〕割草机
S-distortion S 型畸变，S 型失真
sea ①海（洋）②波浪
beam ~ 横波
resistive ~ 硅靶管像素电阻阵列
seadrome 海面机场
seakeeping 耐波性
seal ①密〔蜡，铅〕封，焊接，封接，封口②密封装置〔垫，剂〕,气密，垫圈，隔离层，闸，火漆，填料，绝缘（装置）③（封）印，烙印，印章④焊缝
aerospace ~ ①气封，气密②航空密封，高空密封
air ~ 气封，风门
airtight ~ （空气）密封，气密（垫，封接）

apex ~ （转子发动机）径向密封片
automatic ~ 自紧密封
axial ~ 轴向密封，端面密封
bead ~ 珠状封接
bellows ~ 波纹管〔伸缩鼓，气囊〕式密封，膜盒密封
bow ~ 艏气封
butt ~ 对（头封）接
cap ~ 帽形密封（滑动密封）
cased ~ 带壳密封，骨架密封
cheveron ~ 人字形〔迷宫式〕密封
clipper ~ 钳压密封
clipper oil ~ 油封夹紧装置
compression ~ 压（应）力封接（利用玻璃抗压强度大于抗张强度性能而做的非匹配封接），弹性材料密封
Conflat ~ 肯弗尔特密封（真空管道连接）
contamination ~ 防污染密封
copper-glass ~ 铜与玻璃封焊
crimp ~ 锯齿形焊缝
crunch ~ 陶瓷（金属）封接，咬合封接
crush ~ 挤压〔压变，压塑〕密封
cup ~ 杯形封接
diaphragm ~ 薄膜〔膜片〕密封（件），密封片〔膜〕
dike-type ~ 栏框式密封
dip ~ 液封
disk ~ 盘形封口，盘封
double-glass ~ 双层玻璃气密封接
dumet ~ 杜美丝焊封（封头）
dust ~ 尘封，防尘密封，防尘圈
dynamic ~ 动密封
edge ~ 封边，边封，刀口密封
elastomer ~ 弹性密封
exclusion ~ 保护密封
fabric-reinforced ~ 夹布密封
face ~ 面〔集电环〕密封
felt-neoprene ~ 氯丁（二烯）橡胶毡（密）封
fire ~ 防火密闭墙
flame ~ 火焰封接
flange ~ 凸缘密封，法兰盘密封
flange type ~ 弯臂形油封
floating ~ 浮动密封
flocked ~ 絮屑密封
frit ~ 低熔点玻璃封接
gas ~ 气封，气密
gasket ~ 密封垫片〔圈〕，固定密封
gasket-type ~ 静密封
glass-dead ~ 玻璃封口〔接〕
glass-metal ~ 玻璃金属封焊
graded ~ 递级封接
grease ~ 油封（圈），黄油密封
greaseless ~ 无脂密封
hat ~ 帽〔L，法兰〕形密封
hermetic ~ （气）密封，气密封接，密封接头，真空密封
high duty ~ 高压密封
honeycomb ~ 多孔密封，蜂巢状密封
Housekeeper ~ 薄边封接，豪斯基伯封接
hydraulic ~ 水封，液体密封
impregnated ~ 浸渍封接
inclusion ~ 无泄漏密封
inflatable ~ 充气式密封，膨胀式密封
joint ~ 密接，封箱（用泥条石棉绳等）
kiss ~ 接触密封
knife ~ 刀口封接，薄边封接
labyrinth ~ 迷宫汽封，曲径汽封，复式密封
lead ~ 铅封，引线封焊，输入端封接
leakoff-type shaft ~ 迷宫式轴封，曲径式轴封
leather ~ 皮封垫，皮填料
lip ~ 唇形密封，端头密封
liquid ~ 液〔水，油〕封（器）
loop ~ 环〔盘，环形（管）水〕封
metal-to-metal ~ 金属环式接触密封件
mix ~ 拌和式〔混合料〕封层
moisture ~ 防潮密封
multiform ~ 玻粉压环递级封接
official ~ 公章
oil ~ 油封
O-ring ~ （环形）密封圈
O-ring wear plate ~ O 形圈耐磨油封
packing ~ 填料密封
packless ~ 无包扎密封
pin ~ 销钉连接
pinch-off ~ 压紧密封，铜管封接，夹断封接
piston ~ 活塞密封圈，活塞环
pneumatic ~ 气力密封
preformed ~ 模压密封件
press ~ 冲压密封圈
pressed-base ~ 加压基座密封，冲压平底密封〔封接〕
pressure ~ 自紧密封
primary ~ 主密封，初级密封
ram ~ 撞入封接，陶瓷金属封接
reinforced ~ 骨架密封
ring ~ 环（形）封（闭），密封环

roll ~ 辊子闸门（密封缝隙用）
sand ~ 砂封
scraper ~ 防尘圈
self-acting ~ 自紧密封
self-adjusting ~ 自紧密封
shaft ~ 轴密封（装置），轴封，油封
shipping ~ 运输密封
silent ~ 静密封
single ~ 单层式封层
slinger ~ 抛油环式密封
slipper ~ 滑动密封
slit ~ 间隙式密封
snap-ring ~ 扣环密封
solder(ing) ~ 焊封
squeeze-type mo(u)lded ~ 压缩式成形密封
steam ~ 汽封
stem ~ （活塞）杆密封，芯轴密封
step ~ 阶式密封
stepped radial interstage ~ 级间高低齿式径向密封
tight ~ 密封
triple ~ 三重密封
tubular ~ 管状封接
vacuum ~ 直空封接，真空密封
vapo(u)r ~ 汽封
water ~ 水封
weather ~ 不受天气影响的密封，（车身 / 车窗）防风雨用密封条
wet ~ 液封
Wilson ~ 威尔逊密封，双环密封
wiper ~ 刮油密封环，刮垢环，压力〔弹性，接触〕密封
wobbler ~ 震实

sealability 可密封性

Sealalloy 西尔艾洛伊铋合金

sealant 密封层〔胶，剂，材料〕，渗补料
building ~ 建筑密封胶
flexible ~ 软密封剂
fluid ~ 密封胶
foam(y) ~ 泡沫密封层
tank ~ （航天燃料箱自动开关盖）封闭层

sealed-in 封闭〔焊死，密封，封接〕的

sealed-off 封离〔脱焊，开焊，烫开〕的

sealer 密封器〔物，垫〕，封闭器〔漆〕，（表面）保护层，渗补料
automatic random case ~ 自动通用封箱机
bag ~ 封袋机
casting ~ 铸件渗补剂
crack ~ 封缝料
drag ~ 覆土环〔耙，滑板，滑脚〕
roller ~ 覆土镇压器，滚轮覆土器
sanding ~ 掺砂涂料，掺打磨剂涂料
tape ~ 胶黏纸封盒机，（粘贴）封箱机

sea-level 海平面

sealing ①密封，熔接，封接，封口，隔绝，绝缘②堵塞，嵌缝，填充物，压实填料③（用热固性树脂）补铸件的漏洞
end ~ 终端扎结（电缆的）
extruded-beam ~ 挤出熔体熔接
faced ~ 端面密封
impulse ~ 脉冲熔接
joint ~ 密接，封箱（用泥条石棉绳等）
paint ~ 漆封
plastics ~ 塑料热封

sealing-in 焊接，熔接

sealing-off 脱焊，开焊

sealing-on 焊上

sealplate 密封板

Sealvar 铁镍钴合金（用于硬质玻璃及陶瓷的气密封接）

seam ①接〔焊〕缝，接合〔处，面〕，缝（口）②发裂，结疤，疤痕，裂痕（钢坯缺陷），（水）纹③（玻璃制品表面上留下的）模缝飞边，（玻璃的）磨边④缝合⑤（夹）层，矿层
burst ~ 裂纹〔缝〕
caulked ~ 捻缝
deep ~ 凹缝（焊管缺陷）
double ~ 双重接缝〔卷边，咬口〕
double standard ~ ① X 形标准缝②加力缝
edge ~ 边缘裂纹（带材缺陷）
flanged ~ 弯边焊缝
girth ~ 横向裂缝，周向焊缝
hair(line) ~ 发纹，发状细缝
horizontal ~ ①圆周接缝②水平缝
inside ~ 内缝〔填片，隔片〕
lapped ~ 搭接纵缝
lock ~ 卷边接缝
open ~ 裂缝，不严密焊缝
pilot ~ 试验焊缝，调整焊缝
pipe ~ 缩孔起层
plain overlap ~ 简单搭接缝，平叠缝
pressure tight ~ 压力容器焊缝
roll ~ 辊缝，轧辊间隙，辊距
rolling ~ 滚轧裂纹（由轧制引起金属表面的细小裂纹）
side ~ 横向焊缝，水平焊缝

strap ~ 搭接焊缝
strong ~ 受载〔强固的〕焊缝
tight strong ~ 强致密焊缝
transverse ~ 圆周接缝
weld ~ 焊缝
weld bridge ~ 搭桥焊缝（即表面焊好而里面空心未焊牢的焊缝）

seamanship ①船艺②航海术

seamer ①压缝机②封口（缝）机
Adriance ~ 异形罐封罐机
Astoria ~ 阿斯托里亚式封罐机（全自动封罐机）
can ~ 罐封口机
contour ~ 无导轨缝纫机（自动沿轮廓线进行缝纫）
double ~ 封罐机，双层卷边（咬口）机
hosiery ~ 缝袜机
side ~ （空罐罐身）边封机，踏平机

seaminess 裂纹现象，裂纹缺陷

seaming 接缝〔合〕,缝合,合拢,咬口,搭〔锁〕接，卷边接合
lock ~ 咬接

seamless 无缝〔压制，整压〕的

seamline 接合线

seamy 有缝〔有接缝，有伤痕，有疤痕〕的

seaplane 水上飞机

seaport 海港，港口

seaquake 海啸，海震

sear ①解脱杆②扳机，击发阻铁

Search Search 病毒（一种主要感染非系统的计算机病毒）

search 检〔探，搜〕索，检〔搜，调〕查，探测，研究，查找
address ~ 地址检索
alternating-variable ~ 交替搜索〔寻优〕法
automatic ~ system 自动搜索系统
automatic music program ~ 自动音乐节目搜索
automatic program ~ 自动节目搜索
best-first ~ 最佳优先搜索
binary ~ 对分（法）检索，对半检索，折半查找
chain ~ 链检索，链查寻
chaining ~ 链接检索，循环检索
conjunctive ~ ①逻辑乘（法）探索②按“与”检索
depth-first ~ 深度优先搜索（算法）
dichotomizing ~ 对半〔对分〕检索，二分法检索
dichotomous ~ 二分搜索
disjunctive ~ 按“或”检索，析取检索
exhaustive ~ 穷举搜索
family ~ 族性检索
Fibonacci ~ 费班纳赛选法〔寻优法〕
gradient ~ 梯度搜索
half-interval ~ 区间分半检索
heuristic ~ 探试搜索
key ~ 关键字检索
lattice ~ 格点搜索法，格点寻优法
literature ~ 文献检索
maze ~ 迷路探索
minimax ~ 极小化极大搜索
multifile ~ 多重资料检索，多文件检索
numerical ~ 数值搜索
pattern ~ 模式搜索
prior-art~ 事前技术调研
quadratic ~ 二次检查
retrospective ~ 追潮检索法，逆检索法
sequence ~ 序号检索
sequential ~ 顺序检索,序贯寻优〔搜索〕法，序贯选法
“similar to” ~ “相似”检索〔法〕
slow visual ~ 慢速图像搜索
specific ~ 全结构检索
statement-by-statement ~ 逐句搜索
surface ~ 海面搜索

searcher ①搜索〔寻觅，探测〕器，探针②塞尺③搜索者
feeler ~ 传感器
Lundin hitch point ~ 伦丁故障搜索器

searching 查找，搜索
automatic frequency ~ 自动频率搜索

searchlight 探照灯，聚光灯

searchlighting ①探照，照射（电波，光的）②探照灯搜索③雷达搜索（导航）

searing ①修型②刷涂料③灼热的

searing-iron 烙铁

seasat 海洋卫星

season ①季节②风干（木材）,干燥处理③时效，陈化，老化，变质（金属的）
dead ~ 淡季
demand ~ 旺季
dull ~ 淡季
slack ~ 淡季
slow ~ 淡季

seasonable 应季〔及时，合时宜，适合时机，恰好，合适，适当〕的

seasoning ①时效（处理），老〔陈〕化②风干，干燥，气候处理③不稳定性（磁控管的）④贮放⑤涂光⑥天然稳定化处理，天然时效
air ~ （通）风干（燥）
artificial ~ 人工时效（铸件）
natural ~ ①自然时效②自然干燥（法）
oil ~ 热油干材法
smoke ~ 熏干
steam ~ 蒸汽干燥（法）
water ~ 水浸法
wood ~ 木材干燥
seasonless ①未平整的②无季节性变化的
seat ①座（位），席，基座，阀座②位置，部位③垫层，垫铁④支承面，滑阀孔，管孔
air cushioned ~ 气垫座
aligning ~ 调心球面，球面座圈
angle ~ 支座角铁，支座角钢，角钢座
automatic ~ （电动油压）自动调节座椅
ball ~ 球座（球阀的）
bead ~ 轮辋底，胎圈座
buddy ~ 摩托车边座
casing ~ 套管承托环
centering spring ~ 复原〔对心，中心〕弹簧座
climate control ~ （汽车）温度控制座椅
core print ~ （型）芯座
cotter ~ 气门弹簧座
countersunk ~ （连接零件的）沉头座
deep ~ 软垫式座椅
detachable point ~ 活络阀座，节伸式阀座
disk ~ 阀座
ejection ~ 弹射座椅
flap (up) ~ 折叠座位
folding rear ~ （汽车）折叠式后座椅
heated front ~ （汽车）加热型前座椅
heel plate ~ 背靠块座，斜楔挡块座，侧支承块底座
jump ~ 活动座位，可折座位
key ~ 键槽
plug ~ 插座，插孔
power ~ 自动调节式座椅
pushover ~ 轻便座椅
stationary ~ 静（环）座（机械密封）
tilting ~ 可折座，折叠式座椅
yielding ~ 弹性支座，沉陷支座
seatainer 船用集装箱
seater 座机，有（多少）座位的飞机〔汽车〕
double ~ 双座飞机〔汽车〕
three ~ 三座位飞机〔汽车〕
valve ~ 阀座修整刀具，阀座（加工）刀具
seating ①底座，插座，支架〔座〕，基（础），座位②装置，设备③使入位，就座
needle ~ 针阀座
quick ~ （活塞环对气缸面的）高速磨合
relay ~ 继电器衔铁入〔就〕位
seaway ①航道，航路②可航区
seaworthiness 适航性，耐波性
sebacamide 癸二酰胺
polyhexamethylene ~ 聚己二酰癸二胺，聚癸二酸己二胺，尼龙 -610
sebacate 癸二酸盐〔酯〕
amyl ~ 癸二酸戊酯
butyl ~ 癸二酸丁酯
secant ①正割，割线②割〔切〕的，交叉的，剖分为二的
sec-butyl 仲丁基
~ P-hydroxybenzoate 防腐剂
secern ①区分，鉴别②分开，分离
seclude 隔绝〔离〕，分离
seco 闭联
secohm 秒欧（电感单位，1 秒欧 =1 H）
secohmmeter 电感表
secon ①二次〔次级〕电子导电摄像管②次级电子传导管
second ①秒（针）的②第二的，二级的③次〔副，从属，辅助，额外〕的④次品，废品
augmented ~ 增二（音）度
center ~ 中心秒针（结构）
direct sweep ~ 中心秒针
Engler ~ 恩格勒秒数
errored ~ 误码秒，差错秒，误块秒
flux ~ 通量秒
hundred call ~ 百秒呼
lux ~ 勒秒
major ~ 大二（音）度
minor ~ 小二（音）度
Redwood ~ 雷氏黏度秒
Saybolt ~ 赛氏黏度秒
severely errored ~ 严重误码秒
sweep ~ 长秒针，中心秒针
unavailable ~ 不可用秒
secondary ①第二（级）的，二次（方）的②次（级，等，要）的，副〔辅助，从属〕的③二次产品，中间产品④次级〔二次侧〕线圈〔绕组〕，副绕组，副线圈⑤二次配电系统⑥次级粒子（如气体放电中的次级电子）
axial ~ 轴向次级（直线电机的）

banked ~ 配电变压器组的二次网
Boolean ~ 布尔二次量
split ~ 分节（有中心抽头的）二次绕组〔线圈〕

second-hand ①第二手〔间接，用过，旧〕的②秒针③旧货

seconds 二等品，次品

second-source 二次生产，第二资源

secrecy 秘密，保密，隐蔽

secret 秘密（的）

secretan 铝青铜（w（Cu）90% ~ 93%，w（Al）5% ~ 8%，w（Mg）1.5，w（P）0.5%）

secretary
intelligent electronic ~ 智能电子秘书

sectile 可切的，可剖开的

section ①截〔断，剖，切〕面（图），截口〔线，点〕②部分，区，段，节，零件，单元，部件③部门，工段，处，所，区域④磨片（金相用）⑤型材⑥刃口，（切割器的）动刀片⑦分段，切断〔割〕
~ of programme 节目段
~ out 分出，标出，分配
active ~ ①活动截面，有效截面②活性段，活性区
actuating ~ 控制设备，起动部分
aerofoil ~ 翼型
AG-focused ~ 交变梯度聚焦节
angle ~ ①角形截面②角钢截面③角材
angular ~ 斜剖面
arithmetic ~ 运算器，运算装置〔部件〕
axial air ~ 轴向风区
axial net cross ~ 子午线截面
bar ~ ①杆剖面②型材
bench ~ 横剖面
body ~ 机身，床身，主要部分，基本部分
boiler ~ 锅炉管束，锅炉元件
boom ~ （喷雾器的）喷杆组
bringing-up ~ （管式炉，裂化炉）加热〔辐射〕段
bulb angle ~ 圆头角材
cable dummy ~ 电缆交接箱
capacitance ~ 电容节，电容元件
Carnegie ~ 卡内基型钢
chamfered ~ 前锥部（丝锥的），导切部分
channel ~ 槽（形）条
choking ~ ①临界截面②阻塞截面
coaxial ~ 同轴电缆段
cold-rolled ~ 冷轧型材
cold-rolled forming ~ 冷弯型钢
complete ~ ①全剖②完整区
complex ~ 复杂零件
composite ~ 集剖面
conic ~ 圆锥截面（曲线），二次〔圆锥〕曲线，（割）锥线
conical ~ ①圆锥曲线，二次曲线②锥体部分，圆锥截面
console ~ 操纵〔调节〕台部分
construction ~ 安装段
cooling ~ 冷却区〔段，带〕，散热器组
core ~ 反应堆活性区
crankcase ~ 曲轴箱舱〔分隔室〕
critical (cross) ~ 危险剖面
crystal block ~ 晶体检波部分
cutaway ~ 剖面
cut-fill ~ 半填半挖式（横）剖面
dead ~ ①空〔备用，无电，无用〕段②死元件〔线圈〕
die ~ 拼合模块
die rolled ~ 周期断面
double-T ~ ①工字断面②工字钢
double-wedge ~ 菱形截面，菱形翼型
dummy ~ 哑节，虚节
equivalent ~ ①当量截面②等圆断面（异形钢材相当于同面积圆形钢材的断面）
extruded ~ ①挤制叶型②压挤截面③挤压件
feeder ~ 馈路区间，馈电区域
female ~ （有）凹（槽密封）面（的）法兰
filter ~ 滤波器节
finished ~ ①成品②最终断面
flanged ~ 凸缘型钢
foot ~ 尾部
formed ~ 冷弯型钢
full ~ 全剖视
furnace wall ~ 炉膛水冷壁屏
gap ~ 中性隔离段（接触网有气隙部分），隙剖面
golden ~ 黄金分割
Gothic ~ 弧边形方坯
grid ~ （算条式筛的）算条，格板
guidance ~ 仪表舱
half ~ 半剖视
half-loading ~ 半负载段，半加感段
hat ~ 帽形截面
heavy ~ ①大型材②大型型钢
I ~ 输入设备
image ~ ①（摄像管）电子移像部分②图像

部分
instrument ~ 仪器舱
knife ~ （切割器的）动刀片
light ~ ①小断面②小型型钢
line ~ 线路段，线（务）段
loading ~ 加感部分，加感段
maintenance ~ 修理小组，保养工段
male ~ 凸模，上半模
master ~ 发电机组主段，发电机部分（电站的）
maximum cross ~ 主剖面
medium ~ 中型（材）
microtome ~ 切片
mid-series ~ 半串联节
mid-shunt ~ 半并联节
minimum life ~ 危险截面
monetary ~ 金融部分
mo(u)lded ~ 冷弯型钢
mower ~ 割草机动刀片
nodal ~ 节面
normal ~ 正剖面，横截面
O ~ 输出设备
open jet working ~ 开口试验段（风洞）
pack radio ~ 军用无线电设备
panelized-tube-wall ~ 水冷壁管屏
periodic ~ 周期断面型钢
phase-change boiler ~ （直流锅炉的）过渡区，相变区
picture ~ （摄像管）电子移像部分
plain ~ 平〔光〕刃动刀片
plane ~ 剖面
plate-work and welding ~ 铆焊工段
pointed ~ 刻齿动刀片
ponto(o)n ~ 浮筒部分
power extraction ~ 功率取出〔转换〕段
processing ~ 处理段，加工部门
prorated ~ 分截，分段
pull-off ~ 出料区段
pull-on ~ 进料区段
quarter ~ 四开断面〔截面〕
radar gross ~ 雷达散射截面
railroad ~ ①钢轨断面②线路区间
reference ~ 计算剖面
regenerative ~ 再生中继段
removed ~ 移出断面
repeater ~ 增音〔帮电，中继〕段
representative ~ 等效截面，代表性截面
revolved ~ 旋转剖视〔面〕
right ~ ①右截面，正截面②右段，右部
rim ~ （汽车）轮圈（轧材）
rolled ~ ①碾压断面②异型钢材③轧制叶型
roller ~ 镇压器组
ruling ~ 计量断面，等效断面，等圆断面（异型钢材相当于同面积圆形钢材的断面）
sag cross ~ 凹形断面
self-feeder ~ 自给器
serrated ~ 刻齿动刀片
shearing ~ 承剪断面，剪切截面
shipbuilding ~ 船用钢板，船用型钢
slotted ~ 测量线
special ~ 异形钢材（指板桩，轨枕，鱼尾板等特殊型钢），特殊型钢
specular cross ~ 有效反射面积
square ~ ①方形断口②方钢
squeeze ~ ①（波导的）可压缩区段〔导段〕②可变临界尺寸的波管节
star ~ 十字形截面
starting ~ ①头部②前截面
steel ~ 型钢
stem ~ 剖断面（T形梁的），梁腹断面，心柱断面
strawwalker ~ 键式逐稿器键箱
structural ~ 型钢材，型轧材
switch steel ~ 道岔钢材
switching ~ 倒换段，转接段
symmetrical ~ ①对称断面（型钢）②对称段
tank ~ 燃料箱舱
tapered ~ 切削锥部
telemeter ~ 遥测舱
text ~ 电文段
thin ~ ①薄剖面②磨片
three-level ~ 三点（折线）断面
throat ~ 临界截面，喉部截面
tool ~ 刀条
tooth ~ 齿割面
top hat ~ 礼帽形截面，门形截面
transposition ~ 交叉区，交叉段（线路）
transvers ~ 端剖面
type ~ 标准剖面
unbalanced ~ 不对称断面轧材
unequal side ~ 不等边型钢
unfilled ~ 欠缺断面
upper mo(u)ld ~ 上半模，凸模
weak ~ 危险剖〔截〕面
wing ~ 翼型
wire-mesh ~ 线网分隔层

work ~ 工段，工区
sectional ①截〔剖〕面的②分级〔区，段〕的③部分〔局部，组合，并合，片式连接〕的
sectionalization 分组〔段，节〕
sectionalizer 分段隔离开关
sectioning ①（电）分段装置（电力牵引）②剖面法③切片④剖切（检验）
taper ~ 倾斜断面法（金相技术）
sections
roller in ~ 分组镇压器
sector ①扇形（面，区，体，物，瓦，片，齿轮，齿板），月牙板，齿弧②区，（地址）段，部分，象限③两脚规，角度尺，函数尺④四分仪，象限仪⑤叠层器
bearing ~ 方位区，方位扇形角
bevel gear segment ~ 扇形锥齿轮
blind ~ 荧光屏阴影区，扇形阴影
chained ~ 链接区段
course ~ 航线象限，航线区域
equisignal ~ 等信号区
gear ~ 扇形齿轮
glide path ~ 滑翔路区
involute ~ 渐开线锯齿
polaroid ~ 扇形偏振片
reversing ~ （有调节级的透平的）导叶扇形
rotating ~ ①旋转衰减圆盘②扇形光调制器
spherical ~ 球心角体
step ~ 阶梯形光调制器
timing ~ 正时扇形
tooth ~ ①转向齿轮，扇形齿轮②齿弧
worm ~ 扇形蜗轮
sectorial 扇形的，瓣状的
sectoring 扇形扫描
sectorization （划）分（为扇形）区
sectrometer 真空管滴定计
secular 长期〔永久，多年〕的
secundum 〈拉〉根据
secure ①保证，保障，使安全②得到，获得③卡紧，固定④安全〔牢固，可靠〕的，保密的，机要的
multilevel ~ 多级保密
securitron 电子防护系统
security ①安全（性），可靠（性），稳固②保证（物），担保③保护，防护，保密度，保密（措施）④（pl.）证券，债券
address ~ 地址保密
channel ~ 信道保密，
home ~ 家庭保安系统
intelligent home ~ 家庭安防
network domain ~ （通信）网管区安全性
network ~ 网络安全，网络保密
personal identification number ~ 个人识别号保密
senior ~ 高级证券，优先股
sedan 轿车，普通乘用车
convertible ~ 活顶轿车
hard roof ~ 硬顶式乘用车（普通三厢式轿车）
sport ~ 跑车型轿车
sport luxury ~ 运动型豪华乘用车
super sport ~ 超级跑车型乘用车
sediment ①沉积（物），沉淀（物）②渣滓，水垢
displaced ~ 移位〔迁移〕沉积层
graded ~ 级粒沉积
sedimental 沉淀的，沉积的
sedimentary 沉积的，沉淀的
sedimentation 沉积学〔法，过程〕，淀积，沉降，沉淀
ultracentrifugation ~ 超速离心沉降法
sedimentograph ①沉淀仪②粒度分布测定仪
sedimentometer ①沉淀计（测定浮尘浓度和悬浮组成用）②沉积测定仪（测量质体沉降速度）
Seebeck-effect 塞贝克效应（温差电动势效应）
seed ①种子，籽晶，晶种，气籽，颗粒②（玻璃中的）小气泡③点火区，发火源④开端，根源
crystal ~ 种晶，籽晶
discharge ~ 放电种子（导致或促成放电的元素）
doped ~ 掺杂籽晶
inoculating ~ 晶种，籽晶
radon ~ 氡源，氡种
scattered ~ 散气籽
seed-blanket 点火区 - 再生区
seeder 播种机
band ~ 带播机
belt ~ 带式排种器播种机
broadcast ~ 撒种机
disk ~ （带）圆盘（开沟器的）播种机
end gate ~ 车尾悬挂的播种机
forestry ~ 林用播种机
gang ~ 组式播种机
plot ~ 苗圃与试验地播种机
pneumatic ~ 气吸式播种机
roller ~ 播种和镇压机组
strip ~ （留护苗）带播（种）机
suction ~ 吸入式排种器播种机

wheatland ~ 浅耕播种机，灭茬播种机
seedholder 籽晶夹持器
seeding ①播种②加晶种，引晶技术
heavy ~ 重气籽
random ~ 随机引晶，多晶籽晶引（单）晶技术
seed-out （结）晶（析）出
seehear 视听器
seeing 视力，观看，清〔明〕晰度，透明度
~ in dark 夜视
seek 寻〔选〕道，搜索，探寻，寻的，调查
seeker ①探寻器②自导导弹，自动寻的弹头
heat ~ 热（自动）导（引）导弹
IR ~ 红外线自导导弹
laser ~ 激光寻的器
target ~ ①目标位标器②自导导弹，自动寻的弹头〔装置〕
seep 渗出，渗漏
seepage 渗漏〔透，流〕，过滤，渗出（量，现象）
effluent ~ 渗漏
influent ~ 入渗，渗漏〔透〕
steady ~ 等量渗透
seesaw ①杠杆，跷跷板②上下〔前后，往复〕运动（的）③使上下〔前后〕动
seethe 沸腾，煮沸
S-effect S效应（表面电荷效应）
seggar ①火泥（箱）②退火罐〔箱〕
segment ①环节，节，段节，链段②程序段（计算机的），数据〔链〕段③换向器片④扇形体，弓形（体），弧层⑤部分⑥圆缺，球缺
~ of blading （涡轮）叶片
~ of circle 弓形（面积）
array ~ 数组段
bearing ~ ①轴衬，轴套②滑块，滑板
bound ~ 联编段（程序的）
chain ~ 链段
congruent ~ 叠合线段
data ~ 数据段
die ~ 拼合模块，组合模模块，压模元件
directed line ~ 有向线段
empty descriptor ~ 空描述段
exclusive ~ ①排除段，互斥段②排除部分
executive resident ~ 执行驻留段
faulted ~ 层错段片
fire grate ~ 炉排片
grinding ~ 砂瓦
inclusive ~ 内存程序段，相容段
initial ~ 初始（线）段，前节
line ~ 线路分隔段
load ~ 装入段（信息的）
nil ~ 零线段
notched ~ 扇形齿轮，月牙轮
nozzle ~ 喷嘴组，喷嘴弧段
overlay ~ 重叠段（程序的）
pipelining ~ 流水线段
program ~ 程序段
radius (rod) ~ 圆角切刀
ring ~ 环形片〔段，扇形体〕
roll ~ 扇形模（辊锻）
roller ~ 镇压器环
root ~ ①常驻段（程序的）②根基〔基本，主〕段
speed setting ~ 调速器扇形齿轮
spherical ~ 球截体，球面弓形
stack ~ 栈段
thrust ~ 推力瓦块
toothed ~ 齿轮扇形
vent ~ 通风槽片，隔片（铁心叠片之间的）
virtual ~ 虚段
waveguide ~ 波导管节
segmental ①部分的，扇〔弓，弧〕形的，圆〔球〕缺的②分割〔节〕的，片断〔零碎，辅助〕的
segmentary ①部分的，扇〔弓，弧〕形的，圆〔球〕缺的②分割〔节〕的，片断〔零碎，辅助〕的
segmentation ①分割〔离，段〕②区段，部分③程序分段（计算机的）④换向器片
character ~ 文字分离，字符分割
edge ~ （图像）边缘分块
image ~ 图像分割法，局部图像分析法
partitioned ~ ①分割式段落调度②分割段落式
point-dependent ~ 点决定的分块
region-dependent ~ 区域分割
segmenting 分段（计算机术语）
segmer 链段
segregate ①单独的，孤立的②使分离〔层〕，隔离〔断〕，偏析
L ~ 锭边偏析
rim ~ 外〔表〕皮偏析
skin ~ 外〔表〕皮偏析
segregation ①分离〔开，层，隔，凝〕，隔离②熔〔离，偏〕析，偏集，偏析区
carbonitride ~ 碳氮化合物夹杂
cell ~ 粒状偏析
cellular ~ 网状偏析

coring ~ 晶内偏析
dendritic ~ 树枝状偏析，枝晶偏析
gravity ~ 重力偏析，密度偏析
gross ~ 宏观偏析
interdendritic ~ 枝晶间偏析
negative ~ 反偏析，负偏析
normal ~ 正偏析，标准偏析
pipe ~ 缩孔偏析
primary ~ 原生偏析
size ~ 颗粒偏析
spot ~ ①气体偏析②局部偏析
segregative 离析〔分凝，爱分裂〕的
segregator ①分离〔隔，配，类〕器②离析剂
segue 段转换（计算机术语）
seidel 塞德尔〔迭代〕法（计算机的）
Seignettoelectrics 塞格涅特电介质
seine 拖地大围网
purse ~ 大型围网
seiner 围网渔船
Seiot 塞依阿特钢丝（商品名），油回火（高强度）钢丝
seism 地震
seismal 地震（所引起）的
seismic(al) 地震（所引起）的
seismicrophone 地震传声〔接收〕器
seismism 地震现象
seismochronograph 地震计时器
seismograph 地震（记录）仪
electromagnetic ~ 电磁式地震仪
horizontal component ~ 水平地震仪
seismolog （附有摄影设备的）测震仪
seismology 地震学
seismometer 地震计〔仪〕，地震检波器
capacity ~ 容积式地震计
electromagnetic reluctance ~ 电磁地震仪
velocity ~ 速度式地震计
seismometry 测地震术
seismoscope 地震波显示仪，验震器，地震（示波）仪
seize ①咬住，卡住②扯裂，擦伤，磨损，黏附，烧蚀③绑扎，捆绑④抓（住），捉（住）⑤夺取
~ up （机器过热，摩擦力太大）轧住，卡住，滞塞，失灵，停止转动
seizure 咬死，咬粘，夺取，卡〔塞，捉〕住，滞塞
selagraph 光值记录仪
selcall 选择呼叫（装置）
sel-dynamo 起动发电机（起动和发电两用）
select 选择
selectance 选择度，选择系数
selection ①选择〔取〕②选址（计算机的）③指定终端站（数据通信中）④分类⑤拨号（自动电话）
automatic line ~ 自动选行
code ~ 电码选择，选码
coincide(nce) ~ 符合选择（在计算机中）
decimal ~ 十进制选择〔拨号〕
faulty ~ 脉冲失真
forward ~ 预选
group ~ 组选择，群选择
log-log ~ 重对数选择性
magnetic ~ 磁选
magnetic-deflection colo(u)r ~ 磁偏转分色
natural ~ 自然淘汰
non-register controlling ~ 直接选择〔拨号〕
numerical ~ 选号
post ~ ①局内拨号②后选择，补充拨号
quality ~ 按质选择
sector ~ 分区〔段〕选择
sequential forward ~ 顺序前进法（人工智能识别）
spectral ~ 光谱选择
tandem ~ 中继选择，转接选择
time step ~ 时段选择
word ~ 选字
selective 选择（性）〔局部，分别，优先〕的
~ bottom-up 自底向上选择
~ top-down 自顶向下选择
selectivity 选择性〔率，本领，能力〕
~ (for a protection system) 保护系统的选择性
adjacent channel ~ 相邻信道选择性
IF ~ 中频选择性
in-channel ~ （通信）内通道选择性
skirt ~ 靠边频来提高的选择性，边缘选择性
spectral ~ 光谱选择性，光谱灵敏性〔度〕
selector ①选择器，选数器〔管〕②波段开关，调谐旋钮③选速杆〔器〕，换档器④分选炉⑤干扰雷达用的金属带
access ~ 存取选择器，入口选择器
A-digit ~ ①第一号位选择器②“A”字选择器
altitude ~ （飞行）高度转接〔波段〕开关
amplitude ~ 振幅选择〔分离〕器
automatic roller ~ 皮辊自动分径机
auxiliary ~ 辅助选择器（自动电话）
band ~ 波段开关，选带器，波段选择器
channel ~ 波〔频，信〕道转换开关，波〔信〕

道选择器，波段选择器，波段开关，通路开关
class ~ 分类器
close ~ 精密选波器
code ~ 选码器
crank angle ~ （汽车）曲轴转角自行调节器
crossbar ~ 纵横制〔坐标〕选择器
dial ~ 十进制步进式选择器
die ~ 芯片分选机
digit ~ 位选择器〔功能〕
digit-absorbing ~ 数字〔脉冲〕吸收选择器
digital random program ~ 数字式任意节目选择装置
direct ~ ①直接选择器②简单调谐旋钮
discriminating ~ 区域〔鉴别〕选择器，第一选组器
district ~ 区域选择器，第一选组器，选区机
duration ~ 连续导线器，持续时间选择〔分离〕器
Ericsson ~ 爱立信式选择器（自动电话总机）
final ~ 终接器
group ~ 选组器
incoming group ~ 入局选组器
interlock veto ~ 否定联锁选择器
job ~ 负荷〔工作规范〕选择器
line ~ 寻线〔终接，线路选择，选线〕器
local ~ 市内选择机
loudness contour ~ 等响曲线选择电路
low or high ~ 高低位号选择器
marker ~ 指向〔标志〕（脉冲）选择器
mix ~ 选料器，配料器
mode ~ 模选择器，选模器
multiple ~ 复选择器
numerical ~ （用户）号码选择器
octane ~ （根据汽油的辛烷值）点火提前角调整装置，辛烷值选择器
outgoing group ~ 出局选组器
pattern ~ 测试图选择器
phase ~ 相位选择器，选相器
ploaraulic ~ 脉冲极性选择器
product ~ 乘积选择器
pulse-height ~ 脉冲幅度选择器
range ~ ①波段开关②（距离）转换开关③量程选择器④刻度盘转换器
range-scale ~ 距离比例尺转换器
relay ~ 继电器（式）选择器
repeating ~ 复述选择器
reverse ~ 回动选择器
routing ~ 路由选择器
sliding ~ 换档拨叉轴
special code ~ 特殊业务（台）〔编号〕选择器
step-by-step ~ 步进式选择〔线〕器
Strowger ~ 史乔选择器，十进位步进式选择器
subscriber ~ 用户选择器，预选器
toll final ~ 长途终接器
vertical ~ 上升选线器
wave ~ 波型选择器，波段开关

selector-repeater ①分区断接器②增音选择器③区别机
selectric 电动打字机
selectron ①选数管（计算机）②聚酯树脂
Selektron 锻造镁合金（w（Zn）2% ~ 3%，w（Cd）1% ~ 4%，w（Ca）0% ~ 2%，其余 Mg）
selenate 硒酸盐〔酯〕
selenide 硒化物
selenium 硒（Se）
selenocentric （以）月（球为中）心的
selenodesy 月面测量学，月球大地测量学
selenodetic 月面测量的，月球大地测量的
selenography 月面学
selenoid 月球卫星
selenology 月球学
selenophone 照相录音机
seletron 硒整流器
self-absorption 自吸收
self-acceleration 自加速度
self-acting 自动〔作用，调〕的，直接的
self-action 自动（作），自作用
self-activating 自激活的
self-actor ①自动机②走锭精纺机
self-actuated 自行〔自激，直接〕的
self-adaption 自适应，自调整
self-adhesive 自粘的，自行附着的
self-adjointness 自伴性，自共轭性
self-adjustment 自（动）调节，自动调整
self-admittance 固有导纳，自身导纳
self-alignment 自调整〔位〕，自对中，自（动）对准，自动调准〔校正〕
self-annealing 自身退火（大铸件锻造后），缓冷退火，自热退火
self-assembler 自汇编程序
self-baking 自焙
self-balancing 自（动）平衡（的）
self-bias ①自动偏移，自偏流〔置〕②自（给）偏（压）

self-binder ①自动束禾机②自动装订机
self-bleeding 自动排气的
self-blimped 自（身）隔音的
self-blocking 自闭〔阻〕塞,自动联锁,自（动）中断，自动封闭
self-braking 自动停止,自动制动（的）,（蜗杆）自锁的
self-brazing 自焊
self-breakover 自转折
self-calibration 自校正，自鉴定
self-cancelling 自相抵消（的）
self-capacitance 固有电容，自（身）电容
self-capacity ①固有电容，自（身）电容②本身容量
self-catching 自动挡住
self-centered 静止的，不动的，不受外力影响的
self-centering ①自动定心，自动对中②自位轮
self-charge 自具电荷
self-charging 自主返回充电（机器人智能）
self-check 自校验，自检验
self-checking 自行校验（的）,自（动）检（验）
self-cleaning 自动清洗〔净化，清除，卸料〕
self-clearing 自动净化的
self-clock 自同步
self-clocking 自（动）计时，自同步
self-closing 自闭合，自接通，自（动）关闭
self-colo(u)red 单〔原，天然，本〕色的
self-combustion 自燃
self-compaction 自挤压
self-compensation ①自补偿②具有温度补偿作用的游丝，S 级补偿游丝（法国游丝的一种级别，其温度系数不大于 3.5 秒 /（度 · 日））
self-condensation 自冷凝
self-conductance 自身电导
self-congruent 自相一致的，自调和的
self-conjugate ①自（共）轭②正规的③不变的
self-consistency 自洽性，自给性
self-consistent 独立的，自给〔调和，相容，相一致，一贯〕的
self-consumption 本身耗费
self-contact 自（力）接触
self-contained ①独立的②设备齐全的，应有尽有的，不需要辅助设备的③自给的④整装的，自持的，机内的
self-control 自动控制〔调整，操纵〕
self-convergence 自会聚
self-cooling 自动冷却，自然冷却
self-correcting 自（动）校正（的）,自动调整（的）
self-correlation 自相关
self-corresponding 自对应的
self-cost 成本
self-coupling 自动联结（器）
self-damping 自阻尼
self-decomposition 自分解
self-defining 自定义
self-demagnetization 自去〔消，退〕磁
self-destruction 自破坏，自毁
self-detaching 自分离，自动松开（的）
self-diffusion 自扩散
self-direction 自动定向，自动操纵
self-discharge ①自身放电,局部放电②自（动）卸（载）
self-disengaging 自动脱开〔分离〕
self-dowelling 自动榫合
self-drive ①自己起动，自动步进，自动推进②自激励
self-dual 自对偶（的）
self-dumping 自动卸料〔载〕，自倾翻
self-electrode 自电极（在分光镜中由进行分析的材料构成的电极）
self-embedding 自嵌入
self-emptying 自动卸载〔卸车〕
self-energizing ①自激（励）②自馈（电）③自（身）供（给）能（量）（的）④自加力效应⑤带自备电源
self-energy 本征〔自身，固有，内禀〕能量，内能
self-equilibrating 自平衡
self-erecting 自动〔行〕装配
Selfex 塞尔弗克思发电机（一种自调节的静止励磁交流发电机），自调静励发电机
self-excitation 自激发，自激〔励〕
separate ~ 间接自励磁
self-excited 自励的，自激的
self-exciter 自励发电机
self-exciting 自励的，自激的
self-extinguishing 自熄
self-faced 天然表面的，未修整的
self-feed 自（进）给,自动进料,自（行）馈（送）
self-feedback 自动〔内，固有〕反馈，自〔内，固有〕回授
self-feeder 自动进〔加〕料器，自动进给机构，自给器，自馈器
self-feeding 自动加料，自动进料，自馈（电），自激，自动进给
self-field 自身场，固有场

self-filler 自动充注装置
self-flashing ①自闪光②自动喷射③自动充填
self-fluxing ①自熔化（的），自（助）熔②自生熔剂，自钎
self-focusing 自聚焦，自对光
self-force 自（作用）力，本身力
self-fusible 自熔的
self-gating 自穿透，自选通
self-glazing 自动研光，自动上釉
self-governing 自动调节，自动控制，自制的
self-guidance 自制导
self-guided 自动导航〔导向,瞄准〕的,自（制）导的
self-handling 自理装卸
self-hardening 自硬化,（空）气硬（化）
self-healing ①自（行）修〔恢〕复（的）②自行净化（的）③自（恢）复性能（薄膜电容器的）
self-heating 自动加热，自热（式）
self-heterodyne 自差，自拍
self-hold 自锁，自（保）持，自动夹紧
self-holding 自动
self-hunting 自动寻线
self-ignition 自发火，自动点火
Selfil 夹长丝自捻纺纱机
self-illuminating 自发光的
self-impedance 固有阻抗，自（身）阻抗
self-imposed 自己加（于自己）的
self-indexing 自动分度，自动定位（在规定位置自动停止）
self-indicating 自（动）指示
self-induced 自感（应）的
self-inductance 自（电）感
self-induction 自感应
self-inductor 自感应线圈，自感（应）器
self-infection 自干扰
self-inflating 自行充气
self-information 自信息
self-inhibition 自抑制
self-injection 自喷射，自注入
self-instructed 自动的
self-interrupter 自动断续器
self-irradiation 自辐照
self-jamming 自锁
self-killing 自镇静（钢液自然脱氧）
self-leveling 自调平，自动找平
self-lift 自动提升器，自动起落器
self-loader 自动装车机
self-loading 自动装填〔载，料〕，自行加载
self-locking ①自动制动②自（动）锁（定）③自同步
self-lubricate 自动润滑
self-luminous 自发光的
self-magnetic 自磁（感）的
self-matting 自动遮幅（法）
self-mobile 自动的
self-mode-locking ①自锁模②模同步
self-modulation 自调（制）
self-monitoring 自行监控的
self-movement 独立运动
self-moving 自动推进的，自行的
self-navigation 自主导航（机器人智能）
self-neutralization 自中和
self-noise 固有噪声
SELFOC 自聚焦
self-occlusion 自遮挡
self-oiler 自动加油器
self-oiling 自动上油，自动加油（的）
self-operated 自动（动作）的
self-optimalizing 自寻最佳〔优〕点
self-optimizing 自动最佳的，最佳自动的
self-organization 自组织
self-orientating 自动定向〔位〕的
self-orthogonal 自成正交
self-oscillation 自激〔自生〕振荡
self-oscillator 自激振荡器
self-osculation 自密切，自接触
self-perpetuating 自保持
self-poise ①自（动）平衡②镇定
self-polar 自配极的
self-polymerization 自聚合
self-potential 自位，自势
self-powered ①自供电的，本身有电源的②独立驱动的，自动（推进）的
self-pressurize 自动加压（供油）
self-priming ①自动起动注油②自吸的，自动充满的
self-programming 程序自动化，自动编程序
self-propagating 自动传布的，自动传输的，自动扩展的
self-propelled 自（己）推进的，自行的，自走（式）的，自航（式）的
self-propelling 自行的，自动推进的
self-proportioning 自动投配的
self-protecting 自（行）保护（的），自防护的
self-protection 自屏蔽
self-purging ①自排气（的）②自清，自动净化

self-quenching ①自消灭，自猝熄，自动抑制②自淬（火）
self-radiation 自辐射的
self-reactance 固有电抗，自（身）电抗
self-reacting 自反应的
self-reading 自（动）读（出）的，易读的
self-reception 自我接收
self-recorder 自动记录器
self-recovery ①自动返回②自平衡，自均衡③自（动）恢复，自动复位④自愈，自动还原
self-rectification ①自整流，自检波②自矫顽
self-registering 自动记录的
self-regulation ①自平衡性②自（动）调节〔整〕
self-release 自动放松
self-repairing 自动修复
self-reproduction ①自复制②自再生，自动重现③自繁殖
self-repulsion 自斥
self-rescuer 自救器
self-reset 自动还原（继电器触点的），自动复原〔重调，复零〕式
self-resistance 固有电阻，自（身）电阻
self-resonance 自谐振
self-restorability 自动复原性
self-restoring 自动恢复的，自动还原的
self-retention 自制动
self-return 自动回位
self-reversal ①自蚀〔光谱的〕②自可逆〔复〕性
self-righting ①自整流（的）②自动复位的，自动复原的
self-roasting 自（热）焙（烧）
self-running ①自起动的②不同步的
self-saturation 自饱和
self-scan 自扫描等离子体显示板
self-sealing 自（动）密封〔封闭，封接〕
self-seeding 自给籽晶
self-setting 自凝（固）的
self-shadowing 自屏蔽
self-sharpening 自（动）磨（锐），自锐
self-shield 自屏蔽
self-shifting 自动换档的，自动变速的
self-skimming 自动除渣
self-solidifying 自（动）凝（固）
self-stabilising 自稳定的
self-start 自（动）起动，自行起动
self-steepening 自陡现象
self-steering 自动控制〔操向，转向〕，自行驾驶，自导
self-stiffness ①固有刚度②自逆电容，自反电容
self-suction 自吸式
self-sufficiency 自足性，独立性（指系统）
self-sufficient 自足的，独立的
self-supervisory 自监督，自管理
self-supportability 自持力
self-supporting ①自立〔给〕的，独立的②自撑式的③自承重的，自架的④自保持的，自己夹持的
self-sustained 自激的，自持的，自给的，自驱动的
self-sustaining ①自持的，独立的（振荡），自承的，自生的②自立式的
self-synchronization 自同步（化）
self-synchronizing 自动同步（的），自动整步
self-tapping 自动攻〔套〕螺纹
self-taught 自学的
self-tempering 自（热）回火
self-test 自测试
self-testing 自测试
self-timer ①自动记秒表②自拍装置（照相机的）
self-timing ①自（动）定时②自动同步
self-torque 自转矩
self-trapping 自陷，自行捕获
self-travelling 自行的，自动的
self-triggering 自触发的，自发火的
self-tuning 自动调谐，自动调准（的）
self-turn-off 自熄灭
self-turn-on 自起动
self-unloader 自动卸载机
self-ventilation 自通风，自冷
self-verifying 自动检验，自身检查
self-virtualizing 自虚拟（式）
self-vulcanizing 自硫化
self-whistle 自生啸声
self-winding 自卷〔绕〕的，自动上发条的
seller ①卖主，卖方②行销货
best ~ 畅销书，畅销品
selsyn ①远距离指示器②自动同步机，自整角机③自动同步传感器，自动同步发送机④塞尔逊电机
altitude ~ 高度〔空〕自动同步机
altitude transmitting ~ 仰角自动同步传送机
azimuth ~ 方位（角）自动同步（传送）机
brushless ~ 无刷自整角机
coarse ~ 粗调自动同步机
differential(-generator) ~ 差动自动同步机，差动自整角机

elevation ~ 仰角自动同步机
exciter ~ 励磁自动同步机
fine ~ 精调自动同步机
indicating ~ 指示式自整角〔同步〕机
power ~ 电力〔功率〕自动同步机，功率自整角机
range ~ 距离自动同步机
receiving ~ 自动同步接收机，同步系统接收装置，塞尔逊接收机
relay ~ 中继自动同步机
torque ~ 力矩式自整角机
transmitting ~ 自动同步传感器，自动同步发送机〔器，装置〕

seltrap 半导体二极管变阻器
selvage ①边（缘）②多余的部分
slit ~ （板材，带材的）切边
selvedge ①边（缘）②布料等的织边
semanteme 语义
semantic 语义的
semantics 语义学
semaphore ①（臂板，动臂）信号（机，杆），信标，信号（灯，量），旗号，横杆〔塔上〕信号，旗语通信（法）②打信号
binary ~ 二元信号灯
event ~ 事件信号（量）
global ~ 公用信号（量）
multiple wait ~ 多重等待信号（量）
mutual wait ~ 互斥信号（量）
private ~ 专用信号（量）
semblance ①类似，相似②外观，外形③伪装
Semendur 塞门杜尔钴铁簧片合金（*w*（Fe）50%，*w*（Co）50%）
semi 半拖车，双轮拖车，挂车
semiactive 半主动的，半活动的，半活性的
semiangle 半角
~ of beam convergence 射束半收敛角，波束半会聚角
semiannual 每半年的，一年两次的
semianthracite 半无烟煤
semiaperture 半孔径
semiapex 半顶角
semi-apochromat 近复消色差透镜
semi-automatic 半自动的
semi-autonomous 半自主性的
semiaxis 半轴，后轴
major ~ 大半轴，长半轴
minor ~ 小半轴，短半轴
semiaxle 半轴

semi-balance 半平衡
semi-beam 半梁
semiblock 半块
semibreadth 半宽度
semibreve 全音符
semi-cantilever 半悬臂
semi-centrifugal 半离心的
semicircle 半圆
semicircular 半圆形的
semi-circumference 半圆周
semiclosed 半闭（合）的，半封闭式的
semi-closure 半闭（合）
semi-coaxial 半同轴（式）的
semicoke ①半焦（化）②低温炼焦
semi-colloid 半胶体
semicolon 分号
semicommercial 半商业性的，试销的，半工厂化的
semi-compiled 半编译的
semicomputability 半可计算性
semicomputable 半可计算的
semicon 半导体
semiconduction 半导电性
semiconductive 半导体〔电〕的
semiconductor 半导体（器件）
amorphous ~ 非晶半导体
anisotropic ~ 各向异性半导体
binary ~ 二元（化合物）半导体
compensated ~ 补偿〔互补，抵偿〕半导体
complementary metal oxide ~ 互补金属氧化物半导体器件
compound ~ 化合物半导体
covalent ~ 共价半导体
d-band ~ d 带半导体
defective ~ 杂质〔不良，有缺陷〕半导体
degeneracy ~ 简并半导体
degenerate ~ ①简并半导体②衰减的半导体
deplete ~ 耗尽〔贫乏〕型半导体
direct band-gap ~ 直接跃迁半导体
direct-gap ~ 直接带隙半导体
electron ~ 电子型半导体
electron beam ~ 电子束〔注〕半导体
element ~ 单质〔元素〕半导体
excess ~ N〔过剩〕型半导体
extrinsic ~ 含杂质〔非本征〕半导体，外因性〔外赋〕半导体
gas sensory ~ 气敏半导体
glass(y) ~ 玻璃半导体

hole ~ 空穴型半导体
I〔N，P〕-type ~ I〔N，P〕型半导体
intrinsic ~ 本征〔纯〕半导体
many-valley ~ 多谷型半导体（有多谷能带的）
metal-oxide ~ 金属氧化半导体
monoatomic ~ 单质半导体
nondegenerate ~ 非简并半导体
n-type ~ n〔电子导电〕型半导体
organic ~ 有机半导体
Ovshinsky (glass) ~ 奥弗辛斯基（玻璃）半导体
oxidation type ~ 氧化型半导体
oxide ~ 氧化物半导体
polar ~ 极性半导体
proper ~ 固有〔本征〕半导体
p-type ~ P〔空穴导电〕型半导体
reduction type ~ 还原型半导体
superconducting ~ 超导半导体

semi-continuity 半连续性
semi-continuous 半连续（式）的
semiconvergent 半收敛的
semicoroutine 半协同例程
semicrawler 半履带
semi-crystal 半晶体
semi-crystalline 半晶质，半结晶（的）
semi-custon 半定制（的）
semicycle 半周期
semi-cylinder 半柱面
semi-decator 开式蒸呢机
semi-definite 半正定的
semi-demisemiquaver 六十四分音符
semidiameter 半（直）径
semi-diaphanous 半透明的
semi-diesel 烧球式柴油机，半柴油发动机
semi-diode 半导体二极管
semi-directional 半定向的
semidistributed 半分布的
semiellipse 半椭圆
semiellipsoid 半椭球体
semi-empirical 半经验的，半实验性质的
semienclosed 半封闭（式）的
semi-expendable 半消耗的，（主要）部件可以回收（多次应用）的
semi-explicit 半显式的
semi-finish(ing) 半精加工
semifloating 半浮式，半浮动（车轴）
semifluid 半流体的，半流动性的
semi-flush 待精加工平面
semi-focusing 半聚焦
semi-fused 半熔化的
semi-girder 悬臂梁
semigloss 半光泽的，近有光的
semi-granular 半颗粒状态
semigraphical 半图解的
semigroup 半群〔组〕
semi-hand 半手工的
semihard 半硬的
semi-hardboard 半硬质纤维板
semi-harden(ing) ①半硬化②半透淬火
semi-hunter 半自动猎表
semiinfinite 半无限〔无穷〕的
semi-insulator 半绝缘体
semi-integral 半悬挂式的，半整体的
semi-killed 半镇静（钢）的，半脱氧（钢）的
semilattice 半格点
semilinear 半线性的
semiliquid 半液体的，半湿的
semilog(arithmic) 半对数的
semilucent 半透明的
semilunar 半月（形）的，月牙形的
semilustrous 半光泽的
semimachine 部分机械加工
semi-manufacture 半成品
semi-matrix 半矩阵
semi-mechanical 半机械化的，半机动的
semimetal 半金属（元素）
semimetallic 半金属的，金属材料和非金属材料各半的
semimobile 半移动的，半机动式的
semi-molten 半熔化的
semi-monocoque 半硬壳式（结构，机身）
semi-monolithic 半整体（的）
semi-motor 往复旋转液压缸
semi-mo(u)lded 半模制的
seminar ①会议，研究〔讨论，报告〕会②研究班③（共同）研究，课堂讨论，演习
workshop ~ ①现场训练②专题讨论会，专题研究组
seminorm 半模，拟范数
semi-normal 半正规的，半当量的
semi-notching （带料上）切中间槽孔
semioctave 半倍频程
semi-open(ed) 半开放的，节流式的，（阀的）中立半开
semi-orthogonal 半正交的
semioscillation 半（周期 振荡
semiotics 符号（语言）学，形式语言理论

semi-pellet 小球，料球，中间球（烧结料在二次混料后造成的小球）
semiperiod 半周期
semipermanent 半永久的
semi-piercing 半冲孔
semi-plant 试验装置，中间试验工厂（的）
semipolar 半极性〔化〕的
semi-polarity 中极性，半极性，半极化
semi-porous 半多孔的，少许空隙的
semiportable 半移动的
semipotentiometer 半电势〔位〕计
semiproduct 半成品，半制品
semi-production 中间生产，间歇生产
semiprotected 半保护型的
semiquantitative 半定量的
semirecessed 半埋入式的
semireflector 半反射体
semiremote 半远距的
semireverberant 半混响的
semi-revolution 半周
semi-rotary 摆（轮）的
semis （=semi-finished products）半成品，中间产品
semishrouded 半开的，半闭的
semisinusoidal 半正弦（形）的
semisolid ①半固态②半固体的
semispace 半空间
semisphere 半球形
semistall 半失速〔失举〕，（气流）局部分离〔滞止〕
semi-stamping 半冲压，半模锻
semisteel ①钢性〔高级，高强度，低碳〕铸铁②半钢（质的）③球光体可锻铸铁
semistop （电缆的）半截止头
semistor （正温度系数）热敏电阻
semi-streamlined 半流线型的
semisynthetic 半合成的
semitight 半密封的，半渗透的
semit(one) 半音
semi-topping 半顶面铣
semitractor 鞍式牵引车
semitrailer 半挂车（仅有一个轮轴的），双轮〔半自动〕拖车
semi-transfer 半自动（化）
semi-transless 半无变压器式
semitransparent 半透明的
semitron 电子管与半导体管复合的器件
semitropical 亚热带的
semi-truss 半桁架
semivitreous 半玻璃化的，半透明的
semi-wall 半墙，（镁电解槽）隔板
semiwave 半波
semiwork(s) 中间试验工厂，半工业
senary 六的，六进制的
Sendalloy 钨钽硬质合金（w(W+Ta)5% ~ 80%，w（Mo）2% ~ 80%，w（Cr）5% ~ 50%）
sender ①发射机②发送〔引向，记发〕器③电键④（超声波的）送波器
automatic ~ 自动发送器
commander ~ 指令发送器
diplex ~ 同向双工发送器
key ~ 电键发送器，按钮电键
message heading ~ 报文格式器
multi-class ~ 万用记录器，万用记发器
number ~ 发号器
optical ~ 光发射机
relay pulse ~ 中继脉冲发送器
tachometer ~ 测速发送机
tank ~ 液面（水准）信号发送器
sender-receiver 发送器 - 接收器，收发两用机
send(ing) 发送，发射
blind ~ 盲发送（只发射不接收）
sendout ①功率，出力②输出量，送出量③烟囱本体
Btu/kW · hr ~ 发电英制热单位热耗（1 Btu/kW · hr=1 055.6 J/（kW · h））
sendust 铝硅铁粉，铁硅铝磁合金（w（Al）5%，w（Si）10%，其余 Fe）
senior ①年长〔前辈，上级，高年级〕的②大型聚光灯
seniority ①年长，前辈，上级②工龄，资历③高位数，辛弱数（量子数）
Senperm 森泊姆恒磁导率合金（硅镍铁合金，w（Si）10.54%，w（Ni）16.19%，其余 Fe）
sensation 感觉
achromatic ~ 无色感觉，消色差感觉
auditory ~ 听觉
chromatic ~ 色觉
colo(u)r ~ 彩色感觉，色感
light ~ 光敏，感光
sound ~ 声觉
visible ~ 视觉
visual ~ 视觉
sense ①（力的）指向②感觉，感触③读出④传感，检测，辨别力⑤探向的半值性⑥（估计）方向⑦观念，意念，理性

~ of rocking 稳定感
chromatographic ~ ①色谱（的）概念②色谱自动检测
clockwise ~ 顺时针方向
contact ~ 触点（通断）判定
disk ~ 磁盘检测
drive ~ 驱动器检测
geometric ~ 几何量
mark ~ 标记读出
senser =sensor
sense-reversing 逆向
sensibility ①灵敏度，敏感性②准确度③感光性
normal ~ 标准灵敏度，正常灵敏度
sensibilization ①增感（作用）②敏化处理，敏化（作用），致敏
sensibilized 敏化作用
sensible ①敏感的②明显的③切合实际的，合理的
machine ~ 机器可读的
sensicon 光导摄像管，氧化铅视像管，铅靶管
sensillometer 感光计
sensing ①读出②方向指示，偏航显示③信号传感④感觉，敏感的
aerial remote ~ 航空遥感
aerospace remote ~ 空间遥感，卫星遥感
airborne remote ~ 机载遥感，航空遥感
automatic occupant ~ （汽车）有乘客自动传感（用于安全气囊控制）
character ~ ①字母读出②符号读出
contact ~ 触点读入
end ~ 终端读出，（磁带）带尾检出
extremal ~ 终极感测
ground remote ~ 地面遥感
image remote ~ 遥感成像
infrared ~ 红外传感
infrared remote ~ 红外遥感
interrupt ~ 中断识别
manifold air density ~ （发动机）歧管空气密度感测
mark ~ 符号读出
microwave remote ~ 微波遥感
multispectral remote ~ 多谱段遥感
optical font ~ 光字体读出
remote ~ 远距离读出，遥感，遥测
rotational position ~ 旋转位置传感
satellite remote ~ 卫星遥感
space remote ~ 航天遥感，太空遥感
spaceborne remote ~ 航天遥感，太空遥感
tank pressure ~ （汽车）油箱压力传感
terrain ~ 地形遥感
visible spectral remote ~ 可见光遥感
sensistor 正温度系数热敏电阻，硅电阻
sensitisation =sensitization
sensitiser =sensitizer
sensitive 灵敏的，感光性的，高度机密的
luminous ~ 光敏的
muting ~ 低敏的
notch ~ 切口敏感的
polar ~ ①极向灵敏的②电流方向灵敏的
sensitiveness ①敏感度，敏感性，灵敏度②感光性
emergency ~ 紧急制动灵敏度
sensitivity ①敏感度，灵敏度②敏感〔灵敏，感光〕性
~ to initiation 起爆感度
abundance ~ ①丰〔浓〕度灵敏度②同位素灵敏度（质谱仪）
axial ~ （电声换能器）正向灵敏度，轴向灵敏度
charge ~ 电荷灵敏度
chromatic ~ 感色灵敏度
color ~ 感色性
contrast ~ 对比灵敏度，反差灵敏度
coulomb ~ 冲击灵敏度，电量灵敏度
cross ~ 横向灵敏度
deviation ~ 偏位〔漂移〕灵敏度
difference ~ 听觉锐度，差阈
differential ~ 差动灵敏度
display ~ 指示灵敏度
dust explosion ~ 粉尘爆炸感度
dynamic luminous ~ 动态光照灵敏度
electrostatic spark ~ 静电火花感度
grinding ~ 磨削裂纹敏感性
lead ~ 受铅性
load ~ 负荷灵敏度
luminous ~ （感）光灵敏度
muting ~ 低灵敏度
noise limited ~ 噪声抑制灵敏度
noise quieting ~ ①噪声抑制灵敏度②静噪灵敏度
notch ~ 缺口（脆性试验）敏感性
overall flaw detection ~ （超声波）相对探伤灵敏度
penetrameter ~ （射线）透度计灵敏度
photographic ~ 感光度
pick-up ~ 拾音器灵敏度，摄像灵敏度

plate ~ 偏转灵敏度
pressure ~ 声压灵敏度
quadrature ~ 正交灵敏度
quantity ~ 冲击灵敏度
quieting ~ （信号噪声比所许可的）最弱输入信号
random-incidence ~ 散乱入射灵敏度
receiver DDM ~ 接收机调制（深）度差灵敏度
reference ~ 基准灵敏度，参考灵敏度
relative contrast ~ 相对对比感受性
sectional ~ 铸件壁厚的敏感度，断面敏感性
spectral ~ 光谱灵敏度，分光灵敏度
threshold ~ ①阈灵敏度②临界灵敏度
total ~ 总灵敏度，积分灵敏度（光电管的）
tungsten ~ 钨丝灵敏度
unit ~ 单位灵敏度（仪表的）
variational ~ 微分灵敏度
visual ~ 视觉灵敏度

sensitization ①敏化（作用）②激活，活化（作用）③敏化处理④促燃〔爆〕
light ~ 光敏感作用
path ~ 通路敏化

sensitize 增感，激活，促燃

sensitizer 敏化〔激活，增光，增感〕剂，敏化物，激敏物

sensitizing 激活，敏化，光敏处理

sensitogram 感光度图

sensitometer 感光计，曝光表
photographic ~ 感光仪
stellar ~ 星敏感器
visual ~ 目测感光计

sensitometry ①感光术②感光量度（学）
spectral ~ 分光敏度测量，光谱感光术

sensor ①传感器②敏感元件，敏感装置，探测设备③读出器④发送器⑤仿形器⑥接触元件，一次检测器
acceleration ~ 加速度传感器
accelerator pedal position ~ （汽车）加速踏板位置传感器
acoustic emission ~ 声辐射传感器
acoustic fiber ~ 光纤音响传感器
acoustic ~ 声传感器，声敏元件
acoustoelectric ~ 声电传感器
active microwave ~ 有源微波传感器
active ~ 有源传感器
address ~ 地址传感器，位置传感器
adsorption effect transistor NO_2 ~ 吸附效应晶体管二氧化氮传感器
adsorption effect transistor ~ 吸附效应晶体管传感器
air flow ~ （空）气流（量）传感器
air temperature ~ 空气（进气）温度传感器
air-fuel ratio ~ 空燃比传感器
alignment ~ 定位传感器
ambient air temperature ~ 环境温度传感器
ambient gas ~ 环境气体传感器
ambient light ~ 环境亮度传感器
ambient temperature ~ 大气温度传感器
amplitude ~ 振幅检测器，振幅传感器
analog photoelectric ~ 模拟光电传感器
analog ~ 模拟传感器
angle ~ 角度传感器
angle-attack ~ 迎角传感器
angle-digital ~ 角度 - 数字传感器
angular ~ 斜探头（超声波探伤试验用）
angular acceleration ~ 角加速度传感器
angular displacement ~ 角位移传感器
approach ~ 临近传感器
area image ~ （固体）面形摄像管，面图像传感器
aspect ~ 方位传感器
atmospheric pressure ~ 大气压力传感器
attitude ~ 姿态传感器
auditory ~ 听觉感受器
auto-exposure ~ 自动曝光传感器
automatic cook ~ 自动烹调传感器
automatic music ~ 自动音乐传感器
automatic transmission ~ （汽车）自动变速器传感器
barometric pressure ~ 大气压力传感器
bilateral ~ 双向传感器
binary ~ 二值传感器
biochemical quantity ~ 生化量传感器
biological ~ 生物传感器
biology ~ 生物传感器
bionic eye ~ 人造眼传感器，仿生眼传感器
bionic ~ 人体传感器
blood electrolyte ~ 血液电解质传感器
blood pressure ~ 血压传感器
blood-flow ~ 血流传感器
body temperature ~ 体温传感器
bucket-brigade ~ 斗链传感器
camshaft position ~ （汽车）凸轮轴位置传感器
capacitive grating ~ 容栅传感器

capacitive temperature ~　电容式温度传感器
carbon monoxide ~　一氧化碳传感器
catalyst monitor ~　（发动机）催化剂监测传感器
CCD solid state image ~　CCD 固态图像传感器
ceramic gas ~　陶瓷气体传感器
ceramic humidity ~　陶瓷湿度传感器
ceramic ion ~　陶瓷离子传感器
ceramic oxygen ~　陶瓷氧传感器
ceramic temperature ~　陶瓷温度传感器
ceramic ~　陶瓷传感器
chemical ~　化学传感器
cholesterol ~　胆固醇传感器
chromaticity ~　色度传感器
coincidence ~　重合检测器
colour ~　彩色传感器
combustion pressure ~　（发动机）燃烧压力传感器
combustion ~　燃烧传感器
compression ~　压缩传感器
condensation ~　冷凝探测器
conductivity ~　电导率传感器
cone jet ~　锥形射流传感器
contact image ~　接触式图像传感器
contact ~　触觉传感器
contact-type temperature ~　接触型温度传感器
coolant temperature ~　（发动机）冷却液温度传感器
corrosion ~　腐蚀传感器
crank angle ~　（汽车）曲轴转角传感器，曲轴位置传感器
crankshaft fluctuation ~　（汽车）曲轴转速波动传感器
crankshaft flywheel ~　（汽车）曲轴飞轮传感器
crankshaft position ~　曲轴角传感器，（汽车）曲轴位置传感器
crankshaft ~　（汽车）曲轴传感器
crash zone ~　（车身）碰撞区传感器
crystal pressure ~　晶体压力传感器
current fiber ~　光纤电流传感器
current leak ~　漏电传感器
current ~　电流传感器
cylinder identification ~　判缸传感器，气缸识别传感器
cylinder position ~　气缸位置传感器
deformation ~　变形传感器
density ~　密度传感器
detonation ~　（发动机）爆燃传感器
dew ~　露点传感器
differential pressure flow ~　差压式流速传感器
differential pressure level ~　差压式物位传感器
differential pressure ~　差压传感器
differential speed ~　（汽车）差速器转速传感器
differential-type ~　差动型传感器
diffused reflective ~　扩散反射型传感器
digital ~　数字传感器
dimension ~　尺度传感器
diode temperature ~　二极管温度传感器
direction ~　方位传感器
disconcerting temperature ~　干涉式温度传感器
displacement conversion-type pressure ~　位移变换型压力传感器
displacement fiber ~　光纤位移传感器
distant ~　距离传感器
distributed fiber optic ~　分布式光纤传感器
drive motor speed ~　驱动电动机转速传感器
dust ~　粉尘传感器
dynamic vertical ~　动态垂线传感器
earth ~　地球传感器
eddy ~　涡流传感器
edge ~　边缘传感器
EFT ion ~　场效应管离子传感器
electromechanic ~　机电传感器
electric current ~　电流传感器
electric field strength ~　电场强度传感器
electric quantity ~　电量传感器
electrical quantities gas ~　电量式气体传感器
electrode conductivity measuring ~　电极式电导率测量传感器（测量海水电导率）
electrolysis humidity ~　电解式湿度传感器
electrolytic current gas ~　电解式气体传感器
electromagnetic proximity ~　电磁感应式接近觉传感器，电磁近距离传感器
electromagnetic ~　电磁传感器，电磁感应式传感器，电磁敏感元件
electromagnetic speed ~　磁电式速度传感器
electromagnetic wave ~　电磁波传感器
electron tunnel ~　电子隧道传感器
electronic crash ~　（汽车）电子碰撞传感器
electronic gyroscope ~　电子陀螺仪传感器
electronic ~　电子传感器
electrostatic angle ~　静电电容式角度传感器
emission gas temperature ~　（发动机）废气温度传感器
end ~　带尾检测器
energy ~　能传感器

engine control ~ 发动机控制传感器
engine coolant temperature ~ 发动机冷却液温度传感器
engine position ~ 发动机位置传感器
engine rotational position ~ 发动机转角位置传感器
engine rpm ~ 发动机转速传感器
engine speed ~ 发动机转速传感器
error ~ 误差敏感元件
evaporator temperature ~ 蒸发器温度传感器
exhaust gas ~ （发动机）废气传感器
exhanst gas oxygen ~ （发动机）排气氧传感器
exhaust gas recirculation temperature ~ （发动机）废气再循环温度传感器
exhaust gas recirculation valve position ~ （发动机）废气再循环阀位置传感器
exhaust oxygen ~ 排气氧传感器
external ~ 外部传感器
extinction type smoke ~ 减光式烟传感器
facsimile ~ 传真用传感器
FET gas ~ 场效应管气体传感器
FET humidity ~ 场效应管湿度传感器
fiber acoustic ~ 光纤声传感器
fiber longitudinal compression ~ 光纤纵向压力传感器
fiber-optic active-type ~ 光纤功能型传感器
fiber-optic color center ~ 光纤色心传感器
fiber-optic gas ~ 光纤气体传感器
fiber-optic liquid level ~ 光纤液位传感器
fiber-optic liquid ~ 光纤液体传感器
fiber-optic magnetic ~ 光纤磁传感器
fiber-optic magnetostrictive ~ 光纤磁致伸缩传感器，光纤磁力控制传感器
fiber-optic pH ~ 光纤 pH 传感器
fiber-optic pressure ~ 光纤压力传感器，光纤声压传感器
fiber-optic probe-type ~ 光纤探针型传感器
fiber optic ~ 光纤传感器
fiber-optic spectroscopy ~ 光纤光谱传感器
fiber-optic temperature ~ 光纤温度传感器
fiber-optic transmission-type ~ 光纤传输型传感器
fiber-optic vibration ~ 光纤振动传感器
fine ~ 火警传感器
flexible fuel ~ （发动机）混合燃油传感器
float level ~ 浮子式物位传感器
float-reed switch level ~ 浮子 - 簧管液位传感器
flow ~ 流量传感器
flow velocity ~ 流速传感器
fluid ~ 液控传感器
fluidic ~ 射流传感器
fluorescence scattering laser ~ 荧光散射激光传感器
flux ~ 通量传感器
fluxgate ~ 磁选通器传感器
food industry ~ 食品工业用传感器
force ~ 力传感器
frequency modulation optic fiber ~ 频率调制式光纤传感器
frequency output ~ 频率输出型传感器
fuel concentration ~ 燃油浓度传感器
fuel level ~ 燃油液面传感器
functional ~ 功能传感器
gas ~ 气敏元件，气体传感器
gas density ~ 气体密度传感器
gauge pressure ~ 表压传感器
generator rotating ~ 发电式转速传感器
geometric-type ~ 结构型传感器
grade ~ 坡度感测器
grating ~ 光栅传感器
gravity ~ 重力传感器
Hall effect ~ 霍尔效应传感器
Hall type displacement ~ 霍尔式位移传感器
hand-wheel ~ 手轮传感器，方向盘传感器
hardness ~ 硬度传感器
heart rate ~ 心率传感器
heat exhaust-gas oxygen ~ （汽车）加热型排气氧传感器
heat flow ~ 热流传感器
heat radiation temperature ~ 热辐射温度传感器
heated oxygen ~ 加热型氧传感器
high resolution infrared radiometer ~ 高分辨率红外辐射仪传感器
home appliances ~ 家电用传感器
homing ~ 自动寻的传感器
honeycomb pressure ~ 蜂窝结构压力传感器
horizon ~ 水平传感器，地平传感器，地平仪
horizontal impact ~ （汽车）横向碰撞传感器
humidity ~ 湿度传感器，结露传感器
humidity-dependent ~ 湿敏元件
illuminance ~ 照度传感器
image ~ 图像传感器，摄像传感器，摄像敏感元件
imperfect combustion ~ 不完全燃烧传感器

incremental-type ~ 增量型传感器
inductance conductivity measuring ~ 感应式电导率测量传感器（测量海水电导率）
inductive humidity ~ 电导式湿度传感器
inflammable gas ~ 可燃性气体传感器
infrared ~ 红外传感器
infrared imaging ~ 红外热像仪
infrared moisture ~ 红外水分传感器
infrared temperature ~ 红外温度传感器
insulin ~ 胰岛素传感器
intake air temperature ~ 进气温度传感器
integrated circuit ~ 集成电路传感器
integrated circuit temperature ~ 集成电路温度传感器
integrated pressure ~ 集成压力传感器
integrated ~ 集成传感器
integrated temperature ~ 集成温度传感器
intelligence ~ 智能传感器
intelligent infrared ~ 智能化红外传感器
intelligent ~ 智能传感器
interferometric fiber optic current ~ 干涉式光纤电流传感器
interferometric fiber ~ 干涉型光纤传感器
interferometric ~ 干涉型传感器
interior temp ~ 车内温度传感器
internal ~ （控制机器人自身的位置和力等）内部传感器
interruptible ~ 遮断式传感器
inversion ~ 反转传感器
ion ~ 离子探测器，离子传感器
ion electrode-type gas ~ 离子电极式气体传感器
jam ~ 压紧检测器，压紧传感器
jet ~ 射流传感器，射流敏感元件
knock ~ 爆燃传感器
laser displacement ~ 激光位移传感器
laser ~ 激光传感器
leak ~ 泄漏传感器
lean air-fuel ratio ~ 贫油空燃比传感器
lean mixture ~ （发动机）贫混合气传感器，稀薄混合气传感器
lean-burn ~ 贫乏燃烧传感器
left front speed ~ （汽车）左前轮速度传感器
left heated oxygen ~ （发动机）左侧加热型氧传感器
left rear speed ~ （汽车）左后轮速度传感器
light ~ 光敏元件，光传感器
light guide fiber FF ~ 光导纤维 FF 型传感器
light-addressable potential (image) ~ 光寻址电位（图像）传感器
limiting current-type oxygen ~ 限电流式氧传感器
line ~ 线路传感器
linear displacement ~ 直线位移传感器
linear image ~ 线性图像传感器
linear ~ 线性传感器
line-array ~ 线列传感器
liquid level ~ 液面传感器
liquid propane gas ~ 液化石油气传感器
lithium chloride dew-point ~ 氯化锂露点传感器
load ~ 负载传感器
luminance ~ 亮度传感器
magnetic fiber ~ 光纤磁性传感器
magnetic field fiber ~ 光纤磁场传感器
magnetic field ~ 磁场传感器
magnetic grating type ~ 磁栅式传感器
magnetic induction type displacement ~ 电磁感应式位移传感器
magnetic proximity ~ 磁接近觉传感器
magnetic quantity ~ 磁场强度传感器
magnetic reluctance ~ 磁阻传感器
magnetic temperature ~ 磁温度传感器
magnetic ~ 磁敏传感器
magneto ~ 磁敏元件
magneto-resistance displacement ~ 磁阻位移传感器
magneto-resistance rotation ~ 磁阻旋转传感器
magnetostrictive knocking ~ 磁致伸缩式爆燃传感器
magnetostrictive ~ 磁致伸缩式传感器
manifold absolute pressure ~ （发动机）进气歧管绝对压力传感器
manifold air temperature ~ 进气歧管温度传感器
manifold differential pressure ~ （发动机）歧管压差传感器
manifold surface temperature ~ （发动机）进气歧管表面温度传感器
manifold vacuum ~ 吸气管负压传感器
mass air flow ~ 质量型空气流量传感器
mechanical ~ 力敏元件
mechanical quantity ~ 力学量传感器
mechanical structure type ~ 结构型传感器
mechanical-type pressure ~ 机械式压力传感器
metal oxide humidity ~ 金属氧化物湿度传感器

metal oxide temperature ~ 金属氧化物温度传感器
microbend fiber ~ 微弯光纤传感器
microbial ~ 微生物传感器
microwave ~ 微波传感器
microwave absorption ammonia ~ 微波吸收式氨传感器
microwave humidity ~ 微波湿度传感器
microwave remote ~ 微波遥感器
mixed-crystal photoconductive ~ 混晶型光导传感器
mixed-crystal semiconductor ~ 混晶半导体传感器
moisture ~ 水分传感器
mono-fun on ~ 单功能传感器
moving coil-type ~ 动圈式传感器
moving coil-type vibration ~ 动圈式振动传感器
moving magnet type ~ 动磁式传感器
moving-vane flow ~ 可动叶片流量传感器
multi-channel optical ~ 多路光传感器
multi-function ~ 多功能传感器
multi-ion ~ 多离子传感器
multimode fiber optic ~ 多模光纤传感器
multiplexing fiber optic ~ 多路复用光纤传感器
multi-probe ~ 多探头传感器
mutual inductance ~ 互感式传感器
needle-velocity ~ （柴油机喷油器）针阀速度传感器
non-contacting ~ 非接触传感器
non-contacting intrusion ~ 非接触型入侵传感器
nuclear radiation ~ 核辐射传感器
oil level ~ 机油油面传感器
oil pressure ~ 油压传感器
optical ~ 光学传感器，光敏元件
optical Doppler speed ~ 光多普勒效应速度传感器
optical fiber ~ 光纤传感器
optical fiber acoustic ~ 光纤音响传感器
optical fiber chemical ~ 光纤化学传感器
optical fiber compression ~ 光纤压缩传感器
optical fiber turn speed ~ 光纤转速传感器
optical fiber vibration ~ 光纤振动传感器（共振式）
optical horizon ~ 光学地平仪
optical pressure ~ 光压力传感器
optical tactile ~ 光触觉传感器
optical waveguide ~ 光波导传感器
oscillator gas ~ 振动型气体传感器
output shaft speed ~ 输出轴转速传感器
overvoltage ~ 过电压传感器
oxygen ~ （发动机）氧传感器
paper-out ~ 出纸检测器
passive ~ 被动传感器，无源传感器
passive microwave remote ~ 无源微波遥感器
peripheral acceleration ~ 外围加速度传感器（配合侧向安全气囊工作）
phase modulation fiber optic ~ 相位调制光纤传感器
photo ~ 光敏元件
photoconductive ~ 光导型传感器
photoelectric ~ ①光电管监视器，光电传感器②光电转换器
photoelectric diameter ~ 光电式线径传感器
photoelectric position ~ 光电式位置传感器
photoelectric proximity ~ 光电式接近觉传感器
photovoltaic ~ 光伏型传感器
physical property type ~ 物性型传感器
physical quantity ~ 物理量传感器
picture ~ 图像传感器
piezoelectric ~ 压电传感器
piezoelectric angular rate ~ 压电角速度传感器
piezoelectric gas ~ 压电式气体传感器
piezoelectric gas flow rate ~ 压电射流速率传感器
piezoelectric knocking ~ （发动机）压电爆燃传感器
piezoelectric pressure ~ 压电型压力传感器
piezo-magnetic type ~ 压磁式传感器
piezoresistor ~ 力敏元件
pilot ~ 导频传感器
pitch ~ 俯仰传感器
plastic strain ~ 高分子压敏传感器
platform travel ~ 踏板行程传感器
pneumatic ~ 空气压传感器
pneumatic proximity ~ 空气式接近觉传感器
point ~ 点传感器
polarimetric fiber ~ 偏振式光纤传感器
polarization modulation optic fiber ~ 偏振调制光纤传感器
polymer film humidity ~ 有机高分子膜湿敏元件
position ~ 位置传感器
posture ~ 姿态传感器

potentiometer ~ 电位器式传感器
precrash ~ （汽车）碰撞预警传感器
pressure concentration ~ 集中型压觉传感器
pressure distribution ~ （机器人用）分布型压觉传感器
preventive ~ 防盗传感器
program ~ 感应选台装置，指触式节目开关
proximity ~ 非接触式传感器，（工业机器人智能化）接近觉传感器
pulse counting-type ~ 脉冲计数式传感器
pulse height ~ 脉冲振幅型传感器
pulse rate ~ 脉搏传感器
pyroelectric ~ 热电型传感器
pyroelectric infrared ~ 热电型红外线传感器
pyroelectric temperature ~ 热释电式温度传感器
quartz crystal frequency type ~ 石英晶体频率式传感器
quartz oscillator gas ~ 石英振动式气体传感器
quartz oscillator humidity ~ 石英振动式湿度传感器
quay ~ 岸壁传感器
radar ~ 雷达传感器
radiant heat flux ~ 辐射热流传感器
radiation ~ 射线传感器
radiation dose ~ 射线剂传感器
radiation fiber ~ 光纤放射线传感器
radiation temperature ~ 辐射式温度传感器
radiation-activated ~ 辐射活化的传感器
radiowave ~ 电波传感器
rain ~ 雨量传感器
range ~ 距离传感器
rate ~ 转速传感器
receptor ~ 感受器传感器
recirculated exhaust gas temperature ~ （发动机）再循环废气温度传感器
recombination type ~ 复合型传感器
reflective ~ 反射传感器
refresh-type humidity ~ 加热型湿度传感器
remote ~ 遥感器
resistance polymer film humidity ~ 电阻式高分子膜湿敏元件
resistance strain ~ 电阻应变式传感器
resistance type humidity ~ 电阻式湿度计
resistive semiconductor gas sensitive ~ 电阻式半导体气敏传感器
resonance ~ 谐振式传感器
resonator ~ 谐振式传感器
resource observation ~ 资源探测传感器
revolution ~ 转速传感器
right front speed ~ （汽车）右前轮速度传感器
right oxygen ~ （发动机）右侧氧传感器
right rear speed ~ （汽车）右后轮速度传感器
robot ~ 机器人传感器
robot optical ~ 机器人光学传感器
robotic ~ 机器人传感器
roll ~ 滚动传感器
rotation ~ 旋转传感器
rotational ~ 旋转传感器
rotor flow ~ 转子流量传感器
roughness ~ （表面）粗糙度传感器
safety ~ 安全传感器
seismic ~ 地震传感器
self-powered radiation ~ 自输出型放射线传感器
semi-conducting temperature ~ 半导体温敏器件
semiconductor ~ 半导体传感器
semiconductor carbon monoxide ~ 半导体一氧化碳传感器
semiconductor gas ~ 半导体气敏元件
semiconductor humidity ~ 半导体湿度传感器
semiconductor image ~ 半导体图像传感器
semiconductor ion ~ 半导体离子传感器
semiconductor magnetic ~ 半导体磁性传感器
semiconductor pressure ~ 半导体压力传感器
semiconductor radiation sensor 半导体射线传感器
servo position ~ 伺服位置传感器
servo valve position ~ （发动机）伺服阀位置传感器
servo ~ 伺服式传感器
shock ~ 冲击传感器
short-ring displacement ~ 短路环位移传感器
side auxiliary ~ （汽车安全气囊）侧方辅助传感器
side crash ~ （汽车）侧碰撞传感器
side impact ~ （汽车）侧碰撞传感器
sidewall torsion ~ （轮胎）侧壁张力传感器
silicon capacitance absolute pressure ~ 硅电容式绝对压力传感器
silicon image ~ 硅像传感器
silicon pressure ~ 硅压阻式压力传感器
silicon temperature ~ 硅温度传感器
sintered-semiconductor humidity ~ 烧结型半导体湿度传感器

sintered-semiconductor ~ 烧结型半导体传感器
slip ~ 滑觉传感器
smart ~ 智能传感器
smell ~ 嗅觉传感器
smoke ~ 烟传感器
solar ~ 阳光传感器
solenoid valve with movable detecting ~ 带阀位发信电磁阀
solid-electrolyte CO gas ~ 固体电解质一氧化碳气体传感器
solid-state ~ 固态传感器
solid-state electrolyte gas ~ 固体电解质气体传感器
solid-state electrolyte humidity ~ 固体电解质湿度传感器
solid-state electrolyte ion ~ 固体电解质离子传感器
solid-state image ~ 固体图像传感器
somatic ~ 躯体感受器
sophisticated air bag ~ （汽车）安全气囊精密传感器
sound pressure ~ 声压传感器
sound velocity ~ 声速传感器
spectrum fiber ~ 光纤光谱传感器
speed ~ 速度传感器
star ~ 星传感器，星光镜
strain gauge type torque ~ 应变仪式转矩传感器
strain pressure ~ 应变式压力传感器
strain wind speed ~ 张力风速传感器
strain ~ 应变传感器
structured type ~ 结构型传感器
sulfide ion ~ 硫离子传感器
sun ~ 太阳传感器
surface acoustic wave pressure ~ 声表面波压力传感器
surface acoustic wave temperature ~ 声表面波温度传感器
surface humidity ~ 表面电导式湿度传感器
surface potential-type gas ~ 表面电位型气体传感器
surface roughness ~ 表面粗糙度传感器
tactile ~ 触觉感受器，触觉传感器
taste ~ 味觉传感器
telemetry ~ 遥测传感器
temperature ~ 温度传感器，热敏元件
temperature fiber ~ 光纤温度传感器
thermal ~ 热敏元件
thermal conductivity gas ~ 热导式气体传感器
thermal conductivity humidity ~ 热导式湿度传感器
thermal conductivity ~ 热导率传感器
thermal radiation ~ 热辐射传感器
thermistor gas ~ 热敏电阻气体传感器
thermistor liquid level ~ 热敏电阻液位传感器
thermistor temperature ~ 热敏电阻温度传感器
thermistor-type wind velocity ~ 热敏电阻式风速传感器
thermocouple temperature ~ 热电偶式温度传感器
thermodynamic quantity ~ 热学量传感器
thermoelectric ~ 热电式传感器
thermoresistance ~ 热电阻传感器
thin film solid-state image ~ 薄膜固态图像传感器
three-dimensional image ~ 三维图像传感器
three-dimensional range ~ 三维距离传感器
throttle position ~ （发动机）节气门位置传感器
titania oxygen ~ 二氧化钛氧传感器
touch ~ 接触式传感器，触觉传感器
toxic gas ~ 毒性气体传感器
transaxle range ~ （汽车）变速驱动桥档位传感器
transaxle temperature ~ （汽车）变速驱动桥温度传感器
transistor temperature ~ 晶体管温度传感器
transmission fluid pressure ~ 变速器油压传感器
transmission input speed ~ 变速器输入转速传感器
transmission oil temperature ~ 变速器油温传感器
transmission output speed ~ 变速器输出转速传感器
transmission range ~ （汽车）变速器档位传感器
transmission speed ~ 变速器转速传感器
tunnel valve magnetoresistance ~ 隧道阀磁阻传感器
turbine flow ~ 涡轮式流量传感器
turbine shaft speed ~ 涡轮轴转速传感器
turbo speed ~ 涡轮转速传感器
two-dimensional ~ 二维传感器
two-directions displacement ~ 双向位移传感器
ultrafine particles gas ~ 超微粒气体传感器

ultrasonic Doppler blood pressure ~ 超声波多普勒血压传感器
ultrasonic level ~ 超声波水平传感器
ultrasonic ~ 超声波传感器
ultraviolet-ray ~ 紫外线传感器
unilateral ~ 单向传感器
vacuum ~ 真空传感器
variable capacitance ~ 可变电容型传感器
variable reluctance ~ 可变磁阻传感器
variable resistance ~ 变阻式传感器
variable-resistance pressure ~ 可变电阻式压力传感器
vehicle detecting ~ 车辆检测传感器
vehicle speed ~ 车速传感器
velocity measuring ~ 测速传感器
very low temperature ~ 极低温度传感器
vibrating beam ~ 振梁式传感器
vibrating cylinder ~ 振筒型传感器
vibrating diaphragm ~ 振膜式传感器
vibrating level ~ 振动式液面传感器
vibrating quartz pressure ~ 石英振动式压力传感器
vibrating viscosity ~ 振动式黏度传感器
vibrating ~ 振动传感器
vibrating-wire pressure ~ 振弦式压力传感器
viscosity ~ 黏度传感器
visual ~ 视觉传感器
vital ~ 生命传感器
void ~ 空隙传感器
voltage fiber ~ 光纤电压传感器
voltage ~ 电压传感器
volume conductive humidity ~ 体电导式湿度传感器
vortex ~ ①涡流检测器②涡流型传感器
vortex flow ~ 涡流流量传感器
wall ~ 壁式传感器（加热箱控制温度用）
water temperature ~ 水温传感器
weather ~ 气象传感器
weighing ~ 称重传感器
wheel speed ~ 轮速传感器
wide area remote ~ 广域远程传感器
wireless ~ 无线传感器
X-ray ~ X 射线传感器
zirconia oxygen ~ 氧化锆氧传感器

sensurround 现场环绕音响

sentence 句子，命题
arithmetic ~ 算术句子
elementary ~ 基本命题
format ~ 格式语句
generated ~ 生成句
original ~ 源句，原始句子
parsing ~ 分析句子

sentiment 观点，情绪

sentinel ①标志，标记（表示开始或终了的）符号②传送〔发射，识别指示〕器

sentron 防阴极反加热式磁控管，防阴极回轰式磁控管（短波电子管）

sent-to-list 传递表，传阅表

separability 可分离性，划分性

separater =separator

separation ①分离，离析，分选，分开，分隔，区分，分类②导线间距离，间隔，间距③选矿，选别④释出，析出⑤分流
~ of roots （数学中的）隔根法
~ of spectra 谱线间距
~ of variables 变数分离法，分离变量法
air ~ 空气分离，风力分级，风力分离
amplitude ~ 振幅区分，振幅分隔
angular ~ 角距，两个方向之间的角度
band ~ 能带间距
bulk ~ 容积分离
channel ~ ①信道间距②声道间隔
chip ~ 切屑分离
chroma ~ 亮边分离
co-channel ~ 同波道（信号）分离
contact ~ ①接点间隔②触点分离
cyclone ~ 旋涡分离
data ~ 数据区分，信息区分
die ~ ①模片隔开②管心切割
differential-density ~ 比重分选法
discriminator peak ~ 鉴频器谐振点间距
drag ~ 阻力分离，阻力脱落
explosive ~ ①爆炸分离②机构脱落
feather ~ 羽量级分离
four-colour ~ 四色分色
frequency ~ 按频区分，频率区间
grade ~ 分级配，等级分类，立体交叉
gravitational ~ 重力分离
grid-leak bias ~ 栅漏偏压（信号）分离
harmonic ~ 调和分隔，调波间隔
horizontal ~ 水平间隔，行间隔，水平（同步）分离
isotope ~ 同位素分离
longitudinal ~ 纵向距离（同一高度的飞机间）
luminance ~ 亮色分离
magnetic ~ ①磁选②磁铁分离（法）

mode (frequency) ~ ①振（荡）型频差，振荡型分离，波模分离②波模频率间隔，波型 间隔
nozzle ~ 喷嘴气流离体
peak ~ 峰值间距，脉冲间隔
phase ~ 分相
pick-up channel ~ 拾音器声道分隔
pneumatic ~ 气动分离，气力分选，风选
power system ~ 电力系统解列
sand-slime ~ 砂泥分离
screen ~ 筛分
sheet ~ ①（焊后）板间间隔②板的翘离
side to side directivity ~ 侧向防卫度
signal ~ 信号分离（电视）
size ~ 粒析，粒选，按颗粒尺寸分选
special-colour ~ 专色分色
subroutine ~ 子程序分离
tread ~ 胎面（和外胎身）分层
Y grade ~ Y 形立体交叉

separator ①分离〔分液，脱水，分隔，离析，捕捉，除尘〕器②隔板，保持架，轴承座③选矿〔谷物清选,脱粒,分选〕机④（区分）标记，分隔符⑤逐稿器（脱粒机的）⑥横梁⑦脱模剂
accumulator ~ 电池极板间的隔离板
air ~ ①吹（气分）离器②风力选矿机③除气设备
air suction ~ 吸气式（谷物）清选机
airtight ~ 气密式封罐机
amplitude ~ 振幅选择器，振幅分离器
ash ~ 除尘器
bale ~ 分捆器（打捆前把填入的草分成一捆的量)，松捆器
ballistic ~ 抛掷式分级机
band ~ ①带式清洗机，带式除杂机②频带分隔器
barley ~ 大麦分离器
battery ~ 蓄电池（极板的）隔（离）板
beam ~ 束（流）分离器
Biemann-Watson ~ ①熔结多孔玻璃分离器②比曼 - 瓦特森分离器
Birtley contraflow ~ 伯特利型风力摇床
Blumer ~ 布卢默分离器，多孔银分离器
bottom hole ~ 井底油气分离器
bottom mill ~ 机座下横梁
Brunee ~ 布鲁尼〔可变钢片〕分离器
brush stone ~ 刷式石块分离机〔器〕，刷式清石机
burst ~ 色同步分离电路，色同步脉冲群分离器
butter ~ 牛乳分离机（酸奶加工设备）
cast-steel ~ 铸钢横梁，铸钢隔板
catch-all steam ~ 截液器，分沫器
cell belt ~ 木格条输送带式逐稿器
character file ~ 字符文件分隔符
classifier ~ 分级选矿机
coalescing ~ 混合液体分离器
coaxial ~ 同轴分离器
coil-side ~ 线圈边间的绝缘，槽内层间绝缘
combine ~ ①联合收割机的脱粒器②联合收割机的逐稿器
coolant ~ 冷却液分离〔清净〕器，铁屑分离器
cream ~ 乳脂分离器（机）
Crockett ~ 克劳凯特型带式磁选机
cyclone ~ ①旋风分离器，回旋分离器②旋流分级机，旋分器，旋流器③旋风除尘器
cyclone steam ~ 旋风汽水分离器
cyclopneumatic ~ 旋风分离机
cylinder ~ ①选粮筒②（窝眼筒式）圆筒筛
deflection ~ 折流分离器
desludging ~ ①除垢分离器②自动清洗分离机
dielectric ~ 介电分离器（介电选矿器）
drain ~ ①排液分离器，脱水器②卸料刮板
drum ~ ①鼓式分离器②筒式选矿机
dry ~ 干式除尘器，蒸汽分离器，汽水分离器
dust ~ 灰尘分离器，捕尘器
elbow ~ 弯头脱水器
electric ~ ①电滤波器②电捕焦油器③电力除尘器
electromagnetic ~ ①电磁分离器②电磁选矿机，磁选机
electromagnetic ring ~ 电磁平环式强磁选机
electronic colo(u)r ~ 光电分离机
electrostatic ~ 静电分离器〔选矿机,除尘器〕
entrainment ~ 雾沫分离器，吸取液体分离器
field ~ 字段分隔符，信息组分离符
file ~ 文件分隔符
flask ~ （铸造）分箱机
floury products ~ 糠粞分离器
flow ~ 气流分离器
fly-ash ~ 除尘器
frequency ~ 频率分离器〔仪〕
gas ~ 气体分离器
gas liquid ~ 气液分离器
gas-oil ~ 油气分离器

gasoline ~ 汽油过滤器，汽油净化器
grain ~ ①谷物脱粒机②谷物清选机
gravity ~ 重力沉降分离器
gravity oil ~ 重力石油分离器
Grayson-Wolf ~ 格雷森 - 沃尔夫分离器，多孔薄膜分离器
grit ~ 煤灰分离器，灰沙分离器
Grondal ~ 湿式圆筒选矿机
group ~ “成组分离”符，“分组”符
horizontal ~ 水平同步脉冲分离器
Huff ~ 赫夫型静电分选机
hulling ~ ①砻谷机②脱壳机（器）
index chroma ~ 引导〔色度〕信号分离器
information ~ 信息分离符
lint ~ 皮棉分离器，纤维分离器
Lipsky ~ 利普斯基分离器，薄壁聚四氟乙烯分离器
liquid manure ~ 液肥分离器
list ~ 表分隔符
Llewellyn ~ 硅橡胶膜分离器
louver ~ 百叶窗式除尘〔分离〕器
lubricant ~ 润滑剂分离器，机油分离器
magnet(ic) ~ ①磁选机②磁力分离器③磁力滚筒
magnetic trough ~ 槽式磁选机
magnetic-pulley ~ 滑轮式磁选机，磁力分离滚筒
mass ~ ①质量分离器②同位素分离器
membrane-frit ~ 多孔薄膜分离器
mesh type ~ 网式汽水分离器
mill ~ ①机座横梁②（制粉系统的）精粉分离器
mist ~ 湿气分离器，去湿器，集湿器
moisture ~ 去湿器
molecular jet ~ 喷射式分子分离器
nuclear magnetic resonance oil ~ 核磁共振油分计
nursery ~ 试验区用脱粒机，苗圃用脱粒机
oat ~ 燕麦分离机
oil ~ 净油机
overbridge magnetic ~ 过桥式磁铁分离器
permanent magnetic drum ~ 永磁筒式磁选机
phase ~ ①分相器②（电机）相间线圈垫块
pneumatic ~ 旋风分离器，气力清洁机
pocket (type) ~ 窝眼式选粮筒
point ~ 辙尖隔离块
pulley ~ （选矿）磁轮
Rapidity ~ 拉比迪蒂型磁选机（强磁场转盘双输送带式）
ratio ~ 比率分离机，离心分离机
rebound ~ 弹返式分级机（按谷粒弹返高度分选）
roche ~ 湿式带型磁选机
roll seed ~ 辊式种子清选机
roller ~ 滚柱隔离环，（轴承）滚柱保持器
rolling elements ~ 滚动体隔离件
rotary ~ 旋转式分选机，转筒式清选机
rubber leg ~ 橡皮钉齿输送带式分离器
rubber ~ 橡胶隔板
Ryhage ~ 赖哈格分离器（喷射式分子分离器）
sand ~ ①型砂分选装置②（取砂样用）分砂器
sediment ~ 沉淀器，沉淀清选机
sequence ~ 顺序分隔符
shaker ~ 振动分离筛
shavings ~ 切屑分离器
sheet ~ 板料分离装置
shot ~ （铁）丸砂分离器
slag ~ 撇渣器
slime ~ 矿泥〔泥渣〕分离器，矿泥分选机
slot ~ 槽内线圈间的绝缘，层间绝缘
sludge ~ 泥渣分离器
sound-vision ~ 伴音图像分离设备
specific gravity ~ （谷物）比重清选机
specific gravity paddy ~ 重力谷糙分离机
spiral ~ 螺旋分离器，螺旋分选〔选矿〕机
spring ~ （保持架）弹簧隔离件
statement ~ 语句分隔符
static ~ 静电分离器
steam ~ 蒸汽分离器，凝汽罐，汽水分离器
steam-water ~ 汽水分离器
submerged-belt ~ 浸入带式磁选机
superconduct magnetic ~ 超导磁选机
sync ~ 同步信号分离器
tea stalk ~ 木茎分离机
thin chevron ~ （水的）百叶窗式分离器
top-bow ~ 顶弯梁柱
tramp-iron ~ 磁吸法分离废铁机
trash ~ 除杂器
turbo-steam ~ 蒸汽旋风分离器，内置旋风子
turn ~ 匝间垫条，匝间绝缘〔间隔〕片
unit ~ 单元分隔符
upper ~ 上横梁
vapo(u)r liquid ~ 汽水分离器，汽液分离器
vertical ~ 竖直同步脉冲分离器
water ~ （锅炉的）汽水分离器，除水器

water spray ~ 喷水式除尘器
Watson-Biemann ~ ①瓦特森-比曼（分子，载气）分离器②瓦特森-比曼连接器
wet ~ 湿式除尘器
wet magnetic ~ 湿式磁选机
word ~ 字分隔符
X-ray ~ X 射线分离机
separator-scrubber 分离洗涤机
separatrix 分界面，分界线
sepdumag 磁性双声迹双片制影片
sepduopt 光学双声迹双片制影片
sepiolite 海泡石
sepmag 胶片格上的磁性声迹
sepopt ①胶片格上的光学声迹②光学录音式双片制影片
sepsometer 空气有机质测定计
septangle 七角形
Septanix 塞普坦尼克斯数学板，直流放电数学板
septate 有隔壁的，有隔膜的，定光圈
septenary 七进制的，七（的），七个一套〔组〕
septendecimal 十七进制（的）
septet(te) ①七重峰②七重唱，七重奏③七个〔人〕一组
septieme 七倍音
septinary 七进制的
septometer ①空气有机质测定计②鼻中隔厚度计
septum ①隔墙，隔板②（加速器中的）切割板③内偏转板
septum-type 切割板型（的）
septuple 七倍的，七重的
sequenator 顺序分析仪
sequence ①（顺）序，程序，序列，指令序列，数列，时序，排序②交替，轮换③系，族，类④系统⑤链区⑥连续性⑦顺序机⑧结果⑨片断
~ of number 数（的序）列
~ of switches 开关投入程序
actual ~ 实在序列
arbitrary ~ ①任意序列②任意时序
ascending ~ 递升序列，递升顺序
automatic ~ （操作过程的）自动顺序，自动程序
backstep ~ 分段退焊次序
backward ~ 逆序（矢量），反向序，负序
Bar(k)ker ~ 巴克序列（一种编码）
block (welding) ~ 分段多层焊，叠置（块焊）次序
bounded ~ 有界序列
build-up ~ 组合程〔顺〕序，焊道熔敷顺序，组装顺序
calling ~ 引入〔呼叫，调用〕序列
cascade welding ~ （多层焊的）串级叠置法
charging ~ 加料顺序
checking ~ 检查序列
clock run-in ~ 时钟脉冲进入顺序
code(d) ~ （编）码序列
collating ~ 核对顺序
colo(u)r ~ 彩色发送序列，彩色传递顺序
command ~ 指令程序
contactor ~ 接触器接触次序
data ~ 数据序列
diagnosis test ~ 诊断测试序列
dispatching ~ 调度顺序
distinguished ~ 判别序列
double ~ 二重序列
encounter ~ 相互作用（指令）序列
ENQ ~ 询问符次序
exact ~ 恰切序列
firing ~ 发动机气缸发火顺序
frame check ~ 帧校对序列
hardware padding ~ 硬件填充序列
harmonic ~ 谐序，调和序列
homing ~ 起始序列，引导序列
increasing ~ 递〔段〕增序列
instruction ~ 指令序列，控制序列
interlace ~ 隔行顺序，场顺序
interval ~ 信号灯显示时间序列
inverted ~ 反序，逆序
job ~ 加工（指令）序列
majorizing ~ 优化序列
maximum-length ~ 最长序列，M 序列
moment ~ 矩序列
multi-button ~ 多按钮操作程序
negative ~ 逆序
nested ~ of intervals 区间套序列
null ~ 零序
number ~ 数（的）序列
octual ~ 八进制系列
operation(al) ~ 工序，操作程序
opposite ~ 逆序列
ordered ~ 有序序列
oscillating colo(u)r ~ 周期变化彩色序列
pass ~ 焊道顺序
pause ~ 中止序列
phase ~ 相序
plain ~ 顺序，正序

ply stacking ~　铺层顺序
polling ~　①轮询序列②（查询时所需的传递）控制顺序
positive ~　正序（的）
power transmission ~　①传送线，送电线路②传动机构的动力传动系统
power-up ~　加电序列
preset ~　给定程序，预置程序
processing ~　加工顺序
progressive block ~　分段多层焊次序
pseudo-noise ~　伪噪声序列
pseudo-random ~　伪随机序列
random ~　①随机顺〔时〕序，随机序列②分段交叉焊接法
retroaction ~　制动顺序
reversing colo(u)r ~　彩色（信号）发送逆序，变换彩色相序
selective block ~　①选定多层焊次序②顺序分段焊接法
self-initializing test ~　自引导测试序列
series ~　串联顺序
shunt ~　并联顺序
skip ~　跳焊法
smooth ~　光滑序列
stack(ing) ~　（晶面的）堆积规律
suspension ~　同纬映象序列
syndiotactic ~　间同（立构）序列
tandem ~　串联多弧焊
time ~　时（间）序（列）
timing ~　时标序列
wandering ~　跳焊法，无序焊接法，游荡焊接工序
wandering block ~　电弧飘移多层焊次序，分段交错焊接法
zero ~　零（相）序

sequencer　①序列发生器②定序器③程序装置，程控（机构）装置
preroll ~　预转定序器

sequencing　①程序化，程序设计②排序，顺序
~ by merging　合并排序
base-timing ~　时基定序，时分定序

sequential　①连续的，顺序的，序列的，相随的②时序的，序贯的
dot ~　（彩色电视）点顺序制的
indexed ~　变址序贯，变址序列
multiport fuel injection ~　（发动机）顺序多点燃油喷射

serger　拷边机

serial　①串行的，串联的②连续的，顺次的③系列的
bit ~　位串行
parallel to ~　（通信）并行时序转换为串行时序
word ~　字串行

serialize　（数据的）串行化

serializer　串行〔化〕器

serialograph　射线连续摄影器

serial-parallel-serial　串并串

seriate　系列化，顺次排列

seriation　系列化

sericin　丝胶（朊）

sericite　绢云母

series　①级（数）②群列，系（列），系统③组④族，类⑤（次）序，序列⑥串（联）⑦连续〔贯，载〕，丛书
~ of potentials　电动（次）序，排代（次）序
~ of powers　幂级数
~ of spectral lines　光谱线系
~ of tolerance　基本公差
~ of tubes　串列管束
~ of viscosimeter tips　黏度计不同直径毛细管组
~ opposing　反向串联，对接串联
alternating ~　交错级数
American National Fine Thread ~　美国国家细牙螺纹系列
arithmetic(al) ~　等差级数，算术级数
associated ~　连带级数
atomic ~　原子序列
bearing ~　轴承系列
binomial ~　二项级数
collateral ~　旁系，支系
contact ~　①接触序列，触点序列②电位序
contact potential ~　电压序列，电位序
convergent ~　收敛级数
decay ~　衰变系，衰变族
decreasing ~　递减级数
derived ~　导出级数，导出群列
diagonal ~　对角线级数
diffuse ~　漫线系
displacement ~　置换次序
divergent ~　发散级数
double ~　二重级数
electrochemical ~　（元素的）电位序，电次序
electromotive ~　电动（次）序，电动势序，元素电化序，电位序
eluotropic ~　洗脱（液洗脱能力大小的次）序

eutropic ~ 异序同晶系
Fourier ~ 傅里叶级数
galvanic ~ 电势序，电位序，电压序列
geometric(al) ~ 几何级数，等比级数
half-range ~ 半幅级数
harmonic ~ 谐级数，调和级数，谐波系
hypergeometric ~ 超越几何级数
inch ~ 英制尺寸系列
increasing ~ 递增级数
infinite ~ 无限〔穷〕级数
international test sieve ~ 国际成套试验筛
inverse factorial ~ 反阶乘级数
ionization ~ 离子系（列）
iterated ~ 迭级数，累级数
lacunary ~ 缺顶级数
lanthanide ~ 镧系元素，稀土元素
line ~ 线级数，线列，线系
manufactures ~ 制造厂自定系列
meter ~ 米制系列
metric ~ 米制尺寸系列
mixotropic ~ 混溶序（溶剂按极性增高次序排列，在序列中两种溶剂相距越远，混溶性越差）
multiple ~ 混联
normal ~ 正规级数，正规群列
orthogonal ~ 正交级数
parallel ~ 并串联，复联，混联
power ~ 幂级数
quick reduction ~ 快速压缩孔型系统（以最少道次数保证所要求的钢材断面）
random ~ 随机级数〔序列〕
recurring ~ 循环级数
solvent ~ 洗脱序（列），溶剂序
spectral ~ 光谱（线）系
summable ~ 可和级数
temporal ~ 时间序列
thermoelectric ~ 温差电序，热电特性表，（金属的）热电序
transformation ~ ①放射系，放射族②变换系
trigonometric ~ 三角级数

series-fed 串联供电（的）
series-mounting 串接方法
series-opposing 反向串联（线圈等的）
~ connection 反向串联（线圈等的）
series-production 成批生产，批量生产
serigraph 复丝强力机
serimeter 验丝计，生丝强伸力试验器
seriograph 射线连续摄影器
seriography 连续射线摄影术
serioparallel 串并联〔行〕的，混联的
serioscopy 立体射线照相术
serpentine ①蛇形线②盘管③蛇纹石④螺旋形的，盘旋的
serpentuator 蛇形（蜿蜒）管
serpex （塞佩克斯）碱性耐火材料
serrasoid ①锯齿波②机载瞄准台
serrate ①机载反截击雷达②（锯）齿（形）的③使成锯齿状
serrating 刻齿纹
serration ①细齿②锯齿形③细花键连接，三角花键，细齿花键④锉刀花纹
anti-slip ~ （唱片）防滑齿
differential ~ （细）错齿，斜齿
internal ~ ①内细齿②三角形内齿
taper ~ ①斜锯齿形②锥形键
serried 密集的，排紧的
serrodyne 线性调频转发器，相位调制器
serrulate(d) 有细锯齿（边）的
servamp 伺服放大器
server 服务器，服务程序
access ~ 访问服务网，访问服务器
application ~ 应用服务器
archive ~ 文档查询服务器
cycle ~ 循环服务器
database ~ 数据库服务器
e-mail ~ 电子邮件服务器
FTP ~ 文件传输服务器
home subscriber ~ （通信）本地用户服务器
microsoft Internet financial ~ 微软（公司的）因特网金融服务器
mobility ~ 移动性服务器
nondedicated ~ 非专用服务器
primary ~ 主服务器
small business ~ 小型商业服务器
standby ~ 备份服务器
Web ~ Web 服务器
service ①服务（程序），业务（程序）②技术维护，保养，修理，检修③操作，运行，使用④辅助装置，设施⑤工作期限，寿命⑥机构〔关〕，部门⑦公用事业，（煤气，自来水）供给，加注，供〔给〕水（管）⑧辅助的，备用的⑨（pl.）使用〔用户〕线⑩服务器
abstracting ~ 文摘服务
additional ~ 加班
advisory ~ 咨询处
after ~ 售后（技术）服务

automatic booked call ~ 自动预约呼叫业务
awareness ~ 新资料报道服务
bearer ~ 承载业务
cell broadcast ~ 信元广播服务
coastal ~ （报话）海岸业务
computing ~ ①计算机操作②计算勤务
coupon ~ 优惠券服务
cross-country ~ 越野远行业务
cumulative ~ 累计服务
datel ~ （英国邮电局的）接传业务
delayed ~ 误班
demand ~ 即时处理，（电信）人工立即接通制
dial ~ 自动电话
digital ~ 数字服务
digital data ~ 数字数据系统业务
directory ~ 目录服务
distributed ~ 分配业务
dual ~ 双（不同）源供电服务
dump ~ 转储服务
duplicate ~ 双接户线（两套馈电线）
electronic mail ~ 电子邮件业务
emergency ~ ①紧〔应〕急供电②应急检修③（故障时）应急（无线电）通信业务
exchange ~ 电话接线站
extended ~ ①长期运行②持续使用期限
fixed ~ 固定电台（无线电）通信服务，定点通信服务
general packet radio ~ 通用分组无线电通信业务
general power ~ 各项用电，总耗电
harbo(u)r ~ 港口通信服务，海岸电台业务，港口业务
hard ~ ①重负荷工作状态，超负荷工作状态，不良使用②困难工作条件
heavy ~ 重负荷运行服务
house ~ 室内配线服务
infrequent ~ 最轻级工作
integrated ~ 集成运输
intermittent ~ 间断运行，间歇式工作
intersatellite ~ 卫星通信业务
isochronous ~ 即时服务
junction ~ 短程通信服务
land mobile ~ 陆上移动通信
level ~ 水平运输服务，阶段运输服务
line ~ 线路保养
loop ~ 环路供电
main ~ 总配水管服务
maintenance ~ 技术维修，维护服务
major ~ 大修
measurement ~ 计量业务，计量部门
merchant ~ 海运业务
minor ~ 简单维修保养
mobile ~ 移动电台通信业务
mobile telephone ~ 陆地移动电话业务
monitoring ~ 监听业务
multicast ~ 多路发送服务
ongoing customer ~ 随时顾客服务
on-off ~ ①开 - 停系统②投入 - 断开方式，继续运行
piped ~ 剧场专用的有线电视业务
plural ~ 多源供电业务，不同源供电业务
point-to-point ~ 固定业务，点对点通信业务
power ~ 供电业务
program transmission ~ 广播中继业务，节目传输业务
protocol enforcement ~ 协议实施业务（网）
proxy ~ 代理服务
public aviation ~ 公用航空（无线电）通信业务
quick ~ 快修
radio ~ 无线电通信服务
rear ~ 后勤服务
remote access ~ 远程访问服务
scheduled ~ 正班
sea-land ~ 海陆联运服务
ship ~ 船舶（无线电）通信业务
short message ~ （通信）短报文服务
shuttle ~ 短距离的区间车服务
single ~ 单路供电服务
smart home ~ 智能家庭服务器
software ~ 软件装置，软件服务
station ~ 厂用电服务，所用电服务
store ~ 存储服务，传输数据序列处理
subscribers group ~ 同线电话业务
substituting ~ 顶班
supplementary ~ 补充业务
supply ~ 接户线路
telewriter exchange ~ 电传打字电报直通业务
telex ~ （拨号制）用户电报业务
terminal activation ~ 终端激活业务
time ~ 报时业务，授时业务
time signal ~ 报时信号业务
toll demand ~ 长途立即处理业务
trip ~ 普通检修业务
utility ~ 公用事业

value added network ~ 增值网业务
viewdata ~ 图像数据业务
water ~ 供水（管）服务
Web ~ Web 服务
wheeling ~ （电力）系统间的电力交流业务
zone ~ 区段间运输

serviceability ①操作上的可靠性，使用可靠性②适用性③维护保养方便性④耐用性⑤操作性能，功能

serviceable 可使用的，适用的

service-free 无须保养

serviceman ①维修人员②机械师③修理工，技术服务人员

servicer ①燃料加注车②服务程序
air ~ 充气车

service-rack 检修〔洗车〕台

services 服务
cloud ~ 云（计算）服务

servicing ①保养，修理，检修技术维护②发动机的使用准备③加注（燃料）
monochrome ~ 黑白电视维护

serving ①服务②被覆物
~ of cable 电缆外皮

servo ①伺服〔随动，跟踪，从动〕系统②伺服装置，伺服机构，伺服（电动）机，执行机构，随动装置③跟踪器控制④伺服，继动
air powered ~ 气压伺服马达，气压伺服装置
bang-bang ~ 继电（器式）伺服机构
course heading ~ 航向伺服（系统）
elevation ~ 俯仰伺服系统
gimbal ~ 常平架伺服机构
guider ~ 导杆伺服
hard ~ 硬伺服
high lag ~ 强滞后伺服
hybrid ~ （数字和模拟）混合伺服系统
hydraulic ~ ①液压伺服系统〔机构，置装〕，液压助力装置②液压舵机
iris ~ 光阑伺服，光圈伺服
low ~ 低速加力
omni-range ~ 全向无线电信标伺服系统
on-off ~ 继电器随动系统
optical ~ 光学伺服
parallel ~ 并联伺服机构
platform ~ 平台伺服机构
pneumatic ~ ①气动伺服装置，气压伺服〔随动〕系统②气动舵机③阀门定位器
power ~ 动力伺服机构
pulse ~ 脉冲伺服系统
radial feed ~ 径向馈送伺服
rate ~ 速度跟踪系统，速度随动系统
reverse ~ 回动伺服机构，反向伺服机构
roll ~ 滚动伺服机构
speed-holding ~ （拖缆机的）速度随动系统
spindle ~ 主轴伺服
trim-tab ~ 调整片随动机构
velocity ~ ①速度伺服系统②伺服积分器
water-injection ~ 喷水伺服机构

servo-action 继动作用，伺服作用

servo-actuator 伺服〔拖动〕装置，作动器，伺服电动机

servoamp 伺服放大器

servoamplifier =servoamp

servoanalyzer 伺服分析器，随动系统分析器

servobrake 伺服制动器，伺服刹车，助力刹车，继动制动器

servoclutch 助力操纵离合器

servoconnection 伺服连接

servocontrol 伺服〔随动〕控制〔操纵〕

servodrive ①伺服传〔拖〕动②助力〔随动〕传动（装置），伺服传动系统
pneumatic ~ 气压助力传动

servodriven 伺服系统驱动的

servodriver 伺服传动器

servodyne 伺服系统的动力传动装置

servogear 伺服机构

servointegrator 伺服积分器

servolift 伺服升降机

servolink 传动装置

servo-loop 伺服回路，伺服系统

servo-lubrication 集中润滑法，中央分布润滑法

servomagnet 伺服电磁铁

servomanometer 伺服压力计

servomechanism 伺服机构〔系统，传动〕，随动机构〔系统〕，助力机构
amplidyne ~ 电机放大器伺服系统，直流放大电机随动〔伺服〕系统
contactor ~ 接触式〔继电器〕伺服系统
definite-correction ~ 间歇作用的伺服机构
feel ~ 有反馈作用的伺服机构
linear ~ 线性伺服机构
power ~ 动力随动系统，动力跟踪系统
predictor ~ 有提前量的伺服机构，前置伺服机构，提前随动系统
reaction ~ 有反馈作用的伺服机构
reactionless ~ 无反作用〔没有负荷感觉〕的伺服机构

remote-indicator ~ 遥控显示器伺服机构
split series ~ 双绕组伺服电动机
servomodulator 伺服调制器
servomotor ①伺服电动机②继动器③伺服机构的能源④（水轮机的）接力器⑤作用筒
air type ~ 气动式伺服电动机
asynchronous ~ 异步伺服电动机
direct-current ~ 直流伺服电动机
electro-hydraulic ~ 电动液压伺服电动机
ferro-resonant ~ 铁磁谐振伺服电动机
oil ~ 油动机
series-link ~ 串联伺服马达〔电动机〕
speed control ~ 调速伺服电动机
three-phase alternating-current ~ 三相交流伺服电动机
two-phase alternating-current ~ 两相交流伺服电动机
servomultiplier 随动乘法器，随动乘法装置，伺服乘法器
servo-piston 活塞式随动传动装置，伺服活塞
servo-positioning 伺服定位
servopotentiometer 伺服电位计〔器〕，伺服分压器
servoprogramming 伺服程序设计
servopump 伺服泵
servo-recorder 伺服记录器
servo-resolver 伺服分解器
servosimulator 模拟伺服机构，伺服模拟机
servo-stabilization 伺服稳定
servosystem ①伺服机构〔设备〕，随动机构②伺服〔随动，从动，跟踪〕系统
rate ~ 速度伺服系统
servotab 伺服调整片，伺服补偿机
servotron 高压起动式汞弧整流器
servounit 助力补偿器，伺服装置〔单位，机构〕
servo(-)valve 从动阀，伺服（操纵）阀
electro-hydraulic ~ 电液伺服阀，电液继动阀
hydraulic ~ 液压伺服阀
session ①（一届）会议，会期②学期，上课时间③（从事某项活动的）一段时间，（分时系统用）对话期间，预约（使用终端）时间④历程
adaptive audio-visual ~ 自适应视听话路，自适应视听会话，自适应视听对话
communication ~ 通信会话
descriptive ~ 描述会话（期）
experimental ~ 试验对话（期）
mother loop ~ 总循环预约时间
multiple ~ 多重会话（期）
skull ~ 非正式的学术讨论
telecasting ~ 电视广播会议
sesquiplane 半平面
seston 悬浮物〔体〕
set ①套，副，组，批②仪器，设备，装置，机组③凝结（水泥等），硬化，永久变形④集（合），族，系（列）⑤接收机，成套的板〔冲头〕，有把的锻工工具⑥置位，置“1”，建立连接⑦校准，定位，固定，安装，嵌，镶⑧调节，调整（锯条），对准（钟表）⑨发条被弄变形，擒纵机构不能使摆轮自动起振
~ down 锻造时锻件直径的变化
~ free 释气，放出
~ in 补充切入
~ inhibit 禁置位
~ level 放平，支平
~ of characteristics 特征线系
~ of coordinates 坐标系
~ of equations 联立方程，方程组
~ of instructions 指令组〔表，系统〕
~ of teeth 锯齿偏侧度
~ of weights 砝码组
~ over 调整转换
~ time ①规定时间②凝固时间
abstract ~ （电视演播室）布景
acyclic ~ 非循环序集
air ~ ①空气中凝固，常温自硬②自然硬化
air driven power ~ 风动动力头
air-bleed ~ 抽气机（组）
all-electric ~ ①交流收音机②市电〔通用电源〕接收机
all-mains ~ 可适用各种电压的收音机
all-wave receiving ~ 全波段接收机
analytic ~ ①分析集，解析集，分析机〔装置，设备〕②分析校准
arched rail ~ 钢轨拱形支架
automatic telephone ~ 自动电话机
back ~ ①制动器，制动装置②逆流，涡流，回水③后退，倒退，障碍，挫折
back post die ~ 后导柱式模架
back rivet(ing) ~ 铆接用具，铆接型杆
balancer ~ ①平衡机组②均压机组
baseband data ~ 基带数据传输机
bicomplementary ~ 互余〔补〕集（合）
booster ~ 增压机组
bridging ~ 并联电话机，分机
bus ~ 总线组，总线集

bushing tool ~ （修理和置换）套筒用全套工具
by-pass ~ 旁路接续器
cagc jump ~ （装罐）摇台
caisson ~ 沉箱套，沉箱结构
carding ~ 梳毛联合机，联合梳毛机
cascade ~ 级联式机组，串级机组
cat whisker ~ 晶须装置(刷洗检测器的工具)
CB telephone ~ 共电电话机
change (gear) ~ 交换〔变速〕齿轮组，交换齿轮组
charging ~ ①充电机（组),充电装置②（燃气轮机的）增压装置③燃气发生器
charging-turbine ~ 增压涡轮机组，涡轮增压装置
Chinese character coded character ~ 汉字编码字符集
Cindy ~ 辛代雷达站
coin box telephone ~ 投币电话机
coincidence ~ 符合计数线路
cold ~ ①冷作用具，凿子，剁刀，扁铲②冷凝固〔塑化，固化〕常温自硬
collar ~ 锁口盘
combination ~ ①万能测角器，组合角尺②成套扳手③组合装置
combined notching ~ 联合冲槽机组
command ~ 指挥台
common battery telephone ~ 共电电话机
complete ~ 完全集
complete orthonormal ~ 完全正交系
composite ~ ①收发两用机②电报电话两用③组合装置
compression ~ 压缩永久变形
concatenated data ~ 并置数据集，连续数据组
console ~ 落地式收音机
constraint ~ 约束集
contact ~ 触点组
control point ~ 控制点装定
converter ~ 交流机组
convex ~ 凸集
cope and drag ~ 上下型机组（分开造）
cordless telephone ~ 无绳电话机
countable ~ 可数集
CROM instruction ~ 控制用只读存储器指令表
crowning ~ ①凸面加工装置，仿模装置（轧辊磨床的）②中凹度磨削装置
crystal ~ 晶体检波接收机，矿石收音机
data ~ ①数据组②数据存储器调制 - 解调器③数据传输转换器，数据传输机④信号转换装置
denumerable ~ 可数集
detector ~ 检波器接收机，矿石收音机，检测装置
die ~ 模架
diesel ~ 柴油机发电机组
difference ~ 差集
digital telephone ~ 数字电话机
discrete ~ 离散集
diverter-pole charging ~ 分流电极充电机
dolly ~ ①钉模（铆接用）②锻模组
double head ~ 双耳受话器，头戴式双耳机
drill ~ ①钻具组②钻头连接（法）
dummy data ~ 伪数据集
electric ~ 市电〔交流〕收音机
electro-chromic display ~ 电致变色显示器
electrooptical countermeasures receiving ~ 电光对抗接收装置
emergency ~ ①应急电台，备用台②应急〔备用〕装置③抢修用成套工具
emergency generating ~ 备用发电机组
empty ~ 空集
enable ~ 可置位
engine-driven ~ 柴〔汽〕油发电机
equalizer ~ 均衡机（组）
equations ~ 方程组
exciter ~ 励磁机
exhaustive ~ 完备集
explosion-proof television ~ 防爆电视设备
extension ~ ①增设装置②（电话）分机
extension telephone ~ 电话分机
facing ~ 平面刮刀
facsimile ~ 传真装置
facsimile cipher ~ 传真密码机
false ~ 假凝结，过早硬化
ferroelectric ceramic display ~ 铁电陶瓷显示器
file ~ 文件组，文件集
final ~ 终凝
flash ~ 快速凝固
focus ~ 聚焦设备
follow ~ 跟刀架
forcing ~ 压力泵
full ~ 全套
gain ~ 扩音机，增音机
gas electric generating ~ 汽油机驱动发电装置
gas turbine electric generating ~ 燃气轮机发电机组
generation ~ 发电设备

generator ~ 发电机组
group telephone ~ 集团电话
hand (combination) ~ 手持送受话器
hand-free telephone ~ 免提电话，无手柄电话机，扬声电话机
hanging ~ ①基础垛盘，主要井框②吊式方框
Hanzi coded character ~ 汉字编码字符集
head ~ 头戴送受话机，(头戴式)耳机，听筒
head and chest ~ 戴挂式电话机
heading ~ ①纯粹高岭土，耐火黏土②铆头模
hierarchical ~ 分级集合，层次集合
high temperature television ~ 高温电视设备
hot ~ ①热凝固②热作〔锻〕用具
house (generating) ~ 厂用(发电)机组
humidity reducing ~ 除湿机
hybrid ~ ①混合线圈②二线四线变换装置，四端网络和双线制交换装置
hydraulic ~ ①水力装置，水分设备②在水中硬化，水凝
hydraulic boiler ~ 锅炉水压试验(系统)
hydraulic pond-digging ~ 水力挖塘机械
hysteresis ~ 磁(滞)后变形
identification ~ 识别无线电发射机
IL instruction ~ 集成注入逻辑指令组
Ilgner ~ 可变电压直流发电装置，带飞轮的直流发电机 - 电动机组
Ilgner flywheel ~ 伊尔格纳型飞轮装置
immediate ~ 瞬时变形
index ~ 分度盘校正，(刻)度盘调整
indexed sequential data ~ 数据集
infinite ~ 无穷集，无限集，无尽集
infrared television ~ 红外电视设备
inhibit ~ 禁置位
initial ~ ①初变形(弹簧的)②初凝(混凝土的)
instruction ~ 指令系统
intercommunicating ~ 对讲电话
inversion ~ 逆〔反〕转装置
key ~ 电键，按(钮电)键
language character ~ 语言字符集
laser television ~ 激光电视系统
level-measurer ~ ①分贝计②电平表③水平仪，水位计
lifting ~ 起重装置
Loran ~ 劳兰〔远距离无线电〕导航设备
machine instruction ~ 机器指令系统
magnetic card telephone ~ 磁卡电话机
magnet(o)-telephone ~ 磁石电话机
main ~ 主机组
main connection ~ 电源设备
manual telegraph ~ 人工收发电报机
mask ~ 掩模组
master ~ 校对〔正〕调整
measuring ~ 测量成套设备，测量仪表组
MG ~ 电动(机) - 发电(机)机组
microcode instruction ~ 微代码指令系统
microcomputer-like instruction ~ 类微计算机指令系统
mind ~ 智能组件
mine detecting ~ 探矿设备，探雷器
mine telephone ~ 矿用电话机
minimal ~ 极小集
mobile telephone ~ 移动电话机
module test ~ 模件试验装置
monochrome ~ 黑白电视机
Morse ~ 莫尔斯(电报)机
motorcar ~ 汽车通信设备，汽车用无线电通话机
motor-generator ~ ①电动发电机组②整流机
multifuntion telephone ~ 多功能电话机
multi-operator welding ~ 多站电焊机
multipicture television ~ 多画面电视机
nautical receiving ~ 水声接收器，水(中)听(音)器
non-clashing gear ~ 常啮合齿轮变速器，同步器变速箱
nonempty ~ 非空集(合)
non-enumerable ~ 不可数集
null ~ 零〔空，零测度〕集
number stamp ~ 数码压模
one-body welding ~ 同体式焊机
one-circuit ~ 单调谐电路接收机
operating ~ 话务员用电话机〔送受话器〕
operational test ~ 不停机测试设备
order ~ 指令组，指令系统
order-complete ~ 有序完备集
ordered ~ 有序集(合)
orifice ~ 节流装置
orthonormal ~ 归一化正交集
pack radio ~ 行军无线电台
parachute ~ 降落伞无线电台
pay station ~ 公用电话机
percent ~ 永久变形率(%)
permanent ~ ①永久变形，残余变形②(混凝土的)终凝③永远固定
picture-in-picture TV ~ 画中画电视机

picture-telephone ~ 可视电话机
pillar die ~ 导柱式模架
piston feeler ~ 活塞测隙规
planetary gear ~ 行星齿轮组
plan-position ~ 平面位置显示器
point ~ 点集
power ~ 发电机组，供电装置，动力装置
printer character ~ 打印机字符集
productive ~ 积集
profile ~ 翼型系列
propeller ~ 螺旋桨系
public address ~ 扩音装置，有线广播
puller ~ 套拉出器，成组拆卸器
pumped-storage ~ 抽水蓄能机组
push button telephone ~ 按键式自动电话机
radiation-resistant television ~ 耐辐照电视设备（用于核电站）
radio ~ 收音机
radio paging ~ 无线电寻呼机
radio receiving ~ 无线电接收机，收音机
range ~ 区域集
ratio ~ 比率装置
R.C. ~ （电）阻（电）容箱，阻容网络
rear link ~ 后方通信线联络台
recording and public address ~ 录扩两用机
recording telephone ~ 录音电话机
rectifier welding ~ 整流焊机
recursively-enumerable ~ 递归可列举集
regulating ~ 调节机组
relay ~ 继电器组，继电器保护屏
reserve ~ 备用机组
ringing ~ ①铃流机组②振铃装置
rotary dialer telephone ~ 号盘式自动电话机
rotary welding ~ 旋转式焊机
sand ~ 一碾（子）砂，一次混〔加〕砂量
saw ~ 锯齿错齿，锯齿修整器，整锯器
screen ~ 一套筛子
scribbling ~ 梳毛联合机
sending ~ 发射机
shearing ~ 剪毛机组
signalling ~ 信号设备
silvertoun testing ~ 地下电缆故障测定设备
simply (or totally) ordered ~ 全序集
single operator ~ 单焊机
smith's cold ~ 锻工冷作用具
snap ~ 铆头模
solder ~ 钎焊用具
sound powered telephone ~ 声力（无电池）电话
spanning ~ 生成集
static welding ~ 非旋转式焊接电源（焊接变压器，焊接整流器）
steadily convergent ~ 固敛级数
stencil ~ 印字器
subscriber ~ 用户电话机
supplementary gear ~ 副变速箱齿轮组
swap data ~ 交换数据集
tap and die ~ 全套丝锥和螺纹板牙
Taylor ~ 泰勒级数
telegraph calling ~ 电报呼叫器
telemail-telephone ~ 书写电话机
telephone ~ 电话（单）机
telephone hand ~ 手摇电话机，手持电话机
telephone head ~ 头戴式受话器
television ~ 电视（接收）机
television telephone ~ 电视电话机（同时传输话音和活动图像）
temporary ~ （高）弹性变形，瞬时变形
three-wire ~ 三针
threshing ~ 脱粒机组
time ~ ①计时装置②时间装定
time-signal ~ 计时信号装置
tiny vision ~ 微型电视装置
tone wedge ~ 色调光楔〔劈〕组
tool ~ ①成套工具，工具箱②压模
tooth swage ~ 锯齿侧向错齿量
topping ~ 前置机组
turboalternator ~ 透平交流发电机组
turbogenerator ~ 透平发电机组
TV ~ 电视（接收）机
UHF radio ~ 超短波无线电设备
ultimate ~ 相对伸长，永久变形
ultrasonic television ~ 超声波电视设备
underdriving gear ~ 减速齿轮组
underwater sound integrated measuring ~ 水声综合测量仪
underwater television ~ 水下应用电视设备
universal ~ ①通用接收机，交直流两用收音机②万有集（一个包括所有相关联元素的集）
up ~ 上端局设备
valve ~ 电子管组（换流）阀组
vector ~ 矢量集
vehicular radio communication ~ 车载式无线电通信设备
video telephone ~ 可视电话机

voice dial-telephone ~ 话音拨号电话机
wall ~ 壁式电话机
water-turbine generator ~ 水轮发电机组
wavelength division multiplex ~ 波分复用器
wheel ~ 轮副，(机车)轮对
white noise test ~ 白噪声测试仪
wireless ~ 无线电设备〔收音机〕
X-ray television ~ X射线电视设备
zero ~ 调零，零位调整，对准零位

setback ①将指针拨回，拨后②延迟，阻碍③逆转，后退运动④电刷后棱角⑤回置距离(附壁式射流元件的)

sethammer 扁锤

set-iron 金属样板

set-off ①扣除，抵销②装饰，陪衬物③突出部④齿⑤凸缘

setover 偏置，偏矩
radial ~ 轨距

setpoint 定点，定值，选点

set-reset 置位复位

setresin 树脂
cold ~ 冷硬树脂

sets 剁刀，垫铁等锻工工具

setscrew 定位〔制动〕螺钉
hollow-head ~ 空心〔内六角〕头固定螺钉

set-square 三角板斜角尺

setter ①装定器，安装工具②(锯条的)错齿器，杆料弯曲模镗③调节器④码砖工，码砖机⑤给定装置⑥沉淀器⑦安装人员，装配人员
~ forth 发行者，说明者
colo(u)r phase ~ 彩色相位给定器，彩色定相器
core ~ 下芯机，下芯工
course ~ 定程器
droop ~ 不等率调整装置
eyebar up ~ 眼杆缩粗机
fiber ~ 纤维定形机
film ~ 照相排字机
fuze ~ 引信测合机，引信定时器
heat ~ 热定形机
initial ~ 起始置位器
multiphase heat ~ 多相热定形机
parallax correction ~ 偏差校正器，视差校正器
plant ~ 移栽机，栽苗机
plate ~ (分度盘)固定器
potato ~ 马铃薯种植机
stud ~ 装双端螺栓工具
tool ~ ①刀具调整工②对刀仪，对刀装置

setting ①装置，设备②切砖，炉墙③支座，基础，底座，(安装固定用)框，架④装配，安置，安装，置位，置“1”起动⑤调节，调整(位置)，定位，标度，划线，确定，整定值⑥交替折弯⑦凝固，凝结，硬化⑧下沉，收缩⑨镶嵌(物)
~ down 剁(锻造)
~ of ground 地基下沉
air ~ ①空气冷凝②空气(常温)硬化，自然硬化
boiler ~ ①炉墙②安装锅炉
cast ~ 钻头铸造(法)
cold ~ 冷凝固，常温凝固
control index ~ 给定值设置〔调整〕，控制值整定，控制指数调整
controller ~ 控制器整定值
core ~ 下芯，装配砂芯
datum ~ 基准线确定
day quick ~ 周历快速调整，星期快拨
extended-front ~ 锅筒前封头突出的锅炉炉墙
fine ~ 精密调整〔整定〕
flush-front ~ 锅筒前封头平齐的锅炉炉墙
heat ~ 热定形
high-set ~ 高值整定，高定值
initial ~ 初整定(值)，初调(值)
iris ~ ①装定光圈②光阑调整
machine ~ 机床调整
medium ~ ①中裂的②中凝的
nominal blade ~ 标称架叶安装角
null ~ 调零装置
one ~ 一次调整，一次整定
pressure ~ 压力装置
process control ~ 过程调节器的参数设置，自动调整器的参数调整
radial ~ 径向刀位
refractory ~ 耐火砖砌体
saw ~ 锯齿错齿，锯齿修整器，整锯器
sliding base ~ 床位(机床)
spark ~ 火花塞装置
standard ~ 标准定位
teeth ~ 锯齿偏侧度，错齿度
throttle ~ ①风门装置②节流阀调整
tight ~ 密封涂料层，密封炉墙
time ~ 时间装定〔置位〕，对时
track ~ 轮距调整
trap ~ ①捕捉设备②捕捉装置
trip ~ 事故保护定值器
undeveloped ~ 试切前调整

vertical ~ 垂直刀位，竖向刀位
zero ~ 零位调整，对准零位
setting-in 嵌装
setting-off 断流，关闭
setting-out ①画〔划，定〕线②放样③压水法（动物胶的）④测定
setting-up ①安装，装配②调定③凝结④硬化⑤准备，设立，建立
settle(ment) ①沉降，沉〔下〕，沉积，沉淀②沉淀物，沉渣③澄清④陷落⑤降低⑥固〔确，稳〕定⑦解决⑧结算
foundation ~ 基础沉降
phased ~ 分段结算
unequal ~ 不均匀沉陷
settler ①澄清〔沉淀，过滤〕器②前床，沉积槽（冶金用）
cyclone ~ 旋风分离〔收尘〕器
dust ~ 除尘器
external ~（鼓风炉）前床
mud ~ 沉泥〔渣〕机，泥浆沉降器
settling ①沉淀，沉积，下沉②分级（按比重），筛分③安定，稳定④沉淀物
compacting ~ 稠密沉积
gravity ~（利用）比密度（不同的）沉降澄清
set-up ①调定，调整②装置，装备③机构，体制，组织，计划，方案④装配，安置，组装（仪器架立）位置⑤配置，布局，构造形式，编排，建立，设立，准备工作⑥安装（工具）⑦电视图像黑色电平与熄灭脉冲电平之差，黑色参考电平的比率⑧（计算机）运算电路的构成
back-to-back ~ 转鼓试验装置
end-to-end ~ 纵向排列
equation ~ 方程组，排方程式
floating decimal ~ 浮点十进制装置
infeed ~ 横切装置，横向进给装置
laser-EDP ~ 激光电子数据处理装置
lighting ~ 照明设计，照明布置
machine ~ 机床调整
machining ~ 机加工装置
pass ~ 孔型调整
polling ~ 轮询装置
roll ~ 安置轧辊，调整轧辊位置
schlieren ~ 纹影法摄影装置
side-to-side ~ 横向排列，横向配置
straightway ~（轧机机座的）串列式布置
tool ~ ①机床的调整②工（艺）装（置）
sevenfold 七倍的，七重的
seventh 七分之一，七度音程，第七
augmented ~（125/64）增七（音）度
grave minor ~ 钝小七（音）度
sever ①切断，割断②隔开，隔离，分段③分隔（人工电话话务员插话）④断绝，终止
severance ①分离，中断，隔离②切割
severe ①严格〔密，重〕的②（困）难的，繁重的，恶劣的③紧凑的④剧烈的，苛刻的
severity ①刚度②硬度③严厉，严重，猛烈
experimental trauma ~（汽车碰撞）受伤害程度试验
stall ~ 失速的严重程度
sevo-effect 伺服效应
sewage ①污水，污物②下水道（系统）
sanitary ~ 生活污水
trade-waste ~ 工业污水
sewer ①排水管〔沟〕，地沟，联箱②排污水（敷设）下水道③缝纫工人，缝具
bag ~ ①缝袋机②缝袋工人
book ~ 订书机
flight ~ 跌落式排水管道
sewerage ①污水②排水设施，排水工程，（装）下水道
sewing ①缝纫，缝制物②（书的）锁定线
sewing-press 锁线装订机
sexadecimal 十六进制（的）
sexagesimal 六十进制的，以六十为分母的分数
sexangle 六角形
sexangular 六角的
sextant ①六分仪②圆角的六分之一，60° 角
sounding ~ 测深六分仪
sextet 6 位字节
sextet(te) 六重峰〔唱，奏〕
sextillion ①（法，美）千的七次方（10^{21}）②（英，德）百万的六次方（10^{36}）
sextolet 六联音
Sexton 自行火炮
sextuple 六倍的，六重的
sextuplet 六个一组
sextupole 六极
Seymourite 耐蚀铜镍锌合金（w（Cu）64%，w（Ni）18%，w（Zn）18%）
sferic 天电，远程雷电，大气干扰
sferics ①天电（学），大气干扰，天气测定法②电子探测雷电器
sferix 低频天电
shackle ①带销 U 形环（钢丝绳用）②钩环，钩链，锁扣，卡子，筛子，套钩③套管④绝缘器，茶台绝缘子，穿心绝缘子

anchor ~ 锚环
chain ~ 链环，链节
compression ~ 压缩弹簧钩
Dee ~ 固定 D 型环钩
kick ~ 有弹性垫的钩环
plate ~ 平钩环
release ~ 释放挂钩
screw ~ 螺纹连接环
spring ~ 弹簧挂钩〔吊架，钩环〕
swivel ~ 旋转钩环
tension ~ 弹簧张紧钩环

shade ①遮光物，遮罩，遮热板，挡风〔尘〕物，护板②阴影③屏蔽，遮蔽④（色彩）浓淡，明暗，色调⑤少量，稍微
~ of gray 灰（色深浅）度
black ~ 加黑斑补偿
diffracting ~ 衍射影（区）
heavy ~ 饱和色
magnetic ~ 磁屏蔽
pale ~ 弱色
radar ~ 雷达影区
rich ~ 强色
white ~ 白场色调

shade-guide 色标

shader 光照模型

shadiness 阴影系数

shading ①遮光，发暗，（摄像管的图像亮度不均匀）成荫②寄生信号③屏蔽，隔离④（射线管寄生信号的）补偿，校正⑤描影法⑥明暗（度），浓淡，（品质等）细微差别⑦黑点⑧射线⑨影调
colo(u)r ~ ①色浓淡（彩色电视的）②色彩发暗，底色不均匀，彩色黑点
corner ~ 角变暗
horizontal ~ 行黑点补偿信号，水平“黑斑”补偿，水平阴影，光栅两侧亮度差异
parabolic ~ 抛物线形黑斑
raster ~ 光栅黑斑，光栅亮度不匀
vertical ~ 垂直荫形，光栅纵向亮度不匀

shading-pole 磁极屏蔽，短路环，罩极

shadow ①影子，阴影②阴影照片③静区，盲区④痕，微量⑤保护，庇护⑥遮蔽，遮暗，屏蔽保护范围
acoustical ~ 声影
complete ~ 全影区
feeble ~ 微弱影象，微弱阴影
lagging ~ （色谱斑的）落后阴影
neck ~ 管颈阴影（电视图像缺角）
radar ~ 雷达盲区，雷达静区
radio ~ 静区，无线电阴影
shafthard ~ 清晰（而不混杂的）阴影
sound ~ 声影区

shadowfactor 阴影系数，阴影率，隐蔽因素

shadowgraph ①（射线检查材料的照相）影象图② X 光照片③放映检查仪器④阴影标度，X 光摄影标尺，阴影照相法⑤阴影法⑥逆光摄影

shadowing ①阴影②屏蔽③伪装

shadowless 无影的

shaft ①（转）轴，心轴②杆，手柄，旋钮，手轮③炉身，炉胸④柱⑤传动⑥射出光束⑦矿井，竖井⑧烟囱⑨车辕
accessory ~ 辅助〔附，副〕轴
actuating ~ 驱动轴
aft ~ 后轴
air ~ 通风井，通风筒
annulate ~ 环轴
armature ~ 电枢轴
articulated ~ 活动关节轴
auger ~ 推运螺旋轴
auxiliary ~ 副轴
axle ~ 车〔后，主动，驱动，（后轴的）内〕轴
back up ~ 支持辊辊轴
basic ~ 基轴，主轴
beater ~ 打棉机轴
bent ~ 曲（柄）轴
bottom ~ 织机下地轴，开口踏盘轴
cage ~ 罐笼井道
cage rocker ~ 装罐用推车机的推杆
cam follower rocker ~ 凸轮滚轮摇臂轴
capacitor ~ （可变）电容器转轴
cardan ~ 万向〔（汽车的）中间，推进〕轴
carrying ~ 支承〔承载，实〕轴
castellated ~ 花键轴
center ~ 中轴，顶尖轴
climbing ~ 攀登柱
clutch ~ 离合器轴（变速箱第一轴）
collared ~ 环轴
column ~ 柱身
combustion ~ 燃烧室
connection ~ 天〔中间，连接〕轴
counter ~ 副轴，对轴，中间轴，平衡轴
counter drive ~ 副传动轴
coupling propeller ~ 传动轴接轴
crank ~ 曲（柄）轴
crossed ~ 交错轴，相错轴
cupola ~ 冲天炉身

cut ~ 蒸汽配力轴
cutter ~ ①（滚）刀轴②切碎装置轴
cylinder ~ ①脱粒〔刀式〕滚筒轴，滚筒刀轴②活塞杆
declutch shift ~ 拨叉轴，分离移动轴
deviation ~ 差轴
differential ~ 差动轴
distribution ~ ①分配轴②配力轴
drainage ~ （循环水）排水井，溢流井
drive ~ 主〔驱，传〕动轴
driven ~ 被动轴，从动轴
drop ~ ①倾卸轴②溜眼，溜井③沉井法，开凿的竖井
dummy ~ 假轴，装配用心轴
eccentric ~ 偏心轴
electric ~ 电联动，同速联动
fan ~ 通风井
feed ~ 光杠，进给轴
final drive ~ 主〔终〕传动轴
flanged ~ 凸缘轴，法兰盘的轴
flexible ~ 挠性轴，软轴
fluted ~ 槽轴
fore ~ 锁口
fork center ~ 轮叉〔转向节〕中心轴
furnace ~ 炉身，炉体
gear member ~ 齿轮构件轴，轴齿
gear shift ~ 变速杆轴
gear shifter ~ （齿轮）变速拨叉轴
gearing ~ 齿轮传动轴
half-time ~ 半速轴
hammer ~ 锤柄
haulage ~ 提升井，主井
head ~ 驱动轴，主动轴
heald ~ 综框
hollow ~ 空心轴，管轴
integral ~ （整体锻造或铸造的）实心轴，整体轴
integral key ~ 花键轴
jackshaft propeller ~ 中间轴的万向轴
kniker ~ （铁丝结扣装置的）扭结器轴
knuckle ~ 推出机构出轴
lay ~ ①（变速器）副轴②中间〔过滤，平行，并置，对，逆转〕轴
lever ~ ①曲（柄）轴②杠杆轴
lift ~ ①提升轴②电梯竖井，升降机竖井
line ~ 天〔动力，主传动，总，中间〕轴
live ~ 多用轴
motion ~ 传动轴
oscillating ~ （缝纫机的）下轴
outrigger ~ 延伸轴
pipe ~ ①管身②管制井筒
pitman ~ ①连接（杆）轴②曲柄轴
power ~ 动力〔传动〕轴，动力输入〔输出〕轴
preliminary ~ 锁口，井颈
pressure ~ 压杆轴
primary ~ 初动轴
profile ~ （特）型轴
profiled ~ 仿形轴，靠模轴
projecting ~ 伸出轴
propeller ~ ①螺旋桨轴②动力输出万向传动轴
pto ~ （=power take-off ~）动力输出轴
pump ~ ①水泵轴②排水井
quill ~ 中空〔套筒，挠性短〕轴
ram ~ ①动力液压缸活塞杆②动力液压缸柱塞杆
rear propeller ~ 第二推进轴
reel beater ~ 拨禾轮搂齿管轴
resetting ~ 反馈〔回授，复位〕轴
reverse ~ 回动轴
reversing ~ 换向轴
revolving ~ 回转轴
rigid ~ 刚性轴
rocker ~ 摇臂轴，摇杆轴
sector ~ 扇形齿轮轴，扇形板轴
seed ~ 排种轮轴
selector ~ 选择器轴，换向轴
serrated ~ 细齿轴，细键槽轴
serration ~ ①细齿轴②三角形齿〔锯齿形〕花键轴
shaft-basis (system)massless ~ 轴线，无质量的轴
shaker ~ 抖动轴
share ~ 铲柄
shoe shaker ~ 下筛抖动轴
shovel ~ 铲柄
shrunk-in ~ 热套轴，红套轴
single-throw crank ~ 单弯曲柄轴
skew ~ 歪轴，偏轴
solid ~ 实心轴，连续轴
spacer ~ （连接两机外加的）机间轴
spacing ~ （齿轮的）间隔轴
spigot ~ 中心轴
spindle ~ 摘锭轴，（摘棉机的）纺锭轴
spinner ~ 撒布（轮）轴，掘薯轴
spline(d) ~ 多键轴，花键轴，多槽〔有齿〕轴

split ~ 分轴（式）
sprocket ~ ①链轮轴②链轨式拖拉机后轴
stabilizer link ~ 履带牵引车导向机构轴
steering ~ 转向轴
step ~ 级形〔变截面，塔形〕轴
stern ~ 尾轴
stiff ~ 刚性轴
stub ~ 短轴，轴头
stud ~ ①交换齿轮架中间轴②（螺）栓轴
swivel ~ 转（向）轴
synchronous lever ~ 同步摇臂轴
take-off (propeller) ~ （功率）输出传动轴
taper ~ 斜轴
tappet ~ 凸轮〔分配〕轴
tedder ~ 翻〔摊〕草器轴
telescopic ~ 伸缩轴
threaded ~ 螺纹轴，丝杠
throw ~ 扳动轴
throw crank ~ 曲柄轴
thru ~ 贯通轴
thrust ~ 止推轴
time ~ 计时机构带动的轴
timing ~ 正时轴
tip ~ 倾倒车身转轴
transfer-case idle ~ 分动箱中间轴
transmission ~ 传动轴，变速轴
transmission main ~ 变速器主轴
trip ~ 解扣〔绊，扳动装置〕轴
tumbling ~ 凸轮轴，偏心轴
tunnel ~ 中间轴
upset ~ （轴端镦锻成带法兰的）传动轴，半轴
valve ~ （滑）阀杆
vent(ilation) ~ 通风井
vertical ~ 立轴，竖井
vertical firing ~ 发射竖井
weigh bar ~ ①枢轴，换向轴②回动轴（机车的）
winding ~ 卷轴
wiper ~ 弧刷轴
wobbler ~ ①偏心轴②凸轮轴

shaft-basis (system) 基轴制
shaft-cup 轴盖
shafting ①轴系②传动轴
hanger ~ 吊轴系
line ~ 传动轴系
marine ~ 船用轴系
power ~ 动力轴系

shaft-joint 联轴器
shaftless 无轴的
shakable 可振动的，可摇动的
shake ①轮裂，心裂②振荡③抄纸机④摇〔抖，振〕动，震颤⑤一会儿，百分之一微秒
end ~ 轴向间隙，纵向摆动〔振动〕
heart ~ 木心环裂
sap ~ 边材辐射裂
side ~ ①径向间隙②端面摆动

shakedown ①试验性的，临时的②试运转③调整④试用⑤摇落⑥衰减振动⑦缩减
shakeout ①打型芯②去砂，落砂（机）
shakeproof 防振，抗振
shaker ①（振动）筛②簸动运输机③抖动机构，（果实）抖落器④逐稿器键箱⑤平台〔键〕式逐稿器⑥振荡器，振子，振〔摇〕动试验器⑦振打器，振动机⑧除杂机
boom ~ 杆式抖动器
bull ~ ①摇（动）筛②摇动溜槽
constant displacement ~ 等幅抖动器
dust ~ 除尘〔打土，清纤〕机
excess chocolate ~ 巧克力（模内）溢出振荡机
flask ~ 落砂机
flax tow ~ 短亚麻荡筛机
ground ~ 底板簸动运输机，落地式振动运输机
mother ~ 主摇动式运输机
multiple ~ 复式振动运输机
pan ~ 簸动运输机
rag ~ 碎呢除尘机
ro-tap mechanical ~ 转动轻敲式机械摇〔抖〕动器
run-of-mine ~ 原矿摇动筛
sand ~ 砂筛
screen ~ ①筛子撞击器②筛子抖动器
sieve ~ 摇筛机，振动筛分机
single-wide ~ 平台式逐稿器
sizing ~ 分级摇动筛
steam grate ~ 汽动炉箅摇动机
straw ~ ①逐稿器键箱②平台〔键〕式逐稿器
tow ~ 短亚麻除尘机，筛麻机
wagon ~ 卸车机械

shaker-digger 挖掘机
shakeup ①振〔摇〕动②整顿，激励，大改革
shaking ①摇〔摆，拌，振〕动②手摇式
shaky 摇动〔摇摇晃晃，有裂口，有裂缝，衰弱〕的
shale 页岩
oil ~ 油页岩

shallow ①浅滩②浅的，浅薄的，薄（层）的③使（变）浅
shammy 麂皮，油鞣革
shank ①颈，把手，手（柄），端包柄②柄部，刀柄，刀杆③车钩身④轴⑤镜身，镜筒⑥支柱，支架⑦开沟器⑧端包，抬包⑨（螺钉的）无螺纹部分，锻模燕尾
applicator ~ 施肥开沟器
bit ~ 钎尾，针柄
die ~ ①锻模燕尾②模柄
drill ~ （凿岩机用）钎杆
hand ~ ①手柄②端包架③抬包架④手转铁液包⑤端包
jointer ~ 小前犁犁柱
ladle ~ 抬包架
opener ~ 开沟器体
parallel ~ 直柄
pin-break ~ 带安全断销的支柱
plain ~ 普通开沟器体
pole ~ （磁）极（铁）心
punch ~ 模柄
rivet ~ 铆钉体
runner ~ 滑刀式开沟器体
shear bolt ~ 带剪销的支柱
spring ~ （带）弹簧（安全器的）铲柄
spring(-trip) ~ 带弹回安全器的铲柄
steel ~ 钎子尾
steep taper ~ 大锥度刀柄
taper ~ 锥形〔渐缩〕体，锥（形）柄
Shannon 香农（信息论之父）
shape ①形态〔象，状，成〕②模型③（异）型钢④整形⑤造型⑥异形砖⑦种类⑧轮廓
bandpass ~ 带通频率特性
bar ~ 型钢
charger ~ ①锭料形状②装药形状
circular ~ 环形轧材
computed pulse ~ 脉冲的计算波形
eight ~ 8 字形
groove ~ 槽形，（录音）纹道外形
keel ~ 龙骨形（电视唱片触尖）
light ~ 小型钢材
lightweight steel ~ 冷弯型钢，轻型钢材
mode ~ 振型
natural mode ~ ①固有振荡频率（特性）②固有模式
nose ~ 头部（形状）
nozzle ~ 喷管形状，喷管形式
pressed ~ 压坯
roll formed ~ 冷弯型钢
rolling ~ 钢材品种
sintering ~ 烧坯
steel ~ 型钢
universal ~ 宽缘型钢
zone ~ 熔区形状
shapeability 随模成形性
shapeable 可成形的，可塑造的
shapelet 最大区分子序列
shapen 做成一定形状的
shaper ①成形机〔器〕②整形器③牛头刨床④冲锤，模锻锤⑤铣床⑥脉冲（的）形成〔整形〕电路⑦做畦打埂器，起垄器⑧造型者
bench ~ ①台式刨床②护道整形机，切坡器
clear ~ 复位脉冲形成器
crank ~ 曲柄牛头刨床
gear ~ 刨齿机
land ~ 筑埂机
pillar ~ ①柱式成形机②柱架（牛头）刨床
pull-cut ~ 拉切式牛头刨
pulse ~ 脉冲形成电路，脉冲形成器，脉冲整形器
push-cut ~ 推切式牛头刨
rack ~ 齿条刀插齿机，梳齿机
road ~ 路面整形机
saw ~ 开（锯）齿机
shear-speed gear ~ 多刀插头插齿机
toothed-wheel ~ 刨齿机
transverse ~ 横列机
vertical ~ 插床，立式牛头刨床
wood ~ 木工牛头刨
woodworking pressure ~ 木工加压成形机械
shaper-divider 整形分频器
shaping ①修整②刨削③成形，造型，整形④压力加工⑤刨光
cold ~ （模压，冲压）冷成形
down ~ 正插
frequency ~ 频率整形
frequency domain spectral ~ 频率域谱型
laser-engineering net ~ 激光近形技术
multistage noise ~ 多级噪声整形
pole-face ~ （削小极靴两端，以得到正弦分布磁场）极面整形
pull-type ~ 反插
pusher-type ~ 推式插削（齿轮）
push-type ~ 正插
traffic ~ 业务量整形
wave ~ 波形整形

shard 碎片，薄硬壳

share ①份，部，〔约，均〕分②分配〔担，享〕，共用，复用，参加③犁头，铧④（播种机）开沟器⑤锄铲⑥（pl.）股份〔票〕

channel ~ ①槽形犁铧②槽形挖掘铲

lifting ~ 掘起铲，挖掘铲

opening ~ 开沟器，开沟铲

plow ~ 犁铧，犁头

reference ~ （测定抗磨性用的）标准犁铧

regular-cut ~ 正常切幅犁铧，通用犁铧

slip-point ~ 可换（铧）尖（的）犁铧

socket ~ 盒形犁铧

stubble ~ ①茬〔熟〕地犁铧②禾茬切除器

thistle ~ 凹刃中耕锄铲

sharer 共用用户，共享者

shareware 共享软件

sharing ①分（时）的，共用的②共享（的）

band ~ 通带共用制，频带分割，频带共用

file ~ 文件共享

load ~ ①均分负载②负载分配

memory ~ 存储器共享

resource ~ 资源共享

time ~ 分时

sharp 尖锐〔锐利，灵敏，明显，急剧，陡，精确，强力，有力〕的

~ discontinuities 急剧的不连续

sharp-bend ①锐弯（管）②直角弯头，锐弯接头，突转弯头

sharp-crested 锐缘的，尖口的

sharpen ①磨刀〔利，脱，尖〕②磨，削，修（尖）③锐化④提高半音（音调）

sharpener ①工〔刀〕具磨床，磨刀器，磨钎〔锉锯，砂轮〕机②削具，削刀③锐化电路，锐化器④磨石，油石

broach ~ 拉刀磨床

built-in ~ 嵌入式的磨刃装置

cutter ~ ①刀具磨床，刀具刃磨机②砂轮机

drag saw ~ 狐尾机，锉锯机

emery ~ 金刚砂磨床

graver ~ 磨雕刻刃器

knife ~ 磨刀机

tool ~ 磨刀机，刀具磨床

trigger ~ 触发脉冲锐化电路，触发（器）峰化器

sharpening ①磨快〔尖，刀〕，削尖，刃磨②锐化电路，微分电路

beam ~ 电子束聚焦

image ~ 图像尖锐化〔清晰化〕

steel ~ 锻钎

sharper 磨刃器，磨具

swage ~ ①压料矫正器②整齿器

sharpness ①清晰〔精确，调谐锐，锐〕度②锋利性

~ of separation 分辨率

null ~ 指零锐度，消声锐度

resonance ~ 谐振锐度

sharp-point 削尖的，尖端的

sharp-set 使边缘锋利（的）

sharp-tuning 锐调谐

shatter-index 震裂系数

shatter(ing) ①碎裂片②打碎，击碎，破坏，损伤，震裂（由白点引起的），发裂

shatter-proof 耐震的②不碎的

shave ①刨，剃，削，刮，修整②（切成）薄片

shave-hook 镰刀钩

shaver ①剃齿〔刮齿〕刀，刨刀②剃刀（金工用）③切除器④刨板机

battery operated ~ 电池剃须刀

cornstalk ~ ①玉米秆收割机②切玉米茎秆机

curved spoke ~ 曲刃刮〔刨〕刀

draw ~ ①刨刀，刮刀②刮土机③刮煤机

electric ~ 电动剃须刀

spoke ~ ①辐刨片②刨子，刮刀

veneer ~ 胶合〔镶面〕板刨刀

shaving ①剃（齿）②削下薄片③刮，修整，削④剃边（剃去剪边的毛刺）

angular traverse ~ 对角线剃齿

axial traverse ~ 轴〔纵〕向剃齿

brake ~ 强制剃齿

conventional ~ 轴向〔纵向，一般，习用〕剃齿

crown ~ 剃冠状齿

diagonal ~ 对角剃齿（法）

ellipsoid ~ 剃圆筒形齿

rack ~ 齿条刀剃齿法

single flank ~ 单面剃齿

tangential traverse ~ 切向剃齿

underpass ~ 切〔横〕向剃齿

shavings ①刨花，削片②切屑，剃齿屑

wood ~ 刨花

sheaf 束，捆

sheafer 捆禾机

shear ①剪切②剪力③切（应）变④剪断〔短，碎〕⑤切下，割下，切割⑥剪下的东西

angular ~ 切刃间斜度

automatic edge ~ 自动切边机

electric ~ 电剪刀
electric wool ~ 电动剪毛机
manual ~ 手动剪切机
nibbling ~ 冲剪机，分段剪切
oscillating ~ 摆剪
perimeter ~ 周剪力
plane ~ 剪板机
surgical ~ 显微外科剪刀
united nibbling ~ 联合冲剪机
wall-bounded ~ 壁面剪切力

shear-bow 板材剪切时弓形，剪切弯曲

shearer ①剪切机，剪断机，剪刀，剪床②滚齿刨煤机③垂直槽截煤机④剪毛机，剪毛器
arc ~ 弧形掏槽掘进截煤机
cutter loader ~ ①采矿康拜因立截盘②刨装机
pile ~ 剪绒头机
sheep ~ 剪羊毛机

shearer-loader 截装机

shearforce 切变力，切应力

sheargraph 切应力记录仪

shearing ①剪切，切割②剪断，剪短③直立截槽④切变的，切力的

shearing-off ①切断②切面，切口③切片

shear-legs ①人字起重架②起重机三脚架③动臂（剪形）起重机

shear-out ①切口，切痕②切开，截断③剖面，断面

shears ①剪切机，剪板机，剪床，截断机，剪刀②起重三脚架，人字起重器
alligator ~ 鳄口剪切机，鳄牙剪，鳄式剪床
angle ~ ①剪角铁机，角铁剪床②型材剪切机，型材剪床
bench ~ 台剪机
billet ~ 钢坯〔小方坯〕剪切机，剪铁条机，型钢剪断机
carpet ~ 地毯剪
circular ~ 圆盘剪（床），圆盘剪切机
coil slitting ~ 多条带料剪切机
crank ~ 曲柄式剪切机
crocodile ~ 杠杆（式）〔鳄口〕剪切机
crop(ping) ~ 剪（料）头机，切料头机，切线剪
cross ~ 横剪机
cut-in-length ~ 定尺剪（机）
cut-in-length flying ~ 定尺飞剪（机）
dividing ~ 切分剪，纵切剪切机
double ~ 双面剪床
down-cut ~ 下切式剪切机
end ~ 切头机，剪边机
flying ~ 飞剪（机），行走剪切机
foot ~ 脚踏剪床
frame ~ 平行式剪切机
front ~ 正面冲剪
gang ~ 多刀剪切机
gap ~ ①马鞍剪床，凹口剪床②开式剪切机
gap squaring ~ 空隙剪压机
gate ~ 双柱式剪切机，铡刀（式）剪（切机），龙门剪
generating ~ 展成剪
grass ~ 电动草剪
guiding ~ 导剪
guillotine ~ 闸刀式剪切机，铡刀剪，剪板机
hot-bar ~ 条钢热剪机
inclined throat ~ 斜刃剪切机
joist ~ 型钢剪切机，钢梁剪切机
lopping ~ 钳工台长柄剪
mill ~ 轧制（线上的）剪切机
mitre cutting ~ 斜切剪机
mouth of ~ 冲剪口，剪刀
nibbler ~ 缺陷切除剪
parting ~ 剪槽铁机
pivot blade ~ 摆式剪板机
plate rotary ~ 滚剪机
plate squaring ~ 门式剪板机
pneumatic ~ 气动剪
printers ~ 订书剪机
punch ~ 冲剪两用机，冲剪床，冲孔剪割机
purchase ~ 扩力剪
resquaring ~ 精确剪板机
ring and circle ~ 圆剪机
rocking ~ 摆式剪
rotary ~ ①旋转式剪切机②双盘剪切机，圆盘剪，滚剪
scrap ~ 废钢剪（切机），废钢剪床
scroll ~ 涡形剪床，涡形管剪切机，曲线剪床
sheet-bar ~ 薄板坯剪切机
slab ~ 扁坯剪切机，初轧板坯剪切机
slitting ~ 纵剪切机（钢板用），带材纵切圆盘剪，圆盘式纵剪
snap ~ 快速飞剪（剪切钢材前端）
square ~ 龙门剪床
squaring ~ 剪边机，四方剪机，直刃剪床
stock ~ 台剪机
swing ~ （摇）摆剪
swing beam ~ 摆式剪板机

tree ~ 伐木剪
up-and-down cut ~ 下切式剪切机（上刀片压住轧件，下刀片从下往上剪切）
up-cut ~ 上切式剪切机，下刃运动剪床
vertical knife lever ~ 立刀杠杆式剪切机
wire ~ 线（材）剪（切机）
wool ~ 剪毛机
shear-steel 刃（剪）钢，刀具钢，高速切削钢
shear-welder 剪切 - 焊接机组
sheath ①外皮，外层覆盖物，蒙皮，外罩②鞘，（护）套③涂料④板极⑤（电子管）屏极，缠线⑥（电缆的）铠装⑦屏蔽，铅包（皮）
arctic ~ 防寒护罩
double ~ 双极性层
electron ~ 电子层，电子壳
flaming ~ 火焰覆盖层
hot ~ 热套
impervious ~ 不渗透护套
induction ~ （磁）感应屏蔽层
ion ~ ①（闸流管栅极周围）离子覆盖层②离子鞘
protective ~ 接地屏蔽（变压器一次、二次侧绕组间的）
wire ~ 导线外皮
sheathe 装鞘，覆盖，包，套
sheathing ①鞘，护套，覆盖层，铠装，包端，包〔外〕皮，外壳②加包皮，加护套③夹衬板，盖板
pile ~ 打板桩
roof ~ 承梁板
vertical ~ 竖桩板
wire ~ 金属编织层
sheave ①滑轮，绞缆轮②（V）带轮③滑车，滚子④槽轮⑤导辊⑥牵引盘⑦料车绳轮⑧凸轮盘
block ~ 滑车
boom ~ 导向滑轮
cage ~ 罐笼提升天轮
chain ~ 链滑轮，链卷筒
crown ~ 天车轮，冠轮
fly ~ 滑车飞轮
friction ~ 摩擦盘，刹车鼓
guide ~ 导向滑轮，导向滑车
head ~ 端滑轮，天轮
hoisting ~ 起重滑轮，天轮
jib ~ （起重机）挺杆滑车
Koepe ~ 戈培轮，摩擦轮
leading ~ 导轮，惰轮
propelling ~ 往复滑轮，导引轮
puller ~ 拔取（装置的带）轮
single ~ 单槽滑轮
tightener ~ 张紧滚轮
traction ~ 导轮
V ~ V 带轮
shed ①棚，库（房），车〔机〕库，车间，（堆）栈②绝缘子裙部③流出，泻下④摆脱，卸掉⑤歇（特）（核子截面单位，1 歇特 =10^{-52} m^2）
converter ~ 转炉厂
dehitting ~ 取下备用器材及用具的工作间（车床的）
engine ~ 机车库
running ~ 车辆保养厂，车辆保修厂
shedder 卸件装置，顶料装置，顶拔器，推料〔拔料，抛料，抽出〕机，喷射器
shedding 卸掉，卸件，扔掉，脱模
load ~ （电源过载的）甩负载，减负荷
sheel ①壳，套②铲
screw ~ ①螺旋套筒②灯头的螺口
sheer ①偏离航向②人字起重架③舷弧④透明薄纱⑤纯净的，绝对的⑥极薄的，透明的⑦陡峭的，垂直的
sheer-legs 人字起重架，动臂起重架
sheet ①片，板②张，页③层④（图）表⑤程序⑥数据记录纸⑦薄钢板，钢皮，板料
acetyl cellulose ~ 醋酸（布片）层板，乙酰纤维素薄片
aluminum coated ~ 镀铝钢板
art work ~ 工艺图样，工艺单
Artz press ~ 特殊薄钢板
backing ~ 底板
balance ~ 资产负债表
barrel ~ 圆筒，筒圈
bidding ~ 标价单
blue ~ 发蓝（退火的）薄钢板
burden ~ （冶炼）配料表
camera ~ 摄像机调整表
charger ~ 配料单，装料单
check ~ ①板式挡帘②（逐稿器）挡板③检验单
checkered ~ 网纹钢板，花纹钢板
chromatic dipping ~ 浸（镀）铬薄板
chromatographic ~ （薄层）色谱板
clamping ~ 夹（压）板
clothing ~ （汽锅的）包衣，针板
coding ~ 程序纸，编码纸
coil ~ 成卷薄板，薄板卷

cold-reduced ~ 冷轧薄钢板
commercial ~ 商品钢板（宽 300 ~ 1 200 mm，厚 0.625 ~ 6.25 mm）
compressed asbestos ~ 石棉纸板
continuous annealing furnace for electrical ~ 硅钢片连续退火炉
control ~ ①控制图表②坐标控制图③（写）程序用纸④控制层
cork ~ 软木（薄）板，软木纸
corrugated ~ 波纹片，波纹（薄）板，瓦楞板
cost ~ 成本单，成本明细表
cover ~ 对准表，换算表
crown ~ （机车的）内火箱顶板
cue and timings ~ 电视节目安排时间表
cut ~ 切片
daily ~ 日报表
damp ~ 风帘
data ~ 数据单，数据〔一览，记录，明细〕表
dead flat ~ 特平板
dead soft temper ~ 5 号硬度的冷轧薄板，特软回火的薄钢板
dial ~ 度盘座
dimension ~ 尺寸表
discrepancy ~ 订正表
disk ~ 盘〔磁〕片
drawing ~ ①拉延用钢板②图样
drying ~ 吸墨纸
dull-finished ~ 无光薄板，毛面钢板
dynamo (steel) ~ 电工钢片，硅钢片，电机用钢片
electrical (grade) ~ 硅〔电工〕钢片（w(Si) 1%）
fiber ~ 纤维纸板，隔电纸
flanged ~ 折缘板
flexible ~ 弹性膜片
floating tube ~ （换热器的）浮动管板，活动管板，自调管板
floor ~ 踏板
flow ~ ①流程表，流程图，生产程序图②工艺系统图
galvanized ~ 镀锌铁皮，白铁皮，马口铁
galvannealed ~ 经镀锌扩散处理的铁皮
glass laminated ~ 玻璃层布板
grease ~ 厚（棕榈）油的热镀锡薄钢板
grouping ~ 综合表，部件装配清单
gusset ~ 角撑
hard temper ~ 1 号硬度的冷轧薄板，硬回火的薄钢板
hy-rib steel ~ 折板式钢片，轧制钢丝网钢板
instruction ~ 说明图表，样本
intrinsic ~ 本征层
isoentropic ~ 等熵层
job ~ 技术规程，技术说明书
jobbing ~ 中板
joint ~ 接合垫片，填充片
lamination fault ~ 重皮，叠片（材料缺陷）
lay-out ~ 总布置图
lead-sealed ~ 罩铅板
light ga(u)ge ~ 薄板
loaded ~ 填料纸
log ~ ①对数纸②记录〔事〕表，记录卡片③日志表
long ~ 记录表〔卡片〕
luster ~ 抛光薄板
magnetic ~ ①磁（性）板②硅钢片，电工钢片
master ~ ①原文，原稿②楔座
mechanical flow ~ 工艺流程图
mill ~ 制造工艺规程（表），制造厂产品记录，材料成分分析表，钢材成分力学试验结果记录表
operation ~ ①卡片工序〔操作，运算〕②操作〔使用，施工〕说明书
packing ~ 填密片，垫片
plan ~ 平面图
planished ~ 精轧薄板，平整薄板
planning ~ 工序单
plastic ~ 塑料片材
pole ~ 磁极叠片
poop ~ 材料汇编，书面声明
process ~ 工艺（过程）卡片
processing ~ 精整薄板
quantity ~ 工程数量表，土方表
quarter-hard temper ~ 3 号硬度的冷轧薄板，半软回火的薄钢板
red fiber ~ 红色硬化纸板，红刚纸片
repair ~ 修补胶
rider ~ （直通式炉内板叠的）垫板
rotor ~ 转子冲片
route ~ 流程工艺卡
rubber smoked ~ 烟胶片，红橡皮（商品名）
run ~ 试验记录卡
screen ~ 投影片
second ~ 副本，抄本，复绘图样
second steel ~ 精整过的薄钢板
set-up ~ 装配图表
silicon ~ 硅钢片，电工钢片

silver finish ~ 冷轧并光亮退火的薄钢板
skin rolled temper ~ 4 号硬度的冷轧薄板，光整冷轧的热回火薄钢板
skin-passed ~ 光整冷轧的薄板
slip ~ 薄衬纸
smoke ~ 烟片（橡胶），烟干生橡胶板
sound ~ 薄膜唱片
specification ~ ①说明书②样本
spray ~ 喷流幕
starting ~ （电解用）始极片
stave ~ 储罐壁板，储罐竖立板
stencil ~ 油印用蜡纸
summary ~ 观察记录表
temper-rolled ~ 平整冷轧薄板
tracing ~ 描图纸，透明纸
trimmed ~ 精整薄板
veneer ~ 层压〔胶合，薄〕板
video ~ 录像磁板
viton ~ 氟橡胶板，直空黑橡胶板
vortex ~ 涡流层，涡片，涡流痕
waist ~ （锅）腰托板
water-stop ~ 隔水板
white finished ~ 酸洗薄板
work ~ 工作图，加工单，工作卡
zinked ~ 镀锌铁皮，镀锌薄钢板

sheet-anchor ①备用大锚②紧急时赖以获得安全的事物，最后的手段〔依靠〕

sheeter 压片〔针梳，卷筒纸切纸〕机
gill ~ （麻纺）延张机

sheet-holder ①纸夹②（薄板）定位销

sheeting ①压片②挡板③薄层④薄片〔膜〕⑤板〔钣〕工

sheetmetal 金属片，钢皮

sheetmill 薄板轧机
tandem ~ 串列式薄板轧机

sheet-pile 板桩

sheet-zinc 锌板

shelf ①架子，支架②搁板③格
connector ~ 终接器架
core ~ 砂芯烘架
key ~ （电）键盘，键座
plug ~ （人工交换机的）塞子架

shelf-life 搁置寿命，贮藏期限，适用期

shell ①体，构架②（机，外）壳，外皮，（汽）锅身，薄壳，（电子）管（玻）壳，铁容器，气缸③轴套，轴瓦，套筒，管套④（多级火箭的）级⑤（原子）壳层⑥坯料，（坯材的）疤皮，溅皮（锭面缺陷）⑦挤压制品，深拉伸制品⑧炮弹⑨绝缘子裙，电铸板⑩铠装
base ~ 管座外壳
basic ~ ①基本壳层②（多级火箭）基本级
bearing ~ ①轴承壳套②轴瓦
boiler ~ 锅炉筒体
brass ~ （拉拔用）厚壁黄铜毛管
buffer ~ 缓冲器座〔套筒〕
case ~ 外壳，外套，气缸外罩
chilled ~ 硬铁弹
closed buffer ~ 闭式缓冲筒
containment ~ 屏蔽，包壳
cope ~ 上壳
cup ~ ①杯形件②碗形砂轮
deflection free ~ 等应力壳体
dialyzing ~ 渗析壳
drag ~ 下壳〔型〕
drum ~ 锅筒筒身，锅筒筒身
electrolyte ~ 电解渣壳
electron(ic) ~ 电子壳层
front body ~ 车前板制件
gridwork ~ 网（格）壳
guide ~ ①导向套②钻机机架③钻架跑道
guide bearing ~ 导向轴瓦
heat-sink ~ 热沉层，吸热层
hollow ~ （穿完孔的）管坯
hot strength of investment ~ 型壳高温强度
hyperboloidal ~ 扭壳（体）
inner ~ ①内（气）缸②（液力变矩器）内隔板③内壳层④内电子层
lethal ~ 杀伤弹
ogival ~ 尖顶形壳体
open ~ 未封闭的壳层，开壳层
orchestra ~ ①（乐团）演奏席壳盖②音响反射板
outer ~ ①外缸，外壳②外电子层
plywood ~ 胶合板壳体
pointed ~ 尖顶壳体
porcelain bushing ~ 瓷套管
pressure ~ 压力壳层，受压壳层
profile ~ 压型辊
radiator ~ 散热器壳
receiver ~ 受话器外壳
rifled ~ 槽钢壳
rocket ~ 火箭弹
roll ~ 滚轮缘
screw ~ 螺旋套管
shallow ~ 扁壳体
smoke-box ~ （机车）烟箱筒

split ~ 二合罩，分开式轴瓦
straight drawn ~ 直缘拉制件
unbacked ~ 高强型壳（熔模），不填砂壳型
shellac ①（虫）胶，紫胶（片）②虫胶清漆③天然树脂④胶漆皮
sheller 去皮〔去壳,（玉米）脱粒〕机
spring ~ 弹压式（玉米）脱粒机
shelliness 溅疤面，溅麻面（锭面缺陷）
shelling ①去皮，剥皮，粗剥②（工件表面因冷变形而引起的）开裂
shelling-out ①涂刷（油漆或涂料）②剥落③碎裂，捻碎
shellmoulding 壳型造型
shell-proof 防弹的
shell-still 简单蒸馏釜
shell-structure 薄壳〔壳体，壳层〕结构
shell-type （铁）壳式，外铁型，密闭式
shelly 多壳〔壳状〕的
sheltcr ①遮蔽，掩蔽，屏障②掩蔽所，掩体③百叶箱
air raid ~ 防空洞
shelter-clad 金属铠装，金属防护罩
shelterdeck 掩蔽甲板
shelve ①置于架上，搁置，储放②（慢慢）倾斜③辞退，解雇
closed ~ ①珍籍库，善本书库②闭架
shelving ①倾斜（度），斜坡②架子③装格④搁板
sherardize ①镀锌，粉镀（锌）②锌粉热镀，固体（扩散）渗锌
shield ①遮护板,（护）罩②加屏蔽，接地屏蔽③铠框④掩护支架⑤铠装，外壳⑥（防）护板，挡（板），保护物⑦遮热板，遮光板，防风罩,（面罩）防护⑧盾（构，形物）⑨钢〔防〕盾
air ~ 风罩，风挡
antiglare ~ 防眩板
arcing ~ 电弧屏蔽环，均压环
argon ~ 氩气保护层，氩气覆盖层
base ~ 管座屏蔽
bearing ~ （轴承）防尘盖
blast ~ ①反焰板，反焰器②防爆屏蔽
bulk ~ 整〔立〕体屏蔽（层）
bump ~ 冲撞防护
cannon tube ~ 筒形屏蔽罩
chip ~ 保护垫圈，阻油圈
closed ~ 密封屏蔽
compartment ~ 分隔屏蔽
composite ~ 合成屏蔽
concentric terminal ~ （静电加速器中与高压电极）同心屏蔽筒
core ~ ①铁皮芯②管路芯（预埋在铸型中的管子）
corona ~ 电晕放电屏蔽，等位屏蔽
earth ~ 接地屏蔽
electric ~ （静）电屏蔽
end ~ ①（电机定子的）端罩，端盖,（线圈，磁控管）端部屏蔽②挡风板
erasing ~ 擦（去）图（上规定部分时所用的有）孔板
eye ~ 护目罩，防护眼镜
face ~ （电焊）面罩，手持护目罩
fender ~ 挡泥板
filament ~ 配光屏
flame ~ 耐火墙，火焰防护
gas ~ 气体保护（焊接的），气屏蔽，气罩
gaseous ~ 瓦斯保护装置
gathering ~ 集禾器罩，分禾器罩〔（外）壳〕
glare ~ 闪光屏挡，遮光罩
grading ~ 分段屏蔽，电火花屏蔽
grease ~ 遮油物
ground(ed) ~ 接地屏蔽，接地护罩
guard ~ 护罩，护板
hand ~ （焊工的）手持护目罩，（盾式）面罩
heat ~ 隔热屏，热屏蔽，防热层，挡热罩
heat-sink ~ 消热〔热沉，吸热〕罩
helmet ~ ①（焊工的）盔式护罩，护目头罩②工作〔安全，飞行〕帽
image ~ 镜像屏蔽
induction ~ 感应屏蔽
laminated ~ 层状屏蔽，叠层屏蔽
lubricant retaining ~ 护油罩
magnetic ~ 磁屏蔽
master ~ （拖拉机）主挡板
multiple ~ 多重屏蔽
oil ~ 防油罩
radiation ~ 防辐射罩,（辐射）防护屏，隔热屏
reactor flux ~ 电抗器磁屏蔽
retaining ~ 锁紧式防尘罩
shadow ~ ①阴影屏蔽②局部屏蔽③遮阳光板
sky shine ~ 天空回散照射屏蔽，间接射线屏蔽
sound-proof ~ 隔声罩
spatter ~ 防溅屏，防溅挡板
spill ~ 遮光栅

spindlc ~ 摘锭罩，纺锭罩
splash ~ 防溅板
splitter ~ （挖运泥土用）分叉盾构
storage ~ 储存样品的屏蔽容器
swinging ~ 摆动板（联合收获机的）
throw-out ~ （自动）停止进给（的）挡板
tonneau ~ 外凸风挡
tunneling ~ 隧道盾构
valve ~ 电子管屏蔽
welder's head ~ 焊工护目帽罩
wind ~ （汽车）风挡玻璃，风窗玻璃
winding ~ 绕组护罩

shield-driven 盾构掘进（法）的

shielding ①屏蔽，保护，隔离②（保护）罩，防波（装置）③防护的，屏蔽的
ablative ~ 烧蚀保护层
compartment ~ 分段型屏蔽
flux ~ 渣保护
generator ~ 发电机防流罩
grid ~ 栅极屏蔽
interstage ~ 级间屏蔽
top-hat ~ 圆筒顶部封闭的防护层，顶帽屏蔽
water ~ 水屏蔽
weld ~ 焊接区保护，焊接熔池保护

shift ①改变，变换〔动〕②位移，漂移③移〔进，变〕位，移动，频移④变速，调档，变速器⑤移相⑥错箱，错位⑦偏芯⑧调班，调动⑨班次
~ about 屡变位置，四处移动
~ down 接低档，换档减速
~ up 调高档，换档加速
adiabatic ~ 绝热移位
alphabetic ~ 字母换档
arithmetic ~ 算术移位，运算移位
artificial intelligence ~ （汽车）人工智能换档（用于自动变速器）
audio frequency ~ 声频频移，音频频移
back ~ ①二次变换②第二班
backward ~ 反移，后移（位）
bathochromic ~ 红移
boresight ~ 准向移位
cane type ~ 直接操纵式变速，细长杆式变速
carrier ~ 载频偏移
carry ~ 主动机构位移，悬挂架移动
cavity-pulling (frequency) ~ （由）谐振腔频率牵引引起的频移
circular ~ 循环移位
collar ~ 啮合套换档
colorimetric ~ 色位移
core ~ 错芯，偏芯
cycle ~ 循环移位
cyclic ~ 循环移位
day ~ 日班
diamagnetic ~ 反磁位移，右移
dip ~ ①倾向②平移
dog ~ 夜班
Doppler ~ 多普勒频移
down ~ 降速变换
electro-vacuum gear ~ 电磁真空变速装置
end-around ~ 循环移位
end-around carry ~ 循环进位
end-off ~ 截〔舍〕尾（位）移位，舍入移位
figure ~ ①变换符号，跳格符号②（转为）打印数字③变数字位，换数字档
floor ~ 落地式变速操纵杆
forced ~ 油门全开换档
fore-and-aft ~ 纵向水平移动
frequency ~ 移频，频率改变
gate ~ （晶闸管）门极触发
gear ~ 齿轮变速机构
graveyard ~ 夜班
green ~ 绿色（光栅）偏移，绿位偏移
hob ~ 滚刀轴向移位
horizontal ~ 水平移动，行偏移
hue ~ 色调偏移
hypsochromic ~ 紫移
letter ~ 换字母档
line ~ 光谱线的位移
logical ~ 逻辑转换
mean ~ 均值移位
mode ~ 模移，振荡型转移
mo(u)ld ~ 错箱
multiple-position ~ 多位移位
net ~ 最大相对变位
night ~ ①夜班②夜班工人（总称）
non-arithmetic ~ 非算术移位，逻辑移位，循环移位
normal ~ 正变位
null ~ 零漂
numeric ~ 数字换档
optical ~ 光谱移动
peak ~ 峰值漂移，峰（值）移（动）
phase ~ 相（位）移，移相
picture-area ~ 图像移动
potential ~ （电）动势（偏）移，电压漂移
preroll ~ 预转移动

pressure ~ 压致移动
purity ~ 色纯位移
rearward ~ 后移
red ~ （光谱线的）红移，红色光栅偏移
reverse gear ~ 倒车档
RF ~ 射频漂移
sensitivity ~ 灵敏度变化
single place ~ 一位移位
spectral ~ 光谱移动
swing ~ 中班
thermal ~ 热漂移
threshold ~ 阈移，听觉阈值差
torque gear ~ 不切断功率换档
vacuum gear ~ 真空变速，真空换档
vertical ~ 垂直位移，帧偏移
zero ~ 零位漂〔偏，迁〕移

shiftable 可替〔拆〕换的

shifter ①移相器，倒相器②移动装置③开关④转换〔换档，切换〕机构⑤（变速）拨叉⑥（印字电报机）换行器⑦搬移者，辅助工，领班⑧井底把钩工⑨移道工，移道机
burner ~ （烧毛机）火口调幅装置
capacitor phase ~ 电容移相器〔装置〕
channel ~ 信道移频器
chart-speed ~ 记录纸变速器
clutch ~ 离合器拨叉，离合器结合杆〔分离叉〕
coaxial phase ~ 同轴移相器
cone-roll ~ 圆锥辊传动（变速）装置
dielectric phase ~ 介质移相器
digital phase ~ 数字移相器
fine phase ~ 精密调相器
FPLA fast multibit ~ 现场编程序逻辑阵列的快速多位移位器
gear ~ 变速杆，齿轮拨叉
head ~ 磁头移行器
induction (phase) ~ 感应移相器
line-stretcher phase ~ 拉线器〔伸缩线〕移相器
microwave phase ~ 微波移相器
muck ~ 废渣装运机
optical phase ~ 光移相器
phase ~ 移相器，移相电路
pulse ~ 脉冲定相装置
sand ~ 摆动筛
snow ~ 除雪机
soil ~ 推土机
track ~ 移道机〔道工，轨器〕
yoke ~ 齿轮拨叉

shift-in （把规定流通字符组变回标准字符组所用的文字）移入

shifting ①变速，调档②移动③偏移④拨动⑤移位⑥漂移
ball-and-socket gear ~ 球窝式调档〔变速〕
gear ~ 变速，调档
load ~ 负荷转移
quiet ~ 无声变换，无声换档
self ~ ①自动转换，自动换向②自动调档的，自动变速的
target potential ~ 靶面电势变化

shifting-down （换档）减速

shifting-up （换档）加速

shift-left 左移位，左进位

shift-lock 移位锁定

shift-out 移出

shift-right 右称位，右进位

shifty 不稳定的

shilling-stroke 斜划（线）

shim ①（楔形）填隙片，（楔形）垫块②（护刃器的）定刀片③分隔片，夹铁，夹片④补偿棒⑤（用）垫片（调整），垫补
~ up 用垫片调整到正确位置
non-magnetic ~ 防磁钉，止钉
pole ~ 磁极和电枢之间的铁填片
residual ~ 防粘垫片
solid ~ 整体垫片（相对于层状垫片而言）
spacer ~ 调整垫片
thrust bearing ~ 推力轴承垫片

shimmer 闪〔发，辉，微〕光

shimming ①填隙②垫补法③用垫片调整④调节磁场
pinion ~ （用垫片）调整主动齿轮

shimmy ①摆〔跳，振〕动，摇摆②横向滑动③不正常振动

shin ①接合板，鱼尾板②犁体胫刃，犁体垂直切刃③犁体刃板，犁胸④胫骨⑤攀，爬

shine ①发光，发亮，闪耀②抛光，磨光③日光，光泽

shingle ①挤压〔渣〕，压挤〔缩〕②镦锻，锻铁③盖以木瓦

shingler ①（从熟铁中将渣挤出）挤渣压力机②锻铁机，镦铁机③挤压操作工

shingling 压挤（熟铁块），压缩，镦锻

ship ①船，舰②飞船③航运，装运，运送
~ of the line 战列舰
aft-engined ~ 舯后机型船
air cushion ~ 气垫船

air defense ~ 防空舰
aircraft target ~ 飞机靶船
air-stores support ~ 航空器材补给船
amidships-engined ~ 舯机型船
ammunition ~ 军火〔弹药〕补给船
amphibious assault ~ 直升机登陆运输舰
amphibious cargo ~ 登陆物资运输舰
amphibious command ~ 两栖指挥舰
armored ~ 装甲舰
aviation supply ~ 航空器材补给船
boom defense ~ 布栅船
bow-engined ~ 艏机型船
bulb-bowed ~ 球鼻艏船
bulk cargo ~ 散货船
cable ~ 海底电缆敷设船，放缆船
capital ~ 主力舰
cargo ~ 货船
channel ~ 海峡（渡）船
civil ~ 民用船
combat store ~ 军需品补给船
combatant ~ 作战舰艇
commander ~ 指挥舰
container ~ 集装箱船
crane ~ 起重船，浮吊，水上起重机
cycloidal propeller ~ 平旋推进器船
deep chemical mixing ~ 深层软地基固化船
degaussing ~ 消磁船
depot ~ 母〔供应，勤务支援，补给修理〕船〔舰〕
desalination ~ 海水淡化船
diesel ~ 柴油机船
dirty ~ 重油船
displacement ~ 排水型船
distilling ~ 海水淡水船
diving ~ 潜水工作船
double-hull ~ 双体船
drilling ~ 钻井船，钻探船
electrically propelled ~ 电力推进船
evacuation hospital ~ 医疗救护船
ex ~ 船上交货
fabricated ~ 组装船，分段装配船
fast combat support ~ 综合补给船
feeder container ~ 集装箱集散船
fiberglass reinforced plastic ~ 玻璃钢船
fighter direction ~ 装备雷达瞄准设备的舰艇
fishery guidance ~ 渔业指导船
fishery mother ~ 渔业基地船
fishery rescue ~ 渔业救助船
fishery research ~ 渔业调查船
flag ~ 旗舰
flush deck ~ 平甲板船
fore-engined ~ 舯前机型船
gasoline engine ~ 汽油机船
general cargo ~ 杂货船
generating ~ 发电船
guard ~ 警戒舰
gunnery ~ 炮舰
helium ~ 氦气飞艇
hospital ~ 医院船
hydrojet propelled ~ 喷水推进船
knife holder ~ 水底整平船
landing ~ 登陆舰
lighter aboard ~ 载驳货船
linear dimension ~ 线性尺度船
long forecastle ~ 长艏楼船
long poop ~ 长艉楼船
long quarter-castle ~ 长艏楼船
mail ~ 邮船
mine countermeasure ~ 扫雷小艇运载指挥舰
motor ~ 柴油机船，汽船，发动机（推进）飞行器
near surface ~ 近水面船，半潜船
nuclear-powered ~ 核动力船
observation ~ 勘探船
ocean-going ~ 远洋船
oceanographic research ~ 海洋调查船
one compartment ~ 单舱船
packet ~ 邮船，客船
paddle wheel ~ 明轮船
pallet ~ 托盘货船
parent ~ 母型船
passenger ~ 客船
passenger-cargo ~ 客货船
polar ~ 极地船
post ~ 邮务船
power-driven ~ 机动船
push-button ~ 按钮化船，自动化船
radar picket ~ 雷达哨舰，雷达警戒船
recreation ~ 游览船
refrigerator ~ 冷藏船
repair ~ 修理船
repeating ~ 信号中继船
rescue ~ 救助船
roll-on/roll-off ~ 滚装船
Ro-Ro ~ 滚装船
salvage ~ 打捞船，救捞船，防险救生船

satellite tracking remote measuring ~ 卫星跟踪遥测船
school ~ 教练舰〔船〕
scout ~ 侦察舰
scrap ~ 废钢船
screw ~ 螺旋桨船
sea-going ~ 航海船
self unloading ~ 自卸船
semi-passenger ~ 客货船
shelter deck ~ 遮蔽甲板船
sight-seeing ~ 游览船
slip ~ 扫雷艇
space ~ 宇宙飞船，航天飞船
spar ~ 竖筒形海洋研究船
staff ~ 司令舰
steam turbine ~ 汽轮机船
stern-engined ~ 艉机型船
stiff ~ 过稳船
store ~ （粮食）补给船
support ~ ①火力支援舰②补给（运输）船
surface effect ~ （侧壁）气垫船
surveillance ~ 监视船，侦察船
survey ~ 水道测量船
tank ~ 油船
telegraph ~ 电缆敷设船
tide generating ~ 潮汐发电船
torpedo attack ~ 雷击舰
transport ~ 运输船舶
twin-hull ~ 双体船
type approved ~ 定型船
underwater ~ 潜水船，潜艇
van ~ 火车渡船
wave power generating ~ 海浪发电船
well cementing ~ 固井船
well-deck ~ 井甲板船
whale factory ~ 捕鲸（母）船
whaling ~ 捕鲸船
wing ~ 水翼船
working ~ 工程船舶

shipboard 舰上，船上，船侧
shipborne 船载的，船运的
shipbuilding 船舶建造，造船（业，学）
shipfitter ①造船号料工②造船划线工③船体装配工
ship-jack 升船起重机
shiplap ①搭叠②鱼鳞板
ship-lift （运输船舶过坎用）升船机
navigation ~ 通航升船机

shiploader 装船机
shipment 装船〔货，运〕载货，运输，交运的货物
line ~ 定期航运
shipper ①（装货的，输送带的）运送〔移动〕装置②（离合器的）分离杆③托运人，货主
shipper-arm 铲斗臂
shipping ①运输，海运，航行〔业〕②（运输）船舶，船舶总吨数③发货
knocked-down ~ 拆开运输，分装运输
shipping-trade 船运
shipplane 舰上飞机
ship-plant 造船工场，造船厂
shipshape 流线型的，船体形的
shipside 码头
shipstainer 船用集装箱龙门起重机
shipway ①造船台，下水滑道（船舶）②航道
shipyard （造）船厂
Shiran 希兰（S波段高精度近程无线电导航系统）
shirt 高炉炉衬
shive ①碎片，薄塞②小刀，剃刀③切，戳
shiver ①碎块②打碎③颤动
shivering 裂碎
shock ①冲击，冲撞②振动，激动③激波，冲击波，爆音④电击⑤打击⑥簇，堆
~ at entry ①入口冲击（马氏机构中的）②边缘蒸汽冲击（透平中的）
accessory ~ 副振，附加振动
acoustic ~ （电话的）声振
angle ~ 斜激波
attached ~ 附着激波，无脱流激波
bow ~ 弓冲击
chuck hole ~ 通过夹盘孔时的振动
closing ~ 闭合时的压力冲击
compression ~ 压缩突变
detached ~ 脱〔离〕体激波
electric ~ 电击，触电
expansion ~ 膨胀激波，稀散波
gas ~ 气震，气流冲击，气流激波
heat ~ 热震，热冲击，急冷急热
hydrodynamic ~ ①液压冲击②流体冲击波
line ~ 管路〔液压〕，水冲击
load ~ 负荷冲击
oblique ~ 斜冲击
return ~ 回弹，反冲
static ~ （静）电击，触电
stationary ~ 驻激波，定激波
steam ~ （汽轮机通道内）蒸汽激波

surging ~ 浪涌撞击，喘振冲击，液锤
temperature ~ 热震，温度骤变，热冲击
thermal ~ 热冲击，热震，急冷急热，温度骤变
shock-absorbent 减振的，缓冲的
shocker ①减振〔冲击，振动〕器②捆禾机，集草车，堆垛机
jewelled ~ （钟，表）避〔防〕振器
shock-induced 休克诱发的
shocking-out 出人意料的
shockless 无冲击的，无振动的
shock-mounted 有减振装置的，装弹簧的
shock-preheated 用冲击波预热的
shockproof ①耐振的，防振的，耐冲击的②防电击的
shock-sensitivity 振动灵敏度，冲击灵敏度
shock-sink 冲击逸除
shock-stall 激波失速〔分离〕，滞止激波
shoddy ①劣等材料②次品③稀渣④废品⑤长弹毛，软再生毛
shoe ①导向〔底，基础冲模底，履带〕板，座，地脚板，轨座，托管接头②起动导轨，发射导轨③端，管头④（电机的）极靴，桩靴，（梁）屐⑤开沟器，分禾器尖⑥滑筛体架⑦制动块，闸瓦，瓦形物，防磨〔滑〕装置⑧（割草机切割器的）滑脚，滑块⑨开口坩埚
articulated gate ~ 闸门制动器
backing ~ （铜）滑块
brake ~ 闸块，制动蹄块，制动片
cable ~ ①电缆终端②电缆终端套管③缆帽
cage ~ 罐耳
carbon ~ ①碳刷②石墨密封条
casing ~ 套管靴
cleaning ~ ①（联合收割机的）清粮室②清粮筛③（轮圈的）刮泥板
clutch ~ 离合器瓦
collector ~ 集流靴
contact ~ 触靴，接触块
cordless contact ~ 电池式接触点
crosshead ~ 十字头滑块〔闸瓦，滑瓦〕
die ~ 模座
drag ~ 制动块
drill ~ 条播开沟器
friction ~ 摩擦瓦
ga(u)ge ~ ①仿形滑板〔脚〕②（开沟器的）入土深度限制器
glide ~ 仿形滑脚
grouser ~ 履带链板
guide bearing ~ 轴瓦
guiding ~ ①（月牙板）滑块②导瓦
header ~ ①收割台仿形滑脚②防腐合金覆层木材，有金属防护层的木材
hem ~ 闸瓦
housing ~ 底板，轨座
inner ~ 内支承板，内托板
inside ~ 内履，内滑脚
intelligent accessory ~ 智能插座（摄录机用）
interpole ~ ①换向极极靴，间极极靴②辅助磁极极靴，整流磁极极靴
land following ~ 仿形滑板，仿形滑脚
latch ~ 键杆靴
levelling ~ 水平稳定器，（外伸）调平支脚
magnetic ~ 磁瓦
main ~ 主滑脚
marker ~ ①划行器铲②指行器
mill ~ 轧机轧座，轧机地脚板
outside ~ 外滑脚
pole ~ 极靴
rest ~ 中心架顶球，爪块
roller ~ 滚轴支座
root cutting ~ 掘根锄齿
runner ~ 仿形滑脚
scalping ~ 上筛架
screen ~ 筛架
seating ~ 底座
secondary ~ （制动器）减势蹄，松蹄
segment ~ 扇形瓦
self-level(l)ing ~ 自动调平式筛架
shaker ~ ①抖动筛，摇筛②抖动筛架
shock ~ （保护犁铧用的）缓冲滑块
skid ~ ①仿形滑脚②装载机支脚③滑轮铁靴④制动块，闸瓦
sliding ~ 仿形滑脚，滑瓦，滑动块
slipper ~ 滑瓦
soil ~ 犁盘
straw ~ 禾捆梳解器
subsoil ~ 心土铲铧
thrust ~ 推力瓦块，止推瓦
track ~ ①履带瓦②链轨板，履带板
trailing ~ 减势蹄，松蹄（简单非平衡式制动器）
unlocking ~ 开锁杆套
vertical ~ 垂直摆锻锤头
wind ~ 风斗
wiper ~ 滑动压块
shoestring ①鞋带②小额资本

shoot ①坑，(滑)槽②爆炸，闪光③拍摄，摄影④滑动〔承受〕面⑤急速动作，推力，奔流，崩溃⑥发射，射出，射中，击中⑦投掷，抛出，(波束的)照射⑧倒入，卸下
~ off ①刨去，刨光②弹回，跳开
~ through 不熄弧，不灭弧贯通
~ up 射出，喷出
coal ~ 放煤槽
cuttings ~ ①(机床)承屑盘，出屑槽②切屑坑
spike-over ~ 上冲
vibra ~ 振动槽
shooter 射击者，射手，爆破手，(手)枪
air ~ 气体输送管
core ~ 射芯机
mo(u)ld ~ 射(压造)型机
normal core ~ 普通射芯机
trouble ~ 故障检修员
shooting
core ~ 射芯
pattern ~ 图样爆破
target ~ 目的制动
trouble ~ ①排除〔检修，查找〕故障②清理误差(计算机)
shoot-out (电炉)起弧
shop ①车间，工场，工厂②工作室，机构③交付检修④工艺(学，室)⑤职业，本行，工作
back ~ 大修厂，修理车间
closed ~ ①应用程序站②闭(态)运行，闭站(计算机的工作状态)，不开放计算站
core ~ 造芯工段
drop ~ 锻工车间
engineering ~ 机械加工车间
hot ~ (进行有放射性器械的拆装，维修等工作用)热车间
job ~ 作业车间，加工〔单件(小批)生产〕车间，多品种小批量工厂
job welding ~ 焊接修理工场
jobbing ~ ①机械加工车间②修理工场，修理车间③特殊订货加工车间
joiner's ~ 木工车间，细木工场
laboratory ~ 试制车间
model(l)ing ~ 木模样车间，制模样车间
mo(u)lding ~ 造型车间
open ~ ①开(态)运行(计算机的工作状态)②开(放式计算)站
overhaul ~ 机修车间
pattern ~ 模样工段，模样车间
plate ~ 制板工厂
point ~ 尖轨厂
production ~ 专用车间
rehabilitation ~ 修理间，修复所，修理厂
salvage ~ 修理厂，三废综合利用工厂
steam ~ 锅炉间
tune-up ~ 校准车间
winding ~ 绕线圈车间，钢丝打轴车间
shopper 顾客
Web ~ 网上采购站，网上购物者
shopping 购物
electronic ~ 电子购物
Shoran (=short-range navigation system)肖兰精密导航装置，短程(双曲线无线电)导航系统
shore ①顶柱，支柱②用支柱支撑③海岸，海〔湖〕滨
shoring ①临时撑，加固②支柱，撑柱，(集装箱内的货物)固定材料③紧固，捆扎
shorinophon 机械录音机
shorl 黑电(气)石
short ①脆性②概略，简略③不足，缺乏④短路，短接⑤短料(带材定尺剪切后的)⑥短路品〔器〕⑦废料⑧短的⑨脆的
~ out ①短路，短接②起弧③使短路〔中止〕，缩减
battle ~ 保安短路器
black ~ 黑色裂口，冷脆
cold ~ 冷脆
dead ~ 完全短路
hot ~ 热脆
layer ~ 层间短路
poured ~ 未浇满(铸造缺陷)
rare ~ 局部短路
red ~ 热脆
stop ~ 突然停止
turn layer ~ 线层间短路
short-access 快速存取
shortage ①不足，缺乏，缺少②缺陷
short-brittle 热脆
short-brittleness 热脆性
short-circuit 短接，短(接的电)路
short-circuiter 短路器，短路装置
shortcoming 缺点，缺陷
shortcut ①简化(操作)②快捷的，简捷的，短通，捷径
programming ~ 程序设计简化

short-decayed 短衰期的（放射性元素），短寿命的
shortener 缩短器
shortening 缩短，减少
shorterizing 火焰表面硬化处理，（用氧乙炔火焰的）火焰淬火法
shortfall 缺少，不足
short-grained 细粒的，小颗粒的
shorthand 速记（法），简写（形式）
short-haul 短距离的，短期的
shortness ①脆性②压制不足，欠制（塑料的）
black ~ 冷脆性
red ~ 热〔红〕脆性
shortrun ①短期运转②少量生产③浇不满（铸造缺陷）
shorts ①筛余，筛上料②短（流）路③短头
short-shunt 短分（路），短分流，短并激
short-sonar 近程声呐
short-stage 短流程
shortstopper 速止剂
short-system 快速系统
short-wave 用短波放送，短波（无线电发射机）
shot ①起动，射击，投放，发射，瞄准，（火箭）飞行②爆炸〔破〕，冲击③拍摄，摄影，镜头④（喷丸装置用）丸，小球，（钻）粒，（钢）砂，（金属内）固体杂质⑤射程，范围⑥注（射）料量，物料量⑦点状〔点焊，闪色，杂色，失败，破旧〕的
air ~ 空隙爆破
angle ~ 斜侧面镜头，角度拍摄
blasting ~ 喷的铁丸，喷的砂砾
boom ~ 摄像机大半径转动拍摄
bust ~ 放大拍摄
canted ~ 斜置照相机拍摄，倾斜镜头（拍摄）
cast-steel ~ 钢砂，表面喷丸加工（用的）钢丸
chilled (iron) ~ ①激冷铸钢球，冷硬丸粒②硬化弹头，冷硬弹头
comminuted steel ~ 钢粉（机械粉碎的）
day-for-night ~ 黑夜效果摄影
dolly ~ 移动摄影，推拉摄影，推拉镜头
doping ~ ①掺杂的投放②掺杂的合金粒
ear ~ 可听范围，听觉距离
establishing ~ （电视）固定拍摄
exterior ~ 外景镜头〔拍摄〕
follow ~ 追踪摄影，全景镜头，移动拍摄
glass ~ 玻璃合成摄影
group ~ 群摄，全摄，全景，群众场面
high angle ~ 俯角拍摄
high hat ~ 自低向高处拍摄，仰拍（摄影）
hot ~ ①过热②淬沥过度
iron ~ 铁珠，铁丸，钢球
lens turret matting ~ （电视）镜头转轮遮摄
matte ~ 挡摄，遮摄
mirror ~ 反射镜（合成）摄影
mute ~ 无声镜头
oil ~ 油印（压铸件表面缺陷）
one ~ ①一次通过（编程序）②单触发③单镜拍摄④冲息
over ~ 超调量
peening ~ 喷射用钢丸
short ~ （铸件）喷丸不足
shot-blast(ing)cold ~ ①冷豆，铁豆（铸造缺陷）②（透明塑体内的）斑瑕③冷疤（表面缺陷）
shoulder ~ 过肩镜头
steel ~ 脆钢球（铸钢球），铁丸
stock ~ 档案正片
tight ~ ①定焦镜头②紧凑拍摄
travel ~ 跟踪照相
shot-blast(ing) ①喷砂清理，喷丸清理②喷砂加工，喷丸加工
shot-clean 喷丸处〔清〕理
shot-drilling 钻粒〔钢珠，冲击〕钻眼〔钻探〕法
shot-peened 弹丸增韧〔硬化〕的
shot-peening 喷丸处理，喷丸硬化
shotpin 止动销，制动销
shotted 粒状的，成粒的
shotting ①金属粒化②制粒，制铁丸③倾注造球④渣洗熟铁法
shoulder ①（凸）肩②肩形突出物③（高炉的）炉腹④支持力⑤挂耳⑥焊缝根部面积，钝边（面积）⑦支持物的凸出部
cut-off ~ 挡胶台
cutting ~ 切口边
heavy ~ 厚胎缘
shear ~ 桨叶附根
spindle ~ （心，主）轴肩
tire ~ 胎肋
shove （初轧坯和钢坯的）装炉
shovel ①（舀）铲，铲斗②电铲③挖掘〔挖土，斗式装载〕机④中耕机锄铲⑤一铲的量
backacting ~ 反铲（挖土机）
break ~ 松土铲
bull tongue ~ （耕耘机）重型窄锄铲
bull-clam ~ 平土〔铲土〕机

caterpillar ~ 履带式电铲
center ~ （中耕机组）中间铲
chisel-tooth ~ 凿齿松土铲
clamshell ~ 抓斗挖土机
convertible ~ 两用铲，正反铲挖土机
crawler-(mounted) ~ 履带式电铲，履带式挖土机
detachable point ~ 换尖式松土铲
double ~ 双辕步犁犁铲
drag ~ 拖铲挖土机，拖拉铲运机，反向机械铲
dredger ~ 单斗电铲，单斗挖泥机
electric ~ 电铲
face ~ 正铲挖土机
forward ~ 正铲挖土机
hoof ~ 蹄形松土铲，三角形松土铲
lifting ~ ①掘起铲，挖掘铲②灌溉开沟铲
lister ~ 双壁开沟铲
loader ~ （悬挂式）装载斗
loading ~ 装载机铲斗
mechanical ~ 机械铲
pointed ~ 尖形挖掘铲，镶尖挖掘铲
power ~ ①（单斗）掘土机，机械铲，动力铲②挖掘机铲斗③电铲抛煤机
push ~ 添煤机
reversible ~ （双尖）翻换松土铲
revolving ~ 回转挖掘机
scoop ~ ①单斗电铲②斗式挖掘机③泥铲，勺铲
skimmer ~ 刮土机
spearhead ~ 矛形松土铲
spearpoint ~ 矛形松土铲
stripper ~ 剥离电铲
tilt ~ 翻斗
tooth point ~ 单尖松土铲
traction ~ 犁引式挖土机，犁引铲

shovel-crane 挖掘起重两用机
shovel(l)er ①翻扬机②挖土机驾驶员
shovelloader 铲（式）装（载）机
shovel-run ①铲程②铲挖的
show ①展览(会),展览物,陈列品②标示,记号,展示，显示，说明，证明，指出，示出
shower ①淋洒器，喷水器，淋浴，阵雨，暴雨②通量，流，光簇〔电子〕流③指示器④簇射⑤喷灌⑥使湿润，使潮湿
air ~ ①空气吹淋室②空气簇射
cascade ~ 级联簇射
extensive air ~ 空气簇射，广延簇射
hard ~ 穿透射流，硬射流
size air ~ 大气流簇射

show-how 技术示范，工序示范
showing ①显示，展览，阵列②表演，表现③陈述，叙述④外表，迹象
showpiece 展览品，供展览的样品
showplace 供参观的场所〔建筑〕，展出地
show-ring 展览〔评比〕会场
showroom 陈列〔展览〕室
show-through 透视
showup 暴露
shred ①裂片，碎片，细片②少量剩余
shredder ①破〔粉，废钢切〕碎机②玉蜀黍碎茎机③纤维疏散机
hog ~ 松散〔粉碎，压碎〕机
pulp ~ 碎浆机
straw ~ 茎稿切碎机，铡草机
vine ~ 藤蔓〔茎叶〕切碎机

shredder-mower 割草 - 切碎机
shredding （机械）裂解,粉碎（作用),研末（作用）纤化
shredmaster 撕碎机
shrink ①收缩，弄皱②热套，热装③缩小，缩减
~ on 热套，热装，红套

shrinkable 会收缩的
shrinkage ①收缩（性），收缩量②（铸件的）缩孔，压〔皱，干〕缩，缩减〔短〕，减少，下沉〔陷〕
after ~ （成形）后收缩
air ~ （在）空气（中）收缩
center-line ~ 轴线缩孔
cure ~ 固化收缩率
die ~ 脱模后收缩
dispersed ~ 缩松
firing ~ 退火（冷却）收缩
gross ~ ①（热节处）集中性缩孔②总收缩量
interdendritic ~ 枝晶间疏松〔收缩〕
mo(u)ld ~ 脱模后的收缩，成形收缩
mo(u)lding ~ 模塑收缩率
open ~ 明缩孔
pattern ~ 模样收缩公差〔容差〕
process ~ 多次收缩，（设计压型时考虑多次收缩）收缩率总校正
setting ~ 凝固收缩，干缩
sintering ~ 烧结收缩

shrinker ①收缩机②金属板波纹压机③（补缩暗）冒口
shrinkhole 缩孔

shrinking 收缩
shrinking-on （孔加热后与轴）冷缩〔红套〕装配〔配合〕，热〔压〕装配合
shrink-off ~ 收缩
shrinkproof 不（收）缩的，防缩的
shrink-ring 套环，收缩圈，紧圈，紧缩环，热套环，热套压圈
annular ~ （反应堆）环形围筒
core ~ （反应堆）堆芯围筒，堆芯吊篮
half ~ （大齿轮）半齿高加强板
heat ~ 防热套，热遮板
integral (tip) ~ 叶冠，（与叶片一体的）整体围带
nozzle ~ 喷管罩
tip ~ ①围带②环形叶栅外柱面
shroud 罩，套，壳，屏幕
integral tip ~ 叶冠
shroud(ing) ①屏幕，屏板，遮板，屏蔽，掩蔽②壳，管套，套筒，罩盖，轮盖，护罩，覆盖物，围带，耐火砖套③（附落伞）吊伞索
fan ~ 挡风板
shrunk-in 压入〔装〕式
sh.ton （美国）短吨（= 907kg）
shucker 剥壳器，剥壳〔皮〕机
shudder 抖动，颤动
shuffle ①正移（从左向右移）②慢慢移动③混合，弄混④混洗（并行处理中的一种操作）⑤搅乱，洗牌
shufflenet 混洗网
shunt ①旁〔分〕路，分流，并联电阻，电阻分流器，旁通管②（电刷的）刷辫③加分路，并接，并联④并励的⑤调车（到旁轨），转辙，闪〔避〕开
brush ~ 电刷连线
compensating ~ 补偿（式）分流器
cross ~ 交叉分路（推挽回路的）
field ~ 励磁分路
long ~ 长分流
magnetic ~ 磁分路（器）
series ~ （复励电机）串励（绕组的）分流电阻
superuniversal ~ 超万能分流器
shunted ①分路的，分流的②并联的
shunter ①转轨器，调车机车〔车头〕②调车员，扳道员，转辙手
shunt-feed 并（联）馈（电）
shunting ①分接〔路，流〕②并联③转轨，调车
field ~ 磁（场）分路〔流〕
pole ~ 磁极分路
shunt-wound 分绕的，并绕〔励，联〕的
shut ①关闭，闭锁，闭塞②（焊缝的）被掩盖部位③（电路的）接通④切断⑤折叠
~ in 圈住，封井
~ off 关掉〔闭，断〕，切〔阻〕断，断路〔流〕，妨碍，停止，排除，遮住，脱离
~ out 遮住，关在外面
~ up 关闭，密封，保藏
cold ~ ①（钢锭或锻件表面上的）冷隔，冷疤，冷结②未焊透
shutdown ①停止运转，停机，停车，停堆，停炉，停产②非工作周期③关闭，断路
hard ~ 突然停车
midnight ~ 停机过夜
reserve ~ 备用停机
safety ~ 安全停机
step ~ （发动机）分步停运
shutheight （压机的）闭合高度（压力机底座与滑块的间距）
shut-in 被关在里面的，被包围在当中的
shutoff ①停止，关闭，切断②断开器，关闭阀，关闭器
over heat ~ 过热断路（保护）
shutter ①闸板，节气阀，节流板，阀②风门片，百叶窗，薄片式阀瓣③秧门，断续器，断路器④保护罩⑤自动隔离设施⑥快门，光阀，光闸，光栅⑦盖，鱼鳞板⑧色盘⑨下方棱镜室
air ~ 关气机，调风门，空气阀，阻汽器
anterior ~ 前快门
barrel ~ 筒形遮光器
beam ~ 射束光闸
blade ~ 叶片遮光器
blast ~ 爆炸快门
bleeding ~ （放气管）节气阀，放油〔水〕管调节阀
camera ~ 摄像机光闸，照相机快门
capping ~ 电气雷管爆炸快门
compound ~ 中心快门
Compur ~ 康盘快门
cowling ~ 整流罩裙片
diaphragm ~ 光圈快门
drop ~ （相机）快门，开关
drum ~ 鼓形光闸
electronic ~ 电子遮光器，电子快门
explosive ~ 爆炸式快门
eyepiece ~ 取景器目镜遮光器
fire ~ (for projector) （放映机）防火板

focal ~ 幕帘快门，焦面快门
front ~ 镜头快门
full electronic ~ 全电子快门
harmonic ~ 谐波抑制器
intake ~ 进气阀瓣
lap dissolve ~ 慢转换装置
lens ~ 中心快门，透镜光闸
light-valve ~ 光闸，光阀，快门
mirror ~ 反光镜快门
opposed ~ ①反向快门②双遮光器快门
radiator ~ 散热器百叶窗
rotary ~ （电影放映机镜头窗孔的）旋转遮光器
rotating ~ 转动光闸，转动光栅
rotating disc ~ 转盘式〔回转圆盘〕快门
timing ~ 时控挡板
tube ~ 管子光闸
variable ~ 可调遮光器
shuttercrack 白点，发裂
shuttering 模壳，模板
sliding ~ 滑动模壳
shutting shut 的现在分词
~ out 热风炉停止送风
shuttle ①滑闸，闸阀，往复移动送件装置②梭③列车④航天飞机，星际往返飞船，短程穿梭运输工具⑤前后〔往复〕移动，气〔液〕压传送（装置），振荡输送机，磁带高速运转方式⑥定位针，定片针，影片画格定位器⑦样品容器
air ~ 航天飞机，宇宙飞船
beak ~ （缝纫机的）长嘴摆梭
pattern ~ （双工位造型机上）模板梭动机构
pneumatic ~ 气压传送（装置），风箱
space ~ 航天飞机，空间渡船
shuttlecraft 航天飞机
siamesed 叉形的
Sical 西卡尔硅铝合金（w（Si）50% ~ 55%，w（Al）22% ~ 29%，w（Ti）2% ~ 4%，w（Ca）1%，w（C）< 0.2%，w（Mn）< 0.2%，其余 Fe）
siccation 干燥（作用）
siccative ①干燥剂，催干剂，干料②干燥的
sichromal 耐热铝钢，罐管用铝钢
sick ①需要修理的，有毛病的②（铸铁等）脆的，易碎的
sickle 镰刀，切割器
binder ~ 割捆机切割器割刀
serrated section ~ 刻齿刀片割刀
smooth-section ~ 光刃刀片割刀
sicomat 光电跟踪切割机
sicon 硅靶视像管
EB ~ 硅靶增强摄像管
Sicroma （西克露玛）硅钼弹簧钢（w（C）0.15%，w（Mn）0.15%，w（Si）1.5% ~ 1.65%，w（Mo）0.45% ~ 0.65%，其余 Fe）
Sicromal 铝铬硅耐热（不锈合金）钢（w（C）< 0.2%，w（Si）1% ~ 3%，w（Cr）6% ~ 20%，w（Al）1% ~ 3%，其余 Fe）
Sicromo 耐热不锈硅铬钼合金钢
sidac 硅对称二端开关元件，双向开关元件，交流用硅二极管
side ①端，侧，边（方）面，翼，舷侧②旁侧的，枝节〔副，次，从属，附带〕的③侧（面的）④装侧面，刨平侧面
advancing ~ 受拉部分，（输送带）张紧侧
apply ~ （齿轮轮齿等力的）作用面，施力侧
approach(ing) ~ 切入面
blind ~ 弱点，死角
catcher's ~ 接钢边
changing ~ 换辊侧
charging ~ ①加料侧②加料厂房
coast ~ 倒车齿面，（齿轮的）不工作齿侧
cold ~ （锭，坯的）阴面
concave ~ of blade 叶片内弧侧
extrapolated ~ 外推计算端
face ~ 正面
feed ~ ①进料侧②（锯的）扩大边
front ~ 正面
full ~ 重车道
go ~ （量规）通过端
high-tension ~ （变压器的）高压侧
hot ~ ①高放射性侧②高压边③高电位侧，热端〔侧〕
imprinted ~ 留有记号的侧面，加记号的侧面
ingoing ~ 进料侧
initial ~ 起算边
inlet ~ 入口侧〔端〕，（泵的）真空侧
load ~ 负荷端（链或钢绳）
local ~ ①本机端，终端站，本地台②终端设备连接器
loose ~ （传动带）从动边
lower camber ~ （机翼）下弧面
machine ~ 主机装备
Material ~ 材料方向（数控加工的功能术语）
not-go ~ （量规）止端
primary ~ 一次侧，初级侧，初级端

punch ~ 冲孔面
railed ~ 横条栏板，栏杆式侧板
receding ~ 退出侧
roller's ~ 轧机进钢的一侧
roof ~ 上边梁
shady ~ 黑暗面，阴暗面
slack ~ ①松缓侧②传动带松边
slicken ~ ①滑面，镜面②断面擦痕，擦痕（面）
step-down ~ （变压器的）低压侧
step-up ~ （变压器的）高压侧
suction ~ ①吸引端，吸入边②（叶型的）背弧③负压面，真空面
supply ~ ①馈电侧，供电侧②进给端
tapping ~ 放渣侧，出炉侧，炉后
tension ~ 传动带紧边，传动带主动边
unequal ~ 不等边型钢
side-aisle 侧道
side-attached 侧悬挂（式）的
sideband 边〔频，能〕带
chromaticity subcarrier ~ 色度副载波边带
colo(u)r ~ 彩色信号边带
facsimile vestigial ~ 传真残留边带
lower chroma ~ 色度信号下边带
residual ~ 残余边带
single ~ 单边（频）带
vestigial ~ 残留边带
sidebar ①（套筒滚子链的）外链片②侧杆③非主要的④（视屏）边栏，边注文字栏，侧框，工具条
sideboard ①侧板，栏板②边架
sideboom 侧置起重臂
side-by-side （轧机机座）并〔横〕列式布置，并排（列）
side-car ①边车②挎斗式摩托车③（飞艇的）侧短舱
sidedozer 侧铲推土机
side-dresser 行侧追肥器
side-drum 小鼓
side-dump 侧卸（式的）
side-effect ①次要的影响，副作用②边界效应
side-elevation 侧视图，侧面图
sideflash 侧击雷，侧面放电
side-gatherer 缩流装置
sidekicker 舷明轮蒸汽机船
sidelamp 侧灯
sidelap 旁向重叠，侧向重叠
sidelight ①侧光，边窗②侧面照明③间接说明，偶然启示
sideline ①边界线，边界区域②傍〔横〕线，侧道③副业，兼职④局外人〔旁观者〕的看法〔观点〕
sidelining 侧内衬，边内衬
sidelobe 旁瓣
including ~ 交叉边瓣
sidelurch 侧倾
sidenote 旁注
side-on 侧窗式
sidepiece 边件，侧部
siderake 侧向搂草机
side-reaction 副作用，次要影响
siderite 菱铁矿，陨铁
siderology 冶铁学
sideromagnetic 顺磁的
siderometer 恒星测时钟，恒星时计
sideroscope 铁屑检查器
side-sight 旁点观测
sideslip 侧滑，滑向一边，沿横轴方向运动
sidespan 边〔旁，侧〕跨
sidespin 侧旋
sidestep ①侧〔横〕步②（侧面的）台阶，梯级
side-stroke 侧〔旁〕击，附带行动
sidesway 侧倾〔摇〕，旁移
sideswipe 沿边擦过，擦（边）撞（击）
side-tip(ping) 侧卸
sidetone （电话机的）侧音，旁者
sidetrack 侧线〔路〕，旁轨，备用〔迂回〕路线
sideview 侧视〔面〕图，侧面形状
sidewall 侧墙，侧壁，侧水冷壁，轮胎侧壁，井壁
groove ~ （唱片）纹槽壁
sidewaller 侧壁式气垫艇
sidewash 侧洗流，侧（向）冲（刷）
sidewind ①侧气流②间接的影响，间接的方法③间接的，不正当的
Sidewinder 响尾蛇导弹
Sidicon （英国商品名称）硅靶视像管
siding ①挡板，侧板，板壁，搭叠板②侧线，（索道）滑轨③铁路支〔岔〕线，旁轨④专用线
bevel ~ 互搭板
siegbahn X 射线波长单位（相当于 10^{-13} cm）
siege 炉底，炉床
siemens 西（门子）（国际电导单位，等于欧姆的倒数）
sieve ①筛（子）②筛分，筛选，过滤③滤网，筛孔，细眼筛（特指实验室用筛）

angle ~ 阶梯〔角度，角型〕筛，角型滤网
B.S.A. standard ~ 英国标准筛
certified test ~ 合格试验筛
cleaning ~ 下〔草籽，清选〕筛
ionic ~ 离子筛
jigging ~ 摇动筛，振动筛，摇筛（机）
lip(ped) ~ 鱼鳞筛
louver ~ 鱼鳞筛
micro ~ 微粉筛
minus ~ 筛下（粉）
molecular ~ 分子筛（人造沸石）
plus ~ 筛上（粉）
roughing-out ~ 粗杂质排出筛
screen ~ 分离筛
shoe ~ 下筛
short-straw ~ 碎稿〔上，颖糠〕筛
stamped ~ 冲孔筛
top ~ 上〔颖糠，谷穗（喂入）〕筛
undersize ~ 细筛，草籽筛
wire ~ 金属丝细筛

sievedigger 筛式挖掘机

sieve-plate 筛板

sieve-tray 筛盘〔板〕

sieving 过筛，筛分，筛选

Sifbronze 西夫青铜，钎焊青铜焊料

sift ①筛分，（过）筛②精查，细查③过滤④挑选，淘汰

sifter ①筛（子），筛分机，筛分器②筛者③滤波器
air ~ 气筛，气流分离器
gyratory ~ 旋转式筛
laboratory ~ 振动筛分机（实验用）
sand ~ 筛分机（粒度分析用），砂筛

siftings ①清选的副产品，筛出物，筛下的杂质②通过炉排落下的燃料

sig. 记号，符号，标记，标识，标志，信号，签署

sight ①观察孔②观测器③瞄准器④视力〔觉，线〕⑤测视〔角，点〕⑥见解⑦眼界，视野
~ for sag 垂度仪
aiming rule ~ （表尺的）瞄准镜
aperture front ~ 环形准星
azimuth ~ 方位仪，测向器
bead ~ 瞄准具
collimating ~ （平行）瞄准具
computing ~ 瞄准用计算装置
course-setting ~ 航线指示器
defective ~ 视觉缺陷，折射异常
elbow ~ 肘形（光学）瞄准具，潜望镜
fixed reticle ~ 固定环瞄准具
flow ~ 流量显示器，流量〔体〕检查窗〔观察孔〕
front ~ 准星
minus ~ 前视
normal colo(u)r ~ 正常色〔视〕觉
quadrant ~ 象限〔火炮〕瞄准具
rear ~ 后瞄准器
telescopic ~ 望远镜瞄准具
wind ga(u)ge ~ 风速计观测器

sightglass ①观察孔，监视孔②观察镜，窥镜③玻璃液面计

sight-hole 观察〔检查，窥视，人〕孔，（光学）瞄准器

sight-rule 照准仪

sigma 希腊字母 σ，Σ

sigmalium 西格玛铝基合金

sigmate ①Σ〔S〕形的②加Σ〔S〕于

sigmatron 高能X射线仪，西格玛加速器（回旋加速器和电子感应加速器串联运行产生X射线的装置）

sigma-zero 0℃以下的海水密度

sigmoid(al) S形的，C形的，反曲的

sigmonium （由Et超子和负电子组成的系统）西格马素

sign ①记号，符号，标记，标识，标志，牌子，签②正负号③信号
~ of slip-out （图像）镶边
advance ~ 前置标志
break ~ 分隔记号
call ~ （电台）呼号
cinema ~ 电影广告（灯，图）
code ~ 电〔代〕码符号
concealed-lamp ~ 间接信号，隐灯信号
contrary ~ 异号，相反符号，反号
conventional ~ 惯用符号，图例
darkening ~ 模糊信号
diacritical ~ 区别记号
differential ~ 微分符号
directing ~ 指向标
direction ~ 方向标识
double ~ 重号
echo ~ 回波符号
exponent ~ 幂指数，指数符号
exponentiation ~ 取幂符号
flashover ~ 跳火信号灯，闪络信号
frame ~ 帧大小，帧长

neon ~ ①氖灯②霓虹灯（广告）
operational ~ 运算符号
opposite ~ 异号，反号
plus ~ 正号，加号
positive ~ 正号
product ~ 乘号
radical ~ 根号
reverse ~ 变（加减）号指令，反号
separative ~ （代码组）分隔符号
shunting ~ （铁路）分〔叉〕路信号
stated-speed ~ 限速标志
summation ~ 连加号，总和号
talking ~ 通话联络信号
video ~ 荧光灯广告牌
warning ~ 警告信号

signal ①信号，暗号②信号器③标记，标志，记号，目标④符号⑤指令⑥发信号⑦原因，动机，导火线
~ enabling 起动信号，允许信号
absolute ~ 绝对停止信号器〔机〕
acknowledge(ment) ~ 证实〔承认，接受〕信号
activating ~ 起动信号
actuating ~ 动作〔作用，控制，起动〕信号
address ~ 地址选择信号
advisory ~ 注意信号
alerting ~ 报警信号
alesiochronous ~ 非同步信号
Allied ~ 联合信号公司
all-sky ~ 环视信号
analogue ~ 模拟信号
anticipating ~ 超前信号
antihunt ~ 阻尼信号，防振信号
approaching ~ 来临信号
artificial black ~ 黑电平测试信号，仿黑色信号
artificial white ~ 白电平测试信号
asynchronous ~ 非等步信号
audible busy ~ 音响占线信号
aural ~ 可闻〔声音，音频，伴音〕信号
babble ~ 迷惑信号
back ~ 回应信号，回原信号
background ~ 本底信号
backward-transfer ~ 占线回声信号
bar ~ 彩条信号
baseband ~ 调制〔基带〕信号
beacon ~ 信标信号
BFO Ref. ~ 拍频振荡器基准信号
binary ~ 二进制信号
blank ~ （电码）间隔信号，空白信号
blanked video ~ 消隐视频〔图像〕信号
blanking ~ 消隐信号
block ~ ①截止〔阻塞，分段〕信号②闭锁信号（机）
booster ~ （微波）中继信号，提升信号
breakdown ~ 故障信号，击穿信号
brightness ~ 黑白信号，亮度信号
buck-boost control ~ “正 - 反”控制信号，加减电压控制信号
bunched frame alignment ~ 集中式帧定位信号
burst ~ 彩色同步信号，短促脉冲串信号
bus strobe ~ 总线选通信号
busy ~ 占线信号，忙音信号
B-Y ~ （彩色电视）B-Y 色差信号，蓝色差信号
cab ~ 车内信号
call ~ 呼叫〔识别〕信号
calling-on ~ 叫通信号
camera ~ （电视）摄像机（输出）信号
capstan tachogenerator ~ 主导轴转速（表）传感（器）信号
caption vision ~ 字幕视频信号
carrier-chrominance ~ 载波 - 色度信号
carry clear ~ 进位清除信号
carry initiating ~ 进位起始信号
case-shift ~ 变换翻译机构信号
caution ~ 注意信号，警戒信号
check back ~ 后验信号，校验返回信号
checkerboard pattern test ~ 方格测试信号，棋盘信号
chirp ~ 啾声信号
chopping ~ ①断路信号②斩波信号
chroma ~ ①彩色信号②色纯（饱和）度信号
chromaticity ~ 色度信号
chrominance (video) ~ 色度（视频）信号
clear-down ~ 话终信号
clearing ~ 话终信号
code ~ 暗号，编码信号
coherent laser ~ 相干激光信号
coincidence AND ~ “与”门信号
color ~ 彩色信号
colo(u)r-minus monochrome ~ 色亮差信号
colo(u)r bar ~ 彩条信号
colo(u)r burst ~ 彩色同步信号
colo(u)r difference ~ 色差信号
colo(u)r separation ~ 分色信号

colo(u)r sync ~ 色同步信号
colo(u)r (video) ~ 彩色（图像，视频）信号
colo(u)r-minus-brightness ~ 色亮差信号
combined television ~ 全电视信号
combined video baseband ~ 复合视频基带信号
commencing ~ （发射）起始信号
common-mode ~ 共模信号
composite ~ 混合信号，复合信号
composite colo(u)r ~ 彩色全电视信号
composite video ~ 全电视信号
conditioning ~ 调节信号
connection ~ 接通信号
crosstalk ~ 串话信号
cue ~ 辅助信号
cutoff ~ 停车〔关闭，断流〕信号
dark spot ~ （摄像管）寄生信号，黑斑信号
decoded ~ 译码信号
delay disconnect ~ 延迟切断信号
delayed blanking ~ 延迟熄灭信号
delta ~ 半选输出信号差（在电流重合法的磁心存储器，半选“0”和“1”的输出信号幅度差）
demand ~ 指令〔指挥〕信号
demodulation reference ~ （通信）解调参考信号
deterministic ~ 确知信号
detonating ~ 爆裂信号
detonator ~ 爆炸信号
digit(al) ~ 数字信号
digitized ~ 数字化信号
disabling ~ 阻塞信号，截止信号
disconnected ~ 切断信号
disconnect(ing) ~ 拆线信号，话终信号
discrete ~ 离散信号
disk ~ 圆盘信号机
distance ~ 远程信号
distant ~ ①预告信号②远距离信号
distress ~ ①呼救信号②遇险信号
dither ~ 抖〔颤〕动信号
dot-and-dash ~ 点划信号
DPCM differential ~ 差分脉（冲编）码调制的差值信号
drive ~ 驱动〔控制，策动〕信号
dwarf ~ ①小型信号机②小信号
echo(ed) ~ 反射信号，回波信号
electropneumatic ~ 电动气动信号机
elevation error ~ 俯仰误差信号（电视光轴与场波门之间误差）
enabling ~ 恢复〔起动，允许〕操作信号
end-of-block ~ （数据）组末信号
end-of-copy ~ 图像终了信号，片终信号
end-of-message ~ 通报终了信〔符〕号
end-of-work ~ 收发终止信号
engaged ~ 占线信号
erasure ~ 清除信号
error ~ 误差信号，出错信号
E-to-E ~ 电 - 电信号
exit ~ 出站信号
facsimile ~ 传真信号，传真图像
false ~ ①错误〔虚假，寄生〕信号②错误符号
fast ~ 快速信号，短时信号
feedback ~ 反馈信号，回输信号
feed through ~ 馈通信号
figure ~ （打字机及电传机的）（字体）跳格变换信号
finishing ~ （发射）终止信号
flag ~ 手势信号，旗语
flash ~ 闪光信号
flickering ~ 闪光信号
fluctuating ~ 脉动信号，起伏信号
fog ~ 雾（中）信号
forward-step ~ 正走步信号
function ~ 功能信号
fused ~ 导火信号
gate ~ 门（选通）信号
gating ~ 选通（门）信号
ghost ~ 重像〔幻象，假〕信号
grade crossing ~ 道口信号（机）
grating ~ 光栅信号，格子信号
ground colour light ~ 矮型色灯信号（机）
ground position light ~ 矮型飞行航行信号（机）
guard ~ 保险〔防护，告警〕信号
halftone ~ 半色调信号，半色度信号，灰度信号
hand ~ 手势信号
head select ~ 磁头选择信号
highlight ~ 最亮信号
homochronous ~ 恒步信号
horizontal blanking ~ 行（回扫）消隐信号
horizontal-drive ~ 行主控〔水平同步，行驱动〕信号
HP ~ 磁头脉冲信号
I colo(u)r ~ I（色度）信号（彩色电视中的一种色信号）
ident(ifiable) ~ 识别信号

identification ~ ①识别信号②（广播）间歇信号
idle ~ 空闲信号
implicit synchronizing ~ 内隐同步信号
index ~ 指引信号
infra-black synchronizing ~ 低于黑色电平的同步信号，黑外同步信号
inhibit ~ ①延迟信号②保持信号
initiating ~ 起动信号
inner marker ~ 主无线电信标信号
integrated ~ 积分信号，综合信号
intelligence ~ 信息信号，情报数据信号
intercarrier sound ~ 载波差拍〔中频（载波）〕伴音信号
interleaved ~ 隔行信号，（亮色）交错信号
interleaved transmission ~ 频谱交错传输的信号
inverse ~ 返回信号，回答信号
inverted direct ~ 反相直通信号
IQ ~ 色差信号
isochronous ~ 同步信号
joystick ~ 遥控台发出的信号，操纵杆信号
keyed rainbow ~ 键控彩虹信号（3.56MHz 连续正弦波信号）
lamp bank ~ 灯列信号
leading spurious ~ 超前乱真信号
level crossing ~ 平面交叉信号（交通安全信号），电平交叉信号
level-enable ~ 电平起动信号
limited ~ 限幅信号
line ~ 呼叫〔振铃〕信号
locking ~ 锁定〔同步，禁止〕信号
lock-on ~ 锁定信号，捕获（目标）信号
loran-C ~ 罗兰 -C 信号
M ~ （立体声）和信号，中间信号
main running ~ 主体信号（机）
masking ~ ①伪装信号②图像尺寸校正信号
mesochronous ~ 均步信号
monochromical ~ 黑白信号，单色信号
morse ~ 莫尔斯电码，莫尔斯信号
multiburst ~ 多频率正弦脉冲群信号
multiple ~ 复式信号，多重信号
multiplying ~ 乘法信号，乘法脉冲
myoelectric ~ 肌电信号
n-ary digital ~ *n* 元数字信号
natlock error ~ 全国锁相（系统）误差信号
noiselike ~ 似噪声信号
nominal black ~ 黑电平测试信号，额定黑信号
nominal white ~ 白电平测试信号，额定白信号
normal danger ~ 正常关闭信号
normalized ~ 标准化信号，归一化信号
normally clear ~ 正常开放信号（机）
NTSC ~ NTSC 电视信号，美国国家标准电视制信号
numerical ~ 数字信号，数值信号
off-null ~ 偏零位信号
offset ~ 偏置信号
off-speed ~ 速率偏差信号
outcoming ~ 输出信号
outgoing ~ （回声测探仪）发出信号，输出信号
outlet ~ 输出信号
parasitic ~ 寄生信号
partial ~ 泛音信号
partial-one output ~ 半选“1”输出信号
peak ~ 最强信号，峰值信号
pedestal ~ 消隐信号
pendant ~ 吊灯信号
permanent glow ~ 永久〔不灭，不挂机〕信号
phantom ~ 幻象信号
phase ~ 相位信号
phasing ~ ①校正〔定相，整相〕信号②图像位置调整信号
pick-off ~ 截止信号
picture and blanking ~ 图像和消隐信号，复合消隐图像信号
picture-shading ~ （图像）黑斑补偿信号
pilot ~ 领示〔指示，控制，导频〕信号
polarized ~ 极化信号
positive-(going) ~ 正（向）信号
primary ~ 基色信号，原始信号
primary synchronization ~ （通信）原始同步信号
proceed ~ 进行信号
processed ~ 通过信号
pseudo-random ~ 伪随机信号
pump(ing) ~ 抽运〔参数激励频率，泵频〕信号
purified ~ 静噪信号，提纯信号
Q ~ ①彩色电视中的一路色信号② Q 信号（国际标准电报三字编码的第一字）
QAM chrominance ~ 正交调幅色度信号
quadrature modulated chrominance ~ 正交（调制）彩色信号

quantized visual ~ 量化图像信号
random (gate) ~ 随机(选通)信号,杂乱(选通)信号
rate ~ 比率信号，与速度成比例的信号
rate-aided ~ 定标信号
read-back ~ 读回信号
recall ~ 回叫信号，回答信号
rectified ~ 整流信号，检波信号
recurrent ~ 重发信号
redundant *n*-ary ~ 冗余 *n* 元信号
reference ~ 基准信号
reference (phase) ~ 参比〔基准，参考〕(相位)信号
register ~ 记录〔寄存器〕信号
regularly spaced ~ 匀距信号，准确周期性信号
release ~ 复原信号，释放信号
remote ~ 遥测〔遥控，远距离〕信号
repeating ~ 重复信号，中继信号
reply ~ 应答信号
request ~ 询问信号
rering ~ 重发振铃信号，再呼叫信号
residual ~ 残留信号，剩余信号
return ~ 回答信号
reverse ~ 反转信号，反向信号
rhythmic time ~ 科学时号(电台发送的每分钟 61 个的时号)
right left ~ 左右方向制导信号
ring-off ~ 话终信号
riser staircase ~ 上升阶梯信号
rub-out ~ (指示)错误(的)信号
R-Y ~ R-Y 信号,(彩色电视中)红色信号与亮度信号的差信号
secondary synchronization ~ (通信)次级同步信号
seizing ~ 约束〔约定，捕获〕信号
semaphore ~ 杆上〔塔上，横杆〕信号
sense ~ 单向性(彩色指示)信号，感测信号，探向信号
sequence ~ 时序信号
serrated vertical synchronizing ~ 交错垂直同步信号
shading ~ ①电视发射管的寄生信号，摄像管寄生信号②黑点补偿信号
shading correction ~ 黑点补偿信号
shifted ~ 偏〔时〕移信号
shutdown ~ 关闭〔停车，停堆〕信号
shutoff ~ 切断〔断电，断水〕信号
silence ~ 停机信号
singing ~ 蜂〔振〕鸣信号
slot ~ 复归信号
sonic ~ 声信号
sound ~ 音频〔伴音，音响，可听〕信号
spacing ~ 间隔信号，停息信号(电报)
spurious ~ 乱真〔寄生，杂散〕信号
spurious shading ~ 寄生黑斑补偿信号
SSTV ~ 慢扫描电视信号
stairstep ~ 阶梯信号，步进信号
start ~ 起始信号
starting ~ 出站信号
status ~ 状态信号
step-function ~ 阶跃信号
stick ~ 保留信号
stop-and-go ~ 停止之后再行的信号
stop(ping) ~ 停止〔终止，停闭〕信号
stray ~ 寄生信号，杂散信号
stripe ~ 条纹信号
suffix ~ 词尾信号，后缀信号
sum ~ 积分信号，和信号，相加信号
switching ~ 合闸〔转换，触发，开关〕信号
sync(hronizing) ~ 同步信号
synchronous transport ~ 同步传送信号
tach(ometer) ~ 测速信号，磁鼓脉冲信号
tell-tale ~ 警号
thread in ~ 卷带信号
thread out ~ 倒带信号
three aspect ~ 三位显示信号
three-grade system ~ 三位制信号
threshold ~ 临界〔门限〕信号，阈信号
tone ~ 蜂音信号
track ~ 声迹信号
traffic ~ 交通信号(灯)
transient ~ 瞬态信号
trigger ~ 触发信号
trouble (back) ~ 故障(返回)信号
turning ~ (汽车)转向信号
unlock ~ 释放信号，松开信号
urgency ~ 紧急信号
urgent ~ 紧急信号
video ~ 视频信号，视觉信号
visible ~ 视觉信号，可见信号
vision ~ 视频信号，视觉信号
visual ~ 视频信号，视觉信号
warning ~ 危险信号，警告信号
wigwag ~ 铁路 - 公路交叉信号
write ~ 记录信号，写入信号

Y ~ Y 信号，亮度信号（由 30% 红、59% 绿、11% 蓝信号组成）
signal-amplifier 信号放大器
signal-averager 信号平均器
signal-hace 信号引入
signal(l)er ①信号员②信号设备〔装置〕
signal(l)ing ①振铃（机）②信号装置，信号器③呼叫④（发）信号，通信，信号传输，信号化
back-shunt ~ 天线电路键控，负载键控
binary ~ 二进制信令
central battery ~ 共电制信号装置
common channel ~ 公用信道信令
cut-in ~ 插入信号法
data ~ 数据信令
disk ~ 圆盘信号机
fault ~ 事故信号
induction ~ 电感应通信，电感应信号制
meta ~ 元信令
railway ~ 铁路信号机
ringdown ~ 低频监察信号（用低频电流传送监察信号）
slot ~ 复归信号器
sounding reference ~ 声干扰信号
speech digit ~ 语言数字信号化
tonic train ~ 音频序列信号（设备）
uniwave ~ 单频信号法
sign-alternating 正负号交变，变符
signal-to-noise 信噪比
signalyzer 信号（分析）器，电路调整和故障寻找用综合试验器
signature ①特性，特征，谱貌②符号差③签名④标记图，图像
digital ~ 数字电子签名
electronic ~ 电子签名
facsimile ~ 印鉴样本
fault ~ 故障特征
key ~ 调号
radar signature 雷达信号
valid ~ 有效签名
signboard 广告牌，信号牌，标志牌
signet 图〔私〕章，印记
significance ①意义，含义②重要性，显著性③有效数（字），有效性，有效位
significant 重要〔有意义，有效，显著〕的
signification ①意义，含义②词义
signifier 表示者，记号
signify ①表示，意义②有意义③符号化
sign-off 签退，关闭，结束工作，符号结束（指令）退出系统，结束（终止）在一个显示站上的通话
sign-on ①注册②开启③开始，进入系统，符号开始（指令），开始广播，登录系统
signum 正负号函数
silafont 硅铝合金（w（Si）9% ~ 13%，w（Mn）0.3% ~ 0.6%，w（Mg）0.2% ~ 0.4%，其余 Al）
Silal 西拉尔高硅耐热铸铁（w（Si）5% ~ 10%，w（C）1.6% ~ 2.8%，其余 Fe）
Silanca 塞朗克银锑合金（w（Ag）92% ~ 94%，w（Sb）4% ~ 4.5%，w（Cd）1% ~ 3%，w（Zn）< 2.5%）
silane 硅烷（Si_nH_{2n+2}）
alkoxy ~ 烷氧基硅烷
tetraethoxy ~ 四乙氧基硅烷
silanization 硅烷化
silanize 使硅烷化
silanol （甲）硅（烷）醇
Silastic 硅橡胶（密封物）
silastomer 硅塑料
Silcaz 硅钙铁合金（w（Si）35% ~ 40%，w（Ca）10%，w（Ti）10%，w（Al）7%，w（Zn）4%，其余 Fe）
silchrome 硅铬耐热〔合金〕钢
Silcurdur 耐蚀硅铜合金（w（Si）2.2%，w（Mn）0.5% ~ 0.7%，其余 Cu）
silence ①寂静，无声②无噪声③抑制
radio ~ 无线电静默
silencer 消声〔静音，静噪〕器
air ~ 空气消声器
air filter ~ 空气过滤器的消声器
exhaust(pot) ~ 排气消声器
intake ~ 进气〔入口〕消声器
noise ~ 减噪〔静噪，噪声〕抑制器，静噪电路
Ramb's noise ~ 长波式静噪电路
valve ~ 滑阀机构（的）静音静噪装置
water-cooled ~ 水冷式静音器
silencer-boiler 废气锅炉消声器（柴油机用）
silencer-filter 消声空气过滤器
silent ①寂静的，不发声的②没有记载〔提到〕的③（pl.）无声电影
silent-sound 超音频的
silex 发热硅铁，石英，燧石，硅石，硅玻璃
Silfbronze 锡镍 4-6 黄铜焊料（w（Cu）59%，w（Zn）37.5% ~ 38.5%，w（Sn）0.5% ~ 2.5%，w（Ni）0% ~ 1.75%，w（Pb）0% ~ 1%，w（Fe）< 0.8%）

Silfos 西尔福斯铜银合金（w（C）80%，w（Ag）15%，w（P）5%）

Silfram ①铬镍铁耐热合金（w（Cr）30%，w（Ni）1.0%，其余 Fe）②西尔弗拉姆耐蚀耐磨铬镍钨钢

Silfrax 碳化硅高级耐火材料

silhouette 黑像，轮廓，侧面影象，影子

silica 硅土，硅石，二氧化硅

active ~ 活性硅酸

colloid ~ 胶质硅石，胶态氧化硅

crystalline ~ 结晶二氧化硅，石英

diatomaceous ~ 硅藻土

fused ~ 硅玻璃，熔凝硅石

vitreous ~ 玻璃状石英，透明石英，流态硅土

silicagel （氧化）硅冻〔胶〕

silicane （甲）硅烷

silicasol 硅溶胶

silicate 硅酸盐，硅酸酯

alumina ~ 硅酸铝

bismuth ~ 硅酸铋

calcium magnesium ~ 硅酸钙镁

ethyl ~ 硅酸乙酯

magnesium ~ 硅酸镁

potassium ~ 硅酸钾

sodium ~ 水玻璃，硅酸钠

soluble ~ 水玻璃

yttrium ~ 硅酸钇

zinc ~ 硅酸锌

zinc beryllium ~ 硅酸锌铍

silication 硅化作用

silice 二氧化硅

siliceous 硅质〔含硅，硅酸〕的

silicide 硅化物

~ of carbon 碳化硅（金刚砂）

iron ~ 硅化铁

magnesium ~ 硅化镁

metal ~ 金属硅化物

silicification 硅化

silicium 硅（Si）

silicochloroform 三氯甲硅烷

silicochromium 硅铬（合金）

silicoethane 乙硅烷

silicoferrite 硅铁，硅铁体，硅铁固溶体

silicofluoride 氟硅酸盐，氟硅化物

silicoformer 硅变压整流器

silicomangan(ese) 硅锰合金，硅锰铁

silicomethane 硅甲烷

silicon 硅（Si）

~ dichloride 二氯化硅

~ dioxide 二氧化硅

~ monoxidc 一氧化硅

~ nitride 氮化硅

~ on insulator substrate 绝缘衬底上外延硅

~ on sapphire 蓝宝石硅（片），蓝宝石外延硅

~ tetrachloride 四氯化硅

amorphous ~ 非晶硅

calcium ~ 硅钙合金

crystalline ~ 晶体硅

cupro ~ 铜硅合金

dendritic ~ 枝状硅

detector grade ~ 探测器级硅

doped ~ 掺杂硅

earth ~ 硅土

electron-bombarded ~ 电子轰击硅（摄像管）

epitaxial (deposited) ~ 外延（淀积）硅

intrinsic ~ 本征硅

microcrystalline ~ 微晶硅

monocrystal ~ 单晶硅

orientation ~ 定向硅

polycrystalline ~ 多晶硅

semiconductor ~ 半导体硅

silicon-carbide 碳化硅

silicon-copper 硅纯铜，硅铜合金

silicone ①（聚）硅酮②硅有机树脂③硅有机化合物④硅康，聚硅氧⑤硅油

siliconeisen 低硅铁合金（w（Si）5% ~ 15%）

silicon-iron 硅钢

grain oriented ~ 晶粒取向硅钢

Siliconit 硅碳棒，西利科尼特电阻体

siliconiting 硅烷化

siliconize 硅化（处理），（扩散）渗硅

siliconizing 渗硅

pack ~ 固体渗硅

silicon-manganese 硅锰合金

siliconresin 硅树脂

silico-spiegel 硅镜铁，硅锰铁合金

silistor ①半导体可变电阻器②硅电阻（正温度系数）

silit ①碳硅电阻材料②碳硅耐高温材料

siliumin-gamma γ-硅铝合金（w（Si）12%，w（Mg）0.5%，w（Mn）0.3% ~ 0.5%，其余铝）

silk ①丝②降落伞

acetate ~ 醋酸（纤维）丝

air ~ 空心丝

bolting ~ 筛绢

chiffon ~　裱绢
fiber ~　人造丝
insulating varnished ~　绝缘漆绸，黄蜡绸
oil ~　油绸，防水布
viscose ~　黏胶丝，人造丝

silker　玉米去须机

silklay　细粉塑性高级耐火黏土

sill　①槛②梁③底梁④（平炉气体出口处）窗口〔台〕
chute ~　溜槽底
gathering ~　导向槽，导料膜
straining ~　二重桁架腰梁

sillimanite　硅线石

sillometer　航速表，测速计

Silmalec　西尔玛雷克铝硅镁合金（*w*（Mg）0.5%，*w*（Si）0.5%，其余Al）

silmanal　西尔玛纳尔银锰铝特种磁性合金（*w*（Ag）87%，*w*（Mn）8.5%，*w*（Al）4.5%）

Silmelec　硅铝耐蚀合金（*w*（Si）1%，*w*（Mg）0.6%，*w*（Mn）0.6%，其余Al）

silmet　板〔带〕状镍银

silmo　硅钼特殊钢（*w*（C）＜0.15%，*w*（Si）0.5%～2%，*w*（Mo）0.45%～0.65%，*w*（Mn）0.5%，其余Fe）

silo　①（圆）筒（储煤）仓，储煤沟〔坑〕②地窖，（导弹）地下仓库，（竖，发射）井③萨洛（多边形共振器）

silocell　保温砖，绝热砖

silo-lift　井内升降机

silometer　料仓料位计

silorator　青贮饲料联合收获机

siloxane　硅氧烷

siloxicon　含氧碳化硅，硅碳耐火材料

silt　①（细）砂粉（270目以下）②粉粒③污垢④阻塞

silumin　铝硅合金，高硅铝合金（*w*（Si）11%～14%，*w*（Al）86%～89%）
copper ~　铜硅铝合金，含铜硬铝（*w*（Si）12.5%，*w*（Cu）0.8%，*w*（Mn）0.3%，其余Al）

Siluminite　石棉或云母基复合绝缘材料

silundum　硅碳刚石

Silvax　西尔瓦克司锆硅铁中间合金（*w*（Si）35%～40%，*w*（Ti）10%，*w*（V）10%，*w*（Zr）6%，*w*（B）0.5%，其余Fe）

Silvel　锰黄铜（*w*（Mn）7%～12%，*w*（Zn）12%～16%，*w*（Ni）0%～6.5%，*w*（Pb）0.5%，*w*（Fe）2%，*w*（Al）0.2%，其余Cu）

silver　①银（Ag）②银制物③镀银④银制的⑤似银的⑥白色，银白色
Alpaka ~　镍白铜，德银
cat's ~　银云母
coin ~　铸银（银90%，铜合金10%）
coinage ~　银币合金，币银
Dore ~　多尔银（含有少量金的银），（含金）银锭，粗银（含有少量金的银）
dry ~　干银（激光选址膜）
filamentary ~　银丝
German ~　白铜，镍锌铜合金，德银（*w*（Cu）50%～70%，*w*（Ni）5%～33%，*w*（Zn）13%～35%）
hamme ton ~　龟裂花样银花涂料
Mock ~　铅锡合金，莫克白银
nickel ~　镍银（合金），铜镍锌合金，白铜银，德国银，白铜，锌白铜（*w*（Cu）50%～70%，*w*（Zn）15%～30%，*w*（Ni）5%～33%）
proof ~　标准银，纯银（试金用）
sheep ~　云母
Sterling ~　（英国）货币银合金（*w*（Ag）92.5%，*w*（Cu）7.5%）

silver-bearing　含银的

silver-bond　银键

silver-clad　包银的

silvered　镀银的

silver-faced　镀银的

silver-graphite　银石墨制品

silver-halide　卤化银

Silverine　铜镍耐蚀合金（*w*（Cu）72.5%～80%，*w*（Ni）16%～17%，*w*（Zn）1%～8%，*w*（Sn）1%～3%，*w*（Co）1%～2%，*w*（Fe）1%～1.5%）

silveriness　银白（色）

silvering　①镀银，包银②用硝酸银使感光③银色光泽

silver-molybdenum　银钼合金

silvern　①银（制，色）的，似银的②第二位的

silver-nickel　银镍合金

Silveroid　镍银，德银，铜镍银白色合金（*w*（Cu）54%，*w*（Ni）45%，*w*（Mn）1%；用于装饰品或食具时，*w*（Cu）48%，*w*（Ni）26%，*w*（Zn）25%，*w*（Pb）1%）

silver-plate　银板〔极〕

silver-plating　镀银

silver-tipped　点银的

silvertoun　电缆故障寻找器

silver-tungsten 银钨合金
silverware 银器，银制品
Silvore 铜镍耐蚀合金（*w*（Cu）62%，*w*（Ni）18.5%，*w*（Zn）19.2%，*w*（Pb）0.3%）
silylanization 硅烷化
Silzin 硅黄铜（*w*（Cu）75% ~ 85%，*w*（Zn）10% ~ 20%，*w*（Si）4.5% ~ 5.5%）
Simanal 硅锰铝铁基合金（*w*（Si）20%，*w*（Mn）20%，*w*（Al）20%，其余 Fe）
simdig 数字化模拟设备，模拟数字化
Simgal 硅镁铝合金（*w*（Si）0.5%，*w*（Mg）0.5%，其余 Al）
similarity ①相似性，相像②（pl.）类似点〔物〕，相似之点
similars 相似导线，（电机内）磁场中位置相差 180° 的导线
similitude ①相似（性），相似律②对应物，副本，复制品③模拟④外表
Similor 西米勒含锡黄铜
simmer 缓慢沸腾
simmering 发咕嘟嘟声
simplex ①单（纯）形，单纯〔缸，体〕②单工，单向通信③单纯的，简单的，简化的
simplicity 简单，单纯
IL topological ~ 集成注入逻辑布局简化
simplification 单纯化，简（单）化，简易（性）
simplify 简化
simplistic 过分简化的，片面看问题的
simulant ①模拟装置②伪装的，模拟的
simulate ①模拟，仿真②制作模型，模型化
simulater =simulator
simulating 模拟，模仿
simulation ①模拟，仿真②模拟实验
acoustic ~ 声仿真
adjoint ~ 伴随仿真
analog(ue) ~ 连续过程的模拟，相似模拟，类比模拟
bionical ~ 仿生
compiler-driven ~ 编译程序控制模拟
computer ~ 计算机仿真〔模拟〕
cycle-based ~ 周期性仿真
distributed interactive ~ 分布式交互仿真
dynamic ~ 动态仿真
electronic neuron network ~ 电子神经网络模拟
environmental ~ 环境模拟
event-based ~ 根据事件模拟（法）
event-directed ~ 指向事件模拟（法）
event-oriented ~ 后据事件模拟（法）
fail-all fault ~ 全失效故障模拟
fault ~ 故障模拟
field ~ 现场仿真
front and barrier impact ~ 汽车前端与障壁碰撞的模拟试验
functional ~ 功能仿真
gaming ~ 博弈模拟，对策模拟
gate level ~ 门级仿真
high-speed ~ 快速仿真
human brainpower ~ 人工智能仿真
human ~ 人的仿真
image ~ 图像仿真
industrial process ~ 工业过程仿真
intelligent ~ 智能仿真
job shop ~ 作业安排模拟
large eddy ~ 大位移，大排水量
logic(al) ~ 逻辑模拟
management system ~ 管理系统模拟
manufacturing process ~ 制造过程仿真
modeling and ~ 模型制作与模拟试验
Monte-Carlo ~ 蒙特卡罗模拟
neuron network ~ 神经网络模拟
numerical ~ 数值模拟
physical ~ 物理模拟，实体模拟
process ~ 程序模拟器，工艺模拟，过程模拟
realistic ~ 实际模拟
sign-off ~ 终结仿真
step-by-step ~ 步进模拟，逐步模拟
subset ~ 子集模拟
table-driven ~ 表控制模拟
target ~ 目标模拟
simulator ①模拟器，模拟电路〔设备，装置〕②模型设备③仿真器④模拟计算机，模拟程序
capsule ~ 座舱模拟器
circuit ~ 电路模拟器，电路仿真器，电路模拟程序，电路仿真程序
colo(u)r ~ 彩色（电视信号）模拟器
cross ~ 交叉模拟程序
cyclotest ~ 自动手表模拟试验机
data channel ~ 数据信道模拟器
dynamic scheduling ~ 动态调度仿真系统
excess pressure ~ 超压（力）模拟器
facsimile-signal ~ 传真信号模拟器
flight ~ 飞行模拟机，飞行仿真器
flutter ~ 颤振模拟器
hybrid ~ 混合仿真器
infrared target ~ 红外目标模拟器

interacting ~ ①人机对话模拟器②交互模拟器
kinetic ~ 动态特性模拟器
line ~ 线路仿真器
microprocessor interactivity ~ 微处理机交互仿真程序
motion ~ 运动仿真器
null-g ~ 失重模拟器
pitch feel ~ 俯仰感力模拟器
process ~ 程序模拟器
program(me) ~ 程序模拟〔仿真〕器
running curve ~ 工作〔运转〕曲线模拟计算机
system ~ 系统模拟器
telemetry ~ 遥测模拟器
track engineering ~ 工程仿真器
vibration ~ 振动模拟器
xenon ~ （反应堆）氙中毒模拟装置

simulcast 电视和无线电同时联播，（电视和无线电）同播（节目）

simultaneity 同时性，同时发生

simultaneous ①同时发生的，并举的，同步的②（方程）联立的

sincker 雷锚

Sindanyo 石棉复合绝缘材料

sine 正弦

sine die 不定期，无限期

sine function 正弦函数
hyperbolic ~ 双曲正弦
inverse ~ 反正弦
natural ~ 正弦真数

sine qua non 〈拉〉必要条件，必具资格
versed ~ 正矢

sine-shaped 正弦曲线的，正弦（波）形的

sinesoid 正弦曲线

sinetable 正弦台

sine-wave 正弦波

sinews ①主要支柱，砥柱②资源

sinewy 强有力的，结实的，坚韧的，多腱的，纤维状的

sing-around 声循环，环鸣（法）

singer 燎〔烧〕毛机
hair ~ 燎毛机
revolving ~ 圆筒烧毛机

singing 蜂鸣，振鸣，啸声
interfering ~ 干扰啸声，干扰发射机
microphone ~ 传声器振鸣〔啸声，自鸣〕

single ①单独〔位，元〕的②单个，一个③选出，挑选

single-action 单效〔动，作用〕（的）

single-actuator 单执行器
multi-pump ~ 多泵单执行器系统
single-pump ~ 单泵单执行器

single-address 单地址

single-aisle 单通道

single-axle-load 单轴荷载

single-band 单波段的，单频带的

single-blade 单刃的，单翼的，单桨的

single-break ①单独中断②一次断裂（的）③单断点的

single-cast 单铸的

single-cell 单室电解槽

single-channel 单信道（的），单通路（的），单波道（的）

single-circuit ①单回路的②单工线路

single-contact 单触点的

single-cord 单线塞绳

single-cylinder 单缸的

single-deck 单层〔板〕的

single-degree-of-free 单自由度

single-die-per-pack 单片组件

single-drum 单鼓的，单转筒的

single-ended 单端的，不对称的

single-faced 单面加工的

single-flow 单〔直〕流的

single-glass 单层玻璃

single-iris 单窗孔，单膜片

single-mesh 单网孔的

single-mode 单模

singleness 单一，单个

single-order ①单位〔阶，级〕②单价（的），一阶（的）

single-pass ①单程的，单流的，直流的（锅炉）②一次通过③单通的

single-peaked 单峰（值）的

single-phase 单相的

single-phasing （多相电机的）单相运行

single-point 单点，奇点

single-pole 单极的

single-purpose 专用的

singler 间苗器，（分簇）疏苗器

single-rail 单轨的

single-range ①单波段的②单量程的

single-row 单行的，单列（的）

singles ①单张（轧制的）板②单粒级煤（$=2.54 \sim 3.81 \times 10^{-2}$ mm）

single-screw 单螺旋的，单螺旋桨的

single-seater 单座汽车〔飞机〕
single-shaft 单杆的，单轴的，单旋钮的
single-sided 单面的
single-size 均一尺寸的，均匀颗粒的
single-slope 一面倾斜（的）
single-space 单行打字〔印刷〕
single-stage 单级的
single-step ①单级的②单步
single-stranded 单股的
single-sweep 单面扫描
singlet ①单一，单纯②单电子键③零自旋核能级④单（谱）线⑤单峰
single-terminal ①单端（的）②单高压电极（的）（指静电加速器）
single-thread(ed) 单线螺纹（的）
single-throw 单投，单掷，单弯（曲轴）
single-pole ~ 单刀单掷（的）
single-track 单轨的，单声道的，单（声）迹的
single-transistor 单晶体管
single-turn 单匝（的）
single-unit ①单一机组②单机制
single-valve ①单（电子）管的②单阀的
singlings 初馏物
singular ①非常的，奇异的②单一的，单数的
singularity ①奇异性，奇性②奇点，奇异点③特点，特性④单一，单个
essential ~ 本性奇（异）点
isolated ~ 孤立奇（异）点
logarithmic ~ 对数性奇（异）点
removable ~ 可去奇（异）点
sinica 〈拉〉中国
Sinimax 铁镍磁软合金（*w*（Ni）43%，*w*（Si）3%，其余 Fe）
sinistral 左手，左手的，左方，倾向左方的，左旋的
sinistrorsal ① =sinistral ②左旋上升的
sink ①下沉〔降，落〕，沉淀，沉埋，陷入②回油，浸透，吸收③凹陷，散热，减少，溢出，浇合，开模④同步，同期⑤水斗〔槽〕，洗涤盆，排水管〔沟〕，（污）水坑〔池，槽，井〕，泄水口⑥变换器，换能器，转发器，散热器⑦吸收皿，吸收剂，汇点（力线的），收点，负源，（热工循环的）冷源⑧正常用 P-N 结区，（半导体耗尽层的）沟⑨（数字终端）用户
air ~ 气穴
cold ~ 冷却散热器〔片〕
counter ~ 埋头孔，锥口孔
current ~ 电流吸收器
data ~ 数据（传输）接收器
hammer ~ 向下打眼的冲击式凿机
heat ~ ①散热器〔片〕，冷却套，散热装置，散热片吸热（装置），受热器②冷源，热库，吸热③热沉（半导体）
message ~ 报文接收器，收报方，信箱
neutron ~ 中子阱，中子负源
oil ~ 蓄油球形穴（枢轴孔外凹陷处）
plated heat ~ 电极镀层散热法
ultimate ~ 终端散热器
sinkage ①沉陷，下陷②沉陷量，下陷量
sink-efficiency 汇聚〔下沉，散热器〕效率
sinker ①消能器②排水孔③受油器④下向凿岩机，向下式凿岩机⑤冲钻，钻孔器⑥沉锤，测深锤⑦挖井工人
die ~ ①铣模机，刻模机，模具铣床②靠模铣床（制造模具用）③制模工
multiple-drill shaft ~ 多钻凿井机
sink-head ①补缩冒口②缩头，锭头，浇口盆
sinkhole ①（收）缩孔②落水洞，阴沟口③污水井，泥箱
sinking ①沉（没）②下陷③缓冲④无芯棒拔制，无顶头拔制，减径（拔管）⑤加工模腔的特殊工艺⑥空拉管试掘，凿井
borehole ~ 钻孔，凿井
die ~ 刻制模具腔槽，加工模具的曲线部分，加工模腔，开模，制凹模，模具型腔的加工
flat counter ~ 压出锥形坑，压埋头螺钉孔，压锥形孔
hand ~ 人工凿井
spark-erosion ~ 电火花腐蚀（成形）
tube ~ 缩口
sinogram 正弦图
sinor ①相量，复量，彩色信息矢量② =phasor 或 complexor
sinter ①屑，垢，（熔）渣，烧结（物），烧结矿②粉末冶金，热压法，结焦，烧结③氧化铁皮
burden-fluxing ~ ①间断烧结法（如盘式烧结机）②单体烧结
lump ~ 烧结块
self fluxing ~ 自熔性烧结矿
soft ~ 松烧结块（质量不好的烧结块）
Sintercorund 信达柯兰德矾土陶瓷
sintercorundum 矾土陶瓷，烧结金刚砂（刚玉）
sintered-carbide 硬质合金，烧结碳化物
Sinterforge 辛特福杰（硬质合金名）
sinter-fused 熔结的

sintering 烧结
activated ~ 活化烧结
batch ~ 分批〔间歇〕烧结
bed ~ 料层结块
electrospark ~ 放电粉末烧结
flash ~ 快速烧结，快速粉末冶金
gravity ~ 重力烧结
laser ~ 激光烧结
liquid ~ 液相烧结（粉末烧结中有液相生成）
liquid-bath ~ 熔浴烧结
loose ~ 松装烧结
reactive ~ 反应烧结，活性烧结
selective laser ~ 选区激光烧结
spark ~ 电火花烧结
spark plasma ~ （SPS）火花等离子体烧结
thermal ~ 烧结成形
torch ~ 喷烧
up-draft ~ 鼓风烧结
sinter-metal 烧结金属
sinter-roasting 烧结
Sintes 陶瓷刀具，烧结氧化铝车刀
sintetics 合成（制）品〔物〕
sintex 陶瓷刀具，烧结氧化铝车刀
sintonia 调频器
sintox =sintex
Sintropac 加铜铁粉，铁铜混合粉末（RZ 铁粉与 1.5% 的电解铜粉的混合粉末）
sinuidal ①正弦波的，正弦形的②波形的，起伏的
sinuosity ①弯曲，曲折②变曲程度
sinuous 蜿蜒〔弯曲，波形，正弦曲线，曲折〕的，错综复杂的
sinus ①正弦②湾③穴，凹处
sinusoid 正弦曲线，正弦波〔式，电压，信号，振荡〕
primary ~ 正弦（形）基波
sipes 宽槽
siphon ①虹吸（管）②存水弯，弯管
double-return ~ 乙字形（存水）弯管，双弯虹吸管
inverted ~ 倒虹管
jet ~ 引射虹吸管
oil ~ 油绳润滑，芯吸润滑器，油虹吸管
water ~ 水封
siphonage 虹吸能力
siphonal 弯管的，吸管的，虹吸管的，似弯管的
siphonate 有虹吸的
siphonic 虹吸（作用）的，虹吸管（状）的
siphon-recorder ①波纹（收报）机②虹吸（式）记录器，虹吸馈墨波纹机
Siporex 一种轻质绝缘材料（用砂、水泥及某种催化剂在高压蒸汽下硬化而得）
siren ①汽笛，警报器，警报机②多孔发声器
electric ~ 电动报警器
Sirius 镍铬钴耐热蚀合金（钢）（*w*（C）0.25%，*w*（Ni）16%，*w*（Cr）17%，*w*（W）3%，*w*（Co）12%，*w*（Ti）2%，其余 Fe）
Sirufer （西尔伐）羰基铁压粉铁心，细铁粉磁心
Si-steel 硅钢
sister 成对的，配合的，同型〔级〕的
block ~ 双滑轮
hook ~ 双抱钩，姐妹钩
sit ① =situation ②座
pedestal ~ 黑色信号与消隐信号间的区分电平
site ①地址，地点，场点，站点②现场③工地④部位，处所，位置⑤段，部分⑥安装位置⑦（晶）格点⑧面积⑨网站
angle of ~ 高低角
atom ~ （晶格内的）原子位置
binding ~ 接合点
bit ~ 数位位置
bubbling ~ 汽化中心
conditioning ~ （初轧坯,钢坯）清理〔修整〕工段
construction ~ 工地
donor ~ 施主能级
firing ~ 发射场
guidance ~ 制导场
hard ~ 地下场，地下设施，硬场
lattice ~ 晶格位置，晶格内位置
launching ~ 发射场
mail order ~ 邮购网站，邮购站点
network ~ 网络位置
nucleation ~ 形核点，形核位置
oil ~ 润滑点，润滑部位
permanent ~ 固定发射架，固定发射装置
pulse ~ 脉冲发生点
rhombic symmetry ~ 菱形对称格位
storage ~ 存储位置
test ~ 试验基地
vacant ~ 空位
site-assemble 就地组装，现场装配
site-constructed 工地装配的，散装（式）的
site-erected 工地安装的
site-plan 总平面图，总设计图，总计划
site-welded 现场焊接的

siting ①建筑工地选择②设计图③图案④平面布置⑤配置，定位，定线
situation ①位置②碎部，地物③形势④态势图
situs 位置，地点，部位
analysis ~ 拓扑（学）
Sivicon 硅靶视像管
six ①六,六个一组②六气缸
twin ~ 双六气缸，水平对置式十二缸
six-by 六轮大货车
six-by-four 有四个驱动轮的六轮货车
sixfold 六倍（的），六重（的），六次（的）
sixteen ①十六②十六气缸③十六分音符
sixteenmo 十六开本，十六开纸
sixth 第六度音程，音阶第六度，六（音）度
augmented ~ （125/9）增六（音）度
six-trace 六（扫描）线的
sixty-fourmo 六十四开本，六十四开纸
six-vector 六维矢量
six-way 六面的
sizability 施胶性能
sizable （比较，相当）大的，大小相当的
size ①大小，尺寸，体积，量值，规格，幅面②号码，尺码，码长③截面积④规模⑤胶水，糨糊⑥按粒度分级，按尺寸分组，度量，定径⑦上胶⑧对刀⑨（车体）尺寸（机器人性能参数）
~ of jaw 扳口开度
~ of mesh 筛号，筛眼大小
~ up 确定尺寸大小
address ~ 地址位数
base ~ 终拔前尺寸（退火、铅淬火钢丝或先镀后拔的镀锌、镀锡钢丝）
bit ~ 钻头直径
blank ~ 坯料尺寸
block ~ ①字组大小②分程序大小③程序段尺寸，信息组尺寸，信息组长度
bore ~ 内径，孔径
character ~ 字符大小
chip ~ 小片尺寸，（集成）电路片尺寸
commercial ~ 工业规模
common draw ~ 终拔前尺寸
critical ~ 临界尺寸，临界粒度
data record ~ 数据记录长度
dial ~ 指示尺寸
die ~ 小片尺寸
effective ~ 有效尺寸
embryo ~ 胚晶尺寸
feature ~ 形体尺寸
finished ~ 成品尺寸，最后尺寸
frame ~ 图像尺寸，图像宽高比，像幅
full ~ ①总尺寸②实物（尺寸）
ga(u)ge air micro ~ 气动塞规自动定尺寸
ga(u)ge ring micro ~ 环规自动定尺寸
graded ~ （集料）分级规格尺寸
grain ~ 粒度，粒子大小，晶粒大小，颗粒尺寸
granular ~ 颗粒大小
grit ~ 磨料粒度
heat ~ 炉容量
hot ~ ①热定径②热模精压，热校正
inch ~ 英制尺寸
intended ~ 标称〔额定，给定〕尺寸
jet ~ 喷管直径，喷口尺寸
king ~ 大于标准型号，特大号
kit ~ 成套的各种尺寸和容量
life ~ 和实物一样大小，原尺寸
loop ~ 积带长度
lot ~ 批量（大小）
material ~ 实体尺寸
mating ~ 作用尺寸
memory ~ 存储（器）容量，存储器体积
mesh ~ ①筛孔径，筛目②粒度
metric ~ 公制尺寸
nominal ~ 标称〔名义〕尺寸
normal ~ 标准尺寸
number ~ 标号尺寸（如钻头等直径尺寸规格）
orifice ~ 节流面积
overall ~ 轮廓〔外形，总〕尺寸
particle ~ 粒度
prepared ~ 四种最大尺寸的无烟煤块
program step ~ 程序步长
quarter ~ 四分之一缩尺
regular ~ 合格尺寸
restrictor ~ 节流面积
sample ~ （统计）样本量
screen ~ 筛号，筛孔尺寸，筛分粒度，筛目
section ~ 剖面尺寸
seed ~ 晶种粒度
segment ~ 段长度
segment(ing) ~ 段长度
sieve ~ ①筛分粒度②筛目，筛眼孔径
slack ~ 薄薄上胶
spot ~ ①斑点大小，光点直径②黑子大小
starter ~ 开眼钎子的尺寸
steam ~ 最小粒度的无烟煤块
step ~ 步长

stock ~ ①仓库存货数量（如成品或半成品数量），库存量②标准尺寸
table ~ 表格大小
transport block ~ （通信）传输块长度
trim ~ 实际尺寸
variable step ~ 可变步长
virtual ~ 实效尺寸
wire ~ 线号
word ~ ①字号，字（的）尺寸②字长
sizematic ①带有固定测量装置的半自动磨床②工具定位自动定寸
sizer ①填料〔上胶，分粒〕器②分级〔定径，筛分〕机，筛子③木工刨床
billet ~ 管坯回转定径机
button ~ 纽扣自选机
countercurrent ~ 逆流分级机，逆流分粒机
diameter ~ 径选机，（果实）按直径分级机
diversion-belt ~ 带式分级机
double ~ 双齐边机
Fahrenwald ~ 法伦瓦尔德型干涉沉降连续排料式分级机
Fisher subsieve ~ 费氏微筛分粒器
high-prob ~ 高效率概率筛
rotary ~ 回转定径机（制造无缝钢管用）
sedimentation ~ 沉降法测粒度
windrow ~ 料堆断面整理机
sizing ①填料，上胶②胶料③量尺寸，定大小④筛分，按尺寸分类⑤校准，校正⑥定径（轧制管材时）⑦精压，精整，按尺寸精加工⑧尺寸定位
automatic ~ 自动测量
ball ~ 钢球挤（光）孔（法）
boiler ~ 锅炉（容量）分级
end ~ ①顶端直径调整，端径校正②最终定径（高精度紧缩公差焊管的）
film ~ 流膜分级
hot ~ 热压成形〔冲压〕
matching ~ 配磨自动定尺寸
mating ~ 配磨自动定尺寸
microscopic ~ 测微法
step ~ 连续筛选
sizy 胶粘的
sizz(le) 噪声，杂音，嗤嗤声
S-joint S 接缝（钣金工中两块薄板卷成双钩接合）
skarn 硅卡岩
skate ①滑动装置②滑轨，滑座，滑动接触片③测向装置
skaters 滑雪者
skedasticity 方差性
skeg 尾鳍，船尾柱底材
skein ①毂衬套，套箍（木轮轴轴颈的）②轴套（水轮机轴颈的）③一束
skeletal 草图〔略图，概略，骨架，机架〕的
skeleton ①骨架②梗概，轮廓，概略③图样设计，设计图④计划⑤草图，略图⑥草稿⑦素描，特写⑧大意，纲领⑨（在毛坯上）画加工线
skeletonize 成骨架，记梗概，绘草图
skeletonizing 绘制草图
skeller(ing) 翘曲（如钢淬火的变形）
skelp ①管材②焊管铁条，焊接管坯③直边或斜边窄带材④制管钢板，制管熟铁板
skelper 焊接管拉制机
sketch ①草图，略图②画草图，画示意图③设计图④划线⑤概略，梗概
cartographical ~ 手制草图
dummy ~ ①无用板坯，废板坯②引锭坯
eye ~ 目测草图
free hand ~ 徒手草图
rough ~ 草图，略图
thumbnail ~ 草图，略图
traverse ~ 导线草图
sketching 草图绘制
field ~ 现场草图，目测
sketchmaster 相片转绘仪
sketchpad 草图，略图
skew ①斜交，歪斜（失真），歪扭，变形，不齐（量），（电机铁心齿槽）扭斜，扭动，偏离②数据或编码等的偏移，读出信号的失真（磁带的），时滞（同一脉冲通过不同电路的时差）③歪轮④斜〔歪，弯曲，误用，曲解，非对称〕的⑤相位偏移
clock ~ （时）钟脉冲相位差
edge ~ 单面斜砖（铸）
end ~ on edge 在侧面削成 60° 斜面的耐火砖
end ~ on flat 在大面削成 60° 斜面的耐火砖
skewback ①拱基，拱座，底座，拱基石②（螺旋桨）桨叶侧倾角
skewer 叉状物
skewing ①时（间）滞（后）②相位差（两个相关信号间的）③偏移，偏置④歪扭，斜，弯曲
skewness ①失真，畸变②偏斜③分布不均匀④偏斜度⑤非对称性，不对称现象，奇点斜度，反称性
skew-symmetric 反（号对）称的，交错的，斜（对）
skew-symmetry 反对称性

ski ①滑板②雪橇
skiagram =skiagraph
skiagraph ①纵断(面)图②投影图③X光照片，X射线照片
skiameter X射线（强度）计，X射线量测定器
skiascope X线透视镜
skiatron 暗迹示波管，黑迹管，记录暗迹的阴极射线管
skid ①导轨，导板，(滑)橇②滑板〔脚，轨，道，动垫木〕③货板④拖运机，移送机⑤台，架⑥炉底滑道，重物转移或升降滑行装置⑦滑动，打滑，滑移，刹车块，制动瓦，闸瓦，三角木，(车轮)防滑装置⑧制件缺陷
charging ~ 装料台架
depth ~ 仿形滑板，(入土)深度（控制）滑板
drag-over ~ 转运装置，传送装置
electrode ~ 电极滑移（点焊，缝焊，凸焊时电极在工件上滑动）
inspection ~ 检查台
landing ~ 降落橇，着陆橇
pump ~ 泵组
tip ~ 电极头的滑移
wing ~ 翼梢橇
skidder ①集材拖拉机②集材绞车③垛木机，堆木机④滑橇
grapple ~ 抓钩式集材机
ground ~ 绞盘机
skidder-loader 集材装车联合机
skidder-piler 集材归堆联合机
skidding ①曳出，集材②轮滑③集材装置④滑行，溜滑⑤侧滑，侧行
skid-fin 副（机）翼，翼上垂直面
skidoo 机动滑雪车
skiff 尖艏方艉平底小快艇
ski-jump 斜坡甲板
skill ①技巧〔能，艺，术〕②熟练（工人）
skillet 煮锅，熔锅
skim ①撇去②撇取③掏④取去低沸点馏分⑤浮渣，熔渣，渣痕⑥小前犁⑦扒渣，去渣，去垢
chilled ~ 冷硬铸铁小前犁
plow ~ 小前犁
skim-grading 刮整表面
skimmer ①（泡沫）分离器②除沫〔撇乳，撇渣〕器③小前犁④气垫车，刮路机，推土机⑤掠行艇
hydro ~ 气垫运载工具
oil ~ ①撇油器②浮油回收船
perforated ~ 多孔撇渣器，漏勺
slag ~ 撇渣器，撇渣棒
surface ~ ①面浮船②面浮车
skimobile 履带式雪上汽车
skimping 跳汰选法，跳汰机选矿
skin ①外壳，表皮，蒙皮②薄膜
alligator ~ （轧制金属的）鳄鱼皮表面，粒状表面（金属晶粒粗大，加工时表面起的疙瘩）
crocodile ~ （过烧钢酸洗后所呈现的）鳄鱼皮（缺陷）
dog ~ 粗晶粒表面
elephant ~ ①折皱（锻造缺陷）②皱皮
filter ~ 滤光器
gold beaters ~ 槌金皮，槌金箔
grinding ~ 磨削变质层
oil ~ 油布，防水布
oxide ~ 氧化皮，氧化膜
pitted ~ 麻面（铸造缺陷）
repeat ~ 重皮
rolling ~ 结疤
sandwich ~ 夹层结构蒙皮
siliceous ~ ①（铸件的）硅皮，硅壳②砂质表皮
soft ~ 表面脱碳层，软皮（高速钢表面脱碳层）
structural ~ 结构〔应力，受力〕蒙皮
tensile-stressed ~ 抗张应力作用的金属表皮
thin-ga(u)ge ~ 蒙皮
skincurrent 趋肤电流
skin-deep 表面的，肤浅的
skin-effect 趋肤效应
skin-friction 表面〔皮〕摩擦，(机，船)壳（与空气、水）的摩擦力
skinned ①剥皮②去皮的③具有…皮（肤）的，有蒙皮的
skinner 去皮的工具
mechanical cattle ~ ①机械剥牛皮刀②（生产线上）剥牛皮联合机
skin-pass ①表皮光〔冷〕轧，调质轧制，光整冷轧，平整道次（在平整机座上轧制，以强化金属表面层）②外层通路
skin-stiffener 紧肤剂
skiodrome 波面图
skip ①跳动，跳步，跳火，跳跃进位，跳跃处理，空指令，跳行（打印机的）②漏去，省略，忽略③（高炉）翻斗车，(冲天炉加料机)翻斗，料车，铸桶，挖斗，箕斗④输送车，单斗提升机，起重箱⑤（有倾卸斗的）小车，(自卸车)车厢，跳（帧功能）

bail(ing) ~ 排水箕斗
carry ~ 跳跃进位
cycle ~ 周波跳跃
dumping ~ ①翻斗②翻斗车
form ~ 格式馈给，打印式输送，记录纸进给
mode ~ 模漏
self-tipping ~ 翻转（式）箕斗
tape ~ 跳带指令
tilting ~ ①翻斗车②翻转箕斗

skip-cage 箕斗罐笼（一种混合提升容器）

skiphoist 吊斗提升机，大吊桶

skipout 跳过，反跳，弹回

skipper 跳槽器

skipping ①跳跃②跃进工作（发动机的）③（发动机）间歇缺火运转

skirt ①边缘，边界②套筒③环④裙（绝缘子的）⑤活动烟罩⑥对称谐振曲线的下边部分⑦活塞导向部分，活塞裙⑧伞衣边⑨导料槽
exit ~ 出口扩张部
gas ~ 集气罩
jet ~ （喷嘴与扩散泵壳密封的）喷嘴下裙
one-quarter wave ~ 四分之一波长变量器〔跨接线〕
outer ~ （反应堆）外撑裙
pleat ~ 纵向切槽的活塞裙
poison ~ （反应堆）毒物围筒
pressure vessel ~ 承压容器的肋板
split ~ 切缝活塞裙

skirtboard 侧护板，侧壁

skirting 踢脚〔壁脚，护墙〕板

skirtron 宽频带速调管

ski-scooter 机动滑雪车

skitron （记录）暗迹（的阴极射线）管，暗迹示波管，黑影管

skive ①切成薄层〔薄片〕，刮削②磨③钻石轮④滚刀的螺旋刀刃⑤磨宝石表面

skiver 切割机
stone pieces ~ 石材切割机

skiving ①车齿②刮，削，旋刮

Skleron 斯克列隆铝基合金（*w*（Zn）12%，*w*（Cu）3%，*w*（Mn）0.6%，*w*（Si）0.5%，*w*（Fe）0.4%，*w*（Li）0.1%，其余Al）

Skoda 斯柯达（汽车品牌）

skull ①结壳，凝壳（凝结在浇包壁上的金属或渣壳），炉瘤②氧化皮③空壳（从接头流走造成的部分熔化焊接）
slag ~ 渣壳，渣皮

skyborne 空运的，空降的，机载的

sky-crane 空中起重机

Skydrol 特殊液压传动油（可作防护和润滑用）

skyhook ①特殊结构天线②“天钩”（保护真空室免受大气压影响的棒），探空气球

skylab 天空〔空中，太空，空间〕实验室

skylight 天光，天窗，天棚照明

skyline ①地平线②轮廓线（以天空为背景的）③架空索道

skyliner 空运班机，客机

skylounge 空中客车

skymaster 巨型客机

skynet 天网（卫星）

skyograph 空摄地图

sky-port （屋顶）直升机机场

skyrocket ①烟火②高空探测火箭

skyscraper 摩天大楼，高层建筑物，非常高的烟囱

skyscreen 空网（观测导弹弹道偏差的光学仪器）

skysweeper 雷达瞄准的高射炮

skytruck （大型）运输机

skywalk 人行天桥

sky-wave 天（空电）波

skyway 高架公路，航（空线）路

SL （=surround left）左环绕声（音响）

slab ①厚块，厚片，板，板料②铁块③初轧板坯，扁锭，扁钢坯④切片⑤石板，大理石配电板⑥背板⑦极板⑧石英板⑨长字节（一般为12 bit）
antimony ~ 锑块，锑锭
back ~ 悬臂板
bloom ~ 扁钢坯
bottom ~ 下梁（磁铁的）
cap ~ （透平的）上基板
cast ~ 扁钢锭
corbel back ~ 撑架悬臂板，引板，悬臂板
fibrous ~ 纤维板
flange ~ 翼缘板
heel ~ 后部底板
incoming ~ 轧前板坯，来料板坯
ingot ~ 扁钢锭
pavement ~ 路面平板
plate ~ 钢板坯
precast ~ 预制板
ribbed ~ 肋（构楼）板
shielding ~ 屏蔽板，屏蔽块
sleeper ~ （接缝下）垫板
water ~ 井式楼盖
xylolite ~ 木屑板（由水泥和锯屑制成）

slabber ①切块机②扁钢坯轧机
slabber-edger 轧边扁坯轧机
slabbing ①阔面铣，平面铣法②扁钢坯轧制③背板④锻扁坯，锻板坯⑤片落，剥落⑥起鳞，分层
slabby ①黏稠的②层状的，片状的
slab-chipper 板皮削片机
slack ①隙，空〔间，游〕隙②下垂，垂度，挠度③备用部分④减速⑤松懈，弛缓⑥（松张带材的）弛度⑦轨幅，轨间距离⑧煤末，煤屑，碎煤⑨熄火，静止不动，停止流动
~ in the manhole （供）人（出入检修的）孔中的备用电缆
~ in the screw ①螺杆空转②螺旋隙
annealing ~ 退火不完全
joint ~ ①联轴器②连接接合子，连接套筒
slack-cable-switch （电梯）行索松断保护开关
slacken ①放松②变慢③减少，变弱
slackline 松弛的绳索
slackness 松弛，缓，无力
bearing ~ 轴承间隙（磨损后）
complementary ~ 互补松弛性
slag ①炉〔矿，熔，煤〕渣②夹渣，渣孔③轧屑
~ off 除〔排，结，造〕渣
boiler ~ 炉渣
carbide ~ 电石渣，碳化物渣
dry ~ 重矿（粘）渣
enclosed ~ 夹渣
entrapped ~ 夹渣
final ~ 终渣，第二次还原渣
first-run ~ ①初流渣②头渣
free-running ~ 易流渣
fresh ~ （高炉）热干渣
friable ~ 易脱落熔渣
fusible ~ 流动性熔渣，易熔渣
gas ~ 煤气沉渣
grain ~ 粒化渣，水渣
granulated ~ 粒化渣，水碎〔淬〕渣
gray ~ 铅熔渣
hammer ~ 锤渣（锤挤熟铁时排出的铁渣）
included ~ 夹渣
inflated ~ 多孔熔渣
kish ~ 含石墨渣
lean ~ 瘦渣，贫渣（石灰石少的炉渣）
liquid ~ 熔融渣
long ~ （炼锡）酸性渣
matured ~ 熟渣
perforated ~ 多孔熔渣
phosphorus bearing ~ 含磷炉渣
pulverized ~ ①粒化炉渣②炉渣粉（过 180 目筛，加在树脂砂中可防止热膨胀）
reducing ~ 还原渣
refining ~ 精炼渣
return ~ 回炉渣
running ~ 流动性溶渣
run-off ~ 溢出渣
short ~ 短渣，细渣
slacking ~ 风化渣
slaking ~ 水碎〔淬〕渣
tapping ~ 放（出钢）渣
Thomas ~ 碱性转炉渣
vessel ~ 转炉渣
vitreous ~ 玻璃质（的）炉渣
washery ~ 洗渣
welding ~ 焊渣
working ~ 初渣
slag-bearing 含矿（熔）渣的
slag-bed 渣床
slag-bonding 结渣
slaggability 造渣能力，造渣性能
slagging ①造渣②放渣，出渣
back ~ 炉后出渣
front ~ 炉前出渣
rear ~ 炉后出渣（冲天炉）
slagging-off 除渣，扒渣
slagheap 渣堆
slag-off 除〔排，结，造〕渣
slag-out 除渣
slag-wool （矿，熔）渣棉，（炉）渣绒
slaker 消化器，消石灰器
slant ①倾斜度，斜面②倾斜，弄斜③倾向，观点④斜的
slap ①敲击，涂刷②敲击声，撞击声（发动机的），（机器中的）异响
cold ~ 发动机冷态工作时的活塞敲击(声)
piston ~ ①活塞撞击声②活塞松动〔摆动，敲缸〕
slash ①裂口，切口，砍〔刀〕痕，切伤，长缝，斜线②砍③锯，锉④缩减，降低⑤切碎，剁碎⑥螺纹滚〔旋〕压⑦扩大
hole ~ 扩孔
slash-cut 伤痕材
slasher ①断木机，多盘圆锯截木机，浆纱机②切碎机，切碎器③茎秆切碎机，茎秆剁碎器
band saw ~ 多带横切锯
multiple saw ~ 复式锯木机

rayon ~ 人造丝浆经机
scrub ~ 灌木铲除机，灌木切碎机
slashing 螺纹滚压（法），螺纹旋压（法）
slat ①狭条，条板，狭长板条②平薄石板，平板条，横木③前缘缝翼④敲，打⑤横梁，横臂
canvas ~ 帆布输送器条板
louvered ~ 百叶窗式条板
reel ~ 拨禾板
spindle ~ （摘棉机的）摘锭座管，纺锭座管
top ~ 车顶铰接机构
slate ①石板，板岩②镜头号码牌③预计，指定
enamelled ~ 涂了漆的板，上了珐琅的板
mica ~ 云母片岩
spinning ~ 喷丝板
slaty ①板岩的②（石）板状的
slave ①从动，随动②从属的，次要的，主从的③从动装置
bus ~ 总线从设备，总线受控器，总线受控（计算机的）
slavelock 从属锁相
slave-robot 机器人，电动机械手
slaving ①辅助设备，辅助装置②从属（作用），跟踪③强制同步
slay ①芯子，铁心②倾斜③前轮外倾角
solidified ~ 焊壳
sleak ①冲淡，稀释②溶化
sled ①换辊小滑车②滑板，滑轨③拖运器，拖网④空气动力车
bob ~ 二橇拖材车（运木材用）
cotton ~ 摘棉机
sledge ①滑架〔台，板，轨，车〕②大锤
straight peen ~ 纵棱锤
uphand ~ 手用大锤
sledgehammer （手用）大（铁）锤，锻工用大锤
sledging ①二次破碎②人工破大块③锤击
sledplane 雪上飞机，雪橇起落架飞机
sleek ①角光子，曲线光镘刀，修型镘刀②路子，道子，划痕③光滑的④修光，弄滑，滑动
sleeker ①磨光器②刮子，角光子，异形镘刀
double ends ~ 双头铜勺，秋叶
egg ~ 小型圆角光子（铸）
flange ~ 法兰杆（修型工具）
pipe ~ 管子圆面镘刀
sleeky 光滑的
sleep 静止，睡眠
electric ~ 电麻醉
sleeper ①轨枕，枕木，机座垫②卧铺车（铁路）③小搁栅

sleeve ①套，套筒〔管〕，套轴，管〔插塞，塞孔〕套，短管衬套，组合式轧辊的辊套，空心轴②体壳，套筒滑阀③联轴器④袖⑤风向袋⑥管接头⑦装套（管，筒）
abutment ~ 定位套筒
active ~ （阴极）活化套，活性层
adapter ~ 紧定套，紧固套，接合器套筒，接头套筒，连接套管
aligning ~ 调心套筒
back-up roll ~ （组合式）支承辊的辊套
branch ~ ①连接套筒，管节②筒形联轴器
cam ~ 三角套筒
cam-bearing ~ 凸轮联轴器，爪形联轴器，牙嵌离合器
cardboard ~ 硬纸套筒
closing ~ 夹紧套筒
clutch ~ 离合器套，离合游动套筒
coil ~ （感应式传感器的）绕组套筒
control ~ （柴油机油泵的）油量调节套
coupling ~ 连接套筒，连接接合子，接筒连接器
cross ~ 十字套筒
cutting ~ 卡套
distance ~ 隔离套筒
drain ~ 冷凝管，排出套管
drill ~ ①短钻（头）套（筒）②（钻头）变径套
eccentric (adjusting) ~ 偏心（调节）套筒
engagement ~ 齿轮（啮合）离合器
fireclay ~ 火泥袖砖
gas-tight ~ 气闭套管
gear shift ~ 换档离合器
graduating ~ 递动弹簧套
index ~ 分度（套）筒
interconnecting ~ 连接软管
linearity ~ 行线性（校正）环
lock seam ~ 接缝套管
Morse taper ~ 莫氏锥度套筒
orifice ~ 节流套
plug ~ 塞套，插头接套
proofed ~ 浸胶软管
rack ~ 齿条套筒
reducing ~ 转接套，变径套
reduction ~ 变径套（内外锥面具有不同锥度号的锥套），变径筒
release ~ 分离套筒
restriction ~ 节流短管
riser ~ 冒口圈

rod gland ~ （蒸汽锤的）导套
roll ~ 轧辊辊套
seal ~ 汽封套筒
seamless ~ 无缝套筒〔管〕
shaft ~ ①轴套②（大）轴衬（面）
shaft installing ~ （密封用）轴套
shift ~ 连接套筒，滑套（离合器的）
shifting ~ 凸轮联轴器，爪形联轴器
shot ~ 压射缸
shrunk-on ~ 热配〔烧嵌〕套管
slip joint ~ 伸缩接合套
socket ~ 座套，座圈
spindle ~ 轴套
splicing ~ （交）接套（筒），管节，连接套筒，叠接套（筒）
split adapter ~ 剖分式紧定套
stop ~ 支撑套筒，停止套筒
strut ~ 间隔衬套，隔离轴套
synchronizer ~ 同步器啮合套
tappet ~ 挺杆套
tapping ~ 螺旋套
tension ~ 箍圈，接管箍
throttling ~ 节流短管
turbine-casing ~ 透平气缸上的连接管
welding ~ （焊接用）套轴
wind ~ 风向袋

sleeving ①套管②编织套，编织层（导线的）③嵌入
cotton ~ 纱包层（导线的）
insulating varnished ~ 绝缘漆管，黄蜡管

sleigh ①滑板，雪橇②滑车
motor ~ 电动雪橇

slender 细（长）〔单薄，微小，薄弱〕的

slendering 压尖或磨尖（拉拔前线材端头的）

slenderness 细长度

slew ①旋转，扭转，转动，回转②摆动，滑溜③旋转后的位置④大量
boom ~ ①喷杆回转角度，喷杆工作扇形②转臂回转角度，转臂工作扇形
paper ~ 超行距走纸（打印机的）

slewability 回转机动性，旋转机动性

slewable （能快速）旋转的

slewer 旋转器，回转装置，回转式起重机

slewing ①回转，旋转，转动②微微摇动，微微摇晃③快速定向，快速瞄准④锁住，固定，减速⑤横摇镜头

slice ①片，薄片，桨②堰，板③火铲，长柄铲，炉钎，泥刀④部分⑤分层（人工的），切片⑥限幅，削波
ALU ~ 运算器片
bipolar ~ 双极芯片
bit ~ 位片
byte ~ 字节片
CPU ~ 中央处理器片
IIL ~ 集成注入逻辑片
master ~ 母片，主控薄片
processor ~ 处理机芯片
silicon ~ 硅片
two bit wide ~ 二位式芯片

slice-bar （炉）钎，拨火杆

slicer ①切片机，切割机，切片刀，分割器，泥刀，瓦刀②单板平切机③刨煤机④双向〔脉冲〕限幅器，限制器，脉冲限制级，削波电路
chaff ~ 铡草机
core ~ 切割式井壁取芯器
inside diameter ~ 内圆切片机
launder sand ~ 槽式分砂机
level ~ 密度分割仪
mechanical ~ 刨床
outside diameter ~ 外圆切片机
veneer ~ 单板刨切机，单板切片机

slicing ①切片，切断，分层开采②限幅，限制
density ~ 密度分割，密度划分
electron beam ~ 电子束切割
time ~ 时间限制〔分割，限定〕，定时，限时
top ~ 上部剥落
ultrasonic ~ 超声切片

slick ①光滑的②使光滑，修光，抛光，磨光③修光工具，平滑器，（铸造用）刮子，修型镘刀，穿眼凿④油膜⑤平滑面
oil ~ 油膜

slickenside ①擦痕，擦痕〔光〕面②滑面，镜面

slicker ①磨光器，刮子，刮刀，修光工具，修型镘刀，角光子，角镘刀②无齿耙③横条耢④钢锭切槽机⑤叠板刮路机

slidable 滑动的

slidac 滑线电阻调压器

slide ①片，载片，滑动片，幻灯片②计算尺，游标③滑板，滑块，滑座，导板，拖板，滑阀④闸门，闸板，挡板，插板，活底门⑤槽，托盘⑥滑道，导轨⑦滑动装置〔触头，部分〕⑧滑动
~ in chassis 抽屉式部件
air ~ ①空气活塞②气动滑板〔阀，道〕，气动传送机
anaglyphic lantern ~ 立体幻灯片

back sight ~　反测滑座
bed ~　刀架底板（车床的）
belt feed ~　带传输滑板
blank holder ~　压料〔压边，外〕滑块
bogie ~　转向架滑座
cam ~　斜楔作用的滑块，凸轮驱动式滑块零件
canvas ~　帆布输送带导向板
capstan head ~　转塔刀架〔滑座，滑台〕，六角头滑板
chock ~　轧辊轴承座导板
closed ~　闭合滑板，平行导轨
cross ~　①横（向）滑板②横刀架，大刀架③交叉滑路
cut-off ~　①切断刀架，横刀架②膨胀滑阀③阻塞套④排种量调节套
cutter ~　刀架
dark ~　遮光（滑）板
die ~　模下压板，模具滑移装置（为移动下模出入压力机）
dovetail ~　燕尾滑板，鸠尾导轨
end tool ~　纵刀架
facing ~　端面切削滑板
glass ~　（显微镜的）玻璃载片
ground ~　（显微镜的）载玻片
header ~　顶镦滑块
hob ~　刀架滑板
inclined ~　倾斜装车台
Kelvin-Varley ~　开尔文 - 瓦利滑动电阻
lantern ~　幻灯片
micro ~　（显微镜）载物片
microscope ~　显微型幻灯片
milling ~　铣（齿）刀架
nodal ~　测节器
object(ive) ~　物镜筒
parting ~　切断刀架，横刀架
parting tool ~　切断刀架，横刀架
planing ~　刨刀架
press ~　压力机滑块
ram ~　①滑板②（压力机）滑块
repeating ~　连打滑片，连打导板（打簧表中上紧打簧发条用的滑块）
screening ~　遮护滑板
side ~　侧滑块，副滑块
plain turning ~　纵刀架
socket ~　集电环〔圈，套，轭〕
spout ~　卸出管闸板（如卸粮管闸板）
stretching ~　（索道的）张紧（小车）滑轨
swivel ~　转盘
swivel top ~　回转上滑板
table ~　工作台滑板，工作台导承，工作台导槽
three-port ~　箱式滑阀
title ~　字幕幻灯片
tool ~　刀架滑鞍，刀架滑台，（切削）进给刀架
tool-head ~　刀架滑台
toolholder ~　刀架滑台
toolholding ~　刀架滑板
varley ~　杠杆式电阻箱
wheel ~　①磨床床头滑架，磨床床头②砂轮架，砂轮座
work head ~　工作台滑板

slider　①滑板,(可变电阻器的)滑触头,滑(动)触点，滑尺，游标，滑动器②移动式刻度盘③滑座，滑块，导块，导瓦④自动调节闸瓦⑤小油机（便携的）⑥（流变学机械模型中）代表塑性的元件
bite ~　刀具滑座
contact ~　滑动触点
dummy ~　嵌片（防止空针槽变形，并作为护针舌用）
inductosyn ~　感应同步器滑尺，感应同步器动尺
picture ~　幻灯机
voltage ~　滑线式调压器

slide-rule　计算尺

slide-valve　滑阀

slideway　①滑槽②滑路，滑斜面③导轨，滑轨
transport ~　移置导轨
unloaded ~　卸荷导轨

sliding　①滑动②活动〔可调整，变化〕的
specific ~　比滑（齿面间相对滑动），滑率，滑动系数

sliding-vane　滑（动叶）片

slim　①细长的，细的②稀少的，不充足的③低劣的，无价值的

slime　（黏）泥，矿泥，煤泥，淀渣，残渣，黏液，（地）沥青
anode ~　阳极泥〔沉淀渣，黏液，沉积层〕

slimer　①细粒摇床，细粉碎机②矿泥摆床③加工矿泥的溜槽④磨矿机

slimicide　抗石灰化剂，防泥渣剂

sliminess　稀黏（程）度

sliming　细粒化
all ~　①全泥化，全微粒化目（<200 筛目）②全泥（搅动）碳氮共渗法

slimline 细（长）管，细线
slimness 细（长）
sling ①系带，链钩，吊带〔索，链，环〕，起重装置，电缆T形吊片②抛掷器③升起，竖起，吊起④抛掷
arm ~ 悬臂吊索，臂悬
auto ~ 车辆吊具
chain ~ ①链式吊索②链钩，悬链，链环
gin ~ 三脚起重机吊索
lead ~ 卷绕件吊具
net ~ ①网②吊货网兜
pallet ~ 托盘吊具
slip chain ~ 围脖式吊具
tail ~ 尾刺
slingcart 吊装〔搬〕车，车轴上有吊链的货运车
sling-dog （钩索两头的）吊钩
slinger ①吊环②吊索③抛掷装置，抛砂机④挡油板，挡油圈，抛油环，甩油环
blower ~ 增压器（分液）环
gantry ~ 行车式抛砂机
sand ~ 抛砂机
swing ~ 悬挂式抛砂机
slip ①滑动，滑脱，松开，松脱，滑移（晶粒间），滑距，滑流②空转，转速下降，转差（率）③片条，（窄）条，电报纸条④坐料（炼铁炉）⑤造〔铸〕型涂料，泥釉，滑泥，抹涂膏（泥型用）⑥（泵的）减少率，降低率⑦船台滑道，滑板，导板，卡瓦，套罩⑧（电视）图像水平偏移（失真）⑨错〔放，跳〕过，错误，意外事故⑩改期，延期票签，纸〔便，板〕条，片
axial ~ 窜动
basal ~ 底面滑移
bedding ~ 层面滑动，顺层滑动
breakdown ~ 极限〔停转，临界〕转差率
building ~ 造船台
call ~ 领料〔请拨〕单
casting ~ 浇铸浆，铸型涂料
clear hawse ~ 滑钩链式止动器
clutch ~ 离合器滑转
errata ~ 勘〔正〕误表
fan ~ 风扇滑流（风扇空气损耗）
gouge ~ 凿槽〔沟〕
grain boundary ~ 晶界滑动
inventory count ~ 盘点存料单
issue ~ 发行单，发料单
motor ~ 感应电动机转差率
order ~ 订货单
parting ~ 隔片
perforated ~ 穿孔纸带
picture ~ （电视接收）图像的垂直滑动
plastic ~ 塑性滑移
preferential ~ 侧向滑移
rated ~ 额定转差率
controlled ~ 受控滑码
sterile ~ 不繁殖滑移
stick ~ 爬行，蠕动
torque converter clutch ~ 液力变矩器离合器滑转
track ~ 滑转，打滑（链轨履带）
turn-in ~ 缴库单
vee ~ V形导槽
vertical ~ 垂直滑移
slip-casting 粉浆浇铸，灌浆成形
slip-clutch 滑动离合器
slipemaster 煺毛机，拔毛机
slipform 滑模成形，滑模
slipknot 活结
slippage ①滑动量，滑程②滑动，侧滑，打滑③转差④泄漏，漏损⑤动力传递损耗
~ of sound to picture 声对像的带移位，声音与画面不同步
clearance ~ 缝隙损失
slipped 打滑的
slipper ①滑块，滑板②滑触头③游标④制动块，闸瓦⑤滑靴（柱塞泵的）
grip ~ 夹持座
piston ~ 活塞导向部分
shoe ~ 滑脚（割草机的）
slipperiness 滑溜
slippery 滑的，光滑的，滑溜的，不可靠的，需要小心对待的
slipping ①滑动，溜（下去），滑移，打滑②转差率③滑动光镜④延期⑤图像水平移动⑥渐渐松弛
slip-regulator 转差（率）调节器
slip-ring 集电〔集流，汇流〕环
slip-sheet 薄衬纸
slip-spring 副发条
slip-stick ①计算尺②滑动（面）黏附现象
slipstream 滑流，（螺旋桨或喷气发动机形成的）艉流，切向流
slipup 失败，错误，疏忽，不幸事故
slipway ①滑台，船台②滑路，滑道
slit ①（狭，裂）缝，槽，缝隙，裂〔切，孔〕口②纵割，截断，剖切，开缝③窄剖面④排种口⑤切屑⑥光阑⑦（窄）剖面⑧下水坡道

acceptance ~ （光脉冲分析仪中用的）鉴别器
beam-defining ~ 限束缝（隙），限束光阑
collimating ~ 准直缝，准直光阑
coupling ~ 耦合缝
exit ~ 出射狭缝
extraction ~ （源）输出口
eye ~ 观察缝
lance ~ 切口
light ~ 光隙
noiseless ~ 无噪声狭缝（光学录音）
selection ~ （粒子）选择狭缝
sighting ~ 观察孔，目〔窥视，检视〕缝
sound ~ 窄缝光门（光学录音），声缝隙

slitter ①切纸机，切条机②纵剪机，纵断器③带材纵切圆盘剪，圆盘式纵剪④细锯
gang ~ 多圆盘剪床，多圆盘剪切机
longitudinal ~ （卷筒纸）剖纸机
rag ~ 破布条切割机
reel ~ 卷筒分切机
roll(er) ~ 辊式钢板切断机，辊式剪机，辊式多刃圆盘剪

slitting ①纵裂缝，纵裂，纵切，切口②开口槽③开沟，开槽④带钢的纵剪，沿线剪切⑤宽卷料切成窄卷料，棒料截断

slitting-up 全切开

slit-tube （有）缝管

sliver ①裂〔薄，细〕片，碎料，分裂物，碎裂物②（未完全烧尽的火药）渣粒③裂缝，劈裂，纵裂（材料的）④毛刺⑤切碎机⑥裂开，切开，切条，割裂，分层
root ~ 块根切碎机

slivering 辊痕（板材，带材表面热轧缺陷）

sloat 舞台布景升降机

sloop 小型护卫舰，辅助炮舰，单桅纵帆船

slop 废油，不合格石油产品，污水，脏水，蒸馏废物

slope ①斜度〔率，面〕②倾斜（角）③梯〔坡陡〕度④角度⑤比降⑥斜井
~ of repose 休止角
~ of zero 零点斜率
ASTM ~ 美国材料试验学会黏度 - 温度特性曲线图
back ~ （阶梯轴）背锥
glide ~ ①滑翔斜率，下滑斜度②滑翔道③下滑面
hydraulic ~ 水力坡降，水力比降
line ~ 行斜率
ramp ~ 斜坡坡度
unity ~ 单位斜率，45° 斜率
weld ~ 焊缝倾角
zero-dispersion ~ 零散射倾斜，零色散斜率

sloper 斜掘机，铲〔整〕坡机
back ~ ①刮沟刀（筑路机的）②整坡器

slopeway 坡道

sloping ①倾斜的，成斜坡的②斜面

slop-over 溢出，黑溢（信号幅度增加时，黑色部分过深现象）

sloshing 晃动，晃荡

slot ①槽，沟，窄口，长眼，长方形孔，缝隙，缝，裂口②开槽，开缝，切口，打孔③直浇道④闩，条板，小片⑤轨迹，足迹⑥立刨，插削，铡⑦时间段，时间片⑧散热孔
activity list ~ 活动表表格
anchor pin ~ （镗杆的）带动销槽
armature ~ 电枢槽
bevelled ~ 斜槽
cam ~ 曲线槽，凸轮槽
clamping ~ 夹钳槽，螺栓连接槽
closed ~ 闭合槽
cranked ~ （带传动机构中的）曲槽
current ~ 当前时间段
data ~ 数据时间片
dead ~ 空槽（电机）
dew-drop ~ （电机的）梨形槽
dovetail ~ 鸠〔鸽，燕〕尾槽
downlink pilot time ~ 下行链路导频时隙
drift ~ 斜形槽，出屑槽
dumb-bell ~ （波导壁或膜片上的）哑铃形槽
electromechanical ~ 机电选别器
enclosed ~ 封闭槽，封口槽
entry ~ （叶根的）锁口
expansion ~ 扩展槽
filling ~ 装填槽，填装口
frame alignment time ~ 帧定位时隙
half ~ 半圆槽
hunting ~ （为改善电势波形而设的）空槽
indexing ~ （印制电路板）插头定向槽
key ~ 键槽
magazine ~ 存储槽
oblique ~ 斜槽
open(ing) ~ 开割槽
parasitic ~ 无效缝，无源缝，寄生槽
peariform ~ 梨形槽
pouring ~ （压铸机的）浇料口
radial ~ 沿径槽，径向切口，径向缝
screw-driver ~ 螺钉旋具槽

short ~ 短路槽，短路裂缝
skirt ~ 活塞裙的切缝
slug ~ ①出屑槽②冲裁废料漏料孔
spiral ~ 螺旋形槽
static ~ 静压缝口
stator ~ 定子槽
suction ~ 吸气缝口
time ~ 时隙，时间分隔法
voice ~ 声音时间片

slot-drill 铣槽
slotname 片隙名，片位名
slotpitch 齿距
indexing ~ （印制电路板）插头定向槽
slotted 有槽〔有沟，开缝，切槽，有裂痕〕的
slotter ①插〔铡，立刨〕床②掏槽机，切割机
partition ~ 打孔机
slotting ①立刨，铡刨，插削②开槽③冲孔④（在穿孔卡片上）打孔
stamp ~ 模具工作面刨削
slotvalue 片隙值
slow ①滞后②迟（钝）③减速④缓慢的，慢速的
slow-acting 慢转〔低速，缓行，延迟动作，缓动〕的
slow-break 缓断，迟释
slow-burning 慢〔缓〕燃的，耐火的
slow-counter 慢（作用）计数管
slowdown 减速，延迟，慢化，衰退，怠工
slower-down 减速剂
slow-footed 慢速度的，进展缓慢的
slowing-down 减速，延迟，慢化
slowness 缓慢，迟钝
slow-release 缓释的
slow-setting 慢凝的，慢裂的
slow-speed 低速〔慢转，缓行〕的
slow-start 缓慢起动
slow-up 缓慢，减速，延迟
slubber 头道粗纺机
sludge ①淤渣，泥浆，泥渣，沉渣，浮渣②矿泥，煤泥③钻屑④残渣⑤金属碎渣⑥污垢⑦黏合液⑧沉淀物⑨油泥（发动机运转时形成的润滑油氧化产物）
copper ~ 铜泥（沉淀置换析出的铜）
emulsion ~ 乳胶淤渣沉液，齿轮箱内低温沉液
grain ~ 粒状淤渣（发动机曲轴箱内）
sludger 污泥泵，扬砂泵
sludging ①塞泥②挖泥③泥浆化④成渣
slue ①突然回转，回转动作②使转，使回转，使斜向③旋转，摆动
slug ①栓，棒条，（反应堆燃料）块，金属小块，游戏币，嵌片，铅字条，金属片状毛坯，坯料②余料，冲孔废料，废切边连皮，锻屑③芯子，铁心，型芯④顶头（穿孔用），导管，波导管调配柱⑤滑轮，缓动装置（短路线圈的）⑥部分组⑦材料孔⑧斯（拉格）（英制质量单位，1 斯拉格 =14.6 kg），质谱仪分辨力的单位⑨短时间内排放的大量浓化学废水
armature end ~ （继电器线圈的）衔铁端缓动铜环
burst ~ 破损〔损坏〕燃料
copper ~ （继电器的）缓动铜套
heel-end ~ 根端缓动铜环（继电器）
quarter-wave ~ 四分之一波长短线
relay ~ 继电器的延时套管
water ~ 水冲击，带水
slug-foot （= slug-ft）斯 - 英尺（英制功单位，1 斯 - 英尺 =4.45 kgf · m）
slugging ①埋焊，塞焊②洗炉③冲裂
sluggish 停滞〔后应缓慢，灵敏度小，惰性〕的，黏滞的，高黏度的
sluggishness ①惯性，惰性②低灵敏度③缓慢，停滞
slug-pull （冲孔）废料回升
slugs 未燃烧的燃料，未蒸发的燃料液滴
slug-test 顶锻检验
sluice ①流槽②节流器③沟道，冲渣沟，铁皮排除沟④淘洗，冲洗⑤水闸，水闸门⑥水封⑦（溢）水道，水沟
sluicegate 水闸，冲刷闸门
sluicevalve （滑动）闸门，水闸
sluiceway 冲灰沟，冲渣沟，排泄水道，洗矿槽，闸口
sluicing 放水，冲刷
hydraulic(-ash) ~ 水力除灰
scale ~ 冲洗氧化皮
slum ①润滑油渣，淤渣②页岩煤
slump ①坍塌，坍落②滑动③坍落度④塌方
slumpability （油脂的）黏稠性，（油脂的）流动惰性
slumping 陷落（效应）
slung 吊挂的
slung-span 悬跨
slurper 吸湿材料
slurring ①型芯黏合法②挂涂料，灌浆③滑辊（印刷故障）

slurry ①淤〔泥，矿，薄〕浆，浆液，浆料，残渣②型芯黏合液③膏剂，软膏，填充材料（由白云石，沥青组成），糊状物④油水乳化液⑤熔模涂料
abrasive ~ 磨粉浆（用压缩空气将磨粉浆喷至钢丝表面起清洗作用）
washery ~ 湿式洗煤残余物
zircon ~ 锆砂粉浆料
slurry-casting ①粉〔泥〕浆浇注②灌浆铸造
slush ①废油②软泥，稀泥，泥渣〔浆〕，沉积物，水泥砂浆③油灰，白铅石灰④抗蚀润滑脂，滑油⑤涂油⑥减水（作用）⑦抗蚀⑧溅湿〔污〕⑨发溅泼声
slusher ①电耙，扒矿机②电耙绞车，扒矿绞车③碎浆机④铲泥机
slushing ①抗（腐）蚀②抗湿③涂油灰④（电）耙运（输）
slushpit 泥浆坑
small ①小（的），细小，小型②（pl.）（俗称钢材标准尺寸以下的）细件，小块料，粉〔细，煤〕末，微粒
dead ~ 小块料，细〔粉〕末
drawing ~ 磨损变细（钢索因磨损而直径减小）
infinitely ~ 无穷小，无限小
small-arms 轻武器
small-bore 小截面，小直径
small-fry 次要的，不重要的
small-lot 小批量
smallness 微小度〔性〕，小规模，微量
small-scale ①小规模生产②小型的，小比例尺，小尺寸的
small-time 不重要的，无足轻重的，不出色的，次等的
smart 智能
instrument ~ 智能仪器
smartway 智能公路
smaser 亚毫米波量子振荡器〔放大器〕
gas ~ 亚毫米波气体量子振荡器〔放大器〕
smasher ①（原子）击破器（早期高能加速器的俗称）②压平机③特大的东西
atom ~ （粒子）加速器
smashing ①打碎，击碎②轧扁，压破
S-matrix 散射矩阵，S 矩阵
smaze 烟霾，烟雾
smear ①涂抹②阴渗，浸润③拖尾（电视）④污点（由于电路过滤性不良，引起电视图像的模糊），模糊斑，油渍⑤涂抹〔色，污〕，弄污⑥使…轮廓不清
black ~ 黑色拖尾〔拖影，污斑〕
trailing ~ 拖影
white ~ 白色拖尾
smeared-out 涂污的，模糊不清的
smearer 拖尾消除电路
smearing ①涂敷，打滑咬伤，成簇（微小）的摩擦烧伤点（滚动体打滑的轴承早期咬伤）②蹭伤，擦伤
resolution ~ 分辨能力不够而造成模糊
resonance ~ 共振模糊
shock ~ 激波涂抹
smectic ①蝶状结晶的（液晶），近晶的，脂状的②净化的，纯净的
smell ①气味②嗅
smelter ①熔（炼）炉②冶金厂，冶炼厂，熔炼厂③冶炼工，熔铸工，炼钢工人
custom ~ 加工熔炼
smeltery 冶炼厂，熔炼厂
smelting ①熔炼，冶炼②熔炉
autogenous ~ 自热熔炼
cyclone ~ 旋涡熔炼
dry-charge ~ 干料熔炼
electric slag ~ 炉渣电炉熔炼
off ~ 熔炼废品
pyritic ~ 自热熔炼
shaft (furnace) ~ 鼓风炉熔炼
suspension ~ 悬浮熔炼，闪速熔炼
vertical retort ~ 竖罐熔炼
smelting-furnace 熔炼炉，冶炼炉
s-meter 信号强度测量器
smirch ①污斑，污点②沾污③瑕疵
smith ①锻工②钳工③锻造
smithcraft 锻工工艺，金属工艺
smithereens 碎片，细片，碎屑
smithery ①锻工房②锻工场③锻工工艺，锻工工作
smithing 锻造，锻工的
forge ~ 锻造
smith-welding 锻焊
smithy ①锻工车间②砧子③锻工，铁匠
smock 工作服
smog 烟雾
smokatron “烟圈”加速器（即电子环加速器）
smoke ①烟，烟尘〔雾〕，雾，蒸汽②明显的证据③速度④冒烟，烧起，冒气，烟熏⑤飞速行进
warming ~ 烟雾报警
smoke-box 烟室（汽锅的），烟箱

smokeconsumer 完全燃烧装置
smokeless 无烟的
smokemeter ①烟雾指示器，烟雾测量器②烟度计③烟尘（测量）计
smokeprojector 烟幕放射器
smoker ①吸烟室〔车〕②熏蒸〔烟〕器，施放烟幕的船只〔飞机〕
smokescope 烟雾〔尘〕浓〔密〕度测量器，检烟镜
smokescreen 烟幕
smokeshade ①烟尘测定②大气污染粒子
smoke-stack （轮船等的）烟囱，烟道
smokestone 烟晶
smoke-tube （锅炉的）火管，烟筒
smoking 冒烟〔汽〕的，吸烟（用的）
water ~ 脱水阶段
smokness 发烟性
smokometer 烟度计，烟尘计
smolder =smoulder
smooth ①平滑（的），光滑（的）②（计算机的）平滑数据波动，消除数据波动③校平④弄平滑，弄光滑，研磨，修正⑤过滤，滤除〔波〕
dead ~ 极光〔平〕滑的，油光的，镜面的
smoothbore ①滑膛枪〔炮〕②滑膛的
smoother ①校平器，平整器，整平〔修光〕工具②展平滤波器，平滑滤波器，平流器③稳定器④角光子，异形镘刀⑤平路机⑥整平工人
smoothers 滑粉（添加于润滑剂内的微粒固体润滑物）
smoothing ①滤波②校平③修匀，平滑（化）④滤除，过滤⑤精加工
(non)linear ~ （非）线性平滑
smoothness 光滑度，光洁程度，平滑度，平稳性，平整度
smoothometer （道路）平面度测定仪
smooth-tube 光面管
smother ①浓烟②熄火，灭火，无焰燃烧③使窒息
smoulder ①烟②无焰火③闷烧，熏烧，无焰燃烧，缓慢燃烧
SM-steel 平炉钢
smudge ①污点，烟熏②（影象）斑点，光斑，黑点
smudging 斑点闪烁，闪光，光点，黑点
smut ①劣煤②片状炭黑，烟黑，烟炱③酸洗残渣④污物，污点⑤粉状物（酸洗过度而附在钢铁表面上的），挂灰
carbon ~ （退火带材上残存的）润滑剂炭黑
snag ①打磨（去除浇道，飞翅等），琢磨，粗磨，粗加工②清铲（清除铸件的毛刺、冒口等）
snail ①涡形（凸）轮②平面螺旋（线凸轮）
quarter ~ 报刻蜗形凸轮（报时）机构，打刻凸轮，1/4 蜗形凸轮
snailing ①在轮片或夹板上铣花纹②加工射线状花纹③似蜗牛形状④蜗形抛光
snake ①白点（钢中疵病），亮点②拉线钢带③清除管道污垢用铁丝④（敷线用）牵引线⑤传动软轴
snap ①铆头模②窝模③揿钮接头，揿钮，夹子，弹性（凸）膜片④小平凿⑤噼啪〔折断〕声，（咔嚓一声）折断⑥快拍〔照〕⑦咬住，锁扣，紧压⑧闪速，急变，速动⑨急速〔突然，极容易〕的⑩风格捕捉（图形数据输入方式）圆头的
air ~ 气动卡规
bearing race ~ 轴承固定环
cell ~ 电池子母扣，电池揿钮接头
rivet(ing) ~ 铆钉窝子，铆钉模
strap ~ 带锁扣
snap-action ①快〔迅速，速动〕的②瞬时作用，快动作，开关的瞬时动作
snapback 快反向，急速〔变〕返回
snap-bolt 自动门闩
snap-close 锁扣，卡锁
snap-down 排〔放，流〕出
snap-ga(u)ge 外径规，卡板，卡规
snap-in 咬接
snap-lever 有弹簧盖的
snaplock 弹簧锁
snap-on ①搭锁（的），可咯嗒一声盖住的②直接固定，紧急固定
snapout 排〔放，流〕出
snapover 闪弧
snapped 圆头的
snapper ①瞬动咬合器，揿钮，按扣②抓式采泥器，抓（式取）样器
snappy ①瞬息作用的，快的，直截了当的②具有弹簧装置的③发噼啪声的
snapring 开口环
snapshot ①抽点打印②快摄照片，瞬像
snap-top 有弹簧盖头的
snap-up 锁键〔卡锁〕调节式
snare-drum 小鼓
snarl ①引伸了的线圈②缠乱，反盘
snatching ①抢去，攫取②小片③片刻，一阵子
snauger 挠性螺旋输送器

sneak ①寄生的②潜行〔人〕，偷偷地做〔走〕③隐藏〔蔽〕④填石缝
~ in ①渐显②淡入
~ out ①渐隐②淡出
sneak-off 潜出
sneak-on 潜入
sneek 闸柄
snib 闩，插销，门钩，窗钩
snick ①切口，刻痕，截痕，刻缺②切，剪
sniffer ①探测装置②（真空）检漏器③取样器④吸气探针，压强探针⑤自动投弹雷达⑥窃听程序（可以监测通信与商业转账）
snifter 自动充气器
snifting 吸入空气
snip ①剪，剪切②剪（切下之小）片，切片，小片③一份，部分
sniperscope 夜视瞄准器，红外线夜间瞄准镜
starlight ~ 星光瞄准（望远）镜
snippers 手剪，剪切机
snipping 剪下的小片
snips ①平头〔铁皮，短嘴小，铁丝〕剪②切金属片机③铁铗
bench ~ 台剪
bulldog ~ 手柄带指环的剪刀
combination ~ 带四联杆的剪刀
crossing curved blades ~ 双弯刃剪
go ~ 均分
hawkbill ~ 曲刃剪，弯刃剪
snmpd snmpd 程序（互联网的网络监管程序）
snmpset snmpset 程序（互联网的管理应用程序）
snmpsrc snmpsrc 程序（互联网的监管程序）
snmpstat snmpstat 程序（互联网的管理应用程序）
snmptrapd snmptrapd 程序（互联网的一个自陷机构）
snmpwatch snmpwatch 程序（互联网的监管应用程序）
snmpxbar snmpxbar 程序（互联网的管理应用程序）
snmpxconn snmpxconn 程序（互联网的监管应用程序）
snmpxmon snmpxmon 程序（互联网的监管应用程序）
snmpxmperf snmpxmperf 程序（互联网的监管应用程序）
snmpxperfmon snmpxperfmon 程序（互联网的监管应用程序）
snmpxrtmetric snmpxrtmetric 程序（互联网的监管应用序）

Sno-Cat （供雪地行驶的）履带式车辆
snoop ①雷达转动控制②窥探，探听③（飞机起落时监听飞机上识别电台的）机场接收机
snooperscope （利用红外线原理的）夜视器，夜视仪，夜望镜，夜间探测器〔瞄准器〕
snoopervisor 监视员，管理员
snoot ①喷嘴，小孔②聚光罩，（弹翼）前缘③限制（光束的）光阑
snore ①（泵的）呼噜声②通气孔
snorkel ①柴油机通风管工作装置②（真空处理用）连通管③（救火车上的）液压起重机④（空气滤清器）进气管⑤潜水送气管，通气管
snort ①喷汽声②（潜艇）通气管
snotter （乳白色）氧化铈夹杂物（铸铁或铸钢件中），鼻涕状夹杂物
snout ①嘴，口②进口锥体（燃烧的），喷嘴，艏，（飞机）头部
tuyere ~ 风口嘴
snow 雪花干扰
mud and ~ tyre 泥雪地轮胎（轮胎侧面标志 M+S）
snowball(ing) 迅速增长，蓬勃发展
snowbreaker 除雪机
snow-cat 雪地履带式车辆
snowflakes ①鳞片（缺陷），发裂（由白点引起的）②雪花〔片〕
snow-freighter 雪地货车
snow-ga(u)ge 量雪器，雪样收集器
snowmaker （人工）造雪机
snowmobile 摩托雪橇，履带式雪上汽车
snowplough =snow-plow
snow-plow 雪犁，排雪机（火车等用）
snow-shovel 雪铲
snow-storm “雪花”干扰（荧光屏上雪花形白点的干扰）
snow-sweeper 扫雪机
SN-ratio 信（号电平与）杂（音电平之）比，信噪比
snub ①紧急刹车，紧急制动②缓冲③突然停止
snubber ①减振〔减声，缓冲，阻尼〕器②锚链制止器③掏槽眼
flow ~ 限流器
snug ①（锚链卷筒的）承座②（螺栓头）凸部③密合的
soak ①保温（时间）②徐〔加，均〕热（处理），对…进行长时间热处理，热炼③设备的环境适应④裂化
~ in （电容器）电荷渐增

~ out 漏电，剩余放电
cold ~ 设备的低温适应
soakage ①浸湿性②吸水量③均热④（电容器的）静电荷，充电量，剩余电荷⑤渗透（量），吸入量
soakaway 渗水坑
soaker ①裂化反应室②浸渍剂③均热炉④浸洗机
soaking ①浸湿②吸收，渗入③使韧化④强充电，强激励⑤保温
~ out 对金属进行长时间热处理，长时间暖机
pit ~ 均热炉中均温（法）
steam ~ （管外）蒸汽清扫，蒸汽除灰
water ~ （管外）水力清扫，水力除灰
soaking-in ①吸〔浸，渗〕入②电荷透入，（电容器）电荷渐增
soaking-out 剩余放电（电容器的），漏电，漏泄，浸掉〔出〕
soap 皂，脂肪酸盐
clear boiled ~ 抛光皂
metallic ~ 分型皂，金属皂
neat ~ 牛油皂，皂粒，皂核
soft ~ 软肥皂，钾肥皂
soaper 皂洗机
soap-film 薄膜，皂膜
soaping 皂洗
soap-stone 皂石，滑石
soapy 肥皂样〔质〕的
soarer （高空）滑翔机
SO-cable SO 电缆（三角形断面的电力电缆）
society ①社会②协会，学会，公司，会，社
socio-economics 社会经济学
sock ①滤袋（袋式除尘器的）②犁铧③软的保护套
socket ①承窝②套节，管套，套筒③插口，（插，灯，管）座，（插，轴）孔，穴④套筒扳手⑤砂箱定位套⑥接线匣⑦穿线环⑧网络应用程序接口
adapter ~ ①卡盘，钻模②插头，插座
antenna ~ 天线插座
bayonet ~ 卡口灯〔插〕座
bell ~ 套接，承插接口
button ~ 按钮灯口
contact ~ 接触座，插座
coupling ~ 球头联轴节
cushion ~ ①减振〔防振管，弹簧插〕座②缓冲套筒扳手
drill ~ 长钻（头）套（筒），夹钻头用变径套
Edison ~ 螺（纹）口灯座
end ~ 端头，封头（钢索的）
flush ~ 平〔埋〕装插座
gang ~ 联结插座
grip ~ ①卡盘，大盘，夹头②夹圈，锁紧环，压环
hexagon ~ 内六角（套筒扳手）
horn ~ 角锥形打捞器，锥形套筒
jaw ~ 虎钳口
key ~ 旋钮灯口，开关灯口〔头〕，电键插座
keyless ~ 无开关灯口，无键插座
loose ~ 平滑离合器
magnal ~ 十一脚管座
mandrel ~ ①堵塞器打捞器②套管矫直器③打捞筒④主轴外套⑤球窝心轴
multiway ~ 多脚管座
navy ~ 海军用电子管座
octal ~ 八脚〔角〕管座
pipe ~ ①喇叭口②漏斗口③承口（承插管的）④管套
pitman ~ 连杆窝形夹板
pivot ~ 轴承
plug ~ 插口，塞孔，插座
pull ~ 插头，抽拉插座，拉线灯口
reducing ~ ①缩径承窝②异径管接头，大小头
screw ~ ①螺纹套筒②螺纹灯头，螺口插座
swan ~ 卡口灯〔管〕座
swath stick ~ 拨草杆窝座（割草机的）
tube ~ （电子）管（插）座
valve ~ （电子）管座
wafer ~ 饼形管座，冲压管座
window ~ 套接字
socket-contact ①插座②插压式接点
socket-outlet 插座
socle ①管底〔脚，座〕②座，支架，台石，柱脚
soda 苏打，纯碱，碳酸钠
baking ~ 小苏打
caustic ~ 苛性苏打，苛性钠，氢氧化钠
washing ~ ①碳酸钠，晶（洗濯）碱②洗涤剂
sodafining ①碱洗②碱精制
soda-lime 碱石灰
sodalite 方钠石
sodalye 氢氧化钠，苛性钠
sodar （用声波研究大气的仪器）声雷达
sodation 碳酸钠去垢（法）
sodium 钠（Na）
sodium-hydroxide 氢氧化钠，苛性钠，烧碱
sofar （=sound finding and ranging）声发（远程水底声定位设备）

soffit ①拱腹②梁底面③下端，下部，背面

soft ①柔软的东西，柔软部分②（金属等的）低硬度③（数控，计算机）软件④柔软的，软水的，不含酒精的，塑性的，可锻的⑤（轮廓）模糊的，（金属等的）半流动状态的⑥（导弹发射场等）无掩蔽易受攻击的，不防原子的

fail ~ 故障减效

soft-copy 软拷贝（供计算机阅读的复制件，如磁带）

soft-drawn 软拉的，软拔的

softener ①软化剂，软水剂②软化器，软化炉③增塑剂，增韧剂④软麻机

silicone ~ 有机硅柔软剂

soften(ing) ①弄软，软化②减轻③使柔和，使安稳④低温处理，退火⑤精炼（粗铅除砷等的）⑥漏气，真空恶化⑦射线波长变长⑧塑性化，增塑

course ~ 航向灵敏度恶化

flame ~ 火焰软化（处理）

hot-process ~ 热软化过程（水在高温下的软化过程）

line ~ 连续直通软化，连续直通退火

strain ~ 应变软化

water ~ 硬水软化法

soft-facing 在硬金属基底上覆盖较软的金属

softlander 软着陆装置

softness ①柔软（度），柔软性，软化度②真空恶化程度，漏气度

creep ~ 蠕变柔量

soft-solder 软〔助〕焊剂

softtin 软锡钎料

software ①软设备，软件②程序（系统），程序编排方法③方案④语言设备

active anti-viruses ~ 主动反病毒软件

application ~ （服务）应用软件（App）

bundled ~ 套装软件

common ~ 通用软件

compatible ~ 兼容软件

custom ~ 定制软件

graphic ~ 图形软件

integrated ~ 综合软件，一体化软件，集成软件

intelligent disc ~ 智能磁盘软件

kit ~ 成套软件

management ~ 管理软件

operating ~ 操作软件

proprietary ~ 专用软件

random access ~ 随机存取软件

real-time ~ 实时软件

remote ~ 远程软件

support ~ 支援软件

system ~ 系统软件

telecommunication ~ 远程通信软件

translation ~ 翻译软件

unbounded ~ 非捆绑式软件

virus-preventing ~ 病毒预防软件

software-as-a-service 软件即服务（构成云计算的技术方法）

software-oriented 面向软件（的）

sogasoid 固气溶胶

sogicon 注入式半导体振荡器

soil ①土壤，地面，温床②污物

oily ~ 油污

soiling 污垢

sol ①（=soluble）可溶的②（=solution）溶液③溶胶，液胶，胶体悬浮液④（=solar）太阳的

colloidal ~ 溶胶

solaode 太阳（能）电池

solar 太阳的，日光的

solarimeter ①太阳辐射强度计②日射（总量）表

solarization ①暴晒作用②曝光过度，负感现象（光化学的）

solarspot 聚散光两用照明灯

solder ①焊料，焊药，焊锡，焊剂②焊接，低温焊，软〔钎〕焊③结合物，连接因素

antimonial tin ~ 锑锡焊条

brass ~ 钎焊，黄铜焊

brazing ~ ①焊铜②黄铜钎料，硬焊料

coarse ~ 铅焊料

common ~ 标准软焊料

cream ~ 乳酪焊剂，焊糊

electricians ~ 电工焊锡（*w*（Sn）94.5%，*w*（Pb）5.5%）

flux ~ 熔焊料

German silver ~ 铜镍合金钎料

half-and-half ~ 锡铅各半的焊料

hard ~ 硬钎（焊）料

Kupper ~ 铅焊料（*w*（Sn）7% ~ 15%，*w*（Sb）7% ~ 9.5%，其余Pb）

lead ~ 铅焊料（*w*（Ag）2.5%，*w*（Cu）0.25%，其余Pb）

Mouray ~ 锌基铝铜焊料

pewter ~ 锡焊料

platinoid ~ 铜镍锌焊料（*w*（Cu）47%，*w*（Zn）42%，*w*（Ni）11%）

plumber's ~ 铅锡焊料

quick ~ 易熔焊料，软焊料

resin-core ~ 松脂芯软钎料，药芯焊锡丝
Seifert ~ 锡锌铅软焊料（w（Sn）73%，w（Zn）21%，w（Pb）5%）
Slicker ~ 铅锡软焊料（w（Sn）66%，其余 Pb）
spelter ~ ①锌焊药②硬焊料
Sterling aluminium ~ 斯特林锡锌铝合金焊料（w（Zn）15%，w（Al）11%，w（Pb）8%，w（Cu）2.5%，w（Sb）1.2%，w（Sn）62.3%）
thrown ~ 脱焊，焊料飞散
tinsmith ~ 锡铅软焊料（w（Sn）66%，w（Pb）34%）
yarn ~ 线状焊料

solderability 软焊性，可焊性

solderable 可软焊的

solder-ball 焊球

solderer ①焊工②焊机③烙铁

soldering ①软焊，锡焊，低温焊接，热焊接，软钎焊②粘模（灰铸铁缺陷）
~ acid （软钎焊）钎剂
assembly ~ 装焊
autogenous ~ 氧铁软焊，气焊（法）
cast ~ 浇铸连接，滴焊连接，铸焊
diffusion ~ 扩散软钎焊
dip ~ ①浸渍软钎焊，浸（入）焊（接）②软浸焊
eutectic ~ 共晶钎焊
flow ~ 射流焊接，流体焊接
fusing ~ 熔焊
infra-red ~ 红外线钎焊
laser ~ 激光（软）钎焊
lead-free diffusion ~ 无铅扩散软钎焊
light ~ 光束钎焊
reaction ~ 反应焊接，还原焊接
reflow ~ 回流焊接
soft ~ 锡焊，软（钎）焊
spray ~ 喷射软钎焊
sweat ~ 软焊
sweating ~ 热熔焊接
ultrasonic ~ 超声波钎焊
ultrasonic fluxless ~ 超声无钎剂软钎焊
ultrasonic modulated laser fluxless ~ 激光调制超声无钎剂软钎焊
wave ~ 波动焊接

soldering-block 焊板

soldering-pan 焊锡，焊盘

solderless 无焊（料，剂）的

solder-paint 焊漆

solder-tag 焊片

sole ①底面，底板，堤〔沟，脚〕底②装底③唯一的，单独的，单一的
laboratory ~ 炉底，炉床
shoe ~ 刹车底板
tubular ~ 底部管梁

solebar （车底）纵梁

solene 汽油，石油醚

solenium 管系

solenoid ①网络（管）②螺线管，螺旋，线圈，电磁线圈，线包③电磁铁
canister purge control ~ （发动机）炭罐清污电磁阀
closing ~ 合闸螺线管
cruise control vent ~ （汽车）巡航控制通气口电磁阀
cruise-control vacuum ~ （汽车）巡航控制真空电磁线圈
downshift ~ 降档电磁阀
eject ~ ①弹起电磁线圈②弹起继电器
endless ~ 环形螺线管
evaporative emission canister purge ~ （燃油）蒸发排放物炭罐清污电磁阀
firing ~ 电打火（发射）机，发射螺线管
fuel pressure regulator control ~ （发动机）燃油压力调节器控制电磁阀
idle speed ~ （汽车）怠速电磁线圈
idler ~ 惰轮继电器，空转轮螺旋线圈
layer wound ~ 多层绕制的螺线管，多层圆筒形线圈
propeller feathering ~ （螺旋桨）顺桨螺线管
reel brake ~ 磁带盘制动电磁线圈
rewind ~ 倒带螺线管
shift ~ 换档电磁阀
slow cut ~ 低速燃油切断装置，低速断油（电磁）阀
sucking ~ 吸持螺线圈
supercharger bypass ~ （发动机）涡轮增压器废气旁通电磁阀
torque converter clutch ~ 液力变矩器锁止离合器电磁阀

solenoidal 螺线管形的，圆筒形线圈的

solenoid-and-plunger 插棒式铁心螺线管

solenoid-operated 螺线管磁铁操作的，电磁控制的

soleplate 支架，履带板，底板，钢轨垫板，地脚板

sol-gel 溶胶，凝胶
solicited 请求，要求（计算机的）
Solid 实体（Mastercam 数控加工软件的主菜单区）
solid ①固〔实，整〕体②固体燃料③固体的④坚固的，坚实的，实心的，硬的⑤立体（的），空间的⑥纯粹的，同质的⑦紧密的，连续的，无间断的
active ~ 活性固体（可用作吸附剂）
compressed ~ 压缩到极点，尽可能地压缩（弹簧的）
crystalline ~ 晶体物质，结晶（固）体
dissolved ~ 溶解固形物，（蒸汽、给水中的）含盐量
elastico-plastic ~ 可塑弹性固体
granular ~ 粒状体
heavy ~ 机械杂质粗粒（废油中）
spindle-shaped ~ 纺锤形圆纹曲面（体）
suspended ~ 悬浮体
total ~ 全固形物，总固体量，干残余量
solid-blue 深蓝色的
solid-drawn 整体拉制〔伸，拔〕的，无缝的
solid-end 实心端
solidifiability 凝固性
solidifiable 可凝固〔固化，变硬，充实〕的
solidification ①凝固（作用），固化（作用）②浓缩，结晶
directional ~ 定向凝固
exogenous ~ 外生长凝固（凝固期间研究结晶形态方法）
monotectic ~ 偏晶凝固
orientated ~ 定向凝固
progressive ~ 顺序凝固
total reversal ~ 倒向凝固
(uni)directional ~ 定向凝固
solidified 固（体）化〔固结，凝固，变硬，结晶〕的
solidify 固化，硬化，凝固，浓缩
solidity ①固态②固体性③体积，容积④硬度，强度⑤完整〔连续，坚实，密实〕性⑥坚固，充实⑦桨叶片充填系数
blade ~ 叶片稠度，叶片桨盘面积比
cascade ~ 叶栅稠度
solid-line 实线
solidness 硬度，硬性，坚固度
solidography 实体（放射线）摄影法
solidoid （准）固相（线）
Solids 实体（数控加工软件中的命令主菜单）
solids 固体颗粒
brake specific ~ （汽车）制动功率比废气固体颗粒排放量
solid-state 固态（的），固体（的）
solidus ①固相线，固液相平衡线，凝固线，熔解线，固液相曲线，固相点②斜线（分隔符号“/”）
solid-web 实体腹板
SolidWorks 基于 Windows 开发的三维 CAD 系统的制图软件
solion ①离子溶液②电化传感与控制装置，溶液离子放大器
soliquoid 悬浮体
solitary 唯一的，单个的
soliton 孤立子，凝子，孤波
optical ~ 光孤子
soln （=solution）溶液
solo 单个的
solodyne 只用一组电池工作的接收机（线路），不用 B 电池的接收机
solubility ①溶（解）度②溶（解）性③可溶性④可解决（性）
dislocation ~ 位错溶度
molar ~ 摩尔溶解度
mutual ~ 互溶度
oil ~ 油溶性
solid ~ 固（态）溶（解）度
solubilization ①溶解（作用）②增溶作用，溶液化
photo ~ 光增溶解
solubilizer 增溶剂
soluble ①可溶的②可解决的③可解释的
solubleness ①溶（解）度②溶（解）性③可溶性
Soluminium 索勒米尼铝焊剂，铝钎料，锡锌铝铜合金（w（Sn）55%，w（Zn）33%，w（Al）11%，w（Cu）1%）
solute （被）溶质，溶解物
amphoteric ~ 两性溶质
opposite-type ~ 相反溶质
reactive ~ 反应溶质
solution ①溶液②溶解（作用）③溶体④解（答），解法⑤解释⑥乳化液⑦胶水⑧分解〔离，开〕
ammonia ~ 氨水
approximation ~ 近似解
aqueous ~ 水溶液
arithmetic ~ 数值解
bath ~ 电解液
battery ~ 电解液
brine ~ 盐溶液

cleaning ~ 澄清液，洗涤液
clear ~ ①清液，上清液②透明溶液
colloidal ~ 胶体溶液，胶态溶体
cryptanalytic ~ 密码分析解法
cutting ~ 切削液
deduction solid ~ 缺位固溶体
dipping ~ 浸渍溶液
dry ~ 速干剂
electrolytic ~ 电解液
etching ~ 腐蚀液
explicit ~ 显式解
feasible ~ 可行解，容许解
fixing ~ 定影液
fuel ~ 燃料溶体（水中或液体金属中的核燃料溶体）
general ~ （微分方程的）通解
genuine ~ 真解
geodesic ~ 短程线解，测地线解
graphic(al) ~ 图示解法
head ~ 浸出前溶液
heuristic problem ~ 探试问题解法
homogeneous ~ 齐次解
implicit ~ 隐函数解
intermediate solid ~ 次生固液体
interstitial solid ~ 填隙（式）固溶体，浸渍固体溶液
isotonic ~ 等渗（压）溶液
iteration ~ 迭代解
machine ~ 计算机解
minimax ~ 极大极小解，极值解
molar ~ 物质的量浓度溶液
nontrivial ~ 非无效解，非平凡解
normal ~ ①规定溶液②正解
numerical ~ 数值〔近似〕解
Oberhoffer ~ 钢铁显微分析用腐蚀液（配制成分：1.0 g 的 $CuCl_2$，0.5 g 的 $SnCl_2$，30.0 g 的 $FeCl_3$，30 mL 的（浓）HCl，500 mL 的水，500 mL 的乙醇）
optimal ~ 最优解
optimum ~ 最佳解
particular ~ 特解
pickling ~ 酸洗液
planar ~ 平面解
plant ~ 生产〔工厂〕溶液
plating ~ 电镀液
pregnant (cyanide) ~ 含金（氰化物）溶液，母液
process ~ 工作〔生产〕溶液
proper ~ 正常解
radiator antifreeze ~ 散热器防冻溶液，散热器防冻剂
random solid ~ 无序固溶体
reference ~ 参比溶液，空白溶液
regenerat(ing) ~ ①再生溶液②还原性溶液
Riemann ~ 黎曼解
rolling ~ 轧制工艺润滑冷却液
rubber ~ 橡胶胶水
saline ~ 盐溶液
selective ~ 优先解
self-similar ~ 自相似解，自型解
semiconducting solid ~ 固溶半导体
silicone parting ~ 硅酮脱模液，硅氧油
simultaneous ~ 联立解
singular ~ 奇（异）解，特殊溶液
solid ~ 固溶体，固态溶液
soliton ~ 孤波解
spillage ~ 漏出溶液，溅出溶液
spurious ~ 伪解
stable ~ 稳态解（微分方程的）
staining ~ 染色溶液
steady-state ~ 稳态解，静态解
stepwise ~ 阶式解
strong ~ 浓溶液
substitution(al) solid ~ 置换型固溶体，替代固溶体
tabulated ~ 表解
terminal solid ~ 端头〔点〕固溶体
trial (and error) ~ 择试解法，尝试解法
trivial ~ 明显〔无效，平凡，无意义的〕解
untrivial ~ 非零解
volumetric ~ 滴定（用）液
water soluble oil ~ 乳化液（冷轧润滑用）
weak ~ 稀溶液

solutionizing 固溶化
solvability ①溶解度可溶性，溶解能力，溶剂化度②可解性
solvable ①可溶的②可解的
solvate 溶剂（化物），溶合物
solvation 溶解，溶剂化（作用），溶合作用
solvatochromy 溶液化显色
solve ①溶解②解决，解答，求解
solvency ①溶解能力②溶质③偿付能力
solvend 可溶物〔质〕
solvent ①溶剂，溶媒②展开剂③固定液④基本组分（固溶体中的）⑤（有）溶解（力）的，溶剂的

amphiprotic ~ 两性溶剂
aprotic ~ 无质子溶剂，非酸碱溶剂
clearer's ~ 清洁〔洗涤〕用石油醚
indifferent ~ 惰性溶剂
lacquer ~ 助（漆）溶剂
rust ~ 溶锈剂
scale ~ 水垢溶剂
sinclair ~ 辛克莱溶剂（管形零件机加工切削液）

solvent-free 无溶剂的

solventless 不溶解的

solver 解算机〔器装置〕，求解仪
Riemann ~ 黎曼解算器
root ~ 求根器

Solvesso 芳烃油溶剂

solving 解

solvolysis ①溶解，分解②溶剂分解（作用）

solvus 溶（解度曲）线，固溶相线

somascope 超声波检查仪（医用的）

somber 黑暗的，暗淡的，浅黑的

somersault 翻筋斗，掉头

somerset 翻筋斗，掉头

sonacell 声呐吊舱

sonagraph ①音频电流波形分析器②信号分析器

sonal 声的，音速的

sonalert 固体音调发生器

sonar （= SNAR）①声呐②水声探测器③，水下超声波探测系统，水下声波定位器
active ~ 有源声呐，主动声呐
airborne(dip) ~ 机载（吊放式）声呐
ASW ~ 反潜声呐
bottom-bounce ~ 海底反射声呐
bow mounted ~ 舰艏声呐
classification ~ 目标识别声呐
dip(ping) ~ 吊放式声呐
Doppler ~ 多普勒声呐
echo depth sounding ~ 超声波深度测定器
fire control ~ 射击指挥声呐
fish ~ 渔用声呐
hull (mounted) ~ 舰壳声呐
ice-profile ~ 冰轮廓探测声呐，测冰声呐
monostatic ~ 收发合置声呐
overhead ~ 回声测冰仪，冰下声呐
panoramic ~ 周视声呐
parametric ~ 参量声呐
passive ~ 被动声呐，无源声呐，噪声定位声呐
pinging ~ 脉冲声呐
porpoise ~ 海豚声呐
round-looking ~ 环视声呐
seahawk ~ 反潜声呐
side(-looking) ~ 旁〔侧〕视声呐，地貌仪
sonastretcherbistable ~ 收发分置声呐
sub-mounted ~ 潜艇声呐
surveillance ~ 监视声呐
three-dimensional ~ 三维声呐

sonastretcher 记录语言用的延时器

sondage ①深测②试掘

sonde ①探头，探针，探棒②探空仪，（高空气象）探测器
drop ~ （用飞机）投下的探测气球

sond(o)l 回声探测仪

sone 宋（响度单位，1 000 Hz 的纯音声压级在闻阈上 40 dB 时的响度）

sone-buoy 浮标

sonic 声音的，声波的，声速的

sonication 声处理

sonicator 近距离声波定位器

sonics 声能学

soniga(u)ge 超声波金属厚度测定器，超声波测厚仪

sonim （固体）非金属夹杂物，夹灰，夹砂

sonimetry 超声波分析

soniscope 脉冲超声波探伤仪，超声检试〔探测〕仪，音响仪

sonizon 超声波测厚仪

sonne 桑尼（相位控制的区域无线电信标）

sonobuoy （发送探测信号的）声呐〔音响，水声，听音〕浮标
moored ~ 锚系声呐浮标

sonochemiluminescence 声化学发光

sonochemistry 超声化学

sonodivers 潜水噪声（记录）仪

sono-elasticity 声弹性力学

sono-encephalograph 超声波测脑仪

sonogram 语图，声波图

sonograph ①声谱仪②语图仪③记录声音或地震的仪器

sonoholography 声波全息术

sonolator 声谱显示仪

sonoluminescence 声致发光

sonometer ①弦音计②振动式频率计③听音计（测量岩石应力），岩石应力测量仪④单音听觉器，听力器

sonomicroscope 声显微镜

sonophotography 声光摄影术

sonoprobe ①探声器②声呐测深器③声波探查
sonoptography =sonophotography
sonoradiobuoy （测水下杂声的反潜用）无线电声呐浮标
sonoradiography 声波辐射照相术，声射线摄影术
sonorant =resonant
sonority 洪亮度，响度
sonorous 洪亮的
sonorousness 洪亮度
sonoscope 音响仪（测混凝土强度和裂缝深度时用）
soot 烟黑，炭黑，煤烟，烟灰，粉尘，烟炱
soot-and-whitewash （无中间色调的）黑白图像
sootblower 吹灰器
sootfall 烟〔煤〕灰沉降〔降落〕(量)
sootflake 炭黑片，烟灰薄片，积炭片
sooting （电子管）熏黑
soot-laden 含烟炱的，烟炱沾污了的
S-operator S算符，散射算符
sophisticated ①复杂的，高级的，精致的，尖端的，需要专门操作技术的②成熟的，完善的，采用了先进技术的③掺杂（过）的，不纯的④非常有经验的
sophistication ①混杂（信号）②掺杂（物）③改进，考究，精益求精，采用先进技术④复杂⑤精致灵巧⑥伪造，掺假，篡改
sorb 吸收
sorbate ①被吸收物，吸附物②山梨酸酯
sorbent 吸着剂
sieve ~ 分子筛，筛状吸附剂
sorbite 索氏体
tempered ~ 回火索氏体
sorbitic 索氏体的
sorb-pump 吸附泵
sordino 消声踏板，消声器
soreflon 聚四氟乙烯
Soroban 算盘（日本字音译）
sorption 吸着〔附，收〕(作用)
sorption-extraction 吸附〔离子交换〕提取
sort ①类别，种类②品质③分类，排序④分类程序，排序程序⑤程度
ascending ~ 升序排序，递升排序
block ~ ①字组分类，信息分类②分组
bubble ~ 上推分类法，泡沫分类法
descending ~ 降序排序
merge ~ 合并分类
merging ~ （归）并（种）类
oscillating ~ 振动分类法（磁带的）
radix exchange ~ 基数调换分类
tag ~ （按）特征分类
tape scratch ~ 暂存带分类
sorter ①分类〔发，选，级〕机，分类装置②分拣器，分粒器③选材〔种，卡〕机，精选机④分类程序⑤分类工，分拣员
bobbin ~ 筒管分径机
coincidence ~ 符合脉冲选择器
random access ~ 随机存取分类程序
steel ~ 钢鉴别仪，电磁式钢分类仪
time ~ 时间选择器，选时器
sorter-comparator 分类比较器
sorter-reader 分类阅读器
sorting ①拣选，分级，分类，分选②筛分③区分，划分
intermediate pass ~ 中间扫描分类法
key (words) ~ ①分类标记②按关键字分类
major-minor ~ 主副分类
multireel ~ 多卷排序
pass ~ “通过”分类法
radix ~ 基数分类
velocity ~ 速度分选（电子按速度分类）
sorting-device 分类装置
SOS 无线电呼救信号
sosoloid 固溶体，固态溶液
sosus 声搜（声呐监视系统）
souesite 铁镍齐
sound ①声音，音色②发声③探测，测深，探空④探针〔头，测器〕⑤健全的，完整的，完善的⑥坚固的，稳妥的，可靠的⑦正当的，有根据的
~ on vision 视频上的声频干扰
accompany(ing) ~ 伴音
airborne ~ ①空气载声②大气噪声
all-bottom ~ 低频声
anacamptic ~ 回声，回音
atmospheric ~ 大气声学
background ~ 配声，背景声
canned ~ （唱片或磁带上）存储的声音
diaphragm-transmitted ~ 膜片振动音
effect ~ 特技声，效果声
entrant ~ 透声
flat ~ 暗哑声（不响亮的声音）
guide ~ 控制声
hiss ~ 嘶嘶声
hi-visual dramatic ~ 现场感音响系统
hoarse ~ 嘶哑声

hypersonic ~ 超声
impulsive ~ 冲击声
indirect ~ 非直达声，间接声
intercarrier ~ 载波差拍伴音，中频伴音
key ~ ①键音②急促声响
married ~ 图像伴音混合
musical ~ （音）乐声
optical ~ 光学声迹
palatalized ~ 颚化音
percussive ~ 震音，击发声
pharyngeal ~ 咽音
phonetic ~ 语言声
photo-acoustic ~ 光声学（的）声
physiologic(al) ~ 生理声
programme ~ 节目音响
pure ~ 纯声
reverberant ~ 混响声
rushing ~ 噪声
solid borne ~ 固体载〔传，噪〕声
spatial ~ 立体声
surround ~ 环绕（立体）声
sustained ~ 持续（噪）声
synthesis of ~ 声合成
synthetic ~ 合成声
tick(ing) ~ 表音，"滴答"音
unpitched ~ 杂音，噪声
virtual surround ~ 虚拟环绕声
voiced speech ~ 浊语言声

sound-absorbing 吸〔隔〕音〔声〕的，吸声
soundboard 共鸣〔振〕板，声卡
sound-deadeners 减〔隔〕声器
sounder ①发声器，声响器，声码器②声波测深〔探测〕器，探针③（发）声（收）码器，收报〔音〕机
adjustable ~ 可调发声器
depth ~ 船下水深计，（回声）测深计
double-current ~ 双流发声器
echo ~ 回声测深仪，回声探测器
high-resolution infrared ~ 高分辨红外探测器
magnetostriction echo ~ 磁致伸缩回声探测器
multibeam echo ~ 多波束测深仪
non-polarized ~ 无极音响器
relaying ~ 中继发声器，中继音响器
repeating ~ 中继音响器，转发音响器
Morse ~ 莫尔斯发声器
topside ~ 上层探测器，电离层探测器

sound-groove 声纹（机械录音）
soundhead 录音〔拾声，拾音〕头
sound-hood 隔音罩
sounding ①测深，探空，测高，水深测量②声回波探测③声响，发声④探空，观测，探测，钻探，声测
acoustic(al) ~ 声学探测，回声探测
dead ~ 隔音层
infrared remote ~ 红外遥测
irregular ~ 不定点测深
reflection ~ 回声探测，反射声探测
rod ~ 测杆测（水）深，杆深测
room ~ 室内音响
satellite ~ 卫星探测
scatter ~ 散射探测
supersonic ~ 超声测深（法），超声（波）探测（法）
vertical ~ 立面探测

sound-in-syncs 同步传声
soundless 无声的，深不可测的
sound-locater （=sound-locator）声波定位器，声波测距〔探测〕仪，声呐
soundness ①体积固定性（水泥的）②耐固性③无瑕疵，完整性，致密性，可靠性，安〔固〕定性，合理性
sound-on-vision 视频上的音频干扰（电视）
soupd-pipe 探测管
sound-proof 隔〔防，吸〕声的
sound-proofing 隔声
sound-radar 声（雷）达
sound-ranging 声波测距法，高空探测
sound-shadow 声影，静区
sound-track 声迹，声带
bilateral (variable area) ~ 对称变积式声带
optical ~ 光（学）声道
push-pull ~ 推挽声迹（影片录音）

sound-trap 声阱，音频信号陷波器
soup ①燃料溶液，（照相）显影液，硝化甘油②电③马力，加大了的力量〔效率〕④加大（发动机等）马力，提高…效率，调整燃料的混合比使达到最高速度
souped-up 加大马力的，提高效率的
souping 对发动机供燃油
source ①源，能〔电，水，信号〕源②组，族③来源，出处④辐射源〔体，器〕⑤源（极）（场效应晶体管的）⑥原因，成因
~ (of field-effect transistor) 源区（场效应晶体管的）
~ of parents 母源（初始不稳定粒子源）
aberrant ~ 像差源，偏差源

aluminum garnet ~ 铝石榴石光源
antimony-beryllium ~ 锑铍（中子）源
arc ~ 弧光源，弧光离子源
automation ~ 源数据自动化
back-up ~ 后备电源，备用电源
biogalvanic ~ 生物电源
calutron-(type) ion ~ 电磁分离器型离子源
carrier ~ 载波振荡器，载波发生器
coherent ~ 相干光源
cold light ~ 冷光源
constant current ~ 恒流电源，定流源
constant pressure ~ 恒压源
constant voltage ~ 恒压电源，定压源
cosine ~ 余弦律分布源
current ~ 电流源
data ~ 数据源
DC stabilized ~ 直流稳压电源
direct current ~ 直流电源
dislocation ~ 位错源
dome-geometry light ~ 半球形光源
double ~ 偶极声源
dummy ~ 仿真信号源
duoplasmatron ion ~ 双等离子体离子源，阿尔登离子源
electric ~ 电源
electrotyping power ~ 电刷镀电源
energy ~ 能源
evaporator ~ 蒸发源
fictitious ~ 像源，虚拟源
field infrared ~ 野外用红外辐射源
Frank-Read ~ 弗兰克-瑞德（位错）源
gaseous discharge light ~ 气体放电光源
harmonic ~ 谐波发生器
heat ~ 热源
heat radiation light ~ 热辐射光源
high-yield ion ~ 强（流）离子源
hot cathode ion ~ 阴极离子源
Huygens ~ 惠更斯（振荡）源
hydrogen ~ ①质子源②氢离子源
image ~ 虚振源
information ~ 信（息）源
instrument light ~ 仪用光源
internal light ~ 内光源
key ~ 密码索引，电码本
leak ~ ①漏点②漏泄原因
light ~ 光源，照明源
line ~ 线列声源，线光源
luminous ~ 光源
man-made ~ 人工放射源
mass spectrometer Nier ~ 质谱仪的尼尔型源，质谱仪的径向离子源
message ~ 信息源
mouth ~ 口声源
negative ~ （电源的）负极
neutron ~ 中子源
noise ~ 噪声源
oscillating electron ion ~ 电子振荡型离子源，彭宁离子源
Penning(type) ion ~ 彭宁离子源，电子振荡型离子源
photon ~ 光子源
photoneutron ~ 光激中子源
pile-made ~ （反应）堆中制备的放射源
piston acoustic ~ 活塞式声源
plane ~ 平面源
plasma ~ 等离子体光源
point ~ ①点（辐射）源②点光〔能，声〕源
polyergic ~ 多能量源
polymerid ~ 聚合物（放射）源
positive ~ （电源的）正极
potential ~ （电）势〔位，压〕源
power ~ 动力能源，电源，主电源
pressurization air ~ 增压气源
primary ~ ①一次光源②主电源，一次电源
projection ~ 投射光源
pulsating sphere ~ 脉动球体声源
pulsation ~ 脉动源
pump(ing) ~ 泵源，抽运源
radiation ~ 辐射源，放射线源
radio-noise ~ 无线电干扰〔噪声〕源
reactive ~ 电抗源
reactor ~ 反应堆中子〔起动〕源
reduced ~ 简约信源
reference ~ 参比源，基准源，参考源
remote ~ 远距离电源
resonant ~ 共鸣声源
secondary ~ 二次光源
secondary light ~ 辅助光源
service power ~ 厂用电源
slit ~ 缝隙（信号）源，狭缝光源
sound ~ 声源
spark ~ 火花离子源
start-up ~ （反应堆）起动源
supply ~ （供电）电源
sync ~ 同步脉冲源
thermal ~ 热（中子）源

tone ~ 音调源
vacancy ~ 空位源
Van de Graaff neutron ~ 范德格拉夫静电加速器中子源
Von Ardenne ion ~ 冯阿登离子源，双等离子体离子源
vorticity ~ 涡源
Zinn ion ~ 秦型离子源（毛细管式离子源）

sourcebook 参考资料

source-free 无源的

source-only 纯源码

sourdine 静噪〔消声，弱音，噪声抑制〕器

sourness 酸性，酸度

sovereign 拥有最高权力的，主权的

sow ①大锭块②夹盘，夹头③炉底结块，炉瘤④高炉铁液主流槽，铁液沟⑤大型浇池⑥铁沟凝铁⑦砂床铸铁
hearth ~ 炉缸结块

sower ①播种机②播种者，发起人
broadcast (seed) ~ 撒播播种机
lawn ~ 草坪（草籽）撒播机
lime ~ 石灰撒布机
rice seedling ~ 水稻小苗种子撒播机

space ①空间，宇宙，太空②距离，间隔，间距，(间)隙，空白，空格③区④容量（计算机的），面〔体，容〕积，座位，舱座，场地，篇幅⑤齿槽⑥谐振源，开环脉冲，空号脉冲⑦留出间隙，隔开⑧（音响）空间感
abstract ~ 抽象空间
acceleration ~ 加速空间（电子枪等内的）
admission ~ ①装填体积〔容积，空间〕②进汽空间
after ~ 空白行（印制数据后的）
air ~ ①大气层②气隙
air and light ~ 采光通风场所
anode dark ~ 阳极暗区
Aston dark ~ （阿斯顿）阴极暗区
back ~ 退位，退格（打字机），返回
before ~ 空白行（印刷数据前的）
blank ~ 空白
boiler steam ~ 锅炉锅筒蒸汽空间
breathing ~ ①呼吸区域②伸缩〔膨胀〕区
buncher ~ 聚束栅空间
catcher ~ 收注栅空间
cathode glow ~ 阴极辉光区
chip ~ （刀具的）容屑槽，排屑槽
colo(u)r ~ 色空间（色的立体几何表现），色隙
combustion ~ ①炉膛容积②燃烧空间
command ~ 控制处所
complementary ~ 余空间
complete ~ 完备空间
configuration ~ 构形空间，构位空间
conjugate ~ 共轭空间
core ~ ①型芯〔铁心，核心〕区②内腔
crawl ~ （屋顶、地板等下面）供电线〔水管〕通过的狭小空隙
Crookes dark ~ 克鲁克斯暗区，第二阴极暗区
dead ~ ①静〔死，盲〕区，无信号〔不工作，不灵敏〕区②死水域③隔绝空间（真空技术）④无用空间，有害空间
dead-air ~ 气流停滞区，不通风区
deaerator storage ~ 除氧器储水箱，除氧器水箱容量
decision ~ 判定域
deducted ~ 减除处所
deep ~ ①外层〔遥远〕空间②深（太）空，远太空
delivery ~ 排气容积
die ~ ①型腔，模腔，模槽②闭合高度，装模高度（压力机的）③（压力机）模具空间，装模空间
display ~ 显示空间，显示区
drier ~ =drying ~
drying ~ 干燥器工作容积〔空间〕
edge ~ 印制电路板边距
empty ~ 空间，真空
enclosed ~ 围蔽处所
enveloping ~ 包络空间
Euclidean ~ 欧几里得空间
feed ~ 进料室
field-free drift ~ 无场漂移空间
floor ~ ①占地面积②使用〔楼面〕面积③（厂房）安装面积，底面积（设备占的面积）
functional ~ 函数空间
gland ~ 格兰盒，轴封盒
grating ~ 栅线间距
heater storage ~ 加热器水空间
heating ~ 炉膛
higher ~ 高维空间
idle ~ 有害空间，无效空间
image ~ 像空间，像方
inertia(l) ~ 惯性空间，惯性作用区
inter-air ~ 气隙空间（电机的）
interblock ~ （信息组的）组间间隔
interferric ~ 铁心间隙
interlobe ~ 叶间容积（容积式压气机）

interpole ~ 极间空隙
interstellar ~ 星际空间
isobaric ~ ①等压空间②同量异位素空间
isometric ~ 等距空间
isomorphic ~ 同构空间
jacket ~ 水套（空间）
machinery ~ 机舱，机器处所
mapping ~ 映射空间
mark ~ 符号间隔
marker ~ （唱片）分隔区
maximum ~ 最大空间
measure ~ 测度空间
memory ~ 存储空间，存储量
metric ~ 度量空间
micrometer ~ 千分尺能伸缩的隔套
mixing ~ 混合室
n-dimension(al) ~ *n* 维空间
normed ~ 赋范空间
noxious ~ ①气缸余隙②有害空间
object ~ ①物空间，物方②物体空间
oil ~ 油槽
open ~ 空隙
operational ~ 操作空间
outer ~ 外层空间，宇宙空间，太空
partially ordered ~ 半序空间
passenger ~ 旅客处所
pore ~ 孔（隙）
range ~ 列空间
reciprocal ~ ①倒易空间②倒晶格空间
reflector ~ 反射空间（速调管），反射区域
regular ~ 正则空间
representative ~ 表象空间
restricted ~ 限定空间
robot working ~ 机器人工作空间
sample ~ 样本〔采样，取样〕空间
sediment ~ 沉淀空间（蓄电池的）
shelter ~ 遮蔽处所
slot ~ 槽空间
small clearance ~ 窄缝
spanning ~ 生成空间
spare ~ 空位
string ~ （字符）串空间
switching ~ 字间距，字间间隔
symplectic ~ 辛〔耦对〕空间
tooth ~ 齿槽，齿沟，齿间距，齿距
track ~ 轨道间距，轨距
truss ~ 桁架间距
unattended machinery ~ 无人值班机舱
unitary linear ~ 酉空间
vaneless ~ 无叶片空间
vector ~ 矢量空间
volume ~ 容积（常用以说明发电厂每兆瓦装机容量所占的主厂房容积）
white ~ 空白
winding ~ 绕组间隙
word ~ （串行数据的）字间间隔
work(ing) ~ ①工作空间，工作场所〔体积，区〕②暂（时）存（储）器

spaceborne 空运的，宇宙飞行器上的，卫星上的，在宇宙空间的

space-charge 空间电荷

space-coupling 空间〔分布〕耦合

spacecraft 宇宙飞船，宇宙飞行器，航天器

spaced 彼此隔开的，有间距的

space-factor 占空系数
slot ~ 线槽占空系数

spaceflight 航天，宇宙飞行，空间飞行

space-group 空间群

space-image 立体像

spacelab 空间实验室

space-like 类空间的

spaceman 宇航员，宇宙科学工作者

space-number 间隔数

space-optic 宇宙光学

space-oriented ①面向〔适用于〕空间的②与宇宙空间研究有关（的）

spaceplane 带翼航天器，航天飞机

spacer ①隔板，隔离片，隔离物，风道隔片（电机），隔离子（汽轮机叶片间的），隔叶块，隔金②分离器，间隔确定装置，（打字机上一按即跳格的，分裂导线的）间隔棒③撑杆，支杆④衬垫，衬套，垫片，垫圈⑤空间群⑥间隔基〔团〕⑦定位架，调节横板，调节垫（铁）⑧无级变速盘⑨暗帧（电影的）
ball ~ （球轴承）保持器，（轴承）套圈
bow ~ 弓形（弯曲）垫片
cone ~ 内隔圈
duct ~ 辐向通风道隔离片（电机）
gap ~ 空隙填料（非铁磁固体材料）
gib ~ 压力机滑块导滑面镶条
grid ~ 定位格架
hub ~ ①轮毂垫圈②内隔圈
joint ~ 接缝隔片
pulse ~ 脉冲间距
reducer ~ 减速器调整垫
ring ~ ①环形隔片②密封环

root ~　根部隔块（组合小型汽轮机叶片时的嵌入物），隔金
seed ~　精密播种机
spark ~　点火分电器
spring clip bar ~　弹簧钩簧隔片
stripper-plate ~　卸料板隔板
stud ~　柱螺栓隔片
wheel ~　轮距调节垫圈
space-rated　适用于空间的
spaces　空间
spacescan　空间扫描
space-sharing　分区
spaceship　宇宙飞船
manned ~　载人宇宙飞船
spacesuit　航天服
space-time　空间时间关系，时空（连续体），第四度空间
spaceway　空间信息高速公路
spacewidth　（齿）槽宽
axial ~　轴向齿槽宽
base ~　基圆齿槽宽
chordal ~　弦齿槽宽
normal ~　法向齿槽宽
transverse ~　端面齿槽宽
transverse base ~　（端面）基圆齿槽宽
spacewise　空间坐标，空间型的
spacial　空间的
spacing　①间隔，间歇②跨距③空间，空隙④距离⑤节距，螺距，齿距⑥限位，定距⑦（晶面）间距⑧位置，布置⑨（数据传输的）空位，（二进制数的）零（0）
angular ~　角距
bore ~　气缸中心距
bundle ~　分裂导线间距
cascade ~　栅距
cutter ~　刀具限位，刀位
disk ~　膜片间距（波导管的）
dowel ~　传力杆间距
free-bar ~　炉条间隔
half-coil ~　半加感节距
horn ~　悬臂距离
interplanar (crystal) ~　晶面距离
interzone ~　①熔区间距（区域熔炼）②区间间距
intrabundle ~　分裂间距，分裂导线的单根导线间距
lattice ~　①点阵间隔②栅格间距
level ~　①能级间隔②电平间隔
load(ing) coil ~　加感线圈间距，加感节距
narrow ~　小距（叶栅）
pole ~　杆档，杆距，极距
pole piece ~　极靴间隔，磁极间隔
pulse ~　相邻脉冲前缘间距，脉冲间隔
reciprocal ~　倒易间距
resonance-level ~　谐振能级间距
scale ~　刻度间距，刻度幅度
source-drain ~　源漏间隔
tape back ~　磁〔纸〕带反绕
tooth ~　齿（槽空）间距
variable pitch ~　可变字符间距
wide ~　大齿距
spacious　宽敞的，音响特宽音域
spacistor　空间电荷（晶体）管，宽阔管（高频用半导体四极管）
SPADATS　宇宙探测与跟踪系统
spaddle　长柄小铲
spade　①锄，铲，锹，铣②扁头（轧辊的）③束射极
grab ~　攫斗铲
mo(u)ld(ing) ~　造型用砂铲
pneumatic ~　气锹
silage ~　青贮料切断铲
tree ~　树木移植机
spade-dozer　铲土机，铲土器
spader　铲具
spaghetti　漆布绝缘管，绝缘套管
spall　①碎块，割开（的）锭料②剥落处，剥落物，（从金属上掉下的）屑片，脱皮③屑片，碎石头④散裂，剥落，削，割（弄）碎
cope ~　严重起痂〔皮〕
spallation　①分裂，散裂②散粒（水泥）③蜕变
spalling　①散裂（水泥的）②剥落，剥离③破裂，裂开④脱皮（金属自然锈蚀的现象）
D-shaped ~　半球形碎石片，半圆形剥落
pinch ~　铲剥，机械剥落
Spam　垃圾邮件
span　跨（度），跨距，档距，开度，一宽（约280 mm），满量程，刻度间隔，（桥梁）孔（径）
beam ~　梁跨度
belt ~　相带宽度（电机）
cantilever ~　挑出跨，悬臂跨
clear ~　净跨〔孔，翼展〕
coil ~　线圈节距，线圈第一（后）节距，线圈跨距（电机的）
head ~　弹性软横跨
interior ~　内跨度

life ~ （使用）寿命，生存时间
lift ~ 升降（式桥）孔，提升跨度
line ~ 线路档距
link ~ 连接桥
mid ~ 档距中间，开度中间
movable ~ 活动孔
pole ~ 杆档，极距
portal ~ 门架跨距
shear ~ 剪跨
simple ~ 简支跨
single ~ 单跨
slung ~ 悬跨
spread ~ 展宽端跨
suspended ~ 悬跨，悬孔
swing ~ 摆动架
trolley ~ （起重机）小车轨距
truss ~ 桁架跨度
wheel ~ 轴距
wing ~ （飞机）翼展，翼长

spandrel ①上下层窗之间的空间，窗台下的墙②古典钟盘四方框角面上的装饰

spangle ①有光泽之物②发亮光，闪耀③（镀锌件上的）锌（结晶）花④镶金属小片

spaniel 无线电控制的导弹

spanking 整形，带校正的弯曲

spanless 不可测量的

spanner ①扳紧器②扳手，扳钳③交叉支撑，横拉条

adjustable ~ 活（动）扳手
belt ~ 平带拉紧装置
box ~ 套筒扳手
clyburn ~ 活扳手
cranked ~ S形螺母扳手，弯柄扳手
crocodile ~ 鳄头扳手
double offset ring ~ 梅花扳手
double(-ended) ~ 双头扳手
face ~ 叉形螺母扳手，端面扳手
female ~ 套筒扳手
hammering ~ 单头开口爪扳手
hexagon ~ 六方扳手，六角扳手
hexagon ring ~ 内六角扳手
insertion ~ 镶接扳手，接头扳手
nut ~ 螺母扳手
open(-ended) ~ 呆扳手
pin ~ 叉形扳手，带销扳手
plug ~ 塞扳手
ring ~ 套筒扳手，环形扳手，梅花双头扳手
serrated ring ~ 细齿环形扳手
shifting ~ 活扳手
sickle ~ 镰刀式扳手（凹槽螺母用）
single ~ 单翼梁
socket ~ 套筒扳手
tappet ~ 阀挺杆（专用）扳手
torque ~ 扭力扳手

spanning ①跨越②跨度③拉线

spanwise 叶展（方向），叶高（方向）

spar ①晶石②柱木，圆木材（直径在15 ~ 20cm者）③桅杆，悬臂杆④纵梁，桁梁，翼梁⑤组合太阳望远镜

adamantine ~ 刚玉
calcareous ~ 方解石（$CaCO_3$）
Derbyshire ~ 萤石，氟石
diamond ~ 刚玉，金刚砂
Greenland ~ 冰晶石
heavy ~ 重晶石
iceland ~ 冰洲晶石（$CaCO_3$）
laminated-boom ~ 层压伸臂梁
rear ~ 后翼梁，后梁斜撑
satin ~ 纤维石，石膏

sparcatron ①火花系统②工业油名称

spare ①节省，省用②备（用部）件，备品③多余的，空闲的，备用的，贫乏的

sparetime 业余的

sparge 喷射，喷布，喷雾，飞溅，鼓泡，起泡

sparger ①分布器②喷雾器③配电器④喷淋器⑤起泡〔扩散〕装置

sparging 喷射

spark ①（电）火花②金刚钻，宝石，钻石③火花放电

~ through 击穿
booster ~ 辅助点火火花
electronic ~ control 电子点火控制
fat ~ 强火花
filamentary ~ 丝状火花
fixed ~ 确定的着火点，固定着火瞬间
good ~ 强火花
hot ~ 强火花
jump(er) ~ 跳（跃）火（花）
make ~ 闭合火花
micrometer ~ 可微调的火花隙
open-air ~ 露天光源
pilot ~ 指示火花，触发火花
ported ~ 由节气门真空度控制的点火
retarding ~ 迟火花
set ~ 固定的着火点
singing ~ 发声火花，歌弧

spark-assisted 火花助燃
sparker ①火花捕捉器②电火花器
spark-extinguishing 灭火花的，消弧的
spark-gap ①火花隙②放电器，避雷器
Chaffee ~ 查菲放电器（电极分别为铜和铝）
Lepel quenched ~ 盘形猝熄火花放电器
plain ~ 普通放电器，简单避雷器
synchronous ~ 同步火花放电器，同步火花隙
timed ~ 多电极旋转放电器，定时（多弧等幅波）火花放电器
spark-hand-lever 点火杆
sparking 发火（花），打火花
sparkle ①火花，闪光②发火花，起〔发〕泡
sparkless 无火花的
spark-out 清磨，无进给光磨
spark-over ①火花闪烁②火花放电③跳火④绝缘击穿
sparkplug 火花塞
sparkproof ①不起火花的，防火花②防闪耀
sparks ①随机电气技术员②船上无线电报务员
sparkwear （火花）烧毁〔坏〕（触点等），烧损（由于电弧作用所引起的）
sparry 晶石的
sparse 稀疏的，稀少的
~ autoencoder 稀疏自动编码器
spartalite 氧锌矿（检波用晶体）
spascore 人造卫星位置显示屏
spasmodical 阵发的，间歇的
spasur 宇宙监视系统
spat ①罩，流线型轮盖，流线型（罩），机轮减阻罩②轻拍，噼啪声
welding ~ 焊接用护脚
s-path 单通路
spatial 立体〔三维,（固定在）空间〕的,腔的,（间）隙的
spatiality 空间性
spatialization ①空间定位②空间化
spatiotemporal 时空的
spatter ①溅出物②（焊接）飞溅，喷射〔镀，雾〕，滴落③毛刺，毛边
grease ~ 油迹
welding ~ 焊渣
spattering 飞溅，喷射，溅射
spatula ①刮勺，刮铲，刮刀②油漆刀③焊蜡刀片（焊蜡模工具）④铸型修理工具
spatulate 抹刀形的，匙形的
spatuliform =spatulate
spawn ①产物②大量生产，引起
speaker ①扬声器，话筒②广播员，演讲人
cabinet ~ ①箱式扬声器②室内扬声器
combination ~ 复合扬声器（高低音扬声器）
condenser ~ 静电扬声器，电容式扬声器
cone ~ 锥形扬声器
crystal ~ 晶体扬声器
diacone ~ 双锥扬声器（高低音扬声器）
duo-cone ~ 双圆锥形扬声器（高低音扬声器）
dynamic ~ 电动式扬声器
electromagnetic ~ 电磁式扬声器
extension ~ 附加扬声器
full range ~ 全频带扬声器
high compliance ~ 高声顺扬声器
magnetic ~ 永磁扬声器
microphone ~ 微音器〔话筒〕扬声器，话筒喇叭
moving-coil ~ 动圈式扬声器
piezoelectric loud ~ 压电扬声器
plasma ~ 等离子扬声器
radio ~ 无线电扬声器，无线电扩音器
reflex horn ~ 反射式喇叭扬声器
stereo ~ 立体声扬声器
talkback ~ 联络电话扩音器，通话扬声器
titanium ~ 钛膜扬声器
triaxial ~ 三维扬声器
two-way ~ 双声道扬声器
virtual ~ 虚拟扬声器
speaker-microphone 广播传声器
speaker-phone 扬声器电话，由电话线连接的（包括话筒和扬声器的）对讲装置
spear ①矛（状体）②尖端刀③泵筒柱塞④正负电子对撞机
releasing ~ 可退打捞矛
trip casing ~ 套管打捞筒
spearhead 尖端，先头部队，矛头
spec 说明书，加工单
mil ~ （=military specification）军用规格，军用标准
pyrogram ~ 热解图
special ①特别的，特殊的②专门的，专用的，特设的③临界的
grand lux ~ 特别超豪华（型汽车）
special-crate ①电木纸，胶木纸②特制纸片
specialism 专门化，专长，专门学科
specialist 专家
speciality ①特性〔色〕②专业，专长③特殊性，专业性④特制品，特殊产品
specialization 专业化，专门化

specials 异形管
species ①种类，形式②核素，物质
chromatographic ~ 色谱分析类型〔物质〕
four ~ 四则
radioactive ~ 放射性核素，放射性同位素
specific ①比，比较的②单位的，率③特殊的，固有的，专门的④具体的，明确的
brake ~ fuel consumption 制动功率比油耗
specification ①工序〔设计，详细，维护〕说明，说明书，一览表，（pl.）参数，目录，工作明细单，清单②规格，规范，标准③技术条件〔要求，规格〕④分类，鉴定，区分
black-box terminal ~ 技术规格卡片箱
colo(u)r ~ ①色别标志，色别编码②色量
colo(u)r stimulus ~ 色规格，色品
commercial ~ 商品规格
contractual ~ 合同规定
customer ~ 订货标准
design ~ 设计要求，设计任务书
existential ~ 存在规范
file (extension) ~ 文件（附加）说明
initial graphics exchange ~ 初始图形交换规范
job ~ 施工规范
operation ~ 操作规程
patent ~ 专利说明书
performance ~ ①（设备）规范，规格②性能（设计任务）说明书
process ~ 工艺规范，工艺〔加工规格〕说明书，加工标准
product data exchange ~ 产品数据交换规范
pulse-spreading ~ 脉冲展宽鉴定
quality ~ 质量说明书，质量标准，技术标准，技术规范
screening ~ 筛选规格
sketchy ~ 概略的规范，概略的技术要求
stringent ~ 高标准
technical ~ 技术要求
tentative ~ 暂行（技术）规范
working ~ 操作规程
specificator 区分符，分类符，说明符
specificity 特性，特征，专一性
specificness 特殊〔异〕性
specifics ①详细说明书②特殊用途的东西③特性④细节
specified 规定的，精确确定的
specifier ①区分符，分类符②规格制定者
specify ①规〔指，确〕定②详细说明，列举③拟定技术条件
specimen ①试样〔件，棒，块〕②样品〔本，机〕，标本③实例
circular-patch ~ （用以测定金属的焊接裂缝敏感性的）环形镶块焊接试样
control ~ 检查用的标准试样
degenerate ~ 简并样品
face-bend (test) ~ 焊缝外表面（受拉的）弯曲试样
full-section ~ 标准试样
keyhole ~ ①钥匙式槽口②（有缺口）冲击试样
notched ~ 切口试样
peel test ~ （接触点焊的）剥离试样
pull-out ~ 抗拔力试验用试件
root bend ~ 焊缝根部受拉的弯曲试样
run-out ~ 试验中未损坏的样品
slag ~ 渣样
tension ~ 拉力试杆
three-ram 三试样（三下试样）
unnotched ~ 无切口（光滑）试样
speck ①斑（点），污点，瑕疵②微粒③亮点，亮斑
internal sensitivity ~ 内部感光中心
speckle ①污点，缺点②微粒，小点③光斑
specpure 光谱纯（净）的
specs ①规格，规范，说明书②眼镜
spectacle ①光景，景象②展览物③（铁路红绿信号机的）玻璃框
spectacles 眼镜（双孔），护目镜
spectacular ①壮观的，惊人的②特别电视节目
spectra spectrum 的复数
ion ~ 离子光谱
spectracon 光谱摄像管
spectral ①光谱的②频谱的，谱线的
spectralite 光学玻璃
spectrality 谱性
spectral-photometer 分光测光仪
spectroactinometor 分光感光计
spectroanalysis 光谱分析
spectrobologram 分光变阻测热图
spectrobolometer 分光变阻测热计
spectrochemistry 光谱化学
spectrocolorimetry 光谱色度学
spectrocomparator 光谱比较仪
spectrodensitometer 分光光密度计
spectrofluorimeter 光谱〔分光〕荧光计，荧光分光计
spectrofluorimetry 荧光光谱分析测定法

spectrofluorometer 分光荧光计，荧光分光计
laser ~ 激光拉曼分光光度计
spectrofluorphotometer 荧光分光光度计
spectrograde 光谱级（的）
spectrogram 光谱图，谱照片，光谱（照）片，频谱图
sound ~ 声图仪
wave ~ 波谱图
spectrograph 摄谱〔光谱（分析），分光摄像〕仪
constant deviation ~ 恒偏向摄谱仪
coupling plasma mass ~ 电感耦合等离子体质谱仪
direct-reading ~ 光电直读光谱仪
electron ~ 电子摄谱仪，β 摄谱仪
flow mass ~ 流程质谱仪
frequency ~ 频谱仪
gamma-ray ~ γ 射线摄谱仪
gas analysis mass ~ 痕量气体分析质谱仪
gas isotopic ratio mass ~ 气体同位素比质谱仪
grating ~ 光栅摄谱仪
heart sound frequency ~ 心音频谱仪
high resolution mass ~ 高分辨质谱计
laser analysis mass ~ 激光解析飞行时间质谱计
magnetic ~ 磁谱仪
mass ~ 质谱仪
photoglow mass ~ 辉光放电质谱仪
prism ~ 棱镜摄〔光〕谱仪
quadripole mass ~ 四极质谱仪
secondary ion mass ~ 二次离子质谱仪
slit ~ 狭缝摄谱仪
solid isotopic ratio mass ~ 固体同位素比质谱仪
sound ~ 声谱仪，音频频谱仪
split-pole ~ 分割磁极摄谱仪
voice ~ 音频摄谱仪
wedge ~ 楔形摄谱仪
spectrographic 光谱的，摄谱仪的
spectrography 光谱学，摄谱学〔术〕，光谱分析
chromatography-mass ~ 色谱分析 - 质谱测定法
spectroheliocinematograph 太阳单色光电影仪
spectroheliogram 太阳单色光照片，日光分光谱图
spectroheliograph 日光摄谱仪，太阳单色光谱摄影（机）
spectroheliokinematograph 太阳单色光电影仪
spectrohelioscope 太阳单色光观测镜

spectrometer 分光计，分光〔光谱（分析）摄谱，能谱，频谱〕仪，能谱分析器
absorption ~ 吸收光谱分析仪，吸收摄谱仪
aerosol ~ 气溶胶分光仪
alpha-ray ~ α 射线能谱〔分光〕仪
arc ~ 弧光分光计
audio-frequency ~ 声频频谱仪
auger electron ~ 俄歇电子能谱仪
autocollimating ~ 自准直分光计
beta-ray ~ β 射线分光计
Bragg ~ 布喇格分光计
chopper ~ 斩波分光计
collision activation mass ~ 碰撞激活质谱计
concave grating ~ 凹面光栅分光计
crossed-field ~ 交叉场分光仪
crystal ~ 晶体分光仪
curved-crystal ~ 弯曲晶体分光计
cycloidal mass ~ 摆线质谱仪
diffraction ~ 衍射谱仪
double-beam mass ~ 双束质谱计
double-focusing mass ~ 双聚焦质谱仪
electronic magnetic resonance ~ 电子顺磁共振波谱仪
electron ~ 电子能谱仪（分光仪）
emission vacuum ~ 发射真空分光计
energy loss of electron ~ 电子能量损失谱仪
energy ~ 能谱仪
flame ~ 火焰分光计
flat-crystal ~ 平面晶体分光计
gas ~ 气体光谱分析仪
gas chromatograph-mass ~ 气相色谱 - 质谱联用仪
gas chromatograph-quadrupole mass ~ 气相色谱四极质谱仪
high-resolution NMR ~ 高分辨核磁共振波谱仪
infrared interferometer ~ 红外干涉光谱仪
interferometer ~ 干涉光谱仪
ion cyclotron resonance mass ~ 离子回旋共振质谱计
ion kinetic energy ~ 离子动能谱仪
ion microprobe mass ~ 离子探针质谱仪
ion neutralization ~ 离子中和谱仪
ion scattering ~ 离子散射分光仪
iron magnetic ~ 铁磁谱仪
isotope mass ~ 同位素质谱计
laser probe mass ~ 激光探针质谱计
lens ~ 透镜分光计

linear resonance mass ~ 线振质谱仪
liquid chromatograph-mass ~ 液相色谱-质谱联用仪
magnetic ~ 磁谱仪，磁分光仪
magnetic deflection mass ~ 磁偏转质谱仪
magnetic-lens ~ 磁透镜谱仪，磁透镜分光计
magnification ~ 放大光谱仪
mass ~ 质谱仪〔计〕，质量分光计
monopole mass ~ 单极质谱计〔仪〕
multichannel ~ 多道谱仪
multichannel X-ray ~ 多道X射线光谱仪
neutron ~ 中子谱仪，中子分光计
nondiffraction X-ray ~ 非衍射X射线光谱仪
nuclear magnetic resonance ~ 核磁共振谱仪
omegatron mass ~ 回旋质谱仪〔计〕
optical ~ 光谱计，光谱仪
pair ~ 电子偶〔对〕能谱仪
permanent-magnetic continuous wave NMR ~ 永磁连续波核磁共振波谱仪
phonon ~ 声子谱仪
photoelectron ~ 光电子谱仪
plasma chromatograph-mass ~ 等离子色谱-质谱联用仪
prism ~ 棱镜分光仪〔计〕
prism mass ~ 棱镜质谱计
proton-electron ~ 质子-电子分光仪
pulsed NMR ~ 脉冲核磁共振分光计
quadrupole mass ~ 四极质谱仪〔计〕
radio frequency mass ~ 射频质谱仪
reading spectro ~ 看谱仪
satellite infrared ~ 卫星红外光谱计
scanning microwave ~ 扫描微波频谱仪
scintillation ~ 闪烁谱仪
secondary ion mass ~ 次级离子质谱仪
solar-backscattered ultraviolet ~ 太阳反向散射紫外光谱仪
sound ~ 声频频谱计
spark source mass ~ 火花源质谱仪
spiral ~ 螺旋形分光仪
superconducting pulse NMR ~ 超导脉冲（傅里叶变换）核磁共振波谱仪
thermal ionization mass ~ 热电离质谱计
time-of-flight ~ 飞行时间质谱仪（利用在无场漂移管内较轻质点飞得较快的原理）
time-of-flight mass ~ 飞行时间质谱计
trochoidal focusing mass ~ 余摆线聚焦质谱仪
trochoidal mass ~ 余摆线质谱仪
ultraviolet ~ 紫外（线）光谱仪
ultraviolet-visible spectro ~ 紫外可见分光光度计
ultraviolet photo-electron ~ 紫外光电子能谱仪
virtual-image mass ~ 虚像质谱计
wave ~ 波谱仪器
wavelength ~ 波长分光计，光谱仪
wavelength-dispersive ~ 波长色散谱仪
X-ray absorption ~ X射线吸收式光谱仪
X-ray crystal ~ X射线晶体光谱仪
X-ray fluorescence ~ X射线荧光光谱仪
X-ray photo-electron ~ X射线光电子能谱仪
X-ray ~ X射线光谱仪

spectrometric 能谱仪〔分光计，光谱测量〕的

spectrometry 光〔频，能〕谱测定（法），度（光）谱术，测谱学，光〔能〕谱测量学
atomic absorption ~ 原子吸收光谱法
atomic fluorescence ~ 原子荧光光谱法
emission flame ~ 火焰发射光谱法
internal reflection ~ 内反射光谱法
isotope dilution mass ~ 同位素稀释质谱法
mass ~ ①质谱法，质谱学②质谱测量〔分析〕（法）
nuclear magnetic resonance ~ 核磁共振波谱法
photoacoustic ~ 光声光谱法
X-ray absorption edge ~ X射线吸收限光谱法，示差X射线吸收法
X-ray fluorescence ~ X射线荧光（次级发射）光谱法

spectro-microscope 光测〔谱〕显微镜

spectrophone ①光谱测声器②光谱本底

spectrophotoelectric 分光光电作用的

spectrophotofluorometer 荧光分光光度计

spectrophotography 光谱摄影术

spectrophotometer 分光光度计，分光测光仪，光谱光度计，光谱仪
abridged ~ 滤色光度计，简易型分光光度计
atomic absorption ~ 原子吸收分光光度计
atomic absorption-emission ~ 原子吸收-发射分光光度计
atomic-absorption ~ 原子吸收分光光度计
double beam ~ 双光束分光光度计
emission ~ 发射分光光度计
fluorescence ~ 荧光分光光度计
image ~ 成像光谱仪
infrared ~ 红外分光光度计
ozone ~ 臭氧分光光度仪
polarizing ~ 偏振分光光度计
Raman ~ 拉曼分光光度计

single beam ~ 单光束分光光度计
ultraviolet ~ 紫外分光光度计
ultraviolet-visible ~ 紫外 - 可见光光度计
spectrophotometry ①分光测光学，分光光度测定法②分光光度学，分光光度技术
spectropolarimeter 光谱偏光计，分光偏振计，旋光分光计
spectropolarimetry 旋光分光法〔学〕
spectroprojector 光谱投射器，分光投射器
spectropyrheliometry 太阳辐射能谱学
spectropyrometer ①高温光谱仪②光谱高温计，分光高温计
spectroradar 光谱雷达
spectroradiometer 分光辐射光通仪，分光辐射谱仪，光谱辐射计
filter-wheel ~ 旋转滤光片式光谱辐射计
Fourier transform ~ 傅里叶变换光谱辐射计
grating ~ 光栅光谱辐射计
ground-object ~ 地物光谱辐射仪
prism ~ 棱镜光谱辐射计
spectroradiometry 分光〔光谱〕辐射学，光谱辐射测量（法）
spectroscope ①分光镜〔仪，器〕②看谱镜
acoustic ~ 声谱仪
comparison ~ 比谱分光镜
constant deviation ~ 恒偏向分光镜，直视棱镜分光镜
direct-vision ~ 直视（棱镜）分光镜，恒偏向分光镜
emission ~ 发射分光镜
high-resolution mass ~ 高分辨质谱仪器
interference ~ 干涉分光镜〔仪〕
magnetic resonance ~ 核磁共振谱仪
slit ~ 狭缝分光镜
spectroscopic(al) 分光的，光谱的，频谱的
spectroscopy （光，频，波，能）谱学，分光学，谱测量，分光镜测量
absorption ~ 吸收分光学
auger electron ~ 俄歇电子光谱学
diffuse reflectance ~ 漫反射光谱法
electron paramagnetic resonance ~ 电子顺磁共振波谱法，电子自旋共振波谱法
electron spin ~ 电子自旋光谱学
electron-energy lose ~ 电子能量损失谱法
field ~ 野外光谱学
flame emission ~ 火焰发射光谱学
flash desorption ~ 闪光解吸光谱术
gamma ~ γ -（辐射）谱学
infrared ~ 红外光谱
interference ~ 干涉分光学，干涉光谱学
mass ~ 质谱，质谱学，质谱测定
microwave ~ 微波（波）谱学
middle infrared ~ 中程红外光谱学
molecular ~ 分子光谱学
NMR correlation ~ 核磁共振相关波谱法
nuclear magnetic resonance ~ 核磁共振波谱法
optical ~ 光谱学
photoelectron ~ 光电子能谱学〔法〕，光电子谱术
spectrosensitogram 光谱感光图
spectrosensitometer 光谱感光计
spectrosil 最纯的石英，光谱纯石英
spectrum ①光〔波，能，频，质〕谱②领域，范围，系列
absorption X-ray ~ 吸收 X 射线谱法
acceptor ~ 受主光谱
acoustic ~ 声谱
amplitude ~ 振幅（频）谱，振幅光谱
annihilation ~ 湮没辐射谱
arc ~ （电）弧光谱
atomic ~ 原子光谱
audible ~ 声谱，音频频谱
audio ~ 可闻声谱
background mass ~ 本底质谱
band ~ ①带（状光）谱②带状谱图
bright line ~ 亮线光谱，明〔亮，辉〕光谱
characteristic ~ 特征光谱，标识光谱
chromatographic ~ （Rf 值）色谱折线图
colo(u)r ~ 色谱
complex (frequency) ~ 复频谱
continuous (frequency) ~ 连续（光）谱，连续频谱
conversion ~ 变〔转〕换（电子）光谱
cross ~ 互频谱
dark line ~ 暗线光谱
derivative ~ 导数光谱
difference absorption ~ 差分吸收光谱
differential ~ 差示光谱
diffraction ~ ①衍射光谱，绕射光谱②衍射频谱，绕射频谱
disturbance ~ 干扰光谱
Doppler(-frequency) ~ 多普勒频谱
electromagnetic ~ 电磁（振荡的频）谱
electron(ic) ~ 电子（能）谱
emission ~ 发射（光）谱
energy ~ 能量分布，能谱

ESR ~ 电子自旋共振光谱
ether ~ 电磁频谱，以太频谱
exceedance ~ 超越谱
fission ~ 裂变中子谱
fluted ~ 条段光谱
Fraunhofer ~ 夫琅和费光谱，吸收太阳光谱线
frequency ~ 频谱
infrared ~ 红外光谱，红外线谱（波长 0.75 ~ 1 000 μm）
inversion ~ ①转换光谱②反向光谱
leakage ~ 泄漏频谱〔光谱，声谱〕
lift-off ~ 离地速度
line ~ 线（状光）谱
loading ~ 载荷谱
logic ~ 逻辑系列
luminous ~ （发光）光谱
magnetic ~ 磁谱，磁场图
mass ~ 质谱
mode ~ 波模频谱，模（式频）谱
modulated ~ 调制光谱
molecular ~ 分子光谱
noise ~ 噪声频谱
normal ~ 匀排光谱，正常谱
nuclear ~ 核辐射谱，核能谱
occurrence ~ 频数谱
phase ~ 相谱
point ~ 点〔离散〕谱
power ~ 功率谱，能谱
power density ~ 功率密度谱
prismatic ~ 棱镜（分）光谱
pulse ~ 脉冲谱
pyrogram ~ 热解图
pyrolytic ~ 热解的
pyrolyzate ~ 热解光谱
quadrature ~ 正交谱，转像谱
radio(-frequency) ~ 射频频谱，无线电频谱
Raman ~ 拉曼光谱
reciprocal ~ 逆谱
reststrahlen ~ 余辉带光谱
rotation(al) ~ 转动光谱
sea state ~ 波浪谱，海况谱
secondary ~ 二级光谱
sound ~ 声谱
spark ~ （电）火花光谱
spread ~ 扩展频谱
transmission ~ 透射光谱
transmitted ~ 透射光谱
ultraviolet ~ 紫外光谱
vibrational ~ 振谱
wavelength ~ 波（长）谱
wind ~ 风力谱

spectrum-sliced 限幅谱

specula speculum 的复数

specular 镜子〔面，状，像〕的，反射的，镜面对称的，反射对称的，反射的，有金属光泽的

specularite 镜铁矿

speculum ①（反射）镜，金属镜②镜用合金，镜（青）铜，铜锡合金③医用窥镜

speculum-metal 镜齐，镜用合金，镜青铜，铜锡合金

Spedex 德银（*w*（Ni）5% ~ 33%，*w*（Cu）50% ~ 70%，*w*（Zn）13% ~ 35%）

speech ①语言②讲演
connected ~ 连续语言
digital ~ 数字语音
inverted ~ 倒置语言
scrambled ~ 扰频语言，倒频后的语言

speed ①速度②转速③光灵敏性，感光度，聚光本领④（变速器）档
~ of escape 第二宇宙速度，逃逸速度
access ~ （数据）选取速度，存取速度
addition ~ 附加速度
arbiter ~ 判优速度
ASA ~ ASA 感光度
automatic idle ~ （汽车）自动怠速
autorotation ~ 自转速度
back ~ 退速
balancing ~ 平衡转速，均衡速度，稳定速度
base ~ 基本速度（调速电动机的）
blade ~ 叶片圆周速度
blind ~ 盲速（雷达）
breakdown ~ 破坏速度，临界速度
breakdown torque ~ 停转转速，临界转速（异步电动机的）
calibrated air ~ 校准的空气速度，仪表修正速度
ceiling ~ 极限速度
choking ~ 壅塞速率
closing ~ ①闭合速度，接近速度②接近工件时的速度③空程速度
combined critical ~ 轴系临界转速
commencing ~ 初速，开始速度
constant groove ~ 恒定纹（道）速（度）
corrected ~ 折合速度
crank shaft ~ 曲轴转速

cranking ~ 摇〔起〕动速度
crawl ~ 爬（蠕）行速度
creep ~ ①蠕变速度，爬行速度②慢行速率③爬坡速度
crest ~ 峰值速度
crowding ~ 推压速度
cruise control set ~ 巡航控制设定车速
cruising ~ 巡航〔经济行驶，常用〕速度
cut-in ~ 投入正常运行时的转速，起动时的转速或速度
cut-out ~ 截止速度，脱扣速度
cutting ~ 切削〔割〕速度
cutting-in ~ 起动转数〔速度〕
datum ~ ①标称速度②给定速度
decision ~ 临界速度
design cruising ~ 设计巡航速度
DIN ~ DIN 感光度
emergency trip ~ 危急保安器动作转速，紧急跳闸转速
erasing ~ 擦除速度
feed(ing) ~ 进给速度
final ~ 终〔末，高〕速（度）
firing ~ 发火速度（内燃机）
first ~ 初速，头档
flame ~ 火焰扩散〔传播〕速度
flutter ~ 颤振速度
GB ~ GB 感光度
geared-down ~ 低档速度，（齿轮）减速
governed ~ 限速，调节速
grasping ~ 抓取速度（机器人性能参数）
groove ~ （录音）纹道速度
ground ~ 对地速度，（对）地速（率）
hands-off ~ 离手速度（汽车的）
hump ~ 界限速度，极限速度
hunting ~ ①寻线速度，（选择器）②摆动频度③（步调）追逐速度④振荡速度
idle ~ 空转速度，怠速
impact ~ ①碰撞速度②脉冲速率
inching ~ 爬行速度（调整阶段间歇起动时的）
infinitely variable ~ 无级变速
intrinsic ~ 特性速度，本征速度，理论抽速
ISO ~ ISO 感光度
jet ~ 喷（射气）流速度
jogging ~ 微动，慢速度，低速度
left rear wheel speed （汽车）左后轮速度
lens ~ 镜头速度，透镜速率，透镜直径与焦距比
line ~ ①线速度②（电视中）电子束沿行扫描速度③流程速度④传送带速度
link ~ 线速度（链传动）
link ratio critical ~ 杆系传动比临界速度
load ~ 负载转速，工作速度
load-free ~ 空转速度，无负荷速度
logarithmic ~ 对数感光度
low runaway ~ （水轮机的）低飞逸转速（低于额定转速的 2.2 倍）
main ~ 基（本）速（度）
maneuvering ~ 机动速度
maximum flap extended ~ 最大襟翼放出速度
mean piston ~ 活塞平均速度，平均活塞速度
mill ~ 轧制速度
minimum ground control ~ 最小地面操纵速度
minor critical ~ 次临界转数
modal ~ 常见的速度
moderate ~ 平均速度
moving ~ 移动速度（机器人性能参数）
near-sonic ~ 近声速
neckbreaking ~ 危险速度
noiseless ~ 无噪声航速
no-load ~ 空载〔空车,空行程〕转速〔速度〕,同步速率
opening ~ 回程速度
operation ~ 运算速度
output shaft speed （汽车）输出轴转速
peripheral ~ 圆周速度，周速，边缘速率
periphery ~ 圆周速度
permanent no-load ~ （用全负荷后）规定的空转转速
pitch ~ 节距速度
pitch-line ~ 节圆圆周速度
play-back ~ ①回放速度②从磁带上读出记录的速度
playing ~ 放音速度
point-to-point ~ 平移速度，直线运动速度
power take-off ~ 动力输出轴转速
power-on ~ 发动机工作时速度
priming ~ 预写〔准备，起动〕速度
processing ~ （数据）处理速度，加工速率
radar track ~ 雷达跟踪速度
radius-changing ~ 变幅速度
ram ~ ①（压力机）滑块速度②冲击速度
ramming ~ 抛砂〔打夯，捣实〕速度
rated ~ ①额定速度，额定转速②计算速度
reverse ~ 倒档速度
rim ~ 轮缘速度，圆周速度
rolling ~ 轧制速度，（汽轮机转子的）暖机

转速
rotational ~ 转速，转动〔圆周，角〕速度
rotor ~ 转子〔旋翼,(青贮料联合收割机的)滚刀〕转速
rubbing ~ 摩擦速度
runaway ~ 飞逸转速〔速度〕，空载转速，飞车转速，失控速度
running ~ 行驶〔行车，运转，工作〕速度
scanning ~ 扫描速度，图像分解速度
schedule ~ 表定速度，规定速度
screen ~ 屏幕惰性，荧光屏响应速度
secondary ~ 从动轮转速
self-sustain ~ 自持转速
signal(l)ing ~ ①通信速度（电信）②信号发送速度，发码速度
silent ~ 无声工作速度
single-weight limiting ~ （调速器）单飞锤限速
single-weight variable ~ 单飞锤全程调速
specific ~ ①比速，比转速（离心泵或离心风机的）②折算速度，折算转速
specified ~ 额定转速
spot ~ 点速，瞬间速度，光点扫描速度
stalling ~ 失速速度
still ~ 静像速度
stipulated ~ 额定速度
suction specific ~ 吸入比转数
surface ~ 表面速度，线速度（磁鼓表面的）
sweep ~ 扫描速度
swirl ~ 起涡速度
threading ~ 穿引速度（带材，轧件进炉或进轧机的）
tip ~ ①叶尖速度，梢速（桨叶），端速（叶片）②（泵，涡轮，鼓风机）叶片圆周速度
toggle ~ 反复〔起动，计时〕速度
transmission ~ 传动〔传递，发报〕速度
transonic ~ 跨声速
trimming ~ 修整速度
trip ~ 跳闸转速
tripping ~ 解扣速度
unit ~ （水轮机的）比（转）速，单位转速
variable ~ 无级变速
vehicle ~ 车速
weaving ~ of electrode 焊条横摆速度
whirling ~ 临界速度〔转速〕，共振回转速度，旋涡速度
winding ~ 提升速度
working ~ 工作速度（机器人性能参数）
writing ~ ①迹线偏转速度②记录速度，（书）写速度

speedboat 高速汽艇，快艇
speed-down 减速
speeder ①增速装置，调速装置，调速器，同步器②变速滑车③粗纺机④快速工作〔回转〕的工具
gear ~ ①齿轮噪声试验机②齿轮增速器，齿轮调速装置
speedflash 闪光管，频闪放电管
speedgate 速度选通（装置）
speediness 迅速
speeding 超速行驶（的），开足马力的
speeding-up ①增速，加速，加快②起动
speedlight 闪光管，频闪放电管
speedmuller ①快速混砂机②摆轮式混砂机
speedomax 电子自动电势计（商品名）
speedometer ①速度计，速率计，转速表，测速计②里程表〔计〕，路码表
digital ~ 数字式车速表
flash ~ 闪光测速仪
speedostat 自动限速仪
speed-reading 快速阅读
speedster 双座高速敞篷汽车，快船
speed-torquemeter 转矩转速测量仪
speed-track =speedway
speed-transformation 变速装置
speed-transmitter 传速器，速度传感器
speed-up 加速，增速，高速度化
loop ~ 循环加速
speedway 高速公路〔车道〕，快车道，赛车跑道
speiss （有色金属的）黄渣，硬渣（含镍钴的砷锑化合物），砷冰铜
spek-chek 染色探伤法
spell ①短时间中断〔间隔〕②拼字〔写，法，音〕，缀字（法）③轮班④替换
spellerizing 破鳞轧制
spelter ①商品锌，粗锌，白铅，（工业）锌块②铜焊料，锌铜焊料，焊锡，（硬）钎料
brazing ~ 黄铜钎料
sperrtopf 〈德〉陷波器，陷波电路
spew ①吐出物②飞边溢料③枪〔炮〕口弯曲④压出，渗出，（螺旋压缩机）压缩，压铸硫化
sphaerophone 利用可变电容变频的音频电子仪器
sphaerosiderite 菱铁矿
sphalerite 闪锌矿
sphenic 楔形的
sphenoid 半面晶形，楔形晶体②楔形〔状〕的

sphenotribe 碎颅器
sphere ①球（面），球体②球形油罐③地球仪，天体仪④范围，区域，全立体角（=4 π 球面弧度）
armillary ~ 浑天仪
celestal ~ 天体
decompression ~ 球形减压室
director ~ 准球面
Horton ~ （可以加压的）球状气体贮罐
integrating ~ 积算球（光度表部件）
storage ~ 球形气瓶
Ulbricht ~ 乌尔比利球，积算球（积算式光度计的）
spheric(al) 球形〔面，状〕的，圆的
sphericity ①球状,圆状②球形体③球（形）度，圆球度
spherics ①球面几何〔三角〕学②远程雷电，天电（学），大气〔天电〕干扰③风暴电子探测器，电子气象观测
spherochromatism 色球差
spheroclast 圆碎屑
sphero-conic 球面二次曲线
spherocrystal 球晶
sphero-cyclic 球面圆点曲线
spheroid ①回转椭圆体，（椭）球体②椭球状容器③水滴形油罐
spheroidal ①球状的②椭球体的
spheroidal-mirror 椭球面镜
spheroidicity （扁）球形，（椭）球形
spheroidite ①球状（珠光）体②粒状化③粒状渗碳体
spheroidization 球化（处理，作用），延期热处理
degradated ~ 球化衰退
spheroidize 延期热处理，球化（处理）
spheroidizing ①球化（处理），球化退火②粒状化退火③延期热处理
peritectic ~ 包晶球化
spherojoint 球接头
spherometer 测球仪，球径仪，球面曲率测量计，球面仪
spheron 片状槽法炭黑的商品名
spherop(otential) 正常等位面
spherosil 多孔微球硅胶
spherule 小球（体）
spherulite 球粒，小球
polymer ~ 聚合物球晶
spherulitic 球粒状，小球的
sphincter 松紧口装置
sphingometer （梁和桁架）挠度测定器，光测挠度计，曲度测量仪
sphygmobolometer 脉能描记器，脉压计
sphygmocardiograph 心动脉搏描记器
sphygmocardioscope 心动心音脉搏描记器
sphygmochronograph 脉搏时间描记器
sphygmogram 脉搏图
sphygmograph 脉搏记录器，脉波计，脉波描记法〔器〕
sphygmomanometer 血压计，脉压计
sphygmomanometroscope 复式血压计
sphygmometer 脉波计，脉搏计
sphygmophone 脉音听诊器
sphygmoplethysmograph 脉搏体积描记器
sphygmoscope 脉搏诊视器
sphygmotachograph 血流速度描记器
sphygmotonometer ①脉张力计②动脉管弹性计
spiale ①轴，心轴，转轴②螺杆，接轴
spicule ①针状体②针骨
spider ①星（形）轮②带辐条的轮毂③机架④三（多）脚架〔撑〕⑤三脚锅⑥支套（车床中心架的），机〔支〕架，定心支片，扬声器支承圈，针（状）〔齿（状），毂，辐条〕盘⑦十字叉〔头，架，臂〕，十字手柄⑧耙臂，（共振线的）短路片⑨网络查寻工具，巡视软件
angle ~ 角形辐条，角形鱼尾板
armature ~ 电枢支架，电枢辐臂
casing ~ 套管卡盘
clutch ~ 离合器从动盘
collapsible stripping ~ 伸缩式线盘卸料器
cross ~ 交叉线(光学仪器的十字形交叉线)，十字线
cushion disk ~ 弹性万向节叉
die ~ 辐架，多脚架
field ~ ①凸极转子，磁极星轮②磁极支架③转子支架（水轮发电机的）
four-arm ~ ①星形轮②十字叉
inside ~ 定音圈装置
joint ~ 十字叉（万向节的）
pinion ~ 差速器十字轴
rotor (field) ~ 转子支架（水轮发电机）
sifting ~ 圆筒筛毂盘
stripping ~ 线盘卸料器
torque ~ 扭力辐
tubing ~ 油管卡盘
wheel ~ ①轮毂②轮辐条盘③针齿盘
spider-wed 蛛网（形的）

spiegel(eisen) 镜（铁），低锰铁，铁锰合金
triple ~ 三角柱镜
spies-in-space 空中间谍（侦察卫星）
spigot ①插口②塞（栓），旋塞阀，插头③龙头④管端，喇叭口⑤突出部分⑥跳汰机筛下物⑦套管⑧定心止口，定心凸肩
countersunk ~ 锥形轴颈，埋头轴颈
spike ①销钉，针柱，道钉，长钉子（通常长于7.6 cm并具方形截面），刺针，起模钉②减振针③耙齿，钉齿④（尖峰）脉冲，（高）峰值，最大值，（脉冲的）尖峰（测试）信号⑤脉冲激光⑥示踪物⑦进口整流锥，中心锥⑧强化（反应锥），添上新材料⑨尾轮⑩（可铸铁）皮下缩孔
antenna ~ 天线杆
barbed ~ 棘钉
commutation ~ 换向过电压
contact ~ （铝电解槽）导电棒，阳极棒
cut ~ 大方钉
dog(-headed) ~ 钩头道钉
draw ~ 起模钉（铸工）
hand ~ 杠杆
jag ~ 棘钉
lag ~ 螺钉
noise ~ 噪声光脉冲
nose ~ 头部减振针，顶针
notched ~ 倒刺肘形钉
railway ~ 道钉
screw ~ 螺旋道钉，螺钉，木螺钉
side contact ~ 侧插棒，旁插棒
thermal ~ ①温度峰值，（金属材料）放射线辐照硬化现象②热峰（裂变碎片等径迹周围形成的瞬时高温区）③热钉，热尖（热原子化学、辐射化学中的）
wheel ~ 轮滑转
spike-drawer ①拔道钉机②拔钉钳
spikeless 非峰值的，非尖锐的
spiker 针齿式圆盘耙
spiking ①峰值形成，尖峰信号，出现尖峰②（反应堆）强化，（增添新燃料）使反应堆强化③止碳（平炉），停止降碳（加脱氧剂）④添加同位素指示剂
spile ①插板②撒落③小塞子④插管⑤钻（头）⑥桶的通气孔
spilehole 小气孔
spiling 木桩
spill ①塞子，软木塞②木片，木屑，刨花③溢〔倒，漏，撒〕出，漏失（信息的），撒落④骤降，跌落⑤溢出量，溢出的东西⑥插板，铁条飞翅（缺陷），小金属棒，销子，棒料，条钢⑦薄汽（缺陷），疤皮，表面氧化皮层⑧未焊透
~ over ①（雷达）溢出信号②飞弧放电
spillage ①泄漏（量）②散落③溢出（钢液的）
spillguard 防溢栏板
spilliness ①鳞片，毛刺（钢丝表面缺陷）②疤皮（钢坯缺陷）③溅疤面，溅麻面（钢锭表面缺陷）
spilling ①泄漏②喷雾
spillout ①溢出，流出②扩展③脱落④溢出量
spillover ①信息漏失②泄漏放电③附带结果，副产品④溢流管⑤溢出数字，溢出量⑥天线的功率辐射部分⑦溢出，泻出
spillway 溢洪道
aerated ~ 真空〔射流脱体〕式溢流道
spilth 溢出物，废物，垃圾
spin ①自转，自旋，旋转，绕转②旋压③拉长④拔丝⑤螺旋⑥离心铸造⑦卷边铆接
~ in 滚〔卷〕口，卷边
~ over 扩口
atomic ~ 原子自旋
corkscrew ~ 螺旋
electron ~ 电子自旋
entry ~ （进气）预旋
oscillatory ~ 振动螺旋
right-hand ~ 右螺旋
slow ~ ①低速螺旋②慢旋转
steep ~ 急螺旋
tail ~ 尾旋
spinal 针〔刺，棘状突起，脊骨，脊柱〕的
spin-degeneracy 自旋简并性〔度〕
spindle ①（心，主，转，连接）轴②锭子，纺锤（形），细长物③推〔塞〕杆④蜗〔导〕杆⑤（铸造）型芯轴⑥测量轴，测〔量〕杆⑦棒端（定位）插销⑧汽车的转向节⑨羊角
adjustable multiple ~ 活动配合多轴钻机
auger ~ 钻轴，钻杆
barbed ~ 倒刺式纺锭，倒刺纺车轴
boring ~ 镗杆，镗轴
circular ~ 刚轮
clutch ~ 离合器轴，变速器第一轴
control ~ 分配轴，凸轮轴
curled ~ 滚压齿纹摘〔纺〕锭
cutter ~ 刀具主轴
dead ~ 静轴，固定主轴
dedividing ~ 分度轴
direct drive ~ 直接传动主轴

drill press ~ 钻床主轴
dummy ~ 型杆，假轴
ga(u)ging ~ 测量轴，气动塞规
generating ~ 展成主轴
high frequency ~ 高频主轴
immobilized ~ 备用轴
internal wheel ~ 内圆磨削砂轮轴
knuckle ~ 转向节轴，前轮轴，短轴，轮轴
lead ~ 主（马达）联轴器
live ~ 回转轴，旋转（主）轴，动轴
machine tool ~ 机床主轴
mill ~ 轧机连接轴
milled ~ 铣轴
plain ~ 轻型（主）轴
planetary ~ 行星心轴
pucked barbed ~ 冲压倒刺的摘〔纺〕锭
quill ~ 套筒主轴
record ~ 自动换片轴
roller ~ 滚筒〔滚子，（履带）托带轮〕轴
screw ~ 螺旋柄
shutoff ~ 停车轴
spotting ~ 定位心轴
spring ~ 弹簧顶杆
steering ~ 转向螺杆
stop valve ~ 主汽阀〔断流阀〕芯子
straight smooth ~ 光滑直摘〔纺〕锭
tail-gear ~ 尾轮轴
thread ~ 螺纹轴，丝杠
tine ~ 搂齿轴〔梁〕
trip ~ 解扣轴
versatile ~ 万向轴
wobbler ~ 梅花连接轴
work ~ 工作主轴

spindle-cyclide 纺锤形圆纹曲面
spindly 细长的，纺锤形的
spin-drier 旋转〔离心〕式脱水机
down washing ~ 羽绒洗涤脱水机
spinel(le) 尖型宝石，尖晶石
spin-freezing 旋转冷冻
spin-function ①旋转功能②旋转函数
spingling 熟铁坯挤压
spinnability 可纺性
spinner ①纺纱机②旋压工具，旋转器，快速回转工具，电动扳手③机头罩，毂盖④离心式撒布器，分配轮⑤抛掷机⑥钢丝矫直机，机头整流罩⑦甩胶机，涂胶机，匀胶台
conical ~ 锥形桨毂盖
grit ~ （冻滑路上用）撒砂机
Kelly ~ 方钻杆旋接器
nose ~ 桨毂盖，机头整流罩
nut ~ 快〔自〕动螺母扳手
propeller ~ 螺旋桨毂盖
rotating lifting ~ 旋转式挖掘抛掷机
screen basket ~ 带掩蔽罩的旋涂器
spherical ~ 球形转子（陀螺的）
wheel ~ 转向盘，方向器
wire ~ 铁丝扭结器

spinneret(te) （人造纤维）喷丝头〔嘴〕，纺丝头
spinneron 旋转副翼
spinnery 纱厂
spinning ①旋压②旋转（的）③离心铸造④赶形加工（冷压）⑤卷边铆接⑥纺织
Bradford system worsted ~ 英式精梳毛纺织
center ~ 离心铸造（法）
conto(u)r ~ 靠模旋压，靠模赶形
die ~ 金属型离心铸造
greensand ~ 湿砂离心铸造
metal ~ 金属旋压法
power ~ 变薄旋压，强力旋压
shear ~ 剪力〔变薄，强力〕旋压

spinning-frame 细纱（精纺）机
spinning-machine 纺纱〔丝〕机，离心机
spinning-mill 纱厂
spinodal ①拐点，亚稳界线②旋节线
spinode 调幅点，拐点
spinoff ①附属〔伴随〕的结果，有用的副产品②派生，衍生
spinometer 纺丝测速计
spinor （自）旋量
spin-orbit 自旋轨道（的）
spinrate 自旋速度，转速
spin-spreader 旋转式洒布机
spin-stabilized 旋转〔自旋〕稳定的
spintester 纺纱试验机
spinthariscope 闪烁镜(计算 α 射线粒子数用)
spintherometer X射线透度计
spintometer X射线透度计
spinwave 自旋〔旋转〕波
spin-zero 零自旋
spiracle 通风口，通气孔
spiracore 钢带螺旋绕铁心，卷铁心（变压器）
spiral ①螺旋（管）,螺（旋）线〔簧〕②游丝，灯丝③盘旋，旋涡，螺旋运动④螺（旋）的，螺纹的
Archimedean ~ 阿基米德螺〔涡〕线
Archimedes ~ 阿基米德螺〔涡〕线

bismuth ~ 铋螺线（利用铋线电阻在磁场中变化的原理，测定电机气隙磁场），（螺旋）铋卷线，铋磁探头（仪表）
cast ~ 螺旋垫片铸件
fast ~ ①陡螺旋线，急转磁带②（唱片）宽距（纹）槽
hyperbolical ~ 双曲螺线
lead-in ~ ①引〔输〕入螺旋线②输入磁带③（唱片）盘首纹，引入纹
logarithmic ~ 对数螺线
logistic ~ 对数螺线
roller ~ 螺旋滚动输送带
Saeger ~ （塞格尔）流动性螺旋样模
throwout ~ （录声）盘尾纹，抛出纹，输出螺旋线，输出磁带
tungsten ~ （灯的）钨丝
widespread ~ 螺旋形抛撒轮
wire ~ 电阻丝，电炉丝

spirality 螺旋形，螺状

spiral-knurling 十字形滚花，网状滚花

spiratron 螺线管，径向聚束行波管，旋束管

spire ①尖塔，塔尖②螺旋线，旋涡线③锥形体

spired ①螺旋形的②成锥形的

spirit ①酒精，醇，火酒②酒精饮料③（车用）汽油④酊剂⑤精神
ammonia ~ 氨水
columbian ~ 甲醇
killed ~ 焊剂，焊接用的药水
methylated ~ 变质〔含甲醇〕酒精，甲基化酒精
mineral ~ 矿物油精，矿质松节油，汽油
motor ~ （车用）汽油
white ~ 白节油，漆溶剂，石油溶剂
wood ~ 甲醇，木精

spirit-lamp 酒精灯

spirit-level （酒精）水准〔平〕仪，气泡水准〔平〕仪

spirivalve （有）螺（状）壳的，螺状的

spirograph 呼吸描记器

spiroid ①偏轴弧齿近平面齿轮②锥蜗杆

spiro-jet 螺旋形喷射染色机

spiromatic 闪频式游丝定长仪（商品名）

spirometer 肺活量计，煤气表校正仪

spirophore 人工呼吸器

spiroscope 呼吸量测定器

spirotron （高速）粒子减速器

spirt = spurt

spirule 螺旋线尺

spiry ①螺旋状的，盘旋的②似尖塔的，成锥形的

spissitude 稠度

spitting ①分散②喷溅物（吹炼时）③点燃导火线

spitzkasten ①〈德〉锥形选粒器，角锥形分级机②尖箱

spivot 尖轴

splash ①喷溅，飞溅，溅水②闪光③自爆④污迹，斑点⑤霹雳声
~ of rust 锈点（钢板酸洗时因溅上水滴而产生）

splashback 防溅挡板

splashboard 挡泥〔溅，水〕板

splashdown 溅落

splasher ①溅洒器，泼洒器②挡泥〔遮水，防溅，折焰〕板

splashings ①飞溅物，喷溅物②铁豆（铸造缺陷）

splash-proof 防溅式的，防水的

splat 薄片激冷金属

splatter ①邻信道干扰②飞溅

splattering 飞溅，溅散

splay ①斜削②八字形，喇叭形③编接，编织④拆下螺栓头⑤斜面⑥向外张开的，宽扁〔笨重，倾斜〕的，成八字形的

splaying ①端间隙②斜面

splice ①铰〔镶，插，编〕接，粘连，连线，接合②接头③拼接（处），拼接板④钢丝绳
~ web （竖）直梁接合
angle ~ 角铁接合〔拼接，鱼尾板〕
butt ~ 对缝接头
cable ~ 电缆接头
cable box ~ 电缆编接盒〔连接箱〕
chord ~ 桁弦接合板
clamp ~ （型架）夹块
end fixture ~ 捻合接头
eye ~ 套环
in-going ~ （磁带）编辑（起）点
lapp(ed) ~ 互拼结合，互搭结合
layer ~ （电缆）顺序编〔连〕接，顺层编接
pigtail ~ 编接，绞合，捻合
rail ~ 连接板，鱼尾板
tenon-bar ~ 棍板榫接法
tension ~ 受拉拼接
web ~ 梁腹镶板，梁腹拼接
wrap-and-solder ~ 缠绕焊接

splicer ①接合器，铰接器，镶接器②电缆接线工，（电缆）铅工③接头机
optical fiber fusion ~ 光纤熔接机

splicing ①接绳②拼接（法），接合③插股④编接
spline ①花键（轴），键，塞缝片，齿条，键槽条，齿槽，方栓，止转楔键槽②夹板，板条③样条④曲线板，活动曲线规，云形规⑤用花键接合，刻出键槽
drum ~ 弧形齿顶花键滚刀
hub ~ （动力输出轴上的）花键轴套
involute ~ 渐开线花键
multiple ~ 花键
splined 多键的，花键的
splines 仿样函数，样条函数
splineway ①凹线②榫槽③键槽
splint ①薄木片，薄板，薄金属片②分裂，（用）夹板（夹）③开口销
splinter ①裂〔碎，破〕片②裂开，碎裂
splintery ①易裂的，裂片的，碎裂的②锯齿状的③粗糙的
split ①剖（开）②撕裂③分离，分裂，劈裂④裂口，裂纹，缝⑤双，一对⑥中分面，中剖面⑦等信号区⑧拼合的，裂开的，分散的，零碎的
casing ~ 气缸中分面
cell ~ 小区分裂
coke ~ ①层焦②隔离焦（冲天炉中隔开两种牌号铁）
column ~ ①分位机构，分行机构②卡片列分离法〔器〕③列分割
horizontal ~ 水平分裂（电视中水平同步不良所致）
pair ~ ①线对错接②线对分裂
single ~ 单架劈木机
sync ~ 同步分隔
split-blip 双峰，裂峰，分裂的尖头信号，双尖头，尖锋信号
split-compressor 双级压气机，二级压缩机，分轴式压气机
split-die ①组合（锻）模，拼合模，可拆模②拼合板牙
split-dowel 开口销
spliter 分束器
split-flow 分流，分开〔平行〕流动
split-hair 高精确度的
splithead 钢管支撑中带有叉形端部的立柱
split-lens 剖开透镜
splitlevel 错层式的
split-off 分裂（出去的东西）
split-phase 分相的
split-pumping 分别给料
split-ring 开〔裂〕环的
split-screen 分画面
split-second 双秒针的，快速〔闪烁，瞬时〕的
split-second-hand 双秒针
split-tear 剥撕
splitter ①分裂器，分离机〔器〕②劈裂机③分解器④破埂器⑤分流劈（射流的），分流片，导流⑥功率分流器⑦小速比副变速器⑧劈木机⑨泡沫胶裁断机
bale ~ 切胶机
beam ~ ①（摄像系统）分光器〔光镜，束器，束镜〕，分色镜②射〔光〕束分离器③束流切割板入口
casing ~ 套管纵向割刀，套管劈裂器
dichroic beam ~ 分色光束分离器，二色分光镜，分色镜
phase ~ 劈相机，分相器
polarity ~ ①极性分离器，分极器②倒相器
reflux ~ 回流分离器
sample ~ 选样器
splitting ①分裂，分解，（分）割开，裂开〔解，距〕②蜕变
band ~ 频带分割
colo(u)r ~ 瞬间彩色分离，色乱
frequency ~ 频率分裂，剖频
isotopic ~ 同位素蜕变
mica ~ 片云母，剥制云母，云母剥片
orbit ~ 轨道分裂
phase ~ 分相（法）
splitting-pad 分裂衰减器
splotch 污点〔渍，痕〕，斑点
splutter =sputter
engine ~ 发动机敲击（噼啪声），发动机故障
spluttering 溅射（电弧的）
spodium 木炭，骨灰
spodogram 灰图
spoil ①废品，次品②使损坏
spoilage ①损坏物，废品②损坏
spoilation ①抢劫，掠夺②篡改文件
sound-picture ~ 伴音干扰（图像的）
spoiler 阻流板，扰流器，阻流器，汽车偏导器
rear ~ （车身）后扰流板
solenoid-operated ~ 螺线管控制的扰流片
thrust ~ 推力阻流片（飞机的）
Wagner ~ 螺线管控制的扰流片，（电磁操纵的）振动系统的操纵盘
spoiling 淬透性受损（某些工具钢长时间退火后，淬火性能恶化的现象）

spoke ①轮辐，辐条②舵轮周围的手柄，刹车③梯级，扶梯棍
fairing ~ 整流形辐条，整流支柱
spokeshave ①铁弯刨②辐刨③刨子，刮刀
spoking 荧光屏上黑白扫描线混乱交替的干涉
S-pole S极，（磁铁）南极
sponge ①海绵，海绵状物，海绵金属，海绵皂（制造润滑脂用皂）②泡沫材料，多孔塑料③以海绵润湿
foam ~ 泡沫橡皮
sponge-glass 毛玻璃
sponge-rubber 海绵橡胶
spongin 海绵硬朊，海绵硬蛋白
sponginess ①海绵状②多孔性，疏松性
spongy 海绵状的，多孔的，富有弹性的，松软的，有吸水性的
sponson ①（明舷罩）舷台，船旁保护装置，船侧凸出部②（军舰，坦克）突出炮座③（水上飞机）翼梢浮筒
sponsor ①发起〔倡议〕人②主办③广告赞助商
spontaneity 自然〔生，发〕（性）
spontaneous ①自发的，自生的②出于自然的
spoofer （电子）诱骗设备
spoofing 电子欺骗，假情报
spool ①线圈②绕线轴③卷轴，卷筒④带圈，磁带盘⑤滑阀⑥木轴，工字轮，阀芯，短管⑦绕线架，焊丝盘，绕在卷轴上的材料，转子⑧间距套管（圆盘耙组耙片的），双端凸缘管⑨假脱机，并行联机外部操作
delivery ~ 供带盘
drilling ~ 钻井四通
feed ~ 输带轴（打印机的）
feed-through ~ 转动送进筒
field ~ 磁场线圈框架，励磁线圈架〔绝缘框〕
film ~ 软片（卷）轴，卷片盘
interpole ~ 换向〔间〕极线圈
pipe ~ 短管
spreader ~ 间距套管（圆盘耙片）
take-off ~ 供带盘
take-up ~ ①收带盘，卷带盘〔轴〕②收片盒，收片盘
take-up ~ 卷带轴
trim-tab ~ 平衡调整片卷筒
valve ~ 阀槽，滑阀（分配器的）
winch ~ 绞筒
wire ~ 引线卷轴
spooler ①线轴，卷线筒②卷取机构③假脱机程序〔系统〕④络筒机，络纱机，筒子车
weft ~ 卷纬机
spooling ①绕卷，绕组②缠卷③（钢丝）打轴④绕线圈⑤并行联机外设操作，假脱机（操作，技术）
spoon ①棒②匙形刮刀，匙（形物）③曲圆镘子，（圆）勺，修平刀④挖土机，泥铲⑤吊斗
tire ~ 撬胎棒
spoon-fashioned （像叠调羹似地）面对背地叠着的
sporadic(al) 不规则的，分散的，零星的，不时发生的
sport 跑车
coupe ~ 小型跑车，双门跑车
luxury ~ 豪华运动车（LS）
rally ~ 拉力赛跑车
super ~ 超级跑车
sport-touter 双门敞车
spot ①点，辉〔光，亮，炽〕点，污〔疵，斑〕点，斑痕，色斑，（肺部等处的）阴影（太阳等上的）黑点②场所，地点，位置，现〔当〕场③焊缝，点焊④聚光灯，光指示器⑤高程标记，方位点⑥打点，点缀，发现，（目标）识别，对准，确定位置⑦染污，弄脏⑧局限于某些项目〔地点〕的，任意的，抽样的，现货〔付〕的⑨（pl.）现货
action ~ 工作〔作用（阴极射线存储管中的），活化〕点，激发
barren ~ 空斑
beam ~ 电子束光点
black ~ ①黑斑，黑点（光电显像管），盲点②黑点失真
blind ~ 盲点，静区，收音不清楚的地方
cathode ~ 阴极辉点（汞弧整流器的），阴极斑点
charred ~ 炭化斑
chilled ~ 激冷硬块（铸件缺陷）
cold ~ （钢锭，钢坯上的）冷点（未热透区）
corrosion ~ 腐蚀斑〔麻〕点
dark ~ 黑点（摄像管寄生信号），暗点
dead ~ 死〔哑〕点，（收听）盲区，非灵敏区
definite ~ 分立斑，离散的斑
diaphragm ~ 阑影圈
dynode ~ 打拿极斑点，倍增管极上的斑点
exploring ~ 亮点，搜索光点
film ~ 膜点
flare ~ 晕光，（由摄像机光学系统内部反射产生的）寄生光斑
flat ~ 无偏差灵敏点（导航），平坦点

flying ~ 飞〔光〕点，扫描点，扫描射线，浮动光点
focal ~ 焦斑
Fresnel ~ 菲涅耳光斑
galled ~ 表面擦伤（如气缸）
gray ~ 石墨点，灰点（可锻铸铁铸态缺陷）
hard ~ 硬点，麻点
heat ~ 热斑，过热点
high ~ ①高点②突出部分③特征，要点④亮点
hot ~ ①热节，光斑，加热点，热块，过热点，过热部位②局部过热，局部加热③腐蚀点④斑点（水银整流器）⑤（炉拱）烧坏处⑥放射性最强部位，热点（反应堆高中子通量强度点）
incandescent ~ 炽（热）点
kish graphite ~ 石墨集结
lemon ~ 白点（钢内缺陷）
locating ~ ①定斑位②定位斑
loud ~ 响区
luminescent ~ 光点，亮点
luminous ~ 光点，亮点
mercury ~ 汞阴极辉点
multiplier ~ 电子倍增光点
noise ~ 噪声引起的斑点，干扰点
nucleate ~ 汽化中心
pickled ~ 酸洗斑点
reflective ~ 磁带首尾指示标记
rusty ~ 锈斑
segregated ~ 偏析区
sight ~ 检视孔（模导板中的）
single ~ 点焊缝
slag ~ 夹渣
soft ~ ①模糊光点②软点
solar ~ ①太阳黑子，日斑②太阳聚光灯
stain ~ 污斑（电镀的），疵点
sunk ~ 缩孔，沉陷处
trapping ~ 陷点
trouble ~ （容易）出故障处，故障点
wing ~ 侧投点照灯光（电视的）

spot-analysis 斑点分析
spot-check 抽（样检）查，抽样
spotfacer 锪孔钻，刮孔口刀
spot-facing 刮孔口平面，锪孔
spot-homogen 铁板铅被覆
spotlight ①聚光灯，反光灯，车（头）灯②投影仪③点光源
electronic ~ ①电子追光②电子指示器

spotter ①测位仪②定心钻，中心钻③搜索雷达，警戒雷达站④观察船，观测机，观察者⑤点样器⑥除污机⑦把货物放到指定地点的机器
aeroplane ~ 弹着观测机
black ~ ①静噪器，噪声抑制器②杂波抑制器
die ~ 调试冲模用压力机
grill ~ 格栅除污机

spottiness 斑点（脉冲干扰的图像失真），斑点度，光斑效应
spotting ①测定点位，确定准确位置，找正②钻〔定〕中心孔，锪削③斑点（电镀的），斑点度④目标探测⑤模具表面涂色以找出高点⑥配置，装设，识别，配研⑦点滴，点样，加样⑧（在夹板或轮片上）滚压麻点⑨去油污渍，蒸呢工艺，（钟表的）精饰加工
~ out 泛点
axial ~ 轴向找正，纵轴观察，射线观察
black ~ 白斑干扰抵消法
flash ~ 光测法，光学测距
sound ~ 声波探测，声波定位

spotting-in ①测定点位②钻定心孔③配刮加工
spotty ①有斑点的②不规则的，不稳定的
spotweld 点焊（缝）
spotweld-bonding 胶接点焊
spot-welder 点焊机
spout ①嘴②（斜）槽，流槽③喷〔出铁，排水〕口④筒，斗⑤管（运送液体的）⑥喷射
auger ~ 螺旋喷卸管，螺旋卸粮管
charging ~ 料斗，加料槽
cinder ~ 流渣槽，渣沟流嘴
discharge ~ ①漏嘴②喷口③泄水槽④卸载（管）⑤出料斜槽
down ~ 降液管，溢流管
elephant trunk ~ 巨人式混凝土料斗
ladle ~ 浇包嘴
monitor ~ 水枪喷嘴
nondrip ~ 无滴（油）喷嘴
pneumatic ~ 气垫斜槽
reciprocating ~ 摆动撒布管
seed ~ 输种管
slag ~ 流渣槽，出渣槽
swing ~ 摆动给料器（烧结机的），摆动流嘴（出铁沟的）
tailing ~ 尾喷口
tapping ~ ①出钢槽，出铁槽②放出槽③泄水口
turnhead ~ 转向卸料槽

wagon ~ 装车口（玉米捡拾升运器的）
spouting 喷注
sprag ①支柱②间隔木③制轮木，止轮垫④斜撑，肋板⑤挡圈
spragging 撑起
spray ①喷射，弥散，飞溅②喷雾③喷淋④喷涂⑤喷雾器⑥喷涂物⑦浪花⑧水雾，（燃料喷射）雾花⑨枝状饰⑩粗枝材成串铸件水帘，水屏幕
bottom water ~ 下喷水器（在被轧制带材的下面）
convergent cone ~ 锥形射流
descaling ~ 除鳞（喷水）喷嘴组
desuperheater ~ 蒸汽冷却器喷水，减温器喷水
hydraulic ~ 喷水器，高压水喷嘴
mist ~ 喷雾
mo(u)ld ~ （铸型）涂料
pattern ~ 脱模液
scene ~ （飞机）全景雷达
steam-borne ~ 蒸汽携带的水雾
surge ~ 不均匀喷射
sprayability 喷雾性，雾化性
sprayarch 弧〔拱〕形喷杆
spray-cone ①锥形的，扩散的②锥形喷流③喷射雾锥
sprayer ①喷撒〔射，雾，油，涂〕器，喷射装置②喷嘴，喷头③洒水车
aerosol ~ 烟雾（剂喷射）机〔器〕
air blast ~ 鼓风喷雾器
automatic knapsack ~ 背负式自动喷雾机
aviation ~ 航空喷雾设备
barrow ~ 手推车装载的喷雾器
blackwash ~ 涂料喷枪
boom ~ 喷杆喷雾机，喷管式喷雾器（喷管上装几个喷头，喷较宽的面积）
diaphragm ~ 膜片泵喷雾机
estate ~ 场内建筑物及树木消毒用喷雾机
knapsack ~ 背负式喷雾器
micron ~ 弥雾机
mist ~ 弥雾机
paint ~ 涂料喷涂机
pneumatic oil ~ 气动涂油机
running type ~ for tree 绿化喷雾车
steam-descaling ~ 蒸汽除鳞喷嘴
swirl ~ 旋流式（燃料）喷嘴（燃气轮机的）
tank ~ 固定式喷雾机
tar ~ 焦油喷射机
throat ~ 喷喉器（可代替喷枪）
toolbar ~ 通用机架喷雾器
water descaling ~ 水力除鳞喷嘴
sprayer-duster 喷雾喷粉机
sprayer-flame 火焰喷射机（中耕除草用）
sprayer-intermittent 间歇式喷雾器
sprayer-slide 柱塞泵式喷雾器（分双动式和单动式两种，有较大的压力和较大的喷程）
spraygun 喷枪
spraying ①喷雾〔洗，涂，镀，射，洒，补〕②金属喷敷③溅散
ceramic ~ 陶瓷喷涂
detonation ~ 爆炸喷涂
electric arc ~ 电弧喷涂
electrostatic ~ 静电喷涂〔洒，雾〕
flame ~ 火焰喷涂
hardfacing ~ 表面硬化喷焊
high frequency ~ 高频感应喷涂
high velocity ~ 超声速喷涂
metal ~ 金属喷镀
plasma ~ 等离子弧喷涂
plasma arc ~ 等离子弧喷涂
plastic ~ 塑料喷涂
supersonic ~ 超声速喷涂
thermal ~ 热喷涂
wet ~ 湿法喷补
sprayograph 喷雾分散度测定仪，喷雾质量测定仪
spray-painted 喷涂的
spray-painting 喷染〔涂，雾涂层〕
spraytron 静电喷涂器
spray-up ①喷附成形②喷层
spread ①敷胶量②分布，分散，散布③刮〔涂，上〕胶，涂敷④扩展，伸展，翼展⑤传播，撒开⑥距⑦零散，概率散度⑧铺〔打，展〕开，敲平（铆钉头）
angular ~ ①角度分散，角分散②方位角宽度
angular ~ 角度扩展
band ~ 频带展宽，波段展开，频带扩展
beam ~ ①声束扩散②光束范围（在最强烛光 10% 以上的范围）③电子束扩散〔展〕
Doppler ~ 多普勒范围
error ~ 误码扩散
free ~ 自由弹张量，自由伸出〔弹张〕量
grab ~ 抓斗开度
overall ~ ①全距②总范围
percentage ~ 宽展率
pitch ~ 节距（张度），间距
single ~ 单面涂布

temperature ~ 温度差距（同一断面中最高和最低温度之差）

spreadability 铺展性

spreader ①撒布〔涂板，铺层，分布，涂布，布料〕器，刮胶〔涂胶，上浆〕机，分纱器，喷液器，扩张器，钻头修尖器，播〔抛〕煤机，机械分配〔撒播〕机，分流梭②撑柱〔板〕，反变形片（铸件），分箱筘③润滑剂④展平锤，扩展机座⑤（集装箱）吊具，索具⑥十字形绝缘体，天线馈线分离隔板

adjustable ~ 可调节吊具，集装箱吊具

aggregate ~ 碎石摊铺机

air operated ~ 气动扩胎机

ballast ~ 撒石渣车

blast table ~ 风力抛煤机

casing ~ 外胎扩展器（汽车的）

centrifugal ~ 离心式撒布机

chain bar ~ 链式粗〔栉〕梳机

chip ~ 石屑撒布机

clutch ~ 离合器摩擦圈

coated chipping ~ 拌沥青石屑撒布机

cyclone ~ 旋风式撒布器

cylinder paddle ~ 叶轮式撒布机

double-hopper ~ 双斗播种撒肥机

end gate ~ 车厢后部撒肥器

expandable ~ 集装箱可伸缩吊具

gill faller ~ 落针延展机

glue ~ ①涂胶辊②上胶机，喷胶器，上浆机

GM ~ 梯度混合涂板器

intersecting gill ~ 重针延展机

lime ~ 石灰撒布机，施石灰机

lorry-mounted ~ 装在货车上的撒布机

manure ~ 厩肥撒布机

mother ~ 集装箱母吊

mulch ~ 覆盖物撒布机，切碎植物撒布机

open gill ~ 单针延展机

piston ring ~ 活塞环拆卸器

pole shoe ~ 极靴撑

pressurized ~ 压力式液肥洒布机

road ~ 筑路撒料机

roller ~ 罗拉式制绳机

rotary gill ~ 转针延展机

rotating flail ~ 旋转甩击式撒布〔肥〕机

rotor ~ 甩链式撒肥机

sand ~ 撒砂机

screw ~ 螺旋传送器，螺旋分布器

silk ~ 展棉机，延展机

slurry ~ 泥肥〔厩液〕洒布机

spinner chip ~ 旋动石屑摊铺机

spinner disk ~ 旋盘铺砂器

spring ~ 弹簧扩张〔拉长〕器

straw ~ 茎稿撒布器〔机〕

tail gate ~ （汽车）尾部挡板式石屑撒布器

tandem-wheeled ~ 后双轴四轮撒肥机

tie ~ 布枕机

tip ~ （筑路用）倾卸式撒布机

traction (drive) ~ 行走轮驱动的撒肥机

tricot ~ 经编织物折布机

vine ~ 藤蔓（切碎）撒布机

wet ~ and extractor （织物）给湿脱湿机

windrow ~ 茎稿抛撒器

spreader-finisher 铺整两用机

spreader-steamer （圆形针织物），扩幅汽蒸机

spreader-trailer 拖车式撒布机

spreading ①散布，撒布，（塑料）热熔流散，喷雾，喷散②敷③刮胶，涂胶④展宽，延展，扩展，扩张⑤湿润（性）⑥锻扁，锤薄，压平⑦增长，接长⑧扩孔锻造

band ~ ①波段展开②频带扩展

fuel ~ ①播煤②燃油雾化③燃料喷注

inverse-square ~ （辐射强度）按平方反比定律衰减

spread-out （火焰）拉长，冒火，喷火

spreadsheet 电子表格，制作电子表格的软件

spread-spectrum 展布〔扩展〕频谱

sprig ①无〔扁〕头钉②型面加强钉

mo(u)ld ~ 型钉（无头）

sprigger 嫩枝栽植机

sprigging 插（型）钉

sprills 柱状粉末

spring ①（弹）簧，板簧，簧片，钢板（弹簧）②（轧辊）弹起度，辊跳③起点，起拱点〔面〕④发条，油丝⑤弹回，弹跳，跳跃⑥弹性，弹力裂缝，裂开

action ~ 撞针簧

air ~ 空气弹簧

antagonistic ~ 复原〔放松，反作用〕弹簧

anti-backlash ~ 防止齿隙游移的弹簧，消隙弹簧

anti-chatter ~ 抗振弹簧

antidrift ~ （起动机）齿轮振摆防止弹簧，齿轮压紧弹簧

anti-rattler ~ 防震弹簧

application graduating ~ 控制递开簧

armature ~ 衔铁簧

backlash ~ 消隙弹簧

back-moving ~ 复位〔延缓，拉紧〕弹簧
back-up ~ 支承簧
backward ~ 反向〔回程，延缓〕弹簧
balance ~ 游丝
balancing ~ 平衡弹簧
ball retaining ~ 滚珠回位弹簧
band ~ 弹簧压条，板簧
bearing ~ ①片簧②悬架弹簧
Belleville ~ 碟形〔盘形，贝氏〕弹簧
blade ~ 片簧
bogie ~ 转向架弹簧
bolster ~ 垫枕弹簧，承梁弹簧
bolt ~ 栓簧
Bourdon ~ 弹簧管，博登管簧
bow ~ 半椭圆形板簧
bow-type ~ 叠板弹簧
brake retracting ~ 制动拉簧
Breguet ~ 挑框游丝，末端曲线游丝
bucket disk ~ 斗盘弹簧
buffer ~ 缓冲弹簧，阻尼弹簧
cambered ~ 半椭圆形板簧
cantilever ~ 悬臂弹簧，（汽车）半悬弹簧，半悬钢板
carriage ~ 车架弹簧，轴承弹簧
carriage draw ~ （打字机用）滚轮架拉力弹簧
case ~ 闭锁弹簧，表壳簧
casing ~ 框簧
catch ~ 挡簧
centering ~ 对中弹簧
check ~ 调整〔止动，复原，穴播阀〕弹簧
check-valve ~ 止回〔流〕阀弹簧
clear ~ 回零弹簧
clearer ~ 绒辊弹簧
close coiled helical ~ 密卷螺簧
closed-coil ~ 密卷弹簧
clutch ~ 离合器弹簧
coach ~ ①客车弹簧，扁〔平〕弹簧②弹簧片
coil(ed) ~ 盘簧
compensating ~ 平衡弹簧
compensating balance ~ 恒弹性游丝
compensation ~ 调整〔平衡〕弹簧
compound ~ 复式弹簧
concentric ~ 组合弹簧，同心弹簧
concussion ~ 减振弹簧，缓冲弹簧
cone ~ 锥形弹簧
constant force ~ 等拉力弹簧〔发条〕
contained ~ 包容弹簧，（处于）内部（的）弹簧
counter ~ 平衡〔缓冲，减振〕弹簧
counterpoise ~ 平衡弹簧，补偿弹簧
creep ~ 保险弹簧
C-type Bourdon ~ C型弹簧管（压力表元件）
cup ~ 盘形弹簧，板簧
cushion hitch ~ 拖车减振弹簧
cut-out ~ 分开弹簧，断路弹簧
dead ~ 压下弹簧，失效弹簧
discharging ~ （天文钟擒纵机的）金簧
disk ~ 盘簧，碟形弹簧
double ~ 双叠板簧
double laminated ~ 双弓弹簧，椭圆弹簧
draft ~ 缓冲弹簧
driven ~ 复进簧
dual-rate ~ 可变刚性弹簧
duration ~ 持续作用弹簧
elliptical ~ 椭圆形板弹簧，双弓板弹簧
engage ~ 啮合弹簧
extend working ~ 牵引簧
extension ~ 牵伸簧，拉伸弹簧
flat ~ 片〔平〕弹簧，扁〔片，板〕簧
flat spiral ~ 平面蜗卷弹簧
flexion ~ 挠曲计，弯曲弹簧
fly ~ 开盖簧，跳簧
garter ~ ①环状螺旋弹簧（使环内圆柱体受到均匀径向力）②夹紧盘簧，卡紧弹簧，箍簧，弹簧圈
gasket ~ 金属垫圈弹簧
graduating ~ 节制弹簧
grass-hopper ~ 悬臂弹簧，半椭圆弹簧
hair ~ 游丝，细弹簧
hang ~ 吊丝
helical ~ 螺旋（形）弹簧，盘簧
helper ~ 副钢板（弹簧），辅助弹簧
Hookean ~ 线性弹簧
hydro-pneumatic ~ 油气弹簧
impulse ~ 脉动簧
jack ~ 塞孔接触弹簧
keylevel ~ 键条弹簧
knuckle flange felt ~ 关节凸缘弹簧
laminated ~ 叠层弹簧，复合弹簧，板簧
leaf ~ 板弹簧，板簧，片（弹）簧，汽车钢板弹簧
magazine ~ 托弹簧
main ~ ①主弹簧，主发条②击针簧（枪的）③主动机动力
make-before-break ~ 先接后离触簧片
marginal ~ 回动弹簧（电焊设备的调整器中）

marshal ~ 座簧
negater ~ 反旋弹簧
nest ~ 复式盘簧，双重螺旋弹簧
Nivarox ~ 尼瓦洛克斯合金游丝
non-surging ~ 防共振弹簧，无冲击气门弹簧
offsetting ~ 复位弹簧
operating (rod) ~ 复进簧
oval section volute ~ 锥形（螺旋）弹簧
packing ~ 密封圈弹簧，填料弹簧
passing ~ 过簧，（金簧）传递簧（航海天文钟擒纵机构）
pawl ~ 爪簧，制动簧片
post ~ 杆簧
pulse ~ 脉冲触簧
rag iron ~ （玉米脱粒机的）压板弹簧
reaction ~ 反力弹簧，反作用弹簧
recoil (check) ~ 复进弹簧
recuperator ~ 回动弹簧，复进机弹簧
reed ~ 笛片（式）簧
relay retractile ~ 继电器回缩〔复位〕弹簧
release ~ 分离弹簧，缓解弹簧，放松弹簧，回位弹簧
relief ~ 保险〔平衡，减压〕弹簧
resistant ~ 耐久弹簧，长寿命弹簧
restoring ~ 复位〔还原，放松，拉出〕弹簧
restraining ~ 保险〔安全，限制〕弹簧
retracting ~ 回动〔回位，释放，回程〕弹簧
reverse plunger ~ 倒档定位〔固定〕柱销弹簧
ring ~ 环形弹簧，环簧，弹簧环，止动环，环键（汽轮发电机）
road ~ 车用弹簧，（钢）板（弹）簧
rubber ~ 橡胶弹簧
scroll ~ 涡簧（两头弯曲的半椭圆形弹簧）
seat ~ 座垫弹簧
secret ~ （表壳）秘簧
set ~ 离合杆簧
setback pin ~ 惯性销簧
set-up ~ 预压弹簧
slat ~ 横弹簧（车座的）
spider ~ 十字形弹簧
spiral ~ 螺（旋形弹）簧，盘簧，卷簧
spiral power ~ （螺旋状的）发条
splayed ~ 喇叭状配置弹簧（汽车底盘弹簧，后面两组纵向安装，前面一组横向安装，呈 喇叭状）
spreader ~ 扩张弹簧，压簧
spring-actuatedslack ~ 放松簧，释放簧
springclick ~ 棘轮弹簧，闸轮弹簧
stabilizer ~ 横置弹簧
starter clutch ~ 起动机离合弹簧
stick ~ 自保弹簧
stiff ~ 牵引弹簧，刚性弹簧
stop draw ~ 位移限制器（在牵引装置中牵引杆的）
striker ~ 击针簧
S-type Bourdon ~ S 型弹簧管（压力表元件）
supplementary ~ 保险弹簧，副弹簧
swinger ~ 回摆弹簧
switch ~ 塞孔簧片
tailhook ~ 尾钩弹簧
tail-skid ~ 尾橇悬簧
tappet ~ 挺杆弹簧
tensile ~ 张丝
tension ~ 张丝，拉（力弹）簧，牵力弹簧
tickler ~ 推针弹簧
torsion ~ 抗扭弹簧
trailing ~ 尾簧
transfer-case mounting ~ 分动箱座弹簧
transverse leaf ~ 横置式钢板弹簧
trash ~ （犁上的）翻盖杂草残茬弹性杆
trip ~ 解扣弹簧，释放簧
tripping ~ 制动弹簧
underslung ~ ①轴下悬簧②吊挂式钢板弹簧（将弹簧中部附近，装在桥体下面的安装方式）
vine ~ 拨藤蔓〔茎叶〕弹性杆
volute ~ 锥形弹簧，涡旋弹簧
wind ~ 卷簧，发条
wound ~ 盘簧

spring-actuated 弹簧驱动的
spring-back ①弹性后效②弹性回跳，回弹，弹性回复（指变形后的）③弹回计量器
spring-beam 弹性梁，弹簧杆，系梁
springblock 弹簧座
spring-detent ①弹簧带爪式（换向阀）②带定位装置式（换向阀）
springer ①跳的人或物②起拱面③四瓣弹簧夹
spring-go 弹复，回弹（复杂弯曲件平均弯曲角度变大的现象）
springhead 弹簧头
springhole 弹性孔
springiness 弹性，有弹力
springing ①弹动〔跳，回〕②弹性装置③起拱点④弹性挠曲变形⑤扩孔底⑥（调整摆轮游丝使得到所要求的每小时振动次数）调频
undercarriage ~ 起落架弹性装置
springline 起拱线

spring-loaded ①弹簧支承〔加载〕的②受弹簧力作用的
springmattress 弹簧垫子
spring-opposed 弹簧平衡的
spring-return 依靠弹簧复位的,弹（簧）力（作用下的）回程
springset 弹簧组
springy 有弹力的，似弹簧的
sprinkler ①喷灌机，喷灌器，人工降雨装置②喷水器，喷壶，洒水车，洒水器，自动喷水消火装置
boom ~ 航空人工降雨机
circular ~ 环形喷灌机
forestry ~ 林业喷灌机
hammer-type ~ 锤式喷灌器（带转向导流罩和摇臂的）
hydraulic ~ 远射程喷灌机
knocker-type ~ 带楔形转向导流罩的喷灌机〔器〕
mist ~ 弥雾机
slow orchard ~ 果园用低速喷灌器
sugar ~ 撒砂糖机
wave-type ~ 喷头间歇转位式喷灌器
whirling ~ 旋转式洒水器
sprinters 快跑者（信息社会坐标系得分在 1 000 ~ 2 000 的人）
Sprite 小妖精（图标）
s-process 慢过程
sprocket ①链轮②星轮③带齿卷盘④（影片）输片齿轮⑤链轮铣刀⑥（檐）接椽
auger ~ 螺旋推运器（传动）链轮
snub ~ 摩擦链轮
snubber ~ 松放链轮（升运器的）
split ~ 拼合式链轮
tightener ~ 张紧链轮
wildcat ~ 绞盘链轮
spron 卸载槽
sprue ①浇（铸）道，直浇道，流道②夹钳（锻造的）③熔渣
horn ~ 角状〔牛角〕浇道
relief ~ 补助〔减压直〕浇道，冒渣口，除渣减压冒口
sprue-master 取件工具（压铸机的）
sprung 缓冲的，加弹簧的，支在弹簧上的
spud ①草铲②剥皮刀③溢水接管④销钉⑤刮刀⑥压板，夹板⑦定位桩⑧煤气枪，煤气喷嘴
valve ~ 气门嘴座
spudder ①剥树皮器，削皮器②削皮刀
spuddy 粗而短的
spume （使）起泡沫，泡〔浮〕沫
spumescence 泡沫状，泡沫性
spumous 有浮沫的，有泡沫的，尽是泡沫的
spun ①旋制的，拉长的，纺成的②离心铸造的
spund 履带链板，履带瓦
spunfiber 纺制纤维
melt ~ 熔纺纤维
spun-in 离心铸造
spur ①支撑物②凸壁③压杆④促进器⑤径迹，痕迹⑥排出口，孔⑦齿（数）⑧棱线⑨专用线，支线，飞边，飞翅⑩（粒子径迹的）电离中心
pole ~ 极靴凸出部分，靴沿
spur-gear 直齿（圆柱齿）轮
spurging ①起泡②起疤③产生泡沫
spurion 斯普里昂（假设的基本粒子）
spurious ①假〔虚，寄生，乱真〕的②不合逻辑的，谬误的
spurium 寄生射束
spurnwater 防浪板
spurt ①溅（散），喷出，（脉）冲，喷流②短促突然的爆发〔激增〕③短时间，一时④脉冲〔动〕，冲量
spur-wheel 正齿轮
sput ①推动（器）②刺激
sputter ①（阴极真空）喷镀，（阴极）溅镀，喷射〔涂〕，喷镀金属②溅蚀（离子对结构表面冲击引起的材料损耗），爆裂③飞溅（机），溅射（机）④（发出）噼噼啪啪声，（马达等）爆响着熄掉
sputtering ①飞溅，溅射②喷溅涂覆法，阴极真空喷镀，阴极溅镀，溅蚀（离子对结构表面冲击引起的材料损耗）
cathode ~ 阴极溅射〔喷镀〕
direct current ~ 直流溅射
ion beam ~ 离子束溅射，离子溅射沉积
magnetron ~ 磁控溅射
radio frequency ~ 射频溅射
spyglass 小望远镜
spyhole 窥视〔窥测，探视，检查〕孔
spy-in-the-sky 侦察卫星，空中间谍
squad 班，组，小队
squagging 自锁，自动联锁
squalane ①低凝点高级润滑油（$C_{30}H_{62}$）②角鲨烷
squalene 角鲨烯，三十碳六烯，鱼肝油
squalid 不洁〔污秽，油封〕的
squama 鳞状物，鳞片

squarability 可平方性
square ①正方（形），矩形②平方，乘方③ 90° 角尺，直角器，(绘图）三角板，丁字尺，矩尺④二次幂⑤（pl.）方钢⑥方块饰⑦形成矩形波⑧正弦波 - 矩形波转换器⑨广场，街区
~ up 成直角安装
angle ~ 角尺
back ~ ①（测量用）定线器②矩尺，角尺
beam ~ 横梁角尺
bevel ~ 斜（量）角规，分度规
block ~ 矩形角尺
caliber ~ 测径尺
center ~ 中心角尺，求心矩尺
combination ~ ①组合角〔矩〕尺②什锦角尺
dead ~ 准正方形
Epstein ~ 爱普司坦磁铁方（测量铁心损耗用的装置）
framing ~ 木工角尺
grid ~ 方格网
least ~ 最小二乘方
least mean ~ 最小均方值
Lloyd-Fisher ~ 劳埃德 - 费希尔磁损仪（测量铁心损耗的装置）
magic ~ 幻方
mean ~ ①平方平均，方均（值）②平均离散度
normal ~ 矩规
offset optical ~ 偏距光学直角头
open block ~ 空心矩形尺
optical ~ 光学直角头，直角转〔旋〕光器
perfect ~ 完全平方，整方
prism ~ 直角镜
protractor set ~ 分度三角板
recessed ~ 内方头
reflecting ~ 反光直角器
root mean ~ 方均根值
root sum ~ 和的平方根
set ~ 三角板，三角尺
solar ~ 方形日规
sweep optical ~ 平面扫描仪，扫描式光学直角头
T ~ 丁字尺
transit ~ 工具〔坐标，型架〕经纬仪
trial ~ 验方角尺
try ~ 验方角尺〔规〕，矩〔曲〕尺，90° 角尺
zero offset optical ~ 零距直角头
square-edged 方边的，边成 90° 角的
square-error 误差平方
squarehead 方头，门边梁
square-integrable 平方可积的
square-law 平方律
squarely 成方形，对准，正面地
squareness ①垂直度，直角度②正方性〔度〕③公正，正直
squarer ①矩形波形成器，矩形脉冲形成器②平方电路，平方器
squares 二次方
recursive least ~ 递归最小二乘法
squariance （离差）平方和
squaring ①形成矩形脉冲②四扭编组（电缆的）③削方④乘方⑤分成方格⑥绘图方格，坐标纸
squash ①压碎〔烂，扁〕②压进去，挤进去③侧滑④扁坯，压碎之物
squawk （发）嘎嘎声，尖声，(无线电识别）发送信号
squeal ①啸〔振鸣，尖叫〕声②振动（阀门的）
cornering ~ 轮胎回转侧滑时发生的噪声
squealer 声响（指示）器，鸣声器
squealing 号叫，啸声，振鸣声
squeegee ①隔离胶，油皮胶②涂刷器③橡皮刮板④橡皮滚子⑤路刷⑥用（橡皮）刮板擦，补缝
air ~ 气力吹拂器
squeezability 可压缩性，可压实性
squeeze ①夹②擦净，擦干③橡胶覆面挤干辊④压（印），压铆，挤（压）⑤压出物⑥弯曲机
bottom ~ 底板隆起，底鼓
conto(u)r ~ 成形压实
segment ~ 触头压实
squeezer ①压榨〔挤压，齐边压力，压实（式造型），弯曲，弯板，压铆，轧水，绳状压水，颚式破碎〕机②压紧器③填充器④挤干机构
alligator ~ ①鳄式压轧机②杠杆式弯曲机
burden ~ 炉料压紧器
crocodile ~ ①鳄式压轧机②杠杆式弯曲机
C-yoke ~ 钳式压铆机
edge ~ （板坯）齐边压力机
equalizing piston ~ 多触头造型机
jar ~ 震实（式）造型机
jolt ~ 震实造型机
jolt ramming ~ 振动夯击机，冲击机
powder ~ 射压造型机
power ~ 机力压榨机
ring ~ 压环机（装卸活塞环用）
rope ~ 绳状轧水机
slab ~ 齐边压力机（板坯的）

vibratory ~ 微振压实造型机
squeezing 压挤〔缩，制，印〕，陷型模锻加工
melted metal ~ 液态模锻
squeg 非常不规律的振荡
squegger 自动消失振荡器
squegging 间歇〔断续〕振荡器的振荡模式
squelch ①噪声抑制（电路），静噪（电路）②无噪声电路，消声③压扁，镇压，制止
ratio ~ 比率啸声抑制电路
squib ①引爆〔发火，电雷〕管，电引火器②轰眼炸药，扩底炸药③轰眼，扩孔底，掏壶
powder ~ 点火头
squinch 内〔突〕角拱
squint ①斜孔小窗，窥视窗②异形砖③斜倾，斜视角④天线方向性偏斜⑤两波束轴间夹角⑥倾向，趋势⑦倾斜的，偏移的
squirm 蠕动，扭曲，绳索的一扭
squirrel-cage ①笼（型）②笼形线圈
squirt ①注射器，喷射（器），水枪，喷枪②细的喷流，喷出的粉末③喷气飞机④喷出
grease ~ 注油器，润滑脂枪
squirting 进出，喷射
squish ①压碎〔破，扁〕②压进去，挤进去
squitter 断续〔间歇〕振荡器
S-register 和数〔存储〕寄存器
stabber ①谷物空心取样器，谷物探棒②锥③穿索针
pipe ~ 管子插头
stabilator ①安定面②稳定器，（车身）横向稳定器
stabilidyne 高稳式接收器，高稳式超外差电路
stabilimeter 稳定计，稳定仪，稳定性量测仪
stabiliser ①稳定器②稳定剂③支脚，支柱④锁定附件⑤平衡杆⑥镇流器
moving weight ~ 重力移动消摆装置
stabilistor 铁磁稳压管
stability ①稳定性，稳定度，安定性②强度，刚度，耐久性，坚固性，牢固度
arrow ~ 风向稳定性，弹道稳定性
bias ~ 偏置稳定性
buckling ~ 抗弯稳定性
channel net loss ~ 通路净损失持恒度
corrosion ~ 抗蚀性，耐蚀性，腐蚀稳定性
damaged ~ 破舱稳性
dead-beat ~ 非周期稳定性
dimensional ~ 形稳性，尺寸稳定性
hydrolytic ~ ①（抗）水解稳定性②液压稳定性
initial ~ 初稳性
intact ~ 完整稳性
light ~ 光稳定性，耐光性
marginal ~ 极限〔临界〕稳定性
mo(u)ld ~ 铸型稳定性
morphologic(al) ~ 形态稳定性
pyrolytic ~ 耐高温分解性，抗热损伤强度
radiation ~ 耐辐照度
radiation-damage ~ 耐辐照损伤性
release ~ 缓解稳定性
secular ~ 长期稳定性〔度〕
stable ~ 正〔稳，安〕定性
stiff ~ 强稳定性
thermal ~ 热稳定性，耐热度（可耐的最高温度）
transient ~ 动态稳定性
unstable ~ 负稳定法
stabilivolt 稳压
stabilizability 可稳定性
stabilization ①稳定，稳定性，稳定作用②稳定处理③坚固
automatic frequency ~ 自动频率稳定
automatic three-axis ~ （数控加工）自动三轴稳定
digital idling ~ （汽车）数字式怠速稳定系统
drift ~ 漂移补偿
slow-roll ~ 转动稳定
swirl-flame ~ 旋转火焰稳定性
stabilizator ①稳定剂②稳定器③安定面④稳压器
stabilize ①（使）稳定，稳定化，安定②消除内应力（处理）
stabilizer ①稳定器②稳定剂③支脚，支柱④锁定附件⑤平衡杆⑥减摇装置⑦镇流器⑧（汽车悬架）稳定杆
amplitude ~ 稳幅器
anti-roll ~ 抗横摇装置，抗横摇稳定器
arc ~ 稳弧剂，稳弧装置
automatic image ~ 自动图像稳定装置
coplanar ~ 共面稳定器
current ~ 电流镇定器，稳流器
degenerative ~ 负反馈稳定器
direct-current ~ 直流稳压器
ferritic ~ 铁素体稳定元素
foam ~ 泡沫稳定剂
frequency ~ 稳频器
gutter ~ 窄槽稳定器
gyroscopic ~ 陀螺稳定器
gyrostatic ~ 转稳定器

horizontal ~　水平稳定翼
hot column ~　稳定塔
linkage ~　悬挂装置的锁〔稳〕定器
neon ~　氖管稳定器〔压管〕
parameter voltage ~　参数稳压器
pendulum ~　悬摆稳定器
piezoelectric ~　压电（晶体）稳频器
potential ~　电位〔电势，电压〕稳定器
power system ~　电力系统稳定器
quartz (frequency) ~　石英稳频器
revolution ~　转数稳定器
ride ~　行驶稳定器，（转向时）侧向稳定器
sand ~　型砂稳定剂
spectrum ~　能谱稳定器，稳谱器
switching mode voltage ~　开关型稳压电源
vertical ~　垂直稳定翼
Weir ~　韦尔石英稳频器

stabilizing　①稳定的②稳定化

stabilography　重心描记术

stabilometer　稳定计，稳定仪，稳定性量测〔记录〕仪

stabilotron　厘米波功率振荡管，稳频管（高稳定度微波振荡管）

stabilovolt(tube)　电压稳定装置

stabistor　稳压二极管，限压半导体二极管

stable　稳定〔稳态，安定，坚固，恒定〕的

stableness　稳定性

stack　①组套，组合件②叠加，堆积③堆栈〔叠式〕存储器，栈式存储区，暂存器（计算机的）④烟囱，高炉炉身通风管，竖管⑤堆，架，垛⑥排出器⑦冷却塔⑧体积单位（为 100 ft^3，合 2.83 m^3）⑨段（铁心的），叠片组⑩库，包装箱
active ~　操作栈
aerial ~　天线叠层
cable ~　拉索式堆垛机（包括两边的立柱和中间的拉索
capsule ~　膜盒组（件）
chimney ~　烟囱
cob ~　玉米芯输送堆集器
common ~　总烟囱
compile-time ~　编译时栈
cooling ~　自然通风冷却塔
core ~　①磁心体②叠片磁心
core-lamination ~　铁心叠片
data ~　数据堆栈
disk ~　磁盘组（可换式）
exhaust ~　排气器，排气烟囱，抽风管，尾喷管，排风塔
explosion ~　防爆管
FIFO ~　先进先出栈
fuel ~　（核能）燃料（芯块）叠堆
furnace ~　炉体，炉身
graphite ~　（反应堆中的）石墨堆
hay ~　干草堆垛机
head ~　①磁头组，多轨磁头②（记录）标题集合
high voltage rectifier ~　高压整流堆
high voltage silicon rectifier ~　高压硅堆
hot-dip tinning ~　热镀锡装置
jet ~　喷汽〔射〕管，射流流线
job ~　加工序列，作业堆栈
mast ~　立柱吊重式堆垛机
maze decision ~　迷路判定栈
memory ~　组存储器，存储体
multi-cylinder ~　多筒烟囱
overshot ~　上抛卸式垛草机
pop ~　上托栈
private process ~　专用进程栈
process-distinguish ~　进程区分栈
program ~　程序栈
push-down ~　下堆栈，后进先出（堆）栈
push-off ~　推卸式堆垛机
rectifier ~　整流片组，整流堆
sack ~　粮袋码垛机
scratch ~　暂存栈
self-supporting ~　自承式烟囱（与锅炉基础建在一起）
semantic ~　语义栈
semiconductor rectifier ~　半导体整流堆
short ~　①短排气道②短堆栈
LIFO ~　后进先出栈
storage address ~　存储器地址栈
stub ~　高置烟筒，（设在锅炉顶的）短烟囱
swing-around (hay) ~　转臂式垛草机
syntactic ~　语法栈
syntax ~　语法栈
thyristor ~　晶闸管堆
tinning ~　镀锡器具〔设备，装置〕
valve device ~　阀器件堆
vent ~　通风竖管

stackable-hub　可叠式集线器

stacked　成叠的，成垛的，成堆的

stacker　①可升降摄像机台，摄影机升降台②卡片积存器，叠卡器③叠式储存器④集草器，集草车⑤臂式堆料机，堆垛机，打垛机，码垛机，堆纸机⑥集纸箱，堆积箱（文件的）

boom ~ 铰接杆式堆垛机
buck ~ 堆垛机
buckrake hay ~ 集草垛草机
cable ~ 缆索升降摄像机台
card ~ 叠卡片机
log ~ 归楞机，垛木机
mast ~ 立柱吊重式堆垛机
offset ~ 分选接卡机
prime ~ 一级品板材堆垛机
reject ~ 废板堆垛机
stacker-loader 装载堆垛机
stacker-reclaimer 堆取料机
brachial type bucket wheel ~ 臂式斗轮堆取料机
bridge type bucket wheel ~ 桥式斗轮取料机
bucket wheel ~ 斗轮堆取料机
gantry bucket wheel ~ 门式斗轮堆取料机
roller ~ 滚筒式堆取料机
stackfreed 连接条盒偏心轮（或凸轮）(在未发明发条轮前，用来平衡传动力的）
stack-funnel 烟囱内的尖塔形通风设备
stacking ①堆积干燥法②堆垛，垛放
beam ~ 聚束
interlocking ~ 错落堆垛
interrupt ~ 中断堆叠
rim ~ 磁轭叠压，磁轭堆叠（水轮发电机）
stacking-fault 堆垛层错，层积缺陷
stack-mounted 片式连接的
stacktron 陶瓷收信放大管
stackup 层叠，堆积
stack-yard 堆积场
stactometer 滴重计
stada ①视距，准距②视距仪〔法，尺〕③测距标杆④视距测量的
staddle ①牵条②支柱③承架④支撑物⑤基础
stadia 视距，准距，视距尺，视距测量的
stadimeter 小型六分仪，手操测距仪
stadiometer ①自记经纬仪，测距仪②身高计
staff ①棍，棒，杆，支柱，横档，规平尺②平衡轴（钟表机构的）③小轴杆④标尺，测尺⑤（全体）工作人员
angle ~ ①角饰②角形支柱
brake ~ 制动器
cross ~ 十字杆，直角仪，照准仪
object ~ （测量的）准尺，函尺
offset ~ 偏置杆，偏距尺（测量用短杆）
overcasting ~ 测量杆
proof ~ 金属直规
square ~ 方缘线，角缘线
surveyor's ~ 水平尺
telescopic(al) ~ 可伸缩标尺
staffing 定员，人员配备
stage ①阶段，程度②时期③水位④架台，站，载物台⑤级⑥步骤⑦脚手架⑧地点，场所⑨模拟条件⑩平台，浮台，浮码头，趸船
~ (of a series connection) 级（串联的）
abandonment ~ 更替期
accumulator ~ 累加器单元
acid regression ~ 酸性消退阶段
adder ~ ①混频级②相加级
astern ~ 倒车级
binary ~ 双间隔
binary divider ~ 二进制分频级
blocking ~ 还原期
boil ~ 氧化期，沸腾期
booster ~ ①增强级②助推级
buffer ~ 缓冲级
burst-amplifier ~ 彩色同步脉冲放大级
by-pass ~ 旁路级
cathode follower ~ 阴极输出级
charging ~ 进气〔进料，充电〕阶段
converter ~ 交换级，变频级
counting ~ 计数级
Curtis ~ 速度级，寇蒂斯级
dark ~ 暗摄影棚〔场〕
data acquisition ~ 数据获取级
drive(r) ~ 激励级
erecting ~ 装配台
excitation ~ 激发能级
exhaust ~ 排汽级
extraction ~ ①抽汽级②萃取级数
flip-flop ~ 触发级
frequency divider ~ 分频级
gain ~ 增益级
governing ~ 调节级
hardware ~ ①具体对象的建造阶段②用金属制造的阶段，试制阶段
image ~ 图像传输部分
impulse (type) ~ 冲动级
inhibit ~ 延迟级，抑制级
inlet compressor ~ 压缩器的第一级
intensifier ~ 放大级
intermediate ~ 中间级
intermix ~ 混频级
inverter ~ 倒相级
killer ~ 抑制级
landing ~ 栈桥，浮动平台

limiter ~ 限制级
live ~ 真实级（以区别于模拟级）
melting ~ 熔化期，熔化阶段
microscope ~ 显微镜载物台
microwarm ~ 显微镜加温台
mixer ~ 混频级
multiexhaust ~ 双层排汽级
multipressure ~ （透平中的）级列，级序
mushy ~ ①固 - 液态②糊糊状态
output ~ 输出级，末级
penultimate ~ 末前级
pilot ~ 先导级，控制级
plain ~ 平〔工作，普通载物〕台
plastic ~ 塑性阶段
power ~ ①功率级，功率放大级②电力段
preamplifier ~ 前置放大级
preceding ~ 前级
preconstruction ~ 施工前阶段
preselection ~ 预选级
push-pull ~ 推挽级
register chooser ~ 记选级
retarding ~ 减速级
scoring ~ 音乐播音室
series ~ 串联级
single-pressure ~ 单压级
decade ~ 十进位格子
switching ~ 机键〔转换〕级
teeming ~ 浇注平台
unilateral amplifier ~ 单向放大级
universal ~ 万能转台，旋转台
virtual ~ 虚拟级
water ~ 水位
staged ①梯形〔阶梯式〕的②成级的，分阶段的
stage-hardening 分级淬火
stage-motor 多级火箭发动机
stagewise ①阶梯的②分段的
stagger ①交错（配置），错开排列②参差，偏置，偏心，侧向往复偏移③摆动，跳动④拐折⑤斜（罩）⑥叶片的安装角差⑦摆动误差（传真记录）
staggered 交错的，参差的
staggering ①交错，摆动（调谐）②回路失调，谐振回路失谐③电刷（从中性区的）位移
stagger-peaked 参差峰化的
stagger-tuned 参差调谐的
staging ①构〔台，脚手，工作〕架②级（组）③阶变④举行，进行，配置⑤分段运输⑥透平叶片配置，叶片安装
injector ~ 喷嘴的配置
stagnant 停滞〔不流动，不活泼〕的
stagnation ①滞流，停滞（性）②制动③滞〔驻〕点，临界（点）
stagonometer （表面张力）滴重计
stain ①着色剂，染（色）剂，料②污点，污斑③染〔着，变〕色④瑕疵⑤锈（蚀）⑥凹坑（表面缺陷）
bate ~ 脱斑
rusty ~ 锈斑，锈迹
wet storage ~ 白膜，白锈（镀锌层表面的）
stainer ①着色剂②染色器
staining ①着色②刷染法③失去光泽，发暗④生锈，锈蚀⑤浸蚀⑥污染
stainless ①不锈钢②不锈的
staircase 阶梯
moving ~ 自动升降梯
winding ~ 盘旋式楼梯
stairs ①浮码头，趸船②楼〔扶，阶〕梯
stairstep ①步进的②楼梯踏步
stairway 楼梯，阶梯，梯子
electric ~ 自动扶梯
travelling ~ 自动扶梯，移动梯
staith 码头
stake ①支柱，托架，拉条②铸型用销钉③丁字砧（活用铁砧）④拉软床（皮革加工用）⑤棚条⑥路标，标杆，（设立）标桩
~ on 用键固定
anchor ~ 拉紧桩
anvil ~ 桩砧
dressing ~ 手砧
furnace ~ 炉身
hatchet ~ 压弯金属板砧，曲铁桩砧
marking ~ 电缆标石
rack ~ 栏栅杆
riveting ~ 钢砧，铆接砧
stake-line ~ out 放样，空线，立桩
stake-line （用桩标出的）测线
stake-resistance 桩极电阻
staking ①凿缝②铆接③压凹接合④桩式接合⑤打标桩⑥嵌缝连接
staking-out 放样，定线
stalagmometer （表面张力）滴重计
Stalanium 斯特拉尼姆镁铝合金（w（Mg）7%，w（Sb）0.5%，其余 Al）
stale 陈旧的，不新鲜的，失时效的
stalinite 钢化玻璃

stalk ①型芯骨架②高烟囱③茎，杆，柱，把手④灯丝杆⑤升液管

stall ①失速，（速度不足）停车，（程序）失控，发生故障，停止转动，抛锚，失速矩，逆转转矩，颠覆力矩②阻止，妨碍③气流分离，脱流④喘振⑤陈化

dynamic ~ 动态失速

engine ~ 发动机熄火〔停车〕

hot ~ 热故障（汽车长时间行驶后，一旦停机，再起动就不能着火）

root ~ 根部失速，根部脱流

tip ~ 叶顶失速

torque ~ 转矩不定停车

stalling ①停转②失速③（发动机）熄火④陈化

stallometer ①临界速度指示仪，气流分离指示器②失速信号器，失速仪

stalloy ①硅钢片，电工用钢片②薄钢片

stall-proof 防失速的

stall-warning 失速告警的

stalo 稳定本机振荡器

stamina ①基础②骨干，生物（有机）体，最重要，最根本的部分，成分或性质③持续工作能力，支持力，精力，耐力，（使人或动物能做长久辛苦工作，抵抗重病等的）体力

stamp ①标志〔号，记〕，商标，印章，压痕，邮票②模具，冲模，锻模，压榨③捣碎（机），捣矿机④捣磨，压（碎）⑤压模，压滚，（打）印记锤，压花，冲压

atmospheric ~ 气锤

block ~ 下料冲模

decoding time ~ 解码时间标记

drop ~ 落锤

extrusion ~ 风冲子，捣锤

facile time ~ 考勤钟

gravity ~ 落锤（捣矿机）

hot ~ 火印

presentation time ~ 指示时间标记（DVD光盘中）

steeple-compound ~ 尖柱捣磨

time ~ ①印时戳②计时打印机

stamped ①已捣碎的②已复印的③冲压，模压

stamper ①杵②捣实〔捣碎，捣矿〕机③捣锤④打印记装置，打压机，冲压机⑤压模，模子⑥冲压工，模压工

backed ~ 复制〔双工，衬板压〕模

master ~ 原模

piano card ~ 键式打纹板机

stamping ①冲压（件）②模锻，冲压加工③压花，烫字④捣磨⑤打印记⑥模冲⑦冲击制品，捣碎物，冲压废料

armature ~ 电枢冲片

die ~ ①冲压②模锻，模压③压花

drop ~ 热模锻，落锤，锤击

E ~ E形冲片

electromagnetically assisted sheet metal ~ 电磁辅助板材冲压

gold ~ 烫金

message time ~ （收到）信息计时

transformer ~ 变压器冲片

wet ~ 湿碎法

stanch ①优质的②密封的，气密的

stanchion 支柱，柱子，标柱，撑杆

pendulum ~ 摇（轴支）座

stand ①架，台，座②试验台③支柱，支架，支座④机座，机架⑤主场，地位⑥站，立⑦经受，坚持⑧一套〔组，副〕⑨113.4～136 kg（旧250～300 lb）的质量

air ~ 排气装置

animation ~ 动画摄影装置，动画片摄制台；特技台

anvil ~ 砧座

axle ~ 车轴修理台，车轴座

becking ~ 心轴座（在心轴上扩孔用）

block testing ~ 发动机试验台

blooming (mill) ~ 初轧机机座

breakdown ~ 粗轧机座

broadside ~ 宽展机座

center ~ （摩托车等中间下部的）中央支车架

cogging ~ 开坯机座

creel ~ 排线架，工字轮架（合绳机部件）

dial ga(u)ge ~ 指数表架，千分表架

drill ~ （安装）手摇钻台架，钻台，钻架

dummy ~ ①小压下量轧制机座②空轧机座

edging ~ 立辊机床

emery ~ 砂轮机

engine test ~ 发动机试验台

floor ~ 地轴架

housingless ~ 无牌坊机座，无机架机座

jiffy ~ 停车架

jumping three-high ~ 跳式三辊机座

ladle ~ 钢包支座

leader ~ 横列式交替二辊型钢轧机的预精轧机座

magnet ~ 磁性表架

microphone ~ 微音〔传声〕器架

mill ~ 轧机机座

pinion ~ ①齿轮机架（轧钢机上），齿轮座②小齿轮箱
pipet(te) ~ 吸移管架
pony ~ 预精轧机座
radiator ~ 散热器架
realign-up ~ 绕线机
reduction ~ 压轧机架
run-in ~ 磨合试验台
running axle ~ 车轴座
scouring ~ 不锈钢带抛光装置
service ~ ①工作台②工作梯（架）
sizing ~ 定径机
soft ~ 有减振设备的试验台
spare ~ 备用机座
spool ~ 筒管架，卷线架
straightaway ~ 串列式盘条轧机机组
structural ~ 建筑型钢轧机机座，钢轨〔梁〕轧机机座
take up ~ （钢丝绳机的）收线架
torque-reaction ~ 转矩装置，转矩测量台
whirling ~ 回转架

standalone 独立的，孤立式

standard ①标准，规范，规格，判据，（测量）单位，本位②机架，支架，支座，柱③定额④样品，模型⑤（测量）单位⑥原器（度量衡的），标准器⑦标准的，权威的，第一流的
active ~ 现行标准
bearing ~ 轴承架
bell ~ 铃杆
Birmingham ~ 伯明翰线径规，BS 规
blackbody ~ （绝对）黑体标准
chisel ~ 凿齿中耕机齿柄
compatible colo(u)r ~ 兼容制彩色电视标准
current ~ ①现行标准②电流标准
Didymium glass ~ 钕（及）镨标准玻璃片
electric ~ ①电量标准②电标准器
end ~ 端度量具
field-strength ~ 场强标准
frequency ~ 频率基〔标〕准
graphic ~ 图样规范
hammer ~ 锤机柱架
Holmium oxide glass ~ 氧化钬标准玻璃片
imperial ~ 英国度量衡标准
incandescent ~ 白热标准器
labo(u)r ~ 劳动定额
lighting ~ 照度标准
loose ~ 保守定额，轻定额
luminous ~ 标准测光器，测光标准
major repair ~ 大修定额
manufacturer's ~ 制造标准，厂家标准
material ~ 实物基准，实物标准
Matthiessen's ~ 马希森（铜丝电阻）标准
metallic ~ 金〔银〕本位
military ~ 军用标准
monometallic ~ 单本位制
noise strength ~ 噪声强度标准
operation ~ 作业标准
output ~ 劳动定额
performance ~ 生产定额
photometric ~ 光度标准器，测光用标准光源
practical ~ ①实用标准②技术定额
reference ~ ①参比标准器，对比试样，参考标准，参考基准，比照标准②样品
releasable ~ 带松脱（安全）装置的铲柄
reserve ~ 复制标准
roller ~ 滚柱架
separation ~ 区隔标准（飞机间的最小距离）
stiff ~ 刚性铲柄
tentative ~ 暂行标准，试用标准
time ~ 时间定额
transmission ~ 传输标准，通话标准
trip ~ 带松脱（安全）装置的铲柄
triple-leaf ~ 三层板铲柄（重型耕耘机用）
volumetric ~ 标准容器
weight ~ 标准砝码
working ~ 工作标准（器），通用标准，工作基准

standard-ga(u)ge ①标准轨距②标准量规

standardization ①校准②标准化，规格化，统一③标定，检定④标定法

standardize ①校准②标准化，规格化，统一③标定

standardized 标准化的

standardizing ①校准②标准化，规格化，统一③标定

standby ①备用设备②备用的③等待

stand-down 停工

stander 机架

stand-in ①模拟物②代用品③有利的位置〔地位〕

standing ①直立〔站着不（会）动，停止，固定，常备，常设，不变，稳定，长期，静止，持续〕的②位置，情况，状态③规定，储藏④期间，持续
full ~ 正式会员
keep ~ 存版（印刷上的）

standing-wave 驻波

stand-insulator 支座绝缘子
stand-off ①传输固定器,拉线钉②(锥度螺纹)基准距③远距离的，投射的④有支座的⑤平衡，抵消，中和
mating ~ 锥度螺纹配离量
standort 环境综合影响
stand-out (圆锥滚子轴承内圈)突出量(装配宽与外圈宽度之差)
standpipe ①竖〔上升，升气，立〕管②(给水系统稳定水压用)圆筒形水塔，储水管③(加热器的)疏水收集器，凝结水收集器
standpoint 观点，立场
standstill 静止，停止，停顿，间歇
stand-up ①可以直立或备有支撑使之直立的东西②经久耐用③直立的，站着的
S-tank S槽，夹层槽
stannate 锡酸盐
stanniferous 含锡的
Stanniol 高锡耐蚀合金(w(Cu)0.33% ~ 1%，w(Pb)0.7% ~ 2.4%，其余Sn)
stannite 亚锡酸盐，黄锡矿
niostan niobium ~ 锡酸铌
stannize 渗锡
stannizing ①渗锡处理②镀锡
stannum ①〈拉〉锡(Sn)②斯坦纳姆高锡轴承合金(w(Sn)90%，w(Sb)6%，w(Cu)4%)③锡诺莫合金
staphograph 自动定位照相排字机
staple ①U形钉，卡〔肘，钩〕钉，锁环，U形环②主要成分，原(材)料③主要产品，常用品④人造短纤维，(棉，毛，麻，化学)纤维
guard ~ 卡套，卡钉
lifting ~ 吊钩(砂芯)，吊环
stapler ①(铁丝)订书机②纤维切断机③钉(纸)箱机，U字钉钉箱机
pneumatic ~ 气动订合机(纸板箱订合工具)
stapp 斯旦泼(=1g的超重)
star ①星裂②星形(接法)(三相电路的)③星号④星状物⑤星铁(清理滚筒用)⑥星轮⑦星，恒星
cascaded ~ 级联星形联结
five-pointed ~ 五角星
jack ~ 星铁
mill ~ 星形铁，三角铁(清理滚筒用)
passive double ~ 无源双星
starboard 右舷〔侧，边〕(的)
starch ①淀粉②糊精
star-coupler 星形耦合器
star-delta (connection) 星形(Y)-三角形(△)(接法，联结)
stardusting 粗糙
Starex 浮油松香(商品名)
star-grounded 星形中点接地的
starlike 星形的，像星的
star-navigation 恒星导航，天体导航
star-quad 星形四芯线组
starring (纯锑表面)生成星状花纹
star-shaped 星形状的
star-shell 照明弹
star-star (connection) 星形(Y)-星形(Y)(联结，接法)
star-star-delta (connection) 星形(Y)-星形(Y)-三角形(△)(联结，接法)
start ①开动，起动②引起，提出，发生，触发，出发，开始③开工④裂缝，漏隙，松动部分
clean ~ 发射准备完毕
friction ~ 挂档起步
hot ~ ①热起动②高电流起弧
hung ~ 迟滞起动
scratch ~ 起弧，点弧
soft ~ 平稳起动，软起动
stall ~ 零速起步
step ~ 分级起动
tow ~ 牵引起动(法)
warm ~ 半热态起动，热起动
startability 起动性
started 开动了的，发动了的
starter ①起动器(电机的)，开动器，起动机，起动装置，起动马达，起动电动机②发射装置，导向钻头③点火装置④调度员
(across the-)line ~ 全(电)压起动器，直接起动器
air (impingement) ~ 气动起动机
air injection ~ 压缩空气起动机
auto-transformer ~ 自耦减压起动器
centrifugal ~ 离心式起动变阻器(感应电动机的)，离心开关(达到额定转速时切除起动电阻用)
coincidental ~ (汽车)风门起动器
combined ~ 综合起动器
compensator ~ 自耦变压器起动器
compression resistance ~ 加压(力)变阻起动器
contactor ~ 接触起动器
counter-EMF ~ 反电动势起动器
current-responsive ~ 电流响应式起动器

electromagnetic ~ 电磁起动器
electronic ignition ~ （发动机）电子点火起动机
frequency sensitive ~ 频敏起动器
glow ~ 日光灯起辉器，辉光起动器
glow-switch ~ 辉光点燃器，辉光起动器
inching ~ 渐动起动器，低速起动器（电动机的）
induction ~ 感应起动器，起动用自耦变压器
kick ~ 反冲〔突跳〕式起动机〔器〕
line ~ 线路起动机
reduced voltage ~ 减压起动器
reversing ~ 可逆起动器，双向起动器
rheostatic ~ 电阻起动器
series-parallel ~ 串并联换接起动器
sliding contact ~ 滑触起动器
star-delta ~ 星形 - 三角形起动器
switching ~ 直接起动器，开关起动器
three-phase ~ 三相起动器
three-point ~ 三端〔点〕起动器
vane ~ 轮叶起动机
Wauchope ~ 沃科普式起动器，不断开电路的星形 - 三角形起动器
Y - Δ ~ Y - Δ形联结起动器
Y-delta ~ 星形 - 三角形起动器

starterdynamo 起动充电（两用）发电机

starter-generator 起动发电机

starting ①起动，开动，起始②开车
across-the-line ~ 直接起动，全压起动
air ~ 压缩空气起动
arc ~ 电弧接通，起弧
asynchronous ~ 非同步起动，感应起动
back-to-back ~ 反向起动
capacitor ~ 电容起动
direct(-on) ~ 直接起动
dry ~ 无油（状态）起动
incremental ~ 分级增压起动
initial ~ 起步，起动
part winding ~ 部分绕组起动（法）
preheat ~ 预热起动
primary impedance ~ 原边串联阻抗起动法
primed ~ 强起动
Rosenberg ~ 罗森堡起动法（同步电动机起动法，其起动电动机定子绕组与同步电动机串联）
splitphase ~ 分相起动
star-delta ~ 星 - 三角起动

starting-ingot 始锭

starting-point 起点，出发点

start-stop ①启闭的，起止的，开关的，间歇的，断续的②启闭，断续，起止③开停
ram ~ 滑枕开停装置

start-up ①开〔启，起〕动，开始工作，运转②触发，发射③开办
blind ~ 不借助仪表起动

starvation ①供给不足，缺乏②缺油，未吸满，油量不足

starveling 缺油的机器

starwheel 星形轮

stasimetry 稠度测量法

stasis （力的）静态平衡，停滞

statampere 静电安培（1静电安培 = 3.3356 × 10^{-10} A）

statcoulomb 静电库仑（静电系电量单位，1静电库仑 =（1/3）× 10^{-9} 库仑）

state ①状态，状况，情况，位置，地位，阶段，水平，资格②控制③指令，指出④叙述，表明，指定⑤国家，州
acceptor ~ 受主态
activated ~ 活化（状）态，激活（状）态
active ~ 活性〔动〕状态，（处理多道程序时的），激活态
agravity ~ 失重状态，无重力状态
armed ~ 待命状态，待处理状态
blocked ~ 封锁状态
chaos ~ 混沌态
chaotic ~ 混沌（状）态
conducting ~ 导通状态
conduction ~ 导电状态
confined ~ ①密闭状态②（活塞环，气门弹簧等的）装配状态③（活塞环）被压缩状态
cophasal ~ 同相的，同相状态
corresponding ~ 对应态
critical ~ 临界状态
crystalline ~ （结）晶（状）态
cybotactic ~ 群聚态
dead ~ 停滞状态
deep ~ 深能态
degenerate ~ 简并〔退化〕态
disarm ~ 解除状态
distorted ~ 无序态
donor ~ 施主态
doublet ~ 双重态
dynamic ~ 动态
ergodic ~ 遍历状态
eutectic ~ 低共熔态

fall-back ~ 低效运行状态
filled ~ 满态
forward blocking ~ 正向阻断状态
free ~ 自由状态，游离状态
ground ~ 基态
halted ~ 停止状态，暂停状态
higher ~ 高（能）态
hole ~ 空穴态
idle ~ 闲置状态，静止状态
inactive ~ 待用状态，关闭状态
incandescent ~ 白炽〔热〕状态
interface electron ~ 界面电子态
labile ~ 易变状态
loop ~ ①循环状态②循环部分
lower ~ 低（能）态，下态
macroscopic ~ 宏观状态
magnetic virgin ~ 未磁化状态，无残磁状态
masked ~ 屏蔽状态
mesomorphic ~ 介晶态，液晶状态
metastable ~ 亚稳态
molten ~ 熔融状态
nascent ~ 新生态，初生态
neutral ~ 中性状态，完全去磁状态（铁磁性物质）
next ~ 次（状）态
nonfeasible ~ 不可行状态
nonfinal ~ 非终状态
normal operating ~ 正常操作状态
null ~ 零状态
occupied ~ 填充状态，占有态
odd ~ 奇态
off ~ 断态
off-line ~ 脱机状态
on ~ 通态
ordered ~ 有序状态
passive ~ 钝态，钝性
perfect ~ 理想状态
permanent ~ 永〔持〕久状态
persistent ~ 回归状态
phase ~ 相态
plane strain ~ 平面应变状态
plane stress ~ 平面应力状态
plasma ~ 等离子态，第四物态
pure ~ 纯态
quasi-stationary ~ 准稳定状态，准静态，准稳态，似稳态
quasi-steady ~ 准〔拟〕定常态
rarefaction ~ 稀疏状态
reachable ~ 可达状态，能达状态
recoil ~ 回复状态
redundant ~ 冗余状态
refetch ~ 重取状态
reverse blocking ~ 反向阻断〔闭锁，关断〕状态
solid ~ 固体元件，固态（单元）
spheroidal ~ 球腾态
stationary ~ 稳（定状）态,(固)定（状）态，静（止状）态
steady ~ 稳（定状）态，定常状态，恒定状态，恒稳态，静态
strain ~ 应变状态
stress ~ 应力状态
submit ~ 提交状态
superconducing ~ 超导态
superconductive ~ 超导态
supervisor ~ 管（理状）态
surface electron ~ 表面电子态
three-dimensional stress ~ 三向应力状态
transient ~ 瞬（时状）态，暂态，过渡状态，非稳定状态
transition ~ 变换状态
trap ~ 捕捉状态
triplet ~ 三重线态
unstable ~ 不稳（定）状态，非稳态
vacant ~ 空态，未满状态
virgin ~ 完全退磁态（铁磁材料）
vitreous ~ 玻璃〔透明状〕态，琉态
wall ~ 磁壁状态
weightless ~ 失重状态

statement ①语句②（计算机）原始语言单位③陈述，说明，声明（书）④清单⑤命题⑥报表
action ~ 操作语句
allocate ~ 分配语句
arithmetic IF ~ 算术条件语句
assembled source ~ 汇编的源语句
assembler ~ 汇编语言语句
assignment ~ 赋值语句
backspace ~ 返回语句，回退语句
basic ~ 基本语句
begin ~ 开始语句
biconditional ~ 双条件语句，双态语句
block data ~ 数据块语句
body ~ 本体语句
branch ~ 转移语句
call ~ ①调用语句，调入语句②呼语句

case ~ 选择语句，条件语句，(分)情况语句
close ~ 关闭语句
code generation ~ 代码生成语句
command ~ 命令语句
common ~ 公用语句
compile-directing ~ 编译指示语句
compiler ~ 编译程序语句
compound ~ 复合语句
computed GO TO ~ 计算转向语句
computing ~ 计算语句
conditional ~ 条件语句
continue ~ 连续语句
control ~ 控制语句
converge ~ 约束语句
converse ~ 逆叙
cutting ~ 切削语句，加工语句
data ~ 数据语句
debugging ~ 调试语句
declaration ~ 说明语句
definition ~ 定义语句
delay ~ 延迟语句
delimiter ~ 定界语句，分隔语句
dimension ~ 维数语句
directive ~ 指示语句
display ~ 显示语句
do ~ do语句，循环语句，复写代换语句
double-precision type ~ 双精度型语句
dummy ~ 空语句
empty ~ 空白语句
end ~ 结束语句
endfile ~ 结束文件语句
entry ~ 入口语句
execute ~ 执行语句
exit ~ 出口语句
expert's ~ 专家鉴定
external ~ 外部语句
false ~ ①假命题②假语句
file description ~ 文件描述语句
format ~ 格式语句
formatted read ~ 有格式读语句
formatted write ~ 有格式写语句
free ~ 释放语句
function ~ 函数语句
get ~ 取得语句
go to ~ 转向语句
header ~ 标题语句
if ~ 条件语句，如果语句
if-then-else ~ 如果-则，否则语句
imperative ~ 命令语句，强制语句
implementation conformance ~ 执行一致性语句
income ~ 收益表，损益计算书
inconsistent ~ 不相容语句，矛盾语句
initial ~ 初始语句
initialization ~ 初值发送语句，初始化语句
intervening ~ 中间语句
job ~ 作业语句
jump ~ 转移语句
macro ~ 宏语句
macroassignment ~ 宏赋值语句
manufacturing ~ 制造成本表
model ~ 模型语句，汇编语言指令的源语句
nested ~ 嵌套语句
next ~ 下一语句
node ~ 节点语句
non-arithmetic ~ 非算术语句
null ~ 空语句
numerical ~ 统计(报告)
on ~ 接通语句
open ~ 开语句
pattern ~ 点群语句
pause ~ 暂停语句
phrase ~ 短语语句
point ~ 点语句
print ~ 打印语句，屏幕显示语句
procedure ~ 过程语句
program ~ 程序语句
program source ~ 程序源语句
prototype ~ 原语句
read ~ 读语句
reference ~ 参考语句
return ~ 返回语句
revert ~ 回复语句
rewind ~ 反绕语句
signal ~ 信号语句
simple ~ 简单语句
source ~ 源语句
specification ~ 说明〔区分，分类〕语句
stop ~ 停语句
subprogram(me) ~ 辅〔子〕程序语句
subroutine ~ 子程序语句
termination ~ 终结语句
trace ~ 跟踪语句
transfer ~ 变换语句
true ~ ①真命题②真语句
type ~ 类型语句

uncondition ~ 无条件语句
unlock ~ 开锁语句
wait ~ 等待语句
while ~ 当语句
work ~ 加工语句
write ~ 写入语句

state-of-art ①技术发展水平，目前工艺水平，工艺状况〔现状〕，科学发展动态

stater 状态器

statfarad 静（电）法（拉）（静电系电容单位，1 静电法拉 $=1.112\,65\times10^{-12}$ F）

stathenry 静电亨利（1 静电亨利 $=8.987\,6\times10^{11}$ H）

stathmograph 铁矿石还原自动图示记录仪

static(al) ①静的，静态的，静止的，静力的，固定的②静电，天电，天电干扰，静电干扰
precipitation ~ 雨滴静电

static-free 无天电干扰的，不受大气干扰的

staticiser =staticizer

staticize ①静化（串-并行数据转换）②读（译）指令③保存（信息等）

staticizer ①静化器②串-并行转换器③静态装置
constant ~ ①稳流器②恒速存储器

staticon 视像管，静像管，光导电视摄影机（产品名）

static-rectifier 静止整流器

statics ①静力学②大气干扰，天〔静〕电干扰③静（止状）态
precipitation ~ （阴雨）静电干扰
reactor ~ 反应堆静力学
star ~ 天体（射电）干扰，宇宙干扰

statiflux 静电探伤法

station ①（车，电，考察）站，（电视）台，（广播）电台，局，工作台〔盘〕②位置，地点，（场）所，区，工段，驻地，基地，岗位③测量点，桩间标准距离（100 或 66 ft = 30.48 m 或 20.3 m）④（发电）厂⑤磁带单元
advanced ~ 先行站
aerodrome ~ 机场电台
airborne ~ 机载电台
airborne pick-up ~ 飞机发射台
astronomical ~ 天文台，天文站
attended ~ 值班台
backup ~ 备用工位
base ~ 基点，基地，基站（移动通信中）
base transceiver ~ 收发基站
base transmission ~ 传输基站
block ~ 闭塞操纵室
booster ~ ①辅助〔中继〕电台②（电视）接力电台③接力站，升压电台
broadcasting ~ 广播电台
brush ~ ①电刷测量点②（穿孔卡片）电刷站，刷子站
buffer ~ 缓冲工位
called ~ ①通信台，被叫台②被调用〔入〕位置
casual-clearing ~ 事故站
central ~ 总（电）站，总厂，中心电站
central wireless ~ 无线电中心台
Chain home ~ 连锁家庭电台
coastal ~ 海岸电台
colliding ~ 碰头站，争用站〔网〕
commercial ~ 商用电台
communication relay ~ 通信中继站
communication satellite earth ~ 通信卫星地球站
condensing power ~ 凝汽〔复水〕式发电厂
consolidating ~ 补运站
converting ~ 变电站
coring-up ~ 下芯区
crossing ~ 汇接局，枢纽局
cure ~ 固化工位〔台〕
desuperheating ~ 减温器，蒸汽冷却器，冷却装置
develop ~ 显像工位，显影站
direction-finder ~ 无线电测向台
dispatch ~ 输送站
distant ~ 远端局，远端站
drift ~ 流动台
drill ~ 钻削工位
dual-attached ~ 双连接站
earth ~ 地球站，地面台
end ~ 终端站
equipment of base ~ 基站设备
equisignal ~ 等信号无线电台
exchange ~ 交换台，交换站
exchange baseband ~ 基带交换台
fallback controller ~ 后馈控制器站
filling ~ 加油站
floating booster ~ 接力泵船
fluxing ~ （制罐机）焊缝涂焊药部
forces ~ 军用电台
freight ~ 货运站
gas ~ 煤气站，燃料补给站
gas-filling ~ 充气站，加油站
generating ~ （发）电厂，电站

generation ~ 发电站〔厂〕
geothermal electric power ~ 地热发电站
global surveillance ~ 全球跟踪〔观察〕站
graphics work ~ 图形工作站
greasing ~ 加油（脂）站
ground ~ 地面站
ground control ~ 地面控制站
guidance ~ 导航站，制导站
heating ~ 供热站
home ~ 近台，本地电台
hook ~ 悬挂点
hydraulic power ~ 水电站，水电厂
hydroelectric (power) ~ 水（力发）电厂〔站〕
hydropower ~ 水电站
industrial service ~ 工业发电厂，工业自备电站
inquiry ~ 询问台，询问站
inspection ~ 检验台，检查工段，检查站
intercept ~ 截〔监，侦〕听站
jamming ~ 干扰电台
junction ~ 汇接〔联轨，枢纽〕站
key ~ 主（控）台，控制〔中心，基本（观测）〕站
keyboard display ~ 键盘显示台
knapsack ~ 轻便台，背囊式电台
laminar flow ~ （垂直或水平）层流（箱）净化台
land ~ ①地面电台，地面站②地球站
linking ~ 中继电台
listening ~ 监听站
local ~ ①本地广播台②市内分局
look-out ~ 观察站
magnetic ~ 电动机控制盘
magnetic tape ~ 磁带机，磁带记录台
maintenance ~ ①巡线站②维修站
manned orbital space ~ 载人轨道空间站
manual grease ~ 手动加油（润滑）站
marine research ~ 海洋科学研究站
master ~ 主站，主控台
metalclad ~ 金属铠装变电站
metropolitan ~ 都市电台
monitor(ing) ~ （无线电）监控台
mouse ~ 控制台，指挥台，在目标处给飞机指示位置的雷达台
natural flow ~ 自流〔水利〕发电站
natural steam power ~ 地热发电站
non-agency ~ 无人管理的车站
nuclear power ~ 原子能发电厂，核电站
nuclear power plant ~ 核电站
observation ~ ①观察站，观察位置②测位
oiling ~ 涂油装置
orbital space ~ 轨道空间站
outdoor base ~ 户外基站
outlying ~ （系统）外围（的无线电）台
overflow ~ 溢流式水力发电站
parent ~ 主台
pay ~ 公用电话
peak load ~ 尖峰负荷电站
pondage ~ 日调节水力发电厂
power ~ （发）电站，动力站
pumping ~ 泵〔抽气，抽水〕站
query ~ 查询台
radio ~ 无线电台
radio astronomy ~ 射电天文台
radio base ~ 无线电基站
radio beam ~ 定向无线电台
radio broadcasting ~ 无线电广播电台
radio compass ~ 无线电定向〔方位，信标〕台
radio positioning mobile ~ 无线电定位移动电台
rate ~ 主控台
read ~ 读数装置，读出台
readout ~ 读出装置
rebroadcasting ~ 转播台
receiving ~ 接收〔收音，收信〕台
rediffusion ~ 广〔转〕播站
reducing ~ 减压装置
reference transit ~ 经纬仪参考测站，中途测站
regional ~ 区域站，地方无线电台
regulating ~ 调节〔尖峰，备用〕发电厂
relay ~ ①中继站②传播台
remote ~ 远距端机装置，远程站
repeater ~ 增音〔帮电，中继，转发〕站
reserve power ~ 备用〔辅助〕发电站
retransmitting ~ 转播电台
robot ~ 自动输送站
roller ~ （回转窑）托轮
rotating beacon ~ 旋转信标台
run-off-river ~ 迳〔河〕流式水电站（无调节水库的）
safeguard ~ 救生电台
satellite ~ 小型接力电台，小型中继台，卫星电台，星际站
satellite communication earth ~ 卫星通信地面站
satellite navigation earth ~ 卫星导航地面站
satellite tracking ~ 卫星跟踪站

sending ~ 发射台，发报台，发送电台
sensing ~ 读出站
service ~ 服务〔加油，修理〕站，设备润滑站，设备维修站
shared frequency ~ 同频广播电台
short-wave receiving ~ 短波收信台
shunting ~ 调度站
skin-pass ~ 外层通路变电站
slave ~ 被控〔从属〕台，副台
source ~ 源站
source pump ~ 起点泵站
space ~ 太空站，空间站，宇宙站
spruing ~ 打浇道冒口区
stand-by ~ 备用工位
steam ~ 热电厂
storage ~ 蓄能水电站
stripper ~ 起模工位
stub ~ 高峰负载发电厂
subcontrol ~ 分指挥局
subscriber ~ 用户服务站
subsystem equipment in earth ~ 地球站电路设备
supercentral ~ 区域电厂
superservice ~ 通用技术保养站，高级〔综合性〕服务站，高级修车加油站
supply ~ 供电站
tape ~ 磁带机
television ~ 电视台
television pickup ~ 电视摄像转播车
terrestrial ~ 地面站
through ~ 中间站
tidal power ~ 潮汐发电站
tool ~ 刀具厂
tracker ~ 跟踪站
transformer ~ 变电所，变电站
translator ~ 转播台，中继站
transposer ~ 中继〔转发〕（电）台〔站〕
uncover ~ （未被公认的）业余无线电台
up ~ 上端局
vehicle ~ 车载电台
very high frequency ~ 超短波电台
wafer inspection ~ 硅片光刻检验台
welding robot ~ 焊接机器人工作站
wireless ~ 无线电台
work ~ 工作站
writing ~ 记录站，写入装置

stationarity 稳态，固定性，平稳性

stationary ①静止的，固定的，稳定的，平稳的，稳态的②不变的，定位的，定常的③固定物④打印纸

station-type 站用型，厂用型

statism 控制误差

statistic 统计，统计量，样本函数，统计表〔统计资料〕中的一项

statistical 统计的

statistics ①统计（学）②统计法③统计表，统计资料
Bayes ~ 贝叶斯统计
classic(al) ~ 经典统计学〔法〕
goodness-of-fit ~ 拟合优度统计量
inductive ~ 归纳统计（学）
maintenance ~ 维修统计
mathematic(al) ~ 数理统计
order ~ 顺序统计量
pooled-sample ~ 合并样本统计（量）
stochastic(al) ~ 随机统计（学）
texture ~ 纹理统计

statitron ①静电（型高电压）发生器，静电发电机②（充压型）静电加速〔振荡〕器

statmho 静电姆欧（1 静电姆欧 $=1.112\,6\times10^{-12}$ S（西门子））

statocyst 平衡器

statodyne 定子发电机，单机交流发电机

statohm 静（电）欧（姆）（静电制电阻单位，1 静电欧姆 $=9\times10^{11}\ \Omega$）

statometer 静电荷计

stator ①定子，静子②定片（组），导叶③（汽轮机）气缸
compressor ~ （轴流式）压缩机导向装置
cutter ~ 定刀片
model ~ 模拟定子
one-piece ~ 整体定子
slotted ~ 开槽定子
split ~ 分瓣定子
turbine ~ ①透平定子，透平导向器②透平导（向）叶（片）
two-part ~ 分半定子

statoreceptor 平衡感受器

statoscope ①微动〔灵敏〕气压器，自计微气压计②变压计③高差仪，灵敏高度表，（航空用）升降计

statosphere 中心体〔球〕

statuesque ①轮廓清晰的②雕像一样的，不动的

statunit 厘米·克·秒静电制单位

status 状况，地位
bit ~ 位状态

chip slice ~ 单片状态
frame ~ 帧状态（符号）
statute 法规，规则，章程，条例
statutory 法令的，法定的
statvolt 静电伏特（1 静电伏特 =299.796 V）
stauffer 油脂杯
stauroscope 十字镜（测定光在晶体中偏振平面方向的仪器）
stave ①板条，栅条，狭板，凹形长板②（车）辐，棒，棍③梯级④五线谱
cast-iron ~ 铸铁立式冷壁
cooling ~ 立式冷却板
hearth ~ 炉缸立式冷却壁
stack ~ 炉身冷却壁
staving 强的，牢固的
stay ①撑杆，拉杆，撑条，拉条②拉绳，拉线③顶架，支柱④锁紧片⑤卡箱螺钉⑥防〔阻，中〕止，固定
bar ~ 撑杆，型钢
belly ~ 腹撑（机车锅炉的）
cross ~ ①斜撑②横向支撑，横撑条
crown sling ~ 顶板吊撑
fly ~ 蝴蝶架
gusset ~ 角板撑条
horizontal ~ 水平拉线
lateral ~ 侧拉线
mouldboard ~ 犁壁撑杆
moving ~ 跟刀架，活动中心架
prop ~ 支座〔架，柱〕
radius ~ （独立悬架）定位杆
roller ~ 滚子跟刀架
throat ~ 喉撑（机车锅炉的）
torque ~ 方向轴管（汽车的），转矩管
travelling ~ 移动中心架，跟刀架
staybar 拉杆
staybolt 支撑〔拉杆〕螺栓
Staybrite 镍铬耐蚀可锻钢
stay-chain 系链，拉链
stayer ①支撑物②阻止物
stayguy 拉线
staying ①撑②刚性结合③紧固，加劲，加固④拉（线）
stay-pole 撑杆
steadier 支架，支座，底座
steadiness ①稳定性，稳定度，均匀性②定常，平衡③常定度
steadite 斯氏体（高磷生铁中的磷共晶体）
steady ①稳（固）的②固定的，稳恒的，稳定的，不变的，稳态的③固定中心架
work ~ 工件架
steady-going 稳定的，不变的
steady-state 稳态的，稳定的
stealer 船的合并列板
stealing 偷取，盗窃，偷窃行为，赃物
beacon ~ 信标遗失
bit ~ 比特占用
cycle ~ 周期挪用（外部设备占用主机使主机操作推迟，但不中断）
stealthening 隐身
active ~ 主动隐身
passive ~ 被动隐身
steam ①汽，蒸汽，蒸汽压力②轮船③以蒸汽发动，蒸汽加工
atmospheric ~ 常压蒸汽
auxiliary ~ 厂〔附属设备〕用汽
back-pressure ~ 废汽，排汽
bled ~ 抽汽，撤汽，废蒸汽
bleed ~ 抽汽
bleeder ~ 汽轮机抽汽
damp ~ 湿蒸汽
dead ~ 乏汽，废汽
direct ~ 新蒸汽
dump ~ 排汽，废汽
emission ~ 排汽，废汽
equivalent ~ 当量〔标准〕蒸汽
flash ~ 扩容蒸汽（由膨胀箱产生的蒸汽）
flash-off ~ 扩容蒸汽，闪蒸蒸汽（压力突降时由水形成的蒸汽）
free ~ 自由蒸汽，蒸汽介质
gaseous ~ 气态〔过热〕蒸汽
gland ~ 轴封抽汽（从汽轮机迷宫汽封抽出）
indirect ~ 二次蒸汽
live〔open〕~ 新〔直接〕蒸汽，新汽
motive ~ 工作蒸汽
pass-out ~ ①废〔排，抽〕汽②旁通蒸汽
process ~ 工艺用汽，（工业）生产用汽
rated ~ 额定耗汽量
silica-laden ~ 带二氧化硅的蒸汽
subatmospheric ~ 负压蒸汽
surcharged ~ 过热蒸汽
throttled ~ 减压蒸汽
steamalloy 铜镍基合金
steamboat 汽船，轮船
steamboiler 蒸汽锅炉，汽锅
steam-bubbling 蒸汽加热搅拌
steam-cured 蒸汽养护的

steamer ①轮船，蒸汽机（船）②蒸汽车③蒸汽发生器，汽锅，汽蒸器，锅炉④用蒸汽移动的设备
festoon ~ 悬挂式蒸化机
mansard ~ 回绕式蒸化机（特点是以印花织物背面接触导辊，可免搭浆瑕疵）
oil-heated ~ 燃油加热蒸煮器
paddle ~ 明轮船
Shirley flash ~ 锡莱快速蒸化机
spiral ~ 回绕式（穿布）蒸化机（只在花布背面接触导辊，可免搭浆瑕疵）
wet ~ 饱和蒸汽锅炉
steamer-mixer 蒸煮拌〔混〕和器
steam-gas 过热蒸汽
steaming ①蒸发作用②蒸汽加工③蒸汽干材法④蒸热，汽化，汽蒸⑤通入蒸汽
steamjet （蒸）汽（喷）射
steamlyser 饲料蒸煮器
steam-power 蒸汽动力
steam-proof 不透汽的
steam-refined 汽炼的，蒸汽精制的
steamroller 蒸汽压路机
steamship 轮船，汽船
steam-smothering 蒸汽灭火
steamtight 汽密的
steamtightness 汽密性
stearate 硬脂酸盐〔酯〕
stearin(e) 硬脂（酸，精）
steatite （块）滑石，冻石
stechiometry 化学计算（法），化学计量学
steel ①钢，钢筋，钢块，钢制品②钢（制）的③钢化，给…包上钢
13 chrome ~ 不锈钢（w（Cr）13%）
abnormal ~ 反常钢
abrasion-resistant ~ 耐磨钢
acid open-hearth ~ 酸性马丁炉钢，酸性平炉钢
acid-resistant ~ ①耐酸钢②不锈钢
Adamant ~ 铬钼特殊耐磨钢，特硬钢
advanced high strength ~ 先进高强度钢
aged ~ 时效钢
air refined ~ 富氧底吹转炉钢
alloy(ed) ~ 合金钢
Alto ~ 加铝镇静钢
alumetized ~ 渗铝钢
aluminium-coated ~ 包铝钢
aluminum-killed ~ 铝镇静钢
angle ~ 角钢，角铁
anisotropic (sheet) ~ 各向异性钢片（变压器用）
annealed ~ 韧钢，退火钢
AR ~ 高强度锰钢［w（C）0.35% ~ 0.5%，w（Mn）1.5% ~ 2%，w（Si）0.15% ~ 0.3%］，耐磨钢［w（C）0.9% ~ 1.4%，w（Mn）10% ~ 15%］
Armco ~ 不硬化钢，阿姆克钢
Assab ~ 冷挤压冲模用钢
ausformed ~ 奥氏体形变热处理钢
austenic ~ 奥氏体钢
automatic(al) ~ 易加工钢，自动机床用钢
axle ~ 车轴钢
bainitic ~ 贝氏体钢
baking harding ~ 烘烤硬化钢
balanced ~ 半镇静钢，半脱氧钢
bamboo ~ 竹节钢（筋）
band ~ 带钢
banding ~ 箍钢，带钢
bar ~ 棒钢，撑条
basic ~ 碱性（炉）钢
bendable ~ 柔性钎子（钢）
bent ~ 挠曲钢筋
Bessemer ~ 贝塞麦钢，（底吹酸性）转炉钢，酸性钢
binary ~ 二元合金钢
black ~ 碳钢
blister ~ ①泡钢（由熟铁渗碳而成的钢）②粗钢（韧性硬质钢）
bloom ~ 初轧钢
blue ~ 蓝（皮）钢
boiler ~ 锅炉钢板
boiling ~ 沸腾钢
Brearley ~ 布氏高铬钢
bulb ~ 圆头钢条，球扁钢
bulb-rail ~ 球头丁字钢
calorized ~ 渗铝钢，钝化钢
calorizing ~ 铝化钢
capped ~ 半镇静钢，加盖〔封顶〕（沸腾）钢
(carbide-)tipped ~ 镶硬质合金的钎子
carbon ~ 碳（素）钢
carbonized ~ 渗碳钢
carbon-molybdenum ~ 钼钢
case-hardening ~ 渗碳钢，表面硬化钢
cast ~ 铸钢
cement(ed) ~ 表面硬化钢，渗碳钢
centra ~ 球状石墨铸钢
channel ~ 槽钢，U 形钢
chemical(ly) capped ~ 化学封顶钢

chilled ~ 淬火钢，硬化钢，淬硬钢
chisel ~ 凿（用）钢
clad ~ 包层钢（板），复合〔覆层，双金，多层〕钢
clean ~ 纯净钢，洁净钢
closed die ~ 闭锻模钢
coated ~ 镀层钢板
cold heading ~ 冷镦钢
cold work die ~ 冷作模具钢
cold work mould ~ 冷作模具钢
cold-shaping ~ 冷变形钢
cold-strip ~ 冷轧带钢
commercial ~ 型钢，商品钢
complex ~ 多元素合金钢
complex phase ~ 复相钢
composite ~ ①复层钢，复合钢②多层钢板
compound ~ 三层钢，复合钢
compressed ~ 压钢
concrete ~ 劲性钢筋，钢筋钢
construction(al) ~ 结构〔建筑，构造〕钢
converted ~ 渗碳钢，硬质钢
converter ~ 转炉钢
cooler-plated ~ 加盖（沸腾）钢
copper bearing ~ （含）铜钢
cored ~ 中空钢（凿岩钎钢）
corrugate ~ 竹节钢（筋）
corrugated ~ 波纹钢板
Cor-Ten ~ 戈坦钢（低合金高强度耐腐蚀钢）
crude ~ 粗钢（统计产量的钢）
cryogenic ~ 低温钢
cupric cemented ~ 渗铜钢
cutlery ~ 刃具钢（制刀、剪、剑等器物用）
cypritic ~ 铬铜耐磨蚀钢
Damascus ~ ①大马士革钢②表面带水纹的刀箭钢
damask ~ =Damascus ~
dead ~ 软钢（低碳钢），全脱氧〔镇静〕钢
dead setting ~ 去氧钢
dead-hard ~ 极硬〔高硬，高强〕钢
dead-melted ~ 镇静钢，全脱氧钢
deep drawing ~ 深冲用钢板
degasified ~ 除气钢，镇静钢
deposit ~ 熔敷钢
diaphragm ~ 薄膜钢（w（Si）3% ~ 4%）
die ~ 模具钢
directional silicon ~ 各向异性硅钢
distributed ~ 配筋
dowel ~ 传力杆，合缝钢条
drawn ~ 拉制钢，冷拉钢
dry ~ 低级钢
dual phase ~ 双相钢
Ducol ~ 低锰（结构）钢
duplex ~ 双炼钢，二联钢
dynamo (sheet) ~ 电机硅钢片
economic ~ 冷弯型钢
effervescing ~ 沸腾钢
electric(al) ~ 电工硅钢，铁心硅钢，电工钢
embedded ~ 埋置钢筋
En ~ 工程用低碳钢（英国标准）
eutectic ~ 共晶钢
eutectoid ~ 共析钢（珠光体）
extension ~ ①接杆钎子②拧接钻杆
extra-low carbon ~ 超低碳钢
fabricated ~ 结构钢
ferrite-bainite ~ 铁素体 · 贝氏体钢
ferritic ~ 铁素体钢
fiery ~ 过烧钢
figured ~ 异形钢，型钢
finished ~ 精制钢，成品钢
finishing ~ 完工钢钎
flat ~ 扁钢
flinty ~ 硬钢
forged ~ 锻钢
forging ~ 锻钢
formed ~ 型钢
free cutting ~ 高速切削钢
free machining ~ 易加工钢
galvanized ~ 镀锌钢皮，镀锌薄板，白铁皮
ga(u)ge ~ 量具钢
girder ~ 钢梁，工字梁
glass-hard ~ 特硬钢
GLX-W ~ 高强度半镇静钢（w（C）0.016%，w（S）0.18%，w（Si）0.05%，w（Mn）0.75%，w（P）0.09%，w（Nb）0.04%，其余 Fe）
graphitic ~ 石墨体钢，过共析钢
H ~ 宽缘工字钢，H 形梁
Hadfield ~ 奥氏体高锰钢，高锰钢（w（Mn）11% ~ 14%）
half ~ 钢性生铁
Halvan tool ~ 铬钒系工具钢（w（C）0.4%，w（Mn）0.7%，w（Cr）1%，w（V）0.2%，其余 Fe）
hardened and tempered ~ 调质钢
Harvey ~ 固体渗碳硬化钢
high (carbon) ~ 硬钢，高碳钢
high strength ~ 高强度钢

high strength low alloy ~ 低合金高强度钢
high-ductility ~ 高塑性钢
high-duty ~ 高强度钢
high-speed ~ 风〔锋，高速（工具）〕钢
high-temper ~ 微硬化钢，高温回火钢
Hi-Stren ~ 低合金高强度钢
hollow ~ ①空心钢②空心钻杆
hoop ~ 箍钢带
hot die ~ 热锻模钢，热变形模具钢
hot forming ~ 热成形钢
hot work die ~ 热作模具钢
hot work mould ~ 热作模具钢
hot-rolled ~ 热轧钢
hubbing ~ 冲模钢
Hydra ~ 海德拉热模具钢
hypereutectoid ~ 过〔超〕共析钢
hypoeutectoid ~ 亚共析钢
Hy-Tuf ~ 海图钢（高强度耐冲击合金钢，*w*（C）0.25%，*w*（Mn）1.3%，*w*（Si）1.5%，*w*（Ni）1.8%，*w*（Mo）0.4%）
IK ~ 渗铬钢
interstitial-free ~ 无间隙原子钢
Izett ~ 伊泽特非时效钢（*w*（C）0.01%，*w*（Mn）0.5%，*w*（Si）0.04%，*w*（Al）0.05%，*w*（N）0.07%）
joist ~ 梁钢，工字钢
jumper ~ 钻杆钢，长凿钢
killed ~ 镇静钢，脱氧钢
Krupp austenite ~ 奥氏体铬镍合金钢
Krupp triple ~ 克普铬钼钒高速钢（$W_4Gr_4V_2Mo_2$）
KS ~ KS钢，钴钢
lacquer-coated ~ 涂漆薄钢板
LD ~ 氧气顶吹转炉钢
lead bearing ~ 含铅钢（*w*（Pb）0.2%）
lead treated ~ 含铅易切削钢，含铅自动机床用钢
ledeburitic ~ 莱氏体钢
light ga(u)ge ~ 轻量型钢
lip hat section ~ 带缘帽型钢
lip Z ~ 带缘Z形钢
liquid ~ 钢液
liquid-compressed ~ 液态挤压钢，加压凝固钢
low (carbon) ~ 低碳钢
LPN ~ 低氮碱性低吹转炉钢
magnaflux ~ 航空用高强度钢
magnet(ic) ~ 磁钢，永久磁钢
malleable ~ 软钢，展性钢
Man-Ten ~ 低合金高强度钢
maraging ~ 特高强度〔马氏体时效，高镍合金〕钢
martensitic ~ 马氏体钢
Martin ~ 平炉钢，马丁钢
Martinel ~ 硅锰（结构）钢（*w*（C）0.24%，*w*（Mn）0.75%，*w*（Si）0.1%）
matrix ~ 基体钢
medium (carbon) ~ 中碳钢
merchant ~ （商品）条钢，型钢
microalloying ~ 微合金化钢
mild ~ 软钢，低碳钢
Mishima magnet ~ 铝镍强磁钢
molten ~ 钢液
mould ~ 模具钢
Mushet('s) ~ 马歇特钨钢，高碳素钢，自硬钢（*w*（C）1.5%，*w*（W）7% ~ 8%，*w*（Mn）1% ~ 2%，*w*（Cr）2%）
natural ~ 天然〔初生〕硬度钢
needle(d) ~ 针状组织（的）钢，加硼硬化亚共析钢
nichrome ~ 镍铬耐热钢
nitrated ~ 渗氮钢
non-alloy ~ 碳素钢
non-piping ~ 无缩孔钢，半镇静钢
non-shrinking ~ 无〔抗〕变形钢，无收缩钢
normalized ~ 正火钢
notch ductile ~ 耐冲击钢，韧性钢
Oce ~ 无渗碳表面硬化用钢
omega ~ 欧米嘎高硅钢（*w*（C）0.69%，*w*（Si）1.85%，*w*（Mn）0.7%，*w*（V）0.2%，*w*（Mo）0.45%）
open forging ~ 商用锻钢坯
open-hearth ~ 马丁钢，平炉钢
oriented ~ 各向异性钢片（变压器用）
overblown ~ （转炉）过吹钢
over-heated ~ 过热钢
oxidation resistant ~ 不锈钢，抗氧化钢
oxygen ~ 吹氧钢
paragon ~ 锰铬钒合金钢（*w*（Mn）1.6%，*w*（Cr）0.75%，*w*（V）0.25%，其余Fe和C）
perished ~ 过渗碳钢，脆弱钢
PH stainless ~ 沉淀硬化型不锈钢
phosphorated ~ 含磷钢
pinion ~ 齿轮钢
piped ~ 有缩孔的钢
piping ~ 镇静钢
plain ~ ①碳素钢②普通钢
plastic die ~ 塑料模具钢

plastic mould ~ 塑料模具钢
plugged ~ 封顶〔加盖，堵塞〕钢
ply ~ 复合〔多层〕钢
pneumatic ~ ①喷气炼钢，气法炼钢②转炉钢
pot ~ 坩埚钢
precipitation-hardening stainless ~ 弥散硬化不锈钢
prehardening ~ 预硬化钢
primary ~ 通用钢（重熔钢除外）
profile ~ 型钢
puddle ~ 搅炼钢，熟铁
quarter octagon ~ 四角方钢
quenched ~ 淬火〔淬硬，硬化〕钢
quenched and tempered ~ 调质钢
quiet ~ 软钢（低碳钢），全脱氧钢，全镇静钢
quinary ~ 五元合金网
rail ~ 钢轨钢
rapid ~ 高速钢
raw ~ 原钢，粗钢（统计产量的钢）
reacting ~ 再结晶钢
red-hard ~ 热硬钢，红硬钢，高速工具钢
red-short ~ 热脆钢
refractory ~ 耐热钢，热强钢
reinforced ~ 钢筋
rerolled ~ 半成品钢
Rex ~ 耐热耐蚀高合金钢
ribbon ~ 窄〔打包〕带钢
Riffel ~ 钨工具钢（w（C）1.2% ~ 1.4%，w（W）5% ~ 8%，w（Cr）0% ~ 1.0%，w（V）0% ~ 0.5%）
rimmed ~ 沸腾钢，不脱氧钢
rising ~ 沸腾钢
rock-drill ~ 钎子钢
rolled ~ 轧制钢，钢材
sandwich ~ 夹心钢
saturated ~ 共析钢
scorched ~ 粗晶钢（由过热引起的），柱状晶钢
screw ~ 螺钉〔易切削，自动机床用〕钢
screw-thread ~ 螺纹钢，竹节钢
section ~ 型钢
selenium ~ 加硒钢
self-hardening ~ 气（冷）硬（化）〔自淬硬，风，空冷淬硬〕钢
semi-killed ~ 半镇静钢
shape(d) ~ 型钢
shear(-) ~ 剪切钢（刀具钢），刀〔工具，优质，高速切削〕钢
shipbuilding ~ 船用钢
Sichromal（~）铬铝硅〔耐热铝，罐管用铝〕合金钢
Siemens ~ （西门子）平炉钢
Siemens-Martin ~ 平炉钢
Sil Ten ~ 高强度钢（w（C）0.4%，w（Mn）0.7% ~ 0.9%，w（Si）0.2% ~ 0.3%）
silichrome ~ 硅铬钢
silicon ~ 硅钢，电工钢
silver ~ 银器钢，银亮钢（w（C）0.95% ~ 1.25%，P 含量极低）
silver ply ~ 不锈覆盖钢
simple ~ （普通）碳钢
single-slag ~ 单渣钢
skelp ~ 焊接管坯钢，制管钢板，制管熟铁板
Skhl ~ 镍铬铜低合金钢（w（Cr）0.4% ~ 0.8%，w（Ni）0.3% ~ 0.7%，w（Cu）0.3% ~ 0.5%，其余 Fe 和 C）
skillet cast ~ 坩埚铸钢
SM ~ 平炉钢
soft ~ 软钢，低碳钢
soft-center ~ 软〔夹〕心钢
solid ~ 镇静钢，脱氧钢
special ~ 特殊〔合金〕钢
spotty ~ 白点钢
square ~ 方钢
stabilized ~ 稳定化钢（经过加铝稳氮处理的低碳沸腾钢）
stainless ~ 不锈钢
stainless clad ~ 不锈包钢
steel-faced ~ 包钢的铁
stentor ~ 微变形钢（淬火变形小的锰钢）
straight carbon ~ （普通）碳钢
strain-aged ~ 应变时效钢
strip ~ 带钢，钢带
strong ~ 高强度钢，强力钢
structural ~ ①结构（用）钢（材）②钢架，金属结构
sulphur ~ 高硫钢
sulphur bearing ~ 含硫（易加工）钢
Sun ~ 聚氯乙烯薄膜色层压花钢板
supercarbon ~ 超碳钢
superhigh ~ 超高速钢
surface hardening ~ 低淬透性钢，浅淬硬钢
synthetic ~ 合成钢
tee ~ T 形〔丁字〕钢
tempered ~ 回火钢，还原钢，锻钢
temper-stressed ~ （为）去除应力（而）回火（的）钢

Thomas ~ 碱性转炉钢，托马氏钢
tilted ~ 锻钢
tire ~ 轮箍钢
Tisco ~ 高锰镍耐磨钢（w（Mn）15%，w（Ni）35% ~ 40%）
Tisco manganese ~ 锰钢
Tisco Timang ~ 锰镍耐磨钢（w（C）0.6% ~ 0.8%，w（Mn）13% ~ 15%，w（Ni）3%，其余 Fe）
transformation induced plasticity ~ 相变诱发塑性钢
treated ~ 加特种元素钢（如加入 B 等）
Triple ~ $W_4Cr_4V_2Mo_2$ 高速钢（w（C）0.9%，w（Mn）0.4%，w（Cr）3.5% ~ 4%，w（Mo）2.5%，w（V）2.5%，w（W）3.5% ~ 4%）
true ~ 共析钢（含 100% 珠光体）
twining induced plasticity ~ 孪晶诱发塑性钢
twisted ~ 螺纹钢筋
ultrahigh strength ~ 超高强度钢
unkilled ~ 不完全脱氧钢，沸腾钢
unpainted ~ 无覆层钢
vanity ~ 易焊锰钢（含有适量的镍和钛）
Vasco ~ 钨钒钢
vinyl-coated ~ 聚氯乙烯复合钢板
virgin ~ 精炼钢
wild ~ 强烈沸腾〔脱氧不良〕钢，冒涨钢
wolfram ~ 钨钢
wrought ~ 搅炼钢，精炼钢，锻钢
steel-cast 钢铸的，铸钢的
steel-casting ①铸钢件②铸钢
steel-clad 装甲的，铁甲的，包钢的
steel-facing 表面钢化
steelify 炼（铁）成钢
steeling ①镀铁，表面钢化，钢化作用，包钢，用钢做刀口②坩埚加料③坚硬起来的
steel-lined 衬钢的
steelmaking 炼钢（法）
Steelmet 斯蒂尔梅特铁系烧结机械零件合金（例：w（Ni）9%，w（Mn）1%，其余 Fe）
steeloscope 钢用光谱仪
steels 钢粉
thermit ~ 铝热焊钢粉
steel-shod 装有钢靴的，装有金属箍头的，底部包钢皮的
steelwire 钢丝
deformed pre-stressed concrete ~ 预应力混凝土结构用刻痕钢丝
steelwork ①钢制件，钢结构，钢架②钢铁工程
steelworks 炼钢厂
integrated ~ 钢铁联合企业
steely 似钢〔钢包，钢制，含钢〕的
steelyard ①（大磅）秤，弹簧秤②保险阀杠杆
Poman ~ （提）秤
steeplifting 垂直提升（农具的）
steepness ①陡度，斜度，斜率②互导
edge ~ 沿陡度
jump ~ 阶跃陡度
pulse ~ 脉冲（沿）陡度
virtual ~ 虚陡度
steer ①操纵，驾驶，转向，控制②调整③驾驶设备④（把电流）导入，导引
compliance ~ 柔性转向
roll ~ 侧倾转向
steerability 可操纵〔控制，驾驶〕性
steerage ①驾驶，操纵，掌舵②舵效，舵能③驾驶设备④统舱，三等舱
steerageway 舵〔航〕效速度（使舵生效的最低速度）
steer-by-wire 电传操纵
steerer 控制器，操纵器
steering ①操纵，控制②转向③驾驶④操纵方向
Ackerman ~ 梯形转向结构
beam ~ 束流控制（束流导向）
clutch ~ 离合器式转向装置（链轨式拖拉机的）
cross ~ 横转向装置
differential ~ 差速转向
diode ~ （晶体）二极管换〔指〕向
elecrical power ~ （汽车）电动动力转向
electric ~ （汽车）电力转向
electric motor power ~ （汽车）电动机动力转向
electric powered hydraulic ~ （汽车）电动液压动力转向
electrical power assisted ~ （汽车）电动助力转向
electronic control power ~ （汽车）电子控制动力转向
electronic power ~ 电子控制动力转向系统
four-wheel ~ （汽车）四轮转向
four-wheel ~ mechanism 四轮转向机构
hydraulic electric power ~ （汽车）电动液压动力转向
hydraulic power assisted ~ （汽车）液压式动力转向
jet ~ 喷气操纵

left hand ~　（汽车）左置转向盘
manual ~　（汽车）手动转向
nose wheel ~　前轮转弯
pivot ~　支枢转动
power ~　①动力［液压］转向装置②动力转向③（汽车）渐进式车速传感动力转向
progressive power ~　渐进式［自动可调式］动力转向
pulse ~　脉冲指引
servo-assisted ~　继动转向
side ~　（汽车）变向机构
speed sensitive ~　速敏转向（汽车）速度感测式转向
variable assist power ~　可变助力动力转向
variable gear ratio ~　（汽车）可变传动比转向（用车速传感器来控制）
variable power ~　（汽车）可变动力转向
variable-assist power ~　（汽车）可变辅助动力转向

steering-engine　转向舵机

steering-gear　转向装置，转向器，操舵装置，舵转向装置

steering-wheel　舵轮，转向［方向，驾驶］盘，驾驶［操向］轮

steersmanship　操纵［驾驶］术

steeve　①吊杆②起重桅

steganography　隐藏

stegnosis　收缩，狭［缩］窄

stellar　①主要的，显著的②星体［恒星，天体］的

stellarator　仿星器（八字环管形等离子流箍缩发生器）

Stellite　①斯特莱特硬质合金②钨铬钴（硬质）合金（w（Co）75% ~ 90%，w（Cr）10% ~ 25%，少量 W 和 Fe）
Hayne(s) ~　（哈氏）钨铬钴合金

stelloid　星散线

stem　①（晶体管）管座，芯柱②杆，棒，柄，把③（千分尺）微分筒，（表的）转柄，阀杆，艏柱④短连接零件⑤堵塞物，塞⑥母体⑦排气管，（管）茎
anode ~　阳极靶茎
application graduating ~　递开操纵杆
auger ~　冲击式钎杆，风钻钎子，螺（旋）钻杆，钻头柄
bantam ~　①小型管管脚②短茎芯柱
buffer ~　缓冲柄（车辆）
button ~　①微型管芯柱②钮形芯柱③微型管基
damper ~　调节杆
extension ~　延伸柄，伸缩棒
false ~　艏护材
fan-out ~　扇出干线
graduating ~　递动杆
kelly ~　方钻杆
Mach ~　马赫效应，激波前沿，扰动面
needle ~　针阀杆
pinched ~　靶茎
plain ~　无螺纹节（螺栓的）
screw ~　螺杆
stamp ~　捣杆
valve ~　气门杆，气门蒂片，阀门心，阀杆

stemmer　炮棍，塞药棒，导火线

stemming　填［堵］塞物

stemple　嵌入梁，巷道横梁

stem-pressing　模压

stencil　①模绘版，镂花模版，接漏印版，型版②（油印）蜡纸③（用模版，蜡纸印出的）文字，花样，图案，标志
access ~　访问形［格］式
bit-slice ~　位片型

stencile　钢印

stencil-plate　（镂花）模版，型版

stenograph　①速印机，速记机②速记文字③速记

stenography　速记（术）

stenolalism　略字

stenometer　速记测距仪

stenotype　①按音速记的字母（组合），按音速记机②按音速记

stenotypy　按音速记术

stenter　展幅机，拉幅机
clip ~　布铗拉幅机
floating jet ~　气垫式喷嘴热风拉幅机
jig ~　摆动式拉幅机（能调整纬斜和使织物柔软）

stentorphone　强力扩声器，（大功率）扩声器

step　①步，级，档，阶段②踏步，踏板，梯［台，等］级，工序，工步，阶跃③传动比级④步骤［幅，长，调，伐，程，位，进］，节［跨，间］距⑤行程，轴瓦［承］⑥选择脉冲⑦手段
~ and step　步进（式）重复器
~ on　加速
~ out　失步，解列，失调
breaking ~　失［乱，不同］步
compile ~　编译阶段
deck ~　后层梯蹬（“跑车”式双座敞车车身的）
density ~　灰度等级
development system ~　系统研制步序

dummy ~ 空转程序步
grey ~ 灰度梯级
growth ~ （晶体的）生长阶
half ~ ①等程半音②半音程〔阶〕
incremental angular ~ 步进角度增量
job ~ 作业步〔段〕，工作〔加工〕步骤
main ~ 主轴承〔轴瓦〕
motor ~ 电动机（节）距
phase ~ 相位跃变〔跳跃，阶跃〕
potential ~ 电位阶跃
process ~ 工序，工步
program ~ 程序步（长）
pulling in ~ 进〔牵〕入同步
quantum ~ 量化阶梯
short ~ 低档
short-circuit ~ 短路级
switch ~ 切换阶段
tapping ~ 分接级（变压器的）
timing ~ 定时梯级
turret ~ （pl.）螺旋梯
unit ~ 单位阶跃函数
whole ~ 调和全音

stepblender 梯形混棉〔和〕机
step-by-step 步进的，按步的，逐步的
step-cone 塔轮，级轮，宝塔轮
step-function 阶跃函数
step-index 阶跃折射率
step-input 阶跃〔阶梯，阶式信号〕输入
stepladder 活梯，梯凳
steplength 步长
stepless ①不分级的，平滑的②无梯级的，无级的
stepmotor 步进电动机
stepney 预备轮胎（汽车的）
stepout 失步，解列，失调，时差
stepped ①分级〔分节，阶段〕的②阶梯形的，步进的③阶跃〔跳变〕式的，不连续的
stepped-up 加速的，加强了的
stepper ①分档〔节〕器②步进电动机
double rotor-stator ~ 双定（子双）转子步进电动机
reluctance ~ 磁阻〔反应〕式步进电动机
stepping ①逐步变化的②（指令地址）改变③（通过透镜天线后）波前的取平，透镜天线相位前沿的平衡④（峰或基线成台阶状）颤动
baseline ~ 基线（成台阶状）颤动
step-reaction 逐步反应
step-recovery 阶跃恢复
step-rocket 多级火箭
steps-teller 记步器
stepstress 步进〔级增〕应力
step-syn 同步电动机
permanent magnet ~ 永磁同步电动机
step-up （体积，数量）逐渐增加
step-wedge 梯尺，光楔
stepwise ①逐步的，分段的②阶式的③阶段的
sterad(ian) 立体弧度，球面度（立体角单位）
steradiancy 球面辐射强度
sterance 立体角密度
photon ~ 光子立体角出（射）度
stere 立方米（m^3）
stereo ①立体（照片），立体声（收音机），实体，铅版，体视技术②立体镜的
channel ~ 立体声通道
environment ~ 环境立体声
monogroove ~ 单纹槽立体声
surround ~ 环绕立体声
wide ~ 立体声展宽
stereoacuity 立体清晰度，立体量测精度，体视敏度
stereo-analogs 立体类似物
stereoautograph 自动立体测图仪，体视绘图仪
stereobase 立体基准〔线〕
stereobetatron 立体电子感应加速器
stereo-block ①立体量块②立构规整嵌段③定向嵌段
stereocamera 立体摄影机
stereocartograph 立体测图仪
stereocasting 立体声广播
stereochromy 固色壁画法
stereocinematography 立体电影摄影术
stereocomparagraph 立体坐标测图仪
stereocomparator 立体坐标量测仪，体视比较仪
stereocompilation 立体测图
stereoeffect 立体效应
stereoencephalotome 脑定点切开器
stereo-fluoroscope 立体荧光屏
stereo-fluoroscopy 立体荧光法
stereogoniometer ①立体量角仪〔器〕②体视角度尺
stereogram ①实体〔体视，实视，立体〕图②（统计学中的）立体频数，立体照相〔片〕③多边形
stereograph 立体平面图，立体〔体视〕照片
stereography ①体视法，立体平画法②立体几何学③立体摄影术
stereohybridization 立构（规整）杂化作用

stereo-inspection 立体镜观察
stereoisomer 立体异构件
stereoisomeride 立体异构体
stereoisomerism 立体异构（现象），几何（化学）异构现象
stereology 体视学，立体测量学
stereomer(ide) 立体异构体
stereometer ①体积计②比重计③立体〔体视，视差〕测量仪④视差测图镜
stereometrograph 立体测图仪
stereometry ①测体积学〔术〕②立体几何学③立体测量学④比密度测量法
stereo-micrography 立体显微（照相）检验
stereomicrometer 立体测微仪，体视测微计
stereomicroscope 立体显微镜，体视显微镜
stereomicroscopy 立体显微术
stereo-mixer 立体声调音台
stereomodel 立体模型
stereomodifier 立体结构调节器
stereomotor 永磁转子电动机（用于控制系统的，有效惯性和步进角都较小的）
stereomutation 立体变更，体积改变
stereo-orthopter 体视矫正器
stereo-overlap 立体模型，立体重叠
stereopantometer 立体万测仪，立体经纬（万能）测角仪
stereophone ①立体声耳机②立体声效（果），立体声音
quadruple ~ 四声道立体声耳机
stereophonic 立体声（效）的
stereophony 立体声学
stereophotogrammeter 立体照相测量仪
stereophotogrammetry 立体摄影测量学
stereophotograph 立体照片〔相〕
stereophotography 立体摄影术
stereophotomicrograph 立体显微照片〔照相〕
stereophototopography 立体摄影地形测量学
stereophysics 立体物理学
stereopicture 立体图像
stereoplanigraph 精密立体测图仪，立体伸缩绘图仪
stereoplotter 立体测〔绘〕图仪，立体影象绘制仪
stereo-power 体视能力
stereoprojection 立体投影，球面投影
stereopsis 立体观测，体视
stereopticon ①投影放大器②（实体）幻灯（机）
stereoptics 立体摄影光学，体视光学
stereoradar 立体雷达
stereoradian 立体弧度，球面度
stereo-radiography 立体放〔X〕射线摄影术，立体射线照相
stereoradioscopy 立体射线检查法
stereoregularity 立构规整性
stereo-regulation 立体调节
stereorestitution 立体测图，双像测图
stereorubber 有规立构橡胶
stereoscan 立体扫描
stereosconic(al) ①立体镜的②体视（镜）的
stereoscope ①体视镜，立体镜②立体照相机
mirror ~ 反光〔反射式〕立体镜
stereoscopicmicroscope 双目立体显微镜
stereoscopy ①立体观测②体视（学，术，法）
raster ~ 放映三维图像的立体镜（术）
stereoscreen 立体（荧光）屏
stereoselectivity 立体选择性
stereosimplex 简单立体测图仪
stereoskiagraphy 立体〔体视〕X 光照相术
stereosonic 立体声的
stereospecificity （立体）定向性，立体规整〔特异，专一〕性
stereotape 立体声磁带，立体声录音带
stereotaxis 趋触性，趋实体性
stereotelemeter 立体测距仪，立体遥测仪
stereotelescope 体视望远镜，立体望远镜
stereotelevision 立体电视
stereotemplet 立体模片
stereotheodolite 体视经纬仪
stereotome 立体图片
stereotomy 实物切割术，切石法
stereotope 立体测量仪
stereotopograph 立体地形测图仪
stereotopography 立体地形测量学
stereotopometer 立体地形测量仪
stereotriangulation 空中三角测量
stereotropism 向触性，向〔亲〕实体性
stereotype 铅版（制造，制版，印刷）定型，陈规
stereotyping 定型化
stereovectograph 偏振立体图
stereoviewer 立体电影放映机
transposing ~ 换位立体镜
stereoviewing 立体观察
stereovision 立体视觉，实体视觉，立体观察
machine ~ 三维机器视觉
stereo-visor 偏光镜，（看）立体（图像的）眼镜

steric ①空间（排列）的②立体的，位的
sterigma 小梗，担子柄
sterilamp 紫外线消毒灯，杀菌灯
sterilization 冻结，封存
sterilizer 杀菌器，灭菌机，消毒器
steritron 使水净化的电子装置
Sterlin 斯特林铜镍锌合金（*w*（Cu）68.5%，*w*（Ni）17.9%，*w*（Zn）12.8%，*w*（Pb）0.8%）
Sterlite 斯特里特锌白铜（*w*（Cu）53%，*w*（Ni）25%，*w*（Zn）20%，其余Mn）
sterluminancy 单位立体弧度的亮度
stern 船尾，艉部，后部
bulbous ~ 球形艉
catamaran ~ 双艉
contraguided ~ 整流艉
counter ~ 悬伸艉
cruciform ~ 十字艉
Sterrometal 斯特洛硬黄铜，铜锌铁合金，含铁四六黄铜
stethocyrtograph 胸廓曲度描记器
stethokyrtograph =stethocyrtograph
stethometer 胸围计，胸廓张度计
stethoscope ①金属探伤器②听诊器③听音器，导音探测器
steuerspannung 〈德〉控制〔激励，操作〕电压
stew ①混杂物，（电影）噪声②拉拔时效硬化
mike ~ 传声器噪声
stewing ①拉拔时效硬化②静置
sthene 斯坦（力单位，=1 000 N）
stiameter （水银）电解计量器
stibium 锑（Sb）
stibnide 锑化物
stibnite 辉锑矿
stibonium 锑（指有机五价锑化合物）
stick ①棍，棒，梁，杖，条状物，圆材②黏性③操纵杆，手柄，（杠）杆，（砂轮）修整棒，火药柱④铜锤，集束炸弹⑤粘（贴），黏附，附着，卡住，固定⑥耦合，连接⑦操纵，操作，换档，变速，驾驶⑧阻塞
abrasive ~ 油石棒，油石条，研磨条
bayonet gauge ~ 插入式计量棍
bit ~ 钻头
bot ~ 泥塞杆
buzz ~ 蜂音（绝缘子）测试棒
diamond ~ 金刚石油石〔磨条〕
dip ~ 水位指示器，量油尺，液面测量杆
dipper ~ ①挖掘铲斗柄柱②水位指示器，测量尺，量油尺
draw ~ 起模棒〔针〕
electric heating ~ 电热棒
emery ~ 砂条，薄的磨光锉
fiddle ~ 手摇播种机
gate ~ （直）浇道棒
graduated ~ 量尺
grease ~ 棒状研磨膏
guess ~ （计算）尺
hook ~ （电气）操作棒，钩棒，操作杆
hot ~ 带电操作杆
jaw ~ 球形握把，操纵杆
lapping ~ 研磨条〔棒〕
memory ~ 记忆棒
pitch ~ 螺距调整杆
proof ~ 试验棒，探测杆，探针
ring ~ 活塞环胶〔黏〕着
runner ~ （直）浇道（模型）棒
spark ~ 绝缘子测试棒
tamping ~ 炮棍，装药棒
tempil ~ 热色棒，测温色笔
thermopile ~ 测温色笔
walking ~ 弯管式自热汽化燃料喷射装置
wind ~ 飞机螺旋桨
stickability 黏着性，附着性，胶（黏）性
sticker ①粘模（钢锭），粘结钢板②粘结印痕（叠板之间的粘结点）③多肉（铸造缺陷）④尖刀，尖物⑤黏着剂⑥（磁）带头〔尾〕标记，反光标记，凸面修型工具⑦难题，费解的事物
pig ~ （铸铁机）粘连铁块
stool ~ 粘底板钢锭
sticking ①黏着，粘结，附着，吸持，黏附，（活塞环）胶结，粘模（型砂）②卡〔楔，塞，咬〕住③焊合④荧光屏图像保留⑤趋稳性，触头烧结
cylinder ~ 咬缸
die ~ 粘模
engine ~ 发动机（活塞）卡住
sand ~ 砂疤
stick-out （焊丝）伸出长度
stick-slip 爬行
stickum 黏性物质
stickup 排字，透明注记，注记剪贴，粘贴
stic-pat 透明注记
stiction 静态阻力，接触面阻力，静摩擦力
stiffener ①硬化剂，增稠剂②加劲杆，加劲构件，加强板，加强筋，支肋③刚性元件，刚性梁④钢圈外包布⑤补强胶条

web ~ 梁腹加筋角铁，腹板加筋件
stiffening ①劲化，加劲，刚性连接，加强②使硬
T-ring ~ 缝环加劲
stiffleg ①劲性支柱，刚性柱架②斜拉杆
stiffness ①刚度，刚性，劲度，劲性，坚硬（性），硬度②稠〔浓〕度，行程〔飞机空中停留〕密度③稳定性，抗扰性，（控制系统）抗偏离能力④倒〔反，逆〕电容
~ of coupling 耦合强度（同步电机的）
acoustic(al) ~ 声劲
arc ~ ①电弧稳定度，电弧强〔挺〕度②分弧环
bending ~ 弯曲刚度
branch ~ 电路的反〔逆〕电容
dynamic ~ ①动刚度，动态刚性②动力劲度③动态稳定度
flexural ~ 弯曲刚度
mechanical ~ 力劲
mutual ~ 互倒电容
negative ~ （电声换能器的）负劲度，负刚度
off-axis ~ 偏轴刚度
on-axis ~ 正轴刚度
pitch ~ 纵向安全〔稳定〕性
roll ~ 轧辊刚性
self ~ 自逆电容
shear ~ 抗剪劲〔刚〕度
spring ~ 弹簧刚度
yaw ~ ①方向稳定性②抗偏刚度
stifle ①压熄，熄灭，隐蔽②抑制
stigma ①气孔，气门，小孔，眼点②瑕疵，斑点③特征④柱头
stigmatic 共点的
stigmatiform 眼点形
stigmatism 消像散聚焦
stigmator ①像散校正装置②消像散器
stilb 熙提（sb）（亮度单位，1 熙提 =1 cd/cm^2）
stilbene 均二苯代乙烯，芪
stilbmeter 亮度计
stile 旋转栅门，窗〔门〕（边）挺，竖框，横路栅栏，梯磴
still ①蒸馏②蒸馏釜〔锅，器，柱〕③静止摄影，照片（影片等镜头的），（电视）静片，静图④电视演播室布景⑤静止〔不起泡，不流动〕的⑥通管丝，管心针，细探子
accumulator ~ 缓冲釜，累加器蒸馏室
atmospheric ~ 常压管式加热炉
batch ~ 分批〔间歇〕蒸馏釜〔罐〕
coking ~ 炼焦炉
cracked ~ 裂化炉
cracking ~ ①裂化罐②裂化（筒式）炉
crude ~ 原油蒸馏锅
flash ~ 闪蒸锅
hog ~ 蒸馏塔
pipe ~ 管式炉，管式蒸馏釜
pot ~ 蒸馏罐，罐（式蒸）馏器
reducing ~ （轻质油）蒸馏锅
soft ~ 软静止图像
stripping ~ 汽提蒸馏器
vacuum ~ 真空蒸馏器
Wilton ~ 威尔顿管式炉
stillage ①釜馏物，蒸馏釜馏出物②架，台，支架③框架④托架，货板⑤滑板
half-live ~ 半挂台车
still-column 蒸馏柱
stillpot ①沉淀釜，沉淀槽②反应堆（冷却）池
still-process 蒸馏过程
stilt ①支撑物，支材②高架③耐火垫片④（装窑用）承坯架
stimulation ①激励，闪烁②荧光放射增强③刺激
stimulator ①激活剂②激励器③搅拌器
stimulus ①刺激，激发，激励（物，源）②升压器，助力器③（pl.）色质
achromatic ~ 无色刺激
cardinal ~ ①主要色质，基本色质②基本色刺激
light ~ 光刺激
metameric colo(u)r ~ ①条件等色刺激②异谱同色刺激
programmable ~ 可编激励源（试验、测量和识别设备中的）
reference ~ 参照刺激，原刺激，基准刺激，基色质，源色刺激
sting ①支架，架杆，探臂式支杆②无端链条
sting-out 炉内压力大于大气压力时，从炉的开口〔缝隙〕处喷出火焰〔热气〕的现象
stinky 全景雷达
stint ①派定的工作，定量，限额②限制，紧缩，节制
stipple ①点描法，晕点法②点虚线
stipulation 规定，条款，条件，合同，契约，条款
stipule 托叶
stir ①搅拌，搅动②激起，鼓动，动荡③（用泵）抽送，汲取
stirrer ①搅拌器，搅动器，搅拌机，搅棒②箍，夹头③抖动器

arm ~ 桨叶式搅拌机
gate ~ 框式搅拌器
motor ~ 电动搅拌器
planet ~ 行星〔回绕〕式搅拌器
raker ~ 刮板式搅拌器，搅拌耙
ribbon ~ 螺条搅拌器
sand ~ 洗砂器，搅砂器
spring ~ 弹簧箍，弹簧夹头
wire ~ 线网搅拌器

stirrup ①卡，夹，箍②夹钳，支耳③箍筋，镫筋，钢筋钳，U形钳④镫形卡子⑤骑马螺钉，钢丝绳头桥式承窝的U形螺栓或有眼螺栓附件
ingot ~ 锭钳
resilient ~ 弹性套环扣件

stirrup-piece 镫形支架

stirrup-pump 手摇灭火泵，轻便消防抽水机

stitch ①距离，一段时间②少许，一点③缝，压合（装订），绑结④滚压⑤弯边

stitcher ①订书机，钉箱机（用U形钉钉纸箱）②齿形压辊，滚压器③带材缝合机④缝针⑤齿形滚压
saddle gang ~ 骑马（长臂）订书机

stitching ①滚压器②钉合（法）③榫头④滚压，压合⑤缝合⑥缝焊，点焊

stitch-up 结合，缝合

stitch-welding ①垫缝焊接，叠焊（法），缝焊②自动点焊

stithy ①铁砧②锻工房，锻工场，铁工厂③在铁砧上锻制

stoadite 含钨钼镍的硬合金钢

stob 长铁楔

stochastic(al) 随机的，偶然的，推测的

stochatron 随机加速器

stock ①蓄积，库存，备料，备件，原料，材料，成品，现货，成品库②台，座，杆，柱，柄，把，架③坯料，毛坯，轧件，粗钢料（用来锻造加工的）④混合胶⑤纸浆⑥炉料⑦风口弯头⑧主轴箱，螺旋纹板，木工用刨⑨余量⑩股份〔票〕，固定资本
anchor ~ 锚座〔叉，杆〕
available ~ 有效库存量
basic ~ 碱性炉料
blank ~ 控制备料，调节备料
bogie ~ 转向架小车（车辆）
bright ~ 浅色高黏度润滑油配料
buffer ~ ①缓冲寄存②保险〔缓冲〕储备
butt ~ 附件
cable ~ 绞盘
card ~ 卡片材料
charging ~ 炉料
coil ~ 卷料，卷材
crystal ~ 连晶
cycle ~ 循环油料
cylinder ~ ①（粗）气缸油②气缸油原料
dead ~ ①油底壳（油箱）底部放泄不出去的剩油②卖剩下的物品
diagonal ~ 脱方轧件
fast head ~ 主轴箱〔座〕，固定床头
feed ~ 原料
feeler ~ 塞尺
film ~ ①库存电影胶片，生胶片②软片材料
filter ~ 过滤机油
filtrated ~ 过滤母液
finishing ~ 精加工余量
freak ~ 中间产品
gathering ~ 局部镦粗
gear ~ （齿轮）主轴箱
goods ~ 货运车辆
grinding ~ 磨削留量
gun ~ 倒向器（伐木）
hammer ~ 槌式缩绒机，舂缩机
hand ~ 人工加料
head ~ ①主轴箱②头架③测量头
kerosene ~ 煤油燃料，拖拉机用煤油
light ~ 缺胶
loaded ~ 填料
melting ~ 熔料，炉料
pen ~ ①压力水管，进水管②（有耐火内衬的与高炉送风管连接的）短铸铁送风管③救火龙头，消火栓
plane ~ 刨床架
poppet ~ 床尾，后顶尖座（车床）
power tail ~ 动力顶尖座
producers ~ 原料，商品
puppet head tail ~ 随转尾座
raw ~ ①原材料，毛坯②生胶片
repair parts ~ 备品仓库
rod ~ 线材坯
rolling ~ ①轧制材料②机车车辆，铁道车辆
rough ~ 未加工材料，原材料
running ~ 流动库存，经常库存
screw ~ ①丝锥扳手②螺旋扳手③制螺钉的棒料④板牙（架）
shaving ~ 剃齿留量
skim ~ 敷涂混合物

spindle head ~ 主轴箱
tail ~ 尾座
thickness ga(u)ge ~ 成套塞规
wire ~ 线材
stockade 栅（栏），（防波）围桩
stockcar 普通小汽车
stock-cutter 切料机
stocker ①堆料〔堆垛，加煤〕机，储料器②集草车③散装工
stocking ①库存成品轧料，（坯料，成品的）存库，堆积，储存③装料，装柄
stockline 料线，料面高度，装载线
stocklist 存货〔库存〕单，存货目录
stockout 库存不足，缺货
stockpile ①（煤，料）堆②资源，蕴藏量，（原料物资）全国贮存量，科研资料的积累③储存，堆放，积累，储备
stockpiling 装堆，存料，存货
stockremoving 切削
stocktaking ①盘货，存货盘点②估量
stockyard 堆料场，煤场，燃料库
stocsaver 捕浆器
stoff ①材料，物资②火箭燃料，火箭推进剂③冷却液，防冻液
stoichiometric(al) 化学计算〔计量，当量〕的，理想配比的
stoichiometry ①化学计算〔量〕法，（化学）理想配比法②化学计量学
stoke ①点火，烧（火），添煤（锅炉）②供燃料③斯托克斯（St，动力黏度单位，1 St = 1 cm^2/s）④连续烧结
stokehold 锅炉舱，汽锅室，火舱，生火间
stoker ①加煤机，添煤器②机动炉排③层燃炉，炉排炉④司炉
automatic ~ 自动加煤机
chain-grate ~ ①链箅加煤机②链条炉排
coking ~ ①下饲煤层燃炉，预焦化层燃炉②焦化炉排，焦化加煤机
compartment ~ 格子〔分段（燃烧）〕加煤机
compensating feed ~ 连续给煤层燃炉
continuous discharge ~ 连续除渣层燃炉
fixed-bar ~ 固定炉排
grate ~ 层燃炉
incinerator ~ 垃圾炉
low-ram ~ 下饲煤小型层燃炉
mechanical ~ 机械炉排，机动炉排，机动加煤机
overfeed ~ 火上加煤机
retort ~ ①甑式加煤机，机械燃烧室②槽式下饲煤层燃炉
spreader ~ ①抛煤机炉排②撒布式加煤机
sprinkler ~ 有抛煤机的层燃炉
steam-jet ~ 蒸汽鼓风层燃炉
travelling-grate ~ 链条炉排，活动炉排加煤机
underfeed ~ 下方给煤机，下馈式烧煤机，火下加煤机，下饲式加煤机
stoma 气〔叶〕孔，小孔，口
stone ①石（头），岩石，宝石，石粒，钻石②磨石，砂轮，油石，磨条③界碑，里程碑，纪念碑④英石（重量单位，1 英石 =14 lb=6.35 kg）⑤冰雹⑥砌石，垒石⑦磨削
bedding ~ 研磨石（在换向器上研磨电刷用）
bent ~ 出瓦
boiling ~ 锅垢
bottom ~ 耐火黏土
coal ~ 块煤
commutator ~ 换向磁极
diamond end ~ 高级表用的托钻（天然宝石）
dressing ~ 研磨石，研磨粉（换向器等的）
edge ~ ①磨石②油石
emery ~ 金刚砂磨石
exit ~ 出瓦
float ~ ①（铁）磨砖石②浮石
grinding ~ ①砂轮（磨削用）②磨石③油石④砂轮机⑤制碎木浆石
hand ~ （带柄）手用油石
hole ~ ①圆柱宝石轴承②孔钻，宝石
jasper ~ 碧玉石
left ~ 出瓦
left pallet ~ 擒纵叉左叉瓦
lighter ~ 火 石（*w*（Ce）60%，*w*（Fe）40%，或 *w*（Ce）70%，*w*（Fe）30%）
load ~ 磁石
patent ~ 人造石
pencil ~ 叶蜡石
precious ~ 宝石
pulp ~ 磨纸浆砂轮
right pallet ~ 擒纵叉右叉瓦
runner ~ ①（碾碎机的）动石辊②（磨粉机）上磨盘
shelling ~ 脱谷〔去壳，剥皮〕机
silicate ~ 硅酸盐（水玻璃）黏结剂砂轮
slip ~ 磨刀小油石
straight ~ 进瓦
synthetic ~ 人造宝石，合成宝石，（手）表钻
stonebreaker 碎石机

stone-cast 短距离
stone-cold 冷透的
stone-crusher 碎石机，碎矿机
stonefelt 矿物棉
stoner 除石（块）〔石块分离，碎石，去核〕机
stoneware 粗陶〔瓷〕(器),石制品,缸器(的),缸瓷(的)
stoney 模造大理石
Stoodite 斯图迪特(耐磨堆焊)焊条合金(w(Cr) 33%, w(Mn) 4.5%, w(Si) 2%, w(C) 4%, 其余 Fe)
Stoody 铬钨钴焊条合金
stool ①平板，托架，座架，垫板②底板（钢锭模的），锭盘，底盘③坩埚垫
stoolplate 垫板，接受台
stop ①止块，挡块，挡板，止挡②停止〔制动，限位，限制，缓冲〕器③锁销，止动销，制动销④断流阀⑤光圈，光阑⑥停机，停止，中止⑦间歇，堵塞
address ~ 地址符合停机
angle ~ 角钢停车器，角形挡，角形销
aperture ~ ①孔（径光）阑②隔膜，隔板，挡板
armature ~ 衔铁制动销，衔铁（止）挡，磁舌挡
automatic end ~ 自停
back ~ 逆行停止，定位簧，定位杆
ball ~ ①球阀止逆器件②球形止回阀
block ~ 定位块，挡料板
boom back ~ 臂架防倒装置
brake ~ ①制动器停机②制动块，制动止点
buffer ~ 止冲器，缓冲停车
bump(er) ~ 缓冲器行程限止器
buzzer ~ 蜂音器开关
cartridge ~ 卡盘挡，弹挡
click ~ 锁定光圈
click banking ~ 止爪片，棘爪限位片
clutch ~ （离合器）止动凸爪
coded ~ 编码停机（指令），停止码，程序停机
compensating ~ 补整停止器（用于矫正多轴自动机心轴的）
cone ~ 圆锥制动器
counter ~ 触止
crash ~ 急刹车
dead ~ ①死挡铁，死止块，固定（行程）限制器②完全停止，突然停车
definite ~ 死止块
depth ~ 限深规（工具上的），限深器
document ~ 防多页机构
drill ~ 钻头定程停止器
dust ~ ①防尘剂②转子密封装置
dynamic ~ 动态停机
end ~ 终点挡板
equal ~ 对称触止
escapement ~ 擒纵式挡料器，杠杆式销子挡料器
exact ~ 准确定位
external ~ 外部光阑
F ~ （光圈的）F（指）数，光阑刻度标记值（＝焦距 / 透镜的有效直径）
field ~ （视）场（光）阑
finger ~ ①指形制动销，指挡（电话）②指状限位器③手动限位器
flare ~ ①光阑②（防）杂光光阑
form ~ ①纸完停机②格式差错停止（计算机的）
full ~ ①句点，句号②全光圈
full-brake ~ 急刹车
ga(u)ge ~ 可调整挡铁
glare ~ （防）杂光光阑
hard-brake ~ 急刹车
inelastic ~ 固定挡铁，固定〔刚性〕限制器
internal ~ 内部光阑
iris ~ ①虹彩光阑，可变光阑②膜片（波导中的）
latch ~ 闩式挡料装置
length ~ 纵向（行程）止动器
lens ~ 透镜光圈，物镜光阑
limit ~ ①极限开关，终点开关②（行程，终端）限制器，止动器③挡块④限位点，终点
link ~ 链制动
longitudinal ~ 纵向（行程）止动器
loop ~ 循环停止，循环停机
manual emergency ~ 急停（机器人智能）
master ~ 总停
micrometer ~ 千分尺定位器
optional ~ ①任停②随意停机（指令），条件停机（指令）
pin ~ 挡料销，定位销
pinion ~ （起动机的）齿轮定位器，齿轮停止器
poor ~ 制动性能低，制动距离长
positive ~ ①主动（完全）停止②限位（停止，前，固定）挡块

preset ~ 预调光阑
program(m)ed ~ 程序停止（指令）
radiator leak ~ 散热器防漏剂
ratchet ~ 棘轮式挡料装置
rear ~ 后挡板，后挡
request ~ 随意停机
residual ~ 铁心销
reverse ~ 回动止杆，回动定位器，倒车保险器
revolution ~ 限速器，转速限制器
roll ~ 钢板压痕（由于轧辊上黏着物引起）
safety ~ 安全停止器，行程限制器，保险停止器
slide ~ ①滑动〔块〕停止装置②空仓挂机
soft ~ 软停机
solid ~ ①固定式挡料装置，整体挡料器②整体制动器
star(-shaped) ~ 星形触止
starting ~ 起始挡料装置
steam ~ 蒸汽截止阀
steering ~ 转向停止器〔限位器〕
stock ~ 挡料机构，挡料器
straw ~ 茎稿分捆器
table ~ 工作台止动器，工作台挡块
tabulating ~ 制表挡板
telecentric ~ 焦阑，远心（光）阑
temporary programme ~ 程序暂时停止
train ~ 停车装置，限制器，止车器
trigger ~ ①自动挡料销②（卷料和条料冲裁时，利用已冲好的孔缘）自动定位
trim ~ （冲压加工的）切边定位（法）
trip(-over) ~ 跳档
tub ~ 稳车器，挡车器
vignetting ~ 格晕〔护真〕光阑
zero dead ~ 完全停止，停在零位

stopband 阻〔抑制，衰减，不稳定〕带，抑止频带，不透明带
stopblock 止轮楔，垫墩
stopcock ①（活）栓旋塞阀，转闩，管闩②活塞，停止旋塞阀，调节旋塞阀，旋阀，龙头，柱塞
stop-collar 限动环
stope ①采（矿）场②回采（工作面），梯段开采
stopehammer 向上〔回采〕式凿岩机
stoper 钻机
roof-bolting ~ 杆柱钻孔机
stopgap 暂时代用品，临时代替物，塞洞之物
stop-lever 挡〔定位〕杆
stop-light 停车灯，交通指示灯
stoplog 叠梁闸门
stopmeter 制动距离记录仪
stop-number 光圈指数
stop-nut 制动螺母，防松螺母
stop-off ①补砂（填补型腔中不需铸出部分）②封泥③防护涂层④塞住，填塞
stoppage ①停止，阻滞，关闭，堵塞②停止器③停机④故障⑤截断⑥截止
motor ~ 停车，关闭发动机
stopped-flow(method) 停流（法）
stopper ①塞子，锁挡，挡块，挡环，塞棒，柱塞②停止器，抑止装置，制动器，闭锁装置，限制器，定程器，轧头③阀④泥塞，浇口盆塞⑤停机地址⑥伸缩式凿岩机⑦回采〔凿岩〕工
adjustable ~ 调整挡铁
altitude compensation ~ （发动机喷油泵）海拔补偿油量限制器
automatic rotation ~ 自动旋转伸缩式凿岩机
back ~ 后退定程挡块
bin ~ 料仓闸门，料袋制动器
boost altitude compensation ~ （发动机喷油泵）海拔增压补偿油量限制器
booster compensation ~ （发动机喷油泵）增压补偿限制器
channel ~ 沟道截断环
fix ~ 固定挡销，定位销
fuel temperature compensation ~ （发动机喷油泵）燃油温度补偿限制器
link ~ 挡块，撞块
parasitic ~ 寄生振荡抑制（器），寄生效应限制（器）
pipe ~ 管塞
ray ~ 辐射防护屏
refractory ~ 耐火塞
runner ~ 浇口盆（拔）塞
safety cinder notch ~ 安全渣口塞
search ~ 搜索抑制器
self-rotated ~ 自动旋转向上式〔伸缩式〕凿岩机
shock ~ 减振销
stone ~ 除石块机，清石机
work ~ 被测工件定位块
stopping ①制动状态②停止，抑制，止动，停车③填塞〔充〕（料），阻塞，嵌填④止碳，停止降碳⑤塞住的
automatic ~ 自动停车

noise ~ 噪声抑制，静噪
plug ~ 反流制动
short ~ 速止（作用），急速中止

stopping-off 补砂（在砂型中的空位），阻止（电极沉积）

stopple ①塞，栓②用塞塞住

stop-valve 停（汽）阀，节〔断〕流阀

stopwatch 停表，秒表

stopwork 限紧机构（限制发条上紧与放松到一定程度）

storability 可储存性

storage ①仓库，贮藏所，堆栈②存储器，记忆装置，超导存储器③贮罐，贮槽，汇集器，容器，水箱④存储，贮藏，累积，积聚⑤蓄电
access ~ 存取存储器
active ~ ①主动式存储（器）②正在使用的器材库
add-on ~ 添加存储器
annex ~ 附属〔内容定址，相联〕存储器
ash ~ 灰槽
associative ~ 相联〔相关，内容定址〕存储器
auxiliary ~ 辅助存储器
backing ~ 辅助〔备用外〕存储器
beam ~ 电子束存储器
beam addressable ~ （电子）束可寻址存储器
boiler ~ 锅炉防腐停用（保养）
boiler-room ~ ①锅炉（房）煤斗②锅炉（房）储煤
bucket-brigade capacitor ~ 斗链电容存储
buffer ~ 缓冲存储
built-in ~ 内存储（器）
bulk ~ 大容量存储器
bump ~ 缓冲存储器
byte ~ 字节存储器，信息组〔二进位组〕存储器
cache ~ 超高速缓（冲）存（储器）
card ~ 卡片存储器
carrier ~ 载波积聚
carry ~ 进位存储（器，电路）
channel buffer ~ 通道缓冲存储器
coal ~ ①煤场②储煤
compatible ~ 相容存储
condensate ~ 冷凝液收集槽
content-addressed ~ 相联〔内容定址〕存储器
convex ~ 凸存储器
coordinate ~ 坐标〔矩阵〕式存储器
core ~ 磁心存储器
credit ~ 退料单
cyclic ~ ①周期〔循环〕存储器，周期记忆系统②周期存储
data ~ 数据存储（器）
dead ~ ①死库容，库容（水电站的）②储备仓库
dedicated ~ 主存（储器）保留区，专用存储区
destructive ~ 破坏（性）读出存储器
dicap ~ （二极管）电容（器）存储器
digital data ~ 数字数据存储器
disk ~ 磁盘〔盘式〕存储器
drum ~ 磁鼓存储器
electrooptic ceramic ~ 电光陶瓷存储（器）
emulsion-laser ~ 乳胶激光存储器
erasable ~ 可擦〔可清〕存储器
ex ~ 仓库交货
extended core ~ 延长磁心存储，扩展的磁心存储器
external ~ 外存储（器）
ferroacoustic ~ 铁声存储器
ferroelectric ~ 铁电存储器
file ~ （大容量）外存储器
film ~ ①薄膜存储器②照相胶片存储器
fine striped ~ 微带存储器
finished-parts ~ 成品库
flute ~ 笛式存储器
fly-head ~ 浮动头存储器
garage ~ 汽车贮藏库
ground ~ （放射性废物）地下埋存
hard disk ~ 硬磁盘存储器
hold-over ~ 越年蓄水（量）
hole ~ 空穴存储，储孔
immediate-access ~ 即时（快速）存取存储器，立即访问存储器
index ~ 变址存储器
instruction ~ 指令存储区
integrated ~ 积累存储器
interim ~ 中间存储器
interlaced ~ 交错存储器
intermediate ~ 中间存储器
internal ~ 内存储器
jukebox ~ 盘式存储器
laser ~ 激光存储器
laser-emulsion ~ 激光（感光）乳胶存储器
live ~ ①周转容量，周转斗②临时存放，活期储存
local ~ 局部存储器（一种用高速电路实现的可编地址寄存器）

loop ~ 环状磁带存储
low-speed ~ 低速存储器
macro-instruction ~ 宏指令存储器
magnetic drum ~ 磁鼓存储器
magnetic bubble ~ 磁泡存储器
magnetic disk ~ 磁盘存储器
magnetic surface ~ 磁表面存储器
magnetic tape ~ 磁带存储器
magnetic-core ~ 磁心存储器
magnetic-rod ~ 磁棒存储器
magnetostrictive effect ~ 磁致伸缩效应存储器
main ~ 主存储器
mass ~ 大容量存储器，海量存储器
memory ~ 记忆装置，存储装置，存储器
modifier ~ 变址（数）存储器
monolithic ~ 单片存储器
myriabit ~ 万位存储器
NDRD ~ 不破坏读出存储器
nesting ~ 后进先出存储器，叠〔堆栈〕式存储器
network virtual ~ 网络虚拟存储器
nonerasable ~ 只读存储器，固定存储器
nonvolatile ~ 非易失存储器，固定〔永久（性）〕存储器
one-core-per-bit ~ 每位一个磁心存储器
one-level ~ 一级存储器
operate ~ 操作存储器
optical ~ 光（学）存储器
optoelectronic ~ 光电（子）存储（器）
overyear ~ 多年调节库容
parallel-search ~ 内容定址存储（器）
parity ~ 有奇偶（校验）的存储
path ~ 轨迹寄存器
pattern ~ 模型库
phosphor ~ 磁光屏存储器
photographic ~ ①数据摄影记录装置②光电图像存储器③照相〔永久性〕存储器
position ~ 位置寄存器
power ~ ①储能②蓄电池舱，发电用贮水
primary ~ 主存储器
program ~ 程序存储器
push-down ~ ①下推（式）存储器②叠式〔后进先出〕存储器
push-up ~ 先进先出存储器，上推（式）存储器
random access ~ 随机存取存储器
raw ~ 原始数据存储器
read-only ~ 只读存储器
real ~ 实在存储器（与虚拟存储器相对）
relay ~ 继电器存储器
reloadable control ~ 可写控制存储器
rope ~ （= core-rope ~）磁心线存储器（固定存储器）
routine ~ 指令存储区
runtime ~ 运行时存储器
sand ~ 砂库
scratch-pad ~ 暂时〔中间结果，便笺式，高速暂存〕存储器
searching ~ ①内容定址存储器②相联存储器
seasonal ~ 季节贮水箱
secondary ~ 外〔辅助〕存储器
selectron ~ 选数管存储器
semiconductor ~ 半导体集成存储器
serial ~ 串行存储器
shared ~ 共用存储器
signal ~ 信号存储器
skewed ~ 斜移存储（方式）
sonic ~ 声存储器
spin-echo ~ 自旋回波（法信息）存储（器）
standing ~ 长期储藏
static ~ 静态存储器
subroutine ~ 指令〔子程序〕存储区
sum ~ 和数存储器
superintegrated ~ 高密度集成存储器
switch ~ 手动开关存储器
tag ~ 特征存储器，标记存储器
tape ~ 磁带存储
temporary ~ ①中间（结果）存储器，暂存区②寄存器暂存，暂（时）存（储器）
thermal ~ ①热容量，蓄热能力②蓄热
tool ~ 刀库
virtual ~ 虚拟存储器
volatile ~ 易失存储器
wire ~ 磁线存储器
zero-access ~ 立即访问〔零存储时间〕存储器

storascope 存储式〔长余辉〕同步示波器

storatron 存储管

store ①材料库，仓库，堆栈，存储器，累加器，记忆装置②写入，存储，寄存，存入，记忆，累加，储藏，积聚③许多

~ and forward ①信息转接（系统）②存储转发
~ double precision 双倍精度存储
active ~ 有源〔主动式〕存储器，快速存储（器）
bonded ~ 成品仓库
clear ~ 清除存储（指令）

condemned ~ 废品
core ~ （磁心）记忆矩阵
delay loop ~ 延迟循环存储
elastic ~ 缓冲〔弹性〕存储器
electronic still ~ 电子静止图像库
file storage ~ 文件存储器
flying-spot ~ 飞点扫描管（照相）存储器，光〔飞〕点存储
inherent ~ 自动取数存储器
kit marshalling ~ 工具仓库
main ~ ①主累加器②基本记忆装置③主存（储）器
mobile ~ 售货车
modifier ~ 变址数寄存器
monitoring ~ 监测信号存储器
operational ~ 操作存储器
pattern ~ 模型库
photographic ~ 照相存储
static ~ 静态存储（器）
uniformly accessible ~ 随机存取存储器
virtual ~ 虚拟存储器，虚拟商店
Web ~ 网上商店
word-organized ~ 字选存储器
work-in-progress ~ 半成品仓库

storecrane 仓库起重机

storehouse 仓库，堆〔货〕栈

storer 存储器

storeroom 贮藏室，物料间，陈列室

stores store 的复数，存储〔备用，补给〕品
marine ~ 船（上用）具
naval ~ 船用品，海军补给品，松脂类（原料），松脂制品

storm ①暴风雨②扰动，骚动③风〔磁，尘，电，射电〕暴
ionosphere ~ 电离层骚扰，电离层风暴〔扰动〕
radio ~ 射电〔无线电〕暴
snow ~ "雪花"干扰

stormer 斯托末（宇宙射线单位）

stormglass 气候变化预测管

stormgraph 气压记录器

storminess 磁暴度，风暴度

storm-lantern 防风灯，汽灯

stormograph 气压记录器

storyboard ①节目播出顺序表，节目串连②止动环③可视记录板④情节描绘板

stove ①（火，电，烘）炉，干燥炉，加热器②暖房，温室，窑③焙烧，烘
air ~ 热风炉
changing-over ~ 热风转换炉
core ~ 型芯炉
cowper ~ 考巴氏热风炉，（炼铁用）热风炉，二通蓄热式热风炉
electric cooking ~ 电灶
electric ~ 电炉，电灶
hot-blast ~ 热风炉，高炉热风器
hot-water ~ 散热器，水暖器，热水炉
kryptol ~ 炭棒电阻炉
magazine ~ 自动加煤炉
pebble ~ 石球式热风炉
rack-type core drying ~ 甲式烘芯干燥炉
three-pass ~ 三转热风炉

stovehouse 温室

stovepipe ①烟囱管，外伸的排气管②火箭壳体③迫击炮④冲压式发动机⑤靴筒（沸腾钢的缺陷）

stowage ①仓库②储存，贮藏，配置③堆装物，贮藏物，储存物④装载设备⑤存放（处）⑥存放费，保管费⑦装载容积

stower ①充填机②充填工

stow-wood 楔木，垫木

straddle ①支柱②跨（立）③跨式的，外包式（指叶片）

straddler 跨（运）车

straggling ①离散，分散，散布②歧离，误差③离〔分〕散的，不集中的，断续的，无序的，混乱的，稀疏的
energy ~ 能量离散〔歧离〕
instrument(al) ~ 仪器歧离〔误差〕

straight ①直，直线，直边②尺③直的，向（目标）直进的，正确的，可靠的，整齐的，规矩的，笔直的，水平的④纯的，光面的，光滑的⑤立刻，马上，直接
calibrating ~ 定径带

straight-across-cut （接头处）横切，正切

straightarm ①直幅，直臂②直桨叶

straightaway ①直线段，直线跑道②笔直的，直线行进的

straightedge ①直尺，直规②样板平尺，刀口尺③规板④刮砂板⑤直缘〔棱〕

straight-eight （汽车发动机）八气缸直排式

straightener ①校直装置，矫直机，调直器②初轧板坯齐边压力机③矫直装置，矫正模具，整流栅④整纬装置
Abramsen ~ 艾布拉姆森型斜辊〔管棒〕矫直机
angle ~ 角钢矫直器〔机〕

beam ~ 工字钢〔梁〕矫直机
flow ~ 稳流器，整流器
gag ~ 压力矫直机
honeycomb ~ 蜂窝式整流器（风洞）
profile ~ 型材校直机
section ~ 型钢矫直机
selvedge ~ 布边伸直器
shaft ~ 轴整直器
stretcher ~ 拉伸矫直机

straightening 矫直
roll(er) ~ （钢管，型钢的）辊式矫直
section ~ 矫形
thermal ~ 热矫直

straightforward 直接的，简单的，顺向的

straight-line 直线（性）的，直排式的，带式的

straightness 直（线性），正〔平〕直程度

straight-through 直流的，单流的

straightway 直线段，直线部分

strain ①应〔形，胁〕变，引长，张力，引力，伸长率②过滤，滤波③胀砂（铸件的）④飞翅⑤（使）变形，扭歪，拉紧
age embrittlement ~ 陈（化）脆（性）应变，老化脆性应变
alternate ~ 反复〔交替，交变〕应变
apparent ~ 标称应变，名义应变
axial ~ 轴向应变
bearing ~ 承压变形，交变应变
conventional ~ 标称应变，名义应变
creep ~ 蠕变应变
crippling ~ 弯〔折〕曲应变
crossed ~ 交错应变
crush(ing) ~ 压缩应变，压应变
crystal ~ 结晶应变
cubic ~ 容〔体〕积应变
dielectric ~ ①（电）介质胁变②电介质应变
elastic (unit) ~ 弹性应变
engineering ~ 工程应变
equivalent ~ 等效应变
eye ~ 视觉疲劳，人眼疲劳
generalized ~ 有效应变，广义应变
hoop ~ 环向应变
inherent ~ ①内在应变②预应变
lead ~ 引线拉力
linear ~ 线性应变
logarithmic ~ 对数〔有效，真实，自然〕应变
photo induced ~ 光感应变
plastic ~ 塑性应变
principal ~ 主应变
quenching ~ 淬火应变，淬火变形
rebound ~ 弹性应变，回弹应变
remanent ~ 残余应变
repeated ~ 疲劳应变
stretcher ~ ①拉伸变形②滑移线，吕德尔斯线
tearing ~ ①扯裂应变②断裂应力
transversal ~ 横向应变
true ~ 真实应变

strain-aging 应变时效

strainer ①（粗）滤器，滤网，过滤器，网式过滤器②筛，筛子网，筛滤网，筛网泥芯③拉紧装置，张紧机构，张紧器，拉杆，松紧螺扣④应变器⑤联结器
air ~ 空气过滤网
barbed-wire ~ 倒刺铁丝拉紧器
cleaning ~ 滤净器，滤池
core ~ 滤渣（芯）片
gate ~ 浇道滤渣器，浇道过滤网
gauze ~ ①滤（器）网②网状滤器
jog ~ 平板筛浆机，平筛
radiator inlet ~ 散热器进水过滤器
skim ~ ①滤网芯②滤渣网（金属的）
slotted ~ 箅式过滤器
well ~ 网式过滤器

strain-ga(u)ge ①应变仪，变形测定器，应变传感器②应变片③拉力计④应变测量

strain-hardening 加工〔应变，形变〕硬化

strain-pulse 应变脉冲

strain-ratio 应变率

strain-viewer 应变观察仪

strainometer 应变仪，应变计，伸长〔张力〕计

strake ①箍条，铁〔轮〕箍②列〔侧，底，外〕板，轮爪③溜槽④条纹
bilge ~ 船底板条
garboard ~ 龙骨翼板，龙骨邻板
inside ~ 内刮板
limber ~ 内龙骨翼板

strand ①细索，细条，股（绳子的），绞，扭绞线束，线，绳，股线②钢绞线，绞合线③裸多芯电缆，导线束④机架
~ of rolls 粗轧机
assembled ~ 组合绞线
conductor ~ 多股绞线
hollow-section ~ 空心股线
stabilized ~ 稳定处理的预应力钢绞线
steel-cored aluminum ~ 钢心铝绞线
steel-cored aluminum-clad steel ~ 钢心铝包钢绞线

steel-cored soft aluminum ~ 钢心软铝绞线
tubular ~ 空心股线

strand-annealing 带材〔分股，线材〕(连续)退火

strander 捻股〔合股，制绳，绳缆搓捻，绞线，(电缆)扭绞〕机
crank ~ 筐篮式捻股机
planetary ~ 筐篮式捻股机
star quad ~ ①星绞(四线组)②星形四心线组
tubular ~ 管式绞线机

strangler 阻气门，节流门

S-trap S形弯管

strap ①带，布〔铁，窄，板，交连，耦合，金属〕带，带箍，固夹板②狭条，曳索，蓄电池的同极连接片③板，盖〔套，衬，挡，贴，搭〕板④垫〔搭接，小舌〕片⑤搭接线，母线⑥套，环，圈，系⑦搭接⑧用绳子捆扎
anticreeper ~ 防爬带，防爬器
backing ~ (条状)垫板
bond ~ 搭铁线
butt ~ (对接)塔板
check ~ (梭箱)缓冲带，缓冲带圈
connection ~ 桥〔跨〕接线，连接条〔片〕
double ~ 双均压环
eccentric ~ 偏心环
endless ~ 无端带
ground ~ 接地母线，接地汇流排，接地片
hammer ~ 抗冲击钢板(拖拉机摆动牵引杆的)
heel ~ 拱头铁板
joint ~ 带状结点〔接头〕
kicking ~ 踢脚金属板
knife ~ 割刀刀杆，(切割器的)刀杆
pitman ~ 连杆颊板，连杆头托座
saddle ~ 托架，滑木
safety ~ 安全带，保险带
steel baling ~ 打包铁皮
tie ~ (金属)支撑板

strap-brake 带闸

strapdown 捷联(式)

strap-on 搭接

strapper 包扎机，捆包机

strapping ①捆带条②橡皮膏③带量法，(用带)围测(桶的周长以确定容量)④(多腔磁控管空腔间的)导体耦合系统，(多腔磁控管的)模式分割⑤(用)皮带抛光(在粘有金刚砂粉的皮带上抛光)
~ of tank 测量油罐每单位高度容量

echelon ~ (磁腔管的)阶梯式绕带

strass 有光彩的铅质玻璃，假金刚石

stratabreaker 深耕铲

stratagem 策略，计策，计谋

strategy 策略，对策
access ~ 访问策略
encoding ~ 编码方案
maximin ~ 极大极小(坏中求好)的策略
operation ~ 运行策略，运行方法
optimum ~ 最优策略
scheduling ~ 调度策略
set-of-support ~ 支持集策略
wiring ~ 布线图

stratification ①层叠形成，分层(法)②成层作用③层(化)，层次④层理⑤层叠现象
differential ~ 微差层，差置叠层
dust ~ 积灰
gas ~ 停滞气体，气体停滞区
thermodynamic ~ 热力层次，热力层结

stratigram 断〔体〕层照片，X射线断层图

strato =stratosphere

stratochamber 同温层实验室，高空舱

stratocruiser 高空客机，高空巡航机

stratographic ①色谱的②色层分离的

stratography 色层分离(法)

stratojet 同温层喷气机

stratoliner 同温层客机，高空客机

stratometer 土壤硬度计

straton 层子

stratoplane 同温层飞机

stratosphere ①同温层，平流层②最上层，最高档，最高部位③尖端科学领域

stratovision 同温层〔飞机传播〕电视

stratum ①层，薄片②地层
non-access ~ (通信)非访问层

strawbuncher ①集草〔集稿，茎稿收集〕车②茎稿打捆机③茎秆堆垛机

strawtrusser 茎稿压捆器〔机〕，捆草机

strawwalker ①逐稿器键箱②平台式逐稿器③键式逐稿器

stray ①天电〔无线电〕干扰②杂散(电容)，寄生(电容)③杂散的，散逸的，分散的，散射的

streak ①条纹，条痕，纹理，斑纹②(一)层③色线，拖影，闪光④加(以)条纹
mill ~ 轧制条痕

streaking ①图像拖尾②条纹，斑纹③品质不均匀

mid-band ~ 中频拖尾
negative ~ ①（图像）负拖尾〔影〕②白拖黑
positive ~ ①（图像）正拖尾〔影〕②黑拖黑

stream ①流，流束②流线③小河④潮流⑤趋向
address ~ 地址流
background ~ 后台流
batch ~ 分批流，分批流量
bit ~ 位流，信息流，比特流（编码信息流）
by-pass ~ 分流
byte ~ 字节列，字节流
casting-in rising ~ 底铸，下注
conflicting ~ 逆流
cross ~ 相交气流
data ~ 数据流
down ~ ①下游②顺向位移
electron ~ 电子流〔注〕
elementary ~ ①通量线，水〔电，载〕流线②流线
energy ~ 能流，能通量
free ~ 自由流
free-jet ~ 自由射流
information ~ 信息流
injection ~ 喷嘴射流
instruction ~ 指令流
jet ~ 急流，喷（射气）流
job ~ 作业流
let-down ~ 下行气流
load ~ 物流
power ~ 主射流（射流技术）
program ~ 程序流
slipping ~ 平滑流，片状流
solar ~ 太阳粒子流
source ~ 信号源数码流
stationary ~ 静流，稳流
turbulent ~ 湍流
up ~ 上游

streamer ①流，流光，（由电子）雪崩（产生的）电子流，等离子流管〔流束〕，光幕，射光，射束，光柱，光射束，冲流②飘〔烟，测风〕带③浮签，浮筒
pilot ~ ①（雷电）初始低电流放电，先导放电②（雷电）导波
segregation ~ 偏析带

stream-handling ①流动式处理②连续进料或输送

streaming 流动（浆态），流技术

streamline ①流线（型）②流线型的③层流的

streamlined ①流线型的②层流的

streamliner 流线型物体（如流线型火车，飞机等）

streamlining （时间）流排队

stream-mode 连续（方）式，流水作业

stream-tin 砂锡，锡砂

streamwise 流线的

stream-wise 逐流

strecker 圆筒式精磨机

street ①街道，马路，行车道②街道〔上〕的
vortex ~ 涡旋迹

streetcar （市内有轨）电车，轨道地球物理观察卫星

stremmatograph 道轨受压纵向应力自记仪，道床压力自记仪

strength ①强度，浓度②力量
~ of lens 透镜折光度
~ of materials ①材料力学②材料强度
~ of structure ①结构强度②结构力学
~ under shock 抗震强度
abrasion ~ 抗磨力，抗磨效力
adhesion ~ ①黏着〔附〕强度②黏着耐久性
anchoring ~ 锚定强度
bending ~ ①抗弯强度，抗绕强度②（致）偏转能力
bond ~ 结合〔粘结〕强度
breakdown ~ 击穿〔介电〕强度
breaking ~ 抗断〔极限破坏，击穿〕强度
buckling ~ 抗弯强度
burst(ing) ~ 耐破度，爆裂强度
cleavage ~ ①劈裂强度②（矿物，晶体）解理强度
confined compressive ~ 侧限抗压强度
creep ~ ①蠕变极限②蠕爬极限
crushing ~ 抗压〔压毁，破碎，抗碎，挤压〕强度
dielectric ~ ①介电〔抗电，绝缘〕强度②穿透〔冲击，击穿〕力
dioptric ~ 焦度
disruptive ~ ①破裂强度（三向拉力）②击穿强度，介电强度
dry ~ ①干强度②耐干燥性③干燥强度(材料)
dynamic ~ 动力（学）强度
electric ~ 电气〔介电，耐压，电绝缘〕强度
expansion ~ 膨胀强度，真空波强度
explosive ~ 爆破强度
failing ~ 破坏强度，抗断裂强度
fatigue ~ 抗疲劳强度〔极限〕
field ~ 场强

film ~ 膜强度，油膜强度
flexural ~ 抗弯〔挠〕强度
flow ~ 流动强度，速度头
form ~ 模壳强度
fracture ~ 抗断裂强度
green ~ 湿〔压坯，生（坯）〕强度
high temperature ~ 热稳〔耐热，高温〕强固性
impact ~ ①冲击韧度②耐撞性
impulse ~ 冲击韧度
instantaneous ~ 瞬时强度，极限强度
izod impact ~ 悬臂梁冲击韧度
keying ~ 咬合强度
knot ~ （钢丝绳绳心的）打结强度
lens ~ 透镜光焦度，透镜强度
line ~ 谱线强度
longitudinal ~ 纵向强度
loop ~ 互扣强度
magnetic ~ 磁场强度，磁感应（强度）
notched bar ~ 齿〔切〕口试验强度
observed ~ 实测强度
offset yield ~ 条件屈服强度
peel(ing) ~ 抗撕裂〔抗拉，剥离〕强度
precipitation ~ 沉淀硬化
press(ing) ~ 压制强度
pressive ~ 抗压强度
proof ~ 保证〔屈服〕强度
pull-off ~ 抗扯离〔拉脱〕强度
punch ~ 凸模强度
puncture ~ 击穿强度
radial crushing ~ 中心破碎强度
recoil ~ 反冲力，复原力
repeated impact bending ~ 循环冲击载荷下的抗弯曲疲劳强度
retained ~ ①残留强度②焦砂强度
roll ~ 轧辊强度
rupture ~ 抗断裂强度
sand ~ ①型砂强度②造型材料强度
semi-double ~ 表示窗玻璃的厚度（2.8 ~ 3.0 mm 厚度的窗玻璃）
setting ~ 硬化强度（未烘烤的）
shatter ~ 震裂强度
shear(ing) ~ 抗剪强度
shock ~ 冲击韧度
single ~ 表示窗玻璃的厚度（1.8 ~ 2.0 mm 厚的窗玻璃）
solution ~ ①固溶强化②溶液浓度
spalling ~ 抗点接触剥落疲劳强度
splitting ~ 抗劈裂强度
static ~ 静（力）强度
surge ~ 冲击强度，浪涌强度
target ~ 期望强度
tear(ing) ~ 抗撕裂强度，抗扯裂强度
tensile ~ 抗拉强度
threshold ~ 耐久极限
torsion ~ 抗扭强度
transverse ~ 横向〔挠曲，抗弯〕强度
ultimate ~ 极限强度
undisturbed ~ 原状（试件）强度，未扰动试件强度
vibration ~ 抗振强度，振动强度，耐振性
voltage ~ 电压强度
wear ~ 抗磨损强度
weld ~ 焊接〔缝〕强度
wet ~ ①湿态强度，耐湿性②湿型砂抗拉强度
working ~ 资〔许〕用强度
yield ~ 屈服强度

strengthener ①助力器②刚性梁

strengthening 强化
ageing ~ 时效强化
cold deformation ~ 冷变形强化

stress ①应力，胁强，受力（状态），紧张〔迫〕②（着）重点
~ to rupture 断裂应力
actual ~ 真应力
additional ~ 附加应力
allowable ~ 容许应力，许用应力
alternate ~ 反复〔交变，交替〕应力
axial ~ 轴向应力
biaxial ~ 二轴〔双轴，二向，平面〕应力
body ~ 内应力，体应力
bore ~ ①内径应力②（轮盘）中心孔应力
buckling ~ 弯曲〔扭曲〕应力
built-in ~ （装入零件时产生的）残余应力
bump ~ 撞击应力
bursting ~ 爆裂应力
cast ~ 铸造应力
chord ~ 桁弦应力
cohesion ~ 抗滑应力
complementary shearing ~ 余切应力
completely reversed ~ 完全反向应力，（完全）周期性交变应力
constrained yield ~ 假定屈服强度，条件屈服强度
contact ~ 接触应力
contraction ~ 收缩应力

conventional ~ 名义应力
counter ~ 对应力，相反应力
coupling ~ 耦合应力
creep ~ 蠕变应力
crippling ~ ①折损〔折曲〕应力②临界应力（纵向弯曲的）
crushing ~ 压毁〔压碎，挤压〕应力
curling ~ 弯翘〔弯曲，翘曲〕应力
cyclic ~ 循环应力，周期应力，交变应力
drawing ~ 拉拔应力
dynamic ~ 动（力）应力
eddy ~ 涡流〔涡动〕力
edge ~ 边缘应力
electric ~ 电场强度，电应力，静电强度，电介质机械强度
electrostatic ~ 静电应力（因电位不同而在电介质中产生的机械应力）
engineering ~ 工程应力
expansion ~ 膨胀应力，拉应力
failure ~ 裂断应力，破坏应力
fatigue ~ 疲劳应力
fiber ~ ①纵向拉〔顺纤维方向〕应力②纤维强度
flange ~ 凸缘应力
flexural ~ 弯曲应力，抗弯应力
flexure ~ 弯〔挠〕曲应力
flow ~ 流动应力
fluctuating ~ 脉动应力
folding ~ 折弯应力
generalized ~ 广义应力
heat ~ 热应激
Hertz(ian) ~ 赫氏（点接触）应力
Heyn ~ 海恩应力（即组织应力，晶粒间应力）
hoop ~ ①圆周〔周线，周向，环向，链，箍〕应力②环形电压
hydrostatic ~ 静液应力，流体静应力
impact ~ 冲击应力
inherent ~ ①预应力，内在应力②初〔自重〕应力
initial ~ 初〔自重，无外荷时的〕应力
inner ~ 内应力
intermittent ~ 周期〔间歇〕应力
ligament ~ 孔桥带应力，带状应力
liveload ~ 活载应力
locked-in ~ 内应力（焊件内部的）
locked-up ~ 内〔锁紧，残余〕应力
macroscopic ~ 宏观的区域应力，第一类内应力
magnetostrictive ~ 磁致（伸缩）应力
maximum shear ~ 最大切应力
meridian(al) ~ 子午线（方向）应力，经线应力
microscopic ~ 显微应力，微观应力
Mohr circle of ~ 应力莫尔圆
natural ~ 固有应力
nominal ~ 名义应力
normal ~ ①法向〔垂直，正〕应力②正胁强
octahedral ~ 八面体应力
octahedral normal ~ 八面体正应力
octahedral shear ~ 八面体剪应力
peak ~ ①高峰〔峰值〕应力②应力峰值
peripheral ~ 圆周（层）应力（零件表面的）
permissible ~ 许用应力
potential ~ ①静电应力②静电强度
principal ~ 主应力
proof ~ ①实用屈服应力，屈服点②试验应力，耐力
pulsating ~ 脉动应力
punishing ~ 疲劳破坏应力，疲劳强度
quadric ~ 表面应力
reduced ~ 折算应力
relieving ~ 消除应力（热处理的）
residual ~ 残留应力，残余应力
restraint ~ 约束应力
retraction ~ 收缩应力
reversed ~ 逆向应力，交变应力
rupture ~ 断裂应力
secondary ~ 次应力，副应力，附加应力
shear ~ 切〔剪〕应力，（液体）黏性摩擦应力
shock (blow) ~ 冲击应力
shrink ~ 收缩应力，过盈应力
steady ~ 静应力，剩余应力
steering ~ 操纵（时结构内产生的）应力
string ~ 收缩应力
subsidiary ~ 附加应力
temperature ~ 热应力
tensile ~ 拉〔张〕应力
tension ~ 拉〔张〕应力
thermal ~ ①热应力②温差应力
three-dimensional ~ 三向应力
tractive ~ 界面切向应力
transformation ~ ①组织应力②相变应力
transverse ~ 横向应力，弯曲应力
true ~ 真应力
uplift ~ 反（向）应力
wall shear ~ 壁面剪应力

warping ~ 翘曲应力
working ~ 工作应力，许用应力
yield ~ 屈服应力，屈服点
stresscoat 脆性漆涂层（确定变形用），（检验）应力（用）涂料
stresscoating 应力涂层（法）
stresser 应激子
stress-free 无应力
stressing 应力分布，加力〔荷，载〕
austemper ~ ①加应力等温淬火（对过冷奥氏体加应力，促其转变为贝氏体组织）②等温淬火表面应力
marquench ~ 加载分级淬火
temper ~ 回火（改善疲劳强度）处理
stressometer ①机械应力测量器，应力计②胁强计
stress-raiser 应力集中源
stress-relieving 应力消除，低温退火，稳定化（处理）
stretch ①直尺，直规，样板平尺②距离，路程，范围，限度③弹性④持续的时间⑤拉伸，伸长，伸展，拉紧，展宽，展开，扩大⑥（脉冲）加宽
bath ~ 浴内拉伸
black ~ 黑色信号展宽
edge ~ 板边起波浪形（滚形时）
stretchability 拉伸性
stretcher ①伸长〔张〕器，拉伸器〔机〕，展宽〔幅〕器，伸延机，扩展器②（拉伸）矫直机③（滚）压锯机④轫（距）杆
brake lining ~ 制动摩擦片拉伸器（把摩擦片铆于制动蹄或制动带上时所用的拉伸器）
clip ~ 链式展幅机
felt ~ 毛毯张紧器
internal ~ （圆筒形针织坯布的）内拉幅装置
line ~ ①线扩充器②线延长器③线耦合装置④电话插塞
plate ~ 中厚板拉伸矫直机
power ~ （地毯）拉伸机
speech ~ 对话速度减低装置
wheel ~ ①齿轮展宽器②轮压展机
wire ~ 紧线钳〔机〕
stretching 伸长，伸展〔张〕，拉长，扩展，展锻，伸缩变换
video ~ 视频频谱展宽，视频伸展
stretch-proof 抗〔耐〕拉伸的
stretch-twister 拉〔抽〕伸加捻机
stria ①条纹〔痕〕，裂纹，线条，探痕，异纹②柱沟，细沟③（玻璃表面的）波筋④辉纹（低气压放电明暗相同）⑤栓钩⑥有条纹的，成纹的
striation ①条纹，擦痕，线状②光条（低压气体放电现象），辉纹，流束③条纹组织④疲劳线⑤大气结构切面纹
growth ~ 生长条纹
impurity ~ 杂质条纹
strickle ①刮型器，斗刮，（砂钩）刮板②磨石，油石③折角条④刮平〔光〕⑤磨光〔快〕
core ~ 刮心板
drawing ~ 刮板
pattern ~ 刮板
turning ~ （回转）刮板
strickling 刮（板造）型（砂型）
striction 紧缩
magnetic ~ 磁致伸缩（现象）
strictness 严格〔精确，紧密〕性
stricture ①束缚（物），限制（物）②狭窄
stride 跨步
striga 柱槽
strike ①打〔冲，闪，轰，攻〕击②触发（电弧的），放电，起弧，触击（大电流快速）电镀，引燃③造型用刮板④射（照，作用，打）到…上⑤锻打，打制，压制（出）⑥降落⑦取下，拆除⑧预镀
arc ~ 弧光放电，电弧触放，电弧闪击
strike-off 刮（砂），整平，刮平
striker ①压杆（压铆钉针）②（铃）锤，撞锤，大铁锤③击针，撞针④打翼，刀片⑤差速锁⑥（车门）闩眼
belt ~ 移带器
time ~ 击针，撞针
striking ①起弧，引燃，触发，放电②拆除模板〔支架〕③报〔打〕时装置④模锻，冲制，打击
~ off 勾缝，嵌缝，刮平
striking-distance 起弧〔攻击，放电〕距离，射程，火花间隙
string ①行，列，排②弦，细绳，线带子③（符号）字串，字行④串（绝缘子的）⑤钻井工具，井内用的管子或套管，钻具组⑥（示波器）振子，回线振子
alphabetic ~ 字母串，字母行
binary ~ 二进制串
bit ~ （信息的）位串
casing ~ 套管柱
catenated ~ 连接串

character ~ 字符序列，字符串〔行〕
double ~ 双连绝缘子串
dummy ~ 伪串
empty ~ 空串
equivalent ~ 等效（符号）串
graduated ~ 几段不同套管组成的套管柱
Hollerith ~ 何勒内斯行，字符行
identification ~ 识别字串
insulator ~ 绝缘子串
letter ~ 字母串〔行〕
macaroni ~ 小钻杆
null ~ 空序列，空行
oil ~ 油管柱
open ~ 开行
pipe ~ 支管
pulse ~ 一串脉冲，脉冲链
quoted ~ 引证串，引用字符串
rod ~ 抽油杆柱
silicon series ~ 硅堆
suspension ~ 悬垂绝缘子串
symbol ~ 符号串
tapered casing ~ 复式〔合〕套管柱
tapered-rod ~ 复式〔合〕抽油杆柱
terminal ~ 终端串
terminator ~ 终结字符串
uniform ~ 均匀弦
unit ~ 单字符行〔串〕
wash-over ~ 洗涤塔，冲洗管柱
water ~ 防水套管

stringcourse 束带层，层拱
stringency 不足，缺少
stringent 严厉的，迫切的
stringer ①纵梁，桁条②架设装置，楼梯斜梁，支杆，连接杆，纵向轨枕（木）③吊绳，牵条，系带，穿串〔架设〕装置④拉长（显微组织在加工方向的）⑤燃料束棒
angle ~ 角形桁条，角形纵梁
bilge ~ 船底长桁
jack ~ 外〔小〕纵梁
sheet-metal ~ 带筋的金属板
slag ~ 长条夹渣
support ~ （葡萄园）栅篱架设机
surface ~ 表面长条夹杂物
tobacco ~ 烟叶穿串器
top hat-section ~ 管形截面桁条

stringing 架线，紧线
stringing-up 穿线挂车（拔丝开始的）
stringy ①（像）线的，绳（似）的，带子的②拉丝的，纤维（质）的③黏性〔稠〕的
striogram 辉光图
striograph 影象图
strip ①带，条，束，片，杆，棒②窄条，簧片，带钢〔材〕，带料，板条，垫座，条幅式照片③航线，航摄带，简易机场④露天开采，捣矿机沉淀槽，贫化，萃取⑤（螺纹牙、齿轮齿面等的）剥伤，螺纹缺损⑥去色，脱模，抽锭（钢锭的），剥片，拆卸，顶出，拉丝，起模，汽提⑦梳刷，切边⑧抛掷，剥去，除去，清除，退镀
~ of fuses 熔线排，熔丝排
~ of keys 电键排，按钮排
~ of tags 接线条组，端线板，端子板
adjusting ~ 调整片〔索，楔（机床上导向的），带条〕
aligning ~ 调准板〔垫〕，调准簧片
Almen ~ 阿尔曼带板（喷丸变形试片）
backing ~ 背垫条，（条状）垫板，衬板〔垫，座，里〕
baling ~ 打包带钢
bar ~ 薄板坯，板条，杆条
bearing ~ 轴瓦垫片
binding ~ 系固用物，钩扣
bit ~ 位带
black ~ 黑〔热轧〕带钢
bonding ~ 电缆防电蚀的铅条
breaker ~ 防断条，垫层，（保）护（里）胎带，缓冲胶片
canvas connecting ~ 帆布输送带（两端）连接杆
caulking ~ 捻缝条，（金属）嵌条，敛缝软钢带
channel ~ 通道放大器组〔部分〕，信道部分
chill ~ （焊接）垫板，衬垫
coil ~ 卷料
colo(u)r ~ 色带
commutator insulating ~ 换向器绝缘垫片
conducting ~ 导热〔电〕片
contact ~ 接触片，滑板
control ~ 控制棒，控制光楔带
cover ~ 防蚀镶片（蒸汽轮机中的）
cracking ~ 防裂筋，补筋
crush ~ 防跑火沟（模板上）
current ~ 汇流条
demarcation ~ 分隔板
designation ~ 名牌，标条
digit key ~ 计数电键片
drive ~ 垫片（槽楔下的）
eddying ~ 湍流束，涡流束

edge ~ 沿铆接缝的搭板
electrical ~ 电工钢片
enamel ~ 涂塑料钢片（涂层厚度 2.5 ~ 25μm）
encoding ~ 编码条
fanning ~ 扇形端子板，扇形片
felt ~ 毡带
film ~ 胶卷，(35mm)幻灯片卷，片带，片条
finished ~ 成品带钢
fit ~ 配合垫板
fitting ~ ①夹板②轴瓦调整垫片
flexure ~ 弹性片
gang-slit ~ 经（多刀圆盘剪）切分的成卷带材
gate ~ 可控片
green ~ 轧制〔未经烧结的〕粉带
guide ~ 导轨，导向板〔器〕
gum ~ 小橡胶带〔条〕
hold-down ~ 压条
holding ~ 夹条
humidity ~ 测湿片
IF ~ （intermediate-frequency ~）中频放大器〔级〕组，中放部分，中频片（集成电路）
image ~ 图像条〔带〕
index ~ 指示带
insulation ~ 分隔带
jack ~ 插〔塞〕孔簧片
joint ~ 压缝条
jointing ~ 对接带
labyrinth ~ （迷宫）汽封片
landing ~ 起落跑道，可着陆区
lashing ~ （叶片）拉条
magnet ~ 电磁扁线
metallized ~ 敷金属带
nailing ~ 钉条
negative ~ 负速铸坯（在连铸过程中，结晶器的下行速度比结晶器内的铸坯快些）
notation ~ 读数记录板
packing ~ ①填密片②法兰密封面，法兰凸出部，轴瓦垫片，轴封梳齿片
panel ~ 嵌条
peak(ing) ~ 线绕式脉冲传感器
permalloy ~ 坡莫合金传感器
picture ~ ①图像带②扫描线〔行〕
plug-in ~ 刀（形）开关插入片
powder ~ 金属粉末轧制带材
power ~ ①电源〔供电〕板，配电盘②馈电条
profiled ~ 异形钢带
sand ~ ①挡砂条②研砂槽
scanning ~ 扫描线
sealing ~ 密封边〔带，片〕，汽封片
seam ~ 掩缝条
section ~ 异形带钢，锯条带钢
securing ~ 安全带
setting ~ 配合条
sheet ~ 带钢
silicon ~ 硅钢带
sill ~ 底条
single-rolled ~ 单张轧制的板材
slit ~ 经（圆盘剪）切分的带材
spacer ~ 间隔垫片〔板〕
steel ~ 钢带，带钢
stop-off ~ 加强肋
tape ~ ①磁〔纸〕带跑道②电报收报条③控（制）带跑道
taxi ~ 滑行跑道
tear ~ 罐头〔信封〕开口条
terminal ~ 接线条，端子板
transfer ~ 切换片
transposed ~ 换位导线〔条〕
wear ~ 防磨（损）板
weather ~ 挡风（雨）〔压缝，盖缝〕条，密封条

stripborer 水平眼钻车（露天矿的）
strip-chart 带状图
stripcoat 可剥性涂料，可剥裂〔离〕层
stripe ①镶边〔条〕②色条③条纹（集成电路工艺用）④（电影胶片的）磁性声迹⑤种，类，派，性质
balance ~ 平衡磁道，平衡磁声迹
balancing ~ 平衡磁迹〔条纹，磁带〕，对称磁带
black ~ 黑条（彩色显像管）
exposure control ~ 曝光控制带
magnetic ~ 磁道〔条，迹，片〕
planar ~ 平面条形码
waling ~ 横撑，水平连杆
striping 分条
disk ~ 磁盘分条
striplight 带形（光束）照明器，长条状灯
stripline 电介质条状线，微波带状线
strippant 洗涤剂，解吸剂
stripper ①汽提塔〔机〕②限料板（冲模的），冲孔模板③板条（圆）锯④刨煤机，剥离电铲，剥片机，拆卸器〔板〕，脱模机，脱模杆，抽锭机，（芯棒）抽出机，出坯杆，轮胎拆卸器⑤涂层消除剂，剥除机（线圈的），分离器，剥离器⑥集电环，间隔环⑦摘取器，抛掷器，摘棉铃机，摘穗机，脱壳机⑧松土机，抄针器

angle ~ （梳理机）剥取辊，转移辊
auger ~ 螺旋刨煤机，螺旋卸料器
automatic bourette ~ 落棉自动剥取装置
berry ~ 浆果梳摘机
bobbin ~ 清除筒脚车，剥筒脚机
bundle ~ 禾捆抛掷机
chain ~ 链导
chain-type horizontal ~ 水平甩链式除茎叶器（马铃薯收获前除茎叶）
channel ~ U形断面固定卸料板
coil ~ ①卸线器〔钩〕，卸〔脱，推〕卷机（用于卷取机卸卷）②线圈剥皮器，剥线圈绝缘带器
comb cotton ~ 栉梳式摘棉铃机
continuous card ~ 连续杪针器
dragline ~ 剥离电铲
fixed ~ 固定模板
ingot ~ （钢锭）脱模机
jolt-squeezer ~ 顶箱震压式造型机
knockout actuated ~ 打料机构带动的卸料板
knotter ~ 打结器紧绳钢杆
mandrel ~ 脱芯机，拔芯机
paint ~ 脱〔洗〕漆剂
pirn ~ 剥纡脚机，纡管剥清机，纡管清纱工
plain ~ 漏模造型机，带漏板造型机
plasma ~ 等离子去胶机
positive ~ 固定〔刚性〕卸料板
raker ~ （搂草机的）搂耙清理器
ramie ~ 苎麻去皮机
roll(er) ~ ①辊式摘穗器②辊式摘棉铃机
seed ~ 草籽采收机
sizing ~ 精压出坯〔脱模〕杆
sled ~ 滑橇式摘棉铃机
spring ~ 弹簧卸料板
spring plunger ~ 弹簧柱塞式卸料板
stationary ~ 固定卸料板
straw ~ ①逐稿轮②茎稿排除器
vertical front haulm ~ 前置立式除茎叶器
wire ~ ①导线绝缘剥除机〔钳〕②紧线钳
wire-coiling ~ 吊线勾架

stripper-crane 脱模机，脱模〔剥片，脱锭〕吊车

strippilaster 狭条扁柱

stripping ①抽锭，起〔拆，脱，漏〕模，（单体）汽提，解吸作用②抽出（芯棒），脱芯③拆卷，开卷，脱开④顶壳去皮⑤拆卸⑥破裂，断裂⑦去色⑧剥（阴极）法，剥离，剥除涂层，溶解涂层⑨露天开采
acid ~ 脱酸
adsorption ~ 解吸
air ~ 空气清洗
engine ~ 发动机拆卸，机车拆下
pattern ~ 起模
steam ~ 汽提
surface ~ （表皮）剥离
thread ~ 螺纹滑扣

strip-rolling 带材〔粉带〕轧制

stripy 有条纹的，条纹状的

strobe ①选通，闸门②选通〔读取〕脉冲③频闪观测器④频闪放电管
auto ~ 自动闪光灯
data ~ 数据选通
line ~ （电视信号）波形〔选行〕监视器
lock-following ~ 同步选通闸门〔脉冲〕

strobeacon （在能见度差时便于飞机降落的）闪光灯标

strobilation 横裂，节裂

strobo ①闪光放电管②频闪观测器，闪光仪

stroboflash 闪光（频闪观测器的或闪光放电管的）

stroboglow 带氖闸流管的频闪观测器

strobolamp ①旋光试验灯（检查汽车发动机点火时刻与自点火装置作用的设备）②频闪观测器③闪光灯，定时灯

strobolume 高强度闪光仪

strobolux 大型频闪观测器，闪光仪

strobophonometer 爆燃测声计（测量汽油机中爆燃时声音强度的仪器）

stroboscope ①频闪观测器，闪光测速仪，频闪仪，闪光测频仪②转速很高〔剧烈振动〕的机器

stroboscopy 频闪观测法，闪光测频法

strobotac 频闪测速器，频闪转速计

strobotach 频闪测速计

strobotron 频闪（放电）管（有控制栅的冷阴极充气管）

stroke ①行程，冲程〔量〕②敲键，打键，打孔③打〔冲，撞〕击，（一）击，（一）敲，（一次）动作④笔画，划线⑤提升高度，升高
~ of crane 起重机的起重高度
~ of punch 冲量
~ over pins 跨棒距余量
admission ~ 进气行程
armature ~ 衔铁动程
aspirating ~ 进汽行程
back ~ 回〔逆行，返回行〕程

bump ~ ①撞击载荷（压缩行程弹簧的）②动弯曲（弹簧的）
cam ~ 凸轮动程，踏盘动程
character ~ 字符笔画
charging ~ 进〔吸，充〕气行程
closing ~ 闭合行程，关闭行程
combustion ~ ①工作行程②燃烧行程
compression ~ 压缩行程
cushion ~ 缓冲行程
cutting ~ 切削〔工作，剪切〕行程，刨程
dead ~ ①不反跳，死行程②冲程死区，无效行程
down ~ 下行程
draw ~ 起〔漏〕模行程
driving ~ 工作行程（发动机的）
ejection ~ ①喷出行程②排气行程
engine ~ 发动机活塞行程
exhaust ~ 排气行程
expansion ~ 膨胀〔工作〕行程，做功行程
explosion ~ 爆发行程，工作行程
extending ~ （活塞）推程
file ~ 锉程
firing ~ 工作〔燃烧，点火〕行程
flyback ~ 扫描逆程
forced ~ 工作行程
forward ~ ①工作〔切削，前进〕行程②正程
free ~ 自由行程
gas compression ~ （气体）压缩行程
generating ~ 展成行程
grid ~ 光栅线
hammer ~ 锤程
idle ~ 空行〔慢行〕程
impulse ~ 工作行程
induction ~ 吸入〔吸气〕行程
inlet ~ 吸入行程
input ~ 进气行程，进气冲量
intake ~ 进气行程
inward ~ 内缩行程
jolt ~ 震击行程，举升高度
knife ~ （切割器的）割刀行程
knockout ~ 出坯冲程
leader ~ 先导闪击
lift ~ 提升行程（悬挂机构的）
lift rod ~ 顶杆行程
lightning ~ 雷击
one ~ 一次行程，单行程
out ~ 排气行程
piston ~ 活塞行程
plunger ~ 柱塞行程
power ~ 动力〔膨胀〕行程，工作〔提升〕行程
pressure ~ 压缩行程
pump ~ 泵行程
ram ~ ①滑枕行程②（压力机）滑块行〔冲〕程
retracting ~ （返）回（行）程
return ~ 回程，返回行程
return of ~ 行程换向
roll ~ 轧辊升程
saddle ~ 床鞍行程，大刀架行程
scan(ning) ~ 扫描行〔正〕程
scavenging ~ 清除行程，排泄行程，扫气行程
Scheffer ~ 舍菲尔环节〔连接〕
shot ~ 压射行程
shutoff ~ 关闭〔闭合〕行程
side ~ （雷）侧击
single ~ 单行程
slide ~ 滑块行程
square ~ 等径行程
squeeze ~ 压实行程
suction ~ 吸入〔吸气，进气〕行程
working ~ 工作行程

stroker 往复推送器
hydraulic ~ （疲劳试验）液压加载缸

stroke-side 左舷

stroma 子座，基质，基座

stromatolith 叠层

stromuhr 血流速度计

strongback 定位板，（装焊时用的）铁马

strontian =strontium

strontium 锶（Sr）

strop ①滑车的带索（船用）②吊索，皮带

strophoid 环索线

struck ①轰击了的，击穿了的②压制的③铸造的④（C语言中的）结构体

structure ①结构，构造，组织②设备，装置，机构，构件③建筑物，房屋④构架，桁架，格，络⑤建立，构筑，配置
airframe ~ 机身结构
architectural ~ 总体结构
articulated ~ 关节结构
bacillar ~ 纤维状组织
band ~ 能带〔级〕结构
banded ~ 带状组织，带纹构造
beam-leaded ~ （计算机）梁式引线结构
bibliographic ~ 目录结构〔组织〕
block ~ ①分程序结构②成组结构

body-centered-cubic ~ 体心立方结构
bonded ~ （阴极热子等的）组合结构
bubble ~ 气泡状结构，多孔结构
bull's eye ~ 牛眼组织（球墨铸铁组织）
bus ~ 母线桥，母线支架
bus organized ~ 总线式结构
bus-and-switch ~ 配电室
cancelled ~ 格构结构，空腹结构，格（组）构（架）
card information ~ 卡信息结构
carrier ~ ①托架结构②运载器结构
cellular ~ ①网〔细胞〕状组织②细胞状〔蜂窝状，单元式〕结构，多孔结构
Chinese script ~ （铝合金等中的）方块〔汉字〕型组织
close-spaced ~ 紧限位结构
cluster ~ 闭粒结构，葡萄状结构
column bracket ~ 柱架式（高炉）结构
cored ~ ①晶内核状偏析组织②铸态年轮偏析
corundum ~ 刚玉型结构
cost ~ 费用结构
crash impact absorbing ~ （汽车）冲撞能吸收结构
criss-cross ~ 方格构造
cross-linked ~ 交联结构
crumble ~ 屑粒状结构，团粒结构
crust and mulch ~ 上结下松结构
data ~ 数据结构，信息结构
determinant ~ 静定结构
digital framing ~ 数字图像帧结构
directory ~ 目录结构
domain ~ 磁畴结构
dot ~ 光点结构
duplex grain ~ 混合晶粒组织
eutectoid ~ 共析组织
exoskeletal ~ 无架式结构
fabricated ~ （钢板）焊接结构，装配式结构
field ~ ①磁极结构②场结构
folded(-plate) ~ 折板结构
for-all ~ 全操作结构（流水线计算机用）
formal chemical ~ 形式化学结构
frame ~ 帧结构
functional ~ 功能结构
ghost ~ ①带状组织②带纹构造
granular ~ 粒状〔团粒，颗粒〕结构
hard ~ ①硬式结构②防原子结构
heterogeneous ~ 多相组织
hierarchical ~ 分级结构，等级式的组织结构
hierarchical file ~ 分级文件〔资料〕结构
high dimensional dependence ~ 高维相关结构
hipped-plate ~ 折板结构
IL gate ~ 集成注入逻辑栅极结构
incommensurate ~ 非公度结构
indeterminate ~ 超静定结构
intermediate ~ 中间（贝氏体）组织
lamellar ~ ①层状组织，片状组织②叠层〔网格子，层状，薄片〕结构
level ~ 能级结构
line ~ ①工厂生产（管理）组织②条状组织③行结构，光栅结构
line staff ~ 工厂生产（管理）组织
lineage ~ 系属结构（晶体的），嵌晶〔镶〕结构
list ~ 带状结构，条状结构
lit-par-lit ~ 层叠构造
marble ~ 鳞斑状组织（高速钢金相组织的）
masonry ~ 圬工结构
metallurgical ~ 金相组织
modular ~ 模块化结构，积木结构
modulated ~ 调幅结构
molecular bearing ~ 分子轴承结构
multiple fiber ~ 多缕结构
nested ~ 嵌套结构
network ~ 交联结构
network topology ~ 网络拓扑结构
nodular graphitic ~ 球墨组织
normalized ~ （钢的）正火组织，常化组织
open ~ 敞形结构，疏松结构
open grain ~ 粗晶组织，多孔式结构，组织粗大
open-flux ~ 开磁路结构
order ~ 指令结构，指令安排
original ~ 原组织
overall ~ 整体结构
pinetree ~ 枝晶组织
planar ~ 延展面，成面构造
pointer ~ 指示字结构
porous ~ 多孔结构，疏松结构
portal framed ~ 门架式结构
post-and-panel ~ 立柱镶板式结构
primary ~ 初〔一〕级结构
prior ~ 原组织
propellant ~ （固体）推进剂结构
prototype ~ 原型（网络）结构
quantizing ~ 量化结构，分层结构
radiating ~ 放射状结构（组织）

redundant ~ 静不定结构，超静定结构
relict ~ 残余结构
roll-over protective ~ （汽车）翻车防护结构
sappy ~ 细粒组织
schistose ~ 层状组织，片状构造
secondary ~ 次级结构，副结构，二次组织
segment ~ 段结构
self-supporting ~ 自立式（高炉）钢结构
separation ~ 分隔结构
session ~ 会话结构
sheet-stringer ~ 板桁结构，桁条加强的板结构
shell ~ 薄壳〔壳体〕结构，壳式建筑物
shell-proof ~ 避弹结构
shifted ~ 错列结构
simple ~ 简单结构，静定结构
skeleton ~ 骨架结构，框架结构
slow wave ~ （高频）波减速结构
spiral ~ 螺环结构
stable ~ 稳定〔坚固〕（的）结构
stand ~ 试车台结构
statically determinate ~ 静定结构
statically indeterminate ~ 超静〔静不〕定结构
streaky ~ 条带构造
stylolitic ~ 缝合〔柱状〕结构
supporting ~ 支承结构，固定架
symbolic ~ 符号结构
tabular ~ 板状构造
tall ~ 多层式结构
temporal ~ 瞬时结构
thermal refined ~ 调质处理结构
thrust ~ 承受推力结构
torsion-box ~ 抗扭盒式结构
two-strip ~ 两条结构（集成电路工艺用）
uniperiodic ~ 一维周期结构
vein(ing) ~ 纹理〔脉状，结疤〕组织
vesicular ~ 多孔结构
woody ~ 木纹状结构
X-bar ~ 交叉棒结构

structure-enforces 结构强化

structureless 无定形的，非晶形的，无结构的

structurization 结构化

strum 吸入滤网，蜡线

strut 支撑，（支，短）柱，压杆，横拉筋，斜杆〔撑〕，抗压构件
~ of axle guard 车轴护挡支柱
aerofoil ~ 机翼支柱
air oil ~ 空气油液式支柱
anchor ~ 拉桩〔线〕支柱
angle ~ 角铁支柱
balance ~ 天平〔平衡〕支柱
box ~ 砂芯撑
brace ~ 撑杆，支柱
braced ~ 联结支撑
bracing ~ 支柱撑杆
brake beam ~ 闸梁支柱
channel ~ 槽钢支柱
drag ~ 阻力支柱
faired ~ 减阻支柱
ga(u)ge ~ （防止道岔轨距缩小的）轨距固定杆
horizontal ~ 水平支杆，横梁
inclined ~ 斜支柱，斜撑
jury ~ 辅助支柱
long-stroke ~ 长冲程（减振）支柱
Macpherson ~ （麦弗逊式）烛式独立悬架
oildraulic ~ 液压支柱
oleo ~ 液压缓冲支柱，液压减振器
oleo-pneumatic ~ 液压-空气减振支柱
propeller ~ 人字架，尾〔艉〕轴架
radiator ~ 散热器支柱
shock ~ 减振支柱
spring ~ （汽车悬架）弹簧滑柱总成
stagger ~ 斜罩支柱
telescopic shock ~ 伸缩〔套管〕式减振柱
transverse ~ 横向支撑

strut-beam 支梁，受压梁

strut-framed 桁构式，下撑式，撑架式，撑架的

strutting ①加（支）柱，加（支）杆，加固②支撑（物）
~ of pole 电杆加固

Strux 斯特鲁斯高强度钢（*w*（C）0.40% ~ 0.47%，*w*（Mn）0.75% ~ 1%，*w*（S）0.50% ~ 0.80%，*w*（Ni）0.60% ~ 0.90%，*w*（Cr）0.8% ~ 1.05%，*w*（Mo）0.45% ~ 0.60%，*w*（V）约 0.1%，*w*（B）0.000 5%，其余 Fe）

stub ①短（粗）支柱，节，柱墩，支脚②轴端，连杆头，管接头，接管座，轴类零件的料头③短棒〔管〕，导体棒④（波导）短（截）线，截线，线头，抽头，波导管短路器⑤残段〔极〕，剩余部分
broadband ~ 宽带（调谐）短截线
capacitive ~ 电容（性）短截线
clean ~ 新（导电）棒
closed ~ 短路短截线
coaxial ~ 同轴短（截）线
compensating ~ 补偿短截线
coupling ~ 耦合短（截）线

detuning ~ 解谐短（截）线
drum ~ 锅筒管接头
ingot ~ 残锭，锭头
matching ~ 匹配短（截）线
nozzle ~ 短喷管
open-ended ~ 终端开路的短截线
phasing ~ 调相短截线
shorting ~ 短接线
sleeve ~ ①同轴振子②套管短线〔柱〕，短接线
steering ~ 转向关节枢
strap ~ 夹箍形端头（连杆的）
supporting ~ 支撑短截线

stub-line 短截线，（连接）线段

stubwing 短（机）翼

stucco ①撒砂（熔模铸造）②（粉饰）灰泥，灰墁，抹灰用石膏，（拉）毛粉饰

stud ①双头螺柱，螺杆②大头针，嵌钉③键，销子〔钉〕④颈，残端⑤（间）柱，接触柱（开关的），接线柱⑥短轴，端轴，中介轴⑦壁骨，门窗梃，（型）芯撑
adjusting ~ 调整用双头螺柱
advance ~ 提前点火按钮
aligning ~ 定心棒，调心棒，调心销钉
angled ~ 梯级高链节，有级链节
ball ~ 球头螺栓
bearing ~ 支承螺柱
binder ~ 结合件双头螺柱，结合螺柱
box ~ 砂芯撑
brush-holder ~ 刷握支柱，刷杆
bumper ~ 缓冲螺柱
change gear ~ 变速齿轮双头螺柱
contact ~ 接触钉
holding ~ 支架螺柱
locating ~ 定位双头螺柱，定位销
locking ~ 止动销
overload ~ 过载安全销，过载防护止推销，过载螺柱
pull ~ （螺纹）拉杆，牵引螺柱
residual ~ 防粘螺杆〔柱〕，隔剩磁片
set ~ 定位销
shock absorbing ~ 减振支柱
single headed ~ 单面型芯撑
stone ~ 棘螺柱
terminal ~ 接线端头
tie-rod-ball ~ 系杆球头螺栓
timer lever ~ 定时杆螺柱
union ~ 联管节螺柱

Studal 斯塔锻造铝基合金（*w*（Al）97.7%，*w*（Mg）1%，*w*（Mn）1.3%）

stud-bolt 双头螺柱

studio ①广播〔播音，演播，照相〕室②摄影场〔棚，室〕，电影制片厂③技术〔工作，作业〕室
anechoic ~ 短混响的播音室
announcer ~ 语言播音室，小播音室
audience ~ 设有观众座席的演播室
audition ~ 试听播音室
broadcast ~ 播音室
continuity ~ （由播音员加必要插话并保证节目连续播出的）小播音室
dead ~ 短混响播音〔演播〕室
dubbing ~ 配音录音室
effects ~ 特技演播室
live ~ ①具有较好混响装置的播音室②实况广播室③人为提高交混回响播音室，长混响播音〔演播〕室
live talent ~ 直接表演演播室
main ~ 中心播送室，主播送室
mobile ~ 移动播音室，活动演播室
mobile photographic ~ 摄影车
moving-picture ~ 电影制片厂，电影摄影棚
recording ~ 录音室
remote ~ 驻外演播室
sound ~ 播音室
telecine ~ 电视电影演播室
variety ~ 杂艺节目播音〔演播〕室

study ①学习，研究，分析，调查②学科，研究科〔项〕目③论文
auto ~ 自主学习（机器人智能）
case ~ 实测研究
motion ~ 动作研究（对工人操作所做的研究）
time ~ 工时定额研究〔制定〕
trade-off ~ 折中研究，比较研究
work ~ 操作〔工效，工作〕研究，作业研究（研究动作及其时间，以规定合理的动作和时间）

stuff ①（材）料②填料③纸浆④油脂⑤废物⑥资料⑦本质，要素⑧填充

stuffer 柱塞式注压机
air ~ ①气压式灌肠机②气动填充机
can ~ 灌装机
continuous ~ 连续灌肠机

stuffiness 不通气〔风〕，窒息，闷热

stuffing ①填充〔密〕②填（塞）料，填充剂③塞入（信号等的）
molecular ~ 分子填料（法）

stull 横梁〔撑〕，支柱

stumble ①（车辆）摇晃②差错
stumer （=stumour）赝品
stump ①短柱，柱（桩）②根部，残余部分③冲头④钢凿承托
stumper ①挖根机，除根机②难题
stump-jumper 带弹返安全器的犁，跃障犁
stunt-box ①特技匣②（电传机的）阻打器
Stupalith （火箭发动机衬里用）陶瓷材料
Stupalox （美国制的）陶瓷刀
sturdiness ①坚固性，耐久性②强度，结实
Sturmmotor 斯特姆式叶片液压马达
S-turn S形转弯
split ~ 拼合S形转弯
stutter 排气管“放炮”（发动机加速失调发生排气管放炮，转速上不去）
ST-vidicon 硅靶光导摄像管，硅靶视像管（商品名）
S-twist ①S形扭转〔合〕②左向扭转〔合〕索
style ①格式，式样，（类）型，种类②管心针，细探子，通管丝，锥刺
ball-and-socket hinge ~ 球铰式
character ~ 字体
swivel block ~ 转盘式
up-to-date ~ 现代式
style-book 样本，式样书
styling 外〔车〕形设计
stylobate 柱座
stylometer 量柱斜度器，柱身收分测量器
stylus ①描画针，唱针②笔状突起，笔尖〔头〕，记录针，记录笔（尖），铁笔（汉字输入用），珠笔③指销，靠模指，触指，触针
biradial ~ 双径向唱针，椭圆形唱针
curve following ~ ①描绘曲线（鸭嘴）笔尖②曲线描绘针
cutter ~ （录音用）刻画针
cutting ~ ①录音针，刻针（录音刻纹用）②刻纹刀
diamond ~ 金刚石触针，宝石唱针
electronic ~ 电子笔，光笔
embossing ~ 划针，圆端录声针
heating ~ ①热处理录音针②加热针，（发）热刻纹针
light ~ 光笔
microgroove ~ 密纹唱针
recording ~ 记录笔（尖），记录针，录音针，记录触针
reproducing ~ 唱针，放声针
sundial ~ 日晷仪
tracing ~ 仿形器指销
styremic 高耐热性苯乙烯（树脂）
styren(e) 苯乙烯，苯次乙基，苯代乙撑
styroflex 聚苯乙烯
styrofoam 泡沫聚苯乙烯（塑胶）
styrol 苯乙烯
styrone 苯乙烯树脂，肉桂醇，肉桂塑料
suanpan （中国式）算盘
sub ①代替物，代用料②感光胶层③地道④潜水艇⑤下〔亚，子，次，副〕的（作词头时）
gel ~ 凝胶底层
lift ~ 吊卡
sub-account 子科目
subacoustic 亚声速的
subadditive 副添加剂，次加性（的）
subaddress 子地址
subaeration 底吹（法）
agitation ~ 底充气搅拌（浮选机）
sub-aerator 底吹机
subaggregate 子集
subalgebra 子代数
subalphabet 部分字母，子字母表
sub-ambient ①低于环境…的②低温的
subangle 分角，副角
subaqueous 水下的，潜水的
subarea 子区，分区
sub-arm 辅助臂
subarray 子数组，子台阵
subassembly ①分段装置，分〔局〕部装配，分总成②组合件，部件，机组，辅助装置，单元（电路）③小配件
control ~ 调节子配件，控制组件
follow-on ~ 随动组件
fuel ~ 燃料组件
hardware ~ 硬件部件
seed ~ 点火装置，种子配件
subatom 亚原子〔质子，中子，电子〕
subaudible 亚声频的，闻阈下的，可听频率以下的
subaudio 亚声频的，闻阈下的，可听频率以下的
subaverage 低于平均值的
subband 次能带，部分波段，辅助〔支谱〕带，副带，分波段
tmagnetic ~ 磁次能带，磁支带
subbase ①子基②底基，底基层③底盘座④辅助机场（基地）
subbasement ①基础，底部②下层地下室
subbase-mounted 板式安装的

subbing ①（促使感光乳剂固着于片基的）胶层②地下灌溉
sub-block 子块，小组信息，数字组，字群，子部件
subbolster 辅助模座，辅助垫板
subboreal 亚北方的
subbottom 底基
sub-boundary 亚晶界
subbox 小格子
subbranch ①小〔子，次〕分支，子分路②分行
subbundle 子丛
subcabinet 分线箱
subcarrier 副〔辅助〕载波（频率），用以调制其他载波的载波，副载频
chromatic ~ 彩色副载波（频率）
chrominance ~ 彩色副载波（频率），色度副载波
colo(u)r ~ 彩色副载波（频率）
converted ~ 降低副载波
elliptical ~ 椭圆色度副载波
intermediate ~ 辅助副载波
locked ~ 受锁副载波
pilot ~ （调频立体声广播中作为控制信号用的）导频副载波
reference ~ 基准副载波（频率）
reinserted ~ 还原副载波，重新引入的副载波，重置副载波
subcase 子情况
subcategory ①子种类②子范畴
subcavity 副腔
subcell 亚晶胞，子细胞，子室，子单元
subcenter 主分支点，子〔副，分〕中心，亚辐射中心，亚辐射点
subchamber 辅助燃烧室，副燃室
subchannel 分流道，支〔子，分〕通道，支渠
shared ~ 共用分通道
subchassis 副〔辅助〕底盘
subchord 副弦
subcircuit 支路，分（支电）路
sub-circular 近似圆〔环〕形的
subclass 子〔小，细〕类，亚纲，子集
proper ~ 真子类
subclutter 副干扰（杂乱回波的干扰）
subcode 子码
subcommand 子命令
subcommutation 副换接
subcommutator 副换向器
subcompact 超小型汽车
subcompiler 子编译程序
subcomponent 子分量，亚成分
subconductor 分裂导线中的单导线，再分导线，细〔次，副〕导线
subcone 辅助纸盆
subconic(al) 接近（圆）锥形的
subconsistent 次相容的
subconsole 辅助控制台
subcontract ①转订〔包〕合同②局部缩小〔收缩〕
subcontrol 辅助控制（器）
subcool ①（使）低温冷却，（使）过冷②加热不足
subcooler 过冷（却）器
subcritical ①亚临界的，低于临界的②亚相变的
subcriticality 亚临界度
subcrystalline 亚晶态的，部分结晶的
sub-cutout 分路断流器
subcycle 次旋回
subcylindrical 接近圆柱形的
sub-damage 亚损伤
subdepot 附属〔辅助〕仓库
subdeterminant 子行列式
subdiagonal 副斜杆
subdirectory 子目录，分目录
subdiscipline 学科的分支
subdivision ①细〔再，重，剖〕分①小类，细类③一〔子〕部分，分部〔支，段〕
one-compartment ~ 一舱制
watertight ~ 水密分舱
subdomain 子域〔畴〕，亚畴，子整环，部分波段
subdominant 音阶第四度
subdouble 1∶2 的，二分之一的
subdrilling ①先钻，超钻②钻孔加深
subdual 抑制，缓和
subduple 1∶2 的，二分之一的
subduplicate 平方根的，解方根得出〔表示〕的
subelectron 亚电子
sub-element 子元件，部分元件
sub-elliptical 近似椭圆的
subensemble 子集
subentry ①分入口，子入口②副标题
subepitaxial 亚外延的
suber 软木
suberect 接近垂直的，差不多直立的
subevaluation 子求值
subexchange 电话分局

subexciter 副励磁机
subexpression 子表达式
subfamily 子系列，子族
subfeeder 副馈电线，分支配电线
subfield 子域，分区，子字段，副学科，亚场
subfile 子文件
subfoundation 基础底层，下层基础
sub-fraction 子分式〔数〕
subfractionation 精馏
subframe ①副〔底,发动机,辅助机,下支〕架，辅助构造②子帧，副帧
subfreezing ①半冻结，初期冰冻②冰点以下的
subfrequency 分谐（波）频（率）
subfringe 亚边纹
subfunction 子函数
subfusc(ous) 带黑色的，暗淡的，单调的
subga(u)ge 分规值
ball ~ 球分规值
subglobular 接近球形的
subgoal 子目标
subgrade 路基，地基
subgrader 路基面修整机，路基整平机
subgradient 次梯度
subgrain 副〔二次，亚〕晶粒
subgraph 子图
spanning ~ 生成子图
subgravity 亚〔次〕重力，低于一个重力加速度的重力效应
subgroup ①小〔子〕组②亚层③（周期表）族，副族，（数）族，子〔分，亚〕群
subharmonic 分〔次，副〕谐波，次调和
sub-header 分联箱
subhead(ing) 小〔副〕标题，细目
subhedral ①部分成晶面的②半（自）形的
subholder 辅助刀夹
subhologram 亚〔子〕全息图，亚〔子〕全息照片
subimage 子图像
subindex 分〔子〕指数
subindividual 晶片
subinterval 子区间
subinverse 下逆
sub-item 子项目
subject ①题目，主题〔体〕②学科，科目③重点④附属⑤从属的，受支配的⑥使…（遭）受
~ of numerous patents 专利权
subjob 子作业
sub-joint 副接头，辅助接头
subjunction 追加（物），增补，补遗
subkey 子关键词
sub-kiloton 低于千吨的，千吨以下的
sublanguage 子语言
sublattice 子（晶）格，子〔亚〕点阵
sublayer 底〔下，内〕层
sublevel ①次层，次级②次〔支〕能级③副准位④中间水平
sublibrary 子库
sub-license 分许可
sublimate ①（使）升华②提高，纯化，理想化③升华物，升汞④升华的，提炼过的
sublimation 升华（作用），精炼，提纯，纯化，蒸馏，分馏
sublimator 升华器
sublime 升华，精炼，纯化，提净
sublimer 升华器
sublimity 绝顶，极点
subline 副〔辅助〕线
sublinear 亚〔次〕线性（的）（指曲线上升趋势缓于直线）
sublink 子链路
sublist 子表，分表
identical ~ 相同子表
sub-load 部分负荷，不满负荷
subloop ①副〔次级，亚〕回路②辅助循环
submain 辅助干线，次干管
submarine ①海底的，海中的，水下的②潜（水）艇
atomic ~ 核潜艇
submatrix 子（矩）阵
submediant 音阶第六度
submember 副构件
submerge 浸没，淹没，潜水，沉在水中
submerged ①沉〔淹，浸〕没②下陷，凹下③覆盖
submerged-orifice 浸液隔膜
submergence ①潜入,沉〔浸,淹〕没②（泵的）潜水深度，壅水高度③沉入，浸入
static ~ （泵的吸入侧）壅水高度
submersed （生长）在水下的，适于水下使用的
submersible ①浸没的，潜水的，可浸入水中的②可潜器，潜水艇
manned ~ 载人可潜器
tethered ~ 系缆可潜器
unmanned ~ 无人潜器
submersion ①潜入②沉入，浸入

sub-metal　①非金属②准金属
submetallic　半〔类，不完全〕金属的
submeter(ing)　分表，辅助计量
submethod　子方法，小方法
submicelle　逊胶束
submicrocrack　亚微裂纹
submicrofracture　亚微观断裂
submicrogram　亚微克
submicromethod　超微量法
submicron　亚微细粒，亚微型〔米〕
submicrosample　超微量试样
submicroscopic　亚微观的，亚显微（结构）的（普通显微镜下看不出的）
submicrosecond　亚微秒
submicrowave　亚微波
submillimeter　亚毫米（的）
submilliwatt　亚毫瓦（的）
submin　①超小型（零件）②超小型摄像机
submineering　超小型工程
subminiature　超小型（元件），极小零件（的）
subminiaturization　超小型化
subminimal　亚极小的
submodel　亚模型，子模型
submodulation　副调制
submodulator　副〔辅助〕调制器
submodule　子模，分模数
submonitor　子监督程序
submultiple　①分谐波②次〔倍量，谐波，倍数〕因数③约数，约量
submultiplet　亚多重线
subnanosecond　次〔亚〕纳秒
subnetwork　①粒界网状组织，亚晶界②亚网络，子网（络）
　degenerate ~　简并子网络
subnetworking　子网（连接）
subnitron　放电管
subnode　子节点
subnormal　①次法距，次法线②正常下的，低于正常的，亚正常的，低质的，异常的③用法线切断的
subnuclear　亚〔次，准〕核的，准原子核的，比核更基本的
suboctave　次八度
suboctuple　1∶8的，八分之一的
suboffice　支局，分局
suboiler　喷油翻土机
sub-opaque　近似不透明的
suboptimal　次〔亚〕最佳（的）
sub(-)optimization　次〔部分〕最佳化，次优化
suboptimum　次最佳
suborder　亚目
subordinate　下级的，从属的
suboscillator　副振荡器
suboxide　低价氧化物
subpanel　①安装盘〔屏，板〕②副盘〔屏，面板〕，辅助面板③底板，底座
subparagraph　小段，小节，附属条款
subparcel　分区
subparticle　微细颗粒，亚微粒子
subperiod　副周期，子周期
subpicogram　皮克以下
subpicosecond　亚皮秒
sub-picture　副图像
subplan　辅助方案
subplate　底〔垫，连接，辅助，副〕板
subpoint　下〔投影，副〕点
subpost　副〔小〕柱
subpower　非总〔部分，亚〕功率
subpress　①小〔半成品〕压力机②短期使用的模架，中间工序冲床
subproblem　子〔小，部分，次要〕问题
subprocess　①子过程②子进程
subprofessional　专业人员助手
subprogram(me)　子〔部分〕程序，分计划
　closed ~　闭型子程序
　function ~　操作〔函数〕子程序
　open ~　开型〔直接插入〕子程序
　procedure ~　过程辅程序，过程子程序
　specification ~　区分〔分类〕子程序
subpulse　子脉冲，次脉冲，分脉冲
subpunch　留量冲孔，先冲
subquadrate　近正方形的，正方带圆角的
subquadruple　1∶4的，四分之一的
subrange　子区域，子范围，分波段，部分波段
subraster　小〔子，亚〕光栅
subrecursiveness　次递归性
subreflector　（天线的）副反射器，辅助反射器
subrefraction　标准下折射，副折射，亚标准折射
subregion　子区域，分区
subrepertory　子库
　identify graphic ~　识别图形子库
subresonance　次〔部分，二次〕共振
subresultant　子结式
subroutine　子程序，子例（行）程（序）
　array copy ~　数组复写子程序

assembly ~ 汇编子程序
branch ~ 转移子程序
built-in ~ 内部子程序
checking ~ 检验子程序
closed ~ 闭型子程序
common ~ 公用的子程序，通用子例（行）程（序）
dating ~ 记日期子程序
first remove ~ 第一级子程序
floating ~ 浮点子程序
in-line ~ 开型〔直接插入〕子程序
inserted ~ 插入子程序
library ~ ①子程序库②库存子程序
linked ~ 闭型〔链式〕子程序
memory reference ~ 存储器访问子程序
one level ~ 一级子程序
open ~ 开型〔直接插入〕子程序
return from ~ 从子程序返回
static ~ 无参数子程序

subroutinization 子程序化

subsample ①子样品②二次抽样

subsampling 二次进样（法），辅助取样

subsatellite 子卫星，由人造卫星带入轨道后放出的飞行器

subscale ①内部〔扩散〕氧化物②次生氧化皮，皮下氧化③副标

sub-scan 副〔辅助〕扫描

subscanner 子扫描程序

subscience 科学分支

subscriber 用户，订户，签署者
authorized ~ 合法用户，授权用户
host ~ 主机用户
originating ~ 发端呼叫者
party line ~ 同线户

subscriber-vision （计时）收费制电视

subscript ①下标，脚标，脚码，添标，注脚②索引，指标
declarator ~ 说明符注脚〔索引，指标〕
interleaved ~ 交错下标
label ~ 标号下标
running ~ 游动下标

subsection ①小节，小段②细目③分队

subseptuple 1 ： 7 的，七分之一的

subsequence ①顺序②子序列

subseries ①派生系列②子级数，子群列，次分类

subset ①子集（合），子系统，辅助设备，分设备，子设备〔语言〕②用户（电话）机
character ~ 字符子集，符号子集
closed ~ 闭合子集
correct ~ 正确子集，正码子集（合）
dispatching telephone ~ 调度电话分机
local battery ~ 磁石式电话机

subsextuple 1 ： 6 的，六分之一的

subshaft 副轴，从轴

subshell ①副壳②亚壳层，支壳层

subsidence ①沉淀，下沉，陷落，塌②衰减，衰耗，减小③泥渣沉积

subsider 沉降槽，沉淀池
high-speed centrifugal ~ 高速离心沉降机

subsidiary ①辅助的，补充的，附加的，副的，附属的②附属机构，子公司③减少，缩小，降低

subsieve ①亚筛②微粒，微粉③不能用筛子分级的

subsieve-size 亚筛粒度（小于 325 目的粉末）

subslide 横进给刀架

subslot 槽底沟，副槽（通风冷却用）

subsoil ①下〔亚〕层土，底〔心〕土②地基下层土，天然地基

subsoiler 心土铲，深耕铲

subsolid 半固体的

subsonic ①次〔亚〕音速的②亚音频的（低于 15 Hz）③次〔亚〕声的

subsonics ①亚音速（气流）②亚音速空气动力学

subspace 子空间
affine ~ 仿射子空间
axial ~ 轴向运动子空间
projective ~ 射影子空间
proper ~ 真子空间

subspan ①子〔部分〕跨度②次档距（间隔棒距离）

Subsplit 亚分（一种通信系统中的频率分配方式）

substage ①分期，亚阶，亚期②分〔辅，显微镜〕台

substance ①（镀锡薄钢板的）单重②物〔本，实〕质，材料③剂④内容，要点，大意，梗概
abrasive ~ 研磨材料，研磨剂
accessory ~ 副产物〔品〕
active ~ 活性物质
antirot ~ 防腐材料
diamagnetic ~ 抗〔反〕磁质
dielectric ~ 电介质
ferromagnetic ~ 铁〔强〕磁（性）物质
fissionable ~ 裂变物质
foreign ~ 杂质，外来物质

greasing ~ 润滑物质，润滑剂
lubricating ~ 滑料
occluded foreign ~ 夹杂物
photoactive ~ 感光物质
polar ~ 有极性物质
pure coal ~ 煤可燃质
working ~ ①工作物，工质②作用物质
substandard ①标准以下的，低于（法定）标准的，低于标准规格的，低于定额的，次等的②低标准〔定额〕，副〔辅助，复制〕标准（器）
substantial ①实质的，本质的②实在的，基本上的③重大的，显著的④坚固的
substantiality 实体，实质性，坚固，有内容
substantials ①实质性东西，重要的东西②要领，大意，重要部分
substantiate 证实，使…具体化
substantive ①真实的②独立的③大量的④坚固的⑤直接染色的⑥独立存在的实体
substantivity 直接性，实质性
substate 亚（能）级，亚态
substatement 子语句
substation ①分局〔台，站〕，附属台②变电所，变电站，（电厂的）主配电装置③用户话机
~ (of a power system) （电力系统的）变电站
area ~ 地段变电站
articulated unit ~ 单元组合式变电站
distribution ~ 配电所
electric ~ 变电站〔所〕
house ~ 厂〔专〕用变电所
integral unit ~ 组合〔组装〕式变电站
load-center ~ 枢纽变电站
main ~ 总变（配）电站
one-end ~ 终端变电站
packaged ~ 整装〔成套〕式变电所
pole-type ~ 架杆式〔杆上式〕变电站，杆装变电站
portable ~ 流动变电站
primary ~ 一次变电所，升压变电站
receiving ~ 降压变电站
regenerative power ~ 功率再生变电站
remote-control ~ 遥控变电所
rotary ~ 变流站（具有旋转电机的）
single-ended ~ 终端变电站
step-down ~ 降压变电所
step-up ~ 升压变电所
subway ~ 地下变电站
tapped (tee off) ~ 分接（T 接）变电站
traction ~ 牵引变电站
transformer ~ 变电站〔所〕
unit ~ 成套〔单元〕变电所
substep 子步，分步
substituent ①替代者，取代者②取代基
substitutability 可代〔置〕换性
substitute ①代用品②代替，替换，置换，取代③以…代替，代入
casing ~ 套管异径接头
substitution 取代，代入〔替，用，换〕，置〔替〕换
address ~ 地址替换
back ~ 逆代法，倒转代换
cross ~ 交叉置换
even ~ 偶代换
odd ~ 奇代换
statement ~ 语句替换
successive ~ 逐次代换法，递代法
textual ~ 文本代换
substitutor ①代用品②替手
substope 分段工作面
substore 辅助〔备用〕仓库
substory 较低层
substrate ①衬底，基片，基底（集成元件的），载体②真晶格③作用物④基质，培养基⑤底金属（电镀的）⑥蒸发物凝集层⑦黏合对象
active ~ ①活性衬底②有源衬底，有源基片
circuit ~ 电路衬底〔基片〕
epoxy ~ 环氧基质
foreign ~ 异质衬底
infrared transparent ~ 红外透明衬底
insulating ~ 绝缘衬底
monolithic ~ 单片〔块〕衬底
native ~ 同质〔天然〕衬底
printed ~ 印制电路板衬底〔基片〕
substrate-mask 基片遮板，基片挡光板
sub-stratification 二次分层化
substratum ①底层，基础，根据②胶层（感光乳剂附着的）③基底，培养基④（pl. substrata）下层（地层）
substring 子串
substruction =substructure
substructure ①下部结构，底层结构②亚组织，亚〔子，次〕结构③基础，地基④下层建筑，地下建筑
cellular ~ ①格型下部结构②细胞型亚结构
prismatic ~ 棱柱式亚结构
sub-strut 副撑
substution 代换，代用

subsubarray 子子数组
sub-subroutine 子子程序
subsubstitution 子代换
subsubtree 子子树
subsumption ①归类，分类，类别②包括，包含③小前提
subsun 日光反射斑
subsupplier 供应零部件的协作厂
subsurface ①表面下的，地下的②地表下岩石〔土壤〕，水面下水层，地下界面，地下覆盖层
subswitch 分机键
master ~ 校准用副转换开关，主辅助开关
subswitcher 开关
master ~ 校准用副转换开关，主控分开关
subsynchronous 低于同步的，次〔亚，准〕同步的
subsystem ①子〔辅助，分〕系统②部件
base station ~ （通信）基站子系统
command ~ 指令子系统
database ~ 数据库子系统
internet protocol multimedia ~ 因特网协议多媒体子系统
network ~ 网络子系统
network switching ~ 网络交换子系统
peripheral ~ 外部系统〔设备〕，外围分系统
radio network ~ 无线网络子系统
sub-systems 子系统
subtable 小工作台
subtabulation 副表，子表，表的加密
subtangent 次切距，次切线
sub-tank 液位计的平衡器
subtask 程序子基（本单）元，子任务
subtemplate 子样板
subtend 弦对弧，边对角
subtense 弦，（角的）对边
subthreshold ①（剂量）低于最低限度的，不足以起到作用的②亚阈（值），子阈
subtie 副系杆
subtilization ①稀薄，精细②详尽讨论
subtitle ①补助字幕②副题，小标题
subtleness 微〔巧〕妙，细微（的）区别
subtlety =subtleness
sub-total 小计，小结，部分和，中间结果
subtrace 部分追踪
subtract 减法，扣除
subtracter 减法器，减数
full ~ 全减（法）器
half ~ 半减（法）器
one-digit ~ 半减（法）器
single-order ~ 一位减法器
three-input ~ 三输入减法器，全减法器
two-input ~ 半减（法）器
subtraction 减法〔去，少〕，扣除
global ~ 全局减法
subtractor =subtracter
subtrahend 减数
subtransient 次瞬间，次瞬态的，起始瞬态
subtranslucent 微透明的
subtransmission ①中（等电）压输电，二次输电②辅助变速箱
subtransparent 半透明的
subtree 子树
subtriangular 近似三角形的
subtriple 1：3的，三分之一的
subtriplicate ①立方根的②用立方根表示的，开立方（的）
subtropical 亚热带的
sub-truss 支撑桁架，脚手架
subtype 副〔子，辅助〕型
subulate 锥形的，钻状的
subunit ①子〔分，亚〕组②副族③子单位，子单元④子群⑤组（装）件，预装件
sub-value 次值，子值
subvertical ①副竖杆②接近垂直的
subvitreous 半玻璃质的，光泽不如玻璃的，亚琉态的
subwalk 人行隧道
subwave 部分波，次波，衰波
subway ①地（下）道，地下（电缆）管道②（乘）地下铁道（列车）
subwoofer 辅助低音音箱
subword 子字
subzero ①低温（−17.8℃以下）②零下（的），负的③低凝固点的
press ~ 加压冷处理
succedaneum 代用品，替代物
succession ①连续，继续，接连，接续②系统，系列③顺序性，逐次性，继承（性）
successive 连续的，连贯的，顺序的，逐〔递，累〕次的，循序渐进的，逐步的，逐位的，相继的
successor 后继（块），后继符
allowed ~ 允许后继符
immediate ~ ①紧接后元，紧随元②直接后继块
succinite 黄琥珀，琥珀（色）
succulometer 湿度计

suck ①抽吸，吸入，吸力②表面浅洼型缩孔
suck-back 反吸〔抽〕，倒吸，回抽
sucker 吸管〔头，入器〕，进油管，进气管，活塞，吸盘〔板，杯〕
clover ~ 气吸式三叶草种子采收机
ooze ~ 吸泥器，渗水吸收器
sand ~ 吸沙〔泥〕机
sucking 吸，抽，拉细，缩号（拉丝时出现的钢丝直径比模孔直径小的现象）
suckout 频带空段
suction ①空吸，吸取，吸入②吸力，抽力，虹吸③抽（真）空度，负压④吸水管，吸口
bilge ~ 船底吸水管，船底水吸口
discontinuously distributed ~ 不连续多孔吸除
down ~ ①垂直间隙②犁体后角，犁体垂直间隙
negative ~ 吸入负压
peak ~ 最大负压区，低压峰值
pneumatic ~ 气动吸料
under ~ 铧刃间隙（从切刃到联结铧尖与铧翼直线的距离）
suction-key 吸入钥匙
suctor 吸（取）器
sudarpress 双辊挤压机
suds ①黏稠介质中的空气泡②肥皂水，肥皂泡③顽固泡沫（润滑油、肥皂水或水溶液中的）
sufficiency ①充足，敷用②富裕，丰富③充分（性），充分条件④适应（性）
sufficiency-rating 适应度鉴定
suffix ①下〔添，尾〕标②词尾，后缀
dummy ~ 哑下标，傀标
terminal ~ 终结后缀
suffle-drill 滑板播种机
suffocation 窒息作用
suffuse （液体，光，色）充〔布，盖〕满，弥漫
suit ①适合，配合，适应②套，组，一套衣服
diving ~ 潜水服
pressure ~ （高空飞行用）增压（衣）服
protective ~ 防毒衣
supplied-air ~ 气衣
union ~ 工作服
suitability 适合〔用，应〕性，相宜，相配
operational ~ 操作适用性
optimization ~ 优化适合性
suite ①套，组，副②序列，数贯
computer-aided test ~ 计算机辅助测试成套程序
continuity ~ 节目控制室，重播室
protocol ~ 协议栈
software ~ 套装软件
sulcate 有平行深槽的，有（凹）槽的，有裂缝的
sulcus 槽，沟，凹，裂缝
sulfate 硫酸盐〔酯〕
calcium ~ 硫酸钙，石膏
crystal violet ~ 硫酸结晶紫
ferrous ~ 硫酸亚铁
hydric ~ 硫酸
triglycine ~ 硫酸三甘肽
sulfating 硫酸化
sulfidation 硫化（作用）
sulfide ①硫化物②硫醚
sulfidizing ①磺化②硫化
sulfurizing 渗硫处理
sulfite 亚硫酸盐〔酯〕
sulfonitrocarburizing 硫碳氮共渗
sulfolane 噻吩烷
sulfonitriding 硫氮共渗
sulfonium 〈拉〉磺基
sulfur ①硫，硫黄②硫（黄）的
free ~ 单体硫
sulfuration 硫化（作用）
sulfur-bearing 含硫的
sulfuret 硫化物，硫醚
sulfurization 硫化作用
sulfurize 使硫化，加硫，渗硫，用硫（化物）处理
sulfurizing 渗硫，硫化
sulfurous 亚硫的
sull 氧化物薄膜（金属线的）
sullage ①熔渣，（桶中）浮渣②废物，垃圾
sull-coating ①氧化薄膜覆层（为了便于以后拉拔加工）②黄〔锈〕化处理
sulling ①氧化作用②氧化表层
sulphate =sulfate
sulphide =sulfide
sulphonator 磺化器
sulphur =sulfur
sulphuret =sulfuret
sulphuric-acid 硫酸
sulphurise =sulfurize
sulphurizing =sulfurizing
sulphurous =sulfurous
sum ①和（数），总和〔数，结，计〕②概括，概要，要点，摘要③算术（问题），计算④顶点，极点⑤金额
~ of products （乘）积（之）和

binary ~ 模 2 和
check ~ 检查和
combinatorial ~ 组合和
Fourier ~ 傅里叶〔福里哀〕和式
grand ~ 总和
moduli 2 ~ 模数为 2 的和数
not ~ "非"和
orthogonal parity check ~ 正交奇偶校验和，正交均等核对和
partial ~ ①小计②部分和
round ~ 整数
sideways ~ 数位叠加和
weighted ~ 加权总数，加权和
sum-bit 和数位，两位和
sum-frequency 和频
sumless 无数的，不可数的
summa 总结（性论文）
summability 可（求）和性
summand 加数
summarize ①总计，合计②摘要，总结
summary ①大略，摘要，提要，一览，归纳②结束语③合计，总计④概括的，简略的，累加的
~ of machine settings 调整卡
product ~ 产品目录
syntax ~ 语法概要
summation 总和〔计，结〕，求（总）和，累加，累计
current ~ 电流累加
indefinite ~ 不定总和
partial ~ 部分求和，和差变换
post-detection ~ 检波后相加〔求和〕
repeated ~ 叠次〔累次，多级〕求和
summator 加法装置，加法器，求和元件
summer ①加法器，求和器②大梁，檩条
brace ~ 支撑梁
voltage ~ 电压求和器
summing ①合计，总计②计算，算术
summing-up 总结，摘要，概述，总计
summit ①顶点，绝顶，最高峰②极点，峰值，最大值
summitor 相加器
sump ①沉淀器，积垢器，沉淀池，灰渣浆池，污水坑，集水井〔坑〕，泥箱②曲柄箱油底壳③池，槽，贮槽④排水沟
battery ~ 蓄电池液槽
condensate ~ 热井
drain ~ 脱水罐
dry ~ 干（润滑剂）槽
oil ~ 油槽〔池，底壳〕
scale ~ 氧化皮沉淀池
wet ~ ①湿槽，润滑油槽②湿式油底壳
sum-up 总结
sunbeam 日光，阳光，日光束
sunblazer 太阳探测器
sunblind 篷盖，遮阳（物），百叶窗，窗帘
sun-burner 太阳灯
suncompass 太阳罗盘
suncrack 晒裂
sunder 分离，分裂，离开，切断
sundial 日规，日晷（仪）
sundries 杂件，杂物，杂费
sunk 沉没（的），凹下（的），埋头的
sunken 沉下的，水底的，凹下的，埋头的
sun-lamp ①日光灯②（紫外线）太阳灯
sunlight 日〔太阳〕光
sun-pump ①日光泵②日光抽运
sunray 太阳光线，（pl.）紫外线
sunroof 天窗
electric ~ （汽车）电动天窗
sunseeker 向日仪（永远对准太阳的光电装置），太阳传感器〔定向仪〕
sunshade 遮阳，天棚，百叶窗，太阳遮光板，物镜遮光罩
sunspace 太（阳）空（间）
sunspot 太阳黑子，日斑
sun-tracking 跟踪太阳
sunwise 日转方向（和太阳视运动相同的方向，由东向西转），顺时针方向
Sup G （=suppressor grid）抑制栅极
super ①特级的，优等的，平方的，过分的，超过的，过度的，超细的②超外差（收音机）③特等品
superaddition 附加物，添加物
superadditivity 超加性
superadiabatic 超绝热的
superaerodynamics 稀薄气体，空气动力学，超高空〔超高速〕空气动力学
superageing 超老化（的）
super-air-filter 高效空气过滤器
superalkali 苛性钠，氢氧化钠
superalloy ①超级〔耐热，高温高强，超耐热〕合金（w（C）< 0.1%，w（Cr）16%，w（Cu）1.0%，w（Si）1.0%，w（Mn）0.4%，其余 Fe）②（喷气发动机用）超耐热合金③超耐热不锈钢

superantiferromagnet 超反铁磁性
super-ascoloy 超级奥氏体耐热不锈钢（w（C）< 0.2 %，w（Cr）17 % ~ 20 %，w（Ni）7% ~ 10%，其余 Fe）
superaudible 超声频的，超声波的
superaudio 超音频，超声频
superballon 超压轮胎
superblock 超块
superbomb 氢弹，超 级炸弹
superbooster 超功率运载火箭
supercalender 高度研光机（制纸用），超级碾光机，高度压光机
supercalendering 高度压光
supercapacitor 超级电容器
supercapillary 超毛细现象
supercapister 超阶跃变容二极管
super-capital 副柱头
supercarburize 过度渗碳
supercarrier 超级航空母舰
super-cell 精制硅藻土助滤剂
supercentrifuge 超〔高〕速离心机
supercharge 增加器，增压（器），过重装载
supercharger 增压器，超装器
altitude ~ 高空增压器
differential ~ 差动增压器
positive-displacement ~ 正排量式增压器
positive-type ~ 正排量式增压器
separately fired ~ 分烧式过热器
turbo-driven ~ 涡轮增压器
vane type ~ 转叶式增压器
supercharging 增压（作用，充电），预压缩
combined ~ 复合增压
inertial ~ 惯性增压
intake fluctuation effect ~ 气波（增压器）增压
mechanical ~ 机械增压
tuned intake ~ 谐波增压
two stage ~ 两级增压
super-check 超级检验
superchip 高密度芯片
superchopper 特快〔超速〕断路器
supercirculation 超循环，超环流
supercoat 表面涂层
supercode 超码
supercoil 超外差线圈，超卷曲
supercollider 超级对撞机
supercolumnar 重列柱的
supercommutation ①超倍采样②超换接，超转换
super-compactor 重型压实机
supercompressibility 超压缩性
supercompression 超压缩
supercompressor 超〔过度〕压缩器
supercomputer 巨型（电子）计算机
superconducting 超导的
superconduction 超导
superconductivity 超导（电）性〔率〕，超导，超导现象
superconductor 超导（电）体
ceramics ~ 超导陶瓷
cryogenic ~ 低温〔深冷〕超导体
high-temperature ~ （HTS）高温超导体
magnetic ~ 磁性超导体
mixed state ~ 混态超导体
organic ~ 有机化合物超导体
soft ~ 软超导体
submicron ~ 超细超导体
thin-film ~ 薄膜超导体
superconsistent 超相容的
supercontinuum 超连续
supercontraction 超收缩，过收缩
superconverter 超外差变频器
supercool 超冷（使冷到冰点以下），过冷
supercooled 过冷（的），超冷的，使冷却到冰点以下（而不凝结）的，深冷的
supercooling 过冷（现象）
supercosmotron 超高能粒子加速器
supercrevice 超裂缝
supercritical 超临界的
supercriticality 超临界状态，超临界性
supercurrent 超导电流
superdiamagnetic 超抗磁的
super-digits 采用光管技术的发光二极管
superdimensioned 超尺寸的
superdip 超倾磁力仪，超灵敏磁倾仪
superdirectivity 超锐定向性（天线的）
superdisk 超密度磁盘
super-dislocation 超位错
superduper 高超的，特超的，非常大的
super-dural 超级硬铝，超强铝
superduralumin 超硬〔强，笃〕铝
superduty 超级的，超重型的，超高温的
superelasticity 超弹性
superelectron 超导电子
superelevation 超高
super-emitron 超〔移像〕光电摄像管

superencipherment 超级加密
superexchange 超交换（的）
superexcitation 过激励
superface 顶面
superferromagnetism 超铁磁性
superfiche 超微胶片
superficial ①表面的，肤浅的，外部的②面积的，平方的
encounter ~ 冲击面
superficies ①表面，（表）面积②外表，外观
Superfill 苏珀菲耳无锭卷纬机
superfilm 特制影片，超（尺寸）形影片
superfilter 超滤机
Polcon Varge ~ 纤维超滤机
superfine 超细的，最细的，过分精细的，特级的
superfines 超细粉末（< 10 μm 的粉末）
superfinish ①超精加工，超级研磨②超精表面
superfinisher 超精加工机床
crankshaft ~ 曲轴超精加工机床
superfluid ①超流体②超流动的，超流体的
superfluidity 超流（动）性，超流态
superfluity ①多余，过剩②剩余物，不必要的东西，多余之量
superfluous 过剩的，多余的，过多的
superfraction 超精馏（作用）
superfractionation 超精馏（作用）
superfractionator 超精馏器
superframe 超帧
superfrequency 超〔特〕高频（3 000 ~ 30 000 MHz）
super-fuel 超级燃料
superfusion ①过熔，过冷②溢出
supergain 超增益，（天线的）超方向性
super-gasoline 超级〔高抗爆性〕汽油
supergenerator 超级起电机（能量大约10 MeV 起电机的早期名称）
supergiant 特大的，超巨型的
supergranulation 超粒化，超细粒的形成
supergrator 多位求积器
supergrid 超高压输电网（27.5 kV 以上），特大功率电网
supergrinding 超精磨
supergrown 超生长（型）
superhard ①过硬的，特硬的，超硬的②超硬度
superhardboard 经过特殊处理的大密度硬板
superhardness 超硬度
superheat ①过热②超热钼基粉末合金（电阻材料，可用于 1 600 ~ 1 700 ℃）
superheater ①过热器〔炉〕，过热装置②过热器的级
combustion chamber ~ 燃烧室过热器，炉膛过热器
downtake ~ 锅后过热器
drainable ~ 疏水型过热器
finishing ~ 末级过热器
girth ~ 围管过热器（布置在锅筒外侧的火管锅炉过热器）
horizontal ~ 卧式过热器
immersed ~ 沸腾层过热器（沸腾炉）
integral ~ 布置在蒸发受热面之间的过热器
interbank ~ 布置在锅炉管束之间的过热器
interdeck ~ 布置在锅炉管层之间的过热器
intermediate ~ 中间过热器，再热器
intertube ~ 管间〔内〕过热器（机车用）
multiloop ~ 多圈过热器，蛇形管过热器
overbank ~ 位于管束上的过热器
overdeck ~ 布于管层上的过热器
parallel flow ~ 顺流过热器
pendant ~ 屏式过热器，悬吊式过热器，立式过热器
platen ~ 屏式过热器
sectionalized ~ 多级过热器
single-bank ~ 单级过热器
zigzag ~ 蛇形管过热器
superheating 过热
superheavy ①超重元素②超重元素的，超重的
superhet 超外差（的），超外差式（收音机，接收机）
superheterodyne 超外差（的），超外差式
double ~ 双变频超外差
superhigh 超高的，特高的
superhighway 高速公路
fiber optic information ~ 光纤信息高速公路
super-honing 超精（珩）磨
super-iconoscope 超〔复式，移像〕光电摄像管
superimpose ①叠加，（信息）重叠②求逻辑和③安装④添〔附〕加
superimposed-image 像重合测距仪
superimposer 叠加器
superimposition ①叠加〔置，上〕，放在上面②增设③附加物
colo(u)r ~ 颜色重叠，彩色重合，彩色配重
picture ~ 图像配准，图像重合
superimposure 叠加，重叠
superindividual 超单晶

superinduction 添加，增加感应，超感应，超诱导
superinfragenerator 远在标准下〔外〕的振荡器
superinsulant 超绝缘〔热〕体
superinsulation 附加绝缘，超绝缘〔热〕
superintegrated 高密度集成的
superintendence ①管理，监督，支配②主管
superintendent ①管理人员，主管②总段长，（车间）主任③部门负责人，企业负责人④总工程师
electrical ~ 总〔主任〕动力师，电气主任
furnace ~ 炉长
works ~ 车间主任
superinvar 超级因瓦铁镍合金（*w*（Ni）31.5% ~ 32%，*w*（Co）5%，其余Fe），超级殷钢，超级镍钴钢
superinverse 上逆
superior 上级的，较高的
superisocon 分流正〔移像式〕摄像管
super-isoperm 超级导磁钢（*w*（Ni）33.3%，*w*（Co）8.0%，*w*（Fe）49.9%，*w*（Cu）8.0%，*w*（Al）0.2%，*w*（Mn）0.5%）
superjacent 盖〔压〕在上面的
superjet 超音速喷气飞机
superlaser 高能激光器
superlattice 超（结晶）格子，超点阵，有序化结构，超点阵结构
superlinear ①超线性的②线以上的
superlinearity 超线性
superload 超载，附加载荷
superlock 超级锁定（电视节目源之间同步锁相方式之一，在叠加字幕时用）
Superloy 超硬熔敷面用管型焊条（得到的熔敷面成分：*w*（Cr）30%，*w*（Co）8%，*w*（Mo）8%，*w*（W）5%，*w*（C）0.2%，*w*（Ba）0.05%，其余Fe），超合金
supermachine 巨型（计算）机
supermagaluma 超级镁铝合金（*w*（Al）94.35%，*w*（Mg）5.5%，*w*（Mn）0.15%）
supermalloy 超级镍铁钼磁性合金，超导〔透〕磁合金（*w*（Ni）79%，*w*（Mo）5%，*w*（Fe）15%，*w*（Mn）0.5%，*w*（C、Si、S）< 0.5%）
supermarket 超级商场，自动售货商店
information ~ ①计算机服务中心②自动问讯处
supermatic 高度〔完全〕自动化的
supermendur 铁钴钒（矩形磁滞回线用磁性）合金材料
supermicro-analysis 超微量分析
supermicrometer 超级显微镜
supermicroscope 超级〔大功率〕（电子）显微镜
superminiature 超小型的
superminiaturization 超小型化
supermolecule 胶束，微胞
supermultiplet ①超多重谱线，超多重态②超多重的
supermutagen 高效诱发剂
supernatant ①浮起来的，浮在表面的（东西）②上层清液
supernatural ①超自然作用〔现象〕②神秘〔奇异，异常，超自然〕的
supernegadine 超外差式接收机
supernet 超网
supernetwork 超级线〔道〕路网
Super-nickel 铜镍耐蚀合金（*w*（Cu）70%，*w*（Ni）30%）
Supernilvar 超级尼尔瓦合金（铁镍钴合金）（*w*（Ni）31%，*w*（Co）4% ~ 7%，其余Fe）
super-nocticon 超电子倍增硅靶视像管
super-noise 超外差接收机变频管噪声
supernucleus 超（重）核
supernumerary 额外的，多余的
superoctane 超辛烷值的
superoctave 超八音度，超倍频程
superometer （装在车上的）超高测量仪
superorthicon 超正析像管，超移像直像管，超移像正析像管
superoxide 过氧化物
superpacket 复合包
superpair 超对
superpanner 淘盘，淘矿机
Haultain ~ 豪尔顿型淘（砂）矿机，摇动V形淘盘（试验用）
superparamagnetism 超顺磁性
superperiod 超周期
super-permalloy 超级坡莫合金（超级导磁合金）
superphosphate 过磷酸钙，酸性磷酸盐
superpipelining 超级管道
superplasticity 超塑性（高温时可展延成形而保留常温时的各种性能）
electro ~ 电致超塑性
high strain rate ~ 高应变速率超塑性
transient ~ 短暂超塑性，临时超塑性
superpolymer 高聚物
superposability 可叠加性

superpose 叠置〔加，放〕重合
superposition 叠加（作用），重叠
superpotency 特效
superpotential 超电势的，过电压的
superpower ①电力系统总功率〔总容量〕②高功率，超功率③上幂④特大功率（的），极强的，强力的
superprecision 极精密，高精度
superpressure 超压（力），超过大气压的气压，剩余压力
superproton 超质子
superpurity 超纯度
superquantization 超量子化
superquench(ing) 超淬火
superradiance 超发光，超辐射
superradiation 超辐射
super-reaction 超再生，超反应
super-refining 超精炼
superrefraction 超折射，无线电波的波导传播
superrefractory 超级耐火材料，超效耐溶质
superregeneration 超再生
superregenerator 超再生振荡器
superregulator 高灵敏度调整器，极精确调整器，超级调节器
super-resolution 超分辨
super-ring 超环
superrocket 超级火箭
supersaturate 过饱和
supersaturation 过饱和（现象）
superscalar 超标量
superscope ①超宽银幕②超视镜（将强光送到视网膜，引起残像，矫正弱视，训练视力恢复）
superscript ①上标，指数〔标〕，标在上面（左上角，右上角）的（字，符号）②注音
supersede 代〔接〕替，取〔替〕代，更换〔迭〕，废除〔弃〕
supersens 超灵敏度的，过敏的，增加感光度的
supersensibilization 超敏化作用
supersensitive 超（高）灵敏度的，超灵敏的，过敏的，增加感光度的
supersensitivity 超灵敏度
supersensitizer 超增感剂
superserver 超级服务器
supersession ①废弃，更迭，更换，代替②取代，接替
supershielded 优质屏蔽的
supersign 超码
supersoft 超软性
supersolar 太阳上的
supersolid 超立体，多次体
supersolidification 超凝固（现象）
supersolubility 过〔超〕溶度
supersonic ①超音速的②超声波的③超音频的
supersonics 超声学〔声波，音速〕，超高频声学
supersound 超声，超音
superspeed 超高速（的）
super-spiromatic 超级〔高级〕手表游丝自动定长仪
superstabilizer 超稳定器〔剂〕
superstainless 超级不锈的
superstation ①特大功率电台②特大型发电厂
supersteel 超钢（高速钢）
superston 超级斯通合金（高强度耐蚀铜基合金）（w（Al）8.5% ~ 10.5%，w（Fe）4% ~ 6%，w（Ni）4% ~ 6%，其余 Cu）
superstrain 超应变
superstratum 上〔覆盖，表面〕层
superstruction 上部结构，上层建筑
superstructure 上层建筑，上层〔部〕结构，超结构
super-supercomputer 超巨型计算机
supersynchronous 超同步的
super-system 超〔系统的〕系统
supertanker ①超级〔超大型〕油船②超级油槽车
supertension ①过电压，超高压②过应力③过度紧张④超限应变
superterranean ①架空的，天上的②地表的
supertherm 苏珀萨姆高温合金，超高温合金
super-thickener 超浓缩机
supertonic ①超声速〔音频，声波〕的②音阶上的第二度
supertrain 超高速火车
supertransuranics 超重元素
superuser 超级用户
supervarnish 桐油〔超级〕清漆
supervelocity 超速度，超高速
supervise 监视，检查，管理，观察，操纵，控制
supervision ①监视，监督检查②管理，操纵，指导
  automatic train ~ 自动列车监控系统
  maintenance ~ 设备的技术监督与维护，维修管理
  plant ~ 生产管理

program ~　程序管理
through ~　直通监控（信号）
supervisor　①机〔工〕长，检查员，监控装置〔系统〕，监视器②监控部分（事务管理中的）③管理〔监督〕程序④管理器〔机，人〕
computer ~　计算机管理程序
contents ~　（存储）内容监控器，内容监控程序
control ~　①控制管理（程序）②控制主管人
operation ~　①操作管理程序②操作主管人
overlay ~　重叠管理程序
radiation ~　（辐射）剂量员
safety ~　安全工程师
shift ~　值班长，值班主任
start-stop ~　起停管理程序
vision control ~　调像员，图像信号监控人员
supervisory　监督〔视，控〕的，管理的
supervoltage　超高（电）压
superzap　超永久性删除程序（一种用于处理计算机停机或其他故障的程序）
Supiron　高硅耐酸铁（w（Si）13% ~ 16%）
supplement　①增补②附录③求补④补码〔充，角〕⑤附件⑥副刊，增刊⑦添加物
supplemental　补助〔补充，附加，辅助，副，补角〕的
supplementary　①补助的，补充的②附加的，辅助的③副的④补角的
supplier　供应厂商，承制厂，供应者，技术输出方，许方，卖方
fixed cocoon ~　固定式给茧机
movable cocoon ~　移动式给茧机
supplies　=supply（pl.）
automotive ~　汽车备件，汽车器材
supply　①供给〔应，电，水，料〕（量），给水〔料〕，传〔输〕送，进料，馈电②（电，水，热，能，供给）源，输电线③补充〔给〕，弥〔填〕补（不足），满足（需要）④（pl.）供应品，物资，设备，贮藏量
A power ~　甲〔A〕电源，（电子管）灯丝电源
AC ~　交流电源
AC stabilized voltage ~　交流稳压电源
air ~　①送风，送气②空气流量，压缩空气量，压风量
alt ~　互换性零性，可换零件
anode ~　阳极电源
auxiliary power ~　自备供电设备，辅助电源，备用电源
B power ~　乙〔B〕电源，（电子管）阳极电源
balanced ~　对称电源，平衡电源
base ~　基极电源
bias ~　偏压电源
blast ~　鼓风供应，鼓风管，充（空）气管
block ~　区域供电
bulk ~　趸量供电
C power ~　丙〔C〕电源，（电子管）栅极电源
charging ~　充电电源
clean ~　无干扰供电
coal ~　①给煤②存煤，煤场
constant potential ~　恒定电位电源
consumable ~　消耗品，消费品
cophase ~　同相供电
current ~　电（流）源，供电
direct ~　直流电源
downcomer ~　下降管进水
dual power ~　双电源（供电）
duplicate ~　双电源，双路馈电
EHT ~　超高压电源
electric power ~　电力供应，供电电源
electricity ~　电力供应
electro-depositing ~　电镀电源
eliminator ~　整流电源
emergency power ~　应急电源，事故电源，备用电源
energy ~　①供能，供电②能源，电源
field power ~　励磁电源，场激励电源
filament (power) ~　灯丝电源
flyback power ~　行逆程高压电源
forced-air ~　人工通风，压力供气
general ~　总电源
head ~　最大进给，最大供给量
heat ~　供热
heater ~　①灯丝电源②热子电源
high-frequency heating ~　高频加热电源
house ~　厂用电源
hydraulic ~　供水系统
kickback power ~　回扫脉冲电源
looped-in ~　环形供电
low voltage power ~　低压电源
LT ~　（=low-tension ~）低压电源，低压整流器
mains ~　市电电源
mains lighting ~　照明电源
mains power ~　①电力网供电②系统供电
make-up fuel ~　供新燃料，燃料补给
micromodule power ~　微型模块电源

negative ~ 正极接地的电源，负压电源
network ~ 电力网供电
nozzle ~ 喷嘴室
operational power ~ 操作电源
oscillator ~ 振荡器电源
plate ~ 屏〔阳，板〕极电源
power ~ ①电〔能〕源，动力源②电力供应，供电
propellant ~ 推进剂输送，燃料供给
public electricity ~ 公用电气事业
pulse power ~ 脉冲电源
quadrupler power ~ 四倍电压整流器
radio-frequency power ~ 射频高压电源
regulated ~ 稳压电源
reserve ~ 备用电源
saturating ~ 磁饱和电源（附加励磁的馈电系统）
single ~ 单电源供电
stand-by ~ 备用电源
station (service) ~ 工厂用电，厂用电源
steam ~ ①蒸汽管道②蒸汽供给，供汽
steam-pressure ~ 按压力脉冲供汽
thyristor ~ 晶闸管电源
uninterrupted power ~ 不间断电源
unregulated ~ 未调电源
vacuum fuel ~ 真空法给油
vibrator power ~ 振动换流器供电
water ~ ①供水，自来水②水库，蓄水池

support ①支架〔座，柱，点〕，底座，机座②（计算机厂家的）配套（硬件）及后援（软件）③担体，载体④支援〔持，撑，承，护〕，维〔保〕持，承重〔载，受，托〕，支〔托，吊〕住
adsorptive ~ 吸附性载体
advanced ~ processor 先进的后援处理机
anchor ~ 耐张〔分段〕支持物
anchorage ~ 拉牢支柱
application ~ 应用支援（说明书）
arbor ~ （铣）刀杆支架
arm ~ 交叉支架，臂架
asynchronous terminal ~ 异步终端支援
back ~ 后顶针座，后支座，后床头，后心轴
beam ~ 犁辕支撑架
boom ~ 弦杆支柱，梁支架
bracket ~ 托臂托座
bridge ~ 桥式支架
centring ~ （气缸）中分面支持
column ~ 柱载体
contact ~ 端钮支架
continuous roof ~ 移动式支架
cushion ~ 让压支架，可缩支架
deck ~ 筛架
elastic ~ 弹性支承〔架〕，弹性悬挂架
elastically mounted ~ 簧片支撑支承
end ~ 尾座（镗杆用）
equalizer ~ 均衡梁支架
foundation ~ 基座
free ~ 活动支座，自由支承
hardware ~ 硬件后援
header ~ 集箱支座〔架〕
hold-down ~ 固定支座
insulation ~ （仪表元件的）绝缘套管
intermediate ~ 插座，中间支承
knife ~ 切割器支撑滑脚
leading screw ~ 导螺杆轴承
levelling ~ 校平水准架
library ~ 程序库供应〔后援〕
link ~ 链节托
load ~ 承料座
lower coil ~ （磁极）线圈下垫板
lug ~ 托架，支柱
magnetic ~ 磁支承
maintenance ~ 技术维护
mill ~ 铣刀架
mount ~ 装配支架
movable ~ ①可动〔活动〕支承〔架〕②跟刀架，随动刀架
outboard ~ 外端支架
overarm ~ 撑杆，支架
overhanging ~ 外挑支座
oyster white ~ 灰白色载体
pillar ~ ①柱架〔基〕，柱支座，支柱②矿柱支撑
pipe ~ ①管座，管架②管状立柱
pole ~ 支杆，边杆
porous microbeads ~ 全多孔微珠载体
portable advanced navigation ~ 便携式高级导航支撑平台
powered ~ 机械化支架
PTO bearing ~ 动力输出轴支持轴承
radiator guard ~ 散热器罩支架
reactor ~ 反应堆底座，反应堆支承结构
rear ~ 后托柄
refractory ~ 耐火垫板
remote terminal ~ 远程终端辅助设备
rope ~ 绳架
rub-bar ~ 纹杆座，纹杆支承盘

saddle ~　马架
shaft ~　（万向联轴器传动）轴的支架
sheeting ~　板支座
sinking ~　柔性支承
splayed ~　斜形油盒托
spring ~　①弹簧支座，弹性座②簧架
sting ~　张臂式支架
stock ~　送料〔材料，带座〕支架
strap ~　吊架
strickle board ~　①刮板座②造型刮托
structural ~　支撑结构，骨架
suspension roof ~　悬顶〔杆柱，锚杆〕支护
swing ~　枢轴承，摆动支座
three-way ~　三脚架
top ~　车顶托架
tower ~　塔架支座，高压电线支架
tube ~　管座，灯座
unyielding ~　不可压缩支架，刚性支架，不沉陷支座
wire rope guiding ~　防钢丝绳脱落架

supportability　①可维护性②可支援性③承载能力，支承能力

supporter　①载体，担体②支架，托（架）③支持物，支撑物
bow ~　拱顶支架
mandrel ~　马架

supporting　①支承面②支持的
roller ~　滚子夹套

supposal　推测，假定，想象

supposition　①想象，推测，假定②前提，（先决）条件

suppress　①压制，抑制，遏止，制止，禁止（发行）②排〔删，消〕除，扑灭，删掉，隐藏
choke ~　遏止，抑制
leading zero ~　消去前补零，前零抑制

suppressant　抑制剂

suppressed-carrier　载波抑制式

suppressed-zero　无零点的，刻度不是从零点开始的，抑零式（仪表）

suppresser　=suppressor

suppressing　抑制，阻止
arc ~　灭弧
automatic field ~　自动灭磁

suppression　①抑制，遏止②消除，熄灭③封锁，禁止
background ~　本底抑制
beam ~　束消隐，束抑制，电子束截止
carrier ~　载波抑制
clutter ~　杂波抑制
corona ~　消除电晕，电晕抑制
detonation ~　防爆
excitation ~　减励磁，灭磁
foam dust ~　泡沫抑尘，泡沫防尘
frame ~　帧回扫熄灭〔消隐〕
fundamental ~　基频抑制
group ~　成组封锁，群抑制
image ~　镜频抑制
main bang ~　①（雷达发射机）直接波抑制②主脉冲信号抑制
noise ~　噪声抑制〔消除〕
null ~　零抑制，消去零
optional ~　随意消除（法）（记录的）
pressure ~　压力抑制系统，弛压系统
print ~　印刷封锁指令
sideband ~　边带抑制
space ~　空行调整，间隔控制，停止走纸
zero ~　消零，清零

suppressor　①抑〔遏〕制栅极②抑制剂③消除〔阻尼，抑制，消声〕器④校正〔抑制〕因子〔基因〕
arcing-ground ~　接地弧遏制器
atmospherics ~　大气干扰抑制器
back water ~　回水减低设备
detonation ~　防爆剂
flash ~　防闪络〔环火〕装置
foam ~　消泡剂
gate ~　控制极抑制器
grid ~　栅极抑制电阻，栅极抑制器
harmonic ~　谐波抑制器
integral sound ~　内装式消声器
intercarrier noise ~　载波差拍噪声抑制
jet noise ~　喷气发动机消声器
knock ~　抗爆剂，抗震剂
noise ~　噪声抑制器，消声器
overvoltage ~　超压抑制器，避雷器
parasitic ~　防寄生装置，寄生振荡抑制器
radio and television interference ~　无线电和电视干扰抑制器
shock ~　吸震器
sound ~　消声器
spot ~　关机亮点抑制电路，消亮点电路
static ~　静电〔天电干扰〕抑制器
transient over voltage ~　瞬态过电压抑制器

suppressor-grid　抑制栅极

supra-acoustic　超音频

supraconduction　超导

supraconductivity 超导性
supraconductor 超（电）导体
suprafluid 超流体
Supramoly 二硫化钼（固体润滑剂）
Supramor 秀普瑞莫电磁探伤液（钢铁皮下快速探伤用）
supraorganism 超机体
suprasphere 超球体
suprathreshold 阈上（的）
supremum 上限，上确界
essential ~ 本质上确界
surbased 扁（圆，平）的，扁拱形的
surcharge ①过〔超，叠〕载，附加载荷②过充电③总误差（试金）
surd ①根式，不尽根（数）（的）②无声的
surety 保证人，保证金
surface ①（表，液，界）面，曲面，装配面②（表）面积③表面的，外表的④平面切削，表面磨削〔加工，处理〕，磨平面，镀面⑤堆焊
~ of centers 中心距曲面
~ of rolling 滚动曲面
~ of second order 二阶曲面，织面
abutted ~ 相接面，贴合面
acting ~ 工作面，作用面，凸轮面工作段
active ~ 活性表面
admissible ~ 容许曲面
air-admitting ~ 进风口面积
angular ~ 斜面
anti-icing ~ 防冰面
antimony-cesium alloy ~ 锑铯合金面〔屏〕
applicable ~ 可贴〔互展〕曲面
apsidal ~ 长短径曲面
available ~ ①有效〔用〕表面（积）②（海的）自由表面
back-lighted plotting ~ 反光绘图面（绘图机的）
base ~ 底面，底板
base mounting ~ 机座安装面
bath ~ ①熔池液面②熔体表面③电解质表面
bearing ~ 轴承面，支承面，支撑面
bicircular ~ 四次圆纹曲面
binding ~ 对接面（构成磁头缝隙的极靴平面）
body ~ （轧辊）辊身表面
Boeing ~ 波音曲面（美国波音公司研制的加工特殊曲面的程序）
boiler ~ 锅炉受热面
bounding ~ 边界（曲）面，分界面
broken-in ~ 磨合表面
bursting ~ 破裂面（断裂时的）
cambered ~ 弧面
carrying ~ 外力面
check ~ 龟裂表面，表面龟裂
closed ~ ①密实面层，密闭式表层②闭曲面
complementary ~ 全曲面
composite ~ 合成曲面，复合面
composition ~ 接合面
condenser ~ 凝汽器冷却表面
conformal ~ 共形表面
conjugate tooth ~ 共轭齿面
contour ~ ①围道〔路，线〕曲面②等值面
control ~ （导弹）控制面
convection ~ 对流受热面
convergence ~ 会聚面（多电子束阴极射线管的）
convex ~ 凸面，（叶片）背弧面
corrugated ~ ①冷硬表面②波纹表面
critical reference ~ 关键基面
cyclic ~ 圆纹曲面
datum ~ 基准面
deflection ~ 形变面，挠曲面
developable ~ 可展曲面
disengagement ~ 汽水分界面，（锅筒里的）蒸发面
division ~ 分隔（界）面
downslide ~ 下滑面
economizer ~ 省煤器受热面
edged ~ 角面
effective ~ 实测面
emission ~ 发〔放〕射面，阴极面
end ~ （出口）端面，出口侧表面
envelope ~ 包络（曲）面
equidistant ~ 等距曲面
equiphase ~ 等相（位）（曲）面
equipotential ~ 等势面，等位面
equivalent ~ 等位面
even ~ 平滑面
exposed ~ 暴露面，冲刷面
extended ~ ①展开面，扩展受热面，添加受热面②有肋面
faced ~ 削光面
failure ~ 失效面，破毁面
false ~ 假面，辅助面
faying ~ 贴合〔搭接，重叠，接触〕面
female ~ 包容（表）面
fillet ~ 齿根（过渡）曲面，过渡曲面
finned ~ 翼片（散热）面，肋面，翅面

fitting ~ 安装面，配合面
flue heating ~ 火管〔炉胆，焰管〕受热面
fracture(d) ~ 断口，破裂面，断面
frequency ~ 次数曲面（统计中的）
ga(u)ging ~ 计算表面
geometrical ~ （理想）几何表面
glass-hard ~ （犁壁的）光硬表面
good level ~ 校正轮廓面
green ~ ①未加工面②新铺面层
gripping ~ 攫〔抓〕取面
ground ~ 零位面
guide ~ 导轨面
hard ~ 硬面，淬火表面
heat-absorbing ~ 吸热面，受热面
heater ~ 加热器换热面
heating ~ ①受热面，加热表面，放热面②加热面积，蓄热面积
heat-recovery ~ 尾部受热面，锅炉低温受热面
high-temperature ~ 高温受热面
insulating storage ~ 绝缘靶（摄像管）
inverse ~ 反曲面
isosteric ~ 等体积（度）面，等体度面
isotropic ~ 迷向曲面
joint ~ 分型面
keel ~ 飞机垂直安定的翅面
level ~ 水平〔准〕面，液面
lift ~ 冲面
lifting ~ 升力面
limiting ~ 界面
lip ~ 前面，前刃面（刀具的）
liquid-gas ~ 相界面，液 - 气分界面
liquid-vapo(u)r ~ 水汽分界面
locating ~ 定位面，基准面
machined ~ （已）加工面
magnetic ~ 磁鼓〔带〕面
male ~ 被包容面
mat ~ 粗糙面，照相纸（的）布纹面
matching ~ 配合面
mating ~ 啮合〔配合，接触〕面
matt ~ 无光泽面，粗面
matte ~ 漫射面
mean ~ of congruence 线汇的平均曲面
median ~ 中间〔界〕面
mill ~ 磨碎面
minute ~ 镜面
mosaic ~ ①拼花面②镶嵌面〔屏〕
mo(u)lded hull ~ 船体型表面
mounting ~ 安装面，基准面
nascent ~ 初生表面
nodal ~ 节面
noise generating ~ ①共振噪声的表面②试验悬架噪声的不平路面
non-conformal ~ 异曲表面
non-useful ~ ①不承力面②非升力面
normal ~ 垂直〔正交，法〕面
normal correlation ~ 正态相关面
offset parting ~ 带凹凸分型面
open ~ 粗糙表面
open grate ~ 炉排有效截面
orthocentric ~ 垂心曲面
parting ~ 分离〔型，模〕面
passive ~ 钝化表面
perturbed ~ 受扰面，激励面
photosensitive ~ 光敏面，感光面
pitch ~ 节曲面，（齿）节面
pitting ~ 麻面，点蚀（齿面）
plane valving ~ 平面配流面，配流盘表面
polar reciprocal ~ 配极曲面
polished ~ 抛光面，精加工表面
pressure ~ ①压力面，工作面②（螺旋桨的）推进面
pressure release ~ 释压面，软表面
pressure-bearing ~ 承压面
prismatic ~ 棱柱曲面
proof ~ 工艺基面
pyramid ~ 棱锥面
radiating ~ 辐射面，散热面
ray ~ 光线〔射线，光线速度〕面
rectifying ~ 伸长表〔曲〕面
redirecting ~ 改向面（照明工程）
reference ~ 基准面，（齿轮）分度曲面，参考面
refractory ~ 耐火面
registering ~ 定位面
RF-carrying ~ 射频电流传导面
rippled ~ 波皱面（钢锭下部缺陷）
roof ~ 齿根曲面，根面
rubbed ~ 摩擦〔磨光，光滑〕面
ruled ~ 直纹曲面
ruled helicoid ~ 直纹螺旋面
running ~ ①波状表面②跑合面③轮轨接触面
sagittal ~ ①纵断面②弧矢面
scale coated ~ 水垢覆盖面
scalloped ~ 扇形表面
scored ~ 拉毛面，粗糙面，刻槽表面
screening ~ 筛（子有效）面（积）

seating ~ 支持面
second degree ~ 二次曲面
secondary ~ 副（表）面
skew ruled ~ 不可展直纹（曲）面
specific ~ 比表面，比面积，表面系数
speckled ~ 斑纹状表面
specular ~ 定向反射面
spongy ~ 麻面，海绵面（板坯表面缺陷）
stage-heater ~ 回热加热器加热面
stagnation ~ 驻面
steam-heating ~ 过热器受热面
steam-releasing ~ 蒸发面
stoker ~ 抛煤面，炉排表面
storage ~ ①贮荷面，存储面②靶面（存储管的）
stream ~ 流面
striated ~ 条纹表面
striking ~ ①电弧触发面②承击面
subadjoint ~ 次伴随曲面
suction ~ ①吸力面②（翼型）真空面
superheating ~ 过热器受热面
synclastic ~ 同向曲面
tip ~ 齿顶曲面，顶面
toric ~ 复曲面
torn ~ 裂痕〔磨损，粗糙〕面
track(ing) ~ 滚道面，导轨面
transfer ~ 传热面，传质面
unclean ~ 不洁〔缺陷〕表面
undercrown ~ 活塞顶内表面
unfaced ~ 未光面
virgin ~ 未污染表面
wall-cooling ~ 水冷壁（受热）面
warped ~ 翘〔挠，扭〕曲面
water break-free ~ 水膜不破表面
water wall ~ 水冷壁受热面
wave ~ 波（动曲）面
wear(ing) ~ 磨损面
weld ~ 焊缝补表面
wetted ~ 浸湿面，湿润表面
wire ~ （打印）针表面

surfaced 刨光的，刨平的，使成平面的
surface-effect-ship 气垫船
surface-ga(u)ge 平面规，划〔平面〕针盘
surfacer ①平面刨〔磨〕床②路面修整机③表面涂剂〔料〕
single ~ 单面（术）刨
surface-to-air 地对空
surface-to-surface 地对地
surface-to-underwater 舰对水下目标
surface-welding （表面）胶合
surfacewise ①沿着表面②表面对表面（地）
surfacing ①表面平〔修〕整②铺面，镀面③堆焊，喷焊④端〔平〕面切削⑤表面磨削〔加工，处理〕
computer controlled optical ~ 计算机控制光学表面成形
hard ~ ①渗碳，表面硬化，表面淬火②硬质合金覆面，硬质面层，硬质焊敷层
vibratory arc ~ 振动电弧堆焊
surfactant 表面活化〔性〕剂
amine ~ 胺型（油溶性）表面活性剂
surfagauge 表面粗糙度测量仪
surfascope 光学表面粗糙度测量仪
surfeit 过量，过度
surflaes 残土
surfon 表面振荡能量量子
surfusion 过冷（现象）
surge ①浪涌，电涌（冲击性过电压），前沿陡峭波②波〔脉，冲，颤〕动，冲击波，（液压系统内过渡性）压力波动，（发动机）喘振③（铸锭）冒胀④（缆绳的）滑脱，放松，（车轮）空转打滑⑤波涛⑥急变，骤增
compressor ~ 空气压缩机喘振
current ~ 电流骤增〔浪涌，冲动〕
engine ~ 发动机喘振
grounding ~ 接地过电压
inductive ~ 感应性电涌，感应冲击（电压）
lightning ~ 雷电过电压，雷涌，雷电冲击（波）
load ~ 负载陡增，负载〔荷〕冲击
no-load engine ~ 无载发动机（转速）波动
oscillatory ~ 振荡过电压，振荡冲击
power ~ 功率波动，功率冲击
pressure ~ ①压力波动〔骤增〕②爆发〔炸〕
spring ~ 弹簧颤动
switching ~ ①操作过电压②开关浪涌，开关冲击
tractor ~ 拖拉机负荷波动
voltage ~ 冲击性过电压，电压浪涌〔冲击〕

surge-chamber ①调压室②均衡风缸（机车的）
surgeless 平静的，平稳的
surge-proof 防电涌〔喘振〕的，防冲击的，非谐振的
surge-tank ①调压水槽②调浆槽③充液油箱④缓冲〔稳压，平衡〕罐⑤气室
surging 冲击，浪涌，电涌，冲击电压，脉动，喘振，声浪（大型轴流风机及离心风机）

surpalite 双光气
surphon 表面声子
surplus ①剩余量，富余量②公积金，积累③剩余（的），富余的，过剩（的）
power ~ 功率富余量
surplusage 过剩物，多余〔无用〕的东西，剩余额
surprint 加印，套印（把新资料印在已有图上）
surrender 放弃，交出
surrey 双排座四人小客车
surrogate 代用品
surrosion 腐蚀增重（作用）
surround ①围〔环〕线，包围②外包层，围绕物③环绕声
black ~ ①黑底②彩色显像管中吸收剩余发散电子的包围物
digital ~ 数字环绕声
live ~ 临场环绕声（音响）
pseudo ~ 模拟环绕声
surroundings （周围）环境，周围介质〔事物〕，外界
surround-sound 环绕声
surveillance 监视，监督，对空观察，侦察
sea ~ 海域监视
survey ①测量，测绘②检查，鉴定③研究，试验④调查，勘测⑤测量图，测量记录⑥观察，概观⑦综述，述评，介绍，概括的研究，全面的观察
aeromagnetic ~ 航空磁（力）测（量）
construction ~ 施工测量
draft ~ 水尺检验
field ~ 野外测量，勘测
final ~ 终测
flow ~ ①流线谱②流动测量
geodetic ~ 大地测量
geophysical ~ 地球物理勘测
gravimetric ~ 重力测定
grid ~ 格网式测量
horizontal ~ 平行测量
hydrographic ~ 水文测量
inventory ~ 现况调查
level(ling) ~ 水准测量
line ~ 线路测量〔勘测〕
location ~ 定线测量
metallo-metric ~ 金属量测量
pilot ~ 试验调查
sample ~ 抽样检查〔验〕，样品鉴定
side-looking radar ~ 侧视雷达测量
spot ~ 现场调查，局限性调查
stadia ~ 视距测量
tachometric ~ 速度测量，转速测量
transit ~ 经纬仪测量
vertical ~ ①垂直测量②高差测量
surveying ①测量②勘查，观测，概观③调查④测量学〔术〕
aerial ~ 航测，航空测量
borehole ~ 钻探，钻孔测量
cartographic ~ 地形测量
photographic ~ 摄影地形测量
surveyor ①测量员，检定员②探测器，测量器
survivability 耐力，耐久性，残存性
survival ①残存物②顺利通过试验的样机
sus 塞氏黏度单位
susceptance 电纳
acoustic ~ 声呐
capacitive ~ 电容性电纳，容纳
capacity ~ 容（性电）纳
condenser ~ 电容器电纳
inductive ~ 感（性电）纳
load ~ 负荷电纳
magnetizing ~ 磁化电纳，励磁电纳
specific ~ 电纳率
terminal ~ 终端电纳
susceptibility ①磁化率，磁化系数②敏感性，灵敏性③电极化率
bulk ~ 体积磁化率
diamagnetic ~ 抗磁磁化率
dielectric ~ 电介质极化率，电纳系数
differential magnetic ~ 微分〔增值，可逆〕磁化率
electric ~ 电极化率
initial ~ 起始磁化率
magnetic ~ ①磁化率，磁化系数，透磁率②敏感性，灵敏性
noise ~ 噪声敏感性
relative magnetic ~ 比〔相对〕磁化率
scoring ~ 刮伤趋势（表面摩擦时的）
susceptiveness ①敏感性，灵敏性，感受性②磁化率③电极化率
susceptivity 敏感性，灵敏度
susceptometer 磁化率计
susceptor ①基座②感受器，接受器③（外延用）衬托器
coat ~ 钝化的衬托器
graphite ~ 石墨感受（衬托）器

Susini 苏西尼铝合金（w（Mn）1% ~ 8%，w（Cu）1.5% ~ 4.5%，w（Zn）0.5% ~ 1.5%，其余 Al）

susp 尖点

suspend ①悬挂，悬浮②推迟，暂停，中止，中断

suspender ①悬吊物②吊材〔杆，索，架，钩，丝〕

suspense ①暂记，中止②悬挂〔吊，垂，浮〕

suspension ①吊（挂），悬置（物）②悬浮体，悬浮液，（磁粉探伤的）乳浊液，悬融系③悬浮，悬移④停止⑤吊架，悬架⑥挂钩，悬挂装置，支承⑦吊索⑧同纬映象，双角锥

acoustic ~ （扬声器的）声学支撑（由密闭箱空气提供的声劲产生支撑作用）

active ~ 主动悬架

adaptive variable ~ （汽车）自动调平悬架

air ~ 气垫，（汽车）空气悬架

air-spring ~ 气力弹簧吊架，气垫吊架

automatic adjusting ~ （汽车）自动调整悬架

axle ~ 轴悬置，轴吊架，轴支承

bifilar ~ ①双张丝悬吊（仪表）②双线悬挂

boom ~ 喷杆吊架

bracket ~ 横撑悬挂

cardanic ~ 万向接头〔悬架〕

catenary ~ 悬链

clay ~ 黏土浆，泥浆

colloidal ~ 胶状悬浮（体）

compound ~ 复（链）式悬挂装置

computer-controlled ~ （汽车）计算机控制的悬架

continuously variable road sensin ~ （汽车）连续路感调谐悬架

controlled ~ 变〔递增〕刚度悬架

cross-spring ~ 交叉弹簧悬挂

dielectric ~ 电介质悬浮

dynamic ~ 可缓冲〔非刚性〕支承（法）

electronic air ~ （汽车）电子控制空气悬架

electronic control air ~ （汽车）电子控制空气悬架

electronic levelling ~ （汽车）电子调平悬架

electronic modulated ~ （汽车）电子调节悬架

electronic modulated air ~ （汽车）电子调节空气悬架

electronically controled ~ 电子控制悬架

electro-pneumatic ~ （汽车）电控气动悬架

fiber ~ 丝线悬挂，微丝悬置

gimbal ~ 万向节〔接头〕，常平架

high capacity ~ （汽车）重型悬架，高载重悬架

hydro-pneumatic ~ （汽车）油气悬架，（液气悬架式）振动缓冲装置

hydrostic ~ 液 - 气悬架装置

indefinite ~ 无限中止

independent front ~ （汽车）前轮独立式悬架

independent ~ （汽车）独立式悬架

independent rear ~ （汽车）独立式后悬架

independent rear drive ~ （汽车）后轮驱动独立悬架

individual ~ （左右车轮的）独立悬架

inertial active ~ （汽车）惯性主动式悬架

knee action ~ 独立悬架

knife-edge ~ 刀口支悬〔悬架，吊架〕

leaf-spring ~ 片弹簧悬挂

loam ~ 黏土浆

mable load ~ （汽车）可变负荷悬架

magnetic ~ 磁悬浮，磁悬挂，磁力吊架

nose ~ 抱轴式悬挂

pendulum ~ 摆页

pneumatic ~ 空气（弹簧）悬架

point-and-cap ~ 尖杆 - 杯座式悬挂

powerplant ~ 发动机弹性支承

progressive-rate ~ 递增刚度悬架

rigid front ~ （汽车）刚性前悬架

rigid rear ~ （汽车）刚性后悬架，非独立后悬架

road sensing ~ 路敏悬架系统

rod ~ 杆式悬装（牵引电动机安装方式）

self-leveling ~ （汽车）自调平悬架

speed sensing ~ （汽车）速度感测式悬架

spiral spring ~ 盘簧悬置

spring-strip ~ 弹簧悬挂

strut ~ 烛式独立悬挂

total air ~ （汽车）全空气悬架

transverse leaf ~ 横向钢板弹簧悬架

underslung ~ ①悬挂式安装法②板簧下置式悬挂（在汽车的构造中，把板簧吊在车轴下面 的安装法）

unifilar ~ 单线悬挂，个别悬置

variable-rate ~ 变〔递增〕刚度悬架

wind tunnel ~ 风洞模型悬置

wire ~ 吊索，悬索

yoke ~ 杆式悬装（牵引电动机安装方式）

suspension-railway 高架铁路

suspensoid ①悬冲液，悬胶（体）②悬浮物，悬浊物

suspensor 悬带，悬吊物

suspensory ①悬带，悬吊物②悬挂的，吊着的

sustain ①支撑，持续，遭受②支〔吸，保〕持③证实〔明〕
sustainer ①主（级）发动机②支点〔座，撑〕
liquid ~ 液体推进剂主发动机
sustenance ①支撑物②支〔维〕持，持〔耐〕久
sutruck 无拖车的载重车，单辆货车
suveneer （单面，双面）覆铜钢板
swabbing ①刷水（起模前）②刷涂料③擦，抹
swag ①挠度，垂度②松垂，下沉，摇动，倾侧，摇动〔晃〕
swage ①锻模〔锤〕②模锻③冲〔陷型，手工锻，铁〕模④压料机⑤拔料器⑥型钢，型铁⑦（锻工用）摔子
anvil ~ 下（型）模，底模
ball ~ 钢球冲模〔模具〕
block ~ 粗型锻模
bottom ~ 下陷型模，下凹锻模
casing ~ 胀管器，套管胀管〔修整〕器
eccentric ~ 压料器
hollow ~ 陷型模（锻工用的），甩子
spring ~ 弹簧陷型模
top ~ 上陷型模，上凹锻模
swagelok 接头锁紧螺母，接头套管
swager 锻造机，旋〔锤，锻细型，陷型模，（局部）镦〕锻机
ball ~ 钢球挤光（加工）机
die-closing ~ 闭式模旋转锻机
swaging ①型锻，模锻②锻压（轧件）端头③（拉拔前的）钢管锻头④旋转锻造⑤（局部）镦粗⑥拔长
impact ~ 旋转锻造，旋转模锻
planetary ball ~ 行星式钢球冲击缩管机（利用回转钢球的锤击作用，使金属管直径缩小的机械）
tag ~ 锻头
swallowing-capacity 临界流量（涡轮的）
swallowtail ①燕尾榫，鸠尾筒②有倒钩的箭头
swally 向斜（层）
swamp ①阻〔堵〕塞②淹〔浸〕没③干扰
swan-base 卡口灯头
swanneck ①弯曲管，鹅颈弯管，S 形颈，鹅颈钩② S 形铸造浇道
swan-shot 大钻粒
swap ①交换〔流〕，（做）交易，调动（程序）②磁带机交替使用③更换拖轮
program(me) ~ 程序交换
servo ~ 交替换（磁）带，磁带交替连续工作
tape-scrvo ~ 磁带机交替使用
swap-in 换进，换入
swap-out 换出
physical ~ 实际换出
swapping ~ 调动（程序的），交换
swarf ①（铁，木，石）屑②切屑，钻屑③钢板切边④（唱片刻纹的）刻纹丝
swarm 群集，充满
swashplate ①旋转斜盘②斜〔防溅，隔，挡〕板
swatch 样本〔品，片〕
swath-cutter 刈幅式伐木联合机
swathe ①带子，包装用品②绑，裹，封住
swather ①割晒机②铺条机
offset ~ 侧置式割晒机
swath-lifter 禾条捡拾器，草条捡拾器
swath-loader 叉式装载机
swathmaker 铺条机
swath-rake 铺条（侧向）搂草机
swathturner 草条翻晒机
swathwidth 扫描条带宽度
S-wave （=secondary wave）（地震的）S 波，横波，次级波
sway(ing) ①转向②摇晃〔动，摆〕，摆动，横荡③倾斜④控制，影响，支配，操纵
swealing ①熔（化而）流，熔泻②渐燃③渣洗（平炉底）
sweater 热析炉，发汗室〔器〕
sweat(ing) ①焊接，钎焊，熔焊②熔解，熔化③烧蚀，烧熔④凝结水，表面凝水，凝水滴，湿气，水气〔珠〕⑤渗出，漏水（通过多孔管的）⑥出汗，发汗⑦热析
internal ~ 内渗物，内渗豆
lead ~ 铅珠（出现于高铅青铜冒口表面），铅汗
tin ~ 锡汗，锡珠
sweat-out ①热〔烧，熔〕析②渗漏，发汗
swedge ①陷型模②型锻③型铁，铁模④弄直管子〔抽细管子直径〕的工具⑤锻细⑥使减小直径
sweep ①摇杆②凸线辊形，后掠形③刮〔曲线〕板④集草机，畜力回转器，翼形深耕松土铲，除草平铲，箭形耕耘铲⑤扫描，扫掠⑥吹扫，清除⑦弯曲，摆动，偏差⑧范围
angle ~ ①斜铰刀，折角铰刀②角扫描③（造型）角刮板
auger bin ~ （塔式）仓库卸粮用螺旋推运器
backward ~ 后掠角
bedding ~ ①平垄顶箭形铲②平畦铲
black ~ 黑秒针

bush ~ 灌木扫除〔堆集〕机
circular ~ 圆〔螺旋〕扫描
gated ~ 选通〔控制〕扫描
interleaved ~ 隔行扫描
leading-edge ~ 前缘后掠（形，角）
line ~ 行扫描
linear ~ 直线扫描
negative ~ 前伸角（指机翼或弹翼）
pattern ~ 造型刮板
planter ~ 播种机开沟铲
reservoir ~ 排油，驱油
scope ~ 示波器扫描
search ~ 搜索扫掠
slave ~ 从动扫掠〔描〕，等待〔触发〕式扫描
sound carrier ~ 伴音载波偏移
time ~ 时基扫描
video ~ 视频搜索，图像扫描

sweep mo(u)ding 刮板（造型）

sweepage 扫描，扫掠

sweepback ①后掠形，后掠角②（离心式压缩机叶片）后掠，后弯③回扫④箭形

sweeper ①扫除〔清管，收集〕器②刮除〔清理，清扫，铺草（条）〕机③扫雷舰④扫描〔扫频，摆频〕振荡器，扫频仪⑤除雪车⑥扫海船
ditch ~ 排水沟疏浚机
lawn ~ 草坪清理机
magnetic ~ 磁铁清扫〔扫路〕机
mechanical ~ 扫除机，扫路机
pit ~ 井清理（输送）机
snow ~ 除雪汽车
stone ~ 排障器
suction ~ 吸入式收集器
vacuum ~ 吸尘车

sweepforward 前掠

sweeping ①扫除，清扫，清除②后管流③翘曲④刮板造型⑤（成堆）垃圾，废料，铁屑⑥扫描（的），总括的，连绵的
~ up 刮制（砂型）
machine ~ 机器扫除〔路〕
shop ~ 车间废料

sweepings 金属屑，垃圾，废料

sweeps 废屑

sweep-saw 曲线锯，弧锯

sweep-second 长秒针，有长针的钟

sweep-work 刮板造型

sweetener 脱硫〔香化〕设备，用试硫液精制石油的设备
gasoline ~ 汽油脱硫设备

sweetening 脱硫

sweeter ①频率计②全景分析器

sweetware 软件和硬件的合理利用

swell ①膨起②胀大③膨〔肿，泡，溶〕胀④胀砂，胀型（铸造缺陷），炉料膨胀现象⑤浮凸⑥凸脊（孔型、轧槽的）⑦（声音的）变高⑧增长，高涨
~ of a mould 胀砂
~ of pulley 滑轮槽
box ~ 制梭板
hydrogen ~ 鼓气（罐头内部因金属与酸反应生成氢气后的膨胀现象）
parison ~ 型坯膨胀

swelled 溶胀的

sweller 膨胀剂，溶胀剂

swelling ①膨胀（的），增长，泡涨②胀砂③悬料④增大的

swellmeter 膨胀计

swench 弹簧冲击扳手

sweph ①偏移的②振动的
field ~ 场扫描

swept-band 可变波段

swept-frequency 扫掠频率

swerve ①弯曲②滑出③歪，偏向，偏差④曲折，折射
braking ~ 制动甩尾

swift ①线架（拉丝机的）②开卷机，旋转架③急流，湍流④快速的
breast ~ 梳棉机锡林，多臂机或提花机的花版花筒（俗称花枕头），圆形针织机的提花滚筒

swifter 绞盘加固束，下〔低桅〕前支索

swim 浮动，漂浮

swimmer ①浮子〔筒，标〕②流速指示器

swim-o-scop 游泳计时器

swindle 小样

swindletron 串列静电加速器

swing ①摆动，振动，动荡②指针最大偏转③车床（最大）旋径④旋角⑤回转⑥吊⑦振幅，摆幅，摆程⑧顶尖高度（车床的）
~ over bed 床身上最大回转直径（车床的）
~ over carriage 刀架上最大回转直径（车床的）
~ over compound rest 刀架滑座上最大回转直径（车床的），刀架上旋径，车径
~ over gap 凹处最大回转直径（车床的），凹处旋径
back ~ ①倒转②回程，回摆
black-to-white frequency ~ 黑白间频率差

carrier ～　①载波摆值②载频（调频或调相波）摆幅
frequency ～　频率摆动，最大频偏（调频发生器频率最大偏离），频移范围，峰 - 峰频偏
full ～　最大摆动，全摆幅
grid ～　栅压荡限，栅压摆幅
lobe ～　（天线方向）瓣摆动
logic ～　逻辑摆动
negative precursory ～　负前导摆动
one ～　半次全振动（即两次“swing”为一次全振动）
phase ～　相位摆动
picture modulation ～　图像调制摆幅
power ～　功率波动〔摆动，摇摆〕
power-factor ～　功率因数动荡
signal ～　信号摆幅
step-change load ～　负荷冲动
transient ～　瞬时摇摆，暂态波动
voltage ～　电压摆动
yoke ～　万向节叉旋转直径

swinger　①回转机构②变调的唱片，唱片失真（因中心孔偏移所致）

swinging　①摆动②不稳定（频率）③波动，动荡（接收信号强度的）
beam ～　射束摆动(定向天线辐射方向的改变）
phase ～　①相（位）振荡，相位摆〔波〕动②周期性速度波动（同步电机的）

swipe　①（泵等的）柄，杆②猛击

S-wire　S 线，塞套引线，C 线

swirl　①旋涡，涡动，涡旋（体），旋涡条纹（缺陷）②紊流③弯曲，盘〔围〕绕
stream ～　（气流）涡流
toroidal ～　旋（回涡）流

swirler　①涡旋〔离心〕式喷嘴②旋流器
fuel ～　燃料离心式喷嘴
oxidant ～　离心式氧化剂喷嘴

swirl-flame　旋转火焰

swirling　旋涡，涡流

swirlmeter　旋涡计

swirl-nozzle　旋涡喷嘴，旋流器

switch　①（转换）开关，切换开关，转换设备，转换器，电门②交换机键，接线器③电键，机键④ 配电箱⑤转辙器，（铁路）路闸，道岔，铁道侧线⑥整流子⑦转移点，分路⑧换接，翻转，转换〔移，接〕
～ in　接入，接通，合闸
～ in series　串联
～ off　断开，切断，切除，开闸
～ on　接通（电流），开，合上电门
～ through　接转
A digit ～　“A”字接续器，“A”位机键，“A”字选择机
AC static ～　交流静态开关（交流无接点开关）
access ～　进入开关，接入交换
accumulator ～　蓄电池转换开关
acoustical ～　声开关
air ～　气动〔空气〕开关，空气断路器，电触式气动量仪
air-blast ～　（空）气吹（弧）开关
airbrake ～　空气制动开关
all-insulated ～　全绝缘〔有绝缘罩〕开关
alternation ～　变更开关（控制程序的开关），转换开关
altitude ～　高空电开关，高空（调节器）转换电门，高海拔开关
analog(ue) ～　模拟开关
anticapacitance ～　抗电容开关（开关断开时端子间极小电容）
anti-capacity ～　抗〔防〕电容开关
anticreeping ～　防漏电〔蠕变（潜动）〕开关
anti-TR ～　天线“收 - 发”转换开关
arm rest ～　拾音器臂停止开关
ATR ～　=anti-TR ～
automatic ～（自动）断路器，自动转辙〔换〕器
automatic air ～　自动空气断路器
automatic loader ～　自动装入（程序）开关
azimuth stowing ～　定位开关，方位角隐蔽开关
band ～　波段转换开关
bandwidth ～　带宽选择开关
bank-and-wiper ～　触排及弧刷转接器，上升旋转式选择器，双动（作）选择器
barometric ～　①气压继电器②气压开关
barometric pressure ～　气压继电器
barrel ～　鼓形开关
bat-handle ～　铰链式开关，手柄开关
battery-conserving ～　节电开关
bilateral ～　双向开关
bilateral triode ～　① =triac ②三极双向晶闸管开关（元件）
billet ～　坯料分配器
binary-coded ～　二进制码开关
bit ～　按位开关
blocking ～（卷扬机）制动开关
break-before-make ～　断 - 合开关
breakdown ～　故障开关

bull ~ 照明控制开关
bus tie ~ 母线联络开关
bus(bar) section(alizing) ~ 母线分段（隔离）开关
button ~ 按钮
cable length ~ 电缆长度转换开关
cam (operated) ~ 凸轮式（操纵）开关
camp-on ~ 等候转接开关
cancel(l)ing ~ （方向指示器）自动解除开关
canopy ~ 天棚开关，（电车）顶盖开关
carbon break ~ 碳触点开关
ceiling ~ （天棚）拉线开关
censor ~ 节目切换器
centralizing ~ ①（中央）集中开关②修正接点（陀螺仪的）
chain billet ~ 链式坯料分配器
challenge ~ 振铃电键，呼叫开关
changeover ~ 转换〔转接，换向，换路，双向〕开关
change-tune ~ 波段转换开关，变换调谐开关
channel ~ 波道开关
chopper ~ 刀（形）开关
circuit ~ 线路交接
circuit-changing ~ 换路开关
clapper ~ 铃锤式开关
clip-spring ~ （内线）弹簧开关
closing ~ 刀开关
cluster ~ 组开关
cocked ~ （处于）待动（状态的）开关
code ~ 码条式接线器，代码开关
combination ~ ①复合开关②控制器
commutation ~ 换向开关
commutator ~ ①按序切换开关，扫掠转换开关（如多路遥测等用）②换向器开关（电子换向的）
compute-reset-hold ~ 计算 - 复位 - 保持三用开关
condition ~ 选择开关
connector ~ 接触器
console ~ 操作开关
contact ~ 接触开关，触簧开关
contactless ~ 无触点开关
contactor ~ 接触器
control ~ 总〔控制，主令〕开关
cord ~ 拉线开关
counter ~ 计时〔数〕开关
coupled ~ 联动开关
cranking motor ~ 起动马达开关，起动器开关
crossbar ~ 纵横制接线器，十字开关，纵横制机键（电话的），纵横机
crossbar matrix ~ 叉闩整体开关，纵横（制）矩阵开关
crowbar ~ 撬杆开关，短路开关
cruise control brake ~ （汽车）巡航控制制动开关
cubicle ~ 组合开关，室内开关，室内用配电箱
data ~ 数据交换机
dead-end ~ 终端开关
defeat ~ 消除开关
delay ~ 延迟开关
deuteron ~ 氘核转换开关（指加速频率在氘核范围）
dial ~ （拨号）盘式开关，旋臂开关
diaphragm ~ 薄膜开关
differential pressure ~ 压差开关，压差传感器
digital ~ 拨码盘，数字开关
digital cellular ~ 数字式蜂窝交换机
dim ~ 减〔变〕光开关
dimmer ~ （汽车前照灯）变光开关
dipping ~ （汽车）减光器开关，近光开关
director signal ~ 领示信号开关
disconnecting ~ 断路器，隔离〔分段〕开关
disconnection ~ 断路开关
disconnector ~ 隔离开关
discrepancy ~ 差速开关
distributing ~ 电流分配器，配电器
diverter ~ 转换开关
double throw ~ 双掷开关
double-bank ~ 双触排开关
double-break ~ 双断开关
double-coincidence ~ 双重合开关
double-point ~ 双刀开关
double-pole ~ 双刀〔极〕开关
double-slip ~ 双动转辙器
dress contact ~ 修砂轮用接触开关
driver door ~ 驾驶人侧门控开关
drum ~ 鼓形开关，鼓式转辙器
dual-emitter ~ 双射极开关
dual-in-line package ~ 双列直插式开关
earthed ~ （避雷）接地开关
economical ~ 省热触点
EDM ~ 拨号脉冲直驱高速电机带动旋转开关的电话交换机
elastic diaphragm ~ 弹性薄膜开关
electric “hill-hold” ~ 陡坡电制动闸（使车辆能在陡坡上制动）

electrolier ~ 装潢灯闪烁器
electromechanical ~ 电动机械开关
electron ~ 电子开关，电子继电器
electronic ~ 电子设备用开关
electronic a.c.(power) ~（电力）直流电子开关
electronic d.c.(power) ~（电力）交流电子开关
electronic (power) ~ （电力）电子开关
electronic remote ~ （汽车）电子遥控开关
electronic sampling ~ 电子采样开关，电子转换器
electro-optical ~ 电光开关
electropneumatic ~ 电动气动开关
electrosyntonic ~ 远方高频控制开关
elevation stowing ~ 仰角限制器
emergency ~ 应急开关，紧急保险开关
emergency brake ~ 紧急刹车开关
emergency terminal ~ 终端安全开关
enclosed knife ~ 封闭式刀开关，金属盒开关，铁壳开关
end cell ~ 端电池转换开关
engage ~ （起动马达用）啮合器
engaged ~ 接通开关
equalizer ~ 均衡〔压〕开关
Ethernet ~ 以太网交换器
exchange cross-bar ~ 纵横式电话交换机
facing point ~ 对向转辙器
feeder ~ 馈路开关
feeler ~ 测试键
feet ~ 地脚开关（开关和底座相隔一个距离以利防潮）
field ~ 场开关，励磁开关
field breaking ~ 分场开关，消磁开关（将部分励磁线圈短接的开关），灭磁开关
field break-up ~ 励磁分段开关
final contact ~ 精磨用接触开关
finder ~ 呼叫选择器
firing ~ 起动倒板开关
first line ~ 第一预选器
fixed trip ~ 手动〔非自动〕跳闸开关
float(ing) ~ 浮动〔子〕继电器，浮动〔子，控，球〕开关
floatless ~ 固定〔无漂移〕开关
floor ~ 平台开关，多层开关
flow ~ 流量开关，气流换向器，流量继电器
fluidic ~ 射流开关
flush ~ 平装〔埋装，嵌入〕开关
foot (pedal) ~ 脚踏开关
frame relay ~ 帧中继交换机
function ~ ①工作〔功能〕转换开关，函数〔操作，转换〕开关②工作种类
fusible disconnecting ~ 熔线式隔离开关，熔丝断路器
G ~ 惯性开关
gang ~ 同轴〔联动〕开关（组）
ganged ~ 双联〔联动，双向〕开关
gapping ~ 合 - 断开关，桥接开关
gate ~ 门开关
gate controlled ~ 门（脉冲）〔键〕控开关
gate out ~ 出口开关
gate turn-off ~ 门控开关
global ~ 整体开关
glow ~ 引燃开关
governor ~ 调速〔节〕器开关
ground(ing) ~ 接地开关
group line ~ 分〔区〕组预选器
guarded ~ 保险开关
head ~ 磁头（转换）开关
heat ~ 热开关，过热断路器
high speed ~ 高速开关，速动开关，速断开关，高速交换机
high-low-range ~ 高低量程转换开关
high-speed diverter ~ 高速分流器开关
highway ~ 总线开关
home-office ~ 安全开关
homing-type line ~ 归位〔复原〕式寻线机，归位式选择器
hook ~ ①钩键②杠杆开关③（叉簧钩键）挂钩开关（电话机的）
horn ~ 喇叭按钮
horn-break ~ 锥形〔有灭弧角的，(号）角形〕开关
horn-gap ~ 有灭弧角的开关，锥形开关
hospital ~ 自动转换开关，事故自动切换开关
hunting ~ 混合选择器
impact crash ~ 撞击式应急开关
impulse ~ ①冲击式断路器②脉冲开关
inching ~ 微动开关
indicating control ~ 有位置指示器的控制开关
indicator ~ 指示器开关
inductance ~ 电感转接开关
inertia ~ 延时（动作）开关
infloat ~ （带）浮子开关
ingress ~ 始发交换机
insertion ~ 引入开关（把信息引入系统的开关）
inst ~ 瞬时开关
instrument ~ 仪表开关

intercommunication plug ~ 人工小交换台
intervention ~ 应急保险开关
isolating ~ 断路器，切断开关
jack ~ 插塞〔接〕开关
key ~ 键式开关，钥匙开关，琴键开关
key-board ~ 键盘〔琴键〕开关
kick-down ~ 自动跳合开关，（加速系统）自动开关（急踏加速踏板时加速传动自动接通的开关）
kick-down limit ~ 自动跳合阻位开关
killer ~ 断路〔限制〕器开关
knife-blade ~ 刀（形）开关
knife-break ~ 刀（形）开关
knife(-edge) ~ 刀（形）开关
laminated-brush ~ 刷形开关，叠片刷触点开关
lapping ~ 断 - 通开关
lead limit ~ 行程〔引先〕限位开关
level ~ （信号）电平开关，钳位电平转换
light activated ~ 光敏开关，光束控制开关
light-coupled semiconductor ~ 光耦半导体开关
lightning ~ 避雷开关
limit ~ 限位〔极限,终端,终点,行程〕开关，限制器
line ~ ①预选器，寻线机②线〔电〕路开关③断路器
line disconnecting ~ （=LDS）线路隔离开关，线路断电器
linked ~ 联动开关
liquid level ~ 液位（控制）开关，浮动开关
load ~ 负荷开关
load-break ~ 负荷开关
load transfer ~ 负荷切换开关
lobe ~ （天线辐射）瓣转换开关
local ~ ①局部开关②局部转换
local secondary line ~ 用户第二级寻线机
local-distant ~ 本地 - 远区转换开关
lockout ~ 联锁开关
low-duty-cycle ~ 短时工作开关，瞬时转换开关
magneto ~ 磁电机开关
mains ~ 电源开关，馈路开关
manual-automatic ~ 手控 - 自动开关
margin ~ 限位开关
mast ~ 杆上（刀）开关
master ~ 总〔主控〕开关，主控寻线机，主令电器
mat ~ 压敏开关
(mechanical) flag ~ 旗形开关
mercoid ~ 水银开关
meter scale ~ 量程开关
micro ~ 微动开关
micro-active ~ 微动开关
micro-gap ~ 微动开关
mimic-disconnecting ~ 模拟断路器
minor ~ 小型寻线器〔选择器，开关〕
mirror image ~ 镜像开关，对称加工开关
miss record ~ 防错录开关
mode ~ 波型〔工作状态，波模〕转换开关
mode selector ~ 工作状态选择开关
monolever ~ 单手柄十字形开关，单柄四向交替开关
monostable ~ 单稳开关
motor-circuit ~ 电动机馈线开关
motor-operated ~ 电动断路器，电动（操纵）开关
multicircuit ~ 多路转换开关，分路开关
multigang ~ 多联开关
multiple ~ 复联开关，多重开关
multiplex ~ 多次转换开关，复接〔联〕开关
multipole ~ 多刀〔极〕开关
multiwafered ~ 多片开关
multiway ~ 多路〔向〕开关
muting ~ 静〔无噪声〕调谐开关
neutral ~ 中性线开关
no-fuse ~ 无熔丝开关
non-contacting ~ 无触点开关
non-homing ~ ①不归位（机）键②自锁开关，不归位开关
non-homing type rotary ~ 不归零位键
non-numerical ~ 无号控机
nonshorting contact ~ 无短路接触开关
number ~ ①小交换机，号控机②数字开关
numerical ~ =number ~
nut ~ 小〔螺母〕型开关
n-way ~ *n* 路开关
oil ~ ①油浸开关②油断路器
oil-blast ~ 油灭弧开关
oil-break ~ 油断路器，油开关
on and off ~ 通断〔电流，启闭〕开关
one cell ~ 单元翻转
one-shot ~ 单触发按钮
on-load ~ 负荷开关
on-off ~ ①双位〔控〕开关②通断开关
option ~ 选择开关
out ~ 输出开关

outgoing secondary line ~ 出中继第二级寻线机
overhanging pendant ~ 外伸悬垂式按钮
overheat ~ 过热保护开关，热继电器
override ~ ①超越控制开关②过载开关
overtravel(-limit) ~ 行程开关，终端开关
packet ~ ①分组交换②信息包交换
packet type ~ 组合式开关
panel ~ 面板开关，控制盘开关
parallel inverter ~ 并联转换开关
parallel-series ~ 串并联转换开关
parametric ~ 参数转换
parking ~ （自动变速器）驻车档位开关
pear ~ 悬吊开关，梨形拉线开关
peg ~ 记次转换〔标记转换〕开关，栓钉开关
pendant ~ 悬垂式按钮，拉线〔吊灯，悬吊〕开关
pendant control ~ 悬垂式按钮
pendant pull ~ 拉线开关
perfect ~ 理想开关
perking ~ 快动开关，速断开关
phase ~ 相位开关
phase change ~ 换相开关
phasing ~ 调相开关
pillar ~ 柱式开关
pilot ~ 控制〔操作，辅助，终点〕开关
pipe ~ 管道转辙器
plasma erosion opening ~ 等离子体熔断开关
plasma opening ~ 等离子体断路开关
plug ~ ①插接〔塞〕开关②插塞式交换台
plugging ~ 逆流制动开关
plunger ~ 柱塞转换开关
plunger line ~ 插棒式预选器〔寻线机〕
plus-minus ~ 加减分接开关
pneumo-oil ~ 气动 - 油压开关
polarization ~ 变极点火开关
pole ~ 杆上〔杆装，极柱式，架空安装〕开关
position limit ~ 行程开关
potential ~ 电压换接开关
power ~ 电力〔源〕开关
power steering oil pressure ~ （汽车）动力转向油压开关
press ~ 压力（传动）开关
pressel ~ 悬垂式按钮盒，悬吊开关
pressure ~ 压力（操纵）开关，压力感受器〔继电器〕
pressure-head ~ 压力保护开关，触点式压力计
priority ~ 优先次序开关
protected ~ 防护型开关，盒式开关
protection ~ 保护开关
proximity ~ 接近开关，电磁开关
PRR ~ 脉冲重复频率开关
pull ~ 拉线开关〔电门〕
push-and-pull ~ 推拉开关
push-button ~ 按钮，按钮式机键，按钮开关
push-to-talk ~ 按钮操纵的传话开关
quick-acting automatic ~ 高速自动断路器
quick-break ~ 高速断路器，速断开关
rack ~ 齿轨转辙器
rack car ~ 齿轨车道岔
railroad ~ 道岔
range ~ 波段开关，量程选择开关（仪表），距离转换开关（雷达的）
range control ~ 测量范围〔波段，距离〕转换开关
ratio ~ 比例开关
reed ~ 笛〔舌〕簧接点元件〔开关〕
remote ~ 遥控开关
reset ~ 复位开关，重复起动开关
resonant-iris ~ 谐振膜转换开关
return video ~ 回像开关
reversing ~ 反向〔换向，换接〕开关
rocker ~ 摇臂开关
rotary ~ 旋转开关，旋转式寻线机，组合开关
rotary sampling ~ 旋转转换开关
runway ~ 道岔，转辙器
safety ~ ①紧急〔保险，安全，事故〕开关②安全按钮，（反应堆）快速停堆按钮
safety enclosed ~ 密封式刀〔保险〕开关，金属盒开关
safety limit ~ 保险总开关
sampling ~ 抽〔取〕样变换器
satellite ~ 卫星转接，卫星转换开关
secret ~ 密封式开关
section(al) ~ ①分段断路器②分段区域开关
seesaw ~ 交互转换开关
select ~ 选线器，选择〔路〕开关
selector ~ 选线器，选择〔选线，波段〕开关
sense ~ ①读出开关②变更开关（控制程序的开关）③选择开关
sense-finding ~ 定向开关
sensing ~ 传感器开关
sequence ~ 序轮机，程序开关
series-break ~ 串联断点开关
service ~ 业务寻线器，控制器

setting ~ 置位开关，转接开关
short-circuit earthing ~ 接地短路器
short(ing) (contact) ~ 短路开关
shunt ~ ①并联开关，分路开关②调车转辙器
shutdown ~ ①断路开关②停止〔车，堆〕开关
shutter-release meter ~ 快门测光开关
silent ~ 去〔静〕噪开关
silicon symmetrical ~ 硅对称开关
single pole double throw ~ 单刀双掷开关
single "T" ~ 单极 T 型交换
single-way ~ 单向开关
skirting ~ 踢脚板开关
slack cable ~ 料箱提升缆防松开关
slack-rope ~ 钢丝绳松弛自动断电开关（电梯或卷扬机）
slant-range-altitude ~ 斜距高度转换开关
slide ~ 拨〔滑〕动开关
slope ~ 斜坡开关
slow-break ~ 缓动断路器
snap ~ 室内〔弹簧，快动，瞬动〕开关
socket ~ ①插座式开关②灯头开关
solenoid ~ 电磁开关，螺线管（驱动的）开关
solenoid operated ~ 电磁控制开关
solid ~ 固体开关
sound-off ~ 声断路开关
speed limiting ~ 限速开关
speed responsive ~ 零速断路器
speed-sensitive ~ 高速开关
squelch ~ 静噪开关
stack ~ 烟道（内）火焰检测器
standard ~ 标准道岔
star-delta ~ 星形 - 三角形转换开关
starting ~ 起动开关
static ~ 静态开关，无触点开关
step(ping) ~ 分档开关，步进开关，分级转换开关
still ~ 静像开关
stop ~ 停止信号灯用开关
stop(-motion) ~ 停止〔车〕开关
storage ~ 存储开关（存储单元内容的读出开关）
strobe ~ 门电路〔选通脉冲〕转换开关
stud ~ 按钮式转接开关
sunk-type ~ 埋装式开关
super-conducting ~ 超导开关
talk-listen ~ 通话开关，单工对讲开关
tandem ~ 汇接中继机键
tandem knife ~ 串刀刃开关
tap ~ 分接开关
tappet ~ 制动开关
temperature ~ 温度开关
thermal ~ 热控开关，热继电器
three head ~ 三极开关
three-throw ~ 三向转辙器
three-way ~ 三点〔向，联〕开关，三路道岔
throw-out ~ 电磁离合器控制开关
throw-over ~ 投掷开关，倒扳开关
thumbwheel ~ 指轮开关
time ~ 控时断路器，计时开关，定时开关
timing ~ 计时〔定时〕开关
toggle ~ ①扳钮〔钮子，叉簧，乒乓，拨动，肘节〕开关②触发器，跳动式〔(可逆接头）拨动式〕小开关
tongue(-type) ~ 转舌型道岔，尖轨〔舌形〕转辙器
touch ~ 按钮，接触开关
TR ~ 收发开关
track ~ 磁道转换
tracking-mode ~ 跟踪模开关
transfer ~ ①转换开关，转接开关②过渡转辙器
transmission control ~ 变速器控制开关
transmitter blocker ~ 天线转换开关
travel ~ 行程开关
travel-reversing ~ 终点转换开关
trigger-selector ~ 触发脉冲选择开关
triple-coincidence ~ 三重联合开关
tumbler ~ （快速）翻转〔转换〕开关，拨动式开关，倒扳开关，凸件起动开关〔装置〕
turn ~ 旋〔扭〕转开关
two wire ~ 双联开关
two-core ~ 双磁心开关
two-direction ~ 倒顺开关
two-motion ~ 上升 - 旋转选择开关，两位〔两级动作，双向〕开关
two-way ~ 双向〔路〕开关
unit ~ 组合开关，单元开关
vacuum ~ ①真空（电子）开关②真空断路器
video ~ 视频开关
volume ~ 音量开关
wafer ~ 夹层〔晶片，晶质〕开关
wake-up ~ 唤醒开关
water ~ 水压开关
wave range ~ 波段开关
wave-changing ~ 波段〔长〕转换开关

weather proof ~ （耐）风雨开关
X-Y ~ ① X-Y 开关（电话）② X-Y 切换（配电盘的闪光切换电路）
zero-speed ~ 零速断路器
zoom ~ 变焦距开关

switchable 可变换的，可换向的，可用开关控制的

switch-and-fuse 带熔丝的开关

switch-and-lock (movement) 转换〔辙〕锁闭〔定〕器

switchback Z 形路线，转向线

switchboard ①配电盘〔屏〕，配电〔开关，仪表，控制〕板，电键〔表〕板②交换机〔台〕，换相器，转换器
accumulator ~ 蓄电池配电盘
auto-manual telephone ~ 半自动电话交换器
branch type ~ 分立型配电盘
branching ~ 并联复式交换机
central battery local ~ 共电式市内交换机
central battery toll ~ 共电式长途交换机
combined line ~ ①混合接续制开关台②混合寻线机台
cordless ~ 无塞绳式交换机
cubicle ~ 开关柜
dead front ~ 不露带电部分的配电板，面板无接线的配电盘，安全配电板，固定面板式电盘
desk ~ 台式配电盘
distribution ~ 配电盘，开关板
draw-out ~ 抽出式开关板
enclosed ~ 封闭式开关板〔配电盘〕
flat ~ 平面交换机
floor type ~ 固定式交换机
group ~ 组〔集体〕（用户）交换台
live front ~ 盘面接线式配电盘
magneto ~ 磁石式交换机
main ~ 主配电〔总开关，总控制〕盘
manual ~ 人工交换机，人工接续台
multiple ~ 复式交换机
plant ~ 厂用开关板，厂用交换台
private branch ~ 用户总机，用户交换台，专用交换台
relay ~ 继电器盘〔屏〕
telephone ~ 电话交换机
through (transfer) ~ 转接交换台
toll ~ 长途交换台
track-type ~ 转台式配电盘
transfer ~ 转接交换台
truck-type ~ 车载式配电盘

switchbox 开关箱，配电箱，转换开关盒

switch-desk 开关台，控制台

switch-disconnector ①负荷开关②隔离开关

switcher ①调车机车②转辙器③转接〔换〕开关
audio/video routing ~ 声频视频程序转换器
automatic protection ~ 自动保护开关
bank ~ 存储库开关
channel ~ 频道转换开关〔电路〕
master ~ 校准用转换开关，主转换开关
one touch ~ 单触自动转换开关
phase ~ 移相器，移相开关，换相器，相位切换器
program assembly ~ 节目切换器
video ~ 视频信号转换开关，视频切换器
video-audio ~ 视 - 音频切换器

switchette 小型开关

switch-fuse 开关熔丝

switchgear ①开关装置，控制设备，配电联动器②控制和保护器，配电装置③交换设备④转辙联动器
auxiliary ~ 厂用配电装置
cellular ~ 防火隔装开关装置
cubicle ~ 组合开关装置
immersible ~ 浸入式开关装置，潜水开关装置
isolated phase ~ 分离相位开关设备
power ~ 电力开关设备

switchgroup 组合开关
power ~ 主电路组合开关
resistance ~ 电阻切换组合开关，切换电阻组合开关

switch-hook （开关）钩键

switchhouse 配电室〔站，装置〕

switch-in 接入，接通，合闸

switching ①接续，交换，转接，转换，调动，切换，换向②配电，配电系统③整流④开关，开闭，信息转发转接（法），合上，断开，关掉
angle ~ 角投励（根据功角给同步电动机励磁）
automatic ~ of 自动切断
automatic ~ on 自动开通
beam ~ 射束变向（定向天线辐射方向的改变）
beam lobe ~ 波瓣转换
bilateral ~ 双通开关，双向转换
block ~ 块交换，码组交换
camera ~ ①电视摄像机转换，摄像机切换②取镜头
capacitance beam ~ ①电容性射束转换〔交换〕②电容等信号区转换（制）

central ~ 中心转接
centrifugal ~ 离心切换（利用离心力接通，断开或短接）
channel ~ 通道转换，通道转接，信道转换，信道切换，波道转换，波道切换
circuit ~ 电路交换，线路交换
colo(u)r ~ 颜色变换
communication ~ 通信交换，通信切换，通信转接
compute-limited ~ 受计算限制的程序转换
context ~ 上下文转接
crossbar ~ 纵横（制）交换
cumulative ~ off 累积（引起的）断开
data ~ 数据转接，数据交换
delta-wye ~ △（三角形）-Y（星形）转换〔切换〕
digit ~ 数字交换
direct-on-line ~ 直接合闸（连入电网），直接起动（不用电阻器）
domain-wall ~ 畴壁翻转
electronic ~ 电子交换设备，电子式接线器
(electronic)(power) ~ （电力）（电子）通断
four-wire ~ 四线制交换
front porch ~ 前肩〔沿〕切换
high-way ~ 多路交换
lap ~ 断通切换
linear ~ ①断路②线性开关
lobe ~ （天线）波瓣〔束〕转换
machine ~ 自动交换，机械自动接线
maintenance ~ 维修轮换
master ~ 主控切换
message ~ ①信息转接②报文交换，报文转接
out-of-step ~ 失步开合（闸），失去切换
packet ~ 分组交换
partial ~ 部分翻转
pilot frequency ~ 导频倒换
preview ~ 预检接通
program ~ ①程序转接②节目转换
range ~ ①量程转换②波段转换
resistance ~ 通过电阻的接通，两级接通
revertive ~ 返回转接
ring ~ 环网转接
sidelobe ~ （天线）旁瓣开关〔转换〕
span ~ 跨距转换
store and forward ~ 信息转接
suitable phase ~ 适当相位接入
system ~ ①线路转换②系统转换
tag ~ 标签交换

switching-current 合闸电流
switching-in 合闸，接通，接入
switching-off 断开〔路〕，开闸，掉闸，关掉
switching-on 接通，接入
switch(ing)-out 断开
switching-over 换路，换向，转接，交换
switch-off 去掉，关断，断开，开闸，停电，断电，自动切断
switch-on 接入〔通〕，合闸
switchover ①翻转机构，换位机构②转接，换路〔向〕，切换，拨动，转接，大转变
automatic ~ 自动切换（备用机），自动换用，（电报）自动转接
body ~ （双向犁的）犁体翻转〔换位〕机构
switch-plate 拨料板
switchroom 配电室，机键室
switchsignal 转换信号，转辙器信号
switch-stop 开关制动销
switch-tube 开关管，电子管转换开关
switchyard ①（电厂）室外配电装置，控制仪器②（铁路）调车场，编组站
beam ~ 束流分配装置
swivel ①转体，转环②枢轴，铰节，活节，回〔旋〕转接头，球铰节，销铰节，铰链环，旋转轴承③旋开桥④旋转，回转，铰接⑤气门芯帽
anchor ~ 锚链旋转接头，锚链活节
axle ~ 轴转向销〔节〕
dart union ~ 接头
micro ~ 精密回转工作台
mooring ~ 双锚锁环
steering ~ 转向旋转面
union ~ 旋转联管节，活接头
swivel-bearing 旋转轴承
swivel-chain 旋转链，转动链
swivel-hook 旋转钩
swivel-joint 转节，旋转〔铰链，活节〕接合
swivel-pin 转向节〔主，回转〕销
swivel-table （旋）转台，回转工作台
swording （用砍刀）砍开粘结板
S-wrench （双头）S 形扳手
Sychlophone 旋调管（多信道调制用电子射线管）（商品名）
Sylcum 赛尔卡铝合金（*w*（Si）9%，*w*（Cu）7.3%，*w*（Ni）1.4%，*w*（Mn）0.5%，*w*（Fe）0.5%，其余 Al）
syllable ①字节，字段②音节
open ~ 开（口）音节
operand call ~ 操作数调用字节

syllabus 提纲，大纲
syllogism 三段论法，演绎推理（法）
sylphon ①波纹管，波纹筒，皱纹管，气咙②膜盒，涨缩盒
sylvatron 特种荧光屏，电光管
sylvester 手摇链式回柱机
sylvite 钾盐
symbion(t) ①（与主程序同时存在的）共存程序②共生者
symbiosis 共生（现象），共栖，协作
man-machine ~ 人 - 机共栖〔存〕
symbol ①符〔记，代〕号，标记②预兆③表征，象征④信号
~ of numeral 数字符号
aiming ~ 引导符号
bearing ~ 轴承代号
break-point ~ 断点符号
check ~ 校验和数符（号），检查和符号
cipher ~ 密码符号
classification ~ 分类号码，分类符号
close ~ 关闭符号
code ~ 码符号
created ~ 生成符号，引入符号
distinguished ~ 判别符号
electric ~ 电工符号
first ~ 开头符号，首符
flexible ~ 可变符号
flowchart ~ 流程图符号，程序框图符号
formatter ~ 格式标识符符号
functional ~ 操作符号
global variable ~ 全局变量符号
graphic ~ 图形〔解，示〕符号，图例
head ~ 头部符号
heap ~ 大堆阵符号
improper ~ 非正常符号
instrumentation ~ 测量仪表符号
map ~ 图例
mathematical ~ 运算符号，数学符号
mnemonic ~ ①记忆符号，记忆码②助记符号
null ~ 空符号
operation ~ 操作符号，运算符号
ordinary ~ 寻常符号，常规符号
pointer qualification ~ 指示字限定符号
punctuation ~ 标点符号
redundant ~ 冗余符号
sign ~ 正负符号
skeleton ~ （结构）简式
skip ~ 跳跃符，空符号
space ~ 空格符号
stack ~ 栈符号
start ~ 起始符号
string ~ 串符号
symbolic(al)variable ~ 可变符号，变量符号
terminal ~ 终结符，终端符
terminating ~ 结束符号
text extension ~ 正文扩展符号
welding ~ 焊接符〔代〕号
zero level ~ 零层符号
symbolic(al) ①象征的②符号的
symbolism 符号化，符号体系〔表示〕，记号〔法〕
symbolize ①象征②用符号表示
symbology 符号学，象征学，象征表示，记号，符号代表，符号表示
symcenter 对称中心
Sym-drain SYM 型造纸机
symetron 多管环形放大器
symmag 对称磁元件
symmedian 似中线，逆平行中线
symmetric(al) ①对称的，匀称的，平衡的，调和的②相称的
symmetrization 对称化〔性〕
symmetroid 对称曲面
symmetry 对称，对称性〔度，现象〕，匀称，相称，调和
complementary ~ 辅助对称，互补对称
flow ~ 流动对称
mirror ~ 镜〔影〕像对称
rotational ~ 轴对称，旋转对称
sympathetic(al) 共鸣的，共振的，感应的
sympathy ①共振，共鸣②感应，引力③一致，赞同，同感
sympiesometer 弯管流体压力计，甘油气压计
sympiezometer =sympiesometer
symplectic 辛的，耦对的
symplektite 后成合晶
sympodium 合轴，假单轴，聚伞状
symposium ①论文集，论丛②（专题，学术）讨论〔座谈〕会
symptom ①迹象，表征②症状，故障特征，征兆
syn ①同步的，同时的②同义词〔的〕
out of ~ 失步，不同步
synaptene 偶线
Synasol 甲醇、乙醇、汽油等混合而成的溶剂
sync ①同步（的）②（使）同步
carrier ~ 载波同步
pulse ~ 脉冲同步

sync-circuit 同步电路
synce 同步（信号）
synch 同步信号
synchro ①自动同步机，自整角机②（自动信号）同步器③同步传送，（自动）同步，同步传〔转〕动④同步的
all ~ ①全（自动）同步机②全部同步的
control ~ ①同步发送机②控制式自整角机，控制（自动）同步机
data ~ 数据同步发送机，数据同步器，数据自整角机
differential ~ 差接自动同步机，差级〔接，动〕同步机
phasing ~ ①定相自动同步机②调〔变〕相同步机
rotating ~ 旋转同步的，旋转式自动同步机
torque ~ 力矩式自整角机，力矩式同步机，同步联动装置
synchroaccelerator 同步加速器（自动稳相加速器）
synchroangle 同步角
synchroclash 对称环形同步回旋加速器
synchroclock 同步电钟，同步时钟
synchroclutch 同步离合器
synchro-control 同步控制，同步调整
synchro-cyclotron 同步（电子）回旋加速器，稳相加速器
synchrodrive 同步传动，自动同步（发送）机
synchrodyne 同步机
synchro-fazotron 同步相位加速器
synchroflash ①同步闪光灯②采用闪光与快门同步装置的
synchroguide 水平扫描同步控制〔制导〕电路
synchroindicator 同步指示器
synchrolift 同步提升装置，同步升船机
synchrolock ①水平偏转电路的自动频率控制电路，同步保存电路②同步锁
synchromagslip 自动同步机，无触点自动同步装置
synchromesh 同步配合〔啮合，齿轮系〕
reverse idler ~ 回动空转轮同步配合
transmission ~ 传动同步接合
synchrometer 同步计，同步指示器，回旋共振质谱计，射频质谱计
mass ~ 高频质谱仪，同步质谱仪
synchromicrotron 同步电子回旋加速器
synchromotor 同步电动机，自动同步机
synchron 同步
synchronal 同步的，同期的
synchronia 同时性，同步现象，准时发生
synchroniser 同步器，同步装置，整步器
automatic ~ 同期装置
synchronism 同步，同步性，同期，同时（性），并发
fluctuating ~ 同步性起伏
into ~ 进入同步
lock-in ~ 牵入〔进入，锁定〕同步
pulling into ~ 牵入同步
pulling out of ~ 失步，牵出同步
run-in ~ 同步运转
start-stop ~ 起止同步
synchronization ①同步（化），整步，同期，协调②同期录音③声画合成
after-edge ~ 后沿同步
around ~ 循环同步
data ~ ①数据（脉冲）同步②数据转录
deflection ~ 偏转同步
digit ~ 数字〔位号〕同步
flywheel ~ 规整同步
frame ~ 帧同步
horizontal ~ 水平（扫描）同步，行（扫描）同步
initial ~ ①初并②初始同步
line ~ ①行同步②线路同步
mechanical ~ 硬性同步
percentage ~ 同步百分比
picture ~ 图像同步，帧同步
vertical ~ 垂直同步，帧同步
zero ~ 零点矫正
synchronize （使）同步，整步
~ and close 并网
synchronized-signal 同步〔联动式〕信号
synchronizer 整步器，同步机〔器，装置〕，（自动）协调器，同步指示器〔示波器，测试器〕，同步因素
blocker ~ 带同步环的同步器
channel ~ 通〔信〕道同步器
clock ~ 母钟，中心电钟，时钟同步器
flash induction ~ 闪光感应同步器
lamp ~ 灯泡式同〔整〕步（指示）器
master ~ ①主脉冲发生器②主定时器，主同步器
rotary ~ 指针式同步（指示）器
sound ~ 声音同步仪
synchronizing ①整步，同步（的）②同期的
full ~ 准同步，准同期

ideal ~ 理想同步，准同步
motor ~ 自同步（电机在接近同步转速时加励磁以牵入同步）
random ~ 不规则同步，自同期
synchronograph 同步自动电报机
synchronome 雪特钟(一种精密天文同步摆钟)
astronomical ~ 同步天文钟
synchronometer 同步计，同步指示器
synchronoscope 同步指示器，脉冲〔同步〕示波器，带等待扫描的示波器
dual-beam ~ 双线同步示波器
synchronous 同步的，同期的
synchrophasing 同步定相
synchrophasotron 质子同步加速器，同步稳相加速器
synchroprinter 同步印刷器，同步印刷卷筒
synchropter ~ 同步交叉旋翼机
synchroscope 同步指示器，脉冲〔同步〕示波器，带等待扫描的示波器
diode recovery time ~ 二极管开关特性图示仪〔描绘器〕
memory ~ 存储式〔长余辉〕同步示波器
pulse ~ 脉冲同步示波器
rotary ~ 旋转式同步示波器
transistor rise time ~ 晶体管过渡特性示波器
universal ~ 通用同步示波器
synchro-shear 同步切变
synchro-shifter 同步（装置的）转换机构，同步移位器，(换档)同步器
synchrospeed 同步速度，同步转速
synchro-switch 同步开关
synchro-system （自动）同步（机）系统
synchrotector 同步检波器
synchrotie ①同步机联〔馈〕线②同步连接，同步耦合，电轴
synchrotimer 时间同步器，同步计〔记〕时器
synchrotrans 同步（控制）变压器，同步转换
synchro-transformer 自整角变压器，同步变压器
reactive ~ 电感性自整角变压器，无功同步（控制）变压器
synchrotransmitter 同步传感〔发送〕器
synchrotron 同步（回旋）加速器
alternating-gradient ~ 交变（磁场）梯度同步加速器
booster ~ 作增强器用的同步加速器
cascade ~ 级联同步加速器
constant-gradient ~ 恒陡度同步加速器
electron ~ 电子同步加速器
fast-cycling ~ 快循环同步加速器（高重复频率同步加速器）
FFAG ~ 固定场交变陡度同步加速器（环形同步加速器）
low-n ~ 低磁场指数同步加速器（弱聚焦同步加速器）
structureless AG ~ 无直线（加速）间隙的交变梯度同步加速器
synclator 同步振荡器
syncline 向斜（层），向斜褶皱
SYNCOM （=syncom，=synchronous communication）同步通信
~ satellite 同步通信卫星
syncopoint 同步点
sync-pulse 同步脉冲
syncrolift 船舶升降平台
syncro-shear 同步切变
syncrystallization 同步结晶
syncs 同步（信号）
mixed ~ 复合同步（信号）
syncsort 同步分类
sync-stretching 同步（脉冲）展宽
sync-tip 同步脉冲顶部
syndet 合成洗涤剂
syndrome ①出错，出故障②伴随式(纠错码的)③校正子④并发，综合
error ~ 错误伴随式
syneresis （胶体）脱水收缩（作用），凝固
~ of grease 润滑脂的脱水收缩，润滑脂分油
synergetics 协同学
synergic 协作的，合作的
synergism ①协同，协调，增效（作用）②最优逃逸
negative ~ 反协同（效应，作用）
synergist 增效〔协萃，协合〕剂，增强〔协合〕器
synergy 最佳协调作用，最优逃逸〔脱离〕
syn-form 顺式
synfuel 合成燃料
syngony 晶系
syniphase 同相（的）
syn-isomerism 顺式（同分）异构
synneusis 聚晶状
synonym ①同义词②类似物③对译语
synonymity 同义性，同义项
synopsis ①摘要，概要，梗概，纲领②一览表，说明书，对照表
synoptic 大要的，概要的，大意的

syn-position 顺位
syntagma 句段
syntax ①语法，语律②顺列论③体系
syntaxis 衔接，并合
syntectic ①综晶体②综晶的
syntexis 同熔作用
synthal 合成橡胶
synthescope 合成观测计
synthesis 合成（法），综合（物，法，性），拼合
harmonic ~ 谐波综合〔合成〕
image ~ 图像合成〔综合〕
network ~ 网络综合
picture ~ 图像合成
pulse ~ 脉冲合成
speech ~ 语言合成
system ~ 系统综合
vocal ~ 声音合成，语音合成
synthesizer 综合器，合成器，合成装置
digital chirp ~ 数字啁啾合成器
electronic music ~ 电子音乐合成器
frequency ~ 频率合成器
microwave ~ 微波综合器
phase locked frequency ~ 锁相频率合成器
sound ~ 声音合成器
speech ~ 语言合成器
video ~ 视频信号（模拟）合成器
voice ~ 话音合成器
waveform ~ 波形综合器
synthetic ①合成物，合成剂，合成，纤维织物②合成的，人造的，综合的
synthetic-aperture 综合孔径
synthetics 合成品，合成纤维，综合系，综合品种
synthol 合成醇，合成燃料
syntholube 合成润滑油
synthon 合成纤维
syntonic(al) 谐振的，共振的，调谐的
syntonization ①谐〔共〕振法②同步〔期〕
syntonize 使调谐〔共振〕
syntonizer 共〔谐〕振器
syntony ①谐〔共〕振②调谐
syn-type 顺式，顺(基)型，共型，合模式(标本)
Synvaren 酚醛树脂胶黏剂
syphon 虹吸（管），弯管，存水弯
oil ~ 虹吸润滑器
syphon-recorder （=siphon-recorder）①波纹收报机②虹吸印码，虹吸记录器
syren ①汽笛，警报器〔机〕②验音盘
syringe ①喷射〔注油，喷水，洗涤，灌注〕器，注油枪②手动活塞泵，唧筒
~ for lubrication 润滑油枪
applicator ~ 点样注射器
gas flush ~ 气冲注射器
hydrometer ~ 比重计（用）吸液器
oil ~ 油枪，注油器
push button ~ 推钮注射器
syrup （糖，糊，膏）浆
casting ~ 铸塑浆
system ①系统，(体)系，组织②制(度)③装置，设备④次序，规律⑤方式，方法⑥网(络)，管线，电力网⑦分类（法）
~ ensemble 〈法〉综合系
~ impedance ratio 系统阻抗比
~ of basic hole 基孔制
~ of basic shaft 基轴制
~ of conics 二次曲线系
~ of equations 方程组〔系〕
~ of notation 符号制，记数制〔法〕，符号系统
~ of plates ①电容器片组②板极组(蓄电池的)
~ of rating 定额制度
~ of system 超系统，系统的系统
~ production technology 系统生产技术
AA ~ （=audio-active ~）AA 系统，音频主动系统
AAC ~ （=audio active comparative ~）AAC 系统，音频主动可比系统
AACV ~ （=audio active comparative visual ~）AACV 系统，音频主动可比可视系统
AAV ~ （=audio active visual ~）AAV 系统，音频主动可视系统
A-B composite ~ （录像磁带）A-B 卷复合法
ABC ~ ABC 体系
abort sensing and implementation ~ 紧急故障传感及处理系统
absolute electromagnetic ~ 绝对电磁单位制
absolute electrostatic ~ 绝对静电单位制
absolute reference ~ 绝对〔基准〕参考系
absolute unit ~ 绝对单位制
absolutely selective protection ~ 绝对选择性保护系统
AC ~ 交流式系统〔制〕
accelerated distance protection ~ 加速式距离保护系统
acceleration-controlled ~ 加速驾驶装置〔调节系统〕，加速（度）控制系统

accounting ~ 统计报告〔表〕制度
accumulation hydraulic ~ 累积液压系统
accumulator ~ ①存储器〔累积器〕系统 ②蓄电池系统
acoustic control and telemetry ~ 声控摇测系统
acoustic control induction ~ 声控进气系统
acoustic homing ~ 声引导系统
acoustic navigation positioning ~ 声学导航定位系统
action command and weapon control ~ 指挥控制系统
active ~ 有源系统，主动系统
active antitheft ~ （汽车）主动式防盗系统
active augmentation ~ 主动放大〔加强〕系统
active rear steer ~ （汽车）主动式后轮转向系统（电子控制四轮转向系统）
active ride control ~ （汽车）主动式行驶平顺性控制系统
active torque transfer ~ 主动式转矩传输系统
active valve control ~ （发动机）主动式气门正时控制系统
actuating ~ 致动系统，传动〔力〕系统
adaptable ~ 自适应系统
adaptable colo(u)r television ~ 顺应式彩色电视制（黑白电视改收彩色电视的方式）
adaptive ~ 自适应系统，答疑装置
adaptive communication ~ 自适应通信系统
adaptive computer ~ 自适应计算机系统
adaptive control ~ 自适应控制系统，自动调整控制系统，自动补偿系统，适应式控制系统
adaptive restraint technical ~ （汽车）自适应约束技术系统（利用超声感测技术配合其他传感器提供最优化的保护）
adaptive seat ~ （汽车）自适应座椅（因人而异进行充气支撑）
Adcock ~ 爱德考克天线系统
additive colo(u)r ~ 混（合彩）色系统
add-on ~ 增加系统(图像副载波的调制方法)
addressing communication ~ 寻址通信系统
adhesion ~ 黏着方式，附着式
adjoint orthogonal ~ 伴随〔共轭转置〕正交系
administrative planning ~ 经营规划系统
advanced cruise-assist highway ~ （汽车）先进巡航辅助道路系统（实现自动驾驶）
advanced disc brake ~ （汽车）先进的盘式制动系统
advanced graphic ~ 高级图形系统
aeration ~ （污水处理）曝气装置
aerial ~ 天线装置〔系统〕，天线阵
aerial pedestal ~ 天线支撑系统（用于跟踪卫星）
aggregate unified ~ 单元组合仪表
aided tracking ~ 半自动跟踪制，辅助跟踪制
air charging ~ 充气装置
air cushion restraint ~ （汽车）气垫型约束安全装置，安全气囊系统
air launching power ~ 压缩空气发射动力系统
air lock ~ ①风闸门，风闸系统②气锁〔闸，塞〕系统
air suspension ~ （汽车）空气悬架系统
air traffic control ~ 空中交通管制体制，空中交通管理系统
airborne ECM ~ 机载电子对抗系统
airborne navigational ~ 飞机导航系统
air-breathing propulsion ~ 空气喷气动力装置，空气喷气发动机
air-lift ~ 气力升降机，空气升液器
airscrew turbine ~ 透平螺旋桨系统
alarm ~ 报警系统，报警装置
alcohol safety interlock ~ 防止酒后驾驶联锁安全系统
all common control ~ 全集中控制方式
all-blast heating ~ 暖气设备〔系统〕
alpha ~ ① α 系统②字母信号系统
alternating current ~ ①交流（配电）系统 ②交流制
alternating current tripping ~ 交流断路方式
alternative electro-mechanical ~ 机电〔电 - 机械〕交换系统
althyrex excitation ~ 交替整流励磁系统（交流发电机 - 硅可控整流器励磁系统）
altitude conversion ~ 高度标志变换系统
ambiophonic ~ 立体混响系统
American type Kramer ~ 美式克莱姆方式（感应电动机的调速方式）
amplitude-modulation communication ~ 调幅通信系统
anaerobic digest ~ （污水处理）厌氧消化装置
analog cellular mobile ~ 模拟蜂窝移动（通信）系统
anastigmatic deflection ~ 去像散（物镜的）偏转系统
anorthic ~ 三斜（晶）系
antenna pedestal ~ 天线支撑系统
anthropometric manipulator ~ 拟〔仿，类〕

人控制系统
anthropomorphic ~ 拟〔仿，类〕人系统
anti-collision ~ 避〔防〕撞系统
anti-icing ~ 防冰系统
antilock brake ~ （汽车）防抱死制动系统
antilock ~ （汽车制动）防抱死系统
anti-noise ~ 防噪声系统
anti-roll ~ （汽车）抗侧倾横向稳定装置
antiskid brake ~ （汽车）防滑制动系统
anti-skid braking ~ 防滑制动系统
anti-theft ~ （汽车）防盗系统
AP ~ （=audio passive ~）AP 系统，音频被动系统
APC ~ 自动相位控制系统
apical ~ ①顶（极）系②（在）顶端的
APV ~ （=audio passive visual ~）APV 系统，音频被动可视系统
arc striking ~ （焊接）引弧系统
arc-pulse ~ 电弧 - 脉冲系统（离子源的脉冲电源设备）
arc-suppression-coil-earthed neutral ~ 中性点消弧线圈接地系统
arc-suppression-coil-grounded neutral ~ （=US）中性点消弧线圈接地系统
Armstrong ~ 阿姆斯特朗调制方式
Army Fieldata ~ （美国）陆军信息编码系统
artificial intelligence ~ 人工智能系统
ash trench ~ 水力除灰系统
assembler development ~ 汇编程序编制系统
assembly ~ 汇编系统
asynchronous ~ 非同步系统，非同步制，非同期式
asynchronous address communication ~ 异步地址通信系统
asynchronous spread-spectrum multiaccess ~ 异步扩谱多路存取系统
attachment optical ~ 附加光学系统，补偿光学系统
attitude control ~ ①自动驾驶仪②（飞行）姿态控制系统
attitude stabilization ~ 姿态稳定系统
audio-active ~ 音频主动系统
audio-active comparative visual ~ 音频主动可比可视系统
audio-active visual ~ 音频主动可视系统
audio-active-comparative ~ 音频主动可比系统
audio-conference ~ 电话会议系统
audiographics counication ~ 听力图通信系统，视听通信系统
audio-passive ~ 音频被动系统
audio-passive visual ~ 音频被动可视系统
audio-video ~ 视听系统
audiovisual education ~ 视听教育系统
audiovisual equipment and ~ 视听设备和系统
auditing ~ 审〔检〕查系统
automanual ~ 半自动系统〔方式〕，自动 - 手动方式
automated funds transfer ~ 自动资金转账系统
automated guided vehicle ~ 车辆自动导航系统
automated inventory control ~ 自动库存控制系统
automated storage/retrieval ~ 自动化仓库
automatic ~ 自动系统
automatic data exchange ~ 自动数据交换系统
automatic dispatch ~ 自动发送系统
automatic document retrieval ~ 自动文献检索系统，自动文档检索系统，自动资料检索系统
automatic flow control ~ 流量自动控制系统
automatic grease lubrication ~ 自动润滑脂润滑系统
automatic guided vehicle ~ 自动导向车辆
automatic indexing on-line text retrieval ~ 自动标引联机文献检索系统
automatic mail sorting ~ 自动邮件分拣系统
automatic mechanical rapping ~ （电收尘器中的）自动振打装置
automatic message address routing ~ 自动报文地址选路系统
automatic message distribution ~ 自动文电分配系统
automatic patching ~ 自动编排系统
automatic production record ~ 自动化生产记录系统
automatic program playback ~ 自动节目重放系统
automatic restraint ~ （汽车）自动约束系统（安全气囊和自动拉紧安全带）
automatic seam tracking ~ 焊缝自动跟踪系统
automatic seat reservation ~ 自动订票系统
automatic sorting ~ （快递件）自动分拣系统
automatic speech verification ~ 自动语言识别系统
automatic stereo tuning ~ 自动立体声调谐系统
automatic telephone switching ~ 自动电话交

换机
automatic test ~ 自动测试系统
automatic train control ~ 自动序列控制系统
automatic train control ~ 自动列车控制系统
automatically guided vehicle ~ 自动搬运车系统，车辆自动导向系统
automotive diesel electronic control ~ 汽车柴油机电子控制系统
autonomous ~ 自控〔治〕系统
autonomous control ~ 自律式控制系统，自控系统
autoprogram(me) search ~ 自动节目搜索系统
auxiliary power (supply) ~ 厂用配电系统，自备供电系统
availability ~ 系统利用率〔可用性〕，有效工作系统
balanced line ~ 平衡线路（制）系统
band shared simultaneous colo(u)r ~ 频（带）分（割）同时制彩色电视系统
band-saving colo(u)r television ~ 压缩频带制彩色电视
band-sharing colo(u)r television ~ 共用频（带）分（割）制彩色电视系统
base coordinate ~ 机座坐标系
base displacement addressing ~ 基数位移定址系统
baseband communication ~ 基（本频）带通信系统
baseband frequency repeating ~ 基频接转制，基频中继〔转发〕系统
baseband transmission ~ 基（本频）带传输系统
basic bore ~ 基孔制
basic hole ~ 基孔制
basic machine coordinate ~ 基本机床坐标系
basic shaft ~ 基轴制
batch processing ~ （数据）成组〔批〕处理系统
Batten ~ 同位穿孔检索〔查〕系统
baud base ~ 波特基准制（多路通报的）
beam ~ 定向制
beam aerial ~ 定向天线系统
beam guidance ~ 波束制导方式〔系统〕
beam positioning ~ 电子束偏转系统
beam primary aerial ~ 无反射器定向天线系统
beam sensing ~ 束流显示装置
beam splitting ~ 分光〔色〕系统
beam-control(led) ~ 调束系统，束流控制系统
Beard protective ~ “皮尔德”发电机保护装置（两个相电流不等时起作用）
Becorit ~ 贝克里悬吊式单轨运输设备
behind tape reader ~ 读带机旁通系统
Bellini-Tosi ~ 贝立尼 - 托西（天线）系统
biased differential protective ~ 偏置〔极化〕差动保护装置
bi-frequency ~ 双频制
bifuel ~ 双〔二元〕燃料系统
bilateral ~ 双向制(公差),双侧〔可逆,双向〕系统
binary ~ 二进制（记数制）
binary (coded) decimal ~ 二进制码的十进制
binary number ~ 二进〔元〕制
bipolar HVDC ~ 双极高压直流输电系统
black-and-white ~ 黑白电视系统
blade ~ （透平）叶栅
blind approach beam ~ 盲目着陆波束导航系统
block ~ ①闭锁系统②方框图
block parity ~ 字组奇偶校验系统
blocking ~ 间歇系统
blocking overreach distance protection ~ 闭锁式超范围距离保护系统
blocking protection ~ 闭锁式保护系统
boat-slide ~ 滑舟系统
bombardment ~ 轰炸装置
bombsight ~ 轰炸瞄准系统
boost altitude compensation ~ （发动机）海拔增压补偿装置
brake fluid ~ 液压制动系统
branch ~ 分路电话制（多路电话）
break make ~ 断续式，先断后接式
breakerless ignition ~ 无触点（晶体管）点火系统
break-in ~ 插入方式
bridge duplex ~ 桥接双工系统（电报的）
bridge polar duplex ~ 桥接双工制（电报）
Brighton ~ 最大需电量供电收费制
British ~ 英制
broadband carrier ~ 宽（频）带载波系统
Brussels (classification) ~ 布鲁塞尔〔通用十进制〕(分类）系统
bubble collimating ~ 气泡式水准器视准〔准直，瞄准〕系统
bubbler ~ 气泡系统
bucket ~ （透平）叶栅
bucking-out ~ 补偿系统，抵消系统
building block ~ ①插入式程序系统②积木

式（结构方式），积木系统
burning ~ 燃烧室，燃烧系统
bypass ~ ①旁路（系统）②（直流锅炉）点火系统
bypath ~ 旁路系统，旁路制（自动电话的）
calculator editing ~ 计算机编辑系统
calculator mass memory ~ 计算机大容量存储系统
call delayed ~ 等待损失制
call lost ~ 明显损失制
CAMA ~ （=centralized automatic message account ~）集中式自动化通话记账制
Cambridge ~ 剑桥（存储）系统（二维矩阵）
camera video switching ~ 摄像机（视频）信号切换装置
canonical ~ 正则系统，典型系统
car navigation ~ 车辆导航系统
car telephone ~ 车载电话
carbon dioxide ~ 二氧化碳灭火系统
card ~ 卡片（计算机）系统
card dust extraction ~ 粗梳机除尘装置
carousel storage and retrieval ~ 旋转式仓库系统
carrier ~ ①载波制，载波式②载波通信系统
carrier controlled approach ~ （航空）母舰控制进场系统
carrier difference ~ 载波差拍（伴音）制
carrier pilot ~ 载波控制〔导频〕系统
carrier-pilot relay ~ 载波遥控中继方式
carrier-telephone ~ 载波电话系统
cascade ~ 串〔级〕联系统，级联方式
castle-wheel ~ 塔形轮系
catalog retrieval ~ 目录检索系统
catalytic combustion ~ 触媒燃烧装置（使有味物质触媒燃烧）
catoptric ~ 反射系统〔光组，系列〕
cavity coupling ~ 谐振腔耦合系统
CB ~ （=common-battery- ~）共电制
CBS colo(u)r television ~ CBS 彩色电视制（场顺序制）
CD-I（~）（=compact disc interactive ~）交互式光盘系统
cellular ~ 蜂窝系统
cellular data communication ~ 蜂窝数据通信系统
cellular mobile telephone ~ 蜂窝式移动电话通信系统设备
centesimal ~ 百分制
centimeter-gram-second ~ 厘米-克-秒（单位）制，米制，CGS 制
central ~ ①集中系统，中心制，中央（控制）系统②中心系，有心系（数学上的）
central battery ~ 共电制，共用电（池组）制
central door lock ~ （汽车）中央门锁系统
central timing ~ 统一计时制
central-excitation ~ 中央〔心〕励磁式
centralization ~ 中央集中制
centralized communication ~ 集中式通信系统
centralized-distributed control ~ 集散控制系统
centred (optical) ~ 共〔合〕轴（光学）系统
centigrade ~ 百分度制
certification ~ 认证体系
change head transfer ~ 更换主轴箱传送系统
charging ~ 加〔装〕料系统，补偿系统
check sum error-detecting ~ 检和式误差测定系统
checkout ~ 检出系统，校验系统
chemical pressurization ~ 化学蓄压器（燃料）（输送）系统
child restraint ~ （汽车）儿童约束（保护）系统
chimney-operated ~ 自然引风装置
China electronic coerce information ~ 中国电子商务信息系统
Chinese character phonetics recognizing ~ 汉字语音识别系统
Chinese character teletext ~ 汉字图文电视系统
Chinese-English machine translation ~ 汉英机器翻译系统
chip ~ 芯片系统（能配套构成计算机部件的各种芯片）
chip trawl ~ 刀具进给系统
chocked running ~ 封闭式浇注系统
choked runner ~ 带节流的浇注系统
chopper stabilization ~ 斩波〔换流〕器漂移〔移动〕补偿制
chromacoder ~ 彩色编码制
CIE standard colo(u)rimetric reference ~ 标准比色参考系统，CIE 标准彩色坐标系
cine video recording ~ 电影录像系统〔装置〕
ciphony communication ~ 密码电话通信系统
circuit-breaker failure protection ~ 断路器失灵保护系统
circular pitch ~ 周节制
circulating oil ~ 循环润滑系统
circulating pump ~ 循环泵润滑系统

clamp ~ 夹紧机构
clarfication ~ （油）净化系统
clinorhombic ~ 单斜晶系
clock ~ 时钟〔同步〕脉冲系统，钟面弹着指示法
clock control ~ 子钟，钟控制系统
closed center hydraulic ~ ①带储能器的液压系统②闭心式液压系统
closed loop ~ 闭环系统
closed-circuit ~ ①闭（电）路制②常流制（电报）
closed-feed ~ 闭式给水〔馈给〕系统，无脱氧器的给水回热系统
closed-packed hexagonal ~ 密集六方晶系
close-linked ~ 环形配电系统
closing-in ~ 变距闭塞制
clutch control ~ 离合器控制系统
coarse-fine ~ 粗 - 精标度系统
coarse-pitch involute ~ 大〔粗〕径节渐开线制
coasting fuel cut ~（发动机）强制怠速（工况）燃油切断系统
coaxial cable carrier communication ~ 同轴电缆载波通信系统
coaxial woofer/tweeter stereo ~ 同轴低音 / 高音立体声系统
code ~ ①电码制②编码装置
code-dependent ~ 相关码体系
code-transparent ~ 明码系统
coherent ~ 相干系统
coincidence selection ~（电流）重合（法）选择系统
coincidence-flux storage ~ 磁通重合存储系统
coincident drive ~ 电流重合驱动系统
collective ~ 收敛系统
collision against ~ （汽车）防碰撞系统
colo(u)r natlock ~ 全国彩色电视台锁相系统
colo(u)r net ~ 彩色电视网系统
colo(u)r Schlieren ~ 彩色条纹〔纹影，施里仑〕（光学）系统
colo(u)r separation ~ 色分离系统，分色系统
colo(u)r wire-lock ~ 彩色有线锁相系统
colo(u)r-selecting-electrode ~ 选色电极系统
colo(u)r-selector deflection ~ 选色用偏转系统
column control ~ 杆式控制系统
combustion ~ 点火系统，燃烧系统
command guidance ~ 指令制导〔导引〕系统（电视跟踪）
common air traffic control ~ 军民通用航空管理系统
common battery ~ 共电制（电话的），中央电池（组）制
common carrier ~ 共载波系统，共载波制
common timing ~ 中心计时系统，共同计时装置
communal-antenna ~ 共天线系统
communication ~ （综合）通信系统
community receiving ~ 集体接受制，集体接受系统
community television ~ 共用天线电视接收制
commutator drift compensation ~ 换向器稳定〔换向器漂移补偿〕系统
compact disc digital audio ~ CD〔光盘〕数字音频重放系统
compact disc interactive ~ 交互式光盘系统
compact disc recordable ~ 可录光盘系统
compact video home ~ 小型家用录像机
compatible colo(u)r television ~ （黑白）彩色电视兼容制，兼容制彩色电视系统
complement number ~ 补数制，补数系
complete axiom ~ 完备公理系统
complex ~ 复合生产系统
composite block ~ 双信号闭塞制
composite dial(l)ing ~ 复合拨号制
compound diametral pitch ~ 双径节制
compound module ~ 双模数制
computer controlled manufacture ~ 计算机控制加工（制造）系统
computer integrated manufacturing ~ （=CIMS）计算机集成制造系统
computer vision graphics operating ~ 计算机视觉图形操作系统
computer-based information handling ~ 计算机化信息管理系统
computerized acquisition ~ 计算机化（书刊）采集系统
computerized automotive maintenance ~ 计算机化汽车维修系统
computerized cataloging ~ 计算机化（书刊）编目系统
computerized oil prediction analysis ~ 计算机化润滑油预分析系统
computerized serial ~ 计算机化（期刊）编目系统
computerized typesetting ~ 电子计算机排字装置
concentric wiring ~ 同心接线法
condensate ~ 回热系统，凝结水管路〔(加

热）系统〕
conditional reflex ~ 条件反射系统（通信）
conference discussion ~ 会议讨论系统
conference microphone ~ 会议传声器系统
conference simultaneous interpretation ~ 会议同声传译系统
conference voting ~ 会议表决系统
conservative ~ 保守系，守恒系
constant ~ 定常系统
constant current ~ 恒流制，定流制
constant display ~ 常时显示方式
constant luminance ~ 定亮度制（彩色电视）
constant-data-rate ~ 恒速率数据传输系统
consulation ~ 咨询系统
contaminated-exhaust ~ 污染气体排放系统
Conti tyre ~ 康蒂轮胎系统（瘪气的轮胎仍可行驶 400km）
continuous operation ~ 流水作业系统
contouring control ~ 轮廓控制系统
control ~ ①控制设备②调整〔制导，控制，操纵〕系统
controlled ~ 被控系统，受控系统
controlled-carrier ~ 控制载波系统
controlling ~ 施控系统
conveyer ~ ①传送带流水作业法②输送机系统
cooling spray ~ 喷水冷却系统
coordinate ~ ①坐标系（统）②协同制
coordinated control ~ 联动调整系统，协调控制系统
copying ~ 仿形系统，靠模系统
cordless telephone ~ 无绳电话
cordonnier ~ 同位孔系统
cordwood ~ 积木式（微型器件组合方式）
core(-)balance protective ~ 三芯电缆平衡保护装置，磁势平衡保护系统
correct(or) ~ 调速系统，校正系统
correlation orientation tracking and range ~ 相关取向跟踪及测距系统
counterbalance ~ （摆锤）平衡系统（无连杆式割草机的）
coupled ~ 耦合〔连系〕系统，二〔多〕自由度系统
crankcase ventilation ~ （汽车）曲轴箱通风系统
credit card ~ 记账卡片系统，存取信用系统
Creed teletype ~ 克利特印字电报制
crosby ~ 兼容多路调频立体声广播系统
cross feed ~ 交叉进给〔馈电〕系统
crossband-beacon ~ 交叉频带信标制（异频问答系统）
crossbar ~ 纵横〔交叉，坐标〕制
crossbar automatic exchange ~ 纵横自动电话交换机
crossbar telephone switching ~ 纵横制电话交换机
cross-correlation measuring ~ 相关测量系统
crowd ~ 推压系统
CRS colo(u)r TV ~ CRS 彩色电视制(顺序制）
cryogenic ~ 低温系统，深冷装置
cryptographic ~ 密码记录系统
crystal ~ 晶系
CTI colo(u)r television ~ 逐行扫描彩色电视制
cubic ~ 立方（晶）系，等轴晶系
current coincidence ~ 电流重合制〔法〕(磁心存储装置的）
CX signalling ~ 共电制振铃方式
cyclic carousel ~ 循环轮盘系统
cyclonic calcining ~ 旋风式煅烧系统
data automation ~ 数据自动处理系统
data encoding ~ 数据译〔编〕码系统
data logging ~ 巡回检测系统
data message switching ~ 数据报文交换系统
data query ~ 数据查询系统
data-acquisiton ~ 数据获取系统,（目标）数据集合
database management ~ 数据库管理系统
day work ~ 日工制
d.c. ~ 直流系统
DC-RF deflector ~ 静电 - 射频偏转（器）系统
DCTL ~ 直接耦合晶体管逻辑系统
Decca ~ 台卡导航制，台卡导航系统
decimal ~ 十进（位）制
decimal metric ~ 十进米制
decimal number ~ 十进小数制
decimal-binary ~ 十 - 二进位制
decision agent ~ 决策主体系统
decision support ~ 决策支持系统
decision-making ~ 判定系统
declining metered rate ~ 太阳赤纬制
dee-in-valley radio-frequency ~ 谷 D 盒高频系统
deflation warning ~ （即时检测轮胎压力的）漏气报警系统
deflecting ~ 致偏系统，偏转系统

degenerative feedback ~ 负反馈系统
Delrac ~ 戴拉克导航制，双曲线相位导航系统
delta-L ~ 三角 -L 校正系统
demand paging ~ 请求式页面调度系统
demultiplication ~ 减速装置
designated flight instrument ~ 指定的飞行仪表系统
designation ~ ①标志法②符号制
design-it-yourself ~ 按组装原理设计系统，设计组装系统
development ~ 研制系统，开发系统
diagonal ~ 斜置孔型系统
dial(ing) ~ ①拨号制式〔系统〕②自动电话制式〔系统〕
diametral ~ 径节制（度）
diametral pitch ~ 径节制
dicord ~ 双塞绳制
die rotating ~ 回转换模系统
die sliding ~ 滑动换模系统
diesel additive supply ~ 柴油机添加剂自动添加系统
diesel common rail ~ 柴油机共轨（喷射）系统
differential ~ ①混合线圈②差动系统〔装置，制〕③微分（方程）组
differential distance ~ 距离差制，双曲线定位制
differential duplex ~ 差动双工制（电报）
differential marking ~ 差厚面标志方法（双面差厚电镀锡薄钢板的）
differential protective ~ 差动保护系统
digital access and cross-connect ~ 数字存 - 取和交叉连接系统
digital audio/video recording/reproducing ~ 数字视声录放系统
digital cellular ~ 数字蜂窝网系统
digital cellular mobile telecounication ~ 数字蜂窝移动通信系统
digital communication ~ 数字传输系统，数字通信系统
digital cross-connect ~ 数字交叉连接系统
digital DP ~ 数字数据处理系统
digital idling ~（汽车）数字式怠速系统
digital microwave relay ~ 数字式微波接力通信系统
digital music ~ 数字音乐系统
digital nervous ~ 数字神经系统，数字神经网络
digital paging ~ 数字寻呼系统
digital phase modulation ~ 数字相位调制制式，DPM 方式
digital potentiometer ~ 数字电位计〔分压器〕制式
digital prepress ~ 数字印前系统
digital recording ~ 数字记录系统
digital still store ~ 数字（式）静物摄像存储系统
digital turning ~ 数字调谐系统
digital video home ~ 数字式家用录像机
digital video tape recording ~ 数字视频磁带记录系统
dimension-limit ~ 公差制（度），极限尺寸制
dioptric ~ 折射（光学）系统，屈光组
diplex ~ 双工制
direct built-in ~ 直接埋设式
direct current ~ 直流系统
direct hydraulic ~ 无储能器的液压系统
direct view ~ 直观式电视系统
direct-challenge ~ 直接呼叫（询问）系统
direct-driven wind energy generation ~ 直驱型风力发电系统
direct-fired (pulverization) ~ 直吹式制粉系统
directional comparison ~ 方向比较制（继电保护）
directional comparison protection ~ 方向比较保护系统
direct-return ~ 直接回水制
discrete quadraphonic ~ 分立式四声道立体声系统
discriminating protective ~ 区域选择性保护系统
discrimination data processing ~ 数据鉴别处理系统
disk oriented ~ 磁盘中心处理系统，面向磁盘（的）（程序）系统
dispersing control ~ 分散型控制系统
distance control ~（汽车防碰撞）距离控制系统
distance protection ~ 距离保护系统
distance relaying ~ 远距继电方式
distance sum measurement ~ 距离和测量制，椭圆定位制，差 - 和定位制
Distec ~ 铝翼反射式显示系统
distributed ~ 分布〔配电，配水〕系统
distributed computer ~ 分布计算机系统

distributed control ~ 分散控制系统
distributed executive-like ~ 分布式类执行程序系统
distributed product imformation management ~ 分解式产品信息管理系统
distributed-intelligence ~ 分布式智能系统
distributing ~ 配电制，配电系统
divariant ~ 二变系，双变量系统
diversity ~ 多路（通信）制，分集制
division communication ~ 区段电话
Dobson support ~ 多布森液压支柱系统
document retrieval ~ 文档检索系统
Dolby noise reduction ~ 道尔贝降噪系统(录音)
Doppler inertia ~ （汽车）多普勒惯性系统
dot sequential colo(u)r television ~ 点顺序制彩色电视系统
double check ~ ①双重监视系统（电视摄像的）②重复检验制
double column ~ 双回路精馏塔
double key ~ 双键固定
double message ~ 点顺序双路传输制（振幅调制的正负包络分别为绿、红图像信号），双信号（彩色电视）制
double pressure ~ 双级施压法
double span wire ~ 双拉线式
double tariff ~ 双价（目）制
double-super ~ 二次变频式〔制〕
double-unit ~ 双机（目）制
down-feed ~ 下供系统
down-stream injection ~ 顺流喷射系统
draft responsible ~ 力调节系统
DRAW disk ~ 随录随放电视唱片系统
draw-in ~ 鼓风系统
drawing-in ~ 引入系统
drip feed oiling ~ 滴油润滑系统
drowsiness monitoring ~ （驾驶员）瞌睡监测系统
drum oriented ~ 面向磁鼓的系统
dual ~ 二重系统，双机系统
dual processor ~ 双信息处理（机）系统
dual raster television ~ 双光栅电视系统
dual rate ~ 运费合同制
dual-beam ~ 双线示波器，双束制
dubbing ~ 配音系统
duct ~ 管道系统
duobinary ~ 双二进制
duodecimal number ~ 十二进（位）制
duplex ~ ①双机〔双重，对偶〕系统②双工制
dust pelletizing ~ 除尘系统
dust-precipitating ~ 集尘系统
DVTR（~）（=digital video tape recording ~）数字视频磁带记录系统
DX signaling ~ 远距离通信制
dynamic mapping ~ 动态变换系统
dynamic peaking ~ 动态峰化系统（录像用）
dynamic transfer ~ ①动力传输系统②动态存储〔传输〕系统
dynamical ~ 动力系
early warning ~ 预警系统
earth ~ （通电）搭接系统
earth neutral ~ 中性点接地系统
earth return ~ 地回路输电方式，地回路制，单线制
earthed ~ ①接地装置②单线制③地线系统
earthed concentric wiring ~ 同心线外线接地系统
Edison distribution ~ 爱迪生配电制（120～240 V 三线直流配电制）
educational telecomputer ~ 教育远程计算机系统
efficient mesh ~ 高效网状系统
EI product relaying ~ 电压电流积继电方式
Eidophor projector ~ 艾多福（电视）投影方式（油膜光阀投射电视），大图像投射系统
elasto-viscous ~ 弹（性）-黏（性）体系
electric tracer heating ~ 电伴热系统
electrical governing ~ 电力调速系统
electrical power ~ 电力系统，电力网
electrically hydraulic steering ~ （汽车）电动液压转向系统
electricity supply ~ (in a broad sense) 电力系统（广义上的）
electrodialysis ~ （污水处理）电渗析装置
electrolytic ~ （污水处理）电解装置
electromagnetic ~ 电磁系统，电磁式
electromagnetic levitation ~ 电磁悬浮系统
electron beam scanning ~ 电子束扫描系统
electronic brake ~ （汽车）电子制动系统
electronic concentrated engine control ~ 发动机电子集中控制系统
electronic continuous fuel injection ~ （发动机）电子连续燃油喷射系统
electronic diesel control ~ 柴油机电子控制系统
electronic distributorless ignition ~ （发动机）

电子控制无分电器点火系统
electronic flowmeter ~ 连续式电子流量计
electronic funds transfer ~ 电子金融传输系统
electronic identification ~ 电子识别系统
electronic modular ~ 电动单元仪表
electronic musical instrument ~ 电子乐器，电子琴
electronic noise attenuation ~ 电子噪声衰减系统
electronic payment ~ 电子支付系统
electronic propulsion control ~ 电子驱动力控制系统
electronic publishing ~ 电子出版系统
electronic road pricing ~ 电子道路（汽车）计费系统
electronic route guidance ~ 电子行车（路线）引导系统
electronic scanning television ~ 电子扫描电视系统
electronic suspension control ~ （汽车）电子悬架控制系统
electronic switching ~ 电子交换〔开关〕系统
electronic telephone switching ~ 电子电话交换机
electronically controlled braking ~ （汽车）电子控制的制动系统
elevator group control ~ 电梯群控系统
emergency trip wire ~ 事故跳闸电气系统，自动连锁系统
endomorphic ~ 符号序列变换系统，序号变换制
energy ~ 电力系统
engine bleed ~ 发动机引气系统
engine checkout ~ 发动机检测系统
engine immobilizer ~ （防盗装置）发动机锁止装置
English ~ 英制，并列式
enlarged runner ~ 半封闭式浇注系统
entrance-exit coded ~ 电码进出选路制，电码进出选路系统
environmental analogy recording ~ 环境模拟录音系统
environmental management ~ 环境管理体系
equipment protection ~ 机组备用制
equisignal ~ （等强）信号制
equivalent ~ for qualitative investigation 当量质量集中系，等值集中质量系
erection ~ 垂直安装系统
Ericsson's automatic telephone ~ 埃里克森自动（电话）交换制
error ~ 偏差查寻系统，误差探寻〔检测〕系统
error protected transmission ~ 无差错传送方式
error-actuated ~ 误差控制系统（数控）
Evactor cooling ~ （水在）高真空（汽化下的）冷却系统
evaluation ~ 评估系统
evaporation ~ （污水处理）蒸发装置
evolved packet ~ （通信）衍生包系统
excess-3 coded decimal ~ 余 3（代）码的十进制
exchange trunk carrier ~ 局间中继线载波系统
excitation ~ 励磁系统
executive ~ 执行系统
exhaust ~ 排气〔抽风，除尘〕系统
exhaust control ~ 排气净化系统
exhaust-gas ducting ~ 排气装置
EXORciser development ~ 模型开发系统（M 6 800 微计算机的开发工具）
expert ~ 专家系统
expert consulting ~ 专家咨询系统
extensive ~ 分支系统
externally pulsed ~ 外同步脉冲设备
extraction ~ 提取系统
extrapolating ~ 外推制
extremal seeking ~ 终极寻找系统
eye-brain ~ 眼脑系统
F-60 carrier ~ F-60 载波电话制
face recognition ~ 面部识别系统
fact retrieval ~ 事实检索系统
fade-out ~ （图像）淡出〔渐隐〕系统
fail-safe ~ 无障碍系统（元件有故障仍不间断处理数据的装置）
failure self-diagnostic ~ 故障自行诊断系统
fast pull down ~ 快速关闭方式（电视）
fastness volution aeration ~ （污水处理）固定螺旋曝气器
feed ~ 供给〔给油，馈电，给水〕系统
fender ~ 保护装置，防御系统
field ~ ①励磁②磁场③场序制
field emission nanolithography ~ 场发射纳米光刻系统
field optical collimator ~ 场致光学准直仪系统
field sequential ~ 场序制，半帧序制
field skip ~ 跳场制式
filing ~ 文档生成系统，资料归档制度，文

件（编排）系统，文件归档制
filmorex ~ 缩微胶片电子检索法
filter ~ （污水处理）过滤装置
final reaction ~ 精缩机
firing ~ 燃烧设备，燃烧系统
fit ~ 配合制度
five figure ~ 五（单）位制
fixed-point ~ 固定小数点制，定点制
fixture design ~ 快速夹具设计系统
flexible access ~ 灵活接入系统
flexible manufacturing ~ 柔性制造〔加工〕系统
flip-flop column ~ 回转柱系统
floating ~ 浮充制，浮动系统，无静差系统
floating carrier ~ 浮动载波制
floating-point ~ 浮点制〔法〕，浮点系统
floppy disc prototype ~ 软磁盘样机系统
fluidized ~ 流化〔沸腾〕床（干燥）系统
fluidized gasification ~ 流化〔沸腾〕床气化系统
fluidizing ~ 射流装置
fluidizing air ~ 流化〔沸腾〕床（干燥）送风系统
fluosolids ~ 流态化（焙烧）法
fly-by-wire ~ 电操纵系统
following(-up) ~ 跟踪系统，随动系统
forced-feed oil ~ 强制供油系统，压力润滑系统
fore optics ~ 输入光学系统
forward error correcting ~ 前向纠错制
forward-looking infrared ~ 前视红外系统
four digit ~ 四位制，四单元制
four figure ~ 四（单）位制
four wire ~ 四线制
frame leakage protection ~ 构架漏电保护系统
frame simultaneous ~ 同时制（彩色电视）
frame-sequential ~ 帧序彩色电视系统
free-running ~ 场频与行频连锁但与电源频率无关的电视系统
free-standing operating ~ 自由选定的操作系统
frequency ~ 频率系统（遥测）
frequency division ~ 频率划分制，分频制
frequency interleaving ~ 频率交错制
frequency modulation ~ 调频制
frequency shift ~ 频率移位制，频移制式〔系统〕
Freyssinet ~ （预应力混凝土）费氏张拉系统
front-facing child restraint ~ （汽车）儿童前向约束系统（前向安全气囊和安全带）
FS ~ =frequency shift ~
fuel electronic controlled injection ~ 燃油电控喷射系统
fuel injection ~ 燃油喷射系统
fuel vapor recovery ~ （汽车）燃油蒸气回收系统
full auto choke ~ （发动机）全自动阻风门装置
full auto-bonding ~ 全自动焊接〔接合〕装置
full electronic switching ~ 全电子（电话）交换制
full slice ~ 整片式
full-depth involute ~ 全高齿渐开线制
full-storage ~ 整存系统，完全存储系统
furnace ~ 炉膛设备
gamma-corrected colo(u)r television ~ ①非线性校正的彩色电视系统② γ 校正的彩色电视系统
gas handling ~ 进气系统
gas lock ~ 气体密封装置，锁气装置
gas treating ~ 气体净化系统〔装置〕
gas-pressure feed ~ 气压加料〔装料，输送，供应〕系统
gas-steam launching power ~ 燃气 - 蒸汽发射动力系统
gating ~ 浇注系统
ga(u)ging ~ 度量系统
Gaussian ~ 高斯单位制
GCA ~ 地面指挥临场制，地面控制进场系统
gear tooth ~ 齿型制
geared ~ 齿轮装置（变速用），变速箱
generalized information ~ 通用情报处理系统，通用信息处理系统
generating ~ 发电系统
geodesic ~ 短程线系统，测地系统
George ~ 乔治单位制（米 - 千克 - 秒 - 安制）
G-H ~ “奇异”-H 导航系统（具有飞机询问器的导航系统）
global communication satellite ~ 全球通信卫星系统
global communications ~ 全球通信系统
global navigation satellite ~ 全球导航卫星系统
global positioning ~ （= GPS）全球定位系统，导航星系统
global satellite ~ 全球卫星系统
global satellite communication ~ 全球卫星通信系统，环球卫星通信系统，全球通
global satellite navigation ~ 全球卫星导航系统
goniometer ~ ①测向装置，测角系统②测角

器方式
governor synchronizing ~ 调压器同步系
graded potential ~ 坡度电位法
grammar ~ 文法系统
graphic ~ 图形处理系统
graphic operating ~ 图形操作系统
gravity ~ 自动给料系统，自流供料系统，重力输送系统
gravity sluicing ~ 低压〔重〕力水力除〔冲〕灰系统
grease lubricating ~ 脂润滑系统
grid ~ 电力系统，（英国公用）（高压）电网
grid regenerative detection ~ 栅极再生检波方式
grid transmission ~ （英国公用）高压电网，电力系统
ground ~ 接地〔地面，地线〕系统，接地装置
ground net ~ 地线网络制，地线网络系统
grounded concentric wiring ~ 接地同轴电缆制
grounded neutral ~ 中线接地制
ground-return ~ 大地回路制
group decision support ~ （=GDSS）群体决策支持系统
guidance ~ 导向〔制导，导航〕系统
guided-missile ~ 导弹系统
guiding ~ 制导系统
gyratory ~ （道路）环行交叉点
gyratory stabilizing ~ 陀螺稳定系统
H radar ~ H 导航雷达系统
handling ~ 搬运系统，处理系统
hatch ~ 闭路式借书计数系统
H-carrier ~ H 型载波系统（指提供一个载波信道的低频载波系统）
head end ~ 输入系统
head transfer ~ 主轴箱转换系统
heat and vent ~ 加热与通风系统
heating ~ ①供暖〔暖气，加热〕系统，加热装置②热规范
heat-seeking guidance ~ 热辐射导引系统
Heller ~ 干式冷却塔系统，赫勒系统
help yourself ~ 随手可取系统
Henri de France ~ 〈法〉法国亨利三〔彩〕色电视发送系统（红、绿色用顺序制，蓝色用同时制）
heterodyne relay ~ 外差中继方式
heterogeneous ~ ①复相系，非均匀系②多机种系统（数据库用）
hexadecimal ~ 十六进制
hexagonal ~ 六角（晶）系，六方晶系
hierarchy ~ ①分级(的多计算机控制)系统，分层控制系统②体系
high band ~ 高频带方式（磁带录像）
high speed train service ~ 高速列车营运系统
high-fidelity ~ 高保真系统
high-heat(-level) ~ 高温载热质〔热源的〕管道〔路〕系统，高温热源（系统），热介质（系统）
highly directional ~ 强方向性系统
high-resolution 3D imaging ~ 高清三维成像系统
high-sensitivity collision detection ~ （汽车）高灵敏碰撞探测系统
hoistway unit ~ （升降）机井整体联锁装置
hole base ~ 基孔制
hologram memory ~ 全息存储系统
home security alarm ~ 家庭安全报警系统
home theater ~ 家庭影院
homing ~ of guidance ①自动跟踪装置②自动制导系统
homogeneous ~ ①单相系，均匀系②同机种系统（数据库用）
homopolar HVDC ~ 同极高压直流输电系统
hospital information ~ 医疗信息系统
host-language ~ 主语言系统
house information ~ 住房信息系统
house-telephone ~ 内部电话交换系统
Hughes ~ 休斯制（简单同步电报制）
humachine ~ 人机一体化系统
human information-processing ~ 人对信息的处理系统
human ocular ~ 人的视觉器官
hunting ~ 自摆〔自激振荡〕系统
HVDC ~ 高压直流输电系统
hybrid ~ 混合系统（包含模拟和数字两部分）
hybrid multiplex modulation ~ 复〔混〕合多重调制系统
hybrid radar-infrared ~ 雷达 - 红外混合系统
hydro-logic ~ 液压逻辑系统，（具有换向，溢流，节流各阀的）液压集成系统
hydrophone ~ 水采样系统
hydrox ~ 氢氧合成器
hyperbolic ~ 双曲线制（导航）
hyperenvironment test ~ 超环境试验系统
hypothetical operating ~ 理〔假〕想操作系统
IC PAL chrominance ~ 集成（电路）PAL 制

色度（信号）系统
IC PAL luminance ~ 集成（电路）PAL 制亮度（信号）系统
Ilgner ~ 依尔格纳系统，可变电压直流发电装置，发电机电动机组
image ~ ①映象系统②（风洞中的）假支架
image-dividing relay optical ~ 分像转向光学系统
immersion ~ 浸没装置
impedance earthed neutral ~ 中性点阻抗接地系统
impedance grounded neutral ~ （=US）中性点阻抗接地系统
impulse ~ 脉冲（通信）制
impulse duration ~ 脉冲时间系统
impulse time division ~ 时间分隔脉冲多路通信制
independent driven exciter ~ 独立励磁制
indexing ~ 标引系统
indicating ~ 指示系统，走针系统
indirect-firing (pulverization) ~ 仓储式制粉系统，间接燃烧系统
individual ~ 并列式（钢丝绳传动）
individual control ~ 分级控制（系统）
inductive inference ~ 归纳推理系统
inertial ~ 惯性系
infinite-baffle speaker ~ 无障板扬声器系统
inflatable occupant restraint ~ （汽车）乘员充气式气囊保护系统
information ~ 信息〔情报，指示〕系统
information processing ~ 信息处理系统
information retrieval ~ 信息恢复系统，情报检索系统
infrared communication ~ 红外线通信系统
infrared night-vision ~ 红外夜视系统
infrared tracking ~ 红外跟踪系统
in-house ~ 近距系统，内部系统
in-line ~ 成簇数据处理系统
in-plant ~ 近距离（控制）系统
inquiry ~ 询问系统
instant on ~ ①瞬间接收制（电视）②瞬间〔即时〕接通制
instant talk-in ~ 即时对话系统
instantly-acting (approach) ~ 盲目降落设备〔方式〕，仪表指示降落设备，仪表着陆制
instantly-acting time-limit resetting ~ 瞬动时限复归〔重合〕制
instrumentation ~ 仪表测量系统
insulated ~ 不接地系统
insulated return ~ 绝缘回流系统，绝缘回流制
insulated supply ~ 不接地电源
integral test ~ 综合测试设备
integrated ~ 成套系统，综合系统
integrated automated fingerprint identification ~ 综合自动指纹识别系统
integrated electronic ~ 集成电子系统
integrated electronic distributorless ignition ~ （发动机）集成式无分电器电子点火系统
integrated manufacturing ~ 集成制造系统
integrated motor assisted ~ 集成式发动机辅助系统
integrated operating ~ 集中操作系统
integrated safety ~ （车辆）集成式安全系统
integrated tracking ~ 积分〔综合〕跟踪系统
integrated transmission ~ 联合输电系统
integrating ~ 积分装置
intellect body ~ 智能化车身装置
intelligence ~ 智能系统，情报系统
intelligence control ~ 智能控制系统
intelligence decision support ~ 智能决策支持系统
intelligence micro-computer ~ 智能微计算机系统
intelligent building ~ 智能大厦系统
intelligent data entry ~ 智能数据录入系统
intelligent decision ~ 智能决策系统
intelligent display ~ 智能显示系统
intelligent electronic throttle control ~ （发动机）智能型电子节气门控制装置
intelligent financial ~ 智能财务系统
intelligent keyboard ~ 智能键盘系统
intelligent light ~ （汽车）智能化灯光系统
intelligent material handing ~ 智能物料传输系统
intelligent messaging ~ 智能信息接发系统
intelligent operating ~ 智能操作系统
intelligent printing ~ 智能打印系统
intelligent remote control ~ 智能遥控系统
intelligent terminal ~ 智能终端系统
intelligent traffic ~ 智能交通系统
intelligent transport ~ 智能交通运输系统
intelligent transportation ~ 智能运输系统
intelligent vehicle electronic ~ 智能汽车电子控制系统
intelligent vehicle highway ~ 智能车辆高速公路系统

interactive ~ 交互系统
interactive display ~ 对话式显示装置
interactive graphics ~ 交互式图形系统
intercarrier ~ 载波差拍制（用图像与伴音载频的差频接收伴音的系统）
intercarrier sound ~ 内载波伴音系统
intercepted drain ~ 截流式排水系统
interconnected ~ 互联系统
interconnecting ~ 网内联络系统
interface ~ 连接系统
interferometer ~ 干扰仪定位法
interior focus(s)ing ~ 内对光〔调焦〕系统
interleaved memory ~ 交叉存储系统
internal number ~ 内部（计）数制
international ~ of units 国际单位制
International Mobile Telecommunication ~ 国际移动通信系统
interrupt-oriented ~ 中断用系统
intersection collision warning ~ （汽车）斜向（相交）碰撞警告系统
inventory control ~ 库存控制系统
inward-outward dialing ~ 内外拨号制
ion exchange ~ （污水处理）离子交换装置
ionosphere scatter communication ~ 电离层散射通信系统
isolated neutral ~ 中性点绝缘制，中性点不接地系统
isometric ~ ①等距〔轴〕晶系②立方（晶）系
jack ~ 升高转子装置，顶起装置
jobbing ~ 零配制
joint coordinate ~ 关节坐标系
Kellogg crossbar ~ 凯洛格纵横（自动交换）制，凯洛格交叉〔坐标〕式
key processing ~ 键（盘）站控制系统
knowledge base ~ 知识库系统
K-out-of-n ~ 表决系统
Kraemer ~ 串级调速系统，克雷默调速系统
Lanac ~ 兰那克航空防撞导航制
landing area floodlight ~ 机场照明系统
language distribution ~ 语言分配系统
language translate ~ 语言翻译系统
large linear ~ 大线性组
large scale ~ theory 大系统理论
laser fiber optic transmission ~ 激光光纤传输系统
laser heterodyne ~ 激光差拍系统
laser imaging ~ 激光成像系统
laser secure communication ~ 激光保密通信系统
laser tracking ~ 激光跟踪系统
laser transmission ~ 激光传输系统
latched ~ 译密码装置，密码系统
leader-cable ~ （拖拉机）绳缆操纵系统
leak-tight ~ 气密系统
Leblanc ~ 勒布朗克系统（三铁心变压器中把三相变为两相或把两相变为三相的转换装置）
left-handed ~ 左手定则
Leonard ~ 伦纳德方式，直流发动机 - 电动机组变速方式）
Leonhardt ~ 李氏（预应力）张拉系统
letdown ~ 下行系统
letter-base ~ 文字基准制（多路电报的）
light communication ~ 光通信系统
light-current ~ 弱电（控制）系统
limit ~ 公差〔极限〕制
line relay ~ 有线中继制
linear injection ~ 线型注入系统
linear path ~ 线性分支系统
linear time-invariant ~ 常参数线性系统
line-field sequential colo(u)r TV ~ 行场顺序彩色电视制
line-sequential colo(u)r ~ 行序传送法
linkage ~ 联动装置
linked ~ 联动系统
live hydraulic ~ （由泵）独立（传动的）液压系统
load maintainer ~ 静荷维持系统
loading ~ ①加载系统，装载设备②加感制（电信线路）
local battery ~ 自给电池制（手摇电话）
local telephone switching ~ 市内电话交换机
logger ~ 自动记录系统
logistic ~ 后勤系统
long and short addendum ~ 长短齿顶高齿轮系
(longitudinal) differential protection ~ （纵联）差动保护系统
loop ~ 环形（线路）制，闭环系统
looped ~ 反馈调节系统
loop-type ~ 环形配电系统
loose-blade damping ~ （燃气轮机）叶根松装减振法
Lorac ~ 罗拉克〔远程精确导航〕系统
Loran ~ 洛伦〔劳兰〕导航制
loss-delay ~ 混合〔等待延滞〕系统
low tire pressure warning ~ 轮胎低气压警报

系统
machine learning ~ 机器学习系统
machinery retrieval ~ 机械补救系统
machining ~ 工艺系统
machining center manufacturing ~ 加工中心制造系统
machining coordinate ~ （数控加工）加工坐标系
magnetic ~ 磁路，磁系统，磁性录音系统
magneto ~ 磁石式（电话）制，磁电机（点火）系统
mail ~ 邮件系统
make-break ~ 先接后断（换接）方式
make-up ~ 补给系统
management control ~ 管理监控系统
management information ~ ①信息控制系统②管理情报〔信息〕系统
man-machine ~ 人 - 机系统
man-machine-sight ~ 人 - 机 - 瞄系统
manual ~ ①手动系统②人工（电话）制
manual alarm ~ 手摇警报装置
manual telephone ~ 长途人工电话交换机
manual telephone switching ~ 人工电话交换机
manually-operated spray ~ 手动飞溅润滑系统
manufacturing ~ 专业化生产系统
maser ~ 微波激射系统
master-oscillator radar ~ 主振器控制雷达制
Matheson manifold ~ 马西森多支管系统（用四个气瓶对十台色谱仪供载气的系统）
maxi-mini ~ 最大最小型系统
Mckenzie ~ 麦肯齐系统（四分之三波长的高频系统）
MD ~ （=mini disc ~）小型唱片系统
mean line ~ 中线制
measured rate ~ 计次收费制
mechanical ~ ①机械系统②力学体系③机工系
mechanical interface coordinate ~ 机械接口坐标系
mechanically scanned guidance ~ 机械仿形导向系统
memory ~ 存储系统，记忆系统
Merze-Price protection ~ 梅兹泼司式差动保护系统
meshed ~ 网格系统
message handing ~ 信息处理系统，报文处理系统
meter(ing) ~ ①测试装置，测试方式，测量系统②记录制
metering-in control ~ ①进线控制系统②进油路节流调速式（液压传动中）
metering-out control ~ ①出线控制系统②出口节流调速式（液压传动中）
meter-kilogram-second ~ 米 - 千克 - 秒制
metric ~ 米制
micro ~ 微系统
micro electro mechanical ~ 微型电子机械系统
microelectromechanical ~ 微机电系统
micro-optical-electro-mechanical ~ 微光机电系统
microsoft commercial Internet ~ 微软（公司）商用因特网系统
microwave pilot protection ~ 微波（纵联）保护系统
microwave relay communication ~ 微波接力通信设备
mini disc ~ 小型唱片系统
miniload ~ （自动仓库）小件贮存系统
minitrack ~ 微型人造卫星跟踪系统
missile fire control ~ 导弹指挥仪
mixed highs ~ 高频混合制，混高频系统
mixed-bed ~ 混床系统，混合式离子交换器
MKSA ~ 米 - 千克 - 秒 - 安（单位）制
mobile telephone switching ~ 移动电话交换机
mobile train communication ~ 移动列车通信系统
modular instrument ~ 积木〔组合〕式仪器系统
modular manifolding ~ 组件式歧〔支〕管系统
modular(ized) ~ 模数制，模量制
modulation ~ 调制方式
module ~ 模数制
moire fringe counting ~ 乱真干涉纹计数方式（电视光栅）
monitor ~ ①监控（视）系统，监督系统②操作系统
monitored control ~ 监控系统
monoclinic ~ 单斜（晶）系
monolithic computing ~ 整体计算系统
moving block ~ 移动闭塞系统
MP ~ 相位匹配系统
M-processor-bound ~ 限于 M 个处理机的系统
multiaccess communication ~ 多路存取通信系统
multi-agent ~ 代理多系统，多智能体系统
multibed ~ 多床系统，多级水处理系统
multi-camera ~ 多角摄影机系统

multicomponent ~ 多（组）元系，多分力系
multiflow cooling ~ 多流程冷却系统
multijoint ~ 多铰链传动系
multilayer hierarchical ~ 多层多级式系统
multipass cooling ~ 多流程冷却系统
multiphase clock ~ 多相时钟〔同步〕脉冲系统
multiple ~ ①并联式，复式②多级系统
multiple agent ~ 多代理系统
multiple distribution ~ 并联配电制
multiple effect ~ 多级蒸发装置
multiple-target ~ 多（种）目标测距系统
multiplex(ed) ~ 复合系统，多路〔工〕制
multiprocessing ~ 多处理系统
multi-project scheduling ~ 多重计划日程系统
multisequential ~ 多时序系统
multistandard ~ 多标准（电视）系统
multi-user operating ~ 多用户操作系统
municipal power supply ~ 公用电力系统
Munsell colo(u)r ~ 芒塞尔色表坐标系统
nano-electromechanical ~ （NEMS）纳米机电系统
natlock ~ 全国电视台锁相系统
navar-screen ~ 导航屏幕系统
navigation ~ （汽车卫星定位）导航系统
navigational satellite ~ 导航卫星系统
network ~ ①网络系统②供电网系统
network operation ~ 网络操作系统
neutrodyne ~ 中和装置，中和法
Newall ~ 纽尔制（公差配合基孔制）
nolinear time-invariant ~ 非线性定常系统
nolinear time-variant ~ 非线性时变系统
nonautonomous ~ 非自控〔治，律〕系统
nonband-shared simultaneous colo(u)r ~ （非共用通带）分路同时传送彩色（电视）制
nondenominational number ~ 不名数系
non-error ~ 无误差制
nonsingular tridiagonal ~ 非奇异三对角线系统
nonstick ~ of control 非保留式控制式〔系统〕，自动控制制式〔系统〕
non-unit protection ~ 非单元保护系统
normal and half-reverse lock ~ 定位和半反位锁闭制〔系统〕
normal danger ~ 正常危险〔关闭〕制，正常危险〔关闭〕系统
normal-clear ~ 正常开放系统
no-signal control line wire ~ 无信号控制架空线制式〔系统〕
NOT ~ “非”系统
notational ~ 记数系统
NTSC colo(u)r television ~ NTSC 制彩色电视制
number ~ 数系
number representation ~ ①数（表示）制②记数系统
oblique ~ 斜角系，斜晶系
Oboe ~ “奥波依”导航系统（将轰炸机引导到目标的系统）
octal (number) ~ 八进（位）制
octonary number ~ 八进（位）制
off-line ~ 脱机〔线〕系统
offline charging ~ （通信）脱机付费系统
oil ~ 液压系统，润滑（油）系统
oil-relay ~ 液压伺服机构
omnibearing distance navigation ~ 全向方位 - 距离导航系统
Omnicontrol ~ 奥姆尼康特洛尔系统（美国桑德斯特兰德机床公司研制的群控系统）
on-board diagnostic ~ 车载诊断装置
once-through ~ 一次通过非循环系统
on-demand ~ 即时回答系统，应求系统
on-detector ~ 直联检测器系统（检测器与色谱柱直接相联，以减少死体积）
one-shot lubricating ~ 集中润滑系统
one-writing ~ 写“1”系统
on-line ~ 联机系统，在线系统
on-line global communication ~ 联机全球通信系统
on-off ~ ①双位阀，截止阀②开关系统，通 - 断装置
on-request ~ 应求系统
onshore Ro-Ro ~ 岸上滚装系统
open ~ 开（环）系统，外通系统，开放式系统（网）
open-center hydraulic ~ 无蓄能器的液压系统，开心式液压系统
open-circuit ~ 正常开路制
open-loop NC ~ 开环数控系统
operating ~ 操作系统，控制系统，操作〔运行〕系统
operation control ~ 操作控制系统
operation planning ~ 作业规划系统
operation time-limit ~ 限时工作方式
opposed-voltage protective ~ 反电压（起动保护系统）
optical ~ 光学〔机〕系统，光具组

optical fiber digital communication ~ 光纤数字通信系统
optical imaging ~ 光学成像系统
optical link pilot protection ~ 光纤（纵联）保护系统
optical pick-up ~ 光学传感系统
optical splitting ~ 分光系统，分色系统（彩色摄像机）
optical transmission ~ 光传输系统
optical-mechanical ~ 光学-机械系统，机械扫描的电视制式
order communication ~ 指令通信系统
orthogonality ~ （规格化）正交系
orthonormal ~ 规格化正交系
orthorhombic ~ 正交（晶）系，斜方晶条
oscillating pickup ~ （汽车）振动传感系，振荡传感系
over load protection ~ 过载保护系统
overall ~ 整个系统，完整系统
overcurrent ground ~ 过载〔过电流〕继电保护方式
overhead ~ 架空电网，架空（线路）系统，高架式
overhead sprinkling ~ 高架喷灌系统
over-the-horizon ~ 视距外通信方式
oxidating catalyst converter ~ （发动机）废气氧化催化转化装置
PA ~ 播音装置
package ~ 组装式仪表
pair gain ~ 线对增容系统
PAL colo(u)r television ~ PAL〔帕尔〕制彩色电视制
pallet ~ 滑板（输送器）生产线
pallet shuttle ~ 随行夹具梭动系统
panel ~ ①升降（自动电话）制②分组安装制
parallel ~ 并联〔行〕系统
parking assist ~ 驻车辅助装置（如倒车测距装置）
parktronic ~ 电子驻车系统（电控倒车安全装置）
partial common control ~ 部分共同〔集中〕控制式
passive antitheft ~ （汽车）被动式防盗系统
passive restraint ~ （汽车）被动式约束装置
passive start ~ （防盗）被动起动和开门系统
patch ~ 补（入编）码系统
patent information retrieval ~ 专利信息检索系统
peek-a-boo ~ 同位穿孔检索系统
peeler-regeneration ~ 激发再生〔引出〕系统
pen ~ 笔式系统
periodic ~ 周期系（统）
peripheral ~ 绕〔环〕流，外围系统
permissive overreach distance protection ~ 允许式超范围距离保护系统
permissive protection ~ 允许式保护系统
permissive underreach distance protection ~ 允许式欠范围距离保护系统
personal automotive security ~ 个人汽车保密系统（车主用的加密防盗系统）
per-unit ~ 单位量制度，单位系统，相对值系统
phase alternation line ~ 逐行倒相制，PAL制，帕尔制
phase comparison protection ~ 相位比较保护系统
phase modulation communication ~ 调相通信系统
phasing ~ 定相系统
phone ~ 单音体系
phonovision ~ 电话-电视系统，传真电话，电视电话
photograph transmission ~ 传真传输制
phototypesetting-and-composing ~ 照相排字机
piano hinge ~ 铰接体系
picture pick-up ~ 摄像系统
picture sequential ~ 场顺序制（彩色电视）
pilot ~ 先导〔模型，引导，试验性〕系统
pilot block ~ 指示制，引示制
pilot channel ~ 导频信道〔控制〕方式
pilot line protective relay ~ 领示线保护继电制
pilot protection ~ 纵联保护系统
pilot tone ~ 导频法
pilot wire protection ~ 导引线保护系统
pitch ~ 径节制
pitot-static ~ 全压静压管，空气压力传感器
planetary gathering ~ 转盘式配页机
plenum ~ 压力通风系统
plug-in ~ 插入式连接系统，插换制，插入式装置
plug-in change-over ~ 插入转换制〔式〕
pneumatic charging ~ 气动装载〔填，弹〕系统
pneumatic modular ~ 气动单元仪表
pneumatic suction ~ 负压气力输送系统
point ~ 评分法，点数法

point-of-sale ~ 销售点系统
point-rating ~ 分值定额法
point-to-point (control) ~ 点到点控制系统，点位控制方式
polar ~ 极（坐标）系
portable stereo component ~ 便携式立体声组合音响
position ~ 定位系统（远距离测定）
position control ~ 位置控制系统
positive feed ~ 给纱机构
positive-pressure gating ~ 封闭式浇注系统
power level safety ~ 功率保护系统
power line carrier pilot protection ~ （电力线）载波（纵联）保护系统
prechamber combustion ~ 预燃室燃烧系统
precipitation ~ （污水处理）沉淀装置
Prefco ~ （利用高压氮气和液压的）高能高速锤的商品名
preset guidance ~ 预置〔给定程序，自律式程序〕制导系统
press-talk ~ 按键通话方式，（电话的）按讲制
pressure-oil ~ 油压润滑系统
pressurizing ~ 压力保持装置
primary ~ 主系统，一次回路，主回路
primary relief ~ 一次回路泄压〔释压，卸压〕系统
privacy ~ 保密（通信）制
privacy communication ~ 保密通信系统
process control computer ~ （=PCCS）计算机工艺流程控制系统，处理控制计算机系统
product data management ~ 产品数据管理系统
production planning control ~ 生产计划控制系统
programmable high energy ignition ~ （发动机）可编程序高能点火系统
program(me) control ~ 节目〔程序〕控制系统
program(me) memory ~ 程序存储方式
programmed controlled combustion ~ （发动机）程序控制燃烧系统
programmed driving ~ （汽车）程控驾驶系统
program(m)ing ~ 程序编制装置，程序设计系统
PROM program(m)ing ~ PROM 编程系统
propulsion ~ 动力装置，推进系统
protection system associated with signaling ~ 纵联保护系统
proximity sensor ~ 近位传感系统
pseud(o)binary ~ 伪二元系统
public address ~ 扩音系统，有线广播系统
pulse communication ~ 脉冲通信系统
pulse time division ~ 时间分隔脉冲通信制
pulse-code-modulation telemetry ~ 脉冲编码遥测系统
pulsed distance ~ 脉冲距离制
pulsed Doppler ~ 脉冲式多普勒制式〔系统〕
pulsed-landing ~ 盲目着陆脉冲系统
pulsed-light ~ 脉冲照明系统
pulse-narrowing ~ 脉冲压缩系统
pulverized coal-storage ~ 仓储式制粉煤系统
pumped vacuum ~ 抽〔动态〕真空系统
pumping ~ 抽水〔排气〕系统
pure distance ~ 纯距离导航制
push-pull ~ 推挽系统
quadraphonic recording ~ 四声道立体录音系统
quadratic ~ 正方晶系
quadriphase ~ 四相制
quadruple ~ 四路传输系统
quadruple-frequency ~ 四频制
quadruplex ~ 四路多工〔传输〕制
quality information ~ 质量信息系统
quality management ~ 质量管理系统
quantized ~ 量子系统
quarter-phase ~ 两相制
quaternary ~ 四元（进）制，四元系
quick die change ~ 快速换模方式
radar moving-target indicator ~ 动目标雷达显示系统
radial ~ 辐射系统，〔辐射状〕配电制，径向（导航）制
radio ~ 无线电方式
radio guidance ~ 无线电制导系统
radio paging ~ 寻呼系统设备
radio search ~ 搜索雷达站
radix ~ 基数制
RAM card ~ ①随机存取存储器插件系统 ②插件式 RAM
randomly time-varying linear ~ 随机变参数线性系统
range ~ 测距系统
range-transmitting ~ 距离（数据）传输系统
rapid reconfigurable manufacturing ~ 快速重组制造系统
RCTL ~ 电阻耦合晶体管逻辑系统
reactance modulation ~ 直接〔电抗〕调制方式

reactor grounded neutral ~ 电抗线圈中性线接地系统
reactor water cleanup ~ 反应堆水净化系统
reading ~ 校对系统，读数系统
real-time ~ 实时系统
real-time interactive reference retrieval ~ 实时相互作用情报检索系统
real-time operating ~ 实时操作系统
rear antilock brake ~ （汽车）后轮防抱死制动系统
reconditioning ~ 回收系统
reconfigurable manufacturing ~ 可重构制造系统
rectifier ~ 整流方式
redundant ~ 复接系统
reference ~ ①参照系，参考系②基准制
reference coordinate ~ （数控加工）参考坐标系
refuel ~ 加燃油系统
regenerative ~ ①再生系统②交流回热法，回热制
register ~ 记发制〔器〕，记发装置，记录〔寄存〕系统
regular ~ 等轴晶系
regulatory ~ 调节系统，调节装置
relatively selective protection ~ 相对选择性保护系统
relay ~ ①全继电器制（自动电话）②中继制，中继系统
relay automatic telephone ~ 继电器式自动电话系统，继电器式自动电话交换制
relay network ~ 继电器网络系统，中继电路制，继电器电路方式
relay-lens ~ 透镜中继系统
remote engine starter ~ （汽车）遥控起动系统
remote metering ~ 遥测系统
remote-synchronizing ~ 遥控同步（脉冲）系统，远地同步系统
reporting ~ 报表系统
reproducing ~ 重放系统
request repeat ~ 请求重发方式
residual sideband transmission ~ 残余边带传输制
resonant earthed neutral ~ 中性点谐振接地系统
resonant grounded neutral ~ （=US）中性点谐振接地系统
retreating ~ 后退式开采法
retrieval ~ 检索系统，恢复系统
return-to-zero ~ 归零制
reverse osmosis ~ （污水处理）反渗透装置
RGB ~ RGB 色系，红绿蓝色系
rhombic ~ 斜方〔正交〕晶系
rhombohedral ~ 菱形〔三角〕晶系
rho-theta ~ 极坐标导航系统
ringdown ~ 振铃信号制
Robinson direction-finding ~ 罗宾逊测向系统
robot ~ 机器人系统
robot problem solving ~ 机器人问题求解系统
robotic wafer handling ~ 机器人晶片拾放系统
robotics vision ~ 机器人视觉系统
roll-back ~ 转返系统
rollover protection ~ （翻车）滚动保护系统
rotary engine anti-pollution ~ 转子发动机废气净化系统
rotating stratified combustion ~ 转子发动机分层进气燃烧系统
rotating-coil ~ （带有）旋转线圈（的）偏转系统
route selection ~ 路由选择制
runner ~ 浇注〔冒口〕系统
running ~ 浇注系统，行走系统
running and feeding ~ 浇道和补缩系统
salinity-temperature-deepness ~ 盐温深测量仪（记录海水的盐度或电导率和温度随深度的变化）
sampling ~ 抽〔进〕样系统，取样法，进样法
satellite borne laser ~ 卫星载激光系统
satellite television receiving ~ 卫星电视接收系统
satellite television transmission ~ 卫星电视传输系统
satellite-borne laser ~ 星载激光系统
satellite-broad-cast receiving ~ 卫星广播接收系统
saving control ~ （汽车）节油控制系统
scaling ~ ①计算〔设计〕图②换算电路③定标系统
scavenge ~ ①清除系统②扫气系统
scheduling ~ 调度〔程序〕系统
Schlieren optical ~ 纹影〔暗线，施里仑〕光学系统
Scophony television ~ 史柯峰电视装置（电视光 - 机械系统）
scoring ~ ①谱乐系统②配音录制系统

sealed off vacuum ~ 封离〔不抽气〕真空系统
search and control antenna ~ 警戒引导雷达天线
seat reservation ~ 预定座位系统（计算机），订票系统
seat-integrated belt ~ （汽车）座椅 - 安全带一体化系统
secondary ~ 二回路系统
secondary dump ~ 辅助转储系统
secondary thermal ~ 二次热力系统（原子能电站的），二次回路
second-order differential ~ 二阶微分方程组
secrecy ~ （通信）保密制
selective ~ of gear changing ①变速箱的选择机构②定位板式换档
self program search ~ 自动节目寻找系统
self-assembly ~ 自集合系统
self-learning ~ 自学习系统
selsyn ~ 自动同步机系统
semielectronic telephone switching ~ 半电子制电话交换机
sensor-based ~ 传感系统
sensory robot ~ 传感机器人系统
sentence recognition ~ 文章识别系统
sequence control ~ 顺序控制〔检验〕系统
sequential ~ 顺序制，依次传送制，序列系统，时序系统
sequential scheduling ~ 按序调度系统
sequential-simultaneous ~ 顺序 - 同时混合制
serial batch ~ 串行（成）批处理系统
service base diagnostic ~ 维修台诊断系统
servo ~ 伺服系统
servo feed ~ 伺服进给系统
servo-selsyn ~ 随动〔追踪〕自动同步机系统
sexadecimal number ~ 十六进制
shadow ~ 阴影仪
share operating ~ 共用操作系统
shared file ~ 共用文件（存储器）系统
shutdown ~ 关闭系统，停车〔机〕系统
shuttle ~ 交替运输制
side impact protection ~ （汽车）侧碰撞保护系统（车辆侧方安全气囊和车门防撞杆等）
Siemens-Halske ~ 西门子 - 哈尔斯克制（自动电话中可采用的步进制）
silent idling ~ （汽车）无噪声怠速系统
simplex ~ 单工（通信）制
simplex pressure-jet ~ 简单机械雾化系统
simulated head ~ 模拟人头制（立体声）
simultaneous ~ ①同时制，同时方式②同步系统
simultaneous colo(u)r television ~ 同时传送彩色电视制
singal ~ 信号制，振铃制
singal(l)ing ~ 信令系统
single loading ~ 单程吊装（集装箱）
single unit ~ 整体机构〔装置〕（如车架与车身，发电机与起动马达组装成为一个整体）
single-mode ~ 单自由度系统，单模系统
single-row nozzle-bucket ~ 单列（喷嘴叶片）级
single-speed floating control ~ 单速无（静）差控制系统，单速浮点调节系统
single-trolley ~ 单触线制（电车的）
skip charging ~ 料车上料系统，翻斗装料装置
slice pipeline ~ 片式流水线系统
sliding gate ~ 滑动闸板机构
slip control ~ 车轮打滑控制装置
smart home ~ 智能家居系统
solid sprinkler ~ 固定式喷灌系统
solid-jet injection ~ 单射流喷射系统
solidly earthed neutral ~ 中性点直接接地系统
solidly grounded neutral ~ （=US）中性点直接接地系统
solid-state ignition ~ 晶体管点火系统
sonar pinger ~ 声呐脉冲测距系统
sonic homing ~ （鱼雷）声自导系统
sound ~ （发）声〔报时，伴音，声音，音响〕系统
sound ~ for emergency purposes 应急声系统
sound reinforcement ~ 扩声系统
sound transmission ~ using infra-red radiation 红外声传输系统
source code control ~ 源码控制系统
speech inversion ~ 话频颠倒制
speech verification ~ 语言识别〔验证〕系统
speed-controlled spark ~ 转速控制真空点火提前系统
speedtainer ~ 集装箱快速装卸系统
splash (feed) ~ 溅油〔飞溅〕润滑系统
split ~ 分离式空调系统，分路式液压制动系统
split-pump hydraulic ~ 多泵液压系统
split-sound ~ （电视接收机）分离声（中频）系统
spooling ~ 假脱机系统（软件的）
spout delivery ~ 喷粉压送系统（喷粉机的）

spray finishing ~ 喷漆光滑法
sprinkler ~ 洒水灭火系统
squelch ~ 静噪装置
stability augmentation ~ 增稳系统
stabilized combustion ~ （发动机）稳定燃烧系统
stacked ~ 叠层方式
stand-alone ~ 单机系统，独立系统
stand-by ~ 应急系统
starter interlock ~ （汽车）起动机联锁装置（不系安全带就无法起动）
starting ~ 起动〔启动，点火〕系统
start-stop ~ 起止式启闭装置〔系统〕
start-up ~ 起动〔启动，点火〕系统
stationary orbit ~ 定轨制，静止轨道系统
steam water ~ （反应堆）二次回路系统，蒸汽水系统
steam-driven pumping ~ 蒸汽驱动式（燃料）输送系统
steam-dump ~ （汽轮机事故时用的）蒸汽排放系统
sted-up ~ ①（化油器）加浓装置②增力装置
steering ~ （汽车）转向系
step-and-repeat ~ 分步重复系统
step-by-step ~ 步进制，步进系统
step-by-step automatic telephone ~ 步进制自动电话交换系统
step-by-step telephone switching ~ 步进制电话交换机
stepped start-stop ~ 分段起停系统，步进起止制
stereophonic ~ 立体声系统
stock control ~ 备件〔零件，部件〕管理方式
stock maintenance ~ 定量库存方式
stolen auto recovery ~ 汽车防盗系统
stop control ~ 停车控制系统
storage pulverized-coal ~ 仓储式制粉（煤）系统
storage-retrieval ~ 存储检索系统
stored coordinate ~ （数控加工）已存坐标系
straight ~ 直接式
straight forward ~ 直通制
straight sending ~ 直接发〔传〕送式
straight storage ~ 蓄电池单独供电制
strapdown ~ 捷联式系统
strapdown inertial ~ 捷联式（惯导）系统
strategic laser communication ~ 战略激光通信系统
strategic survivable communication ~ 战略抗毁通信系统
stratospheric communication ~ 平流层通信系统
streamline working ~ 流水作业法
stress ~ 应力状态
strike alarm ~ 调〔对〕闸系统
string process ~ （字符）串处理系统
Strowger ~ 史端乔制（自动电话交换），十进位步进制
stub involute ~ 短齿渐开线制
Stubbs-Perry ~ 斯塔布斯-佩里系统（汽轮发电机负荷平衡）
submarine cable telegraph ~ 水线通信，水底电缆电报
subtransmission ~ 分支〔二次〕输电系统
sum difference ~ of stereo 立体声和差变换系统
super video home ~ 超级家庭视频系统，超级家用录像系统
super-track ~ 架空输送系统
super-video home ~ 超级家用录像系统
suppressed field ~ ①抑制场制②视场压缩摄像机
sweeping ~ 扫描装置，扫描系统
swing-lever ~ 摇板机构
synchro ~ 同步（随动）系统，自动同步机系统，自整角系统
synchronous coordinate ~ 平衡坐标系
synchronous sequential ~ 同步时序系统
synthesis mapping ~ 综合测绘系统
tact ~ 流水作业（线）
tag ~ 特征系统
tandem ~ 双机系统
TDM ~ 时分多路传输系统
teach-in playback ~ 示教型机器人
telecentric ~ 远心光路系统，焦阑系统
telecommunication switching ~ 电信交换系统
telemetal ~ 金属液（体）输送系统
telephone banking ~ 电话银行系统，电子银行
teleprocessing ~ 电传（信息）处理系统，远程信息〔远距数据〕处理系统
telescopic ~ 望远镜系统，远焦〔望远〕装置
television camera ~ 电视摄像系统
television communication ~ 电视通信系统
television-telephone ~ 传真电话制
teller ~ 用户服务系统（银行的）
ternary ~ 三进制
tesseral ~ 等轴晶系

tetragonal ~ 正方晶系
text retrieval ~ 文本检索系统
theft deterrent ~（汽车）防盗系统
thermal imaging ~ 热像仪
thermostatically controlled air cleaner ~ 恒温控制的空气滤清器系统
three-beam ~ 三光束系统
three-level return ~ 三级记录系统
Thury ~ 瑟里制，高压直流制
time assignment speech interpolation ~ 语音插空系统（利用语言间歇的电路时间交错分割多路通信制）
time control ~ 时间控制系统
time division ~ 时间分割（多路通信）系统
time division telephone switching ~ 时分（电子）电话交换设备
time varying ~ 时变系统，非定常系统
timed electrical distribution ~ 子母电钟报时系统
timed spark ~ 定时火花式
timed valve ~ 定时阀制
time-dependent ~ 不稳定系统，时变系统
time-invariant ~ 时间恒定系统
time-share monitor ~ 分时监督系统
timesharing ~ 分时系统，分时制
tokenbus control ~ 令牌总线控制系统
tolerance ~ 公差制
toll automatic telephone switching ~ 长途自动电话交换机
tool boy ~ 工具巡回供应收回制度
tool coordinate ~ 工具坐标系
tooling ~ ①工具配备系统，工装系统②刀具系统
tool-in-hand ~ 刀具静止参考系，刀具的标注系统
tool-in-use ~ 刀具的工作系统
total access communication ~ 全向通信系统，全通通信系统
total distributed control ~ 集中分散型控制系统
trace rotation ~ 径向扫描旋转系统
traction control ~（汽车）驱动力控制系统
train control and management ~ 列车控制和管理系统
transfer ~ 传递系统，传送〔发送，转移〕装置
transformer-fed ~ 经变压器的供电系统
translating ~ 变换系统，翻译系统
translator writing ~ 编写翻译程序的系统
transmission ~ 传递〔传动，输电，传输，发射〕系统
transmission laser ~ 激光传输系统
transmit carrier communication ~ 载波通信系统
transposition ~（导线）交叉制式
transverse differential protection ~ 横联差动保护系统
tree ~ 树形系统，树〔分〕枝（形）配电方式
triaxial ~ 三轴（压力试验）法
trichromatic ~ 三色系统
triclinic ~ 三斜晶系
trigonal ~ 三方〔角〕晶系
trimetric ~ 斜方晶系
triostat ~ 三重调节快慢针装置
triovis ~ 周期微调快慢针结构
triplex ~ 三工制
truck ~ 实物工资制
tumble-jet ~ 喷流偏转系统，周转系统
turn-around ~ 巡回系统，周转系统
turnkey ~ 转键〔交钥匙〕系统
twist ~ 换位〔消感〕制
two bin ~ 双箱制，双接收制
two fluid ~ 双工质系统，双流体系统
two-bed ~ 双级系统，双床装置
two-demineralization ~ 双级除盐装置
two-effect evaporator ~ 双级蒸发装置
two-level return ~ 二级归零记录系统
two-path DME ~ 双路测距装置
two-terminal ~（直流）两端点制，两站制
two-tier ~ 两层系统
two-way communication ~ 双向通信系统
two-way P.A ~ 双向有线广播系统
typical conference ~ 典型的会议系统
UHF satellite communication ~ 特高频卫星通信系统
unchoked running ~ 开放式浇注系统
underground ~ 地下系统
unfired combined-cycle ~ 不补燃联合循环系统
unilateral ~ 不对称制（公差的），单向制
unit load ~（自动仓库）单元贮存系统
unit protection ~ 单元保护系统
unit pulverized-coal ~ 直吹式制粉系统
universal mobile telecommunication ~ 通用移动通信系统
universal multichannel audio ~ 通用多声道音频系统

Universal Time Coordinated ~ 世界协调时系统，协调世界时系统
unmanned manufacturing ~ 无人化制造系统
unmonitored control ~ 开环〔无监视的〕控制系统
user frame ~ 用户框架系统
utility ~ 实用〔应用，辅助〕系统
vacuum ~ 真空系统（具有所需抽气功能）
vacuum returnline ~ 真空回水系统
valve designation ~ 电子管型号命名制度，电子管标志法
valve lift and timing control ~ （发动机）气门升程和正时控制系统
vaned diffuser ~ 导流片扩散系统
variable duration impulse ~ 脉宽调制系统
variable point representation ~ 变点表示制，可变小数点记数体制
variable power ~ 变焦度〔可变放大率〕系统
variable valve lift ~ （发动机）可变气门升程装置
variable-density ~ 变密度制，疏密制（录音）
vehicle anti-theft ~ 汽车防盗系统
vehicle electronic navigation ~ 车辆电子导航系统
vehicle information ~ 运输车辆信息系统
vehicle intelligent communication ~ 路交通智能通信系统
vehicle security alarm ~ 车辆防盗报警系统
vehicle space station communication ~ 车载空间站通信系统
vehicle theft security ~ 车辆防盗安全系统
velocity sensor ~ 速度传感系统
verbal ~ 通话设备
vertical storage ~ 垂直仓储系统
VHS index search ~ 家用录像机目录检索系统
video home ~ 家用录像系统
video pair ~ 平行双线视频传输制
video storage ~ 视频存储系统
vidicon camera ~ 光导摄像管摄像系统
visual ~ 目视（光学）系统
voice activated ~ 声控自动录音系统
voice-operated identification entry ~ 音控识别输入系统
voice-recognition ~ 语音识别系统
wafer track ~ 硅片流水线（甩胶，烘干，传递等）
Ward-Leonard ~ 华特 - 利奥纳制（直流发电机电动机组变速制）
waveguide communication ~ 波导通信系统
wearable respiratory inductive plethysmography ~ 背心式呼吸感应体积描记系统
wet-sump ~ 湿式油底壳润滑方式
wetting ~ 洒水设备，洒水系统
whole head impact protect ~ （汽车）头颈部碰撞防护系统
wide angle display ~ 广角显示系统
wide area communication ~ 广域通信系统
wide-band communication ~ 多路通信系统
wide-screen ~ 宽屏幕电视系统
wind tunnel control ~ 风洞控制系统
winding ~ 提升系统
Windows NT file ~ 视窗网络版文件系统
wire feed control ~ 焊丝送进控制系统
wired ~ 有线（广播，电视）系统
wobbling ~ 摇频制
workpiece coordinate ~ （数控机床）工件坐标系
world coordinate ~ 绝对坐标系
yaw damper ~ 偏航阻尼器系统
zoom ~ 变焦距系统

systematic （有）系统的，有次序〔规则，组织〕的，整齐的

systematization ①系统化②规则化

system-down 系统故障，系统停机

systemics ①系统化②分类学③内吸剂

systemology 系统学

systems system 的复数

systolic 脉动阵列

systolometer 心音鉴定器

T

T ①T〔J〕字形（物）②三通管接头，T形接头③十八开本④轮胎侧壁上标志（表示最大使用时速为190km/h）
magic ~ 混合接头，T形波导支路，幻T形
male ~ 外螺纹三通管接头
reducing ~ 异径三通接头，异径T形接头

tab ①接头，薄片，键形物，阀瓣，搭襻，吊耳，（锁紧垫圈的）凸耳，切口弯曲用凸模的先端部分，枢纽②组合件③波带④调整翼片（飞机的），阻力板⑤附录，标记，号志，标签，货签，账目⑥制表（机），列表，造册⑦卡片系统〔设备〕⑧给…加上小突出部，装以薄片，（用接头片）固定⑨阻极片
aileron ~ 副翼调整片（飞机的），副翼调平片
control ~ ①调整片②控制标记
current connection ~ 导电接头
end ~ 引弧〔出〕板（点固在焊缝起端或末端工件边缘上的工艺板）
flying ~ 飞行调整片
getter ~ 消气剂托盘
locating ~ 定位销
spring ~ 弹簧调整片
stop ~ ①止动挡块，压铁②浮筒支承臂
trim(ming) ~ 平衡调整片，配平片，配平补翼

tablature 记谱法，符号法（用符号来做标记）

table ①台，导台，平台，工作台，桌架②平板，（机器的）放料盘，收割台，薄片③辊道，（选矿）摇床④表，表格，图表，目录⑤（把…）放在桌上⑥（木工）嵌接〔合〕，榫接⑦列表，造册，提出报告
~ of contents 目次，目录
~ of limits ①公差表②限度表
after ~ 后工作台
air ~ ①风动工作台，气动工作台②风力摇床
alternate protocol ~ 更替协议表（计算机网络）
angular ~ （工具机上的）三角桌
antenna control ~ 天线配电〔控制〕板
anvil sliding ~ 活动工作台（水压机）
approach ~ 输入辊道
array symbol ~ 数组符号表
automobile analogue dynamic testing ~ 汽车动态模拟试验台
automobile drum testing ~ 汽车转鼓试验台
back mill ~ 机后工作辊道，轧机后辊道
Birtley ~ 伯特利型风力摇床，风力淘汰盘
boring ~ 镗床工作台
bounce ~ 冲击台，振动台
branch ~ 转移表
bumping ~ 圆形振动台，碰撞式摇床
Butchart ~ 布查特型摇床（有弯折格条）
canvas ~ 帆布衬垫洗矿槽
carriage turn ~ 转车台
channel assignments ~ 波道分配计划表，频率分配计划表（电视）
chart ~ ①图表架②屏幕
chronological ~ 年表
cleaning ~ ①（铸件的）清理（转）台②选矿台
commutation ~ 换算表
compiler communication ~ 编译程序联系表
computed entry ~ 计算项表
concentrating ~ 精选摇床，淘汰盘
concentration ~ 富集台
condensed ~ 一览表，汇总表
contingency ~ 相依表，意外事故表，或然表
conversion ~ 换算表
convex ~ 凸面圆形淘汰盘（中部给料）
conveyer ~ 转运台，运输机
coordinate ~ 坐标工作台
copying ~ 仿形工作台
core block ~ 磁心存储块表
critical ~ 判定表
cross(slide) ~ 十字工作台，纵横移动工作台，横滑板工作台
decision ~ 判定表
delay ~ 迟延辊道，（缓延和冷却轧件用的）中间轧道
delivery ~ ①转载运输机②溜槽转载板③输出辊道
depressing ~ 支撑〔抑制〕辊道
developing ~ 显影台
device interrupt vector ~ 设备中断矢量表
direct current ammeter verifying ~ 直流电表校验台
double-deck ~ 双层（床面）摇床，双床面

淘汰盘
drilling ~ 台钻
electric vibration ~ 电动振动台
engine automatic control testing ~ 发动机自动控制测试台
equivalent ~ 换算表（例如长度单位的）
external page ~ 外页表
filter ~ 平面过滤机
flow ~ 流动试验台，振动台，流水槽
furnace charging ~ 装炉辊道
furnace delivery ~ 出炉辊道
furnace entry ~ 进炉辊道
ga(u)ge ~ 标准辊道，计量表，校准表
global routing ~ 全局路径选择表
groundwater ~ 地下水位，潜水位
hydraulic vibration ~ 液压振动台
index(ing) ~ 回转〔分度，转位〕工作台
international critical ~ 国际常数表，国际临界状态表
James ~ 杰姆斯型摇床
jerking ~ 摇床，淘汰盘，振淘台
jump ~ 转移表
Kirkup ~ 基尔库卜型风力摇床
knee ~ 三角桌
laying-out ~ 划线台
lifting ~ 升降台
Linkenbach ~ 林肯巴哈型圆形固定淘汰盘
live-roll ~ 传动辊道
Loran ~ 洛伦导航表
machine tool power slide ~ 机床动力滑台
magazine ~ ①贮料辊道②带板坯垛放台的辊道
“many-one” function ~ “多一”函数表
mapping ~ 变换表，变址表
mechanical vibration ~ 机械振动台
merge flow ~ 归并流程序
mill ~ 轧机辊道，升降辊道
multi-tooth indexing ~ 端〔多〕齿分度台
not run ~ 热金属辊道
numeration ~ 数字表
objective ~ 载物台
offset ~ 型值表
“one-many” function ~ “一多”函数表
open hash ~ 开散列表
optical dividing ~ 光学回转工作台，光学分度台
output ~ 图形显示台
Overstrom ~ 奥维尔斯壮型摇床（盘面支在弹性杆上）
partiality mechanical vibration ~ 偏心式机械振动台
pendulum ~ 摆动升降台
periodic ~ （元素）周期表
physical device ~ 实际（输入输出）设备表
picking ~ 筛分台
plot(ting) ~ 图形显示幕〔图〕，标绘板，绘图桌
power rotary ~ 动力工作台
punch ~ 打孔机，进料输送机
receding ~ 回程时自动让刀工作台
receiving ~ 前床工作台
record ~ 重型粗砂摇床
reference ~ 换算表，分度表
roll ~ 辊道
rotary ~ ①回转工作台②分度台
rotary index ~ 分度回转工作台
rotating turn ~ 圆盘给煤机
routing ~ 路由表
run-in ~ ①输入辊道②试验台（小电机的），进料台，受料台
run-out ~ 输出辊道，出料台
segment ~ 段表
sequence ~ 程序表
shadow ~ 影象表
shaking ~ 振动工作台，摇床，淘汰盘
shared page ~ 共用页面表
sine ~ （宽形）正弦规
skeleton ~ 宏指令表，纲要表
skew ~ 斜向滚子送料台
spacing ~ 限位工作台
surface ~ 划线台
surveying plane ~ （测量）平板（仪）
surveyor’s ~ 平板仪（测量用）
swap ~ 交换表
swing ~ 转台，震实台，摇床
swivel ~ （旋）转台，回转工作台
take-up reel ~ 卷带（轮）盘
tank ~ 箱形台
task dictionary ~ 任务解释表
tilting ~ 可倾〔倾斜〕工作台，摆动升降台
transfer ~ ①转移表②（横行的）输送辊道
traverse ~ ①小平台〔板〕（测量用）②（机车）转盘，转车台
trial ~ 试算表
triple ~ 三元组表
true ~ 真值表

truth ~ 真值表
ultrasonic pen ~ 超声笔感应板
universal ~ 万能工作台
vibration ~ 振动台
vibration and impact ~ 振动台与冲击台
weight-scale ~ 称量台，称量辊道
wire ~ ①导线表②网案，网架
zoom ~ 速查表

tableau 表
simply ~ 单纯形表

table-cut （宝石）顶面切平的

table-flap （折叠式桌面的）折板

table-hinges 台铰

table-lookup 一览表

tablet ①小片，小块②小平板，标牌③（图形）要素输入板，感应板
density step ~ 密度阶变图

tabletop 桌面

tabletting 压片

table-vice 台虎钳

tabling ①（木工）嵌合〔接〕②摇床〔淘汰盘〕选矿③制表，造册
agglomerate ~ 摇床〔淘汰盘〕浮选

tabloid ①摘要，文摘②（小）药片，片剂③摘〔简〕要的

tab-terminal 焊片引出线

tabu 引板

tabular ①表（格），表（列）值②表格式的，表列的，列成表，图表的③平板状的，片状的，薄层的

tabulate ①制表，将…列表②平面的，平板状的③精简，概括，结算

tabulation ①列表，制表，把数据列入图表②表格
vertical ~ 垂直制表，纵向制表

tabulator ①制表机，制表仪，图表打字机，穿孔卡系统中的机器，（打字机的）列表键②制表程序③制表者，制表员

tab-washer 有耳垫环

tache ①斑，黑点，瑕疵②把，钩，环

tacheometer ①转速表，速度计，流速计②视距仪，准距计
capstan ~ 主导轴测速器

tacheometry 转速测定法，准距术，视距法

tachistoscope ①视速仪②研究感觉和注意力过程的仪器

tacho-alternator 测速同步发电机

tachodynamo =tachogenerator

tachogen 转速传感器

tachogenerator ①测速发电机②转速（表）传感器
direct-current ~ 直流测速发电机
drag-cup ~ （托）杯形转子测速发电机，空心转子测速发电机
drum motor ~ 磁头鼓电机转速（表）传感器
homopolar ~ 单极测速发电机
induction ~ 感应测速发电机
photoelectrical ~ 光电式测速传感器

tachogram 转速（记录）图，速度（记录）图

tachograph 自记式转数表，速度记录器，转速表，流速图表，转速图表

tachometer 测速仪，转速表，转速计，流速计，测速表，（水力学的）杯轮式流速表，速度变换测验计，视距仪
AC ~ 交流转速表
aided ~ 半自动转速表，辅助转速计
air braking ~ 摩擦式转速计，空气制动转速计
air drag ~ 气阻式转速计
air leak ~ 漏气式转速表
capacitor ~ 电容式转速计
centrifugal ~ 离心式转速表
chronometric ~ 计时〔钟表〕式转速计
direct current ~ 直流转速表
eddy current ~ 涡流式转速计
electronic ~ 电子测速仪
flashing ~ 闪光式测速表
flyball ~ 离心式转速计，飞锤式转速表
friction ~ 摩擦式转速计
generator ~ 发电机式转速计
Hall type ~ 霍尔式转速表
handy digital ~ 手持式数字转速表
hydraulic ~ 液压〔水力〕转速计，液压测速计
impulse ~ 冲击〔脉冲〕式转速计
inductor-type ~ 电感式转速计
inertia ~ 惯性转数计
integrating ~ 积分转速表
laser ~ 激光式转速表
magnetic ~ ①磁转速计②磁流速计
magnetic drag ~ 磁感应式转速计
magnetoelectric ~ 磁电式转速计〔表〕
manual tracking ~ 手动跟踪转速计
optical fiber ~ 光纤式转速表
photoelectric ~ 光电式转速表
photoelectricity ~ 光电式转速表
pulse ~ 脉冲转速计

recording ~ ①自动记录转速计②自动记录流速计
remote-reading ~ ①远程读数转速计，遥读转速计②摇读流速计
resonance ~ 共振转速计
resonant-reed ~ 谐振簧片式转速计
rotating mercury ~ 旋转式水银转数计
stroboscopic ~ 频闪仪式转速计
tilting ring ~ 摆环式转速计
top drive ~ 高速转速计
vibration ~ 振动式转速计
viscosity ~ 黏性转数计
whirlpool ~ 涡流转速表
tachometer-torquement 转矩转速测量仪
tachometry 转速〔流速，视距〕测量〔定〕(法)
tachomotor 测速电动机
tacho-pulse 测速脉冲，转速脉冲
tachoscope （手提，内频）转速计〔表〕，有钟表机构的加法计算器
tacho-voltage 测速电压
tachymeter ①速度计②视距仪(快速测定距离、方位用的)
tachymetry 视距法，准距快速测定术
tachyon 超光速粒子（理论上的粒子）
tachystoscope 速示器
tac-invariant 互〔互自，相〕切不变式
tacitron 噪声闸流管
tacjam 战术干扰机
tack ①平头钉，揿钉，图钉，小钉②黏性③航向，方针，行动步骤④方法，策略⑤Z形移动⑥定位搭焊，临时点焊，点焊焊缝⑦系住，绑住，钉住⑧增〔附，添〕加
after ~ ①回黏，回黏性，残余黏性②软化
bale ~ 打包针
brass ~ （pl.）要点，本题
canvas ~ 帆布输送带的带钉卡箍
dry ~ 干燥粘结，干法黏着
thumb ~ 图钉，揿钉
wire ~ 铁钉
tackbolt 装配螺柱
tacker 定位搭焊工，钉钉机
air ~ 气〔风〕动钉钉机
stapling ~ 勾钉
tack-free 不剥落的(漆等)，不粘手的，不粘(的)
tack-hammer 平头钉锤
tackifier 增黏〔胶黏，胶合〕剂
tackiness ①黏性②胶黏性
tacking ①定位焊〔铆〕，紧钉②变换航向
tackle ①滑车，滑轮组，辘轳，复滑车②用具，绳索，索具，装备
backing ~ 反面组织编织机构
boom ~ 吊杆滑轮组
centre narrowing ~ （横机的）中央收针装置
differential ~ 差动滑车
fleeting ~ 水平滑车
gun ~ 起重滑车，神仙葫芦
hoisting ~ 起重滑车
lift(ing) ~ 卷扬机，起重滑车
mill ~ 轧机吊索工具
pulley ~ 滑车组，复式滑车，起重滑车
purchase ~ 滑车，滑轮组
single-whip ~ 定滑车，导向滑车
suspension ~ 吊钩，悬架，悬挂
sweeping ~ 车板架，马架
top ~ 吊挂卫板
watch ~ 预备副滑车
winding ~ 卷扬滑车
yard ~ 桅横杆索具
tackle-block 滑车〔轮〕组，起重滑车
tackle-fall 复滑车的通索
tackmeter 黏性计，黏度计
tack-sharp 非常清晰的，轮廓分明的
tack-tacky 黏的
tack-weld 点〔平头，定位，点固〕焊
tacky-dry 干后黏性
tac-locus 互〔互自〕切点轨迹
tacnode 互〔互自〕切点
tac-point 互〔互自〕切点
tacsatcom 军用通信卫星
tact ①触觉②间歇（式），（自动加工线的）生产节拍，拍子
tactic ①战术②触觉的③顺序的，排列的，有规结构的
tacticity 构形〔立构〕规正度
tactile 触觉，有触觉的
tactility 触觉
tactometer 触觉测量〔验〕器，触觉计
tactophase 胶体聚结相
tactosol 凝聚溶胶，溶胶团聚体
tactron 冷阴极充气管
tactual 触觉的
Tacub-jig 筛下空气室跳汰机
tael 两（衡量单位）
taenite 天然铁镍合金（w（Ni）25%，其余 Fe）
taffarel 船尾上部，艉栏杆
taffrail-log 船速仪

tag ①标签，签条②标记，标志，标识符，特征位③卡片④（金属）箍，附属物，垂下物，销钉，吊板，吊耳，吊环⑤电缆接头，电缆终端⑥辅助信息⑦加标签，添加⑧连接，接合
commutator ~ 换向器升高片，换向器焊线接头
connecting ~ 连接销
contact ~ 接触金属箍，触针，接片
garment ~ 外表特征
identity ~ 识别标志
price ~ 价格标签
soldering ~ 焊接夹，焊片
spade ~ 扁形软线接头
spill ~ 漏标
tog ~ 识别标志
tag-chip 焊在销钉上的半导体片（状器件）
tag-end 末端
taggers 极薄的铁皮
tagging ①（拉拔前管材端头的）锻尖，（棒材或钢丝端头的）轧尖，磨尖②标记，特征
aperture ~ 孔径选择
taibiter 快速恢复电路
tail ①尾部，后〔底〕部，峰尾，谱带尾，拖尾，尾水（水力发电），流星尾②末端③尾翼〔面〕④（电子管）引线，尾丝⑤尾随脉冲，脉冲后的尖头信号，跟在主脉冲后的同一极性的窄脉冲，延长失真的符号⑥跟踪，监视⑦较弱的部分
~ of dog 挡块尾端
all-flying ~ 全浮动尾翼
butterfly ~ V形〔蝶形〕尾部
coil ~ 成卷带材的端头
comet ~ 彗尾状构造
compound ~ 复合尾部（软件）
coupler ~ 互钩尾
exponential ~ 指数（曲线）尾
fish ~ ①划伤②鱼尾槽
floating ~ 无升力尾翼
handle ~ 勾柄尾
high-energy ~ 高能端
K ~ K尾
mill ~ 水车的出水槽
numeric ~ 数字尾巴（波浪号后的数字）
plow ~ 犁柄，犁尾
pot head ~ 交接箱（电缆）引入口，配线盒进线孔
proper ~ 真尾（软件）
pulse ~ 脉冲“拖尾”，脉冲尾部
rat ~ 鼠尾形，连接线条，连接线束（用于连接天线水平部分和引下线）
reference ~ （焊缝符号的）引线尾注
rivet ~ 铆钉镦头
throw-out ~ ①螺旋引出线端②（录音）抛出尾纹
union ~ 连结尾管
wave ~ 波尾，信号尾部
tailboard 尾板，后挡〔拦，箱〕板
tailcone 尾（部整流）锥，尾锥体
tail-down 尾部〔机尾〕朝下（的）
tail-end 尾〔末〕端，后〔尾〕部，最后的，终结的
tailer 末段
segment ~ 段尾
tailgate 尾板，后挡板，船闸，下流闸门
tailheaviness 后重心
tail-hood 尾盖
tailhook 尾钩
tailing ①延长失真的符号，衰减的尾部，（场顺序制彩色电视摄像造成的）拖尾②（飞机的）尾部操纵，跟踪
band-edge ~ 能带尾伸
tailings 尾材〔渣，煤〕，筛余物，富选残余物，残油，渣滓，尾矿
screen ~ 筛余物，筛屑
tail-leader 片尾
identification ~ 片尾识别段
taillight 尾灯，后灯
tail-master 尾部桅架
tailoff 发动机关闭，关机，尾推力终止
tail-off 发动机关闭，关机
tailor ①设计，制作（电路等）②加工，处理（通信协议等）③编制，设计（程序等）
tailoring 修整
tailor-made ①定做的，特别的，专用的②恰到好处的，适合的
tailover 筛渣，筛除物
tailpiece ①半端梁，端件②接线头③尾管，尾翼
tailpipe ①尾管，尾部排气管，尾喷管②（泵）吸管
tailplane 水平安定面，（水平）尾翼
tailrace ①（水电厂的）尾水渠②尾矿管〔沟〕，排（矿）渣渠
calibration ~ 刻度线，刻度记录，校验记录
tailspin 尾（螺）旋，失去控制，混乱
tailstock 尾座，（后）顶尖〔针〕座，滑轮活轴，托柄尾部

tailswing 尾部回转半径
tailwater 下游水，尾水（位），废水
tailweight 配重
taintless 无污染的
take-down 拆卸,可拆卸的（部件）,取〔记〕下,移去，扫尾
take-grant 授权
take-off ①取出〔走〕，卸掉，移〔离〕去，牵引②起步，起飞，发射，出发（点）③检波④输出（轴），功率输出（端）⑤估计〔量〕
intermittent ~ 间歇出料
live power ~ 独立式动力输出轴
power ~ 动力〔功率〕输出（轴，器）
sound ~ 检出声信号
variable-drive power ~ 无级变速驱动输出轴
voltage ~ 移去电压,断掉电压
take-out 自动取出装置，抽头，露头，取出的东西〔数量〕
taker 取样器，提取器
take-up ①拉〔张〕紧，卷（片），缠绕②收线〔拉紧，提升，卷片，卷取，张紧〕装置③收缩，调整④吸水
bearing ~ 调整轴承间歇
gravity ~ 重力张紧装置
spring ~ 弹簧张紧装置
taking ①取〔获〕得②（pl.）所得，收入，利息，捕获（物）
~ of pattern 造型，制图
taking-off 取下，起飞，除去，开卷，放线
takktron 辉光放电高压整流器
taktron 冷阴极充气二极管
talbe 无线电应答装置（用甚高频连续波与海上遇险飞机联系用的），问答信标〔小型导航〕设备
Talbot 塔（尔伯特）（MKS 制光能单位，1 塔 =1 lm · s）
talc 滑石，（研光用）云母
tale 报告，记述
talent ①才能②人才
Talide 碳化钨硬质合金
talk ①说〔谈，讲〕话，讨论②（用信号等）通信，对话③演讲，报告④滑石
cross ~ ①串话，串音②交叉干扰，交调失真
needle ~ ①唱针颤声②（电唱机）唱针的直接声输入
quadrature cross ~ 正交调制串音，90° 相移调制串音
talkback 联络电话，对讲，应答
camera ~ 摄像机对讲电路
omnibus ~ 转播车对讲电路
sound ~ 演播室对讲
talker ①扬声器②谈话者③有声电影
echo ~ 回波干扰（信号）
talkie 有声影片〔电影〕
handie ~ 手提式步话机
handy ~ （手持式）步谈机
magnetic sound ~ 磁录式有声电影
optical sound ~ 光电式有声电影
sound ~ 有声电影
walkie ~ 步（行对）话机，对讲机，便携式无线电话
walkie ~ 步谈机，步话机
talking ①通话②讨论③讲话（的）
talk-ring 呼叫通话
tallness 高（度）
tallow 牛〔油，动物〕脂
tally ①标签，筹（码），名牌，标记牌②手执计数器,计数板③符〔吻〕合④计〔运,结〕算，总计，计〔点〕数⑤记数符，单位数⑥清点⑦记录
hand ~ 手摇计算器，计数器
tally-down 减 1
Tallyrondo 棱圆度检查仪
tally-up 加 1
talus 废料
Talysurf 表面粗糙度检查仪，轮廓仪
Tam-alloy 塔姆铁钛合金（w（Ti）15% ~ 21%，其余 Fe）
Tamanori 黏合剂（商品名）
tammy （格，布）筛，滤布
tamp ①夯具②夯实，捣实
cecos ~ 不规则件压纹压印机
tamper ①捣固机，镐，夯，夯具〔锤，板〕，打夯机，硪，捣棒②填塞〔装填，捣筑〕工具，夯实，捣固③中子反射器〔剂〕④损害，削弱
air ~ ①风动夯②风动捣棒
electric vibrate tie ~ 枕木电镐
gridiron ~ 方格型混凝土捣固器
pneumatic ~ 气动捣固机
sheep-foot ~ ①羊蹄形滚筒②羊蹄形捣路机
straight ~ 平夯
tie ~ 枕木捣实器
tampico-rolls 镀锡薄钢板的涂油辊
tamping 填塞，充填，捣实〔固，筑，塞〕，压型，夯实
tampion 塞子，炮口塞

tampon 塞子
tampon-holder 持塞器
Tamtam 塔姆塔姆锡青铜（w(Cu)78%,w(Sn) 22%）
tandem ①级联的，串联的，串〔纵〕列的，前后直排的，直通连接，串级连接，串行，串接，串列布置②双轴③串联压路机④串翼型飞机⑤串列静电加速器
tandem-axle 双轴，串联轮轴
tandem-drive 串联〔双轴〕驱动
tandem-joined 成串配置的
tandem-powered 串联发动机的
tang ①柄脚（刀，锉等插入柄中的部分），柄舌，扁尾，锥〔刀〕跟②特性③排，组
tangear 双刀盘切齿法
tangency 相切，（在一点上的）接触，切触
tangensoid 正切曲线
tangent ①切线，正切②正切尺③直线〔路〕，（道路的）直线区间④切线的
bend ~ 弯曲起始（点）
common ~ 公切线
continuous curve ~ 邻接曲线的公切线
dielectric loss ~ 介质损耗角正切，介质损耗因素
inflectional ~ 拐切线
inner common ~ 内公切线
loss ~ 损耗角正切，损耗因素
tangential ①切线〔面〕的，切向的，相〔正〕切的②离题的
tangerine 橘红色
tangible ①可触知的，有形的，现实的②明确的
tangle ①（使）缠结②使混乱，使复杂
Tango ①变压器（商品名）②通信中用以代表字母t的词
tango(re)ceptor 触觉感受器
tank ①容器，液体〔气体，储藏〕容器，箱，油〔水〕箱，（油）罐，（电解）槽，（煤气）柜，筒，贮气瓶②贮水〔船模试验〕池，池，库②坦克④振荡回路，储能回路，槽路⑤船的液体舱
accumulator ~ ①储蓄槽②蓄电（池）槽③集油罐
adjusting ~ 调整箱，调整水柜（潜艇）
aeration ~ 曝气槽〔池〕
ageing ~ （窑业制品的）玻化〔成瓷，烧成〕容器
agitator ~ 搅动器（酸）槽
air ~ ①空气箱，压缩空气瓶②气罐，充气油箱③空气舱
alternative ~ 副油箱
anti-rolling ~ 减摇〔消摇〕液体舱
backing-up ~ 预真空箱
bag ~ 软（油）箱
ballast ~ 压载箱，潜水艇的沉浮箱
batch ~ 计量箱
bladder ~ 贮气袋
blow ~ 泄料桶，疏水箱
blowdown ~ 排污箱
break-pressure ~ 截流箱，失压箱
brine ~ 盐水箱
buffer ~ 缓冲水箱，备用水箱
buoyancy ~ 浮力舱，浮箱
cable ~ 电缆舱〔槽〕
cargo ~ 货舱，载油舱
cascade ~ 阶式水箱
catch ~ ①溢水箱②预滤器③凝汽管，凝汽瓣
cavitation ~ 气蚀水箱
cell ~ 隔舱箱
collapsed storage ~ 可折叠油罐，收缩的油罐
compensation ~ ①补偿水箱，补偿振荡槽路②调整水舱
compound storage ~ 储漆（胶）罐
counter ~ 计数存储器
crystallizing ~ 结晶槽
day ~ （日）计量箱
decay ~ （放射性）冷却槽
defoaming ~ 除泡箱，消泡箱
distillation ~ 蒸馏釜
dosing ~ 计量箱，加药箱（水处理），投配器，量斗
double bottom ~ 双层底（液）舱
drag ~ ①耙式分级机②刮链式沉淀槽③下型
drip ~ ①集漏油箱②滴液箱
dump ~ ①倾倒槽，废液槽，废物槽，（排料）接受槽〔器〕，（反应堆）事故排放槽②排水箱，汇集箱
dumpable ~ 副油箱
electrolytic ~ 电解槽
elevated ~ ①高架（水）柜，压力水箱②高位水箱
equalizing ~ 调压水箱
etching ~ 腐蚀槽，浸蚀槽
expansion ~ ①膨胀箱，扩容器②变压器的油枕
external ~ 舷间液舱
fabric fuel ~ 软燃料箱

feed-water ~ 给水箱
flash ~ 扩容器，膨胀〔闪蒸〕箱，疏水膨胀器
flashback ~ （防止回火的）水封箱
float ~ 浮（选）箱
floating roof ~ 浮顶式油箱
flush ~ 冲洗（水）箱，冲洗水柜
fuel ~ 燃料箱〔舱〕
fuel gravity ~ 自流〔重力〕供油箱
furnace ~ 炉膛
gravitation ~ 重力罐，供料罐，供料储槽
gravity ~ 自动送料槽，重力供油箱，自流式燃料供给箱
grid ~ 栅极振荡回路，栅极槽路
grid pool ~ 栅控汞槽整流器，带有栅极的汞弧管
head ~ ①原料罐，进料罐，进料桶②落差贮水池，高位水池，压力罐〔槽〕，压头箱
header ~ ①卡尔多旋转式炉②上水箱（散热器的）③总箱④集水箱，集水槽⑤油枕，扩油器
high-pressure ~ ①高压气瓶②承压箱
holding ~ 接收器，存储槽，收集槽，收集器，储料囤
hold-up ~ （放射性废物）贮存罐
horizontal sedimentation ~ 平流沉淀池
hot-water ~ 热水清洗〔冲洗〕槽
impregnation ~ 浸渍罐
internal ~ 内部液舱
kinetic ~ ①动力空气泵附设水槽（蒸汽动力系统冷凝装置用）②活动〔移动式〕油箱
linac ~ 直线加速器加速腔
make-up ~ 补给油箱
mobile ~ 液罐车，油槽车
molten spelter ~ 锌熔池
naval ~ 船模试验池
oil ~ 油箱，贮油罐
oil storage ~ 储油罐
order ~ （计算装置的）顺序存储器
oxygen ~ 储氧箱
pickling ~ 酸洗槽
plate ~ 阳极振荡回路
plating ~ 电镀槽
precipitation ~ 沉淀器〔池，箱〕
pre-dunk ~ 净化脱脂槽
pressure ~ 压力箱，高压箱
pressure-oil ~ 高压油箱
pressurizing ~ 压力稳定器
primary ~ 主容器，（快堆）钠池
radiator bottom ~ 散热器下水箱
radiator header ~ 散热器上水箱
radiator lower ~ 散热器下水箱
radiator overflow ~ 散热器溢流箱
receiving ~ ①收集槽，贮槽②接收振荡回路
rectifier ~ 整流槽
reflector ~ 反射层箱
refrigerating ~ 冷藏柜
refue(l)ing ~ 给油箱
reserve feed ~ 备用给水箱
reserve ~ ①循环槽，贮槽②备用槽③副油箱
resonant ~ ①谐振回路②空腔谐振器③共鸣箱
riveted ~ 铆合箱，铆合储罐
safety ~ 安全水舱
sand ~ 砂斗
scale settling ~ 氧化皮沉淀槽〔池〕
seal water ~ 水封（用）水箱
self-priming ~ 自动调节液位箱
self-sealing fuel ~ 自封燃料箱，安全油箱
separating ~ 沉淀箱
service ~ 常用油箱，（船舶）日用（燃）油箱
setting ~ ①沉淀箱，沉淀池②硬化槽
settling ~ 沉淀箱〔池〕，澄清槽
sewage ~ 废水舱，污水（沉淀）池
shot ~ ①粒化槽②弹丸槽，储丸斗
spherical ~ 球罐
spiral-flow ~ 旋流箱（滤空气用）
sprinkler ~ 洒水灭火箱
stationary ~ 液态气体贮槽，贮液槽
steeping and pressing ~ 浸碱压榨机
stock ~ 储（油）罐
storage ~ 储槽〔箱，罐〕，储水池
submerged ~ 潜没〔水下，地下〕油罐
sump ~ 油底壳
supply ~ 给水箱，贮（液）槽
surge ~ ①（水电站）调压塔②均〔恒〕压箱③波涌调整槽④平衡〔缓〕罐，平衡箱⑤蓄能 器⑥减振筒〔箱，罐〕
sweet condensate storage ~ 除盐凝结水箱
sweet-water ~ 除盐水箱，淡水箱
swirl ~ （物料）混合箱
tar-spraying ~ 洒柏油车
tempering ~ 混合桶〔槽〕
think ~ 智囊机构，智囊班子，智囊〔思想〕库
towing ~ 拖引试验槽
trailed ~ 油罐挂车
transportation ~ 油槽车，液罐车

truck ~ 油槽车
ultrasonic ~ 超声波（液体）延迟线
vacuum ~ ①真空罐〔箱，室，容器〕，真空压力罐②整流器的外壳
volumetric ~ 容积式计量箱
water shielding ~ 屏蔽水箱
water-quench ~ 水淬槽
weir ~ 溢流罐
wing ~ 机翼油箱
tankage ①容积，容量，箱〔柜，槽〕容量②容器设备，燃料箱〔舱〕③容器的沉积④槽路电容⑤装槽贮藏费⑥装槽〔箱，柜〕，用槽〔箱，柜〕贮藏
oil ~ 油库
tank-car （运，洒）水车，油罐〔槽〕车
tanker ①油船〔轮〕，液货船②空中加油飞机，运油飞机③加油车，油〔水〕槽汽车，罐〔槽，水〕车④沥青喷洒机⑤油罐
aircraft ~ 空中加油机
bulk cement ~ 散装水泥汽车
chemical ~ 液体化学品船
clean ~ 清洁油船，清洁油罐车（运输汽油、煤油、轻油的）
fire-extinguishing foam ~ 泡沫消防车
fire-extinguishing water ~ 水罐消防车
heated bitumen ~ 沥青运输车
liquid chemical ~ 液体化学品船
liquid ~ 液罐汽车
mammoth ~ 大型油轮
monster ~ （超）巨型油轮
ocean-going ~ 远洋油轮
oil ~ （运）油船
orbital ~ （人造卫星式）轨道补给飞船，空间加注站
rail ~ 铁路（油）槽车
super ~ 超大型油船
tanker-aircraft （空中）加油飞船〔机〕
tanker-submarine 潜水油船，运油潜艇
tankette 小坦克
tankometer 油罐计
tankoscope （油罐）透视灯
tankship 油船
tank-washer 洗槽〔箱〕
tannoy 本地广播网，船上广播网，声重放和扩大系统
tantalum 钽（Ta）
tantamount ①等值〔价〕的②同义的③相等（于…）的，相当（于…）的
tantara 喇叭响声
tantiron 高硅耐热耐酸铸铁（w（C）0.75% ~ 1.25%，w（Si）14% ~ 15%，w（Mn）2% ~ 2.5%，w（P）0.05% ~ 0.1%，w（S）0.05% ~ 0.15%）
tap ①塞子②旋塞阀，开关，龙头，排〔放〕出孔，桶嘴③分接，（中间）抽头，分接头，分支〔流〕，三通头④丝锥，刻纹器，螺塞⑤（加工）规准⑥（锻工用）陷型模，压〔锤，撞〕头，夯⑦轻敲〔打，拍〕⑧安接，堵塞⑨选择，挑选，选拔⑩搭接窃听
~ down 抽头降压
~ off ①排出，泄出，分接，抽出，分出②出铁，出钢，出渣，出炉③开采
~ out ①敲出②攻出螺纹
Acme thread ~ 爱克米丝锥，梯形丝锥
adjustable compound ~ 可调节丝锥
adjustable inserted blade ~ 可调整的镶齿丝锥
air ~ ①气嘴②空气栓③气旋塞阀
back taper ~ ①倒锥丝锥②机用丝锥
backed-off ~ 铲齿丝锥
bell ~ 丝锥接套
bent ~ 弯柄螺母丝锥
bib ~ 小旋塞阀
bit brace ~ 摇钻丝锥，摇钻螺纹攻
bottoming ~ 平底螺纹攻，盲〔不通〕孔丝锥，三（号丝）锥，精（攻）丝锥
box ~ 打捞母锥
bridged-T ~ 桥接T形抽头
bushing test ~ 套管试验抽头（户外式电器的）
center ~ 中心抽头，中间抽头，中接（线）头，中点引线
cock ~ 旋塞阀
coil ~ 线圈〔盘管〕抽头
collapsible(screw) ~ 自动开合丝锥，伸缩丝锥
compression ~ （自来水、煤气的）压缩旋塞阀
core ~ 四方丝锥
crank ~ 曲柄钻（用）丝锥
current ~ ①分插口〔插座，接头〕②电流抽头
cut thread ~ 不磨牙丝锥
decompression ~ 减压阀
die ~ 板牙丝锥
drill ~ 钻孔攻螺纹复合刀具
earth ~ 接地抽头
expanding ~ 可胀〔调〕丝锥
expansion ~ 可胀〔调〕丝锥
finisher ~ 精锥，精加工丝锥

first ~ 头锥，初〔头〕攻丝锥
fishing ~ 打捞丝锥
flange ~ 法兰接头
fluteless ~ 无槽丝锥
following ~ 精加工用丝锥
full capacity ~ 全容量抽头（变压器）
ga(u)ge ~ 控制开关，试验（用）旋塞阀
grease ~ 润滑孔，润滑嘴
ground ~ 磨牙丝锥
guide ~ 导向丝锥
gun ~ 枪式〔螺尖〕丝锥，刃倾角
hand ~ 手用丝锥
hard ~ 出渣口凝结
hob ~ 板牙丝锥，标准丝锥
hook ~ 弯柄螺母丝锥
hot ~ （钢锭的）热帽
inserted ~ 镶齿丝锥
intermediate ~ 中间抽头
international screw ~ 米制丝锥
leading ~ ①机用丝锥②螺母丝锥
line ~ 分接点，线路分支
load current ~ 有载抽头，有载分接头
long taper die ~ 板牙丝锥
machine ~ 机用丝锥
machine-working ~ 攻丝机
master ~ 标准〔板牙〕丝锥
midpoint ~ 中心抽头
mill ~ 轧机铁鳞
minus ~ 负分接，负分接头
non-reversing ~ 直通丝锥，不能倒旋的丝锥
parallel ~ 并联抽头
parallel hand ~ 等直径丝锥
pilot ~ 导向丝锥
pipe ~ ①导螺纹丝锥，管用（钻孔攻螺纹复合）丝锥②分接管
plug ~ 中丝锥，二攻丝锥
plug pipe ~ 塞状管丝锥
pressure ~ ①测压（接）嘴，压力表接头②测压点〔孔〕③放压孔
pull ~ 拔出断丝锥用的四爪工具
pulley ~ 带轮丝锥
reamer ~ 铰孔攻螺纹复合刀具
receding chaser collapsing ~ 可调径丝锥，可胀式丝锥
reduced capacity ~ 减载抽头（变压器）
reduced kVA ~ 降负荷抽头，低负荷抽头
regulator ~ 控制旋塞阀，可控开关
rougher ~ 粗切丝锥
safety ~ 安全旋塞阀
screw ~ ①螺旋槽丝锥②内螺纹模型
screwing ~ 丝锥
second ~ 中丝锥，二攻丝锥
sectional ~ 组合丝锥
set ~ 手用丝锥
shell ~ 筒形丝锥
siphon lead ~ 虹吸放铅口
slag ~ ①出渣，液态排渣②出渣口
solid ~ 整体丝锥
solid adjustable ~ 可调丝锥
spiral pointed ~ 螺尖丝锥，枪式丝锥
standard ~ 标准抽头（变压器等的）
stay ~ 铰孔攻螺纹复合刀具
step ~ 阶梯式丝锥
straight boiler ~ 直柄带铰刀锅炉丝锥
table ~ 台用插头，台用分接头
taper boiler ~ 锥形锅炉用丝锥（锥度为 1 ：16）
taper gas ~ 管用锥形丝锥
taper-pipe ~ 锥形管子丝锥
tapper ~ 机用丝锥，机用螺纹攻，螺母丝锥
third ~ 精丝锥，三锥，三攻丝锥
three-way ~ 三通旋塞阀
throat ~ 喉部取压嘴
transformer ~ 变压器分接头
water ~ 旋塞阀

tape ①带，胶〔布，线，狭〕带，绝缘（包）带，磁带，录音带②皮〔卷，钢，带，软〕尺，钢卷尺③记录纸④绝缘胶布，条⑤终点线⑥用胶带粘接，用卷尺度量⑦录（音）
~ swapping 磁带机交替使用
across ~ 交叉磁带
adhesive ~ 胶带，橡皮膏，胶布〔绝缘〕带
alignment ~ 录像校准带
art work ~ 原图信息带
audio ~ 录音磁带
automatic ~ library 自动磁带库
band ~ 卷〔皮〕尺
black(friction) ~ ①黑（色绝缘）胶布②摩擦带，刹车带
cambric ~ 黄蜡布带，葛布带
casset(t)e ~ 盒式磁带，小型录音带
cellulose ~ 纤维素胶带，透明胶带
chain ~ 测量链，链尺，钢卷尺
change ~ 更换带（带上为现行数据用来刷新主带）
clear ~ 透明（纸）带

cloth ~ 布卷尺
coated ~ 涂粉磁带
colo(u)r ~ （上）色带（材）
compressed-data ~ 压缩数据带
computer ~ 计算机用磁带
computer compatible ~ 计算机兼容带
control carriage ~ 托架控制带
core ~ 绕带磁心
covering ~ 绝缘包布
cue ~ 指令磁带
cutter location ~ 刀具位置数控带，刀位指令带
digital audio ~ 数字磁体
dimpled ~ 波纹带
dispersed magnetic powder ~ 含粉磁带
dispersed-powder magnetic ~ 磁粉均匀涂布磁带
double play ~ 双放音带
effects ~ 效果声带
emery ~ 砂带
end ~ 端贴尺
endless ~ 环形（磁）带，无端（磁）带
error ~ ①改错磁带②差错带
first generation ~ 原版磁带
fish ~ 敷线牵引线
flexible ~ 软卷尺
frequency magnetic ~ 频率（响应测试）磁带
friction ~ ①摩擦带②绝缘胶布，胶带
gapped ~ 间隔带
glass mica ~ 玻璃布（底）云母带
glass-backed mica ~ 玻璃布底云母带
grandfather ~ 原始磁〔原始信息〕带，存档带
impregnated ~ 含粉磁带，浸渍磁带
incremental dump ~ 增量转储磁带
insulating ~ 绝缘带
insulation ~ 绝缘用胶带
intercept ~ 暂录带
interchangeable program ~ 可互换程序带
intermix ~ 混用磁带
invar ~ 殷钢（镍铁合金，*w*（Ni）36%）卷尺〔带尺〕
joining magnetic ~ 粘接磁带
journal ~ ①（计算结果、出纳状况等）记录带②（在线系统的状态变化情况的）即时记录磁带
library ~ （程序）库带，库存带，库存磁带
light ~ 光学声带（光学录音）
light control ~ 灯光控制带
line ~ 卷尺
line-up ~ 校准（磁）带
long-play ~ 倍长磁带
low-print ~ 低迹带
mag ~ 磁带
magnetic ~ 磁带
magnetic instrumentation ~ 磁带录音装置〔磁性记录仪〕用带
magnetic powder-coated ~ 涂粉磁带，磁粉涂敷带
magnetic powder-impregnated ~ 浸粉磁带，磁粉浸渍带
magnetic recording ~ 录像磁带
magnetic sound ~ 录音磁带
masking ~ 不透光胶纸（带），胶纸带，装饰带
master ~ 主（程序）带
measuring ~ 卷尺，皮尺
metallic ~ 钢卷〔皮〕尺
multi-track ~ 多道磁带
n-channel ~ *n*个通道带
oil ga(u)ging ~ 油标尺
order ~ 指令带
pilot ~ 引导带
pitch block ~ 滚动钢带
plastic-backed magnetic ~ 塑料（带基）磁带
pocket ~ 卷尺
prerecorded ~ 预录带
printing-out ~ ①印（刷输）出带②打印输出带
push-pull ~ 卷尺
raw ~ 未记录带，空白带
read magnetic ~ 读取磁带
recorded ~ ①已录磁带，节目磁带②录音磁带，录像磁带
recording ~ 记录带，记录磁带
reel video ~ 盘式录像带
reference ~ 基准磁带，标准磁带
ribbon ~ ①皮带尺，卷尺②窄带〔板〕材
rubberized ~ 橡胶（布）带
rubber-treated ~ 橡胶布带
sandwich ~ 多层带
scotch ~ ①透明胶带（粘贴用）②压带，卡带
scratch ~ ①暂存带②废带
sequence control ~ 程序带，序列控制带
sequence program ~ 序列控制带，程序带
skip ~ 空白带指令

spring wind ~ 弹簧卷尺
stack ~ 组合磁带
standard ~ 基准磁带，标准带（录音）
steel ~ ①钢卷尺②钢带
steel measuring ~ 钢卷尺
steel-band ~ 钢卷尺
stereo ~ 立体声录音带
storage ~ 磁带
streaming ~ 流式磁带
television ~ 电视磁带，录像磁带
test ~ 测试带
thermoplastic recording ~ 热塑录像带
thermoplastic ~ 热塑（记录）带
timing ~ 计时〔定时，校时〕带
transaction ~ 更新数据带（此带上的数据用来更新别的存储媒体上的数据）
trimmer ~ 电感微调带
varnished ~ 漆布带
varnished bias ~ 黄蜡带
varnish-treated ~ 漆带
video ~ 录像磁带
vinyl ~ 聚氯乙烯绝缘带

tape-pack 磁带组

taper ①圆锥（形），尖锥（形，体）②锥〔斜，坡〕度，拔斜率③尖〔拔〕梢，楔销，退拔④扩口管⑤渐变器⑥波导过渡段⑦电位器电阻分布特性⑧弄尖，渐尖，逐渐缩减〔减弱〕⑨斜〔尖，锥，楔〕削
~ of groove 轧槽斜度
~ of wedge 楔锥（度）
abrupt ~ 锐锥度
amplitude ~ ①振幅锥度②振幅衰减
audio ~ 音量补偿器
back ~ 倒锥
conical ~ （波导管）锥形接续器
duplex tooth ~ 双重收缩齿
fused biconic ~ 熔融双圆锥分支器
linear ~ 线性过渡
meter ~ 米制锥度规
metric ~ 米制锥度，米制退拔
Morse standard ~ 莫氏标准锥度
national ~ 国家标准锥度
natural ~ 正收缩
pattern ~ 起模斜度
pilot ~ 过渡锥
quick ~ 快速拔销
Seller ~ 塞勒锥度
standard ~ 标准锥度，正常收缩
standard tooth ~ （锥齿轮的）普通〔标准〕收缩齿
starting ~ 导锥
step ~ 分级渐变
stripping ~ 起模斜度
tapered ~ 分层锥削（电缆终端）
thermal ~ 温致斜面

tapered 锥形的，锥度的，楔形的，斜（削）的，渐缩的

taper-pipe-thread 圆锥管螺纹

taper-roller 锥形滚柱，圆锥滚柱

tape-slide 磁带同步幻灯片

tape-stored 磁带存储的

tape-to-card 磁带到卡片

taping ①绝缘绕组②绕绝缘带③用卷尺量尺寸
lap ~ 叠绕，叠包（线圈的）

tapoff 分接，分出，抽出，开采（出）
optical ~ 光分出，光分接

tapped ①抽头的，分接〔支，流〕的②有内螺纹的

tapped-winding 分组〔多抽头〕线圈

tapper ①攻丝机②（电报机的）电键③轻击锤，散屑锤，音响器④轻敲者
electric ~ 电动攻丝机
nut ~ 螺母（攻丝）机
pneumatic ~ 气动攻丝机
precision nut ~ 精密自动螺母（攻螺纹）机

tappet ①推杆（汽阀），挺杆，随动杆②（凸轮）挺柱，随行件
box ~ 梭箱踏盘，梭箱凸轮
hydraulic ~ （气门）液力挺杆
negative ~ 单向挺杆，负挺杆
offset ~ 偏置挺杆
oil ~ 油压挺杆
plunger ~ 柱塞挺杆〔柱〕
positive ~ 正挺杆，双向挺杆
pump ~ 泵挺杆
roller ~ 滚轮〔子〕挺柱，滚子式气门挺柱
shedding ~ 凸轮推杆随动件
valve ~ 气阀挺柱，气门挺杆
zero-lash valve ~ 无间隙（液压）气阀挺杆

tapping ①开〔穿，钻〕孔，导出液体，放液，出铁〔钢，渣〕，浇注②攻螺纹③（绕组）抽头，分支〔流，接〕，支管④缠绝缘带⑤取压孔，流出口⑥轻敲（声）
diametric(al) ~ 电枢绕组 180° 抽头
external ~ 外接口（液压系统连结外置式液压缸用的）

hand ~ 手动攻螺纹
jet ~ 用定向爆炸（物）打开出铁口
main ~ ①主抽头②主要分接头
minus ~ 负抽头，负分接头，负分接
plus ~ 正抽头，正分接头，正分接
remote-operation ~ （液压系统连结外置式液压缸用的）外接口
transformer ~ 变压器抽头

taproot 要点，重点，基本

tap-selector 分接选择器

tar 焦油（沥青），柏油
boiled ~ 熟〔脱水〕焦油
coal ~ 煤焦油，沥青油
coke ~ 焦油
dry-run ~ 干馏焦油
heavy ~ 厚〔重质〕柏油，重焦油沥青
mineral ~ 矿质焦油，风化石油
oil gas ~ 油气焦油，石油气体焦油，油气柏油
rock ~ 石焦油，原油
Stockholm ~ 松焦油
wood ~ 木柏油，木焦油沥青

tardyon 慢子，亚光速度粒子

tare ①皮重，（货物）包装〔车身，容器〕重量，（汽车等除去燃料，冷却水等的）空重②皮重的扣除③（化学）配衡体④配衡⑤修正，校准
~ and tret 扣除皮重计算法
particular ~ 实际皮重

target ①靶，标的②目标，对象③指标，标志④（测量用）觇标〔板〕，标板，冲击板⑤（铁路）圆板信号机〔标〕⑥对阴极（X 射线管中的靶），对〔中间〕电极⑦瞄准
anti-blooming ~ 抗晕光靶，抗“开花”效应靶
bobbing ~ 隐显靶，隐显目标
cathode-beam ~ 阴极（电子）束靶
correction ~ 腐蚀〔保护〕电极
corrosion ~ 腐蚀〔保护〕电极
datum ~ 基准目标
dielectric ~ （存储管）介质屏幕
dispersive ~ 离散目标
extended ~ 空间目标，展开目标
fast(-burst) ~ 快靶（获得短脉冲用靶）
homogeneous ~ 无向性目标，均匀目标
intended ~ 指定目标
jetpowered ~ 喷气式靶机
life ~ 寿命指标
mark ~ 对准标记
multitraversal ~ 束流多次通过（的）靶
overbombarded ~ （电子束）过度轰击靶
phantom ~ 假〔幻象〕目标（雷达显示器上出现的）
plate ~ 阳极〔板极，屏极〕靶
polarizing ~ 极化目标
pyroelectric ~ 热（释）电靶
pyroelectric vidicon ~ 热电光导摄像管靶，热电视像管靶
range-calibrator ~ 距离校正靶，校距标
recognized ~ 识别目标（电视跟踪器所必需跟踪的目标）
resolving power test ~ 分辨率板，分辨率测试图，分解力测试靶
storage ~ 储荷电极，储荷靶
transmission ~ ①透射靶，渗透靶②透明靶
tungsten ~ 钨中间电极，钨对阴极（X 射线管中的靶子）
underwater ~ 靶雷
water-line ~ 水位标志

target-designator 目标指示器

targeting ①定目标②输入目标信息

targetry 制靶法

tariff ①税，关税②费率，运价单，价目单〔表〕
protective ~ 保护关税
rebate ~ 折扣计费率

tarnish ①变色，失去光泽，变暗②（使）生锈，锈蚀，表面变色③去光泽④污点，发霉⑤失泽物

tarp =tarpaulin

tarpaulin ①帆布，柏油〔焦油〕帆布，（防水）油布，漆布，篷布，舱盖布②（油布）防水衣，（油布）雨帽③水手，船员

tarring ①涂柏油②焦油化

tarry ①停留，逗留②煤焦物③焦油状的，（涂）柏油的

tartrate 酒石酸盐

taseometer 应力计

tasimeter 测温湿度变化的电微压计

task ①任务，工作，作业②工作条件③派给…工作，使做艰苦的工作
active ~ 活动任务
benchmark ~ 基准题，评判题
partially ordered ~ 半序任务（计算机用语）
serial ~ 顺序任务（计算机用语）

taskwork ①计件工作，包工工作②计件工③一定的工作

taste ①味觉②判断力③经验，感受
Tato 日吨产量
tattelite （防线圈击穿用）氖分流器
T-attenuator T衰减器，T形接法阻尼器
tau T字形物
taut ①拉紧的，紧张的②整齐的，严格的
tautness 紧固〔张紧〕度，拉紧
tautochrone 等时曲线，等时降落轨迹
tautochronism 等时性
tautomer(ide) 互变（异构）体
tautomerism 互变（异构）现象，同质异构，动态〔稳变〕异构现象，互变异构性，互变变构性
tautomerization （结构）互变（作用）
tax ①税②负担，压力，重负
excise ~ 营业税，出产税
income ~ 所得税
taxation ①税收②租〔抽，征〕税
tax-free 免税的
taxi 出租（小）汽车
taxicab 出租汽车
taxilight 滑行道照明灯
taximeter 计费表（出租汽车的），计程器
taxi-phone 投币式公用电话
taxis ①构型规整性，立构规整性，趋〔向〕性②分〔归〕类③排列，次序
taxiway 滑行道
taxogen 主链物
T-bar T形钢〔铁〕，丁字钢〔铁〕
T-beam ①T(形)梁，丁字梁②T形射束〔波束〕
T-bend T形接头，三通管
T-bolt T形〔丁字形〕螺柱
T-branch 三通（管）
T-bridge T形电桥，T形桥接
T-circuit T形电路，T形网络
T-clamp 丁字形夹
T-connection T形连接〔接头，接线〕
T-crank T形曲拐
t-distribution t分布
teach-in 专题讨论会，演讲会，(对具体问题的）自由讨论
teaching 教学（工作），讲授，训练
remote ~ 机外示教，远距（离）示教
teagle =tackle
team ①机组，联动机②联成机组③小队，班组
interdisciplinary ~ 综合专家小组
teaming 输送，运输，兽力运输
teamwork 集体作业，协作，配合
tear ①撕，撕开〔破，裂〕，扯，扯开〔破，裂〕，刺〔划，钩〕破②磨〔破〕损，裂缝
cold ~ 冷裂
hot ~ 热裂
tool ~ 刀具折裂
tear-and-wear ①磨耗，磨损②消耗
teardown ①撕下，拆毁②解体，拆开，拆卸
tear-fault 捩断层
tearing ①图像撕破（电视行同步断续失效引起的）②撕〔扯〕裂的③剧烈的
hot ~ 热裂，形成热裂缝
tear-off 可按虚线撕下的纸片
tearout ①撕断〔摘取〕力②（由于同步电路间断故障所致的）图像撕裂③撕裂的④撕下，扯下⑤磨损
tearproof 耐扯的，耐磨的
teaser ①梯塞绕组（斯柯特连接的副线圈）②受激辐射可调电子放大器③梳松〔扯麻，起绒〕机
open ~ 麻根开松机，黄麻回丝梳理机
teat ①突出部，粗大部分，凸缘②轴颈，枢轴，接头③炮耳
tebelon 油酸异丁酯
tech(n) =①technical（ly）②technician ③technology
technetium 锝（Tc）
technetron 场调管，场效应高能晶体管
technetronic 以使用电子技术来解决各种问题为特征的，电子技术化的
technic ①技术，技巧②手法③工程，工艺学④（pl.）技术术语〔细则，零件〕⑤技术的，工艺的，技能的，专门性的
processing ~ 处理〔加工〕技术，方法，制造〔加工〕工艺
technical ①技术的，工艺的②学术的③专门的，专业的④（pl.）技术术语〔细节，细则，零件〕
technicality ①专门性，学术性，技术性，专业性质②技术细节，专门事项③术语，专门名词
technicalization 技术〔专门〕化
technical-pure 工业纯的
technicals ①技术术语②（技术）零件③技术细则
technician 技术（人）员，技师，技工
technicist =technician
technicology =technology
technicolo(u)r ①彩色②彩色印片法，彩色电影〔电视〕③天然色的，彩色的，五彩的

technique ①技术，工程②技巧，方法③工艺方法④技术设备⑤工艺学
afterglow ~ 余辉技术
anti-ECM ~ 反干扰技术（反电子对抗技术）
ascending retrograde ~ 上行退回术，上升逆行术
back flushing ~ 反吹技术
back trace ~ 回溯技术，向后追踪技术
backing space ~ 积累法
beam-lead ~ 梁式引线〔连接〕法，梁式引线技术
biasing ~ ①偏置技术②偏磁技术
bottom-up ~ 自底向上法
breakthrough ~ 临界点法
brittle-lacquer ~ 脆性喷涂技术（应力定性分析法）
bump ~ （风洞）驼峰术
canned-powder ~ 粉末包套锻造（锻造铍的方法）
close-spaced ~ 窄间隔技术，密排技术
colo(u)r-under ~ 彩色下置技术
compact coding ~ 紧凑编码法
cordwood ~ 积木式组装
crack started ~ 裂纹开裂技术
cyclematching ~ 循环匹配技术，脉冲导航技术
dip transfer ~ 短路过渡焊接术
dot-and-dash ~ 电报技术
double-pouring displacement ~ 双金属浇注置换术
drag ~ 牵弧技术
electroetching ~ 电蚀刻技术
electroless gold ~ 无电敷金技术
encryption ~ 加密技术
etched wire ~ 蚀刻技术
excess noise ~ 过量噪声法
feed-in-pull-out ~ 馈入 - 拉出技术
field balancing ~ 现场平衡法，现场平衡技术
floating crucible ~ 浮置坩埚技术
floating-zone ~ 浮区提纯技术
forecasting ~ 预测技术，预测法
forming ~ 成形技术
frequency multiplexing ~ 多频多路技术
fringe image ~ 光栅投影法（速度测定中）
gang sawing ~ 排锯切割技术
gas doping ~ 气相掺杂技术
gating ~ 选通技术，脉冲选通技术
Gordian ~ 关键性技术
graphic-arts ~ 图形法（厚膜电路制造工艺）
grid search ~ 格点搜索法
hindcasting ~ 追算技术
horizontal pulling ~ 水平拉晶技术
horizontal-interlace ~ （水平扫描）隔行扫描技术
hot and cold load ~ 热冷负载法（用于测量噪声系数）
hot-wire ~ 热线〔丝〕测试〔速〕技术
immersion ~ 水中〔浸液〕扫描术
instrumental variable ~ 辅助变量法
integrated circuit laser testing ~ 集成电路激光测试技术
interferometric ~ ①干扰法②干扰设备
internetworking ~ 网络互联技术
interscan ~ 附加数据叠加技术
key compare ~ 键比较法，关键字比较法
key value radix ~ 键值基数法
liquid-liquid ~ 液 - 液萃取技术
live studio ~ 广播室实况广播技术
Lowson ~ 洛森技术，高频设备调谐技术
managerial ~ 管理技术，经营方法
matrix ~ 矩阵法
microphotolithographic ~ 显微光刻技术
mike ~ ①传声器技术②微音技术
mixed high ~ 混合高频发射技术(彩色电视）
modulated subcarrier ~ 调制副载波法
North matched-filter ~ 诺斯匹配滤波器技术
nuclear-emulsion ~ 核浮胶技术
octal debug ~ 八进制调试技术
oil-mull ~ 油磨法
open hash ~ 开散列技术
optimal search ~ 优选技术
optoelectronics ~ 光电子技术
packaging ~ 装配技术
packet multiplexing ~ 包多路转换技术
paging ~ 分页技术
panoramic ~ ①全景技术②频谱扫调技术
parameter perturbation ~ 参数〔扰动，微扰，摄动〕法
pedestal ~ 台基技术（无坩埚拉晶技术）
pellet-dropping ~ 掺杂小球降落技术
phon ~ 声响级测定技术
pinpoint ~ 精密技术
point generation ~ 点生成技术
polarity separation ~ 极性分离技术（彩色电视用）
polling ~ 轮询技术

powder blow-in ~ 撒料法
precedence ~ 优先技术
prefetching ~ 预取技术
primary input assignment ~ 初始输入赋值法
printed-circuit ~ 印制电路技术
process ~ 程序加工技术
program(me) evaluation and review ~ 程序鉴定技术，计划评审技术
program(m)ing ~ 程序设计技术，编制程序技术
pulling ~ 拉单晶技术
Q-switch ~ Q 值脉冲调制法
random geometry ~ 杂乱形状技术（高密度装配的）
random rehash ~ 随机再散列技术
redundancy ~ ①多余度设计，多余度技术②复制配备（为加强可靠性）
refractive ~ 折射技术
rejection ~ 舍选法
relaxation ~ 松弛法
renormalization ~ 重正化技术
rod-in-tube ~ 管（内）棒法
root-locus ~ 根轨迹法
sample ~ 抽样技术
scatter storage ~ 分散存储技术，分散存储法
shadow casting ~ 投影技术
shunted monochrome ~ “平行单色像”技术
simulation ~ 模拟技术
slurry packing ~ 淤浆填充法
soak-quench ~ 均热淬火工艺
solid-state ~ 固体电路技术
soot ~ 粉尘法
space-modulation ~ 空间调制技术，调空技术
spark ~ 火花法
spark erosion ~ 电火花加工技术
spark resisting ~ 防火花技术（用放电器防止过电压方法）
stack processing ~ 栈处理技术
staining ~ 染色法（确定 pn 结的），染色技术
starting ~ 起动技术，起动方法
stepping ~ 步进法
striation ~ 辉纹技术
swept frequency ~ 扫频技术
transient test ~ 瞬变〔非定常〕状态试验方法
transfer tape ~ 带迁移技术
uniform geometry ~ 规则形状技术（高密度装配中的）
updating ~ 适时修正法
wind-tunnel ~ 风洞试验技术
wire ~ 载流线（测量）方法
wool tuft ~ 贴线法
X-ray microbeam ~ X 射线微束技术

Technitron 高频晶体管（商品名）
technocracy 专家管理，技术统治
technography 技术发展史
technolatry 科技崇拜
technologic(al) 工（艺）学的，技术的，因工业技术发展而引起的
technologist 工艺学家，技术人员，科技工作者
technology ①工艺（学，规程），（工业，生产）技术，制造学②术语（学）
~ of metals 金属工艺学
bipolar Schottky ~ 双极肖特基工艺
block-switch ~ 分组交换技术
bluetooth ~ 蓝牙技术
bubble chip single-mask ~ 磁泡芯片一次掩蔽工艺
bulk ~ 体效应技术
cloud computing ~ 云计算技术
encapsulation ~ 封装技术，封装工艺
environmental information ~ 环境信息技术
fingerprint identification ~ 指纹识别技术
fluidic ~ 流控技术
formative ~ 造形工艺，造形术
group ~ 成组〔组合〕工艺学，成组技术
impregnation ~ 浸渍工艺
information ~ 信息技术，IT 技术
intellectual ~ 智能技术，智能工艺学
intelligent information network ~ 智能化信息网络技术
laser communication ~ 激光通信技术
laser serve ~ 激光伺服技术
LSI-CML circuit ~ 大规模集成电流型逻辑电路工艺
machine-building ~ 机械制造工艺
mask-making ~ 制版工艺
materials ~ 材料工艺学
mechanical ~ 机械工艺学
MEMS/MST/micromachine ~ M3 技术
metal lift-off ~ 金属剥离工艺
metallurgical ~ 金属工艺学
micro piezo ~ 微针点压电喷墨技术
microalloy ~ 微合金工艺
microchip ~ 微片技术
microsystems ~ 微系统技术
multichip ~ 多片工艺学

packet ~ 包〔分组〕交换技术
photogrammetric ~ 摄影测量技术
planar ~ 平面工艺
pointing ~ 指点器技术
process ~ 加工技术，生产工艺学
purity audio reproduction ~ 纯音再生技术
purity audio reproduction ~ 纯正音频复制技术
radio ~ 无线电技术〔工艺〕
radio access ~ （通信）无线访问技术
resolution enhancement ~ 增强分辨率技术
soft ~ 软工艺，软技术
space ~ 航天工艺学，宇航工学，航天技术
stealth ~ 隐身技术
supporting ~ 基础技术，技术基础
surface passivation ~ 表面钝化工艺
surface preparation ~ 表面制备工艺
thickening ~ 增密工艺
washed emitter ~ 泡发射极工艺
whisker ~ 晶须工艺学
technology-driven 技术驱动
technomania 技术热
technopolis 技术化社会
technopsychology 科技心理学
technosphere 工业〔人工，技术〕圈
technostructure 技术专家（控制）体制（组），技术〔专家〕阶层
technote 工程符号，工程记号
technotron 结型场效应管的早期名称
technovation 技术进展，技术发展
Tec-tip 共晶度测量仪（商品名）
tectofacies 构造相
tectonics 工艺学，构造学，筑造学
tedge ①直立物②竖管，上升管③垂直浇道
tee ①T形，丁字形，T形物②丁字管接，丁字接头③三通④三线开关⑤丁字钢
angle ~ 分路，分支
booster hose ~ 助力器T形软管
brace ~ T字撑杆
bulb ~ 圆头丁字铁，轨形截面
bulkhead ~ 长臂丁字尺
bulkhead side ~ 支管穿过隔板的三通接头
bullhead ~ 带接头三通
cast-iron ~ 铸铁T字管节
combining ~ T形（波导）支路〔接头〕
crossover ~ 转换三通
double ~ 工字梁
female run ~ 内螺纹三通接头
flange ~ 二重交错凸缘
flanged ~ 法兰三通
globe ~ 球形丁字管节
landing ~ T形着陆标志，（指示飞机着陆的）T字布
lead ~ T形铅套管
magic ~ 魔T，幻T形，T形波导支〔岔〕路
narrow ~ 小口径三通
pipe ~ T形管，三通管，丁字管节
plain equal ~ 不带边周径三通
reduced ~ 异径三通管
reducing ~ 异径三通接头，缩径三通
series-and-shunt ~ 串并联三通，串并联T形接头
service ~ T形管接合
side outlet ~ 支流三通管
single sweep ~ 三通管
skew ~ 斜叉三通
sling stay ~ 吊撑丁字头
steam pipe ~ 汽管丁字管节
steam reducing ~ 汽管缩径丁字管节
street ~ 直管带外螺纹的三通接头
union ~ 中间三通接头，T形连接，T形接头
waveguide ~ 波导三通，波导T形接头
wide ~ 大口径三通
wind ~ 丁字风向标
tee-beam ①T形射束，T形波束②T（形）梁，丁字梁
tee-bend T形接头
tee-branch T形〔三通〕管
tee-coil T形线圈
tee-iron T形梁，丁字钢
tee-joint T形接头
tee-junction 三通，T形接头〔连接，交叉〕
teem(ing) ①浇铸（钢锭），铸造②铸件③点冒口，补浇（冒口），夹冒口
double ~ 重铸，双浇（钢锭缺陷）
hand ~ 人工浇铸
pit ~ 坑铸法
tee-off 分叉，分出分路
Teepee 超视距雷达（迪皮）
tee-piece T形接头，三通（管）
Teepol 阴离子界面活性剂，阴离子去垢剂
tee-profile 丁字钢，T形型钢
tee-root T形叶根
tees 丁字钢，T形型钢
teeter 前后动，上下摇摆
teeter-totter 仿颠簸汽车测试台
teeth tooth的复数

gear teeth ~ 齿轮齿
teetotum 手转陀螺
teevee 无线电传真，电视（机）
tefiphone 泰飞风（译名），循环磁带放音机
teflon 聚四氟乙烯，绝缘塑料，特氟龙
Tego ①铅基轴承合金（*w*（Sb）15% ~ 18%，*w*（Sn）1% ~ 3%，*w*（Cu）1% ~ 2%，*w*（Pb）78% ~ 83%）②酚醛树脂
telautogram 传真电报
telautograph 传真电报（机）
telautography 传真电报学
telautomatics 遥控力学，遥控机械学，遥控自动技术，远距离控制
Telcoseal 泰尔科铁镍钴合金（*w*（Fe）54%，*w*（Ni）29%，*w*（Co）17%）
Telcuman 泰尔铜锰镍合金（*w*（Cu）85%，*w*（Mn）12%，*w*（Ni）3%）
tele 电视
tele-access 远程访问
teleacting 远程操作（如抄表）
tele-action 遥控作用
teleammeter 遥测电流计，遥控安培表
telearchics 无线电操纵飞行术，无线电飞机操纵法
tele-autograph 传真电报（机）
teleautomatics ①遥控机械〔自动〕学，遥控力学②远距离自动装置，远距离控制③远距离自动学
telebanking 电子银行业务，远程银行业务
telebar 棒料自动送进装置
tele-barometer 遥测气压表
telebit 二进制遥测系统，遥远比特位
telecamera 电视摄像机
telecar 收发报汽车，遥控车
telecast （用）电视广播〔播送，传输〕，电视节目
telecentric 焦阑的，远心的
telechanson 电话音乐
telechirics 遥控系统
telechron 电视钟
telecine 电视电影（机），电视电影演播室，电视电影传送装置
three-tube ~ 三管式电视电影机
twin-lens ~ 双镜头电视电影机
telecinematography 电视（传送）电影（术）
teleclinometer （遥测）井斜仪
telecom 远程通信，电信
telecommand ①远程调度，远程指挥②遥（远命）令，遥控
space ~ 太空电信指挥
telecommunication 电信，长途〔无线电，远距，远程〕通信，远程运输
~ information networking architecture 电信信息联网体系结构
cordless ~ 无绳通信
digital enhanced cardless ~ 数字增强无绳通信，广域数字无线通信，数字式无线通信系统
electromagnetic ~ 电磁波长途通信
international ~ 国际电信
multiple ~ 多路通信
optical ~ 光通信
stratospheric ~ services 平流层电信业务
universal personal ~ 通用个人通信
wired-wireless ~ 有线对无线远程（联合）通信
telecommuting 电信上班，居家办公
telecompass 遥控〔远距离，无线电〕罗盘
telecon ①电话会议，电报会议②硅靶视像管
teleconference 电视会议，电话〔电报，远距离通信〕会议
audio graphic ~ 视听电话会议
teleconnexion 远距离联系
Teleconst 铜镍合金（*w*（Cu）30%，*w*（Ni）70%）
telecontrol ①远动（包括遥控，遥调，遥测和遥信）②遥控，远距离控制〔操纵〕
centralized ~ 中心遥控，远动集控
teleconverter 增距镜
telecooperation 远程协作
telecopier 传真复制机，电传复写机
telecord ①电话机上附加的记录器②心动周期X线照相自动操纵装置
Telecoseal 太莱古西尔合金
telecoupler 共用天线耦合器
telecourse 电视（传授的）课程
telecruiser 流动电视台
telectrograph 传真电报机
telectroscope 电传照相机
telecurietherapy 远距离射线疗法
teledata ①远程数据②远程数据机
teledepth 气压测深仪，遥测深度仪
tele-detection 远距离探测
telediagnosis （通过）电视（进行的）诊断，远距离诊断
telediffusion 无线电广播

teleeducation 远程教学
telefacsimile （通过电话线传送信号进行联系的）电话传真
telefault 故障检测电感线圈（用于测定电缆故障部位），电缆故障位置检测线圈
telefax 光波传信法，光传真
telefile 远程文件
telefilm 电视影片
teleflex 转套，软套管
telefocus 远距聚焦
telefork 叉式起重拖车
telegauge ①遥测计〔仪，仪表〕，远距离控制〔测量〕仪器②可伸缩的〔望远镜（筒）式〕内卡钳
telegenic 适于拍电视的
telegon 无接点交流自整角机，协调器，同步器
telegoniometer 遥测角计，无线电测向仪，方向计
telegram ①电报〔信〕②打电报
~ in cipher 密码电报
code ~ 编码〔明码〕电报
cuoger ~ 密码电报
express ~ 加急电报
press ~ 新闻电报
service ~ 公电
telegraph ①电报（学，术），电信②电报机③信号机④打电报，电汇
duplex ~ 双工电报机
facsimile(copying) ~ 传真电报
frequency discrimination ~ 鉴频式电报
inter-call ~ （专台）选呼电报机
Morse ~ 莫尔斯电报机
multiple ~ 多路电报机
printing ~ 印字电报（机）
private ~ 专用电报
quadruplex ~ 四路多工电报
radio copying ~ 无线电传真电报
steering ~ 操舵信号机
writing ~ ①传真电报②打字电报机
telegraph-clock ①传令电钟②电报机③电报，电信
telegrapher 电信报务员
telegraphese 电（报）文体（的）
telegraphic ①电报〔信〕的，电传的，电报机的②电（报）文体的
telegraphist 报务员，电信兵
telegraph-key 发报电键，电钥
telegraphone 录音〔留声〕电话机
telegraphoscope 电传照相机
telegraphy ①电报（学，术），通报，发电报②电报机装置（术）
acoustic(al) ~ 声频电报
carrier ~ 载波电报（学）
continuous wave ~ （=W ~）等幅波电报，连续波电报
CW ~ =continuous wave ~
diplex ~ 单向双路电报
facsimile ~ 传真电报（术）
incremental quadruplex ~ 增流式四路多工电报
infra-acoustic ~ 亚音频电报，次声频电报
leased ~ 租线电报
octuplex ~ 八路电报
phantom circuit ~ 幻线电报
phase discrimination ~ 鉴相式电报，相位区分制电报
phonoplex ~ 多路音频电报
picture ~ （无线电）传真电报术
printing ~ 电传打字电报，印字电报
radio ~ 无线电报（学）
simplex ~ 单工电报（学）
spark ~ 火花式无线电报
submarine ~ 海底电缆电报（术），水底电报
teleguide 遥导
telehoist 伸缩式起重机
telehor 旧式电视机
teleindicator 远距离指示器
telelectroscope ①电传照相②电传照相机
telelecture ①电话扬声器②（用电话扬声器进行的）电话讲课〔演〕，电话教学
telemanometer 遥测压力表
telemarketing 电子营销
telemechanics 远动学，遥控力学，遥控机械学，遥控〔远动〕动力学
telemechanism =telemechanics
telemechanization 远动机械化
telemeteorograph 遥测气象记录仪
telemeteorometry ①遥测气象学②遥测气象仪制造学
telemeter ①遥测计②测远仪〔计〕，测距仪，光学测距仪③用遥测发射器传送
analog(ue) ~ 模拟遥测计〔仪〕
electric ~ 电测远器，遥测电量仪表
telemetering ①遥测，远距离测量②遥测技术③沿无线电遥测线路传送信息
digital ~ 数字遥测，数字式远距离测量
radio ~ 无线电遥测

space ~ 宇宙遥测
telemetry ①遥测技术，测距术〔法〕②无线电遥测装置
diversity ~ 分集遥测
long-haul ~ 远程遥测
PACM ~ 脉冲幅度编码调制遥测技术
range-data ~ 射程（数据）遥测术
telemicroscope 望远显微镜，遥测显微镜
telemitron 电子放电管
telemometer ①遥测计〔仪〕②遥测式直读荷重计
telemonitor 遥控
telemotion 无线电操纵
telemotor ①遥控电动机，遥控发动机②动力遥控装置，遥控传动装置③液压操舵机
non-centering ~ 非定心式遥控电动机
teleobjective ①遥测对象②望远物镜
teleoperator ①遥控操作装置，遥控机械，遥控机器人②遥控操作员
tele(o)roentgenograph 远距 X 射线摄影机
tele(o)roentgentherapy 远距离 X 射线疗法
teleoseal 铁镍钴合金
telepantoscope （与摄像管类似的）单向扫描器件，机械帧扫描摄像管
telepaper 电视传真报纸〔文件〕
teleparallelism 绝对平行度
telephase 末期
telephone ①电话机②受话器,电话耳机〔听筒〕③电话系统
automatic reporting ~ 自动报告电话
automobile ~ 汽车电话
beat ~ 调度电话
black ~ 黑色电话，保密电话
bogging ~ 窃听电话
breast ~ 挂胸电话机
condenser ~ 电容器式受话器
cordless ~ 无线电话
dial ~ 自动电话机（拨号式）
digital cordless ~ 数字无线电话
extension ~ 电话分机
field ~ 野战电话单机
hand-micro ~ 送受话器，手机
head ~ ①受话器②头戴电话机
intelligent ~ 智能电话
intercommunicating ~ 对讲电话
local ~ 市内电话
long-distance ~ 长途电话
microwave ~ 微波电话
multiparty ~ 同线电话
multiplex ~ 多路电话
neck ~ 喉头送话器
party ~ 共线电话（两个以上电话机接在同一线路上），载波电话
patrol ~ 巡线电话，侦察用电话，调度电话
private ~ 专线电话，自用电话
public ~ 公用电话
quantum ~ 量子电话
toll ~ 长途电话
transatlantic ~ 横跨大西洋电话
two-way ~ 双工电话，双向电话
video ~ 视频电话，电视电话，显像电话
visual ~ 可视电话
telephonic 电话（机）的，用电话传送的
telephonist 话务员，电话接线员
telephonograph ①话传电报②电话录音机，录音电话机
telephonometer 电话钟（测定通话时间的装置），通话计时器
telephonometry ①通话计时②电话测量术
telephony 电话学〔术〕，通话
amplitude modulate radio ~ 调幅无线电话
cordless ~ 无线电话
line ~ 有线电话
open-wire carrier ~ 明线载波电话
picture ~ 电视电话（术），可视电话（术）
quadruplex ~ 四路多工电话术
simplex ~ 单工电话（学）
vehicular ~ 车载电话
telephote 传真电报〔发送〕机，早期电视机
telephoto ①传真电报，传真照相②远距离摄影术③远摄〔远距照相〕镜头
telephotograph 传真照片，传真电报，远距照相镜头所摄照片
telephotography ①传真电报学②远距照相术，传真
telephotolens 远摄物镜，望远物镜，远距照相镜头
telephotometer 遥测〔远距〕光度表〔计〕
telephotometry 光度遥测法
teleplotter 电传绘迹器
teleport 信息港
teleportation 远距传物（物质转变为能再转变为物质）
tele-presence 电子再现，远程体验
teleprinter 电传打字〔传真印字〕（电报）机，传真机

electronic ~ 电子式电传机
journal ~ 新闻〔日志，日记账〕电传打字机
machinery ~ 机械式电传机
page ~ 页式电传打印机
peripheral ~ 外围电传打印机
tape ~ 纸带式电传打字机

teleprocessing 远程处理，远程信息处理，远距离程序控制，遥控加工

teleprompter 讲词提示器（电视演说的）

telepsychrometer 遥测干湿表，远程湿度计

telepunch 遥控穿孔（机）

telepuppet 遥控机器人，遥控探测装置

teleputer 电视计算机

telequipment 遥控装置

teleran （=television and radar navigation system）电视雷达导航（系统），电视雷达导航仪，近航仪

telerecorder 自记式遥测仪，遥测自动记录仪

telerobot 遥控机器人

telerun 遥控

telesat 通信卫星

telescan 文字电视

telescope ①望远镜，望远镜的瞄准镜②望远镜系统③光学仪器④望远装置
~ direct 正镜
~ reverse 倒镜
astronomical ~ 天文望远镜，天体望远镜
battery commander's ~ 炮队镜
binocular ~ 双筒望远镜
counter ~ 计数器望远镜（宇宙射线）
director ~ 光学〔望远镜式〕瞄准器
elbow ~ 肘形望远镜
electron ~ 电子望远镜
exterior focusing ~ 外调焦望远镜
finder ~ 瞄准望远镜
Galileo ~ 伽利略望远镜，荷兰式望远镜
Gregorian ~ 格里果里〔格雷果里〕望远镜
high-speed ~ 强光力望远镜
horizontal solar ~ 地平式太阳望远镜
interior focusing ~ 内调焦望远镜
Keplerian ~ 开普勒望远镜
laser alignment ~ 激光导向仪，激光瞄准望远镜
mirror ~ 反射望远镜
navigation ~ 导航望远镜
panoramic sight ~ 火炮周视瞄准镜
radio ~ 射电〔无线电〕望远镜
satellite tracking television ~ 卫星跟踪电视望远镜
starlight ~ 星光望远镜（小型轻量被动式夜视像增强系统）
underwater ~ 水下望远镜
zenith ~ 天顶仪

telescope-feed 套筒式

telescopic(al) ①望远镜的②套筒的，套管的③伸缩的，可抽出的，可拉出的

telescopicity （望远镜形）锥形度

telescopiform 望远镜形的，套叠式的，可伸缩的

telescreen 电视屏幕，荧光屏

telescribe 电话录音机

teleseism 远（地）震，遥震

teleseismology 遥测地震学

teleseme 信号机

teleservice 电信服务，用户终端业务

teleset 电视机，电视接收机，电话机

tele-sharing 远程共享

teleshopping 电视购物

telesight 架在眼镜上的放大镜

telesignalization 遥测信号化（设备）

telesong 电话音乐

telespectroscope 远距分光镜

telestar 电视卫星，电星通信卫星，电星

telestereoscope 双眼〔立体〕望远镜

teleswitch 遥控键，遥控开关

tele-symbionts 远程共存程序

telesyn 遥控同步机

telesynd 远程同步遥控装置，遥测设备

teletachometer 远距测速计，遥测转速表

teletactor 触觉助听器

teletalking 有声电影

teletex ①传真资料②智能用户电报③图文电视

teletext 电视字符多重广播，电视讲座，图文电视，电函，电传文件，电传正本；用户电视电报

telethermograph 遥测〔远距〕温度计

telethermohygrograph 遥测温湿记录仪

telethermometer 遥测〔远距〕温度计

telethermoscope 遥测〔远距〕温度计

teletorque 交流自整角机

teletranscription 显像管录像，电视屏幕录像

teletransmission 远程传送，遥测传送

teletron 显像管，电视接收管，（电子）电视射线管

teletube 电视显像管

teletype ①电传机，电传打字（电报）机②电传打字电报③电传打字电报术

teletyper 电传打字电报员
teletypesetter 电传〔遥控〕排〔打〕字机，电传排版
teletypewriter （无线电）电传打字机
teletypist 电传打字电报员
televariety 电视综合表演
televideo 电视录像两用机，遥控视频
teleview ①电视节目〔传真〕②（用电视机）收看，看电视
televiewer 电视观众，井下电视
televise 电视播送〔拍摄〕，（用电视机）放映，转播电视
television ①电视②电视机③电视广播事业
~ eye 工业电视摄像机
additive colo(u)r ~ 加色法彩色电视
bi-directional ~ 双向电视系统
cable ~ 电缆电视，有线电视
chroma ~ 彩色电视
civilian ~ 民用电视
closed-circuit ~ 闭路〔工业，有线，专用〕电视
coaxial ~ 同轴电缆电视
coin-box ~ 投币式电视
coin-freed ~ 收费电视，投币式电视
colo(u)r ~ 彩色电视
combat ~ 军用〔指挥战斗，战用〕电视
commercial ~ 商业电视，民用电视
community ~ 有线电视，集体接收电视
decimeter ~ 分米波电视
digital ~ 数字电视
digital colour ~ 数字彩色电视
direct ~ 点播电视，直播电视
educational ~ 教育（用）电视，科教电视
fee ~ 收费电视
field simultaneous colo(u)r ~ 同时制彩色电视
flat ~ 平板电视
high definition ~ （= HDTV）高清晰度电视
high fidelity ~ 高保真（度）电视
high-grade colo(u)r ~ 高级彩色电视
hologram ~ 全息电视
holographic colo(u)r ~ 全息彩色电视
home ~ 民用电视
industrial ~ 工业电视
infrared ~ 红外电视设备
instructional ~ 教育〔学〕电视
large-screen ~ 大屏幕电视机
large-screen colo(u)r ~ 大屏幕彩色电视
laser ~ 激光电视
laser low-light level ~ ①激光微光电视②激光光色显示，激光照射变色彩色显示
liquid crystal ~ 液晶电视
low-light-level ~ 微光电视
low-resolution ~ 低清晰度电视
many picture ~ 多画面电视
medical ~ 医用电视系统
micro ~ 微型（袖珍）电视机
mobile ~ 移动式电视设备，流动电视车，便携电视
monochrome ~ 黑白电视
multichannel ~ 多频道电视
narrow-angle ~ 窄角电视
natural-colo(u)r ~ 天然色电视
network ~ 电视广播网，网络电视
nocto ~ 红外线电视，暗电视
non-uniform code ~ 非均匀〔非线性的〕编码电视
PAL colo(u)r ~ PAL 制彩色电视
panoramic ~ 全景电视
pay-as-you-view ~ （计时）收费电视，投币电视
PCM digital colo(u)r ~ 脉冲编码调制数字彩色电视
periscopic ~ 潜望电视
personal ~ 小型电视接收机
polychrome ~ 彩色电视
projection ~ 投影式电视
radiated ~ 电视辐射发送，广播电视
relay ~ 中继电视，转播电视
relief ~ 立体电视
scrambled ~ 扰频电视（系统）
screen size ~ 大屏幕电视，投影电视
simultaneous colo(u)r ~ 同时传送制彩色电视
smart ~ 智能电视
space-borne ~ 星载电视侦察仪
sponsored ~ 商业电视
standard definition ~ 标准清晰度电视
stereo ~ 立体电视
stereoscopic ~ 立体电视
subscriber ~ （计时）收费制电视
subscription ~ （计时）收费电视
Telstarlaser colo(u)r ~ 激光彩色电视机
theater network ~ 剧场电视转播
three-dimensional ~ 立体电视，3D 电视
underwater ~ 水下电视
underwater colour ~ 水下彩色电视
underwater laser ~ 水下激光电视

video beam ~ 像束电视
wideband cable ~ 宽频带有线电视
X-ray ~ X 射线电视
televisionally 通过电视
television-directed 用电视遥控的，电视制导的
televisionese 电视术语
televisor ①电视（接收，发射）机，收影机②电视播音员，使用电视接收〔发射〕机的人
televisual 电视的，适于拍电视的，适于上电视镜头的
televoltmeter 遥测电压表，遥测伏特计
televoting 远程投票，电子投票（通过电信投票）
televox 声控机器人〔机械人〕
telewattmeter 遥测功率计
teleworking 居家办公，远程工作
telewriter 传真电报机，电传打字机
telex ①用户〔直通，自动电传打字〕电报，用户电传，电报挂号②电报用户直通电路③专线电报机，专用电报（利用电话线传输的）
telfer 高架索道，电动缆车
Telledium 碲铅合金（w（Te）< 0.1%，其余 Pb）
teller ①广播员，报告人②量尺的长度标
frequency ~ 频率计
moisture ~ 水分（快速）测定仪
tellevel 液面（高度）计
telling 识别，自动报警
tellite 指示灯，印制电路基板
Telloy 碲粉末（商品名）
telltale ①舵位指示器，定位标记，驾驶动作分析仪②登记机③计数〔计算〕器，寄存器④信号〔传信〕管，信号装置，指示器，警报器（指示油罐充满程度的）⑤考勤钟
torque-converter level ~ 液力变矩器，液位信号灯
tellurate 碲酸盐〔酯〕
telluric ①（由于磁引起）电场效应的②大地的③碲的
telluride 碲化物
tellurium 碲（Te）
tellurometer （导线，无线电，电波，脉冲，雷达）测距仪，精密测地仪
telly 电视（机）（俗称）
telnet 超级终端
Telnic-bronze 特尔尼克耐蚀青铜（w（Cu）98.3%，w（Ni）1%，w（P）0.2%，w（Te）0.5%）
telogen 调聚体，聚合调整剂
telojector 电视电影用幻灯机，自动换片幻灯机
telomer 调聚物，终链〔终端调节〕剂
telop 自动反射式幻灯机
opaque ~ 图片放映机
telotype ①电传打字电报机②（一份）电传打字电报
telpak 宽频带通信通道
telpher ①电动小吊车，电缆吊车，电动单轨悬挂吊车②架空线路，高架〔架空〕索道③电动缆车的，电动索道的
rope ~ 电动缆车
telpherage 电缆运输装置，自动索道运输，高架索道〔架空电缆〕运输（法）
Telstar （或 telstar）通信卫星（系统）
TEM ①（=transmission electron microscopy）透射电子显微术（学）②（=transverse electromagnetic）横向电磁场〔波〕
temforming 马氏体形变处理，形变回火处理
TEM(-)mode TEM 模，横电磁波，TEM 波
temp ①温度②暂时的，临时的
Tempaloy 耐蚀铜镍合金（w（Cu）89% ~ 96%，w（Ni）3% ~ 5%，w（Si）0.8% ~ 1%，w（Al）0 ~ 0.47%）
temper ①回火②韧度，淬硬，回火度〔色〕③钢的碳含量④调和〔节，质〕，掺和，回性（型砂），变柔⑤锻炼
dead soft ~ 软钢板回火
grinding ~ 磨削回火
harden and ~ 调质
Q ~ 自身回火
soft ~ 软化回火
temperable 可回火的，可调和的
temperament ①调律〔和，节〕，适中②性格
temperate 有节制的，适中的，适可而止的，温和的
temperature ①温度，体温②工作温度（机器人性能参数）
absolute ~ 热力学温度（K）
ambient ~ 环境〔周围介质〕温度，室温
blackbody flame ~ （视为）绝对黑体的火焰温度
blackbody radiating ~ 绝对黑体辐射温度
blast ~ 爆炸温度
boiling ~ 沸点
brittle ~ 脆化温度，脆化点
brittle transition ~ 韧脆转变温度，冷脆临界温度
bulk ~ 体温（按体积计算的平均温度）
bulk inlet ~ （液体或载热体的）入口群体温度
caloric ~ （确定传热系数时用的）平均温度

case ~ 外壳温度
centigrade ~ 摄氏温度（℃）
chamber ~ （燃烧）室温度
charger ~ 着火温度
cloud ~ （柴油）混浊点，燃料混浊温度
coexistence ~ 两态共存温度，饱和温度
cold-boundary ~ 冷却边界温度，冷却面温度
cold-junction ~ 冷接点温度，冷端温度（热电偶的）
colo(u)r ~ 色温，比色〔示色，色测，颜色〕温度
combustion can ~ 火焰筒温度，燃烧温度
condensed-mercury ~ 凝结汞的温度（整流管），凝汞温度
consolute ~ 会溶温度，混溶温度
constant ~ 等温，定温
critical ~ 临界温度，质变温度
cryogenic ~ 冷冻温度，低温
Curie ~ 居里点，居里温度，磁性转变温度
curing ~ 硬〔固，硫〕化温度
cylinder head ~ 气缸盖温度
datum ~ 基准温度，初始温度
dew-point ~ 露点（温度）
differential ~ 温差
drawback ~ 回火温度
effective ~ （铸造的）感触温度
elevated ~ 高温，温升
engine coolant ~ 发动机冷却液温度
environmental ~ 环境温度，周围温度
equilibrium ~ 稳定温度，平稳状态温度，平衡温度
eutectic ~ 共晶点，共晶温度，低共熔温度
exhaust ~ 排气温度
explosion ~ 爆温
external ~ 环境温度，周围介质〔空气〕温度
extraordinarily high ~ 超高温
fahrenheit ~ 华氏温度（°F）
final ~ 出口〔终点，最后〕温度
finishing ~ 最终〔终轧〕温度，焊接终了的温度
flash ~ 瞬现温度，闪点温度
fracture-arrest ~ 裂纹终止的温度
freezing ~ 冷凝温度，凝固点，冰点
fusion ~ 熔化〔熔融，聚变，烧结〕温度，熔点
germinative ~ 晶核化温度，发芽温度，巨粒温度
hardening ~ 淬火温度
heating-up ~ 加热温度，暖机〔管〕温度
hot junction ~ 热接点温度（热电偶的）
hot(test)-spot ~ 热斑温度，热点温度
ignition ~ 着火温度，燃烧温度，发火点
impact ~ 滞止〔碰撞，驻点〕温度
impact tension ~ （金属）从韧性破坏到脆性破坏的过渡温度，韧脆转变温度
integral ~ 积分温度，平均温度
interpass ~ 层间温度
inversion ~ 转换温度，逆温，逆变温度
investing ~ 结壳温度，熔模温度
junction ~ 结区〔点〕温度
Kelvin ~ 热力学温度
kindling ~ 着火温度，着火点
luminance ~ 发光温度，（光）亮度温度
magnetic transition ~ 磁性转变温度，居里点，居里温度
maximum gas ~ 最高燃气温度，最高循环温度
medium ~ 中间温度，介质温度
melting ~ 熔化温度，熔点
metal(l)izing ~ 金属化温度，金属涂覆温度
Neel ~ 奈耳温度（反铁磁物质最高温度）
negative ~ 负温度，零下温度
nil-ductility ~ 无塑性转变温度
nitrogen liquefaction ~ 氮气液化温度
normal ~ 标准温度，正常温度
normalizing ~ 正火温度
peak ~ 最高〔峰值〕温度
platinum scale ~ 铂电阻标定温度
primary steam ~ 一次蒸汽（过热）温度
program(m)ed ~ 程序控制温度
radio ~ 无线电辐射温度〔温差〕
rated ~ 标准〔额定，规定〕温度
rated junction ~ 额定结温
recovery ~ 恢复〔回复〕温度
recrystal(lization) ~ 再〔重〕结晶温度
reduced ~ 对比温度，换算（到海面的）温度
reference ~ 基准〔参考，起始〕温度
reference point ~ 基准点温度
refining ~ 调质〔晶粒细化，精炼〕温度
representative ~ 特性温度，代表性温度
resistance ~ 热电阻温度计
resulting radiation ~ 有效辐射温度
reverse ~ 反转温度
runaway ~ 失控温度，剧增温度
salt ~ 盐浴温度
seed ~ 结晶温度
setting ~ 凝固温度，设定温度

shakeout ~ 打型温度，落砂温度
sink ~ （热力循环）冷源温度
soaking ~ 均热温度
solidification ~ 凝固温度
stagnation ~ 滞止〔临界，滞流，驻点〕温度
static ~ 静（态）温（度）
storage ~ 储存温度
subambient ~ 低温
subnormal ~ 低于正常的温度，亚正常的温度
subzero ~ 零下温度，负温度
surrounding ~ 环境温度
tack ~ 发黏温度
tapping ~ 出炉〔出钢，出铁，出渣〕温度
tempering ~ 回火温度
throttle(steam) ~ （汽轮机）进汽温度，（汽轮机）调速汽门前汽温
total ~ 滞止温度，总温
transformation ~ 相变点，变态点，转变温度
transition ~ 转变温度
transus ~ 转变温度
turnover ~ 转换温度
uniform ~ 恒温
vapo(u)rizing ~ 蒸发〔汽化，蒸馏，喷雾〕温度
(virtual) junction ~ （等效）结温
wet-bulb ~ 湿球温度
white colo(u)r ~ 白场色温
working critical ~ 实用临界温度
zero strength ~ 零强温度，失强温度

temperature-compensated 带温度补偿的
temperature-dependent 与温度有关（的），随温度而变（的）
temperature-gradient 温度陡〔梯〕度
temperature-resistant ①耐热敷层②耐热性的，热稳定的，温度不灵敏的
temperature-sensing 对温度变化灵敏的，热敏的，感温的
temperature-sensitive =temperature-sensing
tempered 回火的
tempered-hardness 回火硬度
temper-hardening 回火硬化
tempering ①回火〔韧，水〕，（型砂的）回性（处理）②人工老化，人工时效③混合〔料〕，调和，（煤中）略加水分
air ~ 空气中回火
average ~ 中温回火
bright ~ 光亮回火
high ~ 高温回火
high-temperature ~ 高温回火
lead ~ 铅浴回火
low-temperature ~ 低温回火
multiple ~ 多次回火，多级回火
normalized ~ 正常回火
press ~ 加压回火，模压回火
prompt ~ 快速回火，淬火后立即回火处理，直接回火
quench ~ 等温回火，淬火回火
sand ~ 型砂回性
selective ~ 局部回火
snap ~ 快速回火
strain relief ~ 消除应力回火
stress ~ 加载回火处理
vacuum ~ 真空回火

tempil 测温剂
tempilaq 测温用的示色液
tempilstick ①测温笔②热色棒，热敏蜡笔
template ①样〔模〕板，模样，量规，刮尺，刮板，靠模板②（切向推进磨的）导板③垫石〔木〕，承梁短板（墙中的）④属性单元⑤透明绘图纸，硫酸纸⑥放样
angle ~ 角度尺
copying ~ 仿形样板，靠模样板
core ~ 型芯样板
core strickle ~ 刮芯板
drawing ~ 刮板
drilling ~ 钻（孔）模板
face ~ 划线样板
fishing male ~ 鱼尾样板
fixed length ~ 定长属性单元
flowchart ~ 流（程）图模板
form control ~ 仿形〔靠模〕控制样板
full scale ~ 1 : 1 模板，实尺模板
master ~ 标准样板
master profile ~ 仿形样板，靠模样板
profile ~ 齿形样板
rail ga(u)ge ~ 轨距规，道尺，轨道规
scratch ~ 针刮样板
slotted ~ 槽孔模片板
superelevation ~ 超高规（测定铁轨用）
sweep ~ 造型刮板，旋转模板
traffic flow ~ 通信业务流量模板 .
workstation ~ 工作站模板

temple 伸幅器，边撑
templet =template
templug 测温塞（量测被旋入活塞的局部硬化了的钢螺旋塞温度）

tempo ①〈意〉速度，速率，拍子②进度，发展速度
temporal ①瞬时的，暂时的，短暂的②现世的，时间的③（pl.）暂存的事物
temporality 暂时〔短暂〕性
temporaries ①暂时存储单元②临时变量
temporary ①暂时的，临时的②临时工
temposcopy 极快和极慢过程显示术
tempter 诱饵
infrared ~ 红外诱饵
tenability 支持能力，可防守，站得住脚
tenacious ①强〔坚〕韧的②黏（韧性）的③坚持的④抓紧的
tenacity ①坚韧，韧性，韧度②弹性，抗断强度③黏滞性
knot ~ 结节强度（打结强度）
loop ~ 钩接强度（互扣强度）
tenancy 租赁（权），租期
tenant 承租人
tenaplate 涂胶铝箔
tendency 倾向，趋势，趋向
chilling ~ 白口倾向
ionization ~ 离子化倾向
knock ~ 爆燃性，爆震倾向
tender ①照料〔管〕者，看管人②（铁路）煤水车，供应船〔舰，物〕，勤务支援船，小船，汽艇③投〔招〕标，承包，报价④提出，提供⑤在管中输送的部分油品⑥（柔）软的，脆弱的，易损坏的⑦易倾斜的，稳定性小的
breakdown ~ 修理工程汽车
buoy ~ 航标船
coal ~ 供煤船
contract ~ 承包投标
destroyer ~ 驱逐舰勤务支援船
fire ~ 消防车
light ~ 航标船
rigging ~ 装配车
sealed-bid ~ 密封投标
seaplane ~ 水上飞机勤务支援船
speed boat ~ 快艇勤务支援船，快艇母舰
submarine ~ 潜艇母舰，潜艇勤务支援船
water ~ 供水船
tenderizer ①整平机（单板）②软化法
tending 维护保养
tendon 腱，钢筋束
tenebrescence 磷光熄灭〔消失〕，变色荧光，光吸收
Tenelon 高锰高氮不锈钢（w（C）< 0.10%，w（Cr）18%，w（Mn）14.5%，w（N）0.40%，其余 Fe）
T-engine T 字头气缸发动机，T 型发动机
tenon ①（雄）榫（头），凸榫，榫舌②造榫，（用）榫接（合）
~ and mortise 雌雄榫
haunched ~ 加腋榫
stub ~ 半榫，短粗榫
tusk ~ 多牙（尖）榫
tenoner ①制榫机，开榫机②接榫者
ellipse ~ 椭圆榫机
tenor ①（支票）期限②品位，金属含量
tense 拉〔绷〕紧（的），有应力的
tensibility 可张性，伸长性
tensible 能拉长的，能伸展的
tensile 张力的，拉伸的，可伸展的，抗张力
tensile-strength 抗拉强度
tangential ~ 切向抗拉强度
Tensilite 登赛赖特耐蚀高强度铸造黄铜（w（Zn）29.5%，w（Al）3%，w（Mn）2.5%，w（Fe）1%，其余 Cu）
tensility 可张性，可拉伸性，延性
tensimeter （流体或蒸汽）压力计，（流体）压强计，张力计
tensiometer ①张〔拉，牵〕力计，伸长〔引伸〕仪，（液体表面）张力计②（土壤）湿度计
inductance ~ 自感应式张力计
inductive ~ 电感式张力计，诱导式张力计
magnetic elasticity metal band ~ 磁弹性金属带材张力计
magnetic elasticity narrowband ~ 磁弹性窄带张力计
magnetic elasticity rolling ~ 磁弹性轧制力测量仪
magnetic elasticity type ~ 磁弹性张力计
magnetoelastic ~ 磁弹性式张力计
pervasion silicon type ~ 扩散硅式张力计
resistance-strain-gauge ~ 电阻应变式张力计
strain gauge ~ 应变式张力计
vibrating wire ~ 振弦式张力计
yarn ~ 纱线张力仪
tension ①张〔拉，牵，压，应，弹，膨胀〕力②电〔气〕压，压强③紧张（状态）④伸展，张开，拉伸
back ~ 反张力
booster ~ ①提升电压②提升张力
correct ~ 正常拉力
electric(al) ~ 电压

electrolytic ~ ①电解电势②电解质张力
electrolytic solution ~ 电解液张力
extra-high ~ 超高压
high ~ 高压
hoop ~ 环筋张力
initial ~ 初拉力
initial conductor ~ 线路〔导线〕起始张力
interfacial ~ 面际张力，界面张力，分界面上的表面张力
interlinked ~ 相间电压
interstand ~ 轧机机架间张力
masking ~ 掩蔽电压
membrane ~ 膜片张力〔刚度，硬度〕
nominal ~ 标称电压
normal ~ 正常张力，法向拉力
operating ~ 工作电压，运行电压
ring ~ 周边张力
secondary ~ 副拉力
simple ~ ①纯拉力②单向拉伸
steam ~ 蒸汽压（力），蒸汽张力
strap ~ 闸带张力
strip ~ 带钢张力
superhigh ~ 超高（电）压
surface ~ 表面张力
tape ~ 磁带张力〔拉力〕
tight side ~ 紧边拉力
vapo(u)r ~ ①蒸汽张力②汽压

tension-cracking 拉伸龟裂
tensioner 张紧轮〔器〕，张紧〔张力〕装置
belt ~ 传动带松紧调整器
chain ~ 拉链器，链条张紧装置
tension-free 无拉力的，无电压的
tension-thining 拉伸变薄
tensity 张紧（度）
tensometer =tensiometer
tensor ①张量，磁张线②伸张器
associated metric ~ 关联度量张量
contravariant ~ 曲率〔反变，逆变〕张量
covariant ~ 协变张量
four ~ 四元张量
inertia ~ 惯性张量
metric ~ 度量〔度规〕张量
strain ~ 应力张量
stress ~ 应力张量
transport ~ 转移张量
tensoresistance 张（致电）阻效应，张电效应
tentation 试验，假设
tentative ①试验（性）的，假定的，暂定的，临时的，草案的②试验，实验，推测③（pl.）试用〔试验〕标准，临时规定
tenter ①拉幅机〔钩〕，张布架〔钩〕，绷布机，展幅机②拉紧的小钩
tenterette 小型布铗拉幅机
tenthmeter 埃（Å，指 angstrom，波长单位，1 Å=10^{-10} m）
tenth-rate 最劣等的
Tenual 特纽阿尔高强度铜铝合金（*w*（Cu）9.2% ~ 10.8%，*w*（Fe）1.0% ~ 1.5%，*w*（Mg）0.15% ~ 0.35%，其余 Al）
tenuity 稀薄度，微弱
tenure 占有（期，权），居住权
Tenzaloy 坦查洛依铝锌铸造合金（*w*（Zn）8%，*w*（Cu）0.8%，*w*（Mg）0.4%，其余 Al）
tephigram 温熵图，T 图
tephrylometer 脑灰质测量计
tepor 〈拉〉微温
tera 太（拉）（10^{12}）
terabyte 太字节
teracycle 太（拉）周（10^{12} 周）
terahertz 太（拉）赫（THz）
teratogenicity 致畸态性
Teratron 亚毫米波振荡器
terawatt 太（拉）瓦（10^{12}W）
terbium 铽（Tb）
Tercod （特格德）碳化硅耐火材料
tercopolymer 三元共聚物
terdenary 十三进制的
term ①期间，限〔学，任〕期②术〔用〕语，（专门）名词③项，项目④能级，边界，限度，界〔极〕限，界石〔标〕，终点〔止〕⑤条件，条款⑥（pl.）关系
~ of service 使用期限，保修期限
~ of validity 有效期间
absolute ~ 绝对项，常数项
advantageous ~ 优惠条款
approach ~ 查找资料时的关键词
basic ~ 基本项，主项
basic switching ~ 基本转换项
BNF-like ~ 类巴科斯范式术语
bound ~ 约束项
constant ~ 常数项
delivery ~ 交货限期
extreme ~ 外项
failure ~ 失败项
failure ~s 故障测定
Fermi ~ 费密（相互作用）项

first ~ 首项，初项
general ~ 普通〔通，一般〕项
generic ~ 通用术语，一般性术语，通称
ground ~ 基项
inverted spectral ~ 倒光谱项
mean ~ 中〔内〕项
perturbing ~ 摄动项
quadratic ~ 二次项，平方项
second-order ~ 次级（效应）项，二价项
shop ~ 生产术语
source ~ 源项
successive ~ 逐〔邻〕项
superfluous ~ 冗余项，多余项
systematic(al) ~ 系列化术语（指反映系统结构的复杂术语系列）
technical ~ 专门〔技术〕名词，术语
transient ~ 暂时项，衰减项
unknown ~ 未知项

term-by-term 逐项地

terminability 可终止性，有限期性

terminal ①端，终端（设备），末端（设备），极限，终点（站），末项②端子，端钮，接线柱，接头，引线，线端〔夹，柱〕，套管，电极，终端〔结〕符号③总站，航空集散站，卸货码头，特种码头，转运基地，中转油库④末端的，终点（站）的，电极的，输出的

~ end identifier 终端〔界点〕标识符
~ equipment 终端设备
accumulator ~ 蓄电池的端极
acoustic ~ 声接头，声端子
adjoint ~ （软件上的）伴随终结符
airline CRT ~ 远距离 CRT 终端
Anode ~ (of a semiconductor rectifier diode or rectifier stack) 阳极端子（整流管的或整流堆的）
axial-tag ~ 轴端
background ~ 后备终端（设备）
ball ~ 球状端点
bank account checking ~ 银行账户查询机
base ~ 基极引（出）线，基极端
batch ~ 成批处理终端（设备）
block ~ 接线板〔盒〕，配电盒〔箱〕，端子排
board information ~ 车载信息终端
bus ~ 客运站
calibrating ~ 测试端子，测试接线柱
carrier ~ 载波终端机
carrier telephone ~ 载波电话终端机
cathode ~ 阴极端子
cell ~ 电池接线柱
center ~ (of a pair of arms) （臂对）中心端子
clamp clip ~ 夹子，线夹，接线柱
clamped ~ 有拉线夹的引出端，夹子接线端
clear ~ 触发器的清零端
clock ~ 时钟脉冲输入端，同步脉冲输入端
collector ~ 集电极
communication ~ 通信终端
condenser-type ~ 电容式套管（变压器的）
conference telephone ~ 会议电话终端机
connecting ~ ①夹具，接头②接线端子，连接触点
container ~ 集装箱中转站
controller ~ 控制器端钮
CRT display ~ 阴极射线管显示终端
data ~ 数据终端（机）
data communication ~ 数据通信终端
data entry ~ 数据输入终端，数据录入终端
digital data control ~ 数字数据控制终端
discharge ~ ①放电接头②卸料站
DM ~ 增量调制终端机
drain ~ 漏极端子，漏极引出线
dumb ~ 不灵活的终端设备，哑终端
earth ~ 接地端子，地线接线柱
emitter ~ 发射极，发射极引线
envelope ~ 管壳接线端
excitation system output ~ 励磁系统输出端
factory intelligent ~ 工厂智能站（终端）
fault code output ~ （汽车自动变速器）故障码输出端子
feed-through ~ 穿通送进管，穿通接线柱
field ~ 磁极线圈出线端
field winding ~ 磁场绕组端部
first ~ （软件上的）开头终结符
foot ~ 支架
freight ~ 货运总站
gate ~ 门极端子，栅极引出线，（控制）门接线端
graphic ~ 图形终端
home intelligence ~ 家用智能终端
I ~ I 信号输出端
input ~ 输入端
intelligence ~ 信息终端，智能终端
intelligent ~ 信息终端，智能终端，灵活的终端设备
intelligent communications ~ 智能通信终端
intelligent data ~ 智能数据终端
intelligent graphic ~ 智能图形终端

intelligent remote ~ 智能远程终端
interactive ~ 交互式终端
job-oriented ~ 面向作业的终端
junction block insulator ~ 接线块绝缘端子
key ~ 货运枢纽站
last ~ （软件上的）最后终结符
lead ~ 引线端子
lead(ing)-out ~ 输出端子，出线端
line ~ 线路终端，主引线端子，与火线连接的端子
main ~ 主端子，一次绕组端子
main ~ 1(of a bi-directional thyristor) 主端子1（T_1）（双向晶闸管的）
main ~ 2(of a bi-directional thyristor) 主端子2（T_2）（双向晶闸管的）
make-and-break ~ 断续（电路）线接头
measuring ~ 测量终端
message data exchange ~ 报文数据交换终端
modular intelligent ~ 模块化智能终端
multifunction telegraph ~ 多功能电报终端
multiplex data ~ 多路传送终端（处理多输入/输出的终端设备）
negative ~ 负极，负（极）端子，负极接线柱
network virtual ~ 网络虚拟终端
neutral ~ 中性点端子
offshore mooring ~ 海上系船站
optic line ~ 光路终端
optical ~ 光端机
optical character recognizing intelligent ~ 光符识别智能终端
outer ~ 外接端子
outer ~ (of a pair of arms) （臂对）外接端子
outlet ~ 出线〔引出，输出接线〕端
output ~ 输出端
package ~ 封装引出线
PCM ~ 脉冲编码调制终端机
phase ~ 相端子，相引（出）线
pin ~ 尾销，针形〔管脚，插头〕端子
plate ~ 板极端子，板极引出线
plug-in ~ 插塞式终端
point-of-scale ~ 销售点终端
pole ~ 极靴，电极靴
positive ~ 正极，正（极）端子
potential ~ 电压端子，电位端钮
power-line ~ 电源接线柱
power line carrier telephone ~ 电力线载波电话终端机
primary ~ 一次电路端子，一次接头
programmable ~ 可编程终端
Q ~ Q信号输出端
radial deflection ~ 径向偏转电极
receiving ~ 接收端〔站〕，接受方向
reflexless ~ 无反射终端，匹配终端
related ~ 相关线端
remote ~ 远程终端设备
reset ~ （触发电路）翻转端，恢复端，零输入端
robot communication ~ 机器人终端通信系统
ROM ~ ROM终端
scatter communication channel ~ 散射通信信道终端机
screw ~ 螺钉接头
short-wave ~ 短波通信终端设备
short wave radio telephone ~ 短波无线电话终端机
smart ~ 灵活的终端设备，（人工）智能终端设备（有编辑、运算、判断等功能的终端）
smart editing ~ 智能编辑终端
snap ~ 弹簧夹，揿钮接头
soldering ~ 焊片，钎料片，接线柱
source ~ 源（极）引出线，源（极）端子
spade ~ 扁形（软线）接头
staging ~ 中转集散地
stand-alone intelligent ~ 独立智能终端
strip ~ 接线条，端子条，片接头
supply ~ 电源接线端，供电点，馈供终端
tab ~ 焊片（引出线）
telecommunication ~ 远程通信终端，电信终端
telegraph ~ 电报终端设备，电报机
thermoregulator ~ 温度调节器，调温器
toll ~ 长途终端局，长途电话局直通用户线
top ~ 高压电极
vacant ~ 空间端，空端
very intelligent ~ 高智能终端
very small aperture ~ 小型卫星地面接收装置
video data ~ 视频显示终端，数据显示终端（设备）
virtual ~ 虚拟终端
welding ~ 焊机输出端钮
wireless subscriber ~ 无线用户终端
wiring ~ 接线柱
zero ~ 中心线端子，零线端子

terminate ①终〔停，中〕止，结束②限定满期③端接，终接，接在端点上④有界限的，终止的

terminating ①连接，端接，接通，终端，线端扎接②有尽的

termination ①终〔停，中〕止（作用），结束，归结②端接（法），终端（设备，装置，负载）③界限④终点（站）

~ of block 分程序终结

adjustable short-circuit ~ 可调短路终端器

balanced ~ 平衡闭合电路，对称终端

broadband optical network ~ 宽带光网终端

cable ~ 电缆封端，电缆终端

central office ~ 局端

characteristic-impedance ~ 特性阻抗终端负载

closed ~ 封闭端，固定端

coaxial network ~ 同轴网络终端

coaxial-line ~ 同轴线终端负载

condenser ~ 电容负载

fixed radio ~ 固定式无线电终端

higher order path ~ 高阶路径终端

image ~ 图像终端设备

ISDN ~ 综合业务数字网络终端设备

label ~ 出缘限

loop ~ 循环结束

mid-series ~ 半 T 形端接法

mid-shunt ~ 半（π）端接法，T 形端接法

multiplex section ~ 多路复用转换部端接〔终端〕

non-reflecting ~ 无反射终端，匹配终端负载

optical network ~ 光网络终端

portable radio ~ 便携式无线电终端设备

power ~ ①功率吸收端盖，吸收头②（终端）功率负载

reactive ~ 无功负荷

reference ~ 参考〔标准〕终端负载

regenerator section ~ 再生段终端

session ~ 会话终止

sound-soft ~ 透声界面，透声终端

terminator ①终端负载〔套管，连接器〕，终端操作系统组件②终止程序，停启程序③限定者〔物〕，终止者〔物，剂〕，终结〔结束〕符

initiator ~ 起动 / 终止程序

job step ~ 作业段结束符（号）

label ~ 标号终结符

statement ~ 语句结束符

terminology 专门名词，术语，（专业）词汇

terminus ①终点（站），界限〔标，桩，柱〕，目标，极限②起点，始发点

fiber-optic ~ 光纤终端

Termite ①特米特铅基轴承合金（w（Pb）73.5% ~ 74%，w（Sb）14.5%，w（Sn）5.75%，w（Cu）2.5% ~ 3%，w（Cd）2%，w（As）1%）②加热剂，高热剂

termolecular 三分子的

tern 三个一套〔一组〕（的），三重（的）

ternary 三元〔重，变量〕（的），三进制（的），三个构成（一套）的，第三的

terne ①铅锡合金（w（Sn）10% ~ 15%，w（Pb）85% ~ 90%），镀铅锡钢〔铁〕板，镀铅锡薄片钢②镀锡，镀铅

short ~ 镀铅锡防蚀钢板

terneplate 镀铅锡薄板，钢铁的薄铅涂层

terpene 萜烯，萜（烃），松节油

terra 〈拉〉土，（土）地，地球

terracotta ①〈意〉玻璃瓦〔砖〕，空心砖，赤（土）陶（瓷）②赤土色

terragraph 地面立体测图仪

terrain ①地势〔形，面〕②岩层③领域，范围

rough ~ 野外作业的

wearing ~ 磨损部位

terraplane 气垫车

territory 地区，范围

terry ①无线电测高仪，雷达自动测高计②厚绒布

Tertiarium 特蒂锡铅焊料（w（Sn）33.3%，w（Pb）66.7%）

tertiary ①三级粒子②第三位〔性，级，期〕（的）

tervalence 三价

tervalency =tervalence

tervalent 三价的

terylene 涤纶，的确良（直链聚酯纤维商品名），聚酯纤维

tesla 特斯拉（T，磁通密度单位）

test ①试〔实〕验，检〔测，化〕验，考验〔查〕，检定〔查〕②识别，研究③检验〔判断〕标准，准则④试验品，试金石，试药，试验方法⑤烤钵，灰皿，灰炼锅，提银盘⑥（在烤钵中）精炼，测验结果〔证明〕⑦受试验

test

~ and measurement 测试

~ block 试块

~ by trial 尝试

~ for nominal samples 标样试验

~ for rust preventing ability 耐蚀性能试验

~ in site 现场试验

~ of fracture toughness 断裂韧度试验

~ of reistance to high temperature oxidation 抗高温氧化试验

~ of significance 有效位检验
~ OK 无故障，正常
A-B ~ 比较试听（对两个扬声器，两台录音机，或两台放大器的直接比较）
abrasion ~ 耐磨〔磨损，磨蚀〕试验
abruption ~ 断裂试验，爆破试验
accelerated ~ 加速试验
accelerated condensation ~ 加速凝露试验
accelerated corrosion ~ 加速腐蚀试验
accelerated weathering ~ 加速老化试验
acceptance ~ 验收试验
accumulation ~ 蓄气试验，贮气试验
acid ~ ①酸性试验②严格〔决定性〕的考验
actual ~ 实物〔运转〕试验
actual loading ~ 实际负载试验，真载试验
adherence ~ （搪瓷的）黏附试验，密着强度试验
adhesion ~ 附着试验
AEG cupping ~ AEG 拉延试验（德国的拉延试验方法，凸模直径 50 mm，凸、凹模圆角半径 7 mm）
aerodynamic ~ 空气动力试验
ag(e)ing ~ 经久〔时效，老化，陈化〕试验
air ~ （管材）漏气试验
air bomb ~ 加压空气加热老化试验
air calorimeter ~ 吹风发热试验（测损耗），量热器通风测损耗试验
air leak ~ 空气动力试验，空气漏气试验
air oven ag(e)ing ~ 空气加热老化试验
airtightness ~ 气密性试验
alignment ~ （准直）精度检查
Allen's loop ~ 艾伦环试验（决定电缆事故点的试验方法）
allowance ~ 允差试验，公差配合试验
alternate immersion ~ 间浸试验
altitude ~ 低气压试验
Amsler cupping ~ 阿姆斯勒杯突试验
analog(ue) ~ 模拟试验
anechoic ~ 消声试验
Anglo-Swedish deep drawing ~ 英 - 瑞（典）深拉延试验（直径 32 mm 和 50 mm 凸模都可用）
applied-potential ~ 加压试验，外加电压试验
approval ~ 检查〔鉴定，验收〕试验，合格性检验，控制实验
aptitude ~ ①才能测验②合格试验
articulation ~ 清晰度试验
artificial pollution ~ 人工噪声试验
ash ~ 灰分试验
assembly ~ 装配试验
asymptotic(al) unbias(s)ed ~ 渐近无偏检验
atmospheric corrosion ~ 大气暴露试验
atmospheric(al) exposure ~ 室外暴露试验，（石油）暴露试验
attitude ~ （发动机）不同姿态试验
audible ~ 音频信号试验
aural ~ 声响检验，听觉测试
autoclave ~ 压热〔蒸压〕试验
Avery cupping ~ 艾弗里杯突试验（英国一种轻型装备，以埃里克森试验为标准）
back-and-forth bending ~ 反复弯曲试验
back-to-back ~ 换向器片试验（检查绕组是否良好），成对试验（新发动机装配后的）
backward condition characteristic ~ 反传工况性能试验
bad contact ~ 不良接触试验
balance ~ 平衡试验，差额测试
ballistic ~ 弹道试验，冲击试验
ball-pressure ~ 球压试验（压入小球的硬度试验）
bar ~ 钢棒测温法
barometric(al) pressure ~ 气压试验
bar-to-bar ~ （换向片）片间电阻试验（检验片间绕组的正确性）
bathtub ~ 浸入密封试验
bead ~ 熔珠试验（定性的焰色试验）
bead unseating ~ 脱圈试验
bearing ~ 承重试验
bed ~ 台架试验
behind ~ （螺旋桨）船后推进试验
bell ~ 电铃式导通试验
bench ~ 台架试验，工厂试验
bench mark ~ 基准测试法（测定平均指令执行时间的）
bend ~ 弯曲试验
bending and unbending ~ 反复挠〔弯〕曲试验
bias ~ 拉偏试验，边缘试验〔校验〕
blank ~ 空白试验
Blavier's ~ 布莱维尔试验（寻找电缆故障点的方法）
boat ~ 船舶吊放试验
boiler-efficiency ~ 锅炉效率试验，锅炉热平衡试验
boiling ~ 煮沸试验
book ~ （厚板 180°）弯合试验
boring ~ 钻孔试验

bowling-alley ~ 电球强度试验
brake ~ 制动试验
breakdown ~ 断裂〔击穿，破坏，折断，耐压〕试验，耐久力试验
break(ing) ~ 破坏试验，断裂试验
Brinell ball ~ 布氏球印试验，布氏硬度试验
Brown's ~ 钢丝绳磨损试验
brushing ~ 刷损试验
built-in ~ 机内测试
bulge ~ （焊接）打压试验，扩管（凸出）试验
bulging ~ ①撑压内形试验②镦粗〔顶锻〕试验
bump ~ ①撞击〔连续冲击，碰撞，颠簸〕试验②黑白跳变测试
bumping ~ 冲振试验（汽车）
burner flame ~ 喷灯燃烧试验
burning ~ 燃烧试验
burst(ing) ~ 爆裂试验，破裂（强度）试验
busy ~ 占线测试，满载试验，忙碌状态试验
button ~ （钢丝的）自身缠绕试验
cable formation ~ 电缆地层测试
caking ~ 黏结性试验，结焦性试验
calibrated driving machine ~ 校准电机试验法
calibration ~ ①校准（试验）②分度，刻度
call through ~ 综合试验，接通试验
calorimetric ~ 热值测定试验，测热试验（决定电机损耗的）
camber ~ （板材）平面弯曲试验，翘曲试验
camera linearity ~ （电视）摄像机图像〔光栅〕线性试验
caption ~ 工作台试验，静态试验
captive ~ 静态〔台架，捕获，截获〕试验
carbon ~ 测定碳含量，（燃料的）碳含量试验
cavitation ~ 空蚀〔空泡，涡空〕试验，空隙现象试验
cementation ~ ①黏结性试验②渗碳试验
centrifuge ~ 离心试验（用离心机测定石油产品中固体残渣）
certificate ~ 检定试验
chalk ~ 渗透探伤，渗透检测
charge-transfer ~ 电荷转移试验（检查绝缘均一性试验）
Charpy impact ~ 摆锤〔单梁〕式冲击试验
check ~ 校核〔鉴定，控制，对照，检查〕试验
chill ~ 激冷〔冷却，楔形〕试验，三角试片检验，白口层深度试验
chi-square ~ χ 平方检验，χ 平方检定法
choking ~ 缩口试验
circle ~ 循环试验
circuit ~ 通路试验，电路测试
circuit-disturbance ~ 电路故障试验，电路干扰试验
circular track ~ 环道试验
circular-groove-crack ~ 圆槽抗裂试验
circulation ~ 水循环试验
cleavage ~ 黏结层破裂试验，抗劈试验，抗剪试验，抗撕裂试验
clip ~ 敲裂试验
closed cup flash ~ 闭皿闪点试验
closed loop ~ 闭路试验
closure ~ 弹簧压缩试验
cloud ~ （润滑油的）浊点试验
cloudburst ~ 喷丸（硬化处理）试验
coating weight ~ 镀层重量试验（镀锌钢板单位面积锌层重量试验）
cold ~ ①冷态〔常温，凝冻，冷凉〕试验②无源试验，不通电试验③洗净毛回潮试验
cold water ~ 冷水浸（试）法
cold-flow ~ 液压试验，冷流试验
cold-weather ~ 低温试验
colo(u)r ~ 显色试验，着色检测
commercial ~ 商用试验，（大量生产时）全部产品试验
commissioning ~ 交接〔投运，投产〕试验，试运行，试车
commutation ~ 换向试验
comparison ~ 比较检验（法），比较法
compatibility ~ 适合性检验（机器对软件的）
compliance ~ 验证，验证试验，（合格）检验
compression ~ 压缩试验，抗压试验
computer aided ~ 计算机辅助测试
condensation ~ 并项检验
cone ~ 灰锥试验（用塞盖锥测灰的可熔性）
cone penetration ~ 针入度试验
confined compression ~ 侧限压缩试验
conformance ~ 验收试验，性能试验
conical cup ~ 圆锥杯突（成形性能）试验，锥形筒拉延试验
constant speed ~ 常速试验
constant-amplitude ~ 等幅（应力疲劳）试验
contact-time ~ 接触时间试验，接触率试验（继电器）
continuity ~ 断路检查试验，断线探查，连

续性试验
copper strip ~ 铜带试验（腐蚀试验的）
copper-accelerated acetic acid salt spray ~ 铜加速醋酸盐雾试验
core ~ 铁心试验（测铁耗及磁化特性，检出短路点）
core-loss ~ 铁耗试验，铁损试验
corona inception ~ 电晕起始试验
corrodokote ~ 腐蚀膏试验，（镀层）涂膏密室（放置）耐蚀试验（膏成分：硝酸铜 0.35 g，氯化铁 0.165 g，高岭土 30 g，水 50 ml）
corrosion ~ 侵蚀试验，腐蚀试验
corrosive atmosphere ~ 腐蚀性大气试验
crack starter ~ 落锤抗断试验
crack(ing) ~ 裂纹〔抗裂，卷解〕试验，往复曲折试验
crackle ~ ①裂纹检验②变压器油湿度检查
crash ~ 破损试验，碰撞试验
creep-rupture ~ 蠕变破坏试验，持久强度试验
crippled leapfrog ~ 踏步检验，跛跳试验，记忆部件连续检查试验
alkali soluble ~ 碱性浸析〔浸出〕试验
crippling ~ 破坏试验
cross bending ~ 横向弯曲试验
cross cut ~ 划格试验（用于试验漆膜的附着力）
cross modulation ~ 交叉调制试验
cross tension ~ 十字形拉力试验
crossbreaking ~ 横向挠曲试验
crucial ~ 判决试验，决定性检验
crushing ~ 压垮试验
cup-drawing ~ 拉深试验
cupping ~ 压凹〔杯突，顶伸，冲盂，拉深〕试验
cut-off ~ 停车试验
cutting burr ~ 剪切毛边试验
cyclic damp heat ~ 交变湿热试验
cycling ~ 循环负荷试验
cycling life ~ 闪烁寿命试验，循环寿命试验
cylinder ~ 圆柱体抗压试验
cylinder fuel-cut ~ 停缸试验
damage line ~ 损伤线试验（用于决定在过度应变时金属对疲劳的灵敏度）
deep sea submergence ~ 深海试验
defect detecting ~ 缺陷检查，探伤
deflection angle ~ 偏转角试验
design ~ 鉴定试验
destruction ~ 破坏〔断裂、击穿〕试验
determination ~ 测定试验
Deval abrasion ~ 台佛尔〔双筒〕磨耗试验
development ~ 研究试验（相对于验收试验而言），试制时的修整〔革新〕试验，试制品〔新产品〕试验
dielectric(al) ~ 介质（性能）试验，绝缘强度试验
differential phase ~ 微分相位失真试验，相移失真试验
dip ~ 降落试验（阴极停止加热后观察发射下跌情况，以判断阴极活性的方法）
discharge ~ 放电试验
discharge inception ~ 起晕试验，放电起始试验
disruptive ~ 击穿试验，耐压试验
dissipation factor ~ 介质损耗角试验
doctor ~ （石油产品）硫含量测定
doubling(-over) ~ 折叠试验，（180°）折弯试验
drawing ~ 控制试验，拉深试验
drift ~ 管流〔冲孔〕试验，冲头扩孔法钢材〔钢管〕延性试验
drop ~ 落锤〔跌落，冲击，降压，点滴〕试验，抛掷法试验，降落伞投下试验
drop hardness ~ 肖氏硬度试验，坠落硬度试验
drop shatter ~ 坠落试验
dropping corrosion ~ 点滴腐蚀试验
dry ~ 干试验
dry-skidding ~ 干滑试验
ductilometer ~ （钢带或钢丝的）反复弯曲试验
dump ~ 镦粗〔顶锻〕试验，甩负荷试验
durability ~ 耐久试验，疲劳试验
dust ~ 透尘试验（灰尘透入试验）
dye penetration ~ 着色〔染色〕探伤（试验）
dye spot ~ 染斑试验
dynamic ~ 动力学试验，冲击试验
dynamic balancing ~ 动平衡试验
dynamic ball indentation ~ 落球硬度试验
dynamic endurance ~ 动力耐久试验，变负载强度试验
dynamometer ~ 测功机试验
earing ~ 凸耳（成形性能）试验
eddy current ~ 涡流探伤（试验）
efficiency ~ 效率试验
Eggert's ~ 埃杰特快速定碳试验（碳钢的）
electrical ageing ~ 电老化试验
electrical back-to-back ~ 背靠背电气试验，对组电气试验，回馈试验

electromagnetic ~ 电磁感应检验
Elliot ~ 埃利奥特（闪点测定）试验
end-quenching ~ 端淬试验
endurance ~ 耐久〔持久，疲劳，寿命〕试验
endurance impact ~ 冲击疲劳试验
end-use ~ 使用（期）试验
engage ~ 忙（碌）试（验）
engineer ~ 工艺试验
enlarge ~ 扩管试验
envelope ~ 静态〔充氮，容器〕试验，氦罩蒙皮试验
environmental ~ 环境试验
Epstein ~ 爱普斯坦试验，铁损试验
Erichsen ~ （材料的）拉伸性能试验，埃里克森试验，杯突试验
etch(ing) ~ 侵蚀〔蚀刻，酸蚀〕试验
evaluation ~ 评定（质量）试验，鉴定试验，质量检定法
evaporation ~ 蒸发试验，汽化度的测定，测定蒸发量的试验
exaggerated ~ 超常试验（在特别不利的条件下试验），超定额试验
exhaustive ~ 全面性试验
expand(ing) ~ 扩管〔扩大〕试验（试验钢管时的），膨胀试验
explosion ~ 爆炸试验
eye ball ~ 眼球测试（测摄像管噪声用）
factory ~ 工厂试验，生产试验
fade ~ 效率损失试验
falling weight ~ 冲击试验，落锤试验
false-zero ~ 虚零检验，虚零试验，零值法测试
fast tensile ~ 速拉试验
fatigue ~ 疲劳试验
fat-lub ~ 液体中油含量的测定
field ~ 外场〔工地，现场〕试验
field reliability ~ 现场可靠性试验
Field's ~ 菲尔得试验（串励电动机的试验方式，类似于反馈试验）
file ~ 锉刀试验（用锉刀检查工件硬度）
film stripping ~ 膜稳定性试验
finger tab-out ~ 指粘试验
fire ~ 着火温度试验，燃点测定
firing time ~ 燃烧速度试验
fixed acceleration ~ 恒加速度试验
flame ~ 火焰试验（用以确定不严密处）
flame colo(u)r ~ 焰色试验
flaming ~ 冲头扩孔法钢材可延性试验
flange ~ 卷边试验
flaring ~ 扩口试验
flash(ing) ~ 击穿试验，高压绝缘试验，瞬间（高压）试验，（油料）闪点测定，闪点试验
flashover ~ 闪络试验（绝缘子），环火试验（直流电机），下弧试验
flattening ~ 压扁试验
flexural ~ 反复弯曲试验，疲劳试验
flexural loading ~ 振荡受力疲劳试验
flight ~ 飞行试验
flight readiness ~ 飞行准备状态试验
float ~ 浮标〔浮选，流质〕试验
flow ~ 流动〔倾动，流通，流量〕试验
fluorescent penetrate ~ 荧光渗透试验，荧光探伤
folding ~ 弯曲试验
forging ~ 锻造试验，锤压试验
formability ~ 成形性试验
Foucault knife edge ~ 傅科刀口检测法
foursquare ~ 封闭试验
fraction-failed ~ 局部破坏试验
fracture ~ 断裂试验，断口试验
free air ~ 大气中试验
front-of-wave ~ 波前冲击试验，（绕组的）脉冲波试验，陡波试验
fuchsin(e) ~ 吸湿试验，电瓷浸品红甲醇溶液试验，（陶瓷或电瓷）吸红试验
full scale ~ 实物〔真实条件，工业型，全尺寸〕试验，全面〔全压，满载〕试验
full-load ~ 满载试验
functional ~ 功能试验
fungus ~ 防霉性能试验
gas ~ 气体分析，烟气分析
gas impermeability ~ 气密性试验，不透气性试验
gas-tight ~ 气密性试验
generate ~ 撞试法
geometry ~ 几何畸变测试
glow wire ~ 热丝试验
go-no-go ~ 功能试验
goodness-of-fit ~ 拟合良好性检定，适合度检测〔测定〕
gradation ~ （颗粒）级配筛分试验
graded-time step-voltage ~ 按时升压试验（电机的）
gravity ~ 相对密度测定
green ~ ①试车，试运转②连续（负荷）试验

Green ~ 汽油中胶质测定
grinding spark ~ 火花试验(测定钢中碳含量)
ground ~ 地面〔静态，试验台〕试验
gruel(l)ing ~ 疲劳试验
guarantee ~ 保证数据验收试验，保证参数核对试验
guide(d) bend ~ 靠模弯曲试验，定形弯曲试验
Guillery cupping ~ 吉莱尔杯突试验，吉莱尔（拉延）成形性能试验
gum ~ 胶质（含量）测定
hand ~ ①试拍，试验片②手上试验（在手掌上蒸发测定汽油的挥发性）
handkerchief ~ 板材反复折叠弯曲试验
hanging ~ 悬挂试验(试样或零件上悬挂砝码)
harmonic ~ 谐波试验
heat and moisture ~ 湿热试验
heat box ~ （转子）热跑试验
heat run ~ 发热试验，温升试验，长期运行发热试验
heat stability ~ （润滑脂）热稳定性试验
heater intermittent ~ 灯丝断续试验
heat(ing) ~ 耐热试验，加热试验〔检查〕
heat(ing) warpage ~ 热跑试验，热稳定性试验，加热畸变试验
heat-rupture ~ 热破坏性试验，高温强度试验
heavy ~ 满载试验，重载试验
Herbert ~ 赫伯特腐蚀试验
high impact shock ~ 强冲击试验
high temperature ~ 高温试验
high voltage ~ 绝缘介电强度试验，耐（电）压试验
high-low-bias ~ 边缘检查，高低限测定，高低偏置检测
high-peaker ~ 对比度试验，高频峰化器测试
high-voltage holding ~ 耐（电）压试验
highway fuel economy ~ 公路燃油经济性试验
hoisting ~ 起吊试验
hold-down ~ 固定试验
hood pressure ~ 容器（过压）试验，护罩试验，容器法检漏试验
Hopkinson ~ 霍普金森试验，互馈试验，背靠背试验（两台电机的）
hot ~ 高温试验,点火试验(飞行或地面试验)
hot running ~ 热跑试验
hot tension ~ 高温拉力试验，热拉伸试验
Howorth ~ 研磨试验
Huey ~ 晶间腐蚀试验，不锈钢腐蚀试验
humidity ~ 耐湿试验
hydrostatic ~ （静）水压试验，（静）液压试验，流体静力学试验
hydrostatic deformation ~ 验证性水压试验
icing ~ 低温试验
immersion water ~ 浸水试验
impact ~ 冲击（韧度）试验，撞击试验
impact strength ~ 冲击强度试验(电工试验)
impedance-drop ~ 阻抗压降试验，短路试验（电机或变压器的）
implosion ~ 刚性试验
impulse ~ 冲击电压试验，脉冲状态〔电压〕试验
indentation ~ 球印硬度试验
indoor ~ （工）厂内试验，台架试验
input rejection ~ 切断电源试验，断电试验
in-situ ~ 现场试验
insulation resistance ~ 绝缘电阻测定
interference ~ 干扰测试
intermittent ~ 断续〔间歇〕负载试验
intermittent immersion ~ 间浸试验
izod impact ~ 悬臂梁式冲击试验
joggling ~ 折曲试验
Jominy ~ 乔米尼（顶端淬火）淬透性试验，顶端淬火试验
jump ~ 可锻性试验
Kapp-Hopkinson ~ 卡 - 霍金森试验（精确测定电机效率的试验法）
Kissling ~ 奇斯林法（试验绝缘油老化的方法）
knock ~ 爆燃性试验，抗震性试验
knockdown ~ 可锻性试验，顶锻检验
laboratory ~ 实验室试验
ladle ~ 桶样试验
lane change ~ 移线试验
lasting strength ~ 持久强度试验，蠕变强度试验
layer ~ 层间（绝缘）试验
leak(age) ~ 漏泄〔漏电,密封,真空,气密性〕试验，检漏
leapfrog ~ 跳步检验
life ~ 寿命试验，工作期限试验
life-cycle ~ 重复〔交变〕载荷耐久试验
light ~ 光隙试验〔检验〕
light load ~ 轻载试验
line-up ~ ①校准试验，校直试验②综合测试
linkage voltage ~ 连续加压试验（电机的）
load ~ 负荷试验，加载试验

load dump〔rejection〕~ 甩负荷试验
load throw-off ~ 甩负荷试验
load-dropping ~ 甩负荷试验，减负荷试验
lock ~ （电动机）堵转〔牵引，束缚〕试验
locked-rotor ~ 堵转试验
long eye ~ 自身缠绕试验（钢丝）
long run ~ 连续试验，寿命试验
long-duration ~ 连续负荷试验，耐久试验
long-term ~ 寿命试验，连续负荷试验
long-time ~ 耐久试验
look-back ~ 回送检查
loop ~ ①环线〔回路〕试验②环路电流（测试）法
loss tangent ~ 介质损耗角试验
low air pressure ~ 低气压试验
low-frequency high-voltage ~ 低频耐压试验
low-temperature ~ 低温试验
lubricant grease heat ~ 润滑脂加热试验
machinability ~ 可加工性试验，切削性试验
macro streak flaw ~ 断面缺陷自视检验，粗视条痕裂纹检验
macroscopic ~ 直观试验，低倍检验
magnetic ~ 磁力探伤
magnetic stability ~ 磁稳定性试验
magnetic-flux ~ 磁力线检验，磁流试验，磁力探伤（检验）
magnetic-particle ~ 磁粉探伤，磁力探伤，磁粉检测
mal(l)eability ~ 锻造性试验
mandrel ~ 卷解试验，紧轴压入试验
manufacture ~ 生产试验，成品试验
margin(al) ~ 临界检测，边缘测定，边缘测试，裕量测定
mass loss ~ 减量实验
material composition ~ 材料化学分析，材料成分化验
Mcquaid-Ehn ~ 奥氏体晶粒大小测定法，麦克奎德爱恩晶粒度检验
mechanical ~ 力学（性能）试验
mechanical ageing ~ 机械老化试验
mechanical back-to-back ~ 机械连接式效率试验，对拖试验
mercury ~ 水银试验（应力腐蚀）
microscopic(al) ~ 金相〔微观，显微〕检验
Mitchie ~ 米奇试验（根据绝缘油的沉淀，试验其他老化程度）
mockup ~ 模拟〔模型〕试验（1∶1的同实物等大的）
modal ~ 模态试验
model ~ 模型试验，模拟试验
modelling ~ 型式试验
moisture resistance ~ 潮湿试验
Monotron hardness ~ 莫诺硬度试验，定陷硬度试验
mooring trial ~ 驻车试验
motoring ~ 空转〔电动运转〕试验（发电机性能试验的方法）
motoring ring ~ 带动试验
mould ~ 霉菌试验
mo(u)ld growth ~ 长霉试验
natural condition ~ 天然腐蚀试验，自然条件下试验
navy tear ~ 海军拉裂试验（美国及西欧一些国家试验钢板焊接可靠性的方法）
necked fracture ~ 颈扁断裂试验
needle flame ~ 针焰试验
negative ~ 负结果，反试验
neutralisation ~ 中性试验，中和值测定（透镜的）
nick-bend ~ 缺口弯曲试验，切口弯曲试验
nick-break ~ （焊缝）双缺口破断试验，缺口冲击试验
Nielson ~ 尼尔森（清洁度）试验
noise-level ~ 噪声级试验
no-load ~ 空载试验，空负荷试验
nondestructive ~ 非破坏性试验，无损检测
normal ~ 常规试验
notch ~ 凹口冲击试验
notch sensitivity ~ 缺口脆性试验，切口敏感性试验
notched bar ~ 缺口试样冲击试验
odd ~ 抽试
official ~ 正式试验，验收试验
off-line ~ 离线试验，间接试验
oft-the-road ~ 越野性试验
oil strain ~ 滤油试验
oil(and) whiting ~ 渗透探伤，渗透检测
Olsen ductility ~ 奥尔逊延展性试验（坯料压在凹模上，将球形凸模压入，量取破裂时试件高度，以比较板料延展性）
on-line ~ 在线〔直接〕试验，联机检验
open loop air ~ 空气试验
open-circuit ~ 开路试验
opposition ~ 互馈法试验，背靠背试验，对组试验（电动机的）
optional ~ 选定项目的试验

oscillating discharge ~ 振荡放电试验
oven ~ 耐热试验，炉热试验
oven loss ~ 炉热〔加热〕损失试验
overall ~ 总试验，容器〔静态，整机〕试验
overlap ~ 重叠试验法(寻找电缆故障的方法)
overload ~ 过载试验
overspeed ~ 超速试验
over-torque ~ 过转速〔矩〕试验
paraffin(e) ~ 石蜡浸透探伤
parallel operation ~ 并车试验
partial discharge inception ~ 局部放电起始试验，电晕放电起始试验
partition ~ 分拆检验
peel(ing) ~ 剥离试验（接触点焊的）
pellet ~ 火花鉴别法
Pellini drop-weight ~ 皮里尼落锤试验（试验钢的脆裂特性）
pendulum ~ 吊摆试验
penetration ~ 透入（度）试验，贯入（度）试验，刺度试验
percent(age) ~ 百分率试验，挑选〔选择〕试验，抽查
performance ~ 性能〔使用，出力，运行〕试验
periodic ~ 定期试验，周期试验
phase-sequence ~ 相序试验
photo-elastic ~ 光测弹性法
pick ~ 抽样检验，取样试验
pillow ~ 枕形抗裂试验，爆破抗裂试验
pilot ~ 小规模试验，初步试验
pipeline pressure ~ 管路耐压试验
pipeline water-tight ~ 管路密封试验
pit ~ 铸坑样品试验
pitting ~ 点蚀试验
pliability ~ 弯曲〔韧性〕试验
polarity ~ 极性试验
polarization index ~ 极化率试验
porosity ~ 吸潮试验，气孔检验
position ~ 钟表换位测试，(走时精度）位置试验
pour ~ 倾点〔倾倒，流点〕试验
Preece ~ 普里斯（钢丝）镀锌层的硫酸铜浸蚀试验，镀锌层厚度和均匀度测定试验
preinstallation ~ 装配前试验
preliminary ~ 初步试验
pre-operational ~ 空转试验
preperational ~ 空转试验
pressure ~ 压力〔液压，耐压，强度〕试验
pressure breakdown ~ 压降试验
pressure fluctuation ~ 压力脉动试验
prevaluation ~ 模拟试验
primary fault ~ 一次电故障试验
probe ~ 探针测试，探试器测试
process loop ~ 循环进程测试
processibility ~ 工艺性能试验
production-type ~ 生产定型试验，产品型式试验
program(me) evaluation ~ 听音评价试验
prolonged erosion ~ 长期耐蚀试验
proof ~ 校验，验收〔诊断性，安全，复核，试用〕试验
Prot ~ 普鲁特快速疲劳试验
prototype ~ 原型试验，样机试验，样品检验
protracted ~ 疲劳〔持续〕试验
pull-in ~ 牵入试验，整步试验
pull-out ~ 失步试验，拉拔力试验
pull-up ~ 最低起动试验
pump-back ~ （电机）反馈试验
punch(ing) ~ 冲压试验
puncture ~ 钻孔〔冲孔，击穿〕试验，耐电压〔破坏性〕试验
qualification ~ （质量）鉴定试验，验收试验，合格试验〔检查，考试〕
quick consolidated ~ 快固结（抗剪）试验
quick-stick ~ 快粘试验
racing ~ （发动机）空转试验
radial ~ ①射线检测，射线探伤②径向取样试验
radio interference ~ 无线电干扰试验
radiographic ~ 射线照相探伤〔检测〕
rain arc-over ~ 湿飞弧试验
Ramshorn ~ 拉姆逊（钢材）冲孔法可锻性试验
random ~ 随机抽样检查
rapid-rise ~ 快速升压试验
rating ~ 标定试验，评级试验，规格试验
ratio ~ 变（压）比试验〔测定〕，比值测定
rebound ~ 回跳〔回跃，回弹〕试验
recoil ~ 反跳试验（钢丝弹性试验法）
reducing ~ 缩口试验
referee ~ （石油产品的）仲裁试验，抽样试验
refrigeration ~ 制冷功能试验
reheat ~ 反复加热试验，热稳定性试验
reliability ~ 可靠性试验
repeated bend(ing) ~ 弯曲疲劳试验
repeated impact ~ 冲击疲劳试验，反复冲击

试验
resonance ~ 共振试验
retardation ~ 自减速试验
rim slip ~ 轮辋错动试验
ring ~ ①（管材）环形试验②听声检验
ring sticking ~ 活塞环卡住试验
root bend ~ 反面弯曲试验，（焊缝）根部弯曲试验
routine ~ 定期试验，例行测试
routine check ~ （常规）检查试验
running ~ 行车〔运转〕试验，正常〔额定〕负荷试验，试探性试验
run(ning)-in ~ 空转试验，试运行试验
running-up ~ 起动试验
rupture ~ 破坏〔断裂，持久〕试验
rupturing-capacity ~ 遮断容量〔功率〕试验
rust growth ~ 长锈试验，缓蚀试验
salt spray ~ 盐水喷雾耐蚀试验，喷盐试验
sand bearing ~ 砂承试验（测定管子承重能力的）
scale-down ~ 模拟试验（按比例缩小的）
scale(model) ~ 缩尺模型试验
Schnadt ~ 施耐特冲击试验
scoring ~ 划〔斫〕痕试验
scratch ~ 刮痕（硬度）试验，擦痕试验
scratch oil ~ 油膜划破试验，油蚀性的测定
screen(ing) ~ 筛〔分〕选试验，甄别试验
sequence ~ 联锁顺序试验，运行顺序试验
serial ~ 系列（产品）试验
service ~ 性能〔使用，运行，运转，工作，动态〕试验
service-type ~ 移交试验，使用状态试验
settling ~ （金属液）脱氧度试验，（金属液）含气试验
shadow ~ 检影法
shear ~ 抗剪试验
shelf ~ 闲置〔存放，搁置〕试验
Shepherd P-F ~ 谢弗尔德深入断口试验
shop ~ 工厂试验，车间试验
short-time ~ 快速〔短时，加速〕试验
side bend ~ 侧弯试验
sieve ~ 筛分试验，筛析，过筛试验
signed-rand ~ 有正负号的排列检验
silence ~ 消声试验
simulation ~ 模拟试验
site ~ 现场试验，实地试验
size ~ 筛分析
skip ~ 空白检测（指令），空白试验
slew ~ 转向测试
slip ~ 空转试验，泵的负载特性试验
slip-type cracking ~ 有缝试件抗裂试验
slow ~ 静力试验
small ~ 小型试验
smear ~ 涂色检查（检查齿轮接触情况），（在专用纸上）机油湮点试验，擦拭（法）检查
smoke density ~ 烟密度法
snarl(ing) ~ 金属线的延展性和弹性试验，线材反复缠绕试验，打结试验（钢丝）
Snyder life ~ 斯奈德寿命试验（绝缘油老化试验法）
soak ~ “饱和”试验（机械设备等总装后交货前的调试、老化及性能等一系列的试验）
soap bubble ~ 皂泡试验
soundness ~ 安〔固〕定性试验
spalling ~ 散裂〔剥落〕试验，耐崩裂性试验，耐急冷急热性试验
spark-over ~ 火花放电试验，击穿试验
spectroscopic ~ 光谱分析
spigot density ~ 筛下物密度试验
spin burst ~ 旋转破坏试验，飞逸试验
spiral ~ （金属）流动性试验，（测流动性的）螺旋试验
split torsion ~ 扭转断口试验
spoon ~ 手勺取样，勺样检验
spot ~ ①当场试测，抽查，抽样②硝酸浸蚀试验法，点滴试验
spray ~ 喷雾试验
squeezing ~ 压扁试验
stacking ~ 堆码试验
stand ~ 台架试验
standing ~ 静止试验
static ball indentation ~ 布氏硬度试验
static hardness ~ 布氏硬度试验
steady-state damp heat ~ 恒定湿热试验
steering ~ 可控性试验，操纵试验
step stress ~ 步进〔级增〕应力试验，逐级加载试验
Strauss ~ 施特劳斯试验（晶间腐蚀拉力试验）
streak ~ 痕色试验
stripe ~ 色条试验
stripping ~ 汽提〔去膜，去色，去胶〕试验，镀锌层溶剥试验（测定单位面积镀附量用）
Stromeyer ~ 疲劳强度试验
subroutine ~ 检验程序
sump ~ （工件表面的）印模试验

sun ~ 日晒试验
surge ~ 冲击（波）试验
swell ~ 膨胀试验
Swinburne ~ 斯温泊试验（测定电机损耗的试验法）
swing ~ 摆动〔振动〕试验，频率不稳定试验
switching surge ~ 操作波试验
tab ~ 翼片试验，小板试验
tag end ~ 最后测试，末终测试
tear ~ 扯裂试验
temperature cycle ~ 温度循环试验
tensile ~ 拉伸〔拉力〕试验
testerVan-Der-Veen ~ 范德文侧弯试验
thermal ageing ~ 热老化试验
thermal proof ~ 热稳定性试验
thermal shock ~ 热冲击试验，急冷急热性试验
thermal stability ~ 热稳定试验
Tipper ~ 蒂氏金属脆性转变温度试验
torsion ~ 扭曲〔抗扭，扭转〕试验
total temperature probe ~ 总温探头试验
toughness ~ 韧性试验，冲击韧度试验
Tour-Marshall ~ 图尔 - 马歇尔试验（线材或薄板固定一端，另一端加弯曲载荷，以测定刚度）
tracer ~ 示踪原子法试验，同位素示踪试验
tracking ~ 漏电起痕试验
traffic ~ 行车试验
trial ~ 预〔初步，探索性〕试验
tropicalization ~ 温度湿度升高条件下的试验（对设备进行的），高温湿度试验，热带试验
tune-up ~ （发动机）调整试验
tunnel ~ 风洞试验
turbo-charger matching ~ 涡轮增压器配机试验
twisting ~ 扭转试验
type(approval) ~ 定型〔型式，典型〕试验
unconfined compression ~ 无侧限压缩〔压力，抗压〕试验
unity power-factor ~ 单位功率因数试验
upend(ing) ~ 局部镦粗试验，镦粗试验，可锻性试验
upsetting ~ 镦粗〔顶锻，扩口〕试验
vacuum ~ 真空试验
Varley's loop ~ 华莱回路测验（用电桥测定故障位置的方法）
vibration ~ 振动试验
viewing ~ 外观检查，（图像）观察试验
visual ~ 目视检查，目视检测
visual engaged ~ 可见信号的占线试验
volume ~ 大量数据检验，（存储器）容量测试，容量测定
warranty ~ 验收〔保证，认可〕试验
water ~ 水压试验，液压试验
water permeability ~ 透水性试验
water spray ~ 喷淋试验
wear(ing) ~ 磨损〔耐磨〕试验
weather resistance ~ 耐候试验
weathering ~ 老化〔风化，风蚀〕试验
wedge ~ 楔形块检验（白口深度试验），锤击韧性试验（可锻铸铁的），硬度试验（线材的）
wedge-drawing ~ 拉楔（成形性能）试验
weldability ~ 焊接性试验
wet ~ 湿度试验
wind tunnel ~ 风洞测试 / 风洞试验
whirl(ing) ~ 旋转试验，（旋涡）离心力试验
Wohler ~ 韦勒疲劳试验
wrap bending ~ 卷弯试验
wrapping ~ 往复曲折试验，缠绕试验
X-ray ~ X 射线检测，X 射线探伤
zero power-factor ~ 零功率因数试验

test-chart ①视力表②测试图

tester ①试验器〔仪，机，台〕，检验器〔仪，装置〕，测试〔测定，测量〕器〔仪，机〕，分析仪器，万用表②探针，探土钻③试〔测，化〕验员
Abel ~ 阿贝尔测定器（用于测定爆发的温度），阿贝尔闪点测定仪
adhesive wear ~ 黏着磨损试验机
air-fuel ratio ~ 空气燃料比测定仪
Alexander ~ 凝胶强度试验器
Almen ~ 阿尔门试验仪（在不同负荷作用下试验润滑油质量）
Amsler's universal ~ 阿姆斯勒万能材料试验机
automatic head-light ~ （汽车）前照灯测试仪
automatic integrated circuit ~ 集成电路测试仪
Axline ~ 阿克斯林弹性织物试验仪
ball ~ 球式硬度试验机
ball electrolyte ~ 色球式（蓄电池）电解液体检验器
Ballentine hardness ~ 鲍兰丁硬度计（金刚石压头）
beam ~ 电子测试仪，光束测试仪
bond ~ 黏合力试验仪，接头电阻测试器

brake ~ 制动试验台〔机〕
Brinell hardness ~ 布氏硬度计
carpet ~ 射频脉冲发生器
center ~ 中心指示器
Charpy ~ 摆锤式冲击试验机
circle ~ 度盘检查仪
circuit ~ 万〔复〕用表，电路试验器
coating adhesion strength ~ 涂料黏附强度测定仪
coating strength ~ 涂层强度测定仪
coating thickness ~ 涂层厚度测定仪
colour scene ~ 彩色试验印片机
compression ~ 压力（测定）计，气缸压力表
compression-type regularity ~ 压缩式均度试验机
computer memory ~ 计算机存储器测试仪
constant speed friction ~ 定速式摩擦试验机
core hardness ~ 砂芯硬度计
creep deformation ~ 蠕变试验机
critical point ~ 相变点测定器，临界点测定器
crooked property ~ 弯曲性能试验机
curve ~ 曲板检验器，曲线测定器
dead weight ~ 静重式校验器
degree of ramming ~ 紧实度测定仪
dial cylinder ga(u)ge ~ 内径千分尺校验器
dielectric strength ~ 耐压测试器
diesel injection ~ 喷油提前角测定仪
diesel ~ 柴油机试验台
differential iron ~ 差分磁铁测验器
digital handy ~ 数字式手持测试器
dionic ~ 导电度仪，（水的）纯度测试仪
dioptric(al) ~ 视度望远镜，屈光度检测仪
double-flank mesh ~ 双（面）啮（合检查）仪
earth ~ 接地检查仪，兆欧表，摇表
engine tune-up ~ （发动机性能调整用）试验检查仪，（发动机）综合试验仪
Epstein(hysteresis) ~ 爱普斯坦磁滞仪，爱普斯坦测试器（测试铁的磁滞及涡流等）
Excel ~ 电池测试器，蓄电池电压表
Falex ~ 润滑剂耐热耐压试验机
fatigue ~ 疲劳试验机
film thickness ~ 膜厚测试仪
flash(-point) ~ 闪点测定器
flowage phase stress ~ （铸造合金）动态应力测试仪
formation ~ 地层测验器
four-ball ~ 四球润滑剂性能测定仪
four-ball wear ~ 四球磨损试验机
free-point ~ 自由点测试器（自机器中拔出电子管，测试其电压电流的设备）
fretting ~ 微动磨损试验机
fuel consumption ~ 油耗仪
gear ~ 齿轮检验器，测齿仪
green mold hardness ~ 湿型硬度计
green-hardness ~ （湿）砂型硬度计
gun ~ 电子枪测试分析器
hand-held ~ 手持测试器，手持式故障诊断仪
hardness drop ~ 回跳〔肖氏〕硬度计
hot distortion ~ 热变形试验机
hot green tensile strength ~ 热湿拉强度试验仪
hypoid ~ 准双曲面齿轮检查仪
impact penetration ~ 砂型（芯）皮下强度测定器，冲击穿透试验计
indoor road ~ 室内转鼓试验台，室内道路模拟试验装置
inertia type friction ~ 惯性式摩擦试验机
integrated telegraph ~ 综合电报测试仪
interturn ~ 线匝试验器
investment shell thermal deformation ~ 型壳高温变形试验仪
isochronous telegraph ~ 等时式电报测试仪，同步电报测试仪
jolt impact ~ 震击试验仪，震击式（型砂）韧性试验机
knife-edge ~ 刀口仪
lead ~ 导程检查仪
lead screw ~ 丝杠检查仪
lens ~ 检镜仪，透镜检验仪
level ~ 水准管〔水平仪〕检定器，（校）水准器
line ~ 试线器，线路试验器
linear contraction ~ （铸造合金）线收缩测试仪
live-line insulator ~ 带电绝缘子探测器
loop ~ 循环检查程序
lubricant ~ 润滑剂试验〔检验〕仪，润滑剂分析器
magnetic thickness ~ 磁性（镀层厚度）测厚仪
Megger earth ~ 梅格尔土壤电阻测定器
microcomputer system ~ 微型计算机系统测试机〔测试程序〕
midget ~ 小型万用表
mileage ~ （英）里程试验机，燃料消费量试验机（试验消耗相当于一加仑或一升燃料所走行的英里数的机械）

mo(u)ld strength ~ 砂型表面强度试验仪，铸型强度计
multiuse ~ 多用途测试仪，故障诊断仪
neon ~ 氖测电路〔笔〕，试电笔
neon spark ~ 氖光试验器
nozzle ~ 喷射器性能试验装置
oil ~ 验油器〔机〕，油料试验机
Oisen ~ 奥尔逊试验机，杠杆式万能材料试验机
PCB portable ~ 印制电路板袖珍测试器
plug ~ 火花塞试验器
pocket ~ 小型测试器，小型万用表
pole ~ 电杆试验器
porosity ~ 气孔度测试器，孔率检验器
potential ~ 电压试验器
power ~ 功率测试器，功率计，瓦特计〔表〕
puncture ~ 耐（电）压试验器
pyramid temperature ~ 测温角锥
quick heat ~ 曝热试验仪
ram ~ 冲〔撞〕击试验机
resin sand strength ~ 树脂砂强度测定仪
reverse bend ~ 弯折试验机
ringing ~ 振铃信号测试器
Rockwell hardness ~ 洛氏硬度计
Rockwell superficial hardness ~ 表面洛氏硬度计
routine ~ 携带式测试器
servomechanism ~ 伺服〔随动〕系统测试仪，伺服系统的调谐操纵台
shock ~ 震动〔抗震，冲击〕试验机〔器〕
side slip ~ （汽车）侧滑检测仪
single-flank mesh ~ 单（面）啮（合检查）仪
single-prong ~ 单叉探测器（测绝缘子）
spring ~ 弹簧试验仪，弹簧弹力〔疲劳〕试验器
superficial Rockwell hardness ~ 表面洛氏硬度计，轻压力洛氏硬度试验机
surge ~ （高频）脉冲试验仪，电涌测试仪
telegraph signal distortion ~ 电报信号畸变测试仪
tensile-strength ~ 抗拉强度试验机
test-fire(d)indentation hardness ~ 压痕硬度计
thickness ~ 厚度计
tong ~ 钳形电流表
tube ~ 电子管测试仪
twist ~ 捻度试验机，检捻器，扭转试验机
ultrasonic hardness ~ 超声硬度计
ultrasonic rail ~ 超声波钢轨探伤器
vehicle performance ~ 汽车性能测试仪
Vickers hardness ~ 维氏硬度计
wheel alignment ~ 前轮测定仪，前轮校正仪
wire rope ~ 钢丝绳试验机（检查钢丝绳断线、腐蚀和磨损等的仪器）
wire torque ~ 线材扭转试验机
worm ~ 蜗杆检查仪
worm-gear conjugation ~ 蜗轮副检查仪

test-facility 试验设施

test-fire(d) 试（发）射（的）

testimonial ①证明〔鉴定〕书，介绍信②奖状，纪念品

testing 试〔检，化，测〕验，测量〔试〕
angle beam ~ 超声（波）斜角探伤试验
attribute ~ 质量分类试验，特性试验
back-to-back ~ 反馈〔对拖〕试验，背靠背试验
bulk ~ 整体试验
burn-in ~ （对数控系统的）考机
coil ~ （真空度或漏孔的）火花检漏法
core ~ 型芯表面硬度测定
degradation ~ 老化试验
destructive ~ 破坏性试验
eddy current ~ 涡流检测
electromagnetic ~ 电磁探伤法，电磁检测
engineer ~ 工艺试验
environmental ~ （运行条件的）模拟试验，环境试验
firedamp ~ 甲烷测定
hi-mode bias ~ 边缘测试
holographic nondestructive ~ 全息无损检测
immersion ~ 液浸法
magnetic particle ~ 磁粉检测
material ~ 材料试验
no-damage ~ 无损检测
nondestructive ~ 无损检测
pressure ~ 加压〔密封〕试验
roll ~ （齿轮）对滚检验（法）
thaw(ing)hydrostatic ~ 静水压试验
track ~ 滑轨试验台试验
tribology ~ 润摩试验
ultrasonic ~ 超声波探伤法，超声波测试
wheels-locked ~ 车轮制动（滑行）试验，制动试验
wind-tunnel ~ 风洞试验

test-plate （偏光显微镜用）检光板，（光学）样板，检验片

test-reactor 试验用反应器

test-run 试运转，试车，运行测试
test-target 检验目标，（pl.）分辨率检定板
test-use 运用〔生产〕试验
test-zone 测试区域
tetanometer 强直测验计
tetartohedry ①四分面②四分对称
tetchy 过度敏感的
tether ①系绳〔链〕②界限，限度，范围
Tetmajer 蒂特迈杰硅青铜（w（Al）5% ~ 10%，w（Si）2.75%，少量 Fe，其余 Cu）
tetrachloride 四氯化合物
tetrachoric 四项的
tetrad 四个一组〔一套〕，四元组，四重（度）轴，四位二进制，四价（元素），四次对称晶，四个脉冲组，四个符号
dummy ~ 虚假四位二进制，仿真四个脉冲组
tetrafluoroethylene 四氟乙烯
tetragon 四边〔角〕形，四重轴，正〔四〕方晶系
tetragonal 正〔四〕方的，四角的，正〔四〕方晶系〔格〕
tetrahedral 有四面的，四面体的
tetrahedrite 黝铜矿
tetrahedroid =tetrahedron
tetrahedron 四面体〔形〕
tetrahedry 四分对称
tetrahexahedron 二十四面体
tetraiodide 四碘化物
tetramerous 四部分的，四个一组的，四重的
tetramorphism 四晶（现象）
tetramorphous 四（种不同结）晶形的
tetrapolar 四端（网络）的，四极的
tetrazene 四氮烯
tetrazine 四氮杂苯，四嗪
tetrode 四极管
beam ~ 束射四极管
beam power ~ 束射四极管，电子束功率四极管
coplanar-grid ~ 共面栅四极管
crystal ~ 晶体四极管，半导体四极管
solion ~ 电化学四极管
space charge ~ 双栅管，空间电荷四极管
tetroxide 四氧化物
Tex 太克斯程序组（能将技术文本变成终端的输入程序组）
texibond 聚乙酸乙烯酯类黏合剂
texrope V 带
text ①原〔本，正〕文，电文②版本，课文，讲义
cipher ~ 密文
source ~ 源程序正文
transparent ~ 简明电文
video ~ 可视图文
textile ①（纺）织品〔物〕织物原料②纺织的，织（物）的
textolite 层压胶布板，夹布胶木，织物酚醛塑胶
glass ~ 层形树脂（浸制）玻璃布
texture ①组织，结〔织〕构，构造〔成〕②晶体结构③网纹，纹理，织物④本〔实〕质，特征⑤手感，纹理
~ synthesis 纹理合成
cholesteric planer ~ 胆甾型液晶的平面结构
coarse grained ~ 粗晶组织
deformation ~ 形变结构
fine ~ 显微〔微粒〕结构，金相〔细密〕组织
focal-conic ~ 焦锥织构
homeotropic ~ 垂直排列结构
homogeneous ~ 均匀排列结构
margination ~ 蚀边结构
massive ~ 块状组织，整体〔块状〕结构
nodular ~ 瘤状结构，结核状结构
pearlitic ~ 珠光体组织
recrystallization ~ 再结晶组织
solid ~ 实体纹理
textured 构造成的，起纹理的
textureless 无明显织构的，无定形的
texturing 织构化
T-flip-flop 反转触发器
Thalassal 萨拉铝合金（w（Mg）2.25%，w（Mn）2.5%，w（Sb）< 0.2%，其余 Al）
thalassogenesis 造海作用
thalassography 海洋学
thalassometer 验潮器
thallium 铊（Tl）
thalofide 硫化铊
thaw(ing) ①融〔溶〕化，解冻②缓和
straight ~ 一次熔透
T-head T 字头，T 形螺栓，（气缸的）T 形盖
theater 影院
home television ~ 家庭电视剧院
home ~ 家庭影院
theme ①题目②论文
theodolite （精密或光学的）经纬仪
astronomical ~ 天文经纬仪，天体经纬仪
balloon ~ 测风经纬仪
compass ~ 罗盘经纬仪

electronic distance-meter ~ 电子测距光学经纬仪
electronic ~ 电子经纬仪
laser ~ 激光经纬仪
optical ~ 光学经纬仪
recording ~ 自记经纬仪
reducing ~ 归算经纬仪
suspension ~ 悬式经纬仪
transit ~ （转镜）经纬仪

theorem 定〔原〕理，原〔法〕则，命题
bias ~ 偏压定理
binomial ~ 二项式定理
bisection ~ （四端网络的）电路中分定理，二等分定理
Castigliano ~ 卡氏最小功定理
central(ized) limit ~ 中心极限定理
Chinese remainder ~ 中国〔孙子〕剩余定理，大衍求一术
circle ~ 圆柱绕流定理
cobweb ~ 蛛网定理
compensation ~ （网络的）补偿定理
constant-linkage ~ 磁链守恒定律
converse ~ 逆（定）理
convolution ~ 卷〔褶〕积定理
correspondence ~ 相似定理
divergence ~ 费度〔发费，张量〕定理
enclosure ~ 界限定理
enumeration ~ 枚举定理
ergodic ~ 遍历定理
excision ~ 切除定理
expansion ~ 展开〔分解〕定理
final value ~ 终值定理
finite basis ~ 有限基底定理
Gauss ~ 高斯定理
Gauss divergence ~ 高斯散度定理
input/output cross correlation ~ 输入/输出相关定理
intermediate value ~ 介值定理
inverse ~ 逆〔反〕定理
Kennedy-Aronhold ~ 三心定理
kinetic power ~ 动（态）功率定理
magnetic circuit ~ 磁路定理
mean value ~ 中〔均〕值定理
minimax ~ 极大极小值定理
multiplication ~ 乘法定理
norm-equivalence ~ 范数等价定理
Nortion's ~ 诺敦定理，等值电流源定理
optimization ~ 最优化定理
parallel-axis ~ 平行移轴定理
parallel-generator ~ 并联发电机定理，米尔曼定理
partition ~ 分割定理
perturbation ~ 微〔干〕扰定理，摄动定理
power product ~ 幂乘积定理
Pythagoras's ~ 勾股定理，毕达哥拉定理
Pythagorean ~ 勾股定理，毕达哥拉定理
reactance ~ 电抗原理
reciprocal ~ 倒〔互〕易定理
remainder ~ 剩余定理，余数定理
residue ~ 剩余〔残数〕定理
sampling ~ 抽〔采，取〕样定理
Shannon sampling ~ 香农采样定理
sheath ~ 薄层原理
shift(ing) ~ 移相〔位〕定理
substitution ~ 替代原理（网络学）
superposition ~ 叠加定理
suspension ~ 同纬映象定理
tape ~ 薄带原理
the Lyapunov stability ~ 李雅普诺夫稳定性定理
Thevenin's ~ 戴维宁定理，等效发生器〔发电机〕定理
uniqueness ~ 唯一性定理，单值（性）定理
upper bound ~ 上限定理

theorization 理论化，理论构思

theory ①理论，原理，学说②分析，推测
~ of acceptance 授权理论
~ of approximation 近似值理论，逼近说
~ of categories 范畴论
~ of function 函数论
~ of games 博弈论，对策论
~ of groups 群体理论
~ of knowledge 认识论
~ of machines 机械原理，机器学
~ of machines and mechanisms 机械原理
~ of matrices 阵论，矩阵理论
~ of mechanism 机构学
~ of probability 概率论
~ of value 价值论
absolute stability ~ 绝对稳定性理论
automata ~ 自动机理论
band ~ 能带理论
bucket ~ “提斗”理论（相位稳定区理论）
categorical ~ 完备理论
channel ~ 流体理论（轴流空气压缩机）
collective electron ~ 集体电子理论

collision ~ 磁撞理论
contingency ~ 权变〔应变〕理论
contraction ~ 收缩理论
corpuscular ~ (光的)微粒(子)说
D-decomposition ~ D 域分解理论
Debye's ~ 德拜学说(偶极子理论)
decision ~ 决策论，判定论
dispersion ~ 色散理论，弥散理论
distribution ~ 广义函数论，分布论
duality ~ 必偶理论
electromagnetic(al) ~ 电磁定理，电磁理论
Euler's buckling ~ 欧拉稳定(屈曲)理论
field ~ 场论，域论
first-order ~ 线性化理论，一次近似理论
fuzzy ~ 模糊理论
games ~ 对策论，博弈论
general relativity ~ 广义相对论
graph ~ 图论
group(ing) ~ 群论
heat transfer ~ 传热理论，热传导理论
hook ~ 钩理论(半导体)
image ~ 镜像原理
information ~ 信息论
innovation ~ 创新理论
kinematic ~ 运动说
kinetic ~ 分子运动论
lattice ~ 晶格理论，(晶体)点阵理论
least squares ~ 最小二乘法
linear perturbation ~ 小扰动法，线性扰动理论
many-valley ~ 多谷理论
matrix ~ 矩阵论
measure ~ 测度论
micro-economic ~ 微观经济理论
modal balancing ~ 模平衡理论，振型平衡理论
non-binary switching ~ 多值开关理论，非二进制开关理论
non-local field ~ 非向域场论
normal-mode ~ 简正波理论
number ~ 数论
optimization ~ 最佳化理论，优选理论，优化原理
optimum control ~ 最优控制理论
prediction ~ 预报理论
probability ~ 概率论，概率定理
programming ~ 规划论
pseudopotential ~ 赝势理论
quantized field ~ 量子场论
quantum ~ 量子论
queu(e)ing ~ 排队论(等候线理论)
reciprocal ~ 可逆〔互易〕定理
relativity ~ 相对论
reliability ~ 可靠性理论
restricted ~ of relativity 狭义相对论
search ~ 搜索论
sequencing ~ 序列理论
set ~ 集合论
similarity ~ 相似理论
streamline ~ 一维流动理论，流线理论
superposition ~ 叠加原理
swarm ~ (液晶)攒动学说
team ~ 队(理论)，集组理论
transmission line ~ 传输线理论
trapping ~ 陷阱〔波〕理论，俘获理论
undulatory ~ 波动(学)说
utilitarian ~ 功利主义论
volume ~ 体积理论，体积原理
waiting-line ~ 排队论
wave ~ 波动理论
wedge ~ (上压力的)上楔理论，楔体理论

therapy 疗法，治疗
shock ~ 电震疗法，休克疗法
ultrasonic ~ 超声波治疗

therblig(s) ①(动作研究中的)基本元素②(工艺操作中的)基本〔分解〕动作，微动作单位〔元〕

Thereminorgan 特雷门式电子乐器

Therlo 色罗铜合金(电阻合金，w(Cu)85%，w(Al)2% ~ 5.5%，w(Mn)9.5% ~ 13%)

therm (煤气销售)热量单位(10^5 Btu 即 1.055×10^8 J)

thermaesthesiometer 热度感觉计

thermal 热(量)的，温度的
~ anti-ice 热空气防冰

Thermalastic 斯玛拉斯蒂克(由环氧浸渍粉云母玻璃布组成的主绝缘)

thermal-convection 热对流

thermalization 热(能)化，热能谱的建立，中子的热能慢化

thermalloy 铁镍耐热耐蚀合金，铁镍热磁合金(w(Ni)70%，w(Fe)30%)

thermate (由铝热剂和其他物质混合制成用于燃烧弹、榴弹的)混合燃烧剂

thermatron 高频加热装置

thermautostat 自动恒温箱

thermel 热电温度计

therm-hygrostat 定温定时控制器
thermic 热的
Thermica 斯米卡（由环氧无溶剂浸渍剂和粉云母玻璃布组成的主绝缘）
thermicon 热敏摄像管，红外敏感摄像管
thermindex 示温漆，示温涂料
thermion 热离〔电〕子
thermionic 热离〔电〕子的
thermionics 热离子学，热阴极电子学
thermister =thermistor
thermistor 热敏电阻（器），热变（电）阻器，热控管，热元件，半导体温度计
bead ~ 珠状热敏电阻（器）
direct heated ~ 直热式热敏电阻
indirectly heated ~ 间接加热的热敏电阻，旁热式热敏电阻
linear ~ 线性热敏电阻器
measuring ~ 测量用热敏（电）阻器
single crystalline silicon ~ 硅单晶热敏电阻
temperature control ~ 控温热敏电阻器
temperature measure ~ 测温热敏电阻器
thin film ~ 薄膜热敏电阻器
Thermit 西密铅基轴承合金
thermit(e) 铝热〔高热，热熔〕剂（铝粉与氧化铁混合物，用于焊接和制造燃烧弹），铝粉焊接剂
rail ~ 钢轨焊接用铝热剂
red ~ 红色铝热剂，红发热剂
welding ~ （焊接用）（铝）热剂
thermo-aeroelasticity 热气动弹性力学
thermo-alcoholometer 酒精温度计
thermoacoustimetry 热传声法
thermoammeter 热〔温差〕电偶电流表，热电流表〔计〕
thermoanalysis 热（学）分析
thermoanemometer 温差式风速仪〔表，计〕
thermo-areometer 温差电偶（液体）比重计
thermobalance 热天平，高温天平
beam-loading ~ 水平式热天平
top-loading ~ 上皿式热天平
thermobarometer 温度气压计〔表〕,（可用作温度计的）虹吸气压表
thermobattery 热电池（组）
thermo-bimetal 热双金属
thermocell 温差电偶，热电偶
thermochemistry 热化学
thermochroism 选吸热线（作用）
thermochromism 热色现象，热致变色
thermocline 斜温层，温度降落，变温层
Thermocoax 超细管式热电偶，瑟莫科斯热电偶
thermocolo(u)r 热敏油漆,示〔测〕温涂料,（彩）色温（度）标示
thermo-compensation 温度补偿
thermocompression 热压
thermocompressor 热压机
thermoconductivity 热导率
thermocontact 热接触
thermocooling 温差环流冷却
thermocouple 热〔温差〕电偶
air-bleed ~ 抽气热电偶
armo(u)red ~ 铠装热电偶
average temperature ~ 平均温度热电偶
base metal ~ 贱金属热电偶
bead ~ 珠形热电偶
booster ~ 加压器热电偶，均衡热电偶
built-in ~ 埋入式热电偶
chordal ~ 穿壁式热电偶
clustered ~ 集束热电偶
coaxial ~ 同轴热电偶
differential ~ 差分热电偶，差动作用温差电偶
fast ~ 小惯性热电偶，快速热电偶
film ~ 薄膜热电偶
high-velocity ~ 快速反应热电偶，小惯性热电偶
immersion ~ 浸没式热电偶
infrared ~ 红外热电偶
Le Chatelier ~ 铂 - 铂铑热电偶，勒夏忒列热电偶
minitype speediness ~ 微型快速热电偶
multi-junction differential ~ 多接点差示热电偶
parallel-connected ~ 并联热电偶（装置）
patch ~ 接触热电偶
primary standard ~ （主）基准热电偶
shell ~ 壳式热电偶
shielded ~ 有隔离罩的温差电偶，屏蔽式热电偶
substantiality ~ 实体热电偶
surface ~ 表面热电偶
thermocurrent 热电流，温差电流
thermocutout 热保险装置，热断流器
thermodetector 热〔温差电〕检波器，测温计，温差检测器
thermodiffusion （分离同位素的）热扩散（方法）
thermodilatometer 热膨胀仪
thermodilatometry 热膨胀法
thermoduric 耐热的

thermodynamic(al) 热力（学）的，热动的
thermodynamics 热力学
~ of crystal growth 晶体生长热力学
nonequilibrium ~ 不平衡过程热力学
thermoelasticity 热弹性（力学）
thermo-electret 热驻极体，热电介体
thermoelectric(al) 温差电的，热〔温差〕电的
thermoelectricity 热电（现象），热电学，温差电学
thermoelectrode 热电电极
thermoelectroluminescence 热激电致发光
thermoelectromagnetic 热电磁的
thermoelectrometer 热电计
thermoelectrometry 热电学法
thermoelectron 热电子
thermoelement 热电偶，温差电偶，热〔温差〕电元件，热敏元件
thermo-emf 热〔温差〕电动势
thermofax 热敏复制
thermofin ①热隔层②散热片，传热片
thermofiner 热磨机
thermofission 热分裂
thermofixation 热固化
thermofor 载热固体，流动床，蓄热器（一般指接触材料或催化剂粒子）
thermoforming 热压〔塑〕成形
thermofractograph 热分离色谱
thermo-fuse 热熔丝
thermogalvanometer 热〔温差〕电偶电流计，温差〔热电〕检流计
thermo-generator 热偶〔温差〕发电器，热偶电池，热交换器
thermogenesis 生热（作用），发热
thermogram 温度自记曲线，自记温度图表，温谱〔差热〕图，温度过程线，差示热分析图
thermograph ①自记温度计，记录温度计，温度记录器，温度过程线②热像仪
airplane expendable bathy ~ 飞机用投弃式深度温度计
bathy ~ 深温计，深度温度计
bimetallic ~ 双金属温度计
electronic bathy ~ 电子式深温计
expendable bathy ~ 投弃式深温计
IR ~ 红外线温度记录器
marine expendable bathy ~ 船用投弃式深度温度计
mechanical bathy ~ 机械式深温计，机械式深度温度计
mercury-in-steel ~ 钢管水银温度记录器
thermography ①温度记录法，（表面）测温术②热敏成像法，热敏复制术，热摄影术
fluorescent ~ 荧光热探伤法
thermogravimetry 热（解）重（量）分析法
thermohardening 热硬性，热硬化（的）
thermohydrometer 热〔温差，带温度计的液体〕比重计
thermohygrogram 温湿自记曲线
thermohygrograph 温湿计，温度湿度记录器
thermohygrometer 温湿表
thermoinduction 热感应
thermoisogradient 热等梯度
thermo-isohyp 实际温度等值线
thermoisopleth 等温线，变温等值线
thermojet 热喷射〔射流〕，空气喷气发动机
thermojunction （热电偶）热接点，热电偶（接头），温差电偶（接点），热电偶工作端
thermokinetics 热动力学
Thermol 高温硅油
thermolabile 不耐热的，感热的，受热（55 ℃以上）即分解〔破坏〕的
thermolability 不耐热性，热失稳性
thermo-lag 热滞后
thermolite 红外辐射用大功率碳丝灯
thermolith 耐火水泥
thermolize 表面热处理
thermology 热学
thermoluminescence 热激〔热致，热〕发光
thermolysis 热（分）解（作用），散热作用
thermomagnetic 热磁（性，效应）的
thermomagnetism 热磁现象，热磁学
thermomagnetometry 热磁法，热磁力测定法
thermo-mechanical 热机的
thermometal （温差）双金属，热敏金属
thermometallurgy 火法〔高温〕冶金（学）
thermometamorphism 热同素异形
thermometer 温度计，量热计，温度〔体温，寒暑〕表
alcohol ~ 酒精温度计
angle ~ 角式温度计
armo(u)red ~ 带套温度计，铠装温度计
aspiration ~ 通风温度计〔表〕
bar ~ 棒状温度计
bent tube earth ~ 曲管地温度表
bimetallic ~ 双金属温度计
bucket ~ 吊杯式水温表
centigrade〔Celsius〕~ 百分〔摄氏〕温度计，

百分温度表〔寒暑表〕
chronometric ~ 精密计时温度计
colour ~ 比色温度计
crystal ~ 晶体温度表
deep-sea reversing ~ 深水反转温度计
dial ~ 指针式温度计，表盘式温度计
differential ~ 微差温度计，示差温度计
digital ~ 数字温度计
distance ~ 遥测温度计
distant ~ 遥测温度计
dry-bulb ~ 干球温度计
earth ~ 地温表
electric ~ 电子体温计，电子温度计
electric contact ~ 电接点温度计
electric-resistance ~ 电阻温度计
electronic ~ 电子温度计
electronic digital ~ 数字式电子体温计
Fahrenheit ~ 华氏温度计〔寒暑表〕
filled system ~ 压力式温度计
floating type ~ 浮式温度计（刻度在里面的温度计）
fluorescence ~ 荧光温度计
full radiation ~ 全辐射温度计
gas-filled ~ 充气温度计，气体压力温度计
glass liquid ~ 玻璃液体温度表
globe ~ （球顶玻璃）辐射温度计
jet-pipe ~ 喷管排气测温计
liquid-expansion ~ 液体（膨胀）温度计
liquid-filled ~ 液体温度计
liquid-in-glass ~ 液体温度计
lowermost ~ 最低温度表
low-reading ~ 低温温度计
magnetic ~ 磁温度计，磁石温度计
manometric ~ 压差温度计
mercurial ~ 水银温度计
mercury-in-glass ~ （玻璃）水银温度计，汞柱玻璃温度计
mercury-in-steel ~ 钢壳水银温度计
metal resistance ~ 金属电阻温度表
normal ~ 普通温度表
nuclear quadrapole resonance ~ 核四极矩共振温度计
oil ~ 油温表
optical ~ 光学高温计
optical fiber ~ 光纤温度计
photoelectric ~ 光电温度计
platinum ~ 铂丝温度计
pressure-spring ~ 弹簧管压力式温度计，压力表式温度计
pressure-type ~ 压力式（信号）温度计
quartz ~ 石英温度计
radiation ~ 辐射温度计
reference ~ 参比温度计
resistance ~ 电阻温度计
reversing ~ 颠倒温度表，海水温度表（深水测温用）
semi-conductor temperature sensing resistance ~ 半导体热敏电阻温度表
sling ~ 旋转温度表，手摇温度表
solar ~ 太阳能温度计
straight tube earth ~ 直管地温表
surface ~ 表面温度计，贴附温度计，表面温差电偶
thermistor ~ 热敏（电阻）温度计
thermoelectric ~ 热电温度计
thermoelectric couple ~ 热电偶温度表
tiptop ~ 最高温度表
trailing ~ 电测表层温度计
weight ~ 重量温度计
wet-bulb ~ 湿球温度计

thermometerize 用温度计测量

thermometer-screen （温度表）百叶箱，温度计箱

thermometric(al) 温度计的，测温的，据温度计测得的

thermometrograph 温度记录器，自记式温度计

thermometry 测温学〔法，技术〕，计温学，温度测量法
Johnson noise ~ ①约翰森噪声测温术②热噪声测温术
microscopic ~ 显微测温
neutron ~ 中子测温

thermomicrograph 热显微照片，红外显微照片

thermomicroscopy 热显微镜学

thermomodule 热电微型组件

thermo-molecular 热分子的

thermo-motive 热动力的

thermo-motor 热（发动）机

thermomultiplicator ①热倍加器，温度倍加器②电流计的温差电池

thermonasty 感热〔温〕性

thermonatrite 水碱

thermonegative 吸热的

thermoneutrality 热中和性，热力中性

thermonuclear ①热核子②热核的

thermonucleonics 热核技术，热核子学

thermo-osmosis 热渗透（作用）
thermopaint 示〔测〕温涂料，示温漆，热敏油漆，彩色温度标示漆
thermopair 热电偶
thermophilic 耐热（性）的，适〔喜，高〕温
thermophone ①热致发声器，热线式受话器，热致受话器（标准传声器用）②传声温度计
foil ~ 箔式热致发声器
thermophore 载热体，蓄热器
thermophotometry 热光学〔度〕法
thermophotovoltaic 热光电的，热光伏打的
thermophysics 热物理学
thermopile 热〔温差〕电池，热电元件，热电偶
film ~ 薄膜热电池
Moll ~ 莫尔热电偶，康铜热电偶
neutron ~ 中子温差电池，中子热电池
vacuum ~ 真空热电池，真空热差电池
thermoplast 热塑（性）塑料，热塑〔热范〕性
thermoplastic ①热塑（性）塑料〔物质〕，热熔塑胶②热塑（性）的，热范的，加热软化的
thermoplasticity 热（熔）塑性（理论，力学）
thermoplastics 热塑（性）塑料
thermopolymerization 热聚合作用
thermopositive 放热的
thermoprene 环化橡胶
thermoprobe 测温探针
thermoquenching 热淬火
thermo-radiography 热射线摄影术
thermoreceptor 热感受器
thermo-reduction 减温法
thermorefractometry 热折射法
thermoregulator 调温器，温度调节器
thermorelay 热继电器，温差电偶继电器
thermoremanence 热顽磁，热顽磁感应强度，热剩余磁化强度
thermoresilience 热回弹
thermoresistance 温变电阻，热阻
thermorunaway ①（晶体管）热致击穿〔破坏〕②热失控
thermos 热水〔保温〕瓶
thermoscope 验温器，测温器，测温锥
radiation ~ 辐射测温仪〔表〕
thermoscreen ①热屏蔽，隔热屏②温度计箱，温度百叶箱
thermosensitive 热敏的
resistor ~ 热敏电阻
thermosensor 热敏元件
thermoset ①热固（性），热凝，热变量法②热固（性）的，热凝〔成形〕的，加热成形后即硬化的，热变量的
thermo-shield 热屏蔽
thermoshock 热冲击，热裂
thermosiphon 热虹吸管，温差环流系统，温差循环
thermosister =thermosistor
thermosistor 调温器
thermosizing 热锤击尺寸整形
thermosnap （过）热保护自动开关
thermosol 热熔胶
thermosonde 热感探测仪
thermosonimetry 热发声法
thermospectrometry 热光谱法
thermosphere 温度圈（80 km 以上电离层中炽热层），热大气层，热电离层，热成层
thermostability 耐热（性），热稳定（性）
thermostable 耐热的，耐高温的，热稳定的
thermostart （柴油机）加热起动装置
thermostat ①恒温器〔箱，槽〕，恒温调节器②热动开关，根据温度自动起动的装置
choke ~ （水冷发动机）无侧阀门的调温器
coolant ~ 冷却恒温槽
duct ~ 温度调节器
electric ~ 电恒温器
mercury ~ 水银恒温器，汞控恒温器
on-off ~ 自动调温开关，开关调温器，自动控制恒温器〔箱〕
radiator ~ 冷却系恒温器
remote bulb ~ 遥控恒温器
thermostatic(al) 恒温（器）的，热静力学的
thermostatics 静热力学
thermostress 热应力
thermoswitch 热（敏）开关，双金属热膨胀开关，热（电偶）继电器，温度调节器，热断路器
thermosyphon =thermosiphon
thermotactic 趋温的，体温调节的
thermotank 恒温箱
thermotape 热塑（记录）带
thermotaxic =thermotaxis
thermotaxis 趋热〔温〕性，向热性
thermotaxy 热排性
thermotechnical 热工的
thermotel 负载指示器（根据变压器温度）
thermotolerance 耐热性
thermotolerant 耐热的，热稳（定）的
thermotron 温差电偶真空计

thermotropic 正温的，热致的
thermotropism 向热〔温〕性
thermotube 热管
thermovacuum 热真空
thermovalve 恒温阀，热敏阀
thermovent 散热口
thermoviewer 热像〔图〕仪
thermoviscosimeter 热黏度计
thermoviscosity 热黏度
thermovoltmeter 热线式电压表，热电偶电压表，热电压计
thermowattmeter 热电偶功率计，温差电偶功率计
thermoweld 熔接，熔焊
thermowell 热电偶〔温度计〕套管，温度计袋
thesaurus 〈拉〉①词典，百科全书，同〔近〕义词词汇②叙词表，主题词表③库，信息库，存储库
subject ~ 主题词表
thesis ①命题，主题②论文，学位〔大学毕业〕论文
academic ~ 学位论文
university ~ 大学毕业（学士学位）论文
theta-pinch （等离子体的）θ 收缩
they-group 他群，外群
thick ①厚度，最厚〔浓，密〕部分②厚的，粗（体）的③浓（厚）的，不透明的，半固体的（黏）稠的④密集的⑤（声音）（混）浊的
thicken ①加厚，加浓，加密②变厚，变浓，繁茂③复杂化④增稠，稠化⑤使变〔更〕深
thickener 浓缩器，增稠〔稠化〕器，增稠剂，浓缩机〔槽〕，沉降槽
cyclone ~ 浓缩旋流器
decker ~ 圆网浓缩机，脱水机
deep cone ~ 深锥浓缩机
dilatant ~ 膨胀增稠器
Dorr traction ~ 多尔拖式浓密机
filter ~ 过滤浓缩槽，增浓过滤机
Linblad suction ~ 林卜拉德真空浓缩机
normal high effect ~ 普通高效浓缩机
pneumatic ~ 气压增稠器，气压脱水机
thickening ①增稠（过程），稠化（过程），增厚〔密，粗，浓〕，浓缩〔化〕，加厚，（按密度）分级②增稠〔浓化〕剂③被加厚〔粗〕的部分
thick-film 厚膜的
thickness ①粗，厚（度，薄）②密〔浓，稠密〕（度），黏性〔稠〕③混浊④最粗〔厚，浓〕部分⑤一层〔张〕
~ by penetration 穿透法测定的厚度
~ by reflection 反射法测定的厚度
arc ~ （齿轮的）弧线厚度
axial(tooth) ~ 轴向齿厚
base ~ 基本轴向厚度（皮碗、封圈）
base circular ~ 基圆齿厚
bearing material layer ~ 轴承减摩层厚度
bottom tooth ~ 齿根截面厚（度）
chordal(tooth) ~ （固定）弦齿厚（度）
circular(tooth) ~ （齿轮的）弧线厚度，弧齿厚
crown ~ （外胎的）胎冠厚度
displacement ~ ①排〔取〕代厚度②位移厚度
energy ~ 能量（损失）厚度
half ~ 半厚度，强度减半厚度
half bearing ~ 轴瓦厚度
half-value ~ 半值〔半吸收，强度减半〕厚度
momentum ~ 动量（损失）厚度
mo(u)ld ~ 吃砂量
normal base ~ 法向基圆齿厚，基圆柱法向齿厚
normal chordal tooth ~ 法向弦齿厚
normal tooth ~ 法向齿厚
oil(gas) film critical ~ 临界油（气）膜厚度
(one-)tenth-value ~ 1/10 厚度值，减弱一个数量级的厚度
outer chordal ~ 大端弦齿厚
protective ~ 防护屏厚度
thread ridge ~ 螺纹牙厚
throat ~ 焊缝厚度，焊喉
tip ~ 齿顶厚，顶圆齿厚
tooth ~ 齿厚
transverse base ~ 端面基圆齿厚
transverse chordal ~ 端面弦齿厚
transverse tip ~ （端面）齿顶厚
transverse tooth ~ 横向（弦）齿厚
thicknesser 划线盘，刨板机，测榫器
thickness-ratio 厚度比
thickness-to-chord 厚度到弦
thick-set 稠密的
thick-skinned 厚皮的
thick-wall(ed) 厚壁（的）
thief 泥泵取样，取样器
oid ~ （石）油取样器
sample ~ 取样器
thill （车）杠，辕（杆）
thimble ①套管，短管，套管，衬套，壳筒，嵌环，铣制嵌轮，穿线环（线路），绕扎钢丝绳头用的椭圆形环②测微套筒，千分尺螺纹套筒③联

轴〔离合〕器，电缆接头④盲〔封底〕管道⑤头，端，（戴于指尖上的）顶针
drag spring ~ 牵引套管
eyelet ~ 环套管
guy ~ 牵索套管
ordinary ~ （钢丝绳）套环
radiation ~ 辐射（封底）孔道
rope ~ 钢索套环，绳索套环
tapered ~ 锥形套管
union ~ 活接头套管，嵌圈
valve ~ 阀杆帽，气门杆帽
thin ①（稀）薄处，细小部分，（金相之中）轻系列②（使）变薄〔稀，细，淡〕③削〔磨〕去，修磨薄（的），细（的）④稀（薄）的，淡（薄）的⑤（照片，底片）衬度弱的，不够浓的
final ~ 最薄的，最细的
thin-coated 薄皮的
thin-film 薄膜（的）
magnetic ~ 磁性薄膜
T-hinge 丁字铰链
thinking-machine （电子）计算机，电脑
thinner ①稀释剂，冲淡剂，溶剂②冲淡，剂化③间苗机
lacquer ~ 挥发性漆稀释剂，喷漆稀料，漆冲淡剂
paint ~ 涂料稀释剂
retarder ~ 缓干溶剂，延迟干燥用稀释剂
wash ~ 洗涤用稀释剂（洗除油漆用）
thinness 薄，细，疏，稀少〔疏〕
thinning ①稀释，冲淡②细化，压薄③修磨，（钻头）横刃修磨④削去，磨去
chisel edge ~ 修磨横刃
web ~ 修磨横刃，将钻心厚度磨薄
thin-section 薄壁，薄片，薄剖面
thin-shell(ed) 薄壳的
thin-slab 薄板的
thin-wall(ed) 薄壁的
thiobenzoate 硫代苯甲酸
thiocol(-kol) 聚〔乙〕硫橡胶
thioester 硫酯
thioplast 弹性硫塑料，硫（合）橡胶，硫塑料
thiosulfate 硫代硫酸盐
sodium ~ 硫代硫酸钠，大苏打
third ①第三（的，个），三分之一②第三档，第三速率
middle ~ 三分中一（三等分的中间部分）
quiet ~ 无声（第）三档
thixodiecasting 触变压铸
thixoextrusion 触变挤压
thixoforging 触变模锻
thixoforming 触变成形
thixomolding 触变射铸
thixotrometer 触变计，摇溶计
thixotrope 触变胶
thixotropy 触变（性），摇溶（现象），搅溶性，振动液化，沉浮性
thoracograph 胸动描记器
thoracoscope 胸腔镜
thoria （二）氧化钍，钍土
thoria-coated 敷钍的
thoria-molybdenum 钼钍氧陶瓷金属
thoriated 敷钍的，镀钍的，含钍的
thorite 钍石，硅酸钍矿
thorium 钍（Th）
thorium-bearing 含钍的
thoron ①钍射气（Tn）②钍试剂
thorough-way 超高速公路
thou 10^{-3}in（1in = 25.4 mm）
thorotungstite 钍钨矿
thrash ①振摆，跳动②扭转振动③捶击，脱粒
thrasher 脱粒〔打谷〕机，捶击机
rag ~ 碎布敲扺机
thrashing ①颠簸②系统失效
thread ①线（状物），丝（状体），细丝，纤维②线索，条理③螺纹〔齿，钉，线，距〕④穿线，穿过，通（过），装胶片于⑤车螺纹，雕刻⑥上螺母，拧螺钉⑦（维持能在预定减速情况下运行的）控制功能⑧线程（计算机执行的程序中某个单一顺序的控制流）
Acme(screw) ~ 爱克米螺纹，梯形螺纹（英制）
angular ~ 三角螺纹
binding ~ ①紧固螺纹②绑扎线，绑线
Briggs ~ 布氏管螺纹
British Association ~ 英国协会螺纹
British Standard Whitworth ~ 英国惠氏标准螺纹
buttress ~ 偏梯形〔锯齿，直三角，倒牙〕螺纹
coarse ~ 粗（牙螺）纹，粗牙
differential ~ 差动螺纹
diopter ~ 瞄准线
double(-start) ~ 双线螺纹
drunken ~ 不规则螺纹（螺旋线的导程不规则），周期变距螺纹
dry seal ~ 气密螺纹
Edison ~ 圆〔爱迪生〕螺纹

electric lamp ~ 电灯圆螺纹
electrical ~ 导线铜管螺纹
even ~ 偶螺纹
external ~ 外螺纹
fastening ~ 紧固螺纹
female ~ 内螺纹
fine ~ 细（牙螺）纹
flat ~ 平螺纹，方螺纹
flattened ~ 钝螺纹
glass ~ 玻璃丝
holding ~ 紧固螺纹
inch screw ~ 英制螺纹
internal ~ 内螺纹
knuckle(screw) ~ 圆螺纹
leaning ~ 倾斜螺纹，梯形螺纹
left-handed ~ 左旋螺纹，倒牙
male ~ 外螺纹
metric ~ 米制螺纹
minus ~ 负螺纹（螺纹外径等于未切螺纹部分的直径）
multiple ~ 多线螺纹，复螺纹
multistart ~ 多线螺纹
national coarse ~ （美国）国家标准粗牙螺纹
national(extra) fine ~ （美国）国家标准（极）细牙螺纹
negative ~ 内螺纹
NPT-pipe ~ 布氏锥管螺纹
ocular ~ 目镜螺纹
odd ~ 奇螺纹
oil drive back ~ 回油线
parallel screw ~ 圆柱螺纹
pipe ~ 管端螺纹，管螺纹
pitch ~ 齿节螺纹，径节螺纹
pressed ~ 滚压螺纹
quick ~ 粗牙螺纹，大螺距螺纹
quick-pitch ~ 粗牙螺纹，大螺距螺纹
rectangular ~ 矩形螺纹
regular screw ~ 普通螺纹，基本螺纹
right-handed ~ 右旋螺纹
rolled ~ 滚压螺纹
round ~ 圆螺纹
screw ~ 螺纹，螺旋线
Sellers ~ 塞勒（美制 60°）螺纹
shape-V ~ V 形螺纹
sharp ~ 锐角螺纹
sharp V ~ 非截顶三角螺纹，锐角螺纹
single-start ~ 单线螺纹
slipped ~ 断缺螺纹，滑扣螺纹
square ~ 方螺纹，平顶螺纹
standard full V ~ 正三角形标准螺纹
steep-lead ~ 大导程螺纹
steep-pitch ~ 大螺距螺纹
straight ~ 直螺纹，圆柱形螺纹
tail of ~ 螺纹收尾
taper ~ （圆）锥螺纹
tapping screw ~ 自攻螺纹
three-start ~ 三线螺纹
Thury ~ 细牙螺纹
trapezoidal ~ 梯形螺纹
treble ~ 三线螺纹
triangular ~ 三角螺纹，V 形螺纹
triple ~ 三线螺纹
United States standard screw ~ 美国标准螺纹，塞勒螺纹
unity ~ 统一标准螺纹
V-type ~ 60° V 形螺纹
washout ~ 不完整螺纹
watch making ~ 钟表螺纹
Whitworth ~ 惠氏螺纹，英国标准螺纹
wood screw ~ 木螺钉螺纹
worm ~ 蜗杆齿轮，蜗杆螺纹

thread-cutting 螺纹切削，车制螺纹
threader 螺纹车〔铣，磨〕床，螺纹加工工具（如板牙，丝锥等）
automatic ~ 自动绕线机
bolt ~ 螺栓螺纹加工机
thread-grinder 螺纹磨床
threadiness （细）线〔丝〕状
threading ①穿线〔板，带〕，穿料，插入②车〔刻，旋压〕螺纹，攻〔套〕螺纹
automatic ~ 板材全自动穿过轧（机）
M-automatic ~ M 形自动穿带
threadlike 螺纹状的
thread-whirling 螺纹回转法
three-address 三地址（的）
three-bell （三钟式炉顶的）三料钟，三钟
three-center(ed) 三心的
three-circuit 三（调谐）电路的
three-colo(u)r 三色的
three-component 三分量的，三元的，三部分组成的
three-cornered 三角的
three-cylinder 三缸的
three-D =three-dimensional
three-dimensional ①三维〔度，元〕的，立体的，空间的②有立体感的

three-electrode 三〔电〕极的
three-element 三元件的，三元的
threefold 三倍（于），三重的，增加二倍，（分成）三方面的，三次
three-force 三维力
three-gun 三电子枪（彩色显像管）
three-hinged 三铰的
three-jaw 三爪
three-level 三级（能）的
three-phase 三相（的，位）
three-piece 三件一套的
three-ply ①三夹〔层，合〕板②三层的，三重的，三股头的（线等），三层厚的
three-point odontograph 三点画齿规
three-pole 三极（式）的
three-position 三位（置）的
threequarter(s) 四分之三（的）
three-ring 三节环，三元环
threesider 三面形
three-space 立体的，空间的
three-square 三角〔棱〕的，截面呈等边三角形的
three-stage 三级的
three-step 三级的，三步式
three-terminal 三（引出）端的
three-throw ①三联的，三重的②三元件组成体③三通的（阀门）④三弯的（曲轴）
three-unit 三单位（电码）
three-vector 三维矢量
three-way 三通的，三路的，三向的
three-wheeler 三轮小车〔底盘，摩托车〕
three-winding 三绕组〔线圈〕的
three-wire 三线的，三针的
thresh =thrash
thresher 脱粒机
chopper ~ （禾谷）切碎脱粒机
threshold ①阈（值），（门，界，极，阈门）限，门限值，定值②（最低）限底，界限，范围，边界，终点③临界（值，点），分界（点）④（车身平台）入口，开始，开端，初期⑤门槛⑥分辨能力
~ of audibility （可）闻阈，听（觉）阈，听觉临界，最小可听度
~ of detectability 检波阈，检验阈，检测能力阈，听阈
~ of discrimination 辨别阈限
~ of feeling 感觉阈，最大可听度，痛阈
~ of hearing 听觉阈，可听限度，最低可听值，闻阈，听觉界限
~ of let-go current 摆脱（电流）阈值
~ of luminescence 发光阈，发光界限
~ of nucleation 成核临界温度
~ of perception current 感知（电流）阈值
~ of reaction 反应阈
~ of response 响应阈
~ of sensitivity 灵敏度阈，灵敏度界限
absolute ~ 绝对阈值，听阈
bandwidth allocation ~ 带宽分配阈
colo(u)r ~ 色差阈
connection-dropping ~ 连接跌落门限
detection ~ 检测阈
differential ~ 差阈
dual ~ 双阈（值）
flicker ~ 闪烁限度，闪烁阈
improvement ~ 信噪比改善阈值，改进阈，改良限度
long wavelength ~ 长波限，红限
luminance difference ~ 亮度差阈，亮度对比阈
luminescence ~ 荧光阈，光度阈
MacAdam chromaticness discrimination ~ 麦克亚当辨色阈
photo ~ 光阈值
photoelectric ~ 光电阈，光电效应界限
pumping ~ 抽运值
resolution ~ 分解力阈，分辨阈（值），分辨度
running ~ 活动门限
setting ~ 置位阈，置位限
signal ~ 信号阈，信号可辨度界限
speed ~ 速度档位，速度档
voltage ~ 阈值电压
thresholding 定出…临界值，确定…界限
gray leval ~ 灰度阈值化
histogram ~ 直方图阈值化
thribble 三联管
throat ①咽喉，（孔）颈，颈部，管颈，喉道②弯喉，焊（缝）喉（部），管路，口子，孔口，注入口③（点焊机）进深，前深，探距④（喷管的）临界截面⑤（风洞的）工作段，工作导槽（缝隙）⑥计算尺寸（光学）
~ of fillet weld 凹角焊喉
~ of horn 喇叭喉
~ of threading die 螺纹钢板导口
actual ~ 焊缝实际厚度，实际（焊缝）喉部，实际（喷管的）临界截面
apparent ~ 焊缝计算厚度
chamber ~ 坡膛

chocked ~ 壅塞喉道
exit nozzle ~ 喷管临界截面，喷管喉部
furnace ~ 炉膛缩腰，炉膛的狭窄截面
hollow ~ 喉管
hopper ~ 斗式卸料机
horn ~ 喇叭喉
insufficient ~ 焊缝厚度不足(比计算厚度小)
nozzle ~ 喷管喉部
passage ~ 喉道截面
sonic ~ 声速喉部
theoretical ~ （焊缝的）计算厚度，理论厚度
wheel ~ 轮缘过渡圆弧

throb 跳〔颤，震〕动

thrombelastograph ①血栓弹性仪②血栓造影

thrombocytocrit 血小板比积计，血小板容量计

thrombocytometer 血小板计数器

thromboelastograph 凝血弹性描绘器，血小板强度器

throstle 翼锭精纺机，精梳毛织机器(英国名称，走锭细纱机不在内)，废纺织物

throttle ①节流〔气〕阀，节流〔气〕阀门，风〔油，主气〕门，调速汽阀②节流圈，扼流圈③节流，节气，扼流，调节（节流阀，风门，油门），用（节流阀）调节，节〔压〕制，阻塞
~ down 节流，关闭气阀，减慢
air ~ 节气阀
altitude ~ 高度节流阀，高空节流阀
butterfly ~ 蝶阀
full ~ 全开风门，全节流
hand ~ 手（动）油门，手（动）节气阀，手动风门，手拉加速杆
part ~ 部分（开启）节流，局部节流
rotary ~ 转子式节气阀，回转节流阀
slide ~ 滑阀

throttleable 油门可调的

through ①通〔穿，透〕过，贯穿，直通②一直到，完全，整个
break ~ 穿通
conduction ~ 直通
oil ~ 通油孔，油道

through-drive 直接传动

through-flow 通流，直流

through-hardening 全部硬化，淬透

through-hole 通孔，金属化孔，透眼〔孔〕

through-line 槽线

throughput ①生产量〔能力，率〕，通流能力，流量，（物料）通过量，蒸发量，处理量，装卸效率，通过速度②（输入/输出信息）通过〔吞吐〕量，解题能力③容许能力，容许量
job ~ （计算机的）作业处理能力，作业吞吐量
network ~ 网络流通量
rated ~ 额定出力，额定生产能力
transmission ~ 有效传输〔递〕速度

through-rate 通过率，全程运费率

through-scavenging 直流扫气

through-station 通过〔中间〕站

through-the-thickness 全厚度

through-transport 联运

through-type 直通型（的），穿越式（的）

throughway 公路干线，高速公路

throw ①投，抛，掷②行〔冲，射〕程，偏心距离，偏移度，落差，摆度〔幅〕③（pl.）曲轴，曲柄，曲拐（半径）④扔，投射，抛，发射（出），喷射，掷（出），摔（倒）⑤转动，推动（杠杆，手柄），开关（离合器）⑥拉坯⑦搓〔捻〕…成线
~ into action 接入，接通
~ into gear 啮合
~ of crankshaft ①曲轴弯头②曲柄半径
~ of eccentric 偏心轮行程，偏心轮偏心度
~ of faults 断层断距
~ of governor 调节器摆度
~ of lever 杆行程
~ of piston 活塞行程
~ of pointer 指针偏转
~ of pump 泵的冲程
~ of the switch point 道岔尖轨动程
~ on 套上（传动带）
~ out of action 停止，关闭
~ out of engagement 脱（离）啮（合）
~ out of motion 切断
ballistic ~ 冲击摆幅，冲击偏转
cam ~ 凸轮动程，跳盘动程
coil ~ 线圈节距
crank ~ 曲柄行程
double ~ 双掷〔投〕
double-pole double ~ 双刀双掷开关
double-pole single ~ 双刀单掷开关
doublet ~ 双投，双掷
fault ~ 人工短路跳闸
normal ~ 正落差
paper ~ 跑纸，(打印机的）超行距走纸

throwaway ①废品〔件，汽〕②临时利用件③不磨刃刀片，多刃刀片④对空排放⑤广告传单

throwback ①切换，转换，转回②声反馈（扩声系统的扬声器反施于传声器的声强）
thrower ①投掷〔喷射〕器，抛射器，抛〔甩〕油环，抛料机，撒布机，抛掷物②陶器工
cutter ~ 切碎抛送机
flame ~ 火焰喷射器，喷火器，打火机
mine ~ 迫击炮
oil ~ 油雾喷器，抛油器，抛〔溅〕油圈〔环〕
sand ~ 抛砂机
spray ~ 喷淋器
throw-in ①接通，投入②包含
throw-off 断开，切断，断路，关闭
load ~ 甩负荷，抛负荷
throw-out ①分离机构，抛出（器），推出（器），顶杆，排出装置②（工厂制品中的）次货，劣货
spiral ~ （唱片）引出（纹）槽
throw-over ①转换，转接②切〔变〕换③换向〔速〕
throw-weight 发射〔投掷〕重量
thru-bolt 拉紧螺柱，双头螺栓，贯穿螺栓
thrum ①纱〔线〕头，绳屑，碎屑②（pl.）接头纱，粗乱纱头③指〔乱〕弹，嗬嗬的敲声④把绳屑嵌入（帆布等以防擦、堵漏）
thruput =throughput
thrust ①推〔拉〕力，牵引力，侧向拉〔压〕力，反应力，轴向（压）力②推，冲，刺，插，碰撞③冲〔逆〕断层
~ out 排〔挤，推，曳〕出，发射
active earth ~ 主动土推力
augmented ~ 辅助推力，增大的推力
axial ~ 轴向推力
controllable ~ 可变推力，可调推力
cruising ~ 主发动机推力，巡航状态发动机推力
drill ~ 钻削力（钻孔时的压力）
end ~ 轴向推力，轴端推力
exhaust ~ 排气推力
gross ~ 总〔合成〕推力
high-specific ~ 最大比推力
jet ~ （喷气发动机）推力，反作用力，反推力
normal rated ~ 额定推力，标准推力
piston ~ 活塞推力，活塞侧压力（指活塞侧面对气缸壁的压力）
radial ~ 径向推力，径向压力
reaction ~ 反推力，反作用力
reactive ~ 反冲力，反作用力
semiaxial ~ 半轴向推力，准轴向推力（接近轴向的推力）
shear ~ ①切变推力②剪冲断层
specific ~ 单位牵引力（车重一吨所具牵引力），比推力
starting ~ 起始推力，发射时的推力
tool ~ 切削力，工具推力
traction ~ 推挽力
thrust-anemometer 推力风速表
thruster ①推进〔助推，推力，推冲〕器、顶推装置，推出器，推动器，推杆②起飞加速器，起飞发动机，第一级火箭发动机
thrustor =thruster
Thule 遥远的地方〔目标〕
ultima ~ 最远点，最终目的，最大限度，最高程度
thulium 铥（Tm，Tu）
thumber 制动器
thumbnail ①草〔略〕图，短文②小型的，简略的
thumbscrew 翼形螺钉〔螺母〕
thump ①重击（声），捶（击），砰然声②（汽车）振动③键击（噪声），低沉噪声，（电话中）电报噪声
thunk 形（式）实（在）转换〔替换〕程序
T-hybrid T 形波导
thymotor 闸流管电动机（由交流电源通过闸流管供电的直流电动机）
thymotrol 闸流管电动机控制
thyratron 闸流管，充气三极管
deuterium ~ 充氘闸流管
glow ~ 辉光闸流管
negative-control ~ 负（压）控制闸流管
positive-control ~ 正（压）控制闸流管
shield-grid ~ 屏栅闸流管
silicon ~ 硅闸流管
thyrector 可变电阻的晶闸管，半导体稳压管，非线性电阻
thyristack 晶闸管堆，硅堆
thyristor 晶（体）闸（流）管
asymmetrical triode ~ 不对称（三极）晶闸管
bidirectional ~ 双向晶（体）闸（流）管
bidirectional diode ~ 双向二极晶闸管
bidirectional triode ~ 双向三极晶闸管
emitter switched ~ 发射极开关晶闸管
fast switching triode ~ 快速（三极）晶闸管
field-controlled ~ 场控晶闸管
fully controlled ~ 全控型晶闸管
gate turn-off ~ 门极关断晶（体）闸（流）管

integrated gate commutated ~ 集成门转换晶闸管
light activated ~ 光控晶闸管，光敏晶闸管
light triggered ~ 光触发晶闸管
metal-oxide-semiconductor gate control ~ （MCT）金属 - 氧化物 - 半导体门（极）控（制）晶闸管
N-gate ~ N- 门极晶闸管
parasitic ~ 寄生晶闸管
P-gate ~ P- 门极晶闸管
photo ~ 光控晶闸管，光敏闸流管
reverse blocking diode ~ 反向阻断二极晶闸管
reverse blocking triode ~ 反向阻断三极晶闸管
reverse conducting ~ 逆导晶闸管
reverse conducting diode ~ 逆导二极晶闸管
reverse conducting triode ~ 逆导三极晶闸管
rotating ~ 旋转式晶闸管（放在发电机转子内作励磁整流用）
silicon ~ 硅晶闸管
static induction ~ （=SITH）静电感应晶闸管
triode ~ （普通三极）晶闸管
ultra turn-off ~ 超（快）截止晶闸管
unidirectional ~ 单向晶闸管

thyristor-converter 晶闸管换流器，晶闸管整流器

thyrite 压敏非线性电阻，碳化硅陶瓷材料（一种非线性电阻材料，电阻值随所加电压大小而变）

thyrode ①晶闸管整流器②泰罗（计数器用电子管）

Thysen-Emmel 埃米尔高级铸铁（w（C）2.5% ~ 3.0%，w（Si）1.8% ~ 2.5%，w（Mn）0.8% ~ 1.2%，w（P）0.1% ~ 0.2%，w（S）0.1% ~ 0.15%，其余 Fe）

tick ①（钟表）嘀嗒声②片刻，刹那，嘀嗒的一瞬间③（无线电）信号，（小）记号，（小）点，勾号④像钟表一样嘀嗒有规律的运动
~ off ①打上小记号，用记号标出〔勾出〕，证明是同一样的东西，列举，简单描述②勾号
~ out 发出（信号）
minor ~ 次间隔
radio ~ 无线电报时信号
time ~ 时间分段信号，报时信号

ticker ①自动收（电）报打字机②（钟）摆，钟，表③载波传声器④振动〔荡〕器，振（动）子⑤蜂鸣器⑥继续器，旋转断续器，继续装置⑦嘀嗒嘀嗒响的东西
phonic ringer ~ 蜂鸣器

ticket 票，券，标签
complimentary ~ 优待券，赠券

ticketing 票证
automatic ~ 自动订票（系统）

ticking ①嘀嗒声②结实的条纹棉〔亚麻〕布

tickle 反馈，回授

tickler ①（板极，阳极）反馈〔回授〕线圈，再生线圈②初始〔给〕器③（汽化器的）打油泵④备忘录
reversed ~ 负反馈〔回授〕线圈

tick-over （发动机）慢转，无负载运转，怠速运转，空转（并发出嗒嗒声），低速工作

Tico 梯科镍锰铜钢

Ticonal 蒂克纳尔镍铁铝磁合金（w（Ti）0.01%，w（Co）24%，w（Ni）14%，w（Al）8%，w（Cu）3%，w（Fe）50%，其余 0.09%）

Ticonium 蒂克尼姆铸造齿合金（w（Co）32.5%，w（Ni）31.4%，w（Cr）27.5%，w（Mo）5.2%，w（Fe）1.6%，其余 1.8%）

tidal 潮（汐）的，潮水（般）的

tidalmeter 测潮表

tide ①潮，潮汐②潮流，时势

tide-ga(u)ge 测潮计，潮标，测潮标，验潮器

tide-meter 潮汐计

tide-motor 潮汐发动机

tide-plant 潮汐发电站

tide-staff 标尺，测潮杆

tidings 消息，音信

tie ①带，条，线，绳，扣，结②系杆，拉杆，连接件〔杆〕，横拉撑，柱箍，锚碇③枕木，枕轨④连接线，拉线，馈电线⑤联系，束缚⑥捆，扎，绑⑦拉紧，绑线⑧通信⑨连接（两个供电系统）⑩把（轨）固定在枕上，给（铁路线）铺枕木
angle ~ 角（铁）撑，角钢拉杆
arm ~ 斜撑，交叉撑，横担拉条，连臂板
bevel(l)ed rectangular ~ 斜角轨枕
coil ~ 线圈连接（线）
cross ~ 枕木
dead-end ~ 导线的终端扎结
direct-current ~ 直流馈电线
dragon ~ 支承脊椽梁
frame cross ~ 底架横撑
halved ~ ①对半②两分枕木
interconnection ~ 联络（馈）线，联络馈路
land ~ 着地拉杆
pole ~ 圆木轨枕
quarter ~ 四分枕木

sag ~ 吊〔防垂〕杆
straining ~ 系梁
synchronous ~ 同步连接〔联系〕,同步耦合,电轴
wall ~ ①系墙铁②炉墙拉杆
tieback 牵索,(毛)拉条,横梁,系梁
tie-bar 推杆,系杆,轨距杆,转向(横)拉杆(汽车),拉筋,拉杆(压铸机)
tie-beam 连接梁,系梁,水平拉杆
tie-down 系紧,栓系
tie-in 捆成束,打结,连接,相配
tieline (直达)通信〔耦合〕线路,直达连接线,连接〔转接〕线,扎线,拉线
tiemolecule 系带分子,连接分子
tiepiece ①系紧梁,条状模型加固片②拉筋,防变形筋③拉杆
tie-plate 系〔固定,装模,模具垫,底(钢轨)垫,锚〕板
tie-point 连接点
tier ①(一)层,(一)排,(一)行,(一)列,(一)盘(钢丝绳)②定向天线元件③捆扎〔束〕装置,捆扎〔束〕器,包扎工④堆垛货物,堆叠〔聚〕成层,分层布置
tie-rod 系〔拉,连接,中心〕杆,转向(横)拉杆,规杆,轨距杆,长螺栓,拉杆(压铸机)
tie-station 汇接站,通信中心站
tie-strut ①支撑杆,连接杆②悬架的导向杆,推力杆
tie-up ①用来捆扎的东西,被捆扎的东西②停泊处③停顿④联系,联合
tie-wire 扎线,绑线
tiger's-eye 虎目石
tight ①紧密的,拉紧的,密封的,不漏〔透〕(水,汽,油…)的,防…的,不可穿透的②紧固〔密〕松紧〔致密,密封〕度②过盈,过盈量
air ~ 气密,密封(度,性)
gas ~ 气密性
lattice ~ 晶〔栅〕格紧密度
leak ~ 密封〔气密〕性,密闭度
steam ~ 汽密性
vacuum ~ 真空密闭,真空度
tight-clamped 紧〔上下〕钳位的
tight-coil 紧卷的带卷,难松开的带卷
tighten 上〔拉,抽,收,拧〕紧,固定,密〔封〕闭,隔离
~ up 密封,拉紧,拧紧
under ~ 紧密不足,未拉紧
tightener 张紧装置,紧轮,紧线器
belt(ing) ~ 传动带张紧装置,传动带张紧轮
guy ~ 紧索轮
pulley ~ 紧带轮
stay ~ 拉线紧固体
swivel ~ 旋转紧线器
tightness ①不可入性,不穿〔渗〕透性,不透气〔水〕性,不漏,紧〔严〕密(性,度),
tightrope 绷索
tight-spiral 紧螺旋(的),大螺旋性(的)
tightwire 绷索
tikker =ticker
tile ①瓦,瓦片,瓦管②瓷〔饰面,空心,耐火〕砖,矩形耐火板
acoustical ~ 隔声板,吸声砖
acoustolith ~ 吸声(贴)砖
asbestos rubber ~ 橡胶层石棉〔水泥〕盖板
drain ~ 瓦管
firebrick ~ (异形)耐火砖
gate ~ 浇注管,浇道砖(耐火材料制)
glazed ~ 琉璃
metallic ~ 金属瓦片,金属挂片(燃料室用)
porous ~ 素烧(瓷)板
stove ~ 炉面〔搪炉,瓷〕砖
tiller ①舵柄,控制手柄②耕耘机,中耕机
roller mulcher ~ 松土覆盖振压机
rotary ~ 旋耕机
tilt ①倾斜,斜度〔面,率,坡,顶〕,仰〔高低,倾〕角,脉冲顶部倾斜②侧隙③覆布,幕,棚④跳动锤,落锤⑤倾(侧),斜置,翻转,倾翻⑥摇〔摆,上下〕动,(摄影机)俯仰运动
~ down 摄影机俯摄,(使…)向下倾斜
~ up 摄影机仰摄,(使…)向上倾斜
angular ~ 刃倾角
axial ~ 轴向刃倾角
field ~ 场频锯齿形补偿信号,场频锯齿波校正信号,场倾斜
fore and aft ~ 偏角
horizontal ~ 水平倾斜,行倾斜
line ~ 行倾斜,行倾斜校正信号,行频补偿信号
normal ~ 法向刃倾
percentage ~ 顶斜百分比
pouring ~ 铸型倾斜浇注法
timeframe ~ (电视)帧频锯齿波补偿信号,(电影)影片倾斜,帧倾斜
wave ~ 波前倾斜
tiltable 可倾斜的,倾动式的
tiltdozer 拖挂式筑路机械

tilted-up 推倒的，翻倒的
tilter 倾斜体，倾斜〔翻斗〕车厢，翻转〔振动，摇动〕装置，倾翻机构，摇摆台，(轧机的)摆动升降台，翻钢机，倾架
ingot ~ 翻锭机，钢锭倾转机
side ~ 翻转机
tilting 倾斜，摇动，歪斜
steering wheel ~ 转向轮隙
tilting-type 可倾式
tilt(o)meter 倾斜器，倾斜（度测量）仪，倾角计
tilt-wing 可倾转机翼
Timang 蒂曼格高锰钢（w（C）0.6% ~ 0.8%，w（Mn）12% ~ 15%，w（Ni）3.0%，其余 Fe）
timber 木材，木料，商品材，原木，肋材，坑木
bed ~ 垫木，枕木
preserving ~ 木材防腐
relieving ~ 辅助支撑，辅助支柱
steel ~ 钢支架
timber-cart 运木车
timbering ①木材，结构材，木结构②木模〔撑，结构〕，加固，支撑〔架〕
cog ~ 垛式支架
yield ~ 让压支柱，可缩支柱
timbre 〈法〉音品〔色，质〕
time ①时，时间〔刻，期，机，代〕，工作〔占用，所需〕时间②现代，机会③次，回④（pl.）倍⑤（确，测）定时（间），指令时间，计算〔记录〕时间〔速率〕，配时，调节〔校准，调整〕（时间）⑥ 使同步，使按时间协调〔控制〕，拨准（钟，表）的快慢，调整好…速度⑦合拍，一致，调和
~ angle 时间角
~ between failure 故障间隔时间，无故障工作时间
~ division duplex 时分双工
~ division multiple access 时分多址
~ division multiplexing 时分复用
~ for centrifuging 离心分离时间
~ for day 时刻，情况，形势，事态
~ of first order 一次时滞，一次滞后
~ of relaxation 张弛〔弛豫〕时间
~ of setting up 装配时间，电话连接时间
~ off 话终时间
~ on 开始通话时间
~ slot allocation 时隙分配
acceleration ~ 加速〔（磁带的）起动，存取〕时间
access ~ （计算机的）存取时间，信息发送时间，取数时间，数据选择时间
acquisition ~ （NMR）（核磁共振）取数据时间
active ~ 扫描时间，有效（扫描）时间
active maintenance ~ 实际维修时间
actual ~ 实时，动作时间
actual engagement ~ 实际接合时间
actuating ~ 促动时间
actuation ~ （继电器）动作时间，吸动时间
administrative ~ 修理准备时间，管理（实施）时间
after ~ 余辉时间
air ~ 发射时间，广播时间
all ~ 全时工作的，一刻不闲的，空前的，全部时间的
amplitude step ~ 振幅阶跃〔台阶延迟，阶跃波〕时间
aperture ~ 穿孔时间
apparent ~ 太阳时，视时
apparent retention ~ 表观保留时间，调整保留时间
approach ~ 逼近时间，临场时间
arc ~ 发弧〔拉弧，燃弧，弧光发生〕时间，（弧焊的）引弧时间
arrival ~ （粒子）到达时间，（电子的）飞越时间
astronomical ~ 天文时
atomic ~ 原子时
attack ~ （信号电平）增高〔起动，上升〕时间，攻击时间
available(machine) ~ 机器的可用〔有效工作〕时间，开机时间
averaging ~ 平均时间，平均次数
awaiting-repair ~ 等待修复时间
basic ~ 基本时限，（继电器的）第一段时限
basic cycle ~ 基本周期
basic machine ~ 作业时间
beam ~ （加速器的）有束时间
beam-retrace ~ 电子束回程〔回描〕时间
binding ~ （计算机的）汇集时间
bit ~ 二进时间，一位时间
blanking ~ 消隐时间，熄灭信号持续时间
blocking ~ 截止〔阻塞，封锁，闭锁〕时间
booking ~ 通话〔通报〕挂号时间
break ~ 切断〔断开，掉闸，转效〕时间
breakdown ~ 击穿时间，汽油的诱导期，破坏期

build(ing)-up ~ （束流的）散开时间，（脉冲的）建立〔增长〕时间
burst ~ ①猝发时间②短脉冲群时间
carrier storage ~ (of a switching transistor) 载流子储存时间（开关晶体管的）
carry ~ 进位时间
centrifugation ~ 离心时间
change-over ~ 转换时间
characteristic ~ 特性时间，建立时间
chill ~ （电阻焊的）间隙时间，激冷时间
chronometer ~ 准确时间，精密时间
circuit commutated recovery ~ （电路换向）恢复时间
circuit commutated turn-off ~ （电路换向）关断时间
civil ~ 民用时
clearing ~ 故障清除时间，通信联络断开时间
clear-write ~ 清除写入时间
closed assembly ~ 被粘组件闭合时间
closing ~ 闭合时间，接通时间，闭模时间
cock-a-block ~ 飞越时间，渡越时间
contact bounce ~ 触点回跳时间
contact parting ~ 触点断开时间
control ~ 调节时间，过渡过程持续时间
cool ~ （电阻焊）间歇时间，冷却时间，淬火时间
cool-down ~ （退火）冷却时间
coordinate universal ~ 协调世界时
crash ~ 特急时间，完成整套设计所需最小时间，不计经济性条件下完成一项工程最短可 能时间
cumulative ~ 总时间
curing ~ 固化时间
current ~ 实时
cycle ~ 周期，循环周期〔时间〕，作业周期〔时间〕，（集装箱的）装卸周期
data ~ （执行一条指令的）数据存取时间
date ~ 失控时间，约定时间
daylight saving ~ 经济时，夏令时间
dead ~ ①不动〔空载，静寂，无感，停顿，失效，死，"死区"〕时间②时滞，停滞时间（系统中连续动作间的时间延迟），延迟时间③检修〔停机，间歇〕时间④瞄准时间
dead ~ (for automatic reclosing equipment) （自动重合闸装置的）断电时间
debatable ~ 失踪〔受损〕时间（原因不明的机器损失时间）
decay ~ 衰变期，衰落〔衰变，衰减，下降，降落〕时间
deceleration ~ 降速时间
decking ~ 装卸时间
definite ~ 定时，有限间隔时间
delay ~ 延迟〔滞后，缓发〕时间，时延
delay ~ (of a switching transistor) 延迟时间（开关晶体管的）
delivery ~ 传送〔引渡，交货〕时间
departure ~ 飞出时间（电子），出动〔撤离〕时间
developing ~ 显像〔显示〕时间
development ~ 研制〔调机〕时间，调试程序时间
digit ~ 数字时间，数字周期，数字信号周期
disengaging ~ 离合时间
doubling ~ 重复时间，倍增时间
down ~ 停工〔修理，装载，待发〕时间，故障时间（机器发生故障不正常工作的时间）
downslope ~ 电流衰减时间，电流下降时间
drift ~ 漂移时间，漂航时间
dry-cycle ~ 空循环时间
dwell ~ 停留〔停延，静态〕时间，（压铸的）保压时间
elapsed ~ 历程
electrode response ~ 电极响应时间
emission response ~ 发光响应时间
endurance ~ ①持续时间②耐久试验
engineering ~ 维修〔预检，工程，占机维护〕时间
ephemeris ~ 历书时，历表时间，星历表时间
equilibration ~ 平衡稳定时间，到达平衡时间
evacuated ~ 抽空时间
exposure ~ 曝光时间
fall ~ 降落〔下降，熄灭，下沿，衰减，衰变〕时间
fall ~ (of a switching transistor) 下降时间（开关晶体管的）
fault ~ 故障时间，停机维修时间
fault diagnosis ~ 故障诊断时间
filling ~ ①装填〔填充，补炉〕时间②过渡到稳定状态的时间
fire ~ 点火时间
flash ~ 闪光时间，熔化时期
floor ~ 停机时间，空闲时间
floor-to-floor ~ 在机时间，完成一道工序的全部时间，批处理时间
flyback ~ 回扫〔描，程〕时间
flying ~ 起飞〔飞行〕时间，渡越时间

forcing ~ 强（制）励（磁）时间
forge-delay ~ 加压滞后时间，（点焊，凸焊的）锻压滞后时间
forward recovery ~ 正向恢复时间
frame ~ 帧（像）周期，帧时间
frame retrace ~ 帧逆程时间
full-open ~ 全开时间
gain ~ ①（用拖延等办法）赢得时间②节省时间
gassing ~ 吹氧时间
gate ~ 控制〔选通〕时间
gate controlled delay ~ （门极控制）延迟时间
gate controlled rise ~ （门极控制）上升时间
gate controlled turn-off ~ (of gate turn-off thyristor) 门极控制关断时间（门极关断晶闸管）
gate controlled turn-on ~ （门极控制）开通时间
generalized ~ 一般时间
good ~ 正常工作时间
governing ~ 调速〔整〕时间
Greenwich(mean) ~ 格林尼治（平）时（即"世界时"），格林尼治平均〔标准〕时间
group ~ 群时（间）
handling ~ 操作时间
hangover ~ （回声抑制器的）闭锁时间
heat soak ~ 暖机时间
heat-up ~ 加热时间
hierarchy access ~ 分级存取时间
hold(ing) ~ 占用〔吸着，保留，保温，保持，（继电器的）吸持〕时间
hot-start-up ~ 热态起动时间
hunting ~ 寻找〔寻线，自动选线，振荡持续，晃动持续〕时间
idle ~ 空载〔静寂，空闲，不生产，停机〕时间
improvement ~ 矫正时间，调整时间
incidentals ~ （计算机）非主要工作时间
index ~ 转位〔分度（生产）节拍〕时间
initial ~ 初始时间，出发时间
inlet ~ 集流时间
in-pile ~ 在反应堆里停留时间
instruction ~ 指令取出时间，指示时间，指令脉冲持续时间
interval transit ~ 声波时差，间隔传播时间
intrinsic ~ ①固有时间，本征时间②时间常数
inverse ~ 反〔逆〕比时限〔间〕，反时限，与时间成反比
joint aging ~ 黏合期，胶接老化时间
joint condition ~ 接头期
just in ~ 及时生产
lasing ~ 激光振荡时间
latency ~ 等待时间，潜伏期
lay ~ 装卸时间
lead ~ 研制周期（产品设计至实际投产间的时间），订货至交货时间
lie ~ 停工时间
life ~ 寿命，使用期限
live ~ 实况转播时间
load ~ 存入时间，载入时间
local ~ 地方时
lock ~ 击发间隙（从扳动扳机到击发底头之间的时间）
long disk playing ~ （电视）唱片的长放时间
long response ~ 慢反应时间
loss ~ 空载时间，损耗时间
machine ~ ①机动时间，计算机（工作）时间②切削时间
machine available ~ 机器可用时间
machine handling ~ 刀架进退时间
machine-spoiled ~ 机器故障时间
maintenance down ~ 修复时间
maintenance standby ~ 维修准备时间（机器正常运行时，维修人员进行维修准备工作）
make ~ 闭合〔接入，接通〕时间
make-up ~ 超支时间，补救时间
maximum suspension ~ 最大中止时间
mean ~ ①平均时间，平均太阳时②同时，当时
mean ~ before failure 故障（发生）前平均时间，修理间隔平均时间，平均工作时间
mean ~ between errors 误差信号间平均时间，误差码间的平均时间
mean ~ between failures 故障间隔平均时间，平均稳定〔平均故障间隔〕时间，平均失效间隔时间
mean ~ between maintenance 平均保养间隔时间
mean ~ to failure 平均故障时间，失效前平均时间，平均初次出故障〔平均初次失效〕时间
mean ~ to repair 平均修复时间
mean ~ to restore 平均故障修理时间
mean accumulated down ~ 平均累积不可用时间

mean down ~ 平均不可用时间
mean free ~ 平均自由（飞行）时间
mean free error ~ 平均无故障时间
mean recurrence ~ 平均回转时间
mean repair ~ 平均修理时间
mean up ~ 平均可用时间
memory ~ 存储〔记忆，暂记〕时间
memory cycle ~ 存储周期
metacompile ~ 元编译时间，元编译阶段
minimum posing ~ 最小定位姿时间
mo(u)lding ~ 成形时间
nature ~ 松弛时间，自然时间
no charge machine-fault ~ （机器引起的）机器故障免费时间
node ~ 结（合）点时间〔时刻〕
nonscheduled maintenance ~ 非例行维护时间（包括找故障及修复的时间），非预〔规〕定维修时间
normal ~ 标准时间，正常时间
nose ~ 鼻温孕育期，最短孕育期，鼻部时间
numerical ~ 规定时序，给定序列时间
object ~ 目标（程序执行）时间，目的程序时间
off ~ 关机时间，断开〔停歇，休止〕时间
off-air ~ 停播时间
off-state ~ 断开时间
on ~ 接通〔持续〕时间，工作时间
one number ~ 数的周期
one-digit ~ 数字周期，数位周期
open(ing) ~ ①断开时间，断电时间②动作时间，开启时间③开模时间
operating ~ 运行〔工作，动作，操作〕时间，作业〔算题〕时间
orbit ~ （沿轨道）绕转时间，运行〔轨道〕周期
out-of frame alignment ~ 帧失位校正时间，帧失步调整时间
out-of service ~ 修理〔失效，非服务〕时间
overhead ~ 额外〔多余，开销〕时间
Pacific standard ~ 太平洋标准时（比格林尼治时晚 8h，美国太平洋沿岸采用的西八区时间）
persistence ~ 余辉时间
phosphor-decay ~ 磷光衰减时间，磷光余辉时间
photoflash synchronization delay ~ 闪光同步延迟时间
pick-up ~ 工作〔起动，动作，吸合，拾取〕时间
picture-point ~ 像素（传递）时间，像素显示时间
piece handling ~ 工件装卸时间
pitch ~ 音响节拍时间，间隔时间
playing ~ 播音时间
pose stabilization ~ 位姿稳定时间
position learning ~ 确定距离时间
post-set ~ 退出时间，撤退时间（边沿触发器中，输入电位比时钟脉冲的触发边晚的时间）
pre-arcing ~ （熔断器的）熔化时间，预放电时间
preassembly ~ 预汇编时间
predetermined motion ~ （= PMT）预定动作时间
preprocessor ~ 预处理程序阶段，预处理程序时间
preset ~ 提前时间（输入电位比时钟脉冲提前的时间）
prime ~ （电视台或电台的）黄金时间
process ~ 处理〔加工，（纯计算机）计算，过程〕时间
procurement lead ~ 预订时间，提前采购时间
production ~ 生产〔运算，（有效）工作，运转〕时间
program(me)' ~ 广播节目时间
program(me) development ~ 程序编制时间（编程序的时间）
program(me) execution ~ 程序执行时间
proper ~ 本征时间，固有时间
pull-down ~ 换〔倒〕片时间（电影）
pull-in ~ 牵引时间，拉片时间（电影）
pull-out ~ 吸动时间，动作时间
pull-up ~ （继电器）动作〔吸动，牵引〕时间
pulse ~ 脉冲（间隔）时间
pulse drop-off ~ 脉冲下降时间
pulse fall ~ 脉冲下降〔下沿，后沿，衰减〕时间
pulse leading edge ~ 脉冲前沿时间
pulse rise ~ 脉冲上升〔上沿，前沿〕时间
pulse-delay ~ 脉冲延迟时间，脉冲后沿持续时间
pumpdown ~ 抽气时间
quench ~ （电阻焊）间歇时间
quenching ~ 淬火冷却时间
quiescent ~ （脉冲间隔）停止时间，休止时期，静止期

race ~　空转时间，惰走时间
random access ~　随机存取时间
rate ~　微分〔比率，预调〕时间
reacting ~　动作〔吸动，通话〕时间
read ~　读出时间
readiness ~　准备时间，控制系统准备时间
reading access ~　读取数据库时间
read-out ~　读出时间
real ~　①实时②快速的
reclosing ~　重合〔再闭路，再闭合〕时间
recovery ~　恢复〔还原，再生，再现〕时间，过渡过程持续时间，回复稳定状态的时间，回归期
recycle ~　回复时间
reduced ~　对比时间
reference ~　标准时间，基准时间
relaxation ~　①张弛〔弛豫，松弛〕时间②阻尼时间
relay reoperate ~　继电器再动作时间，热继电器释放时间
relay seating ~　继电器入位时间
relay stagger ~　继电器参差时间，继电器不同触点组起动时差
relay-operating ~　继电器吸合时间，继电器动作时间
release ~　释放时间
residence ~　滞留时间
resistance-welding ~　（电阻焊的）通电时间
resolving ~　分辨〔触算，分解〕时间
response ~　响应〔反应，作用，吸合，过渡过程，应答，动作〕时间
resting ~　（脉冲间的）间隙时间，“静寂”时间，静止时间
retardation ~　慢化〔延迟，滞后〕时间
retention ~　保留时间，存储时间
retentivity ~ of eye　眼睛惯性，视觉暂留时间
retrace ~　回描时间
return ~　回描〔倒转，复原，回程〕时间
reverberation ~　混响时间
reverse recovery ~　反向恢复时间
reversing ~　反转时间
ringing ~　振铃时间，瞬时扰动时间
rise ~　上升〔增长，建立，加速，升起，上沿〕时间，升压时间（输出电压达到要求值所需的时间）
running ~　运转时间
run-on ~　运转时间，连续时间
run-up ~　起动时间
schedule ~　预定时间
scramble ~　零星时间（计算机的零星机动算题时间，很短），编码时间，量化时间
screen ~　①筛选时间，甄别时间②放映时间
screen storage ~　荧光屏余辉时间
seating ~　磨合时间，跑合时间
semi-real ~　半实时
sensitive ~　感光〔感应，灵敏〕时间
service ~　营业时间
servicing ~　预检〔维修，发射准备〕时间
settle-out ~　（并行加法器的）稳定运算时间，进入终态的时间
settling ~　稳定〔建立，沉淀，还原〕时间
set-up ~　安装〔准备，建立，扫描，展开〕时间
sidereal ~　恒星时（比通常生活用的平太阳时每天快 3 min 56.555 s）
slice ~　分时
slowing ~　慢速运动时间，滑移时间
snap ~　阶跃时间
solar ~　太阳时，真太阳时
space ~　时空，空时
stabilization ~　稳定时间，过渡状态过程持续时间
stagger ~　参差时间
standard ~　时间定额
stand-by ~　待机〔等待，维修准备〕时间
standing ~　放置〔存放，停留，停工〕时间
station ~　（生产中）合理停车时间，停留〔固定〕时间
steady-state residence ~　定常状态保持时间
stepped atomic ~　跳跃原子时
stop ~　休止〔停机，止动〕时间，制动〔刹车〕时间
storage cycle ~　存取周期，最大期待时间
straight ~　正式工作时间，规定工时
stream ~　连续开工时间，工作周期
switching ~　开关〔换接，转换，翻转〕时间
T ~　准确发射时间
tact ~　节拍时间
take-down ~　拆卸〔手工操作〕时间
telescopic ~　起重臂伸缩时间
temperature fall ~　降温时间
temperature rise ~　升温时间
thermal response ~　热响应时间
tool change ~　（数控加工）刀具变更时间，换刀时间
trace ~　扫描时间，扫掠时间

transient ~ 瞬态〔建立〕时间，过渡时间
transition ~ 渡越〔飞越，跃迁〕时间
travel ~ 传播时间
true ~ 实时，准时
turnaround ~ 来回〔往返〕时间，（一个题目的）整个运算时间，解题〔轮转〕周期，周转时间，换向时间，（通信线路中）反向传送时间
turnoff ~ 断开〔切断，断路，关闭〕时间
turnon ~ 接通时间，接入时间
two-way travel ~ 两端传播时间
unattended ~ 待修时间
universal ~ 世界〔国际标准,格林尼治〕时，广义时间
unoccupied ~ 无作用时间
up ~ 顺时
update ~ 更新时间
upset current ~ 有电顶锻时间
upset current-off ~ 无电顶锻时间
up-slope ~ 电流渐增时间，上升时间
viewing ~ 显示时间，观察时间
virtual zero ~ 假想零时（冲击波起点）
waiting ~ 等修〔等待〕时间，存储时间
warm-up ~ 预热〔升温〕时间
weld ~ （电阻焊的）通电时间，焊接时间
word ~ 字时，出字〔取字，电码输出〕时间
word cycle ~ 节拍时间
worst-case execution ~ 最坏情况执行时间
write ~ 写入时间
write-recovery ~ （计算机的）写入恢复时间
Yukon standard ~ （加拿大）育空标准时间（较格林尼治时间延后 9 h）
Zebra ~ 格林尼治平均时，世界时
zero ~ 时间零点，起始瞬间
zero strength ~ 零强时间，失强时间
zero-computing ~ 计算开始时间
zone ~ 区（域）时（间），地方时间

time-angle 时间角

time-base ①时基，扫描（基线），时轴，时间坐标②扫掠，射束偏转
flywheel ~ 惯性同步扫描，线性时基
horizontal ~ 水平时基（电路），水平扫描信号（发生器）
line ~ 行（扫描）时基，行扫描信号
picture ~ 帧扫描，帧时基信号
ratchet ~ 延迟扫描，棘轮〔滞后〕时基
video ~ 视频时基

time-card ①工作时间记录卡片②钟片③时间表

time-constant 时间常数

time-consuming 费时（间）的，艰巨的

timed 同步的，定〔计〕时的，时间控制的，带有时滞的

time-division 时间分隔，时间划分

time-domain 时域，时畴

time-effect 时间效应
elastic ~ 弹性时间效应

time-fall 电动势随放电而降落

time-fuse ①时间引信，定时引信，定时雷管②定时的，有时间引信的

time-gap 时间间隔，时差

timegrapher 校表仪

time-invariant 时间恒定的，非时变的

timekeeper 计时员，时计，钟表，精确计时装置，精确钟表机构
single-electric ~ 独立电钟

timekeeping 计时，测时，时间记录，守时

time-lag 时滞，时间落后，时间延迟
inverse ~ 反时限延时，反比例时滞

time-lapse 时间推移，慢转速拍摄后用普通转速放映的，延时摄影

time-like 类时

time-limit 极限时限，最后段时限，时限

timeliness 及时，时间性

time-measurer 测时器

time-meter 计时器

time-of-arrival 到达时间

time-on-pad 发射台上停留时间

time-out （计算机的）超时，停工时间，临时停工，时间已过，暂停
interval ~ 区间超时
keyboard ~ 键盘超时

time-period 时限，周期

timepiece 时计，表，钟
electric ~ 电动计时器，电动钟表
talking ~ 报时计时器

time-program(me) 时间程序，时序

timeproof 耐久的，耐用的，长寿命的

timer ①记〔计〕时器,时计,（记）秒表,跑表,时速表，速度表②（发火）定时器，定时装置，延时继电器，自动定时仪，自动按时操作装置③延（迟）时（间）调节器，断电器，时间〔调节，传感，发送〕继电器，程序装置〔调节器〕④同步器⑤时间标记
adjustable ~ （录音机等）计时器，可调计时器
application ~ 应用定时器
automatic spark ~ （提前）点火自动校准装

置，自动点火定时器
back spin ~　反转时间继电器，反旋计时器
boxing ~　盒式计时器
clockwork ~　钟表计时器，钟表机构
control ~　控制定时器，时间控制继电器，时间传感器
count down sequence ~　（准备发射前计时用的）递减顺序计时器
cycle ~　周期替续器，触点开闭周期控制装置，石油加工过程的自动控制器，循环计时器
cycle-repeat ~　周期〔脉冲〕重复时间标记
DAE ~　停激后时滞继电器
decimal ~　百进位停表（把 1 min 分为 100 刻度的停表）
delay ~　延时器
elapsed ~　经时计时器
electronic race ~　电子式计时装置
exposure ~　曝光表，曝光定时器
film ~（影片）配光机
impulse ~　脉冲时间继电器，脉冲定时器
integrating electric ~　累计电流计时器
interval ~　精确测时计，断续测时计〔定时器〕，间隔时钟，区间计时器，时间间隔调节器，间隔转发器
interval polling ~　区间轮询计时器
link inactivity ~　链路不活动计时器
Loran ~　洛伦定时图
master ~　主要定时装置，主要计时器，主要时间延时调节器，主脉冲发生器
mine ~　水雷定时器
motor ~　电动机驱动计时器〔定时装置，时间继电器〕
periodic waves ~　周期波时标
process ~　程序机构，工艺计时器，工艺定时器
production ~　计件秒表（表盘上具有特殊刻度的秒表，测量一个工件的生产时间，即可从表盘上读出每小时生产工件的数量），计产品用计时器
program(me) ~　程序定时器，计划调节器
pulse ~　脉冲定时器，脉冲转发器
reaction ~　反应速度测量〔测定〕器，计时器
relay cycle ~　继电器式周期定时器，周期定时继电器，继电器式循环定时器
sequence ~　序列时间调节器，时序脉冲发生器
snooze ~　催醒计时器（可连续闹的钟）
spark ~　电〔火〕花计时器
speed ~　速计调节〔同步〕器
split-second ~　精密秒表，精密定时器，双秒针计时器
sports ~　跑表，秒表
stepping ~　步进定时器
subminy ~　超小型计时器
synchro ~　同步定时器
synchronous ~　同步时间继电器，同步计时器，同步秒表，周波计算器
telechron ~　计时开关（接通线路用的钟表装置）
timing advance ~　（通信）按时升级计时器
timing counter ~　时间间隔计数测量器，时间测录器
universal ~　万用校表仪，多用校表仪
watch dog ~　看门狗〔监控〕定时器
watchdog ~　监视计时器，程序控制定时器

time-resolved　时间分辨的

time-rise　电动势随充电而增长

times　①=time 的复数，倍，次〔回〕数②乘
cue-in ~（新闻片中每条新闻之间的）间隔时间
magnification ~　放大倍数

timesaving　（节）省时（间）的

timescale　时（间）标（度），时序表，时间量程

time-series　时间序列

time(-)share(d)　分时，时间区分，时间分配

time-sharing　分时，时间分割〔划分〕
console to console consulting ~　控制台对控制台咨询的分时
conversational ~　对话式分时（操作）
interrupt capacity ~　中断能力分时
interrupt scheme ~　中断线路分时
invalid page ~　无效页面分时
operating system ~　操作系统分时
page turning ~　页转换分时
paging ~　页控制分时
periodic dumping ~　周期性转储分时
real-time ~　实时分时
relative addressing ~　相对编址分时
running mode ~　运行状态分时
type code ~　附有类型代码的分时

time-signal　报时信号，时号

timeslo　时间槽，时隙
uplink pilot ~　（通信）上行链路先导时隙

timespan　时间间隔

time-switch　定时开关

timetable 时间〔刻〕表，时间曲线
time-taking 时间读数
time-tested 做过（运行）时间试验的
time-to-climb 爬升〔高〕时间
time-unit 准时器，时间受控制装置，时间单元
time-up 时间已到
time-variation 随时间的变化，时间函数
time-varying （随）时（间）变（化）的
time-work 计时（日）工作
time-yield 蠕变，屈服点
timing ①定〔正，计，记，调，校，配〕时，安排〔标记，测定工作〕时间，调速，校准，同步 计时②时（间，限），（周）期③同步，整〔合〕步④看〔配〕光
~ not terminated 非终端定时
acoustic ~ 声音计时
animation ~ 动画片同步，特技同步
automatic variation of injection ~ （发动机）喷油正时自动调整
computer controlled ~ 电子计算机控制（发动机）点火正时
continuous variable valve ~ （发动机）连续可变气门正时
electronic programmed spark ~ （发动机）电子程序点火正时
electronic spark ~ 电子点火正时
escapement ~ 带制动的时滞装置
fast ~ 测短时间，快定〔快计〕时
ignition ~ （发动机）点火正时，点火定时（活塞动作和点火时期的关系）
injection ~ 喷油定时，喷油时限
intelligent-variable ~ （发动机）智能型可变气门正时
microprocessor spark ~ system 微处理器发火正时系统
negative ~ 底片配光
port ~ 配气相位，（二冲程发动机）进排气孔口开闭时刻图
position ~ 位差调整
pulse ~ 脉冲同步〔计时，定时〕
relay ~ 继电器定时，继电器时延
tack ~ 生产流程定时
tact ~ 生产节拍时间的计算
valve ~ 配气定时，阀定时，气门正时
timing-chain 定时链，计时机构的传动链条
timing-unit 计时器
Timken 16-25-6 16-25-6 铬镍钼耐热钢（*w*（Cr）16%，*w*（Ni）25%，*w*（Mo）6%，*w*（C）0.08% ~ 0.1%，*w*（Nb）0.1% ~ 0.6%，其余 52.82%）
~ X 铬镍钼钴铁耐热合金（*w*（Co）30.7%，*w*（Ni）28.6%，*w*（Cr）16.8%，*w*（Mo）10.5%，*w*（Fe）11%，*w*（Mn）1.4%，*w*（Si）0.75%，其余 0.25%）
tin ①锡（Sn）②白铁皮，马口铁，镀锡钢皮，锡板③白铁罐，桶（美），听（英），锡器④镀锡（于），包锡⑤包以白铁皮⑥把…装成罐头
cold ~ 冷镀锡
feathered ~ 羽状锡，锡的羽状结晶
rolled ~ 锌板，锌皮
sick ~ 病锡，α 锡
soldering ~ 焊锡，锡钎料
wrought ~ 加工锡
tin-bronze 锡青铜
tincal 原硼砂，粗硼砂
tin-coat 包锡，镀锡
tinct ①色泽，色调，染料②着色〔染色〕的
tinction 着〔染〕色
tincture ①酊（剂）②色泽，色调③染料，颜料④着色
tine 叉，齿，尖端，（锄）刀，柄
tin-electroplated 用锡电镀过的，镀锡的
tinfoil 锡箔，锡纸
tinge ①色调，色彩②着色的，带色的③敷色于…，着色
Tinicosil 蒂尼科西尔镍黄铜
Tinidur 蒂尼杜尔耐热合金（*w*（Ni）30%，*w*（Cr）15%，*w*（Ti）1.7%，*w*（Mn）0.8%，*w*（Si）0.5%，*w*（Al）0.2%，*w*（C）0.15%，其余 Fe）
Tinite 蒂纳特锡基含铜轴承合金
tinkal =tincal
tinker ①修补（工），白铁工，粗补②粗修，补修，拼凑，做白铁工
tinkering 熔补
tin-lined 衬锡的
tinned 镀锡的，包马口铁的，罐装的
tinning 镀锡
differential thickness ~ 差厚镀锡
hot ~ 热镀锡
tinnitus 耳鸣
extrinsic ~ 非固有耳鸣，外因致耳鸣
intrinsic ~ 固有耳鸣
tinol 锡焊膏，膏状锡钎料（含钎剂）
tinplague 锡瘟

tinplate ①白铁皮，马口铁皮，镀锡铁皮，（镀）锡钢皮②在…上镀锡〔包马口铁〕
charcoal ~ 厚锡层镀锡薄钢板
coke ~ 薄锡层镀锡薄钢板
double-reduced ~ 二次冷轧镀锡薄板，超薄马口铁
grained ~ 糙面镀锡薄钢板
ordinary charcoal ~ 一般厚锡层镀锡薄钢板
tin-rich 富锡的
tinsel ①（金属）箔〔丝〕，锡铅合金（6 ∶ 4）②（机上的）干扰发射机
tinsmith 白铁工，锡工
tint ①色调〔泽，彩，辉，度〕，颜色的浓淡②浅〔淡〕色③着色，染色
heat ~ 回火色，氧化膜色
oxidation ~ 回火色，氧化色
secondary ~ 次色调
tintage 上〔着，染，涂〕色
tinter 着〔染〕色器，着〔染〕色者，（作衬底的）素色幻灯片
heat ~ 烘染，氧化着色
temper ~ 加热着色（以显示试样结构）
tint(o)meter 色调计，色辉计
tinware 锡器，马口铁器皿
tinwork ①锡工，锡制品②（pl.）炼锡厂，锡工厂
tip ①尖端，尖头，（飞机）翼尖，翼梢，端（部），顶（部），末端，终点②触点，接头，接点，继电器接点，插塞尖端，电极头，管头③（焊炬，割炬的）喷嘴，焊嘴④铁〔铜〕环，铁〔铜〕箍，刀片⑤倾斜〔卸〕，翻转⑥倒物场，卸货栈桥⑦翻车机，翻笼
arc(ing) ~ （辅助）电弧接触点，弧尖
ball contact ~ 球测头
banana ~ 香蕉型插塞尖
blade ~ 叶梢〔尖〕
burner ~ 燃烧器喷嘴，喷燃器喷头
carbide ~ 硬质合金刀片〔尖，头〕
ceramic ~ 陶瓷刀片
coal ~ 卸煤器
contact ~ 导电嘴，触点
cutting ~ 切削部分〔刀片〕，（气）割炬喷嘴
domain ~ 畴尖
equalized ~ 均压电极头
feed ~ 喂针
flat ~ 平头电极（接触焊）
indexable insert ~ 可转位〔不重磨〕刀具
injector spray ~ 喷嘴头
jet ~ 喷口
leading pole ~ 磁极前端
nozzle ~ 油嘴
plunger ~ 冲头
pointed ~ 尖头电极
pole ~ 极尖，极靴，极靴头
radius ~ 球面电极头，圆尖端
reproducing stylus ~ （放音）唱针尖
screw ~ 蜗杆梢
semi-spherical ~ 半球形电极头
shaft ~ 轴梢，轴端
silicone ~ （集成电路）硅接〔触〕点
sync ~ 同步脉冲顶部
throw-away ~ 可转位〔不重磨〕刀片
tire ~ of nozzle 喷管出口截面
tool ~ 刀尖〔头，片〕
torch ~ 吹管嘴，焊炬喷嘴
transition ~ 换接电极头
truncated ~ 锥头电极
wagon ~ 卸货栈桥
welding ~ 焊嘴，焊炬焊嘴，焊枪喷嘴，点焊电极工作端
wing ~ 翼尖
wire ~ （针式打印机的）针头
tip-back 后倾〔翻〕
tip-car 倾倒车，倾卸车
tipcart 倾卸车，翻斗车
tip-jet 叶端喷口
tip-lever 顶杆
tip-off ①分接头，拆离，封离，翻倒（导弹脱轨）②开〔拆，脱，解〕焊，焊下，熔下（如电子管抽气后）
tipped 镶尖的，点尖的，镶片的
tipper 自（动倾）卸车，翻斗车，倾卸装置，倾翻机构，镶〔点〕尖装置
automatic ~ 自动倾侧槽，自动翻斗车
electric tool ~ 电焊刀片机
end ~ 尾卸式自（动倾）卸车
front ~ 前倾翻斗车，前翻式矿车，朝前卸料手推车
ingot ~ 翻锭机
three-side ~ 三向自卸车
tipper-hopper 翻斗
tipping ①崩〔卷，伤〕刃②翻转，翻卸，倾斜③包梢④艉落
forward ~ 向前倾的
tipple ①翻笼，翻车〔锭〕机，翻倾机构，自动倾卸装置②倒〔筛〕煤场

gravity ~ 重力倾翻式手推车
kerne ~ 喷射卸料槽

tippler ①翻车机，翻笼，翻斗车，自卸车②倾卸机构，倾卸装置③翻车工
wagon ~ 翻车机

tip-stall 梢部失速

tip-tilt 倾角，倾斜，向上翘

tip-to-tail 整机

tip-wire 塞尖引线，T线

tiradaet 黏合剂

tire (=tyre) 轮箍，轮胎
balloon ~ 低压轮胎
block ~ 实心轮胎
captive-air ~ 双腔轮胎
car ~ 乘用车轮胎
cellastic ~ 海绵橡胶心轮胎，纤弹轮胎
combat ~ 装甲车用特殊坚硬轮胎
condual ~ 同心外置双胎式轮胎
course monitoring ~ 行驶中(根据路面状况)能监视磨损性能的轮胎
cushion ~ 软心轮胎，垫式〔半实心〕轮胎
directional ~ 方向性轮胎，V形纹轮胎
doughnut ~ (超)低压轮胎
elastic ~ 橡胶轮胎
flat ~ 放气轮胎
floatation ~ 高通过性的宽断面轮胎
ground grip ~ 有防滑链的轮胎
grow ~ 已使用轮胎
heavy-duty ~ 重型轮胎
high-pressure ~ 高压轮胎
hydroflated ~ 充水轮胎
iron ~ 铁轮箍
knobbly ~ 凸块高花纹轮胎
light truck radial ~ 轻型货车子午线轮胎
low aspect ~ 宽断面轮胎
lug ~ 凸缘胎，耳纹胎
mud and snow ~ 雪泥地轮胎
passenger car radial ~ 乘用车子午线轮胎
pneumatic ~ 充气轮胎
puncture-sealing ~ 穿孔自动封闭的轮胎
radial belted ~ 有缓冲层的子午线轮胎
radial-ply ~ 子午线轮胎
rail ~ 钢丝轮胎，轨道轮胎
ribbed ~ 高花纹自洁轮胎
semipneumatic ~ 半实心轮胎
skidding ~ 光面轮胎
snow ~ (在冰雪路上行走用的胎面宽而花纹深的)防滑轮胎，雪地用汽车轮胎
spike ~ 带防滑轮刺的轮胎(用于冰地或沼泽地)
straight-side ~ 直线轮胎，直边式胎
tubeless ~ 实心轮胎，无内胎软胎

tire-curing 硫化轮胎的

tirecut 轮胎割痕

T-iron 丁字铁〔钢〕，T形铁〔钢〕
double ~ 工字铁〔钢〕，双T形铁〔钢〕，π形铁〔钢〕

Tiros 电视红外线观测卫星，泰罗斯(电视和红外辐射观测卫星的缩写词)

Tiscrom 梯斯克拉姆铬锰钢

tissue ①(细胞)组织，体素②织物，薄纸，纱纸，薄绢，纱，印相纸
carbon ~ 碳素印相纸，复写纸
lens ~ (擦)镜(头)纸

tit ①突出部，粗大部分②突部凸缘③轴颈枢轴④炮耳⑤接头

titan 〈德〉钛(Ti)

Titanal 蒂坦铝合金(*w*(Cu)12.2%，*w*(Si)4.3%，*w*(Mg)0.8%，*w*(Fe)0.7%，其余Al)

Titanaloy 蒂坦钛铜锌耐蚀合金

titanate 钛酸盐〔酯〕
barium ~ 钛酸钡(铁电材料)
bismuth ~ 钛酸铋
lead ~ 钛酸铅
lead zirconate ~ 锆钛酸铅
zirconia ~ 钛酸锆

titania 二氧化钛，钛白

titanic (正，四价)钛的

titaniferous 含钛的

Titanit 蒂坦钛钨硬质合金(碳化钛+碳化钨，少量碳化钽，用钴作黏结剂)

titanium 钛(Ti)

titanium-alumin(i)um-manganese 钛铝锰合金(*w*(Al)4%，*w*(Mn)4%，其余Ti)

titanium-beryllium 钛铍合金

titanium-silicon 钛硅合金

titanize 镀钛，钛化(制造具有耐热耐久性的玻璃)

titanizing 渗钛

titer 滴定量，滴定度〔率〕，纤度

title ①标题，字幕，图标②名称，称号，学位③(金的)成色
caption ~ 章节〔书名，篇名〕标题
file ~ 文件标题，文件题目
new serial ~ 新期刊目录
side ~ 说明字幕，幻灯字幕

tell-tale ~ 说明字幕
titler 字幕摄影机，字幕发生器，编号器，编码器
titles =title 的复数
roll ~ 滚动字幕
roller ~ 滚动字幕
titling 标题的烫印，烫印的标题，加标题
titrable =titratable
titrant 滴定剂，滴定（用）标准液
titratable 可滴定的
titrate ①被滴定液②滴定
titration 滴定（法）
amperometric ~ 电流滴定法
back ~ 回〔反，余液〕滴定
conductometric ~ 电导滴定法
coulometric ~ 电量滴定（法），库仑滴定
differential thermometric ~ 差热滴定（法）
electrolytic ~ 电势〔解〕滴定
electrometric ~ 电势滴定
micro-chlorinity ~ 微量氯度滴定
polarometric ~ 极谱滴定法
potentiometer ~ 电势滴定
titrator 滴定仪〔器〕
automatic ~ 自动滴定仪
titre =titer
titrimeter 滴定仪，滴定计
Q-metric ~ Q 表式滴定计
Titus 〈法〉泰特斯光阀（取意“逐点透光差变成像管”）
Tivicon 硅靶摄像管
Tizit 钨钛铬铈高合金高速钢，高速切削工具合金（w（W）40% ~ 80%，w（Fe）30% ~ 40%，w（Ti）4% ~ 15%，w（Cr）3% ~ 5%，w（Ce）1% ~ 5%，w（C）2% ~ 4%）
T-joint 丁字形接头，三通管接头
T-junction 丁字形接头，丁字形连接〔接合，连接波导〕
E-H ~ E-H 平面 T 形波导接头，双 T 接头
T-junctor 三通接头
T-matching T 形匹配
T-method 张力变动方法
~ of ga(u)ge control （轧件）厚度的 T 控制法（采用张力变动方法）
T-nut 丁字（形）螺母
to-and-fro 往复（的），来回的，来来往往（的）
toaster 烤面包机
tocodynamometer 分娩力计
tocograph 分娩力描记器
tocsin 警钟〔报〕，警戒信号
toe ①脚趾（状物），（坡，柱，坝）脚②（炮眼，钻孔）底，下端③焊边，焊趾，焊脚，焊缝外表面边界④（柄）尖，尖头⑤斜钉，（轮子）斜向⑥轴踵⑦车轮的前端，轮胎缘距⑧窄的齿端，齿顶，（锥齿轮）齿顶高⑨装〔修补〕…的尖
~ of bead （轮胎的）缘趾
~ of beam 工字梁梁边
~ of weld 焊边（焊缝），焊趾
bead ~ 胎趾
brush ~ 后刷边，刷趾
toe-end 趾端
~ of shoe 闸瓦趾端
~ of tooth 轮齿趾端
toe-in 内向（轮胎），（前轮）前束，（前轮）内倾
toeing （轮子）斜向
toe-out ①（汽车的）前轮负前束，反前束，（轮胎）后束②外倾轮胎
~ on turns 转弯外倾
toff （=transient“OFF”time）瞬间断开时间〔关闭时间〕
toggle ①肘（节，铁，板），肘环套接，套环，套柄②扭力臂，曲柄杠杆机构，曲肘，曲柄③拉〔紧线〕钳，紧线套环，紧线爪④反复电路⑤触发器，乒乓开关
brake ~ 制动肘节，制动凸轮
toggle-action 肘杆（曲柄）动作
toggle-locking 肘杆锁定的，肘节锁定
toile 〈法〉帆〔麻〕布
Tokamak 托卡马克（受控热核装置）
token ①标记，标志，象征，记号②特征，证明
character ~ 字符记号
confrontation ~ 对抗记号
hip ~ 模式化记号（ALGOL68 用）
sequence ~ 顺序记号
syntactic ~ 语法标记
token-size 小规模的
tokodynamometer 分娩力计
tolerable ①（可）容许的，可容忍的②相当（好）的，过得去的
tolerance ①（配合）公差，容（许极）限，容（许间）隙，容（许偏）差，余裕度②（放射性的）允许剂量〔限度，水平〕，耐药量③耐受度〔性〕
allowable ~ 公差
blanking-to-burst ~ 消隐（脉冲）到色同步脉冲之间的（时间）容差

close ~ 紧公差,〔精密,严格的〕容限
closure ~ 封闭公差,闭合公差
code ~ 允许偏差,法定公差
dimensional ~ 尺寸公差
fault ~ 容错
fit ~ 配合公差
forepressure ~ 前级耐压
form ~ 形状公差
frequency ~ 频率容限
ga(u)ge ~ 量规公差
gearing ~ 齿轮公差
grading ~ (直径,长度)相互差
grinding ~ 磨削裕度
gross ~ 总公差
gum ~ 最高容许的胶质含量,胶质容许量
harmonic ~ 谐波容限,非线性失真容限
hole ~ 孔径公差
landing impact ~ 着陆冲击耐力
location ~ 定位公差
manufacturing ~ 制造公差〔裕度〕
margin ~ 公差(范围),允差
mismachining ~ 加工误差
modal unbalance ~ 振型不平衡允差
mo(u)lding ~ 模制公差
nagative *g* ~ 负重力加速度容限(沿人体足到头方向作用,引起脑血压增加,此限度为在 3 *g* 时忍受 10 ~ 15 s)
optical ~ 光学容限
orientation ~ 定向公差
permissible ~ 容许公差
position ~ 位置公差
positive *g* ~ 正重力加速度容限
precision ~ 精确裕度
profile ~ 轮廓度
projected ~ 凸出公差
rating ~ 额定(快慢)公差
rolling ~ 轧制公差
run-out ~ 摆差,跳动公差
runilateral ~ 单向公差
size ~ 尺寸公差
sorting ~ 分选〔选别〕公差
temperature ~ 耐热性
test ~ 测试容差
topology ~ 布局容差(集成电路元件的)
valley ~ 凹度容差〔容限〕
weight ~ 砝码允差

tolerancing 公差
UG/Geometric ~ 几何公差(UG NX 软件的主要功能模块,CAD 模块,计算机辅助设计模块)

tolerator 杠杆式比长仪

Tolimetron 电触式指示测微表

toll ①(长途电话)费②长途(电话)③钟声④鸣钟,敲(钟)

toll-cable 长途(通信)电缆

toluene 甲苯

toluol =toluene

tom 倾斜粗洗淘金槽

tomahawk 捻缝(锤)

tombac 顿巴黄铜,德国黄铜,铜锌合金(*w*(Cu) 80% ~ 90%,*w*(Zn)10% ~ 20%,*w*(Sn) 0 ~ 1%)

tombak =tombac

Tombasil 顿巴耐磨硅黄铜(*w*(Cu) 67% ~ 75%,*w*(Zn)21% ~ 31%,*w*(Si) 1.75% ~ 5%)

tome 册,卷,大本书
stereo ~ 立体图片

tommy ①螺纹旋棒〔杆〕,定位销钉,圆螺母〔T 形套筒〕扳手②实物工资制
hooked ~ 圆螺母钩头扳手

tomogram 层析 X 射线照片,X 射线断层图

tomograph X 射线断层摄影仪,层析 X 射线摄影机
axial transverse ~ 横截轴断层摄影机
computed ~ CT 机

tomography 层析 X 射线摄影法,层析〔断层〕X 射线照相法
compute(rize)d ~ (=CT)计算机断层成像,计算机层析成像
computerized axial ~ 计算机化轴向层析 X 射线摄影法
nuclear magnetic resonance computer ~ 核磁共振计算机层析摄影法
positron emission ~ 正电子发射断层成像
single photon emission ~ 单光子发射断层成像

ton ①吨(t,1 t=1 000 kg),美〔短,轻,小〕吨(1 sh ton=2 000 lb=907 kg),英〔长,重,大〕吨(1 ton=2 240 lb=1 016 kg)②货船注册的容积单位(相当于 100 ft^3 即 2.832 m^3)③货物容积单位(木材等,相当于 40ft^3 即 1.133 m^3),船只的排水吨,粉状〔粒状〕材料的容积单位(根据不同材料规定为不同容积的立方英尺数)④(pl.)许多,大量⑤每小时 100 mile(相当于 160.9 km/h)的速度
~ of refrigeration 冷吨(美国制冷能力的单位)

assay ~ 化验〔验定〕吨（短化验吨为 29.166 67 g，长化验吨为 32.6 g）
deadweight ~ 净吨（1 ton=907 kg）
fluid ~ 流体吨（体积为 32 ft^3，即 0.906 m^3）
freight ~ 装载货吨（相当于 40 ft^3 即 1.133 m^3）
gross ~ 长吨（1 ton=1 016 kg），总吨数
just ~ 短吨，净吨（1 sh ton=907 kg）
long ~ 长吨，重吨，英吨（1 ton=2 240 lb=1 016 kg）
measurement ~ 尺码吨，体积吨
meter ~ 吨（t，1 t=1 000 kg）
metric ~ 吨（t，1 t=1 000 kg）
miner's coal ~ 煤（制）吨（1 煤吨 =2 520 lb=1 067 kg）
net ~ 净〔短，美〕吨（1 sh ton=907 kg）
register ~ 注册吨（位）(1 注册吨 =100 ft^3=2.832 m^3)，(船只）登记吨（位）
shipping ~ 装载吨，船的总吨数
short ~ 短吨，美吨（1 sh ton=907 kg）
unit operation ~ 工序吨
volumetric ~ 容积吨，登记吨

tonal 音调〔色，质〕的，调性的，声音的，色调〔容〕的

tonality 音〔色〕调，基调，调性

tone ①音〔调，色，质〕，单音，纯音，全音（程），调和〔音〕②色调，影调，(光）度，明暗，网格③（正常的）弹性，伸缩性④（市场）供销〔价格〕情况⑤调（匀颜）色，给…上〔着〕色，给…决定色调
~ of gray 灰色调，黑白亮度等级，半色调等级
aeolian ~ 风吹音
anti-side ~ 消侧音（电话）
beat ~ 拍音
busy-back ~ 忙〔占线〕音
colo(u)r ~ 色调
cue ~ 指令音
dia(l)ing ~ 拨号音，局内回答信号
edge ~ 边棱声，哨声，流振
engaged ~ 忙音，占线信号
fork ~ 音叉音，同步音
half ~ ①半音度，浓淡点图，半色调，中间色调②照相〔网口〕铜版
hard ~ 硬调
howling ~ 催挂音
hummer ~ 蜂鸣
intermediate ~ 半色调
low-key ~ 阴暗色调（图像）
mask ~ 掩蔽音
medium ~ 半色调，中间色调，半音度
neo-pilot ~ “新”导频声，库德尔斯基导频声
number unobtainable ~ 空号音
partial ~ 分音，谐音
picture ~ 图像色调
pilot ~ 导频音，控制音
primary ~ 主音
proper ~ 固有音，常态音
pure ~ 纯音，正弦波音
ringing ~ 振铃声，呼叫信号，哼声
selecting a preset ~ 选择自动音色（音响）
service ~ 识别音
shadow ~ 暗色调，阴影色调
simple ~ 单音，纯音
stationary ~ 定常音
subjective ~ （声学的）主观音，耳鸣
summation ~ 和声
tempered whole ~ 调和全音
time ~ 报时声
tinkling ~ 叮当声
trouble back ~ 故障声〔信号〕
trunk ~ 拨号音
unobtainable ~ 未接通信号（电话）
warble ~ 颤〔啭〕音，低昂音
warning ~ 告警音，通知音

tone-arm 唱臂，拾音器臂

tonebrescence 磷光熄灭

tonemeter 音调计

tone-off 色泽〔信号〕渐淡直至消失

toner 调〔增，验，上〕色剂，反光负载，(激光打印机等用的）墨粉

tonetic 声调（语言）的，(表示）语调变化的

tonewheel 转速脉冲轮

ton-force 吨力

tongs （夹）钳，夹具〔子〕，铗，(机械手的）抓手
angle jaw ~ 弯嘴钳
backstop ~ 后定位夹钳
band jaw ~ 锻工钳
carrying ~ 运转钳
center ~ 定心夹具，刃磨钻头专用夹具
chain ~ 链钳，链扳手，链式管钳
chisel ~ （锻工的）錾钳
corn ~ 宝石钳
crook ~ 弓形开度钳
discharge ~ 放电叉，放电钳（电容器用）
double pick-up ~ 双口锻工钳

draw ~ 紧线钳
flat bit ~ 扁嘴钳
forge ~ 火〔锻工〕钳
fuse ~ 熔丝更换器，熔线管钳
gad ~ 尖嘴钳
gripping ~ 两用钳，鱼尾〔平口，扁，鸭嘴〕钳
heating ~ 加热钳
hollow bit ~ （锻工的）空心钳
hollow nose ~ 空端夹子
lazy ~ （自由活塞燃气发生器的）同步机构，惰钳
pin ~ 带箍钳（锻工用）
piston ring ~ 活塞环张口钳
power ~ 动力大钳
punching ~ 冲孔钳
round mouth ~ （锻工的）圆口钳
sliding ~ 带箍的锻工钳
spike ~ 道钉钳
square-mouth ~ （锻工的）方口钳
stripping ~ 脱锭钳，剥片钳

tongue ①舌（状物），火舌，尖，销②雄榫，榫舌，扁尾，楔片（木模），镶条，凸槽③（铁路）尖轨④舌簧〔片〕，舌键，衔铁⑤旋钮⑥（游标尺的）挡块，高度尺，定位尺⑦牵引架⑧企口〔舌榫〕接合，振动拍摄⑨黏着
feather ~ 导销，斜削销
joint ~ 滑键，连接榫，榫舌
loose ~ 嵌入榫，嵌销，合板钉
spring ~ 弹簧辙尖
switch ~ 刀开关铜片，辙〔岔〕尖

tongue(d)-and-groove(d) 榫槽（的），槽榫（接合）（的），企口（接合）（的），雌雄榫（接合）（的），密封的

tonic ①主（调）音，律音②声调的，主调的

tonicity 音调

tonlar 稳定电话电路损耗系统

T-on-line 电信在线

tonnage ①登记吨（位），（总）吨数，（总）吨位（装载量）②军舰排水量③吨产量④压机标称压力
capacity ~ 载重量
displacement ~ 排水吨数〔位〕
measurement ~ （载货）容积吨数〔位〕
net ~ 净吨位
register(ed) ~ 登记吨位〔数〕

tonne 吨（1 t=1 000 kg）

tonne-kilometre 吨 - 千米

tonner （载重）…吨的船，具有…吨容积的

tonogram 张力图，音调图

tonograph 张力〔音调〕描记器

tonometer ①音调计，准音器，音叉②张力〔气压〕计，压力计

tonometric 测量音调的，测量张力的

tono(no)scillograph 动脉压脉搏描记器

tonoscope 音调显示器，声波振动描记器，音调镜，张力计

tonotron 雷达显示管

tonpilz 串并联电路的机械模拟

tool ①工〔用，器，量，刃，机〕具，刀具，（车）刀，模具，冲模，锻模②器械，仪器，设备，下井仪③机床，工作母机④附件⑤方法，手段⑥用工具加工（制造），使用工具，切削加工，用凿刀修整，压型
abrasive ~ 磨削工具
Acruf ~ 成形粗刨刀
aerodynamic ~ 气动力方法
angular ~ 弯头车刀
angular planing ~ 万能角度刨刀
anvil ~ 底模，下（锻）模
arboring ~ 螺孔刮面刀具，使用心轴进行加工的工具
automatic programmed ~ 程序自动化方法〔手段〕
basic hand ~ 常用的手工工具，随车的工具
bastard machine ~ 非标准机床，联合机床，异常尺码的车床
bead ~ 卷边工具，圆头镘刀
bench-work ~ 钳工工具
bending ~ 弯曲机，压弯榫
bevel gear cutting ~ 锥齿轮加工刀具
bibliographic(al) ~ 目录工具书
bit ~ 刀头，刀具
block type boring ~ 片状镗刀
bonding ~ 焊头
bordering ~ 折边工具
boring ~ 镗刀，镗孔车刀，内圆车刀，钻探工具
boss ~ 凸缘修正器（造型用）
bottom ~ 下刀具，下刀架，底锻模
box ~ 组装车刀，方刀架，小刀架
broaching ~ 拉刀
built-for-purpose ~ 专用工具
built-up ~ 组合刀具
bullnose ~ 外圆〔粗切，拉荒〕车刀，通切刀，圆端刀具，圆头刀
bushing ~ 衬套〔套筒〕装卸工具

butt welded ~ 焊柄刀具
cable ~ 绳索钻钻具
camber correction ~ 曲面修整工具
carbide ~ 硬质合金刀具，硬质合金工具
center drilling ~ 打中心孔工具
ceramic ~ 金属陶瓷车刀〔刀具〕
chamfering ~ 样板刀，成形切刀，倒棱刀具，倒角刀具
chasing ~ 螺纹刀具，梳刀
checkering ~ 滚花工具
chucking ~ 夹头
class Ⅰ〔Ⅱ，Ⅲ〕electric ~ Ⅰ〔Ⅱ，Ⅲ〕类电动工具
clincher ~ 铆接工具
CNC machine ~ 计算机数控机床刀具
coated ~ 涂层刀具
coated abrasive ~ 涂敷磨具，涂敷磨料
collet closing and broaching ~ 游丝钳，弹簧夹头钳
compound press ~ 复合冲模，复式冲模
contact burnishing ~ 接点清洁器，触点抛光器
continuous operation electric ~ 连续运行电动工具
conventional ~ 标准工具
copying machine ~ 仿形机床
corner(ing) ~ 修角工具，圆镘杆，角镘刀（修型工具），角隅车刀，（外）圆角车刀
cupping ~ 铆头模，窝模，引伸冲模，压延模
cutting ~ 刀具，切割工具
cutting-in ~ 切进刀
database encryption management ~ 数据库加密管理工具
debugging ~ 调试工具
dedicated machine ~ 专用机床
diagnostic scan ~ 故障诊断仪，诊断扫描仪
diamond ~ 金刚石（车）刀，金刚石修整器，钻石针头
direct driven electric ~ 直接传动电动工具
double-point ~ 双刃刀具
dressing ~ （砂轮）修整工具
driver's ~ 随车工具
Dutch nose ~ 宽头刀
edge ~ 削边刀
electric ~ 电动工具
electric blind-riveting ~ 电动拉铆枪
electric hoof renovation ~ 电动修蹄机
electric power ~ 电动工具
electrochemical machine ~ 电解加工机床
electrochemistry machinery processing ~ 电化学机械加工机床
electrolytic machine ~ 电解加工机床
elephant machine ~ 重型机床
extracting ~ 拆卸工具
facing ~ 端面车刀
finishing ~ 光车刀，精车刀，精加工刀具
fishing ~ 打捞工具
flat form ~ 平体成形车刀
flexible shaft driven electric ~ 软轴传动电动工具
fly ~ 飞刀
form turning ~ 成形车刀
form(ing) ~ 样板刀，成形刀具〔车刀〕
friction jewelling ~ 钻〔宝石轴承〕压入器，压钻机
front ~ 端面切刀
full form ~ 精切成形刀
fullering ~ 压槽锤，凿密〔锤击〕工具
gang ~ 多轴机床，多刀刀夹
gashing ~ 车槽刀
gear cutting ~ 齿轮加工刀具
gear turning tool 车齿刀
general purpose machine ~ 通用机床
generating ~ 展成刀具
gooseneck ~ 鹅颈刀，弹簧刀
grading ~ 手锥（测定磨具硬度的工具）
grafting ~ 锹，铲
grooving ~ 切槽工具，铣槽工具，车槽刀
hand screwing ~ 方板牙扳手，丝锥扳手
hand-held electric ~ 手持式电动工具
hand-held motor operated ~ 手持式电动工具
handling ~ 装卸工具
honing ~ 镗缸头，镗磨头
hot-line ~ 带电操作工具
index ~ （分度）转位刀具
indexable insert cutting ~ 可转位刀具
insert(ed) ~ 硬质（合金）刀具，机械夹固式车刀，镶装式刀具
inserted blade ~ 镶齿刀具
inserted lathe ~ 上压式机夹车刀
inserted regrinding ~ 机械夹固式可重磨车刀
inserted tip ~ 镶齿刀具
insulation-encased class Ⅱ electric ~ 绝缘外壳Ⅱ类电动工具
intermittent operation electric ~ 断续运行电动工具
knife ~ （修边）刀具

knurling ~ 滚花刀，滚〔压〕花工具
lathe ~ 车刀
left-cut ~ 左切刀，左偏刀
left-hand ~ 左切刀，左削车刀，反手刀具
live line ~ 带电作业工具
machine ~ （金属加工）机床，工具机，工作母机，机械工具
machine cutting ~ 机床切削工具
male ~ 压入式阳模
marking ~ 划线工具
master ~ 基础〔标准，样板〕工具，精密机床
measuring ~ （测）量（工）具
metal-cutting machine ~ 金属切削机床
metal-encased class Ⅱ electric ~ 金属外壳Ⅱ类电动工具
milling ~ 铣刀，铣床
modular machine ~ 组合机床
mo(u)lder ~ 造型工具
MPS software ~ 微处理机系统软件工具
multiple shot ~ 多点井斜仪
multiple-edged ~ 多刀刃刀具
multi-purpose electric ~ 多用电动工具
multistage ~ 多工位连续模
NC machine ~ 数控机床
necking ~ 切（退刀）槽工具，开槽刀，刻刀
non-traditional machine ~ 特种加工机床
notching ~ 榫槽刨，槽刨
numerical-control machine ~ 数控机床
numerically-controlled machine ~ 数字控制机床
offset ~ 偏刀，鹅颈刀
oxide ~ 陶瓷（氧化物）刀具
parting ~ 切（断，割）刀，切錾，造型修刀，切割刀具，开裂工具，刀具组式部件，固定刀具组式部件
pioneer ~ 野外修理工具
pipe ~ 管加工工具，修管工具
pipe flaring ~ 管子扩口工具，管口扩张器
piston ring ~ 活塞环拆卸器，活塞环修整工具
pitching ~ 斧凿
plunging ~ 冲孔翻边模
pneumatic ~ 气动工具
pneumatic barring down ~ 气动撬浮机
pneumatic engraving ~ 气动雕刻机
point ~ 凿〔锤〕头
pointed ~ 冲子，尖头工具
pointing ~ 倒棱工具
poising ~ 摆轮平衡工具，平衡工具
preset ~ 预调刀具
programme controlled machine ~ 程序控制机床
programme debugging ~ 程序调试工具
radial ~ 圆角切刀
radius ~ 圆角切刀
raised face ~ 凸面刀具
recessing ~ 凹槽车刀，车槽刀
relieving ~ 铲齿刀具，铲齿刀
resetting ~ 复位〔调正〕工具
right-cut ~ 右切刀，右偏刀
right-hand ~ 右削车刀，正手刀，右手刀
robot ~ 机械手
rotary generating ~ 成对滚切刨刀
rotary index table type modular machine ~ 回转工作台式组合机床
rotating ~ 回转刀具
round-nose chipping ~ 圆头凿
routing ~ 靠模铣刀
scan ~ （车辆诊断）故障测试仪，扫描仪
screw chasing ~ 螺纹梳刀
screwing ~ 螺纹梳刀，车螺纹工具
scribing ~ 划线盘，划线器，划线工具
segment ~ 圆角切刀
setting ~ 切肩用具，调整用工具，安装用工具
shank ~ 带柄刀具
shaper ~ 插齿刀
shaping and planing ~ 刨刀
shaving ~ ①剃齿工具，刮齿工具，剃齿刀，刮齿刀②精车刀具③切线车刀
short-time operation electric ~ 短时运行电动工具
side ~ 偏刀（一种单刃刀具）
simple press ~ 单工序冲模
single-point ~ 单刃刀具，切刀
sizing ~ 校准刀，定径器
slide ~ 滑动镗（刀）架，横向移动刀架
slotting ~ 插刀
solid ~ 刀条，整体刀具，整体工具
special purpose machine ~ 专用机床
spinning ~ 旋压工具
spotting ~ 钻中〔定〕心孔工具
spring ~ 弹簧刀，鹅颈刀
staking ~ ①冲心錾②打标桩模
stay-furring ~ 除垢器，清垢器
stocking ~ 粗切刀，荒切刀

straight ~ 直头车刀，外圆车刀，直锋刀具
stripping ~ 切边模
swing ~ 往复研磨器
Tanruf ~ 双联粗刨刀
tapping ~ 丝锥
thread rolling ~ 螺纹滚压工具
threading ~ ①螺纹刀具，攻螺纹工具②螺纹车刀
throwaway indexable insert turning ~ 可转位车刀
throwaway insert ~ 机械夹固不重磨车刀，镶可转位刀片的车刀
throwaway insert thread ~ 机夹不重磨螺纹车刀
tipped ~ 镶片〔刃〕刀具，焊齿刀具，焊接车刀
transportable electric ~ 可移式电动工具
trepan(ning) ~ 套孔刀，套料刀，切端面槽刀具，钻孔机，套料钻
trimming ~ 修整刀具
truing ~ （砂轮）整修工具，（砂轮）校准工具
turning ~ 车刀
turret type modular machine ~ 转塔式组合机床
undercutting ~ 平面切刀，端面切刀
uprighting ~ 镗孔工具
valve reseating ~ 装气门机，换阀工具
vise ~ （机械手的）钳夹抓手
wheel forming ~ 砂轮成形工具
wig-wag ~ （枢轴）摆轮抛光机
wire-wrap ~ 绕接工具，绕轮
withdrawal ~ 拆卸工具
wrapping ~ 绕线枪，绕接工具

toolability （型砂的）修补性

toolbar 通用机架，工作部件悬架，刀杆，镗杆
mobile ~ 自动底盘
self-propelled ~ 自动底盘

toolbox 工具箱

tool-carrier 自动底盘

tool-change 换刀

tool-electrodes 工具电极
electro-discharge machining ~ 电火花加工工具电极

toolframe 通用机架，刀具架，机具架，自动底盘

toolholder 刀夹，刀杆，工具柄
swiveling ~ 旋转刀架

toolholding 刀具夹紧，装刀具

toolhouse 工具房

tooling ①工〔刀，刃〕具，仪器，工艺装备②用刀具（切削）加工③调整工具，调整机床，给机床配备成套工具，机床安装④凿石工艺
built up ~ 组合工艺装备
cutting ~ 切削加工工艺装备
loose ~ 胎模
unitized ~ 组合加工，组合刀具

tool-in-use-system 刀具工作参考系

toolkit 工具箱

toolmaker ①工具〔刀具〕制造〔修理〕者，工具工人②工具〔刀具〕制造厂

toolmaking 工具制造

toolman 刀具工

Tool-paths 刀具路径（Mastercam 数控加工软件的主菜单区）

tool-point 刀锋

toolpost 刀架〔座〕

tool-rest 刀架〔座〕

toolroom 工具室，工具车间

tools tool 的复数
automatic programing of machine ~ 自动化机床控制程序，机床自动编程序（轮廓控制用数控语言）
automatic system for positioning ~ （数控加工）点位控制机床自动系统，刀具自动定位系统
automatically programed ~ 刀具数控程序自动编制（系统），APT 程序，刀具自动数控程序，自动程序控制工具
automatically programmed ~ 自动编程语言
multistage ~ 多工位连续模
powerfill ~ 强力填料工具
programing language for machine ~ 机床编程语言（国际会议）

toolsetter 刀具调整工

toolsetting 刀具调整〔安装〕，调〔对〕刀

toolsmith 刀具锻工

tool-up 装备加工机械〔设备〕

tooth ①牙齿，（齿轮，刀，锯，梳和耙等的）齿，刃瓣，齿状物②凸轮③（机器、手工制成的）粗糙面④齿形插口
basic ~ 基本齿廓
blue ~ 蓝牙（短距离无线电网络）
boot ~ 擒纵轮齿，靴
chaser ~ 追逐齿
chipped gear ~ 剥蚀的轮齿，齿面剥落的轮齿
circular ~ （圆）弧齿
club ~ 擒纵轮齿

coarse ~ 粗齿
commutating ~ ①整节②换向齿，正齿
constant-depth ~ （锥齿轮的）等高齿
contrate ~ 端面齿
control ~ 限动齿
corrected ~ （齿轮的）修正齿
crowned ~ 鼓形齿
curved ~ 曲线齿，弧齿
cycloidal ~ 摆线齿
deep ~ 高齿，长齿
double ~ 复齿
double helical ~ 人字齿
end ~ 端齿
epicycloidal ~ 外摆线齿
equal-addendum ~ 等齿（顶）高齿
face ~ 端面铣刀齿
fine ~ 细齿
finishing ~ 精削（切）齿
form relieved ~ 铲齿
formed ~ 成形〔铲〕齿
full-depth ~ 全齿高齿
full-height ~ 标准齿
Gleason ~ 格里逊齿（按格里逊制齿法制出的锥齿轮轮齿），圆弧齿
gullet ~ 偏锋齿，（锯的）钩齿
helical ~ （圆柱齿轮）斜齿，螺旋齿
hook ~ 棘轮齿，钩齿
hunting ~ 追逐齿
hypercycloidal ~ 内摆齿线
incisive ~ 门齿，切齿
interlocking ~ 交齿，错齿
knuckle ~ 圆（顶）齿
long ~ 长顶齿
long addendum ~ 加高齿
middle ~ 主齿
oscillating ~ 活齿
peg ~ 三角齿
pin ~ ①滚销齿，圆柱齿②嵌（齿轮的）齿
pointed ~ 尖齿
profile of ~ 齿形，齿廓
rack ~ 齿条齿，直边齿，齿条
raker set ~ 交错偏挠锯齿
ratchet ~ 棘轮齿
root of ~ 齿根
shave ~ 剃齿，校准齿
short addendum ~ 短齿
side-cutting ~ 侧切齿
skew(ed) ~ 斜齿，螺旋齿
split ~ 开有窄缝的齿，开小槽的齿
stage ~ （汽封）高低齿
standard ~ 正常齿
standard taper ~ 正常收缩齿
stopping ~ 限动齿
stub(gear) ~ 短齿
tapered ~ 收缩齿
tilted root line ~ 倾斜根线收缩齿
triangular ~ 三角齿
zigzag ~ 交错齿

toothed （装，带，有）齿的，（锯）齿形的

toothholder 齿座〔夹〕

toothing 装齿，锉〔磨〕齿，锯齿状，齿（轮）连接，（齿轮）啮合，齿圈
burring ~ 去飞边滚齿
double-point ~ 双点啮合
hindley worm ~ 球状蜗杆啮合
pin ~ 钝齿啮合，滚梢齿啮合
rack ~ 齿条啮合

toothless 没有（牙）齿的

tooth-tip 齿顶

top ①顶〔上〕(部，端，面，层)，(车)头，(顶)盖，梢②极点〔度〕(的)，最前面(的)，最高(度，点，级)(的)③陀螺（仪）④脉冲顶部〔水平部分〕⑤（pl.）顶〔最初〕馏分，轻油⑥（一）束，毛条，化纤条⑦盖上（顶），装顶部，到…顶上，高〔超，胜，越〕过⑧（火箭）补充加注（燃料）⑨初馏，用分馏法⑩截去顶端，去梢〔头〕
~ of slot belt （双层绕组的）上层绕组区
automatic ~ 自动张合车篷，自动开启式车顶板，自动折叠式车顶篷
ball ~ 毛球
colo(u)r ~ 色陀螺
electric hot ~ 电热保温帽
folding ~ 折叠式车顶
global stack ~ 全局栈顶
hard ~ （乘用车车身）硬顶
hot ~ 冒口，（钢锭的）保温帽，（钢锭的）热顶，热炉顶（鼓风炉）
no ~ 高音缺陷
open ~ 明冒口
piston ~ 活塞头，活塞顶
revolving ~ 旋转布料器（高炉用）
rising ~ 菜花头（钢锭上端呈海绵状）
roadster soft ~ （汽车）活顶乘用车软顶篷
runtime stack ~ 运行时堆栈顶
shaft ~ 井口，炉顶
sliding ~ （车身的）活顶

spinning ~ 陀螺
spongy ~ 海绵头（钢锭不规则上涨缺陷）
stack ~ 栈顶，堆栈顶
straight ~ 平顶
stressed ~ 压盖
wagon ~ 车顶，筒形顶，斜顶

top-blowing 顶吹法

top-capping 顶翻新

topcoat 外涂〔保护〕层，面漆，面涂层

top-down 自顶向下的，顺序的，组织，控制，管理严密的
selective ~ 自顶向下选择，顺选

top-for-bottom 顶部向下，底部朝上

topful(l) 满（到边）的

top-gear 高速齿轮，末档速度
over ~ 超速档装置，增速齿轮机构

top-hat 顶环，（天线的）顶帽

tophet 托非特镍铬电阻合金，镍铬铁耐热合金（w（Ni）35% ~ 80%，w（Cr）15% ~ 20%，w（Fe）0 ~ 46.5%）

top-hole 出钢口

topic 题目，课〔论，主，专，标〕题，概〔总〕论

topless 无顶〔盖，篷〕的

toplighting 顶部照明

toplimit 上限

top-load 尖峰负荷，最大负荷

topmost 最顶层（的）

top-mounted 上插的，装在顶部的

top-notch ①顶点②最高质量的，第一流的

topo 地形

Topo 美国陆军测地卫星

Topocart 地形立体测图仪

topochemical 局部化学的

topochemistry 局部〔拓扑〕化学

topogram 内存储信息位置图示
photoelectric ~ 光电式地形仪

topography 金属表面形态学，金属表面形貌学（根据金属表面凹凸状态研究金属组织），表面形态测量学，地形（学，描述，测量），外形，构形
Moire ~ 莫尔条纹测量
scanning X-ray ~ X 射线扫描金相图
section ~ 纵剖法，（研究晶体转动的）剖面分析法
surface ~ 表面形貌

topologic(al) 拓扑（学）的，布局的

topology 拓扑学，拓扑（结构），（集成电路元件）布局（技术），地志学
~ of networks 网络拓扑学
bus ~ 总线拓扑
discrete ~ 离散结构
moire ~ 莫尔拓扑法
star ~ 星形布局
tree ~ 树形布局
wiring ~ 接线布局

topometric 地形测量的

topometry 地形测量

topostructure 拓扑结构

topper 套口机，缝袜头机，拨顶〔蒸去轻馏分〕装置，装〔去掉〕顶盖者
beet ~ 甜菜切顶器

topping ①上部，上层，顶端，前置②去梢，去头，拔顶，去顶，蒸去轻油，顶削，修顶，齿顶变尖③注满，充气，充电④最高的，最优的，前置的
hot ~ ①保温冒口②（往冒口上）撒发热剂，发热冒口

topping-up 充气，充液（液体补充，加上水，蓄电池补充不足的电解液等），上油，添油，加燃料

topple 倾覆（陀螺进动量的垂直分量）

toprem 修根刀齿〔盘〕，（切齿时）修根

topset 顶积层

top-socket 车顶弯梁座

top-trench 横浇道

top-view 俯视图，顶视图

Toran 道朗（近程无线电定位系统）

torch ①火炬〔舌，焰〕，火嘴②焊〔割，气〕炬，喷灯，焊接灯，焊枪，吹管，切割器，点火器③手电筒
acetylene welding ~ 乙炔焊炬
arc air ~ 电弧气刨枪
balanced-pressure ~ 等压式焊（割）炬，同压吹管
blow ~ 焊接灯，喷灯，自动吹管灯，吹管
brazing ~ 钎焊用喷灯，气焊炬
cutting ~ 割炬，切割吹管
electric ~ 手电筒
electronic ~ 电子枪
gas blow ~ 煤气吹管，焊炬〔枪〕
halide ~ 卤素管，检卤（漏）灯
heating ~ 加热喷灯，加热器，气焊炬
lighting ~ 点火炬〔棒〕，点火喷燃器
oil warm-up ~ 重油点火嘴
oxyacetylene ~ 氧乙炔焊炬，氧乙炔割炬
oxyfuel gas welding ~ 气焊炬

plasma ~ 等离子焰炬，等离子枪
scarfing ~ 气刨割炬
sigma ~ 惰性气体保护金属极电弧焊焊枪
small screw ~ 微型焊炬
soldering ~ 焊炬（软钎焊用）
starting ~ 起动吹管，起动〔发射，点火〕火舌
TIG ~ 钨极惰性气体保护焊焊枪
water ~ 水炬，高压水枪（1.379×10^5kPa）
welding ~ 焊炬，焊接喷灯，焊接吹管，焊枪

torchlight 火炬（光）

tore 管环，环面
~ of reflection 反射环

toreutics 金属浮雕术

toric 复曲面的

torispherical 准球形的

tormentor 消声器，隔声器，消声隔片

tornadotron 旋风管，微波 - 亚毫米波转换电子谐振器

torn-up 磨损的，开裂的

toroid ①（圆，螺）环，环形线，复曲面，超环面，螺旋管②环形室，电子回旋加速器室③环状线圈
"green" ferrite ~ 铁氧体磁心半成品
pitch ~ 节（圆）环面
reference ~ （蜗杆）分度超环面
reference ~ of worm wheel 蜗轮分度圆〔中圆〕面
root ~ 齿根超环面

toroidal ①圆环，（复）曲面②环形（线）的，喇叭口形的，螺旋管形的，超环面的

torpedo ①鱼〔水〕雷②鱼雷形装置〔部件〕，鱼雷形分流梭③油井爆破药筒④（铁路用）信号雷管

torpedoing 射孔，爆破

torpedoplane 发射鱼雷的飞机

torpex 铝末混合炸药

torque ①转（动力）矩，扭转②后座转矩③偏振光面上的旋转效应
aligning ~ 回位力矩，回正力矩
backward field ~ 反向（磁场）转矩，负序转矩
bias ~ 偏转力矩
braking ~ 制动力矩
breakaway ~ 起步转矩，（内燃机的）最小开机转矩
breakdown ~ 停车转矩，极限转矩，失步转矩
break-out ~ 起动转矩
controlling ~ （仪表的）稳定力矩，控制转矩
counterrotating ~ 恢复力矩
coupling ~ 锁紧力矩
deflecting ~ （偏）转（力）矩
detent ~ 起动转矩（未激励的永磁电动机开始转动前所能抵抗的转矩）
drag ~ 拖曳转矩，电力矩，阻力矩
driving ~ 驱动转矩，传动转矩
dynamic ~ 动转矩，加速转矩
dynamic synchronizing ~ 动态整步转矩
electrical ~ 电磁转矩
excess ~ 剩余力矩，过转矩，过载附加力矩
exciting friction ~ 励磁静摩擦力矩
firing ~ 发火转矩（内燃机）
friction ~ 摩擦力矩
hysteresis ~ 磁滞转矩
induction ~ 异步转矩，感应转矩
input ~ 输入力矩〔转矩〕
locked rotor ~ 制动转子力矩，静态力矩
magnetic ~ 磁（转）矩
maximum static ~ 最大静转矩
maximum synchronous ~ 最大同步转矩
motor ~ 电动机转矩
motoring ~ 运动力矩
net ~ 有用力矩，净力矩
nominal pull-in ~ 标称牵入转矩，额定牵入（同步）力矩（当转速为同步转速95% 时）
output ~ 输出力矩〔转矩〕
over-running ~ 超速运转转矩
prime ~ 标称力矩
pull-in ~ 牵入转矩
pull-out ~ 失步〔牵出〕转矩，临界过载转矩
pull-up ~ （电机）最低起动转矩
rated ~ 额定转矩
reaction ~ 反（抗）转矩
reluctance ~ 磁阻转矩，反应转矩
restoring ~ 回复力矩，反作用力矩
restraining ~ 制动力矩，阻尼转矩
retarding ~ 制动转矩
rolling friction ~ 滚动摩擦力矩
running ~ 额定转速时的转矩
specific ~ 比转矩（单位电枢或转子体积的功率与每秒转数之比）
stalled ~ 电动机制动力矩，反接力矩
stalling ~ 停转〔逆转，制动〕转矩
starting ~ 起动力矩〔转矩〕
static ~ 静转矩，（电动机的）止转转矩

switching ~ （电动机的）换接力矩
zero-speed ~ 零速力矩，起动力矩
torquemeter 旋转力矩测量器，扭力计
induction ~ 感应式转矩计
rotating speed torque ~ 转矩转速测量仪
steel-wire-type ~ 钢弦扭矩仪
strain-ga(u)ge ~ 应变片转矩计
torquer 转矩发送器，扭力仪，转矩装置，加扭器，力矩马达
torque-tachogenerator 转矩转速传感器
magnetoelectric-phase-difference ~ 磁电相位差式转矩转速传感器
torr 托（torr，真空〔压强〕单位，相当汞柱高 1 mm，1 torr=133.322 4 Pa）
torrefaction 焙烧，烤，烘
torse 扭曲面
torsimeter 转矩计，扭力计
torsiogram 扭（转）振（动）图，转矩图
torsiograph 扭振〔力〕(自动)记录仪，扭力计
torsiometer =torsimeter
torsion ①扭（转，曲，力），转矩②挠曲，挠率
geodesic ~ 短程扭曲
torsional 扭（转）的
torsiometer 转矩计，扭矩计
torsionmeter 扭力计
torsionmicrometer 微扭力计
torsionproof 防扭的
tortile 扭转〔弯〕的，卷的，盘绕的
tortuosity ①弯曲，曲折，沟路弯曲②曲率
tortuous 扭曲的，弯曲的，不在一个平面内的
torus ①圆环，椭圆环，轮环，（圆）环面，圆面旋转体，环形（圆纹曲面），环形（线圈）②铁心，环形铁心
driven ~ （液力联轴器中的）从动环
light bulb ~ （反应堆）灯泡环型安全壳
tosecan 划针，划线盘，划线架，平行划线器，平面规
tosimeter 微压计
total ①总计〔数，额，和〕，共计②总的，全部的
batch ~ 程序组总计，选组〔分批，分类〕总数
check ~ 检验总数，检验和数，检查和
gibberish ~ ①无用数据总和，混杂总计②控制和，校验和
grand ~ 总计，共计，综合
hash ~ 无用数位总和，无用数据总和，混列总量
major ~ 总计，主要统计值，大计
minor ~ 次要的总计量，小计
totalisator =totalizer
totaliser =totalizer
totality ①总体〔数，额〕，全体②全食（的时间）
totalizer 加法求和装置，加法器，加法〔累积〕计算器，加法计算装置，累加器
hour ~ 累积计时器
time ~ 计时器，总时计
totalling ①总和②相加，求和
totally-enclosed 全密闭的
totameter 流量计
totem 图腾，物像，标志
totem-pole 图腾柱（专为相控阵雷达而设计的将几个超高频三、四极管和外电路复合成一体的级联放大器），推拉输出电路
toter （导弹）装载起重机，运载装置
Toucas 塔卡斯铜镍（饰用）合金（w（Cu）35.6%，w（Ni）28.6%，其余为等量的 Fe，Al，Sn，Zn，Sb）
touch ①接触，(一)碰，按，摸，(相)切②试验，试金（石），(金银)验定纯度③接触磁化④痕迹，刻痕，微〔痕〕量⑤缺点〔陷〕⑥(键的)弹性〔力〕⑦联系⑧特征，风格⑨与…(相)切，邻接，（简略）涉及，提到，对付，修改，解决（得了），起作用于，影响到，损及
finishing ~ 最后修整
no ~ 无接触，不接触，无触点
one ~ ①单手柄（操作）②一次操作，一次调节
touchdown 着地
touching ①触觉②关于，提到③使人感动的④开缝隙（内）浇道
touchstone ①试金石，(试验的）标准②检验（标准）
touch-up ①修正，精加工②修版，分涂
tough ①（坚）韧的，黏（稠，着）的②刚性的，结实的，不易磨损的，坚强的③困难的，难解决的
toughen 韧化，变黏稠，变强硬
toughening 韧化（处理）
water ~ （高锰钢的，不锈钢的）水冷韧化处理，固溶化淬火
toughness 韧性，韧度，刚度〔性〕，黏稠性
fracture ~ 断裂韧性
impact ~ 冲击韧度
notch ~ 切口韧性
tour ①转动，旋转，钻削②周转，流通，循环③车次，航次④轮班，值班⑤旅行，巡回

Tourbillon 陶比伦旋转机构（使整个擒纵调速器本身做转动消除位差的结构），螺钉式摆轮平衡装置，回转式擒纵机构

tourelle 滚动装置，回转炮塔，旋转枪架

tourer 游览车〔者〕，旅行（飞）机

Touring （乘用车类别）旅游乘用车类

tourmalin(e) （矿）电石，电气石

tourmalinization 电气石化（作用）

tournatractor （建筑工程用）轮式牵引车，（多用途）轮式越野牵引车

tourniquet ①轮胎密封衬带②止血带，止血器

toutology 重言式

tow ①曳（引），拉，牵引②拖轮，被牵引的车或船③牵引缆索，拖索，麻絮，（丝，纤维）束④被牵引行驶

towage ①拖（曳，运）拉，牵引②牵引作业③牵引费

towbar 拖杆

towboat 拖船〔轮，驳〕

tower ①塔（台），塔架（输电线路），柱，天线杆，支承③高耸，超过〔出〕，高于

active carbon ~ 活性炭塔

aeration ~ 通风塔，洗气塔

air ~ 压缩空气供给塔，供气塔

angle ~ 转角塔架

baffle ~ 挡板塔，层板式蒸馏塔

beating ~ 打浆塔，塔式碎解机

biological oxidation digestion ~ 生物氧化污水处理塔

broad-base ~ 分腿基础输电线路塔，（输电线路的）宽基塔

bubble plate ~ 泡罩层（蒸馏）塔

bubble-cap ~ 泡罩（精馏）塔

condensing ~ 冷凝塔

control ~ 指挥塔（航空）

cooling ~ 冷却塔

derrick ~ 起重吊塔，桁架塔，起重机架

drawing ~ （光纤）拉丝塔

drill ~ 钻塔，钻架

extending ~ 可伸展的天线杆

extraction ~ 萃取塔〔柱〕，提取塔

fire control ~ 射击指挥台，消防训练塔

firing ~ 发射台

flexible ~ 线路挠性耐张塔，挠性铁塔

gantry ~ 门型铁塔

gas wash ~ 洗气塔，除尘塔

guyed ~ 带拉线塔，拉索式塔架

half-anchor ~ 半锚（式杆）塔

hoist ~ 吊机塔，起重塔

king ~ 承重柱

knockout ~ 分离塔

launching ~ 发射塔，垂直发射装置

machine ~ 机器转塔

packed ~ 填充塔，填料塔

plate ~ 层板蒸馏塔，多层蒸馏塔

pressure conning ~ 耐压指挥台

pylon ~ 耐张力铁塔，桥塔

radio ~ 无线电天线塔，广播塔

scrubber wash ~ 洗涤塔，湿式洗气塔

spray ~ 喷雾（冷却）塔

stayed ~ 拉线铁塔

strain ~ 耐拉铁塔

stripping ~ 汽提塔

tail ~ 尾塔（起重机，吊车）

tangent ~ 直线塔（输电线路）

telescopic ~ （可伸）套管天线，伸缩塔身

Texas ~ 德克萨斯（雷达）天线塔

transmission ~ 输电（杆）塔

transposition ~ 导线交叉杆，导线交叉塔，换位塔

travelling gantry ~ 自走式门架起重机

trunnion ~ 自行可回转液压升降台

vacuum ~ 真空蒸馏塔

water cooling ~ 水冷却塔

towknee 推架

township 区（美公地测量单位，约等于 93.2 km^2）

towveyor 输送器，牵引输送机

tox =toxic

toxic ①毒药〔剂，物〕②（有，中）毒的，毒性的

toxicant ①毒药〔剂，素〕，有毒物②有毒性的

toxicity 毒性〔力，度〕

delayed ~ 迟发毒性，缓发毒性

toy 玩具（似的）

clockwork ~ 有发条装置的玩具

Toyota 丰田（日本丰田生产车型）

T-piece T 形接头，T 形管，三通管，丁字管节，丁字形机件

T-pipe =T-piece

T-plate 丁字（形）板

trabeation 柱顶横檐梁，柱顶上部，横梁式结构，柱顶盘

Trabuk 特拉布克锡镍合金（*w*（Sn）87.5%，*w*（Sb）5%，*w*（Bi）2%，*w*（Ni）5.5%）

trace ①（痕，径，轨）迹，迹线，轨道②图形〔样〕，描绘图，（示波器上的）扫描（行程），

扫迹，描图（示踪），记录仪上的图录③交点〔线〕，经始线④微〔痕〕量，少许⑤线索，结果⑥运动杆⑦曳光剂，曳光器⑧跟〔示〕踪，指示，探测〔索，查〕（故障）⑨画出，描绘〔图〕，绘制，画〔描〕曲线，扫描，自动记录
~ P-1　中等持续时间的扫迹（示波器）
~ P-11　甚短持续时间的扫迹（示波器）
~ P-15　短持续时间的扫迹（示波器）
~ P-2　长持续时间的扫迹（示波器）
~ P-5　短持续时间的扫迹（示波器）
A ~　A 扫迹
activity ~　活动追踪
B ~　B 扫迹
barograph ~　自记气压曲线
beam ~　束道，束径迹，电子束踪迹，电子束径迹
broad azimuth ~　宽方位角线，大方位角线
calibration ~　校正〔校准〕曲线，校正迹线
CRO ~　阴极射线示波器示迹，摄像机波形监视器示迹
dark ~　暗行扫描，暗迹
D-chain ~　D 链跟踪
dimmer sweep ~　扫描暗迹
fault ~　故障跟踪
linear ~　线性扫描
oscillograph ~　波形〔示波〕图（上的扫迹）
peaked ~　尖部扫迹
power ~　功率记录
radar ~　雷达跟踪
recording ~　记录迹线
return ~　（射线）反行程，（光点）回程，归迹，逆程，回描
selective ~　选择跟踪
sinusoidal ~　正弦曲线扫迹，正弦曲线，正弦波
sweep ~　扫描线
symbol ~　符号追踪
synchro ~　联动刻模铣，仿形加工
tooth ~　齿线，齿轨迹，齿向曲线

traceability　追踪〔示踪〕能力，可追查性

traceable　可示踪的，（被）研究的

trace-flow　信号流跟踪器

traceless　无〔没留〕痕迹的

tracer　①追踪者，追踪装置〔程序〕，随动装置②示踪物〔剂，装置，器，原子〕，同位素指示剂，指示器③描绘器，描图机〔器〕，描笔，描绘工具，描迹头（轮廓仪的测量元件），测量头，曲线记录装置，故障检寻器④曳光灯〔器，弹，剂〕⑤仿形板，仿形装置⑥描图员
armo(u)r-piercing ~　曳光穿甲弹
branch ~　（计算机的）转移跟踪程序
cable ~　电缆检验器
carbon ~　示踪碳
cathode-ray curve ~　阴极射线描绘仪，（阴极射线）曲线图示仪
chemical ~　化学指示剂，示踪原子
contouring ~　仿形器
crosstalk coupling ~　串音耦合图示仪
curve ~　波形记录器，曲线描绘器〔仪〕
dead-reckoning ~　计算跟踪装置
electronic curve ~　电子曲线描记仪，电子曲线示踪器，光电积分仪
envelope delay ~　包络延迟显迹器
Ewing curve ~　依文磁滞曲线画线器
form ~　①定形靠模②形状寻迹器
frequency response ~　频率响应描绘器
isotopic ~　同位素指示剂〔示踪剂〕，示踪原子，同位素示踪物
level ~　电平图示仪
map ~　航向图描绘仪，地图描绘器
physical ~　物理指示剂
profile ~　靠模仿形，轮廓仿形
radioactive ~　放射性示踪物
signal ~　信号故障检寻器，信号式线路故障寻找器，信号示踪器，信号描绘器
steam heating ~　蒸汽伴随加热小管
transistor curve ~　晶体管特性曲线描绘仪

tracerlab　示踪物〔同位素指示剂〕实验室

tracer-labelling　同位素指示剂示踪

tracing　①示〔跟〕踪，指示，显迹，故障探测，信号跟踪，线路图寻迹②透〔映，复〕写，描图，描绘，画曲线，自动记录
automatic ~　自动描绘轨迹
curve ~　曲线跟踪，曲线描绘
electric heat ~　电热示踪
flow ~　流量示踪
interpretive ~　译码解释跟踪法
pulse ~　脉波描记法
ray ~　电子轨迹描绘，射线跟踪，声线描迹，光线追踪
skin ~　雷达〔无源，目标反射信号〕跟踪

track　①径迹，轨〔痕，航，踪〕迹，实际轨迹，航线在地面上的投影，路径②轨道（装置），导轨，导向装置，（录音磁带的）音轨，磁〔线〕路，磁道，铁路线③记录槽，记录带导道④跨〔轨〕距，（车轮）轮距，履〔环〕带，

链轨板，轮胎胎面〔花纹层〕⑤跟踪目标⑥（印制电路板的）印制线⑦统调⑧（漏）电痕（迹）
~ back 拉远镜头（电视），后退跟踪摄影
~ in ①推进②镜头推进（电视）
~ left 左移跟踪拍摄，左移镜头（电视）
~ of race ①（轴承内外圈上的）沟②跑道
~ out ①拉出，后移②镜头后移（电视），发射机后移③（用雷达）导出
~ per inch 每英寸磁道数（道 / 英寸）
~ right 左移跟踪拍摄，右移镜头（电视）
~ up 前进跟踪拍摄
address ~ 地址（磁）道，地址磁迹
adjacent ~ 相邻磁道
alternate ~ 更换磁道
artificial ~ 仿真轨道线路
audio ~ 声迹〔道〕，音频磁迹，伴音声迹
audio data ~ 音频数据轨迹
balance ~ 平衡磁带，对称磁带
ball ~ （轴承）滚道，（钢）球沟道
bilateral-area ~ 双边面积调制声道
bilingual sound ~ 重语言声迹
blocked ~ 闭塞线路
branch ~ 支路
brush ~ 刷迹圈（电刷所接触的环带）
buzz ~ 蜂音统调
car ~ 电车轨道
card ~ 卡片道，卡片导轨
caterpillar ~ 履带
centroid ~ 电视形心跟踪（体制），电视形体跟踪，电视跟踪目标中心位置
check ~ 检验道
click ~ 信号声带
clock ~ 时标（磁）道，时钟脉冲（磁）道
clog-proof crawler ~ 自洁式履带，（履带式拖拉机的）防阻塞履带
code ~ 代码道
control ~ 控制声迹
corded ~ 弦式声道
CRAM ~ 随机（存取）卡片存储器磁道
crawler ~ 履带传动，履带式行进装置
cross ~ 交叉跟踪，十字跟踪
cue ~ 提示〔插入，尾接指令〕磁迹
data ~ 数据磁道，数据道
dead ~ 失效磁道
digit ~ 数字道
disk ~ 磁盘（通）道，盘径（录音盘纹径）
distributor ~ 配电（器）环
double ~ 双轨，双声道〔轨〕（录音磁带）
dual ~ 双声带
duplex sound ~ 双锯齿声迹，对称变积光学声迹
effects ~ 效果声〔磁〕迹
endless ~ 环道，履带运行线
feed ~ 输送道
full ~ ①全轨②全磁迹
gravity ~ 重力送料道
guard ~ （磁声道间的）保险间距
guide ~ ①轴承环，滚动体导槽，导轨，轨道②控制声迹
half ~ 半轨，半磁迹
library ~ 参考道
light ~ （影片）光声迹
low-modulation ~ 浅调制磁迹
magnetic ~ 磁道，磁迹，磁性声带
magnetic sound ~ 声音磁迹
main audio ~ 主伴音磁迹，主音频磁道
master sound ~ 原有声迹，主声迹
mo(u)lding ~ 造型线
multiple ~ 多（磁）道
multiple sound ~ 复声道，多重声迹
needle roller ~ （滚针）滚动导板
noise ~ 噪声轨迹，杂波轨迹
non-contemporary ~ 非同时径迹
offset ~ ①偏离轨道②偏离统调
outer ~ 外磁道
parity ~ 奇偶孔道
photographic(sound) ~ 光学声带
picture ~ 电影声迹
prerecorded ~ 预记录道
program(me) audio ~ 节目伴音磁迹
push-pull sound ~ 推挽式声轨〔迹〕
raceway ~ （轴承）座圈滚道
recorded ~ 录像磁道，录像磁迹
regenerative ~ 快速访问道，再生磁道
revolution ~ 快速访问道，快速循环取数区
roller ~ 滚珠滚道
rolling ~ （回转窑）滚圈，领圈
scanning ~ 扫描方向
sectional ~ 轻便轨道
shoeless ~ 无瓦履带
single ~ 单轨，单磁道，单声道（录音磁带）
skewed ~ 斜向磁迹，倾斜磁迹
sliding ~ 滑动（导）面，滑轨
sound ~ 声迹〔道〕，声槽
squeeze ~ 可压声道，疏密声迹（宽度变化的光学录音声迹或宽度与记录密度均变化

的磁 性录音声迹）
target ~ 目标轨道，目标跟踪
timing ~ 同步磁道，定时纹
torture ~ 破坏性试验道
twin ~ 双声迹
unilateral-area ~ 单边面积调制声道〔迹〕
unmod ulated ~ 未调制声带
variable density(sound) ~ 变密式声迹
variable-area ~ 面积调制声道，可变面积声槽
video ~ 图像跟踪
wild ~ 独立声带，非同步声迹
trackability 跟踪能力，追踪能力
trackable 可以〔适于〕(被）跟踪的
trackage 轨道（总称)，铁路线（全长）
trackball 轨迹球
tracker 跟〔追〕踪系统，跟〔追〕踪器，跟踪仪，跟踪装置，（制造唱片时）刻纹头的进给装置
adaptive long range infrared ~ 自适应远距红外跟踪器
azimuth ~ 方位跟踪器
elevation ~ 仰角跟踪器，高低跟踪器
image integrating ~ 图像（信号）累积跟踪器，电视形心（中心）跟踪器
star ~ 星跟踪式定位器
sun ~ 太阳跟踪传感器（使装置面向太阳）
tracker-ranger 跟踪测距器
combination IR-laser ~ 红外激光跟踪 - 测距组合
tracking ①目标跟踪，跟踪，导引②调节，调谐，统调③铺轨（道）④描绘⑤车辙⑥漏电痕迹（绝缘体表面）
aided ~ 半自动跟踪，辅助跟踪
angle ~ 角（坐标）跟踪
aotomatic ~ 自动跟踪
automatic ~ 自动跟踪，自动循环
automatic digital ~ 数字式自动跟踪
automatic follow ~ 自动跟踪寻迹
automatic scan ~ 自动扫描跟踪
automatic star ~ （电视）自动星体跟踪，自动形心跟踪（跟踪目标中心位置）
automatic target ~ 自动目标跟踪
combined ~ 复合跟踪（半自动（目标）跟踪）
critical ~ task 应急跟踪任务，（美国通用汽车公司的）防酒后驾驶装置
double-grip ~ “双攫取”系统跟踪
hand ~ 手动跟踪，人工跟踪
leading edge ~ （电视对目标）前沿跟踪
magnet for ~ 循迹磁铁
manual rate-aided ~ 人工速度辅助跟踪
off ~ （车轮）跑偏
skin ~ 雷达跟踪
trackingless 无追踪，无跟踪目标
tracklayer 链轨〔履带式〕拖拉机，履带式车辆，铺轨机，铺轨工人
trackless 无轨〔路〕的，非履带的
track-mounted 履带〔链轨〕(式）的
track-scale 车辆计重机
trackslip （链轨，履带的）滑转，打滑
trackway 轨道
track-while-scan 扫描跟踪〔跟踪搜索〕(雷达）
tract ①专论，论〔短〕文，小册子②管，道，系统③地域，地带，区域④长时间
tractability 易处理〔加工，控制〕
tractable 易处理〔加工，控制〕的
tractate （专题）论文，短文，小册子
traction 牵〔曳〕引，牵〔曳〕引力，推力，拉应力，附着（摩擦）力，吸引力
~ control system 牵引力控制系统，驱动防滑控制系统
crawling ~ 履带牵引
electric ~ 电力牵引
electronic ~ system 电子拖曳（牵引）系统
inertia storage ~ 惯性蓄能牵引
normal ~ 正牵引
railroad ~ 机车动力（装置）
tractometer 工况仪，测功计，工作测定表
tractor 拖拉机，牵引车〔机〕，牵引式飞机
all-purpose ~ 通用拖拉机，万能拖拉机
amphibian ~ 水陆两用拖拉机
boat-type ~ 船形拖拉机
cargo ~ 运输牵引车
chain-track ~ 履带式拖拉机，履带式牵引车
crawler ~ 履带式拖拉机，履带式牵引车
creeper ~ 履带式拖拉机，履带式牵引车
do-all ~ 万能牵引车，耕作用拖拉机
farm ~ 农用拖拉机
garden ~ 手扶〔园艺用〕拖拉机
half ~ 半履带式拖拉机，半履带式牵引车（美）
implement carrier ~ 自动底盘，自走式底盘
industrial ~ 工矿牵引车
light rail motor ~ 轻型机车
open-frame ~ 自动〔自走式〕底盘
power-frame ~ 自动底盘
pusher ~ 推式拖拉机，后推机
pushloading ~ 推式拖拉机

roller ~ 轮式拖拉机，拖拉机式压路机
snow ~ 雪地牵引车
tool-frame ~ 自动底盘
ttrack-type ~ 履带式拖拉机
trailer-hauling ~ （挂车的）牵引车
truck ~ 牵引拖拉机，牵引车
versatile ~ 万能拖拉机
walking ~ 手扶拖拉机
wheel(ed) ~ 轮式拖拉机，轮式牵引车

tractor-borne 拖拉机悬挂（式）的

tractorcade 同时耕作的多排拖拉机

tractor-dragged =tractor-drawn

tractor-drawn 机械牵引的，拖拉机牵引的

tractor-hauled =tractor-drawn

tractor-hitched =tractor-drawn

tractorization 拖拉机化

tractor-propelled 拖拉机〔动力输出轴〕驱动的

tractor-semitrailer 牵制式半拖车

tractor-truck 牵引车，拖车头

tractrix 曳物线，等切面曲线
prolate ~ 长曳物线

trade 贸易，商业，行业，手工业，手工艺
barter ~ 易货贸易，实物交易
domestic ~ 国内贸易
entrepot ~ 转口贸易，中转贸易
export ~ 出口贸易
external ~ 对外贸易
foreign ~ 国际贸易
horizontal ~ 同行交易，横向贸易
retail ~ 零售业
service ~ 服务性行业
transit ~ 过境贸易，转口贸易
vertical ~ 产业间贸易，垂直贸易
wholesale ~ 批发业

trade-in ①折价（物）②折价的

trademark 商标，标志，品种
registered ~ 注册商标

trade(-)off ①折中（方法，方案），权衡，综合，折中选择②换位③调整，协调
hardware-software ~ 硬件软件折中（考虑）
reliability ~ 可靠性综合标准
system ~ 系统权衡

trade-offs 权衡

trader 交易器，商人

traffic ①交通，贸易②运输③通信（量，联络），电信，话〔报，业〕务④（传输）信息量⑤运输量
~ control center 交通管制中心，行车调度中心
artificial ~ 模拟通信量，参考业务量，模拟报务
automatic ~ control 交通自动控制（管理）
bit ~ 位传送，二进制信息通道
carrier system ~ 载波制通信
communications ~ 通信量，无线电通信传送
incoming ~ 输入通信量，入局通信量
local ~ 市内通话
mixed~ 水陆联运
net ~ 净运输量
network ~ 网络信息流通量
one-way ~ 单向联络，单向通信业务
outgoing ~ 发端话务，发端通信业务
overflow ~ 溢流话务
pure chance ~ 纯随机业务量
radio ~ 无线电通信（业务）
real-time ~ 实时通信
reflected ~ 反射话务
right-hand ~ （道路）右侧通行，靠右行车
safety ~ 安全运行
single-address ~ 单地址通信

trafficability ①（车辆）通过性，行驶性，机动性②（道路）通过能力，可通行性

trafficator （汽车的）方向〔转向〕指示器

traffic-free 无通信的，没有汽车来往的

trafficless =traffic-free

Tragantine 可溶性淀粉（做造型黏结剂）

trail ①痕〔轨，踪〕迹②尾（部），后缘③连〔拖，摇，牵引〕杆④一串，一系列⑤拖曳，拖着走，拉，曳⑥追踪
audit ~ （数据）检查跟踪
pneumatic ~ 轮胎拖距
vortex ~ 涡（旋）尾迹

T-rail T形钢轨

trailer ①拖车，挂车，拖曳物②尾部，报〔文〕尾，影片的末尾，电影预告片
agricultural ~ 农用挂车
antenna ~ 拖曳天线
bus ~ 公共汽车的拖车
cable ~ 电缆盘拖车
cathode ~ （搬运）阴极拖车
crawler ~ 履带拖车，履带拖拉机用的拖车
drum ~ 电缆卷筒拖车
dump ~ 自卸挂车
flat-bed ~ 平板车
full ~ 拖车，挂车，重型拖车
identification ~ 识别带尾，识别片尾
loud ~ 大功率指向性扬声器

platform ~ 平台式挂车，平板拖车
run-out ~ 带尾，片尾
self-emptying ~ 自动卸货拖车
tank ~ 油〔水〕槽拖车
tilt deck ~ 可倾斜拖车，倾倒台拖车
truck ~ 载重拖车
trailer-erector 安装〔竖直〕拖车
trailer-mounted 装在拖车上的
trailer-rig 拖车式钻机
trailing ①（电视图像中的）拖〔曳，余〕尾②牵引（式）的，拖尾的，曳尾的，尾随的，被拖动的，从动的
trailing-edge ①（脉冲）后沿，（脉冲）下降边②（叶片的）出气边，（机翼等的）后缘
~ of blades 叶片（的）尾端
trail-type 拖车〔牵引〕式的
train ①火车，列车②系列，序列，序，串，列，排，条③（齿，传动）轮系，轧钢机列，轧钢机组 ④连续（性），(连续)线路，导火线（药）⑤后拖物，长尾⑥挂有拖车的牵引车⑦训练，培养，教育⑧瞄准，指向⑨拖，拉，排成序列，导流
~ of gearings 齿轮系
~ of impulses 脉冲串，脉冲系列
~ of mechanism 机构系统
~ of oscillations 振荡串，振荡列
~ of wave 波列
~ of wheels 齿轮系，轮系
active valve ~ （发动机）主动式配气机构，主动式气门驱动机构
automatic ~ control 列车自动操纵〔控制〕
basic ~ 转化轮系
blooming ~ 初轧机机组
calender ~ 研光机
cam ~ 凸轮装置
change gear ~ 交换齿轮系，变速轮系
clause ~ 子句列
combustion ~ 燃烧装置〔导火线〕
container unit ~ 集装箱专用列车
convertible power ~ 可变式传动系
counter ~ 计量序列
dial ~ 走针轮系
differential gear ~ 差动轮系
epicyclic ~ 行星齿轮系，周转轮系
exchange ~ 小运转列车
express ~ （特别）快车
fixed shaft gear ~ 定轴轮系
gas purification ~ 气体纯化组列
gear ~ （齿）轮系，传动机构，齿轮传动链
generating ~ 展成〔滚切〕传动链
goods ~ 货运列车
high ~ 轮片与轴齿数都较多的轮系
high-speed ~ 高速列车
impulse ~ 脉冲群〔链，序列〕
intermediate rolling ~ 粗轧机组，中间轧机组
jewelled ~ 细马表轮系
lever ~ 锚式轮系
magnetic suspension ~ 磁悬浮列车
mill ~ 轧机机组，轧道
mo(u)ld ~ 模组
multiple-stage planetary gear ~ 多级行星齿轮系
planetary gear ~ 行星（齿）轮系
powder ~ 火药导火线
pressure leaching ~ 高压浸出系统
pulse ~ 脉冲群〔链，系列，串〕
random pulse ~ 随机脉冲串，杂乱脉冲串
reverted gear ~ 回归轮系（输入轴输出轴成直线的齿轮系）
running ratchet ~ 回转棘轮装置
selsyn ~ 自动同步传动装置，自整角传动装置
strong void clause ~ 强无值子句列
superconducting floating ~ 超导悬浮列车
through ~ 直达车
tone ~ 可听频波列
tonic ~ 音〔声〕列（正弦调制）
wagon ~ 运货列车
wave ~ 波列，进行波
wheel ~ 轮系
trainability 自训练能力，自学习能力
trainer ①教练机，教练设备，训练器材，电子培训设备，数字逻辑演算装置②教练员
ejection seat ~ 弹射练习器
ultrasonic ~ 雷达训练机（超声模拟器）
training ①锻炼②训练，教练，练习
academic ~ 课堂训练
adversarial ~ 对抗训练
heating ~ 热锻
job ~ 职业培训
updating ~ 更新培训
upgraded ~ 晋级培训
train-kilometre 列车公里数
train-set 列车
long rail car ~ 长钢轨列车
trainset 动车组
trainshed 列车棚

trait 特性〔征，点〕，品质
trajectile 被抛射物
trajectory 弹道，（射体）轨道，流轨，轨迹，轨线，抛射线，路线
electron ~ 电子（运行）轨道
formant ~ 共振峰轨道
homing ~ ①归航航迹②自动寻的弹道
isogonal ~ 等（磁偏）角轨线，等角曲线，角曲线（系）
peak ~ 最高弹道顶，弹道最高点
stress ~ 应力图，应力轨迹
wild ~ 任意轨道
trajectroy-controlled 弹〔轨〕道控制的
tram ①（有轨）电车（道），矿车，煤〔吊〕车②轨道③（椭圆）量规，椭圆规，调整机器部件用规④正确位置，正确的调整⑤指计
railless ~ 无轨电车
trambus 有轨电车
tramcar （有轨）电车，煤〔矿〕车
tramegger 高阻〔兆欧，摇，迈格〕表
tramline ①条痕，纵痕②耳线③（有轨）电车路线
trammel ①指针，竿②（pl.）（梁式）卡尺，游标千分尺，（椭圆）量规，长臂圆规，横小规，梁规③障碍，困难
beam ~ 长臂杆圆规
trammer ①推车工，运输工②调车工③机车
tramming ①人力运输②乘电车
tramp ①（汽车在凹凸路面上的）颠簸②错配物（如筛上产品中的细粒，筛下产品中的超粒，精煤中的高密度物，废渣中的低密度物等）③（地球物理勘探）假异常④不定期〔航线不定的〕货船⑤不定期运输
tramper ①不定期货船②夯实器
tramrail 架空轨道，电车轨道
tramroad 索道，轨道，电车道
tramway ①电车（轨道），有轨电车（路线）②架空（吊车）索道，缆道，矿车轨道
aerial ~ 架空索道，高架电车道
electric ~ 有轨电车
tranceiver 对讲机
trencher 开渠机，挖渠机，渠道开挖机
ladder ~ 多斗挖沟机
pipe-laying ~ 开沟铺管机
power ~ 自动挖沟机，自走式挖沟机
wheel ~ 轮式挖沟机
tranquil （平，安）静的，平稳的，稳定的
tranquil(l)ization 安〔平〕静，镇定〔静〕
tranquil(l)izer 镇静剂，增稳装置
transactinide 超锕（的）
transaction ①处理，办理②交易③（pl.）学〔会〕报，会刊
account ~ 账目事务
concurrent ~ 并行细目数据
deferred ~ 延期交易
foreign ~ 外部交易
hedge ~ 套头交易
interchange ~ 转接交易
spot ~ 现货交易
trans-addition 反式加成（作用）
transadmittance （跨，互）导纳
interelectrode ~ 极间互导（纳），极间跨导
transaudient 传声的
transaxle （与变速器连成一体的）驱动桥，变速驱动桥
automatic ~ （汽车）自动变速驱动桥
automatic overdrive electronic ~ 超速（档）电子控制自动变速驱动桥
brake ~ shift interlock 自动变速驱动桥换挡联锁装置
continuously variable ~ （汽车）无级变速驱动桥
electronic automatic ~ （汽车）电控自动变速驱动桥
electronically controlled automatic ~ （汽车）电子控制自动变速驱动桥
four-speed electronic ~ （汽车）四速电控变速驱动桥
manual ~ （汽车）手动变速驱动桥
sequential manual ~ （汽车）连续手动变速驱动桥
transbeam 横梁
transbooster 带补偿整流器的饱和电抗器，可调扼流圈（稳定电压用）
transceiver 无线电收发（两用）机，收发报机，步话机
base ~ station 收发基站
bus ~ 总线收发器
card ~ 卡片读出穿孔器
data ~ 数据收发（两用）机
facsimile ~ 传真收发两用机
fiber optic Ethernet ~ 以太网光纤收发信机
HF ~ 高频收发信机
high frequency ~ 高频收发信机
magnetostrictive ~ 磁致伸缩式收发机
microwave ~ 微波收发信机

optical ~ 光学收发两用机
sound ~ 音响收发装置
transceiving 收发，无线电通信
transcend 超越，超过，胜过，凌驾
transcendence 超越（性），卓越
transcendency =transcendence
transcendental 超越（函数）的
transcode （自动）译码（系统）
transcoder 代码转换机，译码器
transcoding 译（变）码
chrominance ~ 色度代码转换，色度变码
transconductance 跨（电）导，互导，互电导
conversion ~ 变频跨导，变频互导
grid-plate ~ 栅 - 板跨导
neutron ~ 中子跨导
trans-configuration 反式构型
transcontainer 大型集装箱
transcribe ①转录，录制，记录②抄〔誊，转〕写③预（先）录（制），录音播送④转换改编〔作〕
transcriber 抄录器，读数器，信息转换器，再现装置，复制机
card ~ 卡片转录〔读数，抄录〕器
transcript ①抄〔副〕本，笔记，誊抄件②正式文本
transcription ①抄录，记录，誊写，录制，录音（广播），灌片②抄〔副〕本，用某种符号写成的东西③改编，音译，（速记，记录等的）翻译④（广播用）唱片，磁带⑤注音，标音
data ~ 数据记录〔副本，转录〕
electrical ~ ①电（气）录制，电录音②（广播用）唱片，唱片广播节目
image ~ 影象录制，录像
transcrystalline 横〔穿〕晶的，跨（晶）粒（的）
transcrystallization 横（穿）结晶（作用）
transcurium 超锔（元素）的
transcurrent 横向电流（的），横向流动（的），横过〔贯〕的
trans-donor 反施主
transduce 转换，换能，变频，传感，变送
transducer ①变换器，转换器，转换机构，换能器，换流器，变流〔频〕器②传感器，变〔传〕送器，发送器，发射器③传送〔四端〕系统，四端网络④（超声波的）振子⑤转换程序，转录程序
ablative thickness ~ 烧蚀厚度传感器
acceleration ~ 加速度传感器
acoustic ~ 声换能器，声传感器
acoustic emission ~ 声发射换能器
acoustic quantity ~ 声学量传感器
active ~ 主动变换器，有源换能器，有源传感器
all-pass ~ 全通〔理想〕换能器
angle ~ 角度传感器
angular acceleration ~ 角加速度传感器
angular velocity ~ 角速度传感器
attitude ~ 姿态传感器
back pressure ~ 背压传感器
beta ray ~ β 射线传感器
bidimensional ~ 双向传感器，双向变换器
bidirectional ~ 双向传感器，双向变换器，双向换能器
bimetallic temperature ~ 双金属片温度传感器
biochemical oxygen demand microbial ~ 微生物生化耗氧量传感器
biochemical quantity ~ 生化量传感器
biological quantity ~ 生物量传感器
blood calcium ion ~ 血钙传感器
blood carbon-dioxide ~ 血液二氧化碳传感器
blood chlorine ion ~ 血氯传感器
blood electrolyte ~ 血液电解质传感器
blood flow ~ 血流传感器
blood oxygen ~ 血氧传感器
blood potassium ion ~ 血钾传感器
blood-group immune ~ 免疫血型传感器
blood-pressure ~ 血压传感器
body temperature ~ 体温传感器
brilliance ~ 亮度传感器
capacitance ~ 电容传感器，电容式换能器
capacitive displacement ~ 电容式位移传感器
capacitive force ~ 电容式力传感器
capacitive ~ 电容式传感器
catalytic gas ~ 催化式气体传感器
chemical quantity ~ 化学量传感器
chromaticity ~ 色度传感器
circular polarization ~ 圆极化变换器
coaxial-to-waveguide ~ 同轴线 - 波导转换器，同轴线 - 波导管匹配变换器
conductive gas ~ 电导式气体传感器
conductive humidity ~ 电导式湿度传感器
conversion ~ 变换器，换能器
corona discharge mass flow ~ 电晕放电式质量流量传感器
density ~ 密度传感器
dew-point ~ 露点传感器
differential pressure flow ~ 差压（式）流量传感器

differential pressure level ~ 差压（式）物位传感器
differential pressure ~ 差压传感器
differential transformer displacement ~ 差动变压器式位移传感器
differential ~ 差动式传感器
diffused silicon semiconductor force ~ 扩散硅式力传感器
digital ~ 数字传感器
digital displacement ~ 数字式位移传感器
dimension ~ 尺度〔尺寸〕传感器
displacement ~ 位移传感器
drawing-compression-force ~ 拉压力传感器
dynamic ~ 动力换能器
dynamic pressure ~ 动态压力传感器
eddy-current displacement ~ 涡流式位移传感器
electric ~ 换流器，换能器，传感器，送变器
electric current ~ 电流传感器
electric field strength ~ 电场强度传感器
electric quantity ~ 电量传感器
electroacoustic(al) ~ 电声换能器
electro-cardiograph ~ 心电图（ECC）传感器
electrochemical ~ 电化学式传感器
electrodynamic ~ 电动转换器
electroencephalographic ~ 脑电图传感器
electro-hydraulic ~ 电 - 液换能器
electrokinetic ~ 电动换能器，电动传感器
electrolysis humidity ~ 电解式湿度传感器
electrolytic ~ 电解传感器
electromagnetic ~ 电磁传感器〔转换器〕
electromagnetic flow ~ 电磁流量传感器
electromechanic(al) ~ 机电换能器〔转换器，传感器〕
electromyographic ~ 肌电图传感器
electronic ~ 电子传感器
electronic temperature ~ 电子式温度传感器
electrooculogram ~ 眼电图传感器
electroretinographic ~ 视网膜电图传感器
electrostrictive ~ 电致伸缩换能器
evenness ~ 均匀度传感器
exhaust gas recirculation pressure ~ （发动机）废气再循环压力传感器
exhaust pressure ~ （发动机）排气压力传感器
fast displacement ~ 快速直线位移测量器
fast-response ~ 小惯性传感器
feedback ~ 反馈传感器，反馈转换器
FET gas ~ 场效应管（式）气体传感器
FET humidity ~ 场效应管式湿度传感器
float level ~ 浮子式物位传感器
float-reed switch level ~ 浮子 - 干簧管液位传感器
float-type fuel level ~ 浮子式燃油面传感器
flow ~ 流量传感器
force ~ 力传感器
force balance ~ 力平衡式传感器
force-balance acceleration ~ 力平衡式加速度传感器，伺服加速度计
free flooded ~ 自由沉浸式换能器
fuel consumption ~ 油耗传感器
fuel tank pressure ~ （发动机）燃油箱压力传感器
gamma ray ~ γ 射线传感器
gas ~ 气体传感器
gauge pressure ~ 表压传感器
generating ~ 发电传感器
glutamate microbial ~ 微生物谷氨酸传感器
grating displacement ~ 光栅式位移传感器
Hall ~ 霍尔传感器
Hall effect displacement ~ 霍尔位移传感器
Hall effect tachometric ~ 霍尔转速传感器
Hall type pressure ~ 霍尔压力传感器
hardness ~ 硬度传感器
heart sound ~ 心音传感器
heat flux ~ 热流传感器
helix-to-coaxial-line ~ 螺旋同轴线匹配交换器
hot-wire ~ 热丝传感器
hot-wire flow ~ 热丝流量传感器
hot-wire respiratory flow ~ 热丝呼吸流量传感器
humidity ~ 湿度传感器
ideal ~ 理想换能器
illuminance ~ 照度传感器
image ~ 图像传感器
impedance blood volume ~ 阻抗式血容量传感器
impedance respiratory frequency ~ 阻抗式呼吸频率传感器
incremental ~ 压差式传感器
inductance type displacement ~ 电感式位移传感器
inductive ~ 电感式传感器
inductive displacement ~ 电感式位移传感器
inductive force ~ 电感式力传感器
inductive humidity ~ 电感式湿度传感器
inductosyn displacement ~ 感应同步器式位

移传感器
inertial ~ 惯性传感器
infrared light ~ 红外光传感器
integrated ~ 集成传感器
integrated pressure ~ 集成式压力传感器
intracranial pressure ~ 颅内压传感器
ion ~ 离子传感器
ionizing ~ 电离式传感器
ion-selective electrode gas ~ 离子选择电极式气体传感器
ion-selective electrode ion ~ 离子选择电极式离子传感器
laminated ~ 叠片式换能器
Langevin ~ 朗之万〔盖板，夹心〕换能器
level ~ 物位传感器
light-electric ~ 光电换能器
linear ~ 线性换能器，线性传感器，长度传感器
linear acceleration ~ 线加速度传感器
linear velocity ~ 线速度传感器
liquid density ~ 液体密度传感器
luminance ~ 亮度传感器
Mach number ~ 马赫数传感器
magnetic ~ 磁传感器
magnetic field fiber ~ 光纤磁场传感器
magnetic field strength ~ 磁场强度传感器
magnetic flux ~ 磁通传感器
magnetic grating displacement ~ 磁栅式位移传感器
magnetic oxygen ~ 磁式氧传感器
magnetic quantity ~ 磁学量传感器，磁场强度传感器
magnetoelastic force ~ 磁弹性式力传感器
magnetoelastic torque ~ 磁弹性式转矩传感器
magneto-electric ~ 磁电传感器
magnetoelectric tachometric ~ 磁电式转速传感器
magnetoelectric velocity ~ 磁电式速度传感器
magnetoelectric-phase-difference torque ~ 磁电相位差式转矩传感器
magnetostriction ~ 磁致伸缩换能器
magnetostrictive ~ 磁致伸缩换能器
mechanical quantity ~ 力学量传感器
mechanical structure type ~ 结构型传感器
metal-oxide gas ~ 金属氧化物气体传感器
mode ~ （振荡）模变换器
moisture ~ 水分传感器
motion ~ 位移传感器
multifunction ~ 多功能传感器
NMR ~ 核磁共振传感器
nuclear radiation ~ 核辐射传感器
optic fiber tachometric ~ 光纤式转速传感器
optical fiber ~ 光导纤维传感器
optical quantity ~ 光学量传感器
optical-electrical ~ 光电转换器
optoacoustic ~ 光声转换器
organic semiconductor gas ~ 有机半导体气体传感器
orthomode ~ 直接式收发转换器
passive ~ 无源传感〔变换，换能〕器
pH ~ pH 传感器
phase difference torque ~ 相位差式转矩传感器
photoconductive ~ 光导式传感器
photoelectric ~ 光电式传感器
photoelectric revolution speed ~ 光电式转速传感器
photoelectric tachometric ~ 光电式转速传感器
photo-electronic ~ 光电子传感器
photovoltaic ~ 光伏式传感器
physical property type ~ 物性型传感器
physical quantity ~ 物理量传感器
physiological quantity ~ 生理量传感器
piezoelectric ~ 压电传感〔换能〕器
piezoelectric acceleration ~ 压电式加速度传感器
piezoelectric ceramic ~ 压电陶瓷换能器（电振荡转换成机械振动）
piezoelectric force ~ 压电式力传感器
piezoelectric ring ~ 环形压电传感器
piezo-junction ~ 压电结型换能器
piezoresistive ~ 压阻式传感器
piezo-resistive pressure ~ 压阻式压力传感器
pilot stick force ~ 驾驶杆力传感器
position ~ 位置检测器，位置转换器
position-feedback pressure ~ 位置反馈式压力传感器
potentiometer ~ 电位器式传感器
potentiometer displacement ~ 电位器式位移传感器
potentiometer pressure ~ 电位器式压力传感器
potentiometric ~ 电位器式传感器
potentiometric displacement ~ 电位器式位移传感器
pressure ~ 压力传感器，（机器人外部）压觉传感器
pressure-gradient ~ 压差换能器

primary ~ 一次变换器
pulse ~ 脉冲转换器，脉冲变换器
push-down ~ 下推转换器，下推转录程序
pyroelectric optical ~ 热释电式光传感器
pyroelectric temperature ~ 热释电式温度传感器
quartz ~ 石英传感器
quartz crystal unit humidity ~ 晶体振子式湿度传感器
quartz pressure ~ 石英压力传感器
quick-response ~ 小惯性传感器
radiation ~ 射线传感器
radiation dose ~ 射线剂量传感器
radiation temperature ~ 辐射式温度传感器
receiving ~ of ultrasonics （探伤器的）超声波的受波器
reciprocal ~ 倒易换能器，互易换能器
recombination-type ~ 复合型传感器
reflective optic tachometric ~ 反光式转速传感器
refractive humidity ~ 折射式湿度传感器
reluctance ~ 磁阻式传感器
reluctive ~ 磁阻式传感器
reluctive pressure ~ 磁阻式压力传感器
resistance strain ga(u)ge force ~ 电阻应变式力传感器
resistive ~ 电阻式传感器
resonant-bar ~ 棒状共振换能器
resonator ~ 谐振式传感器
resonator pressure ~ 谐振式压力传感器
respiratory flow ~ 呼吸流量传感器
reversible ~ 可逆换能器
revolution ~ 转速传感器
revolution speed ~ 转速传感器
rotor flow ~ 转子流量传感器
sandwich ~ 夹心换能器
sequential ~ 顺序转换器，时序变换器，时序电路
servo ~ 伺服式传感器
shaded ~ 束控换能器
shock ~ 冲击传感器
single-crystal silicon pressure ~ 单晶硅压力传感器
single-junction temperature ~ 单结温度传感器
solid scanning ~ 固体扫描传感器
solid-state ~ 固态传感器
solid-state electrolyte gas ~ 固体电解质气体传感器
solid-state electrolyte humidity ~ 固体电解质湿度传感器
solid-state electrolyte ion ~ 固体电解质离子传感器
sound pressure ~ 声压传感器
speed-to-pressure ~ 转速-压力转换器，输出压力的转速传感器
static pressure ~ 静压力传感器
strain gauge ~ 应变式传感器
strain-gauge acceleration ~ 应变式加速度传感器
strain-gauge torque ~ 应变式转矩传感器
strain-gauge-type ~ 应变计式传感器
strong magnetic film tachometric ~ 强磁性薄膜式转速传感器
surface acoustic wave ~ 声表面波传感器
surface conductive humidity ~ 表面电导式湿度传感器
surface humidity ~ 表面电导式湿度传感器
surface roughness ~ 表面粗糙度传感器
thermal conductivity gas ~ 热导式气体传感器
thermal conductivity humidity ~ 热导式湿度传感器
thermodynamic quantity ~ 热学量传感器
thermoelectric ~ 热电式传感器
thermo-magnetic oxygen analyzer ~ 热磁式氧分析传感器
thickness ~ 厚度传感器
torque ~ 力矩传感器
transformer pressure ~ 变压器式压力传感器
transmissive optic tachometric ~ 透光式转速传感器
transmitting ~ 传送变换器，发射换能器
turbidity ~ 浊度传感器
turbine flow ~ 涡轮式流量传感器
two-port ~ 四端网络传感器，二极对换能器
ultrasonic ~ 超声换能器（将超声频电振荡转换成超声频机械振动）
ultrasonic Doppler blood pressure ~ 超声波多普勒血压传感器
ultraviolet light ~ 紫外线传感器
underwater acoustic ~ 水下声传感器
unidirectional ~ 单向换能器，单向转换器
unilateral ~ 单向转换〔换能，传感〕器
vacuum ~ 真空传感器
variable vacuum ~ 可变真空度传感器
velocity ~ 速度传感器
vibrating cylinder pressure ~ 振动筒式压力

传感器
vibrating diaphragm pressure ~ 振动膜式压力传感器
vibrating element pressure ~ 振动式压力传感器
vibrating string ~ 振动丝式传感器
vibrating-wire ~ 振弦传感器
vibrating-wire tension ~ 振弦式张力传感器
vibrating-wire force ~ 振弦式力传感器
vibrating-wire torque ~ 振弦式转矩传感器
vibration ~ 振动传感器
vibration-amplitude ~ 振幅传感器
viscosity ~ 黏度传感器
visible light ~ 可见光传感器
voltage ~ 电压传感器
volume conductive humidity ~ 体电导式湿度传感器
vortex flow ~ 涡流流量传感器
wedge ~ 楔形换能器
weighing ~ 重量〔称重〕传感器
wheel speed ~ 机轮速度传感器
X-ray ~ X 射线传感器

transductor 磁放大器，饱和电抗器
series ~ 串联磁放大器

transection 横切，横断面

transelectron 飞越电子

trans-energy 高速锻造机

transet 动圈式电子控制仪

transfer ①转移〔换，录，印，接，运〕，变换，迁移，位移②传递〔导，热，动，送〕③进位④改变，转变⑤翻译，(数据的)记录与读出⑥转运设备，转向〔输送〕装置⑦连续自动(化)
adhesive ~ 黏附转印
automatic ~ 自动传送
automatic data ~ 自动数据传送
bank telegraphic ~ 银行电汇
bit-block ~ 位块传输
block ~ 字组传送，整块转移，信息组传送
bulk data ~ 成批数据传送
bumpless ~ 无扰动转换
call ~ 转移呼叫，外线转换
colo(u)r ~ 彩色(电视)传送
common-memory information ~ 公用存储信息传送
conditional ~ 条件转移
control ~ 控制转移
convective heat ~ 对流换热
corona ~ 电晕转印
data ~ 数据传输〔转移，传送〕
data break ~ 中断式数据传送
diffusion ~ 扩散转印
DMA data ~ 存储器直接存取数据传送器
electron ~ 电子迁移，电子转移
electronic funds ~ 电子(资金)转账，电子汇兑，电子汇款，电子支付
fast Fourier ~ 快速傅里叶变换(器)
file ~ 文件传送
free-convection heat ~ 自由对流换热
globular ~ 熔滴过渡，粗滴过渡
heat ~ 传热，导热，热传导，热传递，换热，换热器
inline ~ 直进式传送
input ~ 输入传送
interline ~ 间歇传送
ion ~ 离子迁移
jump ~ 转移，跃迁
know-how ~ 技术转让
layer to layer signal ~ 层间信号传递，复印效应
lift and carry ~ 提升移送装置
linear ~ 直线式传送
mail ~ 信汇
mass ~ 质量交换，物质传递
memory ~ (存储内容)转储
metal ~ (电弧中)金属过渡，熔滴过渡
output ~ 输出传送
particle ~ 熔滴过渡
pick-up material ~ 材料转移
power ~ 电力输送，功率传输，动力分配装置
program(me) interrupt ~ 程序中断转移
radial ~ (计算机的)内外传送，径向传送
radiation heat ~ 辐射换热
radical ~ 自由基转移
resonant ~ 共振转移〔跃迁〕
roller ~ 辊转印
roller ball ~ 球形滚动体输送装置
rotary ~ 多工位转台自动线，回转式自动线，回转输送
satellite time ~ 人造卫星传递时间
serial ~ 串行传送，串行转移
sound ~ 声迹复版
source ~ 电源切换
tact ~ 同步传送
telegraphic ~ 电汇
two-way ~ 岔道
uniform data ~ 统一设计传送

transferability 可转移〔印〕, 可传递, 可变换
transferable 可转换〔印〕的, 可传递的, 可变换的
transference ①传递, 传送, 输送②转移, 迁移, 移动
transfer-matic 自动线, 自动传输(线)
transferometer 传递函数计
transferpump 输送泵
transfilter 变压器滤波器
transfinite 无限的, 超穷〔限〕的
transfluxer =transfluxor
transfluxor 多孔磁心存储〔转换〕器, 多孔磁心
transfocator 可变焦距镜头
transform ①变换〔化, 形, 质, 性, 态, 压〕, 转化, 蜕变, 换〔折〕算, 重排②变换式, 反式
convolution ~ 褶合式变换, 卷积变换
fast discrete cosine ~ 快速离散余弦变换
fast Fourier ~ 快速傅里叶变换
Hilbert-Huang ~ 希尔伯特 - 黄变换
inverse Fourier ~ 傅里叶逆变换
object-image ~ 物像变换
optically-derived ~ 光导变换式, 光推演变换(式)
partial ~ 偏〔部分〕变换式
transformat 传送格式
transformation ①变换〔化, 形, 态, 质, 性, 压〕, 转换〔化, 变〕, 换算, 换变, 蜕变, 衰变②改正③重排作用
~ of electricity 变电
~ of speed 变速装置
abrupt ~ 突跃变换
alias-type ~ 图像固定坐标移动的变换
alibi-type ~ 坐标固定图像移动的变换
allotropic ~ 同质异形变化, 同素异态转换
athermal ~ 无扩散型相变
beta ~ β 蜕〔衰〕变, β 跃迁
bilateral Laplace ~ 双边拉普拉斯变换
canonical ~ 典型变换, 正则变换
chemical ~ 化学变化
civilian ~ 非队列转变(相对于队列转变而言)
conformal ~ 保形变换, 保角变换
congruent ~ ①全等变换, 相合变换②等成分变化
conjugate ~ 共轭变换
continuous cooling ~ 连续冷却转变
coordinate ~ 坐标变换
covering ~ 覆盖变换, 复叠变换
cubo-cubic ~ 六次变换
delta-star ~ 三角 - 星形接线变换
delta-Y ~ 三角 - 星形变换
design process ~ 设计工艺转换
diffusion ~ 扩散型相变, 扩散转变
elementary ~ 初等变换
extended point ~ 开拓的点变换
gamma ~ γ 变换, 级进传输装置电信号变换
ga(u)ge ~ 度规变换
hodograph ~ 速度矢端变化轨迹, 速度图变换, 速矢(端线)变换
integral ~ 积分变换
internal ~ 内点变换
inverse ~ 反变换, 逆变换
isogonal ~ 等角变换, 保角变换
isothermal ~ 等温转变
key ~ 键变换, 关键码变换
linear ~ 线性变换, 长度换算
magnetic ~ 磁性转变
massive ~ 块状转变
measure preserving ~ 保测变换
Mf ~ 奥氏体 - 马氏体转变完成〔终止〕温度
military ~ 队列转变, "战斗"式转变(即非扩散性转变)
mode ~ 模(式)变换, 波形变换
molecular ~ 分子变化, 化学变化
Ms ~ 奥氏体 - 马氏体转变开始温度(淬火时)
nucleation-and-growth ~ 成核成长转变(过程)
null ~ 零变换
orthogonal ~ 正交变换
parabolic ~ 抛物型变换, 抛物线变换
phase ~ 相变
pressure ~ 声压转换, 压强变换
probability-preserving ~ 同概率转换
profile ~ 轮廓变换
reciprocal ~ 相互转化, 反向变换
rectified linear ~ 整流线性变换
resonant ~ 谐振变换, 共振变换
shear ~ 切变
singular ~ 奇(异)变换
stack ~ 栈变换
successive ~ 递次变换
symmetry ~ 对称变换
variance-ratio ~ 方差比变换
transformator 变换器, 变压器
transformer 变压〔变量, 变换, 互感〕器, 摩擦起电机

acid ~ 油已氧化的变压器，绝缘油酸化变压器
adjustable-ratio ~ 可调变比式变压器
air ~ 空（气）心变压器
air-immersed ~ 空气绝缘变压器，干式变压器
amplifier ~ 放大器变压器，低频变压器
amplitude ~ 变幅杆，聚能器
audio ~ 音频变压器
audio frequency ~ 音频变压器
auto ~ 自耦变压器
auto-compound current ~ 自补偿式混合绕组电流互感器
autoconnected ~ 自耦变压器
auto-leak ~ 耦合自耦变压器
balanced-unbalanced ~ 平衡 - 不平衡变换〔变压，转换〕器
balancer ~ 均压变压器（在交流三线系统中均压用的自耦变压器），差接变压器
banked distribution ~ 配电变压器组
bar-type ~ 棒形铁心变压器
bar type current ~ 单匝〔棒式〕电流互感器
beam-measuring ~ 束流监测变量器，束流监测线圈
Berry ~ 贝里变压器（铁心近于圆柱形的壳式变压器），串联变压器
bifilar ~ 双（线）绕制变压器
booster ~ 吸流变压器，升压变压器，增压变压器
bridge ~ 桥式差接变压器，混合线圈，等差作用线圈，岔路线圈
buck and boost ~ 降压 / 升压变压器，加减电压变压器
bullet ~ 超高频转换装置
bushing-type current ~ 套管式电流互感器
bushing current ~ 套管式电流互感器
bus-type current ~ 母线式电流互感器
cable-type current ~ 电缆式电流互感器
capacitor ~ 电容变压器（运行在 100 kV 以上输电线的电压互感器）
capacitor voltage ~ 电容器式电压互感器
cascade ~ 级联变压器
cascade power-frequency testing ~ 串级工频试验变压器
cascade voltage ~ 级联式电压互感器，感应式电压互感器
choke(r) ~ 抗流变压器，扼流变压器
class two ~ 第二类变压器（用于遥控小功率电路，二次侧约为 24 V）
closed core ~ 闭（铁）磁路变压器，闭（口）铁心变压器
coaxial-to-waveguide ~ 同轴线 - 波导管耦合变量器
combined voltage current ~ 电压、电流组合互感器，仪表用变压变流器
commutator ~ 换向器式变流器（由低压直流电得到高压直流电）
compensator ~ 升压〔（纵横）补偿，自耦〕变压器
compound ~ 复绕式变压器
compound-wound current ~ 复绕式电流互感器
conservator ~ 带储油箱的变压器
constant voltage ~ 恒压变压器，稳压变压器
contoured ~ 封闭型变压器
control ~ 控制同步机，控制变压器
conversion ~ 转换变压器，转电线圈
convertor ~ 换流变压器
core-balance ~ 磁势平衡互感器
core-type ~ （口字形）铁心式变压器，内铁心（式）变压器
coupling ~ 耦合变压器，联络变压器
crossed-core type ~ 交叉铁心式变压器（介于内、外铁心形式之间的变压器）
current ~ 变流器，电流互感器
current matching ~ 电流匹配互感器
DC ~ ①直流变流器，直流〔电流〕互感器，直流—直流变换器②摩擦（静电）起电机
dead-front ~ 不露带电部分的变压器
deflection ~ 偏转装置变压器
degassing ~ 真空泵〔汞整流器〕电源变压器
differential ~ 差接〔差示〕变压器，差动变压器，混合线圈
direct-current ~ 直流电流互感器
discriminator ~ 鉴频变压器
distortion ~ 失真变压器，畸变变压器
doorknob ~ 钮形变压器
double-secondary ~ 双二次侧变压器
draining ~ 抗流变压器
dry-type power ~ 干式电力变压器
dual-low-voltage ~ 分裂式低压变压器
E ~ （自动控制系统中的）误差信号变换器
electronic ~ 电子电路变压器，电子电路变换器
elephant ~ 无套管式屋内高压变压器
extended rating-type current ~ 扩展的额定型电流互感器
field-drying ~ 场干燥变压器
flyback ~ 反馈〔回扫，回描，回授，冲击激励，

阴极射线管用高压〕变压器
formation ~ 电成形用变压器
frequency ~ 变频器，频率变换器
fully insulated current ~ 全绝缘电流互感器
furnace ~ 电炉变压器
gas immersed ~ （SF_6）气体绝缘变压器
heater ~ 灯丝变压器
high-frequency ~ 高频变压器
high-ratio ~ 大变比变压器
high-voltage testing ~ 高压试验变压器
house ~ 厂用〔所用，自用〕变压器
image output ~ 帧扫描〔图像信号〕输出变换器
inertair(e) ~ （油面有）惰性气体保护（层）的变压器
instrument ~ 仪表（用）变压器，仪表（用）互感器
insulating ~ 隔离变压器
interconnecting ~ （电力网）联络变压器
intermediate-frequency ~ 中频变压器
interphase ~ 相间〔自耦〕变压器，品平衡电抗器，中间抽头变压器，相位平衡器，相间变换器，吸收电抗器
interstep regulating ~ 级间调节变压器
intervalve ~ 电子管间耦合变压器
inverter ~ 反流变压器，逆变器用变压器
isolating ~ 安全变压器（将电压降至安全值），隔离变压器（变比为 1 ： 1）
joystick ~ 调压变压器
kick ~ 急冲〔突跳，脉冲〕变压器
kickback ~ 回（扫）描变压器
leakage ~ 磁漏变压器（焊接用变压器），恒压变压器
line ~ 线路变压器，行变压器
line output ~ 行（扫描）输出变压器
linear variable differential ~ 线性变量微分变压器，直线可变式差动转换器
load ~ 负荷变压器
load-ratio voltage ~ 有载调压式变压器
load-tap-changing ~ 带负载分接开关的变压器
matching ~ 匹配用变压器
measuring ~ 测量（用）变压器，仪用变压器，仪用互感器
medium frequency ~ 中频变压器
mercury arc DC ~ 汞弧直流变换机（由汞换流器与汞整流器组合而成）
meter(ing) ~ 仪表用变压器，电表用互感器
mode ~ 模变换器，波型变换器
multicircuit ~ 多绕组变压器
multi-winding ~ 多绕组变压器
neutral displacement ~ 中性点位移变压器
neutralizing ~ 中和变压器
nonenergy-limiting ~ 固有阻抗不足以限制输出的恒压变压器，能量不限的变压器
non-resonating ~ 非谐振变压器，防冲击变压器
off-circuit-tap-changing ~ 无励磁调压变压器
oil ~ 油冷变压器
oil gas seal ~ 充油封闭式变压器
oil-immersed type ~ 油浸式变压器
one-to-one ~ 一比一变压器，防雷变压器，隔离变压器
on-load tap-changing ~ 带负荷抽头变换式变压器，有载分接变压器
open-frame ~ 开启型变压器
ore ~ 矿用变压器
oscillation ~ 高频变压器，振荡变压器
ouncer ~ 小型〔袖珍〕变压器
peak ~ 峰值变压器
phase ~ 相位变换器，变相器
phase reversal ~ 倒相变压器
phase-shifting ~ 移相变压器
phasing ~ 移相〔相移〕变压器，移相变换器
pill ~ 匹配变换器〔短截线〕
potential ~ 电压互感器，测量用变压器，仪表用变压器
power ~ 电源变压〔电力变压，功率变换〕器
pressure ~ 电压互感器
pulse ~ 脉冲变压器
push-pull ~ 推挽变压器，双程变压器
quadrature ~ 正交变压器，T 形变压器
radio-frequency ~ 射频变压器，射频变量器
rectifier ~ 整流变压器
reducing ~ 降压变压器
reduction ~ 屏蔽变压器
regulating ~ 调压变压器，调节变压器
relaying current ~ 继电器用变流器〔电流互感器〕
relaying voltage ~ 继电器用电压互感器
residual voltage ~ 剩余电压互感器
resonance ~ 调谐〔揩振，共振〕变压器
ring ~ 环形变压器，环心变压器
rotary ~ 旋转变压器，旋转变量器，电动发电机
rotary variable differential ~ 旋转式可变差

动传感器
rotatable phase-adjusting ~ 可旋转相位调整变压器，可旋转移相变压器，调相器
rotating ~ 旋转变压器
safety isolating ~ 安全隔离变压器
series ~ 串联变压器，级联变压器
shell ~ 壳型变压器，外铁型变压器
(single-phase) arc welding ~ （单相）弧焊变压器
slide ~ 滑线变压器，调节变压器
sound ~ 伴音变压器
sound intermediate frequency ~ 伴音中频变压器
sound output ~ 伴音输出变压器
split-core-type current ~ 钳式电流互感器
staged ~ 分级变压器，多抽头变压器
static ~ 静止感应器，感应电压调整器，静电变压器
step ~ 升降压变压器，分级变压器
step-down ~ 降压变压器
step-up ~ 升压（变压）器
straight-through current ~ 穿心式电流互感器
stray ~ 高漏磁变压器，大漏抗变压器
subway ~ 浸没式变压器，地下变压器
summation ~ 总和变压器，总加变压器
super-conducting ~ 超导变压器
super-conducting direct-current ~ 超导直流变压器
supply ~ 电源〔供电，馈电〕变压器
surge ~ 电涌变压器
surge-proof ~ 防电涌变压器，非谐振变压器
tank ~ 油冷变压器，油箱式变压器
tap-change ~ 抽头切换的变压器
tapped ~ 抽头式变压器
Teaser ~ （二 - 三相互转换电路中的）副〔梯塞式〕变压器
Tesla ~ 特斯拉（空心）变压器，特斯拉线圈
testing ~ 试验变压器
three-circuit ~ 三绕组变压器
three-column ~ 三心柱变压器
three-wire ~ 三线制变压器
through-type ~ 穿越式变压器，单心变压器
tie-in ~ 联络变压器
toroidal ~ 环（状铁）心变压器
tow ~ 丝束成条机
traction ~ 牵引变压器，主变压器
triple-tuned ~ 三绕组调谐变压器
tube-type ~ 圆柱形变压器（具有同轴绕组）
two-circuit ~ 双绕组变压器
two-stub ~ 双心变压器，双杆变压器
two-winding ~ 双绕组变压器
unit ~ 单元厂用变压器（接至发电机，由本机组供电）
variable ~ 调压器，可变电压比变压器
vertical oscillating ~ 垂直扫描（帧扫描）振荡器用变压器
voltage ~ 变压器，电压互感器
waveguide ~ 波导变换器
welding ~ 电焊变压器
winding core type ~ 带绕式变压器
window type current ~ 穿心式电流互感器，贯通式变流器
wound primary type current ~ 绕线式电流互感器

transformer-coupled 变压器耦合的
transformer-rectifier 变压整流器
transformer-sheet 变压器硅钢片
transformeter 电流互感器 - 仪表总成
trans-frontal 贯穿正面的，贯穿锋面的
transfuse 倾〔移〕注，渗透〔入，流〕，转移
transfusion 倾注，转移，渗流
transgranular 穿〔横〕晶的，晶内的
transgress 越过（界限，范围），越界，违反（规则）
transgression 超度，海侵，逾越
transience 暂时性，暂态，瞬态，瞬变现象
transient ①瞬（变状）态，瞬变（过程，现象），瞬变〔暂态〕值，过渡（过程，状态，特性，现象，变化）②瞬时〔变，态〕的，过渡的，暂时〔态〕的，非定常的，不稳定的
back ~ 反向瞬变过程
damping ~ 衰减瞬变量
decaying ~ 衰减瞬态（过程）
double energy ~ 双能量过渡现象
initial ~ 起振过渡量，建起过程值，初始瞬值
leading ~ 前沿瞬变（量，特性），前沿瞬态（量，特性）
load ~ 负载瞬变过程
reactivity ~ 反应性瞬变
rising ~ 上升瞬态
switching ~ ①开关瞬态，（开关）操作瞬变现象②（开关）操作过电压
temperature ~ 温度动荡
time ~ 时间参数，时间瞬态
trailing ~ 后沿瞬变特性

transient-free 稳定的，无瞬变现象〔过程〕的
transillumination 透射（法），透穿照射
transilog 晶体管逻辑电路
transim 船用卫星导航装置
transimpedance 互〔跨〕阻抗，互导倒数，跨导倒数
transinformation 转移信息，传递信息
trans-isomer(ide) 反式异构体
trans-isomerism 反式异构（现象）
transistance 晶体管作用〔效应〕，跨阻抗作用
transistor ①晶体（三极）管，半导体（三极）管②晶体管〔半导体〕收音机
active-gate thin-film ~ 有源栅薄膜晶体管
alloy bipolar ~ 合金型晶体管
alloy-diffused ~ 扩散合金型晶体管
alloyed ~ 合金（型）晶体（三极）管
analog(ous) ~ 类比晶体管，与电子三极管特性相似的晶体三极管
annular ~ 环形晶体管
avalanche ~ 雪崩晶体管
bead ~ 熔珠晶体管，珠状晶体管（锗丸嵌在玻璃球上而成）
beam-of-light ~ 光电晶体管，光束晶体管
bi-directional ~ 双向晶体管
bidirectional bipolar ~ 双向双极〔对称双极，对称〕晶体管
bipolar ~ 双极（性）晶体管，场效应晶体管
bipolar junction ~ 双极结型晶体管
buffer ~ 缓冲晶体管
buffer layer bipolar junction ~ 缓冲层双极结型晶体管
building block ~ 积木式晶体管
carrier diffused ~ 载流子扩散型晶体管
carrier drift ~ 载流子漂移型晶体管
cartridge type ~ 管型晶体管
channel ~ 沟道晶体管
chip ~ 片状晶体管
coaxial ~ 同轴型晶体管，共轴型晶体管
common collection ~ 共集（电）极晶体管
common-drain field-effect ~ 共漏极场效应晶体管
common-emitter junction ~ 共发射极（结型）晶体管
common-gate field-effect ~ 共栅极场效应晶体管
common-source field-effect ~ 共源极场效应晶体管
complementary ~ 互补晶体管
complementary unijunction ~ 互补单结晶体管
contact ~ 点接触式晶体管
Darlington ~ 达林顿晶体管，复合晶体管
depletion mode junction field effect ~ 耗尽型结型场效应晶体管
depletion mode N-channel ~ 耗尽模 N 型沟道晶体管
diffused base ~ 扩散基极型晶体管（一种高频晶体管）
diffused emitter-collector ~ 扩散发射极 - 集电极晶体管
diffused junction ~ 扩散结型晶体管
diffused-base mesa ~ 扩散基极台面型晶体管
diffusion ~ 扩散型晶体管
diffusion base plane ~ 扩散基极平面晶体管
digital ~ 数字晶体管
discrete ~ 分立式晶体管
dope ~ 掺杂（质）晶体管
dot alloy mesa ~ 点接触合金台面型晶体管
dot mesa ~ 点状台面晶体管
double surface ~ 双面型晶体（三极）管
double-base ~ 双基极晶体管
drift ~ （载流子）漂移（型）晶体管
driver ~ 激励晶体管
dual input ~ 双输入晶体管
electro-optical ~ 电光晶体管
enhancement ~ 增强型晶体管
epitaxial ~ 外延型晶体管
epitaxial mesa ~ 外延（生长）台面（式）晶体管
epitaxial planar ~ 外延（生长）面接型晶体管
epoxy seal ~ 环氧树脂封装晶体管
Esaki type ~ 隧道型晶体管，江崎型晶体管
extended metal ~ 延伸金属晶体管
field(effect) ~ 场化〔场控〕晶体管，场效应晶体管，场效应管
filamentary ~ 丝状晶体管，细长型晶体管
flip-chip ~ 倒装片（式）晶体管，翻转片（式）晶体管
fluid ~ 流体晶体管
fused ~ 熔断保护型晶体管
fused-junction ~ 合金结型晶体管
gate ~ 选通晶体管
geminate ~ 对（晶体）管，配对晶体管
germanium ~ 锗晶体管
giant ~ 巨型晶体管，电力晶体管
gold-doped ~ 掺金型晶体管
grounded-base ~ 共基极〔基级接地〕晶体管

grown diffusion type ~ 生长扩散型晶体管
grown-diffused ~ 生长扩散型晶体管
grown-film silicon ~ 生长硅膜晶体管
grown(junction) ~ 生长（面接合）型晶体管
grown-tetrode ~ 生长型四极晶体管
heat electronic ~ 热电子晶体管
heterojunction bipolar ~ 异质结双极晶体管
high electron mobility ~ 高电子迁移率晶体管
higher ambient ~ 高温度稳定的晶体管
high-frequency power ~ 高频功率晶体管
hometaxial-base ~ 轴向均匀基极晶体管，外延均匀基极晶体管
hook ~ 胡克晶体管，钩形晶体管
hook-collector ~ 钩形集电极晶体管
hot electron ~ 热电子晶体管
integrated ~ 集成晶体管
intrinsic ~ 本征晶体管
inverse ~ 换接晶体管
inverter ~ 倒相晶体管
ion-sensitive field effect ~ 离子传感场效应晶体管
isolated-gate field effect ~ （=IGFET）绝缘栅场效应晶体管
junction ~ 结型〔结式〕晶体管
junction tetrode ~ 结型四极晶体管
lateral ~ 横向晶体管
magneto ~ 磁敏晶体管
matched pair ~ 配对晶体管，偶对晶体管
melt diffusion ~ 熔融扩散晶体管
meltback diffused ~ 回熔扩散晶体管
melt-quench ~ （回熔区）骤冷晶体管
mesa ~ 台（面）型晶体管
metal-base ~ 金属基极晶体管
metal-gate ~ 金属栅（场效应）晶体管
metal-oxide-semiconductor ~ 金属氧化物半导体晶体管
Metal-oxide-semiconductor field-effect ~ （=MOSFET）金属 - 氧化物 - 半导体场效应晶体管
microalloy ~ 微合金晶体管
microalloy diffused ~ 微合金扩散型晶体管
microdisk ~ 微片型晶体管
microwave ~ 微波晶体管
microwave power field effect ~ 微波功率场效应晶体管
multiemitter ~ 多发射极晶体管
natural ~ 普通晶体管
off ~ 截止〔不导通〕晶体管
on ~ 通导晶体管
optical ~ 光敏晶体管，光学晶体管
overlap ~ 覆盖式晶体管
overlay ~ 覆盖〔层叠〕型晶体管
oxide masked planar ~ 氧化物掩模平面晶体管
packaged ~ 密封式晶体管，封装晶体管
pair ~ 双晶体管，配对晶体管
parasitic ~ 寄生晶体管
passivation(planar) ~ 钝化（平面）晶体管
P-channel ~ P 沟道（场效应）晶体管
photo ~ 光敏晶体（三极）管
photoelectric ~ 光电晶体管
photoelectric darlington ~ 光电复合晶体管
photon-coupled ~ 光耦合晶体管
planar ~ 平面型〔面接触型〕晶体管
point ~ 点式晶体管
point-junction ~ 点 - 结型晶体管，点接触晶体管
point-to-point ~ 点接触型晶体管
post alloy diffusion ~ 柱状合金扩散晶体管
power ~ （大）功率晶体管，晶体功率管
power bipolar ~ 功率双极晶体管
printed ~ 印制晶体管
quantum interference ~ 量子干涉晶体管
radiation-sensitive field effect ~ 辐射敏感场效应晶体管
radio-frequency single electron ~ 射频单电子晶体管
rate-grown(type) ~ 变速生长型晶体管
resin mo(u)ld type ~ 树脂模盘型晶体管
resonant tunneling ~ 共振隧道晶体管
resonant tunneling polar ~ 共振隧穿双极晶体管
resonant-gate ~ 谐振控制式晶体管，谐振栅晶体管
resonant-tunneling hot-electron ~ 共振隧穿热电子晶体管
Schottky emitter type ~ 肖特基发射极晶体管
silicon heterojunction bipolar ~ 硅异质结双极晶体管
single electron ~ （SET）单电子晶体管
single quantum well ~ 单量子阱晶体管
solid logic ~ 固态逻辑晶体管
static induction ~ （=SIT）静电感应晶体管
stud(type) ~ 柱式晶体三极管
substrate ~ 基片〔衬底〕晶体管
sum ~ 求和晶体管
super alloy dif-fused base ~ 超合金扩散基极

晶体管
superbeta ~ 高放大倍数晶体管
superconducting ~ 超导晶体管
superconducting-base semiconductor insulating ~ 超导基半导体绝缘晶体管
surface barrier ~ 表面势垒型晶体管
surface control avalanche ~ 表面控制雪崩晶体管
surface harrier ~ 表面势垒晶体管
switching bipolar ~ 开关晶体管
tandem ~ 双晶体管〔三极管〕
temperature sensing thyratron ~ 温敏晶闸管
thin-film ~ 薄膜晶体管
thin-film field effect ~ 薄膜场效应晶体管
thin-film insulated gate ~ 薄膜绝缘栅晶体管
TRIM ~ （采用）三次掩蔽（隔离的）晶体管
tunneling field-induced junction ~ 隧穿场感应结型晶体管
unijunction ~ 单结晶体管，双基极二极管
unipolar ~ 单极型晶体管，场效应晶体管
vertical ~ 纵向晶体管
vertical field effect ~ 纵向场效应晶体管
transistor-driven 晶体管激励的
transistored 晶体管化的，晶体管装配成的
transistorisation =transistorization
transistorise =transistorize
transistorization 晶体管化
transistorize （使）晶体管化，装晶体管于
transistorized 晶体管化的，装有晶体管的，用晶体管装成的
fully ~ 全晶体管化的
transistor-like 类晶体管的
transit ①通过，经过，（电子的）飞越，飞渡，过渡，渡越，移动②运输，运送，经转，转运，运输线，公共交通系统③转接〔变，播〕，变换，跃迁④中天，凌日（天文名词）⑤中星仪，经纬仪
air ~ 航空转运
astronomical ~ 子午〔中星〕仪
laser ~ 激光跃迁
level ~ 水准经纬仪，测平镜
mass ~ 公共交通，大量交通〔运输〕
meridian ~ 中天
optical ~ 光学经纬仪
over-land ~ 陆上运输线
stadia ~ 视距经纬仪
surveyor's ~ 经纬仪
transite 石棉水泥板
transition ①转变，转换〔移〕，变化〔换〕，飞越，变迁，跃迁，过渡（时期），换接，交叉②发动机推力渐增（至额定值）③换接过程，渐变段，过渡段④临界点，转折（点）⑤平移⑥（两异径导管间的）转换导管
~ of double-socket 双承大小头
absorptive ~ 吸收过渡，吸收跃迁
active ~ 活动变换
Auger-type ~ 俄歇型跃迁，无辐射跃迁
band-to-band ~ 带间跃迁
bar ~ 彩色跃变
black-to-white ~ 黑白过渡，亮度跃迁
bridge ~ 桥式换接过程
brittle-ductile ~ 脆韧转变
coaxial-to-waveguide ~ 同轴线 - 波导管过渡
crossbar ~ 交叉变换，十字形交换，十字形过渡
data ~ 数据转换
door-knob ~ （门）钮形转变〔变换，过渡〕
electron ~ 电子跃迁
fixed ~ 固定过渡
flip-flop ~ 翻转时间
forbidden ~ 禁带〔区〕跃迁，禁戒跃迁，“禁止”跃迁
free-free ~ 自由 - 自由跃迁，两种非束缚态间的跃迁
glass ~ 玻璃态转变（金相）
induced ~ 受激跃迁
intersystem ~ 系间跃迁
intraband ~ 带内过渡，带内跃迁
luminance ~ 亮度跃变
magnetic phase ~ 磁相变
nuclear ~ 核跃迁
open ~ 开路瞬变（过程）
opposite ~ 反向跃迁
permitted ~ 容许跃迁
phase ~ 相（转）变
picture halftone ~ 图像半色调跃迁
radiative ~ 辐射跃迁
rubber ~ 橡胶态转变
shunt ~ 分路换接过程
single-triplet ~ 单态和三重态间的跃迁
smooth ~ 平滑过渡
space-to-mark ~ 间格标志转换
spin-flop ~ 自旋转向转变
stop-over ~ 级联跃迁
turbulence ~ 湍流转变
unique ~ 稀有跃迁

zero-zero ~ 0-0 跃迁
transitional 过渡的，渡越的，跃迁的，瞬变〔短暂〕的，不稳定的
transition-metal 过渡金属
transition-resistance 过渡电阻
transitivity 传递〔可迁，可递〕性
metrical ~ 度规传递性，度量可移性
transit-mix(ed) 运送拌和（的）
transitory 暂时的，瞬息〔变〕的，短暂的，过渡的，不稳定的，跃迁的，渡越的
transitrol 自动频率微调管，自动校频管
transitron 负互〔跨〕导管，负互导五极管，碳化硅发光二极管
translation ①（翻）译，译文〔本，码〕，解释，调换，变换，换算，转化②平〔直，位〕移，转移，移动，直线运动③转播〔发〕，传送，中继，（电报）自动转拍
address ~ 地址转换
algorithm ~ 算法翻译
automatic ~ 自动翻译
curvilinear ~ 曲线平移
data ~ 数据译码，数据转译
data code ~ 数据代码转换，数据代码翻译
free ~ 意译
group ~ （道）群频转译
line ~ 行转换，行变换
literal ~ 直译，逐字翻译
mechanical ~ 机器翻译
one-for-one ~ 一对一翻译
plane ~ 平面转换
reciprocating ~ 往复移动
segment ~ 段转换
uniform rectilinear ~ 匀速直线〔平直〕运动
word-for-word ~ 逐字直译，字对字翻译
translational 平移〔动〕的，移动的，直线的
translationum 翻译文献
translator ①译码器〔机〕，翻译机，译码程序，翻译程序，自动编码器②转发〔转换，转移，变换，传送〕器，（自动）中继器〔装置〕，发射机，电视差转机③翻译者
address ~ 地址转换器，地址转换程序
analog(ue) ~ 模拟译码器
card ~ 卡片译码器
Chinese character ~ 汉字译码机
code ~ 译码器，译码程序，电码转换器
command ~ 命令翻译机
digital output-input ~ 数字输出输入变换器
direct ~ （可见）声谱显示仪
formula ~ 公式翻译程序，公式译码机
frequency ~ 频率发射〔转换〕机
integrating ~ 积分变换器
language ~ 语言翻译程序
one-to-one ~ 一对一翻译程序
ring ~ 环形变换器，环形译码器
syntax ~ 语法翻译程序
syntax-oriented ~ 面向语法的翻译程序
test ~ 试验用翻译程序
ultra-high frequency ~ 超高频接收机
translauncher 转移发射装置
transless 无变压器（的），无变量器（的）
transliteration 音〔直〕译，拼写，转写
translocate 移位，改变位置
translocation 移位，改变位置，位置转移
translot 横槽
translucence 半透明(性,度),半透彻(性,度)
atmospheric ~ 大气透明度
translucency =translucence
translucent （半）透明的，半透彻的
translucid =translucent
translunar 超越月球（轨道）的，月球轨道外的
transmigration 反式迁移（作用）
transmissibility 可传性，可透性，传输率，传递率，蓄水层输水能力
transmission ①传动（装置，系），变速〔传动〕（箱，器），联动机件②传递〔送，播，输，导〕，发送〔射〕，通话，通信，输电，透射〔光〕
~ and distribution 输（电和）配电
~ of crystalline materials 结晶材料的透射
~ of electricity 输电
accelerated ~ 加速传输
asynchronous ~ 异步传输
atmospheric ~ 大气透射
audience television ~ 电视广播
automatic ~ 自动变速器，自动变速（装置），自动换档
automatic mechanical ~ 机械式自动变速器
automatic overdrive electronic ~ （汽车）带超速档的电子控制自动变速器
automatic shift manual ~ （汽车）自动换档手动变速器
auxiliary ~ 副变速箱
base ~ station 传输基站
batch ~ 批量传输
beam ~ ①定向传输，定向发射②电子束〔注〕通过率
beyond-the-horizon ~ 超越地平线传输，超

视距传输
binary file ~ 二进制文件传输
binary synchronous ~ 二元同步传输
black ~ 黑传输
block ~ 块传输
block-by-block ~ 逐块传输
block structure ~ 块传输，字组传输
broadband ~ 宽（频）带传输
burst ~ 猝发传输
by-passed monochrome ~ 单色图像同时传送，单色电视平行传输
character ~ 字符传输
colo(u)r ~ 彩色电视传送
compatible ~ 兼容制传输
constant luminance ~ 定亮度传输（彩色电视）
continuously variable ratio ~ 无级调速变速器
cross-platform ~ 跨平台传输
data ~ 数据传输
data-directed ~ 数据定向传输
differential ~ 差速传动
diffuse ~ ①扩散传输，漫射传输②（光的）散射，漫透射
digital image ~ 数字图像传输
digital voice ~ 数字语音传输
direct ~ ①直接输送〔传送，通信〕②正透射，单向透射
direct speech ~ 直接音频传输
disconnected ~ 间断传输（当发话者不讲话时，自动将发射功率降低）
discontinuous ~ （通信）非连续传输
double ~ 双透射效应，双工发送，双波发送，双波发射
dual high ~ 减速器，变速器
duplex ~ 双工传输
electric power ~ 电力输送，输电
electro-continuously variable ~ （汽车）电子控制无级变速器
electro-mechanical automatic ~ （汽车）电子-机械式自动变速器
electronic automatic ~ （汽车）电控自动变速器
electronic automatic mechanical ~ （汽车）电控机械式自动变速器
electronic control automatic ~ （汽车）电子控制自动变速器
electronic controlled ~ （汽车）电子控制变速器
electronic data ~ 电子数据传输
electronic 4-speed overdrive ~ （汽车）电子控制四档超速变速器
encrypted ~ 加密传输
facsimile ~ 电传真迹，传真电报，真〔源〕迹电报传输，传真〔图像〕发送
flexible ~ 挠性传动
fluid-power ~ 液动装置
free ~ 空行程传动
glass ~ 玻璃透光率
graphic ~ 图形传输
ground-to-ground ~ 地面传输
half-duplex ~ 半双工传输
half-Hertz ~ 半赫兹传输
heat ~ 传热，热传导
horizon ~ 直接视距传输
horizontal-interlaced ~ 隔行扫描传输
hydraulic ~ 液压传动（装置），液压变速
hydrodynamic ~ 液力传动装置
hydrostatic ~ （静）液压传动（装置），液压静力传输
image ~ 传真，图像传输
infinitely variable ~ 无级变速
information ~ 信息传输
intelligence ~ 智能传输
interleaved ~ 交织发送
lens ~ 透镜透光率
list directed ~ 表式传输
live ~ （物体的）实时传输，广播节目的直播
live studio ~ 广播室实况传输，演播室直播
locomotive ~ 机车传动装置
machinery tool hydraulic ~ 机床液压传动
magnetic ~ 磁力传动
manual ~ （汽车）手动变速器
mechanical ~ 机械传动，（汽车）机械变速器
message ~ 消息传输，报文传输
metallic band type variable speed stepless ~ 金属带无级变速传动
microwave ~ 微波传输，微波通信
mixed-highs ~ 混合高频传送，“灰色”传送
mixed-highs gray ~ 混合高频灰色传送
monochrome ~ 黑白电视传输
multimode manual ~ （汽车）多模式手动变速器
multiple call ~ 多呼传输
multiple-hop ~ 多次反射传输（电离层与大地之间）
multispeed ~ 多级变速器〔箱〕
multitone ~ 多路传输，多周波传输

narrow-band ~ 窄〔频〕带传输〔发射,发送〕
negative ~ 负调制输送，负极性输送，负调制信号传输
network ~ 网络传输
neutral ~ 单流传输，单极传输
oblique incidence ~ 斜入射传输
optical fiber ~ 光纤传输
optical video ~ 光视频传输
optical waveguide ~ 光学波导传输
oversea(s) ~ 洲际传输，跨洋传输
packet ~ 信息组传输
parallel(digital) ~ 并行（数字）传输，同时（数据）传输，并联输送
picture ~ 传真，图像传输，图像发射
planetary ~ 行星齿轮传动，行星变速器
point-to-point ~ 点对点传输，两点间传输，定点传输
positive ~ 正调制传送，正极性传输
power ~ 动力传动（装置），电力传输，输电
power shift ~ （汽车）动力换档变速器
program(me) ~ 节目传送
progressive(type) ~ 级进式传动，渐进传动，无级变速箱
pulse ~ 脉冲传输
pulse code ~ 脉码传输
quantum ~ 量子传输
record-oriented data ~ 面向记录的数据传输
regular ~ （光的）正〔正常，规则〕透射，正常传输
relay ~ 中继传输
remote ~ 远距离传输
reverse ~ 倒顺变速箱
rope ~ 钢索传动
semiautomatic ~ （汽车）半自动变速器
semiautomatic mechanical ~ 半自动机械式变速器
sequential manual ~ （汽车）连续手动变速器
serial(digital) ~ 串行（数字）传递
simultaneous ~ 同时传输
spectrometer ~ 分光计的发光度
speed ~ 变速器
speed transforming ~ 变速传动装置
split ~ 分量式传动装置
split-torque ~ 转矩分流传动
spurious ~ 附加发射，杂散传输
stageless ~ 无级传动
start-stop ~ 起止传输
sted-up ~ 增速传送
step ~ 有级传动器，有档变速器
step-by-step variable ~ 多〔逐〕级变速传动装置
stream bit ~ 位流传输
sub ~ 副变速器
suppressed carrier ~ 抑制载波（式）传输〔发送〕
synaptic ~ 跨结传输
synchronous ~ 同步传输
telecommunication ~ 电信传输
thermal ~ 传热
three-range ~ 三连齿轮，三档齿轮
tonic ~ 音频传输
twin-clutch ~ （汽车）双离合器变速器
twin-counter shaft ~ （汽车）双中间轴变速器
vacamatic ~ 真空自动控制变速箱
variable ~ 变速传动
variable speed stepless ~ 无级变速传动
vertical incidence ~ 垂直入射输入
voice-operated ~ 声控传输
white ~ 白信号传输
window ~ （小）窗的透射性

transmissive （能）传送〔导，达〕的，（能）透射的，（可）传动的，（可）播送的，（可）发射的

transmissivity 透射比〔率，系数〕，传递〔过滤〕系数，透明性〔度〕，透光度，通过能力，单位厚度层的内〔纯〕透射系统
acoustic ~ 声传输性，声透射系数
amplitude ~ 振幅透射比
background ~ 背景透射比
diffuse ~ 漫透射比
gas ~ 透气性
lens ~ 镜头透射比
light ~ 透光率
radiant ~ 辐（射）透射比
relative ~ 相对透射比〔率〕
screen ~ 屏蔽透明性
water vapo(u)r ~ 蒸汽透过率

transmissometer 大气透射计，混浊度仪
underwater ~ 水下透射率仪

transmit 传递〔送，播，输，导，传，热〕，发送，输送，播送〔发射〕信号，输电，透射，透光

transmit-receive 收发（两用）的

transmittance =transmissivity

transmittancy =transmissivity

transmitter ①变送〔传感，发送，传递〕器②发射〔报，信，话〕机，传送机，送话器，话筒

alternator ~ （高频）发电机式发射机，高频发电机
amplitude-modulated ~ 调幅发送机，调幅发射机
amplitude-modulated sound ~ 调幅伴音发射机
approach-marker-beacon ~ 机场信标发送机
arc ~ 电弧式发射机
audio programmelink ~ 声音广播转发机
aural ~ 伴音〔录音广播〕发射机
automatic ~ 自动（化）发射机，自动（化）发射台，自动发报机
automatic numbering ~ 自动编号发报机
automatic tape ~ 自动读带机，自动传带机
auxiliary ~ 补点发射机，辅助发射机
backpack ~ 便携式发射机，背负式发射机
beacon ~ 无线电指向标发射机
beam ~ 定向发射机
booster ~ 辅助发射机
breast ~ 胸前〔话务员用〕送话器，胸挂式送话器
broadcast ~ 广播发射机
cable ~ 水线电报发报机
carbon ~ 炭精送话器，炭粒送话器
carbon back ~ 炭背送话器，炭盒送话器
channelized ~ 信道发射机
code ~ （电码）发报机
condenser ~ 静电送话器，电容（器式）送话器
continuous ~ 连续传真发送机
coulomb ~ 电量变送器
crystal-control ~ 晶体稳频发射机，晶控发射机
danger bearing ~ 警戒发射机，危险方位发射机
data ~ 数据（传输）发送机
decimeter ~ 分米波发射机
digital position ~ 数字式位置发送器，数字定位器
direct-excitation ~ 直激（天线）发射机
distributor ~ 分配发送器
driven ~ 受激发射机
electromagnetic ~ 电磁式话筒，电磁式送话器
electronic position ~ 电子位置传送器
emergency locator ~ 应急定位发射机
facsimile ~ 传真发射机
fiber optic digital ~ 光纤数字发射机
field-sequential colo(u)r ~ 场序制发射机（彩色电视）
FM broadcast ~ 调频广播发射机
glide-path ~ 下滑指向标发射机，下滑发射机
Hapug carrier ~ 浮动载波发报机
impact ~ 脉冲发射机
inset ~ 插入式话筒
intelligent ~ 智能变送器
jamming ~ 干扰发射机
joint ~ 联播发射机
keyboard ~ 键盘发报机
landing beam ~ 着陆信标发射机，跑道定位标发射机
laser ~ 激光发射机
light-beam ~ 光束扫描发射机
line ~ 中继发报机，线路发报机
link~ 中继〔接力，强方向射束〕发射机
long-wave broadcast ~ 长波广播发射机
microphone ~ 送话器
monochrome ~ 黑白电视发射机
moving tape ~ 动带发射机
multicarrier ~ 多载波发射机
narrow-deviation frequency-modulated ~ 窄频移〔频偏〕调频发射机
optical digital ~ 光数字发送机
optical synchro ~ 光（学）同步发送机
parallax range ~ 视差校正发送机
phonovision ~ 电话电视发送机
picture ~ 图像（信号）发射机，传真电报发送机
piezoelectric ceramics ~ 压电陶瓷送话器
pivot ~ 枢轴式发射机
plain antenna ~ 简单天线的发射机（旧式）
plate-pulsed ~ 板极脉冲调制发射机
portable eye-witness report ~ 便携式新闻摄像用发射机
pressure ~ 压力发送〔传感〕器
pulse ~ 脉冲发射〔送〕机
quenched spark ~ 熄灭式火花发报机
radar ~ 雷达发射机
radio telegraph ~ 无线电报发射机
range ~ 测距发射机
receiver ~ 收发报机，送受话器
re-insert ~ 再插发射机
relay ~ 中继发射机，转播〔接力〕发射机
repeater ~ 中继发射机
rotating-loop ~ 旋转（环形）天线发射机
satellite ~ 卫星〔辅助，转播〕发射机
scatter communication ~ 散射通信发射机

sensitive oil ~ 脉冲滑阀，油敏传感器
short-wave ~ 短波发射机
signal ~ 信号发送器
slave ~ 从动发射机，中继发射机
smart differential pressure ~ 现场通信器
solid back ~ 竖背式送话器
sound ~ 播音器，伴音信号发射器
sound spark ~ 火花式发话机
spot-light ~ 扫描射线式发射机
synchro ~ 同步发送〔传感〕器，同步系统发送装置，自整角发射装置
tape ~ 纸带发报机
telegraph ~ 电报发送机，发报机
telemeter ~ 遥测发射机
telephone ~ 送话器，话筒
television ~ 电视发射机
temperature ~ 温度变送〔传感〕器
tracking ~ 跟踪系统发射机
transistor ~ 晶体管发射机
ultra short wave ~ 超短波发射机
video ~ 视频〔图像信号〕发射机
video link ~ 电视中继发射机
video-mapping ~ 光电图发送机
vision ~ 图像发射机
visual-signal ~ 电视发射机，图像信号传输器
Wheatstone ~ 惠斯登自动发报机

transmitter-distributor 发射机分配器
transmitter-distributor tape 带发送分配器，（计算机的）读带机
transmitter-receive hand 便携式收发两用机
transmitter-receiver 收发两用机，收发报机
transmitting 传动，发送，发射
radio-beam ~ 定向无线电发送
transmittivity 透射率，透射系数，单位厚度层的内〔纯〕透射系统
transmityper 导航（光电）信号发送机
transmogrify 使完全变形，使完全改变样子〔性质〕
transmultiplexer 复用转换器
transmutable 能变形〔质，化〕的，可改〔嬗，质〕变的，可蜕化的
transmutation 转变〔换，化〕，蜕〔嬗，质〕变，变换〔质，性，形，态，化〕
transmute 嬗〔蜕〕变，变成（为，化），（使）变形〔质〕，改变（形状，性质）
transnatural 超自然的
transnormal 超常规的，异常的
transoceanic 越洋的，远洋的
transolver 自整角〔传输〕解算器，控制同步机
transom 横梁〔档，材〕，艉板连构件，连接环节，艄板，固定座椅（柜床），楣窗
transonic 跨声速的，超声（速）的
transonics 跨声速（空气动力）学，跨声速流
transonic-supersonic 跨声速，超声速的
transosonde 平移探空仪，远程高空（无线电）探空仪
transparence 透明（性，度），透光度，透彻性〔度〕
transparency ①透明性，透明度，透彻性，明晰度②透明物体，透明（的软）片，幻灯片，印有图片的玻璃，透明画
colo(u)r ~ 彩色幻灯片
memory ~ 存储器透明性（指存储速度与运控速度匹配
program(m)ing ~ 程序设计透明性，特定程序错误
reduced ~ 比透明度
transparent ①透明的，透彻的，半透明的②某种辐射线可以透过的③明显的④用户不知的
code ~ 对代码透明的
radio ~ 透 X 射线（的），透放射线（的）
transpassivity ①过钝化（作用）②过钝度，超钝度
transpierce 刺〔戮〕穿
transpiration ①蒸发，汽化，发散②泄漏③流逸
thermal ~ 热流逸
transpiration-cooled 蒸发冷却式
transpire ①蒸发，汽化，发散，发汗②泄漏③排出，流逸
transplant ①迁移②移栽〔植，种〕，插秧③移植片，被移植物
transplanter 移栽〔栽植，插秧〕机
manual rice ~ 人力插秧机
rice ~ 水稻插秧机
transplutonium 超钚（的，元素）
transpolar ①过极的，通过极地的②南北方向的
transpond 转发
transponder 发送〔射〕（机）-应答器，询问机〔器〕，脉冲转发机，（卫星通信的）（脉冲式）转发〔复示〕器，脉冲收发（两用）机
coincidence ~ 符合发送-应答机，重合脉冲转发器
frequency-offset ~ 频偏应答器〔转发器〕
hard limiting ~ 硬限幅转发器
process ~ 加工转发器

satellite ~ 卫星转频器，卫星应答器
underwater acoustic ~ 水声应答器
video ~ 视频转发机，电视差转机

transport ①运输，运〔传，输〕送，传递〔输〕，转移〔运〕，迁移②运输船〔机，工具，装置〕，传送装置③拖带机构，（录像机或录音机的）绕带装置
air cushion ~ 气垫船
civil ~ 民用运输机
combined ~ 联合运输
flexible ~ 无轨运输〔电车交通〕
heat ~ 传热
hydraulic ~ 水运
landing troop ~ 两栖运输舰
large ~ 大型运输机
magnetic tape ~ 磁电传送，磁带机
mass ~ 质量传递
mechanical ~ 机动运输，汽车交通
net ~ 净输送
power ~ 传动机构
pusher-barge ~ 顶推运输
roll off ~ 滚装运输
roll on ~ 滚装运输
tape ~ ①走带机构，带传送机构②磁带机

transportable 可运输的，可转动的，可迁移的

transportation ①运输，输送，转运，移置②运输工具，输送装置
coordinated ~ 配合运输
counter-flow ~ 对流运输
document ~ 文件传送
exclusive ~ 专营运输
insured ~ 保价运输
local passenger ~ 区间客运
Ro-Ro ~ 滚装运输
round about route ~ 迂回运输
share ~ 共营运输
trailer dropped and picked up ~ 甩挂运输

transporter ①传送带〔器〕，输送带〔器〕，转运装置〔机〕，传送装置，运输装置〔机，车〕，拖车②桥式起重机，运载桥，装卸桥③运输者
cartridge skip ~ 筒式燃料元件运输机
grabbing ~ 桥式抓斗起重机，抓斗式装卸桥
heavy equipment ~ 重型设备运输车
high-speed surface ~ （磁力悬浮）高速表面运输车
pipe ~ 管道输送设备
sack ~ 运袋机
scraping ~ 刮板式运输机，链式刮板运输机
scraping bucket ~ 刮斗输送机
throw ~ 推杆输送机，振动运输机

transporter-erector 运输 - 安装车

transporter-launcher 运输 - 发射车

transport-ship 运输船

transposal =transposition

transpose ①调位置〔次序〕，转置，移位〔动，置，项〕，更〔调，变，置〕换，代用②相交，（线路，导线）交叉③变调
matrix ~ 矩阵转置〔换行，换列〕
negative ~ 负转置

transposer 换位，移项，变调
television ~ 电视差转机
TV ~ 电视差转机

transposition ①换位〔次序〕，调〔转，更，置，对，变〕换，转置，移置〔动，项〕，代用②相交，（线路导线）交叉③变〔换〕调
carrier ~ 载流子移位，载波交叉
coordinated ~ 坐标换位，交叉换位
frequency ~ 频率交换
inverted-turn ~ 线圈端部 180° 换位
machine ~ 机器的线路交叉
phantom ~ 幻路交叉，幻路换位
poleless ~ 无（电）杆交叉
Roebel ~ 罗贝尔换位（360° 换位）
system ~ 系统交叉
twisted-lead ~ 扭线换位，（框形线圈的）端部翻转换位
void ~ 空换位，虚换位
wire ~ 导线换位，导线编花

transpositive 互换位置的，移项的

transradar 变换雷达

transreactance 互（阻）抗（的虚数部分）

transreceiver 发射接收机

transrectification 交换整流，阳极〔屏极〕检波

transrectifier 电子管〔阳极，屏极〕检波器

transresistance 互（阻）抗（的实数部分）

transrobot 自动存仓机

transshipment （货物）转运，（客运）转车，驳〔转〕载

transsonic 跨声速的

trans-stressing 加载相变法
isothermal ~ 等温形变热处理

transsuperaerodynamics 跨声速和超声速空气动力学

transsusceptance 互（导）纳（的虚数部分）

trans-tactic 有规反式构形

transtage 中间级，过渡级

transtainer 移动式集装箱龙门起重机
transtat 可调变压器，自耦变压器
transudate 渗出液
transudation 渗漏，渗出（物）
transuranium 铀后元素，超铀元素
transversal ①贯线，截线②横（向，切，断）的③贯〔横断〕线的
transversality 相截性，横截性
transverse ①横梁〔轴〕，横向构件，（椭圆）长轴②横（向）的，横截的，横断的
bottom ~ 船底横骨，底部横材
short ~ 高度方向（横截面中的短边）
transverse-spring 横置弹簧
transverter 变换〔流，量，频〕器，换能〔转换〕器，变压整流机
transveyer 运送机，输送机
transwitch pnpn 硅开关，晶闸管开关
trap ①收集〔捕集，捕捉，截留〕器，夹子，阱，陷阱②格〔叶〕栅，闸阀，（浇注系统的）挡渣板，护〔吸尘〕罩，窗③天线阵，陷波器〔电路〕，带阻滤波器④捕汞〔水，油〕器，分离器⑤凝汽〔防臭〕瓣，凝汽阀〔筒〕，存水〔放泄〕弯（管），曲颈管，U 形阀瓣，汽水阀，隔汽具⑥捕获，捕捉，收集，陷波⑦中继，转移⑧设陷，困油⑨虹吸（管）
accompanying sound ~ 伴音带阻滤波器
adjacent chrominance ~ 邻频道色度陷波器
adjacent picture carrier ~ 邻频道图像载波陷波器
adsorption ~ 吸附阱
air ~ 阻气盒，空气阱，防气阀
beam ~ 电子束阱，射束收集器，射线收注栅
bent-gun ion ~ 曲径式电子枪离子阱
bias ~ 偏磁陷波器
bucket ~ 浮子式阻汽器，浮子式疏水阀，阻汽排液罐
channel ~ 信道陷波电路
cinder ~ 集灰器
cold ~ 冷凝汽瓣，冷阱〔槽〕，冷捕集器
condensation ~ 凝汽阀，冷凝阀，疏水阀
continuously regenerating ~ （柴油机排气中微粒）连续再生式捕集装置
cryosublimation ~ 低温〔冷冻〕升华阱
deflector ~ 偏转陷波电路
dirt ~ 收泥〔集渣，挡渣〕路，不纯净的阱，污染阱
drain ~ 放油槽，放泄弯管，排水防气瓣，脱水器，排水器，沉淀池，疏水罐，疏水箱
drip ~ 滴阀
dust ~ 除尘器，集尘器
echo ~ ①回波陷波〔滤波〕器，回波抑制设备，回波阱②功率均衡器
electron ~ 电子〔陷〕阱，电子捕集器
entrainment ~ 雾沫分离器
fire ~ 防火瓣，阻火器
flame ~ 阻焰装置，消焰器
flux ~ 磁通阱，磁分路
gas ~ 凝气阀，气体分离器，集气器
gate ~ 闸盒
gravity relief ~ 重力除水阀
grease ~ 润滑脂分离器
hole ~ 空穴阱
hot ~ 热阱
hydraulic ~ 水力混汞捕汞器
impulse ~ 冲力汽水阀，脉动式疏水阀，脉动式排水阻汽阀
intercepting ~ 截气弯管，排水防气瓣
interference ~ 干扰抑制器，干扰滤波器，干扰阱
ion ~ 离子收集器，离子阱
light ~ 光阱，陷光器
line ~ 线路陷波器，线列陷波电路
liquid ~ 集液器，液体分离器，疏液阀
mode ~ 模阱（一定振荡型的阻尼器）
moisture ~ 除潮器，脱湿器（真空过滤器），气水分离器，水分捕集器，疏水阀
noise ~ 反干扰装置，静噪器，噪声抑制器
reaction ~ 止回瓣，止回阀
rejection ~ 拒波器，带阻滤波器
sand ~ 砂槽，除砂盘，撒砂器
sediment ~ 沉淀（物捕集）器，沉积阱
shunt ~ 并联陷波电路
siphon ~ 虹吸闸阀，虹吸封气管，虹吸阱
slag ~ 挡渣板，集渣包
sorption ~ 吸附阱
sound ~ 声阱，聚声器
steam ~ 凝汽阀〔筒〕（蒸汽）疏水阀
surface ~ 表面陷阱
thermal ~ 热阱，热收集器
thermodynamic ~ 热力疏水阀
water ~ 疏水阀，阻水排气缸，聚水污门
wave ~ 陷波电路，陷波器
weld ~ 焊接阻流栅（锻模）
trapdoor 阀〔滑动，通气〕门，调节风门，天窗
trapeze ①梯形，不规则四边形②吊架
trapeziform 四边形的

trapezium ①梯形（英）②不规则〔不等边，不平行〕四边形（美）
trapezohedron 偏方三八面体
trapezoid 梯形（的）〈美〉,不规则四边形（的）〈英〉
trapper 捕捉〔收集，陷波〕器
trapping ①俘获，捕集②抑制，吸收，设陷阱③困油现象④（pl.）装饰，外部标志
error ~ 错误陷阱
fast-interface-state ~ 快速（即抗紊乱）界面态俘获
hole ~ 空穴俘获，空穴吸陷
self ~ 自陷
sound ~ 吸〔陷〕声
surface ~ 表面俘获〔吸收，抑制〕
trash ①废料，废物，垃圾，碎屑，废渣②除去废渣，除〔排〕杂
trashery 废物，垃圾
trashway 泄污道
trauma 外〔创，损〕伤
acoustic ~ 声震伤
travel ①旅行，航〔运，飞〕行，行〔前〕进，行走〔驶〕②移动，运动，输送，运转③（光，声）传播，（依次）通过④行程，冲程，动作
accelerating ~ 加速行程
actuating ~ 推程
armature ~ 衔铁动程
contact ~ 触点行程，触头行程
crank ~ 曲柄行程
flame ~ 火焰行程，燃波运动速度
forward ~ 前进运动
free ~ 自由流程
front ~ ①预备工序②前行程
idle ~ 空程
long ~ 长行程，长运程
micro ~ (vehicle) 微型旅游汽车
over ~ （数控机床的）超程
piston ~ 活塞冲程，活塞行程
punch ~ 凸模行程
ram ~ 滑块行程
return ~ 回程，反向行程，反向运动
sound ~ 声路，声通路
table longitudinal ~ 工作台纵向行程
table transverse ~ 工作台横向行程
tape ~ ①磁带读出方向，带运转②磁带行程
wavefront ~ 波前行程
zone ~ 熔区移动
travelable 可移动的
travel(l)er 桥式〔移动式〕起重机，行车，活动起重架，移动式脚手架，移动式门架，活动运动架，轮〔滚〕子，（小车）行走装置，自动焊机
gantry ~ 移动式龙门起重机,门式行动吊车，移动桥式起重机，门架吊车，移动起重机台架
mule ~ 爬行吊车
overhead ~ 桥式起重机，桥式吊车
travellift 移动式升降机，移动式起重机
travel(l)ing ①旅行（用）的，移动的，行进的，传播的②旅行
travel(l)ing-field 行波场，行移场
traversal ①穿程，遍历②测量导线，经纬仪导线
line ~ 行扫描正程
Traversal 横越（在进行数控加工过程中，UG NX 软件创建的运动形式）
traverse ①横梁，横臂，吊杆②（测地，测量用）导线，横切线，横截线③横动，移动，旋转，穿程④通廊⑤横渡，横断⑥交叉，切割〔断〕相交⑦旋〔横〕转，转动⑧横向移动⑨横〔纵向〕进给
directional ~ 方向线测定
hand ~ 回转装置的手传动（例如装甲车的塔）
head ~ 摇臂钻进给箱横切（手柄）
irradiation ~ 辐照横过
picture ~ 图像宽度，帧扫描控制电路
pitot ~ 皮托管排〔梳状管〕，管排气压计，总压的横向分布
pressure ~ 压力横向分布
rapid ~ 快（速）移（动）
rotary power ~ （机床）横进给
taut-wire ~ （测海上距离用）张绳
temperature ~ （沿着某条直线的）温度变化，温度分布
velocity ~ 速度横向分布
wheel ~ 砂轮横动，砂轮横向进给磨削
traverser ①横梁〔撑，臂，件〕，横过物②活动平台③（铁路）转盘，转〔移〕车台④转动〔移动〕发射装置⑤横过〔测定〕者
traverse-table ①（铁路）转盘，转车台②（测量用）小平台
trawlboat =trawler
trawler 拖网渔船
bull ~ 对拖渔船
stern ~ 艉拖渔船，艉滑道拖网渔船
traxcavator 履带式挖掘机，（土方工程用）大型履带拖拉机

tray ①浅盘，托盘②溜槽，斜槽，槽③垫，座，托架，支架，底盘④发射架⑤退火箱⑥分馏塔盘，塔板⑦隔底匣
air-separating ~ 空气分离装置，除气盘
ballast ~ 重盘式浮阀精馏塔盘，镇气分馏塔盘
catch ~ 收集盘，收集板
charging ~ 料盘
circular flow ~ 环流塔板
collecting ~ 集线器，汇流槽
column ~ 塔板〔盘〕
core ~ 烘芯板
cutting ~ 切屑盘，承屑盘
developing ~ 显影盘
feed ~ 送料盘
ice cube ~ 制冰盘
jet ~ 喷射分馏塔盘
Kittel ~ 基特尔塔板，斜孔网状塔板
pusher ~ 推杆式料盘
return ~ 回油盘
ripple ~ 波纹塔板，波纹塔盘
turbo grid ~ 叶轮式栅格分馏塔盘
weight ~ 承载底板，配重（压载）箱
tread ①踏板，梯阶②轮距，轨距，轨顶，刃宽③（橡胶）胎面，踏面，支撑面，滑动面，外胎面，外胎花纹，履带行走部分④踩，踏
bracing ~ 增强胎面
chain ~ 履带
removable ~ 活胎面
tire ~ 轮胎花纹，轮间距离
wheel ~ 轮距
treader 表土细碎机
treadle （脚）踏板，轨道接触器
treadlemill 脚踏传动式试验台，脚踏传动式磨
tread-mill 踏旋器，转鼓试验台，环形带试验台
treasurer 司库，财务主任
treasury 宝库，宝藏，库存，基金
treater 处理〔提纯，净化，精制〕器，浸渍器，处理设备〔装置〕
Cottrell ~ 电收尘器
treating ①加工，处理，精制，浸渍，操作，活〔净〕化，为…涂保护层②讨论，研究
double ~ 淬火回火处理〈美〉，二次处理
single ~ 不需要回火的淬火操作单一处理
treatise （专题）论文
advanced ~ 高深〔高级〕论文，尖端课题论文
comprehensive ~ 大全，综论，综述
treatment ①处理，处置，对待，加工②浓集〔缩〕，选矿，（木材）浸渍③论述，分析，（处理）方法④治疗，疗法
accelerator ~ 加速器辐射治疗
acoustical ~ 防声措施
aerobic ~ 需氧处理，好气处理（法）
after ~ 后处理，补充处理
alignment ~ 调准处理
antispreading ~ 防扩散处理
approximate ~ 近似计算，近似处理
artifical aging ~ 人工时效处理
atmosphere heat ~ 可控气氛热处理
audio frequency ~ 音频电疗法
ball spray ~ 喷丸处理
blast furnace ~ 鼓风炉熔炼
bright heat ~ 光亮热处理
bulk heat ~ 整体热处理
chlorine ~ （水的）氯化
chromate ~ 镀铬，渗铬，铬酸盐处理，铬酸钝化处理
cloudburst ~ ①表面倾淋处理②喷丸处理
cold ~ 冷〔冻〕处理，冰冷处理
condensate ~ 凝结水处理，凝结水除盐
conditioning ~ 预备热处理
controlled-atmosphere heat ~ 可控气氛热处理
cryogenic ~ 深冷处理
cryothermal ~ 冰冷处理，冷冻处理
effluent ~ 废水处理
electric-induction ~ 感应电疗法
electron-beam ~ 电子束加工
electrostatic ~ 静电治疗法
feedwater ~ 给水处理
fine ~ 精加工
first ~ 预〔初步〕处理
foil heat ~ 箔套密封热处理
fracture ~ （油层的）压裂处理
function electric acupuncture ~ 功能性电刺激治疗法
granolite ~ 磷酸溶液热处理
graphic(al) ~ 图解法
group ~ 群近似法
heat ~ 热处理
high frequency electric ~ 高频电疗法
homogenizing ~ 均匀热处理
hot surface ~ 表面热处理
hot vacuum ~ 高温真空处理
induction heat ~ 感应加热表面热处理
interrupted aging ~ 分级时效热处理
laser heat ~ 激光热处理

laser ~ 激光治疗法
low frequency pulse ~ 低频脉冲电疗法
magnetic heat ~ 磁场热处理
magnetic ~ 磁疗法
mat-forming ~ 表面处理
mathematical ~ 数学解释，数学处理
mechanical ~ 机械加工，机械处理
microwave ~ 微波治疗法
modification ~ 变质处理
multicomponent thermochemical ~ 多元共渗
multiplex heat ~ （再结晶温度以下的）反复热处理
natural aging ~ 自然时效处理
natural stabilizing ~ 自然稳定化热处理，自然时效
neutral point ~ 中性点接地方式
non-pressure ~ 常压处理
normalizing ~ 正火处理
no-solid ~ 全除固形物水处理
Osoviski ~ 奥索维斯基电化学防油流散处理
oxide film ~ 表面氧化处理，氧化膜处理法
phosphate ~ 磷酸盐处理，磷化
plasma heat ~ 离子轰击热处理
post-heat ~ 随后热处理（加工后马上进行的热处理）
post-welding heat ~ 焊后热处理
precipitation ~ 时效硬化，人工时效处理
preferential ~ 优先处理，优待
refrigerating ~ 冷处理
rough ~ 粗加工
scorch-resisting ~ 防焦处理
short wave ~ 短波治疗法
soda ash ~ 纯碱除硫法
solution ~ 固溶处理，固溶退火
solution heat ~ 固溶热处理，均匀化（处理），固溶退火，均匀化退火
spin-hard heat ~ 旋转表面淬火法（盐浴加热），旋转硬化热处理
stabilizing ~ 稳定化处理（使合金结构或零件尺寸稳定）
stop-oil ~ 防油扩散
subcritical ~ 亚相变处理，亚温处理
subsequent ~ 焊后热处理
subzero ~ （零度下）低温处理，深冷处理
supercooling ~ 深冷处理
surface ~ 表面处理
sustainable ~ 可持续处理
thermal powder ~ 粉末热处理，热喷涂
thermochemical ~ 化学热处理
thermomagnetic ~ 热磁处理
thermomechanical ~ 形变热处理
ultra-red ray ~ 红外线治疗法
ultrasonic electric ~ 超声电疗法
ultraviolet ray ~ 紫外线治疗法
vacuum heat ~ 真空热处理
volatile ~ （反应堆）（全）挥发性水处理（水处理的方法，用在压水堆二次回路）
waste ~ 废料处理
water ~ 水的净化，软水处理
zero solids ~ 无杂质水处理，全挥发水处理（水处理的方法，用在压水堆二次回路）

treaty 条约，协议，协定
commercial ~ 通商条约
reciprocal ~ 互惠协定

treble ①三倍〔排，层〕，三倍频率②高频，高音，尖音，尖锐刺耳声③三倍〔重，层，排〕的④高音的，尖音的

trebler 三倍倍频器，频率三倍器

treble-slot 三隙缝的

tree ①木材〔料〕，木制构件，树②轴，支柱，纵梁③树状物，树形网络，树状晶体④光柱⑤语法树
N-ary ~ *N* 进树，*N* 叉树
AND/OR ~ “与 / 或”树
assembly flow charts product ~ 装配系统图
axle ~ 轴木料，车轮轴
balanced ~ 平衡树
binary ~ 二叉树
binary decision ~ 二元判定树
code ~ 码树
combiner ~ 组合器，组合组
cut ~ 分割树
decision ~ 判定树，决策树，决策宗谱
derivation ~ 派生树
directed ~ 定向树形（网络）
EX-OR ~ “异”树结构
family ~ 族树
fault ~ 故障树
free ~ 自由树
game ~ 博弈树，对策树
genealogical ~ 系统树
grammar ~ 语法树图
horizontal relevance ~ 水平关联树
if ~ 如果树
lower height ~ 低层树
minimum height ~ 最小层次树

minimum spanning ~ 最小生成树
noisy deformed ~ 噪声畸变树
none ~ 失配树
nonleaf ~ 非叶树
overlay ~ 重叠树（形图）
parse ~ 分析树
pine ~ 松树式〔设有定向反射器的水平偶极子〕天线阵
production ~ 产生式树
proper ~ 专树，特有树
refutation ~ 反驳树
site ~ 位置树
spacing ~ 分发树
spanning ~ 生成树，伸缩树
undirected ~ 不定向树，双向树
unrooted ~ 无根树
treeing 不规则金属淀积，树状组织〔晶体，结晶〕
tree-like （树）枝状的
treenail =trenail
trees 树痕
pincher ~ 折皱（带钢缺陷）
tree-system 树枝式系统〔配电方式〕
tree-walk 攀树，树径
trefoil 三叶形〔饰〕
tremble 震动，振动，发颤，震颤，摇摆〔晃，动〕
trembler （自动）振动器，振动片，振动子，电振极，电铃，继续器，蜂鸣器
tremogram 震颤描记图
tremolo 颤音，震音（装置）
tremor 微动，震动，振动，震颤，震抖，地震
trenail 定缝销钉，木钉〔栓，键〕
trench ①沟（渠），沟（槽），沟道，地〔水，管，电缆〕沟，堑壕②挖沟，开槽
top ~ 槽浇道
trencher 开沟机
trench-hoe 挖沟机
trend 方〔走，趋，动，倾〕向，趋势，发展方向
trepan ①凿井〔岩〕机，钻矿井机，打眼机，（割）网锯（床），线锯②穿孔，套孔，打眼，挖深切削
trepanner 穿孔〔打眼，割煤〕机
trepanning 套孔，开孔，打眼，穿孔（试验），车端面槽
electrochemical ~ 电解套形加工
hot ~ 热环冲，热套料，空心冲头热冲孔
ultrasonic ~ 超声套形
trephine ①圆锯，线锯，环钻②用圆锯锯
trephining 环钻，环锯
treppenwicklung 〈德〉层绕卷
tressel =trestle
T-rest T形托板，T字（形）刀架
trestle ①支架，柱架，栈架，桁架，支撑木马，翻箱架②栈桥，栈道，架桥
line ~ 索道支柱
work ~ 工作支架
trestle-board 大（绘）图板
trestlework 栈架结构，鹰架，栈桥，搭排架工程
tret 添量，添头，补头
trevet =trivet
triable 可试验的
triac 双向三极晶闸管，双向三极管开关，三极管交流半导体开关
triacontahedron 三十面体
triad 三个一组，三合一，三素〔数〕组，三（单）元组，三价元素，三价原子，三价基，三位二进制（表示八进制的二进制形式），三重轴〔态〕
colo(u)r ~ （荫罩彩色显像管）三色点组合
phosphor strip ~ 三色荧光条组
point ~ 三基色点组，三基色荧光点组
screw ~ 三重螺旋轴
triadaxis 三次对称轴
triage 筛余，筛余料
triakisoctahedron 三八面体
triakistetrahedron 三角三四面体
trial ①试（验，用，车，算，飞，运转），实〔检，查〕验，检查②近似解
~ and error 试错〔试凑，试算，试配，累试，尝试（-误差），逐次逼近〕法，反复试验
brake ~ 制动试验，制动试车
competitive ~ 比较性实验
endurance ~ 耐久试验，续航力试验
field ~ 现场试验，生产试验
progressive ~ 逐步加载试验
reliability ~ 强度（可靠性）试验，（汽车等）长距离耐久试验
second ~ 二次接续（自动电话）
service ~ 运行试验
site ~ 现场试验，实地试验
trialkali 三碱
trial-manufacture 试制
trial-produce 试制
triangle 三角（形，板，铁）

astronomical ~ 天文三角形，球面三角形
colo(u)r ~ 基〔原〕色三角形
congruent ~ 全等三角形，叠合三角形
diagonal ~ 对边〔对角〕三角形
equilateral ~ 等边三角形
fundamental ~ 原始三角形
inlet ~ 入口速度三角形
isosceles ~ 等腰三角形
Maxwell ~ 麦克斯韦三角形（色三角）
obtuse ~ 钝角三角形
outlet ~ 出口速度三角形
plain ~ 三角定规
pole ~ 极三角形
power ~ 功率三角形
right ~ 直角三角形，勾股形
similar ~ 相似三角形
spherical ~ 球面三角形，弧三角形
unit stereographic ~ 单位极射赤面三角形
vector ~ 矢量三角形
velocity ~ 速度三角形
triangulable 可三角〔可单纯〕剖分的
triangular 三角（形）的，三棱〔脚〕的
triangularity 成三角形
triangularization 三角化
triangulate 使〔组〕成三角形，把…分成三角形，对…进行三角测量〔剖分〕
triangulateration 三角三边测量
triangulation 三角测量〔剖分〕，三角网，三角化
triangulator 三角仪
triax 同轴三柱器，双重屏蔽导线
triaxial 三轴〔维，元，度，线〕的，空间的
triaxiality 三维〔元〕，三轴（向，性）
triblet 心轴，心棒
tribochemistry 摩擦化学
triboelectric 摩擦电的
triboelectricity 摩擦电
triboelectrification 摩擦生电
triboemission 摩擦发光发射
tribolet 心轴，心棒
tribology 摩擦学，摩擦磨损润滑学，润摩学〔润滑、摩擦与磨损〕
triboluminescence 摩擦发光
tribometer 摩擦（磨损）试验仪，摩擦计
tribophysics 摩擦物理学
tribothermoluminescence 摩擦热发光
tribrach 三脚台，三角基座，三叉形用具
tribromide 三溴化物
boron ~ 三溴化硼
tributary ①支流，附设局②支流的，从属的，辅助的
tricar 三轮汽车，三轮机器脚踏车
trice ①吊索②瞬息，顷刻③（用绳索，铰链）吊起，拉起
tricharged 三电荷的
trichlorethylene 三氯乙烯
trichloride 三氯化物
arsenic ~ 三氯化砷
boron ~ 三氯化硼
trichlorophenylsilane 光刻胶增附剂
trichlorosilane 三氯氢硅，三氯（甲）硅烷
trichlorotrifluoroethane 三氯三氟乙烷
trichotomy 三分法
trichroism 三色（现象）
trichromat 三色视者，三色器
trichromatic （用）三（原）色的，三色版的，天然色的
trichromatism 三（原）色性〔像差〕
trichromoscope ①三色镜②彩色电视接收管，彩色电视显像管
trick ①特技，假景②（镜面）刻度线
~ play 特技播放
trick-flying 特技飞行
trickle ①滴（流），涓滴，细流②（使）滴（下），（使）细流，慢慢地移动
tricklet 细流
triclene 三氯乙烯
triclinic ①三斜（晶系）②三斜（晶）的，三斜（晶）系的
tricolo(u)r 三（原）色的，三色的，三基色的，三色旗
tricolo(u)red （有）三色的
tricone 三锥
tricorn(e) （有）三（只）角的，三角帽
tricro 太（拉），10^{12}（字头）
tricycle 三轮（脚踏，摩托）车
electromotion flatbed ~ 电动平板车
trident ①三叉戟（式飞机），（电子偶产生的）三叉（径）迹，三叉戟式测距仪，三叉曲线②三叉的
tridentate 三齿〔叉〕的
Tridia 特里迪亚硬质合金
tridimensional 三度的，三维的，立体的
tridop 导弹弹道测定系统
tridymite 鳞石英
trier ①试验仪表，检验用具②试件〔料〕，试

验物③采〔取〕样器④试〔检〕验者

tri-ferrous 三铁的

trifle ①白镴，锡基合金②（pl.）白镴制品③少许〔量〕

trifluoride 三氟化物

boron ~ 氟化硼

triflux 三工质换热器，气 - 汽 - 汽换热器

trifocal ①三焦点〔距〕透镜，（pl.）有三焦距透镜的眼镜，三光眼镜②三焦点〔距〕的

triform(ed) 有三部分的，有三种形式的，有三种本质的

trifuel （用）三（种）燃料的

trig ①制动，刹车，制轮具，楔子，（制动）三角木②刹〔制〕住（车轮滚动），支撑，撑住

line ~ 行触发

trigatron 含气三极管，（充气）触发管，引燃管

trigdatum 三角测量数据，三角测量基准

trigger ①起动（器，系统，装置，设备，信号，电路，冲量），触发（器，电路，脉冲）②雷管，引爆器，引发物③扳机，发射装置④扳柄，闸柄，掣子，掣板，制轮器，制滑器，（变速杆上的）倒车卡锁，锁定装置⑤触发，起动⑥发射，控制

animation camera ~ 特技摄像机触发器〔开关〕

automatic ~ 自动起动线路〔设备〕，自动触发

binary 二进制触发器

bistable ~ 双稳态触发器

capacitor ~ 电容触发器

common ~ 共态触发

delayed ~ 延迟触发器

door ~ 门开关

double ~ 双脉冲触发信号

Eccles-Jordan ~ 双稳触发电路

gate ~ 控制门触发器，控制极触发电路

initiating ~ 起动触发（脉冲）

line ~ 电源触发

linkage ~ 联动触发器

magnetic ~ 磁（力）起动器，磁性起动装置，磁触发器

monostable ~ 单稳态触发器

optical sensing ~ 光敏触发器

photoschmitt ~ 光电施密特触发器

positive going ~ 正向触发器，正脉冲触发，正极性触发

pulse ~ 脉冲触发器

reset-set ~ 复位 - 置位触发器，置 0 置 1 触发器

speed ~ 速度开关

synchronizer ~ 同步触发器

timing ~ 定时触发器

zero-range ~ 零距离起动脉冲，零距触发脉冲

trigger-gate 选通脉冲，触发选通脉冲，触发电闸

triggering =trigger

~ failure 失触发

false ~ 误触发

trigistor 双稳态 pnpn 半导体组件，三端开关器件（pnpn 可控硅开关）

trigon 三角形〔板〕，测时用三角规

trigonometry 三角（学），三角学论文

plane ~ 平面三角（学）

spherical ~ 球面三角（学）

trigram 三字母组（文字输入中的字母组合形式）

trihalide 三卤化合物

trihedral 三面形〔体〕（的），（有）三面的，（有）三边的，三面角的

trihedron 三面体（的）

trijet 三喷气发动机飞机，由三个喷气发动机发动的

trijunction 结点，三线交点

trike =tricycle

trilaminar 三层的

trilaminate(d) =trilaminar

trilateral （有）三边的，三角形，三边形

trilateration 三边测量

trilemma 三项择一的境况

tri-level 三层的

trilinear 三线（性）的

trilit(e) 三硝基甲苯

trill （发）颤音，颤动

trilling 三连晶

trillion ①〈美，法〉太（拉），10^{12} ②〈英，德〉艾（可萨），10^{18} ③大量，无数

trillionth 〈美、法〉皮（可）10^{-12}，〈英、德〉10^{-18}

trim ①整理，修整，垫整，去〔切〕毛边，打浇口盆〔冒口〕，去飞边，去除焊疤②调整（平衡）位置③调谐，微调④平衡（度），纵倾，吃水差，潜艇的浮力⑤阀内件

close ~ 精密切边

cold ~ 冷切边

designed ~ （船的）设计纵倾

dynamic ~ 动力调整，动平衡

fore and aft ~ 前后平衡调整

frequency ~ 频率微调
initial ~ 空船时首尾吃水差
trimaran 三体船
trimask （采用）三次掩蔽的
tri-met 三镜头航空摄影的
trimetal 三金属，三层金属轴承合金
trimethylamine 三甲胺
trimethylborate 硼酸三甲酯
trimetric 斜方（晶）的
trimetrogon 三镜头航摄仪，垂直倾斜混合空中照相
trimmability 可微调性，可配平性
trim-master 修边机（用于清除布边的毛纱、拖纱）
trimmer ①调整〔配平〕器②修整器，（修螺栓头的）修边机，剪切〔切书，刨边〕机，切边模③调整片，微调电容器，微调铁心④堆煤机，物料堆装机⑤平舱机，集料器⑥托梁，承接梁⑦修理工
aerodynamic ~ 气动力调整片
antenna ~ 天线拉杆，伸缩式天线拉杆
disk ~ 圆片形补偿电容器，盘状微调电容器
edge ~ 切边机
flash ~ 去飞边
flat-edge ~ 修边机（凹模在同一平面前后左右错移，对成形件进行修边的机械）
flush ~ 剔除器，整平器
hedge ~ 绿篱修剪机
rotary type flash ~ 滚筒〔旋转〕式焊缝清理机
side ~ 圆盘式切边机，侧边修边机，端面剪切机
weld ~ 焊缝清理机
zero ~ 零位调节电位计，调零电位计
trimming ①剪裁，修整，修边，切边，打浇道〔冒口〕，去飞边②装饰（品，物），添加物，添附物，修饰③边角料，切屑，剪屑，(pl.)配件，附件④微调，使平衡〔均匀〕，平衡调整⑤（齿轮 的）干涉⑥平舱
automatic ~ 自动（频率）微调
hot ~ 热切边〔修整，精整〕
laser ~ 激光微调
lead ~ 引线修齐
punch ~ 冲模修边，冲具修整（工件飞边）
trimorphism 三形性，三晶（现象）
trimotor 三发动机，由三个发动机发动的飞机
trims （影片或磁带）被剪去的部分
trimscript 切标
trinal 三（倍，重，层，元）的，三部分组成的
trinary =trinal
trine ①三个一组②三倍〔重，层〕的，三部分组成的
trinicon 托利尼康摄像管（单管三色摄像管）
MF ~ 磁聚焦单枪三束摄像管
triniscope （彩色电视）三枪显像管
trinistor 三端〔极〕npnp 开关
trinitarian 三倍的，具有三个部分的
trinitron 单枪三（射）束彩色显像管，单枪三束（影条板型）彩色显像管
trinitrotoluene 三硝基甲苯（炸药），黄色炸药，TNT 炸药
trinity 三个一组〔套〕
trinomial 三项式，三项的
trinoscope 彩色电视接收装置，投射〔投影〕式彩色电视接收机的光学部分（包括三个投射〔投影〕管、分光镜和物镜），彩色屏幕录像机（采用三个阴极射线管）
trio 三个一组，三件一套
dot ~ 三组圆点
phosphor dot ~ 三色磷光点组，三色荧光点组
trioctahedron 三八面体
triode 三极管，晶体管
all concentric ~ 同心极三极管
battery ~ 直流〔电池〕供电三极管
brake-field ~ 减速场管
close-spaced ~ 栅 - 阴密隙三极管
dual ~ 双三极管
duplex ~ 双三极管
duplex diode ~ 双二极晶体管
gas ~ 充气三极管，闸流管
gas-filled ~ 充气三极管，闸流管
generator ~ 振荡三极管
heterojunction tunneling ~ 异质结隧道晶体管
inverted ~ 倒相三极管
junction ~ 结型三极管
killer ~ （彩色信号）抑制器三极管
magnetically beamed ~ 磁束晶体管
twin ~ 双三极管
twin-plate ~ 双阳极三极管
Weimer ~ 薄膜三极管
triode-heptode 三极 - 七极管
triode-hexode 三极 - 六极管
triode-mixer 三极混频管
triode-pentode 三极 - 五极管
triode-tetrode 三极 - 四极管

triode-thyristor 三端晶闸管
Trioptic 三元万能测长机
triostat 快慢针调整装置，三重调节器
trip ①行程，周程（往返行程）②释放，断路，脱扣，解脱，（自动）分离，（自动）跳闸，松开棘爪而开动，擒纵机构转动③卡榫，卡勾，固定器④断开装置，解扣机构，安全开脱器，（自动）跳闸装置，自动停止机构，自动分离机构，接合〔离合器控制〕机构⑤倾斜〔翻〕器，（矿车）列车
automatic ~ 自动脱扣器
boundary layer ~ 边界层激流丝
door ~ 门开关
earth leakage ~ 接地保护自动断路器
emergency ~ 紧急脱扣，紧急跳闸，危急遮断，保护装置
emergency fuel ~ 紧急停料装置，燃料自动切断器
emergency overspeed ~ 超速保护器，危急保安器
master ~ ①主停车装置②主脱扣器
overload ~ 过载跳闸
relay act ~ 继电器操作跳闸
reverse-current ~ 逆（电）流自动切断
round ~ 全程，来回〔往返〕的行〔路〕程，周游
safety ~ 安全释放机构，（汽轮机的）危急保安器，安全断路
single ~ 单程
thermal ~ 热（双金属）断路装置
time-lag ~ 延迟释放〔断开〕
transfer ~ 运动释放，远方脱扣
tripack 三层彩色片，三层板
tripartite 三者间的，三部分组成的
tripartition ①三分（裂），分（裂）成三部分②三个一组，一式三份
tripdial 里程计
trip-free 自动跳闸〔解扣，断路〕
trip-hammer 杵锤，夹板落锤
triphase 三相，三相的
tri-planer 三向板式输送机
triple ①三倍数〔量〕，三个一组②三次〔倍，层，重，行，系，部分〕的③三倍于，增至三倍
~ of numbers 三重数组
colo(u)r ~ （荫罩彩色显像管）三色点组合
H ~ H 镍铬钼耐热钢
indirect ~ 间接三元组
staggered ~ 三重参差调谐
triple-address 三地址
triple-deck 三层的
triple-expansion 三次膨胀的
triple-grid 三栅的
triplen 三重结构，三次谐波序列
triplener 三工滤波器
triple-phase 三相（的）
triple-pole 三极（的）
triple-purpose 三用的
tripler 三倍器，三重器，乘 3 装置，三倍倍频器
frequency ~ 频率三倍器，三倍倍频器
triplet ①三个一组，三件一套，三元组②三重线〔态〕，三线聚点，三重峰，三合（透）镜，三电台组，三通管，三弹头，T 形接头
ion ~ 三重离子
triplex ①三元件物体，三层不碎玻璃，保险玻璃②三倍〔重，部，联，线，芯〕的，三部分的，三种作用的，发生三种效果的
triplexer （三发射机共用天线时）互扰消除装置
triplexing 酸性转炉、平炉、电炉三联炼钢法，（冶金的）三部〔联，炼〕法
triplex-process 三联法（炼钢），三炼法
triplicate ①三个一副，三件一套，三个相同物中的第三个②三倍〔重，乘〕的，重复三次的
triplication 增至三倍，三倍量，作一式三份
triplicity 三倍〔重〕，三个一组〔套〕
tripod 三脚架，三脚台，三角支撑物，三面角
adjustable ~ 可调三脚架
extension ~ 伸缩三脚架
table ~ （摄影机或摄像机的）矮三脚架，台三脚架
tripodal 有三脚的
tripod-borne 装在三脚架上的
tripod-mounted 装在三脚架上的
tripolar 三极的
tripole-slide 三分画面
tripoli(te) 硅藻土
tripositive 带三个正电荷的（离子）
tripotential 三电位的
trip-out ①（负载）减弱②断路，断开，关闭，停止，切断，跳闸（负载或线路），甩负荷
tripper ①倾斜装置，（箕斗底，矿车底等的）开底装置，卸料器，自动翻车机，钩杆〔子〕②继路〔跳开〕装置，分离机构，自动脱扣机构，自动转换机构，保险装置③安全器④（铁路）发信号装置
tripping 跃过（擒纵轮的一个齿通过擒纵器叉尖），跳闸，脱扣，释放，切断

cascade ~ 串级跳闸，逐级跳闸
cross ~ 交叉断路法
cumulative ~ 累积式跳闸
high-speed series ~ 高速串联断路法
reverse-power ~ 逆功率动作，逆功率跳闸
series ~ 串联跳闸，电流跳闸
shunt ~ 并联跳闸，电压跳闸
transferred ~ 远动跳闸，远方跳闸
unwanted ~ 误跳闸

tripping-bar 脱钩〔跳闸，跳动〕杆
tripropellant 三组元推进剂
tripropylborate 硼酸三丙酯
triptane 三甲基丁烷（飞机用高抗爆燃料）
triquetrous 三角〔面〕形的，有三角形横截面的，三棱的
trirectangular 三直角的
trisecant 三度割线，三重割线
trisect(ion) 三等分，三分割
trisectrix 三等分角线
trisistor 三端快速半导体开关
trislot （带）三槽的
trisonic 三声速的（亚声速，跨声速和超声速）
trisonics 三声速，三声速（气动力）学
trisquare 曲尺，矩
tristable 三稳态的
tristetrahedron 三四面体
tristimulus 三色的，三色激励〔刺激〕的
trisulfide 三硫化物
antimony ~ 硫化锑，三硫化锑
trisulphide =trisulfide
trit 三进制数
tritanope 色弱（患）者
tritanopia 第三色原盲，蓝色盲
partial ~ 色弱
tri-tet 三极 - 四极管
tritiate 氚化，用氚（使…）饱和
tritide 氚化合物
tritium 氚（H^3 氢的同位素），超重氢 H^3
tritol 三硝基甲苯，TNT
triton ①氚核（同位素氚的核）②三硝基甲苯，TNT
tritone 三连音
tri-truck 三轮（货）车，三轮载货汽车
triturate ①磨碎物②捣〔磨，粉〕碎，把…研成粉（末），研制
trituration ①磨碎，捣碎，粉碎，研碎②研碎的粉末
triturator ①捣碎器，研钵②磨粉，研制者
trivacancy 三空位
trivector 三维矢量
trivet 三脚架，矮脚金属架
trivial 平凡的，（名称）通俗的
homologically ~ 零调的
trochoid ①（长短辐，辐点）旋轮线，（余，次）摆线②摆动线管，摇动线管，枢轴关节③滑车形的，枢轴状的，圆锥形的
curtate ~ 短幅摆线
prolate ~ 长幅摆线
superior ~ 延伸摆线
trochoidal 摆动的，余〔次〕摆线的，陀螺形的
trochometer 里程〔速度〕表，车程〔路程，轮转〕计，计距器
trochotron 余摆（磁旋）管，摆线（磁控）管，电子转换器，（分光计型）摆动计
coaxial ~ 共轴余摆磁旋管
Trodaloy 铜铍合金（w（Cu）97%，w（Be）0.4%，其余 Co；或 w（Cu）99.5%，w（Be）0.1%，其余 Cr）
troffer ①槽箱式照明设备，管形埋装天棚照明器②槽形支架
trolit 聚苯乙烯绝缘材料
trolite 塑胶绝缘材料
trolitul 聚苯乙烯塑料
troll 旋〔轮〕转，回旋
trol(l)ey ①手推车，台车②运输车，矿车，（铁路）手摇〔查道〕车，（铁路）倾卸式货车皮，轨道自动车③〈美〉有轨电车，缆车，〈英〉无轨电车④载重滑车，空中吊运车，桥式吊车⑤（电车上和架空电线接触的）触轮，滚轮，滑接点，辊轴〔滚动，轨道〕式集电器，杆形受电器〔集电器〕⑥接触导线，电车线
bow ~ ①集电弓，弓式集电器（电车）②集电弓式（无轨）电车，触轮式（无轨）电车
hand ~ 手摇车
hoist ~ 吊重行动车
intermediate load ~ 长件承载小车
lateral ~ 侧滑车
launching ~ 发射车，起动车，滑曳空中吊车
overhead ~ 单轨吊车，悬挂式输送器，架空电车
pantograph ~ 伸缩集电器
rail ~ 轨道自动车
tail ~ 尾橇车
towing ~ 拖〔牵引，曳引〕车
trolley-base 受电杆座

trolley-bus 无轨电车
trolley-frog 接触电线的线岔，电车吊线分叉
trolley-launched 轨道车上发射的
trolley-pivot 受电器杆枢，集电器杆支枢
trolley-wheel 触轮
trolly =trol（l）ey
trombone ①（长度）可调（节的）U 形波导节〔同轴线〕②（音乐的）长号，拉管
trommel ①鼓，转筒（筛），滚筒〔回转〕筛，洗矿（滚）筒，吊车卷筒②转筒筛选
compound ~ 多层转筒筛
Tromolite 特罗莫赖特烧结磁铁
tromometer 微震计，微地震测量仪
trona 天然碱，天然苏打，碳酸钠石
troopship （军队）运输船
landing ~ 两栖运输舰
troostite ①托氏体②锰硅锌矿
nodular ~ 团状托氏体，细珠光体
primary ~ 初生托氏体，初次托氏体
tempered ~ 回火托氏体
troostite-sorbite 托氏体 - 索氏体
tropadyne 超外差电路，自身振荡超外差接收机
trope ①（数学的）奇异切面②转义，比喻
tropic ①回归线，（pl.）热带地区②热带的
~ of cancer 北回归线，夏至线
~ of capricorn 南回归线，冬至线
tropical 回归线下的，热带（地方，似）的
tropicalization 使设备适应热带气候条件，热带气候处理
tropism 向性
tropopause 对流层顶，对流层上限，休止层
troposcatter 对流层散射
troposphere 对流层
tropotron 磁控管
tropto(-)meter 测扭计，扭变测定计
trot 逐字译本
trotyl 三硝基甲苯，TNT
trouble ①故障，事故，毛病，损坏，超载，超负荷，干扰②效应③断层
microphony ~ 颤噪声干扰，颤噪效应，颤噪故障
short ~ 短路故障
skywave ~ 夜间效应，天波效应，天波干扰
wiring ~ 线路故障
trouble-free 可靠的，无故障的，不间断的
trouble-locating 故障检寻〔探测〕，故障定位
troubleman 故障检修员
trouble-proof 防〔无〕故障的，安全的，不间断的
trouble-saving 预防故障〔事故〕的
troubleshoot 寻找〔检查及排除，检修，消除，查找〕故障，调试〔整〕，发现缺点
troubleshooter 机器修理员，故障检修员
troublesome 易出故障的，麻烦的
trouble-spot 故障点，（容易）出故障处
trough ①槽，盆，沟，池，波谷，喇叭口，溜子②凹点，曲线上的极小值，（激波后的）尾流③导板，电缆架，电缆沟，电缆槽④槽钢⑤中间包，中间流槽
cable ~ 电缆（走线）槽，电缆暗渠，电缆走线架
chip ~ 切屑槽
Langmuir ~ 兰米尔单分子层表面膜秤
oil ~ 润滑油槽
open ~ 敞口槽，开放式槽
pneumatic ~ （水封的）集气槽
potential ~ 势能槽，势谷，势阱，位谷，位阱
splash ~ 溅油润滑油池
tipping ~ 倾卸槽
wading ~ （检验密封性用）涉过水槽
wash ~ 洗槽
wave ~ 波谷
troughability 成槽性
troughing 明（电缆）槽，电缆走线架，（波）谷
troughness 成槽度
trousers （pl.）整流罩
trowel ①镘刀，抹子，泥刀，修平刀②用镘〔泥〕刀涂抹〔修平，拌和〕，镘光，勾缝
pointing ~ 勾缝刀
taper ~ 刮〔平镘〕刀，锥形镘刀
troy ①金衡（制）（1 lb=12 oz=373.2 g）②（用）金衡制（表示）的
three-unit 三单位（电码）
trub 冷却残渣
truck ①货车，载重〔运货〕（汽）车②手推〔老虎，矿〕车③（铁路的）敞车，无盖货车④转向架⑤滚轮，滚轴
~ frame 转向架构架
air ~ 运货飞机
amphibian ~ 水陆两用载货汽车
anodes ~ 单节式运货车
arch bar ~ 菱形转向架，菱形车架
baby ~ 坑道运输车，小型运货车
barrow ~ 手推运货车
batch ~ 配料车，分批运料车，移动料仓
block ~ （铁路的）手摇车，（行李）手推车

bogie ~ 转向架，转向小车
box ~ 仓栅式车
bridge-laying ~ 架桥汽车
cable-laying ~ 电缆敷设车
cab-over-engine ~ 平头载货汽车
cargo ~ 运货汽车，载重货车
chisel ~ 叉子车
compressed gas ~ 煤气汽车，气罐车
coupled ~ 拖挂式载重车
crane ~ 汽车（式）起重机，货车起重机，起重车，车载起重机，（摄像机）升降车
crash fire rescue ~ 事故、消防、救护重载车
cross-country ~ 越野载重车
dump ~ （自动）倾卸式货车，自卸货车，翻斗汽车
electronic ~ engine control 货车发动机电子控制装置
environmental concept ~ 环保概念载货车
excellent little ~ 超优小型载货汽车
expanded mobility ~ 高机动性载货车
fast ~ 快速载货汽车
fire ~ 救火车，消防车
flat bed ~ 平板（式运货汽）车
floor ~ 搬运小车，步行操纵托板车
floor-hopper ~ 底（部）卸（料）式货车
foam fire ~ 泡沫消防车
foam-powder universal fire ~ 泡沫 - 干粉联用消防车
fork ~ 叉式起重车，叉车
front ~ 前转向架，导轮
gantry ~ 运货车
garbage ~ 垃圾车
gasoline tank ~ 运汽油车，加油车
generator ~ 带发电装置的货车，发电货车
gravity tank ~ 重力倾尽式油槽车，重力式自动洒水车
hauling ~ 拖车
heavy-duty ~ 重型载货汽车
hopper ~ 斗式［带车］货车
jubilee ~ 小型货车
stacking ~ 堆垛车
lift ~ 自动装卸车，起重车
light ~ 轻型货车
light-duty ~ 轻型货车
loader ~ 起重汽车
machin(shop) ~ 工程车，移动式机械修理车
mast lift ~ 门架式叉车，桅杆式叉车
measuring ~ 仪表车
medium-duty ~ 中型货车
mobile repair ~ 活动修理车，活动服务车
mobile-transport ~ 机动货运车
mobile-unit ~ 电视车，可移装置车
motor ~ 载重货车，运货汽车
multi-axle ~ 多轴转向架
nonequalized ~ 不带均衡梁的转向架
off-the-road ~ 越野汽车
oil ~ 油槽［罐］车
pallet ~ 叉式自动装卸车，码垛车
pickup ~ 客货两用车
pilot ~ 转向器
platform ~ 平板（大卡）车，平板拖车
pony ~ 小型转向架，小车
powder fire ~ 干粉消防车
power ~ 发电车，动力搬运车，动力转向架
prime-mover ~ 载重牵引车
quartermaster ~ 军需勤务车辆，军需补给品车，军需汽车
radio ~ 无线电通信车
ram ~ 挑杆式装卸机，挑杆运货车
reaching-fork ~ 货叉前移式叉车
ready-mix ~ 预拌混凝土运送车
reel ~ 电缆铺设车
removable covered ~ 活顶棚车
rider-type ~ 工程车
rocket ~ 火箭运输车
scaling ~ 称量车
shovel ~ 机铲汽车，汽车挖掘机
side dump ~ 侧卸汽车，侧卸式（自动卸）货车
single-axle ~ 单轴转向架
six wheel ~ 三轴转向架
sport utility ~ 运动型多用途货车
stake ~ 仓栅式车
straddle ~ 龙门式［架下］吊运车
swinglift ~ 回转门架叉车
tank ~ 油［水］槽汽车，自动喷油［自动洒水，液体运送］车
tank service ~ 加油车
telecommunication field service ~ 电信工程车
tiering ~ 有装运设备的货车
tip ~ 自动倾卸车
tractor ~ 牵引车，拖车头
trailing ~ 拖曳运货车，后转向架
ultra light ~ 微型货车
wagon ~ 有篷［厢式］货车
walkie fork lift ~ 步行操作铲车

water tower fire ~ 举高喷射消防车
winch ~ 绞盘车
wrecking ~ 救险车

truckage ①货车运输作业②货车运输费
truckbin 推车式货箱
truckle 小〔滑〕轮
truck-mixer 汽车式拌和机，混凝土搅拌车
truckveyor 有装卸输送带的货车
true-horizontal 真水平的
trueness 精度，准确度，真实性，正确
true-perpendicular 真垂直的
truer 整形〔校准〕器，砂轮修整工具
true-seeming 逼真
true-to-scale 按比例的，符合比例尺的
true-to-shape 形状正确的
true-vertical 真垂直的
truing 修正
copy ~ 靠模整形
crush ~ 滚压修整
form ~ （砂轮）成形修整
wheel ~ 砂轮修正

trumpet 喇叭形的东西，传声筒，漏斗形（筒，浇道），中心浇道，中注管
exhaust ~ 喇叭形排气管
feed ~ 中注管
speaking ~ 扩音器，喇叭筒，（传）话筒，喇叭状的助听器

truncate ①削去，切除，修剪，缩补，截断，截尾②舍位，舍项③去（顶，头）的，方〔平〕头的
truncated （斜、被）截的，截头〔断，面〕的，平切的，缩短的
truncation ①截（断，尾，去），削，切断，使尖端钝化②舍位，舍项
basic crest ~ （螺纹）牙顶切去基准高度
basic root ~ （螺纹）牙根切去基准高度
crest ~ 尖端钝化，峰切去高度

trundle ①小（脚）轮，滑〔滚〕轮，灯笼式小齿轮，滚销齿轮，转轴颈②带脚轮的手推车，矮轮手推车，无盖货车
trunk ①干，树干，本体，主要部分，柱身〔塞〕②干线，母线，总线，导管，象鼻管，总管，汇流条③中继线，局内线，（pl.）长途电话④固定接头⑤信息通路⑥（线，洗矿）槽，管（杆），（通风）筒，通风道⑦围井，围蔽室
air ~ 通风总管，（通）风（管）路
bothway ~ 双向中继线
busy tone ~ 忙音中继线
check ~ 检验总线
cordless system ~ 无塞绳式中继台
dead-level ~ 空层中继线，备用段干线
direct ~ 直通中继线
final ~ 有限中继线，（最）末级中继线
gas ~ 气干道
graded ~ 分品中继线
incoming ~ 收话专用中继线，入局中继线
information ~ 查询线
inspectors ~ 监测线
intercept ~ 暂用中继线
intertoll ~ 长途台间中继线
key ended ~ 键控终端中继线
LD ~ 长途〔长距离〕中继线
line test ~ 线路试验中继线
main ~ 主干线
outgoing ~ 发话专用中继线
recording completing ~ 记录通话长途线（记录后作长途通话用）
release ~ （自动电话）C 线
scavenge ~ 换气管，吹气管
tandem-completing ~ 转接中继线
toll dialing ~ 长途拨号中继（线）
transit ~ 转接中继线
vortex ~ 涡核线

trunking 中继（方式），线槽，管道
air ~ 通风导管
alternative ~ 迂回中继法
partial secondary ~ 部分二次中继法
port ~ 端口中继
tandem ~ 汇接中继

trunnion 耳轴，枢轴，铰轴，炮耳，凸〔筒〕耳，枢销，轴颈，（万向节）十字轴，回转鼓轮
support ~ 支轴〔枢〕
yoke ~ 叉形十字头

truss ①桁〔构〕架，构架工程②（一）捆，束，串，把
arch ~ 拱架
Baltimore ~ 平弦再分桁架
Bollman ~ 包尔曼式桁架（多弦式三角形桁架）
box ~ 箱形桁架
cambered ~ 弓形〔上弯，带上曲弦的〕桁架
camel-back ~ 驼背式桁架，带上曲弦的格构桁架
curved chord ~ 折弦桁架
deck ~ 上承（式）桁架
English ~ 英国式（三角）桁架
fan ~ 扇形桁架

half-through ~ 半穿式〔下承矮〕桁架
hanging ~ 吊柱桁架
hog chain ~ 链式桁架
inclined chord ~ 斜弦杆桁架
inverted triangular ~ 再分桁架系，T 撑式桁架系
jack ~ 次要桁架，半桁架
joggle ~ 拼接桁架
king and queen post ~ 立式〔字〕桁架
king-post ~ 单柱桁架
lattice ~ 格构桁架
lenticular ~ 叶〔鱼〕形桁架
mansard roof ~ 折线形桁架
multiple ~ 复式桁架
nailed ~ 钉固桁架
pin ~ 枢〔栓〕接构架，销钉连接构架
primary ~ 主桁架
queen-post ~ 双柱桁架
roof ~ 屋架，人字桁架
scissors ~ 剪式桁架
simple ~ 简支桁架
subdivided ~ 再分式桁架
suspended ~ 悬式桁架
through ~ 穿过〔下承〕式桁架
tube lens ~ 叶〔鱼〕形桁架
Vierendeel ~ 空腹桁架，空腹大梁
Wichart ~ 菱铰桁架
trussing 桁架系统，杆系，格构桁架，屋架
trust ①联合企业，托拉斯②委〔信〕托
vertical ~ 产业托拉斯
trustee 托管者
trustworthy 可靠的，可信赖的
truth ①正确性，精确性，精度②真实性
ground ~ 地面实况
tryoff 铸型的试合型
tryout （示范性）试验，试用，检验，模具精调
T-section T 形截面，T 形钢，T 形（电路）节（点）
double ~ 工字形剖面
T-shaped T 形（截面）的，丁字形的
T-slot T 形槽
inverted ~ 倒 T 形槽，“L”形槽
T-square 丁字尺
T-steel T 形钢，丁字钢
double ~ 工字钢
t-stop T 光圈，光圈的 *t* 指数
T-track T 形径迹
tub ①桶，盆②矿车（容积一般＜0.7 m^3），吊桶③预制弧形块井壁④沐浴
dolly ~ 精选桶
pickling ~ 酸洗池
rag ~ （破布）半料洗涤机
strainer ~ 滤渣槽
tossing ~ 摇洗槽
welding ~ 焊接熔池
Tuba 强力地面干扰站
tubber 双尖镐
tubbing ①筒，桶②装进桶里
tubby 桶状的
tube ①管子〔路，道〕,（镜）筒，软管，漆管，绝缘套筒②电子管,（电视）显〔映〕像管③试管，限制管④地下铁道⑤隧道，风洞⑥（轮）内胎⑦把…装管，敷设管道，把…制成管形⑧（pl.）管材
~ of force 力（线）管
accelerometer ~ 加速度测量管
acorn ~ 橡实（形电子）管
acoustic ~ 传声筒
adder ~ 加算管
Adler ~ 艾德勒管（高速射线管）
Aeo ~ 辉光放电电子管
after-accelerated Braun ~ 后加速式布劳恩管〔阴极射线管，显像管〕
afterglow ~ 余辉管
Aiken ~ 菜刀形扁平显像管
air ~ ①空气（软）管②充气内胎
all-electrostatic ~ 全静电射线管，静电聚焦和静电偏转电子射线管
all-magnetic ~ 全磁射线管，磁聚焦和磁偏转电子射线管
aluminized picture ~ 铝背显像管
amplifier ~ 放大（电子）管
analyser electron ~ 光电显像管
AND ~“与”门管
Andromeda ~ 安多美达彩色显像管
angled-anode ~ 阳极偏斜的电子束管
annular ~ 套管
anode-voltage-stabilized camera ~ 高速电子束摄像管
anti-comet-tail plumbicon ~ 抗彗尾氧化铅摄像管
anti-transmit-receive ~ =ATR ~
aperture-masktricolo(u)r picture ~ 荫罩（式）彩色显像管
arch ~ 拱形管，形成炉拱的水管
array target ~ 阵靶管（电子束选址光阀管）

ascending ~ 上行管
atomic-beam ~ 原子束管
ATR ~ ① ATR 管（发射机阻塞放电管）②天线收发〔转换〕管③辅收发管
augment ~ 增速〔加速〕排气管
aurora ~ 辉光管
azimuth blanking ~ 方位角信号消隐管
backward wave ~ 返波管
balance ~ 均压管
ball ~ （滚珠丝杠的）滚珠循环导管
ballast ~ 镇流管
banana ~ 香蕉管（彩色显像管），长筒形单枪彩色显像管
band-pass-TR ~ 带通收 - 发管，带通保护放电管
bank ~ 栅管
bantam ~ 小型（电子）管
bare ~ 露天管路
barrier grid storage ~ 阻挡栅存储管
baseless ~ 无管基电子管
baseless subminiature vacuum ~ 无管基指形管
bath-fed ~ ①凝固浴管②管（式凝固）浴
battery ~ 直流（供电电子）管,电池供电（电子）管
bayonet ~ 卡口式电子管
beam ~ 束射管，集射管
beam index colo(u)r picture ~ 电子束引示彩色显像管
beam penetration cathode ray ~ 电子束穿透式阴极射线管
beam power ~ 束射功率管，电子束功率管
beam scanning image pick-up ~ 电子束扫描摄像管
beam screen-grid ~ 电子束四极管，束射四极管
beam storage ~ 束射存储管
beam switching ~ 束射〔电子束，射线〕开关管
beam type ~ （电子）束型管
beam-deflection ~ 电子束偏转管
beam-indexed storage ~ 电子束字标存储管
beam-indexing ~ 电子束指引管
bearing ~ 方位指示管（指示器）
bias ~ 偏压管
bicathode ~ 双阴极管
bimetallic ~ 双层管，复合管
binary storage ~ 二进制存储管
B-K ~ （= Barkhausen-Kurz ~）巴克豪森 - 库尔兹振荡管（微波管）
black matrix ~ 黑底管
black-and-white(picture) ~ 黑白显像管
black-face ~ 黑底显像管
blanking ~ 截止〔匿影，消隐（脉冲）〕管
blanking mixer ~ 消隐脉冲混频管
blast ~ 送风〔喷嘴，增压〕管
bleeder ~ 细通气管
blowing ~ 排污管，吹灰管
blue ~ 蓝辉光管
blue camera ~ 蓝色摄像管
boiling ~ 蒸发管
bombarding-beam ~ 轰击束管道
bombardment induced conductivity ~ 轰击致导管，轰击感生电导管
boob ~ 电视机（俗称）
Bourdon ~ 布尔顿管（压力计）
bracing ~ 撑管
brake ~ 闸管
brake-field ~ 制动电场三极管，二次电子抑制管，正栅管
Braun ~ 布劳恩〔阴极射线，电子束〕管
bubbler ~ 气泡管，水平仪玻璃管
bulb ~ 球形凸管
bunching ~ 聚束管
burner ~ 喷烧管
burst gate ~ 闪光控制管
bursting ~ 安全管（变压器的）
bushing ~ 衬套
butted ~ 粗端管，端部加粗管，异壁厚管
butt-welded ~ 对缝焊管，焊缝管
by-pass ~ 旁通管，分路管
camera ~ （电视）摄像管
camera ~ with silicon target 硅靶光导摄像管
canal ray ~ 极隧射线管
capacitance ~ 电容（电抗）管
capacitive reactance ~ 电容性电抗管
capillary ~ 毛细管
cardan ~ 带万向节的管式传动轴
cascade ~ ①高压 X 射线管②级联管
casing ~ 套管，钻管，井壁管
caterpillar ~ 波形管
cathochro ~ 电子致色屏管
cathode ray ~ 阴极射线管
cathode-ray ~ 阴极射线〔电子射线，示波〕管
cathode-ray memory ~ 阴极射线存储管，长余辉阴极射线示波管
cathode-ray picture ~ 阴极射线（电视）显

像管
cathode-voltage stabilized camera ~ 阴极稳压摄像管
cathodochromic cathode ray ~ 阴极射线致色电子束管
cathodochromic dark-trace ~ 电子〔阴极射线〕致色暗迹管
catkin ~ 阴极接金属外壳的电子管
cavity type retarding field ~ 腔式减速场管（微波振荡管）
cell-type ~ 电池式电子管
cell-type TR ~ 胞〔盒〕式开关管
center ~ 中心调整管
center-electrode ~ 中心电极射线管
centering ~ 定位筒，定心管，中心调整管
central ~ 中心轴管，中心（试验）管道
ceramic ~ 陶瓷电子管
ceramic-metal ~ 金属陶瓷管
cesium ~ 铯原子束管
cesium atomic-beam ~ 铯原子束管
cesium discharge ~ 铯放电管
Chaoul ~ 珂耳管（医疗用）低压短焦距X射线管
character ~ 字符管
character display ~ 显字管
character forming ~ 显字管
charactron ~ 显字管，字码管
charge-controlled storage ~ 可调存储管
chestnut ~ 栗形电子管（极间电容很小的超短波晶体管）
choke ~ ①阻气管②阻尼管
chroma ~ 彩色摄像管
chromatographic ~ 色谱管
chromatron(Lawrence) ~ 栅控彩色显像管（劳伦斯管）
circular-deflection driver ~ 圆形偏转线路驱动管
circulation ~ 循环管，排气管
clamper ~ 钳位管，钳压管
clipper ~ 削波管，限幅管
clogged ~ 闭塞管
closewise ~ 闭塞管
coaxial line ~ 同轴线式（电子）管
coaxial line oscillator ~ 同轴线振荡管
coding ~ 编码管
coincidence ~ 符合管
cold-cathode canal-ray ~ 冷阴极极隧射线管
cold-cathode counting ~ 冷阴极计数管，计数放电管
cold-cathode discharge ~ 冷阴极放电管
cold-cathode indicator ~ 冷阴极指示管，指示放电管
collapsible ~ 收缩管，软管
colo(u)r killer ~ 消色管，彩色抑制管
colo(u)r pick-up ~ 彩色摄像管
colo(u)r picture ~ 彩色显像管
colo(u)r reflection ~ 电子反射式彩色显像管
colo(u)r television ~ 彩色电视管，彩色电视显像管
colo(u)r-trace ~ 色迹记录管，色迹管
column ~ ①柱形管②转向轴管，转向管柱
combustion ~ 燃烧室
communicating ~ 连通管
commutator ~ 电子射线转换器,转换〔换向〕器套管，换向器管
compass ~ 定位管，雷达显示管
compensating ~ 补偿管，伸缩管
compound glass ~ 复合玻璃管
compromise ~ 异形管材
computer storage ~ 计算机存储管
condenser ~ 冷凝管
conducting ~ 导水管
consecutive drift ~ 相接漂移管，连串漂移管
contact ~ ①导电铜管②短焦距X射线管
continuous ~ 蛇形管
continuous taper ~ 锥形管
continuous wave ~ 连续波振荡管
control grid glow ~ 栅控辉（光）放（电）管
converter ~ 变频管
conveyer ~ 输送管道
convolute elastic ~ 盘簧管
Coolidge ~ 库利基（电子）管，热阴极电子射线管
Coolidge cascade X-ray ~ 库利基串级X射线管
cooling ~ 散热管
corona discharge ~ 电晕放电管
corrugated ~ 波纹管
counter ~ 计数管，计数放电管
counting ~ ①计数管②电子束开关管
coupling ~ 耦合管
C-R ~ 阴极射线管，电子束示波管
Crookes ~ 克鲁克斯放电管，克鲁克斯阴极射线管
cross ~ 十字管，横管
crossed field ~ 正交场管，M型管

crossed-field amplifier ~ 正交场放大管
crossed-field travel(l)ing wave ~ 交叉场行波管
crossflame ~ 联焰管
cross-ignition ~ 联焰管
C-type elastic ~ C 型弹簧管
current amplifier ~ 电流放大管
current multiplication ~ 电流倍增型（晶体）管
current-balance ~ 电流平衡管
cyclotron wave ~ 回旋波管
cylinder ~ 缸体，缸筒
damper ~ 阻尼管
dark-trace ~ 暗迹电子射线管
dark-trace screen ~ 暗迹记录管，黑迹管
date intermediate wheel ~ 日跨轮套
decade(counter) ~ ①十进计数管②电子束开关管
decimeter ~ 分米波电子管
deflection ~ 支管，射束偏转管，导向管
deflection(type) storage ~ 射线偏转存储管
deformographic storage display ~ 变形成像存储显示管
delivery ~ 导（出）管
delta ~ "品"字形彩色显像管
delta-type shadow-mask ~ "品"字形排列的荫罩管
demountable ~ 可拆（电子）管
detection ~ 检波管
detector ~ 检波管
detonate ~ 雷管
developmental ~ 试验管
dielectric ~ 介电管（在电磁学中假想由电力线包围成的管形）
diffusion ~ 散布管，分配管
digit ~ 数字管
directly viewed infrared image ~ 直观红外成像管
direct-viewing ~ 直观显像管（即普通显像管）
direct-viewing memory ~ 直观存储管
direct-viewing storage ~ 直观存储管
direct-vision storage ~ 直视存储器，直视存储管
discharge ~ 放电〔排出，喷，闸流，排泄〕管
discriminator ~ 鉴频管
disk seal ~ 盘封管（灯塔管）
display ~ ①显示管（雷达）②显像管（电视）
display storage ~ 显示存储管，直观存储管
dissector ~ 析像管
dissector camera ~ 析像摄像管
distance ~ 隔离套筒
distance sink ~ 定距管
door knob ~ 门钮形（电子）管
double beam ~ 双束管
double stream ~ 双注管
double-focus ~ 双焦点 X 射线管
downstream ~ 下降管
draft ~ 通风管，引流管，导管，尾水管
drain ~ 溢流管，排泄管
draw ~ （显微镜）镜筒
drawn ~ 拉制管
drift ~ 漂移管，有电子漂移空间的电子管，通风管
drip ~ 滴管
driver ~ 激励管，控制管
dry-cell ~ 干电池电子管
DT ~ 黑迹管
dual ~ 孪生管
dual switching ~ 复合开关管
dual TR ~ 复合保护放电管
dual-focus X-ray ~ 双焦点 X 射线管
dual-grid ~ 双栅管
dual-target X-ray ~ 双靶 X 射线管
dull emitter ~ 微热灯丝电子管，省电管
dummy ~ "假"管，等效（电子）管
duplex ~ 复合管，孪生管
duplexer ~ 天线转换开关（管）
dynamic ~ 动压管
elastic ~ 弹簧管
elbow draft ~ 肘形尾水管（水轮机的）
electrical micrometer ~ 电动测微筒
electrometer ~ 静电计电子管（输入阻抗接近无限大的真空管）
electron image ~ 电子图像管，幻像管，电视摄像管
electron multiplier ~ 电子倍增管
electron ~ 电子管
electron-beam counter ~ 计数用开关管，电子束计数管
electron-beam ~ 电子束管
electron(ic) ~ 电子管
electronic conducting ~ 电子导电视像管
electronic flash ~ （电子）闪光管
electronic image converting ~ 电子变像管
electronic pick-up ~ 电子摄像管
electrostatic charge printing ~ 静电记录〔印刷〕（阴极射线）管
electrostatic multistage intensifier ~ 静电多

级像增强管
electrostatic return beam camera ~ 静电反射束摄像管
electrostatic writing ~ 静电印刷管
electrostatically focus(s)ed ~ 静电聚焦（电子射线）管
electrostatic (cathode-ray) ~ 静电电子束管
emitting sole ~ 底极发射管
empire ~ 绝缘套管
enclosed type rectifier ~ （阴极）封闭式整流管
end window G-M ~ 端窗形盖革 - 弥勒计数管
ER ~ 电子束记录管
europium picture ~ 铕显像管
exciter ~ 激励管，主排管
exhaust ~ 排气管，抽风管，排气机（排气台）
expand(er) ~ 胀（管）胎
exploring ~ ①测针，探针，探测管②喷嘴
explosion-proof ~ 防爆筒，安全气道（变压器的）
expulsion ~ 管型避雷器
extended surface ~ 鳍片管，肋片管
external-cavity ~ 外腔管，外腔放电管
Farnsworth(image dissector) ~ 法恩斯渥析像管
fast-screen ~ 短余辉电子管
fiber ~ ①纤维管，丝管②硬纸板管
fiber optic ~ 光（学）纤（维）管，光纤电子束管
field ~ ①力线管②场示管
filamentary subminiature ~ 超小型直热式电子管
film penetration ~ 电子透过记录器
filterscan ~ 滤光扫描管
finned ~ 鳍片〔翼型，翅〕管
fire ~ 火管（锅炉），烟管
five-electrode ~ 五极管
flame ~ 火（焰）管，火（焰）筒，炉胆
flared ~ 扩口管
flash X-ray ~ 闪光摄影 X 射线管
flat ~ 扁平管
flat-faced ~ 平板荧光屏阴极发射管，平板屏幕电子束管
flexible ~ 挠性（导）管，软管
flip-flop ~ 触发管
flow ~ 流管
fluorescent ~ 荧光管，日光灯管，荧光显示屏
fluorescent display ~ 荧光数码显示管
fly spot pick-up ~ 飞点摄像管
flying spot scanner ~ 飞点扫描管
flying-spot ~ 飞〔光〕点析像管，扫描管，飞点示波管
focus grill(e) type colo(u)r ~ 格栅聚焦型〔聚焦栅型〕彩色显像管
focus mask type colo(u)r ~ 栅孔聚焦型彩色显像管
folded cylinder TR ~ 折叠圆柱天线开关管
forced air cooled ~ 强迫气冷管，风冷管
four-element ~ 四极管
fractional distilling ~ 分馏柱〔塔〕，部分冷凝器
fractional-mu ~ μ 小于 1 的电子管，分数放大系数管，分数 μ 管
fractionating ~ 分馏管
frame grid ~ 框架栅电子管（高跨导电子管）
frame monitoring ~ 场监示管，帧监视管（监控帧信号波形用的示波管）
frequency converter ~ 变频管
frequency-modulated ~ 调频管
fuel ~ 燃料输送管道，油管
fuse ~ ①信管②熔丝管
Gabor ~ 加博尔电子束管（缩短管子长度的电子束管）
gas ~ 充气管，离子管
gas control ~ 充气控制管，闸流管
gas-discharge ~ 充气放电管
gaseous discharge ~ 气体放电管
gaseous protector ~ 充气保险管
gas-filled arc ~ 电弧放电充气管
gate ~ 闸门管，选择管，门电路管
gated-beam ~ 栅控〔选通〕电子束管，屏流极大的锐截止五极管
ga(u)ge ~ 测流速管
GE post acceleration ~ GE 后加速（三色显像）管
Geer two-colo(u)r thin ~ 吉尔双色薄型管，吉尔双色薄盒
Geiger counter ~ 盖革计数管
Geiger-Muller(counter) ~ 盖革 – 弥勒计数器〔管〕
Geissler ~ 盖斯勒（放电）管
generating ~ 拱砖管，热水管（蒸汽锅炉的），蒸发管，汽化管，沸腾管
germanium photodiode array camera ~ 锗靶管，锗光敏二极管阵列摄像管
glass-type ~ 玻壳（电子）管
glim relay ~ 闪光继电管

glow discharge ~ 辉光放电管
glow discharge amplifier ~ 辉光放电放大管
glow discharge voltage regulator ~ 辉光放电稳压管
graded ~ 刻度管
gravity ~ 泥浆密度测定计
green camera ~ “绿色”摄像管
grid ~ 栅条（彩色显像）管
grid glow ~ 栅控辉光放电管
grid pool ~ 栅控汞弧整流器，带有栅极的汞弧管
grid-controlled ~ 控制栅电子管
grid-controlled X-ray ~ 栅控 X 射线管
grid-return ~ 反射栅电子管
guide ~ 导管
gun ~ 炮管，炮身
half-open ~ 一端开口的管
half-picture storage ~ 半像存储管
half-tone storage ~ “灰色”存储管，半色调存储管
hard ~ ①高真空电子管，“硬性”电子管 ②硬 X 射线管
hairpin ~ U 形管，发卡形管
head-on photomultiplier ~ 对正光电倍增管，光电阴极光电倍增管
heaterless ~ 直热式电子管
heater(type) ~ 旁热式电子管
heat-eye ~ 红外线摄像管
heavy wall ~ 厚壁管
Heil ~ 海尔（带状）电子束速调管
helically grilled ~ 伸缩管，连接软管
helium ~ 充氦管
helium-and-neon ~ 氦 - 氖管
helix ~ 螺旋管
helix Bourdon ~ 螺旋弹簧管
helix travel(l)ing wave ~ 螺线型行波管
HF amplifier ~ 高频放大管
high intensity cathode-ray ~ 高亮度阴极射线管
high amplification factor ~ 高放大因数管，高 μ 管
high-frequency ~ 高频管
high-gamma ~ 高 γ 显像管
high-mu ~ 高 μ 管，高放大因数管
high-transconductance ~ 高跨导管
high-velocity ~ 高速（扫描摄像）管
high-velocity beam camera ~ 高速电子束扫描摄像管
high-voltage drive ~ 高压激励管
high-voltage scanning ~ 高压扫描管
Hi-Lite permachrome ~ （RCA 公司）黑底彩色管
hinge ~ 管子芯骨
Hittorf ~ 希托夫管（旧式阴极射线管）
hollow-cathode ~ 空心阴极管
Holtz ~ 霍耳兹管（放电管）
homogeneous ~ 整体管（不是焊接的）
horizontal discharge ~ 水平偏转放电锯齿波形成管
hot cathode ~ 直热式电子管，热阴极管
hot cathode grid glow ~ 热阴极栅控辉光放电管
hot cathode laser ~ 热阴极激光器
hot cathode mercury vapo(u)r rectifier ~ 热阴极汞气整流管
hot cathode X-ray ~ 热阴极 X 射线管
hydrogen ~ 充氢管
hydrogen storage beam ~ 氢储存束管
ignition ~ 烧灼管，发火管
image ~ 移像〔显像，摄像〕管
image camera ~ 移像式摄像管
image converter ~ 变像管
image dissector ~ 析像管
image intensifier ~ 图像亮度放大管，图像增强管
image intensifier orthicon ~ 像增强析像管，像增强式直像管
image pick-up ~ 摄像管，拾像管
image receiving ~ 显〔收〕像管
image reconstructor ~ 显像管，图像组成管
image storing ~ 储像管，图像存储管
image-orthicon ~ 超正析像管
image(-)viewing ~ 图像（光电变换）管，显像管
impact ~ 皮托〔全压，冲压，空速〕管
impulse-forming ~ 脉冲形成管
index ~ 指引管（管外选色式彩色显像管之总称），引示管，引示彩色显像管
inductance ~ 电感管，感应（输出）管
inductive-output ~ 电感输出管
infrared pick-up ~ 红外摄像管
injection ~ 注入管，上水管
in-line colo(u)r picture ~ （电子枪）一字排列式彩色显像管
in-line shadow mask ~ 一字形荫蔽管
in-line stripe ~ 一字排列式条形（荧光）屏

显像管
inner ~ 内胎
inspection ~ 观察窗
insulating ~ 保温管，瓷〔绝缘〕管
integral mesh ~ 结合网管（摄像管）
intensified silicon vidicon camera ~ 增强硅靶视像管
intensifier SEC camera ~ 增强式二次电子导电摄像管
intensifier-type CR ~ 增强型〔长余辉〕阴极射线管
interconnector cross-ignition ~ 联焰管
internal-cavity ~ 内腔（放电）管
internal(ly) ribbed ~ 内螺纹管，内肋片管
inverted ~ 倒相管，倒用（电子）管
ion ~ 离子管，充气管
ion storage ~ 离子存储管
ion-beam ~ 离子束管
ionic ~ 离子管
irradiation ~ 辐照管
jacket ~ ①管状外罩②管套③转向轴外管（护管），套管④套筒炮身
jet ~ ①喷管，喷嘴②喷雾器
jump welded ~ 对缝焊管，焊缝管
key(er) ~ 键控管
killer ~ 彩色信道〔号〕抑制管，抑色管
kinescope ~ 显像管
Kundt ~ 孔脱管（测声速用）
laminated ~ 层压管
laser ~ 激光管
Lawrence ~ 影条栅彩色显像管，劳伦斯管（单枪三束彩色显像管）
lead ~ 铅管
lead-in porcelain ~ 引入线瓷管
lead-oxide ~ 氧化铅（视像）管，铅靶管
lead-oxide camera ~ 氧化铅摄像管
lead-oxide photoconductive ~ 氧化铅光电导〔靶摄像〕管
Lenard ~ 勒纳管（阴极射线管）
lens ~ 镜头筒
level ~ 水准测管
light ~ 光调制管〔器〕，光阀
light guide ~ （电视）投影管，光波导管
light image intensifier ~ 光像增强管
light modulated gas discharge ~ 光调制用放电管
light sensitive electron ~ 光敏电子管
light valve ~ 效应光阀管
lighthouse ~ 灯塔管
light-sensitive ~ 光敏电子管
limiter ~ 限幅管
line focus ~ 行聚焦管
line gun colo(u)r picture ~ 电子枪一字排列式彩色显像管
line monitoring ~ 行频信号监视管
linear ~ 线性摄像管（硅靶）
linear-beam ~ 直线束管，O 形管
liner ~ 衬管
lock-in(type) ~ ①同步管②锁式管
long-persistence cathode-ray ~ 长余辉阴极射线管
low duty pulsed ~ 低工作比的脉冲管
low light level camera ~ 微光摄像管
low velocity beam scanning storage ~ 低速扫描存储管
low-capacitance ~ 低极间电容电子管
low-light-level camera ~ 低亮度摄像管，微光摄像管
low-velocity pick-up ~ 低速（电子束扫描）摄像管
luminous discharge ~ 气体放电管，气体发光管
luminous screen pick-up ~ 有发光屏的摄像管
Lyman ~ 赖曼（放电）管
magnetic beam-switching ~ 磁旋管
magnetically-focus(s)ed image converter ~ 磁聚焦变像管
magnetic-deflection cathode-ray ~ 磁偏转电子束管
magnetron beam switching ~ 磁控束型开关管
magnetron type travel(l)ing wave ~ 磁控型行波管
manometer ~ 压力管
mask-focus(s)ing colo(u)r ~ 荫罩聚焦彩色显像管
mask-focus(s)ing picture ~ 荫罩聚焦彩色显像管
McNally ~ 麦克纳莱管（速调管）
meander-line travel(l)ing wave ~ 曲折线行波管
mechanically tuned ~ 机械调谐管
memory ~ 存储管，记忆管
mercury-vapo(u)r ~ 汞气整流管，汞充气整流管
metal ~ 金属壳（电子）管
metal back ~ ①铝背电子射线管，铝背显像管②金属敷层显像管

metal-Braun ~　金属显像管
metal-ceramic X-ray ~　金属陶瓷 X 射线管
metal-cone(picture) ~　金属锥体显像管
metallic drift ~　金属壳漂移管
microfocus X-ray ~　微焦 X 射线管
microminiature ~　超小型电子管
microphonic ~　颤噪管，微音管
microwave ~　微波（电子）管
midget ~　小型（电子）管
military ruggedized ~　①军用耐震管②军用强化管，军用可靠管
Millman ~　密尔曼管（行波管）
mixer ~　混频管，混波管
mixing ~　①（燃料，空气等的）混合管②混频管，混波管
modulation divider ~　分频管
modulator ~　调制管
monitor(ing) ~　监视〔显像〕管
monochrome picture ~　黑白电视显像管
monoscope ~　单像管
Moore ~　穆尔管（放电管）
Morton ~　摩尔顿管（极间距离极小的三极管）
M-type backward wave oscillator ~　M 型返波振荡管
multiband ~　①多带管②带状荧光屏管
multiple ATR ~　复式阻塞放电管
multiple digit ~　多位数字管
multiple unit ~　复合管
multiple-channel image dissector ~　多通道式析像管
multiplier ~　（电子）倍增管
multi-stage image intensifier ~　多级图像增强管
narrow-angle picture ~　小偏转角显像管
narrow-bore ~　小直径管
neck ~　（摄像管的）玻璃外壳，颈管
negative mutual conductance ~　负互导管
neon ~　氖管，霓虹灯
Nessler ~　奈斯勒比色管
neutron ~　中子（发生）管
nixie ~　数字管，数码管
noise discharge ~　噪声放电管（测量噪声系数用的气体放电管）
noise suppression control ~　静噪控制管
non-linear ~　非线性摄像管
non-storage ~　非存储式摄像管
novel ~　标准九脚小型管
nozzle ~　喷管
off-trigger ~　截止触发管
open ~　开管
optical ~　光学镜筒
optically scanned SEC camera ~　光学扫描二次电导摄像管
optimeter ~　光学比较仪光管
Osaka ~　大阪管，振荡管，反射速调管
oscillograph(ic) ~　示波管
oscilloscope ~　示波管，录波管
osmos ~　渗透管，X 射线管硬度调节装置
package ~　①封装管②永磁磁控管
pair ~　对偶管，配对管
palladium barrier ~　钯障管
paper jointing ~　纸接合管
parallax colo(u)r ~　视差式彩色荫罩管
particle orientation ~　粒子取向管
peanut ~　花生（电子）管（超短波电子管）小型管
pedestal control ~　①消隐脉冲电平调整管②基座控制管
pencil ~　笔形管，超小型管（UHF、VHF 调谐器用的）笔形管
penetration ~　电压穿透式彩色管
penetration-controlled colo(u)r ~　电压穿透式彩色管
pentagrid converter ~　七极变频管
pentagrid mixer ~　七极混频管
perforated ~　（消声器）多孔管
permeability ~　渗透管（透气性测定器）
phase-tuned ~　调相管
phosphor-coated ~　涂磷管，荧光管
photoconductive ~　①视像管，光电导管②光电导摄像管
photoconductive camera ~　光电导摄像管，视像管
photoconductive pick-up ~　视像管，光电导摄像管
photoconductor ~　视像管，光电导管
photoelectric ~　①光电管②光度管
photoelectric viewing ~　①光电显像管，移像管，幻像管②电子光学变换器
photoemission camera ~　光电发射摄像管
photoemissive ~　光电发射管
photoglow ~　①充气光电管②辉光放电管
photomultiplier ~　光电倍增管
photovoltaic pick-up ~　光生伏打摄像管
pick-up ~　摄像管
picture ~　显像管

pilot ~ 指示灯
Pirani ga(u)ge ~ ①皮拉尼探漏器②皮拉尼规管（测真空度用的电子管）
pitot ~ 皮托〔空速，总压〕管
plain-end ~ 平端管，光管
plug-in ~ 插入式放电管
plumbicon ~ 氧化铅摄像管
plunger ~ 隔磁管
pneumatic ~ 气压运输管，气压管，输气管
polariscope ~ 偏振光镜管
pool ~ 汞整流管
position voltage ~ 位置电压放大管
positive ~ 正栅压闸流管
post-acceleration ~ 后加速管
post-acceleration electrostatic ~ 后加速静电控制管
pouring ~ 注油管
power ~ 功率（电子）管，功率放大管
precision in-line ~ 精密直列式彩色显像管
pressure ~ 压力管，测压管
pre-TR ~ 前置收发管，预置收发开关管
printing ~ 印刷管，打印管
probe ~ 取样管
projection ~ 映射管，投影管
propeller ~ （万向）传动轴轴套，传动轴套
protector ~ 管型避雷器
pulse ~ 脉冲管
pulse code ~ 脉码管
pulsed-discharge ~ 脉冲放电管
pyroelectric camera ~ 热电摄像管
pyrometer ~ 高温计保护管
pyrometer sighting ~ 高温计窥视管
quadrature ~ 直角〔电抗〕管
quadrupole ~ 四极场管，四极电子管
radar ~ 雷达指示管，雷达显示管，雷达定位管（雷达显示器的终端器件）
radar Braun ~ 雷达布劳恩管，雷达显示管
radial deflection type cathode-ray ~ 极坐标〔径向偏转式〕阴极射线管
radial field cathode-ray ~ 径向场阴极射线管
radial-beam ~ ①径向聚束管②径向偏转电子射线管
radial-beam commutator ~ 径向（偏转）电子束转换管
radial-beam oscillographic ~ 径向偏转示波管
radiant ~ 辐射管
radiation image pick-up ~ 辐射像摄像管
radiation-cooled ~ ①辐射〔自然〕冷却电子管②冷却管，气冷管
radiation-counter ~ 辐射（线）计数管
radio ~ 真空〔电子〕管
radio receiving ~ 收信放大管
radio-frequency ~ 射频〔电子〕管
range ~ 距离显示管，测距管
range-azimuth ~ 距离 - 方位管
rapidly switched ~ 快速开关管
raster-scan ~ 光栅扫描管
Raytheon ~ 瑞通管，全波整流管
reactance ~ 电抗管
rear window ~ 后窗（光电）管
rear-loading ~ 后插式（摄像）管
receiver ~ （射流）接收管
receiving ~ 收信管
recording cathode ray ~ 记录用阴极射线管
recording storage ~ （图像信息）记录存储管
rectangular picture ~ 矩形（荧光）屏显像管
rectifier ~ 整流管
reflection ~ 反射式显像管
reflection colo(u)r ~ 反射式彩色显像管
refractory casting ~ 耐热铸管
regulator ~ 稳压管，稳流管
relay ~ 替续管，电子继电器
reliable ~ 高可靠（电子）管
relief ~ 放压管，排放管
remote cut-off ~ 遥截止管
remote-spotting ~ 遥示管
resistance ~ 电阻管，管形电阻
resistance wall ~ 阻壁（放大）管
resonance ~ 共鸣管
retarding field ~ 减速场（振荡）管
return ~ ①回（流）管，溢流管②回油〔水，汽〕管
ribbed ~ 肋片管，内壁细纹管
rifled ~ ①加肋管②内螺纹管（来复线管）
RIS ~ （ = rectangular cone in-line gun shadow mask ~）矩形锥体、一列式枪、荫罩式彩色显像管
riser ~ 提升管，升液管
Roentgen ~ X射线管，伦琴管
rolled ~ 滚制〔卷铁皮，轧制〕管
rotating target X-ray ~ 旋转阳极 X 射线管
R-T ~ 谐振收发放电管，谐振开关管
ruggedized(electron) ~ 高强度电子管，耐震电子管，坚固电子管
S ~ 空间电荷控制式小型整流管
scan converter ~ 扫描转换管

scanner ~ 扫描式发送管，扫描管，飞点扫描摄像管
scanning camera ~ 飞点扫描摄像管
Schuler ~ 多孔阴极管
scoop ~ ①铲管，勺形管②液压离合器取液T形导管
screen ~ ①（防渣）管帘，捕渣管②屏蔽电子管③费斯顿管
screen-grid ~ 屏栅管，四极管
seam ~ 有缝管
seamless steel ~ 无缝钢管
searching ~ 探管，探针
secondary emission ~ 次级发射管
Seifert ~ 塞弗特〔高度聚焦〕X 射线管
semiconductive pick-up ~ 半导体摄像管
separator ~ 分离管，缓冲管
serial ~ 标准电子管，系列内电子管
shadow mask ~ 荫罩管，荫罩型显像管
Shepard ~ 速调管
shielded-grid ~ 屏栅管
shielded-plate ~ 屏蔽管，帘栅管
shock ~ 激波管，振动管，冲击管
shoebutton ~ 橡实管，小型电子管
short-neck ~ 短颈（显像）管
shutter ~ 快门管
side ~ 支管，侧管
sight ~ 观察孔
signal-converter storage ~ 信号变换存储器
silicon bombardment induced response ~ 硅靶视像管
silicon intensifier target ~ 增强式硅靶（视像）管
silicon target camera ~ 硅靶摄像管
silicon-diode array camera ~ 硅二极管阵列摄像管
single-gun tricolo(u)r ~ 单枪彩色管
single-sided target ~ 单面靶电子管
single-step accelerating ~ 单（间）隙加速管
situation-display ~ 位置显示管，向量显示管
slip ~ ①滑管②伸缩接头③套管，伸缩管
slot mask type ~ 开槽式荫罩彩色显像管
soft ~ ①软性电子管，低真空电子管②软管
solar blind ~ 日盲管
solid-drawn ~ 无缝〔冷拔，拉制〕管
speaking ~ 通话管，传声筒，话筒
special section ~ 异型管
spectrum ~ 光谱管
spiral Bourdon ~ 波登管，螺旋（形）弹簧管
spirally coiled ~ 盘管
split ~ 对开管口
spray shield ~ 金属喷涂屏蔽的玻璃壳电子管
square corner Braun ~ 矩形电子束管，矩形显像管
squaring ~ 矩形脉冲形成管
squelch ~ 静噪管
stabilivolt ~ 稳压管
stacked ~ 叠层管
static ~ 静压管
staticon ~ 静像管，视像管
step ~ 间距式电子管,阶跃式放电管（计数管）
step discharge ~ 分级放电管
stepped taper ~ 逐节变直径管
stern ~ 艉轴管
stop ~ 止动管
storage ~ 记忆〔存储，储能，储像〕管
storage camera ~ 积储式摄像管
storage-type camera ~ 储存〔记忆〕式摄像管
stripe screen ~ 条屏显像管
stroboscopic ~ 频闪观测管
7-stroke ~ 七画式气体放电数字管
stub ~ 短管，管接头，接管座
submarine torpedo ~ 潜艇鱼雷发射器
subminiature ~ 超小型电子管
super-bright ~ 超亮管（黑底高亮度彩色显像管）
superconducting power ~ 超导功率管
supercontrol ~ 可变互导管，变μ管，变跨导管
superpower ~ 强功率管，特高功率管
support ~ 支承管，悬吊管，底管（光纤坯棒原料）
suppressor grid ~ 抑制栅电子管，五极管
surface-ship torpedo ~ 水面舰艇鱼雷发射器
sweep ~ 扫描管
switch(ing) ~ 开关管
sync stretch ~ 同步脉冲展宽〔引伸〕管
syphon ~ 虹吸管
tee ~ T 形管，三岔管
telescope ~ 伸缩套管，望远镜筒
television camera ~ 电视摄像管
television picture ~ （电视）显像管
television studio ~ 电视演播管
test ~ 试管，风洞
thermionic ~ 热离子管，热（阴极，发射）电子管，真空管
thermionic multiplier ~ 热阴极电子倍增管

thermionic rectifier ~ 热阴极整流管
thermionic vacuum ~ 热离子真空管
thermocouple protection ~ 热电偶保护管
thermometer ~ 管式测温探头
Thiele ~ 均热管
thin wall ~ 薄壁管
thistle ~ 蓟头漏斗，长颈漏斗
three-beam ~ 三束管，三注管
three-colo(u)r ~ 彩色显像管，三色显像管
three-electrode ~ 三极管
three-gun masked-dot ~ 点形荧光屏三枪（彩色显像）管
three-gun tricolo(u)r ~ 三枪彩色显像管
threshold ~ 限制管，阀管
tipping ~ 倾斜管
tire ~ 内胎
torpedo ~ 鱼雷发射管
torque ~ 万向轴管，转矩管，扭力管，联轴器
torsion ~ 扭管
total-head ~ 全压头管
T-R ~ 收发保护管，收发机保护放电管
trainable ~ 旋回发射管
transit-time ~ 速调管，渡越时间管
transmission modulation storage ~ 透射调制存储管
transmitting ~ 发射管，发送管
transverse beam travel(l)ing-wave ~ 横向束行波管
transverse current travel(l)ing wave ~ 横向电子流行波管
transverse field travel(l)ing-wave ~ 横向场行波管
travel(l)ing-wave ~ 行波管
tricolo(u)r ~ 彩色显像管
tricolo(u)r direct-view ~ 直观式三色管，直观式彩色管
trigger ~ 触发管
tri-gun colo(u)r ~ 三枪彩色显像管
tuning indicator ~ 调谐指示管
TV transmitting ~ 电视用发射管
TW ~ 行波管
twin ~ 孪生管，双联管
ultrahigh-frequency cathode ray ~ 特高频阴极射线管
unfilmed ~ 屏幕未覆铝的电子束管
unit ~ 单位管（有单位通量通过的管）
unit Faraday ~ 单位法拉第管，单位力线管
upflow ~ ①溢流管②立管，竖管
vacuum ~ 真空管，电子管
vacuum cavity ~ 内腔管
vacuum photo ~ 真空光电管，真空光电元件
valve ~ 电子管，二极整流管
vapo(u)rizer ~ 燃油蒸发管
variable-mu ~ 变 μ 管
varnished ~ 浸渍（绝缘）管，黄蜡套管
vector ~ 矢量管
velocity variation ~ 速度调制管，变速管
Venturi ~ 文丘里管，喉管
video ~ 视频管
video amplifier ~ 视频放大管
video output ~ 视频放大输出管
videograph ~ 高速阴极射线印刷管，图像电报显示管
vidicon ~ 光导摄像管（做多波长检测器用）
vidicon electron ~ 光导摄像管
view-finder ~ 寻像管
voice ~ ①传话管②话筒
voltage penetration cathode ray ~ 电压穿透式（多色显示）电子束管
voltage regulator ~ 稳压管
voltage stabilizing ~ 稳压管
voltage-doubler ~ 倍压整流管
vortex ~ 涡（旋）管
vycor ~ 高硅氧玻璃管
water ~ 水冷壁管，沸腾管，（pl.）水冷壁
waveguide ~ 波导管
waveguide coupled traveling wave ~ 波导耦合行波管
whirl ~ 风洞，风道
white-phosphor ~ 白色荧光屏电子管，白色荧光质电子束管
white-screen ~ 白色荧光屏电子管
wide-angle ~ 广角度显像管
wide-spaced ~ 宽极间距离电子管
Williams ~ 静电存储管，威廉斯管
wire ~ 电线导管
wired ~ 编织套，电缆屏蔽套
worm shaft spacer ~ 蜗杆轴隔套
xenon flash ~ 氙脉冲管，氙闪光管
X-ray ~ X 射线管
zebra ~ 斑纹彩色显像管，齐勃拉管
zone ~ 熔区管

tube-drawing 拔管，管材拉拔
tube-factor 镜筒系数
tube-furnace 管式炉
tubeless 无电子管的，无内胎的

tubeline 管路，管线
tubing ①管材〔工，系，路，道（系统）〕，导管（装置）②铺设管道，配管③软绝缘管
armo(u)r ~ 保护导管
band ~ 软韧橡胶管
capillary ~ ①毛细管②节流管束（用于锅炉起动旁路系统）
exhaust ~ 排气管
flexible metal ~ 金属软管
pressure rubber ~ 耐压橡胶管
spaghetti ~ （绝缘布制的）小型绝缘套管
tapered ~ 变直径油管柱，等压油管柱
tub-pusher 推车器
tubular 管形的，空心的
tubulation 装管，焊（真空）管脚
exhaust ~ 排气管
tubulature 装管，管系，管列
tuck ①（横，缝）褶，褶缝②鼓声，喇叭声③精力
tucker ①装填，填充，填塞②使筋疲力尽
tucking 塞砂
tueiron 锻炉风嘴，(pl.)锻工钳，红炉钳
tufftride （氰化钾盐浴）扩散渗氮，液体氮碳共渗
Tufnol 合成树脂黏合纸
Tuf-Stuf 塔夫-斯塔夫铝青铜（w(Cu)86.9%，w(Al)10%，w(Fe)3%，w(Mn)0.1%）
tug ①拖轮，拖船②牵引力③用力牵引
salvage ~ 救助拖船
tugboat 拖轮
tugger 卷扬机，绞盘，拖拉装置
tugmaster 大拖车
tumblast ①转筒喷砂②抛丸滚筒
shot ~ 抛丸清理滚筒
tumble ①（使）跌〔摔〕倒，下跌，倒塌②磨〔抛，滚〕光③用滚筒清理④混乱，扔散⑤滚动
tumbler ①转臂，转筒，转鼓②滚筒（清理、磨光铸件等）③转换开关④转向（齿）轮，齿轮换向器，逆转机构，摆动换向齿轮⑤倾翻机构，翻斗机，翻转器，（装配用）翻滚夹具
drying ~ 转鼓式烘燥机，烘燥鼓，烘燥转筒
gear ~ 齿轮换向器，转向轮
ingot ~ 翻锭机，翻锭车
solenoid ~ 电磁转换开关
wet ~ 湿式清理滚筒
tumbling ①滚筒回转加工，滚磨，翻滚，翻转②滚筒清理法，滚筒抛光，滚光
dry ~ 干法抛光
wet ~ 湿法抛光
tunability 可调能力，可调谐度
tunable 可调谐的
tunance 并联谐振，电流谐振
tundish ①浇口盆，中间包，漏斗②集散器
tune 调谐，调准
tuned 调谐，已调谐的
bluntly ~ 钝调谐
tuned-anode ①板极〔阳极〕回路调谐的②已调阳极回路③调屏
tuned-grid 栅极〔回路〕调谐的，（已）调栅（极）的
tune-in 调入，调谐
tune-out 解谐，失谐
tuner ①调谐器，调谐设备，频率调整器②（电视机）高频头（俗称）
all band ~ 全频段频道选择器
all band TV ~ 全波段电视调谐器
band-pass ~ 带通调谐器
butterfly ~ 蝶式（电路）调谐器
cascode ~ 渥尔曼谐振器
dithering ~ 抖颤调谐器，颤动调谐器
double slug ~ 双插芯式调谐器
drawer ~ 抽屉式频道选择器
E-H ~ ①E-H波分支路（波导管）②E-H波调谐器
electronic UHF ~ 超高频电子调谐器
FM ~ 调频调谐器
full range ~ 全波段调谐器
grid-cavity ~ 栅极空腔调谐器
hydraulic ~ 液压调谐器
impedance ~ 阻抗调配器
incremental ~ 增量式〔电感抽头式，步进式〕调谐器
multiple ~ 复式调谐器
pillbox ~ 环形腔调谐器
push-button ~ 按钮式调谐装置
radio ~ 广播调谐器
slide ~ 滑动式调谐器
slug ~ 铁心调谐器
stereo ~ 立体声调谐器
straight ~ 直接放大式调谐器
stub ~ 调谐（用）短截线，短截线调谐器
tilt ~ 斜调谐器（质子直线加速腔加速场平坦度调整器）
turret ~ 回转式调谐器，旋转式频道选择器
ultra-high frequency ~ 超高频调谐器

varactor ~ 电调谐高频头
video ~ 电视调谐器
video-audio ~ 视 - 音频调谐器
voltage synthesis ~ 电压合成式调谐器
tune-up 调准〔节，谐，整〕
major ~ ①全面检修②（以加大功率为目的的）全面改进
tungalloy 钨（系硬质）合金
Tungalox 坦噶洛陶瓷（刀具）
tungar(tube) （二极）钨氩（整流）管，吞加管，整流管
Tungelinvar 腾格林瓦合金
tungstate 钨酸盐
tungsten 钨（W）
silver ~ 银钨合金（*w*（W）80%，*w*（Ag）20%）
zirconated ~ 锆钨电极
tungsten-cobalt 钨 钴 合 金（*w*（W）75% ~ 95%，其余 Co）
tungstenic （含）钨的
tapered ~ 锥形钨导线
tungstenizing 渗钨
tungstite 钨华
Tungum 〈英〉吞喀姆硅黄铜（*w*（Zn）14%，*w*（Si）1%，*w*（Al）1%，*w*（Ni）1%，其余 Cu）
tuning 调谐，调整，拨号
automatic fine ~ 自动细调，自动微调
broad ~ 宽〔钝〕调谐，粗调
C ~ 电容调谐
circuit ~ 回路调谐，调谐电路
coarse ~ 粗调（谐）
constant antenna ~ 天线固定调谐
electric ~ 电调谐
electronic ~ 电子调谐（的）
ferrite ~ 铁氧体频率计，铁氧体调谐
fine ~ 精细调谐
flat ~ 宽调，钝调，平直调谐
gang(ed) ~ ①同调②同轴〔联动，同时〕调谐
hair-breadth ~ 锐调谐，精调谐
in-line ~ 同频调谐（超外差收音机中频调谐法）
line ~ 线路调谐
note ~ 音调调谐
one-spot ~ 单钮〔同轴〕调谐，单点调谐
parallel-rod ~ 平行杆调谐
permeability ~ 磁（导系数）调谐，磁性调谐
pulse ~ 脉冲调谐
quiet ~ 无噪调谐
receiver incremental ~ 接收机扩展调谐
rough ~ 粗调（谐）
spade ~ 薄片调谐
stagger ~ 串联〔参差〕调谐
tone ~ 调音
vernier ~ 微调，游标调谐
visual ~ 目视〔视觉，目测〕调谐
tuning-fork 音叉
tuning-indicator 调谐指示器
neon ~ 氖示谐管，电眼
T-union T 形接管
tunnel ①隧〔坑，地〕道，管沟，电缆沟，山洞②烟道，烟囱③风洞
air ~ 风洞
air-blast freezer ~ 鼓风冻结隧道，隧道式鼓风冻结机
biological ~ （反应堆内）生物实验孔道
cascade wind ~ 叶栅风洞
cavitation ~ 空泡试验筒
closed-jet wind ~ 闭口式风洞
direct-action wind ~ 直流式风洞
duplex wind ~ 双试验段风洞
heavy-duty pressure ~ 高压隧洞
icing wind ~ 低温风洞
induction ~ 引射管，吸气管
irradiation ~ 辐照孔道
open-circuit ~ 开式风洞，非闭式风洞
propulsion wind ~ 推进（试验）风洞
return-flow wind ~ 回流式风洞
self correcting wind ~ 自校正风洞
shaft ~ 轴隧
shock ~ 激波风洞
slotted ~ 开缝风洞
subsonic wind ~ 亚音速风洞
subterranean ~ 地下隧道
transonic wind ~ 跨声速风洞
ventilated wind ~ 通风风洞
weather ~ 人工气候试验风洞
wind ~ 风洞
tunnel-diode 隧道二极管
tunnel(l)er 隧道掘进机，水平巷道掘进机
tunnel(l)ing 隧道效应，隧道现象
band-to-band ~ 带间隧道效应
tunneltron 隧道管
tuno-miller 外圆铣削（工件慢转）
tunoscope 电眼，调谐指示器
tup 撞锤，锤体，动力锤的头部，破碎机的落锤，冲面

hammer ~ 打桩锤的撞头
Turbadium 船用锰黄铜（w（Cu）50%，w（Zn）44%，w（Fe）1%，w（Ni）2%，w（Mn）1.75%，w（Sn）0.5%，其他 0.75%）
turbator 带环形谐振腔的磁控管
turbid 混浊的，混乱的
Turbide 特比德烧结耐热合金（碳化钛为主要成分的耐热烧结合金）
turbidimeter 浊度计，混浊度仪
scattering ~ 散射光浊度计
submersible ~ 水下浊度计
surface light-scattering ~ 表面散射式浊度计
transmission ~ 透射光浊度计
transmissivity to light-scattering ~ 透射光与散射光比较法浊度计
transmissivity ~ 透射比浊度计
turbidimetry 比浊法，（混）浊度测定法
turbidity 浊度，混浊性，相片轮廓不清晰度
reduced ~ 比浓浊度
turbidness =turbidity
turbidometer =turbidimeter
turbine 涡〔叶〕轮（机），汽〔水〕轮机，透平（机）
accumulator ~ 蓄热器汽轮〔透平〕机
action ~ 冲击式水轮机〔汽轮机，透平〕
aerodynamic ~ （空）气动（力）透平（机），空气动力燃气轮机，闭式循环燃气轮机
aero-gas ~ 航空燃气轮机
ahead ~ 推进〔顺车，前进〕汽轮机
aircraft derived gas ~ 航空改装型燃气轮机
astern ~ ①倒车涡轮机，倒车透平②反转透平
axial(flow) ~ 轴流式汽轮机，轴流式透平
axial-flow water ~ 轴流式水轮机
backing ~ 倒车透平
backpressure ~ 背压式汽轮机
Banki ~ 双击〔斑克〕式水轮机
Banki ~ 双击式水轮机
base ~ 后置汽轮机
Bauer-Wach exhaust steam ~ 鲍尔－瓦赫冷汽汽轮机（高压蒸汽机 - 低压汽轮机组）
blast ~ 喷气发动机射流涡轮机，鼓风涡轮机
bleeder ~ 放〔抽〕汽式汽轮机，不调整抽汽式汽轮机
bleeder condensing ~ 汽冷涡轮机
bleeding ~ 抽〔放〕汽式汽轮机
block-type ~ 组装式透平
booster gas ~ 加力〔加速〕燃气轮机
bucket wheel ~ 工质切向流动透平，斗轮式透平
bulb tubular ~ 灯泡型贯流式水轮机
canal tubular propeller water turbine 明槽贯流定桨式水轮机
centripetal ~ 向心式涡轮
ceramic gas ~ 陶瓷燃气轮机
closed cycle gas ~ 闭路循环燃气轮机
combined main and exhaust steam ~ （新汽 - 乏汽）双汽源汽轮机
combined pump ~ 组合式水泵水轮机
combustion ~ 燃气轮机，燃气涡轮
composite staged ~ 复合式透平
compressor ~ 压气机涡轮，驱动压气机涡轮，增压（器）涡轮，燃气发生器涡轮
condensing ~ 冷凝式汽轮机（或涡轮机）
condensing bleeder ~ 凝汽式抽汽涡轮机〔汽轮机〕
constant pressure combustion gas ~ 定压燃烧式燃气轮机
constant volume combustion gas ~ 等容式燃气轮机
cross ~ 并联复式透平
cross compound ~ 交叉双轴式透平，双轴式汽轮机
crossflow ~ 双击式水轮机
cruising ~ 船用汽〔燃气〕轮机
Curtis steam ~ 冲击式汽轮机
Curtis(-wheel) ~ 复速式汽轮机，寇蒂斯式汽轮机
De Laval ~ 单级冲动式汽轮机，拉伐尔式汽轮机
declined jet ~ 斜击式水轮机
deriaz ~ 斜流转桨式水轮机
diagonal ~ 斜流式水轮机
diagonal flow ~ 斜流定桨式水轮机
diagonal flow water ~ 斜流式水轮机
divided-flow ~ 分流式汽轮机
double discharge spiral water ~ 双排量蜗壳式水轮机
double pass-out ~ 双抽汽式汽轮机
double spiral ~ 双排量蜗壳式透平〔水轮机〕
double-ended ~ 双排汽口汽轮机
double-reheat steam ~ 二次〔中间〕再热式汽轮机
drag ~ （气体）摩擦（力带动的）透平，阻力透平
equal-pressure ~ 冲动式透平
exciter ~ 励磁水轮机，励磁用透平
exhaust steam ~ 废汽汽轮机，乏汽汽轮机

exhaust-driven gas ~ 废汽涡轮
expansion ~ 涡轮膨胀机
explosion gas ~ 爆燃式燃气轮机，定容燃烧燃气轮机
extraction ~ （可调整）抽汽式汽轮机，放汽冷凝涡轮机
extraction back pressure ~ 背压抽汽式汽轮机
extraction condensing ~ 凝汽抽汽式汽轮机
extraction gas ~ 抽气式燃气轮机
extraction steam ~ 抽汽式汽轮机
extraction-induction ~ 带抽气的双压汽轮机
fan driven ~ ①（驱动）风机透平②（驱动）风扇涡轮
fixed-blade ~ 定桨式水轮机
Francis ~ 混流式水轮机，轴向辐流式水轮机，法兰西式涡轮机
free ~ 自动透平，动力透平
free piston gas ~ 自由活塞燃气轮机
free-jet-type ~ 射流式水轮机
full-admission ~ 整周进水式水轮机
full-arc ~ 全周进汽〔气〕式透平
gas ~ 燃气轮机
gas-coupled ~ 分轴式透平机
globe cased ~ 灯泡式〔球壳式〕水轮机
heat-soaked ~ 热态汽轮机
helical-flow ~ 回流式汽轮机
high ~ 大功率涡轮机
Holzwarth gas ~ 霍尔兹·华斯燃气轮机，等容燃烧式燃气轮机
horizontal ~ 横轴式涡轮机
hydraulic ~ 水轮机
impeller type ~ （旋）桨式水轮机
impulse ~ 冲力〔击，动〕式涡轮机，冲击〔水戽〕式水轮机
induction ~ 中间充汽涡轮机，乏汽涡轮机
intercooled gas ~ 压气机级间冷却的燃气轮机
inward flow ~ 向心式透平
jet ~ 喷射式透平
Kaplan ~ 转桨式水轮机，卡普兰水轮机
Kaplan water ~ 轴流转桨式水轮机
lamp tubular Kaplan water ~ 灯泡贯流式水轮机
linear ~ 线性涡轮机（借气体喷射推动车辆高速前进）
Ljungstrom ~ 辐流式〔径流式，容克斯川式〕汽轮机
main propulsion gas ~ （船用）主燃气轮机
marinized aircraft gas ~ 航空改装型船用燃气轮机
mixed ~ ①混流式水轮机②混流式涡轮机
mixed-pressure ~ 双压透平
movable propeller ~ 轴流转桨式水轮机
multiple-flow ~ 多排气口涡轮机
multiple-runner ~ 多级涡轮机
multivalve ~ 多气门调速涡轮机，喷嘴调节涡轮机
Nagler type ~ 内格勒式〔轴流式定桨〕水轮机
noncondensing ~ 背压汽轮机
open cycle gas ~ 开式循环燃气轮机
open-flume ~ 开〔敞〕式水轮机
opposed rotation ~ 双转子对置透平（指辐流式汽轮机）
overhang shaft tubular water ~ 轴伸贯流式水轮机
overpressure ~ 反击式水轮机
parallel flow gas ~ 分流式燃气轮机
partial ~ 分流水轮机
pass-out ~ 抽汽式汽轮机，背压汽轮机
pass-out steam ~ 旁路汽轮机
Pelton water ~ 水斗式水轮机
power generation ~ 电站汽轮机
pressure ~ 反击式〔反动式〕水轮机，高压涡轮机
pressure compounded ~ （压力）多级式涡轮机
primary ~ （双轴汽轮机的）第一轴涡轮，前置式汽轮机
propeller ~ ①旋桨式水轮机，（叶片固定的）轴流定桨式水轮机②螺旋桨用涡轮
propeller water ~ 轴流定桨式水轮机
pure variable-pressure ~ 纯冲动透平
radial inward-flow expansion ~ 向心流动膨胀透平，向心透平冷气发动机
radial outflow ~ 离心式透平
radial outward flow ~ 离心式涡轮机
radial-axial flow ~ 混流式水轮机
radial-(flow) ~ 径〔辐〕流式汽轮机
ram ~ 冲压式空气透平
Rateau ~ 拉托透平（压力冲动式多级汽轮机）
reaction ~ 反动式涡轮机，反作用〔反击〕式水轮机
recuperative gas ~ 间壁回〔回流换〕热式燃气轮机
reentry ~ 回流式涡轮机
regenerative ~ 回热式涡轮机〔汽轮机〕
reversing ~ 可逆转式透平，倒车透平

ribbon ~　螺旋带涡轮搅拌器
secondary ~　后置式汽轮机
series flow ~　单轴（多缸）涡轮机，串流式透平
sextuple-flow ~　六排汽口涡轮机
shaft well tubular water ~　竖井贯流式水轮机
side-by-side ~　两轮式水轮机
simple ~　单级透平
single-pass ~　单流程式汽轮机
single-rotor gas ~　单轴燃气轮机
siphon tubular water ~　虹吸贯流式水轮机
spiral ~　蜗壳式水轮机
split ~　分轴式透平
split gas ~　分轴式燃气轮机
stage ~　多〔分〕级式涡轮
stahl ~　双回转反击式汽轮机，斯坦尔汽轮机
station auxiliary ~　（电）厂用辅助透平
steeple-compound ~　（上下）叠置式汽轮机
straight condensing ~　纯凝汽式汽轮机
superposition ~　前置式汽轮机
tailing ~　后置式汽轮机
tandem ~　级联汽轮机，单轴多缸式汽轮机〔燃气轮机〕，串联式汽轮机
tangential ~　冲动式〔冲击式，正切〕透平
throttling ~　节流调节透平
throughflow ~　贯流式水轮机
tip ~　叶尖涡轮，顶吹透平，叶端喷流透平
top ~　（两汽循环的）前级透平，前置透平
top-fluid ~　（两汽循环的）前级工质透平
total energy gas ~　能量综合利用燃气轮机
triple cross-compound ~　三轴多缸汽轮机
triple flow ~　三排气口涡轮机
tubular ~　贯流式水轮机
tubular axial water ~　贯流式水轮机
twin ~　（两台涡轮机组成的）双流式涡轮机
unequal pressure ~　反动式透平
uniform-admission ~　全周进汽涡轮机
variable-discharge ~　可变量透平机
vehicle ~　运输式透平
velocity ~　有速度级的透平，冲击式涡轮机
vertical-compound ~　（上下）叠置式（多缸）汽轮机
wind ~　风力涡轮，风力透平
Zoelly ~　多级压力式汽轮机，崔利式汽轮机

turbine-generator　汽轮发电机

turbine-type　透平式

Turbiston　特比斯通高强度黄铜（*w*（Zn）33% ~ 40%，*w*（Al）0.2% ~ 2.5%，*w*（Mn）0.2% ~ 2%，*w*（Fe）0.5% ~ 2%，*w*（Sn）0 ~ 1.5%，其余 Cu）

turbo　涡轮，透平
electronic controlled injection ~　电子控制燃油喷射增压涡轮

turbo-alternator　涡轮〔透平〕（交流）发电机（组）
cross-compound ~　并列双轴式涡轮发电机（组）

turbo(-)blower　涡轮〔透平〕鼓风机，汽轮驱动鼓风机，离心鼓风机，涡轮增压器
axial ~　轴流式涡轮增压器
gas ~　燃气轮机鼓风机组

turbo-car　燃气轮机汽车

turbocharger　涡轮〔透平〕增压器，燃气轮机增压器
electric auxiliary ~　（发动机）电动辅助涡轮增压器
engine coupled ~　连接式涡轮增压器
light pressure ~　（发动机）低压涡轮增压器
twin ~　（发动机）双涡轮增压器
two-stage ~　（发动机）两级涡轮增压器
variable geometry ~　可变喷嘴截面涡轮增压器
variable nozzle ~　可变喷嘴涡轮增压器

turbo-charging　废气涡轮增压
constant pressure ~　定压增压
pulse ~　脉冲增压

turbo-circulator　透平（驱动）循环机

turbocompressor　涡轮压缩机，离心压缩机

turboconverter　涡轮驱动变流机，涡轮发电变换机

turbodrier　透平干燥机

turbodrill　涡轮钻具（叶片式井底动力钻具）

turbo-driven　涡轮驱动的

turbo-dynamo　涡轮发电机

turbo-exhauster　涡轮排气机

turboexpander　透平冷气发动机，透平膨胀机

turbofan　涡轮风扇发动机，透平风扇〔机〕

turbofed　涡轮泵供油的

turbo-feeder　涡轮给水泵

turbofurnace　旋风炉膛

turbogenerator　汽轮发电机（组）

turbo(-)hearth　涡鼓型碱性侧吹转炉，涡轮敞炉

turbojet　涡轮喷气发动机，涡轮喷气飞机
by-pass ~　内外涵式涡轮喷气发动机
double compound ~　双轴涡轮喷气式发动机
double spool ~　双转子压气机〔双级压缩机〕

的涡轮喷气发动机
spool ~ 筒管式涡轮喷气发动机
through-flow ~ 轴向压缩机，涡轮喷气发动机
turbolator 扰流子
turbomachine 涡轮机（组），透平机（械）
turbomachinery =turbomachine
turbomat 汽轮机自动控制
turbomic 云母基绝缘材料
turbo-mill 涡轮研磨机
turbo-mixer 叶轮式混合器
turbonator 汽轮发电机
turbonit 胶纸板
turbo-power 涡轮动力
turboprop 涡轮螺（旋）桨发动机，涡轮螺（旋）桨飞机
compound ~ 双转子涡轮螺（旋）桨发动机
double spool ~ 双转子空气压缩机〔双级压缩机〕，涡轮螺（旋）桨发动机
free turbine ~ 自动涡轮螺（旋）桨发动机
single-spool ~ 单转子涡轮螺（旋）桨发动机
supercharged ~ 增压式涡轮螺（旋）桨发动机
turbopump 涡轮泵，透平泵
turboramjet 涡轮冲压式喷气发动机
turbo-regulator 涡轮调节器
turbo-rocket 涡轮火箭发动机
turbos （潜水艇）低压吹除鼓风机
turboseparator （汽鼓内的）旋风分离器，旋风子
turboset 涡轮〔透平〕机组，汽轮发电机组
turboshaft （发动机）涡轮轴
turbosphere 湍流层
turbosupercharger 涡轮增压器
turbo-unit 汽轮发电机组
turboventilator 透平风机
turbovisory 透平监控系统
turbulence ①骚动，扰动，混乱，颠簸②湍流（度），紊流（度），湍动性，涡流，旋涡，汹涌
intake ~ 进气紊流
metal ~ 液态金属混流
turbulency =turbulence
turbulent 紊流的，涡流的
turbulivity 湍流度，湍流系数
turf 泥煤，泥炭
turgograph =sphygmomanometer
turgoscope 血压计
turgosphygmoscope 血压计
turn ①转（动），扭转，回转，转弯，拐弯，转向②转变，变成，轮次，顺序③圈，匝，环，转（数）④车床，车削⑤翻转，翻过来，倒置，颠倒⑥向，朝向，指向
~ of development 发条工作圈数
~ of speed 转速
~ off 断开，切断，断路，关，扭闭（开关等）
~ on 接通，开，扭开（开关等）
~ up 接通，转速达到，参考，查阅
ampere ~ 安（培）匝（数）
back ~ ①反转，逆转②逆向匝，反作用匝
choking ~ 扼流〔抗流〕圈
conductor ~ 线匝
cross ampere ~ 交磁安匝（数）
dead ~ 死匝，无效线匝，空匝
end ~ 线圈端部，端部线匝
engine ~ 机动雕刻
high ~ 高效车床
holding end ~ 线圈端部固定〔绑扎〕
inverted ~ 扭转 180° 的线匝
multiple ~ ①多圈的，多匝的②多转的③多螺线的
plate ~ ①阳（极）线圈②平转弯
roller ~ 改向滚子
rough ~ 粗车
tight ~ 急弯
turnabout 转向，180° 转弯
turnaround ①回车道，转盘②小修，预防修理，检修（期）③活动〔有效〕半径④来回程，往返，周转（期），交接
line ~ 线路换向
turnback 回转，折回
turnbench （可携带的）钟表工人用车床
turnbuckle （松紧）螺纹，紧线器，螺纹接头
turnbutton 旋（转式按）钮
turncap （烟囱顶）旋转帽，风帽
turncock （有柄）旋塞阀
turndown ①折叠式的，可翻折的②关闭③调节
turner ①车工②（车床）刀夹，转塔头回转机构③车削工件④旋转器，搅动〔拌〕器⑤旋转〔翻拌〕者
bar ~ 棒料车削刀架
log ~ 翻木机
roller ~ 滚花轮，滚轮滚花
seam ~ （上假缝的）缝纫机压脚
windrow ~ 翻草机
turnerite 独居石
turnery ①车削车间〔工厂〕②车削产品，车工工艺

turnhead 环形镗槽

turning ①旋转,变向,弯曲,盘车②转弯（处),分岐处，转机③车削，切削外圆，车工工艺④（pl.)（车床）切屑

co-ordinated ~ 定倾角回转

copying ~ 仿形车削

electrochemical ~ 电解车削

external cylindrical ~ 外圆车削

face ~ 端面车削

fine ~ 精车，高速精密对研

finish ~ 光车（削),精车（削）

flat ~ 无倾角回转

flow ~ 变薄〔强力〕旋压，旋压（成形法）

form ~ 成形车削，车成形面

internal ~ 内圆车削

mirror ~ 镜面车削

motor ~ 汽车转向

normal inching ~ 正转点动

over head ~ 反装刀车削

page ~ 页转换

progressive copy ~ 顺序仿形车削

radial ~ 端面车削

reverse inching ~ 反转点动

rough ~ 粗车（削）

smooth ~ 光〔细〕车（削）

taper ~ 车锥体

turning-saw 弧锯（锯弧线用）

turn-insulating 匝间绝缘

turnkey （计算机）总控钥匙

turnmeter 转速〔转率，回转〕计，回转速度指示器

turn-miller 立式车铣床

turnoff ①断开〔路〕，切断，关（闭），扭闭②岔道，支路③成品

turnon 接通〔入〕，（扭）开，开启

turnout ①生产量，产额，产品，输出②岔道，避车道，分水闸，渠道分叉口③出清，扫除④切断，断路⑤设〔装〕备

turnover ①回转，循环②（交叉）翻转，倾覆，倒置，调动，移交③周转率，换新率，营业额④道岔，交叉⑤工程维持费

fixed assets ~ 固定资产周转率

mould ~ 翻型

turnpike 公路，大道，（铁路）跨线桥，高架桥

turnplate 转（车）台，旋转台〔盘〕

turnround =turnaround

turns ①小型固定顶尖车床（钟表专用），手动车床② turn 的复数

ampere ~ 安（培）匝（数）

turn-screw 旋凿，一字（或十字）旋具，传动丝杠

turnstile ①绕杆，（旋）转（式）栅（门），回转栏②交叉天线，十字形天线

turntable ①转（车）台〔盘〕②唱盘③回转台〔机构〕④（广播用）录音转播机

turntable 电唱盘

auto-change ~ 自动换片唱机

engine ~ 转车台（机车用的），发动机转台

gramophone ~ 唱机转盘

vacuum chuck ~ （翻片机）吸附转盘

turn-to-turn 匝间的

turnup ①达到一定转速②翻起物，卷起部分

turpentine 松节油，松脂，松香水

mineral ~ 矿（物）质松节油

turpidometer 浮沉测粒计

turps =turpentine

turquoise 绿松石

turret ①塔楼，角塔，炮塔②（转）台，转动架，回转头，转塔刀架，（摄影机的）透镜旋转台③转塔车床④消防用水龙⑤钢包回转台

all-round ~ 全向转动炮塔，全向（六角）转台，万能转塔

cab ~ （机车）司机室分汽阀

capstan ~ 转塔刀架，六角刀架转塔

cine ~ 摄影镜头转盘

disk type ~ 端齿盘

dual level ~ 双层转塔

lens ~ 透镜旋转台〔旋转头〕，旋转镜头座

photo ~ 光学回转头，光学转台

soldering ~ 焊钳

square ~ 四方刀架

turtle-backed 凸的，凹形的

tusk 榫眼，齿状物

tutor ①（私人，家庭，指导）教师，导师，教员，助教②抑制

electronic ~ 电子教学装置

tutwork 计件工作

tuyere 风口

blast ~ 风口

lighting-up ~ 点火口

slag ~ 渣风口，风口集渣

TV

digital colour ~ 数字彩电

remote receiver ~ 遥控电视机

slow scan ~ 慢扫描电视

Smart ~ 电视计算机

wristwatch ~ 手表式电视
T-valve 三通阀
TV-out 电视输出
integrated ~ 整合式电视输出
T-wave T 波，横波
tweeks 大气干扰
tween 非离子活性剂
tweendeck 甲板间舱
tweeter 高频扬声器，高音喇叭，高音重发器
beryllium dome ~ 铍膜球顶形高音扬声器
cone ~ 锥形高音扬声器
ribbon ~ 铝带高频扬声器
tweezer ①用镊子钳② =tweezers
laser ~ 激光光钳
tweezers 镊子，（小）钳子，捏钳
overcoil ~ 游丝镊子
T-weld T 形焊接
twere 风口
twiddle 捻，旋转着移动
twilight ①微弱的光，昏暗的②没落〔洪荒〕时代③一知半解
twill 斜纹图案〔组织，织物〕
twin ①双晶，孪晶②双发动机飞机③（成）双的，（成）对的，二（倍）的，并联的，关系密切的，两个相似〔相关〕部分组成的④使成对，使相连⑤（pl.）一对
compound ~ 孪晶
contact ~ 接触孪晶
cyclic ~ 轮式双晶
double ~ 复合孪晶
flat ~ 双缸（水平）对置发动机
mechanical ~ 机械孪晶，塑变双晶
multiple ~ ①复孪晶②复对的，双绞的
twinax 屏蔽双线馈线
twinaxcable 双股电缆
twin-channel 双路的，双通道的，双渠的
twin-core 双芯
twin-cylinder 双缸的
twin-direction 双向离合器
twine ①两股绳，细绳，双股（或二股以上的）线，对线组②盘绕，缠绕③搓，捻，卷，编
coaxial ~ 同轴对
twiner 走锭捻线机，搓绳机，捻线机
self-acting ~ 走捻线机
twin-jet 双喷气发动机（的）
twinkler 发光体
twinkling ①闪光，闪烁②瞬间，顷刻
twinning ①孪晶现象，形成孪晶，孪生（作用），成对，并行②双股绞合，对绞③孪生的
electrical ~ 电孪生
twinplex 四信路制，双路移频制
twin-roll 双滚筒的
twin-row 双列的
twin-shaft 双轴（式）的
twin-tube 孪生管，双联管
twin-turbine 双流型汽轮机
T-wire 第一线，a 线，T 线，塞尖引线
twirl ①快速转动②扭转，卷曲③旋转的东西，螺旋形的东西④复制的〔万能〕钥匙
twist ①搓（合），捻，拧，绞（合），编，织②扭转〔弯，曲〕，弯曲③转动，缠绕，使成螺旋状④螺旋形，缠度
constant ~ 等齐缠度
dippy ~ 转落螺旋
drag ~ 扫孔器
drill single ~ 单（出屑槽）钻
gaining ~ 变距螺纹
left-handed ~ 左旋缠度
pair ~ 对绞
pipe ~ 管钳，修管器
right-handed ~ 右顺捻，右旋〔来复线〕缠度
star quad ~ 星形四线组扭绞（电缆）
uniform ~ 等齐缠度膛线
waveguide ~ 波导扭转接头
twist-drill 麻花〔螺纹〕钻（头），板钻
twister ①绞扭器，拧结器，加捻装置②受扭晶体③磁扭线（存储装置）④缠绕物⑤扭转车⑥难题〔事〕
assembly ~ （两步法捻线机的）并线初捻机
down ~ 帽锭〔环锭，下行〕捻线机
fancy ~ 花式捻线机
loop yarn ~ 起圈花纹并捻机
pair ~ 对绞机
trap ~ 管纱并捻机，立式罗拉捻线机（细纱直接并捻）
twist-free 无扭曲的，无扭转的
twistor =twister
twitter ①鸟鸣声②轻快颤震声
two-address 二地址（的）
two-armature 双（电）枢
two-bit-time-adder 双拍加法器
two-channel 双通道的
two-circuit 双路的，双回〔槽〕路的
two-core 双〔磁〕心的，双活性区的
two-cycle 二冲程的
two-dimension 二维，平面

two-dimensional 二维的，二度（空间）的，平面的，两因次的
two-direction 双向（的）
two-edged 双锋〔面〕的，两刃的，有两种相反作用的，有双重意义的
two(-)fold 两倍（的），双重的，两层的，有两个〔方面〕的
two-gang 双联的
two-hop-E 第二 E 层波
two-input-adder 半加（法）器
two-motion 双动的
two-needle-bar 双针床
two-pass 双行程的，双道的
two-phase 双〔二〕相的
two-ply 两层的，双重〔股〕的
two-polar 双极的
two-pole 两极的
two-port ①双口②二端对的，四端的
passive ~ 无源双口
two-position 二〔双〕位置的
two-roll-typecoiler 二辊式卷取机
two-scale ①二进制（记数法）②双刻度，双标度
two-section 双节的
two-shot 双人（特写）镜头，中近景（大致相当于中景），双镜头拍摄
two-stage 两级，双级，二阶段的，分二期的
two-state 双（稳）态的
two-stroke 二冲程的
two-symbol 二进位的
two-track 双声迹的，双声道的
two-value 双值的
two-way 双向的，双路的，二通的，双方（面）的，二用的，双频道的
two-wheeler （两轮）挂车
two-zoned-core 双区堆芯
T-wrench 丁字扳手
twyer(e) 风口
twystron 行波调速管
tygoweld 环氧树脂复合黏合剂
tying 绑扎，结，系
tymp 水冷铁铸件（冷却渣口、风口、金属口的构件）
tympan ①鼓，薄膜状物②（印刷机的）压纸格，衬垫③门楣中心
tympanum ①（电话机的）振动膜②鼓室（耳）③鼓形水车④门楣中心
type ①型，式，类型②典型，样本③记号，图案，标志④铅〔活〕字⑤打字（机）
~ out 打印输出，打字
balance ~ 摆轮游丝系统
black faced ~ 黑体字，粗体铅字
channel-depletion ~ 沟道耗尽型
claw-pole ~ 爪极式
clerical ~ 书写体
combined ~ 复〔组合〕式
common magnetic path ~ 共磁路式
compact ~ 小型，袖珍型
contrary wind ~ 反卷式
conventional ~ 习用型，常用式样，普通形式
coordinated ~ 联动式（信号）
covalence ~ 共价型
cross flow ~ 横流式（散热器）
cycloid ~ 周期型
derived-M ~ M 推演式，M 导出式
development ~ 试验样品，试验样机
distance ~ 遥控式，远程式
dot ~ 打点式
down flow ~ 直流式（散热器）
dual in-line ~ 双列直插式
duty ~ 工作制类型
flexible ~ 可变式（的），柔性（的）
floor ~ 落地式，固定式
flush ~ 平装型，埋装式，嵌入式
forced-air cooled ~ 风冷式
forced-directed-oil cooled ~ 强迫油循环导向冷却式
forward ~ 平头型（汽车）
foundry ~ 铸字
full-face ~ 粗体字
hash ~ 散列型
Hollerith ~ 字符型，H 型（FORTRAN 语言用）
horizontal ~ 横式，卧式
hydrocone ~ 吸管式，虹吸式
indoor ~ 户内式
inhead ~ 顶置气门式
in-line ~ 直列式
integer ~ 整型
kickback ~ of supply （利用回扫）脉冲（的）电源
lever ~ 杠杆式
light-spot ~ ①光点（反射指示）式②镜测读数型
liquid column ~ 液柱式压力计
loaded ~ 加重式
loose frame ~ 活套框架式

magneto-holographic memory ~ 磁全息照相存储方式
maximum ~ （带有装滚动体的孔的）重负荷型（轴承）
motor directed-driven ~ 电动机直联型
mo(u)lded-on ~ 模制式
multiway ~ 多主轴式，多位（加工）形式
non-conventional ~ 异型
non-homing position ~ 非归位式
normally closed ~ 常闭式
normally open ~ 常开式
open ~ 开启式
open side ~ 单柱式，侧敞开式
open-core ~ 空心式（铁心），开口铁心式
outboard ~ 外向式
outdoor ~ 户外式
over-and-under ~ 升降式
override ~ 脚踏式
own ~ 固有型，自身型
payload ~ 纯载荷类型
protected ~ 屏蔽式，封闭式，防护形式
ram ~ 柱塞式
regular wind ~ 正卷式
rigid ~ 整体式（的）
rotary ~ 回转式
service ~ 通用式
set ~ 集合类型
shell ~ （铁）壳型，贝壳型，密闭式
speed ~ 轻〔速力〕型（的）
split ~ 拼合式
spur ~ 正齿式，直齿式
step-by-step ~ 步进制
straight ~ 非水溶性型（冷却润滑液），直线型
strip-suspension ~ （仪表的）悬片式，轴尖支承式
test ~ ①视力表②试验标型
thermal ~ 温差式，热动式
totally-enclosed ~ 全封闭式
trilock ~ 三齿防转（装配）式
non store ~ 非存储式
up-to-date ~ 最新式
year round ~ 全年通用式
zoom ~ 可变焦距式，可调式

typebar （打字机）连动杆，打印杆

type-basket 打印筐

type-in 输入

type-out 输出

type-palette 打印字盘

typer ①打字机，印刷机②打字员
laser ~ 激光打印机

types type 的复数
~ of mechanical structure 机械结构类型

type-script ①（字的）打印体②打字原稿

typesetter ①排字机，字母打印机②排字工人
laser ~ 激光打印机
servo ~ 电动打字机，伺服印字机

typesetting 排字（用的）
computer-controlled ~ 自动照相排字机

type-style 字型，字体

typetest 典型试验，例行试验，型式试验

typetron （高速）字标管（具有字像存储能力的阴极射线管）

type-wheel 打印字轮

typewriter 打字机，打字员
braille ~ 点字（凸字）打字机
console ~ 键盘〔控制台〕打字机
electric ~ 电传〔动〕打字机
on-line ~ 联机打印机
output ~ 输出打印机
phonetic ~ 语音〔口授〕打字机
radio ~ 无线电电传打字电报机
television ~ 电视电传打字机
ultrafax ~ 电视传真机
voice-activated ~ 声控打字机

typhon ①压缩空气〔蒸汽〕发音器，大喇叭②“台风”导弹

typification 典型化

typing ①压制凹模〔模槽〕法②打字（术，工作，稿，文件）③定型化
die ~ ①具有精度公差的压制凹模片②反印法

typing-paper 打字纸

typing-reperforator 电传打字收报机

typography （活版）印刷术，排印，印刷格式〔工艺，品〕

typology ①类型学②类型学的，类型的

typotron 显字管，高速字标管（具有字像存储能力的阴极射线管）

tyramine 酪胺

tyre ① =tire ②齿圈，轮胎，轮箍③装轮胎
adhesive ~ 胶口〔黏着式，阻力〕轮胎
aero ~ 飞机轮胎
bald ~ 花纹磨光轮胎
balloon ~ ①低压轮胎②球胆
band ~ 实心〔重型，货车〕轮胎
beaded ~ 橡皮轮缘的轮胎，嵌合轮胎
beadless ~ 直边外胎

bias belted ~ 带束斜交轮胎
blind ~ 无凸缘轮胎
block ~ 实心轮胎
clincher ~ 嵌入式〔紧嵌式，嵌合〕轮胎
cover ~ 外胎
cushion ~ 半实心〔减振，垫式〕轮胎
cycle ~ 自行〔摩托〕车胎
diagonal ~ 斜交轮胎
double-head ~ 双缘轮胎
energy optimized ~ 最佳节能轮胎
foam filled ~ 海绵轮胎
fortified ~ 加强轮胎
ground grip ~ 钩土〔高通过性，黏着式，带有滑链的〕轮胎
grown ~ 胀大轮胎
high-performance safety ~ 高性能安全轮胎
jumbo ~ 大车胎，超低压轮胎
lorry ~ 载重轮胎
motor ~ 汽车轮胎
off-the-road ~ 越野轮胎
pneumatic ~ （充）气（轮）胎
puncture-proof ~ 防扎轮胎
rail ~ 钢丝轮胎
removable tread ~ 活胎面轮胎
retreaded ~ 翻新轮胎
skidding ~ 光面〔不防滑〕轮胎
solid ~ 实心轮胎
supporting ~ 滚〔领〕圈
tubed ~ 有内胎轮胎
flat ~ 跑气〔泄了气〕的轮胎
well base ~ 凹纹轮胎
wired edge ~ 直边外胎
worn ~ 花纹磨平轮胎

tyres =tyre
peel ~ 突然加大油门

true ①正确，正，准，精确②真（算法语言中的布尔值），实③（数学的）成立④选中（状态）⑤调整，（精密）修整，整形，修正，矫直，打砂轮

U

U- U（字）形的
U-bar 槽钢
Ubas 由巴司表面硬化钢
U-beam =U-bar
U-bend 马蹄弯头，U 形弯曲，U 形管
ubi infra 〈拉〉如下文所述
ubicon 紫外线摄像管
ubitron （=undulated beam injector）波动射束注入器，荡注管，尤皮管
U-boat 潜水艇
U-bolt U 形螺栓，马蹄螺栓
U-clevis U 形夹头
U-core U 形（磁）铁心
U-cup U 形圈
udell （冷凝水汽）接收器
Udimet 尤迪麦特镍基耐热合金
udometer 雨量计
U-equivalence 酉等价
U-factor 传热系数
U-gage =U-gauge
U-gauge U 形（管）压力计
multiple ~ 多管 U 形压力计
UG/Drafting 制图（UG NX 的主要功能模块，CAD 模块，计算机辅助设计模块）
UG/Gateway 入口（UG NX 的主要功能模块，CAD 模块，计算机辅助设计模块）
UG/Lathe 车削（UG NX 的主要功能模块，CAM 模块，计算机辅助制造模块，提供了高质量生产车削零件需要的所有功能）
UG/Postprocessing 后处理（UG NX 的主要功能模块，CAM 模块，计算机辅助制造模块，使用户能够方便地建立用户定制的后置处理，选择定义特定机床和控制器特性的参数）
U-groove U 形坡口
UG/Vericut 切削仿真（UG NX 的主要功能模块，CAM 模块，计算机辅助制造模块）
UG/WireEDM 线切割（UG NX 的主要功能模块，CAM 的模块，计算机辅助制造模块，可模拟 2 ~ 5 轴联动的铣削和钻削加工）
UHF-aerial 特高频天线，UHF 天线
UHF-antenna 特高频天线，UHF 天线
U-ing 弯成 U 形
U-iron 槽铁，凹形铁，槽钢，水落管卡
U-lag U 形槽（压紧螺栓用）
U-leather U 形密封圈〔环〕
U-leg U 形支腿
U-link U 形连接环，U 形插塞
ullage ①油箱油面上部的空间，气垫〔囊，隙〕，（容器的）缺量②漏损，损耗量，减量，容差量，漏电
Ulmal 尤尔马铝合金（*w*（Mg）0.5% ~ 2.0%，*w*（Mn）0% ~ 1.5%，*w*（Si）0.3% ~ 0.5%，其余 Al）
Ulminium 由尔明铝合金
U-loop U 形管圈
ultex 整块双焦点镜
ultimate ①最后的，最终的，结局的②极限的，最大的，临界的③根本的，基本的，主要的④极限，顶点，基本原理
ultimatum ①最后结论②基本原理③最后通牒
ultimo 〈拉〉前月的，上月的
ultor （最后，高压，第二）阳极，最高压级（指阴极射线管内阳极）
ultra-acoustics 超声学
ultra-audible 超声的，超过可听的
ultra-audion 超晶体管，回授栅极检波器
ultrabandwidth 频带特别宽的
ultra-calan 超卡兰（绝缘材料）
ultracapacitor 超级电容器
ultracentrifugation 超（高）速离心（分离）
ultra(-)centrifuge 超速离心机
analytical preparative ~ 分析制备超速离心机
ultra(-)clean 超净的，特净的
ultradyne 超外差（接收机）
ultra(-)fast 超速的，超快的
ultrafax 电视传真电报
ultrafiche 超缩微胶片（页数密度在 1 000 ~ 3 200 页之间的缩微胶片）
ultrafilter 超（细过）滤器，超级滤网，膜式过滤器
ultrafiltration 超过滤，超滤作用
ultrafines 超细粉末
ultrafining 超精炼过程
ultra-finish 极超精加工
ultrahard 超硬的，特硬

ultraharmonics 超（高频）谐波，（超）高次谐波
ultra-hyperbolic 超双曲（线）的
ultralimit 超（极）限
ultralinear 超（直）线性（的）
Ultralumin 硬铝，由尔特拉铝合金（*w*（Cu）4%，*w*（Mg）0.5%，*w*（Mn）0.5%，其余 Al）
ultraluminescence 紫外荧光
ultra-magnifier 超（磁）放大器
ultramicro 超微的，小于百万分之一的
ultramicro(-)analysis 超微（量）分析
ultramicro-crystal 超微结晶
ultramicroelectrophoresis 超微量电泳（法）
ultramicrofiche 超缩微照片，特超缩微胶片（1 ∶ 22 500 的缩微胶片）
ultramicrometer 超（级）测微计
ultramicron 超微细粒
ultramicroscope 超（高倍）显微镜，电子显微镜
ultramicroscopic 超显微（镜）的，超微型的
ultra-microscopy 超显微术，超倍显微镜检查法，电子显微镜检验术
ultramicrotechnique 超微技术，超微工艺
ultra(-)microtome 超薄切片机
ultramicrowave 超微波（毫米波及亚毫米波或更短波长）
ultramodern 最新的，尖端的，超现代化的
ultra(-)optimeter 超精光学比较仪，超级光学计
ultraoscilloscope 超短波示波器
ultrapas 三聚氰胺甲醛树脂
ultraperm 超坡莫高透磁合金（内含 Fe，Ni，Mo，Cu）
ultraphonic 超声的，超听的
ultraphotic 超视的，超光的
ultraphotometer 超光度计
ultraporcelain 超高频（绝缘）瓷（料）
ultraportable 超便移式，超轻型式，极轻便的
ultraprecise 超精密的
ultraprecision 超精度
ultra-project-meter 超精度投影（光学）比较仪
ultra-pure 超高纯的
ultrapurification 超提纯
ultrarays 宇宙线，宇宙辐射
ultrared 红外（线）的
ultrasensitive 超灵敏的
ultrashort 超短（波）的，极短的
ultrasonator 超声振荡器，超声波发生器
ultrasonic ①超声波②超声的，超音速的
ultrasonication 超声破碎
ultrasonics 超声（波）学（研究）
ultrasonograph 超声图记录仪
ultrasonography 超声显像探伤法
ultrasonoscope 超声波探伤仪，超声图示仪
ultrasonovision 超声电视
ultra-sophisticated 超精密的，超尖端的
ultrasound 超声（波）
ultrasounding 超声处理
ultraspeed 超高速度，超速的
ultrastability 超高稳定性〔稳定度〕
ultra-temperature 超高温
ultrathermometer 限外温度计
ultra-thin 超薄型的
ultraudion （晶体管）反馈线路
ultravacuum 超真空（1.3×10^{-4} Pa）
ultraviolet ①紫外线（辐射），紫外区②紫外（线）的，产生〔应用〕紫外线的
ultraviscoson 超声黏度计
ultra (-)wideband 超宽带，超宽频
  impulse radio ~ 脉冲超宽带技术，对脉冲无线电超宽带，对脉冲超宽带，脉冲体制超宽带
ultrawhite 超白
ultron 波导耦合正交场放大管，厄尔管
umber ①棕土，赭土②赭色（的），红棕色（的）
umbilic(al) ①控制用的，操纵用的②脐（状）的③地面缆线及管道，临时缆线及管道，供应联系缆，脱落插头
umbilicus ①脐，脐点②中〔核〕心
umbra ①本影，阴影（区）②（太阳黑子的）中央暗黑部
umbral 本影的
umbrascope 烟尘浊度计
umbrella ①伞，伞形物②保护伞，掩护③综合的，无所不包的，机构庞大的幕，火力网④罐笼顶盖，烟囱顶罩
  photo ~ 摄影伞
  tripe cleaning ~ 瘤胃伞形洗涤机
umbriferous 投影的，有阴影的，成荫的
umformer 交换器，交流机，直流变压器
umpire 评判人，仲裁人
unacknowledged 未确认的，不被人承认的，未答复的
unactivated 未活化的，未激活的，不产生放射性的
unactuated 未开〔推〕动的，未经激励的
unadjustable 不可调节的

unadjusted 未调整的，未平差的
unaflow 单流，直流
unalloyed 非合金的，没有掺杂的，纯（金属），完全的
unambiguous ①明显的，明白的，不含糊的 ②单值的，无歧义的
unannealed 未〔不〕退火的，未焖火的，未熟炼的，未经锻炼的
unary 一元的
unassembled 未装配的，未组装的，未接合的
unassignable 非赋值的
unassigned 未分配的，未给〔指，选〕定的
unassorted 未分选的，未分级的
unattackable 耐腐〔侵〕蚀的
unattacked 抗〔耐〕腐蚀的，未受侵蚀〔侵袭，攻击〕的
unattended 无人值班〔监视，管理，出席〕的，自动（化）的，未被注意的
unattenuated 非衰减的，未变稀薄，未变细〔弱〕的
unavailability 不能利用性，无效
(steady-state) ~ （稳态）不可用度
unavailable 无效的，不能利用的，得（达）不到的
divert when ~ 电话不通时转移（手机用）
unavoidable 不可避免的，必需的
unbacked 无靠背的，无支持（者）的，无衬的，无助的
unbalance 不平衡（性），失衡〔配〕，平衡差度，不对称（性）
capacity ~ 电容性失衡
circulating ~ （双回路线路的）环路不平衡
claimed minimum achievable residual ~ 标称的最小可达剩余不平衡量
controlled initial ~ 控制的初始不平衡量
couple ~ 偶不平衡
degree of ~ 不平衡度
dynamic ~ 动不平衡
initial ~ 初始不平衡
mass ~ 质量不平衡
minimum achievable residual ~ 最小可达剩余不平衡量
*n*th modal ~ 第 *n* 阶振型不平衡量
quasi-static ~ 准静不平衡
reciprocating ~ 往复运动不平衡（切割器等）
residual ~ 剩余不平衡量
static ~ 静不平衡
supply ~ 存放不平衡度
thermally induced ~ 热致不平衡
unbalanced 不平衡的，不稳定的，不均衡的，不对称的
unbalancedness 不平衡性，不平衡度
unbeaconed 无标志的
unbecoming 不相称的，不匹配的
unbender 矫直机
unbiased 无系统误差的，无〔不〕偏的，未加偏压的，无偏压的
asymptotically ~ 渐进无偏
unbiasedness 不偏性
unblanking ①（信号）开启，开锁②增辉③不消隐的
unblended 未掺合的，未混合的
unblind 截断符号，无效符号
unblock 解锁，接通，开启〔放〕，不堵塞
unblocking ①块的分解，分块②非封锁的
unbolt 旋脱螺栓，打开
unbolted ①未上栓的，卸掉螺栓的②未筛过的，粗糙的
unbonded ①无束缚的，自由的，游离的②未黏合的，未砌合的
unbound ①非结合的，未连接的，未装订的 ②无束缚的，无约束的，被释〔解〕放的，自由的，游离的
unbrace 放松，解开，松弛，不加支撑
unbreakable 不易破碎的，不会破损的，牢不可破的，不破裂的
unbuild(ing) ①失磁，剩磁损失，去磁②不能自励，自励损失③破坏，拆毁，损失
unbundling ①释放②非附随
virtual ~ 虚拟释放
unburnedness 未燃尽（程）度
unburnt 未灼烧的，未烧透的，欠火的
unby(-)passed 非旁路的，无旁路的，无并联电阻的
uncage 松锁〔开〕
uncanned 无〔剥去〕外壳的
uncap 打开盖子，取出火，取下冲帽，取出底火
uncapped 开盖的，未封管壳的，无管帽的
uncased 露出的，未装箱的，无外壳〔套管〕的
uncatalyzed 未〔非〕催化的，未受触媒作用的
uncertainty 不定（性），不可靠（性），不精确性，误差，不确定度②测不准原理
absolute ~ 绝对误差，绝对不精确性，绝对不可靠性
calibration ~ 校准不确定性
probable ~ 概率不确定度

random ~ 随机不确定度
sample ~ 抽样不定性
uncharge 卸〔起〕货，解除负担，抛出，放电
uncharged ①不带电荷的，未充电的②无（负）载的，未装弹药的，不付费用的
uncharted ①未测图的②图上未表示的③未知的，不详的
unchecked 未校核的，未经检验的
uncial ①行体字（古代拉丁和希腊文稿上用的大形字体）②恩锡尔字体
unciform 钩形的
unclamp 松开
unclassified ①未分类的，不分类的，类别不明的②不保密的，公开的，未列入等级的
unclose 打开，露出，泄露
unclosed 开着的，开阔的，未闭合的，未完的
uncoated 无覆盖的，无涂〔敷，被覆〕层的
uncoaxiality 不同轴性
uncoil ①（线圈，弹簧发条）松开②拉直，伸展，伸开，开卷
uncoiler 开卷机，拆卷机
cone-type ~ 定心圆锥式开卷机
magnet-type ~ 电磁直头式开卷机
mandrel ~ 卷筒式开卷机
processing ~ 机组开卷机
strip ~ 带材开卷机
uncoil-stand 退卷装置，导开装置
uncollimated 非〔未经〕准直的，未瞄准的
uncompensated 无（补）偿的，非补偿的
uncondensable 不可冷凝的，不可凝结的
unconditional 无条件的，无限制的，无保留的，绝对的
unconformability 不整合
unconformity 不整合，不相〔适〕合，不一致，不相称
unconsolidated 未固结的，松散的
unconstant 无规则的，常变的，随机变化的，不恒定的
unconstrained 无约束的，自由的，非强迫的
uncontaminated 未污染的，不脏的，无杂质的，洁净的
uncontinuity 不连续性
uncontrollability 不可控性
uncontrollable 不可调节的，不受控制的
unconventional 非常规的，非规范的，破例的，异乎寻常的
uncooled 未冷却〔凝〕的
uncork ①拔去…塞子，开（瓶）口②透〔披〕露
uncorroded 未〔没有，不受〕腐蚀的
uncountable 不可数的，无数的，不可估量的
uncouple ①解除…间的联系，拆散②去耦，脱开
uncoupling 拆开，解钩，脱开联轴节，去耦，非耦合
uncovering 裸露的，未覆盖的
uncowled 无罩的，无盖的
uncrossed 不交叉的，未划线的，不受阻挠的
uncrystallizable 不能结晶的
uncrystallized 非晶的，不可结晶的，未定形的
unctuosity ①油性②润滑性
unctuous 腻滑（的），油（性，似，质，滑，膏）的，塑性的
unctuousness 油性，润滑性
uncured 未处治的，未硫〔熟，固，塑〕化的
uncut ①未切〔割〕的②不可切〔分〕的③未琢磨的，未雕刻的④边未切齐的，毛边的⑤未删节的，未削减的
undamped 无阻尼的，非减振的，无衰减的，等幅的，不受抑制的，未受潮的
undark 夜明涂料
undated 未注日期的，不定期的
undecidability 不可判定性
undecidable 不可判定的
undecimal 十一进制（的）
undecipherable 不可译的（密码）
undecked 无甲板的，无装饰的
undecomposable 不可分解的
undecomposed 未分解〔还原，腐烂〕的，未析出的
undefined 未定（义）的，不定的，未定界的，模糊的
undefinition 无定义，未定义
undeflected 未偏转的
undeformed 未变形的，无应变〔形变〕的
undelayed 瞬发的，未延迟的
under ①下（部，面）的②次（位，一级）的，从属的③劣的，标准以下的④不足，少于，从属
chroma ~ 彩色下置
cross ~ ①交叠，交叉②穿接
under-ageing 固化〔凝固〕不足
underaging 时效不足
underbaking 未烘透的
underbalance 欠平衡，平衡不足
underbeam 下梁
underbed 底架〔座，板〕，基础板
underblower 箅下送风机
underboarding 垫板，衬板

underbody 物体下部，底部，船体水下部分，车身底座
underbody-mounted 底部安装
underbraced ①自下支撑的②支撑不足的
underbunching 电子欠群聚，聚束不足，非理想群聚
underburnt 未烧透，欠火〔烧〕的
undercalcined 煅烧不足的，欠烧的
undercapacity 非饱和容量，非满载容量，功率〔容量，出力，生产率〕不足
undercarriage 行走机构，机脚，底架，起落架
bicycle ~ 双轮底盘，自行车式起落架
bogie ~ 多轮式〔小车式〕起落架
main ~ ①主起落架②机身前段
trousered ~ 减阻罩起落架
undercart 起落架
under(-)casing 底箱
undercharge 充电不足，装药不足
under(-)chassis 底盘，机脚，底部框架，底架，起落架
under-choking 阻气不足，未完全堵塞
underclearance 离地间隙，桥下净空
undercolour 底色
undercommutation 欠整流，整流不足，滞后换向
undercompensation 欠补偿，不完全补偿，补偿不足
undercompound 欠复绕〔励〕的
undercooling 过冷，过度冷却
undercoupling 耦合不足，欠耦合
undercover 暗中进行的，私下的
under-crank 慢速摄影
undercritical 次临界的，亚临界的
undercure 固化不足，成形不足，欠处理，欠硫〔塑〕化，欠熟
undercurrent 低电流，电流不足，暗流，沉矿支槽，潜在势力
undercut ①（齿根）根切，切去下部②下挖，挖掘，凹割③空刀截槽④咬边（焊接缺陷），（工具）咬齿⑤前〔倒〕角，擒纵轮齿锁面倾角或背面切出的倾角
grinding ~ 磨削越程〔空刀〕槽，油沟
undercutter 挖掘犁（铧），凹形挖掘铲，（下部掏槽）截煤机，（换向器云母片）下刻机
longwall ~ 长壁工作面用截煤机
shortwall ~ 短壁工作面用截煤机
underdamp 弱阻尼〔减幅，衰减〕，不完全减振
underdeck 舱内的，甲板下的
underdesign 欠安全的设计
underdesigned 设计的安全系数不足的，未具有足够的安全系数的
underdeterminant 子行列式
underdevelopment 显影不足，显像不足，欠扫描，发展不充分
underdraft 轧件（离轧辊时）下弯，上压力
underdrive （压力机的）下传动，减速传动，低档
underdriven 下（方）传动的，下部驱动的
underemployment 就业不足，不充分就业
underestimate 过低估计，估计不足，看轻
underexcitation 欠励，励磁不足
underexpansion 不完全膨胀，膨胀不足
underexpose 显影不足，显像不足，感光不足，不充分照射
underexposure 曝光不足，欠曝光，照射不足
underfeed 下部进料，不充分供料
underfill 不满（指轧制尺寸不足），未充满，（锻件）缺肉
underfilling （孔型）未充满
underfired ①下部燃烧的②欠火的，欠煅的
underfiring 煅烧不足，下部加热
underflow ①下溢，底流②淤泥，沉沙③副斜溜槽
underfocus 弱焦（点），欠焦点
underframe 底架，底座
underfrequency 频率过低，降低的频率，低于额定的频率
underga(u)ge 尺寸不足（小于规定值），短尺
underground 地下铁道，地下的，在地下
underguard 下部护板〔保护物〕
underhammer 下置式击锤
under(-)heating 加热不足，欠热，过冷
underhole 下部掏槽，底槽
underhung 悬挂的，自下支承的，在轨上滑动的，下颌突出的
underidentification 标记不足，不能识别
under-inflation 打气不足，缺气
underlap ①负重叠（度），负遮盖（量）②图像变窄（由于行频误差所致）③欠连接
~ in cross-over position 过渡位置时为负遮盖
underlay ①垫物，下衬，基础，垫底层②倾斜（余角）
underlaying 防裂堆焊层
under-lever 下置杠杆
underline ①在…下画线，加下划线，加底线，字下线，强调线②强调③预告④作…的衬里

underload 欠载，未满载，轻载荷
characteristic ~ 欠载特性曲线
underlying ①根本的，基础的②在下的，潜在的
undermaintenance 维护不佳的
undermatching 不足匹配，欠匹配
undermixing 混合不足，混合料的不均匀性
undermoderated （中子）慢化〔减速〕不足的，弱慢化的
undermodulation 欠调制，调制不足
undermounted （拖拉机）车架下悬挂的
under-nodularizing 球化不良
underpan 底，底板，底盘，炉底
underpart ①下部（结构）②非重要构件
underpass 地下铁路，地（下过）道，高架桥下通道
underplate 底座〔板，盘〕，垫板
underport 底孔
underpower 低功率，功率不足，动力不足
underpressing 模锻不足
underpressure ①抽空，真空（度），降压②压力不足，欠压，真空计压力，负压力，（空气）稀薄
underpriming ①起动注油不足②浇注不足
underproof ①不合格的，标准强度以下的②被试验的
underprop 顶撑，撑住，用立柱加固
underpunch 低位穿孔，下部穿孔（紧接同一列标准代码孔之下）
underquenching 淬火不足
underreaching 欠范围
~ (for a distance protection system) （距离保护系统的）欠范围
underream ①较小的扩孔②扩孔不足
underreamer 扩孔器，扩眼器
underrefining 精炼不足，欠精炼
underroasting 焙烧不足
under-roll 欠压
underrun ①欠载运行②潜流③低于估计的产量④削减播出时间⑤在…下通〔跑，穿〕过⑥用手拉起并循序检查（电缆，软管等）
undersanded 含砂过少的
undersaturation 欠饱和（现象），未饱和度
underscanning 扫描（幅度）不够，欠扫描
underscore 下面画线，着重说明
under-screen 挡泥板
underseal （汽车下面暴露部分的）防蚀涂层，底封
under-sensitive 灵敏不足
underserrated （动刀片）底面刻齿的
undershield 下部保护物，下部挡板，挡泥板
undershoot ①未达预定点〔目的地〕，射击近〔低〕于（目标），失调度②行程不足，欠程，着陆未达（跑道），小于额定值，欠调量③低插，下冲④负脉冲信号，负尖峰
undershoot 脱靶
underside 内侧，下侧〔部，面〕，底面
undersieves 筛下料
undersintering 欠烧结
undersize ①负公差尺寸，过小，尺寸不足，小型的②降低的，不足的③筛下产品④细粒
undersized ①尺寸过小的②筛下的③欠胶的
under-skin-pass 轻光整冷轧
underslung ①悬挂的，车架下的，悬架下的②置于…下的
undersonic 次声的
underspeed 降低速度，速度不足，低速
understable 欠稳定的
understeer 对驾驶盘反应迟钝，操纵不灵，转向不足
compliance ~ 柔性不足转向
understoke 自下给（燃）料
understoker 自下上煤机
understressed 应力不大的，加压不足的
understressing （极）限下加载，低应力锻炼法
understructure 基础，下层结构，底座结构
undersupply 供电〔料，应〕不足
undersurface ①下表面，底面，内面②液面下的，从下面的
underswing 负脉冲（信号），负尖锋（信号），负“尖端”（瞬时特性），下冲，（摇摆）幅度不足
undersynchronous 次〔低于〕同步的
undertake ①接受，承担②着手，开始，从事③约定，保证④答应，同意⑤断言，负责
undertaking ①企业，事业，任务，计划②保证，许诺，承担
electric ~ 电（力工）业
undertempering 不充分回火，回火不足
undertension ①电压不足，低（于额定电压的）电压②降低电压的，欠电压的
undertighten 拧紧〔扎紧〕不够
undertint 淡色，浅色
undertone ①淡〔浅，底〕色②低音〔调〕，小声③含意，潜在倾向
undertreatment 处理不足

undervoltage 电压不足，低（于额定电压的）电压，欠电压
underwall 底帮，底板，下盘
underwater 水下的，潜水的，水线以下的
underwateracoustic 水下声的
underwater-to-ship “潜对舰”
underway ①下穿道，水底通道②未完成的阶段③开始进行，正在发展④在航
hours ~ 航海时间
underweight 重量不足，重量过小，低于额定重量
underwind 下卷式
undetachable 不可拆开的，不可分的
undetectable 不能探察的，未检波的，未暴露的，不可发现的
undeterminable 不可测定的
undetermined 未（确）定的，特定的，性质未明的，形式未定的，缺乏决断力的
undeterminedness （静）不定性
undeveloped 未发展的，未显影的，未开发的
undeviating 不偏离（正轨）的，坚定不移的
undiluted 未稀释的，未冲淡的，没有掺杂〔水〕的，纯粹的
undispersed 不分散的，不消散的，集中的，聚焦的
undissociated 未离解的，不游离的
undistorted 不失真的，无畸变的，不歪扭的
undisturbed 原状的，未扰动的，平静的
undo ①解开，拆卸，复旧②取消，废除，废止，失效③毁灭，破坏④扰乱
undocking 断开
undocumented 未入文献的
undodged 未经光调的（卫星照相术）（指曝光时未对光束进行调制）
undressed 未加工的，生的，未经处理的，未修整的，剥除的，粗糙的
undue 未到期的，不适当的，不正当的
undulant 波浪形的，起伏的
undular 波纹〔态，形，状〕的
undulated 波动的，起伏的，波纹的
undulation 波动，起伏，波浪形，平面度
undulator 波纹（收报，印码）机，波荡器
undulatory 波形的，起伏的，波动的
unearthed 未接地的
uneconomic 不经济的，不实用的，浪费的
unefficient 无效的，效率不高的
unelastic 非弹性的，刚性的
unelasticity 非弹性
unencapsulated 非〔未〕密封的，未用塑料封装的
unenclosed 开启的，敞开（式）的，公共的
unequal ①不等的,不同的②（品质）不均匀的，不平均〔衡〕的，（参差）不齐的，不对称的，不一律的③不胜任的，不适合的④不等同的事物
unequality 不等（式）
unequigranular 粒径不等的，颗粒不匀的
unerring 没有偏差的，准确的，确实的
unetching 未侵蚀
uneven ①不平（整，坦，衡，静）的，不（均）匀的②不规则的③不稳定的④不直的，不平行的⑤力量悬殊的⑥奇数的
unevenness ①不匀度，不齐，不平度，不平顺性②非偶性
unexcited 未励磁的，未激励的，欠（激）励的
unexplosive 非爆炸性的，防爆的，不（易）爆炸的
unexposed 未曝光的，未经照射的，未受辐射的，未公开的
unfair ①超出弹性界限的②不公平的，不正当的
unfamiliar 不熟悉的，没有经验的，新奇的，未知的
unfashioned 未成形的，未加工的
unfasten 放松，拆卸，解脱
unfathomable ①深不可测的，深不见底的②深奥的，难〔不可〕解的
unfavourable ①不（顺）利的，不宜的②相反的，令人不快的③（贸易）入超的
unfill ①曝光不足，感光不足，不充分照射②未填充，未充满
unfilterable 非滤过性的
unfiltered 未滤过的
unfinished 未完工的，未精加工的，未修整的，毛（面）的
unfired ①未燃烧的，未点着的，未经焙烧的，生〔欠〕烧的②不用火（加热）的,未爆炸的，未发射（出去）的③未电离态，未发火态（气体放电装置）
unfitted 不合格的，未装备的
unfix ①松开，解脱②溶解③使不稳定，使动摇
unfixed 非固定的，不固定的，没确定的，被放松的
unflanged 无凸缘的
unflatness 不平直，不平坦
unflattering ①逼真的，正确的，准确（无误）的②坦率的

unfocused 未聚焦的
unfold 展开，解开，呈现，表明
unforeseen （料）想不到的,未预见到的,意（料之）外的，偶然的
unformatted 无格式的
unfractured 不（破）碎的
unfused =unfuzed
unfuzed 未熔化的
ungalvanized 未〔不〕镀锌的，未电镀的
ungear 脱离啮合，分离，卸下，使脱节
ungovernable 难调节的，难以控制的
ungoverned 无调节的，未经调节的
ungraded ①次级的，劣质的，不列〔入〕等级的②次（级）〔等外〕品
ungrease 脱脂
unground 不磨的，未磨过的
unguent(um) （润）滑油，软〔油〕膏，润滑材料
ungula 死胎取出器
unhandy 难操纵的，不灵巧的，不方便的，不在手边的
unhardened 未硬化的
unhewn 未切削的，粗糙的，未琢磨的
unhitch 解结，脱钩，脱开，分离，释放
unhook 脱钩
unialignment 单一调整
uniaxial ①单轴的②同轴的
uniaxiality 单轴性
unibus 单一总线
unicast 一对一传播
unicharged 单电荷的
unichassis 单层底板
unichoke 互感扼流圈
unicircuit 集成电路
unicity 单一性
uniclinal 单斜的，单倾的
unicoil 单线圈
unicolo(u)r(ed) 单色的
unicomputer 单计算机
uniconductor 单导体，单导线
unicontrol ①单向控制，单向调整②单钮调谐，同轴调谐，统调
unicycle 单轮脚踏车
Unidal 铝镁锌系形变铝合金
unidentified 未识别出的，组成不明的，身份不明的，未鉴别的
unidiameter 等（直）径的
unidimensional 一维的，一元的，一度的，线性的
unidirection 单向，单自由度
unidirectional 单（方）向的，不可逆的，单自由度的，单方面的
uni-FET 单极场效应晶体管
unification 一致化，统一化，通用化
unified 统一的，统一标准的，联合的
unifier 一致化算子，统一算子，统一者
unifilar 单丝的，单线（绕）的
uniflow 单流的，单向流，直流，顺流
unifluxor 匀磁线（永久存储元件）
Uniform 通信中用以代表字母 U 的词
uniform ①制〔军〕服②均匀的，同心的，统一的，同一标准的
fatigue ~ 工作服
uniformity 均匀（性），一致（性），统一，无变化，单调，同类
discharge ~ 排气〔放电〕的均匀性
uniformization ①均匀化，一致化②单值化
uniformly-spaced 等间隔的，等间距的
unifrequency 单频（率）
unifrequent 单频（率）的
unignited 未点燃的
Unigraphics 集 CAD/CAM/CAE 于一体的三维参数化软件（UG），数控加工行业中应用最广泛的软件之一
uniguide 单向（波导）管
unijunction 单结
unilateral ①单向作用②一方面的，片面的，单向的，单侧的
unilateralization 单向化
unilayer 单（分子）层
uniline ①单线，单一路线②单相线路③单行，单列
unilinear 同线的，共线的，直线发展的
Uniloy 尤尼洛伊镍铬钢（*w*（Cr）12%，*w*（Ni）0.5%，*w*（C）0.1%），镍铬耐蚀不锈合金
unimach 超高强度钢
Unimag “优尼玛格”微型磁力仪
Unimate 通用机械手
Unimet 尤尼梅特（硬质合金名）
unimeter 多刻度电表，伏安表
unimicroprocessor 单微处理机
unimodal （曲线）单峰的，单模的
unimodality 单峰性，单峰函数
unimodular ①幺模的，单位模的②单组件的
unimolecule 单分子
uninflammability 不燃性

uninflammable 不易燃的
uninflated 未加压的，未膨胀的，未打气的，未升高的
uninstalled 未安装的，未装配的
uninsulated 无〔未〕绝缘的
uninsured 未保险的
unintegrable 不能积分的
unintegrated 未积分的
unintelligibility 不清晰性，难懂性
uninterchangeability 不可互换性
uninterruptible 非中断，不可（间）断的
nonterminating ~ 非终结，非中断
union ①结合，联合，合并②协会③和集，并集，逻辑和，“或”④中间接头，管套节，活接头，联轴器，连接器
~ of linear element 线素并集
~ of set 集的并集
~ of subinterval 子区间的和
banjo ~ 鼓形管接头
closed under ~ 对和运算封闭
curve ~ 曲线并集
dart ~ 活络管子节
elbow ~ 直角弯管接头
female ~ 管子内接头，内螺纹联管节
free spiro ~ 自由螺接
male ~ 外螺纹连接管
nipple ~ 外螺纹联管节
orifice ~ 节流组件
reducer ~ 异〔变〕径接头，过渡接头
socket ~ 凹口管节
street bend ~ 内外接弯头活管接
unionarc 磁性焊剂气体保护电焊
unionization 不电离（作用），未离子化
unionized 未〔非〕电离的，未离子化的，未游离的
unipath 单通路
uniphase 单相（的）
uniphaser 单相交流发电机
unipivot 单支轴，单枢轴
uniplanar 单（平，切）面的，共平面的
unipolar 单极（的），单（场）向的，含同性离子的
unipolarity 单极性
unipole 各向等射天线，无方向性天线
unipotential 单势的，等势的，单电位的，等电位的
uni(-)processor 单（一）处理机，单机
unipump 组合泵，内燃机泵
unipunch ①单元穿孔，点穿孔②单穿孔机
unique 独特的，唯一的
uniqueness 唯一性，单值性
Uniray 单枪彩色显像管
unirecord 单记录
unirefringence 单折射，一次折射
uniselector 旋转式〔单动作〕选择器，多位置换向开关，旋转式寻线器
motor ~ 机动旋转式寻线机
uniserial 同系列的，单系列的
uniset 单体机（远程输入 - 输出机），通用远距输入 - 输出设备，联合装置
unishear 单剪机，手提电剪刀
unison ①同音，同度，齐唱②调和，一致
UNISOR 尤尼素（美国橡树岭大学同位素分离器）
unisource 单源的
uni-sparker 单火花发生器
unistor 不对称电阻
unistrand ①单列的②单线的，单股的
unit ①单位〔元〕，个体，基数②部件，元件，成分③设备，装置，机构，器械④组，组合（件），机组，总成（包括发动机，离合器，变速器等），组合体，组合机床⑤部，集，群，可逆元素⑥电源，电池⑦滑车，滑轮⑧接头，枢纽⑨单位的，一元的，独的，比（率）的
~ in kind 实物单位
~ of operation 操作单位
~ outside system 制外单位
ABC power ~ 灯丝阳极栅极组合电源，甲、乙、丙电源组
abort sensing control ~ 故障传感控制装置
absolute ~ of current 绝对电流单位，电磁安培（1 电磁安培 =10 A）
AC ammeter verifying ~ 交流电表校验装置
accelerometer ~ 加速度计，过载指示器
accumulation distribution ~ 累加分配器
activity ~ 放射性强度单位
actuating ~ 动力机构，动力传动装置，致动〔执行〕装置
Admiralty ~ 英国海军（常用的）单位
aerial combining ~ 天线分向（滤波）器，天线组合单元
ageing ~ 老机组，旧机组
air bag diagnostic ~ （汽车）安全气囊诊断模块
air-breathing power ~ 喷气动力装置〔发电机组，功率单位〕，空气喷气发动机

aircraft climb assisting ~ 起飞〔爬升飞行〕助推器
air-mileage ~ ①空运里程测量计②气流速度计
alarm ~ 报警装置
all-anthracite ~ 全烧无烟煤锅炉机组
all-bituminous ~ 全烧烟煤锅炉机组
altitude data ~ 高度数据发送器
ammunition booster ~ 拨弹机构
analog(ue) computing ~ 模拟计算单元
analog(ue) nest ~ 模拟组合装置
AND ~ “与”元件（即“与”门）
answer back ~ 自动回答机构
antenna matching ~ 天线匹配器
antenna phasing ~ 天线定相器〔调相器〕
antenna switching ~ 天线转换器
anticoincidence ~ “异”〔反重合〕单元
anti-theft warning ~ （汽车）防盗报警装置
arithmetic logic ~ 算术及逻辑运算部件
armo(u)r ~ 防护部分
array ~ 阵列处理机
artificial echo ~ 人工混响器，人造回声器
artificial heart-lung ~ 人工心肺机
assembly ~ ①装配件，组装件，部件②汇编装置③汇编单元〔位〕
assisted take-off ~ 起飞助推器
ato ~ 起动发动机，起飞助推器
atomic mass ~ 原子质量单位
audio encryption ~ 声频加密器，音频加密器
audio response ~ 声音响应器，声频回音装置，答话器（连接计算机与电话的装置）
audio-visual ~ 声音 - 图像单元，视听单元
audio-visual display ~ 视听装置
automatic compensating ~ 自动补偿装置（补偿加工尺寸的偏差）
automatic measuring ~ （对工件的尺寸、形状、重量等）自动检测装置
automatic range ~ 自动距离跟踪器
autopilot servo ~ 自动驾驶随动〔继动〕装置
auxiliary ~ 辅助总成（指汽车水泵，汽油泵等）
auxiliary circulating ~ 辅助循环机
auxiliary sound carrier ~ 伴音载波设备
B ~ 变址（数）部件
balanced-to-unbalanced ~ 平衡 - 不平衡转换装置
balance-motor ~ 电摆轮组件
bank-and-climb gyro control ~ 倾斜升降回转控制器
base load ~ 基（本负）荷机组（国外指年运行 4000 h 以上的机组）
baseband distribution ~ 基带分配单元
batching out ~ 卸料装置，排胶装置
bath-tub ~ 盆〔槽〕形底盘
beam(-pumping) ~ 游梁抽油机
bearing ~ 方位测定装置
bearing transmission ~ 方位读数传送装置
bellows ~ 波纹管
belt-spray charging ~ （输电）带喷电设备
binary ~ 二进制信息单位
bistable ~ 双稳（态）部件
blackout ~ 消隐信号部件
blasting ~ 电力放炮机
blower ~ 鼓风机组
body electronic control ~ 车身电子控制模块
Boolean ~ 布尔部件
boom ~ 蜂鸣（报警）装置
boost control ~ 压力调节器
brain ~ ①计算机②自动引导头
brake-force distribution control ~ （汽车）制动力分配控制模块
branching ~ 分路器，分向装置，支路装置
bridle ~ （成卷带材的）张紧装置，拉紧装置
British Thermal ~ 英国热量单位（Btu，1 Btu=252 cal=1 055 J）
buff ~ 抛光（动力）头
cabinet ga(u)ge control ~ 真空计线路箱
calibrator ~ ①校准设备，校准器②内径量规组
cam control ~ 摄像机控制器
camcorder ~ 摄像机 - 录像机组合装置
cast ~ 整件铸件
centigrade heat ~ 热量单位，磅卡（每磅水升温 1℃时所需热量，约 1 900 J）
centigrade thermal ~ =centigrade heat ~
central control ~ （汽车）中央控制模块
central injection ~ （发动机）单点中央喷射模块
central processing ~ 中央处理（机）单元，（电子计算机）主机，工艺流程中心控制器
central processing ~ 中央处理器（简称 CPU）
central storage ~ 中央存储器
chamfering ~ 倒棱清理机床
change gear ~ 交换齿轮装置
channel ~ 通道传输部件
channel service ~ 有盖闪光同步插口
channel synchronizer ~ 信道同步装置

chart-comparison ~ 雷达图像与实际地形图重合装置，雷达测绘板，雷达测量图
Chinese character generation ~ 汉字字形发生器
choke ~ 扼流器
coal-fired ~ 燃煤（粉）锅炉机组
coefficient ~ 系〔常〕数部件（输出与输入之比为常数）
coherent ~ 一贯导出单位，相关单位
coil lift-and-turn ~ （带卷）升降 - 回转台
coil preparation ~ 带卷预整装置
coincidence ~ 重合装置，“与”门
coincident-current magnetic core storage ~ 电流重合（法）磁心存储器
collating ~ 整理装置，排序装置
collective sampling ~ 成组抽样单位
colo(u)r matrix ~ 彩色矩阵电路
column-shift ~ 移列部件，移列器
combiner ~ ①混合器②混频器
combining ~ ①双工器②多工器
command ~ 指令部分
command control ~ 指令控制模块
compatibility test ~ 适配性试验设备
complex ~ 单位复数，系数等于 1 的复数
compression refrigerating ~ 压缩冷凝机组
compressor-turbine ~ 燃气轮机组，涡轮 - 压缩机组，压气机 - 涡轮机组
computer interface ~ 计算机接口部件
concurrent ~ “与”门
condensing ~ 压缩冷凝机组
conditioning ~ 空（气）调（节）设备
cone-worm ~ 球面蜗轮减速机
consistent ~ 一致装置（其输入与输出为同种变量），相容部件
constant-multiplier coefficient ~ 常系数部件
continuous casting-rolling ~ 连铸连轧机组
continuous roll-forming ~ 连续辊式成型机组
control ~ 控制器，控制单元
conversion ~ ①变换机组，变换器②反应设备
core vibrating ~ 振动出芯机
corn ~ 玉米收割台（谷物联合收获机的）
countershaft ~ 中间轴
crankshaft angle selecting ~ 曲轴转角自动调节装置
crank-type power ~ 曲柄执行机构
cross compound ~ 双轴机组
cruise propulsion ~ 巡航状态发动机
crystal ~ 石英（频率）稳定器
cyclic ~ 中间负荷机组，腰荷机组（国外指年运行 1 000 ~ 4 000 h 的机组）
dash ~ 仪表板
data ~ 数据机，数据（产生）部分
data adapter ~ 数据（通信）转接器
data cell ~ 磁带卷，磁卡片机
data input ~ 数据输入单元
data transmission video display ~ ①数据传输视频显示设备②数据传输可见显示器
Debye ~ 德拜单位（电偶极矩单位，1 德拜 $=10^{-18}$ 静电单位 $=3.336\times10^{-30}$ C · m）
decade ~ 十进制器件，十进仪器
dedicated autonomous ~ 专用自主部件
dekatron scaling ~ 十进管计数器
dense medium cleaning ~ 重介质选矿机
derivative ~ 微分器
derived ~ 导出单位
descaling ~ （轧件的）除鳞装置
design ~ 设计单元
detecting signal ~ 信号检测单元
detoxer ~ 废气净化装置
digital data transfer ~ 数字数据传送装置
digital display ~ 数字显示装置
digital flight data acquisition ~ 数字式飞行数据采集组件
digital idling stabilization ~ （汽车）数字式怠速稳定装置
digital signal switching ~ 数字信号交换器
dimensional ~ 因次单位，量纲单位
disc data ~ 磁盘数据单位
disk file ~ 磁盘（文件）存储器
display ~ 显示器，显示部件，显示单元
display adapter ~ 显示转接器
dissolve control ~ 图像渐隐控制单元
double disk ~ 双磁盘机
down-and-up cut ~ 双动剪切机，双动剪床
drag ~ （带材）反拉装置，反张力装置
drag-over ~ 移送机，拖运机，横向运输机
drill ~ ①钻削动力头②条播机单组，排种装置
drive ~ 驱〔传〕动装置，传动系
driver ~ 主振部分，激励部分，驱动装置
drying air ~ 干燥用空气加热器
ducted-propulsion ~ 空气喷气推进装置
dust control ~ 除尘装置
dynamic ~ 动力单位
earphone ~ 耳机部件
earth rate ~ 地球角速度单位（15°/h）

electrodeposit bellows ~ 电沉积波纹管
electro-magnetic ~ 电磁单元
electronic ~ 电子单元〔部件，机组〕
electronic control ~ 电子控制单元
electronic control ~ 电子控制模块
electronic driving ~ （汽车）电子驱动模块
electronic processing ~ 电子处理单元，电子控制模块
elevation power control ~ 射角受信仪传动机
endogas ~ 裂化气体设备，吸热型气体发生设备
energy storage ~ 贮能元件
engine control ~ 发动机控制模块
Engler ~ 恩氏黏度单位
equality ~ （信号）等同装置，“同”门，“与”门，“与”单元
equipment ~ 硬设备，设备，装置
equivalent ~ ①当量单位②等效部件
evaporating ~ 蒸发设备
expulsion fuse ~ 冲出式熔丝，射击式熔断器
extra-high-tension ~ 特高压部件
fading ~ 输入功率调节装置，衰落装置
failure ~ 故障单位，失效单位（器件工作 10^9 h 为一个单位）
fan-coil ~ 风扇 - 盘管部件，空调装置，冷暖气送风机
fault location ~ 故障定位设备
feed ~ ①进刀机构，进给箱②排种装置
feed change ~ 进给箱
feeler ~ 传感器，仿形装置
field broadcasting ~ 流动广播车
field-replaceable ~ 插件，可更换的部件
file ~ 外存储器部件
film winding ~ 卷片装置
fine boring ~ 精镗动力头
Finsen ~ 芬森单位（紫外线的能量密度为 10^5 W/m^2 时，则波长 296.7 mm 的紫外线即有 1 芬森单位的强度）
first driver ~ 初级主振部分
first missing service data ~ （通信）首次遗漏服务数据单元
flasher ~ 闪光标灯
flexible ~ ①通用装置，柔性组件②易于更换的装置
flexing ~ 精整作业线除鳞机
floating power ~ 浮动力装置
flow-sensing ~ 流动传感器
fluid ~ 流态化床设备
fog-type ~ 耐雾型绝缘子
four-cylinder thrust ~ 四燃烧室火箭发动机
fractional condensing ~ 小型压缩机冷凝机组
fraise ~ 多头铣（床），铣削动力头
frequency-identification ~ 频率识别装置，波长计
front control ~ （车身）前控制模块
fuel metering ~ 燃油计量组件
function(al) ~ 功能〔控制，操纵〕部件，函数单元，功能装置，功能元
gamma ~ 伽马校正器
gas lift ~ 气升装置，气体升液装置
gasoline ga(u)ge take ~ 汽油油位表传感器
gathering ~ 集拢〔收集，导向〕装置
ga(u)ge ~ 仪表（板装置）
gear ~ 齿轮机构，减速器
gear reduction ~ （齿轮）减速器
gemini ~ 磁录像与摄影组合装置
gradation ~ 连续投配器
granular-filled fuse ~ 粉末灭弧熔丝
graphical ~ 比例尺
graphics processing ~ 图形处理器
guidance ~ ①制导设备②瞄准器
Hall ~ 霍尔元件
heat(ing) ~ ①热（量）单位②加热装置，(发）热元件，发热体〔器〕，热辐射体③绝热体
high voltage ~ 高压发生器
hoisting ~ 绞盘〔车〕
Houdry fixed-bed ~ （胡德利）固定床催化剂的裂化设备
hybrid motive power ~ 复合动力车
hydraulic ~ 液压机构〔装置〕
hydraulic power ~ 液压动力装置，油源
hydraulic slide ~ 液压滑台
hydrodynamic ~ 液力元件
hydroforming bellows ~ 液压成形波纹管
hypertape ~ 快速磁带部件
identity ~ 相同器件，“全同”单元
ignition control ~ （发动机）点火控制模块
imaginary ~ 虚数单位，假想单位
index(ing) ~ ①分度装置②指示装置③检索装置
indexing applications ~ 变址单元，变址器
inertial measurement ~ 惯性测量模块
information ~ 信息单位〔元〕
infrared detection ~ 热探头，红外线探测器
input/output teletype ~ 输入 / 输出电传（打字）机

instruction ~ 指令部件
in-system ~ 有制单位
integral ~ ①积分部件〔分〕②全套部件，成套〔联合〕机组
integrating gyro ~ 积分陀螺
intelligent power ~ （汽车）智能化动力模块
interface ~ ①（半导体存储器电路中）连接器件②接口装置〔部件〕
intermediate load ~ 中间负荷机组（一般指年运行 1 000 ~ 4 000 h 的机组）
international sieve ~ 国际筛规
interworking ~ 网间互通工作单元〔设备〕
ISDN PSDN inter working ~ ISDN PSDN 网间连接器
jet assisted take-off ~ 喷气助飞装置，喷气起飞助推器
jet propulsion ~ （船舶）喷气推进器
jet-reaction ~ 喷流推进装置
keying ~ 键控器
knock control ~ （发动机）爆燃控制模块
lattice ~ 晶架单位，晶胞
line ~ 接线盒，线路连接装置
linear threshold ~ 线性阈值单元
linkage ~ 连接装置，联动组件
liquid spring ~ 液压悬架装置
liquid-filled fuse ~ 充油熔断器，液体（介质）熔断器
engine interface ~ 发动机接口组件
local control ~ 局部控制模块
lock ~ ①同步器，同步装置，整步器②同步单元
look ahead ~ 先行控制部件
machine ~ 计算（机）单位，机器单位，计算装置
magnetic card ~ 磁卡片机
magnetic cassette ~ 盒式磁录机
magnetic core storage ~ 磁心存储器
magnetic sheet handling ~ 薄板电磁分送机构
magnetic tape ~ 磁带机
main ~ 铁心 - 线圈组（双心调压变压器），主机，电源
major ~ 主机组
manpack laser ~ 背负式激光器
manual electric control ~ 手动电控模块
mappable ~ 图幅
marginal ~ 即将报废的〔临近损坏的〕零件
material issuing ~ 发料单位
matrix ~ ①矩阵单元②换算设备
measurement ~ ①计〔测〕量单位②测量仪
measuring ~ 测量单元
mechanical slide ~ 机械滑台
mechanical-type ~ 力学单位
memory ~ 记忆装置，存储装置
mercury ~ 西门子电阻单位，汞阻单位
message decoder ~ 消息解码器，报文解码器
metric ~ 米制单位
micro bore ~ 精密（微调）镗刀头，精调刀头
micro processing ~ 微处理部件
micro teaching ~ 微教学单元
microcontroller ~ 微控制器
micrologic ~ 微逻辑单元
microwave sounding ~ 微波探测器
mixed-bed ~ 混床交换器
mixing ~ 混频器〔管，部件〕，混合管
MKSA ~ 米 - 千克 - 秒 - 安单位制
mobile mounting ~ 移动式台座
mobile recording ~ 电视摄像车，摄影车
mobile television ~ 电视车，便携电视装置
mobile TV recording ~ 电视车，电视录像车
mobile tyre inflation ~ 轮胎活动打气装置
mobile video recording ~ 录像车
modular ~ 可互换标准（件），通用部件
modular machine power ~ 组合机床动力部件
moment control ~ 转矩控制模块（用于汽车传动系主动转矩分配）
monoblock ~ 整块组件，单元机组
Mooney ~ （橡胶可塑性的）穆尼单位
Moszkowski ~ 莫兹夸斯基单位（核子物理中一种跃迁概率单位）
motor reduction ~ 降速电动机，带减速箱的电动机
motor train ~ 机动车组
motorized ambulance ~ 救护车
moulding ~ 造型机组
mucking ~ 装载机
multicomputing ~ 多运算器（处理机，计算机）
multi-module access ~ 多路访问部件
multiple component ~ 配套无线电零件，无线电组件，组合零件
multiplier coefficient ~ 常系数装置（输出与输入之比为常数）
N ~ 中子剂量单位（中子在 25 伦琴“维克托林”剂量计的微型电离室内产生相当于 1 伦琴 γ 射线所引起的电离作用）
n ~ 中子剂量单位（中子在 100 伦琴“维克托林”剂量计的微型电离室内产生相当于 1

伦琴 γ 射线所引起的电离作用）
network encryption ~ 网络加密机
network addressable ~ 网络寻址〔编址〕部件
neutral ~ 信息的自然对数单位（等于1.443二进制单位）
normalized ~ 归一化单位，标准单位
off-stream ~ 停用设备
off-system ~ 制外单位
ohm ~ ①电抗元件②测量用标准电阻
open window ~ 敞窗单位（声吸收单位，同 sabin 赛宾）
operating ~ 操作〔运算，调节〕单元，操纵装置，经营机构
optic network ~ 光网络单元
optic repeater ~ 光中继单元
optical image ~ 光学图像输入器
orifice ~ 节流组件
out body circulating ~ 体外循环机
pack ~ ①部件，组件②装箱部件③步谈机
packaged ~ ①小型装置，可移动装置②整装机组
panel processing ~ （机床）面板数控系统
paper tape ~ 纸带机
passive tuning ~ 无源调谐器
peaking ~ 尖峰机组，峰荷发电机组
peakload ~ （尖）峰（负）荷机组，调峰机组（国外指年运行1 000 h以下的机组）
penetrant flaw detection ~ 渗透探伤装置
per ~ ①每单位②标幺值，单位值
peripheral ~ 外部设备，外围设备
photometric ~ 光度（学）单位
pick-up ~ 拾音器，唱头，激光头
piclear ~ 图像清除器
piclear ~ 图像清除器
picture ~ 传真装置〔设备〕，图像单元
picture detection ~ 图像检波器
picture sound offset ~ 图像与伴音的偏置电路
picture sweep ~ 帧扫描振荡器，图像扫描单元
pilot ~ ①试验装置②控制装置，导向单元
pilot plan ~ 小型试验设备
plasma welding pipe ~ 等离子体焊管机组
plastic flexible disk ~ 软塑料磁盘机
pluggable ~ 可插件
plug-in ~ 插件，插入（部）件，插入单元
point ~ 质点
polishing ~ ①（水）精处理装置，精滤器，凝结水处理装置②抛光机
portable diagnostic ~ 手提式故障诊断仪
portable laminar flow ~ 移动式层流空气净化装置
power ~ ①动力头〔部件〕②执行机构〔部件〕③电源设备，发电机组，供电站④功率单位⑤液压泵站
power absorption ~ 测功机，动力制动装置
power control ~ （汽车）动力控制模块
power per ~ 单机容量，单机功率
power steering control ~ （汽车）动力转向控制模块
power transmission ~ 传动组
power-absorption ~ 动力制动〔刹车〕装置
power-supply ~ 供电设备，发电机（组），电源部件，动力供应单元
pressure ~ 压强单位，增压装置，压力传感器，压强型器件，扬声器半球形振膜
prewired storage ~ 预先穿线的存储单元
primary colo(u)r ~ 基色单元，基色组
probe ~ 测试装置，检测器，测头，探针〔头〕
process ~ 工艺设备
processing ~ ①（计算机的）运算器②处理部件〔单元〕
processing signal ~ 信号处理单元
programmable valve control ~ 可编程阀控单元
program(me) ~ 程序装置〔单位，段〕
programming ~ 编程设备，编程装置，编程器
protective breathing ~ 呼吸保护装置
protocol data ~ 协议数据单元
pumping ~ ①抽油机②排水设备③泵设备
push-stem power ~ 直推式执行机构
quartz crystal ~ （石英）晶体振子
quench(ing) ~ ①（轧件浸渍）淬火装置②灭火器，猝熄设备
quill-type drilling ~ 可移动轴组合钻削头
ramp ~ （阻尼）调节装置
range-follow-up ~ 距离跟踪装置
raster ~ 栅距，光栅单元
rate follow-up ~ 速率随动部件，按一次导数的随动部件
rational electrical ~ 合理化电单位，电磁系单位
reader ~ 读出〔数〕器〔装置〕
ready-made ~ 工厂预制部件
rear control ~ （汽车）后控制模块
rectified linear ~ 整流单元
re-dipping ~ 二次镀锡机组
reduced ~ 折合单位，换算单位
reducing ~ ①减速器②减压器③还原设备

reflow ~ （镀锡薄钢板）软熔机组
refluxing ~ 回流设备〔塔〕
refrigerating ~ 制冷机组
refueling ~ 加油车〔装置〕
rejector ~ 带阻滤波器，拒波部件
relay ~ 继电器组，继电器式选择器
release ~ 脱离〔解脱〕装置
rem ~ 雷姆单位，相对的生物效应剂量单位
remote subscriber ~ 远程用户单元
repeating ~ 重复单元
reset ~ 复位单元
ripple through carry ~ 行波传送进位装置
Roentgen ~ X 光机，伦（琴）（射线单位）
road side ~ 不停车收费装置
R-T ~ 收发装置
scale ~ ①换算器〔电路〕，标〔刻〕度单位 ②频率倍减器，分频器（脉冲计数管内）
scintillation ~ 闪烁计数器
screw ~ 组合机床的〔机床自动线的〕动力头
scrubbing ~ 刷洗机，洗涤机，洗涤器
search ~ 探寻装置，探头
seed ~ （反应堆）点火区，点燃〔种子〕栅格
segregating ~ ①隔离器〔设备〕②分离装置，（卡片）分类设备
self-contained cooling ~ 自给冷却机组
self-contained ~ 自控〔主，持，律，给，变，治〕装置
self-contained air conditioning ~ 组合式空气调节器，带冷凝器的空气调节装置
sensation ~ 听觉单位（dB 的原始称呼），感觉单位
sensing ~ 传感器，敏感元件
sequencing ~ 命令发送器，控制器
servo ~ 操作机构
set-up ~ 装定机构
shaping ~ 信号形成器，整形器
shipping ~ 装运装置
shovel-trench-hoe ~ 反铲挖土机
SI ~ SI 单位，国际单位制
Siemens ~ 西门子电阻单位
signal mixer ~ 信号混合装置，混频器
silicon integration hall ~ 硅集成霍尔器件
simplex ~ 单工机
single ~ 单一机组，单组，单机（的）
single-boiler ~ 锅炉 - 汽轮机单元
single-sweep tinning ~ 单锅式镀锡机组
slave ~ 从属装置，辅助设备，伺服马达〔装置〕，从动环节，接收器
slide ~ 滑台
slitting ~ （带材）纵向切分机组，纵剪切机
Solomon's ~ 法国 X 射线量单位
sound ~ 音响设备
source ~ 源，电源，动力源，放射源，（离子）源部件〔单元〕
space ~ 晶胞，空间单元
space power ~ 航天动力装置
spectrometer ~ 分光计
spindle ~ （主轴部件）厚壁外圈带柄滚子轴承
spinning ~ 纺纱器
spiral ~ 螺旋输送装置
steam raising ~ 蒸汽发生器，蒸汽锅炉
stopgap ~ 暂时装置，应急设备
stop-go control ~ 起动停止操纵装置
stowage ~ 充填设备，充填机
strobe ~ 选通装置
strong-base ~ 强碱阴离子交换器
sub-multiple ~ of measurement 分数计量单位
subsequence ~ 子程序〔辅助程序〕装置
superimpose ~ 前置机组（电站）
supply ~ 供电设备，电源装置〔部分〕
switch ~ 开关装置，换接器，转换开关〔装置〕
synchronization supply ~ 同步电源单元
tank ~ 油箱信号发送单元〔装置〕
tap-off ~ 分线盒〔箱〕
tapping ~ 板牙头，多头〔组合〕攻螺纹机，攻螺纹动力头
tee-drive ~ 三路传动器
tee-drive ~ 三路传动器
telemetry ~ 遥测装置〔设备〕
terminal ~ 终端设备
terminal buffer ~ 终端缓冲器
thin client ~ 精简型客户端单元（数控加工机床操作面板）
threading ~ 螺纹车床
three ~ ①由三个机件组成的机组②电动机、发电机、永磁发电机组成的机组③电压调整器，电流调整器，充电继电器组成的电压调整器组
three-screen sizing ~ 三筛式分级装置
thrust ~ 推进装置，喷气发动机
timing ~ 时间继电器，程序装置，定时装置
topping ~ ①拔顶车间，拔顶设备②前置机组③（甜菜）切顶器，（甘蔗）切梢器
torquing ~ 攻螺纹的机械化工具
totalizing ~ 累计计数装置

tractor feed drive ~ 输纸驱动部件
tractor paper feed ~ 输纸牵引部件
traffic ~ 话务量单位
transcoder and rate adapter ~ 代码转换器和速率适配单元
transfer die ~ 多工位模具部件
translator ~ ①翻译器组，翻译部分，译码机组②传送部分
trueing ~ 整形〔精密〕修整装置
tuner〔tuning〕~ 调谐器，调谐装置
two ~ 双机组（起动电动机和充电发电机）
universal function ~ 通用函数发生器
universal lambda sensor ~ （发动机）宽带氧传感器
utility-type ~ 电站型机组，大型机组
vacuum flash ~ 真空自蒸发装置
variable-speed ~ 无级变速器，无级变速装置
verifying ~ 校验装置
vernier ~ 微调装置，微调发动机
Vickers ~ 维氏硬度单位
video display ~ 视频显示器
view finder ~ 寻像器
visual display ~ 光学〔视觉〕显示装置
voce readout ~ 话音读出器
volume ~ ①响度单位，音量单位②体〔容〕积单位
watt-hour meter verifying ~ 电度表校验装置
way-type drilling ~ 组合钻具
weak-base ~ 弱碱阴离子交换器
weighing ~ 秤，称重装置
weighted summing ~ 加权加法器
welding bellows ~ 焊接波纹管
wheel wear compensating ~ 砂轮补偿机构
window ~ 窗式空气调节器
wire feed ~ 送丝装置
wire-drive ~ 送丝装置
X ~ X单位（波长单位，相当于10^{-11} cm）

unitarity 统一性，单一性，幺正性

unitary ①单元的，一元的，个体的②单式的，酉的，幺正的③一致的，不分的

unit-cast 整铸的

uniterm （专利）单元名词，单项

uniterminal 单极的

uniterming 选择单元名词，查单元名词，单项选择，键词选择

unit-frame 同架的，整体式机架

unitgraph 单位过程线

unitisation =unitization

unitization 联合，一元化，(集装)单元化

unitize ①统一〔规格，单元，积木，模式，使集装单元〕化②成组，成套③装…于同一体上，把…组成集装单元件

uniton 单子

unitool 统一刀盘，球刃刀盘

unitor 连接器，插座连接装置

unitune 单钮〔同轴〕调谐

unity ①单一，唯一，单数，个体②不变乘数，整体③单位，元素④一致，统一⑤同质，均一⑥联合，团结

unityper 二进码磁带打印机

univalence 一价，单价

univalency =univalence

univalent 单价的

univariant 单变（度）的

univariate 单变量

universal ①宇宙的，全世界的②普遍的，全（体）的③万能的，通用的，万向的④全称的⑤全称命题，一般概念⑥（pl.）万向节，万向传动

Newtonian ~ of gravity 重力常数，牛顿万有引力常数

universaltest 综合校表仪

universe ①宇宙，世界，天地万物，全人类②全域，总体③（科学）领域④银河系，恒星与星辰系

univertor 变频器（频段：100 kHz ~ 25 MHz）

univibrator 单稳态多谐振荡器，单稳态触发器

univoltage 单电压的，单电位的

uniwafer 单（圆）片

uniwave 单频的

uni-woven 单纺

UNIX UNIX 操作系统

unjammable 抗干扰的，防干扰的

unkilled 沸腾的

unknown ①待求的，未知的，无名的，不明的，不详的②无数的，数不清的③未知元〔数，量〕，未知因素

unlade 卸荷，卸货

unladen 空载的，无载的

unlatch 解开，未拴上

unlawful 违反操作规程的，非法的

unlike 不同，相异，不相似

unlimited 无限的，无穷的，不定的，极大的，没有约束的

unlined 未衬砌的，不镶衬的，单极的

unlink 松〔卸，拆〕开，释放，解环，摘钩，使脱出
unlisted 未入账的，未上市的
unload ①去载，卸载，去配②清除（存储内容），抽出，退出，取下③转存（信息）④抛售，倾销
unloader ①卸载机，卸货〔减荷，卸载输送，减压〕器②阀连动装置③卸货工人
bulk ~ 散装物卸载机
bulk continual ship ~ 散料连续卸船机
car ~ 卸车机
Hulett electric ~（从船上卸铁矿石用）休利特电动卸料机
kangaroo ~ 带斗式卸货机
spiral coal ~ 螺旋选煤机
vacuum ~ 气力〔真空式〕卸载机
unloading ①去载，卸货，卸料②取出③从发射架取下导弹④下料
~ of trough 脱模，下模，出模
unlock ①开锁，打〔断，松〕开，不连锁②分离，释放，清除③揭示，显露
unloose 解开，松开，释放
unmachinable 不能机械加工的
unmachined 未（进行机械）加工的
unmake ①解开，拆卸②使消失，破坏，毁灭，废除，撤销③改变，还原
unmanageable 难以处理〔控制，掌握，应付，管理，加工〕的，难办〔弄〕的
unmanned ①无人（控制）的，无人操纵〔驾驶〕的②无人居住的
unmanned-aerial 非载人
unmask 无屏蔽，中断屏蔽，暴露
unmatch 未匹配，失配，不配对
unmatchable 不可匹配的，不能比，无法配对的
unmatched 失配的，不匹配的，无敌的
unmeasurable 不可测量的
unmelted 不〔未〕熔化的，未融化的
unmendable 不可修理〔改正〕的
unmetamorphic 不变化〔态，性，形，质〕的
unmixedness （燃料与空气在燃烧室气流中的）不混合度
unmixing ①（混合物的）离析，分离②未混合的
unmoderated 未减速〔慢化〕的
unmodifiable 不可改变的
unmodulated 未调整〔节，制，谐〕的
unmoor 拔锚，解缆
unnail 拆除…上的钉子，拆除钉子以松开
unnotched 无凹〔缺，槽〕口的
unode 重点
~ of a surface 单切面重点
unofficial 非官方的，非正式的
unoil 除油，脱脂
unopened 未开（小）口的，封首的，未开放的
unoperated 没有运转的，停车的
unoptimizable 非优化的
unorganic 无机的
U-notch U 形缺口〔刻槽〕
unoxidizable 不可氧化的，不锈的
unpack ①间距②除法③（信息或数据）分开，分割④除（去）⑤拆卸，拆包⑥解数据包，从集合数据中恢复原来的数据
unpackaging 启封
unpaid 未付的，无偿的
unparallel 不平行的
unpeg 拔钉子以松开，使解冻
unpermeability 不透水性
unpickled 未酸洗的
unpiler 卸垛机
unpiloted 无人驾驶的
unplanned 无计划的，计划外的
unplasticized 未增塑的
unplated 未镀的，无涂层的
unplugged 未堵塞的，非封闭的
unplumbed 深度〔垂直度〕未用铅锤测量过的，（程度，意义）未经探测的
unpolarized ①未极化的②无偏振的
unpolarizing 去极化〔去偏振〕（作用）
unpolished 未抛光的，粗糙的，无光泽的
unponderable 不可衡量的
unpowered 无发动机的，无动力的，被动的，手动的
unprecedented 空前的，新奇的
unpredictable 不可预见的，不能预料的，无法预言的
unpressurized 不加〔增〕压的，非承压的
unprocessed 未加工〔处理〕的
unprofitable 非营利性的
unprotected 未保护的，未加保险的，无装甲的
unpurified 未经纯化的，非精制的
unqualified ①不合格的，不适于…的，无资格的②无条件的，没有限制的③全然的，绝对的，彻底的
unquote （电报电话等中的）结束引语，引用结束
unrealized 未实现的，未兑现的

unreasonable 不合理的，过高的
unrecorded 未入账的，无记录的
unrectified 未改〔修〕正的，未调整的，未精馏的，未整流的
unreducible 不可简化（的），不可还原（的）
unreel 开〔退，拆〕卷，退绕，松开，解开，解轴，放线
unreeve （从滑车，心环等）拉回（绳子）
unreflected 无反射（层）的
unreliability 不可靠（性），不安全（性）
unrelieved 未被减轻〔缓和，解除〕的，无变化的，单调的
unremittance 不间断性，非衰减性，持续性
unrequited 无偿的
unresisted 不〔受〕抵抗的，无阻力的
unresonance 非谐振〔共振，调谐〕
unresponsive 无反应的，反应慢的
unrestricted 不限制的，无约束的，自由的
unrewind 不重绕，未重卷（磁带）
unrig 拆卸用装备
unrivet 拆除铆钉
unroasted 未经焙烧（处理）的
unroll ①展〔解〕开，展卷②扫描〔掠〕③显示，展现
unrounded 不（四）舍（五）入（的），不舍零（的）
unsaleable ①滞销的②非卖品
unsatisfiable 不可满足的
unsaturated 不〔未，非〕饱和的
unsaturation 不饱和，未饱和
unscattered 不扩散〔散射〕的，集中的
unscheduled 计划外的，不定期的，没有预定时间的
unscramble ①整〔清〕理②分解（集成物）使恢复原状③译出（密码），使（电视，模糊电码）变得清楚
unscrambler ①（坯料）自动堆垛台②倒频器，矫正器
can ~ 罐身压扁机
helium speech ~ 氦语言校正器
unscrambling ①非杂乱性②再生
unscrew 松螺钉，拆开检修，（拧出螺钉而）拆卸，大修
unsealing ①未密封②开封，拆开，启封
unseat ①离开阀座，移位，微微抬起，打开②去职，失去资格
unsecured 无担保的
unservability 不可服务率
unserviceability 使用不可靠性，不实用性，运转不安全性，不适用性，不耐用性
unset ①复位，清除，复原②不固定的，未凝固的，未装配的，未镶嵌的
unsettled 未清算的，不稳定的
unshaped 未成形的，粗制〔糙〕的
unshared-electron 未共享〔价〕电子
unsharpness 不清晰性，非锐聚焦
film ~ 胶片不清晰度
geometrical ~ 几何不清晰度
inherent ~ 固有不清晰度
unshielded 无〔不设〕屏蔽的，未〔无〕防护的，未掩蔽的
unshorting 消除短路（现象）
unshrinkable 不会收缩〔缩小〕的，防缩的
unshrouded （敞）开的，开式的
unshuffle 反移（从右向左移）
unshunted ①无分路的②未设旁路的
unsintered 未烧结的
unsized ①未分大小的，未筛分的，未过筛的②无浆的，无填料的
unskilled 不熟练的，非技术的
unsling 解开吊索，放下…的吊索
unslotted 无槽的
unslugged 无磁滞的
unsmeltable 不能熔炼的
unsold 未售出的
unsolder 焊开，烫开，拆开（已焊之物），分裂，分开
unsolvability 不可解性
unsolvable ①不可解的，无法解释〔答，决〕的②不能溶解的
unsorted 未分级的，未选的，未加整理的
unsounded ①未经探测的，未测过深度的②不发音的，未说出来的
unsoundness 缺陷
unspecified 未规定的，无详细说明的，未指定的，未特别提到的
unspinnable 不旋转的
unsplit 不可拆卸的，整体的，无裂口的
unsprung ①未附加弹性材料的②未装弹簧的
unsquared 非方形的，不呈直角的
unstability 不稳定性，不安全性
unstabilized 不稳定的，不能控制的
unstable ①不稳定的，不坚固的②易变的，反复无常的
unstacker 拆垛机
unstainable 不腐蚀的，不锈的
unstall 不失速，消除气流分离

unstamped 未盖戳〔章〕的，无印记的
unstayed 未固定的，未加支撑的
unsteadiness 不稳定（性），不定常（性），非恒（性）易变（性）
unsteady ①不稳定的，不坚定的，非定常的②易变的，动摇的，不规则的
unsteady-state 非稳恒（状态）的，不稳恒的
unsteel ①使失去钢性②解除武装
unstopper （拔）去塞子
unstow 卸空
unstrained ①未变形的，无应变的②未过滤的③不紧张的，自然的
unstressed 不受力的，未加载的，未受应力的
unsupported 没有支柱的，无〔未〕支撑的，自由的，无载体的
unsymmetric(al) 不对称的，偏位的，不平衡的
unsymmetry 不对称（性）
unsystematic 无系统的，不规则的，紊乱的
untack 分开，解结
untempered ①未淬火的②未回火的③没有调和好的④不加控制的
untensioned 未拉紧的，松弛的
unthreaded 无螺纹的
unthreading 退带
untight 未密封的，漏的，不紧密的
untightness 不致密性
untimed 不定时（广播）
untipped 不镶刃的
untransposition 未换位（的），不换位（的）
untreated 未经处理的，未清理的、生的、未浸渍过的
untrue ①不真〔确〕实的，不正〔精〕确的，不合标准的②（安装）不正〔平〕的
untuned 未调谐的，非调谐的
unturned 不转动的，未翻转的，没有转向〔折回〕的，未颠倒的，没有（用车床）车过的
unusual 不普通的，异（乎寻）常的，稀有的，例外的
U-nut U 形螺母
unvalued 无面值的，无价值的
unwant 不希望，不需要 ~ ed operation (of a protection equi(pment)) （保护装置的）误动
unwater 脱水，排水〔干，泄〕，去湿，使干燥
unwheeling 架车
unwieldy ①笨重的，不灵巧的，庞大的②难操纵〔控制〕的，不实用的，难〔不便于〕使用的
unwind ①解〔摊〕开②开〔拆〕卷③放松，伸直④消除程序修改，展开（程序）
unwinder 退绕机，拆线机，开卷机
unworthiness 不适用性
unwound 未卷绕的，未上发条的，（从卷绕状态）松散的
unwrap 打〔解，展〕开
unwrought 没有制造〔加工，整理，开采〕的，未最后成形的，粗糙的，原始的
unyielding ①不屈服②不压缩③稳定的，硬的
up 提高，向上
pig ~ 生铁增碳
scrolling ~ 向上滚屏，向上翻滚
U-packer U 形圈
U-packing U 形垫密环，U 形密封圈
U-panaplex U- 帕纳普莱克斯数字板（直流气体放电显示板）
up-and-down 一上一下的，往复的，起伏的，变动的
upcast ①上抛（物），上扔②上风井〔口〕，通风坑，排气坑
up-coiler 上卷机，卷绕机
upconversion （向）上变频，增频变频，向上转换
up-converter 上变频器，向上变换器
parametric ~ 参数向上变换器
up-counter 升计数器，求和计数器
up-cut 上切式，逆铣，仰铣，对向铣
up-cutting 逆铣，仰铣，对向铣
update ①修正，校正②更新，现代化，不断改进，使…适合新的要求，关于…最新资料
loop ~ 环路参数更新
measurement ~ 测量校正，校正观测量
memory ~ 存储器更新
routing area ~ （通信）路由区升级
time ~ 及时修改
tracking area ~ （通信）跟踪区更新升级
updater 更新器
updraft 向上抽风，吹风，上升流，上风式的，直焰的
updraught =updraft
upended ①顶锻，镦粗②竖立，倒放
upender 翻料机，（卸料）翻转机
upfeed 向上进给
upfield 高磁场
upflow 上升气流
upgrade ①提高等级，变复杂〔高级〕，精选②上升，升坡，上限③浓集，加浓，加固
up-grinding （砂轮与工件）异向磨削，逆磨（砂

轮与工件旋转方向相同）
upheaval ①隆起，上升②变革，动荡③（岩层）移动
uphill ①斜的，向上的，上坡（的）②困难的，费力的
upholstery （车，室）内部装饰，蒙皮材料，家具覆盖饰物
body ~ 车身衬里
U-pin U 形销
U-pipe U 形管
upkeep 维护〔修，持〕（费），养护（费），管理，操纵
uplift ①举起，抬起，隆起，冻胀②上升，升起③上举〔反向压，扬压，浮托〕力
up(-)line ①上行线路②入站线，侧线
up-link 上行线路〔系统〕，对空通信
up-link 上行链路
upload ①向上（作用的）负载②上载，加载，向上装入
uploading 加载，上传
uplooper 立式活套成形器，立式活套挑
up-milling 逆铣，对向铣
u-polymer u 聚合物
upper ①上面的，上限的②地表层的，后期的
off-normal ~ 上限越界
upper-bracket 高级的，到顶的
upper-case ①大写字母，大写体②大写的③用大写字母排印
upper-sideband 上边带
up-quenching 上淬（法），反淬火，分级等温淬火
uprated 大功率的，提高功率〔出力，额定值〕的
U-preparation 开 U 形坡口
upright ①支柱，立杆②（pl.）（压力机）导架③直立的，竖的
telescoping ~ （叉车）伸缩式门架
upscattering 导致能量增加的散射
upsetter 冷顶锻机，镦粗机，平锻机
electric ~ 电热镦机
upset(ting) ①镦锻，镦粗，加压〔厚〕②翻转，颠倒，倒转，倾覆③干扰，破坏④陷型模，缩锻钢条的粗大末端
clamp ~ 弯压铁（施工时压工件用）
local ~ 局部镦粗
progressive ~ 步进式顶锻〔锻粗〕
up(-)shaft ①高速移动，高速齿轮②往上通风的竖井
up-shaping 反插
up(-)shift 换高速档，加速
upside-down 反色序，颠倒，混乱
upstage ①末级，顶级，上层级②傲慢的，骄傲的
upstop 上止挡块
upstream ①上升流，逆向位移②逆流（的），上游（的），上流（的）
up-stripping 辅助〔附加〕剥离
upstroke 上行程，上升冲程，上行〔往上〕运动
upswell 隆起，膨胀
uptake ①上气〔上升烟，垂直管〕道，煤气上升管，上风井，咽喉，吸风管，通风管②吸（收）③举起
water ~ 吸水
uptilt 翻成侧立状态
uptime 可用时间（设备无故障的时间），正常运行时间
up-to-date 现代化的，最新式的，尖端的，到现在为止的
up-to-size 到〔具有〕名义〔标称〕尺寸
up-to-the-minute 最近的，最新式的，很现代化的
upturned 朝上（翘，翻）的，翻转的，雕刻的
uptwister 上行式捻线机
upvaluation 升值
upwarp 向上翘曲的，上升的
upwash 升流，上洗（流），气流上洗
upwelling 喷出，涌出，上喷，上升流
upwind-type 上风式
uralite 水泥石棉板，（深绿）纤维闪石
uranate （重）铀酸盐
urania 氧化铀
uranin 荧光素钠
uraninite 沥青〔晶质〕铀矿，天然氧化铀
uranium 铀（U）
bred ~ 增殖（生）铀（铀 233）
depleted ~ 贫化铀
enriched ~ 富集铀（浓缩铀）
fertile ~ 铀 238
natural ~ 天然铀
normal ~ 天然铀
uranium-bearing 含铀的
uranothorite 铀钍矿
uranus ①尤拉纽斯镍铬合金钢②天王星
uranyl 铀酰，双氧铀（根）
urban 城市
extended typical ~ （通信）扩展典型城市
typical ~ （通信）典型城市

urdite 独居石（(La，Ce）PO_4）
urea ①尿素②脲（NH_2CNH_2）③（pl.）尿素塑料
urethane 氨基甲酸酯，氨基甲酸乙酯，尿脘
urge ①推动，激励②加负荷，（发动机）加力③主张，强调
urgent 紧急的，迫切的，强求的，催促的
urinometer 尿检计
urinoscope 尿检测（蛋白，糖和胆色素）计
uroflometer 尿流计
urogravimeter 尿比重计
urotropine H促进剂，乌洛托品，（环）六亚甲基四胺，六甲撑四胺
urushiol 漆酚，漆醇
usability 可用性，合用性，使用性能，工艺性
usage ①运用，使用（方法），处理，对待，管理，用途〔法〕②习惯，惯例，惯用法③利〔使〕用率
longterm ~ 长期使用
ordered resource ~ 有序资源使用（法）
usalite 耐火材料
usance 票期
use ①（使，利，运，应，采）用②行使，使出，发挥③消〔耗〕费④对待
extensive ~ 广泛〔有系统〕应用
field ~ 野外使用，现场使用
intelligent ~ 合理使用
joint ~ 同杆架设，一线多用
maker ~ 接合器应用
temporary ~ 临时使用（轮胎侧壁上的标志T，只能短期使用）
usefulness 有用〔益，效〕，实用、有效率，很熟练
useless 没用的，无益的，无效的，无价值的
user ①用户，买主，顾客②使用物
active ~ 现时用户（正在接受服务的用户）
end ~ 终端用户，直接用户
end ~ 最终用户，终端用户，直接用户
user-centrality 用户中心性
user-defined 用户定义〔规定〕的
user-friendness 用户友好性
use-value 使用价值
U-shaped 马蹄形的，U形的
U-steel 槽钢，U形钢
usufruct 用益权
usurious 高利的
usury 高利贷，重利
utensil 器皿，用具，仪器
enamelled cooking ~ 搪瓷烧皿
microwave cooking ~ 微波烹饪用具
uterocolposcope 子宫阴道镜
utilance 光通利用率，空间利用系数
utilisation 利用率
utiliscope 工业电视装置
utility ①效〔实，应，有〕用②实用〔辅助，应用〕程序③公用事业（设备，公司），公用保障设施，中心电站，公用电站④实用〔经济，有多种用途〕的
communication ~ 通信实用程序
downloading ~ 下载实用程序
electric ~ 电（力工）业，电能，供电
expected ~ 期望效益
file ~ 外存储站，文件辅助程序
file generation ~ 文件生成实用程序
kit ~ 成套应用设备（如成套外围设备供用户选择）
management support ~ 管理支援应用程序
marginal ~ 边限效用
power ~ 发电站，公用电力事业
primary ~ 保障物资（如电、汽、水和压缩空气等）
source ~ 源实用程序
stand-alone ~ 独立应用（不受操作系统控制）
table ~ 制表实用程序
undelete ~ 恢复删除实用程序
utilization ①利用，应用②用电
fuel ~ 相对燃耗，燃料利用率
heat ~ 热能利用率
memory ~ 存储规划
repetition ~ 重复使用率
Utiloy 镍铬耐酸钢，镍铬耐蚀合金（w（Ni）29%，w（Cr）20%，w（Cu）3%，w（Mo）1.75%，w（Si）1%，w（C）< 0.7%，其余Fe）
utmost 极度（的），极限，最大（限度）（的），最大可能，最高（的）
Utovue 乌托维等离子体数字板（一种交流型等离子体显示板，取意“理想显示器”）
U-trap 虹吸管，存水湾，U形液封管
U-tube U（形）管
U-turn 调头，U形转弯，180°度转弯
uvanite （黄）铀钒矿
uvaser 远紫外激光器
UV-detector 紫外（光）检测器
Uvicon 紫外二次电子导电管
uviol(glass) （透）紫外线玻璃
uviometer 紫外线测量计

uvioresistant 抗紫外的，不受紫外线作用的，不透紫外线的

uviosensitive 紫外线敏感的

UV-irradiation 紫外光照射

uvite 钙镁电气石

UV-lamp 紫外线灯

UV-light 紫外光

UV-photostat 紫外直接影印照片

UV-scanner 紫外扫描器

U-washer 开口〔U形〕垫圈

U-weld U形坡口焊缝

V

V-　V 形（的），三角（的）

vacamatic　真空自动式

vacancy　空（虚，闲，缺，额，房间），空位〔白，间，处，隙，穴，格点〕，虚位，空穴

constitutional ~　组元空位

electron ~　电子空位

lattice ~　晶体〔点阵〕空位

vacancy-creep　空位蠕变

vacant　空位的，空白的，空闲的，没有被占用的

vacate　①弄空，使空出，腾出②作废，取消③解除，辞职

vacation　①空出，迁出②假期，休假，辞去

vacillate　摇摆，振荡，波动

Vac-metal　镍铬电热线合金

Vacodur　瓦科杜尔高导磁率合金（*w*（Al）13% ~ 17%，其余 Fe）

vac-sorb　真空吸附

vacuate　抽（成真）空

vacuator　抽空机

vacuo-forming　真空造型

vacuity　①空虚〔隙，间，白〕②真空（度），减压

vacujet　真空捕尘凿岩机

vacuo　〈拉〉真空

vacuo-junction　真空热电偶，真空热转换元件

vacuolation　空泡状态

vacuometer　真空计，低压计

vacuous　①空的，空洞的，空虚的，真空的②无意义的

vacuscope　真空计

vacustat　①真空计，压缩式压力计②真空状态

vacuum　①真空（度），真空状态，负压②真空装置，真空吸尘器③空处〔白，间，虚〕

black ~　低真空（1.3×10^{-1} Pa 以下），粗真空

coarse ~　粗真空，低真空

end ~　极限真空

extreme high ~　极限真空（$<1.3\times10^{-10}$ Pa）

final ~　极限真空度

fine ~　高真空

hard ~　高度真空

highest attained ~　极度〔限〕真空

partial ~　部分〔半，局部，未尽〕真空

perfect ~　完全〔绝对，高〕真空

rough ~　低真空度，粗真空

soft ~　低真空

Torricelli ~　托里拆利真空

ultimate ~　极限真空

ultra-high ~　超高真空

very-high ~　甚高真空

vacuum-bottle　保温瓶，热水瓶

vacuumbrake　真空增力制动器，真空（加力）制动

vacuumcleaner　真空吸尘器

vacuum-desicator　真空干燥器

vacuum-ga(u)ge　真空计，真空表

vacuum-impregnated　真空浸渍的

vacuuming　真空处理

vacuum-insulated　真空绝缘的

vacuumization　真空处理

vacuumize　①在…内造成真空②真空包装③用真空装置弄干（净）

vacuum-meter　真空计，微气压计，低压计

vacuumometer　=vacuum-meter

vacuum-packed　真空包装的，预抽真空密封的

vacuum-pump　真空泵，排气唧筒

vacuum-pumping　抽真空，真空排气

vacuum-reduced　降低真空的

vacuum-servo　真空伺服〔随动〕的

vacuum-sintering　真空烧结

vacuum-suspended　真空悬浮式

vacuum-tight　真空气密的，真空密封的

vacuum-treated　真空处理的

vade-mecum　〈拉〉手册，便览

vadose　渗流

V-aerial　V 形天线

vague　不明确的，不清楚的，含糊的，未定的，不明的

vail　遮掩现象，遮掩物

magic ~　①（显像管）边框，（显像管）框架②电视屏遮光罩

vain　空虚的，没用的，无效的，无价值的

val　英国压力单位（相当于 10^5 Pa）

valance　帷幔，布帘，窗帘上部的框架

fender ~　（汽车挡泥板上装有的）防溅用挡帘

valence　①（化合，原子）价②帷幔，布帘③效价，期望值

coordination ~ 配（位）价
primary ~ 主价
secondary ~ 副价
valency （化合）价，原子价
valent （化合）价的
valeronitrile 戊腈，丁基氰（$CH_3(CH_2)_3CN$）
valid ①有效的，有法律效力的，经过正当手续的②正确的，正当的，有充分根据的，能成立的③（正相）符合的，强有力的
validate ①使生效，使合法化，使有充分根据②批准，确认，证实③核实，核对，订正
validation ①批准，确认，证实，验证②合法性，有效性
cross ~ 交叉确认，交叉证实，交叉验证
program(me) ~ 程序确认
validity ①有效（性，度，位），效力，正确（性），真实性，合法性②正当，确实（性）
vallance 壁式隐灯
valley ①谷，凹陷处，凹地，谷槽②能谷③（曲线上的）凹部，谷值，最低值
load ~ 负载（曲线）低谷
Silicon ~ 硅谷
valray 镍铬合金（w（Ni）80%，w（Cr）20%）
valuable ①有价值的，重要的，贵重的，有用的②可估〔评〕价的③（pl.）贵重物品
valuation ①评价，定价，价值，估定的价格〔值〕②计算，赋值，值
valuation 赋值；估价，评价；定价
book ~ 账面估价
valubreeder 钍铀增殖堆
value ①价值，价格②（数）值，大小，尺寸③评价，意义，含义，重要性④交换力，有用成分⑤（生物）分类上的等级，（绘画）浓淡色变，色调变化，（音乐）音长⑥（pl.）标准，准则⑦属性
~ analysis 价值分析
~ engineering 价值工程
~ of series 级数的和〔值〕
absolute ~ 绝对值
acceptance ~ 合格值
accidental ~ 随意值
acid ~ 酸价，酸值
actual ~ 实值，实际价值
added ~ 增值，附加价值
adjusted ~ （测）平差值
agreed ~ 约定值，商定金额
annoyance ~ 干扰值
associated ~ 结合值
assumption ~ 假定值，采用值
attribute ~ 属性值
audio nuisance ~ 声频噪声值
auxiliary ~ 修〔校〕正系数
average ~ 平均值
back up ~ 返回值，倒推值
base ~ 基准数
bearing ~ 支承能力，载重量
book ~ 账面价值
bulking ~ 体容度
caloric ~ 发热量，卡值，热值
calorific ~ 卡值，热值
central ~ 中值
characteristic ~ 特征值
chromatic ~ 色品值
circuit ~ 线〔电〕路参数
class ~ 组值
combustible ~ 可燃性
combustion ~ 热值，卡值
commercial ~ ①经济价值②交换价值
conical cup ~ 锥形杯突深冲极限值
Conradson carbon ~ 康拉孙碳值
consecutive ~ 相邻〔继〕值
constant ~ 等值，定值
conventional true ~ 约定真值
correction ~ 修正值
crest ~ 极值，峰值
crest quasi-peak ~ 类峰值的峰值
critical ~ 临界值
cupping ~ 深拉〔压延〕系数
current ~ ①现时〔现行，当前〕值②电流值
cutting ~ ①切削值②切削能力
defective ~ 亏损值
design ~ 期待值，设计参数〔数值〕，结构参数，计算值
designated ~ 指定值，标志值
desired ~ 预期值
discreet ~ ①预估值②预计值，粗略估计值
discrete ~ 离散值
division ~ 分度值
drop-out ~ 回动值，下降值
ductility ~ 延展值
effective ~ 有效值
endscale ~ （仪表的）满（标）度值
epsilon ~ ε 值（介电常数）
equivalent ~ 当量〔等效，换算〕值
Erichsen ~ 埃氏杯突深度值

estimated ~ 估计值
excess-3 ~ 余 3 的数值
expectation ~ 期望〔待〕值
extrinsic ~ 外在价值
face ~ 票面价值
fatigue ~ 疲劳极限
fiducial ~ 基值，引用值
full-scale ~ 满刻度值，(仪表的)满标值，原尺寸值
gamma ~ 伽马值，灰度级
given ~ 给定值，已知值
gross heating ~ 高热值，高位发热量
hardenability ~ (可)淬透性值，硬化指数
hashed ~ 散列值
heat(ing) ~ ①(燃料)发热量②热值③热当量
heat-liberation ~ 单位放热量，比放热量
higher calorific ~ 高位热值
Hollerith ~ 字符值(FORTRAN 语言用)
I^2t ~ (of a semiconductor rectifier diode) I^2t 值(整流管的)
I^2t ~ (of a thyristor) I^2t 值(晶闸管的)
imp ~ “损值”
index ~ 指标值，预调值
index field ~ 变址域值
indicating ~ 示值
intrinsic ~ 内在价值
inverse ~ 相反值，倒数，负值
Izod impact ~ 伊兆特冲击值，悬臂冲击试验值
knock ~ 抗震值
Lankford ~ 兰克福特值(即 R 值，板状拉力试样宽厚方向应变比)
liminal ~ 最低极限值
limiting ~ 极限值〔量〕
low heat ~ 低位热值
lower ~ 下方值
lower approximate ~ 偏小近似值
lower calorific ~ 低位热值
lower range ~ 下限值
marginal ~ ①临界值，边缘值②边际价值
mean ~ 平均值
mean effective ~ 方均根值，平均有效值
mean square ~ 方均值
measured ~ 测定值，实测值
missing ~ 遗漏值，漏测值
modal ~ 最常见的值，出现频率最高的值
moisture content ~ 湿度，含水率
Munsell ~ 芒塞尔色度值〔明暗度〕
must-operate ~ 必作值
must-release ~ 必释值
n ~ n 值(磁场指数值)
net calorific ~ 低热值
net present ~ 净现值〔率〕
nominal ~ 标称〔额定〕值
nonoperate ~ 不吸起值，不工作值
normal ~ 正常〔额定，标准〕值
normalized ~ 标准值，归一化值
notched bar ~ 缺口冲击值
null locator ~ 空定位符变量值
numerical ~ 数值
obsolescence ~ 折旧剩余值
occupational tolerance ~ 生产中允许辐照剂量
octane ~ (汽油)辛烷值〔数〕
optimal〔optimum〕~ 最佳值，最优值
overall heating ~ 高热值，高位发热量
pad ~ 衰减值
paired ~ 对偶值
par ~ 面值
peak ~ 峰值(振幅)，最大(瞬时)值
peak-(to-)peak ~ 峰-峰值
penetration ~ 针入值
per-unit ~ 标幺〔相对，单位〕值
pH ~ pH 值，氢离子浓度负对数值
pick-up ~ 始动值，吸合值
place ~ 分配值
preferred ~ 优选〔先〕值
probable ~ 概值，可几值
proper ~ 本征〔固有，特征〕值
protective ~ (润滑脂的)保护性能，防护能力
provisional ~ 初步值，预备值
pull-on ~ 吸合值，动作值
pyrometric cone equivalent ~ 热〔熔〕锥比值
Q ~ ①品质因数，优值，Q 值②等于 10^{18} 英制热量单位(即 $1.055\,06 \times 10^{21}$ J 的热量)③核反应能量值(兆电子伏特)
quantity ~ 量值
quiescent ~ 静态〔无载运行，开路〕值
R ~ R 值，厚向异性指数，宽厚方向应变比
rated ~ 额定值
RB ~ RB 值(试样与甲基黄(对二甲氨基偶氮苯)两者迁移距离的比值)
R.B.C ~ R.B.C 值(拉延半成品球底杯形体的极限拉延程度)
reactive ~ 无功量

reciprocal ~ 倒数值，互易值
recovery ~ 更新〔复原，废物利用，回收〕价值
reducing ~ 折算值，还原值
relay just-release ~ 继电器始可释放值
relay must-operate ~ 继电器保证起动值
relay must-release ~ 继电器保证释放值
relay non-operate ~ 继电器未动作值
required ~ 期待值，目标值
resistance ~ 阻力系数，流量系数
resource indication ~ （通信）资源指示值
rivet ~ 铆钉强度
root-mean-square ~ 方均根值，有效值
salvage ~ 折余值，残值（处理价值）
saturation ~ 饱和值，（颜色）饱和度数值
scale ~ 标度（值）
scaled ~ 换算值，折合值
scrap ~ 残值
setting ~ 设〔给〕定值
shading ~ 光度值
slamp ~ 流动性指数（型砂的）
softness ~ 软化值，软化度
solidification ~ 固结温度值，凝固点
spanning ~ 跨越值
spatial ~ 空间坐标值
specific ~ 比值
specified ~ （某一）给定值
squared ~ 方均值
squared absolute ~ 平方模数，绝对值的平方
stagnation ~ 滞止值
starting ~ 初值，起始值
steam-purity ~ 蒸汽纯度，蒸汽含盐量
stop ~ 光阑值，断流值
stray ~ 偏离值
successive ~ 逐次值
supporting ~ 承重量，承载能力
surplus ~ 剩余价值
switching ~ 开关量，开断〔切换〕值
target ~ 目标显示度
thickest ~ 众数，最密集值
threshold ~ 阈值
threshold SPL ~ 声压级阈值
tonal ~ 影象的明晰度，（图像）亮度级，色调，灰度
total head ~ 全压头值
train ~ （齿轮）系值，列值，传动系角速比
trimmed ~ 调整值
trip ~ （继电器）断开（电流或电压）值
tristimulus ~ 三（色）激励值
underdetermined ~ 欠定值
virtual ~ 有效值
virtual decision ~ 虚判定值
wearing ~ 磨耗值
weight mean ~ 加权平均值
yield ~ 起始值，起始切变，塑变值
yield point ~ 塑变〔流动〕值，屈服点

valuevite 绿脆云母

valuta 〈意〉币值

valve ①阀（门），气门，开关②闸阀，闸板，挡板③（壳）瓣，瓣膜④电子管，真空管⑤（pl.）配件，附件
actuated ~ 控制阀
admission ~ 进气〔汽〕阀
air ~ 排空气阀
air admission ~ 进空气阀，真空破坏阀
air bleed ~ 放气阀，空气量孔阀
air bleed control ~ （发动机）空气旁通控制阀
air bleed pressure ~ 引气压力开关
air bypass ~ 空气旁通阀
air bypass solenoid ~ 空气旁通电磁阀
air cutoff ~ （发动机怠速）空气切断阀
air fuel ratio control ~ （发动机）空燃比控制阀
air inlet clack ~ 进气瓣阀，进气阀门
air release ~ 放空阀
air relief ~ 减压〔安全〕阀
air suction vacuum switching ~ （发动机）进气真空开关阀
air switching ~ （发动机）空气（喷射）开关阀
air vent ~ 喷〔排，放，通〕气孔阀
aligned-grid ~ 栅极中点校直的电子管，对栅管
Allan ~ 阿兰（蒸汽机）滑阀
anti afterburn ~ （发动机）防后燃阀
anti lock pressure ~ （汽车）防抱死压力阀
anti-backfire ~ （发动机）防后燃阀，防回火阀，防排气管放炮阀（减速时向进气管导入二次空气）
antiflooding ~ （换热器的）满水保护阀，安全阀
antivoid ~ 真空安全阀
application ~ 控制阀
Askania ~ 射流管阀
atmos ~ 大气阀
atmospheric ~ 放空阀，空气阀

atmospheric relief ~ 排空阀
auxiliary air control ~ （发动机）辅助空气控制阀
auxiliary live steam ~ 进汽副阀
back ~ 止回阀
back seat ~ 后座阀，上密封座阀
backflush ~ 反冲阀
backing ~ 前级真空阀
backlash ~ 无游隙阀门，游隙补偿阀
backpressure ~ 回压〔防逆，止回，背压〕阀
back-seated ~ 后座阀，强迫就位阀
backwash ~ （凝汽器）反冲洗阀，逆洗阀
ball ~ 球阀，截止阀
ball relief ~ 安全球〔减压球，释放球〕阀
Barkhausen-Kurz ~ 具有制动电场的三极管，巴克豪森 - 库尔兹电子管
bellows ~ 波纹管阀
bi-directional (electronic) ~ 双向（电子）阀
bleed ~ 放气阀
bleed air ~ （发动机节气门喉管间）补给二次空气阀
bleeder ~ 排气〔抽气，吸出，放气〕阀
blocking ~ 闭锁〔塞〕阀，锁气阀，断流阀
blow ~ 通风〔安全，放空〕阀
blowdown ~ 排污阀，高压放气阀，（粉料）泄料阀
blowoff ~ 放泄〔排污，急泄〕阀，放气阀
blowout ~ 排气管，排出〔排污，放泄〕阀
blow-through ~ 放气阀，排污阀
brake ~ 制动阀
brake metering ~ 制动调节阀
brake pressure modulating ~ （汽车）制动压力调节阀
braking ~ 减速阀
break ~ 真空截止阀
breather ~ 通气阀，呼吸阀
bucket ~ 活塞阀
building block ~ 积木式阀
butterfly ~ 蝶（形）阀（真空系统），节流阀，风门，混合气门，蝶形挡板，回转挡板
by-pass ~ 旁通〔辅助，回流，分流〕阀
caged ~ 顶置气门，顶部传动阀
canister purge control ~ （发动机）炭罐净化控制阀
canister purge regulator ~ （发动机）炭罐清污控制阀
canister purge shut-off ~ （发动机）炭罐清污截止阀
Carle ~ 卡尔阀（多通进样阀）
cartridge ~ （筒形）插装式阀
center bypass ~ 中间位置旁通的换向阀，M型机能换向阀
changeover ~ 活页〔旋转，转换，多向〕阀
charging ~ ①充电管②充气〔加料，加液〕阀
check ~ 单向阀，止回〔检验〕阀，检验开关
choke ~ 阻气〔阻流，阻塞，节流〕阀，阻风门，空气挡板
(circuit) ~ （电路）阀
circulating ~ 循环阀
clack ~ 瓣阀，止回阀
clap(per) ~ 瓣阀
clappet ~ 止回阀
clearway ~ 全开阀
clock ~ 单向铰链阀
closed center ~ 中间位置封闭的阀（方向阀）
closed crossover ~ 交叉换向阀
closing ~ 隔离〔节制，隔断，停汽〕阀
coast clutch solenoid ~ （汽车自动变速器）滑行离合器电磁阀
coasting air ~ （发动机）强制怠速工况空燃比控制阀
combiner ~ 集流阀
communication ~ 联络阀
compensated flow control ~ ①带压力补偿的流量控制阀②调速阀
compensated relief ~ 平衡式溢流阀
compression ~ 压缩行程阀（减振器的）
compression release ~ 减压阀
conical ~ 锥阀
conical seat ~ 斜形座阀
constant flow ~ 恒流量阀
constant pressure ~ 恒压阀
constant pressure expansion ~ 恒压膨胀阀
control ~ ①控制阀，调节阀②控制管，调节管
conversion ~ ①转换阀②转向阀
converting ~ 快速减温减压阀，变态阀
coplanar-grid ~ 共面栅极管（具有两个控制栅的四极管）
Corliss ~ 柯立斯摆动阀，柯立斯配汽阀
corona ~ 电晕环
counterbalance ~ 背压阀，反平衡阀
coupling ~ 联结阀
crankcase depression regulator ~ 曲轴箱降压调节阀
cranked tire ~ 轮胎气嘴

cross ~ 转换阀，三通阀
cross bleed ~ 交叉引气活门
crossover ~ 交换阀，转换阀
cup ~ 钟形阀
cushion ~ 气垫阀
cut slide ~ 膨胀滑阀
cut-off ~ 断流〔截止，止回〕阀
cycling solenoid ~ 周期（工作的）电磁阀
cyclone tail ~ 分离阀
damper ~ 调节〔阻尼，缓冲，减振〕阀
dark-tint ~ 深色彩（色）电视管
deadweight safety ~ 重锤〔杠杆〕式安全阀
deceleration ~ 行程节流阀
deceleration check ~ 带止回阀的(流量控制）减速阀
deceleration sensing proportioning ~ 减速度传感（制动力）比例分配阀
deflating ~ 放气嘴〔阀，瓣〕
deflection ~ 偏转管
delivery ~ 导出〔排气，输出，出油〕阀
deriming ~ 解冻阀
detecting ~ 检波管
diaphragm ~ 隔膜阀，膜式阀
differential ~ 差动阀，差压阀
diode ~ 二极管（整流）阀
direct ~ 单级阀
direct spring loaded safety ~ 弹簧式安全阀
direction ~ 方向阀，换向阀
direction(al) control ~ 换向阀，方向控制阀
direct-loaded safety ~ 重锤式安全阀
directly operated relief ~ 直动式溢流阀
director ~ 主导阀门，导向阀
disc equalizer ~ 盘式均压阀
discharge ~ 泄放〔排出，排气，排料，溢流〕阀，放电管
disconnecting ~ 断流阀，截止阀
disc-seal ~ 盘形封接管
disk ~ 圆盘〔平板，片状〕阀
distribution ~ 分配阀，压力调节阀
diverging three-way ~ 三通分流阀
diverter ~ 换向〔转换，分流〕阀
dividing control ~ 分配控制阀
double ~ 双联阀
double check ~ 双单向止回阀
double overhead ~ 双顶置气门
double-beat drop ~ 双座阀，双支承提升阀，平衡阀
double-seat ~ 双座阀
drain ~ 泄水阀
drop ~ （蒸汽机的）坠阀，管形阀
dual ~ 复式阀，双联阀
dual-pressure ~ 双压阀
dump ~ 放泄〔调压，切断〕阀
easing ~ 安全〔溢流，减荷〕阀
Eidophor light ~ 艾多福光阀（电视投影机）
electric air control ~ （发动机）电控空气阀
electric control ~ 电动调节阀
electrical-hydraulic servo ~ 电 - 液伺服阀
electro hydraulic servo ~ 电子压服活门
electromagnetically operated ~ 电磁阀
electrometer ~ 静电计管
electron ~ 电子管，电磁阀
electronic ~ 电子阀
electronic actuator control ~ 执行器电子控制阀
electronic air control ~ （发动机）电子空气控制阀
electronic throttle ~ （发动机）电子节气门
emergency ~ 安全阀，紧急阀
emergency closing ~ 紧急切断阀
equalizer ~ 均压阀
equilibrated ~ 预启阀，压力平衡阀
escape ~ 排气〔安全，溢流〕阀
excess flow ~ 流量限制阀
exhaust air induce ~ （发动机）二次空气吸入阀
exhaust gas recirculation solenoid ~ （发动机）废气再循环电磁阀
exhaust gas recirculation vacuum ~ （发动机）废气再循环真空阀
expansion ~ 截流滑阀，安全〔膨胀，调节〕阀
face ~ 座阀
fast ~ 高速阀，快关阀
fast idle air ~ 快怠速空气阀
feather ~ 放气〔卸载，滑，弹子〕阀
feed ~ 进给〔给水，送料，供气〕阀
feed stop ~ 进给安全阀
fire ~ 灭火阀，消火栓
fixed-pressure reduction ~ 定差减压阀
flap(per) ~ 挡板，瓣〔舌形，止回，翻板〕阀，锁气器
flat ~ 平座〔平板，配流〕阀
Fleming ~ 弗莱明管，二极管检波管
float ~ 浮〔回压，球〕阀
float adjusting ~ 浮球调节阀
float needle ~ 浮（子）针阀

float-controlled ~ 浮子阀
float-type expansion ~ 浮球阀
flood ~ 溢流圈
flop ~ 瓣阀
flow control ~ 流量控制阀
flow metering ~ 节流阀
flow regulating ~ 节流阀，减压阀
fluidic interface ~ 射流控制阀
flushing ~ 换液阀，补液阀
flutter ~ 蝶阀
flux ~ 流量阀
foot ~ 底〔脚踏，背压，泵吸入口止回〕阀
four-port ~ 四通阀
frost ~ 防冻阀
fuel metering ~ 燃油计量活门
fuse ~ 阻熔阀
gas admittance ~ 进气阀
gas lift ~ 气举阀
gate ~ 闸板，闸〔滑门，大〕阀
gate gurgle ~ 泄液阀
Giles ~ （带电容器的）盖尔斯放电器
globe ~ 截止阀
globe-check ~ 截止止回阀
governor ~ 调速阀，调节阀
graduating ~ 递开〔平衡〕阀
grating light ~ 光栅光阀，栅格光阀
grid ~ 栅型阀
guard's ~ 速动阀门，事故阀
Guard's van ~ 守车制动阀
guiding ~ 滑阀
gulp ~ 吞气阀（防止进气管回火）
hard ~ 高真空电子管，硬性电子管
head ~ 头阀，顶置阀
hinged ~ 瓣阀
holding ~ 平衡阀，闭锁阀
Holweck ~ 霍耳威克管，可折管
hot-cathode gas filled ~ 闸流管
Howell Bunger ~ 锥形阀
hydraulic control ~ 液压控制阀
hydraulic directional ~ 液压换向阀
idle air control ~ （发动机）怠速空气控制阀
idle control solenoid ~ （发动机）怠速控制电磁阀
idle speed control ~ （发动机）怠速控制阀
inching ~ 微动阀
induction ~ 吸入阀，进气阀
inlet ~ 进气〔进给，吸油，吸入，进料，入口〕阀
intake ~ 进气阀
intake manifold tuning ~ （发动机）进气歧管调谐阀
intercept ~ 截流阀，中间调节〔中间截止，起动调汽〕阀
introduction ~ 注射阀，进样阀
inverted ~ 止回阀
ionic ~ 离子管，离子整流器
isolating ~ 截止〔隔流，切断〕阀
jacket ~ 套层阀
jet pipe ~ 射流管阀
jettison ~ 切断阀
jockey ~ 辅助阀，先开阀
Johnson ~ 约翰逊式针阀，约翰逊阀（高落差水轮机阀）
latching ~ 自锁阀
latching solenoid ~ 自保持电磁阀
leaf ~ 舌〔叶片、簧片〕阀，瓣状阀门
leak ~ 漏气阀，针阀
level control ~ 液面控制阀
levelling ~ 高度控制阀
light ~ 光阀（管）
limit ~ 限位阀
limiting ~ 行程阀
line-time base ~ 时间基线行扫描管，直线时基管
line-to-line ~ 零叠量〔遮盖，余面〕阀
load sensing ~ 负荷传感阀，感载阀
lock(ing) ~ 安全阀，止动阀
Lodge ~ 整流器
low-side float ~ 低压浮球阀
magnet(ic) ~ 电磁（控制）阀
makeshift ~ 变向阀门，换向阀，转换开关
maneuvering ~ 调节阀
manifold ~ 集流阀
manifold connecting ~ 板式连接阀
master ~ 主〔导，控制〕阀
matrix ~ 矩阵式阀
measuring ~ 流量测定闸阀，闸阀式流量计
mechanical directional ~ 行程阀
mercury pool ~ 汞弧（槽）整流管
mercury timing ~ 水银延时装置
metering ~ 定量阀，调节阀
metering needle ~ 定量针阀，针芯调节阀
meter-out ~ 出液量控制阀
microwave ~ 微波管
miter ~ 锥形〔菌形，蝶〕阀
mixing ~ 混频管，混合阀

modulating ~ 液压（位置）控制随动阀
modulation ~ 调制管
motorised ~ 电动阀
multi-mu ~ 变 μ 管，可变放大系数管
multiple ~ 多级管，复合管，多级阀门
multiple grid ~ 多栅电子管
multiple selector ~ 多位置换向阀，多位置配油阀
multiple unit ~ 多路换向阀
multiple-swing check ~ 多行程止回阀
multiport switching ~ 多通转换阀
multipurpose ~ 多用阀
multitandem ~ 多路阀
mushroom suction ~ 菌形进气门
muting ~ 无噪管
needle ~ 针阀，针塞，油针
nitrogen blanketing ~ 充氮管，氮气管
nodon ~ 电解铅 - 铝整流器
non-return ~ 止回阀
oil cut-out ~ 给油总阀
oil deformation ~ 油膜光阀
one-grid ~ 单栅电子管
one-way ~ 单向〔止回〕阀
one-way hydraulic ~ 液控单向阀
orifice check ~ 小孔止回阀，量孔节流止回阀
oscillation ~ 振荡管
outlet ~ 放出〔出口，排泄，泄水〕阀
output ~ 输出管
output module ~ 输出模块阀
over load ~ 过载阀
over power ~ 超力阀
over-flow ~ 溢流阀
overhead ~ 顶置气门，顶置气门
overlapped ~ 正叠量〔遮盖，余面〕阀
over-pressure ~ 安全阀，溢流阀
packed-type solenoid ~ 填料函型电磁阀
packless solenoid ~ 无填料函型电磁阀
paddle ~ 止回阀，闸阀，闸板
pass ~ 直通阀
pass-out control ~ 抽汽控制阀
pentagrid ~ 五栅管，七极管
pentode ~ 五极管
pet ~ 试验阀，试水阀，小型旋塞阀
pilot ~ ①先导阀②控制阀，导阀，滑阀，副配压阀③伺服马达错液门
pilot check ~ 液控单向阀
pilot choke ~ 液（压）控（制）阻流阀，先导长通道节流阀
pilot relief ~ 液（压）控（制）溢流阀，液（压）控（制）安全阀
pilot-operated solenoid ~ 先导型电磁阀
pinch ~ 夹管阀
pintle ~ 针式喷嘴，配〔分〕流阀
pipe-type connecting ~ 管式连接阀
plug ~ 旋塞阀
plunger ~ 柱塞阀
pneumatic ~ 气（动）阀，阻气阀
pop ~ 突开阀，紧急阀
pop safety ~ 紧急安全阀
poppet ~ 提升〔提动，座，菌形〕阀
poppet directional ~ 截止式换向阀
port ~ 特立克阀，带孔道的分流阀
Portsmouth ball ~ 朴斯茅茨式球阀（活塞水平移动）
positive-displacement metering ~ 步进式计量阀，容积式计量阀
pot ~ 罐阀
power ~ ①功率管②增力阀，动力阀
power enrichment ~ 增力加浓阀
power steering ~ （汽车）动力转向阀
power-operated ~ 伺服马达操纵阀，机械驱动阀
prefill ~ （预）充液阀，满油阀
prefill surge ~ 充液补偿阀
pre-inlet ~ 预启阀
pressure ~ 压力〔增压〕阀
pressure compensated flow control ~ 调速阀
pressure control ~ 压力控制阀
pressure reducing ~ 减压阀
pressure release ~ 减压阀
pressure retaining ~ 保压阀
pressure sustaining ~ 恒压阀
pressure-difference ~ 压差调节阀
pressure-reducing ~ 减压阀
pressure-relief ~ 减压安全阀，溢流阀，泄压阀
priming ~ 初给阀，起动阀
priority ~ 压力（控制）顺序（动作）阀，定压阀
proportional control ~ 比例控制阀
proportional direction control ~ 比例方向阀
proportional flow control ~ 比例流量阀
proportional pressure control ~ 比例压力阀
proportioning ~ 配量阀
protection ~ 安全阀
pulse ~ 脉冲管，脉冲阀

pump out ~ 抽空阀
puppet ~ 随转阀，提升阀
purge ~ 放（空）气〔放泄，清洗〕阀
reactance ~ 电抗管
reactive thrust filter ~ 反冲过滤阀
rebound ~ 止回〔回跳〕阀
recoil ~ 反冲阀
rectifier ~ 整流管〔阀〕
recycle ~ （再）循环阀
reduction ~ 减速阀，减压阀
reed ~ 簧片阀，针阀
reflux ~ 回流阀
regeneration ~ 快速动作阀，再生阀
regulating ~ 调节阀，溢流阀
relay ~ 中继〔继动，减压，安全〕阀
release ~ 排出〔放泄，安全〕阀
release cut-off ~ 缓解截断阀
relief ~ 安全〔减压，溢流，开放〕阀
remote ~ 远距离控制阀，遥控阀
remote pressure ~ 远程调压阀
repeater ~ 增音管
reset ~ 微调阀，重调阀
residual ~ 止回阀
restrictive ~ 节流阀
retaining ~ 止回阀
return ~ 回流阀
reversal ~ 换向阀，可逆阀
reverse ~ 回动阀
rice-grain ~ 超小型电子管
rocker ~ 摆动阀
rollover ~ （燃油箱）翻车安全阀
rotary ~ 转阀
rotary plug ~ 转阀（柱塞式）
rotary timing ~ 回转调时阀
rotating ~ 回转阀
safety ~ 安全阀
salt-cooled ~ （钠）盐冷却气阀
sand ~ 撒砂阀
scale ~ 计量阀
screwdown ~ 旋压阀
seat ~ 座阀
selector ~ 棱形滑阀，分配〔换向，选择〕阀
self-acting ~ 自动阀
self-oscillating ~ 振荡管
semi-open center ~ 中间位置半封闭的换向阀
sentinel ~ 报警〔信号，脉冲〕阀
separate heater ~ 旁热式真空管
sequence ~ 顺序阀
sequencing ~ 程控阀
serve ~ 伺服阀
service ~ 检修阀，备用阀
servo ~ 伺服阀，从动阀
shooting ~ 喷射阀
short ~ 短路阀，短行程阀
shovel ~ 瓣阀
shunt ~ 分流管，旁路管
shutdown ~ 停车阀，停机阀，断流阀
shutoff ~ 截止〔断流，截流〕阀，闸阀
shuttle ~ 梭形滑阀，往复阀
silica ~ 石英壳管
single overhead ~ 单顶置气门
single-beat ~ 单层阀
six-way ~ 六通阀
skate ~ 减速器阀，缓行器阀
slanting set ~ 斜置阀
slave ~ 随动阀，液压自控换向阀，用导阀控制的换向阀
sleeve ~ 套（筒）阀，管阀，滑阀
slide〔sliding〕~ 滑阀，闸阀
sluice ~ 闸〔水，滑板〕阀，（滑动）闸阀
snap ~ 速动阀
snift(ing) ~ 喷气〔吸气，取样〕阀
solenoid ~ 螺线管阀，电磁阀
solenoid pilot actuated ~ 电磁阀
sonic ~ 声速阀
spark control ~ （发动机）点火控制阀
spill ~ 回液〔溢流，溢油〕阀
spill-off ~ 分路式流量阀
spillover ~ 溢流阀
spool ~ 柱形阀，滑阀
spool-type control ~ 绕线轴式控制阀，回转阀
spray ~ 喷雾阀，雾化喷嘴
spring and lever loaded ~ 弹簧平衡阀
spring-biased ~ 弹簧加载的阀
square land ~ 线轴式滑阀
squaring ~ 矩形脉冲发生管
stage ~ 级阀
standstill detector ~ 换向限制阀
steam converter ~ 减温减压阀
steam trap ~ 蒸汽疏水阀
steam-outlet ~ （锅炉出口）主蒸汽闸阀，主汽阀
Stellite faced ~ 司太立合金覆面阀
step ~ 级〔阶式，层式〕阀
stop ~ 主汽〔断流，节流，止动〕阀
stop check ~ 截止止回两用阀

stop-and-go ~ 起停阀，起动阀，起动闸门的旁路阀
stopping ~ 截止阀
strainer ~ 滤汽阀
suction ~ 吸水〔入〕阀
suction control ~ （电子控制燃油喷射柴油机）吸入控制阀
surge ~ 补偿阀，间歇作用阀
surge check ~ 充液阀
surplus ~ 溢流阀
sustaining ~ 支撑阀，平衡阀
swing ~ 平旋阀
swing check ~ 回转止回阀，旋启式止回阀
swinging ~ 平旋阀
swirl control ~ 涡流控制阀
switch ~ 转换阀
tandem-center ~ 中间位置串通的阀，H型功能的换向阀
tank bypass ~ （汽车）燃油箱旁通阀
tank pressure control ~ （汽车）燃油箱压力控制阀
taper-seat ~ 锥形座阀
tappet ~ 凸轮定时阀
tarry ~ 调〔定〕时阀，停留调时阀
telescoping ~ 套筒阀
temperature-responsive ~ 温敏阀，温度继电器带动的阀
thermactor air diverter vacuum ~ （发动机二次空气喷射）热作用空气换向真空阀
thermal expansion ~ 热膨胀阀，调温膨胀阀
thermal vaccum ~ 温控〔热力〕真空阀
thermally-tuned ~ 热调管
thermionic ~ 热阴极电子管，热离子管
thermostatic control ~ 恒温调整器，热调节阀
thermostatic expansion ~ 热力膨胀阀
three-grid ~ 三栅管
three-port ~ 三通阀
three-port slide ~ D形滑阀
three-position ~ 三位阀
three-way ~ 三通阀
throttle ~ 节流〔节气，调整〕阀，减压〔速〕阀，节气门
throttled directional ~ 节流换向阀
through (way) ~ 直通阀
thyristor ~ 晶闸管阀
time-lag ~ 延时阀
timing ~ 延时阀
timing control ~ （电子燃油喷射）正时控制阀
tracer (spool) ~ 仿形〔随动，伺服〕阀
transfer ~ 输送阀，旁通阀
transforming ~ 减压阀
transition ~ 换档阀
transmitting ~ 发射管
trap ~ 滤阀
travelling ~ 游动阀
Trick ~ （汽轮机的）特利克阀
trigger ~ ①触发管（热离子管或气体放电管）②启动阀
trimmer ~ 自动压力调整阀
trip ~ 断流阀
triple ~ 三通阀
tulip ~ 漏斗形〔喇叭口〕阀
tungar ~ 钨氩（整流）管，吞加管
turning ~ 旋转挡板，回转阀
two way solenoid ~ 双向电磁阀
two-port ~ 二通阀
two-way ~ 二通阀，双通阀瓣
un bi-directional (electronic) ~ 单向（电子）阀
under lapped ~ 负叠量〔遮盖，余面〕阀
uniform-pressure-drop ~ 定差减压阀
unilateralism check ~ 单向止回式电磁阀
universal ~ ①万向阀②通用电子管
unloader ~ 卸载阀
unloading ~ 卸荷阀
urgency truncation ~ 紧急截断阀
vacuum ~ 真空阀
vacuum control temperature sensing ~ 真空控制温度传感阀
vacuum relay ~ 真空继动阀，真空式自动转换阀门
variable mutual conductance ~ 变互导管，遥截止管
variable-mu ~ （可）变μ管，可变放大系数管
velocity-modulated ~ 调速管
vent relief ~ 旁通溢流阀
vent(ing) ~ 通风〔排油，泄水，稳压，通流〕阀
Venturi-ball control ~ 文丘里球形控制阀
V-port ~ 带有V形柱塞的阀
waste ~ 放泄〔溢流，安全〕阀
weighted ~ 重量〔重锤，荷重〕阀
wired-in ~ 无座管（直接焊入线路）
yield ~ 安全阀，屈服阀
zero lap ~ 零叠量〔遮盖，余面〕阀

valved （装）有阀（瓣）的，（装）有气门的

valve-in-head 顶置气门，吊挂气门

valvelet 小阀
valve-type 电子管式的
valvotome 瓣膜刀
valvular ①(有)阀的,阀瓣的,阀状的②瓣(状)的，有瓣的
valvulotome 瓣膜刀
vamp ①补片②修补
van ①有篷运货汽车，铁路货车(有篷盖的)，行李车，拖车，搬运车②簸分机，风扇，选矿铲
breakdown ~ 急救车，抢修车
motor ~ 摩托车
OB ~ 实况转播车
outside broadcast ~ 电视转播车
panel ~ (驾驶室和货物室成为一个整体的)厢式货物运输车
radio diffusion ~ 广播车
radio OB ~ 无线电转播车
recording ~ 录音车，录像车
sling ~ 吊斗
suction ~ 吸风机，吸气风扇，排气通风机
television reporting ~ 流动电视车
vanadate 钒酸盐
vanadinite 钒铅矿
vanadinizing 渗钒
vanadium 钒(V)
vanalium 钒铝铸造合金(w(Al)80%,w(Zn)14%,w(Cu)5%,w(Fe)0.75%,w(V)0.25%)
vancarrier 集装箱搬运车
vancometer 透油计(测量纸的)
Van-Der-Veen 范德文测弯试验
vane ①叶片,轮叶,刀片,瓣翼(风车或轮机的)②风环〔轮，向标，信标〕，舵③节气阀④瞄准板
air ~ ①鼓风机叶，风车叶②空气舵
air deflection ~ 导风板
backward swept ~ 后〔反〕弯式叶片
braking ~ 刹车板
carbon ~ 石墨〔燃气〕舵，碳(制)舵
control ~ 操纵舵
differential ~ 差动阀
diffuser ~ ①扩压器内导向叶片，扩散(器)叶片②散气片
directing ~ 导向叶
fly ~ 叶片
four-bladed ~ 十字板
gas ~ 燃气舵
guide ~ ①导(流叶)片，导向叶片，导向板②导叶(水轮机的)③导〔向〕翼
impeller ~ 叶轮叶片
incidence ~ 攻角传感器〔指示片〕
jet ~ 喷气舵，喷气导流控制片
nozzle guide ~ 涡轮导向叶片
pre-whirl ~ 预旋叶片
reaction ~ 反应〔击〕式叶片
return guide ~ 反导叶
runner ~ 叶轮叶片
sight ~ 瞄照准器，方位视准器
spider ~ 辐射形叶片
stator ~ 静叶片，定子叶片
stay ~ 固定导叶(水轮机的)
step ~ 阶梯形叶片
straightening ~ 导直(流向)叶片
swept-back ~ 后弯式叶片
tail ~ 尾舵
turning ~ 导向装置，转动叶片
variable stator ~ 变距定子叶片，变距静叶
wind ~ 风向标，风标翼
vaned (装)有叶(片)的，有〔带〕翼的
vaneless 无叶的
vang 支索
vanishing-point 灭〔合，遁〕点
vanner ①淘矿机②淘选带③带式淘汰盘
end-shake ~ 端摇床
frue ~ 淘矿机
vapometallurgy 汽化冶金，挥发冶金
vaporarium 蒸汽疗器〔室〕
vapor-cooling 蒸发冷却
vaportight 不漏气的
vapotron 蒸发冷却器(散热能力定义为250 ~ 500 W/cm^2)
super~ 超蒸发器(散热能力定义为500 ~ 1 000 W/cm^2)
vapo(u)r ①汽，蒸汽，雾②汽化物
aqueous ~ 水(蒸)汽
evaporator ~ 蒸发器的二次汽
flashed ~ 扩容蒸汽
hot ~ 过热蒸汽
supersaturated ~ 过饱和蒸汽
water ~ 水汽
vapo(u)rability 汽化性，挥发性
vapo(u)r-cooled 蒸发冷却的
vapo(u)rimeter ①挥发度计②蒸汽压力计
vapo(u)risation =vapo(u)rization
vapo(u)rizability 汽化性，挥发性
vapo(u)rization 汽化(作用)，蒸发(作用)

~ without melting 升华
vapo(u)rize 汽化，蒸发
vapo(u)rizer 汽化器，蒸发器
burner ~ 蒸发式燃烧器
equilibrium flash ~ 平衡闪蒸设备
liquefied gas ~ 液态气体汽化装置
vapo(u)r-lock 气阻
vapo(u)rometer 蒸汽压力计
vapo(u)rous ①气状的，多蒸汽的，雾状的②蒸汽饱和的
vapo(u)r-proof 不漏蒸汽的
vapo(u)rtight 不漏汽的，汽密的
var 乏，无功伏安（无功功率单位，电抗功率单位）
varactor 变容二极管，（可）变（电）抗器
junction ~ 结变容二极管
point contact ~ 点接触变容二极管
surface ~ 表面变容二极管
varhour 乏时，无功伏安小时
variability ①变化〔易变，变异〕性②变率
indication ~ 示值变动性
variable ①变量〔数，元，顶〕，参数②可变的，变化的，可调的
aleatory ~ 任意变量，随机变量
area ~ （存储）区变量
array ~ 数组变量
artificial ~ 人工变量
assigned ~ 赋值变量
autonomous ~ 自主变量，自主变数
binary-state ~ 双态〔双位，二值，二进制状态〕变量
Boolean ~ （=logical ~）逻辑变量，布尔变量，布尔变数
chance ~ 随机变量
complex ~ 复变量，复变数
controlled ~ 被控（变）量
dependent ~ 函数，因〔应，他〕变数，他〔因〕变量
design ~ 设计参数
discrete ~ 离散变量
dual ~ 双变数，对偶变量
dummy ~ 空〔哑，虚〕变量，虚拟变数
endogenous ~ 内生变量
equicrescent ~ 等半圆变数
exogenous ~ 外生变量，局外变量
extraneous ~ 客〔随机〕变量
field ~ 场变量
global ~ 全程变量
highest numbered ~ 最高编号变量
independent ~ 自变数，自变量
index ~ 下标变量
infinitely ~ ①无级调速的，平滑调整的，广（辐）调速的②无穷变量
integer ~ 整型变量
integration ~ 积分变量
latent ~ 潜在变数
locator ~ 定位变量
machine ~ 计算机变量，机器变量
macro-time ~ 宏时间变量
manipulated ~ 操纵量，被控变量
meta ~ 元变量
monotonic ~ 单调变数
multiple ~ 多变数，多变量
nuisance ~ 扰乱性变数
principal ~ 主变数
process ~ 可调变量
random ~ 随机变量，随机变数，无规变数
real ~ 实变数，实变量
reference ~ 基准变量，参比（变）量
regulated ~ 受控变量
running ~ 游动变量
scale ~ 标量变数
slack ~ 余裕变数，扩度变量，松弛变量
state ~ 状态变量，状态参数
stochastic ~ 随机变量，随机变数
string ~ 串变量
symbolic ~ 符号变量
welding ~ 焊接规范参数
variable-angle 可变角度的
variable-area 可变截面的，可变面积的
variable-drop 变量排种器，变量排种装置
variable-resistance 可变电阻的
variable-speed （能，可）变速（的），速度能变换的，积分（式）的
variac （连续可调）自耦变压器
motorized ~ 自动无级调压器
variance ①变化，变更②差异，分歧③分〔色，离〕散④方差，偏差
auto ~ 自方差
conditional ~ 条件方差
distribution ~ 分布方差
error ~ 误差离散，误差方差
generalized ~ 广义方差
intraclass ~ 组合方差
pooled ~ 合并方差
population ~ 总离散，总方差

sample ~ 采样方差〔离散〕,样品方差〔离散〕
serial ~ 系列离散,序列方差
unbiased ~ 无偏方差,方均差
variant ①不同的,差异的②各种各样的③变化的,易变的④变形〔型,种〕,派生的,衍生的
shift ~ 位移可变量,位移可变式,移变
variate ①改变,使变化②(随机)变量
antithetic ~ 对偶变数
variation ①变化〔动,更,异,种〕,改变②变分〔差〕,变量〔位,度,数〕,偏〔误,磁〕差,偏转〔向〕
~ of chordal measurement 公法线长度变动
~ of fit 配合公差
~ of tolerance 公差带
admissible ~ 容许变分
allowable ~ (尺寸)容许偏差,公差
combined voltage ~ 混合调压
daily ~ 昼夜变化〔差异〕
first ~ 初级变分
fractional ~ 百分比变化
genetic(al) ~ 遗传变异
hourly ~ 每小时变化,小时变动
infinite (stepless) speed ~ 无级调速
joint ~ 连变分
light-intensity ~ 光明暗波动〔变化〕
limited ~ 有界变更
linear ~ 线性变化,线性变分
load ~ 负荷变动,负荷波动
load-up ~ 负荷上升率
magnetic ~ 磁性变化,地磁变化
multidirectional pose accuracy ~ 多方向位资准确度变动
partial ~ 部分变分
pitch ~ 相邻齿距差
rhythmic ~ 节律变化
secular ~ 时效〔长期〕变化,老化
total pitch ~ 齿距差
unfree ~ 不自由变分
upper ~ of tolerance 上偏差
vertical ~ ①铅垂变化②垂直磁差
zenith-angle ~ (宇宙射线强度的)顶角变化
zero ~ 不回零位
variator ①变换器,变速器②聚束栅③(伸)胀缝,伸缩(接)缝④温度变化的补偿器
speed ~ 变速器,调速器
varicap (可)变(电)容二极管,压控变容器
vari-coil 瓦里卷线机
varicolo(u)red 各种颜色的,色彩不同的,杂色的
variety ①多样化②品种
vari-focal 可变焦距
varigroove 变(槽)距(纹)槽
varindor 可变电感器,变感器
variocoupler 可变耦合器〔腔〕
variode 变容二极管
variodencer =variodenser
variodenser (可)变(电)容器
variograph 变量计,变压计
pressure ~ 气压变量计
variohm (可)变(电)阻器
variolosser 可控损耗设备,可变损耗器
variometer ①(可)变(电)感器②磁变计③飞机爬升率测定仪
~ of mutual inductance 互感式(可)变(电)感器
ball ~ 球形可变电感器
D ~ 磁偏变感计,偏角磁变仪
horizontal ~ 水平磁力仪
magnetic ~ 磁变计,磁变记录仪
plate ~ 阳(板)极电路(可)变(电)感器
pressure ~ 气压变量表
rotating coil ~ 动圈式变感器
split ~ 分档可变电感器
Z ~ Z-磁力仪,(地磁)Z-分量磁变计
varioplex 可变多路传输器,变工(制)
variopter (滑动)光学计算尺
varipico 变容二极管
variplotter ①自动曲线绘制器,自动作图仪②可变(尺寸)绘图仪
vari-slide 滑杆成形机
varister =varistor
varistor 非线性电阻,变阻器,调节〔压敏,可调,可变〕电阻
ceramic ~ 非线性陶瓷电阻,陶瓷变阻器
diode ~ (晶体)二极管可变电阻,二极管非线性电阻
film ~ 膜式压敏电阻器
film form ~ 膜状压敏电阻器
junction type ~ 结型(电)压敏电阻
SiC ~ 碳化硅可变电阻
silicon ~ 硅压敏电阻器
silicon carbide ~ 碳化硅压敏电阻器
zinc oxide ~ 氧化锌(电)压敏电阻器
varistructure 可变结构
varisymbol 变符板(笔画型字母、数字显示板,

1971 年称为场致发光板，1974 年改称直流等离子体板）
varitran 自耦变压器，接触调压器
varitrol 自动调节系统
varityper 有多种可变字体的打字机
varmeter 乏（尔）计，无功功率表，无功伏安计
varnish ①清漆，假漆②涂料③（发动机工作面上由汽油燃烧产物形成的）积炭④涂装
adhesive ~ 胶黏漆，胶性漆
air drying ~ 空气干燥漆，自然干燥漆
anticorrosive ~ 缓蚀漆
asphalt ~ 沥青（油）漆，缓蚀涂料
bakelite ~ 电木漆，胶木漆
baking ~ 热干燥漆，烘漆
bituminous ~ 沥青清漆
coating ~ 罩光清漆
cold curing ~ 室温固化漆
electric ~ 绝缘清漆
enamel ~ 瓷漆
flat ~ 亚光漆
flat-finish ~ 本色清漆
gloss ~ 亮光漆，上光漆
impregnating ~ 浸渍漆
insulating ~ 绝缘漆
lac ~ 光漆，虫胶清漆
lacquer ~ 亮漆，凡立水
long oil ~ 油性清漆
Ningpo ~ 金漆
oil ~ 清（油）漆
oleoresinous ~ 油性树脂清漆
shellac ~ 虫胶漆，胶漆
silicone ~ 硅酮漆
solventless ~ 无溶剂漆
spar ~ 清光漆
spirit ~ 挥发（清）漆，酒精清漆
stoving ~ 烤漆，烘漆
thermostat ~ 耐热漆，热稳定漆
undercoating ~ 打底漆
wrinkle ~ 波纹漆
varsal 万能的
vary-on 使接通
Vascoloy-Ramet 碳化钨硬质合金
vasculargraph 血管造影仪
fluorescence ~ 荧光血管造影仪
vaseline 凡士林，矿脂
vasogen 凡士精，矿脂氧化物
vat 瓮，（大）桶，大槽
vault ①拱顶，穹窿，拱形②拱顶地下室
barrel ~ 筒形拱顶
cable ~ 电缆（进线）室
reactor ~ 反应堆坑室（放置堆芯和一回路系统的混凝土生物屏蔽坑室）
wagon ~ 筒形拱顶
V-band V 频 带，V 波 段（46 000 ~ 56 000 MHz）
V-beam V 形射束
V-belt V 带
multiple ~ 多条 V 带
V-block V 形缺口垫板，三角槽板，元宝铁，V 形气缸体
ga(u)ging ~ V 形定位块
V-box V 形箱〔斗〕
V-bridge V 式电桥
V-clamp V 形夹
V-connection V 形联结，开口三角形联结，V 形接线
inversed ~ 反 V 形联结
V-conveyor V 形滚柱输送机（滚柱交叉排列成 V 形）
V-cup V 形密封圈，V 形断面皮碗
V-cut ① V 形割法② V 形掏槽，楔形掏槽
V-cylinder V 形气缸
V-die V 形弯曲模
versatile ~ 万能 V 形弯曲模
V-drag 拖式 V 形刮铲
V-drill 带尖钻
vectodyne 推力方向可变垂直起飞飞机
vectogram 矢量图
vectograph ①矢量图②偏振相片，偏振光体视镜，偏振立体照片
vectolite 钴铁氧体（w（Fe_2O_3）30%，w（Fe_3O_4）44%，w（Co_2O_3）26%）
vecton 矢量粒子
vector ①矢量②引导，引向目标③媒介体，传病媒介，带菌体（者）
array ~ 数组矢量
base ~ 基准矢量
bicirculation ~ 偶环流矢量
bit ~ 位矢量
Burgers ~ 伯格斯矢量（原子间距）
Cartesian ~ 笛卡儿（坐标系）矢量
code ~ 码矢，码矢量
colo(u)r bar ~ 色带矢量
column ~ ①列矢量②行矢量
complement ~ 余矢量，补矢量

complex ~ 复矢量
co-state ~ 共态矢量
covariant ~ 协变矢量
directional network allocation ~ 有向网络分配矢量
dope ~ 数组信息，信息〔内情〕矢量
drag ~ 阻力矢量
dual ~ 反串矢，对偶矢量
extremal ~ 极端矢量
four ~ 四元矢量
gliding ~ 滑移矢
gradient ~ 梯度向量
Hertz ~ 赫兹矢量
hooked ~ 钩状矢量
interface ~ 连接矢量器（连接用户系统的被控部件和微控制机的部件）
irrotational ~ 无旋矢量
latent ~ 本〔特〕征矢量
lattice translation ~ 晶格平移矢量
localized ~ 局限矢量，定域矢量
master ~ 主矢量，总矢量
momentum flow ~ 动量流〔通量〕矢量
motion ~ 运动矢量
noise ~ 噪声矢量
normal ~ ①法线矢量，法向矢量②标准矢量
ordering ~ 次序矢量
orthogonal ~ 正交矢量
pendulum ~ 摆矢
polar ~ 极矢，极矢量
position ~ 方位矢量，位置矢量，位矢
proper ~ 特征矢量
radial ~ 径向矢量
radio ~ ①定向无线电射束，无线电制导波束②无线电矢量
radius ~ 矢量（半）径，矢径，辐向矢径
reciprocal ~ 倒易矢量，互易矢量
reduced wave ~ 简约波矢
resultant ~ 合成矢量
row ~ 单行矩阵，行矢量
shuttle ~ 往复媒介体
sliding ~ 滑移矢量
solenoidal ~ 无散矢（量）
stack ~ 栈矢量
state ~ 状态矢量
symbolic ~ 符号矢量，形式矢量
time ~ 时间矢量，时间（直）线
unit ~ 基矢，单位矢（量）
unit-cell ~ 单位晶格矢量
valuation ~ 赋值矢量
wave ~ 波矢（量）
vectorcardiogram 矢量心电图
vectorcardiograph 矢量心电图仪，心矢量图仪，矢量心电图描记器
vectorization 矢量化
vectorlyser 矢量分析器
vectormeter 矢量计
vector-oriented 矢量性的
vectorscope ①矢量显示器②矢量色度显示器
vectron 超高频频谱分析仪
vee V形（的），开口三角形的
circular polarized loop ~ 圆极化环形天线
double ~ 双V形的，X形的
vee-angle 坡口角度
Vee-belt V带
vee-blender V形混合器，V形混料板
vee-cut V形掏槽，楔形掏槽
vee-die V形模
vee-engine V型发动机
vee-grooved （带）V形槽的
vee-number V值，阿贝数，光学玻璃色散值
veer ①转方向，改变方向，调向②旋转，顺（时针）转法
vee-shaped V形的，三角形的
vee-thread 三角螺纹
vee-trough V形槽
vehicle ①车辆，交通工具，地面运输工具②运载工具，飞船，飞行器，导弹，火箭，小艇③载体，载色剂，载色体（电视），展色料④媒介物，媒液（指调涂料用的油、水），溶剂，溶媒，黏合剂
~ anti-theft system 汽车防盗系统
automated guided ~ 自动导引车
~ condition monitor 汽车状况监控器
~ crash severity indices 车辆碰撞严重程度指数
~ identification number 汽车识别编码，车辆牌号，车辆出厂号码
~ indicator section （车辆牌号中的）标记部
~ road test simulation 车辆道路试验模拟装
~ speed limiter 车辆限速器
~ theft security system 车辆防盗安全系统
~ tracking control system 车辆循迹控制装置
administrative ~ 后勤车辆
aerial ~ 飞行器
aerospace ~ 航天〔空间〕飞行器，宇航飞船
agricultural transport ~ 农用运输车

air cushion ~ ①气垫车辆②气垫船，腾空艇
air cushion personnel ~ 气垫客车
all-purpose ~ 多用途汽车
all-service ~ ①万能汽车②无轨车辆（电瓶车或汽车）
all-terrain ~ 越野车辆，高通过性汽车
alternative fuel ~ 代用燃料车辆
amphibious ~ 水陆两用车
armored command ~ 装甲指挥车
associated commercial ~ 联营商用车
automatic ~ monitoring system 车辆自动监控系统
automatic guided ~ 自动导航车辆，自动导引小车
automotive ~ 机动车，汽车
auxiliary fire ~ 后援消防车
basic transportation ~ 基本型运输车辆，轻型货车
battery ~ 电池车
brake ~ 制动小车
breakdown ~ 救险起重车，抢修工程车
cargo ~ 运货汽车，载重货车
carrier ~ 运输车，运载飞行器，运载火箭
China concept ~ 中国概念车
combat ~ “喀秋莎”火箭炮
combination of ~ 汽车列车
command ~ （消防）指挥车
command fire ~ 指挥消防车
commentary ~ （新闻）评论播音车
commercial ~ 商用车
commercial utility cargo ~ 商用轻型多用途货车
compressed natural gas ~ 压缩天然气汽车
concept couple ~ 双门概念乘用轿车
container platform ~ 集装箱汽车
convertible ~ （轮胎式，履带式）两用车辆
conveying ~ （工业）搬运车辆
diesel engine road ~ 柴油机汽车
discharge ~ 卸载式货车
dynamic ~ simulation 车辆动态模拟（装置）
economy ~ element 经济性好的车辆部件
electric ~ 电动车
electric and hybrid ~ 电动混合动力车辆
electrical low emission ~ 电动低排放车
electronic control transmission ~ 电子控制变速器汽车
emergency rescue fire ~ 抢险救援消防车
extend-range electric ~ 加大航程电动汽车
extra-heavy combination of ~ 超重型汽车列车
family multipurpose ~ 家用多功能车
Ferry rocket ~ 运载火箭
fighting ~ 战斗车辆
fire ~ 消防车
firing ~ 火箭发射装置
front engine rear drive ~ 前置发动机后轮驱动汽车
fuel cell ~ 燃料电池（汽）车
fuel cell electric ~ 燃料电池电动车
fuel cell hybrid ~ 燃料电池混合动力车
fuel cell hydrogen ~ 氢燃料电池车
fuel-consuming motor ~ 燃油式发动机汽车
Gis ~ 多用途军用车（美）
ground ~ 陆上车辆（不同于水陆两用车）
ground cushion ~ （地面效应）气垫船〔车〕
ground transport ~ 地面运输汽车
guided ~ 导弹
heavy commercial ~ 重型商用车
heavy duty ~ 重型车辆
heavy goods ~ 重型货车，重型运输车辆
heterodyne science research ~ 超前研究试验车
high-mobility multipurpose wheeled ~ 高机动性多用途轮式车辆（俗称“悍马”）
hybrid ~ 复合动力车，混合动力汽车，双〔多〕动力型汽车
hybrid electric ~ 混合动力电动车
hybrid test ~ 混合动力试验车辆
hydrogen fuel ~ 氢气汽车
hydrospace ~ 深潜器
hydrostatic ~ 水静力运动器（深潜器）
hyperbaric ~ 超气压深潜器
interface ~ 界面运动器，冲翼艇
internal combustion engine-electric motor hybrid ~ 内燃机 - 电动机复合动力车
internal combustion engine-hydrolic motor hybrid ~ 内燃机 - 液压马达复合动力车
laboratory ~ 车载试验室，移动式试验室
launch ~ 运载火箭，活动发射装置
laying stone ~ 石碴车
light commercial ~ 轻型商用车
light duty ~ 轻型载货车辆
light utility ~ 轻型公用车辆，轻型越野车辆，轻型经济实用车辆
lighting tolier fire ~ 照明消防车
liquefied gas producer ~ 煤气发生炉汽车
liquified natural gas ~ 液化天然气汽车
liquified petroleum gas ~ 液化石油气汽车

live stock conveying ~ 牲畜运输汽车
long combination ~ 组合式大货车
low emission ~ 低排放汽车
luxury sport utility ~ 豪华型多用途跑车（LSUV）
maglev ~ 磁浮列车
magnetic levitated ~ 磁垫车
magnetic levitation ~ 磁悬浮电动车
mechanized infantry combat ~ 机械化装甲运兵车
medium-duty ~ 中型汽车
mine neutralization ~ 灭雷具
mini-multipurpose ~ 微型多功能车
mobile crime investigation ~ 刑事勘察车
motor ~ 机动车，汽车
motor fire brigade ~ 救火车
multiple independent re-entry ~ 多弹头分导导弹
multipurpose ~ 多用途汽车（MPV）
multiuse recreational ~ 多用途休闲车（MURV）
natural gas ~ 天然气汽车
near-surface ~ 近水面艇（如气垫艇，水翼艇等）
off read ~ 越野车
off-highway ~ 越野汽车
off-road ~ 越野汽车
omnidirectional ~ 全方位移动车
overweight ~ 超重车辆，大载重量汽车
paint ~ 漆料
passenger ~ 客运车辆
passenger service ~ 客运车辆，客车
public service ~ 公共汽车
pure electric vechicle 纯电动汽车
rail ~ 火车
recovery ~ 紧急修理车，救险车
recreational ~ 休闲车
remote ~ 遥控飞船，遥控飞行器
remote controlled ~ 遥控运载器
remotely piloted ~ 无人驾驶遥控汽车
research ~ 实验用模型，研究用样机
rocket ~ 装有火箭的飞行器
satellite ~ 人造卫星，人造卫星的运载火箭
slow-moving ~ 低速车辆
sounding ~ 高空探测火箭
space ~ 航天〔空间，宇宙〕飞船〔飞行器〕
special purpose ~ 专用汽车
sport activity ~ 活力运动车，灵活跑车（SAV）
sport recreational ~ 运动型休闲车，休闲型跑车（SRV）
sport universal ~ 运动型多用途车
staged ~ 多级火箭
substitute fuel ~ 代用燃料车
surface-effect ~ 表面效应运载工具，气垫艇，气垫车
teleoperated ~ 遥控操作车辆：遥控机器人
test ~ 试验车
three wheels ~ 三轮摩托车
three wheels symmetrical ~ 正三轮摩托车
three-axle ~ 六轮汽车
tilted rotor multi-copter aerial ~ 倾转旋翼多直升机飞行器
tilting ~ 倾卸式运输车，倾卸式货车
tipping ~ 倾卸车
total integrated ~ （安全性、油耗、非放物）综合试验车
towing ~ 拖曳车，牵引车
track ~ 履带式车辆
tracked air-cushion ~ 有轨气垫车
track-laying ~ 铺轨车，履带式拖拉机
transport ~ 运输车辆
transport air-cushion ~ 气垫运输车
ultra lean (combustion) engine ~ 超级贫油燃烧发动机车辆
ultra-low emission ~ 超低排放车辆
underwater ~ 水下运载工具
unmanned aerial ~ 无人驾驶飞机
unmanned rocket ~ 无人驾驶飞行器，无人驾驶火箭
urban universal ~ 城市多用途车辆
vehicular(y)orbital ~ 人造卫星，宇宙火箭，轨道飞行器
volatile ~ 挥发性载体
water purification ~ 净化水汽车，流动净化水站
winged ~ 冲翼艇，气翼船
wire laying ~ 布线车，敷线车
zero emission ~ 零排放（污染）汽车

vehicular(y) ①车（辆）的，用车（辆运载）的，供车辆通过的②（作为）媒介的

veil ①帐，幕，遮蔽用物②遮盖，隐匿

vein ①裂缝，缝隙②脉纹，矿脉③静脉，血管

veiner 小 V 形凿

veining ①网状组织（结晶界的），纹理化②（砂型开裂形成的）飞翅，结疤，包砂

vein-seeker 静脉探索器

veinstuff 脉石
velinvar 镍铁钴钒合金
velocimeter 速度计，测速仪〔表〕
electromagnetic ~ 磁电速度计
laser cross-beam ~ 交叉激光束速度计
laser Doppler ~ 激光多普勒速度计
singaround acoustic ~ 往复声速计
torpedo ~ 鱼雷速度仪
velocipede 自行车（早期的），轻便轨道三轮车（铁路维修等用）
velocitron ①电子灯②质谱仪
velocity ①速度，速率②周转率③快速，迅速
~ of approach 行进流速,引路〔进场〕速度，接近（目标）速度，渐进速度
~ of following 牵连速度
air ~ 风速
angular ~ 角速度
approach stream ~ 迎面气流速度
blade ~ 叶片圆周速度
blast ~ （鼓）风速（度）
blow-off ~ 断火速度，灭火速度
bulk ~ 整体速度
capture ~ 吸取（污染气体）速度，捕捉速度（通风罩前的空气流速）
characteristic ~ 特征速度
choking ~ 适合闭锁压缩机的气流速度
coke ~ 焦炭燃烧速度
critical ~ 临界〔最大〕速度
crystalline growth ~ 结晶速度
cut-off ~ 停车〔截止〕速度，发动机停车瞬时的速度
detonation ~ 爆速
discharge ~ 排气速度，放电速度，流速
drift ~ 漂移速度，迁移速度
envelope ~ 群速（度）
escape ~ 第二宇宙速度，逃逸速度，脱离速度
feed ~ 进给速度
four ~ 四元速度
free-fall ~ 自由降落〔落体〕速度
generalized ~ 广义速度
groove ~ （唱片）纹道速度
group ~ 波群速，群速（度）
hardening ~ 硬化速度
individual axis ~ 单轴速度
individual joint ~ 单关节速度
induced ~ ①扰动速度②诱导速度
initial ~ 初速（度），出口速度
jet ~ 射流〔喷气〕速度
leaving whirl ~ 离开叶轮的圆周分速度
light ~ 光速
linear ~ 线速度
mass ~ 质量流（动）速（度）
meridional ~ 子午速度，轴向（分）速度
migration ~ 徙动速度，移动速度
muzzle ~ 出〔腔，炮，喷〕口速度，子弹速度
nominal ~ of propagation 标称传送速度（指信号在电缆上的移动速度）
non-dimensional ~ 无量纲速度
normal ~ 法向速度
parabolic ~ （沿）抛物线(轨道运动的)速度，第二宇宙速度
path ~ 路径速度
peripheral ~ 圆周速度，轮缘速度
phase ~ 相（位）速（度）
pick-up ~ 扫描速度，拾取速度
pointing ~ 瞄准速度
probable ~ 概率〔近真，可几〕速度
radial ~ 径向速度
ray ~ 射线速度，光（线）速（度），电磁波速度
reciprocal ~ 倒易速度
recombination ~ 复合速度
reduced ~ 换算速度，折合速度
relative ~ 相对速度
relativistic ~ 相对论速度
residual ~ 剩余速度
residual jet ~ 工作叶片出口流速，余速
resolute ~ 牵连速度
resultant ~ 合（成）速度
retarded ~ 减速度
rotational ~ 角〔旋转〕速度
runaway ~ 空载〔飞车，飞逸，失控〕速度
scanning ~ 扫描速度
sight line ~ 视向速度
spouting ~ 喷出速度
squish ~ （内燃机）上止点挤流速
striking ~ 冲击速度
tangential ~ 切向速度
terminal ~ 终端〔稳态，悬浮，极限，临界〕速度，末速，落速
throat ~ （喷管）喉部〔临界截面〕速度
transportation ~ 牵连速度
vertex ~ （弹道）顶点速度
virtual ~ 虚（拟）速度

wake ~ 尾迹速度
whirl ~ 切向分速度，涡流速度
X-component ~ 沿 OX 轴向的速度分量，X 向分速度
zero forward ~ 零向前速度
velodyne 转数表传感器，伺服积分器，调速发电机
velograph 速度记录仪，速度计
velometer 速度表，速度计，测速器
direction ~ 鉴相测速仪
radar ~ 雷达测速仪
VE-mail 语音电子件
vendor 自动售货机；卖主，厂商，供应商
computer ~ 计算机厂家
on-line ~ 联机销售商
veneer ①薄板，片木②胶合板③饰面，镶面〔盖，板〕，表层④单板
back ~ （胶合板之）里板
commercial ~ 表面薄板
face ~ ①表层薄板②（胶合板的）面板
fancy ~ 装饰薄板
micro ~ 微薄木
rotary ~ 旋制层〔薄〕板
sawed ~ 锯制层板
sliced ~ 平切〔蚀切〕单板，切成层板
V-8-engine V 型八缸式发动机
V-engine V 型发动机
vent ①出口，通路，通门②通风孔〔口，管〕，喷（发）口，呼吸阀③孔隙，裂口④泄漏，排出，泄放⑤开孔，打眼
air ~ 排气口，通风口〔孔，管〕，气孔，出气（冒）口
blow ~ 通〔排〕气口
center ~ 中心放气〔通风〕孔
core ~ ①排气塞②出气孔（型芯的）③蜡线出气孔
emergency ~ 安全排气口
exhaust ~ 排气孔
explosion(-proof) ~ 防爆筒〔门〕，安全气道（变压器的）
loop ~ 环式通气管
pressure-relief ~ 卸压〔减压〕孔，防爆筒，安全气道
riser ~ 出气（冒）口，透气孔
screw ~ 螺杆通孔
shock relieve ~ 减振孔
static ~ 静压孔
wax ~ （通气用）蜡芯（铸造），蜡线出气孔
ventage 小孔〔口〕，出口，气孔，通风孔〔管，系统〕，孔隙
vent(-)hole ①排气〔通风，出烟，通气〕孔，风眼②（管乐中）指孔
ventiduct 通风道〔管〕
ventilated 风冷的，通风的
ventilating 通风，排气，换气，装通风设备
positive ~ 强制通风，压力通风
ventilation 通风（量，法，设备），排〔换〕气
air ~ 换气量
auto ~ 自通风
blowing ~ 压入式通风
compound ~ 混合式通风（又抽又压的）
cross ~ 前后通风，十字通风
demand ~ 人工呼吸器，自动供氧人工呼吸器
divided ~ 分道通风
exhaust(-duct) ~ 排气通风，抽出式通风
force(d) ~ 强制通风，人工通风
gravity ~ 自然通风
improper ~ 通风不良
inlet duct ~ 入口管道通风
light-trapped ~ 不透光通风
louver ~ 防护式通风（电机的），百叶窗通风
mixed ~ 径向 - 轴向通风，混合通风
natural draft ~ 自然通风
plenum ~ 送气通风，压力通风
positive crankcase ~ 曲轴箱强制通风
radial ~ 辐式通风
screw ~ 螺旋通风器，螺旋桨式风机
series ~ 单路串列通风
split ~ 分风式通风
ventilationartifical ~ 人工通风
ventilator 通风器〔机，筒，管，口，设备，装置〕，（排气）风扇，空气调节器
automatic ~ 自动通风器
cabin ~ 舱室通风机
cowl ~ 车头（罩）通风器，带罩通风器
downcast ~ 空气调节器
roof ~ 车顶通风器
suction ~ 吸入通风器
synchrotron lung ~ 同步呼吸机
updraft ~ 上风道式通风机，上风道式抽气装置
water jet ~ 水射通风器
venting 通风（法），通气（法），排气，扎气眼
mo(u)ld ~ 扎出气孔
vent-peg 通风孔塞，阀塞，阀栓
vent-plug 通气孔塞，火门塞

ventral 腹部〔面，侧〕的，机腹的，机身（下部）的
ventricle 心室
artificial ~ 人造心室
ventriculoscope 脑室镜
venture 冒险（行动），投机，赌注
joint ~ 合资经营，联营企业
venturi 文丘里管，文氏管，文丘里喷嘴，喷管，缩喉管，细腰管，扩散管
carburettor-variable ~ （发动机）可变喉管截面化油器
variable ~ （发动机）可变喉管
venturimeter 文丘里流量计
venturi-tube =venturi
ventury 喷嘴，喷射管
Venus 维纳斯软件（一种用于机顶盒的多媒体软件）
veracity 真实性
Veraloy 维拉洛（硬质合金商品名）
Verb 动词
arithmetic ~ 算术动词（指加、减、乘、除等）
character-coded ~ 字符编码动词
processor ~ 处理程序动词
program ~ 程序动词
verbot 会说话的软件机器人
verdan 通用计数式计算机，万用微分分析器
verdigris 铜绿〔锈〕，碱性醋〔碳〕酸铜
verge ①边，边界，边缘，凸缘②摆轮心轴
vergence 聚散度
vergency =vergence
verge-perforated 边缘穿孔的
verge-punched 边缘穿孔的
vericon 直像管，正析摄像管
image ~ 超〔移像〕正析摄像管
verification 检定，检验，验证，核实，证实，鉴定
automatic self ~ 自动自校验
automatic signature ~ 自动签名校验
automatic speech ~ 自动语言识别
experimental ~ 实验验证
host ~ 主机验证
load ~ 负荷校准
periodic ~ 周期检定
program(me) ~ 程序验证
stand-in ~ 替代验证（在 ATM 网内产生的 PIN 验证）
state ~ 国家鉴定
verifier ①检〔校〕验机，检验器，验算机，检孔机，取样器，计量器，核对器②核对员，检验〔核实，证明〕者
card ~ 卡片校核机，卡片校对机
verifying ①检验，核实，验孔②证明，确定③实现
key ~ 键（盘）式验孔
veritable 真的，正确的
verium 化学元素钫的别名
vermiculite 蛭石（隔热材料）
vermil(l)ion ①硫化汞，银朱②朱红色的
vernacular 本国的，本地的
vernier ①游标，游标尺，微调发动机②微动的，微调的
angular ~ 角游标
Delcom ~ 带游标电感比较仪
direct ~ ①正游标②顺读游标尺
double ~ 复游标，双游标
folded ~ 重叠游标
gear-tooth ~ 齿距卡规
long ~ 长游标（分度值为 0.05 mm 或 0.02 mm）
retrograde ~ 逆游标，反读游标
vernitel 精确数据传送装置
versatility ①通用〔多能，多用〕性②适应能力③可转变性，变化性
versatron 通用晶体管指示仪器
versiera 箕舌线
versine 正矢
version ①类型，变型，改型②方案，说明，见解，说法③翻译，译文〔本〕，版本，改写本④翻译程序，复制的程序
English ~ 英译本
frequency to ~ 频率变换，变频
incremental redundancy ~ 增量冗余版本
interpretative ~ 解释方案，运算方案
operational ~ 使用方案
original ~ 原〔初〕版，原始译本
product ~ 产品版本
received ~ 标准译本
redundancy ~ 冗余版本
revised ~ 修订版，订正本
run-time ~ 运行版本（软件版本）
scaled down ~ 缩尺表示
simplified ~ 简化的形式，示意图，草图
special ~ 特别说明
tailored ~ 特制型，专用型
transitorized ~ （用晶体管改装的）晶体管化线路

versus ①〈拉〉与…比较②…对…③作为…的函数，依…为转移
vertaplane 垂直起落飞机
vertebra 装甲波导管
vertebrae vertebra 的复数
vertex ①顶（点），峰，极点②弹道最高点
~ of a triangle 三角形的顶点
initial ~ 初始顶点（数学）
vertical ①垂线〔面〕，竖向②竖杆③垂直仪，铅垂方向④垂直航空照片（的）⑤垂直的，铅垂的⑥顶上〔端，点〕的，绝顶的⑦帧的⑧统管生产和销售全部过程的
gravity ~ 重力线
prime ~ 东西〔卯酉〕圈
range ~ 距离垂线
true ~ 真垂线
vertical-gating 缝隙式浇口
verticality 垂直度〔性，状态〕
vertical-stud 上插棒的
verticity 向磁极性
verticraft 直升机
verti-former 竖式造纸机
vertiginous ①旋转的，迅速变化的②不稳定的，易变的
vertigo 眩晕，头晕目眩
vertijet 垂直起落喷气式飞机
vertimeter 上升速度计，升降速度表
vertiplane ①直升机②垂直起落飞机
vertistat 空间定向装置
vertometer 屈度计，焦度计，焦距测量仪
vertoro 变压整流器（三相交流用变压器，变成多相交流后用换向器整流）
vesicle 小穴，气孔，泡，囊
vesicular 多孔〔泡〕状的，蜂窝状的
vessel ①容器，贮器，槽②船，舰，飞船〔机〕③转炉炉身，导管
air cushion ~ 气垫船
all cargo ~ 多用货船
annular ~ 环纹导管
anti-mine warfare ~ 反水雷舰艇
arctic ~ 极区船
backing ~ 里壁容器
balloon ~ 气球母船
beacon ~ 航标船
boarding ~ 检查船
boom (defence) ~ 布栅舰船，基地布网船
cable ~ 电缆敷设船
calorimeter ~ 量热器筒
carrying ~ 载货船只，运输船
cleaning ~ 清扫船
combination ~ 货客船
communicating ~ 连通器
connecting ~ 连通器
container ~ 集装箱船
containing ~ （反应堆）安全壳
containment ~ （反应堆）安全壳
control ~ 指挥船
crane ~ 浮式起重机，起重船
degaussing ~ 消磁船
despatch ~ 通信船
Dewar vacuum ~ 杜瓦真空瓶（装液氧用的）
diving support ~ 潜水工作船
excursion ~ 旅游船
factory ~ 渔业加工船
fire ~ 消防船，救火船
fishery ~ 渔业船舶
fishing ~ 渔业船舶
flash ~ 膨胀箱，扩容器
furnace ~ （炉膛）前床
glassed ~ 覆盖有玻璃的钢质容器
gun ~ 炮艇
half shell pressure ~ 瓦片式压力容器
heavy draft ~ 深吃水船
hold-up ~ （放射性废料）贮存容器
impregnating ~ 浸渍〔胶，漆〕罐
inner ~ 内套〔罐，胆〕
irradiation ~ 辐照容器
light ~ 航标灯船
lookout ~ 巡逻船
low temperature pressure ~ 低温压力容器
marine geological research ~ 地质取芯船
motor ~ 内燃机船，柴油机船
obliged ~ 救护船
obsolete ~ 旧船，逾龄舰
ocean-going ~ 远洋船
oceanographical ~ 海洋调查船
oil slick cleaning ~ 浮油清扫船
oil-expansion ~ 扩油器，贮油柜
pilot ~ 引航船
pipelaying ~ 铺管船
porcelain enamel reaction ~ 搪瓷反应釜
pressure ~ 压力容器
pressure-relieving ~ 膨胀箱，扩容器
pressurizing ~ 加压〔压力，稳压〕容器
radio light ~ 浮动无线电信标
reactor ~ 反应堆容器，反应堆压力壳

reflector ~ 反射器〔体，镜〕容器
rescue ~ 打捞船
reticulate ~ 网纹导管
S ~ 反潜舰艇
sewage disposal ~ 粪便处理船
shrink-fit ~ 套〔缩〕合式容器
sludge ~ 泥驳
solid wall pressure ~ 整体〔单层〕式压力容器
standby rescue ~ 守护船
starting ~ （直流锅炉）起动分离器
tug/anchor handling/supply ~ 三用拖船
vestlined ~ 衬里容器
warping ~ 绞曳船
whale-scouting ~ 探鲸船
wreck-marking ~ 沉船位置设标船

vest 内防护衣，V 形装饰
vested 既得的，既定的
vestibule ①炉子前室，（大车车厢末端的）连廊②门厅③前庭〔耳〕
vestige 痕迹，残余，证据
vestolit 氯乙烯树脂
vestopal 聚酯树胶
vest-pocket 小型的，袖珍的，适于装入内衣口袋的
vesuvianite 符山石
veteran 老手，老工人，经验丰富的（人）
vetronite 维特伦尼特（绝缘材料）
V-gutter 三角形槽，V 形槽
via 通过，经由
viability 耐久性，寿命，生存能力
viaduct 高架〔跨线，旱〕桥，高架铁路，栈道
vial 小（玻璃）瓶，管形瓶，指管
level ~ 水平仪气泡
Vialbra 铝黄铜（*w*（Cu）76%，*w*（Zn）22%，*w*（Al）2%）
vialog ①路程仪②测震仪③路面平整度测量仪
viameter 路程计，车程计，计距器，测震仪，平面平整度测量仪
vibes 颤〔振，震，摆，激〕动，摇摆
vibra 振动
vibrac 维布拉克镍铬钼钢
vibrafeeder 振动式供给器
vibralloy 镍钼铁弹簧合金（*w*（Fe）50%，*w*（Ni）40%，*w*（Mo）9%），镍钼铁磁性合金，维布合金
vibramat 弹性玻璃丝垫
vibrameter 振动式计量器，振动计
vibrance 振动，颤动，响亮
vibrapack 振动子换流器
vibrate ①（使）振〔颤，震〕动，振荡②摇摆，摆〔摇〕动，用摆动测量
vibratility 振动（性），颤动（性）
vibration 振〔颤，震，摆〕动，振荡，摇动〔摆〕
acoustic lattice ~ 声学点阵振动
aeolian ~ （导线的）风吹震动
airborne ~ 飞行振动
aperiodic ~ 非周期振动
bending ~ 弯曲振动
breathing ~ 收缩振动
circular ~ 圆振动
compressional ~ 纵振动，压缩振动
constrained ~ 限制〔约束，强制〕振动
coupled ~ 互耦振动，相关振动
damped ~ 阻尼振动，衰减振动
deformation ~ 变角振动，变曲振动
determination ~ 定数振动，确定性振动
elastic ~ 弹性振动
extensional ~ 纵向振动，扩张振动
face shear ~ 表面移动振动
flexural ~ 弯曲振动，曲线式振动
forced ~ 强迫振动
free ~ 自由振动
higher-mode ~ 高频振动
isochronous ~ 等时振动
lateral ~ 横向振动
linked ~ 共轭振动
longitudinal ~ 纵向振动
lower mode ~ 低音调振动，低频振型振动
marginal ~ 极限振动
multiple-frequency ~ 倍频振动
natural ~ 自然振动，固有振动
non-linear ~ 非线性振动
normal (mode) ~ 简正振动
once per revolution ~ 同频振动
pendulous ~ 悬摆振动
periodic ~ 周期振动
quasi-homogeneous ~ 准均匀振动，准均力振荡
quasi-periodic ~ 准周期振动
random ~ 随机振动，无规则振动
rectilinear ~ 直线振动
rocking ~ 平行摇摆振动
scissoring ~ 剪式振动
secondary ~ 非缓冲质量的振动

self-excited ~ 自激振动
self-induced ~ 自感振动，自激振动
(simple) harmonic ~ 简谐振动
solid-borne ~ 固体载振动
stretching ~ 伸缩振动
sympathetic ~ 和（应）振（动），共鸣（振动），共振
synchronous ~ 共振，谐振，同步振动
temperature ~ 热振〔波〕动
thickness ~ 沿厚度方向振动
thickness shear ~ 厚度切变振动
torsional ~ 扭转振动，摇旋振动
transverse ~ 横向振动
twisting ~ 扭转振动
volume dilational ~ 体积胀缩振动
wagging ~ 垂直摇摆振动

vibrationless 无振〔震〕动的

vibration-proof 耐〔抗，防〕振的，耐〔抗，防〕震的

vibrative 振动性的，引起振动的，摆动的

vibrato 〈意〉颤音

vibratom 振动（球）磨机

vibrator ①振〔震，摆，抖〕动器，振捣〔打，荡〕器，振动筛②振子③振动式铆钉枪④断续器⑤振动换流器
concrete ~ 混凝土（路面）振动〔整实〕器，混凝土振捣器
core ~ 脱落型芯的振动机，振动出芯机
eccentric-type ~ 偏心式振动器
form ~ 外部〔附着式〕振动器
hydroacoustic ~ 声呐换能器，水声振动器
immersion ~ 插入式振动器，振动钎杆
internal ~ 插入式振捣器
internal concrete ~ 插入式振捣器
jolt ~ 颠震〔摇动式〕振捣器
Kapp ~ 卡振荡器，卡进相机（改善感应电动机功率因数的直流励磁式进相机）
Langevin ~ 郎之万振动片（一种能工作于超声频的 X 切割式石英振动片）
oscillograph ~ 示波器的振子
panel ~ 仪表板振动器
piezoelectric ~ 压电振动器，石英振动片
platform ~ 振动台，板式振动器
pneumatic ~ 气动振动器，风动振捣器
power supply ~ 振动式逆变器，电源振动器
screed board ~ 样板式振动器，振动样板
Sherwin electromagnetic ~ 肖文电磁振动器（分送砂箱和铸件）
spade ~ 铲式振动器，片式振捣器
spud ~ 插入式振动器
table ~ 振动台，台式振动器
tuning fork ~ 音叉振荡器

vibratormeter 振动式计量器，振动计

vibratory （产生，引起）振动的，振动性的，摆动的，振荡的

vibratron 振敏管

vibrin 聚酯树脂

vibro-bench 振动台

vibrocast （用超声波或高频声波的）振动压（力）铸（造）

vibrocs 铁氧体磁致伸缩振动子

vibrodrill 振动钻机

vibrofeeder 振动进给器

vibrofinisher 振动轧平机，振动平整机

vibroflot 振浮压实器

vibroflotation 振浮压实（法）(地基)

vibrograph 示振器，振动计，振动记录仪
lever-type ~ 杠杆式测振仪

vibroll 振动压路机

vibrometer ①振动计②振动测量计，测振计③振动治聋器
optical ~ 光学振动仪
piezoelectric ~ 压电式振动计
piezoresistive ~ 压阻式振动计

vibromill 振动球磨机

Vibron 维布隆振动电容器（商品名）

vibronic 电子振动的

vibropack 振动子整〔换〕流器，振动变流器

vibro-pickup 振动传感器
sonde-type ~ 探头型振动传感器

vibroplex 振动电键

vibrorammer 振捣板

vibrorecord 振动（记录）图

vibroroller 振动压路机，振动式路碾

vibros 铁氧体磁致伸缩振动子

vibroscope 振动计，示振仪
leak ~ 振动测漏计，扩音检漏仪

vibroseparator 振动筛

vibroshear 高速振动剪床

vibroshock 减振〔缓冲，阻尼〕器

vibrosieve 振动筛

vibrospade 振动铲

vibrostand 振动（试验）台

vibroswitch 振动电开关

vibrothermography 振动热成像术

vibrotron 振敏管，压敏换能器，电磁共振器

vibro-pickup 振动传感器
Vicalloy 维卡钒钴铁磁性合金（*w*（Co）36% ~ 62%，*w*（V）6% ~16%，其余 Fe）
vicarious 代替的，代理的，替代的，错位的
vice ①台虎钳②缺点，缺陷，瑕疵③钳住，压紧，夹紧
anvil ~ 台虎钳，砧台虎钳
bench ~ 台虎钳
draw ~ 拉钳，紧线钳
hand ~ 手钳，手动台虎钳
inherent ~ 内部缺陷，固有瑕疵
machine ~ 机床用平口虎钳
parallel-jaw ~ 平口虎钳
pipe ~ 管子虎钳
piston ~ 活塞虎钳
plain ~ 平口虎钳，普通台虎钳
plane-jaw ~ 平口虎钳
saw ~ 锯机虎钳
screw ~ 螺旋虎钳
squill ~ C 形夹，弓形钳
standing ~ 固定台虎钳
staple ~ 长腿火钳，立式虎钳，锻造用卡钳
stock ~ 台式虎钳
swivel ~ 旋转平口虎钳，回旋夹钳，旋转座台虎钳
vice verse 〈拉〉反之亦然，反过来也是这样
vicenary 二十进制（的）
vicidity 黏稠性
vicinal 连（位）的，邻接〔位〕的，邻晶的
vicious 恶性的，烈性的
Vickers 维氏硬度计
micro ~ 显微维氏硬度计
Vickers-hardness 维氏硬度
Victor 通信中代替字母 V 的词
videcon 视像管，光导摄像管
video 电视（的，信号），视频（的，信号），影象（的）
~ on demand 点播电视
cohered ~ 相关视频信号
coherent ~ 相干影象，相关影象（电视）
data above ~ 视频数据；一种机顶盒操作系统
desktop ~ 桌面视频系统
digitized ~ 数字化视频
full motion ~ 全活动图像，全动态电视
minidigital ~ 袖珍型数码摄录机
mixed ~ 混合〔复合〕视频（信号）
normal ~ 标称视频
presentation-level ~ 演播视频信号
real time ~ 实时视频信号
reverse ~ 反向视频信号
videocam 摄录机
videocast 电视广播
Videocomp 维迪奥康普电子照相排字机
videoconference 电视会议，可视电话会议
videocorder 录像机
videodensitometer 图像测密计
videodisc 电视唱片
interactive ~ 交互型电视唱片
laser optical ~ 激光录像盘，激光唱片
linear ~ 线性电视唱片
pre-mastering ~ 预主盘（式）电视唱片
recordable ~ 可录电视唱片
videodisplay 视频显示，视觉显示
videogenic 适于拍摄电视的
videognosis 电视 X 射线诊断术〔照相术〕
videograph 静电印刷法，视频信号印刷器
videoize 改作电视播映用
videometer 视频表，视程仪
videophone 视频电话，电视电话，可视电话
videoplayer 电视录放机
videoscan 视频扫描
videoscope 视频示波器
videosignal 视频信号
videotape 视频磁带，录像磁带，把…录在录像磁带上
videotelephone 电视电话
coding ~ 编码电视电话
videotex 信息传视（系统）
videotext 图文电视，可视图文，视频资料
videotheque 录像带资料室
video-touch-up 视频效果装饰
video-transmitter 视频发射机，图像信号发射机
videotron 单像管
video-unit 电视摄影器，视频装置
vidfilm 屏幕录像用胶片
Vidiac 视频信息显示和控制
vidicon 光导摄像管，视像管
all-electrostatic ~ 全静电光导摄像管
antimony trisulphide ~ 硫化锑视像管
bombardment-induced conductivity target ~ 轰击致导（电）靶视像管
electron-induced conductivity ~ 电子感生导电视像管
fiber optic faced ~ 纤维光学屏面光导摄像管
high-definition return-beam ~ 高清晰度反射

束光导摄像管
infrared ~ 红外光电导摄像管，红外视像管
IR sensitive ~ 红外(灵敏)视像管,红外(灵敏)光导摄像管
pyroelectric-target ~ 热（释）电靶视像管
return beam ~ 返〔回〕束视像管，回束光导摄像管
secondary electron conduction target ~ 次级电子导电靶视像管
silicon ~ 硅靶视像管
silicon cold-carbide ~ 硅冷阴极视像管
silicon electron multiplier target ~ 硅靶电子倍增视像管
silicon-target ~ 硅靶视像管，硅靶光导摄像管
slow-scan ~ 慢扫描视像管，慢扫描光导摄像管
solid state ~ 固态视像管
ST ~ 硅靶视像管
tricolo(u)r ~ 三色视像管
viewerintensifier ~ 增强式视像管，增强式光导摄像管

vidikey 视觉显示键盘（把正在处理的数据或文字变成视觉显示的键盘装置）

vidpic 电视图像

view ①图，视图，像，影象②视力，视野，观点③目的，意图④形式，样式⑤看，观察
aeroplane ~ 空瞰图，鸟瞰图
against-the-light ~ 逆光取景
back ~ 后视图，背视图
birds-eye ~ 鸟瞰图，俯视图
bottom ~ 底视图，仰视图
broken ~ 局部视图
broken-open ~ 透视图
broken-out section ~ 破断面视图，局部剖视图
close(-up) ~ 全貌图，近视〔特写〕图，特写镜头
community ~ 共同意向（数据库用）
cross-sectional ~ 横断面视图
cut open ~ 剖视图
cutaway ~ （局部）剖视图，内部接线图
developed ~ 展开视图
diagrammatic(al) ~ 图解视图，图表，图示，简图，示意图
dorsal ~ 背视图
duo ~ 双重画面显示功能
echolon section ~ 阶梯剖视图
elevation ~ 正视图，立视图，立面图，垂直投影
end ~ 侧视图，端视图
enlarged ~ 放大图
expanded ~ ①透视图②展开图
exploded ~ （组合件,部件）展示〔分解〕图，立体图
explosive ~ （组合件，部件）剖视图
exterior ~ 表面图，外视图
external ~ 外（部）视图
fantom ~ （部分）剖视图，经过透明壁的内视图
front ~ 前〔正，正面，主〕视图
general ~ ①总图，全（视）图②全貌，外貌③概要，大纲
ghosted ~ 幻图
integrated community ~ 综合公共意向（数据库）
lateral ~ ①侧视图②侧视
longitudinal ~ 纵面图，纵视面
object ~ 物景
oblique ~ 斜视图
outer ~ 外部视图，外观
overhead ~ 顶〔俯〕视图
panoramic ~ 全景
partial general ~ 零件装配图，装配分图
perspective ~ 鸟瞰〔远景，透视〕图
phantom ~ 部分剖视图，经过透明壁的内视图
pictorial ~ 示图，插图
plan ~ ①顶〔俯〕视图②平面图
program Order ~ 程序顺序视图
rear ~ 后视图，背视图
revolving section ~ 旋转剖视图
sectional ~ 截面〔断面，剖视〕图
side ~ ①侧面图，侧视图②侧面形状
skeleton ~ 透视图
top ~ 顶视图，上视图
vertical ~ 俯视图

viewdata 图像数据，资料电视检阅，数据电视检阅（计算机网络资料库家用终端）

viewer ①指示器，观测仪，看片器，幻灯片观察器②取景器③潜望镜，窥视窗，电视接收机④观测员，观众⑤浏览器
binocular ~ 双筒观测镜
envelope ~ ①（脉冲）包线指示器②包络显示器
event ~ 事件查看器
film ~ ①底片观察用光源②缩微胶片阅读器
frequency character ~ 频率特性观测仪
infrared ~ 红外观察器

microfiche ~ 缩微卡片〔胶片〕观察器
over-all ~ 全貌窥视图
right-angle ~ 直角指示器
view-factorslide ~ 幻灯片观察镜
waveform ~ 波形观测仪
view-factor 视角因素
viewfinder ①探视〔寻像，取景〕器②（相机）反光镜
accessory ~ 辅助取景器
collimator ~ 准直寻像器
electronic ~ 电子寻像器
erect image ~ 正像寻像器
lens-coupled ~ 透镜耦合瞄准器
measuring ~ 测量用瞄准器
no-parallax ~ ①视差位移补偿器②视差修正瞄准器，无视差瞄准器
viewing 检视，观察
night ~ 夜视
split screen ~ 分画面电视
viewphone 电视电话，可视电话
viewpoint 视点
viewport 观察孔，视见区
vignette ①短文，简介②书名（或章头章尾）的小花饰，晕映图像〔照片〕③晕逝，晕映
aperture ~ 孔径渐晕
vignetting 晕逝图像，渐晕
beam ~ 光束渐晕
Vikro 维克劳镍铬耐热合金（w（Ni）64%，w（Cr）15% ~ 20%，w（C）1%，w（Mn）1%，w（Si）0.5% ~ 1%，其余 Fe）
Vincent (press) 模锻摩擦压力机
vinculum ①联系，纽带，结合物②线括号，大括号
vinometer 酒精比重计
vinsol 纯木质素，松香衍生物
vinyl 乙烯基，乙烯树脂
vinylite 聚乙酸乙烯酯树脂
vinylon 维尼纶，维尼龙，聚乙烯醇缩醛纤维
vinyon 聚乙烯塑料
violation 违犯〔背，反，章〕，妨碍，侵犯，扰乱
bipolar ~ 双极性破坏点
code ~ 扰码
violence 猛烈（性），强烈（度），激烈
violent ①猛烈的，激烈的②极端的，歪曲的，曲解的
virgin ①纯粹的，纯洁的，无污点的②新的，首次的，初榨的，由矿石直接提炼的，直馏的，未掺杂的，未开发，原始的
Virgo 维尔格铬镍钨（钼）系合金钢（w（C）0.24%，w（Cr）18%，w（Ni）8%，w（W）4.4%，其余 Fe；或 w（C）0.48%，w（Cr）13%，w（Ni）14%，w（W）2.2%，w（Mo）0.7%，其余 Fe）
virtual ①实质上的，事实上的，现实的②虚的，假想的③潜伏的，可能的④有效的，实际上的
~ call 虚（拟）呼叫
~ channel 虚（拟）通道，虚信道
~ channel connection 虚（拟）通道连接
~ channel identifier 虚（拟）通道标识符
~ circuit 虚（拟）电路
~ company 虚拟公司
~ container 虚（拟）容器
~ instruments 虚拟仪器
~ memory system 虚（拟）存储系统
~ path 虚（拟）路径
~ path connection 虚（拟）路径连接
~ path identifier 虚（拟）路径标识符
~ private network 虚（拟）专用网
~ reality technology 虚拟现实技术
~ wavelength path 虚（拟）波长路径
agile ~ enterprise 敏捷虚拟企业，动态联盟
virtualization 虚拟化（构成云计算的技术方法）
virtue ①优点②效力，性能，功效，长处
virtuous 正直的，公正的，有效力的
virus 病毒，病菌，毒素，恶意〔毒〕
artificial ~ 人工病毒
benign ~ 良性病毒
computer ~ 计算机病毒
vis 〈拉〉力（量），活力
visa 签证
electronic ~ 电子签证
visalgen 测试图发生器（电视接收机校正用）
visbreaker 减黏裂化炉
visbreaking 减黏裂化，减黏轻度裂化，降低黏度
viscid ①黏滞〔胶黏，黏质，黏性〕的②半流体的，浓厚的
viscidity 黏滞性，黏着性，黏质
viscoelastic 黏弹性的
visco-elasticity 黏弹性
viscoelastometer 黏弹仪
viscogel 黏性凝胶
viscoid （水溶纤维素衍生物）黏性体，黏胶体，黏丝体
viscoloid 黏性胶体

viscometer （=viscosimeter）黏度计，黏滞计
capillary ~ 毛细管黏度计
cone and disk ~ 锥盘式黏度计
cup-and-ball ~ 杯球黏度计
dilution ~ 稀释黏度计
falling sphere ~ 落球黏度计
jet ~ 喷射黏度计
master ~ 标准黏度计
Mooney ~ 莫氏黏度计
oscillating disk ~ 振动盘黏度计
rotational ~ 旋转黏度计
supersonic ~ 超音速黏度计
ultrasonic ~ 超声黏度计
vibrating ~ 振动黏度计
visionrolling sphere ~ 滚球式黏度计
viscometric 测定黏度的，黏滞的
viscometry 黏度测定法，黏度测定学
on-line ~ and GPC 黏度计和凝胶渗透色谱联用
viscoplasticity 黏塑性
visco-plasto-elastomer 黏塑弹性体
viscorator 连续记录黏度计
viscoscope 黏度指示器，黏度粗估仪
viscose 黏胶，黏胶丝，纤维胶（人造丝，赛璐珞等原料），黏滞性的，（含）黏胶的，黏胶制的
viscosimeter 黏度（测定）计，黏度表，黏滞计
concentric cylinder ~ 同心筒式黏度计
cone-and-plate ~ 平底锥形黏度计
efflux ~ 射流〔流出式〕黏度计
electromagnetic ~ 电磁黏度计
falling ball ~ 落球黏度计
float ~ 浮子黏度计
Ostwald ~ 奥氏黏度计（毛细管黏度计）
pendulum ~ 摆锤黏度计
revolving ~ 旋转式黏度计
Saybolt-Furol ~ 赛波特 - 傅洛重油黏度计
short tube ~ 短管黏度计
SOD ~ SOD 黏度计（测量高黏度油类与润滑脂用）
torsion ~ 扭丝式黏度计
tubule type continual ~ 细管式连续黏度计
ultrasonic ~ 超声波黏度计
vibrating-plate ~ 压电晶体振荡板式黏度计
Zahn ~ 锥盘黏度计
viscosimetric 测黏度的
viscosimetry 测黏法，黏度测定（法）
viscosity ①黏度，黏滞（性），韧度，韧性②内摩擦
~ of prepreg 预浸料黏性
absolute ~ 绝对黏度
bulk ~ 体积黏度
dielectric ~ 介质黏性
dilatational ~ 体积变形黏度，第二黏度，容积黏度
dynamic ~ ①绝对黏度②动力黏度，动黏度
eddy ~ 涡流黏度
Engler ~ 恩氏黏度
film ~ 油膜黏度
float ~ 浮测黏度（在浮子式黏度计内测定的黏度）
inherent ~ ①特性黏度②比浓对数黏度
inner ~ 结构黏度
intrinsic ~ 内〔固有〕黏度
kinematic ~ 动黏滞性，黏滞率，运动黏度，动〔比密〕黏度
limiting ~ ①特性黏度②真实〔固有，内在〕黏度
magnetic ~ 磁黏滞性，磁黏滞度
non-Newtonian ~ 非牛顿黏度
reduced ~ 折合黏度，比浓黏度
second ~ 体积变形黏度，容积黏度，第二黏度
specific ~ 比黏度
structural ~ 结构（化）黏度
tensor ~ 张量黏性
virtual ~ 有效黏性
volume ~ 体积黏度
viscous 黏性〔滞，稠〕的
vise 台虎钳
grip ~ 压夹虎钳
hinged pipe ~ 管子虎钳
single-screw type ~ 单螺旋式夹具
visibility ①能见度，明视度，可见性，清晰度②视野，视程，能见距离③显著，明显（度）
flight ~ 空中能见度
image ~ 图像可见度
line ~ （扫描）行能见度
MTI target ~ ①活动目标显示器②目标可见度
poor ~ 不良能见度（能见度为 2 000 ~ 4 000 m）
pulse ~ 脉冲可见度
target ~ 目标能见度
visible ①可见〔能见，看得见，有形，显著，显然，明显，显露式〕的②可见物，直观教具
visicode （遥控用）可见符号

visilog 仿视机，人造眼
visiogenic 适于拍摄电视的
visiometer 能见度测量仪
dispersion type ~ 散射式能见度仪
transmission type ~ 透射式能见度仪
vision ①视线〔力，觉〕②观察，影〔幻，想〕象③显示④（双目）视野范围（机器人性能参数）
~ on sound 图像信号对伴音的干扰
artificial ~ 人工视觉
binocular ~ 双目视觉
colo(u)r ~ 色视觉，彩色视觉
computer ~ 计算机显像，计算机视觉
double ~ 双视
electric ~ 电视
instant ~ ①瞬间接收图像②瞬间可视图像
intelligent ~ 智能视觉
interactive laser ~ 交互式激光电视
laser ~ 激光视盘
machine ~ 机器视觉
night ~ 夜视，微光摄像电视
peripheral ~ 外围视觉
robot ~ 机器人视觉
scotopic ~ 暗视觉，微观视觉
sensor ~ 传感器视觉
stereo ~ 立体视觉
stereoscopic ~ ①立体视觉②体现
visionaryphotopic ~ ①明〔白昼，亮〕视觉②可见光视觉，日光视觉
welding robot ~ 焊接机器人视觉
visionary 幻想的，想象的，不实际的
vision-based 基于视觉的
visioplasticity 可视塑性
viso-monitor 生理监察器
visor ①护目镜，遮光板，保护盖，防溅板，挡板，风挡②观察孔，观察窗
headlight ~ 头灯防眩罩
sun ~ 遮光板
viso-scope 生理示波器
visotest 数字式校表仪
vista 远景，透视图
Vistacon 铅靶管，氧化铅视像管
vistascope 合成图像（电视）摄像装置
visual ①视觉的，视力的，目视的，（肉眼）可见的②直观的，真实的，形象化的③光学的
audio ~ 直观的，视（觉）听（觉）的
visualise =visualize
visualization ①目测（方法），目视观察，（用肉眼）检验②显像〔影，示，色〕，显形法③形象〔具体〕化④可视化
interactive ~ 交互式可视化
oil ~ 油可视化
surface flow ~ 表面流动图像
visualize ①目测，（用肉眼）检验，目视观察②显像〔影，形〕③直观化，形象〔具体〕化
visualizer ①观测仪，观察仪②显影仪
electronic transient ~ 电子瞬变观察仪
formal ~ 可视化公式表述器
visuometer 视力计
vitaglass （透）紫外线玻璃，维他玻璃
Vital （=Vital alloy）维特精炼铝系合金（*w*（Zn）1.15%，*w*（Si）0.9%，*w*（Cu）1%，其余Al）
vital ①（极其）重要的，极度的，非常的②（pl.）机器的主要部件③核心，命脉
vitalight 紫外光（波长0.32 ~ 0.29 μm）
Vitallium 维塔利姆高钴铬钼耐蚀耐热合金（*w*(Cr)28% ~ 32%，*w*(Mo)5% ~ 7%，*w*(C) < 0.5%，*w*（Mn）< 0.75%，*w*（Si）< 0.6%，其余Co）
vitameter 维生素测定器
vitaphone “维他风”（利用唱片放音的有声电影装置）
vitascan 简易飞点式彩色电视系统
vitascope （早期的）电影放映机
vitiate ①损坏，弄脏②使腐败，使污浊，污染，使失效，作废
Viton 氟（化）橡胶，维东合成橡胶
vitreosil 熔凝石英，真空石英
vitreous 玻璃质〔状，体〕的，琉态的，透明的，上釉的
vitreousness 玻璃状态透明性
vitrescent 玻态的，玻状的，能成玻璃质的
vitric ①玻璃（状）的②玻璃制品，玻璃器类，玻璃状物质③玻璃（品）制造法
vitrification 玻璃〔熔浆，琉，陶，透明〕化，上釉
vitrified 陶瓷的，玻璃化的，成玻璃质的，上釉的，陶化的
vitriform 玻璃状的
vitriol 硫酸（盐），矾（类）
vitriolization 用硫酸处理，使溶于硫酸，硫酸盐化
vitrolite 一种不透明的玻璃，瓷板，瓷砖
viva 口试，口头测试
vis ~ 活劲，活势，运动力（物体质量和速度的乘积），工作能力

Vival （=Vival alloy）维瓦铝基合金（*w*（Al）98% ~ 98.6%，*w*（Mg）0.6% ~ 1%，*w*（Si）0.5% ~ 0.8%）
vivianite 蓝铁矿
vivid ①清晰的②强烈的（色，光等），鲜明的，光亮的，活泼的
V-joint V形焊接〔接合，接头〕，V形缝
V-leveler V形整平机，整平器
V-notch V形缺口
VOBANC （=voice band compressor）音频带压缩器
vocabulary 指令表，字符表，词典，词汇（表），汇编
vocational 职业的，行业的
vocoder 声〔音〕码器，自动语言合成仪，自动语言合成仪
channel ~ 信道声码器，谱带式声码器
digital controlled ~ 数字控制声码器
phonetic ~ 语音声码器
relevant ~ 相关声码器
self-excited ~ 自激励声码器（一种合成语音用的电子装置）
voice-excited ~ 声激音码器，声激语言自动合成器
vodas （=voice operated antisinging device）语〔音〕控防鸣器
voder （= voice operation demonstrator）语言合成器
vogad （=voice operated gain-adjusting device）音控增益调整设备，语言增益调整器，响度级调整装置
voice ①声，语〔话，声〕音②音频的
acoustic artificial ~ 声仿真话音
artificial ~ 仿真语音，模拟语音
electric artificial ~ 电仿真话音
voice-frequency 音频
voicegram 录音电报
voice-operated 音频控制，语控的
voiceprint ①语言声谱仪②（仪器记录下来的）声波纹
void ①空的，真空的，没有的，缺乏的，无效的，作废的②空白〔穴，位，音，隙〕，真空，内腔，中空，排泄放出，脱墨（符号识别用），气孔，砂眼，孔隙（率）
shrinkage ~ 缩孔
steam ~ 蒸汽空腔，气泡，汽穴
voltagefraction ~ 疏松度，空隙比
voidable 可以作废〔取消〕的，使无效的
voidage 空隙，空隙度，空隙容量，空隙容积
voidance 排泄，放出，出清，撤出，取消，废除，空位
void-free 无空隙，无（气）孔的，密实的
voiding 空白，无值（化）
volatile ①挥发（性）的，易发散的，轻快的，易变的，短暂的，易失的（电源切断后信息消失）②挥发（性）物（质）
volatility 易失〔易变，挥发〕性，挥发度
storage ~ 存储易失性
volatilization 挥发
volatilize ①（使）挥发②（使）成为挥发性的
volatilizer 挥发器，蒸发器（炼镍用）
volatimatter 挥发物
volcas 音控损耗抑制器
Volkswagen 伏克斯瓦根〔大众〕（德国汽车公司）
Shanghai ~ 上海大众（汽车有限公司）
volometer 伏安表，万能电表
Volomit 佛罗密特超硬质碳化钨合金（*w*（W）93.5%，*w*（C）4.5%，*w*（Fe）2%）
Volscan 立体扫描器
volt 伏（特）（V，电压单位）
billion electron ~ 十亿电子伏（BeV）（特）
equivalent ~ 电子伏特（美国用语）
international ~ 国际伏特（1国际伏特 = 1.000 34 V）
legal ~ 法定伏特，国际伏特
mega electron ~ 兆电子伏
reactive ~ 无功伏
semiabsolute ~ 似绝对伏特
voltage ①电压，伏特数②电位差③电压值
antiblock system ignition ~ （汽车）防抱死制动系统点火电压
~ between layers 层间电压
~ between phase wire and ground 相地间电压
~ between phases 相间电压，线电压
~ between segments 换向片间电压
~ of microphonic effect 颤噪电压
~ per unit band 单位频带电压
~ to earth 对地电压
~ to ground 对地电压
~ to neutral 对中点的电压，相线对中性线电压
abnormal ~ 异常电压，事故电压
acceleration ~ 加速电压
accurate operate ~ 精确工作电压
active ~ 有功〔有效，作用〕电压
air-gap ~ 气隙电势，气隙电压（合成气隙

磁通在每相电枢中产生的电压）
air-gap field ~ 气隙磁场电压（U_{fg}）
alternating ~ 交流电压
alternator field ~ 同步发电机励磁电压
analog ~ 模拟电压，连续变化电压
anode ~ 阳极电压
antistickoff ~ 反黏电压
applied ~ 外加电压
applied forward ~ 正向外加电压
applied reverse ~ 反向外加电压
arcing ~ 跳火电压
arc-over ~ 电弧放电电压，飞弧电压
audio modulating ~ 调制声电压
avalanche ~ 雪崩电压
B plus ~ 阳极电压，乙正电压
back ~ 逆电压，反电压，反电动势
back bias ~ 负偏压，反馈偏压
backswing ~ 回程电压，反向电压
bar-to-bar ~ （换向器）片间电压
baseband ~ 调制信号电压
base-emitter saturation ~ 基极 - 发射极饱和电压
base-one peak ~ 基极 - 峰值电压
bath ~ 电解槽中阴阳极间的电压，浴电压
beam ~ 电子束加速电压
beam-focusing ~ 电子束聚焦电压
bias ~ 偏压
blackout ~ 熄灭电压，截止电压
boost ~ 辅助〔附加，增高〕电压，升压
breakdown ~ 击穿〔破坏，崩溃〕电压
break-over ~ 转折电压，导通电压，击穿电压
bucking ~ 反作用电压，抵消电压
built-in ~ 内建电压
buncher ~ 聚束电压
calibration ~ 校准（用）电压，调整电压
cathode ~ 阴极电压
cathode-grid ~ 阴极 - 栅极间电压
ceiling ~ 最高〔巅值，峰值〕电压
circuit ~ 导线间〔线间，回路，电路，线〕电压
circuit crest working off-state ~ 电路断态工作峰值电压
circuit non-repetitive peak off-state ~ 电路断态不重复峰值电压
circuit non-repetitive peak reverse ~ 电路反向不重复峰值电压
circuit repetitive peak reverse ~ 电路反向重复峰值电压
circuit working reverse ~ 电路反向工作电压
clamp output ~ 钳位（线路）输出电压
coil ~ 线圈电压
collector-emitter saturation ~ 集电极 - 发射极饱和电压
colo(u)r-minus-difference ~ 色差信号电压
common mode ~ 共模电压
common mode disturbance ~ 共模干扰电压
commutating ~ 换相〔整流〕电压
complex harmonic ~ 相量电压，复谐波电压
compliance ~ 恒流制输出电压
condenser ~ ①电容器电压②调相机电压
constant ~ 恒电压，直流电压
contact ~ 接触〔触点，人可接触的安全〕电压
continuous (direct) off-state ~ 断态连续（直流）电压
continuous (direct) reverse ~ (of a semiconductor rectifier diode) 反向连续（直流）电压（整流管的）
controlled conventional no-load direct ~ 受控约定空载直流电压
controlled ideal no-load direct ~ 受控理想空载直流电压
conventional no-load direct ~ 约定空载直流电压
corona inception ~ 电晕起始电压
counter ~ 反电压
crest ~ 巅值〔峰值，最大〕电压
crest forward anode ~ 最大阳极正向电压
crest inverse anode ~ 最大阳极反向电压
crest (peak) working off-state ~ 断态工作峰值电压
crest peak working reverse ~ 反向工作峰值电压
critical rate of rise of commutating 换向电压临界上升率
critical rate of rise of off-state ~ 断态电压临界上升率
cross-talk ~ 串扰电压
cue ~ 发送器电压，控制电压
current-supply ~ 电源电压
cut-in ~ ①开启电压②临界电压（开始导电点的电压）③断路继电器的闭路电压
cut-off ~ 截止电压
decomposition ~ 电解电压，分解电压
dee-dee ~ D 形盒间电动势差

deflecting ~ 致偏电压，偏转电压
delta ~ 三角接线电压
diagonal ~ 对角电压（电桥）
diametral ~ 对径电压（多相制中的最大线电压）
differential ~ 差分电压
differential mode disturbance ~ 差模干扰电压
direct ~ ①正向电压②直流电压
discharge ~ 闪络电压，放电电压
discharge inception ~ 开始放电电压，起晕电压
disintegration ~ 扩散〔破坏，崩离〕电压
displacement ~ 位移电压
disruptive ~ 击穿电压
distribution ~ 配电电压
drain ~ 漏电压
drift ~ 漂移电压
driving ~ 激励〔励磁，控制〕电压
drop-away ~ 释放电压，脱扣电压
drop-out ~ 灭磁〔去励磁，开断〕电压
dry flashover ~ 干闪络电压
dummy-node ~ 等效节点电压
emitter-base reverse ~ 发射极 - 基极反向电压
end-of-charge ~ 充电终止电压
endpoint ~ 截止〔终点，端点〕电压
energizing ~ 励磁电压
erasing ~ 擦除电压
evanescent ~ 衰减电压
excess ~ 过电压
excitating ~ 励磁电压
excitation system ceiling ~ 励磁系统顶值电压（U_P）
excitation system no-load ceiling ~ 励磁系统空载顶值电压（U_{P0}）
excitation system on-load ceiling ~ 励磁系统负载顶值电压（U_{PL}）
excitation system rated ~ 励磁系统额定电压（U_{EN}）
exciter ceilling ~ 励磁机顶值电压
exciting ~ 励磁电压
external ~ 外加电压
extinction ~ 熄灭电压（闸流管的）
extra-high ~ 超高压（电）
extra-low ~ 特低电压
feed-through ~ 馈通电压
field ~ ①励磁电压②场电压
filament ~ 灯丝电压
final discharging ~ 放电终止电压
final-anode ~ 末级阳极电压，末级板压
firing ~ 开始放电电压，点火电压
flashback ~ 逆弧电压，反闪电压
flashover ~ 击穿电压，闪络电压
flat ~ 稳定电压
flat band ~ 平（能）带电压
floating ~ 空载电压，浮空电压
flyback ~ 电子束回扫〔阴极射线管阳极（直流），冲击激励〕电压
focusing ~ 聚焦电压
formation ~ 形成电压，化成电压
forward ~ 正向电压
forward blocking ~ 正向阻断电压
forward gate ~ 门极正向电压
forward recovery ~ 正向恢复电压
(forward) threshold ~ （正向）门槛电压
full ~ 满电压
fundamental null ~ 基波零位电压
gate ~ 门极电压，（场效应晶体管）栅压，触发电压
gate non-trigger ~ 门极不触发电压
gate pinch-off ~ 栅夹断电压
gate trigger ~ 门极触发电压
gate-turn-off ~ 门极关断电压
generated ~ 感应电动势，感应电压，（电机的）电压
green video ~ 绿色视频信号电压
grid-bias ~ 栅偏压
half select ~ 半选电压
Hall ~ 霍尔电压
heater ~ ①灯〔热〕丝电压，加热电压②热子电压
hexagon ~ 对称六相系统的线电压
high ~ （=HV）高压
high direct ~ 高直流电压，直流高压（5 000 V 以上）
higher extreme ~ 高极端电压
highest ~ of a system 系统最高电压
holding ~ 吸持电压
hump ~ 凸起电压，驼峰电压，峰值电压（频率特性曲线的）
hysteresis ~ 滞后电压
idea no-load direct ~ 理想空载直流电压
ignition ~ （汽车防抱死制动系统）点火电压，引燃电压
image accelerator ~ 加速极电压（电子移像时用）
impressed ~ 外加电压

impulse ~ 冲击电压，脉冲电压
impulse withstand ~ 冲击耐（电）压
incipient discharge ~ 起始放电电压
induced ~ 感生电压，感应电压
in-phase ~ 同相电压
in-phase-speed-sensitive output ~ 同相速敏输出电压
input offset ~ 输入补偿电压
interdynode ~ 倍增极〔打拿极〕极间电压
internal ~ 内电压，电动势（发电机的），反电动势（电动机）
inverse ~ 反电压
ionization extinction ~ 消电离电压
ionizing ~ 电离电压
isolation ~ 隔离电压
Johnson noise ~ 热噪声电压
keep-alive ~ ①励磁电压，点火电压② 维弧电压，保弧电压
kill the ~ 电网短路时使发电机停止发电
knee ~ （曲线）膝处电压
knee-point ~ 拐点电压
lagging ~ 滞后电压
latching ~ 闭锁电压
leading ~ 超前电压
line ~ ①线电压②电网电压
line-to-earth ~ 线路对地〔线对地〕电压，相电压
line-to-ground ~ （=US）线对地电压
line-to-line ~ 线电压
line-to-neutral ~ 相电压
load ~ 负荷电压，工作电压
locked rotor ~ 转子停转电压（感应电动机）
low ~ （=LV）低压
lower extreme ~ 低极端电压
lowest ~ of a system 系统最低电压
luminance ~ 亮度信号电压
lumped ~ 集中电压，控制电压
mains ~ 电源电压
margin ~ 容限电压
maser ~ （ = microwave amplification by stimulated emission of radiation ~ ）微波量子放大器电压
mask ~ 屏蔽电压
maximum floating ~ 最大浮置电压
maximum rated step ~ 最大额定级电压
medium ~ 中等电压，中压
minimum flashing ~ 最小闪光电压
minimum hold-in ~ 最小吸持电压（继电器的）
minimum synchronizing ~ 最低同步电压
misalignment ~ 失谐电压
mode ~ 模电压
modulated-carrier ~ 已调制载波电压
modulator bias ~ 调制器偏压
monochrome ~ ①亮度信号电压，单色信号电压②黑白信号电压
motion-derived ~ 动生电压
negative gate ~ 负栅极电压（场效应晶体管）
network ~ 电力网电压
neutral-point displacement ~ 中性点位移电压
no-load ~ 空载电压
no-load breakaway ~ 空载始动电压
no-load field ~ 空载磁场电压（U_{f0}）
nominal ~ 标称电压
nominal ~ of a system 系统标称电压
nominal withstand ~ 标称耐（电）压值
non-conducting ~ 截止电压
non-repetitive peak off-state ~ 断态不重复峰值电压
non-repetitive peak reverse ~ (of a thyristor) 反向不重复峰值电压（晶闸管的）
non-repetitive peak reverse ~ (of a semiconductor rectifier diode) 反向不重复工作电压（整流管的）
null ~ 零位电压
off ~ 断开电压
offset ~ 失调〔补偿，偏移〕电压
off-state ~ 断态电压
on ~ 接通状态电压
on-load ~ 加载电压
on-state ~ 通态电压
(on-state) threshold ~ （通态）门槛电压
open-circuit ~ 开路电压，空载电压
operate ~ 操作电压，工作电压，运行电压
operating ~ (in a system) （系统）运行电压
outlet ~ 出线端电压，出口端电压
out-of-phase ~ 异相电压
output-high ~ 输出为“1”状态时的电压，输出高电位电压
output-low ~ 输出为“0”状态时的电压，输出低电位电压
overrating ~ 过电压
pace ~ 跨步电压
parabolic ~ 抛物波电压
peak ~ 巅（值）电压，峰（电）压，最大电压

peak blocked ~ 正向峰值电压
peak forward ~ 正向峰值电压
peak forward gate ~ 门极正向峰值电压
peak inverse ~ 反向峰值电压
peak on-state ~ 通态峰值电压
peak pulse ~ 脉冲峰压，脉冲峰值电压
peak reverse gate ~ 门极反向峰值电压
peak working reverse ~ 反向工作峰值电压
peak-to-peak ~ 峰间电压，正负峰间电压
peak-to-peak ripple ~ 波纹电压全幅值
pedestal ~ （平顶）基座（形）脉冲电压
phase reference ~ 相位基准电压
phasing ~ 定相电压
photocathode focus ~ 光（电）阴极聚焦电压
pick-up ~ 始动〔接触，拾取〕电压
pilot ~ 标准电压
pinch-off ~ 夹断电压（场效应晶体管的）
plague ~ 破坏电压
plate ~ ①板极电压，阳极电压②屏极电压
polarizing ~ 极化电压
polygonal ~ 边电压（多相系统的）
positive going sawtooth ~ 正锯齿形电压
power-line ~ 电源电压，供电电压
primary ~ 一次电压
principal ~ 主电压
psophometric ~ 噪声电压计，估量噪电压
p-to-p ~ =peak-to-peak ~
pulsating ~ 脉动电压
pump ~ 泵激电压
punch through ~ 穿通电压
puncture ~ 击穿电压
puncture-proof ~ 耐电压
quadrature ~ 正交电压，90° 相位差的电压
quadrature-axis ~ 交轴电压
quadrature-phase speed-sensitive output ~ 正交相速敏输出电压
quenching ~ 熄灭电压
rail ~ 干线电压
ramp ~ 扫描电压，斜线电压
rapid forcing ~ 快速强励电压
rated ~ 额定电压
rated ~ on valve side 额定阀侧电压
rated direct ~ 额定直流电压
rated field ~ 额定磁场电压（U_{fN}）
rated primary ~ 一次额定电压
reactance ~ 电抗电压
reactive ~ 无功电压，电抗（性）电压
real no-load direct ~ 实际空载直流电压
recovery ~ 恢复电压，复原电压
red video ~ 红色视频信号电压，红色图像信号电压
reduced ~ 下降电压，折算电压
reference ~ 参考〔基准，标准〕电压
reflector ~ 反射器电压
regulated ~ 稳定电压，调节电压
reignition ~ ①再引弧电压②重燃电压
reinsertion ~ 再插入电压
repeller ~ 反射极电压（速调管）
repetitive peak off-state ~ 断态重复峰值电压
repetitive peak reverse ~ (of a semiconductor rectifier diode) 反向重复峰值电压（整流管的）
repetitive peak reverse ~ (of a thyristor) 反向重复峰值电压（晶闸管的）
residual ~ 剩余电压，残（留电）压，零序电压
restriking ~ 再闪击〔再点火，再起弧〕电压
reverse ~ 反向压降〔电压〕
reverse breakdown ~ 反向击穿电压
reverse gate ~ 门极反向电压
R.F.pumping ~ （=radio frequency pumping ~）射频泵激电压
ring ~ 环形联接线电压，三角联接线电压
ring-to-ring ~ 集电环间电压
ripple ~ 脉动电压，波纹电压
RMS weighted noise ~ （=root-meansquare weighted noise ~）加权噪声电压有效值（方均根电压）
running ~ 工作电压
rupturing ~ 击穿电压
safety extra-low ~ 安全特低电压
saturation ~ 饱和电压
screen ~ 屏栅极〔荧光屏，帘栅〕电压
sealing ~ 闭合电压
secondary ~ 二次电压
segment ~ 换向器片间电压
service ~ ①供给电压，使用电压②额定工作电压（电机或变压器空载运行时的线电压）
shock ~ 脉冲电压
shorting ~ 击穿〔闪烁，短路〕电压
slaving ~ ①从动电压②驱动电压
source-drain ~ 源（极）漏（极）间电压
sparking ~ 放电〔跳火，击穿〕电压
spark-over ~ 跳火电压，火花放电电压
specific ~ 比电压，电压比
speed-induced ~ 旋转电动势，旋转电压

spike ~ 峰值电压
spread ~ 分布电压
star ~ 星形接线相电压
starter ~ 起动机〔起动装置〕电压
starter breakdown ~ 点火极点火电压
starting grip ~ 起动栅压，着火栅压
step ~ 阶跃电压，阶迁电压
stepped ~ 步进电压
sticking ~ 黏着电压（荧光屏的）
stray ~ 寄生电压
striking ~ 起弧电压，引燃电压
subnormal ~ 低于额定值的电压
supply ~ ①电源电压②供电电压
surge ~ 冲击〔浪涌，脉冲〕电压
sustain ~ 维持电压（等离子体显示）
sustained collector ~ 集电极保持电压
sweep ~ 扫描电压，扫频电压
sweep-out ~ 过扫描电压
swing ~ 激励电压，摆动电压
symmetrical alternating ~ 对称交变电压
synchronizing ~ 同步电压
tank ~ 槽电压
target ~ 靶电压
terminal ~ ①终端〔端，端子〕电压②高压电极电压（静电加速器的）
threshold ~ 门槛〔临界，阈值，开启，门限〕电压
timing ~ 定时〔同步，整步〕电压
transient ~ 瞬变电压，瞬态电压
transmission ~ 输电电压
trigger ~ ①起动电压②触发电压
trigger gate ~ 触发控制极电压，触发选通脉冲电压
tuning ~ 调谐电压
tuning-correction ~ 调谐校准电压
tunnel ~ 隧道电压
turnover ~ ①翻转电压②转折电压
unidirectional ~ 单向电压，整流电压
vertical flyback ~ 垂直扫描电压，帧扫描脉冲
video ~ 视频信号电压
virtual ~ 有效电压
voltagecircuit repetitive peak off-state ~ 电路断态重复峰值电压
voltageface ~ 工作面电压
voltagemesh ~ ①多相制线电压②环形连接法线电压
voltagerated step ~ 额定级电压
wire under ~ 火线
withstand ~ 耐（电）压
Y ~ 相电压（在星形联结中的）
zero offset ~ 零补偿电压
zero speed output ~ 零速输出电压

voltage-dividervoltage-divider 分压器
voltage-drop 电压降
voltage-operated 电压运行的，压控的
voltage-proof 耐压的
voltage-sensitive 电压敏感的
voltage-sharing 均压，电压分担
voltage-stabilizing 稳压
voltaic ①电流的，动〔流〕电的，电压的，电镀的，伏打（式）的②由化学反应产生电流的
voltaism 伏打电（学）
voltalac 油沥青绝缘漆
voltameter （电解式）电量计
copper ~ 铜电解式电量计
electrolytic ~ 电解电量计
gas ~ 气体电量计，气体伏安计
gravity ~ 重力型电量计
silver ~ 银解电量计
volume ~ 容积电量计，体积电量计
water ~ 水解电量计
weight ~ 重量电量计，重量库仑表，重力电量计
voltametric 电量测量的
voltammeter 电压电流（两用）表，伏（特）安（培）计，伏安表
voltammetric 伏安测量的
voltammetry 伏安（测量）法
voltamoscope 伏安器
volt-ampere 伏安
charging ~ 充电伏安容量
excitation ~ ①励磁伏安②磁化功率（磁材料的）
reactive ~ 无功伏安
voltamperemeter 伏安计，伏安表
voltascope ①千分伏特计，伏特示波器，综合伏特示波器②伏安计 - 示波器组件
volticap 变容二极管
voltite 电线被覆绝缘物
volt-line 伏特线（磁通单位，1 伏特线 =10^8 麦克斯韦 =1 Wb）
voltmeter 电压表，伏特计，伏特表
AC ~ 交流电压表
aperiodic ~ 不摆〔大阻尼，直指，非周期〕伏特计，速时电压表

cadmium test ~ 镉棒测试专用伏特计
coaxial peak pulse ~ 同轴峰值脉冲电压表
compensating inductive ~ 补偿式感应伏特计
compound digital ~ 复合型数字电压表
contact making ~ 继电电压表，触点式伏特计
corona ~ 电晕伏特计
crest ~ 巅值伏特计，峰值伏特计，峰值电压表
crystal ~ 晶体检波伏特计
differential ~ 差动式伏特计，差动式电压表
digital ~ 数字式电压表，数字式伏特计
direct current ~ 直流电压表
double integral digital ~ 双积分型数字电压表
double-range ~ 双量程伏特计
electronic ~ 电子管伏特计〔电压表〕
electrostatic ~ 静电电压表
flux ~ 磁通伏特计
generating ~ 旋转〔电容〕伏特计
graphic recording ~ 自动记录伏特计
high sensitive vacuum tube ~ 高灵敏度真空管电压表
high-low ~ （电源）高低压警报电压表，高低压电压表（电源电压达到允许的最高、最低值时，能发出信号）
ionic-wind ~ 离子风电压表
iron-vane type ~ 电磁式（铁叶式）伏特计
logarithmic ~ 对数刻度伏特计
millivalve ~ 电子管毫伏计
multi-cellular electrostatic ~ 复室静电伏特计
peak(-reading) ~ 峰值电压表
phase-angle ~ 相角电压表
pilot ~ （送电端）馈线末端电压指示表，送电端电压表
registering ~ 记录伏特计
rotary ~ 高压静电伏特计，旋转式伏特计
sequential approximation digital ~ 逐次逼近数字电压表
slide-back ~ 偏压补偿式电压表〔伏特计〕
spark-gap ~ 火花间隙电压表（测绝缘子用）
static ~ 静电伏特计
synchronizing ~ 同步电压表，零值电压计，整步电压表
thermionic ~ 热离子管伏特计，电子管伏特计
valve ~ 电子管电压表，电子管伏特计
vector ~ 矢量电压表
voltage-frequency transform digital ~ 电压 - 频率转换型数字电压表

volt-milliamperemeter 伏特毫安计

voltohmist =volt-ohmmeter

volt-ohmmeter 电压电阻表，伏欧计

volt-ohm-milliamperemeter 伏欧毫安

voltohmyst 电压电阻表，伏欧计

voltolization 电聚，无声放电处理（法），高电压处理（法）

voltolize 对…做无声放电处理，对…做高电压处理

volt-second 伏秒

volume ①体积，容积，容量②音量，声量，（音）响度③盘，叠④大量，许多⑤卷，册，部
~ of current （电枢）安培，导体数，电流容积
~ of production 产量
apparent ~ 视体积（干燥而不密实状态下的材料体积），松装体积，松装比容
blast ~ 鼓风容积，风量
bounding ~ 边界体积（虚拟现实中）
bulk ~ 毛体积，毛容积
clearance ~ 余隙体积
constant ~ 等容，定容
critical ~ 临界体积
crosstalk ~ 串音量，串音功率
cylinder clearance ~ 气缸余隙容积
dead ~ 静容量
delivery ~ ①输送容积，供料体积②抽水量（泵的），通风能力（压缩机的）③容量
disk ~ 磁盘组
displacement ~ ①工作容量②排代容积，被置换的体积，位移容积③（气缸）排量
elasticity ~ 弹性容量
elementary ~ 体积单元
engine swept ~ 内燃机排量
excluded ~ 已占容积，已占空间
free ~ 净容积
gram(me) molecular ~ 摩尔体积
humid ~ 湿空气体积，湿容积
image ~ 图像容积
inverse ~ 容积的倒数
mode ~ 模容量，模体积
molal ~ 摩尔体积
net ~ 净容积
nominal ~ 标称容积
piston swept ~ 活塞移动容积，活塞排量，气缸工作容积，气缸换气量
placing ~ 工作容积，有效容积
pore ~ 孔隙容量
primary ~ 主卷
propellant ~ 推进剂容积

reduced ~ ①缩小体积，对比体积②换算容积
run-off ~ 径流总量，径流体积
scattering ~ 分散容积
sensitive ~ 灵敏范围，感受范围，灵敏区，灵敏体积（辐射计数管截面上电场很强的）
sensitivity ~ 灵敏区（辐射计数管的）
solid ~ 实体积（材料质量 / 密度）
sound ~ 音量
specific ~ 比体积，质量体积
standard ~ 标准容积（22.413 6 m^3）
stroke ~ ①行程排量，行程容积，活塞位移②（气缸）工作容积
suction ~ 吸入（气）量
swept ~ 工作容积，行程排量，活塞排量，（气缸的）换气容量
tap ~ 摇〔振〕实体积
ton-kilometerage ~ 周转量
unit ~ 单位体积
void ~ 空隙率，空隙容积
voltexactive ~ 有效体积，活性体积
volume-centered ~ 体心的
winding ~ 绕组体积
working medium ~ 气缸容积

volume-displacement 容积流量计
volume-element 体积单元
volumenometer 体积〔视密度，表观密度，排水容积〕计
volumescope （气体）体积计
volumeter 容积〔容量，体积〕计
Scott ~ 斯科特容量计（测量粉末散装密度的装置）
volumetric 容积〔容量，体积，测量容积〕的
volumetrical =volumetric
volumetry 容量分析（法），容量测定
voluminal 体积〔容积，容量测定〕的
voluminosity ①容积度，容量度②庞大，繁多，丰满③冗长④盘绕
rheological ~ 流变容积度
voluminous ①容积的，体积的②庞大的，体积大的，很多的，大量的，多卷的③盘绕的
volumometer 容积〔体积，容量〕计
volute ①蜗壳，蜗囊，蜗室②螺旋形（小室），涡旋形（的），盘涡形（的），锥形（的）③集气环
volution ①螺旋形，涡旋形②旋圈，螺环
Volvit 佛尔维特合金（青铜轴承合金，w（Cu）91%，w（Sn）9%）
Volvo 沃尔沃〔富豪〕（瑞典汽车公司）
vomax 电子管电压表
vomit 喷〔发，吐，倾〕出
VOR （=very-high-frequency omnidirectional range beacon）甚高频全向信标
vortex 涡流（面），涡旋（体），涡动，旋转〔涡，风〕
adjacent ~ 附着涡，邻涡
blade ~ 叶片涡流
bound ~ 附体〔附着，束缚〕涡流
concentrated ~ 集中涡流，合成涡流
lift(ing) ~ 升力涡
line ~ （流）线涡流
point ~ 点涡
rectilinear ~ 直线涡流
spiral ~ 螺旋形涡流
tip ~ ①翼梢旋涡，叶梢旋涡②叶片涡，翼尖涡
trailling ~ 尾涡
voltex-generatorwake ~ 尾涡流
vortex-generator 涡流发生器，扰流器
vortex-induced 涡流引起的，涡流诱导的
vortical 旋涡（似）的，旋风的，旋转的
vortices vortex 的复数
streamwise ~ 流向涡流
Taylor ~ 泰勒涡动
vorticity 涡旋（状态），旋涡，（涡）旋（强）度，涡（流强）度，涡（环）量
cyclonic ~ 气旋涡度
uniform ~ 均匀旋度
vortrap 旋流分级器
votator 螺旋式换热器
vote 选票，表决权
voucher （保）证人，证件，证书，凭单，收据
luggage ~ 行包运输货票
voyage 航行，航次
V-process 薄膜负压铸造，减压铸造法
V-rack V 形支架
V-radar V 形波束雷达
V-rest V 形支架
vroom （机动车）加速时发出的声音，发鸣声
V-rope V 形钢索
VR-tube 稳压管
V-section 三角槽形断面
V-set V 形垫铁，斜面垫铁
V-slip 导槽
plain ~ V 形导槽
V-slot V 形槽
V-stay V 形拉线
V-stone V 形宝石轴承

~ (conical recessed) V形宝石轴承
V-strut V形支柱
V-tab V形调整片（飞机的）
V-thread 三角〔牙形，V形〕螺纹，管螺纹
V-type V〔锥，楔，三角，漏斗〕形的
Vulcalose （同硬橡皮一样的）绝缘材料
vulcanisate 硫化橡胶，硫化产品，橡皮
vulcanite 硫化橡胶，硬橡胶，硬橡皮，胶木
vulcanization 橡胶硫化(作用),橡胶硬化作用，热补轮胎，加硫
cold ~ 冷硫化（作用）
dynamic ~ 动态硫化
mould ~ 模塑硫化
open ~ 无模硫化
post ~ 后硫化（作用）
vulcanizer ①(橡胶)硫化器〔机,剂〕②硬化器，热补机
band ~ 轮圈硫化器
electronic ~ 高频电波硫化器
tyre ~ 轮胎硫化机
unit ~ 固定模平板机
vulcanizing 硫化（加热器）
vulkameter 硫化仪
vulnerability 易损（坏）性，易受伤，脆弱性，薄弱性，弱点，要害
jamming ~ 抗扰性不良，低抗扰性
vulnerable ①易损坏的，薄弱的，脆弱的②有缺点的
V-vat V形箱，分级箱
Vycol (glass) 硼硅酸耐热玻璃
Vycor （高硼硅酸）耐热玻璃，硅玻璃
Vynitop 涂聚氯乙烯钢板

W

wabble ①（使）摆〔颤，振，跳，摇，晃〕动，摇摆，震颤②不稳定运动，行程不匀，不等速运动③摆动角④（声音）变量，变度，波动

wabbler 梅花头（轧钢），凸轮，偏心轮，摆轮，摇摆板，摇动器

wad ①锰土，石墨②填块，（软）填料，填装器，芯棒，塞头砖③小块，做成小团，连皮（锻件）④填塞⑤（一）叠，（一）束，（一）卷⑥（pl.）大量，很可观的数目

filler ~ 填塞垫

wadcutter 冲孔型弹丸

wadding 填塞（物），（软，纤维）填料，衬料

wafer ①板，片，薄片，圆片，干胶片（半导体 PNP 层），晶片，石英片，极板②薄膜③压块④饼式试样⑤成层的⑥压片，压块，切成薄片

~ (of a semiconductor) 半导体片

alumina ~ 氧化铝薄片

ceramic ~ 陶瓷板（印制电路用）

circuit ~ ①电路母片，电路大圆片②电路片，电路薄片

crystal ~ 晶（体）片

epitaxial ~ 外延片

friction ~ 摩擦片

germanjum ~ 锗片

multicell ~ 多单元圆片

n-type ~ n 型晶片

processing array ~ 处理阵列圆片

silicon ~ 硅片

waferer 压片〔压饼，压块〕机

wafter 转盘风扇

wage （常用 pl.）工资，薪金，报酬

efficiency ~ 效率工资

gross ~ 工资总额

overtime ~ 加班工资

piece ~ 计件工资

wagging （左右）摆〔振〕动

waggle （来回）摆动，摇动，振动（仪表指针的）

waggon =wagon

wagon ①货〔运输，铁路货，厢式载重，旅行，汽，小型客〕车②挂〔篷，矿，小斗，牵引小，四轮拖，拉拔机小，搬运，小型手推〕车③车（衡量名，1 车 =24 英担 =1 219.3 kg）

beach ~ 客货两用汽车

charging ~ 上料料车

cistern ~ 液柜车

covered ~ 篷车

delivery ~ 输送车，递送车

dragon ~ 牵引式货车

dril ~ 凿岩台车

dump ~ 翻斗车，倾卸运货车

express ~ 快（行）车

gantry ~ 龙门起重车

hopper ~ （自动）倾卸车

hurry-up ~ 应急修理车，抢险车

jubilee ~ 小型货车

light hopper ~ 漏斗〔底开，混凝土斗〕车

motor ~ 电动货车，小型运货汽车

park ~ 厂车

platform ~ 平车

rack-type ~ 高栏板拖车，棚栏式拖车

rear-dump ~ 后卸车

rotating centre-coupling ~ 双侧卸料货车

self-discharging ~ 自卸货车

space ~ 空间厢式车

space utility ~ 空间实用厢式车

station ~ 厢式车身，瓦罐车，小型客车，旅行轿车，客货两用轿车

super space ~ 特大内部空间旅行车

tip ~ 翻斗车，倾卸车

tower ~ 塔车（修理电线用），梯车

trail ~ 牵引小车，拖车

trap bottom ~ 活底货车

water ~ 洒水车，运水车

well ~ 元宝车，凹底平车，低架货车

wagonage ①货车运输（费）②运货车

wainscot ①护壁，壁〔腰，镶〕板，装饰墙壁用材料（如瓷砖等），装壁板②用护壁板装饰

waist 收敛部分，减小直径，腰部，机身中部

waisting ①腰裂（初轧坯缺陷）②收敛，腰缩

waiting 等数（计算机），等待〔候〕

waiver 免付，自动放弃

wake ①航〔尾，痕〕迹②尾流，伴流

dynamic ~ 动态尾迹

stagnant ~ 静〔死，滞流，停滞〕区

turbulent ~ 紊流尾流，湍流尾流

wale ①横撑，横档，腰板，护板②（凸起的）条纹，条状隆起部③船舷的上缘④选择，精选⑤最好的部分⑥撑住，箍住
waler 横撑，横档
waling 横撑，横夹木，支横档，水平木，支腰梁，围圈
walk ①走，移动，步步延伸，走道②极慢的速度
~ through （电视摄像前的）预排〔演〕
"cat" ~ 航向电台（俚）
pouring ~ 自动人行道
moving ~ 自动人行道
walkaway 噪声检测，简单〔轻而易举〕的工作
walker-crank 逐稿器曲轴
walker-excavator 步进式挖掘机
walkie ①步行操纵式叉车②步行式平台运货车
walkie-hearie 携带式译意风，步听机
walkie-lookie 便携式光导摄像管摄像机，手提式电视摄像机，携带式电视发射机
walkie-talkie （背负式）步话机，携带式（轻便）无线电话机，步（行对）话机，对讲机
walking 步行（式的），（可）移动式的，摆动的
~ "1" s and "0" s 走步"1"和"0"（半导体存储器的测试法）
walking-out of mesh 自行脱档，任意脱离啮合
walknet 漫游网络
walkout 蠕变
walk-through 走查
walkway 过道，通道
wall ①壁，墙，炉墙，水冷壁②器〔内，薄，墙〕壁，间隔层，内侧，分界物，屏障，隔板③工作面，索端之结节④堵住，堵塞
back bridge ~ 火桥，挡烟桥（反射炉的），后挡火墙，反射炉门槛
bailey ~ 水冷耐火壁（锅炉）
bearing ~ 承重（炉）墙，实墙
bowl-shell ~ 离心机篮壁
bridge ~ （管式炉的）坝墙，（火管锅炉中的）挡火墙
casing ~ （汽）缸壁
cell ~ （电解）槽壁
chamber ~ 炉墙，燃烧室壁
containing ~ 外面〔边，墙〕，围墙
containment ~ 防护外壁〔壳层〕
curtain ~ ①隔板，隔墙②幕墙，护墙③屏，屏式受热面④屏式管墙，挡火管墙
deflecting ~ 导向隔墙
diffusion ~ 扩散壁
dislocation ~ 位错壁
division ~ ①双面水冷壁②间隔墙
domain ~ （磁）畴壁
electrode ~ 电极壁
end ~ 端壁（集装箱），端墙，根壁
fire ~ ①防火墙，隔火墙，防火隔板②炉壁，绝热隔板，隔热板
foundation ~ 基墙
insulation ~ 绝缘层，绝缘壁
ledge ~ 下盘，底板
lying ~ ①下盘，底盘②底板
membrane ~ 膜式水冷壁
mould ~ 铸型壁
muffle ~ 马弗炉壁，隔焰炉壁
PC-TV ~ 计算机电视墙
piston ring ~ 活塞环壁（活塞环径向厚度）
soft ~ 透声壁，软壁
solid ~ 硬墙（由管子组成的连续水冷壁）
spiral ~ 蜗室壁（水轮机的）
swell ~ 膨胀曲壁
water-cooled ~ 水冷壁
wind tunnel ~ 风洞壁
wall-derrick 墙上转臂起重机（厂房内沿墙行动的）
wallet 零星工具袋
electronic ~ 电子钱夹，电子钱包
walltube 墙上进线导管
walter 飞机应急雷达发射机
wamoscope （=wave modulated oscilloscope）调波示波器，行波示波管
wand ①杆，棒②识别笔，光笔③条码读入器，票证读入器
digital bar-code ~ 数字式条码检测器
tuning ~ 调谐棒
wander ①漂移，偏移，移动②（钻孔）偏斜，迷失
zero ~ 零点漂移
wanderer 巡视，浏览
web ~ 巡视软件
wandering ①漂移，偏移，漂动②（电弧）飘移
blast ~ 风压波动，炉况不顺
wane ①翘板，（木）梢，（木材）缺损②变小，减小，减弱，衰退（期），消逝
waney ①不等径的②缺棱的，缺角的③宽窄不齐的，高低不平的
waning 减小，变小，衰落
wap （线卷的）圈

war 战争，竞争
tariff ~ 关税战
trade ~ 贸易战，商业竞争
white ~ 经济竞争，不流血的战争
warbled 经过调频的
warbler ①电抗管调制器〔管〕，频率摆动器②颤音器
warcraft ①军舰②军用飞机，战斗机③战略和战术
ward ①监视，保护，挡住，防止，避免，防卫设施②（pl.）钥匙的榫槽，锁孔
Wardite 沃迪特（硬质合金名）
ware ①制品，成品②（pl.）商品，货品③器具，仪器，陶器④小心，当心⑤注意的
course ~ 课件（软件）
green ~ 半成品
hard ~ ①小五金，金属构件，金属器皿，铁器②（计算机）硬结构件，硬设备
heavy ~ ①重型物件②重型机械
light-burned refractory ~ 轻烧耐火制品
medium-burned refractory ~ 中温烧成的耐火制品
mind ~ 智件
slip ~ 挂浆制品，施釉制品
integrable ~ 积件（软件）
warehouse 仓库，货栈，储存室
automated guided vehicle unmanned ~ 无人仓库
data ~ 数据（仓）库
ex ~ 仓库交货
unmanned ~ 无人管理〔自动化〕仓库
visual ~ 可视数据（仓）库
warehousing 仓储业务，仓储费
data ~ 数据（仓）储
warfare 战争（状态），交战，冲突，斗争，竞争
airborne electronic ~ 空中电子战
electronic ~ 电子战争
warhead 弹头，战斗部
more ~ 多弹头
warm ①温暖的，保暖的，热的，热烈的②保温的东西，暖炉〔机，管〕③变暖，（使）升温，使（变）暖，预热，加热④变得对…感兴趣，热心于…
warmer 加热器〔辊，装置〕，热炼机（塑料或橡胶工业），加温器
radiation ~ 远红外取暖器
thermostatically controlled ~ 恒温控制加热器
warming ①加热，升温②预热
warming-up ①（设备起动时）加热，升温，预热②暖机，暖管，烘炉
warm-pressing 温压（介于冷压与热压之间的温度下的压制）
warm-rolling 温轧
warm-up ①加热（的），预热（的）升温（的），热炼（的）②暖机，暖管，烘炉，暖泵③用慢车起动（如汽轮机等）
warner 报警器
Warne's metal 白色装饰用合金（*w*（Sn）37%，*w*（Ni）26%，*w*（Bi）26%，*w*（Co）11%）
warning 警告，预告，预先通知，探测，报时
back-up ~ 倒车警告
forward collision ~ （汽车）前向碰撞警告系统
waro （日语的）字处理器
warp ①（使）翘〔挠，扭，卷，弯〕曲，弯翘，反卷，卷绕，歪〔曲，斜〕，凹凸，变歪〔形〕，弄〔变〕弯②拖〔绞〕船索，③放淤，淤填，淤灌，沉积物，冲击土④基础⑤偏差⑥经（线，纱）
core ~ 缆芯绕包层
crook ~ 径向翘曲
twist ~ 扭曲
warpage ①翘〔挠，扭，卷，折，弯〕曲，弯翘②变形③淤填，淤灌，放淤
sintering ~ 烧结扭曲，烧结变形
warper 整经机，整经工
ball ~ 球经整经机
horizontal ~ 卧式〔分条〕整经机
tricot ~ 经编整经机
warping ①翘曲，扭曲，变形②拖曳，牵引
spatial ~ 空间扭曲
temperature ~ 温差翘曲，温差扭曲
warplane 战斗机
warrant ①（正当）理由，根据②保证，保险（期）③执照，证明，委托书④授权，批准⑤向…保证，保证…质量，成为…的根据
warehouse ~ 栈单
warranty ①保证书，保单，证书②根据，理由③授权，批准
warship 军舰
wash ①洗，洗涤〔净，浆，矿〕，冲洗〔刷，蚀，击，掉〕，冲砂（铸造缺陷），耐洗②漂流，漂浮③涡流，扰动，洗流④洗涤液，洗涤废液，稀薄液体，洗涤剂⑤熔化焊缝表面，薄镀，涂料，涂层⑥冲积物

aqueous ~ 水洗
chill ~ ①冷铁涂料②金属型涂料
clay ~ 泥浆
core ~ 涂型芯浆，型芯用涂料
ladle ~ 浇包涂料
lime ~ 刷白，涂白
mould ~ 铸型用涂料
quick-dry facing ~ 快干涂料
sand ~ ①冲砂（铸件缺陷）②砂型涂料

washability 可洗性，耐洗性

washable 可洗的，耐洗的，洗得掉的

washboard 踢脚〔防浪，制荡〕板

washed-residue 洗涤渣

washer ①垫圈，衬垫，垫片②洗净器，洗涤器，洗衣〔矿，煤，涤，选〕机，洗涤设备，洗槽③洗选车间
acoustic resistance ~ 声阻尼垫圈
air ~ 空气过滤〔空气洗涤，空气洗净，空气增湿〕器，净气器
aligning ~ 调心垫圈，调心垫座
apron ~ 传送带式清洗机〔清洗器〕
back-up ~ 支撑垫圈，(密封圈的）保护垫圈，保护圈
black ~ 粗制垫圈，毛垫圈
bright ~ 精制垫圈，光垫圈
C- ~ 开口垫圈，C形垫圈
center ~ 离心洗涤器
check ~ 防松垫片，止回垫圈
chip ~ 保护垫圈，阻液圈
classifying ~ 分级选矿机
clay ~ 洗砂机（型砂试验设备）
cyclone gas ~ 旋流式气体洗涤器
dish ~ 洗碗机
dished ~ 盘形垫圈，碟形垫圈
distance ~ 定距垫圈，间距垫圈
dust ~ 防尘垫圈
elastic ~ 弹性垫圈
electric ~ 电动洗衣机
felt ~ 毡垫圈，毡衬垫，油封
fibre ~ 纤维垫圈，纸板垫圈
finishing ~ 光制垫圈
full automatic ~ 全自动洗衣机
gas ~ 空气净化〔气体净化，气体洗涤，煤气洗涤，湿式除尘〕器
hat ~ ①帽形圈②L形密封
housing ~ 外圈
joint ~ 密封垫圈
large bore ~ （推力轴承）活圈
leather cup ~ 皮碗垫圈
leviathan ~ 大洗涤机
locking ~ 止动垫圈
lug ~ 爪形止退垫圈，带耳止退垫圈
machine ~ ①精制垫圈②平垫圈
mounting lock ~ 锁紧垫圈
ogee ~ S形垫片
oil retainer ~ 护油圈
one-gun ~ 单碰头清洗机
open ~ 开口〔弹簧，C形〕垫圈
oscillating ~ ①摆动垫圈②摆动式洗衣机
packing ~ ①压紧垫圈，密封环②密封垫圈
plain ~ 平垫圈
pressure ~ 压力清洗装置
punched ~ 冲制垫圈
retaining ~ 弹簧垫圈，锁紧垫圈
rotary-drum ~ 滚筒式清洗机
rubber ~ ①橡胶垫圈②橡皮垫
sand ~ 洗砂机，含泥量试验仪，砂的沉淀分析仪
screw ~ 螺旋洗矿机，双螺旋洗涤器，螺旋垫圈
self-aligning seat ~ （自动）调心座圈
shaft ~ （推力轴承）紧〔轴〕圈
shaft filler ~ 轴垫圈
shake-proof ~ 减振垫圈
shim ~ 填隙垫圈
shuffle ~ 振动式清洗机
slotted ~ 开口垫圈，开缝垫圈
small bore ~ （推力轴承）紧圈，轴圈
snap ~ 开口垫圈
space ~ 间隔垫圈，定位垫圈
spherical ~ 球底垫圈，球面垫圈
split ~ 开口挡圈
spray ~ 喷射式清洗机，喷洗机
spring ~ 弹簧垫圈，弹性垫圈
stop ~ 止动垫圈，锁紧垫圈
stud ~ （螺栓型滚轮滚针轴承）挡圈
thackeray ~ 止推环，挡圈
thrust ~ ①推力垫圈，止推垫圈②止推环
timing ~ 调时垫片，快慢针（俗名）
tom-tom ~ 锤式洗涤机
toothed lock ~ 齿式锁紧垫圈
tower ~ 洗涤塔，湿式净气塔
twin-tub ~ 双缸洗衣机
Venturi ~ 文丘里管，洗气机，喷雾管
vibro ~ 振荡洗涤机
wave spring ~ 波形弹簧垫圈

waveform ~ 波浪式垫圈
wear ~ 耐磨垫圈，抗磨垫片
web ~ 防松垫圈
wet ~ ①洗选机②湿洗器，湿式洗涤机
wheat ~ 洗麦机
wind shield ~ （汽车）风窗玻璃冲洗器

washer-drier 清洗干燥机，附有脱水机的洗衣机

washery 洗涤厂，洗涤间，洗选厂

washing ①洗涤，洗选②冲洗〔刷，蚀〕③上涂料，钢过热表面鳞皮熔化的现象，金属涂覆，热补炉④（pl.）洗液，洗涤剂，洗涤物，涂料，薄涂层⑤洗出的矿物⑥（胶片）水洗
back ~ 逆洗
countercurrent ~ 逆流洗涤
powder ~ 氧熔气刨，铁粉助熔气刨，氧熔剂表面清理
ultrasonic ~ 超声清洗

washing-machine 洗涤〔衣〕机

washingtonite 钛铁矿

washmarking 波纹，波纹面（钢锭表面缺陷），冲刷痕，水痕

washout 冲渍〔洗，刷，去〕，洗净，冲刷处，侵蚀处，（被）淘汰

washpipe 冲管

washtrough 洗槽

Waspaloy 一种耐高温镍基合金

wastage ①损失，损耗，消耗（量），破损，损坏，漏失量，磨损（量），渗漏②耗蚀③废物，废料，污水，副产品④（木材）干缩，（冰，雪）消融

waste ①废弃的，荒芜的②无用的，剩余的③排除废物的，盛放废物的④消耗（量），耗损，损失〔耗，坏〕，烧损⑤浪费，未充分利用⑥废物〔品，料，液，渣，屑〕⑦污水，回丝⑧（pl.）海洋，沙漠
agro-industrial ~ 农业 - 工业废料
atomic ~ 原子工业废弃物，放射性废弃物
cotton ~ （指擦机器等用的）棉纱头，废棉，回花
energy ~ 能量损失
evaporated ~ 浓缩的废物，蒸浓废物
filament ~ 长纤维废料
fire ~ 烧损
ground ~ ①压碎的废料②粉碎的废胶
high-level ~ 高放射性强度废物
nuclear ~ 原子能工业废料
process(ing) ~ 生产废料，燃料加工废料
propellant ~ 推进剂消耗量
wood ~ 废木（材），“废料”制品
wool ~ 夹杂物，羊毛废料，机械杂质

wastepipe 废水〔排泄，排气〕管

waster 废物〔品，件〕，镀锡薄钢板，等外品，次品

wastewater 废水，污水

wastrel ①废品②浪费者

watch ①表，船上天文钟②值班，监视，警戒③观看，注意④等待⑤班次
accumulator ~ 电池手表
adjusted ~ 经过五个位置（怀表把下、手表把左位置除外）动平衡调整的表
aircraft ~ 航空表
analog ~ 指针式电子表
aviator's ~ 飞行表
balance-wheel ~ 摆轮游丝表
chronograph ~ 精密计时表
chronometer ~ 测天表，天文表
complicated ~ 多用表（指除走时外还具有诸如打点、秒表、日历等附加装置的表）
decimal ~ 十进位指示式（手）表
deck ~ ①测天表，精密航海表②甲板值班
digital ~ 数字显示式电子表
diving ~ 潜水手表
dog ~ 暮更（在船上使用的两小时手表即下午四至六时为上暮更，六至八时为下暮更）
electronic quartz crystal ~ 电子石英晶体手表
enclosed ~ 密封（手）表，封装（手）表
hack ~ 航行表
hybrid ~ 混合式电子表（指针与数字混合指示）
lens ~ 透镜深度规（以屈光度为单位的刻度盘式深度规）
lever ~ 锚式（手）表，细马（手）表，细机（手）表
luminous dial wrist ~ 夜光字盘手表
middle ~ （船上的）午夜值勤（手）表（从午夜到黎明四时）
navigator ~ 领航（手）表（有显示世界各大城市、地区时的表）
pedometer ~ 步程（手）表，里程（手）表
pendant ~ 怀表
pocket ~ 怀〔袖珍式，小型〕表
quartz ~ 石英（手）表
radio ~ 无线电值班（员）手表
radioluminescent ~ 夜光表
repeating ~ 打簧表
self-winding ~ 自上（发条）表，自动手表
shock resisting ~ 防震（手）表

sidereal ~ 恒星〔天文，测天〕表
solar ~ 太阳能（手）表
split-second ~ 双秒针停表
stop ~ 停〔马，跑〕表，（记）秒表
submersion ~ 潜水（手）表
tact ~ 只有一根时针的盲表
television ~ 手表电视
tuning fork ~ 音叉（手）表
universal time ~ 国际标准时式手表
wrist ~ 手表

watchdog 看门狗监视器，监控设备

watcher ①监视器，指示器②观察者

watch-guard 表链〔带〕

water ①水②（pl.）水体〔面，域〕，海域，近海③水深，水位④（宝石）光泽度，透明度，优质度，水色（金刚石色泽标准）⑤（用水）浇，浸，喷，注⑥掺水，冲淡⑦用水的，含水的
activated ~ 受过辐射的水，活化水
banked-up ~ 壅水
baryta ~ 氢氧化钡（水溶液）
bulk ~ 重力水
catch ~ 汽水分离器
condensed ~ 冷凝水
conductivity ~ 校准电导水
confined ~ 受压水，承压水
constitution ~ 化合水
dead ~ 静水
defective ~ 不纯的水
deionized ~ 去离子水
demineralized ~ 软化水
distilled ~ 蒸馏水
drain ~ 废水，污水
duty ~ 保证（供水的）流量
earthing ~ （能在冷却系统中产生沉积物的）硬水，生水
eddy ~ 涡流
entrained ~ 汽挟水
feed ~ 电解用水
fresh ~ 淡水，清水
graphite ~ 洗涤石墨
gritty ~ 研磨液，含砂水
ground ~ 潜水，地下水
hard ~ 硬水
heavy ~ 重水
impure ~ 不洁水，不纯水
ion exchange ~ 离子交换水
jacket ~ （发动机水套中的）冷却水，流经水套的水
light ~ 普通水，轻水
low conductivity ~ 低电导率的水，纯水
make-up ~ 补给水
open ~ ①开阔水面②无冰水面
operating ~ 操作水
outlet ~ 排出水，废水
potable ~ 饮用水
power ~ 做功的水
prepressurized ~ 预增压水
pressure ~ ①有压水，压力水②压出汁
process ~ 生产（过程）用水，工艺用水
quenching-in ~ 固溶化淬火，水中淬火
red ~ ①铁锈水②血尿
rocket ~ 火箭液体燃料
seepage ~ 渗流水
service ~ 生活用水，自来〔工业，杂用〕水
shield ~ ①防护水②屏蔽水（反应堆的）
soft ~ 软水
solid ~ 不含气泡的水，固态水，冰
spent ~ 废水
sweet ~ 淡〔甜，清，饮料〕水
tap ~ 自来水，饮用水
temper ~ ①回性水，调质水②砂子调节用水
water-absorbinggum ~ 胶水

water-absorbing 吸水的

waterage ①水运②水运运费

water-ballast （镇船）水载，水衡重，水压载，压舱水

water-barrow 洒水车

water-bath ①水浴②水浴锅，水浴器，热水锅，恒温槽

water-bearing 含〔蓄〕水的

water-blasting 水力清砂

water-cleaner 净水器

water-column 水柱，水柱高

water-cooled 水冷（式）的，水散热的

watercooler 水冷却器，冷却器

water-cooling 水冷（法）
gravity-system ~ 环流水冷却系统

watercourse ①水流〔路，道，系〕，河〔渠〕道，溪②河床，底线

watercraft 水运工具，船，艇，筏，轮

water-dipper 船舶

water-dropper （测空中电位陡度用）水滴集电器，滴水器

water-drying （炸药）水干，用水排代有机溶剂

water-fast 耐水的，不溶于水的

water-finder 试水器，底部取样器

water-free 无水的
water-gas 水煤气
water-ga(u)ge ①水（位）标（尺），水位表，水位指示器②（量）水表
water-glass ①硅酸钠，水玻璃②水平表，玻璃水标尺，（观察水底用）玻璃筒镜③盛水的玻璃容器④（古代计时用的）滴漏
water-hammer 水锤（现象），水击作用
waterhardening 水淬硬化
water-head ①水头，水位差②水源
water-heater 热水器
water-ice 水冰，人造冰
water-inch 在最小压力下直径1英寸（=2.54cm）的管子24 h所放出的水量（约500立方英尺 =14.16 m^3）
wateriness 水多，淡，稀薄
watering ①浇〔洒，喷〕水（用的），供〔给，喂，加，灌〕水（的）②掺水，冲淡③灌溉，润湿，排水渠④光泽，（轧）波纹
water-jacket 水（冷）套，水衣
water-jet ①水注〔冲，射〕，水力喷射，喷水②喷水器
water-joint 水密〔防水〕接头
waterlaid （左捻）三股绞成的
water-leach 水浸出
waterless 无水的，干的，不用水的
water-level ①水位，水平〔准〕面，地下水位②水准器③吃水线
water-line ①（吃）水线，水印线②水管线路③海陆边界
water-meter 水表，水量计，量水计
watermill 水车，水磨
water-motor 水（力发）动机
water-muffler 水消声器
water-oven 热水式（谷粒）干燥炉
water-pipe 水管
water-plane ①水上飞机②水线（平）面，（地下）水面〔位〕，潜水面
waterpower 水力〔能〕，水力发电
water-press 水压机
waterproof ①防水布（衣，物料），雨衣，防水工作，防水处理②防〔耐，不透〕水的，水密的，绝〔防〕湿的
waterproofer 防〔隔〕水层，防水布，防水材料
water-quenching 水淬火
water-ram ①水锤扬水机②水力夯锤
water-receptive 吸水的
water-reflected 水面反射的
water-repellent ①防水剂②抗〔防，隔〕水的
water-resistant ①防水②抗〔防，隔〕水的
water-seal 水封，止水
water-sensitive 亲水的
water-separator 脱水器，水分分离器，干燥剂
water-solubility 水溶性
water-soluble 溶于水的，水溶性的
water-stop 水密封，止水剂，止水器
water-strainer 滤水器
water-thermometer 水温表
watertight ①不漏〔透，渗〕水的，止〔耐，防〕水的，水密的，密封的②无懈可击的，无隙可乘的
water-tightness 水密性，不透水性
water-tower （自来）水塔，（救火用）高喷水塔
watertube 水管
water-turbine 水轮机
waterwall 水墙，水冷壁
dividing ~ 双面水冷壁，分隔水冷壁
waterway ①水路，航道②排水沟③（模具）水冷腔④（木船的）梁压材
water-wheel 水轮，水车
waterworks ①自来水厂〔站〕②给水设备，供水系统③喷水装置
waterworn 水蚀的
watt 瓦（特）（W，功率单位）
exciting ~ ①励磁安匝数②励磁功率
quadrature exciting ~ 磁化乏，磁化伏安，正交励磁伏安（数）
wattage 瓦（特）数
watt-component 有功分量
wattful 有功的，与电压同相的
watt-hour 瓦（特小）时（W · h）
watt-hr =watt-hour
wattless 无功的
wattmeter 瓦特计，电（力）表，（有功）功率表
capillary ~ 毛细管式功率表（高频功率表）
digital ~ 数字功率表
idle current ~ 乏表，无功伏安表
indicating ~ 电力表，瓦特指示表
integrating ~ 积算瓦特计
reactive ~ 无功功率表
totalizing ~ 累计功率计
valve ~ 电子管瓦特计
vane ~ 翼式功率计
watt-minute 瓦（特）· 分
watt-second 瓦（特）· 秒
watts-in 吸收功率，输入功率

watts-out 有用功率，输出功率
waughammer 架式凿岩机
waughoist 柱装绞车
wave ①（电，光，声）波，（波）浪②（成）波浪形，波状物，（成）波纹③示波图④波〔振，挥，飘〕动，摇摆，高潮〔涨〕，起伏⑤信号⑥气〔射〕流
acoustic ~ 声波
admittance ~ 入口波
air ~ ①（广播，电视的）无线电波②气波，气浪
all ~ 全波（无线电接收机）
anodic-cathodic ~ 换极连续（极谱）波
associated ~ 德布罗意波，缔合波
"B" ~ B 波，减幅（电）波
back ~ 反向波（定向天线背面散射出来的电波），反射波，回波
beating ~ 拍频波
beta ~ β 波（15 ~ 60 Hz 人脑电波）
blanking ~ 消隐〔匿影，熄灭〕波
blast ~ 冲击波，爆炸波
bound ~ 合成波
bow ~ 顶头〔头部，正〕激波，弹道波，头〔弓形，艏〕波
carrier ~ 载波
centimeter ~ 厘米波
channel ~ 通道波，（声道中传播的）弹性波
chopped ~ 截尾波，斩波
circular electric ~ 圆电波，横电波
circular magnetic ~ 圆磁波，横磁波
clipped ~ 限幅波，已削波
coherent ~ 相干波，相参波
compensation ~ 负波，空号〔补偿〕波
complementary ~ 副〔余，补〕波
complex ~ 复合波，复合信号
component sine ~ （信号）正弦波分量
composite ~ 复合波，波组，合成波
compression(al) ~ 压缩波，激波
condensation shock ~ 冷激波
condensation(al) ~ 凝聚波
constant ~ 行波，等幅波
continuous ~ 等幅波，连续波，等幅振荡，连续辐射
control ~ 控制电波〔脉冲，信号〕
convergent ~ 会聚波
cylindrical ~ 柱面波
damped ~ 阻尼波，减幅波
Debye ~ 特超声波，德拜波
decadent ~ 减幅波，阻尼波
decameter ~ 十米波
decaying ~ 衰减波，减幅波
decimeter ~ 分米波
deflagration ~ 爆波
detonation ~ 爆震波
differential ~ 差动信号
diffracted ~ 衍射波，绕射波
dilational ~ 膨胀波
direct(ive) ~ 直达波，非反射波
discontinuous ~ 断续波
dominant ~ 主波
down-coming ~ 下射（天）波
E ~ E 波，横（向电）磁波
edge ~ 棱（边）波
electromagnetic ~ 电磁波
elementary ~ 元波，基波
ether ~ 电磁波，以太波
evanescent ~ 损耗〔消散，瞬逝，消失〕波
extraneous ~ 局外波，无关波，寄生波，寄生信号
extraordinary ~ （双折射中）异常波
field ~ 励磁波，激励波
finite ~ 有限幅波
flat (top) ~ 平顶波
flexural ~ 弯曲波
flux ~ 通量波（形），磁通波（形）
forced ~ 强制波，束缚波
forward ~ 前进〔直达，正向〕波
freak ~ 异常波，杂散波
full ~ 全波
fundamental ~ 基波，主波
gravity ~ 重力波，引力波
ground ~ 地（面）波
growing ~ 增幅波，生长波
guided ~ 导〔循轨，定向〕波
harmonic ~ 谐波
hectometer ~ 百米波
Hertzian ~ 赫兹波，电磁波
high-amplitude ~ 强（大振幅）波
high-frequency ~ 短波，高频波
hydromagnetic ~ 磁流波
hyperfrequency ~ 微波，超高频波
impact ~ 冲击波
impulse ~ 冲击波，脉冲波
incident ~ 入射波，浸入波
incoming ~ 来〔入射，输入电〕波
increasing ~ 增长波，增幅波

indirect ~ 空间波，间接波（自高空电离反射的无线电波）
infrared ~ 红外波，红外线
intermediate ~ 中波
ionospheric ~ 电离层反射波
keyed ~ 键控（等幅）电报波
keying ~ 键控信号波
kilometric ~ 千米波
kinematic ~ 运动波
knock ~ 冲击波
Lamb ~ 兰姆波
leaky ~ 漏泄波
light ~ 光波
long ~ 长波
longitudinal ~ 纵波
Mach ~ 马赫波
Mach region ~ 弱冲波，马赫冲波
major ~ 主波
marking ~ 符号〔传号，记录，标记〕波
matter ~ 物质波
medium ~ 中波（波长 0.2 ~ 3 km，频率 0.1 ~ 1.5 MHz）
medium short ~ 中短波（波长 50 ~ 200 m，频率 1.5 ~ 6 MHz）
medium-high frequency ~ 中短波
meter ~ 米波
micron ~ 微米波
millimetric ~ 毫米波
Mintrop ~ 明特洛甫波，顶波
modulated ~ 调幅波，已调制波
moving ~ 行波
myriametric ~ 超长波（波长＞ 10 km，频率＜ 30 kHz）
natural ~ 固有波，天电
negative ~ 负波，空号波
non-attenuating ~ 等幅波
object ~ 物（体）波，物体声束
oblique ~ 斜向波
off-set ~ 偏移波
oncoming ~ 入射波
original ~ 固有波，基波
outgoing ~ 辐射波，输出波
P ~ =primary ~
partial ~ 部分波
peaked ~ 尖峰波
percussion ~ 冲击波
persistent ~ 等幅波，连续波
phase ~ 相波
pilot ~ 导频波，领示波
plane ~ 平面波
plate ~ 板波，兰姆波
polarized ~ 极化波，偏振波
polarographic ~ 极谱波
positive ~ 正波，正信号
precompression ~ 预压波
pressure ~ 压缩波，压力波
primary ~ 初〔P，地震纵〕波，初相
principal ~ 主波，基波
progressive ~ 前进波，行波
propagating ~ 行波
pure ~ 纯（正弦）波
pure undamped ~ 纯等幅波，纯非衰减波，未调制的等幅波
quasi-optical ~ 准〔类〕光波
quasi-simple ~ 拟简波
quasitransverse ~ 伪横波
rarefaction ~ 稀疏波
Rayleigh ~ 瑞利波，表面波
reference ~ 参比波，参考声束
reference sawtooth ~ 基准锯齿波
refracted ~ 折射波，透射波
retrograding ~ 反向波，后退波
retrogressive ~ 后退〔逆行，退缩〕波
return ~ 回波，反射波
ringing ~ 呼叫波
rotational ~ 切变波，旋转波
secondary ~ 次〔S，地震横〕波，次相
sectorial ~ 扇形波
shape ~ 浪形（薄板带缺陷）
sharp ~ 陡峭波，狭频波
sharp-edged ~ 陡沿波，陡脉冲波
shear ~ 剪力波，切变波
shock ~ 激〔冲击，震〕波
short ~ 短波
side ~ 边〔频〕波，侧波
signal ~ 信号波
slot ~ 槽波
solder ~ （焊）锡浪
solitary ~ 孤波
space ~ 空间（电）波，天（空电）波
spacing ~ 空号〔间隔，静止〕信号，补偿〔间隔〕波
spin ~ 自旋波，旋转波
spurious ~ 无效波
square ~ 方（形）波，矩形波
squared sine ~ 正弦波平方

standing ~ ①驻波，定波②（轮胎沿口圆周的）波状变形
stationary ~ 定波，驻波
steep-front ~ ①陡前沿波，前陡波②雷电波
step ~ 阶梯波
subcarrier ~ 副载波
submillimeter ~ 亚毫米波
superior ~ 主波，基波
surface ~ （表，地）面波，地表电波
surface acoustic ~ 声表面波
sustained ~ 等幅波，持续波
switching ~ 换接信号
telegraph modulated ~ 键调波
tidal ~ 潮汐波，潮浪，海啸，浪潮
timing ~ 计时波，定时信号
toothed ~ 锯齿波
train ~ 列波
translatory ~ 移〔推〕进波
transmission ~ 透射波
transverse ~ 横波
trapezoidal ~ 梯形波
travel(l)ing ~ 行进波，行波
trochoid(al) ~ 摆动波，余摆动波
tropospheric ~ 对流层（反射）波，超短波
twin ~ 孪生波
ultra-audio ~ 超声波
ultrashort ~ 超短波
ultrasonic ~ 超声波
very short ~ 甚〔超〕短波（波长 1 ~ 10 m）
working ~ 符号波，工作波
zigzag ~ 锯齿形波

waveband 波段，频带

wavecrest 波顶，波峰

wave-drag 波阻

wave-echo 回波

waveform （信号，振荡）波形
area-balanced ~ 面积平衡波形（无直流成分波形）
balancing ~ 平衡〔对称〕波形
bootstrap ~ 自举波形（基准信号发生器的信号波形）
burst ~ 脉冲群波形
dither ~ 脉动（干扰）波
keying ~ 键控（信号）波形
line keystone ~ 行频梯形（失真）补偿波形

wavefront 波前，波阵面

wavegroup 波群

waveguide 波导（管）
channel ~ 波导管
circular ~ 圆（截面）波导
coiled ~ 涡旋〔卷绕，旋管〕式波导管
conducting ~ 馈电波导（管），电导波导（管）
corner ~ 直角弯波导（管）
corrugated ~ 皱〔波纹，软〕波导（管）
diaphragmatic ~ 膜片加载波导，盘荷波导
fin ~ （带）叶片波导，带翅波导
flexible ~ 可挠波导，柔性波导
hollow ~ 中空波导（管），空腔波导（管）
hyperfrequency ~ 超高频波导（管）
interlocked type ~ 联锁波导（管），软波导
leaky ~ 漏隙波导，开槽波导
offset ~ 偏移波导（管）
open ~ 开波导
optical ~ 光波导
photon ~ 光子波导
pump ~ 抽运波导
ridge ~ 脊形波导管
rod-loaded ~ 棒荷波导，棒负载波导
running-wave ~ 行波波导
smooth ~ 均匀波导
smooth-wall ~ 滑壁波导（管）
spiral coiled ~ 蜗线〔螺旋线〕波导管
squeezable ~ 软波导（管），可压缩波导（可改变临界频率）
stepped ~ 阶梯式波导（管）
tapered ~ 锥形波导（管），截面渐变波导（管），递变截面波导（管）
twist ~ 扭旋波导管

waveguide-magnetron 波导磁控管

wave-hopping 贴近地〔水〕面飞行（的）

wavelength 波长
complementary ~ 补色（主）波长，互补波长
dominant ~ 主波长，支配色彩的波长（彩色电视）
natural ~ 固有波长，自然波长
peak ~ 峰值波长
reduced ~ 约化波长
spectral ~ 光〔频〕谱波长
threshold ~ 临界〔限度，阈〕波长

wavelet 小〔子，弱，成分，弱激〕波，扰动线

wavelike 波状的

wave-mechanics 波动力学

wavemeter 波长计，波频计
absorption ~ 吸收式波长计
buzzer ~ 蜂鸣器式波长计
cavity ~ 谐振腔波长计，空腔波长计

coaxial ~ 同轴波长计
crystal ~ 石英波长计
grid-dip ~ 栅流指示〔降落，陷落〕式波长计
heterodyne ~ 外差式波长计
iris-coupled ~ 膜孔耦合波长计
one-point ~ 单〔定〕点波长计
oscillator ~ 振荡式波长计
reaction ~ 吸收式波长计
resonance(-frequency) ~ 谐振式波长计
waveness 波纹（度），波形
wave-packet 波束〔包，群〕
wave-path 电波传播路径
waver ①波段开关，波形转换器②摇（摆，晃，曳），颤动，闪烁
wave-range 波段
waveshape 波形
waveshaper 波形成形器
wavestrip 波带
wavetrap 陷波器，陷波电路
wavevector 波矢
wavicle 波粒子
waviness 波动〔浪，形，度〕，波纹（度），余波，弯曲，起浪，成波浪形
wavy ①波状的，起伏的，有波纹的②波动的，动摇的，不稳定的
wavy-edge 波浪边（带材的）
wax ①蜡，石蜡②蜡制的③塑性材料④打〔封，上〕蜡⑤录成唱片⑥渐渐变成，转为
Apiezon ~ 封蜡
bayberry ~ 月桂蜡，月桂树脂
bees ~ 黄蜡，蜂蜡
bleached bees ~ 白蜡
cake ~ （录音）蜡盘
cardboard ~ 纸板石蜡
Carnauba ~ 巴西棕榈蜡
ceresin(e) ~ ①（纯）地〔白，微晶，无定形〕蜡②防水粉，防水剂
Chinese ~ 白〔虫，中国〕蜡
flowed ~ 蜡模，铸蜡盘用的蜡（录音用）
insect ~ 白蜡，虫蜡
investment casting ~ 熔模铸造用蜡
mineral ~ 石蜡，地蜡，矿物蜡
paraffin ~ 石蜡，地蜡，矿物蜡
pattern ~ （制）模（用）蜡
picein ~ 真空黑蜡，真空封蜡
sealing ~ 封口蜡，火漆
Seekay ~ 西凯蜡（123 ℃开始软化，140 ℃会产生毒气，用于不需要镀金属的地方）
slop ~ 原料〔未经过滤的〕石蜡，粗蜡，废蜡
spermaceti ~ 鲸蜡，鲸脑油
vegetable ~ 树蜡，植物蜡
vent ~ （铸造）通气蜡，通气蜡线
waxed 上过蜡的
waxer 涂蜡机，上蜡机
waxiness 蜡质，柔软
waxing ①涂蜡，打蜡②增长（电流）
wax-pattern 蜡模
wax-sealed 蜡封的
waxy 蜡（制，状，似）的，（柔）软的，可塑的
way ①路（线，径，途，程），通〔道，航〕路②方式〔法，向，面〕，手段③式（样），型，情形，状态〔况〕，程度，规模，习俗〔惯〕④细节，点，范围，行业⑤（pl.）船台，滑道，（新船）下水台，（导）轨，电缆管道的管孔，槽，巷道⑥附近，一带
~ of bed 导轨
aerial rope ~ 架空索道
broad ~ 沿宽度方向，横向
companion ~ 座舱走道，升降口
dovetailed ~ 燕尾导轨
drainage ~ 排水道
drill ~ 孔道，钻出的孔
express ~ 高速公路
fall ~ 升降道
flange ~ 凸缘沟
grease ~ 润滑脂槽
guide(d) ~ 导（向）轨，导向槽，导向装置，导向部分
hardened ~ 淬硬导轨，淬火导轨
inverted vee ~ 人字形导轨
key ~ 键槽
launching ~ （船）下水滑道
moving ~ 自动人行道
oil ~ 油路，润滑油槽，注油孔
permanent ~ （铁路）轨道
ram ~ 滑枕导轨
road ~ ①路面②道路，车道
roller ~ 辊道
sliding ~ 滑道〔槽，台〕，导轨面
slot ~ 槽路
three ~ 三通（管接头）
vee ~ V 形导轨
V-guide ~ V 形导轨〔路〕
way-bill （铁路的）运货单
way-board （两厚层当中的）薄隔板
wayflow 流水式（上料）

waypoint 航路点
ways-end 滑道末端
wayshaft 摇臂轴
way-train 普通客车，慢车
WCS （=work piece coordinate system）工件坐标系（数控加工过程中 UG NX 软件的坐标系）
WCS （=world coordinate system）世界坐标系（数控加工 Mastercam 软件中的命令辅助菜单）
4WD 四轮驱动
active torque split ~ 电子控制前后轴转矩可变分配式四轮驱动
weak ①（微，软，薄）弱的，易破〔弯〕的，不耐用的②稀薄的，淡薄的，软的③不充分的
weakener ①削弱器②减光板
weakening 衰减，减弱，削弱，阻尼，消振
~ of metal 金属强度降低
~ of mo(u)lding sand 型砂减泥
field ~ 磁场减弱
weak-eyed 视力差的
weak-focusing 弱聚焦
weakness （脆，薄）弱，弱〔缺〕点，（特殊的）爱好
grain-boundary ~ 晶界弱化
weak-spiral 弱螺旋（的），小螺旋性（的）
wealth ①财富，资源②大量
weapon ①武器，兵器，军械②斗争工具〔手段〕
air-to-air ~ "空对空"导弹
biologic(al) ~ 生物武器，细菌武器
firing ~ 射击武器
focused energy ~ 聚焦能量武器
laser thermal ~ 激光武器
laser ~ 激光武器
massive ~ 原子〔热核〕武器，原子弹头的导弹，大规模毁灭性武器
minesweeping ~ 扫雷兵器
minor-caliber ~ 小口径武器
shipborne ~ 舰载武器
weapon-grade 军用的
weaponry 武器（系统），武器设计制造学
wear ①磨损〔耗，坏，蚀，破〕，损耗（量）②经〔耐〕用，耐磨（性）③表〔呈〕现着，显出④逐渐变得
~ away 磨耗，消耗
~ down 磨低〔薄，平，损〕
~ in 磨合
abrasion ~ 磨料磨损
abrasive ~ 磨粒磨损
adhesive ~ 黏着〔附〕磨损
arc ~ 电弧侵蚀
cavitation ~ 气蚀磨损，穴蚀磨损
chemical ~ 腐蚀磨损
concentrated ~ 局部磨损
corner ~ 刀尖磨损
corrosive ~ （齿轮）腐蚀磨损
crater-type ~ 点蚀磨损
diffusive ~ 扩散磨损
dressing ~ 砂轮修整损耗
dry ~ 干磨损
eccentric ~ 偏磨耗
electro-erosion ~ 电蚀磨损
fatigue ~ 疲劳磨损
heel-and-toe ~ （轮胎）非正常磨损，胎面边缘磨损
impact ~ 击打磨损（打印机的），冲击磨损
interference ~ 干涉磨损
mechano-chemical ~ 机械化学磨损
molecule-mechanical ~ 分子机械磨损
nonphysical ~ 无形耗损
oil ~ 油耗
oxidative ~ 氧化磨损
peening ~ 锤击磨损
pitted ~ 麻面磨损
run-in ~ 磨合期〔跑合期，试转〕磨损
scuff ~ 熔着磨损
service ~ 工作〔运转，使用性〕磨耗〔损〕
skimming ~ 滑动磨损，刮削磨损
sliding ~ 滑动磨损
uneven ~ 不匀磨损
wearabilityhydroabrasive ~ 流体磨粒〔料〕磨损
wearability 耐〔抗〕磨性，磨损性
wearable 耐〔经〕磨的
wear-and-tear 消耗〔磨〕，损〔磨〕耗，磨损
wearer 磨损物
wear-in 磨合
wearlessness 耐磨性，抗磨性
wear-life 磨损期限，抗磨寿命
wearometer 磨耗计
wear-out 磨损，消耗，用坏〔旧，完〕
wear-proof 耐磨损的
wear-resistance 耐磨性，抗磨力
wear-resistant 抗磨损的，耐磨的
weasel 水陆两用自动车，小型登陆车辆
weather ①风〔侵〕蚀，风〔老〕化②通风，晾〔吹〕干③航行到…上风，逆行④渡过，经受住⑤倾斜（排水）

all ~ 全天候的
weatherability 耐气候性
weather-aging 自然（气温）老化
weatherboard 挡风板，风雨板
weathercock 风标
weatherdeck 露天〔干舷〕甲板
weatherga(u)ge 气压计〔表〕，上风〔有利〕的位置
weather-glass 气压计，晴雨计
weatherguard 抗天气保护（装置）
weathering 自然时效，风化(作用)，气候〔自然〕老化，淬化，风蚀
artificial ~ 人工气候老化
weatherize 使（机器，设备）适应气候条件
weatherometer （油漆涂层的）耐风蚀测试仪，风蚀计，老化试验机，人工暴晒机
weather-prognostics 天气预报
weatherproof 抗风化的，耐风蚀的，防风雨的，抗天气影响的，全天候的
weather-resistant 耐风化的，抗大气腐蚀的
weather-shake 干裂
weather-side 上风的，迎风的
weatherstrip 挡风（雨）条，阻风雨带
weave ①编织（法），构成②摆动，摇晃，（焊条的）横摆运动③迂回，盘旋，曲折④（光栅的）波状失真
film ~ 片子晃动
picture ~ 画面晃动
tape ~ 磁带弯曲度
weaving 编〔纺，交〕织，横摆，运条，横向摆动（焊接），（光栅的）波状失真
web ①腹板〔部〕，（工字）梁腹，T形材的立股，连接板，轨腰②垂直臂〔板〕③金属薄条（片）（如刀叶、锯片），薄板条，散热片④辐板，轮辐，辋圈⑤蹼，膜，筋⑥棱角〔线〕⑦丝〔织〕网，网膜，网状物⑧织品，一匹（织物），一卷〔筒〕⑨（箔材）坯料⑩钻心
Audio ~ 网络声音通信卡
computer ~ 计算环境
crank ~ 曲柄臂
feeding ~ 喂送〔进料〕输送带
lifting ~ 升运带
saw ~ 锯片
shear ~ 抗剪腹板
tap ~ （丝）锥心
thrust ~ 承推力壁，推力受力元件
twist ~ 麻花钻心
Web 万维网，环球网
webbing ①织物带，带子②膜，起粘丝③桁架腹杆构件
webbite 炼钢合金剂（*w*（Ti）5% ~ 7%，其余 Al）
weber ①韦（伯）（Wb，磁通量单位）②成网机
webflow 网上数据传送
web-member 腹杆
Webonomics 网络经济
web-wheel （钟表）板轮，盘式轮
webwork Web 工作
Webzine 网络杂志
wedge ①楔（形物，形体，块），（尖）劈，光劈，V形片，斜铁②楔形（顶注）浇注系统③起因④闩体⑤高压楔⑥刀楔
~ placed 楔形放置
absorbing ~ 吸收（光）劈
acoustic ~ 吸声尖劈，声楔
adjusting ~ 调整楔
calibrated step ~ 校准〔刻度〕级变楔，校准分段楔
correction ~ 修正〔试验，校准〕光楔
definition ~ 清晰度测试楔形束
dielectric ~ 介质楔
diffraction ~ 衍射楔
discontinuous ~ 梯级光楔
double ~ 双面楔，凸齿，菱形翼型
entering〔leading〕~ 前缘
fixed ~ 固定楔子
fox ~ 扩裂〔紧笋〕楔
gate ~ 楔，斜铁
grey ~ 灰度楔（形图）
grip ~ 安全〔保险，止动〕楔
jaw ~ 车轴楔，立式导承调整楔
magnetic ~ 磁性（槽）楔
measuring ~ 测量楔（X射线带钢测厚仪的部件）
neutral ~ 中性劈，中性光楔
oil ~ 油楔
optical ~ 光楔
photometric ~ 测光楔
pressure ~ 压力楔
resolution ~ 分解力楔（形图）
resonant ~ 共振劈
retardation ~ 减速光楔
screw ~ 丝杠调节楔
shading ~ 屏蔽楔（单相罩极电动机的）
slot ~ 槽楔
stay ~ 调整楔

step ~ 阶跃式光楔，步进式光楔
swing ~ 摆动光楔
taper ~ 调整楔
test ~ 三角试片
thermal ~ 热"楔"
tonal ~ 半色调楔
tone ~ 光密度阶，色调楔，色阶
vertical-resolution ~ 竖直分辨力检验楔
weight deviation ~ 偏差调整楔（X 射线带钢测厚仪部件）

wedge-like 楔形的
wedge-shaped 楔形的
wedgewise 成楔形
wedging ①楔固，加楔，楔入②切楔形
weeder 除草机〔器〕，割草镰
week 星期，周
ween(s)y 极小的
weep （缓慢地）流，滴〔泄，渗〕水，渗漏
weeper 小排水管，滴水孔
weft ①纬（线，纱）织物〔品〕②信号旗，（求救）信号
wehnelt 韦内（X 线硬度单位，X 线穿透力单位）
weigh ①称，量②考虑，权衡，对比③与…比较④起（锚），启航⑤重压，使不平衡
~ by volume 体积比
weighable 可称的
weigh-beam 称（杆），平衡梁，天平杆
weigh-belt 称量带
weighbridge 桥秤，台秤，地衡，称量机，计量台
weigh-deck 称量板
weigher ①称，衡器，磅秤②自动（记录）秤③过磅员
bagger ~ 装袋计量秤，计量装袋器
batch ~ 配料秤
bulk ~ 散装物秤，斗式秤
continuous ~ 连续称量器
current ~ 电流秤
fixed ~ 固定天平
sacker ~ 装袋秤
weigh-feeder 称量给料器
weighgauge 称量计
weighing ①称量，权衡②加权③悬浮
differential ~ 差动称量法
dynamic ~ 动态称量法
fission ~ 裂变权重
motion ~ （车辆）行驶过秤
weighing-appliance 秤具，称量设备
weighlock 船舶称量闸，衡闸
weigh-machine 秤桥，地称
weighshaft 秤轴，摇背轴
weight ①重（力，量，物，块，锤），质量，密度，负〔载〕荷，载〔荷〕重②地心引力，趋向吸引中心的力③砝码，秤砣〔锤〕，平衡块〔锤〕，衡（量，制），压铁④（统计学）权（重），加重〔权〕值，重要（性，程度），（线条的）粗细轻重程度⑤负担，重担（压），责任
absolute ~ 实重
adhesive ~ 黏重
agreed ~ 规定重量
all-up ~ 总〔最大，全，满载〕重量
antenna ~ 天线系锤
apparent ~ 标称〔表观，视在〕重量，毛重
assay ton ~ 试金吨砝码
atomic ~ 相对原子质量
balance ~ 平衡重量〔锤，块〕，配重
ballast ~ 压载物，配重
bare ~ 皮重，空重
bob ~ 配重，平衡重
bulk ~ 堆积密度（每一立方米散放着的粒块物质的千克数）
center ~ 中心锤
compensating ~ 补偿重物，配重
consumable ~ 可卸重量
coset ~ 陪集权，伴集权
counter ~ ①平衡（重）量，平衡锤②抗衡③衡重体（唱头）
counterbalance ~ 配重，平衡重
crated ~ 皮重
curb ~ 汽车本身重量（加满了燃料、机油和水）
damping ~ 阻尼加重
dead ~ 自重，净重，固定负载，总载重量
disposable ~ 活动重量
dry ~ 干重（汽车、拖拉机等无水无油时的重量）
elastic ~ 弹性负荷
elliptical type ~ 铅鱼，椭圆形测深重锤
empty ~ ①净重，空机重量②空载
equivalent ~ 等效重量，（化合）摩尔质量
expendable ~ 耗重，减轻重量
finished ~ 成品重量
fixed ~ 固定重，结构重量
float ~ 压砣
formula ~ （化学）式量
foundry ~ 压铁

full ~ 全重，毛重
governor ~ 调节锤，调速器离心锤
gram-atomic ~ 摩尔质量
gram molecular ~ 摩尔质量
gravity ~ 铅锤
gross ~ 总重，毛重
Hamming ~ 码重，汉明权
hundred ~ 二十分之一吨（英国为 50.8 kg，美国为 45.36 kg）
indicated ~ 标重
intrinsic ~ 固有权
iron ~ 压铁
jockey ~ 活〔微〕动砝码
laden ~ 车辆总载重，装载重量
landing ~ 到岸重量
landing gross ~ 落地全重
mass-balance ~ 配重
mer ~ 基体量（塑料）
molal ~ 摩尔质量
molecular ~ 相对分子质量
mo(u)ld ~ 压铁，压重
movement ~ 重锤
net (dry) ~ 净干重，净实重
net specific ~ 净密度
non-paying ~ 非有效载重
non-structural ~ 非结构载重
normal ~ 正常重量，额定重量
original ~ 原重
oscillating ~ 摆轮锤，振荡摆，振荡砣
overall ~ 总重量
package ~ 成套机组重量，包裹重量，毛重
payload ~ 有效载荷
penny ~ 本尼威特（英国金衡，1 本尼威特 =0.05 盎司 =1.555 g）
permanent ~ 恒重，不变重量
polymericular ~ 聚合物的相对分子质量
pouring ~ 压铁，重块
pull-back ~ 配重，平衡锤
ream ~ （纸）令重，（木，砖）垛重
rider ~ 游码
rough ~ 毛重
safety ~ 安全〔许可〕载重〔负荷〕
scale ~ 秤砝码
schedule ~ 额定重
service ~ 工作重
sheer ~ 净重
shipped ~ 装船重量
shipping ~ 出运重量
short ~ 重量不足，缺量
sole ~ 自重
specific ~ 相对密度
sprung ~ 缓冲重量，弹簧承受的重量
statistical ~ 统计重量，统计权重
submerged unit ~ 水下单位体积重量
suttle ~ 净重
tare ~ 皮重，空（车）重（量）
tension ~ 平衡重，张力重，张紧配重
timing ~ 时间调整锤（航海天文钟温度补偿调节重块）
total ~ 总重量（机器人性能参数）
troy ~ 金衡（金、银、宝石的衡量）
true ~ 实重，净重
unit ~ 单位长度重量
unsprung ~ （汽车的）非悬挂重量，弹簧下重量（即非加在悬架弹簧上的重量）
value ~ 价值权数
volume ~ 堆积密度
weight-barographclock ~ 钟锤
wet ~ ①湿重②动力装置总重
working ~ 资用重量

weight-barograph 动气压计
weight-driven 重锤装置
weighted ①受力的，负荷〔载〕的，载重的，处于重力作用下的②加〔计〕权的，权重的
weighting 加重〔权〕，称量，衡量，过秤，评价
complex ~ 复加权
flat ~ 平坦加权
pneumatic ~ 气流加压
weightless 失重的，没有重量的，轻的
weightlessness 失重，不可称量性
weight-lifting 提重，举重
weight-molality （溶质的）质量摩尔浓度
weightness 可称量性，重量性
weightograph 自动（记录）称量器
weightometer 自动秤，自动称量记录装置，称量装置
weights weight 的复数
~ and measures 度量衡，权度
Avoirdupois ~ 英国常衡制（以 16 盎司为 1 磅的衡量制，1 磅 =0.454 kg）
button ~ 试金砝码
psophometric ~ 噪声评价系数
standard ~ 标准砝码
Weir 坝，堰，溢流堰，溢洪道，排水孔
Weirzin （外尔）镀锌钢
Welcon 威尔康高强度钢

weld ①焊（接），熔焊〔接，合〕，有加强构件的接头焊缝，锻接②焊缝，焊接点，焊接接头③焊接的④结合，连成整体

argon arc ~ 氩弧焊

back-hand ~ 右向焊，反手焊接

backing ~ 底焊（焊缝）

bead ~ 珠焊，堆焊，狭的焊缝

beam-to-beam ~ 梁式引线焊接，梁间焊接

bond ~ 钢轨接头焊接

bridge seam ~ 桥线焊，桥缝焊接，有盖板的对接滚焊缝

butt ~ 对接焊（缝），电阻对接焊头，对顶〔缝〕焊接

butt joint ~ 对接焊

button spot ~ 点焊，钮子点焊缝（厚板用小直径圆盖片焊成的点焊缝）

circumferential ~ 环焊缝，环缝

closed ~ 底边无缝焊（焊件一面对齐，另一面施焊）

cluster ~ 丛聚焊缝

cold ~ 冷焊（缝），冷压接

composite ~ 强度密封焊缝，紧密焊

concave ~ 轻型焊，凹焊缝

concave fillet ~ 凹角焊，凹缝焊（接），凹形角焊缝，凹面填角焊

connective ~ 非承载焊缝

contour ~ 特形焊接

convex ~ 凸焊缝（焊缝实际高度要比正常焊缝高）

convex fillet ~ 凸形角焊缝

corner ~ 角焊，90° 角接焊缝

cross ~ 横向焊缝，横向焊接，十字交叉焊接

crotch ~ 楔接锻接

disk depression ~ 加小直径圆垫片焊成的点焊接头

double-bevel groove ~ 双斜边坡口焊缝，K 形坡口焊缝

double-head ~ 用双机头双面同时焊接成的焊缝

downhand ~ 平焊缝

edge ~ 端接焊，端面焊缝

fillet ~ 角〔填角，条〕焊（缝）

flange ~ 弯边焊缝

flush ~ 削平补强的焊缝，平〔光〕焊

front fillet ~ 正侧面填角焊缝

full fillet ~ 满角焊缝，全角焊

gap ~ 特殊点焊，双极单点焊

gas ~ 气焊（焊缝）

girth ~ 环缝

gravity ~ 倚焊

groove ~ （开）坡口焊（接），槽焊

horizontal fillet ~ 横（向）角（缝）焊（接）

inconel ~ 镍铬铁耐热合金焊缝

intermittent fillet ~ 间断角缝焊接

inverted ~ 凹面焊（缝）

jam ~ 对接焊，对头焊接

joint ~ 焊缝，焊接接头

jump ~ 丁字形焊接（缝），平头焊接

lap ~ 搭接焊缝，搭接焊

light fillet ~ 浅角焊缝，小填角〔凹形角，轻型填角〕焊

Lincoln ~ 焊剂层下自动焊，埋弧自动焊

melt thru ~ 熔透焊缝

mesh ~ 凸点焊（焊铁丝制品形成），缝焊

oblique fillet ~ 斜交角焊缝

one-pass ~ 单层焊缝，单道焊

open ~ 留间隙焊缝，空隙焊

overhead ~ 仰焊

pad ~ 熔敷（堆焊）金属层

patch ~ 补（孔）焊（缝）

penetration ~ 熔透焊缝

percussion ~ 储能焊道，冲击焊接〔缝〕，锻接

plug ~ 塞焊缝，电铆焊（缝）

poke ~ 用点焊枪焊成的接头，手动挤焊

porous ~ 多（气）孔焊缝，疏松焊缝

positioned ~ 平位焊缝，暂〔定位〕焊

poured ~ 铸焊焊缝

pressure-tight ~ 密封焊缝，气密焊

push ~ 用点焊枪焊成的接头，（手动）挤焊

quilting ~ 钉焊

ripple ~ 鳞状焊缝

rivet ~ 电铆，电焊铆钉

rosette ~ 套管的开孔塞焊

sagged ~ 反面下垂焊缝

sample ~ 试验焊缝

scarf ~ 斜面焊接

seal ~ 致密焊缝，密封焊缝，密封〔封闭（接），填〕焊

seam ~ 缝〔线〕焊

series ~ （点焊，缝焊）焊缝，单面电阻焊

shallow ~ 未透焊缝，浅焊

side fillet ~ 侧面填角焊缝

side lap ~ 弯边搭焊缝

skin ~ 未熔透焊缝

skip ~ 间断焊缝

sleeve ~ 带盖板的焊缝
slop ~ 槽焊，塞焊，切口焊接
slot ~ 切口焊缝，开槽搭焊缝，长孔焊
Soft ~ 铜镍焊条合金（w(Cu)32.2%,w(Ni)65.3%，w（Fe）1.3%，w（Mn）1.2%）
spot ~ 点焊（接头，焊缝）
square butt ~ 无坡口对接焊
square-groove ~ 对接焊缝，无坡口槽焊
stick (spot) ~ 未熔合点焊接头
stitch-and-seam ~ 断续焊缝，点线焊
strap(ped) ~ 搭板对接焊缝，有加强构件的接头焊缝
strength ~ 承载焊缝
structural ~ 强固（受载）焊缝
tack ~ 点固焊缝，定位焊，平头焊接，临时点焊，间断焊，预焊
temporary ~ 临时点定焊缝
tentative ~ 试验焊缝
through ~ 贯穿焊缝
tight ~ 密封焊接，致密焊缝
toe ~ 趾部焊缝
torch ~ 气焊焊缝
transverse fillet ~ 正面角焊
undercut ~ 底切焊接
underhand ~ 平焊焊缝，俯焊焊缝

weldability 焊接性
operative ~ 工艺焊接性
overall ~ 使用焊接性，综合焊接性

weldable 可焊的

welder 焊机，焊接设备，焊工
acetylene ~ 气焊机，乙炔焊机
arc ~ 电（弧）焊机
argon ~ 氩弧焊机
butt ~ 对焊机
circular seam ~ 环缝对焊机
condenser discharge resistance ~ 电容贮能电阻焊机
condenser-type spot ~ 电容贮能点焊机
constant voltage (potential) arc ~ 平特性焊机
electric ~ ①电焊机②电焊工
(electric) arc ~ 电（弧）焊机
electric plastics ~ 塑料电焊枪
electromagnetic stored-energy ~ 感应焊接机
electron-beam ~ 电子束焊机
flash ~ 闪光（电）焊机
full vacuum electron beam ~ 高真空电子束焊机
gas ~ 气焊装置，气焊机，气焊工
gun ~ 半自动电弧焊接机，焊枪，焊钳
hand-held ~ 手动焊接机
heliarc ~ 氦（弧）焊机
high frequency ~ 高频热合机
laser ~ 激光焊机
mash ~ 点焊机
motor-generator arc ~ 电动发电弧焊机
multi-arc ~ 多相电极弧焊机
orbital pipe ~ 管子环缝自动焊机
percussion ~ 储能焊机
pinch ~ 焊钳
press ~ 压焊机
press type resistance ~ 顶压式电阻焊机
projection ~ 凸焊机
resistance ~ 电阻焊接机
seam ~ （直线接触）缝〔线〕焊机
shear ~ 剪切 - 焊接机组
spot ~ 点焊机
staggered intermittent fillet ~ 交错断续角焊缝
super ~ 超精密小型焊机
travel head seam ~ 活动焊头，缝焊机

weldforged 锻焊

welding ①焊〔熔〕接法，定位焊接②黏结③焊缝④焊〔熔〕接的⑤焊接件
~ with flux backing 焊剂垫焊
acetylene ~ 气〔风，乙炔〕焊
adaptive control ~ 适应控制焊接
aircomatic ~ 自动调弧（合金焊条取代钨电极的）氩弧焊，惰性气体保护金属极弧焊
aluminothermic ~ 铸焊，铝热剂焊接
angle forward ~ 前倾焊
arc ~ 电弧焊
arc spot ~ 电铆焊，电弧点焊
arc stud ~ 螺柱（电弧）焊
arc-atom ~ 氢原子焊，原子氢焊接
arcing butt ~ 弧对焊
arcogen ~ 电弧氧乙炔焊（电焊气焊同时进行）
argon tungsten arc ~ 钨极氩弧焊
argon tungsten pulsed arc ~ 钨极脉冲氩弧焊
argon-arc ~ 氩弧焊接
argonaut ~ 自动氩弧焊
atomic hydrogen ~ 原子氢焊
austenite ~ 不锈钢（焊条）焊接
autogenous ~ 气〔熔，乙炔〕焊
back ~ （封）底焊
backhand ~ 右向〔反手，逆向，向后〕焊，后退式气焊
backstep ~ 逐步退焊法，分段退焊，分段逆

焊，反手〔反向，逆向〕焊
backward ~ 反手〔右向，后退〕焊
bead ~ 堆焊焊道，堆焊，窄焊道焊接（不做横向摆动）
bevel ~ 斜角焊（接）
blacksmith ~ 锻接
block (sequence) ~ 分段多层焊
braze ~ 硬〔铜，钎〕焊
bridge ~ 盖板焊，桥接焊
build-up ~ 堆焊
butt ~ 对顶〔缝，头〕焊接，对接焊
butt seam ~ 对接缝焊
carbon arc ~ 碳弧焊
cleft ~ 裂口焊，裂缝焊接
CO_2(shielded) arc ~ 二氧化碳保护焊
cold ~ 冷焊合，冷压焊
commutator-controlled ~ 换向控制焊接（利用换向电控制进行的点焊或凸焊）
condenser energy-storage ~ 电容储能焊接
contact ~ 电阻焊
controlled atmosphere arc ~ 充气室电弧焊
controlled-transfer ~ 可控（熔滴）过渡电弧焊，脉冲电弧焊
cover chain ~ 链节式药皮包丝焊接
covered arc ~ 手工电弧焊
cyc-arc ~ （双头螺栓等）自动电弧焊
deck ~ 重力焊（用倾斜焊条的半自动电弧焊）
deep penetration ~ 深熔焊
deposit ~ 堆焊，熔敷金属焊接
die ~ ①冲模堆焊②模锻接
diffusion ~ 扩散焊接
direct ~ 双面点焊
direct-current reverse polarity ~ 直流正极性弧焊（工件为正极性）
direct-current straight polarity ~ 直流负极性弧焊（工件为负极性）
dot ~ 点焊，填补焊
double carbon-arc ~ 间接碳弧焊
downhand ~ 俯〔水平〕焊接
downhill ~ 下坡焊
downward ~ 平焊，俯焊
edge ~ 边缘焊接
electrical arc ~ 电弧焊
electrode ~ 电弧焊
electrogas ~ 气电立焊
electromagnetic ~ 电磁储能焊接
electron beam ~ 电子束焊接
electron-beam ~ 电子束焊（接）
electron-bombardment ~ 真空电子束焊
electronic arc ~ 直流电弧焊
electropercussive ~ （电）冲击〔电阻，点〕焊，储能焊接
electroslag ~ 电渣焊
electrostatic percussing ~ 静电〔电阻，储能，冲击〕焊
enclosed ~ 强制成形焊接
energy storage ~ 脉冲焊接，储能焊接
eutectic ~ 低温焊
exothermic ~ 铝热焊
explosive ~ 爆炸焊接
eyelet ~ 孔焊，小孔熔焊
fillet ~ （贴，填）角焊，条焊
fire ~ 锻接〔焊〕
fire-cracker ~ 躺焊
flame ~ 气〔乙炔，熔，火焰〕焊
flame spray ~ 火焰喷焊
flange ~ 卷边焊
flash(-butt) ~ 闪光〔火花，电弧，熔化〕对焊
flat (position) ~ 平焊，俯焊，（顶面）平卧焊
flow ~ 熔〔铸，浇〕焊，流注焊接
fluid ~ 流焊
flush ~ 平〔光〕焊
flux-cored ~ 包芯焊条焊接
foil seam ~ 垫箔缝焊
forehand ~ （气焊）左焊法，前进〔顺手，向前〕焊
forge ~ 锻接
fork ~ 叉式锻接
forward ~ 向前焊接，左焊法
friction ~ 摩擦焊
full-fusion ~ 全熔合（气）焊
full-fusion thermit ~ 熔化热剂焊，热剂铸焊
fusion ~ 熔焊，熔融焊（接）
gas ~ 气〔乙炔，熔，火焰〕焊
gas metal arc ~ 气体保护金属极电弧焊
gas shielded arc ~ 气体保护电弧焊
gas tungsten arc ~ 钨极惰性气体保护焊
gas-arc ~ 气电立焊，气体保护电弧焊
girth ~ 环缝焊（接）
gravity feed ~ 重力焊，重力式电弧焊，倚焊
hammer ~ 锻接
heliarc ~ 氦弧焊
helium shielded arc ~ 氦弧焊
hidden arc ~ 潜弧焊，埋弧焊
horizontal overhead position ~ 仰角焊
horizontal position ~ 横焊

horizontal vertical position ~ 横角焊
hot pressure ~ 热压焊
hot-air ~ （塑料的）热风焊接
hot-gas ~ 气焊，热风焊接
hydromatic ~ 液压自动焊接，控制液压焊接（点焊，凸焊）
impregnated-tape metal-arc ~ 浸焊条金属弧焊，焊剂绳金属弧焊
impulse ~ 脉冲（接触）焊
impulsed laser ~ 脉冲激光焊接
indirect (spot) ~ 单面点焊
induction ~ 感应（加热）焊接，导体在交变磁场中加热的塑料焊接
inert arc ~ 惰性气体弧焊
inert-gas metal-arc ~ 惰性气体保护金属极〔熔化极〕弧焊（接），惰性气体（电）弧焊
inertia ~ 惯性摩擦焊接
inertia gas ~ 惰性气体保护焊
inner shield ~ 用管状焊丝焊接
inverted ~ 仰焊
jig ~ 按模板焊接
joint ~ 搭焊
jump ~ 丁字形焊
keyhole ~ 穿透型焊接法
lap ~ 搭（头）焊（接），叠式焊接
laser ~ 激光焊接
laser spike ~ 激光尖峰焊接
laser-arc hybrid ~ 激光 - 电弧复合焊
light beam ~ 光束焊接
light ga(u)ge ~ 薄板焊接
Linde ~ 林德钢管对焊法，低熔点对焊接
line ~ 线〔缝〕焊
liquid metal ~ 浇注补焊，熔焊
MAG ~ 活性气体保护电弧焊
magnetic discharge ~ 电磁焊
magnetic pulse ~ 磁脉冲焊接
mash seam ~ 电阻缝焊
match assemble ~ 装架焊接
melting ~ 熔焊
metal active-gas arc ~ 活性气体保护电弧焊
metal arc ~ 金属（极）电弧焊接
metal barie ~ 埋渣焊
metal inertia gas ~ 金属焊条惰性气体保护焊
microgap ~ 微隙间隙焊
micro-plasma arc ~ 微束等离子弧焊
microwave ~ 微波焊接
mitre ~ 斜接焊接
mixed gas shield arc ~ 混合气体保护焊
multi-layer ~ 多层焊
multipass ~ 叠层焊接，多道焊
multiple spot ~ 多丝焊，多点点焊
multiple-wire submerged arc ~ 多丝埋弧焊
multi-run ~ 多道焊
nitrogen-arc ~ 氮弧焊
non-pressure ~ 熔焊，不加压焊接
numerically controlled ~ 数控焊接
open arc ~ 明弧焊
orbit ~ 环形轨道自动焊接
overhead (position) ~ 仰焊
overlap ~ 搭接焊
overlaying ~ 堆焊，补焊
oxyacetylene ~ 氧（乙）炔焊，气焊
oxybutane ~ 氧 - 丁烷气焊
oxyfuel gas ~ 气焊
oxygen ~ 氧（气）焊接，气焊
oxyhydrogen ~ 氢氧（焰）焊（接）
pad ~ 垫块焊接
penetration ~ 熔透型焊接法
percussion ~ 冲击焊，锻接，储能焊
pinpoint ~ 点焊
plasma arc ~ 等离子弧切割，等离子弧焊
plasma MIG(metal inert-gas) ~ 等离子 - 熔化极惰性气体保护电弧焊
plug ~ 电铆焊，塞焊
point ~ 点焊，凸焊
poke ~ 手压点〔钳点，压，手动挤〕焊
positioned ~ 定位焊，用胎具焊接
powder ~ 用粉末填充料的焊接
press (cold) ~ 冷压焊
pressure ~ 加压〔压力〕焊接，压接
pressure thermit ~ 加压铸焊，加压铝热剂焊接
pressure-controlled ~ 依次夹紧电极的多点点焊
projection ~ 凸焊，（多点）电阻焊，多点凸焊
puddle ~ 熔焊
pulsed argon arc ~ 脉冲氩弧焊
pulsed-plasma arc ~ 脉冲等离子弧焊
pulsed-spray arc ~ 脉冲射流电弧焊
push ~ 手压点〔钳点，压，手动挤〕焊
quasi-arc ~ 潜弧自动焊
radio frequency dielectric ~ 射频介电焊接
recrystallization ~ 再结晶焊接
relief ~ 凸焊
repair ~ 补焊，焊修
resistance ~ 电阻焊
resistance seam ~ 连续电阻焊

restraint ~ 抑制（变形状态下）焊接
resurfacing ~ 堆焊
ridge ~ 筋状凸焊
ring ~ 缝焊
roll(er) ~ 轧〔压，滚压〕接
sandwich ~ 夹紧冷焊
scanning laser ~ 扫描激光焊接
scraf ~ 两端搭接焊，嵌接焊，斜面焊
seal ~ 密封焊接
seam ~ 缝焊
sequential ~ 程序焊接，连续焊接
series ~ 单边多电极焊接，串焊（同一回路内在两处以上同时进行电阻焊），系列焊接
series arc ~ 串联〔间接作用〕弧焊
series seam ~ 单边〔面〕多极缝焊
series spot ~ 连续点焊，串点焊，单边〔面〕多点〔极〕点焊
shape ~ 异形〔有形，成形零件堆〕焊
shielded ~ 气体保护焊，药皮电焊条焊接
shielded arc ~ 埋弧焊
short-circuiting arc ~ 短路过渡电弧焊
shot ~ 瞬间点焊，脉冲焊接，点焊焊接，硬规范焊接
shrink ~ 预反变形焊接
side ~ 边焊
sigma ~ 惰性气体保护金属极弧焊，西格玛焊接
single ~ 单面焊，单点点焊
skip ~ 跳焊
skip block ~ 分段多层跳焊
slag ~ 电渣焊
slot ~ 槽焊
slow-butt ~ 电阻压力对焊
small-scale resistance spot ~ （SSRSW）小尺度电阻点焊
solvent ~ 溶剂溶焊
spin ~ 摩擦〔旋转〕熔接
spiral ~ 螺旋焊
spot ~ 点焊，凸焊
spreading ~ 宽缝焊接
spring contact arc ~ 弹力焊，低角度焊
square butt ~ 无坡口对接焊
stack ~ 叠板点焊
step-back ~ 逆〔后〕向分段焊接
step-by-step ~ 跨步焊
stitch ~ 跳焊，针脚点焊法，断续缝焊，自动点焊
stitch-and-seam ~ 断续焊缝
straight ~ 直缝焊，平焊
straight bead ~ 直线焊接
strip ~ 带极堆焊
stud ~ 螺栓〔柱极，塞，电栓〕焊（用栓引燃电弧，加热工件后，将螺栓压焊于工件上）
submerged arc ~ 埋弧〔潜弧，焊剂层下〕焊
superplastic ~ 超塑性焊接
super-plastic solid-state ~ 超塑性固态焊接
surface ~ 表面堆焊
tack ~ 点定〔点固，定位，平头〕焊，预〔暂〕焊
tandem ~ 串列多弧焊
tee ~ 丁字〔T 形〕焊
thermit(e) ~ 热剂〔铝热〕焊
thermit(e) fusion ~ （不加压力的）热剂铸焊
thermit(e) pressure ~ 加压热剂焊
three o'clock ~ 横向自动焊
through ~ 焊透
tie ~ 搭接焊，有盖板焊接
TIG arc ~ （=tungsten-inert-gas arc ~）惰性气体保护钨极电弧焊
torch ~ 气焊，吹管焊接
ultrasonic ~ 超声焊接
under water ~ 水下焊
underside ~ 仰焊，顶焊
Unionarc ~ 磁性焊剂 CO_2 保护焊，气渣联合保护电弧焊
Unionmelt ~ 埋弧〔自焊剂层下〕自动焊，合熔焊接
uphand ~ 仰焊
upset (butt) ~ 电阻对（接）焊，镦接
vertical down position ~ 向下立焊
vertical (position) ~ 立焊，垂直焊
vertical up position ~ 向上立焊
wandering block ~ 游移块焊接
wash ~ 熔面焊接（多道焊的盖面焊接）
water-gas ~ 液压焊，水煤气焊
water-vapo(u)r ~ 水蒸气保护焊
weaving ~ 摆动焊
Westing-arc ~ 惰性气体保护金属极弧焊，西屋电弧焊
window assembly line monitor ~ 组装线监控画面
woodpecker ~ 多脉冲焊接
Zerener ~ 泽雷纳间接碳弧焊
zero ~ 加强电极冷却的点焊
zigzag ~ 交错焊

welding-on 焊合，镶焊，焊上

weldless 无焊缝的，无缝的
weldment 焊（接）件，焊接装配
weldor =welder
weldwood 特制胶合板
welfare 福利
well ①井，竖〔测，钻，水，油，矿〕井，楼梯井，升降机井道，井坑〔孔〕②凹处，(深）坑，（陷，势，电位）阱③套〔探〕管④炉底〔缸〕，浇道窝，放出口⑤（内插）孔，穴，槽，沟，渠，腔，储器，室，池⑥（信息）源⑦正好，适（恰，相）当⑧完全，充分，彻底⑨大概，有理由，很可以〔能〕
  artesian ~ 自流井
  blast-furnace ~ 高炉〔鼓风炉〕炉缸
  central ~ 中心进料孔，（浓缩槽中的）缓冲圆筒，缓冲槽
  conductive ~ 导电阱
  cupola ~ 冲天炉炉缸
  driven ~ 管井
  exponential ~ 指数（势）阱
  feed ~ 给料孔，给水井
  input ~ ①输入井，注水井②（信息）输入源
  ladle ~ 桶底虹吸池
  landing gear ~ 轮穴
  magnetic ~ 磁笼，磁阱
  multiple quantum ~ 多量子阱
  oil ~ 油槽〔杯，井〕
  potential ~ 势阱，位阱
  round-edge ~ 圆角〔边〕势阱
  shaft ~ 竖井，井窖
  strained layer multiple quantum ~ 应变层多量子阱
  tensor ~ 张量势阱
  thermocouple ~ 插热电偶的套管，热电偶孔道，热偶管囊
  thermometer ~ 温度计插座〔套管〕
  wet ~ （沸水堆）弛压室，湿井
well-appointed 装备齐全的，全备的，装备好了的
well-atomized 雾化排列的，雾化良好的
well-balanced 匀称的，平衡的，各方面协调的
well-behaved 性能良好的
well-being 保持良好状态（机器）
well-bonded 充分黏结的
well-cementing 固井
well-cleaned 擦洗得很干净的
well-conditioned 良态的
well-crystallized 结晶良好的
well-decker 井形甲板船
well-defined 轮廓〔界限〕分明的，清楚〔晰〕的，意义明确的
well-designed 精心设计的
well-distributed 分布得很好的
well-drilling 钻〔凿〕井
well-established 大家公认的，非常确实的
well-focused 良好聚焦（的）
well-formed ①合适的②良好形成的
well-found 设备完全的，全备的
well-founded 有基础的，有根据的，理由充分的
well-graded 良分选的，良分级的
well-grate 炉格
well-grounded 有基础的，有根据的，理由充分的
well-identifiable 容易辨认的，易判读的
well-marked 明显标出的，明显的
well-ordered （数学）良序的，安排得好的
well-planned 详尽规划过的，适当计划的
well-posed 提法恰当的
well-preserved 保养得很好的
well-proportioned 相当均匀的，很匀称的
well-refined 精炼良好的
well-regulated 管理良好的
well-rig 打井机器，钻〔凿〕井机
well-rounded ①圆角的，流线形的②经过周密考虑的，各方面安排很好的
well-shaped 形状适宜的，外形精美的，很好修整过的
welltimed 适时的，合拍的，调整好的
well-tried 经过多次试验证明的，经试验证明有用的
well-turned 车削得好的，措辞巧妙的
well-ventilated 通风良好的
welt ①衬板②镶边，饰缘③平铁皮的折边
welter ①混乱，扰乱②翻滚，起伏，颠簸③浸湿，染污④镶边机
Wemco 韦姆科（变压器油）
W-engine W 形内燃机
wet ①潮湿，湿气〔度，式，法〕②水（分），液体③（潮）湿的④含大量石油气的⑤弄错了的，无价值的⑥弄〔润，浸，浇〕湿
wet-autoclaved 湿法压热处理的
wet-expansion 湿膨胀
wet-fuel 液体燃料（推进剂）
wet-lay-up 湿法敷涂层
wet-milling 湿磨
wet-mixing 湿法混合，湿拌

wetness 湿度，潮湿
exhaust ~ 排气湿度
wet-proof 防潮的
wet-skid 炉内水冷滑道，炉底滑道水管
wet-stable 湿稳定的
wet-stretching 湿膨胀
wettability 湿润性，可湿性，吸湿度
wettable 可湿的
wetting 润湿，浸湿
wet-tumbling 湿（法）抛光
whale 鲸鱼，巨大的东西
wharf 码头
ex ~ 码头交货
wharfage ①码头费②码头（设备）
wharfboat 趸船
wheal （锡）矿，矿井
wheel ①（车，齿，飞，机，砂，叶，滚，舵，转向，操纵）轮，驾驶盘，轮对，轮形物②旋转（运动），回旋③自行车④机构，机关
~ lock coefficient 车轮抱死系数
abrasive ~ 磨轮，砂轮，研磨轮
action ~ 主动轮，冲击式水轮
adjusting idler ~ 调整用惰轮，履带诱导轮
alarm rocket ~ 闹速动轮
alundum ~ 氧化铝砂轮，刚玉砂轮
angular ~ 锥齿轮
annular ~ 内齿轮，环形齿轮，齿圈
apron ~ 履带
artillery ~ 炮轮，宽（轮）辐轮
astern ~ 尾轮，倒车轮
auger drive ~ 螺旋推动器的传动链轮
axial ~ 轴流叶轮
azimuth hand ~ 方位操纵盘，方向手轮
balance ~ 摆轮，平〔均〕衡轮，飞轮
band ~ 带轮，（缝纫机的）下带轮
bevel ~ 锥齿轮，斜摩擦轮
bevel(l)ed sickle ~ 磨动刀片的锥形砂轮（同时可磨两块刀片）
blade ~ 叶轮
blower ~ 鼓风机叶轮
bogie ~ 负重轮
bond ~ 结合剂砂轮
box ~ （印花机）对花齿轮
breast ~ ①中间轮，中速轮②中射式水轮，中射式水车，腰部进水水轮
Breguet ~ 立轮
brush ~ 刷〔磨，砂〕轮
bucket ~ 杓轮
buffing ~ 抛光轮，弹性磨轮，叠层布轮
bull ~ 大齿轮，大轮，起重机的水平转盘
carborundum ~ （金刚）砂轮
carrier ~ ①移动齿轮②链〔托带〕轮
casting ~ 圆形铸锭机，浇铸轮
Catherine ~ ①轮圈外缘装有倒钩的车轮②车轮形窗，车轮形图案
center ~ 中心轮，二轮，中心轮片
centrifugal ~ 离心〔向心〕叶轮，摆轮
chain ~ 链轮，滑轮，牙盘
character ~ 字轮
Clark casting ~ 克拉克型卧式转盘铸锭机
clearing ~ 退圈轮
club tooth escape ~ 叉瓦式擒纵轮
coarse ~ 粗砂轮
cock ~ 接轮，中间轮，惰轮
code ~ 代码盘，符号轮，编码轮
cog ~ 嵌齿轮
coiler ~ 圈条齿轮
(colo(u)r) filter ~ 滤色盘
column ~ 圆柱齿轮，导柱轮
concave rim ~ 槽缘轮
contour ~ 仿形轮
contrate ~ 端面齿轮，横齿轮（轮齿在端平面内）
control ~ ①（无心磨）导轮，调整轮，控制轮②操纵盘，驾驶盘
core ~ 轮心
counter ~ 计数轮，中间带轮
coupled ~ 联动轮，（汽车）双轮
crown ~ 差动器侧面锥齿轮，冕状轮，立轮（英国名称），小钢轮（美国名称）
crushing ~ （加工砂轮的）刀碗，（修整砂轮的）修整滚轮
cup ~ 杯形砂轮
curling ~ 卷边转盘，卷曲转盘
Curtis ~ 寇蒂斯〔复速式，速度级〕叶轮
cut-off ~ 砂轮〔切割〕片，薄片切割砂轮
date ~ 日历轮
diamond ~ 金刚石砂轮，金刚砂轮
diamond cut-off ~ 金刚石切割轮
directive ~ 导向轮，转向轮
dish ~ 碟形砂轮
disk ~ 辐板式车轮
divided ~ 分度轮
double helical spur ~ 人字齿轮
drive ~ 主〔驱〕动轮
driven ~ 从动轮

edge ~ 研磨轮
elastic grinding ~ 橡胶砂轮，弹性砂轮
emery ~ （金刚）砂轮
engaged ~ 从动轮
escape ~ 擒纵轮
extra ~ 备用车轮，预备轮
feathering (paddle) ~ 活叶轮
feed ~ ①进给轮②排种盘，排肥轮
feeler ~ 仿形轮
fifth ~ ①半拖车接轮，转向轮，试验（汽车停车距离等的）专用轮②备用轮，多余的东西
finder ~ 仿形轮
fine ~ 细砂轮
flap ~ ①翼片砂轮②扬水轮
flaring cup ~ 碗形砂轮
fleet ~ 钢绳滑轮
flotation ~ 越野行走轮
fly ~ 飞〔惯性，储能〕轮
foot ~ 脚踏轮，老式车床的动力轮
fourth ~ 秒轮，四轮
free ~ 游滑〔自由，活，飞〕轮，单向离合器
ga(u)ge ~ 规轮（犁），前导〔调整，限深，仿形〕轮
gear ~ 大齿轮
gearing ~ 传动齿轮
Geneva ~ 马尔特机构间歇传动轮，间歇工作轮，星形轮，槽轮
godet ~ 导丝轮
great ~ （钟表的）二轮
grinding ~ 砂轮
ground-engaging ~ 驱动行走轮
guide ~ 导轮，转向轮，同步传动带轮
gypsy ~ 锚链轮
gyroscope ~ 回转轮
handle ~ 方向盘，手轮
helical ~ 斜齿轮，曲线齿齿轮
honing ~ 珩磨轮齿轮（精加工磨削工具）
hourglass worm ~ 球面蜗轮
idle(r) ~ 空转轮，惰轮，张紧带轮
impact ~ 冲击式涡轮，冲击式水轮机
impeller ~ （径流式）叶轮
impulse ~ （涡轮的）冲动式叶轮
jenny ~ 单滑轮起重机
jockey ~ 张紧轮（惰轮），支托轮（滚轮），导轮，可放下的半拖车支撑轮
knee action ~ 肘动轮，独立悬交换齿轮
knuckle ~ 圆齿顶齿轮
Koepe ~ 戈培轮，摩擦轮
leading ~ 导〔主动，驱动〕轮
lobed ~ 叶轮，叶形轮，瓣轮
magnesite ~ 镁砂粉砂轮
magnet ~ ①磁轮②转子（交流电动机的）
main ~ 发条轮，原动轮
master ~ 大（齿）轮
match ~ 共轭齿轮
metering ~ 计量轮
minute ~ 分针轮，跨轮
miter ~ 等径锥齿轮
momentum ~ 惯性轮
monkey ~ 单滑轮车
mortise ~ 嵌齿轮
motion-work ~ 主动轮，传动轮
mounted ~ 磨头（带柄使用的小直径固结磨具）
multiple wear ~ 修复车轮，翻新车轮
multiplying ~ 增速轮
multirow ~ 多列（速度级）叶轮
nose ~ 前轮
notch ~ 棘轮
paddle ~ ①桨〔叶〕轮②桨轮式染色机
Pelton (turbine) ~ 水斗〔贝尔顿，冲击〕式水轮机
phonic ~ 音轮，发音轮
pilot ~ 手轮，导轮，方向盘，操纵轮
pin ~ 针（齿）轮
pinch ~ 夹送轮（录音机），紧带轮
pitch ~ 相互啮合的齿轮
planar worm ~ 平面蜗轮
planetary ~ 行星齿轮
plate ~ 盘轮，碟形砂轮
pocket ~ 链轮
Poncelet ~ 下射曲叶水轮
pony ~ 小轮，（箕斗的）导轮
porous type ~ 大气孔砂轮
power ~ （发）条轮，原动轮
primary ~ 主动轮（离心泵）
print ~ 印字轮，活字轮
P-worm ~ 平面蜗轮（P 蜗轮）
rag ~ 磨〔链，布制抛光〕轮
ratchet ~ 棘〔爪，制逆〕轮
ratio ~ 减速轮
regulating ~ （磨床）导轮
reinforced ~ 加筋砂轮，补强砂轮（中层部分加入经特殊处理的高强度纤维，用于铸件表面粗加工及去毛刺）
resinoid ~ （人造）树脂胶结砂轮

reverse ~ 换向轮
riding ~ 托轮
rim gear ~ 齿环齿轮，齿圈（齿轮）
road ~ 车〔行，运输行走，负重，测距〕轮，测距仪，里程
roller free ~ 滚子单向轮
rotor ~ 叶轮，工作轮，转子（电机的）
runner ~ 辗轮
running ~ 工作轮，主动轮（机车），导轮，行轮
saucer-shaped grinding ~ 碟形砂轮
screw ~ 螺旋齿轮，斜齿轮
scroll ~ 涡（形齿）轮
segment grinding ~ 镶片磨轮
semi-vitrified ~ 硅酸盐砂轮
servo head ~ 伺服磁鼓
setting ~ 拨针轮，校针轮
set-up ~ 研磨整形轮
shellac ~ 虫胶黏结剂砂轮
shovel ~ 斗轮
shrouded ~ 凸缘小齿轮，有围带的叶轮，封闭式叶轮，套壳式轮
silicate-bond ~ 硅酸盐胶结磨轮，硅酸酯胶结砂轮
single ~ 单坡轮，一面倾斜的轮
single shrouded ~ 半闭式叶轮
skew ~ ①交错轴斜齿锥齿轮②斜齿轮，螺旋齿轮
snub ~ 摩擦轮
spark ~ 点火轮，火花轮，圆盘式断续器
spiral ~ 螺旋齿轮，斜齿轮
sprocket ~ ①链轮②输片惰性轮
spur ~ 直齿圆柱齿轮
spur friction ~ 筒形摩擦轮
star ~ 开关旋轮，（开关）星形轮，链〔棘，制逆〕轮
steering ~ 方向盘，驾驶盘，舵〔导向，操纵，转向〕轮，手轮
stepped ~ 塔轮，锥轮
stone ~ 砂轮
straight ~ 盘形轮，直轮，平形砂轮
stud ~ 柱栓齿轮
surge ~ 绳槽轮
switch ~ 开关轮，机键轮
swivel ~ 自位轮
tandem ~ 串联〔双轴〕车轮
tape ~ 传带轮
temporary type spare ~ （汽车轮）T 形备胎，应急性备胎（不宜高速行驶）
third ~ （钟表的）接〔中间，三过〕轮
threaded grinding ~ 蜗杆砂轮
throwing ~ 抛丸叶轮，抛头
thrust ~ 支重〔持〕轮
tooth(ed) ~ 齿轮
traction ~ 驱动轮，（机车的）主动轮
trailing ~ 从动轮
transmission ~ 拨针轮
travel(l)ing ~ 走轮
trolley ~ 电车接电轮，触轮，滚轮
true grinding ~ 修整砂轮，打砂轮
type ~ 活字〔铅字，字码，印字，打字印〕轮
tyre ~ 罩胎轮
uncoupled ~ 游滑轮
undershot (water) ~ 下射（式）水轮，下冲（式）水轮，低水位水轮
upper track ~ 履带支托轮，托带轮
vane ~ 叶轮
Walker casting ~ 沃尔克型圆盘铸锭机
warning ~ 警时轮，预告轮，闹时轮（钟表）
web ~ 辐板式齿轮，盘式轮，板轮（钟表）
welding ~ （接触焊机的）盘状电极
wing ~ 翼轮（飞机）
wire ~ 辐条式车轮
wire (spoke) ~ 钢丝辐轮，辐条轮
wobble ~ 摆（动）轮
worm ~ 蜗轮

wheelabrator 带〔链〕式喷丸清理机，清理飞翅机，抛丸叶轮
wheel-barometer 轮形气压表
wheel-barrow 手推车，独轮小车
steel-pan ~ 钢斗手推车
wheel-base 轮距，轴距，（机车）轮组定距
wheelboss 轮心〔毂〕
wheelbox 齿轮〔变速〕箱
wheelbrace 轮柄
wheelbrake 轮闸，车轮制动器
wheel-driven （行走）轮驱动的
wheeled 带行走轮的，轮式的
free ~ 无轨的
wheeler ①（有）轮车②手车工③车轮制造者
side ~ 边轮式车，侧轮（推进）船
wheelhead 砂轮头，磨头
wheelhouse 驾驶室，外轮罩，轮箱
wheeling ①运行，运转，车辆搬运②薄板滚压法
wheelless 无轮的，无车辆的
wheel-loader 轮式装载机

wheelmark 轮迹，轮辙
wheel-mounted 装有车轮的
wheel-ski 轮橇（起落架）
wheel-slip 车轮打滑，车轮滑行
automatic ~ brake (control system) 车轮滑动〔移〕自动制动（控制系统）
wheelsman 舵手（工），汽车驾驶员
wheelspan 轮距
wheelspin 滑转，打滑，车轮空转
wheeltrack ①轮距，轮轨②链轮
wheel-tread 轮（辙）距，轮胎花纹
wheelwork 齿轮装置，转动装置
whelp ①（链轮）扣链齿②长方条耐火砖
whet 研磨，砥，激励
whetstone ①油石，磨刀石②（测试微处理器速度的）惠茨通测试
whiff 敞篷快艇，轻结构艇
whiffletree 横杠
whim 卷扬机，绞车，绞盘，绕绳滚筒，起重装置
whine （录音机或放音机转速抖动引起的）变调
piano ~ （唱机录音中由于转速变化引起的）滑音
whip ①拍打，搅拌②抖动，突然移动，电视摄像机快速上、下、左、右移动③绕，绞④滑轮吊车，用小滑车提升，简单提升设备，滑车，滑车索，吊车索⑤鞭状天线⑥垂曲，易弯性，柔韧性⑦急速动作的机件，风车翼
annular balance ~ 环状摆轮止动杆
oil ~ 润滑油起泡，油膜回转自激振动，油膜振荡（特指大幅涡动）
whip-and-derry （滑轮）简易起重机
whip-crane 动臂起重机
whipper 捶辊，槌棒混合机，搅打器，净毛机
whipping ①抖动，撞〔甩〕击，甩动〔尾〕，(曲轴，焊枪）抖动，绳索（行动时的）振动②包〔锁〕缝，绕捆，捆扎（件）
whippletree 横杠
whippy 易弯曲的，有弹性的，（像）鞭子的
whipstock 造斜〔斜向〕器
whirl ①（使）旋转，急旋②旋转物，转角度③急行，飞驰④涡流，涡动，卷成旋涡⑤繁忙，混乱⑥尝试
cyclonic ~ 旋风形涡流
fluid ~ 流体旋涡
oil ~ ①旋转油膜②油膜涡动〔旋涡〕(包括小幅涡动)，油膜振荡
whirler 旋转（起重）机，离心式空气过滤器
whirley 回转式起重机，旋臂吊车
whirligig 陀螺，旋转（运动），循环
whirling 旋转〔涡〕
thread ~ 旋风切削，旋风铣螺纹
whirlpool 涡流，旋涡，涡流器
whirlwind ①旋风，旋流，涡流，涡动②破坏性的事物
whirlybird 直升机
whisk ①搅拌（器）②掸（子），小笤帚③扫④飞跑，突然移动
whisker ①金属须（晶），纤维状结晶，晶须，须〔点〕触线（点接触型晶体管)，触须②（仪表的）螺旋触簧
cat('s) ~ ①（晶体管）触须，触须线，针电极②晶须③游丝
crystal ~ 晶须
whiskerizing 晶须化
whiskers ①（振荡管的）寄生振荡② whisker 的复数
cat('s) ~ 寄生振荡，触〔晶〕须
whistle ①汽笛，警笛，哨子②（发）啸声，振鸣声
exhaust ~ （排）汽笛
resonant cavity ~ 振腔哨
self ~ 自生啸声
vortex ~ 旋涡哨〔笛〕
whistler ①啸声信号〔干扰〕②通〔出〕气孔，排气道，出气（冒）口
white ①白色（的）②空白的〔处〕③蛋白
~ after black 黑拖白
brilliant ~ 亮白光，炽白光
broken ~ 缺白
characteristic ~ 特征白色
Chinese ~ 锌白，氧化锌
colo(u)r prime ~ （石油）原白色
constant ~ 钡白
dazzling ~ 炽白色
enamel ~ 锌钡白
equal-signal ~ 等信号白色
fluorescent ~ 荧光增白
following ~ （图像）拖白边
French ~ 滑石粉，法国白
Griffith's ~ 锌钡白（俗称立德粉）
image ~ 白电平，图像白色（电平）
leading ~ 超前白色（在信号之前的白色尖头信号）
London ~ （重）白铅
mineral ~ 石膏

normalizing ~ 基准白
peak ~ 白色电平峰值
picture ~ ①图像白色，图像最白部②白电平
plumber ~ 铜锌镍合金
studio ~ 演播室白（光源色度）
warm ~ 热白光，暖白光
zinc ~ 锌白，锌白粉，氧化锌（锌氧粉）（ZnO）
whitedamp 一氧化碳
white-heat 白热，白炽
whitehot 白〔炽〕热的
whiten ①漂〔刷，变〕白②镀锡③白噪声化
whiteness 白（色）度
whitening ①加白，白粉，白涂料②镀锡
stress ~ 应力致白
white-oil 轻油，白油
whiteroom 绝尘室（制造精密机械用）
whitewash ①白涂料，石〔白〕灰水，氢氧化铝洗液②刷石灰水，涂白
whiting 白涂料，白（垩）粉，细白垩，铅粉
natural ~ 天然碳酸钙
whittle ①屠刀②切，削，削成（形）③减少，耗费
Whitworth 惠式螺纹
whiz(z) ①离心干燥〔分离〕，旋离，水汽提取②（使）发飕飕声③极出色的东西④合同，契约
whizzer 离心机，干燥机，分离机
whizz-pan （电影）快速遥摄
whole-colo(u)red 纯色的，单色的
wholesale ①批量（的），批发（的）②大规模（的），全部的
whomp （发）撞击（声），碾压声，（发）轰隆声
wick ①灯芯，油绳②导火线③芯子
~ for oil-syphon 润滑油芯
lubricating ~ 润滑油芯
piston ~ 活塞密封油绳〔毡〕圈
syphon ~ 吸油芯
Wickaloy 威卡洛（硬质合金商品名）
wicket ①（大门上的）小门，放水〔水闸〕门，旋转栅门，风口盖②观察孔，窥视孔
wicking ①浸锡，镀锡②吸液（作用），灯芯作用
wide-angle 广角的，大角度的
wide-aperture 大孔径的，宽散射角的
wide-band 宽（频）带的
wide-body 宽体
wide-bore 大口径的，开大孔的
wide-chord 宽弦
wide-flange(d) 宽缘的
widely-pitched 宽螺距，粗牙的，稀排的
widen 加宽，扩展，膨胀，（板坯，板材的）横轧宽展
widener 展宽机
widening 加宽，扩展，膨胀，（板材的）横轧宽展
pulse ~ 脉冲展宽
wide-open 全开（位置）的
wide-range 宽量程〔波段，射程〕的，宽调节范围的
widescope 宽频带示波器
envelope ~ 包迹宽带示波器，视频示波器
pulse ~ 脉冲宽度显示器，脉冲示波器
Widia 碳化钨硬质合金（用钴作黏结剂）
widow 寡妇行，孤行，独立行，残留行
width ①宽（度），广度，幅（宽）②持续时间（脉冲）③一块材料
~ of cut 切削宽度
~ of root face 钝边高度
~ of row〔interrow〕 行距
~ of thread 螺纹宽度
~ of tooth 齿宽
~ of transition steepness 前沿陡度
access ~ 存取位数
aerial beam ~ 喇叭形天线的张开角
angular ~ 角幅，角宽度
band ~ （频）带宽（度）
barrage ~ 抑止频带宽度
barrier ~ 势垒宽度
base ~ 基圆齿厚
beam ~ ①天线方向图宽度，电子束横截面宽度，射〔波〕束宽度②梁（的）宽（度）
burst ~ 闪光的延续时间
characteristic ~ 固有行宽，特征宽度
chromatographic peak ~ 色谱峰宽
clear ~ 净宽，内径
crest ~ 端面齿顶厚
duct ~ 波道〔通路，信道，信通频带〕宽度
effective ~ 有效〔工作〕宽度
full ~ at half maximum 半宽度（最大值一半处的全宽度）
gate ~ 门宽，选通脉冲宽度
land ~ 刃〔齿〕背宽
line ~ 行距，线幅，线宽，行宽
mesh ~ 网孔宽度，筛格尺寸
NMR line ~ 核磁共振线宽
normal crest ~ 法向齿顶厚
peak ~ 峰宽

peak ~ at half-height 半峰宽（度），（区域）半宽度
picture ~ 图像宽度，帧面宽度
pitch ~ 节宽
point ~ 刀尖距，刀顶距，错刀距
pulse ~ 脉冲宽度，脉冲持续时间
sound stage ~ （立体声）基宽
spectral line ~ 谱线宽度
step ~ 步长
strip ~ 条宽，行宽
thread groove ~ 螺纹槽宽
tread ~ （汽车）轮胎面宽度
trigger-gate ~ 选通脉冲宽度
(wheel) track ~ 轮距，轨距
worm face ~ 蜗杆齿宽

Wiegold （牙）齿黄铜（w（Cu）：w（Zn）= 2：1）

wiggle 摆动，蠕动，扭动

wiggler 摆动器

wigwag ①信号，信号旗，信号器②摇动〔摆〕，打旗语信号，发灯光信号

wild-card 通配符

wildness 猛烈沸腾

willemite 硅锌矿，（天然）硅酸锌，原硅酸锌（Zn_2SiO_4）

willey =willow

willow 威罗机，开松除杂机，打土〔开毛〕机（俗称垃圾车）
blending ~ 混毛机，和毛机
burring ~ 除杂机，除草机（毛纺）
carding ~ 粗〔打〕纱头机，开松〔扯麻，和毛〕机
double jute ~ 复式黄麻清纤机
screw ~ 螺旋打土〔开毛〕机
spiral ~ 螺旋式开毛机
tenterhook ~ 开毛机
wash-bowl ~ 洗前开毛机，打土机

wimble ①锥，手摇钻，螺旋钻②钻孔清除器

Wimet 威梅特（硬质合金商品名）（w（Co）< 11%，w（TiC）0 ~ 15%，其余 WC）

winch ①绞车，绞盘，卷扬机②曲柄，有柄曲拐③用绞车拉动〔提升〕，用起货机吊起
accommodation ladder ~ 舷梯绞车
air ~ 风动绞车
automatic tension ~ 自动调缆绞车
boring ~ 钻机绞车
cable ~ 电〔钢〕缆绞车，绞线车
capstan ~ 绞盘
cargo ~ （船舶）起货绞车
crab ~ 起重绞车，卷扬机
diagonal ~ 斜置式（蒸汽）绞车
endless cable ~ 无级绳绞车
gate ~ 栏木绞车
hoisting ~ 提升绞车
hydraulic ~ 带液压马达的绞车
hydraulically powered ~ 液力传动绞车
hydrographic ~ 水文绞车
lifting ~ 提升绞车，卷扬机
linkage ~ 悬挂式绞车
lorry mounted ~ 货车上安装的绞盘式起重机
motor ~ 机动绞车
net ~ 起网机
pontoon manoeuvring ~ 移船绞车
racking ~ 支持索用绞车
rail ~ 起轨绞车
reversing ~ 卷扬机，提升绞车
scraper ~ 电耙运输车，扒矿绞车
spike drawing ~ 道钉起拔器
starboard anchor ~ 右锚绞车
tank ~ 油罐绞车
track ~ 起轨机，起轨绞车
trailer mounted ~ 装在拖车上的绞盘
wall ~ 壁装绞盘
warping ~ 绞缆机，牵曳绞车
well ~ 矿井绞车，辘轳
whaling ~ 捕鲸绞机

wind ①卷绕，缠绕，绕组〔线，法〕②缠绕机构〔装置〕，绞车，手动卷扬机③一圈〔盘，转〕④蜿蜒，弯曲，转向⑤（用绞车）绞〔吊〕起，提升，拖动⑥摇手柄，上发条⑦压缩空气，气流，风
~ gust 阵风
~ up ①卷紧，绞〔吊，卷〕起②上紧发条
electric ~ 电吹风（电荷粒子推斥空气）
magnetic ~ 磁风
radio ~ 无线电高空测候仪，测风雷达
tail ~ 顺风

windage ①风阻，空气阻力，绕流阻力，同空气摩擦②游隙（炮管内径和炮弹外径的差率），间隙③风致偏差，风力修正量

wind-box 风箱，空气室
burner ~ 喷燃器风箱

wind-chill 用风冷却

winder ①绕线〔络纱，络筒，翻丝〕机，卷簧器②卷扬机，络纱工，绞车，提升机③上发条的钥匙④拨禾轮⑤（楼梯的）斜踏步，盘（曲）梯

assembly ~ 并线络筒机，并线机
ball ~ 绕球机，团绒机
Birch's ~ 伯奇卷绕器（大钟的上发条装置）
cable ~ 电缆卷绕装置
coil ~ （线材）拉拔机，绕线机，卷线机
cone ~ 锥形〔宝塔〕筒子络纱机
cop ~ 卷纬机
cross ~ 交叉卷绕络纱机
cut-off ~ 开匹卷布机
differential ~ 差速卷纸〔绕〕机
kibble ~ 吊桶提升机
mainspring ~ 主发条卷线器（安装或取出主发条时用），拿子（钟表）
mist curling ~ 电热蒸汽卷发器
pirn ~ 卷纬机
Power ~ 电动卷片器
reel ~ 绞轮提升机
rocket ~ 火箭式筒子络筒机
sample yarn ~ 摇黑板机，摇样纱机
scrap ~ 边料卷取机
screw ~ 螺杆式络筒机
skip ~ 箕斗提升机
spindle ~ 竖锭式卷绕机，锭管式络筒机
spring ~ 卷簧器
stator ~ 定子绕〔嵌〕线机
traveling spindle pirn ~ 环行锭子卷纬机
twister ~ 帘子线倍捻机
Ward-Leonard ~ 华特-利奥纳式提升机，电动机发电机组传动的直流提升机
warp ~ 络经机，络筒机
weft ~ 卷纬机

wind-ga(u)ge 风速器，风压计

windhead 风力发动机顶部

winding ①绕组〔法〕，线圈②一圈，一转③提升，卷绕，上发条
amort ~ 制动线圈，阻尼绕组
ampere ~ 安（培）匝（数）
armature ~ ①电枢绕组②电枢绕法
auxiliary ~ 辅助绕组，附加绕组
auxiliary starting ~ 辅助起动绕组
Ayrton-Perry ~ 亚尔登绕组（无感绕法），艾尔顿-佩里线圈，无感线圈
backward progression ~ 左行绕组
balancing ~ 平衡绕组
bank(ed) ~ ①简单〔多层连续，叠绕〕绕组②叠线法
basket ~ 篮形线圈，笼形线圈〔绕组〕
BBC ~ BBC 绕组（电枢绕组）
bias ~ （变压器或扼流圈的）偏压〔辅助磁化〕线圈
bobbin ~ （变压器的）圆筒式绕组
bucking ~ 去磁〔补偿，抵消〕绕组
cable-and-bar ~ 上层编织下层实心的绕组
cage ~ 笼形绕组
centering ~ 定心绕组，中心调整绕组
chain ~ 链式绕组
Chaperon ~ 偶数层绕组，查佩龙线圈（电阻器的线圈，偶数层反向绕制而成）
choking ~ 抗流〔扼流，阻尼〕线圈
chord ~ 弦〔分距，短距〕绕组
common ~ 公共绕组
commut(at)ing ~ 换向绕组，换向线圈
compensating ~ 补偿绕组
compensator ~ 补偿器绕组，调相机绕组
compound ~ ①复激〔复合，混合〕绕组②复绕法
concentrated ~ ①同心〔集中，密集〕绕组②同心绕法
concentric ~ 同心绕组
concentric unequal turn distributed ~ 同心式不等匝分布绕组
consequent-pole ~ 罩极〔中间极，交替极〕绕组
control ~ 控制绕组
controsurge ~ 防振〔防冲，防浪涌〕屏蔽绕组
core ~ （铁）心绕组
cosine-output ~ 余弦输出绕组
coupling ~ 耦合绕组
cross-over ~ （变压器的）饼式〔分层〕绕组
cumulative ~ 叠加绕组
damping ~ 阻尼绕组
delta ~ 三角形绕组
Deri ~ 德里绕组，补偿绕组
diametral ~ 全节距绕组，整距绕组
diamond ~ 框式〔模型，菱形〕绕组
differential ~ 差动绕组〔绕圈，绕法〕
discrete ~ 不连续绕组
disk ~ （变压器）盘形绕组
distributed ~ 分布绕组
divided ~ 复绕组，分开式绕组
double ~ 双线绕组，双绕〔无感〕线圈
draw-in ~ 穿〔插〕入式绕组
driving ~ 励磁〔策动〕绕组
drum ~ 鼓形绕组，鼓形绕法
duolateral ~ 蜂巢绕组，蜂房式绕组

duplex ~ 串并联〔复，双重，双叠，双波〕绕组，并绕
duplex frog-leg ~ 双蛙绕组
duplex lap ~ 双叠绕组
duplex wave ~ 双波绕组
edgewise ~ 扁立绕法，扁绕（绕组）
encapsulated ~ 密封〔浇注，绝缘〕绕组
end ~ ①端部绕组②线圈的端接
energizing ~ 励磁绕组
equipotential ~ （直流电机的）均压绕组
excitation ~ 励磁绕组〔线圈〕
exciting ~ 励磁绕组
fed-in ~ 嵌入绕组
feed-back compensating ~ 反馈补偿绕组
field ~ 磁场〔励磁〕绕组
filament ~ ①灯丝电源绕组②缠绕法
first ~ 初级绕组
foil ~ 箔绕组
form(er) ~ 模绕组〔法〕，模压成形绕组
forward progression ~ 右行绕组
fractional slot ~ 分数槽绕组
friction ~ 摩擦提升
frogleg ~ 蛙绕组
full pitch ~ 整距绕组
gate ~ 选通线圈
Gramme ~ 环形绕组，环形绕法
half-coiled ~ 半圈式绕组（每极每相一个线圈组的单层绕组），半圈绕法
half-lap ~ 半叠包绕组
hand ~ 手绕法，人工嵌线（法）
head ~ 磁头绕组
heater ~ 灯丝线圈，加热丝线圈
hemitropic ~ 半圈式绕组（每极每相一个线圈组的单层绕组），半圈绕法
herringbone ~ 人字形绕组
honeycomb ~ 蜂房式绕组
imbedded ~ 嵌入的绕组，下线后的绕组
imbricated ~ 链形绕组
inducing ~ 感应绕组，励磁绕组
inductive ~ 电感线圈
inhibit ~ 封闭〔禁止〕绕组，保持线圈
integral slot ~ 整数槽绕组
interconnected star ~ 曲折连接绕组，“Z”形（连接）绕组
interleaved ~ 纠结式绕组，交错式绕组
intermediate-voltage ~ 中压绕组
interpole ~ 间极绕组，换向极绕组
interstar ~ “Z”形绕组，曲折绕组
killer ~ 灭〔消〕磁绕组
Koepe ~ 戈培式提升，摩擦提升
lap ~ 叠绕组，叠绕法
lattice ~ 斜格式〔栅格型，篮式〕绕组
layer ~ 分层绕组，分层绕法
line ~ （换流变压器的）交流网侧绕组
line ~ (of transformer) （变压器）网绕组;（变压器）网侧绕组
line side ~ 网侧绕组
long pitch ~ 长距绕组
long shunt ~ 长并励绕组
loop ~ 环形绕组
low-voltage ~ 低压绕组
main ~ 主绕组
mesh ~ 环形绕组
misplaced ~ 配置错误的线圈，失〔偏〕位线圈
multicircuit ~ 多匝绕组
multiple ~ 复〔叠，多，并联〕绕组
multiplex ~ 复绕组（包括复叠、复波绕组），复并励绕组
multiplex frog-leg ~ 复蛙绕组
multiplex lap ~ 复叠绕组
multiplex wave ~ 复波绕组
mush ~ 散下绕组，杂乱绕组
NK ~ NK 绕组（静电容量小的电阻器绕组）
non-inductive ~ 无感绕组，无感线圈
one-layer ~ 单层绕组
one-position ~ 单层绕组
one-range ~ 单平面绕组
open ~ 开式〔开路，右行〕绕组
open lap ~ 右行叠绕组，开式叠绕组
output ~ 输出绕组
pancake ~ 扁平绕组，盘形绕组
parallel ~ 并联绕组，叠绕组，并绕
pattern ~ 标准绕组，模型线圈
performed ~ 成形绕组
phase ~ 相绕组
pick-up ~ 拾取线圈，拾取绕组
pie ~ 饼式绕组，盘式绕组
pile ~ （分层）叠绕组，分层叠绕
pin ~ 拉入式绕组
plate ~ 板极线圈
pole-face ~ 极面绕组（嵌于极面槽内的绕组，如补偿绕组、阻尼绕组、起动绕组）
potential ~ 电压绕组，电压线圈
power ~ 功率绕组，输出绕组
pressure ~ 电压线圈，电压绕组

primary ~ 初级线圈〔绕组〕,原线圈〔绕组〕
pull-in ~ 拉〔穿，插〕入式绕组
pull-through ~ 插〔穿〕入式绕组
push-through ~ 推〔穿，插〕入式绕组
quadrature ~ 交磁绕组（有 90° 相位差），正交〔横向，鼠笼，短路〕绕组
quadrature-axis ~ 交轴绕组
random ~ 不规则线圈，杂乱绕组，散下式绕组
random wound ~ 散嵌绕组
reactor ~ 电抗器线圈
reentrant ~ 闭合绕组，闭路绕组
regulating ~ 调节绕组
residual voltage ~ 剩余电压绕组
resistance ~ ①欧姆线圈②线绕电阻
retrogressive ~ 倒退绕组，左行绕组
return ~ “回”绕组（外磁通补偿绕组）
reversed-loop ~ 逆〔左〕行叠绕组
right-hand ~ 右向绕组
Roebel ~ 换位绕组，罗贝尔（换位）绕组
rotor ~ 转子绕组
sandwich ~ 叠层〔交错，盘形，分层〕绕组
secondary ~ 二次绕组，次级绕组〔线圈〕，副线圈
sectional ~ ①分段绕组②分段绕法
sensing ~ 读出绕组
series ~ 串励绕组，串联绕组
sheet ~ 扁线绕组
shunt ~ 分路〔并励〕绕组，并联线圈，分流线圈
simplex ~ 简单〔单排，单重〕绕组
skein ~ 分布绕组
slab ~ （电）容性线圈，盘形绕组
slot ~ （线）槽绕组，槽部绕组
space(d) ~ 间绕（绕组），疏绕线圈
spider wed ~ 蛛网形绕组
split ~ 抽头〔多段，分裂〕绕组，多头线圈
stabilizing ~ 稳定〔平衡〕绕组,第三绕组（变压器的）
stepped ~ 阶梯绕组，抽头绕组，多头线圈
strap-wound ~ 扁绕绕组，带绕绕组
stress-control ~ 可调脉冲电压绕组
surface ~ 表面绕组，沿面绕组
teaser ~ 可调绕组，梯塞绕组（二、三相变换连接的绕组），辅助绕组
threaded-in ~ 插〔拉，穿〕入式绕组
transfer ~ 成形绕组
two layer ~ 双层绕组
two-in-hand ~ 双路（同时）叠绕法
two-range ~ 两平面绕组
two-tier ~ 两平面绕组
undulated series ~ 波绕组
valve ~ （换流变压器的）阀侧绕组
valve ~ (of transformer) （变压器）阀绕组；（变压器）阀侧绕组
wave ~ 波（形）绕组，波状绕法
winding alternative slot ~ 交叉槽式绕组
winding high voltage ~ 高压绕组
wind-tight spiral ~ 螺旋绕组，螺线绕法
Winner ~ 温纳〔标准电阻〕线圈
word ~ （存储器的）数字绕组
write ~ 写入绕组
Z ~ 顺时针方向绕线法

winding-up ①关闭，清理②绕紧

windlass ①链式卷扬机，链式绞车，链式绞盘，起锚机②小绞车③（用卷扬机）提升，（用起锚机）吊起
capstan ~ 卷扬机，绞盘，绞车
chinese ~ 差动绞盘〔筒〕，辘轳
differential ~ 差动滑车，差动卷扬机

windmill 风车（般旋转），风力发动机
flying ~ 直升机
jumbo ~ 巨型风力发动机
merry-go-round ~ 转塔式风力发动机

window ①窗（孔），观察窗，观察口，风挡②金属干扰带（干扰雷达用），反射体干扰③触发脉冲④（火箭，宇宙飞船的）发射时限，（发射）最佳时间⑤（重返大气层的）大气层边缘通过区⑥亮点
~ in guide 波导窗（孔）
~ of the slope 斜率窗口
~ of tube 荧光屏，管窗，管屏，显示管窗口
active ~ 现用窗口
counter ~ 计数管窗
dead ~ 隔声窗
dial ~ 刻度窗，日历窗
electric ~ 电动车窗
emitter ~ 发射窗〔孔〕
encapsulated ~ 气囊窗，密封窗
end ~ （计数管）端面窗
entrance ~ 入射窗
exit ~ 出射窗
heating rear ~ （汽车）加热型后窗
hit and miss ~ 双道通风板
housing ~ （轧机）牌坊，（机体）窗口
inspection ~ 观察窗

launch ~ ①（火箭）发射最佳时间，发射时限②发射窗（人造卫星）
Lenard ~ 勒纳窗（薄云母窗）
lighting ~ 亮框窗
matching ~ 匹配窗，调配膜片
number ~ 计数窗
objective ~ 物镜孔
power ~ 电动车窗
pressurizing ~ 密封封口（电缆），气密口
quarter ~ （驾驶座位侧面的）三角窗
rectangular ~ ①（电视跟踪）波门窗口，矩形窗口②（提取目标并抑制不需要的信息用的）特殊滤波器
sash ~ 升降窗
SC ~ 同步旋加速器（的）引出孔
solar blind ~ 日盲窗
sonar ~ 声呐透声窗
storm ~ 风雨〔双层〕窗，（垂直）顶层窗
time ~ 选通信号显示窗口
treble-slot resonant ~ 三隙缝谐振窗
tube ~ 管窗
tuned ~ 调谐膜片，调谐孔
underwater ~ 水下“窗口”
vacuum ~ 真空窗
viewing ~ 观察窗
X-ray tube ~ X 射线管窗口

Windowing 开窗口
window-range 窗频范围
Windows 操作系统，视窗操作系统
WindowsNT 视窗网络版（操作系统）
wind-proof 不透风，防风
windrow （条形）堆料，草条，砂堆
windrower 料堆整形机，堆行（铺条）机，割草铺条机，割晒机
windrower 割晒机
windscreen 风挡，挡风板，（汽车）挡风玻璃
all-round-view ~ 全视野风挡（玻璃）
heated ~ （汽车）加热型风窗玻璃
wraparound ~ 曲面挡风玻璃
windshear 风切变
windshield ①挡风板，风挡②天线罩（雷达的）③防风罩
full-scope ~ 全景挡风玻璃
windstream 迎面〔风洞，定向〕气流
windthroat 风扇排气口，鼓风机排气口
wind-tight 不透〔通〕风的
wing ①翼，机翼，（汽车）翼子板，叶子板②风向标③挡泥板④飞行〔翔〕，空运，飞速行进〔传播〕，装翼⑤（角钢的）股，边⑥电子管阳极⑦（铁路）翼轨⑧转子叶轮系，转子凸棱，（建筑物的）侧厅，边房
airliner ~ 客机机翼
bat ~ 蝙蝠翼（天线的辐射器）
bit ~ 钻头刃
blended ~ body 翼身融合
cutting ~ 遮光叶片
double-longeron ~ 双梁机翼
flexible ~ 可折叠翼
flying ~ 飞翼
forward-swept ~ 前掠翼
high-aspect-ratio ~ 大展弦比机翼
lattticed ~ 翼栅
rear ~ 后保护板（汽车的）
share ~ 犁铧外缘
staggered ~ 斜置翼，突出翼
supercritical ~ 超临界机翼
tail ~ 尾翼
three ~ 三翼板
backswept ~ 后掠翼

wing-body-tail 翼体尾
wingrail 翼轨
wingtip 机翼端，翼尖（梢）
wingwall 翼墙，屏式凝渣管
wink ①闪烁，瞬息，瞬间，闪亮，一瞬（时间单位，等于 3/100 s）②信号，（用灯光）打信号
winker 信号灯，信号装置，（汽车用）闪光灯，（汽车）方向指示灯
wink-off 关闭闪烁
winnower 风选机，扬谷机
tea ~ 茶叶风选机
wintel （=Windows-Intel）微软与英特尔的联盟
winterization ①过冬准备②提供防寒设备，安装防寒装置③冬季运行条件试验
wipe ①撞击，冲击②擦，抹③挤锌辊④摩擦接触⑤消磁⑥划（变）（新图像从一侧起逐渐占据整个画面）
~ in （电视，电影）划入
~ out ①（电视，电影）划出②封闭（电子管）③擦去，抹去
wiper ①擦净器，刮水器，刮油刷，刮板②弧刷，电刷，接帚，接触刷③滑臂，滑针，（自动电话交换机上）回转接触子④电位计游标，滑线电阻触头⑤（蒸汽机械的）配气滑块，滑动片⑥涂覆工具
bridge ~ 并接弧刷

dirt ~ 防尘圈
interval ~ （汽车）间歇式刮水器
Lawley ~ 刮液刀，刮液板（摄影工业）
line ~ 线路弧刷〔接帚〕，a 和 b 接帚
private ~ c 接帚，（自动交换机的）第三接帚，试验弧刷
rod ~ 活塞杆刮垢器
strip ~ 带式擦拭器
suction ~ 真空雨刮
tandem ~ 双刷刮水器
vacuum ~ （汽车）真空式窗玻璃刮水器
weed ~ 杂草抹药机
wind shield ~ （汽车）风窗玻璃刮水器
windshield ~ （汽车的）风挡刮水器

wiping ①回转弯曲成形②消磁③（接触器的）摩擦闭合〔接触〕④微磨损，磨耗⑤擦（净），挤干⑥涂抹（植保机械）

wipla 铬镍钢

Wire 线切割（Mastercam 数控加工软件的模块）

wire ①导线，电线②（金属）丝，线材③布线，配线④通报，打电报〔话〕⑤细圆棒，棒形释热元件

~ under voltage 火线
A ~ 地址线
active ~ 有效导线
address-read ~ 地址读出线
address-write ~ 地址写入线
aerial ~ 天线，架空（导）线
air ~ 天线，架空（导）线
aircraft ~ 航空电线
Aldrey ~ 高强度铝线（铝中加入铁、锰、硅，经过特殊热处理）
aluminum alloy trolley ~ 铝合金电车线
aluminum-clad steel ~ 铝包钢线
alumite ~ 防蚀〔耐酸〕铝线，氧化膜铝线
American standard ~ 美国线径规，ASW 规
anchor ~ 锚索，桩线，（灯丝的）支持线
annealed copper ~ 软铜线，炼铜线
anti-water magnetic ~ 耐水电磁线
axle ~ 中轴线
barbed ~ 铁蒺藜铁丝，刺铁丝，刺钢丝
bare ~ ①裸线，（架空）明线②光焊丝
bead ~ 轮胎钢丝，卷边嵌线
Best best ~ 中等电阻的钢丝（美国商品名）
best patented steel ~ 优等（制绳）铅淬火钢丝（抗拉强度 126 ~ 142 Pa）
(best) plough steel ~ （优等）铅淬火高强度钢丝（抗拉强度 157 ~ 173 Pa）
black ~ 黑钢丝（退火的或退火但未酸洗的线材）
blue annealed ~ 发蓝钢丝
bond ~ 通地线
bridge ~ （测量）电桥标准导线
bridle ~ 跳线，绝缘跨接线
bright ~ 光面线，光亮钢丝
brush ~ 电刷线
bullet ~ 中碳钢丝（w（C）0.6% ~ 0.8%）
bunched ~ 绞合线
burr ~ 钢刺条，锯齿钢丝
busbar ~ 汇流条，母线
cable ~ 钢索，钢丝绳，电缆心线
call ~ 传号〔联络，记录，挂号〕线
card ~ 针布钢丝
carrier ~ 载波电缆，载波线
cement ~ 自黏性漆包线
chain ~ 链条钢丝
charcoal ~ 超低碳钢丝
charging ~ 充电丝
chicken ~ 铁丝〔织〕网
clipped ~ （用冷拔钢丝切碎的）金属粒，钢丝粒
cloth electric ~ 布电线
coarse ~ 粗拔钢丝（采用皂粉润滑并一次拉成）
code ~ 隔离导线，标准线号导线
coil end lead ~ 电机、电器引接线
common ~ ①公共导线②中性线
compact-stranded ~ 压缩绞线
compensating ~ 补偿导线
compensating lead ~ 补偿引线，补偿导线（热电偶的）
component ~ 心线（电缆的）
composite ~ 复合线，双金属丝
composite stranded ~ 复合多股绞线
compressor ~ 预应力钢丝
concealed ~ 暗线
concentric stranded ~ 同心绞线
conducting ~ 导线
constantan ~ 康铜丝（w（Cu）60%，w（Ni）40%）
contact ~ 接触导线，电车线
contra ~ 铜镍合金丝（约 w（Cu）55%，w（Ni）45%）
copper trolley ~ 铜电车线
copper-clad steel ~ 铜包钢线
coppered steel ~ 铜包钢丝
copperweld ~ 包铜钢丝

core ~ 焊芯，（钢丝绳的）心钢丝，心线，铁丝芯骨
cored solder ~ 空心焊丝，钎焊丝，（松香心）焊锡线
cotton covered ~ 纱包线
cotton-enamel covered ~ 纱包漆包线
cover ~ （钢丝绳的）外层钢丝
covered ~ 被覆线，皮〔包〕线，绝缘线
cross ~ ①十字交叉线，十字丝②瞄准器
crown ~ （钢丝绳的）表面〔外层〕钢丝，冠丝（钢丝绳外圈与滑轮沟接触的钢丝）
cuppy ~ 杯 - 锥状断口钢丝，有纵裂纹的线材
damping ~ 阻尼电线
dead ~ 不载电导线，死线
dead-drawn ~ 多次（大压缩量）拉拔钢丝，强拉钢丝
diasolid copper ~ （直径）实心铜线
dielectric ~ 介质波导管，介质导线
Dimet ~ 迪梅特线（包铜的铁镍合金导线）
discharge ~ 阴极线
double cotton-covered ~ 双纱包线
drag ~ 正面〔迎面〕阻力张线
drain ~ 加蔽〔排扰〕线
drawn ~ 冷拉〔拔〕钢丝
droopless tungsten ~ 不下垂钨丝
drop ~ 用户引入线
dumet ~ 铜包镍铁线，杜美丝（电子管与玻璃结合的铜合金丝），代用白金丝
duplex ~ 双芯导线
DV ~ 低压乙烯绝缘电线
earth ~ 接地线，地线，架空地线
electric ~ 电线
electrical discharge ~ 电晕导线，放电导线
electrode core ~ 电焊条芯材
enamel paraffin(e) 蜡浸漆包线
enamel(led) ~ 漆包线
end ~ （电机的）端部线圈
engineering order ~ 工程勤务电话
equipment and building ~ 安装电线
Eureka ~ 尤利卡〔铜镍合金〕线，康铜导线（温度系数恒定不变）
extension lead ~ 补偿引〔导〕线（热电偶的）
eyelet ~ 带环线
faller ~ 下垂线
field ~ 被复线
filler ~ （焊接）充填金属丝，熔化焊丝
fire ~ 不锈钢中空线
fish(ing) ~ （电缆）牵引线
fixture ~ 电器引线，设备引线
flameproof ~ 耐火绝缘导线
flat ~ 扁钢丝，扁平线
flat type aluminum ~ 铝扁线
flat type copper ~ 铜扁线
flexible ~ 软线，花线
floating ~ 载流线
flux-cored ~ 药芯焊丝
form ~ 型线
formal copper ~ 聚乙烯铜线
Formex ~ 福梅克斯磁性钢丝（录音钢丝）
fourth ~ 中性线
free cutting steel ~ 易切削钢丝
fretwork saw blade ~ 钢丝锯条用钢丝
fuse ~ 熔线〔丝〕
galvanized ~ 镀锌线
garnett ~ 锯齿钢丝，钢刺条
ga(u)ge ~ 标准线，规线
gauze ~ 细目丝网
glass ~ 玻璃丝（绝缘的）线，玻璃纤维线
glazed ~ 漆包线
glow ~ 热〔辉光〕灯丝
gold bonding ~ 金连接线，金键合线
goldclad ~ 镀金导线
grooved ~ 槽线
grooved trolley ~ 沟纹滑接线
ground ~ （接）地线，避雷线
guard ~ （接地）保护线，安全线，隔离钢索
guy ~ 拉线，钢缆，牵〔支，张〕索
hair ~ 游丝
hard ~ ①硬拉线②硬钢丝，高碳钢丝
heating ~ 高电阻丝（高炉用的），电热丝
heavy-ga(u)ge ~ 粗（导）线
holding ~ ① c 线，信号线②测试线
hollow ~ 管状线
hookup ~ ①布线用电线，架空电线，连接线，电路耦合接线②单连线（底板上连接电路的悬空线）
hot ~ ①热线，热丝，有电电线，热电阻线②皮拉尼真空计
house-service ~ 进户线
ignition ~ 点火电线，点火丝
imperial ~ 英制标准电线规格
incidence ~ 倾角线
indented steel ~ 齿纹钢丝
induced ~ 感应电路
inhibit ~ 禁止线
inlet ~ 进线（送进第一拉模的线材）

insulation electric ~ 绝缘电线
interstice ~ 中介心线
invar ~ 殷钢线尺
ionizer ~ （电气除尘器的）电晕极
iron ~ 低碳钢丝，铁丝
jumper ~ 跳线，跨接线（架空线路的）
Kanthal ~ 铁铬铝电阻丝（*w*（Cr）25%，*w*（Al）5%，*w*（Co）3%，其余 Fe；或 *w*（Cr）22%，*w*（Al）5.5%，*w*（Co）1.5%，其余 Fe）
killed ~ （机械处理过的）去弹性钢丝
lacquer drawing ~ 光亮拉拔线材，润滑拉拔钢丝
lacquered ~ 漆包线
lamp ~ 灯丝
lapped ~ 绕包线
lead ~ 铅丝，引线，导线
lead-in ~ 引入〔引药，联络〕线
Lecher ~ 勒谢尔线，来赫线（用于测量驻波）
leg ~ 联结线
lenticular ~ 扁线
light-ga(u)ge ~ 细号线
lime bright annealed ~ 在中性介质中退火的钢丝
line ~ 外线，线路导线
litz ~ 李兹〔编织，绞合，辫〕线
live ~ 载电线，火线，有电导线
loop ~ 环线
looped ~ 带钩导线
magnet(ic) ~ ①磁线，磁导线②磁性钢丝，录音钢丝
magnetic ~ 电磁线
magneto ~ 磁电机导线，磁电机点火线
manganin ~ 锰铜线
merchant ~ 钢丝制品
mesh ~ 金属网线
messenger ~ 吊线，承力吊索，吊线钢索
metal-shielded ~ 金属屏蔽线
moving ~ 移动标线，移动丝
music ~ 琴（用）钢丝
naked ~ 裸线，光亮钢丝
netting ~ 网钢丝
nichrome ~ 镍铬（合金）线，镍铬电热丝
normal control ~ 定位控制线
normal indication ~ 定位表示线
oil immersion ~ 潜油电磁线
one minute ~ （能在硫酸铜溶液中浸渍）一分钟的钢丝
open ~ 明线，架空线
order ~ 传号〔记录，挂号〕线，（维护人员的）通信线
p ~ （=private ~）测试专用线
paraffin(e) ~ 石蜡绝缘线，浸蜡线
party ~ （电话）合用电线
patented ~ 铅淬火钢丝
peg ~ 销止钢丝，防松钢丝，螺母防松（用）铁丝
piano ~ 钢琴丝
pilot ~ ①操作线，控制线②辅助导线③领示线
pinion ~ 小齿轮线坯
plate ~ 镀线
platinoid ~ 铜镍锌合金丝
plow steel ~ 铅淬火高强度钢丝〔线材〕
plug ~ 插线
positive ~ 正极引线
potential equalizing ~ 均压线
primary ~ 初级电路，原电路
priming ~ 撞针
private ~ 测试〔专用〕线，塞套引线
process ~ 半成品钢丝，中间钢丝（待处理和继续拉拔的），非银亮钢丝〔线材〕
profile ~ 异型钢丝（依建筑线条弯制的钢丝）
pull ~ 牵引线，拉线
raceway ~ 槽板布线
radio ~ 绞合天线，合股线
receiving ~ 接收天线
recording ~ 录音钢丝
resistance ~ 电阻线，电阻丝
ringing ~ 振铃线，呼叫线
rope ~ ①钢丝绳用钢丝②绞合线，合股线
row drive ~ 行驱动线
safety ~ 熔丝
satellite order ~ 卫星联络线
SCC ~ 单（层）纱包线
screen ~ 网线
screening ~ 屏蔽线
screw ~ 螺钉用钢丝
sealing ~ 焊接线，密封引线，封装用线
section ~ 异型钢丝
sense ~ 读出线
service ~ 引入线，用户进线，（从干线分支的）入户线
shaped ~ 成形线，异型钢丝
sheathed ~ 铠装线，金属护皮电线
sheet ~ 扁线

shielding ~ 屏蔽线，隔离线
shrouding ~ 包箍线，屏蔽线
sighting ~ 照准丝
silver-jacketed ~ 镀银导线
sleeve ~ 套线
slide ~ 滑线，滑触电阻线，滑线电阻
slinging ~ 电源线，供电线
slivery ~ 折叠线材，表面有折痕的钢丝
slow-burning ~ 慢燃线，耐火绝缘线
small-ga(u)ge ~ 细钢丝
soft ~ 软焊丝
soft-annealed ~ 软金属线
solder ~ 焊丝，焊条
solder-covered ~ （焊）锡包（皮）线
solid ~ ①单线，单股线，实线②实心焊丝，普通焊丝
sounding ~ 测深索
span ~ 拉线，悬索，吊线
spelly ~ 劈裂丝（线材因偏析缺陷造成拉拔后裂开）
spring steel ~ 弹簧钢丝
stabilized ~ 稳定化处理的预应力钢丝
stadia ~ 视距丝
stagger ~ 倾角线
standard ~ 线（径）规，金属线规
stay ~ 系紧线，拉线
steel copperweld ~ 包铜钢丝
steel reinforced alumin(i)um ~ 钢芯铝线
step ~ 台阶形线（磨宝石轴承孔用）
stone dead ~ 软〔退火，镀锌〕钢丝
strand(ed) ~ （多股）绞合线，股绞金属线，钢绞线
strap ~ 带状电线
strapping ~ 双连开关接线法
stretching ~ 拉索，拉绳，张拉钢丝（预应力混凝土用）
superconductive ~ 超导体（铌锡合金）丝
supporting ~ 吊线，支撑线
surface friction ~ 耐磨漆包线
tag ~ 终端线
tail ~ 尾端线，出线
taper ~ 锥形线，锥度金属丝（磨宝石轴承孔用）
third ~ 塞套引线，中线，第三线（直流三线制中的中性线）
three-draft ~ 三次拉拔的钢丝
tie ~ ①绑钩②捆扎钢丝，软质钢丝③拉线，张线
tinned ~ 镀锡线，铅皮线，铅丝
tip ~ 塞尖引线，T线
toe bead ~ 缘趾线环（轮胎的）
top load ~ 落地线
tracker ~ 踪迹线（开关与操作机构间的连线）
trailing ~ 下垂天线
transposition ~ 换位用导线
traverse ~ 紧线器，拉线器
tree ~ 跨树保护线
trifilar ~ 三股线
trolley ~ 电车架空线
tubular ~ 管状焊丝
twin ~ 双股线，双线缆
twisted ~ 绞合（金属）线
type S thermocouple compensating ~ S型热电偶补偿导线
under ~ 用有刺铁丝网拦住的
varnished ~ 漆包线
vent ~ 通气针
vibrating ~ 振弦
voltaic ~ 导线
weather-proof ~ （耐）风雨线
weaving ~ 编织用钢丝
wedge-shaped ~ 网条
weld(ing) ~ 焊条，焊丝
winding ~ 绕组线
Wollaston ~ 渥拉斯顿线（仪表用的极细导线），密闭于银销内的铂片，粉冶铂丝
woven ~ 钢〔铁〕丝网

wirebar 线锭，条锭，线材，盘条
wire-brush 钢丝刷
wire-control 导线操纵，导线遥控
wire-cutter 钢丝钳，铁丝剪
wired 绕以金属线的，用金属线加固了的，有线的
hard ~ 硬连接，固定接线
wired-in 编排好的，固定的
wiredrawer 拉丝工
wire-drawing 拉〔拔〕丝
cumulative type ~ 蓄丝式（多次）拉丝机
reactive ~ 反拉力拉丝，后张力拉丝
wire-element 熔丝
wirega(u)ge 金属线规，线径规，线规
British standard ~ 英国标准线规
wire-guidance 有线制导
wireless 无线的，无线电的
~ private automatic branch exchange 无线专用自动小交换机

beam ~ 定向无线电通信
wired ~ 有线射频〔载波〕(通信)

wireman 电气装配工，架线工〔兵〕，线路工，线务员，(电路)检修工

wiremap 接线图

wire-mesh 线网，金属丝网，铁〔钢〕丝网

wire-molding-die 压线模

wirephoto 有线传真，传真照片

wire-rod 线材，盘条

wirerope 钢丝绳，钢缆

wires wire 的复数
catenary suspension with two contact ~ 双接触导线的悬链
clamp ~ 挂钩
compensating ~ 补偿导线
copper/copper-nickel thermocouple ~ 铜-铜镍热电偶丝
copper/gold-iron low temperature thermocouple ~ 铜-金铁低温热电偶丝
curves of horizontal ~ 纬线上的波
thermocouple ~ 热电偶丝
top and bottom horizontal ~ 边纬线

wiresonde 有线探空仪，有线探测气球

wire-strain gauge 电阻丝应变仪

wiretainer 网形容器

wire-tie 扎钢筋，扎铁丝

wiretron 线型变感元件

wireway 钢丝〔提升〕绳道，电缆槽，金属线导管

wirework ①金属丝网，金属丝织物，电线，导线②(pl.)金属丝(制品)厂

wirewound 线绕的，绕有电阻丝的

wiring ①(电)线路，导线系统②布〔装，接〕线③装订④钢丝连接〔捆绑〕，加网状钢筋⑤用轴线卷边
back ~ 背面布线，反面布线
back panel ~ 板后布线，内部接线
bank ~ 触排布线(电话交换台的)
buried ~ 隐蔽布线，暗线
cleat ~ 瓷夹布线
closed conduit ~ 暗管线
concealed ~ 隐蔽布线，暗线
concentric ~ 集中布线
conduit ~ 管内布线，管线
control ~ 控制线路
discretionary ~ 选择〔随意〕布线(法)
etched ~ 腐蚀法印制电路
exposed ~ 明线，外露布线
false ~ 无轴线卷边，空心卷边，空心卷曲
flexible ~ 软线布线
front ~ 明线布线
haywire ~ 临时布线
house ~ 室内布线
ignition ~ 点火线圈配线
indoor ~ 室内布线
interior ~ 室内布线，内线
internal ~ 内接线
interunit ~ 部件间的接线
knob ~ 瓷柱布线
knob-and-tube ~ 瓷珠瓷管布线，穿墙布线
legacy ~ 遗留线路
open ~ 明线布线
outdoor ~ 户外布线
power ~ 电力布线
printed ~ 印制电路，印制布线
printed matrix ~ 印制电感线圈，印制矩阵布线
radial ~ 径向拉线
small ~ 二次接线
soft ~ 软连接(接线状态可以改变)
spray ~ 喷涂布线
structured ~ 结构化布线
surface ~ 明线布线，表面布线
twisted pair ~ 双芯绞合线，扭绞二股线

wishbone ①(独立悬挂的)V形架②叉形杠杆

wisp 亮条，小束〔捆，把，缕〕

withdrawal ①放〔引，拉，推〕出②缩回，回收③取消，分离④拉晶
axial ~ 轴向抽出(换辊)
data ~ 数据抽出，数据撤出
gas ~ 排气道，排气管
heat ~ 排热，放热
rod ~ (反应堆)提棒

withdrawer ①回收器，拆卸工具，拉轮器②回收者
prop ~ 回柱机

Wizard 向导
Optimization ~ 优化向导(UG NX 的主要功能模块,CAD 模块,计算机辅助设计模块)

wobble ①摆动，摇摆，颤动②频率摆动，行程不匀，摆动调频，不稳定运动，不等速运动③唛音，低昂音，(声音)变量〔度〕

wobbler ①梅花头②摇摆机，摆动杆，摆动试验台，摆环机构③偏心轮，摆轮，凸轮，偏心装置④旋转斜盘⑤摆频信号发生器，扫描信号发生器

roll ~　轧辊梅花头
square ~　方辊头
wobbling　摆动，摇摆，颤动，不稳定〔不等速〕运动
spot ~　光点〔飞点，电子束〕颤动
wobbulate　频率摆动〔跳动，振荡〕，射线偏斜，射束微摆
wobbulator　摆〔摇〕频信号发生器，摆频振荡器，扫频仪
Wofatit　离子交换树脂
wolfram　①钨（W）②钨锰铁矿
wolframium　①钨（W）②锑钨耐蚀铝合金（*w*（Al）97.6%，*w*（Sb）1.4%，*w*（Cu）0.3%，*w*（Fe）0.2%，*w*（Sn）0.1%，*w*（W）0.4%）
wollastonite　硅灰石
womp　由光学系统内部反射产生的图像亮区，（电视机荧光屏的）亮度突然增强
wood　木，木材，木制品
~ of ripe age　可用材
air-dried ~　气干材（风干材）
armoured ~　包铁（或加金属箍的）木材
bulking ~　充胀木
cigar-box ~　红木
composite ~　层压材料总称，层压制品
compregnated ~　（渗）胶压（缩）木材，胶合木材
compressed ~　压缩木
construction ~　建筑用材
dense ~　压缩材，密纹〔紧密〕木材
densified ~　浸胶木材（浸过树脂的）
diffuse porous ~　散孔材
glued ~　胶合板
laminated ~　叠层木板，胶合板
metal ~　金属胶合木〔板〕
multiply ~　多层板
pulp ~　制纸浆木材，原木
red sandal ~　紫檀香木
sandal ~　檀木，檀香木
sandwich ~　压制板
straight grained ~　直纹木材
tri-ply ~　三（层）夹板
veneer(ed) ~　胶合木材，胶合板，镶板
woodborer　木钻（床）
woodcoal　木炭，褐煤
wood-gum　树胶，树脂
wood-oil　桐油
woodpile　木桩
woodstop　木栓
woodwool　木屑，刨花，木纤维，木丝〔毛〕
woodworking　木器加工，木工
woofer　低音扬声器，低音喇叭
cone ~　锥形低音扬声器
wool　①羊毛②毛织物③纤维，渣棉
cinder ~　矿渣棉〔绒〕
glass ~　玻璃棉〔纤维，绒〕
graphite ~　石墨“罩”
lead ~　铅毛
metal ~　金属纤维（棉）
mineral ~　矿（物）棉（吸声材料），矿渣绒，玻璃棉，矿（质）毛，石纤维
quartz ~　石英毛，石英棉，石英
rock ~　石棉，玻璃纤维，矿石棉（主要含石棉纤维，用作绝缘材料或吸音材料）
salamander ~　石棉，石棉绒，石棉纤维
silica ~　石英棉
silicate ~　矿棉
slag ~　矿渣棉，渣棉，（炉）渣绒
steel ~　钢丝绒〔棉〕，（空气过滤器芯用的）铁绒，（油浴式过滤器）金属滤网
wool-engraving　木刻术，木板印刷术，木刻版
wooliness　混响过度，鸣声
Word　Word 软件（微软公司的 Office 套件中的字处理软件）
Word 2000　Word 2000 软件（微软公司的 Office2000 套件中的字处理软件）
word　①字，单词，代码，码②消息，信息
adjacent reserved ~　相邻保留字
alien ~　外来词
arrangement ~　编排通信字
auxiliary function ~　辅助操作字
banner ~　标志〔标题，起始〕字
call ~　①对子程序编码②引入〔调用，调入〕字
channel address ~　分路地址代码，通道地址字
check ~　检验字
code ~　（代）码字
coin(ed) ~　新造词
computer ~　计算机字，字符数字
dimension ~　维数语句
error code ~　误码字
feed-rate ~　馈给速度字
header ~　标题字
identifier ~　标识字
index ~　①指标〔变址，下标〕字②索引，词汇，索引字
information ~　信息元，信息字，计算机字
instruction ~　指令字

interrupt mask ~ 中断屏蔽字
interrupt return control ~ 中断返回控制字
intervening ~ 插入字
long code ~ 长码字
lower ~ 下字
machine ~ 计算机信息元，计算机字
mimetic ~ 拟声〔模拟〕词
multiple-matched ~ 多符合字
multiplier ~ 乘数字
noise ~ 噪声（码）字
operational ~ 操作字
partial-product ~ 部分积字
product ~ 乘积字
program ~ 程序字
quad ~ 四倍长字
quarter ~ 四分之一字
relay ~ 中继字
request ~ 请求字
reserved ~ 保留字，预定字
rose ~ 滚花
set-reset ~ 置位复位字，置“1”置“0”字
source ~ 源字
status ~ 状态字
stop ~ 停止字
subsidiary ~ 附属字
tagged ~ 特征字
target ~ 目标词
telescopic ~ 合成词
terminal ~ 终结字
timer ~ 计时器用（的主存储器）字

Wordstar Wordstar 软件（Micro-Pro International 公司的字处理软件）

work ①工作，作业，操作，工程，加工，处理，制造，事业，职业②功，作用③制〔作，产，工艺〕品，著作④机件，工件，机构，装置⑤工艺⑥推进⑦造成
~ in process 在制品
~ of deformation 变形功，应变能
~ of resistance ①阻力功②有效功，实功
~ off 除去，处置，印刷，制造，改进，补做
~ out ①算〔测，求，研究，检查，设计，估计〕出，用尽，除去，证明是有效〔适用〕的②编制
allowable unit friction ~ 许用滑摩功
art ~ ①原〔工艺，布线〕图②图模③工艺品④艺术品
available ~ 可用功
bay ~ 结构
bench ~ 钳加工，钳工工作，钳工（作业）
brain ~ 脑力劳动
bright ~ 精加工
cable ~ 敷设电缆，电缆工程，(pl.) 电缆厂
calendar ~ 日历装置，日历机构
cargo ~ 货物装卸
center ~ 顶尖〔针〕活，顶尖作业，顶尖类工作
chuck ~ 卡盘活，卡盘类工作，卡盘作业
clerical ~ 文书工作
clock ~ 钟表机构
coffer ~ 砌片石墙，沉箱工程
cohesive ~ 内聚功
cold ~ 冷〔常温〕加工，冷作
cold-metal ~ 白铁工，冷作工
complementary ~ 余功，相补功
compression ~ 压缩功
compressor ~ 压气机功（压缩气体消耗的功）
conduit ~ 电线管道工程
construction ~ 建筑工程
cored ~ 空心铸件，泥芯铸件
currying ~ ①修整间，修整工作②加脂操作（皮革）
cut-and-try ~ 试验工作，试凑工作
deformation ~ 变形功
desk ~ 、科室工作
development ~ 试制工作，研究工作
draingage ~ 排水工程
duplicate ~ ①大量生产②互换零件③双倍，复制
earth ~ 土方工程
effective ~ 有效功
elementary ~ 微元功
embossed ~ 浮雕细工，压印〔刻花，模压〕加工
expansion ~ 膨胀功
exploratory ~ 探索性研究
eyelet ~ 钻孔眼，冲孔
face ~ ①车端面，涂面工作②表面加工
fiber conduit ~ 硬纸导管（布线）工程
fiber duct ~ 硬纸导管（布线）工程
field ~ 野外工作，现场工作
finishing ~ 精加工，精整工作
fitting ~ 装配工作
forge ~ 锻工，锻造
frame ~ 框〔构、桁、机、骨〕架，机壳〔座〕
frame ~ of fixed points 控制点网（测量）
fret ~ 浮雕细工，格子细工

friction ~ 摩擦功
gained ~ 盈功
ga(u)ge ~ （按）样板工作
ground ~ ①基础，地基②根据，原理③土方工程
Guilloche ~ 花纹辊
hand ~ ①手工作业，手工操作，手工②精细工艺
health ~ （原子能）剂量测定法
high-level ~ 强放射性物质的操作
hot line ~ 带电作业，带电操作
hot-cold ~ 中温加工（临界温度下的加工）
idle ~ 无功，虚功
in-cycle ~ 开动时工作
indicator ~ 指示功
input ~ 输入功
insulation ~ 保温，绝热
internal ~ 内圆加工，内表面加工
internal steam ~ 蒸汽内能
iron ~ 铁制品，铁工工作
isentropic compression ~ 等熵压缩功
job ~ 包工，散工
jobbing ~ 单件小批生产，合同生产，散〔短，临时〕工
keyless ~ 拨针机构，无键机构
laying ~ 敷设工程，布线
layout ~ ①设计，设计图案②画线工
least ~ 最小功
live line ~ 带电工作
lost ~ 无效〔虚，损失〕功
lump ~ 包工
machine ~ ①机（械加）工，切削加工②机械制品
maintenance ~ 维修工作，小修，日常维护
mandrel ~ 最后加工工作，整理工作
motion ~ ①运动传动机构②走针机构，走针轮系，日历机构，辅助齿轮组（保证时针分针正确地相对动作）
moulded ~ 模塑品
multiplex ~ 多工制
near ~ 精密的工作
nesting ~ of strip 冲片排列法
net ~ 纯功，净功
office ~ 业务〔室内〕工作〔事务〕
open ~ 露天作业，户外作业
out-cycle ~ 停动时工作
output ~ 输出功
piece ~ 计件工作
pilot ~ 试运行
pilot plant ~ 中间〔试验〕工厂研究
plain ~ 平缝
plate ~ 钣金工工作，钣金工
post-forging ~ 锻造后工序
precision ~ 精密加工
pre-forging ~ 锻造前工序
pressed ~ 压力加工
progressive production ~ 连续〔流水〕作业
pump ~ 泵房，泵站
recoverable strain ~ 可恢复变形功，弹性变形功
rejected ~ 废品
repeating ~ 打簧机构，重复机构
repetition ~ ①大量生产，成批生产，重复工作②仿形加工
resilience ~ of deformation 弹性变形功
rose ~ 滚花
routine ~ ①常规工作，日常工作，常规作业②（大量生产的）日常加工工件，程序（控制）站
serial ~ 流水作业
sharp ~ 快速作业
sheet-metal ~ 钣金〔白铁〕工，金属板工件，金属板制品
square ~ 方形工件
stamp ~ 模锻件，压印工作
Stanley up and down ~ 斯坦利（发条）紧松指示器
straddle mill ~ 跨铣加工
striking ~ 打时装置，打点机件，报时装置
team ~ 协作，合作，协同〔联合〕动作，集体工作，配合
tool ~ 工具学
unit friction ~ 滑动摩擦功
virtual ~ 虚功
waste ~ 消耗功
wax ~ 蜡制品
wire ~ 线制品
wiring ~ 配线工工作
workfine-limit ~ 精密工作
workability 可加工性，可使用性，可塑性，实用性
workabilitywork-bench 工作台，成形台
workblank 毛坯
workbox 工具箱
worker ①工人，工作者②电铸版
steel-collar ~ 钢领工人

white-collar ~ 白领工人
workflow 工作流
~ managment system 工作流管理系统
work-handling 工件装卸
work-hardening 加工硬化，冷作硬化
work-hardness 加工硬度
workhead 头架（齿轮加工机床）
workholder 工作夹具，工件夹持装置
workhorse 运载工具
working ①工作，传动，运转，操作②加工，处理③作用④维护⑤开采⑥冶炼
blue heat ~ 温热塑性加工法（再结晶温度以下的塑性成形加工）
chipless ~ 无屑加工
closed circuit ~ 闭路式工作，常流式工作（电报）
coated abrasive ~ 砂光
composite ~ ①电报电话混合运行②收发混合运行
cool ~ 温加工（较冷锻温度稍高），冷加工，冷作
duplex ~ 双工通信，双工通报
hot-cold ~ 热（形变）冷加工
match ~ 配作
mechanical ~ of metals 金属压力加工
multiple length ~ 多位字长〔精度〕工作
non-cutting ~ 无切削加工
nonstick ~ 自动操作，非保留操作
plastic ~ of metals 金属塑性加工
preliminary ~ 初加工
rope ~ 绳索传动
rough ~ 粗加工
simplex ~ 单工通报
spark ~ 火花加工
subzero ~ 零下（温度）加工
toll demand ~ 长途立即接续制
warm ~ 温加工（600 ℃以下的加工）
zero ~ 零下（温度）加工，深冷加工
working-hours 工作时间，工时
workings 矿内巷道，矿内工作区
advance ~ 前进式开采面
working-set 工作组〔区〕（计算机）
workload 工作负载，工作量
workmanlike 有技巧的，熟练的，精巧的
workmanship ①工作质量②技巧，制造工艺③制造物，工艺品
poor ~ 手艺低劣，工程质量低劣
workpiece 工（作）件，轧件，分部工程
initial ~ 首件，工件初样
master ~ 仿形样板，靠模样板
prototype ~ 样件
Workplace Workplace 操作系统（Workplace 网络软件，IBM 公司的操作系统）
Workprint 剪辑用正片（拷贝）
workrest 支架（自动锻压机）
center ~ 中心支架
workroom 工作室，车间，工厂
works 工厂，机械，工事，工程
atomic defensive ~ 防原子工事
capital ~ 基本建设工程
constructional iron ~ 铁〔金属〕结构工厂
draw ~ 旋转钻进绞车（升降套管、钻具用）
dressing ~ 选矿厂
electric ~ 发电站
First Auto Works （中国）第一汽车制造厂
integrated iron and steel ~ 综合性钢铁厂，钢铁联合企业
iron ~ 铁工厂
lower ~ （电铲）下部机构
machine tool ~ 机床厂
maintaining ~ （钟表的）动力装置
manufacturing ~ 制造工厂
motor ~ 汽车制造厂，发动机厂
ordnance ~ 兵工厂
print ~ 印花机，印花工厂
pump ~ 水泵站
wire ~ 金属线厂，制线厂
workshop ①工厂，工场，车间②专题讨论会，实验班
insulation ~ 保温车间
main ~ 总厂
mobile ~ 移动式修配间，修配车
mobile welding ~ 焊接工程车
motor-lorry ~ 修理车
mounted ~ 汽车修理厂工程车
work-softening 加工软化
workstation 工作站
intelligent ~ 智能工作站
Works-Volkswagen 大众汽车制造厂
worktable 工作台
workticket 工票
work-yard 施工场地，造船厂
worm ①蜗杆，螺杆，蜗杆传动，蛇形管②螺纹，螺旋输送机③虫状金属珠④蠕虫⑤（pl.）滑移线，蠕虫迹⑥蠕动，爬行⑦在（电缆的，粗绳的）外面绕线
~ and gear 蜗杆与蜗轮

~ virus 蠕虫病毒
Abbott ~ 阿博特弧面蜗杆，球面蜗杆
annular ~ 环形齿轮
ball ~ 滚珠蜗杆
basic ~ 基本蜗杆
conveying ~ 输送螺旋，螺旋输送器
convolute ~ 延伸渐开线蜗杆，法向直线蜗杆
cooling ~ 冷却蛇形管
cylindrical ~ 单导程圆柱蜗杆，圆柱蜗杆
double enveloping ~ 球面蜗杆
double-thread ~ 双头蜗杆
drop ~ （钻床的，车床的）脱落蜗杆
dual-lead ~ 双导程蜗杆
dual-lead cylindrical ~ 双导程圆柱蜗杆
enveloping ~ 包络蜗杆，环面蜗杆
enveloping ~ with straight line generatrix 直廓环面蜗杆
globe worm 球面蜗杆，弧面蜗杆，环面蜗杆
globoid ~ 球面蜗杆
Guest ~ 格斯特蜗杆，（圆）弧面蜗杆（可用锥形砂轮磨齿）
helicoid ~ 圆柱蜗杆
Hindley ~ 亨德莱蜗杆，球面蜗杆
hourglass ~ （亨德莱）球面蜗杆，包络蜗杆
indexing ~ 分度蜗杆
involute ~ 渐开线蜗杆
involute helicoid ~ 渐开线蜗杆
irreversible ~ 自锁蜗杆，止回蜗杆
lapping ~ 研磨蜗杆
master ~ 测量〔标准〕蜗杆
mating ~ 配对蜗杆
milled helicoId ~ 锥面包络圆柱蜗杆
multi-start ~ 多头蜗杆
Niemann ~ 尼曼圆弧齿圆柱蜗杆
out-of-gear ~ 脱离蜗杆
parallel-type ~ 柱形蜗杆
planar double enveloping ~ 平面包络环面蜗杆
right-hand ~ 右旋蜗杆
shell-type ~ 套装式蜗杆
single-start ~ 单头蜗杆
single-thread ~ 单头蜗杆
steering ~ 转向蜗轮，操纵蜗杆
straight-side(d) ~ 法向直廓蜗杆
straight-side(d) axial ~ 阿基米德蜗杆，轴向直廓蜗杆，ZA 蜗杆
straight-sided normal ~ 延伸渐开线蜗杆，法向直廓蜗杆，ZN 蜗杆，护轴线蜗杆
thread ~ 蜗杆螺纹
toroid enveloping ~ with cone generatrix 锥面包络环面蜗杆
toroid enveloping ~ with involute helicoid generatrix 渐开线面包络环面蜗杆
trapezoidal ~ 阿基米德蜗杆，梯形蜗杆
trip ~ 脱落蜗杆
underslung ~ 下置蜗杆（位于蜗轮下）
wildhaber ~ 平面包络环面蜗杆，TP 蜗杆
winch ~ 绞车蜗杆
wrap ~ and roller （球面）蜗杆滚轮式转向器

worm-drive 蜗杆传动
worm-gear ①蜗杆副②蜗轮（传动装置）
dividing ~ 分度蜗轮
worm-gearing 蜗杆〔轮〕传动装置
wormhob 蜗轮滚刀
wormhole （条）虫（状气）孔，蛀洞
worming 龟裂
worm-pipe 盘〔蜗形，蛇形〕管
wormshaft 蜗杆轴
wormwheel 蜗轮
index ~ 分度蜗轮
planar ~ 平面蜗轮，P 蜗轮
worn 磨损沟（冷拔模的），磨损的，耗尽的
wornout ①磨损②磨损的，用坏了的
worth 价值，性能，效用
Worthite 沃赛特镍铬合金，镍铬钼耐热不锈钢（w（Cr）20%，w（Ni）24%，w（C）$< 0.07\%$，w（Si）3.25%，w（Mo）3%，w（Cu）1.75%，其余 Fe）
wortle 拉丝模（板）
wound ①绕法，绕成的，缠绕的②损害，伤害
~ on edge 扁绕
compound ~ 复励〔绕〕
helically ~ 绕成螺旋状的
wire ~ 线绕的
wow ①频率颤动，摇晃，颤动②变音（声），（复制录音时因速度变化引起的）失真
~ and flutter 速度不均匀性
audio ~ 音频颤动
W-packing W 型轴封
W-pass 波浪形孔
wrap ①包（装，围），卷，缠，绕②包装带，包装纸③外壳，外罩，（线）匝，抱辊（度）④带，圈⑤（压边圈上曲面的）曲率或波纹形状
alpha ~ α 形走带方式
bead wire ~ 侧边金属丝制胎圈外壳
conical ~ 锥形卷带方式
elevation cable ~ 仰角缆包

omega ~ Ω 形走带方式
wire ~ 绕（线连）接
wrap-around ①卷包②返转
wrappage 包皮，外壳，封套，包装
wrapper ①包装纸〔板，材料〕②包装机，助卷机
film ~ 薄膜（软片）包装
roll ~ 卷筒纸包装机
sleeve ~ 套封包装机
subassembly ~ 元件盒
wrapping 裹（包），缠绕，包皮，封套
wreath 扭弯，螺旋形物
wreck ①失事，故障②（车、船等失事的）残骸，沉船
card ~ 卡孔损坏
wreckage ①折断，破碎②碎片，残骸
impact ~ 碰撞破坏
wrecker 失事抢救车，救险人员，打捞〔营救〕船
wrench ①扳手，扳钳②扭转③拧④力旋量，矢量螺旋
adjustable ~ 活扳手，可调扳手
allen ~ （六）方孔螺钉头用扳手
alligator ~ 管扳手
angle ~ 斜口扳手
box (end) ~ 套筒扳手
box type ~ 套筒扳手
brace ~ 曲柄头扳手
break point ~ 电流开关扳手
bulldog ~ 管子扳手，鳄形扳手
carriage ~ 套筒扳手
case ~ 表壳扳手
central-adjustable handle-adjustable ~ 双开活扳手
chain ~ 链式扳手，链条管子钳
circular ended ~ 套筒扳手
closed ~ 梅花双头扳手，眼镜扳手
coach ~ 活扳手
coes ~ 活扳手
connecting rod ~ 连杆套筒扳手
construction ~ 大型安装用扳手
crescent (adjustable) ~ 可调扳手
crocodile ~ 管扳手，鳄形扳手
cross limb ~ 十字轴式套管扳手
cylinder ~ ①握管器②圆筒扳手
deep socket ~ 长套管型套筒扳手
diagonal ~ 活扳手，瑞典式扳手
double (end) ~ 双头扳手
electric ~ 电扳手
electric definite torque ~ 定扭矩电扳手
electric impact ~ 冲击电扳手
end ~ 平扳手，端头扳手
flat ~ 扁平状扳手
fork ~ 叉形扳手
free box ~ 活套筒扳手
grip ~ 管子钳
head bent adjustable ~ 弯头活扳手
head side single head ~ 歪颈单头扳手
hex ~ 六角扳手
hexagon ~ 六角螺母扳手
hook ~ 钩头扳手
impact ~ 套筒〔机动〕扳手，冲头
key ~ 套筒扳手
male ~ 套筒扳手
mechanical ~ 机动扳手
monkey ~ 活扳手，万能螺旋扳手，活旋钳
monkey screw ~ ①活扳手②活旋钳
motor ~ 管子钳
offset ~ 斜口扳手
offset socket ~ 弯头套筒扳手
open-end ~ 呆扳手
pin face ~ 叉形带销扳手
pipe ~ 管扳手，管钳
plug ~ 火花塞专用扳手
pneumatic ~ 气扳机
pocket ~ 小型螺纹扳手
ratchet ~ 棘轮扳手
screw ~ 活扳手
set ~ 止动螺钉扳手
shifting ~ 活扳手
skew ~ 斜口扳手
snap-on socket ~ 有爪套筒扳手
socket ~ 套筒扳手
socket head ~ 内六角扳手
socket screw ~ 套筒扳手，内六角扳手
solid ~ 呆扳手
spanner ~ 开脚扳手，插头〔插销〕扳手
spark plug ~ 火花塞扳手
speed(er) ~ 快速扳手
spider ~ 星形套筒扳手
square ~ 方头扳手
Stillson ~ 管子钳，活扳手，可调管扳手
straddle ~ 叉形扳手
striking ~ 冲击式扳手
string ~ 成套扳手
tap ~ 丝锥扳手，铰杠，螺纹攻扳手
tension ~ 转矩扳手，扭力扳手

tension-indicating ~ 扭力扳手
tommy ~ ①螺旋头部用（活动）杆（如台虎钳上）②套筒扳手
torque ~ 扭力扳手
union ~ 联管节扳手，管接头扳手
wrest 扭曲，绞具，犁壁曲面
saw ~ 扭锯器
wring ①收缩量②过盈量③拧（出、入），绞（出），扭（紧）④（量块）黏合，研合
wringer 榨水〔脱水，压药〕机，压汁器，绞干器
chip ~ 碎片榨干器，碎片榨干离心机
wrinkle 皱纹，起皱，折叠，皱皮（铸造缺陷）
flange ~ 拉深件凸缘皱折
wrinkles 起皱（冲压）
external ~ 外皱
internal ~ 内皱
wrinkling 起皱（涂装）
wrist ①（手）腕（关节），肘节②销轴，耳轴，枢轴
wrist-pin 肘节〔活塞，曲柄〕销
wristwatch 手表
write ①（书，抄，编）写，写数〔入〕，存入〔储〕②书写，记录
~ off 注销，销账，（因严重损坏而）报废，削减，跌价
file ~ 文件写入
gather ~ 集中写入
laser direct ~ 激光直写（蚀刻）
scatter ~ 分散写，分散读写
unformatted ~ 无格式写
write-down 记录
write-enable （计）写入起动，允许写入，写信号
write-enable-ring （计算机的）允许写入环
write-in 写入，记录，存入
write-inhibit 禁止写入
write-once 一次性写入
write-once-read-many 一次写入多次阅读
writer ①打字机，记录器②作者，著者
chain console type ~ 链式控制打字机，履带式打字机
compiler ~ 编译程序编制员，自动编码器，程序编制器
course ~ 轨迹记录器
document ~ 文件书写机
flexo ~ 多功能打字机
ink ~ 有色记录器，印字机，油墨印码器
output ~ 文件输出改写程序，输出程序
phonetic type ~ 语音打字机
radioteletype ~ 无线电电传打字机，无线电打字电报机
report ~ 报表程序的生成程序
user ~ 用户写入程序
write-through 连续写入
writing ①书写②记录
Curie point ~ 居里点写入
electron beam ~ 电子束直写
equilibrium ~ 均衡记录
half tone ~ 灰度书写
laser ~ 激光直写
magnetic ~ 磁写
mirror ~ 倒写
negative ~ 底片记录，负片记录
order ~ 写出指令
over ~ 过书写，超书写，过记录，超记录
positive ~ 正片记录
random ~ 随机书写
redistribution ~ 重新分布记录，再分配记录，再分配书写
selective ~ 选择性书写，随机书写
writing-machine 打字机
wrought ①锻件，轧制件②精炼的，精制的，制造的，锻的
rough ~ 经初步加工的，粗加工的
wurtzite 纤维锌矿
wustite 方铁矿，方铁〔维氏，魏氏〕体
magnetic dense ~ 磁性密致方铁体
porous ~ 多孔方铁〔魏氏〕体
wye 三通，Y形支架〔联结，交叉〕，星形（联结）
wye-delta 星形 - 三角形联结法，Y - △联结
Wyndaloy 锰镍青铜，文达劳铜镍锰合金（w(Cu) 60%，w(Ni) 20%，w(Mn) 20%）

X

X 罗马数字的 10,（第一个）未知数，横坐标
Timken ~ 铬镍钼钴铁耐热合金（w（Co）30.7%, w(Ni)28.6%, w(Cr)16.8%, w(Mo)10.5%, w（Fe）11%, w（Mn）1.4%, w（Si）0.75%）
Xantal 铝青铜（w（Al）8% ~ 11%，w（Fe）0% ~ 4%, w（Ni）0% ~ 4%, w（Zn）0% ~ 1%，其余 Cu）
xanthophyllite 绿脆云母
xarm （=cross arm）横臂，横（线）担
xaser X 射线激光〔射〕器
X-axis X 轴，横轴，横坐标轴
X-axle X 轴，OX 轴
X-back 电影负片背部的导电表层
X-band X 频带，X 波段
X-brace 交叉支撑，X 形柱条
X-bracing 交叉〔X 形〕连接，十字头，X 形拉条
X-bridge X 型电桥，电抗电桥
X-burn X 形烧伤,（荧光屏）对角线烧毁
X-conn 十字接头，交叉连接，线条交叉
X-coordinate X 坐标，横坐标
X-cut X 切割（垂直于 X 轴的石英晶体切割）
X-direction X 方向，沿横坐标
X-engine X 型发动机
xenomorphic-granular 他形粒状
xenon 氙（Xe）
process ~ 工艺氙
pure ~ 纯氙
xenotime 磷钇矿
Xeon 微处理器（英特尔至强标致）
xeraphium 干燥粉，除湿粉
xerium 干燥粉，除湿粉
xerocopy 干印本，静电复制本
xerogel 干凝胶
xerography 静电印刷术，静电复印法，干印术，干印图，硒板摄影，硒鼓复印
xerophytic 干旱的，干燥的
xeroprinting 静电印刷（的）
xeroradiography 干放射性照相术，静电电子放射线摄影术，X 光干法照相
xerox 硒静电复印（机）,（硒鼓）复印（机），静电复印，干印
xeuxite 电气石
XFMR （=transformer）变压器
Xform 转换（数控加工 Mastercam 软件中的命令主菜单）
X-frame 交叉形架，X 形车架
X-gear 变位齿轮，径向变位齿轮
Xing （=crossing）交叉（点），十字路口
X-intercept X 截距
X-irradiated X 射线照射的
X-irradiation X 射线辐照
Xite 耐热镍铬铁合金，克赛特镍铬铁合金（w（Ni）37% ~ 40%，w（Cr）17% ~ 21%，其余 Fe）
X-laboratory X 射线实验室
X-line X 轴线，横轴线
X-member 叉形杆件，X 形梁
X-mitter （=transmitter）（无线电）发射机
X-moment 绕 X 轴的力矩
X-motor 沿 X 轴移动的电动机
X-network X 形网络，桥接四端网络
X-outrigger X 形外伸支腿
X-particle 介子，X 粒子
X-plate ①水平偏转板，X 板②X 方向薄片
Xplo （炸药用的）炭黑
X-process 金属型树脂壳型法
X-quadripole 桥型〔斜格形，X 形四端〕网络
X-radiation X 光，X 射线辐射，伦琴辐射
characteristic ~ 标识〔特性〕X〔伦琴〕辐射
impulse ~ 韧生 X 辐射
X-radiography X 射线照相术，X 光照相术
X-ray X 射线（的）, X 光（的）, 伦琴射线（的），X 光机，X 光照片
characteristic ~ 特征 X 射线
continuous ~ 连续 X 射线，白色 X 射线
hard ~ ①硬性 X 射线，硬性伦琴射线②高透力 X 射线
heterogeneous ~ 多色 X 射线，多色伦琴射线
homogeneous ~ 单色 X 射线，单色伦琴射线
secondary ~ 次级 X 射线，次级伦琴射线
soft ~ 软 X 射线（波长稍长的 X 射线）
super-hard ~ 超硬 X 射线（波长很短的 X 射线）

X-raying X 射线分析〔检查，照射〕，伦琴射线照射

X-rayogram X 射线图片〔照片〕

X-rays X 射线

high energy ~ 高能 X 射线

X-ring X 形密封环

X-rotation 绕 X 轴的转动

X-section 交叉截面

X-shape X 形，交叉形

X-stopper （收音时）消除大气干扰的设备

X-synchronisation X 闪光同步

X-tal 晶体，石英

XTAL 晶体，石英

X-termination X 终接

X-time 发射瞬间，火箭发射的准确时间

X-type 交叉形，X 形

X-unit X 单位（波长单位，$=10^{-11}$ cm $=10^{-3}$ Å）

X-wax X 蜡

xylan 木煤，木聚糖，多缩木糖树脂

xylanthrax 木炭

xylene 二甲苯

xylenol 二甲苯（酚）

xylite 换质石棉

xyloid 木质的，似木（质）的

xylol （混合）二甲苯

xylometer 木材比重计，木材测容器

xylon 木质，木纤维

xylonite 赛璐珞，假象牙

xylophone 八管发射机，木琴

xyster 刮刀

Y

Y ①Y形，三通②（第二个）未知数③纵坐标④亮度讯号⑤导纳⑥原型，样机模型

yacht 快艇，游艇

yado 轰炸引导系统

Y-alloy Y合金，铝合金（w（Al）90.7%，w（Cu）4%，w（Mg）1.5%，w（Ni）2%，w（Fe）6%，w（Si）6%）

yapp 卷边装订

yard ①码（英美长度单位，1码=3英尺=0.914 4 m）②院子，场地，工（作）场，工厂，制造〔堆置，停车，露天〕场，仓库，（铁路）车场，露天场③把…堆垛，库藏

conditioning ~ （锭，坯）修整工段，清理工段，整锭〔坯〕场

dressing ~ 修整工段，清整工段，整锭场，整坯场

fabricating ~ 施工现场，安装场地

formation ~ 装配车间

hump ~ （铁路）驼峰调车场

inspecting ~ （锭，坯）检查工段

junk ~ 废料场

marker ~ 堆场

mo(u)ld ~ 整模间，整模场

naval ~ 造船厂，海军工厂

ore ~ 矿场

scrap ~ 废料场

shipbuilding ~ 造船厂

shipping ~ 成品发运工段

slab ~ 扁（钢）坯堆置场，板坯仓库，板材车间，轧板厂

square ~ 平方码（1平方码=0.836 m^2）

stock ~ 原料场，原料间，贮矿场

summit ~ 驼峰调车坊，调车场

yardage 用码测的长度，码数，平方码数，以立方码计的容积，（英制）土方数

yarder 集材机，蒸汽集材机，（木材）堆垛机，集材绞盘机

yardman 场地工作人员，调度员

yardstick 码尺，尺度，标准，衡量的标准，衡量尺度

yardwand 码尺（指直尺）

yare 轻快的，容易操纵的，操纵灵敏的

yarn 线，纱

glass ~ 玻璃丝

jute ~ 黄麻线，电缆黄麻包皮线

rope ~ 钢索股绳

spun ~ 细油麻绳，细〔精纺〕纱

yaw 偏转，偏摆，偏航（角），侧滑（角），（垂直尾翼的）迎角，左右摇摆，摇动，起泡沫

angle of ~ 偏航角，（船舶）首摇角

yawer 偏航控制器，方向舵，偏航操纵机构

yawhead 偏航传感器

yawing 偏航（飞行），左右摇摆，船头摆摇，艏摇，偏摇〔转〕，（漂浮物）绕垂直轴摆动

yawl 双桅帆艇，舰载小艇，水雷艇

yawmeter 偏转仪，测向〔偏航，偏流〕计

yawn 间隙，缝隙，不密合，开口，裂口

Y-axis Y轴，Y轴线，纵坐标轴

Y-azimuth 基准方向角

Y-bend ①二叉，Y形管，分叉弯头，三通管②Y形接合

Y-block Y形试块，楔形试块

Y-branch 分叉管，Y形支管

Y-channel Y信道

Y-connection 星形联结，Y形联结，三通管接头，分叉管接

Y-coordinate Y坐标，纵坐标

Y-cut Y切割，Y形割（法）

Y-delta starter Y-△形联结起动器，星形-三角形起动器

year 年

anomalistic ~ 近点年（365日6时13分53.1秒）

calendar ~ 历年，日历年度

financial ~ 会计年度，财政年度

fiscal ~ 财政〔会计〕年度

high flow ~ 丰水年

light ~ 光年

origin ~ 基年

sidereal ~ 恒星年

solar ~ 太阳年

tropical ~ 回归年

year-book 年鉴，年报

yeastiness 起泡，发酵

Yehudi 指向标触发发射机

yellow 黄的，变黄

brown ~ 褐黄色，棕黄色
faint ~ 淡黄色
light ~ 淡黄
zinc ~ 锌黄粉

yellowing 泛黄

yes-or-no-mark 是或否符号

yield ①产额，产〔流，发电，熔化，回收〕量②（回）收率，效率，生产能力③容量，当量④二次放射系数⑤屈服（点），极限⑥弯曲，凹进⑦供给，产生，引出，得到，击穿，产生
~ of counter 计数器效率
~ of radiation 辐射强度
~ per pass 每次收率，运转一次的收率
bit ~ 存储单元
casting ~ 实收率（铸件的）
chip ~ 芯片成品率
circuit ~ 电路成品率，电路合格率
compressive ~ 压缩屈服点
counting ~ 读数，计算效率〔产品，产额〕
cumulative chain ~ 链式反应累计产额
delayed ~ 延迟屈服，变形滞后
ductile ~ 延性屈服
electron affinity ~ 电子亲和率
extraction ~ 提取率，实收率
fluorescence ~ 荧光效应〔产额〕
g ~ g 产额（每吸收 100 eV 能量时产生或转化分子数目）
ionization ~ 电离率
light ~ 光输出
maximum ~ 屈服上限
minimum ~ 屈服下限
overall ~ 总回收率
photoelectric ~ 光电子产额，光电灵敏度
plastic ~ 塑变值，可塑流动性
post ~ 后屈服，继续屈服
power ~ 功率产额，（电解）电能效率
safe ~ 安全产量
secondary ~ 次级发射产额，二次发射系数
sharp ~ 明显屈服
specific ~ 单位产量，单位给水量
sputtering ~ 溅镀〔射〕率，溅射〔镀〕系数
tensile ~ 拉伸屈服
time ~ 短期蠕变试验（72 h）
ultimate ~ 最终收率
wool ~ 净毛率〔量〕

yieldability 可屈服性，沉陷性

yielding ①屈服（点）②易弯曲的，易受影响的，流动性的，沉陷（的），形〔生〕成，出产的，击穿的
macroscopic ~ 宏观屈服（过程）
reverse ~ 反向屈服
viscous ~ 黏性变形，黏性屈服（非晶质固体产生的分子间移动）

yield-weighted 按产额量度的

Y-intercept Y 截距

Y-intersection Y 形交叉（口）

Y-joint 分叉管接，Y 形接头

Y-junction Y 形接头，三通管接头，星形联结

Y-level Y 形〔活镜〕水准仪，华氏水准仪

Y-line Y 轴，Y 线，纵轴线

Y-matching Y 形匹配

Y-mill Y 形轧机（七辊冷轧机）

Y-moment （绕）Y（轴的）力矩

Y-motor 沿 Y 轴移动的发动机

Y-network Y 形网络，星形网络

yodowall 搪瓷面冷轧钢板

yoke ①轭，铁轭，支架，磁轭②座，刀杆吊架，叉，叉形件，拨叉，定位架，定心架③偏转系统，偏转线圈④磁头组，磁轮⑤离合杆，横舵柄，飞机操纵杆⑥卡箍，箍圈，护轨夹⑦结〔配〕合，联结
adjusting ~ 调节（刀杆）支架，调节拉杆，调整联杆
brush holder rocker ~ 刷握架座
calendar unlocking ~ 双历瞬跳杆
clutch ~ 离合器分离器，离合器拨叉
clutch slipper ~ 离合器拨叉
date unlocking ~ 日历瞬跳杆
deflection ~ 偏转系统〔线圈〕
die ~ 压模滑架
dual toroidal ~ 双环形偏转线圈
end ~ 端叉〔轭〕，万向接头叉，尾轭
field ~ 磁轭
fixed ~ 固定偏转系统
flared deflection ~ 扩展式〔喇叭式〕偏转系统，（电视）放宽图像的偏转系统
fly-back ~ 回零杆
frame ~ 磁轭（直流电动机的），机座磁轭
hog ~ 六分仪（俗名）
horizontal ~ 行偏转线圈
joint ~ （接头轴的）叉槽
long ~ 长偏转线圈
magnet(ic) ~ 磁轭，磁架，磁偏转系统〔线圈〕，定子机座（直流电动机的）

off-centering ~ （光栅的）偏心线圈
propeller shaft ~ （万向）传动轴叉
propeller shaft splined ~ 螺（旋）桨轴槽轭
release ~ 分离叉
return ~ 旁轭
rotor ~ 转子磁轭，转子铁心（水轮发电机的）
saddle (deflecting) ~ 鞍座轭，鞍形〔卷边〕偏转（线圈）系统
scanning ~ 偏转系统，扫描线圈
scotch ~ 止转棒轭，挡车轭，停车器轭
shifting ~ 拨叉，调档杆轭
sleeve ~ 套筒轭，滑叉
sliding ~ 滑叉，游动叉
solid ~ 实心磁轭
splined ~ 滑槽轭
square ~ 矩形磁偏转系统
steering ~ 转向头
swivel ~ 回转柄
television ~ 电视偏转系统
terminal ~ 蓄电池同性极板汇流条
tie down ~ 固定轭
towing ~ 拖轭，连接叉
vertical deflection ~ 场偏转线圈

Yoloy 铜镍低合金高强度钢（w（C）0.08%，w（Cu）0.9%，w（Ni）2%）

Yorcalbro （尤凯尔布柔）铝黄铜（w（Cu）75.96%，w（Zn）22%，w（Al）2%，w（As）0.04%）

Yorcalnic 铝镍青铜（w（Cu）91%，w（Al）7%，w（Ni）2%）

Y-piece 叉形肘管，Y形肘管，叉形件

Y-pipe 分叉管，Y形管

Y-plate Y轴薄板，垂直偏转板

Y-section 三通管接头，Y形接头（波导管），三角分线杆

Y-shaped 分叉形的，Y形的

Y-stay Y形拉线

Y-strut Y形支柱

Y-switch Y形道岔，双路道岔

Y-terminal Y信号输出端

Y-T-nozzle Y-T形喷嘴（同时向两个相反方向喷料）

Y-track Y形轨道，三叉形轨道

ytterbium 镱（Yb）

yttrium 钇（Yt）

yttrocrasite 钇钛钍矿

yttrogummite 钇铅铀矿

Y-tube Y形管，叉形管

Y-type Y形，叉形

Z

Z ①Z形②(第三个)未知数③原子(序)数④方位角⑤阻抗⑥相对黏度⑦断〔截〕面模量⑧轮胎侧壁标志(该种轮胎最大允许车速为300km/h)⑨Z值(数控加工Mastercam软件中的命令辅助菜单)

zaffer 钴蓝釉，氧化钴(钴矿焙烧产物)

Z-alloy Z合金,铝轴承合金(w(Al)93%,w(Ni)6.5%，w(Ti)0.5%)

ZAM (=zinc alloy for antifriction metal) 电动机电枢用合金，锌基轴承合金(w(Zn)95%，w(Al)4%，w(Cu)1%)

Zamak (扎马克)压铸〔锻〕锌合金(w(Al)3.5%～4.5%,w(Cu)2.5%～3.5%,w(Fe)0%～0.1%，w(Mg)0%～0.5%，w(Cd)、w(Sn)等< 0.5%，其余Zn)

Zamium 扎密阿姆镍铬合金(w(Ni)60%，w(Cr)40%，少量Mn、W)

Z-angle Z形角铁

zapon 硝化纤维清漆，硝基清漆

Z-armature Z形衔铁

Z-axis Z轴，Z轴线，(晶体的)光轴

Z-bar Z字形钢〔铁〕，Z(字)条

Z-beam Z字钢，Z字梁

Z-calender Z型压延机

Z-code Z电码，Z编码

Z-connection Z形接线，曲折接法

Z-coordinate Z坐标

Z-crank Z字曲柄

Z-cut Z截〔切〕割(垂直于Y轴的晶体截割法)

zebra ①斑马，有斑马一样斑纹的②单枪彩色电视显像管③小型电子计算机

zed Z形铁〔钢，铁钎〕

zee ①Z字形的，Z形的②(pl.)Z〔乙〕字形钢

Zeiss ①蔡斯厂(德国)②蔡斯透镜

Zelco 泽尔科锌铝合金，铝焊料(w(Zn)83%，w(Al)15%，w(Cu)2%)

zelling 零长导轨发射

zellon 四氯乙烯，泽隆塑料

zenith 顶点，绝顶，最高点，顶峰

Zeo-karb 阳离子交换树脂

zeolite (泡)沸石
  artificial ～ 人造沸石(分子筛)

Zeolox 分析纯级分子筛

Zeo-Sorb 工业纯级分子筛

Zephyr (=Zero Energy Fast Reactor)(英国)零功率快中子反应堆

Zeppelin 齐伯林飞船

zerk 加油嘴

zero ①零，零度〔点，位〕，冰点②坐标起点〔零点〕，计算起点③最低点④无⑤调零⑥对准目标⑦(云幕高度)小于50英尺(15.24 m)，(能见度)小于165英尺(50.292 m)
  absolute ～ 热力学温度零度(−273.15 ℃)
  balance ～ 天平零位
  binary ～ 二进制零
  center ～ 零位在中间
  distinct ～ 相异〔不等，不重复〕零点
  electrical ～ 电零位
  end ～ 结束区
  false ～ 虚零点
  fat ～ 富〔胖，肥〕零
  floating ～ 浮动零〔原〕点
  grid ～ 零点矫正
  inferred ～ 刻度外的零点
  leading ～ 先行零，前补零
  left-hand ～ 左边零
  live ～ 非零最小输出(数字输出为0时，模拟电流输出的最小值)
  mechanical ～ 机械零位，机工零点
  minus ～ 负零
  negative ～ 负零
  nonsignificant ～ 无效零，无意义零
  plus ～ 正零
  positive ～ 正零
  scale ～ 刻度零点
  simple ～ 一阶零点，单零点
  suppress ～ “封锁零”指令，去零，消零
  suppressed ～ ①校正零点②无零点的刻度不从零点开始的
  time ～ 计时起点，时间零点
  trailing ～ 后补零
  true ～ 真零点
  vernier ～ 游标零点

zero-address 零地址

zeroaxial 通过零点的，过坐标原点的

zero-beat 零拍〔差〕
zero-bias 零偏压
zero-cross 过零
zero-decrement ①零衰减量②无衰减的
zero-decrementzero-detection 检“零”
zeroed 试射过的，检查过的，调到零处的
zero-error 零位误差
zerofill 填零，补零
zero-free 无零点的
zero-g 失重状态，零重力
zerograph 打字电报机
zerography 干印术，一种早期电报
zero-guy 杆间水平拉线
zero-hour 预定行动开始时间
zero-in 归零校正，瞄准具校正
zero-incidence 零冲角，零攻角
zeroing 定零点，零位调整，调零点，零动作
zero-initial 零起点偏压
zeroize 补零，填零
zero-leak 不漏的，无漏泄的
zero-level 起点级，零（能）级，零电平
zerolling 0℃以下的辊压，零下温度压延加工，低温轧制
zero-mark 零位记号，零点刻度，零米标高
zero-point ①零〔原，起〕点②（温度）零度，致死临界温度
zero-pressure 零压，无压力的
zero-sequence 零序
zeroset 零偏距
zero-signal 无信号，零信号
zero-slip 零位滑移
zero-sum 零和，一方得益引起另一方相应损失的
zero-suppression 消零，去零
zero-test 零位试验
zeroth （第）零的
zeroth-order 零次〔级，阶〕
zero-time 起始瞬间，零时
zero-voltage 零电压
zero-working 零下加工
zero-zero 零视度（的），没有视程的，咫尺莫辨的，云层很低和能见度极差的
zestocautery 蒸汽烙管，蒸汽烙器
Zet meter 拉丝模圆柱孔长度测量表
Zeta （=Zero Energy Thermonuclear Assembly）泽塔（零功率热核装置）
Zeta-potential Z 电势，Z 电位，ζ 电位
Zetonia 泽托尼阿铅锑锡合金（德国轴承合金）
Zeuto 双测量范围的 α 粒子计数管
Z-gun 防空导弹发射架
Zicral 兹克铝合金，高强度铝合金（*w*（Zn）7% ～ 9%，*w*（Mg）1.5% ～ 3%，*w*（Cu）1% ~ 2%，*w*（Cr）< 0.4%，*w*（Mn）0.1% ~ 0.7%，*w*（Si）0.7%，其余 Al）
zig 锯齿形转角，改变方向，急转
zigzag ①之字线，盘旋线② Z 字形的，曲折的，锯齿形的
Zilarit 齐拉里特熔铸制品（*w*（Cu）1%，*w*（Mn）< 0.25%，*w*（Cd）< 0.8%，*w*（Mg）0.1%，少量 Pb，其余 Zn）
Zilloy 齐洛伊锻造锌基合金
Zimal 齐马尔锌基合金（*w*（Al）4% ~ 4.3%，*w*（Cu）2.5% ～ 3.3%，*w*（Mn）< 0.15%，*w*（Cd）0.01%，*w*（Pb）< 0.2%，其余 Zn）
Zimalium 齐马铝合金（*w*（Al）70% ~ 93%，*w*（Mg）4% ～ 11%，*w*（Zn）3% ～ 20%），齐马铝镁锌合金
zinc 锌（Zn）
carbon ~ 碳化锌
leaded ~ 含铅氧化锌，含铅锌白
liquated ~ 熔析（后的）锌
sheet ~ 锌板，白铁皮
slab ~ 锌板，扁锌锭
white ~ 锌白，氧化锌
zincate 锌酸盐
zinc-bearing 含锌的
zincblende 闪锌矿
zinc-coated 镀锌的
zinc-crust 锌壳，银锌壳
zincic （含）锌的
zinciferous 含锌的
zincification 加〔镀，包，渗〕锌，锌腐蚀，锌饱和
zincify 在…上镀锌，在…中加锌，在…上包锌
zincilate 锌渣，含锌粉
zincing 镀锌
zincite 红锌矿，氧化锌
zincity 镀锌
zincode （电池的）锌极，（电池的）阳极，负极
zincograph 锌版（画，印刷品），制锌版
zincography 制锌版（术），锌版印刷术
zincoid （似）锌的，像锌版的
zincolith 白色颜料，锌白
zincotype 锌版（画，印刷品）
zincous 含锌的，（电池）阳极的
zing （发）尖啸声

Zinkalium 津卡锌铝合金（w(Zn)12%,w(Cu)3%, w(Al)85%）
zinkify 包锌，镀锌
zinking 包锌，镀锌
Zinn 齐恩锡基轴承合金（w(Sn)99%,w(Pb)0.7%, w(Cu)0.3%）
Zinnal 双面包锡双金属轧制耐蚀铝板
zinnober 朱砂，辰砂
zinnwaldite 铁锂云母
Z-intercept Z截距
zip ①拉链②（录像带）快速走带（前进或后退）③（发）尖啸声④（=zip code）用五位号码划分美国邮区的制度，划分美国邮区的五位号码
Photon ~ 自动照相排字机〔商品名〕
zip-fastener 拉链，拉锁
zipper ①拉链，拉锁②闪光环
zircaloy 锆锡合金（w(Sn)1.5%），（海绵）锆合金
zircite 氧化锆
zircon 锆（英）石，锆土
zirconia （二）氧化锆，锆土〔氧，砂〕
zirconite （灰棕色）锆石
zirconium 锆（Zr）
Zirkonal 泽科纳尔铝合金（w(Cu)15%,w(Mn)8%, w(Si) $<$ 0.5%，其余Al）
Z-iron ①Z字形铁〔钢〕②防裂铁钉
Zirtan 锆碳（烧结）合金，泽坦碳化锆烧结合金
Zisium 兹西高强度铝合金（w(Zn)15%, w(Cu)1% ~ 3%, w(Sn)0% ~ 1%, w(Al)82% ~ 83%）
Ziskon 兹司康铝锌合金（w(Al)25% ~ 33%, w(Zn)67% ~ 75%）
Z-lay 右捻
Z-meter 阻抗表，Z表
Z-motor 沿Z轴移动的电动机
zoccola 柱脚，座石
Z-odd 奇Z的，Z为奇数的
Zodiac 左迪阿克铜镍锌合金（电阻合金）（w(Cu)64%, w(Ni)20%, w(Zn)16%）
zodiac 黄道带
zoetrope 活动转轮
zonal 区域的，带状的，地区性的
zonary 带（状）的，成带的
zonate 带状的，有条纹的
zonation 成〔环，分地〕带
zone ①区，区域，范围，段，带，区段，存储区②晶〔地，色，谱〕带，色区③层④环绕⑤三行区（穿孔卡顶部的三行）
~ of ambiguity 不定区
~ of fire 射界
~ of preparation 预热带（高炉的）
~ of silence “静”区
~ of silence marker “静”区指点标
~ of zero slip 零位滑移区，粘着区
active ~ 工作范围，作用〔活性，有效〕区，作用范围
afterfiring ~ 后烧段（带式烧结机的）
air cooling ~ 空气冷却区
anacoustic ~ 静区，无声区
bi-signal ~ 等强信号区，双信号区
Brillouin ~ 布里渊区（域）
calcining ~ 煅烧带，烧成带
carburization ~ 碳化层
cementation ~ 渗碳层
clearance ~ 容身区
clinkering ~ 熔结带
columnar ~ 柱状结晶区
combustion ~ 燃烧区，燃烧带
comfort ~ 适宜室温（范围）
commutating ~ 换向区，整流带
condensing ~ 凝汽区
conversion ~ 反应层
current-limiting ~ 限流范围
danger ~ 危险地带，危险地区
dead ~ 空〔滞，盲，静，不变，无电〕区，恒域，不工作区，死空间，不灵敏区，死区（电波不能到达的地区）
Decca ~ 台卡导航区
denuded ~ 剥蚀区，无析出区
desuperheating ~ 过热蒸汽冷却区
diffusion ~ 扩散层（热处理）
dilution ~ 掺混区
discharge ~ 卸料区
dispersion ~ 散布区，散布椭圆
dot ~ 点状熔区
drain cooling ~ 疏水冷却区
drying ~ 滤干区
eddy ~ 涡流区
electrode ~ 电极区域
fade ~ 盲〔静，消失，衰落〕区
feeding ~ 补缩距离
fiber to the ~ 光纤到小区
filtering ~ 过滤区
flat-temperature ~ 恒温区
fluxing ~ 助熔区

forbidden ~ 禁区
frigid ~ 寒带，冻结带
fusion ~ 熔化带，母材熔合区（焊接的）
grain refined ~ 再结晶区
Guinier-Preston ~ ①纪尼埃普斯顿区（铝铜合金时效组织的 G-P 区）②（溶质原子）聚集层
hard ~ 硬化区
heater condensing ~ 加热器凝汽区
holding ~ （炉子）保温段
homogenizing ~ 均化段
hunting ~ 搜索范围，摆动区，摆动幅度，猎振带
intermediate ~ 过滤〔中介，二次燃烧〕区
listening ~ 听音区
loading ~ 装卸区
lobby ~ 底层区
maximum ~ of expulsion 最大排气范围
melt ~ 熔融段
network information and time ~ （通信）网络信息和时区
neutral ~ 无控制作用的参数范围，中间区，中立层，中性区，中性带
non-toothed ~ 非齿区域
normalized ~ 正火区
null ~ 无效区
outer ~ 边缘，表面层
overheated ~ 过热区
oxide depletion ~ 氧化物稀薄区
pickling ~ 酸洗工段
pitch ~ 节面
plus ~ 正号区，加号区
preheating ~ 预热区，初步供暖区
primary combustion ~ 主燃区，一次燃烧区
primary skip ~ 第一次跳越区（短波传播的）
projected tolerance ~ 延伸公差带
rain-climatic ~ 雨区
reaction ~ 反应区，（反应堆）活性区
recirculating ~ 回流区
reduction ~ 还原带，还原区
refined ~ 再结晶区，回火区
retaining ~ 同步区域
reversal ~ 反转区，负变位灵敏度区
rim ~ （沸腾钢的）边缘带
rough ~ 粗切区
rupture ~ 龟裂区
secondary combustion ~ 辅燃区，二次燃烧区，延燃区
service application ~ 常用制动区
shear ~ 剪切带，剪切区
shrinking ~ 收缩区
sintering ~ （回转窑的）烧结带
skip ~ （跳）越区，静区
smelting ~ 熔化层
soaking ~ 均热区，均热带，保温段
spherical ~ 球面带
spillover ~ （电波）溢出区
spray ~ 喷雾（二次）冷却区
stagnant ~ 难变形区，黏滞区
stall ~ 失速区
stick ~ 黏着区
telephone trunk ~ 长途电话电路段
temperate ~ 温带
tolerance ~ 公差带
tooling ~ 刀具调整区域
transition ~ 飞越区
twilight ~ 半阴影区，微明区，边缘地区，（难于明确划界的）过渡区
uniform temperature ~ 均温区
washing ~ 洗涤区
wave ~ 波带，波段
weld ~ 焊缝区
weld metal ~ 焊接金属熔化区
zero correlation ~ （通信）零相关区
zero-signal ~ 无信号区
heat-affected ~ 热影响区
zone-bundle 晶带束
zone-leveled 区域匀化的
zone-melting 区域熔炼〔化〕
floating ~ 浮区熔融
magnetic suspension ~ 磁悬区域熔炼
single-pass ~ 一次通过区域熔炼
zone-perturbation 区域扰动
zone-plate 同心圆绕射板，波带〔域〕片
zoner 区域提纯器
tariff ~ 收费率区分器
zone-refine 区熔提纯
zone-segregation 熔区偏析
zoning ①分区，分区制，区域制②区域精炼，分区取样③透镜天线相位波前修整
air ~ 分段送风，分区送风
zoom ①图像电子放大②将电视摄像机迅速移向目标物③连续变焦系统，变焦距④（连轧钢带时的）增速⑤陡直上升，攒升⑥（发）嗡嗡声（而动）⑦等比放缩

~ in 电视摄像机移向目标物

~ out 电视摄像机移离目标物

automatic stand by ~ 自动备用变焦

power ~ 电动变焦

zoomar 可变焦距透镜系统（电视）

studio ~ 可变焦距物镜

zoomfinder 可变焦距录像器

zooming ①图像电子放大，快速聚焦②（飞机利用）动能攒升

automatic ~ 自动变焦

electronic ~ 电子图像变焦（取景效果类似变焦镜头）

zoomlens 变焦镜头

macro ~ 拍照用变焦镜头，大的快速变焦镜头

Zorite 左利特镍铬铁合金（*w*（Ni）35%，*w*（Cr）15%，*w*（Mn）1.75%，*w*（C）0.5%，其余 Fe）

Z-partitions 零分区

Z-section Z 形截面

Z-steel Z 字形钢

Z-SUB 零减法指令

Z-time 格林尼治平均时，世界时

Z-transform Z 变换

Z-twist 右捻

zulu 通信中代表字母 Z 的词

Zuni “祖尼人”式火箭

Z-winding 顺时针方向绕法

zwitterion 两性〔阴阳〕离子

zyglo 荧光探伤器，荧光透视法

zygote 接合子

缩 写 词

以字母排序。字母序相同时：先排大写者；先排带有符号者。

A = ammeter 安培计，电流计
= ampere(s) 安培
= amplifier 放大器
= absolute address 绝对地址

AA = acquisition aiding 帮助截获
= adaptive array 自调谐天线阵，自适应阵列
= artificial antenna 仿真天线
= autoanalyzer 自动分析器
= automatic answer 自动应答

AAA = American Automobile Association 美国汽车协会

AAAI = American Association for Artificial Intelligence 美国人工智能协会

AAAS = American Academy of Arts and Sciences 美国科学技术研究院
= American Association for the Advancement of Science 美国科学促进会，美国科学发展协会

AABM = Association of American Battery Manufacturers 美国蓄电池制造商协会

AAC = All American Cable and Radio Company 全美电缆无线电公司
= automatic autocollimator 自动自准直仪
= automatic amplitude control 自动振幅控制
= automatic aperture control 自动（光学）孔径控制

AACA = Automotive Air Conditioning Association 汽车空调协会（美）

AACC = American Automatic Control Council 美国自动控制委员会

AACI = American Association for Conservation Information 美国信息储备协会

AADL = architecture analysis and design language 架构分析与设计语言

AADS = automatic aircraft diagnostic system 飞机自动识别系统

AAE = American Association of Engineers 美国工程师协会

AAEE = American Association of Electrical Engineers 美国电气工程师协会

AAHDS = American Association of Health Data Systems 美国健康数据系统协会

AAL = absolute assembly language 机器汇编语言

AAM = asymmetric amplitude modulation 不对称调幅

AAME = American Association of Microprocessor Engineers 美国微处理机工程师协会

AAN = all area network 全域网
= auto associative network 自联想网络

AAP = associative array processor 相联阵列处理机

AAPS = advanced automotive power system 高级汽车动力系统

AAR = Association of American Railroads 美国铁路协会
= automatic address recognition 自动地址识别

AAS = advanced antenna system 高级天线系统
= American Astronautical Society 美国宇宙航行学会
= atomic absorption spectrophotometry 原子吸收分光光度法（原子吸收光谱）
= Australian Academy of Sciences 澳大利亚科学院
= automatic addressing system 自动访问〔寻址〕系统
= automatic adjusting suspension （汽车）自动调整悬架

AASE = Association for Applied Solar Energy 应用太阳能协会
AASW = American Association of Scientific Workers 美国科学工作者协会
AATS = active antitheft system （汽车）主动式防盗系统
AAU = angular accelerometer unit 角加速计装置
AAW = air-acetylene welding 空气乙炔焊
AB = address bus 地址总线
= airbag （汽车）安全气囊
= air blast 鼓风
= anchor bolt 锚栓，系紧螺栓
= angle bar 角材〔钢，铁〕
= annealed in box 箱中退火
Ab = air-break 空气断路器
ABB = air-blast circuit breaker 空气吹弧断路器
= automatic back bias 自动反偏压
ABC = American Broadcasting Company 美国广播公司
= automatic bandwidth control 自动带宽控制
= automatic beam control 自动射束控制
= automatic bias compensation 自动偏压补偿
= automatic bias control 自动偏压控制
= automatic binary computer 自动二进制计算机
= automatic boiler control 锅炉自动控制（调节）
= automatic brake control 自动刹车控制（系统）
= automatic brightness control 自动亮度控制
ABCC = automatic brightness contrast control 自动亮度对比度调整
ABCD = air bag collapsible dash 装有安全气囊的（驾驶室）前壁（围）
ABCM = anti-lock brake control module 防抱死制动控制模块
ABCS = automatic broadcasting control system 自动广播控制系统
ABDL = automatic binary data link 自动二进制数据链路
ABEC = Annular Bearing Engineers Committee 环形轴承工程师委员会（美）
ABES = aerospace business environment simulator (Lockheed) 航空空间工作环境仿真器（洛克希德公司）
ABETS = airborne beacon electronic test set 飞机信标电子试验装置
ABF = aggregate breaking force （钢丝绳）钢丝破断拉力总和
ABL = Atlas basic language 阿特拉斯计算机的基本语言
= automatic brightness limiter 自动亮度限制器
ABLP = adaptive binary load program(me) 适应二进制负载的程序
ABM = ablation meter 烧蚀表
= automatic batch mixing 自动批量混合
ABMTM = Associated British Machine Tool Makers 英国机床制造业协会
ABOBA = asynchronous bidirectional optical branching amplifier 不对称双向光支路放大器
ABP = air brake proportioning (valves) 空气制动比例分配（阀）
ABRS = air bag restraint system （汽车）安全气囊式乘员保护系统
ABS = air break switch 空气断路开关
= American Broadcasting System 美国广播系统
= American Bureau of Shipping 美国海运局
= American Bureau of Standard(s) 美国标准局
= anti-lock braking system 防抱死制动系统
= anti-skid braking system 防滑制动系统

	= anti-slip braking system 防滑制动系统
Abs	= abstract 摘要，提要，简介，文摘，概括，概述
abs E	= absolute error 绝对误差
ABSIE	= American Broadcast System in Europe 美国的欧洲广播系统
ABSV	= air bypass solenoid valve 空气旁通电磁阀
ABSw	= air-break switch （有灭弧角的）空气断路器
ABT	= air blast transformer 风冷（式）变压器
	= ATM block transfer 异步传输方式分组传送，ATM 块转移
ABV	= automatic bleed valve 自动排气阀
AC	= air compressor 空气压缩机
	= air conditioning 空气调节
	= absorption coefficient 吸收系数
	= access control 存取控制（器）
	= adaptive control(ler) 自适应控制（装置，器）
	= address counter 地址计数器
	= aerial current 天线电流
	= aerodynamic center 空气动力中心
	= air cool 空气冷却
	= alternating component 交流成分
	= alternating current 交流（电）
	= analog(ue) computer 模拟计算机
	= automatic clutch 自动离合器
	= automatic computer 自动计算机
	= automatic control 自动控制
	= axial centrifugal 轴向离心式
Ac	= accumulator 蓄电池，储能器，（计算机）累加器
	= actinium 锕
ACA	= adaptive channel allocation 自适应信道分配
	= adjacent channel attenuation 邻信道衰减
	= American Communication Association 美国通信协会
	= American Cryptogram Association 美国密码技术协会
	= automatic circuit analyzer 自动电路分析器
ACAM	= augmented content addressed memory 可扩充的内容定址存储器
ACAR	= alumin(i)um-conductor-alloy-reinforced 加强铝合金导线
ACARS	= aircraft communication addressing and reporting system 飞机通信与寻址报告系统，飞机通信、寻址和报告系统
ACAS	= airborne collision avoidance system 空中防撞系统
ACAV	= automatic circuit analyzer and verifier 自动电路分析检验器
ACB	= adapter control block 衔接器控制块，自适应控制器
	= air circuit breaker 空气断路器
ACC	= adaptive cruise control 自适应巡航控制装置
	= air control center 空中〔气〕操纵中心
	= aircraft carrier 航空母舰
	= automatic chrominance control 自动色品控制
	= automatic colo(u)r control 自动彩色〔色度〕控制
	= automatic combustion control 自动燃烧控制
Acc	= accelerator 加速器，加速踏板，计算机加速键
acc	= accumulating register 累加寄存器

	= accumulator 蓄电池，储能电路，蓄能器，蓄压器，储存器，累加器
ACCAP	= autocoder to COBOL conversion-aid program(me) 自动编码语言转换成COBOL语言的辅助程序
ACCC	= Ad Hoc Committee for Competitive Communications 通信招标特设委员会(美)
ACCEL	= automated circuit card etching layout 自动电路插件腐蚀设计
ACCESS	= automatic computer-controlled electronic scanning system 计算机控制的自动电子扫描系统
ACCS	= automatic check-out & control system 自动检查和控制系统
ACCW	= alternating current continuous waves 交流等幅〔连续〕波
ACD	= automatic call distribution 自动呼叫分配
	= automatic contour digitizer 自动等深线数字转换器
ACDMA	= asynchronous code division multiple access 异步码分多址
ACE	= actuator control electronics 致动器控制电子器件
	= advanced concepts evaluation 先进概念评估
	= air conditioning equipment 空气调节设备
	= analog(ue) circuit engineering 模拟电路工程
	= assistant chief engineer 副总工程师
	= autodiagnosis car expert 汽车自动诊断专家，汽车自动诊断程序
	= automatic calling equipment 自动呼叫装置
	= automatic checkout equipment 自动检测设备
	= automatic computing equipment 自动计算机，自动计算装置
ACEC	= Advisory Commission on Electronic Commerce 电子商务咨询委员会（美国）
ACES	= automatic checkout and evaluation system 自动检测和估算系统
ACF	= anisotropic conductive films （微联结）各向异性导电薄膜
	= autocorrelation function 自相关函数
ACFG	= automatic continuous function generator 自动连续函数发生器
ACft	= aircraft 飞机，飞行器
ACG	= automatic control gear 自动控制〔换档〕装置
ACH	= acceleration-cancelling hydrophone 加速补偿水听器
	= average cost per effort hour 每小时的平均成本
ACHS	= automatic check-out system 自动检验系统，自动检查系统
ACI	= adjacent channel interference 相邻信道干扰
	= American Casting Institute 美国铸造研究所
	= annealed cast iron 退火铸铁
ACIA	= asynchronous communication interface adapter 异步通信接口转接器〔适配器〕
ACID	= automatic classification and interpretation of data 数据自动分类与整理
ACIM	= axis-crossing interval meter 交轴频程计
ACIS	= acoustic control induction system 声控进气系统
ACK	= ATM communication key ATM 通信密钥
	= automatic colour killer 自动消色器
ack	= acknowledge 传送结束的信号，肯定，承认，确认，承认〔告知，宣布〕收到
	= acknowledge character （信息）收到的符号，肯定字符
ACL	= advanced CMOS logic 高级 CMOS 逻辑
	= aeronautical computer laboratory 航空计算机实验室
	= Atlas Computer Laboratory 阿特拉斯计算机实验室
	= automatic contrast limiter 自动对比度限制器
ACM	= air bag control module 安全气囊控制模块
	= air circle machine 空气循环机

= air-sac control module 安全气囊控制模块
= asbestos covered metal 包石棉金属
= Association for Computing Machinery 计算机协会（美）
= audio control module 音响控制模块

Acme = Acme (screw) thread （英制）梯形螺纹（顶角为 29°）

ACMP = alternating current motor pump 交流电动泵

ACMS = aircraft condition monitoring system 空中状态监测系统

ACN = Arpa Computer Network 阿帕计算机网

A & CO = assembly and checkout 装配和测试〔检验，调整，校正〕

ACO = adaptive control optimization 最优适应控制，自适应最优控制

ACOE = automatic checkout equipment 自动检测〔调整〕装置

ACOM = automatic coding machine 自动编码机

ACORE = automatic checkout and recording equipment 自动检查与记录设备

ACOS = application control operating system 应用控制操作系统
= automatic coding system 自动编码系统

acoust int = acoustical intelligence （计算机）声学智能

ACP = acid converter process 酸性转炉炼钢法
= auxiliary control panel 辅助控制仪表板

ACPA = association of computer programmers and analysts 计算机程序员和分析员协会

ACPI = advanced configuration power interface 高级配置电源接口

ACPU = auxiliary computer power unit 计算机辅助电源

ACR = abandon call and retry 放弃呼叫并重试
= accumulator register 累加寄存器
= automatic card reader 自动读卡机
= automatic character recognition 自动字符识别
= automatic current regulator 自动电流调节器

ACRC = additional cycle redundancy check 附加的循环冗余码校验

ACRE = automatic checkout and readiness equipment 自动检查和准备装置

AC REL = alternating-current relay 交流继电器

ACS = absolute coordinate system 绝对坐标系
= air circle system 空气循环系统
= alignment countdown set 校准计时装置
= alternating current synchronous 交流同步
= American Ceramic Society 美国陶瓷学会
= American Chemical Society 美国化学学会
= accumulator switch 蓄电池转换开关
= audio communication system 音频通信系统
= Australian Computer Society 澳大利亚计算机学会
= automatic check-out system 自动检查系统
= automatic control system 自动控制系统

ACSE = association control service element 联系控制服务单元

ACS-O = access opening 检修孔，人孔

ACSP = AC spark plug 交流火花塞

ACSR = alumin(i)um cable〔conductor〕steel reinforced 钢芯铝（绞）线

ACSS = analog(ue) computer subsystem 模拟计算机子系统

ACT4 = active torque split 4-wheel-drive 电子控制前后轴转矩可变分配式四轮驱动

ACT = advanced composites technology 先进复合技术
= algebraic compiler and translator 代数编译程序和翻译程序

= anti-comet-tail 消彗星尾光（电子枪）
= automatic circuit tester 自动电路测试机
= automatic code translation 自动代码翻译
= automatic control transportation （美）交通自动控制系统，自动化控制运输系统

ACTE = automatic checkout test equipment 自动检查试验装置，自动测试装置
ACTRAN = autocoder-to-COBOL translator 自动编码语言翻译成 COBOL 语言的翻译程序
act std = actual standard 实际标准，现行标准
ACU = accelerator control unit 加速调节器，加速控制部件
= add control unit 加法控制部件
= arithmetic and control unit 运算控制器
= association of computer users 计算机用户协会
= automatic calling unit 自动呼叫装置

ACV = air cushion vehicle 气垫车辆
= automatic control valve 自动控制阀

ACW = AC continuous wave 交流等幅波
A-D = analog(ue) to digital 模拟 / 数字
AD = address decoder 地址解码器
= advanced development 试制（样机，样品）
= aerodynamic decelerator 气动力减速器
= air dry cell 空气干电池
= ASTIA (Armed Service Technical Information Agency) Documents 美国军事技术情报局科技文献报告，AD 报告
= automatic detection 自动探测，自动检波
= avalanche diode 雪崩二极管
= average deviation 平均偏差，平均漂移

ad = anode 阳极
ADA = action data automation system 数字资料自动化系统
= address adder 地址加法器
= angular differentiating accelerometer 角微分加速度计
= automatic data acquisition 自动数据获取装置〔采集程序〕
= British Action Data Automation System 英国数字资料自动化系统

ADAC = analog(ue)-digital-analog(ue) converter 模拟 - 数字 - 模拟转换器
ADAMS = advanced data management system 高级数据处理系统
ADAPS = automatic display and plotting system 自动显示及绘图系统
ADAPSO = Association of Data Processing Service Organizations 数据处理服务组织协会（美）
ADAPTS = analog(ue)-digital-analog(ue) process and test system 模拟 - 数字 - 模拟处理和检测系统
ADAS = automatic data acquisition system 自动数据测取系统，自动数据采集系统
ADAT = automatic data accumulator and transfer 自动数据累加器和传送器
ADB = Apollo Data Bank 阿波罗数据库
ADC = analog(ue) to digital converter 模拟 - 数字转换器，模 - 数转换器
= automatic degaussing circuit 自动消磁电路
= automatic drive control 自动驱动装置

ADCCP = advanced data communication control procedure 高级数据通信规程
ADCIS = Association for the Development of Computer-Based Instruction System 计算机辅助教学系统研究〔发展〕协会
ADCN = access delivery communication network 接入投送通信网

ADD = abstracts of declassified documents 解密文献文摘（美）
= analog(ue) data digitizer 模拟数据数字化器
= automated diagram drafting 自动化绘图
ADDAR = automatic digital data acquisition and recording 自动数字数据收集和记录(系统)
ADDAS = automatic digital data assembly system 自动数字数据汇编系统
ADDCON = address constant 地址常数
ADDER = automatic digital data error recorder 自动数字 - 数据 - 误差记录仪
ADDT = all digital data type 全数字数据磁带
= automatic dynamic Doppler tester 自动动态多普勒试验器
ADE = alphanumeric display equipment 字母数字显示设备
= automated design engineering 自动设计工程
ADEPT = algebraic and differential equations processor and translator 代数与微分方程处理程序与翻译程序
= automatic data extractor and plotting table 自动数据提取及制表〔绘图〕(程序，板)
ADES = automatic digital encoding system 自动数字编码系统
ADESS = automatic data editing and switching system （观测）资料自动编辑中继装置
ADF = air direction finder 空中定向仪
= automatic direction finder 自动定向机 / 机载自动定向设备
ADFE = automatic direction finding equipment 自动测向装置
ADFR = automatic direction finder remote-controlled 遥控自动测向仪
ADG = automatic degaussing 自动退磁，自动消磁
ADHS = automatic data handling system 自动数据处理系统
ADI = alternating direction iterative 交替方向迭代法
= attitude director indicator 姿态指引指示器
ADIRS = air data inertial reference system 大气数据惯性基准系统
ADIS = automatic digital interchange system 自动数字交换系统
ADIT = analog(ue)-digital integrating translator 模拟 - 数字集成转换器
adj = adjustment 对准，匹配，调整，调节，校正，校准
adj sp = adjustable speed 可调速率
ADL = acceptable defect level 容许缺陷〔合格〕标准
= application development language 应用开发语言
= automatic data line 自动数据传输线
ADM = acoustic digital memory 声数字存储器
= adaptive delta modulation 自适应增量调制
= add-drop multiplexer 分插式多路复用器，上、下线多路复用器
= augment data manipulator 扩充数据操纵器
= automated data management 自动数据管理
= automatic drafting machine 自动制图机
ADMIS = automatic data management information system 自动数据管理信息系统
ADMS = autolog database management system 自动记录数据库的管理系统
ADMSC = automatic digital message switching center 自动数字报文转换中心
ADNET = administration data network 管理数据网络
ADoE = adaptive design of experiment 适应性设计试验
ADOLIS = automatic digital on-line instruments system 自动数字联机（工作）仪器系统
ADP = acoustic data processor 声数据处理机，声数据处理程序
= adapter 转接器，衔接器
= air driven pump 空气驱动泵

= assembly detail purchased part　组装详图（购得部分）
= associative data processing　相联数据处理
= automatic data processing　自动数据处理（系统）
= automatic diagnostic program　自动诊断程序

ADPC　= automatic data processing center　自动数据处理中心

ADPCM　= adaptive differential pulse code modulation　自适应差分脉冲编码调制

ADPE　= automatic data-processing equipment　自动数据处理装置

ADPP　= automatic data-processing program(me)　自动数据处理程序

ADPS　= automatic data-processing system　自动数据处理系统
= automatic display and plotting system　自动显示及作图系统
= auxiliary data processing system　辅助数据处理系统

ADPSC　= automatic dataprocessing service center　自动数据处理服务中心

ADR　= add register　加法寄存器
= analog(ue)-digital recorder　模拟 - 数字记录器
= application-dependent route　应用相关路由

ADRAC　= active disturbance rejection adaptive control　自抗扰自适应控制
= automatic digital recording and control　自动数字记录及控制

ADRC　= active disturbance rejection control　自抗扰控制

ADRS　= analog(ue)-to-digital recording system　模拟 - 数字记录系统

Adrs　= address　地址

ADS　= adaptive damping system　自适应阻尼系统
= address display subsystem　地址显示子系统
= advanced distributed simulation　先进分布式仿真技术
= application data store　数据应用层
= application data structure　应用数据结构
= Association of Diesel Specialists　柴油机专家协会（美）
= automatic dependent surveillance　自动相关监视
= automatic digital switch　自动数字开关
= automatic door seal　舱门自动封闭，自动门闩
= automatic drawing system　自动绘图机

ads　= address　地址

ADS-A　= automatic dependent surveillance-address　寻址式自动相关监视

ADS-B　= automatic dependent surveillance-broadcast　广播式自动相关监视

ADS-C　= automatic dependent surveillance-contract　合约式自动相关监视

ADSL　= asymmetric digital subscriber line　非对称数字用户线路

ADSN　= automatic dial switching network　自动拨号交换网络

ADSS　= all dielectric self-supporting cable　无金属自承式光缆
= automatic data switching system　自动数据转接系统

ADT　= audio data track　音频数据轨迹
= automatic data translator　自动数据翻译程序〔译码器〕

ADTAC　= automatic digital tracking analyzer computer　自动数字跟踪分析计算机

ADU　= automatic dial(l)ing unit　自动拨号机

ADX　= automatic data exchanger　自动数据交换机〔系统〕

AE　= absolute error　绝对误差
= address-enable　地址启动
= angle of elevation　仰角
= animation editor　动画编辑器
= arithmetic element　运算元件

= assistant engineer 助理工程师
= auto exposure 自动曝光，自动确定曝光程序功能
= auxiliary engine 辅助发动机
AEA = all electric aircraft 全电飞机
= American Engineering Association 美国工程协会
AEC = automotive emission control 汽车排放物控制
AECM = airbag electronic control module （汽车）安全气囊电子控制模块
AED = automatic engineering design 自动化工程设计
AEDS = automatic engineering design system 自动化工程设计系统
AEEC = Airline Electronic Engineering Committee 航空电子技术〔工程〕委员会
AEEP = automotive energy efficiency program(me) 汽车能效计算程序
AEI = Associated Electrical Industries 联合电气工业公司（英）
= azimuth error indicator 方位误差指示器
A/ELR = auto/emergency locking retractor （汽车安全带）自动紧急锁止式卷收器
AEM = analytical electron microscope 分析（用）电子显微镜
= Association of Electronic Manufacturers 电子制造商协会
AEMT = Association of Electrical Machinery Trades 电机贸易协会（英）
AEOD = acousto-electro-optical device 声电光器件
AERA = American Electric Railway Association 美国电气铁道协会
AES = American Electrochemical Society 美国电化学学会
= American Electromechanical Society 美国机电学会
= American Electronic Society 美国电子学会
= American Electroplaters'Society 美国电镀工作者协会
= American Engine Society 美国发动机学会
= Audio Engineering Society 音频工程协会（美）
AESC = American Engineering Standards Committee 美国工程标准委员会
aesu = absolute electrostatic unit 绝对静电单位
AETS = automatic engine test system 发动机自动测试系统
AF = accuracy figure 精度等级
= audio frequency 音频
= auto focus 自动对焦
= automatic following 自动跟踪
= axial flow 轴向流动
Af = full annealing 全退火
AFA = American Foundrymen's Association 美国铸造工作者协会
= audio-frequency amplifier 音频放大器
= audio-frequency analyzer 音频分析仪
= audio-frequency apparatus 音频设备
AFB = antifriction bearing 减摩轴承
AFC = acceleration feedback control 加速度反馈控制
= air fuel control 空（气）燃（油）比调节装置
= audio-frequency change 音频变换
= audio-frequency choke 音〔低〕频扼流圈
= audio-frequency coder 音频编码器
= automatic fidelity control 自动逼真度控制
= automatic following control 自动跟踪控制
= automatic frequency control 自动频率微调〔控制〕
AFCAL = Association Francaise de Calcul 〈法〉法国计算协会

AFCET = French Association for Economic and Technical Cybernetics 法国经济和工程控制论协会
AFCO = automatic fuel cutoff 自动停止输送燃料
AFCS = automatic flight control system 自动飞行控制系统
AFD = air/fuel distribution （多缸发动机中）空 / 燃比分配情况
AFE = automobile fuel economy 汽车燃油经济性
AFER = air-fuel equivalence ratio 空气 - 燃油当量比
AFG = analog(ue) function generator 模拟函数发生器
= audio-frequency generator 音频发生器
AFI = Association Francaise des Informaticiens 〈法〉法国情报者协会
= authority and format identifier 权力和格式标识
AFIP = American Federation for Information Processing 美国信息处理联合会
AFIPS = American Federation of Information Processing Societies 美国信息处理学会联合会
AFIS = automated fingerprint identification system 自动指纹鉴定系统
AFM = antifrictional metal 减摩金属
= automatic fault finding and maintenance 自动故障探测和维护
AF/MF = automatic focusing/manual focusing 自动聚焦 / 手动聚焦
AFR = acceptable failure rate 容许故障率
= air-fuel ratio 空气 - 燃油混合比
AFS = American Foundrymen's Society 美国铸工学会
AFSG = audio-frequency signal generator 音频信号发生器
AFSIM = advanced framework for simulation, integration and modeling 先进仿真、集成、建模平台
AFT = abnormal false test 异常假测试
= acceptance functional test 验收性能试验
= audio-frequency transformer 音〔低〕频变压器
= automatic fine tuning 自动微调
= automatic frequency tuner 自动频率调谐器
AFWC = automatic feed water control 自动供水控制
AG = Aerojet-General Corporation （美国）航空喷气发动机通用公司
= air gap 空气（间）隙
= air ga(u)ge 气压表
= alternating gradient 交变梯度
= and gate 与门
Ag = silver 银
AGC = automatic gain control 自动增益控制〔调整〕
= automatic ga(u)ge control 自动（钢板锻压）厚度控制
= automatic ga(u)ge controller 自动测量调整装置
AGD = axial gear differential 轴向齿轮传动差速器
AGDS = American Ga(u)ge Design Standard 美国卡规〔量测仪表〕设计标准
AGED = advisory group on electronic devices 电子设备咨询组
AGEP = advisory group on electronic parts 电子零件咨询组
AGILE = automatic general information learning equipment 自动通用信息学习装置
AGO = automotive gas oil 汽车用柴油
AGP = accelerated graphics port 加速图形端口
= advanced graphic processing 高级图形处理
AGREE = advisory group on reliability of electronic equipment 电子设备可靠性咨询组

AGS	= alternating gradient synchrotron 交变磁场梯度同步加速器，变梯度回旋加速器
	= application graphics system 应用图形系统
	= automatic gain stabilization 自动增益稳定
	= automatic grease lubrication system 自动润滑脂润滑系统
AGV	= automated guided vehicle 自动制导车辆，自动导引小车
AGVS	= automatically guided vehicle system 自动搬运车系统，车辆自动导向系统
	= automatic guided vehicle system 车辆自动导向系统
AH	= access hole 人〔检查，交通〕孔
ah	= ampere-hour 安（培小）时
ahm	= ampere-hour meter 安（培小）时计
AHPL	= a hardware programming language 硬件编码语言，ALPHA 语言
AHPS	= auxiliary hydraulic power supply 辅助水力〔电〕供应，液压动力
AHS	= advanced cruise-assist highway system （汽车）先进巡航辅助道路系统
	= American Helicopter Society 美国直升机学会
AHVC	= automatic high-voltage control 自动高电压控制
AHW	= atomic hydrogen welding 原子氢焊
AI	= artificial intelligence 人工智能
	= automatic input 自动输入，自动装入
	= azimuth indicator 方位指示器
AIC	= abnormal input cause 异常输入原因
AICC	= autonomous intelligent cruise control （汽车）自主式智能巡航控制
AICE	= American Institute of Chemical Engineers 美国化学工程师协会
	= American Institute of Consulting Engineers 美国顾问工程师协会
AID	= Agency for International Development 国际开发署（美）
	= applications interface devices 应用接口设备
	= auto interactive design 交互式自动设计
AIDA	= automatic intelligent defect analysis 自动智能缺陷分析
AIDS	= advanced integrated data system 高级综合数据系统
	= advanced interactive dispaly system 高级人机对话型显示系统
AIEE	= American Institute of Electrical Engineers 美国电气工程师学会
	= American Institute of Electronic Engineers 美国电子工程师学会
AIEEE	= American Institute of Electrical and Electronic Engineers 美国电气电子工程师学会
AIG	= address indicating group 地址指示组
AIIE	= American Institute of Industrial Engineers 美国工业工程师协会
AIL	= artificial intelligence language 人工智能语言
AIM	= advanced interactive microcomputer 先进的交互式微型计算机
AIME	= American Institute of Mechanical Engineers 美国机械工程师协会
AIN	= advanced intelligent network 高级智能网络
AIP	= American Institute of Physics 美国物理学会
AIPS	= average instructions per second 平均每秒指令数
AIR	= aerospace information report 航空航天信息报告
AIRE	= American Institute of Radio Engineers 美国无线电工程师学会
AIRS	= automatic information retrieval system 自动情报〔信息〕检索系统
AIS	= advanced information sheet 先期情报
	= artificial intelligence shift （汽车）人工智能换档
	= Association of Industrial Scientists 工业科学工作者协会（美）
AISI	= American Iron and Steel Institute 美国钢铁学会
AIT	= automatic information test 自动信息试验〔检测〕

= average instruction time 平均指令时间
AIU = aircraft interface unit 飞机接口单元
AIV = air inlet valve 进气阀
AJ = alloy junction 合金结
= anti-jamming 抗干扰
= assembly jig 装配架，装配夹具
AJA = air jet attrition （化油器）空气量孔磨损
AJBO = anti-jamming blockout 防止人为干扰的设备
AJD = anti-jamming display 反干扰显示器
AK = adaptation kit 成套配合件〔配件箱〕
AL = air lock 气锁〔闸，塞，栓〕，风闸
= ANSI Label 美国国家标准学会标号
= audio left 左声道
= autolean mixture 自动贫油混合气
= auto loader 自动装卸机，自动装料车
Al = alumin(i)um 铝
ALARC = association for library automation research communication 图书馆自动化研究通信协会
Al B = alumin(i)um bronze 铝青铜
ALB = antilock brake （汽车）防抱死制动（系统）
AlBC = alumin(i)um bronze casting 铸铝青铜
ALBD = automatic load balancing device 载荷自动平衡装置
ALC = automatic level control 自动电平控制
= automatic light compensation 自动光补偿，自动辉光校正
= automatic light control 自动光亮调整
= automatic load control 自动负载控制
AlC = alumin(i)um casting 铝铸件
ALCIN = Alcatel intelligent network 阿尔卡特智能网
ALCOM = algebraic compiler 代数编译程序
= algebraic computer 代数计算机
= ALGOL compiler 算法语言编译程序
ALD = automated logic diagram 自动逻辑图
ALDL = assembly line diagnostic link 跳接总成线连接线
AlEC = artificial intelligence error correcting 人工智能纠错技术
ALERT = automatic logging electronic reporting and telemetering 自动记录电子报告及遥测技术
ALFC = automatic local frequency control 自动本机频率控制
ALGOL = algebraic oriented language 代数排列语言，面向代数语言
= algorithmic language 算法语言
ALIT = automatic line insulation tester 自动线路绝缘测试机
ALM = arm lock magnet 臂联锁磁铁
= augmented Lagrange method 增广拉格朗日乘子法
ALni = alloyed nickel steel 镍合金钢
ALP = automated learning process 自动学习过程
ALPS = advanced linear programming system 高级线性规划系统
ALPURCOMS = all purpose communications system （美国军用能传送电话、电报、传真等的）全能通信系统
ALR = automatic load regulator 自动负载调节器

ALRIT	= adaptive long range infrared tracker 自适应远距红外跟踪器
ALRS	= arithmetic logic register stack 算术逻辑寄存器栈
AlSi	= alumin(i)um silicon 硅铝合金
ALT	= automatic link transfer 自动链接转换
ALTAC	= algebraic translator and compiler 代数翻译程序及编译程序
ALTARE	= automatic logic testing and recording equipment 自动逻辑试验及记录装置
ALTREC	= automatic life testing and recording of electronic components 自动电子元件寿命试验和记录
ALU	= arithmetic and logic unit 运算器，（算术及逻辑）运算部件，运算单元
aly stl	= alloy steel 合金钢
A / M	= auto / manual 自动 / 手动
	= auto/manual,automatic/manual 自动 / 手动
AM	= address mark 地址标记
	= add to memory 加到存储器内
	= agile manufacturing 敏捷制造
	= air material 航空材料
	= amplitude modulation 调幅，幅度调制
	= angular momentum 角动量
	= associative memory 相联〔内容定址〕存储（器）
	= auxiliary memory 辅助存储器
Am	= americium 镅
am	= ampere-meter 安培计，电流表
AMA	= American Management Association 美国管理协会
	= automatic message accounting 自动通话（次数）计算，自动信息计算
AMB	= autonomous mobile robot 智能移动自控设备平台，智能移动机器人
AMBIT / L	= acronym may be ignored totally language AMBIT / L 语言
AMC	= alarm monitor computer 报警监视器计算机
	= automatic message counting 自动通话〔信息〕计算
	= automatic mixture control 自动混合控制（器）
	= automatic modulation control 自动调制控制
AMD	= advance manufacturing directive （关于）制造（的）先期指示
	= auxiliary memory drum 辅助存储磁鼓
AM-DSB	= amplitude modulation double sideband 双边带调幅
AME	= angle measuring equipment 测〔量〕角装置
Amer Std	= American standard 美国标准
AMFC	= adaptive model following control 自适应模型跟踪控制
AMFIS	= American Microfilm Information Society 美国缩微胶片信息学会
AMFM	= amplitude modulation/frequency modulation (receiver) 调幅 / 调频（接收机）
AMG	= automatic magnetic guidance 自动磁性制导
AMHS	= automatic message handling system 自动处理电报装置，自动信息处理系统
AMI	= approximate model inversion 近似模型反演
AMK	= ATM master key ATM 主密钥
AML	= array machine language 阵列机语言
AMM	= aircraft maintenance manual 飞机维护手册
Am NIT	= ammonium nitrate 硝酸铵
AMOS	= anodized metal-oxide-semiconductor 阳极处理的金属氧化物半导体
	= avalanche injection metal-oxide-semiconductor 雪崩注入金属氧化物半导体
	= avalanche injection type MOS memory 雪崩注入型 MOS 存储器

AMP = access module processor 存取模块处理器
amp = ampere 安培
amph trk = amphibian truck 水陆两用载货汽车
Am Phys Soc = American Physical Society 美国物理学会
amp in = amplifier input 放大器输入端
amp out = amplifier output 放大器输出端
AMPP = advanced micro-programmable processor 高级微程序处理机
AMPS = advanced mobile phone service 高级移动电话业务
= advanced mobile phone system 高级移动电话系统
AMR = automatic message registering 自动电文〔信息〕记录
AMS = attitude measuring subsystem 姿态测量子系统
= automatic music sensor 自动音乐传感器
AM-SSB = amplitude modulation single sideband 单边带调幅
AMT = advanced manufacturing technology 先进制造技术
= automated manual transmission 机械式自动变速器
= automatic mechanical transmission 机械式自动变速器
AMTEC = automatic time element compensator 自动延时补偿器
AMTI = automatic moving-target indicator 活动目标自动显示器
AMTICS = advanced mobile traffic information & communication system 先进的汽车交通信息与通信系统
AMU = antenna matching unit 天线匹配器
= atomic mass unit 原子质量单位
= auxiliary memory unit 辅助存储器
AMX = automatic message exchange 自动信息交换机
AN = access network 接入网
= access node 存取节点，访问节点
An = annealed in nitrogen 在氮中退火
= athenium 钘（现为 einsteinium，锿，Es）
= normal atmosphere 标准大气压
ANACOM = analog(ue) computer 模拟计算机
ANATRAN = analog(ue) translator 模拟译码〔转换〕器
ANC = abnormal network cause 异常网络原因
= automatic noise canceller 自动噪声消除器（电路），自动除噪器
ANC-NO = automobile noise creteria number 汽车噪声判断的标准〔规范〕值
ANDAS = automatic navigation and data acquisition system 自动导航和数据汇集系统
ANF = anchored filament 固定灯丝
ANG = angle bar 角铁，角材
ANI = automatic number identification 发信号码的自动识别装置，自动数字识别，自动号码识别（电话）
ANL = Argonne National Laboratory 阿贡国家实验室
= automatic noise limiter 自动噪声限制器
ANN = artificial neural network 人工神经网络
AnnR = annual review in automatic programming 自动化程序设计年鉴
anod = anodize 阳极电镀
ANPT = aeronautical national pipe taper 航空用锥管螺纹
= aeronautical national taper pipe threads 国家标准航空用锥形管螺纹
ANRS = automatic noise reduction system 自动降噪系统
ANS = alternate navigation system 备用导航系统

	= American National Standards　美国国家标准
	= American Nuclear Society　美国原子学会
	= anti-noise system　防噪声系统
	= automatic noise suppressor　自动噪声抑制器
ANSC	= American National Standards Committee　美国国家标准委员会
ANSI	= American National Standards Institute　美国国家标准协会
antilog	= antilogarithm　反对数
an wt	= actual net weight　实际净重
AO	= access opening　检修孔，人孔，出入孔
	= amplifier output　放大器输出（端）
	= assembly order　（计算机）汇编指令
	= automated office　自动化办公室
AOA	= angels of attack　进攻角度
	= angle of arrival　到达角度
A-O ampl	= AND-OR amplifier　“与 - 或”放大器
AOB	= angle of bank　侧倾〔倾斜〕角
AOC	= airline operation center　航班运行中心
	= air oil cooler　空气油冷却器
	= all optical communication　全光通信
	= automatic output control　自动输出控制（器）
	= automatic overload control　自动过载控制
AOCR	= advanced optical character reader　高级光符阅读器
AOET	= automatic overdrive electronic transmission　（汽车）带超速档的电子控制自动变速器
AOG	= augmented operator grammar　扩充算符文法
	= automated onboard gravimeter　船上自动重力仪
AOH	= acid open-hearth　酸性平炉
AOI	= and-or-invert　与 - 或 - 非
AOIV	= automatically operated inlet valve　自动操作进给阀
AOM	= add one to memory　加一存储
AON	= active optical network　有源光网
AOP	= automatic operations panel　自动操作仪表板
	= auxiliary oil pump　辅助油泵
AOPS	= automatic operation and scheduling programs　自动操作和调度程序
AOQ	= average outgoing quality　平均抽检质量
AOQL	= average outgoing quality limit　平均抽检质量界限
AOS	= add-or-subtract　加或减
AOSP	= automatic operating and scheduling program(me)　自动操作和调度程序
AOU	= azimuth orientation unit　方位定向装置
AOV	= automatically operated valve　自动操纵阀
AP	= access panel　观测台，观察板
	= American Patent　美国专利
	= anomalous propagation　不规则传播
	= A-pole　A 形杆
	= arithmetical progression　算术〔等差〕级数
	= array processor　数组处理机，阵列处理机
	= automatic programming　自动程序设计
	= autopilot　自动驾驶仪

APADS = automatic programming and data system　自动程序设计和数据系统
APAR = automatic programming and recording　自动程序设计和记录（系统）
APAREL = a parse-request language　语法分析请求语言（PL / 1语言的扩充，可提供 BNF 的分析能力）
APATS = automatic programming and test system　自动程序设计和试验系统
A / PC = autopilot capsule　自动驾驶仪舱
APC = adaptive predictive coding　自适应预测编码
= adjustable-pressure conveyer　调压输送机
= advanced proceed control　先进控制
= American Power Conference　美国动力会议
= automatic pallet changer　（数控机床）随行夹具自动更换装置
= automatic part changer　（数控机床）自动工件交换装置
= automatic phase control　自动相位控制
= automatic power control　自动功率控制
= automatic program(me) control　自动程序控制
APChE = automatic programed checkout equipment　自动程序测试设备
APCM = adaptive pulse code modulation　自适应脉码调制
APCN = Asia-Pacific Network　亚洲太平洋网
APCS = air photographic and charting service　空中照相和制图工作
= automatic position control system　自动位置控制系统
A / P CTL = autopilot control unit　自动驾驶仪控制装置
APD = angular position digitizer　角位置数字转换器
= avalanche photodiode　雪崩光电二极管
APDA = auxiliary pump drive assembly　辅助泵传动机组
APDU = application protocol data unit　应用协议数据单位
APE = automatic phase editing　自动相位校正
= automatic positioning equipment　自动定位装置
APECS = adaptive pattern-recognition electronic computer system　自适应模式识别电子计算机系统
APF = all-plastic optical fiber　全塑料光纤
API = accurate position indicator　精确位置显示器
= American Petroleum Institute　美国石油学会
= application program(me) interface　应用程序接口
APIC = automatic programming information center　自动程序设计情报中心
APICS = American Production and Inventroy Control Society　美国产品及库存控制学会
= applied physics laboratory　应用物理实验室
APL = a programming language　APL 语言，程序设计语言
= associative programming language　组合程序设计语言
= average picture level　平均图像电平
a pl = armo(u)r-plate　甲板，铁板，装甲
APM = automatic programming machine　自动程序设计机
APMP = alumin(i)um powder metallurgy product　烧结铝粉制品
APMT = Asia-Pacific mobile telecommunications　亚太卫星移动通信系统
APN = Asia Pacific Network　亚洲太平洋网
APOF = all-plastic optical fiber　全塑光纤
APON = ATM passive optical network　异步传输方式无源光网，ATM 无源光网
APOTA = automatic positioning of telemetering antenna　遥测天线的自动定位
APP = auxiliary power plant　辅助电站，辅助动力站

app　= apparatus　仪表，仪器，装置，器件，设备，工具
　= application　应用，（计算机）应用程序
AP POI　= autopilot positioning indicator　自动驾驶仪上的位置指示器
APR　= antenna pattern recorder　天线辐射图记录器
　= automatic pattern recognition　自动模式识别，自动图形识别
APRS　= automatic production record system　自动化生产记录系统
APS　= accelerator pedal position sensor　（汽车）加速踏板位置传感器
　= accessory power supply　辅助电〔能〕源
　= American Physical Society　美国物理学会
　= assembly programming system　汇编程序设计系统
　= automatic phase shifter　自动移相器
　= automatic phase synchronization　自动相位同步
　= automatic protection switching　自动保护开关
　= automatic protect switching　自动保护切换
　= auxiliary power system　辅助电源系统
APSA　= automatic particle size analyzer　自动粒度分析器
APSE　= automatic programming and scaling of equation　方程的自动程序设计及比例换算语言
apsi　= amperes per square inch　安（培）/ 英寸 ^{2}（1 安（培）/ 英寸 ^{2}=0.155 A / cm^2）
APSP　= atmospheric pollution simulation program　大气污染模拟试验程序
APSS　= automatic program search system　自动节目搜索系统
APT　= analog program tape　模拟程序磁带
　= automatically programmed tools　（数控机床）刀具数控程序自动编制系统，自动程序编制器，自动编程语言，APT 程序，刀具自动数控程序，自动程序控制工具
　= automatic picture transmission　自动图像传输
APTCS　= automatic picture transmission camera system　图像自动传送照相系统
APTMS　= adaptive power and thermal management system　自适应动力与热管理系统
APTS　= automatic picture transmission system　自动图像传输系统
APU　= automatic program(me) units　自动程序设计器
　= auxiliary power unit　辅助电源设备，辅助动力装置
APUHS　= automatic program(me) units (high-speed)　自动高速程序设计器
APULS　= automatic program(me) units (low-speed)　自动低速程序设计器
APV　= all purpose vehicle　多用途车辆
AQI　= air quality index　空气质量指数
AQL　= acceptable quality level　合格质量标准，容许品质等级
A / R　= accession / report number　索取或报告号
　= action and / or reply (control system)　（控制系统）动作“与”/“或”答复
A & R　= assembly and recycle　组装与再循环
AR　= acceptance requirements　验收要求，接收规格
　= activity report　活〔行〕动报告
　= address register　地址寄存器
　= analytical reagent　分析试剂
　= aspect ratio　展弦比
　= autorich mixture　自动富化燃烧混合物
Ar　= argon　氩
ARA　= American Radio Association　美国无线电协会
　= American Railway Association　美国铁路协会

ARAC = array reduction analysis circuit 阵列简化分析电路
ARB = APChE relay box 自动程序检查装置继电器箱
ARC = adaptive robust control 自适应鲁棒控制
= antireflection coating （隐形）防反射涂层，抗〔防〕反射敷层
= antivirus research center 防（计算机）病毒研究中心
= automatically repaired computer 自动修复计算机
= automatic range control 自动距离控制
= automatic ratio control 自动比率控制
= automatic relay calculator 自动继电器式计算器
= automatic relay computer 自动继电器计算机
= automatic remote control 自动遥控
ARCH = articulated computing hierarchy system 分级计算机系统
arc / w = arc weld 电弧焊，电弧熔接
ARD = advanced research division 远景研究部
ARDA = analog(ue) recording dynamic analyzer 模拟记录动态分析器〔仪〕
ARGUS = automatic routine generating and updating system 自动程序生成和更新系统
ARINC = aeronautical radio incorporated 航空无线电联合公司
ARL = acceptable reliability level 容许可靠性程序，可靠性合格标准
ARM = automatic route management 自动销路管理程序
ARMA = auto-regression and moving average（model）自回归滑动平均（模型）
= autoregressive moving average 自回归移动平均
ARMIS = automatic recording management information system 自动记录管理信息系统
ARMS = automotive retail management system 汽车零售管理系统
ARO = automatic range only 自动测距仪
ARP = address resolution protocol 地址转换〔识别〕协议
= autofocus radar projector 自动聚焦雷达发射装置〔投影仪〕
ARPA = Advanced Research Projects Agency 高级研究计划局（美国国防部的），远景研究规划局
ARPANET = Advanced Research Projects Agency Net 阿帕网（高级研究计划局的计算机网络名）
ARQ = automatic error request equipment 自动误差校正装置，自动错字检查订正装置
= automatic repeat request 自动重发请求，自动请求重发
ARQS = automatic repeat request system 自动请求重发（纠错）系统
ARR = antirepeat relay 反重发继电器
ARRA = announced retransmission random access protocol 通告重传随机访问协议
ARS = active repeater satellite 主动式〔现行式〕中继卫星
= automatic restraint system （汽车）自动约束系统（全气囊和自动拉紧安全带）
ARSB = anchored radio sonobuoy 锚泊无线电声呐浮标
ART = automatic range tracking 自动距离跟踪
= automatic reporting telephone 自动报告电话
ARTU = automatic range tracking unit 自动距离跟踪装置
ARU = audio response unit 答话器，语言应答设备
= automatic range unit 自动跟踪〔测距〕装置
AS = academy of science 科学院
= acoustic sensor 声学传感器
= adaptable system 自适应系统
= add-subtract 加 - 减，加减指令
= air scoop 空气收集器

	= air speed　空速，气流速率
	= American Standard　美国标准
	= ammeter switch　电流表开关
	= antenna assemblies　天线设备
	= automatic sprinkler　自动洒水器
	= automatic synchronizer　自动同步器
	= auxiliary storage　辅助存储器
As	= arsenic　砷
as	= assembler　（计算机）汇编程序
ASA	= American Standard(s) Association　美国标准化协会，美国度量衡制度协会
ASAE	= American Society of Automotive Engineers　美国机动车工程师学会
asb	= antishock body　抗震物体
ASBS	= anti-skid braking system　防滑制动系统
ASC	= American Standards Committee　美国标准委员会
	= analog signal converter　模拟信号转换器
	= automatic selectivity control　自动选择性控制
	= automatic sensibility control　自动灵敏度控制
	= auxiliary switch normally closed　辅助开关正常闭合
ASCC	= automatic sequence-controlled calculator　自动程序控制计算机
ASCENT	= assembly system for central processor　中央处理机的汇编系统
ASCII	= American Standard Code for Information Interchange　美国信息交换标准（代）码
ASCO	= automatic sustainer cut-off　主发动机自动停车
ASCS	= automatic stabilization and control system　自动稳定（和）控制系统
ASCU	= abort sensing control unit　（紧急）故障传感控制装置
ASD	= automatic synchronized discriminator　自动同步鉴别器
ASDM	= air bag system diagnostic module　气囊系统诊断模块
ASE	= Amalgamated Society of Engineers　工程师联合会
	= automatic stabilization equipment　自动稳定装置
	= automotive stirling engine　汽车用斯特林发动机
ASEA	= American Society of Engineers and Architects　美国工程师及建筑师学会
ASEP	= automatic sequence execution and processor　自动程序执行与处理机
ASESA	= Armed Services Electro-Standards Agency　军用电气标准局（美）
ASETC	= Armed Services Electron Tube Committee　军用电子管委员会（美）
ASFB	= application specific functional blocks　专用功能块
ASFIP	= accelerometer scale factor input panel　加速（度）表比例系数输入板
ASG	= auxiliary starter generator　辅助起动发电机
ASH	= armature shunt　电枢分路
ASI	= air speed indicator　空（气）速（度）指示器
ASIC	= application specific integrated circuit　专用集成电路
ASII	= American Science Information Institute　美国科学情报研究所
ASIM	= application specific integrated micromechanic　专用集成微型机械系统
	= application specific integrated microtransducer　专用集成传感器
ASIS	= abort sensing and implementation system　（紧急）故障传感和处理系统
	= alcohol safety interlock system　防止酒后驾驶联锁安全系统
	= American Society for Information Science　美国信息科学学会
ASIST	= advanced scientific instruments symbolic translator　先进科学仪器符号翻译程序
ASK	= applications software kit　成套应用软件，应用软件包
ASKA	= automatic system for kinematic analysis　自动运动学分析系统

ASL = applied science laboratory 应用科学实验室
ASLE = American Society of Lubricating Engineers 美国润滑工程师学会
ASLT = advanced solid(-state) logic technology 先进固体〔态〕逻辑技术〔工艺〕
ASM = algorithmic state machine 算法状态机
= American Society for Metals 美国金属学会
= association for systems management 系统管理协会
= auxiliary storage manager 辅助存储器管理程序
ASME = American Society of Mechanical Engineers 美国机械工程师学会
ASN = average sample number 平均取样数
ASNE = American Society of Naval Engineers 美国造船工程师学会
ASO = American Society for Oceanography 美国海洋学会
= auxiliary switch normally open 辅助开关正常断开
ASP = advanced support processor 先进的支援〔后援〕处理机
= American Society of Petroleum 美国石油学会
= American Society of Photogrammetry 美国照相测量学会
= antifriction self-lubricating plastics 减摩自润滑塑料
= application service provider 应用服务提供商
= attached support processor 附加的支援处理机
= automatic servo plotter 自动伺服制图机
= automatic switching panel 自动换接〔开关〕板
ASPER = assembly system for the peripheral processor 外围信息处理机的汇编系统
ASPOL = a simulation process-oriented language 面向模拟过程的语言
ASPP = alloy steel protective plating 合金钢保护电镀
ASPT = automatic system for positioning tools （数控机床）自动工具定位系统
ASR = advanced system research 远景系统研究
= airport surveillance radar 机场监视雷达
= anti-spin regulation 防滑转调节（系统）
= automatic sender-receiver 自动发送接收机
= automatic sprinkler riser 自动洒水器升液管
AS/RS = automated storage/retrieval system 自动化仓库
ASS = accessory supply system 附属供给系统
ASSET = aerothermodynamic-aerothermoelastic structure system enviromental test 气动热动力 - 气动热弹性结构系统环境试验
ASST = American Society for Steel Treating 美国钢处理学会
AST = American standard thread 美国标准螺纹
ASt = automatic starter 自动起动器
ASTAP = advanced statistical analysis program(me) 高级统计分析程序
ASTC = automatic steam-temperature control 自动蒸汽温度控制
ASTE = American Society of Tool Engineers 美国工具工程师学会
ASTIA = Armed Services Technical Information Agency 美国国防部技术情报局（后改为 Defence Documentation Center 国防文件中心）
ASTM = American Society for Testing Materials 美国材料试验学会
= American standard of testing materials 美国材料试验标准
= American standards test manual 美国标准试验手册
ASTME = American Society of Tool and Manufacturing Engineers 美国工具与制造工程师学会
ASTRA = advanced static test recording apparatus 先进的静态试验自动记录仪
ASU = altitude sensing unit 高度传感装置

= automatic synchronizing unit 自动同步装置
A-sub = atomic submarine 核潜艇
ASUSSR = Academy of Science of the USSR 苏联科学院
ASV = acceleration-switching valve 快速开关阀
= air solenoid valve 空气电磁阀
= angle stop valve 角断流阀，节流角阀
= automatic self-verification 自动自检验，自动核对
= automatic shutoff valve 自动关闭〔节流〕阀
= automatic speech verification (system) 自动语言识别（系统）
ASVC = advanced static VAr compensator 高级静态无功功率补偿器
ASW = American standard wire 美国线径规（不测钢线，铜线）
= auxiliary switch 辅助开关
AS & WG = American steel and wire ga(u)ge 美国线径规（包括钢丝线及其他金属线）
A & T = acceptance and transfer 验收与移交
AT = acceptance test 验收试验
= access time 存取〔选取，信息发送〕时间
= air temperature 空气温度
= ampere turn 安（培）匝
= angle of train 方向角，传导方位
= assemble and test 装配与测试
= automatic telephone 自动电话（机）
= autotransformer 自耦变压器
At = astatine 砹
at = atmosphere （标准）大气压（单位）
ATA = air turbine alternator 空气涡轮交流发电机
= atmosphere absolute 绝对大气压
ATAS = automatic terrain avoidance system 绝对高度自动控制仪
= automatic three-axis stabilization 自动三轴稳定
ATB = all trunks busy 全部占线
ATC = acoustical tile ceiling 吸声砖吊顶
= aerial tuning capacitor 天线调谐电容器
= air traffic control 空中交通管制
= automatic temperature compensator 自动温度补偿器
= automatic temperature controller 自动温度控制器
= automatic timing corrector 自动时间校正器
= automatic tone correction 自动音调调整
= automatic tool changer （数控机床）工具自动交换装置，刀具自动转位装置
= automatic traffic control 交通自动控制〔管理〕
= automatic train control 列车自动操纵〔控制〕，自动序列〔列车〕控制
= automatic tuning control 自动调谐
ATCRBS = air traffic control radar beacon system 空中交通管制雷达信标系统
ATCS = automatic train control system 自动列车管理系统，自动序列控制系统
ATD = analog(ue) to time to digital 模拟 - 时间 - 数字（转换）
= anthropomorphic test dummy 拟人试验模型
= average temperature difference 平均温度差
ATDC = after top dead center 在上止点后
ATDESA = automatic three-dimensional electronic scanned array 自动三维〔立体〕电子扫描阵列

ATDM = asynchronous time division multiplexing 异步时分多路方式
ATE = airframe test equipment 构架试验设备
= automatic test equipment 自动试验设备，自动测试设备
ATEC = automatic test equipment complex 自动测试综合设备
ATF = advanced tactical fighter 先进战术战斗机
= automatic transmission fluid 自动换排液，自动变速器油，自动传输液体
ATG = automatic test generator 自动测试生成程序
ATI = aerial tuning inductance 天线调谐电感
ATIS = automatic terminal information service 自动终端信息业务
ATL = automatic tape library 自动磁带库
= automatic turret lathe 自动转塔车床
ATLAS = abbreviated test language for “all” system 通用系统简略检测语言
ATM = aerial turning motor 转动天线的电动机
= air traffic management 空中交通管理
= air turbine motor 空气涡轮发动机
= asynchronous transfer mode 异步（通信）传输方式〔模式〕
= automatic teller machine 自动柜员机
atm = atmospheric pressure （标准）大气压
ATMARP = ATM address resolution protocol 异步传输方式地址转换协议，ATM 地址转换协议
ATM CO = automatic telephone manufacturing company 自动电话制造公司
ATMS = advanced terminal management system 先进终端管理系统
ATN = aeronautical telecommunication network 航空电信网
= augmented transition network 扩展转移网络
ATO = action technical order 动作技术指令
ATOL = automatic takeoff and landing 自动起飞与着陆
ATOM = automatic transmission of mail 邮件自动发送
ATP = advance test procedure 先期测试程序
ATPA = auxiliary turbopump assembly 辅助涡轮泵机组
ATR = anti transmitter receiver 能利用天线发送和接收的微波雷达装置，收发两用机〔雷达〕
ATRC = antitracking control 反跟踪操纵装置〔控制〕
= automatic temperature recorder controller 自动温度记录控制器
ATRU = auto transformer rectifier unit 自动转换放大单元，自耦整流变压器
ATS = administrative terminal system （自动，政府）管理终端系统
= application technology satellite 应用技术卫星
= augmented tracking system 增量控制系统
= automatic telephone set 自动电话机
= automatic test system 自动测试系统
= automatic throttle system 自动油门系统
= automatic tuning system 自动调谐系统
ATT = abnormal true test 异常真测试
= American Telephone and Telegraph Co. 美国电话电报公司
ATTC = automatic transmission test and control equipment 自动传输试验和控制设备
ATTRA = automatic tracking telemetry receiving antenna 自动跟踪遥测接收天线
ATU = auto transformer unit 自动转换单元，自耦变压器
= auxiliary test unit 辅助测试装置
ATV = aerodynamic test vehicle 空气动力试验工具

ATVM　= attenuator-thermoelement voltmeter　衰减器 - 热〔温差〕电偶式伏特计
AT / W　= atomic hydrogen weld　原子氢焊
ATW　= automatic tape winder　自动卷带机
ATWS　= automatic track while scanning　扫描时自动跟踪
ATWU　= antitheft warning unit　防盗报警装置
AU　= arithmetical unit　运算器，运算部件
　= auxiliary unit　辅助设备〔装置〕
Au　= aurum　金
AuCT　= auxiliary current transformer　辅助变流器，辅助电流互感器
aud l　= audio line　音频线路，实线电路
AuDL　= auto door lock　（汽车）自动门锁
aud snl　= audio signal　音频信号
AUI　= attachment unit interface　连接单元接口
AUnT　= automatic universal translator　自动通用翻译机
AuPT　= auxiliary potential transformer　辅助电压互感器
AuS　= auxiliary switch　辅助开关
AUSS　= advanced unmanned search system　新型无人调查系统
aut eq　= automatic equipment　自动装置〔设备〕
aut meas　= automatic measurement　自动测量
AUTOGRP　= automatic grouping system　自动分组系统
AUTOMAP　= automatic machining program(me)　自动机械加工程序（国际商业机器公司）
auto PIC　= auto personal identification code　自动人事鉴定代码，自动人员识别代码（国际商业机器公司）
auto pro MT　= automatic programming of machine tools　（数控）自动化机床控制程序，机床自动编程序（轮廓控制用数控语言）
AUTOPROS　= automated process planning system　自动生产计划系统
AUTOPSY　= automatic operating system　自动操纵系统
AUTO RECL　= automatic reclosing　自动再次接通，自动重新闭合，自动重合闸
AUTO-RETRO　= (sectional)auto-correlogram / retro-correlogram　（剖面）自相关 - 逆相关记录（程序名称）
auto S & CV　= automatic stop and check valve　自动截止止回阀
autoSPoT　= automatic system for positioning tools　（数控）机床点位自动控制系统，刀具自动定位系统
auto tran　= automatic translation system　（计算机）自动翻译系统
AUTOTRANS　= auto-transformer　自耦变压器
autovon　= automatic voice network　自动电话网
aut send　= automatic sender　记发器，自动发送器
　= automatic sending　自动发送（脉冲）
aut sign　= automatic signal　自动信号
　= automatic signal(l)ing　自动发射信号（设备）
aut tr　= automatic transmitter　自动发报机，快机
AV　= actual velocity　实际速度
　= air vent　空气出口
　= quadrotr fixed-wing hybrid unmanned aerial vehicle　回旋翼固定翼混合式无人机
Av　= annealed in vacuum　在真空中退火（的）
AVAC　= anode vacuum arc coating　阳极真空电弧镀膜
AVC　= aural and visual code　听觉和视觉信号编码
　= automatic voltage control　自动电压控制

= automatic volume control 自动音量〔响度〕控制
AVCS = advanced vehicle control system 先进汽车控制系统
= advanced vidicon camera system 高级光导摄像管摄影系统
AVD = active variable damper 主动变阻尼器
av(dp) = avoirdupois 常衡制（1 lb=16 英两的衡量制，1 lb=453.592 g）
AVE = automatic volume expansion 自动音量扩展
AVI = audio-video interface 音频视频接口
AVJ = anti-vibration joint 防振接头
AVL = angle versus length 角对长度
AVLN = automated vehicle location and navigation 自动车辆定位和导航
AVMS = automatic vehicle monitoring system 车辆自动监控系统
AVNL = automatic video noise leveling 视频噪声电平自动调整
AVO = ampere volt ohm 安伏欧
= avoid verbal orders 避免口头指示
AVPN = ATM virtual private network ATM 虚拟专用网
AVR = automatic voltage regulation 自动电压调整
= automatic voltage regulator 自动电压调节器
AVS = active variable stiffness(system) 主动变刚度（系统）
av w = average width 平均宽度
av wt = average weight 平均重量
A-W = address write 地址写入
= atomic weight 原子量
= automatic welding 自动熔〔焊〕接
= A-wire 甲线，A 线（电话），正线
AW = acid waste 酸性废物，废酸
AWB = automatic wheel-slip brake (control system) 车轮滑动〔移〕自动制动（控制系统）
AWC = absolute worst case 绝对最坏情况
AWF = all-wave fiber 全波光纤
AWG = American wire ga(u)ge 美国线规
AWI = American Welding Institute 美国焊接协会
AWL = average work load 平均工作负载
AWM = arc welding machine 电焊机，弧焊设备
AWO = accounting work order 计算工作指令
AWP = awaiting parts 维修用备件
awp = actual working pressure 实际工作压力
AWS = American war standards 美国战时标准
AWSE = Association of Western State Engineers 西方国家工程师协会
AWSO = assembly work schedule order 装配工作计划表顺序
AX FL = axial flow 轴向流动
AXODE = automatic overdrive electronic transaxle 超速（档）电子控制自动变速驱动桥
AZS = automatic zero set 自动调零（装置）
AZUSA = azimuth,speed,and altitude (ratio course directing set) 方位速度高度（无线电定向装置）
B = bel 贝尔（电平单位）
= boron 硼
b = barn 靶（恩）（核子有效截面单位，1 靶恩 =10^{-28} m^2）
BA = basic access 基本的访问
= binary add 二进制加，二进制加法指令

	= breathing apparatus 吸〔排〕气装置
	= bridge amplifier 桥式放大器
	= British Academy 英国研究院
	= British Airways 英国航空公司
	= bronze alloy 青铜合金
	= buffer amplifier 缓冲放大器
Ba	= barium 钡
Bab〔BaB，bab〕	= babbitt metal 巴比特合金，巴氏合金，轴承合金，白合金
BAC	= binary-anglog(ue) conversion 二进制模拟转换
	= binary asymmetric channel 二进制不对称信道
	= blood alcohol content （驾驶员）血液中酒精含量
BACE	= Basic Automatic Checkout Equipment 基本自动检验装置
BAH	= basic adaptive hardware 基本适配硬件
BAL	= basic assembler language 基本汇编语言
	= branch and linkage 转移与连接（指令）
BAL MOD	= balanced modulator 平衡调制器
bal tr	= balancing transformer 平衡变压器，平衡转换线圈
bal'un	= balanced-unbalanced transformer 平衡 - 不平衡变换〔变压，转换〕器，连接在平衡和不平衡线路之间的变压器
BAM	= broadcasting amplitude modulation 调幅广播
BAohm	= British Association ohm 英制欧姆（1 英制欧姆 =0.987 Ω）
BAP	= bank angle protection 坡度保护
	= basic assembler program(me) 基本汇编程序
BAR	= buffer address register 缓冲地址寄存器
BAS	= Bessemer acid steel 酸性转炉钢
	= block of assignment statement 赋值语句块
	= branch and store 转移和存储〔指令〕
	= building automatic system 楼宇自动化系统
BASIC	= beginner's all-purpose symbolic instruction code BASIC 语言（初学者通用符号指令码）
BASW	= bell alarm switch 警铃开关
BAT	= bandwidth allocation threshold 带宽分配阈
bat chg	= battery charging 蓄电池充电
Bathread	= British association screw thread 英国标准螺纹
BAU	= British association unit 英国标准单位
BB	= black body 黑体
	= booster battery 升压电池组
	= broadband 宽（频）带
	= budget bureau 预算局
	= busy bit 忙碌位
Bb	= babbitt metal 巴比特合金，巴氏合金，轴承合金，白合金
BBC	= British Broadcasting Corporation 英国广播公司
BBD	= bucket brigade device 庳斗式（电荷耦合）器件
BBM	= break-before-make 先开后关
B-box	= B-box 变址（数）寄存器，变地址寄存器
BBS	= building block system 积木式
BBT	= ball bearing torque 球轴承转矩
	= basal body temperature 基体温度

BBU = baseband unit　基带单元
BBz = bearing bronze　轴承青铜
BC = barium crown　（光学用）钠钙〔冕号，铬酸钡〕（玻璃）
= battery capacitor　闪光灯内的电容器
= bell cord　铃线
= between centers　中心间（距），轴间（距）
= binary code　二进制（代）码
= binary counter　二进制计算器
= board of control　控制板〔盘〕
= branch on condition　条件转移（指令）
= bronze casting　青铜铸件
BCB = battery check button　电池检验按钮
= broadcast band　广播波段
BCC = basic control code　基本控制码
= body-centered cubic (lattice,structure)　体心立方（晶格，结构）
BCD = base circle diameter　基圆直径
= binary coded decimal　二 - 十进制编码，二进制编码的十进制
= burst cartridge detection　释热元件损伤的探测
BCD / B = binary-coded decimal / binary　二 - 十进制 / 二进制
BCDP = battery control data processor　电池控制数据处理机
BCD / Q = binary-coded decimal / quaternary　二 - 十进制 / 四进制
BCFSK = binary code frequency shift keying　二进制码移频键控
BCH = binary coded Hollerith　霍勒斯二进代码
= binary-compatible Hollerith　与二进制兼容的霍勒斯码
= Bose-Chaudhuri-Hocquenghem (code)　博斯 - 查德胡里 - 霍昆格姆(纠错编码的)
BCI = brain-computer interface　脑机接口
= broadcast interference　广播干扰
BCM = basic call manager　基本呼叫管理程序
= battery control and monitor　电池控制和监控
BCN = broadband communication network　宽带通信网络
BCO = battery cutoff　电池电路自动断路器
= binary coded octal　二 - 八进制编码，二进制编码的八进制
= booster cutoff　助推器闭火
= bridge-cut-off (relay)　断桥（继电器）
BCOB = booster cutoff backup　备用助推器闭火系统
BCPL = bootstrap combined programming language　BCPL 语言，自展组合的程序设计语言
BCR = bar code reader　条形码读出器，条形码阅读器
BCRTS = binary coded range time signal　二进制编码的距离时间信号
BCS = basic control system　基本控制系统（微型计算机用的程序）
= British Computer Society　英国计算机学会
= bulk capacity storage　大容量存储器
BCT = body-centered tetragonal lattice　体心四方晶格〔格子〕
= bushing current transformer　环形〔套管式〕电流互感器，通心变流器
BCU = buffer control unit　缓冲控制器
= bus control unit　总线控制器
BCW = buffer control word　缓冲控制字
BD = backward diode　反向二极管

= binary decoder　二进制译码器
BDA　= booster-distribution amplifier　升压器分布放大器
BDAM　= basic direct access method　基本直接存取法
BDC　= binary decimal counter　二 - 十进制计数器
BDD　= binary-to-decimal decoder　二 - 十进制译码器
bd ft　= board foot　板英尺（1 平方英尺 ×1 英寸）（即为 0.092 903 m^2 × 25.4 mm）
BDHI　= bearing distance heading indicator　航程航向指示器
BDI　= base diffusion isolation　基区扩散隔离（技术）
= bearing deviation indicator　方位〔航向〕偏差指示器
BDRA　= battle damage repair analysis　战伤修理分析
BDU　= basic display unit　主显示器
BDV　= breakdown voltage　击穿电压
BDW　= block descriptor word　块〔分程序〕说明字
BE　= bachelor of engineering　工学士
= band elimination　带阻（滤波器）
Be　= beryllium　铍
= binding energy　结合〔束缚〕能
= booster engine　助推发动机
BEA　= British Electrical Authority　英国电气管理局
= British Engineers Association　英国工程师协会
BEAIRA　= British Electrical and Allied Industries Research Association　英国电气及有关工业研究协会
BEAMA　= British Electrical and Allied Manufacturers'Associstion　英国电气及有关制造商协会
BEDA　= British Electrical Development Association　英国电技术发展协会
BEEF　= business and engineering enriched fortran　FORTRAN 商业和工程扩展语言
BEL　= bell character　报警符
BELCRK　= bell crank　直角（形）杠杆，双臂曲柄，曲拐
BEM　= boundary element method　边界元法
BEMF　= back electromotive force　反电动势
BEP　= best efficiency point　最佳效率点
= bit error probability　误码概率
BEPC　= British Electrical Power Convention　英国电力会议
BER　= basic encoding rule　基本编码规则
= bit error rate　位差错率
BERU　= British Empire Radio Union　英国无线电（爱好者）联合会
BESA　= British Engineering Standard(s) Association　英国工程（技术）标准协会
= British Standards Institution　英国标准学会（BSI 的前身）
BESS　= battery energy storage system　电池能量存储系统
Bev　= billion electron volts　千兆〔十亿〕电子伏（美，法）
BF　= back-feed　反馈
= band-pass filter　带通滤波器
= base fuse　弹底引信
= beat frequency　拍〔差〕频
= blank flange　盲板法兰
= blast furnace　高炉
= boiler feed　锅炉给水
BFG　= blast furnace gas　高炉煤气

BFO = beat-frequency oscillator 拍〔差〕频振荡器
BFP = boiler feed pump 锅炉给水泵
BFW = boiler feed water 锅炉给水
BG = back gap 背面间隙
= back gear 倒档〔后行传动〕齿轮，背耗
= basal ganglia 基底神经元
= bevel gear 锥齿轮
= Birmingham ga(u)ge 伯明翰线规
BGDN = butylene glycol dinitrate 丁二醇二硝酸酯
BGG = booster gas generator 助推器燃气发生器
BGP = border gateway protocol 边界网关协议，边缘网关协议
BGR = Bureau of Governmental Research 政府研究局（美）
BH = boiler house 锅炉房
= bore hole 钻孔
= Brinell hardness 布氏硬度
BHA = bleed hose assembly 放气软管装置
BHC = borehole compensated sonic log 井眼补偿声波测井
B / head = bulk head 传感头
BHN = Brinell hardness number 布氏硬度（数）
BHP = boiler horsepower 锅炉马力（1 马力 =735.498 75 W）
= brake horsepower 制动马力〔功率〕
= British horsepower 英制马力（1 英制马力 =745.700 W）
BHR = bulkhead receptacle 穿墙式插座
BHRA = British Hydromechanics Research Association 英国流体力学研究协会
BHS = bore hole seismometer 钻孔地震计
B / I = battery inverter 蓄电池变流〔压〕器
Bi = bismuth 铋
BIAPS = battery inverter accessory power supply 蓄电池变流器附属动力源
BIB = bus interface board 总线接口板
BIBO = bounded input / bounded output 有界输入 / 有界输出
BIC = buffer interleave controller 缓冲器交错控制器
= bus interface circuit 总线接口电路
BICERA = British Internal Combustion Engine Research Association 英国内燃机研究协会
BIEE = British Institute of Electrical Engineers 英国电气工程师学会
BIGFET = bipolar insulated gate field effect transistor 双极绝缘栅场效应晶体管
BIL = basic impulse level 基本脉冲电平
= basic insulation level 绝缘基本冲击耐压水平
BILE = balanced inductor logical element 平衡式感应器逻辑元件
BIM = blade inspection method 叶片检验方法
BIMAG = bistable magnetic core 双稳态磁心
bimatron = beam injection magnetron 电子注入磁控管，毕玛管
BIMCAM = British Industrial Measuring and Control Apparatus Manufacturer's Association 英国工业测量与控制设备制造商协会
BIMOS = bipolar combined with MOS 双极组合型 MOS
BIN = bank identification number 银行识别码
BINAC = binary automatic computer 二进制自动计算机
BIOS = basic input / output system 基本输入 / 输出系统
BIRE = British Institution of Radio Engineers 英国无线电工程师学会

BISAM = basic index sequential access method 基本索引顺序存取法
BISC = binary synchronous communication 双同步通信
BISDN = broadband integrated services digital network 宽带综合业务数字网
BISYNC = binary synchronous communication 二进制同步通信
BIT = binary digit 二进制〔位〕数字
= board information terminal 车载信息终端
= built-in test 内部测试，机内测试
BITE = built-in test equipment 车载式检验设备，机内〔装在内部〕的（自动）测试设备，在线测试装置，内部测试设备
BITN = bilateral iterative network 双向迭代网络
BIU = bus interface unit 母线接口装置
BIVAR = bivariate function generator 二元函数发生器
BIX = binary information exchange 二进制信息交换（器）
BJ = ball joint 球节，球铰接头
= barrage jamming 阻塞干扰
= Bevel joint 伯斐尔万向节
= brass jacket 黄铜套
Bk = berkelium 锫
bkpt = break point 断点
bksp = back space 退格，退位，回退
BL = base line 基（准）线
= busy lamp 占线指示灯，忙线信号灯
BLADE = basic level automation of data through electronics 数据通过电子设备的基本自动化程序，BLADE 程序
BLADS = Bell Laboratory automatic design system 贝尔实验室自动设计系统
B / lash = back lash 齿隙
BLC = baseline configuration 基线轮廓
BLDA = Bayesian linear discriminant analysis 贝叶斯线性判别分析
BLDDM = brushless direct-drive motor 无刷直接驱动电动机
BLDI = blanking die 下料模
BLF = barrier Lyapunov function 障碍李雅普诺夫函数
Bl f = blast furnace 高炉
B-LINE = Bell line drawing language 贝尔作图语言
BLINK = backward link 反向连接
BLIP = background limited infrared photoconductor 受背景限制的红外光电导体
BLIS = Bell Laboratory interpretive system 贝尔实验室解释系统
BLISS = basic language for implementing systems software 实现系统软件的基本语言
BLODI = block diagram 框图
BLU = basic link unit 基本链路单元
BM = ball mill 球磨机
= bench mark 水准（基，标）点，基准点
= bending moment 弯（曲力）矩
= brake (electro)magnet 制动电磁铁，阻尼磁铁
= branch on minus 负转移
= breakdown maintenance 故障维修
= breech mechanism 闭锁机
= buffer module 缓冲件，缓冲组件
Bm = babbitt metal 巴比特合金，巴氏合金，轴承合金，白合金

BMAE = bistable magnetic element　双稳态磁性元件
BM ANT = boom antenna　桅杆塔式天线
BMAP = barometric and manifold absolute pressure sensor　大气与进气歧管绝对压力传感器
BMC = basic machine cycle　基本机器周期
= British Motor Coporation Ltd.　英国电动机有限公司
BMCC = Brooker-Morris compiler-compiler　布洛克 - 莫雷斯编译程序的编译程序
BME = bachelor of mechanical engineering　机械工程学士
BMEP = brake mean effective pressure　平均有效制动压力，制动（有效平）均压（力）
BMI = basic machine interface　基本（数控）机床接口
BMP = batch message processing　批信息〔消息，报文〕处理
bmp = brake mean pressure　平均制动压力
BMS = burning management system　燃烧管理系统
BN = balancing network　平衡网络，平衡电路
= binary number　二进（制数）
= bolt and nut　螺栓与螺母
= branch on non-zero　非零转移
= broadband network　宽带网络
= bull nose　外圆角
= Backus-Naur Form　巴科斯 - 诺尔形式（描写算法语言语法的式子）
bn = barn　靶（恩）
BNF = Backus Normal Form　巴科斯范式
BNG = branch no group　非成组转移
BNR = bond negative resistor　键接负阻二极管
BO = Barkhausen-Kurtz oscillation　巴克豪森 - 库尔兹振荡（厘米波段的三极管正栅负屏振荡）
= beat-frequency oscillator　拍频振荡器
= blocking oscillator　间歇（阻塞）振荡器
bobr = boring bar　钻杆，镗杆
BOC = blowout coil　消火花线圈，灭火〔减弧〕线圈
BOF = basic oxygen furnace　氧气顶吹转炉
BOFX = boring fixture　镗孔夹具
BOI = branch output interrupt　转移输出中断（指令）
= break of inspection　检查中断
BOJ = booster jettison　抛掷助推器
bolovac = bolometric voltage and current (standard)　辐射热电压和电流（标准）
BOLT = beam of light-transistor　光束晶体管
BOM = bill of materials　物料单，材料〔零件〕清单
BONT = broad band optical network termination　宽带光网终端
BONU = broad band optical network unit　宽带光网单元
BOO = brake on/off　制动通断
BOP = basic oxygen process　碱性氧气炼钢法，碱性吹氧炉
= blowout preventer　破裂防止器
BOS = basic operating system　基本操作系统
= building out section　附加的平衡网络（加感线路用）
BOSS = Burroughs operational system simulator　巴勒斯操作系统模拟程序
BOT = beginning of tape marker　磁带开始标志
= back-error propagation　反向误差传播（算法）

BP = back pressure 反压力
= back projection 反投影
= base pitch 基圆齿距
= base plate 底〔垫〕板，基底
= base point 基点，原点
= binding post 接线柱
= blast propagation 爆炸波传播
= boiler pressure 锅炉气压
= boiling point 沸点
= bolted plate 栓接（钢）板
= booster pump 升压泵
= B-power 阳极电源，乙电源
= British patent 英国专利
= bulb plate 球缘板，球扁钢
bp = boost pressure 升压，增压
BPC = British Petroleum Company 英国石油公司
= back-pressure control 反压力控制
= base point configuration 基点布置
BPCU = bus power control unit 功率控制单元，汇流条功率控制单元
BPF = band pass filter 带通滤波器
= Blade Process Forging 叶片锻造规程
= bottom pressure fluctuation 底压起伏
BPI = brake pressure indicator 制动器压力指示器
= bytes per inch 每英寸字节（1 in=25.4 mm）
bpi = bits per inch 每英寸位数
bpm = bits per minute 每分钟位数
bpmm = bytes per millimeter 每毫米字节数
BPNN = back propagation artificial neural networks 逆向传输人工神经网络
BPON = broadband passive optical network 宽带无源光网
BPP = beacon portable packset 便移式信标
= bits per pixel 每像素的位数
BPS = barometric pressure sensor 大气压力传感器
= basic programming support 基本程序设计后援系统
= bits per second 每秒传送的二进制位数
= bulk processing subsystem 批量〔粗制，大容量〕处理子系统
BPSI = brake propeller shaft interlock actuator 制动传动轴互锁促动器
BPSK = binary phase shift keying 二进制相移键控
BPT = back pressure transducer 背压传感器
BPV = back pressure valve 反压阀
BR = branch 转移（指令），分支（指令）
= break request 中断请求
= breeding ratio 增殖〔再生〕系数
Br = bromine 溴
BRA = biased-rectifier amplifier 偏压整流放大器
= branch address 转移地址
BRAP = broadcast recognition with alternating priorities 带有更换优先级的广播识别
BRI = basic rate interface 基本费率接口
= basic rate ISDN 基速 ISDN 网

BRS = branch subroutine 转移子程序
= break request signal 中断请求信号
BR STD = British standard 英国标准
BRU = branch unconditionally 无条件转移
B & S = beams and stringers 横梁与纵梁
BS = bachelor of science 理学士，科学学士
= base station （移动通信）基站
= beam splitter 射束分裂器
= bell and spigot 套〔窝〕接，套筒连接，插承接合，钟口接头
= Bessemer steel 酸性转炉钢
= binary scale 二进位制
= binary subtract 二进制减法
= Birmingham standard wire ga(u)ge 伯明翰线径规
= booster and sustainer 助推器与主发动机
= both sides 两边〔面，侧〕
= British standard(s) 英国（工业）标准，英国（工业）规格
= brown and sharpe wire ga(u)ge 美国线规
= Bureau of Standards 标准局（美）
= button switch 按钮开关
BSAM = basic sequential access method 基本顺序存取法
BSBG = burst and sync bit generator 脉冲串与同步位发生器
BSC = basic message switching center 基本报文转接中心
= binary symmetric channel 二进对称信道
= binary synchronous communication 双同步通信
BSc Eng = bachelor of science in engineering 工学士
BSD = British standard dimension 英国度量标准
= burst slug detection 释热元件损伤的探测
BSDC = binary symmetric dependent channel 二元对称相关通道
BSF = British standard fine thread 英国细牙螺纹标准
BSFC = brake specific fuel consumption 制动功率比油耗，制动燃料消耗率
BSG = British standard ga(u)ge 英国标准线规
BSI = branch and store instruction 转移存储指令
= British Standards Institution 英国标准学会
BSIC = base station identification code （通信）基站识别码
= binary symmetric independent channel 二元对称独立通道
BSIE = banking system information exchange 银行系统信息交换
BSM = basic storage module 基本存储器模块
BSN = brake skid number 制动路面摩擦系数值
BSP(thread) = British standard pipe thread 英国标准管螺纹
BSR = branch subroutine 转移子程序
BSRL = Boeing scientific Research Laboratory 波音科学研究所
BSS = British standard sieve 英国标准筛
= British standard specification 英国标准规范，英国标准技术规格
BST = beam-switching tube 射束开关管
= boundary scan test 边界扫描测试
= British standard thread 英国标准螺纹
BSTA = body station 机身站位
BSW = British standard Whitworth thread 英国惠氏标准螺纹

= bus switch unit　总线开关部件
BSWG = British standard wire ga(u)ge　英国标准线规
BT = basic tool industries　基本工具工业
= bias temperature　偏置温度
= bluetooth　蓝牙（通信距离 10m 内可进行不同设备之间的连接，实现声音数据传输）
= busy tone　忙音
BTA = boring and trepanning association（用高压切削液使切屑从空心钻杆孔内排出的）BTA 深孔加工
BTAM = basic telecommunication access method　基本远程通信存取法
BTB = bus tie breaker　汇流条连接断路器
BTDC = before top dead center　在上止点前
BTE = battery timing equipment　电池（供电）定〔计〕时装置
BTG = battery timing group　电池定时组
= beacon trigger generator　信标触发（信号）发生器
BThE = brake thermal efficiency　实际〔制动〕热效率
BThU = British thermal unit　英国热量单位（1 BThU=1.055 06 × 10^3 J）
BTL = balanced transformerless　无平衡（电路）变压器
BTMS = brake temperature monitoring system　制动器温度监视系统
BTN = basic transition network　基本转移网络
BTO = blocking-tube oscillator　电子管间歇振荡器
B to B = business to business　企业间的电子商务
B to C = business to consumer　企业面向消费者的电子商务
B to E = business to employee　企业和企业内部之间的电子商务
BTS = base transceiver station　收发基站
= base transmission station　传输基站
= Bellini-Tose system　贝立尼 - 托西无线电定向发射系统
= bleed temperature sensor　引气温度传感器
BTSI = brake transaxle shift interlock　制动变速驱动桥换档联锁装置
BTT = bank telegraphic transfer　银行电汇
= busy tone trunk　忙音中继线
BTU〔Btu〕 = board of trade unit（英国商用的）电能单位（1 Btu=1 kW · h）
= BThU　英国热量单位
BURD = bending up roll device　弯辊装置
BUR ST = Bureau of Standards　标准局（美）
bus = bus-bar　汇流条，汇流排，母线
BUSTDS = The National Bureau of Standards　国家标准局（美）
BUV = backscatter ultraviolet spectrometer sensor　后向散射紫外线分光计传感器
BV = balanced voltage　平衡电压
= ball valve　球阀
= bib valve　活塞，弯嘴旋塞
= bleed valve　排气阀，泄放阀，疏水阀
= breakdown voltage　击穿电压
BVP = blood volume pulse　血容量脉冲
BVPN = broadband virtual private network　宽带虚拟专用网
B.V.U. = British viscosity unit　英国黏度单位
BW = band width　带宽
= black and white television　黑白电视

	= butt welding 对接焊
	= B-wire B 线（电话），第二线
BWE	= bucket wheel excavator 斗轮挖掘机，轮式电铲
BWG	= Birmingham Wire Ga(u)ge 伯明翰线规
BWL	= belt work line 传送带工作线
BWM	= backward -wave magnetron 返波式磁控管
BWO	= backward-wave oscillator 回波振荡器
BWPA	= backward wave parametric amplifier 回波参量放大器
BWR	= band width ratio 带宽比
	= boiling water reactor 沸水（型反应）堆
BWV	= back-water valve 回水阀
Bz	= branch on zero 零转移
C++	= C++-1anguage C++ 语言（在 C 语言基础上扩展而成的面向对象的编程语言）
C	= carbon 碳
	= cell 电池
	= C-language C 语言
	= coulomb 库仑（电量单位）
C & A	= compartment and access 隔舱与舱口
CA	= cascade amplifier 级联放大器
	= central airways 中央航空公司
	= certifying authority 证明权限，（电子商务的）认证授权中心
	= channel adapter 通道适配器
	= compressed air 压缩空气
	= criticality analysis 危害性分析
	= (sonar) commutator assemblies （声呐）转换设备
Ca	= calcium 钙
ca	= cable assembly 电缆组
CAA	= Civil Aeronautic Administration 民用航空管理局（美）
	= computer-aided analysis 计算机辅助分析
	= computer amplifier alarm 计算机放大器报警
CAAC	= Civil Aviation Administration of China 中国民航总局
CAAD	= computer-aided architecture design 计算机辅助体系设计
CAB	= captured air bubble boat 侧壁式气垫船
	= Civil Aeronautics Board 民用航空局（美）
	= consequential arc back 持续性逆弧
	= controlled atmosphere-brazing 保护气体钎焊
	= controller anti-lock brake 防抱死制动控制器
CAC	= cabin air compressor 客舱空气压缩机，机舱空气压缩机
	= carbon-arc cutting 碳弧切割
CACD	= computer-aided circuit design 计算机辅助电路设计
CACIS	= continuous AC ignition system 连续交流点火系统
CACM	= communication of the ACM 计算机协会通信
CACS	= comprehensive automobile control system 汽车综合控制系统
	= computer-assisted communication system 计算机辅助通信系统
CAD	= computer aided design 计算机辅助设计
CADCO	= core and drum corrector 磁心和磁鼓校正器
CADE	= computer-aided design engineering 计算机辅助设计工程
CADIC	= computer-aided design integrated circuit 计算机辅助设计的集成电路

CADS = computer-aided design system 计算机辅助设计系统
CAE = computed aided engineering 计算机辅助工程
= computer-aided education 计算机辅助教育
= computer-aided experiment 计算机辅助实验
CAFE = corporate average fuel economy 公司平均燃油经济性
CAI = computer aided industry 计算机辅助工业
= computer aided instruction 计算机辅助教学
= computer analog input 计算机模拟输入
CAI / O = computer analog input / output 计算机模拟输入输出
CAIV = cowl anti-ice valve 整流罩防冰活门
CAJ = caulked joint 嵌实缝
CAL = calculated average life 平均计算寿命
= collision avoidance light 避免碰撞安全灯，防撞灯
= common assembly language （计算机）通用汇编语言
= computer-assisted learning 计算机辅助学习
= conversational algebraic language 会话式代数语言
CALC = calculator 计算器
CALGO = Collected Algorithm by ACM 美国计算机协会算法汇编
CALM = computer aided layout of masks 计算机辅助掩膜电路图设计
= computer assisted learning model 计算机辅助教学模型
CALS = computer aided logistic support 计算机辅助后援支持
CAL TECH = California Institute of Technology 加省〔州〕理工学院（美）
CAM = central address memory 集中编址存储器，中央地址存储器
= checkout and automatic monitoring 检查及自动监视
= circular area method 圆面积法
= computer aided manufacturing 计算机辅助制造
= content addressed memory 相联〔按内容取数的〕存储器
CAMA = centralized automatic message accounting 集中式自动化通话记账制，集中式自动信息记账
= computer-aided measurement and control 计算机辅助测量和控制（系统）
CAMAC = computer application for measurement and control 计算机在测量及控制方面的应用
= computer automated measurement and control 计算机自动测量和控制
= computer automated measurement and control standard 计算机自动测量和控制标准
CAMAL = Cambridge algebra system 剑桥代数系统（语言）
CAMDS = computer aided medical diagnostics system 计算机辅助医学诊断系统
CAMNET = computer aided manufacturing network 计算机辅助制造网络
CAMOS = computer-aided machineshop operation system 计算机辅助车间操作系统
CAMOS-CUP = computer-aided machine-shop operation system-cellular unmanned production 计算机辅助车间操作系统 - 成组无人生产系统
CAMP = computer aided machine programming 计算机辅助机械加工（程序设计）语言
CAMS = computerized automotive maintenance system 计算机化汽车维护系统
CAN = cancel character 取消〔作废，删除〕符号
= control area network 控域网络
= controller area network（bus） 控制局域网络（总线）
CANTRAN = cancel in transmission 传输中的取消符号
CAOS = completely automatic operating system 全自动操作系统

CAP = Camel access protocol Camel 访问协议
= carrierless amplitude / phase 无载波幅度 / 相位（调制）
= channel assignment problem 信道分配问题
= contract acquired property 合同所规定的性能〔特性〕
CAPChE = component automatic programmed checkout equipment 元件自动程序校核设备
CAPP = computer-aided process planning 计算机辅助工艺规程编制
CAQ = computer aided quality 计算机辅助质量控制
CAR = central apparatus room 中央设备室
= channel address register 分路地址寄存器，通道地址寄存器
= controlled avalanche rectifier 可控雪崩整流器
Carb = carburettor （发动机）化油器
CARD = channel allocation and routing data 通道分配和路径选择数据
= compact automatic retrieval device 精简式自动数据检索装置
CARE = computer-aided reliability estimation 计算机辅助的可靠性判断程序
CARES = computerized application research evaluation and selection 计算机应用研究、模拟和选择
CAROD = computer aided reliability optimization design 计算机辅助可靠性优化设计
CARP = computer-aided reliability program(me) 计算机辅助的可靠性程序
= cooperate automotive research program(me) 汽车合作研究程序
carr = carrier 媒体，运载工具，载体，载波，载波电流，运输船，航空母舰
carr equip = carrier equipment 载波设备
carrfreq = carrier frequency 载（波）频（率）
CARS = computer aided routing system 计算机辅助（运输网络中）选线系统，计算机辅助路径选择〔布线〕系统
= computerized automatic reporting services 计算机化的自动报表业务
CART = central automatic reliability tester 中央自动可靠性测试机
CAS = cast alloy steel 铸造合金钢
= computer-aided system 计算机辅助系统
= content addressable storage 内容定址存储器
= control automation system 控制自动化系统
CASC = computer-aided system control 计算机辅助（电力）系统控制
CASD = computer-aided ship design 计算机辅助船舶设计
CASDO = computer application support and development office 计算机应用支援和发展局
CASDOS = computer-assisted detailing of ships 计算机辅助船舶详细设计
CASE = common access switching equipment 普通〔公共〕入口转换装置
= computer-aided software engineering 计算机辅助软件工程
= computer-aided system evaluation 计算机辅助系统鉴定〔评估〕
= computer automated support equipment 计算机自动支援装置
CASET = CASE tool 计算机辅助软件工程工具
CASH = computer-aided system hardware 计算机辅助设计的系统硬件
CAT = carburetor air temperature 汽化器空气温度
= channel address translator 通道地址翻译器
= compressed air tunnel 压缩空气风洞
= computer aided test 计算机辅助测试
= computer average technique 信号累计平均技术
= computerized axial tomography 计算机化轴向层析 X 射线摄影法
= control and test 控制和测试
= crack arrest temperature 止裂温度

CATE = computer-controlled automatic test equipment 计算机控制的自动测试设备
CATH FOL = cathode follower 阴极输出器，阴极跟随器
CATS = centralized automatic testing system 集中式自动测试系统
= computer-aided telemetry system 计算机辅助遥测系统
= computer automatic test system 计算机自动测试系统
CATT = cooled-anode transmitting tube 屏极冷却式发射管
CATV = cable television 电缆〔有线〕电视
= community antenna television 共用天线电视
CAU = command arithmetic unit 指令运算器
= controlled access unit 受控访问单元
CAV = constant angular velocity 恒定角速度
= construction assistance vehicle 建筑辅助运输工具
CAW = carbon-arc welding 碳极电弧焊，碳弧焊接
= channel address word 通道地址字
= character assembly word 字符汇编字
= common aerial working 同线空中作业（用同一天线收发）
CAX = community automatic exchange 区内自动电话局，公用自动交换机
CB = cast brass 铸造黄铜，黄铜铸件
= C-battery 丙〔栅极〕电池
= C-bias 栅偏压
= central〔common〕battery 中央〔共电〕电池
= circuit breaker 线路断路器
= citizens band 民用电台频带，民用波段
Cb = columbium 钶（铌 niobium 的旧称）
= common base 共基极
= common battery 普通〔蓄〕电池，共电电池
= comparator buffer 比较缓冲器
= conditional branch 条件转移
= contact breaker 接触断路器
= control board 控制〔操纵〕盘
= control button 控制按钮
CBA = central〔common〕battery apparatus 共电式话机
CBAS = central〔common〕battery alarm signal(l)ing 中央〔共电式〕报警信号设备
CBC = Canadian Broadcasting Corporation 加拿大广播公司
= carrier broadcast circuit 载波广播线路
CBD = central business district 商务中心区
= central business district 商务中心区
CBE = compression bonded encapsulation 压力结合〔焊接〕密封法
= computer-based education 计算机辅助教育，基于计算机的教育
CBEMA = computer and business equipment manufacturers association 计算机和商业设备厂家协会
CBI = compound batch identification 复合批量识别，复合成批标识
CBIS = computer-based information system 采用计算机的信息〔情报〕系统
C/BL = cylinder block 气缸体
CBL = cable 链（海上测距单位），电缆
CBM = ceramic-based microcircuit 陶瓷板微型电路
= component buildup method 组件形成方法
= condition-based monitoring 状态检测

CBMIS = computer-based management information system　采用计算机的信息管理系统

CBMU = current bit monitor unit　现行位监视器

CBO = continuous bitstream oriented　连续定向比特流

CBP = checkerboard paradigm　棋盘刺激范式

CBPI = conditional break-point instruction　条件断点指令

CBR = case-based reasoning　基于实例的推理

= comprehensive beacon radar　万用雷达信标

= constant bit rate　固定比特率业务

= central battery system　共电制

CBS = central〔common〕battery signal(l)ing　中央〔共电式〕振铃设备

= central〔common〕battery supply　中央〔共电式〕电池供电

= central〔common〕battery switchboard　中央〔共电式〕电话交换机

= Columbia Broadcasting System　哥伦比亚广播系统（美）

= crossbar switch　纵横制开关

CBSC = computer basic system control　计算机基本（电力）系统控制

CBT = central battery telephone　共电式电话〔话机〕

= coin box telephone　硬币制公用电话

= communication bus translator　通信总线转换器

= core block table　磁心（存储）块表

CBTA = central battery telephone apparatus　中央〔共电式〕话机

CBTS = central battery telephone set　中央〔共电式〕电话〔话机〕

CBW = constant band width　恒定带宽

C & C = communication and control　通信及控制

CC = call controller　群集控制器

= communication cable　通信电缆，电信电缆

= cast copper　铸铜

= central computer　中央计算机

= central control　中央控制器

= channel command　通道命令

= channel controller　通道控制器

= choke coil　扼流圈

= closed circuit　闭合电路，通路

= closing coil　闭合螺管

= cloud chamber　（威尔逊）云（雾）室

= cluster controller　群集控制器

= code converter　代码转换器

= collapsible camera　折叠式照相机

= colo(u)r camera　分光照相机

= colo(u)r code　色码

= combustion chamber　燃烧室

= command and control　命令和控制

= command chain　命令链

= command computer　指挥〔操作〕计算机

= common collector　共集电极

= communication center　通信中心

= communication computer　通信计算机

= compiler compiler　编译程序的编译程序

= computer center　计算机中心

= computing center 计算中心
= concentrate and confine 装有浓缩和密封废料装置的废料去除系统
= concentric cable 同轴电缆
= condition code 条件码
= configuration control 构形〔配位〕控制
= continuous current 连续电流，直流
= control center 控制中心
= control computer 控制（用）计算机
= control console 控制〔操纵〕台
= coordinate converter 坐标变换器
= coupling condenser 耦合电容器
= cross channel 交叉通道
= cruise control 经济速度行驶〔巡航〕控制
= crystal current 晶体电流
= cutter contact point （数控加工）刀具接触点

cc = card code 卡片代码

CCA = center for computing and automation 计算和自动化中心
= component checkout area 部件测试场
= Computer and Control Abstract 计算机与控制文摘

CCAP = communication control application program(me) 通信控制应用程序
= conversational circuit analysis program(me) 会话线路分析程序

CCaPSbay = channel carrier and pilot supply bay 载频和导频供给架

CCB = change control board 变换〔速〕控制板
= configuration control block 结构控制分程序
= configuration control board 构形〔配位〕控制板
= convertible circuit breaker 可转换的电路开关

CCC = central computer complex 中央计算机复合（系统）
= clutch control converter 离合器控制转换器
= command,control, and communication （简写 C^3）指挥、控制和通信
= command control center 指挥控制中心
= command control console 指挥控制台
= common channel control 公用通道控制
= communication control center 通信控制中心
= computer communication converter 计算机通信转换器
= computer control communication 计算机控制通信
= computer control company 计算机控制公司
= console control circuits 控制台控制电路
= coordinate conversion computer 坐标转换计算机
= credit card call 信用卡通话

CCCCS = command control communication computer system 指挥控制通信计算机数据处理系统

CCCR = communication and command control requirements 通信与指令控制要求

CCCRAM = continuous charge coupled random-access memory 连续电荷耦合随机存取存储器

CCCS = command control communication system 指挥控制通信系统
= current-controlled current source 电流控制电流源

CCD = charge-coupled device 电荷耦合器件
= computer-controlled display 计算机控制的显示器

= core current driver　磁心电流驱动器
CCE　= command control equipment　指令控制装置
= communication control equipment　通信控制设备
CCF　= central computer facilities　中央计算机设备
= colour compensating filter　彩色补偿滤色片
= common cause failure　共因故障
CCFM　= cryogenic continuous film memory　低温连续膜存储器
CCH　= channel check handler　通道检验处理程序
CChk　= continuity check　（计算机）连续校验
CCI　= chilled cast iron　冷铸生铁，冷硬铸铁
= circuit condition indicator　线路条件指示器
CCIA　= console computer interface adapter　控制台计算机接口转接器
CCIB　= China Commodity Inspection Bureau　中国商品检验局
CCID　= control channel information demodulator　控制通道信息解调器
CCIR　= Consultative Committee on International Radio　国际无线电咨询委员会（国际电信联盟分会）
CCIS　= coaxial cable information system　同轴电缆信息系统
= command control information system　指挥［指令］控制信息系统
= common channel interoffice signal(l)ing　普通信道局间信令
CCITT　= Consultative Committee,International Telegraph and Telephone　国际电报电话咨询委员会
CCK　= channel control check　通道控制检验
CCL　= Chinese character library　汉字库
= circuit calculating language　线路计算语言
= compliance check list　符合性检查清单
= computer control loading　计算机控制加载
CCM　= coincident-current memory　电流重合（法）存储器
= continuous casting machine　连铸机
CCMC　= coincident-current magnetic core　电流重合磁心
CCMS　= Committee on Challenges of Modern Science　（北大西洋公约组织）现代科学技术委员会
CCMU　= control center mockup　控制中心实物模型
C / COS　= computer-controlled operating system　计算机控制的操作系统
= computer controlled optical surfacing　计算机控制光学表面成形
CCOS　= communication computer operating system　通信计算机操作系统
CCP　= call control port　调用控制口
= command control panel　指挥控制盘
= communication control package　通信控制包
= communication control processor　通信控制处理机
= compiler control program(me)　编译程序的控制程序
= consolidated cryptologic program(me)　统一密码程序
= continuous correlation processing　连续相关处理
= critical compression pressure　临界压缩压力
CC-point　= cutter contact point　（数控加工）刀具接触点
CCPS　= chip card pay system　芯片卡付款系统
CCR　= central control room　中央控制室
= channel check recorder　通道检验记录器
= channel command register　通道命令寄存器

= command control receiver 指令控制接收机
= commitment,concurrency and recovery 提交，并发与恢复
= computer character recognition 计算机字符识别
= computer character recognition 计算机字符识别
= critical compression ratio 临界压缩比

CCRM = constant control relay module 恒定控制继电器模块

CCROS = card capacitor read-only storage 卡片电容只读存储器

CC & S = central computer and sequencer 中央计算机和定序器

CCS = cast carbon steel 铸造碳素钢
= casual clearing station 故障台
= combustion control system 燃烧控制系统
= common channel signalling 公用信道信令
= computer control system 计算机控制系统
= continuous colo(u)r sequence 彩色顺序传送
= control computer subsystem 控制计算机子系统
= controlled combustion system 受控燃烧系统
= controlled conditions system 条件受控系统
= coordination control system 协调控制系统

CCSEM = computer-controlled scanning electron microscope 计算机控制扫描的电子显微镜

CCSL = compatible-current-sinking-logic 兼容的电流吸收逻辑（电路）

CCSP = common channel signal protocol 公用通道信号协议

CCST = center for computer science and technology 计算机科学技术中心

CCSTEVA = computer-controlled store evaluation program(me) 计算机控制的存储鉴定程序

CCSU = computer cross-select unit 计算机交叉选择部件

CCT = complex coordination test 全套设备协调〔配合〕试验
= computer compatible tape 计算机兼容的磁带
= constant-current transformer 直流变压器，恒流变压器
= continuous cooling transformation 连续冷却变态
= control central tracking 控制中心跟踪

CC.transf. = constant-current transformer 恒〔直〕流变压器

CCTV = China Central Television 中国中央电视台
= closed circuit television 闭路电视

CCU = camera control unit 摄像机控制器〔台〕
= central control unit 中央控制装置
= chart comparison unit 雷达图像与特制地图相比较的投影器
= communication control unit 通信控制器
= computer control unit 计算机控制器
= correlation control unit 相关控制器

CCV = China concept vehicle 中国概念车
= control configured vehicle 控制配置车辆

CCVS = current-controlled voltage source 电流控制电压源

CCW = channel command word 通道命令字
= channel control word 通道控制字

CD = cable duct 电缆管道
= calling device 呼叫设备
= center differential 中央差速器
= chain data 链式数据
= chassis dynamometer 转鼓试验台，底盘测功仪

	= circuit description 电路说明书
	= classification of defects 故障〔缺陷〕类别
	= clock driver 时钟脉冲驱动器
	= coefficient of drag 阻力系数
	= compact disc 只读光盘，光盘，小型（大容量）光盘
	= control desk 控制台
	= current density 电流〔通量〕密度
Cd	= cadmium 镉
cd	= candela 坎（德拉）（发光强度单位）
CDA	= command and data acquisition station 指令数据截获台，指令数据汇集合
	= current data array 现行数据数组
CDB	= central data bank 中央数据总库
	= common data base 公用数据库
	= customer data base 客户数据库
	= current data bit 当前数据位
CDBIS	= cost data bank index system 价格数据库索引系统
CDC	= call direction code 调用方向码
	= central digital computer 中央数字计算机
	= character display control 字符显示控制器
	= code-directed character 编码文字，代码定向符
	= command and data-handling console 命令和数据处理控制台
	= computer development center 计算机开发中心
	= computer display channel 计算机显示通道
	= configuration data control 配位数据控制
	= Control Data Corporation 数据控制公司（美）
	= control distribution center 控制分配中心
	= course and distance calculator 航线及距离计算器
CDCE	= central data conversion equipment 中央数据转换装置
CDCS	= cellular data communication system 蜂窝数据通信系统
CD-DA	= compact disc-digital audio CD 数字声盘
CDH	= command and data handing 指令与数据处理
	= communications and data handling 通信与数据处理
CD-I	= compact disc-interactive 只读光盘交互系统
CDI	= capacitive-discharge ignition 电容放电点火（系统）
	= capacitor discharge ignition 电容器放电点火
	= collector diffusion isolation 集电极扩散隔离
	= course deviation indicator 航向偏差指示器
CDK	= channel data check 通道数据检验
CDL	= command definition language 命令定义语言
	= common display logic 公用显示逻辑
	= computer design language 计算机设计语言
	= core diode logic 磁心二极管逻辑
CDM	= coded division multiplex 编码划分（制）多路传输（系统）
CDMA	= code division multiple access 码分多址
CDP	= checkout data processor 检查数据处理机
	= communication data processor 通信数据处理机
	= compressor discharge pressure 压缩机排气压力，压缩机输出压力
	= critical decision point 临界判定点

CDPC = central data processing computer 中央数据处理计算机
CDPD = cellular digital packet data 蜂窝式数字信息包发送方法
CD-R = CD-recordable 可写光盘存储器
CDR = central data recording 中央数据记录
= critical design review 关键设计审查
= current directional relay 电流定向继电器
CD-ROM = compact disc-read only memory 只读光盘存储器，光盘
CD-ROM XA = CD-ROM extended architecture CD-ROM 扩展结构
CD-RTOS = compact disc-real-time operating system 光盘实时操作系统
CDS = cold-drawn steel 冷拉钢
= compatible duplex system 兼容的双工系统
= conference discussion system 会议讨论系统
CDT = cold drawn tube 冷拔管，冷拉管
= control data terminal 控制数据终端〔设备〕
CDTI = cockpit display of traffic information 座舱交通信息显示
CDU = central display unit 中央显示装置
CE = calibration error 校准误差
= carbon equivalent 碳当量
= channel end 通道传送结束
= chief engineer 总工程师
= circular error 圆周误差
= combustion engine 内燃机
= common emitter 共发射极
= compass error 罗经误差
= computer engineer 计算机工程师
= communications electronics 通信电子学
= concurrent engineering 并行工程
Ce = cerium 铈
CEA = Canadian Electrical Association 加拿大电气协会
= Central Electrical Authority 中央电气管理局（英）
= circular error average 平均圆形误差
= control element assembly 控制元件组件，控制棒组件
CEARC = computer education and applied research center 计算机教育与应用研究中心
CECF = Chinese Export Commodities Fair 中国出口商品交易会
CEE = International Commission Rules on for the Approval of Electrical Equipment 国际电工设备验证规则委员会
CEGB = Central Electricity Generating Board 中央发电局（英）
CEI = Commission Electrotechnique Internationale 国际电工委员会（瑞士）
CEM = Chinese electronic mail 中文电子邮件
CEMA = Canadian Electrical Manufacturers'Associate 加拿大电气制造商协会
CEMF = counter-electromotive force 反电动势〔力〕，反电压
CEMON = customer engineering monitor 用户工程监督程序
CEMS = central electronic management system 中央电子管理系统
CEO = chief execution officer 首席执行官，行政主管
CEP = circle of equal probability 等几〔概〕率圆
= circle of error probability 误差概率圆
CEPMA = customer electronic product manufacturers association 消费电子产品制造商协会（美）

CEPT = Conference of European Postal and Telecommunication Administrations 欧洲邮政与电信管理联合会
CER = canonical encoding rule 正则编码规则
CERC = centralized engine room control 机房〔机舱〕集中控制
CERES = combined echo ranging echo sounding 统一的回声测距与测深
CERNET = China Education Research Network 中国教育和科研计算机网
cert = certificate 证书，验证
CES = communication engineering standard 通信技术〔工程〕标准（日）
CESD = composite external symbol dictionary 组合的外部符号字典
CET = calibrated engine testing 已校正的发动机的测试
CETAL = center d'etudes du traitement automatique de l'informatique 信息自动化处理研究中心
CF = call finder 寻线机
= call forwarding 呼叫前转，呼叫转移
= carry forward 向前进位
= cathode follower 阴极输出器
= centrifugal force 离心力
= centripetal force 向心力
= coarse-fine 粗 - 细标度
= computer fraud 计算机诈骗
= constant frequency 恒定频率
= control footing 控制合计（控制组末尾的总计），控制底边定位
= controlled facility 控制装置
= conversion factor 转换〔换算〕系数
= correction factor 校正因数
= count forward 向前计数
= cross fade 交叉衰落，（电视信道的）平滑转换
= current feedback 电流反馈
= cutting fluid 切削液
Cf = californium 锎
CFC = central fire control 中央发射控制
= complex facility console 全套设备控制台
= cross-film cryotron 交叉膜低温〔冷子〕管
CFD = computational fluid dynamics 计算流体动力学，计算流体力学
CFF = critical fusion frequency 临界融合频率，临界停闪频率
= conductive filament formation 导电细丝生成
CFI = central fuel injection 中央燃油喷射
= computerized fuel injection 用计算机控制的燃油喷射
= crystal frequency indicator 晶体频率指示器
CFL = current flow line 电流流（动）线
CFLG = counter flashing 反闪光
CFM = cathode-follower mixer 阴极输出混频器
CFNN = computational fuzzy neural networks 可计算的模糊神经网络
CFO = complex facility operator 全套设备操作人员
CFOA = current feedback operation amplifier 电流反馈运算放大器
CFP = computer forms printer 计算机表格打印机
CFR = cold filament resistance （电子管的）灯丝冷电阻
CFRP = carbon fiber reinforced plastic 碳纤维增强复合材料

CFRT = crash fire rescue truck 事故、消防、救护重载车
CFS = Cambridge filing system 剑桥文件系统
= coasting fuel cut system （发动机）强制怠速工况燃油切断系统
CFTS = captive firing test set 可截获的发射试验装置
CG = camera gun 照相机镜头，空中摄影〔照相〕枪
= character generator 字符发生器
= coal gas 煤气
= command guidance 指令制导〔导航〕
= compressed gas 压缩气体
= computer graphics 计算机制图（学）
= control grid 控制栅（极）
CGA = colo(u)r graphics adapter 彩色图形适配器
CGA = computer graphics adapter 计算机图形适配器
CGB = convert Gray to binary 葛莱码转换成二进制码
CGC = cathode-grid capacitance 阴极 - 栅极电容
CGE = Canadian General Electric Company 加拿大通用电气公司
CGH = computer generated holograms 计算机全息图
CGI = common gateway interface 通用网关接口
CGOS = computervision graphics operating system 计算机视觉图形操作系统
CGR = CO_2 graphite reactor 二氧化碳冷却石墨反应堆
CGRS = central gyro reference system 中心旋转参考系
CGS = centimeter-gram-second system (of units) 厘米 - 克 - 秒（单位）制，CGS 制
CGSE = centimeter-gram-second electrostatic system 厘米 - 克 - 秒静电制，绝对静电单位制
CGSM = centimeter-gram-second electromagnetic system 厘米 - 克 - 秒电磁制，绝对电磁单位制
CH = case-harden(ing) 表面硬化
= control heading 控制标题
ch = channel 波道，频道，通道，信道，磁道，沟道（场效应管的），管道（电缆的）通路，电路，管路，槽形型材
CHA = channel adapter 通道转接器
CHANCOM = channel command 通道命令
char = character 性能，特性，（计算机）字符，符号
CHAS-CLR = chaser circular 圆形梳齿刀
CHAS-STD = chaser standard 标准梳齿刀
CHB = chain home beamed 制导系统，归航雷达
CHC = channel control unit 通道控制器
= choke coil 抗流圈，扼流圈，阻流圈
CHDL = computer hardware description language 计算机硬件描述语言
ChE = chief engineer 总工程师
CHEL = chain home extra low 特低空远程警戒雷达网，超低空搜索雷达网
chf = centimetric height finder 厘米波测高计
CHIC = ceramic hybrid integrated circuit 陶瓷混合集成电路
Chi coder = Chinese language encoder 汉语编码器
CHIEF = controlled handling of internal executive function 内部执行功能的控制处理
CHIL = current hogging injection logic 抢电流注入逻辑（电路），电流参差注入逻辑（电路）
Chili = Chile mill 辊碾机，智利磨机

CHINA = computerized highway noise analyst 计算机化的公路噪声分析者
Chinasat = China telecommunications broadcast satellite 中国通信广播卫星
CHIPS = Chinese information processing system （计算机）汉字信息处理系统
CHK = channel check 通道检验，信道检查
CHl = computer human interaction 人机交互
CHL = current hogging logic 抢电流逻辑（电路），电流参差〔差乱〕逻辑（电路）
CHLL = cascade heat load liquid (cooled system) （增压空气用）串联式热负荷液体冷却系统
CHMI² = cognitive human-machine interfaces and interactions 有感知的人机交互与人机界面
ch mon = channel monitor 通路监视器
chpi = characters per inch 每英寸字符（1 in=25.4 mm）
CHPM = check plus minus 正负校验
CHPS = Chinese word process system 汉字处理系统
CHRE = check and read 校验和读出
CHRP = common hardware reference platform 公共硬件参数平台
CHST = check and store 校验和存储
CHT = cylinder head temperature 气缸盖温度
ChTB = channel terminal bay 电路终端架
CHU = centigrade heat unit 摄氏热单位
CI = call indicator 调用指示符
= carrier-to-interference ratio 载波干扰信号比
= cast iron 铸〔生〕铁
= characteristic impedance 特性阻抗
= circuit interrupter 线路断续器，断路器
= communication interface 通信接口
= compressed〔compression〕ignition 压缩点火
= computational intelligence 计算智能
= computer indicator 计算机指示器
= controlled item 控制〔操纵〕项目
= core insulation 铁心绝缘
= corrugated iron 瓦垄薄钢板，波纹铁
= crystal impedance 晶体阻抗
Ci = Curie 居里（放射性活度单位 1 Ci=3.7×10^{10} Bq）
CIA = cast iron alloy 合金铸铁
= computer industry association 计算机工业协会
CIAS = comprehensive information acquisition system 综合信息获取系统
CIB = COBOL Information Bulletin COBOL 语言通报
CIBOL = circuit board layout 电路板设计布局
CIC = China Institute of Communication 中国通信学会
CICS = customer information control system 用户信息控制系统
CIE = Chinese Institute of Electronics 中国电子学会
= coherent infrared energy 相干红外能量
CIF = common intermediate format 公用中分辨率图像格式
CIG = cell interconnection gateway 蜂窝网互联网关
CIGTF = central inertial guidance test facility 中央惯性制导试验装置
CIL = current injection logic 电流注入逻辑
CIM = computer input microfilm 计算机缩微胶卷输入

= computer input multiplex 计算机输入多路转换器
= computer integrated manufacturing 计算机综合制造，计算机集成制造
= crystal impedance meter 晶体阻抗计
CIMS = computer integrated manufacturing system 计算机集成制造系统
CIN = communication identification navigation 通信辨识导航
CINIC = China Internet Network Information Center 中国互联网信息中心
= current inverting negative impedance converter 电流倒相负阻抗变换器
CIO = central input / output multiplexer 中央输入输出多路复用器
= control input / output 控制输入输出
CIOCS = communication input / output control system 通信输入输出控制系统
CIOM = computer input/output microfilm 计算机输入 / 输出缩微胶卷
CIP = cast-iron pipe 铸铁管
= control inlet panel 控制输入〔进气〕的仪表板
CIPS = Canadian Information Processing Society 加拿大信息处理学会
cir bkr = circuit breaker 断路器
CIRC = cross-interleaved Reed-Solomon code 交叉里德 - 索罗蒙码
CIS = Chinese Industrial Standards 中国工业标准
= composite on information services 混合信息服务局
= computer and information science 计算机与信息科学
= cylinder identification sensor 气缸识别传感器
cis = center-of-inertia system 惯性（中心）系统
CISC = complex instruction set computer 复杂指令集计算机
CISS = consolidated information storage system 固定信息存储系统
CIT = California Institute of Technology 加利福尼亚理工学院
= Carnegie Institute of Technology 卡内基理工学院
CITE = council of institute of telecommunication engineers 电信工程师学会委员会
CIU = computer interface unit 计算机接口装置
CIV = corona inception voltage 电晕起始电压
CIW = cab in white 未涂漆的驾驶室
= ceramic insulated wire 陶瓷绝缘线
= current instruction word 现行指令字
CJ = cold junction 冷接点，冷接合
= construction joint 构件接头
= copper jacket 铜（水，夹）套
CK = call key 呼叫键
= ciphering key 加密键
CKBD = cork board 软木板
ckt bkr = circuit breaker 断路器，（油）开关
ckt cl = circuit closing 电路闭合
ck vlv = check valve 止回阀，检验开关
CL = center〔central〕line 中心线
= compare logic 比较逻辑
= compiler language 编译程序语言
= computer language 计算机语言
= cutter location （数控加工）刀具定位，刀具位置，刀具定位点
Cl = chlorine 氯
CLA = center line average (method) 平均高度（法），算术平均法
= center line average value 中心线平均值

= communication line adapter 通信线路转接器
CLASS = capacity loading and scheduling system 容量使用〔装载〕和调度系统
CLAT = communication line adapter for teletype 电传打字通信线路转接器
CLC = character line counter 字符行计数器
= closed-loop controller 闭环控制器
= communication link control 通信链路控制（器）
= course line computer 航线计算机
CLCC = closed loop continuity check 闭合回路连续性检查
CLD = called line 被（呼）叫线（路）
cldwn = cool down 冷却，退火
CLFO = closed loop flux observer 闭环磁通观测器
CLG = calling line 呼叫线
CLIP = compiler language for information processing 信息处理用的编译程序语言
CLJ = control joint 控制接头
CLM = car locator message 汽车定位器信息
CLP = cell loss priority 信元丢失优先级
CLR = combined line and recording 混合接续制
= computer language recorder 计算机语言记录装置
= current-limiting resistor 限流电阻器
CLSF = cutter location source file （数控加工）刀位源文件
CLT = communication line terminal 通信线路终端
= computer language translator 计算机语言翻译程序
= cutter location tape 刀具定位带
Clt = cleat 夹板，夹具
CL tape = cutter location tape 刀具位置数控带
CLTP = connectionless transport protocol 无连接传输层协议
CLU = central logic unit 中央逻辑部件
CLUT = colo(u)r lood-up table 彩色查找表
CLV = constant linear velocity 恒定线速度
CLWG = clear wire glass 透明嵌金属网玻璃
C & M = control and monitor (subsystem) 控制与监控（子系统）
= control mark 控制标志
= control motor 控制电动机
= core memory 磁心存储器
= corrective maintenance 安全改进维护，设备保养，故障检修
CM = center of mass 质量中心，质心
= chrome molybdenum 铬钼合金
= command module 命令模块
= communication multiplexer 通信多路复用器，通信多路转换器
Cm = complementer 补偿〔数，码〕器
= computer microtechnology 计算机微化技术
= computer module 计算机组〔模〕件
= curium 锔
cm = centimeter 厘米
CMA = Cable Makers'Association 电缆制造商协会（英）
CMC = cellular mobile communications 蜂窝移动通信
= central memory control 中央存储（器）控制器
= checkout and maintenance status console 检查与维护情况控制台

= China National Machinery Import and Export Corporation　中国机械进出口公司
= command module computer　命令模块计算机
= communication mode control　通信方式控制（器）
= com satellite mobile communications　通信卫星移动通信
= contact making clock　闭合触点（用）的时钟

CMCTL = current mode complementary transistor logic　电流型互补晶体管逻辑（电路）

CMD = condition monitoring data　状态检测数据
= core memory driver　磁心存储器驱动器

CMDAC = current mode digital-to-analog(ue) converter　电流型数（字）- 模（拟）转换器

CMEC = China National Machinery and Equipment Import and Export Corporation　中国机械设备进 - 出口公司

CMET = coated metal　镀层金属

CMF = coherent memory filter　相干存储滤波器
= common mode failure　共模故障

CMFW = compare full word　比较全字

CMG = control monitor group　监控组

CMH = centimeter height finder　厘米波测高计

CMI = computer management instruction　计算机管理教学

CMIP = common management information protocol　通用管理信息协议，公共管理信息协议

CMISE = common management information system element　通用管理信息系统单元

CML = current-mode logic　电流型逻辑（电路），电流开关逻辑

CMLE = conditional maximum likelihood estimator　（有）条件（的）最大似然（性）估计

CMM = closed mold molding　闭模成型
= component maintenance manual　部件维修手册
= coordinate measuring machining　三坐标测量仪

CMN = common mode noise　共态噪声
= control matrix network　控制矩阵网络

CMOS = complementary metal-oxide-semiconductor (transistor)　互补型金属氧化物半导体（晶体管）

CMOS PROM = 互补金属氧化物半导体可编程只读存储器

CMOS RAM = CMOS random access memory　互补金（属）氧（化物）半导体随机存储器

CMOS SOS = 互补金属氧化物半导体蓝宝石硅片

CMOS SRAM = 互补金属氧化物半导体静态随机存储器

CMP = continuous matrix printer　浮雕片连续印片机
= corrugated metal pipe　金属波纹管

Cmp = computer　计算机

cmp = central monitoring position　集中监视〔听〕位置

CMR = common mode rejection　共态抑制
= communications moon relay　月球通信中继站
= continuous maximum rating　持续最大功率

CMRR = common mode rejection ratio　共态抑制比

CMS = cellular mobile system　蜂窝式移动通信系统
= center-of-mass system　质心系统
= Center or Measurement of Science　科学计量中心（美）
= central maintenance system　中央维护系统
= conference microphone system　会议传声器系统

	= conversational monitoring system 会话监督系统
CMSC	= common motor starting controller 通用电动机启动控制器
CMT	= component manufacturing technique 零件生产工艺
	= computer memory tester 计算机存储器测试仪
	= course monitoring tire 行驶中（根据路面状况）能监视磨损性能的轮胎
CMTP	= calibration and maintenance test procedure 校准与维护测试程序
CMTT	= committee for TV transmission 电视传送委员会
CMU	= compare shift unit 比较移位器
	= control monitor unit 监控装置
CMV	= common-mode voltage 共模电压
CMVM	= contact making voltmeter 闭合触点的电压表
C / N	= carrier to noise ratio 载波噪声比
CN	= cellular network 蜂窝通信网
	= cellulose nitrate 硝酸纤维素
CNA	= communications network architecture 通信网络体系结构
CNC	= communication network control 通信网络控制器
	= computerized numerical control 计算机化的数字控制
	= computer numerical control 计算机数控
CNDI	= combination die 组合模
CNET〔Cnet〕	= communication network 通信网
CNG	= compressed natural gas 压缩天然气
CNGV	= compressed natural gas vehicle 压缩天然气汽车
CNI	= communications network international 国际通信网络
CNJ	= copper-nickel jacket 铜镍合金套
CNL	= circuit net loss 电路净损耗
	= constant net loss 恒定净损耗
CNN	= cellular neural network 蜂窝神经网络
	= convolutional neural network 卷积神经网络
CNNIC	= China Network Information Center 中国联网信息中心
CNR	= carrier-to-noise power ratio 载波噪声功率比
CNS	= common number system 普通计数系统
CNT	= center-notch tensile specimen 中心切口拉伸试样
	= coaxial network termination 同轴网络终端
CNTBRG	= center bearing 中轴承
CNTs	= carbon nanotubes 碳纳米管
CO	= change order 更改命〔指〕令，更改定（货）单
	= closed-open 关 - 开，合 - 断，启 - 闭
	= current order 现〔即〕时指令
Co	= cobalt 钴
co	= crystal oscillator 晶体振荡器
coax	= coaxial cable 同轴电缆
COBOL	= common business-oriented language 面向商业的通用语言，COBOL 语言
COC	= computer on-chip 单片计算机
COD	= crack opening displacement 裂纹张开位移
CODAG	= combined diesel and gas turbine 柴油机和燃气轮机联合（推进器方式）
CODAP	= control data assembly program(me) 控制数据汇编程序
CODASYL	= committee on data system language 数据系统语言委员会
	= conference on data system languages 数据系统语言商讨会

CODATA = committee on data for science and technology 科学技术资料委员会，科技数据委员会
CODEC = coder / decoder 编码译码器
CODEX = compiler of differential expression 微分表达式编译程序
CODIC = colo(u)r difference computer 色差计算机
CoDiC = computer-directed communications 计算机直接通信
CODIL = control diagram language 控制图形语言（一种面向过程控制的语言）
CODIPHASE = coherent digital phased array system 相关数字相控阵列系统
COE = cab-over-engine 平头型驾驶室（载货汽车），驾驶室位于发动机上方的汽车
COED = computer-operated electronic display 计算机操作的电子显示设备
= concentration on engineering design 集中工程设计
COF = container-on-flat car 平板车装运集装法，集装箱在平板车上的运输方法
= cut-off frequency 截止频率
COGO = coordinate geometry COGO 语言，COGO 程序，坐标几何
CoH = coefficient of haze 烟雾系数（空气中颗粒物浓度的计量单位）
COHO〔COH OSC〕 = coherent oscillator 相干〔参〕振荡器
COINS = computer and information sciences 计算机和信息科学（会议）
COL = computer-oriented language 面向计算机的语言，机器语言
colidar = coherent light detecting and ranging 相干光探测和测距，相干光雷达
coll / s = collisions per second 每秒钟碰撞次数
COLT = computerized on-line testing 计算机控制的联机〔在线〕测试
COM = computer output microfilm 计算机输出缩微胶卷
COMAC = continuous multiple-access collator 连续多次取数校对机
comb = combine 联合收割机，联合采煤机
COMCM = communications countermeasure(s) 对通信的干扰
COME = computer output microfilm equipment 计算机缩微胶卷输出机
COMEC = coordinated microprocessor engine control 发动机微处理机协调（非集中）控制
COMET = computer-operated management evaluation technique 计算机操作管理鉴定技
COMINT = communications intelligence 通信信号〔息〕
COMIT = compiler of Massachusetts Institute of Technology 麻省理工学院的编译程序
COMMCE = communication center 通信中心
COMMZ = communication zone 通信区域
com net = communication network 通信网络
CoMP = coordinated multi-point transmission 协调多点无线通信
comp = computer 计算机
COMPAC = computer program(me) for automatic control 自动控制用的计算机程序
COMPACT = computer planning and control technique 计算机计划与管理技术
comp fil = compensating filter 补偿滤波器
comp m = compound motor 复激〔绕〕电动机
comp net = compensating network 补偿网络
compole = commutating pole 换向极，整流极
COMPOOL = communications pool 通信库，通信站，通信集中控制
COM port = communication port 通信端口
comp p = compression pressure 压缩压力，压缩载荷
compuser = computer user 计算机用户
COMSAT = communication satellite 通信卫星
Com Sat = Communications Satellite Corporation 通信卫星公司（美）

COMSEC = communications security 通信保密措施，交通安全
COMZ = communication zone 通信地带
CONC TOL = concentricity tolerance 同轴度公差
CONELRAD = control of electromagnetic radiation 电磁波辐射控制
CO / NO = current operator / next operator 现行算符 / 下一算符
con sec = conic section 圆锥截面
const-sp = constant speed 恒速，等速
const temp = constant temperature 恒温
contran = control translator 控制翻译〔转换〕程序〔器〕
COP = coefficient of performance 特性系数
= computer operation package 计算机操作程序包
= computer optimization package 计算机最佳程序包
= continuous operation program(me) 连续操作程序
= control optimization program(me) 最佳控制程序
COPA = crystal-oscillator power amplification 晶体振荡器功率放大
COR = center of rotation 转动中心
CORAD = colo(u)r radar 彩色雷达
CORAL = correlated radio lines 相关的无线电线路
COR BD = corner bead 弯管垫圈，弯管焊缝
CORC = Cornell computing language 康乃尔计算机语言
CORDIC = coordinated rotation digital computer 协调旋转数字计算机
CORS = Canadian Operational Research Society 加拿大运筹学会
COS = compatible operating system 兼容的操作系统
cos = communication operation station 通信操作台
= cosine 余弦
COSAG = combined steam and gas turbines 蒸汽轮机和燃气轮机联合（推进器方式）
COSAR = compression scanning array radar 压缩扫描阵列雷达
cosh = hyperbolic cosine 双曲余弦
COSINE = Corporation for Open Systems Interconnection Networking in Europe 欧洲开放系统互联网络公司
COSMIC = computer software management and information center 计算机软件管理和信息中心
COSMON = component open / short monitor 元件开路 / 短路监控元〔器〕件，开路短路监视器
COS / MOS = complementary symmetry / metal oxide semiconductor 互补对称金属氧化物半导体（电路）
COST = contaminated oil settling tank 污油的沉淀槽
COT = checkout time 检验时间
COTAR = correction tracking and ranging station 校正跟踪与测距台（一种雷达干涉仪）
= correlation tracking and range 相关跟踪测距（系统），无线电跟踪定位（系统）
COTS = checkout test set 检（验）测（试）设备
COV = check-out valve 止回阀，检查阀
= cross-over valve 交换阀，十字阀
= cutout valve 截流〔排气〕阀
COZI = communications zone indicator 通信区指示器
CP = case preparation 外壳制备
= casing pipe 套管
= central processor 中央处理机

= chemical polish 化学抛光剂
= chemical propulsion 化学推进器
= circular polarization 圆极化，圆偏振
= clock phase 时钟脉冲相位，时标相位
= clock pulse 时钟〔同步〕脉冲
= command post 指挥所，指令站
= communication processor 通信处理机
= connecting post 接线柱，连接柱
= constant potential 固定电位，恒定势
= constrained procedure 限定程序，约束方法
= control panel 控制板
= control plane 控制平面（冷子管的控制薄膜）
= control program(me) 控制程序
= correspondence printer 书信打印机
= cyclic permutation 循环排列
= cyclic prefix 循环前缀

CPA = carry propagate adder 进位传送加法器
= charged particle activation 带电粒子的激活作用
= colo(u)r phase alternating 彩色信号相位的周期变化，彩色倒相制

C-Path = composite path 复合通路

CPB = channel program(me) block 通道程序块
= charged particle beam 带电粒子束

CPC = card programmed calculator 卡片程序计算器
= card programmed electronic calculator 卡片程序电子计算机
= ceramic-wafer printed circuit 陶瓷片印制电路
= clock-pulsed control 时钟脉冲控制（器）
= coated powder cathode 敷粉阴极
= computer process control 计算机过程控制
= cycle program(me) control 循环程序控制
= cycle program(me) counter 循环程序计数器

CPD = computer produced drawing 计算机绘图
= contact potential difference 接触电势〔位〕差

CPE = central processing element 中央处理单元（位片型微处理机的中央处理机片）
= central programmer and evaluator 中央程序编制器和计算器
= circular probable error 圆可几〔概率〕误差

CPF = constrained power flow 有约束的电力系统潮流

CPFSK = continuous-phase frequency shift keying 连续相位频移键控

CPG = clock pulse generator 时钟脉冲发生器

CPI = characters per inch 每英寸字符数（1 in=25.4 mm）
= conference papers index 会议论文索引
= current priority indicator 正在执行的优先程序指示器

CPIP = computer pneumatic input panel 计算机气动输入控制面板

CPL = colour photographic lamp 彩色摄影用钨丝灯
= common programming language 公用程序设计〔编程〕语言
= computer program(me) library 计算机程序库

CPM = cards per minute 每分钟卡片张数
= continuous-phase modulated 连续相位调制的
= critical path method 临界途径法（在程序建筑方面应用电子计算机的方法）

CPmm = characters per mm 字符数 / 毫米
CPMS = check plus minus subroutine 校验加减子程序
CPN = counter propagation network 反向传播网络
CPO = concurrent peripheral operation 并行外围设备操作
CPOS = continuous production operation sheet 流水作业图表，连续生产作业图表
CPP = clutch pedal position 离合器踏板位置
CP-PACS = computational physics by parallel array computer system 基于并行阵列计算机系统的计算物理
CPPS = critical path planning and scheduling 关键路径规划与调度
CPR = common pressure rail system 共压轨系统
= current page register 现行页面寄存器
CPS = cathode-potential stabilized tube 阴极电位稳定的光电摄像管
= central processing system 中央处理系统
= characters per second 每秒字符数
= colo(u)r phase setter 彩色相位给定器
= control power supply 控制功率供应
= control pressure system 控制压力系统
= conversational programming system 会话式程序设计系统（语言）
cps = counts per second 每秒钟计数
cps AC = cycles per second alternating current 交流电每秒周数，交流电频率
CPSK = coherent phase-shift keying 相干相移键控法
CPSS = common program(me) support system 通用程序支援系统
CPT = control power transformer 控制电源变压器
= convertible power train 可复式传动系
CPU = central processing unit （计算机）中心处理装置，（电子计算机）主机，计算机中央处理单元〔器〕
CQ = call to quarters 公告等广播开始信号，业余无线电爱好者相互通信前的信号
CQC = capability qualifying circuit 能力鉴定电路
CQD = come quick,danger 遇难求救信号
CR = capacitcance-resistance 阻容
= card reader 卡片读出器
= carriage return 托架折回
= carrier repeater 载波增音机
= carrier return 回车符号
= cathode ray 阴极射线
= certification review （适航）审定审查
= command register 命令寄存器
= common return 公共回线
= computer radiography 计算机 X 射线成像仪
= continuous rating 连续定额（功率）
= continuous ringing 连续振铃
= controlled rectifier 可控整流器
= control relay 控制继电器
= conversion ratio 转换〔换算〕系数，（核燃料）再生系数
= count reverse 反向计数
= critical ratio 紧迫系数
= current relay 电流继电器
Cr = chromium 铬

CRAM = card random access memory 随机取数磁卡片存储器
C-RAN = cloud radio access network 云计算无线接入网
CRAS = coder and random access switch 编码和随机存取开关
CRC = carriage return contact 回车接点，滑架回程接点
= control and reporting center 控制与报告中心
= coordinating research council 科学研究协作委员会
= cyclic redundancy check 循环冗余检验，循环冗余码校验
= cyclic redundancy code 循环冗余码
CrC = current collector 集电器〔极〕，集流环
CRD = capacitor-resistor diode network 电容 - 电阻二极管网络
CRDF = cathode ray direction finding 阴极射线探向
CRDTL = complementary resistor-diode-transistor logic 互补电阻器 - 二极管晶体管逻辑（电路）
CRE = corrosion resistant 抗腐蚀剂
CRES = corrosion resistant steel 耐蚀〔不锈〕钢
CRF = carrier frequency telephone repeater 载（波）频（率）电话中继器
= contrast rendering factor 对比显现因数
= control relay forward 正向控制继电器
= coupled range finder 连动测距对焦取景器
CRJE = conversational remote job entry 会话式远程作业输入
CRL = Columbia Radiation Laboratory 哥伦比亚辐射实验室
CRM = counter radar measures 反雷达措施
= counting rate meter 计数表，计数率测量计
CR MOLY = chrome molybdenum 铬钼钢
CRO = cathode-ray oscillograph〔oscilloscope〕 阴极射线示波器
CROM = control read only memory 控制只读存储器
CRPL = Central Radio Propagation Laboratory 中央无线电波传播实验室
CRPO = continuous rating permitting over-load 允许过载的连续定额（功率）
CRS = coasting richer system 强迫怠速工况混合气加浓系统
= cold rolled steel 冷轧钢
= command retrieval system 指令检索系统
= coolant recovery system 冷却液还原系统，密闭式冷却系统
= corrosion resistant steel 耐（腐）蚀钢
CRT = cathode-ray television 阴极射线显像，阴极射线电视
= cathode ray tube 阴极射线显像管
= cathode-ray tube 阴极射线管，示波管
= channel response time 通道响应时间
= Chinese Remainder Theorem 中国剩余定理，孙子定理
= controlled thermonuclear reactor 受控热核反应堆
CRTM = cathode-ray tube memory 阴极射线管存储器
CRTU = combined receiving and transmitting unit 接收发射两用机
CrV = chrome vanadium 铬钒钢
CRYPTONET = crypto-communication network 保密通信网（络）
Cry SP = crystal speaker 晶体扬声器
CS = carbon steel 碳钢
= cast steel 铸钢
= check sorter 检查分类器，检查分类程序
= common steel 普通钢

	= compressed sensing　压缩感知
	= Computer Society (IEEE)　计算机学会（美国电气和电子工程师学会）
	= control shift　控制移位（指令）
	= control signal　控制信号
	= control store　控制存储器
	= control switch　控制开关
	= crank shaft　曲轴
	= current source　电源
	= current strength　电流强度
	= cutting specification　切削规范
	= cycle shift　循环移位
	= sand melting casting　砂型铸造
Cs	= cesium　铯
CSA	= carry-save adder　保留进位加法器
	= China Software Association　中国软件协会
C-SAM	= C-mode scanning acoustic microscope　C 型 - 声学扫描显微镜，超声波扫描显微镜
CSAR	= communications satellite advanced research　通信卫星探索性研究
CSB	= carrier and sideband　载波和边带
CSC	= combined speaker cabinet　组合音响
	= computer software components　计算机软件组件
CSCFG	= constant speedconstant frequency generator　恒速恒频发电机
csch	= hyperbolic cosecant　双曲余割
CSCW	= computer supported comparative work　计算机支持的协同工作（群体协调共享）
CSD	= composite signal dial(l)ing　复合信号拨号
	= computerized standard data　计算机标准数据
	= constant speed drive　等速传动
	= constant-speed drives　匀速传动装置
	= core shift driver　磁心移位驱动器
CSDB	= commercial standard digital bus　商用（飞机）标准数字总线
CSDS	= constant-speed driver and starter　恒速驱动装置和起动机
CSE	= computer system engineering　计算机系统工程
	= control and switch equipment　控制和转换设备
	= control systems engineering　控制系统工程
	= core storage element　磁心存储元件
CSEN	= China Science and Technology Education Network　中国科技教育网
CSES	= check statement end subroutine　检验结束语句子程序
CSG	= command signal generator　命令信号发生器
CSH	= called subscriber held　被叫用户不挂机信号
CSI	= channel status indicator　通道状态指示器
	= command string interpreter　命令串解释程序
	= current source inverter　电流源逆变器
CSIC	= China State Information Center　中国国家信息中心
CSIS	= conference simultaneous interpretation system　会议同声传译系统
CSL	= computer sensitive language　计算机可用语言，无适应性计算机语言
	= computer structure language　计算机结构语言
	= context-sensitive language　上下文有关〔限定〕语言
	= current steering logic　电流控制逻辑（电路）

= current switch logic 电流开关逻辑（电路）

CSM = combustion stabilization monitor 稳定燃烧监控器
= complex spectral magnitude 复变谱幅度，振幅谱
= composite signal multi-frequency dial(l)ing 复合信号多频拨号

CSMA = carrier sense multiple access 载波传感多路访问

CSMA / CD = carrier sense multiple access / collision detection 带冲突检测的载波侦听协议

CSMA / RN = carrier sensing multiple access / ring network 载波检测多路存取环网

CSMOL = control station manual operating level 控制站手控工作电平〔量级〕

CSMP = continuous system model(l)ing program(me) 连续系统模型程序

CSMPS = computerized scientific management planning system 计算机化的科学管理计划系统

CSO = chained sequential operation 连锁顺序操作

CSP = cast steel plate 铸钢板
= constraint satisfaction problem 约束满足问题
= control signal processor 控制信号处理机

CSPI = computer signal processors Inc 计算机信号处理机公司

CSPO = Communications Satellite Project office 通信卫星设计局（美）

CSPS = coherent signal processing system 相干信号处理系统

CSR = communications satellite relay 通信卫星中继
= control shift register 控制移位寄存器

CSRO = conical-scan-receive-only 圆锥形扫描单独接收

CS/RS = carousel storage and retrieval system （制造业）旋转式仓库系统

CSS = channel shift switch 通道移位开关
= communication subsystem 通信子系统
= computer system simulation 计算机系统仿真
= cryogenic storage system 低温存储系统

CSSB = compatible single sideband 并存性单边带，相容的单边带

CSSL = continuous system simulation language 连续系统模拟语言

CSSN = China Standard Service Net 中国标准服务网

CSST = compatible sidelobe suppression technique 兼容旁瓣抑制技术

CST = combined system test 组合系统试验
= common-channel signal(l)ing terminal 公用通道信号终端
= control system test 控制系统试验
= countdown sequence timer （准备发射前计时用的）递减顺序计时器
= critical solution temperature 临界溶解温度

CSTNet = China Science & Technology Network 中国科技网

CSTS = combined systems test stand 组合系统试验台

CSU = central storage unit 中央存储器

CSW = control power switch 控制电源开关

C-SWaP = the cost, size, weight and power 价格、尺寸、重量、功率特征

CT = call transfer 呼叫转移
= center tap 中心插〔抽〕头
= certification plan 审定计划
= check-out tape 检查带
= compressor turbine 压缩机涡轮
= computer terminal 计算机终端
= computer tomography 计算机 X 射线断层造影术，CT 检查，计算机断层〔层析〕成像

	= constant temperature 恒温，等温
	= continuous thread 连续螺纹
	= control transformer 控制变压器（伺服系统用）
	= cordless telecommunications 无绳通信
	= cordless telephone 无绳电话
	= counter timer 时间间隔计数测量器
	= cross talk 串话〔音〕
	= current transformer 交流器，电流互感器
Ct	= centurium 钲（即镄，fermium，Fm）
CTA	= channel time allocation 信道时间分配
cta	= condenser-transmitter amplifier 电容式话筒放大器
CTB	= convert to binary 转换成二进制
CTC	= centralized control 集中控制〔操纵〕
	= centralized traffic control 交通〔报务〕集中控制
	= conditional transfer of control 控制的条件转移
CTCA	= channel to channel adapter 通道到通道转接器
CTD	= charge transfer device 电荷转移器件
	= convert to decimal 转换成十进制
CTE	= cable termination equipment 电缆终端设备
	= card transmission equipment 卡片传输装置
	= coefficient of thermal expansion 热膨胀系数
CTEM	= conventional transmission electron microscop （传统）透射电子显微镜（有别于扫描透射电子显微镜）
CTF	= core test facility 磁心测试装置
CTI	= computer-telephony integration 计算机电话集成
	= conductivity-temperature indicator 热导率 - 温度指示器
CTL	= complementary transistor logic 互补晶体管逻辑（电路）
	= component test laboratory 部〔元〕件测试实验室
	= core transistor logic 磁心晶体管逻辑（电路）
CTM	= communication terminal module 通信终端模件
	= component test meno 部〔元〕件测试备忘录
CTMC	= communication terminal module controller 通信终端模件控制器
CT / N	= counter, n-stage n 级计数器
CTN	= cordless telecommunication network 无绳通信网
CTO	= circular terminal orbit 最终的环形轨道
CTP	= central transfer point 中央转移点
CTR	= common type rated 普通类型额定值
	= critical temperature resistor 临界温度电阻器
CTRL	= complementary transistor-resistor logic 互补晶体管 - 电阻逻辑（电路）
CTS	= cartographic test standard 制图测试标准
	= command telemetry system 指令遥测系统
	= communication and tracking subsystems 通信与跟踪子系统
	= communication technology satellite 通信技术卫星
	= component test set 部〔元〕件测试装置
	= (engine) coolant temperature sensor （发动机）水温传感器
ct / sec	= counts per second 每秒钟计算次数
CTSS	= compatible time sharing system 相容时间分配系统
CTT	= central trunk terminal 中央干线终端

= colo(u)r trace tube 彩色显像管
= computer telephony integration 计算机电话集成
= critical tracking task 应急跟踪任务，（美国通用汽车公司的）防酒后驾驶装置

CTTL = complementary transistor transistor logic 互补晶体管 - 晶体管逻辑（电路）

CTU = central terminal unit 中央终端装置
= centigrade thermal unit 摄氏热量单位（1 CTU=1 900 J）
= components test unit 部〔元〕件测试装置
= cross talk unit 串音单位

CTV = closed-circuit television 闭路电视
= colo(u)r television 彩色电视
= commercial television 商业电视

C / U = carbon / uranium 石墨铀比

CU = close-up crystal unit 压电晶体
= control unit 控制器，控制部件
= counting unit 计数单元

Cu = copper 铜

cu = cubic 立方（体）的

CUA = common user access 公共用户访问

cub exp = coefficient of cubical expansion 体积膨胀系数

CUD = component usage designator 部〔元〕件用法标志

CUE = control unit end 控制器结束

cuft〔cu ft〕 = cubic foot 立方英尺（1 ft^3=28.32 L）

CUG = closed user group 封闭用户群

cuin〔cu in〕 = cubic inch 立方英寸（1 in^3=16.39 cm^3）

CU NI = copper nickel (alloy) 铜镍（合金）

CUP = cellular unmanned production 成组无人生产系统
= copper plate 铜板

CUR = complex utility routine 综合性服务程序

CURV = cable controlled underwater research vehicle 缆控水下回收潜水器

CV = check valve 止回阀
= common version 通用形式
= constant velocity 等速
= constant voltage 恒压

CVBS = composite video broadcast signal 复合电视广播信号

CVCF = constant voltage &constant frequency 恒压及恒频

CVD = chemical vapo(u)r deposition 化学汽相淀积
= current-voltage diagram 伏安特性曲线

CVL = continuous velocity log 连续速度测井

CVM = continuous voltage mode 连续电压模式

CVR = cockpit voice recorder 驾驶舱音频记录器
= current-viewing resistor 电流观测电阻器

CVRT = continuously variable ratio transmission 无级调速变速器

CVS = conference voting system 会议表决系统
= continuously variable slope 连续可变斜率

CVS COBOL = compiler variation system COBOL COBOL 语言编译程序变型系统

CVSD = continuously variable slope delta modulator 连续变化斜率增量调制

CVT = communication vector table 通信向量表
= constant-voltage transformer 恒压变压器

	= continuously variable transmission　无级变速器
CVTX	= continuously variable transaxle（与变速器装在同一壳体内的）无级变速驱动轴
CVU	= constant-voltage unit　稳压器，恒压装置
CVV	= computer virus vaccine　计算机病毒疫苗
CW	= constant wave　行波，定常波
	= continuous wave(s)　等幅波，（无线电）连续波
	= copper weld　铜焊
	= cosine wave　余弦波
CWAR	= continuous-wave acquisition radar　连续波搜索雷达
CWC	= clear write condition　清除写条件
CWD	= capacitance water-level detector　电容式水位检测器
CWG	= Chinese wire ga(u)ge　中国线规
	= corrugated wire glass　嵌金属丝网玻璃波纹板
CWO	= continuous wave oscillator　连续波振荡器
CWR	= chilled water return　冷却水回路
CW RCS	= continuous waves radar cross-section　连续波雷达截面
CWS	= central wireless station　无线电中心台
	= chilled water supply　冷却水的供应
CW SIG GEN	= continuous-wave signal generator　连续波信号发生器
CWW	= China Wide Web　中国万维网
CX	= central exchange　中央交换（器）
D	= darcy　达西（多孔介质渗透力单位）
	= deuterium 氘
	= drive（汽车自动变速器前进位，D 位）
d	= deuteron　氘核
3D	= three-dimensional　三维的
D-A	= digital-to-analog(ue)　数字 - 模拟
DA	= decimal add　十进制加（法）
	= delta amplitude　三角形幅角，三角振幅
	= department of the army　陆军部
	= design automation　设计自动化
	= differential analyzer　微分分析器
	= digital analog(ue)　数字 - 模拟
	= direct add　直接相加指令
	= discrete address　离散地址
	= distributed amplifier　分布式放大器
da	= double amplitude　全幅（值）
DAA	= data access arrangement　数据存取装置
	= decimal adjust accumulator　十进制调整累加器
DAB	= display assignment bit　显示指定位
DABS	= discrete addressable beacon system　离散寻址信标系统
DAC	= data acquisition and control system　数据采集与控制系统
	= data acquisition chassis（计算机）数据收集架
	= data analysis center　数据分析中心
	= design augmented by computer（用）计算机加强设计
	= digital analog(ue) converter　数字模拟转换器
	= digital arithmetic center　数字计算中心

	= direct access control 直接存取控制
DACI	= direct adjacent channel interference 直接相邻信道干扰
DACON	= data control 数据控制（器）
	= digital-to-analog(ue) converter 数字（信息）- 模拟（信息）转换器，不连续量 - 连续量转换器
DACS	= data acquisition and control system 数据收集与控制系统
DAD	= digital audio disc 数字音频磁盘，数字唱片，激光唱片
DADA	= data dictionary assembler 数据字典汇编程序
DADC	= digital air data computer 数字式大气数据计算机
DADO	= data automation design office 数据自动化设计局
DAE	= data acquisition equipment 资料〔数据〕收集装置
DAEMO(N)	= data adaptive evaluator and monitor 自适应数据鉴定监视器
DAES	= direct access education system 直接存取教育系统
DAF	= delayed action fuse 延迟作用的信管
	= department of the air force 空军部
DAG	= direct-acting gear 直接传动齿轮
DAGC	= delayed automatic gain control 迟延自动增益控制
DAI	= distributed artificial intelligence 分布式人工智能
DAIS	= data directory of automated information system 自动化信息系统的数据簿
DAISY	= data acquisition and interpretation system 数据收集和整理系统
DALG	= D-algorithm D 算法
DAM	= data addressed memory 数据定址存储器
	= data associative message 数据相关信息
	= data communication adaptive control machining center manufacturing system 数据通信适应控制加工中心制造系统
DAMA	= demand assigned multiple access 要求指定的多重存取，按需分配多路存取
DAME	= data acquisition and monitoring equipment 数据采集和监视设备
DAMPS	= data acquisition multiprogramming system 数据采集多道程序设计系统
DAP	= data acquisition and processing 数据获取和处理
	= data analysis and processing 数据分析和处理
	= detail assembly panel 细部装配面板
	= distributed array processor 分布式阵列处理机
	= double amplitude peak 双幅度峰值
DAPS	= direct access programming system 直接存取程序设计系统
DAR	= data access register 数据存取寄存器
DARAC	= damped aerodynamic righting attitude control 气动阻尼复位控制
DARACS	= damped aerodynamic righting attitude control system 气动阻尼复位控制系统
DARC	= data acquisition and reports control 数据采集与报表管理
	= direct adaptive robust control 直接自适应鲁棒控制
DARE	= data automatic reduction equipment 数据自动简化〔换算，处理〕装置
	= differential analyzer replacement 微分分析程序代替语言
	= document abstract retrieval equipment 文件摘要检索设备
	= Doppler velocity and position automatic reduction equipment 多普勒速度和位置测量系统自动转换装置
DARPA	= Defence Advanced Research Projects Agency 国防高级研究计划局（美）
DARS	= data-acquisition and recording system 数据收集〔采集〕和记录系统
DART	= data analysis recording tape 数据分析记录（磁）带
DAS	= data acquisition station 数据〔资料〕收集台

	= data acquisition system　数据〔资料〕收集系统，数据查询系统
	= design assurance system　研制保证系统
	= digital-analog(ue) simulator　数字 - 模拟转换仿真程序
	= digital attenuator system　数字式衰减器系统
	= direct access storage　直接存取存储器
	= distribution automation system　分布式自动化系统
	= dynamo alarm system　（直流）发电机报警系统
	= dynamo alert system　（直流）发电机报警系统
DASD	= direct access storage device　直接存取存储器
DASF	= direct access storage facility　直接存取存储设备
DASM	= differential asymmetry　左右半球功率谱差分
DASV	= differential anodic stripping voltammetry　微分阳极脱模伏安测量法
DAT	= detail assembly template　细部装配样板
	= digital audio tape　数字录音〔音频〕磁带
	= dynamic address translation　动态地址转换
DATAC	= data analog(ue) computer　数据模拟计算机
DATACOM	= data communication　数据通信
DATANET	= data network　数据网（络）
DATAP	= data transmission and processing　数据传输及处理
DATDC	= data analysis and technique development center　数据分析和技术开发中心
DATICE	= digital automatic tape intelligence checkout equipment　数字自动磁带智能检测装置
DATS	= dynamic accuracy test system　动态准确度〔精密度〕测试系统
DAU	= data acquisition unit　数据采集设备
DAVC	= delayed automatic volume control　延迟式自动音量控制
DAVO	= dynamic analog(ue) of vocal tract　声道动态模拟（设备）
D-B	= decimal to binary　十进制到二进制（转换）
DB	= data base　数据库
	= data bus　数据总线
	= decision block　判定功能块
	= distribution box　配电箱〔盒〕，分线盒
	= double-biased (relay)　双偏压（继电器）
	= double break　双断路，双重断裂
	= double ended boiler　双面燃烧式锅炉
dB	= decibel　分贝
DBA	= data base administrator　数据库管理程序
	= dynamic bandwidth allocation　动态带宽分配
DBB	= detector back bias　检波器反偏压
	= detector balanced bias　检波器的平衡偏压
DBCL	= data base command language　数据库命令语言
DBD	= data base design　数据库设计
	= double-base diode　双基极二极管
DB/DC	= data base/data communication　数据库与数据通信
DBDL	= data base descriptive language　数据库描述语言
DBF	= demodulator band filter　解调（器）带通滤波器
DBHS	= data base handling system　数据库处理系统
DBk	= databank　数据库
dbl-cnt	= double contact　双触点

DBM = data base manager 数据库管理程序
dbm = decibel meter 分贝计
DBMS = database management system 数据库管理系统
= double beam mastering system 双光束光盘系统
DBN = deep belief nets 深度置信网络
DBR = descriptor base register 描述符基本地址寄存器
DBS = domestic base station 国内基站，本地基站
DBU = data buffer unit 数据缓冲器
DC = data channel 数据通道
= data code 数据代码
= data collection 数据收集
= data communication 数据通信
= decoder connector 译码机连接器
= density controller 密度控制器
= difficult communication 通信困难，可听度差
= digital camera 数字相机，数码相机
= digital code 数字代码
= digital comparator 数字比较器
= digital computer 数字计算机
= direct current 直流电（流）
= directional coupler 定向耦合器
= direction center 指挥中心
= disaster control 灾祸的控制
= disk controller 磁盘控制器
= distance controller 遥控器
= double-concentric 双同轴线
= double conductor 双导线
= dual-channel 双电子束
= dust collector 收〔集〕尘器
dc = da capo 重复〔发〕信号
DCA = Digital Computers Association 数字计算机协会（美）
= distributed communication architecture 分布式通信网络体系结构
DC-AENEAS = direct current automatic electric network analysis 直流电网自动分析
DCAM = discriminating content addressable memory 可鉴别的内容定址储存器
DCAS = data collection and analysis system 数据收集和分析系统
DCB = data control block 数据控制块
= design change board 更改设计委员会
= destination code base 指定编码基数
DCC = data communication channel 数据通信信道
= data country code 数据国家代码
= design change committee 更改设计委员会
= dial cord circuit 话务员座席拨号盘电路
= digital cellular communication 数字蜂窝通信
= direct current centering 直流中心调整
= disaster control center 灾祸控制中心
= distribution control center 分配〔配电〕控制中心
= dynamic contrast control 动态对比度控制
DCCC = double-current cable code 双流水线电码

DCCD = digital charge coupled device 数字电荷耦合器件
DCCH = digital control channel 数字控制信道
DCCU = data communication control unit 数据通信控制设备
= data correlation control unit 数据相关控制装置
DCD = direct-current dial(l)ing 直流拨号
= directorate of communication development 通信发展管理局
DCDL = digital control design language 数字控制设计语言
dcdr = decoder 译码器
DCE = data circuit-terminating equipment 数据电路终接设备
= deputy chief engineer 副总工程师
DCF = dynamical correction of focal length 焦距动态校正
DCFEM = dynamic crossed field electron multiplication 变动交叉场电子倍增
DCG = direct current generator 直流发电机
DCH = data channel 数据通道
DCI = display control interface 显示控制接口〔界面〕
= ductile cast iron 球墨铸铁
DCL = direct coupled logic 直接耦合逻辑（线路）
DCM = dielectric cavity maser 空腔介质脉塞
= digital circuit module 数字线路微型组件
= direct-current main 直流电源
DCMTS = digital cellular mobile telecommunication system 数字蜂窝移动通信系统
DCN = data communication network 数据通信网
DCNA = data communication network architecture 数据通信网络体系结构
DCOB = drum channel output bus 磁鼓通道输出总线
DCOS = data collection operating system 数据收集操作系统
= data communication operating system 数据通信操作系统
DCP = data collection platform 自动观测平台，数据收集〔观察〕平台
= differential computing potentiometer 微分计算电位器
= digital computer program(me) 数字计算机程序
= direct current panel 直流接线板〔配电盘〕
= discrete component parts 分立元件
DCPCM = differentially coherent pulse code modulation 差分相干脉码调制
DCPCS = digital cabin pressure control system 数字式座舱压力调节系统
DCPSP = DC power supply panel 直流电源接线板〔配电盘〕
DCR = data conversion receiver 数据转换接收器
= digital conversion receiver 数字转换接收器
= direct conversion reactor 直接转换反应器
DC rel = direct current relay 直流继电器
DCRS = document control remote station 资料的遥控站
DCS = data communication system 数据传输系统
= data control system 数据控制系统
= Defense Communication System 国防通信系统（美）
= digital cellular swith 数字式蜂窝交换机
= digital cellular system 数字蜂窝网系统
= digital communication system 数字通信系统
= distributed computing system 分布式计算系统
= distributed control system 分散控制系统
= document control station 资料控制站

DCST = data collection system tape 数据收集系统磁带

DCT = data communication terminal 数据通信终端
= dual-clutch transmission 双离合器变速器

DCTL = direct-coupled transistor logic 直接耦合晶体管逻辑（电路）

DCTLC = direct-coupling transistor logic circuit 直接耦合晶体管逻辑电路

DCU = decade〔decimal〕counting unit 十进计数单元，十进计数器
= deceleration control unit 减速调节器
= digital counting unit 数字计数器
= dynamic checkout unit 动态测试装置

DCUTL = direct-coupled unipolar transistor logic 直接耦合单极晶体管逻辑（电路）

DCV = direct current voltage 直流电压
= directional control valve 定向控制阀

DCWV = direct-current working volts 直流工作电压

DCX = direct-current experiment 直流实验

DD = data definition 数据定义
= decimal divide 十进制除法
= deep drawn 深拉，深冲（压）
= delay driver 延迟驱动器
= department of defense 国防部
= design deviation 设计偏差
= diamond drill 金刚石钻头
= digital data 数据，数字资料
= digital display 数字显示（器）
= direct drive 直接驱动
= double diode 双二极管
= drum demand 请求磁鼓，磁鼓要求

D2D = device to device 设备到设备

DDA = digital differential analyzer 数字微分分析器

DDAPS = digital data acquisition and processing system 数据资料收集和处理系统

DDAS = digital data acquisition system 数字数据采集系统

DDB = distributed database （计算机）分布式数据库

DDC = data distribution center 数据分配中心
= Defense Documentation Center for Scientific and Technical Information 国防科学技术情报资料中心（美）
= digital data converter 数字数据转换器
= direct digital control(ler) 直接数字控制（器）

DDCC = distribution dispatch and control center 分布式配电与控制中心

DDCE = digital data conversion equipment 数字数据变换装置

DDCMP = digital data communication message protocol 数字数据通信报文协议

DDD = design disclosure data 被泄露出来的设计数据
= direct distance dial(l)ing 直接远距离拨号

DDDA = decimal digital differential analyzer 十进位的数字微分方程解算器

DDDS = double density dual side 双面双密度（磁盘）

DDE = digital diesel electronic control 数字电子控制柴油机

DDEP = double diffusion epitaxial plane 双扩散外延平面

DDG = decoy discrimination group 假目标辨别组
= digital display generator 数字显示（信号）发生器

DDH = digital data handling (system) 数据〔数字资料〕处理（系统）

DDI　= depth deviation indicator　深度偏差指示器
　= direct dialling in　直接拨入
DDL　= data definition language　数据定义语言
　= data descriptive language　数据描述语言
　= diode-diode logic　二极管 - 二极管逻辑（电路）
DDM　= difference in depth of modulation　调制深度差
　= difference of depth of modulation　调制深度差
DDN　= Defense Data Network　国防部数据网（美）
　= digital data network　数字数据网
DDOCE　= digital data output conversion equipment　数字式数据输出转换设备
DDP　= data distribution path　数据分配通路
　= datagram delivery protocol　数据报投递协议
　= declaration of design and performance　设计与性能申明
　= digital data processor　数字数据处理机
　= double diode-pentode　双二极 - 五极管
DDPS　= discrimination data processing system　数据鉴别处理系统
DDQ　= deep drawing quality　深冲〔拉制〕性
DDR　= design development record　设计过程记录
　= detection difficulty ranking　故障模式被检测难度的等级
　= digital data receiver　数字数据接收器
　= dynamic device reconfiguration　动态设备重新配置
DDRR　= directional discontinuity ring radiator　定向间断环形辐射器
DDS　= digital data systems　数字数据系统
　= digital display scope　数字显示器
　= direct distance service　直接〔即时〕通话业务
DDSS　= digital data switching service　数字数据交换业务
DDT　= digital data transceiver　数字数据收发装置
　= digital data transmitter　数字数据发送器
　= digital debugging tape　数字调试带
　= double diode-triode　双二极 - 三极管
DDU　= display and debug unit　显示及调试器
DDV　= direct drive servo valve　直接伺服阀
　= direct driven valve　直驱阀
DE　= decision element　判定元件
　= deflection error　偏转误差，（炸点）侧向偏差
　= design of experiments　实验设计
　= dielectric elastomer　介电弹性体
　= digital element　数字元件
　= display equipment　显示设备
DEA　= data envelopment analysis　数据包络分析
DEACON　= direct English access and control　直接英文存取及控制
DEAL　= decision evaluation and logic　判别鉴定及逻辑
DEB　= data extended block　数据扩充块
DEC　= digital equipment corporation　数字设备公司
　= direct energy conversion　直接能量转换
　= distant electric control　远距离电气操纵〔电气遥控〕
DECO　= direct energy conversion operation　能量直接转换
DECOMP　= decomposition mathematical programming system　数学分解程序设计系统

DECOR = digital electronic continuous ranging 数字电子连续测距
DECT = digital enhanced cordless telecommunication 数字增强无绳通信
= digital European cordless telephone (system) 泛欧数字无绳电话（系统）
DECTRA〔Dectra〕= Decca tracking and ranging 台卡跟踪和测距导航系统，无线电定位装置，主航路导航台卡
DECUS = digital equipment computer users society 数字设备计算机用户协会
= digital equipment corporation users society 数字设备公司用户协会
ded = decode （计算机）译码
DEFL = diode emitter follower logic 二极管发射极输出器逻辑（电路）
DEFT = dynamic error-free transmission 动态无误差传输
DEI = design engineering inspection 设计工程的检验
= double epitaxial isolation 双外延隔离（技术）
DEL = delete character 删除符
DELETE = deletion of named file from tape 磁带命名文件作废
DEM = decoy ejection mechanism 假目标发射装置
Dem Ampl = demodulator amplifier 解调〔反调幅〕放大器
DE-ME-Driver = decoding memory driver 译码存储驱动器
demod = demodulator （计算机）解调器，反调制器
Dem Osc = demodulator oscillator 解调〔反调幅〕振荡器
DEMS = development engineering management system 开发〔研制〕工程管理系统
D-Eng = doctor of engineering 工（程）学博士
DEP = deflection error probable 或然偏转误差
DEPI = differential equation pseudo-code interpreter 微分方程伪码解释〔译〕程序〔机〕
DER = designated engineering representative 委托工程代表
= development engineering review 新设计〔研制〕工程检查
derd = diesel electric reduction drive 柴油机电动减速传动
derv = Diesel engine(d) road vehicle （重型）柴油机车辆，柴油发动机道路车辆
DES = data element set 数据元素集
= data encryption standard 数据加密标准
= differential equation solver 微分方程解算器
= digital expansion system 数字扩展系统
DET = design evaluation test （结构）设计鉴定试验
det = detector 探测器，检波器，探测装置，检测器，传感元器件
DET = double emitter transistor 双（发）射极晶体管
DETAB = decision table language 判定表语言
DETP = design evaluation test program(me) （结构）设计鉴定试验方案
DEU = data exchange unit 数据交换装置
DEUCE = digital electronic universal computing engine 通用电子数字计算机
dev = device 器件，装置，设备，仪表，机械，器械，仪器，工具
DEW = direct energy weapon 定向能武器
DEW(S) = distant early warning (system) 远程警戒（系统），远程早发警报（系统）
D & F = disposition and findings 部署与选择
DF = decimal fraction （十进制）小数
= decontamination facility 净污设备
= decontamination factor 净化系数
= degree of freedom 自由度
= direction finder 测〔探〕向器
= direction finding 测向

	= dissipation factor 功耗因数，耗散因数
	= diversity factor 不同时率（电力），（照强）差异因数，发散因数
	= drop forging 落（锤）锻（造）
DFA	= digital failure analysis 数字故障分析
	= discriminant function analysis 判别函数分析
DFB	= distributed feedback 分布反馈（激光器）
DFBLD	= distributed feedback laser diode 分布反馈激光二极管
DFC	= disk file control 磁盘文件控制器
DFCU	= digital flow control units 数字流量控制单元
DFDS	= data flow description 数据流程描述
DFE	= design for environment 环境设计
DFFT	= discrete and fast Fourier transform 离散快速傅里叶变换
DFG	= digital function generator 数字函数发生器
	= diode function generator 二极管函数发生器
	= discrete frequency generator 离散频率发生器
DFIG	= doubly fed induction generator 双反馈感应〔异步〕发电机
DFM	= Dong Feng Motor Corporation （中国）东风汽车公司
DFMEA	= design failure mode and effect analysis 设计故障模式与其影响分析
DFP	= distribution fuse panel 配线熔线盘，配电熔线〔熔丝〕盘〔屏〕
DFR	= degradation failure rate 退化故障率
DFRL	= differential relay 差动继电器
DFS	= data formatting statement 数据格式语句
DF Stn	= direction finding station 无线电测向站
DFT	= deaerating feed tank 除气供给箱
	= discrete Fourier transform 离散傅里叶变换
	= differential gain 微分增益
DG	= differential generator 微分发生器
	= diode gate 二极管门
	= directional gyro 陀螺方向仪
	= disc grind 圆盘研磨
	= displacement gyro 位移陀螺
	= double gear 二级齿轮，复式齿轮
	= double groove 双槽
DGF	= disability glare factor 失能眩光因数
D-GT	= diesel-gas turbine 柴油机 - 燃气轮机（联合动力装置）
DH	= design handbook 设计手册
	= digital hologram 数字全息图
	= direct heating 直热式（灯丝）
DHC	= data handling center 数据处理中心
DHCP	= dynamic host configuration protocol 动态主机配置协议
DHD	= down-hole drill 潜孔钻机
dh di	= drop hammer die 落锤锻模
DHE	= data handling equipment 数据处理设备
DHN	= digital home network 家庭数字网
DHPMS	= digital hydraulic power management system 数字液压功率管理系统
DHU	= data handling unit 数据处理设备
DI	= defense industry 国防工业
	= density indicator 密度指示器

= departmental instructions　部门的指令
= direction indicator　方向指示器
= disable interrupt　禁止中断
= distributor ignition　分电器点火

DIAD　= drum information assembler and dispatcher　磁鼓信息收集和分配器

DIAG　= Danish Administative Data Processing Group　丹麦数据处理管理集团

DIAL　= disk/drum interrogation alternation and loading　磁盘 / 磁鼓交替询问与装入程序

DIALGOL　= dialect of ALGOL　ALGOL 方言

DIB　= data input bus　数据输入总线

DIC　= digital integrated circuit　数字集成电路

DICMOS　= dielectric isolated CMOS　介质隔离 CMOS 电路

DID　= digital image data　数字图像数据
= digital information detection　数字信息检测
= digital information display　数字信息显示器
= direct in-dialling　（外线）直接拨入（分机）
= drum information display　磁鼓信息显示

DIDAC　= digital data communication　数字（式）数据通信

DIE　= design industrial engineering　设计工业（的）工程学

DIFF AMP　= differential amplifier　偏差〔差动〕放大器

Diff E　= difference East　横坐标差

diff H　= difference in height　高度差，高程差

Diff N　= difference North　纵坐标差

DIGE　= direct injection gasoline engine　直接喷射式汽油机

DIGICOM　= digital communication system　数字通信系统

digimer　= digital multimeter　数字式万用表

DIGIPLOT　= digital plotting routine　数字作图程序

DIGRM　= digital record mark　数字记录标记

DIG RO　= digital readout　数字读出

DIIC　= dielectrically isolated integrated circuit　介质绝缘集成电路

DIL　= do interpretive loop　执行解释循环

DILIC　= dual-in-line integrated circuit　双列直插式集成电路（组件）

dim　= dimension　大小，尺寸，量纲，因次，元，维，度

Dimus　= digital multibeam steering　数字多波束阵

DIN　= deutsche industrie normen　德国工业标准

DINA　= digital network analyser〔analyzer〕数字网络分析器
= direct noise amplifier　直接噪声放大器

DIOB　= digital input/output buffer　数字输入输出缓冲器

DIP　= double in-line package　双列直插式组件
= dual in-line package　双列直插式封装

DIPS　= den-den information processing system　电（报）电（话）信息处理系统
= development information processing system　开发信息处理系统

DIR COUP　= directional coupler　定向耦合器

Dir Filt-Equip　= direction filter equipment　方向滤波器

DIS　= distributed interactive simulation　分布交互仿真
= distributorless ignition system　无分电器点火系统
= draft international standard　国际标准草案
= driver information system　驾驶员信息系统

DISC　= digital simulation computer system　数字模拟计算机系统

DISCOM = digital selective communications 数字选择通信
DIS〔dis〕 = Doppler inertial system 多普勒惯性系统
DIS INT = discrete integrator 离散积分仪
DITS = digital information transfer system 数字信息转换系统
DIU = digital input unit 数字输入装置
DIVA = digital input-voice answerback 数字输入 - 话音应答
DIVOT = digital-to-voice translator 数字 - 声音翻译机
DiVoT = digital-to-voice translator （计算机）数字 - 声音转换器，数字 - 声音翻译机
DL = data line 数据传输机
= data link 数据链路
= datum level 基准面
= deal load 静恒（荷）载，静〔自〕重
= delay line 延迟线
= description language 描述语言
= developed length 发展的长度
= dielectric loading factor （电）介质负载系数
= Diesel locomotive 柴油机车
= diode logic 二极管逻辑（电路）
= direct load 直接寄存
DLAN = distributed-lumped-active network 分布 - 集中 - 有源网络
= data link connector 数据线连接器（诊断座）
= data link control 数据链路控制（器）
DLC = dynamic load characteristic 动态负载特性
= dynamic load characteristic 动态负载特性
DLCN = distributed loop computer network 分布式环形计算机网络
DLE = data link escape character 数据传送漏失符号
dlg = dialog box （计算机）对话框
DLIMP = descriptive language implemented by macro-processor 宏处理器〔加工程序〕实现的描述语言
DLL = design limit load 设计极限载荷
= dynamic link library 动态链路〔链接〕程序库
DLM = dead load moment 恒载力矩
DLN = digital ladder network 数字梯形网络
DLP = digital light processing 数字光处理
DLS = delay line synthesizer 延迟线合成器，延迟式函数发生器
= double left shift 双倍左移位
DLT = data link terminal 数据链路终端
= decision logic translator 判定逻辑翻译程序
= depletion layer transistor 过渡层晶体管
DLTS = deep level transient spectrum 深能级瞬态光谱
d/m = disintegrations per minute 衰变 / 分（钟）
DM = damage mode 损坏模式
= data market 数据集市
= decimal multiply 十进制乘法
= delta-modulation δ 调制，增量调制
= design manual 设计手册
= digital modulation 数字调节
= document management 文档管理

= drive magnet 驱动电磁铁
= drowsiness monitor （驾驶员）瞌睡监视器
= magnetic drum module 磁鼓存储模件
DMA = direct memory access 直接存储（器）访问〔存取〕
= direct memory address 直接存储器地址
= double motor alternator 双电动（交流）发电机
DMAC = direct memory access control 直接存储器存取控制
= direct memory access controller 直接存储器存取控制器
D-Macro = double precision floatation macro order 倍精度浮点宏指令
DMAD = diagnostic machine aid-digital language 诊断机器的辅助数字语言，DMAD 测试语言
DMADV = define, measurement, analysis , design, verify 定义、度量、分析、设计、验证
DMC = data multiplexer channel 数据多路转换器通道
= digital microcircuit 数字微电路
= direct maintenance cost 直接维修成本
dmc = drive-magnet contact 驱动电磁铁接点
DMCL = device medium control language 设备媒体控制语言
DME = digital multiplex equipment 数字复接设备
= distance measuring equipment 测距装置
= dropping mercury electrode 水银滴电极，滴汞电极
DMED = digital message entry device 数字信息记录〔输入〕设备
DMFC = direct methanol fuel cells 直接甲醇燃料电池
DML = data manipulation language 数据操纵语言，数据处理语言
DMM = digital multimeter 数字万用表
DMOS = dual-diffused MOS 双扩散金（属）氧（化物）半导体
DMR = digital mobile radio 数字移动无线通信
DMS = data management system 数据管理系统
= distribution management system 分布式管理系统
= dynamic mapping system 动态变换系统
DMSS = data multiplex subsystem 数据多路转接子系统
DMU = dynamic mockup 动态的实物大模型
DN = database network 数据库网络
= decimal number system 十进制数制
= distribution network 分配网
= dummy node 哑节点，虚节点
DNA = digital network architecture 数字网络体系结构
DNC = direct numerical control 直接数字控制，直接数控（中档数控机床），群控
= distributed numerical control 分布式数控
DNCCC = Defense National Communication Control Center 国防部的国家通信控制中心（美）
DN-CTL = down control 向下的控制
dNp = decineper 分奈培（衰减单位，1 dNp=0.87 dB）
DNR = digital noise rejection 数字噪声抑制
DNS = decimal number system 十进位计数制
DNSE = day night switching equipment 昼夜转换设备
DO = diesel oil 柴油，狄塞耳燃料
DOAS = diesel odour analysis system 柴油机气（臭）味分析系统
DOB = disturbance observer 干扰观测器，扰动观测器

DOC	= data optimizing computer 数据优化计算机
DOCUS	= display-oriented computer usage 面向显示的计算机应用
DOD	= data output display 数据输出显示
dodar	= determination of direction and range 超声波定向和测距装置
DOF	= degree of freedom 自由度
DOG	= data output gate 数据输出门
DOHV	= double overhead valve 双顶置气门
DO/IT	= digital output/input translator 数字输出 / 输入（信号）转换器〔翻译机〕
DOPLOC	= Doppler phase lock 多普勒相位同步装置
DOS	= disk operating system 磁盘操作系统
DOT	= deep ocean technology 深海技术
DOTS	= digital optical technology system 数字光学技术系统（三维电视系统）
DoVAP	= Doppler velocity and position finder 多普勒测速 - 测距仪
DP	= dash pot (relay) （继电器）阻尼延迟器，减振器，缓冲筒
	= data processing 数据处理
	= dedicated printer 专用打印机
	= deflection plate 反射板
	= dial pulse 拨号脉冲
	= diametral pitch 径节，直径间距
	= difference of potential 势〔电位〕差
	= differential phase 微分相位
	= differential pressure 压降〔差〕
	= diffusion pump 扩散泵
	= digital plotter 数字绘图机
	= directing point 基准点
	= driving power 驱动功率
	= ducted propellers 涵道螺旋桨
	= dynamic programming 动态规则，动态规划
3DP	= three dimension printing （塑性加工）三维打印（成形技术）
DPA	= double precision arithmetic 双倍位精度〔双字长精度〕算术
DPC	= data processing center (control) 数据处理中心（控制）
	= direct power conversion 直接动力转换
	= disk pack control 磁盘组控制器
	= double pipe cooler 套管冷却器
DPCA	= displace phase center antenna 相位中心位移天线
DPCM	= differential pulse code modulation 差分脉码调制
DPCS	= distributed process control system 分配过程控制系统
DPCT	= differential protection current transformer 差动保护电流互感器
DPD	= data processing division 数据处理部
	= digit plane driver 数位面驱动器
DPDT	= double-pole double-throw 双刀双掷（开关）
DPE	= data processing equipment 数据处理设备
DPESE	= densely packaged encased standard element 紧密包装的装箱标准部件
DPG	= data processing group 数据处理群
	= digital pattern generator 数字模式发生器
DPH	= diamond penetrator hardness 维氏金刚石硬度
	= diamond pyramid hardness 维氏硬度值，金刚石锥体硬度
DPI	= data processing installation 数据处理设备

DPL	= development prototype launcher 试验原型发射架
	= Dolbypro-logic 杜比定向逻辑（音频解码技术）
DPLL	= digital phase-lock loop 数字锁相回路
dplr	= Doppler 多普勒（系统）
DPLXR	= diplexer telemeter 两信伴传机遥测计
DPM	= data processing machine 数据处理机
	= data processing manager 数据处理管理程序
	= digital panel meter 数字面板表
	= digital phase modulation system 数字相位调制
dpm	= disintegrations per minute 每分钟衰变
	= dynamic programming models 动态规划模型
DPMA	= data processing management association 数据处理管理协会
DPMS	= driving position memory system 行驶位置存储系统
DPN	= diamond pyramid number 维氏硬度值
	= dip-pen nanolithography 蘸笔纳米光刻术
D PNL	= distribution panel 配电盘
DPO	= delayed pulse oscillator 延迟（式）脉冲振荡器
DPOIR	= dial pulse originating incoming register 拨号脉冲原始入局记发器
DPPA	= double pumping parametric amplifier 双抽运参量放大器
DPPM	= differential pulse position modulation 微分脉位调制
DPRAM	= dynamic programmable random access memory 动态可编程随机存取存储器
dps	= disintegrations per second 每秒钟衰变
DPS	= data path switch 数据通路开关
	= data processing station 数据处理站
	= data processing system 数据处理系统
	= distributed power system 分布式开关电源系统
	= Douglas process standard 道格拉斯方法标准
DPSK	= differential phase-shift keying 微分相移键控法
DPSS	= data processing subsystem 数据处理子系统
DPST	= double-pole single-throw 双刀单掷（开关）
DP steel	= dual-phase steel 双相钢
DPU	= display processing unit 显示处理装置
DPV	= dry pipe valve 干燥管阀门，过热蒸汽输送阀
DPWR	= data process work request 数据处理工作请求
DR	= data receiver 数据接收机，数据接收器
	= data recorder 数据记录器
	= dead reckoning 速度三角形定位法，航迹推算法，推测〔算〕航行法
	= density recorder 密度记录器
	= deviation ratio 偏移系数
	= differential relay 差动继电器
	= digital resolver 数字分解器
	= discharging resistor 放电电阻器
	= discrimination radar 识别雷达
	= displacement corrector 位移校准器
	= distant range 远距离
	= Doppler radar 多普勒雷达
Dr	= doctor 博士，医生
	= drive 驱动，传动，驾驶，激励

dr = distant reading 遥测读数
DRA = dead-reckoning analyzer 航位推测与分析器
DRAI = dead reckoning analog indicator 航迹推算模拟指示器
DRAM = dynamic random access memory 动态随机存取存储器
DRAPE = data reduction and processing equipment 数据简化和处理设备
DRAPF = data reduction and processing facility 数据简化与处理设备
DRAT = data reduction and analysis tape 数据整理和分析带
DRBM = deep restricted Boltzmann machine 深度限制玻尔兹曼机
DRC = deterministic robust control 确定性鲁棒控制
= direct robust control 直接鲁棒控制
DRCC = drill chuck 钻头卡盘〔夹盘〕
DRCG = discrimination radar control group 鉴别雷达的控制组
DRD = design research division 实验设计科，远景设计科，远景设计室
DRF = dry rectifier 干片整流器，金属整流器
drg = double-reduction gear 复式减速齿轮
DRI = data reduction interpreter 数据简化翻译机，数据简化翻译程序
DRID = direct read-out image dissector 直接读出析像管
DRIFT = diversity receiving instrumentation for telemetry 遥测用分集接收设备
drilitic = dry electrolytic capacitor 干式电解电容器
DRJI = drill jig 夹具，钻模，钻床夹具
DRM = digital radio meter 数字式无线电仪表
DRO = destructive readout 破坏（信息）读出
DROMDI = direct read-out misdistance indicator 直读式失误距离指示器
DRS = data reaction system 资料反应制度，数据反应系统
= data reduction system 数据简化系统
DRT = data reckoning tracer 自动航迹绘算仪
= diode recovery tester 二极管再生测试器
= direct reading telemetering 直接读数遥测技术
DRTP = drill template 钻孔钻模板，钻头样板
drw = drawing 草图，图样，蓝图，绘图，拉拔，回火
DS = data set 数据集，数据装置，数据传输转换器
= data synchronization 数据（脉冲）同步
= decimal subtract 十进制减（法）
= define symbol 定义符号
= detonation sensor （发动机）爆燃传感器
= device selector 设备选择器
= dial system 拨号（盘）系统
= direct subtract 直接相减指令
= disconnecting switch 断路器，切断开关，阻断开关，隔离开关
= doctor of science 理学博士
= drill stem 钻杆
= drum switch 鼓形开关
= Ducol high tensile steel 含锰高强度钢
= dynamic simulation 动态模拟
DSA = densities spectro angularity 密度谱曲率
= dial system assistant 辅助拨号系统
= diffusion self-alignment 扩散自对准
= dynamic security assessment 动态安全估计

DSAC = digital simulated analog computer 数字仿真模拟计算机
DSB = data set block 数据集块
= double side band 双边（频）带
DSBSC = double side band suppressed carrier 双边带抑制载波信号
DSC = digital signal converter 数字信号转换器
= digital speech coder 数字语音编码器
= digital still camera 数码相机
= display station controller 显示站控制器
= document service center 资料服务中心
= dynamic sequential control 动态的顺序控制
= dynamic servo control （机床）动态伺服控制
DSc = doctor of science 理学博士
DSCB = data set control block 数据集控制块
DSDA = dual stage driver airbag 双级式驾驶员安全气囊
DSDT = deformographic storage display tube 畸变图像存储显示管
DSE = data switching exchange 数据转换交换
= digital storage equipment 数字存储设备
= dynamic state estimation 电力系统动态性能评估
DSF = dispersion shifted fiber 色散位移光纤
DSHE = downstream heat exchanger 顺流热交换器
DSIR = Department of Scientific and Industrial Research 科学和工业研究局（英）
DSL = data set label 数据组标签
= deep scattering layer 深散射层
= dialogue specification language 对话说明语言
= digital simulation language 数字仿真〔模拟〕语言
= digital system lab 数字系统实验室
Dsl = Diesel 柴油机
DSM = demand side management 需求侧控制
= design standards manual 设计标准手册
= distributed shared memory 分布式共享存储器
DSN = data smoothing network 数据平滑网络
= distributed system network 分布式系统网络
DSP = digital signal processor 数字信号处理器
= dynamic speaker 电动式扬声器
DSPV = deceleration sensing proportioning valve 减速度传感（制动力）比例分配阀
DSR = data set ready 数据集就绪
= digital stepping recorder 数字步进式记录器
= digit storage relay 数字存储继电器
DSRC = dedicated short range communications 专用短波通信
DSS = decision support system 决策支持系统
= digital satellite system 数字卫星系统
= dynamic support system 动态支援系统
= dynamic system synthesizer 动态系统合成器（电子计算机）
DSSC = the dye-sensitized nanocrystalline solar cell 染料敏化纳米晶太阳电池
DSSMAN = data service specific metropolitan area network 数据业务专用城域网
DST = direct screw transfer （塑料）直接螺旋铸压
= direct viewing storage tube 直接检视〔观察〕式储存管
DSTS = destruct system test set 自炸系统测试装置

DSU = data synchronization unit 数据同步装置
= device switching unit 设备转换〔切换〕装置
= digital storage unit 数字存储器
DSW = data status word 数据状态字
= device status word 设备状态字
DT = dark trace 暗行扫描
= data transmission 数据传输
= digital technique 数字技术
= double-thread 双头螺纹，双线螺纹
= dressing table 修整台
= drill template 钻头径规
= dual tires 双轮胎
DTA = data transfer acknowledge 数据传送认可
= differential thermal analysis 差（示）热分析
= disk turbine assembly 盘形涡轮装置
= distributing terminal assembly 配线触排
DTC = data transmission center 数据传输中心
= dead time compensator 死区时间补偿器
= diagnostic trouble codes 诊断故障码
= digital television camera 数字电视摄像机
DTCS = data transmission and control system 数据传递与控制系统
DTE = data terminal equipment 数据终端设备
= depot tooling equipment 仓库工具设备
= dual track etcher 双迹蚀刻器
DTG = display transmission generator 显示传输发生器
DTH = direct-to-home （卫星电视）直播到户，（光纤通信网）直接到家
DTI = dial test indicator 盘式试验表，试验表盘指示器
DTL = diode transistor logic 二极管晶体管逻辑（电路）
DTM = duration time modulation 时间调制
DTMF = dual tone multifrequency (push button dialling) 双音多频（按键拨号）
DTO = data take-off 数据检出
= detailed test objective 详细的试验目的
DTP = data transmission protocol 数据传输协议
= desk top publishing 用计算机和工作站等制作出版物，桌面出版系统，桌面排版，台式机排版
= detailed test plan 详细的试验计划
= directory tape processor 目录带处理机
= dynamic testing program(me) 动态的试验计划
DTPL = domain-tip propagation logic 畴尖传播逻辑
DTR = definite-time relay 定时限继电器
= digital tape recorder/reader 数字带记录器 / 阅读器
= digital telemetering register 数字式遥测记录器
= duty type rating 负荷型定额
DTS = data transmission system 数据传输系统
= digital theater system 数字影院（立体声）系统
= double thermostat with safety device 带安全装置的两用恒温器
DT–SMC = discrete-time sliding-mode control 离散滑模控制
DTS(w) = double throw switch 双掷开关，双向开关

DTT = dynamic tear test 动撕裂试验
DTV = digital TV 数字电视
DTVM = differential thermocouple voltmeter 差动热电偶电压表
D/U = desired-to-undesired signal ratio 期望信号 / 不期望信号比
DUART = dual universal asynchronous receiver-transmitter 双向通用异步收 - 发机
DUO = datatron users organization 数据处理机用户协会
DV = differential voltage 差动电压
DVC = digital video camera 数字式摄像机
DVD = digital video disk 数字视盘
DVM = digital voltmeter 数字式电压表
= discontinuous voltage mode 间断电压模式
DVMRP = distance vector multicast routing protocol 距离矢量多目标路由协议
DVOM = digital volt-ohmmeter 数字电压电阻表，数字伏欧计
DVR = digital video recorder 数字录像机
= discharge voltage regulator 放电调压器，放电稳压器
DVS = digital hydraulic valve system 数字液压阀系统
= dynamic vehicle simulation 车辆动态模拟（装置）
DVST = direct view storage tube 直观存储显像管
DVTR = digital video tape recorder 数字磁带录像机
DW = distilled water 蒸馏水
= double weight 双重载，双倍重
= dust wrapper 防尘罩，防尘套
dw = dead weight 静载荷，静重
DWB = data warehouse base 数据汇总层
= data word buffer 数据字缓冲器
DWD = data warehouse detail 细节数据层
DWDI = draw die 拉（位）模
dwg = drawing 图纸，图面，图样，图，草图，图线，蓝图，绘图，制图，拉曳，（钢材）拉丝，拉拔，回火
DWICA = deep water isotopic current analyzer 深海同位素海流分析仪
DWL = data word length 数据字长
DWT = drop weight test 落锤试验
dwt = deadweight ton(s) （总）载重吨（位）
DWTT = drop weight tear test 落锤撕裂试验
DX = distance reception or transmission 远距离接收或发送
= distant exchange 远距离通信，远距离交换
= duplex 双工的，双向的
DXC = data exchange control 数据交换控制（器）
DXD = duplex dial 双工拨号盘
Dy = dysprosium 镝
DYANA = dynamic analyzer 动态分析器，动态分析程序
DYB = dynamic braking 动力制动
DYNAMO = dynamic model 动态模型
DYNET = dynamic network planning technique 动态网络规划技术
DYSTAC = dynamic storage analog(ue) computer 动态存储模拟计算机
DYSTAL = dynamic storage allocation 动态存储分配
= electric field 电场
E = electric field intensity 电场强度

= electric tension 电压
= electromotive force 电动势
e = electronic charge 电荷
= modulus of elasticity 弹性模量
EA = easy magnetization axis 易磁化轴
= effective address 有效地址
= elastic axis 弹性轴
= electrical artificer 电工
= electric automobile 电动汽车
= electronic assembly 电子组件
= electronic attack 电子进攻
= energy absorption 能量吸收
EAC = electro arc contact machining 接触放电加工
= electronic analog(ue) computer 电子模拟计算机
= energy absorption characteristics 能量吸收特性
EACC = error adaptive control computer 误差适应控制计算机
EAD = electro arc depositing 放电涂覆处理
= equilibrium air distillation 平衡的空气蒸馏
EAEC = European Airline Electronic Commission 欧洲航空公司电子委员会
EAF = effective attenuation factor 有效衰减系数
= electric are furnace 电弧炉
EAG = equipment advisory group 设备咨询组
EAGER = electronic audio ga(u)ger 标准电子审计仪
EAL = electromagnetic amplifying lens 电磁放大透镜
= estimated average life 预估平均寿命
EAM = electric accounting machine 电动计算机
EAN = external access network 外部存取网络
EAP = equivalent air pressure （当量）空气压力
EAR = experimental array radar 实验雷达阵
EARI = equipment acceptance requirements and inspections 设备接收的要求与检验
EARN = European Academic Research Network 欧洲学院研究网
EAROM = electrically alterable read only memory 电可变只读存储器
EASE = electronic analog(ue) and simulation equipment 电子连续模拟设备
EASIAC = easy instruction automatic computer 教学用自动计算机，简易教学自动计算机
EASY = efficient assembly system 高效汇编系统
EAX = electronic automatic exchange 电子自动交换机
= environmental audio expansion 背景声拓展，环境音效扩展技术（混响，变调、回声及延时等的三维音效技术）
EBBT = Euler-Bernoulli beam theory 欧拉 - 伯努利梁理论
EBCDIC = extended binary coded decimal interchange code 扩充的二进制编码的十进制交换码，扩充的二 - 十进制交换码
EBDCU = electronic brake-force distribution control unit （汽车）电子制动力分配控制模块
EBF = experimental blast furnace 试验性鼓风炉
EBG = ethanol blended gasoline 掺乙醇的汽油
EBHA = electro-backup-hydraulic actuator 电备份液压致动器
EBIC = electron-beam-induced conductivity 电子束感应电导率
= electron bombardment induced conductivity 电子轰击感应电导率〔性〕

EBL = electron-beam lithography 电子束光刻
EBM = electron beam machining 电子束加工
EBP = end boiling point 终沸点
= exhaust back pressure 排气反压力
EBPA = electron beam parametric amplifier 电子束参量放大器
EBPSU = electronic brake power supply unit 电子制动器电源组件
EBPVD = electron-beam physical vapour deposition 电子束气相沉积
EBR = electron beam recording (system) 电子束记录（系统）
EBRIC = electron beam recorder image correction 电子束记录仪图像校正
EBS = external bremsstrahlung 外韧致辐射
EBSS = electron beam scanning system 电子束扫描系统
EBU = European Broadcasting Union 欧洲广播联盟
EBW = electronic beam welding 电子束焊接
EC = earth current 大地电流
= edge connector 边缘连接器
= elasticity coefficient 弹性系数
= electric car 电动车
= electronic commerce 电子商务，电子商业
= electronic computer 电子计算机
= enamel-covered wire 漆包线
= error correcting 误差校正
= extended control 扩充控制
ECA = Electrical Contractors' Association 电气承包商协会（英）
ECAC = electromagnetic compatibility analysis center 电磁兼容性分析中心
ECAP = electronic circuit analysis program(me) 电子电路分析程序
ECASS = electronically controlled automatic switching system 电子控制自动转换系统
ECB = event control block 事件控制块
ECC = eddy current clutch 涡流离合器
= electrochemical concentration cell 电化学浓差电池
= electron coupling control 电子耦合控制〔调整〕
= embedded communication (control) channel 嵌入式通信（控制）信道
= emitter-coupled circuit 发射极耦合电路
= encoding of Chinese characters 汉字编码
= equipment configuration control 设备外形检查
= error checking and correction 检错和纠错，误差检验与校正
= error checking code 纠错码，错误纠正代码
= error correction code 纠错码
= extendible computer compiler 可扩充的计算机编译程序
ECCM = electronic counter-countermeasure(s) 电子反干扰，电子反对抗措施
ECD = electro chemical drilling 电化学钻孔
= energy conversion device 能量转换装置〔器件〕
= environmental conditions determination 环境条件的测定
ECDCT = electrochemical diffused-collector transistor 电化学扩散集电极晶体管
ECDM = electrochemical discharge machining 电解〔电化学〕放电加工
ecdr = external critical damping resistance 外部临界阻尼〔衰减〕电阻
ECF = experimental cartographic facility 实验制图设备
ECG = electro-cardiograph 心电图记录仪
= electrochemical grinding 电解磨削

ECH = engine compartment heater 发动机舱加热器
ECIS = European Community Information Service 欧洲共同体情报服务机构
ECL = electrical communication laboratory 电气通信实验室
= electronics components laboratory 电子学元件实验室
= engineering computation laboratory 工程计算实验室
ECLO = emitter-coupled logic operator 发射极耦合逻辑运算电路
ECM = electrochemical machining 电解加工
= electronic cipher machine 电子密码机
= electronic countermeasures 电子干扰，电子对抗（措施）
= engine control module 发动机控制模块
ECMA = European Computer Manufacturers Association 欧洲计算机制造商协会
ECME = electronic countermeasure equipment 电子干扰设备
ECMP = electronic countermeasure program(me) 电子干扰计划
ECO = electromotive force electron-coupled oscillator 电动势电子耦合振荡器
= electron-coupled oscillator 电子耦合振荡器
= engine checkout system 发动机检查制度〔系统〕
ECP = engineering change procedure 技术更改程序
ECR = afterburner exhaust collector regulator 加力燃烧室排气收集器调节器
= electronic control relay 电子控制继电器
= equivalent continuous rating 等效连续运转额定值
ECROS = electrically controllable read-only storage 电可控只读存储器
ECS = electronically controled suspension 电子控制悬架
= electronic control switch 电子控制开关
= end-cell switch 尾电池转换开关
= engine control system 发动机调节系统
= environment(al) control system 环境控制系统
= error correction servo〔signals〕误差更正的伺服机构〔信号〕
= experimental compiler system 实验编译系统
= extended core storage 延长磁心存储（器）
ECSA = European Computing Services Association 欧洲计算服务协会
ECSC = European Communication Satellite Committee 欧洲通信卫星委员会
ECSO = European Communication Satellite Organization 欧洲通信卫星组织
ECSS = extendible computer system simulator 可扩充的计算机系统模拟程序
ECSTP = electronic commerce services transaction platform 电子商务交易平台
ECSW = extendible channel status word 可扩充的通道状态字
ECT = engine coolant temperature 发动机冷却液温度
= engine cutoff timer 发动机停车计时器
ECTA = electronic component test area 电子元件试验范围
ECT-I = electronic controlled transmission with intelligence 智能型电子控制变速器
ECTL = emitter coupled transistor logic 发射极耦合晶体管逻辑（电路）
ECTS = engine coolant temperature sensor 发动机冷却液温度传感器
ECU = electronic control unit 电子控制单元
= engine control unit 发动机控制单元
ECV = enamel single-cotton varnish 单层纱包瓷漆
ECX = electronically-controlled telephone exchange 电子式电话交换机
ED = electrical dipole 电偶极子
= electron(ic) device 电子设备，电子仪器，电子器件
= electronic differential analyzer 电子微分分析机

= electronic digital analyzer 电子数字分析机
= engineering design 工程设计
= error detecting 错误检测
= expansion deflection 膨胀变位
= external device 外部装置

EDA = electronic design automation 电子设计自动化
= electronic despun antenna 电子消旋天线
= electronic digital analyzer 电子数字分析器

EDAC = error detection and correction 误差检测与校正

EDB = environment data bank 环境数据库

EDC = electric data collector 电子数据汇集器
= electronic digital computer 电子数字计算机
= engineering data center 技术资料中心
= error-detecting code 误差检测码，错误检测码
= exceed drum capacity 程序超过磁鼓容量

EDCC = environmental detection control center 控制环境探测的中心

EDCOM = editor and compiler 编辑程序和编译程序

EDCW = external device control word 外部设备控制字

EDD = engineering design data 工程设计数据
= envelope delay distortions 包线延迟失真

EDF = earliest deadline first algorithm 最早截止时间优先算法

EDFA = erbium doped fiber amplifier 掺铒光纤放大器

EDGE = electronic data-gathering equipment 电子数据收集设备

EDHE = experimental data handling equipment 试验性数据处理设备

EDI = electron diffraction instrument 电子衍射仪
= engineering demonstrated inspection 有技术根据的检查

EDIS = engineering data information system 工程数据信息系统

EDIT = error deletion by interactive transmission 用相关传输法删除误差

EDITAR = electronic digital tracking and ranging unit 数字（式）电子跟踪测距装置

EDITP = engineering development integration test program(me) 工程发展的综合试验计划

EDIU = engine data interface unit 发动机数据接口单元

EDL = entry, descent, and landing 进入、下降、着陆

EDM = electro-discharge machining 电火花加工
= engineering data management 工程数据管理

EDMS = engineering data micro-reproduction system 工程数据微型再生系统
= experimental data management system 试验性数据管理系

EDN = elementary digital network 基本数字网络

EDOS = extended disc operating system 扩充的磁盘操作系统

EDOS-MSO = extended disc operating system-multistage operation 多极操作的扩充磁盘操作系统

EDP = electric diffusing process 放电电渗处理
= electronic data processing 电子数据处理
= engine driven pump 发动机驱动泵

EDPC = electronic data processing center 电子数据处理中心

EDPE = electronic data processing equipment 电子数据处理设备

EDPM = electronic data processing machine 电子数据处理机
= electronic data processing magnetic tape (or machine) 电子数据处理的磁带（或

机械）

EDPS = electronic data processing system 电子数据处理系统

EDR = equivalent direct radiation 等效的直接辐射

EDRS = engineering data retrieval system 工程数据检索系统

EDS = environmental detection set 环境的检查装置

= extended data set 扩充数据集

EDSAC = electronic delay storage automatic computer 延迟存储电子自动计算机

= electronic discrete sequential automatic computer 电子离散时序自动计算机，EDSAC 计算机

EDST = electric diaphragm switch technique 电膜片开关技术

EDT = electronic data transmission 电子数据传送〔传输〕

EDTCC = Electronic Data Transmission Communication Center 电子数据传输通信中心（美）

EDU = electronic display unit 电子显示器

= exponential decay unit (guidance computer) 指数式衰变单元（制导计算机）

EDVAC = electronic discrete variable automatic computer 电子离散变数自动计算机，电子数据计算机

= electrical engineer 电气〔机〕工程师

= electrical engineering 电气工程，电机工程

EE = electric eye 电眼

= electronic engineer 电子工程师

= electronic equipment 电子设备

EEA = electronic engineering association 电子工程协会

= exhaust-emission analyzer 排气排放物分析仪

EEC = electronic engine control 发动机电子控制

= electronic equipment committee (aircraft industries association) 电子设备委员会（飞机工业协会）

= engine electronic control 发动机电子控制

= English Electric Co. 英国电气公司

= European Economic Community (Common Market) 欧洲经济共同体(共同市场)

EECL = emitter-emitter coupled logic 发射极 - 发射极耦合逻辑（电路）

E-ECS = electric environment control system 电动环境控制系统

EEDM = external event detection module 外面事件检测模块

EEG = electroencephalogram 脑电图

EEI = Edison Electric Institute 爱迪生电气研究所（美）

= essential elements of information 信息基本元素

EEL = engineering electronics laboratory 工程电子实验室

EELS = electronic emitter location system 电子发射器定位系统

EEPA = electronic engine performance analyzer 发动机性能电子分析仪

EEPRAM = electrically erasable PRAM 电可擦可编程 RAM

EEPROM = electronically erasable programmable read-only memory 电擦除可编程只读存储器

EERL = electrical engineering research laboratory 电气工程研究所

EEROM = electrically-erasable read-only memory 电可擦只读存储器

EEV = energy efficient vehicle 节能车

EF = elevation finder 仰角指示器

= emergency facilities 紧急措施设备

= equivalent focal length 等效焦距

	= exhaust fan 排气风扇
EFC	= equipment and facility console 装备与设备控制台
EFCS	= electric flight control system 电动飞行控制系统
EFDA	= European Federation of Data Processing Association 欧洲数据处理协会联合会
EFDL	= emitter follower diode logic 发射极输出器〔跟随器〕二极管逻辑（电路）
EFDTL	= emitter follower diode-transistor logic 发射极输出器〔跟随器〕二极管 - 晶体管逻辑（电路）
EFE	= external field emission 外部场致发射
EFECL	= emitter follower-emitter coupled logic 发射极输出器〔跟随器〕- 发射极耦合逻辑（电路）
EFI	= electronic fuel injection 电子控制燃油喷射
EFL	= effective focal length 有效焦距
	= emitter follower logic （发）射极跟随器逻辑（电路）
	= error frequency limit 错误频率极限
EFM	= electronic flow matching 电液流量匹配
EFMS	= electric flight motion simulator 电动飞行模拟器
EFPA	= entry flight-path angle 进入轨道角
EFR	= enhanced full rate 增强全速率（声音处理技术）
EFT	= electronic funds transfer 电子资金转账，电子汇兑，电子支付
	= extra fine thread 超细牙螺纹
EFTS	= electronic funds-transfer system 电子经费传送系统
EG	= electrical generator 发电机
	= electronic guidance 无线电制导
EGA	= enhanced graphics adapter 增强图形适配器
EGEAC	= Edison General Electric Appliance Co. 爱迪生通用电气设备公司（美）
EGECON	= electronic geographic coordinate navigation system 电子的地面坐标航海系统
EGP	= external gateway protocol 外部网关协议
EGPS	= electric ground power system 地面电能系统
	= extended general purpose simulator 扩充的通用模拟
EGPWS	= enhanced ground proximity warning system 增强型近地警告系统
EGR	= exhaust gas recirculation 废气再循环
EGS	= electronics guidance section 电子制导组
	= electronics guidance station 电子制导站
EGT	= equivalent gear train 当量轮系
EH	= electric heater 电炉
	= electric hoist 电动绞车
EHA	= electro-hydrostatic actuator 电动静液致动器
EHC	= electrohydraulic control 电液控制，电液调节
EHF	= extremely high-frequency 极高频
EHL	= elasto-hydrodynamic lubrication 弹性流体动力润滑
EHLS	= electro-hydraulic load simulator 电液负载模拟器
EHP	= effective horse-power 有效马力
EHS	= electro-hydraulic system 电动液压系统
EHSS	= electro-hydraulic servo system 电液伺服系统
EHSV	= electro-hydraulic servo valve 电液伺服阀
EHT	= extra-high tension 极高压，超高压，特高（电）压，特高张力
EHV	= electric and hydrid vehicle 电动混合动力车辆
	= extra-high voltage 极高压，超高压

EI	= electronic ignition 电子点火
	= electronic industry 电子工业
	= enable interrupt 允许中断
	= external insulation 外部绝缘
EIA	= Electronic Industries Association 电子工业协会（美）
	= error in address 地址错误
EIC	= electronic interface card 电子仪表板
EICG	= electromagnetic interference control group 电磁干扰控制小组
EIL	= error in label 符号部分出错
EIN	= educational information network 教育信息网（络）
EIO	= error in operation 操作码出错，操作出错
EIPS	= electron image projection system 电子图像投影系统
EIR	= engineering information retrieval 工程信息检索
EIRMA	= European Industrial Research Management Association 欧洲工业研究管理协会
EIRP	= equivalent isotropic radiated power 等效各向同性辐射功率
EIS	= electric induction steel 感应电炉钢
	= electronic instrument system 电子仪表系统
	= end interruption sequence 结束中断序列
	= engineering information system 工程信息系统
EISA	= extended industry standard architecture 扩充工业标准结构
EIT	= electrical information test 电信息试验
EJCC	= Eastern Joint Computer Conference 东部联合计算机会议
EJM	= electro-jet machining 电火花加工
EKF	= extended Kalman filter 扩展的卡尔曼滤波器
EKG	= electrocardiograph 心电图仪
EKY	= electrokymogram 电流记录图
EL	= elastic limit 弹性极限
el	= electric light 电光，电灯
	= electroluminescent 电〔场〕致发光
ELA	= electron linear accelerator 电子线性加速器
ELC	= elastic limit under compression 抗压弹性极限
	= end of line code 行尾代码
ELCA	= Electronics Corporation of America 美国电子有限公司
ELCC	= electrical load control contactor 电气负载控制接触器
ELCU	= electrical load control unit 电气负载控制组件
ELD	= economical load dispatcher （电力）经济负载分配装置，经济负荷调度装置
	= edge-lighted display 边缘发光显示
elec/mech	= electrical/mechanical 电的 / 机械的
ELECOM	= electronic computer 电子计算机
ELF	= electric load forecasting 电力载荷预测
	= extensible language facility 可扩充的语言设备
ELF〔elf〕	= extremely low frequency 极低频
ELINT〔elint〕	= electronic intelligence 电子情报
ELM	= extreme learning machine 极限学习机
ELMC	= electrical load management controller 电气负载管理控制器
ElMeR	= electromechanical robot 机电机器人
ELP	= engine lube and purge system 发动机润滑与吹洗系统
ELS	= elastic limit under shear 剪切弹性极限

= equivalent level of safety 等效安全

ELSEC = electronic security 电子保密

ELSICON = electroluminescent-layer sandwich image converter 电致发光夹层图像转换器

ELSIE = electronic letter sorting and indicator equipment 电子信件分类及指示装置

ELSSE = electronic sky screen equipment 电子的天空遮蔽设备

ELS steel = extra-low silicon steel 超低硅钢

EM = electronic money 电子货币

= electron microscope 电子显微镜

= end of medium character 记录媒体终了符号

= expanded metal 膨胀金属，网形铁

= external memory 外存储器

EMA = electro-mechanical actuator 机电致动器

= electron microprobe analysis 微区电子探针分析，电子显微探针分析

= engine maintenance area 发动机保养范围

EMail = electronic mail 电子邮件

EMAR = experimental memory address register 试验存储地址寄存器

= external memory-address register 外存地址寄存器

EMATS = emergency message automatic transmission system 应急信息自动传输系统

EMC = electromagnetic casting 电磁铸造

= electromagnetic compatibility 电磁兼容性

= engine maintenance center 发动机保养中心，机车保养中心

= equivalent magnetic circuit 等效磁路法

EMCCC = European Military Communications Coordinating Committee 欧洲军事通信协调委员会

EMCGS = electromagnetic CGS system 厘米克秒制电磁单位制

EMD = electric motor driven 电动机驱动的

EMDP = electric motordriven pump 电动机驱动泵

= electromotive difference of potential 电动势差

EMF = electromagnetic forming （塑性加工）电磁成形

= electromotive force 电动势

= electronic manufacturing facility 电子制造设备

= explosive metal forming 金属爆炸成形

EMI = electrical music industry 电子乐器工业

= electro(-)magnetic interference 电磁干扰

= electronmechanical impedance 机电阻抗

EMIT = engineering management information technique 工程管理信息技术

EMM = electrical and mechanical maintenance 机电维修

= electro-mechanical mockup 机电模型

= energy management model 能量管理模型

EMMA = electronic mask making apparatus 电子掩膜制作设备

EMMU = electric and magnetic magnitude and units 电磁量级和单位

EMO = electromechanical optical 电机械化学的（装置）

= equipment move order 设备迁移指示

EMP = effective mean pressure 有效平均压力

= electrical motor pump 电动机驱动泵

= electromagnetic pulse 电磁脉冲

= electromechanical power 电机械功率

= electron microprobe 电子探针，电子微探针

EMPC = electromechanical power controller 机电式功率控制器
EMR = electromagnetic radiation 电磁辐射
= electromagnetic resonance 电磁共振
= electromagnetic rivet(t)ing 电磁铆
= electro-magneto-rheological 电 - 磁变形的
= electromechanical research 电机械研究
= electro-mechanical research Inc. 机电研究公司（美）
= electronic management system 电子管理系统
EMS = electron microscope 电子显微镜
= emergency switch 紧急开关
EMSC = electro-mechanical stop clock 机电秒钟
EMSD = evaporated metal-semiconductor diode 蒸发金属半导体二极管
EMSSC = electro-mechanical switching system control 机电开关系统控制
EMT = electrical mechanical tubing 机电管系
= electrical metallic tubing 电工金属管
EMT = end of magnetic tape 磁带结束
emt = electron multiplier tube 电子倍增管
EMU = engine monitoring unit 发动机监控装置
emu = electromagnetic unit(s) 电磁单位
= electromotive unit 电动势单位
EMV = electromagnetic volume 电磁电容
EMXA = electron microprobe X-ray analyzer 微量探针 X 射线分析仪
ENC = engineering command 技术控制
Eng D = doctor of engineering 工程学博士
eng rm = engine room 发动机房，轮机舱
ENIAC = Electronic Numerical Integrator And Calculator 电子数字积分计算机，ENIAC 计算机（第一台通用电子数字计算机的名字）
= electronic numerical integrator and computer 电子数字积分计算机，ENIAC 计算机
ENQ = enquiry character 询问符号
ENS = electric network simulator 模拟电网
ENSI = equivalent-noise-sideband input 等效噪声边（频）带输入
ENV = equivalent noise voltage 当量噪声电压
EO = elliptical orbit 椭圆的轨迹
= engine oil 发动机润滑油
= exclusive or “异 - 或”逻辑（电路），“异”，按位加，逻辑和
= executive order 执行的指令
EOA = end of address 地址结束，地址栏结束，报头部分完
= energy optimized aircraft 能量优化飞机
EOAU = electrooptical alignment unit 电光对准装置
EOB = end of block 字组结束，块结束
= end of transmission block 传输块结束符
EOC = end of conversion 转换端，反转端
EOD = end of data 数据结尾，数据结束，数据信息完
EOE = errors and omissions excepted 误差和遗漏除外
EOF = end of file 文件结束
EOL = end of life （可靠性术语）寿命终止
= end of line 行结束

= expression-oriented language 面向表达式的语言（一种低级语言）
EOLM = electrooptic(al) light modulator 电光学光调制器
EOP = equipment〔operating〕procedure 设备操作顺序
EOR = engine oil radiator 发动机油散热器
EOS = electrical overstress 过电应力
= electro-optical systems 电 - 光学系统
= emergency oxygen system 应急氧气系统
EOST = electrical output storage tube 电信号输出存储管
EOT = end of transmission 传输结束
EOTS = electron optic tracking system 电子光学跟踪系统
EOV = electrically operated valve 电力操作阀
EP = earth plate 接地板
= electrically polarized 电偏振的
= electrical propulsion 电力推动
= electronic photography 电子照相
= electronic protection 电子防御
= end of program(me) 程序结束
= engineering project 工程设计
= English patent 英国专利
= external power 外部电源
= extreme pressure 特高压力，极限压力，极压
EPAS = electrical power assisted steering （汽车）电动助力转向
EPBX = electronic private branch exchange 专用电子小交换机
EPC = easy processing channel 易处理通道，易处理信息
= electronic program(me) control 电子程序控制
= external power contactor 外部电源接触器
epd = earth potential difference 对地电位差
EPDC = economic power dispatch computer 经济配电计算机
EPDCE = elementary potential digital computing element 基位数字计算元件
EPDS = electrical power distribution system 电力分配系统
EPEA = electrical power engineers association 电力工程师协会
EPG = error pattern generator 错误模式生成程序
EPI = electronic position indicator （目标）位置电子指示器
= elevation-position indicator 仰角位置（雷达）指示器
= expanded plan position indicator 扩展平面位置指示器
EPIC = epi-planar integrated circuit 外延平面集成电路
EPIRB = emergency position indicator radio beacon 紧急位置指示器无线电信标
EPL = english programming language 英文程序设计语言
EPMA = electronic parts manufacturers association 电子元件厂家协会
= electron probe microanalyzer 电子探针显微分析仪
EPOS = electronic point of sale(terminal) 电子收款机（终端）
EPPI = electronic plane position indicator 电子平面位置指示器
EPPR = etching plating photo resist 腐蚀电镀光致抗蚀剂
EPR = electron paramagnetic resonance 电子顺磁共振
= engine pressure ratio 发动机压力比
= engine pressure regulator 发动机压力调节器
= ethylene propylene rubber 乙丙橡胶
= external power relay 外部电源继电器

EPRI = Electric Power Research Institute 电力研究所（美）
EPROM = electrically programmable read only memory 电可编程序只读存储器
= erasable programmable read only memory 可擦除可编程只读存储器
EPS = electrical power steering 电子控制动力转向系统
= electrical power storage 蓄电池
= electrical power subsystem 电力子系统
= electrical power supply 电力电源
= emergency power subsystem 应急动力子系统
= emergency power supply 应急电源
= emergency pressurizing system 应急增压系统
EPT = electric power transmission 电力输送
= electro-static charge printing tube 静电记录（阴极射线）管
= equipotential temperature (surface) 等位温度（面）
EPU = electrical power unit 电功率单位
EPUT = events-per-unit-time (meter) 计数（率）仪
EPV = electropneumatic valve 电力气动阀
= external pressure vessel 外压容器
EQ = electrical quadruple 电四极（子）
EQCC = entry query control console 输入询问控制台
EQEP = enhanced quadrature encoder pulse 增强型正交编码脉冲模块
ER = echo ranging 回波测距
= electrical resistance 电阻
= electronic reconnaissance 电子侦察
= electron reconnaissance 电子侦察
= electro-recording tube 记录用阴极射线管
= exhaust register 排风调节器
Er = erbium 铒
er = equivalent roentgen 伦琴当量
ERA = Electrical Research Association 电气研究协会（英）
= electronic reading automation 电子阅读自动化
ERC = Electromagnetic Research Corp. 电磁研究公司（美）
= electronic research center 电子研究中心
= equipment record card 设备记录卡片
ERE = echo range equipment 回波测距设备
ERFA = European Radio Frequency Agency 欧洲射频机构
erfc = error function complement 补余误差函数
ERGS = electronic route guidance system 电子行车路线导向系统，电子线路引导系统
ERMA = electronic recording machine accounting 电子记录会计计算机
ERNIE = electronic random numbering and indicating equipment 电子随机编号及指示装置
EROM = erasable read-only memory 可擦只读存储器
ERP = effective radiated power 有效发射功率
= electronic road pricing system 电子道路计费系统
= error recovery procedures 错误校正过程
= error recovery program(me) 错误校正程序
ERPD = eye reference position datum 目视基准位置标志
ERPIB = error recovery program(me) interface byte 错误校正程序的接口字节
ERQC = engineering reliability and quality control 工程可靠性与质量的控制

ERST = error state　异常状态，错误状态
ERW = electrical resistance weld　电阻焊
ERX = electronic remote switching　电子遥控开关〔转换〕
ES = echo sounding　回声测深
= electrochemical society　电化学学会
= electromagnetic switching　电磁开关
= electronic stylus　电子笔，光笔
= electronic switch　电子开关
= equilibrium stage　平衡级
= expert system　专家系统
= standard Edison screw　标准爱迪生螺纹
Es = einsteinium　锿
es = earth switch　接地开关
ESAR = electronically steerable array radar　电子扫描雷达
ESAR = electronically steerable array radar　电子相控阵雷达
ESC = electronic spark control　电子点火控制
= electronic system center　电子系统中心
= error status condition　错误状态条件
= escape character　换码字符
ESCGS = electrostatic CGS system　静电厘米 - 克 - 秒制单位制
ESD = electronic speech diagram　电子语音图
= electro spark detector　电火花检测器
= electrostatic discharge　静电放电
= electrostatic storage deflection　静电存储偏转
= extra super duralumin (alloy)　超硬铝（合金）
ESDI = enhancement small device interface　增强小型设备接口
ESF = electro spark forming　（放）电爆（炸）成形
ESFK = electrostatic focusing klystron　静电聚焦速调管
ESG = electrically suspended gyroscope　电悬式陀螺仪
= electronic sweep generator　电子扫描发生器
= engineering service group　工程维修组
= engineering support group　工程支援组
ESHP = effective summed horsepower　（发动机的）总有效马力
= equivalent shaft horse power　等效〔当量〕轴马力
ESI = electricity supply industry　电力工业
= emergency stop indicator　紧急停止指示器
ESM = electric synthetic method　放电合成法
= electronic support measurement　电子支援措施
ESMR = electronically scanning microwave radiometer (sensor)　电子扫描微波辐射计(传感器)
ESO = extended state observer　扩展状态观测器
E & SP = equipment and spare parts　设备与备件
ESP = electrostatic precipitator　静电集尘器，静电过滤器，静电沉淀器
= engine sequence panel　发动机次序操纵台
= equipment status panel　设备情况仪表板
= Euronet switching protocol　欧洲网络交换协议
ESPAR = electronically steerable phased array radar　电子相控阵雷达
ESPRIT = European Strategic Programme for Research in Information Technology　欧洲信

息技术研究战略计划

ESR = effective signal radiated 有效发射信号
= effect severity ranking 影响的严酷度等级
= electronic scanning radar 电子扫描雷达
= electron spin resonance 电子自旋共振，顺磁共振
= electroslag refining 电渣精炼
= electroslag remelting 电渣重熔
= electronic switching system 电子开关〔转换〕系统
= engine start relay 发动机起动继电器

ESS = electro spark sintering 放电粉末烧结

ESSEX = experimental solid state exchange 实验固体电话交换机

ESSU = electronic selective switching unit 电子选择开关装置

E & ST = employment and suitability test 适用性试验

EST = electronic spark timing 电子点火正时
= error separation techniques 误差分离技术

ESTE = engineering special test equipment 工程的特殊试验设备

ESU = electrostatic unit 静电单位
= electrostatic units of electrical charge 电荷的静电单位

ESVAC = epitaxial silicon variable capacitance diode 外延硅变容二极管

ESWL = extracorporeal shock wave lithotripter 体外冲击波碎石机

ET = electrical transcription 电气录音（制）

ETA = event tree analysis 事件树分析

ETB = end of transmission block character 信息组传输终止符

ETC = electronic toll collection 电子不停车收费
= Electro Tec. Corp 电技术公司（美）
= excess three code 余三代码
= extendible compiler 可扩充的编译程序

ETD = engineering technical design specification 工程技术设计规范

ET/E = electrical technician/electrician 电工技术员 / 电工技师

ETE = engineering test evaluation 工程试验鉴定

ETEC = electronic truck engine control 货车发动机电子控制装置
= engineering test facility 工程试验设备

ETF = engine test facility 发动机试验设备
= environmental test facility 环境试验设备

ETFA = engine test facility addition 发动机试车〔试验〕设备附加装置

ETL = electrotechnical laboratory 电气技术实验室，电工实验室
= engineering test laboratory 工程试验实验室

ETM = elapsed time meter 计时器，秒表，作业时间计量表
= environmental test motor 环境试验电动机
= european transonic windtunnel 欧洲跨音速风洞

ETOPS = extended overwater operations 延长水上作业
= extended twin-engine operations 双发延长航程飞行

ETOS = extended tape operating system 扩充的磁带操作系统
= engineering test procedure 工程试验程序

ETP = engine test panel 发动机试验操纵台
= evaluation test procedure 鉴定试验程序

ETR = electronic time recorder 电子计时器

ETS = electronic telegraph system 电报系统，电子电报系统

	= electronic traction system 电子拖曳（牵引）系统
	= European telecommunication standard 欧洲电信标准
	= experimental trauma severity （汽车碰撞）受伤害程度试验
ETSG	= elevated temperature strain ga(u)ge 高温应变仪
ETSI	= European Telecommunication Standards Institute 欧洲电信标准协会
ETT	= extrusion trim template 挤压修整模板
ETU	= engineering test unit 工程试验装置
ETV	= educational television 教育电视
EU	= erection unit 安装设备
Eu	= europium 铕
eu	= electronics unit 电子仪器装置
EUA	= electrical utilities application 电业系统应用程序
EV	= electric vehicle 电动车，电动汽车，电动力汽车，电动力车辆
ev	= electron volt 电子伏特
EVA	= electronic vocal analog(ue) 电子口声模拟
	= ethylene-vinyl acetate 乙烯 - 醋酸乙烯酯
EVATA	= electronic-visual-auditory training aid 电子视觉 - 听觉训练辅助设备
EVC-O	= electronic vibration cutoff 电子振动截止
EVE	= economy vehicle element 经济性好的车辆部件
EVM	= electronic voltmeter 电子（管）伏特计，电子电压表
	= electrostatic voltmeter 静电伏特计
	= engine vibration monitoring 发动机振动监视〔控〕
EVOP	= evolutionary operation 调优运算，渐近操作（法）
EVR	= electronic video recorder 电子视频记录装置，电子录像机（一种利用普通电视接收机重放电影的装置）
EW	= electrical welding 电焊
EWA	= electronic warfare aircraft 电子对抗飞机
EWC	= electric water cooler 电气水冷却器
EWR	= early-warning radar 预先警报〔远程警戒〕雷达（站），远距搜索雷达
	= electronic warfare reconnaissance 电子对抗侦察
EWS	= early-warning station 预先警报〔远程警戒〕（雷达）站，远程搜索（雷达）站
	= electronic warfare system 电子对抗系统
EWSE	= electronic warfare signal environment 电子对抗信号环境
EX	= experimental station 实验电台
EXC	= exhaust close 排气关闭
EXEC	= executive statement 执行语句
EXH V	= exhaust valve 排气阀
EXMA	= electron probe X-ray microanalyzer 电子探针 X 射线显微分析器
EXO	= exhaust open 排气（阀）打开
EX-OR	= exclusive OR “异”“异 - 或”逻辑电路，逻辑和，按位加
exp	= expotential function 指数函数
Ext Bat	= extension battery 附加电源，尾电池，分机电池，附加电池
ext dia	= external diameter 外径
Ext Flt	= extension filter 辅助滤波器
Ext Freq	= extension frequency 辅助〔扩展〕频率
Ext T-phone	= extension telephone 备用话机，分机
Ext W	= extension wire 备加〔附加，分接，延长〕线路
EZ	= electrical zero 电零点

F = degree of Fahrenheit 华氏度数，华氏温标（°F）
= farad 法（拉）（电容单位）
= fluorine 氟
= focus 聚焦，焦距

f = coefficient of friction 摩擦因〔系〕数
= frequency 频率

FA = factory automatic 工厂自动化
= failure analysis 故障分析
= flexible aircraft 柔性飞机

FAA = Federal Aviation Administration （美国）联邦航空管理局
= Federal Aviation Authority 联邦航空管理局

FAC = file access channel 文件存取通道
= financial administrative control 财政管理控制，财政行政管理

FACD = foreign area customer dial(l)ing 外区用户拨号

FACE = field alterable control element 现场可变的控制部件

FACOM = Fujitsu automatic computer 富士通自动计算机（日）

FACP = fully automated computer program(me) 全自动计算机程序表

facs = facilities 设备，设施

FACT = factual compiler 实在编译程序
= flexible automatic circuit tester 柔性的自动电路试验器
= fully automatic compiler translator 全自动编译译码器
= fully automatic compiling technique 全自动编译技术

FACTS = facilities administration control and time schedule 设备管理控制和时间调度程序
= flexible AC transmission system 可变交流线路传输系统，柔性交流输电系统

FAD = floating add 浮点加（法）
= fracture analysis diagram 断口〔断裂〕分析图

FADEC = full authority digital electronic control 全权限数字式发动机控制

FADS = flush air data system 大气数据系统

FADU = file access data unit 文件访问数据单元

FAEJD = full automatic electronic judging device 全自动化电子判定器

fagc = fast automatic gain control 快速自动增益控制

FAHQT = full automatic high-quality translation 全自动高质量翻译

FAME = forecast and appraisal for management evaluation 管理评价的预测和估算系统

FAMOS = floating gate avalanche injection metal-oxide-semiconductor 浮置栅雪崩注入金属 - 氧化物 - 半导体

FAMOS IC = floating-gate avalanche-injection MOS IC 浮动栅雪崩注入型 MOS 集成电路

FANS = future air navigation system 未来空中导航系统

FAP = financial analysis program(me) 财政分析程序
= floating-point arithmetic package 浮点运算程序包
= FORTRAN assembly program(me) FORTRAN 公式翻译程序的汇编程序

FAPL = Format and Protocol Language 格式和规约语言

FAR = false alarm rate 虚警率

far = farad 法拉（电容的单位）

FAS = Federation of American Scientists 美国科学家联合会

FAST = facility for automatic sorting and testing 自动分类与试验装置
= fan and supersonic turbine 风扇和超音速涡轮
= flexible algebraic scientific translator 灵活的代数科学翻译程序

	= formula and statement translator　公式及语句翻译程序
	= FORTRAN automatic symbol translator　FORTRAN 的自动符号翻译程序
	= functional analysis system technique　系统分析技术
FASTN	= fully automated switched telecommunication network　全自动交换电信网络，全自动开关远程通信网络
FAT	= factory acceptance test　工厂验收试验
FATSTR	= fatigue strength　疲劳强度
FAW	= First Auto Works　（中国）第一汽车制造厂
fax	= facsimile　传真，传真通信，无线电传真，复写，摹真本，影印本
FB	= flat bar　扁条
	= front bearing　前轴承
FBC	= fully buffered channel　全缓冲通道〔信道〕
FBFM	= feedback frequency modulation　反馈调频
FBG	= fibre Bragg grating　光纤布拉格光栅
FBI	= Federation of British Industries　英国工业联合会
FBL	= fly-by-light　光传飞行（控制）
FBMC	= filter bank multi carrier　滤波器组多载波技术
FBR	= feedback resistance　反馈电阻
FBS	= fine bearing servo　精密轴承伺服机构
	= fixed-base simulator　固定模拟机
	= function breakdown structure　功能分解结构
FBU	= field broadcasting unit　流动广播车
FBW	= fly-by-wire　能遥控的自动驾驶仪，电传飞行（控制）
FC	= facilities construction　设备的结构
	= facility control　设备控制
	= ferro-cast　铸铁
	= fictitious carry　假进位
	= field coil　励磁线圈
	= fire control　消防，实施射击，射击指挥，火力控制，射击控制
	= floating crane　浮式起重机，浮吊，起重船
	= flow controller　流量调节器
	= forced convection　强制对流
	= frequency changer　变频器，变频机
	= frequency converter　变频器，变频机
	= friction clutch　摩擦离合器
	= fuel cell　燃料电池
	= functional code　操作码
	= fuzzy control　模糊控制
FCA	= frequency control and analysis　频率控制和分析
FCB	= forms control buffer　格式控制缓冲器
	= free cutting brass　易切黄铜
FCC	= Federal Communication Commission　美国联邦通信委员会
FCCS	= flight control computer system　飞行控制计算机系统
FCE	= flexible critical experiment　柔性临界试验
FCFS	= first come,first served　先到先服务
FCG	= friction cam gear　摩擦凸轮装置
FCGA	= facility ga(u)ge　设备标准
FCHV	= fuel cell hydrogen vehicle　氢燃料电池车

FCI = flux change per inch 每英尺磁通交变数
FCMV = fuel-consuming motor vehicle 燃油式发动机汽车
FCN = frequency-converting network 变频网络
FCS = fieldbus control system 现场总线控制系统
= fire control system 点火控制系统
= forged carbon steel 锻造碳钢
= fuel concentration sensor 燃油浓度传感器
FCST = Federal Council for Science and Technology 联邦科学技术委员会（美）
FCT = filament center tap 灯丝中点引线，灯丝中心抽头
FCU = fuel control unit 燃油调节装置，燃油控制组件（燃油调节器）
= function conversion unit 函数转换部件
FCV = fuel cell vehicle 燃料电池汽车
F/C VLV = fill and check valve 注入及止回阀
FD = fade down 淡出（电视图像的逐渐消失）
= flame detector 火焰探测器
= forced draft 强力通风
= fourth dimension (time) 第四维空间（时间）
= frequency doubler 倍频器
= functional devices 功能器件
FDAL = function development assurance level 功能研制保证等级
FDB = field dynamic braking 外场动力制动
= forced draft blower 强力通风机
FDC = floppy disk controller 软磁盘控制器
FDD = flexible disk diver 软盘驱动器
= frequency division duplexing 频分双工
= frequency division duplex 频分双式
FDDL = frequency division data link 频分数据传输线
FDE = field decelerator 外场减速器
FDF = forced-draft fan 送风机
FDI = field discharge 外场充电，励磁放电，消磁
FDLF = fast decoupled loadflow 电力系统负载潮流快速解耦法
FDM = finite difference method 有限差分法
= frequency-division modulation 频率划分调制
= frequency division multiplex 频率划分多路传输（制）
FDMA = frequency division multiple access 频分多址
FDP = fast digital processor 快速数字处理机
= file definition processor 文件定义处理程序
FDR = flight data recorder 飞行数据记录器
FDS = fast-access disc system 快速存取磁盘系统
= function-distributed system 功能分布系统
FDSE = fast decoupled state estimation 快速解耦状态估计
FD-TD = finite difference-time domain 有限差分时域
FDTK = floating-drift tube klystron 浮（置）漂（移）管速调管
FDV = floating divide 浮点除（法）
F/D VLV = fill and drain valve 注入与泄放阀
FDW = feed water 锅炉供水，给水
FE = format effector character 格式控制符
Fe = ferrum 铁

FEA = finite element analysis 有限元分析
FEB = functional electronic block 功能电子块
FECU = flap electronic control unit 襟翼电子控制组件
FEF = fast extruding furnace (carbon black) （炭黑）快速挤压炉
FEFED = ferroelectric field effect device 铁电场效应器件
FEI = fire error indicator 发射误差指示器
= full electronic ignition 全电子点火
FEL = fly eye lens 蝇眼式透镜
FEM = facsimile electronic mail 传真电子邮件
= field emission microscope 场致发射显微镜
= finite element method 有限单元法
FEP = financial evaluation program(me) 财政计算程序
= front end processor 前端处理机
FER CON = ferrule contact 套圈接触〔触点〕
FET = field effect transistor 场效应管，场效应晶体管
FEVAC = ferroelectric variable capacitor 铁电可变电容器
FF = file finish 锉削
= flip-flop 双稳态多谐振荡器，触发电路，触发器
= form feed （格式馈给）进纸，走纸格式，打印格式传送
= front focal length 前焦距
= fuel flow 燃料流量
ff = fixed focus 固定焦点
FFAG = fixed-field alternating-gradient (accelerator) 固定磁场交变梯度（加速器），稳定场强聚焦（加速器）
FFB = fluid film bearing 液膜轴承，油膜轴承
FFED = forced-flow electro desalination 强流电（渗析）淡化法
FFG = fuel flow governor 燃油流量调节器
FFI = fluid flow indicator 流体流量指示器
FFP = fast field program(me) 快速场程序
FFPA = functional failure path analysis 功能失效路径分析
FFS = form,fill and seal 成型、填充及密封
= fast Fourier transform 快速傅里叶变换
FFT = fast Fourier transform algorithm (method) 快速傅里叶变换算法
FFTI = fast Fourier transform inverse 快速傅里叶反变换
FF/TOT = fuel flow totalizer 燃料流量总和指示器
FFWM = free floating wave meter 自由浮动式测波仪
FG = female groove 凹槽
= floated gyro 悬浮式陀螺
Fg = forward gate 正向门（电路）
FGMOS = floating-gate metal-oxide-semiconductor 浮动栅金属 - 氧化物 - 半导体(晶体管）
FGR = fiber glass reinforced plastics 玻璃纤维增强塑料，玻璃钢
FGRAAL = fortran extended graph algorithmic language 格式翻译扩充的图形算法语言
FGS = flight guidance system 飞行制导系统
= fortran graphic support FORTRAN 图形支援语言
FH = flat head (screw) 平头（螺钉）
FHA = functional hazard analysis 功能危害性分析
= functional hazard assessment 功能危险性评估
FHD = fixed-head disk〔drum〕 固定头磁盘〔磁鼓〕

FI = fade in 淡入（电视图像的逐渐显出）
= field intensity 场强
= flow indicator 流量指示器
= fuzzy index 模糊指数
FIAV = fast idle air valve 快怠速空气阀
FIB = focused ion beam 聚焦离子束
FIBL = focused ion beam lithography 聚焦离子束光刻
FIC = film integrated circuit 膜集成电路
= flow indicating controller 流量指示控制器
FICS = fingerprint image capture system 指纹图像收集系统
FID = Federation International de Documentation 国际文件汇编联合会，国际文献联合会
FIDAC = film input to digital automatic computer 胶卷输入到数字自动计算机
FIFO = first in first out 先进先出
= floating input-floating output 浮点输入浮点输出
FIG = floated integrating gyro 悬浮式积分陀螺
FIGS = figure shift 数字换档，（打字机和电传机的）字符变换
FILH = fillister head 槽头（螺栓），圆柱头（螺钉）
FILO = first-in last-out 先进后出
FIM = field ion microscope 场致离子显微镜
FIPS = Federal Information Processing Standards 联邦信息处理标准
FIR = facility installation review 设备安装检查
= facility interference review 设备干扰检查
= fuel indicator reading 燃料指示器读数
FIREX = fire extinguisher (equipment) 灭火器（设备）
FIRM = frustrated internal reflection modulator 受抑内反射调制器
FIT = fabrication integration and test 制作，集成和试验
= fingerprint identification technology 指纹识别技术
FITL = fiber in the loop 光纤用户环路
FIU = frequency identification unit 波长计，频率识别装置
Fix = fixture 夹具，工件夹具，固定
FJ = fused junction 熔融结（半导体的）
FK LFT = fork lift 叉式起重机
F/L = fetch/load 取出 / 装入
FL = forced lubrication 强迫〔强制〕润滑
= full load 满（负）载
= fuzzy logic 模糊逻辑（控制）
fl = full line 实线
FLB = floating-point buffer 浮点缓冲器
FLC = fetch length control 取长度控制（器）
= full-load current 满载电流
= fuzzy logic controller 模糊逻辑控制器
FLDT = fast linear displacement transducer 快速线性位移传感器
FLEX〔**flex**〕 = flexible cord 软线，塞绳
FLF = flip-flop 触发器
f/lg = focal length 焦距
FLI = fault location indicator 故障位置指示器
FLINL = floating interpretive language 浮点解释语言

FLIP = floating interpretive program(me) 浮点解释程序
FLLS = fuel low-level sensor 燃料低液位传感器
FL/MTR = flow meter 流量计
FLN = functional link network 功能链接网络
FLODAC = fluid operated digital automatic computer 流体数字自动计算机
FLOP = floating octal point 浮点八进制（的）
FLOS = floating-point operation stack 浮点操作〔运算〕栈
fl oz = fluid ounce 流体盎司
FLP = fault location panel 故障定位台
FLPL = fortran list processing language FORTRAN 表处理语言
FLPS = fortran list processing system FORTRAN 表处理系统
fl pt = flash point 闪（燃）点
FLR = floating-point register 浮点寄存器
= flow rate 流量
Fl Rng = flash ranging （闪）光测（距）
FLS = flashing light system 闪光灯系统
= fuel level sensor 燃油液面传感器
FLT = fault-locating technology 故障定位技术
= fault-locating test 故障定位测试
= full-load torque 满载转矩
FL/TOT = flow totalizer 流量加法求和装置
FLTs = fork lift trucks 叉式起重机
FLU = fault location unit 故障探测设备
FM = feedback mechanism 反馈机构
= field magnet 磁极，场磁铁
= field main 现场干线〔干管〕
= fire main 消防干管
= frequency modulation 调频，频率调制
Fm = fermium 镄
FMAV = flapping-wing micro air vehicle 扑翼微型飞行器
FMC = flexible manufacturing cell 柔性制造单元
= flight management computer 飞行管理计算机
FMCS = flight management computer system 飞行管理计算机系统
fm cu = from cutter 成形刀具〔铣刀〕
FME = frequency-measuring equipment 频率测量装置，频率计
FMEA = failure mode effect analysis 故障模式与影响分析
FMECA = failure mode, effect and criticality analysis 故障模式、影响与危害性分析
FMEDA = failure mode effect and diagnostic analysis 故障模式、影响与诊断分析
FMF = flexible manufacturing factory 柔性制造工厂
FMFB = frequency modulation with feedback 反馈调频
FMGS = flight management guidance system 飞行管理指引系统
FMIC = frequency monitoring and interference control 频率监控和干扰控制
FML = flexible manufacturing line 柔性制造生产线
= floating multiply 浮点乘
FMMEA = failure mode mechanism and effect analysis 故障模式、机理与影响分析
FMO = frequency modulated oscillator 调频振荡器
FMP = frequency modulated phototube 调频光电管
= fuel maintenance panel 燃料补给操纵台

FM/PM = frequency modulation/phase modulation 调频 / 调相
FMR = ferromagnetic resonance 铁磁共振
fm rl = from roll 成形滚筒
FMS = flexible manufacturing system 柔性制造系统
= flight management system 飞行管理系统
= flight motion simulator 飞行运动模拟器
= floating machine shop 流动的机工车间
= FORTRAN monitor system FORTRAN 监督系统
= free-machining steel 高速切削钢
FMT = forging manufacturing technique 锻造技术
fm to = form tool 成形刀，样板刀，定形刀具
FNN = fuzzy neural network 模糊神经网络
FNP = floating nuclear power plant 浮动核电站
FNP〔fnp〕 = fusion point 熔点
FO = fade out 淡出（电视图像的逐渐消失）
= fast-operating (relay) 快动作（继电器）
= filter output 滤波器输出
= firing order 点火顺序
= fuel oil 燃料油
FOBS = fiber-optic borescope 光纤管道镜
FOBW = frequency of occurrence of binary words method 二进制出现频率方法
FOC = fiber optical coupler 光纤耦合器
= fiber optic communication 光纤通信
= fractional order calculus 分数微积分
FOE = fiber optic extender 光纤延长器
FOG = fiber optic gyroscope 光纤陀螺
FOIL = file-oriented interpretive language 面向文件的解释语言
FOL = fiber optic laser 光纤激光器
FOM = figure of merit 优值，品质因数，质量因数，工作值
FOPT = fiber optic-photo transfer 纤维光电变换
FOR = fuel oil return 燃料油回路
FORAST = formula assembler translator 公式汇编（语言）翻译程序
FORMAC = formula manipulation compiler 公式处理编译程序〔语言〕
FORMAL = formula manipulation language 公式处理语言
FORTRAN = formula transformation 公式变换
= formula translation 公式翻译，公式译码（资料处理）
= formula translator 公式翻译程序，FORTRAN 语言
For WD = four-wheel drive （汽车四轮驱动）
FOS = factor of safety 安全系数
= fiber optic sensor 光纤传感器
FOSDIC = film optical scanning device for input to computer 计算机胶卷光扫描输入装置
FOT = fiber optics cathode ray tube 纤维光学阴极射线管
= frequency of optimum traffic 最佳通信量的频率
found = foundry 铸造，铸造车间
FoW = forge-welding 锻焊，锻接
FOWC = frequency and optical wavelength converter 频率和光波长变换器
FP = film and paper condenser 纸绝缘薄膜电容器
= finished piece(s) 完工的工件

	= fire plug　灭火塞，消防龙头
	= Fisher projection　费希尔投影算法
	= flash point　闪点，着火点，起爆温度，（发动机点火系）点火点
	= freezing point　冰〔凝固〕点
	= fusion point　熔点
fp	= feed pump　供给泵
FPA	= fixed point arithmetic　定点运算
	= floating point arithmetic　浮点运算
FPC	= Federal Power Commission　联邦动力委员会（美）
	= flexible printed circuit　柔性印制电路，挠性印制线路，软印制电路
fpc	= fractional parent coefficient　系谱系数
FPCA	= flexible printed circuit assembly　柔性印制电路组装件
FPFM	= fission product fuel model　裂变产物燃料模型
FPGA	= field programmable gate array　场可编译门阵列
FPI	= first periodic inspection　第一次周期性检查
	= fluorescent penetrant inspection　荧光渗透（剂）检查
FPLA	= field programmable logic array　字段可编程序逻辑序列，现场可编程逻辑阵列
FPM	= facility power monitor　设备功率监察器
	= fluid pressure mo(u)lding　液压造型
FPMA	= field programmable mixed array　场可编程混合阵列
FPP	= facility power panel　设备电源板
F-PROM	= field programmable read-only memory　字段可变程序只读存储器，现场可编程只读存储器
fps	= flashes per second　每秒闪光次数
	= frames per second　每秒（电视图像的）帧数
FPT	= female pipe thread　管子内螺纹
	= film penetration tube　电子透过记录器
	= full power trial　全功率试验〔试车〕
FPU	= fuel purification unit　燃料净化设备
FPV	= flight path vector　飞行航迹矢量
F/R	= front engine/rear wheel drive　前置发动机后轮驱动
FR	= failure rate　平均故障率
	= failure record　故障记录
	= fast release (relay)　迅速复原（继电器）
	= fault recognition　故障识别
	= field reversing　磁场反向
	= field rheostat　励磁变阻器
	= final release　最后释放
	= flash ranging　光测
	= frame relay　帧中继
	= frequency response　频率特性〔响应〕
	= fuel remaining　剩油量
	= fuel requested　需要油料，申请油料
	= fuel residual　剩油
	= fuzzy reasoning　模糊推理
FRA	= free-radical acceptor　游离基接受体
FRAC	= fractionator reflux analog(ue) computer　分馏器回流模拟计算机
FRACA	= failure reporting,analysis and corrective action　故障报告、分析与纠正措施

FRB = feathering relay box 顺桨继电器盒
= fire relay box 灭火继电器盒
FRC = failure recurrence control 故障再现控制
= fiber reinforced composite 纤维增强复合材料
FRCC = fuel refueling/consumption controller 加耗油控制器
FRCP = facility remote control panel 设备远距离控制台
FRED = figure reading electronic device 电子读数器，字符阅读电子装置
FREDI = flight range and endurance data indicator 航程和续航数据指示器
FREQ ADJ = frequency adjust 频率调节
FREM = flap retraction/extension mechanism 襟翼收放机构
freqchg = frequency changer 变频器，混频器
freq conv = frequency converter 变频器
freq discri = frequency discriminator 鉴频器
freq m = frequency meter 频率计
freq-mult = frequency multiplier 倍频器
freq-Range = frequency-range 频带，波段
FRFPS = fire resistant foamed polystyrene 阻燃发泡级聚苯乙烯
FRH = flap-retraction height 收襟翼高度
FRI = fiber-optic ring interferometer 光纤环形腔干涉仪
FRL = fuselage reference line 机身基准线
FRM = failure-related mode 与故障有关的（工作）状态
FRO = failure requiring overhaul 需要翻修故障
FROM = fusible read-only memory 可熔只读存储器
FRP = fiber glass reinforced plastics 玻璃纤维增强塑料，玻璃钢
= French Patent 法国专利
FRS = face recognition system 面部识别系统
= frame relay switch 帧中继交换机
= fuel residual signal 剩油信号
FRT = failure rate test 故障率试验
= fixed radar tracking 固定雷达跟踪
FRU = field replaceable unit 现场可更换部件
FRUGAL = fortran rules used as a general application language 用作通用语言的 FORTRAN 规则，FRUGAL 语言
FS = factor of safety 安全系数
= Faraday society 法拉第学会
= feasible study 可行性的研究
= fermi surface 费米表面
= field switch 励磁开关
= file separator 文件分隔符
= final shutdown 最终停车
= fire switch （发动机的）起动开关
= floating sign 浮点符号
= float switch 浮控开关〔电门〕
= flow switch 流量开关
= follow shot 追踪摄影，跟镜头
= forged steel 锻钢
= frequency shift 频移
= frequency standard 频率标准

	= full scale 满刻度，全尺寸
	= full shot 全景摄影，全景（镜头）
	= fuselage station 机身站位，机身测量点
FSB	= functional specification block 功能描述块，功能说明块
	= function select button 功能选择旋钮
FS CKT	= frequency synthesizer circuit 频率合成电路
FSD	= fracture safe design 断裂安全设计
	= full scale deflection 满刻度偏转，全刻度偏转
	= full size detail 真实尺寸零件，足尺图，1：1零件图
FSE	= flight support equipment 飞行保障设备
FSK	= frequency shift keying 移频键控
FSL	= formal semantic language 形式语义语言
FSLR	= flash stimulated luminescent response 闪光激发的荧光反应
FSM	= field strength meter 场强计
	= fine striped memory 微带存储器
	= frequency shift modulation 频移调制
FSR	= fault selective relay 故障选择性继电器
	= feedback shift register 反馈移位寄存器
FST	= forged steel 锻钢
	= full-scale tunnel 实物试验风洞
FSTNR	= fastener 紧固件
FSU	= floating subtract 浮点减
	= full scale unit (test motor) 全尺寸装置（试验马达）
FSWFS	= field standard weight and force system 外场标准称重与测力系统
FT	= field test 现场试验
	= firing temperature 点火温度，着火点
	= fixed radio termination 固定式无线电终端
	= free turbine 自由涡轮
	= fresh target 新的目标
	= fuel tanking 燃料装箱
	= fume-tight 不漏烟〔气〕
	= functional test 机能试验
FTA	= fault tree analysis 故障树分析（法）
FTA-ABS	= flourescence treponemal antibody absorption test 荧光密螺旋体抗体吸收试验
FTAM	= file transfer,access,and management 文件传送、访问和管理
FTC	= facility terminal cabinet 设备接线盒
	= fast time constant (circuit) 短时间常数（电路）
	= frequency time control 频率时间控制
FTCES	= fault tolerant control expert system 故障容错专家系统
FTE	= factory test equipment 工厂试验设备
	= flight technical error 飞行技术性错误
FTIP	= factor test and inspection plan 工厂试验与检查计划
FTIR	= frustrated total internal reflection 受抑全内反射
FTL	= Federal Telecommunication Laboratory 联邦长途电信实验室
FTM	= frequency time modulation 频率时间调制
FTMS	= fuel thermal management system 燃油热管理系统
FTP	= field test (operational) procedures 现场试验（操作上的）程序
	= file transfer protocol 文件传输协议

	= Florida test procedure 佛罗里达试验程序
	= fuel tanking panel 燃料装箱操纵台
	= full throttle position 节流阀全开位置，全油门位置
	= functional test procedure 机能试验程序
FTTC	= fiber to the curb 光纤通到用户（敷设到使用者门外路沿处，然后现换铜线到屋内）
FTTH	= fiber to the home 光纤到户，光纤到家庭（针对家庭的高速数字通信网），光缆入户（计划）
FTV	= foot valve 脚阀
FUFO	= full fusing option 完备引信选择，全熔选择
FV	= flush valve 冲洗阀
	= fuel valve 燃料阀
	= full voltage 全电压
FW	= feed water 给水
	= field weakening 磁场减弱
	= fire wall 防火墙
	= forward wave 前向波
	= full wave 全波
fw	= field welding 工地焊
FWA	= forward wave amplifier 前向波放大器
FWB	= four-wheel brake （汽车的）四轮制动
FWD	= front-wheel drive 前轮驱动
FWHM	= full width at half maximum amplitude 最大半振幅的全宽度
FWHP	= full width at half peak amplitude 半峰值振幅的全宽度
FWM	= four wave mixing 四波混频
FWS	= filter wedge spectrometer sensor 滤波器楔形分光计传感器
FWS	= four-wheel steering （汽车）四轮转向
FWT	= fast Walsh transform 快速沃氏变换
FXBIN	= decimal to fixed binary translation 十进制到固定二进制转换
fz	= fuze 熔丝，信管
G	= Geiger counter 盖革计数管
	= generation 代（如 4G 即指第四代移动通信）
	= generator 发电机，发生器，振荡器，发烟器
g	= acceleration of gravity 重力加速度
GA	= gas amplification 气体电离放大
	= general arrangement 总图，总布置图
	= general assembly 总装配
	= genetic algorithm 遗传算法
	= glide angle 下滑角
	= go-ahead signal 向前信号
	= graphic ammeter 自动记录的安培表
	= Group on Audio and Electroacoustics （电机电子工程师学会）声频及电声学小组（美）
Ga	= gallium 镓
GA & CS	= ground acquisition and command station 地面接收和指令站
gad	= general assembly drawing 总装图
GAD	= general assembly drawing 总安装图样，总装（配）图样
GAGC	= ganged automatic gain control 公共自动增益控制

GAL = generalized assembly language 通用汇编语言
gal = Galileo （重力加速度单位）伽（利略）($10^{-2}m/s^2$)
galvI = galvanized iron 白铁，镀锌铁
GALWRE = galloping write and recovery 跃步写和恢复（半导体存储器的测试法）
GAP = general assembly program(me) 通用汇编程序
GAPSS = graphical analysis procedure for system simulation 系统模拟的图形分析过程〔程序〕
GAPT = graphical automatically programmed tools 图形自动控制刀具语言，图形 APT 语言
GAS = global asymptotic stability 全局渐近稳定性
GASP = general activity simulation program 通用仿真程序
= graphic application subroutine package 图形应用子程序包
GAT = generalized algebraic translator 通用代数翻译程序
GATD = graphic analysis of three dimensional data 三维数据图形分析
GATE = generalized algebraic translator extended 扩充的广义代数翻译程序
GAz = grid azimuth 平面〔纵坐标〕方位角
GB = gain-bandwidth 增益频宽
= gear box 齿轮箱
= grid bias 栅偏压
= ground brush 接地电刷
= Guo Biao 〈中〉国家标准，国标
Gb = gilbert （磁通势单位）吉伯（1 Gb=0.796 安匝）
GBAS = ground based augmentation system 地面增强系统
GBDN = global business development network 全球商用发展网（美）
GBP = gain-bandwidth product 增益带宽乘积
GBS = general business system 通用商业系统
GC = gas compressor 气体压缩机，压气机
= ground control 接地控制，地面控制
= guidance and control 引导与控制
= guidance computer 导航计算机
GCAW = gas carbon-arc welding 气体保护碳弧焊，炭极保护气体电弧焊
GCB/GB = generator control breaker 发电机断路器
GCC = General Cable Corporation 通用电缆公司（美）
= General Controls Corp. 通用控制（设备）公司（美）
= grid control center 高压电网控制中心
GCD = greatest common divisor 最大公约数
gcf = greatest common factor 最大公因子
GCI = gray cast iron 灰铸铁
GCM = greatest common measure 最大公约数
GC-MS = gas chromatography-mass spectrometer 气相色谱 - 质谱仪
GCR = generator control relay 发电机励磁控制继电器
= ground controlled radar 地面控制雷达
= group code recording 成组编码记录（制）
GCS = gate-controlled switch 门控开关
GCSBay = group carrier supply bay 群载频供给架
GCSS = global communication satellite system 全球通信卫星系统
GCT = Greenwich civil time 格林尼治民用时间
GCU = generator control unit 发电机控制组件 / 控制器，发电机控制单元

gcw = general continuous wave 已调波
GCWR = gross combination weight rating （汽车列车）总重额定值
GD = gas detector 气体检漏器，气体分析器，侦毒气器
= gate driver 门驱动器
= general design 总设计
= ground detector 接地探测器
Gd = gadolinium 钆
GDC = geophysical data center 地球物理数据中心
= graphic display control 图形显示控制（器）
GDES = Government Department of Electrical Specification 政府电气规程部（英）
GDF = gas dynamic facility 气体动力研究设备
GDG = generation data group 分级数据组
GDGIP = gas-driven gyro inertial platform 气体传动陀螺惯性稳定平台
GDI = graphical device interface 图形设备接口
GDMS = generalized data management system 广义数据管理系统
GDO = grid-dip-oscillator 栅陷振荡器
GDP = gross domestic product 国内生产总值
GDS = gas dynamic system 气体动力学系统
= generalized data structure 广义数据结构
= graphic data system 图形数据系统
GDSS = group decision support system 群体决策支持系统
GDU = garbage disposal unit （厨房）垃圾清除器
GE = gasoline engine 汽油机
= genetic algorithm 遗传（优化设计）算法
Ge = germanium 锗
GE(C) = General Electric Co. 通用电气公司（美）
GECo = General Electric Corporation （美国）通用电气公司
GECOM = general compiler 通用编译程序
GECOS = general comprehensive operating system 通用综合操作系统
GECTA = generalized error-correcting tree automation 广义的误差校正树状自动机
GEE = G-system 导航系统，双曲线无线电导航系统（英）
GEEC = General Electric Engineers' Council 通用电气工程师委员会（美）
GEL = general emulation language 通用仿真语言
= General Engineering Laboratory,GEC 通用电气公司综合工程研究所
GEM = ground effect machine 地面效应机械，气垫车〔船〕
gen = generator 发生器，发电机
GEON = gyro erected optical navigation 陀螺光学导航
GEOSCAn = ground-based electronic omnidirectional satellite communication antenna 陆基电子全向卫星通信天线
GERL = General Electric Co.Research Lab 通用电气公司研究所（美）
Ger pat = German patent 德国专利
GERT = graphical evaluation and review technique 随机型计划评审技术，图解评价与评论技术
GF = generator field 发电机磁场
GFC = gas filled cable 充气电缆
GFDM = generalized frequency-division multiplexing 广义频分复用技术
GG = gas generator 气体发生器
G〔g〕 = gold 金

GI　= galvanized iron　镀锌铁，白铁皮
gi　= gill　吉耳（液量单位，1 gi=0.25 UKpt≈0.14 L）
GIB　= galvanized iron bolt　镀锌铁螺栓
GIC　= General Instrument Corporation　通用仪器公司
GIE　= ground instrumentation equipment　地面仪表设备
GIF　= graphics interchange format　图形交换格式
GIGO　= garbage-in, garbage-out　杂乱输入，杂乱输出
GII　= globe information infrastructure　全球信息基础设施
GILC　= graphical input language computer　图形输入语言计算机
GINA　= graphical input for network analysis　网络分析的图形输入
GIPS　= ground information processing system　地面信息处理系统
GIPSY　= general information processing system　通用信息处理系统
GIRL　= graph information retrieval language　图形信息检索语言
GIRLS　= generalized information retrieval and listing system　通用信息检索和列表系统
GIS　= gas insulation station　气体绝缘电站
= general information system　通用信息（处理）系统
= graphics input system　图形输入系统
= ground identification of satellite　卫星地面识别
GIVN　= global intelligent virtual network　全球智能虚拟网
GJ　= grown junction　生长结
GL　= ga(u)ge length　标距（计量）长度
= ground lamp　接地指示灯
= ground line　地平线，地面线
= ground location　地面定位
glb　= greatest lower bound　最大下界
GLC　= gas-liquid chromatography　气液色谱法
GLO　= graphite lubricating oil　石墨润滑油
GLOF　= global luminescent oil-film　全局发光油膜
GLV　= globe valve　球阀
= grating light valve　栅格光阀
GM　= Geiger-Muller counter　盖革 - 弥勒计数管
= General Motors Corporation　（美）通用汽车公司
= governor motor　调速机（用）电动机
= grid modulation　栅极调制
gm　= gamma　伽马（对比度）
GMA　= general microprocessor architecture　通用微处理机体系结构
= giant magnetostrictive actuator　超磁致伸缩驱动器
GMAT　= the graduate management admission test　管理研究生入学考试
GMAW　= gas metal-arc welding　气保护金属电极弧焊
GMDH　= group method of data handling　分组法处理数据
GMET　= gun metal　炮铜
GMG　= general motor gearbox　主电机齿轮箱
GML　= graphic machine language　图示机器语言
GMPCS　= global mobile personal communications satellite system　全球移动个人通信卫星系统
gmr　= group marking relay　群信号继电器
GMS　= gravitational mass sensor　引力质量探测设备〔传感器〕
= gravity measuring system　重力测量系统

	= guidance monitor set 制导监控装置
GMSN	= global multisatellite network 全球多卫星网
GNC	= general navigation computer 通用导航计算机
GNE	= gateway network element 网关网络单元
GNIC	= generalized negative impedance convertor 广义负阻抗变换器
GNSS	= global navigation satellite system 全球导航卫星系统
GOB	= good ordinary brand 四等纯锌（纯度 98% ~ 99%）
GOR	= gas oil ratio 油气比
Gov	= governor 调速器，调整器，调节器
GP	= ga(u)ge pressure 表压力，计示压力
	= generalized programming 通用程序设计
	= geometric progression 等比级数，几何级数
	= German patent 德国专利
	= gimbal platform 常平架平台
GPAC	= general purpose analogue computer 通用模拟计算机
	= generalized predictive control 广义预测控制
GPC	= general purpose computer 通用计算机
GPCP	= generalized process control programming 通用过程控制程序设计
GPDC	= general purpose digital computer 通用数字计算机
GPFS	= general parallel file system 通用并行文件系统
GPGL	= general purpose graphic language 通用图形语言
GPI	= general-purpose interface 通用接口
GPIB	= general purpose interface bus 通用接口总线
GPIC	= general-purpose intelligent cable 通用智能电缆
GPKD	= general purpose keyboard and display control 通用键盘和显示控制器
	= generalized programming language 通用程序设计语言
GPL	= general purpose language 通用语言
	= giant-pulse laser 巨脉冲激光器
	= graphic programming library 图形程序设计库
GPM	= general purpose macrogenerator 通用宏生成程序
	= general purpose macroprocessor 通用宏处理程序
GPO	= general purpose oscilloscope 通用示波器
GPP	= general preprocessor 通用预处理机
	= general purpose processor 通用处理机
	= general purpose radar 通用的雷达
GPR	= general purpose register 通用寄存器
GPRS	= general packet radio service 通用包裹无线电服务，通用分组无线电通信业务
GPS	= general problem solver 通用问题求解器
	= general-purpose simulator 通用仿真器
	= global positioning system 全球定位系统
gps	= guidance power supply 制导动力源
	= general purpose simulation system 通用模拟系统
GPSS	= general purpose systems simulator 通用系统模拟〔仿真〕程序
GPWS	= ground proximity warning system 近地警告系统
GR	= gain reduction 放大衰减（指示器）
	= gear ratio 传动比，齿速比
	= grab rail 扶手杆
Gr	= Grashof number 格拉肖夫数

gr = grain 格令（1 gr=64.8 mg），颗粒，粒，晶粒
GRA = general register architecture 通用寄存器结构
GRAIL = graphical input language 图形输入语言
GRAN = Global Rescue Alarm Network 全球呼救报警网络
GRAPDEN = graphic data entry unit 图解数据输入装置
GRAPH REC-DIR = graphic direct inking records (graphic recording) 墨水直接记录图（图示记录）
GRAV CNT = gravitational constant 万有引力常数
Gr Br(it) = Great Britain 大不列颠，英国
GrD = ground detector 接地指示器
GRE = graduate record examination 研究生考试
GRNN = generalized regression neural network 广义回归神经网络
GRP = glass reinforced plastics 玻璃纤维增强塑料，玻璃钢
GRS = gyro reference system 陀螺基准系统
grv = graphic recording voltmeter 自动记录伏特计
grw = graphic recording wattmeter 自动记录瓦特计
gr wt = gross weight 总重，毛重，全重
GS = galvanized steel 镀锌铁皮，白铁皮
= ground station 地面站
= group separator 组分隔符
GSC = gas-solid chromatography 气 - 固色谱法
GSG = galvanized sheet ga(u)ge 白铁（镀锌铁）片厚度代号
GSI = grand scale integration 大规模集成
= ground speed indicator 地面速度指示器
GSIL = German silver 锌白铜，德国银
GSL = generalized simulation language 通用模拟语言
GSM = global system for mobile communication 全球移动通信系统
GSMC = group special of mobile communication 移动通信特别设计小组
GSP = general simulation program 通用仿真程序
GSPS = general system problem solving 通用系统问题求解
GSS = global surveillance system 全球监视系统
= graphic support software 图形支持软件
GSSR = ground service select relay 地面勤务选择继电器
GSSV = ground spoiler selector valve 地面扰流板选择活门
GSV = globe stop valve 截止阀
gswr = galvanized steel wire rope 镀锌钢丝绳
GT = gas thread 管螺纹
= gas turbine 燃气轮机
= grade touring car 跑车
= grease trap 润滑脂分离器
= grounding transformer 接地变压器
= group technology 成组工艺（学），成组技术
GTA = graphic training aid 图解训练教具
GTC = gain time control 增益时间控制
= gas turbine compressor 燃气轮机压缩机
= General Transistor Corp. 通用晶体管公司（美）
= group tool change （数控机床）成组换刀
GTCP = gas turbine compressor pneumatic 燃气涡轮气动压缩机
GTE = gas turbine engine 燃气轮机

GTK = gasoline tank 汽油箱
GTO = gate turn off 矩形脉冲断开，闸门电路断开
GTPU = gas turbine power unit 燃气涡轮动力装置
GTr = giant transistor 电力晶体管，大功率晶体管，巨型晶体管，达林顿晶体管
GTS = global telecommunication system 全球远程电信系统
GTV = gate valve 闸阀
= graphic(al) user interface 图形用户接口〔界面〕
= ground transport vehicle 地面运输汽车
GVPN = global virtual private network 全球虚拟专用网络
GVS = ground vibration survey 地面振动测量
GW = gateway 网关
GWN = Gaussian white noise 高斯白噪声
GWP = gateway processor 网间连接处理机，网桥〔网关〕处理机
GWS = graphic workstation 图形工作站
GWT = thin glass window tube 窄窗口记录管
gyro = gyroscope 陀螺仪，回转仪
GZ = Graetz number 格雷兹数
= ground zero (point) 爆心投影点，地面零点，地面爆炸点
H = hydrogen 氢
HA = half add 半加
= half adder 半加器
Ha = hahnium 铧
= Hartmann number 哈脱曼数
= high-altitude 高空（4 500 ~ 6 000 m）
= high amplitude 高振幅
HALE = high-altitude long-endurance 高空长航时
HALSIM = hardware logic simulation 硬件逻辑模拟
HAN = home area network 家用网络
HAP = high-altitude probe 高空探测
HARTRAN = Harwell Atlas FORTRAN HARTRAN 语言，哈威尔阿特拉斯公式翻译程序设计语言
HARQ = hybrid automatic repeat request 混合自动重传请求
HASP = Houston automatic spooling program(me) 休斯敦自动假脱机程序
HAWK = homing all the way killer 全程寻的瞄准器
HAZ = heat affected zone 热影响区
= Brinell hardness 布氏硬度
HAZOPA = hazard and operability analysis 危险与使用分析
HB = half black 半加工的，未完成的
= half breadth 半宽度
= high boilers 高压锅炉
= high byte 高位字节
= horizontal beam hole 水平射束孔
= hose bib 软管龙头
H-beacon = H 型信标（指非方向性归航信标，输出功率为 50 ~ 200 W）
HBES = home and building electronic system 住宅和楼宇电子系统
HBF = half-band filter 半带宽滤波器
HBS = home base station 主叫用户基站
= human brainpower simulation 人工智能仿真

HC = Hamming Code 汉明码，海明码
= hand control 手控制
= heating cabinet 加热箱
= heating coil 加热线圈〔旋管〕
= hemp core 麻芯
= high capacity 高功率
= high carbon 高碳
= high conductivity 高电导性〔率〕
= holding coil 保持线圈

HCD = hot-carrier diode 热载流子二极管

HCF = highest common factor 最高公因式，最大公因子

HCI = human-computer interaction 人机交互

HCL = high common low relay 高限正常、低限继电器（恒温器用）

HCMP = hardware configuration management plan 硬件配置管理计划

HCN = heterogeneous computer network 多机种计算机网络

HCR = hybrid communication routing 混合通信路径选择

HCS = high carbon steel 高碳钢

HCSHT = high carbon steel heat treated 热处理过的高碳钢

HCU = helium charging unit 充氦装置
= homing comparator unit 寻的对比装置

HCW = hot-cold working 热〔形变〕冷处理，温加工

HD = high density 高密度
= high duty lubricating 高温高压用润滑油

HDB = home database 主叫户数据库

HDC = high-speed data channel 高速数据通道

HD CR = hard chromium 硬铬

HDD = hard disk driver 硬盘驱动器
= hardware design document 硬件详细设计文件

HDDR = high density digital recording 高密度数字记录

HDDS = high density data system 高密度数据系统

HDDT = high density digital tape 高密度数字磁带

HDDTR = high density digital tape recorder 高密度数字磁带记录器

HDEP = high density electronic packaging 高密度电子组〔封，包〕装

HDF = harmonic decrease factor 谐波衰减因子

HDL = high density logic 高密度逻辑

HDLC = high-level data link control 高级数据链路控制（规程）

HDRSS = high data rate storage subsystem 高速资料存储子系统，高数据率存储子系统

HDT = heat distortion temperature 热变形温度
= high density tape 高密度磁带

HDTV = high definition television 高清晰度电视

HDV = heavy duty vehicle 重型车辆

HDW = hard-drawn wire 硬拉线，冷拉线

HE = heat exchanger 热交换器〔机〕，换热器
= high efficiency 高效率
= human engineering 人机工程（学），宜人学

He = Hedstrom number 赫斯特罗姆数
= helium 氦

HEC = Hollerith electronic computer 何勒内斯电子计算机

He COMP = helium compressor　氦压缩机
HEE = human factor engineering　人（的）因（素）工程学
HEF = high energy fuels　高能燃料
HEI = high energy ignition　高能点火
HEL = high energy laser　高能激光
HELP = hybrid electronic layout program(me)　混合电子布局程序
HEMT = high electron mobility transistor　高电子迁移率晶体
HEP = hydroelectric power　水力发电
HEPS = hydraulic electric power steering　（汽车）电动液压动力转向
HER = hours to resolve　预计解决时间
HERF = high-energy rate forming　（金属加工）高能快速成型（如电磁成型、水中放电成型、爆炸成型等）
HERMES = heavy element radioactive material electromagnetic separator　重放射性同位素电磁分离器（英）
HF = hardening furnace　淬火炉，硬化炉
= hard surface　硬表面
= high frequency　高频
= holding fixture　固定装置，夹具
Hf = hafnium　铪
HFA = high-frequency amplifier　高频放大器
HF amp = high frequency amplifier　高频放大器
= high-frequency chock　高频扼流圈
HFC = high frequency current　高频电流
= hybrid fiber and coaxial　混合光纤同轴电缆（技术）
= hybrid fiber coax　光纤同轴混合（网）
HFDF = high frequency direction finder　高频测向器
hfdf = high-frequency direction finding　高频测向
HFF = high frequency furnace　高频电炉
= high-pressure fuel filter　高压燃料过滤器
HfH = half-hard steel　半硬钢
HFO = heavy fuel oil　重（燃料）油
= high frequency oscillator　高频振荡器
HFP = helium fuel tank pressurization　氦燃料箱增压
HFS = hyperfine structure　超精细结构
HF SECT = high frequency sector　高频部分
HFSV = high flow shutoff valve　高速关闭阀
H & G = harden and grind　硬化与研磨
HG = hand generator　手摇发电机
= high gear　高速传动，加速传动，（变速箱）高速档
= homing guidance　自动引〔制〕导
Hg = mercury　汞，水银
hg = helical gear　斜齿轮
h-galv = hot-galvanizing　热镀锌法
HGU = horizon gyro unit　水平陀螺仪
HGV = heavy goods vehicle　重型货车，重型运输车辆
HHF = hyper-high-frequency　超高频
HHU = handheld unit　（数控机床）手持（操作）单元，手机
HHV = high heating value　高热值

HI = high impact 高冲力，高冲击强度
= high intensity 高强度
= horizontal interval 水平间隔
Hibex = high-G boost experiment 高加速度助推器实验
HIC = hybrid integrated circuit 混合集成电路
HICAPCOM = high capacity communication 大容量通信（系统）
HiD = home information display 家庭信息显示器
HIF = hybrid interface 混合接口
Hi-Fi = high fidelity 高保真度（的），高度传真性
HIG = hermetic integrating gyroscope 密封式积分陀螺仪
HIM = host interface module 主机接口模件
HIMICO = high mach integrated control experiment 高马赫数综合控制试验
HIPAC = Hitachi parametron automatic computer 日立参变管电子计算机
HIPAR = high power acquisition radar 大功率搜索雷达
HIPO = hierarchy plus input,process,output 分级结构加输入、处理和输出
HIPRES = high pressure 高压
Hi-Q = high-quality 高品质〔质量〕因数
HIQN = high intelligence quotient network 高智商网络
HIRAC = high random access 高速随机存取
HIRAN = high precision Shoran 高精度肖兰（近程无线电导航系统，精密短程定位系统）
Hi-Rel = high reliability 高可靠性
HIRS = high resolution infrared radiation sounder 高分辨力红外辐射探测器
HIS = hardware interrupt system 硬件中断系统
hi-T = high torque 高转矩，高扭矩
HIT = home intelligent terminal 家用智能终端
HITAC = Hitachi Transistor Automatic Computer 日立晶体管自动计算机
HITMP = highest temperature 最高温度
hi-volt = high-voltage 高（电）压
HIVOS = high vacuum orbital simulator 高真空轨道运行模拟器
hj = hot junction 热接点，热端
HL = hardening liquid 淬火液
= hierarchical level 层次〔体系〕结构
HLA = high level architecture 高层体系结构
HLL = high level language 高级语言
HLM = high-level language machine 高级语言机器
HLR = home location register 主叫用户位置寄存器
HLSI = hybrid LSI 混合式大规模集成（电路）
HLTL = high level transistor logic 高电平晶体管逻辑（电路）
HM = hollow metal 空心金属
= holographic memory 全息照相存储器
= hypermedia 超媒体
HMA = hardware manufacturers association 硬件厂家协会
= high memory area 高位内存区
HMD = head-mounted display 头戴式显示器
HMDF = hollow metal door and frame 空心金属门与构架
HMEM = high-speed memory 高速存储器
HMERGE = high order merge 高阶合并
HMG = hydro-mechanical governor 液压机械调节器

HMI = human-machine interface 人机接口，人机界面（输入输出接口）
HMP = hydraulic maintenance panel 液压维护板
HMT = hand microtelephone 手（持送受话）机
HMU = hydraulic mockup 水力的实物大模型
HNA = Hitachi Network Architecture 日立网络体系结构
HNDT = holographic nondestructive testing 全息无损检测，全息无损探伤，全息无损检验
HNGL = helium neon gas laser 氦氖气体激光器
HNIL = high noise immunity logic 高抗扰性逻辑电路
Ho = holmium 钬
HOC = homogeneous casting process 均质铸造法
HOE = holographic optical elements 全息光学元件
= hydraulically operated equipment 液压（操作）设备
HOL = high order language 高级语言
HOVC = higher order virtual container 高阶虚拟容器
HP = hand pump 手动泵，手摇泵
= harmonical progression 调和级数
= high pass 高通
= high position 高位（置）
= high power 大功率
= high pressure 高压
= horizontal parallax 水平视差
= horizontal plane 水平面
= hot press 热压机
HPBW = half-power beam width 半功率射束宽度
H PC = hand PC 掌上电脑
hpc = high pressure compressor 高压压气机
hpcc = high pressure combustion chamber 高压燃烧室
HPEAS = high performance electric actuating system 高性能电力作动系统
HPD = hydraulic pump discharge 液压（系统用的）泵（的）泄放
HPDL = hydraulic oil pump discharge line 液压（系统用的）泵泄放管路
HPF = highest possible frequency 最高可能频率
hpf = high-pass filter 高通滤波器
HPG = high-power ground 大功率地面雷达
HPI = height-position indicator 高度位置指示器
HPLR = hinge pillar 铰链柱
HPMA = high-power microwave assembly 高功率微波装置
HPO = high-pressure oxygen 高压氧
HPOT = high potential 高电位〔势能〕
HPP = hydraulic pneumatic panel 液压（和）气动控制台
HPS = high-pressure steam 高压蒸汽
= hydraulic power supply 液压动力供应〔源〕
HPSS = H ∞ -based power system stabilizer 基于 H ∞的电力系统稳定器
= higher order path termination 高阶路径终端
= high-pressure test 高压试验
HPT = high pressure turbine 高压涡轮
HPU = hydraulic pumping unit 液压（系统的）泵装置
HPV = high pressure valve 高压阀

HPW = high power microwave 高能微波
HQ = high-quality 高品质〔质量〕因数
HQFP = hole quasi Fermi potential 空穴准费密势
= handling room 操纵室
HR = hand radar 携行雷达
= high resistance 高电阻
= human resource 人力资源
= refrigerated helium 冷藏氦
HRB = heat recovery boiler 回热锅炉
HRIR = high resolution infrared radiometer 高分辨度红外辐射计
HRP = heat resistance plastic 耐热塑料
HRS = hot rolled steel 热轧（的）钢
HRSG = heat recovery steam generator 回热蒸汽锅炉
HRV = hydraulic relief valve 液压安全〔溢流〕阀
H/S = high speed 高速
= high-speed steel 高速钢
= horizontal shear 水平剪力，卧式剪床
HS = half subtracter 半减器
= head set 头戴式耳机，头戴受话器
= head shot 拍摄头部（电视摄影的）
= heating surface 加热表面
= heat shield 热屏蔽，防热层
= Shore scleroscope hardness 肖氏硬度
HSAC = high-speed analog(ue) computer 高速模拟计算机
HSAM = high-speed accounting machine 高速计算机
HSB(R) = high-speed buffer register 高速缓冲寄存器
HSC = high-speed camera 高速摄影机
= high-speed channel 高速通道
= high-speed controller 高速控制器
HSCB = high-speed circuit breaker 高速断路器
HSD = high-speed data 高速数据
HSDA = high-speed data acquisition 高速数据收集
HSFP = high speed fuel pump 高速燃油泵
HSG/E = high strength graphite/epoxy 高强度石墨 / 环氧树脂
HSI = horizontal situation indicator 水平位置指示器
= Hue-Saturation-Intensity 色调 - 饱和度 - 亮度
HSLA = high-strength low-alloy (steel) 高强度低合金（钢）
HSM = high-speed memory 高速存储器
HSP = high-speed printer 高速印刷〔打印〕机
HSR = high-speed reader 高速阅读机
HSRO = high-speed repetitive operation 高速重复操作
HSRV = heterodyne science research vehicle 超前研究试验车
HSS = high-speed steel 高速钢
= high speed switch 高速开关，高速交换机
HSST = high-speed surface transporter （磁力悬浮）高速表面运输车
HST = high-speed train 高速列车
= hypersonic transport 高超声速飞行器
H & T = handling and transportation 装卸与运输

HT = heat treatment 热处理
= high temperature 高温
= high tenacity 高韧性，高韧度
= high tension 高压
= home theater 家庭影院，家庭剧场
= horizontal tabulation character 横向列表字符
= hunting time 振荡持续时间，寻找时间，自动选线时间
HTA = high temperature alloy 高温合金
HTB = hydraulic test bench 液压试验台
HTC = heat transfer coefficient 传热系数
= hydraulic temperature control 液压温度控制器
= hydraulic test chamber 液压试验室
HTCI = high tensile cast iron 高张力铸铁
HTD = highway traffic director 高速公路通信指挥器
= Hitachi turning dynamo 日立电机放大机
HTFX = heat treatment fixture 热处理设备
HTL = high threshold logic 高阈逻辑（电路）
HTM = high-temperature heat-transfer medium 高温传热介质
HTML = hypertext markup language 超级文本标记语言
HTO = hydrogen-tritium-oxygen 氢氚水，氚标记的水
htr = heat treatment 热处理
HTS = high-temperature superconductors 高温超导体
= high-tensile steel 高强度钢
= high-tension supply 高压电源
HTSG = high-temperature strain ga(u)ge 高温应变计
HTTP = hyper text transfer protocol 超级文本传输协议
HTV = high tension voltmeter 高压伏特计
= homing test vehicle 自动寻的试验飞行器
= hybrid test vehicle 混合动力试验车辆
HTVT = home television theatre 家庭电视影院
HT XGR = heat exchanger 换热器
HUCR = highest useful compression ratio 最高有效压缩比
HV = hard valve 硬性电子管，高真空电子管
= heating and ventilation 供暖与通风
= heating value 热值
= high vacuum 高真空
= high velocity 高速度
= high voltage 高（电）压
= hybrid vehicle 混合动力汽车
= vickers hardness 维氏硬度
HVAC = high voltage alternating current 高压交流电（流）
HVB = high voltage bias 高压偏置
HVC = hardened voice channel 有线声音通道
= hardened voice circuit 有线声音线路
HV & C = heating, ventilating and cooling 供暖，通风与供冷
HVC = high voltage connector 高压连接器
= home video color camera 家用彩色摄像机
= high voltage direct current 高压直流电（流）

HVDC = high voltage direct current transmission 高压直流输电
HVL = half-value layer 半吸收层，半值层，衰减一半的层
= high velocity loop 高速度回路
HVLJM = high velocity liquid jet machining 高速射流（机）加工
HVP = hardware validation plan 硬件确认计划
HVPS = high voltage power supply 高压电源
HVR = high-voltage regulator 高压调速器，高压稳压器
= home video recorder 家用录像机
HVS = high-voltage switch 高压开关
HW = half-wave 半波
= hammer welding 锻焊
= hardware 硬件
= highway （数据通信）高速公路
HWA = hot wire anemometer 热线风速表
HWIL = hardware-in-the-loop 硬件在环
HWLS = hand-wheel sensor 手轮传感器，方向盘传感器
HWP = harmonic wire projector 谐波定向天线
HWS = highway switch 总线开关
HYBALL = hybrid analog(ue) logical language 混合模拟逻辑语言
HYCOBLOC = hybrid computer block-oriented compiler 混合式计算机分块编译程序
HYCOL = hybrid computer link 混合式计算机连接程序
HYCOTRAN = hybrid computer translator 混合计算机翻译器，复合计算机翻译器
HYD = hydraulic tappet （气门）液力挺杆
= hydraulic valve lifter （气门）液力挺杆
Hyd = hydrostatics 流体静力学
HYDAC = hybrid digital analog(ue) computer 混合式数字模拟计算机
HYDAPT = hybrid digital analog(ue) and pulse time 混合式数字模拟和脉冲时间
hydrodyn = hydrodynamics 水动力学，流体动力学
HyPAS = hydraulic power assisted steering （汽车）液压式动力转向
Hz = hertz 赫（兹），周 / 秒（频率单位）
I = iodine 碘
IA = indirect addressing 间接定址〔寻址，访问〕
= initial appearance 初始状态
= input axis 输入轴
IAAA = integrated advanced avionics for aircraft 飞行器用先进集成航空电子学
IABM = integrated airbag module （汽车）集成式安全气囊模块
IAC = idle air control 怠速空气控制
= institute for advanced computation 高级计算机研究所研制的系统，IAC 系统高级计算（机）研究所
= integration assembly and checkout 集成装配与检查
= International Advisory Committee 国际咨询委员会
IAC FLEET = international analysis code 国际分析电码（简式）
IACS = international annealed copper standard 国际退火铜线标准
IAD = initiation area discriminator 初始区域鉴别器
= installation,assembly or detail 装置、组合件或零件
IAEA = international atomic energy agency 国际原子能机构
IAF = intelligent arc furnace 智能型电弧炉
IAFIS = integrated automated fingerprint identification system 综合自动指纹识别系统

IAGC = instantaneous automatic gain control 瞬时动作的自动增益调整电路，瞬时自动增益控制雷达
IAL = international algebraic language 国际代数语言
IAM = International Association of Machinists 国际机械师协会
IAP = international airport 国际机场
= internet access provider （拨号入网）互联网访问提供商
IAPS = international affective picture system 国际情感图片系统
IAR = instruction address register 指令地址寄存器
= intake air resonator 进气谐振器
IARC = indirect adaptive robust control 间接自适应鲁棒控制
IAS = immediate access storage 立即存取存储器
= Institute of the Aeronautical Sciences 航空科学学院（美）
IAT = image annotation tape 图像注释带
IATM = International Association for Testing Materials 国际材料试验协会
IATS = intake air temperature sensor 进气温度传感器
IAVC = instantaneous automatic volume control 瞬时动作的自动音量控制
IB = induction brazing 感应硬铅焊
= internal bremsstrahlung 内韧致辐射
IBC = integrated boardband communication 综合宽带通信
IBCN = international boardband communication network 国际宽带通信网
IBG = interblock gap 组间间隔
IBI-ICC = Intergovernmental Bureau for Information-International Computation Center 国际计算中心 - 政府间信息〔情报〕局
IBk = ice breaker 破冰船
IBM = International Business Machine Corp. 国际商业机器公司
= ion beam machining 离子束加工
IBP = initial boiling point 初沸点
IBR = integrated bridge rectifier 集成桥式整流器
IBS = intellect body system 智能化车身装置
= intelligent building system 智能大厦系统
= internal bremsstrahlung 内韧致辐射
IBWM = International Bureau of Weights and Measures 国际计量局
I & C = identification and control 识别与控制
IC = ignition control 点火控制
= indicating controller 指示控制器
= inductance-capacitance 电感量 - 电容量
= information center 情报中心
= initial condition 初始条件
= input circuit 输入电路
= inspection and checkout 检查与测试
= installation and checkout 安装与检测
= instruction code 指令（代）码
= instruction counter 指令计数器
= instrumentation and control (room) 仪表与控制（室）
= integrated circuit 集成电路
= integration and checkout 集成与检测
= intelligence card 智能卡
= intelligent computer 智能计算机

	= intelligent control 智能控制
	= interchange center 交换中心
	= interior communications 内部通信联络
	= intermediate circuit 中间电路
	= internal connection 内部连接
	= ionization chamber 电离室
	= iron core 铁心
I2C	= inter-integrated circuit bus 集成电路总线
ICA	= independent component analysis 独立元分析
ICAD	= intelligence computer aided design 智能计算机辅助设计
ICAE	= integrated communication adapter extended 综合通信可扩转接器
ICAPD	= intelligence computer aided process design 智能计算机辅助工艺规程设计
ICARC	= inertial compensated adaptive robust control 带惯量补偿的自适应鲁棒控制
ICBM	= inter-continental ballistic missile 洲际弹道导弹
ICC	= instrumentation control center 仪表控制中心
	= integrated communication controller 综合通信控制器
	= integrated component circuit 积分组件〔整体元件，集成元件〕电路
	= intelligent cruise control （发动机）智能巡航控制
	= International Computation Center 国际计算中心
	= item characteristic code 项目特征符号
	= iterative circuit computer 累接电路计算机
ICCDP	= integrated circuit communication data processor 集成电路通信数据处理机
ICCP	= integrated communication control processor 综合通信控制处理机
ICCS	= intersite control and communications system 场地间管理与通信系统
ICE	= in-circuit emulation 线路内仿真
	= input checking equipment 输入校验设备
	= input circuit emulator 输入电路仿真程序
ice	= internal combustion engine 内燃机
ICF	= intercommunication flip-flop 内部通信触发器
ICI	= intelligent communications interface 智能通信接口
ICIP	= international conference on information processing 国际信息处理会议
ICM	= ignition control module 点火控制模块
	= institution for computer management 计算机管理协会
	= interference control monitor 干扰监控器
ICMA	= Intelligence Card Manufactures Association 国际智能卡生产〔制造〕协会
ICMP	= Internet control message protocol 因特互联网控制信息协议
ICN	= instrumentation and calibration network 仪表与校准网络
ICON	= integrated control 集中控制
ICP	= instrument calibration procedure 仪表校准程序
	= integrated circuit package 集成电路组件
	= interface communication processor 接口通信处理机
	= International Computer Program(me) Incorporated 国际计算机程序公司
	= internet content provider 互联网全方位信息提供商
ICPL	= initial control program load 初始控制程序装入
ICR	= inductance-capacitance-resistance 电感 - 电容 - 电阻
	= instrumentation control racks 仪表控制架
	= insulated core reactor 绝缘铁心电抗器
	= integrated cancellation ratio 积累对消率，积累对消系数

= intelligent call router 智能呼叫路由器
= intelligent character recognition 智能字符识别
ICRU = International Commission on Radiological Units and Measurements 国际放射单位和计量委员会
ICS = identify graphic subrepertory 识别图形子库
= instrumentation checkout station 仪表检测站
= intercommunications system 内部通信系统
= International Computer Software Corporation 国际计算机软件公司
= internet connection sharing 因特网连接共享
= interphone control station 内部通话管理站
ICSU = International Council of Scientific Unions 国际科学联合会理事会
ICT = integrated circuit tester 集成电路测试器
= integrated computer telemetry 集成电路计算机遥测技术，混合计算机与遥测装置
= intelligent communications terminal 智能通信终端
= International Computers and Tabulators,Ltd. 国际计算机与造表机公司（英）
ICU = instructions control unit 指令控制器
= intelligent control unit 智能控制单元
ICV = intelligent control-based valve 智能型调节阀
ICW = interrupted continuous waves 间断〔断续〕等幅波
ID = identification point 标识点，辨识点
= identifier 标识符
= indicating device 指示器，显示装置
= industrial dynamics 工业动力学
= information distributor 信息分配器
= inside〔inner,internal〕diameter 内（直）径
= instruction decoder 指令译码器
= intelligence division 情报司〔科〕
= intelligent database 智能数据库
= intelligent digitizer 智能数字化（转换器）
= station identification 电台识别
IDA = indirect data address 间接数据地址
= input data assembler 输入数据汇编程序
= intelligent data analyzer 智能数据分析仪
IDAC = interconnecting digital-analog(ue) converter 互联数字 - 模拟转换器
IDAL = item development assurance level 项目研制保证等级
IDB = intelligent data base 智能数据库
IDC = instantaneous deviation control 瞬时动作的偏移控制
= interdepartmental communications〔correspondence〕部门间交通〔通信〕
= International Documentation Center 国际文献中心
IDCC = International Data Communication Center 国际数据通信中心
IDCS = image dissector camera system 析像管摄像系统
IDD = interface design document 接口设计文件
IDDD = international direct distance dialing 国际直通长途电话
IDDOCV = identify, define, develop, optimize, verify 识别、定义、研制、优化、验证
IDE = industry developed equipment 工业上研制的设备
= integrated device electronics 集成器件电子学
= intelligent drive electronics 智能驱动电路

IDEP = interservice data exchange program(me) 相互服务数据交换程序
IDF = integrated data file 综合数据文件
= intermediate distributing frame 中间配线架
IDFT = inverse discrete Fourier transform 离散傅里叶逆变换
IDG = integrated drive generator 综合驱动发电机
IDHE = index head 分度头
IDI = initial domain identifier 初始域标识符
IDL = instrument development laboratories 仪表研制改进实验室
= interface definition language 接口定义语言
id lt = identification light 识别（灯）光
IDM = ignition diagnostic monitoring 点火诊断监测
IDMA = interleave division multiple access 交织多址接入
IDN = intelligent data network 智能数据网络
= interactive data network 交换式数据网
IDP = industrial data processing 工业数据处理
= integrated data processing 集中数据处理，综合数据处理
IDPS = incremental differential pressure system 增量压差系统
IDRV = ionic drive 离子推进
IDS = identification section 辨〔标〕识部分
= input data strobe 输入数据选通脉冲
= integrated data storage 综合〔集成〕数据存储器
= intelligent display system 智能显示系统
I-DSI = intelligent-dual spark(plug)ignition （内燃机）智能型双火花塞点火
IDSS = intelligence decision support system 智能决策支持系统
IDT = instrumentation development team 仪表研制小组
= intelligent data terminal 智能数据终端
IDU = interface data unit 接口数据单元
IE = industrial engineer 工业管理工程师
= industrial engineering 工〔企〕业管理学，工业工程
IEA = instrument,electronics,and automation 仪器、电子设备与自动化
IEAR = interrupted energy assessment rate 间断能量估计值
IEC = integrated environmental control 综合环境控制
= International Electric Corporation 国际电气公司
= International Electrotechnical Commission 国际电工委员会，国际电气技术委员会
IECQ = IEC Quality 国际电工委员会电子元器件质量认证
IEE = Institution of Electrical Engineers 电气工程师协会（英）
IEEE = Institute of Electrical and Electronics Engineers 电气与电子工程师协会（美）
IEF = isoelectric focusing 等电子聚焦
IEMC = International Electronics Manufacturing Co. 国际电子仪器制造公司
IERE = Institute of Electronic and Radio Engineers 电子与无线电工程师学会
IES = induction electrical survey 感应 - 电测井
IEU = internal external upset （钻探管之）内外加厚
IF = intermediate frequency 中频
= Institute of Fuel 燃料学会（英）
= instruction fetch 取指令，指令取出
= interface 接口、界面
= intermediate frequency 中间频率，中频

	= internal flush　内平型（钻探管用工具接头的连接方式）
IFA	= intermediate frequency amplifier　中频放大器
IFAC	= International Federation of Automatic Control　国际自动控制联合会
ifc	= inflight calibrate　进入目标校正
IFCC	= integrated flight control computer　整机飞行控制计算机
IFCS	= International Federation of Computer Science　国际计算机科学联合会
IFE	= internal field emission　内场致放射
IFF	= identification friend or foe　敌我识别器
IFIP	= International Federation of Information Processing　国际信息处理联合会
IFIPS	= International Federation of Information Processing Societies　国际信息处理学会联合会
IFM	= indicating flow meter　指示流量计
IFOG	= interferometer fiber optical gyro　干涉型光纤陀螺
I-four	= intelligent-four　（汽车）智能化四轮控制
IFP	= intermediate-frequency preamplifier　中频前置放大器
IFPI	= International Federation of the Phonographic Industry　国际唱机工业联合会
IFR	= internal function register　内部操作寄存器，状态字寄存器
IFRB	= International Frequency Registration Board　国际频率登记委员会
IFRU	= interference rejection unit　抗干扰装置
IFS	= interpretive frame system　翻译帧系统，翻译框架系统
IFT	= intermediate frequency transformer　中频变压器
	= international frequency tables　国际频率表
	= ion focusing technique　离子聚焦技术
IG	= inertial guidance　惯性制导
	= insulated gate　绝缘栅
ig	= involute gear　渐形线齿轮
IGBT	= integrated gate bipolar transistor　集成门双极型晶体管
IGCC	= integrated gasification combined cycle　整体煤气化燃气蒸汽联合循环（洁净煤发电技术）
IGES	= initial graphics exchange specification　初始图形交换规范
IGFET	= isolated gate field effect transistor　绝缘〔隔离〕栅场效应晶体管
IGMOSFET	= isolated gate MOS field effect transistor　绝缘栅金（属）氧（化物）场效应晶体管
ign det	= ignition detector　发火检测器
IGO	= impulse-governed oscillator　脉冲控制振荡器
IGS	= inertial guidance system　惯性制导系统
IGT	= instrument test generator　仪器测试发生器
	= intelligent graphic terminal　智能图形终端
IH	= indirect heating　间接加热，旁热
	= information highway　信息高速公路
	= instrument head　测量端，测量头部，仪表头部
IHA	= interactive harmonic analysis　交互式谐波分析，迭代法谐波分析
IHE	= intermediate heat exchanger　中间换热器，中间热交换器
IHF	= inhibit halt flip-flop　禁止停机触发器
	= Institute of High Fidelity　高保真度研究所（美）
IHS	= infrared homing system　红外线自动引导系统
IHT	= innas hydraulic transformer　Innas 液压变压器
II	= image intensifier　图像增强器，图像增强管

= ingot iron 锭铁，工业纯铁，低碳钢
= intelligent instrument 智能仪表
= intelligent interface 智能接口

IIC = International Institute of Communications 国际通信学会

IIIL〔I^3L〕 = isoplanar integrated injection logic 等平面集成注入逻辑（电路）

IIIN = intelligent integrated information network 智能化综合信息网

IIL〔I^2L〕 = integrated injection logic 集成注入逻辑（电路）

IIO = image intensifier orthicon 图像增强正析像管
= intelligent input-output 智能化输入输出

IIR = infinite impulse response 无限脉冲响应，冲激响应

IIS = infrared imaging system 红外成像系统
= infrared interferometer spectrometer 红外线干涉分光计
= infrared interferometer spectrometer sensor 红外干涉分光计传感器

IISI = International Iron and Steel Institute 国际钢铁学会

IIU = input interface unit 输入接口装置

IIW = International Institute of Welding 国际焊接学会

IKB = intelligent keyboard 智能键盘

IKMP = internet key management protocol 因特互联网密钥管理协议

Il = illinium

ILAS = interrelated logic accumulating scanner 相关逻辑累加扫描器

ILC = instruction length code 指令长度码
= internal language compiler 内部语言编译程序

ILE = Institution of Locomotive Engineers 机车工程师学会（英）

ILLLTV = integrated low light level television 集成微光电视

ILP = in-line printer 在线打印机

ILPF = ideal low pass filter 理想低通滤波器

ILS = instrument landing system 仪表着陆系统
= intelligent light system （汽车）智能化灯光系统

I & M = installation and maintenance 安装与维修

IM = image management 图形管理
= impulse modulation 脉冲调制
= induction motor 异步电动机
= intelligence manufacturing 智能制造

IMA = integrated modular avionics 综合模块化航空电子
= ion microprobe analyzer 离子微探针分析仪

IMAP = internet message access protocol 因特互联网邮件传输协议

IMAR = internal memory-address register 内存地址寄存器

IMC = image motion compensation 图像运动补偿
= integrated microelectronic circuitry 集成的微电子电路
= intelligent manufacturing cell 智能制造单元
= intermetallic compounds 金属间化合物

IMCN = intelligent mobile communication network 智能移动通信网

IME = Institution of Mechanical Engineers 机械工程师学会（英）

IMECO = International Measurement Confederation 国际测量联合会

IMEI = international mobile equipment identification 国际移动设备身份码（即手机机身号码）

IMEP = indicated mean effective pressure 平均指示有效压力,计示有效（平）均压（力）

IMF = intense magnetic field 强磁场

	= internal magnetic focus tube 内磁聚焦电子束〔管〕
IMH	= integrated material handling 综合的材料处理
IMI	= Institute of the Motor Industry 电动机工业学会（英）
IMIS	= integrated management information system 综合管理信息系统
IMMA	= ion microprobe microanalysis 离子探针微分析
IMM I	= intelligent man machine interface 智能人机接口
IMMR	= installation,modification,maintenance and repair 安装、修改、维护与修理
IMO	= interband magneto-optic effect 带间磁光效应
IMP	= integrated monitor panel 综合监控台
	= interface message processor 接口信息处理机
IMPACT	= integrated management programming analysis control technique 统一管理程序设计分析控制技术
	= inventory management programme and control techniques 库存管理程序与控制技术
IMPATT	= impact avalanche transition time diode 碰撞雪崩渡越时间二极管
IMPNS	= implicit parabolized Navier-Stokes solver 隐式抛物线纳维 - 斯托克斯求解器
IMS	= information management system 信息管理系统
	= Institute of Management Sciences 管理科学学会
	= integrated manufacturing system 集成生产〔制造〕系统
	= International Metallographic Society 国际金相学会
	= inventory management and simulator 库存管理与模拟程序
IMSI	= international mobile subscriber identity 国际移动用户识别码，国际移动用户身份，（与 PCN 用户手机和分配给他的 SIM 有关的个人号码）
IMT	= intelligence multifunctional terminal 智能多功能终端
IMT-2000	= international mobile telecommunication s-2000 国际移动电信 2000
IMV	= independent metering valve 独立计量阀
IN	= inlet valve 进给〔气〕阀
	= intelligent network 智能网（络）
In	= indium 铟
INA	= industrial architect 工业设计师
	= international normal atmosphere 国际标准大气压
INAP	= intelligence network application protocol 智能网应用协议
	= intelligent network access protocol 智能网存取协议
INDB	= intelligent network data base 智能网络数据库
INEA	= International Electronics Association 国际电子学协会
INFO	= integrated network using fiber-optics 光纤综合网络
INFOL	= information oriented language 信息（专用）语言，面向信息的语言
INFOTERM	= International Information Center for Terminology 国际术语情报中心
INFRAL	= information retrieval automatic language 信息检索自动语言
ING	= inertial navigation and guidance 惯性导航与制导
Init	= initialize （计算机）初始化
INM	= integrated network management 综合网络管理，集成网络管理
INNS	= International Neural Network Society 国际神经网络学会
INPADOC	= International Patent Documentation Center 国际专利文献中心
INS	= inertial navigate system 惯性导航系统
	= inertial navigation system 惯性航行系统
	= installation noise standard 安装噪声标准
	= interchangeable substitute (item) 可互换的代用品（项目）

= International Navigation System 国际导航系统
INSP = IN service provider 智能网（络）服务提供者
INST CTL = instrumentation control (racks) 仪表控制（台）
instr OP = operational instruction 操作规程，操作说明
INTCON = international connection 国际电路
INTELSAT = International Telecommunications Satellite 国际通信卫星（组织）
INTERCOM = intercommunication system 内部通信系统
INTERNET = interactive network 交互式网络
= international congress on project planning by network analysis 用网络分析法计划设计国际会议
= International Petroleum Company 国际石油公司
INTPHTR = interphase transformer 相间变压器
INTRAFAX = facsimile system for private use 专用传真系统
INTRAN = input translater 输入翻译程序
INTSTD THD = international standard thread (metric) 国际标准螺纹（米制）
INV = in-line needle valve 管道针状阀
I/O = input/output 输入 / 输出
IO = image orthicon 超〔移像式〕正析像管
= interpretive operation 解释操作
= ion engine 离子发动机
IOA = input/output adapter 输入输出转接器
IOB = input/output buffer 输入输出缓冲器
IOBB = input output broadband 宽（频）带输入输出
IOC = image orthicon camera 超正析像管摄像机
= input/output channel 输入输出通道
= input/output controller 输入输出控制器
= integrated optical circuit 集成光路
IOCC = input/output control center 输入输出控制中心
= input/output control command 输入输出控制指令
IOCP = input/output control program(me) 输入输出控制程序
IOCS = input/output control system 输入输出控制系统
IOF = infrared optical fiber 红外光纤
IOM = input/output multiplexer 输入输出多路转接器
IOP = input/output processor 输入输出处理机
IOR = input/output register 输入输出寄存器
IOS = input/output supervisor 输入输出管理程序
= instrumentation operations station 仪表操作台
= integrated operational system 一体化操作系统
= International Organization for Standardization 国际标准化组织
IOSA = integrated optical spectrum analyzer 综合光谱分析仪
IoT = internet of things 物联网
IOTA = information over-load testing apparatus 信息过载试验装置，信息过载测试设备
IOU = immediate operation use 直接操作用，直接运算用
IoV = internet of vehicles 车联网
IP = identification of position 位置辨识，状态辨识
= impact predictor 弹着点预测器
= index of performance 性能指标
= induction period （油）诱导期，（发动机）进气阶段

= industrial product 工业产品
= intermediate pressure 中等压力
= internet protocol 网际协议，网间协议
= intersecting point 交点，转角点
= iron pipe 铁管
= item processing 项目处理

IPA = image power amplifier 图像功率放大器
= Information Processing Association of Israel 以色列信息处理协会
= intermediate power amplifier 中（间）功率放大器

IPB = illustrated parts breakdown 附有图解说明的零件破坏情况

IPC = industrial process control 工业过程控制
= information processing center 信息处理中心
= interplanetary communications 星际通信

IPCEA = Insulated Power Cable Engineers Association 绝缘电力电缆工程师协会（美）

IPD = intelligent power device 智能功率器件

IPE = inverse photoelectric effect 逆光电效应

IPI = information processing industry 信息处理产业
= intelligent peripheral interface 智能外围接口
= intelligent printer interface 智能打印机接口
= International Patent Institute 国际专利学会

IPIC = intelligent power integrated circuit 智能功率集成电路

IPL = information processing language 信息处理语言
= initial program(me) loading 初始程序装入
= instrument pool laboratory 仪器统筹实验室

IPM = impulses per minute 每分钟脉冲数
= incidental phase modulation 附随调相
= Integer programming models 整数规划模型
= intelligent power module 智能功率模块
= interpersonal messaging 个人间报文通信
= interruptions per minute 每分钟中断次数

IPO = interruption of plant operation 电厂运行间隙

IPOT = inductive potentiometer 感应电位计，感应分压器

IPP = intelligent picture processor 智能图像处理器

I PROP = ionic propulsion 离子推进

IPS = information processing system 信息处理系统
= instructions per second 每秒钟执行指令数
= instrument power supply 仪表动力供应

ips = internal pipe size 管的内径
= international pipe standard 国际管材标准
= iron pipe size 铁管尺寸

IPSC = information processing standard for computer 计算机信息处理标准

IPSJ = Information Processing Society of Japan 日本信息处理学会

IPT = internal pipe thread 管子的内螺纹

IPTS = international practical temperature scale 国际实用温（度）标
= international practice thermometer specification 国际实用温标

IPU = intelligent power unit 智能化动力模块

IPV = inner pilot valve 内导阀

IPX = internet package exchange 网间包交换

IQS	= international "Q" signal 国际 Q 信号
I & R	= interchangeability and replacement〔replaceability〕 可互换性与置换〔可置换性〕
IR	= image rejection 镜（频）抑制
	= induction regulator 感应式电压调整器
	= industrial robot 工业机器人
	= information retrieval 信息检索
	= infrared 红外线
	= inside radius 内半径
	= insoluble residue 不溶解残渣
	= instruction register 指令寄存器
	= insulation resistance 绝缘电阻
	= intelligent robot 智能机器人
	= internal resistance 内阻
	= interrogator-responder 询问应答器
Ir	= iridium 铱
IRA	= information resource administration 信息资源管理局
ira'ser	= infra-red amplification by stimulated emission of radiation 红外激光（器），红外（微波）激射（器），红外线量子放大器
IRC	= information research center 情报研究中心
	= information retrieval center 信息检索中心
IRCM	= infrared countermeasures 红外对抗
IRCS	= inertial reference and control system 惯性参考及控制系统
IRDS	= integrated reliability data system 综合的可靠性数据系统
IRE	= Institute of Radio Engineers 无线电工程师学会（美）
IRFB	= International Radio Frequency Board 国际无线电频率委员会
IRG	= interrecord gap 记录〔字区〕间隔
IRIS	= infrared research information symposium 红外线调研资料讨论会
IRL	= incoming register link 入局记发器链路
	= information-retrieval language 情报〔信息〕检索语言
IRLS	= interrogation recording and location system 询问记录和定位系统
IRP	= interrupt processor 中断处理机
	= intra-office reperforator 局内收报复凿机
IRQ	= interrupt request 中断请求
IRQC	= infrared quantum counter 红外量子计数器
IRS	= inertial reference system 惯性基准系统
	= infrared absorption spectroscopy 红外吸收光谱仪
IRSp	= infrared spectrometer 红外线分光仪，红外频谱仪
IRSS	= infrared scene simulator 红外场景模拟器，红外线景象模拟器
IRT	= information retrieval technique 信息检索技术
	= infrared radiation thermometer 红外辐射温度计
	= infrared tracker 红外跟踪仪
	= interrogator-response-transponder 问答脉冲转发器
IRTO	= International Radio and Television Organization 国际无线电电视组织
IRU	= inertial reference unit 惯性基准组件
	= International Radio Union 国际无线电协会
IRWL	= interchangeability and replaceability wording list 可互换性与可置换性用语表
IS	= impulse sender 脉冲发送器
	= information separator 信息分隔符

= intelligent simulation 智能仿真
= internal shield 内部屏蔽
= internal surface 内表面
= international standard 国际标准
= interval signal 间隔信号，周期信号

is = inside secondary 次级线圈的内末端

ISA = industry standards architecture 工业标准结构
= Instrument Society of America 美国仪表学会
= International Standardizing Agency 国际标准化局

ISAM = integrated switching and multiplexing 集中开关和多路转换（技术）

ISB = independent side band 独立边（频）带
= intelligent signalling bus 智能信号总线

ISC = industrial security committee 工业安全委员会

ISCAN = inertialess steerable communication antenna 无惯性方向图可控通信天线

ISCII = international standard code for information interchange 国际标准信息交换代码

ISCS = international satellite communication system 国际卫星通信系统

ISDN = integrated services digital network （窄带）综合业务数字网，“一线通”

ISE = image symbol editor 图像符号编辑器
= integral of square error 平方误差积分

ISF = imperial smelting furnace 密闭鼓风炉

ISFET = ion selective field effect transistor 离子选择场效应晶体管

ISG = intelligent starter-generator （汽车）智能化起动机 - 发电机

ISH = information super-highway 信息高速公路

ISI = iron and steel institute 钢铁学会

ISIR = International Symposiums of Industrial Robots 国际工业机器人会议

ISL = integrated Schottky logic 集成肖特基逻辑

ISM = intelligent synchronous multiplexer 智能同步复用器
= International Standards Method 国际标准分类法

IS NO = indicated specific NO （发动机）指示功率一氧化氮排放率

ISO = International Science Organization 国际科学组织
= International Standards Organization 国际标准协会，国际标准化组织

I soc = internet society 国际互联网协会

ISO code = International Standards Organization code 国际标准化组织代码

ISP = instruction set processor 指令系统处理机
= intelligent shift program （汽车）智能换档程序
= interim system procedures 临时系统程序
= internally stored program(me) 内存储程序
= internet service provider 互联网服务提供商

ISPT = initial satisfactory performance test 初次符合要求的性能试验

ISR = information storage and retrieval 信息存储和检索
= interrupt service routine 中断服务程序

ISRU = International Scientific Radio Union 国际科学无线电联合会

ISS = industrial standard specification 工业标准规定

ISSDN = integrated service satellite digital network 综合业务卫星数字网

ISSN = International Standard Serial Number 国际标准期刊号

IST = information science and technology 信息科学和技术

ISTAR = image storage translation and reproduction 图像存储变换和再生，图像存储翻译和再生

ISTM = International Society of Testing Materials 国际材料试验学会
ISV = intensified silicon vidicon 增强硅（靶）视像管
ISWG = imperial standard wire ga(u)ge 英制标准线规
IT = information technology 信息技术
= information theory 信息论
= input translator 输入翻译程序（器）
= insulating transformer 隔离变压器
= intelligent terminal 智能终端
= interfacial tension 界面张力
= internal thread 内螺纹
= internal translator 内部翻译程序
= international tolerance 国际公差〔容限〕
= interrogator transponder 问答机
= intra-office transmitter 局内发信机
= isothermal transformation （热处理）等温转变
= item transfer 项目转移，项目变换
ITA = information technology agreement （国际）信息技术协定
ITAA = Information Technology of America Association 美国信息技术协会
ITAE = integrated time and absolute error 时间误差综合积分（指标）
ITC = igniter test chamber 点火器试验间
= intelligent transaction controller 智能事务处理控制器
= intermediate toll center 长途电话中心局，长途汇接局
ITDM = intelligent time division multiplexer 智能时分多路复用器
ITE = institute of telecommunication engineers 电信工程师学会
ITEC = intelligent technical electric clutch 智能自动离合器
I term = intelligent terminal 智能终端
ITF = integrated thermal flux 积分热中子通量
ITG = iterative test generator 迭代测试生成程序
itga = internal ga(u)ge 内径规
ITL = ignition transmission line 发火传输线
= input-transformerless 无输入变压器（的）
ITN = independent Television News 独立电视台新闻（节目）
ITPR = infrared temperature profile radiometer 温度廓线红外线辐射计
ITRL = instruments test repair laboratory 仪器检测修理实验室
ITS = insertion test signal 插入测试行信号
= intelligent traffic system 智能交通系统
= intelligent transport systems 智能交通运输系统
ITT = incoming teletype 输入电传打字机
= International Telephone and Telegraph Corporation 国际电话(与)电报公司(美)
ITU = International Telecommunication Union （联合国）国际电信联盟
ITV = industrial television 工业电视
= instructional television 教学电视
ITVB = International Television Broadcasting 国际电视广播
IU = interference unit 干扰器
= international unit 国际单位
IUI = intelligent user interface 智能用户接口
IUO = intelligent underlay overlay 智能双层网
IUPDEE = International Union of Producers and Distributors of Electrical Energy 国际电能

生产和分配联合会
IURS = International Union of Radio Sciences 国际无线电科学联合会
IUTAM = International Union of Theoretical and Applied Mechanics 国际理论力学和应用力学联合会
IV = independent variable 自变数，自变量
= initial velocity 初始速度
= interceptor valve 截止阀
= intermediate voltage 中（电）压
IVA = ideal voltage amplifier 理想电压放大器
= inspection visual aid 检查用观察器具
IVC = industrial view camera 工业摄像机
IVCS = integrated vehicle communication system 综合车载通信系统
IVES = intelligent vehicle electronic system 智能汽车电子控制系统
IVHN = integrated vehicle health management 综合飞行器健康管理
IVOD = interactive video-on-demand 交互式视频点播（业务）
IVPN = international virtual private network 国际虚拟专用网
IVT = infinitely variable transmission 无级变速器
= intervalve transformer 管间变压器
I-VTEC = intelligent-variable timing and lift electronic control （发动机）智能型可变气门正时和升程电子控制（装置）
IW = indirect waste 间接的废物
= induction welding 感应焊接
= interrupted wave 断续电波
IWG = iron wire ga(u)ge 铁丝线规
IWRC = independent wire rope core 独立的钢丝绳芯，钢丝绳（做的）钢丝绳芯（用于重型及高温吊装），绳式股芯
IWS = intelligent workstation 智能工作站
IWU = interworking unit 网间互通工作单元，网间互通工作设备
IXF = integrated crystal filter 集成晶体滤波器
J = joule 焦耳
JA = jump address 转移地址
JACM = journal of the ACM 计算机协会杂志
JAD = joint application design 联合应用程序设计
= just after disturbance 干扰作用瞬间
JAIN = Java advanced intelligent network 高级 Java 智能网络
JAPIB = joint air photographic intelligence board 航空照相联合情报局
JAPP = Japanese patent 日本专利
JB = junction box 分线盒，接线箱，套管，联轴器
JC = joint compound 密封剂
JCC = joint communications center 联合通信中心
JCEC = Joint Communications Electronics Committee 联合电子通信委员会
JCL = job control language 作业控制语言
JCP = jet condenser pump 喷水凝气泵
JDC = jet deflection control 喷流偏斜控制
= junction diode circuit 结二极管电路
JE = jet engine 喷气发动机
JEA = Japan Electric Association 日本电气协会
JEAC = Japan electric association code 日本电气协会标准

JECNS = joint electric communications nomenclature system 联合电子通信术语系统
JEDEC = Joint Electron Device Engineering Council 联合电子器件工程委员会（美）
JEIDA = Japan Electronic Industry Development Association 日本电子工业发展协会
JEM = Japan Electric Machine Industry Association 日本电机工业协会
JEPIA = Japan Electronic Parts Industry Association 日本电子元件工业协会
jet = jet propelled aircraft 喷气式飞机
J-FET = junction type field effect transistor 结型场效应晶体管
JICST = Japan Information Center of Science and Technology 日本科技情报〔信息〕中心
JIRA = Japan Industrial Robot Association 日本工业机器人协会
JIS = japanese industrial standards 日本工业规格〔标准〕
JISC = Japanese Industrial Standards Committee 日本工业标准委员会
JIT = just in time 及时生产
JIVA = Japan Industrial Vehicles Association 日本工业车辆协会
JMM = Japan Micro Motor Co. 日本微电机公司
JOC = Joint Organizing Committee (ICSU/WMO) 联合组织委员会（国际科学协会理事会 / 世界气象组织）
JOHNNIAC = John Von Neumann integrator and automatic computer 冯诺伊曼积分器和自动计算机
JOP = joint operating procedure 联合操作程序
JOSS = Johnniac open-shop system 琼尼爱克开放系统
JPA = jack panel assembly 插孔接线板组件
JPEG = Joint Photographic Experts Group （ISO/IEC）联合摄影专家组
JPEG = Joint Photographic Experts Group (ISO/IEC) 联合摄影（图像）专家组（静止图像压缩标准，该标准采用效率极高的有损压缩算法，非常适合相片存储，不适合要求极高的专业领域）
JPL = jack plug 插塞
JPT = jet pipe temperature （发动机）尾喷管温度
JPW = job processing word 作业处理字
j/s = jam-to-signal 噪声信号比
JSF = joint strike fighter 联合攻击战斗机
JSIT = junction gate static induction transistor 结栅静电感应晶体管
JSME = Japanese Society of Mechanical Engineers 日本机械工程师学会
J.St. = jamming station 干扰电台
JTAG = joint test active group 联合测试行动小组，联合测试工作组（接口）
JTM = job transfer and management 作业传送与管理
JUNFET = junction-type field effect transistor 结型场效应晶体管
JVM = Java virtual machine 爪哇虚拟机（器）
JW = jacket water 水套冷却水
K = kalium〔potassium〕钾
= Kelvin 热力学温度单位
= kilo 存储器中的 1 K（=1 024），千（10^3）
k = cathode tube 阴极管
K-b = key-board 键盘
KB = kilobytes 千字节
= knowledge base 知识库
KBE = key-board encoder 键盘编码器
= keyboard entry 键盘输入

KBMS = knowledge base management system 知识库管理系统
kbps = kilobits per second 千位 / 秒
= kilobytes per second 每秒钟千字节数
KBS = knowledge base system 知识库系统
kc = kilocharacter 千字符
KCA = key certification authority 密钥认证机构
KCL = Kirchhoff's current law 基尔霍夫电流定律
KCU = knock control unit （发动机）爆燃控制模块
KDBMS = knowledge data base management system 知识数据库管理系统
KDP = known datum point 已知数据点，已知基准点
KDR = keyboard data recorder 键盘数据记录器
KE = kinetic energy 动能
= knowledge engineering 知识工程
KEE = knowledge engineering environment 知识工程开发环境
keV = kilo-electron-volt 千电子伏（特）
kg = kilogram(me) 千克，公斤
KHT = know-how transfer 技术转让
kHz = kilohertz 千赫
Kine = kinescope 显像管
kIPS = kilo-instructions per second 每秒钟千指令数
kJ = kilojoules 千焦耳
K〔k〕 = carat〔karat〕 克拉（宝石、金刚石重量单位，1 克拉 =0.2 g），开（金位，纯金为 24 开）
KLA = klystron amplifier 速调管放大器
KLO = klystron oscillator 速调管振荡器
KLT = klystron life test 速调管寿命试验
KLTO = knurling tool 滚花刀具
km = kilometer 公里，千米
KMER = Kodak metal etch resist 柯达金属抗蚀剂
Kn = Knudsen number （说明气体流动情况的）努森数
KNN = k Nearest Neighbour, k 近邻
knowbot = knowledge robot 智能机器人
kn sw = knife switch 刀形开关
KO = klystron oscillator 速调管振荡器
= key-board perforator 键盘凿孔机
KP = key pulse 键控脉冲
KPC = klystron phase control 速调管相位控制
KPR = Kodak photo resist 柯达光致抗蚀剂
KPSM = klystron power supply modulator 速调管电源调制器
KR = knowledge representation 知识表示
Kr = krypton 氪
KRT = cathode-ray tube 阴极射线管
KS = knife switch 闸刀开关
KSR = keyboard sender/receiver 键盘发送接收机
KSS = knock sensor system 爆燃传感器（系统）
KST = keyseat 键槽
KTFR = Kodak thin film resist 柯达薄膜抗蚀剂
= keyboard typing reperforator 键盘打字穿孔机，键盘打字自动穿孔机

KTR = key telephone system 键控电话系统
KTS = key telephone system 按键电话系统
kV = kilovolt(s) 千伏（特）
kVA = kilovolt-ampere 千伏（特）安（培）
KVL = Kirchoff’s voltage law 基尔霍夫电压定律
kw = kilowords 10^3 千字，1 024 个字
KWIC = keyword in context 上下〔前后〕文内关键字
KWIT = keyword in title 题目索引词，标题关键字
KWOC = keyword out of context 上下〔前后〕文外关键字
ky = keying device 键控设备
KYBD = keyboard 键盘
L = luxe 豪华型，基本车型
LA = last amplifier （电路中）后置放大器
= launch antenna 发射天线
= length average 平均长度
= light alloy 轻合金
= light antenna 光束导向天线，光天线
= lightning arrestor 避雷器
= line assembly （在）装配线（上）装配
= location area （通信）定位区
= logic analyzer 逻辑分析仪
La = lanthanum 镧
Lab = laboratory 实验室，试验室，试验所，研究所，暗室
LAC = load accumulator 寄存累加器
LACE = liquid air cycle engine 液态空气循环发动机
LACR = low-altitude coverage radar 低空有效探测范围雷达
LAD = logical analysis device 逻辑分析设备
LADAR = laser radar 激光雷达
LADC = Laser Advanced Development Center 激光高级研究中心（美）
LAE = light activated element 光敏元件
LAEDP = large area electronic display panel 大面积电子显示板
LAM = laser additive manufacturing 激光增材制造技术
LAMA = local automatic message accounting 局部通话自动计算，本地通话自动计算
LaMMA = laser microprobe mass analysis 激光微探针质谱分析
LAN = local area network 局域网，局部网络
LANN = large artificial nerve network 大型人工神经网络（高速逻辑电路）
LAP = link access procedure 链路访问规程
= low altitude performance 低空性能
LAPS = light-addressable potential sensor 光寻址电位传感器
LAPUT = light activated programmable unijunction transistor 光敏可编程序单结晶体管
LAR = liquid aircraft rocket 航空液体火箭发动机
LaRC = Langley Research Center (NASA) 兰利研究中心（NASA）
LARC = large automatic research computer 大型自动研究计算机
LAS = learning apprentice system 学习学徒系统
= light activated switch 光敏开关
= low-alloy steel 低合金钢
LASCA = large area solar cell array 大面积太阳能电池板
LASCR = light activated SCR〔silicon controlled rectifier〕 光激〔光触发〕晶闸管整流器

LASER = light amplification by stimulated emission of radiation 激光，激光器
laser com = laser communication 激光通信
LASS = light-activated silicon switch 光触发〔光激〕硅开关
lat.ht. = latent heat 潜热
latrix = light accessible transistor matrix 光取数晶体管阵列，光可入内的晶体管矩阵
LAWN = local area wireless network 局域无线网
LB = light bracket 轻型托架
= line buffer 线路缓冲器
= line busy 占线
= linoleum base 油毡底层
= local battery 本机电池
lb = pound 磅（1 lb=0.453 592 37 kg）
LBA = linear bounded automation 线性有界自动机
= local battery apparatus 磁石电话机
LBC = laser beam cutting 激光切割
lbf = pounds force 磅力（1 lbf=4.448 22 N）
LBIR = laser beam image reproducer 激光束图像重现器
LBM = laser bombard machining 激光打孔加工
LBMCTX = local battery magneto call telephone exchange 用手摇发电机呼叫的磁石式电话交换机
LBP = laser beam printer 激光束打印机
= loop break point 线路中断点
LBR = laser beam recorder 激光束成像装置
LBS = load break switch 负载制动开关
= local battery signal(l)ing 磁石式电话振铃
= local battery supply 磁石式电话电源
= local battery switch board 磁石式电话交换机
= local battery system 磁石式
LBT = last block transferred 最后传送信息块
= local battery telephone 磁石式电话
LBTS = local battery telephone set 磁石式电话机
= local battery telephone switchboard 磁石式电话交换机
LBTX = local battery telephone exchange 磁石式电话交换机
LBW = laser beam welding 激光焊
LC = level control 钳位〔信号〕电平调节，液〔位〕面控制，电平控制（器），水平控制
= light cable 光缆
= light case 轻外壳
= line concentrator 线路集中器
= line connector 线路接线器
= link circuit 链式电路
= link controller 链路控制器
= link controller 无线电通信线路控制器，链路控制器
= liquid chromatograph 液相色谱仪
= load cell 负荷传感器，测力传感器，测力计，负载单元，寄存元件
= loaded cable 加感电缆
= logic circuit 逻辑电路
= logic comparation 逻辑比较

	= logic comparation　逻辑比较
	= low carbon　低碳的
LCB	= longitudinal position of center of buoyancy　浮力中心的纵向位置
LCC	= link controller connector　无线电通信线路控制连接器
	= local communication console　局部通信控制器
LCD	= liquid crystal display　液晶显示（器）
lcd	= least common denominator　最小公分母
LCDTL	= load compensation diode transistor logic　负载补偿二极管晶体管逻辑（电路）
LCF	= liquid core fiber　液心光纤
	= longitudinal position of center of floatation　浮力中心的纵向位置
LCG	= liquid column ga(u)ge　液柱压力计
	= longitudinal position of center of gravity　重心的纵向位置
LCGS	= laboratories command guidance system　实验室指挥制导系统
LCh	= left channel　（音响）左声道，左通道
LCHP	= local control hydraulic panel　局部控制液压操纵板
LCL	= level control line　液面控制线
	= lower control limit　控制下限，行动下限
LCM	= large capacity memory　大容量存储器
	= large core memory 大容量磁心存储器
	= lead coated metal　涂铅的金属
	= least common multiple　最小公倍数
LCML	= low level current mode logic　低电平电流型逻辑（电路）
LCO	= limit cycle oscillations　极限环振荡
lcr	= low compression ratio　低压缩比
	= large-capacity storage　大容量存储器
LCS	= large core storage　大（容量）磁心存储器
	= laser communications system　激光通信系统
	= lathe control system　车床控制系统
	= learning companion system　学习伴随系统，学习辅助系统
	= leveling control system　调平控制系统
	= loudness contour selector　等响线选择器
LCT	= location,command, and telemetry　定位，指挥与遥测
	= low colo(u)r temperature　低色温
LCTV	= liquid crystal television　液晶电视
LCV	= liquid control valve　液体控制阀
	= logic control variable　逻辑控制变量
	= low calorific value　低热值
LCVM	= logarithmic conversion voltmeter　对数变换伏特计
LCVR	= lift coefficient versus velocity ratio　升力系数与速度比
L/D	= length-to-diameter (ratio)　长度直径比，（燃烧室）延伸率
LD	= large disc　大尺寸光盘
	= laser diode　激光二极管
	= laser disc　激光视盘
	= laser video disk　激光视盘
	= leak detector　检漏器
	= light director　照明监督（者）灯光调度
	= logic driver　逻辑电路驱动器
LDA	= laser Doppler anemometer　激光多普勒风速计，激光多普勒流速仪

= line driving amplifier　线路〔行信号〕激励放大器
LDB　= light distribution box　轻配电箱
LDC　= latitude data computer　纬度数据计算机
= long distance control　远程控制
= lower dead center　下止点
= low-speed data channel　低速数据通道
ldc　= line drop compensator　线路电压降补偿器
LDD　= laser detector diode　激光检波器二极管
= low density data　低密度数据
LDDS　= low density data system　低密度数据系统
LDE　= linear differential equation　线性微分方程
LDG　= linear displacement ga(u)ge　线性位移测量计
LDI　= lightwave data interface　光波数据接口
LDMI　= laser distance measuring instrument　激光测距仪
LDMS　= laser distance measuring system　激光测距系统
= local date management system　局域数据管理系统
LDP　= language data processing　语言数据处理
= load double precision　（双）倍精度寄存
LDR　= level distribution recorder　电平分配记录器
= light-dependent resistors　光敏电阻
= limiting drawing ratio　极限拉延比，极限拉延程度
= linear dynamic range　线性动态范围
= low data rate　低速数据传输
LDRS　= laser discrimination radar system　激光鉴别雷达系统
LDT　= laser discharge tube　激光放电管
= level delay time　电平延时
LDV　= laser-Doppler-velocimeter　激光多普勒速度计
= laser Doppler velocimeter　激光多普勒测速计，激光多普勒测速仪
= light duty vehicle　轻型载货车辆
LDX　= long distance xerography (communications facsimile system)　远距离静电印刷术（电传真通信系统）
LE　= low efficiency　低效率
LEAS　= lower echelon automatic switchboard　低级梯阵自动配电盘
LED　= large electronic display　大型电子显示器
= light emitting diode　发光二极管
LEED　= low-energy electron diffraction　低能量电子衍射法
LEJ　= longitudinal expansion joint　纵向伸缩接头〔伸缩缝〕
LEM　= laser energy monitor　激光能量监控器
LEP　= large electronic panel　大型电子设备控制板
= lowest effective power　最低有效功率
l equip　= line equipment　线路设备
levecon　= level control　信号电平控制，位面〔级位〕控制，电平调节，电平控制
LF　= line feed　线路馈电，换行，进行（打字机）
= line filter　线路滤波器
= line finder　（电传打字电报机）寻线机
= load factor　负载因〔系〕数
= low frequency　低频（30 ~ 300 kHz）
LFA　= low-frequency amplifier　低频放大器

LFAO = line flow assembly order 流水作业线装配指令
LFB = local feedback 局部〔本机〕反馈
LFC = laminar flow control 层流控制
= level of free convection 自由对流高度
= logic flow chart 逻辑操作程序图
= lost foam casting 消失模铸造
= low frequency choke 低频扼流圈
= low frequency correction 低频校正
= low frequency current 低频电流
LFD = low frequency disturbance 低频干扰
LFF = light filter factor 滤光因数
lff = low-frequency filter 低频〔通〕滤波器
lfici = low-frequency iron core inductance 低频铁心电感
LFL = laser flash lamp 激光闪光（信号）灯
= lower figure of merit 低的品质因数，低的灵敏值
LFM = low frequency modulation 低频调制
LF/MF = low frequency-to-medium frequency (ratio) 低频对中频（比率）
LFO = low frequency oscillator 低频振荡器
LFP = least fixpoint 最小不动点
LFQ = light foot quantizer 光尺数字转换器
LFSR = linear feedback shift register 线性反馈移位寄存器
LFT = laser flash tube 激光闪光管
= linear flash tube （直）线性闪光管
LFV = low frequency vibration 低频振动
LG = large grain 大颗粒
= level ga(u)ge 水准仪
= light gun 光电子枪，光笔
= line generator 直线发生器（用于显示）
= liquified gas 液化气
= loop gain （控制）回路增益
= low gear 低速传动（齿轮），低档
lg = logarithm 常用对数（以 10 为底）
LGSL = light general service lorry 通用轻型载货汽车
LH = latent heat 潜热
LHA = lower half assembly 下半部组装
LHC = liquid hydrogen container 液氢容器
LHDS = laser hole drilling system 激光钻孔系统
LHR = left hand rule 左手定则
= low hybrid resonance 低（频）混合共振
LHT(H) = left hand thread 左旋螺纹
LHV = liquid hydrogen vessel 液氢容器
= low heat value 低热值
LI = level indicator 液〔位〕面指示器
Li = lithium 锂
LIC = laser image converter 激光（光电）变换〔像〕器
= linear integrated circuit 线性集成电路
= low inertia clutch 惯性小的离合器
LID = laser intrusion detector 激光入侵探测器

= leadless inverted device　无引线变换〔换流〕器
LIDS = lithium ion drift semiconductor　锂离子漂移半导体
LIF = laser interference filter　激光干扰滤波器
LIFO = last-in-first-out　后进先出
LIFT = logically integrated FORTRAN translator　逻辑集成公式翻译程序
LIGA =〈德〉Lithografie galvanoformung abformung　三维微细加工工艺（光刻、电铸、模铸）
LIM = latent image memory　潜像存储器
= linear-induction motor　线性感应马达
= liquid impingement molding　液体浸渍模塑
= liquid injection molding　液态注塑
LIMAC = large integrated monolithic array computer　大规模集成化单片阵计算机
linac = linear (electron) accelerator　线性（电子）加速器，直线加速器
LINC = laboratory instrument computer　实验（室）仪器计算机
LINIVA = linear instantaneous value　线性瞬时值
LINS = lightweight inertial navigation system　轻型惯性导航系统
= LORAN inertial system　劳兰远航仪惯性系统
LIPL = linear information processing language　线性信息处理语言
LIS = local information system　局部信息处理系统
LISA = linear systems analysis　线性系统分析
LISN = line impedance stabilization network　线路阻抗稳定网络
LISP = list processing　表处理（语言），编目处理
= list processor (data processing)　编目处理机（数据处理）
LITE = legal information through electronics　通过电子设备的合法信息
LIVC = low input voltage converter　低输入电压变换器
LIVCR = low input voltage conversion and regulation　低输入电压变换及调节
LIVR = low input voltage regulation　低输入电压调节
LIW = long instruction word　长指令字
= loss in weight　重量损失
LJP = liquid junction potential　二液体界限位差，二液体边界电位差
LKF = linear Kalman filter　线性卡尔曼滤波器
LKN = lock-in　锁定，同步
LKWASH = lock washer　锁紧垫圈
LL = light load　轻荷载
= live load　实用〔工作〕负载，活载，交变负荷
= loudness level　响度级
= low level　低标高〔准〕，低电平〔能级〕
LLC = liquid level control　液面控制
= liquid-liquid chromatograph　液 - 液色谱仪
= logical link control　逻辑链路控制
LLI = liquid level indicator　液〔位〕面指示器
LLL = Lawrence Livermore Laboratory　劳伦斯 - 利弗莫尔实验室
= low-level logic　低电平逻辑（电路）
LLLTV = low light level television　微光电视
LLR = load limiting rcsistor　限制负载的电阻（器）
LM = land mobile　地上移动式（无线电设备）
= level meter　电平计
= light metals　轻金属

= linear modulation 线性调制
= liquid metals 液态金属
lm = lumen 流明（光通量单位）
LMA = laser microanalysis 激光微量分析
= low-melting alloy 低熔点合金
LMF = liquid-metal fuel 液态金属燃料
= low and medium frequency 低频及中频
LMFB R = liquid metal fast breeder reactor 液态金属燃料快中子增殖反应堆
LMI = linear matrix inequality 线性矩阵不等式
LMMA = laser microprobe mass analysis 激光微型探针质谱分析
LMO = laser master oscillator 激光主控振荡器
LMP = low melting point 低熔点
LMS = level measuring set 电平测量器，电平表
LMT = length of mean turn 匝的平均长度
LMTD = logarithmic mean temperature difference 对数平均温差
LMW = laser microwelder 激光微型焊接机
ln = natural logarithm 自然对数
LNA = low noise amplifier 低噪声放大器
= low noise antenna 低噪声天线
LNG = liquified natural gas 液化天然气
LNGV = liquified natural gas vehicle 液化天然气汽车
LNPG = laser heated pedestal growth 激光加热浮区生长
LNR = low noise receiver 低噪声接收机
LNS = link noise simulator 线路噪声仿真器
LO = liquid oxygen 液（态）氧
= local oscillator 本机振荡器
= lock-on 锁住，自动跟踪
= logical operation 逻辑操作〔运算〕
= lubricating oil 润滑油
LOB = line of balance 平衡线，对称线
LOC = large optical cavity (laser) 大光腔激光器
= line of communication 通信线路
LOCI = logarithmic computing instrument 对数计算器
LOCMOS = locally-oxidized CMOS 定位氧化的互补金（属）氧（化物）半导体晶体管
LOCOS = local oxidation of silicon 硅的局部氧化
LOF = local oscillator filter 本机振荡器滤波器
= local oscillator frequency 本机振荡器频率
logicor = logic core 逻辑磁心
log lan = logical language （计算机）逻辑语言
loi = limit of impurities 杂质限度
LOM = laminated object manufacturing 层叠式目标原型加工，分层实体制造
= laser optical modulator 激光光学调制器
LON = local operation network 局部操作网
LOPT = line-output transformer 行（扫描）输出变压器
LOR = low frequency omnidirectional radio range 低频全向无线电信标
= low frequency omnidirectional range 低频全向作用距离
LORA = level of repair analysis 修理级别分析
Lorac = long-range accuracy system 罗拉克〔远程精密，精密无线电，双曲线相位〕

导航系统，罗拉克定位系统

Loran = long range navigation 远程（无线电）导航（系统），远程双曲线导航系统，劳兰系统，劳兰远航仪

LOS = vector line of sight 视线矢量

LOTS = low overhead time-sharing system 低开销分时系统

LP = language processor 语言处理机，语言处理程序
= laser printer 激光打印机
= lean production 精益生产
= light panel 照明屏
= light pen 光笔
= linear programming 线性规划
= line protocol 线路协议
= liquid propellant 液体燃料，液体推进剂
= logic probe 逻辑探头
= lower power 小功率
= low-pass 低通
= low power 低功率
= low-pressure 低压（力），低气压

LPA = link pack area 连接装配区

LPB = low pressure boiler 低压锅炉

LPC = linear power controller 线性功率控制器
= linear predictive coding 线性预测编码

lpc = low pressure compressor 低压压气机

lpcc = low pressure combustion chamber 低压燃烧室

LPD = least perceptible chromaticity difference 最低可见（色度）差

LPE = liquid phase epitaxy 液相外延

LPF = liquid pressure filter 液压过滤器
= low pass filter 低通滤波器

LPG = liquified petroleum gas 液化石油气
= list program generator 列表程序的生成程序

LPGV = liquified petroleum gas vehicle 液化石油气汽车

LPHB = low pressure heating boiler 低压加热锅炉

LPL = long pulse laser 长脉冲激光
= low power logic 低功率逻辑电路

LPM = linear programming models 线性规划模型
= lines per minute 行 / 分（钟），每分钟行数
= liters per minute 升 / 分（钟），每分钟公升数

LPN = logical page number 逻辑页面号
= low pass network 低通网络

LPO = low power output 低功率输出

LPPS = low-pressure plasma spraying 低压等离子喷涂

LPR = line printer 行式打印机，宽行打印机

LPRE = liquid propellant rocket engine 液体推进剂火箭发动机

lPS = intelligent printing system 智能打印系统
= linear programming system 线性规划系统
= lines per second 每秒行数，行 / 秒

LPT = largest processing time first 最先最长处理时间
= low pressure test 低压试验

= low pressure turbine 低压涡轮
LPTTL = low-power transistor-transistor logic 低功率晶体管 - 晶体管逻辑（电路）
LQR = linear quadratic regulator 线性二次型调节器
LQT = linear quantizer 线性数字转换器
LR = level recorder 电平〔能级〕记录仪〔器〕
= line relay 线路继电器
= load ratio 载荷比
= low resistor 低值电阻器
Lr = lawrencium 铹（通常缩写成 Lw）
LRC = lead resistance compensator 引线电阻补偿器
= level recording controller 液面记录控制器
= line rectifier circuit 线路整流器电路
= longitudinal redundancy check 纵向冗余〔奇偶〕校验
LRD = long-range data 远距离数据
LRE = liquid-rocket engine 液体燃料火箭发动机
LRF = laser range finder 激光测距仪
LRh = liquid rheostat 液体变阻器
LRI = left-right indicator 左右指示器
LRIM = long-range input monitor 远距离输入监控器
LRIR = low resolution infrared radiometer 低分辨力红外射线探测仪
LRM = linear reluctance motor 直线磁阻电动机
= liquid reaction molding 液体反应模塑
LRN = long(-)range navigation 远程导航
LRO = low resistance ohmmeter 低电阻欧姆表
LRPC = long-range planning committee 长远规划委员会
LRR = long(-)range radar 远程雷达，远距雷达
LRRP = lowest required radiated power 所需的最低辐射功率
LRS = laser ranging system 激光测距系统
= light radiation sensor 光辐射敏感元件
= lightweight radar set 轻型雷达装置
= long-range search 远距离检索，远距离探索
LRU = line replaceable unit 航线可更换单元
LS = laser system 激光系统
= length of stroke 冲〔行〕程长度
= level switch （信号）电平开关，钳位电平转换
= light source 光源
= light switch 照明开关
= limit switch 终端开关，极限开关，终点电门
= line stretcher 拉线器
= liquid sensor 液体传感器
= load sensing 负载敏感
= Lockheed standards 洛克希德标准
= loudspeaker 扩音器，喇叭，扬声器
LSA = level shift amplifier 电平移动放大器
= linear servo actuator 线性伺服执行机构
LSB = least significant bit 最低（有效）位
LSC = large scale computer 大型计算机
LSCI = large scale compound integration 大规模混合集成（电路）

LScM = laser scanning microscope 激光扫描显微镜
LSCS = large scale computer system 大型计算机系统
LSD = large screen display 大屏幕显示
= laser signal device 激光信号装置
= latching semiconductor diode 闭锁半导体二极管
= least significant digit 最低（数）位，最右（数）位，最小有效数
= low speed data 低速数据，低速资料
LSDS = large screen display system 大屏幕显示系统
LSE = least-squares estimator 最小二乘方估算函数
LSF = laser solid forming （塑性加工）激光立体成形
= least square fit 最小二乘法拟合
LSHI = large scale hybrid integrated circuit 大规模混合集成电路
LSI = large scale integration (of circuits)（电路的）大规模集成
LSIS = laser shutterable image sensor 激光快门影象传感器
LSM = laser slicing machine 激光切片机
= linear select memory 字选存储器
LSN = line sequential network 行顺序网络，线性时序网络
= line stabilization network 行稳定网络
= load sharing network 负载分配网络
LSO = least slack per operation 最小工序平均宽裕时间
= line stabilized oscillator 行稳定振荡器
= linear selenium photocell 线性硒光电池
LSP = line synchronizing pulse 行同步脉冲
LSR = light sensitive relay 光敏继电器
= light sensitive resistor 光敏电阻（器）
= linear seal ring 纵向密封环
= location stack register 位置组号寄存器，地址堆栈寄存器
LSS = light spot scanner 光点扫描器
= linking segment subprogram 联系段子程序
= liquid scintillation spectrometer 液体闪烁分光仪
LST = light sensitive tube 光敏管
= line scan tube 行扫描管
= liquid storage tank 液体贮藏箱
LSTF = lead sulfide thin film 硫化铅薄膜
LST-G = large steam turbine-generator 大型汽轮发电机组
LSTTL = low power Schottky TTL 低功耗肖特基晶体管逻辑（电路）
LSU = library storage unit 库存储器
L/SW = limit switch 极限开关，终点电门
LSW = laser spot welder 激光点焊机
LT = language translation (data processing) 语言翻译（数据处理）
= letter telegram 字母电报
= level trigger 电平触发器
= line telegraphy 有线电报
= line transmitter 线路发报机
= logic theory 逻辑理论
= low temperature 低温
= low tension 低压
= low torque 低转矩

L.T.a.C = long thread and collar 长螺纹与联轴器
LTB = low tension battery 低压电池
LTC = last trunk capacity 终端中继线容量
= lead telluride crystal 碲化铅晶体
= light transfer characteristics 光传输特性
= linear transmission channel 线性传输通〔电〕路
= low temperature coefficient 低温系数
= low temperature cooling 低温冷却
LTDR = laser target designator receiver 激光目标指示器接收机
LTE = long term evolution 长期演进（技术）
= low thrust engine 低推力发动机
LT/FM = long term/frequency modulation 长期 / 频率调制
LTI = linear time-invariant 线性时不变（线性定常）
LTM = line type modulation 线式调制
= long term memory 长期存储器，永久存储器
LTP = loss of total pressure 总压力损失
= low temperature passivation 低温钝化
LTRS = laser target recognition system 激光目标识别系统
LTS = language translation system 语言翻译系统
= linearity test set 线性试验装置
= link terminal simulator 连接终端模拟器
= load transfer switch 负载传输开关
= long haul toll transit switch 长途电话转换开关
LTT = line test trunk 线路试验中继线
= low temperature tempering 低温回火
LTTR = long term tape recorder 长期磁带录音〔录像〕机
LTV = linear time-variant system 线性时变系统（线性非定常）
= long term vibration 长期振动
Lt yr = light year 光年
LU = load unit 承载单元
= logic unit 逻辑部件，逻辑单元
Lu = lutecium 镥（即 cassiopeium，镏）
LUF = lowest usable frequency 最低（可）使用频率
LUHF = lowest useful high frequency 最低可用高频
LUV = light utility vehicle 轻型公用车辆，轻型越野车辆，轻型经济实用车辆
LV = light vessel 轻型容器
= limit value 极限值
= linear velocity 线速度
= low voltage 低压
LVB = low voltage bias 低压偏压
LVC = log voltmeter converter 对数刻度伏特计变换器
= low voltage capacitor 低压电容
LVCD = least voltage coincidence detection 最小符合检波电压
LVD = laser vision disc 激光视盘，影碟机
LVDT = linear variable differential transformer 线性可变差动变压器
LVM = line voltage monitor 线电压监控器
LVN = limiting viscosity number 特性黏度数
= low voltage neon 低电压氖（管）

LVOR = low powered VOR 低功率甚高频全向信标
LVP = light valve projector 光阀投影机
= low-voltage plate 低电压（极）板
= low-voltage protection 低电压防护
LVPS = low voltage power supply 低压电源
LVR = laser video recording system 激光视盘刻录系统
= line voltage regulator 线电压调节器
= low-voltage release 低电压释放（机构）
LVS = low velocity scanning 低速扫描
LVT = linear variable transformer 线性可变（变压系数）变压器
= linear velocity transducer 线性速度传感器
L/W = lumen per watt 流明 / 瓦
LW = lap welding 搭焊
= long wave 长波
LWC = lightwave communication 光波通信
lwdp = light weight drill pipe 轻型钻管
LWGR = light water graphite reactor 石墨轻水反应堆
LWI = load wear index 载荷磨损指标
LWII = long wavelength infrared illuminator 长波红外线发光体
LWR = laser write/read 激光写入与读出
LWU = laser welder unit 激光焊接装置
LX = liquid crystal 液晶
lx = Lux 勒（克斯）（照度单位）
LXD = laser transceiver device 激光收发装置
LXFT = linear xenon flash tube 线性氙闪光管
LXT = linear xenon tube 线性氙管
ly = Langley 兰勒（太阳辐射的能通量单位）
M = Mach (number) 马赫（数）
= magnetic dipole moment 磁偶极矩
= magnetic moment 磁矩
= mass (number) 质量（数）
= mega 兆（10^6）
= motor 电动机，发动机，马达，汽车
m = meter 米
= milli 毫（10^{-3}）
M & A = main and auxiliaries 主机及辅机
MA = magnetic amplifier 磁放大器
= main alarm 主报警信号
= maintenance analysis 维护分析
= mixed amplifier 混合放大器
= modulated amplifier 被调制放大器
Ma = masurium （即 technetium 锝的旧名）
MAA = Mathematical Association of America 美国数学协会
MAC = machine-aided cognition 机器辅助识别
= magnetic automatic calculator 磁性自动计算器
= mean aerodynamic chord 平均气动力弦
= measurement and control 测量与控制
= mechanical analog(ue) computer 机动模拟计算机

= medium access control 介质访问控制
= monitor and control 监控
= multiaction computer 多作用计算机
= multi-application computer 多用途计算机
= multiple access computer 多路存取计算机
= multiple address code 多地址码

mach = machine 机器，机械
MACHGR = machine group 机（器）组
MACS = medium-altitude communication satellite 中高度通信（人造）卫星
= multiproject automated control system 多元自控系统
MACTOR = matcher-selector-connector 匹配 - 选择 - 连接器
MAD = machine automatic algorithmic decoder 机器自动算法翻译程序
= magnetic anomaly detection 磁场异常探测
= maintenance,assembly,and disassembly 维护，装配与拆卸
= manufacturing assembly drawing 制造装配图
= multi-apertured device 多孔磁心，多孔器件
= multiple access device 多路存取装置
= multiple audio distribution (communication) 多路音频分配（通信）
MADAM = multipurpose automatic data analysis machine 多功能自动数据分析机
MADAR = malfunction analysis detection and recording 故障分析探查与记录
MADDAM = micromodule and digital differential analyzer machine 微型组件及数字微分分析机
MADDIDA = magnetic drum digital differential analyzer 磁鼓数字微分分析器
MADE = multichannel analog(ue)-to-digital data encoder 多路模拟 - 数字数据编码器
MADIS = millivolt analog(ue)-digital instrumentation system 毫伏模拟 - 数字仪表系统
MADRE = magnetic drum receiving equipment 磁鼓接收装置（利用电离层反射和甚低功率探测超视距目标的雷达）
= Martin automatic data-reduction equipment 马丁自动数据处理〔信息简缩变换〕设备
MADT = microalloy diffused-base transistor 微合金扩散〔基极〕晶体管
MAE = mean absolute error 平均绝对误差
MAEBW = micro-to-nano adapted electron beam welding （微联结）适合微 - 纳尺度的电子束微焊接
MAF = mass air flow 空气质量流量
= maximum amplitude filter 最大振幅滤波器
= minimum audible field 最小可闻场
MAFIA = multiaccess executive with fast interrupt acceptance 具有快速中断接收的多路存取执行程序
MAG = maximum available gain 最大可用增益
mag = magneto 永磁铁发电机，磁石发电机
= magnetron 磁控管
magamp = magnetic amplifier 磁性〔力〕放大器，磁放大器
Mag CI = magnetic cast iron 磁性铸铁
Mag CS = magnetic cast steel 磁性铸钢
MAGFET = magnetic metal-oxide-semiconductor type field effect transistor 磁性金属氧化物半导体型场效应晶体管
MAGIC = magnetic & germanium integer calculator 磁和锗整数计算机
MAGL = macro generator language 宏功能生成程序语言

MAGLEV = maglev vehicle 磁浮列车
MAGLOC = magnetic logic computer 磁逻辑计算机
MAG MOD = magnetic modulator 磁调制器
MAGN = magnetron 磁控管
MAGS = metal-arc gas-shielded welding 气保护金属极电弧焊
mal.i. = malleable iron 可锻铸铁
MAMIE = minimum automatic machine for interpolation and extrapolation 内插法及外推法用的微型自动机
MAN = metropolitan area network 城域网，都市网
MANAM = manual amendment 手工修正
MANIAC = mathematical analyzer,numerical integrator & computer 数学分析数值积分器和计算机
= mechanical and numerical integrator and computer 机械数字积分计算机
man.X. = manual exchange 人工电话交换机
= metal-alumina-oxide-silicon 金属 - 氧化铝 - 氧化物 - 硅（结构）
MAOS = metal-alumin(i)um-oxide-semiconductor 金属铝氧化物半导体
= metal-alumin(i)um-oxide-silicon 金属 - 铝 - 氧化物 - 硅（结构）
MAP = macro-assembly program(me) 宏汇编程序
= manufacturing automation protocol （高档数控机床）制造自动化协议
= medium access protocol 媒体存取协议
= model and program(me) 模型及程序
= multiple array processor 多阵列处理机
MAPCHE = mobile automatic program(me)checkout equipment 活动的自动程序校正设备
MAPI = machinery and allied products institute 机械及联合产品研究所
MAPS = manifold absolute pressure sensor 进气歧管绝对压力传感器
MAR = mercury arc rectifier 汞弧整流器
= multifunction array radar 多功能相控阵雷达
MARS = machinery retrieval system 机械补救系统
= memory-address register storage 存储地址寄存器存储
= minimum access retrieval system 最快存取检索系统
= multi-aperture reluctance switch (data storage unit) 多孔磁阻开关（数据存储单元）
MAS = manufacturing automation system 制造自动化系统
= metal-alumina-semiconductor 金属 - 氧化铝 - 半导体
= metal alumina-silicon 金属 - 氧化铝 - 硅（结构）
= metal anchor slots 金属销槽
MASCOT = Motorola automatic sequential computer operated tester 摩托罗拉自动顺序计算机控制测试器
maser = microwave amplification by stimulated emission of radiation 脉塞，脉冲，微波激射（器），受激辐射微波放大器（微波）量子放大器
MASSDAR = modular analysis,speed-up,sampling,and data reduction 模数分析、加快、抽样和数据简化
MAST = magnetic annular shock tube （风洞研究用）磁性环形激波管
MASTIF = multiaxis spin test inertia facility 多轴旋转试验的惯性设备
MASW = master switch 总开关
MAT = mechanical aptitude test （人）对机械的适应性试验
= microalloy transistor 微合金晶体管
MATA = multiple answering teaching aid 多路回答教学装置

MATE = multi-system automatic test equipment 多系统自动测试设备
MATS = manifold air temperature sensor 进气歧管温度传感器
MATV = master antenna television 主天线电视
MAU = motorized ambulance unit 救护车
MAV = micro aerial vehicle 微型飞行器
MAVAR = microwave amplification by variable reactance （利用）可变电抗（的）微波放大
= mixer amplification by variable reactance 脉伐，可变电抗混频放大，低噪声微波放大器，参量放大器
= modulating amplifier by variable reactance （利用）可变电抗（的）调制放大器
MAVTR = multi-audio-track video tape recorder 多声迹带录像机，多路伴音磁带录像机
max cap = maximum capacity 最高容量，最大容量
MAXNET = maximum picking neural NET 最大拣选神经网
Mayari R = R 低合金耐热钢（w（C）< 0.12%,w（Cr）0.2% ~ 1%,w（Ni）0.25% ~ 0.75%,w（Cu）0.5% ~ 0.7%,w（Mn）0.5% ~ 1%）
M-B = make-break 闭合 - 断开
MB = electromagnetic brake 电磁制动器
= magnetic bearing 磁方位
= memory buffer 存储缓冲器
= minibus 微型客车
= model block 模块
= motor bicycle 摩托车
mbar = millibar （气压单位）毫巴（1 mbar=100 Pa）
MBB = magnetic blow-out circuit breaker 磁吹（灭弧）断路器，磁性熄弧断路器
= make-before-break 先接后断，先闭后开（触点）
M.Bes.out = modulator band electrical system out 调幅器带通滤波器输出
MBF = modulator band filter 调幅器带通滤波器
MBF in = modulator band filter in 调幅器带通滤波器输入
MBF out = modulator band filter out 调幅器带通滤波器输出
MBK = multiple beam klystron 多注速调管
MBP = Marquardt backpropagation 马夸特反向传播算法
= mechanical booster pump 机械升压泵
= mid-boiling point 平均沸点
MBRE = memory buffer register,even 存储缓冲寄存器，偶
MBRO = memory buffer register,odd 存储缓冲寄存器，奇
MBS = magnetron beam switching 磁控管射束转换
= main bang suppression 主脉冲信号抑制，控制脉冲抑制
MBSCS = microcomputer-based supervisory control system （利用）微型计算机（的）监控系统
MBT = metal-base transistor 金属基体晶体管
MC = machining center 加工中心
= magnetic card 磁卡
= magnetic core 磁心
= main cock 主阀
= malleable cast-iron 可锻铸铁
= marginal check 边缘〔界限〕检验
= mechanical cycling 机械循环
= medium capacity 平均容量，平均生产率

	= memory control (unit) 存储控制（装置，设备，部件）
	= message center 信息中心，电报中心
	= Microsoft Corporation 微软公司
	= midget condenser 小型电容器
	= modular computer 模块化计算机
	= motor cycle 摩托车
	= moving coil 动圈
	= multiple contact 复式接点
mc	= marked capacity 额定容量，额定生产率
MCA	= microchannel architecture 微通道结构
MCARC	= adaptive robust control with model compensation 带模型补偿的自适应鲁棒控制
MCC	= main communication center 主通信中心
	= main control console 主控制台
	= maintenance control center 维护控制中心
	= memory control circuit 存储器控制电路
	= minor cycle counter 短周期计数器
	= mobile country code 移动通信国别码
	= motor control center 发动机控制中心
	= multi-channel communication center 多信道通信中心
	= multichip circuit 多片电路
	= multiple computer complex 多计算机复合体
MCCU	= multiple communication control unit 多路通信控制设备
MCD	= magnetic crack definer 磁力探伤仪
MCDN	= microcellular data-network 微蜂窝无线数据通信网
MCDP	= micro-programmed data processor 微程序控制数据处理机
MCF	= multicore fiber 多芯光纤
MCFC	= melting carbonate fuel cells 熔融碳酸盐燃料电池
MCG	= man-computer graphics 人 - 机制图学
Mch	= machinery 机器，机械，工具
MCHFR	= minimum critical heat flux ratio 最小烧毁比，最小临界热通量比
MCI	= malleable cast iron 可锻铸铁
	= media control interface 介质〔媒体〕控制接口〔界面〕
MCM	= magnetic core memory 磁心存储器
	= micro-circuit module 微电路组件
	= Monte Carlo method （数据处理）蒙特卡罗法
	= multi chip module 多芯片模块
MCMS	= multichannel memory system 多道存储系统
MCP	= machine control panel （数控加工）机床控制面板
	= magnetic compass pilot 磁罗经自动驾驶仪
	= master control program(me) 主控程序
	= maximum cruise power 最大巡航功率
	= microprogrammed control processor 微程序控制处理机
MCPN	= mobile customer premises network 移动用户网
MCR	= main control room 主控制室
	= mark card reader 标记卡片阅读器
	= master control room 主控制室
	= master control routine 主控程序
	= maximum continuous rating 最大持续功率

= maximum continuous revolution 最高持续转速
= multi-channel receiver 多信道接收机
MCRT = multi-channel rotary transformer 多道可转动变压器
MCS = machining coordinate system （数控）加工坐标系
= master control set 主控装置
= master control system 主控系统
= multi-purpose communications and signal(l)ing 多用（途）通信与信号设备
MCtr = master controller 主控制器
MCtt = (electro)magnetic contactor 电磁接触器，电磁开关
M & CU = monitor and control unit 监控设备
MCU = machine control unit 机械控制装置，机床控制装置
= micro controller unit 微型控制器
= microprogram(me) control unit 微程序控制器
MCVF = multi-channel voice frequency 多路话音频率
M-D = modulation-demodulation 调制 - 解调
MD = magnetic deflection 磁偏转
= magnetic disk 磁盘
= magnetic drum 磁鼓
= message data 信息数据
= micro driver 微型硬盘（数码相机用）
= motor drive 马达驱动
= multimedia database 多媒体数据库
Md = mendelevium 钔
MDA = multidimensional access 多维存取
= multi-dimensional analysis 多维分析
MDAO = multi-disciplinary analysis and optimization 多学科分析与优化
MDB = meta database 元数据库
MDC = machining data center （数控）机械加工数据中心
= magnetic drum controller 磁鼓控制器
= main display console 主显示台
= medium-speed data channel 中速数据通道
= multiple digital channels 多码数字频道
MDCC = master data control console 主要数据控制台
MDD = magnetic-domain device 磁畴器件
MDDPM = magnetic drum data processing machine 磁鼓数据处理机
MDE = modular design of electronics 电子设备的积木化设计
MDECP = minimum distance error-correcting parser 最小距离误差校正剖析程序
MDF = main distribution frame 总配线架，主配线板
= manual direction finder （无线电）手动探向器
= medium-frequency direction finding 中频方向探测
MDFP = multidimensional file processing 多维文件处理
MDGW = mission design gross weight 飞行总重量
= maximum design gross weight 最大设计总重量
MDI = magnetic direction indicator 磁航向指示器
= miss distance indicator 脱靶距离指示器
= multi-document interface 多文档界面
MDL = macro data language 宏数据语言
MD-Macr = magnetic drum macroorder 磁鼓宏指令

MDMOS = multi-drain metal-oxide-semiconductor 多漏极金属氧化物半导体
MDO = multidisciplinary design optimization 多学科设计优化
MDOS = microcomputer disk operating system 微计算机磁盘操作系统
***Md* point** = martensite deformation point 塑性加工时马氏体变形点，*Md* 点
MDPS = mechanized data processing system 机械化数据处理系统
MDR = memory-data register 存储 - 数据寄存器
= multichannel data recorder 多道数据记录器
M Drk = mine derrick 矿山转臂起重机
MDS = malfunction detection system 故障探测系统
= microcomputer development system 微计算机开发系统
= microprocessor-development system 微处理机发展系统
= minimum discernible signal 可辨别的最小信号
MDTL = modified diode transistor logic 改进的二极管晶体管逻辑（电路）
ME = magnetic-electric 磁 - 电
= mechanical efficiency 机械效率
= mechanical engineer 机械工程师
= mechano-electronic 机（械）电（子）的
= microwave electronics 微波电子学
= modulation efficiency 调制效率
= molecular electronics 分子电子学
= multi-engine 多曲柄式发动机，多发动机的
MEA = maintenance engineering analysis 维修工程分析
MEA = more electric aircraft 多电飞机
mech C/O = mechanical checkout 机械校正
MECL = Motorola emitter coupled logic 摩托罗拉发射极耦合逻辑（电路）
MECO = main engine cutoff 主发动机停车
MED = manipulative electronic deception 手控电子欺骗
= microelectronic device 微电子设备
MEE = mechanical evaluation equipment 机械鉴定设备
MEL = many-element laser 多元激光
= maximum excitation limiter 最大励磁限流器
MELabs = microwave engineering labs 微波工程实验室
MEMA = microelectronic modular assembly 微电子学微型组件装置
MEM CAL = memory calibration 存储 - 标定
MEMS = micro-electro-mechanical system 微机电系统，微电子机械系统
MEO = major engine overhaul 发动机总检修〔大修〕
MEP = mean effective pressure 平均有效压力
= motor end plate 发动机端板
MER = maximum efficient rate of production 最大有效系数率
MERA = microelectronic radar array 微电子学雷达相控阵，微电子电路的雷达阵列
= molecular electronics for radar applications 分子电子学在雷达中的应用
MES = miscellaneous equipment specification 总设备技术规范，混合设备说明，杂项设备技术规范
MESA = miniature electrostatic accelerometer 微型静电加速计
MESFET = metal-semiconductor field effect transistor 金属 - 半导体场效应晶体管
METB = metal base 金属基底
METF = metal flashing 金属盖片〔披水板〕
METG = metal grill 金属格栅

METH = methane 甲烷
meth.alc. = methyl alcohol 甲醇
METI = major engineering test item 主要工程试验项目
METM = metal mold 金属模
METO = maximum engine takeoff power 发动机最大起飞功率
METP = metal partition 金属隔板
METS = metal strip 金属（扁）条
MEx = main exciter 主励磁机，主励磁机
MF = magnetic focus 磁聚焦
= main feed 主馈（电）线，干线
= mechanical filter 机械滤波器
= medium frequency 中频
= metal filament 金属灯丝
= mill finish 轧〔压，滚，挤〕光，精整磨轧
= mixed flow 混合气流
= modulation frequency 调制频率
= multi-frequency 多频
= multiplying factor 倍率，放大率
MFB = motional feed back 动圈反馈方式
MFC = manual frequency control 手动频率控制
= maximum fuel capacity 最大燃油容量
= microfilm card 缩微卡片
= micro-functional circuit 微功能电路
= mobile fire controller 可移动的射击指挥仪器
= multi-frequency code signal(l)ing 多频编码信号方式
MFD = magnetic frequency detector 磁鉴频器
= mini-floppy disk 微软盘
= multi-frequency dial(l)ing 多频拨号（用多频发送号码脉冲）
MFI = melt flow index 熔融流动指数
= multiport fuel injection 多点燃油喷射
MFKP = multifrequency key pulsing 多频键控脉冲
MFLOPS = millions of floating-point operation per second 每秒百万次浮点运算
MFM = miniature fluxgate magnetometer 微型磁通量闸门磁强计
= modified frequency modulation 变频调制
MFOS = multi-frequency outgoing sender 多频发送器
MFP = mean free path 平均自由行程
***Mf* point** = Martensite finishing point *Mf* 点，下马氏点，马氏体转变终止点
MFR = multifrequency receiver 多频接收机
MFRP = metal fiber-reinforced plastics 金属纤维增强塑料
MFS = metropolitan fiber system 都市光纤系统
= multi-frequency sender 多频记发器，复频发送器
= multifunction sensor 多功能传感〔探测〕装置
MFSK = multi-frequency shift keying 多频移键控
MFT = multiprogramming with a fixed number of tasks 任务数量固定的多道程序设计
MFTW = machine-tool,fixture,tool and the workplace 机床、夹具、刀具与工件
MFU = magnetic film unit 磁膜装置
M/G = miles per gallon 英里 / 加仑（mile/UKgal，1 mile/UKgal=0.354 km/L）
MG = model generator 模型发生器，模型生成程序

	= motor-generator 电动发电机
	= multi-ga(u)ge 多用规，多用测量仪表
Mg	= electromagnet 电磁铁
	= magnesium 镁
MGC	= manual gain control 人工增益调整
mgn	= magneto 永磁发电机
MGOS	= metal-graded oxide-semiconductor 金属 - 分层氧化物 - 半导体
MGS	= microcomputer graphic system 微型计算机图形系统
	= multi-detector grating spectrometer sensor 多检测器光栅分光计传感器
MgS	= electromagnetic switch 电磁开关
m.-g.set	= motor-generator set 电动发电机组
Mg.SP	= magnetic speaker 磁扬声器
MgV	= electromagnetic valve 电磁阀
MH	= magnetic head 磁头
	= medium power homer 中功率寻的设备，中功率归航指点标
	= mobile home 旅居汽车，房车
MHC	= mechanical hydraulic control 机械液压控制〔调节〕
MHD	= magnetohydrodynamic power generation 磁流体发电
	= magneto-rheological fluid 磁流体
	= moving-head disk 活动头磁盘
	= multiple-head disk 活动头磁盘，多头磁盘
MHDF	= medium and high frequency direction-finding station 中频及高频无线电测向台
MHF	= medium-high frequency 中 - 高频
	= mixed hydrazine fuel 混合联氨燃料
MHICEG	= multimedia and hypermedia information coding expert group 多媒体和超媒体信息编码专家组
MHL	= microprocessor host loader 微处理机主输入程序
MHM	= machine health monitoring 机器状态监测
MHS	= message handing system 信息处理系统，报文处理系统
MHV	= Vickers microhardness 维氏显微硬度
MHVDF	= medium, high, and very high frequency direction-finding station 中频，高频及甚高频无线电测向台
MHz	= megahertz 兆赫
MI	= malleable iron 可锻〔展〕铁，韧性铁
	= management information 管理信息
	= Miller integrator 密勒积分器
	= mixed interface 混合接口
	= mutual inductance 互感
MIA	= metal interface amplifier 金属界面放大器
MIAC	= minimum automatic computer 小型自动计算机
MIC	= microwave integrated circuit 微波集成电路
	= monitoring,identification,and correlation 监视，鉴别和相关
	= monolithic integrated circuit 单片式集成电路
Mic	= microphone 扩音器，麦克风，送话器，话筒，拾音器
MICR	= magnetic ink character recognition 磁性墨水字符识别
MICS	= management information and control system 管理信息控制系统
MIDAS	= multiple index data access system 多索引数据存取系统
MIDI	= musical instrument digital interface 音乐装置数字接口

MIEP = multipurpose integrated electronic processor 多用途综合电子信息处理机
MIFL = master international frequency list 国际频率总表
MIFS = multiplex interferometric Fourier spectroscopy 多重干涉傅里叶光谱（学）
= metal-inert-gas (underwater welding) 金属焊条惰性气体（水下焊接）
MIG = metal inertia gas welding 金属焊条惰性气体保护焊
= miniaturized integrating gyro 小型化的积分陀螺仪
= multilevel interconnection generator 多电平互连式信号发生器
MIL = malfunction indicater lamp 故障指示灯
MIMD = multiple instruction steam multiple data stream 多指令多数据流
MIMO = multi-input(/)multi-output 多输入（/）多输出
= multiple-in multiple-out 多进多出
min = minute 分（钟）
MINEAC = miniature electronic autocollimator 微型电子准直仪
MINIAPS = minimum accessory power supply 最小辅助电源
mini DV = mini digital video 袖珍数码摄录机
min rn = minimum range 最小射程，最近距离
MINS = miniature inertial navigation system 微型惯性导航系统
MIOS = modular input/output system 模块化输入输出系统
MIP = manual input processing program(me) 人工输入处理程序
= mean indicated pressure 平均指示压力
= minimum impulse pulse 最小冲击脉冲
MIPE = magnetic induction plasma engine 磁感应等离子体发动机
= modular information processing equipment 积木式信息处理设备
MIPS = mega-instructions per second 百万条指令每秒
= million instructions per second 每秒钟执行一百万条指令
M & IR = manufacturing and inspection record 制造与检查记录
MIR = memory-information register 存储信息寄存器
MIRA = multifunction inertial reference assembly 多功能惯性参考组件
mired = microreciprocal degree 迈尔德（色温单位）（2 000 K 温度的倒数等于 500×10^{-6}，也等于 500 迈尔德）
MIRPS = multiple information retrieval by parallel selection 通过并行选择的多次信息恢复
MIRT = molecular infrared ray tracer 分子化红外线示踪器
MIS = management information system 管理信息系统
= mapped ignition system 图像控制点火系统
= metal-insulator-semiconductor 金属 - 绝缘体 - 半导体
MISC = minimum instruction set computer 最小指令集计算机
MISD = multiple instruction stream single data stream 多指令单数据流
MISE = mean integrated square error 积分均方误差
MISFET = metal insulation semiconductor field effect transistor 金属绝缘半导体场效应晶体管
MISRE = microwave space relay 微波空间中继
MIT = manufacturing integrity test 制造完整性试验
= Massachusetts Institute of Technology （美）麻省理工学院
= master instruction tape 主控带
= modular intelligent terminal 模块化智能终端
MITE = microelectronic integrated test equipment 微电子集成试验装置
= miniaturized integrated telephone equipment 微型集成电话设备

	= multiple input terminal equipment 多端输入终端设备
MJ	= mastic joint 玛帝脂接缝，玛帝胶泥接缝
MK	= manual clock 手控时钟
	= modification kit 附加器，附件，改装用附带工具
MKS	= meter-kilogram(me)-second (units) 米 - 千克 - 秒（单位制）
MKSA	= meter,kilogram(me).second and ampere (system) 米 - 千克 - 秒 - 安（单位制）
ML	= machine language 机器语言
	= mean level 平均水平〔电平，能级〕
	= mechanical loss 机械损失
	= mid-line 中线
	= motor launch 发动机试车
	= mo(u)ld line 模线
MLA	= microprocessor language assembler 微处理机语言汇编程序
MLB	= metallic link belt 金属链带
MLCB	= multilayer circuit board 多层电路板
MLD	= magnetic liquid dynamics 磁流体动力学
	= mechanized longhole drilling 机械化深孔凿岩
MLE	= maximum likelihood estimate 最大可能性估计
	= microprocessor language editor 微处理机语言编辑程序
MLECP	= maximum-likelihood error-correcting parser 最大似然误差校正剖析程序
MLI	= magnetic level indicator 磁平指示器
	= marker light indicator 标志灯光指示器
MLP	= machine language program(me) 机器语言程序
	= manual lever position 变速杆位置
MLPC	= multi-layer printed circuit 多层印制电路
MLPCB	= multi-layer printed circuit board 多层印制电路板
MLR	= memory lockout register 存储保持〔闭塞〕寄存器
MLS	= microwave landing system 微波着陆系统
MLT	= multi-line telephone 多路电话
mlt	= mean length of turn 匝的平均长度
MM	= main memory 主存（储器）
	= master monitor 主监视器，主监控程序
mm	= millimeter 毫米
	= multimedia 多媒体
MMB	= millimeter-wave mobile broadband systems 毫米波移动宽带系统
MMC	= man machine communication 人机通信（进行数控机床的面板操作）
MMD	= micromechanical devices 微机械器件
MMF	= magneto(-)motive force 磁动势
MMI	= man-machine interaction 人机交互
MMIT	= man-machine interrogation technique 人机询问技术
MML	= man-machine language 人机（对话）语言
MMM	= modified Monel metal 镍铜锡铸造合金，改良型蒙乃尔合金
	= monolithic main memory 单片主存储器
	= multimedia mail 多媒体邮件
MMN	= multimedia network 多媒体网（络）
MMP	= motor-mount pump 电动泵
	= multiplexed message processor 多路传输的消息处理机
MMS	= main machine system 主机系统

	= multimusic scanner 多段音乐扫描自动选曲系统
MMT	= multimedia mail transfer 多媒体邮件传送
MMU	= memory management unit 存储管理部件
MMV	= monostable multivibrator 单稳态多谐振荡器
MN	= mach number 马赫数
	= multimedia network 多媒体网络
Mn	= manganese 锰
MNCS	= multipoint network control system 多点网络控制系统
MNOS	= metal-nitride-oxide-silicon 金属 - 氮化物 - 氧化物 - 硅
MNR	= magnetic nuclear resonance 核磁共振
MNS	= metal-nitride-silicon 金属 - 氮化物 - 硅（结构）
MNWP	= maximum normal working pressure 最大额定工作压力
MO	= machine operation 机器操作
	= magneto-optical 磁光盘
	= manual output 手动输出
	= master oscillator 主振荡器
	= method of operation 操作方法
Mo	= molybdenum 钼
MOBIDAC	= mobile data acquisition system 移动式数据获取系统
Mobidic	= mobile digital computer 移动式数字计算机
mobot	= mobile remote-controlled robot 移动式遥控机器人，移动式遥控机械装置
	= mobile robot 可移动的机器人
MOBT	= mobile robot （可移动的）机器人
MOCAM	= mobile checkout and maintenance 流动的检查与维修
MOCVD	= metal-organic chemical vapo(u)r deposition 金属有机化学汽相淀积
MOD	= microwave and optoelectronic device 微波与光电子器件
	= microwave oscillating diode 微波振荡二极管
modem	= modulator-demodulator 调制解调器，调制反调制装置
Modosc	= modulator oscillator 调制器振荡器
moe	= measure of effectiveness 有效性度量
MOEMS	= micro-opto-eletromechanical system 微光学机电系统技术
MOET	= more open electrical technologies 多开放式电气技术
MOF	= maximum observed frequency 最大观测频率
mog	= mesh-of-grind 研磨网口，最经济磨粒度
MOGA	= microwave and optical generation and amplification 微波及光学发生与放大
mogister	= MOS shift register 金属氧化物半导体移位寄存器
MOI	= moment of inertia 惯性矩，转动惯量
MOIL	= motor oil 机油
MOIV	= mechanically operated inlet valve 机械控制进口阀
MOL	= machine-oriented language 面向机器的语言，适用于机器的语言
mol	= gram(me)-molecule 摩尔
MOLECOM	= molecularized digital computer 分子化数字计算机
moletronics	= molecular electronics 分子电子学
MOLS	= magnetic operated limit switch 磁控限制开关
molwt	= molecular weight 相对分子质量
MOM	= mass optical memory 大容量光存储器
MonRec	= monitoring reception 接收监听
MonT	= monetary telephone 投币式公用电话机

Mon Trans = monitoring transmission　发送监听
Mon TS = monetary telephone set　投币式公用电话机
MOO = multiobjective optimization　多目标优化
MOPA = master oscillator power amplifier　主控振荡器的功率放大器
= modulated oscillator power amplifier　调制振荡器的功率放大器
MOPAT = master oscillator, power-amplifier transmitter　主控振荡器，功率放大器式发射机（导航用，波长为 30 cm）
MOPB = manually-operated plotting board　人工操作的图形显示面板，人工操作的绘图板
MOPS = million operations per second　百万次运算 / 秒
MOPTARS = multi-object phase tracking and ranging system　多目标相位跟踪和测距系统
MOS = management operating system　管理工作系统
= metal(-)oxide(-)semiconductor　金属（-）氧化物（-）半导体
= metal(-)oxide(-)semiconductor transistor　金属（-）氧化物（-）半导体晶体管
= metal-oxide-silicon (integrated circuit)　金属 - 氧化物 - 硅（集成电路）
= multimedia operating system　多媒体操作系统
MOSFET = metal-oxide-semiconductor type field-effect transistor　金属 - 氧化物 - 半导体场效应晶体管
MOSLSI = metal-oxide-semiconductor for large-scale integration　金（属）- 氧（化物）-半导体大规模集成（电路）
MOSRAM = MOS random access memory　金（属）- 氧（化物）半导体随机存取存储器
MOSSOS = metal-oxide-semiconductor silicon-on-sapphire　采用蓝宝石硅的金属 - 氧化物 -半导体（器件）
= metal-oxide-semiconductor type field effect transistor　金属 - 氧化物 - 半导体（场效应）晶体管
MOST = metal oxide silicon transistor　金属 - 氧化物 - 硅晶体管
MOTIS = message-oriented text interchange system　面向报文正文交换系统
MOTOGAS = motor gasoline　动力汽油
MOTS = module test set　模件试验装置
MOTU = mobile optical tracking unit　可动的光学跟踪设备
MOV = motor operated valve　马达操纵阀门
MOVPE = metal organic vapo(u)r phase epitaxy　金属有机物气相外延
MOX = metal oxide (resistor)　金属氧化物（电阻）
M-P = metal or plastic　金属或塑料
MP = maintenance point　维修点
= maintenance prevention　安全设施〔措施〕
= maintenance program(me)　维护程序
= manifold pressure　歧管压力
= matching phase　相位匹配
= mechanical part　机械部分
= medium pressure　中等压力
= melting point　熔点
= metallized paper　金属化纸
= multiplier phototube　光电倍增管
MPA = modulated pulse amplifier　被调制的脉冲放大器
= multiple precision arithmetic　多倍精度计算
M-path = multiple path　多（通）路
mpb = maximum pressure boost　最大增压

MPCB = multilayer printed circuit board 多层印制电路板
MPCD = minimum perceptible chromaticity difference 最小可辨色度差
MPD = magnetoplasmadynamic 磁等离子体动力学的，磁励等离子气体（发电机）
MPDC = Mechanical Properties Data Center 机械性能数据中心（美）
MPE = maximum permissible exposure 最大允许照射
= mechanized production of electronics 电子设备的机械化生产
= multiple phase ejectors 多相喷射器
MPEG = motion picture expert group 运动图像专家组，图像压缩标准
MPFI = multiport fuel injection （发动机）多点燃油喷射
MPG = (fuel economy) miles per gallon 每加仑(耗油)行驶的英里数(汽车燃油经济性)
= microwave pulse generator 微波脉冲发生器
MPI = magnetic particle inspection 磁粉检验，磁粉探伤
MP & IS = material process and inspection specification 物质处理与检验规格
MPL = maximum permissible level （辐射）最大允许能级
= modular part library 模块化部件库
MPM = monocycle position modulation 单周期脉冲位置调制
MPMN = monolayer-protected metal nanoparticle 单分子修饰的纳米金属粒子（通过有机分子对具备纳米结构的纳米材料表面进行修饰及功能化）
MPO = maximum power output 最大功率输出
MPP = massively parallel processor 大规模并行处理机
MPPL = multi-purpose programming language 多用途程序设计语言
MPPT = maximum power point tracking 最大功率点跟踪
m prod = mass production 大量生产
MPROM = mask programmable read-only memory 掩模可编程序只读存储器
MPS = manufacturing process simulation 制造过程仿真
= mathematical programming system 数学规划系统
= Matsushita pressure （松下）压敏
= microprocessor system 微处理机系统
= minimum phase state 最小相位状态
MPSF = multipoint sandwich forming （塑性加工）多点三明治成形
MPSH = mean pressure suction head 平均压力吸引高度，平均抽吸压头
mpt = melting point 熔点
MPTE = multipurpose test equipment 多用途试验设备
MPTS = metal parts 金属部件
MPU = main processing unit 主处理机，主运算器
= microprocessing unit 微处理单元
= microprocessor unit 微处理机单元
MPX = multiprogramming executive system 多程序执行系统
MPX-CCU = multiplexed communication control unit 多路转换通信控制器
MQC = manufacturing quality control 制造质量控制
MQ(R) = multiplier-quotient register 乘数 - 商寄存器
MR = machinability rating 切削性能指数
= machine records 机器记录
= memory register 存储寄存器
= message register 通话计次器
= microminiature relay 超小型继电器
= mineral rubber 矿物胶
= mobile robot 移动机器人

MRA = multiple regression analysis 多重回归分析
MRAC = model reference adaptive control 参考模型自适应控制，适应控制参考模型，模型参考自适应控制
MRAD = mass random access disk 质量随机存取磁盘（存储器）
MRAS = model reference adaptive system 参考模型自适应系统
MRDOS = mapped real-time disk operating system 实时映射磁盘操作系统
mre = mean radial error 平均径向误差
M Rep = motor repair 汽车修理
MRF = multipath reduction factor 多路降低因数〔缩减系数〕
MRI = magnetic resonance imaging （核）磁共振成像技术
MRIA = Magnetic Recording Industries Association 磁性记录工业联合会（美）
MRIR = medium resolution infrared radiometer 中分辨红外辐射
MRL = medium power loop range 中功率回路测距
MRP = material requirement planning 物料需求计划
MRP □〔□〕 = manufacturing resources planning Ⅱ〔Ⅰ〕 制造资源计划Ⅱ〔Ⅰ〕
MRR = mechanical research report 机械研究报告
= molecular rotational resonance 分子旋光共振
MRRC = Mechanical Reliability Research Center 机械可靠性研究中心（美）
MRS = magnetic resonance spectroscopy 核磁共振谱仪
MRT = mechanical rubbing test 机械摩擦试验法
MRU = microwave relay unit 微波中继装置
= mobile radio unit 移动（式）无线电站
MS = machine screw 机器螺钉
= machine steel 机器钢
= magnetic spectrometer 磁谱仪
= magnetic storage 磁存储器
= magnetic synchro 磁同步
= magnetostriction 磁致伸缩
= main switch 主〔总〕开关
= manufacturing specification 制造规格
= manufacturing standard 制造标准
= margin of safety 安全限度，安全边际，安全系数
= mass spectrography 质谱法
= mass spectrometer 质谱仪
= mass spectrum 质谱
= master sequencer 主程序装置
= master station 总机
= master switch 主控开关，主控寻线机
= material specifications 材料规格
= maximum stress 最大应力，最大压力
= mechanical specialities 机械特性
= mechanical stability 机械稳定性
= medium steel 中碳钢，中硬钢
= memory system 存储系统
= microprogram(me) storage 微程序存储器
= Microsoft 微软公司
= mild steel 软钢
= military standards 军用标准

	= mobile station 移动（通信）站
	= modal sensitivity 最常现灵敏度
	= motor-selector 机动制选择器
	= motor ship 汽船
	= multi-spectral 多光谱
MSA	= multiplex section adaptation 多路复用转换部适配
MSAF	= master supervisory and alarm frame 集中监视警报装置
MSB	= most significant bit 最高有效位〔字〕(二进制数)
MSC	= magnetic surface current 磁表面电流
	= mile of standard cable 英里标准电缆
	= mirror streak camera 磁镜扫描摄像机
	= mobile switching center 移动通信交换中心
MSD	= minimum safe distance 最小安全距离
	= most significant digit 最高有效位
MSE	= manufacturing system engineering 制造系统工程
	= mean square error 方均差
M/SEQ	= master sequencer 主程序装置
MSF	= medium standard frequency 中波标准频率，标准中频
	= multistage flash (desalination method) 多级闪蒸（脱盐法）
MSG	= manufacturers standard ga(u)ge 制造标准规
	= maximum stable gain 最大稳定增益
MSI	= medium scale integration 中规模集成（电路）
MSIC	= medium-scale integrated circuit 中规模集成电路
MSID	= mass spectrometric isotope dilution 质谱同位素稀释
MSL	= maximum service life 最大使用寿命
	= maximum service limit 最大使用限度
	= measurement standards laboratory 测量标准实验室
	= microsoft software library 微软公司软件库
MSP	= microspectrophotometry 显微分光光度计
msp	= miscellaneous small parts 各种小零件
MSPG	= magnetic shock pulse generator 磁冲击脉冲发生器
Ms point	= Martensite starting point 上马氏点，Ms 点，马氏体开始形成点
MSPS	= multi-spectral point scanner 多光谱点扫描仪
MSR	= mechanized storage and retrieval （数据处理）机械化的存储与检索
MSRE	= mean square relative error 均方相对误差
MSS	= manual safety switch 手控的安全开关
	= Manufacturer’s Standardization Society of Valve and Fittings Industry 阀门与配件制造业标准化学会（美）
	= microwave survey system 微波探测系统〔装置〕
	= miniature stepping switch 小型步进开关
	= mixed spectrum superheater 混合光谱过热器〔炉〕
	= mode shape survey 波型测量
	= multispectral scanner 多光谱扫描仪
MSSCE	= mixed spectrum superheater critical experiment 混合光谱过热器临界试验
MS-SPING	= multiplex section shared protection ring 多路复用转换部共用保护环
MSSR	= mixed spectrum superheat reactor 混合光谱过热反应器
MST	= microsystems technologies 微系统技术
	= monolithic system technology 单片系统工艺

	= multiplex section termination 多路复用转换部端接〔终端〕
MsTh	= mesothorium 新钍
MSTS	= microprocessor spark timing system 微处理器发火正时系统
	= multi-subscriber time-shared (computer system) 多用户分时（计算机系统）
MT	= machine translation 机器翻译
	= magnetic tape 磁带
	= magnetic tube 磁偏转电子射线管
	= master timer 主要定时装置，主要计时器，主要时间延迟调节器
	= maximum torque 最大转矩
	= mechanical translation language 机器翻译语言
	= microtome 切片机
	= micro travel (vehicle) 微型旅游汽车
	= microtubule(s) 微管
	= mobile termination 移动通信终端
	= mode transducer 模变换器（电磁波传播）
	= monetary telephone 投币式公用电话机
	= motor tanker 内燃机油槽船
	= motor transport 汽车运输
	= multiple transfer 多级转移
MTA	= maintenance task analysis 维修工作分析
MTBF	= mean time between failure(s) 故障间隔平均时间，平均无故障工作时间
MTBM	= mean time between maintenance 维修平均间隔时间
MTBR	= mean time between repair 修理平均间隔时间
	= mean time between replacement 更换平均间隔时间
MTC	= machine tool controller 机床控制器
	= magnetic tape controller 磁带控制器
	= master tape control 主带控制
	= master test connector 集中测试用终接器
	= memory test computer 检测存储器的计算机
MTCC	= master timing and control circuit 主计〔定〕时及控制电路
MTCU	= magnetic tape control unit 磁带控制装置
MTD	= magnetic tape and magnetic drum 磁带磁鼓
	= mass tape duplicator/verifier 大容量磁带复印机 / 核对器
	= mean temperature difference 平均温差
MTDR	= machine tool design and research 机床设计与研究所
MTE	= maximum tracking error 最大跟踪误差
	= multisystem test equipment 多系统试验设备
MTF	= mechanical time fuse 机械定时引信
	= megawatt transmitter filter 兆瓦发射机滤波器
	= modulation transfer function 调制传递函数
MTFF	= mean time to first failure 平均首次出故障时间
MTG	= multiple-trigger generator 多触发脉冲发生器
MTH	= magnetic tape handler 磁带信息处理机
MTI	= moving target indicator 活动目标显示器
MTIE	= maximum time interval error 最长时间间隔误差
MTIRA	= Machine Tool Industry Research Association 机床研究协会（英）
MTI radar	= moving target indication radar 动目标显示雷达
MTL	= magnetic tape loading 磁带记录，磁带装入

= master tape loading　主带负载
= material testing laboratory　材料试验室
= merged transistor logic　合并晶体管逻辑
MTM　= methods time measurement　操作方法时间测量，工时定额测定法，预定时间标准数据
MT/MF　= magnetic tape to microfilm　磁带 / 微缩胶卷
MTNS　= metal-thick nitride-silicon　金属 - 厚氮化物 - 硅（结构）
= metal-thick oxide-nitride-silicon　金属 - 厚氧化物 - 氮化物 - 硅
MTO　= make to order　期货生产
MTOS　= metal-thick oxide-silicon　金属 - 厚氧化物 - 硅（结构）
MTPS　= magnetic tape plotting system　磁带制图系统
MTR　= magnetic tape recorder　磁带记录器
= multiple-track range　多信道无线电信标，多方向性信标台
MTRE　= magnetic tape recorder end　磁带记录器终端
MTRS　= magnetic tape recorder start　磁带记录器始端
MTS　= magnetic tape system　磁带系统
= make to stock　现货生产
= message transfer system　报文传送系统
= meter-ton-second　米 - 吨 - 秒（单位制）
= motor-operated transfer switch　电动转换开关
MTSC　= mobile telephone switch center　移动电话交换中心
MTSQ　= mechanical time,superquick　（信管）机械定时，超急〔瞬发〕(的)
MT/ST　= magnetic tape "Selectric" typewriter　磁带电动打字机
MTT　= magnetic tape terminal　磁带引头
= microwave theory and technique　微波理论与技术
MTTA　= Machine Tool Trades Association　机床业协会（英）
MTTF　= mean time to failure　平均（线路）故障时间
MTTR　= mean time to repair　平均线路修复时间
= mean time to restore　平均故障恢复〔修理〕时间
MTU　= magnetic tape unit　磁带装置，磁带机
= metric units　公制单位
= multiplexer and terminal unit　多路调制器和终端装置
MTV　= multimedia television　多媒体电视
MTVAL　= master tape validation　主带确认
MU　= machine unit　机器部件
= machine utilization　机器利用率
= maintenance unit　维修单元
= mass unit　质量单位
= measurement unit　测量仪器，测量单位
= mobile unit　机〔活〕动单元
= mouse unit　鼠标单位
= multiple unit　多元，复合单元
MUBIS　= multiple beam interval scanner　多射束间隔扫描器
MUF　= maximum usable frequency　最大可用频率
MUL　= manned underwater laboratory　载人水下实验室
MU-MIMO　= multiuser multiple-input multiple-output　（通信）多用户 - 多输入 - 多输出，
MUPL　= mockup planning　（1 ： 1尺寸）模型规划
MUSA　= multiple-unit steerable antenna　可变方向的多菱形天线

MUSE = monitor of ultraviolet solar energy sensor 紫外线太阳能敏感元件监视器
MUSIC = multisensor intelligence correlation 多探（触）点情报的相关
MUT = multiuse tester 多用途测试仪，故障诊断仪
MUX = multiplexing equipment 多工设备
Mux = multiplexer 多路复用器，多工器，复用器多路开关，多路转换器
MUX-AEC = multiplex-automatic error correction 多路转换自动误差校正
MV = machine vision 机器视觉
= measured value 测得值
= medium voltage 中（等电）压
= mercury-vapo(u)r 汞汽
Mv = mendelevium 钔
mv = mean variation 平均偏差
MVC = manual volume control 手动音量调节
= manufacturing variation control 制造误差控制
MVD = motor voltage drop 发动机电压降
MVDF = medium and very high frequency direction-finding station 中频及甚高频方位测定站
MVS = magnetic voltage stabilizer 磁稳压器
= mechanical vibration system 机械振动系统
= minimum visual signal 最小视频信号
= multiple virtual system 多虚拟系统
MVT = multi-programming with a variable number of tasks 可变任务数量的多道程序设计
MVTR = mobile video tape recorder 移动式磁带录像机，磁带录像车
= moisture vapo(u)r transmission rate 湿气传透率
MVU = minimum variance unbiased 极小方差无偏
MVUE = minimum variance unbiased estimate 极小方差无偏估计
MVULE = minimum variance unbiased linear estimator 极小方差无偏线性估计量
MW = medium wave 中波
= membrane water-proofing 隔膜防水
= mixed widths 混合宽度
= molecular weight 相对分子质量
= mooring winch 带缆绞车
MWBA = motor wheel brake assembly 汽车车轮制动器总成
MW/BCN = microwave beacon 微波信标
mwe = meter of water equivalent 水当量的米数
MWL = mean water level 平均水平面，平均水位
MWNT = multiwall carbon nanotubes 多壁碳纳米管
MWP = maximum working pressure 最大工作压力
mwr = mean width ratio 平均宽度比
MWS = microwave spectrometer sensor 微波分光器传感器
= microwave station 微波站
MWV = maximum working voltage 最大工作电压
MX = multiple address 多地址
Mx = maxwell（磁通量单位）麦克斯韦
MXQ = modular X-ray quantometer 标准型伦琴剂量计
MXR = mask index register 时标变址寄存器
MYS = microyield strength 微屈服强度

MZC = minimum zone circles　最小区域圆
MZPI = microwave zone position indicator　微波目标指示器，微波区位置显示器
N = natural number　自然数
= negative　阴性的，负的，负数，阴极
= network　网络
= neutral　中性点，中性线，中性，中立，（变速器）空档
= newton　牛顿（力单位）
= nitrogen　氮
= normal concentration　当量浓度，规定浓度
= normalized　标准的，标准化的，正火的
= north pole　（磁）北极，N 极
= number of turns　（线圈）匝数
n = nano　纳（诺）(10^{-9})
NA = neutral axis　中性轴
= numeral aperture　（影碟机透镜的，物镜的）数据孔径，数字孔，数值孔径，数值口径，筛序
= numerical aperture　数值口〔孔〕径
Na = sodium　钠
NAB = National Association of Broadcasters　全国广播工作者协会（美）
= network address block　网络地址块
= nut and bolt　螺母及螺栓
NABUG = national association of broadcast unions and guilds　全国广播协会
NAC = negative admittance convertor　负导纳变换器
NACC = national automatic controls conference　全国自动控制联合会
N ack = negative acknowledgment　（通信）未通过认证，否认
NADME = noise amplitude distribution measuring equipment　噪声幅值分布测量设备
NAECON = National Aerospace Electronics Conference　全国宇航电子学会议（美）
NAI = no address instruction　无地址指令
NAICC = navigation-aided intelligent cruise control　（汽车）智能型半自动导航巡航控制
NAK = negative acknowledge character　否定字符，否定信号
NAM = network analysis model　网络分析模型
NAND = NOT AND　“与非”
NAP = network access processor　网络存取处理机
= noise abatement procedure　噪声抑制程序
NAR = numerical analysis research　数值分析研究
NARCOM = North Atlantic Relay Communication System　北大西洋中继通信系统
NARTB = National Association of Radio and Television Broad-Casters　全国广播电视工作者协会（美）
NAS = National Academy of Sciences　国家科学院（美）
= national aerospace standard　美国国家宇航标准
NASA = National Aeronautics and Space Administration　国家航空和航天管理局，国家宇宙局，国家航天局（美）
NASAP = network analysis for systems application program(me)　系统应用程序用网络分析（计算机程序）
NASCOM = NASA Communication Network　美国国家航空和航天局通信网络
NASDAQ = National Association of Securities Dealers Automated Quotations　全美证券交易协会自动报价系统
NASS = navigation satellite system　导航卫星系统

nat freq = natural frequency 固有频率
NATO = North Atlantic Treaty Organization 北大西洋公约组织
NAU = network addressable unit 网络可寻址单元
NAVCM = navigation countermeasures and deception 导航对抗与伪装
NB = narrow-band 窄（频）带
Nb = niobium 铌（即 columbium 钶）
NBA = narrow-band allocation 窄（频）带分配
NBC = National Broadcasting Company 全国广播公司（美）
= noise balancing circuit 噪声平衡电路
NBCH = natural binary-coded hexadecimal 自然二进制编码的十六进制
NBFM = narrow-band FM 窄带调频
NBR = nitrile butadiene rubber 腈基丁二烯橡胶
NBS = National Bureau of Standards 国家标准局（美）
= new British standard 英国新标准线规
NBTR = narrow-band tape recorder 窄带磁带记录仪
NC = national coarse thread 美制粗牙螺纹
= natural convection 自然对流
= navigation computer 导航计算机
= network computer 网络计算机
= network controller 网络控制器
= neutralizing capacitor 中和电容器
= noise criterion 噪声标准
= numerical control 数控，数字控制，数值控制
NCC = National Computing Center 国家计算中心（英）
= navigation computer control 导航计算机控制
= network control centre （计算机）网控制中心
NCM = NO control module （发动机）氮氧化物控制模块
= noncorrosive metal 无腐蚀性金属
NCP = network control program(me) 网络控制程序〔模块〕
NCS = net control station 无线电网控制局
= Numerical Control Society 数字控制学会（美）
NCSA = national computer security association 国家计算机安全协会
NCSC = national computer security center 国家计算机安全中心
NCU = nitrogen control unit 氮气控制设备
= nozzle control unit 喷管控制设备
ND = noise detector 噪声检测器
Nd = neodymium 钕
nd = neutral density 中性密度
NDAT = non-destructive assay techniques 无损试验技术
NDB = non(-)directional radio beacon 无指向性无线电信标，无方向无线电信标
NDE = nondestructive examination 非破坏性检验，无损检测
= nonlinear differential equations 非线性微分方程组
NDI = nondestructive inspection 非损毁性检查，非破坏性试验
NDIS = network driver interface specification 网络驱动程序接口规范
NDl = nondestructive inspection 无损探伤，无损检测，非损毁性检查，非破坏性试验
NDM = normal disconnected mode 正常断开方式
NDMS = nondirectional mud and snow tire 无定向花纹泥雪地轮胎
NDPF = NASA data processing facility NASA 数据处理设备

NDR = non-destructive read 非破坏读出
NDRO = non-destructive readout 无损读出，不破坏（信息）读出
NDRW = non-destructive read-write 不破坏（信息）读写
NDT = nil ductility transition 无塑性转变
= nondestructive testing 无损探伤，无损检测，非损毁性检查，非破坏性试验
NDU = Nordic EDP Association (Nordiska Dataunionen) 北欧电子数据处理协会
NE = network element 网络部件
Ne = neon 氖
NEAC = Nippon electric automatic computer 日本制造的电气电子计算机
NEAD = negative electron affinity device 负电子亲和力器件
NEB = noise equivalent bandwidth 噪声等效带宽
NEC = National electrical code 国家电码，全国电气（线路和设备的架设及安装）规程（美）
= National Electronics Conference （美）全国电子学会议
= Nippon Electric Company 日本电气公司
= Nippon Electro-technic Committee 日本电工委员会
NECS = National Electrical Code Standards （美）全国电气（线路和设备的架设及安装）规程标准
NEDAR = nautical exploration device and recoverer 海洋探测装置与回收装置
NEF = national extra fine thread 国家标准极细牙螺纹（美）
= noise equivalent flux 噪声等效通量
NEFD = noise equivalent flux density 噪声等效通量密度
NEI = noise equivalent input 噪声等效输入
= noise equivalent intensity 噪声等效强度
NEL = Naval Electronic Lab 海军电子研究所（美）
NEMA = National Electrical Manufacturers Association 全国电气制造商协会（美）
= National Electronic Manufacturing Association 国家电子制造联合会（美）
NEP = new equipment practice 新设备运行
= noise equivalent power 噪声等效功率
NESCOM = New Standard Committee （美国 IEEE 中的）新标准委员会
NET = National Education Television 全国教育电视网（美）
= noise equivalent temperature 噪声等效温度
= noise evaluation test 噪声估计试验
Net = network 网络，网路，电力网，电路
Net BEUI = Net BIOS extended user interface Net BIOS 扩展用户接口
NETBIOS = network basic I/O system 网络基本输入输出系统
NETRC = National Educational TV & Radio Center 全国教育电视与无线电中心（美）
NeTVSTB = net TV set-top box 网络电视机顶盒
Net Wt = net weight 净重
NF = national fine thread 美制细牙螺纹
= noise factor 噪声系数
= noise figure 噪声指数
NF(B) = negative feedback 负反馈，负回授
NFB = non-fuse breaker 无熔丝断路器
NFEP = network front end processor 网络前端处理器
NFM = narrow band frequency modulation 窄频带调制
NFS = network file system 网络文件系统
NG = narrow ga(u)ge 窄轨距

	= no-go 不通行，不过端
NGC	= nozzle gap control 喷管间隙的控制
	= number group connector 号码组接线器
NGL	= natural gas liquid 液态天然气，气体汽油
	= no gimbal lock (used in gyro references) 无常平架锁定（用于陀螺定向基准）
NGO	= American national gas outlet threads 美国煤气管螺纹
NGS	= nitrogen generating system 氮气发生系统
NHI	= nonlinear health index 非线性健康指标
NHK	= Nippon Hoso Kyokai(=Japan Broadcasting Coporation) 日本广播协会
NHP	= nominal horse power 标称〔额定〕马力
NI	= neon indicator 氖灯指示器
Ni	= nickel 镍
	= noise index 噪声指数
NIA	= network interface adaptor 网络接口适配器
NIAL	= nested interactive array language 嵌套交互式数组语言
NIC	= national invention council 国家发明委员会
	= negative impedance converter 负阻抗变换器
	= network information center 网络信息中心
	= network interface card 网络接口卡
	= not in contact 未接触，不接触
NICAM	= near instantaneous compander audio multiplex 丽音技术，准瞬时压扩声音复用
Ni Cr S	= nickel chromium steel 镍铬钢
NIDA	= numerically integrated differential analyzer 数字积分微分分析机
NIF	= noise insulation factor 隔声度，隔声系数，声透射损失
NII	= National Information Infrastructure 美国国家〔全美〕信息基础，信息高速公路
	= machine intelligence 机器智能
NIM	= network information management 网络信息管理
NIP	= nucleus initialization program(me) 核心程序的初始程序
NIPO	= negative input positive output 负输入正输出
NIR	= negative impedance repeater 负阻抗中继器
	= nerve impulse recorder 神经脉冲记录器
	= non-inductive resistor 无感电阻器
NIRTS	= new integrated range timing system 新型集成测距定时系统
NIS	= nickel steel 镍钢
N-ISDN	= narrowband integrated service digital network 窄带综合业务数字网
NI Sil	= nickel silver 德银镍铜锌合金
NIST	= National Institute of Standards and Technology 国家标准与技术研究所
NIT	= negative immittance inverter 负导抗变换器
NLA	= network logic address 网络逻辑地址
NLC	= natural language computer 自然语言计算机
NLE	= nonlinear element 非线性元件
NLG	= null line gap 零线隙
NLI	= noise limit indicator 噪声极限指示器
NLOS	= non line of sight 非视距传输
NLM	= noise level monitor 噪声电平监视器
NLN	= neural logic network 神经逻辑网络
NLR	= noise load ratio 噪声负载比
NLS	= negative lens system 负透镜系统

	= no-load speed　空载速度
	= non-linear system　非线性系统
NM	= network management　网络管理
NME	= noise-measuring equipment　噪声测量设备
NMOS	= N channel MOS　N 沟道金（属）氧（化物）半导体器件
NMP	= navigational microfilm projector　导航显微胶片放大器
	= network management protocol　网络管理协议
NMR	= nuclear magnetic resonance　核磁共振
NMS	= non-magnetic steel　无磁钢
NN	= national network　国家网
	= neural network　神经网络
	= network-network interface　网络到网络接口
NNI	= network node interface　网络节点接口
NNTP	= network news transfer protocol　网络新闻传送协议
NO	= non-original　非原件
No	= nobelium　锘
NOALA	= noise-operated automatic level adjustment　噪声控制自动电平调节
NODE	= noise diode　噪声二极管
NOGAD	= noise-operated gain adjusting device　噪声（电平）控制增益装置
nogog	= no-go-ga(u)ge　"不通过"的量规，不通过规，不过端量规
NOP	= no-operation　停止操作指令，无操作
NOR	= not or　"或非"，"非或"（门）
nordo	= no radio　表明飞机上没有无线电设备的信号
Nos	= network operation system　网络操作系统
Notebook PC	= notebook personal computer　笔记本计算机
NP	= national pipe　美国标准管（螺纹）
	= neutral point　中和点，中性点
	= nickel plate　镍板
	= nominal performance　标称〔额定〕性能
	= nominal pitch　公称齿距〔节距〕
	= nondeterministic polynomial　不确定性多项式
	= non-polarity　无极性
	= normal pitch　标准间距，标准行距
	= normal pressure　正常压力，法向压力
Np	= neper　奈培（衰减单位，1 Np=8.686 dB）
	= neptunium　镎
NPC	= National Patent Council　全国专利委员会（美）
	= neutral-point clamped　中性点钳位
NPL	= national physics laboratory　国家物理实验室
NPN	= network provider network　网络提供者网
NPR	= noise power ratio　噪声功率比
	= nuclear paramagnetic resonance　原子核顺磁共振
NPS	= non-preemptive scheduling algorithm　非抢占调度算法
	= nuclear power station　核电站
NPSH	= net positive suction head　净（吸引）压头，净吸收压差
	= net pump suction head　泵的净吸压头
NPT	= normal pressure and temperature　标准压力与温度，常温常压
NR	= navigational radar　导航雷达

= network router 网络路由器
= noise ratio 噪声比
= noncoherent rotation 不相干转动
= normal radar 正规雷达
= nuclear reactor 核反应堆

NRC = National Research Council 国家科学研究委员会（美）
= nonlinear robust controller 非线性鲁棒控制器

NRCP = nonreinforced concrete pipe 无钢筋的混凝土管

NRD = negative resistance diode 负阻二极管

NRE = negative-resistance element 负阻元件

NRL = network restructuring language 网络重构语言

NRM = network resource manager 网络资源管理程序，网络资源管理系统

NRT = normal rated thrust 额定〔标称〕推力
= non-return-to-zero 不归零〔制〕

NRZ = non-return-to-zero recording 不归零制记录
= non-return-to-zero-IBM 国际商用电子计算机（IBM）公司式不归零

NRZI = non-return-to-zero inverted 不归零倒置

NRZ-L = non-return-to-zero logic 不归零制逻辑（电路）

NRZM = non-return-to-zero-mark recording 非归零标志记录方式

NS = national special (thread) 国定特种（螺纹）(美)
= national standard 国家标准
= nickel steel 镍钢

NSA = National Standards Association 国家标准协会（美）

NSAP = network service access point 网络服务访问点

NSAS = non-searching self-adjusting system 非搜索性自调整系统

NSC = network switching center 网络交换中心
= noise suppression circuit 噪声抑制电路
= noise suppression control 噪声抑制控制

NSD = network status display 网络状态显示（器）

NSF = national science foundation 国家科学基金会

nsi = normally impulse spring 拨号盘脉冲簧片

NSM = network space monitor 网络空间监视器

NS NO = net specific NO （发动机）一氧化氮净排放率

NSP = network service protocol 网络服务协议

NSR = notch strength ratio 缺口强度比

NSS = network subsystem 网络子系统
= network switching subsystem 网络交换子系统
= nitrogen supply system 供氮系统

NST = nanometer science and technology 纳米科技

NSU = nitrogen supply unit 供氮设备

NSV = nonautomatic self-verification 非自动的自检验
= no transmission 无传输
= numbering transmitter 编号发送器

Nt = niton 氡（即 Rn，radon）

nt = number of teeth 齿数

NTC-unit = negative temperature coefficient unit 负温度系数元件

NTG = nuclear test ga(u)ge 燃料元件反应性快速测量仪

NTI = noise transmission impairment 噪声传输影响

NTIS = National Technical Information Service (U.S.A.) 美国技术情报服务处
NTL = non-threshold logic 无阈值逻辑（电路）
NTM = nozzle test motor 喷管试验发动机
NTN = neural tree network 神经树网络
NTP = national taper pipe 国家标准锥管（螺纹）(美)
= normal temperature and pressure 常温常压，标准温度和压力
= number of theoretical plates 理论盘数，理论板数
NTR = noise-temperature ratio 噪声 - 温度比
NTS = notched tensile strength 缺口抗拉强度
NTSC = National Television System Committee 美国国家电视系统委员会
NTTF = network test and training facility 网络测试和训练设施
NTU = network terminating unit 网络终端装置
= number of transfer units 传递性单位数目
NTV = Nippon Television Network Corporation 日本电视网公司
Nu = Nusselt number 努塞尔数
NUL = null character 空字符，空操作符
NuLACE = nuclear liquid-air cycle engine 核液态空气循环发动机
NUPPS = non-uniform progressive phase shift 非均匀递增相移
NV = nominal value 标称值
= nonvolatile 非易失性的
= nozzle vanes 涡轮叶片
= nozzle velocity 喷嘴速度
NVR = no voltage relay 无电压继电器
= no-voltage release 无（电）压释放
NVRAM = nonvolatile RAM 非易失随机存储器
NVS = network virtual storage 网络虚拟存储器
= night view system 夜视系统
NVT = network virtual terminal 网络虚拟终端
N.wt = net weight 净重
NYU = New York University 纽约大学
NZSS = New-Zealand standard specifications 新西兰标准规格
O = oxygen 氧
OA = office automation 办公自动化
= one adder 加 1 加法器
= operational amplifier 运算放大器
= operation analysis 运算分析
= output axis 输出轴
oad = overall dimension 总尺寸，外形尺寸
OADM = optical add-drop multiplexer 光分插复用器，光上、下线多路复用器
OAI = on-line analog input 在线模拟量输入
OAN = optical access node 光接入节点
OAO = on-line analog output 在线模拟量输出
OAS = orbit adjust subsystem 轨道调整子系统
OASPL = overall sound pressure level 总声压级
OAT = outer atmospheric temperature 外层大气温度
= outside air temperature 外面空气温度
OAW = oxy-acetylene welding 氧乙炔焊
OB = output buffer 输出缓冲器

	= outside broadcasting　实况无线电广播
OBA	= octave band analyzer　倍频程带分析仪
OBC	= on-board computer　车载计算机
OBCR	= optical bar code reader　光学条形码阅读器
OBD	= omnibearing-distance system　全方位距离导航系统（由指点标和测距器构成的极坐标导航系统）
OBF	= octave band filter　倍频程带滤波器
OBI	= omnibearing indicator　全向无线电导航指示器，全向方位指示器
oboe	= observer bomber over enemy　控制轰炸机的无线电导航设备，将轰炸机引导到目标的系统
OBS	= omnibearing selector　无线电定向标选择器
	= open-back solid press　开式固定床身压力机
	= outdoor base station　户外基站
OBV	= operability bleed valve　可用引气活门
O & C	= operations and checkout　操作与校正
OC	= office computer　办公用计算机
	= open circuit　开路
	= operating characteristic　工作特性，使用特性（曲线）
	= operation code　操作码
	= operations control　操作的控制
	= optical communication　光（纤）通信
	= overhead camshaft　（发动机）顶置凸轮轴
OCB	= oil circuit breaker　油断路器
	= overload circuit breaker　过载断路器
OCC	= open circuit characteristic　开路特性（曲线），空载特性（曲线）
	= operation control center　操作控制中心，运算控制中心
OCCS	= oxidating catalyst converter system　（发动机废气）氧化催化转化装置
OCL	= optical communication link　光通信线路
OCM	= optical chemical machining　光化学加工
OCO	= open-closed-open　“开 - 关 - 开”
	= operational checkout　操作上的检查
OCP	= output control pulse(s)　输出控制脉冲
	= oxygen converter process　氧气转炉炼钢法
ocp	= operations control plan　操作控制计划
OCR	= omnidirectional counting rate　全向计数速度
	= optical character reader　发光字母读出器，光学文字识别机，光学符号阅读器
	= optical character recognition　光学文字〔字符〕识别
	= optical character recognition equipment　光学符号识别机
	= overcurrent relay　过电流继电器
OCRIT	= optical character recognizing intelligent terminal　光符识别智能终端
OCS	= office computer system　办公室计算机系统
	= optical character scanner　光符扫描器
	= oscillating colo(u)r sequence　振荡彩色顺序，周期变化的彩色顺序
	= overspeed control system　超速控制系统
OCT	= optical computed tomography　光 CT，光（计算机）层析技术
OCTA	= optical card technology association　光卡技术协会
OCTV	= open-circuit television　开路电视
OCU	= operational control unit　操作控制设备

O-D = origin and destination 起讫点
OD = operations directive 操作的指示
= optical disk 光盘
= original design 原设计
= outside diameter 外（直）径
= outside dimensions 外尺寸
= overburden drilling 盖层钻孔
= overdrive 超速档，超速转动，增速转动
ODA = operational data analysis 操作数据分析
ODBC = open database connectivity 开放数据库互联
ODC = optical digital computer 光数字计算机
ODD = operator distance dial(l)ing 话务员长途拨号方式
ODDD = optical digital data disk 数字数据光盘
ODI = on-line digital input 在线数字量输入
ODO = on-line digital output 在线数字量输出
ODP = oil diffusion pump 油扩散泵
= outer dead point 外止点
ODR = omnidirectional range 全向无线电信标
= optical data reader 光数据阅读机
ODS = operational data store 数据准备层
= output data strobe 输出数据选通脉冲
ODU = output display unit 输出显示器
Oe = oersted 奥斯特（Oe，磁场强度单位，1 Oe=79.577 472 A/m）
OEC = odd-even check （计算机）奇偶校验
O-EFF = odd-even flip flop 奇偶双稳
OEIC = opto-electronic integrated circuit 光电子集成电路
OEM = original-equipment manufacturer 初始设备制造厂家
OESS = optical-electronic sight sub-system 光电瞄准分系统
O/F = oxidizer-to-fuel ratio 氧化剂与燃料比
OF = oil fuel 油燃料
OFA = optical fiber amplifier 光纤放大器
OFC = optical fiber communication 光纤通信
OFDM = optical frequency division multiplexing 光频分复用（波长间隔小于 0.8 nm 的波分复用）
OFHCC = oxygen-free high conductance copper 高导无氧铜
OFHC-Cu = OFHCC
OFR = overfrequency relay 过频继电器
OFRC = output feedback robust controller 输出反馈鲁棒控制器
OGL = outgoing line 出线，引出线
OH = oil hardened 油淬火的
= open hearth 平炉
= over-the-horizon 视距外通信
OHC = over head camshaft （发动机）顶置凸轮轴，上凸轮轴
= overhead cam shaft 上凸轮轴
OHL = overhead line 架空输电线路
OHM = ohmmeter 欧姆表，电阻表
OHV = overhead valve 顶置阀，顶置气门
OHW = oxyhydrogen welding 氢氧（焰气）焊

OI = operating instructions 操作说明
OIDA = optoelectronics industry development association 光电子工业发展协会
OIL = operation inspection log 操作检查记录
OIP = opto-mechatronics industrial park 光机电一体化产业基地
OIRT = Organisation Internationale de Radiodiffusion et Télévision 〈法〉国际广播电视组织
OISC = oil-insulated self-cooled 油绝缘自冷式
OIWC = oil-insulated water-cooled 油绝缘水冷式
OK = all correct 正确，合格
O & L = observation and listening 观察和窃听
OL = open loop 开环
= operating location 操作单元
OLB = open loop bandwidth 开环带宽
OLC = outgoing line circuit 输出线路
OLD = open loop damping 开环阻尼
OLE = object linkage and embedding 对象链接与嵌入
OLG = open loop gain 开环增益
OLM = on-line monitor 在线监听
OLO = off line operation 离线操作
= on-line operation 在线操作
OLR = overload relay 过载继电器
OLRT = on-line real-time 联机实时
OLT = optic line terminal 光路终端
O & M = operation and maintenance 使用和维护
OM = outer marker 外指点标
= overturning moment 倾覆力矩
O-Man = overhead manipulator 架空机械手，大型万能机械手
OMB = outer marker beacon 外部无线电指点标，外部无线电信标
OMIN = optical multistage interconnected network 光多级互联网络
OMR = ohmmeter 欧姆计
= optical mark reader 光学标志读出器，光学指示读出器
OMS = ovonic memory switch 双向存储开关
OMT = ortho-mode transducer 直接式收发转换器（天线收发转换用）
O&MTA = operation and maintenance task analysis 使用与维修工作分析
ONI = operator number identification 操作员呼号识别装置
ONNC = optical neural network computer 光学神经网络计算机
O NOZ = oil nozzle 油喷嘴
ONT = optical network termination 光网络终端
ONU = optic network unit 光网络单元
OO = object oriented 面向对象的
= operation order 操作次序
OOA = optimum orbital altitude 轨道最适高度
OODB = object-oriented database 面向对象的数据库
o of p = point of origin 原点
OOPC = object-oriented precompiler 面向对象的预编译程序
OOPS = off-line operating simulator 脱机操作仿真器
OOS = out of sight 视界外
OP = operating procedure 操作程序

	= operation code 操作码
	= optical probe 光学探头
	= outer panel 外翼段
	= out-put 输出
	= output plane 输出面
	= output printer 输出打印机
	= outside primary 初级线圈外端
	= over pressure 过压
OPAL	= operational performance analysis language 操作性能分析语言
op amp	= operational amplifier 运算放大器
op com	= optical communication 光通信
OPCON	= optimal control 最佳控制
OPDAR	= optical direction and ranging 光雷达，光学定位［向］和测距
OPF	= optimal power flow 电力系统最佳潮流
OPLE	= Omega positioning and locating equipment 欧米伽定位设备
o.p.m.	= operations per minute 操作 / 分，运算 / 分
Opn O	= operation order 操作程序，操序规定
OPP	= octal print punch 八进制打印穿孔（机）
OPR	= occurrence probability ranking 故障模式发生概率等级
OPT	= operational pressure transducer 操作上的压力传感器
	= output transformer 输出变压器
OPTAR	= optical automatic ranging 光学自动测距计
Opt.s	= optical sight 光学瞄准具
OPTUL	= optical pulse transmitter using laser 采用激光的光脉冲发送器
OQ	= oil quenched （热处理）油淬火的
OQC	= outside quality control 外部质量控制
	= operation record 运转记录
O & R	= overhaul and repair 检修与修理
O/R	= originator/recipient 原发者 / 接收者
OR	= operations requirements 操作要求
	= operations research 运算研究，运筹学
	= order register 指令寄存器
	= output register 输出寄存器
	= outside radius 外半径
	= overload relay 过载继电器
ORB	= omnidirectional radio beacon 全方向无线电信标
ORCON	= organic control 有机控制
ORDIR	= omnidirectional digital radar 用相干接受的超远程雷达
ORI	= operational readiness inspection 操作就绪检查
ORU	= optic repeater unit 光中继单元
ORV	= off-road vehicle 越野汽车
OS	= odd symmetric 奇对称
	= oil switch （充）油开关
	= one shot 单稳态
	= operational spare 操作上的备件
	= operation system 操作系统，运行系统
	= outside secondary 次级（线圈）外端
Os	= osmium 锇

OSC = operation switching cabinet 操作转换箱
osc = oscilloscope 阴极射线示波器，示波器，示波管
osc-out = oscillator out 振荡器输出
OSD = on-screen display 屏幕显示
OSI = open system interconnection 开放系统互联
= open system interconnection reference model 开放式系统互联通信参考模型
OSP = output strictly passive 输出严格无源
OSR = operated stack register 操作栈寄存器
OSS = open source software 开放式源代码软件
= operator support system 操作员支持系统
= optical surveillance system 光学监视系统
= output shaft speed (sensor) 输出轴转速（传感器）
OSSL = operating systems simulation language 操作系统仿真语言
osss = optical space surveillance subsystem 光学的空间监视辅助系统
OST = operational system test 操作系统试验
= overspeed temperature 超速温度
OSTA = optical storage technology association 光存储技术协会
OS/VS = operating system/virtual storage 操作系统 / 虚拟存储器
OS & Y = outside screw and yoke 外边的螺旋和轭
OT = optical terminal 光学终端
= originating trunk 发送中继线
= output transformer 输出变压器
= overlay transistor 层叠〔覆盖式〕晶体管
OTC = overcurrent trip coil 过电流解扣线圈
OTDF = overall temperature distributor factor 整个温度分布系数
OTDM = optical time division multiplexing 光时分复用
OTDR = optical time domain reflect 光时域反射
= optical time domain reflectometer 光时域反射计
= optical time domain reflectometry 光时域反射测量技术
OTF = optical transfer function 光传递函数
OTH radar = over-the-horizon radar 超视距雷达
OTL = operating time log 运转时间记录
= output transformerless 无输出变压器
OTM = operational technical manual 操作技术手册
OTO = out-to-out 外廓尺寸，全长〔宽〕，外到外
OTP = oxidizer tanking panel 氧化剂装箱控制板
OT PNL = outer panel 外翼段
OTR = overload time relay 过载限时继电器
OTRT = operating time record tag 运转时间记录标签
OTS = ovonic threshold switch 双向阈值开关
OTT = one-time tape 一次带
OU = output unit 输出装置
OV = operational vibrations 操作上的振动（正弦振动与随机振动的一种组合，5 ~ 2 000 周期 /s）
= overvoltage 过（电）压
OVEL = ovonic electroluminescence 双向场致发光
OVP = overvoltage protection 过电压保护
OWE = optimum working efficiency 最佳工作效率

OWF = optimum working frequency 最佳工作频率
OWLTrek OTDR = Optical Wave length Laboratories Trek 光时域反射测量技术
OWT = outward trunk 外干线，外中继线
OXIL = oxide isolated logic 氧化隔离逻辑
OXS = oxygen sensor 氧传感器
oz = ounce 盎司，英两（1 oz=28.35 g）
p = pencil tube 超小型管，笔形管
= phon 方（响度单位）
= phosphorus 磷
= pico 皮（可）(10^{-12})
= polar distance 极距
= pressure per unit area 单位面积的压力
PA = parametric amplifier 参量放大器
= position of assembly 安装位置
= power amplifier 功率放大器
= program(me) analysis 程序分析
= proportional action 按偏移的作用，比例作用
= public address 公共地址，扩音装置
= public address system 有线广播系统
= pulse amplifier （电路中）脉冲放大器
Pa = prot(o)actinium 镤
PAAC = program(me) analysis adaptable control 程序分析适应控制
PAB = passenger airbag 乘客安全气囊
PABX = private automatic branch exchange 专用〔用户〕自动小交换机
PAC = personal authentication code 个人（验证）密码
= personal automotive computer 个人汽车修理用电脑
= photo aperture card 光穿孔卡片
= pilotless aircraft 无人驾驶飞机，无人机
= plasma arc cutting 等离子弧切割
= pneumatic auxiliary console 气动辅助支架
PACE = pollution abatement costs and expenditures 降低污染的费用和支出
= precision analog computing equipment 精密模拟计算机设备
PACM = pulse-amplitude-code modulation 脉冲幅度编调制
PACN = Pacific Area Communication Network 太平洋区域通信网
PACOB = propulsion auxiliary control box 发动机辅助操纵箱
PACP = propulsion auxiliary control panel 发动机辅助操纵板
PACS = parallel computer simulator 并行计算机模拟程序
PACSS = program(me) and computer system simulator 程序和计算机系统模拟程序
PACT = production analysis control technique 生产分析管理技术
= programmed automatic circuit tester 程控自动电路试验装置
= program(me) for automatic coding technique 自动编码技术用程序
PAD = packet assembler disassembler 报文分组组包拆包
PADT = post-alloy diffusion transistor 柱状合金扩散晶体管
PAL = permissive action link 密码保险器，密码锁
= phase alternation line 相位变化线，逐行倒相制
= process assembler language 过程汇编语言
= programmable array logic 可编程阵列逻辑
= programmed application library 已编好的应用程序库

PALS = PAL system 帕尔制（中国等采用的一种 PAL 电视制式）
= positioning and location system 位置测定系统
PAM = panel monitor 屏面控制器
= principal axis method 主轴法
= pulse amplitude (amplifier) modulation 脉（冲）幅（度）(放大）调制
PAMS = predictive adaptive multiple suppression 预测自适应多重抑制
Pan = panorama 全景画，全景摄影
PAN B = panel bolt 面板螺栓
= panic bolt 紧急保险螺栓
pan pot = panoramic potentiometer 全景电位器
PAPA = automatic programmer & analyser of probabilities 信息概率自动程序设计器和分析器
PAR = perimeter acquisition radar 远程〔环形〕搜索雷达
= positive acknowledgment with retransmission 带重传的肯定应答
= precision approach radar 精密进近雷达
para = para rubber 帕拉（橡）胶
paramp = parametric amplifier 参量放大器
PARASYN = parametric synthesis 参数合成
PARD = parts application reliability data book 元〔零〕件应用可靠性数据手册
Pardop = passive range Doppler 被动测距的多普勒系统
PARLOG = parallel programming in logic 并行逻辑程序设计语言
PARTNER = proof of analog(ue) results through a numerical equivalent routine 用数字等效程序来验证模拟结果
PAR TOL = parallelism tolerance 平行度公差
PAS = Polish Academy of Science 波兰科学院
= primary alert system 主要警报系统
= public address system 有线广播系统
PASS KEY = personal automotive security system key 防盗点火钥匙，个人汽车安全系统钥匙
PAST = propulsion and associated systems tests 发动机与附属系统的测试
PAT-C = position,attitude,trajectory-control 位置、状态、轨迹控制
Pat.Off. = patent office 专利局
PATTERN = planning assistance through technical evaluation of relevance numbers 通过对有关项目的技术评价和制订的规划协作，PATTERN 法
PAU = power absorption unit 测功机，动力制动装置
PAWS = programmed automatic welding system 自动程序焊接系统
PAX = private automatic exchange 专用自动交换机，自动小交换机
PB = peripheral buffer 外围设备缓冲器
= plug board 插塞盘，插接板
= power block 成套动力装置
= publications bulletin 文献汇报
= pull box 引〔分〕线盒
= pulse beacon 脉冲信标
= push-button 按钮
pb = phosphorus bronze 磷青铜
PBCM = passive belt control module （汽车）被动式安全带控制模块
PBFD = piece,blank,and form die 冲孔下料与成型模
PBI = process branch indicator 过程转移指示器
PBIP = pulse beacon impact predictor 脉冲信标弹着预测器

PBL = power-by-light 功率光传

PBM = pressure bias modulation 偏压调节

= proceed backward magnetic tape 磁带反转

PBN = performance based navigation 基于性能的导航

PBP = push button panel 按钮控制面板

= push button telephone receiver 按键电话

PBS = parts breakdown structure 零件细目结构

PBW = power-by-wire 功率电传

= power by wire system 功率电传系统

PBWR = pressurized boiling water reactor 加压沸水反应堆

PBX = private branch exchange 专用（小）交换机

PC = padding condenser 垫整电容器

= parts catalog(ue) 零〔部，配，元〕件目录

= personal computer 个人计算机

= Petersen coil 灭弧〔消弧电抗〕线圈

= photoconductor 光电导体，光敏电阻

= pitch circle （齿轮的）节圆

= plenum chamber 增压室

= pressure control 压力控制

= print command 打印指令

= printed circuit 印制电路

= printer controller 打印机控制器

= private code 专用代码

= processor controller 信息处理机控制器

= programmable controller 可编程序控制器

= program(me) counter 程序计数器

= programmed check 程序检验

= proportional counter 正比计数器

= pseudo-code 伪码

= pulsating current 脉动电流

= pulse controller 脉冲控制器

= pulse counter 脉冲计数器

PCA = principal components analysis 主元分析方法

= polar cap absorption 极冠吸收

PCB = power circuit breaker 大功率断路器

= printed circuit block 印制电路板

= printed-circuit-board 印制电路板

= propulsion control box 发动机操纵台

PCC = pincushion correction circuit 枕形〔畸变〕校正电路

= polycarbonate film condenser 聚碳酸酯薄膜电容器

= precompressor cooling 预压器〔机〕的冷却

= process control computer 过程控制计算机

= program(me)-controlled computer 程序控制计算机

PCCS = process control computer-system 程序控制机系统

PCD = plasma-coupled (semiconductor)device 等离子体耦合（半导体）器件

PCE = parameter checkout engineer 参数检查工程师

= pyrometric cone equivalent （示温）熔〔热〕锥比值

PCF = process computer facility 生产过程计算装置

PCFCs = photonic ceramic fuel cells 光子陶瓷燃料电池
PCFL = propulsion cold flow laboratory 发动机低温流实验室
PCI = pattern correspondence index 模式符合指标（可理解性量度）
= peripheral command indicator 外部〔设备〕控制指示器
= planning card index 设计卡片索引
= programmable communications interface 可编程序的通信接口（设备）
PCL = printer control language 打印机控制语言
pcm = percentage of moisture 含水率，湿度百分数
PCM = power conditioning module 电源调节模块
= power control module 动力控制模块
= primary code modulation 原〔主要〕代码变换
= pulse-code modulation 脉冲（编码）调制
= pulse count modulation 脉（冲计）数调制
PCMCIA = Personal Computer Memory Card International Association 国际个人计算机存储卡协会
PCMI = photo chromic micro image 光变色显微图像
PCMS = performance calculation and monitoring system 特性计算和监视系统
PCMTS = pulse code modulation telemetry system 脉（冲编）码调制遥测技术系统
PCN = personal communication network 个人通信网
PCOS = process control operating system 过程控制操作系统
PCP = photon-coupled pair 光子耦合对
= pneumatics control panel 气动控制盘〔操纵台〕
= primary control program(me) 主控程序
PCR = program(me) control register 程序控制寄存器
= power control room 功率〔动力〕控制室
PCS = parallel cutting system 平行切割法
= pole changing switch 换极开关，换极器
= prechamber combustion system 预燃室燃烧系统
= pre-crash sensor （汽车）碰撞预警传感器
pcs = pieces 份，个，工件
PCT = perfect crystal technique 完整晶体技术
= potential current transformer （仪用）变压变流器，变压器和变流器的组合
= private communication technology 保密通信技术
PCU = personal computer unit 带机床操作界面的 NC 控制器
= pneumatic checkout unit 气动检测装置
= power control unit 助力器，动力控制组件
= pod cooling unit 舱内冷却设备
= power control unit 动力控制设备
= power conversion unit 功率变换装置
= pressurization control unit 增压控制装置
= program(me) control unit 程序控制部件
PCU / HYD = primary control unit hydraulics 一级（液压）控制装置
PCU SEQ = pressure control unit sequencer 压力控制设备程序装置
PCV = positive crankcase ventilation 曲轴箱强制通风
= pressure control valve 压力调节阀
PD = photo diode 光电二极管
= pitch diameter （螺纹）中径，（齿轮）节径
= potential device 电位器

= potential difference 电位差
= projected display 投影显示器
= pulley-drive 滑〔带〕轮传动
= pulse Doppler 多普勒脉冲
= pulse drives 脉冲驱动器
= pulse duration 脉冲宽度

Pd = palladium 钯

PDA = personal digital assistant 个人数字助理，掌上电脑
= photodetector array 光电探测器阵列
= post deflection accelerator 后置偏转加速电极
= probability distribution analyzer 概率分布分析器
= pump drive assembly 泵传动装置

PDC = parallel data controller 并行数据控制器
= power distribution control 配电控制

PDCA = plan, do, check, action 计划、执行、检查、总结

PDE = partial differential equation 偏微分方程

PDES = product data exchange specification 产品数据交换规范

PDF = pseudo- derivative feedback 伪微分反馈

PDI = pictorial deviation indicator 图示偏差指示器

PDL = page description language 页面描述语言

PDM = pull down menu 下拉菜单
= pulse duration modulation 脉（冲）宽（度）调制，脉冲持续时间调制

PDM-FM = pulse-duration modulation frequency multiplexes 脉宽调制频率多路传输

PDMS = product data management system 产品数据管理系统

PDP = plasma display panel 等离子显示器，等离子体显示面板，等离子体显示屏
= power delay profile 功率延迟曲线
= power distribution plan 配电计划，动力分配计划
= pressure distribution panel 压力分配控制板
= programmed data processor 程序控制的数据处理机
= program(me) development plan 程序研究计划

PDR = phase data recorder 相位数据记录器
= power directional relay 功率〔电力〕方向继电器
= precision depth recorder 精密回声测深仪

PDS = power distribution system 配电系统，动力分配系统
= programmed driving system 程控驾驶系统

pds = potential differences 电位差

PDU = pneumatic distribution unit 气压输送分配器
= portable diagnostic unit 手提式故障诊断仪
= power distribution unit 配电装置，动力分配装置
= protocol data unit 协议数据单元

PE = peripheral equipment 外部〔外围，辅助〕设备
= permissible error 允许误差，公差
= picture element 像素
= piezoelectric effect 压电效应
= potential energy 势能
= power equipment 动力设备，电源设备
= pressure element 压力元件
= probable error 概率〔概然，可几，近真〕误差

	= processing element 处理单元，处理部件，处理机
	= production engineering 生产工程
PEAC	= photoelectric alignment collimator 光电（定线）准直仪
PEC	= photoelectric cell 光电池，光敏管，光电元件
	= power electronics converter 功率电子转换器
	= printed electronic circuits 印制电路
PECS	= power electronics cooling system 功率电子冷却系统
PEF	= powerhouse exhaust facility 发电〔动力〕厂排气装置
PEI	= plant engineering inspection 工厂〔设备〕工程检验
PEL	= proportional elastic limit 比例弹性极限
pel	= picture element 像素
PEM	= photo-electromagnetic effect 光电磁效应
	= polymer electrolyte membrane 聚合物电解质膜
	= pulse encode modulation 脉冲编码调制
PEMFC	= proton exchange membrane fuel-cell 质子交换膜燃料电池
penaid	= penetration aid 突防装置，突防手段，突破辅助装置
PEOS	= plasma erosion opening switch 等离子体熔断开关
PEP	= peak envelope power 峰值包迹功率
PEPE	= parallel element processing ensemble 并行部件处理复合计算机
PEPR	= precision encoding and pattern recognition 精密编码和模式识别
PERA	= Production Engineering Research Association of Great Britain 英国制造工程研究协会
PERIQUIP	= peripheral equipment 外部〔围〕设备
PERT	= program evaluation and review technique 计划估计技术，计划评审技术
PES	= photoelectric scanner 光电扫描器
	= photoelectron-stabilized-photicon 移像光电稳定摄像管
	= public electricity supplier 公用电力部门
PEST	= parameter estimation by sequential testing 通过顺序检测估计参数
PET	= polyethylene terephthalate 对苯二甲酸酯乙二酯
	= positive electron tomography 正电子 X 射线层析术
PETIC	= power、energy、thermal、integration and control 电力、能量、热、综合和控制
PEV	= peak envelope voltage 包络线峰值电压
	= pure electric vehicle 纯电动汽车
PEW	= percussion welding 冲击焊接
PF	= plain face 光〔素〕面
	= position finder 测位器
	= press fit 压入（过盈）配合
	= pressure fan 压力风扇〔机〕
	= pulse frequency 脉冲频率
pf	= power factor 功率因素
pfc	= plastic-film-capacitor 塑料膜电容器
PFC	= primary flight computer 主飞行计算机
P-F curve	= penetration fracture curve 淬火深度 - 断面结晶粒度曲线
PFD	= primary flight display 主飞行显示器
PFI	= port fuel injected (system) 进气道燃油喷射（系统）
pfi	= power factor indicator 功率因数指示器
PFM	= power factor meter 功率因数计
	= power flow module 电力系统潮流模型

= proceed forward magnetic tape 磁带正转
= pulse frequency modulation 脉冲频率调制
PFMECA = process failure mode effect and criticality analysis 过程故障模式、影响与危害性分析
PFN = pulse forming network 脉冲形成电网
PFP = probability of failure performance 性能故障概率
PFR = part failure rate 零部件故障率
= power fail recovery system 电源失效恢复系统
= programmed film reader 程序控制的胶卷阅读器
= pulse frequency 脉冲频率
PG = power gain 功率增益
= program(me) guidance 程序制导
= pulse generator 脉冲发生器
= pyrolytic graphite 高温分解石墨
PGA = power generation assembly 发电设备
= programmable-gain amplifier 可编程序的增益放大器
PGC = preset or programmed gain control 程序增益控制
pg dn = page down 翻下页
PGR = precision graphic reader 精密图形阅读器
= precision graphic recorder 精密图像记录器
PGS = program(me) generation system 程序生成系统
pg up = page up 翻上页
PGW = pressure gas welding 压力气焊，气压焊
PH = packet handler 分组〔包〕处理程序（器）
= power house 发电厂，动力室
= precipitation hardening （金属热处理）沉淀〔弥散〕硬化
pH = potential of hydrogen （氢离子浓度倒数的对数）pH 值
ph = phon 方（响度单位）
Phaser = phonon amplification by stimulated emission of radiation 伐泽，受激辐射式光子放大器
Ph Bal = phantom balance 幻象电路平衡
PH BRZ = phosphor bronze 磷青铜
PHIGS = programmer hierarchical interactive graphics standard 程序员分层交互图形标准
PHM = prognostic and health management 故障预测与健康管理
phm = phase meter 相位计
= phase modulation 相位调制，调相
Phos b = phosphor bronze 磷青铜
phR = photographic reconnaissance 照相侦察
PHS = personal handy phone system 个人手持电话系统，个人手机系统
PhS = phase shifter 移相器，相位调整器
PHTC = pneumatic hydraulic test console 气动液压试验控制台
PHV = packet handler for voice 语音分组处理程序（器）
PI = performance index 性能指标
= photogrammetric instrumentation 摄影测量仪表〔仪表〕
= pilot indicator 导向指示器
= point insulating 点绝缘
= point of intersection 交叉点
= porosity index 孔隙度系数〔指数〕

	= position indicator　位置指示器
	= power input　功率输入（端）
	= pressure indicator　压力指示器，压力表
	= primary input　初级输入
	= programmed instruction　程序指令，程序控制教学
PIA	= peripheral interface adapter　外围接口转换器
PIBD	= portable interface bond detector　手提式界面接合探测器
PIC	= personal identification code　个人识别码
	= photonic integrated circuit　光子集成电路〔线路〕
	= programmable intelligent computer　可编程智能计算机
	= program(me) information center　程序信息中心
	= pulse ionization chamber　脉冲电离箱
PICE	= programmable integrated control equipment　积分程序控制设备
PICM	= particle in cell computing method　在格网中的质点计算法
PICS	= production information and control system　生产信息与控制系统
PID	= picture input device　图像输入设备
	= piping and instruments diagram　管路及仪表布置图
	= proportional-integral-differential (controller)　比例积分微分（控制器）
	= proportional plus integral plus derivative action　比例积分微分动作，比例加积分加微商控制作用
PIE	= parallel interface element　并行接口部件
PIG	= pendulous integrating gyro　摆式修正积分陀螺仪
	= penning ionization ga(u)ge　冷阴极电离真空规
	= Phillips ion ga(u)ge　菲利浦斯电离计
PIGA	= pendulous integrating gyro accelerometer　摆式修正积分陀螺加速表
PIM	= precision instrument mount　精密仪器架
	= product information management　产品信息管理
PIN	= personal identifical number　个人（身份）识别号
	= personal identification number　个人身份密码，个人（身份）识别号码，（数字手机的）个人密码
	= position indicator　位置指〔显〕示器
	= private intelligent network　专用智能（情报）网
PINO	= positive input-negative output　正输入 - 负输出
PIO	= process input output　过程输入输出
	= processor input-output　处理机输入输出设备
PIP	= permanent internal polarization　永久内部极化
	= pulse integrating pendulum　脉冲积分摆
PIPA	= pulse integrating pendulum accelerometer　脉冲积分摆加速表
PIPS	= pattern information processing system　图像信息处理系统
PIQ	= parallel instruction queue　并行指令队列
PIRT	= precision infrared tracking (system)　精密红外跟踪（系统）
PIS	= passenger information system　乘客信息系统
PISFV	= particle image surface flow visualization　粒子图像表面流动图像
PIU	= lug-in unit　插换件，插入部件
	= path information unit　通路信息单元
PIV	= peak inverse voltage　峰值反向电压
	= personal identity verification　个人身份验证
	= plug-in valve　插入式电子管

	= positive infinitely variable PIV 型无级变速装置，正无级变速
	= post indicator valve 后指示器阀
PIXE	= proton-induced X-ray emission analysis 质子感生 X 射线分析
pixel	= picture element 像素
PJ	= plasma jet 等离子流
	= private jack 专用插座
PJM	= plasma jet machining 等离子喷射加工，等离子体射流加工
PK	= private key 内线〔专用〕电键
PL	= peak load 尖锋负荷
	= power lock 动力门锁，电动锁
	= program(me) language 程序语言
	= propagation loss 传输损耗
Pl	= petrol injection （发动机）汽油喷射
	= pilot lamp 信号〔指示，度盘，领航〕灯
	= pitch line 齿距线，分度线
PLA	= programmable logic array 可编程序的逻辑阵列
PLAN	= problem language analyzer 解题语言分析器，解题语言分析程序
PLANNET	= planning network 设计网，计划网
PLATO	= programmed logic for automatic teaching operations 自动教学程控逻辑（设备）
PLC	= power line carrier 输电〔电力〕线载波
	= power line communication 输电线通信
	= power loading control 动力负载控制
	= programmable logic control 可编程序逻辑控制
	= programmable logic controller 可编程逻辑控制器
	= propellant loading control 燃料装填控制
PLCM	= propellant loading control monitor 燃料装填监控装置
PLCS	= propellant loading control system 燃料装填控制系统
PLCU	= propellant loading control unit 燃料装填控制设备
PLD	= phase locked detector 同相〔相位锁定〕检波器
	= programmable logic device 可编程序逻辑设备
	= pulsed-laser deposition 脉冲激光沉积
PLGR	= precision light weight GPS receiver 精密小型全球定位系统接收机
PLI	= pitch limit indicator 间距限制指示器
PLIN	= power line impedance network 电力线路阻抗网络
PLL	= phase-locked loop 锁相环路，锁相回路
PLM	= programmable logic machine 可编程序逻辑机器
	= pulse length modulation 脉冲长度调制
	= pump laser module 抽运〔泵〕激光器模块
PLMN	= public land mobile network 陆上公用移动通信网
PLO	= phase locked oscillator 锁相〔相位同步〕振荡器
PLP	= packet layer protocol 分组层协议
PLR	= portable laser range-finder 便携式激光测距仪
PLS	= propellant loading sequencer 燃料装填程序装置
	= propellant loading system 燃料装填系统
PLTS	= propellant loading and transfer system 燃料装填与输送系统
PLTTY	= private line teletypewriter service 专线电传打字电报机业务
PLU	= propellant loading and utilization 燃料装填与利用
PLUS	= precision loading and utilization system 精密装填与利用系统

p-m　= permanent magnet　永久磁铁

PM　= passivated mesa　钝化台面式晶体管

= phase modulation　相位调制，调相

= plate-modulated　阳极调制

= powdered-metal　粉末金属

= powder metallurgy　粉末冶金

= pulse modulation　脉冲调制

Pm　= promethium　钷

PM BLDC　= permanent magnet brushless direct current　永磁无刷直流电动机

PMBX　= private manual branch exchange　专用人工小交换机

PMC　= personal mobile communication　个人移动通信

= personal multimedia communication　个人多媒体通信

= programmable machine tool controller　可编程序机床控制器

= program marginal checking　程序边缘校验

PMD SP　= permanent-magnet dynamic speaker　永磁电动式扬声器

PME　= photomagnetoelectric effect　光电磁效应

PMEL　= precision measurement equipment laboratory　精密测量设备实验室

PMG　= permanent magnetic generator　永磁发电机

PMI　= Project Management Institute　项目管理学会（美）

PMMA　= polymethyl methacrylate　聚甲基丙烯酸甲酯，有机玻璃

PMOS　= p-channel metal oxide semiconductor　P沟道金属氧化物半导体（器件）

PMR　= paramagnetic resonance　顺磁共〔谐〕振

= propellant mass ratio　推进剂质量比

= proton magnetic resonance　核磁共振，质子磁共振

PMS　= Polaris missile system　北极星导弹系统

PMSM　= permanent magnet synchronizing motor　永磁同步电动机

PMT　= page map table　页映射表

= passivated mesa transistor　钝化台面型晶体管

= photomultiplier tube　光（电）倍增管

PMU　= phasor measurement unit　相位测量设备〔装置〕

= pressure measuring unit　测压力装置

PMVR　= prime mover　原动机

PN　= performance number　特性〔性能〕数

= personal number service　个人编号业务

= plasticity number　可塑性指数

= programmable network　可编程网络

= pseudonoise　伪噪声

PNdB　= perceived noise decibels　可闻噪声分贝

PNET　= probability network estimate technology　概率网络估算技术

PNM　= Peri network model　Peri 网模型

= pulse number modulation　脉冲数调制，脉冲密度调制

PNNI　= private network-network interface　专用网（络）到网（络）接口

PNP　= park/neutral position　驻车 / 空档位置

P & O　= pig and ore process　生铁加矿石炼钢法

PO　= pneumatic operated　气动的

= power oscillator　功率振荡器

= power output　功率输出

= primary output　初级输出

= punch-on 穿孔
Po = polonium 钋
POA = power optimized aircraft 能量优化飞机
POC = particulate organic carbon 分散有机碳
= powder oxygen cutting 氧熔剂切割
POCSAG = post office code standardization advisory group 邮局编码标准化顾问工作组
PODA = priority-oriented demand assignment 面向优先级的需求分配
POE = pressure〔pneumatically〕operated equipment 气动装置
POF = plastic optic fiber 塑料光纤
POL = petroleum oil and lubricants 石油和润滑油
= problem-oriented language 面向问题的语言
PON = passive optical network 无源光（纤）网（络）
PON OTDR = passive optical network OTDR 无源光纤网络光时域反射仪
POP = printing-out paper （利用光照直接显影的）印相纸,（输出数据）自动打印纸
PORT = photo-optical recorder tracker 光电记录跟踪装置
POS = plasma opening switch 等离子体断路开关
= pole (mounted) oil switch 电杆〔柱上〕油开关
= pressure operated switch 气动继电器，气动开关，压力操纵开关
POSFET = piezoelectric-oxide-semiconductor field effect transistor 压电氧化物半导体场效应晶体管
POSIX = portable operating system UNIX 可移植的 UNIX 操作系统
POSS = prototype optical surveillance system 标准光学监视系统
POST = part of speech tagger 词类标记
= program to optimize simulated trajectories 优化模拟轨迹的程序
POTS = plain old telephone service 简单老式电话服务
POWER = performance optimized with enhanced RISC 通过强化 RISC 来优化的性能
POWSPEC = power spectra display 功率谱显示（程序名称）
PP = packet pipe (a protocol) 分组传输线路协议，包路由选择协议
= parallel processing 并行处理
= peak power 峰值功率
= peak-to-peak （正负）峰间值，由极大到极小
= peripheral processor 外围处理机
= photographic plate 照相底片，胶片
= pilotless plane 无人驾驶飞机
= pinpoint 定点，精确的方位点
= plastic product 塑料产品
= power plant 发电站，动力设备〔车间，厂〕
PPB = programmed patch board 程序接线板
PPC = pen-palm personal computer 笔式掌上电脑（不配键盘，用笔输入）
= program(me) planning and control 程序设计与控制
= propellant pressurization control 燃料增压控制
= pulsed powered circuit 脉冲功率电路
PPD = plasma panel display 等离子体平面显示（器）
PPDL = point-to-point data link 定点数据传输线
PPDN = public packet data network 公用分组（交换）数据网
PPDS = parallel plate domain structure 平行板磁畴结构
PPDU = presentation protocol data unit 表示协议数据单元
PPF = photographic processing facility 相片处理设备

PPFF = priority program(me) flip-flop 优先程序触发器
PPI = pictorial position indicator (radar) （雷达）图像位置显示器
= plan position indicator （雷达）平面位置显〔指〕示器
= present position indicator 目前位置指示器
= programmable peripheral interface 可编程序的外围接口
PPL = polymorphic programming language 多用途程序设计语言
PPM = periodic permanent magnet 周期性永久磁铁
= pulse phase modulation 脉（冲）相（位）调制
= pulse-position modulation 脉（冲）位（置）调制
PPPEE = pulsed pinch plasma electromagnetic engine 脉冲箍缩等离子体电磁发动机
P-P〔p-p〕 = push-pull 推挽（式）的，差动的
PPPPI = photographic projection plan position indicator 照相投影平面位置显示器
PPS = peripheral processing system 外围处理系统
= precision processing subsystem 精密处理子系统
= production planning and control system 生产计划与控制系统
= progressive power steering 渐进式（自动可调式）动力转向
PPU = panel processing unit （机床数控加工）面板数控系统
= peripheral processor unit 外围处理机
PQC = production quality control 产品质量控制〔管理〕
PR = pedestal roller 旋转底座滚柱
= performance ratio 性能系数，特性比
= polarized relay 极化继电器
= pressure recorder 压力记录器
= printer controller 打印机控制器
= productivity ratio 生产率
= program(me) register 程序寄存器
= pulse rate 脉冲重复频率
Pr = pitch ratio 螺距比
PRA = particular risk analysis 特定风险分析
= probability risk assessment 概率风险评估
= pulse relaxation amplifier 脉冲张弛放大器
PRACL = page-replacement algorithm and control logic 页式置换算法与控制逻辑
PRALINE = programme d'analyse logique et d'interpretation numerique d'enquetes PRALINE 程序（法国用的一种分析查询结果的程序）
PRAM = pseudo random access memory 伪随机存取存储器
PRBS = pseudorandom binary sequence 伪随机二进序列
= pseudo-random binary signal 伪随机二进制信号
PRC = point of reverse curvature 反曲线点
PRCP = power remote control panel 遥控配电盘
PRDV = peak-reading digital voltmeter 峰值数字电压表
PRESS CTL = pressurization control panel 增压调节台
PRESS DIST = pressurization distribution panel 增压分配控制台
PRF = pulse recurrence frequency 或 pulse-repetition frequency 脉冲重复频率
PRG PNL = purge panel 清除操纵台
PRI = primary rate ISDN 初级 ISDN
PRIR = parts reliability improvement routine 部件可靠性提高程序
priv.X. = private exchange 专用小交换机，用户交换机
PRM = pulse rate multiplication 重复脉冲倍频

PRN = pseudorandom noise 伪随机噪声
Proc = proceedings 学报，会报，纪要，会刊，论文集
PRODAC = programmed digital automatic control 程序数字自动控制（器）
pro LaMaT = programming language for machine tools 机床编程语言（国际会议）
PROM = programmable read-only memory 可编程序的只读存储器，程序可控只读存储器
PROP VLV = propellant valve 推进剂阀
PRR = pulse repetition〔recurrence〕rate 脉冲重复率
PRS = pattern recognition society 模式识别学会
= pattern recognition system 模式识别系统
Pr Spec = process specification 工艺规程
PRTOT = prototype real-time optical tracker 实时光跟踪装置模型
PRU = pneumatic regulation unit 气动调节设备〔装置〕
PRV = peak reverse voltage （半导体）峰值反向电压
= pressure reducing valve 减压阀
PRX = pressure regulation exhaust 调压排气（装置，口）
P & S = pig-and-scrap process 生铁废钢法（炼钢）
PS = parity switch 奇偶开关
= point of switch 转辙器尖
= polarized sounder 极化音响器
= power source 电〔能，功率〕源
= power supply 电源，动力源
= power switch 电源开关
= pre-superheater 预过热器
= product standard 产品标准
= pull switch 拉线开关
= pulse shaper 脉冲整形器，脉冲整形电路
PSA = power supply assembly 电源组件
PSAI = pulsed secondary air injection 脉冲式二次空气喷射
PSAR = pressure system automatic regulator 压力系统自动调节器
PSC = parallel-to-serial converter 并联 - 串联变换器，并行 - 串行变换器
= phase sensitive converter 相（位灵）敏变换器
= pressure system control 压力系统控制
= prestressed concrete 预应力混凝土
PSCS = personal space communication service 个人空间通信业务
PSD = light spot position sensitive device 光点位置测量器
= phase sensitive detector 相位灵敏探测〔相敏检波〕器
= position sensitive device （机器人）位置视觉传感器，位置测量仪
= power spectrum density 功率谱密度函数
PSDN = packet switching data network 分组交换数据网，包交换数据网络，报文（分组）交换数据网络
PSDU = power switching distribution unit 功率转换分配装置
PSE = project support equipment 工程辅助设备
PSFE = polyzonal spiral fuel element 螺旋肋多区释热元件
PSFET = polysilicon field effect transistor 多晶硅场效应晶体管
PSG = pulse signal generator 脉冲信号发生器
PSI = pressurized sphere injector 加压球体喷射器
PSIR = passenger side inflatable restraint （汽车）乘客位充气约束（乘客安全气囊和安

全带充气式预收紧器）

PSK = phase-shift keying　相移〔移相〕键控（法）

PSL = primary standard laboratory　原始标准实验室

PSM = phase-shitting mask　相移掩膜

= pressing-sintering-melting　压制 - 烧结 - 熔化炉

= pulse slope modulation　脉冲斜度调制

PSMR = pneumatic system manifold regulator　气动系统歧管调节器

PSN = packet switch node　报文分组交换节点

= phase shift network　相移网络

= public switched network　公共交换网络

PSO = particle swarm optimal　粒子群优化算法

PSP = power steering pressure　动力转向压力

= power system planning　电力系统规划

= power system processor　供电系统处理机

= prestart panel　起动前操纵台

= programmable signal processor　可编程序的信号处理机

PSPM = pulse symmetrical phase modulation　脉冲对称相位调制

PSR = plow steel rope　挖掘机钢丝绳

= primary surveillance radar　一次监视雷达

PSRM = pressurization systems regulator manifold　增压系统调速器歧管

PSS = personal signal(l)ing system　个人用通信系统

= pneumatic supply subsystem　压缩空气供应子系统

= power supply subsystem　电源子系统

= power system stability　电力系统稳定性

= power system stabilizer　电力系统稳定器

PSSA = preliminary system safety assessment　初步系统安全性评估

PST = phase-shifting transformer　相移变压器

PSTN = packet switch telephone network　分组交换电话网

PSTP = propulsion system test procedure　推进系统试验程序

PSV = portable sensor verifier　手提式传感验孔器

PSWR = power standing-wave ratio　功率驻波比，功率驻波系数

P & T = posts and timbers　柱子与支架

PT = part transfer　部〔零〕件传递

= pencil tube　超小型管

= pipe tap　管螺纹丝锥

= pipe thread　管（子）螺纹

= pneumatic tube　压缩空气（输送）管，气压输物管

= point of tangency　切点

= portable radio termination　便携式无线电终端设备

= positional tolerance　位置容差

= potential transformer　电压互感器，变压器

= power transformer　电力〔源〕变压器

= pressure test　压力试验

= proof test　验收〔复核〕试验

= pulse time　脉冲间隔

= pulse train　脉冲序列

Pt = platinum　铂

PTC = pending trouble code　待决故障码

= pitch trim compensator 俯仰配平补偿器，音调〔色调，螺旋桨桨距〕调整补偿器
= pneumatic test console 气动试验控制台
= positive temperature coefficient 正温度系数
= power test codes 动力试验规程
= propellant tanking console 推进剂装箱控制台
= pulse time code 脉冲时间码

PTE = page table entry 页表项
= portable test equipment 手提式测试装置
= production tool and equipment 生产工具和设备

PTEQ = pressure and thermal equilibrium 压热平衡

PTH = plated through hole 镀通孔，金属化孔

PTM = phase time modulation 相时调制
= pulse time modulation 脉时调制

PTMS = power and thermal management system 动力与热综合管理系统

PTN = privated telecommunication network 专用通信网

PTO = power takeoff〔power-take-off〕动力起飞，动力输出端〔轴〕

PTP = point to point 点位，点对点，点到点，（数控加工）点位控制

PTPS = propellant transfer and pressurization system 推进剂输送与增压系统

PTR = photo tape reader 光带读出器

Ptrans = pressure transmitter 压力传感器

PTS = platform travel sensor 踏板行程传感器
= pneumatic test sequencer 气动测试程序装置
= pneumatic test set 气动测试设备
= propellant transfer system 推进剂输送系统

PTSC = part-through-surface-crack 穿透表面裂纹

PTSN = public telephone switching network 公共电话交换网络

PTSS = photon target scoring system 光子靶计算系统

PTT = post,telegraph and telephone 邮政电报与电话
= push-to-talk 按键通话

PTU = parallel transmission unit 平行传输设备
= power transfer unit 功率传递单元，动力转换组件

PTW = pressure thermit welding 加压热剂焊

PU = physical unit 物理单元
= porosity unit 孔隙度单位（1% 的孔隙度）
= power unit 电源部件，动力单元，功率单位，发动机组
= propellant utilization 燃料输送调节
= propulsion unit 推进装置
= pump unit 抽运设备，泵组

Pu = plutonium 钚

PUC = personal unblocking code 个人解锁码

PUDT = propellant utilization data translator 燃料输送调节数据传送器

PUE = propellant utilization exerciser 燃料输送调节装置

PUK = personal unlock 手机 SIM 卡和个人识别码 PIN 的解锁密码

PULS = propellant utilization loading system 燃料输送调节装填系统

PUP = peripheral unit processor 外围设备处理机

PUSE = propellant utilization system exerciser 燃料输送调节系统装置

PUT = programmable unijunction transistor 可编程序的单结晶体管

PV = peak voltage 峰（值电）压，最大电压
PVAS = proportional valve stay bolt 比例阀的拉杆螺栓
PVBS = proportional valve basic module——Spool 比例阀的阀芯
PVBD = proportional valve basic module——divider 比例阀的分流模块
PVBM = proportional valve basic module——meter in meter out 进油节流和回油节流模块
PVBZ = proportional valve basic module——zero leakage 比例阀的零泄漏工作模块
PVC = permanent virtual circuit 永久性虚拟电路
= polyvinyl chloride 聚氯乙烯
= polyvinyl corer 聚乙烯取芯器
= potential volume change 潜体积变化（土体积变化的潜能）
PVE = proportional valve electro——hydraulic actuators 比例阀电液控制模块
PVF = polyvinyl fluoride 聚氟乙烯
PVG = proportional valve group 比例阀组
PVM = parallel virtual machine 并行虚拟机
= proportional valve manual control with handle 比例阀的手操模块
PVMF = proportional valve manual float position cover 比例阀的浮动位机械盖板
PVMR = proportional valve manual friction detent cover 比例阀的摩擦定位机械盖板
PVP = parallel vector processor 并行向量处理机
= programmable video processor 可编程视频处理器〔机〕
PVR = precision voltage reference 精确基准电压
PVS = prototype verification system 原型验证系统
PVT = pressure-volume-temperature 压力，体积，温度
PW = primary winding 原〔一次〕线圈
= program(me) word 程序字
= pulse width 脉冲宽度
PWB = printed wiring board 印制线路板
PWC = pulse width coding 脉宽编码
PWD = post-write disturb 写后干扰
= pulse width discriminator 脉宽鉴别器
PWE = pulse width encoder 脉宽编码器
PWGR = pressurized water graphite reactor 石墨压力水（核）反应堆
PWI = proximity warning indicator 防撞报警显示器
P-wire = private wire 测试〔专用〕线，塞套引线，“C”线
PWM = pulse width modulation 脉冲宽度调制
PWR = pressurized water reactor 加压水冷（核）反应堆
PWR AMP(L) = power amplifier 功率放大器
PWR DIST-TLR = power distribution trailer 配电拖车
PWR MON = power monitor 功率监视器
PWR PLT = power plant 动力装置，发电站，动力厂
PWR SUP = power supply 电源
PWS = private wire system 专用〔测试〕线系统
PX = private exchange 专用小交换机，用户交换机
P-Y-R = pitch-yaw-roll 俯仰 - 侧滑 - 横滚
PZT = piezoelectric 压电片，压电体、压电材料
= piezoelectric transition 压电跃变
Q = quality factor 品质因数，质量因数，Q 值
= quantity of electricity 电量
= quantity of heat 热量

	= quenching 淬火
QA	= quadrant angle 象限角
	= quality assurance 质量保证
	= quick-acting relay 速动继电器
	= quiescent antenna "沉默"天线
QAD	= quick attach-detach 快速连接分开
QAM	= quadrature amplitude modulation 正交调幅
QAVC	= quiet automatic volume control 无噪声的自动音量控制
Qb	= quenched in boiling water 在沸水中淬火的
qb	= quick break 速断，高速断路器
Q-band	= Q-band frequency Q 频带，Q 波段
Q-BOP	= quality-basic oxygen process 质量碱性氧气炼钢法（底吹氧气转炉炼钢法）
QC	= quality control 质量控制〔管理〕
QCB	= queue control block 排队控制块
QCD	= query complexity degree 询问复杂度
QCF	= quartz crystal filter 石英晶体滤波器
QCO	= quartz crystal oscillator 石英晶体振荡器
QCT	= quick change tool （机床数控加工）快换工具
QD	= quadrant depression 俯角
	= query decomposition 查询分解，查询分析
QDC	= quick dependable communication 快速可靠通信
QDCP	= quick die change press 快速换模压力机
QE	= quadrant elevation 仰〔高低〕角，射角
QEC	= quick engine charge 发动机快速注油
QECU	= quick engine change unit 发动机快速更换装置
QF	= quenching frequency 猝熄频率
	= quality factor 品质因数
Q factor	= quality factor 品质〔质量〕因数
QFDMA	= orthogonal frequency division multiple access 正交频分多址
QFT	= quantitative feed back theory 定量反馈理论
Qi	= quenched in ice 冰中淬火的
QIC	= quality insurance chain 质量保证机构
QIT	= quality information and test system 质量信息与试验系统
QLA	= quenched in liquid air 在液体空气中淬火的
QMB	= quick make-and-break contact 快速通断接触
QMF	= quadrature mirror filter 正交镜像滤波器
QMI	= qualification maintainability inspection 合格维修检验
QMQB	= quick-make,quick-break 快通快断
QMS	= quality management system 质量管理系统
QNT	= quantizer 数字转换器，量化器
Qo	= quenched in oil （钢材）油中淬火的，油淬
QOD	= quick-opening device 快速断路〔开启〕装置
QP	= quiet plasma 静等离子区
QPD	= quantized probability design 量化概率设计
QPF	= quick plastic forming 快速塑性成形
QPP〔qpp〕	= quiescent push-pull 静推挽（放大器）
QR	= queue request 队列请求
	= quick reaction 快速反应

QRA = quality reliability assurance 质量可靠性保证
QRC = quasi-resonant converter 准谐振转换器
= quick reaction capability 快速反应能力
QRM = quick response manufacturing 快速响应制造
QS = quality standard 质量标准
qs = quarter section 四分之一波长线段
QT = qualification test 质量鉴定试验，合格试验〔考试〕
= queuing theory 排队论
QTAM = queued telecommunications access method 排队远程通信存取法
quad cat = quad way catalyst converter （发动机）四效催化转化器（可转化 CO、HC、NO_x，微粒物 PM）
quad.s = quadruplex system 四路多工（传输）制
quan = quantitative analysis 定量分析
QUAS = quantum amplification by stimulated emission of radiation 量子放大器
QUIL = quad-in-line package 四列直插式组件
QUIP = quick inquiry processor 快速查寻〔询〕处理机
QuIT = quantum interference transistor 量子干涉晶体管
QW = quenched in water 水中淬火的，水淬的
QWA = quarter-wave aerial〔antenna〕 四分之一波长天线
QWSL = quantum well semiconductor laser 量子阱半导体激光器
R, r = radius 半径
R = (degree)Rankine 兰金（温）度数，兰金温标
= resistance 阻力，电阻
= reverse （汽车）倒档，后退，逆动，反向的
= Reynold's number 雷诺数
= right 右的，右侧的，（音响）右声道，直的，直角的，正常的
R/A = resume/accelerate （汽车巡航控制）恢复 / 加速
RA = radius of action 作用〔活动〕半径
= random access 无规〔随机〕存取
= range-azimuth (corrector) 距离 - 方位（校正器）
= reduction in area 断面收缩
= reference address 基本地址
= reliability analysis 可靠性分析
Ra = radium 镭
= Rockwell hardness A-scale 洛氏硬度 A
RAC = ram air cushion 锤头〔柱塞〕气垫
= random access control 随机存取控制器
= random access control unit 随机存取控制部件
= rapid air cool 快速空冷
= robotic arm control system 机器人手臂控制系统
RACE = random access computer equipment 随机存取计算机设备
= rapid automatic checkout equipment 快速自动检查设备
RACEP = random access and correlation of extended performance 扩展性能的随机存取与相关
RACER = reliability,availability,compatibility,economy and reproducibility 性能最佳性（可靠性、可用性、兼容性、经济性及复制性）
RACES = radio amateur civil emergency service 业余无线电爱好者国内应急通信业务
RACH = random access channel 随机接入信道

racom = radio communication 无线电通信
racon = radar beacon 雷达信标，雷达应答器，雷达响应指标
= radio beacon 无线电信标
racrr = range and altitude corrector 距离高度校正器
RACS = remote access computing system 远程存取计算系统
= radio 无线电，射电，无线电设备，无线电收音机
RAD = rapid access data 快速存取数据
= rapid access device 快速存取设备
= rapid access disc 快速存取磁盘
rad = radiate. 辐射，放射
= radiation absorption dose 或 roentgen-absorbed dose 拉德（吸收辐射剂量单位，1 rad = 10^{-2} Gy）
RADA = random access discrete address 无规存取分立地址，随机存取离散地址
RadAIC = radio activity detection identification and computation 辐射剂量探测仪
RaDAN = radar Doppler automatic navigator 多普勒雷达自动导航
radar = radio detecting and ranging 雷达（站，台，设备，探测术），无线电探向和测距，无线电探测（器），无线电定位（装置）
RADAT = radar data transmission system 雷达数据传输系统
= radiosonde observation data 雷达（无线电探空仪）观测资料
RADCM = radar countermeasures 反雷达（措施），雷达对抗
RADCS = rapid automatic digital computing system 自动快速数字计算系统
RADFAC = radiating facility 辐射〔放射〕（试验）设备，散热装置
RADI = radiographic inspection X 射线检验
rad insp = radiographic inspection 射线探伤法，射线无损检测法
Rad Int = radio intelligence 无线电侦察
radist = radio distance 空中目标速度测量装置，无线电导航系统，无线电测距
RADN PRESS = radiation pressure 辐射压力
radom(e) = radar dome 钟〔屏蔽，整流〕罩，（雷达）天线罩，（微波）天线屏蔽器
RADOT = real time automatic digital optical tracker 实时自动化数字记录光学跟踪系统，实时自动数字光（学）跟踪器
Rad Sta = radio station 无线电台
RAI = read analog(ue) input 读模拟量输入，模拟量读入
RAID = random access image devices 随机存取图像设备
RALU = register,arithmetic and logic unit 寄存器、运算及逻辑部件
RAM = random access memory 随机存取存储器
= relational access method 相关存取法
ramark = radar marker 雷达信标，（连续发射脉冲的）雷达指点〔向〕标
ramis = receive,assemble,maintain,inspect,and store 接收、装配、维护、检查与存储
RAN = radio access network 无线接入网络
RaNaD = radio navigation device 无线电导航设备
RAOBS = radiometeorograph observation 无线电气象探测
RAP = radar absorbent paint 雷达吸收涂层
RAPID = reconstruction algorithm for the probabilistic inspection of damage 基于损伤存在概率的重建算法
RAR = radio acoustic ranging 无线电声测距
= ROM address register 只读存储器地址寄存器
RARR = range and range rate 距离和距离变化率
RAS = rectified air speed 修正空速（修正了位置及仪表误差的指示空速）

= reliability,availability,serviceability 性能最佳性（可靠性、可用性及可修性）
RASM = rational asymmetry 理性不对称
RASTI = rapid speech transmission index 快速语言传输指数
RAT = ram air turbine 冲击涡轮，冲压空气涡轮
= ram air turbo 冲压空气涡轮
RaT = receiver and transmitter 送受话器，收发信机
RATAN = radar and television aid to navigation 用于导航的雷达和电视设备
RATE = remote automatic telemetry equipment 自动遥测设备
RATT = radioteletype (writer) 无线电传打字（电报）机
RAX = remote access computing system 远程存取计算系统
= rural automatic exchange 农村自动电话交换机
RB = radar beacon 雷达信标〔应答器〕
= radio beacon 无线电信标
= read backward 反向读出
= read buffer 读缓冲器
= resistance brazing 接触钎焊
= return-to-bias 归零制，归偏
= Rockwell hardness B-scale 以 B 分度表示的洛氏硬度
= roller bearing 滚柱轴承
= rubber base 橡皮基座
Rb = rubidium 铷
RBCC = rocket-based combined cycle 火箭 - 冲压组合动力循环
RBE = remote batch entry 远程成批输入
RBGS = radiobeacon guidance system 无线电信标制导系统
RBJ = rubber base jacket 橡皮套〔罩，壳体〕
RBR = rebroadcasting reception 中断接收，接力接收
RBS = radar beacon system 雷达信标系统
= radio base station 无线电基站
= random barrage system 随机阻塞系统
= recoverable booster system 可回收的助推系统
RBT = resistance bulb thermometer 电阻球温度计
RBV = return beam vidicon 返束视像管
R & C = receiving &classification 接收与分类
RC = cold rolled 冷轧的
= radio compass 无线电罗盘
= radio components 无线电零〔部，元〕件
= ray-control electrode 射线控制电极
= reaction coupling 电抗耦合
= record change 记录修改
= relay computer 继电器式计算机，中继计算机
= remote control 遥控，远程控制
= resistor-capacitor （电）阻（电）容
= ringing circuit 振铃电路
= Rockwell hardness C-scale 以 C 分度表示的洛氏硬度
= rotary converter 旋转换流机
RCA = Radio Corporation of America 美国无线电公司
RCAC = RCA Communications Inc. 美国无线电通信公司
RCB = radiation control board 辐射控制盘

rcb = rubber-covered braided 橡皮绝缘的编包〔织〕线
RCC = recovery control center 恢复〔回收〕控制中心
= remote communication complex 远程通信复合系统
= remote communication console 远程通信操作台
= resistance capacity coupling 阻容耦合
= routing control center 路由选择控制中心
= rubber covered cable 橡皮绝缘电缆，包橡皮的电缆
RCCB = remote control circuit breaker 远程断路器
RCCM = rotary continuous casting machine 旋转式连铸机
RCCS = rate command control system 速度指令控制系统
rcdb = rubber-covered double braided 橡皮绝缘的双层编包线
RCDTL = resistor-capacitor diode transistor logic 阻 - 容二极管晶体管逻辑
RCE = rapid changing environment 迅速变化的环境
= rapid circuit etch 快速电路蚀刻
= reliability control engineering 可靠性控制工程
= remote-control equipment 遥控装置
RCEEA = Radio Communication and Electronic Engineering Association 无线电通信和电子学工程协会（英）
RCG = radio command guidance 无线电指令制导
= reverberation control of gain 增益混响控制
RCh = reader check 读出校验
Rch = right channel （音响）右通道，右声道
RCL = radio command linkage 无线电指挥系统
RCM = radar countermeasures 反雷达措施，雷达对抗
= radio countermeasures 无线电干扰（措施）
= reliability-centered maintenance 以可靠性为中心的维修
= restraint control module （汽车）安全约束控制模块
RCMA = reliability-centered maintenance analysis 以可靠性为中心的维修分析
RCO = record current optimizer 记录电流优化器
= remote-control oscillator 遥控振荡器
RCR = radio control relay 无线电控制继电器
= reader control relay 阅读器控制继电器
= reverse current relay 逆流继电器
RCS = radar cross-section 雷达截面
= rate command system 速度控制系统
= reaction control system 反应控制系统
= rearward communications system 后向通信系统
= reference coordinate system （数控加工）参考坐标系
= relative contrast sensitivity 相对对比感受性
= reloadable control storage 可写控制存储器
= remote control system 遥控系统
= reversing colo(u)r sequence 彩色信号反向顺序
rcs = round-corner square 圆角方料
RCSS = remote communications satellite system 远程通信卫星系统
RCT = reverse conducting thyristor 反向导通闸流管
RCTL = resistor-capacitor coupled transistor logic 阻 - 容耦合晶体管逻辑
= resistor-capacitor transistor logic 阻 - 容晶体管逻辑
= resistor-coupled transistor logic 电阻耦合晶体管逻辑

RCU = recovery control unit 恢复控制部件
= relay control unit 继电器控制设备
rcwv = rated continuous working voltage 额定连续工作电压
R & D = research and development 研究与发展，研制与试验
RD = radiation detection 辐射探测
= rate of descent （垂直）下降速度
= reliability design 可靠性设计
= rolling direction 轧制方向
= root diameter 根圆直径（齿轮）
RDC = remote data collection 远程数据收集
RDCHK = read check 读出检查
RDF = radio direction finder 无线电测向器〔定向仪〕
= radio direction finding 无线电探〔测〕向
= radio distance finder 无线电测距器
= ripple decrease factor 纹波衰减因子
RDI = read digital input 读数字输入，数字量读入
RDM = recording demand meter （自动）记录占用计数计
= rule dependence model 规则相关模型
RDMD = Rodan dot matrix display 罗丹矩阵显示，平板型显示管
RDR = radar / reliability diagnostic report 雷达 / 可靠性调查〔诊断〕分析报告
RDT = remote data transmitter 远距离数据发送器
RDT & E = research and development,test and evaluation 研究与发展、测试和鉴定〔估算〕
RD TOL = roundness tolerance 圆度公差
RDW = rural distribution wire 农村配电线
RE = rack earth 机架接地，接地（机）壳，"地"
= radial error 径向偏差
= radiation effects 辐射作用
= radio exchange 无线电交换台
= radio exposure 放射性照射（量）
= rare earths 稀土元素
= rotary engine 转子发动机
Re = Reynolds number 雷诺数
re = roentgence-equivalent 伦琴当量
Reac = reactor 反应堆，电抗器，电抗线圈，扼流圈
READ = real-time electronic access and display system 实时电子存取与显示系统
= relative element address designate code 相关象元地址指定编码
REAPS = rotary engine antipollution system 转子发动机废气净化系统
REB = rod end bearing 杆端轴承
REBA = relativistic electronic beam accelerator 大功率电子聚束器，相对论性电子束加速器
REBAR = reinforcing bar 钢筋（条）
REC = recovery control 恢复控制
= regional electricity company 地区电力公司
RECIS = remote entry control and immobilizer system （防盗）遥控车门和发动机锁止装置
RECMARK = record mark 记录标记
RECMECH = recoil mechanism 反冲机构，后座装置
RECMF = radio and electronic component manufacturers federation 无线电和电子元件联合制造商协会〔联合会〕

RECSTA = receiving station 接收台，收信台〔站〕
rect P = rectangular pulse 矩形脉冲
red = reduction catalyst （发动机）还原催化剂
REFL = reference line 基准〔参考，零位〕线
refr = refrigerator 制冷机，冷藏箱，制冷器，冷冻机
REG = regression analysis 回归分析
REINS = radar-equipped inertial navigation system 装有雷达的船用惯性导航系统
REL = rate of energy loss 能量损失率
relf vl = relief valve 安全阀，减压〔溢流〕阀
RELM = regularized extreme learning machine 正则极速学习机
REM = rare earth metal 稀土金属
= reflection electron microscope 反射电子显微镜
rem = roentgen equivalent man 雷姆，人体伦琴当量
rem con = remote control 遥控，远距离操纵
REME = Royal Electrical And Mechanical Engineers （英国）皇家电气及机械工程师（学会）
REP = reduction events in project 故障任务数
rep = roentgen equivalent physical 物体伦琴当量（电离辐射剂量）
REPMSM = rare earth permanent magnet synchronous motor 稀土永磁同步电机
reprod = receiver protective device 接收机保护装置，天线转换开关
REPROM = reprogrammable read-only memory 可重编程序的只读存储器
REPS = robust electrical power system 鲁棒电源系统
Rep Sh = repair shop 修理车间
RER = radar effects reactor 雷达效果反应器
ReSCAN = reflecting satellite communication antenna 卫星通信用反射天线
RESEP = reentry systems environmental protection 再入系统环境防护
RESFLD = residual field 剩（余）磁（场）
REST = radar electronic scan technique 雷达电子扫描技术
RET = ring emitter transistor 环形发射极晶体管
RETMA = Radio,Electronics and Television Manufacturers Association 美国无线电、电子器件〔设备〕电视机制造商协会（现为 Electronic Industries Association 电子工业协会）
RETP = reliability evaluation test procedure 可靠性鉴定试验程序
revcur = reverse current 反向电流
REWR = read and write 读和写
REX = real-time executive routine 实时执行程序
RF = radial flow 径（向）流
= radio frequency 射频，无线电频率
= range finder （光学）测距器，测远仪
= read forward 正向读出
= read frequency 频率读入
= reserve free 备用
Rf = rutherfordium
RFA = radio-frequency amplifier 射〔高〕频放大器
RFAC = robot flexible assembly cell 机器人柔性装配单元
RFB = rectified feedback 整流反馈
RFC = radio-frequency chart 射频图，无线电频率表
= radio-frequency choke 射频扼流圈

= radio-frequency current 射频电流
rfcal = return for calibration 退回校准
RFCO = radio-frequency checkout 射频检验〔调整〕
RFCS = radio-frequency carrier shift 射频载波漂移
RFEC = remote field eddy current 远场涡流
RFF = reset flip-flop 复位触发器
RFG = rate and free gyro 二自由度与三自由度陀螺仪
RFI = radio-frequency interference 射频干扰
= read frequency input 读频率输入
= reduced flight idle 减推力飞行慢车
RFIT = radio-frequency interference test 射频干扰试验
RFM = reactive factor meter 无功功率因数计
RFMC = ram fan motor controller 冲压风扇电动机控制器
RFO = rotor-flux orientated 转子磁场定向（控制）
RFP = request for proposal 招标书
RFR = reject failure rate 抑制故障率
RFT = radio-frequency transformer 射〔高〕频变压器
RFW = reserve feed water 储备供水
RG = radio guidance 无线电制导
= rate gyro 阻尼〔微分，角速度，二自由度〕陀螺仪
= relay group 继电器组
= reset gate 复位门
= reticulated grating 格栅
= reverse gate 反向门
= reverse grade 反向坡度
= ring gear 环形齿轮
Rg = reduction gear 减速齿轮
RGB = red,green,blue 红，绿，蓝
RGI = reduced ground idle 减推力地面慢车
RgR = regulating rheostat 调节变阻器
RGS = radio guidance system 无线电制导系统
RGSAT = radio guidance surveillance and automatic tracking 无线电制导对空观察〔监视〕与自动追踪
RGT = resonant-gate transistor 谐振栅极晶体管
RH = relative humidity 相对湿度
Rh = rhodium 铑
= Rockwell hardness 洛氏硬度
RHACU = reheat acceleration control unit 加热加速调节器
RHB = radar homing beacon 雷达归航信标
RHC = range-height converter 距离 - 高度变换器
= Rockwell hardness C scale 洛氏硬度 C 级
RH CTL = right-hand controls 右座〔侧〕操纵
RHCU = reheat control unit 加热调节器
RHE = reliability human engineering 可靠性机械设备利用学
RHI = range-height indicator 距离 - 高度指示器
= relative humidity indicator 相对湿度指示器
RI = radio inertial 无线电惯性
= radio inertial guidance system 无线电惯性制导航系统

= radio influence 射频感应
= radio interference 无线电干扰
= radioisotope indicator 放射性同位素指示器
= radioisotope〔radioactive isotope〕放射性同位素
= receiving inspection 验收，接受检查
= reflective insulation 反射绝缘
= resistance-inductance (circuit) 电阻 - 电感线路
= rubber insulation 橡皮绝缘

ri = refractive index 折射指数〔率〕, 折光指数
= reliability index 可靠性指标

RIA = Robotic Industries Association （美国）机器人工业协会
= Robot Institute of America 美国机器人学会

RIBE = reactive ion beam etching 反应性离子束蚀刻

RIC = remote-intelligent-communication 远程智能通信
= resistance-inductance-capacitance 电阻 - 电感 - 电容

RID = radio intelligence division 无线电信息划分，无线电情报处

RIE = reactive ion etching 反应离子蚀刻

RIF = radar identification set 雷达识别装置
= radio influence field 高〔射〕频干扰场
= reliability improvement factor 可靠性改良系数

RIFI = radio interference field intensity 射频〔无线电〕干扰场强

RIG = radio inertial guidance 无线电惯性制导

RIGS = radio inertial guidance system 无线电惯性制导系统

RIME = radio inertial monitoring equipment 无线电惯性操纵〔监控〕设备

RIOS = remote input output station 远程输入输出站

RIP = raster image processor 栅格图像处理器

RIPS = radioactive isotope power supply 放射性同位素电源

RIR = reliability investigation request 可靠性调查（的）请求

RISC = reduced instruction set computer 精简指令集计算机，归约指令集计算机
= reduced instruction set computing 精简指令集计算

RISE = research in supersonic environment 超声环境的研究
= robust integral of the sign of the error 误差符号的鲁棒积分

RIST = radio isotopic sand tracing (system) 放射性同位素砂示踪（系统）

RIT = rate of information through-put 信息周转率，信息传输速率

RIV = radio influence voltage 高频干扰电压
= radio interference voltage 无线电干扰电压（电晕的）

RJE = remote job entry 远程作业输入

RJP = remote job processing 远程作业处理

RKG = Runge-Kutta-Gill method 龙格库塔基尔法

RKVA = reactive-kilovolt-ampere 无功千伏安，千乏

RL = radio location 无线电定位
= reference line 基准线，参考线
= relay logic 继电器逻辑（电路）
= return loss 回波损失

RLBI = right left bearing indicator 左右方位（角）指示器

RLE = run-length encoding 行程长度编码，游程长度编码

RLOS = radio line-of-sight 无线电瞄准线

RLS = recursive least squares 递归最小二乘方

RLU = relay logic unit 继电器逻辑元件〔装置〕
RM = range marks 距离标记
= raw material 原（材）料
= read-out matrix 读出矩阵
= refrigerating machine 制冷机
= routine maintenance 例行维修，常规保养
rm = reverse motion 反向〔返回〕运动
RMA = random multiple access 随机多路存取
RMC = rod memory computer 杆式存储器计算机
RMCC = remote control channel 远程控制信道
RMDI = radio magnetic deviation indicator 无线电磁偏差显示器
RMF = reactivity measurement facility 反应性测量装置
RMI = radio magnetic indicator 无线电磁指示器
= reliability management information 可靠性管理信息
RML = radar microwave link 雷达微波中继装置
RMM = read-mostly memory 主读存储器
RMOS = refractory metal-oxide-semiconductor 耐热的金属氧化物半导体
RMS = rate monotonic scheduling algorithm 单调速率调度算法
= reason maintenance system 推理维护系统
= record management servicer 记录管理服务程序
= remote select 遥控选择
= root-mean-square 或 square root of mean square 方均根（值），有效值，方均的
RMSE = root-mean-square error 方均根（误）差
RMT = read magnetic tape 读出磁带
RMV = respiratory minute volume 每分（钟）通气量
RMW = read-modify-write 读-改-写
RN = radio navigation 无线电导航
= reference noise 基准噪声
Rn = radon 氡（即 niton，Nt）
RNAV = regional area navigation 区域导航
RNG = radio range 无线电测距
RNG COMP = range computer 距离计算装置
RNP = required navigation performance 所需导航性能，所需性能导航
RNS = residue number system 余数系统
RNV = radio-noise voltage 无线电噪声电压
RO = range only 雷达测距器，测距仪，只测距离的
= read only 只读（设备）
= read out 读出
= receive only 只收（设备）
= reverse osmosis 反渗透（作用）
= ringer oscillator 铃流发生器，环形振荡器
ROFDR = raman optical frequency domain reflectometry 拉曼光频域反射技术
ROM = read only memory 只读〔固定〕存储器
rom = rough order of magnitude 近似的数量级
ROMON = receive-only monitor 只（接）收监听器
ROPC = rate of pitch change 栅距变化率
ROPP = receive-only page printer 电传打字接收机

ROR = range-only radar 测距雷达，雷达测距仪
ROS = read-only-storage 只读存储器，固定存储器
= robot optical sensor 机器人光学传感器
ROSS = route-oriented simulation system 面向线路的模拟系统
ROT = rate of turn 转动速度
RotAct = rotary actuator 旋转激励器
ROTDR = raman optical time domain reflectometry 拉曼光时域反射技术
RP = radar plot 雷达图
= reception poor 接收不良
= relative pressure 相对压力
= resistance plate 电阻板
= resolving power 分辨能力，解像能力
RPA = remotely piloted aircraft 遥控飞机
RPAS = remote piloted aircraft system 遥控飞机系统
RPC = remote procedure call 远程过程调用
RPC〔rpc〕 = remote-position control 位置遥控，遥控台
RPDC = reactive power device control 无功功率设备控制
RPDU = remote power distribution unit 远端能源单元，远程电源分配组件，远程配电组件
RPF = radio position finding 无线电测位
RPG = report program generator 报表程序生成器，报表程序生成程序
RpH = repairs heavy 大修
RPL = restored pressure loss 恢复压力损失
RPM = rapid prototyping manufacturing 快速原型制造技术
= reliability performance measure 可靠性性能测量〔测定〕
RPmm = rows per mm 行/毫米
RPN = risk priority number 风险优先数
rpN = positive-channel negative-channel junction PN结
RPR = read printer 读出打印机
RPRS = random pulse radar system 随机脉冲雷达系统
RPS = random pulse sequence 随机脉冲序列
= range positioning system 距离定位系统
= rationalised process specification 统一工艺规程
RPV = remotely piloted vehicle 无人驾驶遥控汽车，遥控飞行器
R & QC = reliability and quality control 可靠性与质量控制
RQP = research queuing package 研究排队软件包
R / R = remove and replace 拆卸与置换
RR = redundancy reduction 多余度降低，多余信息减少
= repetition rate 重复率
= reverse relay 逆流继电器
= Rolls-Royce （英）罗尔斯·罗伊斯（汽车和飞机发动机公司）
= running reverse 反转，反向操作
Rr = reduction ratio 破碎比，减速比
RRH = remote radio head 远程无线电前端
RRL = radio research laboratory 无线电研究实验室
R & RR = range and range rate (system) 距离和距离变化率测量（系统）
R&S = reconnaissance and surveillance 侦察监视
RS = radio station 无线电台

= record separator 记录分隔符
= relay selector 继电器式选择器
= remote sensing 遥感
= remote station 远程站，遥控台
= reset key 置“0”键，清除键
= returning spring 复原弹簧
= reverse signal 反转信号
= ringing set 振铃机
= rivet(t)ed steel 铆结钢
= rolled steel 轧钢
= rotary switch 旋转开关〔机键〕

RSA = remote station alarm 遥控站警报，遥控台警报器，远程站报警
RSBS = radar safety beacon system 雷达安全信标系统
RSC = restart capability 重新起动能力
RSCS = rate stabilization control system 速率稳定控制系统
RSDT = remote station data terminal 远程站数据终端
RSE = reliability system engineering 可靠性系统工程
RSF = remote support facility 远程支持设施
RSG = rate signal generator 比率信号〔与速度成比例的信号〕发生器
RSI = radar scope interpretation 雷达显示器判定
= right scale integrated circuit 适当规模集成电路
RSJ = rolled steel joist 轧制钢梁，轧制工字钢
RSK = receive / send keyboard set 收发键盘装置
RSM = emote switched module 远程交换模块
= real storage management 实存储器管理
= rivet setting machine 铆钉机
rsp = rate sensing package 速率传感组件
= roll stabilization platform 滚动稳定平台
= ribbed smoked sheet 皱纹烟胶
= road sensing suspension 路敏悬架系统
RSS = relaxed static stability 松弛静态稳定性
= root-sum-squares 统计平方公差法
= (square) root (of the) sum square 平方和的平方根
RST = regenerator section termination 再生段终端
RSU = remote subscriber unit 远程用户单元
= road side unit （不停车收费）路侧阅读器
RT = radio and television 无线电和电视
= radiography test X 射线探伤试验
= radioisotope tracer 放射性同位素指示剂，放射性（同位素）示踪物
= reaction time 反应时间
= real time 实时
= receiver-transmitter 接收机 - 发射机，送受话机〔器〕
= relative temperature 相对温度
= room temperature 室温
= rotary transformer 电动发电机，旋转变量〔压〕器
= rotary transmitter 回〔旋〕转发射机
RTA = reliability test assembly 可靠性测试装置
RTB = radial time-base 径向时基

RT BCN = rate beacon 速率信标

RTC = real-time computer 实时计算机
= real-time controller 实时控制器

RTCC = real time computer complex 实时复合计算机
= real time computing center 实时计算中心

RTD = reliability technical directive 可靠性技术指令
= resistance temperature detector 电阻温度计
= resistive thermal detectors 电阻式热探测器

RTE = regenerative turboprop engine 再生式涡轮螺旋桨发动机

RTF = radar terrain following 雷达地形跟随

RTI = run-time infrastructure 运行支撑环境

RTIR = reliability and trend indicator reports 可靠性与倾向指示器记录

RTK = real time kernel 实时内核

RTL = reinforced tile lintel 加筋的砖过梁
= resistor-transistor logic 电阻晶体管逻辑（电路）

RTM = real-time monitor 实时监控器
= resin transfer molding 树脂转移成型
= running time meter 运转计时器

RTO = real-time operation 实时工作〔运算〕，快速〔实时〕操作
= rejected takeoff 中断起飞

RTOS = real-time operating system 实时操作系统

RTP = rapid thermal processing 快速热处理
= real-time position 实时位置
= real time protocol 实时协议
= reinforced thermoplastics 增强热塑性塑料
= remote transfer point （遥）远转移点，（遥）远传送点
= rise time pulse 上升〔增长，建立〕时间脉冲

RTPan = ringer test panel 振铃器测试盘

RTR = radio teletype receiver 无线电电传打字电报接收机

RTr = rotary transformer 电动发电机，旋转变量〔压〕器

Rtr = radio transmitter 无线电发射机
= reliability test requirements 可靠性试验要求

RTS = reliability test system 可靠性测试系统
= reliable transfer service 可靠传送服务
= request to send 请求发送
= research test site 研制试验现场

RTT = radio teletype transmitter 无线电电传打字电报发射机

RTTS = real-time transmission system 实时传送系统

RTU = radio tuning unit 无线电调谐单元，无线电调谐组件
= remote terminal unit 远程终端设备

Ru = ruthenium 钌

RUL = remaining useful life 剩余使用寿命

RUM = remote underwater manipulator 遥控水下机械手

RV = radio vehicle 移动式无线电台
= rear view （背）后（的）视（野），背〔后〕视图
= relief valve 安全〔保险〕阀门，减压阀
= risk value 风险值

RVA = reactive volt-ampere meter 无功伏安计

RVBR = rivet(t)ing bar 铆接拉杆
RVFX = rivet fixture 铆接夹具
RVPA = rivet pattern 铆钉的排列形式
RVP〔Rvp〕 = Reid vapo(u)r pressure 列氏蒸汽压力
RVR = runway visual range 跑道视距
RVSSC = reverse self check 反向自校验
RVSZ = rivet(t)ing squeezer 压铆机
RVU = relief valve unit 保险〔安全〕活门装置，减压阀装置
R/W = read / write 读 / 写
RW = raw water 未经净化的水
= roll welding 滚轧焊
= test piece for resistance welding 电阻焊试样
RWB = rear wheel brakes 后制动器，后轮闸
RWO = right wrong omits counter 正确、错误、省略答案计数器
RWS = reaction wheel systems 反作用轮系统
Rx = receiver 接收机
RYALM = relay alarm 继电器报警装置
RZ = return-to-zero 归零点〔制〕
S = south pole （磁）南极，S 极
= spoilers in nozzle 喷管内阻流板
= sports 跑车类
= sulphur 硫
= surface area 表面积
SA = satellite aerial 卫星天线
= Science Abstracts 科学文摘（英）
= sectional area 截面积
= self-acting 自动的
= semi-automatic 半自动的
= sense amplifier 读出放大器
= shock attenuation 减振
= signal attenuation 信号衰减
= simulated annealing 模拟退火（一种算法）
= slow acting relay 缓动继电器
= spectrum analysis 光〔频〕谱分析
= spectrum analyzer 光〔频〕谱分析仪
= spin axis 旋转轴，自旋轴
= stochastic approximation 随机似然估计
= store automation 仓储自动化
= sustained acceleration 持续加速（度）
= system analysis 系统分析
Sa = samarium 钐
sa = single amplitude 单（振）幅
SAA = (the) Standards Association of Australia 澳大利亚标准学会
SAB = Scientific Advisory Board 科学咨询局〔委会员〕(美)
= single amplifier biquadratic 单放大器双二次的
= solid assembly building 刚性装配体
SABE = society of automation in business education 商业教育自动化学会
SABU = semiautomatic backup (automatic checkout and readiness equipment) 半自动备

用设备（自动调整与准备装置）

SAC = semiautomatic coding 半自动编码
= single address code 单地址码
= storage access control 存储器存取控制

SACAC = South African Council for Automation and Computation 南非自动化和计算委员会

SACO = select address and contrast operate 选择地址及对比操作

SAD = silicon avalanche diode 硅雪崩二极管
= SPALT〔special projects alteration〕addendum data 特殊项目更改部分的补充资料

SADAP = simplified automatic data plotter 简化（的）自动数据绘图机

SADC = solid-state analog-to-digital computer 固态模拟数字计算机

SADIE = scanning analog-to-digital input equipment 模拟数字输入

SADSAC = sampled data simulator and computer 采样数据仿真器与计算机

SADT = silicon alloy diffused transistor 硅合金扩散晶体管
= structure analysis and design technique 结构分析和设计技术
= super alloy diffused base transistor 超合金型扩散基极晶体管

SAE = Society of Automotive Engineers 汽车工程师学会（美）
= stacked autoencoder 堆叠自动编码机

SAEC = Society of Automobile Engineers of China 中国汽车工程学会

SAEM = scanning Auger electron microscope 扫描俄歇电子显微镜

SAG = standard address generator 标准地址发生器
= system analysis group 系统分析组

SAGFET = self-aligned gate field effect transistor 自控栅场效应晶体管

SAI = secondary air injection 二次空气喷射（系统）

SAID = speech auto-instruction device 语言自动教学设备

SAIL = Stanford artificial intelligence language （美）斯坦福（大学）人工智能语言

SAIM = system analysis and integration model 系统分析与综合模型

SAL = save address latch 保存地址门闩
= symbolic assembly language 符号汇编语言

SALS = solid-state acousto-electric light scanner 固态声电光扫描

SAM = society for advancement of management 管理促进协会

SAMA = scientific apparatus makers association 科学仪器厂家协会

SAMOS = stacked-gate avalanche injection type MOS 叠栅雪崩注入型金（属）氧（化物）半导体（器件）

SAMPE = science of advanced materials and process engineering 高级材料与加工工程科学

SAMS = sampling analog memory system 抽样模拟存储系统

SAOR = system analysis/operational research 系统分析 / 运筹学

SAP = service access point 服务访问点
= share assembly program(me) 共享汇编程序
= sintered alumin(i)um powder 烧结铝粉
= symbolic assembly program(me) 符号汇编程序
= system assurance program(me) 系统保险程序

SAPCHE = semiautomatic program(me) checkout equipment 半自动程序检验装置

SAR = saved area record 保留区记录
= slow acting relay 缓动继电器
= storage address register 存储地址寄存器

	= synthetic aperture radar　合成孔径雷达
SARC	= standard aircraft radio case　标准航空无线电装置
SAS	= speed adjust screw　速度调节螺钉
	= strip acceptance standard　分解验收标准
SASD	= single-access single-distribution　单存取单分配
SASFET	= self-aligned Schottky field effect transistor　自控肖特基场效应晶体管
SAT	= surface-alloy transistor　表面合金晶体管
	= system acceptance tests　系统检收试验
SATCOM	= satellite communications　卫星通信
SATCOMA	= satellite communications agency　卫星通信机构〔局〕
SATE	= semiautomatic test equipment　半自动测试装置
SATO	= self-aligned thick-oxide (technique)　自对准厚氧化物层（技术）
SATS	= small application technology satellites　小型应用技术卫星
SAU	= storage access unit　存储存取部件
SAVOR	= single-actuated voice recorder　单（级）激励声音记录器
SAW	= submerge-arc welding　埋弧焊
	= surface acoustic wave　表面声波
SAWF	= surface acoustic wave filter　表面声波滤波器
S/B	= secondary break down　二次击穿
SB	= selected bit　被选位
	= side-band　边（频）带
	= solid body　固体
	= soot blower　烟灰吹除机
	= sound bearing　声音方位，音源方位
	= sound blaster　声霸卡
	= splash block　防溅挡板
	= stuffing box　填（料）函，填料箱，密封垫
	= super bass　（音响）超重低音
	= switch board　开关板，交换机，配电盘
	= synchronization bit　同步刀头
Sb	= antimony (stibium) 锑
sb	= stilb　熙提（光亮度单位，1sb=1 cd/cm^2）
S-band	= S-band frequency　S 波段频率
SBC	= single-board computer　单板计算机，单板机
	= standard buried collector　标准埋层集电极（集成电路）
	= subband coding　子带编码，分频段编码
SBCT	= Schottky barrier collector transistor　肖特基势垒集极晶体管
SBD	= Schottky barrier diode　金属半导体二极管，肖特基势垒二极管
SBDS	= service base diagnostic system　维修台诊断系统
SBDT	= surface-barrier diffused transistor　表面势垒扩散晶体管
SBED	= serial bit error detector　串型位出错检测器
SBFET	= Schottky barrier field effect transistor　肖特基势垒场效应晶体管
SBL	= sparse Bayesian Learning　稀疏贝叶斯学习
SBLC	= stand-by liquid control system　备用液体控制系统
SBM	= space block map　空间分块图
SBO	= storage bus out　存储器总线输出
SBP	= simulated BOMADC program(me)　BOMADC 模拟程序
SBR	= selective beacon radar　选择性雷达信标台

SBS = silicon bilateral switch 硅双向开关
= standby status 准备状态
SBT = surface barrier transistor 表面势垒晶体管
SBTC = Sino-British Trade Council 英中贸易协会
SBU = station buffer unit 站缓冲部件
SC = selector on steering column （汽车）转向管柱上的变速杆
= self check 自检验
= sequential circuit 时序电路
= service ceiling 使用升限
= shift control 移位控制
= shift counter 移位计数器
= short circuit 短路
= shunt capacitor 并联电容器
= signal conditioning 信号调节
= silicon control 硅控
= single casing 单缸（汽轮机）
= skin resistance 皮肤阻抗
= smooth contour 光〔平〕滑的外形，平滑周线
= special circuit 专用电路
= specification control 规范〔技术要求〕控制
= speech communication 语音通信〔交流〕
= spot check 抽查，疵点检验
= standard condition 标准条件
= standard conductivity 标准电导率
= steel casting 钢铸件
= stop-continue register 停续寄存器
= storage capacity 存储量，存储能力
= super-conducing 超导
= super-imposed curren 重叠电流
= supervisor's console 监控台
= supervisory control 管理控制
= switched capacitor 开关电容器
Sc = scandium 钪
SCA = sequential classification algorithm 顺序分类算法
= Servo Corporation of America 美国伺服系统公司
= software criticality analysis 软件危害性分析
SCAL = STAR computer assembly language STAR 计算机汇编语言
sc al = steel-cored alumin(i)um 铝包钢（管）
SCALO = scanning local oscillator 扫描本机振荡器
SCAM = subcarrier amplitude modulation 副载波调幅
SCAMP = single channel monopulse processor 单路〔单信道〕单脉冲信息处理机
SCAN = self-contained automatic navigation (system) 自主式自动导航（系统）
= switched circuit automatic network 开关电路自动（控制）网络
SCANS = scheduling control automation by network systems 或 scheduling and control by automated network system 网络系统自动程序控制，用自动化网络系统进行调度和控制
SCAP = STAR computer assembly program(me) STAR 计算机汇编程序
SCARA = selective compliance assembly robot arm 选择性柔度的装配机械手

SCAT = share compiler assembler and translator 共享编译、汇编和翻译程序
= surface controlled avalanche triode 表面控制雪崩三极管
SCATS = sequentially controlled automatic transmitter start 顺序控制自动发送机启动
Sc B = bachelor of science 理学士
SCC = satellite control center 卫星控制中心
= security control center 安全控制中心
= sequence control counter 顺序控制计数器
= stress corrosion cracking 应力腐蚀裂缝
= supervisory computer control system 管理〔监督〕计算机控制系统
SCCPP = Sagamore Computer Conference on Parallel Processing 赛格摩尔并行处理计算机会议
SCCS = source code control system 源码控制系统
SCD = semiconductor device 半导体器件
= specification control drawing 技术要求控制图纸，规格控制图
Sc D = doctor of science 科学博士，理学博士
SCDC = source code and data collection 源代码和源数据的搜集
S & CDU = switch and cable distribution unit 开关和配线盘
SCDSB = suppressed-carrier double sideband 抑制载波的双边带
SCE = schedule compliance evaluation 进度表符合程度鉴定
= single cotton covered enamel wire 单纱包漆包线
= single cycle execute 执行单行（打印），执行单行打字，执行单周期
SCFM = subcarrier frequency modulation 副载波调频
Sc H = scleroscope hardness 回跳〔肖氏〕硬度
Sch.No. = schedule number 表示管壁厚度系列（耐压力）的号码
SCI = scaleable coherence interface 可伸缩〔缩放〕的连接界面
= serial communication interface 串行通信接口
= simulation councils,inc 模拟联合委员会
= soft cast iron 软铸铁
= special cast iron 特殊铸铁
SCIA = second-channel interference attenuation 第二信道干扰衰减
SCIB = selective channel input bus 选择通道输入总线
SCIC = semiconductor integrated circuit 半导体集成电路
SCJ = Science Council of Japan 日本科学委员会
SCL = space charge-limited (triode) 空间电荷限制（三极管）
SCLD = space-charge limited diode 空间电荷限制二极管
SCLT = space-charge limited transistor 空间电荷限制晶体管
SCM = small core memory 小磁心存储器
Sc M = master of science 科学硕士，理学硕士
SCMA = sparse code multiple access 稀疏码多址接入
SCMR = surface composition mapping radiometer sensor 表面成分图像辐射仪传感器
SCN = self-contained navigation 自律〔独立，自主式〕导航
SCO = set time counter 置位时间计数器
= subcarrier oscillator 副载波振荡器
SCOPE = schedule control of program(me) executive 程序执行的调度控制（程序）
= system for coordination of peripheral equipments 外围设备协调系统
SCOPT = sub-committee on programming terminology 程序设计术语分会
SCORE = satellite computer-operated readiness equipment 卫星上计算机操纵的准备装置
= signal communications by orbiting relay equipment 借助沿轨道运行的中继设备

的信号通信，轨道接力信号通信设备

SCOUT = surface-controlled oxide unipolar transistor 表面控制氧化物单极晶体管

SCP = service control point 服务控制点
= ship control panel 船用控制盘
= symbolic conversion program(me) 符号转换程序
= system control program(me) 系统控制程序

SCR = scanning control register 扫描控制寄存器
= semiconductor control rectifier 半导体控制整流器
= silicon controlled rectifier 可控硅整流器（现称 thyristor 晶闸管）
= state control register 状态控制寄存器

SCRA = single channel radio access 单位道无线入口（射频）

SCS = secret control station 秘密控制站〔台〕
= secret cover sheet 暗盖板
= sequence control system 顺序控制系统
= silicon controlled switch 硅可控开关
= simultaneous colo(u)r system 同时发生彩色系统
= society for computer simulation 计算机模拟协会
= speed-controlled spark system 转速控制真空点火提前系统
= standard calculation sheet 标准计算表
= stop control system 停车控制系统
= stored coordinate system （数控加工）已存坐标系
= stratospheric communication system 平流层通信系统

SCSH = structural carbon steel hard 结构用硬碳素钢

SCSI = small computer system interface 小型计算机系统接口

SCSM = structural carbon steel medium 结构用中碳素钢

SCSS = structural carbon steel soft 结构用软碳素钢

SCT = Schottky clamped transistor 肖特基箝位晶体管
= surface charge transistor 表面电荷晶体管

SCT-G = superconducting turbine-generator 超导汽轮发电机

SCTL = short-circuit transmission line 短路传输线

SCU = secondary control unit 辅助控制装置
= static checkout unit 静态检验装置
= station control unit 站控制部件
= storage control unit 存储控制器
= system control unit 系统控制部件

SCW = standard copper wire 标准铜线

S/D = source/drain 源 - 漏

SD = sectional drawing 断面图
= selenium diode 硒二极管
= semi-diameter 半径
= shop drawing 制作〔生产，加工〕图
= single-diffused transistor 单扩散晶体管
= soft decision 软判定
= spark discharger 火花放电器
= standard deviation 标准差

SDA = source data acquisition 源数据采集
= source data automation 源数据自动化
= stored decision algorithm 存储判定算法

SDAC = system data acquisition concentrator 系统数据收集器
SDAP = system development analysis program(me) 系统研制分析程序
SDB = silicon wafer direct bonding 硅片直接键合
= store data buffer 存储数据缓冲器
SD BL = sand blast 喷砂（器）
SDC = secondary distribution center 辅助分配〔配电〕中心
= signal data converter 信号数据转换器
= stabilization data computer 稳定数据计算机
= system development corp. 系统开发公司
SDCE = Society of Die Casting Engineers 压铸工程师协会（美）
SDDR = software detection difficulty ranking 软件故障被检测难度等级
SDE = society of data educators 数据教育者协会
= storage distribution element 存储分配部件
s dev = standard deviation 标准偏移〔差〕
SDF = standard distribution format 标准分配格式
SDFG = single degree of freedom gyroscope 单自由度陀螺仪
SDFL = Schottky-diode FET logic 肖特基二极管 FET 逻辑
= selective dissemination of information 信息选择传播
SDG = signed directed graph 符号有向图
SDI = selective dissemination of information service 定题服务
= subscriber distribution interface 用户分配接口
SDIS = service design and inventory system 服务设计和库存（编目）系统
SDK = software development kit 软件开发工具包
SDL = software development language 软件开发语言
= specification and description language 规范和说明〔描述〕语言
= systems description language 系统说明（描述）语言
SDLC = synchronous data-link control 同步数据传送控制，同步数据链路控制（协议）
SDM = safety design matrix 安全设计矩阵
SDMA = space-division multiple access （通信）空分多址，空分多路存取
= spatial division multiple access 空分复用接入
SDMS = spatial data management system 空间数据管理系统
SDN = secondary distribution network 二次配线网
= software defined network 软件定义网络
SDO = source data operation 源数据操作
SDP = semi-definite program 半定程序
= signal data processor 信号资料〔数据〕处理机
= single diode-pentode 单二极管 - 五极管
= single display paradigm 单个显示刺激范式
SDPS = signature data processing system 特征数据处理系统
SDR = statistical data recorder 统计数据记录器
= storage data register 存储数据寄存器
= system development requirement 系统发展要求
SDS = scientific data system inc. 科学数据系统公司
= simulation data subsystem 模拟数据子系统
= standard data set 标准数据集
SDT = saturating drift transistor 饱和漂移晶体管
= single diode-triode 单二极管 - 三极管
SDTS = satellite data transmission system 卫星数据传输系统

SDTV = standard definition television 标准清晰度电视
SDU = station display unit 站显示部件
SDV = switched digital video 交换式数字图像
SE = secondary electron 二次电子
= secondary emission 次级〔二次〕发〔辐〕射
= service entrance 服务进口
= service equipment 维修设备
= Siemens unit 平炉（设备），马丁炉
= single end 单端
= software engineering 软件工程
= sound effect 音响效果
= special equipment 专用〔特种〕设备
= staff engineer 副工程师
= standard error 标准误差
= subcritical experiment 低于临界状态下的试验
= sustainer engine 主发动机
= system effectiveness 系统有效度
= systems engineering 系统工程
Se = selenium 硒
SE & TD = systems engineering and technical direction 系统工程与技术指导
SEA = special effect(s) amplifier 特殊效果放大器，专门效应（信号）放大器
sea = standard electronic assembly 标准电子组件
SEAC = standard electronic automatic computer 标准电子自动计算机
SEACOM = South-East Asia commonwealth cable 东南亚国家（海底）电缆
SEC = secondary electron conduction target vidicon 次级电子导电（靶）摄像管
= simple electronic computer 简易电子计算机
= single-entry single-exit circuit 单入口单出口电路
= single-entry single-exit computer 单入口单出口计算机
SECAM = sequential colo(u)r and memory system 塞康（顺序 - 同时）制，顺序传送和储存彩色信号的方式
= sequentiel a memoire〈法〉顺序与存储
sec ar = sectional area （横）截面积
SECD = self-regulating error-correct coder-decoder 自调节误差校正编码 - 译码器
SEC-DED = single error correcting and double error detecting 单错校正与双错检测
SECO = sequential coding 连续〔顺序，时序〕编码
= sequential control 顺序〔时序〕控制
= sustainer engine cutoff 主发动机停车
SECOR = sequential collation of range 距离连续校正
= sequential correlation 顺序关联，时序相关
SECS = solar electric communication satellite 太阳能供电通信卫星
SEED = self electro-optic effect device 自光电效应器件
SEFI = sequential electronic fuel injection （发动机）电子顺序燃油喷射
SEG = selective epitaxial growth 有选择的外延生长
SEIC = solar energy information center 太阳能资料中心
SEJ = sliding expansion joint 滑动胀缩接头，滑动伸缩接头
SEL = signal engineering laboratories 信号工程实验室
= system engineering laboratories 系统工程实验室
SELCAL = selective calling (system) 选择呼叫（系统）

SELCH = selector channel 选择器通道
SELF CL = self-closing 自闭（合）的，自接通的
SELSYN = self-synchronous 自动同步
SEM = sample evaluation method 抽样鉴定法
= scanning electronic microscopy 扫描电子显微镜
= scanning electron microscope 扫描式电子显微镜
= sweep〔scanning〕electron microscope 扫描式电子显微镜
SEMANOL = semantics-oriented language 面向语义的语言
semicond = semiconductor 半导体
SEMS = severe environment memory system 苛求环境的存储系统
sen = sensor 传感器，传感元件，探测器
SENET = slotted envelope network 时间片分割法网络，时隙分割法网络
SEP = self-elevating platform 自升降平台
= standard engineering practice 标准工程惯例
SEPP = single-ended push-pull 单端推挽
SEPPC = single-ended push-pull circuit 单端推挽电路
SEPT = silicon epitaxial planar transistor 硅外延平面晶体管
SEREP = system environment recording,editing and printing 系统现场记录、编辑和打印
SERF = selenium rectifier 硒整流器
SER NO = series number 编号，序列号，（顺）序数，串联数
SES = society of engineering science 工程科学学会
= solar energy society 太阳能学会
= Standards Engineers Society 标准工程师学会（美）
= surface effect ship 气垫船
= surface effect strip 表面效应带，趋肤效应带
SESR = software effect severity ranking 软件影响严酷度等级
SET = service evaluation telemetry 运转〔维护〕鉴定遥测技术
= stepped electrode transistor 分级电极晶体管
SETL = set-theoretical language 集合论语言
SETP = system engineering test program(me) 系统工程试验程序
SETS = set equation transfer system 集合方程转换系统（语言）
SEV = Schweizerischer Elektrotechnischer Verein 〈德〉瑞士的电工学会
= surface effect vehicle 气垫车
SEx = sub exciter 副励磁机
S/F = store and forward 存储转发
SF = safety factor 安全因素，安全系数
= safety fuze 熔丝
= scale factor 比例系〔常〕数
= shearing force 剪切力
= signal frequency 信号频率
= single feeder 单馈电线
= skip flag 跳过标记
= standard form 标准形式，范式
= standard frequency 标准频率
= steel forged 锻钢
= stowage factor 积载因数
= supersonic frequency 超音频
= supply fan 送风电扇

S^3F = surface stress sensitive film 表面应力敏感薄膜
SFAR = sound fixing and ranging 超声波水声（波）定位与测距
SFB = system function block （数控机床）系统功能块
SFBH = surface broach 平面拉刀
SFC = system function call （数控机床）系统功能调用
SFD = single frequency dial(l)ing 单频拨号
= sudden frequency deviations 突然频率偏移
SFF = set flip-flop 置位〔安装〕触发器
SFFS = sequential floating forward selection 序列浮动前向选择
SFG = signal flow graph 信号流图
SFI = sequential fuel injection 顺序燃油喷射
= space flight instrumentation 空间飞行用仪表
SFL = substrate feed logic 衬底馈电逻辑
= superluminescence fiber-optic laser 超荧光光纤激光器
SFM = space frequency modulation 空间频率调制
SFMEA = software failure mode and effect analysis 软件故障模式与影响分析
SFMECA = software failure mode, effect and criticality analysis 软件故障模式、影响与危害性分析
SFN = single frequency network 单频网络
sfR = safe range 安全距离〔范围〕
SFS = Sequential Forward Selection 顺序前进法
= speech filing system 语言文件生成系统
SFT = semiconductor film strain transducer 半导体薄膜应变仪
SFTS = standard frequency and time signals 标频时号
S/G = starter/generator 起发一体机
SG = screen grid 屏栅极
= screw ga(u)ge 螺纹〔旋〕规
= set gate 置“1”门
= sheet ga(u)ge 板料样规
= signal generator （标准）信号发生器，测试振荡器
= single groove 单槽
= spark gap 火花隙
= standard ga(u)ge 标准规，标准轨距，标准线（径）规（范）
= strain ga(u)ge 应变仪
= sweep generator 扫描振荡器，扫频振荡器
= symbol generator 符号发生器
= symbol generator display 符号发生显示器
SGA = switch group assembly 开关组件，组合开关
SGC = spherical gear coupling 球形齿轮联轴器
SGE = severable government equipment 可分离的控制装置
SGM = Shanghai General Motors Corporation Limited 上海通用汽车有限公司
SGML = standard generalized markup language 标准通用标记语言，标准通用置标语言，标准广义标记语言
SGN = scan gate number 扫描门数，扫描门序号
SGN = smart global network 智能全球网
SGR = sodium graphite reactor 石墨慢化钠冷反应堆，钠石墨反应堆
SGRD = signal ground 信号接地
SGSP = single groove,single petticoat (insulators) 单槽、单外裙（绝缘子）

SGSR = society for general systems research 通用系统研究会
SGT = silicon gate transistor 硅栅晶体管
S/H = sample and hold 取样保持（电路）
SH = scleroscope hardness 回跳硬度
= surface-hardened 表面淬火的
= surface-hardness 表面硬度
SH ABS = shock absorber 减振〔阻尼，缓冲〕器
SHB = shunt brake 并接式制动器
SHCRT = short circuit 短路〔接〕
SHDT = superhigh definition television 超高清晰度电视
SHE = signal handling equipment 信号操纵〔处理〕设备
SHF = shunt field 分励磁场
= super-high frequency 超高频（3 ~ 30 GHz）
SHG = second-harmonic generation 二次谐波产生
ShI = sheet iron 薄铁板
SHM = shared memory 共享存储器
= simple harmonic motion 简谐运动
= structural health monitoring 结构健康监测
SHO = subharmonic oscillator 亚谐波振荡器
SHP = standard hardware program(me) 标准硬件程序
SHR = sensible heat ratio 显热比
SI = sample interval 取样（时间）间隔
= screen-grid input 屏栅极输入
= serial interface 串行接口
= shift-in character 移入字符
= signal interface 信号接口
= sneak in 渐显，淡入
= specific impulse 比冲量
= Systeme International d'Unites 国际单位制，公制
Si = silicon 硅
SIA = software industry association 软件工业协会
SIB = solid integration building 刚性组合体
SIBH = semi-insulated buried heterostructure (laser) 半绝缘隐埋式异质结（激光器）
SiBIR = silicon bombardment induced response tube 硅靶视像管
SIC = semiconductor integrated circuit 半导体集成电路
= silicon integrated circuit 硅集成电路
= Special Interest Committee of ACM 美国计算机协会的专业委员会
= specific inductive capacity 介电常数，电容率
SID = society for information display 信息显示学会（美）
= sudden ionospheric disturbance 突然性电离层扰动
= symbolic instruction debugger 符号指令调试程序
= syntax improving device 语法改进设备
sidac = silicon diode for alternating current 交流用硅二极管
SIE = single instruction execute 单指令执行
= society of industrial engineers 工业工程师学〔协〕会
SIF = sound intermediate frequency 中音频
= storage interface facility 存储器接口设备
SIFCS = sideband intermediate-frequency communications system 边（频）带中频通信

系统

SIFT = share interval FORTRAN translator 共享区间 FORTRAN 翻译程序

SIFX = simulated installation fixture 模拟装配夹具

SIGACT = Special Interest Group on Automata and Computability Theory 自动机与可计算性理论专业组（美国计算机协会）

SIGARCH = Special Interest Group on Architecture of Computer Systems 计算机系统体系结构专业组（美国计算机协会）

SIGART = Special Interest Group on Artificial Intelligence 人工智能专业组（美国计算机协会）

SIGBDP = Special Interest Group on Business Data Processing 商业数据处理专业组（美国计算机协会）

SIGBIO = Special Interest Group on Biomedical Computing 生物和医学计算专业组（美国计算机协会）

SIGCAS = Special Interest Group on Computers and Society 计算机与社会专业组（美国计算机协会）

SIGCOMM = Special Interest Group on Data Communication 数据通信专业组（美国计算机协会）

SIGCPR = Special Interest Group on Computer Personnel Research 计算机人事研究专业组（美国计算机协会）

SIGCSE = Special Interest Group on Computer Science Education 计算机科学教育专业组（美国计算机协会）

SIGCUE = Special Interest Croup on Computer Use in Education 计算机教育应用专业组（美国计算机协会）

SIGDA = Special Interest Group on Design Automation 设计自动化专业组（美国计算机协会）

SIGFIDET = Special Interest Group on File Description and Translation 文件说明与翻译专业组（美国计算机协会）

sig gnd = signal ground 信号边线，信号地线

SIGGRAPH = Special Interest Group on Computer Graphics 计算机作图专业组（美国计算机协会）

SIGIR = Special Interest Group on Information Retrieval 情报检索专业组（美国计算机协会）

SIGLASH = Special Interest Group on Language Analysis and Studies in the Humanities 语言分析与人文学研究专业组（美国计算机协会）

sigma = shield-inert-gas-metal-arc welding 惰性气体保护金属（电）极弧焊，西格马焊接

SIGMAP = Special Interest Group on Mathematical Programming 数学规划专业组（美国计算机协会）

SIGME = Special Interest Group on Measurement Evaluation 测量鉴定专业组（美国计算机协会）

SIGMICRO = Special Interest Group on Microprogramming 微程序设计专业组（美国计算机协会）

SIGNUM = Special Interest Group on Numerical Mathematics 计算数学专业组（美国计算机协会）

SIGOP = signal optimization program(me) 信号优化程序

SIGOPS = Special Interest Group on Operating System 操作系统专业组(美国计算机协会)

SIGPLAN = Special Interest Group on Programming Language 程序设计语言专业组（美国计算机协会）

SIGSAM = Special Interest Group on Symbolic and Algebraic Manipulation 符号与代数处理专业组（美国计算机协会）
SIGSIM = Special Interest Group on Simulation 模拟专业组（美国计算机协会）
SIGSOC = Special Interest Group on Social and Behavioral Science Computing 社会与行为科学计算专业组（美国计算机协会）
SIGSOFT = Special Interest Group on Software Engineering 软件工程专业组（美国计算机协会）
sig str = signal strength 信号强度
SIGUCC = Special Interest Group on University Computing Centers 大学计算中心专业组（美国计算机协会）
SIL = system implementation language 系统执行语言
SILS = silver solder 银焊料
SIM = sequential inference machine 顺序推理机
= subscriber identification module 用户识别模块
= subscriber identity module 用户身份验证模块
sim = simulator 模拟器，仿真器，仿真程序，模拟电路
SIMA = scientific instrument manufacturers association 科学仪器厂家协会
SIMAJ = Scientific Instrument Manufacturers Association of Japan 日本科学仪器厂家协会
SIMCMP = simple compiler 简单编译程序
SIMCOM = simulator compiler 模拟程序的编译程序
SIMD = single instruction multiple data 单指令多数据（流）
SIMDEP = simulation development program(me) 模拟研究程序
SIMFAC = simulation facility 模拟装置
SIMICOR(E) = simultaneous multiple image correlation 同时多重图像相互作用，联立多帧图像相关性
sim lab = simulation laboratory 模拟〔仿真〕实验室
sim net = simulation network 仿真网络
SIMO = single-input multi-output 单输入多输出
SIMPAC = simulation package 模拟程序包
SIMPL/1 = simulation language based on PL/1 以 PL/1 语言为基础的模拟语言
SIMPL = single identity micro-programming language 单识别微程序设计语言
SIMPLAC = simple automatic electronic computer 简易自动电子计算机
SIMS = secondary ion mass spectrometry 二次离子质谱测定法
SIMULA = simulation language 模拟语言
sin = sine 正弦
SINAD = signal to noise and distortion ratio 信号对噪声和失真比
sinh = hyperbolic sine 双曲正弦
SIO = serial input output 串行输入输出
SIP = scheduling information pool 调动信息场
= simulated input processor 模拟输入处理程序
= single in-line package 单列直插式组件
= standard inspection procedure(s) 标准检验程序
= submerged injection process （平炉）底部喷吹法
= symbolic input program(me) 符号输入程序
SIPC = simple interactive personal computer 简单交互式个人计算机
SIPLAN = site planning computer language 位置设计计算机语言
SIPROS = simultaneous processing operating system 同时处理操作系统

SIPS = side impact protection system （汽车）侧碰撞保护系统（车辆侧方安全气囊和车门撞杆等）

SIPT = simulating part 模拟部件

SIR = selective information retrieval 选择性情报检索
= semantic information retrieval 语义信息检索
= serial input register 串行输入寄存器
= static information record 统计资料记录
= supplementary inflatable restraint 辅助充气式约束气囊，辅助充气式气囊保护装置
= symbolic input routine 符号输入程序

SIRA = Scientific Instrument Research Association 科学仪器研究学会（英）

SIRS = satellite infra-red spectrometer 卫星红外分光计

SIS = silicon on insulating substrate 绝缘基板上外延硅

SISD = single instruction single data 单指令单数据

SISO = single(-)input(-)single(-)output 单输入单输出

SIT = spontaneous ignition temperature 自燃点，自燃温度
= static induction transistor 静电感应晶体管

SJ = slip joint 滑动接头〔联接〕
= star join 星形联结
= steel jacket 钢套

SJAE = steam jet air ejector 射汽抽气器

SKB = simulation knowledge base 仿真知识库

SL = lens spectrometer 透镜分光计
= safe locker 保险箱
= search light 探照灯
= side load 边（缘荷）载
= signal lamp 信号灯
= sound locator 声音测位器，声定位器，声波则距仪
= source language 源语言
= source library 源程序库
= square-law 平方律
= supervisory lamp 监视灯
= surround left （音响）左环绕声

sl = slow running 低速运行，慢转

SLA = semiconductor laser array 半导体激光器阵列

SLAC = Stanford Linear Accelerator Center 斯坦福直线〔线性〕加速器中心

SLAM = simultaneous localization and mapping 同步定位与地图构建
= stored-logic adaptive microcircuit 存储逻辑自适应微型电路

SLC = selector channel 选择器通道
= shift left and count instruction 左移计数指令
= simulated linguistic computer 模拟语言计算机
= straight line capacitor〔condenser〕（电）容标（度）正比电容器,（直）线性（可变）电容器

SLD = shift left double 双倍左移（位）
= super luminescent diode 高（亮度）发光二极管，超发光二极管

SLDV = scanning laser Doppler vibration 非接触式多普勒激光测振仪

SLE = static load error 静态负载误差
= subscriber's line equipment 用户线路设备

SLF = sender link frame 发射机线弧，发射器触排
= straight line-frequency 直线频率式
= symmetric filter 对称滤波器
SLI = suppress length indicator 控制长度指示器
SLM = sound level meter 音级〔声级，噪声〕计
SLMQW = strained layer multiple quantum well 应变层多量子阱
SLOR = successive line over relaxation 逐次行超松弛
SLP = service logic program 服务逻辑程序
= store logic panel 存储逻辑板
SLR = single-lens reflex 单镜头反射（式）
= storage limits register 存储界限寄存器
SLRAP = standard low-frequency range approach 标准低频段法
SLRN = select read numerically 数字选择读出
SLS = selective laser sintering 选区激光烧结
= side lobe suppression 旁瓣抑制
= side-looking sonar 侧视声呐
= speed limiting switch 限速开关
SLSI = super large-scale integration 超大规模集成电路
SLT = solid logic technology 固态逻辑技术
= statistical learning theory 统计学习理论
SLTR = service life test report 使用寿命试验报告
SLUG = superconducting low-inductance undulating galvano-meter 超导低电感波动电流计
SLV = sport luxury vehicle 运动型豪华多用途车
S & M = sequencer and monitor 程序装置和监控装置
S/M = surface-to-mass ratio 表面 - 质量比
s-m = signal meter 信号指示器
SM = servomotor 伺服电动机
= sheet metal 金属薄板
= Siemens Martin 平炉
= stability margin 电力系统稳定区域
= starting motor 起动电动机
= status modifier 状态修改符
= stepping motor 步进电动机
= successor matrix 后继矩阵
Sm = samarium 钐
SMA = shape memory alloy 形状记忆合金
SMACH = sounding machine 探测机，测深〔高〕机
SMARTS = status memory and real-time system 状态存储器及实时系统
smaser = submillimeter amplifier by stimulation of emitted radiation 亚毫米波射器，亚毫米量子放大器
SMC = sheet mo(u)lding compound 片料吹（气塑）膜化合物
= sliding(-)mode control 滑模控制
= sliding mode controller 滑模控制器
= spectrum management computer 光谱管理计算机
SMD = storage module driver 存储体驱动器
= surface mounted device 表面装配器件
SMDE = scan mirror drive electronics 扫描镜驱动电子设备
SME = shape memory effect 形状记忆效应

	= society of manufacturing engineers 制造工程师协会
	= subject-matter expert 主题专家，源事务专家
SMI	= standard measuring instruments 标准量测仪器
	= static memory interface 静态存储器接口
SMIS	= society for management information systems 管理信息系统协会
SMISMO	= separate meter-in and separate meter-out 独立仪表输入输出
SMK GEN	= smoke generator 烟（雾）发生器
SML	= simulator load 模拟器负载
	= symbolic machine language 符号机器语言
	= system message language 系统信息语言
SMMT	= Society of Motor Manufacturers and Traders 电动机制造厂与商人学会（英）
SMO	= stabilized master oscillator 稳定主控振荡器
SMOF	= single mode optical fiber 单模光纤
SMP	= servo meter panel 伺服仪表操纵台
SMPTE	= society of motion picture and television engineers 运动图像和电视工程师学会
SM & R	= source maintenance and recoverability 电源维护和可再生性
SMR	= standard Malaysian rubber 标准马来西亚橡胶
	= status monitoring routine 状态监控程序
SMS	= semiconductor-metal-semiconductor transistor 半导体 - 金属 - 半导体（晶体管）
	= service management system 服务管理系统
	= short message service 短信息〔报文〕服务
	= silicon-manganese steel 硅锰钢
	= soft machinery steel 软机械〔结构〕钢
	= standard modular system (of package) 程序包的标准模块系统
SMT	= staggered multi-tone 栅格多载波
	= subminiature tube 超小型电子管
	= surface mounted technology 表面贴装技术，贴面技术，（微联结）表面贴装软焊，表面安装技术
	= surface mounting technology 表面安装技术
SMTP	= simple mail transfer protocol 简易邮件传输协议
SMX	= submultiplexer unit 子多路转换器
S/N	= signal-to-noise ratio 信号 - 噪声比，信噪比
SN	= saturation noise 饱和噪声
	= serial number 串联数，序列号，编号，顺序号
	= star network 星形网络
Sn	= stannum 锡
SNA	= system network architecture 系统网络体系结构
SNAP	= semantic network array processor 语义网络阵列处理机
	= simulated network analysis program(me) 模拟网络分析程序
	= space nuclear auxiliary power 空间〔航天〕核辅助能源
	= structural network analysis program(me) 结构网络分析程序
SNB	= sudden burst of solar radio noise 太阳射电干扰突变脉冲
SNC	= steel nickel chrome 镍铬钢
SND	= selected natural diamond 精选天然金刚石
SND/PLG	= sandwich plug(s) 夹层插头
SNMP	= simple network management protocol 简单网络管理协议
SNOBOL	= string-oriented symbolic language 串式处理符号语言
SNOM	= scanning near-field optical microscopy 扫描近场光学显微镜

SNPR = screen print 网板〔丝幕〕印刷
SNR = signal to noise ratio 信噪比
snr = sonar 声呐
SNSR/S = sensor(s) 传感器，敏感元件
SNTS = starred nonterminals 加星非终结符
SNW = spot network 点式网络
SO = shift-out 移出
= shut off 关闭，切断
= sneak out 渐隐，淡出
= stop order 停机指令
= system override 系统过载，系统人工代用装置
SOA = semiconductor optical amplifier 半导体光放大器
= speed of advance 前进速率〔度〕
SOAP = symbolic optimal〔optimum〕assembly〔assemble〕program(ming) 符号（的）最优汇编程序
SOAV = solenoid operated air valve 电磁〔螺线管〕操纵空气阀
SOC = self-organizing control 自组控制
= shut off cock 停车开关
= start of conversion pulse 转换〔反转〕脉冲起始
SoC = system-on-chip 芯片系统
SOD = surface oriented diode 表面取向二极管
Sod = sodium 钠
SODA = source-oriented data acquisition 面向源程序的数据采集
SODAS = structure-oriented description and simulate 面向结构的描述和模拟
SOFAR〔sofar〕 = sounding finding〔fixing〕and ranging （声波水下远距离定位的海岸测音设备）声发，水中测音器，声波测位和测距
SoFC = solid fuel cell 固体燃料电池
SOFC = solid-oxide fuel cell 固体氧化物燃料电池
S/OFF = sign-off 去掉符号
SOFIX = software fix “固定”软件
SOG = same output gate 同一输出门
SOH = start of header 标头开始（信号）
SOHO = small office/home office 小型办公室/家庭办公室
SOHV = single overhead valve 单顶置气门
SOI = silicon-on insulator 绝缘体硅，硅绝缘体
= single crystal on insulator 绝缘层上长单晶技术
SOJ = stand-off jamming 远距离支援干扰
SOL = solenoid 螺线管，电磁〔圆筒形〕线圈
= system output language 系统输出语言
sol V = solenoid valve 电磁阀
SOM = scanning optical microscope 扫描光学显微镜
= standard on-line module 标准联机模件
= system object model 对象操作技术
SOMADA = self-organizing multiple-access discrete-address (system) 自组成多路存取分立地址（系统）
SOMS = space operation management system 空间操作管理系统
S/ON = sign-on 加上符号
SO'NAR = sound (operation) navigation (and) ranging 声呐，水声测位仪，声波定位仪，

声波导航〔定位〕和测距系统，声波〔超声波〕水下测深系统

SONCM = sonar countermeasures and deception 声呐干扰〔对抗〕和诱骗〔诱惑〕(设备)

SONET = synchronous optical network 同步光网络

SONIC = system on-line network for information control 信息控制的系统联机网络

sonim = solid nonmetallic impurity （固体）非金属夹杂物，夹灰〔砂〕

SONOAN = sonic noise analyzer 噪声分析器

sonograph = (visible speech) sound spectrograph （可见语言）声谱（显示）仪

SOP = simulated operating procedure 模拟操作过程
= simulated output program(me) 模拟输出程序
= standard operating procedure 标准操作程序〔过程〕
= symbolic optimum program(me) 符号优化程序

SOPR = software occurrence probability ranking 软件故障模式发生概率等级

SOR = speed of rotation 转速
= successive over-relaxation 逐次超松弛

SORC = sound ranging control 声（波）测距控制

SOS = sample operating system 样本操作系统
= save our ship 国际通用的（船舶，飞机等）呼救信号，无线电呼救信号
= set operand stack 设定运算数组
= share operating system 共享操作系统
= silicon-on-sapphire 硅 - 蓝宝石（技术），硅 - 蓝宝石集成电路，蓝宝石硅片
= symbolic operating system 符号操作系统

SOSIC = silicon-on-sapphire integrated circuit 硅 - 蓝宝石集成电路，蓝宝石硅片集成电路

SOT = system operation test 系统操作试验

SOTA = state of the art 目前工艺水平〔条件〕

SOTUS = sequentially operated teletypewriter universal selector 顺序控制电传打字机万能选择器

SOV = sound on vision 伴音干扰（图像），图像中的声干扰

SO VLV = shut-off valve 截止阀

SOW = statement of work 工作说明
= start of word 字开始

S-P = systems and procedures 系统及过程

SP = sample pulse 取样脉冲
= sensor pressure 压力传感器
= sequence programmer 程序装置
= serial-parallel 串行 - 并行
= series parallel 复联，串并联
= shear(ed) plate 切边的中厚板，抗剪加固板
= shift pulse 移位脉冲
= spare parts 备（用零）件
= spares planning 备件设计
= special planning 特殊设计
= special projects 专用工程〔设计〕，特种计划
= spectroscopically pure 光谱纯
= square punch 方穿孔
= stack pointer 栈指示字，栈指针
= standard pitch 标准绕〔螺〕距
= standard pressure 标准气压
= standard procedure 标准程序〔工艺〕

	= static pressure 静压力
	= stepping pulse 步进脉冲
	= structured programming 结构程序设计
SPA	= superregeneration parametric amplifier 超再生参量放大器
spa	= sudden phase anomalies （空间波）相位突变
SPAA	= Systems and Procedures Association of America 美国系统和过程协会
SPAHC	= stored program(me) automatic hybrid computer 存储程序自动混合计算机
SPAN	= space communication network 空间通信网，航天通信网
	= statistical processing and analysis 统计处理及分析
SPAR	= symbolic program(me) assembly routine 符号程序的汇编子程序
SPARC	= scaleable processor architecture 可缩放处理机体系结构
SPAT	= silicon precision alloy transistor 精密硅合金晶体管
SPC	= serial-to-parallel converter 混联〔串并联〕变换器
	= set point control 整定点控制
	= silver-plated copper 镀银铜
	= specific propellant consumption 燃料比耗，燃料消耗率
	= statistics process control 统计过程控制
	= stored program(me) control 存储程序控制
	= system power control 系统电源控制器
spcb	= single pole circuit breaker 单刀断路器
SPCCS	= set point computer control system 计算机整定点控制系统
SPCS	= special-purpose computing system 专用计算系统
SPD	= single-path Doppler 单路多普勒
	= systems parameters document 系统参数资料
SPDE	= spectral density 谱密度
SPDT	= single-pole double-throw 单刀双掷（的）
SPDU	= secondary power distribution unit 次级配电装置
	= session protocol data unit 会晤协议数据单元
SPE	= society of plastic engineers 塑料工程师学会
	= special-purpose equipment 专门设备
	= stored program(me) element 存储程序部件
	= system performance effectiveness 系统性能有效度
SPECT	= single photon emission computed tomography 单光子发射断层成像术，单光子发射计算分层 X 射线照相术
SPECTA	= structure-preserved error-correcting tree automata 结构保持误差校正树状自动机
SPERT	= schedule performance evaluation and review technique 调度性能评价技术
	= special power excursion reactor tests 特殊功率漂移扼流圈测试
SPF	= storage protect feature 存储保护特性
SPFM	= spinning form 旋转型
SPG	= spring 弹簧
	= steel plate galvanized 镀锌钢板
	= synchronized pulse generator 同步脉冲发生器
sph	= spherical lens 球面透镜
sp ht	= specific heat 比热容
SPI	= serial peripheral interface bus 串行外设接口
	= single program(me) initiator 单程序的启动程序
	= Society of the Plastics Industry 塑料工业学会（美）

SPICE = sales point information computing equipment 销售点信息计算设备
SPIEL = signal processing interactive engineering language 信号处理联机工程语言
SPIF = sequential prime implicant form 时序素蕴涵式
SPIN = standard procedure instruction 标准过程指令
SPIT = selective printing of items from tape 带项目选择打印
SPIV = stereoscopic particle image velocimetry 立体粒子图像测速
S-PL = single-party line 同线电话线
SPL = simple programming language 简单程序设计语言
= simulation programming language 模拟程序设计语言
= sound pressure level 声压级
= source program library 源程序库
= space programming language 空间程序设计语言
SPLC = seat pan load cell 座椅底板负荷传感器
SPM = scanning probe microscopy 扫描探针显微镜
= scratch pad memory 便笺式存储器，高速暂存存储器
= session protocol machine 会晤协议机
= single planetary mill 单重行星轧机
= standard procedure manual 标准程序手册
spm = stroke per minute 每分钟行程数
SPMC = special machine 专用机器
SPN = service provider network 业务提供者网络
= switched public network 公用交换网络
SPOOK = supervisory program(me) over other kinds 优于其他种类的管理程序（程序名）
SPOOL = simultaneous peripheral operation on-line 假脱机操作
sport = sport car 跑车
SPOT = satellite positioning and tracking 人造卫星定位与跟踪
spp = system package plan 系统组（合）件设计
SPPA = single-pumped parametric amplifier 单增压参量放大器
SPR = software problem report 软件问题报告
= spacer 垫圈〔片〕
= strict positive real 严格正定的
spr = specific resistance 电阻率
sp ref = specific refraction 折射系数
SPRIN = shared protected ring 共享保护环
SPRINT = selective printer programmer 选择性打印机的程序编制器
SPRM = special reamer 专用铰刀，专用扩孔器
SPRT = sequential probability ratio test 序列概率比测试
SPS = samples per second 抽样 / 秒，每秒钟采样数
= serial-parallel-serial 串并串行
= serial-parallel-serial configuration 串并串行结构
= spacecraft propulsion system 宇宙飞行器推进系统
= special processing subsystem 特殊处理子系统
= standard pipe size 标准管径
= stored program(me) system 存储程序系统
= string process system 字符串处理系统
= symbolic programmer system 符号编码系统
= symbolic programming system 符号程序设计系统
SPSC = standard performance summary charts 标准性能简表

SPSS = self program search system　自动节目寻找系统
= statistical package for the social sciences　社会科学统计程序包
SPST = single-pole single-throw　单刀单掷（开关）
SPSW = swap program(me) status word　交换程序状态字
SPT = sectors per track　每磁道扇区数
= shortest processing time　最短的处理时间
= symbolic program(me) tape　符号程序带
= system production technology　系统生产技术
= under standard pressure and temperature　在标准气压和温度下（即 10^5 Pa 和 0 ℃时）
SPU = slave processing unit　从属处理机
SPUD = solar power unit demonstrator　太阳能电源〔动力〕示范装置
SPUR = space power unit reactor　宇宙飞行电源装置用反应堆，航天动力装置用反应堆
SPVM = single-pulse voltmeter　单脉冲伏特计〔电压表〕
sp vol = specific volume　比容
SPVT = surface photovoltage technique　表面光伏技术
SPWM = sinusoidal pulse width modulation　正弦波脉宽调制
sq = square　平方（的），方形的
SQA = system queue area　系统排队区
SQC = standard quality control　标准质量控制
= statistical quality control　统计质量控制
SQF = square root-floating　平方根 - 浮点运算
SQL = structured query language　结构化查询〔询问〕语言
SQUID = superconducting quantum interference device　超导量子干涉器件
SQW = square wave　方波
SR = sampling rule　采样规则
= saturable reactor　饱和扼流圈〔电抗器〕，助磁式电抗器
= scanning radiometer　扫描辐射计
= selective ringing　选择性振铃
= self-rectifying　自整流
= send-receive　发射 - 接收，发 - 收
= service request　服务请求
= shift register　移位寄存器
= shift reverse　反向移位
= silicon rectifier　硅整流器
= slide resistance　滑线电阻
= slip-ring　滑环
= solid rocket　固体燃料火箭
= sound ranging　声测距（离）
= specific resistance　电阻率
= speech recognition　语音识别，话音识别
= speed regulator　调速器
= status register　状态寄存器
= stress relieved　应力消失
= surround right　（音响）右环绕声
= switch register　开关寄存器
= synthetic rubber　合成橡胶
Sr = strontium　锶

SRA = Science Research Associates 科学研究协会（美）
SRAM = static RAM 静态随机存取存储器
SRBP = synthetic resin bonded paper 合成树脂黏合纸
SRC = standard requirement code 标准要求〔规格〕代码
SRD = shift right double 双倍右移
= step recovery diode 阶跃恢复二极管
SR DES ENG = senior design engineer 正设计工程师
SRE = series relay 串联继电器
= sodium reactor experiment 钠冷却试验性反应堆
SRL = system reference library 系统引用库
SRM = switched reluctance motor 开关磁阻电动机
SRN = short range navigation 短程（精确）导航系统
s ROD = stove rod 炉条
sros = special run operations sheet 专门试验操作图表
SRP = scientific research proposal 科学研究建议
= super-regenerative pulse radar 超再生脉冲雷达
SRPM = single-reversal permanent magnet 单反向永久磁铁
SRPN = software risk priority number 软件风险优先数
SRS = simulated remote station 远程模拟站
= sound retrieval system 音响还原系统（用双声道产生三维位置空间感）
= supplemental restraint system (air bag) 辅助约束系统（安全气囊）
SR & T = supporting research and technology 支持研究与技术
SRT = system reaction time 系统反应时间
SRU = self-recording unit 自动记录器
= signal responder unit 信号应答器
= steam raising unit 蒸发器
SRV AMPL = servo amplifier 伺服放大器
SRV IN = servo inlet 伺服输入
SRV RET = servo return 伺服回路
SRV VLV = servo valve 伺服阀
1SS = navigation satellite system 卫星导航系统
SS = scintillation spectrometer 闪烁谱仪〔分光计〕
= second stage 第二级
= set screw 固定〔定位〕螺钉
= shear strength 抗剪强度
= shift solenoid 换档电磁阀
= side by side 并排〔列〕
= signal(l)ing set 信号设备
= sliding scale 计算尺，递减律，滑动标尺
= source statement 源语句，源指令
= space station 空间〔航天〕站
= spin stabilizer 自旋稳定器
= stabilization system 稳定系统
= stainless steel 不锈钢
= steady state 稳（定）态
= structural steel 结构钢
= superheated steam 过热蒸汽
= switch selector 开关选择器

= spindle speed 主轴转速
= system safety assessment 系统安全性分析
SSAP = session service access point 会晤服务访问点
SSB = single side band 单边带
= space science board 空间〔航天〕科学局
SSBD = single-sided board 单面（印刷电路）板
SSC = semi-steel casting 半钢性铸铁件
= site selection criteria 现场选择标准
= stepping switch counter 步进开关计数器
SSCP = system service control point 系统服务控制点
SSCS = synchronous satellite communication system 同步卫星通信系统
SSD = system static display 系统状态显示器
SSDA = sequential similarity detection algorithm 时序相似性检测算法
sse = single-silk enamel 单丝漆包
SSF = saturation stability factor 饱和稳定因子
= space simulation facility 空间模拟设备
= supersonic frequency 超音频
SSG = standard signal generator 标准信号发生器
SSI = sector scan indicator 扇形扫描显示器
= small scale integration 小规模集成（电路）
SSLT = solid state logic timer 固态逻辑计时器
SSM = subsystem simulation model 子系统模拟型
= synchronization status message 同步状态信息
ssn = specification serial number 规格序号
SSP = scientific subroutine package 科学子程序包
= steady-state pulse 稳态脉冲
SSPC = solid(-)state power controller 固态功率控制器
SSR = secondary surveillance rader 二次监视〔望〕雷达
= solid-state relay 固态继电器
= static shift register 静态移位寄存器
= steam seal regulator 汽封调节器
SSS = silicon symmetrical switch 双向两端开关（元件），硅对称开关
= speed sensitive steering (system) 速敏转向（系统）
SSSC = single-sideband suppressed-carrier 单边带抑制载波法
SSSR = selectable single-sideband reception 可选择的单边带接收
sssr = sheet steel single rivet(t)ed 薄（钢）板单铆
SS(T) = stainless steel 不锈钢
SST = step-by-step test 阶段试验
= supersonic transport 超音速运输机
SSTDMA = spacecraft-switched time division multiple access 飞行器时分多路访问系统
SSTP = subsystem test procedure 子系统试验程序
SSTU = seamless steel tubing 无缝钢管
SSTV = slow scan television 慢扫描电视
SSU = semi-conductor storage unit 半导体存储器〔存储部件〕
= signal selector unit 信号选择装置
= synchronization supply unit 同步电源单元
ST = sensor temperature 温度传感器
= service tools 维修工具

= single throw 单掷，单拐曲轴
= standard temperature 标准气温
= start tank 起动燃料箱
= static thrust 静推力
= steam turbine 汽轮机
= stokes 斯（托克斯）(运动黏度单位，1 St=10^{-4} m^2/s)
= strontium 锶
= structure Tee T 形结构

St = Stanton number 斯坦顿数

STA = status 状态
= steel tape 钢卷尺

stadan = satellite tracking and data acquisition network 卫星跟踪和数据获取网络

STAE = specify task asynchronous exit 特殊任务异步出口

sta eng = stationary engine 固定式发动机

STAG = steam and gas turbine 蒸汽轮机和燃气轮机（联合装置）

STAIR = structural analysis interpretative routine 结构分析解释程序

STALO〔stalo〕 = stable local oscillator 稳定本机振荡器

STAMP = system tape addition and maintenance program(me) 系统程序带补充与维护程序

STANAG = standardization agreement 标准化协定

STAR = satellite telecommunication with automatic routing 自动导航〔选路〕卫星通信
= self-testing and repair 自检修（计算机）

StAR = stolen auto recovery system 汽车防盗系统

STARS = simplified three-axis reference system 简化三轴坐标系〔基准〕系统

STB = set top box 机顶盒

STC = sensitivity-time control 灵敏度时间控制
= software technology center 软件技术中心

stc = steel casting 钢铸件

stcp = starting compensator 起动（用）自耦变压器

STD = Standard 标准，规格

STDM = synchronous time-division multiplexing 同步时分多路复用

STDS = standards laboratory 标准〔规格〕实验室

STE = special test equipment 专用测试设备
= suitability test evaluation 适合〔适配，适应〕性试验的鉴定
= system test equipment 系统测试设备

STEP = sequential television equipment programmer 连续〔顺序〕电视机程序装置
= simple transition to electronic processing 电子处理的简单变换
= standard tape executive program(me) 标准带执行程序
= standard terminal program(me) 标准终端程序

STEPD = standard for the exchange of product definitions 产品定义交换标准

STEPS = solar thermionic electrical power system 太阳热离子电源系统

STET = specialized technique for efficient type setting 有效排字的专门技术

STI = speech transmission index 语言传输指数

STIL = statistical interpretative language 统计解释语言

stir = subject to immediate reply 立即回答生效

STL = Schottky transistor logic 肖特基晶体管逻辑
= semi-threshold logic 半阈值逻辑（电路）
= studio transmitter link 播音〔演播〕室和发射机间的传输线
= synchronous transistor logic 同步晶体管逻辑（电路）

stl = stellite 硬质合金

STM = scaning tunneling microscopy 扫描隧道显微镜
= send test message 发送测试信息
= synchronous transfer mode 同步传输方式
= synchronous transport module 同步传输模块

st(n) = stone 英石（1 英石 =14 lb=6.35 kg）

stn = stainless 不锈的，不锈钢

STO = system test operator 系统试验操作者

STOP = selected test optimization program(me) 选择测试优化程序

STOR = segment table origin register 段表起始寄存器

STORET = storage and retrieval 存储及检索

STP = scientifically treated petroleum 放在发动机燃料油中的一种添加剂，科学处理的石油
= selective tape print 选带打印
= semi-conductor on thermoplastics 热塑性塑料半导体
= signaling transfer point 信号转接点
= simultaneous track processor 并行轨道处理机
= spanning tree protocol 树型协议
= standard temperature and pressure 标准温度和压力

st p = static pressure 静压

STPG = steel tube piping general 通用钢管管系

STPR = short taper 短锥体

STPT = steel tube piping high temperature 高温钢管管系

ST/R = synchronous transmit/receive 同时发送 / 接收机

STR = self-tuning regulator 自动调谐调节器
= short time rating 短时应用定额

StR = starting rheostat 起动变阻器
= stereo receiver 立体声收音机

str = strainer 滤器，筛（网），反应器，拉紧装置

STRAD = switching,transmitting,receiving and distribution system 转换、发送、接收及分配系统

STRAP = stretch assembly program(me) 扩充汇编程序
= structural analysis package 结构分析包

STREP = simulation tape reconstruction program(me) 模拟带重构程序

str st = structural steel 结构钢

STRUDL = structural design language 结构设计语言

STS = scanner test set 扫描仪测试设备
= software test system 软件测试系统
= special treatment steel 特殊处理钢
= static test stand 静态测试台
= steel tube special 特种钢管，特殊处理钢，特制钢
= stratospheric telecommunications services 平流层电信业务
= synchronous transport signal 同步传送信号

sts = standard sample 标准试样

STSS = system of time-sharing system 分时系统的系统

STTL = Schottky transistor-transistor logic 肖特基晶体管 - 晶体管逻辑

STU = set top unit （电视）机顶盒

STV = subscription television 收费电视

	= surveillance television　监视电视
STW	= saw tooth wave　锯齿波
SU	= single-unit truck　单辆货车，无拖车的载重车
	= surface unit　表面积单位
su	= servo unit　伺服机构
SUA	= special use air　专用空域
SUB-ICE	= submerged ice cracking engine　水下破冰机
SUB-MM	= submillimeter (wave)　亚毫米波
SUMT	= sequential unconstrained minimization technique　序贯无约束极小化方法
SUP	= solid urethane plastics　固体尿烷塑料
	= statistical utility program(me)　统计应用程序
	= suppressor grid of vacuum tube　真空管的抑制栅极
Sup G	= suppressor grid　抑制栅极
SURWAC	= surface water automatic computer　地表水自动计算机
SUSENG	= sustainer engine　主发动机
SUSH	= set up sheet　配置图
SUT	= system under test　正在进行试验的系统
SUTPG	= stochastic unconditional transfer programmed grammar　随机非条件传递程序文法
SUV	= sport universal vehicle　运动型多用途车
SV	= safety valve　安全阀
	= side valve　旁〔侧〕阀
	= single-silk varnish　单丝漆包
	= sluice valve　闸阀
	= space vehicle　空间飞行器
	= specific volume　比容
	= stop valve　断〔节〕流阀，停气阀
SVA	= specific volume anomaly　比容异常
SVC	= static VAr compensation　静态无功功率补偿
	= supervisor call　管理程序调用
	= switched virtual circuits　交换式虚拟电路
SVCD	= super video compact disk　高级小型大容量视盘
S-VHS	= super video home system　超级家庭视频系统，超级家用录像系统
SVHS	= super video home system　超级家庭视频系统，超级家用录像系统
SVM	= support vector machine　（人工智能识别）支持向量机
SVP	= service processor　业务处理机
SVR	= support vector regression　支持向量回归
SVS	= schedule visibility system　程序〔时刻，进度〕表可见性装置
SVT	= stray voltage tester　寄生电压测试器
SVTP	= sound velocity,temperature and pressure unit　声速，温度和压强单位
SW	= secondary winding　次级〔二次，副〕线圈
	= shortwave (switch)　短波（开关）
	= signal-wire　信号线，C 线
	= software　软件
	= spot weld　点焊
	= station wagon　旅行轿车，客货两用轿车
	= S-wire　塞套引线，S 线，C 线
	= switch　开关
SWA	= single wire armo(u)red　单股铠装线

SWAC = spot weld accessory　点焊辅助设备
= Standard Western Automatic Computer　韦斯脱公司标准电子通用数字计算机，西部标准自动计算机

SWB = short wheel base　短轴距

swbd = switchboard　配电盘，交换台

SWC = short-wave choke　短波扼流圈
= silver white chip cutting　积屑瘤切削，刀瘤切削（切屑呈银白色）

SWD = standing-wave detector　驻波检测〔检验〕器

SWE = society for women engineers　女工程师协会

SWFX = spot weld fixture　点焊接夹具

SWG = sine-wave generator　正弦波发生器
= square wave generator　方波发生器，矩形波发生器
= standard wire ga(u)ge　标准线规
= steel wire ga(u)ge　钢丝线规

SWGR = switchgear　开关设备

SWI = standing wave indicator　驻波指示器
= switch interlock　开关互锁

SWIF = surface-wave integrable filter　表面波集成滤波器

SWIFT = Society for Worldwide Interbank Financial Telecommu-nications　世界银行电信协会

SWINGR = sweep integrator　扫描积分仪

SWL = safe working load　允许工作负荷

SWN = switching network　转换网络

SWNT = single-wall carbon nanotube　单壁碳纳米管

SWO = super woofer output　（音响）超重低音输出

SWP = safe working pressure　安全工作压力

SWPA = spot weld pattern　点焊（焊点）分布图

SWR = spin-wave resonance　自旋波共振
= standing wave ratio　驻波比

swr = steel wire rope　钢丝绳

SWT = synchrosqueezed wavelet transform　同步压缩小波变换

SXA = store index in address　地址的存储变址（数）

SXU = simplex unit　单工机

SY = sustainer yaw　主发动机偏转

SyC = synchronous condenser　同步调相〔整相〕机，同步电容器

SYD = system display　系统显示（器）

SYHCH = synchronization character　同步字符

SYM = symmetrical system　对称系统

SYMBAL = symbolic algebra　符号代数（语言）

SYMPAC = symbolic program(me) for automatic control　自动控制用的符号程序

SYSGEN = system generation　系统形成

SYSIN = system input　系统输入

SYSLIB = system library　系统库

T = tesla　特斯拉（磁通密度单位）
= ton　吨
= tooth thickness　齿厚
= total trim　总调整
= troy　金衡（制）（金，银，宝石的衡量）

	= twisting moment 转矩
t	= ordinary temperature 常温，室温
T & A	= temperature and altitude 温度和高度
TA	= table of allowance 公〔容〕差表，修正量表
	= tape advance 纸〔磁〕带超前
	= team algorithm 队列算法
	= technical assistance 技术援助
	= telegraphic address 电报挂号
	= terminal adapter 终端适配器
	= test accessory 试验辅助设备
	= test analyzer 测试分析仪
	= timing advance （通信）定时推进升级
	= track adjuster 履带张紧器
Ta	= tantalum 钽
ta	= test assignment 测试任务
TAA	= technical assistance administration 技术援助局
TAB	= tape automated bonding 带式自动焊接
tab	= table 工作台，表格，图表
TABSIM	= tabulating equipment simulator 制表机模拟程序（以卡片为媒体）
TABSOL	= tabulator system-oriented language 面向制表系统的语言目标
TABSTONE	= target and background signal-to-noise evaluation 目标和背景信号噪声比的鉴定
TAC	= technical assistance committee 技术援助委员会
	= terminal access controller 终端访问控制器
	= thrust asymmetry compensation 推力非对称补偿
	= transformer analog computer 变压器模拟计算机
	= translator assembler compiler 翻译程序，汇编程序，编译程序
TACE	= turbine automatic control equipment 透平自控装置
tach	= tachometer 转速表
TACS	= total access communication system 全向通信系统，全通通信系统
	= transient analysis control system 控制系统暂态分析
TACT	= transistor and component tester 晶体管及元件测试仪
TACV	= tracked air-cushion vehicle 有轨气垫车
	= transport air-cushion vehicle 气垫运输车
TAD	= target area designation 目标地域编号
tad	= top assembly drawing 顶部装配图
TADIC	= telemetry analog to digital information converter 遥测模拟 / 数字信息转换器
TAD/P	= terminal area distribution processing 终端区域分布处理
TAF	= transient adaption factor 瞬时适应因数
	= trim after forming 成形后的修整
TAFG	= two-axis free gyro 二自由度陀螺仪
TAIR	= test assembly inspection record 试验组件检查记录
tan	= tangent 正切，切线
tanh	= hyperbolic tangent 双曲正切
TAO	= totally automated office 全自动化办公室
TAP	= technical area planning 技术区规划
	= technical assistance program(me) 技术援助规划
	= time-sharing assembly program(me) 分时汇编程序
	= transistor analysis program(me) 晶体管分析程序

tap = tappet （发动机配气机构）挺柱
TAPAC = tape automatic positioning and control 带自动定位及控制（程序）
TAPAK = tape-pack 磁带组
TAPI = telephone application interface 电话应用接口
TAR = track address register 磁道地址寄存器
TaR = transmitter and receiver 送受话器，收发报机
TARE = telemetry automatic reduction equipment 遥测自动换算装置
TARIF = television apparatus for the rectification of indifferent film 适用各种规格影片的电视（重放）设备
TARP = test and repair processor 检验与修复处理机
TARS = three-axis reference system 三轴坐标系统
TaRS = tip and ring springs 塞尖和塞环簧片
TAS = telephone answering service 电话应答服务
= teleprinter automatic switching 印字电报机自动换接，电传打印机自动转换〔转接〕
= terminal address selector 终端地址选择器
= test and set 测试与置“1”
= three-axis stabilization 三轴稳定
= true air speed 实际空速
TASC = tabular sequence control 列表时序控制（程序）
= terminal area sequence control 终端区时序控制
TASI = time assignment speech interpolation 时分话音插空（话音插空技术利用语言间歇的电路时间交错分割多路通信制）
TAT = tensile adhesion test 拉伸试验
= transatlantic telephone 横跨大西洋电话
= tuned-aperiodic-tuned 调谐 - 非调谐 - 调谐的（放大电路）
TAU = tape adaptive unit 磁带适配器
tax = taxi 出租车
T & b = turned and bored 车削和镗削
TB = tail bearing 后轴承
= technical bulletin 技术公报
= terminal board 接线板
= test base 试验基地
= time-base 时基，时轴，时间坐标
= timing belt 正时（齿）带
= torch brazing 焊炬（加热）钎焊，火焰钎焊
= training base 训练基地
Tb = terbium 铽
TBA = television broadcasters association 电视广播协会
= true bearing adapter 真方位测定仪〔适配器〕
TBC = thermal-barrier coating 热障涂层
TBCC = turbine-based combined cycle 涡轮冲压组合发动机
TB-cell = transmitter blocker cell 发射机阻塞管
TBD = program description table 程序描述表
TBE〔tbe〕 = thread both ends 两端螺纹
TBH = turbine bearing housing 涡轮轴承座
TBI = throttle body fuel injection 节气门体（燃油）喷射
TbIG = terbium iron garnet 铽铁石榴石

TBM = terabit memory 太（拉）位存储器（10^{12} 位）
TBP = true boiling point 真〔实〕沸点
TBR = table base register 表基址寄存器
TBS = telephone banking system 电话银行系统，电子银行
T-C = T-circuit T 形网络
TC = Technical Committee (American Standards Association) （美国标准协会）技术委员会
= temperature coefficient 温度系数
= thermocouple 热电偶
= thread cutting 车制螺纹
= thrust chamber 推力室，火箭发动机
= thrust controller 推力调节器，推力自动稳定器
= time closing 延时闭合，时间结束
= time code 时间代码
= toll center 长途电话中心
= torque converter 变矩器
= tracking camera 跟踪摄影机
= transmission controller 发送控制器
= trim coil 微调线圈
= trip coil 解扣线圈
= trouble code 故障码
= turbine-compressor 涡轮压缩机
Tc = technetium 锝
tc = critical temperature (above the ice point) 临界温度（冰点以上）
TCA = telemetering control assembly 遥测控制装置
= thermal conductivity analyzer 热传导分析仪
TCAM = telecommunication access method 电信存取法
TCAS = traffic alert and collision avoidance system 空中交通警戒及防撞系统
= traffic collision avoidance system 交通防撞系统
TCB = task control block （操作）任务控制部件，任务控制块
TCBV = temperature coefficient of breakdown voltage 击穿电压温度系数
TCC = television control center 电视控制中心
= test conductor console 测试导线控制台
= test control center 试验控制〔指挥〕中心
= torque converter clutch 液力变矩器（锁止）离合器
= traffic control center 交通管制中心，行车调度中心
tcc〔tc/c〕 = triple-concentric cable 三心〔路〕同轴电缆
TCCS = thrust control computer system 推力控制计算机系统
TCD = thermal conductivity detector 热导检测器
= thyratron core driver 闸流管磁心激励器
tcd = tentative classification of defects 暂定的故障分类法
TCE = total composite error 总综合误差
= transmission control element 传输控制部件
TCG = transponder control group 应答器〔转发器〕控制组
= tune-controlled gain 调谐控制的增益
TCH = temporary construction hole 临时性结构孔
TCI = terrain clearance indicator 绝对高度指示器，离地高度计
TCIL = transmission control indicator lamp 变速器控制指示灯

TCL = transistor-coupled logic 晶体管耦合逻辑
TCM = tandem connection monitoring 串级连接监测
= temperature compensated mask 温度补偿掩膜
= terminal-to-computer multiplexer 终端计算机多路转换器
= time compression multiplex 时间压缩多路传输
= transfluxer constants matrix 多孔磁心常数（矩）阵
= transmission control module 传动（变速器）控制模块
TCMA = tabulating card manufacturers association 卡片式制表机厂家协会
TCMS = train control and management system 列车控制和管理系统
TCOS = technical committee on operating systems 操作系统技术委员会
TCP = temporary change procedure 暂时更改程序
= thrust chamber pressure （火箭发动机）推力室压力
= tool center point （数控机工）工具（位置）中心，刀具参考点
= turbine control panel 汽轮机控制板
TCP/IP = transmission control protocol/internet protocol 传输控制〔通信〕协议 / 网际互联协议
TCR = temperature coefficient of resistance 电阻温度系数
= thyristor controlled reactor 晶闸管电抗器
TCS = tanking control system 注油控制系统
= telemetry and command system 遥测指挥系统
= television camera system 电视摄影机系统
= temporary change of station 暂时改变位置，电台临时更改
= thermal control subsystem 热控制子系统
= timing and injection rate control system 定时和喷油率控制系统
= tool coordinate system 工具坐标系
= traction control system 牵引力控制系统，驱动防滑控制系统
= transmission control switch 变速器控制开关
TCSL = transistor current-steering logic 晶体管电流导引逻辑
TCTL = transistor-coupled transistor logic 晶体管耦合晶体管逻辑
TCTO = time compliance technical order （有）时限技术指令〔命令〕，顺时限的技术规范
TCV = temperature control valve 温度调节阀
= throttle control valve 节流阀
TCW = time code word 时间代码字
TCXO = temperature compensated crystal oscillator 温度补偿晶体振荡器
T & D = transmission and distribution 输（电和）配电
TD = drainage tube 排水管
= technical directive 技术指令
= technical director 技术指导
= tunnel diode 隧道二极管
= turbine driver 涡轮机传动装置
= turbo diesel 涡轮增压柴油机
TDA = tunnel diode amplifier 隧道二极管放大器
TDAVR = thyristor divert automatic voltage regulator 晶闸管整流自动电压调节器
TDC = technical data center 技术资料中心
= termination design change 终端（装置）设计改变
= thermal depolarized current 热（激）退极化电流（法）
= top dead center 上止点

	= two-dimentional code　二维码
TDCM	= transistor-driven core memory　晶体管驱动磁心存储器
TDCU	= target data control unit　目标数据控制装置
Td Cu	= tinned copper　镀锡铜
TDD	= three dimensional display　三维显示
	= time division duplex　时分双工
	= timing data distributor　计时数据分配器
	= tool drawing deviation　仪器制图偏〔误〕差
TDDB	= time dependent dielectric breakdown　与时间相关电介质击穿
TDDL	= time division data link　时间分隔数据（自动）传输器，时分数据（传输）链路
TDF	= tape data family　带数据族
	= three degree of freedom　三自由度
	= trunk distribution frame　中继线配线架
	= two degrees of freedom　二级自由度
TDFG	= three degree of freedom gyroscope　三自由度陀螺
TDG	= three dimensional graphic　三维图形
TDH	= total dynamic head　总动压头
TDI	= telecommunication data interface　电信数据接口
tdic	= target data input computer　目标数据输入计算机
TDIO	= timing data input-output　计时数据输入输出
TDL	= target development laboratory　目标研究实验室
	= terminal display language　终端显示语言
	= transistor-diode logic　晶体管二极管逻辑（电路）
TDM	= technical data management　技术数据管理
	= time division multiplex　时分复用，时分多路传输
TDMA	= time division multiple access　时分多路存取技术，时分多址
TDM/PCM	= time-division multiplex using pulse-code modulation　使用脉冲编码调制的时分复用
TDMS	= telegraph distortion measuring set　电报失真测试仪
TDN	= target Doppler nullifier　目标多普勒效应消除器
TDP	= technical development plan　技术发展计划
	= touch-down point　着陆点
	= tracking data processor　跟踪数据处理机
	= trigger detection point　触发检测点
TD/R	= test disable/reset　测试作废 / 重做
TDR	= time delay relay　延时继电器
	= time-domain reflector　时域反射仪
	= transmit data register　发送数据寄存器
TDS	= time domain simulation　时域模拟
	= tool design standard　工具设计标准
TDT	= target designation transmitter　目标指示〔指定〕发射机
TDTL	= transistor-diode-transistor logic　晶体管 - 二极管 - 晶体管逻辑（电路）
T & E	= test and evaluation　测试和鉴定
TE	= tangent elevation　仰角（正切仰角），高角
	= tractive effort　牵引力，挽力
	= transverse-electric　（电磁波）横向电场
	= trunk exchange　中继交换机
	= turbine engine　涡轮机

Te = tellurium 碲
= temperature element 温度元件
= terminal equipment 终端设备
= thermoelectric 热〔温差〕电的
TEA = Technical Engineers Association 技术工程师协会（美）
tech = technical 技术的，工艺的
TEDAR = telemetered data reduction 遥测数据处理
TEE = test equipment engineering 试验设备工程学
TEG = thermoelectric generator 热电偶发生器
tehp = total equivalent brake horsepower 总当量制动马力
TEI = terminal end identifier 终端〔界点〕标识符
TEJ = transverse expansion joint 横向胀缩接合
TEL = tetraethyl lead 四乙（基）铅
= transporter-erector-launcher 运输安装〔竖立〕发射装置
telecom = telecommunication 无线电通信，远程通信，电信
TELEDAC = telemetric data converter 遥测数据变换器
TELERAN = television radar air navigation 电视雷达导航（仪，系统）
TELNET = telecommunication network 电信网络，远程通信网络
TELRY = telegraph reply 电报回答
TEM = transmission electron microscope 透射电子显微镜
= transverse electromagnetic 横向电磁场〔波〕
TEMA = Telecommunication Engineering and Manufacturing Association 电信工程与制造协会（英）
T/EMM = thermal/energy management module 热管理型组合动力模块
temp = tempered 回火的
temp diff = temperature difference 温差
temp grad = temperature gradient 温度梯度
TEMR = temporary register 暂时寄存器
tens str = tensile strength 抗拉强度
TEP = thermal equivalent power 热当量功率
= tissue-equivalent plastic 组织等效塑料
TERD = turbine electric reduction drive 涡轮电力减速驱动
TES = telemetering evaluation station 遥测结果计算站
TESL = test equipment and standards laboratory 测试仪器和测试标准实验室
TET = test equipment team 测试设备组
= test equipment tester 测试设备检验装置
= test equipment tool 测试设备工具
TEU = telemetering equipment unit 遥测装置
= transducer excitation unit 转换器激励装置
TEWC = totally-enclosed water cooled 全封闭水冷却式（电机）
TF = temporary fix 临时固定〔调整〕
= thin film 薄膜
= time factor 时间利用系数，时间因素
= transfer function 传递函数
= true fault 实际误差，真实故障
= turbofan 涡轮风扇发电机
tf = transient fall time 瞬变下降时间
TFA = transfer function analyzer 转换〔传递〕函数分析器

TFC = thin-film circuit 薄膜电路
TFD = total frequency deviation 频率总偏移
TFE = tetraflouoroethylene 四氟乙烯（这些半晶氟化聚合物代表了最先进的压电聚合物）
TFFT = thin-film field-effect transistor 薄膜场效应晶体管
TFHC = thin-film hybrid circuit 薄膜混合电路
TFI = throttle fuel injection 节气门燃油喷射
TFM = thin-film microelectronics 薄膜微电子学
= time-quantized frequency modulation 时间量化频率调制
= transverse-flux motor 交磁电动机
= two-liquid manometer 双液压力计
TFO = tuning fork oscillator 音叉振荡器
TFP = trans fiber optics photography 光导纤维摄影
T/FR = top of frame 框〔骨，构〕架顶部
TFT = thin-film technique 薄膜工艺〔技术〕
= thin-film transistor 薄膜晶体管
TFTP = trivial file transfer protocol 琐碎文件传输协议
TG = tachogenerator 测速发电机，转速机传感器
= terminal guidance 末（段）制导
= timing ga(u)ge 定时计
= tracking and guidance 跟踪和制导
= turbo-generator 汽轮发电机
TGA = thermogravimetric analysis 热解重量分析法
TGB = transfer gearbox 传动齿轮箱
T-GCN = temporal graph convolutional network 时间图卷积网络
TGG = Tula gyrostabilized gravimeter 杜拉型陀螺稳定重力仪
tgl = toggle 曲柄，肘节弯头，肘管，曲杆，曲臂，反复电路
TGOP = turning gear oil pump 盘车装置油泵
TGP = tone generator panel 音频发生器〔发电机〕操作台〔控制板〕
TGS = telemetry ground station 地面遥测站
TGSE = test ground support equipment 试验场辅助设备，地面试验支援设备
TGTP = tuned-grid,tuned-plate 调栅调板〔屏〕
TGZM = temperature-gradient zone melting 温度梯度区域熔炼
T & H = temperature and humidity 温度和湿度
Th = thorium 钍
th = thermite 铝热剂
T〔H^3〕 = tritium 氚
THD = total harmonic distortion 总谐波失真
THIR = temperature-humidity infrared radiometer 温湿红外辐射仪
THLS = turret head limit switch 转塔刀架限位开关
THP = thrust horsepower 推进马力
THS = total heating surface 总受热〔加热〕面
ThV = throttle valve 节流阀，（发动机）节气门
thyr = thyristor 晶闸管
TI = target identification 目标识别
= technical information 技术情报〔数据，资料〕
= technical interchange 技术交换
= temperature indicator 温度指示器

	= Texas Instruments,Inc 得克萨斯仪器公司
	= time interval 时间间隔
	= transfer impedance 转移阻抗
Ti	= titanium 钛
TIA	= telecommunication industry association 电信工业协会
TIC	= technical information center 技术情报中心
	= temperature indicating controller 温度指示控制器
	= temperature of initial combustion 开始燃烧温度
	= transfer in channel 通道转换
TICOSS	= time compression single sideband system 时间压缩式单边带系统
TID	= technical information division 技术情报司〔部〕
TIE	= total industrial engineering 全面工业工程
TIES	= transformation and information exchange system 传输和信息交换系统
	= transmission and information exchange system 信息传输与交换系统
TIF	= technical information file 技术情报资料〔档案〕
	= telephone interference factor 电话干扰因数〔因素〕
TIG	= tungsten-inert-gas (arc) welding 钨极惰性气体保护（电弧）焊
TIM	= technical information management 技术信息管理
	= terminal intelligence module 终端智能模块
	= terminal interface module 终端接口模件
	= time meter 计时器
	= thermionic integrated micromodule 热离子集成电路微型模块
TIMM	= thermionic integrated micromodule circuits 热离子集成式微模电路
TIN	= transparent intelligent network 透明智能网络
TINA	= telecommunication information networking architecture 电信信息联网体系结构
TIP	= terminal interface message processor 终端接口信息处理机
	= terminal interface processor 终端接口处理机
	= titanium pump 钛泵
TIR	= total indicator reading 总读数，指针读数
TIS	= test instrumentation system 测试仪表系统
	= total information system 总信息系统
TISEO	= target identification sensor electrooptical 光电目标识别器
TIU	= tape identification unit 带标识器
TIV	= total integrated vehicle （安全性、油耗、排放物）综合试验车
TJ	= tripod (mount) joint 三球销万向节，三脚架结节
TJP	= turbojet propulsion 涡轮喷气推进
TKV	= tracked vehicle 履带式车辆
TL	= test link 测试线路
	= test load 试验〔测试〕荷载
	= total load 总荷载
	= transmission level 传输电平
	= truck load 货车载重量
Tl	= thallium 铊
tl	= total loss 总损失
TLB	= translation look-aside buffer 翻译后援缓冲器
TLE	= trunk line equipment 转发器，中继线设备，干线设备
TLL	= television laser link 电视激光传送线路
TLM	= time linearization method 时间线性化法

	= transmission-line model(l)ing 传输线模型
TLM CTL PNL	= telemetry control panel 遥测控制板
TLPD	= three-layer piezo electric diode 三层压电二极管
TLR	= time limit relay 限时继电器
tlr	= trailer 拖车
tlscp	= telescope 望远镜
TLU	= threshold logic unit 阈值逻辑元件
TLZ	= transfer less than zero 小于零转移
T & M	= time and materials 工时和材料
TM	= magnetic tape module 磁带模件
	= telemetering measurement 遥测
	= temperature meter 温度计
	= temporary memory 暂时存储器
	= threat mechanism 威胁机理
	= time modulation 时间调制
	= time monitor 时间监视器
	= tone modulation 音调制
	= transfer memory 转移存储
	= transliteration method 直译法，音译法
	= transverse magnetic 横向磁场（电磁波）
	= Turing machine 图灵机
	= twisting moment 扭矩
Tm	= melting temperature 熔化温度，熔点
	= thulium 铥
	= transmission 变速器
TMD	= telemetered data 遥测数据
TME	= temperature measuring equipment 测温装置
TMF	= two mode fiber 双模光纤
TMMT	= thermo-magnetic-mechanical-treatment 磁场形变热处理
TMN	= telecommunication management network 电信管理网
TMO	= telegraphic money order 电汇票
TMP	= terminal monitor program(me) 终端监督程序
T & M PNL	= triggering and monitoring panel 触发及监控台
TMR	= triple modular redundancy 三元模块冗余
TMS	= thermal management system 热管理系统
	= thrust management system 推力管理系统
	= transmission measuring set 传输测试器
	= transport monitor system 运输监控系统
	= truth maintenance system 真值维护系统
TMSI	= temporary mobile subscriber identity 临时移动用户标识
TMT	= thermo-mechanical-treatment 形变热处理，热机械处理
	= transonic model tunnel 跨音速模型试验风洞
TMTC	= tri-model tape converter 三模型带转换器
TN	= transport network 传输网络
TNA	= telematic network between administrations （行政）管理当局间的电传信息网
TNC	= threaded nut connector 螺母连接器
	= track navigation computer 轨道导航计算机
TNF	= transfer on no flow 无溢出转移

TNT = trinitro-toluene 三硝基甲苯
TNZ = transfer on nonzero 非零转移
TO = time opening 定时断开〔开启〕
Tob brz = Tobin bronze 托宾青铜
TOC = television operating center 电视操作中心
= timing operations center 计时（操作）中心
= top-blown oxygen converter 氧气顶吹转炉
TOD = total oxygen demand 总需氧量
TOEFL = the test of English as a foreign language 非英语国家学生考试
TOES = trade-off evaluation system 综合鉴定系统
TOF = time of flight 基于飞行时间（一种测距原理）
TOff = terminating office 终端局，终端点〔站〕
TOL = test-oriented language 面向测试的语言
TONAC = technical order notification and completion system 技术指令通知和执行系统
TOOL = test-oriented operator language 面向测试的操作员语言
TOP = technical and office protocol 技术和办公室协议
TOPICS = total on-line program(me) and information control system 总的联机程序和信息控制系统
TOPS = the operational PERT system 操作程序评价和审查技术系统
tor = torque 扭矩，转矩
TOS = temporarily out of service 暂时停止工作
= terminal-oriented software 面向终端软件
= time of service 使用期限，（机器）寿命
TOSBAC = TOSHIBA scientific and business automatic computer （日本）东芝(公司出品的）科学及商用自动计算机
TOT = transfer of technology 技术转让
TOTS = transimission oil temperature sensor 变速器油温传感器
TOU = trace operate unit 追踪〔故障探测〕装置
TP = temperature probe 温度传感器
= test panel 试验〔测试〕台
= test procedure 试验方法，测试程序
= thermoplastics 热塑性塑料
= time pulse 时间脉冲
= T-pipe T形管接头，T形管
= tracking program(me) 跟踪程序
= transaction processor 事务处理机
= true position 实际位置
tp = three-phase 三相
TPBVP = two-point boundary value problem 两点边值问题
TPC = twisted-pair channel 双扭线通道
tpd = transient propagation delay （瞬态）传播延迟时间
TPDT = triple-pole double-throw 三刀双掷（开关）
TPDU = transport protocol data unit 传输协议数据单元
TPE = test pattern evaluator 测试码模式鉴定程序
= test project engineer 试验计划工程师
= thermoplastic elastomer 热塑性弹性体
= turboprop engine 涡轮螺旋桨发动机
TPG = test pattern generator 试验模式〔图形〕发生器

TPI = target position indicator 目标位置指〔显〕示器
= teeth per inch 每英寸齿数（1 in=25.4 mm）
= threads per inch 每英寸螺纹数
= tracks per inch 每英寸磁道数
TPON = telephony passive optical network 电话无源光网络
TPP = trajectory planning problem 弹道设计问题
= tread profile percentage 剩余胎面花纹百分率
TPR = temperature profile record(er) 温度廓线记录（仪）
= thermoplastic rubber 热塑性橡胶
TPS = tank pressure sensing 油箱压力传感
= terminals per station 每站终端（设备）数
= thermal protection system 防热系统
= throttle position sensor 节气门位置传感器
TPSS = train program(me) subsystem 系列程序子系统
TPTG = tuned plate,tuned grid (circuit) 调板〔屏〕调栅（电路）
TQC = total quality control 全面质量管理
tqe = technical quality evaluation 技术质量鉴定
T&R = transmitter and receiver 送 / 受话器，收 / 发报机
T-R = transmitter-receiver 收发两用机，发射机接收机，送受话机
TR = telegraph repeater 电报转发器〔机〕
= telephone repeater 电话增音机〔中继器〕
= temperature recorder 温度记录器
= test requirement 试验要求
= thermal relay 温差继电器
= time-delay relay 延时继电器
= time relay 定时继电器
= transformer rectifier 变压器 - 整流器
= transient response 瞬态响应
= translating relay 帮电继电器，转发中继器
= transmission range 变速器档位
= transmit-receive 收发（两用）
= true range 真距离
= trunk relay 中继（线继电）器
tr = truck 载货汽车
TRA = throttle resolver angle 油门解算器角度
TRADIC = transistor digital computer 晶体管数字计算机
trans = transfer 传输，传送，变换
= transformer 变量器，变压器，变换器
= transmitter 传感器，发送器，送话器，发射器，发射机
Trans ASME = Transactions of the American Society of Mechanical Engineers 美国机械工程师协会会刊
TRAP = terminal radiation program(me) 终端辐射计划
TRAPATTD = trapped plasma avalanche triggered transit diode 俘获〔被陷〕等离子雪崩触发渡越二极管
TRAU = transcoder and rate adapter unit 代码转换器和速率适配单元
TRC = temperature record and control 温度记录和控制
= transmission and reception controller 发送和接收控制器
TRE = Telecommunications Research Establishment 电信研究所（英）

TRF amplifier	= tuned radio frequency amplifier　射频调谐放大器
TRF〔trf〕	= tuned radio-frequency　射频调谐，调谐射频
tri	= triode　晶体管
TRICON	= triple coincidence navigation （有三个地面台的）雷达导航系统，三台导航制
TRIDAC	= three-dimensional analog(ue) computer　三维模拟计算机
TRIP	= transformation-induced plasticity　高强度及高延性
TRIS	= transportation research information system　交通运输研究信息系统
tri-tet	= triode-tetrode　三极管 - 四极管
TRL	= transistor-resistance logic　晶体管 - 电阻逻辑
	= transistor-resistor logic　晶体管 - 电阻器逻辑
TRM	= test requirement manual　试验要求手册
TROS	= transformer read-only store　变压器只读存储器
TRP	= TV remote pickup　遥控电视摄像管，远距离电视摄像
tr pt	= transition point　转变点
trq	= torque　转矩
TRR	= teaching and research reactor　教学与研究用的反应堆
	= test readiness review　试验完备性审查
Tr R	= thrust reverser　反推力装置
TRS	= test requirement specification　试验技术规范
trs	= transistor　晶体管，晶体三极管
TRTL	= transistor-resistor-transistor logic　晶体管 - 电阻器 - 晶体管逻辑
TRU	= transformer rectifier unit　转换放大单元，整流变压器
trvlr	= traveler　移动式起重机，行车
TRVM	= transistorized voltmeter　晶体管（化）伏特计
TS	= tactile sensor　触觉传感器
	= taper shank　锥形柄
	= telescopic sight　望远镜式瞄准具
	= temperature switch　温度开关
	= tensile strength　抗拉强度〔极限〕
	= terminal strip　端子板
	= test stand　试验台
	= thermoset　热固性塑料
	= toll switching stage　长途电话转换级
	= tool steel　工具钢
	= tracking system　追踪系统
	= transient state　瞬态
	= transmission system （汽车）传动系
	= test strength　试验强度
	= tumbler switch　翻转〔起倒〕开关，凸件起动开关
	= twin-screw　双头螺纹
TSA	= thorax side airbag （汽车乘员）胸部安全气囊
	= time slot allocation　时隙分配
	= two-step antenna　二级〔两节〕天线
TSAP	= transport service access point　传输服务访问点
TSAS	= time-shared supervisor assembly system　分时管理程序汇编系统
TSB	= thrust section blower　推力舱增压器
	= twin sideband　双边（频）带
TSC	= thin slab caster　薄板坯连铸机

	= thyristor-switched capacitor 晶闸管开关容量
	= totally self-checking 总自校验
	= two subcarrier system （彩色电视）双副载波系统
TSCC	= thyristor-controlled series compensation 晶闸管串联补偿
TSD	= touch sensitive digitizer 触敏数字转换器
TSDU	= transport service data unit 传输服务数据单元
TSE	= test support equipment 试验辅助设备
TSEM	= transmission secondary electron multiplier 透射次级电子倍增器
TSFC	= thrust specific fuel consumption 推力耗油率
TSFEM	= time spectral finite element method 时间谱有限元法
TSG	= timing signal generator 定时信号发生器
TSI	= transmission subsystem interface 传输子系统接口
TSL	= test stand level 试验台高度
	= three-state logic 三态逻辑
	= tree searching language 树检索语言
TSM	= tape supply motor 磁带供电马达
TSO	= technical standard order 技术标准规定
	= technical standards orders 技术标准说明
TSP	= target scene projector 目标场景投影仪
TSR	= temporary storage register 暂存寄存器
	= terminate-and-stay-resident 终止并驻留的
TSS	= target selector switch 目标选择器开关
	= time sharing system 分时〔时间分配〕系统，时分制
	= transmission speed sensor 变速器转速传感器
	= turbo speed sensor 涡轮转速传感器
TSs	= terminal strips 端子板
TST even	= test even 偶次谐波测试
TST PRM	= test parameter 试验参数
TSTS	= thrust structure test stand 推力结构试验台
	= tracking system test stand 追踪系统试验台
TSU	= transfer switch unit 转换开关装置
TT	= technical term 技术条件
	= thrust termination 推力结束
	= transfer of technology 技术转让
	= tree transformation 树形变换
	= true track 真方向
TTB	= test two bits 检验两位
TT & C	= telemetry,tracking and command 遥测、跟踪与指令
TTCE	= tooth to tooth composite error 齿间〔齿隙,齿到齿〕组合误差（例如齿厚的变化，齿廓的偏差，齿的调整误差，相邻齿节的误差）
TTDR	= tracking telemetry data receiver 追踪遥测数据接收机
TTE	= temporary test equipment 临时试验设备
TTF	= time to failure 故障前时间
TTL	= transistor-transistor logic 晶体管 - 晶体管逻辑（电路）
TTM	= two-tone modulation 双音（信号）调制
tt st	= teletypewriter station 电传打字电报局，电传打字电报机用户
TTT curve	= time-temperature-transformation curve 时间 - 温度 - 相变曲线，等温转变图
TTU	= tracer test unit 追踪试验装置

TTY = teletypewriter 电传打字（电报）机
TU = terminal unit 终端设备
= transmission unit 传输单位
TUF = thermal utilization factor 热利用系数
TU net = Tsinghua University network 清华大学校园网
tur = turret 转台，转刀架，六角转头
turb = turbine 涡轮，涡轮机，汽轮机，透平机
TV = terminal velocity 末速，最大（的极限）速度，终点速度
= throttle valve 节气门
= transport vehicle 运输机〔车，工具〕
= tube voltmeter 电子管电压表
TVBS = television broadcasting satellite 卫星电视广播
TVC = thrust vector control 推力矢量控制
TVG = time variation of gain 时控增益，增益随时间的变化
TVI = television interference 电视信号干扰
TViAV = television/audio-visual 电视 / 音像
TVIG = television and inertial guidance 电视与惯性（自动）制导
TVIST = television information storage tube 电视信息存储管
TVL = tenth-value layer 十倍衰减层，十分之一值衰减层
TVM = television monitor 电视监视器
= transistor voltmeter 晶体管伏特计
TVOR = terminal very high frequency omnirange 终端甚高频全向（无线电）信标
TVR = television recording 电视录像
TVV = thermal vaccum valve 温控〔热力〕真空阀
TW = total weight 总重（量）
= travel(l)ing-wave 行波
TWA = time window amplitude 模态特征参量窗幅值
= Trans-World Airlines 环球航空公司（美）
= travel(l)ing wave amplifier 行波放大器
TWC = three-way catalyst 三元催化
twc = total work cost 总工作费用
TWCT = truncated Witworth coarse thread 惠氏截顶粗牙螺纹
TWE = time window energy 窗能量
TWF = truncated Witworth fine thread 惠氏截顶细牙螺纹
TWK = travel(l)ing-wave klystron 行波速调管
TWM = travel(l)ing-wave maser 行波微波激射器
TWMBK = travel(l)ing-wave multiple-beam klystron 多柱〔束〕行波速调管
TWO = travel(l)ing-wave oscillator 行波振荡管
= travel(l)ing-wave oscillograph 行波示波器
TWP = travel(l)ing-wave phototube 行波光电管
TWR = thrust to weight ratio 推力 - 重量比
TWS = translator writing system 翻译程序编写系统
TWT = translator writing tools 翻译程序编写工具
= transonic wind tunnel 跨音速风洞
= travel(l)ing-wave tube 行波管
TWTA = travel(l)ing-wave tube amplifier 行波管放大器
TWU = trace watch unit 追踪监视装置
TWV = tee way valve 三通阀

TWX = teletypewriter exchanger 电传打字电报交换机
TX = television receiver 电视接收机
= transmitter 发射机，发送机
TxRx = transmitter-receiver 收发两用机
TZM = titanium-zirconium-molybdenum alloy 钽 - 锆 - 钼合金
U = university 大学
= uranium 铀
UA = ultra-audible 超声的，超声速的
= ultrasonic attenuation 超声衰减
= United Airlines 联合航空公司（美）
UAC = United Aircraft Corporation 联合飞机（有限）公司（美）
UADPS = uniform automatic data processing system 标准自动资料处理系统
UAIDE = users of automatic information display equipment 自动信息显示设备用户
UAL = unit area loading 单位面积负荷
UAN = universal access number 通用存取〔接入〕号
UAS = unmanned aircraft system 无人机系统 / 无人驾驶飞机系统
UAT = Union Aéromaritime de Transport 〈法〉联合海空运输公司
UATN = united automatic telecommunication network 联合自动电信网
UATS = universal assembler translator system 通用汇编翻译程序系统
UAV = unmanned aerial vehicle 无人机
UAW = United Auto,Aircraft and Agricultural Implements Workers of America 汽车、飞机、农业机械工人联合会（美）
UAX = unit automatic exchange 自动电话交换设备
UBC = universal buffer-controller 通用缓冲控制器
UC = umbilical cable 连接电缆，临时管缆
= unit cooler 设备冷却器
UCA = unitized component assembly 组件
UCC = universal classification system 通用分类系统
= Universal Computer Company 通用计算机公司
UCCS = universal camera control system 通用摄像机控制系统
UCDP = uncorrected data processor 错误数据处理器
UCF = unit control file 部件控制文件
UCI = utility card input 应用卡片输入
UCL = upper control limit 控制〔行动〕上限
UCO = utility compiler 应用编译程序
UCP = utility control program(me) 应用控制程序
UCPDE = Union for Co-ordinating Production and Distribution of Electricity （国际）发配电联合会
UCS = universal character set 通用符号集
UCW = unit control word 部件控制字
UDC = universal decimal classification 国际〔通用〕十进制分类（法）
= upper dead center 上死点
UDEC = unitized digital electronic calculator 统一数字电子计算器
UDOP = ultra-high-frequency Doppler system 超高频多普勒系统
UDP = user datagram protocol 用户数据报协议
UE = ultrasonic engineering 超声工程
= unified equipment 统一标准装置
= United Electrical,Radio and Machine Workers of America 美国电气、无线电和

机器工人联合会
= unit equipment 组合装置
= unit exception 设备异常
UED = United Electrodynamics Inc. 电动力学公司（美）
UEE = unit essential equipment 单位主要装备
UEEPA = universal electronic engine performance analyzer 通用型发动机性能电子分析仪
UF = urea formaldehyde 脲醛（树脂，塑料）
UHCI = universal host controller interface 通用主机控制器接口
UHDTV = ultrahigh definition television 特高清晰度电视
UHF = ultra(-)high frequency 超高频
UHiSC = upper high speed cutting 超高速切削
uhp = ultra-high pressure 超高压的
UHV = ultra-high vacuum 超高真空
= ultra-high voltage 超高（电）压
UICN = universal intelligent communication network 通用智能通信网
UIE = Union Internationale d'Electrothermic 国际电热协会
UIM = ultra-intelligent machine 超级智能机
= universal identity module 通用全同模块
UIM/X = user interface management system for X windows software X视窗软件用用户接口管理系统
UIO = unknown input observer 未知输入观测器
UIOCL = universal intelligent optical communication link 通用智能光通信链路
UIOD = user I/O device 用户输入输出设备
UIR = universal integral regulator 通用积分调节器
UJB = umbilical junction box 连接电缆接线箱
UJT = unijunction transistor 单结晶体管
UKAC = United Kingdom Automation Council 英国自动化委员会
UL = user language 用户语言
ULB = universal logic block 通用逻辑块
ULEV = ultra lean (combustion) engine vehicle 超级贫油燃烧发动机车辆
= ultralow emission vehicle 超低排放车辆
ULF = ultra-low frequency 超低频
ULG = universal logic gate 多用途逻辑门
ULM = ultrasonic light modulator 超声光调制器
ULSI = ultra large scale integration 超大规模集成（电路）
ULT = ultralight truck 微型货车
ult an = ultimate analysis 元素分析
U/M = unscheduled maintenance 计划外的〔不定期的〕维修
UMB = upper memory block 上位内存块
UMC = unmanned machining center 无人（照管）加工中心
UMF = uniform magnetic field 均匀磁场
UMP = unbalanced magnetic pull 不平衡磁拉力
UMS = UMTS mobility server 通用移动通信系统移动性服务器
= unmanned manufacturing system 无人化制造系统
UMTS = universal mobile telecommunication system 通用移动通信系统
Un Bal = unsymmetrical balance 不对称平衡网络
UNC = universal navigation computer 通〔万〕用导航计算机
UNCC = United Nations Computing Center 联合国计算中心

UNCOL = universal computer oriented language 通用计算机语言
UNCTAD = United Nations Conference on Trade and Development 联合国贸易和发展会议
UNDP = United Nations Development Program(me) 联合国开发计划署，联合国发展方案
UNE = Una Norma Espanola 〈西〉西班牙国家标准
UNESCO = United Nations Educational,Scientific and Cultural Organization 联合国教（育）科（学）文（化）组织
UNI = Unificazione Nazionale Italiana 〈意〉意大利国家标准
= user network interface 用户网络接口
Uni = university 大学
UNICOMP = universal compiler 通用编译程序
UNIDAP = universal digital autopilot 通用数字自动驾驶仪
UNIDO = United Nations Industrial Development Organization 联合国工业发展组织
UNIF COEF = uniformity coefficient 均匀〔一〕性系数
UniFET = unipolar field effect transistor 单极场效应晶体管
UNIPOL = universal procedure-oriented language 面向过程的通用语言
UNITAR = United Nations Institute for Training and Research 联合国训练研究所
UNIVAC = universal automatic computer 通用电子（数字）计算机，通用自动计算机
UNTAA = United Nations Technical Assistance Administration 联合国技术援助局
UNTS = unstarred nonterminals 未加星非终结符
UnURo = universal underwater robot 水下（作业）通用机器人
UODDL = user-oriented data display language 面向用户的数据显示语言
UOP = Universal Oil Products Company 环球石油产品公司（美）
UPADAS = user programmable data acquisition system 用户可编程序的数据采集系统
UPC = universal product code 通用产品代码
UPO = undistorted power output 不失真功率输出
UPS = uninterrupted power supply 不断电的电源
UPSR = unidirectional path protection switched ring 单向路径〔通路〕保护切换环
UPT = universal personal telecommunication 通用个人通信
UPTP = universal package test panel 万能组〔包〕装测试台
UPV = unfired pressure vessel 非受火压力容器
URL = uniform resource locator 统一资源定位器
= user requirement language 用户需求语言
URS = unmanned repeater station 无人值守中继站
URSI = Union Radio-Scientifique Internationale 国际科学无线电协会
US = undistorted signal 不失真信号
US/A = ullage simulation assembly 气隙〔漏损〕模拟装置
USART = universal synchronous asynchronous receiver transmitter 通用同步异步接收发送器
USASCII = USA standard code for information interchange 美国信息交换标准代码
USASCSOCR = USA standard character set fot optical character recognition 美国光学字符识别标准字符集
USASI = USA Standards Institute 美国标准学会
USB = unified S-band 统一 S 波段
= upper sideband 上边带
USB OTDR = universal serialbus optical time domain reflectometer 采用通用串行总线接口来实现外置的数据采集卡与主机之间通信的新型光时域反射仪
USBS = United States Bureau of Standards 美国标准局

USC = ultra sonic cleaning 超声波清洗
= United States code 美国密码
USD = ultimate strength design 极限强度设计
USFS = United States frequency standard 美国频率标准
USG = United States ga(u)ge 美国标准（量，线）规
USHE = upstream heat exchanger 逆流式热交换器
USM = ultrasonic machining 超声（波）加工
USP = United States patent 美国专利
USPO = US Patent Office 美国专利局
USPTO = U.S.patent & trademark office 美国专利数据库
USRT = universal synchronous receiver/transmitter 通用同步接收发送器
USS = United States standard 美国（工业）标准［规格］
= United States Steel Corporation 美国钢铁公司
USSC = Univac solid-state computer 尤尼瓦克通用固态计算机
USSSG = United States steel sheet ga(u)ge 美国薄钢板规格
USSt = United States standard 美国标准
USW = ultrashort wave 超短波
UT = unipolar field-effect transistor 单极场效应晶体管
UTC = United Technology Corporation 联合技术公司（美）
= unload time chain 转存时间链
UTCS = urban traffic control system 城市交通管理系统
UTEC = universal test equipment compiler 通用测试设备编译程序
UTI = universal test interface 通用测试接口
UTL = United Test Laboratories 联合测试实验室（美）
UTP = unshielded twist pair 无屏蔽对绞线，无屏蔽双绞线对
= utility tape processor 应用磁带处理机
UTS = ultimate tensile strength 抗拉强度
= united translation system 联合翻译系统
UTTC = universal tape-to-tape converter 通用带到带转换器
UTV = underwater television 水下电视
UUT = unit under test 被测单元
UV = ultra violet 紫外线
= under voltage 欠压，电压不足
UVC = universal contact 万能接头
UV LT = ultraviolet floodlight 紫外线泛光灯
UV-PROM = UV programmable ROM UV 可编程只读存储器
uvr = undervoltage relay 低压继电器
UW = ultrasonic wave 超声波
= ultrasonic welding 超声波焊
UWB = ultra-wideband 超宽带
V6 = six cylinder "V" engine V 形 6 缸发动机
V = specific volume 比容（量）
= total volume 总容量
= valve 阀，阀门，瓣气阀，真空管，电子管
= vanadium 钒
= voltage 电压
= volume 容积，容量，体积
v = velocity 速度

	= viscosity 黏度
VA	= value analysis 价值分析
	= variable area 可变区域
	= volt-ampere 伏（特）安（培）
	= volt-amplifier 伏安
VAA	= voice access arrangement 声音存取设备
VAB	= vertical assembly building 垂直装配间
	= voice answer back 声音应答装置
VAC	= vector analog(ue) computer 矢〔向〕量模拟计算器〔机〕
	= video amplifier chain 视频放大器链
vac	= alternating-current volts 交流电压
	= vacuum 真空
vac pup	= vacuum pump 真空泵
VAD	= vacuum arc deposition 真空电弧沉积
	= velocity azimuth display 速度方位显示器
VADC	= voltmeter analog(ue)-to-digital converter 伏特计模拟 - 数字转换器
VADE	= versatile automatic data exchange 通用自动数据交换（器）
VAL	= virtual assembly language 虚拟汇编语言
VALC	= value call 值调用
VALSAS	= variable length word symbolic assembly system 可变长字符号汇编系统
VAM	= virtual access method 虚拟存取法
	= Vogel's approximation method 沃格尔近似法
VAMA	= variable address multiple access 可变地址多路存取
VAMP	= vector arithmetic multiprocessor 向量运算多处理机
	= visual-acoustic-magnetic pressure 可见光 - 声 - 磁压强，视听磁压
VAMS	= vector air-speed measuring system 矢量空速测量系统
VAN	= variable area nozzle 可变截面喷管
VANS	= value added network service 加值网络服务
VAOR	= very-high-frequency aural omnirange 甚高频可听式全向无线电信标
VAP	= value-added processor 加值处理机
vap	= vapour 蒸汽
VAPS	= variable assist power steering 可变助力动力转向
VAR	= reactive volt-amperes〔voltamperes reactive〕乏，无功伏安
	= vacuum arc remelting 真空电弧（炉）重熔
	= visual-aural (radio)range〔visual/aural range〕可视可听〔声影显示〕无线电航向信标
vari cap	= variable capacitor 可变电容
varistor	= variable resistor 可变电阻（器）
VASS	= visual analysis subsystem 直观分析子系统
V-ATE	= vertical anisotropic etch 垂直定向腐蚀
VATE	= versatile automatic test equipment 万能自动测试设备
VATS	= vehicle anti-theft system 汽车防盗系统
vau	= vertical accelerometer unit 垂直加速度表装置
VAX	= virtual address extended 虚拟地址扩充
VB	= valve box 阀箱〔体，盒〕
VBO	= voltage break open 击穿电压
VBPF	= variable band pass filter 可变带通滤波器
VBR	= variable bit rate 可变比特流业务，可变位速率，可变比特率

VC = critical volume　临界容量
= variable capacitor　可变电容器
= vector control　矢量（变换）控制
= vertical curve　竖曲线
= video correlator　视频相关器
= virtual call　虚（拟）呼叫
= virtual channel　虚（拟）通道，虚拟信道
= virtual circuit　虚（拟）电路
= virtual container　虚（拟）容器
= viscous coupling　黏性耦合器
= visual capacity　视觉分辨能力
= visual communication　可视通信
= vitrified clay　陶瓷土
= voltage collapse　电压崩溃
= voltage comparator　电压比较器
= voltage compensator　电压补偿器
= volume control　容积控制，音量控制
= volume of compartment　舱室容积

VCA = value control amplifier　值控制放大器

VCB = vertical location of the center of buoyancy　浮（力中）心的垂向位置

VCC = vertical channel computer　垂向通道计算机
= video coaxial connector　视频同轴连接器
= virtual channel connection　虚（拟）通道连接
= voice communication complex　声音通信复合系统
= voice-controlled carrier　语控载波

VCCO = voltage-controlled crystal oscillator　电压控制晶体振荡器

VCCS = voltage controlled current source　电压控制电流源

VCD = variable capacitance diode　可变电容二极管
= video compact disk　激光视盘，影碟

VCF = variable crystal filter　可变晶体滤波器

VCG = vertical location of the center of gravity　重心的垂向位置

VCI = video chromatic interface　视频色度信号接口
= virtual channel identifier　虚（拟）通道标识符

vci = volatile corrosion inhibitor　挥发性防蚀剂

VCM = vehicle condition monitor　汽车状况监控器
= voice coil motor　音圈电机

VCO = variable crystal oscillator　可变频率晶体振荡器
= vector-controlled oscillator　航向控制振荡器
= voltage-controlled oscillator　电压控制振荡器，压控振荡器

VCP = virtual circuit control program(me)　虚拟线路控制程序

VCR = video cassette recorder　盒式录像机
= voltage-controlled resistor　压控电阻

VCS = video communications system　视频通信系统
= vidicon camera system　光导摄像管摄像系统
= visual coupled system　视觉耦合系统
= voice communications system　音频通信系统

VCSEL = vertical cavity surface emission laser　垂直腔面发射激光器

VCSI = vehicle crash severity indices　车辆碰撞严重程序指数

VCT = voltage control transfer 电压调整变换
= voltage current transformer 电压电流互感器
VCVS = voltage-controlled voltage source 电压控制电压源
VCXO = voltage control crystal oscillator 电压控制晶体振荡器
vd = vapo(u)r density 蒸汽密度
VDA = video distributing amplifier 视频分布放大器
VDB = visitor database 访问者数据库
VDC = volts DC〔direct-current volts〕直流电压
vdct = volts,direct-current,test 直流测试电压
VDCW〔vdcw〕 = volts, direct current,working 直流工作电压
VDET = voltage detector 检压器，电压检波器
VDF = very-high-frequency direction finder 甚高频测向器
= video〔vision〕frequency 视频
= voice distribution frame 话音配线盘
VDG = vertical and directional gyro 垂直和航向陀螺仪
VDI = Verein Deutscher Ingenieure 〈德〉德国工程师协会
= video data interrogator 显示数据询问器
VDL = variable delay line 可调延迟线
= very high frequency digital link 甚高频数据链路
= Vienna definition language 维也纳定义语言
VDM = video delta modulation 视频 δ 调制
= Vienna development method 维也纳研制方法，维也纳开发方法
VDP = vertical data processing 垂向数据处理
VDPS = voice data processing system 声音数据处理系统
VDR = voltage dependent resistor 压敏电阻
VDS = variable depth sonar 可变深度声呐
VDSL = very high speed digital subscriber line 甚高速数字用户线
VDT = variable density tunnel 变密度风洞
= variable discharge turbine 变流量式燃气涡轮
= video data terminal 可视数据终端
= visual display terminal 直观显示终端
VDU = virtual display unit 虚拟显示器，光学〔视觉〕显示装置，可见显示装置，可见显示器
VE = value engineering 价值工程
= vehicle economy 车辆燃油经济性
= vernier engine 微调发动机
VEB = variable elevation beam 仰角可变的波束
VEC = velocity error compensator 速度误差补偿器
VEDR = vehicle event data recorder 行车记录仪
VEE = visual engineering environment 可视工程环境
VEINaS = vehicle electronic navigation system 车辆电子导航系统
VER = versed sine 正矢
VERA = vision electronic recording apparatus （录放电视图像和声音的）电子录像机，视频电子记录装置
verdan = versatile digital analyzer 通用计数式计算机，通用数字分析仪
VESA = video electronics standards association 视频电子标准协会
VET = vidicon electron tube 光导摄像管
VEV = voice-excited vocoder 声激自动语言合成仪，声激音码器

VF = flash voltage　正向电压降
= variable frequency　变频，可变频率
= velocity factor　速度系数
= video〔vision〕frequency　视频
= voice-frequency　音频
VFA = very flexible aircraft　大柔性飞行器
= video frequency amplifier　视频放大器
VFC = voice frequency carrier　音频载波
= voice frequency channel　音频通道
= voltage-to-frequency converter　电压 - 频率转换器
VFD = vacuum fluorescent display　真空荧光显示屏
VF Dial = voice-frequency dial(l)ing　音频拨号
VFF = voice frequency filter　音频滤波器
VFG = variable frequency generator　变频发电机
VFL = variable focus length lens　可变焦距透镜
VFO = variable-frequency oscillator　可变频率振荡器
= video-frequency oscillator　视频振荡器
VFPI = PI control with velocity feedforward　速度前馈 PI 控制
VFR = video film recording　屏幕录像
VF Rep = voice-frequency repeater　音频增音机
VFT Eq't = voice-frequency terminating equipment　音频终端设备
VFTf Rep = voice-frequency telephone repeater　音频电话增音机
VFU = vertical format unit　垂直走纸格式控制器
VFX = variable-frequency crystal oscillator　可变频率石英振荡器
VG = vertical gyro　垂直陀螺仪
VGA = variable gain amplifier　可变增益放大器
= very general algorithm　通用算法
= video graphics adapter　视频图形显示卡
= video graphics array　视频图形显示阵列
VGG16 = visual geometry group16　VGG 指（提出人所在的）牛津大学视觉几何组神经网络的一种，16 指它具有 16 个有权重的层
VGI = vertical gyro indicator　垂直陀螺仪指示器
VH = vent hole　排气孔，通风孔
= Vickers hardness　维氏硬度
VHD = video high density　视频高密度（电视唱片系统）
VHDL = very high speed high level description language　甚高速高级说明语言
= VHSIC high level description language　甚高速集成电路高级说明〔描述〕语言
VHF = very high frequency　甚高频
VHF/DF = very high frequency direction finder　甚高频测向器
VHLL = very high-level language　甚高级语言
VHN = Vickers hardness number　维氏硬度（数）值
VHPS = vernier hydraulic power supply　微调（发动机）液压动力源
VHS = compact video home system　小型家用录像机
= video home system　家用视频〔录像〕系统
VHSIC = very high speed integrated circuit　甚高速集成电路
VI = vertical interval　等距离，等高线间隔
= virtual instruments　虚拟仪器
= virtual interface　虚拟接口

	= viscosity index 黏度指数
	= visual indicator 视觉指示器
	= volume indicator 音量计，音量指示器
VIB	= vertical integration building 垂直集装〔装配〕间
VID	= virtual image display 虚像显示
VIDAC	= visual information display and control (character reproduction device) 视觉（的）信息显示与控制（字符再现装置）
VIDAT	= visual data acquisition 直觉数据采集
Vidikey	= visual display keyboard 影视键，视觉显示键盘（把正在处理的数据或文字变成视觉显示的键盘装置）
VIM	= vacuum induction melting 真空感应熔炼
VIN	= vehicle identification number 汽车识别编码，车辆牌号，车辆出厂号码
VIP	= variable information processor 可变信息处理
	= virtual image projection 虚拟投影
	= visual image processor 可见图像处理机
VIPP	= variable information processing package 可变信息处理包
VIPS	= voice interruption priority system 声音中断优先系统
VIR	= voltage interference ratio 电压干扰比
VIS	= vehicle indicator section （车辆牌号中的）标记部分
	= video information system 视频信息系统
	= visible spectrum 可见光谱
	= visual instrumentation subsystem 可见测试仪器子系统
visalgen	= visual alignment generator （电视接收机校正用）测试图发生器
vis id	= visual identification 视觉识别
VISTA	= visual information for satellite telemetry analysis 用于卫星遥测分析的视觉信息
VIT	= vertical interval test (signal) （电视）垂直扫描插入测试（信号）
	= very intelligent terminal 高智能终端
V/L	= vapo(u)r-liquid ratio 汽（态和）液（态）比
VL	= visibility level 可见度水平
VLAN	= virtual local area network 虚拟局域网
VLCC	= very large crude carrier （载重超过 20 万吨的）超级油轮
VLF	= vertical launch facility 垂直发射设备
	= very low frequency 甚低频
VLI	= video load impedance 视频负载阻抗
VLIW	= very long instruction word 超长指令字
VLR	= visitor location register 访问者位置寄存器
VM	= velocity meter 速度计
	= velocity modulation 速度调制
	= vertical magnet 上升（电）磁铁
	= virtual machine 虚拟机
	= virtual manufacturing 虚拟制造
	= virtual memory 虚拟存储器
vm	= vibration-measuring system 振动测量系统
VMC	= velocity minimum control 最低速度控制
VME	= Versa module European (bus) 欧洲维萨模块（总线）
	= virtual machine environment 虚拟机环境
VMM	= vehicle maintenance monitor 汽车维护监控器
	= virtual machine manager 虚拟机器管理器

VMO = variable metering orifice 可调限流孔
VMOS = V-notch MOS V 形槽金（属）氧（化物）半导体（器件）
VMS = valve mounting system 阀门装配系统
= velocity-measuring system 速度测量系统
= video modulation system 视频调制系统
= virtual memory system 虚拟存储系统
VM/SP = virtual machine system product 虚拟（计算）机系统产品
VMT = virtual memory technique 虚拟存储技术
vn = variable nozzle 变截面喷口
Vne = velocity never to exceed 不允许超过的速度
VNIC = voltage-inversion negative-immitance converter 电压反向负导抗变换器
VOBANC〔**vobanc**〕= voice band compressor 音频带压缩器
VOCOER〔**vocoer**〕= voice coder 语音信号编码器
VOCOM = voice communication 音频通信
VOD = video on demand 点播电视
VODACOM = voice data communication 音频数据通信
VODAT = voice-operated device for automatic transmission 自动传输用的声控器件
VODER = voice operation demonstrator 语音操作表演装置，语音合成器
VOGAD = voice-operated gain-adjusting device 音控增益调节设备，语音增益调整器，响度级调整装置
VOIS = visual observation integration subsystem 目（视观）测综合子系统
vol = volume 体积，容积，容量，响度，（音响）音量，卷，册
VOLSCAN = volume scanning 体积扫掠
VOM = volt-ohm meter 或 volt ohmmeter 伏欧计，电压电阻表
= volt-ohm milliammeter 伏欧毫安计
VOR = very high frequency omni directional range 或 VHF omnirange 甚高频全向信标
= VHF omnidirectional radio range 甚高频全向无线电信标
= visual omnirange 目视全向无线电信标
= voice-operated relay （话）音控（制的）继电器
VO rad = vehicle on-board radar 车载雷达
VOR/DME = VHF omni-range distance measuring equipment 甚高频全向信标测距设备
VORTAC(system) = very-high-frequency omnirange and tactical air navigation (system)短程导航系统，甚高频全向无线电信标与战术航空系统的军民两用联合导航制
vos = voice-operated switch 声音操作开关
VOT = VOR test signal 甚高频全向信标测试信号
VOX = voice-operated control 声音操作控制
= voice-operated regulator 声音操作调节器
= voice-operated transmission （话）音控（制的）传输
voxel = vox element 体素，三维像素，体元
VP = valve pit 阀坑
= vapo(u)r pressure 蒸汽压力
= variable pitch propeller 可变螺距螺旋桨
= video phone 可视电话
= virtual path 虚（拟）路径
= virtual prototype 虚拟模型，虚拟成像
VPAIR = video processor and image recorder 视频处理机和图像记录仪
VPB = viscous pressure bulge （塑性加工）黏性介质压力胀形
VPC = vapor phase chromatograph 气相色谱法

	= virtual path connection 虚（拟）路径连接
VPI	= vapo(u)r phase inhibitor 汽相腐蚀抑制剂
	= virtual path identifier 虚（拟）路径标识符
Vp-meter	= velocity of propagation meter 传播速度表
VPN	= Vickers pyramid-hardness number 维氏（钻石）角锥（体）硬度值
	= virtual private network 虚（拟）专用网，虚拟个人网络
VPP	= vector-pipeline processor 向量流水线处理机
VPR	= virtual PPI reflectoscope 消视差平面位置显示器
VPS	= vector processor system 向量处理系统
	= video phase setter 视频相位给定〔调节〕器
	= video phase stabilizer 图像相位稳定器
VQ	= vector quantization 矢量量化
VR	= reduced volume 还原容量，对比体积
	= variable reluctance 可变磁阻
	= variable resistor 可变电阻（器）
	= virtual reality 虚拟现实，灵境技术
	= viscosity recorder 黏度记录器
	= voltage regulator 稳〔调〕压器
	= voltage relay 电压继电器
VRAM	= video RAM 视频 RAM
VRB	= vanadium redox(flow)battery 全钒氧化还原液流电池（液体流过电极表面反应放电）
VRB〔VR/BCN〕	= voice rotating beacon 话音转动信标，音响旋转信标
VRC	= vertical redundancy check 垂向冗余码校验
	= video recorder 录像机
	= visible record computer 可见记录计算机
VRI	= vulcanized rubber insulated cable 硫化橡皮绝缘电缆
VRL	= vertical reference line 垂直基准线
VRM	= variable reluctance machine 可变磁阻电机
	= variable reluctance microphone 变磁阻微音器
	= virtual reality manufacturing 虚拟（现实）制造
VRR	= visual radio range 可见无线电波段
VRS	= variable reluctance sensor 可变磁阻传感器
	= video responder system 图像回答系统
VRT	= variable reluctance transducer 可变磁阻传感器
VRTS	= vehicle road test simulation 车辆道路试验模拟装置
VRU	= voice read out unit 话音读出器
VS	= virtual storage 虚拟存储器
vs	= vapo(u)r seal 汽封
VSAM	= virtual sequential access method 虚拟顺序存取法
VSC	= variable structure control 变结构控制，可变结构控制
VSCF	= variable-speed constant-frequency (system) 变速恒频（制）
VSFC	= vehicle specific fuel consumption 车辆油耗率
VSG motor	= variable speed gear motor 变速式电动机
VSHPS	= vernier solo hydraulic power system 微调发动机单用液压动力系统
VSI	= vertical speed indicator 垂直速度指示器
	= voltage source inverter 电压源逆变器
VSL	= vehicle speed limiter 车辆限速器

VSM = virtual storage manager 虚拟存储管理器
VSO = very stable oscillator 极稳定振荡器
VSOP = very small out line package （电路元件）超小型封装
VSP = video signal processor 视频信号处理机
VSPS = vernier solo power supply 微调发动机单用电源〔动力源〕
VS/RS = vertical storage and retrieval system （制造业）垂直仓储示统
VSS = variable structure system 变结构系统
= vehicle speed sensor 车速传感器
= virtual support subsystem 虚拟支援子系统
= virtual surround sound （音响）虚拟环绕声
VSVFG = variable speed/variable frequency generator 变速变频发电机
VSW = very short waves 甚短波
VT = vacuum tube 真空管
= visual telephony 可视电话
= visual tuning 视觉调谐
= voice tube 音频管
= voltage transformer 变压器，电压互感器
VTA = vacuum tube amplifier 电子管放大器
= variable transfer address 可变转移地址
= vehicle theft alarm 车辆防盗警告（器）
VTAM = virtual telecommunication access method 虚拟电信存取法
VTCS = vehicle tracking control system 车辆循迹控制装置
VTD = vacuum tube detector 电子管检波器
= variable torque distribution （汽车四轮驱动）可变转矩分配
VTE = vibration testing equipment 振动试验设备
VTF = vertical test fixture 竖式试验〔测试〕装置
VTL = variable threshold logic （可）变阈（值）逻辑（电路）
VTM = vacuum tube modulator 电子管调制器
= voltage-tunable magnetron 电压调谐磁控管
VTO = vacuum tube oscillator 电子管振荡器
VTOL = vertical take-off and landing 垂直起降
VTP = virtual terminal protocol 虚拟终端协议
VTPR = vertical temperature profile radiometer 垂直温度（分布）辐射仪
VTR = video tape recorder 磁带录像机，视频信号磁带记录器
VTRAM = variable topology random access memory 可变结构随机存取存储器
VTS = video tape-splicer 视频带接合器，录像磁带剪接机
= virtual tape server 虚拟磁带服务器
VTSS = vehicle theft security system 车辆防盗安全系统
VTVM = vacuum-tube voltmeter 电子管电压表，真空管式伏特计
VU〔vu〕 = volume units 音量〔响度〕单位，容积单位
VV = valve voltmeter 真空管电压表
= velocity vector 速度矢量
VVSS = vertical volute spring suspension 竖锥形弹簧悬置
VVVF = variable voltage variable frequency 变压变频，调压调频
VW = Volkswagen （德）大众（汽车公司）
= working voltage 工作电压
VWL = variable word-length 可变字长（电码长度）
VWP = variable width pulse 可变宽度脉冲

	= virtual wavelength path 虚（拟）波长路径
VXO	= variable crystal oscillator （可）变频（率）晶体振荡器
VZC	= voltage zero crossing 电压过零并网
W	= (round) wire （圆）导线，金属线
	= tungsten （=wolfram）钨
	= watt 瓦（特）
	= wattmeter 瓦特计
WA	= waveform analyzer 波形分析仪
	= wide angle 广角
	= wire-armoured 铠装线，铠装电线
	= word address 字地址
	= write accumulator 写累加器（指令）
WAC	= wide area centrex 广域中央交换，广域集中式用户交换
	= working alternating current 交流工作电流
	= write address counter 写地址计数器
WACR	= weight average cost of resolve 加权平均解决成本
WACS	= wide area communication system 广域通信系统
WADS	= wide angle display system 广角显示系统
WAF	= word address format 字地址格式
wag	= wagon 货车，手推车
WAIS	= wide area information server 广域信息服务器
wamoscope	= wave modulated oscilloscope 调波示波器
WAN	= wide area network 广域网，城域网，宽域网
WAP	= wireless application protocol 无线应用协议
	= work analysis program(me) 工作分析程序
WAPD	= Westinghouse Electric Corporation,Atomic Power Division 西屋电气公司原子动力部（美）
WAR	= word address register 字地址寄存器
WARC	= World Administrative Radio Conference 世界无线电行政（管理）会议
WARLA	= wide aperture radio location array 大孔径无线电定位天线阵
WARPAT	= Wadkin automatic remote processor accessed via terminals 瓦德金自动终端存取远程处理机
WAS	= Washington Academy of Sciences 华盛顿科学院（美）
WATS	= wide area telephone service 大区电话业务
WB	= wet bulb 湿球（温度计）
	= wheel base 轴距
	= wideband 宽（频）带
	= work bench 工作台
	= write buffer 写缓冲器
Wb	= weber 韦伯（Wb，磁通量单位，1 Wb=10^8 麦克斯韦）
wb	= wet (and dry) buld thermometer 湿球〔干湿球〕温度计
WBD	= wideband date 宽（频）带数据
WBDL	= wideband data link 宽（频）带数据链路
WBNV	= wideband noise voltage 宽带噪声电压
WBS	= work breakdown structure 工作分解结构
WBT	= wideband transmitter 宽带发报机，宽带发射机
WBVTR	= wideband video tape recorder 宽带视频带记录器
WC	= wireless communication 无线（电）通信

= write and compute 写和计算（指令）

W-CDMA = wideband code division multiple access 宽带码分多址

WCEMA = West Coast Electronic Manufacturers Association 西海岸电子设备制造商协会（美）

WCI = white cast iron 白口铸铁

WCIN = wireless customer in door network 无线用户室内网络

WCR = word control register 字控制寄存器

WCS = workpiece coordinate system 工件坐标系

WCS = writable control storage 可写（入的）控制存储器

W/D = weight-displacement ratio 重量 - 位移比

4WD = four-wheel drive 四轮驱动

WD = warning display 报警显示

= whole depth 齿全深

= wiring diagram 布线〔线路，接线，安装〕图

= working depth 加工〔铣切〕深度

WDC = World Data Center 世界数据〔资料〕中心

WDL = wireless door lock （汽车）无线遥控门锁

WDM = wavelength-division multiplexer 波长分割多路转换器，波分复用

WDPC = Western Data Processing Center 西部数据处理中心（美）

WDR = write drum 写磁鼓

WDS = wavelength-dispersive spectroscopy 波谱仪

WE = wireless Ethernet 无线以太网

= write-enable 允许写入，写信号

We = weight empty 净重，空机重量

we = water equivalent 水当量

web = world wide web 万维网

WECo = Western Electric Company （美国）西部电气公司

WEC(O) = Westinghouse Electric Corporation 西屋电气公司（美）

WEDM = wire electric discharge machining 电火花线切割加工

WEF = write end of file 写文件结束

WEMA = Western Electronic Manufacturers Association 西部电子仪器制造商协会

WEO = World Environment Organization 世界环境组织

WER = weak echo region 弱回波区

WEU = warning eletronic unit 电子告警单元

WF = water filter 滤水器

= write forward 正向写，正向记录

wff = well formed formula 合适公式

WFM = wave form monitor 波形监视器

WFSU = water flow sensing unit 水流传感器

WFSW = World Federation of Scientific Workers 世界科学工作者联合会

WG = water ga(u)ge 水表，水标

= wire ga(u)ge 线规

= worm gear 蜗轮（传动）

wg = wagon 旅行车

WGC = Western Gear Corporation 西部齿轮公司

WGEEIA = Western Ground Electronics Engineering Installation Agency 西部地面电子仪器工程安装公司

WGSJ = worm gear screw jack 蜗轮螺旋起重器

WHE = water hammer eliminator 水锤〔击〕作用消除器
WhI = white iron 白口铁
WI = the Welding Institute 焊接学会（英）
= wrought iron 熟铁，锻铁
WIF = weather instrument flight 气象仪表飞行
WII = wing ice inspection 机翼积冰检查
WIN = wireless intelligent network 无线智能网
= worldwide intelligent network 全球智能网
Windows NT = 微软的网络操作系统
WIPO = World Intellectual Property Organization 世界知识产权组织
WIPS = wing ice protection system 机翼防冰除冰系统
WISE = World Information Systems Exchange 世界信息系统交换局
WISP = wide-range imaging spectrometer 宽带图像频谱仪
WJM = water jet machining 水射流加工
WkC = worked cold 冷加工的
WkH = worked hot 热加工的
W/L = width to length ratio 宽度长度比
WL = water line 水（位，管）线
= wave length 波长
WLC = wheel lock coefficient 车轮抱死系数
WLDP = warning light display panel 告警灯显示板
WLE = wing leading edge 机翼前缘
WLFL = wet landing field length 湿着陆场长度
WLL = wireless local loop 无线本地环路
WLO = water line zero 水线零点
WLP = wide line profiles 宽线剖面
WLS = write lock status 写锁状态
WM = water meter 水表，水量计
= wattmeter 瓦特表，电力表
= white metal 白合金，巴氏合金，白铳〔铜〕，铅锌锡合金
= wire mesh 金属线网，铁〔钢〕丝网
= write memory 写存储器
WMT = write magnetic tape 写入磁带
WN = wave number 波数（导体中驻波数）
WNet = windows network windows 网络
WO = wipe-out 消除，抹去，擦去，封闭（电子管）
= wireless order 无线电指令
= work order 工作指令
WOC = wireless optical communication 无线光通信
WOFF = weight of fuel flow 燃油流量的重量
WOG = water-oil-gas 水油混合气
WOGSC = World Organization of General Systems and Cybemetics 世界综合系统及控制论组织
workg pr = working pressure 工作压力
WORM = write once read many times 一次写入多次读出，一写多读
WORSE = word selection 字选择
WOT = wide-open(-)throttle 推大油门，节气门全开
WP = water propeller 水推进器

= wavelength path 波长路径
= white phosphorus 白磷
= working pressure 工作压力
wp = water pump 水泵
WPABX = wireless PABX 无线专用自动小交换机
WPBS = word-parallel bit-serial 字并（行）位串行
WPC = World Power Conference 世界动力会议
WPD = wing profile drag 翼型阻力
WPI = water pollution index 水（质）污染指数
= world patent index 世界专利索引
WPJ = weakened plane joint 槽〔弱面，假〕缝
wpm = words per minute 字 / 分钟
WPS = welding procedure sheet 焊接工艺卡片
= works process specification 典型工艺规程
WQ = water quenching 水（冷）淬（火）
WR = waveguide rectangular 矩形波导
WRCHK = write check 写及检查，记录及检查
WRCP = weather radar control panel 气象雷达操作板
WRF = the weather research and forecasting model 天气研究和预报模式
wr't iron = wrought iron 熟铁，锻铁
WS = water pressure test for strength 水压强度试验
= wireless station 无线电台
= work station 工作站
= wrought steel 锻钢
WSD = wind speed and direction 风速与风向
WSHS = windshield heating switch 风挡加温开关
WSI = wafer scale integrated circuit 圆片规模集成电路
= weather severity index 天气严重性指标
WSP = working steam pressure 工作汽压
WSS = Windows sound system Windows 的声音系统
WSSN = World Standard Service Net 世界标准服务网
WS & T = water pressure test for strength and tightness 水压强度和紧密性试验
WST = wireless subscriber terminal 无线用户终端
WT = warning tag 警告标志
= water tank 水槽
= whiffle tree (structural test) 车前横木（结构试验）
= wireless telegraphy 无线电报
= wireless telephony 无线电话
WTAI = wing and tail anti-icing 机翼与尾翼防冰系统
WTB = write tape binary 二进制写带
wtc = wireless telephonic communication 无线电话通信
WTD = water turbine,direct 直接式水轮机
= write tape decimal 十进制写带
WTDC = Western Technical Development Center （美国）西部技术发展中心
WTDF〔W/TDF〕 = wireless telegraphy direction finder 无线电报测向器
WTDI = wing and tail deicing 机翼与尾翼除冰系统
WTO = World Trade Organization 世界贸易组织
WTP = waste-water treatment plant 废水处理厂

WTS = wideband telemetry subsystem 宽带遥测子系统
= word terminal synchronous 字终端同步
WTT = wind tunnel test 风洞试验
WTV = web television 网络电视
w/u = water-uranium ratio 水铀质量〔体积〕比
WUX = Western Union Telegram 西方电报联盟，西方电报协会
WV = working voltage 工作电压
WW = wire way 钢丝〔提升〕绳道，电线槽，金属线导管
WWC = wheel well control 轮舱门操纵
WWW = World Wide Web 环球网，万维网，全球网，信息检索技术和超级文本技术相结合的全球信息系统
WXR = weather radar 气象雷达
WYSIWYG = What you see is what you get 所见即所得，直接可视数据
XA = auxiliary amplifier 辅助放大器
= transmission adapter 传输衔接器
xam = cross arm 横臂，横（线）担
XBS = exchange baseband station 基带交换台
Xc = capacitive reactance （电）容（电）抗
= inductive reactance （电）感（电）抗
Xccnn = cross connection 十字接头，交叉连接，线条交叉
XCN = cross-connect 交叉连接
X-cutX = 截〔切〕割，垂直于 X 轴的石英晶体截割法
xdcr = transducer 换能器，传感器，转换器
XDCR SUP = transducer supply 变送器〔换能器，传感器〕电源
XDP = X-ray density probe X 射线密度探头〔探测器〕
XDS = xerox data system 静电印刷数据系统
Xe = xenon 氙
XEC = XBS echo controller 基带交换台回波控制器
XFA = crossed-field acceleration 交叉场加速度
xfmr = transformer 变压器，互感器
XHV = extreme high vacuum 极高真空（$< 10^{-10}$ Pa）
XIC = transmission interface converter 传输接口转换器
XIO = execute input/output 执行输入输出
XIR = extreme infrared 超红外
XL = extra load （轮胎侧壁上标记）重载型
XLPE = crosslinked polyethylene 交联聚乙烯
XLWB = extra-long wheelbase 超长轴距
XMA = X-ray microanalyzer X 射线显微分析仪
XMOS = high-speed metal-oxide-semiconductor 高速 MOS
XMS = extended memory specification 扩充内存规范
= extended memory standard 扩展存储器标准
XO = X-tal oscillator, crystal oscillator 晶体振荡器，石英振荡器
XOR = exclusive OR “异”，按位加，“异或”逻辑（电路），“异或”运算
XORM = exclusive OR matrix “异”矩阵
XPD = cross polarization discrimination （天线的）横极化鉴别（能力）
xpm = expanded metal 多孔金属
XPS = expanded polystyrene 多孔聚苯乙烯
= X-ray photoemission spectrometer X 射线光电发射摄谱仪（分光仪）

XPT = cross point 交叉点
XREV = extend-range electric vehicle 加大航程电动汽车
XRFP = X-ray fluorescence probe X 射线荧光（分析）探针
XT = cross talk 串扰，干扰，串音
XTAL OSC = crystal oscillator 晶体振荡器
XTAL〔X-tal〕 = crystal 晶体
XTLO = crystal oscillator 晶体振荡器
XTP = express transfer protocol 快速传送协议
XUV = extreme ultra-violet 超紫外
XYP = XY plotter XY 绘图仪
Y = Young's modulus 弹性模量，杨氏模量
= yttrium 钇
YAG = yttrium aluminium garnet 钇铝石榴石
Yb = ytterbium 镱
YDS = Y-delta starter 星形 - 三角形起动器，Y- 起动器
YFD = yard floating drydock 船厂用浮船坞
YIG = yttrium iron garnet 钇铁石榴石
YN = Y-network 星形网络
YP = yield point 屈服点，流动点，软化点，击穿点
YPE = yield point elongation 屈服点伸长率
YS = yield strength 屈服强度
Yt = yttrium 钇
Y-Y-A = star-star-delta 星 - 星 - 三角联结（电线）
Z = zero flag 零标志
ZAC = zinc alloy for die casting 压铸用锌合金
ZAFC = zinc air fuel cells 锌空气燃料电池
ZAM = zinc alloy for antifriction metal 电动机电枢用合金，锌基轴承合金（*w*（Zn）95%，*w*（Al）4%，*w*（Cu）1%）
ZAP = zinc anode plate 锌阳极板
ZAR = zone array radar 区域相控阵雷达
ZAS = zinc alloy for stamping 冲压用锌合金（*w*（Cu）30%，*w*（Al）41%，*w*（Mn）0.05%，其余 Zn）
ZBR = zero branch 零转移
ZCS = zero-current switching 电流过零切换
ZD = zener diode 齐纳二极管，稳压二极管
ZEA = zero energy assembly 零功率装置
ZEBRA = zero energy breeder reactor assembly 零功率增殖反应堆装置
ZEC = zero energy coefficient 零功率系数
ZEV = zero emission vehicle 零排放（污染）汽车
ZF = zero frequency 零频率
ZFB = signal fading badly 信号衰减严重
zig = zig-zag welding 锯齿形焊接
ZL = zero line 零位线，基准线
Zn = zinc 锌
ZOE = zero energy 零能量
zp = zero power 零功率
ZPA = Zeus program(me) analysis 宙斯程序分析
ZPETC = zero phase error tracking controller 零相位误差跟踪控制器

ZPI = zone position indicator 分区位置指示器
ZPT = zero power test 零功率试验
Zr = zirconium 锆
ZSW = zoom switch 变焦距开关
ZTC = zero temperature coefficient 零温度系数

附　录

附录 A　美英拼写法对照表

英	美	英	美	释义
-gg-	-g-	waggon	wagon	（铁路）货车
-gue	-g	catalogue	catalog	目录
-ise	-ize	mechanise	mechanize	机械化
-ser	-zer	oxidiser	oxidizer	氧化剂
-ll-	-l-	travelling	traveling	移动的，旅行
-l	-ll	enrol	enroll	登记，编入
-mme	-m	gramme	gram	克
-our	-or	colour	color	颜色
-ph	-f	sulphur	sulfur	硫黄
-que	-ck	cheque	check	检验，制动，支票
-re	-er	centre	center	中心
		metre	meter	米
-tt-	-t-	carburetter	carbureter	增碳器，化油器
		carburettor	carburetor	增碳器，化油器
-x-	-ct-	connexion	connection	联结
-e	-	axe	ax	斧
-aught	-aft	draught	draft	牵引
-ough	-ow	plough	plow	犁

附录 B　国际单位制与法定计量单位

国际单位制的国际简称为 SI。

表 1　SI 基本单位

基本量的名称	基本单位	
	名称	符号
长　度	米	m
质　量	千克,〔公斤〕	kg
时　间	秒	s
电　流	安（培）	A
热力学温度	开（尔文）	K
物质的量	摩（尔）	mol
发光强度	坎（德拉）	cd

表 2　包括 SI 辅助单位在内的具有专门名称的 SI 导出单位

量的名称	SI 导出单位		
	名称	符号	用 SI 基本单位和 SI 导出单位表示
（平面）角	弧度	rad	1 rad = 1 m/m = 1
立体角	球面度	sr	1 sr = 1 m^2/m^2 = 1
频率	赫（兹）	Hz	1 Hz = 1 s^{-1}
力	牛顿	N	1 N = 1 kg · m/s^2
压力；压强；应力	帕（斯卡）	Pa	1 Pa = 1 N/m^2
能（量）；功；热量	焦（耳）	J	1 J = 1 N · m
功率：辐（射能）通量	瓦（特）	W	1 W = 1 J/s
电荷（量）	库（仑）	C	1 C = 1 A · s
电压；电动势；电位（电势）	伏（特）	V	1 V = 1 W/A
电容	法（拉）	F	1 F = 1 C/V
电阻	欧（姆）	Ω	1 Ω = 1 V/A
电导	西（门子）	S	1 S = 1 $Ω^{-1}$
磁通（量）	韦（伯）	Wb	1 Wb = 1 V · s
磁通（量）密度；磁感应强度	特（斯拉）	T	1 T = 1 Wb/m^2
电感	亨（利）	H	1 H = 1 Wb/A
摄氏温度	摄氏度	℃	1 ℃ = 1 K
光通量	流（明）	lm	1 lm = 1 cd · sr
（光）照度	勒（克斯）	lx	1 lx = 1 lm/m^2

表 3 由于人类健康安全防护上的需要而确定的具有专门名称的 SI 导出单位

量的名称	SI 导出单位		
	名称	符号	用 SI 基本单位和 SI 导出单位表示
（放射性）活度	贝可（勒尔）	Bq	$1\ Bq = 1\ s^{-1}$
吸收剂量 比授（予） 能比释动能	戈（瑞）	Gy	1 Gy = 1 J/kg
剂量当量	希（沃特）	Sv	1 Sv = 1 J/kg

表 4 SI 词头

因数	词头名称		符号
	英文	中文	
10^{24}	yotta	尧（它）	Y
10^{21}	zetta	泽（它）	Z
10^{18}	exa	艾（可萨）	E
10^{15}	peta	拍（它）	P
10^{12}	tera	太（拉）	T
10^{9}	giga	吉（咖）	G
10^{6}	mega	兆	M
10^{3}	kilo	千	k
10^{2}	hecto	百	h
10^{1}	deca	十	da
10^{-1}	deci	分	d
10^{-2}	centi	厘	c
10^{-3}	milli	毫	m
10^{-6}	micro	微	μ
10^{-9}	nano	纳（诺）	n
10^{-12}	pico	皮（可）	p
10^{-15}	femto	飞（母托）	f
10^{-18}	atto	阿（托）	a
10^{-21}	zepto	仄（普托）	z
10^{-24}	yocto	幺（科托）	y

表 5　可与国际单位制单位并用的我国法定计量单位

量的名称	单位名称	单位符号	与 SI 单位的关系
时间	分	min	1 min = 60 s
	（小）时	h	1 h = 60 min = 3 600 s
	日，〔天〕	d	1 d = 24 h = 86 400 s
（平面）角	度	°	1° =（π/180）rad
	（角）分	′	1′ =（1/60）° =（π/10 800）rad
	（角）秒	″	1″ =（1/60）′ =（π/648 000）rad
体积	升	L；l	1 L = 1 dm^3 = 10^{-3} m^3
质量	吨 原子质量单位	t u	1 t = 10^3 kg 1 u ≈ 1.660 540 × 10^{-27} kg
旋转速度	转每分	r/min	1 r/min =（1/60）r/s
长度	海里	n mile	1 n mile = 1 852 m（只用于航行）
速度	节	kn	1 kn = 1 n mile/h =（1 852/3 600）m/s （只用于航行）
能	电子伏	eV	1 eV ≈ 1. 602 177 × 10^{-19} J
级差	分贝	dB	
线密度	特（克斯）	tex	1 tex = 10^{-6} kg/m
面积	公顷	hm^2	1 hm^2 = 10^4 m^2

表 6　与 SI 单位构成一贯导出单位，但其专门名称及符号未为国际计量大会所采纳而不得使用的单位

量的名称	单位名称	注
体积	stere	1 st = 1 m^3
动力黏度	泊肃叶	1 P = 1 Pa · s
光亮度	尼特	1 nt = 1 cd/m^2
熵	卡诺	= 1 J/K
磁场强度	楞次	= 1 A/m
光焦度	屈光度	1 D = 1 m^{-1}
长度	micron	1 μ = 10^{-6} m = 1 μm

表 7 CGS 制中有专门名称的导出单位，国际上规定不得与 SI 并用的单位

量的名称	单位名称	注
功	尔格	$1\ \mathrm{erg} = 10^{-7}\ \mathrm{J}$
力	达因	$1\ \mathrm{dyn} = 10^{-5}\ \mathrm{N}$
动力黏度	泊	$1\ \mathrm{P} = 10^{-1}\ \mathrm{Pa \cdot s}$
运动黏度	斯托克斯	$1\ \mathrm{St} = 10^{-4}\ \mathrm{m^2/s}$
磁通量	麦克斯韦	$1\ \mathrm{Mx} = 10^{-8}\ \mathrm{Wb}$
磁通密度	高斯	$1\ \mathrm{Gs} = 10^{-4}\ \mathrm{T}$
光亮度	熙提	$1\ \mathrm{sb} = 10^{4}\ \mathrm{cd/m^2}$
光照度	辐透	$1\ \mathrm{ph} = 10^{4}\ \mathrm{lx}$

表 8 不应再用的词头名称

不应再用的	正确的	
名 称	名 称	符 号
穰	艾（可萨）	E
秭	拍（它）	P
垓	太（拉）	T
京	吉（咖）	G
纤	纳（诺）	n
沙	皮（可）	p
尘	飞（母托）	f
渺	阿（托）	a

表 9　不应再用的单位名称

不应再用的	应用的（法定的或非法定的）		备　注
	名　称	符　号	
浬、海浬	海里	n nile	
哩	英里	mile	
㖊，浔	英寻	—	
呎	英尺	ft	
吋	英寸	in	
喵，畞	英亩		
嘝	蒲式耳	bu	
呏，䙷	加仑	gal	
石	英石	—	
呾	英担	cwt	
唡，英两	盎司	oz	
喱，英厘	格令	gr	
瓩	千瓦（特）	kW	
乇	托	Torr	
昉	方	phon	
咪	宋	sone	
嗼	美	mel	
紞，紥	特（克斯）	tex	
忽米	—	—	= 0. 01 mm
丝米	—	—	= 0. 1 mm
公厘	毫米	mm	
公分	厘米	cm	
公寸	分米	dm	
公尺	米	m	
公丝	毫克	mg	
公毫			= 0. 01 g
公厘			= 0. 1 g
公分	克	g	
公钱			= 10 g
公两			= 100 g
公吨，米制吨	吨	t	
公撮	毫升	mL	
公勺			= 0. 01 L
公合			= 0. 1 L
公升	升	L；l	
公石	百升	hL	
公担			= 100 kg

表 10　单位符号和名称正误对照表

量的名称	错误的或不应用的		正确的或应用的	
	符　号	名　称	符　号	名　称
空间和时间				
角	a，arc arcmin arcsec centrad ster，str	弪 立弪	rad ′ ″ crad sr	弧度 （角）分 （角）秒 厘弧度 球面度
长度	a，A		Å	埃
	bicron，μμm，σ	微微米	pm	皮（可）米
	Cm，CM	公分	cm	厘米
	cmm	忽米	10^{-5} m	
	Dm	公寸	dm	分米
	dmm	丝米	10^{-4} m	
	fermi	费米	fm	飞（姆托）米
	INM	国际海里	n mile	海里
	kil，klm kilom kM，Km	千公尺	km	千米（公里）
	M	公尺	m	米
	MM	公厘	mm	毫米
	mμm，mmm	毫微米	nm	纳（诺）米
	sm，smile	浬，海浬	n mile	海里
	μ，μm	公微	μm	微米
面积	M^2，sq.m	平米	m^2	平方米
	sq. cm		cm^2	平方厘米
体积	cbcm，ccm，cc，c.c	立方公分	cm^3	立方厘米
	cbm，M^3，m^3_n	立米，方，米立方	m^3	立方米
	cdm		dm^3	立方分米
	NL，l_n	公升，立升	L，l	升
	MCM		10^6 m^3	百万立方米
	λ		μL	微升

（续）

量的名称	错误的或不应用的		正确的或应用的	
	符　号	名　称	符　号	名　称
空间和时间				
时间	BY		10^9 a	十亿年
	hr，hrs		h	（小）时
	sec，S，（″）	秒钟	s	秒
	y，yr		a	年
	σ		μs	微秒
	（′）	分钟	min	分
速度	cmps		cm/s	厘米每秒
	kmph，kph	千米 / 小时	km/h	千米每（小）时
	kmps	每秒千米	km/s	千米每秒
	mps，M/S	每秒米，秒米，米秒	m/s	米每秒
	NMH		n mile/h	海里每（小）时
	n mih		kn	节
体积流量	cms，cum/s，M^3/S	立米 / 秒，米秒方，秒立米，秒公方	m^3/s	立方米每秒
周期及有关现象				
	c，cps，cs，hz	周，周每秒	Hz	赫（兹）
	kc，KC，kcs	千周每秒	kHz	千赫（兹）
	kmc，KMC	千兆周每秒	GHz	吉（咖）赫（兹）
	Mc，mcps，mec，mege	兆周每秒，兆周	MHz	兆赫（兹）
	pmr，PMR，rpm	每分转数	r/min	转每分
	rev		r	转
	rps	每秒转数	r/s	转每秒
力　学				
质量	gm		g	克
	KG，KGS，kil，kilo，kilog，kilos，K.N	净千克	kg	千克
	kkg	千千克	Mg	兆克
	meg，γ	伽玛	μg	微克
	mμg，γγ	毫微克	ng	纳（诺）克
	T	米制吨、公吨	t	吨
	μkg	微千克	mg	毫克

（续）

量的名称	错误的或不应用的		正确的或应用的	
	符 号	名 称	符 号	名 称
力 学				
质量流量	gps		g/s	克每秒
	mt/yr	百万吨 / 年	Mt/a	兆吨每年
	tpd		t/d	吨每天〔日〕
密度	g/cc	克 / 立方厘米	g/cm^3	克每立方厘米
	gpl		g/L	克每升
	mg%（w/v）	毫克百分	mg/dL	毫克每分升
力	nt	牛顿	N	牛（顿）
压力	nt/m^2，pa	牛顿 / 平方米	Pa	帕（斯卡）
力矩	N · km	牛顿千米	kN · m	千牛（顿）米
	N · mm	牛顿毫米	mN · m	毫牛（顿）米
	N × m	牛 × 米	N · m	牛（顿）米
黏度	Pa × s，Pas	帕斯卡乘秒，帕秒	Pa · s	帕（斯卡）秒
热 学				
温度	deg，（°），grd	度	K，℃	开（尔文），摄氏度
	cent，degC，		℃	摄氏度
	°K	开氏度，绝对度	K	开（尔文）
热能	j		J	焦（耳）
	joule/kg	焦每千克	J/kg	焦（耳）每千克
	kJt	千热焦耳	kJ	千焦（耳）
	mJ		MJ	兆焦（耳）
热导率	W/m · k，W/m-k，W/m × k，W/mk，W/m/k		W/（m · K）	瓦（特）每米开（尔文）
电学和磁学				
电流	a，A.，amp，Amp		A	安（培）
电荷量	ah，AH，coul，Coul		A · h，C	安（培）（小）时，库（仑）
磁场强度	apc		A/cm	安（培）每厘米
电压	v		V	伏（特）
电阻	mΩ		MΩ	兆欧（姆）
	m-Ω		mΩ	毫欧（姆）
电感	secohm，h		Ω · s，H	欧（姆）秒，亨（利）

（续）

量的名称	错误的或不应用的		正确的或应用的	
	符 号	名 称	符 号	名 称
电学和磁学				
电容	f		F	法（拉）
	μμf	微微法	pF	皮（可）法
电导	mho，Ω	姆欧	S	西（门子）
磁通量	wb		Wb	韦（伯）
磁通密度	t		T	特（斯拉）
功率	Kw，kw，kWe	瓩，千瓦电能	kW	千瓦（特）
	kwr，kWr	无功千瓦	kW〔V·A〕	千瓦（特）〔伏安〕
	w		W	瓦（特）
有功电能量	kwh，(°)	度	kW·h	千瓦（特）（小）时
光 学				
发光强度	c，C，ca，cdl，cp	烛光	cd	坎（德拉）
（光）照度	mc，MC	米烛光	lx	勒（克斯）
曝光量	mcs	米烛光秒	lx·s	勒（克斯）秒
物理化学和分子物理学				
物质的量	e，eq，Eq，g-eq	克当量	mol	摩（尔）
	g-atom	克原子	mol	摩（尔）
	g-formula	克式量	mol	摩（尔）
	g-ion	克离子	mol	摩（尔）
	g-mol，M	克分子	mol	摩（尔）
	me，meq，mE	毫克当量	m mol	毫摩（尔）
	mN	毫当量	m mol	毫摩（尔）
	osmol	渗透克分子	mol	摩（尔）
物质的量浓度	demal	克当量每升	mol/L	摩（尔）每升
	epm	克当量每百万	mol/m^3	摩（尔）每立方米
	M	克分子浓度	mol/L	摩（尔）每升
	mEq%	毫当量百分	m mol/dL	毫摩（尔）每分升
	mEq‰	毫当量千分	m mol/L	毫摩（尔）每升
	mN	毫当量浓度	m mol/L	毫摩（尔）每升
	molar	克分子每升	mol/L	摩（尔）每升
	N（normal）	当量浓度	mol/L	摩（尔）每升

（续）

量的名称	错误的或不应用的		正确的或应用的	
	符　号	名　称	符　号	名　称
物理化学和分子物理学				
转化速率	kat	卡塔尔	mol/s	摩（尔）每秒
质量摩尔浓度	molal		mol/kg	摩（尔）每千克
质量浓度	g%	克百分	g/100mL	克每百毫升
组分分数	b. w.，mass%，m%，wt%，%（*w/w*）	质量百分	10^{-2}	质量分数（*w*）
	μg/g	微克每克	10^{-6}	
	ppm_w，ppmw	质量百万分	10^{-6}	
组分分数	b.v，v%，vol%，%（v/v）	体积百分	10^{-2}	体积分数（φ）
	ppm_v，ppmv	体积百万分	10^{-6}	
	v‰	体积千分（数）	10^{-3}	
	mol%	摩尔百分	10^{-2}	摩尔分数（x，y）
	ppb，p.p.b	十亿分之一	10^{-9}（10^{-12}）	
	pphm		10^{-8}	
	ppm	百万分之一	10^{-6}	
声　学				
声级	db，DB		dB	分贝
	dN		dNp	分奈培
	nep		Np	奈培
原子物理学				
原子质量	AMU，a.m.u		u	原子质量单位
	awu，amu（chem）	化学原子质量单位	u	
	（u）	统一的原子质量单位	u	
能量	BeV（美国、法国）	千兆电子伏，京电子伏	GeV	吉（咖）电子伏（特）
	BeV（英国、德国）	兆兆电子伏	TeV	太（拉）电子伏（特）
	ev		eV	电子伏（特）
	kev		keV	千电子伏（特）
	mev，Mev	百万电子伏	MeV	兆电子伏（特）

（续）

量的名称	错误的或不应用的		正确的或应用的	
	符 号	名 称	符 号	名 称
		原子物理学		
放射性活度	bq dps tps	衰变每秒	Bq s^{-1}，Bq s^{-1}	贝可（勒尔） 每秒，贝可（勒尔） 每秒
吸收剂量	gy		Gy	戈（瑞）
剂量当量	sv		Sv	希（沃特）

表 11　常用物理量的非法定计量单位与法定计量单位的换算

物理量	法定计量单位		非法定计量单位		单位换算
	名 称	符 号	名 称	符 号	
（平面）角	弧度	rad	冈（或度）	gon (grade)	$1\ \text{gon}=\frac{\pi}{200}\text{rad}$ $=0.015\ 707\ 96\ \text{rad}$
长度	米 海里	m n mile	费米 埃 英尺 英寸 英里 码 光年 天文单位 秒差距 密耳 （市）里 尺 英寻	f Å ft in，…″ mile yd l. y. AU pc mil Fa，f，fath	$1\ \text{f}=10^{-15}\ \text{m}$ $1\text{Å}=0.1\ \text{nm}=10^{-10}\ \text{m}$ 1 ft = 0.304 8 m 1 in = 0.025 4 m 1 mile = 1 609.34 4 m 1 yd = 0.914 4 m $1\ \text{l.y.}=9.460\ 730\times10^{15}\ \text{m}$ $1\ \text{AU}=1.495\ 978\ 7\times10^{11}\ \text{m}$ 1 pc = 206 264.8 AU $=30.856\ 78\times10^{15}\ \text{m}$ $1\ \text{mil}=25.4\times10^{-6}\ \text{m}$ 1（市）里 = 500 m 1 尺 =（1/3）m 1 Fa = 2 yd = 1. 828 8 m
面积	平方米 公顷	m^2 ha	公亩 平方英尺 平方英寸 平方英里 平方码 英亩 靶恩 圆密耳 （市）亩	a ft^2，sq. ft in^2 $mile^2$ yd^2 acre b，bn	$1\ \text{a}=10^2\ \text{m}^2$ $1\ \text{ft}^2=0.\ 092\ 903\ 04\ \text{m}^2$ $1\ \text{in}^2=6.\ 451\ 6\times10^{-4}\ \text{m}^2$ $1\ \text{mile}^2=2.\ 589\ 988\times10^6\ \text{m}^2$ $1\ \text{yd}^2=0.\ 836\ 127\ 36\ \text{m}^2$ $1\ \text{acre}=4\ 046.\ 856\ \text{m}^2$ $1\ \text{b}=10^{-28}\ \text{m}^2$ 1 圆密耳 = 506. 707 5 μm^2 1 亩 =（1/0. 0015）m^2

（续）

物理量	法定计量单位		非法定计量单位		单位换算
	名　称	符　号	名　称	符　号	
体积	立方米升	m^3 L,〔1〕	立方英尺	ft^3	1 ft^3 = 0.028 316 m^3
			立方英寸	in^3	1 in^3 = 1.638 71 × 10^{-5} m^3
			英加仑	gal（UK）	1 gal（UK）= 8 pt（UK） = 4.546 092 dm^3
			美加仑	gal（US）	1 gal（US）= 3.785 412 dm^3
			立方码	yd^3	1 yd^3 = 0.764 554 9 m^3
			英品脱	pt（UK）	1 pt（UK）=0.568 261 25 dm^3
			液品脱（美）	liqpt（US）	1 liqpt（US） = 0.473 176 5 dm^3
			液盎斯（英）	floz（UK）	1 floz（UK） = 28.413 06 cm^3 = 0.960 760 floz（US）
			蒲式耳（英）	bushel（UK）	1 bushel（UK） = 36.368 72 dm^3 =1.032 06 bushel（US）
			液盎斯（美）	floz（US）	1 floz（US） = 29.573 53 cm^3 = 1.040 84 floz（UK）
			蒲式耳（美）	bushel（US）	1 bushel（US） = 35.239 02 dm^3 =0.968 939 bushel（UK）
			干品脱（美）	dry pt（US）	1 dry pt（US） = 0.550 610 5 dm^3 = 0.968 939 pt（UK）
			夸脱（美）	qt（US）	1 qt（US）= 1.101 L
			夸脱（英）	qt（UK）	1 qt（UK）= 1.136 L
			夸脱（美，液）	qt（US 液）	1 qt（US 液）= 0. 946 L
			桶（美）（用于石油）	barrel（US）	1 barrel（US） = 158. 987 3 dm^3 = 42 gal（US）
			干桶（美）	bbl（US）	1 bbl（US） = 115.627 1 dm^3
速度	米每秒	m/s	英尺每秒	ft/s，fps	1 ft/s = 0.304 8 m/s
			英寸每秒	in/s，ips	1 in/s = 0.025 4 m/s
			英里每小时	mile/h，MH	1mile/h = 0.447 04m/s
加速度	米每二次方秒	m/s^2	英尺每二次方秒	ft/s^2	1 ft/s^2 = 0.304 8 m/s^2
			伽	Gal	1 Gal = 0. 01 m/s^2

（续）

物理量	法定计量单位		非法定计量单位		单位换算
	名　称	符　号	名　称	符　号	
时间	秒 〔分、时、日〕	s 〔min、h、d〕	年 回归年	a a_{trop}	 1 a_{trop} ≈ 365.24 220 d = 315 569 26 s
质量	千克〔公斤〕	kg	磅	lb	1 lb = 0.453 592 37 kg
	吨	t	格令	gr	1 gr = 64.798 91 mg
	原子质量单位	u	盎司	oz	1 oz =（1/16）lb = 28.349 52 g
			英担	cwt	1 cwt = 1 长担（美） = 112 lb = 50.802 35 kg
			英吨	ton，tn	1 ton = 1 长吨（美） = 2404 lb = 1. 016 047 t = 1016. 047 kg
			金衡盎司	troyoz	1 troyoz = 480 gr = 31.103 476 8 g
			夸特	qr	1 qr = 12. 7006 kg
			（米制）克拉	metric carat	1 metric carat = 200 mg
			市斤		1 市斤 = 0. 5 kg = 500 g
			伽马	γ	1 γ = 10^{-6} g
			（常衡）打兰	dr	1 dr = 1. 771 g
密度	千克每立方米	kg/m^3	磅每立方英尺	lb/ft^3	1 lb/ft^3 = 16.018 46 kg/m^3
	吨每立方米	t/m^3	磅每立方英寸	lb/in^3	1 lb/in^3 = 276 79.9 kg/m^3
	千克每升	kg/L	盎司每立方英尺	oz/ft^3	1 oz/ft^3 = 1.001 15 kg/m^3
			盎司每加仑	oz/gal（US）	1 oz/gal（US） = 7.489 15 kg/m^3
			磅每石油桶	lb/bbl	1 lb/bbl = 2.853 01 kg/m^3
转动惯量（惯性矩）	千克二次方米	$kg\cdot m^2$	磅二次方英尺	$lb\cdot ft^2$	1 $lb\cdot ft^2$ = 0.042 140 1 $kg\cdot m^2$
			磅二次方英寸	$lb\cdot in^2$	1 $lb\cdot in^2$ = 2.926 40 × 10^{-4} $kg\cdot m^2$
			盎司二次方英寸	$oz\cdot in^2$	1 $oz\cdot in^2$ = 1.829 0 × 10^{-5} $kg\cdot m^2$

（续）

物理量	法定计量单位		非法定计量单位		单位换算
	名　称	符　号	名　称	符　号	
动量	千克米每秒	kg · m/s	达因秒	dyn · s	1 dyn · s = 10^{-5}/kg · m/s
			磅英尺每秒	lb · ft/s	1 lb · ft/s = 0.138 255 kg · m/s
动量矩，角动量	千克二次方米每秒	kg · m^2/s	磅二次方英尺每秒尔格秒	lb · ft^2/s	1 lb · ft^2/s = 0.042 140 1 kg · m^2/s
				erg · s	1 erg · s = 10^{-7}kg · m^2/s
线密度	千克每米	kg/m	旦（尼尔）	den	1den = 0.111 112 × 10^{-6}kg/m
	特（克斯）	tex	磅每英尺	lb/ft	1 lb/ft = 1.488 16 kg/m
			磅每英寸	lb/in	1 lb/in = 17.858 0 kg/m
			磅每码	lb/yd	1 lb/yd = 0.496 055 kg/m
			磅每英里	lb/mile	1 lb/mile = 2.818 49 × 10^{-4} kg/m
			英吨每英里	ton/mile	1 ton/mile = 0.631 342 kg/m
面密度	千克每平方米	kg/m^2	磅每平方英尺	lb/ft^2	1 lb/ft^2 = 4.2882 43 kg/m^2
			盎司每平方英尺	oz/ft^2	1 oz/ft^2 = 0.305 152 kg/m^2
			磅每英亩	lb/acre	1 lb/acre = 1.120 85 × 10^{-4} kg/m^2
			千克每公顷	kg/ha	1kg /ha = 1 × 10^{-4} kg/m^2
质量体积，比体积	立方米每千克	m^3/kg	立方英尺每磅	ft^3/lb	1 ft^3/lb = 0.062 428 0 m^3/kg
			立方英寸每磅	in^3/lb	1 in^3/lb = 3.61273 × $10^{-5}$$m^3$/kg
			立方英尺每英吨	ft^3/ton	1 ft^3/ton = 2.786 96 10^{-5} m^3/kg
			英加仑每磅	gal/lb（UK）	1 gal/lb（UK） = 0.010 022 4 m^3/kg
			美加仑每磅	gal/lb（US）	1 gal/lb（US） = 0.008 345 4m^3/kg
			立方码每磅	yd^3/lb	1 yd^3/lb = 1.685 554 9 m^3/kg

（续）

物理量	法定计量单位		非法定计量单位		单位换算
	名 称	符 号	名 称	符 号	
质量流量	千克每秒	kg/s	磅每秒	lb/s	1 lb/s = 0.453 592 kg/s
			磅每小时	lb/h	1 lb/h = $1.259\ 98 \times 10^{-4}$ kg/s
			英吨每小时	ton/h（UK）	1 ton/h（UK） = 0.282 235 25 kg/s
			美吨每小时	ton/h（US）	1 ton/h（US） = 0.251 995 76 kg/s
体积流量	立方米每秒	m^3/s	立方英尺每秒	ft^3/s，cusec	1 ft^3/s = 0.028 316 8 m^3/s
	升每秒	L/s〔l/s〕	英加仑每小时	gal/h（UK）	1 gal/h（UK） = $1.262\ 803\ 3 \times 10^{-6} m^3/s$
			美加仑每小时	gal/h（US）	1 gal/h（US） = $1.051\ 503\ 3 \times 10^{-6} m^3/s$
力，重量	牛（顿）	N	达因千克力	dyn	1 dyn = 10^{-5} N
				kgf，kG，kp，kg（wt），kgw	1 kgf = 9.806 65 N
			磅力	lbf，Lb	1 lbf = 4.448 22 N
			磅达	pdl	1 pdl ≈ 0.138 255 N
			英吨力	tonf	1 tonf = $9.964\ 02 \times 10^3$ N
			斯坦	sn	1 sn = 10^3 N
压力，压强，应力	帕（斯卡）	Pa	巴	bar	1 bar = 10^5 Pa
			千克力每平方厘米	kgf/cm^2	1 kgf/cm^2 = $9.806\ 65 \times 10^4$Pa
			千克力每平方米	kgf/m^2	1 kgf/m^2 = 9. 806 65 Pa
			磅力每平方英寸	lbf/in^2，ppsi，psi，psia，psing	1 lbf/in^2 = $6.894\ 76 \times 10^3$ Pa
			磅力每平方英尺	lbf/ft^2	1 lbf/ft^2 = 47.880 3 Pa
			毫米水柱	mmH_2O	1 mmH_2O = 9.806 65 Pa
			毫米汞柱	mmHg	1 mmHg = 133.322 4 Pa
			托	Torr	1 Torr = 133.322 4 Pa
			工程大气压	at	1 at = 0. 967 841 atm = 98 066.5 Pa
			标准大气压	atm	1 atm = 101 325 Pa

（续）

物理量	法定计量单位		非法定计量单位		单位换算
	名　称	符　号	名　称	符　号	
力矩	牛（顿）米	N·m	千克力米	kgf·m	1 kgf·m = 9. 806 65 N·m
			磅力英尺	lbf·ft	1 lbf·ft = 1.355 818 N·m
			磅力英寸	lbf·in	1 lbf·in = 0.112 985 N·m
			达因厘米	dyn·cm	1 dyn·cm = 10^{-7} N·m
（动力）黏度	帕（斯卡）秒	Pa·s	泊	P	1 P = 10^{-1} Pa·s
			厘泊	cP	1 cP = 10^{-3} Pa·s
			千克力秒每平方米	kgf·s/m^2	1 kgf·s/m^2 = 9.806 65 Pa·s
			磅力秒每平方英尺	lbf·s/ft^2	1 lbf·s/ft^2 = 47.800 3 Pa·s
运动黏度	二次方米每秒	m^2/s	斯（托克斯）	St	1 St = 10^{-4} m^2/s
			厘斯（托克斯）	cSt，CKS	1 cSt =10^{-6} m^2/s
			二次方英尺每秒	ft^2/s	1 ft^2/s = 9.290 30 × 10^{-2} m^2/s
			二次方码每秒	yd^2/s	1 yd^2/s = 0. 836 127 m^2/s
			恩氏黏度	°E	
截面二次矩	四次方米	m^4	四次方英寸	in^4	1 in^4 = 41.623 14 × 10^{-8} m^4
			四次方英尺	ft^4	1 ft^4 = 0.863 097 × 10^{-2} m^4
截面系数	三次方米	m^3	三次方英寸	in^3	1 in^3 = 16.387 064 × 10^{-6} m^3
功，位能，动能，热力学能，焓	焦（耳）	J	尔格	erg	1 erg = 10^{-7} J
	瓦（特）（小）时	W·h	千克力米	kgf·m	1 kgf·m = 9.806 65 J
			英马力小时	hp·h	1 hp·h = 2.684 52 MJ
	电子伏	eV	磅力英尺	lbf·ft	1 lbf·ft = 1.355 818 J
			马力小时		1 马力·小时 = 2.647 79 MJ
			升工程大气压	L·at	1 L·at = 98.066 5 J
			英热单位	Btu	1 Btu = 1.055 06 × 10^3 J

（续）

物理量	法定计量单位		非法定计量单位		单位换算
	名　称	符　号	名　称	符　号	
功，位能，动能，热力学能，焓	焦（耳）	J	热化学卡	cal_{th}	$1\ cal_{th} = 4.184\ 0\ J$
	瓦（特）（小）时	W·h	15℃卡	cal_{15}	$1\ cal_{15} = 4.185\ 5\ J$
	电子伏	eV	国际蒸汽表卡	cal_{IT}	$1\ cal_{IT} = 4.181\ 6\ J$
			20℃卡	cal_{20}	$1\ cal_{20} = 4.181\ 6\ J$
			立方英尺标准大气压	$ft^3 \cdot atm$	$1\ ft^3 \cdot atm = 2.869\ 204\ 48 \times 10^3\ J$
			电工马力小时		1 电工马力小时 = 2.685 60 MJ
			升大气压	L·atm	1 L·atm = 101.325 J
			TNT 吨当量		1 TNT 吨当量 $= 4.184 \times 10^9\ J$
					注： 1W·h = 3.6 kJ $1\ eV = 1.602\ 177\ 33 \times 10^{-19}\ J$
功率，热流量	瓦（特）	W	千克力米每秒	kgf·m/s	1 kgf·m/s = 9.806 65 W
			（米制）马力	ps，PS	1（米制）马力 = 735.498 75 W
			英制马力	hp〔HP〕	1 hp = 745.700 W
			电工马力		1 电工马力 = 746W
			磅力英尺每秒	lbf·ft/s	1 lbf·ft/s = 1.355 818 W
			尔格每秒	erg /s	$1\ erg/s = 10^{-7}\ W$
			卡每秒	cal/s	1 cal/s = 4.186 8 W
			千卡每小时	kcal/h	1 kcal/h = 1.163 W
			热化学卡每秒	cal_{th}/ s	$1\ cal_{th}/ s = 4.184\ W$
			英热单位每小时	Btu/h	1 Btu/h = 0.293 072 W
			升大气压每小时	L·atm/h	$1\ L \cdot atm/h = 2.814\ 7 \times 10^{-2}\ W$
			伏安	V·A	1 V·A = 1 W
			乏	var	1 var = 1 W

（续）

物理量	法定计量单位		非法定计量单位		单位换算
	名　称	符　号	名　称	符　号	
温度	开（尔文）	K			$\frac{t}{°C}=\frac{T}{K}-273.15$
	摄氏度	℃	华氏度	℉	$\frac{t_F}{°F}=\frac{9}{5}\frac{t}{°C}+32$ $=\frac{9}{5}\frac{T}{K}-459.67$
			兰氏度	°R	$\frac{t_R}{°R}=\frac{9}{5}\frac{t}{°C}+491.67$ $=\frac{9}{5}\frac{T}{K}$ 表示温度差和温度间隔时，其关系为 1 ℃ = 1 K = 1. 8 ℉ = 1. 8 °R 1 ℉ = 1 °R = $\frac{5}{9}$ ℃ = $\frac{5}{9}$ K
比能，比焓	焦（耳）每千克	J/kg	千卡每千克	kcal/kg	1 kcal/kg = 4 186. 8 J/kg
			热化学千卡每千克	$kcal_{th}$/ kg	1 $kcal_{th}$/kg = 418 4 J/kg
			英热单位每磅	Btu/lb	1 Btu/lb = 232 6 J/kg
			磅力英尺每磅	lbf · ft/lb	1 lbf · ft/lb = 2.989 066 919 J/kg
			千克力米每千克	kgf · m/kg	1 kgf · m/kg = 9. 806 65 J/kg
比热容，比定压热容，比定容热容，比饱和热容，比熵	焦（耳）每千克开（尔文）	J/（kg · K）	千卡每千克开尔文	kcal/（kg·K）	1 kcal/（kg · K） = 4 186.8 J/（kg · K）
			热化学千卡每千克开尔文	$kcal_{th}$/（kg·K）	1 $kcal_{th}$/（kg · K） = 418 4 J/（kg · K）
			英热单位每磅华氏度	Btu/（lb · ℉）	1 Btu/（lb · ℉） = 4/186.8 J/（kg · K）
			英热单位每磅兰氏度	Btu/（lb · °R）	1 Btu（lb · °R） = 1 Btu/（lb · ℉）
			磅力英尺每磅华氏度	lbf · ft/（lb · ℉）	1 lbf · ft/（lb · ℉） = 5.380 32 J/（kg · K）
			千克力米每千克摄氏度	kgf · m/（kg · ℃）	kgf · m/（kg · ℃） = 9.806 65 J/（kg · K）

（续）

物理量	法定计量单位		非法定计量单位		单位换算
	名　称	符　号	名　称	符　号	
面积热流量	瓦（特）每平方米	W/m^2	瓦特每平方英寸	W/in^2	$1\ W/in^2 = 1\ 550.00\ W/m^2$
			瓦特每平方英尺	W/ft^2	$1\ W/ft^2 = 10.763\ 910\ 4\ W/m^2$
			千卡每平方米秒	kcal（$/m^2 \cdot s$）	$1\ kcal/(m^2 \cdot s) = 4\ 186.3\ W/m^2$
			英热单位每平方英尺小时	$Btu/(ft^2 \cdot h)$	$1\ Btu(ft^2 \cdot h) = 3.154\ 59\ W/m^2$
（表面）传热系数	瓦（特）每平方米开（尔文）	$W/(m^2 \cdot K)$	卡每平方厘米秒开尔文	$cal/(cm^2 \cdot s \cdot K)$	$1\ cal/(cm^2 \cdot s \cdot K) = 418\ 68\ W/(m^2 \cdot K)$
			英热单位每平方英尺秒兰氏度	$Btu/(ft^2 \cdot s \cdot °R)$	$1\ Btu/(ft^2 \cdot s \cdot °R) = 20\ 441.7\ W/(m^2 \cdot K)$
热导率，〔导热系数〕	瓦（特）每米开（尔文）	$W/(m \cdot K)$	卡每厘米秒开尔文	$cal/(cm \cdot s \cdot K)$	$1\ cal/(cm \cdot s \cdot K) = 418\ 68\ W/(m \cdot K)$
			英热单位每英尺小时华氏度	$Btu/(ft \cdot h \cdot ℉)$	$1\ Btu/(ft \cdot h \cdot °F) = 1.730\ 73\ W/(m \cdot K)$
			英热单位每英尺秒兰氏度	$Btu/(ft \cdot s \cdot °R)$	$1\ Btu/(ft \cdot s \cdot °R) = 6\ 230.64\ W/(m \cdot K)$
			瓦特每英寸华氏度	$W/(in \cdot ℉)$	$1\ W/(in \cdot ℉) = 70.866\ 14W/(m \cdot K)$
热绝缘系数	平方米开（尔文）每瓦（特）	$m^2 \cdot K/W$	平方厘米秒开尔文每卡	$cm^2 \cdot s \cdot K/cal$	$1\ cm^2 \cdot s \cdot K/cal = 2.388\ 458\ 966 \times 10^{-5} m^2 \cdot K/W$
			平方英尺小时华氏度每英热单位	$ft^2 \cdot h \cdot ℉/Btu$	$1\ ft^2 \cdot h \cdot ℉/Btu = 0.176\ 110\ 183 m^2 \cdot K/W$
			平方米小时摄氏度每千卡	$m^2 \cdot h \cdot ℃/kcal$	$1\ m^2 \cdot h \cdot ℃/kcal = 0.859\ 845\ 228\ m^2 \cdot K/W$
热扩散率	平方米每秒	m^2/s	平方英尺每秒	ft^2/s	$1\ ft^2/s = 0.092\ 903\ 04\ m^2/s$
			平方英寸每秒	in^2/s	$1\ in^2/s = 6.451\ 6 \times 10^{-4} m^2/s$

（续）

物理量	法定计量单位		非法定计量单位		单位换算
	名 称	符 号	名 称	符 号	
热容，熵	焦（耳）每开（尔文）	J/K	英热单位每华氏度	Btu/ ℉	1 Btu/ ℉ = 1 Btu/°R = 1.899 100 534 7 kJ/K
			热化学英热单位每华氏度	Btu_{th}/ ℉	1 Btu_{th}/ ℉ = 1.897 830 476 kJ/K
			卡每摄氏度	cal/℃	1 cal/℃ = 4.186 8 J/K
			尔格每摄氏度	erg/℃	1 erg/℃ = 10^{-7} J/K
			克劳修斯	Cl	1 Cl = 4. 184 J/K
热阻	开（尔文）每瓦（特）	K/W	华氏度每瓦特	℉ /W	1 ℉ /W = 0.555 555 556 K/W
			华氏度小时每英热单位	℉ · h/Btu	1 ℉ · h/Btu = 1.895 634 24 K/W
			开尔文小时每千卡	K · h/kcal	1 K · h/kcal = 0.859 845 228 K/W
热导	瓦（特）每开（尔文）	W/K	瓦特每华氏度	W/ ℉	1 W/ ℉ = 1. 8 W/K
			英热单位每小时华氏度	Btu /（h · ℉）	1 Btu/（h · ℉） = 0.527 527 926 W/K
			千卡每小时开尔文	kcal/（h · K）	1 kcal/（h · K） = 1.163 W/K
电流，磁位差，磁通势	安（培）	A	毕奥	Bi	1 Bi = 10 A
			吉伯	Gb	1 Gb = 0.795 774 715 5 A
			弗兰克林每秒	Fr/ s	1 Fr/s = 3.335 640 952 × 10^{-10} A
			奥斯特厘米	Oe · cm	1 Oe · cm = 1 Gb
			静电制安培	sA	1 sA = 1 Fr/s
			国际安培	A_{int}	1 A_{int} = 0.999 85A
电荷（量），电通（量）	库（仑）	C	毕奥秒	Bi · s	1 Bi · s = 10 C
			弗兰克林	Fr	1 Fr = 3.335 64 × 10^{-10} C
			静电制库仑	sC	1 sC = 1 Fr
			法拉第	Far	1 Far = 9.648 530 × 10^4 C

（续）

物理量	法定计量单位		非法定计量单位		单位换算
	名　称	符　号	名　称	符　号	
电场强度	伏（特）每米	V/m	达因每弗兰克林	dyn/Fr	1 dyn/Fr $= 2.99792458 \times 10^4$ V/m
			静电制伏特每厘米	sV/cm	1sV/cm = 1 dyn/Fr
			千伏特每英寸	kV/in	1 kV/in $= 3.937007874 \times 10^4$ V/m
电位，电压，电动势	伏（特）	V	尔格每弗兰克林	erg/Fr	1 erg/Fr $= 2.997925 \times 10^2$ V
			静电制伏特	sV	1 sV $= 2.997925 \times 10^2$ V
			国际伏特	v_{int}	1 v_{int} = 1.000 34 V
电容	法（拉）	F	静电制法拉	sF	1 sF $= 1.11265 \times 10^{-12}$ F
			国际法拉	F_{int}	1 F_{int} = 0. 999 505 F
电导，导纳	西（门子）	S	姆欧	Ω	1 Ω=1 S
电阻	欧（姆）	Ω	静电制欧姆	sΩ	1 sΩ $= 8.98755 \times 10^{11}$ Ω
			国际欧姆	Ω_{int}	1 Ω_{int} = 1.000 495 Ω
电偶极矩	库（仑）米	C · m	弗兰克林厘米	Fr · cm	1 Fr · cm $= 3.33564 \times 10^{-12}$ C · m
			德拜	D	1D $= 3.33564 \times 10^{-30}$ C · m
磁通量	韦（伯）	Wb	麦克斯韦	Mx	1 Mx $= 10^{-8}$ Wb
			静电制韦伯	sWb	1 sWb $= 2.997925 \times 10^2$ Wb
			国际韦伯	Wb_{int}	1 Wb_{int} = 1.000 34 Wb
磁通（量）密度，磁感应强度	特（斯拉）	T	高斯	Gs	1 Gs $= 10^{-4}$ T
			静电制特斯拉	sT	1 sT $= 2.997925 \times 10^6$ T
			伽马	γ	1 γ $= 10^{-9}$ T
磁场强度，磁化强度	安（培）每米	A/m	奥斯特	Oe	1 Oe = 79.577 472 A/m
			安培每英寸	A/in，api	1 A/in = 39. 370 079 A/m
			楞次		1 楞次 = 1 A/m
自感，互感，磁导	亨（利）	H	尔格每二次方毕奥	erg/Bi^2	1 $erg/Bi^2 = 10^{-9}$ H
			麦克斯韦每吉伯	Mx/Gb	1 Mx/Gb = 12.566 371 H
			静电制亨利	sH	1 sH = 8.987 652 H
			国际亨利	H_{int}	1 H_{int} = 1.000 49 H
（光）照度	勒（克斯）	lx	英尺烛光	fc	1 fc = 10.763 910 42 lx
			流明每平方英尺	lm/ft^2	1 lm/ft^2 = 1 fc = 10.763 910 42 lx
			流明每平方厘米	lm/cm^2	1 $lm/cm^2 = 10^4$ lx

（续）

物理量	法定计量单位		非法定计量单位		单位换算
	名 称	符 号	名 称	符 号	
（光）照度	勒（克斯）	lx	诺克斯	nx	$1\ nx = 10^{-3}\ lx$
			辐透	ph	$1\ ph = 10^4\ lx$
（光）亮度	坎（德拉）每平方	cd/m^2	坎德拉每平方英尺	cd/ft^2	$cd/ft^2 = 10.763\ 910\ 42\ cd/m^2$
			尼特	nt	$1\ nt = 1\ cd/m^2$
			熙提	sb	$1\ sb = 10^4\ cd/m^2$
			朗伯	la	$1\ la = 3.\ 103\ 098\ 862 \times 10^3\ cd/m^2$
			阿熙提	asb	$1\ asb = \pi^{-1}\ cd/m^2$
（放射性）活度	贝可（勒尔）	Bq	居里	Ci	$1\ Ci = 3.7 \times 10^{10}\ Bq$
			毫卢瑟福	mrd	$1\ mrd = 1 \times 10^3\ Bq$
吸收剂量	戈（瑞）	Gy	拉德	rad	$1\ rad = 10^{-2}\ Gy$
剂量当量	希（沃特）	Sv	雷姆	rem	$1\ rem = 10^{-2}\ Sv$